U0313991

《现代机械设计手册》

第二版卷目

"十三五"国家重点出版物
出版规划项目

现代机械设计手册

第二版

第4卷

秦大同　谢里阳　主编

MODERN HANDBOOK OF MECHANICAL DESIGN

化学工业出版社
·北京·

《现代机械设计手册》第二版是顺应“中国制造 2025”智能装备设计新要求、技术先进、数据可靠的一部现代化的机械设计大型工具书，涵盖现代机械零部件及传动设计、智能装备及控制设计、现代机械设计方法三部分内容。第二版重点加强机械智能化产品设计（3D 打印、智能零部件、节能元器件）、智能装备（机器人及智能化装备）控制及系统设计、现代设计方法及应用等内容。

《现代机械设计手册》共 6 卷，其中第 1 卷包括机械设计基础资料，零件结构设计，机械制图和几何精度设计，机械工程材料，连接件与紧固件；第 2 卷包括轴和联轴器，滚动轴承，滑动轴承，机架、箱体及导轨，弹簧，机构，机械零部件设计禁忌，带传动、链传动；第 3 卷包括齿轮传动，减速器、变速器，离合器、制动器，润滑，密封；第 4 卷包括液力传动，液压传动与控制，气压传动与控制；第 5 卷包括智能装备系统设计，工业机器人系统设计，传感器，控制元器件和控制单元，电动机；第 6 卷包括机械振动与噪声，疲劳强度设计，可靠性设计，优化设计，逆向设计，数字化设计，人机工程与产品造型设计，创新设计，绿色设计。

新版手册从新时代机械设计人员的实际需求出发，追求现代感，兼顾实用性、通用性、准确性，涵盖了各种常规和通用的机械设计技术资料，贯彻了最新的国家和行业标准，推荐了国内外先进、智能、节能、通用的产品，体现了便查易用的编写风格。

《现代机械设计手册》可作为机械装备研发、设计技术人员和有关工程技术人员的工具书，也可供高等院校相关专业师生参考使用。

图书在版编目（CIP）数据

现代机械设计手册. 第 4 卷/秦大同，谢里阳主编. —2 版. —北京：化学工业出版社，2019.3
ISBN 978-7-122-33382-7

Ⅰ.①现… Ⅱ.①秦… ②谢… Ⅲ.①机械设计-手册 Ⅳ.①TH122-62

中国版本图书馆 CIP 数据核字（2018）第 267808 号

责任编辑：张兴辉　王烨　贾娜　邢涛　项潋　曾越　金林茹　　装帧设计：尹琳琳
责任校对：宋夏

出版发行：化学工业出版社（北京市东城区青年湖南街 13 号　邮政编码 100011）
印　　装：中煤（北京）印务有限公司
787mm×1092mm　1/16　印张 118½　字数 4029 千字　2019 年 3 月北京第 2 版第 1 次印刷

购书咨询：010-64518888　　售后服务：010-64518899
网　　址：http://www.cip.com.cn
凡购买本书，如有缺损质量问题，本社销售中心负责调换。

定　　价：199.00 元

京化广临字 2019——03

撰稿和审稿人员

手册主编　　秦大同（重庆大学）　　谢里阳（东北大学）

卷	篇	篇主编	撰稿人	审稿人
第1卷	第1篇	化学工业出版社组织编写	张红燕、刘　梅、李　翔、董　敏	王建军
	第2篇	翟文杰（哈尔滨工业大学）	翟文杰	王连明
	第3篇	郑　鹏（郑州大学） 方东阳（郑州大学）	郑　鹏、方东阳、张琳娜、赵凤霞、焦利敏、职占新、刘栋梁、吴江昊、王　敏、尹浩田、辛传福、武钰瑾	张爱梅
	第4篇	方昆凡（东北大学）	方昆凡、单宝峰、石加联、梁　京、夏永发、陈述平、崔虹雯、黄　英	谭建荣
	第5篇	王三民（西北工业大学）	王三民、袁　茹、高　举、李洲洋	陈国定
第2卷	第6篇	吴立言（西北工业大学）	刘　岚、李洲洋、吴立言	陈国定
	第7篇	郭宝霞 （洛阳轴承研究所有限公司）	郭宝霞、周　宇、勇泰芳、张小玲、秦汉涛、陈庆熙、张　松	杨晓蔚
	第8篇	徐　华（西安交通大学）	徐　华、诸文俊、谢振宇、郭宝霞、冯　凯、张胜伦	朱　均
	第9篇	王　瑜（哈尔滨工业大学） 翟文杰（哈尔滨工业大学）	王　瑜、翟文杰、郭宝霞	王连明
	第10篇	姜洪源（哈尔滨工业大学） 敖宏瑞（哈尔滨工业大学）	姜洪源、敖宏瑞、李胜波、王廷剑	陈照波
	第11篇	李瑰贤（哈尔滨工业大学） 郝振洁（陆军军事交通学院）	李瑰贤、郝振洁、孙开元、张丽杰、徐来春、马　超、李改玲、孙爱丽、王文照、刘雅倩、赵永强	李瑰贤 孙开元
	第12篇	向敬忠（哈尔滨理工大学）	向敬忠、潘承怡、宋　欣	于惠力 向敬忠
	第13篇	姜洪源（哈尔滨工业大学） 闫　辉（哈尔滨工业大学）	姜洪源、闫　辉	曲建俊 郭建华
第3卷	第14篇	秦大同（重庆大学） 陈兵奎（重庆大学）	张光辉、郭晓东、林腾蛟、林　超、秦大同、陈兵奎、石万凯、邓效忠、罗文军、廖映华、张卫青、欧阳志喜	李钊刚
	第15篇	秦大同（重庆大学） 龚仲华（常州机电职业技术学院）	孙冬野、刘振军、秦大同、廖映华、龚仲华	吴晓铃
	第16篇	秦大同（重庆大学）	秦大同、朱春梅、田兴林	孔庆堂
	第17篇	吴晓铃（郑州大学）	吴晓铃、刘　杰、吴启东	陈大融
	第18篇	郝木明（中国石油大学）	郝木明、孙鑫晖、王淮维、刘馥瑜	陈大融

卷	篇	篇主编	撰稿人	审稿人
第4卷	第19篇	马文星(吉林大学)	马文星、杨乃乔、王宏卫、邹铁汉、宋　斌、刘春宝、卢秀泉、王松林、宋春涛、曹晓宇、熊以恒、潘志勇、邓洪超、才　委、何延东、赵紫苓、姜丽英、侯继海、王佳欣、魏亚宵	方佳雨 刘春朝 刘伟辉
	第20篇	高殿荣(燕山大学)	刘　涛、吴晓明、张　伟、张齐生、赵静一、高殿荣	高殿荣 姚晓先 吴晓明
	第21篇	吴晓明(燕山大学)	吴晓明、包　钢、杨庆俊、向　东	姚晓先
第5卷	第22篇	孟新宇(沈阳工业大学) 郝长中(沈阳理工大学)	孟新宇、刘慧芳、杨国哲、王　剑、勾　轶、谷艳玲、郝长中、王铁军、吴东生、杨　青、高启扬	于国安
	第23篇	吴成东(东北大学) 姜　杨(东北大学)	吴成东、姜　杨、房立金、王　斐、迟剑宁	贾子熙 丁其川
	第24篇	孙红春(东北大学)	王明赞、李　佳、孙红春、胡智勇、叶大勇	林贵瑜
	第25篇	王　洁(沈阳工业大学)	王　洁、王野牧、谷艳玲、杨国哲、孙洪林、张　靖	徐　方
	第26篇	时献江(哈尔滨理工大学)	时献江、杜海艳、王　昕、柴林杰	邵俊鹏
第6卷	第27篇	华宏星(上海交通大学)	华宏星、陈　锋、谌　勇、董兴建、黄修长、黄　煜、焦素娟、蒋伟康、雷　敏、李富才、刘树英、龙新华、饶柱石、塔　娜、吴海军、严　莉、张文明、张志谊	胡宗武 塔　娜
	第28篇	谢里阳(东北大学)	谢里阳、王　雷	赵少汴
	第29篇	谢里阳(东北大学)	谢里阳、钱文学、吴宁祥	孙志礼
	第30篇	何雪浤(东北大学)	何雪浤、张　翔、张瑞金	颜云辉
	第31篇	盛忠起(东北大学) 朱建宁(大连交通大学)	盛忠起、谢华龙、许之伟、李　飞、朱建宁、尤学文、韩朝建、徐　超、葛亦凡、李照祥	卢碧红 隋天中
	第32篇	李卫民(辽宁工业大学)	李卫民、刘淑芬、赵文川、刘　阳、刘志强、唐兆峰、宋小龙、于晓丹、邢　颖	刘永贤
	第33篇	曾　红(辽宁工业大学)	曾　红、陈　明	刘永贤
	第34篇	赵新军(东北大学)	赵新军、钟　莹、孙晓枫	李赤泉
	第35篇	张秀芬(内蒙古工业大学)	张秀芬、蔚　刚	胡志勇

前言

FORWORD

《现代机械设计手册》第一版自2011年3月出版以来，赢得了机械设计人员、工程技术人员和高等院校专业师生广泛的青睐和好评，荣获了2011年全国优秀畅销书（科技类）。同时，因其在机械设计领域重要的科学价值、实用价值和现实意义，《现代机械设计手册》还荣获2009年国家出版基金资助和2012年中国机械工业科学技术奖。

《现代机械设计手册》第一版出版距今已经8年，在这期间，我国的装备制造业发生了许多重大的变化，尤其是2015年国家部署并颁布了实现中国制造业发展的十年行动纲领——中国制造2025，发布了针对“中国制造2025”的五大“工程实施指南”，为机械制造业的未来发展指明了方向。在国家政策号召和驱使下，我国的机械工业获得了快速的发展，自主创新的能力不断加强，一批高技术、高性能、高精尖的现代化装备不断涌现，各种新材料、新工艺、新结构、新产品、新方法、新技术不断产生、发展并投入实际应用，大大提升了我国机械设计与制造的技术水平和国际竞争力。《现代机械设计手册》第二版最重要的原则就是紧密结合“中国制造2025”国家规划和创新驱动发展战略，在内容上与时俱进，全面体现创新、智能、节能、环保的主题，进一步呈现机械设计的现代感。鉴于此，《现代机械设计手册》第二版被列入了“十三五国家重点出版物规划项目”。

在本版手册的修订过程中，我们广泛深入机械制造企业、设计院、科研院所和高等院校进行调研，听取各方面读者的意见和建议，最终确定了《现代机械设计手册》第二版的根本宗旨：一方面，新版手册进一步加强机、电、液、控制技术的有机融合，以全面适应机器人等智能化装备系统设计开发的新要求；另一方面，随着现代机械设计方法和工程设计软件的广泛应用和普及，新版手册继续促进传动设计与现代设计的有机结合，将各种新的设计技术、计算技术、设计工具全面融入传统的机械设计实际工作中。

《现代机械设计手册》第二版共6卷35篇，它是一部面向“中国制造2025”，适应智能装备设计开发新要求、技术先进、数据可靠、符合现代机械设计潮流的现代化的机械设计大型工具书，涵盖现代机械零部件及传动设计、智能装备及控制设计、现代机械设计方法及应用三部分内容，具有以下六大特色。

1. 权威性。《现代机械设计手册》阵容强大，编、审人员大都来自于设计、生产、教学和科研第一线，具有深厚的理论功底、丰富的设计实践经验。他们中很多人都是所属领域的知名专家，在业内有广泛的影响力和知名度，获得过多项国家和省部级科技进步奖、发明奖和技术专利，承担了许多机械领域国家重要的科研和攻关项目。这支专业、权威的编审队伍确保了手册准确、实用的内容质量。

2. 现代感。追求现代感，体现现代机械设计气氛，满足时代要求，是《现代机械设计手册》的基本宗旨。“现代”二字主要体现在：新标准、新技术、新材料、新结构、新工艺、新产品、智能化、现代的设计理念、现代的设计方法和现代的设计手段等几个方面。第二版重点加强机械智能化产品设计（3D打印、智能零部件、节能元器件）、智能装备（机器人及智能化装备）控制及系统设计、数字化设计等内容。

（1）“零件结构设计”等篇进一步完善零部件结构设计的内容，结合目前的3D打印（增材制造）技术，增加3D打印工艺下零件结构设计的相关技术内容。

前言

FORWORD

“机械工程材料”篇增加3D打印材料以及新型材料的内容。

（2）机械零部件及传动设计各篇增加了新型智能零部件、节能元器件及其应用技术，例如“滑动轴承”篇增加了新型的智能轴承，“润滑”篇增加了微量润滑技术等内容。

（3）全面增加了工业机器人设计及应用的内容：新增了“工业机器人系统设计”篇；“智能装备系统设计”篇增加了工业机器人应用开发的内容；“机构”篇增加了自动化机构及机构创新的内容；“减速器、变速器”篇增加了工业机器人减速器选用设计的内容；“带传动、链传动”篇增加并完善了工业机器人适用的同步带传动设计的内容；“齿轮传动”篇增加了RV减速器传动设计、谐波齿轮传动设计的内容等。

（4）“气压传动与控制”“液压传动与控制”篇重点加强并完善了控制技术的内容，新增了气动系统自动控制、气动人工肌肉、液压和气动新型智能元器件及新产品等内容。

（5）继续加强第5卷机电控制系统设计的相关内容：除增加“工业机器人系统设计”篇外，原“机电一体化系统设计”篇充实扩充形成“智能装备系统设计”篇，增加并完善了智能装备系统设计的相关内容，增加智能装备系统开发实例等。

“传感器”篇增加了机器人传感器、航空航天装备用传感器、微机械传感器、智能传感器、无线传感器的技术原理和产品，加强传感器应用和选用的内容。

“控制元器件和控制单元”篇和“电动机”篇全面更新产品，重点推荐了一些新型的智能和节能产品，并加强产品选用的内容。

（6）第6卷进一步加强现代机械设计方法应用的内容：在3D打印、数字化设计等智能制造理念的倡导下，“逆向设计”“数字化设计”等篇全面更新，体现了“智能工厂”的全数字化设计的时代特征，增加了相关设计应用实例。

增加“绿色设计”篇；“创新设计”篇进一步完善了机械创新设计原理，全面更新创新实例。

（7）在贯彻新标准方面，收录并合理编排了目前最新颁布的国家和行业标准。

3．实用性。新版手册继续加强实用性，内容的选定、深度的把握、资料的取舍和章节的编排，都坚持从设计和生产的实际需要出发：例如机械零部件数据资料主要依据最新国家和行业标准，并给出了相应的设计实例供设计人员参考；第5卷机电控制设计部分，完全站在机械设计人员的角度来编写——注重产品如何选用，摒弃或简化了控制的基本原理，突出机电系统设计，控制元器件、传感器、电动机部分注重介绍主流产品的技术参数、性能、应用场合、选用原则，并给出了相应的设计选用实例；第6卷现代机械设计方法中简化了繁琐的数学推导，突出了最终的计算结果，结合具体的算例将设计方法通俗地呈现出来，便于读者理解和掌握。

为方便广大读者的使用，手册在具体内容的表述上，采用以图表为主的编写风格。这样既增加了手册的信息容量，更重要的是方便了读者的查阅使用，有利于提高设计人员的工作效率和设计速度。

为了进一步增加手册的承载容量和时效性，本版修订将部分篇章的内容放入二维码中，读者可以用手机扫描查看、下载打印或存储在PC端进行查看和使用。二维码内容主要涵盖以下几方面的内容：即将被废止的旧标准（新标准一旦正式颁布，会及时将二维码内容更新为新标准的内容)；部分推荐产品及参数；其他相关内容。

4. 通用性。本手册以通用的机械零部件和控制元器件设计、选用内容为主，主要包括机械设计基础资料、机械制图和几何精度设计、机械工程材料、机械通用零部件设计、机械传动系统设计、液压和气压传动系统设计、机构设计、机架设计、机械振动设计、智能装备系统设计、控制元器件和控制单元等，既适用于传统的通用机械零部件设计选用，又适用于智能化装备的整机系统设计开发，能够满足各类机械设计人员的工作需求。

5. 准确性。本手册尽量采用原始资料，公式、图表、数据力求准确可靠，方法、工艺、技术力求成熟。所有材料、零部件和元器件、产品和工艺方面的标准均采用最新公布的标准资料，对于标准规范的编写，手册没有简单地照抄照搬，而是采取选用、摘录、合理编排的方式，强调其科学性和准确性，尽量避免差错和谬误。所有设计方法、计算公式、参数选用均经过长期检验，设计实例、各种算例均来自工程实际。手册中收录通用性强、标准化程度高的产品，供设计人员在了解企业实际生产品种、规格尺寸、技术参数，以及产品质量和用户的实际反映后选用。

6. 全面性。本手册一方面根据机械设计人员的需要，按照“基本、常用、重要、发展”的原则选取内容，另一方面兼顾了制造企业和大型设计院两大群体的设计特点，即制造企业侧重基础性的设计内容，而大型的设计院、工程公司侧重于产品的选用。因此，本手册力求实现零部件设计与整机系统开发的和谐统一，促进机械设计与控制设计的有机融合，强调产品设计与工艺技术的紧密结合，重视工艺技术与选用材料的合理搭配，倡导结构设计与造型设计的完美统一，以全面适应新时代机械新产品设计开发的需要。

经过广大编审人员和出版社的不懈努力，新版《现代机械设计手册》将以崭新的风貌和鲜明的时代气息展现在广大机械设计工作者面前。值此出版之际，谨向所有给过我们大力支持的单位和各界朋友表示衷心的感谢！

主 编

目录

CONTENTS

第19篇 液力传动

第1章 液力传动设计基础

第2章 液力变矩器

第 3 章　液力机械变矩器

第 4 章　液力偶合器

第5章 液黏传动

第 20 篇 液压传动与控制

第 1 章 常用基础标准、图形符号和常用术语

第 2 章 液压流体力学常用计算公式及资料

第 3 章 液压系统设计

第4章 液压基本回路

第5章 液压工作介质

第6章 液 压 泵

第7章 液压马达

第8章 液 压 缸

第9章 液压控制阀

第 10 章　液压辅件与液压泵站

第 11 章 液压控制系统概述

第 12 章 液压伺服控制系统

第 13 章 电液比例控制系统

第21篇 气压传动与控制

第1章 气压传动技术基础

第2章 气动系统

第3章 气动元件的选型及计算

第 4 章 信号转换装置

第 5 章 高压气动技术和气力输送

第6章 气动系统的维护及故障处理

第7章 气动元件产品

第8章 相关技术标准及资料

第 19 篇
液力传动

篇主编：马文星

撰　稿：马文星　杨乃乔　王宏卫　邹铁汉

宋　斌　刘春宝　卢秀泉　王松林

宋春涛　曹晓宇　熊以恒　潘志勇

邓洪超　才　委　何延东　赵紫苓

姜丽英　侯继海　王佳欣　魏亚宵

审　稿：方佳雨　刘春朝　刘伟辉

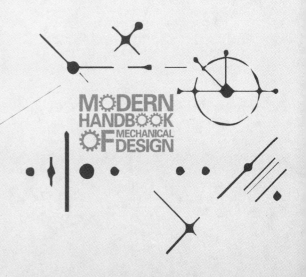

MODERN HANDBOOK OF MECHANICAL DESIGN

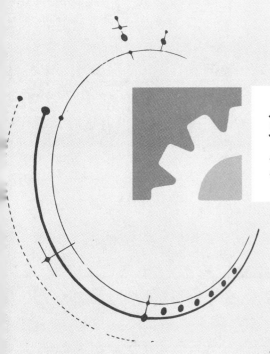

第1章　液力传动设计基础

1.1　液力传动的定义、特点及应用

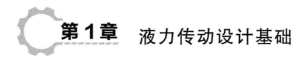

表 19-1-1　　液力传动的定义、特点及应用

<table>
<tr><td>定义</td><td colspan="2">在传动系统中，若有一个或一个以上的环节以液体为工作介质传递动力，则此传动系统定义为液体传动系统。在液体传动系统中，以液体传递动力的环节称为液体传动元件
运动液体的能量以三种形式存在，即压力能、动能和位能。在液体元件传递能量的过程中，机械能首先转变为液体能，再由液体能转变为机械能。以液体为工作介质，在两个或两个以上叶轮组成的工作腔内，主要依靠工作液体动量矩的变化传递或实现能量的变换，则称为液力传动，其相应的元件称为液力传动元件。在传动系统中若有一个或一个以上的环节采用液力元件传递动力时则称为液力传动系统
液力传动元件的基本形式为液力变矩器和液力偶合器，其简图如图(a)和图(b)所示
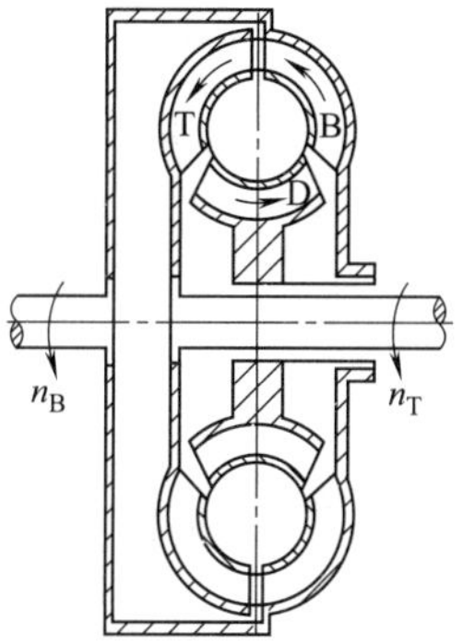

图(a)　液力变矩器
B—泵轮；T—涡轮；D—导轮
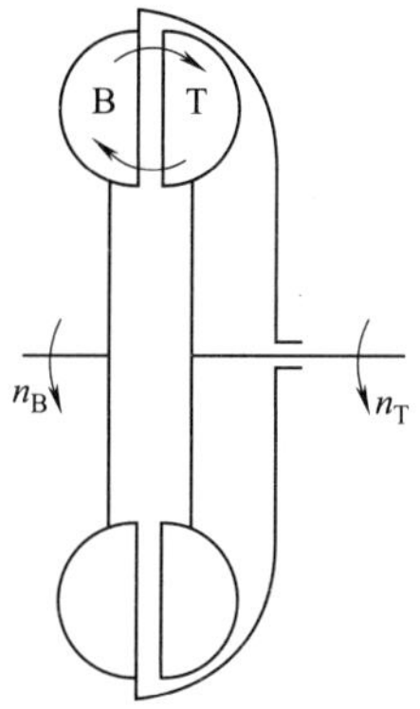

图(b)　液力偶合器
B—泵轮；T—涡轮
基本的液力变矩器由泵轮、涡轮和导轮三个叶轮组成，形成一个封闭的工作液体循环流动空间，各叶轮上分布若干空间弯曲叶片。液力偶合器为仅由泵轮和涡轮两个叶轮组成的元件，且一般为径向排列的平面直叶片</td></tr>
<tr><td rowspan="4">分类</td><td colspan="2">液力传动元件分为液力变矩器、液力偶合器和液力机械变矩器。通常，液力变矩器、液力偶合器和液力机械变矩器与机械变速器组合在一起而成为液力传动装置</td></tr>
<tr><td>液力变矩器</td><td>液力变矩器的基本结构形式由泵轮、涡轮和导轮三个叶轮组成。泵轮的输入端和涡轮输出端不存在刚性连接。由于导轮的作用使得在输出轴转速较低时，涡轮输出转矩大于泵轮输入转矩。实际上它是以液体为工作介质的转矩变换器，故称液力变矩器</td></tr>
<tr><td>液力偶合器</td><td>液力偶合器只有泵轮和涡轮两个叶轮，若忽略轴承、密封等机械损失，理论上其涡轮输出转矩等于泵轮输入转矩。泵轮和涡轮不存在刚性连接，涡轮输出转速小于泵轮输入转速，存在转差。随着负载的变化，转差也变化。若将液力偶合器的涡轮固定，充入工作液体后固定的涡轮对旋转的泵轮起到制动减速作用，即为液力减速器。实际上液力减速器是工作在涡轮输出转速为零速工况的液力偶合器，其作用不是传动而是耗能制动减速</td></tr>
<tr><td>液力机械变矩器</td><td>液力机械变矩器一般由液力变矩器与齿轮机构组合而成，同样具有无级变矩和变速能力，其性能相当于一个新的液力变矩器。其特点是存在功率分流。按功率分流方式分为功率内分流液力机械变矩器和功率外分流液力机械变矩器。功率内分流液力机械变矩器的功率分流产生在液力变矩器内部，如双涡轮液力变矩器、导轮可反转液力机械变矩器等；而液力变矩器与行星机构的各种组合传动属于功率外分流液力机械变矩器，动力机的功率被液力变矩器和行星排的构件分流，部分功率经由液力变矩器传动，其他功率则经由机械元件传递</td></tr>
</table>

续表

特点	自动适应性能	当外载荷增大时，液力变矩器涡轮输出转矩随之增加，转速自动降低；而外载荷减小时，涡轮输出转矩随之减小，转速自动升高，这种特点称之为自动适应性。利用这一性能可简化传动系统操纵，易于实现自动控制
	透穿性能	透穿性是指泵轮转速（或转矩）不变时，泵轮转矩（或转速）随涡轮转矩和转速变化（载荷变化）而变化的性能。液力变矩器类型和结构不同，其透穿性也不同。分为不可透穿、正透穿、负透穿、混合透穿等几种透穿性能。各类液力偶合器均具有可透穿性
	防振隔振性能	液力传动为柔性传动，输入端和输出端无刚性连接，可以减弱动力机的扭振和来自负载的振动，减缓冲击，提高动力机和传动装置的寿命，并提高车辆乘坐舒适性
	无级调速性能	在动力机外特性和载荷特性不变的情况下，可调式液力变矩器和调速型液力偶合器都可无级地调节工作机的转速，因而可节能
	反转制动性能	轴流式或者离心涡轮式液力变矩器具有良好的反转制动性能
	带载启动性能	装有液力传动的设备可以带载启动，实现动力机空载起步、软启动，使动力机的稳定工况区扩大。如果动力机是内燃机则不易熄火
	多机并车性能	当工作机采用多台动力机驱动时，液力传动易于并车并能自动协调载荷分配
	过载保护性能	在一定的泵轮转速下，泵轮、涡轮和导轮的转矩只能在一定范围内随工况变化。如果载荷转矩达到涡轮的最大转矩，则涡轮转速减小直至为零。在此过程中，各叶轮的转矩不会超出其固有的变化范围，因而对动力机和工作机均可起到过载保护作用
	效率	液力传动的效率随工况变化，液力变矩器的最高效率为85%～90%，液力偶合器的最高效率为96%～98%
	辅助系统	除普通型和限矩型液力偶合器外，通常液力元件需要外加补偿、润滑和冷却等辅助系统
应用	作为车辆的传动系统	装载机、推土机、平地机、叉车等工程车辆、内燃机车、重型卡车、军用车辆和商用车应用液力变矩器，均可获得优良性能
	用于工作机的调速	电厂的锅炉给水泵、锅炉送风机与引风机、钢厂转炉除尘风机、石油管道输油泵等设备采用调速型液力偶合器，可按工艺流程需要调节工作机转速，因而具有明显的节能效果；挖泥船及钻机的起重设备应用可调式液力变矩器，可满足提升和下放作业频繁交替、变速和操作简单的要求
	用于大惯量设备的启动	带式输送机、刮板输送机、球磨机、破碎机、塔式起重机等大惯量设备启动困难，需要选用较大容量电机，且对电网有冲击。应用限矩型液力偶合器可使电机空载起步，实现软启动，即缓慢启动负载，从而降低电机容量，提高运行效率和电机功率因数，使设备顺利启动与运行，并具有节能效果
	对设备的过载保护	刮板输送机、带式输送机等设备应用限矩型液力偶合器，在过载时可保护设备不受损坏。工程机械的载荷变化很大，常常过载，液力传动可防止过载，传动系统零部件寿命大大提高
	多动力的并车传动	在船舶、钻机及其他机械中采用几个动力机驱动同一工作装置，应用液力传动使多机并车，实现动力机工作协调和功率平衡，并可顺序延时启动，降低启动冲击载荷和电流
	用于反转方向	要使工作机正、反转换向，可用液力传动来实现，如采用液力自动换挡变速器
	用于车辆和设备的减速制动	液力减速器是一种特殊的液力偶合器，在重型卡车、内燃机车、下运带式运输机有广泛的应用。液力变矩器的涡轮反制动性可控制重物下放的速度，在特种起重设备上有应用

1.2 液力传动的术语、符号

1.2.1 液力传动术语

表19-1-2 液力传动术语（GB/T 3858—2014）

序号	术语	代号	定义	备注
1	液力传动		以液体为工作介质，在两个或两个以上叶轮组成的工作腔内，主要依靠工作液体动量矩的变化传递能量的传动	
	液力元件		液力偶合器、液力变矩器的总称，是液力传动的基本单元	

续表

序号	术　　语	代号	定　　义	备　　注
1	液力偶合器		只有泵轮和涡轮两个叶轮，输出转矩和输入转矩相等的液力元件	日本称“流体继手”，英德称“Fluid coupling”
	液力变矩器		输出转矩和输入转矩之比随工况改变的液力元件	
	液力机械变矩器		由液力元件和齿轮机构组成的传动元件，其特点是存在内、外功率分流	
	液力传动装置		由液力元件与齿轮传动机构组成的传动装置	
	液力偶合器传动装置		由液力偶合器与齿轮传动机构组成的液力传动装置	
	液力变矩器传动装置		由液力变矩器与齿轮传动机构组成的液力传动装置	
	辅助系统		为保证液力元件或液力传动装置正常工作所必需的补偿、润滑、冷却、操纵及控制等系统的总称	
	补偿系统		为补偿液力元件的泄漏，防止汽蚀和保证冷却而设置的供液系统	
2	液力偶合器			
	普通型液力偶合器		没有任何限矩、调速机构及其他措施的液力偶合器	英德称“Often filling fluid coupling”
	限矩型液力偶合器		采用某种措施在低转速比时限制力矩升高的液力偶合器	
	静压泄液式限矩型液力偶合器		利用侧辅腔与工作腔的静压平衡，在低转速比时减少工作腔的液体充满度，以限制力矩升高的液力偶合器	
	动压泄液式限矩型液力偶合器		利用液体动压作用，在低转速比时减少工作腔液体充满度，以限制力矩升高的液力偶合器	
	复合泄液式限矩型液力偶合器		利用液流的动、静压作用，在低转速比时减少工作腔液体充满度，以限制力矩升高的液力偶合器	
	调速型液力偶合器		通过改变工作腔充液率来调节输出转速的液力偶合器	英称“Variable filling fluid coupling”
	进口调节式调速型液力偶合器		通过改变工作腔进口流量来调节输出转速的调速型液力偶合器	
	出口调节式调速型液力偶合器		通过改变工作腔出口流量来调节输出转速的调速型液力偶合器	
	复合式调速型液力偶合器		同时改变工作腔进口和出口流量来调节输出转速的调速型液力偶合器	
	单腔液力偶合器		具有一个工作腔的液力偶合器	
	双腔液力偶合器		具有两个工作腔的液力偶合器	
	闭锁式液力偶合器		通过某种机构的作用使得在高转速比时输出、输入轴同步运转的液力偶合器	
	液力减速器		泵轮（转子）旋转，涡轮（定子）固定，工作在制动工况的特殊液力偶合器，又称液力制动器	
3	液力变矩器			
	正转液力变矩器		在牵引工况下涡轮和泵轮转向一致的液力变矩器	
	反转液力变矩器		在牵引工况下涡轮和泵轮转向相反的液力变矩器	
	综合式液力变矩器		具有偶合器工况区的液力变矩器	
	可调式液力变矩器		可通过某种措施（如转动叶片等）来调节特性参数的液力变矩器	
	双泵轮液力变矩器		具有连续排列的两个泵轮且两个泵轮之间有一个离合器的液力变矩器	

续表

序号	术语	代号	定义	备注
3	导叶可调液力变矩器		导轮叶片可以绕轴转动从而调节特性参数的液力变矩器	
4	液力机械变矩器			
	外分流液力机械变矩器		由液力变矩器与齿轮机构组成，在液力变矩器外部进行功率分流的液力机械变矩器	
	内分流液力机械变矩器		由液力变矩器和齿轮机构组成，在液力变矩器内部进行功率分流的液力机械变矩器	
	双涡轮液力变矩器		具有连续排列的两个涡轮的功率内分流液力变矩器	
	复合分流液力机械变矩器		由液力变矩器与齿轮机构组成，可在液力变矩器内部和外部进行功率分流的液力机械变矩器	
5	叶轮、结构及性能			
	叶轮		具有一列或多列叶片的工作轮	
	向心叶轮		使工作液体由周边向中心流动的叶轮	
	离心叶轮		使工作液体由中心向周边流动的叶轮	
	轴流叶轮		使工作液体沿着轴向流动的叶轮	
	泵轮	B	将动力机机械能转变为工作液体动能的叶轮	
	涡轮	T	将工作液体动能转变为机械能输出的叶轮	
	导轮	D	在液力变矩器中，使工作液流动量矩发生变化，但不输出也不吸收机械能，一般情况下不转动的固定叶轮	
	叶片		是叶轮的主要导流部分，它直接改变工作液体的动量矩	
	工作腔		由叶轮叶片表面和引导工作液体运动的内、外环表面所限制的空间（不包括液力偶合器的辅助腔）	
	循环圆		工作腔的轴面投影图，以旋转轴线上半部的形状表示	
	有效直径	D	工作腔的最大直径	
	辅助腔		在液力偶合器中，用来调节工作腔液体充满度的不传递能量的无叶片空腔	
	前辅腔		位于泵轮和涡轮中心部位的泄液最先进入的辅助腔	
	后辅腔		由泵轮外壳与后辅腔外壳构成的辅助腔	
	侧辅腔		由涡轮外侧和外壳构成的辅助腔	
	导管腔		供导管伸缩滑移以导出工作液体的辅助腔	
6	性能定义与参数			
	转速比	i	涡轮转速与泵轮转速之比 $$i=\frac{n_T}{n_B}$$	n_T——涡轮转速 n_B——泵轮转速
	变矩比	K	负的涡轮转矩与泵轮转矩之比 $$K=-\frac{T_T}{T_B}$$	T_T——涡轮转矩 T_B——泵轮转矩
	效率	η	$\eta=Ki$	
	转差率	S	液力偶合器泵轮与涡轮转速差与泵轮转速之百分比 $$S=\left(\frac{n_B-n_T}{n_B}\right)\times 100\%$$	$S=1-i$
	充液量	q	充入液力元件工作腔中的工作液体量	

续表

序号	术　语	代号	定　义	备　注
	充液率	q_c	充入液体元件工作腔中的工作液体量与腔体总容量之百分比	
	泵轮转矩系数	λ_B	评价液力元件能容大小的参数，其值 λ_B 为 $\lambda_B=\dfrac{T_B}{\rho g n_B^2 D^5}$ $(\text{min}^2\cdot\text{r}^{-2}\cdot\text{m}^{-1})$	ρ——工作液体密度 g——重力加速度
	内特性		液力元件工作腔中液流内部流动参数之间的关系	
	外特性		泵轮转速(或转矩)不变时，液力元件外特性参数与涡轮转速之间的关系	
6	通用外特性		不同泵轮转速(或不同泵轮转矩或不同充液率)下的外特性	
	原始特性		泵轮转矩系数、效率、变矩系数与转速比的关系	
	透穿性		透穿性是指泵轮转速(或转矩)不变时，泵轮转矩(或转速)随涡轮转矩和转速变化(载荷变化)而变化的性能	
	全特性		包括牵引、反转和超越等全部工况的液力元件的外特性	
	输入特性		不同转速比时，液力元件输入转矩与转速的关系	
	输出特性		液力元件与发动机共同工作时，输出转矩与其输出转速的关系	

1.2.2　液力元件图形符号

表 19-1-3　　**液力元件图形符号**（JB/T 4237—2013）

图形符号	液力元件形式	图形符号	液力元件形式
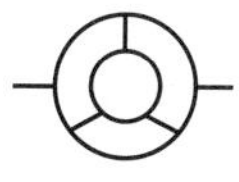	单级、单相向心涡轮液力变矩器	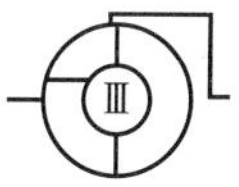	三级离心涡轮液力变矩器
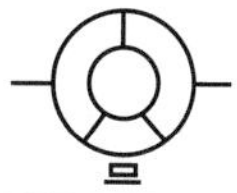	单级、二相向心涡轮液力变矩器	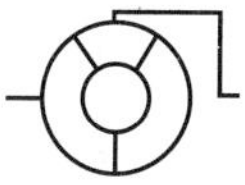	轴流涡轮液力变矩器
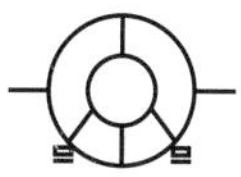	单级、三相向心涡轮液力变矩器	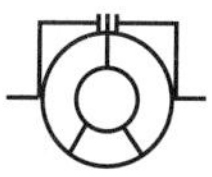	带闭锁的液力变矩器
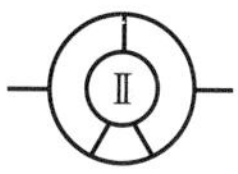	二级向心涡轮液力变矩器	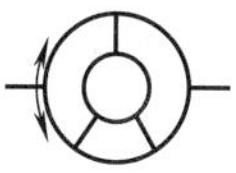	双向正转液力变矩器
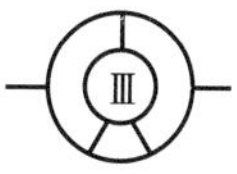	三级向心涡轮液力变矩器	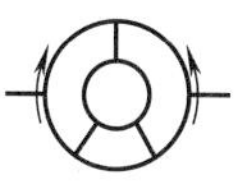	反转液力变矩器
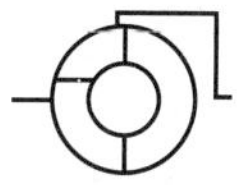	单级离心涡轮液力变矩器	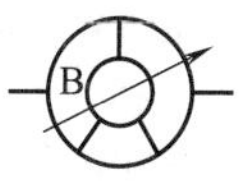	泵轮可调液力变矩器
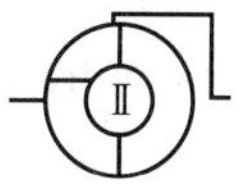	二级离心涡轮液力变矩器	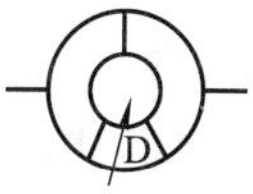	导轮可调液力变矩器

续表

图形符号	液力元件形式	图形符号	液力元件形式
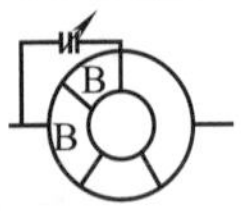	双泵轮液力变矩器（代表液黏调速离合器）		进口调节式调速型液力偶合器
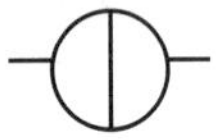	普通型液力偶合器	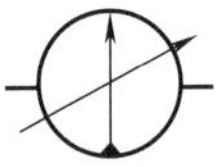	复合调节式调速型液力偶合器
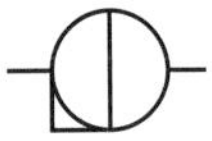	动压泄液式限矩型液力偶合器，泵轮内径约为涡轮内径的 4/5	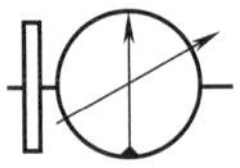	前置齿轮式液力偶合器传动装置
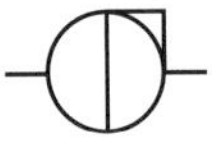	静压泄液式限矩型液力偶合器		后置齿轮式液力偶合器传动装置
	阀控延充式限矩型液力偶合器	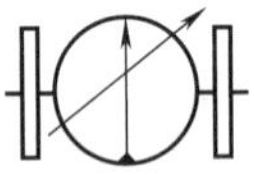	复合齿轮式液力偶合器传动装置
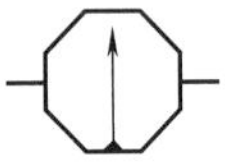	多角形限矩型液力偶合器（以 D 圆外切等八边形代表其腔形）	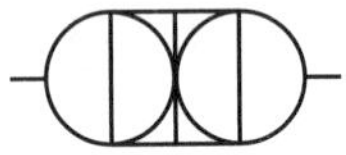	双腔液力偶合器
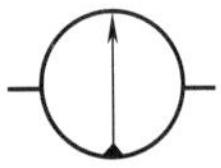	可调节充液量的液力偶合器	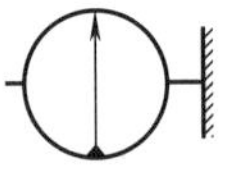	液力减速器
	出口调节式调速型液力偶合器	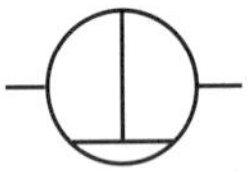	液力偶合变矩器

1.3 液力传动理论基础

1.3.1 基本控制方程

表 19-1-4 基本控制方程

流量方程	对于如图(a)所示的一维管路流动，若流动为均质不可压缩流体流动，则有 $$v_1A_1=v_2A_2 \quad (19\text{-}1\text{-}1)$$ 式中 A_1——过流断面 1 的面积； A_2——过流断面 2 的面积； v_1——过流断面 1 的液流平均流速； v_2——过流断面 2 的液流平均流速 式(19-1-1)即为流量方程或连续性方程 定义平均速度与过流断面面积乘积为流量 Q，则式(19-1-1)也可写成 $$Q_1=Q_2=\cdots=Q_i=Q=\text{常数} \quad (19\text{-}1\text{-}2)$$ 式(19-1-2)是流量方程的又一表达式。式中流量 Q 一般是指体积流量。在已知流量 Q 和过流断面面积 A_i 的情况下，根据流量方程可求得液体流经该过流断面的平均流速 v_i

续表

<table>
<tr><td>流量方程</td><td>

$$v_i=\frac{Q}{A_i}$$

液体在液力元件叶轮流道里流动时，若忽略液体在各叶轮之间的漏损，可认为液体在各叶轮流道中的流动遵循流量方程

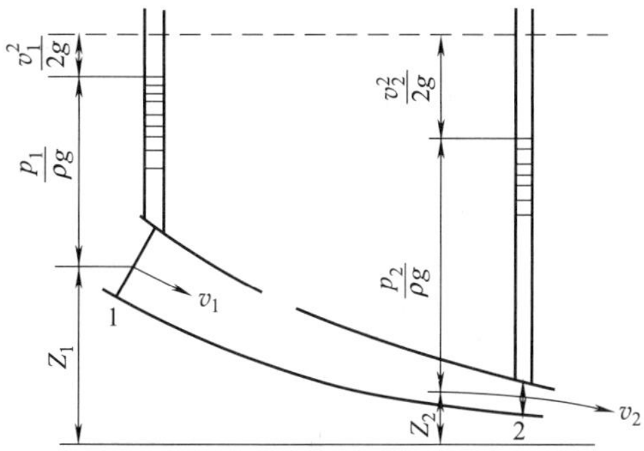

图(a)　液体在管路中的流动
</td></tr>
<tr><td>伯努利方程</td><td>

当连续的、不可压缩的流体沿着任何形状的静止流道作稳定流动的过程中，当没有能量的输入和输出时，在流道任意两个缓变流的过流断面上，都将遵循下面的等式关系

$$Z_1+\frac{p_1}{\rho g}+\frac{v_1^2}{2g}=Z_2+\frac{p_2}{\rho g}+\frac{v_2^2}{2g}+\sum h_s \quad (19\text{-}1\text{-}3)$$

式中　Z_1,Z_2——断面 1 和断面 2 处单位质量液体位能的平均值；

$\frac{p_1}{\rho g},\frac{p_2}{\rho g}$——断面 1 和断面 2 处单位质量液体压力能的平均值；

$\frac{v_1^2}{2g},\frac{v_2^2}{2g}$——断面 1 和断面 2 处单位质量液体动能的平均值；

$\sum h_s$——单位质量液体由断面 1 流至断面 2 时能量损失总和

式(19-1-3)即为实际液体在静止流道中流动时能量守恒定律的表达式，也称为液体做绝对运动时的伯努利方程

在式(19-1-3)中，如果不考虑液体在流动中的损失，可看出，在任意一个缓变流动的过流断面上，单位质量液体都具有三种形式的能量，即位能、压力能和动能。这三种能量随着过流断面面积的大小而变化，但能量之和却是不变的，守恒的

液体质点在液力元件旋转叶轮中的运动是一种复合运动，如图(b)所示。液体一方面相对于叶轮流道做相对运动，同时又随着叶轮做旋转运动(牵连运动)。在这种情况下，就必须把上述的绝对伯努利方程转化为相对运动的伯努利方程。取叶轮的进口断面为断面 1，出口断面为断面 2，其表达式为

$$Z_1+\frac{p_1}{\rho g}+\frac{w_1^2}{2g}-\frac{u_1^2}{2g}=Z_2+\frac{p_2}{\rho g}+\frac{w_2^2}{2g}-\frac{u_2^2}{2g}+\sum h_s$$

或为

$$Z_1+\frac{p_1}{\rho g}+\frac{w_1^2}{2g}+\frac{u_2^2-u_1^2}{2g}=Z_2+\frac{p_2}{\rho g}+\frac{w_2^2}{2g}+\sum h_s \quad (19\text{-}1\text{-}4)$$

式中　Z_1,Z_2——叶轮断面 1 和断面 2 的平均位置高度，亦即叶轮进口断面和出口断面的平均位置高度；

w_1,w_2——叶轮进口断面 1 和出口断面 2 处液体质点的平均相对速度；

u_1,u_2——叶轮进口断面 1 和出口断面 2 处液体质点随叶轮旋转的牵连速度，亦即圆周速度；

$\sum h_s$——单位质量液体质点从叶轮断面 1 流至断面 2，即从叶轮进口断面流至出口断面的能量损失总和

在旋转的叶轮中，由于存在能量的输入和输出，因此，进口处的总能量与出口处的总能量不再保持恒等。对图(b)所示的泵轮，由于出口处半径 R_{B2} 大于入口处半径 R_{B1}，出口处圆周速度 u_{B2} 大于进口处的圆周速度 u_{B1}，所以出口处的总能量大于入口处的总能量，这是因为液体在旋转的泵轮中流动时，由于圆周运动使液体产生离心力，在离心力的作用下，液体从泵轮进口流至出口时获得了能量，其大小为

$$E_B=\frac{u_{B2}^2-u_{B1}^2}{2g}$$

液体在泵轮旋转过程中所获得的能量正是其所吸收的机械能
</td></tr>
</table>

续表

<table>
<tr>
<td>伯努利方程</td>
<td>

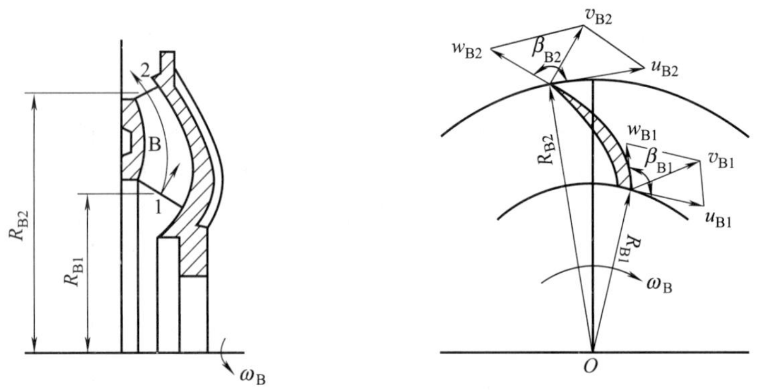

图(b) 液体在旋转叶轮中的流动

液体在涡轮[图(c)]流道中运动时能量的变化情况与在泵轮中能量变化情况相反。因为涡轮出口处半径 R_{T2} 小于入口处半径 R_{T1}，出口处圆周速度 u_{T2} 小于入口处圆周速度 u_{T1}，所以，出口处的总能量比入口处总能量小，其值为

$$E_T = -\frac{u_{T2}^2 - u_{T1}^2}{2g}$$

上式说明液流在涡轮中流动时，能量是减少的，这部分减少的能量 E_T 转换成机械能通过涡轮轴输出

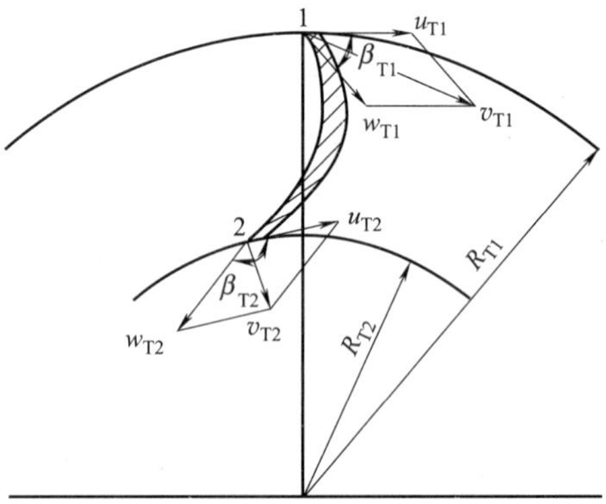

图(c) 液体在涡轮中的流动

</td>
</tr>
<tr>
<td>三维流动基本方程</td>
<td>

液力变矩器是流道封闭的多叶轮透平机械，每个叶轮的流道都相当复杂，其实际的流动是非定常的、三维的、不可压缩的、黏性流体的流动

均质不可压缩流体连续性方程为

$$\nabla \mathbf{V} = 0 \qquad (19\text{-}1\text{-}5)$$

式中 ∇——哈密尔顿算子

实际流体都是有黏性的，而且对于液力变矩器，其工作液体为液力传动油，黏度相对较大，忽略黏性会带来很大的误差。对于所讨论的不可压缩流体，若假定 μ 为常数，则有

$$\frac{d\mathbf{V}}{dt} = \boldsymbol{F} - \frac{1}{\rho}\nabla p + \frac{1}{\rho}\mu \nabla^2 \mathbf{V} \qquad (19\text{-}1\text{-}6)$$

式中 p——黏性流体平均意义上的压力；
μ——工作液体的动力黏度；
$\boldsymbol{F}$——流体的质量力

式(19-1-6)即为实际流体运动的动量方程

</td>
</tr>
</table>

1.3.2　基本概念和定义

表 19-1-5　基本概念和定义

叶轮	泵轮	泵轮与输入轴刚性连接，由动力机带动其旋转。泵轮从动力机吸收机械能，并使之转化为液流动能。泵轮以字母 B 表示
	涡轮	涡轮与输出轴直接相连，使液体动能转化为机械能并向工作机输出。涡轮以字母 T 表示
	导轮	导轮直接或间接(如通过单向离合器)固定在不动的壳体上。导轮不旋转，既不吸收也不输出能量，只是通过叶片对液流的作用来改变液流流动方向，进而改变液流的动量矩，以改变涡轮转矩，达到"变矩"的目的，可在一定工况区使导轮自由空转。以字母 D 表示
		从液流的流动方向来分类，叶轮有向心式、离心式和轴流式三种 工作液体由周边向中心流动的叶轮称为向心叶轮，工作液体由中心向周边流动的叶轮称为离心叶轮，沿着轴向流动的称为轴流叶轮。在液力元件中，泵轮均为离心式，导轮多为向心式或轴流式，涡轮则三种形式都有
工作腔及其结构参数	工作腔	由叶轮叶片间通道表面和引导液流运动的内、外环间表面所限制的空间构成工作腔。当液力元件工作时，液流在工作腔内循环流动，不断进行机械能和液体动能的转换。工作腔不包括液力偶合器的辅助腔
	辅助腔	在液力偶合器中，用来调节工作腔液体充满度的不传递能量的空腔称为辅助腔
	有效直径	工作腔的最大直径，以字母 D 表示，如图(a)所示
	轴线和轴面	液力元件各叶轮共同的旋转轴线称为轴线，见图(a)中 o'-o'。通过轴线的平面称为轴面。轴面有无穷多个，图(a)即为一个轴面
	循环圆	工作腔的轴面投影图称为液力元件的循环圆。其上部和下部相对于轴线 o'-o'对称，所以，习惯上只用轴线上一半图形表示。循环圆表示了液力元件的形式、各叶轮的排列顺序、相互位置和相关的几何尺寸，它概括了一个液力元件的几何特性
	内环和外环	叶轮流道的外壁面称为外环，内壁面称为内环，如图(a)所示
	叶片进口边和出口边	叶轮进口处和出口处在轴面上的旋转投影称为叶片进口边和出口边，见图(a)
	叶片进口半径和出口半径	叶片进口边和出口边与平均流线的交点至轴线的距离称为叶片进口半径和出口半径，分别以 R_{i1} 和 R_{i2}(i=T,D,B)表示，见图(a)
	叶轮流道	两相邻叶片与内外环所组成的空间称为叶片流道，叶轮叶片流道的总和称为叶轮流道
	叶片骨线	叶片沿流线方向截面形状的几何中线称为叶片骨线
	叶片角	在平均流线处叶片断面的骨线的切线方向与圆周速度正向间的夹角称为叶片角，以 β_y 表示
	液流角	相对速度与圆周速度正向间的夹角称为液流角，以 β 表示。若假定叶片无穷多，无限薄，则 $\beta=\beta_y$，如表 19-1-4 中图(b)和图(c)所示
	流面	液力元件中液流的运动非常复杂。通常假定液体质点是沿着无穷多同轴线的旋转曲面而运动，各个旋转曲面上液体质点不能彼此逾越，亦即各液体质点运动的迹线都位于各自的旋转曲面上，这些旋转曲面称为流面
	平均流面	位于叶轮内环和外环流面之间的一个流面。它把叶轮流道分成两部分，使这两部分的流量相等，均等于循环流量的一半，这个特定的流面称为叶轮流道的平均流面
	平均流线	平均流面与轴面的交线称为在轴面上的平均流线，如图(a)所示

续表

工作腔及其结构参数	平均流线	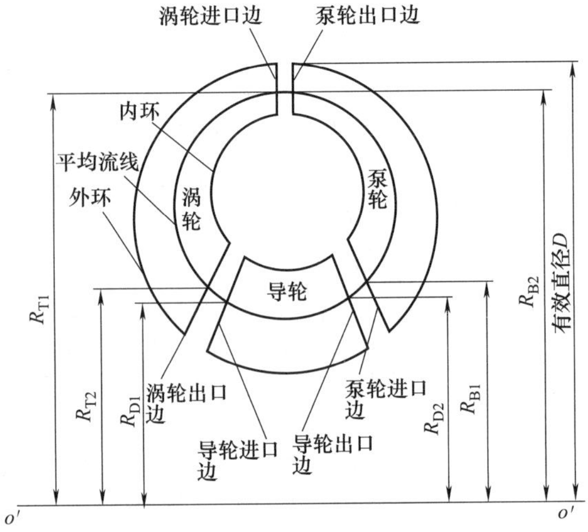 图(a)　循环圆

1.3.3　液体在叶轮中的运动

液力偶合器叶轮的叶片是对旋转中心呈放射性布置的径向平面直叶片，而液力变矩器的叶片是周向分布同向排列的弯曲叶片。虽然形状有所不同，但它们对液体的流动作用具有相同的属性。液体在叶轮中的运动是一种复杂的空间三维流动，直接进行分析很困难。在分析液体和叶轮的相互作用与液体在叶轮中的运动时作如下假设。

① 叶轮中的总液流由许多流束组成，流动轴对称。

② 叶轮的叶片数无穷多，叶片无限薄，出口液流方向决定于叶片出口角，与进口角无关。即认为工作液体在各个工作流面上的运动是轴对称的，它们的相对运动轨迹与各个流面上叶片骨线相一致。

③ 同一过流断面上各点轴面速度相等。故所有计算可按平均流线进行。

依据以上假设，液体在流道内的三维空间流动被简化为一维束流流动。所以在研究液体在叶轮中的运动时，只要对一个轴面进行讨论即可，不必对流动空间每一个流体质点的运动情况进行分析。

1.3.3.1　速度三角形及速度的分解

在叶轮中任一液体质点相对于固定坐标系的运动速度称为绝对速度，以 $\boldsymbol{v}$ 表示。

液体质点在泵轮和涡轮中的运动是一种复合运动，液体既在旋转的叶轮流道中做相对运动，又随叶轮一起做圆周运动，即牵连运动。故绝对速度 $\boldsymbol{v}$ 为圆周速度 $\boldsymbol{u}$ 和相对速度 $\boldsymbol{w}$ 的矢量和。

$$\boldsymbol{v}=\boldsymbol{u}+\boldsymbol{w} \tag{19-1-7}$$

为简便起见，通常将表示速度的平行四边形简化为速度三角形，见图 19-1-1，其中 β 为叶片角。

为便于研究和计算，绝对速度 $\boldsymbol{v}$ 分解为两个相互垂直的分速度 $\boldsymbol{v}_u$ 和 $\boldsymbol{v}_m$，如图 19-1-1 所示。

$$\boldsymbol{v}=\boldsymbol{v}_u+\boldsymbol{v}_m \tag{19-1-8}$$

式中　$\boldsymbol{v}_u$——圆周分速度（绝对速度在圆周速度方向上的投影，与轴面速度垂直）；

$\boldsymbol{v}_m$——轴面分速度（绝对速度在轴面上的投影，与轴面流线相切）。

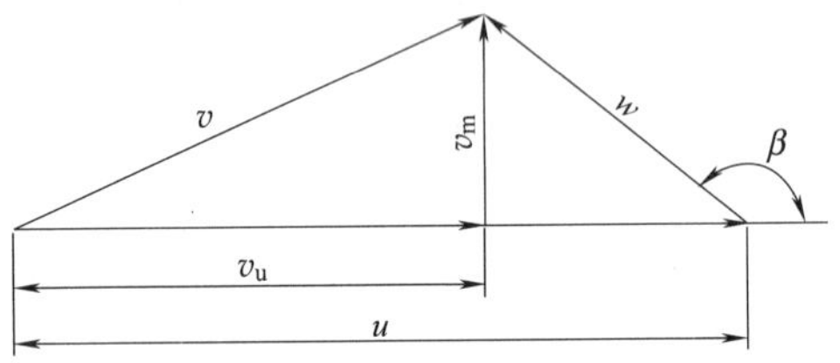

图 19-1-1　速度三角形

通常情况下，圆周速度、轴面速度和叶片角均为已知，用几何作图法即可作出速度三角形。

圆周速度 u 为

$$u=r\omega=\frac{n\pi R}{30} \tag{19-1-9}$$

式中　R——流体质点所在位置半径，m；

ω——叶轮角速度，rad/s；

n——叶轮转速，r/min。

根据假设，同一轴面液流过流断面上各点的轴面速度相等。因此轴面速度为

$$v_{\mathrm{m}}=\frac{Q}{A_{\mathrm{m}}\psi} \tag{19-1-10}$$

式中　Q——循环流量（工作液体在工作腔内循环流动时，单位时间内流过叶轮流道任何过流断面的工作液体的体积称为循环流量），m^3/s；

A_m——垂直于轴面分速度的过流断面的面积，m^2；

ψ——因叶片厚度使过流断面面积减少的排挤系数，$\psi<1$，$\psi=1-\frac{z\delta}{2\pi R\sin\beta}$，其中 z 为叶片数，δ 为叶片法向厚度。

依据速度三角形，按下列各式可求得相对速度 w、圆周分速度 v_u 和绝对速度 v 的值。

$$w=\frac{v_{\mathrm{m}}}{\sin\beta}$$

$$v_{\mathrm{u}}=u+v_{\mathrm{m}}\cot\beta=R\omega+\frac{Q}{A_{\mathrm{m}}\psi}\cot\beta \tag{19-1-11}$$

$$v=\sqrt{v_{\mathrm{u}}^2+v_{\mathrm{m}}^2}$$

在分析液力元件特性时，用得比较多的是工作液体的轴面分速度和圆周分速度。

1.3.3.2　速度环量

在运动的流体内，任意作一封闭曲线，曲线上某点的速度矢量在曲线切线上的投影沿着该封闭曲线的线积分，称为速度矢量沿着封闭曲线的速度环量，以 Γ 表示。

$$\Gamma=\oint v\cos(\boldsymbol{v}\cdot \mathrm{d}\boldsymbol{s})\mathrm{d}s$$

对于叶轮，其平均流线上某一点的速度环量为该点的圆周分速度与其所在位置的圆周长度的乘积。

$$\Gamma=2\pi R v_{\mathrm{u}} \tag{19-1-12}$$

式中　R——平均流线上某点所在位置的圆周半径。

速度环量的大小，与流动特性及封闭曲线形状有关，标志着该处液流旋转运动的强弱程度。

1.3.3.3　液体在无叶栅区的流动

为方便讨论，对叶轮进出口位置的标注作如下规定：

a——叶轮进口处液流即将进入叶片流道的位置；

b——叶轮进口处液流刚刚进入叶片流道的位置；

c——叶轮出口处液流即将流出叶片流道的位置；

d——叶轮出口处液流刚刚流出叶片流道的位置。

显然，在 b 和 c 的位置时，工作液体在叶片流道中运动，受到叶片的约束。在 a 和 d 的位置时，工作液体处于无叶栅区，不受叶片的约束，见图 19-1-2。

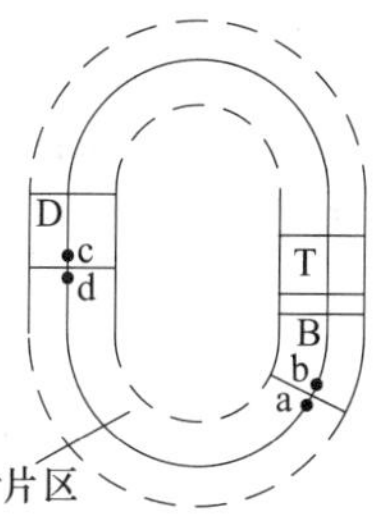

图 19-1-2　无叶片区示意

液流在无叶片区流动时，因无外力矩的作用，如果不考虑无叶片区的液流损失，单位时间内液流流过任一断面的动量矩不发生变化，即

$$\rho Q R_{\mathrm{d}} v_{\mathrm{ud}}=\rho Q R_{\mathrm{a}} v_{\mathrm{ua}}=常数$$

上式即为无叶片区环量保持定理。

在叶轮叶片进口前的 a 处到刚刚进入叶片流道的 b 处，这段距离虽然很短，但工作液流进入 b 处后，因受到叶片的约束作用，迫使工作液体沿着叶片的骨线方向流动，使圆周分速度有很大改变。一般情况下 $v_{ub}\neq v_{ua}$。圆周分速度的突变使工作液流在叶片进口处产生冲击。仅当 $v_{ub}=v_{ua}$ 时，叶片进口处才无冲击。此时，液流在进口处的流动方向与叶片骨线相一致。

在设计液力元件时，常选无冲击工况为设计工况，并以上角标 * 来表示这一工况。显然，在无冲击工况时

$$\Gamma_{\mathrm{a}}^*=\Gamma_{\mathrm{b}}^*=\Gamma_{\mathrm{c}}^*=\Gamma_{\mathrm{d}}^*=常数$$

对叶轮排列顺序为泵轮—涡轮—导轮的液力元件，其叶片进口无冲击的条件为

泵轮：$R_{B1}v_{uB1}=R_{D2}v_{uD2}$　或　$\Gamma_{B1}=\Gamma_{D2}$

涡轮：$R_{T1}v_{uT1}=R_{B2}v_{uB2}$　或　$\Gamma_{T1}=\Gamma_{B2}$

导轮：$R_{D1}v_{uD1}=R_{T2}v_{uT2}$　或　$\Gamma_{D1}=\Gamma_{T2}$

无冲击工况时，叶轮进口的叶片角 β_1 等于进口的液流角 β_{1y}。在以后分析问题时，认为叶轮出口的叶片角等于出口的液流角，即 $\beta_2=\beta_{2y}$。实际上因为叶轮的叶片数目是有限的，而且叶片具有一定的厚度，液体质点的相对运动方向与大小将受液体惯性力和轴向漩涡的影响，从而产生某种变化，特别是当液体离开工作叶轮时，液流的相对速度方向将与叶片骨线的切线方向有着明显的偏离现象。因此，$\beta_{2y}\neq\beta_2$。在实际计算时，引入有限叶片修正系数 ξ 来对出口的液流偏离进行修正。

1.3.4　欧拉方程

1.3.4.1　动量矩方程

叶轮作用在液体上的转矩与液体作用在叶轮上的

转矩大小相等方向相反，可依据动量矩方程求得

$$T=\rho Q(R_2 v_{u2}-R_1 v_{u1}) \qquad (19\text{-}1\text{-}13)$$

式中 ρ——工作液体密度，kg/m^3。

以速度环量表示为

$$T=\frac{\rho Q}{2\pi}(\Gamma_2-\Gamma_1) \qquad (19\text{-}1\text{-}14)$$

由此可见，液体质点流过叶轮叶片流道的过程，也就是液体速度环量发生变化的过程，由 Γ_1 变到 Γ_2。对于给液流能量的叶轮（泵轮），$\Gamma_2>\Gamma_1$；对于从液流中吸收能量的叶轮（涡轮），$\Gamma_2<\Gamma_1$。由此可知，液力传动主要是靠液体速度环量的变化来传递能量的。

1.3.4.2 理论能头

在叶轮中，假设叶片无限多和无限薄的情况下，不考虑液流在叶轮中的液力损失，叶轮的理论能头增量以 $H_{t\infty}$ 表示，它与流速具有如下关系

$$H_{t\infty}=\frac{u_2 v_{u2}-u_1 v_{u1}}{g} \qquad (19\text{-}1\text{-}15)$$

式（19-1-15）称为欧拉方程，对于叶片式机械而言，它是一个最基本的方程式。如果用环量来表示，式（19-1-15）也可写成

$$H_{t\infty}=(\Gamma_2-\Gamma_1)\frac{\omega}{2\pi g}$$

对于泵轮而言，如果输入的机械能无损失地全部转化为液体动能，则其理论能头为

$$H_{Bt\infty}=\frac{u_{B2} v_{uB2}-u_{B1} v_{uB1}}{g}$$

对于涡轮，如液体动能完全转化为机械能，则其理论能头为

$$H_{Tt\infty}=\frac{u_{T2} v_{uT2}-u_{T1} v_{uT1}}{g}$$

对于导轮，因为其固定在壳体上不转动，即角速度 $\omega=0$，液流流经导轮时，不存在机械能和液体动能的相互转换，因此 $H_{Dt\infty}=0$。实际上，液体流经叶轮时必然产生能量损失，故泵轮的实际能头较 $H_{Bt\infty}$ 为小，涡轮的实际能头较 $H_{Tt\infty}$ 为大。

1.4 液力传动的工作液体

液力元件普遍采用矿物油作为工作液体。为满足防燃防爆要求，煤矿井下应用限矩型液力偶合器须按规定采用清水（pH≤7）或采用水基难燃液为工作液体。

1.4.1 液力传动油的基本要求

液力传动油除作为工作介质外，还起润滑和冷却的作用，有时还一同作为液力机械传动装置及其液压操纵系统的工作介质，对机械传动部分进行润滑、冷却和操纵。因此，应根据具体结构和使用条件来选择油的种类。对液力传动油的基本要求见表 19-1-6。

表 19-1-6 液力传动油的基本要求

项目	说明
黏度	黏度是衡量工作油黏稠程度的指标，它表示液体流动时分子间摩擦阻力的大小。液力传动油的黏度应适当，过大和过小都不利。黏度过大引起液力元件流动损失大，效率降低，过小不能保证机械部分的良好润滑与密封。在保证良好润滑的前提下，黏度越小越好。一般要求，在 100℃时油的运动黏度 $\nu_{100}=(5\sim8)\times10^{-6}m^2\cdot s^{-1}$。在使用过程中，黏度可能变大或变小，当黏度变化超过新油黏度的 20%时，工作油必须更换
黏度指数	黏度随温度变化而变化的性能称为黏温性能，用黏度指数来表示。黏度变化越大，黏度指数越小。液力传动要求油的黏度指数大些，以保证低温和高温时都有良好的润滑性能，一般要求黏度指数大于 90～100，或者要求 50℃与 100℃时运动黏度之比 $\nu_{50}/\nu_{100}<4.5$
闪点	油受热蒸发与空气混合所形成的可燃气体，接触明火即燃烧的最低温度称为闪点。液力传动中，油温经常达到 80～110℃，有时甚至高达 150℃，故要求闪点高一些，一般要求闪点比最高工作油温高 40～60℃
凝点	工作油失去流动性能时的温度称为凝点。凝固主要是因油中含有固体石蜡的缘故，脱蜡越深，凝点越低。但高度脱蜡会使黏温性能变坏和油的价格提高。所以，要求凝点比使用气温稍低即可，一般为－40～－30℃
泡沫	液力传动要求油的抗泡沫性能良好。工作中产生泡沫过多，会使传递功率下降，效率降低，换挡失灵，冷却效果下降及油品加速老化。常用若干毫升油中气泡的个数来表示抗泡沫性，如 50/0 则表示 50mL 的油中有 0 个气泡
相对密度	有效直径相同的液力元件，工作油的相对密度越大，传递功率越大。故要求油的相对密度尽可能大
抗氧化安定性	抗氧化安定性不好，工作油很快变质，黏度增大，产生大量酸类、胶质、沥青和沉淀物，使腐蚀加剧并引起管道堵塞。因此，液力传动要求工作油具有良好的抗氧化性能
酸值	油中的酸值过大，腐蚀性增大。一般要求酸值低于(以 KOH 计)1.2～1.5mg/g

1.4.2 常用液力传动油

国内外液力传动用油的种类较多。国外液力传动油的分类是按照 ASTM（美国材料试验学会）和 API（美国石油学会）的分类方案，将液力传动油分为 PTF-1、PTF-2、PTF-3 等 3 类。目前我国将液力传动油归类到液压油分类标准（GB/T 7631.2—2003）中，产品代号为 HA（自动传动系统用油）和 HN（液力变矩器和液力偶合器用油），但是在其备注中指出 HA 和 HN 的组成和特性的划分原则待定。

国内一般采用 22 号汽轮机油或者液力传动专用油。

8 号液力传动油是以低黏度精制馏分油为基础油，然后加入增黏、降凝、抗磨、抗氧化、防锈、抗泡沫等添加剂制成，具有良好的黏温性、抗磨性和较低的摩擦因数，它接近于 PTF-1 级油，适用于轿车、轻型载货汽车的自动变速器。6 号液力传动油是以 22 号汽轮机油为基础油，再加入增黏、降凝、清净分散、抗氧化、抗腐、防锈、抗泡沫等添加剂制成。与 8 号液力传动油相比具有更好的抗磨性，但黏温性稍差，它接近于 PTF-2 级油，适用于内燃机车和重型货车的多级变矩器和液力偶合器。

对于液力元件与自动换挡控制系统共用同一种油的传动装置，一般可采用 8 号液力传动油。对于工程机械、风机、水泵等用的液力元件，可采用 6 号液力传动油。

内燃机车液力传动的专用油有Ⅰ和Ⅱ两种。

这些油的性能参数见表 19-1-7。

1.4.3 水基难燃液

限矩型液力偶合器在煤矿井下刮板输送机上得到广泛的应用。由于井下工况恶劣，屡有因液力偶合器高温喷油引起火灾的事故发生。目前，已有几种国产的水基难燃液用于井下的限矩型液力偶合器，其理化性能见表 19-1-8。

表 19-1-7　　液力传动用油的性能参数指标

性　能	22 号汽轮机油	8 号液力传动油	6 号液力传动油	内燃机车液力传动专用油	
				Ⅰ	Ⅱ
相对密度(20℃)	0.901	0.860	0.872	0.872	0.865
黏度/$10^{-6}m^2\cdot s^{-1}$				23.6(50℃) 5.8(100℃)	23.2(50℃) 5.9(100℃)
运动黏度比($\nu_{50}/\nu_{100}\leqslant$)		3.6	4.2	4.1	3.9
闪点(不低于)/℃	180	150	180	197	190
凝点(不高于)/℃	−15	−50 −25①	−25	−25	−38
氧化后酸值(以 KOH 计)/mg·g^{-1}	0.02			1.03	1.11
铜片腐蚀(100℃×3h)		合格	合格		
抗泡沫性/mL		50/0(93℃)	55/0(120℃)	10/0(120℃)	
		25/0(24℃)	10/0(80℃)	10/0 (80℃)	
抗乳化度时间(≤)/min	8				
临界载荷(≥)/N		785	824	824	785
灰分/%				0.21	0.22
磨损直径(2.94MPa/20min)/mm				0.332	0.41
颜色	无色透明	红色透明	浅黄色透明	淡黄色透明	淡黄色透明

① −50℃适用于长城以北地区，−25℃适用于长城以南地区。

表 19-1-8　　国内液力传动水基难燃液性能参数

性能指标		WG-5	MCD	HW-3A	HW-4	KYP	HG-3
浓缩物	外观	红色透明液体	红棕色液体	深红色固体粉末	深红色透明液体	双液型不透明液体	深褐色透明油状物
	闪点/℃	—	>130	—	—	KYP-1>130 KYP-2 无	240
	与水配比	55∶45	5∶95	3∶97	根据需要①	4∶96	5∶95
配制后难燃液性能							
相对密度		1.038	1.006	1.01	1.03～1.08	1.01	0.99
闪点/℃		—	—	—	—	—	—
黏度(50℃)/$10^{-6}m^2\cdot s^{-1}$		2.82	1	0.93	1.04	0.94	1.05

续表

性能指标		WG-5	MCD	HW-3A	HW-4	KYP	HG-3
配制后难燃液性能							
凝点/℃		−40		−5	−70～−10	−5	−2
pH 值		8.1	8	8～9	10～11	8	7.5～8.5
稳定性	高温		120℃,3h 不分层	90℃,2h 不分层	90℃,2h 不分层	90℃,48h 不分层	90℃,400h 不分层
稳定性	高速离心			2000r/min 30min 不分层	2000r/min 30min 不分层	1000r/min 30min 不分层	5500r/min 30min 不分层
发泡消泡	发泡高度/mL	300		20	5	20	48
发泡消泡	消泡时间/s	150	600	180	30	150	285
抗磨性能	P_B/N	980	490	618	510		785
抗磨性能	P_d/N			4903	1236		1569
抗磨性能	d_t^p/mm	$d_{30}^{30}=0.56$	$d_{30}^{40}=0.6$	$d_{30}^{40}=0.76$	$d_{30}^{40}=0.59$	$d_{60}^{20}=0.73$	$d_{30}^{40}=0.54$～0.64
抗腐性能		对铝、钢、铜 50℃静泡 48h,50℃,1200r/min,200h,无锈蚀	铝 65℃,1.92×10^{-2}mm/年 钢 65℃,8.7×10^{-2}mm/年	铜、钢、铁、铝、标准试片 90℃ 24h 质量变化 <5/10000g	铜、钢、铁、铝、标准试片 90℃ 24h 质量变化 <5/10000g	铝 100℃,48h 质量损失 0.035% 钢 100℃,48h 质量损失 0.03%	铝 90℃,400h,1.08×10^{-2}mm 钢 90℃,400h,4.73×10^{-3}mm
水质适应范围		蒸馏水或去离子水	≤500×10^{-6} 生活用水	≤500×10^{-6} pH6～11 自来水或矿井水	≤500×10^{-6} pH6～11 自来水或矿井水	≤160×10^{-6}	≤500×10^{-6} pH5～7 自来水
橡胶密封适应性		40℃,1个月质量、体积无变化	70℃,168h 质量变化 <6%	质量变化 <1%	质量变化 <1%	100℃,24h 质量变化 <8.6%	90℃,400h 质量变化 <3.09%
工业经验		装机试验 5个月无异常	装机试验一年无异常	装机试验 5664h 无异常	装机试验 1904h 无异常	装机试验 106天 无异常	装机试验 16个月 无异常

① HW-4 适于露天使用。根据需要改变水的对比度，凝点可从−70～−10℃变化，表中的参数水的配比为 90%。

第2章　液力变矩器

2.1　液力变矩器的工作原理、特性

2.1.1　液力变矩器的工作原理

2.1.1.1　液力变矩器的基本结构

最简单的液力变矩器是由泵轮、涡轮、导轮三个元件组成的单级单相三元件液力变矩器，基本结构如图 19-2-1 所示。液力变矩器的工作腔内充满工作液体，利用工作液体的旋转运动和沿工作叶轮叶片流道的相对运动构成工作液体的复合运动，实现能量的传递和转换。单级三元件液力变矩器主要零部件的连接与作用见表 19-2-1。

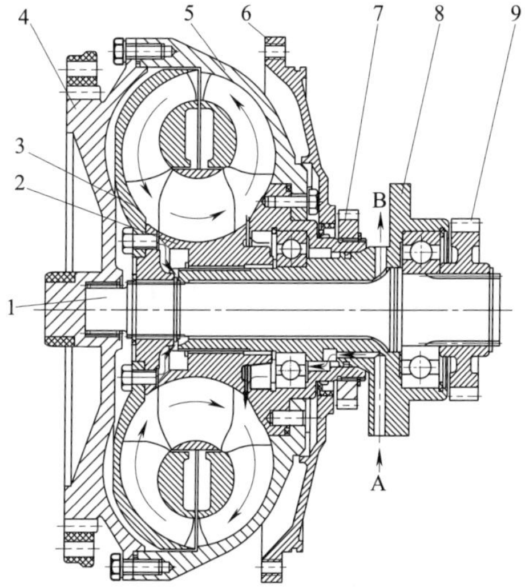

图 19-2-1　单级三元件液力变矩器结构
A—工作液进口；B—工作液出口；
1—涡轮轴；2—导轮；3—涡轮；4—驱动轮；
5—泵轮；6—隔板；7—油泵主动齿轮；
8—导轮座；9—变速箱主动齿轮

2.1.1.2　液力变矩器的工作过程和变矩原理

(1) 液力变矩器的工作过程

连接液力变矩器泵轮的驱动轮在动力机带动下旋转，导致泵轮叶片流道内的工作液体产生环绕变矩器轴线的旋转运动和向泵轮叶片流道出口方向的流动，使泵轮叶片流道内的工作液体获得速度和动能，实现动力机机械能向工作液体动能的转换。获得动能的工作液体从泵轮叶片流道出口流向涡轮叶片流道入口，进入涡轮叶片流道冲击涡轮叶片，使涡轮获得转速和转矩，实现工作液体动能向机械能的转换；涡轮带动涡轮轴旋转，将机械能传递至变速箱主动齿轮，从而实现动力机输出能量至变速箱主动齿轮的非机械刚性连接传递过程。能量转换后的工作液体从涡轮叶片流道出口流出，部分流向导轮叶片流道入口，经导轮叶片流道流向导轮叶片流道出口，从泵轮叶片流道入口进入泵轮叶片流道，重新加入工作循环；从涡轮叶片流道出口流出的另外一部分工作液体，经导轮座与涡轮轴之间的间隙，流向导轮座上的工作液体出口，进入冷却循环系统，最后流入变速箱内的工作液池。同时，为保证液力变矩器工作时工作腔内充满工作液体，并保证工作液体具有一定的压力，工作液池内的

表 19-2-1　单级三元件液力变矩器主要零部件的连接与作用

名称	连接与定位	主 要 作 用
泵轮	左端与驱动轮螺栓连接，右端与泵轮毂螺栓连接；泵轮毂用单列向心轴承支撑于导轮座上；单列向心轴承外圈被泵轮毂轴承座及孔用弹性挡圈轴向定位，内圈被导轮及导轮座台肩轴向定位	将传递来的动力机的机械能转变为工作液体的动能，实现动力机机械能向工作液体动能的转换 代号：B
涡轮	与涡轮毂螺栓连接，涡轮毂与涡轮轴键连接，涡轮毂左右两侧被涡轮轴上的轴用弹性挡圈轴向定位	将泵轮产生的工作液体的动能转换为涡轮旋转机械能，通过涡轮轴输出 代号：T
导轮	与导轮座键连接，左侧被导轮座上的轴用弹性挡圈轴向定位，右侧与支撑泵轮的单列向心轴承的内圈压紧实现轴向定位	将完成能量转换后从涡轮叶片流道出口流出的工作液体引导流向泵轮，实现工作液体在叶轮流道内的循环，并承受涡轮与泵轮的转矩差 代号：D

续表

名称	连接与定位	主要作用
驱动轮	左侧与动力机输出连接,右侧与泵轮螺栓连接	将动力机产生的机械能传递给泵轮
导轮座	右侧与变速箱壳体螺栓连接	支撑和固定导轮,防止导轮旋转和轴向移动;支撑泵轮轴承;开有工作腔内工作液体的进出口通道,保证工作液体在液力变矩器工作时的正常进出循环冷却
涡轮轴	用单列向心轴承支撑于导轮座;单列向心轴承外圈被导轮座的轴承座及孔用弹性挡圈轴向定位,内圈被与涡轮轴键连接的变速箱主动齿轮、轴用弹性挡圈和涡轮轴台肩轴向定位	将涡轮产生的机械能输出到变速箱主动齿轮

工作液体被泵吸出，过滤后经导轮座上的工作液体进口进入泵轮叶片流道进口，加入能量转换过程。

(2) 液力变矩器的变矩原理

在稳定工况下，循环腔中工作液体作用于泵轮的转矩、涡轮的转矩、导轮的转矩的代数和等于零。

$$T_{BY}+T_{TY}+T_{DY}=0 \tag{19-2-1}$$

式中 T_{BY}——工作液体作用于泵轮的转矩，即泵轮液力转矩，N·m；

T_{TY}——工作液体作用于涡轮的转矩，即涡轮液力转矩，N·m；

T_{DY}——工作液体作用于导轮的转矩，即导轮液力转矩，N·m。

因液力变矩器工作轮的机械效率均接近于100%，在不考虑机械效率的情况下，存在以下关系

$$\begin{cases}T_{BY}=T_B\\T_{TY}=T_T\\T_{DY}=T_D\end{cases} \tag{19-2-2}$$

式中 T_B——泵轮转矩，N·m；

T_T——涡轮转矩，N·m；

T_D——导轮转矩，N·m。

因此，存在液力变矩器各工作轮转矩平衡方程

$$T_B+T_T+T_D=0 \tag{19-2-3}$$

式（19-2-3）也可写成

$$-T_T=T_B+T_D$$

由上式看出，在偶合工况点以下，$T_D>0$，因此$|-T_T|>|T_B|$。由于导轮的存在，液力变矩器能够变矩。

2.1.1.3 液力变矩器常用参数及符号

表 19-2-2 液力变矩器常用性能参数及符号

符号/单位	名称	说明
i	转速比	涡轮转速与泵轮转速之比 $i=\frac{n_T}{n_B}$
i^*	最高效率转速比	与最高效率 η^* 对应的转速比
i_P	许用最低效率下的转速比	与液力变矩器许用最低效率 η_P对应的转速比
i_{P1}	高效区起点转速比	效率曲线与 η_P交点的低值转速比
i_{P2}	高效区终点转速比	效率曲线与 η_P交点的高值转速比
i'	负透穿与正透穿分界转速比	在泵轮转矩系数特性曲线中具有混合透穿特性的液力变矩器正透穿性与负透穿性分界的转速比
i_K	偶合器工况转速比	在偶合器工况($K=1$)条件下的转速比
K	变矩系数	负的涡轮转矩与泵轮转矩之比 $K=-\frac{T_T}{T_B}$
K_0	失速工况变矩系数	失速工况($i=0$)条件下的变矩器变矩系数
K_P	许用变矩系数	与 η_P对应的变矩器变矩系数
K'_P	高效区起点变矩系数	与转速比 i_{P1}对应的变矩系数
K''_P	高效区终点变矩系数	与转速比 i_{P2}对应的变矩系数

续表

符号/单位	名　称	说　明
K^{D}	动态变矩系数	非稳定状态下(如车辆加速、制动、振动、冲击等)变矩器的变矩系数 $$K^{D}=-\frac{T_{T}^{D}}{T_{B}^{D}}$$
η	液力变矩器的效率	$\eta=Ki$
η_{P}	许用最低效率	正常工作允许的最低效率。对工程机械 $\eta_{P}=0.75$，对汽车 $\eta_{P}=0.80$
η^{*}	最高效率	液力变矩器能够达到的最高效率
G_{η}	高效区范围	由变矩器效率曲线和许用最低效率水平直线所构成的转速比范围 $$G_{\eta}=\frac{i_{P2}}{i_{P1}}$$
η^{D}	动态变矩器效率	非稳定状态下(如车辆加速、制动、振动、冲击等)变矩器的效率
$\lambda_{B}/(r\cdot min^{-1})^{-2}\cdot m^{-1}$	泵轮转矩系数	当循环圆有效直径 $D=1m$、泵轮转速 $n_{B}=1r/min$ 及$\rho g=1N/m^{3}$时泵轮上的转矩
$\lambda_{B0}/(r\cdot min^{-1})^{-2}\cdot m^{-1}$	失速工况时的泵轮转矩系数	在失速条件下($i=0$)的泵轮转矩系数
$\lambda_{BK}/(r\cdot min^{-1})^{-2}\cdot m^{-1}$	偶合器工况下的泵轮转矩系数	在偶合器工况下($i=i_{K}$,$K=1$)的泵轮转矩系数
$\lambda_{B}^{*}/(r\cdot min^{-1})^{-2}\cdot m^{-1}$	最高效率工况下的泵轮转矩系数	与最高效率 η^{*} 对应的泵轮转矩系数
$\lambda_{B}^{D}/(r\cdot min^{-1})^{-2}\cdot m^{-1}$	动态泵轮转矩系数	非稳定状态下(如车辆加速、制动、振动、冲击等)变矩器的泵轮转矩系数
T	透穿性系数	失速工况时的泵轮转矩系数与偶合器工况下的泵轮转矩系数的比值，即 $\lambda_{B0}/\lambda_{BK}$
$Q/m^{3}\cdot s^{-1}$	工作液体循环流量	在变矩器工作腔各叶轮中往复循环的体积流量
$\overline{q}$	无量纲流量	$\overline{q}=\frac{Q}{R^{3}\omega_{B}}$，$R$ 为特征半径

表 19-2-3　液力变矩器叶轮结构、性能参数常用符号

符号/单位	名　称	说　明
R_{ji}/m	叶轮循环圆中间流线半径	j 替换为 B 代表泵轮，T 代表涡轮，D 代表导轮 i 替换为 1 代表叶轮进口，2 代表叶轮出口
r_{ji}/m	叶轮循环圆中间流线无量纲半径	
$\beta_{ji}/(°)$	液流角(叶片角)	j 替换为 B 代表泵轮，T 代表涡轮，D 代表导轮 i 替换为 1 代表叶轮进口，2 代表叶轮出口，除液力计算内容外也代表叶片角
$\beta_{yji}/(°)$	叶片角	
b_{ji}/m	叶轮流道轴面宽度	j 替换为 B 代表泵轮，T 代表涡轮，D 代表导轮 i 替换为 1 代表叶轮进口，2 代表叶轮出口
δ_{ji}/m	叶片法向厚度	
A_{ji}/m^{2}	进出口处叶轮流道与轴面速度垂直的流道截面积	
a_{ji}	进出口处无量纲过流面积	
α_{ji}	进出口处综合无量纲参数	
l_{j}/m	叶轮循环圆上中间流线长度	
Z_{j}	叶片数	
$\omega_{j}/rad\cdot s^{-1}$	叶轮旋转角速度	
$n_{j}/r\cdot min^{-1}$	叶轮转速	
$v_{ji}/m\cdot s^{-1}$	工作液体平均绝对速度	
$u_{ji}/m\cdot s^{-1}$	工作液体圆周速度	

续表

符号/单位	名　　称	说　　明
w_{ji}/m·s^{-1}	工作液体相对速度	j 替换为 B 代表泵轮，T 代表涡轮，D 代表导轮 i 替换为 1 代表叶轮进口，2 代表叶轮出口
v_{mji}/m·s^{-1}	工作液体轴面分速度	
v_{uji}/m·s^{-1}	工作液体圆周分速度	
T_{jY}/N·m	叶轮液力转矩	
T_j/N·m	叶轮转矩	
T_j^D/N·m	叶轮动态转矩	
H_j/m	叶轮理论能头	
h_j	叶轮理论无量纲能头	
η_{jY}	叶轮的液力效率	
η_{jM}	叶轮的机械效率	
η_v	变矩器容积效率	

2.1.2　液力变矩器的特性

液力变矩器各种性能参数变化的规律即为液力变矩器特性，反映液力变矩器特性的曲线称为液力变矩器特性曲线，液力变矩器特性分类如下。

液力变矩器的特性
- 静态特性
  - 外特性
  - 原始特性
  - 全特性
  - 输入特性
- 动态特性

表 19-2-4　　液力变矩器的特性

分　　类		说　　明
静态特性	外特性	在牵引工况(即正常工况)条件下，液力变矩器的泵轮转速 n_B(或泵轮转矩 T_B)一定时，反映泵轮转矩 T_B(或泵轮转速 n_B)、涡轮转矩 T_T、变矩器效率 η 随涡轮转速 n_T 变化的规律为液力变矩器的外特性。图(a)为具有不同透穿性液力变矩器的外特性曲线 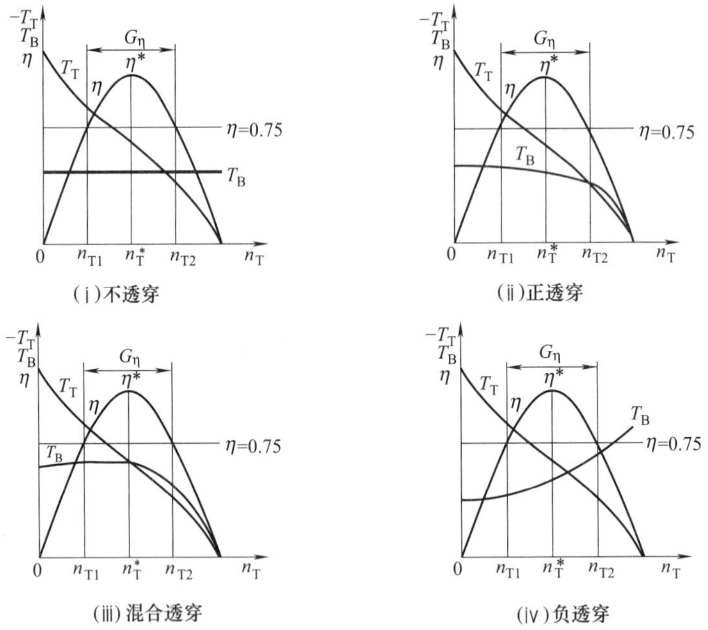 图(a) 液力变矩器的典型外特性曲线 液力变矩器在使用过程中，泵轮转速 n_B受动力机控制因素的影响会产生变化。泵轮在不同转速条件下的液力变矩器外特性曲线族，构成液力变矩器的通用外特性曲线。图(b)为具有正透穿外特性液力变矩器的通用外特性曲线(从左至右分别为不同泵轮转速 n_{B1}、n_{B2}、n_{B3}、n_{B4}所对应的液力变矩器外特性曲线，且 $n_{B1}<n_{B2}<n_{B3}<n_{B4}$)

续表

<table>
<tr><th colspan="2">分　类</th><th>说　明</th></tr>
<tr><td rowspan="3">静态特性</td><td>外特性</td><td>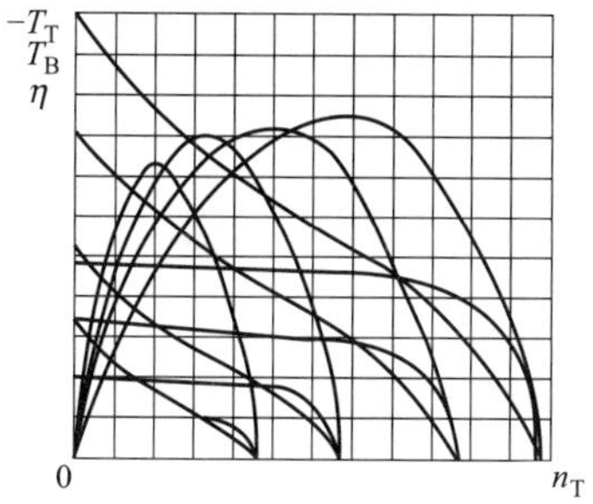

图(b) 具有正透穿外特性的液力变矩器通用曲线</td></tr>
<tr><td>原始特性</td><td>在牵引工况(即正常工况)条件下,反映液力变矩器泵轮转矩系数 λ_B、效率 η、变矩系数 K 随转速比 i 的变化规律即为液力变矩器的原始特性。液力变矩器的原始特性消除了不同泵轮转速对变矩器特性的影响,表示一系列几何相似、运动相似和动力相似变矩器所共同具有的特性。图(c)为具有混合透穿性液力变矩器的原始特性曲线
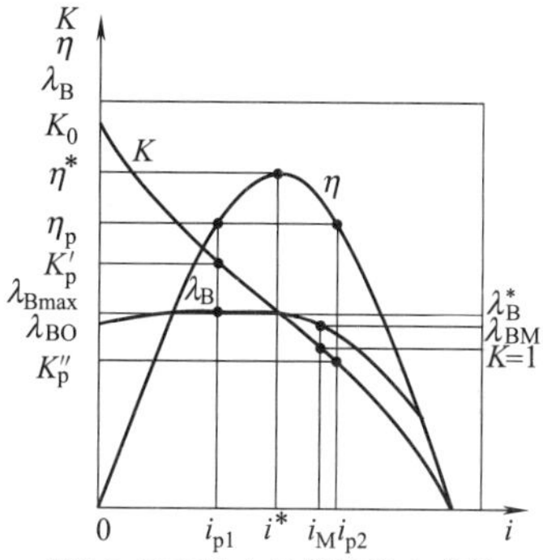

图(c) 具有混合透穿性液力变矩器的原始特性曲线
在实际使用或采用相似法设计液力变矩器时,若使用或设计的泵轮转速与试验获得原始特性曲线的泵轮转速相差很大(如超过 40%)的情况下,反映变矩器原始特性的 λ_B和 λ_T会产生较大变化;如果循环圆有效直径的实际值 D_S与取得原始特性曲线试验用变矩器循环圆有效直径 D_M相差过大,也将产生性能上的差别。对一系列几何相似的液力变矩器,在泵轮转速 n_B、工作液体密度 ρ、循环圆有效直径 D 不同的条件下,很难做到完全的动力相似,原始特性在严格程度上不是完全相同的</td></tr>
<tr><td>全特性</td><td>包括液力变矩器全部可能工况,即牵引工况、反转工况和反传工况时的外特性曲线或原始特性曲线称作液力变矩器的全特性曲线,见图(d),其纵坐标为无量纲转矩。图中的三种液力变矩器的全特性曲线形状不同,主要与工作轮的布置、叶片参数与形状、液力变矩器的结构形式以及透穿性有关
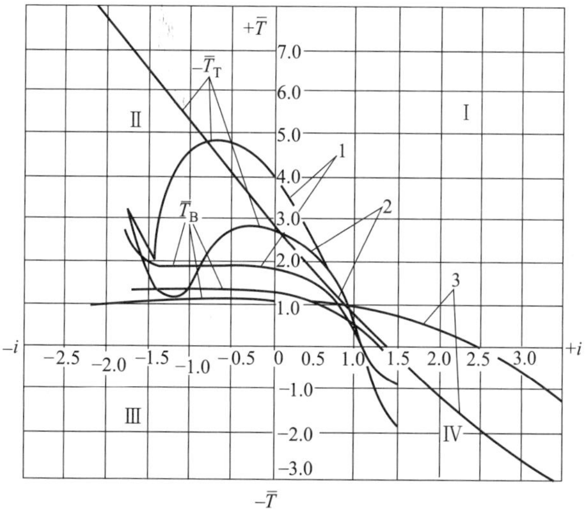

图(d) 液力变矩器的全特性曲线</td></tr>
</table>

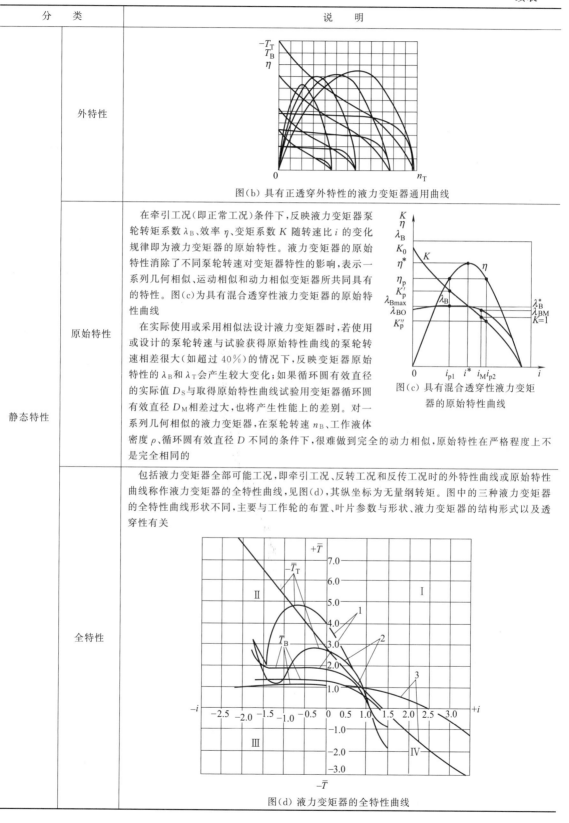

续表

分类		说明
静态特性	全特性	全特性曲线综合表示了液力变矩器在各种可能工作条件下的特性 ①牵引工况　在该工况下，$-T_T$、T_B、i 均为正值，特性曲线在第Ⅰ象限内表示。在牵引工况能量是由泵轮传至涡轮的。汽车和工程机械正常行驶或机械设备正常运行时液力变矩器工作在牵引工况 ②反转工况　此时 i 为负值，但转矩 $-T_T$ 和 T_B 仍为正值，特性曲线位于第Ⅱ象限内。在汽车和工程机械中，液力变矩器的反转工况发生在爬坡倒滑的情况下，此时下滑迫使涡轮反转，液力变矩器实际上起制动作用 ③反传工况　此时 $-T_T<0$，$i>0$，特性曲线在第Ⅳ象限内。在汽车和工程机械中，液力变矩器的反传工况可能发生在下坡行驶和拖车启动发动机的情况下，此时泵轮与涡轮同向旋转，但涡轮转速超过泵轮转速，而且涡轮变为主动部分，泵轮变为被动部分。发动机可能产生制动转矩阻止车辆下坡时的加速行驶。在常用汽车液力变矩器的特性中，$-T_T$ 是在点 $i=1$ 前后转变符号的，当 $i>1$，$n_T>n_B$ 时，$-T_T<0$，因此在汽车中常把反传工况称作超越工况。在反传工况，涡轮向变矩器输入能量，如 $T_B>0$，则泵轮也输入能量，此时变矩器起制动作用，如 $T_B<0$，则能量由涡轮传至泵轮 必须指出，在发动机连续工作的情况下，不论是反转工况还是反传工况时的制动情况（$-T_T<0$，$T_B>0$），传至泵轮和涡轮的机械能都将消耗在液力变矩器的工作液体中转变为热能。在这些工况下，液力变矩器工作油的温升很快，不允许在此工况下长时间工作 各种液力变矩器的一个共同缺点是在反向传递功率时，效率较低。这是因为液力变矩器的叶片系统一般都是根据在牵引工况下获得良好性能的观点来进行设计的，而在反传工况下，叶片的工作性能很差。例如在牵引工况下，液力变矩器的变矩比 $K=2\sim6$；而在反传工况下，变矩比可能低于 1。所以，液力传动车辆用发动机进行制动和用拖车启动发动机时，要比机械传动车辆困难得多 为了保证液力传动车辆能可靠地利用发动机制动或拖车启动发动机，可采用如下措施 ①采用闭锁式的液力变矩器，当需要发动机制动或拖车启动发动机时，可将液力变矩器的泵轮和涡轮闭锁 ②采用在内环中带有辅助径向叶片的液力变矩器。辅助叶片与内环形成一个液力偶合器，当液力变矩器在牵引工况时辅助叶片没有明显的影响，但在反传工况时，可利用它显著增大由涡轮传至泵轮的转矩 ③安装液力减速器作辅助制动装置。制动转矩大小的调节是由改变工作液体在液力减速器内的充液量来实现的
	输入特性	反映不同转速比条件下，泵轮转矩 T_B 随泵轮转速 n_B 的变化规律即为输入特性。输入特性曲线可供液力变矩器与动力机匹配时使用。图(e)为不同透穿性液力变矩器的输入特性曲线 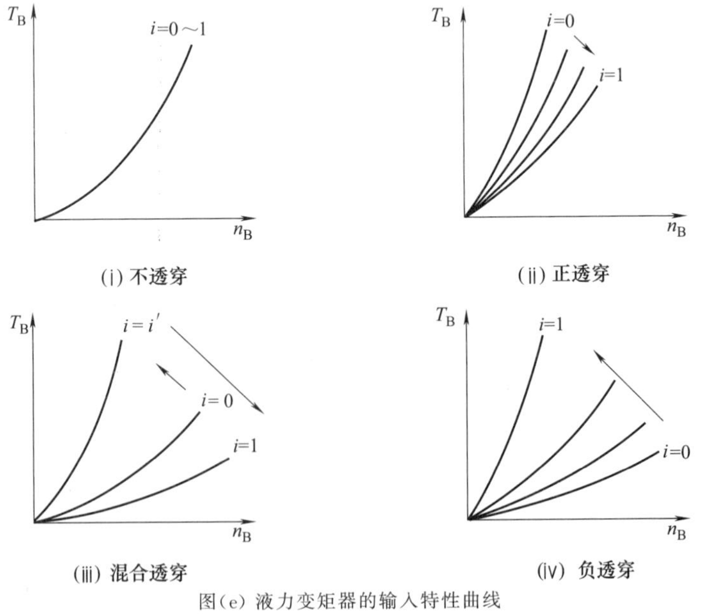 图(e) 液力变矩器的输入特性曲线

续表

分　类	说　明
动态特性	液力变矩器在车辆起步、加速、制动、振动、冲击等非稳定状态下工作时的特性称为动态特性。动态特性曲线描述液力变矩器泵轮动态转矩 T_B^D 及其角速度 ω_B、涡轮的动态转矩 T_T^D 及其角速度 ω_T、转速比 i 与时间 t 的关系。实际测定液力变矩器在不同的非稳定状态下的动态特性参数，数据整理后绘制液力变矩器的动态特性曲线

2.2　液力变矩器的分类及主要特点

表 19-2-5　　液力变矩器分类

分类方法	类　型	分类方法	类　型
工作轮排列顺序	B—T—D(泵轮—涡轮—导轮)(正转)	可实现的传动形态	单相
	B—D—T(泵轮—导轮—涡轮)(反转)		两相
刚性连接涡轮数量	单级		多相
	两级	涡轮形式	轴流式
	三级		离心式
	多级		向心式
导轮数量	单导轮	泵轮与涡轮能否闭锁	闭锁式
	双导轮		非闭锁式
泵轮数量	单泵轮	变矩器特性是否可调	可调式
	双泵轮		不可调式
非刚性连接涡轮数量	单涡轮		
	双涡轮		

表 19-2-6　　典型液力变矩器简图、基本特点及其特性曲线

类　型	简　图	基 本 特 点	特 性 曲 线
正转 (B—T—D)	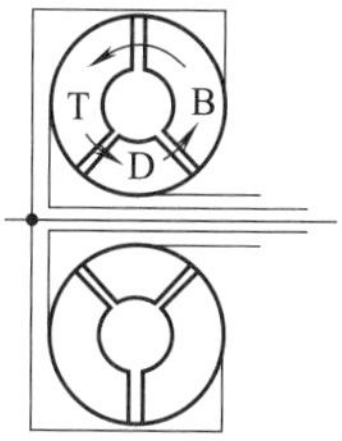	可能获得的失速变矩比比反转型大；泵轮转矩 T_B 只与泵轮转速 n_B、流量 Q 有关。采用不同的涡轮形式，可具有不同的流量变化特性和多种透穿性能	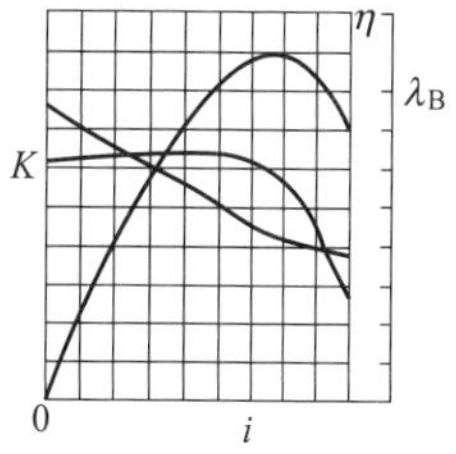
反转 (B—D—T)	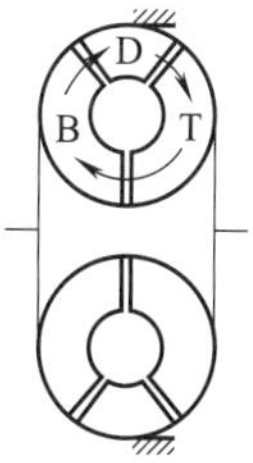	导轮为轴流式，可能获得的失速变矩比小于 B—T—D 型；泵轮入口液流取决于涡轮出口液流；泵轮转矩 T_B 在不同工况下受流量 Q 和涡轮转速 n_T 的直接影响；受泵轮入口、涡轮入口液流方向变化剧烈引起冲击损失增大的影响，效率低于正转型	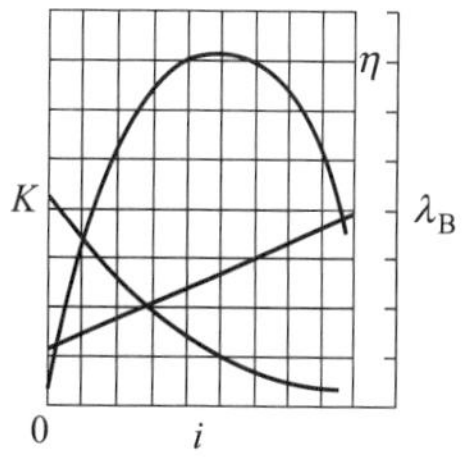

续表

类型	简图	基本特点	特性曲线
向心式	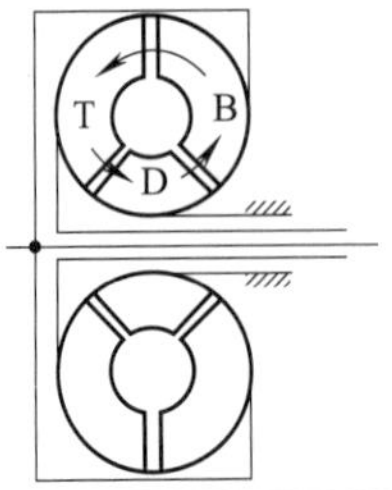	最高效率 η^* 高于其他形式涡轮液力变矩器，可达 86%～91%；具有较大的透穿性选择范围，甚至可以达到负透；能容大于其他形式涡轮液力变矩器；失速变矩比 K_0 较低，但在高效区的 K 较高	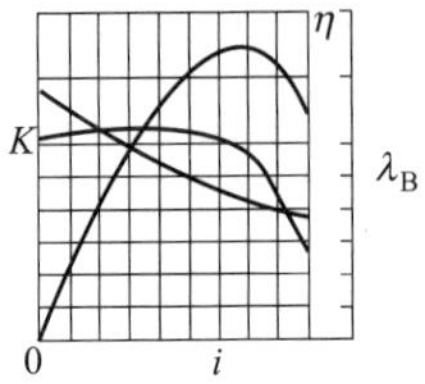
离心式	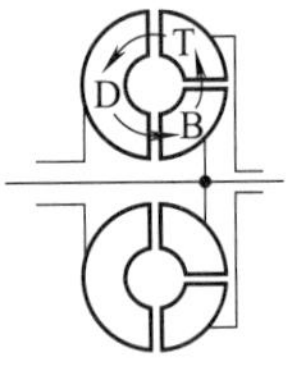	流量变化范围窄，可获得小的正透穿、负透穿率或基本不透穿性能	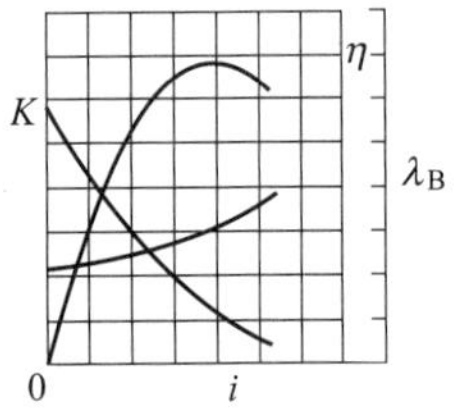
轴流式	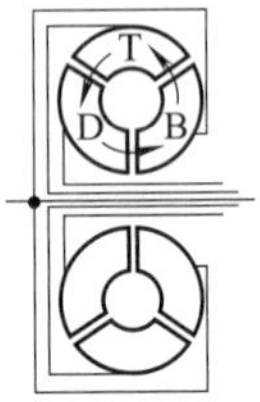	流量变化范围较窄，只能获得小的正透穿或基本不透穿性能	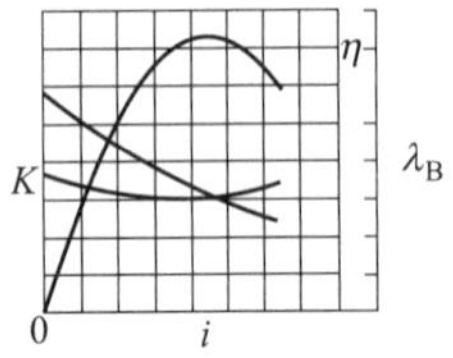
单级单相（三元件导轮固定）	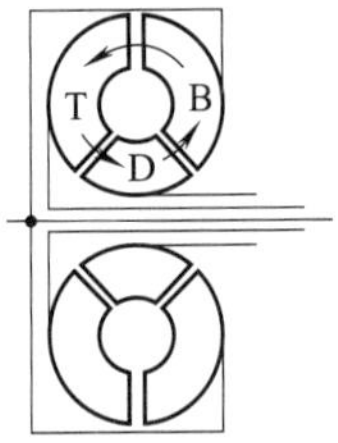	在全部类型液力变矩器中，为结构最简单、工作最可靠、制造和维修最方便、性能最稳定类型，最高效率一般不低于 86%，失速变矩比一般为 3～4	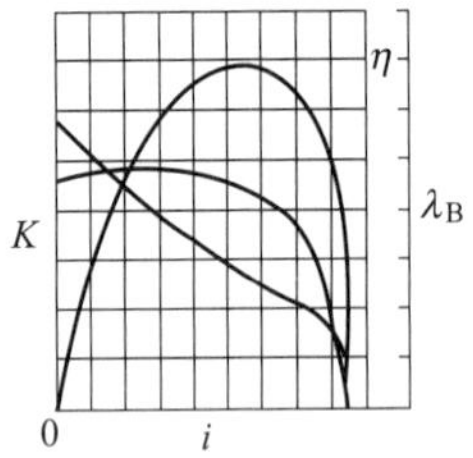
综合式	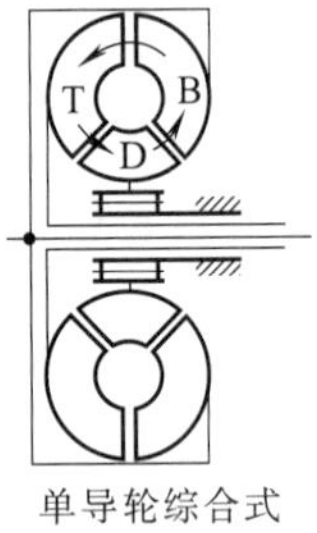 单导轮综合式	效率一般可达到 88%～92% 因具有偶合器工况，最高效率可达 95%～97%	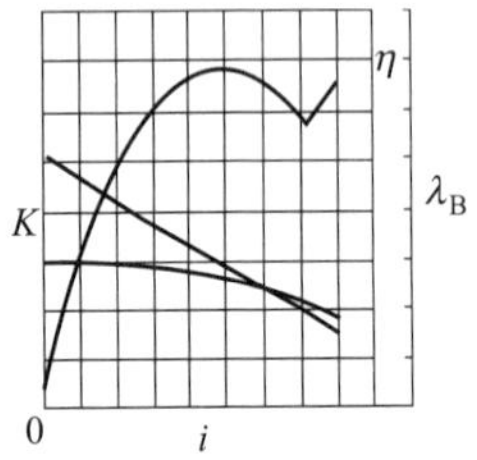
	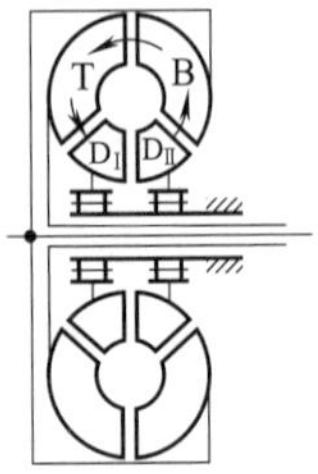 双导轮综合式		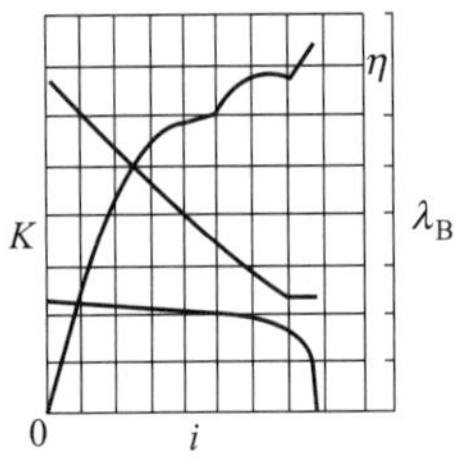

续表

类　型	简　图	基本特点	特性曲线
双泵轮可变能容	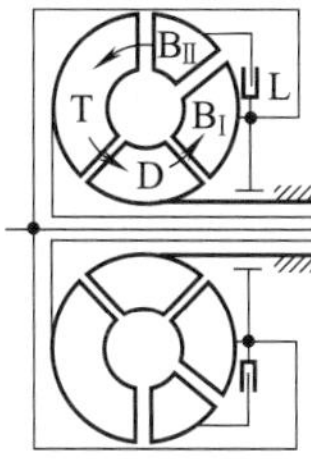	离合器 L 分离，能容最小；离合器 L 完全接合，能容最大；离合器 L 部分接合，能容处于最大与最小之间；通过改变能容，可充分利用发动机的功率	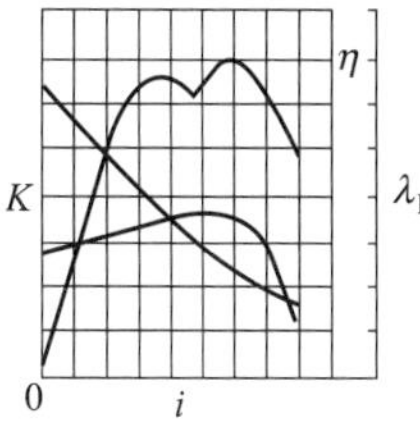
双涡轮	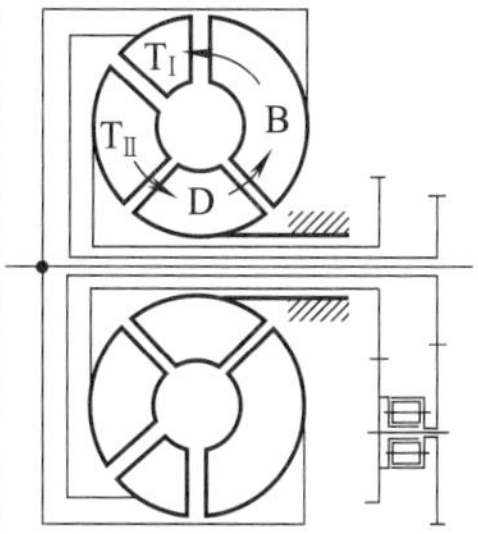	为液力机械内分流变矩器，需机械汇流机构；可获得较宽的高效区、宽广平滑的转矩变化范围，变速箱挡位可减半；最高效率低于综合式 2%～3%	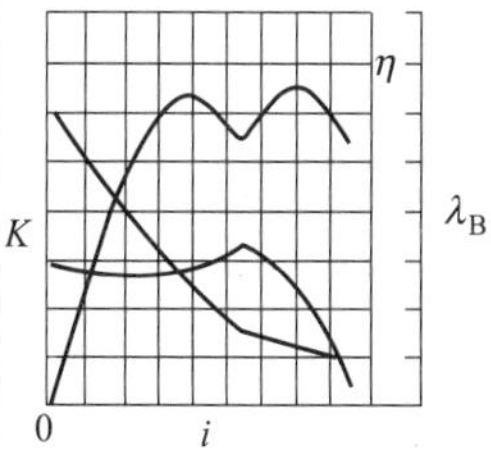
单级四相双泵轮	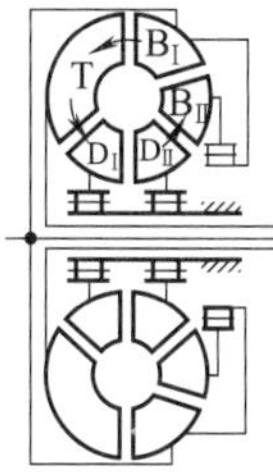	可减少低转速比的冲击损失，提高低转速比效率；可增大能容	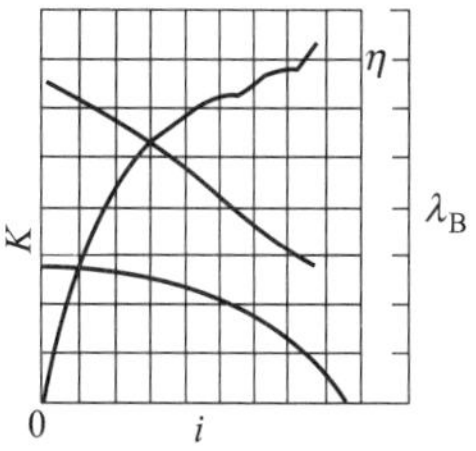
导轮可反转	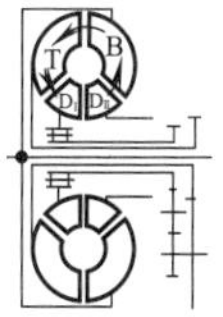单向轮结构	可获得较大的失速变矩系数，使变速箱结构大为简化；最高效率可达 85%，高效区范围较宽；结构比较复杂	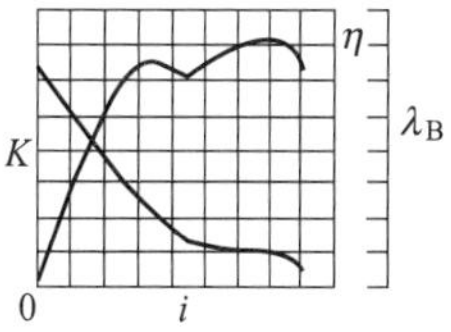
	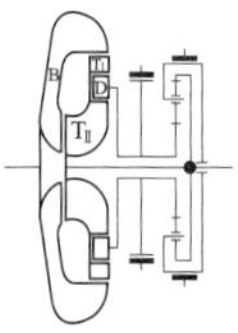摩擦制动器结构		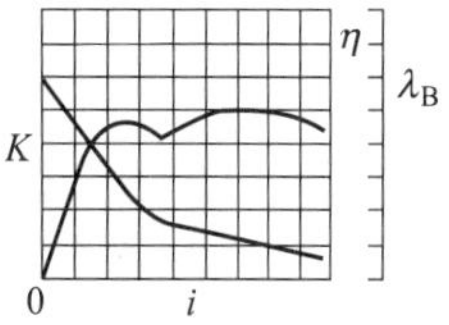
闭锁式	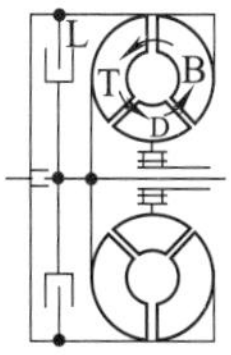闭锁时涡轮转动	高转速比条件下由液力传动改变为纯机械传动，提高传动效率	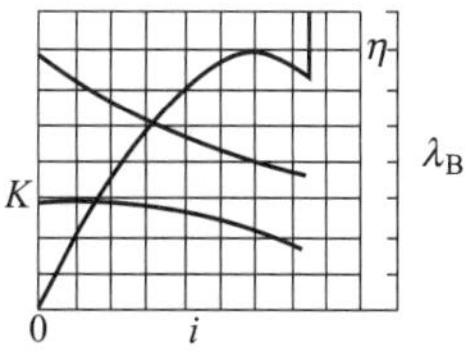

续表

类　　型	简　　图	基本特点	特性曲线
闭锁式	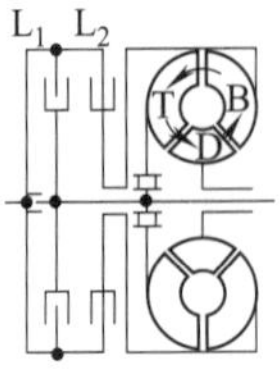 闭锁时叶轮不转动	高转速比条件下由液力传动改变为纯机械传动，提高传动效率，但结构复杂	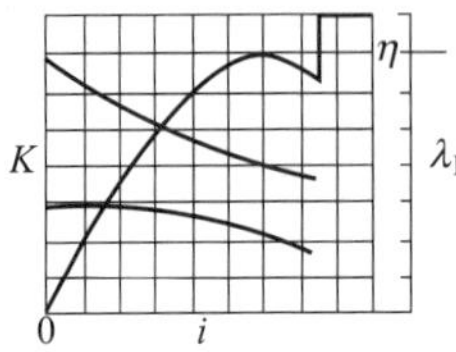
可调式	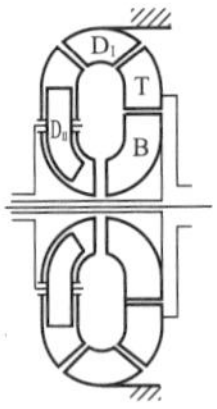 导轮叶片旋转可调式 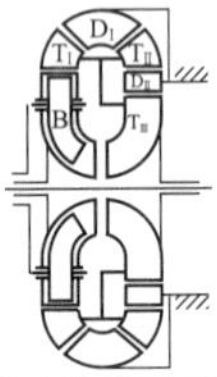 泵轮叶片旋转可调式	可根据负荷情况，强制改变液力变矩器的外特性	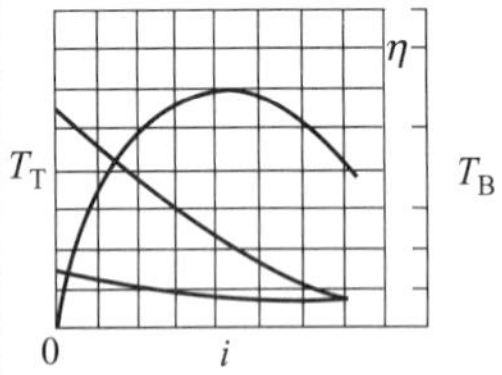

2.3　液力变矩器的压力补偿及冷却系统

为避免液力变矩器工作腔内压力过低而产生汽蚀，并降低因功率损失产生的大量热量导致的工作液体过高温升，需要采用补偿泵将工作液体以一定的压力和流量输送到液力变矩器内，形成工作液的压力补偿和冷却循环。液力变矩器工作液体循环路径见图19-2-2；典型的液力变矩器外部压力补偿及冷却循环系统见图19-2-3。

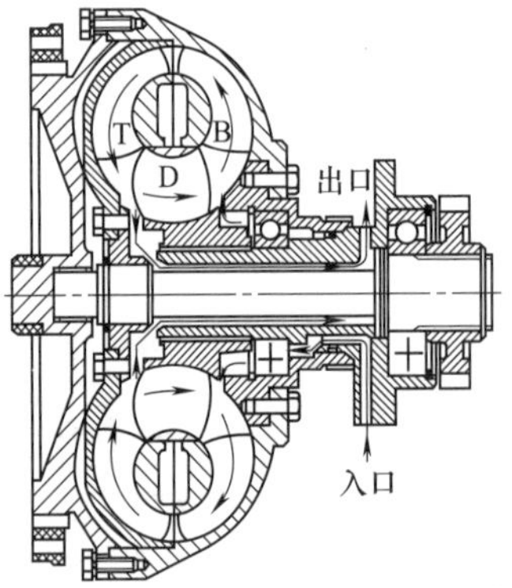

图19-2-2　液力变矩器工作液体循环路径

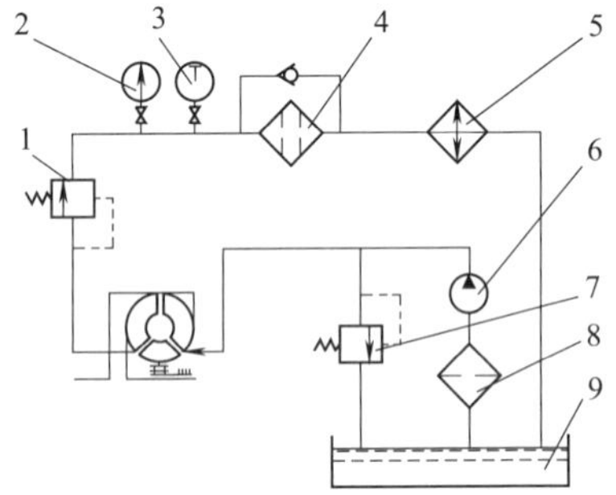

图19-2-3　液力变矩器外部压力补偿及冷却循环系统原理

1—背压阀；2—压力表；3—油温表；4—精滤油器；5—冷却器；6—液压泵；7—安全阀；8—粗滤油器；9—油箱

2.3.1　补偿压力

为消除汽蚀，泵轮进口处工作液体应具有的最小补偿压力 p_{bmin} 值可按式（19-2-4）计算

$$p_{bmin}=p_t+Cn_B^2D^2 \qquad (19\text{-}2\text{-}4)$$

式中　p_{bmin}——最小补偿压力，MPa；

p_t——工作液体的汽化压力，通常取 $p_t=0.098$MPa；

C——抗汽蚀稳定性系数，MPa·(r·min^{-1})$^{-2}$·m^{-2}。

受汽蚀现象复杂性及诸多影响因素的限制，抗汽蚀稳定性系数 C 只能采用试验的方法确定。试验时保持泵轮转速 n_B 和涡轮转速 n_T 为定值（即保持某一恒定工况），在不同补偿压力 p_b 下测定泵轮转矩 T_B 和涡轮转矩 T_T。当补偿压力 p_b 足够大时，测定参数值（或泵轮转矩系数 λ_B 和涡轮转矩系数 λ_T）或效率 η 不变；当补偿压力 p_b 小于某一极限值 p_{bmin} 时，转矩系数和效率开始下降；随补偿压力值的降低，转矩系数和效率值急剧下降，并伴随着产生噪声。在一定转速比下，液力变矩器的汽蚀特性曲线如图 19-2-4 所示。

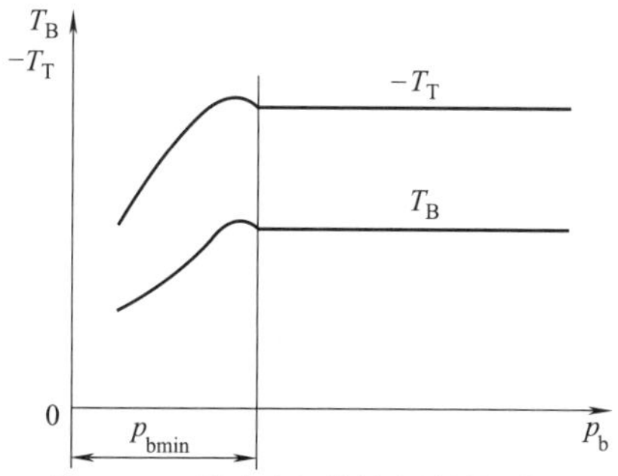

图 19-2-4　液力变矩器的汽蚀特性曲线

将 p_{bmin} 值代入式（19-2-4）即可得到试验液力变矩器的抗汽蚀系数 C。通常情况下，制动工况（$i=0$）时的最小补偿压力值为所有工况条件下最小补偿压力值的最大值。为避免液力变矩器产生汽蚀，须保证补偿压力 $p_b > p_{bmin}$。

若液力变矩器几何相似，且在相似工况下工作，即可根据试验液力变矩器测得的最小补偿压力计算相似液力变矩器的最小补偿压力。

$$p_{bmin}=\frac{(n_B^2D^2)_S}{(n_B^2D^2)_M}(p_{bmin}-1)_M+1 \quad (19\text{-}2\text{-}5)$$

式中，下标 M 代表试验（模型）液力变矩器；S 代表相似（实物）液力变矩器。

表 19-2-7 列出了部分液力变矩器补偿压力推荐值。

表 19-2-7　部分液力变矩器补偿压力数值

型　号	泵轮转速 n_B/r·min^{-1}	有效直径 D/m	生产厂家推荐的补偿压力 p_b/MPa
DZ-161 铲运机液力变矩器	2000	0.375	0.63
ZL-35 装载机	1900	0.355	0.42
阿里逊系列	2400	0.465	0.7～1.0
李施霍姆-斯密司	1800	0.510	0.5
5m^3 装载机液力变矩器	2100	0.433	0.5
YB355-2	1800	0.355	0.42
ZL-50 装载机	2200	0.315	0.56
SH380 液力变矩器	2000	0.465	0.4

2.3.2　冷却循环流量和散热面积

能量损失导致的工作液体发热程度与液力变矩器传递的功率及效率有关。在 $i=0$ 时，$\eta=0$，液力变矩器所传递的发动机功率全部转变为热量，在数分钟内将导致工作液体温度急剧升高。一般变矩器工作液体的正常工作温度在 80～110℃。受密封材料耐热性、液力传动油变质老化、传动系统润滑性等条件限制，液力变矩器出口的最高许用油温为 115～120℃，极短时间内允许达到 130℃，故必须设置必要的工作液体冷却系统。根据理论与实验研究结果，液力变矩器的功率损失约为原动机额定功率的 20%～25%，传动系的功率损失约为原动机额定功率的 5%～8%。通常情况下，认为 30%的发动机额定功率转变为使液力变矩器工作液体温升的热量。单位时间产生的热量为

$$q_s=0.3P_{eN} \quad (19\text{-}2\text{-}6)$$

式中　q_s——液力变矩器工作液获得的热量，kJ；

P_{eN}——发动机额定功率，kW。

冷却循环流量（工作液体循环流量）Q_1 按式（19-2-7）计算，散热面积 F 按式（19-2-8）计算。

$$Q_1=\frac{0.3P_{eN}}{c\rho\Delta T} \quad (19\text{-}2\text{-}7)$$

$$F=\frac{0.3P_{eN}}{k\Delta T'} \quad (19\text{-}2\text{-}8)$$

式中　Q_1——冷却循环流量，m^3·s^{-1}；

F——散热面积，m^2；

c——工作液体质量热容，$c=7.66\times10^{-3}$ kJ·(kg·K)$^{-1}$；

ρ——工作液体密度，kg·m^{-3}；

ΔT——冷却器进口与出口的温度差，一般取 $\Delta T=285$～288K；

k——传热系数，油冷却器可取 $k=1.7\times10^{-3}$～2.98×10^{-3} kW·(m^2·K)$^{-1}$，油散热器可取 $k=1.28\times10^{-4}$～2.13×10^{-4} kW·(m^2·K)$^{-1}$；

$\Delta T'$——工作液体在冷却器（或散热器）中与水（或空气）的平均温差，油冷却器可取 $\Delta T'=283$K，油散热器可取 $\Delta T'=303$～323K。

补偿泵的排量应根据工作液体的冷却循环流量，并考虑油泵的效率及系统的泄漏确定；由于使用工况的不稳定性，散热面积 F 在根据式（19-2-8）计算的基础上，需样机试验进一步确定合适的散热面积。

2.4　液力变矩器的设计方法

2.4.1　相似设计法

相似设计就是根据某一具体的使用要求，即设计

工况的功率、转矩、转速等参数，从现有的变矩器中选择一种原始特性基本符合要求的变矩器作为模型变矩器，经过对过流部分几何尺寸的相似放大和缩小得到一新的液力变矩器。所谓原始特性符合要求，主要是指变矩器的失速变矩系数 K_0、设计工况泵轮转矩系数 λ_B^*、设计工况转速比 i^*、效率 η^*、高效区范围 G_η、透穿性系数 T 等一些有代表性的性能参数满足整车（机）传动系匹配及性能要求。

新设计的变矩器各过流部分的线性尺寸参数即为模型变矩器各相应的尺寸参数与线性比例尺 C 之积，而各角度参数应对应相等。线性比例尺 C 定义为所设计的变矩器有效直径 D_S与模型变矩器有效直径 D_M之比。至于结构，则可根据工艺、强度等方面进行设计，即非过流部分的尺寸不必受尺寸比例系数的限制。

表 19-2-8 相似设计法

相似原理		相似设计方法的理论基础是相似原理。根据传递功率的不同和匹配的要求计算出液力变矩器的有效直径，根据样机进行放大或缩小。要使放大或缩小后的液力变矩器与样机变矩器具有基本相同的性能，必须保证两液力变矩器中的液体流态和受力情况相似，即几何相似、运动相似和动力相似，也即符合力学相似原则。该方法可以方便地进行变矩器的设计，是工程上比较通用的方法，但条件是必须有模型样机 根据相似原理可以确定两个相似的液力元件间各种线性尺寸、各种速度和转速之间的关系 $$\frac{R_{B1M}}{R_{B1S}}=\frac{R_{B2M}}{R_{B2S}}=\frac{R_{T1M}}{R_{T1S}}=\frac{R_{T2M}}{R_{T2S}}=\frac{R_{D1M}}{R_{D1S}}=\frac{R_{D2M}}{R_{D2S}}=\frac{D_M}{D_S}=常数 \quad (19\text{-}2\text{-}9)$$ $$\frac{v_{1M}}{v_{1S}}=\frac{u_{1M}}{u_{1S}}=\frac{w_{1M}}{w_{1S}}=\frac{v_{m1M}}{v_{m1s}}=\frac{v_{u1M}}{v_{u1S}}=\frac{v_{2M}}{v_{2S}}=\frac{u_{2M}}{u_{2S}}=\frac{w_{2M}}{w_{2S}}=\frac{v_{m2M}}{v_{m2S}}=\frac{v_{u2M}}{v_{u2S}}$$ $$=\frac{D_M n_{BM}}{D_S n_{BS}}=\frac{D_M n_{TM}}{D_S n_{TS}}=常数 \quad (19\text{-}2\text{-}10)$$ 式中，下标 M 表示模型液力元件；下标 S 表示设计的液力元件
相似定律		根据相似原理还可以推导出相似的液力元件在流量、能量、功率和转矩方面的四个相似定律
	第一相似定律	它表示边界条件相似（即几何相似）的液力元件，在等倾角工况下流量 Q 和有效直径 D、泵轮转速 n_B之间的关系 $$\frac{Q_M}{Q_S}=\left(\frac{D_M}{D_S}\right)^3\frac{n_{BM}}{n_{BS}} \quad (19\text{-}2\text{-}11)$$ 它说明两个相似的液力元件，其流量之比与有效直径比值的三次方、泵轮转速比值的一次方成比例
	第二相似定律	该定律表示边界条件相似的液力元件在等倾角工况下，能头和几何尺寸、转速之间的关系 $$\frac{H_M}{H_S}=\left(\frac{D_M}{D_S}\right)^2\left(\frac{n_{BM}}{n_{BS}}\right)^2 \quad (19\text{-}2\text{-}12)$$ 该表达式说明相似的液力元件，其能头的比值和有效直径之比的二次方、泵轮转速比的二次方成比例
	第三相似定律	该定律表示边界条件相似的液力元件在等倾角工况下，功率与几何尺寸、泵轮转速的关系 $$\frac{P_M}{P_S}=\left(\frac{D_M}{D_S}\right)^5\left(\frac{n_{BM}}{n_{BS}}\right)^3\left(\frac{\rho_M}{\rho_S}\right) \quad (19\text{-}2\text{-}13)$$ 它表明相似的液力元件，其功率之比等于有效直径之比的五次方、泵轮转速之比的三次方、液体密度之比一次方的乘积
	第四相似定律	第四相似定律表示相似的液力元件的转矩与几何尺寸、转速之间的关系 $$\frac{T_M}{T_S}=\left(\frac{D_M}{D_S}\right)^5\left(\frac{n_{BM}}{n_{BS}}\right)^2\left(\frac{\rho_M}{\rho_S}\right) \quad (19\text{-}2\text{-}14)$$ 这个定律表明，相似的液力元件其转矩之比和有效直径之比的五次方、泵轮转速比值的二次方、工作液体密度之比一次方成比例
其他		此外，有关相似液力元件的其他问题也可以由相似原理解决。如 相似的液力元件供油压力计算公式为 $$\frac{p_{gM}}{p_{gS}}=\left(\frac{D_M}{D_S}\right)^2\left(\frac{n_{BM}}{n_{BS}}\right)^2 \quad (19\text{-}2\text{-}15)$$ 相似液力元件轴向力计算公式为 $$\frac{F_M}{F_S}=\left(\frac{D_M}{D_S}\right)^4\left(\frac{n_{BM}}{n_{BS}}\right)^2 \quad (19\text{-}2\text{-}16)$$

表 19-2-9 相似设计的具体步骤

步骤	内容
1	根据车辆或机械的整机性能要求对液力变矩器提出需要的性能要求
2	选择模型液力变矩器。根据发动机和工作机械的工作条件、具体要求以及已知数据，在现有的液力变矩器中，选择最优者作为模型。从而就确定了模型液力变矩器的原始特性曲线
3	计算液力变矩器有效直径。根据发动机特性和变矩器的原始特性，按式(19-2-17)初步算出所设计液力变矩器要求的有效直径 $$D=\frac{1}{\sqrt[5]{\lambda_B^* \rho g}}\sqrt[5]{\frac{T_B}{n_B^2}}=\frac{1}{\sqrt[5]{\lambda_B^* \rho g}}\sqrt[5]{\frac{T_e}{n_e^2}} \quad (19\text{-}2\text{-}17)$$ 式中 λ_B^*——模型液力变矩器最高效率时的泵轮转矩系数； T_e——发动机的有效转矩； n_e——发动机的转速 D 应根据具体要求(如系列标准等)来校核或修改
4	决定线性比例尺。根据液力变矩器的几何相似条件决定线性比例尺
5	绘制液力变矩器制造加工图样。按比例尺 C 放大或缩小模型液力变矩器各部分尺寸，所有叶片形状、叶片角和叶片数目必须保证与模型相同 在液力元件的流场中，考虑的主要作用力为惯性力和黏性力。如果在两个流场中两种流动的雷诺数相同，说明在这两种流动中惯性力和黏性力所占的比例相同，即这两个流场符合动力相似原则。虽然新机和样机之间的性能存在一定的差别，但根据实践经验，根据相似理论制造出的新变矩器，其泵轮转速在不低于样机的 40% 的条件下，其性能与样机的偏差仅在 2%～3% 的范围内 当模型和实物尺寸及泵轮转速相差较大时，其效率的差别也比较大。一般尺寸越大、转速越高，其效率也越高。其修正公式为 $$\eta_S^*=1-(1-\eta_M^*)\left(\frac{n_{BM}}{n_{BS}}\right)^{0.25}\left(\frac{D_M}{D_S}\right)^{0.5} \quad (19\text{-}2\text{-}18)$$

根据相似理论，对于任何一组相似的液力变矩器，其原始特性相同，故可以利用相似理论进行两个方面的工作：

第一，对于大型的新设计的液力变矩器，可以利用模型试验来检测其预定的性能。由于大尺寸、大功率的液力传动装置进行全负荷试验比较困难，因此可以采用制作模型样品进行试验来确定其预定性能。

第二，选取一个比较成熟的性能优良的液力变矩器样机，用相似理论来放大或缩小其尺寸，制造出符合使用要求的新变矩器。这是目前液力变矩器设计和研制中常用的方法。

2.4.2 统计经验设计方法

以大量试验数据和资料统计中所归纳出的规律、图表为基础，运用设计人员的经验进行综合分析，从而确定变矩器的主要几何参数。该方法适合对已有变矩器进行改进设计，对全新设计变矩器的性能预测的精度不高。同时由于主要依靠数据与图表，所以不适合于优化设计优选参数，也不便于用计算机进行计算分析。

表 19-2-10 统计经验设计方法

项目		说明
叶片参数对变矩器性能的影响	泵轮叶片出口角 β_{B2} 对性能的影响	泵轮叶片出口角 β_{B2} 是影响变矩器性能的一个重要角度参数。机车启动和运转变矩器之所以具有不同的性能，其中主要一个因素就是各自具有不同的 β_{B2} 值。现有变矩器泵轮出口角 β_{B2} 一般在 40°～120°。改变 β_{B2} 值对设计工况值的影响，比改变涡轮和导轮参数对设计工况的影响还要显著。随着 β_{B2} 的增大，失速变矩比 K_0 将增大，泵轮转矩系数 λ_B、最高效率 η^* 和透穿性系数 T 以及偶合器工况点的效率则均将降低

续表

项目	说　明	
叶片参数对变矩器性能的影响	泵轮叶片出口角 β_{B2} 对性能的影响	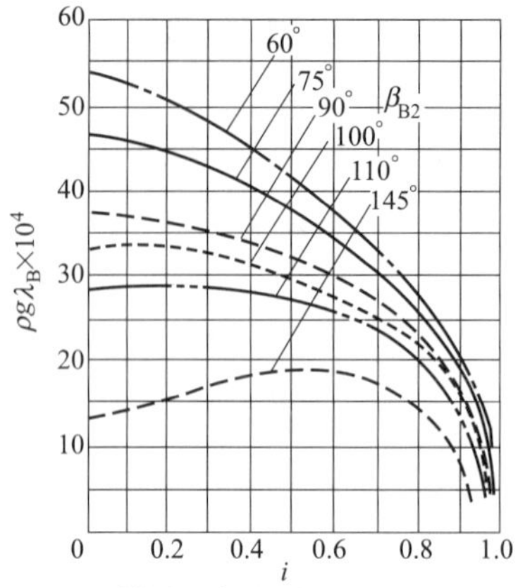 (ⅰ) 泵轮出口角对转矩系数曲线的影响 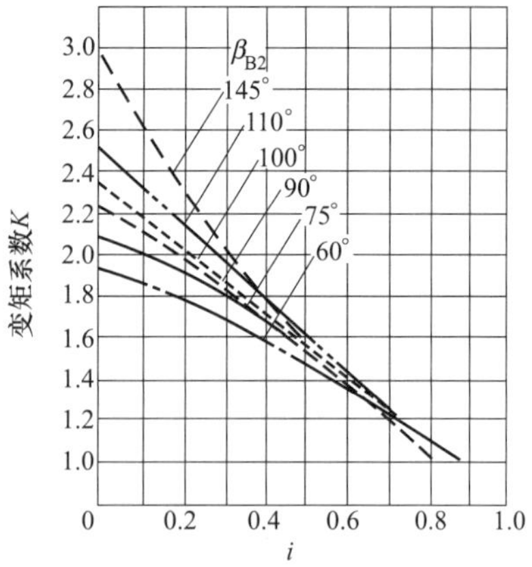 (ⅱ) 泵轮出口角对变矩比的影响 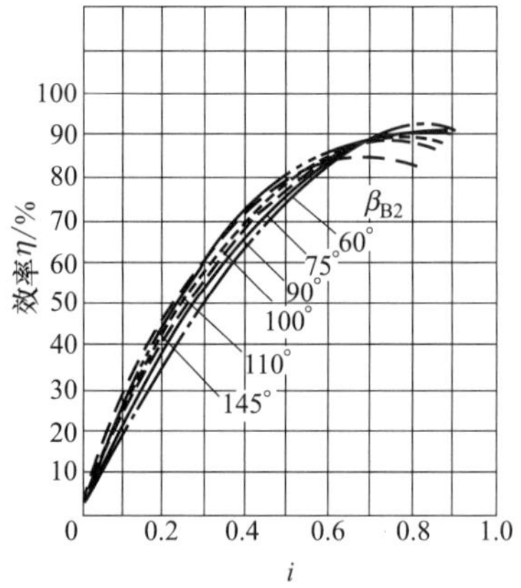 (ⅲ) 泵轮出口角对效率的影响 图(a) 泵轮出口角对变矩器性能影响
	泵轮叶片进口角 β_{B1} 对性能的影响	随着泵轮叶片进口角 β_{B1} 的增大，失速变矩比 K_0 将减小，而变矩器及偶合器工况范围内的效率则有所改善
	涡轮叶片出口角 β_{T2} 对性能的影响	随着涡轮叶片出口角 β_{T2} 的增大，失速变矩比 K_0 将增大。但是 β_{T2} 过大，将使液流受到阻塞，反而达不到预期的效果，一般认为 $\beta_{T2} \leqslant 152°$
	涡轮叶片进口角 β_{T1} 对性能的影响	在保持其他参数不变情况下，改变 β_{T1} 实际上就是改变同一转速比下涡轮进口处的冲击损失，也等于改变涡轮叶片的弯曲度。减小 β_{T1}，叶片弯曲度增大，启动变矩比可提高，设计工况向低转速比范围移动
	导轮叶片出口角 β_{D2} 对性能的影响	导轮叶片出口角 β_{D2} 直接影响到泵轮进口处的速度环量。当其他条件不变时，改变 β_{D2} 会影响泵轮转矩和泵轮进口冲击损失。但与改变 β_{B1}、β_{T1} 和 β_{D1} 对性能的影响有所不同。这是由于导轮为静止叶栅，而位于其后的泵轮又是恒速运转，因此增大或减小 β_{D2}，对设计工况的移动不会有明显影响，但影响泵轮进口速度环量，从而影响泵轮转矩系数。减小 β_{D2} 将提高 K_0，并使 λ_B 有所降低。过小的 β_{D2} 将使液流受到过大的阻塞，较大的导轮出口角将引起最高效率值的降低，变矩器工况高效区变窄，而泵轮转矩系数和透穿性系数增大，偶合器工况性能有所改善。一般导轮出口角在 $19° \leqslant \beta_{D2} \leqslant 50°$ 范围内

续表

<table>
<tr><th>项目</th><th colspan="2">说　明</th></tr>
<tr><td rowspan="2">叶片参数对变矩器性能的影响</td><td>导轮叶片出口角 β_{D2} 对性能的影响</td><td>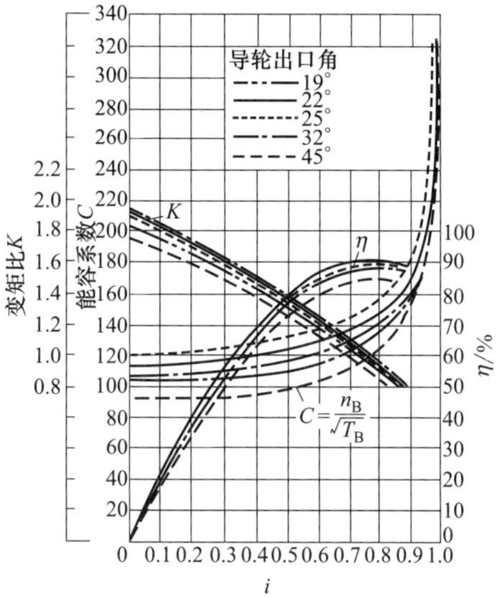

图(b) 导轮出口角对变矩器性能的影响</td></tr>
<tr><td>导轮叶片进口角 β_{D1} 对性能的影响</td><td>减小导轮叶片进口角 β_{D1}，可以使设计工况左移</td></tr>
<tr><td>尺寸和工艺因素对变矩器性能的影响</td><td colspan="2">随着变矩器尺寸的加大，它的效率可以提高，这是由于尺寸的加大可使相对粗糙度减小，微观几何尺寸不再相似，摩擦损失减少所致。图(c)示出了变矩器的最高效率随其 D 值的增大而提高的情况
根据图(c)及某些试验资料，当有效直径 D 从 300～340mm 增大到 D＝420～480mm 时，η^* 可增高 1%～2%，K_0 增高的比值则更大一些
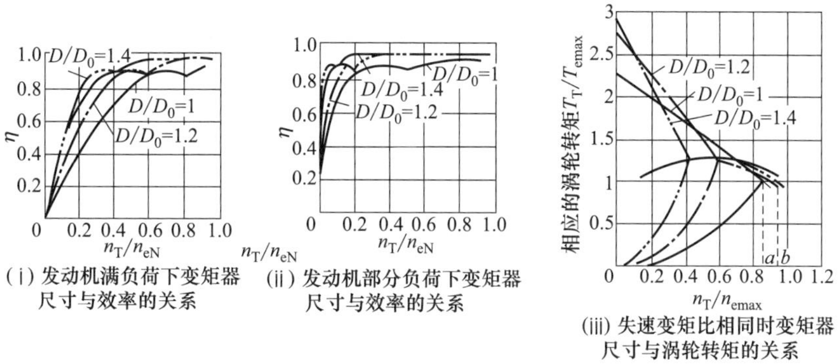

(ⅰ) 发动机满负荷下变矩器尺寸与效率的关系
(ⅱ) 发动机部分负荷下变矩器尺寸与效率的关系
(ⅲ) 失速变矩比相同时变矩器尺寸与涡轮转矩的关系
图(c) 效率和变矩比随 D 值的增大而提高的关系
工艺因素对变矩器特性也有明显的影响。例如一种轿车综合式变矩器的涡轮出口角在制造偏差为±1°时，就使效率变化 0.5%，使 K_0 变化 2.5%。因此，保证叶片进、出口角的误差在一定范围内，将对变矩器的性能起决定性影响。叶片间流道的表面粗糙度如能达到或低于 Ra1.6μm，一般已满足要求。粗糙度再低对效率的提高不甚显著，因此不必对其提出过高的要求</td></tr>
</table>

2.4.3　理论设计法

2.4.3.1　基于一维束流理论的设计方法

液力变矩器的设计主要是根据给定的原动机特性，再根据工作机的工作要求，设计出一种新型的能使动力机与工作机具有良好共同工作特性的液力变矩器。该变矩器的性能参数包括：失速变矩系数 K_0、设计工况转速比 i^*、高效区范围 G_η、透穿性系数 T、设计工况泵轮转矩系数 λ_B^* 等。设计中在确定液力变矩器有效直径及循环圆之后，进行液力计算确定叶片角度，然后进行叶片设计，最后进行特性计算验证设计结果。

(1) 液力变矩器有效直径及循环圆的确定

在设计开始时有些设计参数可参考现有变矩器来初步选择确定。由动力机与负载共同工作条件可以确定变矩器应具有何种透穿性，确定可透性后可大致确定变矩器是何种形式——向心涡轮、轴流涡轮还是离心涡轮以及是否为综合式液力变矩器等，再进一步确定液力变矩器有效直径及循环圆的形状。

若设扣除动力机各辅助设备所消耗功率后由动力机传给变矩器泵轮轴的有效功率为 P_{eN}，转速和转矩分别为 n_{eN} 和 T_{eN}，由此可得变矩器的有效直径 D 为

$$D=\sqrt[5]{\frac{T_{eN}}{\lambda_B^*\rho g n_{eN}^2}} \tag{19-2-19}$$

设计工况泵轮转矩系数的确定有两种情况。其一是如果液力变矩器安装空间有一定限制时，则由安装空间先确定变矩器的有效直径。这里要考虑变矩器壳体的厚度及连接所需要的空间尺寸。即要先确定变矩器的有效直径，再由原动机输送给变矩器的净功率来计算变矩器的泵轮转矩系数 λ_B^*。

另一种情况是，若变矩器的外形尺寸不受限制，则可先选定设计工况变矩器的泵轮转矩系数 λ_B^*，然后求出变矩器的有效直径 D。一般向心涡轮变矩器 λ_B^* 的取值范围为 $\lambda_B^*=(1.5\sim4.0)\times10^{-6}$，离心涡轮变矩器 $\lambda_B^*=(0.6\sim2.5)\times10^{-6}$。

表 19-2-11　　液力变矩器有效直径及循环圆的确定

<table>
<tr><td rowspan="3">循环圆形状的相对参数</td><td>直径比
m</td><td>直径比 $m=D_0/D$，D_0 为循环圆内径。对一般失速变矩比 K_0 要求不高的变矩器，$m=1/3$；而对失速变矩比 K_0 要求高的变矩器，m 的取值范围为 0.4～0.45。m 的选取要考虑变矩器结构布置等因素，因 m 太小对单向离合器及多层套轴的布置带来困难。当 m 选定后，循环圆内径也就确定下来了，这时要确定过流断面面积，即确定循环圆的形状。统计资料表明，圆形循环圆最佳过流面积约为变矩器有效直径总面积的 23%

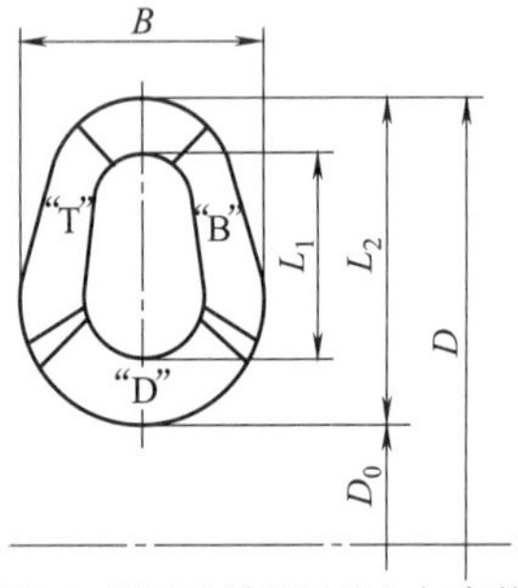

图(a) 变矩器循环圆的几何参数</td></tr>
<tr><td>循环圆形状系数
a</td><td>循环圆形状系数 $a=L_1/L_2$。L_1 为循环圆内环的径向长度，L_2 为循环圆外环的径向长度。a 减少显然会使流道过流断面的面积增大，循环圆内的流量也就相应的增大，从而使泵轮转矩系数增大。一般 a 的取值范围为 $a=0.43\sim0.55$。a 较小虽然会使变矩器的能容增大，但给叶轮设计带来困难，叶片严重扭曲，且内环处叶片的节距减小，使排挤系数减小(即过流断面面积减小)。另外，流道弯曲大也会使流动损失增加</td></tr>
<tr><td>循环圆宽度比
w</td><td>循环圆宽度比 $w=B/D$。式中 B 为循环圆的轴向宽度。一般 w 的取值范围为 0.2～0.4
常见的循环圆形状如图(b)所示。一般近似于圆形的循环圆多用于汽车的液力传动中。这种变矩器的泵轮和涡轮常采用冲压焊接而导轮则采用铸造结构。近年来由于轿车前轮驱动而使轿车变矩器循环圆向扁平的方向发展。而工程机械上使用的液力变矩器的工作轮则多用铸造成形或铣削加工。近似圆形的循环圆的变矩器还有轴流式变矩器，这种变矩器多用于起重运输机械。蛋形循环圆的变矩器一般用于工程机械，如装载机、推土机、铲运机、平地机等，其特点是宽度比小，叶片可做成柱面叶片，以便于加工。长圆形循环圆，多用于内燃机车液力传动及需要调节叶片角度的可调式液力变矩器中。这种变矩器的叶片便于铣削加工，可大大提高过流元件表面的光洁度，从而减小流动损失
有效直径及循环圆的形状确定以后，便可画出循环圆的形状，确定其各有关尺寸，并可将泵轮、涡轮及导轮进出口位置确定下来。亦可采用参考现有变矩器循环圆进行设计或采用三圆弧设计法设计
进一步便可做出各工作轮的轴面图及确定平均流线(中间流线)。要注意的是在确定循环圆形状时，应使各过流断面面积尽量相等。在确定各工作轮进出口半径时，可参考已有性能较好的同类型变矩器。变矩器叶轮的进出口边在轴面图上是形状各异的，大部分为直线，也有曲线形状。不论何种形状，均由设计者在叶轮设计时确定。一般两工作轮进出口边之间要留 2～3mm 的间隙</td></tr>
</table>

续表

<table>
<tr><td>循环圆形状的相对参数</td><td>循环圆宽度比
w</td><td>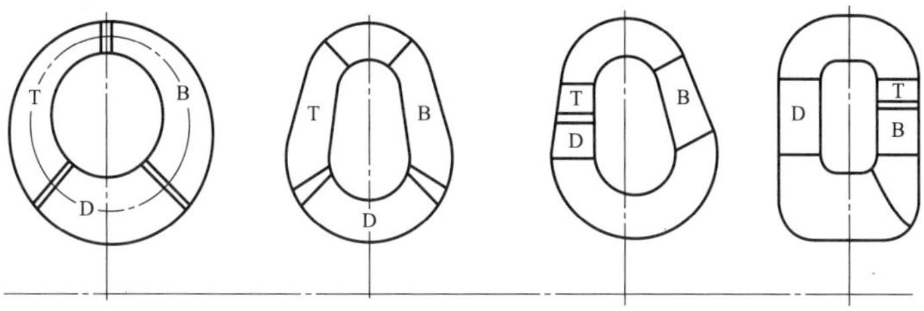

图(b) 常见的变矩器循环圆形状
在计算叶轮进出口处过流断面面积时应考虑排挤系数。因排挤系数 ψ 是叶片数、叶片厚度及叶片安放角的函数,当叶轮和叶片尚未设计出时 ψ 是一个未知数。而为进行设计计算又必须知道 ψ 的数值,所以必须先选定 ψ 的值。考虑到由于工况变化引起的冲击损失,所以涡轮及导轮叶片在进口处头部都有较大的圆角半径。而泵轮进口处由于导轮不动,其来流方向基本不变,因此其叶片头部圆角半径可以小些。在第一次计算时,可先取 $\psi=0.85$。而叶片出口处一般较薄,其厚度主要受加工工艺限制,一般铸造叶片最小厚度 $\delta=2\sim3$mm,所以排挤系数可选大一些,即可取 $\psi=0.92$。冲压叶片厚度一般为 0.8～1.5mm,排挤系数可选更大一些。当第一次设计计算结束后,进行第二次迭代计算时,则可根据第一次计算求出的叶片角等参数精确地计算出排挤系数 ψ</td></tr>
</table>

(2) 单级液力变矩器液力计算

由于流动的复杂性，变矩器的特性指标与几何参数关系之间并非只有单值唯一解的某种完全确定的数学关系。即使重新设计一个变矩器，也必然要参照已有各种变矩器，并在分析其性能和几何参数关系的基础上来进行液力计算。因此在液力计算中有些参数靠经验来选定，并与解析计算交叉进行，一般做 2～3 次渐进计算。

表 19-2-12　单级液力变矩器液力计算

<table>
<tr><td>液力特性的换算</td><td>动力机传给泵轮的转矩中有一部分是用于克服机械摩擦(包括轴承密封处的摩擦转矩及泵轮的圆盘摩擦转矩)后剩余的转矩才由泵轮传给流体
$$T_{By}=T_B\eta_{Bj}$$
而涡轮的输出转矩 $-T_T$ 则是涡轮的液力转矩 $-T_{Ty}$ 克服了涡轮的机械摩擦转矩后才形成的
故有
$$-T_T=-T_{Ty}\eta_{Tj}$$
由此可得
$$T_B=T_{By}+T_{Bj}+T_{ByPT}+T_{ByPD}$$
由于轴承、密封中摩擦转矩很小,约占泵轮及涡轮液力转矩的 0.005～0.01,故泵轮转矩又可写为
$$T_B=[1+(0.005\sim0.01)]T_{By}+f_{yp}\rho[2R_B^5(1-i)^2+R_D^5]\omega_B^2 \quad (19\text{-}2\text{-}20)$$
涡轮转矩可写为
$$-T_T=-T_{Ty}-T_{Tj}-T_{TyPD}+T_{TyPB}$$
$$=[1-(0.005\sim0.01)](-T_{Ty})+f_{yp}\rho[2R_T^5(1-i)^2-R_D^5 i^2]\omega_B^2 \quad (19\text{-}2\text{-}21)$$
由上式可计算出泵轮和涡轮的液力转矩 T_{By} 和 $-T_{Ty}$
液力变矩比则为
$$K_y=\frac{-T_{Ty}}{T_{By}}$$
液力效率为
$$\eta_y=K_y i$$</td><td>T_{ByPT}——泵轮对涡轮的圆盘摩擦转矩
T_{ByPD}——泵轮对导轮的圆盘摩擦转矩
$$f_{yp}=\frac{0.0465}{\sqrt[5]{Re}}$$
$$Re=\frac{R^2\omega_B}{\nu}$$
f_{yp} 为圆盘摩擦因数;R 为圆盘最大外半径;ν 为工作液体的运动黏度值;R_B、R_T、R_D 分别为泵轮、涡轮、导轮圆盘最大外半径</td></tr>
</table>

续表

变矩器叶轮参数的无量纲表达式	相对半径	$$r_{ji}=\frac{R_{ji}}{R} \qquad (19\text{-}2\text{-}22)$$	R——变矩器的特征尺寸，一般以平均流线在泵轮出口处的半径 R_{B2} 为特征尺寸，即 $R=R_{B2}$
	相对面积 a_{ji}	$$a_{ji}=\frac{A_{ji}}{R^2} \qquad (19\text{-}2\text{-}23)$$	
	相对流量 $\overline{q}$	$$\overline{q}=\frac{Q}{R^3\omega_B} \qquad (19\text{-}2\text{-}24)$$	Q——变矩器工作腔中的循环流量
	叶轮平均流线在进出口处的综合无量纲表达式 α_{ji}	$$\alpha_{ji}=\frac{r_{ji}\cot\beta_{ji}}{a_{ji}} \qquad (19\text{-}2\text{-}25)$$	β_{ji}——工作轮进出口处的叶片角
	叶轮转矩和泵轮转矩系数无量纲表达式	泵轮转矩无量纲表达式为 $$T_{By}=\rho\,\overline{q}r^5\omega_B^2[1-\overline{q}(\alpha_{B2}-\alpha_{D2})] \qquad (19\text{-}2\text{-}26)$$ 泵轮转矩系数的无量纲表达式则为 $$\overline{\lambda}_B=\frac{T_{By}}{\rho R^5\omega_B^2}=[1-q(\alpha_{B2}-\alpha_{D2})]q \qquad (19\text{-}2\text{-}27)$$ 需要指出的是，无量纲的泵轮转矩系数$\overline{\lambda}_B$与用于原始特性计算时的泵轮转矩系数 λ_B在数量上是不相同的。由 $\lambda_B=\frac{T_{By}}{\rho g n_B^2 D^5}$可得$\overline{\lambda}_B$与 λ_B之间的关系为 $$\overline{\lambda}_B=894.565\left(\frac{D}{R}\right)^5\lambda_B \qquad (19\text{-}2\text{-}28)$$ λ_B的数量级一般为 $A\times10^{-6}$，而$\overline{\lambda}_B$的取值范围一般为$\overline{\lambda}_B=0.05\sim0.4$。式(19-2-28)也可写为 $$\lambda_B=0.00112\left(\frac{D}{R}\right)^5\overline{\lambda}_B \qquad (19\text{-}2\text{-}29)$$ 涡轮转矩为 $$T_{Ty}=\rho\,\overline{q}R^5\omega_B^2[r_{T2}^2 i-1-\overline{q}(\alpha_{T2}-\alpha_{B2})] \qquad (19\text{-}2\text{-}30)$$ 涡轮转矩系数的无量纲表达式为 $$\overline{\lambda}_T=\frac{T_{Ty}}{\rho R^5\omega_B^2}=[r_{T2}^2 i-1-\overline{q}(\alpha_{T2}-\alpha_{B2})]\overline{q} \qquad (19\text{-}2\text{-}31)$$ 导轮转矩及转矩系数的无量纲表达式 $$T_{Dy}=\rho\,\overline{q}R^5\omega_B^2[-r_{T2}^2 i+\overline{q}(\alpha_{T2}-\alpha_{D2})] \qquad (19\text{-}2\text{-}32)$$ $$\overline{\lambda}_{Dy}=[-r_{T2}^2 i+\overline{q}(\alpha_{T2}-\alpha_{D2})]\overline{q} \qquad (19\text{-}2\text{-}33)$$	
	叶轮及损失能头的无量纲表达式	泵轮能头的无量纲表达式 $$h_B=1-\overline{q}(\alpha_{B2}-\alpha_{D2})=\frac{\overline{\lambda}_B}{\overline{q}} \qquad (19\text{-}2\text{-}34)$$ 涡轮能头的无量纲表达式 $$h_T=i[r_{T2}^2 i-1-\overline{q}(\alpha_{T2}-\alpha_{B2})]=\frac{\overline{\lambda}_T}{\overline{q}}i \qquad (19\text{-}2\text{-}35)$$ 导轮能头的无量纲表达式 $$h_D=[r_{D2}^2 i_D-r_{T2}^2 i-\overline{q}(\alpha_{D2}-\alpha_{T2})]i_D \qquad (19\text{-}2\text{-}36)$$ 当 $i_D=0$ 时，$h_D=0$ 摩擦损失能头的无量纲表达式为 $$\Sigma h_{mi}=\Sigma\frac{H_{mi}g}{R^2\omega_B^2}=\frac{\overline{q}^2}{2}\left[\xi_{mB}\left(\frac{1+\cot^2\beta_{B1}}{a_{B1}^2}+\frac{1+\cot^2\beta_{B2}}{a_{B2}^2}\right)+\xi_{mT}\left(\frac{1+\cot^2\beta_{T1}}{a_{T1}^2}+\frac{1+\cot^2\beta_{T2}}{a_{T2}^2}\right)+\xi_{mD}\left(\frac{1+\cot^2\beta_{D1}}{a_{D1}^2}+\frac{1+\cot^2\beta_{D2}}{a_{D2}^2}\right)\right] \qquad (19\text{-}2\text{-}37)$$	

续表

<table>
<tr><td rowspan="4">变矩器叶轮参数的无量纲表达式</td><td>叶轮及损失能头的无量纲表达式</td><td>冲击损失能头的无量纲表达式为

$$\sum h_{ci}=\frac{\sum H_{ci}g}{R^2\omega_B^2}=\frac{\zeta_{CB}}{2}\left[r_{B1}-\frac{\bar q}{r_{B1}}(\alpha_{B1}-\alpha_{D2})\right]^2+\frac{\zeta_{CT}}{2}\left[r_{T1}i-\frac{r_{B2}^2}{r_{T1}}-\frac{\bar q}{r_{T1}}(\alpha_{T1}-\alpha_{B2})\right]^2+\frac{\zeta_{CD}}{2}\left[-\frac{r_{T2}}{r_{D1}}i-\frac{\bar q}{r_{D1}}(\alpha_{D1}-\alpha_{T2})\right]^2$$

$$=\frac{\zeta_{CB}}{2}\left[r_{B1}-\frac{\bar q}{r_{B1}}(\alpha_{B1}-\alpha_{D2})\right]^2+\frac{\zeta_{CT}}{2}\left[r_{T1}i-\frac{1}{r_{T1}}-\frac{\bar q}{r_{T1}}(\alpha_{T1}-\alpha_{B2})\right]^2+\frac{\zeta_{CD}}{2}\left[-\frac{r_{T2}^2}{r_{D1}}i-\frac{\bar q}{r_{D1}}(\alpha_{D1}-\alpha_{T2})\right]^2 \quad (19\text{-}2\text{-}38)$$

一般在设计计算中，取 $\zeta_{ci}=1$</td></tr>
<tr><td>能量平衡的无量纲表达式</td><td>$$h_B+h_T+h_D-\sum h_{mi}-\sum h_{ci}=0$$

$$A\bar q^2+B\bar q+C=0 \quad (19\text{-}2\text{-}39)$$

式中

$$A=-\xi_{mB}\left(\frac{1+\cot^2\beta_{B1}}{a_{B1}^2}+\frac{1+\cot^2\beta_{B2}}{a_{B2}^2}\right)-\xi_{mT}\left(\frac{1+\cot^2\beta_{T1}}{a_{T1}^2}+\frac{1+\cot^2\beta_{T2}}{a_{T2}^2}\right)-\xi_{mD}\left(\frac{1+\cot^2\beta_{D1}}{a_{D1}^2}+\frac{1+\cot^2\beta_{D2}}{a_{D2}^2}\right)+\frac{\zeta_{CB}}{r_{B1}^2}(\alpha_{B1}-\alpha_{D2})^2+\frac{\zeta_{CT}}{r_{T1}^2}(\alpha_{T1}-\alpha_{B2})^2+\frac{\zeta_{CD}}{r_{D1}^2}(\alpha_{D1}-\alpha_{T2})^2$$

$$B=2\zeta_{CB}(\alpha_{B1}-\alpha_{D2})+2\zeta_{CT}\left(i_{TB}-\frac{1}{r_{T1}^2}\right)(\alpha_{T1}-\alpha_{B2})-2\zeta_{CD}\frac{r_{T2}^2}{r_{D1}^2}i_{TB}(\alpha_{D1}-\alpha_{T2})-2(\alpha_{B2}-\alpha_{D2})-2i_{TB}(\alpha_{T2}-\alpha_{B2})$$

$$C=-\zeta_{CB}r_{B1}^2-\zeta_{CT}\left(r_{T1}i_{TB}-\frac{1}{r_{T1}}\right)^2-\zeta_{CD}\left(\frac{r_{T2}^2}{r_{D1}}i_{TB}\right)^2+2+2i_{TB}(r_{T2}^2i_{TB}-1)$$</td></tr>
<tr><td>变矩比及效率的无量纲关系式</td><td>变矩比 K 的无量纲表达式

$$K_y=-\frac{\overline{T}_{Ty}}{\overline{T}_{By}}=-\frac{\lambda_T}{\lambda_B}=\frac{1-r_{T2}^2i_{TB}+(\alpha_{T2}-\alpha_{B2})\bar q}{1-\bar q(\alpha_{B2}-\alpha_{T2})} \quad (19\text{-}2\text{-}40)$$

效率的无量纲表达式

$$\eta=K_yi_{TB}=\frac{1-r_{T2}^2i_{TB}+(\alpha_{T2}-\alpha_{B2})\bar q}{1-\bar q(\alpha_{B2}-\alpha_{T2})} \quad (19\text{-}2\text{-}41)$$</td></tr>
<tr><td>比转数的无量纲表达式</td><td>泵轮

$$n_{SB}=\frac{3.65n_B\sqrt{q_B^*}}{(H_B^*)^{3/4}} \quad (19\text{-}2\text{-}42)$$

涡轮

$$n_{ST}=\frac{3.65n_T\sqrt{q_T^*}}{(H_T^*)^{3/4}} \quad (19\text{-}2\text{-}43)$$

统计资料表明性能较好的单级向心涡轮变矩器 $n_{SB}=90\sim120$，$n_{ST}=60\sim70$</td></tr>
<tr><td>排挤系数及过流断面面积的计算</td><td colspan="2">要计算出工作轮进出口处过流断面面积，必须知道工作轮进出口处的排挤系数

$$\psi_{ji}=1-\frac{Z_j\delta_{ji}}{2\pi R_{ji}\sin\beta_{ji}}$$

由上式可知，排挤系数与工作轮叶片数、叶片在进出口处的厚度及该处的叶片角有关。排挤系数在初步设计时先设定一数值，待第一轮计算结束后再精确计算

叶片数可根据经验公式计算或按统计资料进行选取。叶片数多，可相应地减小有限叶片数时对液流偏离的影响。但叶片数过多，又会增大叶片对液流的排挤，使摩擦表面积增加，从而使流动的摩擦损失加大，会使变矩器的效率降低、能容减小。因此对变矩器来说，应存在着一个合理的叶片数的组合。但由于变矩器的形式较多，工作轮又包括泵轮、涡轮和导轮，有的变矩器还有两个涡轮、两个导轮，因此很难从理论上求得一个最佳的叶片数组合。目前只能根据统计资料来选取，但为防止液流的脉动，各叶轮叶片数最好是互为质数或互不相等。如下表所列是各工作轮叶片数及排挤系数范围</td></tr>
</table>

续表

排挤系数及过流断面面积的计算

变矩器各工作轮叶片数及排挤系数

工作轮		铸造叶片 $\delta_{min}=2\sim3mm$		冲压叶片 $\delta_{min}=0.8\sim1.5mm$	
		Z_i	ψ_{ij}	Z_i	ψ_{ij}
泵轮	进口	10～25	0.86～0.92	25～38	0.87～0.94
	出口		0.93～0.97		0.95～0.98
涡轮	进口	15～30	0.83～0.87	23～35	0.96～0.98
	出口		0.81～0.87		0.84～0.90
导轮Ⅰ	进口	14～37	0.80～0.87		
	出口		0.83～0.88		
导轮Ⅱ	进口	13～31	0.85～0.88		
	出口		0.86～0.87		

注：冲压叶片一般只用于泵轮、涡轮叶片，而导轮则为铸造叶片。

各工作轮叶片数也可用下面的经验公式来计算

$$Z_i=C_i\frac{R_{i2}}{l_i} \qquad (19\text{-}2\text{-}44)$$

R_{i2}——工作轮出口半径，m

l_i——轴面图上工作轮平均流线的展开长度，m

C_i——经验系数。对泵轮 $C_B=9.5\sim12.5$；对涡轮 $C_T=11\sim19$；对导轮 $C_D=10\sim15$。叶片厚度小时取 C_i 较大值

变矩器工作轮进出口处过流断面面积为

$$A_{ji}=\psi_{ji}2\pi R_{ji}b_{ji} \qquad (19\text{-}2\text{-}45)$$

求出面积 A_{ji} 后，便可计算出工作轮进出口处面积的无量纲值 a_{ji}

$$a_{ji}=\frac{A_{ji}}{R^2}=\frac{A_{ji}}{R_{B2}^2}$$

当工作轮进出口过流断面面积互不相等时，可先求出过流断面面积的均方值，以便对循环圆形状进行修正，面积均方值为

$$a=\sqrt{\frac{\sum a_{ji}^2}{6}}$$

变矩器液流角的确定

液力计算主要是保证满足性能要求，在这个前提下还应使变矩器具有较高的效率，即应使变矩器中流体的摩擦损失和冲击损失最小。保证设计工况无冲击损失几何参数的确定即为在设计工况时，认为工作轮进口处的冲角为零，并由此来确定工作轮的进口叶片角，而由于有限叶片数的影响，在工作轮出口处液流要产生偏离，液流角与叶片角并不相等，要求叶片角，需先求出液流角

在新设计一种变矩器时，一般都把设计工况点定为变矩器的最高效率点。这样在设计工况时

$$\bar{\lambda}_B^*=[1-(\alpha_{B2}-\alpha_{D2})\bar{q}^*]\bar{q}^* \qquad (19\text{-}2\text{-}46)$$

$$K_y^*=\frac{1-r_{T2}^2i^*+(\alpha_{T2}-\alpha_{B2})\bar{q}^*}{1-(\alpha_{B2}-\alpha_{D2})\bar{q}^*} \qquad (19\text{-}2\text{-}47)$$

由冲角为零的条件，可得：

对泵轮无冲击入口时

$$r_{B1}-\frac{\bar{q}^*}{r_{B1}}(\alpha_{B1}-\alpha_{D2})=0 \qquad (19\text{-}2\text{-}48)$$

对涡轮无冲击入口时

$$r_{T1}i^*-\frac{1}{r_{T1}}-\frac{\bar{q}^*}{r_{T1}}(\alpha_{T1}-\alpha_{B2})=0 \qquad (19\text{-}2\text{-}49)$$

对导轮无冲击入口时

$$-\frac{r_{T2}^2}{r_{D1}^2}i^*-\frac{\bar{q}^*}{r_{D1}}(\alpha_{D1}-\alpha_{T2})=0 \qquad (19\text{-}2\text{-}50)$$

式(19-2-46)～式(19-2-50)和能量平衡方程(19-2-39)是计算叶轮进出口液流角的基本方程式

在进行第一次设计计算时可根据统计资料 $\zeta_{mj}=0.04\sim0.06$ 来选取，并在第二次计算时予以校验修正。第一次计算可取 $\eta_y^*=1.0$，变矩系数 K_y^* 可由 $K_y^*=\frac{\eta_y^*}{i_{TB}^*}$ 预先估算。待第一次计算完后再对 K_y^* 进行检验计算。联立上述方程，将其他参数以导轮参数表示，则

续表

变矩器液流角的确定	$\alpha_{B2}-\alpha_{D2}=\left(1-\dfrac{\bar{\lambda}_B^*}{\bar{q}^*}\right)\dfrac{1}{\bar{q}^*}$ $\alpha_{B1}-\alpha_{D2}=\dfrac{r_{B1}^2}{\bar{q}^*}$ $\alpha_{T1}-\alpha_{B2}=\dfrac{1}{\bar{q}^*}(r_{T1}^2 i^*-1)$ $\alpha_{D1}-\alpha_{T2}=-\dfrac{r_{T2}^2}{\bar{q}^*}i^*$ $\alpha_{T2}-\alpha_{B2}=\dfrac{1}{\bar{q}^*}(-1+r_{T2}^2 i^*+K_y^*\lambda_B^*)$ 或写为 $\left.\begin{aligned}\cot\beta_{B2}&=\left[\left(1-\dfrac{\bar{\lambda}_B^*}{\bar{q}^*}\right)\dfrac{1}{\bar{q}^*}+\alpha_{D2}\right]\alpha_{B2}\\\cot\beta_{B1}&=\left(\dfrac{r_{B1}^2}{\bar{q}^*}+\alpha_{D2}\right)\dfrac{\alpha_{B1}}{r_{B1}}\\\cot\beta_{T1}&=\left[\dfrac{1}{\bar{q}^*}\left(r_{T1}^2 i^*-\dfrac{\bar{\lambda}_B^*}{\bar{q}^*}\right)+\alpha_{D2}\right]\dfrac{\alpha_{T1}}{r_{T1}}\\\cot\beta_{T2}&=\left\{\dfrac{1}{\bar{q}^*}\left[\lambda_B^*\left(K_y^*-\dfrac{1}{\bar{q}^*}\right)+r_{T2}^2 i^*\right]+\alpha_{D2}\right\}\dfrac{\alpha_{T2}}{r_{T2}}\\\cot\beta_{D1}&=\left[\dfrac{\lambda_B^*}{\bar{q}^{*2}}\left(K_y^*-\dfrac{1}{\bar{q}^*}\right)+\alpha_{D2}\right]\dfrac{\alpha_{D1}}{r_{D1}}\end{aligned}\right\}$　(19-2-51) 导轮出口角的数值可由统计资料给出，一般变矩器导轮出口角的范围为 19°～25°。试验表明，当变矩器其他参数不变，随 β_{D2} 的增大，K_0 减小，而设计工况转速比 i^* 和 $\bar{\lambda}_B^*$ 将增大。可由设计要求求出的 λ_B^* 先选定 β_{D2}。$\bar{\lambda}_B^*$ 由设计要求及所配动力机可以求出，其取值范围为 $\bar{\lambda}_B^*=0.1\sim0.4$。由此可见，对较小的 $\bar{\lambda}_B^*$ 值，可取较小的导轮出口角，反之要想得到较大的 $\bar{\lambda}_B^*$，则应取较大的导轮出口角 由选定的 β_{D2} 再给出一系列的 $\bar{q}^*$，则可求出其余各角度参数值。而将这一系列角度参数值代入能量平衡方程中，则可求得在任意工况 i 下变矩器的性能参数 η_y、T、G_η、K_y 等值。当 $i=0$ 时，则可求得 K_{0y}、$\bar{\lambda}_{B0}$ 值 通过上述计算，可以得到所设计的变矩器的综合性能曲线，即 $K_0=K_0(\bar{q}^*)$、$\eta_y^*=\eta_y^*(\bar{q}^*)$、$T=T(\bar{q}^*)$、$\beta_{ji}=\beta_{ji}(\bar{q}^*)$。从综合性能曲线中可以得出满足性能要求的液流角组合
相对速度和摩擦阻力系数的计算	在第一次近似计算中，因需预先设定摩擦阻力系数值，因此只能在第一次计算后再精确计算该系数值。如图(a)所示，工作轮入口及出口处叶片法向厚度为 δ_{ji}。该厚度与加工工艺和工作轮的大小有关。一般涡轮及导轮进口处叶片为减小冲击损失而做的头部圆弧较大。叶片周向厚度为 $\delta_{uji}=\dfrac{\delta_{ji}}{\sin\beta_{yji}}$　(19-2-52) 叶片入口及出口处流道宽度 b_{ji} 为 $b_{ji}=\dfrac{aR^2}{2\pi Rr_{ji}-\delta_{ji}Z_j/\sin\beta_{yji}}$　(19-2-53) 按式(19-2-53)计算的前一级工作轮出口与下一级工作轮进口流道宽度可能不相等，这会引起液流的突然收缩或扩大，而使流动的损失增加。解决办法是在下一步设计叶片时适当修改叶片的法向厚度 δ_{ji} 或修改叶片数，也可适当修改循环圆形状，使其进出口处过流断面面积相等 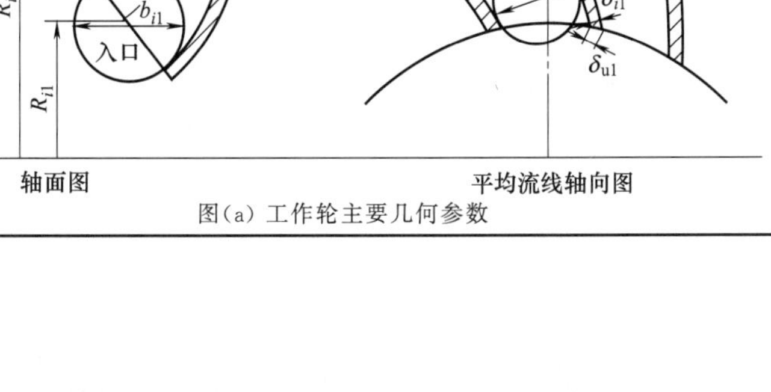 图(a) 工作轮主要几何参数

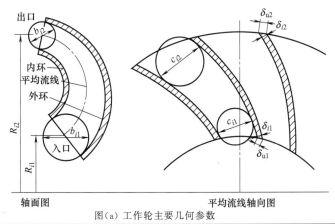

续表

相对速度和摩擦阻力系数的计算	工作轮垂直于相邻两叶片间流道的宽度 C_{ji} 为 $$C_{ji}=\frac{2\pi Rr_{ji}}{Z_j}\sin\beta_{yji}-\delta_{ji} \tag{19-2-54}$$ 工作轮流道的水力半径及其平均值为 $$R_{yji}=\frac{C_{ji}b_{ji}}{2(C_{ji}+b_{ji})} \tag{19-2-55}$$ $$R_{yp}=\sqrt{\frac{R_{yj1}^2+R_{yj2}^2}{2}} \tag{19-2-56}$$ 工作轮中循环流量为 $$q=\overline{q}R^3\omega_B$$ 工作轮轴面速度在进出口处分别为 设计工况 $$v_{mji}^*=\frac{q^*}{A_{ji}}$$ 启动工况 $$v_{mji0}=\frac{q_0}{A_{ji}}$$ 工作轮进出口处的相对速度为 $$w_{ji}=\frac{q}{A_{ji}\sin\beta_{ji}}=\frac{v_{mji}}{\sin\beta_{ji}} \tag{19-2-57}$$ 工作轮叶片间流道内相对速度均方值为 $$w_{jp}=\sqrt{\frac{w_{j1}^2+w_{j2}^2}{2}} \tag{19-2-58}$$ 工作轮流道雷诺数 $$Re_j=\frac{4R_{yjp}w_{jp}}{\nu} \tag{19-2-59}$$ 在初步设计了叶片后,可以从叶片图上得到叶片的长度 l_i,从而计算摩擦阻力系数,叶轮和叶片的各个几何参数均为已知,返回排挤系数及过流断面面积的计算进行第 2 次和第 3 次液力计算,并从综合性能曲线 $K_0=K_0(\overline{q}^*)$、$\eta_y^*=\eta_y^*(\overline{q}^*)$、$T=T(\overline{q}^*)$、$\beta_{ji}=\beta_{ji}(\overline{q}^*)$中找出满足性能要求的液流角组合	
变矩器工作轮叶片角的确定	在求出液流角 β_{ji} 后,为制造工作轮必须求出叶片角 β_{yji}。求叶片角 β_{yji} 需要考虑两个方面的问题:一方面是在叶轮出口处,由于有限叶片数的影响,液体要发生偏离,叶片角与液流角之间有一差值 $\Delta\beta_{j2}$;另一方面为减小工作轮中的漩涡损失,在工作轮进口处要有一定的冲角,即来流相对速度并非以零冲角进入工作轮。两者综合考虑来确定工作轮叶片的安放角 β_{yji} 由液流角来求叶片角多借用水泵等叶片式流体机械中的经验公式,因此有一定的近似性 $$v_{uj2}=k_z u_{j2}+v_{mj2}\cot\beta_{yj2} \tag{19-2-60}$$ $$k_z=1\pm\frac{\pi}{Z_j}\sin\beta_{yj2} \tag{19-2-61}$$ 式中对泵轮用负号,对涡轮则用正号。对轴流及离心涡轮,取 $k_z=1$ 式(19-2-60)及式(19-2-61)中只有 β_{yj2} 为未知数,故可解出叶片角 β_{yj2} 根据对液力变矩器试验资料分析,涡轮及导轮出口处液流偏离角很小,一般 $\Delta\beta_{T2}=\Delta\beta_{D2}=2°\sim6°$,因此涡轮及导轮的出口叶片角可由下式计算 $$\begin{aligned}\beta_{yT2}&=\beta_{T2}+\Delta\beta_{T2}\\ \beta_{yD2}&=\beta_{D2}-\Delta\beta_{D2}\end{aligned} \tag{19-2-62}$$ 对叶片进口角 β_{yj1},主要考虑何种冲击使冲击损失小 苏联汽车设计研究院对 JIT 型液力变矩器进行了大量实验,并进行分析计算得到下列规律 ①涡轮入口正冲角比负冲角使变矩器的冲击损失更大。这与汽轮机方面的研究结果是一致的。所谓正冲角是指液流冲击工作轮叶片的工作面。而当液流冲击工作轮叶片的背面时,冲角为负。但无论冲角为负还是为正,冲击损失都随冲角的增大而增大 ②入口边叶片圆角半径大,则对冲角变化的敏感性小。所以涡轮及导轮叶片进口处一般圆角半径较大,以减小由于工况变化时对这两种工作轮进口处的冲击损失 ③稠密叶栅比稀疏叶栅对冲角的敏感性小。故变矩器工作轮的叶片数比水泵的叶轮叶片数要大得多 ④扩散流道叶栅中的冲击损失大于收缩流道叶栅的冲击损失	v_{uj2}——工作轮出口液流绝对速度的圆周分量 u_{j2}——工作轮出口处的牵连(圆周)速度 v_{mj2}——工作轮出口处的轴面速度 k_z——有限叶片数修正系数

续表

变矩器工作轮叶片角的确定	图(b)为一系列 JIT 型变矩器(铸造工作轮,叶片头部为圆头)试验数据处理计算而确定的冲击损失系数与冲角之间的关系 从图中可见,冲击损失系数 ζ_{ci} 值并非定值,$\zeta_{ci}=0.5\sim2.5$。这给设计计算带来困难,因此建议在设计计算时取 $\zeta_{ci}=1$,但这样会产生误差,即计算某一工况特性与试验结果会有一些差别,例如在启动工况 $i_{TB}=0$ 时,失速变矩比 K_0 的误差可能达 15%～25% 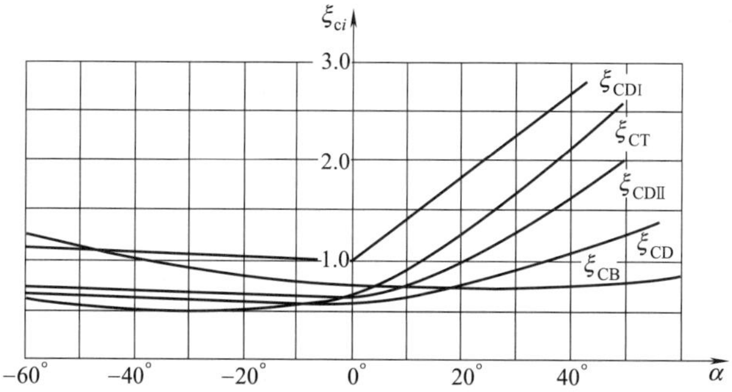 图(b) JIT 型液力变矩器冲击损失系数与冲角的关系 泵轮入口处一般采用正冲角,$\alpha_{B1}=3°\sim10°$,故叶片角 β_{yB1} 为液流角与冲角之差 $$\beta_{yB1}=\beta_{B1}-\alpha_{B1} \quad (19\text{-}2\text{-}63)$$ 导轮入口一般采用负冲角,导轮冲角正负以泵轮旋转方向来判别 $$\beta_{yD1}=\beta_{D1}+\alpha_{D1} \quad (19\text{-}2\text{-}64)$$ 涡轮入口采用负冲角 $$\beta_{yT1}=\beta_{T1}-\alpha_{T1} \quad (19\text{-}2\text{-}65)$$ 为制作叶片模具还必须知道叶片内外环叶片角。目前有两种方法确定内外环流线的叶片角。一种是认为圆周分速度 v_u 为等势流动,即进出口处有 $v_{u1}R_1=\text{const}$ 及 $v_{u2}R_2=\text{const}$。另一种观点认为循环圆中流体流动为反势流,即 $\frac{v_u}{R}=\text{const}$ 按第一种观点计算其他流线上叶片角,有 $$\cot\beta_{yki}=\frac{R_{ji}}{R_{ki}}\cot\beta_{yi}-\frac{R_{ji}^2\omega_j}{R_{ki}v_{mji}}+\frac{R_{ki}\omega_j}{v_{mji}} \quad (19\text{-}2\text{-}66)$$ 按第二种方法 $\frac{v_u}{R}=\text{const}$ 来计算内外环流线进口或出口处叶片角为 $$\cot\beta_{yki}=\frac{R_{ki}}{R_{ji}}\cot\beta_{yji} \quad (19\text{-}2\text{-}67)$$ 实践表明,按上述两种方法设计的工作轮叶片,其最高效率基本相同,只是启动工况转矩系数稍有差别。但按 $\frac{v_u}{R}=\text{const}$ 设计的工作轮叶片扭曲较小,便于铸造或机加工成形。而按环量不变即 $v_uR=\text{const}$ 设计的叶片空间扭曲较大,工艺性能不好	β_{yki}——液流内外环流线的进口或出口叶片角,$k=1$ 代表内环,$k=2$ 代表外环 β_{yi}——叶轮叶片平均流线进口或出口处的叶片角 R_{ki}——叶轮叶片在内外环处进口或出口半径 R_{ji}——工作轮平均流线的进口或出口半径 ω_j——工作轮的角速度 v_{mji}——叶轮在进口或出口处的轴面分速度,且认为内外环与平均流线处 v_{mij} 相等
变矩器效验计算	验算过流面积 A_{ji}、沿平均流线上 v_uR 及相对速度 w 的变化规律是否符合要求。如不符合要求可修改循环圆形状或修改叶片厚度变化规律	

(3) 叶片设计方法(表 19-2-13)

表 19-2-13　　叶片设计方法

环量分配法	环量分配法的理论基础是束流理论,它认为:在选定的设计速比下,循环圆平面中间流线上每增加相同的弧长,液流沿叶片中间流线应增加相同的动量矩,以保证流道内的流动状况良好,设计步骤如下

续表

<table>
<tr><td rowspan="5">环量分配法</td><td>①对循环圆平面中间流线进行等分，并过等分点作垂直于中间流线的元线，见图(a)

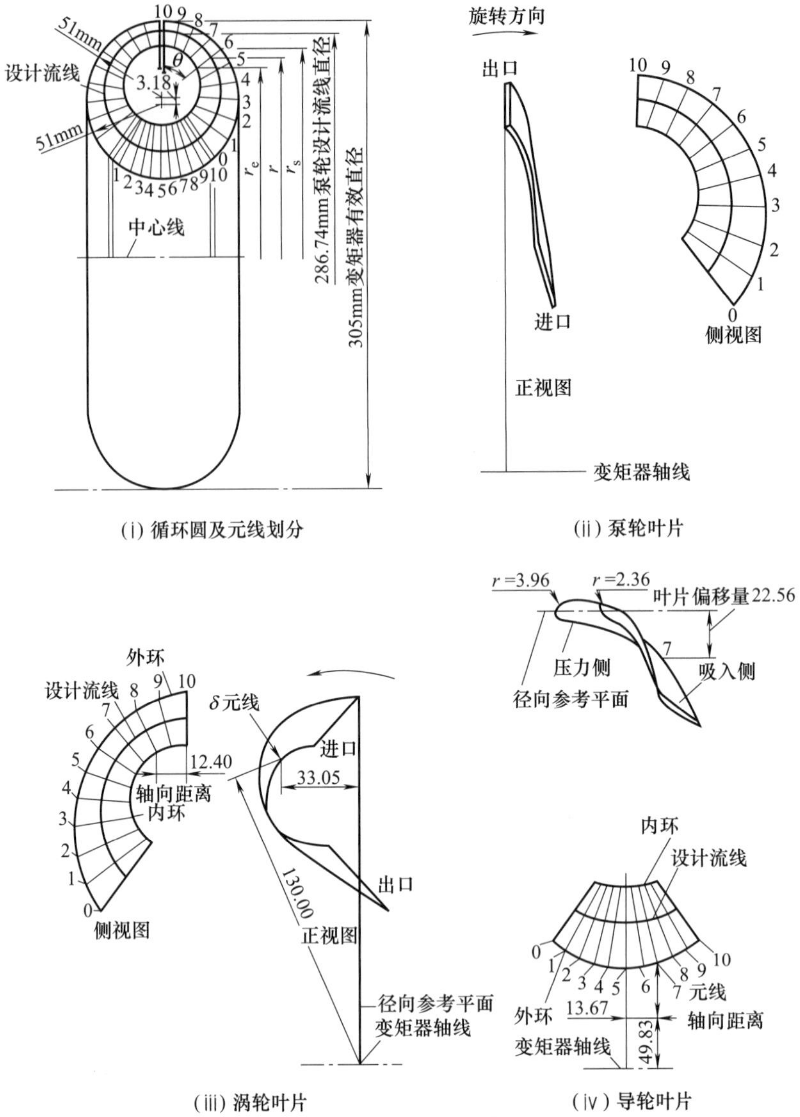

图(a) 变矩器循环圆及叶片</td></tr>
<tr><td>②确定循环流速 v_m

$$v_m=\frac{-R_{B2}^2\omega_B\pm\sqrt{(R_{B2}^2\omega_B)^2+\dfrac{4(R_{B2}\cot\beta_{B2}-R_{D2}\cot\beta_{D2})T_B}{\rho A_{B2}}}}{2(R_{B2}\cot\beta_{B2}-R_{D2}\cot\beta_{D2})}$$</td></tr>
<tr><td>③在泵轮转矩方程 $T_B=\rho Q(v_{uB2}r_{B2}-v_{uB1}r_{B1})$ 中，括号项是确定泵轮动量矩变化的一个因数。计算 $v_{uB2}r_{B2}-v_{uB1}r_{B1}$，即工作轮进、出口动量矩的变化，并按等动量矩增量方案对各条元线进行分配</td></tr>
<tr><td>④应用速度环量公式 $\Gamma=\oint v_u ds=2\pi R v_u$ 及圆周分速度公式 $v_u=u+v_m\cot\beta$ 计算中间流线上对应等分点的角度 β，

$$\cot\beta=\left(\frac{v_u R}{R}-u\right)\frac{1}{v_m}$$</td></tr>
<tr><td>⑤按式(19-2-67)确定内、外环流线上对应点的角度</td></tr>
</table>

续表

		⑥利用内、外环半径和偏移量,确定叶片的形状。为了确定任意叶片元线上的偏移量 x_k,可利用公式 $$x_k=R_k\sin\left(\theta+\sum_{i=0}^{k}\frac{J_i}{r_i}\right)\quad(19\text{-}2\text{-}68)$$ $$J_i=e\cot\beta$$	e——设计流线上相邻两点之间的弧长 θ——元线起点所在轴面与径向参考平面的夹角 R_k——元线与设计流线或内、外环交点的半径 k——元线的序号,$k=0,1,2,\cdots$
叶片的加厚		叶片加厚是针对铸造叶片而言的,加厚的原则是使液流流经流道时液力损失(包括冲击、摩擦、扩散等损失)最小,叶片所受载荷均匀。反映在叶形设计上要求叶面光滑过渡和过流面积变化平缓。为在计算机上实现叶片加厚,可参考以下加厚公式	
叶片的加厚	泵轮叶片加厚公式	$$\overline{\delta}=b_1+b_2\overline{l}+b_3\overline{l}^2+b_4\overline{l}^3\quad(19\text{-}2\text{-}69)$$ 对于叶片厚度变化不大的泵轮有 $$\overline{\delta}=\overline{\delta_1}\quad(19\text{-}2\text{-}70)$$	$\overline{\delta}$——无量纲叶片厚度($\overline{\delta}=\delta/L$,$\delta$ 为叶片某一点厚度,L 为叶片中心线弧长) $\overline{l}$——无量纲叶片长度($\overline{l}=l/L$,l 为叶片中间流线由进口至某一点的弧长) b_1,b_2,b_3,b_4——拟合系数,其参考值分别为 0.00577、0.19153、−0.23513、0.05393 $\overline{\delta_1}$——叶片进口无量纲厚度
叶片的加厚	涡轮叶片加厚公式	$$\overline{\delta}=T_1+t_1+t_2\overline{l}+t_3\overline{l}^2+t_4\overline{l}^3+t_5\overline{l}^4\quad(19\text{-}2\text{-}71)$$ 式中,系数 t_1、t_2、t_3、t_4、t_5 的参考值分别为 0.01418、0.0902、−0.3059、−0.8891、0.4904	
叶片的加厚	导轮叶片加厚公式	$$\overline{\delta}=\overline{l}/(d_1+d_2\overline{l}+d_3\overline{l}^2)\quad(19\text{-}2\text{-}72)$$ 式中,系数 d_1、d_2、d_3 的参考值分别为 0.329、3.232、25.859	
环量分配法	程序框图	编程进行叶片设计的环量分配法程序框图如图(b)所示。设计结果如图(a)所示 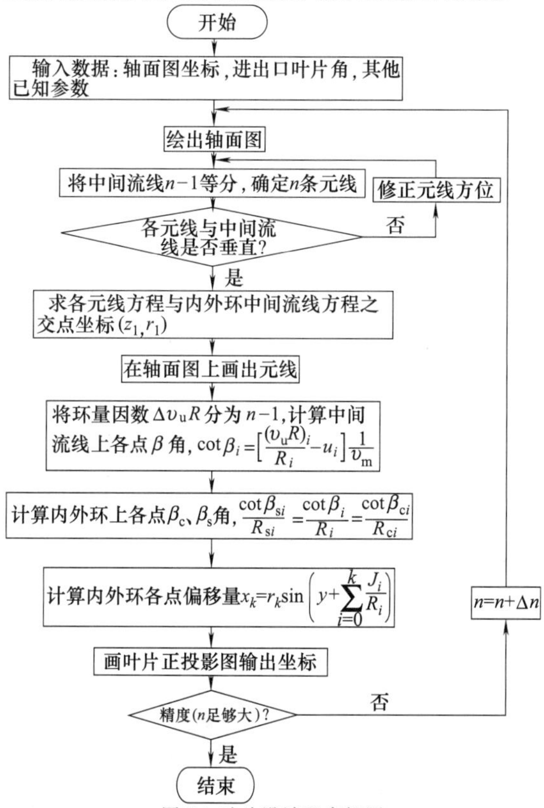 图(b) 叶片设计程序框图	

续表

等倾角投影法

等倾角射影法又称保角变换法，是将空间面或空间曲线展开表示在平面上，而倾角保持相等。应用投影于多圆柱面的等倾角射影法，旋转曲面上的曲线投影于多圆柱面上展开后，展开线不仅保持倾角与曲面上曲线的倾角相等，而且长度也相等。现举例说明应用投影于多圆柱面而展开的等倾角射影法来进行液力变矩器叶轮的叶形设计

作图步骤

①在轴面图上，将流线轴面投影按等距 dl 分成若干段，得 0、1、2、…点[见图(c)中(ⅰ)]。一般取 10～15 个点。当尺寸大时，则点数多一些；当尺寸小时，可以少一些。应该注意点数不能过少，否则绘出的叶形误差较大

②作多圆柱面等倾角射影图。首先作一系列平行线 0、1、2、…，其间距等于 dl，但最后一行的间距不一定等于 dl，因为流线轴面投影长度可能不能被 dl 等分。在 0 线上定一点 a_2[见图(c)中(ⅲ)]，通过 a_2 点作已知的叶片角 β_{y2}，得一条直线。在最后一条线上，作已知叶片角 β_{y1}，并平行移动，使展开线所占圆弧夹角及与另一条直线的交点合适，从而可以定出 g_2 点。光滑连接点 a_2 和点 g_2，形成的曲线 a_2g_2 即为展开线。它与平行线 0、1、2、…相交于 a_2、b_2、c_2、d_2、e_2、f_2、g_2 点，自各点作垂线得线段 dn1，dn2，…，dn6

③作正投影图。对应轴面投影图上 0、1、2、…点，以其半径作圆弧线得 0、1、2、…圆弧[见图(c)中(ⅱ)]。自圆弧线上的 a_1 点，连 oa_1 射线，自射线 oa_1 与圆弧线 1 的交点，在圆弧线 1 上取一段弧长，其长等于等角射影图上的 dn1 长，其方向与等角射影图上 dn1 的方向相同，从而得到 b_1 点。连 ob_1 射线，自此射线与圆弧线 2 的交点，在圆弧线 2 上取一段弧长，其长等于等角射影图上的 dn2 长，其方向与等角射影图上 dn2 的方向相同，从而得到 c_1 点。利用同样的方法，依次得到 d_1、e_1、f_1、g_1 点。将这些点连成光滑曲线，就得到了曲面上曲线的正投影线

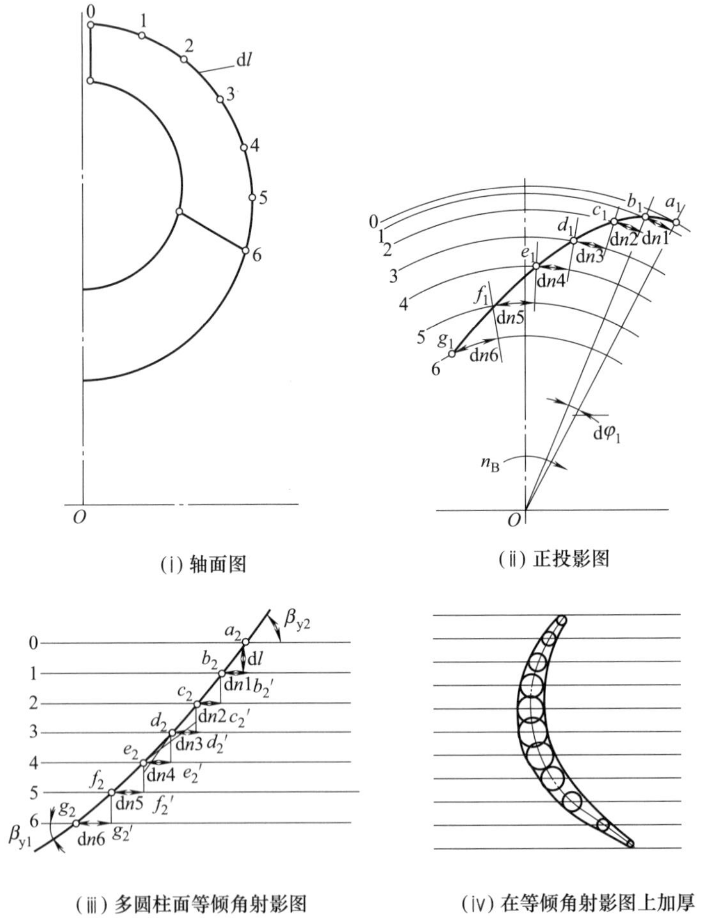

(ⅰ) 轴面图　(ⅱ) 正投影图

(ⅲ) 多圆柱面等倾角射影图　(ⅳ) 在等倾角射影图上加厚

图(c) 用多圆柱面等倾角射影法作泵轮的外环流线

实际应用中，可以在等倾角射影图上对叶型直接加厚[图(c)中(ⅳ)]，然后用上述方法把叶片工作面和非工作面的型线映射到正投影图上，即得到叶片图

（4）液力变矩器特性计算

利用确定的液力变矩器几何参数，液力计算得到的叶片角度和各种损失系数，根据特性计算关系式计算出所设计的液力变矩器特性，可以验证设计结果是否满足设计要求，如不满足，则返回修改设计。理论计算求特性的实质为利用流量 Q 表示液力变矩器各种能头的表达式，通过能量平衡方程式（19-2-39）求解 Q，然后求得各速比 i 下的效率 η、转矩系数 K 以及泵轮转矩 T_B 或泵轮转矩系数 λ_B。

$$K=-\frac{T_T}{T_B}$$

$$\eta=-\frac{H_T}{H_B} \quad 或 \quad \eta=Ki$$

$$\lambda_B=\frac{T_B}{\rho g n_B^2 D^5}$$

2.4.3.2　CFD/CAD 现代设计方法

表 19-2-14　　CFD/CAD 现代设计方法

<table>
<tr><td>湍流基本方程</td><td colspan="3">由基本方程组(19-1-5)和方程组(19-1-6)经时均化处理得到湍流时均控制方程如下
$$\frac{\partial \overline{u}}{\partial x}+\frac{\partial \overline{v}}{\partial y}+\frac{\partial \overline{w}}{\partial z}=0 \qquad (19\text{-}2\text{-}73)$$
$$\rho\frac{\mathrm{d}\overline{\boldsymbol{V}}}{\mathrm{d}t}+\rho\frac{\partial}{\partial x_j}(\overline{u_i'u_j'})=\rho\boldsymbol{F}-\nabla\overline{p}+\mu\nabla^2\overline{\boldsymbol{V}} \qquad (19\text{-}2\text{-}74)$$
上述两式为湍流的时均连续方程和时均的动量方程，二者构成湍流的基本控制方程组
式(19-2-74)即著名的 Reynolds 时均方程，它是采用 Reynolds 时均的动量方程，它多了一个与 $-\rho\overline{u_i'u_j'}$ 有关的项，该项称为 Reynolds 应力或湍流应力，它的存在使方程组不封闭，为使方程组封闭，必须对 Reynolds 应力作出某种假定，即建立应力的表达式或引入新的湍流模型方程)，通过这些表达式或湍流模型，把湍流的脉动值与时均值等联系起来</td></tr>
<tr><td rowspan="3">湍流模型</td><td colspan="3">根据对 Reynolds 应力做出的假定或处理方式不同，目前常用的湍流模型包括 Reynolds 应力模型和涡黏模型两类</td></tr>
<tr><td rowspan="2">Reynolds应力模型</td><td>在 Reynolds 应力模型中，直接构建表示 Reynolds 应力的方程，然后与 Reynolds 时均方程组联立求解。通常情况下，Reynolds 应力方程是微分形式的，称为 Reynolds 应力方程模型
$$\frac{\mathrm{d}}{\mathrm{d}t}(\overline{u_i'u_j'})=\frac{\partial}{\partial x_l}\left(C_k\frac{k^2}{\varepsilon}\times\frac{\partial\overline{u_i'u_j'}}{\partial x_l}+\frac{\mu}{\rho}\times\frac{\partial\overline{u_i'u_j'}}{\partial x_l}\right)+P_{ij}-\frac{2}{3}\delta_{ij}\varepsilon-C_1\frac{\varepsilon}{k}\left(\overline{u_i'u_j'}-\frac{2}{3}\delta_{ij}k\right)-C_2\left(p_{ij}-\frac{2}{3}\delta_{ij}p_k\right) \qquad (19\text{-}2\text{-}75)$$
$$P_{ij}=-\left(\overline{u_i'u_k'}\frac{\partial\overline{u_j}}{\partial x_k}+\overline{u_j'u_k'}\frac{\partial\overline{u_i}}{\partial x_k}\right)$$</td><td>C_k，C_1，C_2——经验系数，一般可取 $C_k=0.09\sim0.11$，$C_1=1.5\sim2.2$，$C_2=0.4\sim0.5$</td></tr>
<tr><td>相应的湍流动能 k 方程则为
$$\frac{\mathrm{d}k}{\mathrm{d}t}=\frac{\partial}{\partial x_l}\left(C_k\frac{k^2}{\varepsilon}\times\frac{\partial k}{\partial x_l}+v\frac{\partial k}{\partial x_l}\right)+P_k-\varepsilon \qquad (19\text{-}2\text{-}76)$$
上述 Reynolds 应力模型方程中还包括一个未知量 ε，即湍流耗散率，因此还需要建立一个关于 ε 的方程，因已有了可用 k 表示的湍流速度尺度，所需的只是一个标量的湍流长度或时间尺度。为此，首先建立湍流耗散率 ε 的微分方程，再对其中各项进行一系列的模型化，最后可得
$$\frac{\mathrm{d}\varepsilon}{\mathrm{d}t}=\frac{\partial}{\partial x_l}\left(C_\varepsilon\frac{k^2}{\varepsilon}\times\frac{\partial\varepsilon}{\partial x_l}+v\frac{\partial\varepsilon}{\partial x_l}\right)-C_{\varepsilon1}\frac{\varepsilon}{k}\overline{u_i'u_j'}\frac{\partial\overline{u_i}}{\partial x_l}-C_{\varepsilon2}\frac{\varepsilon^2}{k} \qquad (19\text{-}2\text{-}77)$$
这样由式(19-2-73)～式(19-2-77)一起组成了湍流的完备方程组，总共 12 个微分方程，12 个未知量</td><td>$C_\varepsilon=0.07\sim0.09$，$C_{\varepsilon1}=1.41\sim1.45$，$C_{\varepsilon2}=1.9\sim1.92$</td></tr>
</table>

续表

<table>
<tr>
<td rowspan="2">湍流模型</td>
<td>涡黏模型</td>
<td>在涡黏模型方法中，不直接处理 Reynolds 应力项，而是引入湍动黏度（turbulent viscosity），或称涡黏系数（eddy viscosity），然后把湍流应力表示为湍动黏度的函数，该方法的关键在于确定湍动黏度
涡动黏度的提出来源于 Boussinesq 的涡黏假设，该假设建立了 Reynolds 应力相对于平均速度梯度的关系，即
$$-\rho\overline{u_i'u_j'}=\mu_t\left(\frac{\partial\overline{u}_i}{\partial x_j}+\frac{\partial\overline{u}_j}{\partial x_i}\right)-\frac{2}{3}\left(\rho k+\mu_t\frac{\partial\overline{u}_i}{\partial x_i}\right)\delta_{ij}\quad(19\text{-}2\text{-}78)$$
k 的定义为
$$k=\frac{1}{2}\left(\overline{u_1'^2}+\overline{u_2'^2}+\overline{u_3'^2}\right)\quad(19\text{-}2\text{-}79)$$
引入上述假设后，计算湍流流动的关键就在于如何确定 μ_t，所谓湍流模型，在这里也就是把 μ_t 与湍流时均参数联系起来的关系式。依据确定 μ_t 的微分方程数目的多少，湍流模型又分为零方程模型、一方程模型及两方程模型
零方程模型是指不需要微分方程而是用代数关系式把湍流黏性系数与时均值联系起来的模型，常用的有常系数模型、Prandtl 混合长度理论等，由于其经验系数没有通用性，零方程模型只能针对某些特定的简单流动条件使用。一方程模型采用 Prandtl-Kolmogorov 假设，并引入了湍流脉动动能方程即 k 方程，从而将湍流黏性系数与能表征湍流流动特性的脉动动能联系了起来，但一方程模型中仍然需要用经验的方法规定长度标尺的计算公式，而实际上湍流长度标尺本身也是与具体问题有关的，应该由一个微分方程来确定，于是就导致了两方程模型的产生。目前两方程模型在工程中使用最广泛、最基本的是标准 k-ε 模型，即分别引入关于湍动能 k 和耗散率 ε 的方程</td>
<td>μ_t——湍动黏度，它是空间坐标的函数，取决于流动状态而不是流体物性
$\overline{u}_i$——时均速度
δ_{ij}——符号（当 $i=j$ 时，$\delta_{ij}=1$；当 $i\neq j$ 时，$\delta_{ij}=0$）
k——湍动能</td>
</tr>
<tr>
<td>标准 k-ε 模型</td>
<td colspan="2">k-ε 模型属于两方程模型，它沿用涡黏性概念，则 Reynolds 方程可表示为
$$\rho\frac{d\overline{\mathbf{V}}}{dt}+\rho\frac{\partial}{\partial x_j}\left(\overline{u_i'u_j'}\right)=\rho\mathbf{F}-\nabla\overline{p}+\mu\nabla^2\overline{\mathbf{V}}\quad(19\text{-}2\text{-}80)$$
将时均连续性方程式（19-2-73）代入得
$$\rho\frac{d\overline{\mathbf{V}}}{dt}=\rho\overline{\mathbf{F}}-\nabla\overline{p}+(\mu+\mu_t)\nabla^2\overline{\mathbf{V}}\quad(19\text{-}2\text{-}81)$$
这样，如果确定了湍动黏度 μ_t，由式（19-2-80）和式（19-2-81）就可以求解流体的湍流流动。两方程模型中 μ_t 用式（19-2-82）估计
$$\mu_t=c_\mu k^2/\varepsilon=c_\mu k^{\frac{1}{2}}l\quad(19\text{-}2\text{-}82)$$
式中 c_μ 常取为 0.09，k 为湍流能量，ε 为湍流能量耗散率，l 为某一长度尺度，这三者的关系为
$$\varepsilon=k^{3/2}/l\quad(19\text{-}2\text{-}83)$$
在两方程模型中 k 和 ε 都是由相应的输运方程确定的，一般 k 由式（19-2-84）确定
$$\rho\frac{dk}{dt}=\frac{\partial}{\partial x_j}\left[\left(\mu+\frac{\varepsilon_m}{\sigma_k}\right)\frac{\partial k}{\partial x_j}\right]+G_k-\rho\varepsilon\quad(19\text{-}2\text{-}84)$$
其中 σ_k 为常数，$G_k=-\rho\overline{u_i'u_j'}\frac{\partial\overline{u}_i}{\partial x_j}$
标准 k-ε 模型中的 ε 遵从如下方程
$$\rho\frac{d\varepsilon}{dt}=\frac{\partial}{\partial x_j}\left[\left(\mu+\frac{\varepsilon_m}{\sigma_k}\right)\frac{\partial k}{\partial x_j}\right]+C_{1\varepsilon}\frac{\varepsilon}{k}G_k-C_{2\varepsilon}\rho\frac{\varepsilon^2}{k}\quad(19\text{-}2\text{-}85)$$
式中 $C_{1\varepsilon}=1.44$，$C_{2\varepsilon}=1.92$，$\sigma_k=1.0$
标准 k-ε 模型具有几个特性：它可以模拟层流向湍流的转变（数值计算中要求网格密度很大）；对于低 Reynolds 数流动，尤其是壁面附近的流动，上述模型要作低 Reynolds 数修正</td>
</tr>
</table>

续表

流场模拟及特性计算方法	多运动参考系法和混合平面法中的稳态交互面去除了周向瞬态特性，因此不能反映流场的瞬态特性，而滑动网格法能够准确地反映出上下游叶轮之间的物理量传递，描述出变矩器流场的瞬态特性，因此采用滑动网格法对变矩器瞬态流场进行计算。图(a)为滑动网格计算的示意图 滑动网格法计算最为精确，相应对网格模型要求较高，同时要求相对滑移的交界面在空间上始终相交，当此方法应用到多叶轮的共同工作的液力变矩器流场模拟中应选取整体流道作为计算模型，这样保证各工况下三个叶轮交界面在计算中始终相交。计算域及网格模型如图(b)所示 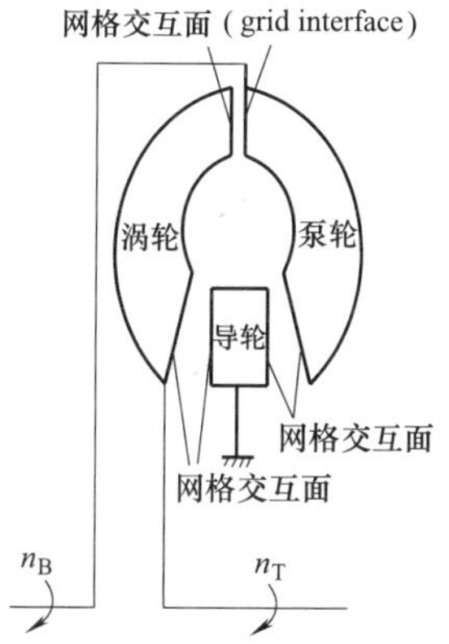 图(a) 滑动网络计算模型 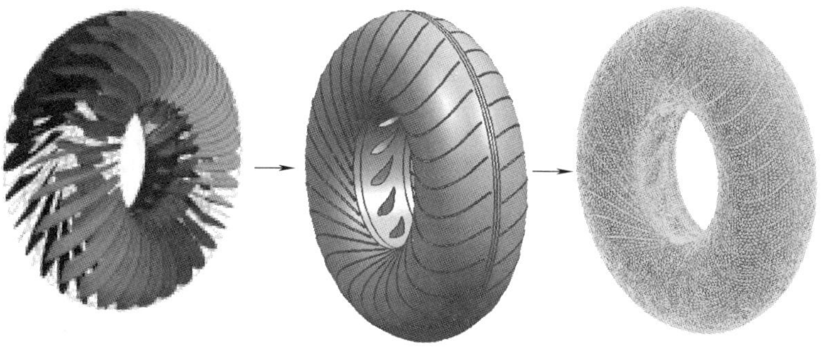 几何模型　计算模型　网络模型 图(b) 液力变矩器计算模型
CFD/CAD设计流程	综上所述，液力变矩器 CFD/CAD 设计过程如图(c)所示，计算中采用分离式求解器，压力速度耦合算法为 SIMPLE 算法，空间离散格式为一阶上游迎风格式，湍流模型为标准 k-ε 模型，收敛条件为两次迭代残差小于 10^{-3}。计算中采用的边界条件有：在叶轮交互面设置网格分界面，其他边界都为壁面条件，叶轮转速与台架试验转速一致

续表

<table>
<tr><td>CFD/CAD设计流程</td><td>
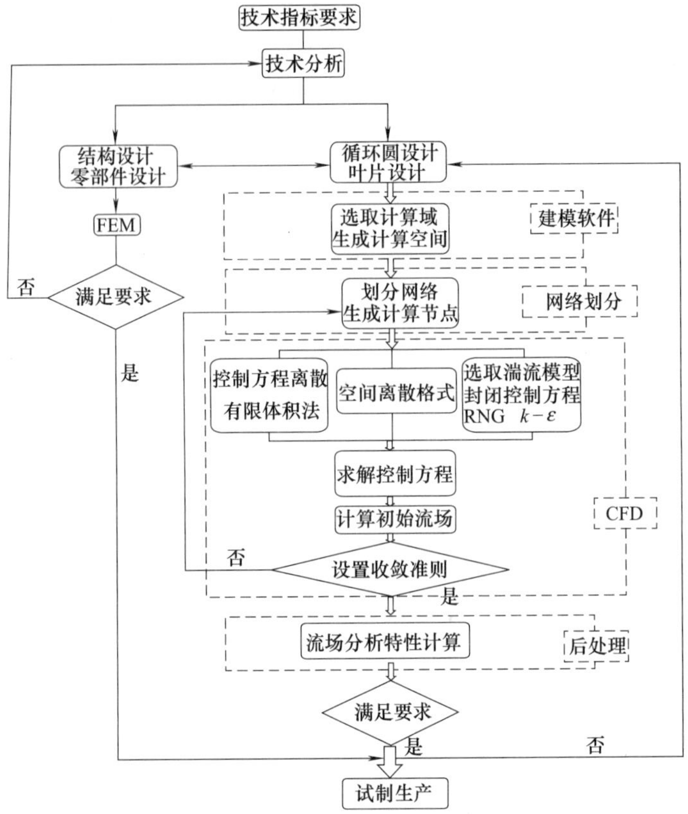

图(c) 液力变矩器CFD/CAD设计流程
</td></tr>
<tr><td>特性计算</td><td>
利用 CFD 软件预测变矩器性能关键是求得各叶轮的转矩，基于流场数值模拟得到的流场压力和速度解，可求得计算域壁面网格单元上压力与黏性力等，再对所有叶片表面单元上的转矩（相对于旋转轴）进行积分可得到叶轮转矩

$$T=\boldsymbol{R}\times\frac{\partial}{\partial t}\iiint_V \rho\boldsymbol{v}\mathrm{d}V+\boldsymbol{R}\times\oint\!\!\int_{A_2}\rho\boldsymbol{v}(\boldsymbol{v}\cdot\mathrm{d}A)-\boldsymbol{R}\times\oint\!\!\int_{A_1}\rho\boldsymbol{v}(\boldsymbol{v}\cdot\mathrm{d}A) \quad (19\text{-}2\text{-}86)$$

式中 T——转矩；
A_1——控制体的流入表面；
A_2——控制体的流出表面；
A——控制体的全部控制面；
V——控制体体积；
$\frac{\partial}{\partial t}\iiint_V \rho\boldsymbol{v}\mathrm{d}V$——控制体内流体动量对时间的变化率；
$\oint\!\!\int_A \rho\boldsymbol{v}(\boldsymbol{v}\cdot\mathrm{d}A)$——单位时间内通过所有控制表面的动量代数和；
$\boldsymbol{v}$——控制体中任一点的速度矢量；
$\boldsymbol{R}$——控制体中任一点在坐标系中的矢径；
ρ——工作液体密度

求得各叶轮转矩后，可以得到液力变矩器外特性和原始特性
</td></tr>
</table>

2.4.4　逆向设计法

根据所拥有的资料或实物不同，反求工程的基本方法分为软件逆向设计法、影像逆向设计法和实物逆向设计法。液力变矩器的关键技术是其内部叶片参数和流道参数，而很难获得这些叶片的影像和参数，因此主要采用实物逆向设计法。

逆向设计的几个主要问题如下。

① 液力变矩器叶型是决定其性能的最关键参数，须精确测量。而叶片形状往往是空间三维扭曲曲面，叶片间的空间又极其狭小，造成测量上的很大困难。传统的各种测量方法很难将其精确测量出来。测量的不精确将造成液力变矩器性能的下降。

② 液力变矩器内部的流动是黏性三维非稳定流动，极其复杂。传统的理论和设计方法基于一维束流理论，用于逆向设计分析的精度不够。虽然目前国内外大力研究液力变矩器三维流动设计理论与方法，但在实用方面还有限制。

③ 影响液力变矩器的性能除关键的叶片参数外，还有诸如循环圆参数、叶片数、无叶栅区大小、工艺、材料、叶片加工方法、装配等因素。这些因素相互影响相互制约，需在反求过程中具体问题具体分析，才能得到最佳结果。

考虑到叶片为三维扭曲曲面，叶片间空间狭小，为了能准确测量液力变矩器的叶片形状，可采用光电非接触三坐标扫描测量仪进行测量。该测量仪主要由扫描镜头、支架、计算机及相应软件组成，如图 19-2-5 所示。计算机内具有将扫描图像转化为数据点云的相应软件。由于在测量中不存在探头接触，为非接触测量，故其测量精度很高，并且适合于各种复杂曲面。

下面以循环圆有效直径 $D=380$mm 液力变矩器为例，说明逆向设计方法。

由于液力变矩器叶轮上具有多个叶片，且叶片形状是空间三维扭曲曲面，故光电扫描仪的光线照射不到大部分叶片表面。因此，为不破坏叶轮，在测量之前要设法将叶片曲面的形状提取出来，提取变矩器叶型的方法采用硅橡胶法。

图 19-2-5　光电非接触三坐标扫描测量仪

测量步骤如下。

① 将叶轮实物或叶片硅橡胶型芯经喷涂处理后贴上参考点（黑色的小圆点）放置在扫描工作台上。

② 将扫描仪的镜头对准叶轮或型芯实物开始扫描，得到第一个数据文件。

③ 将扫描仪绕工作台旋转一个角度（根据实物的复杂程度确定，如 30°、45°、90°）继续扫描，得到第二个数据文件，第三个数文件…

④ 由于叶轮和型芯是三维实物，为获得其全部信息，还须将其在工作台上翻转 180°。然后继续重复从各个不同角度进行扫描。

⑤ 分别对泵轮、涡轮、导轮、泵轮硅橡胶型芯、涡轮硅橡胶型芯、导轮硅橡胶型芯进行上述扫描，则得到了完整描述它们的数据文件。

⑥ 用光电扫描仪自带的软件对各个叶轮及其型芯的数据文件进行处理，则得到各个叶轮及其型芯的三维点云图，如图 19-2-6 和图 19-2-7 所示。

(a) 泵轮　(b) 涡轮　(c) 导轮

图 19-2-6　叶轮点云

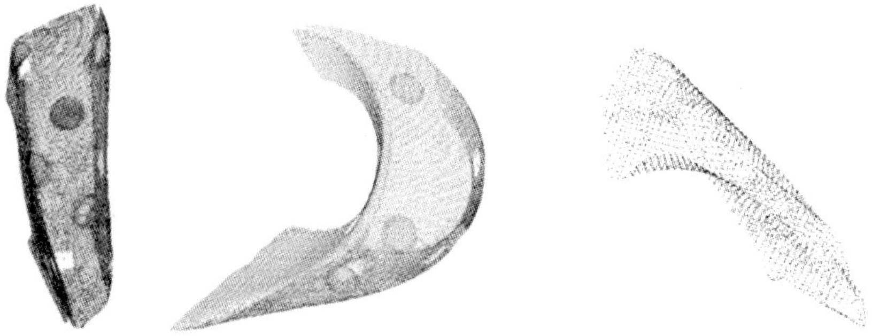

(a) 泵轮型芯　(b) 涡轮型芯　(c) 导轮型芯

图 19-2-7　叶片型芯点云

通过光电扫描仪测量并由其所带软件处理得到的点云图尚不是所要求的叶轮和叶型型芯三维模型。还需使用相关软件建立所需要的叶轮和型芯三维模型。

首先，把各个叶轮和叶型型芯的点云图从光电扫描仪所带软件导入到一个能够处理点云图的曲面处理软件。然后使用该软件将离散的点云处理成连续的曲面。

由于在扫描叶轮时光线无法进入叶片间流道，故大部分叶片型面扫不到，反映叶片型面的是扫描叶型型芯的信息。因此存在一个重要问题是须将各叶轮和各叶型型芯分别相互对接定位，即把各叶型型芯分别嵌入各叶轮中，最后形成叶轮和叶片统一体的三维模型。经过处理，得到如图 19-2-8 和图 19-2-9 所示的各叶轮和各叶片的三维模型。

将各叶轮的三维模型按轴面和轴向投影两个视图，得到各叶轮的二维图。将各叶轮提取出一个叶片，其在叶轮内外环上的空间定位位置不变，按轴面和轴向且轴向视图向轴面视图旋转投影的方式投影两个视图。

上述投影后的各叶轮和叶片导入 AutoCAD，按液力变矩器叶轮和叶片的设计要求和方法标注形位公差和尺寸公差，则得到二维图，即各叶轮的零件图和叶型图，如图 19-2-10 和图 19-2-11 所示。

(a) 泵轮　(b) 涡轮　(c) 导轮

图 19-2-8　各叶轮三维模型

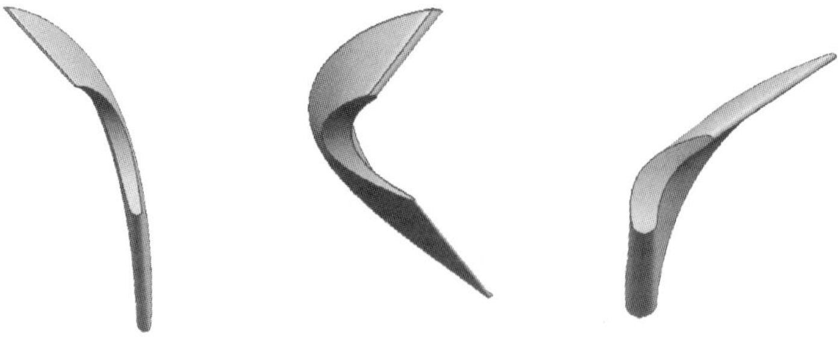

(a) 泵轮　(b) 涡轮　(c) 导轮

图 19-2-9　各叶片三维模型

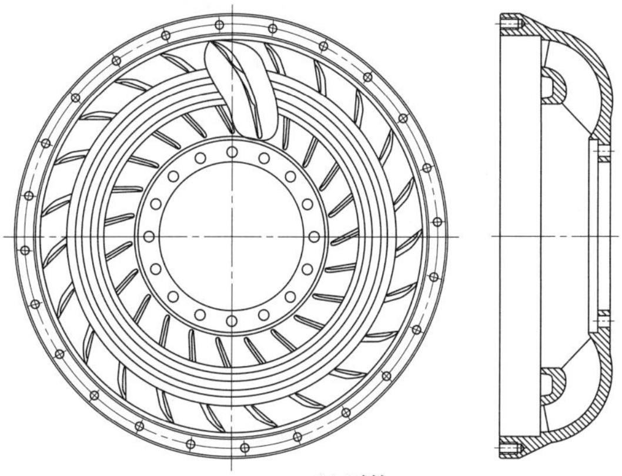

(a) 泵轮

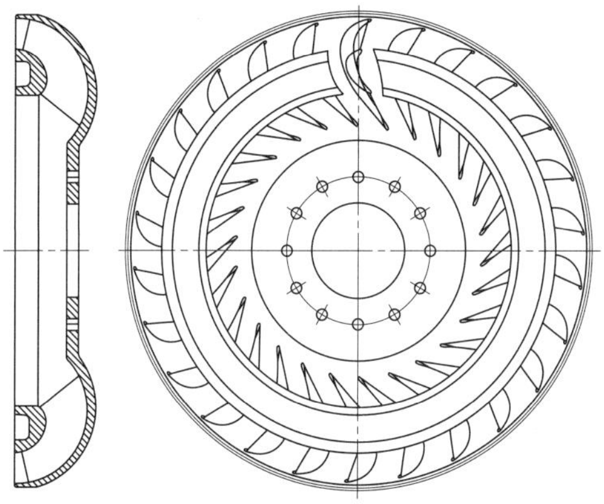

(b) 涡轮

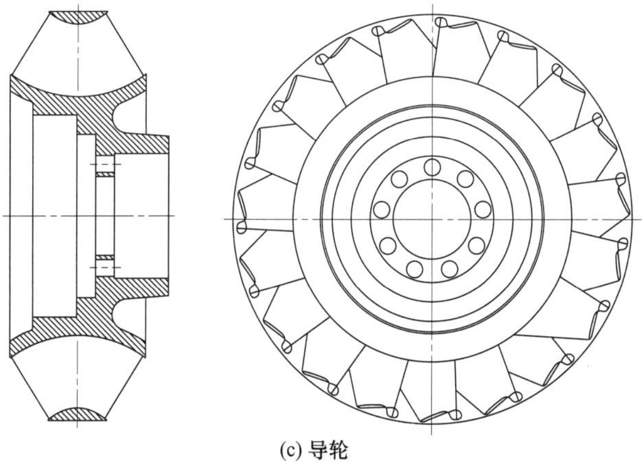

(c) 导轮

图 19-2-10　各叶轮零件图

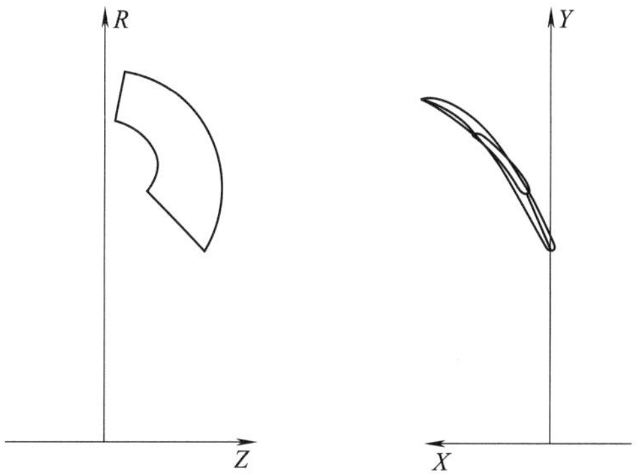

(a) 泵轮叶型图

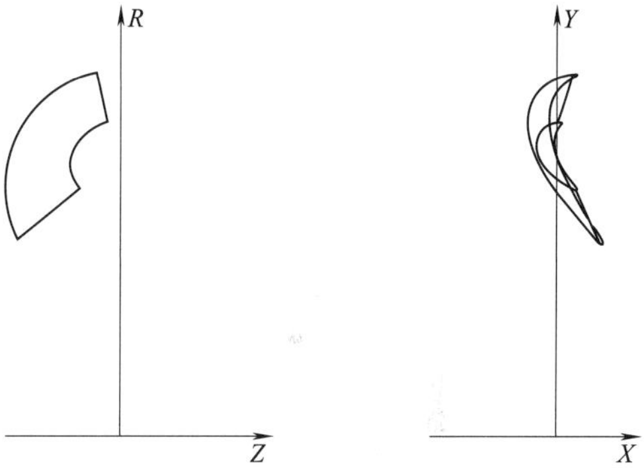

(b) 涡轮叶型图

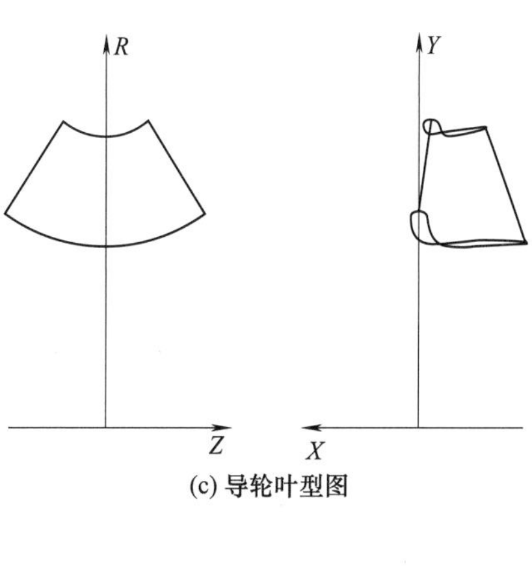

(c) 导轮叶型图

图 19-2-11　各叶片叶型图

2.5 液力变矩器的试验

2.5.1 试验台架

液力变矩器试验台主要分为以下三个部分：试验台的主体测试部分、油路供给系统和控制及数据采集系统。试验台的组成示意如图19-2-12所示。

试验台的主体测试部分，包括电动机1、液力变矩器4、转矩转速传感器3、测功机5以及联轴器2等设备。电动机是试验台的动力装置，测功机是试验的能量吸收装置，二者联合工作，确定试验所需要的参数。其他的转矩转速传感器则是数据采集装置。图19-2-13为液力变矩器试验台。

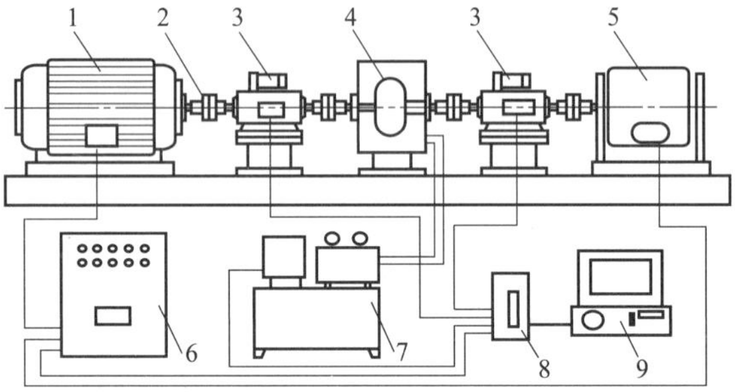

图19-2-12 液力变矩器试验台系统组成示意

1—驱动变矩电动机；2—联轴器；3—转矩转速传感器；4—液力变矩器；5—交流矢量测功机；6—控制柜；7—液压站；8—信号转换卡；9—工控计算机

图19-2-13 液力变矩器试验台

试验台的控制及数据采集系统主要包括控制柜6、信号转换卡8和工控计算机9。试验台的油路供给系统，主要由液压站7和油路控制阀体组成。其中液压站是试验试件传动油的储备设备，同时也是油路的压力源，提供液力变矩器正常工作时所需要的油压并冷却试验中的传动油；控制阀体则负责油路的压力分配与控制，完成液力变矩器的各个工况，并提供润滑及回油的控制。

2.5.2 试验方法

2.5.2.1 外特性试验

液力变矩器的基本性能试验包括外特性试验和内特性试验。按照GB/T 7680—2005外特性试验测定液力变矩器外部特性。它是以泵轮轴和涡轮轴上的转矩和转速之间的关系来表示的。分为静态特性试验和动态特性试验。

表19-2-15 外特性试验

静态特性试验	液力变矩器的静态特性是指稳定工况时的特性。静态特性包括牵引、反传、反转及零速四种工况。分别测量出液力变矩器输入轴和输出轴上的转矩和转速，然后绘制出 T_T、η、T_B与 n_T的关系曲线	
	原始特性试验	一般指牵引工况下的基本性能试验。需要测定的参数有泵轮转矩、转速，涡轮转矩、转速，进口油温、油压，出口油温、油压 试验方法有以下两种 一种是定转速试验，一般在工程机械的液力元件上采用。在试验过程中液力元件输入轴的转速保持不变。试验时主要调节平衡电机，改变负载，同时也改变了液力元件的输出轴转速。泵轮转速不得大于设计值，最大试验转速一般按所匹配的动力机上所示转速的100%确定。输入转速的选择应以所配发动机额定转速的百分比来考虑。如100%、80%、50%等 另一种是定转矩试验，常用于汽车液力变矩器的试验。试验过程中，液力元件的输入转矩保持不变。最大试验转矩一般取动力机标定工况下静转矩的100%。部分试验转矩可自定。定转矩法的试验条件和液力元件与汽油机或两级调速式柴油机匹配的实际使用条件是比较接近的，汽油机或两极调速式柴油机，当油门开度一定时其特性近于等转矩 大功率液力元件的特性试验，往往因为试验设备的功率限制，不能完成全功率的特性试验，只能在低转速下进行试验，试验所得特性与全功率的特性有些差别，如果积累有系统的经验数据，可以用经验的办法对特性进行修正 当通过试验取得了参数后，用 $T_B=T_B(n_T)$，$T_T=T_T(n_T)\eta=\eta(n_T)$，这三条曲线关系来表示液力变矩器的性能，称之为外特性曲线，如图(a)所示。应用 $\lambda_B=\lambda_B(i)$，$\eta=\eta(i)$，$K=K(i)$这三条曲线表示液力变矩器的性能时，称之为液力变矩器的原始特性，见图(b)

续表

<table>
<tr>
<td rowspan="2">静态特性试验</td>
<td>原始特性试验</td>
<td>
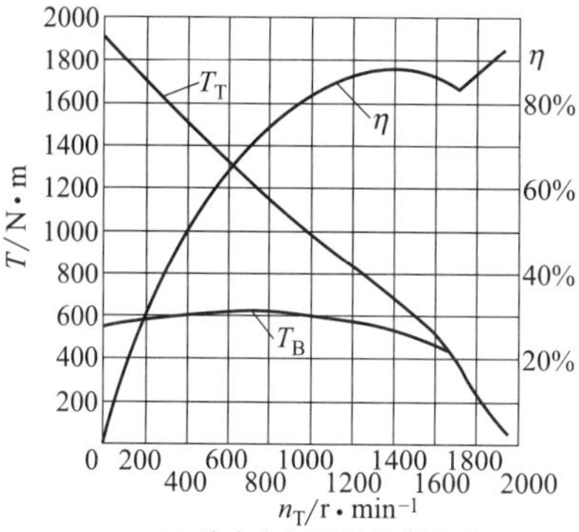

图(a) 液力变矩器外特性曲线

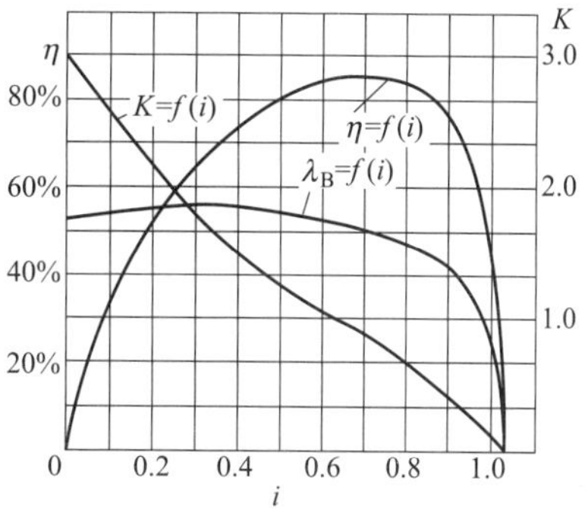

图(b) 液力变矩器原始特性曲线
</td>
</tr>
<tr>
<td>全外特性试验</td>
<td>
若把牵引工况、反传工况和反转工况的特性曲线绘制在同一坐标上，即可得到液力变矩器的全特性曲线

①反转工况特性试验。转速比 i 在零到负值区段，涡轮与泵轮反向旋转，泵轮和涡轮同时输入功率。液力元件的这种工况在实际某些使用情况下出现。液力元件在涡轮反转工况下的特性需要通过试验测定

试验过程具体是将涡轮轴端吸收功率的测功电机改为能驱动涡轮轴反转的电机。试验的操作方法是先将泵轮轴端驱动的电机开动，使泵轮以很低速度旋转，再将涡轮轴端驱动电机开动，使涡轮以很低转速反转。然后逐步提高泵轮的转速至试验的转速。改变涡轮轴端驱动电机的转速，在各个不同的稳定转速比下，同时进行各参数的测量，绘制出以 $\lambda_B=\lambda_B(i)$，$K=K(i)$ 表示的反转工况特性曲线，见图(c)

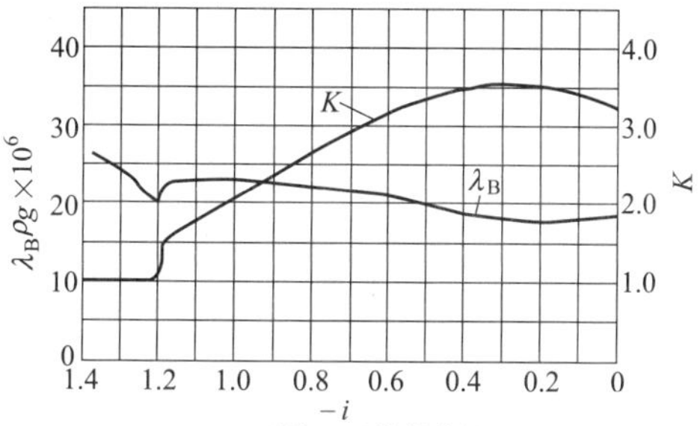

图(c) 反转工况特性曲线

②超速工况(反传工况和超越制动工况)特性试验。涡轮以大于泵轮的转速同向旋转，转速比在 1 附近到大于 1。泵轮轴转速较高的超速工况没有什么现实意义，但是泵轮处于低速运转下的超速工况却是经常遇到的，这种工况相应于车辆的滑行工况。滑行工况下泵轮转速可以很低，甚至等于零

超速工况特性试验时涡轮轴端的测功电机应进行驱动。试验的操作方法是先将涡轮轴端的电机正向驱动(作电动机用)，然后调节泵轮轴端的测功电机(作发电机用)的转矩和转速(按照发动机最小油门时发动机运转消耗于汽缸摩擦的转矩与转速的关系，调节泵轮轴的转矩)。使涡轮轴的转速由低速逐渐升高，在各试验点进行测量

试验时要测量的参数与原始特性相同。一般采用定泵轮转矩方法试验，综合式液力变矩器允许采用定涡轮转矩试验。反传工况特性见图(d)，图中 $i_c=n_B/n_T$，$K_c=-T_B/T_T$，$\eta_c=K_ci_c$。图(e)所示为以容量系数(汽车领域常用)表示的牵引工况性能曲线

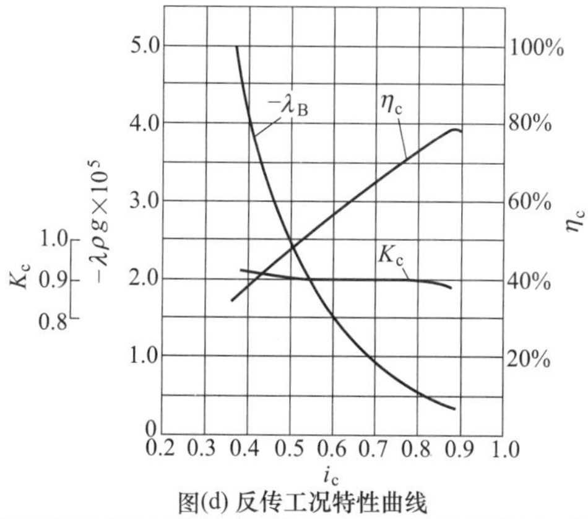

图(d) 反传工况特性曲线
</td>
</tr>
</table>

续表

<table>
<tr>
<td>静态特性试验</td>
<td>全外特性试验</td>
<td>
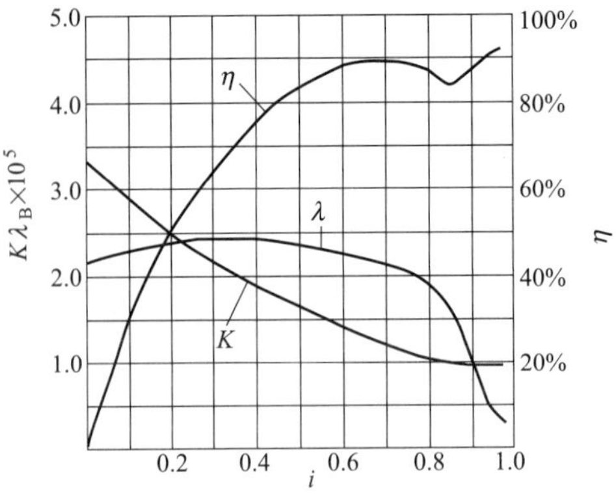

图(e) 牵引工况特性曲线

将各工况绘制在同一坐标上，便得到了图(f)，即液力变矩器全外特性曲线。从图中可以看出：牵引工况是在正常的工况下获得的，转速比和泵轮与涡轮转矩之比 K 为正值，外特性位于直角坐标的第一象限内；反转工况由于涡轮反转，转速比为负值，而泵轮和涡轮的转矩之比值 K 仍为正值，外特性曲线位于直角坐标的第二象限内；反传工况虽然转速比为正值，但其涡轮变为主动部分，K 值为负，所以特性曲线位于第四象限内

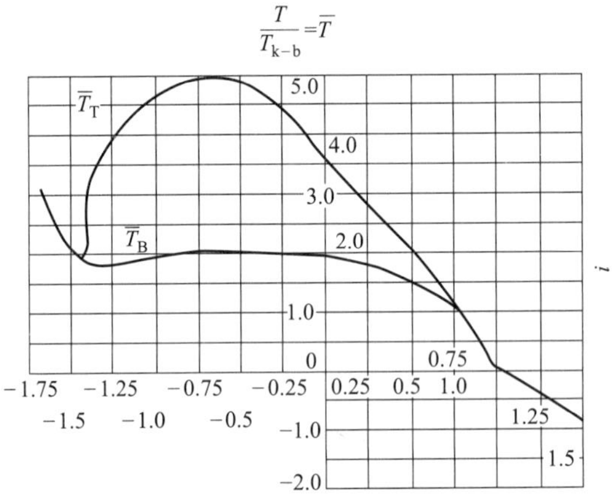

图(f) 液力变矩器全外特性曲线

启动工况的试验方法是将输出轴制动，使 n_T 为零，泵轮转速按设定的增量逐次提高，直到预定值的最大值(不得超过最大设计转矩值)
</td>
</tr>
<tr>
<td colspan="2">动态特性试验</td>
<td>动态特性试验是在试验台架上模拟工作机的实际使用工况而进行的试验。动态试验台的动力可以用直流电动机或发动机。负载可用做过动平衡试验的飞轮，飞轮通过离合器与涡轮轴相连。其工作原理为：当动力机带动飞轮而逐渐升速时，动力机的机械能转换成为飞轮的动能。动力机逐渐减速时，飞轮能将动能转换为驱动工作机的机械能。根据惯性飞轮在外转矩作用下的运动微分方程，在试验中只要改变飞轮转速，就可以改变转矩值，只要根据车辆的质量选择适当的飞轮数量和大小，就可以在试验台上模拟车辆的起步、加速和减速等各种负荷特性。根据需要，可以在试验台上完成在规定时间内的突然加速或突然减速的过渡状态试验。进行动特性试验时，一切参数的测取都取瞬时值，包括油温及油压。热交换器应选择得足够大，因为动态特性试验，大多是在液力元件效率比较低的区段进行的，所以连续重复试验时发热量很大</td>
</tr>
</table>

2.5.2.2　液力元件内特性试验

表 19-2-16　液力元件内特性试验

<table>
<tr><td colspan="2">试验任务</td><td>①探讨液力元件工作腔中的液流结构，即速度和压力的分布，涡流、二次流、分离、回流的规律
②确定液流进入和离开工作轮时的情况，研究液流的冲击和偏离</td></tr>
<tr><td rowspan="5">测试方法</td><td>探针测试法</td><td>流体的流速大小和方向的测量可由压力测量间接实现。探针是常用的结构简单、工作可靠、制造成本低廉的仪器，在流场测试中得到广泛应用。对于平面液流采用三孔圆柱形测压管，而五孔测压管是用来测量空间液流参数的
探针测试法的缺点是：探针有一定体积，插入流场后对流场产生扰动，改变流场的形态，难以得到确切的结果。近来出现了电子探针、热膜探针等，可提高测量精度和动态灵敏度</td></tr>
<tr><td>直观流线法</td><td>直观流线法是利用流动可视化技术，在液力变矩器叶轮叶片表面上建立流动模型，即建立内部液流流动情况的直观表现，用来观察液流在流动传递动力过程中的情况，分析判断在各种工况条件下流道中液体流动是否匀顺，是否产生了冲击、旋涡、分离及回流等现象。据此提出最佳的流动模型，作为改进设计的依据</td></tr>
<tr><td>显示追迹法</td><td>显示追迹法是在流体中加入小粒子或气泡进行追迹照相。这种方法可以显示液流的连续运动过程，但只能用来做定性的分析</td></tr>
<tr><td>激光多普勒测速仪(LDA)</td><td>激光测速仪的优点是：它无需将任何器件插入流场，只需将激光束射入被测流场，聚焦在被测点上，同时将被测点散射出来的光接收下来进行处理，就能确定被测点的流速，不扰动流场；能测量固定和旋转叶轮流道内的流动，同时测出流速的大小和方向，其精度在0.5%～2%之间；适用的流速范围广，动态响应好。故而将其应用到液力变矩器内部流场测试研究中。激光多普勒测速仪是根据光的多普勒效应实现的
按测量的维数可分为一维、二维和三维流速计
用激光测量叶轮内部流场的流速分布，是一种非常有力的测量手段，目前常用二维激光多普勒测速仪测量液力元件流场。但是也有许多需注意的问题，如所测得的速度是介质中杂质微粒的速度；由于叶片是扭曲的，不能测量叶轮内部所有区域；还有因外壳的光学噪声和叶轮旋转速度变化引起测量结果值产生脉动现象等。所以在进行测量时，应注意变矩器测量用窗口的开设问题；如何测涡轮流场的问题；以及工作介质的选择和温度的控制问题等</td></tr>
<tr><td>粒子图像测速(PIV)</td><td>PIV技术是一种可以同时获得流场中多点测量流体或粒子速度矢量的光学图像技术，主要通过记录流场中示踪粒子在很短时间段内的位移来计算粒子的速度；PIV技术以常规流动显示设备和图像设备为基础，用计算机图像处理系统处理图像，然后用彩色显示参数变化，给出丰富的流场信息和高质量的图像；突破了单点测量限制，集“可视化”与“定量测量”于一体；是一种现代的流动显示与测量技术，是光学测量技术、计算机应用技术、图像处理技术相结合的产物。PIV基于最基本的流体速度测量方法，其基本原理是：实验时在流场中播入粒子，用激光脉冲器发出激光束经过一系列光学元件形成可调制的激光片光源照射流场，用多次曝光记录粒子场在不同时刻的图像，测出在已知时间间隔内流体质点(示踪粒子)在某切面上的位移，即可算出粒子的速度
示踪粒子在流动显示与测量中的地位极其重要。若在流场中的粒子浓度很高，实际记录的不是粒子的图像，而是粒子群的散斑图像及其位移，即激光散斑测速(LSV)技术，早期用过。若粒子浓度很稀，识别与跟踪单个或少数粒子，则为粒子跟踪测速(PTV)技术。如果粒子浓度中等，4～10个粒子/最小分辨容积，实际上不是确定单个粒子速度而是确定最小分辨容积内所有粒子的统计平均速度，无论采用光学杨氏条纹法或是自相关、互相关法，定义为粒子图像测速(PIV)
为保证流体的流动不受外加示踪粒子的影响，为此所加的粒子浓度应足够低，粒子的尺寸应足够小。其次，为了保证释放到流体中的示踪粒子的运动能真实地反映流体质点的运动，要求示踪粒子能很好地跟随流体质点的运动，即每个粒子的当地速度应和当地流体质点速度一致。考虑到粒子应对激光有较好的散射作用，一般使用 $d_p=0.03 \sim 0.06$mm 的粒子。种类有聚苯乙烯、聚酰胺、三氧化二铁、铝、云母＋氧化铁混合物等。铝粉对激光的散射效果最好，而聚酰胺的密度最接近工作介质的密度</td></tr>
</table>

续表

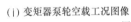

测试方法	粒子图像测速(PIV)	图(a)为粒子图像测速系统;图(b)为液力元件 PIV 测试图像  图(a) 粒子图像测速系统 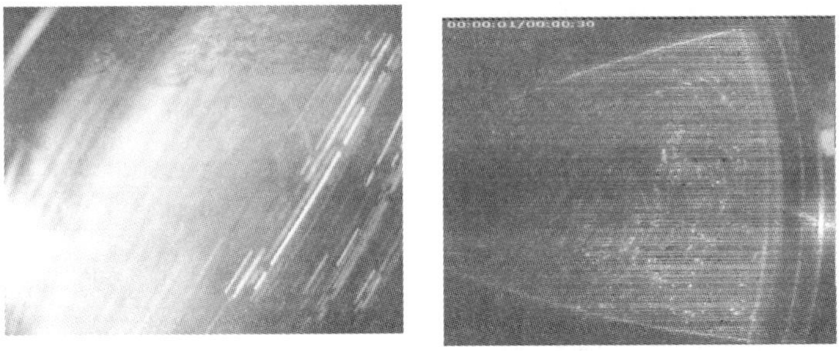 (ⅰ) 变矩器泵轮空载工况图像 (ⅱ) 偶合器涡轮制动工况图像 图(b) 液力元件PIV测试图像

2.6 液力变矩器的选型

2.6.1 液力变矩器的形式和参数选择

传动系统位于动力机和工作机之间，不仅传递运动和动力，而且要求其协调工作。因此液力传动的形式和参数选择必然与动力机的特性、工作机的载荷性质以及作业状况密切相关。

大多数液力变矩器应用在如各类车辆、工程机械和内燃机等移动式机械上，并且在固定式设备如油田、矿山、地质等设备中也得到广泛应用。移动式机械中，中小型汽车的动力机以汽油机为主，重型汽车、工程机械和内燃机车的动力机以柴油机为主。室外作业的固定式设备以柴油机为动力，室内以异步电动机为动力。

表 19-2-17 根据工作机的载荷状况和功能要求选用变矩器的原则

工作机	选 用 原 则
汽车及以运输为主的各类车辆	要求起步平稳,加速性好;换挡时动力不中断,无冲击,舒适性好;容易驾驶,改善司机的工作条件;操纵性好,并容易实现自动化;液力减速,交通安全性好;有良好的隔离和吸收振动与冲击的功能;可靠性好;能以蠕动的速度稳定行驶,通过性好;前进速度高,倒退仅作为掉头或没有速度要求等。这类功能要求的各类车辆,可以选用二相单级液力变矩器或闭锁变矩器,配合各种操作形式和动力范围的变速器。其中小轿车由于功率储备大,道路条件好,动力机多为汽油机,转矩储备大。液力变矩器仅在起步加速和换挡的过程中发挥作用,随着车辆从加速过渡到偶合工况或闭锁,可选择大透穿系数($T\geqslant2.0$)、较小的零速变矩器系数($K_0=1.7\sim2.2$)的液力变矩器。对于公共汽车、旅游车、轻型货车和中、重型载重汽车等,液力变矩器仅在加速、换挡和道路条件差时应用;重型矿用自卸车在一挡或二挡,液力变矩器还需克服特殊恶劣道路条件行使。所以可以选择透穿系数 $T\geqslant1.4$、零速变矩系数 $K_0\geqslant2.2$ 的闭锁变矩器。对于要求液力变矩器液力减速作用的旅游车和公共汽车还可以选择扩展动力范围的外分流或内分流液力机械变矩器。变速器各挡间传动比的比值,不闭锁的挡传动比取 1.6～1.8,特殊要求的可提高到 2.2～2.5。既可用变矩器又可闭锁的挡传动比取 1.4～1.6,不用变矩器只闭锁的挡传动比取 1.2～1.4

续表

工作机	选用原则
工程机械及以作业为主的各类机械	除基本要求与汽车及以运输为主的各类车辆类似外，还特别要求能够自动适应急剧变化并且周期循环重复作业的载荷；机动性好，前后掉头频繁、空载后退的速度甚至较前进速度快；全动力换挡，可由任何前进挡直接挂到后退挡；生产效率高，能够边行走边作业，行走和作业的动力分配可以任意调节。由此功能要求的各类工程机械、林业机械等，可以选用单相单级液力变矩器配合 1～4 挡全逆转变速器，也可选用内分流液力机械变矩器配二挡全逆转或前二倒一挡的变速器。对某些小吨位叉车，由于仅配有换向器，没有变速器，为了满足车速的要求，而选用二相单级变矩器。轮式工程机械可选中小透穿系数 $T=1.1\sim1.5$、大中零速变矩系数 $K_0=2.6\sim3.3$ 的液力变矩器，也可选 $K_0=4.0\sim6.0$ 的内分流液力机械变矩器。对于履带式工程机械，由于车速低，动力范围不大，且希望司机能够感知载荷的变化状况，可选用透穿系数 $T=1.5\sim2.2$、零速变矩系数 $K_0=2.2\sim2.6$ 的液力变矩器，也可选用透穿系数大的外分流液力变矩器 这类机械中凡要求边行走边作业的具有并联动力流的机械，如装载机和叉车，可以选择具有上述参数的可调液力变矩器 对于石油钻机，钻进时载荷脉动大，冲击强。而且随着井深的增加，载荷增大，脉动和冲击也加剧。要求变矩器有宽的动力范围，较大的零速变矩系数和较小的透穿系数。起钻时载荷平稳，但载荷变化大，轻载、空载占的时间长。要求变矩器的空载损失小，效率高。可以选择具有上述特性的闭锁变矩器。但为了解决传动系统的可靠性问题，需要限制输出转速，则就要选用改变充液率的可调变矩器或其他可调变矩器
内燃机车类轨道车辆	内燃机车的特点是功率大，要求恒功率均匀无级地调速。由于其大容量爪牙式换挡离合器同步换挡及控制复杂，可靠性差，因此不能采用串联机械变速器的方案。但可采用液力换挡的多循环圆的液力传动装置。由 2～3 台液力元件组成，每台液力元件在不同的速度范围内运转。低速范围起步运转时，为了得到好的起步加速性能应选用零速变矩系数大的变矩器——启动变矩器。在中速或高速范围运转时可采用设计工况转速比大的变矩器或偶合器，即运转液力元件。运转的液力元件充满油，不运转的液力元件排空。换挡过程，一台液力元件排油的同时，另一台液力元件充油，动力不会中断，向心涡轮液力变矩器不能满足机车对启动的要求，充排油系统在结构上也难于实现，铸造叶轮尺寸较大高速离心强度不足，而且空间扭曲叶型的加工工艺存在一些问题，因此机车上选用单相单级离心涡轮液力变矩器。变矩器的启动变矩比 $K_0>5\sim6$，负透性，透穿系数 $T=0.8\sim0.85$。运转变矩器高效运转工况区内基本不透，$T=0.95\sim1.0$，效率高于 80% 的动力范围 $d_{80}\geqslant2.2$
恒载荷调速的设备	载荷接近恒定要求调速的设备，如活塞泵、搅拌机等，选用可调液力变矩器，如导轮叶片可转动的可调变矩器，经济性较好

2.6.2　液力变矩器系列型谱

液力变矩器系列化与任何产品一样，使其具有更好的互换性及便于用户选用。

变矩器系列化包括两个方面的内容：一是在功能方面的系列化，即同一基本规格的产品，采用不同结构参数的变化，其中最主要的是工作轮叶栅参数的变化，即叶片进出口角度参数的变化，以满足不同类型机械的使用要求；二是基本性能参数规格方面的系列化。它用来满足不同转速及功率等级等方面的不同要求。而变矩器系列化首先是将变矩器进行分类，如分为向心涡轮变矩器、轴流涡轮变矩器、离心涡轮变矩器等，然后将其中某一类型变矩器系列化。

变矩器在参数系列化方面，通常将有效直径 D 分挡。按优先数规则将 D 分挡，并保证相同的公比值，即 $\frac{D_2}{D_1}=\frac{D_3}{D_2}=\frac{D_4}{D_3}=\cdots$，且将 D 圆整为整数值。

而同一循环圆有效直径 D 的变矩器再通过不同角度参数的组合，又可使力矩系数 λ^*_{MB} 具有一系列不同的数值。泵轮在设计工况下的输入功率为

$$P^*_B=\frac{\pi n^*_B}{30}M^*_B=K\lambda^*_{MB}n^*_BD^5$$

式中，$K=\frac{\pi}{30}\rho g$，当工作液选定后，则 K 为常数。而 D 又为一定值，则

$$\lg P^*_B=3\lg n^*_B+C$$

当令 $D=D_1$、D_2、$D_3\cdots$优选数系列时，P^*_B 与 n^*_B 在双对数坐标图上则为一组平行线。再令 $\lambda^*_{MB}=\lambda^*_{MB1}$、$\lambda^*_{MB2}$、$\lambda^*_{MB3}\cdots$，则又可得到在同一 D 值下的一组平行线。图 19-2-14 所示为向心涡轮液力变矩器系列型谱。如图 19-2-15 所示为轴流涡轮变矩器的系列型谱。图中标示数值分别为变矩器有效直径和能容的平均值。以 400-35 为例，它表示变矩器的有效直径 $D=400$mm，而 $\lambda^*_B\rho\times10^4\approx35$，若 $n^*_B=1000$r/min，则 $M_B=350$N·m。

一般要求所有 $\lg P^*_B$ 直线应在双对数坐标图上均匀覆盖工程应用中所能达到的全部功率、转速范围，而且相邻两有效直径之间应有一定的功率重叠区，以便于实际选用。

这里要提及的是液力偶合器也有系列型谱。但由于偶合器都是径向直叶片，故其系列化只是有效直径 D 的分挡，按优先数系来进行系列化。

2.6.3　液力变矩器与动力机的共同工作

液力变矩器与动力机共同工作的动力性和经济性的好坏，决定于其是否合理匹配。

液力变矩器与动力机的共同工作即动力机与变矩器输入端之间转矩或功率的平衡。为此必须了解动力机输进变矩器的输入功率，泵轮和涡轮的特性曲线族。

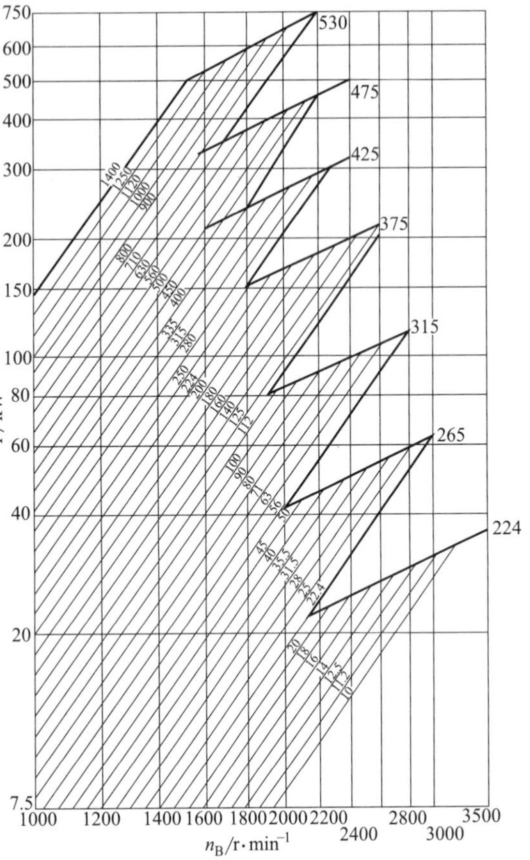

图 19-2-14 向心涡轮液力变矩器系列型谱

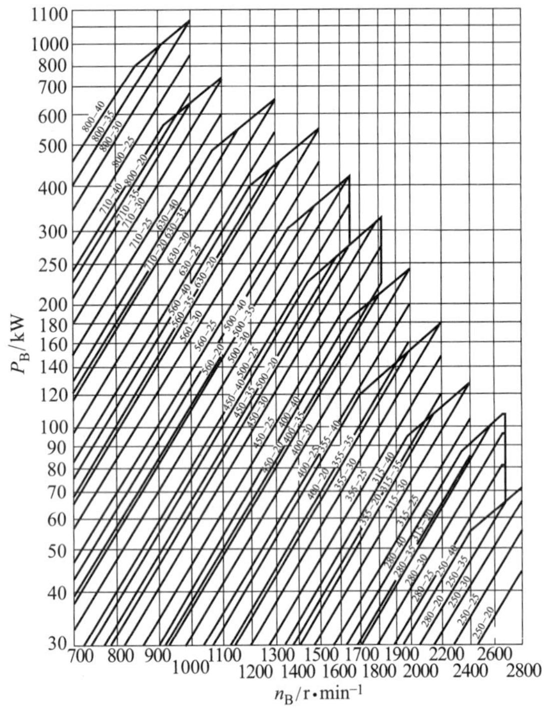

图 19-2-15 轴流涡轮变矩器系列型谱

2.6.3.1 输入功率

动力机特性曲线有些是不带辅助元件实验得到的。辅件中风扇功率与转速的三次方成正比。通常用动力机功率的百分数（%）表示辅件功率。

从动力机功率减去全部辅件功率可得到变矩器的输入功率

$$P_{1d}=P_d-\sum P_f=f(n_d) \qquad (19\text{-}2\text{-}87)$$

功率与转速呈线性关系时

$$P_{1d}=P_d-k_1P_{db}(n_d/n_{db}) \qquad (19\text{-}2\text{-}88)$$

功率与转速呈立方关系时

$$P_{1d}=P_d-k_2P_{db}(n_d/n_{db})^3 \qquad (19\text{-}2\text{-}89)$$

式中 P_{1d}——动力机输给变矩器的输入功率；

P_d，n_d——相应动力机的功率、转速；

P_{db}，n_{db}——相应动力机的标定功率、转速；

k_1，k_2——百分数，缺乏试验数据时，按 $k_2=6\%\sim10\%$估算。

2.6.3.2 泵轮特性曲线族和涡轮特性曲线族

表 19-2-18 泵轮特性曲线族和涡轮特性曲线族

名称	说 明
转速比 i 下的转矩特性曲线	泵轮特性曲线族 $T_B=f(n_B)$和涡轮特性曲线族 $T_T=f(n_T)$，以转速比 i 为参量，对应每一 i 值从变矩器的公称特性曲线上查得相应的 T_{Bg}、K。给出一系列泵轮转速 ^1n_B、^2n_B、…，根据式 $T_B=T_{Bg}\left(\frac{n_B}{1000}\right)^2$，$n_T=in_B$和一 $T_T=\frac{K}{i^2}T_{Bg}\left(\frac{n_T}{1000}\right)^2$，计算得到相应的一系列 ^1T_B、^2T_B、…，^1T_T、^2T_T、…，^1n_T、^2n_T、…值。据此作出在某一参量 i 下的泵轮转矩特性曲线和涡轮转矩特性曲线。对应不同参量 i 就得到图(a)所示的曲线族 $T_B=f(n_B)$ 和 $T_T=f(n_T)$

续表

名称	说　明
转速比 i 下的转矩特性曲线	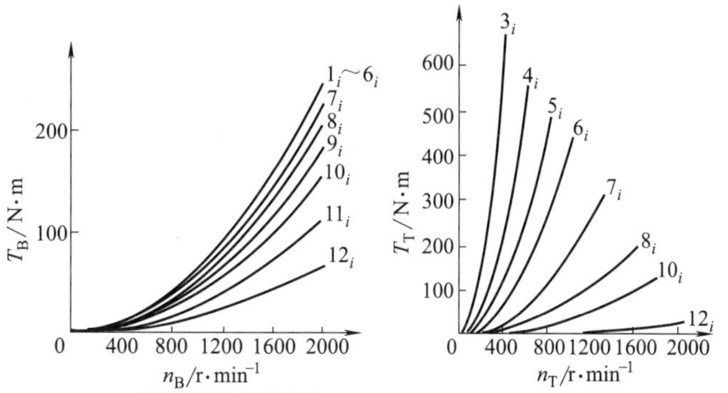 (ⅰ)泵轮转矩特性曲线族　(ⅱ)涡轮转矩特性曲线族 图(a) 泵轮、涡轮转矩特性曲线族
转速比 i 下的功率特性曲线	泵轮特性曲线族 $P_B=f(n_B)$,按 $\ln(P_B)=3\ln\left(\frac{n_B}{1000}\right)+\ln(T_{Bg})-2.25654$,计算得到不同参量 i 的以自然对数形式表示的泵轮功率特性曲线族 $P_B=f(n_B)$,见图(b) 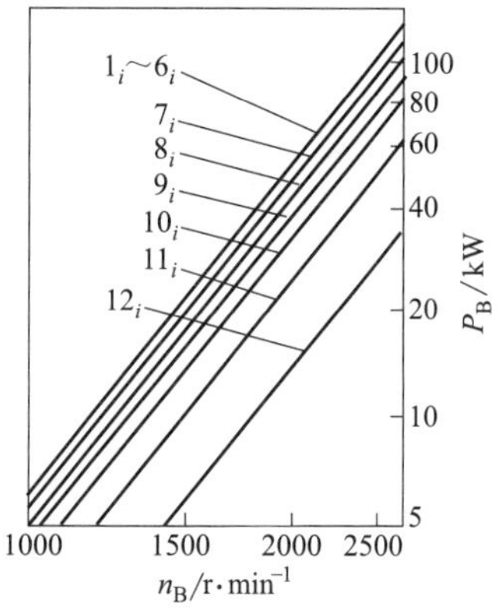 图(b) 泵轮功率特性曲线参数
转速 n_B 下的转矩特性曲线	泵轮特性曲线族 $M_B=f(n_B)$和涡轮特性曲线族 $T_T=f(n_T)$,以 n_B为参量,对应每一 n_B值,给出一系列转速比 ^1i、^2i、…,从公称特性曲线上查得 $^1T_{B(1000)}$、$^2T_{Bg}$、…,^1K、^2K、…值,根据式 $T_B=\frac{T_{Bg}}{i^2}\left(\frac{n_T}{1000}\right)^2$,$n_T=in_B$和 $T_T=\frac{K}{i^2}T_{Bg}\left(\frac{n_T}{1000}\right)^2$,可计算得到相应的一系列 ^1T_B、^2T_B、…,^1n_T、^2n_T、…和 ^1T_T、^2T_T、…值,据此作出不同参量 n_B的泵轮转矩特性曲线族 $P_B=f(n_B)$和涡轮转矩特性曲线族 $T_T=f(n_T)$,见图(c) 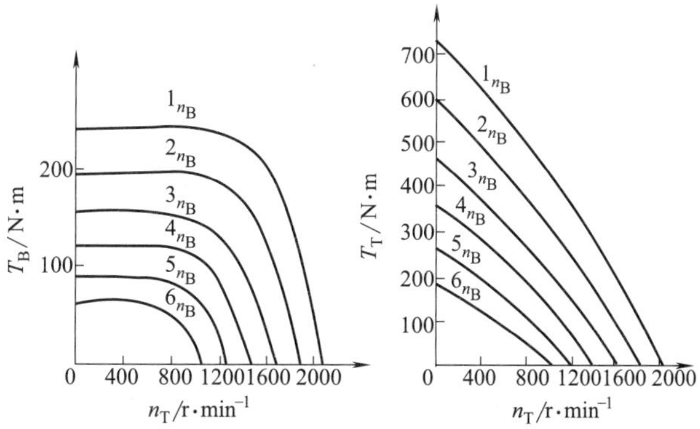 (ⅰ)泵轮转矩特性曲线族　(ⅱ)涡轮转矩特性曲线族 图(c) 转矩特性曲线族

2.6.3.3　液力变矩器有效直径和公称转矩选择

生产厂提供用双对数坐标表示的变矩器的系列型谱（图 19-2-14、图 19-2-15），它是根据变矩器的公称转矩作出的，每一条直线代表一个规格（一组叶栅系统）的变矩器。坐标轴、最大和最小公称转矩线、极限转速和极限转矩线所包络的区间就是一个尺寸系列变矩器的功率范围。动力机标定转速和功率落到系列型谱图上的两条相邻直线，就是初选到的变矩器的规格（有效直径和公称转矩）。如型谱中没有所要求的有效直径和公称转矩，则需进行前述的（2.4 节）新型变矩器设计工作。

2.6.3.4　液力变矩器和动力机共同工作的输入特性曲线和输出特性曲线

把动力机的净外特性曲线绘制到初选的变矩器规格的泵轮特性曲线 $T_B=f(n_B)$（参量 i）上。动力机的净外特性曲线与不同 i 值的泵轮特性曲线的交点就是在稳定状态下的共同工作点，称为共同工作的输入特性［图 19-2-16（a)］。

查得各交点坐标 T_B、n_B，根据式 $T_T=KT_B$，$n_T=in_B$，计算得到一系列的 T_T、n_T 值。在涡轮特性曲线族 $T_T=f(n_T)$（参量 i）上相应每一 i 值，画出对应（T_T、n_T）的点。连接这些点就得到共同工作的输出特性曲线［图 19-2-16（b)］。

根据动力机的类型、特性，工作机的载荷性质、作业状况，以及下面所介绍的匹配原则，反复上述的计算分析，最终确定变矩器的型号和规格。

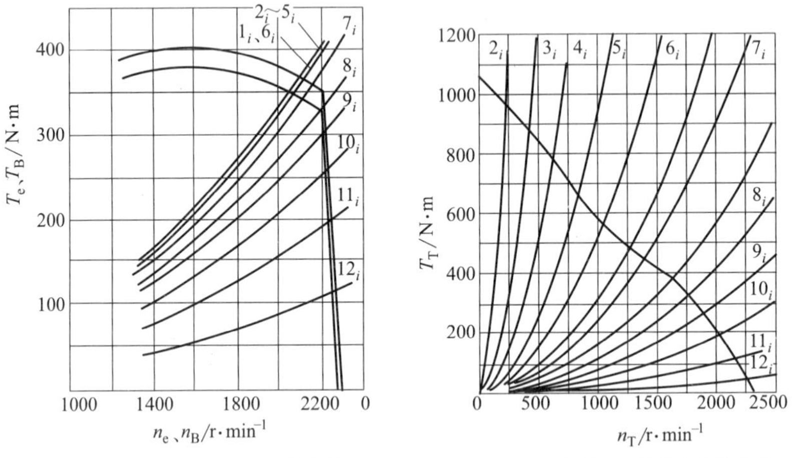

(a) 共同工作的输入特性曲线　　(b) 共同工作的输出特性曲线

图 19-2-16　液力变矩器和动力机共同工作的特性曲线

2.6.4　液力变矩器与动力机的匹配

表 19-2-19　　液力变矩器与动力机的匹配

匹配原则	液力变矩器与动力机的匹配原则有以下几个方面 ① 为使车辆起步加速性好，尽量利用动力机的最大转矩，变矩器的零速泵轮转矩曲线应通过动力机的最大转矩点［图(a)］ ② 为使机器有最大的输出功率，变矩器的最高效率泵轮转矩曲线应通过动力机的最大功率的转矩点 ③ 为使机器的燃油经济性好，变矩器的最高效率泵轮转矩曲线应通过内燃机的最低比油耗区 ④ 其他如环保方面的要求，排污少，噪声小等 实际上同时满足上述要求是不可能的，因为它们相互间是矛盾的。应根据机器的具体情况和特点，分清主次综合处理 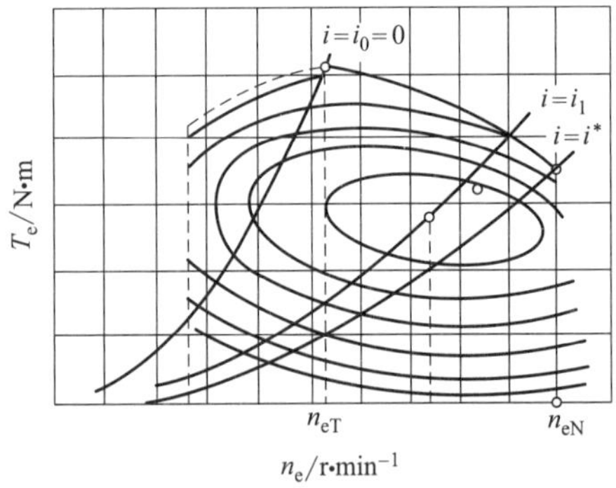 图(a) 液力变矩器与动力机的匹配

续表

汽车液力变矩器与内燃机的匹配	轿车应用大透穿的二相单级液力变矩器，主要运转工况为偶合工况。偶合区最高效率工况（$i_{h\eta}=0.97\sim0.98$）的泵轮转矩抛物线应通过汽油机的净标定功率的转矩点，而零速工况的泵轮转矩抛物线交汽油机净外特性于 $n_{B0}=(0.35\sim0.45)n_{eN}$（$n_{eN}$ 为动力机标定转速）的转速[图(b)]。近年来为了减小变矩器尺寸，提高效率，轿车出现闭锁变矩器，这是由于主要运转工况为闭锁，仅从提高起步加速性能考虑，取 $n_{B0}\geqslant n_{eT}$（n_{eT} 为动力机最大转矩点的转速） 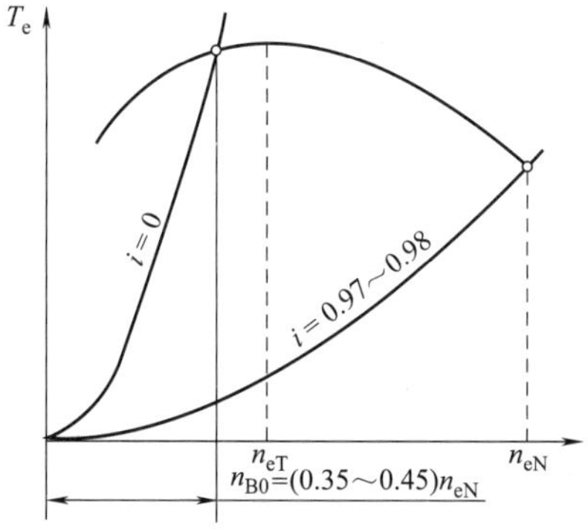 **图(b)　轿车二相单级液力变矩器与汽油机的匹配** 对于公共汽车、旅游车、轻型货车和重型公路汽车等，液力变矩器仅在起步加速、换挡和道路条件差时使用，随着车速的提高自动闭锁。为提高起步加速性，尽量利用内燃机的最大转矩。变矩器和内燃机的匹配点取 $n_{B0}\approx n_{eT}$ 对于重型军用越野车和牵引车、重型矿用自卸车等非公路车辆，绝大多数应用单级闭锁液力变矩器。变矩器除起步加速和换挡时起作用外，在头挡或头二挡必须克服特殊恶劣路面条件行使，必须兼顾起步加速性能和充分发挥内燃机的动力。变矩器和内燃机的匹配点取 $n_{B0}=n_{eT}\sim0.9n_{eb}$，下限值相应透穿系数大的，上限值相应透穿系数小的变矩器	
工程机械液力变矩器与内燃机的匹配	轮式装载机的匹配	轮式装载机上液力变矩器并联有提供工作装置动力的液压系统。动力机的功率按作业所需发挥的最大功率选区，而转移工地行驶时功率富裕，发动机处于部分载荷下运转。因此液力变矩器与内燃机的匹配根据最高车速的要求选择，而根据作业时内燃机转速的允许下限值校核 液力变矩器的容量 $T_{Bg1}=2.653fGv_{max}/\eta\eta_j(n_{eb}/1000)^3$　(19-2-90) 变矩器 1 挡，传动系统的总传动比 $i_{z1}=10^3F_{max}R_g/K_0T_{Bg0}(n_{eb}/1000)^2\eta_j$　(19-2-91) 作业时内燃机全油门转速的允许下限 $n_{e0}/n_{eb}=\sqrt{(\varphi_T T_{eb}-0.1592pQ_g)/K_0T_{Bg0}}$　(19-2-92) $\varphi_T=n_{e0}/T_{e0}$ 式中　T_{Bg1}，T_{Bg0}——相应泵轮转速 1000r/min 时，$\eta=0.7\sim0.8$（高转速比区）和 $i=0$ 工况泵轮转矩，N·m； f——车轮与地面的滚动摩擦因数； G——机器所受的重力（空载），kN； v_{max}——最高车速，km/h； η_j——传动系统机械效率； η——相应最高车速行驶时液力变矩器的效率（$\eta=0.7\sim0.8$）； i_{z1}——变速器一挡，传动系统总传动比； R_g——车轮滚动半径，m； F_{max}——最大牵引力，kN； p——工作泵压力，MPa； Q_g——工作泵公称流量，L/min； n_{e0}，T_{e0}——相应作业时涡轮零速工况内燃机的转速、转矩
	履带推土机的匹配	履带推土机作业所需的液压系统动力较小，而且在长距离的推土作业中只有短时间调整推土板位置时使用。因此应充分利用内燃机动力，并考虑推土板堆满土提起时不至于使内燃机熄火。变矩器与内燃机的匹配点取 $n_{B0}\approx0.8n_{eb}$，而 $n_{B\eta}=(0.9\sim0.95)n_{eb}$（$n_{B\eta}$ 为变矩器最高效率工况泵轮转矩抛物线与内燃机净外转矩曲线的交点转速）

续表

工程机械液力变矩器与内燃机的匹配	叉车的匹配	小吨位叉车传动系统中仅有前进、后退换向器，没有变速器，动力范围全由变矩器与内燃机的匹配来保证。因此应根据最高车速来选择变矩器容量，而根据最大爬坡度的要求校核 液力变矩器的容量 $$T_{Bgh\eta}=2.653fGv_{max}/\eta_{h_\eta}\eta_j(n_{eb}/1000)^3 \quad (19\text{-}2\text{-}93)$$ 传动系统总传动比 $$i_z=0.377n_{eb}i_{h_\eta}R_g/v_{max} \quad (19\text{-}2\text{-}94)$$ 满足爬坡要求的条件 $$K_{(i=0.1)}T_{Bg(I=0.1)}[n_{e(i=0.1)}/1000]^2 \geqslant (f+\sin\alpha)GR_g/i_z\eta_j \quad (19\text{-}2\text{-}95)$$ 式中 下标 $i=0.1$——相应工况变矩器的参数； 下标 h_η——相应变矩器偶合工况区最高效率工况的参数； α——最大爬坡度 对于大吨位叉车，变矩器与内燃机的匹配应充分发挥动力机的动力，取 $0.9n_{eb} \leqslant n_{B\eta} < n_{eb}$
	石油钻机的匹配	石油钻机变矩器与内燃机的匹配应保证在正常转进时能充分发挥内燃机的动力，轻载时有较高的转速，减少辅助工时，取 $n_{B\eta} \approx n_{eb}$

2.6.5 液力变矩器与动力机匹配的优化

液力变矩器与动力机匹配的优化目标函数，随不同功能要求的机器而异。如对汽车，由于液力变矩器仅在起步加速和换挡时起作用，因此优化的目标函数应该是加速度和平均车速。本节仅讨论液力变矩器在整个运转范围内起作用的机器，如工程机械等。

这类液力变矩器与动力机匹配的主要评价指标是动力性和经济性。对于没有并联功率流或它的幅值或时间小到可以忽略不计的情况，动力性优化的目标函数为输出功率的均值 $E(P_T)$，经济型优化的目标函数为单位有效功所消耗的燃油 $E(g_e/\eta)$。而优化的设计变量为各种类型液力变矩器尺寸系列的有效直径和公称转矩。写成优化的形式有

设计变量

$$X=[D,\lambda_{Bh}]^T \tag{19-2-96}$$

目标函数

$$\left.\begin{aligned}-F_1(X)&=E(P_T)\\F_2(X)&=E(g_e/\eta)\end{aligned}\right\} \tag{19-2-97}$$

约束条件

$$\left.\begin{aligned}G_1(X)&=v_L-v_{max}\leqslant 0\\G_2(X)&=v_{max}v_U\leqslant 0\\G_3(X)&=F_L-F_{max}\leqslant 0\\G_4(X)&=F_{max}-F_U\leqslant 0\\G_5(X)&=E[g_e/\eta]-\{g_e/\eta\}\leqslant 0\\E(P_T)&=\int_{nT_{min}}^{nT_{max}}f(n_T)P_T(n_T)\mathrm{d}n_T\\E(g_e/\eta)&=\int_{nT_{min}}^{nT_{max}}f(n_T)g_e/\eta(n_T)\mathrm{d}n_T\end{aligned}\right\} \tag{19-2-98}$$

式中 $P_T(n_T)$，$g_e/\eta(n_T)$——液力变矩器与内燃机共同工作的功率和比油耗输出特性；

$f(n_T)$——机器运转期间涡轮转速的概率密度，如按均匀分布则 $f(n_T)=\dfrac{1}{n_{Tmax}-n_{Tmax}}$；如按常态分布则 $f(n_T)=\dfrac{1}{\sigma\sqrt{2\pi}}e^{\frac{-[nT-E(nT)]2}{2\sigma 2}}$，$\sigma$ 为n_T的均方差；

v_L，v_U——最高车速的上下限；

F_L，F_U——最大牵引力的上下限；

$\{g_e/\eta\}$——变矩器与内燃机共同工作比油耗的许用值。

讨论的优化为双目标的优化问题。构造复合目标函数

$$-F_3(X)=[E(P_T)]^a[E(g_e/\eta)]^{-(1-a)} \tag{19-2-99}$$

指数 a 可以根据设计者从不同侧重角度出发选取。

实际机器作业时，内燃机不会总是处于最大载荷（最大油门）下运转，根据载荷状况司机要进行干预。这种情况下需要掌握涡轮转矩和涡轮转速的二维概率密度 $f(T_T, n_T)$ 的统计信息，才有可能进行上述匹配的优化。

对于具有并联功率流的场合，除上述信息外，还需要掌握油泵压力分布的统计信息。

2.7　液力变矩器的产品型号与规格

2.7.1　单级单相向心涡轮液力变矩器

（1）冲焊型单相单级向心涡轮液力变矩器的产品型号、规格与技术参数（表 19-2-20）

表 19-2-20　冲焊型单相单级向心涡轮液力变矩器的产品型号、规格与技术参数

型　号	有效直径/mm	公称转矩/N·m	特　性	外形尺寸	生　产　厂
YJH200B	200	10.6	见图 19-2-18	见图 19-2-17	陕西航天动力高科技股份有限公司
YJH200-3	200	10	见图 19-2-20	见图 19-2-19	陕西航天动力高科技股份有限公司
YJH200-4	200	10	见图 19-2-22	见图 19-2-21	陕西航天动力高科技股份有限公司
YJC200B	200		见图 19-2-23		浙江拓克沃特科技有限公司
YJH240A	240	20	见图 19-2-25	见图 19-2-24	陕西航天动力高科技股份有限公司
YJC240B	240		见图 19-2-26		浙江拓克沃特科技有限公司
YJC265	265	34	见图 19-2-27		浙江拓克沃特科技有限公司
YJH265	265	30	见图 19-2-29	见图 19-2-28	陕西航天动力高科技股份有限公司
YJH265B	265	30	见图 19-2-31	见图 19-2-30	陕西航天动力高科技股份有限公司
YJH265D-2	265	30	见图 19-2-33	见图 19-2-32	陕西航天动力高科技股份有限公司
YJH265D-3	265	30.3	见图 19-2-35	见图 19-2-34	陕西航天动力高科技股份有限公司
S11	265	50	见图 19-2-37	见图 19-2-36	陕西航天动力高科技股份有限公司
S11-1	265	48	见图 19-2-39	见图 19-2-38	陕西航天动力高科技股份有限公司
YJH280	280	52	见图 19-2-41	见图 19-2-40	陕西航天动力高科技股份有限公司
YJH280A	280	42	见图 19-2-43	见图 19-2-42	陕西航天动力高科技股份有限公司
YJH280B	280	53	见图 19-2-45	见图 19-2-44	陕西航天动力高科技股份有限公司
YJH280C	280	42	见图 19-2-47	见图 19-2-46	陕西航天动力高科技股份有限公司
YJH280D	280	55	见图 19-2-49	见图 19-2-48	陕西航天动力高科技股份有限公司
YJH280G	280	47	见图 19-2-51	见图 19-2-50	陕西航天动力高科技股份有限公司

续表

型号	有效直径/mm	公称转矩/N·m	特　性	外形尺寸	生　产　厂
YJH280G-1	280	50	见图19-2-53	见图19-2-52	陕西航天动力高科技股份有限公司
YJC300	300	74.6	见图19-2-54		浙江拓克沃特科技有限公司
YJH300	300	81	见图19-2-56	见图19-2-55	陕西航天动力高科技股份有限公司
YJH300-1	300	87	见图19-2-58	见图19-2-57	陕西航天动力高科技股份有限公司
YJH300A	300	60	见图19-2-60	见图19-2-59	陕西航天动力高科技股份有限公司
YJH300B	300	55	见图19-2-62	见图19-2-61	陕西航天动力高科技股份有限公司
YJH300B-1	300	55	见图19-2-64	见图19-2-63	陕西航天动力高科技股份有限公司
YJH300C	300	55	见图19-2-66	见图19-2-65	陕西航天动力高科技股份有限公司
YJH300C-1	300	56	见图19-2-68	见图19-2-67	陕西航天动力高科技股份有限公司
YJH300C-2	300	34.5	见图19-2-70	见图19-2-69	陕西航天动力高科技股份有限公司
YJH300D	300	84	见图19-2-72	见图19-2-71	陕西航天动力高科技股份有限公司
YJC310	310	51	见图19-2-73		浙江拓克沃特科技有限公司
YJH310	310	78	见图19-2-75	见图19-2-74	陕西航天动力高科技股份有限公司
YJC315	315	60	见图19-2-76		浙江拓克沃特科技有限公司
YJH315	315	62	见图19-2-78	见图19-2-77	陕西航天动力高科技股份有限公司
YJH315A	315	71	见图19-2-80	见图19-2-79	陕西航天动力高科技股份有限公司
YJH315D	315	56	见图19-2-82	见图19-2-81	陕西航天动力高科技股份有限公司
YJH315F	315	70	见图19-2-84	见图19-2-83	陕西航天动力高科技股份有限公司
YJH340	340	125	见图19-2-86	见图19-2-85	陕西航天动力高科技股份有限公司
YJH340A	340	90	见图19-2-88	见图19-2-87	陕西航天动力高科技股份有限公司
YJC345	345	121	见图19-2-89		浙江拓克沃特科技有限公司

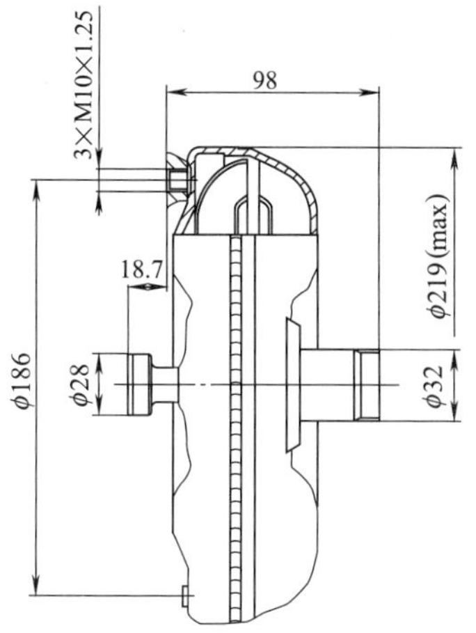

图 19-2-17　YJH200B 液力变矩器

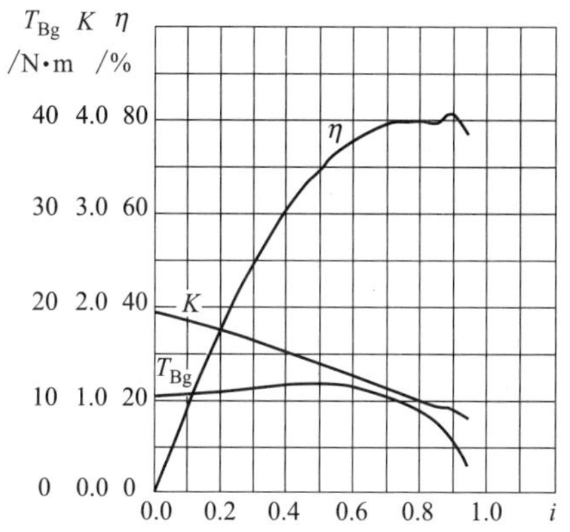

i	K	η	T_{Bg}/N·m
0.0	2.0	0.000	10.68
0.1	1.837	0.173	11.454
0.2	1.706	0.341	12.06
0.3	1.592	0.476	12.558
0.4	1.474	0.590	12.836
0.5	1.366	0.683	12.928
0.6	1.238	0.745	12.25
0.7	1.119	0.787	11.158
0.8	0.996	0.800	9.939
0.9	0.684	0.826	9.105
0.95	0.421	0.809	8.54

图 19-2-18　YJH200B 液力变矩器特性

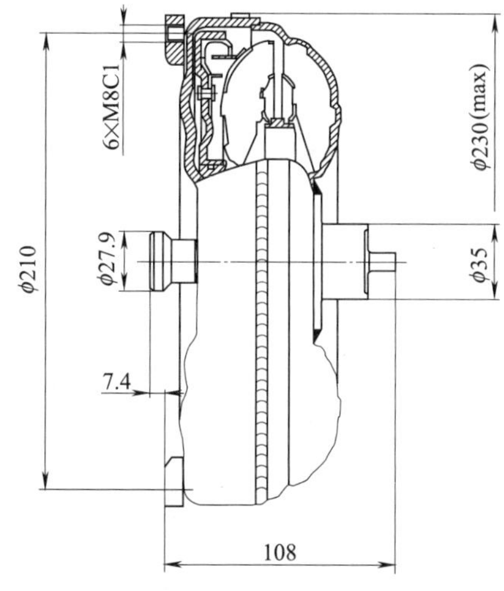

图 19-2-19　YJH200-3 液力变矩器

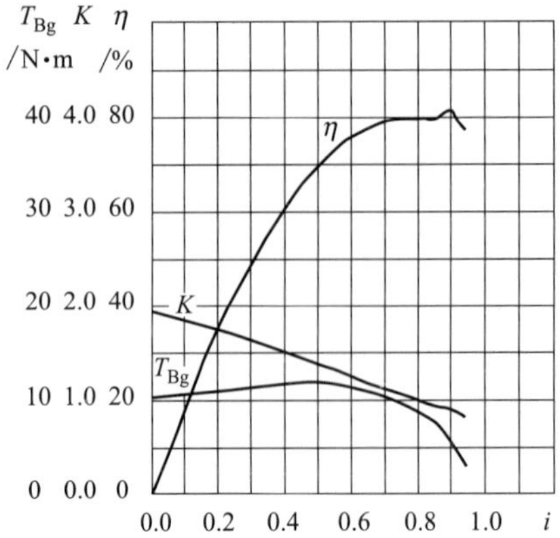

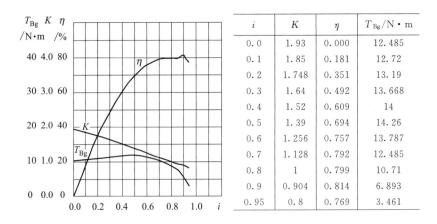

i	K	η	T_{Bg}/N·m
0.0	1.93	0.000	12.485
0.1	1.85	0.181	12.72
0.2	1.748	0.351	13.19
0.3	1.64	0.492	13.668
0.4	1.52	0.609	14
0.5	1.39	0.694	14.26
0.6	1.256	0.757	13.787
0.7	1.128	0.792	12.485
0.8	1	0.799	10.71
0.9	0.904	0.814	6.893
0.95	0.8	0.769	3.461

图 19-2-20 YJH200-3 液力变矩器特性

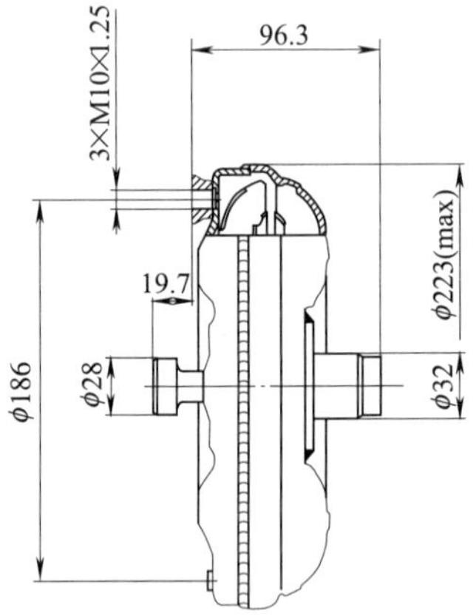

图 19-2-21 YJH200-4 液力变矩器

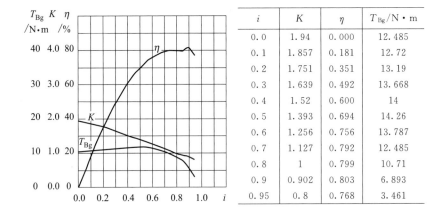

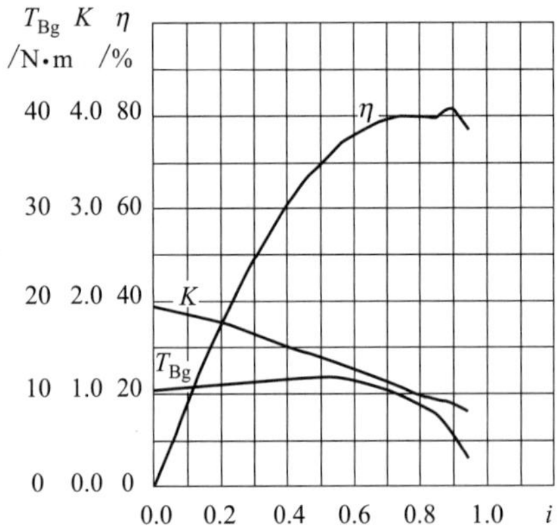

i	K	η	T_{Bg}/N·m
0.0	1.94	0.000	12.485
0.1	1.857	0.181	12.72
0.2	1.751	0.351	13.19
0.3	1.639	0.492	13.668
0.4	1.52	0.600	14
0.5	1.393	0.694	14.26
0.6	1.256	0.756	13.787
0.7	1.127	0.792	12.485
0.8	1	0.799	10.71
0.9	0.902	0.803	6.893
0.95	0.8	0.768	3.461

图 19-2-22 YJH200-4 液力变矩器特性

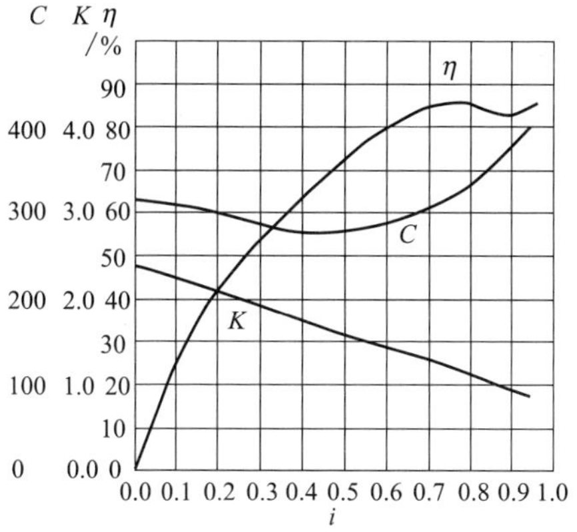

i	K	η	C
0.0	2.388	0.000	396.7
0.1	2.243	0.251	375.8
0.2	2.095	0.419	329.4
0.3	1.916	0.533	303.9
0.4	1.739	0.632	287.4
0.5	1.573	0.720	277.5
0.6	1.425	0.796	275.8
0.7	1.278	0.846	286.9
0.8	1.109	0.849	299.1
0.9	0.933	0.826	308.8
0.947	0.867	0.848	311.4

图 19-2-23　YJC200B 液力变矩器特性

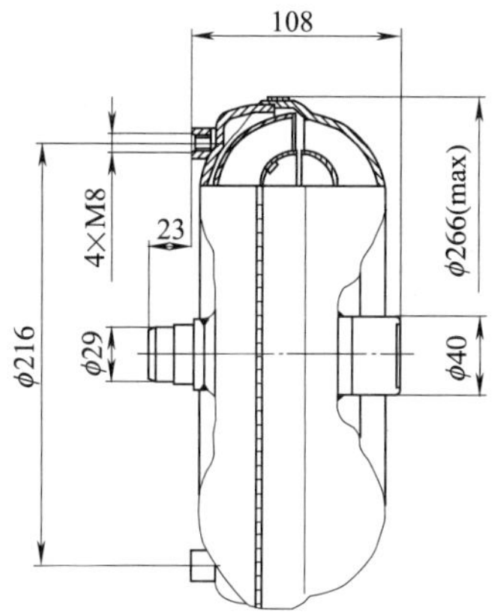

图 19-2-24　YJH240A 液力变矩器

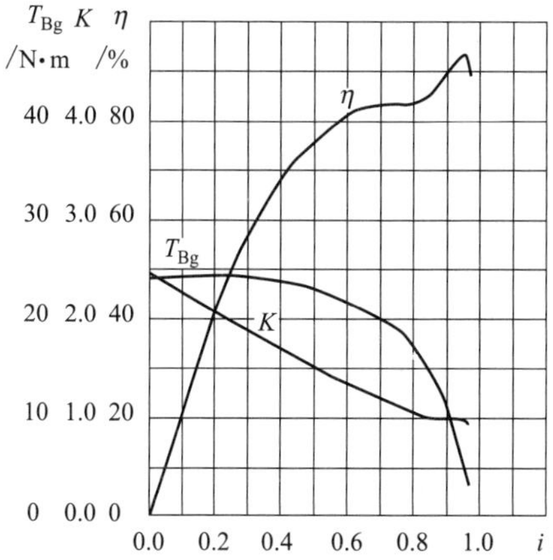

i	K	η	T_{Bg}/N·m
0.0	2.46	0.000	24.124
0.1	2.26	0.209	24.32
0.2	2.067	0.413	24.51
0.3	1.88	0.565	24.22
0.4	1.7	0.676	23.82
0.5	1.5	0.753	23
0.6	1.34	0.805	21.77
0.7	1.2	0.831	20
0.8	1.04	0.831	17.42
0.9	1	0.896	11.02
0.97	0.91	0.886	3.05

图 19-2-25　YJH240A 液力变矩器特性

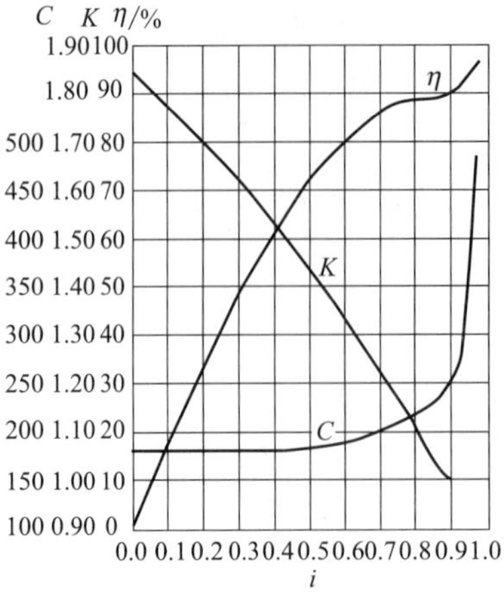

i	K	η	C
0.0	1.842	0.000	179.3
0.1	1.770	0.172	180.1
0.2	1.696	0.337	178.3
0.3	1.616	0.485	178.0
0.4	1.527	0.609	181.0
0.5	1.435	0.714	180.2
0.6	1.328	0.795	189.1
0.7	1.220	0.853	197.2
0.8	1.099	0.884	214.6
0.9	0.997	0.895	249.0
0.97	1.004	0.956	481.4

图 19-2-26 YJC240B 液力变矩器特性

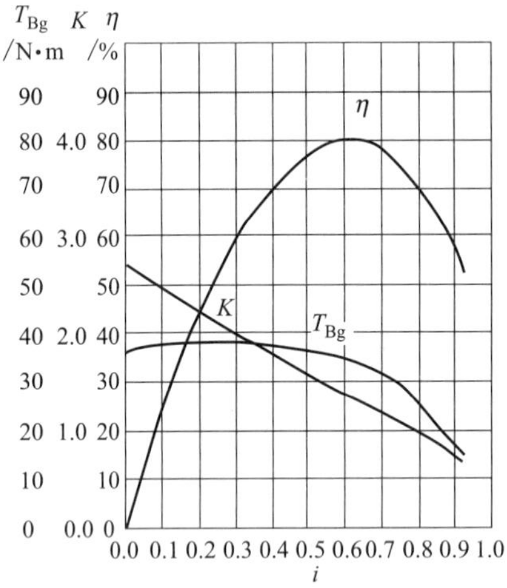

i	K	η	T_{Bg}/N·m
0.0	2.704	0.000	36.16
0.1	2.460	0.252	38.00
0.2	2.227	0.441	38.54
0.3	1.997	0.598	38.26
0.4	1.774	0.703	37.57
0.5	1.571	0.768	36.57
0.6	1.362	0.800	34.48
0.7	1.160	0.782	31.69
0.8	0.986	0.703	25.15
0.9	0.735	0.575	16.55
0.92	0.683	0.522	14.36

图 19-2-27 YJC265 液力变矩器特性

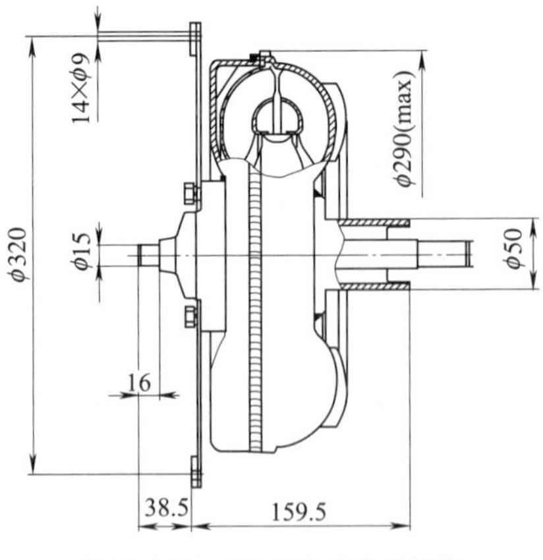

图 19-2-28 YJH265 液力变矩器

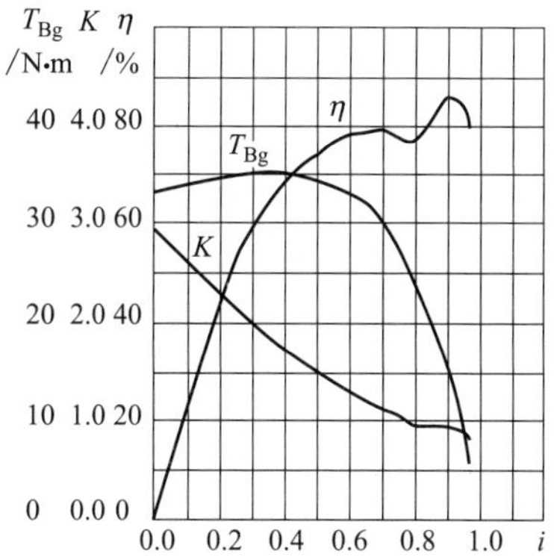

i	K	η	T_{Bg}/N·m
0.0	2.96	0.000	33.4
0.1	2.65	0.219	34.2
0.2	2.30	0.440	34.9
0.3	2.00	0.598	35.5
0.4	1.72	0.690	35.4
0.5	1.49	0.747	34.3
0.6	1.30	0.787	33.1
0.7	1.12	0.798	30.4
0.8	0.96	0.777	23.7
0.9	0.97	0.863	15.0
0.965	0.83	0.796	5.6

图 19-2-29　YJH265 液力变矩器特性

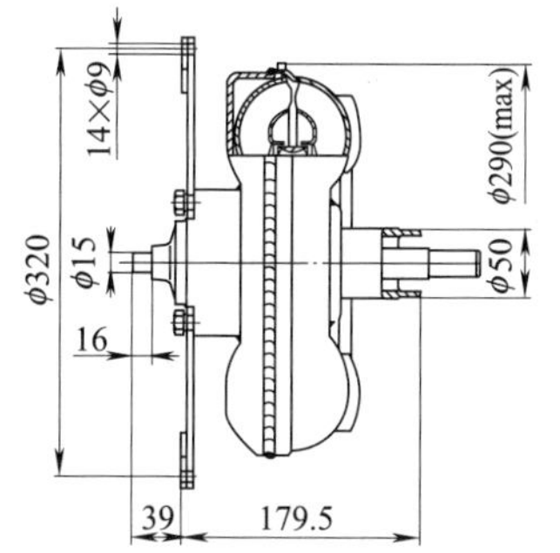

图 19-2-30　YJH265B 液力变矩器

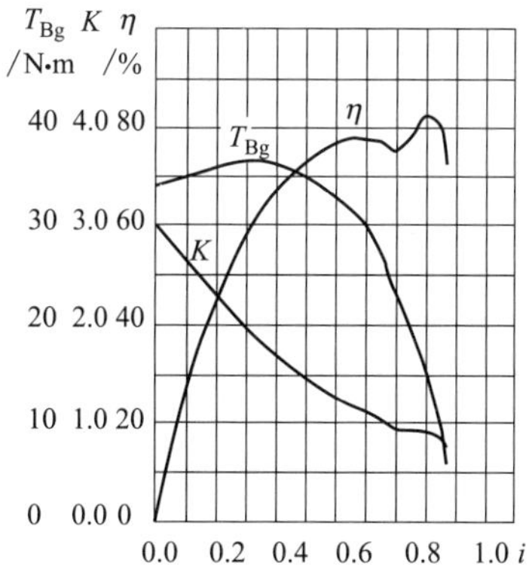

i	K	η	T_{Bg}/N·m
0.0	3.00	0.000	34.14
0.1	2.66	0.273	35.09
0.2	2.29	0.457	35.92
0.3	1.93	0.588	36.59
0.4	1.68	0.674	36.29
0.5	1.46	0.728	34.96
0.6	1.28	0.769	32.90
0.7	1.10	0.777	29.93
0.8	0.93	0.753	22.84
0.9	0.91	0.825	15.04
0.967	0.74	0.723	5.77

图 19-2-31　YJH265B 液力变矩器特性

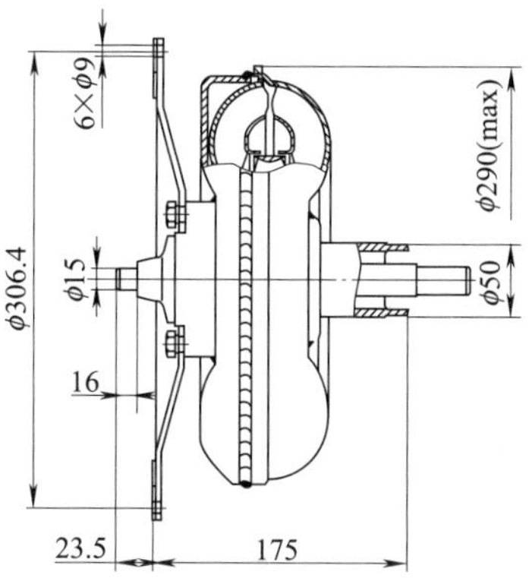

图 19-2-32　YJH265D-2 液力变矩器

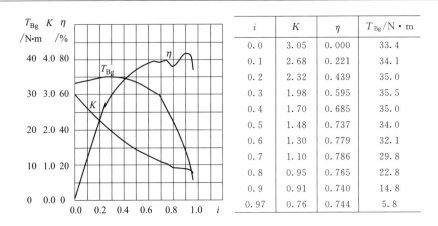

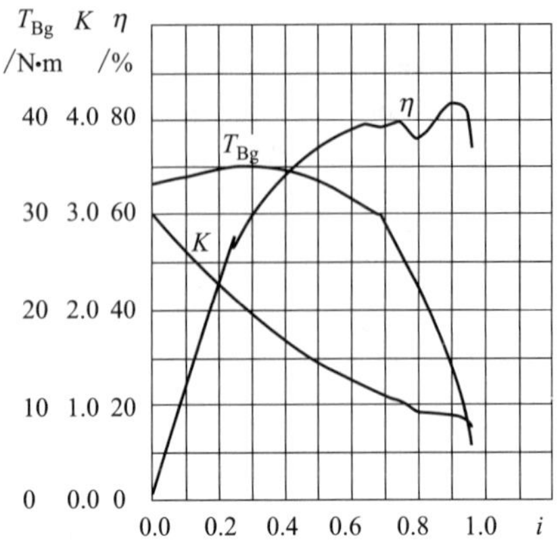

i	K	η	T_{Bg}/N·m
0.0	3.05	0.000	33.4
0.1	2.68	0.221	34.1
0.2	2.32	0.439	35.0
0.3	1.98	0.595	35.5
0.4	1.70	0.685	35.0
0.5	1.48	0.737	34.0
0.6	1.30	0.779	32.1
0.7	1.10	0.786	29.8
0.8	0.95	0.765	22.8
0.9	0.91	0.740	14.8
0.97	0.76	0.744	5.8

图 19-2-33 YJH265D-2 液力变矩器特性

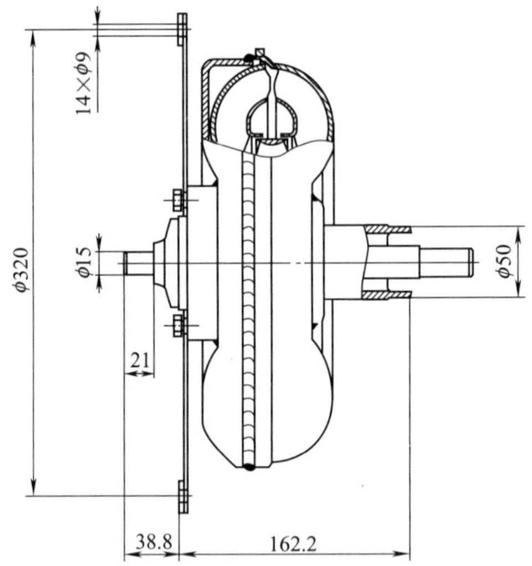

图 19-2-34 YJH265D-3 液力变矩器

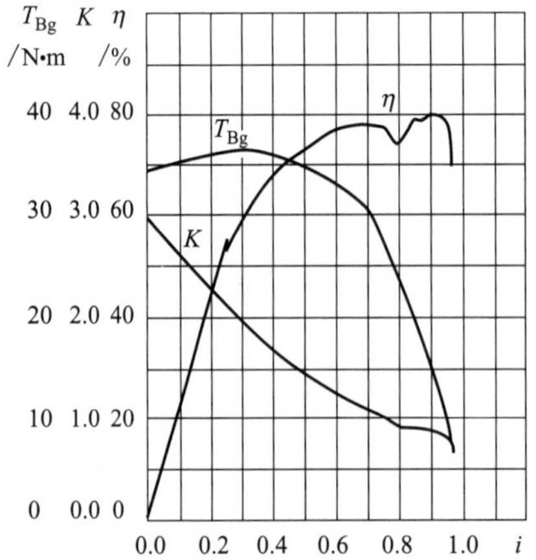

i	K	η	T_{Bg}/N·m
0.0	3.00	0.000	34.6
0.1	2.65	0.216	35.3
0.2	2.31	0.437	36.0
0.3	1.96	0.592	36.6
0.4	1.68	0.676	36.0
0.5	1.46	0.731	34.8
0.6	1.29	0.769	33.0
0.7	1.11	0.781	30.3
0.8	0.93	0.745	23.7
0.9	0.88	0.800	15.8
0.96	0.72	0.697	6.6

图 19-2-35 YJH265D-3 液力变矩器特性

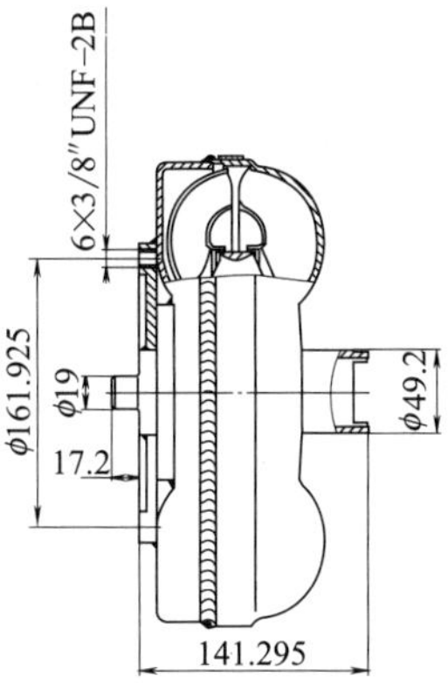

图 19-2-36　S11 液力变矩器

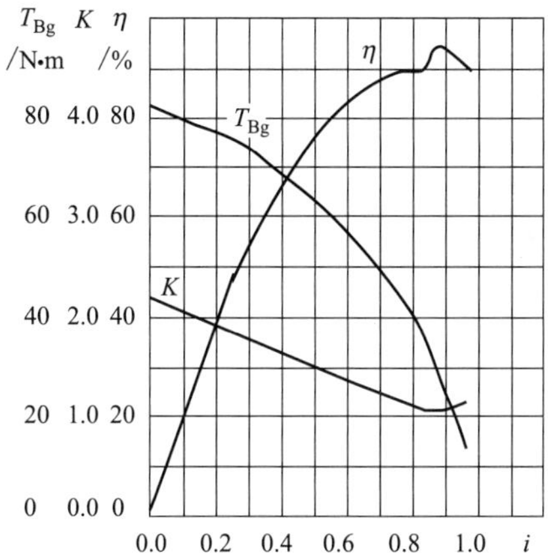

i	K	η	T_{Bg}/N·m
0.0	2.22	0.000	83.6
0.1	2.08	0.188	81.2
0.2	1.96	0.378	78.6
0.3	1.81	0.546	74.8
0.4	1.65	0.669	70
0.5	1.51	0.764	64.4
0.6	1.38	0.835	57.2
0.7	1.27	0.888	50
0.8	1.13	0.906	41.2
0.9	1.09	0.951	25.4
0.97	1.16	0.916	13.8

图 19-2-37　S11 液力变矩器特性

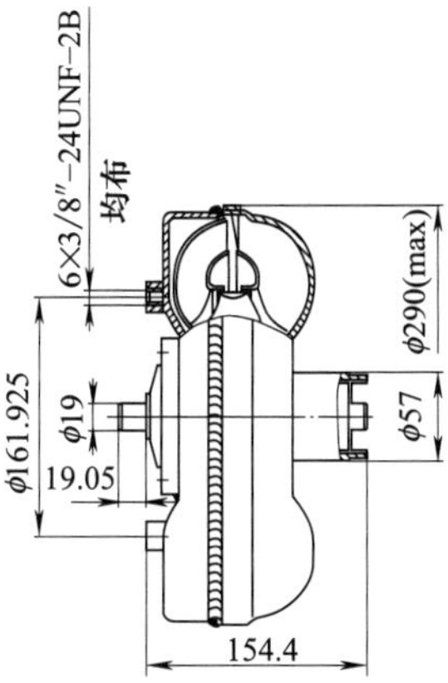

图 19-2-38　S11-1 液力变矩器

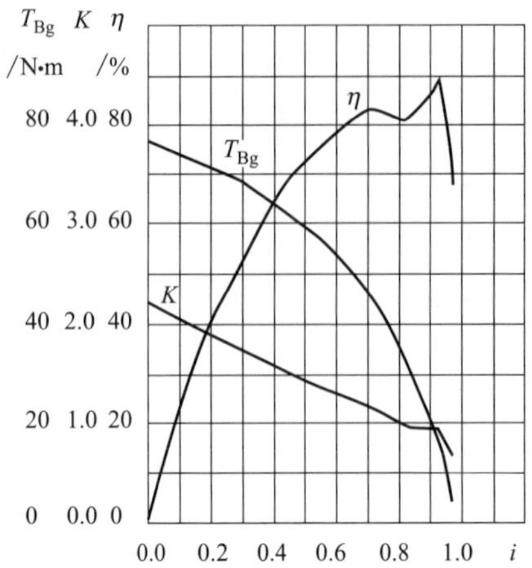

i	K	η	T_{Bg}/N·m
0.0	2.22	0.000	76.8
0.1	2.07	0.213	74.8
0.2	1.89	0.386	72
0.3	1.74	0.517	69
0.4	1.59	0.637	64.6
0.5	1.45	0.727	60.2
0.6	1.31	0.793	54.4
0.7	1.17	0.827	47
0.8	1.02	0.815	36.2
0.9	0.94	0.856	22.6
0.98	0.68	0.671	4

图 19-2-39 S11-1 液力变矩器特性

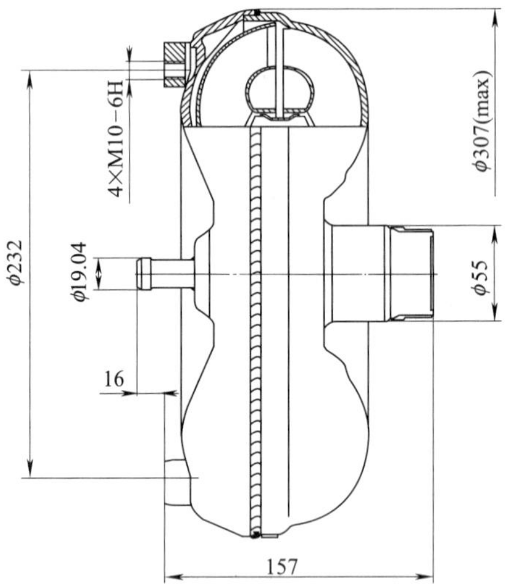

图 19-2-40 YJH280 液力变矩器

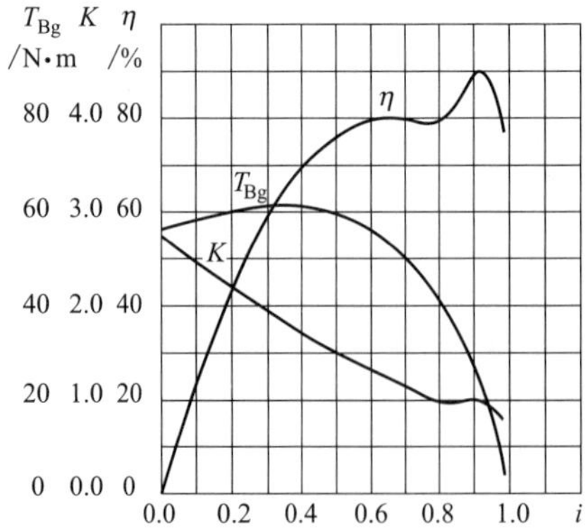

i	K	η	T_{Bg}/N·m
0.0	2.75	0.00	56.55
0.1	2.46	0.23	58.26
0.2	2.22	0.43	60.19
0.3	1.96	0.59	61.65
0.4	1.72	0.69	61.59
0.5	1.51	0.76	59.50
0.6	1.33	0.79	56.09
0.7	1.14	0.80	50.35
0.8	0.99	0.80	41.31
0.9	0.98	0.89	28.13
0.98	0.78	0.77	4.05

图 19-2-41 YJH280 液力变矩器特性

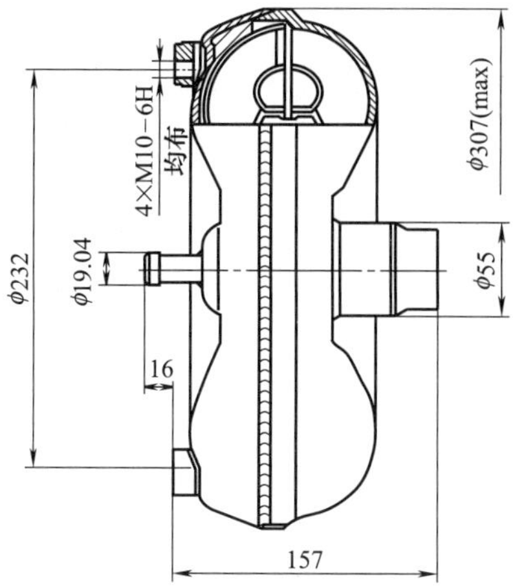

图 19-2-42 YJH280A 液力变矩器

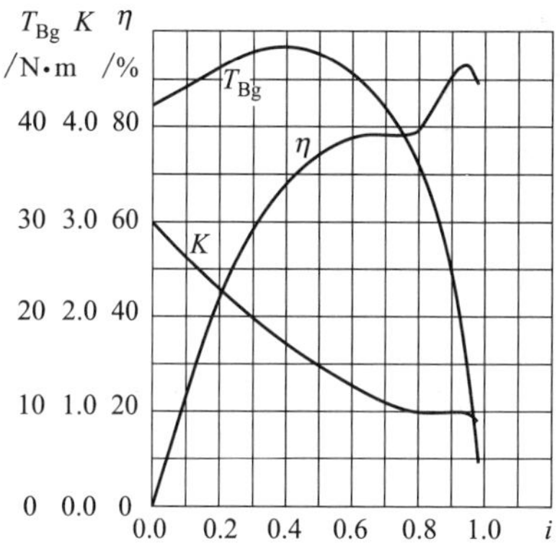

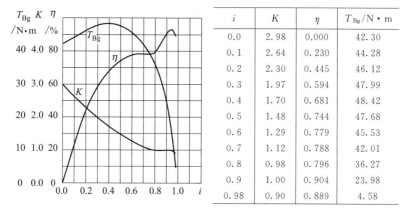

i	K	η	T_{Bg}/N·m
0.0	2.98	0.000	42.30
0.1	2.64	0.230	44.28
0.2	2.30	0.445	46.12
0.3	1.97	0.594	47.99
0.4	1.70	0.681	48.42
0.5	1.48	0.744	47.68
0.6	1.29	0.779	45.53
0.7	1.12	0.788	42.01
0.8	0.98	0.796	36.27
0.9	1.00	0.904	23.98
0.98	0.90	0.889	4.58

图 19-2-43 YJH280A 液力变矩器特性

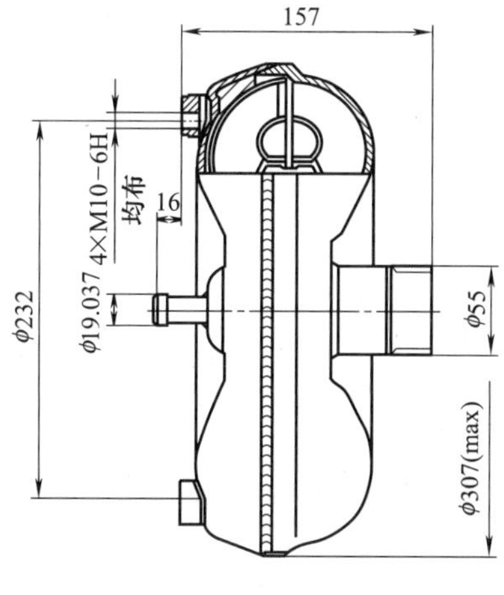

图 19-2-44 YJH280B 液力变矩器

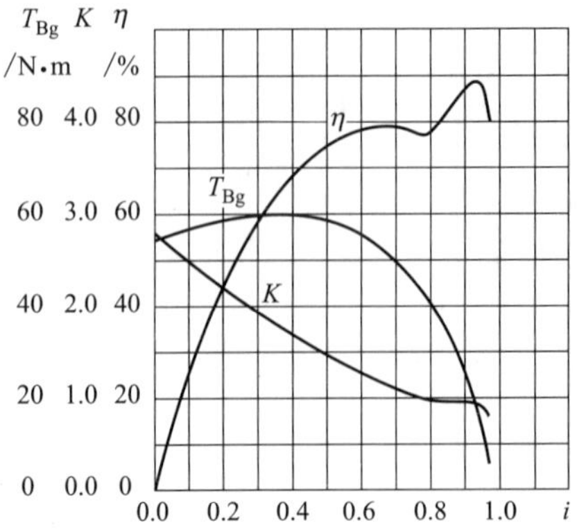

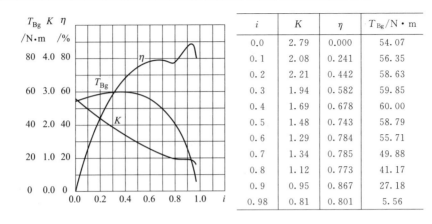

i	K	η	T_{Bg}/N·m
0.0	2.79	0.000	54.07
0.1	2.08	0.241	56.35
0.2	2.21	0.442	58.63
0.3	1.94	0.582	59.85
0.4	1.69	0.678	60.00
0.5	1.48	0.743	58.79
0.6	1.29	0.784	55.71
0.7	1.34	0.785	49.88
0.8	1.12	0.773	41.17
0.9	0.95	0.867	27.18
0.98	0.81	0.801	5.56

图 19-2-45 YJH280B液力变矩器特性

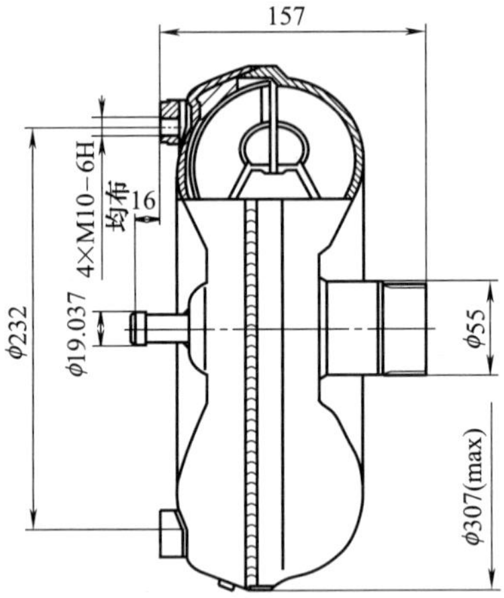

图 19-2-46 YJH280C液力变矩器

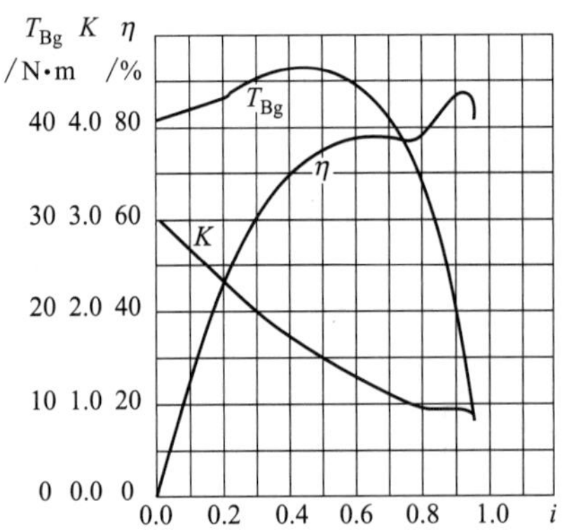

i	K	η	T_{Bg}/N·m
0.0	3.02	0.000	40.88
0.1	2.69	0.254	41.97
0.2	2.35	0.470	43.16
0.3	2.02	0.605	45.35
0.4	1.72	0.693	46.47
0.5	1.50	0.746	46.29
0.6	1.28	0.779	44.63
0.7	1.01	0.780	40.48
0.8	0.96	0.781	34.58
0.9	0.94	0.864	21.47
0.96	0.80	0.816	7.99

图 19-2-47 YJH280C液力变矩器特性

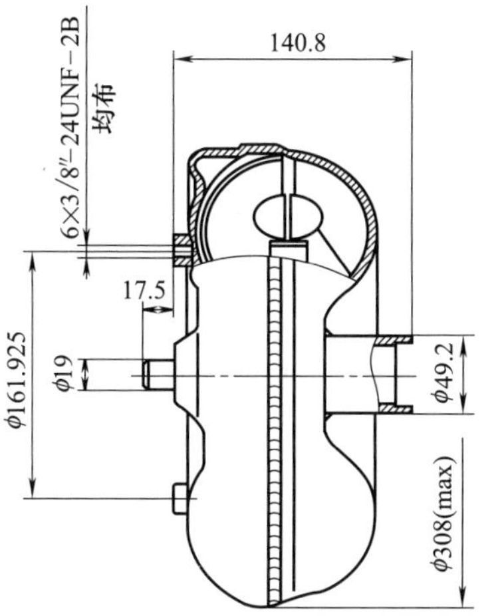

图 19-2-48　YJH280D 液力变矩器

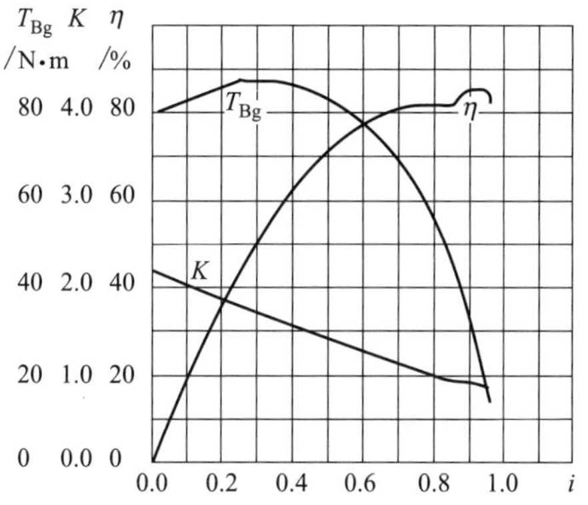

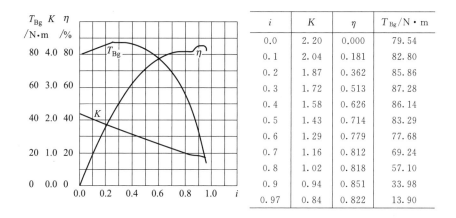

i	K	η	T_{Bg}/N·m
0.0	2.20	0.000	79.54
0.1	2.04	0.181	82.80
0.2	1.87	0.362	85.86
0.3	1.72	0.513	87.28
0.4	1.58	0.626	86.14
0.5	1.43	0.714	83.29
0.6	1.29	0.779	77.68
0.7	1.16	0.812	69.24
0.8	1.02	0.818	57.10
0.9	0.94	0.851	33.98
0.97	0.84	0.822	13.90

图 19-2-49　YJH280D 液力变矩器特性

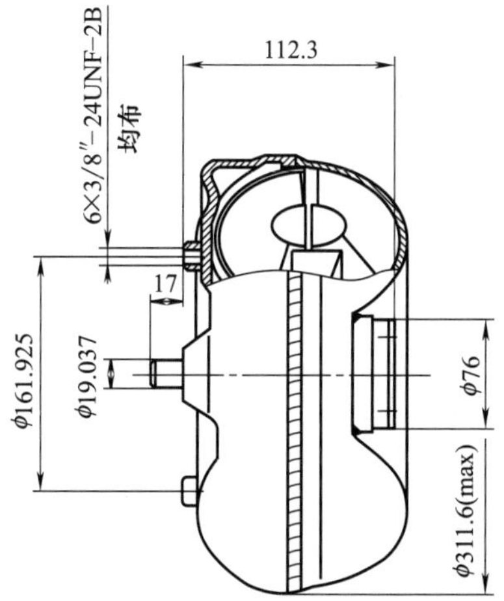

图 19-2-50　YJH280G 液力变矩器

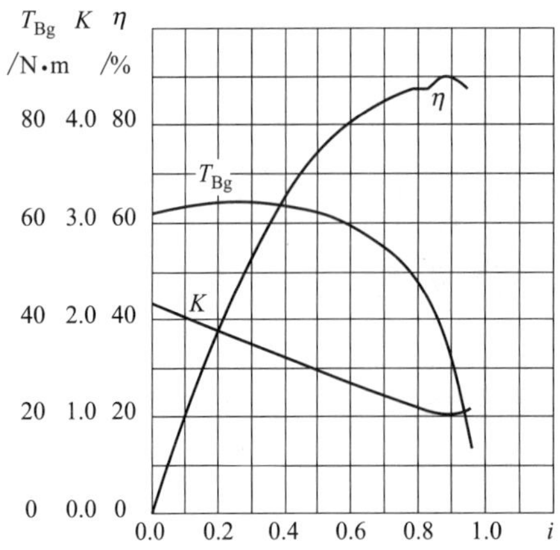

i	K	η	T_{Bg}/N·m
0.0	2.16	0.000	62.00
0.1	2.03	0.187	63.14
0.2	1.88	0.366	63.82
0.3	1.75	0.531	64.18
0.4	1.62	0.652	63.33
0.5	1.47	0.741	62.33
0.6	1.34	0.806	59.32
0.7	1.22	0.853	54.92
0.8	1.10	0.875	47.32
0.9	1.02	0.899	32.78
0.97	1.08	0.875	13.12

图 19-2-51　YJH280G 液力变矩器特性

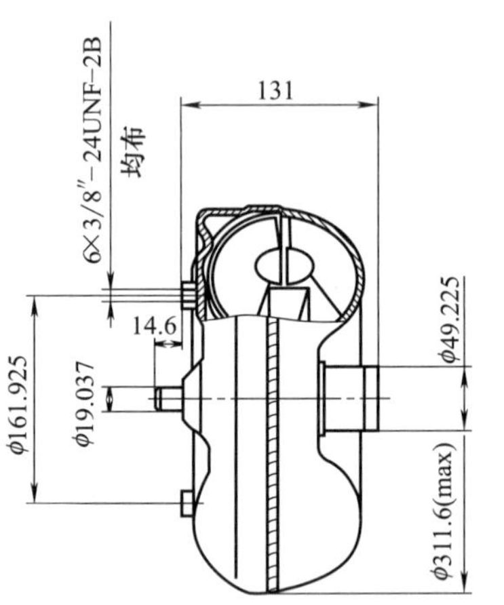

图 19-2-52　YJH280G-1 液力变矩器

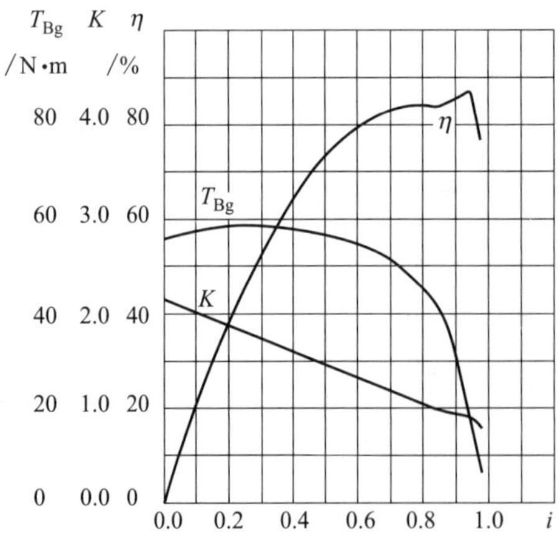

i	K	η	T_{Bg}/N·m
0.0	2.15	0.000	56.07
0.1	2.02	0.192	57.43
0.2	1.88	0.375	58.69
0.3	1.75	0.524	58.23
0.4	1.61	0.643	57.68
0.5	1.46	0.733	56.62
0.6	1.32	0.798	54.93
0.7	1.19	0.835	51.81
0.8	1.05	0.844	46.61
0.9	0.94	0.852	31.45
0.98	0.79	0.769	6.63

图 19-2-53　YJH280G-1 液力变矩器特性

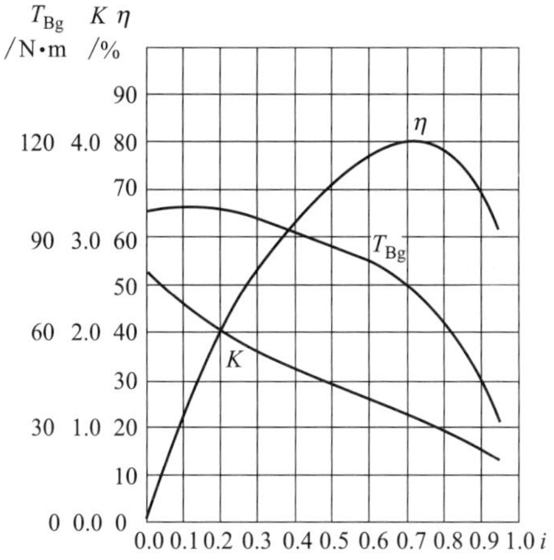

i	K	η	T_{Bg}/N·m
0.0	2.61	0.000	98.1
0.1	2.29	0.223	99.3
0.2	2.02	0.399	98.8
0.3	1.79	0.528	95.7
0.4	1.61	0.628	91.4
0.5	1.44	0.708	86.9
0.6	1.27	0.767	82.0
0.7	1.11	0.799	74.6
0.8	0.97	0.778	62.8
0.9	0.76	0.690	44.2
0.95	0.64	0.619	32.0

图 19-2-54　YJC300 液力变矩器特性

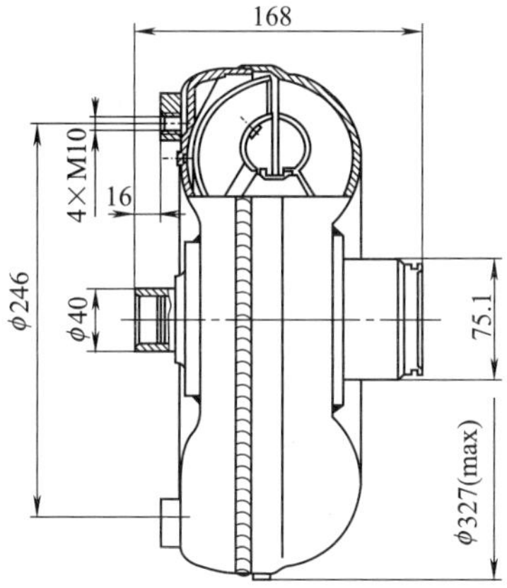

图 19-2-55　YJH300 液力变矩器

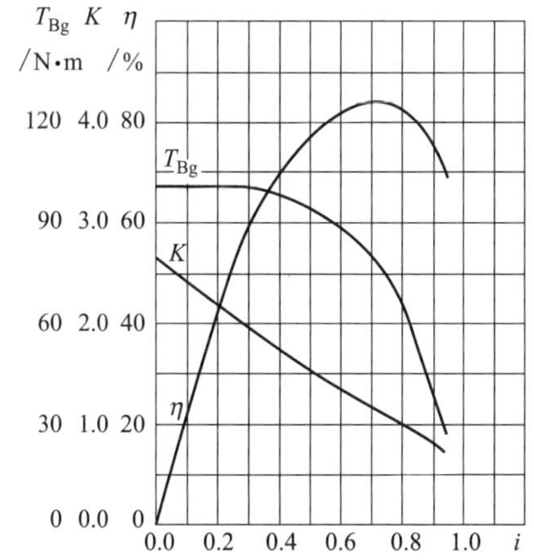

i	K	η	T_{Bg}/N·m
0.0	2.67	0.000	103
0.1	2.47	0.219	102
0.2	2.22	0.429	101
0.3	2.05	0.610	100
0.4	1.78	0.701	100
0.5	1.57	0.783	96
0.6	1.41	0.836	90
0.7	1.22	0.856	81
0.8	1.04	0.829	67
0.9	0.83	0.763	38
0.94	0.74	0.705	28

图 19-2-56　YJH300 液力变矩器特性

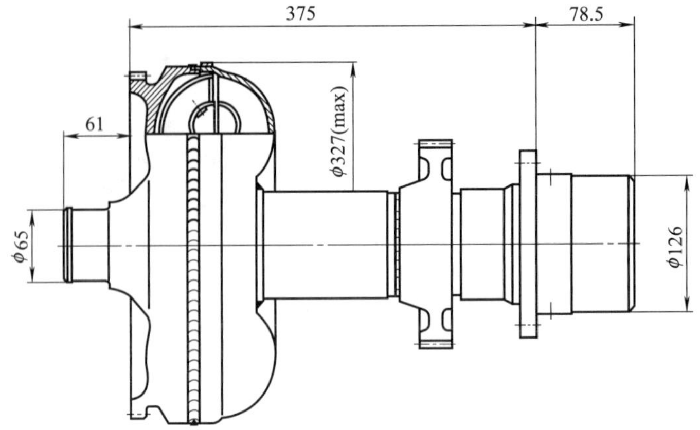

图 19-2-57 YJH300-1 液力变矩器

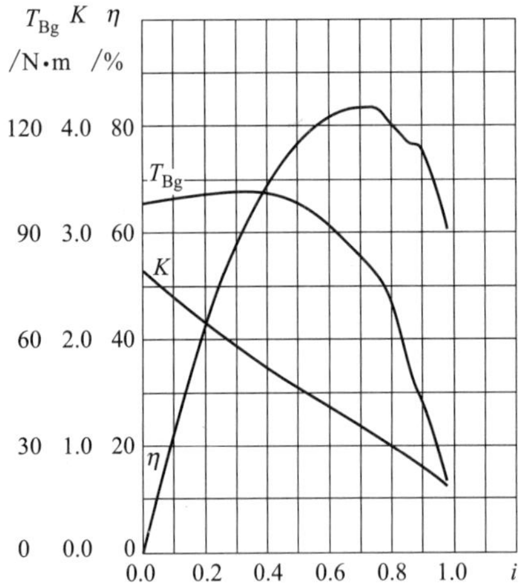

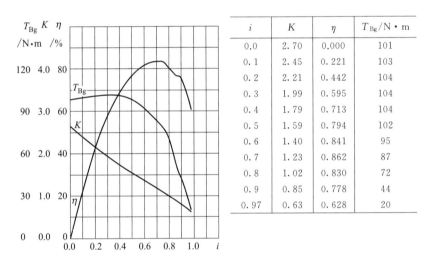

i	K	η	T_{Bg}/N·m
0.0	2.70	0.000	101
0.1	2.45	0.221	103
0.2	2.21	0.442	104
0.3	1.99	0.595	104
0.4	1.79	0.713	104
0.5	1.59	0.794	102
0.6	1.40	0.841	95
0.7	1.23	0.862	87
0.8	1.02	0.830	72
0.9	0.85	0.778	44
0.97	0.63	0.628	20

图 19-2-58 YJH300-1 液力变矩器特性

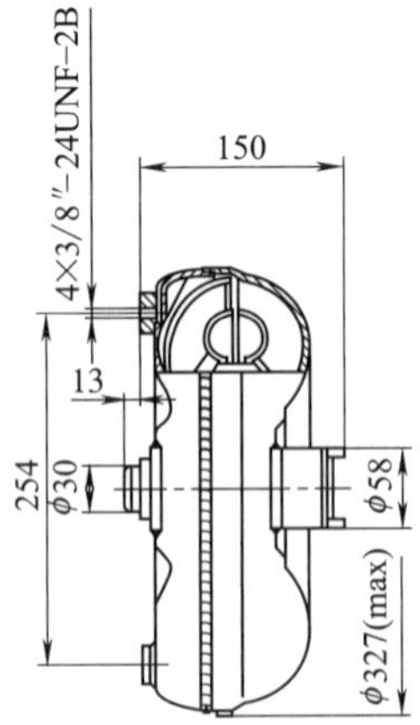

图 19-2-59 YJH300A 液力变矩器

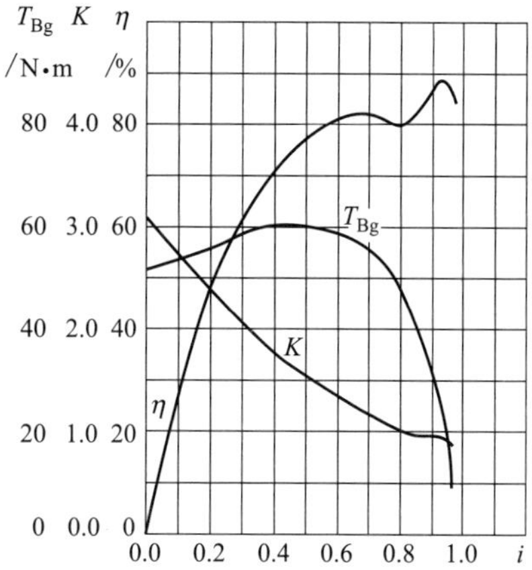

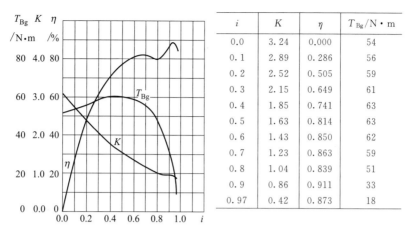

i	K	η	T_{Bg}/N·m
0.0	3.24	0.000	54
0.1	2.89	0.286	56
0.2	2.52	0.505	59
0.3	2.15	0.649	61
0.4	1.85	0.741	63
0.5	1.63	0.814	63
0.6	1.43	0.850	62
0.7	1.23	0.863	59
0.8	1.04	0.839	51
0.9	0.86	0.911	33
0.97	0.42	0.873	18

图 19-2-60　YJH300A 液力变矩器特性

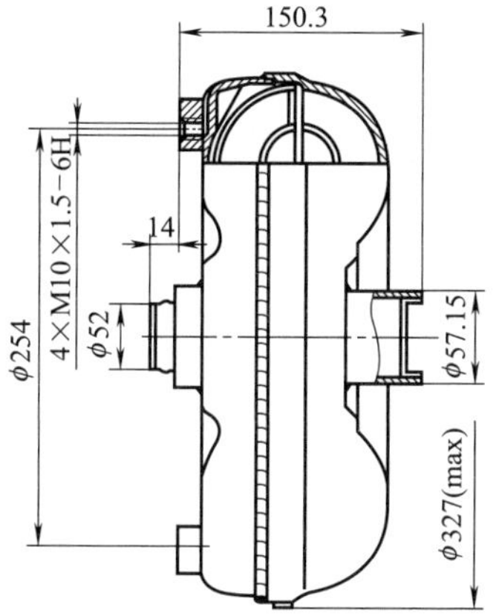

图 19-2-61　YJH300B 液力变矩器

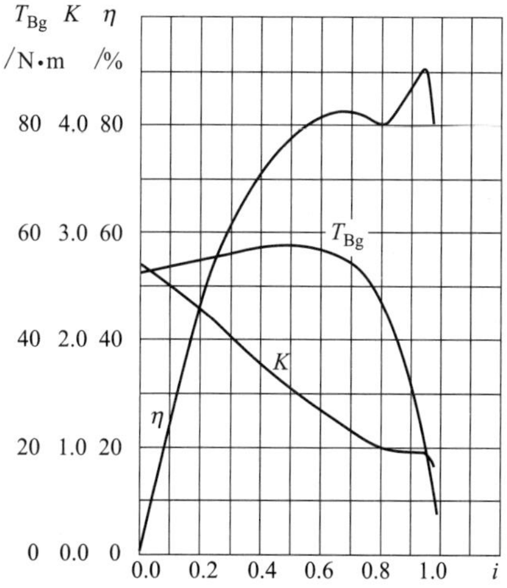

i	K	η	T_{Bg}/N·m
0.0	2.67	0.000	51
0.1	2.43	0.229	52
0.2	2.24	0.449	54
0.3	1.99	0.593	55
0.4	1.76	0.698	57
0.5	1.52	0.758	57
0.6	1.31	0.796	56
0.7	1.13	0.802	53
0.8	0.98	0.787	46
0.9	0.94	0.853	32
0.96	0.80	0.784	7

图 19-2-62　YJH300B 液力变矩器特性

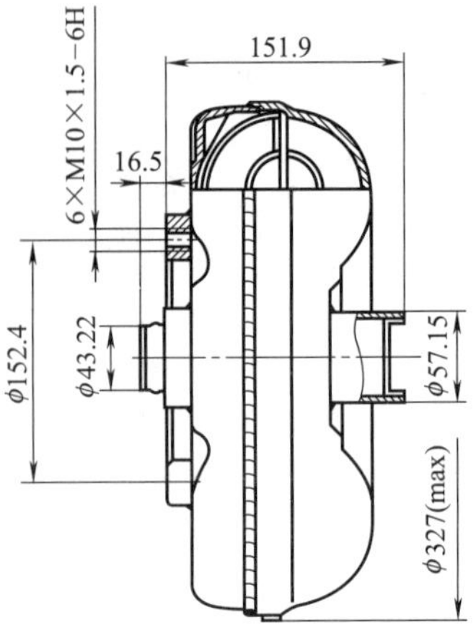

图 19-2-63 YJH300B-1 液力变矩器

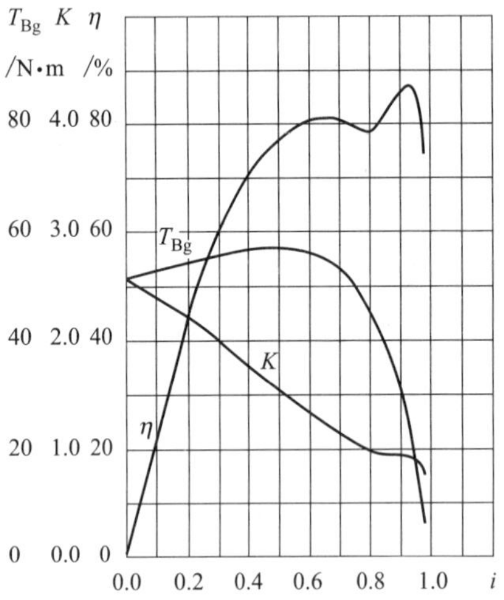

i	K	η	T_{Bg}/N·m
0.0	2.82	0.000	54
0.1	2.61	0.248	56
0.2	2.40	0.480	57
0.3	2.11	0.634	59
0.4	1.80	0.732	59
0.5	1.62	0.812	60
0.6	1.43	0.856	59
0.7	1.23	0.870	56
0.8	1.04	0.840	49
0.9	0.99	0.912	35
0.97	0.86	0.836	7

图 19-2-64 YJH300B-1 液力变矩器特性

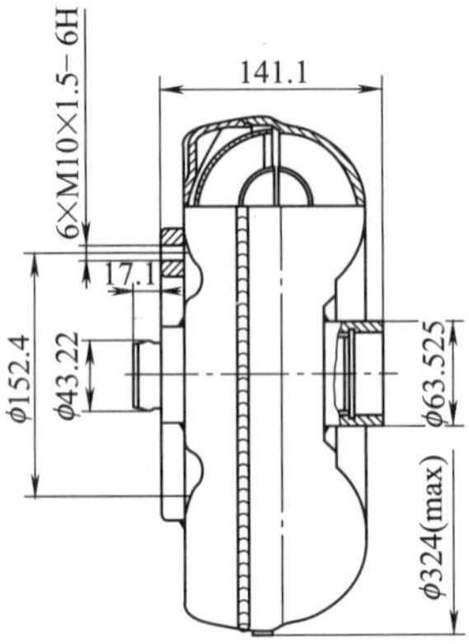

图 19-2-65 YJH300C 液力变矩器

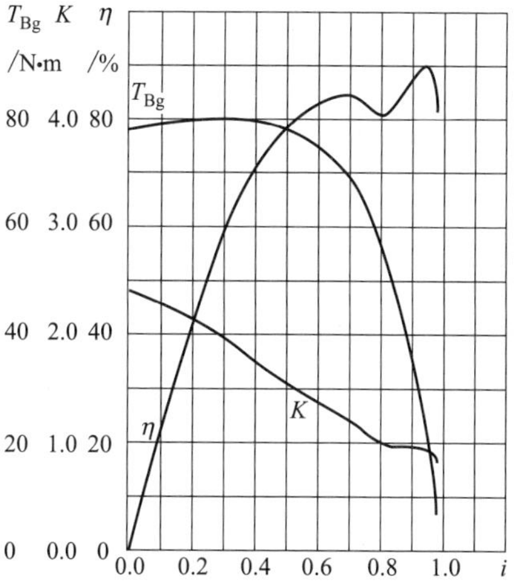

i	K	η	T_{Bg}/N·m
0.0	2.74	0.000	53
0.1	2.53	0.239	54
0.2	2.33	0.468	56
0.3	2.07	0.625	56
0.4	1.80	0.724	59
0.5	1.57	0.792	59
0.6	1.37	0.828	57
0.7	1.21	0.843	55
0.8	0.95	0.822	48
0.9	0.97	0.892	33
0.98	0.81	0.824	7

图 19-2-66　YJH300C 液力变矩器特性

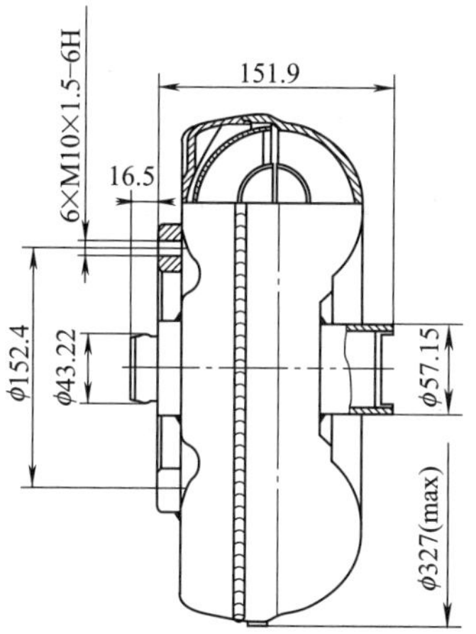

图 19-2-67　YJH300C-1 液力变矩器

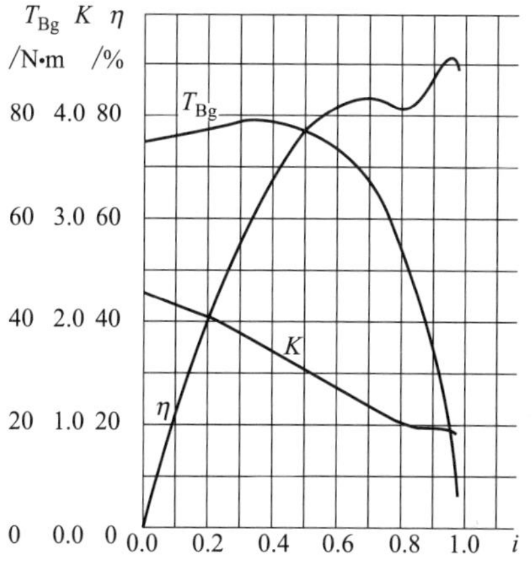

i	K	η	T_{Bg}/N·m
0.0	2.75	0.000	53
0.1	2.54	0.237	54
0.2	2.34	0.465	56
0.3	2.06	0.615	57
0.4	1.81	0.728	59
0.5	1.60	0.789	59
0.6	1.39	0.827	58
0.7	1.21	0.839	56
0.8	1.01	0.816	48
0.9	0.98	0.885	33
0.97	0.84	0.813	8

图 19-2-68　YJH300C-1 液力变矩器特性

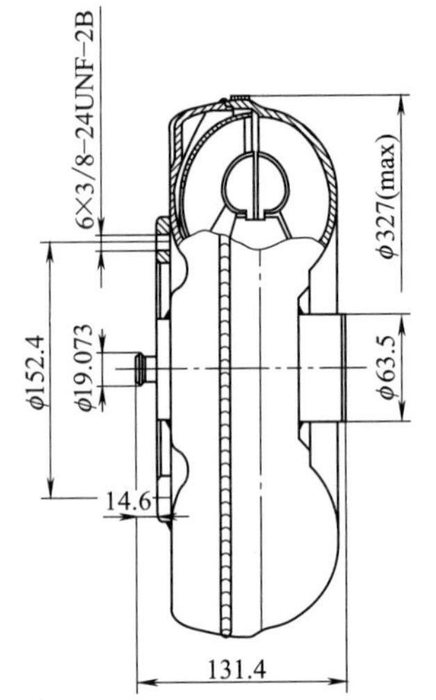

图 19-2-69 YJH300C-2 液力变矩器

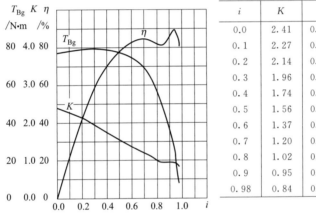

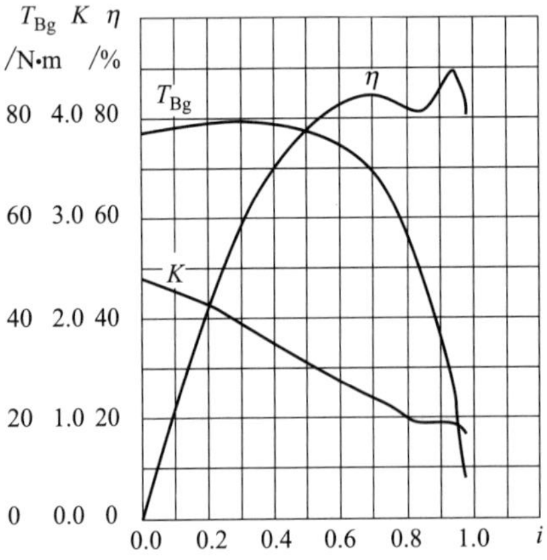

i	K	η	T_{Bg}/N·m
0.0	2.41	0.000	77.2
0.1	2.27	0.218	78.4
0.2	2.14	0.429	79
0.3	1.96	0.588	79.4
0.4	1.74	0.703	79.2
0.5	1.56	0.781	77.8
0.6	1.37	0.825	74.8
0.7	1.20	0.843	69
0.8	1.02	0.823	56.4
0.9	0.95	0.859	37.4
0.98	0.84	0.810	8.0

图 19-2-70 YJH300C-2 液力变矩器特性

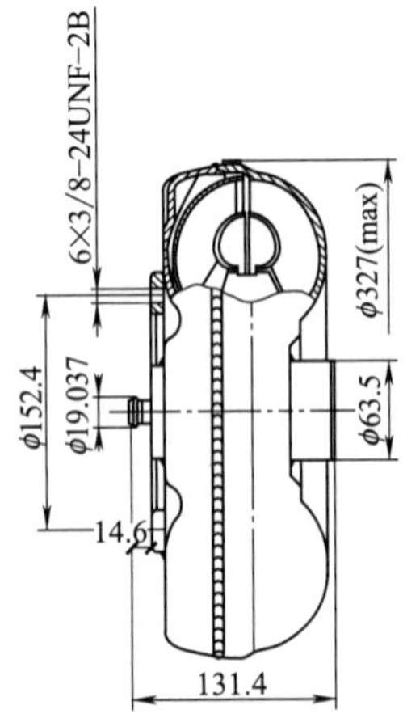

图 19-2-71 YJH300D 液力变矩器

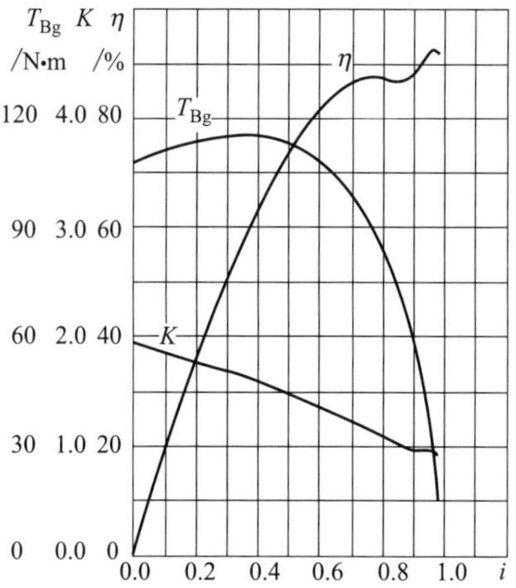

i	K	η	T_{Bg}/N·m
0.0	1.92	0.000	107.1
0.1	1.84	0.178	110.7
0.2	1.76	0.351	112.8
0.3	1.66	0.500	114.6
0.4	1.58	0.629	114.6
0.5	1.47	0.738	111.9
0.6	1.35	0.816	105.3
0.7	1.23	0.861	96.9
0.8	1.08	0.870	83.1
0.9	0.97	0.877	59.4
0.98	0.92	0.912	15.3

图 19-2-72　YJH300D 液力变矩器特性

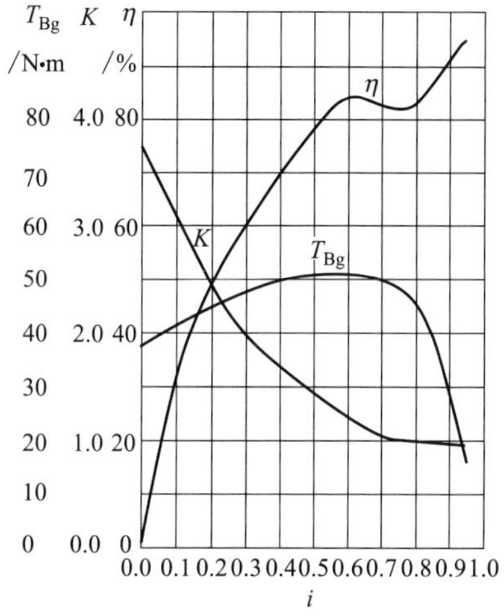

i	K	η	T_{Bg}/N·m
0.0	3.75	0.000	37.2
0.1	3.10	0.322	41.1
0.2	2.46	0.493	44.9
0.3	1.99	0.603	48.0
0.4	1.70	0.687	50.1
0.5	1.44	0.775	51.2
0.6	1.22	0.841	51.1
0.7	1.05	0.821	50.1
0.8	1.01	0.833	45.6
0.9	1.00	0.912	28.8
0.95	0.97	0.946	16.2

图 19-2-73　YJC310 液力变矩器特性

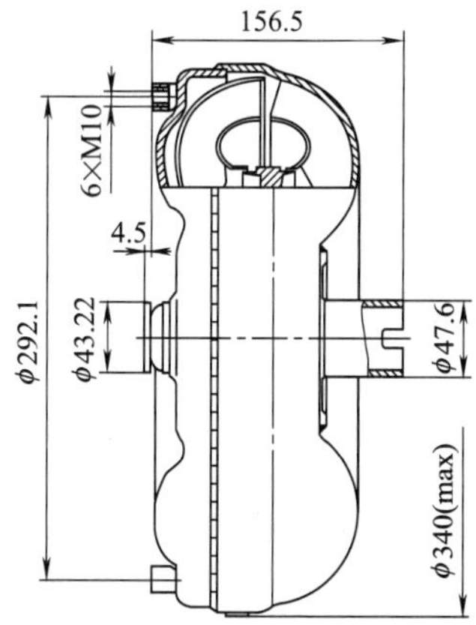

图 19-2-74　YJH310 液力变矩器

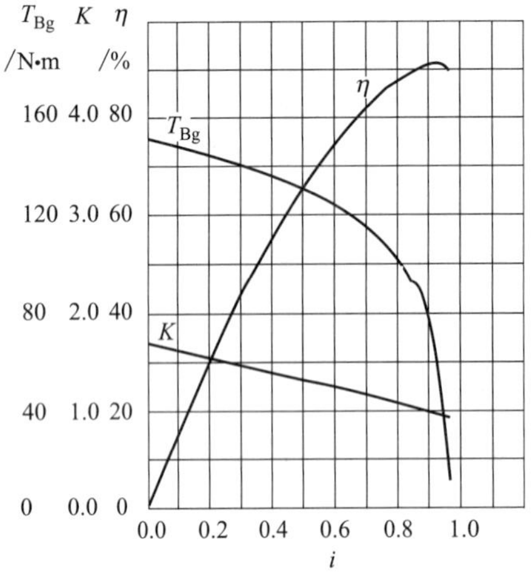

i	K	η	T_{Bg}/N·m
0.0	1.693	0.000	151.62
0.1	1.606	0.148	147.66
0.2	1.626	0.296	144.1
0.3	1.446	0.437	140
0.4	1.373	0.551	136.34
0.5	1.31	0.657	130.96
0.6	1.242	0.747	123.96
0.7	1.163	0.820	114.52
0.8	1.084	0.875	100.98
0.9	1	0.907	77.84
0.965	0.918	0.893	11

图 19-2-75　YJH310 液力变矩器特性

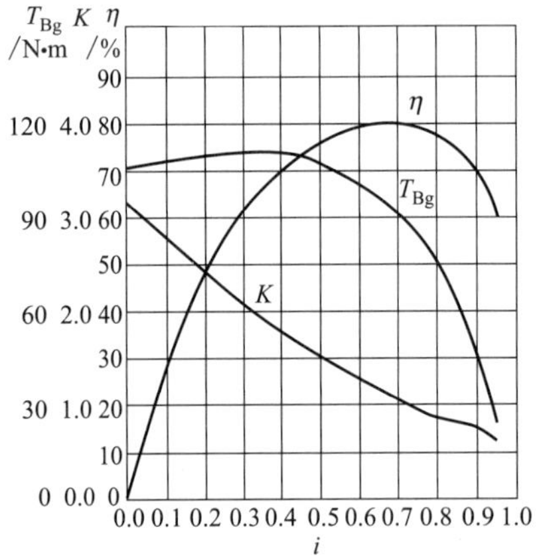

i	K	η	T_{Bg}/N·m
0.0	3.13	0.000	106
0.1	2.77	0.277	107.2
0.2	2.40	0.475	108.5
0.3	2.04	0.609	109.7
0.4	1.74	0.698	109.7
0.5	1.52	0.757	106.9
0.6	1.30	0.789	102.5
0.7	1.05	0.798	90.8
0.8	0.86	0.779	75.6
0.9	0.76	0.698	45.1
0.95	0.65	0.603	20.6

图 19-2-76　YJC315 液力变矩器特性

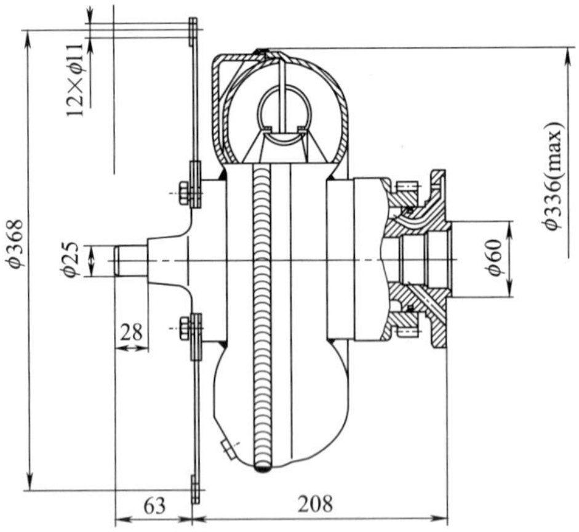

图 19-2-77　YJH315 液力变矩器

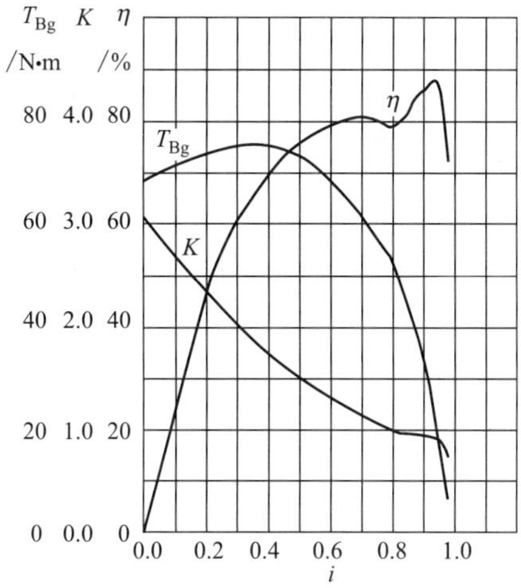

i	K	η	T_{Bg}/N·m
0.0	3.07	0.000	69
0.1	2.73	0.241	72
0.2	2.37	0.473	75
0.3	2.04	0.613	76
0.4	1.76	0.704	76
0.5	1.52	0.761	74
0.6	1.32	0.799	69
0.7	1.16	0.815	62
0.8	0.99	0.796	53
0.9	0.96	0.867	34
0.98	0.74	0.722	6

图 19-2-78　YJH315 液力变矩器特性

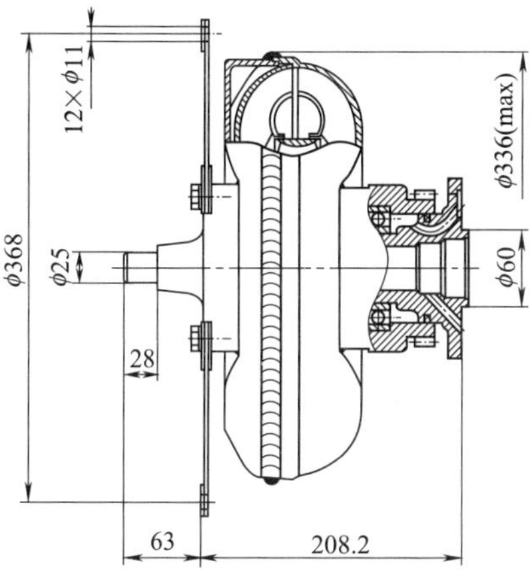

图 19-2-79　YJH315A 液力变矩器

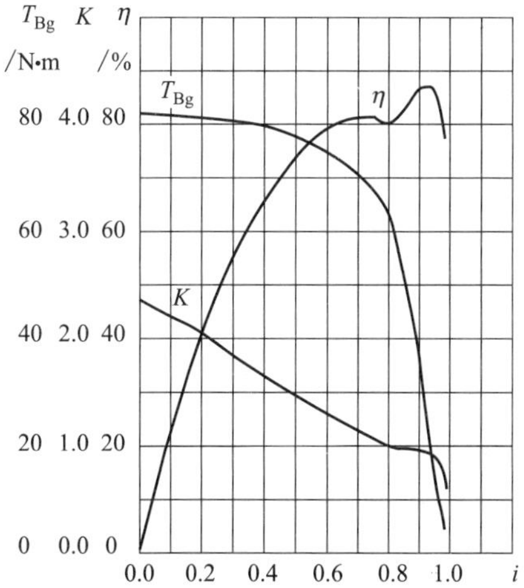

i	K	η	T_{Bg}/N·m
0.0	2.36	0.000	82
0.1	2.21	0.223	81
0.2	2.06	0.411	81
0.3	1.85	0.554	81
0.4	1.65	0.660	80
0.5	1.47	0.739	78
0.6	1.32	0.791	75
0.7	1.16	0.814	71
0.8	1.00	0.804	64
0.9	0.96	0.869	35
0.98	0.70	0.774	5

图 19-2-80　YJH315A 液力变矩器特性

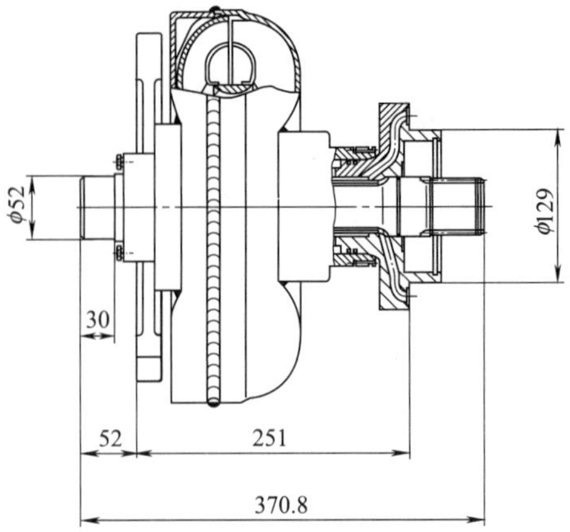

图 19-2-81　YJH315D 液力变矩器

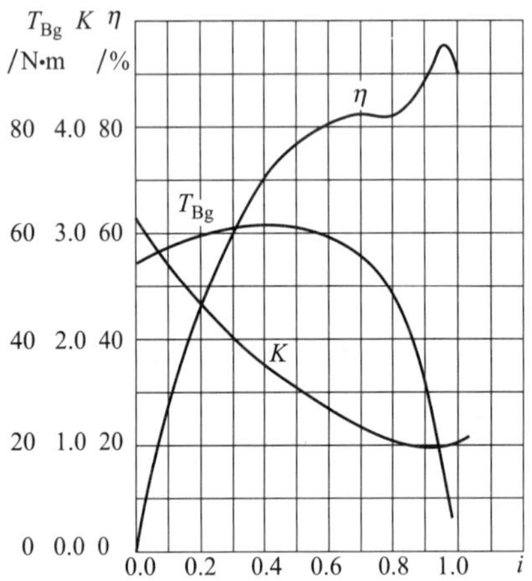

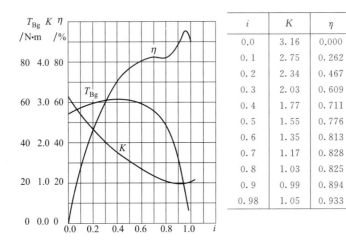

i	K	η	T_{Bg}/N·m
0.0	3.16	0.000	55
0.1	2.75	0.262	58
0.2	2.34	0.467	60
0.3	2.03	0.609	62
0.4	1.77	0.711	62
0.5	1.55	0.776	61
0.6	1.35	0.813	59
0.7	1.17	0.828	56
0.8	1.03	0.825	50
0.9	0.99	0.894	32
0.98	1.05	0.933	6

图 19-2-82　YJH315D 液力变矩器特性

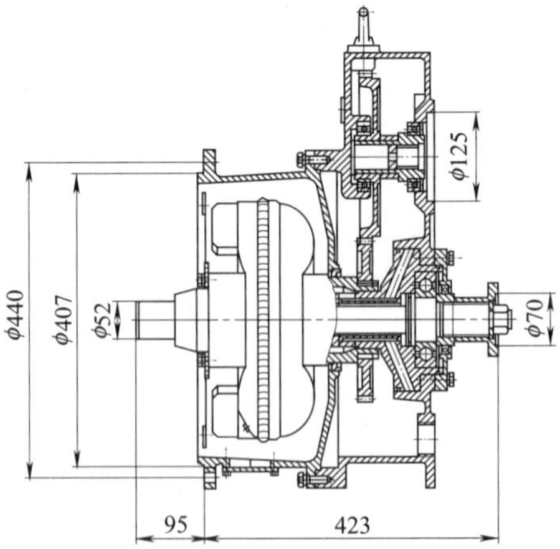

图 19-2-83　YJH315F 液力变矩器

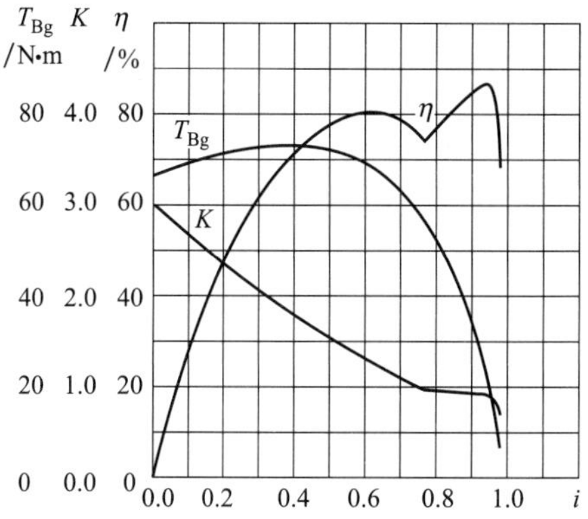

i	K	η	T_{Bg}/N·m
0.0	3.02	0.000	67
0.1	2.70	0.261	69
0.2	2.37	0.474	72
0.3	2.07	0.621	73
0.4	1.78	0.716	74
0.5	1.55	0.777	73
0.6	1.34	0.806	70
0.7	1.13	0.788	63
0.8	0.96	0.770	51
0.9	0.94	0.849	34
0.98	0.70	0.684	6

图 19-2-84　YJH315F 液力变矩器特性

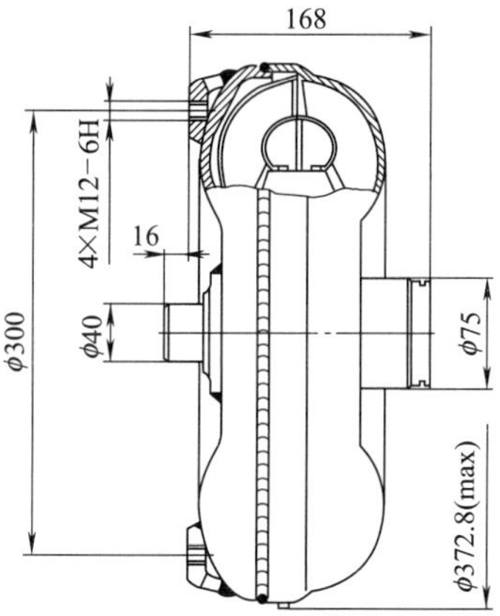

图 19-2-85　YJH340 液力变矩器

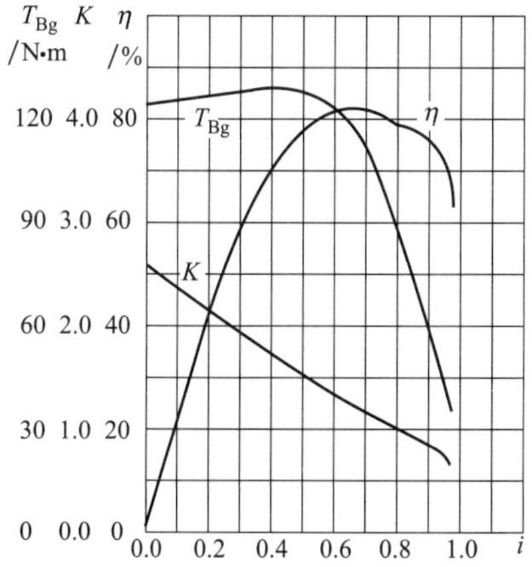

i	K	η	T_{Bg}/N·m
0.0	2.617	0.000	125.487
0.1	2.398	0.207	126.85
0.2	2.197	0.415	128.37
0.3	2.0	0.600	129.39
0.4	1.77	0.710	129.89
0.5	1.556	0.780	128.79
0.6	1.36	0.818	124.34
0.7	1.176	0.825	113.03
0.8	0.997	0.800	89.516
0.9	0.853	0.770	58.08
0.98	0.646	0.637	33.68

图 19-2-86　YJH340 液力变矩器特性

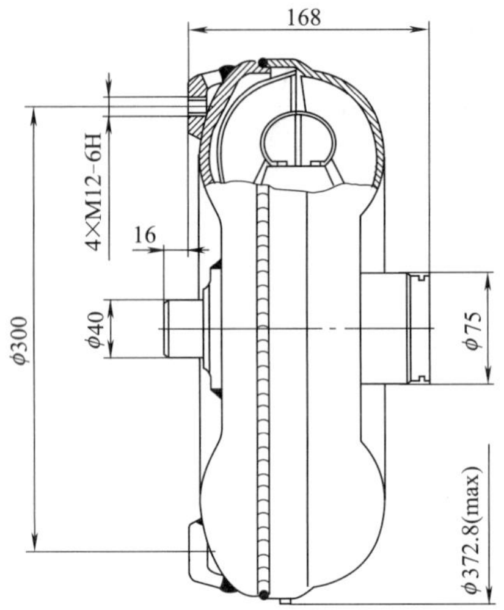

图 19-2-87 YJH340A 液力变矩器

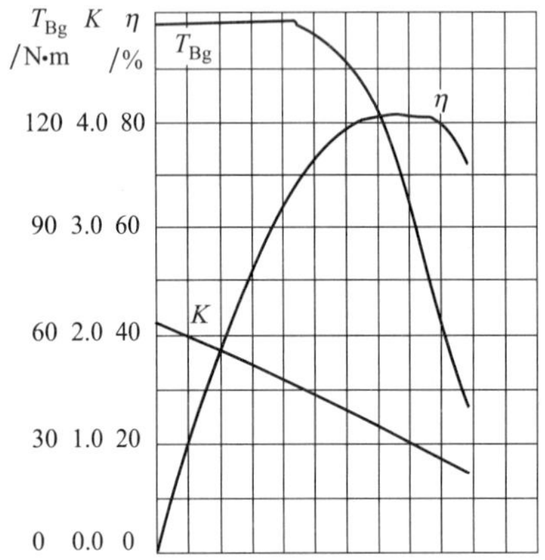

i	K	η	T_{Bg}/N·m
0.0	2.146	0.000	146.55
0.1	2.018	0.196	146.97
0.2	1.877	0.376	147.18
0.3	1.743	0.520	147.54
0.4	1.606	0.638	147.5
0.5	1.46	0.730	143.52
0.6	1.326	0.790	135.13
0.7	1.161	0.805	120.6
0.8	1.014	0.805	90.4
0.9	0.89	0.798	63.72
0.98	0.736	0.718	39.84

图 19-2-88 YJH340A 液力变矩器特性

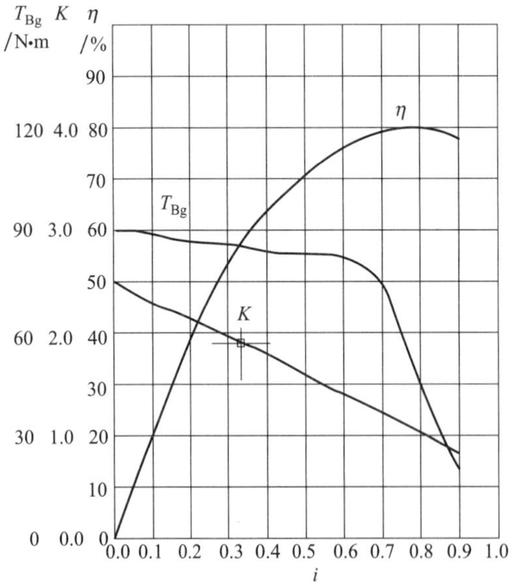

i	K	η	T_{Bg}/N·m
0	2.66	0.00	89.7
0.1	2.44	0.246	88.9
0.2	2.28	0.439	87.5
0.3	2.12	0.600	86.7
0.4	1.93	0.693	85.5
0.5	1.74	0.766	85.2
0.6	1.52	0.822	84.1
0.7	1.37	0.856	75.6
0.8	1.15	0.860	43.2
0.9	0.95	0.742	18.3

图 19-2-89 YJC345 液力变矩器特性

（2）铸造型单相单级向心涡轮液力变矩器的产品型号与规格（表 19-2-21）

表 19-2-21　铸造型单相单级向心涡轮液力变矩器技术参数

型号	有效直径/mm	公称转矩/N·m	转速/r·min^{-1}	功率/kW	特性	外形尺寸	匹配动力机	应用主机	生产厂
YJ265	265	23.6	2400		见图 19-2-91	见图 19-2-90			青州市北联工业有限公司
YJ280	280	31.4	2400		见图 19-2-93	见图 19-2-92			青州市北联工业有限公司
YJ280-1	280	31.5	2400	48	见图 19-2-95	见图 19-2-94	495,4102	1.0t、1.5t 装载机	山推股份公司液力变矩器厂
YJ280-4	280	38	2400	59	见图 19-2-97	见图 19-2-96	6105	1.5t、1.8t 装载机	山推股份公司液力变矩器厂
YJ305	305	46.5	2200			见图 19-2-98		铲运机	大连液力机械有限公司
	305	100	2200		见图 19-2-100	见图 19-2-99			杭州前进齿轮箱集团股份有限公司
YJ315	315	60.4	2200			见图 19-2-101		装载机	大连液力机械有限公司
YJ315X(S)	315	60	2300	81	见图 19-2-103	见图 19-2-102	LR6105G9A	3.0t 装载机	山推股份公司液力变矩器厂
YJ315D	315	71.9	2300		见图 19-2-105	见图 19-2-104			青州市北联工业有限公司
YJ315S	315	73.85	2300		见图 19-2-107	见图 19-2-106			青州市北联工业有限公司
YJ320B	320	60	2300		见图 19-2-109	见图 19-2-108			青州市北联工业有限公司
YJ320	320	133.3	2300		见图 19-2-111	见图 19-2-110			杭州前进齿轮箱集团股份有限公司
YJ350	350	192.5	2300		见图 19-2-113	见图 19-2-112			杭州前进齿轮箱集团股份有限公司
YJ355	355	138	1800	100	见图 19-2-115	见图 19-2-114	6BT	96kW（130 马力）推土机	山推股份公司液力变矩器厂
YJ375	375	150	2200		见图 19-2-117	见图 19-2-116			青州市北联工业有限公司
YJ375A	375	155	2200	147	见图 19-2-119	见图 19-2-118	WD615.67G3	5.0t 装载机	山推股份公司液力变矩器厂
YJ375	375	427	2200		见图 19-2-121	见图 19-2-120	WD615.67G3		杭州前进齿轮箱集团股份有限公司
YJ380	380	190	1850	122	见图 19-2-123	见图 19-2-122	WD615	TY160 推土机	山推股份公司液力变矩器厂
YJ409	409	290	1800			见图 19-2-124		推土机	大连液力机械有限公司
YJ409B	409	280	1800	162	见图 19-2-126	见图 19-2-125	NT855-C280	162kW（220 马力）推土机	山推股份公司液力变矩器厂
YJ435	435	368	2000	235	见图 19-2-128	见图 19-2-127	NT855-C360	235kW（320 马力）推土机	山推股份公司液力变矩器厂
YJ450	450	460	2000		见图 19-2-130	见图 19-2-129	KTA19-C52	SD42 推土机	山推股份公司液力变矩器厂

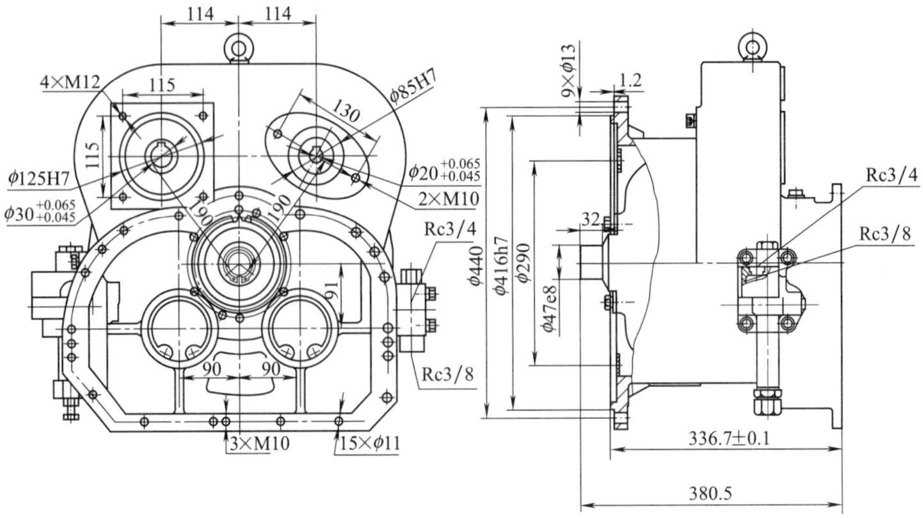

图 19-2-90 YJ265 液力变矩器

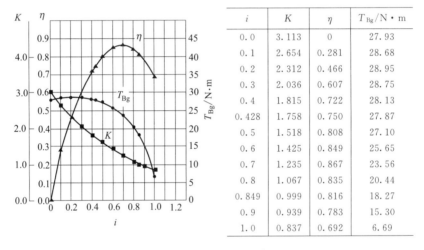

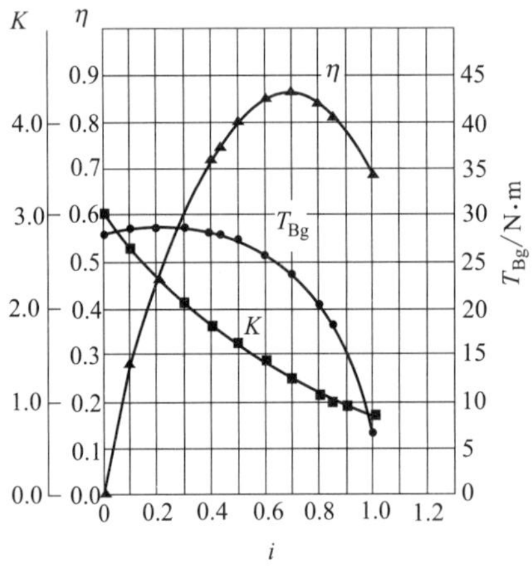

i	K	η	T_{Bg}/N·m
0.0	3.113	0	27.93
0.1	2.654	0.281	28.68
0.2	2.312	0.466	28.95
0.3	2.036	0.607	28.75
0.4	1.815	0.722	28.13
0.428	1.758	0.750	27.87
0.5	1.518	0.808	27.10
0.6	1.425	0.849	25.65
0.7	1.235	0.867	23.56
0.8	1.067	0.835	20.44
0.849	0.999	0.816	18.27
0.9	0.939	0.783	15.30
1.0	0.837	0.692	6.69

图 19-2-91 YJ265 液力变矩器特性

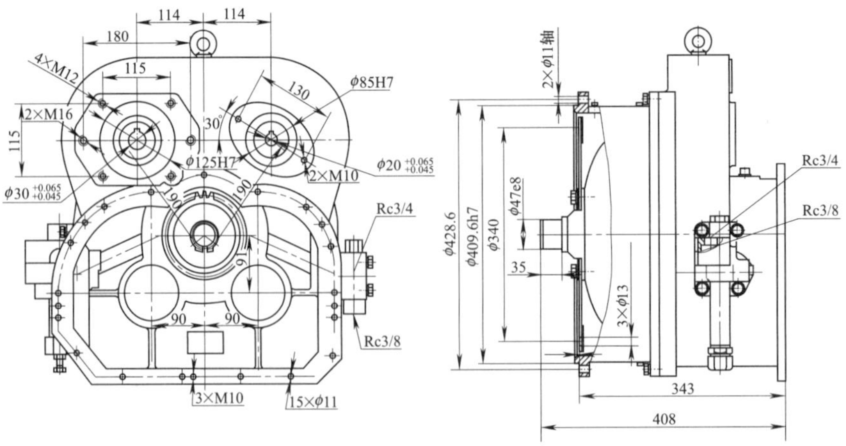

图 19-2-92 YJ280 液力变矩器

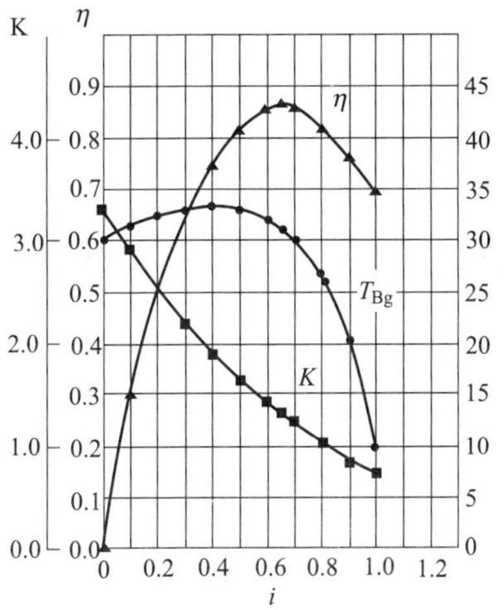

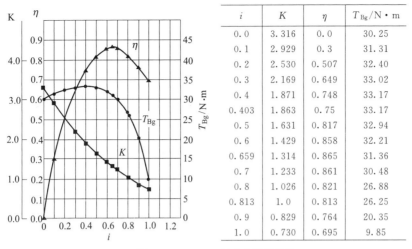

i	K	η	T_{Bg}/N·m
0.0	3.316	0.0	30.25
0.1	2.929	0.3	31.31
0.2	2.530	0.507	32.40
0.3	2.169	0.649	33.02
0.4	1.871	0.748	33.17
0.403	1.863	0.75	33.17
0.5	1.631	0.817	32.94
0.6	1.429	0.858	32.21
0.659	1.314	0.865	31.36
0.7	1.233	0.861	30.48
0.8	1.026	0.821	26.88
0.813	1.0	0.813	26.25
0.9	0.829	0.764	20.35
1.0	0.730	0.695	9.85

图 19-2-93　YJ280 液力变矩器特性

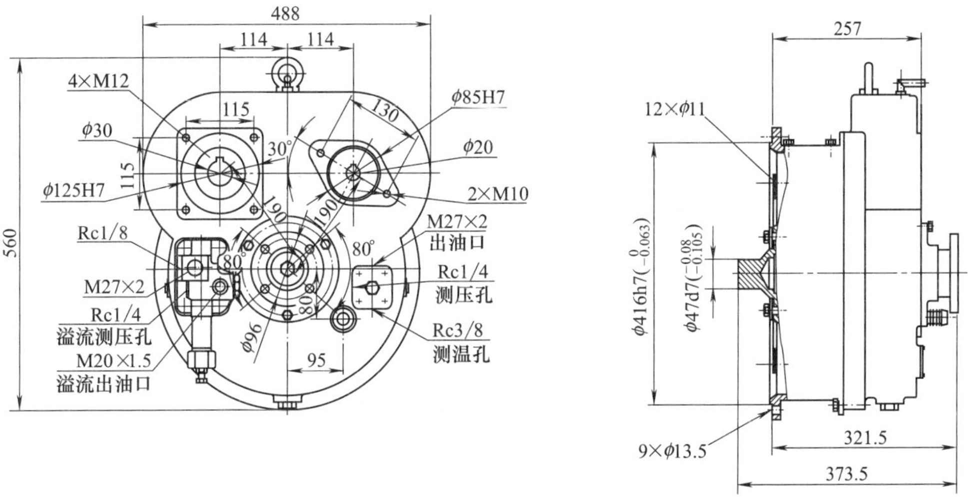

图 19-2-94　YJ280-1 液力变矩器

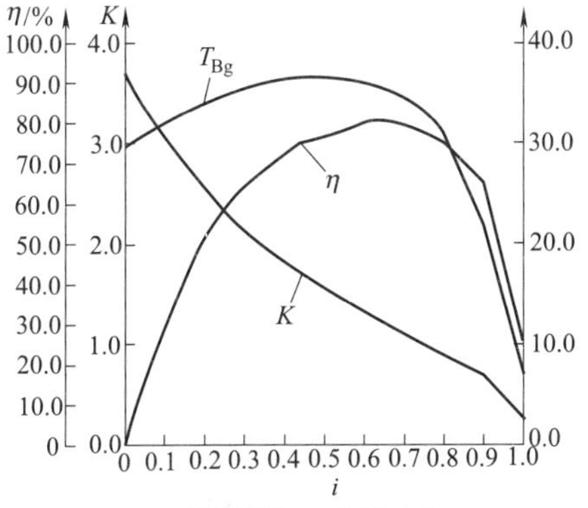

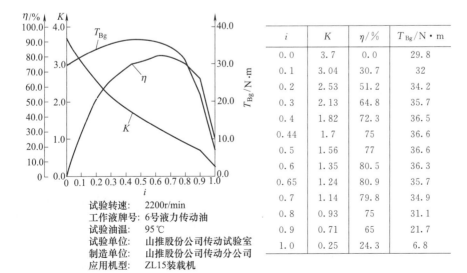

试验转速:　2200r/min

工作液牌号:　6号液力传动油

试验油温:　95℃

试验单位:　山推股份公司传动试验室

制造单位:　山推股份公司传动分公司

应用机型:　ZL15装载机

i	K	η/%	T_{Bg}/N·m
0.0	3.7	0.0	29.8
0.1	3.04	30.7	32
0.2	2.53	51.2	34.2
0.3	2.13	64.8	35.7
0.4	1.82	72.3	36.5
0.44	1.7	75	36.6
0.5	1.56	77	36.6
0.6	1.35	80.5	36.3
0.65	1.24	80.9	35.7
0.7	1.14	79.8	34.9
0.8	0.93	75	31.1
0.9	0.71	65	21.7
1.0	0.25	24.3	6.8

图 19-2-95　YJ280-1 液力变矩器特性

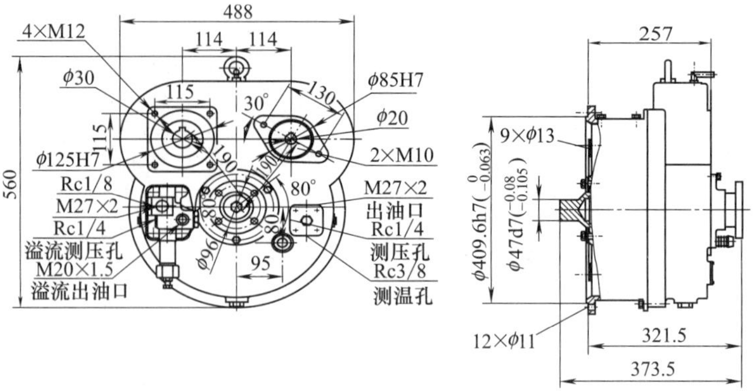

图 19-2-96　YJ280-4 液力变矩器

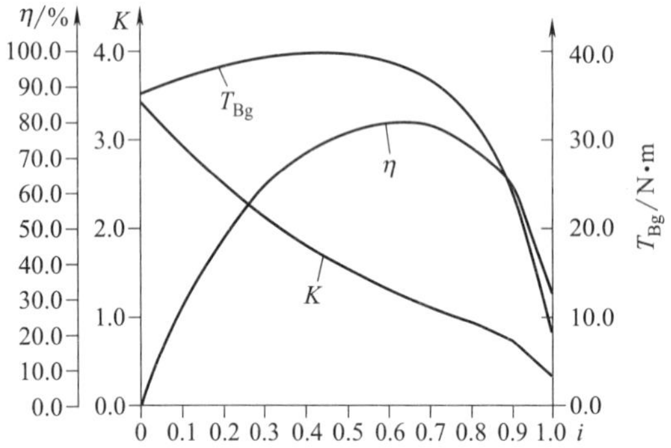

试验转速：2200r/min

工作液牌号：6号液力传动油

试验油温：95℃

试验单位：山推股份公司传动试验室

制造单位：山推股份公司传动分公司

应用机型：ZL15装载机

i	K	η/%	T_{Bg}/N·m
0.0	3.43	0.0	35.2
0.1	2.92	29.2	36.8
0.2	2.5	48.5	38.4
0.3	2.12	62.5	39.4
0.4	1.82	71.5	39.7
0.46	1.66	75	39.8
0.5	1.55	77	39.6
0.6	1.32	80	38.9
0.64	1.23	80.2	38.3
0.7	1.12	79.5	36.9
0.78	0.97	75	33.6
0.8	0.94	73.6	32.5
0.9	0.73	63.8	25.1
1	0.33	31	7.7

图 19-2-97　YJ280-4 液力变矩器特性

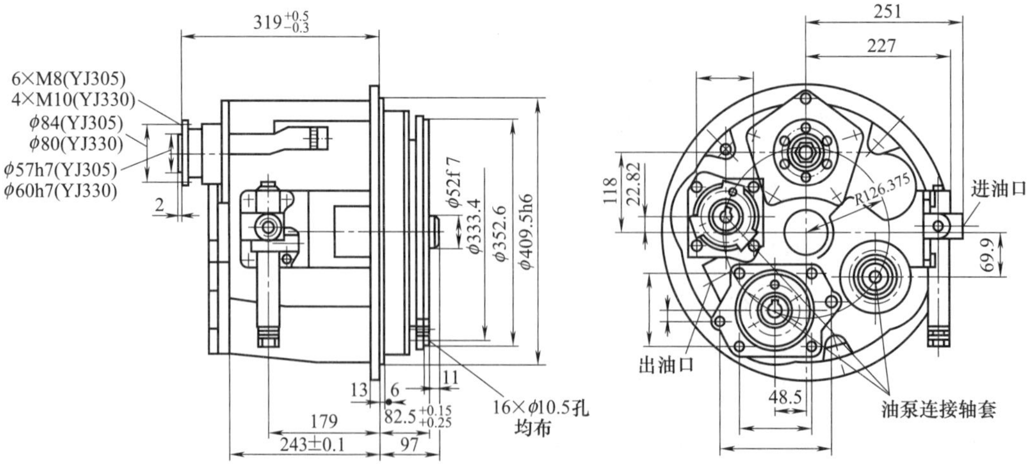

图 19-2-98　YJ305 液力变矩器（一）

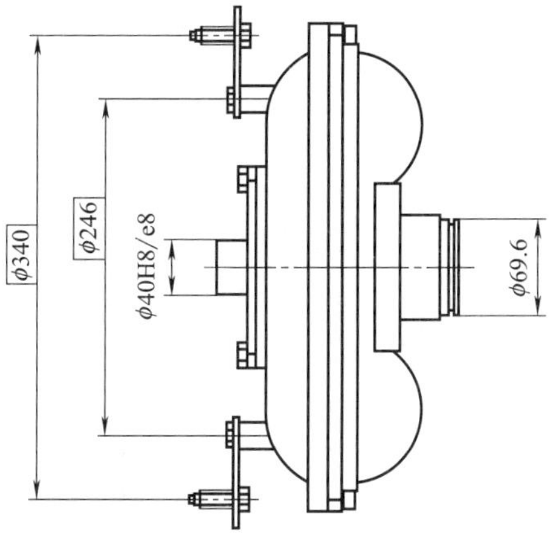

图 19-2-99　YJ305 液力变矩器（二）

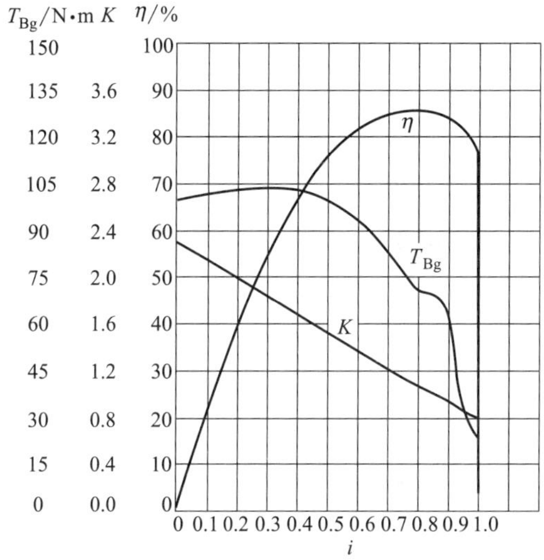

i	K	η	T_{Bg}/N·m
0	2.31	0	100
0.05	2.235	0.112	101
0.1	2.155	0.216	102
0.15	2.08	0.312	103
0.2	1.998	0.4	103
0.25	1.92	0.48	104
0.3	1.84	0.552	104
0.35	1.76	0.616	104
0.4	1.68	0.672	103
0.45	1.598	0.719	102
0.5	1.52	0.76	100
0.55	1.44	0.792	97
0.6	1.362	0.817	93
0.65	1.29	0.839	89
0.7	1.215	0.851	82
0.75	1.14	0.855	76
0.8	1.07	0.856	69
0.85	1	0.85	61
0.9	0.94	0.846	49
0.95	0.85	0.808	32
0.975	0.79	0.77	24
1	0	0	0

图 19-2-100　YJ305 液力变矩器特性

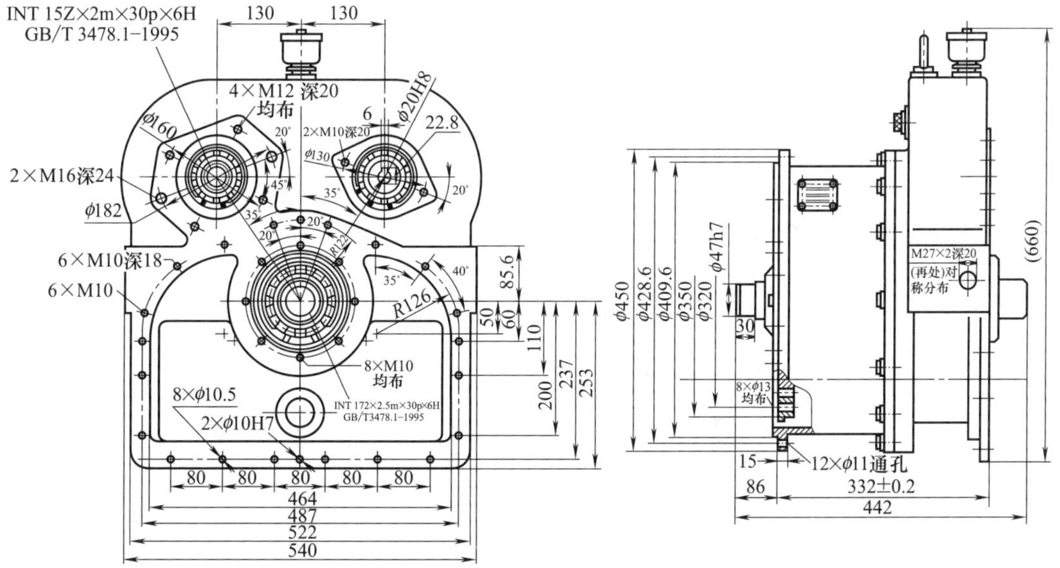

图 19-2-101　YJ315 液力变矩器

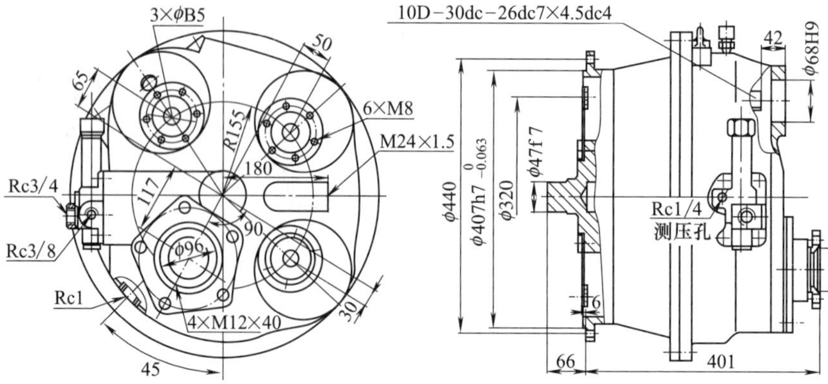

图 19-2-102　YJ315X（S）液力变矩器

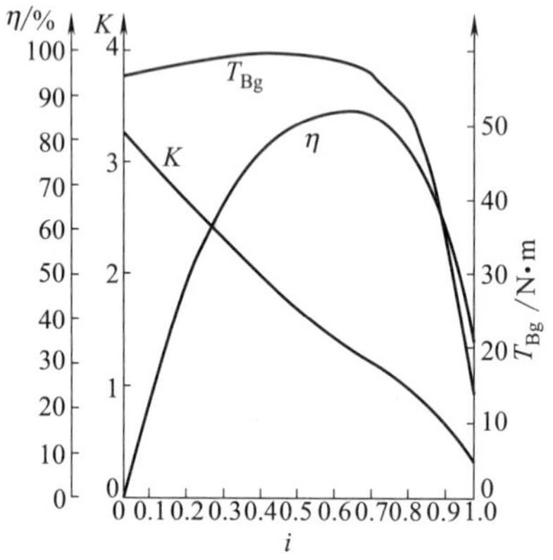

试验转速：　2200r/min

工作液牌号：　6号液力传动油

试验油温：　95℃

试验单位：　山推股份公司传动试验室

i	K	η	T_{Bg}/N·m
0	3.274	0	56.5
0.1	2.931	29.33	57.6
0.2	2.62	52.49	58.7
0.3	2.286	68.79	59.3
0.359	2.094	74.97	59.6
0.4	1.962	78.6	59.6
0.5	1.68	83.8	59.6
0.6	1.43	86.11	58.8
0.66	1.31	86.47	58.0
0.7	1.226	85.93	57.1
0.8	0.981	78.45	52.6
0.835	0.896	74.95	49.5
0.9	0.741	66.72	39.5
1.0	0.332	33.39	12.9

图 19-2-103　YJ315X（S）液力变矩器特性

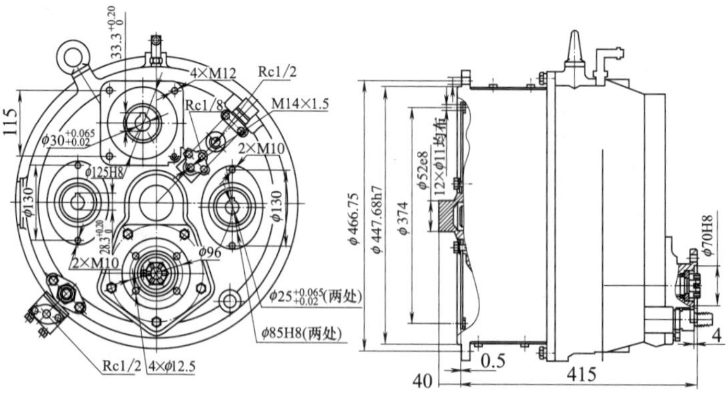

图 19-2-104　YJ315D 液力变矩器

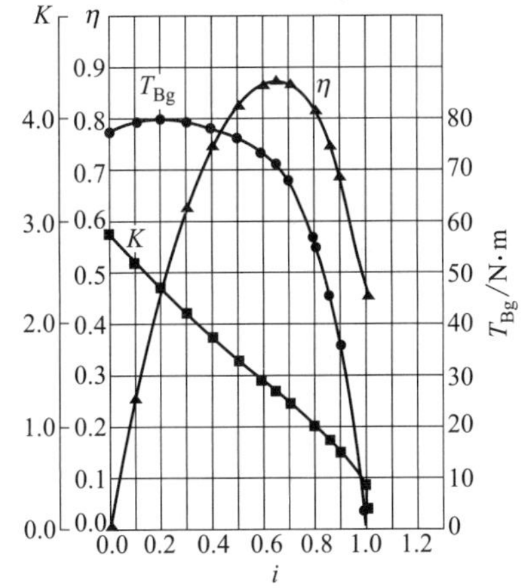

i	K	η	T_{Bg}/N・m
0	2.871	0	77.61
0.1	2.603	0.261	79.36
0.2	2.353	0.473	79.80
0.3	2.111	0.634	79.22
0.4	1.876	0.75	78.00
0.5	1.652	0.826	76.21
0.6	1.44	0.865	73.32
0.652	1.334	0.871	70.91
0.7	1.235	0.865	67.78
0.8	1.022	0.815	26.75
0.809	1.0	0.807	55.27
0.861	0.876	0.751	45.49
0.9	0.771	0.691	35.75
1.0	0.437	0.454	3.96

图 19-2-105 YJ315D 液力变矩器特性

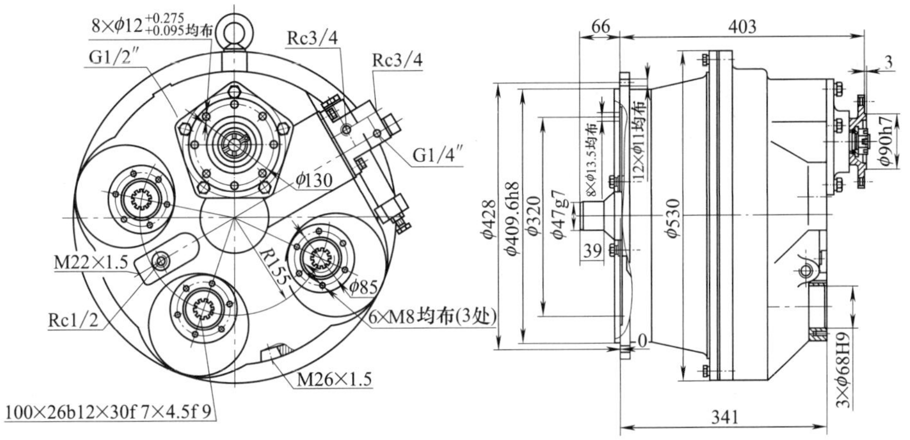

图 19-2-106 YJ315S 液力变矩器

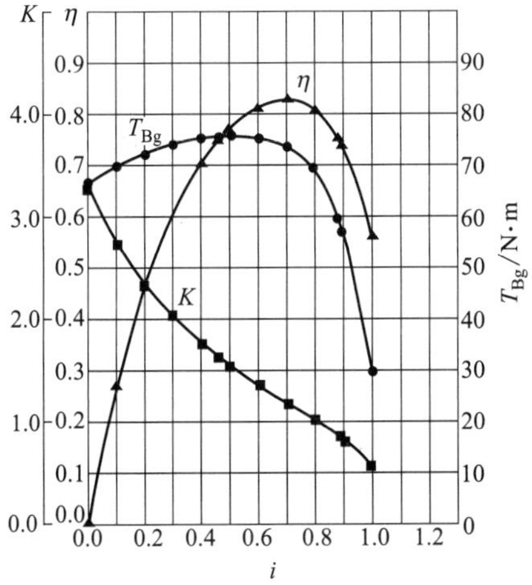

i	K	η	T_{Bg}/N・m
0	3.261	0	66.41
0.1	2.732	0.258	69.46
0.2	2.337	0.467	72.2
0.3	2.025	0.608	74.09
0.4	1.765	0.706	75.09
0.464	1.619	0.75	72.39
0.5	1.543	0.771	75.46
0.6	1.351	0.811	75.25
0.7	1.18	0.827	73.85
0.708	1.167	0.827	73.64
0.8	1.013	0.811	69.21
0.887	0.848	0.75	59.19
0.9	0.821	0.737	57.04
1.0	0.562	0.562	29.86

图 19-2-107 YJ315S 液力变矩器特性

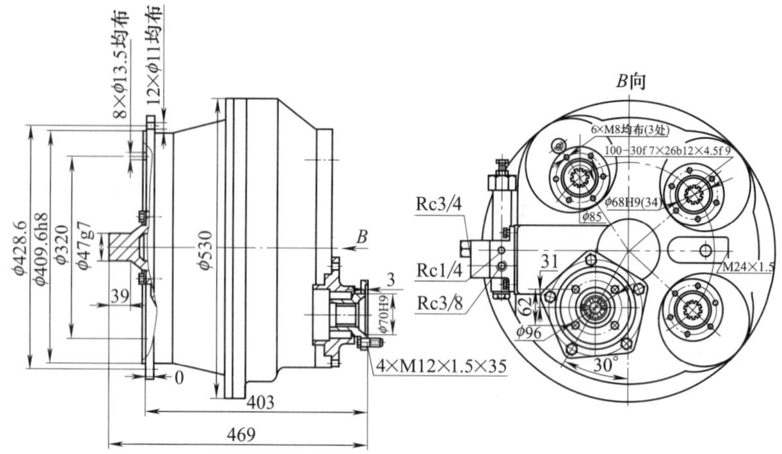

图 19-2-108　YJ320B 液力变矩器

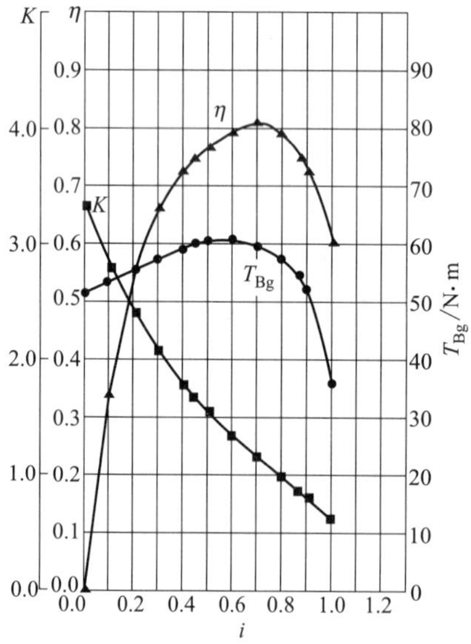

i	K	η	T_{Bg}/N·m
0	3.301	0	51.47
0.1	2.812	0.346	53.62
0.2	2.411	0.551	56.76
0.3	2.074	0.666	57.51
0.4	1.787	0.729	59.27
0.447	0.666	0.75	60
0.5	1.543	0.77	60.57
0.6	1.335	0.798	60.64
0.7	1.156	0.811	59.39
0.701	1.154	0.81	59.38
0.795	1.0	0.795	57.62
0.8	0.991	0.793	57.48
0.874	0.867	0.75	54.45
0.9	0.822	0.729	52.57
1.0	0.62	0.612	35.87

图 19-2-109　YJ320B 液力变矩器特性

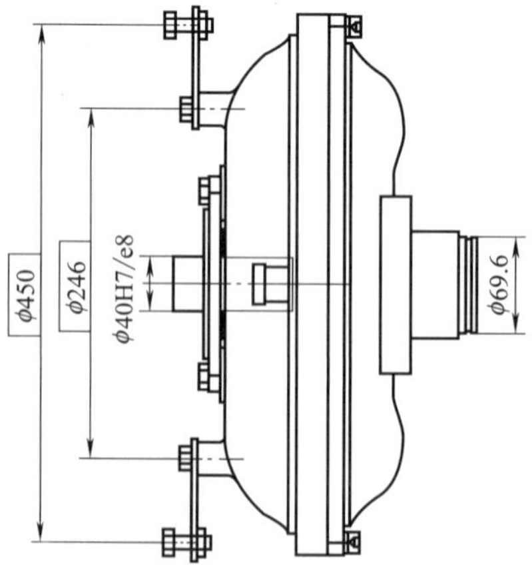

图 19-2-110　YJ320 液力变矩器

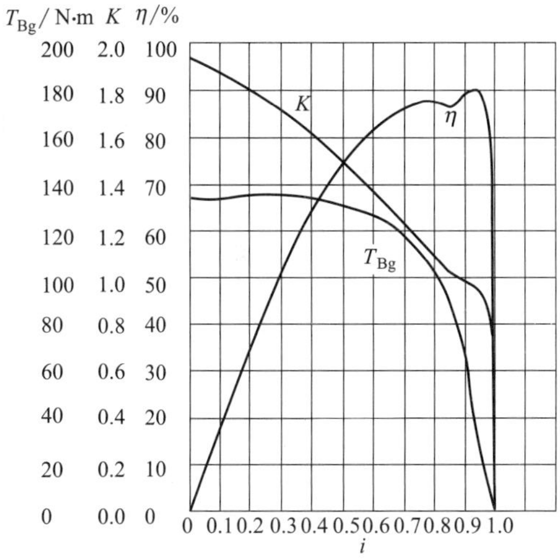

i	K	η	T_{Bg}/N·m
0	1.94	0	133.3
0.05	1.91	0.096	133.3
0.1	1.88	0.188	133.8
0.15	1.84	0.276	134.2
0.2	1.81	0.361	135.1
0.25	1.77	0.441	135.6
0.3	1.72	0.516	135.6
0.35	1.67	0.585	135.1
0.4	1.61	0.644	134.2
0.45	1.56	0.7	132.9
0.5	1.5	0.748	131.1
0.55	1.43	0.787	128.9
0.6	1.36	0.816	126.2
0.65	1.3	0.845	122.7
0.7	1.23	0.861	117.8
0.75	1.17	0.874	111.2
0.8	1.01	0.876	102.2
0.865	1	0.865	84.4
0.9	0.98	0.882	68.4
0.96	0.92	0.883	22.2
1	0	0	0

图 19-2-111　YJ320 液力变矩器特性

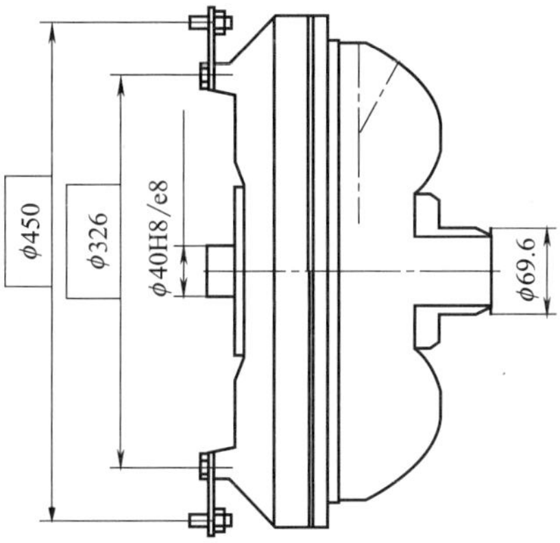

图 19-2-112　YJ350 液力变矩器

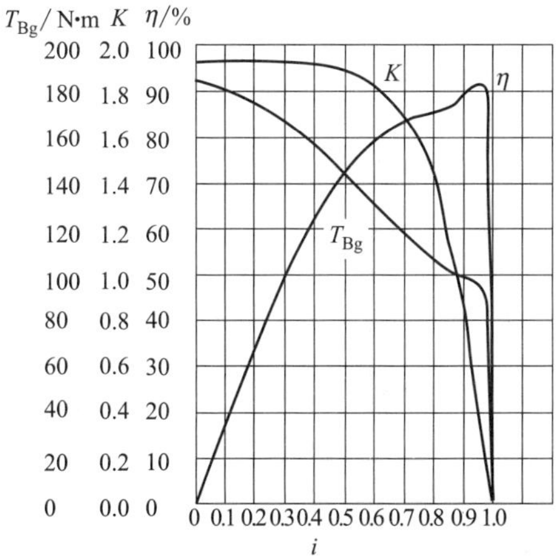

i	K	η	T_{Bg}/N·m
0	1.85	0	192.5
0.05	1.83	0.09	192.5
0.1	1.8	0.18	192.6
0.15	1.78	0.27	192
0.2	1.75	0.35	192
0.25	1.71	0.43	191.9
0.3	1.67	0.5	191.9
0.35	1.61	0.56	191.8
0.4	1.57	0.63	191.7
0.45	1.51	0.68	191
0.5	1.15	0.58	189
0.55	1.38	0.76	186
0.6	1.31	0.79	182
0.65	1.25	0.81	176
0.7	1.19	0.83	169
0.75	1.13	0.85	159
0.8	1.07	0.86	147
0.86	1	0.86	126
0.9	0.98	0.88	90
0.95	0.96	0.91	40
0.98	0.8	0.78	16

图 19-2-113　YJ350 液力变矩器特性

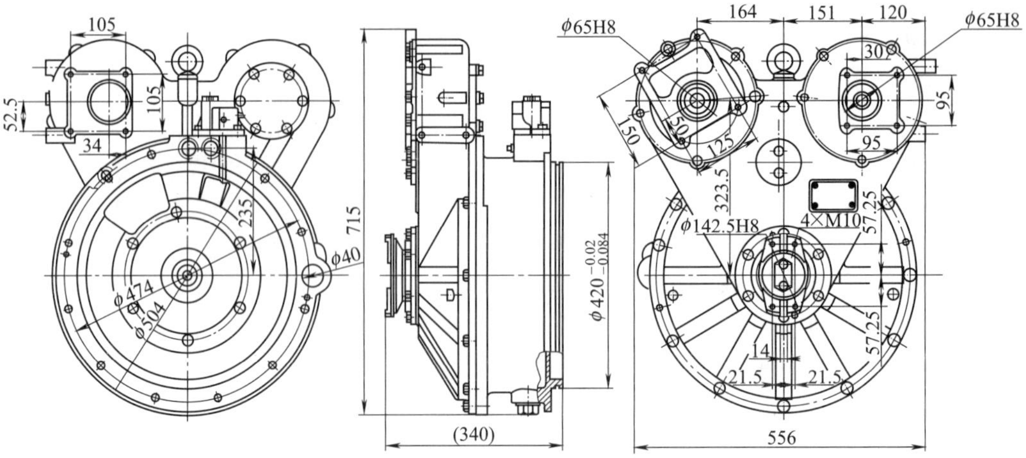

图 19-2-114 YJ355 液力变矩器

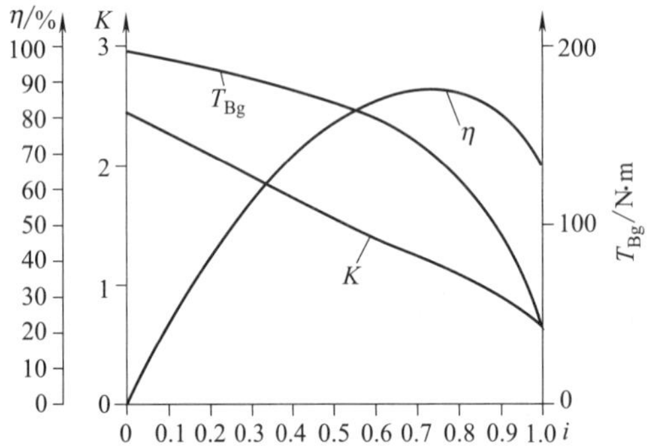

试验转速:1500r/min
工作液牌号: 6号液力传动油
试验油温:95℃
试验单位:山推股份公司传动试验室
制造单位:山推股份公司传动分公司
应用机型: SD13 推土机

i	K	η	T_{Bg}/N · m
0	2.439	0	197.7
0.1	2.278	22.76	193.4
0.2	2.1	42.04	188.5
0.3	1.911	57.32	183.1
0.4	1.737	69.54	176.3
0.455	1.647	75	172
0.5	1.572	78.61	169
0.6	1.41	84.53	159.7
0.7	1.247	87.31	144.8
0.733	1.193	87.45	139.6
0.8	1.081	86.52	127.1
0.9	0.908	81.74	97.3
0.949	0.806	75	74.8
1	0.658	65.8	44.2

图 19-2-115 YJ355 液力变矩器特性

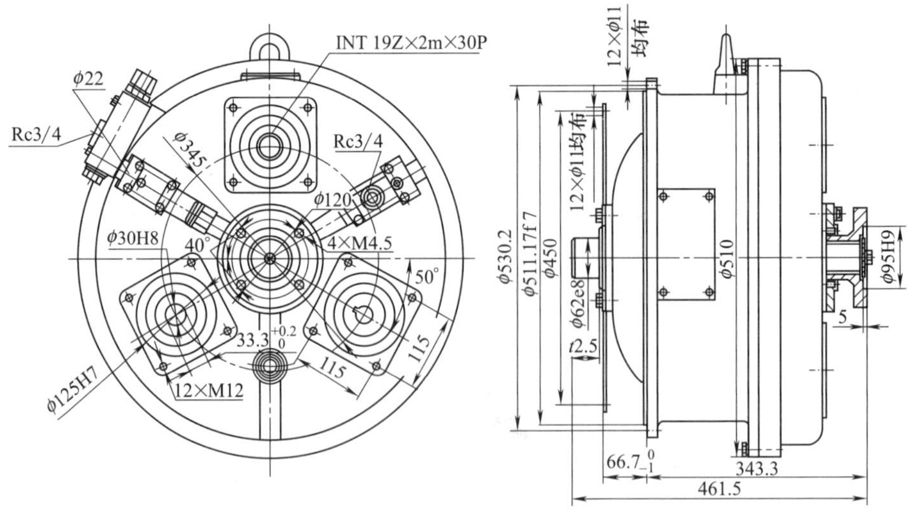

图 19-2-116 YJ375 液力变矩器

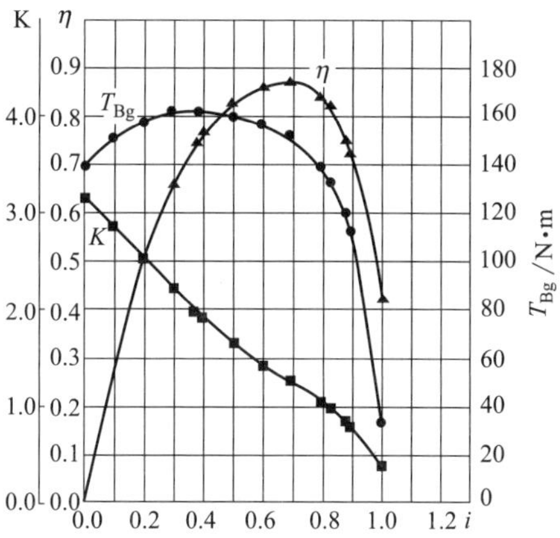

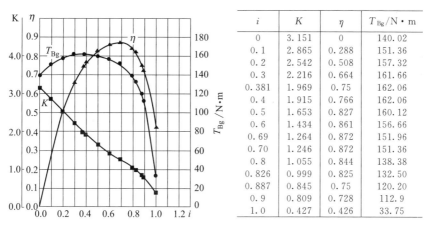

i	K	η	T_{Bg}/N·m
0	3.151	0	140.02
0.1	2.865	0.288	151.36
0.2	2.542	0.508	157.32
0.3	2.216	0.664	161.66
0.381	1.969	0.75	162.06
0.4	1.915	0.766	162.06
0.5	1.653	0.827	160.12
0.6	1.434	0.861	156.66
0.69	1.264	0.872	151.96
0.70	1.246	0.872	151.36
0.8	1.055	0.844	138.38
0.826	0.999	0.825	132.50
0.887	0.845	0.75	120.20
0.9	0.809	0.728	112.9
1.0	0.427	0.426	33.75

图 19-2-117　YJ375 液力变矩器特性

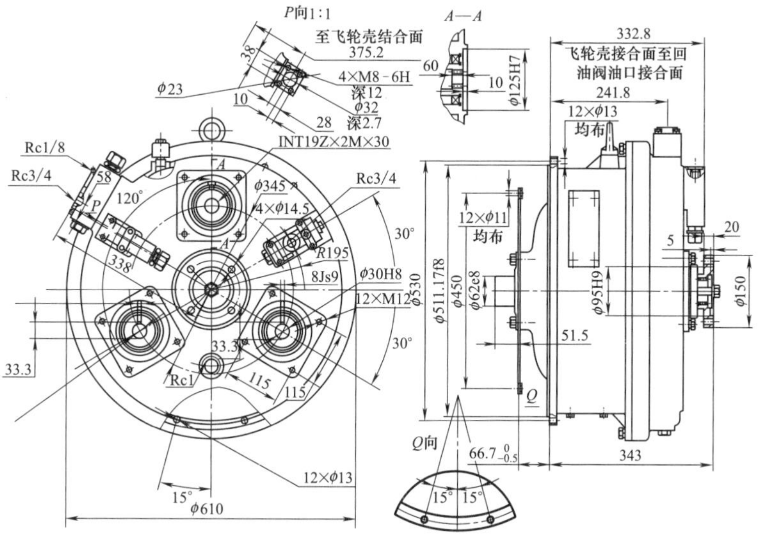

图 19-2-118　YJ375A 液力变矩器

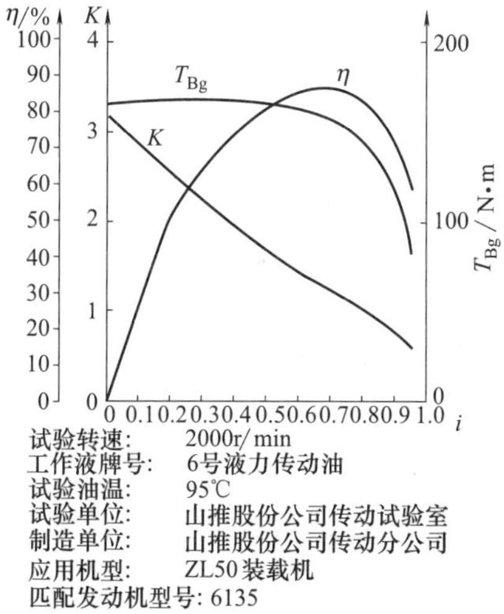

i	K	η	T_{Bg}/N·m
0	3.19	0	165.1
0.1	2.83	28.3	166.8
0.2	2.55	52	167
0.3	2.24	66.8	167.5
0.4	1.93	76.7	167.8
0.45	1.78	79.8	167.5
0.5	1.65	82.3	167
0.6	1.43	85.5	164
0.7	1.25	86.8	157.5
0.725	1.2	86.9	155.25
0.8	1.05	84.2	146
0.82	1.05	82	141
0.9	0.8	71.6	113
0.95	0.63	58.7	84.5

图 19-2-119　YJ375A 液力变矩器特性

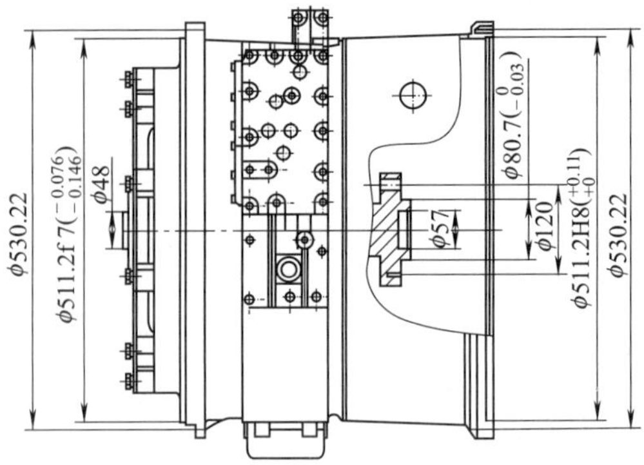

图 19-2-120 YJ375 液力变矩器

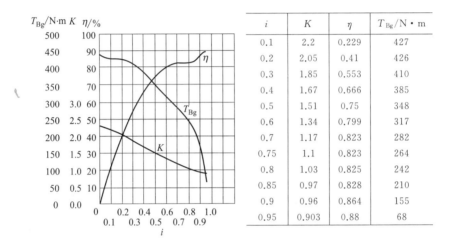

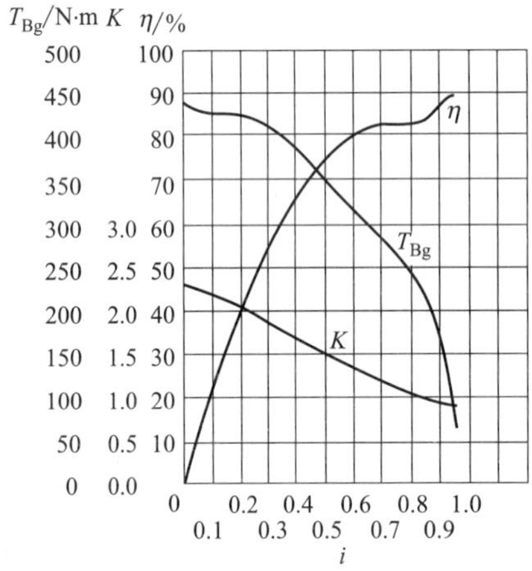

i	K	η	T_{Bg}/N·m
0.1	2.2	0.229	427
0.2	2.05	0.41	426
0.3	1.85	0.553	410
0.4	1.67	0.666	385
0.5	1.51	0.75	348
0.6	1.34	0.799	317
0.7	1.17	0.823	282
0.75	1.1	0.823	264
0.8	1.03	0.825	242
0.85	0.97	0.828	210
0.9	0.96	0.864	155
0.95	0.903	0.88	68

图 19-2-121 YJ375 液力变矩器特性

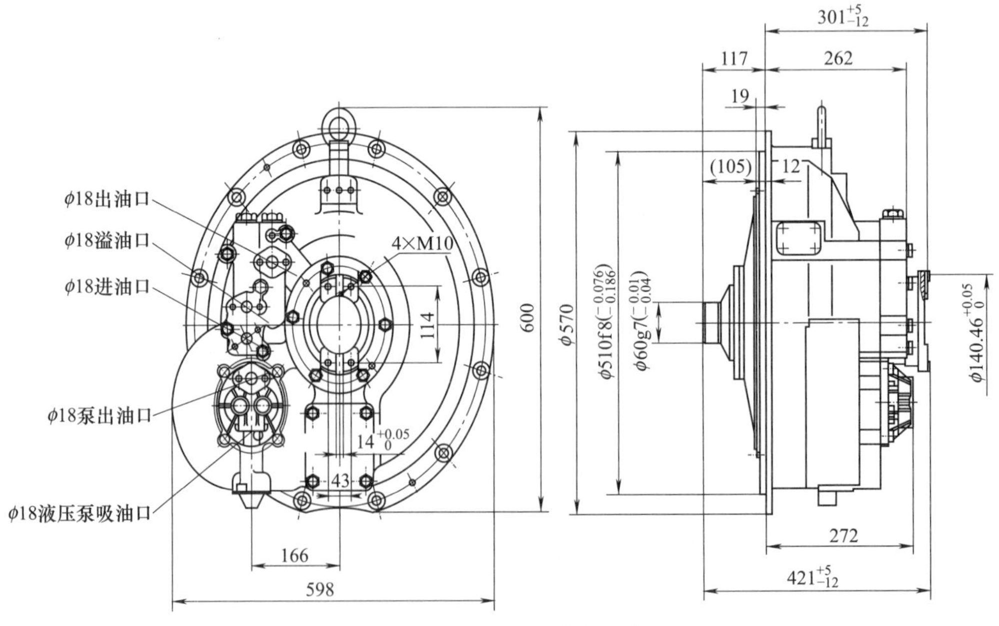

图 19-2-122 YJ380 液力变矩器

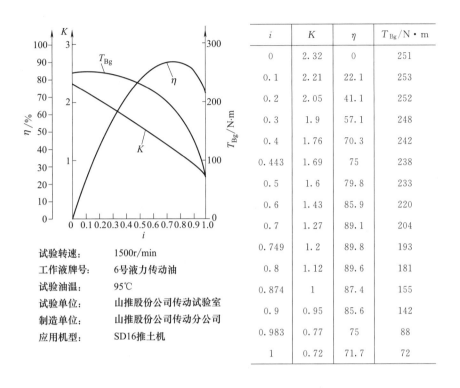

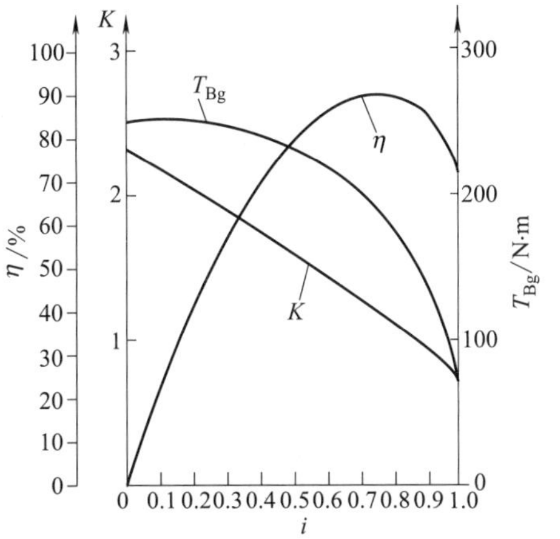

试验转速:	1500r/min
工作液牌号:	6号液力传动油
试验油温:	95℃
试验单位:	山推股份公司传动试验室
制造单位:	山推股份公司传动分公司
应用机型:	SD16推土机

i	K	η	T_{Bg}/N·m
0	2.32	0	251
0.1	2.21	22.1	253
0.2	2.05	41.1	252
0.3	1.9	57.1	248
0.4	1.76	70.3	242
0.443	1.69	75	238
0.5	1.6	79.8	233
0.6	1.43	85.9	220
0.7	1.27	89.1	204
0.749	1.2	89.8	193
0.8	1.12	89.6	181
0.874	1	87.4	155
0.9	0.95	85.6	142
0.983	0.77	75	88
1	0.72	71.7	72

图 19-2-123　YJ380 液力变矩器特性

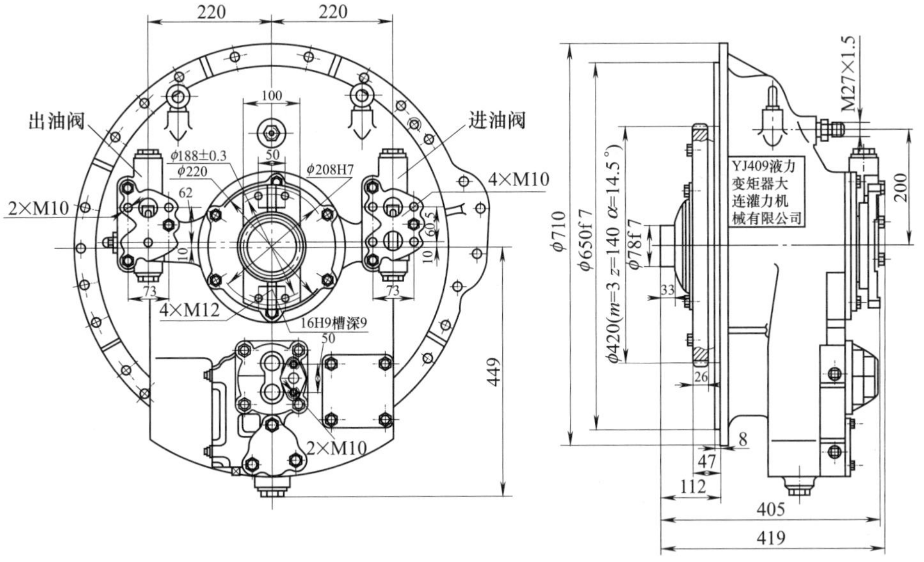

图 19-2-124　YJ409 液力变矩器

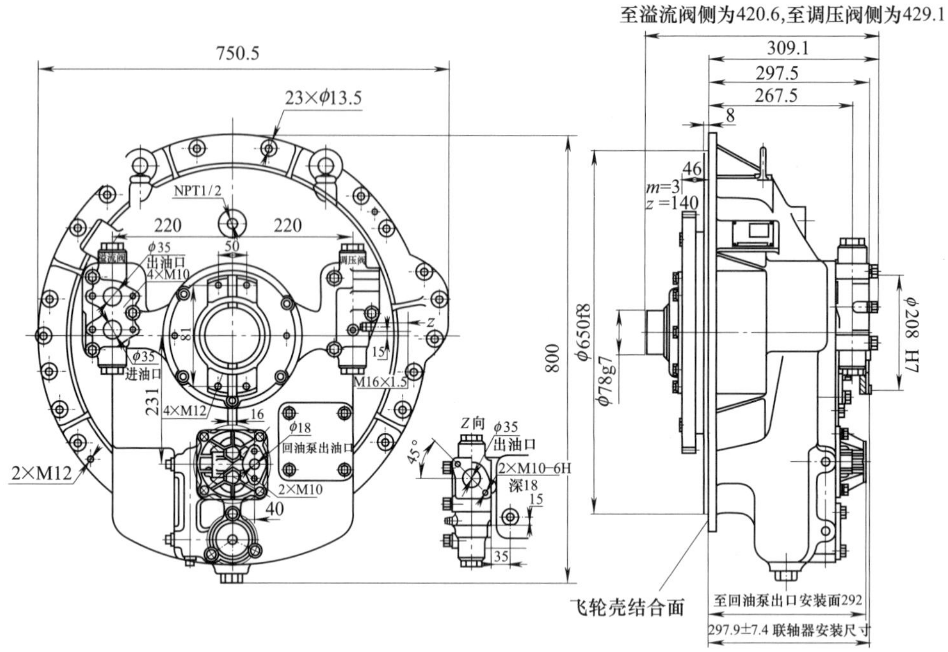

图 19-2-125　YJ409B 液力变矩器

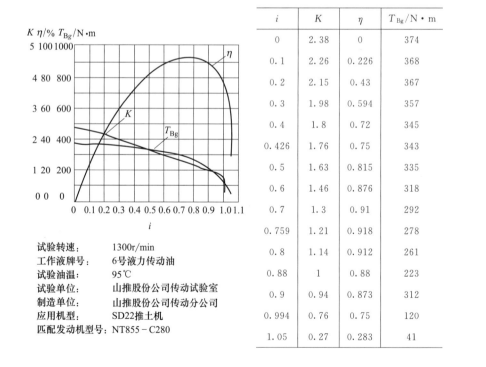

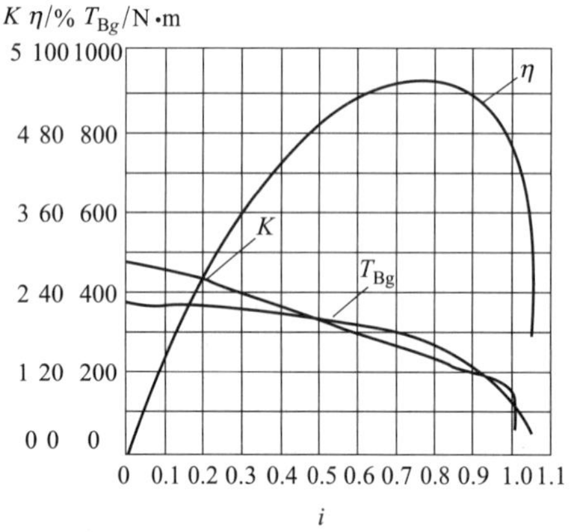

试验转速：　1300r/min
工作液牌号：　6号液力传动油
试验油温：　95℃
试验单位：　山推股份公司传动试验室
制造单位：　山推股份公司传动分公司
应用机型：　SD22推土机
匹配发动机型号：NT855－C280

i	K	η	T_{Bg}/N·m
0	2.38	0	374
0.1	2.26	0.226	368
0.2	2.15	0.43	367
0.3	1.98	0.594	357
0.4	1.8	0.72	345
0.426	1.76	0.75	343
0.5	1.63	0.815	335
0.6	1.46	0.876	318
0.7	1.3	0.91	292
0.759	1.21	0.918	278
0.8	1.14	0.912	261
0.88	1	0.88	223
0.9	0.94	0.873	312
0.994	0.76	0.75	120
1.05	0.27	0.283	41

图 19-2-126　YJ409B 液力变矩器特性

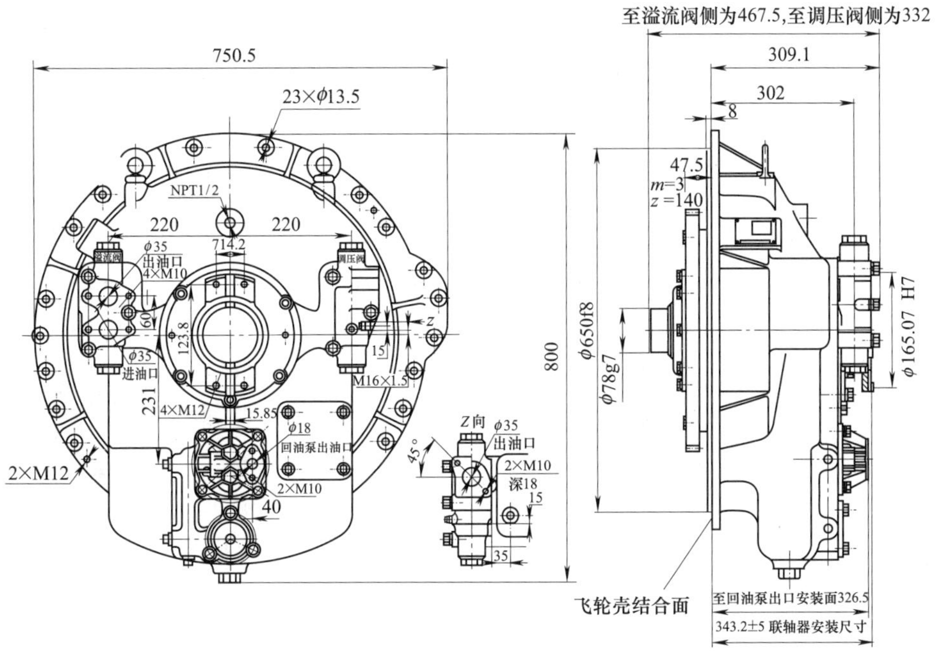

图 19-2-127　YJ435 液力变矩器

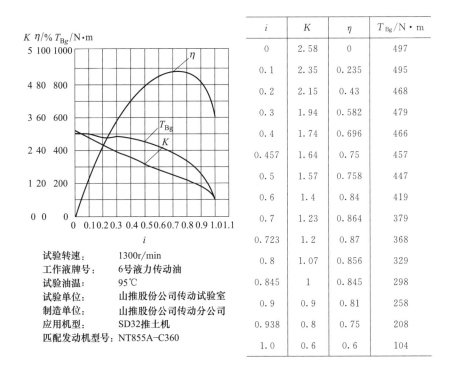

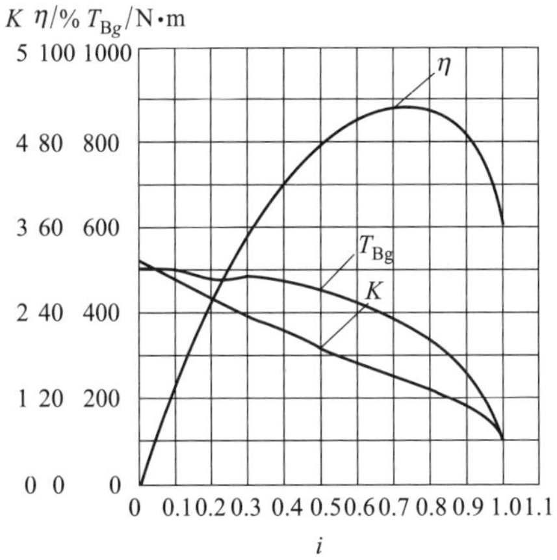

试验转速：　1300r/min
工作液牌号：　6号液力传动油
试验油温：　95℃
试验单位：　山推股份公司传动试验室
制造单位：　山推股份公司传动分公司
应用机型：　SD32推土机
匹配发动机型号：NT855A-C360

i	K	η	T_{Bg}/N·m
0	2.58	0	497
0.1	2.35	0.235	495
0.2	2.15	0.43	468
0.3	1.94	0.582	479
0.4	1.74	0.696	466
0.457	1.64	0.75	457
0.5	1.57	0.758	447
0.6	1.4	0.84	419
0.7	1.23	0.864	379
0.723	1.2	0.87	368
0.8	1.07	0.856	329
0.845	1	0.845	298
0.9	0.9	0.81	258
0.938	0.8	0.75	208
1.0	0.6	0.6	104

图 19-2-128　YJ435 液力变矩器特性

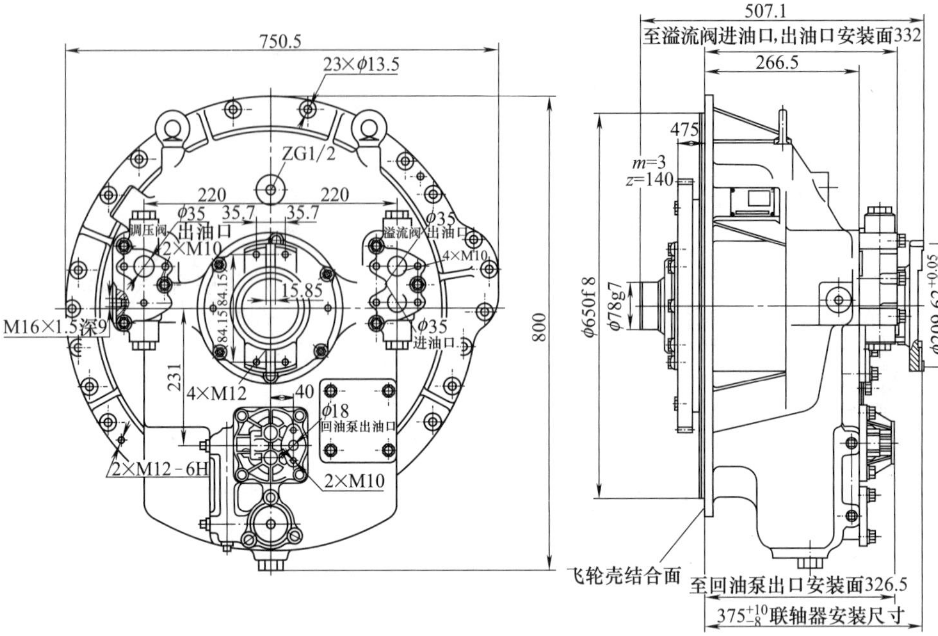

图 19-2-129　YJ450 液力变矩器

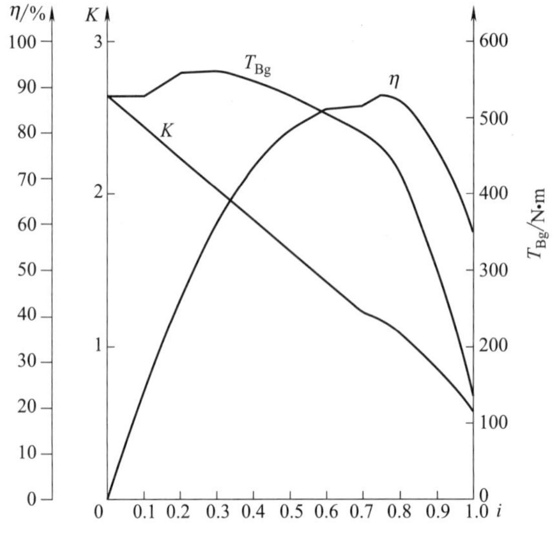

试验转速：　1300r/min

工作液牌号：　6号液力传动油

试验油温：　95℃

试验单位：　山推股份公司传动试验室

制造单位：　山推股份公司传动分公司

应用机型：　SD42推土机

匹配发动机型号：KTA19－C52

i	K	η	T_{Bg}/N・m
0	2.65	0	530
0.1	2.44	0.244	528
0.2	2.22	0.444	560
0.3	2.03	0.609	562
0.42	1.79	0.75	546
0.5	1.62	0.81	530
0.6	1.42	0.852	506
0.7	1.23	0.861	479
0.75	1.18	0.885	460
0.8	1.09	0.872	429
0.84	1	0.84	380
0.91	0.824	0.75	284
0.95	0.73	0.694	225
1	0.58	0.58	136

图 19-2-130　YJ450 液力变矩器特性

（3）单相单级轴流涡轮和离心涡轮液力变矩器的产品型号与规格（表 19-2-22）

表 19-2-22　　单相单级轴流涡轮和离心涡轮液力变矩器的产品型号、规格和技术参数

型号	有效直径 /mm	公称转矩 /N·m	转速 /r·min^{-1}	功率 /kW	特性	外形尺寸	应用主机	生产厂
FW410	410	335	1450	100	见图 19-2-132	见图 19-2-131	1m^3 机械挖掘机、轨道起重机	大连液力机械有限公司
QB3	691	950	2600	1100	见图 19-2-133		2205kW（3000 马力）内燃机车	北京二七机车厂
YB3	627	950	2600	1100	见图 19-2-134		2205kW（3000 马力）内燃机车	北京二七机车厂

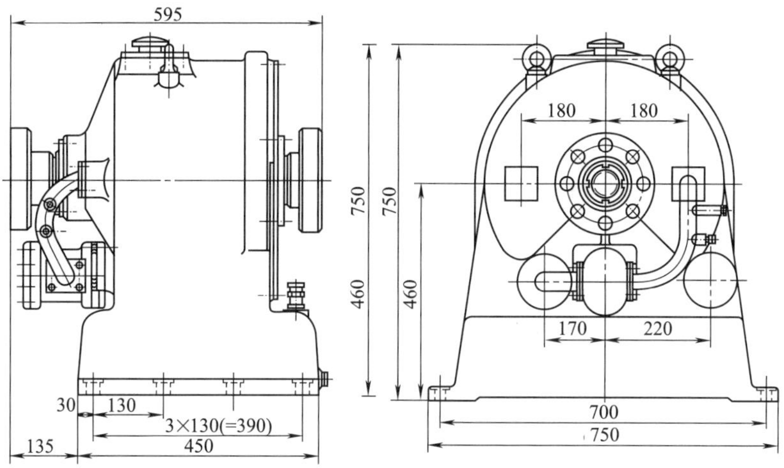

图 19-2-131　FW410 液力变矩器

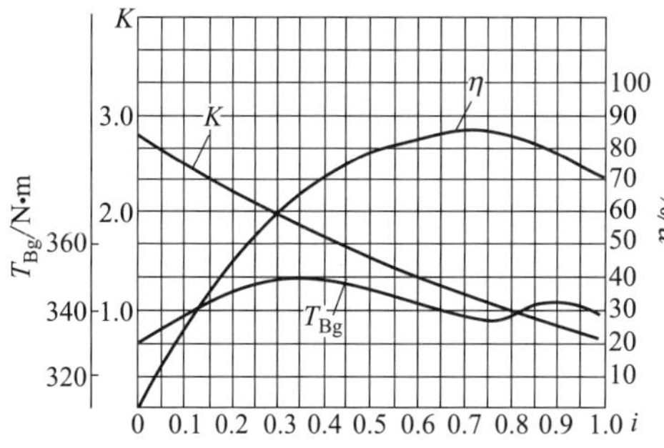

i	K	η	T_{Bg}/N·m
0	2.78	0	330
0.3	2.00	0.600	350
0.4	1.78	0.710	349
0.499	1.56	0.78	347
0.6	1.37	0.81	343
0.699	1.21	0.846	338
0.73	1.17	0.854	336
0.8	1.05	0.840	339
0.82	1.00	0.820	340
0.9	0.87	0.783	343
0.99	0.73	0.723	340

试验转速：　1300r/min

工作液牌号：　变压器油

试验油温：　90℃

试验单位：　大连液力机械有限公司

图 19-2-132　FW410 液力变矩器特性

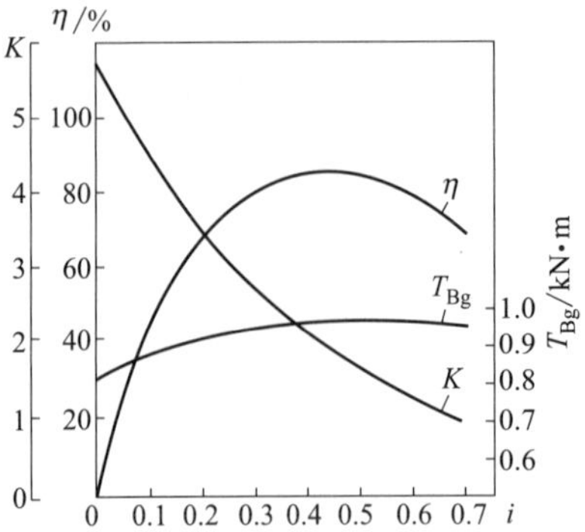

试验转速：1150r/min
工作液牌号：20号液压油
试验油温：90～95℃

i	K	η	T_{Bg}/kN·m
0	5.75	0	0.804
0.1	4.53	0.453	0.872
0.2	3.50	0.700	0.926
0.3	2.717	0.815	0.953
0.4	2.15	0.860	0.958
0.442	1.959	0.866	0.959
0.5	1.70	0.850	0.959
0.6	1.333	0.800	0.963
0.7	1.00	0.700	0.957

图 19-2-133　QB3 液力变矩器特性

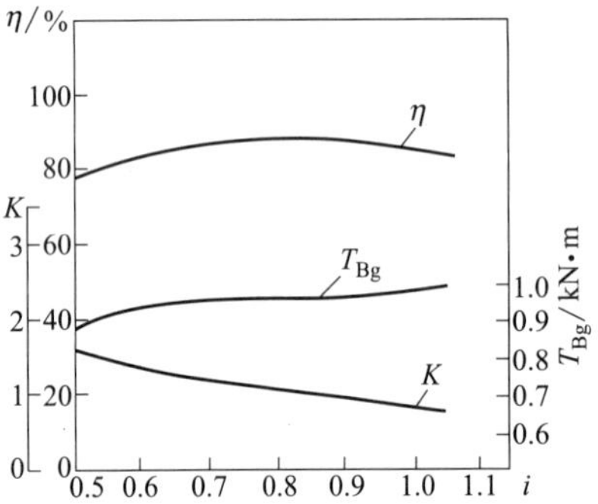

试验转速：750r/min
工作液牌号：20号液压油
试验油温：90～95℃

i	K	η	T_{Bg}/kN·m
0.5	1.56	0.78	0.880
0.6	1.388	0.833	0.937
0.7	1.233	0.863	0.955
0.8	1.09	0.872	0.957
0.825	1.058	0.873	0.958
0.87	0.00	0.870	0.960
0.9	0.963	0.867	0.962
1.0	0.848	0.848	0.980
1.05	0.794	0.834	0.993

图 19-2-134　YB3 液力变矩器特性

2.7.2　多相单级和闭锁液力变矩器

表 19-2-23　　多相单级和闭锁液力变矩器的产品型号、规格、技术参数

型号	有效直径/mm	公称转矩/N·m	转速/r·min^{-1}	功率/kW	特性	外形尺寸	匹配动力机	应用主机	生产厂
YBQ244	244	28	3000	40	见图 19-2-135		429Q	2t、3t 叉车	湖南中南传动机械厂
YJ245	245				见图 19-2-137	见图 19-2-136			
YJB265	265	20	3000	40	见图 19-2-139	见图 19-2-138	490Q、LR310	2t、3t 叉车	北京起重运输机械研究所
YBQ265B	265	22.4	3000	40	见图 19-2-140		4G33	1t、1.5t 叉车	湖南中南传动机械厂
2030CDa	265	22.4	3000	40	见图 19-2-141		485QC、SL3100	2t、3t 叉车	福建大田通用机械厂
YJ_1265	265	25	3000	40	见图 19-2-142		485、490	2t、3t 叉车	浙江临海机械厂
YB265	265		3000	40			490Q	2t、3t 叉车	成都工程机械总厂液力分厂
FB_3323	323	63		58	见图 19-2-144	见图 19-2-143		4.5～8t 叉车、2t 装载机	大连液力机械有限公司

续表

型号	有效直径/mm	公称转矩/N·m	转速/r·min^{-1}	功率/kW	特性	外形尺寸	匹配动力机	应用主机	生产厂
YBQ323	323	63		58	见图 19-2-145				湖南中南传动机械厂
YB323	323		2400	58			R4100G		成都工程机械总厂液力分厂
TG375A	375	180	2000	154	见图 19-2-147	见图 19-2-146	6135K-9	PY160C 平地机、4.5t 装载机	天津工程机械制造厂天工实业公司
TG375	375	160	2000	154	见图 19-2-149	见图 19-2-148	6135K-9	PY160B 平地机	天津工程机械制造厂天工实业公司
CDQ400	375	224		240	见图 19-2-150			矿用自卸车、钻井机、修井机、水泥机	贵州长新机械厂
CDQ500	423	355		385	见图 19-2-151			压裂车	贵州长新机械厂
YJH265 钣金冲焊型	265	30	3000	40	见图 19-2-153	见图 19-2-152	490BPG	3T 叉车	陕西航天动力高科技股份有限公司
YJH315 钣金冲焊型	315	62	2300	89	见图 19-2-155	见图 19-2-154	6102、6BG1、LR6105、6108	3.5～10t 叉车、PY120 平地机	
YJH315A 钣金冲焊型	315	70	2300	89	见图 19-2-156				
YJHLH310 钣金冲焊型	310	115.2	2800	178	见图 19-2-158	见图 19-2-157	M16	商用车	陕西航天动力高科技股份有限公司
YJHLH340M 钣金冲焊型	340	167.9	2100	200	见图 19-2-160	见图 19-2-159	WP7NG270	商用车	陕西航天动力高科技股份有限公司
YJHLH340N 钣金冲焊型	340	241.3	2100	267	见图 19-2-162	见图 19-2-161	ISLE360	商用车	陕西航天动力高科技股份有限公司
YJH423 钣金冲焊型	423	365	2300	386	见图 19-2-164	见图 19-2-163	BF12L513C	中重型车	陕西航天动力高科技股份有限公司

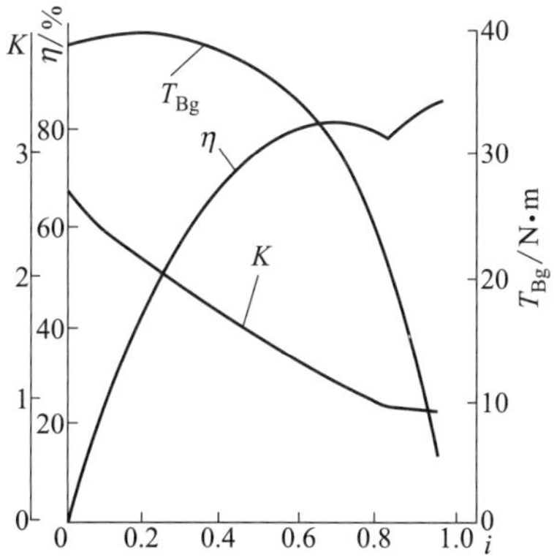

试验转速：2200r/min
工作液牌号：20号透平油
试验油温：75℃
试验单位：湖南中南传动机械厂

i	K	η	T_{Bg}/N·m
0	2.67	0	39.1
0.1	2.39	0.239	39.8
0.2	2.14	0.428	39.9
0.3	1.928	0.578	39.4
0.4	1.723	0.689	38.6
0.5	1.512	0.756	36.9
0.6	1.335	0.801	34.5
0.7	1.167	0.817	30.0
0.8	0.986	0.789	24.3
0.82	0.949	0.778	23.7
0.86	0.943	0.811	17.6
0.9	0.934	0.841	12.8
0.95	0.905	0.86	6.0

图 19-2-135　YBQ244 液力变矩器特性

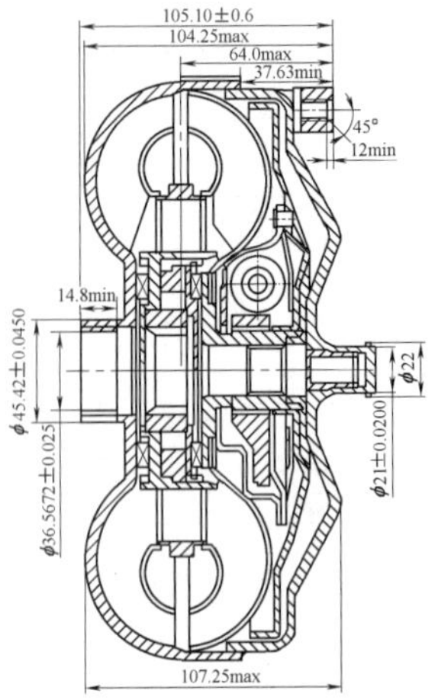

图 19-2-136 YJ245 液力变矩器

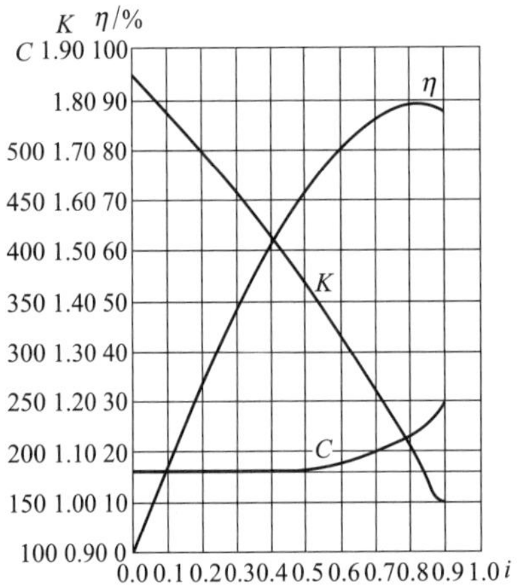

i	K	η	$C/\mathrm{r\cdot min^{-1}\cdot N^{-\frac{1}{2}}\cdot m^{-\frac{1}{2}}}$
0.0	1.842	0.00	180
0.1	1.770	0.17	180
0.2	1.696	0.34	180
0.3	1.616	0.48	182
0.4	1.527	0.62	185
0.5	1.435	0.73	187
0.6	1.328	0.80	190
0.7	1.220	0.86	200
0.8	1.099	0.88	222
0.9	0.997	0.890	250

注：C 为容量系数。

图 19-2-137 YJ245 液力变矩器特性

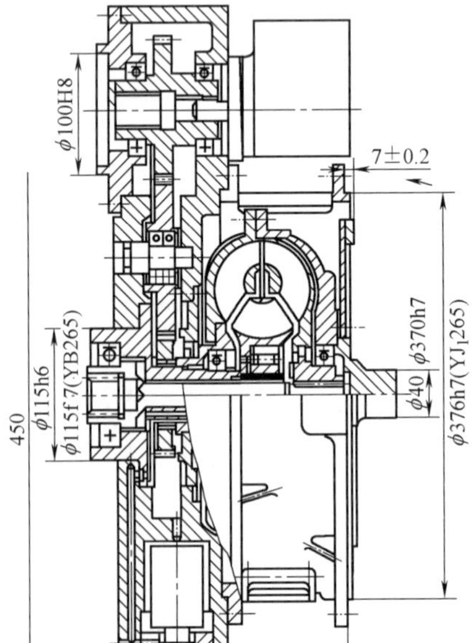

图 19-2-138 YJB265 液力变矩器

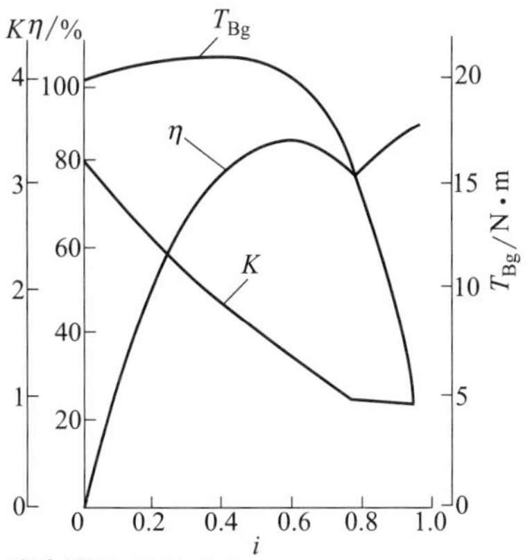

试验转速：2200r/min
工作液牌号：20号透平油
试验油温：83℃
试验单位：北京起重运输机械研究所

i	K	η	T_{Bg}/N·m
0	3.20	0	20.1
0.1	2.85	0.285	20.5
0.2	2.52	0.504	20.8
0.3	2.20	0.660	20.9
0.4	1.913	0.765	21.0
0.5	1.650	0.825	20.8
0.591	1.435	0.848	20.0
0.7	1.17	0.820	18.5
0.773	0.999	0.772	15.3
0.8	0.982	0.786	14.6
0.85	0.968	0.823	12.0
0.9	0.950	0.855	9.6
0.95	0.926	0.880	5.2

图 19-2-139　YJB265 液力变矩器特性

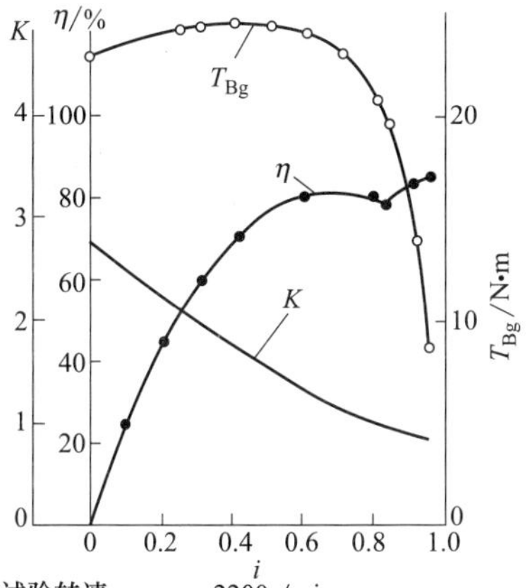

试验转速：　2200r/min
工作液牌号：　22号透平油
试验油温：　75～90℃
试验单位：　湖南中南传动机械厂

i	K	η	T_{Bg}/N·m
0	2.73	0	22.9
0.1	2.49	0.249	23.5
0.2	2.26	0.452	23.9
0.3	2.01	0.603	24.3
0.4	1.759	0.703	24.4
0.5	1.529	0.765	24.5
0.6	1.332	0.799	24.0
0.7	1.160	0.812	22.9
0.8	1.009	0.807	20.7
0.82	0.956	0.784	19.8
0.85	0.947	0.805	17.6
0.9	0.928	0.835	13.8
0.95	0.898	0.853	8.7

图 19-2-140　YBQ265B 液力变矩器特性

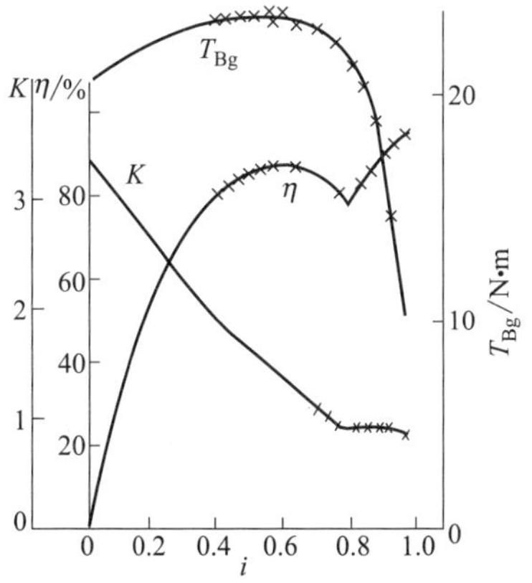

试验转速：　1800r/min
工作液牌号：　22号透平油
试验油温：　85℃

i	K	η	T_{Bg}/N·m
0	3.36	0	20.3
0.1	3.05	0.305	21.2
0.2	2.66	0.532	22.2
0.3	2.29	0.678	22.8
0.4	1.925	0.770	23.2
0.5	1.632	0.816	23.6
0.583	1.44	0.84	23.5
0.7	1.163	0.814	22.7
0.79	0.96	0.758	21.3
0.9	0.97	0.873	15.9
0.95	0.953	0.905	11.3
0.965	0.943	0.91	10

图 19-2-141　2030CDa 液力变矩器特性

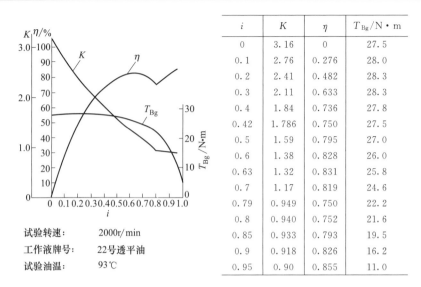

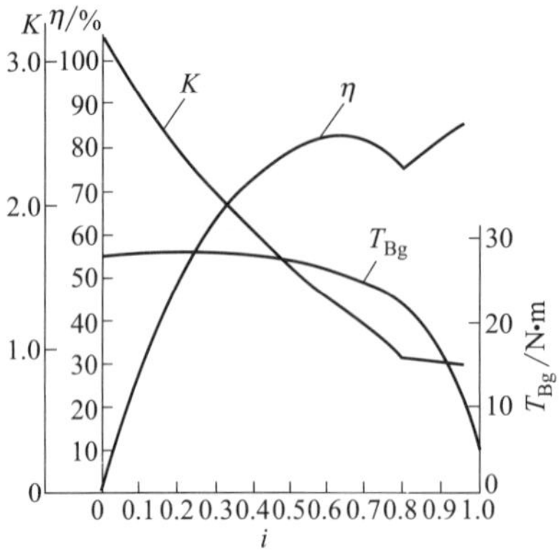

试验转速: 2000r/min

工作液牌号: 22号透平油

试验油温: 93℃

i	K	η	T_{Bg}/N·m
0	3.16	0	27.5
0.1	2.76	0.276	28.0
0.2	2.41	0.482	28.3
0.3	2.11	0.633	28.3
0.4	1.84	0.736	27.8
0.42	1.786	0.750	27.5
0.5	1.59	0.795	27.0
0.6	1.38	0.828	26.0
0.63	1.32	0.831	25.8
0.7	1.17	0.819	24.6
0.79	0.949	0.750	22.2
0.8	0.940	0.752	21.6
0.85	0.933	0.793	19.5
0.9	0.918	0.826	16.2
0.95	0.90	0.855	11.0

图 19-2-142 YJ_1265 液力变矩器特性

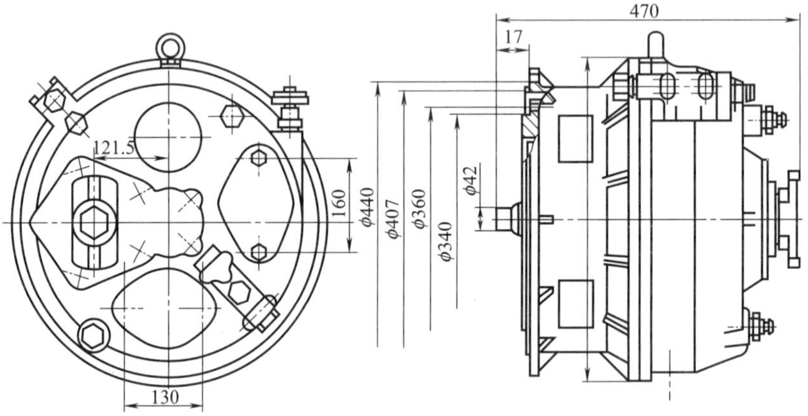

图 19-2-143 FB_3323 液力变矩器

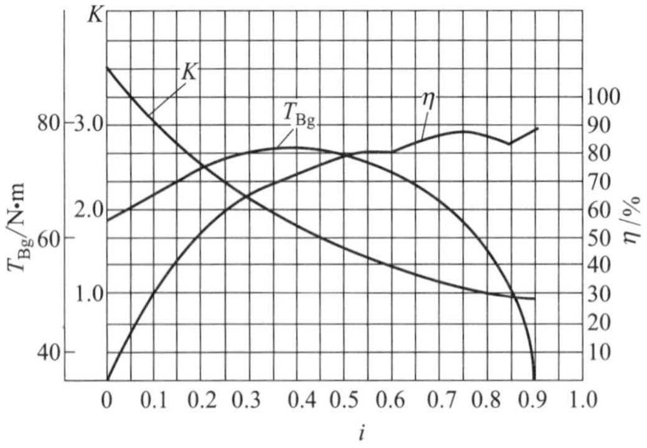

试验转速: 2000r/min

工作液牌号: 6号液力传动油

试验油温: 92℃

试验单位: 天津工程机械研究所

i	K	η	T_{Bg}/N·m
0	3.65	0	63.7
0.1	3.01	0.301	65.7
0.2	2.56	0.512	72.3
0.3	2.15	0.645	75.1
0.426	1.76	0.750	76.2
0.5	1.56	0.780	74.8
0.6	1.31	0.786	70.5
0.7	1.206	0.847	66.5
0.76	1.128	0.857	61.4
0.8	1.063	0.850	58.6
0.87	0.945	0.822	48.5
0.95	0.90	0.855	20.5

图 19-2-144 FB_3323 液力变矩器特性

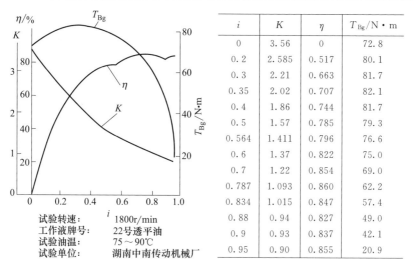

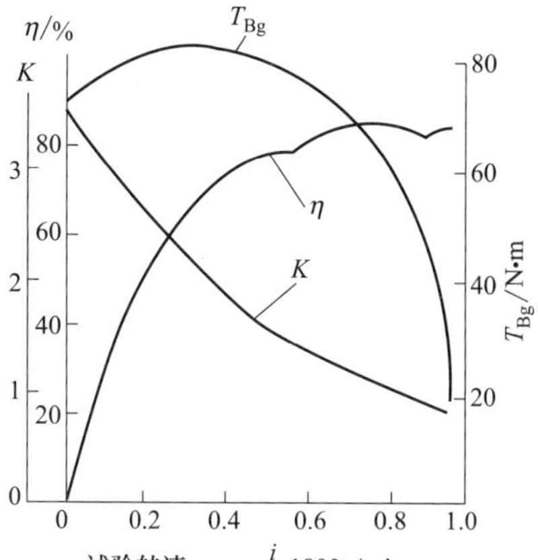

试验转速：　1800r/min
工作液牌号：　22号透平油
试验油温：　75～90℃
试验单位：　湖南中南传动机械厂

i	K	η	T_{Bg}/N·m
0	3.56	0	72.8
0.2	2.585	0.517	80.1
0.3	2.21	0.663	81.7
0.35	2.02	0.707	82.1
0.4	1.86	0.744	81.7
0.5	1.57	0.785	79.3
0.564	1.411	0.796	76.6
0.6	1.37	0.822	75.0
0.7	1.22	0.854	69.0
0.787	1.093	0.860	62.2
0.834	1.015	0.847	57.4
0.88	0.94	0.827	49.0
0.9	0.93	0.837	42.1
0.95	0.90	0.855	20.9

图 19-2-145　YBQ323 液力变矩器特性

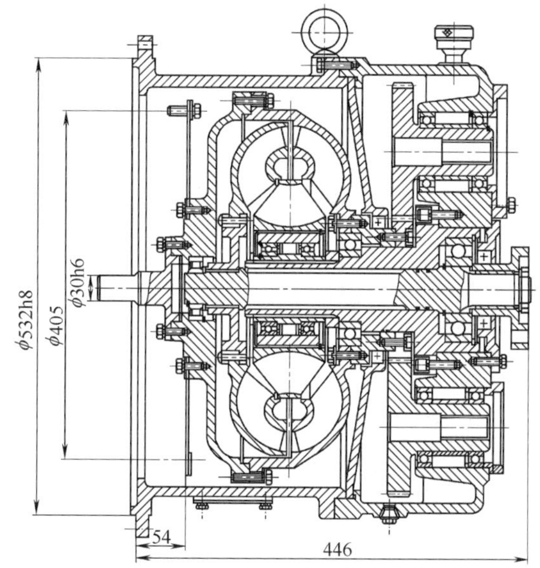

图 19-2-146　TG375A 液力变矩器

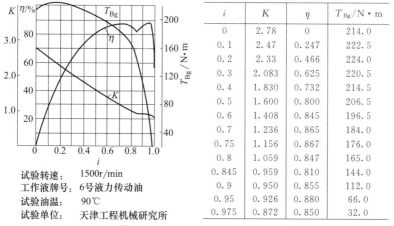

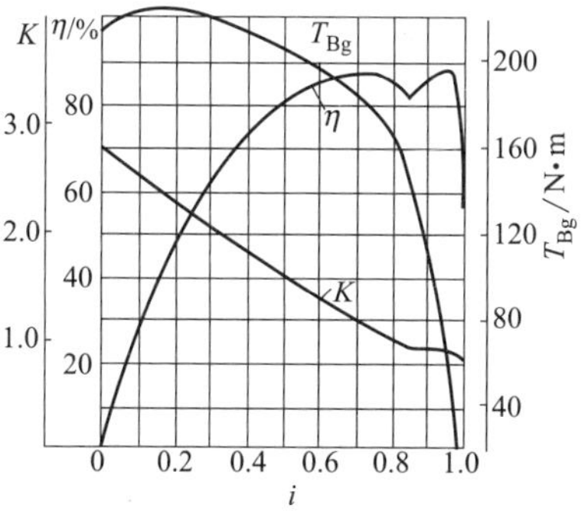

试验转速：　1500r/min
工作液牌号：　6号液力传动油
试验油温：　90℃
试验单位：　天津工程机械研究所

i	K	η	T_{Bg}/N·m
0	2.78	0	214.0
0.1	2.47	0.247	222.5
0.2	2.33	0.466	224.0
0.3	2.083	0.625	220.5
0.4	1.830	0.732	214.5
0.5	1.600	0.800	206.5
0.6	1.408	0.845	196.5
0.7	1.236	0.865	184.0
0.75	1.156	0.867	176.0
0.8	1.059	0.847	165.0
0.845	0.959	0.810	144.0
0.9	0.950	0.855	112.0
0.95	0.926	0.880	66.0
0.975	0.872	0.850	32.0

图 19-2-147　TG375A 液力变矩器特性

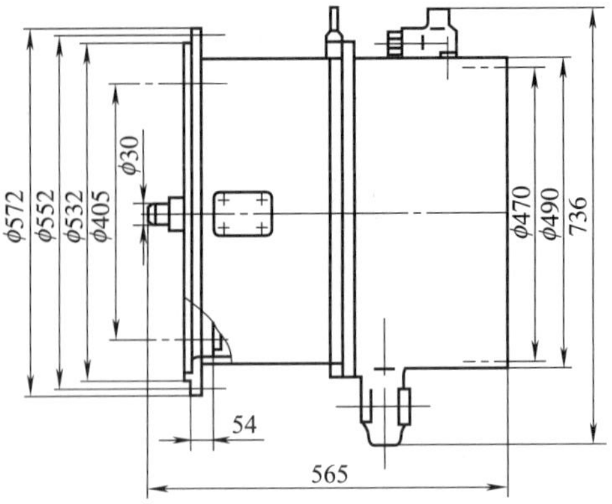

图 19-2-148 TG375 液力变矩器

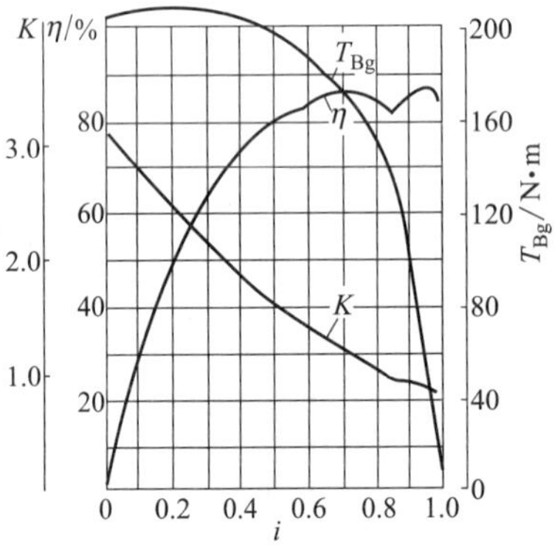

试验转速：1600r/min
工作液牌号：6号液力传动油
试验油温：90℃
试验单位：天津工程机械研究所

i	K	η	T_{Bg}/N·m
0	3.13	0	205.2
0.1	2.80	0.280	207.4
0.2	2.50	0.500	208.8
0.3	2.15	0.645	208.0
0.4	1.863	0.745	204.4
0.5	1.616	0.805	197.9
0.58	1.422	0.825	189.2
0.6	1.40	0.840	186.2
0.7	1.234	0.864	173.1
0.8	1.060	0.848	152.8
0.845	0.976	0.825	138.2
0.9	0.950	0.855	96.0
0.95	0.926	0.880	53.1
0.975	0.872	0.850	28

图 19-2-149 TG375 液力变矩器特性

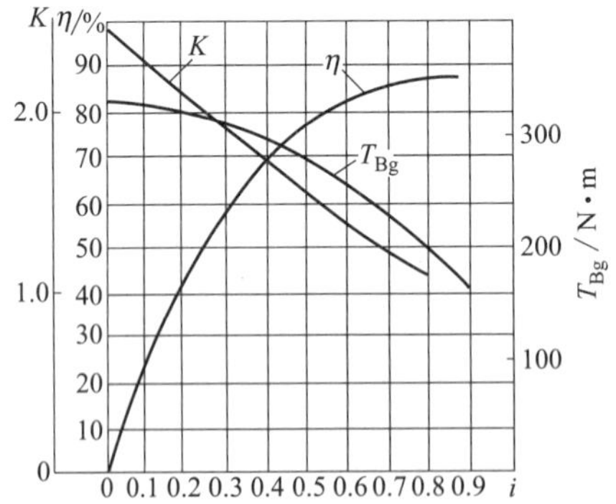

工作液牌号：8号液力传动油
试验油温：71～87℃

i	K	η	T_{Bg}/N·m
0	2.424	0	327
0.1	2.300	0.230	324
0.2	2.115	0.423	321
0.3	1.926	0.578	310
0.4	1.725	0.690	296
0.5	1.550	0.775	278
0.6	1.388	0.833	276
0.7	1.225	0.858	225
0.8	1.709	0.863	200
0.832	1.045	0.870	192

图 19-2-150 CDQ400 液力变矩器特性

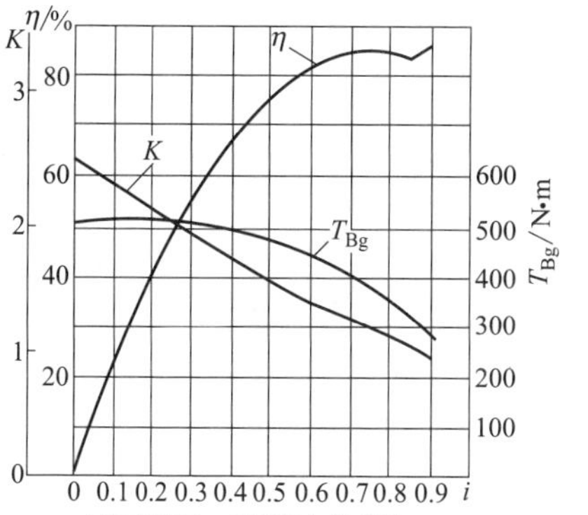

工作液牌号：8号液力传动油

试验油温：　71～87℃

i	K	η	T_{Bg}/N·m
0	2.55	0	502
0.1	2.30	0.230	501
0.243	2.00	0.486	515
0.3	1.867	0.560	505
0.4	1.688	0.675	492
0.5	1.510	0.755	472
0.6	1.368	0.821	438
0.731	1.172	0.857	381
0.86	0.970	0.834	315
0.889	0.960	0.852	277

图 19-2-151　CDQ500 液力变矩器特性

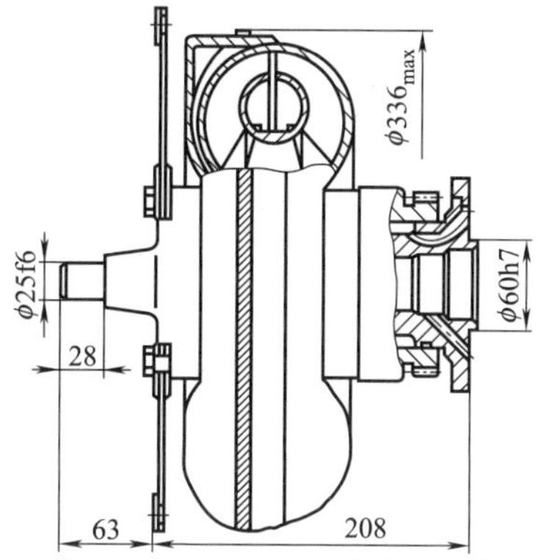

图 19-2-152　YJH265 液力变矩器

试验转速：　1700r/min

工作液牌号：　6号液力传动油

试验油温：　85℃

试验单位：陕西航天动力高科技股份有限公司

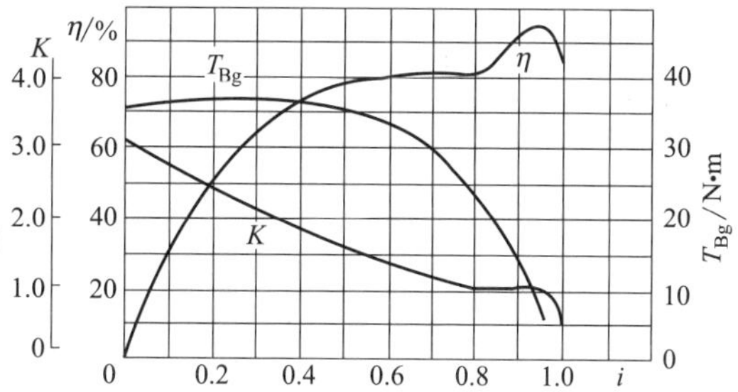

图 19-2-153　YJH265 液力变矩器特性

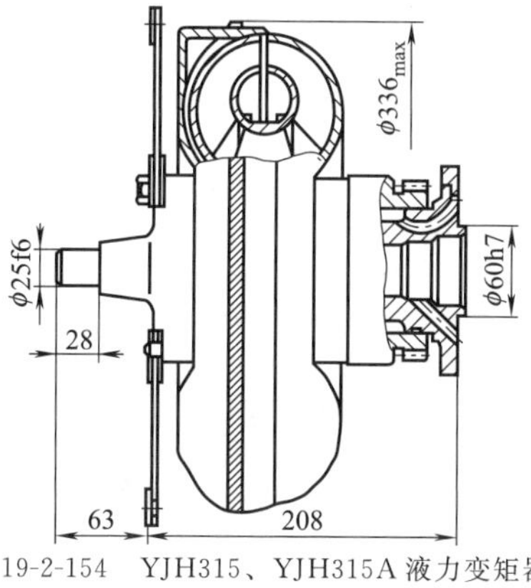

图 19-2-154　YJH315、YJH315A 液力变矩器

试验转速:　　2000r/min
工作液牌号:　6号液力传动油
试验油温:　　80～90℃
试验单位: 陕西航天动力高科技股份有限公司

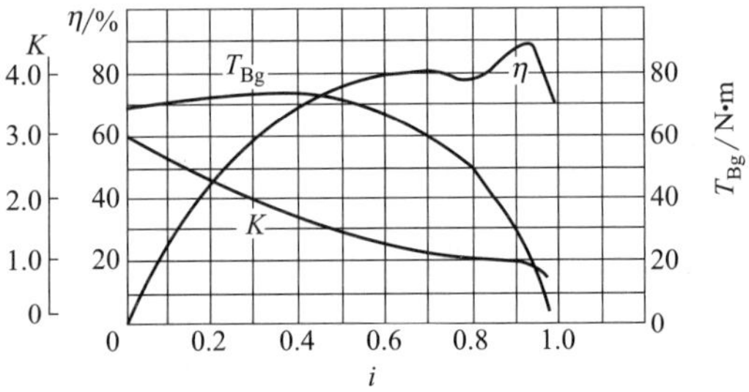

图 19-2-155　YJH315 液力变矩器特性

试验转速:　　2000r/min
工作液牌号:　6号液力传动油
试验油温:　　80～90℃
试验单位: 陕西航天动力高科技股份有限公司

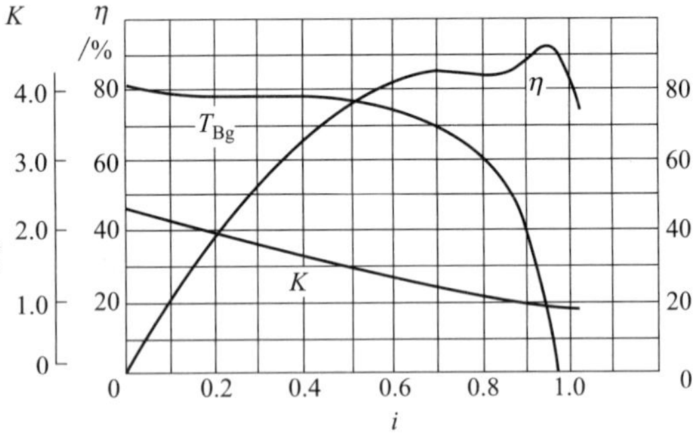

图 19-2-156　YJH315A 液力变矩器特性

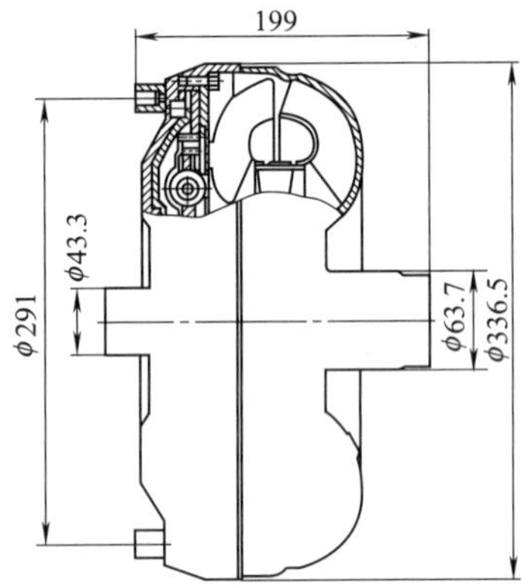

图 19-2-157　YJHLH310 液力变矩器

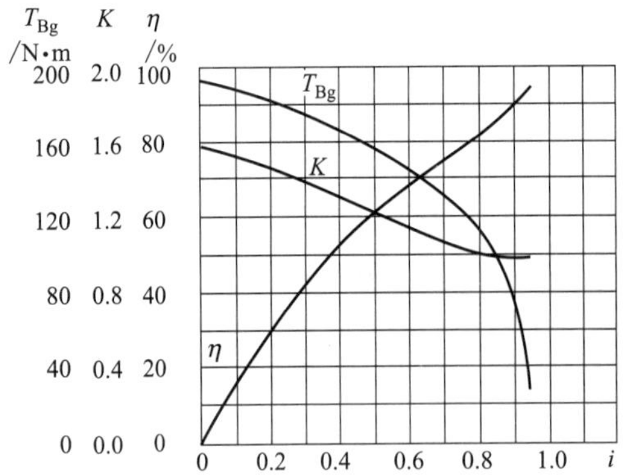

i	K	η	T_{Bg}/N·m
0	1.57	0	192.8
0.1	1.51	0.15	189.2
0.2	1.46	0.292	182.5
0.3	1.39	0.415	174.9
0.4	1.31	0.525	167.4
0.5	1.24	0.618	157.9
0.6	1.16	0.693	145.1
0.7	1.08	0.754	132.3
0.8	1.02	0.815	115.2

图 19-2-158　YJHLH310 液力变矩器特性

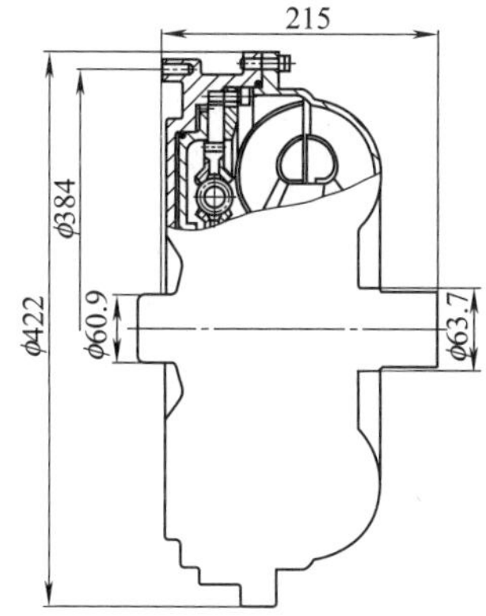

图 19-2-159　YJHLH340M 液力变矩器

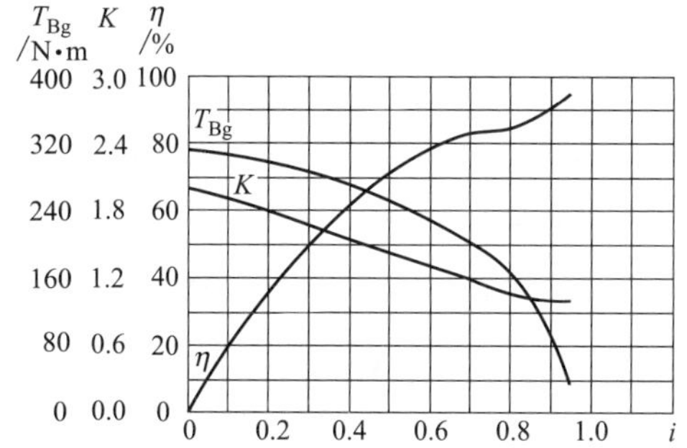

i	K	η	T_{Bg}/N·m
0	2.00	0	312.5
0.1	1.92	0.192	304.8
0.2	1.80	0.36	297.9
0.3	1.67	0.501	286.4
0.4	1.55	0.619	270.7
0.5	1.43	0.714	249.8
0.6	1.31	0.784	228
0.7	1.19	0.83	203.3
0.8	1.05	0.84	167.9

图 19-2-160　YJHLH340M 液力变矩器特性

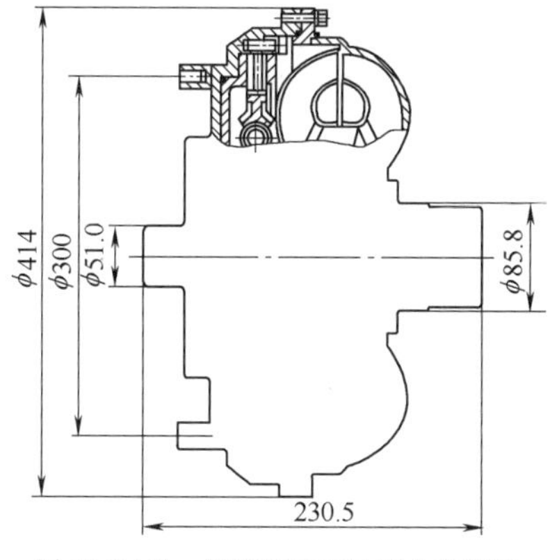

图 19-2-161　YJHLH340N 液力变矩器

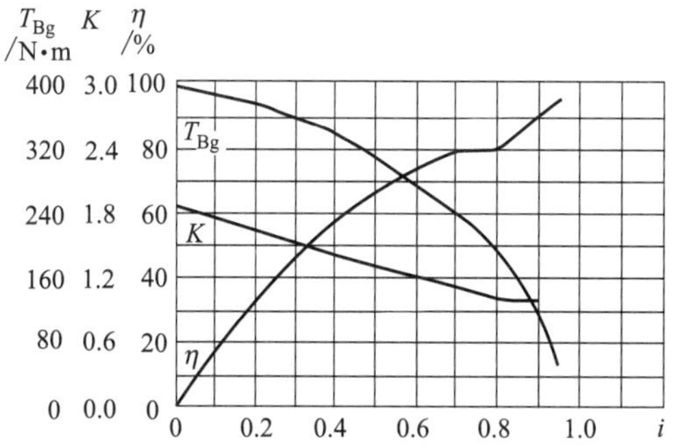

i	K	η	T_{Bg}/N·m
0	1.86	0	394.5
0.1	1.75	0.17	382.8
0.2	1.64	0.33	374.2
0.3	1.53	0.46	357.6
0.4	1.43	0.57	338.8
0.5	1.33	0.67	310.1
0.6	1.23	0.74	277.3
0.7	1.12	0.79	241.3
0.8	1	0.8	201.2

图 19-2-162　YJHLH340N 液力变矩器特性

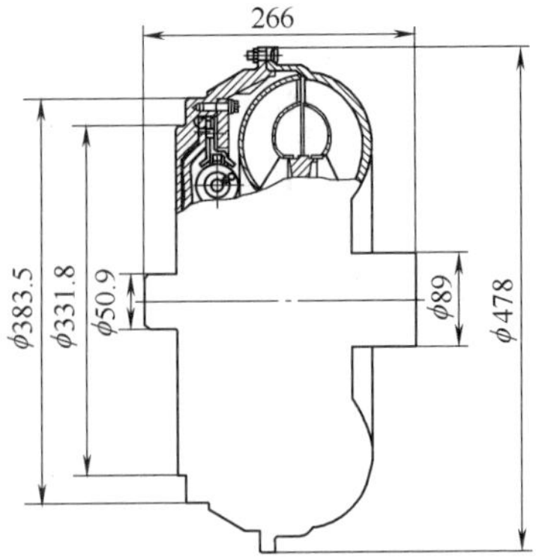

图 19-2-163　YJH423 液力变矩器

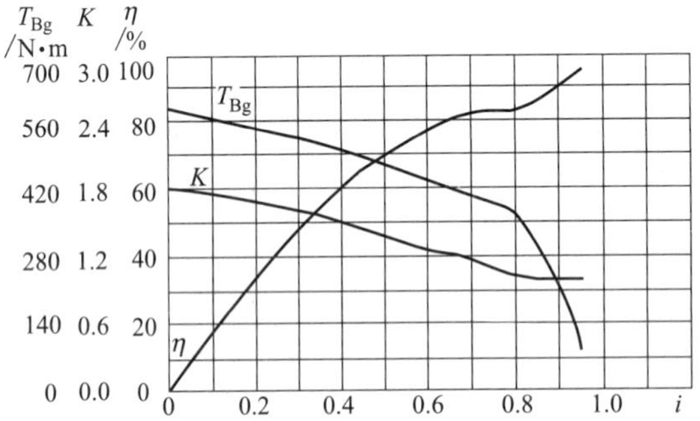

i	K	η	T_{Bg}/N·m
0	1.82	0.000	593.0
0.1	1.79	0.179	570.0
0.2	1.71	0.343	547.4
0.3	1.62	0.485	527.3
0.4	1.51	0.603	502.9
0.5	1.39	0.697	467.2
0.6	1.27	0.766	439.0
0.7	1.18	0.826	403.9
0.8	1.03	0.831	365.0

图 19-2-164　YJH423 液力变矩器特性

2.7.3 可调液力变矩器

表 19-2-24　可调液力变矩器的产品型号、规格、技术参数

型号	有效直径 /mm	公称转矩 /N·m	转速 /r·min^{-1}	功率 /kW	特性	外形尺寸	匹配动力机	应用主机	生产厂
LB46	461	250	1480	85	见图 19-2-165		异步电机	化肥设备钾铵泵	
BDL710	720		1500	530	$K_0=4.2$ $\eta_{max}=0.82$	见图 19-2-166	12V195B 12V195B-1	8m^3 抓斗挖泥船	上海船用柴油机研究所
BSL710			1500	735	$K_0=5.3$ $\eta_{max}=0.80$	见图 19-2-167		13m^3 抓斗挖泥船	上海船用柴油机研究所
YB900	900	3350			见图 19-2-168	见图 19-2-169	12V195B 12V195B-1	F 型石油钻机	北京石油机械研究所

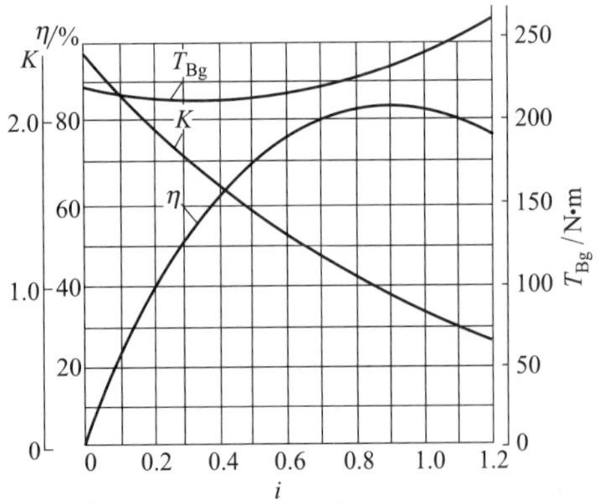

试验转速:　1000r/min
工作液牌号:　20号机油
试验单位:　原上海铁道学院(现同济大学沪西校区)

i	K	η	T_{Bg}/N·m
0	2.42	0	220
0.1	2.18	0.128	217
0.2	1.97	0.394	214
0.3	1.77	0.531	214
0.4	1.59	0.636	214
0.5	1.43	0.715	215
0.6	1.29	0.774	218
0.7	1.16	0.812	223
0.8	1.04	0.832	227
0.9	0.94	0.846	234
1.0	0.84	0.840	240
1.1	0.74	0.814	248
1.2	0.64	0.768	259

图 19-2-165　LB46 可调液力变矩器特性

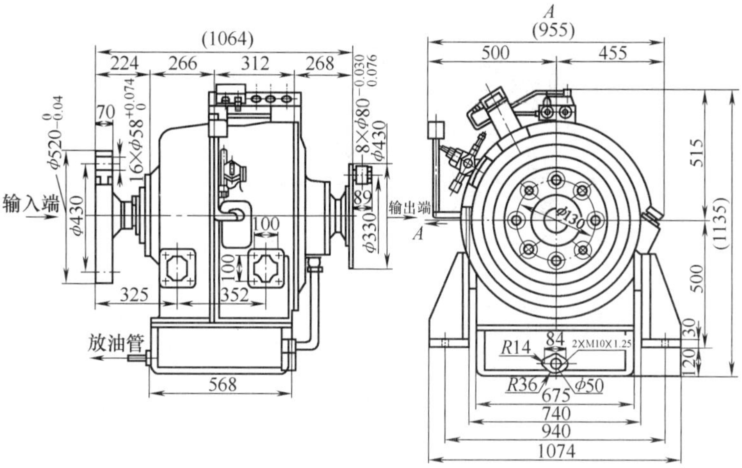

图 19-2-166　BDL710 可调液力变矩器

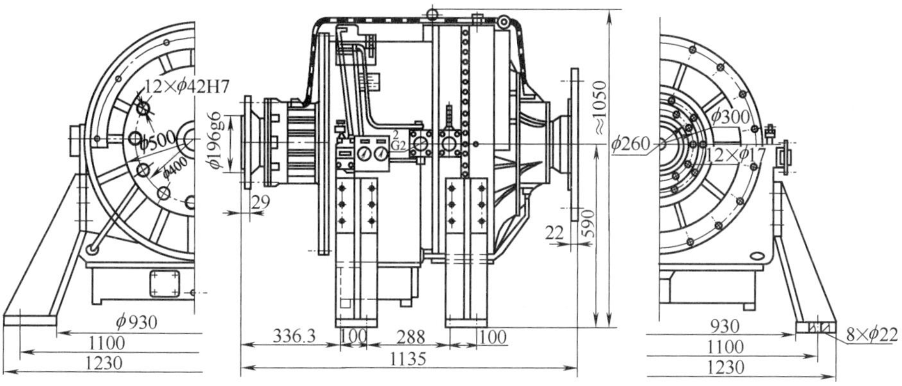

图 19-2-167　BSL710 可调液力变矩器

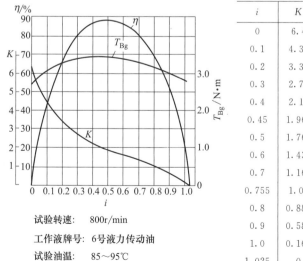

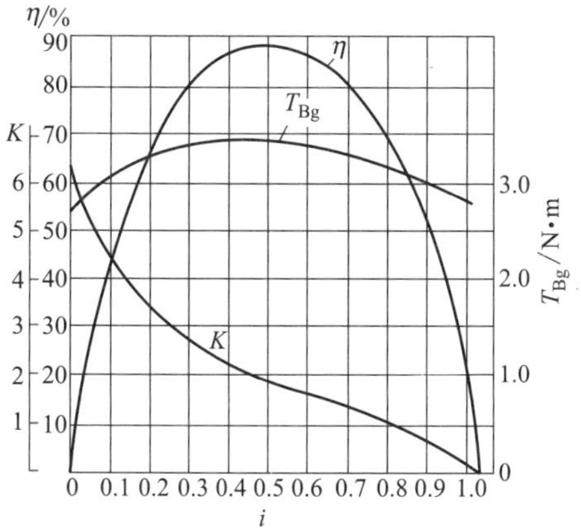

试验转速:　800r/min

工作液牌号: 6号液力传动油

试验油温:　85～95℃

i	K	η	T_{Bg}/N·m
0	6.4	0	2.638
0.1	4.30	0.430	3.052
0.2	3.30	0.660	3.244
0.3	2.70	0.810	3.386
0.4	2.16	0.864	3.397
0.45	1.964	0.884	3.392
0.5	1.760	0.880	3.381
0.6	1.437	0.862	3.352
0.7	1.164	0.815	3.303
0.755	1.00	0.755	3.35
0.8	0.888	0.710	3.205
0.9	0.583	0.525	3.031
1.0	0.160	0.160	2.784
1.025	0	0	2.761

图 19-2-168　YB900 可调液力变矩器特性

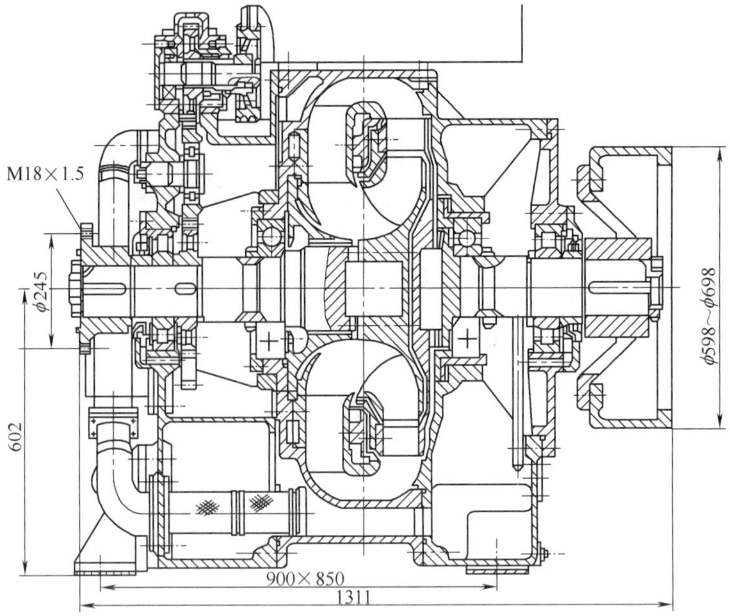

图 19-2-169 YB900 可调液力变矩器

2.8 液力变矩器传动装置

液力变矩器与动力换挡变速箱组成液力变矩器传动装置，其主要产品如表 19-2-25 所示。

表 19-2-25 液力传动装置产品型号、规格、技术参数

型号	液力变矩器型号	匹配动力或功率范围/kW	外形尺寸	传动比					换挡油压/MPa	润滑油压/MPa	应用主机	生产厂家
					1 挡	2 挡	3 挡	4 挡				
CYB30	YJH265	33～40	见图 19-2-170	前进	19.497				1.1～1.4	0.4～0.6	1.8t、2.0t、2.5t、3.0t 叉车	山推工程机械股份有限公司
				后退	19.497							
SD16	YJ380	120	见图 19-2-171	前进	2.080	1.176	0.710		2.0～2.4	0.05～0.15	SD16 推土机	山推工程机械股份有限公司
				后退	1.600	0.902	0.546					
SD22	YJ409	165	见图 19-2-172	前进	3.45	1.83	1.00		1.8～2.4	0.15	SD22 推土机	山推工程机械股份有限公司
				后退	2.86	1.515	0.826					
SD32	YJ435	235	见图 19-2-173	前进	3.450	1.840	1.000		1.95～2.35	0.07～0.12	SD32 推土机	山推工程机械股份有限公司
				后退	2.850	1.515	0.829					
BD05N	YJ280		见图 19-2-174	前进	2.469	0.878			1.2～1.5	0.15～0.25	1.5t 装载机	山推工程机械股份有限公司
				后退	2.524	0.898						
ZL15K	YJ280	55	见图 19-2-175	前进	2.469	0.878			1.2～1.5	0.15～0.25	15t 装载机	山推工程机械股份有限公司
				后退	2.524	0.898						
BD4208	YJ315X	74～84	见图 19-2-176	前进	3.82	2.08	1.09	0.59	1.3～1.5	0.15～0.25	3t 装载机	山推工程机械股份有限公司
				后退	3.05	0.87						
BE4208	YJ315X	74～84	见图 19-2-177	前进	3.82	2.08	1.09	0.59	1.3～1.5	0.15～0.25	3t 装载机	山推工程机械股份有限公司
				后退	3.05	0.87						
WG200/180	YJH340	160		前进	4.277	2.368	1.26	0.648			ZL50 装载机	杭州前进齿轮箱集团股份有限公司
				后退	4.277	2.368	1.26					
BYD3313		40～50	见图 19-2-178	前进	5.521	2.807	1.719		1.5～1.7	0.3～0.5	18～20t 压路机	山推工程机械股份有限公司
				后退	5.521	2.807	1.719					

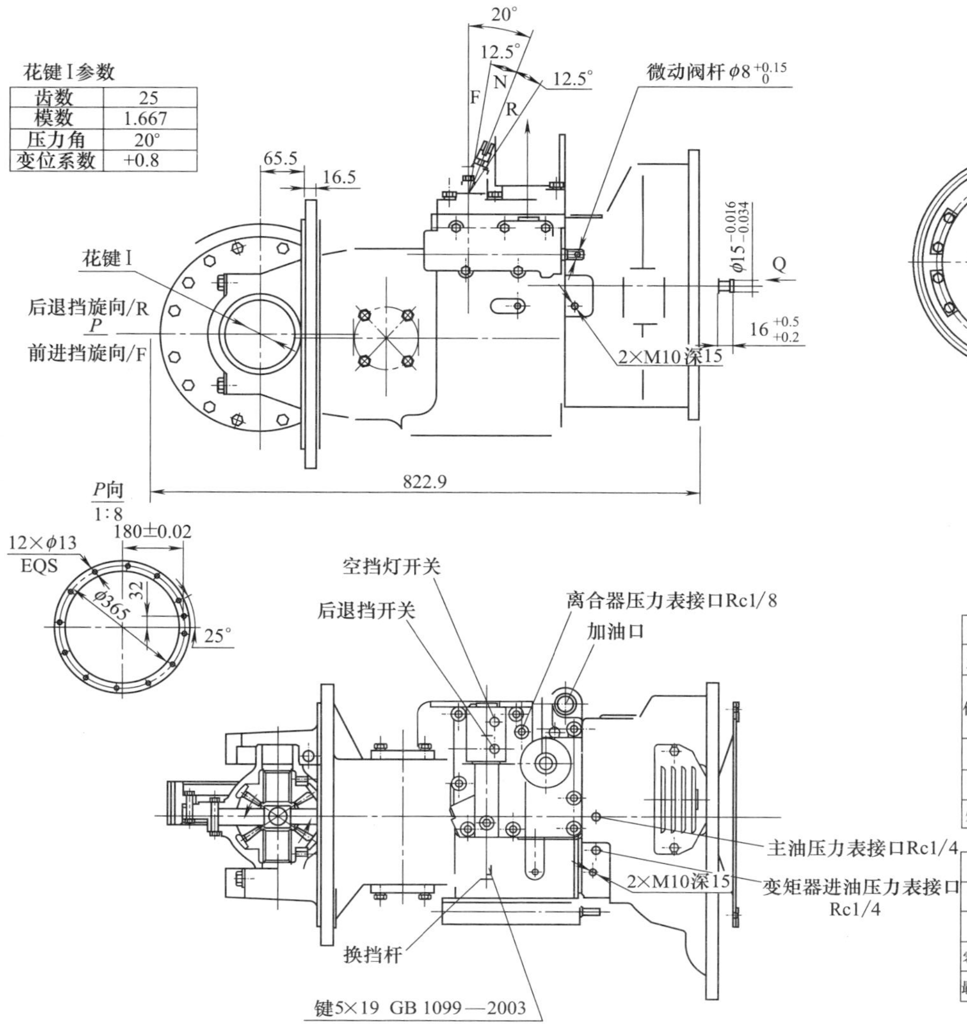

花键Ⅰ参数

齿数	25
模数	1.667
压力角	20°
变位系数	+0.8

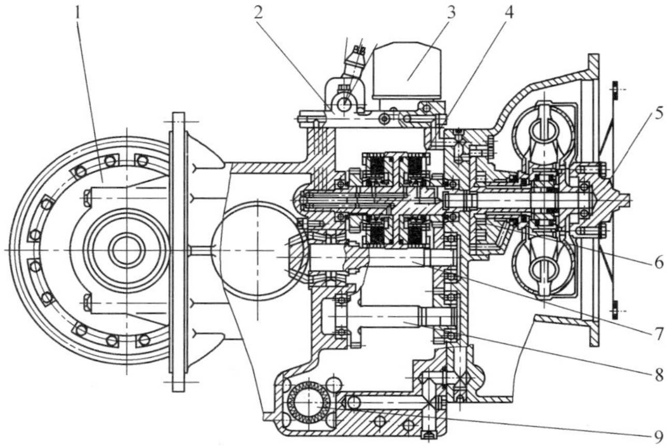

CYB30液力传动变速箱

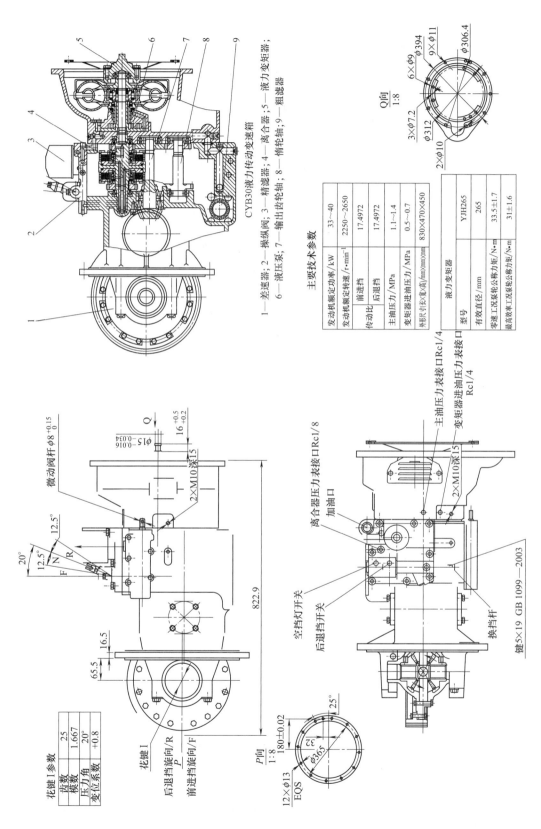

1—差速器; 2—操纵阀; 3—精滤器; 4—离合器; 5—液力变矩器; 6—液压泵; 7—输出齿轮轴; 8—惰轮轴; 9—粗滤器

主要技术参数

发动机额定功率/kW		33~40
发动机额定转速/r·min^{-1}		2250~2650
传动比	前进挡	17.4972
	后退挡	17.4972
主油压力/MPa		1.1~1.4
变矩器进油压力/MPa		0.5~0.7
外形尺寸(长×宽×高)/mm×mm×mm		830×470×450

液力变矩器	
型号	YJH265
有效直径/mm	265
零速工况泵轮公称力矩/N·m	33.5±1.7
最高效率工况泵轮公称力矩/N·m	31±1.6

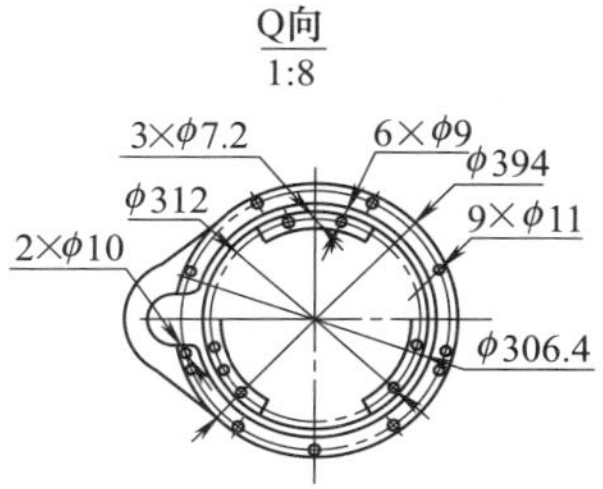

图 19-2-170 CYB30 动力换挡变速箱

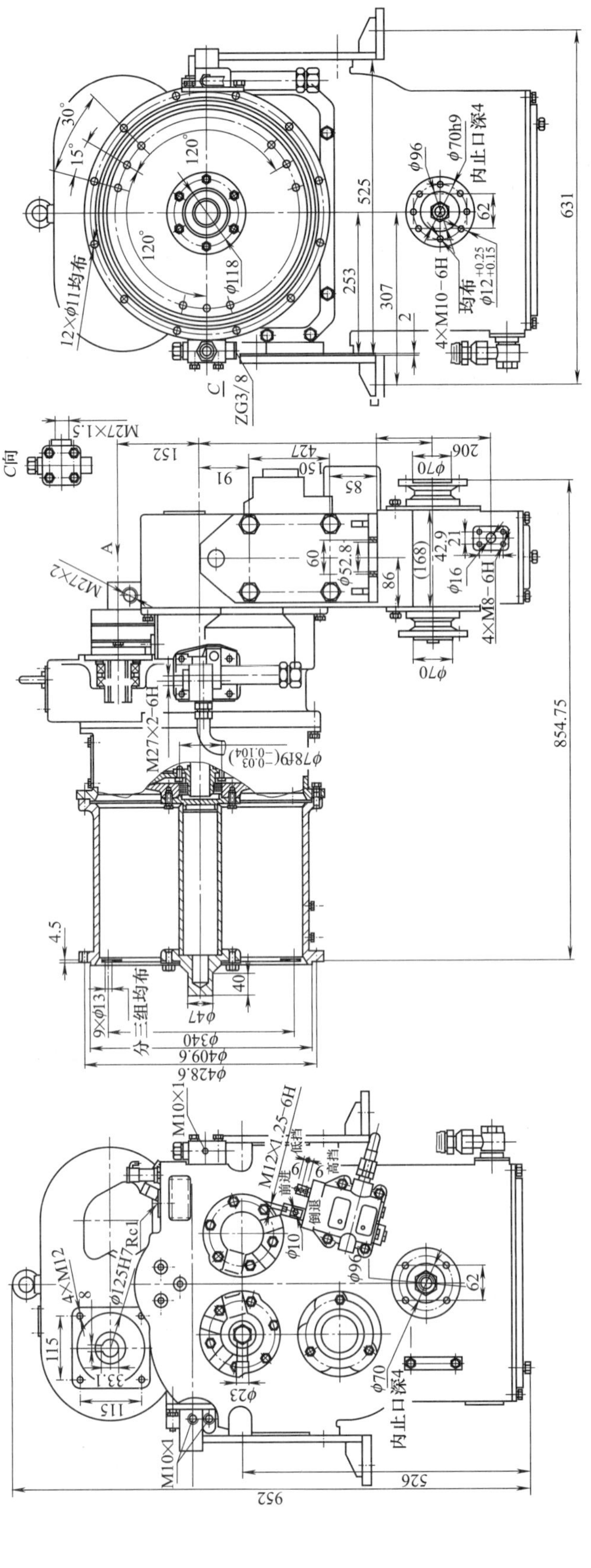

图 19-2-171 SD16 动力换挡变速箱

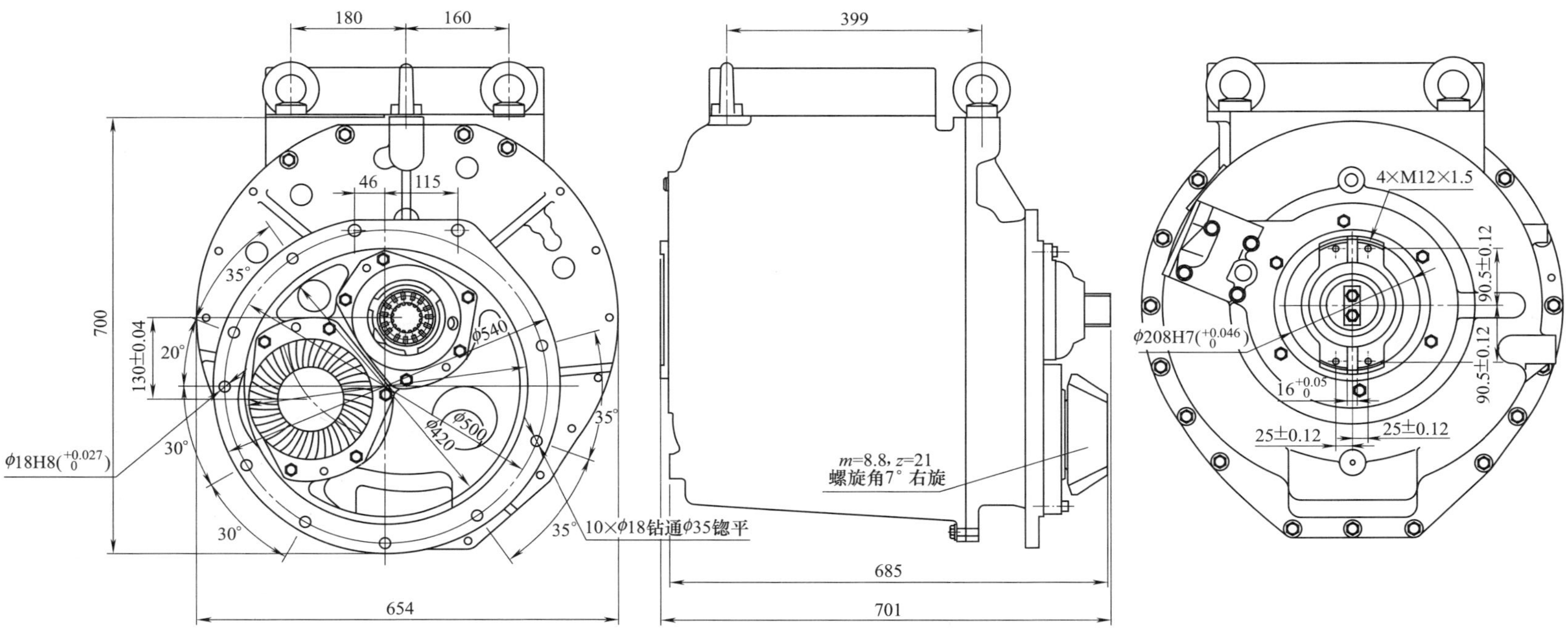

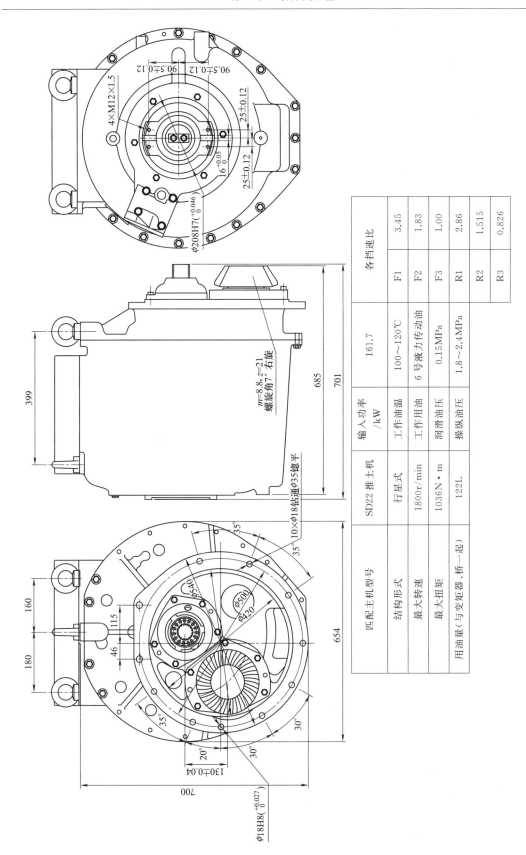

匹配主机型号	SD22 推土机	输入功率/kW	161.7	各挡速比	
结构形式	行星式	工作油温	100～120℃	F1	3.45
最大转速	1800r/min	工作用油	6 号液力传动油	F2	1.83
最大扭矩	1036N·m	润滑油压	0.15MPa	F3	1.00
用油量(与变矩器、桥一起)	122L	操纵油压	1.8～2.4MPa	R1	2.86
				R2	1.515
				R3	0.826

图 19-2-172　SD22 动力换挡变速箱

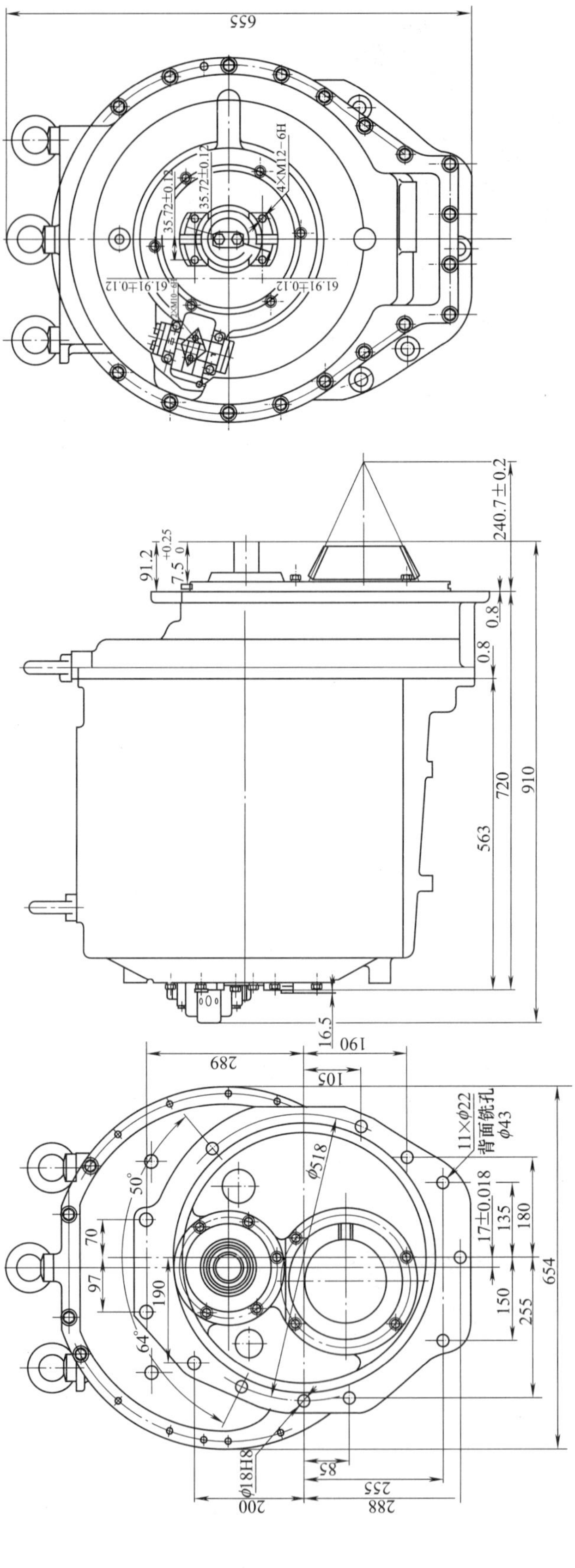

图 19-2-173 SD32 动力换挡变速箱

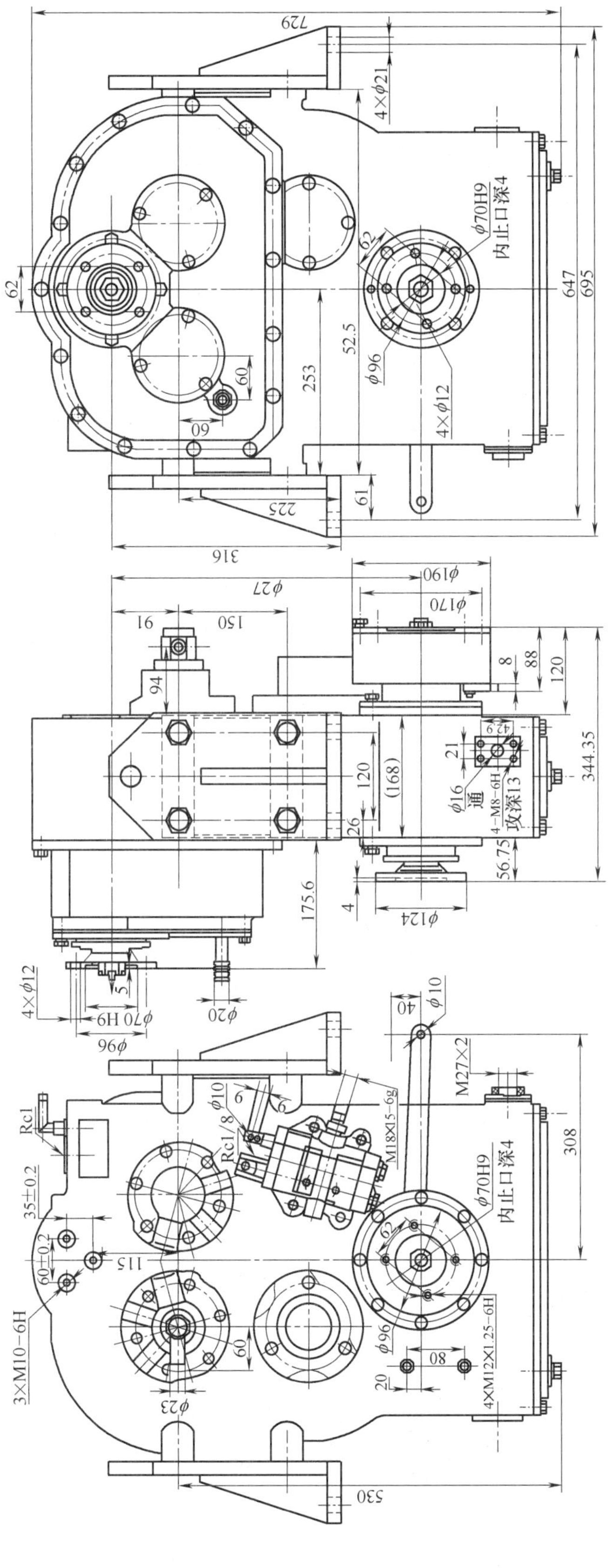

图 19-2-174 BD05N 动力换挡变速箱

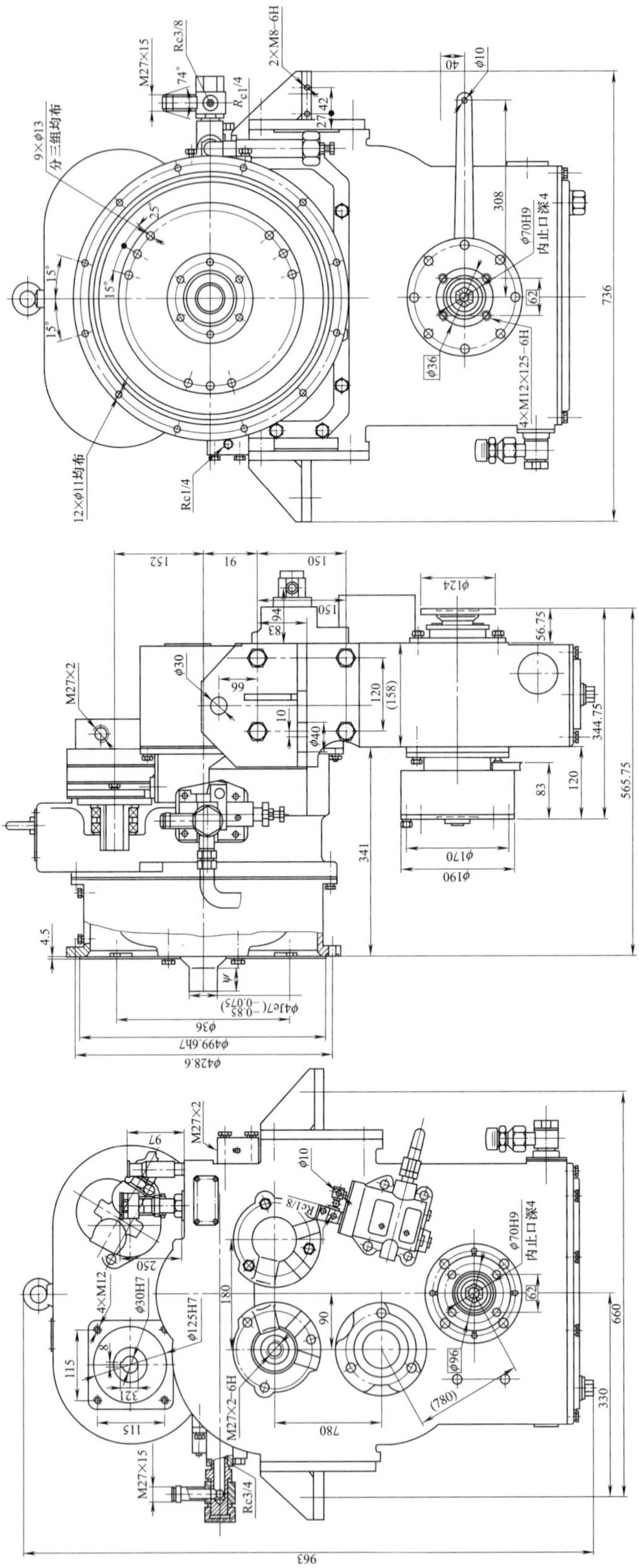

图19-2-175 ZL15K 双变总成

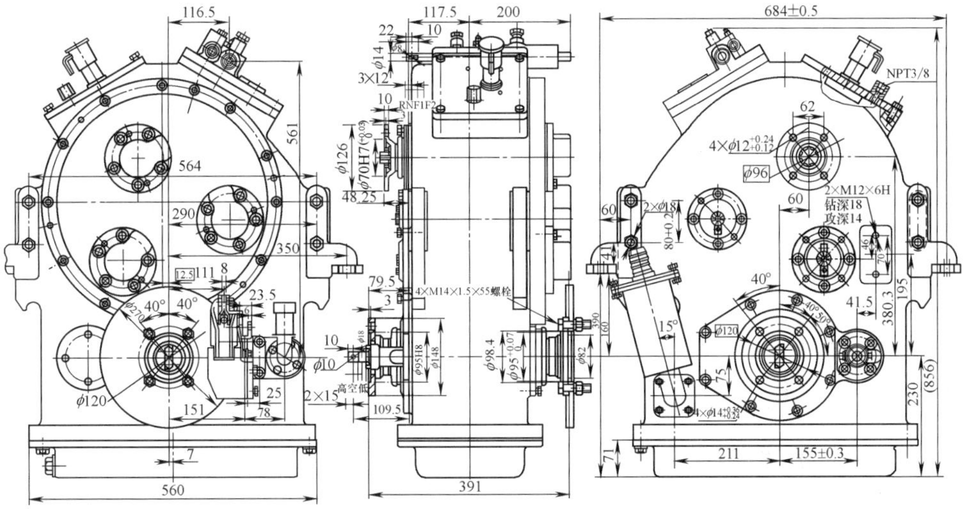

图 19-2-176　BD4208 动力换挡变速箱外形简图

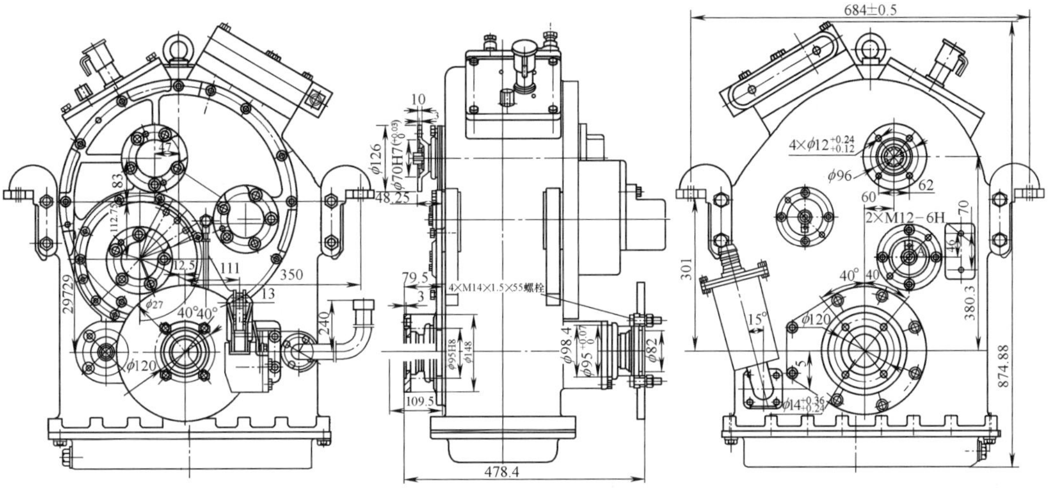

图 19-2-177　BE4208 电液换挡变速箱外形简图

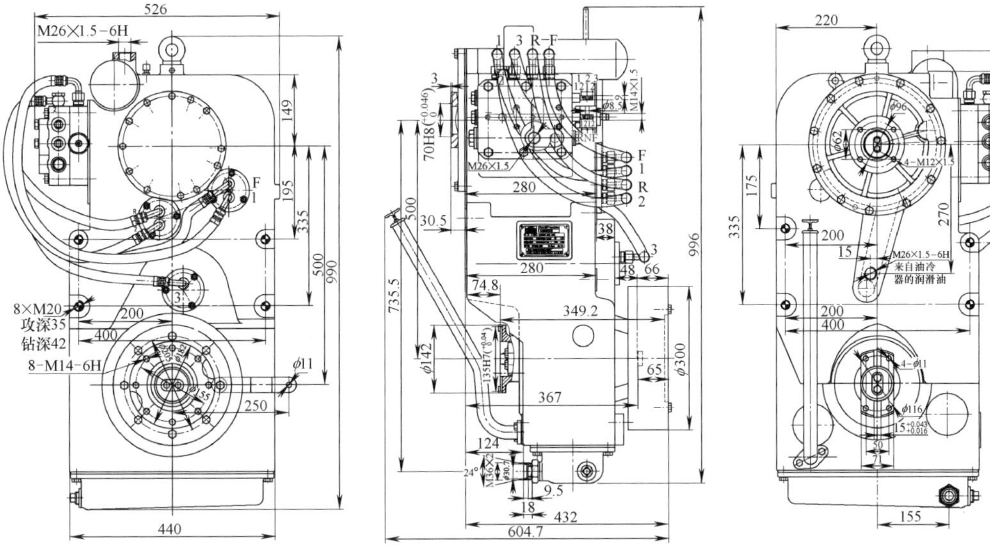

图 19-2-178　BYD3313 动力换挡变速箱外形简图

2.9　液力变矩器的应用及标准状况

2.9.1　液力变矩器的应用

向心涡轮液力变矩器主要应用于叉车、装载机、内燃小机车、牵引车、推土机、平地机、载重汽车和轮式倒车等设备。离心涡轮液力变矩器主要用于干线内燃机车、石油钻采机械等设备。轴流涡轮液力变矩器主要用于船舶机械设备。

液力变矩器在传动中有良好的自动适应性，在负载转矩变化时，其输出转速可自动调节。因此标准的公称转矩和传递功率均有较宽的适用范围。

液力变矩器可靠性指标是用户极为关注的项目。一等品指标平均无故障期不小于 6000h，通过随机作业考核。优等品指标平均无故障期不小于 8000h，其值在可靠性试验中得出。

可靠性是指产品在规定的条件下和规定的时间内完成规定功能的能力，或者说是产品能保持其功能的时间。故障是可靠性的对立因素。液力变矩器的常见故障有漏油（外漏损）、供油系统故障、性能不正常、油温偏高、轴承损坏等。平均无故障期系指产品不因故障而停机的连续运行时间，或一台产品的几次故障平均间隔时间，或几台产品无故障连续运行时间的平均值。

2.9.2　国内外标准情况和对照

目前，液力变矩器尚无国际标准。国外主要生产厂家有日本冈村制作所、大金制作所、德国福伊特公司（VOITH）和美国阿里逊公司等。均无成文标准。表 19-2-26、表 19-2-27 为国内外液力变矩器尺寸系列情况对照，表 19-2-28 为现行液力变矩器国标列表。

表 19-2-26　　国内外向心式涡轮液力变矩器系列规格对照

研制生产厂家	系列代号	规格含义	系 列 规 格	备注
日本冈村制作所	MT	循环圆有效直径/mm	88.4、108.4、133.8、146、153、159.6、186、213.6、244、283、284、323、346、372、376、403.5、432、452、524、568、700	
日本大金制作所	DC	循环圆有效直径/in	7.1、8.0、8.5、9.5、10.5、11.5、12.5、13.5、14.0	钢板冲焊型
德国福伊特（VOITH）公司		循环圆有效直径/mm	216、316、416、516、616	
中国 GB/T 10429—2006	YJ	循环圆有效直径/mm	206、224、243、265、280、300、315、335、355、375、400、425、450、475、500、530	
美国 Allison 公司	TC	循环圆有效直径/mm	505、450、490	

表 19-2-27　　国内外液力变矩器尺寸系列情况对照

标准或公司技术规范	系 列 规 格
中国 YJ 尺寸系列/mm GB/T 10429—2006	206　224　243　265　280　300　315　335　355　375　400　425　450　475　500　530
中国 YJSW 尺寸系列/mm GB/T 10856—2006	280　315　355　380
美国 Allison 公司/in 系列号	TC200　TC300 (13.125″)　TC400 (14.75″)　TC500 (16.66″)　TC600 (16.66″)　TC800 (18.39″)　TC900 (18.39″)　TC1000 (19.76″)　VTC400 (14.75″)　VTC500 (16.66″)　VTC600 (16.66″)
美国 Allison 公司 TT 系列/mm	TT200 (272)　TT400 (310)　TT600

续表

标准或公司技术规范	系列规格
美国 CLACK 公司 尺寸系列号/in	9　11　12　13　14　15　16　17　18　19　24　26　28
德国 ZF 公司系列号	300H　320 H　350H　370H　380H　390H　410H　420H　430H　450H　470H　530H　550H
英国 Self-changing 公司尺寸系列/in	11　12　13　14　15　16　17　18　19
日本冈村制作所 系列号 有效直径/mm	7　8　9　10　11　12　13　14　15　16　17　18　20　21　22　23　H700 88.4　108.4　133.8　146/153　159.6　186　213.6　244　283　323　346　372　403.5　452　524　568　700
日本小松公司 系列号 有效直径/mm	TCS28　TCS32　TCS36　TCS38　TCS41　TCS44　TCS47 280　324　355　380　409　435　470
日本新泻制作所 单级向心涡轮 系列号(尺寸)/in	6-1000　6-1100　6-1300　6-1500　8-800　8-1000　8-1100　8-1250　8-1350　8-1500　8-1750　8-2100 (10″)　(11″)　(13″)　(15″)　(8″)　(10″)　(11″)　(12.5″)　(13.5″)　(15″)　(17.5″)　(21″)
苏联 АГ尺寸系列 (HAMN)	340　370　400　440　470
法国 GVINARD 公司/in 三轮向心涡轮系列	9　11　12　13　14　15　16　17　18　19　24　26　28

表 19-2-28　液力变矩器国标及行业标准列表

标准号	标准名称	发布或出版单位
GB/T 7680—2005	液力变矩器.性能试验方法	国家质检总局(GB)
GB/T 10429—2006	单级向心涡轮液力变矩器.型式和基本参数	国家质检总局(GB)
GB/T 10856—2006	双涡轮液力变矩器.技术条件	国家质检总局(GB)
JB/T 9711—2001	单级向心涡轮液力变矩器.通用技术条件	行业标准-机械(JB)
JB/T 10762—2007	液力变矩器 可靠性试验方法	行业标准-机械(JB)
CB/T 1123—2005	轴流涡轮液力变矩器 基本参数	行业标准-船舶(CB)
GB/T 3858—2014	液力传动术语	国家质检总局(GB)
JB/T 4237—2013	液力元件图形符号	行业标准-机械(JB)
SY/T 5141—2010	石油钻机用离心涡轮液力变矩器	行业标准-石油(SY)
QC/T 463—1999	汽车用液力变矩器技术条件	行业标准-汽车(QC)
TB/T 2957—1999	内燃机车液力传动油	行业标准-铁道(TB)
TB/T 2214—1991	液力传动油透光率测定法	行业标准-铁道(TB)
JB/T 9712—2014	液力变矩器叶轮铸造技术条件	行业标准-机械(JB)
JB/T 10223—2014	工程机械液力变矩器清洁度检测方法及指标	行业标准-机械(JB)
JB/T 8547—2010	液力传动用合金铸铁密封环	行业标准-机械(JB)
JB/T 10135—2014	工程机械液力传动装置技术条件	行业标准-机械(JB)
GB/T 3367.2—2018	铁道机车名词术语・液力传动系统零部件名词	国家质检总局(GB)
GB/T 3367.8—2000	铁道机车名词术语・液力传动名词	国家质检总局(GB)

第3章 液力机械变矩器

3.1 液力机械变矩器的分类及原理

由液力变矩器和机械元件组成的双流液力传动元件称为液力机械变矩器。它把输入功率流分流，然后经过汇流后输出。

按照功率分流是在液力机械变矩器的液力元件内部实现、外部实现或内外复合实现，分为内分流、外分流和复合分流三类。

3.1.1 功率内分流液力机械变矩器

内分流液力机械变矩器由液力变矩器和机械元件组成，功率流在变矩器内部的叶轮中分流，在机械元件中汇流。

内分流液力机械变矩器按照变矩器内部动力分流结构形式的不同，分为导轮反转内分流液力机械变矩器和多涡轮内分流液力机械变矩器两类。

3.1.1.1 导轮反转内分流液力机械变矩器

导轮反转内分流液力机械变矩器目前应用较多的有单级和二级两种，它们分别是以单级和二级液力变矩器为液力元件与机械元件组成。

表 19-3-1 导轮反转内分流液力机械变矩器

分类	说明
单级导轮反转内分流液力机械变矩器	单级导轮反转内分流液力机械变矩器是在单级三相液力变矩器的基础上，改变叶栅系统设计并增加齿轮汇流机构组成。图(a)中(ⅰ)为单级导轮反转内分流液力机械变矩器的简图，图(a)中(ⅱ)表示不同工况下第一导轮入口液流的来流方向，图(a)中(ⅲ)为其为无量纲特性。第一导轮 D_1 通过单向离合器 C、齿轮组 C_3、C_4、C_5 与输出轴 2 连接，涡轮 T 通过齿轮副 C_1、C_2 与输出轴连接。转速比在 $i=0\sim i_x$ 工况区时，外载荷大，涡轮转速低，从涡轮出流的液流流向第一导轮的作用力使它朝与泵轮转向相反的方向旋转，此时单向离合器楔紧，第一导轮和涡轮按一定的速比 $\left(\frac{z_5}{z_3}\times\frac{z_1}{z_2}\right)$ 旋转，第一导轮转矩通过齿轮组放大 2～3 倍后加到涡轮轴上。与此同时，液流作用在涡轮上的转矩使涡轮朝着与泵轮转向相同的方向旋转，并通过齿轮副叠加到输出轴上。在此工况区，功率流分为两流，一流通过反转的第一导轮传递，另一流通过涡轮传递，最后两流在输出轴上汇流。当外载荷减小，涡轮转速提高，转速比在 $i>i_x$ 的工况区时，从涡轮流出的液流流向第一导轮叶栅叶型的背面，液流对它的作用使它朝着与泵轮转向相同的方向旋转，此时单向离合器松脱，第一导轮在液流中自由旋转。在此工况区中，通过第一导轮的功率流终止，仅存在通过涡轮的功率流，动力没有分流 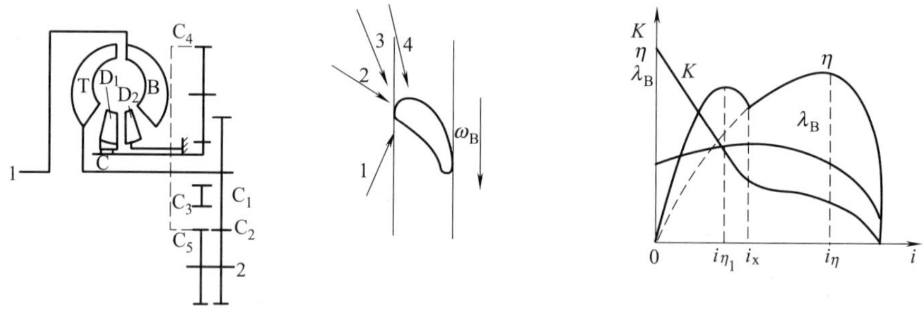 (ⅰ) 简图 (ⅱ) 不同工况第一导轮入口来流方向 (ⅲ) 无量纲特性 图(a) 单级导轮反转内分流液力机械变矩器 1～4—相应 $i=0$、$i=i_{\eta 1}$、$i=i_x$ 和 $i>i_x$ 工况的液流方向 这种内分流液力机械变矩器从动力分流的第一相到没有分流的第二相的过渡，是随外载荷的变化单向离合器楔紧或松脱而自动转换的，因此零速变矩系数大(4.5～6.0)，动力范围宽(3.0～4.0)，可以简化串联在它后面的变速器的挡位数，简化司机的操纵。此外，由于单向离合器安装在齿轮增力机构之前，受力小，而且润滑充分，所以可靠性高。这种液力机械变矩器在工程机械上得到广泛的应用

续表

分类	说　明
二级导轮反转内分流液力机械变矩器	二级导轮反转内分流液力机械变矩器是在二级单相液力变矩器的基础上，增加行星差速汇流机构及其操作系统组成 图(b)中(ⅰ)为二级导轮反转液力机械变矩器简图，图(b)中(ⅱ)为其无量纲特性。导轮 D 与制动器 Z_D 和行星汇流机构的太阳轮 t 连接，行星架 j 与制动器 Z_h 连接，齿圈 q 与输出轴 2 连接，而二级涡轮 T_1、T_2 与输出轴直接连接 转速比在 $i=0 \sim i_x$ 工况区，制动器 Z_D 分离而 Z_h 接合，液流对导轮叶栅的作用转矩，经过行星汇流机构放大后，施加在输出轴上；而液流对二级涡轮的作用转矩则直接叠加到它上面。在此工况区，动力流在变矩器内部分流，一流通过二级涡轮传递，另一流通过导轮、行星机构传递，两流在输出轴上汇流。转速比在 $i>i_x$ 工况区，制动器 Z_h 接合而 Z_D 分离，通过导轮的动力流终止仅存在通过二级涡轮的动力流。从双动力流变换到单流是由电子控制系统根据车速和油门踏板位置而自动实现 这种液力机械变矩器起初应用在中小型内燃机车上，随着市场的扩展，进一步得到改进和完善，逐渐推广应用到旅游车、公共汽车、长途汽车、中型、重型和特种车辆上 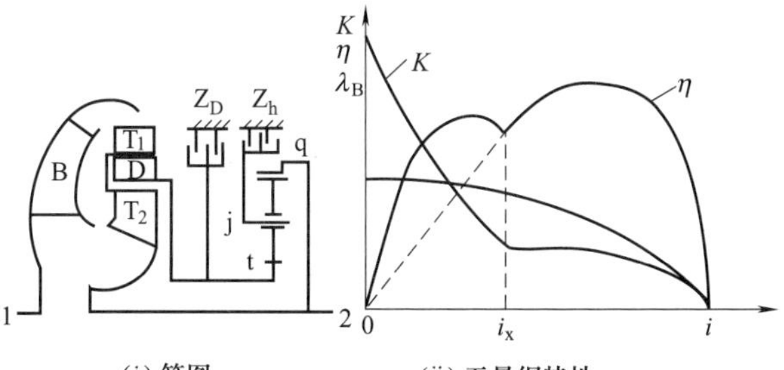 (ⅰ) 简图　　(ⅱ) 无量纲特性 图(b)　二级导轮反转内分流液力变矩器

3.1.1.2　多涡轮内分流液力机械变矩器

多涡轮内分流液力机械变矩器根据独立运转的涡轮的个数，有双涡轮液力机械变矩器和三涡轮液力机械变矩器两类。功率流在若干涡轮中分流，在机械元件中汇流。

图 19-3-1 为双涡轮液力机械变矩器。第二涡轮 T_2 通过齿轮副 C_1、C_2 与输出轴 2 连接，第一涡轮 T_1 通过齿轮副 C_3、C_4 和超越离合器 C 与输出轴连接。转速比在 $i=0 \sim i_x$ 工况区，液流对第一和第二涡轮叶栅的作用转矩使它们均朝与泵轮转向相同的方向旋转，由于超越离合器的存在，它楔紧，于是齿轮 C_4 和 C_2 同速旋转，而涡轮 T_1 和 T_2 按一定的转速比 $\left(\frac{z_4}{z_3} \times \frac{z_1}{z_2}\right)$ 旋转。在此工况区，动力流一流通过第二涡轮传递，另一流通过第一涡轮传递，两流在输出轴上汇流。随着外载荷的减小，第二涡轮转速提高，转速比在 $i \geqslant i_x$ 的工况区，齿轮 C_2 的转速超过 C_4，C 脱开，第一涡轮在液流中自由旋转。此时，通过 T_1 的功率流终止，仅存在通过 T_2 的功率流。

这种液力机械变矩器的特性类似单级导轮反转液力机械变矩器的特性，只是超越离合器承受的转矩是第一涡轮经过齿轮机构放大后的转矩（放大 $\frac{z_4}{z_3}$ 倍），而且它位于变矩器的外部，润滑条件较差，因此超越离合器可靠性较差。

双涡轮液力机械变矩器在轮式装载机上得到广泛的应用。

三涡轮液力机械变矩器实际上是一台液力传动装置，曾于 20 世纪 50 年代广泛应用于高级轿车中，目前已无应用。

3.1.2　功率外分流液力机械变矩器

外分流液力机械变矩器按照动力流在差速器中的分流或汇流，分为分流差速液力机械变矩器和汇流差速液力机械变矩器两类。

分流差速液力机械变矩器按照差速器的三构件与输入构件、变矩器泵轮和涡轮的不同连接组合，可实现六种（$C_3^1C_2^1=6$）方案。汇流差速液力机械变矩器按照差速器与输出构件、变矩器泵轮和涡轮的不同连接组合，也可实现六种方案，见表 19-3-2。

3.1.2.1　基本方程

为了建立适用于扭矩分流装置的基本方程，假设行星轮系的传动效率为 100%，传动装置的所有损失都集中于液力元件中。基本方程见表 19-3-3。

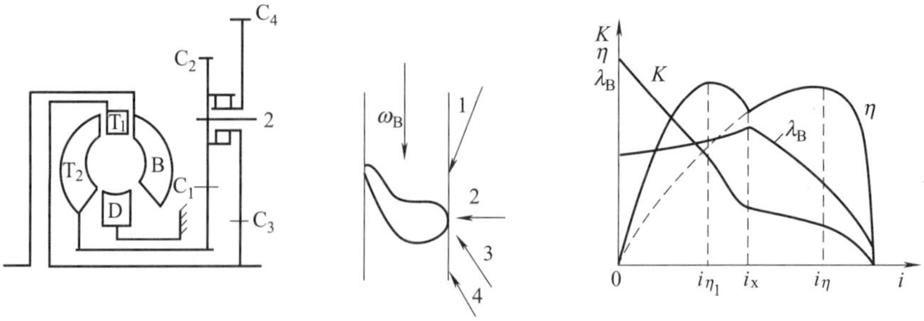

(a) 简图　　(b) 不同工况第一涡轮叶栅入口来流方向　　(c) 无量纲特性

图 19-3-1　双涡轮内分流液力机械变矩器

1～4—相应 $i=0$、$i=i_{\eta_1}$、$i=i_x$和 $i>i_x$工况的液流方向

表 19-3-2　　　　差速液力机械变矩器的方案

方案	说　　明
行星轮系布置在输入端	在图(a)～图(c)中，行星轮系都布置在输入端，起功率分流的作用。行星轮系的构件之一与传动装置的输入轴相连，第二构件驱动液力变矩器的泵轮，第三构件则接至传动装置的输出轴，后者同时与液力变矩器的涡轮相连。这种将行星轮系布置在输入端以起分流作用的装置称为分流差速，而泵轮转矩与输入转矩之比称为分流比，以 a_1 表示 图(a)所示为转矩真分流装置，分流比分别为 $0<a_1<0.5$ 及 $0.5<a_1<1$，适用范围分别为 $0.167\leqslant a_1\leqslant 0.429$ 及 $0.571\leqslant a_1\leqslant 0.833$，输入功率的一部分由液力变矩器传递，其余部分由机械传动输出 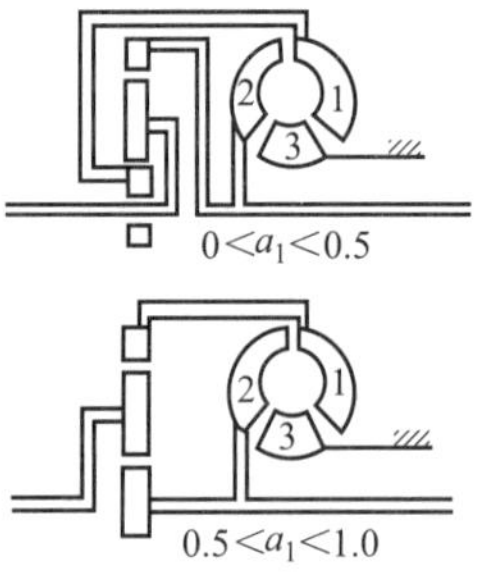图(a)　转矩真分流系统简图 1—泵轮；2—涡轮；3—导轮 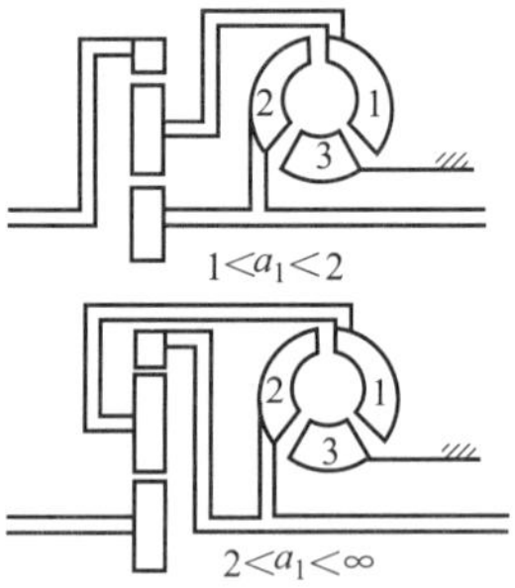图(b)　正再生系统简图 1—泵轮；2—涡轮；3—导轮 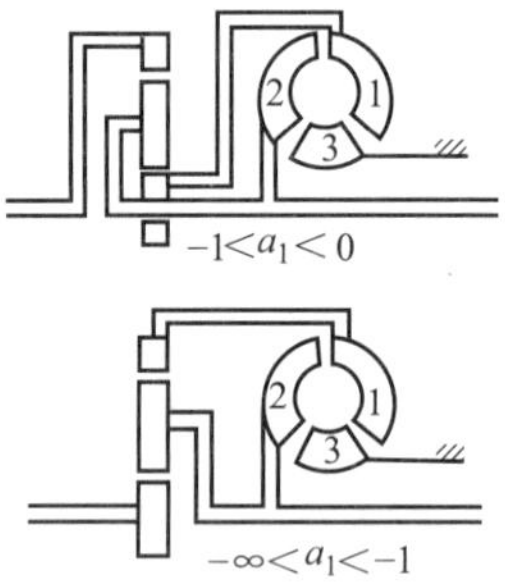图(c)　负再生系统简图 1—泵轮；2—涡轮；3—导轮 图(b)所示为具有 $1<a_1<2$ 及 $2<a_1<\infty$、适用范围为 $1.2\leqslant a_1\leqslant 1.75$ 及 $2.33\leqslant a_1\leqslant 6$ 的正再生系统，液力变矩器输出功率的一部分回到行星轮系。因此，经行星轮系及液力变矩器循环的功率大于传动装置的输入功率。经变矩器输送的能量为正，即从泵轮到涡轮 图(c)所示为具有 $-1<a_1<0$ 及 $-\infty<a_1<-1$、适用范围为 $-0.75\leqslant a_1\leqslant -0.2$ 及 $-5\leqslant a_1\leqslant -1.33$ 的负再生系统，由机械传动的功率的一部分以负方向流经变矩器，从涡轮到泵轮，再回到行星轮系 上述分流差速的分类只适用于液力偶合器及通常的正转变矩器。如果应用反转变矩器(即泵轮与涡轮的旋向相反)，则例如负再生系统，要么成为真分流系统，要么成为正再生系统。然而用于该系统的基本数学方程并不需要加以修改
行星轮系布置在输出端	在图(d)～图(f)中，行星轮系都布置在输出端，其功用在于将转矩汇集起来。行星轮系构件之一与传动装置的输出轴相连，第二构件为变矩器的涡轮所驱动，第三构件接于传动装置的输入轴，后者同时与变矩器泵轮相连。这种将行星机构布置在输出端起转矩汇集作用的装置可称之为汇流差速，而涡轮转矩与输出转矩之比则以 a_2 表示 图(d)所示为具有 $0<a_2<0.5$ 及 $0.5<a_2<1$、适用范围为 $0.167\leqslant a_2\leqslant 0.429$ 及 $0.571\leqslant a_2\leqslant 0.833$ 的转矩真分流装置。图(e)所示为具有 $1<a_2<2$ 及 $2<a_2<\infty$、适用范围为 $1.2\leqslant a_2\leqslant 1.75$ 及 $2.33\leqslant a_2\leqslant 6$ 的正再生系统，而图(f)所示为具有 $-1<a_2<0$ 及 $-\infty<a_2<-1$，适用范围为 $-0.75\leqslant a_2\leqslant -0.2$ 及 $-5\leqslant a_2\leqslant -1.33$ 的负再生系统

续表

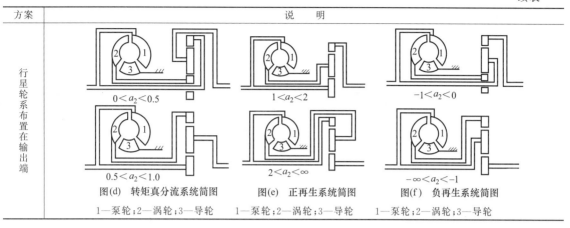

方案	说　明
行星轮系布置在输出端	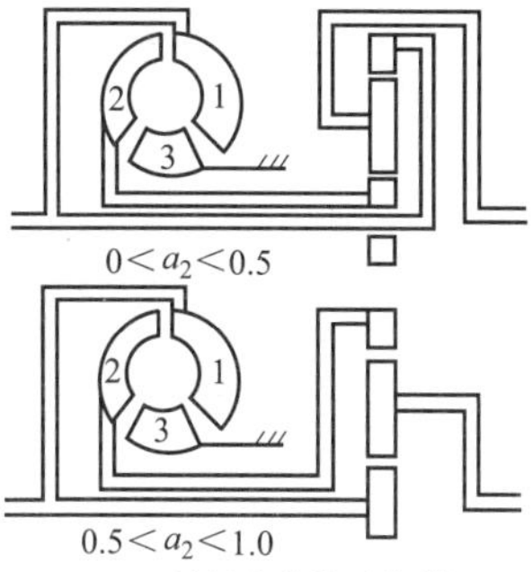 图(d)　转矩真分流系统简图 1—泵轮；2—涡轮；3—导轮 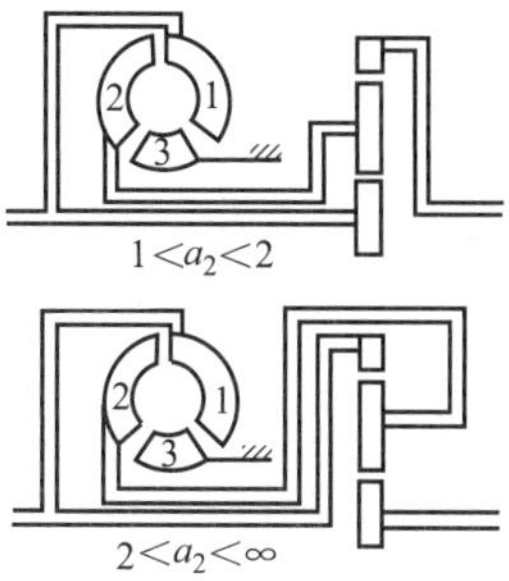 图(e)　正再生系统简图 1—泵轮；2—涡轮；3—导轮 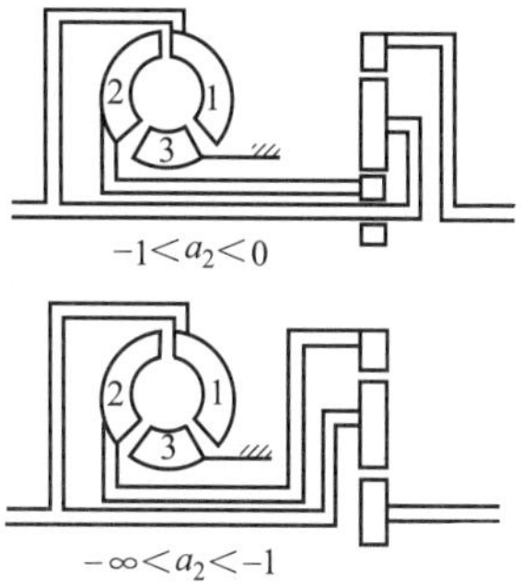 图(f)　负再生系统简图 1—泵轮；2—涡轮；3—导轮

表 19-3-3　**基本方程**

名称	公式及说明	
功率方程	分流差速和汇流差速的功率方程分别为 输入功率　$P_e=P_B+P_j$　(19-3-1) 输出功率　$P_b=P_T+P_j$　(19-3-2)	P_T——涡轮功率 P_B——泵轮功率 P_b——输出功率 P_e——输入功率 P_j——机械功率
	将方程(19-3-1)转换成 $T_e n_e=T_B n_B+T_j n_j$　(19-3-3)	n_B——泵轮转速 n_e——输入转速 n_j——机械元件转速 T_B——泵轮转矩 T_e——输入转矩 T_j——机械元件转矩
转速比方程	分流差速	汇流差速
	输入分流比　$a_1=\dfrac{T_B}{T_e}$ $1-a_1=\dfrac{T_e-T_B}{T_e}=\dfrac{T_j}{T_e}$ 且在分流差速中 $n_b=n_j=n_T$ 式中　n_b——输出转速； n_T——涡轮转速 故由方程(19-3-3)得 $n_e=n_B\dfrac{T_B}{T_e}+n_j\dfrac{T_j}{T_e}=n_B a_1+n_b(1-a_1)$ 且 $\dfrac{n_e}{n_b}=\dfrac{n_B}{n_T}a_1+\dfrac{n_b}{n_b}(1-a_1)=\dfrac{n_B}{n_T}a_1+(1-a_1)$ 或 $\dfrac{1}{i_{be}}=\dfrac{a_1}{i_y}+(1-a_1)$ 式中　i_y——液力变矩器转速比； i_{be}——液力机械传动装置转速比，$i_{be}=\dfrac{n_b}{n_e}$ 因此，对于分流差速，变矩器转速比与液力机械分流传动转速比(即总转速比)之间的关系式最后成为 $i_{be}=\dfrac{i_y}{a_1+i_y(1-a_1)}$　(19-3-4) 分流差速方程(19-3-4)绘于图(a)	输出分流比　$a_2=\dfrac{T_T}{T_b}$ $1-a_2=\dfrac{T_b-T_T}{T_b}=\dfrac{T_j}{T_b}$ 式中　T_T——涡轮转矩； T_b——输出转矩 且在汇流差速中 $n_e=n_B=n_j$ 将方程(19-3-2)转换成 $n_b T_b=n_T T_T+n_j T_j$　(19-3-5) 则得 $n_b=n_T\dfrac{T_T}{T_b}+n_j\dfrac{T_j}{T_b}=n_T a_2+n_e(1-a_2)$ 及 $\dfrac{n_b}{n_e}=\dfrac{n_T}{n_B}a_2+(1-a_2)$ 因此，对于汇流差速，变矩器转速比与总转速比之间的关系式最后成为 $i_{be}=i_y a_2+1-a_2$　(19-3-6) 汇流差速的方程(19-3-6)绘于图(b)中

续表

<table>
<tr><th>名称</th><th colspan="2">公式及说明</th></tr>
<tr><td>转速比方程</td><td colspan="2">
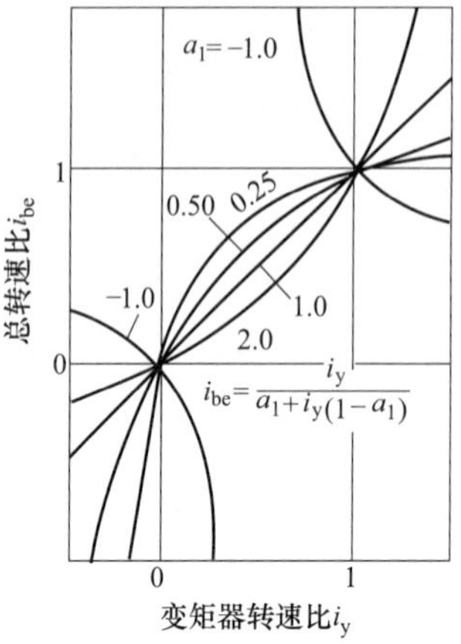

图(a) 分流差速传动变矩器转速比与总转速比之间的关系

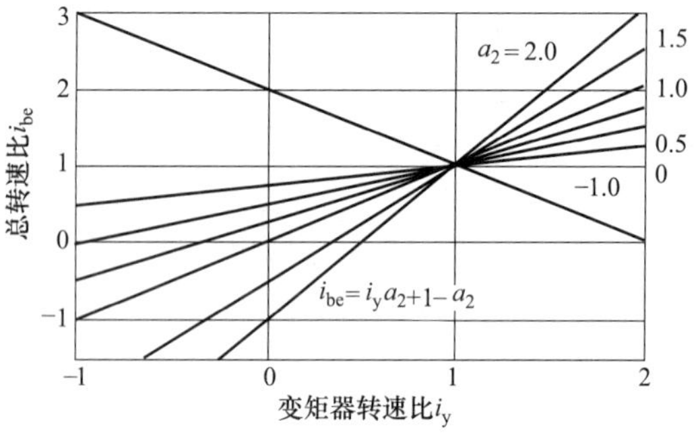

图(b) 汇流差速传动变矩器转速比与总转速比之间的关系
</td></tr>
<tr><td rowspan="3">变矩比方程</td><td>分流差速</td><td>汇流差速</td></tr>
<tr><td>
可以用与上面相同的方式并在相同的条件下，对于分流差速，将输出功率方程(19-3-2)转换成

$$T_b=T_T+T_j \quad (19\text{-}3\text{-}7)$$

且 $$\frac{T_b}{T_e}=\frac{T_T}{T_e}+\frac{T_e-T_B}{T_e}=\frac{T_T T_B}{T_B T_e}+1-\frac{T_B}{T_e}$$

故变矩器变矩比与总变矩比之间的关系式成为

$$K_{be}=K_y a_1+1-a_1 \quad (19\text{-}3\text{-}8)$$

式中 K_{be}——液力机械传动装置变矩比
K_y——液力变矩器变矩比
</td><td>
对于汇流差速，输入功率方程(19-3-1)转换成

$$T_e=T_B+T_j \quad (19\text{-}3\text{-}9)$$

$$\frac{T_e}{T_b}=\frac{T_B}{T_b}+\frac{T_b-T_T}{T_b}=\frac{T_T T_B}{T_T T_b}+1-\frac{T_T}{T_b}$$

故

$$\frac{1}{K_{be}}=\frac{a_2}{K_y}+1-a_2=\frac{a_2+K_y(1-a_2)}{K_y}$$

因此，变矩器变矩比与总变矩比之间的关系式成为

$$K_{be}=\frac{K_y}{a_2+K_y(1-a_2)} \quad (19\text{-}3\text{-}10)$$
</td></tr>
<tr><td colspan="2">
分流差速的方程(19-3-8)及汇流差速的方程(19-3-10)分别绘于图(c)及图(d)中

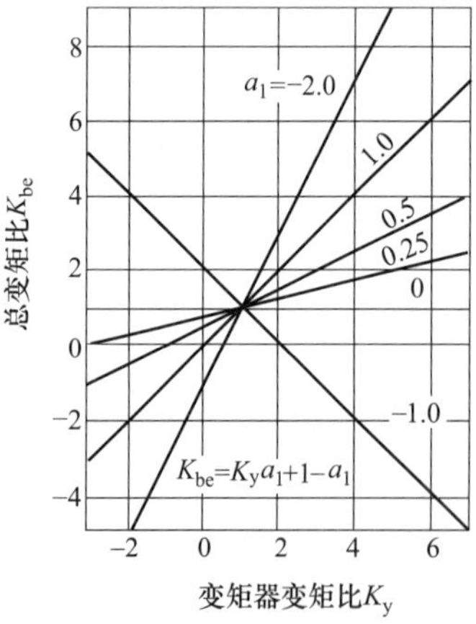

图(c) 分流差速传动变矩器变矩比与总变矩比的关系

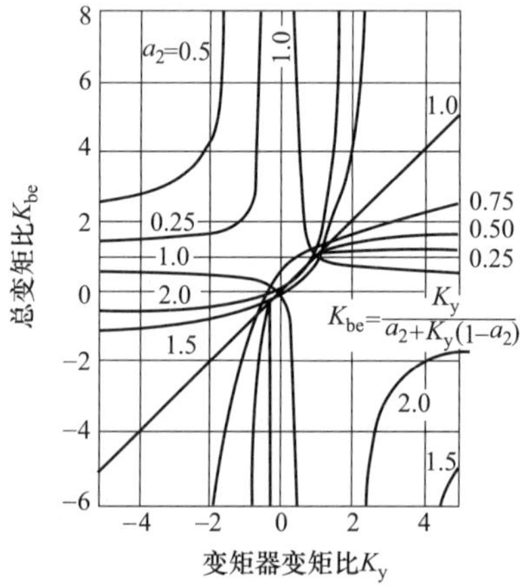

图(d) 汇流差速传动变矩器变矩比与总变矩比的关系
</td></tr>
</table>

续表

名称	公式及说明
用于分流差速的泵轮的转速和功率	对方程(19-3-4)求解 i_y，得 $$i_y=\frac{i_{be}a_1}{1-i_{be}(1-a_1)} \quad (19\text{-}3\text{-}11)$$ 将此式除以 i_{be}，由于在分流差速情况下 $n_b=n_T$，故得 $$\frac{i_y}{i_{be}}=\frac{n_T n_e}{n_B n_b}=\frac{n_e}{n_B}=\frac{a_1}{1-i_{be}(1-a_1)}$$ 因此，泵轮与输入轴转速之比为 $$\frac{n_B}{n_e}=\frac{1-i_{be}(1-a_1)}{a_1} \quad (19\text{-}3\text{-}12)$$ 为了得到分流差速的泵轮与输入轴的功率比，可将式(19-3-12)两边乘以$\frac{T_B}{T_e}=a_1$，即得 $$\frac{P_B}{P_e}=1-i_{be}(1-a_1) \quad (19\text{-}3\text{-}13)$$ 泵轮与输入轴的转速比和功率比如图(e)及图(f)所示 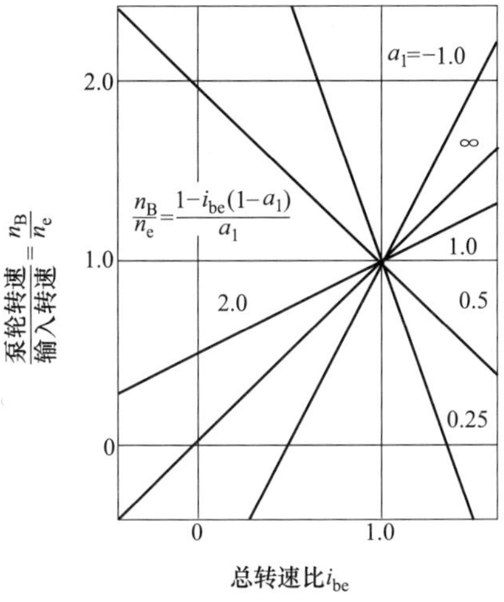 图(e) 泵轮与输入轴的转速比和总转速比的关系 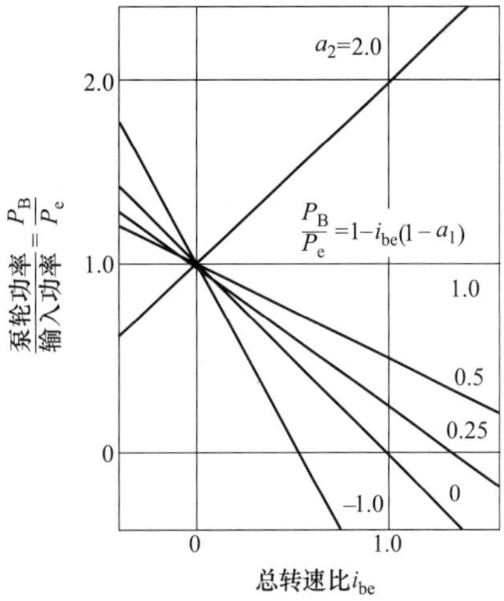 图(f) 泵轮与输入轴的功率比和总转速比的关系 可见，泵轮转速随总转速比而明显地变化，泵轮吸收的功率在整个装置失速时为 100%；而在 $i_{be}=1$ 时达到分流比之值

注：汇流差速的相应方程不能以一般方式导出，因这时特定变矩器特性的假定成为必要。

3.1.2.2　用于特定变矩器的方程

表 19-3-4　　用于特定变矩器的方程

名称	公式及说明
变矩器效率	为了以下的数学推导，假定变矩器效率按抛物线变化 $$\eta_y=4\eta_{ymax}i_y(1-i_y) \quad (19\text{-}3\text{-}14)$$ 式中　η_y——液力变矩器效率，$\eta_y=\frac{P_T}{P_B}$ 以 i_y除式(19-3-14)，可得变矩器变矩比的线性函数 $$\frac{\eta_y}{i_y}=K_y=4\eta_{ymax}(1-i_y) \quad (19\text{-}3\text{-}15)$$ 此外，还假定变矩器输入转矩为常数，即不随转速比而变化

续表

名称	公式及说明

汇流差速的泵轮功率

由于在汇流差速传动中，泵轮与输入轴一起旋转，泵轮与输入轴的功率比等于泵轮与输入轴的转矩比

$$\frac{P_B}{P_e}=\frac{T_B}{T_e} \tag{19-3-16}$$

这一表达式导致

$$\frac{P_B}{P_e}=\frac{T_B}{T_e}\times\frac{T_T}{T_T}\times\frac{T_b}{T_b}=a_2\frac{K_{be}}{K_y} \tag{19-3-17}$$

由表达 K_{be} 的方程(19-3-10)可以得出

$$\frac{P_B}{P_e}=\frac{a_2}{a_2+K_y(1-a_2)} \tag{19-3-18}$$

引入如方程(19-3-15)所示的特定变矩器特性，可得

$$\frac{P_B}{P_e}=\frac{a_2}{a_2+4\eta_{ymax}(1-i_y)(1-a_2)} \tag{19-3-19}$$

将变矩器转速比按方程(19-3-6)换成总转速比，可得

$$\frac{P_B}{P_e}=\frac{a_2^2}{4\eta_{ymax}(1-i_{be})(1-a_2)+a_2^2} \tag{19-3-20}$$

图(a)表明当 $i_{be}=1$，全部输入功率为泵轮所吸收。当 $i_{be}=0$，输出功率等于0。因此，输入功率与泵轮吸收的功率之间的差别就必须是变矩器涡轮所提供或消耗掉的

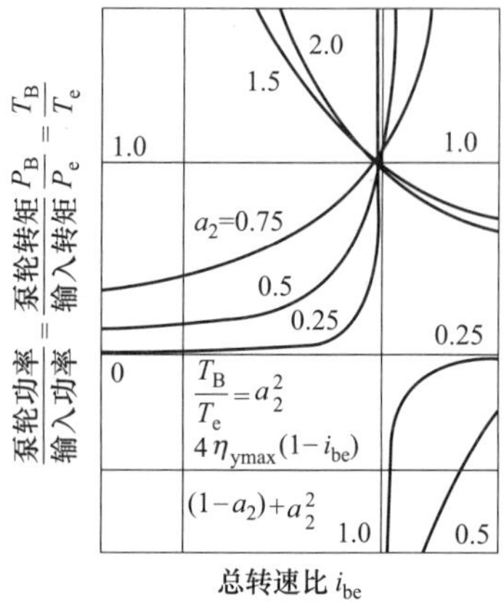

图(a) 泵轮与输入轴的功率比和总转速比之间的关系曲线

汇流差速的失速变矩比

由于在汇流差速传动中，传动装置失速点并不与变矩器失速点相一致，因而传动装置的失速转矩与变矩器的失速转矩之间的比值就不由方程(19-3-10)所确定

引入变矩器特性方程(19-3-15)可得

$$K_{be}=\frac{4\eta_{ymax}(1-i_y)}{a_2+4\eta_{ymax}(1-i_y)(1-a_2)} \tag{19-3-21}$$

按照方程(19-3-6)，在传动装置失速时的变矩器转速比为

$$i_{ys}=\frac{a_2-1}{a_2} \tag{19-3-22}$$

式中　i_{ys}——失速时变矩器转速比

将式(19-3-22)代入方程(19-3-21)，即得分流传动的失速变矩比

$$K_{bes}=\frac{4\eta_{ymax}}{a_2^2+4\eta_{ymax}(1-a_2)} \tag{19-3-23}$$

因由方程(19-3-15)得　　$K_{y0}=4\eta_{ymax}$

式中 K_{bes}——液力机械变矩器失速扭矩比；

K_{y0}——液力变矩器失速变矩比

故得分流传动装置与变矩器两者失速变矩比之间的关系式为

$$\frac{K_{bes}}{K_{y0}}=\frac{1}{a_2^2+4\eta_{ymax}(1-a_2)} \tag{19-3-24}$$

对于分流差速传动，此比值由方程(19-3-8)确定，由于此时涡轮与传动装置的输出轴相连，因而变矩器与分流传动装置同时达到失速点

图(b)所示为分流及汇流差速传动与变矩器失速关系。变矩器的最高效率为85%，失速变矩比为3.4。可以看出，汇流差速的曲线在 $a_2=1.7$ 处有最大值，这是很有意义的

图(b)表明，真分流意味着失速变矩比的减小，而正再生系统对于汇流差速可以增大失速变矩比，至少在一定实用范围内是如此。还须进一步指出，真分流中失速变矩比的减小就分流差速而言将略微小些，而正再生系统中的失速变矩比的增大则较能引起注意

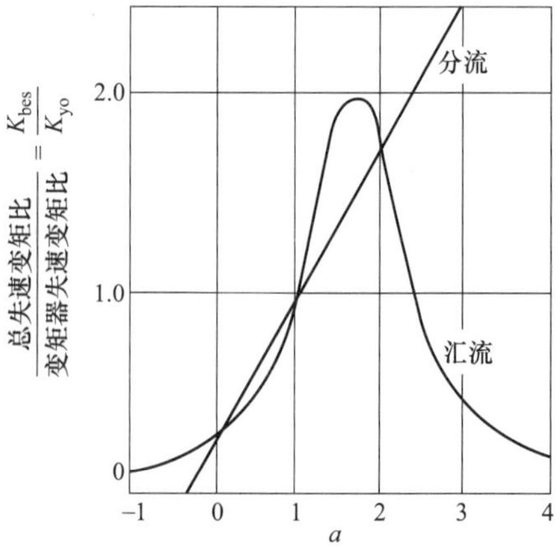

图(b) 分流差速及汇流差速的分流传动装置与变矩器的失速关系

续表

名称	公式及说明
效率	分流传动装置的总效率为

$$\eta_{be}=\frac{P_b}{P_e}=\frac{n_b T_b}{n_e T_e}=i_{be}K_{be} \tag{19-3-25}$$

式中　η_{be}——液力机械分流传动效率

利用方程(19-3-8)，对于分流差速，总效率可以写成

$$\eta_{be}=i_{be}(K_y a_1+1-a_1)$$

$$\eta_{be}=i_{be}\left(\frac{\eta_y}{i_y}a_1+1-a_1\right)$$

而用方程(19-3-11)，则得

$$\left.\begin{aligned}\eta_{be}&=i_{be}\left[\eta_y\frac{1-i_{be}(1-a_1)}{i_{be}}+1-a_1\right]\\ \eta_{be}&=\eta_y[1-i_{be}(1-a_1)]+i_{be}(1-a_1)\end{aligned}\right\} \tag{19-3-26}$$

此方程适用于各种变矩器

引入由方程(19-3-11)变换的方程(19-3-14)，对于上述特定情况的变矩器，可得

$$\eta_{be}=4\eta_{ymax}\frac{a_1 i_{be}(1-i_{be})}{1-i_{be}(1-a_1)}+i_{be}(1-a_1) \tag{19-3-27}$$

对于汇流差速传动，利用方程(19-3-10)，可写出

$$\eta_{be}=i_{be}\frac{K_y}{a_2+K_y(1-a_2)}=i_{be}\frac{\frac{\eta_y}{i_y}}{a_2+\frac{\eta_y}{i_y}(1-a_2)}=i_{be}\frac{\eta_y}{a_2 i_y+\eta_y(1-a_2)}$$

从方程(19-3-6)求解 i_y，得

$$i_y=\frac{i_{be}-1+a_2}{a_2} \tag{19-3-28}$$

并得

$$\eta_{be}=\frac{\eta_y i_{be}}{\eta_y(1-a_2)+i_{be}-1+a_2} \tag{19-3-29}$$

此方程对于任何种变矩器也都是适用的。利用方程(19-3-14)及方程(19-3-28)，对于特定的变矩器，可得

$$\eta_{be}=\frac{i_{be}(1-i_{be})}{(1-i_{be})(1-a_2)+\frac{a_2^2}{4\eta_{ymax}}} \tag{19-3-30}$$

方程(19-3-27)及方程(19-3-30)绘于图(c)及图(d)中。由于在真分流装置中，仅有一部分输入功率流经变矩器，只该部分功率经受流动损失，故传动装置的最高效率就一定高于变矩器的最高效率。在再生系统中，由于变矩器的功率高于传动装置的输入功率，故传动装置的最高效率要比变矩器的低。有意义的是，随着分流比的减小，最高效率点往高转速比值移动。还可以指出，随着分流比的减小，曲线的宽度对于分流差速为逐渐增大，对于汇流差速则趋于减小

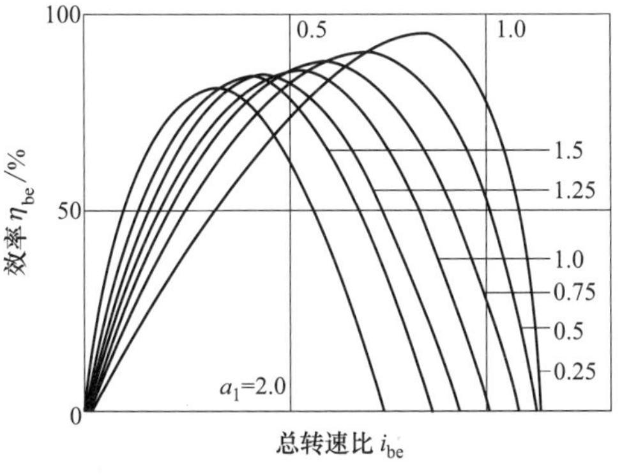

图(c)　分流差速传动的效率与总转速比之间的关系曲线

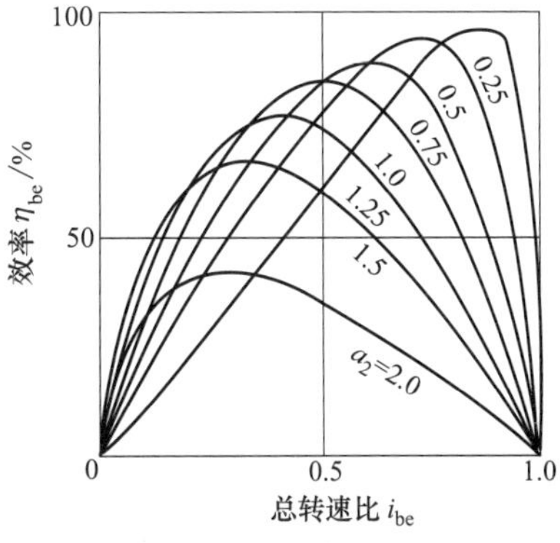

图(d)　汇流差速传动的效率与总转速比之间的关系曲线

第19篇

续表

名称		公式及说明
分流传动的转矩系数	分流差速的转矩系数 λ_e 及 λ_b	对于液力机械分流传动，由于 K_y 和 λ_{By} 是可变的，因而转矩系数 λ_e 及 λ_b 的数值也是可变的。但是对于液力变矩器 K_y 是转速比 i_y 的函数，而根据方程(19-3-11)或方程(19-3-28)，i_y 又是分流传动转速比 i_{be} 的函数。因此，分流传动的转矩方程(19-3-31)和方程(19-3-32)与液力变矩器的转矩方程之间存在着完全类似的关系 以液力变矩器作为液力元件的液力机械分流传动是与某一液力变矩器等效的。一般说来，后一液力变矩器与分流传动的液力元件具有不同的外部特性 因此，对液力机械分流传动，转矩 T_e 及 T_b 的表达式可写成如下形式 $T_e=\lambda_e\rho g n_e^2 D^5$　(19-3-31) $T_b=\lambda_b\rho g n_e^2 D^5$　(19-3-32) 以式(19-3-31)除变矩器泵轮转矩方程 $T_{By}=\lambda_{By}\rho g n_B^2 D^5$，可得 $\frac{T_{By}}{T_e}=\frac{\lambda_{By}n_B^2}{\lambda_e n_e^2}$ 以分流比定义 $\frac{T_{By}}{T_e}=a_1$ 及式(19-3-12)代入上式可得 $a_1=\frac{\lambda_{By}}{\lambda_e}\left[\frac{1-i_{be}(1-a_1)}{a_1}\right]^2$ 即 $\lambda_e=\frac{\lambda_{By}}{a_1^3}\left[1-i_{be}(1-a_1)\right]^2$　(19-3-33) 以式(19-3-31)除式(19-3-32)，可得 $\frac{T_b}{T_e}=\frac{\lambda_b}{\lambda_e}=K_{be}$ 以式(19-3-8)代入上式，可得 $\lambda_b=\lambda_e\left[K_y a_1+1-a_1\right]$ 即　$\lambda_b=\frac{\lambda_{By}}{a_1^3}\left[1-i_{be}(1-a_1)\right]^2\left[K_y a_1+1-a_1\right]$　(19-3-34)
	汇流差速的转矩系数 λ_e 及 λ_b	以式(19-3-32)除变矩器涡轮转矩方程可得 $\frac{T_{Ty}}{T_b}=\frac{\lambda_{Ty}n_B^2}{\lambda_b n_e^2}$ 对于汇流差速 $\frac{T_{Ty}}{T_b}=a_2$，$n_B=n_e$ 故　$a_2=\frac{\lambda_{Ty}}{\lambda_b}$ 因　$\lambda_b=-\lambda_e K_{be}$ 故 $\lambda_e=-\frac{\lambda_b}{K_{be}}=-\frac{\lambda_{Ty}}{a_2 K_{be}}=\frac{\lambda_{By}K_y}{a_2 K_{be}}$ 将式(19-3-10)代入上式，于是得 $\lambda_e=\frac{\lambda_{By}}{a_2}\left[a_2+K_y(1-a_2)\right]$　(19-3-35) $\lambda_b=-K_{be}\lambda_e=\frac{-K_{be}\lambda_{By}}{a_2}\left[a_2+K_y(1-a_2)\right]=-\frac{\lambda_{By}K_y}{a_2}$　(19-3-36)

3.1.2.3　分流传动特性的计算方法及实例

(1) 分流差速传动特性的计算方法

根据液力变矩器的特性曲线及选定的分流比 a_1 之值，分流差速传动的特性可按表19-3-5的顺序进行计算。

表 19-3-5　分流差速传动特性的计算方法

步骤	说　明
①i_{be}的计算	给出一系列的总转速比 i_{be}值,通常是间隔 0.1 个单位
②i_y的计算	根据顺序①中的各 i_{be}值,应用下式算出相应的 i_y值。 $$i_y=\frac{i_{be}a_1}{1-i_{be}(1-a_1)}$$
③K_y的计算	根据算出的各 i_y值,由特性曲线[图(a)]找出相应的变矩比 K_y值 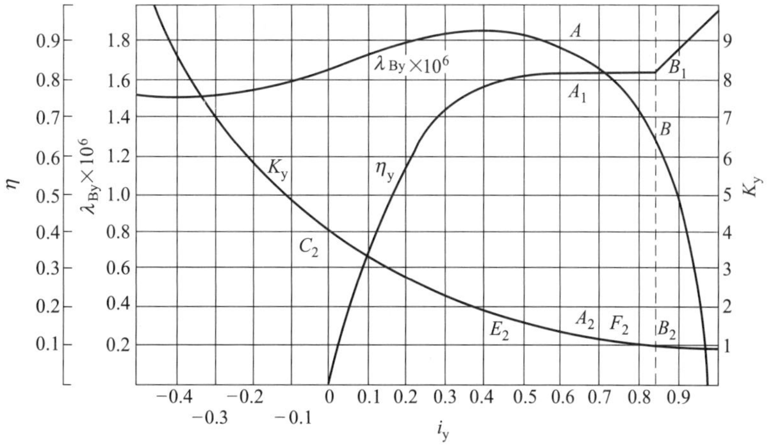 图(a)　特性曲线
④K_{be}的计算	根据找出的 K_y值,应用下式计算相应的总变矩比 K_{be}值 $$K_{be}=K_y a_1+1-a_1$$
⑤η_{be}的计算	根据顺序①中 i_{be}值及顺序④中的 K_{be}值,应用下式计算相应的分流传动总效率 η_{be}值 $$\eta_{be}=K_{be}i_{be}$$
⑥λ_{By}的计算	根据顺序②中算出的 i_y值,由变矩器特性曲线找出相应的转矩系数 λ_{By}值
⑦λ_e的计算	根据找出的各 λ_{By}值,应用下式算出相应的分流传动转矩系数 λ_e值 $$\lambda_e=\frac{\lambda_{By}}{a_1^3}[1-i_{be}(1-a_1)]^2$$

作为计算实例,给出变矩器的特性曲线[表 19-3-5 中图(a)]及分流差速比 $a_1=\frac{2}{3}$,计算分流差速传动的特性曲线。计算结果列入表 19-3-6 内。

按照表 19-3-5 的顺序,对于不同的分流比,可进行与 $a_1=\frac{2}{3}$时相类似的计算。不同分流比的计算结果,可以绘制分流传动的特性曲线。效率 η_{be}与总转速比 i_{be}的关系曲线以及总变矩比 K_{be}与变矩器变矩比 K_y的关系曲线已分别示于表 19-3-4 中图(c)及表 19-3-3 中图(c)中。转矩系数 λ_e的计算结果则绘于图 19-3-2 中。

图 19-3-2 中的曲线 AA_1 表示相应于导轮工作时刻的工况点的几何位置,而曲线 BB_1 则表示分流传动作为偶合器工作时其工况点的几何位置。图中的转矩系数曲线表明,当 $a_1<0.5$ 时,将使分流传动的透穿度数值过高,以致该种传动不能有效地与现有内燃机相匹配。

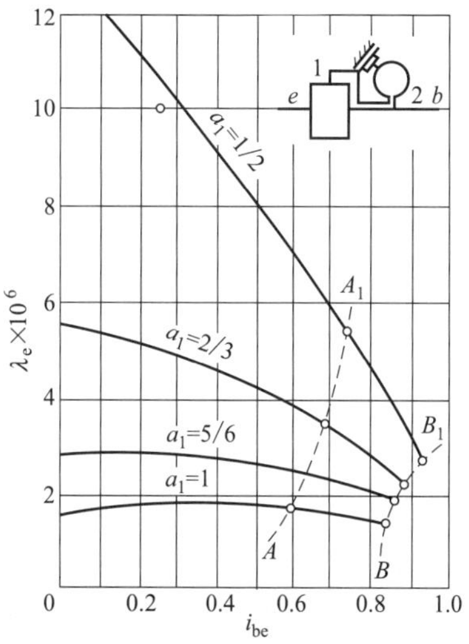

图 19-3-2　采用"阿里逊"综合式液力变矩器的各种分流差速传动的转矩系数

表 19-3-6 分流差速传动特性的计算结果$\left(a_1=\frac{2}{3}\right)$

i_{be}	$i_y=\frac{a_1 i_{be}}{1-(1-a_1)i_{be}}$	K_y	$K_{be}=K_y a_1+1-a_1$	$\eta_{be}=K_{be}i_{be}$	λ_{By}	$\lambda_e=\frac{\lambda_{By}}{a_1^3}[1-(1-a_1)i_{be}]^2$
0	0	3.9	2.93	0	1.65×10^{-6}	5.56×10^{-6}
0.1	0.069	3.45	2.63	0.263	1.73×10^{-6}	5.46×10^{-6}
…	…	…	…	…	…	…
0.692	0.6	1.36	1.24	0.858	1.75×10^{-6}	2.57×10^{-6}
…	…	…	…	…	…	…
0.887	0.84	0.985	0.99	0.871	1.35×10^{-6}	2.28×10^{-6}

表 19-3-7 汇流差速传动特性的计算方法

步骤	说　明
①i_{be}的计算	给出一系列的总转速比 i_{be}，通常取其值相隔 0.1 个单位
②i_y的计算	根据顺序①中的各 i_{be}值，应用下式算出相应的 i_y值 $$i_y=\frac{i_{be}-1+a_2}{a_2}$$
③K_y的计算	根据顺序②中算出的各 i_y值，由特性曲线[例如表 19-3-5 中图(a)]上找出相应的变矩比 K_y值
④K_{be}的计算	根据找出的 K_y值，计算总变矩比 K_{be} $$K_{be}=\frac{K_y}{a_2+K_y(1-a_2)}$$
⑤η_{be}的计算	根据顺序①中的 i_{be}值及顺序④中的 K_{be}值算出分流传动的总效率 η_{be} $$\eta_{be}=K_{be}i_{be}$$
⑥λ_{By}计算	根据顺序②中算出的各 i_y值，在变矩器特性曲线[表 19-3-5 中图(a)]上找出相应的转矩系数 λ_{By}值
⑦λ_e的计算	根据找出的各 λ_{By}值及顺序③中找出的 K_y之值，算出相应的分流传动转矩系数 λ_e值 $$\lambda_e=\frac{\lambda_{By}}{a_2}[a_2+K_y(1-a_2)]$$

表 19-3-8 汇流差速传动特性曲线的计算结果（$a_2=0.833$）

i_{be}	$i=\frac{i_{be}+a_2-1}{a_2}$	K_y	$K_{be}=\frac{K_y}{a_2+K_y(1-a_2)}$	$\eta_{be}=K_{be}i_{be}$	λ_{By}	$\lambda_e=\frac{\lambda_{By}}{a_2}[a_2(1-K_y)+K_y]$
0	−0.2	5.65	3.17	0	1.54×10^{-6}	3.28×10^{-6}
0.287	−0.08	4.6	2.87	0.287	1.59×10^{-6}	3.06×10^{-6}
…	…	…	…	…	…	…
0.856	0.6	1.36	1.283	0.856	1.75×10^{-6}	2.23×10^{-6}
…	…	…	…	…	…	…
0.856	0.84	0.985	0.99	0.858	1.35×10^{-6}	1.62×10^{-6}

减小分流比 a_1 值，可以提高最大效率值 η_{bemax} [表 19-3-4 中图（c）]，但最大效率值的提高将伴随着失速总变矩比 K_{bes} 的减小 [表 19-3-3 中图（c）] 以及透穿度的增大（图 19-3-2）。

（2）汇流差速传动特性的计算方法

根据变矩器的特性曲线及给定的分流比 a_2，汇流差速传动的特性可按表 19-3-7 的顺序进行计算。

作为计算实例，给出变矩器的特性曲线（图 19-3-3）及汇流差速比 $a_2=0.833$，计算分流传动的特性曲线。计算结果列入表 19-3-8 内。

与分流差速传动的计算一样，对于不同的汇流差速比，可进行与 $a_2=0.833$ 时相类似的计算。不同分流比的计算结果，可以绘制分流传动的特性曲线。由于效率及总变矩比曲线已分别示于表 19-3-4 中图（d）及表 19-3-3 中图（d）中，此处仅将转矩系数 λ_e 的计算结果示于图 19-3-3 上。图中的曲线表明，a_2 值的减小将使转矩系数 λ_e 值增加，从而可以减小液力变矩器有效直径的尺寸。但透穿度的急剧增高，将导致与内燃机共同工作的不相适应。对于现有的内燃机，a_2 不大可能小于 0.7。

对分流差速及汇流差速传动，可以依据某一个具有普遍意义的参数进行比较。从使用观点来看，它应当是传动装置中的主要特性参数之一。此参数可以是透穿度（透穿性），因为在一定的范围内，透穿度值越大，则最大效率值 η_{bemax} 越高，且利用发动机的可能性也越好。

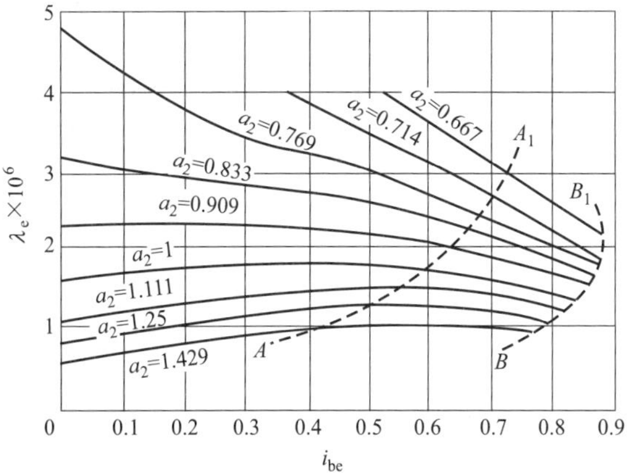

图 19-3-3　采用"阿里逊"综合式液力变矩器的各种汇流差速传动装置的转矩系数

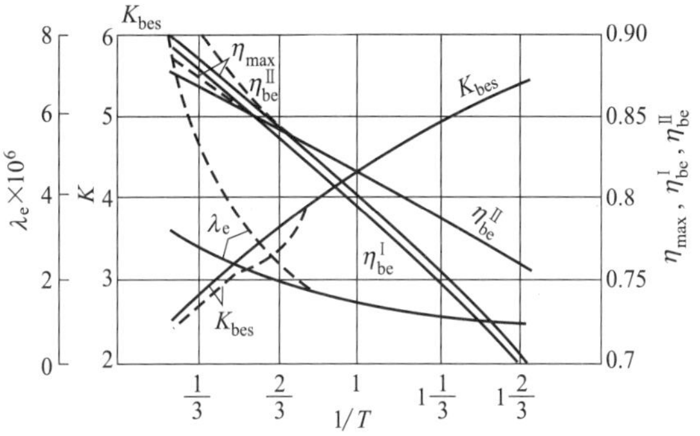

图 19-3-4　按分流及汇流差速方案制成的两种传动装置的特性曲线

正是与该分流传动共同工作的发动机的特性，决定了提高透穿度的允许范围，也就是限制了提高最大效率值 η_{bemax} 的可能范围。

按照分流传动透穿度相同时对两种分流传动的性能作一比较，可以借助于图 19-3-4 的曲线来进行。图中以实线表示按汇流差速方案制成的传动装置的失速工况变矩比 K_{bes}、最大效率工况下的转矩系数 λ_e^*。在松开第一导轮工况下的效率值 η_{be}^{I} 以及由变矩器工况转为偶合器工况时的效率值 η_{be}^{II}；而以虚线表示按分流差速方案制成的传动装置的上述相应值。所用液力变矩器为"阿里逊"综合式，其特性如表 19-3-5 中图（a）所示。

对所得的曲线进行比较的结果表明：按分流差速方案制成的传动装置，在其他条件相同的情况下，有着较大的转矩系数值 λ_e^*，亦即有可能采用有效直径 D 较小的变矩器。但同时却减小了失速变矩比 K_{bes}，更重要的是减小了最大效率值 η_{bemax}，而这是不可忽视的。

3.1.2.4　外分流液力机械变矩器的方案汇总

行星排的三构件可与液力变矩器的泵轮和涡轮任意组合搭配。行星排在输入端，液力变矩器正向传动有六种方案；同理行星排在输出端，液力变矩器正向传动又可得到六种方案。在上述十二种方案中将液力变矩器反接，即将泵轮和涡轮交换位置可得到另外的十二种方案，因此共有二十四种传动方案。液力变矩器正向传动的外分流液力机械变矩器特性参数的计算式见表 19-3-9。对于液力变矩器反向传动的十二种方案的计算式可通过正向传动的方案适当改动即可得到。

表 19-3-9　　外分流液力机械变矩器的特性参数计算公式

方案 参数	行星排在输入端的外分流液力机械变矩器					
方案简图	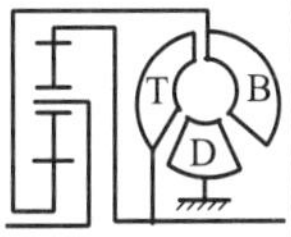	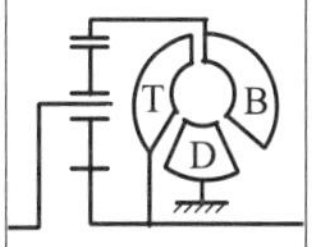	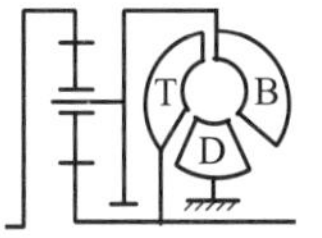		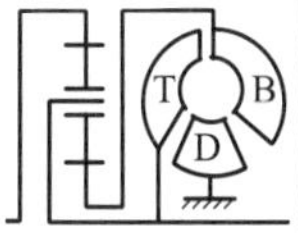	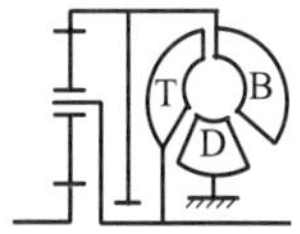
连接特性系数	$-\frac{1}{1+\alpha}$	$-\frac{\alpha}{1+\alpha}$	$-\frac{1+\alpha}{\alpha}$	$-(1+\alpha)$	$\frac{1}{\alpha}$	α
$i_y=0$ 时的 i_{be} 值	$\frac{1+\alpha}{\alpha}$	$1+\alpha$	$-\alpha$	$-\frac{1}{\alpha}$	$\frac{\alpha}{1+\alpha}$	$\frac{1}{1+\alpha}$
转速比 i_{be}	$\frac{(1+\alpha)i_y}{1+\alpha i_y}$	$\frac{(1+\alpha)i_y}{\alpha+i_y}$	$\frac{\alpha i_y}{1+\alpha-i_y}$	$\frac{i_y}{1+\alpha(1-i_y)}$	$\frac{\alpha i_y}{(1+\alpha)i_y-1}$	$\frac{i_y}{(1+\alpha)i_y-\alpha}$
变矩比 K_{be}	$\frac{K_y+\alpha}{1+\alpha}$	$\frac{1+K_y\alpha}{1+\alpha}$	$\frac{K_y(1+\alpha)-1}{\alpha}$	$K_y+\alpha(K_y-1)$	$\frac{1+\alpha-K_y}{\alpha}$	$1+\alpha(1-K_y)$

续表

参数 \ 方案	行星排在输入端的外分流液力机械变矩器					
方案简图	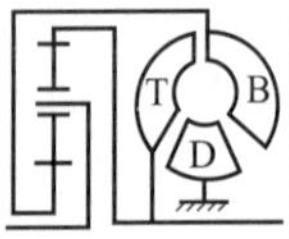	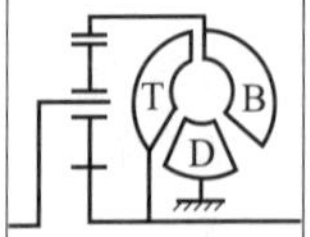	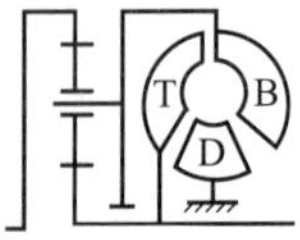	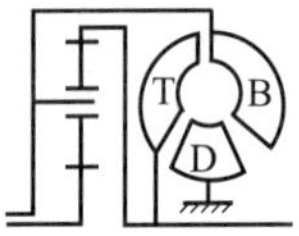	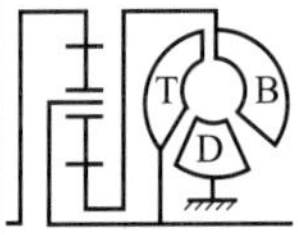	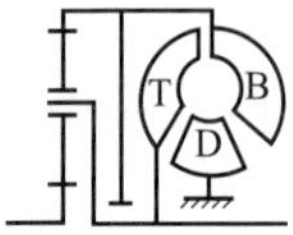
效率 η_{be}	$\frac{(K_y+\alpha)i_y}{1+\alpha i_y}$	$\frac{(\alpha K_y+1)i_y}{\alpha+i_y}$	$\frac{[K_y(1+\alpha)-1]i_y}{1+\alpha-i_y}$	$\frac{[K_y+\alpha(K_y-1)]i_y}{1+\alpha(1-i_y)}$	$\frac{(1+\alpha-K_y)i_y}{(1+\alpha)i_y-1}$	$\frac{[1+\alpha(1-K_y)]i_y}{(1+\alpha)i_y-\alpha}$
泵轮的相对转速 n_B/n_e	$\frac{1+\alpha}{1+\alpha i_{TB}}$	$\frac{\alpha+1}{\alpha+i_{TB}}$	$\frac{\alpha}{1+\alpha i_{TB}}$	$\frac{1}{1+\alpha(1-i_{TB})}$	$\frac{\alpha}{(1+\alpha)i_{TB}-1}$	$\frac{1}{(1+\alpha)i_{TB}-\alpha}$
泵轮的相对转矩 T_B/T_e	$-\frac{1}{1+\alpha}$	$-\frac{\alpha}{1+\alpha}$	$-\frac{1+\alpha}{\alpha}$	$-(1+\alpha)$	$\frac{1}{\alpha}$	α
泵轮的相对功率 P_B/P_E	$-\frac{1}{1+\alpha i_y}$	$-\frac{\alpha}{\alpha+i_y}$	$-\frac{1+\alpha}{1+\alpha-i_y}$	$-\frac{1+\alpha}{1+\alpha(1-i_y)}$	$\frac{1}{(1+\alpha)i_y-1}$	$\frac{\alpha}{(1+\alpha)i_y-\alpha}$
输入转矩系数 λ_e/λ_{By}	$\frac{(1+\alpha)^3}{(1+\alpha i_y)^2}$	$\frac{(1+\alpha)^3}{(\alpha+i_y)^2\alpha}$	$\frac{\alpha^3}{(1+\alpha-i_y)^2(1+\alpha)}$	$\frac{1}{[1+\alpha(1-i_y)]^2(1+\alpha)}$	$-\frac{\alpha^3}{[1-(\alpha+1)i_y]^2}$	$-\frac{1}{\alpha[\alpha-(\alpha+1)i_y]^2}$
循环功率的相对值 P_x/P_E	—	—	$\frac{i_y}{1+\alpha-i_y}$	$\frac{\alpha i_y}{1+\alpha(1-i_y)}$	$\frac{1}{(1+\alpha)i_y-1}$	$\frac{\alpha}{(1+\alpha)i_y-\alpha}$
参数 \ 方案	行星排在输出端的外分流液力机械变矩器					
方案简图	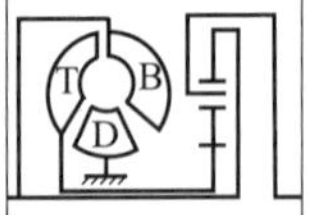		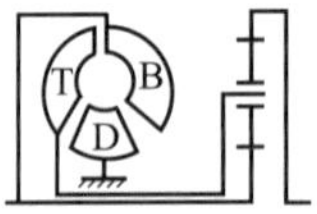	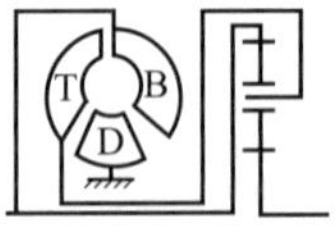	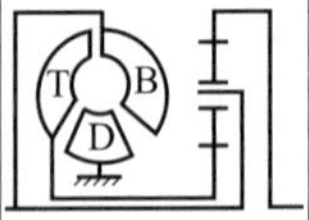	
连接特性系数	$\frac{1}{\alpha}$	α	$-(1+\alpha)$	$-\frac{1+\alpha}{\alpha}$	$-\frac{1}{1+\alpha}$	$-\frac{\alpha}{1+\alpha}$
$i_y=0$ 时的 i_{be} 的值	$\frac{\alpha}{1+\alpha}$	$\frac{1}{1+\alpha}$	$-\frac{1}{\alpha}$	$-\alpha$	$\frac{1+\alpha}{\alpha}$	$1+\alpha$
转速比 i_{be}	$\frac{\alpha+i_y}{1+\alpha}$	$\frac{1+\alpha i_y}{1+\alpha}$	$\frac{(1+\alpha)i_y-1}{\alpha}$	$(1+\alpha)i_y-\alpha$	$\frac{1+\alpha-i_y}{\alpha}$	$1+\alpha(1-i_y)$
变矩比 K_{be}	$\frac{(1+K_y)\alpha}{1+\alpha K_y}$	$\frac{K_y(1+\alpha)}{\alpha+K_y}$	$\frac{\alpha K_y}{\alpha+1-K_y}$	$\frac{K_y}{1-\alpha(K_y-1)}$	$\frac{\alpha K_y}{(\alpha+1)K_y-1}$	$\frac{K_y}{(\alpha+1)K_y-\alpha}$
效率 η_{be}	$\frac{(\alpha+i_y)K_y}{1+\alpha K_y}$	$\frac{(1+\alpha i_y)K_y}{\alpha+K_y}$	$\frac{[(1+\alpha)i_y-1]K_y}{1+\alpha-K_y}$	$\frac{[(1+\alpha)i_y-\alpha]K_y}{1-\alpha(K_y-1)}$	$\frac{(1+\alpha-i_y)K_y}{(1+\alpha)K_y-1}$	$\frac{[1+\alpha(1-i_y)]K_y}{(1+\alpha)K_y-\alpha}$
泵轮的相对转速 n_B/n_e	1	1	1	1	1	1

第19篇

续表

方案 参数	行星排在输出端的外分流液力机械变矩器					
方案简图	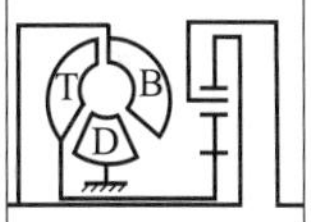	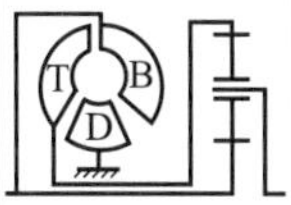	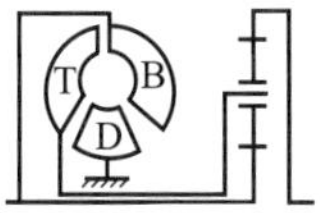	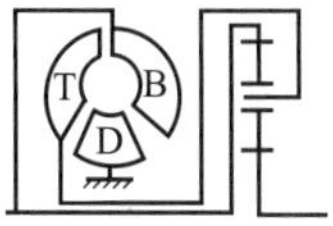	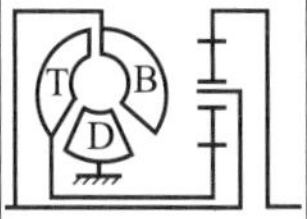	
泵轮的相对扭矩 T_B/T_e	$-\frac{1}{1+\alpha K_y}$	$-\frac{\alpha}{1+K_y}$	$-\frac{1+\alpha}{1+\alpha-K_y}$	$-\frac{1+\alpha}{1-\alpha(K_y-1)}$	$\frac{1}{(1+\alpha)K_y-1}$	$\frac{\alpha}{(1+\alpha)K_y-\alpha}$
泵轮的相对功率 P_B/P_E	$-\frac{1}{1+\alpha K_y}$	$-\frac{\alpha}{1+K_y}$	$-\frac{1+\alpha}{1+\alpha-K_y}$	$-\frac{1+\alpha}{1-\alpha(K_y-1)}$	$\frac{1}{(1+\alpha)K_y-1}$	$\frac{\alpha}{(1+\alpha)K_y-\alpha}$
输入转矩系数 λ_e/λ_{By}	$1+\alpha K$	$\frac{\alpha+K_y}{\alpha}$	$\frac{1+\alpha-K_y}{1+\alpha}$	$\frac{1-\alpha(K_y-1)}{1+\alpha}$	$(1+\alpha)K_y-1$	$-\frac{(1+\alpha)K_y-\alpha}{\alpha}$
循环功率的相对值 P_x/P_E	—	—	$\frac{K_y}{1+\alpha-K_y}$	$\frac{\alpha K_y}{1-\alpha(K_y-1)}$	$\frac{K_y}{(1+\alpha)K_y-1}$	$\frac{\alpha K_y}{(1+\alpha)K_y-\alpha}$

3.2 液力机械变矩器的应用

3.2.1 功率内分流液力机械变矩器的应用

3.2.1.1 导轮反转内分流液力机械变矩器

(1) 单级导轮反转内分流液力机械变矩器

单级导轮反转内分流液力机械变矩器和两自由度、三自由度的行星变速器或定轴变速器组成的液力传动装置在工程机械上得到广泛的应用。其运动简图和各挡所结合的操纵元件及传动比的计算式见图 19-3-5 和图 19-3-6。根据机器不同作业的要求，提供不同排挡数和不同传动比的选择。图 19-3-5 为行星变速器，图 19-3-5 (a) 有两个前进挡，一个后退挡，图 19-3-5 (b) 前进、后退各有两个挡，图 19-3-5 (c) 前进、后退各有三个挡。图 19-3-6 为定轴变速器，有两个前进挡，一个后退挡。

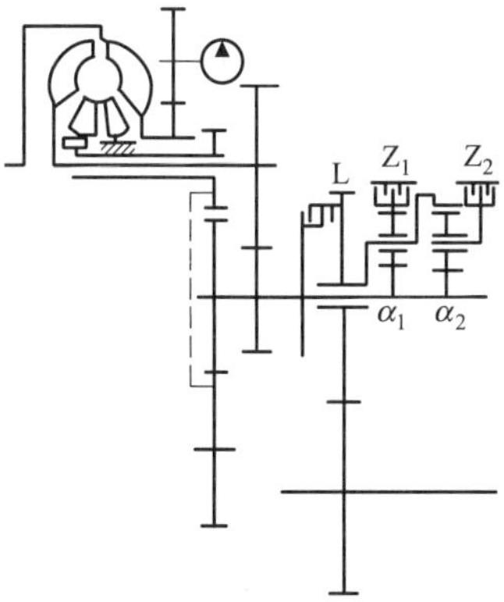

挡位	L	Z_1	Z_2	传动比
前 1		—		$1+\alpha_1$
前 2	+			1.0
后 1			+	$-\alpha_2$

(a) 两前一后

图 19-3-5

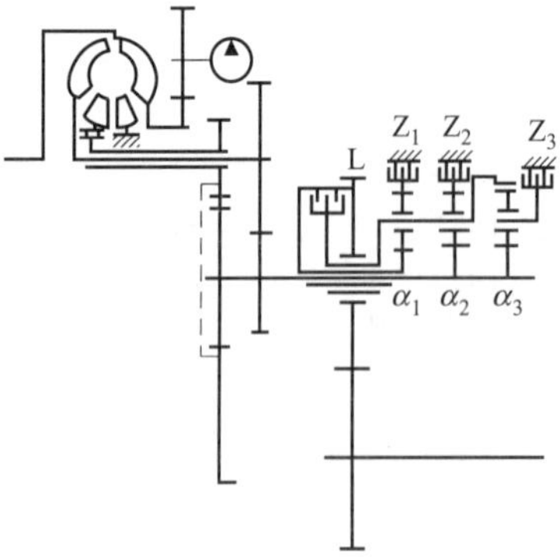

挡位	L	Z_1	Z_2	Z_3	传动比
前 1	+		+		$1+\alpha_2$
前 2		+	+		$(1+\alpha_2)/(1+\alpha_1)$
后 1	+			+	$-\alpha_3$
后 2		+		+	$-\alpha_3/(1+\alpha_1)$

（b）两前两后

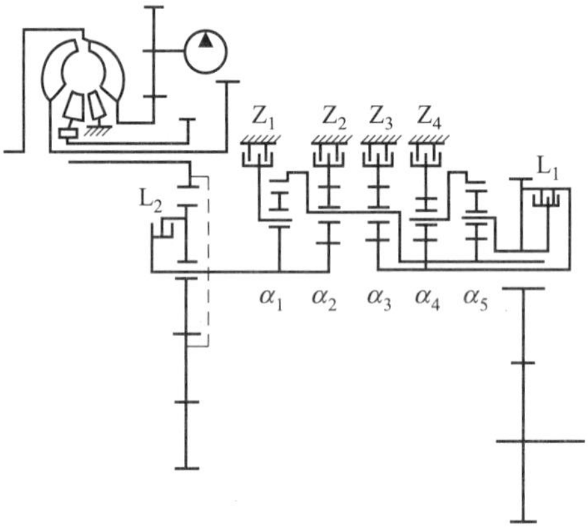

挡位	Z_1	Z_2	Z_3	Z_4	L_1	传　动　比
前 1		+		+		$(1+\alpha_2)(1+\alpha_4)(1+\alpha_5)/(1+\alpha_4+\alpha_5)$
前 2		+			+	$1+\alpha_2$
前 3		+	+			$(1+\alpha_2)/(1+\alpha_3)$
后 1	+				+	$-\alpha_1(1+\alpha_4)(1+\alpha_5)/(1+\alpha_4+\alpha_5)$
后 2	+				+	$-\alpha_1$
后 3	+		+			$-\alpha_1/(1+\alpha_3)$

（c）三前三后

图 19-3-5　单级导轮反转液力机械变速器

简图（行星式）、各挡所接合的操纵元件和传动比的计算式

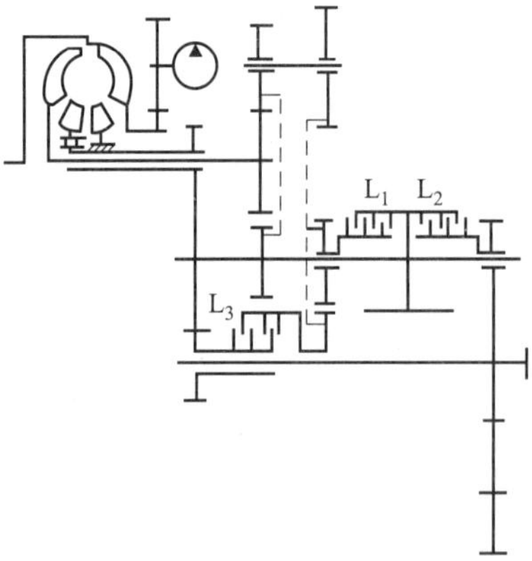

挡位	L_1	L_2	L_3
前 1		+	
前 2			+
后 1	+		

图 19-3-6　单级导轮反转液力机械变矩器

简图和各挡所接合的操纵元件（定轴式）

单级导轮反转液力机械变速器（两前一后）的液压换挡操纵系统见图 19-3-7。

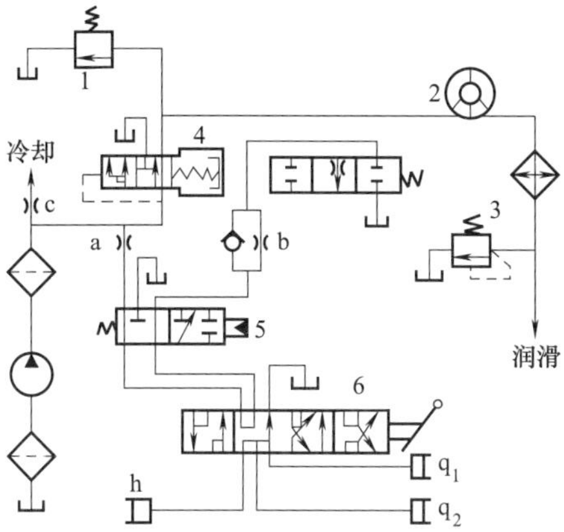

图 19-3-7　单级导轮反转液力机械变速器（两前一后行星变速器）的液压换挡操纵系统
1—安全阀；2—变矩器；3—润滑压力阀；4—调压阀；5—切断阀；6—换挡阀；a,b,c—阻尼孔；h—后退离合器油缸；q_1,q_2—前进离合器油缸

(2) 二级导轮反转内分流液力机械变矩器

二级导轮反转内分流液力机械变矩器与二自由度行星变速器（或换向器）组成的液力传动装置广泛地应用于长途汽车、公共汽车、载货汽车和中小型内燃机车。其简图见图 19-3-8。图 19-3-8 (a) 有三个前进挡位，一个后退挡位，图 19-3-8 (b) 有四个前进挡位，一个后退挡位。后者各挡所结合的操纵元件和传动比的计算式见表 19-3-10。

变矩器的叶轮起液力减速的作用。图 19-3-8 (b) 有五个减速运转工况（见表 19-3-10）。不同的减速运转工况组成两个液力减速级，适合不同的行驶状况使用。这种液力减速的作用均匀、平缓、无磨损。

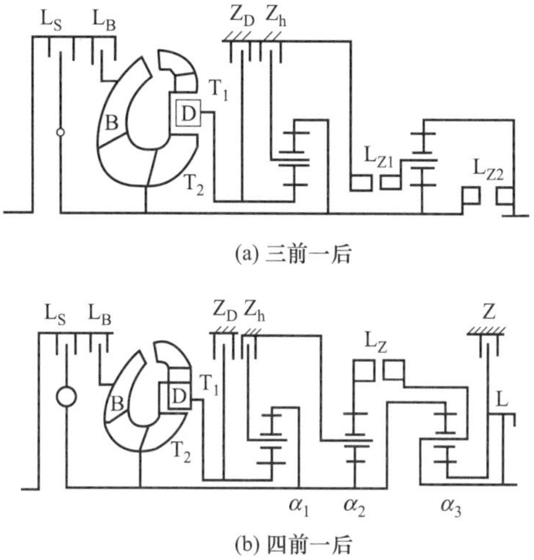

图 19-3-8　二级导轮反转液力机械变速器简图

3.2.1.2　双涡轮内分流液力机械变矩器

双涡轮内分流液力机械变矩器与二自由度、三自由度的行星变速器组成的液力传动装置广泛地应用在轮式装载机上。其简图和各挡所接合的操纵元件及传动比的计算式见图 19-3-9。

图 19-3-9 (a) 有两个前进挡，一个后退挡。图 19-3-9 (b)、(c) 前进、后退各有两个挡，前者高挡为降速挡，后者高挡为超速挡。变速器各挡传动比可以根据用户的要求做适当的调整。

双涡轮液力机械变速器（二前一后）的液压换挡操纵系统见图 19-3-10。

表 19-3-10　四前一后二级导轮反转液力机械变矩器各挡所接合的操纵元件及传动比的计算式

挡位	L_s	L_B	Z_D	Z_h	L_Z	Z	L	变矩系数	传动比
中位						+			
前 1		+		+		+		$K+\alpha_1(K-1)$	$(1+\alpha_3)/\alpha_3$
2		+	+			+		K	$(1+\alpha_3)/\alpha_3$
3	+					+			$(1+\alpha_3)/\alpha_3$
4	+						+		1.0
后 1		+		+	+			$K+\alpha_1(K-1)$	$-\alpha_2$
	+	+	+				+	一级液力减速(高速范围)	
	+			+			+	一、二级液力减速(中、高速范围)	
	+			+		+		一、二级液力减速(低、中速范围)	
	+	+		+			+	二级液力减速(中速范围)	
	+	+		+		+		二级液力减速(低速范围)	

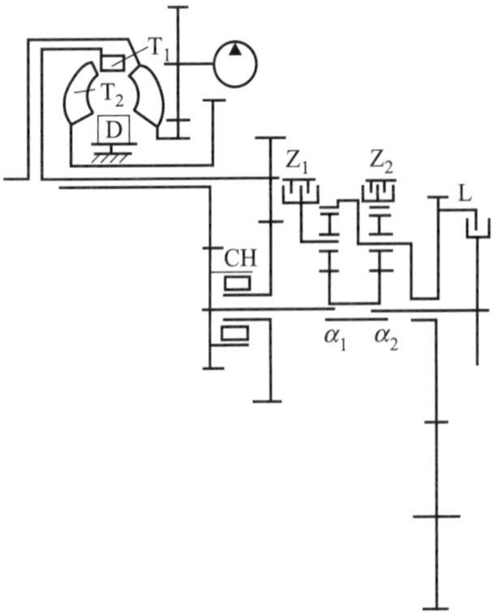

挡位	Z_1	Z_2	L	传动比
前 1		+		$1+\alpha_2$
2			+	1.0
后 1	+			$-\alpha_1$

(a) 二前一后

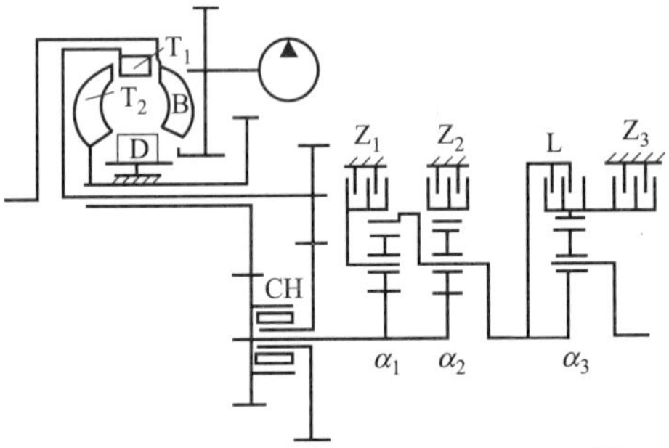

挡位	Z_1	Z_2	Z_3	L	传动比
前 1		+	+		$(1+\alpha_2)(1+\alpha_3)$
2		+		+	$(1+\alpha_2)$
后 1	+		+		$-\alpha_1(1+\alpha_3)$
2	+			+	$-\alpha_1$

(b) 二前二后（高速挡为降速挡）

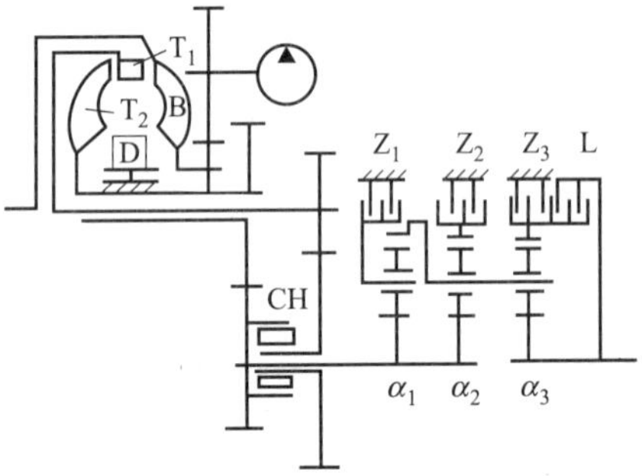

挡位	Z_1	Z_2	Z_3	L	传动比
前 1		+			$1+\alpha_2$
2		+	+		$(1+\alpha_2)/(1+\alpha_3)$
后 1	+			+	$-\alpha_1$
2	+		+		$-\alpha_1/(1+\alpha_3)$

(c) 二前二后（高速挡为超速挡）

图 19-3-9 双涡轮液力机械变矩器简图和各挡所接合的操纵元件及传动比的计算公式

3.2.2 功率外分流液力机械变矩器的应用

3.2.2.1 分流差速液力机械变矩器的应用

(1) 具有正转液力变矩器的分流差速液力机械变矩器

具有正转液力变矩器的分流差速液力机械变矩器与换联式三自由度行星变速器组成的液力传动装置，多用于公共汽车和越野载货汽车。其简图和各挡所接合的操纵元件及传动比的计算式见图 19-3-11。车辆原地起步时，齿圈 q 不动，太阳轮 t 与泵轮以 $1+\alpha$ 倍的发动机转速与发动机同向旋转，此时机械功率流不发生，而液力功率流的相对功率最大（$|\overline{P}_B|=1.0$）。随着车速的提高，泵轮转速降低，液力流减小，机械

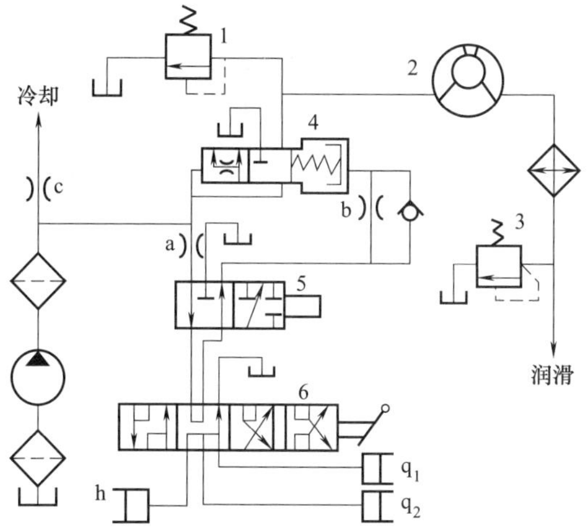

图 19-3-10　双涡轮机械变速器（二前一后）的液压换挡操纵系统

1—安全阀；2—变矩器；3—润滑液力阀；4—调压阀；5—切断阀；6—换挡阀；a,b,c—阻尼孔；h、q_1、q_2—相应后退、前 1、前 2 离合器油缸

功率流增大（$|\overline{P}_q|$增大）。车速提高的同时，变矩器的转速比增大，当达到换挡点时，相应换入高挡。

当车速进一步提高时，制动器 Z_B 接合，泵轮和太阳轮被制动。此时液力流终止，全部动力通过机械流传递，差速器成为增速器、速比为$\frac{\alpha_1}{1+\alpha_1}$。为避免中心轴驱动涡轮而产生液力制动，在涡轮与中心轴之间有超越离合器。

(2) 具有反转液力变矩器的分流差速液力机械变矩器

具有反转液力变矩器的分流差速液力机械变矩器与二自由度双行星换向器组成的液力传动装置，多应用于小吨位轮式装载机和叉车，其运动简图和各挡所接合的操纵元件及传动比的计算式见图 19-3-12。

在车辆起步和低速范围$\left(0\leqslant i_{be}<\frac{\alpha_1}{1+\alpha_1}\right)$，滑差离合器 L_h 接合、泵轮反转（相对输入轴），而涡轮正转、传动装置处于液力机械变矩器的双流运转工况。

车速提高到接近最高车速的一半（$i_{be}=0.36\sim0.46$），制动器 Z_B 自动接合，泵轮被制动，液力流终止，仅存在机械流，差速器成为减速器，传动比为 $(1+\alpha_1)/\alpha_1$。泵轮制动根据车速和油门踏板位自动进行。功率流没有中断，由一台计量泵控制。

从前进挡位挂到后退挡位的瞬间，车辆由于惯性继续前进，中心轴反转，超越离合器锁止，轴流涡轮被增速，泵出的液流流经固定的导轮，起到对车辆的制动作用。反之，从后退挡挂到前进挡亦然。换向可以在任何车速和任何油门下进行（称为全动力换挡）。车辆在长坡向下行驶时，反转液力变矩器可提供无级控制持续作用的制动力矩，这种液力制动无磨损。

这种分流差速液力机械变矩器的其他几个传动方案（其简图见图 19-3-13）广泛地应用于公共汽车。有前进三个挡位和四个挡位之分，分别用于市内、机场公共汽车和城市间、长途公共汽车。后者有两种不同传动简图，提供不同的速比，以适应不同的道路状况。

各种方案各挡所接合的操纵元件及传动比的计算式见图 19-3-13。

换挡的控制系统为电子液力控制。自动换挡的换挡点决定于变速器输出轴转速和油门踏板位置。

车辆在某一挡位前进行驶时，松开油门踏板，踩下制动踏板，后退挡动器即被接合，得到相对挡位的液力制动。此时轴流涡轮反转（相对输入轴），作为轴流泵，泵出的液流流经制动的泵轮和固定不动的导轮，起到对车辆的制动作用。在某一挡位制动时根据车速可以自动下挂到低一挡，以弥补由于车速降低而下降的制动力。对于长坡的连续制动，另有一个手动操纵杆，提供三级液力制动，每级相应变矩器内部有不同的调节压力。这种液力制动反应迅速，反应时间约为 0.3s，制动过程柔和平稳、无磨损。

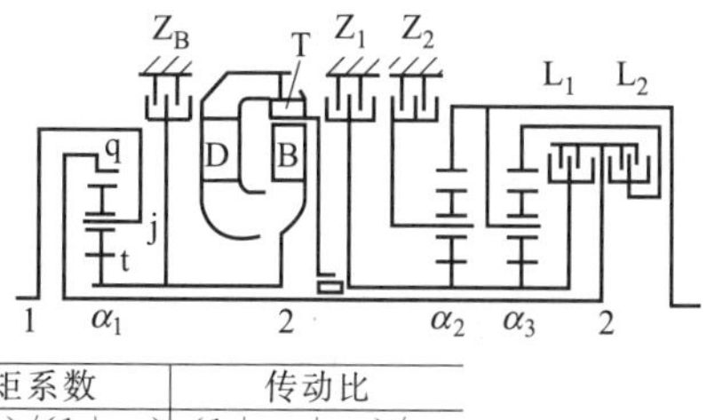

挡位	Z_B	Z_1	Z_2	L_1	L_2	变矩系数	传动比
前 1			+		+	$(K+\alpha_1)/(1+\alpha_1)$	$(1+\alpha_2+\alpha_3)/\alpha_3$
2		+			+	$(K+\alpha_1)/(1+\alpha_1)$	$(1+\alpha_3)/\alpha_3$
3				+	+	$(K+\alpha_1)/(1+\alpha_1)$	1.0
4	+			+	+		$\alpha/(1+\alpha_1)$
后 1			+	+		$(K+\alpha_1)/(1+\alpha_1)$	$-\alpha_2$

图 19-3-11　分流差速液力机械变速器简图和各挡所接合的操纵元件及传动比的计算式

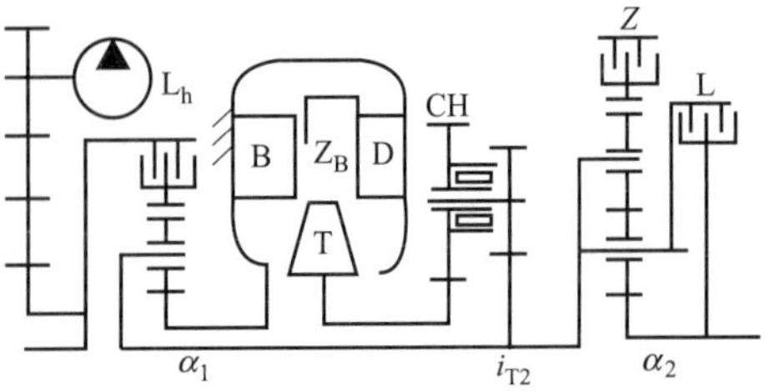

挡位	L_h	Z_B	Z	L	变矩系数	传动比
前 1	+			+	$1+(1-i_{T2}K)/\alpha_1$	1.0
2	+	+		+		$(1+\alpha_1)/\alpha_1$
后 1	+		+		$1+(1-i_{T2}K)/\alpha_1$	$-(\alpha_2-1)$
2	+	+	+			$-(\alpha_2-1)\times(1+\alpha_1)/\alpha_1$

图 19-3-12 具有反转液力变矩器的分流差速液力机械变速器简图和各挡所接合的操纵元件及传动比的计算式

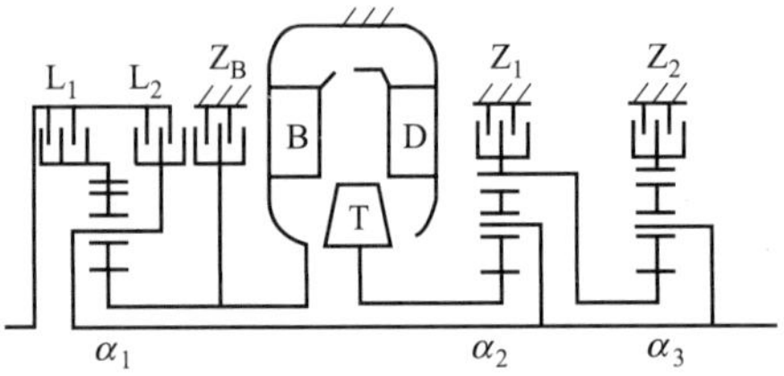

挡位	L_1	L_2	Z_B	Z_1	Z_2	变矩系数	传动比
前 1	+			+		$1+[1-(1+\alpha_2)K]/\alpha_1$	
2	+		+				$(1+\alpha_4)/\alpha_1$
3		+	+				1.0
前 3 减速		+	+		+		
2 减速	+		+		+		
1 减速			+		+		
后 1	+				+		

(a) 三前一后

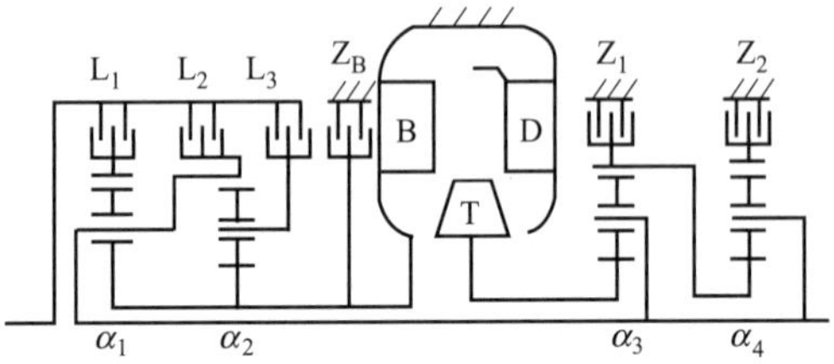

挡位	L_1	L_2	L_3	Z_B	Z_1	Z_2	变矩系数	传动比
前 1	+				+		$1+[1-(1+\alpha_3)K]/\alpha_1$	
2	+			+				$(1+\alpha_1)/\alpha_1$
3		+		+				1.0
4			+	+				$\alpha_2/(1+\alpha_2)$
前 4 减速			+	+		+		
3 减速		+		+		+		
2 减速	+			+		+		
1 减速				+		+		
后 1	+					+	$1+[1-(1-\alpha_3\alpha_4)K]\alpha$	

(b) 四前一后（高挡为降速挡）

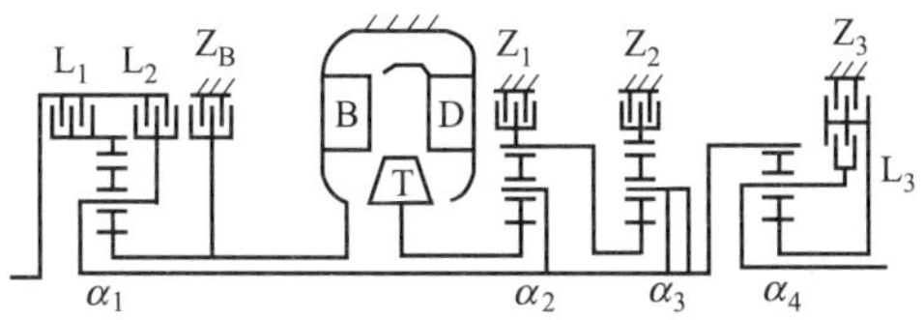

挡位	L_1	L_2	Z_B	Z_1	Z_2	Z_3	L_3	变矩系数	传动比
前 1	+			+		+		$\{1+[1-(1+\alpha_2)K]/\alpha_1\}\times(1+\alpha_4)/\alpha_4$	
2	+		+			+			$(1+\alpha_1)(1+\alpha_4)/\alpha_1\cdot\alpha_4$
3		+	+			+			$(1+\alpha_4)\alpha_4$
4		+	+				+		1.0
前 4 减速		+	+		+		+		
3 减速		+	+		+	+			
2 减速	+		+		+	+			
1 减速			+		+	+			
后 1	+				+	+		$\{1+[1-(1-\alpha_2\alpha_3)\times K/\alpha_1]\}\times(1+\alpha_4)/\alpha_4$	

（c）四前一后（高挡为直接挡）

图 19-3-13　具有反转液力变矩器的分流差速液力机械变矩器（其他方案）简图和各挡所接合的操纵元件及变矩系数的计算式

3.2.2.2　汇流差速液力机械变矩器的应用

汇流差速液力机械变矩器与串联在其后的三自由度行星变速器，在履带式推土机上得到了广泛应用，其简图以及各挡所接合的操纵元件和传动比的计算式见图 19-3-14。

车辆原地起步和处于低速范围时，液力机械变矩器在 $0\leqslant i_{be}\leqslant\frac{1}{1+\alpha}$ 工况区运转，在此工矿区变矩器的涡轮与泵轮反向旋转，变矩器处于反转制动工况，相对功率 $\overline{P}_T$ 为负（从汇流差速机构输入功率）。随着车速的提高，液力机械变矩器运转在 $\frac{1}{1+\alpha}\leqslant i_{be}\leqslant 1.0$ 工况区，在此工况区涡轮与泵轮同向旋转，液力变矩器处于牵引工况区，相对功率 $\overline{P}_T$ 为正（向汇流差速机构输出功率），并且随着车速的提高，$\overline{P}_T$ 增大。

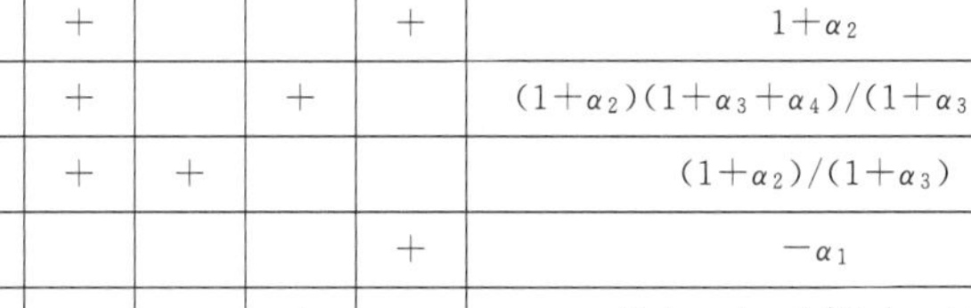

挡位	Z_1	Z_2	Z_3	Z_4	L	传动比
前 1		+			+	$1+\alpha_2$
2		+		+		$(1+\alpha_2)(1+\alpha_3+\alpha_4)/(1+\alpha_3)(1+\alpha_4)$
3		+	+			$(1+\alpha_2)/(1+\alpha_3)$
后 1	+				+	$-\alpha_1$
2	+			+		$-\alpha_1(1+\alpha_3+\alpha_4)/(1+\alpha_3)(1+\alpha_4)$
3	+		+			$-\alpha_1/(1+\alpha_3)$

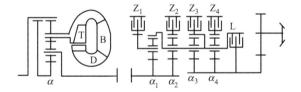

图 19-3-14　汇流差速液力机械变矩器和三前三后行星动力换挡变速器简图和各挡所接合的操纵元件及传动比的计算式

3.3 液力机械变矩器产品规格与型号

3.3.1 双涡轮液力机械变矩器产品

表 19-3-11 双涡轮液力变矩器的技术参数

型号	有效直径/mm	转速/r·min^{-1}	功率/kW	特性	外形尺寸	匹配发动机	目前应用主机	生产厂
F30B	315	2000	80	见图 19-3-16	见图 19-3-15	YG6108G	3.0t 转载机	天津鼎盛工程机械有限公司
YJSW315-4AL	315	2000	80	见图 19-3-18	见图 19-3-17	YG6108G6105	3.0t 转载机	
YJSW315-4AⅡ	315	2000	110	见图 19-3-20	见图 19-3-19	YG6108G6105, X6100	3.0t 或 4.0t 转载机(也可采用弹性板连接)	
YJSW315-4A	315	2000	80	见图 19-3-22	见图 19-3-21	6105	3.0t 转载机	山推股份公司液力变矩器厂、天津市琪力工程机械有限公司
YJSW315-4B	315	2000	80	见图 19-3-22	见图 19-3-23	6105	3.0t 转载机	山推股份公司液力变矩器厂
YTSW315-4	315	2000	80	见图 19-3-25	见图 19-3-24	6105	3.0t 转载机	浙江临海机械有限公司
YJSW315-6	315	2200	147	见图 19-3-27	见图 19-3-26	6135K-9a	5.0t 或 4.0t 装载机	
YJSW315-5 YJSW315-6	315	2200	147	见图 19-3-29	见图 19-3-28	6135K-9a	5.0t 或 4.0t 装载机	福建泉州建德机械厂
YJSW315-6B	315	2200	147	见图 19-3-30	见图 19-3-31	6135K-9a, 6121ZG09	5.0t 或 4.0t 装载机	天津鼎盛工程机械有限公司
YJSW315-6C	315	2200	147	见图 19-3-32	见图 19-3-33	6135K-9a, 6121ZG09	5.0t 或 4.0t 装载机	山推股份公司液力变矩器厂
YJSW315-6Ⅰ	315	2200	147	见图 19-3-34	见图 19-3-28	6135K-9a, 6121ZG09	5.0t 或 4.0t 装载机	浙江绍兴前进齿轮箱有限公司
YJSW315-6Ⅱ	315	2200	147	见图 19-3-35	见图 19-3-28	6135K-9a, 6121ZG09	5.0t 或 4.0t 装载机	
YJSW315-6	315	2200	147	见图 19-3-35	见图 19-3-33	6135K-9a, 6121ZG09	5.0t 或 4.0t 装载机	山东临沂临工汽车桥箱有限公司、天津市琪力工程机械有限公司
YJSW310	310	2000	65	见图 19-3-37	见图 19-3-36	4120ST5	2.0t 装载机	大连液力机械有限公司
YJSW310	310	2000	80	见图 19-3-38	见图 19-3-36	4125ST5	3.0t 装载机	

续表

型号	有效直径/mm	转速/r·min^{-1}	功率/kW	特性	外形尺寸	匹配发动机	目前应用主机	生产厂
D310	310	2000	80	见图 19-3-39	见图 19-3-36	4120ST5 4125ST	2.0t 或 3.0t 装载机	成都工程机械总厂液力分厂、陕西航天动力高科技股份有限公司
YJHSW315（钣金冲焊型）	315	2200	147	见图 19-3-41	见图 19-3-40	6135	4.0t 或 5.0t 装载机	

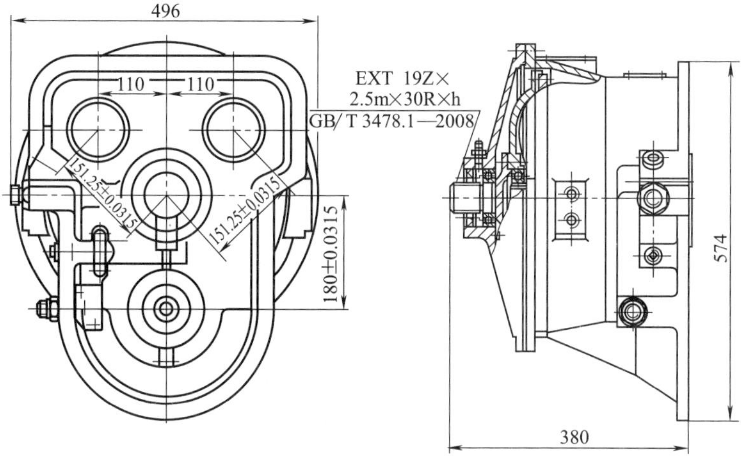

图 19-3-15　F30B 双涡轮液力变矩器

试验转速:　2000r/min

工作液牌号: 6号液力传动油

试验油温:　90～120℃

试验单位:　天津鼎盛工程机械有限公司

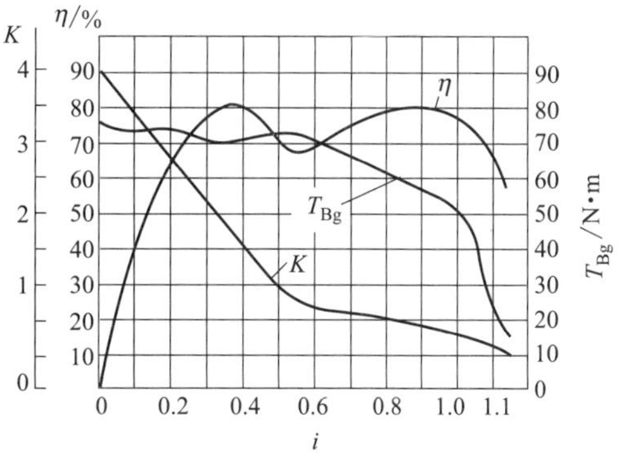

i	K	η	T_{Bg}/N·m	i	K	η	T_{Bg}/N·m
0	4.56	0	75.2	0.675	1.08	0.729	66.3
0.3	3.84	0.384	73.2	0.725	1.03	0.747	64.2
0.2	3.2	0.64	73	0.885	0.905	0.801	57
0.27	2.78	0.75	71.8	1.03	0.73	0.75	45.5
0.37	2.17	0.803	70	1.1	0.62	0.682	22.5
0.465	1.61	0.75	70.8	1.15	0.48	0.552	14.6
0.525	1.28	0.672	72				

图 19-3-16　F30B 双涡轮液力变矩器特性

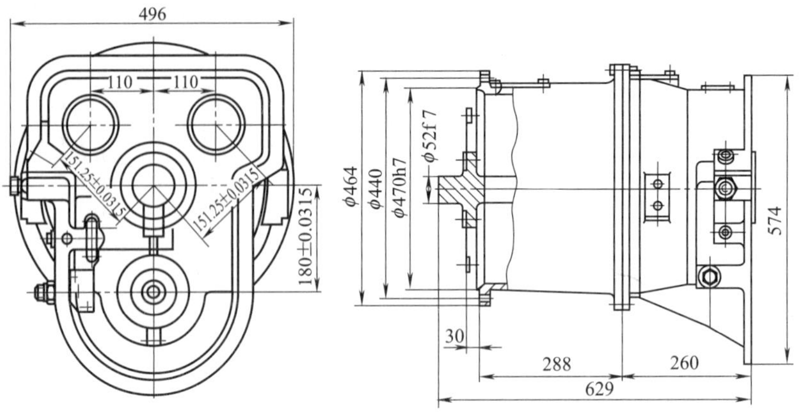

图 19-3-17 YJSW315-4AL 双涡轮液力变矩器

试验转速: 2000r/min

工作液牌号: 6号液力传动油

试验油温: 90～120℃

试验单位: 天津鼎盛工程机械有限公司

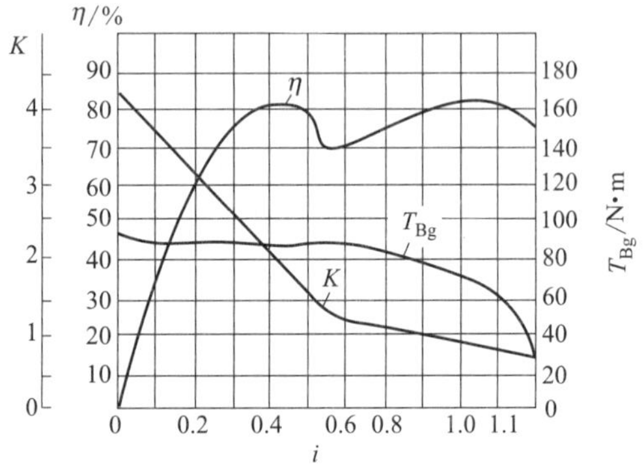

i	K	η	T_{Bg}/N·m	i	K	η	T_{Bg}/N·m
0	4.3	0	93.09	0.6	1.171	0.703	88.56
0.1	3.632	0.363	89.21	0.692	1.084	0.75	84.13
0.2	3.083	0.617	89.5	0.7	1.073	0.751	83.72
0.281	2.669	0.75	89.22	0.793	1	0.793	78.55
0.3	2.565	0.77	89.06	0.8	0.995	0.796	78.13
0.4	2.038	0.815	87.97	0.9	0.911	0.82	72.07
0.404	2.02	0.816	87.95	0.949	0.37	0.826	68.76
0.5	1.547	0.774	88.66	1.0	0.313	0.818	62.17
0.521	1.44	0.75	89.10	1.1	0.704	0.774	27.38
0.559	1.242	0.694	90.17				

图 19-3-18 YJSW315-4AL 双涡轮液力变矩器特性

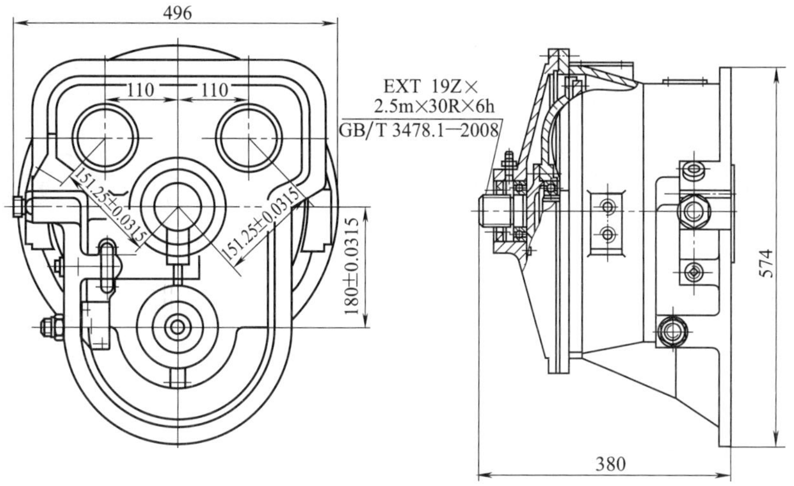

图 19-3-19　YJSW315-4AⅡ双涡轮液力变矩器

试验转速:　2000r/min

工作液牌号: 6号液力传动油

试验油温:　90～120℃

试验单位:　天津鼎盛工程机械有限公司

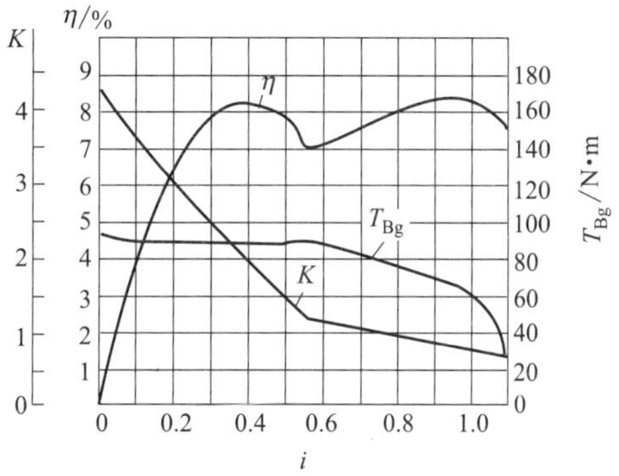

i	K	η/%	T_{Bg}/N·m	i	K	η/%	T_{Bg}/N·m
0	4.3	0	93.09	0.6	1.171	0.703	88.56
0.1	3.632	0.363	89.21	0.692	1.084	0.75	84.13
0.2	3.083	0.617	89.3	0.7	1.073	0.751	83.72
0.281	2.669	0.75	89.22	0.793	1	0.793	78.55
0.3	2.565	0.77	89.06	0.8	0.995	0.796	78.13
0.4	2.038	0.815	87.97	0.9	0.911	0.82	72.07
0.404	2.02	0.816	87.95	0.949	0.37	0.826	68.76
0.5	1.547	0.774	88.66	1.0	0.313	0.818	62.17
0.521	1.44	0.75	89.10	1.1	0.740	0.774	27.38
0.559	1.242	0.694	90.17				

图 19-3-20　YJSW315-4AⅡ双涡轮液力变矩器特性

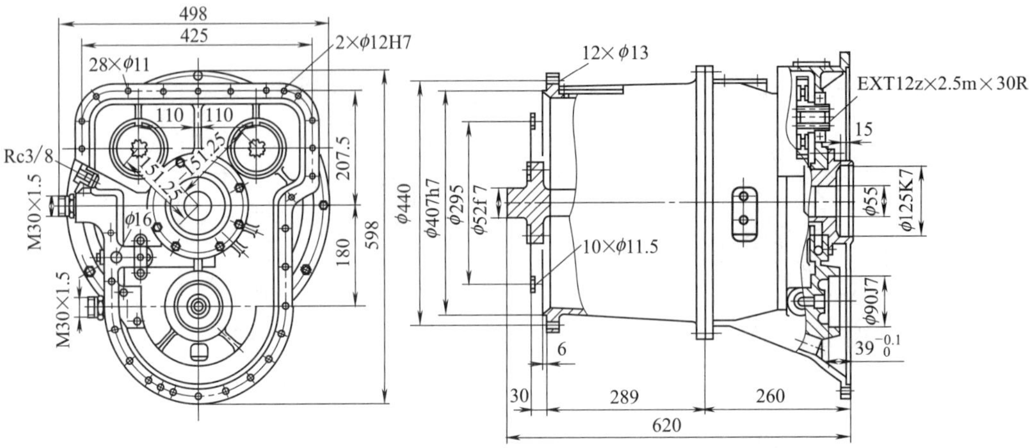

图 19-3-21　YJSW315-4A 双涡轮液力变矩器

试验转速：　1500r/min

工作液牌号：6号液力传动油

试验油温：　95℃

试验单位：　山推股份公司传动实验室

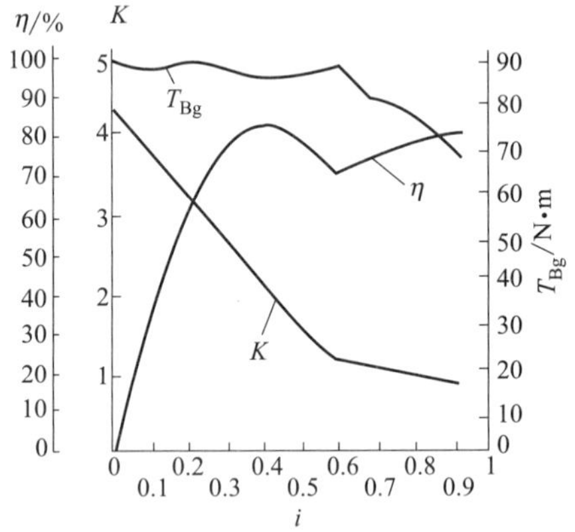

i	K	η/%	T_{Bg}/N·m	i	K	η/%	T_{Bg}/N·m
0	4.36	0	89.96	0.59	1.195	70.5	88.74
0.1	3.75	37.5	89.04	0.675	1.11	74.93	81.45
0.2	3.2	64	89.96	0.75	1.047	78.53	79.93
0.255	2.941	74.99	89.35	0.85	0.959	81.52	73.85
0.35	2.37	82.95	86.31	0.925	0.89	82.33	68.07
0.39	2.15	83.85	86	1.05	0.749	78.65	43.76
0.5	1.59	79.5	86.61	1.1	0.682	75.02	27.35
0.549	1.366	74.99	88.13				

图 19-3-22　YJSW315-4A、4B 双涡轮液力变矩器特性

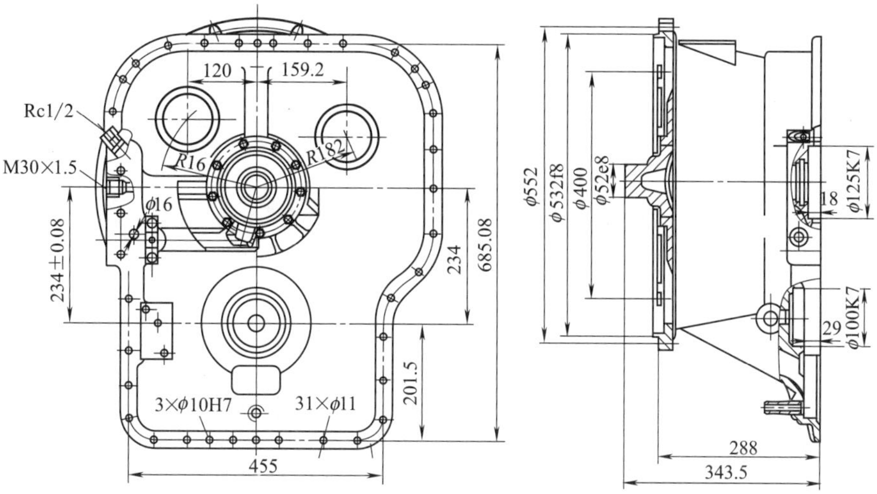

图 19-3-23　YJSW315-4B 双涡轮液力变矩器

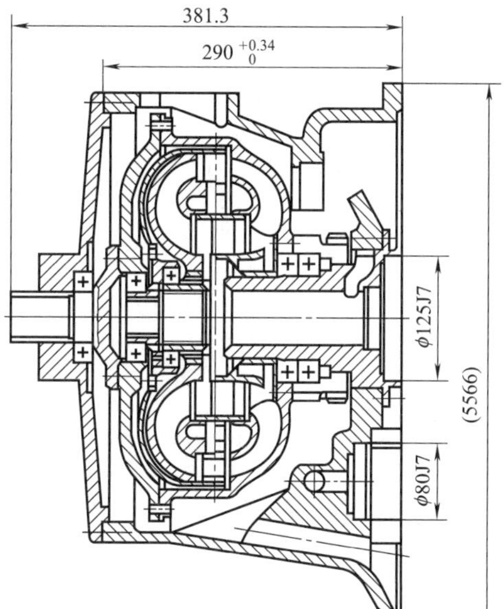

图 19-3-24　YJSW315-4 双涡轮液力变矩器

试验转速：2000r/min

工作液牌号：6号液力传动油

试验油温：85℃

试验单位：浙江临海机械有限公司

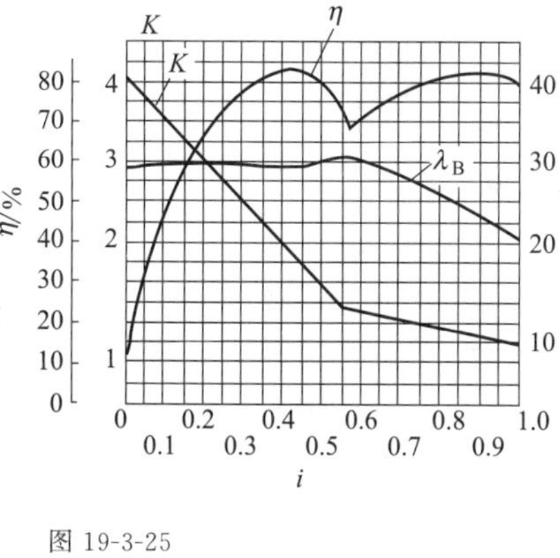

图 19-3-25

i	K	η	T_{Bg}/N·m	$\lambda_B \rho g \times 10^4$	i	K	η	T_{Bg}/N·m	$\lambda_B \rho g \times 10^4$
0.00	4.11	0.00	88.10	28.98	0.60	1.14	0.68	92.02	30.28
0.27	2.69	0.72	90.06	29.64	0.70	1.05	0.74	85.36	28.07
0.40	2.01	0.80	89.08	29.32	0.80	0.96	0.77	78.20	25.72
0.43	1.89	0.81	89.98	29.29	0.90	0.87	0.78	70.85	23.31
0.50	1.51	0.76	91.04	29.95	0.93	0.84	0.78	68.60	22.57
0.55	1.26	0.70	93.00	30.61	0.98	0.80	0.78	63.21	20.80

图 19-3-25　YJSW315-4 双涡轮液力变矩器特性

试验转速：2000r/min

工作液牌号：6号液力传动油

试验油温：85℃

试验单位：浙江临海机械有限公司

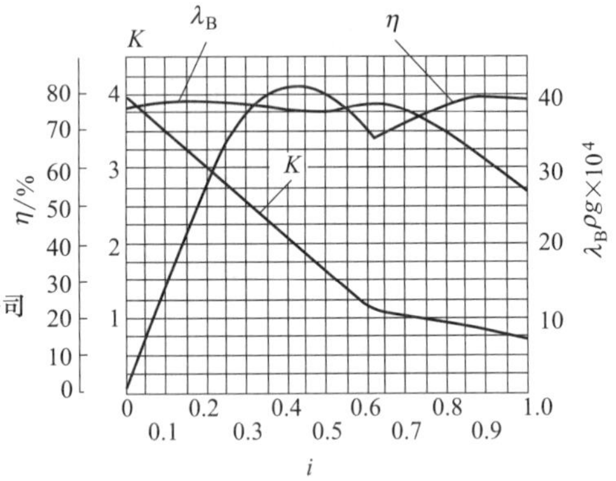

i	K	η	T_{Bg}/N·m	$\lambda_B \rho g \times 10^4$	i	K	η	T_{Bg}/N·m	$\lambda_B \rho g \times 10^4$
0.00	3.95	0.00	116.97	38.48	0.75	1.00	0.75	110.43	36.33
0.24	2.78	0.66	118.72	39.06	0.80	0.96	0.77	105.89	34.84
0.34	2.33	0.79	117.51	38.66	0.85	0.92	0.79	101.22	33.27
0.40	2.05	0.82	115.49	37.96	0.90	0.89	0.80	96.85	31.83
0.42	1.96	0.83	114.90	17.69	0.92	0.88	0.80	94.72	31.13
0.45	1.84	0.82	115.25	37.84	0.95	0.84	0.80	91.43	30.05
0.55	1.39	0.77	114.80	38.50	0.99	0.80	0.79	85.18	28.00
0.65	1.08	0.70	118.51	39.00					

图 19-3-26　YJSW315-6 双涡轮液力变矩器特性

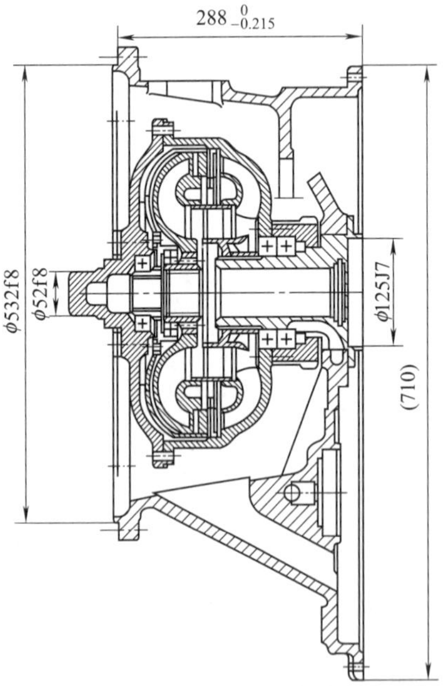

图 19-3-27　YJSW315-6 双涡轮液力变矩器

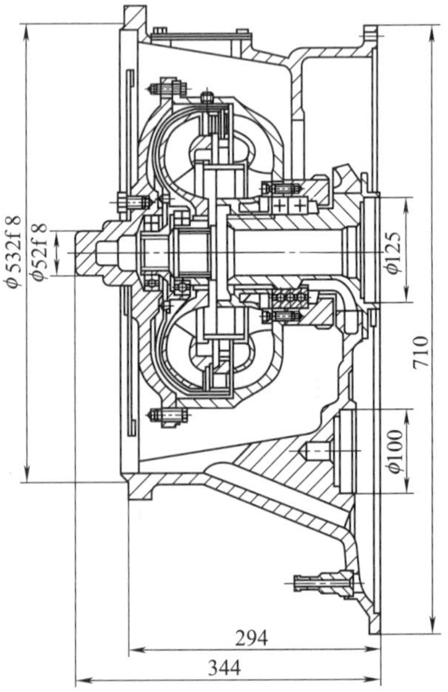

图 19-3-28　YJSW315-5、YJSW315-6 双涡轮液力变矩器

试验转速：　2000r/min

工作液牌号：　6号液力传动油

试验油温：　100～120℃

试验单位：　天津工程机械研究所

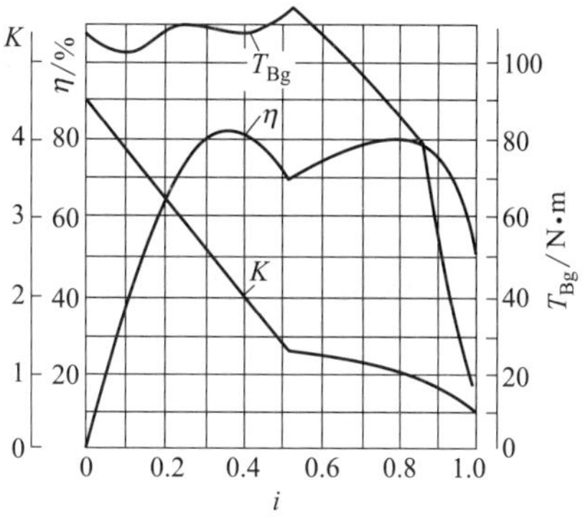

i	K	η	T_{Bg}/N·m	i	K	η	T_{Bg}/N·m
0	4.51	0	106.8	0.6	1.236	0.742	107.4
0.1	3.87	0.387	102.8	0.7	1.131	0.792	97.7
0.2	3.30	0.660	108.6	0.8	1.016	0.813	87.3
0.3	2.67	0.801	109.2	0.825	0.988	0.815	84.0
0.36	2.292	0.825	107.7	0.85	0.949	0.807	79.7
0.4	2.038	0.815	108.3	0.9	0.856	0.770	50.2
0.5	1.45	0.725	109.8	0.95	0.718	0.682	28.9
0.522	1.331	0.695	114.4	1.0	0.41	0.41	14.6

图 19-3-29　YJSW315-6 双涡轮液力变矩器特性

试验转速：　2000r/min

工作液牌号：　6号液力传动油

试验油温：　90～120℃

试验单位：　天津鼎盛工程机械有限公司

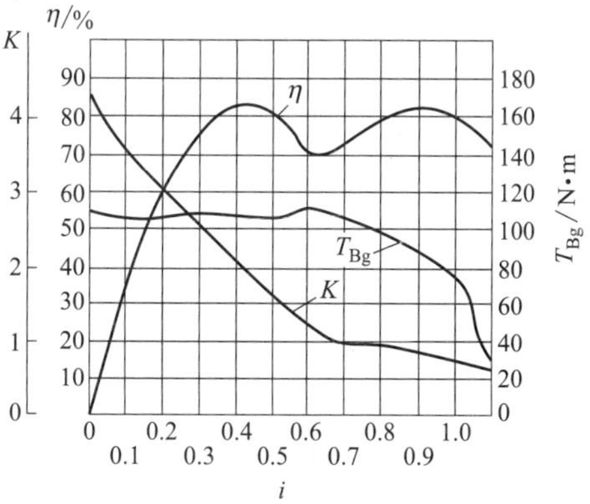

i	K	η	T_{Bg}/N·m	i	K	η	T_{Bg}/N·m
0	4.304	0	109.54	0.615	1.149	0.707	111.88
0.1	3.581	0.358	106.76	0.7	1.068	0.748	105.8
0.2	3.074	0.615	106.66	0.703	1.067	0.75	105.58
0.276	2.717	0.75	108.37	0.782	1	0.782	99.31
0.3	2.598	0.779	108.39	0.8	0.986	0.789	97.81
0.4	2.087	0.835	106.76	0.9	0.907	0.816	88.64
0.425	1.969	0.837	106.41	0.941	0.871	0.82	84.74
0.5	1.635	0.818	107.5	1.0	0.809	0.809	76.8
0.584	1.284	0.75	110.73	1.086	0.691	0.75	35.2
0.6	1.218	0.731	111.23	1.1	0.664	0.73	31.42

图 19-3-30　YJSW315-6B 双涡轮液力变矩器特性

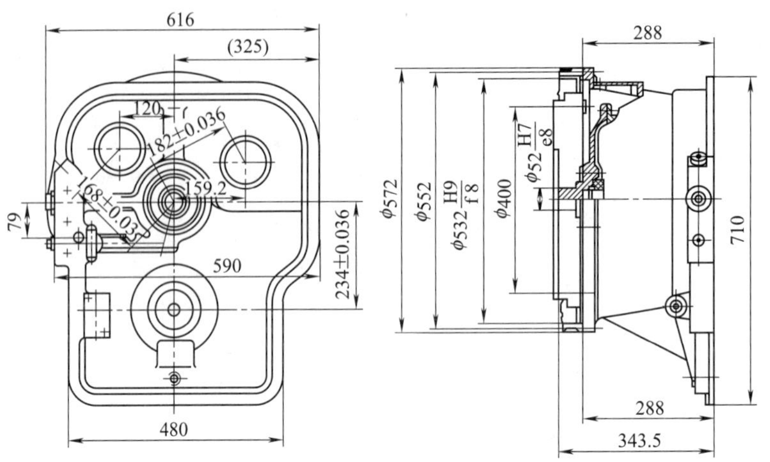

图 19-3-31　YJSW315-6B 双涡轮液力变矩器

试验转速：　2000r/min
工作液牌号：6号液力传动油
试验油温：　95℃
试验单位：　山推股份公司传动实验室

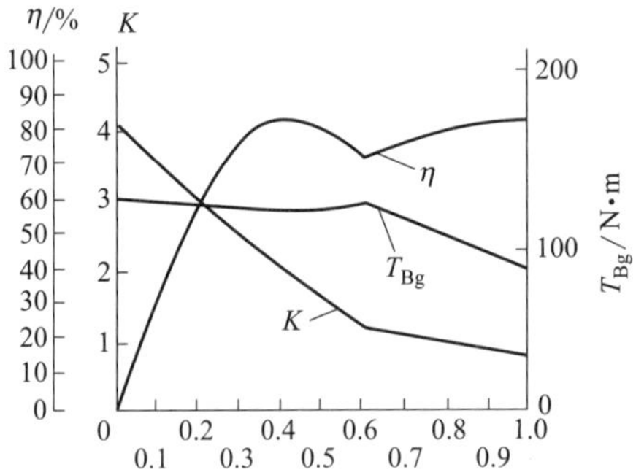

i	K	η/%	T_{Bg}/N・m	i	K	η/%	T_{Bg}/N・m
0	4.12	0	122.1	0.6	1.216	72.93	118.7
0.1	3.518	35.2	120.6	0.658	1.141	75	114.1
0.2	3.037	60.81	120.8	0.7	1.104	77.33	109.8
0.282	2.66	75.06	115.7	0.8	1.018	81.51	99.6
0.3	2.576	77.34	114.2	0.9	0.934	84.1	90
0.4	2.084	83.31	112.2	0.99	0.858	84.88	80.6
0.452	1.845	83.51	112.8	1	0.849	84.87	79.3
0.5	1.645	82.25	114.3	1.05	0.799	83.91	67.6
0.578	1.308	75.02	117.5				

图 19-3-32　YJSW315-6C 双涡轮液力变矩器特性

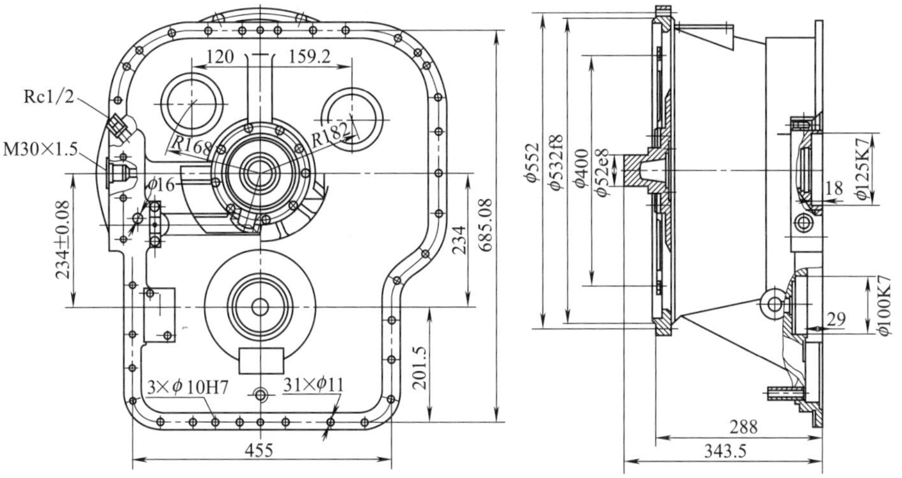

图 19-3-33　YJSW315-6C 双涡轮液力变矩器

试验转速:　2000r/min
工作液牌号: 6号液力传动油
试验油温:　90℃
试验单位:　天津工程机械研究所

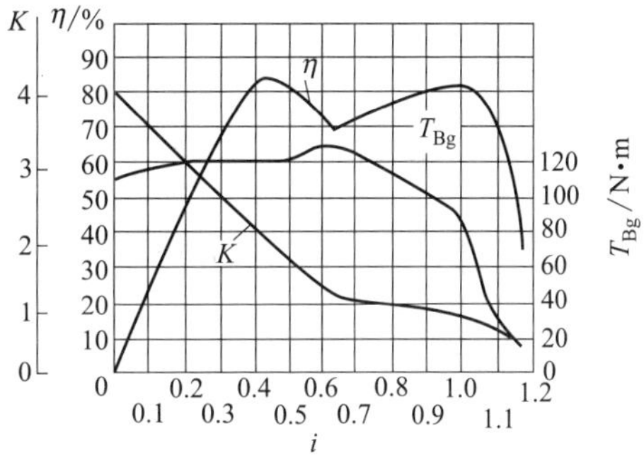

i	K	η	T_{Bg}/N·m	i	K	η	T_{Bg}/N·m
0	4.04	0	111.0	0.74	1.01	0.75	119.4
0.38	2.14	0.80	122.7	0.84	0.93	0.78	109.3
0.43	1.91	0.82	121.0	0.95	0.86	0.81	97.2
0.48	1.71	0.81	122.6	0.97	0.84	0.82	93.0
0.56	1.37	0.77	125.9	1.08	0.71	0.76	35.7
0.64	1.08	0.69	127.9	1.18	0.29	0.34	12.2

图 19-3-34　YJSW315-6Ⅰ双涡轮液力变矩器特性

试验转速:　2000r/min
工作液牌号: 8号液力传动油
试验油温:　90℃
试验单位:　天津工程机械研究所

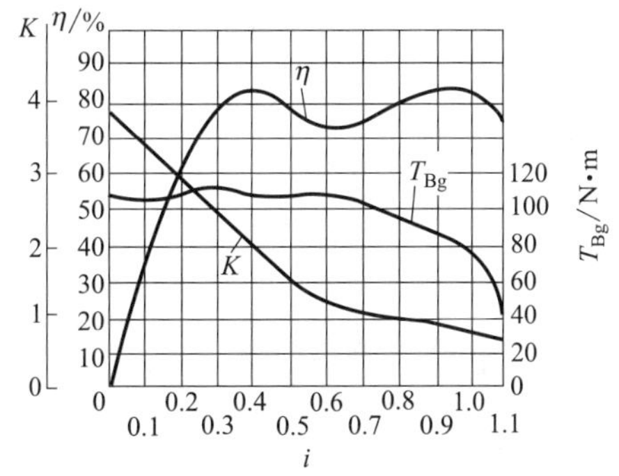

图 19-3-35

i	K	η	T_{Bg}/N·m	i	K	η	T_{Bg}/N·m
0	3.94	0	107.0	0.66	1.11	0.73	106.2
0.15	3.19	0.48	105.2	0.76	1.02	0.78	99.0
0.26	2.69	0.69	111.8	0.86	0.95	0.81	91.1
0.36	2.25	0.81	108.6	0.91	0.91	0.83	86.4
0.41	2.00	0.82	107.2	0.96	0.87	0.84	81.5
0.46	1.77	0.82	107.5	1.01	0.82	0.82	75.2
0.56	1.34	0.75	108.7	1.11	0.68	0.75	29.6

图 19-3-35 YJSW315-6Ⅱ双涡轮液力变矩器特性

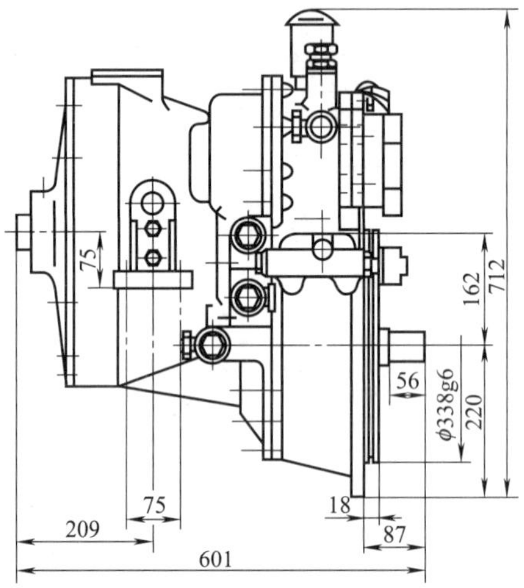

图 19-3-36 YJSW310 双涡轮液力变矩器

试验转速: 2000r/min
工作液牌号: 8号液力传动油
试验油温: 95℃
试验单位: 大连液力机械厂

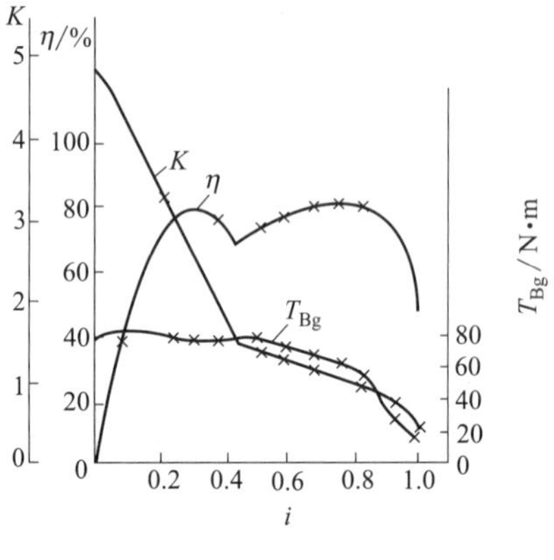

i	K	η	T_{Bg}/N·m	i	K	η	T_{Bg}/N·m
0	4.964	0	76.9	0.6	1.303	0.782	73.8
0.1	4.28	0.428	82.0	0.7	1.151	0.806	65.6
0.2	3.40	0.680	80.0	0.77	1.054	0.812	61.5
0.305	2.60	0.794	77.3	0.8	1.006	0.805	59.0
0.4	1.85	0.740	79.0	0.846	0.937	0.793	54.5
0.448	1.521	0.682	79.2	0.95	0.732	0.695	27.0
0.5	1.45	0.725	77.8	1.015	0.44	0.446	16.1

图 19-3-37 YJSW310（ZL20 用）双涡轮液力变矩器特性

试验转速:　2000r/min
工作液牌号: 22号透平油
试验油温:　95℃
试验单位:　大连液力机械厂

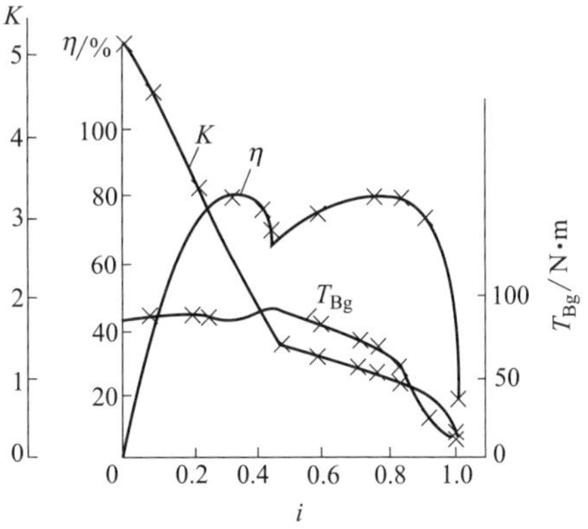

i	K	η	T_{Bg}/N·m	i	K	η	T_{Bg}/N·m
0	5.046	0	85.5	0.6	1.267	0.760	82.0
0.1	4.36	0.436	88.0	0.7	1.146	0.802	75.0
0.2	3.54	0.708	88.2	0.762	1.046	0.810	69.2
0.338	2.387	0.808	87.5	0.8	0.98	0.802	65.0
0.4	1.955	0.782	90.0	0.9	0.840	0.756	27.0
0.465	1.461	0.680	91.2	0.95	0.737	0.700	21.8
0.5	1.40	0.700	89.5	1.015	0.187	0.19	9.8

图 19-3-38　YJSW310（ZL30 用）双涡轮液力变矩器特性

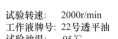

试验转速:　2000r/min
工作液牌号: 6号液力传动油
试验油温:　85℃±5℃
试验单位:　天津工程机械研究所

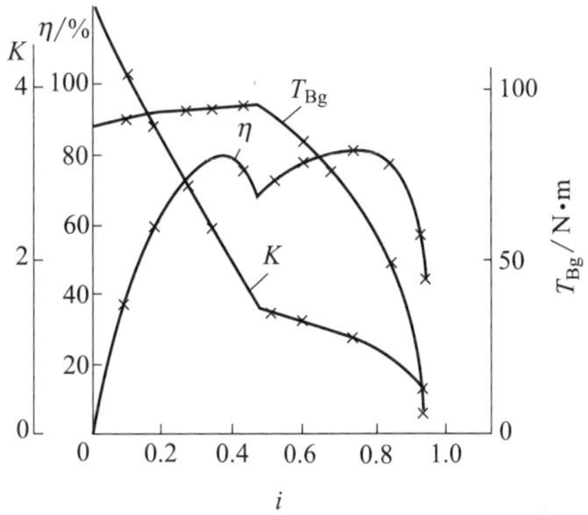

i	K	η	T_{Bg}/N·m	i	K	η	T_{Bg}/N·m
0	4.905	0	88.3	0.5	1.40	0.700	92.0
0.1	4.20	0.420	90.2	0.6	1.275	0.765	92.8
0.2	3.32	0.664	91.5	0.74	1.088	0.805	69.7
0.3	2.63	0.789	92.0	0.8	0.988	0.790	58.5
0.338	2.375	0.803	92.2	0.9	0.744	0.670	27.0
0.421	1.782	0.750	94.2	0.952	0.47	0.45	4.9
0.47	1.448	0.681	94.7				

图 19-3-39　D310 双涡轮液力变矩器特性

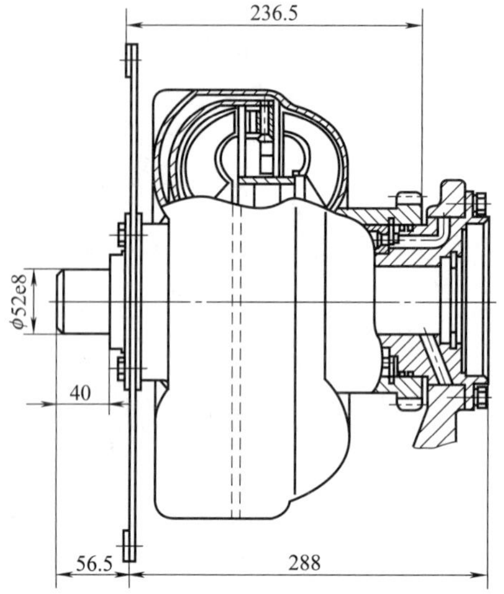

图 19-3-40 YJHSW315 双涡轮液力变矩器

试验转速:2000r/min

工作液牌号:6号液力传动油

试验油温: 85℃±5℃

试验单位:陕西航天动力高科技股份有限公司

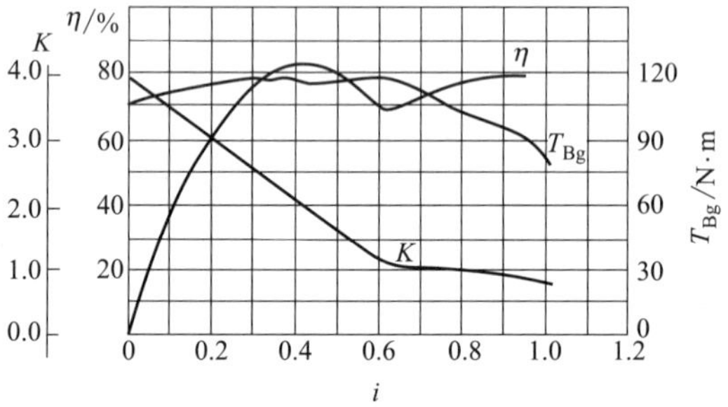

i	K	η	T_{Bg}/N·m	i	K	η	T_{Bg}/N·m
0	3.942	0	105.1	0.6	1.150	0.695	116.8
0.1	3.475	0.363	109.8	0.7	1.015	0.728	109.5
0.2	3.000	0.600	113.7	0.8	1.000	0.763	101.4
0.3	2.500	0.767	116.9	0.9	0.848	0.797	92.3
0.4	2.067	0.827	115.2	1.0	0.780	0.800	80.6
0.5	1.583	0.800	114.9				

图 19-3-41 YJHSW315 双涡轮液力变矩器特性

3.3.2 导轮反转液力机械变矩器产品

表 19-3-12 导轮反转液力机械变矩器的技术参数

型号	有效直径 /mm	转速 /r·min^{-1}	特性	外形尺寸	匹配发动机	目前应用主机	生产厂
DFZFB-323	323	1950	见图 19-3-43	见图 19-3-42		城市用公共汽车	大连液力机械有限公司

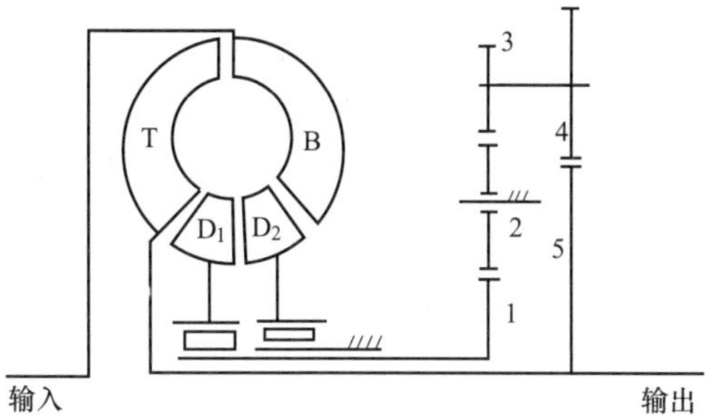

图 19-3-42 DFZFB-323 液力变矩器简图

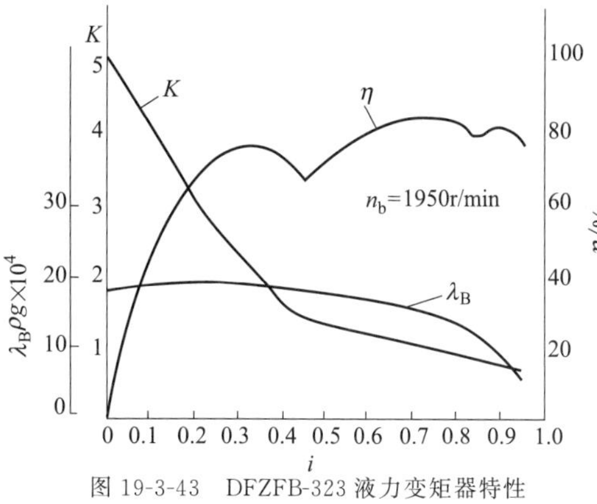

图 19-3-43 DFZFB-323 液力变矩器特性

3.3.3 功率外分流液力机械变矩器产品

表 19-3-13 外分流液力机械变矩器的技术参数

型号	有效直径/mm	转速/r·min^{-1}	功率/kW	特性	外形尺寸	匹配发动机	目前应用主机	生产厂
D6D	392	1900	131	见图 19-3-44	见图 19-3-45	CAT3306	D6D 推土机	成都工程机械总厂液力变矩器厂
D6D	391.17	1900	131	见图 19-3-46	见图 19-3-45	C6121G01/02	D6D 推土机	中船重工第711研究所液力变矩器分厂
DTY165	391.17	1900	131	见图 19-3-46	见图 19-3-45	C6121G01/02	TY165 推土机	
D7G	391.17	2100	177	见图 19-3-47	见图 19-3-45	NT855-C280	D7G 推土机	
SD7	391.17	2100	177	见图 19-3-47	见图 19-3-48	NT855-C280	SD7 推土机	
SD8	466.7	1900	265	见图 19-3-50	见图 19-3-49	NTA855-C400	SD8 推土机	

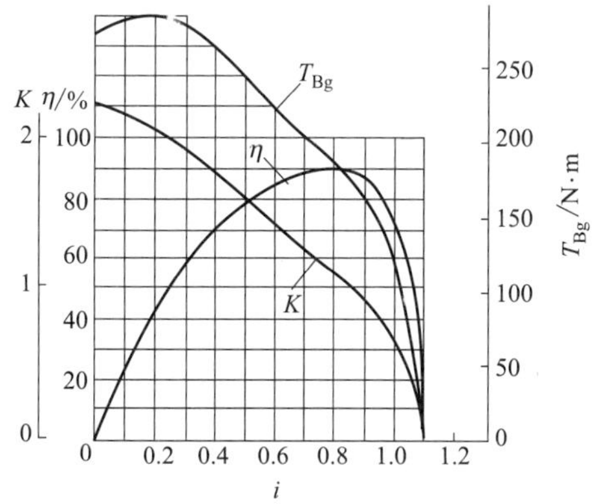

i	K	η	T_{Bg}/N·m
0	2.17	0	271
0.1	2.13	0.213	277
0.2	2.04	0.408	278
0.3	1.92	0.576	273
0.4	1.76	0.704	260
0.5	1.58	0.790	238
0.6	1.41	0.846	218
0.7	1.26	0.882	197
0.8	1.11	0.888	180
0.872	1.00	0.872	168
0.9	0.950	0.855	162
0.95	0.850	0.808	144
1.0	0.710	0.710	110
1.1	0	0	7

图 19-3-44 D6D 液力变矩器特性（有效直径 392mm）

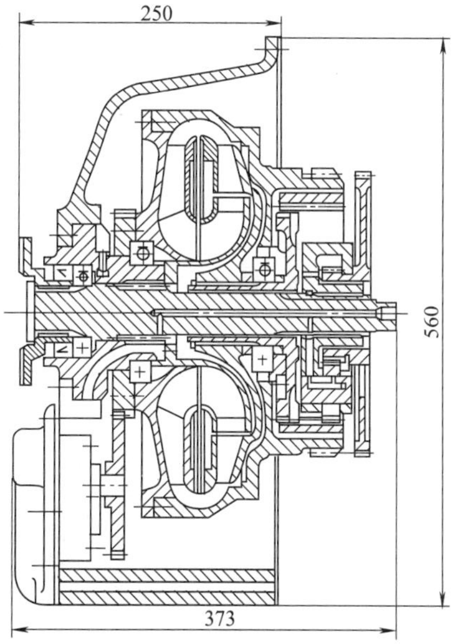

图 19-3-45 D6D、D7G、DTY165 液力变矩器

试验转速：1900r/min

工作液牌号：8号液力传动油

试验油温：95℃

试验单位：江苏省技术监督产品质量检验站

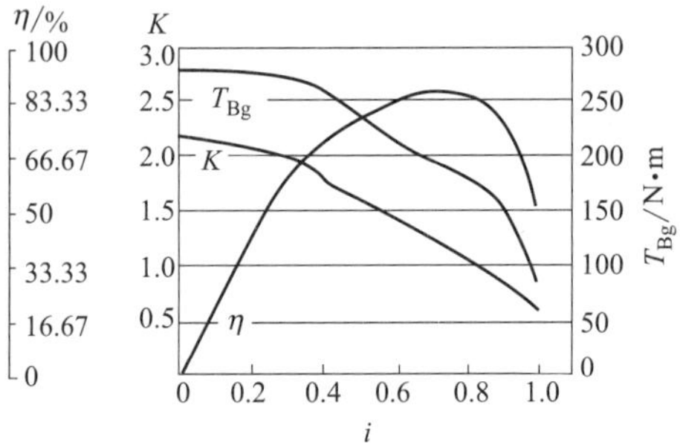

i	K	η	T_{Bg}/N・m	i	K	η	T_{Bg}/N・m
0	2.22	0	281	0.75	1.16	0.87	188.4
0.3	2.01	0.60	275.1	0.8	1.09	0.87	180.6
0.4	1.80	0.72	260.8	0.85	0.98	0.83	171.4
0.5	1.59	0.79	237.4	0.9	0.86	0.77	149.5
0.6	1.40	0.84	214.6	0.95	0.72	0.68	124.6
0.65	1.31	0.85	206.7	1	0.52	0.52	85.7
0.7	1.23	0.86	196.6				

图 19-3-46 D6D 液力变矩器特性

试验转速：2100r/min

工作液牌号：8号液力传动油

试验油温：90℃

试验单位：宜化工程机械集团有限公司

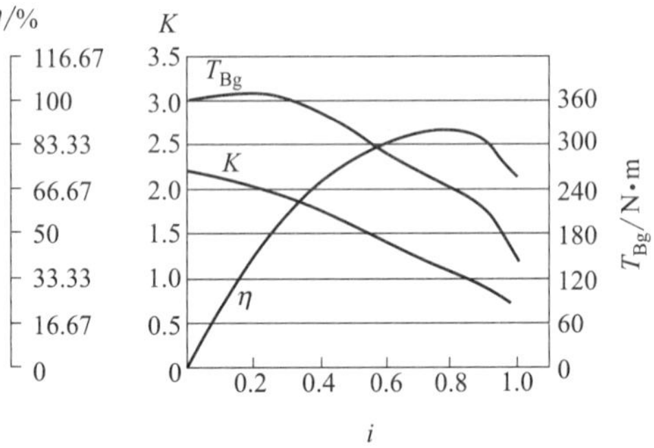

i	K	η	T_{Bg}/N・m	i	K	η	T_{Bg}/N・m
0	2.17	0	361.2	0.6	1.41	0.85	290.8
0.1	2.13	0.21	368.6	0.7	1.26	0.88	261.7
0.2	2.04	0.41	369.5	0.8	1.11	0.89	239.6
0.3	1.92	0.58	363.1	0.9	0.95	0.86	215.2
0.4	1.76	0.70	345.6	1	0.71	0.71	146.6
0.5	1.58	0.79	317.6				

图 19-3-47 D7G、SD7 液力变矩器特性

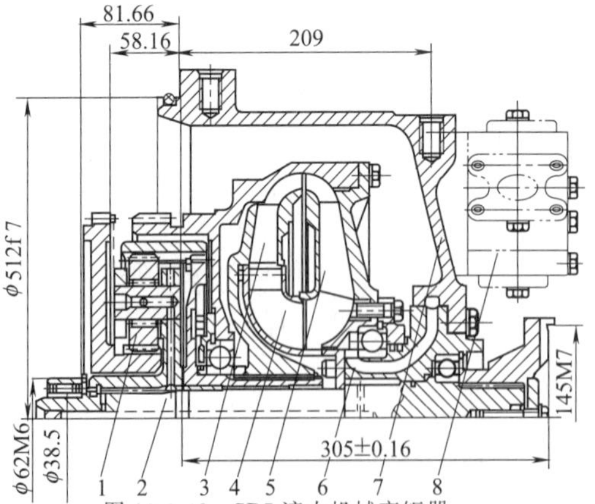

图 19-3-48 SD7 液力机械变矩器

1—差动行星传动机构；2—输出轴；3—涡轮；4—导轮；5—泵轮；6—导轮座；7—壳体；8—溢流阀

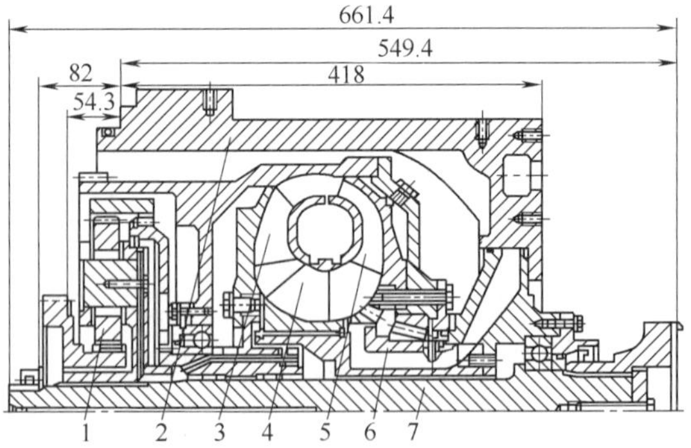

图 19-3-49 SD8 液力机械变矩器

1—差动行星传动机构；2—壳体；3—涡轮；4—导轮；5—泵轮；6—导轮座；7—输出轴

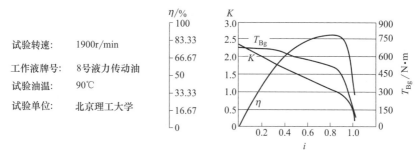

试验转速:　1900r/min

工作液牌号:　8号液力传动油

试验油温:　90℃

试验单位:　北京理工大学

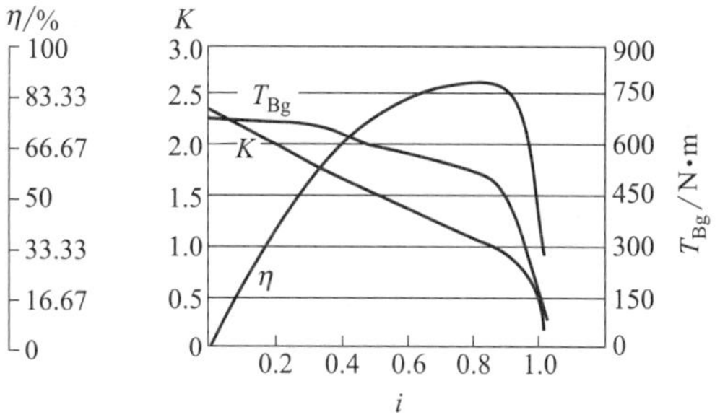

i	K	η	T_{Bg}/N·m	i	K	η	T_{Bg}/N·m
0.00	2.38	0	695.2	0.65	1.31	0.85	577.2
0.18	2.09	0.38	668.7	0.70	1.23	0.86	572.4
0.24	1.98	0.48	665.0	0.75	1.17	0.87	545.8
0.30	1.87	0.55	666.8	0.80	1.10	0.88	524.8
0.40	1.70	0.68	649.9	0.85	1.03	0.87	499.6
0.50	1.55	0.77	607.2	0.90	0.93	0.84	450.4
0.55	1.47	0.81	597.2	0.96	0.81	0.78	337.9
0.60	1.38	0.83	588.2	1.03	0.30	0.31	50.6

图 19-3-50　SD8 液力机械变矩器特性

3.3.4　液力机械变矩器传动装置产品

表 19-3-14　内分流与外分流液力机械传动装置的技术参数

型号	液力机械变矩器型号	功率/kW	输入转速/r·min^{-1}	外形尺寸	传动比						换挡油压/MPa	润滑油压/MPa	应用主机	生产厂
					前 1	前 2	前 3	后 1	后 2	后 3				
ZL30	D310	71	2000	见图 19-3-51	2.870	0.861		2.009			1.1～1.4	0.1～0.2	2.0t 或 3.0t 装载机	成都工程机械总厂液力分厂
ZL40/50	YJSW 315-6	114/115	2000	见图 19-3-52，结构见图 19-3-53	2.155	0.578		1.577			1.1～1.4	0.1～0.2	2.0t 或 3.0t 装载机	杭州前进齿轮箱集团公司、四川齿轮厂、厦门鑫悦工程机械桥箱公司
D6D	D6D	103	1900	见图 19-3-54，螺旋锥齿轮速比 17/58	1.501	0.849	0.538	1.240	0.702	0.444	2.6	0.14	D6D 推土机	四川齿轮厂
D7G	D7G	149	2000	见图 19-3-55，螺旋锥齿轮速比 16/52	1.804	1.020	0.645	1.490	0.843	0.533	3	0.17	D7G 推土机	

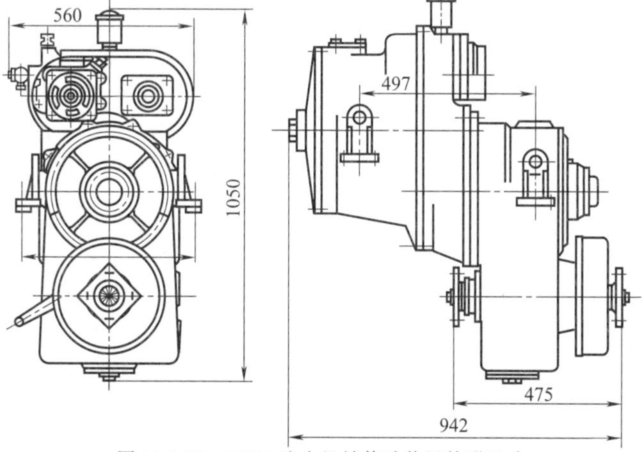

图 19-3-51　ZL30 液力机械传动装置外形尺寸

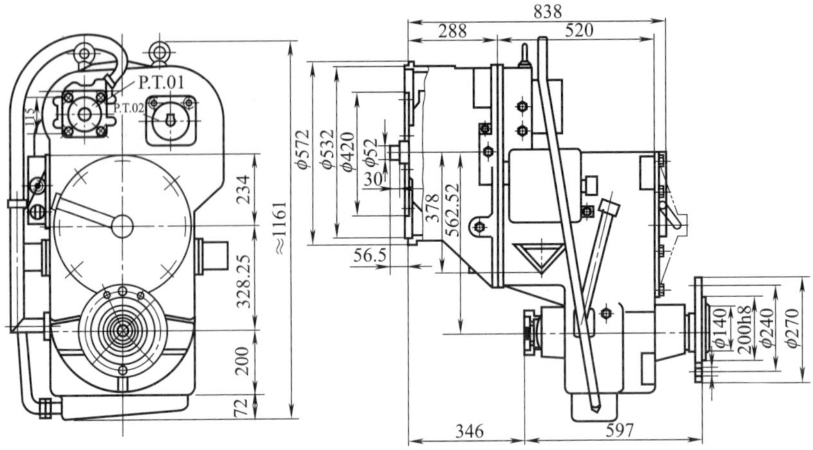

图 19-3-52　ZL40/50 液力机械传动装置外形尺寸

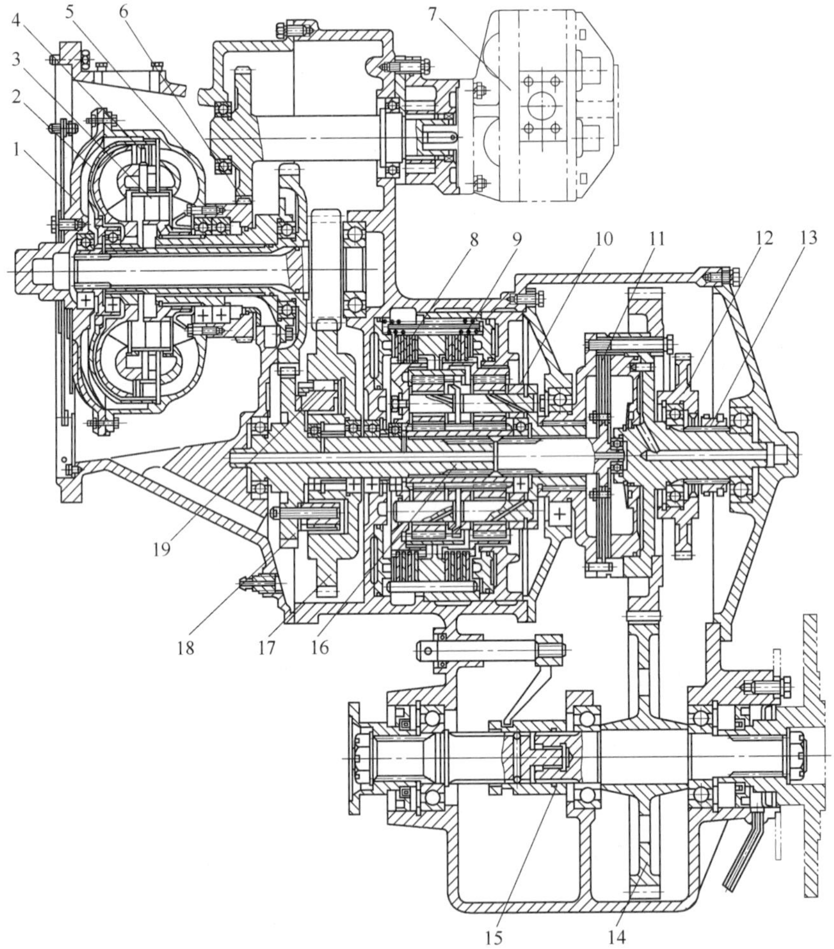

图 19-3-53　ZL40/50 液力机械传动装置结构

1—罩轮；2—Ⅱ涡轮；3—导轮；4—Ⅰ涡轮；5—泵轮；6—液压泵驱动齿轮；7—工作液压泵；8—倒挡离合器；9—Ⅰ挡离合器；10—Ⅱ挡离合器；11—闭锁离合器；12—齿轮；13—“三合一”机构齿套；14—输出轴齿轮；15—齿套联轴器；16—中间输入轴；17—超越离合器外环齿轮；18—输入轴齿轮；19—超越离合器

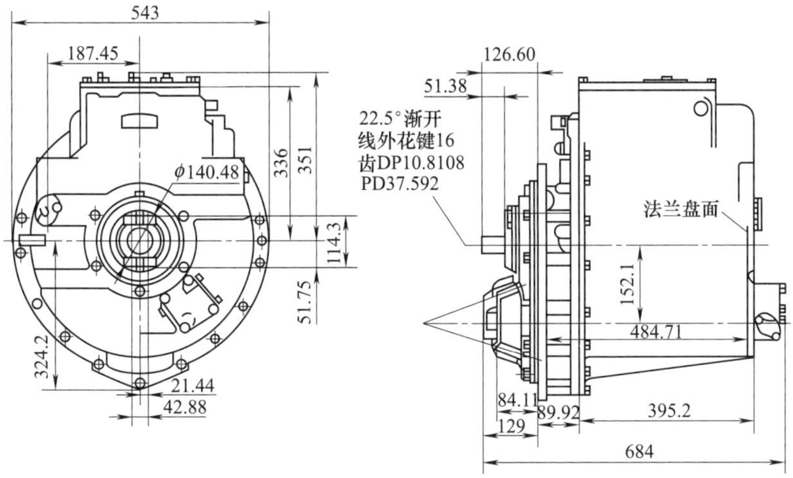

图 19-3-54　D6D 液力机械传动装置外形尺寸

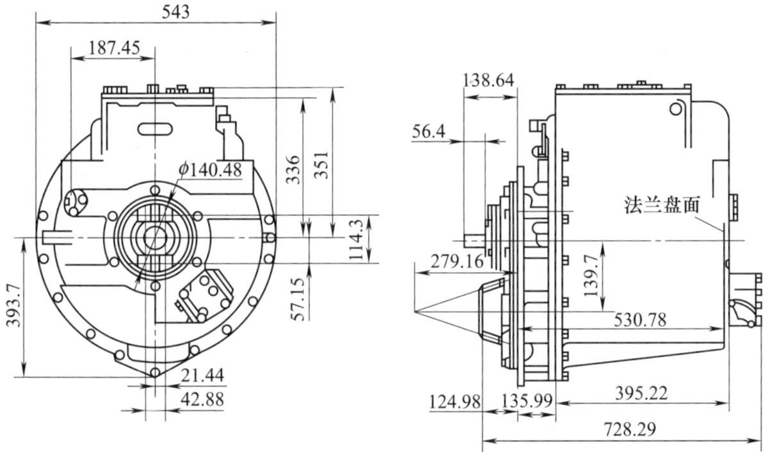

图 19-3-55　D7G 液力机械传动装置外形尺寸

第4章　液力偶合器

4.1　液力偶合器的工作原理

液力偶合器是一种应用面很广的通用传动元件。它置于动力机与工作机之间传递动力，其作用有似于离心式水泵与水轮机的组合。虽然它连接在动力机与工作机两轴之间，但与联轴器明显不同，它所具有的改善启动性能、过载保护、无级调速等方面液力偶合器的特性，是各类联轴器所不具备的。

典型的液力偶合器结构（图19-4-1）由对称布置的泵轮、涡轮、输入轴、输出轴、外壳以及安全保护装置等构成。外壳与泵轮固定连接，其作用是防止工作液体外溢。输入轴（与泵轮固定连接）与输出轴（与涡轮固定连接）分别与动力机和工作机相连接。泵轮与涡轮均为具有径向平面直叶片的叶轮，由泵轮和涡轮具有叶片的凹腔部分所形成的圆球状空腔称为工作腔，供工作液体在其中循环流动，传递动力进行工作。工作腔（亦称循环圆）的最大直径称为有效直径，是液力偶合器的特征尺寸——规格大小的标志尺寸。

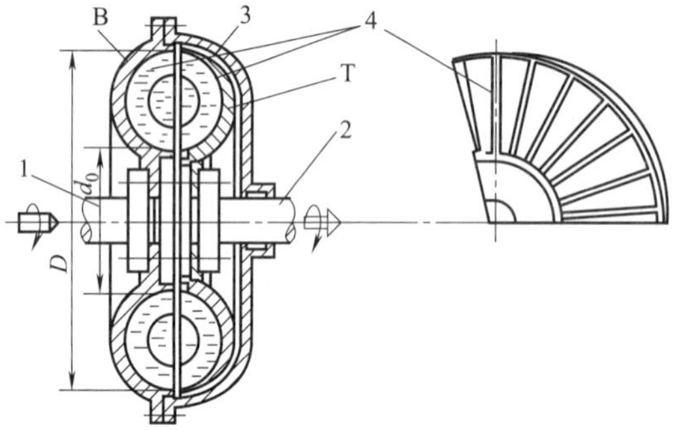

图19-4-1　液力偶合器结构示意

1—输入轴；2—输出轴；3—转动外壳；4—叶片；B—泵轮；T—涡轮

在液力偶合器被动力机带动旋转时，填充在液力偶合器工作腔内的工作液体，受泵轮的搅动，既随泵轮做圆周（牵连）运动，同时又对泵轮做相对运动。液体质点相对于叶轮的运动状态由叶轮和叶片形状决定。由于叶片为径向平面直叶片，按照叶片数目无穷多、厚度无限薄的假设，液体质点只能沿着叶片表面与工作腔外环表面所构成的流道内流动。由于旋转的离心力作用，液体质点从泵轮半径较小的流道进口处被加速并被抛向半径较大的流道出口处，从而液体质点的动量矩（mv_uR）增大，即泵轮从动力机吸收机械能（力矩 T 和转速 n）并转化成液体能 $\left(\dfrac{P}{\rho g}+\dfrac{v^2}{2g}\right)$。在泵轮出口处液流以较高的速度和压强冲向涡轮叶片，并沿着叶片表面与工作腔外环所构成的流道做向心流动。液流对涡轮叶片的冲击减低了自身速度和压强，使液体质点的动量矩降低，释放的液体能推动涡轮（即工作机）旋转做功（涡轮将液体能转化成机械能）。当液流的液体能释放减少后，由涡轮流出而进入泵轮，再开始下一个能量转化的循环流动，如此周而复始不断循环。

在能量转化的过程中，必然伴随能量损耗，造成液体发热，同时使涡轮转速 n_T 低于泵轮转速 n_B，形成必然存在的转速差（n_B-n_T）。

在液力偶合器运转过程中，由于泵轮转速始终高于涡轮转速，泵轮出口处压强高于涡轮进口处压强，因而液流能冲入涡轮进行循环流动，且使涡轮与泵轮同方向运转。

泵轮与涡轮转速差越大，则上述压差也越大，由于循环流量（单位时间内流过循环流道某一过流断面的液体的体积）与此压差平方根成正比，因此循环流量也越大（即循环流速增高）。当涡轮转速为零而泵轮转速不等于零时，循环流量最大，叶轮力矩也最大，此时为零速工况。当涡轮与泵轮转速相等时，压差为零，液流停止流动，循环流量为零，此时叶轮力矩等于零，为零矩工况。

液流与叶轮相互作用的力矩遵循如下的力矩方程，即

$$T=\rho Q(v_{u2}R_2-v_{u1}R_1) \tag{19-4-1}$$

式中　Q——工作腔内液体的循环流量，m^3/s；

R_1，R_2——叶轮液流进、出口半径，m；

v_{u1}，v_{u2}——叶轮进、出口处液流绝对速度的圆周分速度，m/s；

ρ——工作液体密度，kg/m^3。

从式（19-4-1）中可见，叶轮力矩 T 取决于 Q、v_u、R 等参数，而 Q、v_u、R 又取决于泵轮转速、转速差和工作腔充液量。故液力偶合器传递力矩（或功率）的能力与泵轮转速和泵轮与涡轮的转速差（或转速比）大小有关，同时也与工作腔充液量大小有关，在相同情况下工作腔充液量越大，其传递力矩（或转

速）的能力也越大，反之亦然。因而调节工作腔充液量（充满度），就可改变其传输力矩和转速。从这一特性出发，采用不同的结构措施，即可构成不同类型的液力偶合器。例如设置辅助腔（用来调节工作腔充满度的空腔），在液力偶合器力矩过载时靠液流的动压或静压使工作腔中工作液体自动地倾泻入辅助腔，减少工作腔充满度，限制输出力矩的提高，从而构成限矩型液力偶合器。在工作腔以外设置导管（导流管，亦称勺管）和导管腔（供导管导出工作液体的辅助腔），依靠调节装置改变导管开度（导管口端部与旋转外壳间距的百分率值）来人为地改变工作腔中的充满度（或充液量），从而实现对输出转速的调节，按此原理构成了调速型液力偶合器。

充液量的相对值以充液率（q_c）表示

$$q_c=\frac{q}{q_0}\times 100\% \qquad (19\text{-}4\text{-}2)$$

式中 q_0——液力偶合器腔体总容积；

q——腔体中实际充液体积。

充液率直接影响液力偶合器的工作特性，它是液力偶合器应用中的重要参数。

对于限矩型液力偶合器，工作腔的瞬时充满度随载荷而自动变化。对于调速型液力偶合器工作腔充满度与导管开度之间有对应关系，需外部加以调控。由于调速型液力偶合器工作腔充满度在运行中难以测定，通常以导管开度（0%～100%）来代表工作腔充满度（或充液率）。

各类液力偶合器工作液体均为 6 号或 8 号（原 YLA-N32 或 YLA-N46）液力传动油以及 HU-20 汽轮机油，见表 19-1-7。水介质液力偶合器应用清水或水基难燃液，见表 19-1-8。

4.2 液力偶合器特性

4.2.1 液力偶合器的特性参数

表 19-4-1 液力偶合器的特性参数

特性参数	定义和公式	参数意义
力矩	忽略轴承摩擦损失、液力损失等条件下，涡轮力矩与泵轮力矩相等，$T_T=T_B$ $T_B=\lambda_B\rho g n_B^2 D^5$	λ_B——泵轮转矩系数，min^2/m n_B——泵轮转速，r/min ρ——工作液体密度，kg/m^3 g——重力加速度，m/s^2 D——工作腔有效直径，m
转速比 i	液力偶合器输出转速（涡轮转速）与输入转速（泵轮转速）之比称为转速比 i 液力偶合器输出功率 P_T 与输入功率 P_B 之比称为效率，效率恒等于转速比 $i=n_T/n_B$ $\eta=P_T/P_B=T_Tn_T/(T_Bn_B)=n_T/n_B=i$	η——效率 P_B——泵轮功率，kW P_T——涡轮功率，kW
转差率 S	泵轮转速恒大于涡轮转速。用转差率 S 来表示泵轮与涡轮转速相差的程度（也可称为滑差） $S=(n_B-n_T)/n_B=1-i$	S——转差率 i——转速比 n_B——泵轮转速，r/min n_T——涡轮转速，r/min
泵轮转矩系数 λ_B	评价液力偶合器能容大小的参数，按相似原理，同一系列几何形状相似的液力偶合器，在相似工况下所传递的力矩值与液体密度 1 次方、泵轮转速 2 次方和有效直径的 5 次方成正比 $\lambda_B=T_B/(\rho g n^2 D^5)$	λ_B——泵轮转矩系数，min^2/m ρ——工作液体密度，kg/m^3 g——重力加速度，m/s^2 D——工作腔有效直径，m
过载系数 T_g	液力偶合器最大力矩与额定力矩之比 $T_g=T_{max}/T_n$	T_g——过载系数 T_{max}——最大力矩，N·m T_n——额定力矩，N·m
启动过载系数 T_{gQ}	液力偶合器启动力矩与额定力矩之比 $T_{gQ}=T_Q/T_n$	T_{gQ}——启动过载系数 T_Q——启动力矩，N·m
制动过载系数 T_{gZ}	液力偶合器制动力矩与额定力矩之比 $T_{gZ}=T_Z/T_n$	T_{gZ}——制动过载系数 T_Z——制动力矩，N·m
波动比 e	液力偶合器外特性曲线的最大波峰值与最小波谷值之比	

4.2.2 液力偶合器特性曲线

表 19-4-2 **液力偶合器特性曲线**

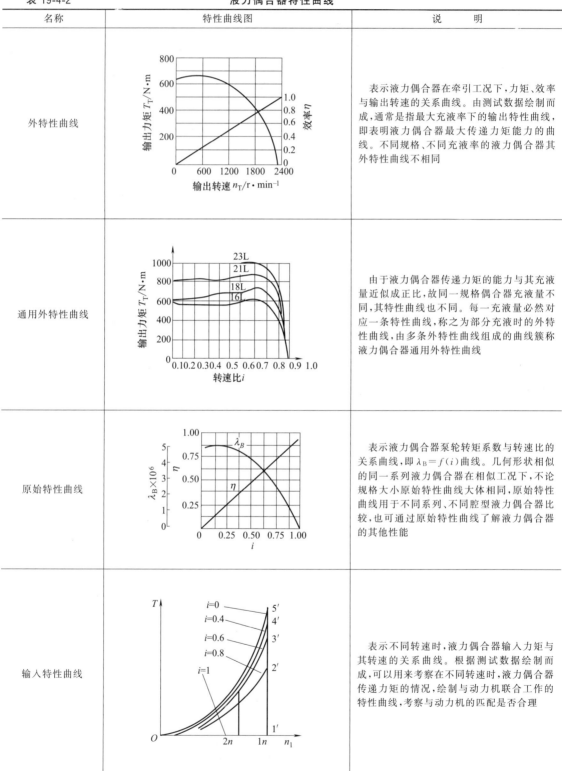

名称	特性曲线图	说　　明
外特性曲线	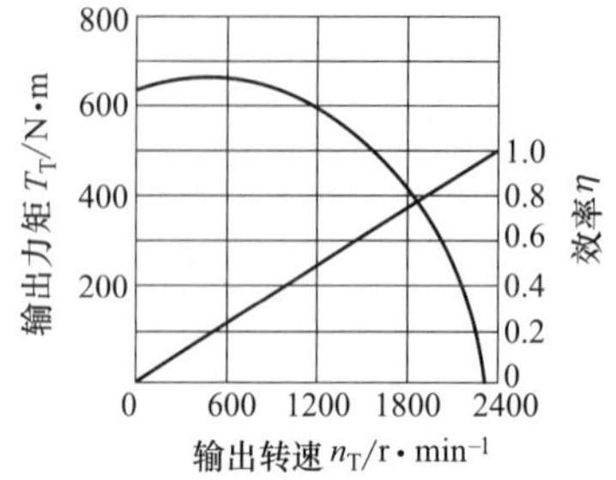	表示液力偶合器在牵引工况下，力矩、效率与输出转速的关系曲线。由测试数据绘制而成，通常是指最大充液率下的输出特性曲线，即表明液力偶合器最大传递力矩能力的曲线。不同规格、不同充液率的液力偶合器其外特性曲线不相同
通用外特性曲线	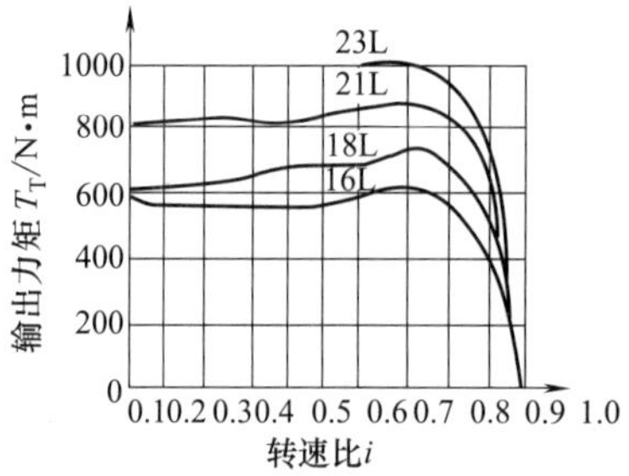	由于液力偶合器传递力矩的能力与其充液量近似成正比，故同一规格偶合器充液量不同，其特性曲线也不同。每一充液量必然对应一条特性曲线，称之为部分充液时的外特性曲线，由多条外特性曲线组成的曲线簇称液力偶合器通用外特性曲线
原始特性曲线	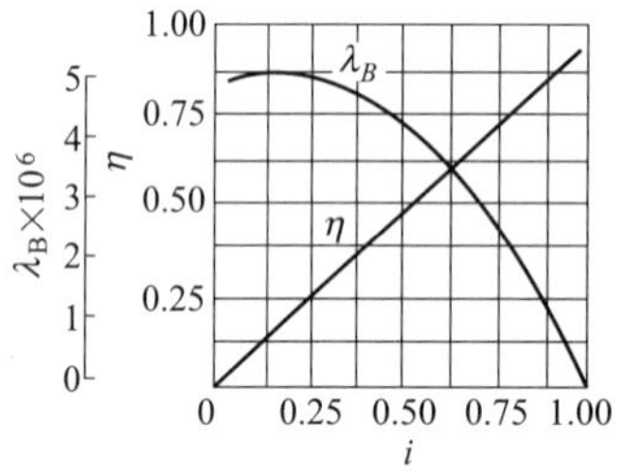	表示液力偶合器泵轮转矩系数与转速比的关系曲线，即 $\lambda_B=f(i)$ 曲线。几何形状相似的同一系列液力偶合器在相似工况下，不论规格大小原始特性曲线大体相同，原始特性曲线用于不同系列、不同腔型液力偶合器比较，也可通过原始特性曲线了解液力偶合器的其他性能
输入特性曲线	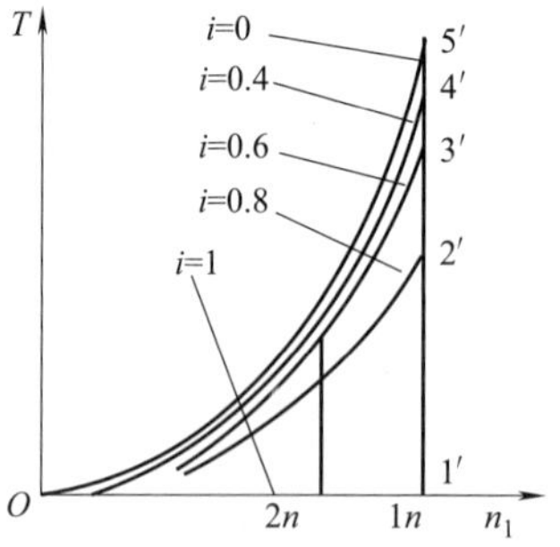	表示不同转速时，液力偶合器输入力矩与其转速的关系曲线。根据测试数据绘制而成，可以用来考察在不同转速时，液力偶合器传递力矩的情况，绘制与动力机联合工作的特性曲线，考察与动力机的匹配是否合理

续表

名称	特性曲线图	说　　明
调节特性曲线	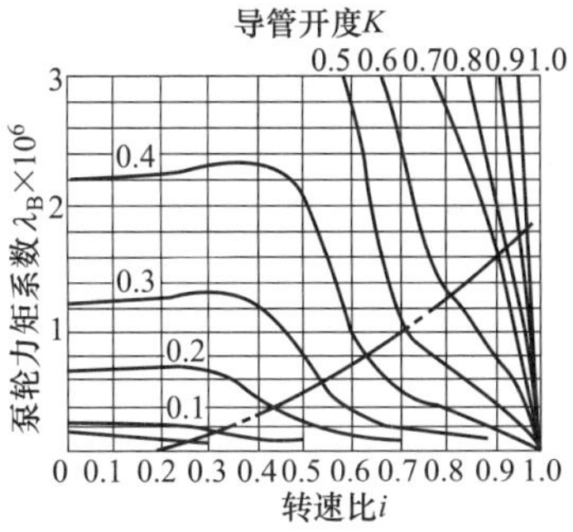	调速型液力偶合器泵轮转矩系数与导管开度 K(即充液率)及转速比 i 的关系曲线。调节特性曲线用来考察调速型液力偶合器在不同充液率和不同转速比时传递力矩的能力，调节特性是非线性的，必要时应设法校正
全特性曲线	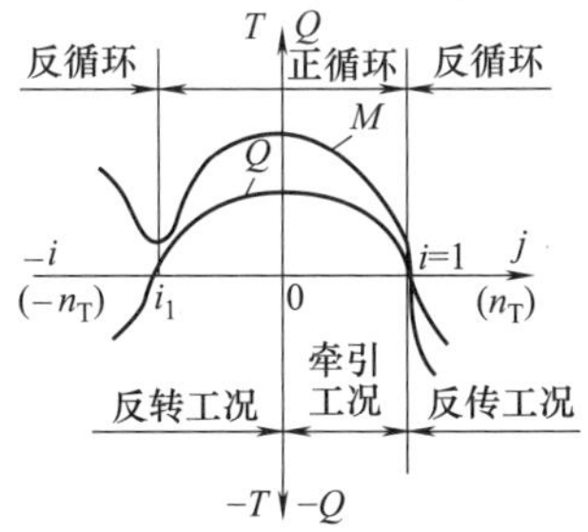	包括液力偶合器牵引、反传和反转工况在内的外特性曲线
牵引工况特性曲线	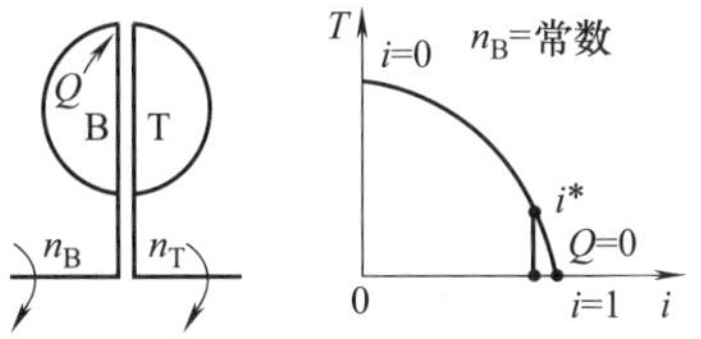	功率由泵轮输入，涡轮输出，且两工作叶轮旋转方向相同工况的特性曲线。牵引工况是液力偶合器最常用的工况，有三个特殊工况点应予以注意： 设计工况点：$i=i^*$，$i^*=0.96\sim0.985$ 零速工况点：$i=0$，$n_T=0$，可能是启动工况，也可能是制动工况 零矩工况点：$i=1$，$Q=0$，$T_T=T_B=0$，工作液体无环流运动
反传工况特性曲线	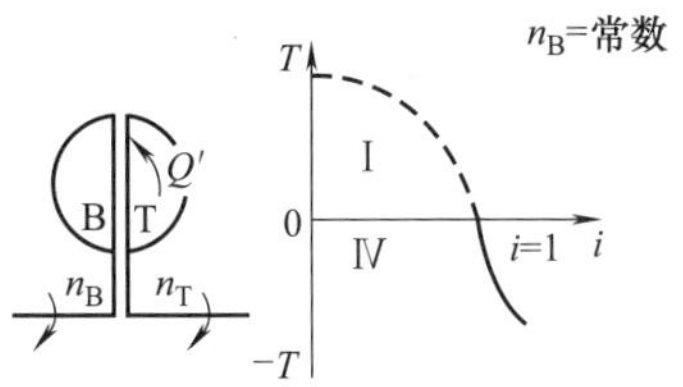	亦称超越工况，即在外载荷的驱动下，涡轮的转速大于泵轮转速，动力反传，涡轮带动泵轮克服动力机的输入力矩反转。工作腔内工作液体反向循环，涡轮输入功率，泵轮输出功率，动力机处于发电状态，特性曲线与牵引工况相反，位于第Ⅳ象限。下运带式输送机飞车，或起重机起升机构带重物下落，均可造成偶合器反传
反转工况特性曲线	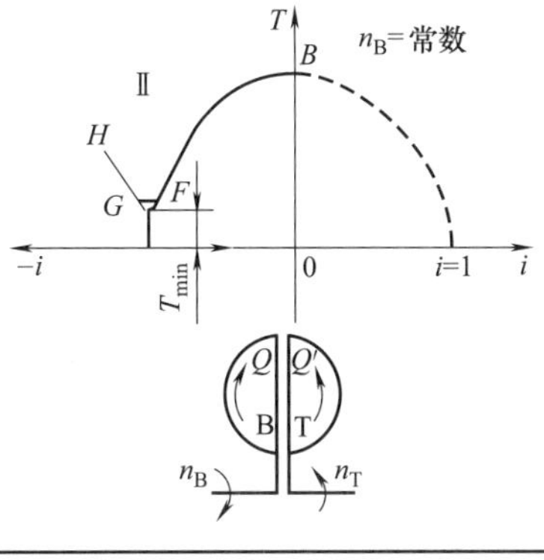	涡轮受载荷制约，旋转方向与泵轮旋转方向相反时工况的特性曲线。此时载荷驱动偶合器涡轮反转，动力机驱动偶合器泵轮正转，载荷与动力机同时向偶合器输入功率，均转化为热量，使偶合器升温。随着涡轮反转速度的提高，液流的循环流速减慢，传递力矩下降。当涡轮反转速度进一步增大，达到某个转速比时，$Q=0$，$P_B=P_T$，当涡轮反转速度大于泵轮正转速度后，液流反向循环，流量增大，力矩增大。特性曲线位于第Ⅱ象限，堵转阻尼型液力偶合器就是这种特性

4.2.3 影响液力偶合器特性的主要因素

表 19-4-3 影响液力偶合器特性的主要因素

序号	影响因素	简图	说明
1	循环圆形状（腔型）	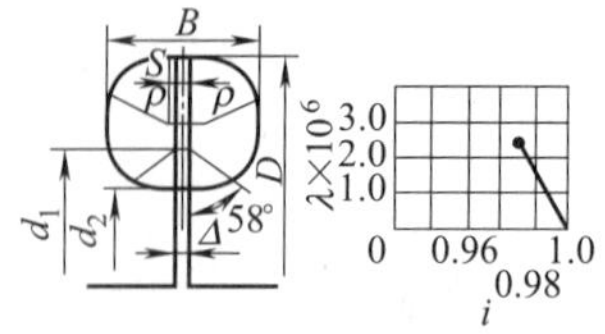 扁圆型腔(调速偶合器常用) 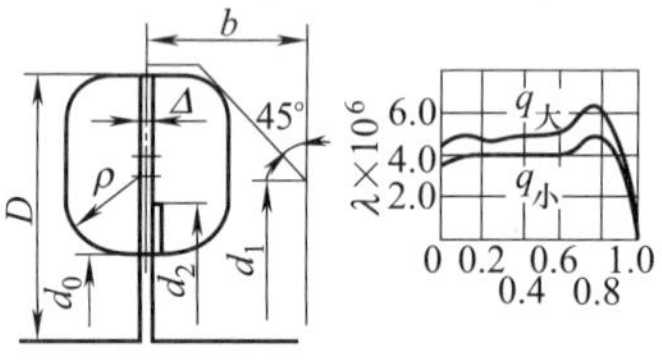 静压泄液腔(限矩偶合器常用)	工作腔的形状简称腔型。是指由叶片间通道表面和引导工作液体运动的外环间的其他表面所限制的空间(不包括液力偶合器辅助腔)。工作腔的轴面投影图以旋转轴线上半部分的形状表示,称为循环圆。循环圆的最大直径以“D”表示,称有效直径。液力偶合器的主要性能是由工作腔决定的,简图中仅列举两个常用腔型,其余见后
2	工作叶轮叶片数	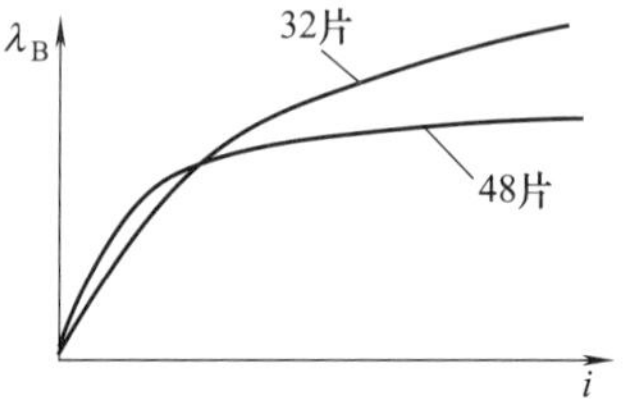	从理论上说,叶片无穷薄,叶片无限多,才最能体现液力传动的真实情况。但实际上叶片数量过多不仅使叶轮有效腔容降低,过流面积减少,而且使液力损失增加,从而使流体的循环流量和传递力矩降低。叶片数量过少,则液流在出口处偏离增大,循环流量转换不充分,冲击损失和容积损失增大,传递力矩降低。叶片数多少还对过载系数有一定影响,叶片数相对较多的偶合器过载系数较低。通常涡轮叶片数比泵轮叶片数差 1～3 片,最佳叶片数通过试验确定
3	叶片倾斜角度	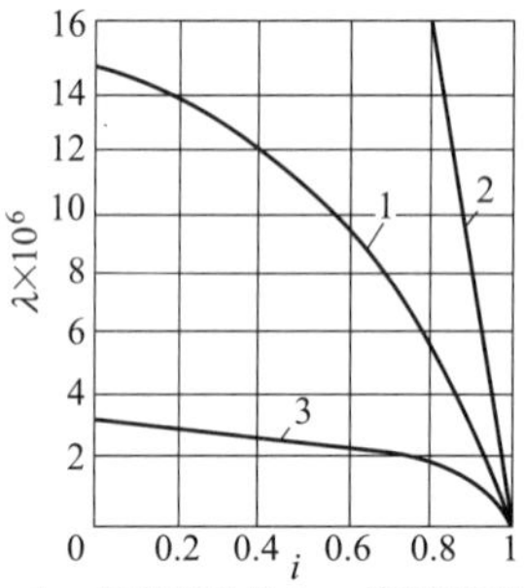 1—径向直叶片;2—前倾45°叶片; 3—后倾45° 叶片	一般偶合器均采用倾斜角度为零的径向平面直叶片。这样的叶栅便于制造,又可以正反转。改变叶片倾斜角度会改变偶合器特性参数,前倾斜叶片会加大泵轮转矩系数,后倾斜叶片会降低泵轮转矩系数。通常液力减速(制动)器采用前倾 45°的叶片,这样有利于增大制动力矩
4	叶片结构	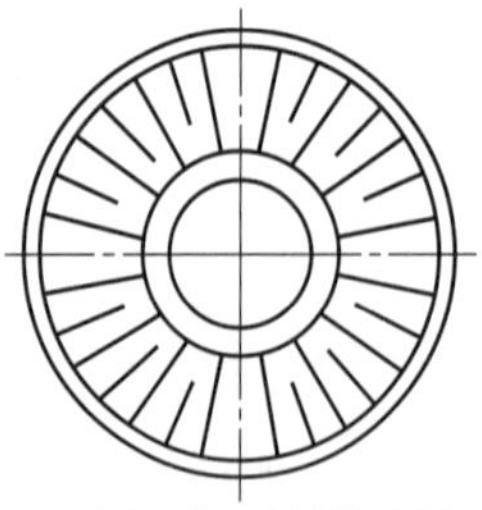 叶片一长一短相间布置  叶片一长两短相间布置	叶片结构形式对液力偶合器特性参数有很大影响 ①为了降低扩散(收缩)液力损失,尽量达到工作叶轮进口与出口等容积,常采用长短相间叶片 ②为了降低过载系数,涡轮叶片常采用大小腔,或在泵轮、涡轮的内缘倒角 ③叶片结构合理的液力偶合器液力损失低,传递力矩高,过载系数低

续表

序号	影响因素	简　图	说　明
5	叶片厚度	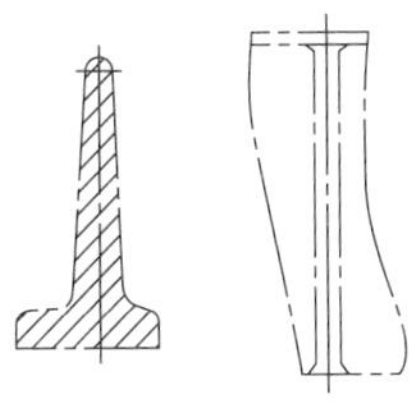 叶片轴向不等厚结构　叶片径向不等厚结构	从理论上讲叶片越薄越好，但受制造工艺和叶片强度的制约，叶片不可能制得过薄，但是叶片过厚会降低叶轮的有效腔容，使传递力矩降低。叶片过薄又使强度降低，容易出现叶片损坏等故障。为了既不影响传递力矩，又能增加叶片强度，往往将叶片制成径向或轴向不等厚的，或双向均为不等厚的
6	工作液体黏度	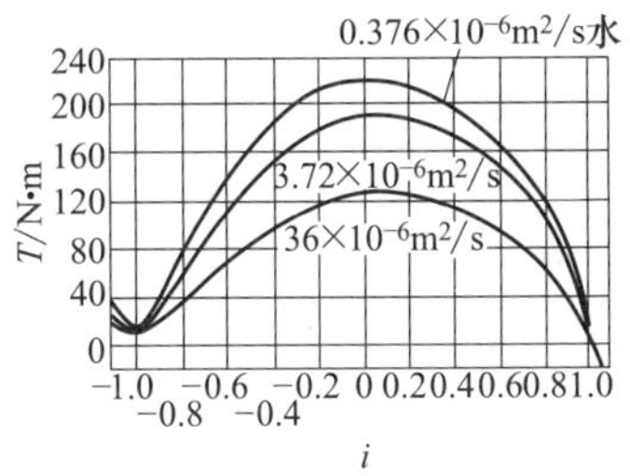	工作液体黏度越大，对叶轮工作腔的摩擦力增大，且液体内阻力增大，工作液体环流运动的速度就降低，传递力矩也必然降低。工作液体黏度低，流动性好，传递力矩能力大，但过低的液体黏度对润滑和密封不利
7	工作液体温度	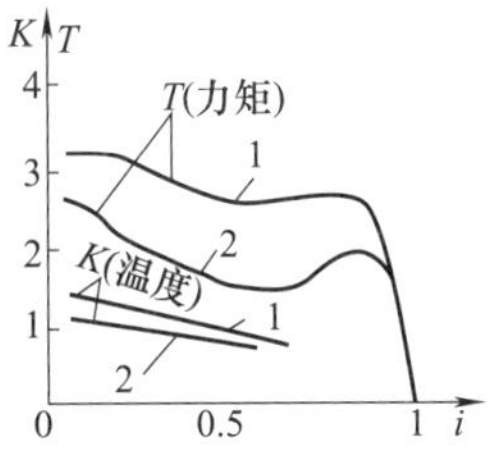	工作液体温度高，液体黏度低，流动性好，对工作腔表面的摩擦力减少，损耗功率少，传递力矩增大。但过高的温度会使工作液体老化、机械变形、密封件老化失效，故工作液体温度常控制在(65±5)℃，最高可达 90℃
8	充液率	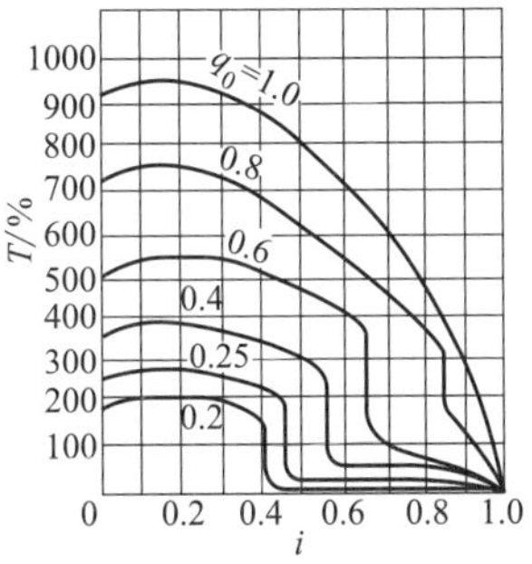	①影响传递功率值：充液率越多传递功率越大；反之，充液率降低，传递功率降低 ②影响转差率和输出转速：当外载荷一定时，充液率高，则转差率小，输出转速高；反之，充液率低，转差率大，输出转速降低，发热量上升 ③影响偶合器稳定性：低充液率时偶合器不稳定区增大，高充液率时偶合器不稳定区缩小
9	阻流板	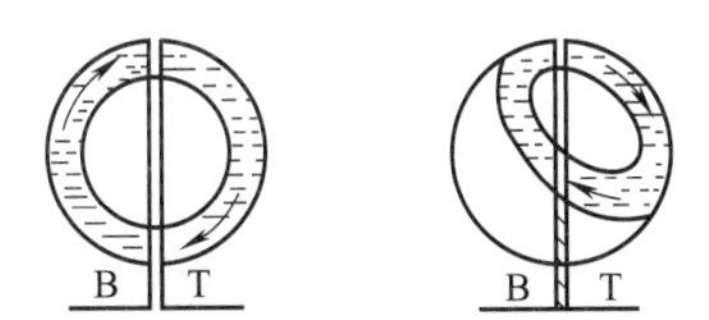 不带阻流板的环流　带阻流板的环流	在偶合器涡轮内缘设置阻流板，以阻止在低转速比时环流由小环流向大环流转化，从而改善偶合器的特性，降低环流改道所造成的力矩振荡、输出转速波动，对降低偶合器的过载系数有一定作用

续表

序号	影响因素	简图	说明
10	侧辅腔	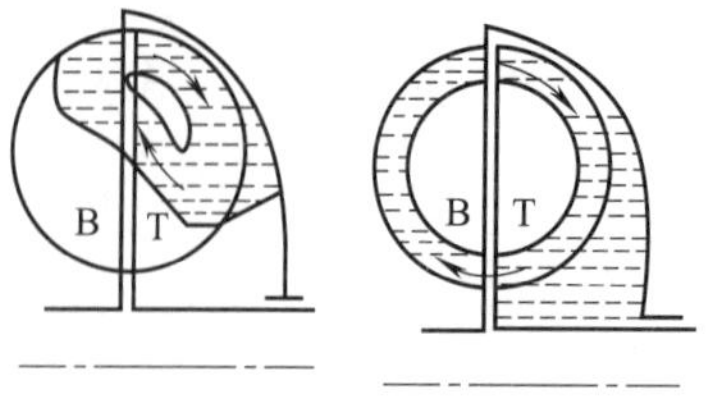 额定运转工况　启动或超载工况	①在超载或启动时，液流由工作腔向侧辅腔分流，使工作腔内的实际充液量降低，传递力矩降低，起到过载保护作用 ②由于靠静压泄液，故泄液速度慢，抗瞬时过载能力不足
11	前辅腔	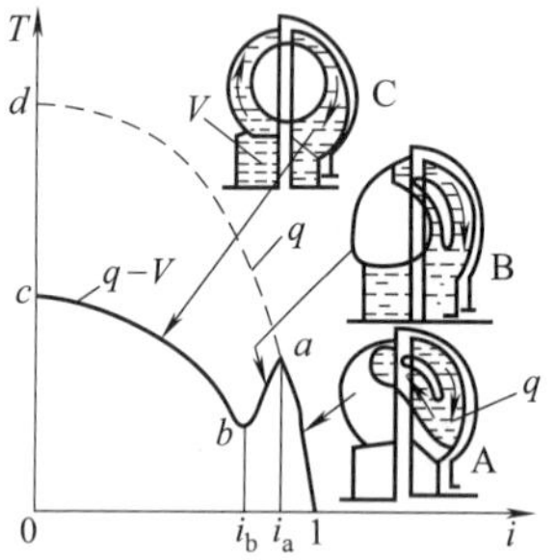	①图中虚线是无前辅腔液力偶合器的特性。由图可见，前辅腔对于降低液力偶合器超载时的传动力矩有一定作用，防动力过载作用灵敏 ②前辅腔对于改善偶合器特性作用有限，若前辅腔容积过大，则力矩跌落过大；若容积过小，则分流能力不足，改变特性的能力过小。因而单独采用前辅腔作用不大，常与后辅腔合用
12	后辅腔	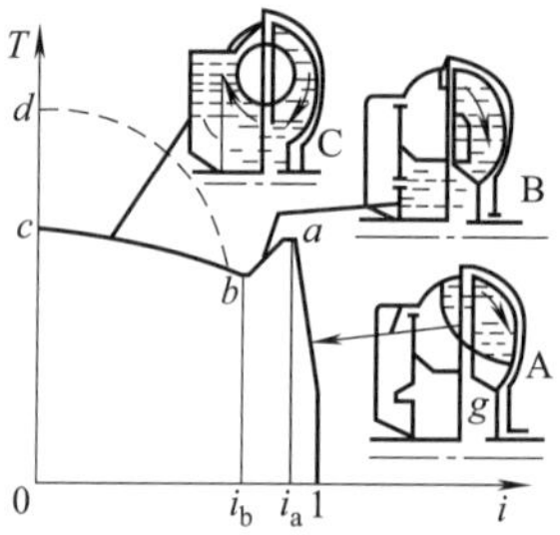	①改善低转速比及超载工况特性，由于后辅腔容积较大且与前辅腔合用，所以分流流量较多，使工作腔内实际参与传递力矩的工作液体量值降低，传递力矩大为降低，过载保护能力增强，泄流速度快、抗瞬时过载能力强 ②改善启动工况特性，使启动性能柔和，启动时间延长
13	辅助腔的容积及分配	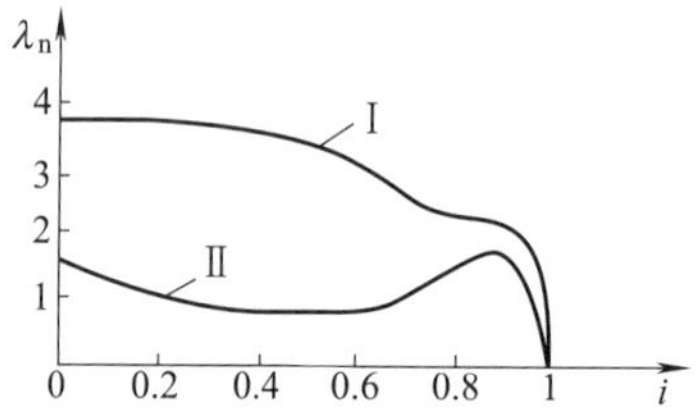 Ⅰ—辅助腔容积小；Ⅱ—辅助腔容积大	侧辅腔、前辅腔、后辅腔的容积大小和合理分配对偶合器特性影响较大

4.3 液力偶合器分类、结构及发展

4.3.1 液力偶合器形式和基本参数(GB/T 5837—2008)

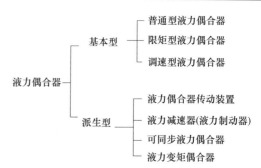

4.3.1.1 形式和类别

(1) 形式

- 液力偶合器
  - 基本型
    - 普通型液力偶合器
    - 限矩型液力偶合器
    - 调速型液力偶合器
  - 派生型
    - 液力偶合器传动装置
    - 液力减速器(液力制动器)
    - 可同步液力偶合器
    - 液力变矩偶合器

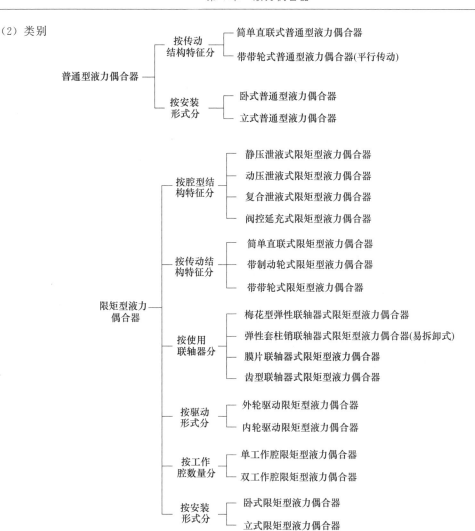

（2）类别

- 普通型液力偶合器
  - 按传动结构特征分
    - 简单直联式普通型液力偶合器
    - 带带轮式普通型液力偶合器(平行传动)
  - 按安装形式分
    - 卧式普通型液力偶合器
    - 立式普通型液力偶合器

- 限矩型液力偶合器
  - 按腔型结构特征分
    - 静压泄液式限矩型液力偶合器
    - 动压泄液式限矩型液力偶合器
    - 复合泄液式限矩型液力偶合器
    - 阀控延充式限矩型液力偶合器
  - 按传动结构特征分
    - 简单直联式限矩型液力偶合器
    - 带制动轮式限矩型液力偶合器
    - 带带轮式限矩型液力偶合器
  - 按使用联轴器分
    - 梅花型弹性联轴器式限矩型液力偶合器
    - 弹性套柱销联轴器式限矩型液力偶合器(易拆卸式)
    - 膜片联轴器式限矩型液力偶合器
    - 齿型联轴器式限矩型液力偶合器
  - 按驱动形式分
    - 外轮驱动限矩型液力偶合器
    - 内轮驱动限矩型液力偶合器
  - 按工作腔数量分
    - 单工作腔限矩型液力偶合器
    - 双工作腔限矩型液力偶合器
  - 按安装形式分
    - 卧式限矩型液力偶合器
    - 立式限矩型液力偶合器

- 调速型液力偶合器
  - 按调节方式分
    - 进口调节式调速型液力偶合器
    - 出口调节式调速型液力偶合器
    - 复合调节式调速型液力偶合器
  - 按调节机构分
    - 伸缩导管式调速型液力偶合器
    - 泵控式调速型液力偶合器
    - 阀控式调速型液力偶合器
  - 按箱体结构分
    - 安装板式调速型液力偶合器
    - 水平剖分式调速型液力偶合器
    - 侧装式调速型液力偶合器
    - 圆筒式调速型液力偶合器
    - 回转壳体式调速型液力偶合器
  - 按安装形式分
    - 卧式调速型液力偶合器
    - 立式调速型液力偶合器

- 液力偶合器传动装置
  - 按齿轮布置特点分
    - 前置齿轮式液力偶合器传动装置
    - 后置齿轮式液力偶合器传动装置
    - 复合齿轮式液力偶合器传动装置
  - 按齿轮增速、减速分
    - 增速型液力偶合器传动装置
    - 减速型液力偶合器传动装置
  - 按安装形式分
    - 卧式液力偶合器传动装置
    - 立式液力偶合器传动装置

- 液力减速器(液力制动器)
  - 车辆用液力减速器
  - 固定设备用液力减速器

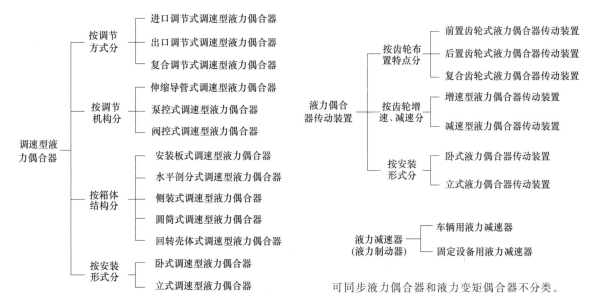

可同步液力偶合器和液力变矩偶合器不分类。

(3) 型号

YO □ □□ □ □ □

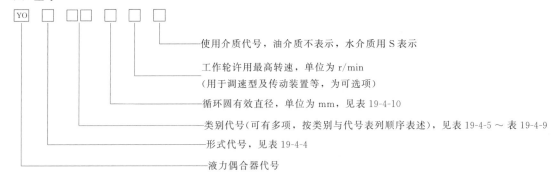

- □——使用介质代号，油介质不表示，水介质用S表示
- □——工作轮许用最高转速，单位为r/min（用于调速型及传动装置等，为可选项）
- □——循环圆有效直径，单位为mm，见表19-4-10
- □□——类别代号(可有多项，按类别与代号表列顺序表述)，见表19-4-5～表19-4-9
- □——形式代号，见表19-4-4
- YO——液力偶合器代号

注：“循环圆有效直径”后“/”只在标注“工作轮许用最高转速”时同时标注，否则不标注。

表19-4-4　液力偶合器形式与代号

形式	普通型液力偶合器	限矩型液力偶合器	调速型液力偶合器	液力偶合器传动装置	液力减速器	可同步液力偶合器	液力变矩偶合器
代号	P	X	T	C	J	K	B

表19-4-5　普通型液力偶合器类别与代号

分类方法	按传动结构特征分类		按安装形式分类	
类别	简单直联式	带带轮式	卧式	立式
代号	—	P	—	L

表19-4-6　限矩型液力偶合器类别与代号

分类方法	按腔型结构分类				按传动结构特征分类			按使用联轴器分类				按驱动形式分类		按工作腔数量分类		按安装形式分类	
类别	静压泄液式	动压泄液式	复合泄液式	阀控延充式	简单直联式	带制动轮式	带带轮式	梅花型弹性联轴器式	弹性套柱销联轴器式	膜片联轴器式	齿型联轴器式	外轮驱动	内轮驱动	单工作腔	双工作腔	卧式	立式
代号	J	D	F	V	—	Z	P	—	E	M	C	—	N	—	S	—	L

注：按传动结构特征分类、按工作腔数量分类、按安装形式分类必须在型号中表示，其他为可选项，根据需要表示。

表19-4-7　调速型液力偶合器类别与代号

分类方法	按调节方式分类			按调节机构分类			按箱体结构分类					按安装形式分类	
类别	进口调节式	出口调节式	复合调节式	伸缩导管式	泵控式	阀控式	安装板式	水平剖分式	侧装式	圆筒式	回转壳体式	卧式	立式
代号	J	C	F	—	B	V	—	P	S	Y	H	—	L

表19-4-8　液力偶合器传动装置类别与代号

分类方法	按齿轮布置特点分类			按齿轮增、减速分类		按安装形式分类	
类别	前置齿轮式	后置齿轮式	复合齿轮式	增速式	减速式	卧式	立式
代号	Q	H	F	Z	J	—	L

表 19-4-9　液力减速器类别与代号

分类方法	按用途分类	
类　别	车辆用	固定设备用
代　号	C	G

（4）标记示例

① 循环圆有效直径 560mm、复合泄液式、带制动轮的水介质限矩型液力偶合器，表示为：

液力偶合器　$YOX_{FZ}560S$ GB/T 5837

② 循环圆有效直径 560mm、出口调节式、伸缩导管调节式、水平剖分式、泵轮最高转速为 3000r/min 的调速液力偶合器，表示为：

液力偶合器　$YOT_{CP}560/3000$ GB/T 5837

③ 循环圆有效直径 560mm、前置齿轮式、增速型液力偶合器传动装置，表示为：

液力偶合器传动装置 $YOC_{QZ}560$ GB/T 5837

4.3.1.2　基本参数

1）循环圆有效直径

2）基本性能参数　在雷诺数 $Re \geqslant 5\times10^6$ 条件下，液力偶合器的基本性能参数应符合表 19-4-11 与表 19-4-12 的规定。

表 19-4-10　液力偶合器循环圆有效直径系列　mm

180	200	220	250	280	320	360	400	450	(487)	500
560	(600)	650	750	(800)	875	1000	1150	(1250)	1320	1550

注：括弧中数值不推荐选用。

表 19-4-11　普通型与限矩型液力偶合器的基本性能参数

形　式	工作腔有效直径/mm	q_v=80%时泵轮转矩系数 λ_B/min²·m⁻¹	额定转差率 S/%
普通型液力偶合器 限矩型液力偶合器	$D\leqslant320$	$\geqslant1.45\times10^{-6}$	4
	$D=360\sim560$	$\geqslant1.55\times10^{-6}$	
	$D\geqslant650$	$\geqslant1.65\times10^{-6}$	

注：1. q_v 为充液率，液力元件的工作液体体积与腔体容积之比。
2. 液力偶合器使用介质为油介质。

表 19-4-12　其他几种液力偶合器的基本性能参数

形　式	额定泵轮转矩系数 λ_B/min²·m⁻¹	额定转差率 S/%
调速型液力偶合器、液力偶合器传动装置	$\geqslant1.80\times10^{-6}$	3
液力减速器	$\geqslant17.0\times10^{-6}$	100

注：液力偶合器使用介质为油介质。

4.3.2　液力偶合器部分充液时的特性

普通型与限矩型液力偶合器均需在投运前充入与传递功率相应量的工作液体，故国外称此两类为常充型（constant filling）液力偶合器。按传递功率值，充液率可在 40%～80%范围内选定。这是由于充液率小于 40%时未发挥出其传递功率能力而不经济；而充液率大于 80%时，则因工作腔内缺乏供液流流态变化的足够空间而影响液力偶合器特性。如果腔内全充满液体，则不但特性变坏，更因液体受热膨胀会引起密封失效或液力偶合器壳体爆裂。试验表明，在部分充液情况下，运转在不同工况会出现两种基本流动形式，即小环流和大环流。

小环流如图 19-4-2（a）所示，在转速差较小（高转速比工况）时，液体在工作腔内循环流动速度较低，在涡轮内做向心运动的液体在涡轮旋转离心力作用下，在尚未到达工作腔的内缘部位，由于液体质点的向心力与离心力相等而失去向心运动动力，在其后液流推动下而改向进入泵轮，由泵轮得到液体能后又继续进入涡轮释放液体能，如此反复循环。在循环流动液体中的向心与离心流动流束之间有一小小的封闭的分界面，界面内为存留空气的空腔。随着转速差的升高，涡轮旋转离心力减弱，而液流在涡轮内的向心流动逐步加强。当转速差达到某值以后，小环流突然转变为大环流［图 19-4-2（b）］。大环流液流沿工作腔外环流动，在中心形成较大的充满空气的气腔。由小环流转变为大环流时，泵轮中液流平均流线的入口半径 r_{B1} 减小了，因而传递力矩增大［式（19-4-1）］，这时会产生力矩的突然升高，影响运转的平稳性，故应避免其产生。办法有二：一是在涡轮中心部位增设挡板，防止小环流向大环流的突变，缩小两者差距，即可避免液力偶合器输出转速的不稳定，又可起到限制力矩突然升高的作用；二是使涡轮诸叶片与其背壳构成的流动出口半径不相等，使它们按某种规律相配比，变小环流向大环流的突变为渐变，使力矩和转速均能平缓的变化。

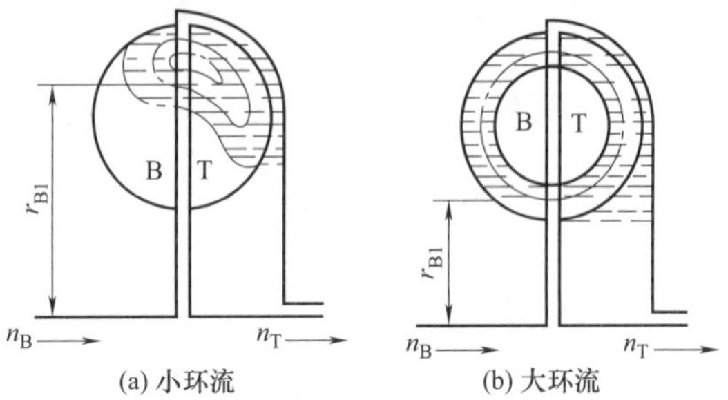

图 19-4-2　液力偶合器液流流动形式

大、小环流的转换是在某一转差率下发生的，称该转差率为临界转差率。充液率不同，临界转差率也不同，通常充液率越大，则临界转差率越小。

通常小环流发生在额定工况下，在运转中一旦超载，小环流立即变为大环流，限矩型液力偶合器正是利用大环流使工作腔向辅助腔泄液，从而限制低转速比时力矩的上升。

4.3.3　普通型液力偶合器

普通型液力偶合器（图 19-4-3）只有泵轮 2、涡轮 3、外壳 1 以及主轴等基本构件，除工作腔外无任何限矩（如辅助腔或挡板）、调速等结构措施。腔体有效容积大，传动效率高。其零速力矩可达额定力矩的 6～7 倍，甚至有时达 20 倍。因此过载系数大，过载保护性能很差。多用于不需要过载保护与调速的传动系统中，起隔离扭振和减缓冲击作用。如外配辅助系统可作为液体离合器用于舰船和绕线机等传动系统中。图 19-4-3 为带有带轮的普通型液力偶合器。这种结构的液力偶合器多用于小功率传动。泵轮 2 和涡轮 3 通过中空的泵轮轴支承在电动机轴上，通过键和定位螺栓使液力偶合器与电动机轴固定连接。带轮 1 通过外壳与涡轮 3 固定连接，液力偶合器通过 V 带轮将动力传给工作机。带有带轮的液力偶合器既能简化传动系统的连接，又使动力机和工作机可平行布置（即平行传动），扩大了液力偶合器的应用领域。在中小规格的搅拌机、长床身的机床中，这种平行传动较为常见。

由于普通型液力偶合器的泵轮、涡轮形状对称，使其正向传动（动力从泵轮传至涡轮）与反向传动性能相同，可允许泵轮与涡轮（或动力机与工作机）互易其位。

图 19-4-4 为快放阀式普通型液力偶合器，可传递较大的功率，有供油系统使之可作为液体离合器使用。主动轴 1 和从动轴 5 的支点均在两侧，两叶轮均

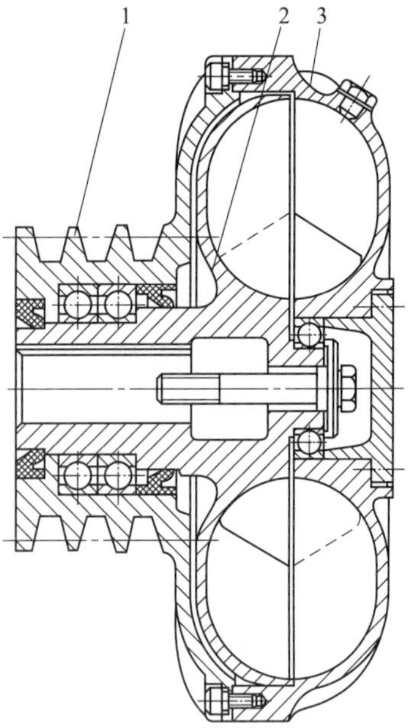

图 19-4-3　普通型液力偶合器
1—外壳及带轮；2—泵轮；3—涡轮

呈悬臂布置，这种结构称悬臂式结构。优点是结构比较简单，零件制造精度要求不高，允许泵轮、涡轮之间有较大径向、轴向尺寸偏差和角度偏差，主、从动轴同轴度要求低，拆装调整容易。缺点是轴向尺寸大，轴向力不能平衡，易产生较大的振动等。在正常工作时供油系统连续向工作腔供油，当需工作机快速停止时，在停止供油的同时，快放阀 3 开启，工作腔中油液迅速排空，切断主动轴与从动轴的动力联系，满足快速停止的需要。

4.3.4　限矩型液力偶合器

普通型液力偶合器由于过载系数大，使其在许多设备上无法应用。为了有效地保护动力机（及工作机）不过载，要求液力偶合器在任何工况下的力矩均不得大于动力机的最大力矩。因此必须采取结构措施来限制低转速比时力矩的升高。常采用的结构措施有设置辅助腔、采用多角形工作腔和在泵轮与涡轮之间加设挡板等。其中应用最多的是设置辅助腔，依靠超载时减少工作腔液体充满度来限制力矩的升高，此方式在限矩时能量损失较少。在泵轮与涡轮之间加设挡板限矩时能量损耗较大，常作为辅助限矩方式与辅助腔相配合来应用。

常见的限矩型液力偶合器有静压泄液式、动压泄液式和复合泄液式三种基本结构。在此基础上又有派生形式出现，诸如动压泄液式限矩型液力偶合器有派生形式：阀控延充式、闭锁式、堵转阻尼式、加长后

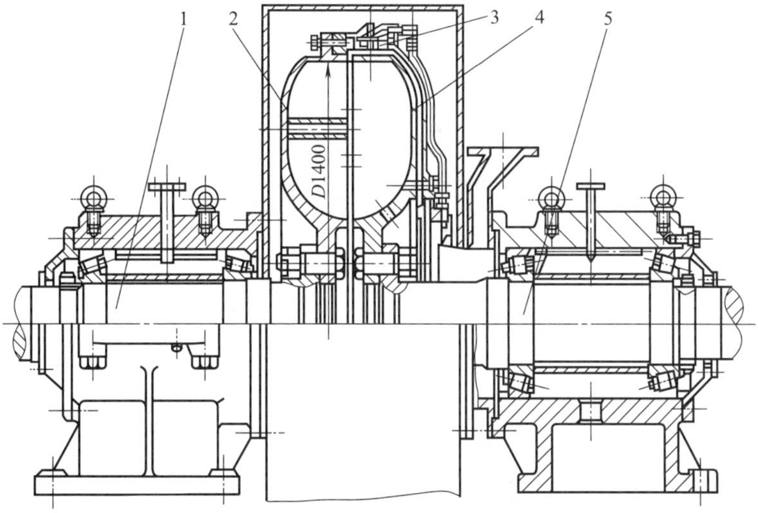

图 19-4-4　快放阀式普通型液力偶合器
1—主动轴；2—泵轮；3—快放阀；4—涡轮；5—从动轴

辅腔及侧辅腔式、水介质液力偶合器、液力变矩偶合器及无滑差静液力机械偶合器等。

限矩型液力偶合器在恒定充液率下依靠各种不同结构措施在运行中改变工作腔中液体环流状态或充满度来限制力矩的升高。限矩型液力偶合器的限矩原理见表 19-4-13。

表 19-4-13　限矩型液力偶合器的限矩原理

形式	原理简图	结构特点	限矩原理	优缺点
挡板式	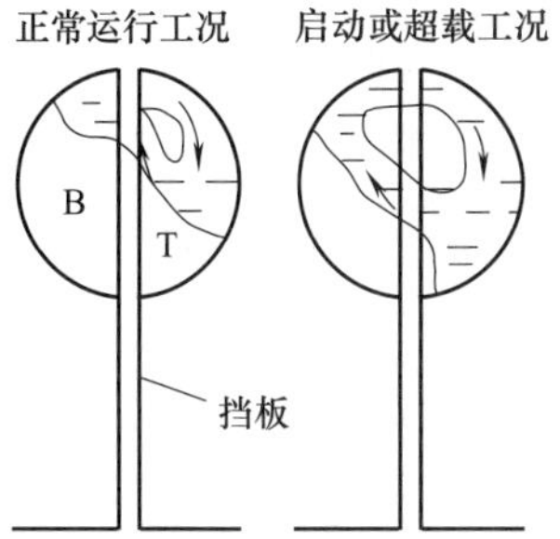	在涡轮出口处或泵轮入口处安装挡板(阻流板)	正常运转时,工作液体作小环流运动,不触及阻流板。过载时,涡轮受阻转速降低,环流改道作大环流运动,受到挡板的阻碍并产生涡流造成能量损失,从而阻止输出力矩升高	能降低波动比,有一定限矩作用,但不能单靠挡板限矩,挡板尺寸过大影响力矩系数。常与其他限矩措施合用
静压泄液式	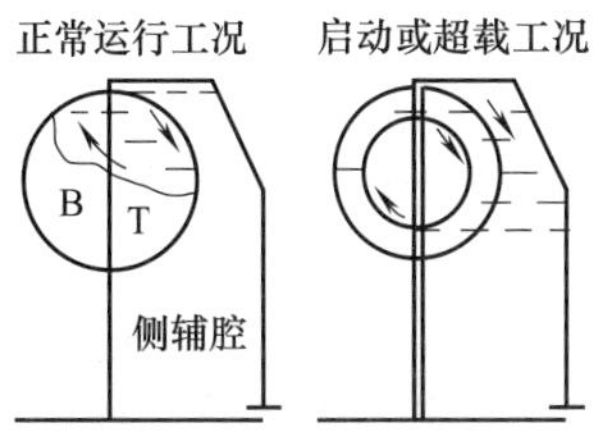	在涡轮一侧设置容积较大的侧辅腔	正常工作时,侧辅腔与工作腔内的压力平衡,在离心力作用下,工作液体大部分进入工作腔。超载时,涡轮转速降低,侧辅腔液环降速,压力降低,工作腔液体作大环流运动,压力上升。在压差作用下,液体由工作腔向侧辅腔流动,工作腔充满度降低,力矩不再升高	限矩性能较好,但突然超载时,因泄液较慢,故动态过载系数较高,防瞬时过载能力差,由于结构简单,小型液力偶合器常采用此型

续表

形式	原理简图	结构特点	限矩原理	优缺点
动压泄液式(1)	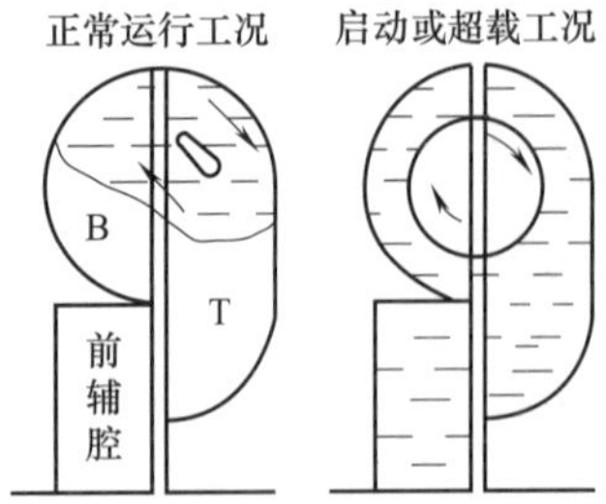	在涡轮与泵轮的内缘设置容积较大的前辅腔	正常工作时，前辅腔中的工作液体在离心力作用下，进入工作腔。超载时，液体作大环流运动，在此动压力作用下，液流冲进前辅腔，使工作腔充满度降低，力矩不再升高	有一定的限矩作用，但易出现力矩跌落现象和制动力矩提高现象，结构简单，轴向尺寸短，小型偶合器常用此形式
动压泄液式(2)	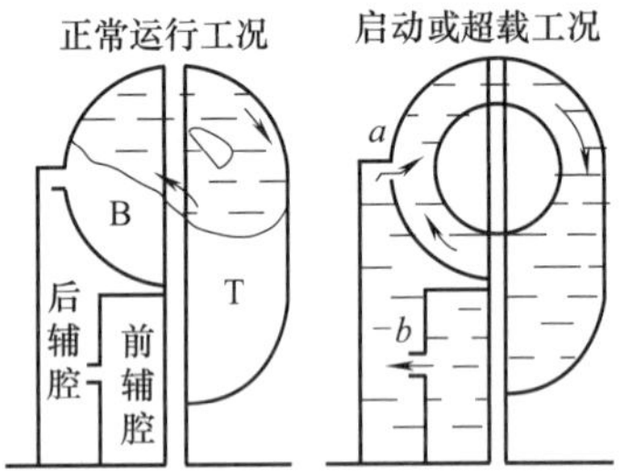	不仅设置前辅腔而且设置后辅腔。前、后辅腔间，后辅腔与工作腔间均有过流孔	正常工作时，在离心力作用下，前、后辅腔中的液体进入工作腔参与环流运动。超载时液体作大环流运动产生动压力，迫使液流首先冲进前辅腔，并继而冲进后辅腔，使工作腔内充满度降低，限制力矩不再提高。启动时由于部分工作液体在前辅腔和后辅腔中，使工作腔充满度降低，故可延缓工作机的启动时间	启动特性好，防瞬时过载能力强，通过调整过流孔面积或改变后辅腔的容积，可以使过载系数降得很低，延时启动时间加长，结构比较复杂，轴向尺寸较长
复合泄液式	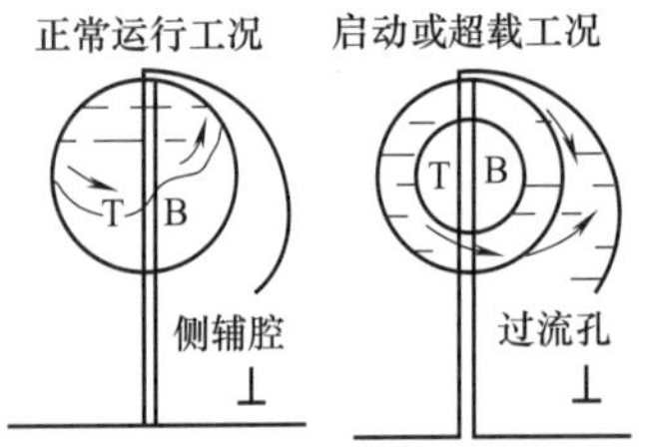	内轮驱动，腔内叶轮作泵轮，在泵轮一侧设置有较大容积的侧辅腔，泵轮与侧辅腔间有过流孔	正常工作时，液流在离心力作用下，进入工作腔。超载时，液体在大环流运动产生的动压力作用下，冲进侧辅腔，同时还有部分工作液体在静压力作用下，从外侧间隙流向侧辅腔，从而使工作腔充满度降低，力矩不再提高。过载消除后，液体在离心力作用下又回到工作腔	结构类似静压泄液式，但功能却类似动压泄液式。结构简单，轴向尺寸短，偶合器质量由电动机轴承担，可避免减速器断轴
阀控延充式	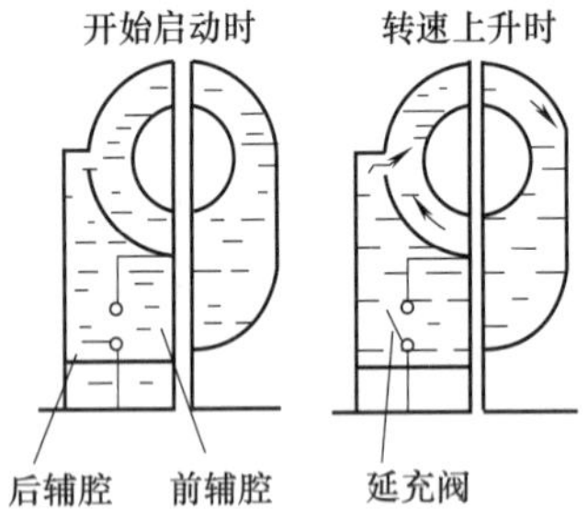	结构与动压泄液式(2)相似，在前、后辅腔间安装了延充阀，有的在后辅腔与工作腔间安装节流阀	启动时，延充阀打开，在大环流动压下，液体通过延充阀进入后辅腔，使工作腔充满度降低，启动力矩低，泵轮转速上升至某临界速度时，在离心力作用下延充阀关闭，工作腔与后辅腔的通道开通，后辅腔中的液体逐渐进入工作腔，提高启动力矩。过载时，当转速降到阀的作用速度时，延充阀打开，液体泄流，进行过载保护	结构比较复杂，启动过载系数可以降得较低，能使工作机延时启动，对阀的作用速度要求严格，阀有时会出现故障
多角形腔	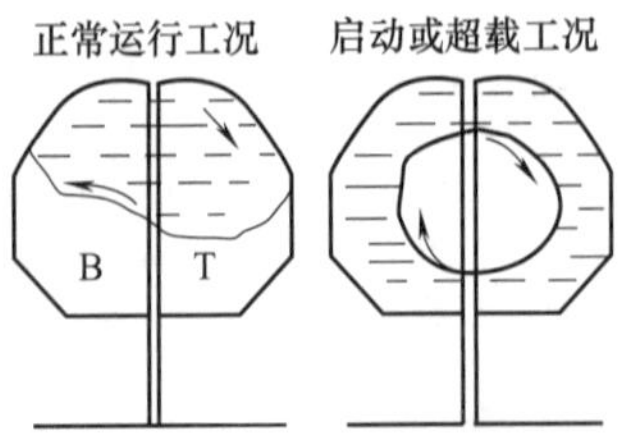	循环圆形状为多角形，外缘仍是圆滑曲线，而内缘则是折角曲线	正常工作时，液流在外缘曲线段工作，不触及折线段，所以对传递力矩无影响。超载和启动时，液体作大环流运动，在折角处产生转向阻力和涡流，增加液力损失，消耗能量，限制力矩升高，发热严重	力矩系数较高、过载系数较低、结构最简单、轴向尺寸短，因在限矩时产生涡流损失，故易引起发热，大型偶合器较少用此腔型

4.3.4.1　静压泄液式限矩型液力偶合器

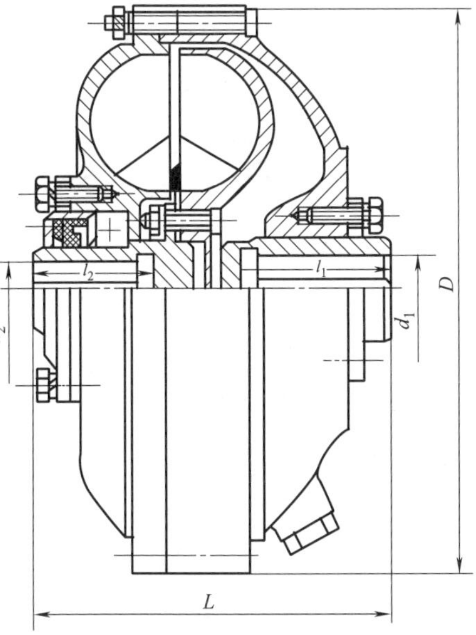

图 19-4-5　静压泄液式限矩型液力偶合器结构

图 19-4-5 为静压泄液式限矩型液力偶合器结构，利用侧辅腔与工作腔中液体的静压力平衡关系来调节充满度。侧辅腔设在涡轮与旋转外壳之间，有较大的容积。涡轮出口处设有阻流板。侧辅腔中的液体大致以泵轮和涡轮的平均转速旋转，以其旋转的离心力形成的静压力来达到与工作腔中的液体压力相平衡。在额定工况因涡轮转速与泵轮转速相接近，故侧辅腔液体旋转速度高、离心力大，存液较少。超载时涡轮转速低，侧辅腔中液体转速亦低，使其离心力小，则静压头小而使工作腔部分液体流入侧辅腔，降低了工作腔液体充满度，而起到限制力矩升高的作用。由于此时涡轮转速较低，工作腔内液体趋于大环流运动，受涡轮出口处阻流板的作用迫使液体外移作小环流运动，使力矩不再增加，也起到了部分限矩作用。

静压泄液式液力偶合器的特点是：结构比较简单，载荷突变时动态反应不灵敏，过载系数偏大，通常 $T_g=2.5\sim3$。多应用在汽车、叉车、破碎机、塔式起重机等过载不频繁的传动中。

4.3.4.2　动压泄液式限矩型液力偶合器

表 19-4-14　动压泄液式限矩型液力偶合器

基本原理和结构

图(a)所示为一种典型的动压泄液式限矩型液力偶合器。前辅腔 5 与后辅腔 4 之间有 A 孔相通，后辅腔 4 和工作腔之间有 B 孔相通。为了安装方便，补偿动力机和工作机在安装时轴向位移和角位移采用了装有弹性盘 2 的联轴器。这种液力偶合器采用外支承方式，涡轮 8 通过轴承 12 和输出轴 13 支承在工作机轴上。泵轮 7 通过轴承 11 和 12 支承在输出轴上。这种液力偶合器分别设置了注油塞和易熔塞。由于注油孔直通工作腔，注油速度可以增快

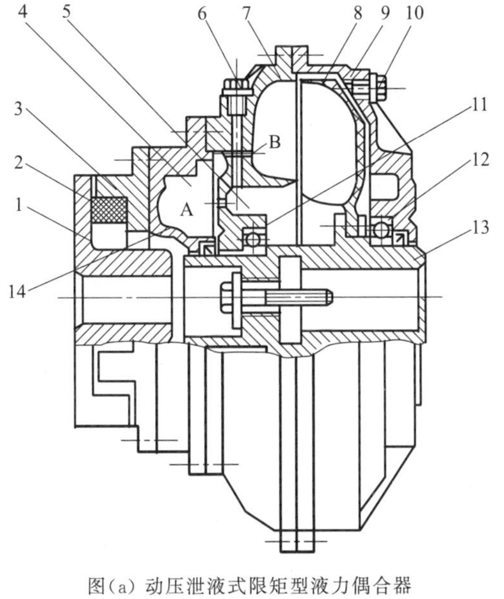

图(a) 动压泄液式限矩型液力偶合器

1—主动半联轴器；2—弹性盘；3—从动半联轴器；4—后辅腔；5—前辅腔；6—注油塞；7—泵轮；8—涡轮；9—外壳；10—易熔塞；11，12—轴承；13—输出轴；14—后辅腔外壳

续表

前、后辅腔对特性的影响	前、后辅腔是按泄液进入的先后而定名，二者的功能均是在低转速比或启动工况时储存油液以降低工作腔充满度，从而限制力矩的升高	
	前辅腔的作用	图(b)中以细实线表示的液力偶合器特性是普通型液力偶合器(无前辅腔)在各种充液量下的特性，以粗实线表示的是只有前辅腔的限矩型液力偶合器特性。当 $i=1.0\sim i_a$ 时，工作腔中液体作小环流动，此时前辅腔由于不存液体而不起作用；当 $i=i_a$ 时，小环流动的液体在涡轮中向轴心延伸到前辅腔边缘，即小环流动将要向大环流动的过渡状态，此时力矩 T_a 将随着 i 的降低而下降。若无前辅腔存在，则全部液体将作大环流动，使曲线将沿着充液量为 q_0 的固有特性曲线(即普通型液力偶合器外特性曲线)上升。由于前辅腔的存在，大环流流动的部分液体倾泻到前辅腔中，形成旋转的液体环，其中有部分液体被离心力甩回工作腔，也有部分液体重新倾泄进来，从而不断交换更新。随着 i 的继续下降，前辅腔被逐步充满，由于工作腔中液体逐步减少，力矩沿 ab 线逐步下降，及至 $i=i_b$ 前辅腔充满时力矩不再下降。当 $i<i_b$ 时，工作腔充满度不再减少，此时曲线沿着充液量为 q_0-V_1(V_1 为前辅腔容积)的固有特性曲线 bc 上升至 c 点。至此，形成了只有前辅腔的限矩型液力偶合器的外特性曲线(abc)。显然，前辅腔的限矩作用使零速力矩(与普通型液力偶合器相比)有显著的下降 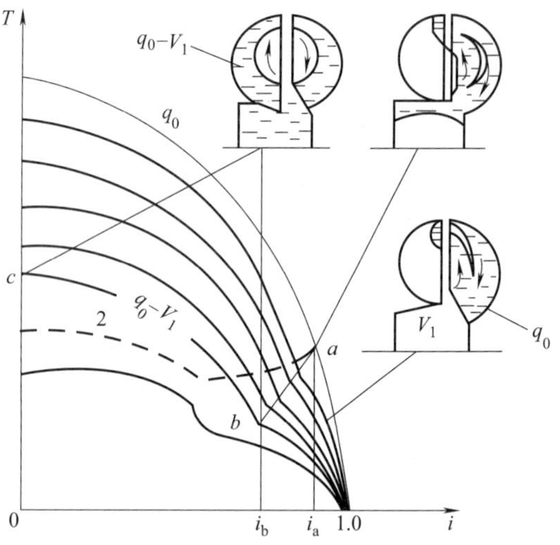 图(b) 前辅腔对特性的影响 液体由工作腔倾泄到前辅腔靠其自身动能进行，因而动作迅速，通常在 0.1～0.2s 可使前辅腔充满，使叶轮力矩迅速降下来，有较好的动态特性。因此即使是工作机被突然卡住时，液力偶合器也能有效地保护动力机不过载 特性曲线的 a 点为临界点，i_a 为临界转速比，一般 $i_a=0.8\sim0.9$。b 点为跌落点，i_b 为跌落转速比。i_a 的转差率 $S_a=(1-i_a)100\%$ 称为临界转差率 为了满足恒力矩载荷的需要，使特性接近理想要求，希望 T_a、T_b 和 T_c 接近相等。若仅从改变前辅腔容积是办不到的，因为缩小前辅腔虽使 T_b 有所升高，但 T_c 也随着升高。因此，须综合考虑液力偶合器结构。例如，缩小前辅腔使 $V_1/V_2\leqslant0.25\sim0.3$($V_2$ 为工作腔容积)，在涡轮出口装带孔的挡板，起减弱倾泄作用；或适当减小前辅腔，而扩大涡轮与旋转外壳间的侧辅腔的容积，以达到图(b)中虚线的特性。不过这两种办法都会降低液力偶合器的动态特性
	后辅腔的作用	作用之一是使低转速比区段特性曲线平坦。如前所述，即使有前辅腔存在，在 $i<i_b$ 以后工作腔充满度也不再降低，曲线沿充液量为 q_0-V_1 的固有特性曲线 bc 上升到 c 点[图(b)]。为使 bc 段曲线趋于平坦而增设后辅腔，使倾泄入前辅腔的液体再进入后辅腔，从而使 $i<i_b$ 以后工作腔充满度继续降低，叶轮力矩不再升高(或很少升高)，使曲线 abc 段趋于平坦，以满足工作机恒力矩载荷特性的要求 前、后辅腔容积大小和它们之间连通孔截面积总和的大小，以及后辅腔与工作腔连通小孔截面积总和大小，相互间比例适合，方能得到较好的特性曲线，这些主要靠试验来确定 后辅腔的另一作用是"延充"，液力偶合器静止时前、后辅腔均存有部分液体。当动力机启动时，最初以较低的转速带动泵轮转动时(此时涡轮并不转动)，液体随着旋转，呈大环流状态，液流靠自身的向心速度冲入前辅腔，使前辅腔充满液体、后辅腔也部分充满，工作腔里充满度很低，使动力机轻载启动。在泵轮随电动机旋转中，后辅腔内液体受离心力作用而形成油环，随着泵轮转速升高，油环各点压力增大，油环液体沿图(c)中 f 孔流向工作腔速度也增大，使工作腔液体充满度增大，力矩亦增高，这样后辅腔起着对工作腔延缓充液的作用。当泵轮转速达到某值使涡轮力矩达到载荷的启动力矩时，涡轮带动载荷起步、运转并升速。随着涡轮转速的升高，转速差的降低使液体从工作腔流入前辅腔的数量递减，而后辅腔流入工作腔的液体递增，工作腔充满度增高。当涡轮转速升至临界转速时，液体大环流即开始变为小环流[图(c)中曲线点 3 状态]，则工作腔液体不再流出。前、后辅腔中液体在离心力作用下由 f 孔徐徐流回工作腔，直至流空为止，此时工况点落在图(c)中曲线的 1～2 区段上 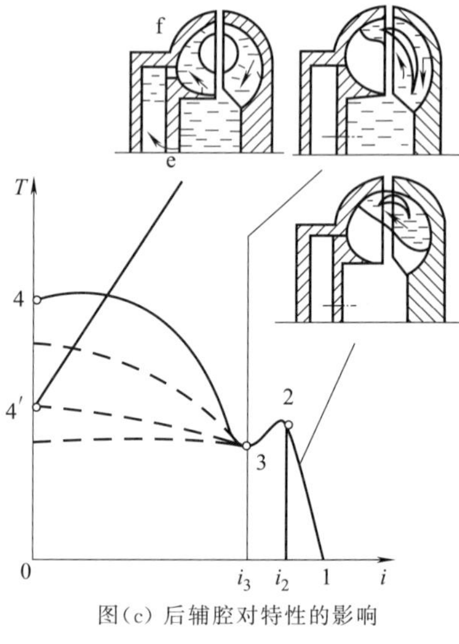 图(c) 后辅腔对特性的影响

续表

<table>
<tr><td>特性比较</td><td colspan="2">

图(d)所示为只有前辅腔与前、后辅腔均有的两种限矩型液力偶合器用于恒力矩载荷时的特性比较。具备前、后辅腔的液力偶合器的启动力矩、最大力矩均较低，对输送带的动载荷较小。在启动时前、后辅腔内均存有油液，使工作腔充满度较低，因而其启动力矩(曲线 2)比只有前辅腔的液力偶合器(曲线 1)要小。随着泵轮转速的升高使后辅腔中的液体经由连通孔徐徐进入工作腔，使传递力矩逐渐增加。当涡轮启动并进入额定工况时后辅腔液体几乎全部排空，曲线 1、2 两液力偶合器工作腔充满度接近相等，故两个液力偶合器在低转速比时性能不同而在高转速比时性能相同而变成同一条曲线

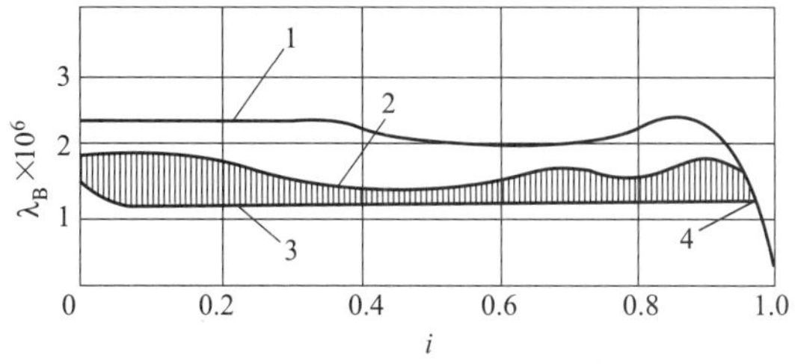

图(d) 后辅腔对降低启动力矩的效果
1—只有前辅腔的原始特性曲线；2—前、后辅腔均有的原始特性曲线；
3—加速力矩；4—载荷的额定力矩点

</td></tr>
<tr><td>用途</td><td colspan="2">

动压泄液式液力偶合器的过载系数 T_g随充液量不同在一定范围内变化，一般 $T_g=1.8\sim3.0$。此种液力偶合器传递功率范围较宽，动态反应灵敏，过载保护性能好，但结构较静压泄液式复杂，多用于保护动力机和工作机不超过规定力矩的场合，如板式输送机、刮板输送机、带式输送机、斗轮堆取料机和刨煤机等

</td></tr>
<tr><td>类型</td><td>阀控延充式液力偶合器</td><td>

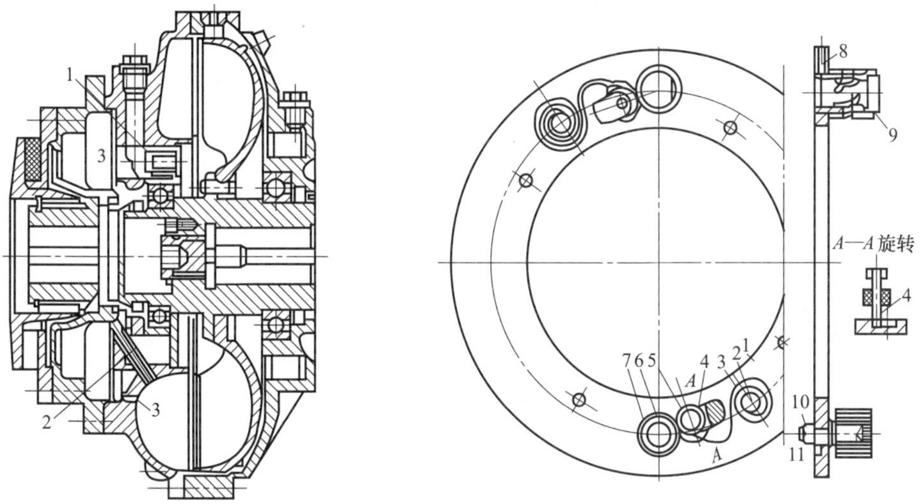

(ⅰ) 结构图
1—转阀阀座；2—通气孔；3—连通孔

(ⅱ) 转阀组件
1—隔板；2—柱销；3—卷簧；4—销轴；5—滚动轴承；6—阀座；7—阀套；8—弹性销；9—挡圈；10—螺母；11—止动垫圈

图(e) 阀控延充式液力偶合器

阀控延充式液力偶合器是典型的动压泄液式液力偶合器的派生形式[见图(e)]，在前、后辅腔之间的连通孔上装置转阀，用以进一步改善电动机启动载荷的性能

转阀靠其摆锤质量(辅以弹簧)控制，泵轮转速低时使连通孔开通，此时涡轮转速为零，液流在工作腔中作大环流运动并泄入前辅腔，再经转阀进入后辅腔，使工作腔充满度迅速降低，使电动机(及泵轮)空载起步($n_B=0$，$T_B=0$)后转速迅速上升。当泵轮转速升到某一定值时，靠摆锤的离心力使转阀关闭。此后，后辅腔中液体在其离心力作用下通过小孔 3 逐渐充入工作腔，而工作腔中液体再不能进入后辅腔，使工作腔有较高的充满度，液力偶合器有更大的启动力矩去拖动载荷

阀控延充式液力偶合器能使电动机空载起步后迅速轻载($T_B\propto n_B^2$)升速，如此既改善了电动机的启动状况又提高了启动载荷的能力，比典型的动压泄液式的性能提高了一大步。但因增设了一套转阀系统使结构复杂化，增多了出故障的环节

此种液力偶合器多用于刮板输送机和综合采煤机等设备上

</td></tr>
</table>

续表

类型 | 闭锁式液力偶合器

闭锁式液力偶合器的闭锁方式有多种，可以在液力偶合器内部或外部加装闭锁装置，按其结构方式有内置离心块摩擦离合器式、内置浮动离心楔块摩擦离合器式、外置离心飞块摩擦离合器式及自动同步式液力偶合器等

内置离心块摩擦离合器式液力偶合器

由静压泄液式(或外轮驱动的动压泄液式)液力偶合器与离心块式摩擦离合器组成[见图(f)]

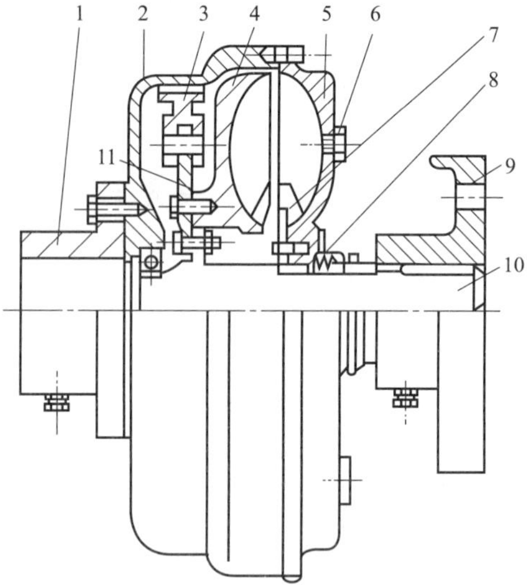

图(f) 闭锁式液力偶合器

1—输入轴轴器；2—外壳；3—离心式摩擦离合器；4—涡轮；5—泵轮；6—易熔塞；7—挡板；8—机械密封；9—输出联轴器；10—输出轴；11—连接盘

离合器装在侧辅腔中，离合器3主动片通过连接盘11与涡轮连接。从动片固结在外壳2上。离合器3主动片与滑块通过销轴连接，滑块可在连接盘的径向导槽内滑动

在涡轮转速较低时，离心力不足以使滑块甩出，摩擦离合器处于脱开状态，静压泄液式液力偶合器处于正常功能状态

当涡轮转速升高到某一值时，离合器3的主动片连同滑块在离心力作用下，沿连接盘11的径向导槽向外滑动，与从动片相接触，产生摩擦力矩。此时功率通过两路传递：一路是泵轮轴—外壳—泵轮—涡轮—涡轮轴；另一路是泵轮轴—外壳—摩擦离合器—涡轮轴。随着涡轮转速的升高，摩擦离合器传递的力矩与涡轮转速的二次方成正比而增大。当涡轮转速超过某一值后，离合器完全接合，成为直接传动，全部力矩由摩擦离合器传递[力矩特性曲线见图(g)]

当载荷增大，涡轮转速下降时，离心力减小，复位弹簧使滑块缩回，离合器脱开，液力偶合器的功能得以恢复

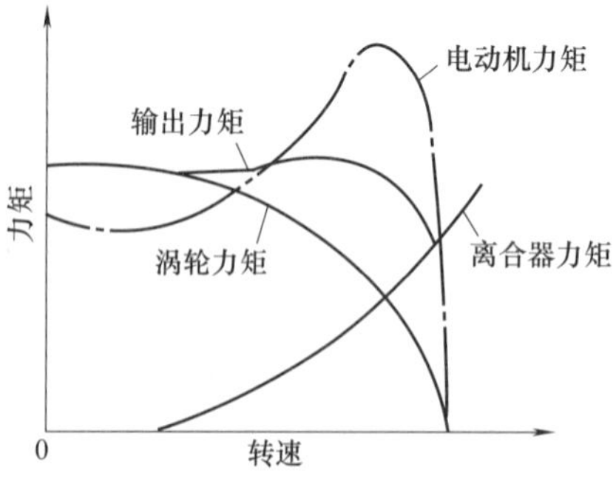

图(g) 闭锁式液力偶合器特性曲线示意

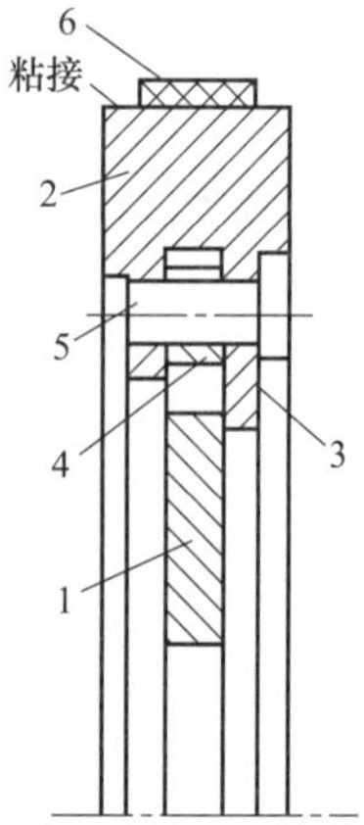

图(h) 离心式摩擦离合器剖视图

1—连接盘；2—离合器片；3—复位弹簧；4—插入滑块；5—销轴；6—石棉衬板

续表

<table>
<tr>
<td rowspan="2">类型</td>
<td rowspan="2">闭锁式液力偶合器</td>
<td>内置离心块摩擦离合器式液力偶合器</td>
<td>离心式摩擦离合器[图(h)]由带有四条径向导槽的连接盘 1、四块粘接石棉衬板 6 的离合器片 2、复位弹簧 3、滑块 4 和销轴 5 组成。离合器片 2 通过销轴 5 插入滑块 4 内，滑块可在连接盘 1 的径向导槽内滑动。在涡轮静止或低速运转时，复位弹簧使四块离合器片缩拢并贴靠在较小的直径部位上
闭锁式液力偶合器与其他形式液力偶合器相比，相同规格可传递更大的功率。但在动力反传时将造成功能混乱，因其离心块闭锁能力取决于涡轮转速，若涡轮转速不降低，则摩擦离心器就不能脱开，使液力偶合器功能无从发挥，而只有摩擦离合器功能了。可知闭锁式液力偶合器不能应用于有逆转的场合。主要应用于带式输送机的传动，因可消除液力偶合器的转差损失而提高输送带运行速度并避免滑差功率损失，因而节能</td>
</tr>
<tr>
<td>自动同步型液力偶合器</td>
<td>自动同步型液力偶合器是德国福伊特(VOITH)公司近年研发的新型闭锁式液力偶合器，它不仅具有液力偶合器的优良启动特性，且有闭锁机构特性，于运转中自动实现无滑差的动力传递。图(i)为自动同步型液力偶合器外形，它与普通的限矩型液力偶合器基本相同，在结构上、连接尺寸上完全相同。不同的只是涡轮被分割为四块扇形体，四块扇形体均安装在输出轴轮毂的连接法兰上，在其外圆的圆柱面上黏附摩擦衬面，在液力偶合器壳体的圆柱内表面也粘着摩擦衬面，两者构成摩擦副。在涡轮低速运转时靠液体环流作用使四块扇形体向中心靠拢并传递输出力矩；在涡轮高速运转时离心力使扇形体向外移动，直至摩擦副接合使涡轮与泵轮一起同步运转，实现无滑差的传递动力

图(i) 自动同步型液力偶合器外形
当偶合器超载或堵转工况，涡轮转速下降到一定程度，则摩擦副脱开，恢复偶合器工况。实现涡轮低速时为液力偶合器传动；涡轮高速时为摩擦传动，如图(j)所示。在特性曲线 a 点以前的虚线部分完全是偶合器特性，a 点为摩擦副开始接合，在 b 点已完全接合，a—b—c 段为自动同步型液力偶合器液力加摩擦传动特性。c 点为摩擦传动的额定工况点，该点力矩与负载力矩 T_N 平衡，转速比 $i_{TB}=1.0$，使工作机获得与原动机的相同转速，且获得更大的力矩，用于带式输送机或刮板输送机可得到较好的技术经济效益
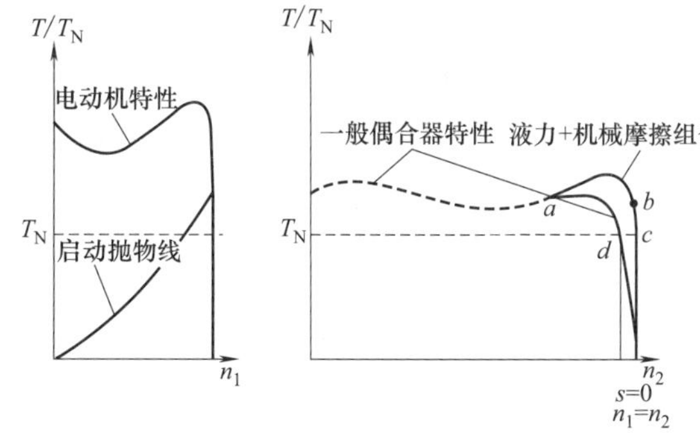

图(j) 自动同步型液力偶合器特性曲线
此种形式闭锁式液力偶合器结构紧凑、尺寸小，外形同于原型液力偶合器，因此给原有传动系统的改造带来便利。摩擦副在频繁接合与脱开过程中可稍有磨损。但因采用较强的摩擦材质，可有较长的使用寿命</td>
</tr>
</table>

续表

类型	闭锁式液力偶合器	无滑差静液力机械偶合器	无滑差静液力机械偶合器的实质是斗轮式液力元件与行星齿轮传动的组合，其结构见图(k)。由于无滑差使之功能近于闭锁式液力偶合器 输入轴 1 与输出轴 8 依靠两端轴承座支承，偶合器外壳 3 由两端带法兰的圆筒和左右端盖组成。偶合器内部装有斗轮 4，其数量按需要确定，可以是 2 个、3 个或 4 个。每个斗轮由 12 个斗齿组成，其结构见图(l)。斗轮通过斗轮轴与行星轮 6 相连，对斗轮作用的动力矩和静力矩由行星轮 6 传至中心轮 7，中心轮 7 与输出轴相连，输入轴 1 与左端盖刚性连接。动力机通过输入轴带动外壳旋转，外壳 3 的实质是行星架 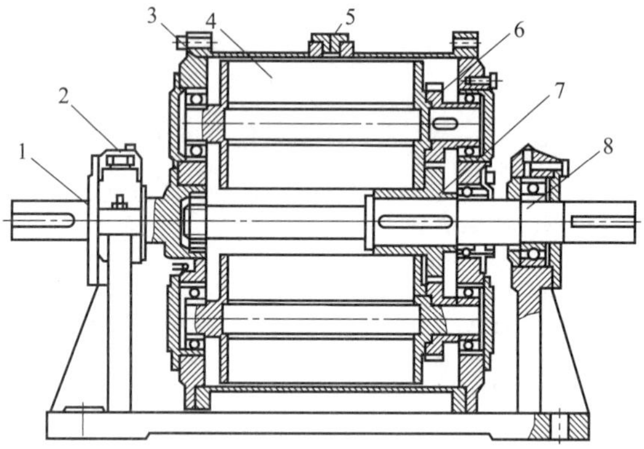 图(k) 无滑差静液力机械偶合器结构 1—输入轴；2—轴承座；3—外壳；4—斗轮；5—易熔塞；6—行星轮； 7—中心轮；8—输出轴 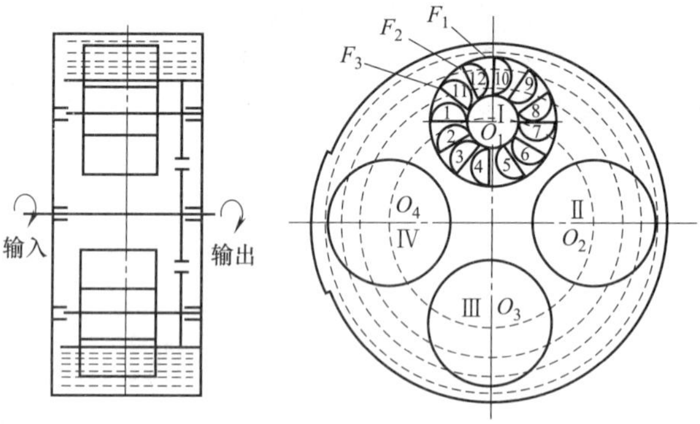 图(l) 斗轮结构 当动力机通过输入轴带动壳体旋转时，充填在壳体中的工作液体受离心力的作用，紧贴外壳的外缘，形成一个液环。动力机启动初期转速较低，作用在斗轮上的液动力矩还不够大，因而还不能驱动工作机转动。换言之，此时与输出轴相连的中心轮固定不动，行星架(即外壳)驱使行星轮带动斗轮转动。由于斗轮上各个小斗外缘的速度大于相对应点外壳中油环质点的速度，因此油环中的液体必然流进斗中。液体在斗轮中循环流动，使动量矩产生变化，工作液体对斗轮产生液动力矩。当电动机的转速接近达到最大力矩的转速时，液动力矩可以克服工作机的负载力矩，中心齿轮开始转动。当中心齿轮的转速不断提高，最终达到电动机转速时，整个偶合器像一个刚体一样随电动机一起旋转，这时作用于斗轮上的已不是液动力矩，而是保留在斗轮某几个斗中的液体离心力[如图(l)中的 F_1、F_2、F_3]对斗轮产生的静力矩。偶合器的输入与输出之间已没有滑差，效率可达 99.5%，0.5%的损失是壳体鼓风损失和轴承摩擦损失。若负载力矩稍有波动，则斗轮作相应的转动，自动达到平衡。工作机的负载在一定范围内变化，偶合器仍可保持没有滑差。如工作机的负载超过最大允许的静力矩，则输出转速下降，直至为零。此时电动机仍然旋转不会产生闷车和烧电动机的事故。若制动时间过长，输入的功率全部转化成热量使偶合器升温，温度达到一定限度后，易熔塞中的易熔合金熔化喷液保护。所以它与限矩型液力偶合器一样具有轻载启动和过载保护功能

续表

类型	闭锁式液力偶合器	无滑差静液力机械偶合器	功能与优点	a. 具有限矩型液力偶合器的一切功能 b. 无滑差损失、高效率，效率可达 99.5% c. 具有节电功能，比一般限矩型液力偶合器节电 4%～5% d. 正常运转时，各零部件间无相对运动，没有机械摩擦，故障率低、效率高、使用寿命长、操作简便、不用特殊维修
			缺点与注意事项	a. 结构比较复杂，斗轮制造比较麻烦 b. 成本比同功率限矩型液力偶合器略高 c. 传递功率与转速的立方成正比，输入转速不能过低，否则偶合器规格变大 d. 斗轮转动有方向性，偶合器不能正反两个方向使用 e. 输入端和输出端不能调换，不能动力反传 f. 两端用脂润滑轴承，转速不能过高
			使用优势	a. 在多机驱动并车上应用有突出优势。由于该偶合器无反传能力，所以不用担心输出端将功率反传至动力机。例如，上海港的救生船“红救 6 号”，用两台柴油机驱动一个推进器，巡航时一台柴油机工作，另一台柴油机停开。出现险情时，两台柴油机一起驱动。两台柴油机共同驱动螺旋桨，需要有一个并车和离合的过程。若用一般的偶合器传动，并车时需充油，分离时要放油，由于偶合器充排油需要一定时间，所以使救生船的机动性受到影响。使用该偶合器，不需要充排油。当用一台柴油机驱动时，另一台柴油机所带的偶合器因无反传功能，所以不会将减速箱的动力传给柴油机，因而也无需分离，这就简化了偶合器的结构，节省了充排油时间，提高了救生船的机动性 b. 在 300kW 以上的大功率设备上应用有较大优势。大功率工作机选用该偶合器，节能显著。例如，工作机功率为 500kW，若用一般偶合器，则功率损失为 20kW，而用无滑差静液力机械偶合器则只损失 2.5kW。因而该偶合器是大功率大惯量工作机的理想传动元件
	加长后辅腔式及加长后辅腔并有侧辅腔式限矩型液力偶合器	在具有前、后辅腔的典型的动压泄液式偶合器结构基础上加长后辅腔，使分流容积加大、启动时间延长、过载系数降低，以满足要求延时“超软”启动的工作机之需要，如带式输送机等[见图(m)中(ⅰ)]。为了获得更长的延时启动时间，在前者结构基础上又在涡轮外侧增设了侧辅腔[见图(m)中(ⅱ)]，成了又一种新型结构 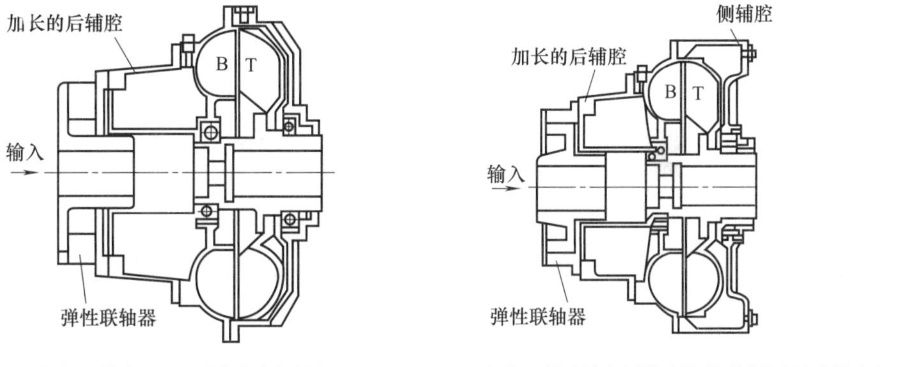 (ⅰ) 加长后辅腔的动压泄液式液力偶合器　(ⅱ) 加长后辅腔并有侧辅腔的动压泄液式液力偶合器 图(m) 新型结构动压泄液式液力偶合器 两种新型结构使动压泄液式液力偶合器特性可更好地满足工作机的特殊要求，但轴向尺寸加长，重量增加，对输出轴(即减速器输入轴)根部的强度要求更高。减速器输入轴根部承受着液力偶合器重量引起的弯矩和剪切力，并同时承受传递动力的扭矩。剪、弯、扭联合的主应力，在减速器输入轴的旋转中成为交变应力，交变次数大于 10^7 后将使之疲劳破坏。液力偶合器轴向尺寸越长，重量越大，交变应力的不良效果越严重 近年又出现了在上述两种结构形式中，于前、后辅腔的连通孔上设置离心转阀[见图(n)]，即为阀控延充式，使之启动延时降低过载系数等效果更趋明显		

续表

	加长后辅腔式及加长后辅腔并有侧辅腔式限矩型液力偶合器	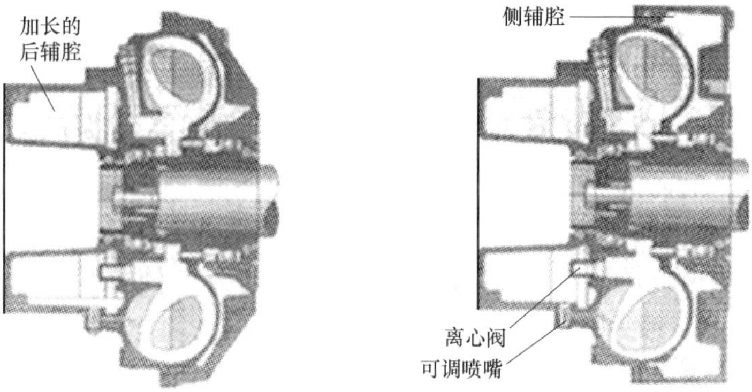 图(n) 加了延充阀的结构形式
类型	延时启动型液力偶合器	延时启动型液力偶合器是限矩型液力偶合器的一种。为适应带式输送机等“超软”启动的需求，国际上各国不断开发能降低启动力矩、延长启动时间的延时启动型液力偶合器。除前述加长后辅腔等延时启动结构形式外，下面介绍意大利 TRANSFLUID 公司近年研发的新产品，型号为 KX[图(o)]。除工作腔外还设置辅助腔 A 和辅助腔 B。辅助腔 A 中设置固定导管，辅助腔 B 与工作腔有通道相连，通道上设置阀门以调节过流流量。该液力偶合器为泵(外)轮驱动。在静止、启动和稳定运转时工作液体(液流)有不同状态 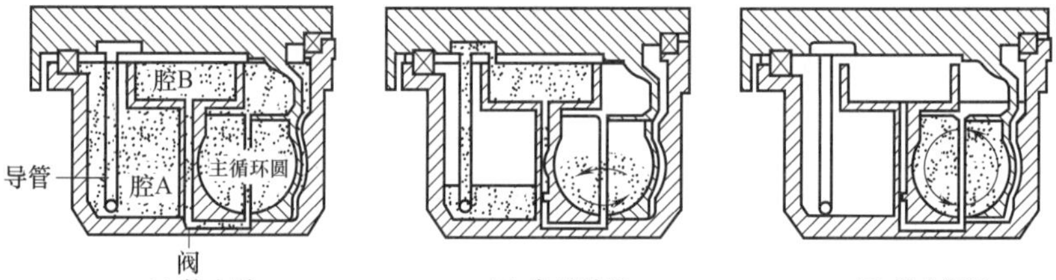 (ⅰ)静止时 (ⅱ)启动过程 (ⅲ)稳定运转 图(o) 延时启动型液力偶合器 静止时，因偶合器的辅助腔容积较大，所以初始充液液位低于旋转轴中心线，故工作腔内的充液率远低于一般限矩型液力偶合器。这为降低启动力矩创造了条件 启动时，工作腔内充液量较少，使偶合器具有较低的启动力矩。在电动机的启动过程中，工作液体通过固定导管由辅助腔 A 进入辅助腔 B，然后通过可调的节流阀进入工作腔。调节节流阀的开度即可控制工作腔的充液时间，也就控制了延时启动时间 稳定运转时，辅助腔 A 及 B 中的工作液体均被全部导出来送入工作腔，液力偶合器在额定工况以最小转差率运转 超载泄液时，大环流的部分工作液体经由泵轮与涡轮内缘间隙冲出，进入涡轮内缘的前辅腔，再进入辅助腔 B 和辅助腔 A，因而限制了力矩的升高 KX 型延时启动型液力偶合器特性曲线如图(p)所示 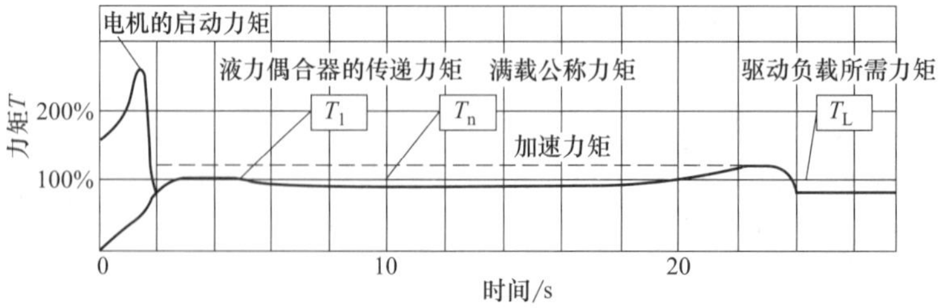 图(p) KX 型延时启动型液力偶合器特性曲线

续表

<table>
<tr><td rowspan="6">类型</td><td rowspan="3">延时启动型液力偶合器</td><td>优点</td><td>①启动力矩低于电动机额定力矩的50%，能降低电动机的启动电流
②具有较长的启动时间，有效地隔离工作机的惯性影响
③制动力矩低于电动机的额定力矩
④设置内置式易熔塞，过热喷液后，油液从工作腔泄入辅助腔A，避免了油液喷出污染环境。过载消除后，泄入辅助腔A的油液在导管的作用下，重新回到工作腔
⑤调节阀门的调节螺钉设置在罩壳外面，可方便地调节启动时间
⑥充液简单易行，除特殊情况外，试运行后无需再充液
⑦配有齿形联轴器和膜片联轴器，可以不移动电动机和工作机而径向装拆偶合器
⑧采取防爆设计，可选用钢制外壳，适合煤矿井下使用
⑨可以采用水介质，可以设置内泄阀，避免腔内汽化升压</td></tr>
<tr><td>缺点</td><td>①结构比较复杂，成本高于普通限矩型液力偶合器
②因设置了大后辅腔，故轴向尺寸较长，且重量较大</td></tr>
<tr><td colspan="2">KX型液力偶合器在我国煤矿井下已有应用，效果良好</td></tr>
<tr><td rowspan="2">双腔液力偶合器</td><td colspan="2">图(q)为双腔液力偶合器的典型结构，它由两个泵轮和两个涡轮组成。两个泵轮中间设有连接体，泵轮与涡轮的内缘有前辅腔，两个工作腔之间有过流孔。通常双腔液力偶合器的泵轮转矩系数为相同腔型的单腔液力偶合器的两倍，传递功率也近似等于两倍。由于没有后辅腔，其过载系数相当于只带有前辅腔的限矩型液力偶合器，特性也大体相同
图(r)所示双腔液力偶合器轴向力是平衡的。对有外供油系统的双腔液力偶合器，由于供油压力和油路走向不同等原因而不能完全消除轴向力，但可大大降低轴向力
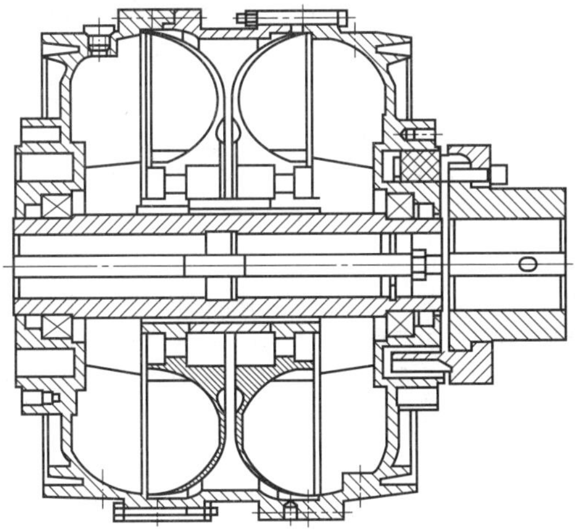
图(q) 双腔液力偶合器结构
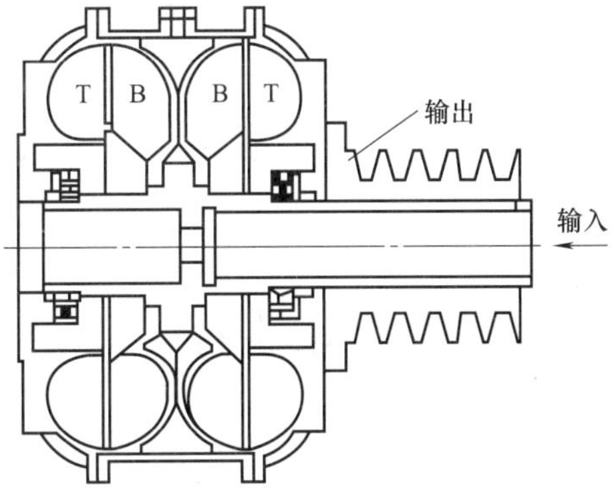

图(r) 平行传动的双腔液力偶合器</td></tr>
<tr><td colspan="2">用于V形带连接的平行传动的双腔液力偶合器结构紧凑，尺寸小。其径向尺寸可比同功率单腔液力偶合器降低13%。这样的组合[图(r)]使轴向尺寸较长，使电动机轴负担过重，必要时另一端需加支撑</td></tr>
<tr><td>液力变矩偶合器</td><td colspan="2">液力变矩偶合器是把复合式液力变矩器与限矩型液力偶合器组合起来的新型液力传动元件。它具有液力变矩器和液力偶合器的优点，克服了液力变矩器效率低和液力偶合器不变矩的缺点
图(s)为液力变矩偶合器的结构示意，它是在无芯环限矩型液力偶合器的基础上加以改造，附加了一个静止的无芯环导轮而成的。图中输入轴8带动外壳6、泵轮5和壳体4旋转，输出轴1上固定连接涡轮7，导轮轴2固定连接导轮3。泵轮与涡轮均为径向平面直叶片，而导轮叶栅的进口为径向，出口为弯曲形状，与泵轮旋转方向为150°正向夹角。泵轮与壳体4组成辅助腔，泵轮上有流通孔，使工作腔与辅助腔相通
液力变矩偶合器是利用工作腔内的循环流态随转差率而变化这一原理进行工作的。当转差率小时，工作液体作小环流运动，如图(t)中(ⅰ)所示。液流只流经泵轮和涡轮，而不触及导轮，所以完全是偶合器工况。当转差率大时，工作液体作大环流运动，如图(t)中(ⅲ)所示。液流流经导轮，此时是变矩器工况。介于偶合器工况与变矩器工况之间的是过渡工况，此时液流同时存在大环流和小环流，并且随转差率的增加，作小环流运动的工作液体流量逐</td></tr>
</table>

续表

类型 液力变矩偶合器

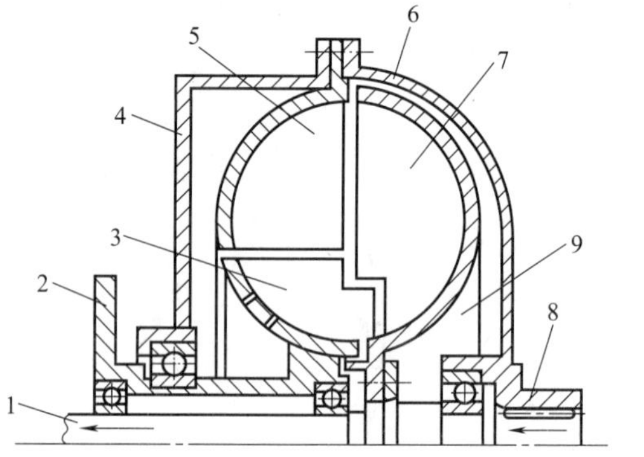

图(s) 液力变矩偶合器的结构示意
1—输出轴；2—导轮轴；3—导轮；4—壳体；5—泵轮；6—外壳；
7—涡轮；8—输入轴；9—辅助腔

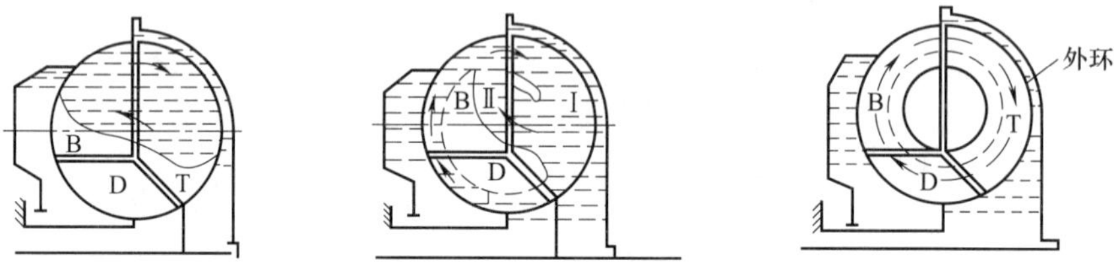

(ⅰ)偶合器工况——工作液体作小环流运动 (ⅱ)过渡工况——工作液体既作小环流运动又作大环流运动 (ⅲ)变矩器工况——工作液体作大环流运动
图(t) 液力变矩偶合器三种工况的流态

渐减小，逐步过渡到大环流运动，如图(t)中(ⅱ)所示。由此可见，液力变矩偶合器具有液力偶合器和液力变矩器两种功能。由于导轮叶栅有方向性，所以当泵轮反转时，液力变矩偶合器失去变矩功能，相当于一个限矩型液力偶合器

液力变矩偶合器的特性如图(u)所示。该液力变矩偶合器的有效直径为 365mm，充液率为 85%，泵轮转速为 1480r/min。它的启动变矩系数约为 1.4～1.5，零速工况的力矩 $T_0=(3\sim3.8)T_e$(T_e为额定力矩)，偶合器工况的效率 $\eta=0.95$。图中的虚线是泵轮反转时的特性曲线。可见，此时它相当于一个限矩型液力偶合器，已没有变矩功能了

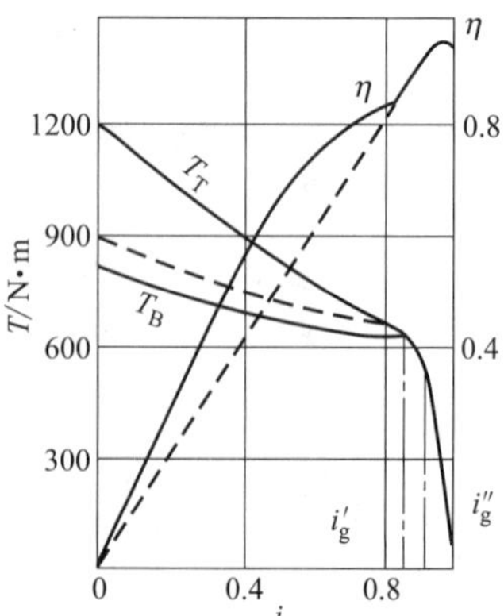

图(u) 液力变矩偶合器的试验特性

续表

类型	液力变矩偶合器	优点	①由于液力变矩偶合器带有导轮，故其在制动工况能够变矩，因而其启动力矩远大于一般的限矩型液力偶合器 ②一般液力变矩器需在全充满状态下运转，否则容易发生汽蚀现象，故必须带有补偿系统。液力变矩偶合器可以在非充满状态下运行，无汽蚀产生。又因效率较高、发热少，故省去了补偿系统 ③由于泵轮和涡轮均为平面直叶片，故反转工况可以在较长时间内传递较大力矩，能满足刮板输送机正反转运转要求 ④由于正常运转时，液流不经过导轮，所以可以获得较高的效率 ⑤叶轮铸造工艺比液力变矩器简单，生产率高，成本低 由于液力变矩偶合器具有上述优点，因而大有发展前途。值得指出的是：由于液力变矩偶合器的变矩系数较低，所以在需要较高变矩系数的工况仍然不能代替液力变矩器，但对于煤矿刮板输送机和工程机械、轻型汽车等设备，使用液力变矩偶合器还是比较理想的
		缺点	结构比较复杂，反转时无变矩作用，成本和价格比较高
	水介质液力偶合器		煤矿井下刮板输送机、带式输送机、转载机、破碎机等设备使用的液力偶合器，为避免油介质偶合器在超载时高温喷油引燃煤气，国内外均开发了以清水（或水基难燃液）为传动介质的水介质液力偶合器。水介质液力偶合器在轴承设置、密封结构设计、安全保护装置设置以及主轴及偶合器腔内钢构件防腐蚀处理等方面均与油介质偶合器不同 图(v)为典型的水介质液力偶合器结构，首先其腔内钢铁构件均需进行防腐蚀处理以防锈蚀和腐蚀。为使滚动轴承不接触水液以免产生“氢脆效应”而以密封件与之隔离。由于腔内高温水液汽化产生膨胀压力，有时甚至接近1.4MPa，而通常油封抗压只达0.5MPa，为此在油封之后加入挡环以提高抗压能力[图(w)]，并防止油封唇口外翻 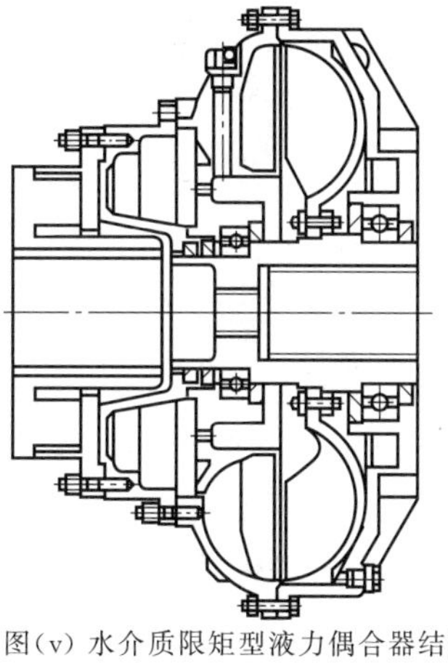 图(v) 水介质限矩型液力偶合器结构 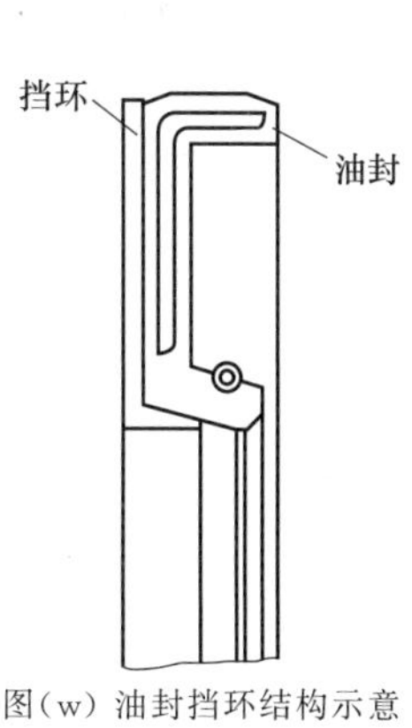 图(w) 油封挡环结构示意
		优点	①以清水为介质，节省油液，这本身就是节能 ②因为水比油的相对密度大，所以同规格水介质偶合器传递功率比油介质偶合器提高15% ③喷液后无污染，可防止引燃煤气燃烧 ④用途广泛，用量大，除煤矿井下设备以外，食品、化工、医药、纺织等行业不允许油污染的机械设备上均可以使用
		缺点	①水介质温度升高后易汽化，水蒸气聚集多了使偶合器腔内升压，如不释放则会引起壳体爆裂，所以水介质偶合器除设有易熔塞之外，还设置易爆塞 ②水介质偶合器采用密封装置在内轴承在外的结构，由于水蒸气很难密封，所以常常侵蚀轴承，使轴承锈蚀、卡死，降低寿命 ③为防止偶合器在内部蒸汽压力高时爆裂，偶合器壳体较厚，要求能承受3.4MPa压力而不爆裂，所以与油介质偶合器相比，不仅所用材料较多，而且壳体的铸造难度较大 ④水介质偶合器故障率较高，寿命较短，《刮板输送机用液力偶合器》(MT/T 208—1995)标准可靠性指标规定液力偶合器在井下运转的平均无故障工作时间不得少于2000h，实际上这个指标很难达到 ⑤腔内钢铁零件表面需做防腐蚀处理，增加了成本

续表

类型	水介质液力偶合器	在全国年产约 5 万台限矩型液力偶合器中，煤矿井下用的水介质液力偶合器约占 2/3 以上，其中用量最大的是刮板输送机。由于刮板输送机启动负荷大，启动频繁，工作负载变动大，堵转现象严重，并且所处空间狭窄，环境恶劣（潮湿，多粉尘，有腐蚀性气体和可爆炸性气体），所以刮板输送机必须用水介质液力偶合器。目前存在的最大问题是刮板输送机用的水介质液力偶合器故障率高而寿命低，不仅严重影响煤矿生产，而且还加大了产煤成本，成为煤矿行业的一大负担 目前我国水介质液力偶合器存在着寿命短、技术性能低和现场使用操作不尽合理等问题。在产品结构上应解决轴承和密封问题。采用普通油封来密封水或水蒸气，机理上是不合适的，在价格允许的情况下应以机械密封代替唇式油封密封。在轴承方面滑动轴承具有一定优势。图（x）为英国 AKWAFIL475 型水介质液力偶合器结构，该液力偶合器一端用尼龙滑动轴承，另一端用滚动轴承，输出端用机械密封。使整体结构简单许多	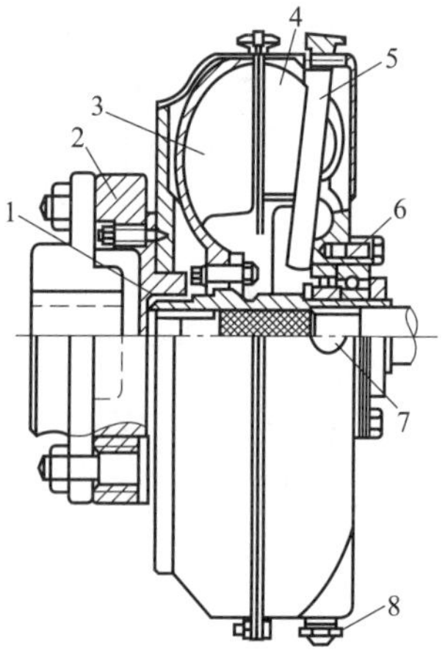 图（x）AKWAFIL475 型水介质液力偶合器 1—尼龙衬套；2—外壳；3—涡轮；4—泵轮； 5—注水管；6—轴端机械密封； 7—易熔塞；8—易爆塞

4.3.4.3　复合泄液式限矩型液力偶合器

复合泄液式液力偶合器特点是既有动压泄液，又有静压泄液，故称复合泄液式。图 19-4-6 所示为复合泄液式液力偶合器结构。在腔内左右两侧各有两支骨架式橡胶油封，为油介质与水介质均可应用的腔型结构。此种液力偶合器有三大特点：液力偶合器固连与承重在电动机轴上；可带制动轮，并与原轮毂轴向尺寸相同；水介质、油介质均可应用。

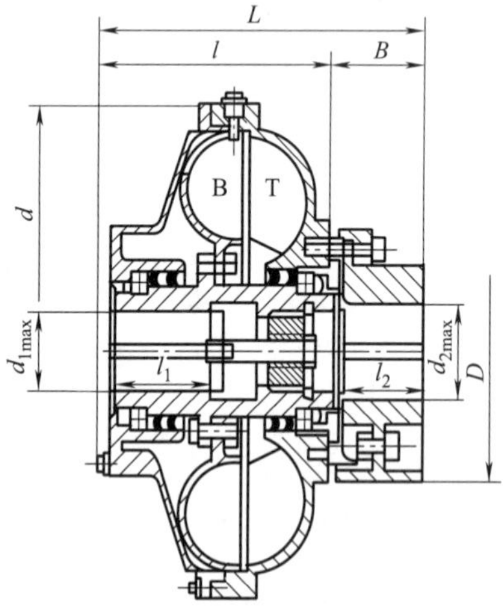

图 19-4-6　复合泄液式液力偶合器

B—泵轮；T—涡轮

此种液力偶合器输入轴与动力机刚性连接并由其承受液力偶合器的重量，输出端以半联轴器方式与减速器输入轴或制动轮弹性连接。由于不承受液力偶合器的重量，而减免了减速器输入轴承受交变应力而有疲劳断裂、断轴的隐患。

图 19-4-7 为此种液力偶合器工作腔内液体的环流状态与泄液。小环流与动压泄液式基本相同，大环流时从连通孔 A 和工作腔外缘间隙 D 处同时泄液。前者为动压泄液，后者为静压泄液。因超载而引起动压、静压同时泄液，从而降低了工作腔液体充满度，使传递力矩下降，因而可有效地限制超载力矩的升高。当载荷下降，泵轮与涡轮转差率降低，循环流速与工作腔压强均下降，则超载时泄入侧辅腔中液体沿间隙 D 或连通孔 A 徐徐流回工作腔，逐步恢复稳态工况。此即复合泄液式限矩的工作原理。

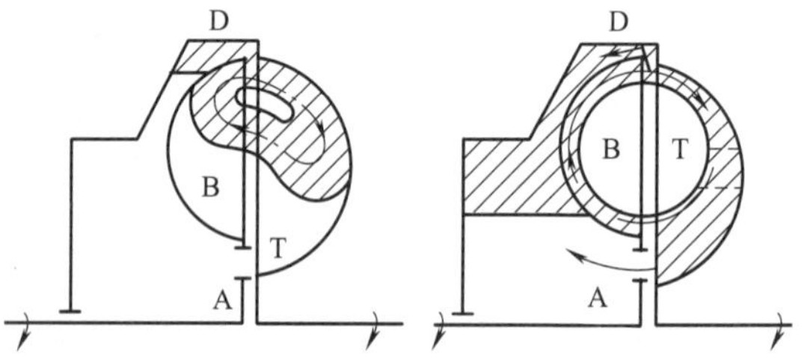

(a) 小环流　　(b) 大环流

图 19-4-7　工作腔液体的循环流态与泄液

其特点是内轮驱动，泵轮在壳体内，在泵轮外侧设有侧辅腔（其外缘与中心部位均与工作腔连通），在超载（大环流）时中心部位为动压、外缘部位为静压同时向侧辅腔泄液。故既有动压泄液式动态反应灵敏的特点，同时又具有静压泄液式结构简单的优点。

复合泄液式（YOX_F）液力偶合器只有泵轮、涡轮、外壳三个盘形件。以输入轴套孔和螺栓定位并固接在电动机轴上，由电动机轴承受液力偶合器重量。减少了减速器轴的承重，避免断轴延长减速器使用寿命。特别是对直交轴型减速器更为有利。液力偶合器输出端可按需要制成单一的轮毂或带有制动轮的轮毂，而且具有同一轴向尺寸。这样大大便利了制动器的布置，简化了结构。如此可使带式输送机的驱动装置大为简化，可使电动机—液力偶合器—制动器—减速器成直列式布置，构成驱动单元，便于带式输送机的驱动装置与支架实现三支点浮动支承，从结构上带来一系列优点。

图 19-4-8 为装有复合泄液式液力偶合器的驱动单元三支点浮动支承结构。液力偶合器 2 固连在电动机轴上，由电动机轴承担其重量。其输出端经弹性联轴器与减速器 4 的输入轴相连接，其输出端的制动轮由机械制动器 3 包围。电动机、制动器和直交轴减速器安装在同一底座 5 上。底座 5 下面铰链支座通过推拉杆 6 与设备机架的铰链支座相连，推拉杆长度可按需要调节。液力驱动单元作为整体（驱动头）以其输出轴孔套装在驱动滚筒轴上，形成两个支点加上推拉杆的支点，而成三支点支承。又由于推拉杆长度可调节，可使驱动单元绕着减速器输出轴轴心任意角度安装浮动定位，故称之谓液力驱动单元三支点浮动支承。其中液力偶合器 2 必须如复合泄液式固连在电动机轴上者方可，否则结构上不便组合。

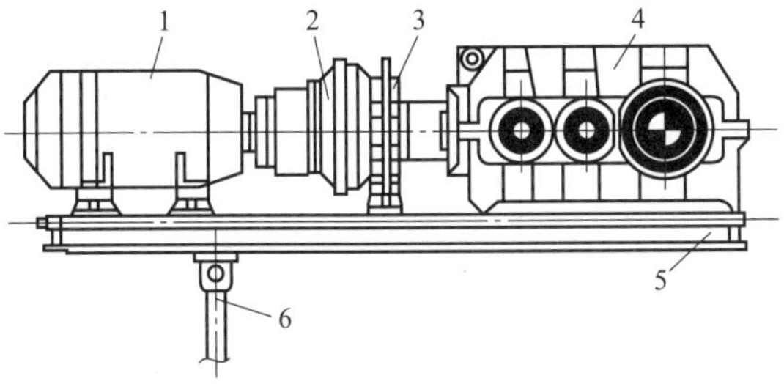

图 19-4-8　液力驱动单元三支点浮动支承结构
1—电动机；2—液力偶合器；3—机械制动器；4—直交轴减速器；5—底座；6—推拉杆

复合泄液式液力偶合器除结构紧凑、尺寸小、重量轻等优点之外，另一大优点是使减速器轴不承担其重量，而减免承担附加弯矩和剪切力，即减除交变应力对其影响，因而可减免疲劳破坏、断轴事故的发生。

复合泄液式液力偶合器主要应用于带式输送机、龙门起重机以及球磨机等设备。

国内限矩型液力偶合器部分生产厂家产品型号对照见表 19-4-15。

4.3.5　普通型、限矩型液力偶合器的安全保护装置

普通型、限矩型液力偶合器超载时，电动机照常运转，泵轮与涡轮转差大大增加，效率降低，损失的功率转化成热量，使工作液体升温、升压，超过许用温度和压强时，就将引起偶合器喷液引燃或壳体爆裂形成恶性事故，为此必须设置安全保护装置，避免发生事故。

普通型、限矩型液力偶合器的安全保护装置见表 19-4-16。

4.3.5.1　普通型、限矩型液力偶合器易熔塞(JB/T 4235—2018)

易熔塞按结构分为三种基本形式：A 型易熔塞（图 19-4-9），B 型易熔塞（图 19-4-10），C 型易熔塞（图 19-4-11）。

技术要求如下。

① 材料：35 钢或黄铜。

② 其余表面粗糙度 Ra 为 12.5μm，锐角倒钝。

③ 表面镀铜或其他表面处理。

④ 易熔塞在 0.6MPa 压力下检查不得渗漏。

易熔塞尺寸应符合图 19-4-9～图 19-4-11 和表 19-4-17 的规定。

标记示例：螺纹为 M24 × 1.5，总长 L 为 30mm，A 型易熔塞标记为

易熔塞 A　M24×1.5×30　JB/T 4235—2018

易熔塞易熔合金熔化温度有 110℃ ± 5℃，120℃±5℃，140℃±5℃，160℃±5℃，180℃±5℃。

推荐使用易熔塞熔化温度场合：110℃——防爆场合；120℃、140℃——一般使用场合；160℃、180℃——反、正转情况下，频繁启动场合。

易熔合金成分见表 19-4-18。

4.3.5.2　刮板输送机用液力偶合器易爆塞技术要求(MT/T 466—1995)

（1）结构形式与安装数量

1）易爆塞的结构形式　图 19-4-12 是易爆塞的基本结构形式，在不影响安装尺寸互换与安装空间的前提下允许采用其他结构形式。

2）易爆塞尺寸　易爆塞与液力偶合器相连接时的连接尺寸及其外形尺寸详见图 19-4-12。

3）易爆塞安装数量

① 工作腔直径小于或等于 560mm 的液力偶合器安装易爆塞的数量最少为 1 个。

表 19-4-15 国内限矩型液力偶合器部分生产厂家产品型号对照表

生产厂	外轮驱动直联	内轮驱动直联复合泄液式	水介质直联	立式直联	双腔	带轮式	内轮驱动制动轮式	外轮驱动制动轮式	易拆卸式	易拆卸制动轮式	大后辅腔式	大后辅腔加侧辅腔式	大后辅腔易拆卸式	大后辅腔易拆卸制动轮式	大后辅腔内轮驱动制动轮式	大后辅腔外轮驱动制动轮式	静压泄液式
大连营城液力偶合器厂	YOX、TVA YOX$_{\text{II}}$	YOX$_{F}$	YOX$_{S}$	YOX$_{L}$	YOX$_{D}$	YOX$_{P}$	YOX$_{FZ}$	YOX$_{WZ}$ (YOX$_{\text{II}Z}$)	YOX$_{Y}$	YOX$_{YZ}$	YOX$_{V}$	YOX$_{VS}$	YOX$_{VY}$	YOX$_{VYZ}$	YOX$_{VFZ}$	YOX$_{VWZ}$ (YOX$_{V\text{II}Z}$)	YOX$_{j}$
大连液力机械有限公司	YOX、TVA YOX$_{\text{II}}$	YOX$_{F}$	YOX$_{S}$	YOX$_{C}$	YOX$_{SQ}$ YOX$_{D}$	YOX$_{R}$ YOX$_{L}$	YOX$_{ZL}$	YOX$_{\text{II}Z}$	YOX$_{E}$	ZYOXE YOXZL ZTVAE	YOX$_{Y}$	YOX$_{YS}$	YOX$_{YE}$	YOX$_{YEZ}$		YOX$_{YZ}$	
广东中兴液力传动有限公司	YOX	YOX$_{n}$	YOX$_{Sj}$		YOX$_{S}$	YOX$_{n}$	YOX$_{nZ}$	YOX$_{\text{II}Z}$	YOX$_{A}$	YOX$_{AZ}$	YOX$_{V}$	YOX$_{VS}$	YOX$_{VA}$	YOX$_{VAZ}$		YOX$_{V\text{II}Z}$	
沈阳煤机配件厂	YOX、TVA		YOX$_{S}$			YOX$_{N}$	YOX$_{nZ}$	YOX$_{\text{II}Z}$	YOX$_{E}$	YOX$_{FZ}$	YOX$_{Y}$	YOX$_{YS}$					
中煤张家口煤矿机械有限公司	YL		YOXD														
蚌埠液力机械厂	YOX		YOX$_{S}$ YOX$_{SH}$			YOX$_{D}$		YOX$_{Z}$									
大连液力偶合器厂	YOX、TVA YOX$_{\text{II}}$	YOX$_{F}$	YOX$_{S}$	YOX$_{C}$	YOX$_{D}$	YOX$_{R}$ YOX$_{L}$	YOX$_{ZL}$	YOX$_{\text{II}Z}$	YOX$_{E}$	YOX$_{FZC}$	YOX$_{Y}$	YOX$_{YS}$	YOX$_{YE}$	YOX$_{YFZ}$		YOX$_{YZ}$	
长沙第三机床厂	YOXD*** MT YOXJ*** MT					YOXD*** T YOXJ*** T	YOXD*** NZ YOXJ*** NZ	YOXD*** Z YOXJ*** Z	YOXD*** A	YOXD*** AZ	YOX$_{Y}$					YOX$_{Y}$*** Z	YOX$_{j}$
上海新交华液力机械有限公司	YOX	YOX$_{m}$				YOX$_{P}$	YOX$_{Z}$	YOX$_{Z\text{II}}$	YOX$_{e}$ YOX$_{f}$	YOX$_{Z\text{III}}$							
桂林叠彩建筑机械厂	YOX																YOX$_{J}$

续表

生产厂	外轮驱动直联	内轮驱动直联复合泄液式	水介质直联	立式直联	双腔	带轮式	内轮驱动制动轮式	外轮驱动制动轮式	易拆卸式	易拆卸制动轮式	大后辅腔式	大后辅腔加侧辅腔式	大后辅腔易拆卸式	大后辅腔易拆卸制动轮式	大后辅腔内轮驱动制动轮式	大后辅腔外轮驱动制动轮式	静压泄液式
上海交大南洋机电科技有限公司	YOX					YOX_P	YOX_{nZ}										
新乡市金田液力传动有限公司	YOX TVA YOX_{II}		YOX		YOX_S	YOX_N	YOX_{NZ}	YOX_{IIZ}	YOX_A	YOX_{AZ}	YOX_V	YOX_{VS}				YOX_{VIIZ}	
山西大同忻鑫液力偶合器厂	YOXD		YOXD														
林州重机(集团)有限公司	YOXD		YOXD														
淄博华汇液力机械厂	YOX		YOX_S														YOX_J
唐山开滦液力传动有限公司	YOXD		YOXD														
威海九鼎液力传动有限公司	YOX		YOX_{MK}		YOX_D	YOX_N	YOX_Z	YOX_{BZ}	YOX_A	YOX_{AZ}	YOX_V	YOX_{VS}					
潞安矿业集团机电修造厂	YOXD		YOXD														
新乡市蒲城起重煤机厂	YOXD		YOXD														
烟台裕华工程机械有限公司	YOX	YOX_F	YOX_S			YOX_P	YOX_{nZ}	YOX_{IIZ}	YOX_Y	YOX_{YZ}							
铜川液力联轴器厂	YOXD		YOXD														
北京起重运输机械设计研究院	YOX_{II}	YOX_F					YOX_{FZ}	YOX_{IIZ}									

表 19-4-16　　**普通型、限矩型液力偶合器安全保护装置**

分类	名称	结构简图	工作原理	优缺点
喷液式	易熔塞	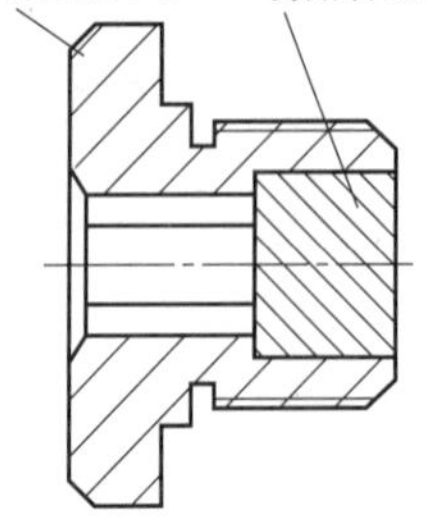	易熔塞外观类似一般的螺塞，其芯部有一小孔，里面浇注易熔合金。当偶合器超载发热程度达到易熔合金熔化温度时，易熔合金熔化，工作液体在离心力作用下从小孔喷出，切断输入与输出的动力传递，起到过载保护作用	结构简单，价格低廉，控制可靠，安装使用方便 缺点是喷液后污染环境，浪费油液，易熔塞不能重复使用，喷液后需换用新的并重新灌油
	易爆塞	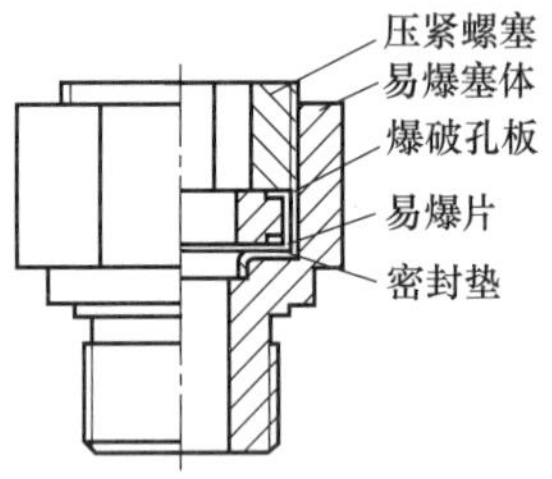	外观同易熔塞，在易爆塞体与爆破孔板间压了一块很薄的易爆片，当偶合器腔内压力超过其爆破压力时，易爆片破裂而喷液，从而切断动力传递，起到过载保护。易爆塞是水介质偶合器专用的安全保护装置，油介质偶合器不用	所规定的爆破压力过高，往往易爆片未破而气体从油封跑出。一次性使用，易爆片破裂后需换新的并重新加水，操作比较麻烦
不喷液式	机械式温控开关	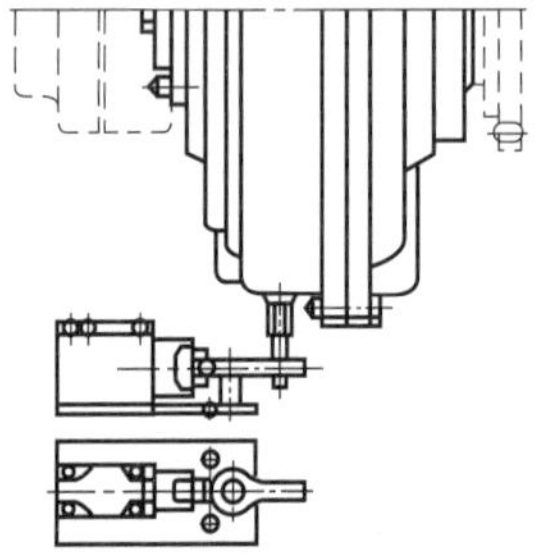	在偶合器壳体上固定一个不喷液的易熔塞，其对面安装一限位开关。当偶合器工作液体超温后，不喷液易熔塞中的易熔合金熔化，原来靠易熔合金凝固而固定的拨销在弹簧和离心力作用下被弹出，撞击对面的限位开关，使电动机停转，起到过载保护作用	能保证超载时偶合器不喷液，保护环境，节约用油。结构较复杂，成本高，拨销对开关有撞击，不喷液易熔塞不能反复使用，仍然需要安装喷液易熔塞作最终保护
	电子式温控开关	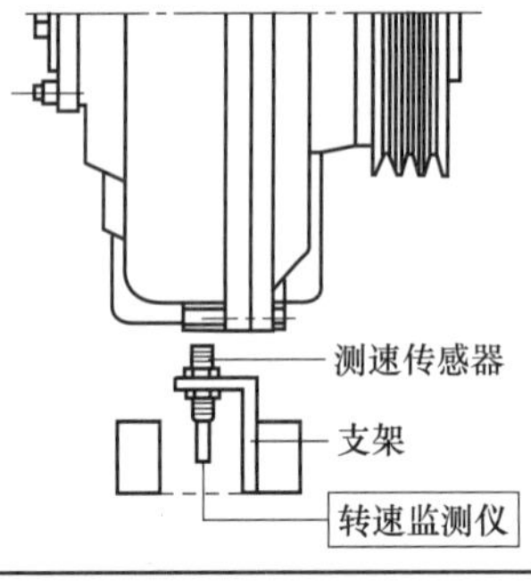	在偶合器外壳上安装一个磁电传感器探头，对面支架上固定磁电传感器，偶合器超载降速后，当达到设定的转速比时，转速监测仪发出报警信号并指令停机	能保证在不喷液的前提下，提供可靠的超载停机安全保护。缺点是比较复杂，价格高。为防止电子元件出故障，仍需安装喷液式易熔塞作最终保护

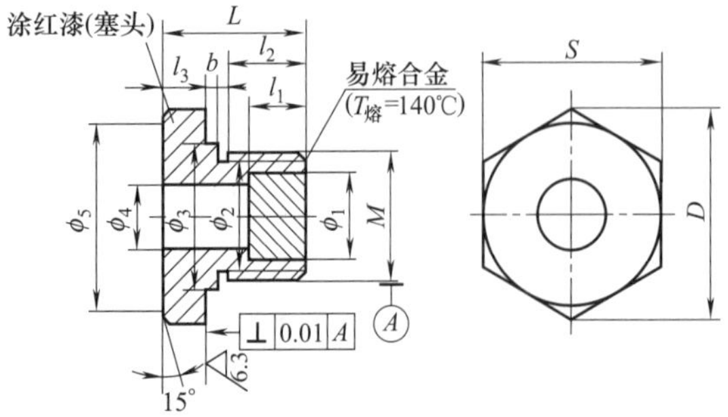

图 19-4-9　A 型易熔塞

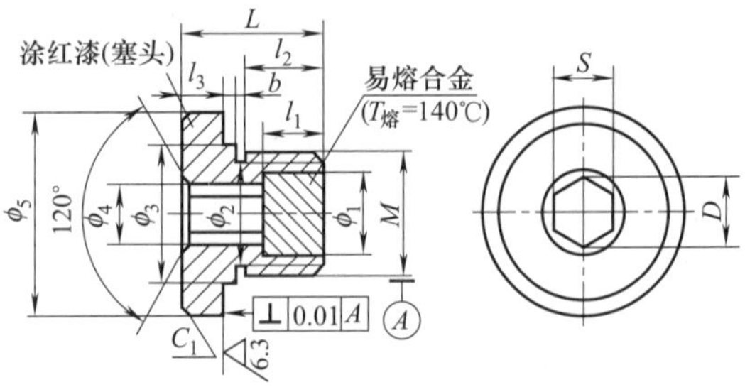

图 19-4-10　B 型易熔塞

表 19-4-17　　易熔塞尺寸　　mm

叶轮有效直径	外螺纹尺寸	形式	尺寸 D	S	ϕ_1	ϕ_2	ϕ_3	ϕ_4	ϕ_5	L	l_1	l_2	l_3	b	密封垫圈 JB/T 966.30	JB/T 966.15
≤320	M16×1.5	A	27.7	$24_{-0.28}^{0}$	10	13.8	$18_{-0.12}^{0}$	9	24	23	7	9.5	9	1.5		垫圈 18
		B	9.2	8				9.8	25							
>320～560	M18×1.5	C	25.4	$22_{-0.28}^{0}$	5	16	$22_{-0.14}^{0}$	7	32	30	14	12.5	13		垫圈 10	垫圈 22
≥560	M24×1.5	A	36.9	$32_{-0.34}^{0}$	16	21.8	$27_{-0.14}^{0}$	15	32	30	10	12.5	13			垫圈 27
		B	13.8	12				14.5	34							
		C	25.4	$22_{-0.28}^{0}$	5	22		7	34	30	14	13.5	12		垫圈 10	垫圈 27

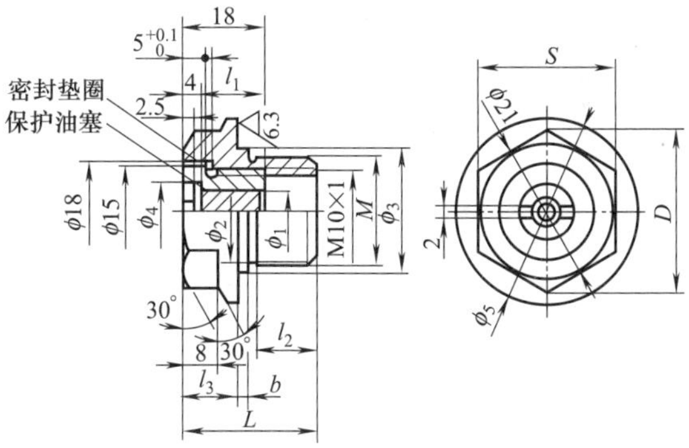

图 19-4-11　C 型易熔塞

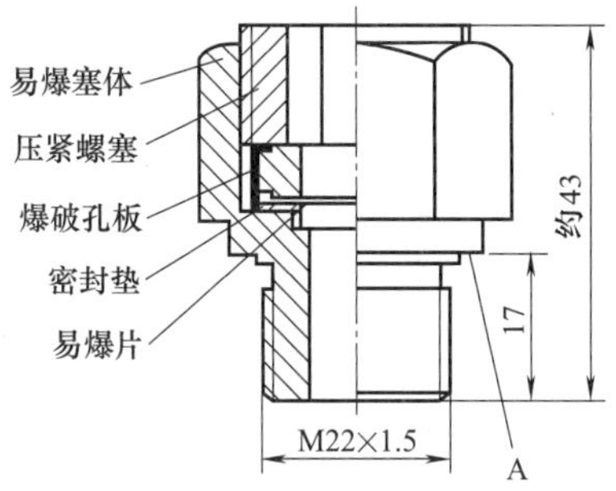

图 19-4-12　易爆塞的基本结构形式

表 19-4-18　　易熔合金成分

熔点/℃	成分/% 铋(Bi)	镉(Cd)	铅(Pb)	锡(Sn)	锑(Sb)
100	40		20	40	
105	48		28.5	14.5	9
108	42.1		42.1	15.8	
113	40		40	20	
117	36.5		36.5	27	
120	37		40	23	
124	55.5		44.5		
130	30.8		38.4	30.8	
132	28.5		43	28.5	
138	57			43	
142		18.2	30.6	51.2	

② 工作腔直径大于 560mm 的液力偶合器，应按最大发汽量时能安全泄放来确定易爆塞的最少安装数量，并注意质量平衡。

(2) 技术要求

1) 易爆塞

① 1 个易爆塞只准许装 1 个易爆片。

② 易爆塞的压紧螺塞的夹紧力矩：$T=(5\pm1.0)$N·m。

③ 易爆塞静态试验爆破压力：$p_s=(1.4\pm0.2)$MPa。

④ 易爆塞安全泄放能力：易爆塞用静态爆破压力 $1.6_{-0.1}^{0}$MPa 的爆破片，在动态爆破后应能迅速泄放；不允许在易爆塞爆破后再发生增压现象。

⑤ 图 19-4-12 所示结构形式易爆塞的质量要求为 (166±0.5)g。

⑥ 易爆塞的易爆塞体应有预卸压功能。

2) 易爆片

① 易爆片的内外表面应无裂纹、锈蚀、微孔、气泡和夹渣，不应存在可能影响爆破性能的划伤。刻槽应无毛刺。

② 易爆片静态试验爆破压力：$p_s=(1.4\pm0.2)$MPa。

③ 易爆片外径为 $\phi25_{-0.21}^{0}$mm。

④ 易爆片材料应按能承受 180～200℃工作温度来选取。

3) 爆破孔板

① 爆破孔径 $d=\phi 13^{+0.11}_{0}$ mm；孔两端不允许出现圆角式倒角，外径为 $\phi 25^{-0.100}_{-0.194}$ mm。

② 质量要求为 $14^{+0.5}_{0}$ g。

4.3.6 调速型液力偶合器

调速型液力偶合器主要与电动机相匹配，在输入转速不变情况下，通过调节工作腔充满度（通常以导管调节）来改变输出转速及力矩，充满度的调节是在运转当中进行的，其调节方式如表 19-4-19 所示。普通型、限矩型液力偶合器均是在运转之前按传递功率大小充入适量的工作液体，因其通常是在额定工况下运转，转差率较小，发热量亦小，靠自身冷却（常在其外壳上设置散热筋片）即可满足散热要求。调速型偶合器则不然，泵轮、涡轮均处在箱体里不与外界接触，散热困难，更因输出转速调节幅度大和传递功率大，故需有工作液体的外循环冷却系统，使工作液体不断地进、出工作腔，以散逸热量和调节工作腔充满度。

设液力偶合器工作腔已有充液量为 q，欲使其有 Δq 的变化量，则需使工作腔进口流量 Q_1 和出口流量 Q_2 不相等，即 $\Delta q=\Delta t(Q_1-Q_2)$。式中 Δt 是调节时间，若使出口流量 Q_2 保持常量（如保持恒转速下的出口节流－主动喷嘴节流），改变进口流量 Q_1，则为进口调节；若使进口流量 Q_1 保持常量（如供油泵为定量泵），改变出口流量 Q_2（导管调节流量），则为出口调节；若同时改变进、出口流量 Q_1、Q_2，则为复合调节。调速型液力偶合器调速原理如表 19-4-20 所示，调速方式与性能对比如表 19-4-21 所示。

表 19-4-19　　充液量常用的调节方式

调节方式	定　义	常用结构	优缺点
进口调节	出口流量 Q_2 保证常量，通过改变进口流量 Q_1 来调整工作腔的充液量	喷嘴导管、喷嘴阀门、喷嘴变量泵、固定导管阀门、固定导管变量泵等	调速时间较长，反应不够灵敏，结构比较简单，轴向尺寸较短
出口调节	进口流量 Q_1 保证常量，通过改变出口流量 Q_2 来调整工作腔的充液量	回转导管式、伸缩导管式	调速时间短，调速精度高，反应灵敏，结构比较复杂
复合调节	同时改变进口流量 Q_1 和出口流量 Q_2 来调整工作腔的充液量	导管阀控式、导管凸轮控制式、阀门控制式	调速时间短，反应灵敏，降低辅助供油系统的功率消耗，可等温控制，换热能力强，结构比较复杂

表 19-4-20　　调速型液力偶合器调速原理

调节方式	结构名称	结构简图	调速原理	优缺点及用途
进口调节	喷嘴伸缩导管旋转壳体式调速型液力偶合器	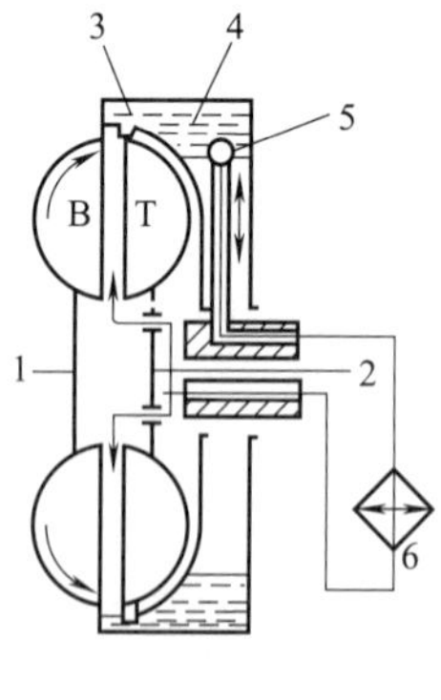 B—泵轮；T—涡轮 1—泵轮轴；2—涡轮轴；3—喷嘴； 4—旋转外壳；5—导管； 6—冷却器	泵轮外壳上设置喷嘴，喷出工作液体在旋转壳体储油腔内形成油环，因油环随壳体转动，所以产生动压力。当导管迎着油环旋转方向插进表层时，工作液体便被导管导出而进入冷却器，冷却后重新进入工作腔。由于出口流量基本恒定，所以调节导管开度，即可改变油环厚度，也就调节了工作腔的充液量	结构简单、紧凑，自带旋转壳体储油腔，散热性能好、轴向尺寸短、占地面积小、成本较低，有离合功能和调速功能 支承不够稳定，调速时液体的重心发生变化，输出转速高时工作液体进入工作腔。输出转速低时，工作液体进入储油腔，影响动平衡，旋转壳体储油较多，转动惯量大、易振动

续表

调节方式	结构名称	结构简图	调速原理	优缺点及用途
进口调节	主动喷嘴阀控式调速型液力偶合器	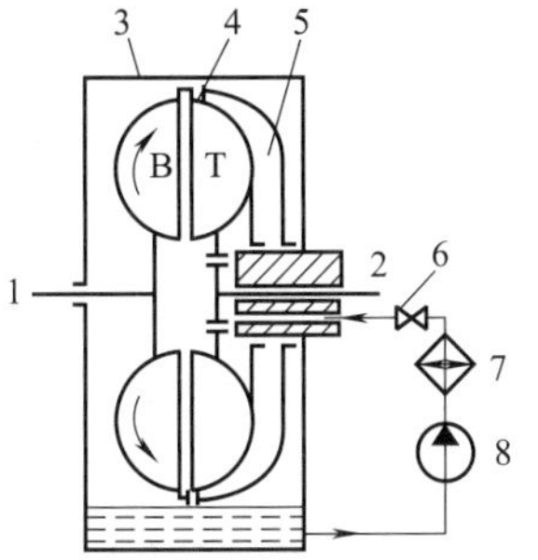 1—泵轮轴；2—涡轮轴；3—封闭壳体(油箱)；4—喷嘴；5—旋转外壳；6—阀门；7—冷却器；8—供油泵	主动喷嘴阀控式调速型液力偶合器属外轮驱动，与泵轮一起旋转的外壳上设置喷嘴，喷嘴处的转速恒定，供油泵所供工作液体由阀门控制进入工作腔的量，进口流量大，工作腔内充液多，输出转速提高。反之，进口流量减少，工作腔充液量少，输出转速降低	结构比较简单、轴向尺寸短、成本较低，有离合功能和调速功能 与出口调节相比，调速反应不够灵敏，主动喷嘴式比被动喷嘴式调速时间长
	被动喷嘴阀控式调速型液力偶合器	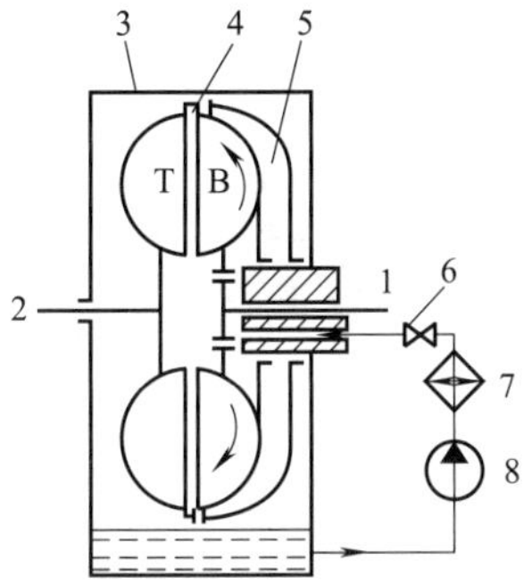 1—泵轮轴；2—涡轮轴；3—封闭壳体(油箱)；4—喷嘴；5—旋转外壳；6—阀门；7—冷却器；8—供油泵	被动喷嘴阀控式调速型液力偶合器属内轮驱动，与涡轮相连的壳体上设置喷嘴。由于喷嘴设置在输出端，所以喷嘴处的转速不是恒定的。出口流量的变化与角速度的平方和喷嘴所在处的半径及工作液体内环半径的平方差成正比，因与两个因素有关，所以调速较灵敏	结构简单、轴向尺寸短、成本较低，有离合和调速功能 与出口调节相比，调速不够灵敏，但与主动喷嘴相比，调速反应时间略短
	喷嘴泵控式调速型液力偶合器	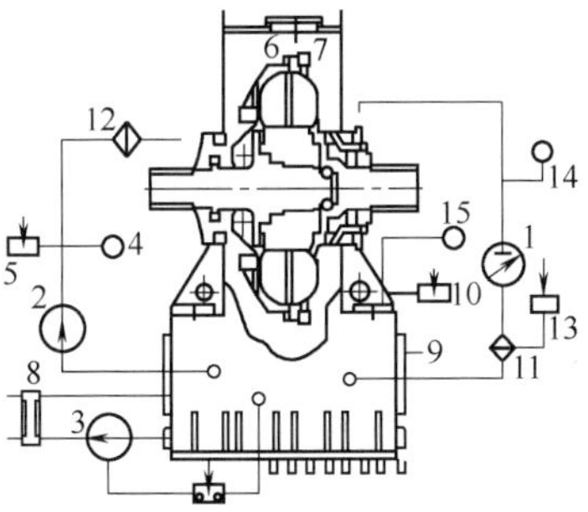 1—充液油泵；2—润滑油泵；3—热交换器油泵；4,14—压力表；5—压力继电器；6—泄油塞(喷嘴)；7—快速泄油阀；8—热交换器；9—油位计；10—温度继电器；11—充液过滤器；12—润滑油过滤器；13—真空继电器；15—温度表	结构与喷嘴阀控式调速型液力偶合器基本相同，只是进口流量由阀门调节改为变量泵调节，变量泵常用齿轮变量泵、变频调速泵和液压调速装置等	结构简单、轴向尺寸短、占地面积小、成本较低、自动化程度较高、控制方式多样，有调速功能和离合功能 与出口导管调节相比，调速反应不够灵敏

续表

调节方式	结构名称	结构简图	调速原理	优缺点及用途
进口调节	固定导管阀控式调速型液力偶合器	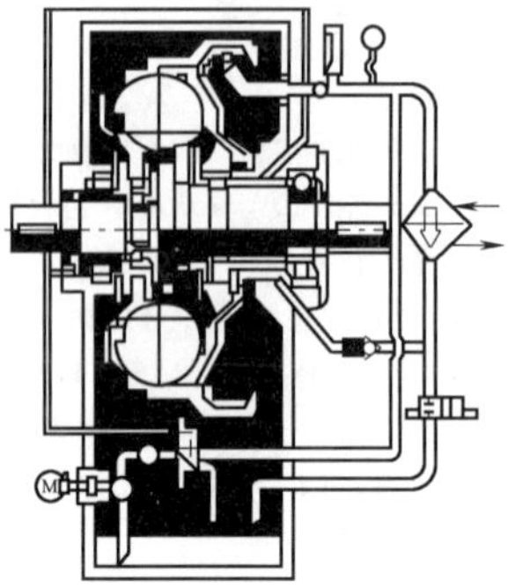	在偶合器导管腔中设置固定导管,其作用相当于一个油泵,用来排油。进口流量由阀门控制,导管排出的油经冷却器冷却后又回到工作腔。因整个闭式油路中容积不变,所以用阀门调节流量的增减就可调节工作腔的充液量,从而就调节了偶合器的输出转速	结构简单、轴向尺寸短、成本较低、固定导管排油能力强、排油及时、流量大、冷却效果好、供油泵功率小、节能,具有调速和离合功能 因供油泵功率小,所以充液时间长,如需充液时间短,供油泵易于变换为较大规格
	固定导管泵控式调速型液力偶合器	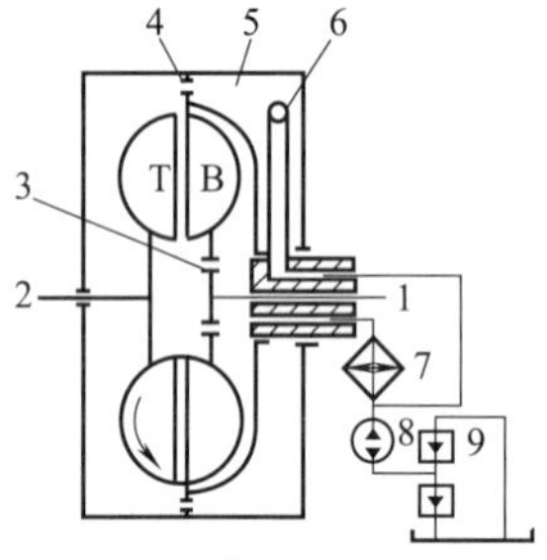 B—泵轮;T—涡轮; 1—泵轮轴;2—涡轮轴;3—通流孔;4—喷嘴;5—辅腔;6—导管;7—冷却器;8—调速泵;9—单向阀	与固定导管阀控式结构基本相同,只是将阀门调节进口流量,改为变量泵调节进口流量	结构简单、轴向尺寸短、成本较低、固定导管排油能力强、冷却效果好,有离合和调速功能 供油泵功率小,虽节能,但充液时间长,泵阀系统泄漏时会产生“丢转”现象
出口调节	回转导管调速型液力偶合器		偶合器设置储油旋转壳体,固定箱体内装有回转导管,因回转导管中心与偶合器旋转中心有一偏心距,所以转动回转导管即可改变储油腔内的油环厚度。从而就调节了工作腔内的充液量,使输出转速得到调节	结构简单、成本低、操作简便、轴向尺寸短、便于与电动机连成一体结构,调速灵敏、调速时间短、精度高 转动回转导管时有较大阻力,不适合大规格调速型液力偶合器选用
	伸缩导管调速型液力偶合器	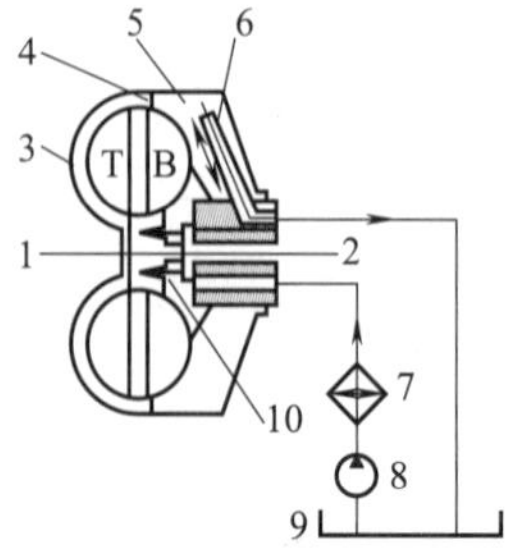 B—泵轮;T—涡轮; 1—泵轮轴;2—涡轮轴;3—旋转外壳;4—通流孔;5—导管腔;6—导管;7—冷却器;8—泵;9—油箱;10—进油孔	调速原理与回转导管式液力偶合器相同,利用伸缩导管来改变导管腔的油环厚度。因导管腔与工作腔连通,所以调节导管开度也就调节了工作腔充液量,从而调节了偶合器输出转速。导管驱动装置有电动执行器和液压油缸两种	调速时间短、调速精度高、反应灵敏、供油泵功率大、流量高、充排油时间短、冷却能力强,可控制充油启动时间,使工作机延时启动、支承稳定可靠、传递功率大、转速高 结构复杂、成本较高、轴向尺寸较长、占地面积较大

续表

调节方式	结构名称	结构简图	调速原理	优缺点及用途
复合调节	伸缩导管阀控式调速型液力偶合器	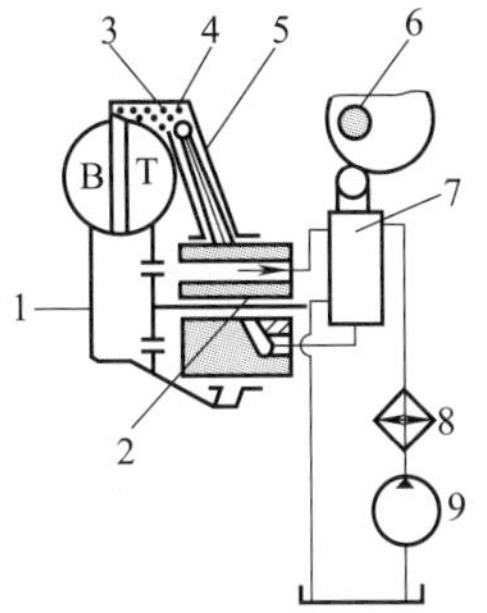 1—泵轮轴；2—涡轮轴；3—通孔；4—导管腔；5—导管；6—联锁机构；7—配流阀；8—冷却器；9—供油泵	在伸缩导管调速型液力偶合器的基础上，设置进、出口配流阀，当需要输出转速提高时，顺时针转动联锁机构，导管内缩，配流阀下移，挡住部分甚至全部出油口，于是进油多、出油少，工作腔内充液量迅速增加，转速迅速提高。当需要降速时，则反方向转动联锁机构，其原理相同	反应灵敏、调速动作快、能合理调节供油量，达到工作液体等温控制，运行效率高 结构较复杂、成本高，适合大功率、高转速液力偶合器和液力偶合器传动装置选用

表 19-4-21　调速型液力偶合器调速方式与调速性能对比

	调速方式	进口调节	出口调节	复合调节
调速性能	调速原理	出口流量恒定，通过调节进口流量来改变工作腔的充液率，从而改变输出转速和输出力矩	进口流量恒定，通过调节导管开度来调节导管腔的油环厚度，因导管腔与工作腔相通，所以就调节了工作腔的充液量	一方面通过导管作出口调节，另一方面又通过配流阀和控制凸轮作进口调节，从而完成进、出口调节
	调速机构	常用的有喷嘴-阀门式、喷嘴-变量泵式、固定导管-阀门式、固定导管-变量泵式等	常用电动执行器驱动导管调节工作腔充液量，导管有伸缩导管、齿条式导管和回转式导管等	常用电动执行器或油缸驱动伸缩导管、齿条式导管移动并设置进口流量调节阀和等温控制凸轮等机构进行进、出口调节
	额定转差率/%	1.5～3		
	调速范围	$T=C$ ∶ 1～1/3　　$T\propto n^2$ ∶ 1～1/5		
	调速精度	反应较慢，精度略低	反应灵敏，精度较高	反应灵敏，精度高
	调速操作	较方便	方便	较复杂
	结构尺寸	轴向尺寸短，结构较简单	轴向尺寸较长，结构较复杂	轴向尺寸长，结构复杂
	离合功能	进口断流后，动力机与工作机脱离，有离合功能，可脱载启动	导管在零位时，工作腔仍有液流通过，不能脱载启动	导管开度为零时，工作腔仍有液流通过，不能脱载启动
	辅助系统	一般	一般	较复杂
	成本、价格	较低	一般	较高
	适用范围	转速 1500r/min 以下，功率 2000kW 以下，对调速精度和反应时间要求不严格的场合和要求动力机与工作机有离合的场合	转速小于 3000r/min，特别适应大功率、高转速，对调速精度要求较高的场合	适应高转速、大功率、对调速精度要求高、反应时间要求快、调速效率要求高的场合

4.3.6.1 进口调节式调速型液力偶合器

表 19-4-22 进口调节式调速型液力偶合器

<table>
<tr><th>型式</th><th colspan="2">结构和特点</th></tr>
<tr><td rowspan="4">进口调节喷嘴伸缩导管式液力偶合器</td><td colspan="2">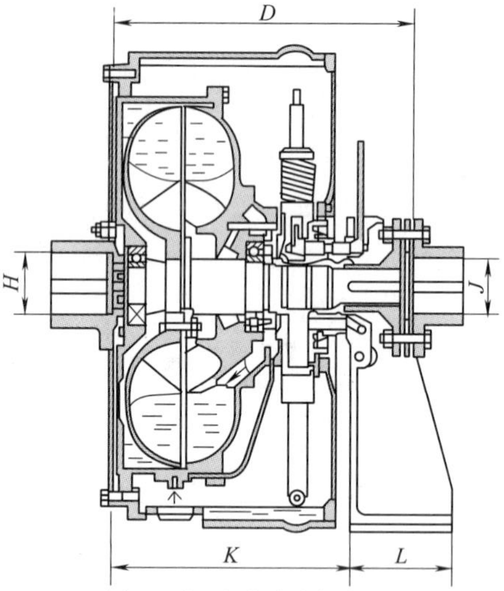

图(a) 进口调节液力偶合器

图(a)是较为典型的喷嘴伸缩导管式液力偶合器结构,动力从左端输入,通过弹性连接板和筒壳带动泵轮旋转,在筒壳上设有喷嘴,在随电动机恒定转速运转中,喷嘴连续喷油使出口流量为恒定值。喷出的工作液体在旋转壳体储油腔内受离心力作用而形成油环。因油环随旋转壳体一起旋转,产生动压力,当导管口迎着液流插入液流表层时,液流冲入导管进入偶合器外面的冷却器,冷却后的工作液体再回到偶合器工作腔内。所以只要调节导管开度,即改变工作腔充满度而调节输出转速</td></tr>
<tr><td>优点</td><td>结构简单、紧凑。自带旋转壳体储油腔,散热性能好,小功率偶合器可以不用冷却器,轴向尺寸短,成本较低</td></tr>
<tr><td>缺点</td><td>①支承不够稳定:单支承的偶合器一端支承在自身的导管座上,另一端支承在电动机轴上,找正稍不同心,即会引起振动
②制造工艺复杂:旋转壳体外径较大,里面焊有导油叶片,很难保证内外同心
③调速时液体重心发生变化,输出转速高时工作液体进入工作腔,低速时又进入储油腔,影响旋转体的动平衡,且旋转壳体储存较多液体,转动惯量大。稍不同心就造成容积不平衡,引起振动
④调速时间较长,反应不灵敏,调速精度较差</td></tr>
<tr><td colspan="2">图(b)为此类型液力偶合器导管伸缩的三种控制方式。其中利用重锤控制启动的液力偶合器很适合煤矿井下使用

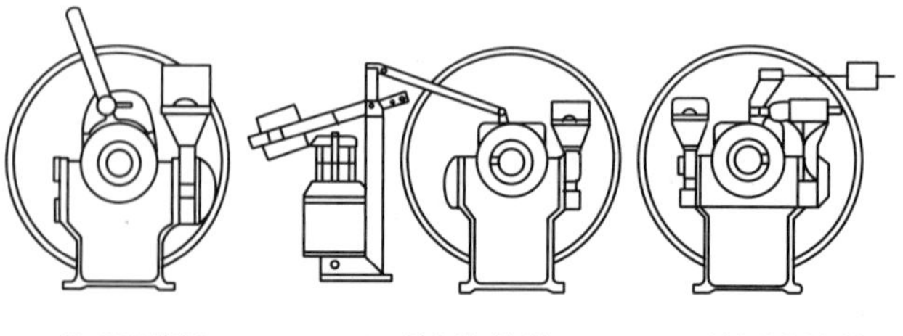
(ⅰ)手动控制 (ⅱ)液压缸控制 (ⅲ)重锤重力控制
图(b) 进口调节调速型液力偶合器导管伸缩的控制方式</td></tr>
</table>

续表

型式	结构和特点
进口调节固定导管阀控式液力偶合器	德国福伊特公司近年开发出 TPKL 型固定导管阀控式液力偶合器[图(c)]。国内也有相类似产品在研发。该液力偶合器的特点是结构紧凑、尺寸小、重量轻 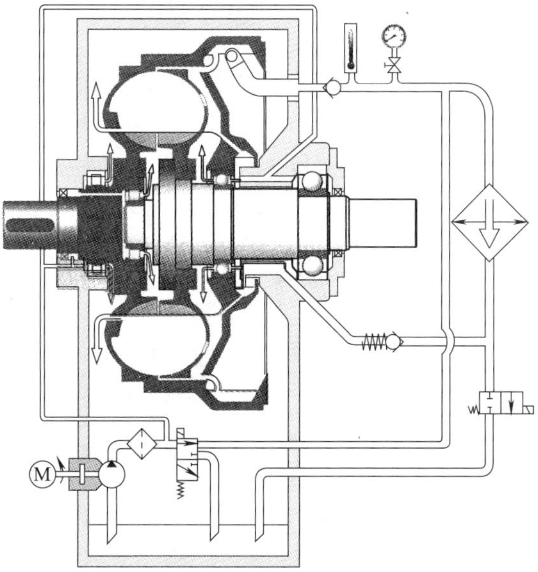 图(c) 固定导管阀控式液力偶合器 固定导管阀控式液力偶合器为侧装式箱体结构，没有尺寸庞大的导管座和供油泵座，固定导管固连在端面法兰上。电动供油泵和电磁换向阀均安装在箱体外侧。油路系统由主油路和辅助油路组成。由工作腔、导管腔、固定导管、单向阀、冷却器及法兰座油路构成封闭的循环主油路；由供油泵、滤油器、二位三通电磁阀、供油润滑油路以及由二位二通电磁阀控制的泄油回路构成辅助油路。此形式液力偶合器可使主电动机脱开载荷启动，即在主电动机开动后一定时间内再启动供油泵并开启二位三通阀，既给轴承供油润滑同时也向工作腔充液启动偶合器运转。当偶合器输出转速增速到预定值或额定转速时，二位三通阀换向关闭供油。需要偶合器降低转速时，开通二位二通阀泄液，降低工作腔充满度而减速。当工作腔充液量泄尽时，则偶合器传动中断 图(d)为国内自主研发的 YOT_F 型固定导管阀控式液力偶合器，YOT_F 型与 TPKL 型两者原理相同，结构各异。箱体为整体焊接侧装式结构，输入端轴承座与箱体焊成一体，输出端法兰盖上集装了出油的固定导管和进油的主管路及轴承润滑油路。电动供油泵、二位三通电磁阀、二位二通电磁阀及单向阀等均安装在输入端板下部，既整齐又不占用外形尺寸。各个阀门均安装在一块集成油路板上，便于管路连接 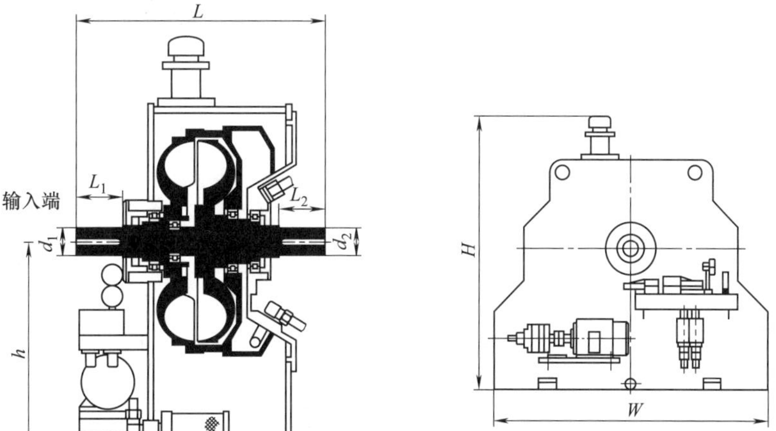 图(d) YOT_F 型阀控式调速型液力偶合器 此形式液力偶合器由于重量轻、尺寸小，便于安装操作使用，故深受用户欢迎

续表

<table>
<tr><th>型式</th><th>结构和特点</th></tr>
<tr><td>进口调节阀控离合启动型液力偶合器</td><td>
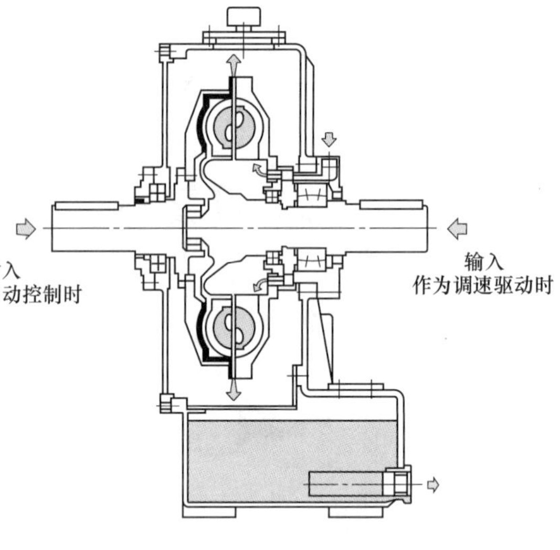

(i)结构原理图
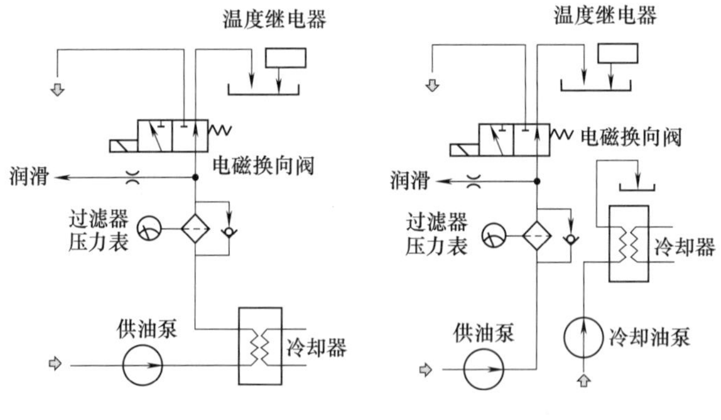

(ii)用于启动时的油路图 (iii)用于调速时的油路图
图(e) KPT 阀控离合启动型液力偶合器

图(e)为意大利 TRANSFLUID 公司生产的 KPT 阀控离合启动型液力偶合器，该液力偶合器结构简单，轴向尺寸小，只用一个电磁阀控制。电磁阀得电时，供油泵向偶合器工作腔充液；电磁阀失电时，工作腔的工作液体通过外壳上的喷油嘴泄液。额定工况时，油泵连续供油，喷嘴连续喷油，形成进、出油的平衡保持速度稳定
此形式液力偶合器较多与柴油机相匹配，改变柴油机油门进行调速，使工作机获得更大的调速范围
液力偶合器用于启动控制时，因转差功率损失小，不需较大的散热能力。用于调速时，转差功率损失增大，因此需加装外部冷却油泵[图(e)中(iii)]
KPT 液力偶合器与柴油机配用时，在输入端连接方式和供油系统有所改变。液力偶合器工作液体循环和冷却均由柴油机供油系统承担，因而偶合器结构更为简单，成本更低。柴油机的飞轮通过弹性联轴器与偶合器输入轴相连，可有多种专用连接方式
由此种偶合器与柴油机驱动的工作机，如石油钻机、矿山碎石机、船用推进装置、木材旋切机、搅拌机、发电机等配套使用，均获良好效果。因为可由柴油机调速来改变偶合器输入转速的办法对工作机调速，使工作机获得较大范围的无级调速，使调速成本大为降低
</td></tr>
</table>

续表

型式	结构和特点
进口调节阀控双腔调速型及其水介质液力偶合器	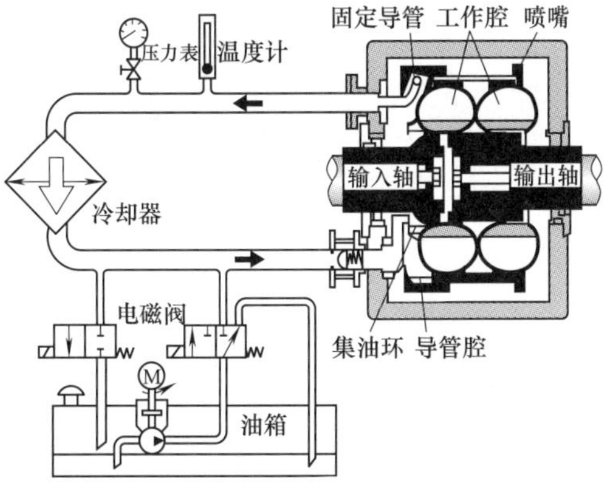 图(f) 阀控双腔调速型液力偶合器 图(f)为德国福伊特公司生产的 DTPK 阀控双腔调速型液力偶合器系统，由工作腔、固定导管、主管路、冷却器、单向阀及集油环构成油液的主回路；由供油泵和两支电磁阀构成充、泄液辅助油路。由于主回路容积固定，故充、泄液时偶合器立即升、降速，以此调速。此形式液力偶合器用于带式输送机上，显示出很大的优越性 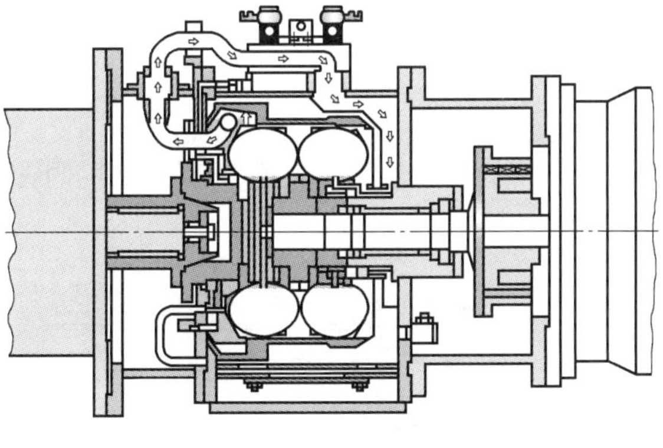 图(g) 进口调节双腔水介质调速型液力偶合器 图(g)为福伊特公司生产的 DTPKW 阀控离合启动双腔水介质调速型液力偶合器，是专用于煤矿刮板输送机的结构形式。壳体材料为不锈钢或镀锌，工作轮材质为铝合金，对于大功率(800kW 以上)则要求较强的抗腐蚀性能而采用青铜 该偶合器安装于电动机与减速器之间，双工作腔可提高能容，且减小径向尺寸，轴向力的平衡和汽蚀现象都得到较好的控制。通过电磁阀控制进口、出口水的流量，以调节输出转速。水既是传动介质又是热量的载体，在传动中带走热量，使偶合器的水介质能保持在适宜温度中。另设分离式水箱以供散热和水质净化 在工作腔水液排空情况下启动电动机，为脱载启动，稳定运行时工作腔充满水液，转差率极低，泵轮、涡轮近似接合，故称之为离合型。电动机启动后，进水阀开，工作腔充液，工作机转速上升。达到额定转速，则进、排水阀关闭，刮板机进入稳定运行。偶合器在闭路循环状态下工作，适应负载工况波动，隔离扭振，防止载荷的冲击影响。水温一旦超过设定值，启动换水程序。热水从排液阀流出，冷水从进液阀流入，刮板机输出功率并未因此受到影响。通过换水，实现频繁启动而不产生过热问题。当需要慢速或空载运行时，由控制阀调节工作腔充液量，也可由逻辑控制器(PLC)实现。偶合器处于部分充液工作状态，见图(h)

续表

型式	结构和特点
进口调节阀控双腔调速型及其水介质液力偶合器	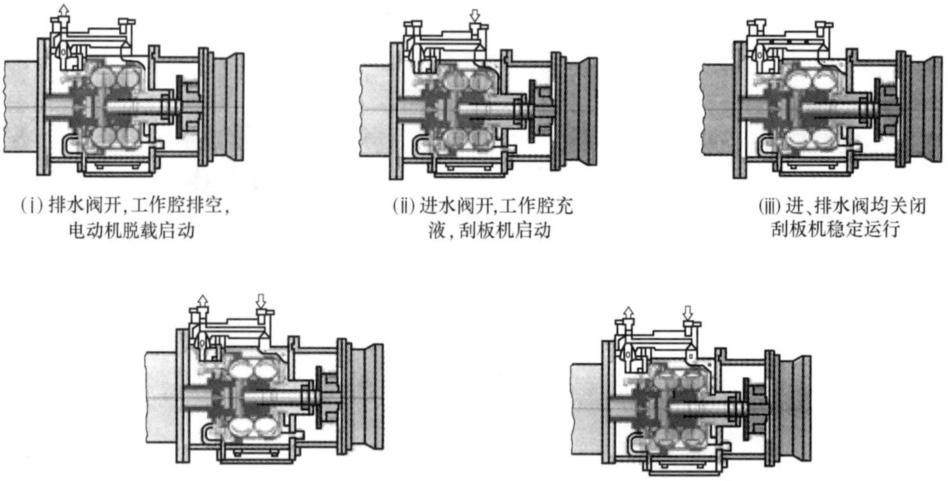 (ⅰ) 排水阀开,工作腔排空,电动机脱载启动 (ⅱ) 进水阀开,工作腔充液,刮板机启动 (ⅲ) 进、排水阀均关闭刮板机稳定运行 (ⅳ) 进、排水阀均开,工作腔换水降温 (ⅴ) 进、排水阀调节开度,工作腔部分充液慢速/空载 图(h) 双腔水介质液力偶合器运行工况 此形式液力偶合器在煤矿刮板输送机上应用,可明显地显示出有节能、防燃防爆效果,适应频繁启动而不过热
进口调节阀控式离合调速型液力偶合器	图(i)为德国福伊特公司生产的 TPL-SYN 阀控式离合调速型液力偶合器,系由阀控充液式离合调速型液力偶合器与液压多片式摩擦离合器相组合的调速装置。其主要工作特点是:动力机可以脱开载荷空载启动;靠电磁阀控制充液量使偶合器调速;在偶合器输出转速高时靠液压摩擦离合器的接合使偶合器闭锁传动。使动力传动链实现脱开—调速—闭锁(接合),因而称之为离合调速型液力偶合器 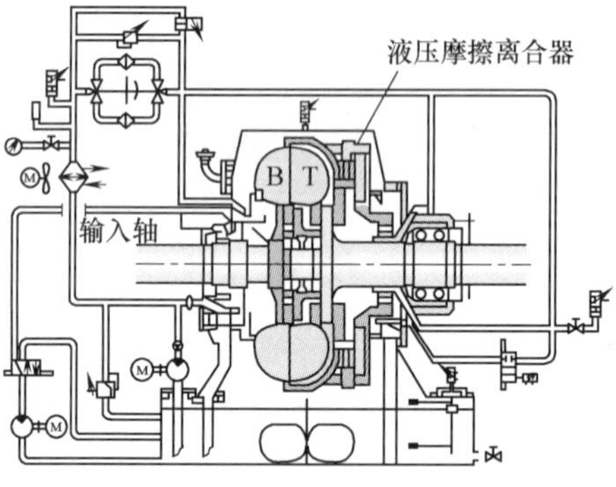 图(i) 阀控式离合调速型液力偶合器 TPL-SYN 阀控式离合调速型液力偶合器工作状态如图(j)所示 (ⅰ)在偶合器工作腔未充液状态下电动机脱载启动,对电动机有利 (ⅱ)开动二位三通电磁阀向工作腔控制充液,按要求的速度曲线升速或调速 (ⅲ)工作腔充满,工作机达到或接近额定速度时开动控制油泵油路的二位二通电磁阀使多片摩擦离合器接合,则偶合器涡轮与泵轮闭锁,实现无滑差传动 (ⅳ)摩擦离合器处在接合工况,工作腔油液排空,则偶合器呈现纯机械式摩擦传动 (ⅴ)摩擦离合器脱开工况,则动力传输中断

续表

型式	结构和特点
进口调节阀控式离合调速型液力偶合器	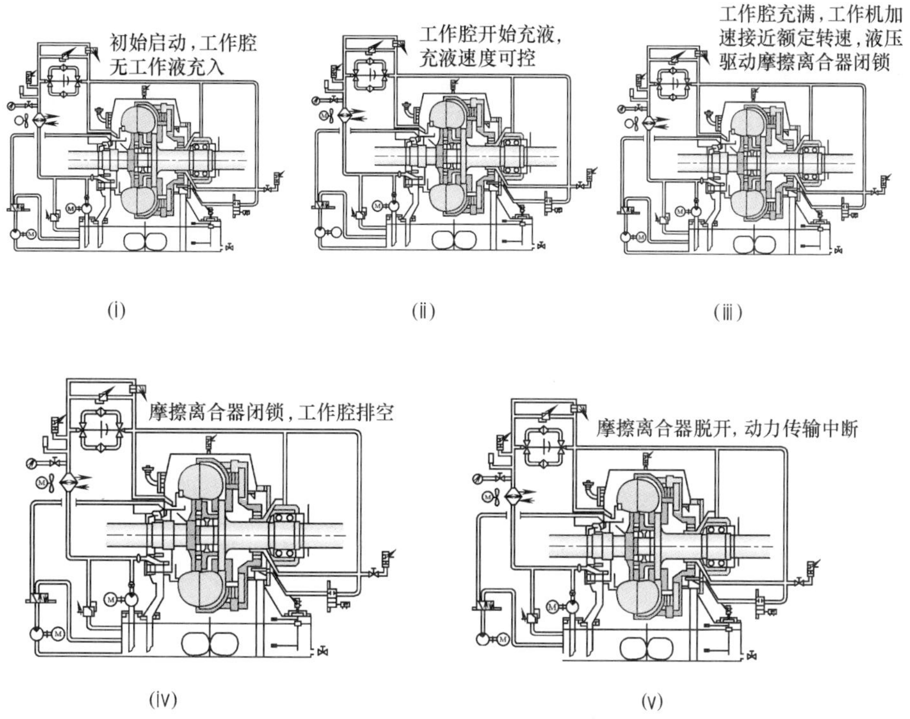 图(j) 阀控式离合调速型液力偶合器工作状态 脱载启动、可控的调速和闭锁后同步运行，符合大惯量设备特定的速度要求，如由同步电动机(功率在 4000～12000kW 范围)驱动的磨煤机和大型风机等
进口调节泵控式调速型液力偶合器	图(k)为意大利传斯罗伊公司生产的 KSL 调速型液力偶合器，为进口调节无导管由供油泵控制的液力偶合器。喷嘴 6 设置在旋转外壳上，随调速过程中外壳转速的变化而使出口流量随之改变(喷出流量与输出转速有正比趋向)。为延长启动时间、降低启动电流均值而使与旋转外壳连接的叶轮作为泵轮使用，即以图示右端为输入端，可获得较好的延时启动效果。此时出口流量为恒定值(因喷嘴处的转速随电动机一起恒定)，而进口流量却随充液油泵 1 的流量变化而增减。同一时刻进、出口流量之差，即为工作腔充液量的增量，控制其增量即可达到调节启动载荷效果 作为调速驱动时，以左端为输入端，喷嘴在涡轮一端，则出口流量随着涡轮转速而变化。启动时涡轮转速低而出口流量低，提高进口流量而利于升速。涡轮高转速时出口流量高，进口流量亦高，既利于传递高功率而又利于带走工作腔里产生的热量 变量充液油泵既可用专有的液压调速装置也可用变频调速泵 电动充液油泵、润滑油泵、过滤器、充液控制阀等辅助构件均挂装在箱体侧面。而且可视使用条件，既可挂装在箱体左侧，也可挂装在箱体右侧

续表

<table>
<tr><th>型式</th><th colspan="2">结构和特点</th></tr>
<tr><td rowspan="3">进口调节泵控式调速型液力偶合器</td><td colspan="2">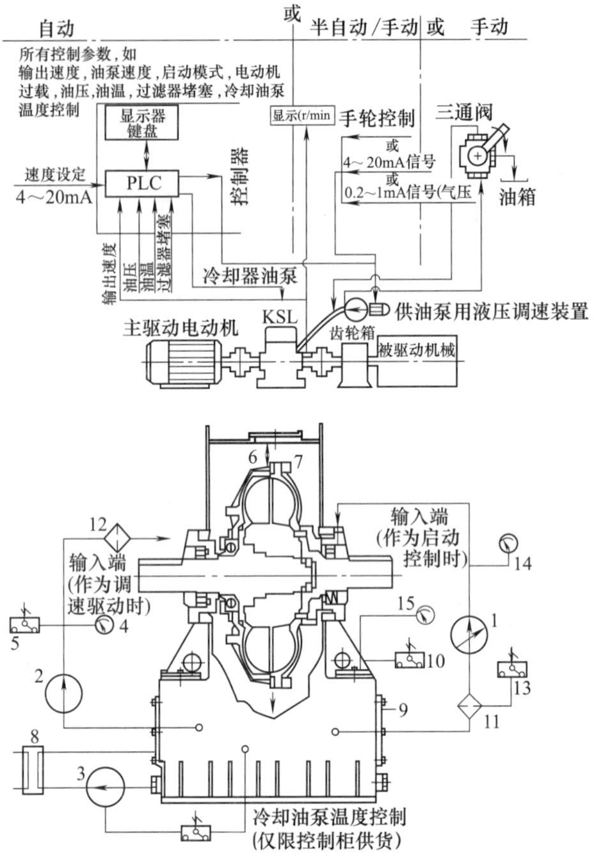

图(k) KSL 调速型液力偶合器结构和控制示意
1—充液油泵;2—润滑油泵;3—热交换器油泵;4,14—压力表;5—压力继电器;
6—泄油塞(喷嘴);7—快速泄油阀;8—热交换器;9—油位计;10—温度继电器;
11—充液过滤器;12—润滑过滤器;13—真空继电器;15—温度表</td></tr>
<tr><td>优点</td><td>①结构紧凑、尺寸小,特别是轴向尺寸小,便于安装
②可以脱载启动,利于电动机启动工况
③辅助构件可在箱体两侧随意挂装,便于应用现场安装布置
④对开的箱体,方便维护,维修后不必重新找正,减少停机时间
⑤可正反向运转进行调速</td></tr>
<tr><td>缺点</td><td>必须设置独立的润滑系统和独立的外冷却系统</td></tr>
</table>

4.3.6.2 出口调节式调速型液力偶合器

出口调节式调速型液力偶合器的进口流量为定量(定量泵供油),出口流量由导管进行变量调节,即靠导管口的相对位置(导管开度)来调节出口流量。按液力偶合器结构设置分为伸缩导管式和回转导管式(极少应用)两种。

(1) 出口调节伸缩导管式调速型液力偶合器

出口调节伸缩导管式调速型液力偶合器种类繁多,是当前国内外生产最多、应用最广的类型。从液力偶合器箱体外形来看,大致有五种类型(见表 19-4-23)。从内部结构的输入、输出轴的支承方式也有五种类型(见表 19-4-24)。典型产品见表 19-4-25。

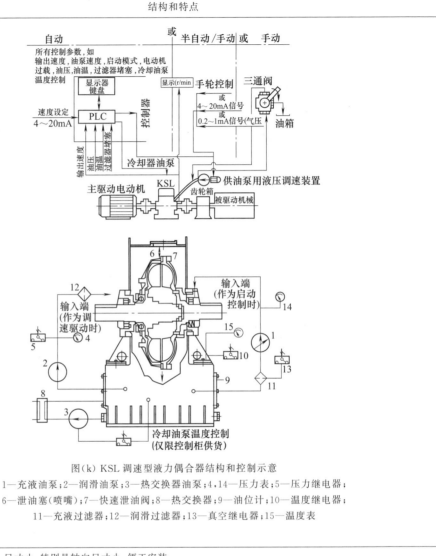

表 19-4-23　**箱体结构类型**

箱体结构	结构简图	结构特征	优缺点
安装板式箱体	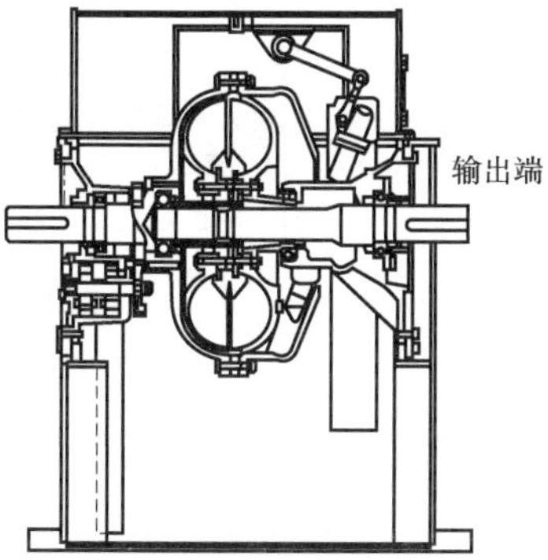	箱体两端固定连接安装板，泵壳体和导管壳体安装在安装板上，输入和输出回转组件支承在泵壳体和导管壳体上	因导管壳体和泵壳体悬臂安装在安装板上，而安装板又安装在箱体上，所以，基准转换多次易产生误差。支承不够稳定，产生振动，复位精度不好。轴向尺寸较长，油泵内置，维修不够方便。优点是加工比较方便
对开式箱体	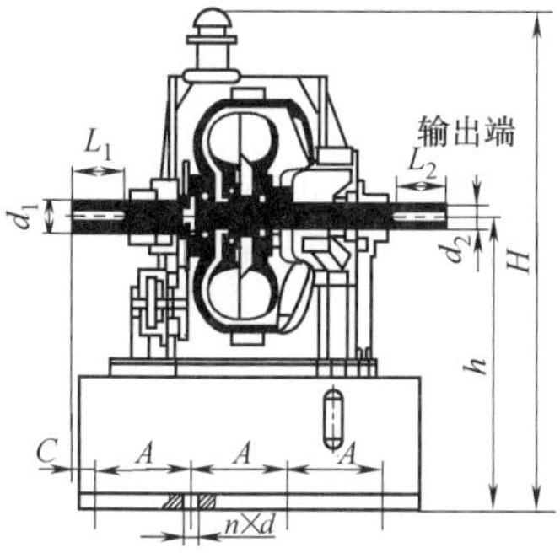	导管壳体被紧固在对开箱体的大法兰上，输入轴一端支承在箱体上，另一端通过泵轮支承在导管壳体上，输出轴一端支承在导管壳体上，另一端通过埋入轴承支承在输入轴上	支承稳定可靠，定位和复位精度较高，轴向尺寸短，取消泵壳体，油泵外置，维修方便 缺点是加工比较复杂，埋入轴承易产生故障
侧开式箱体	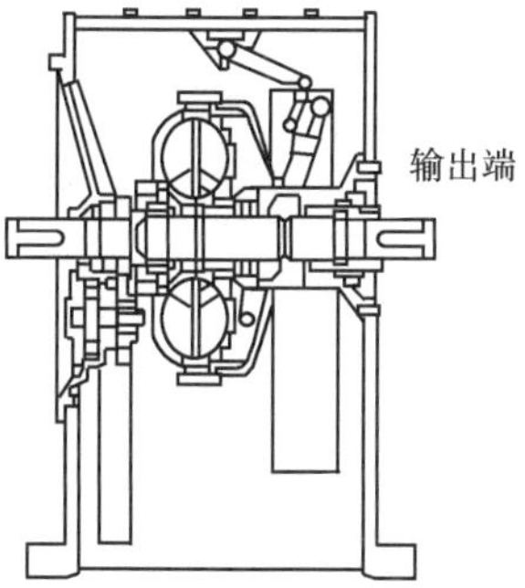	箱体从侧面开口，结构类似安装板式箱体。泵壳体和导管壳体分别安装在箱体侧面和侧开法兰端盖上。输入和输出回转组件分别支承在导管壳体和泵壳体上	泵壳体和导管壳体仍悬臂安装，有安装板式箱体的缺点。但由于箱体一侧是固定的，另一侧定位比安装板定位精度高，所以，复位精度较好。安装和拆卸不方便 优点是结构较为简单，成本低
圆筒式箱体	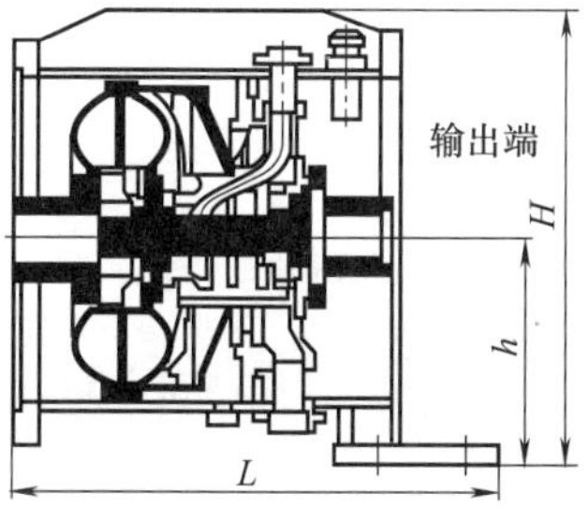	箱体是圆筒形，通过法兰与电动机固定连接，并通过法兰与减速器固定连接，油箱与箱体分离，小功率偶合器也有油箱与圆筒箱体连成一体的	优点是它可以与电动机、减速器连为一体结构，悬挂在电动机、减速器上。安装方便，占地面积小，结构紧凑 缺点是油箱外置，占地面积稍大

续表

箱体结构	结构简图	结构特征	优缺点
回转壳体	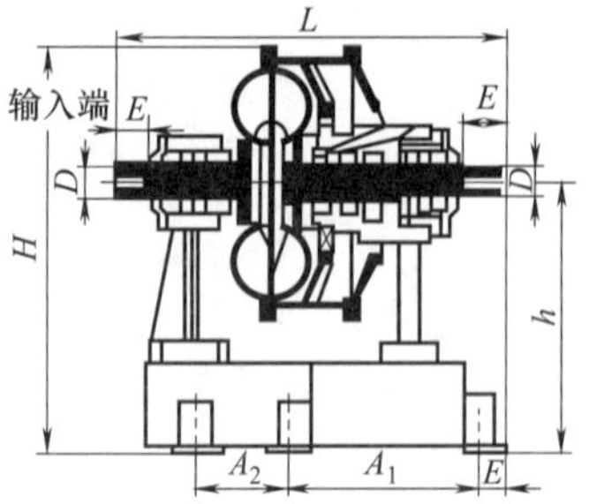	没有固定箱体，导管腔随泵轮一起旋转。外壳与导管座用迷宫密封，输入轴、输出轴均为简支梁结构，两者没有埋入轴承连接	优点是结构简单，散热性能好，成本较低 缺点是支承不够稳定，找正比较麻烦

表 19-4-24　　**支承结构方式**

支承方式	简图	说明	优缺点
悬臂梁结构	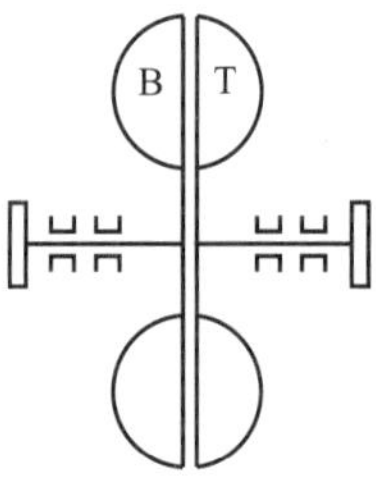	泵轮轴和涡轮轴各自有两个支点支承在各自的滑动轴承座上。用于大、中功率偶合器	优点是泵轮、涡轮彼此无机械联系，对制造精度和安装精度要求低，拆装调整方便，支承稳定可靠，故障率低 缺点是轴向尺寸长，若两支承点距离短，易引起振动
双筒支梁结构（有埋入轴承）	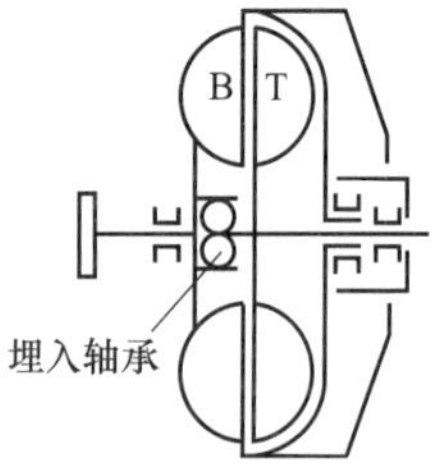	泵轮轴一端支承在箱体上，另一端支承在导管壳体上（导管壳体支承在箱体上），涡轮轴一端支承在箱体上，另一端通过埋入轴承支承在泵轮轴上。用于大、中功率偶合器	优点是轴向尺寸短，支承稳定可靠，运转时不易振动 缺点是对零件制造的同轴度要求高，对安装精度要求高，埋入轴承易出故障
双筒支梁结构（无埋入轴承）	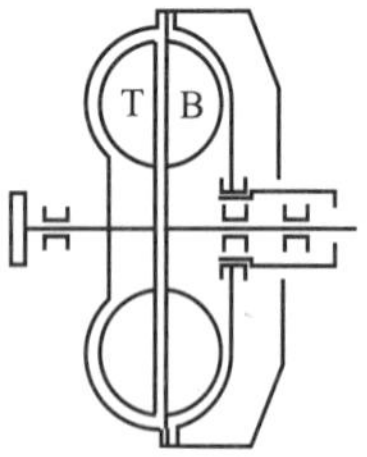	泵轮轴一端支承在箱体上，另一端通过连接壳体支承在导管壳体上，涡轮轴的两个支点全支承在导管壳体上，取消了埋入轴承，用于高速大功率偶合器，全部为滑动轴承	轴向尺寸短，支承稳定可靠，振动值低。因没有埋入轴承，所以故障率较低
泵轮无支承结构（单支承悬挂式）	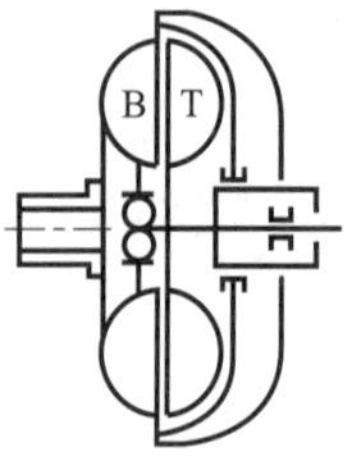	泵轮支承在原动机主轴上，涡轮轴一端支承在泵轮上，另一端支承在箱座上 中、小功率出口调节回转壳体式偶合器用此结构	优点是不用箱体，结构简单，轴向尺寸短，占地面积小，质量较小，成本和价格较低 缺点是零件制造同轴度要求高，安装误差大，易引起振动

续表

支承方式	简　图	说　明	优　缺　点
泵轮外设轴承座结构（双支承式）	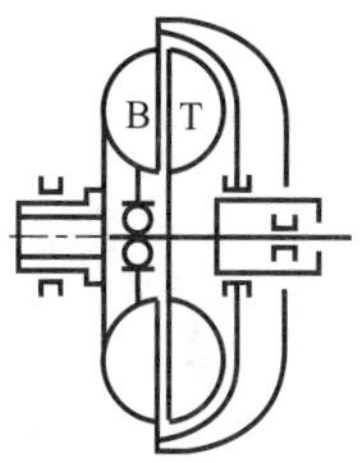	泵轮轴一端支承在原动机主轴上，另一端支承在外设轴承座上，涡轮轴一端支承在泵轮上，另一端支承在箱座上 出口调节双支承回转壳体偶合器用此结构	优点是此为泵轮无支承的改进结构，因泵轮增加了一个轴承座支点，所以支承稳定 缺点是轴向尺寸略长，外设轴承座润滑不好，不适合高转速偶合器用

表 19-4-25　出口调节伸缩导管式调速型液力偶合器典型产品结构及特点

类　型	结构及特点
出口调节安装板式箱体调速型液力偶合器	图(a)为 YOT_{GC} 调速型液力偶合器，为安装板式箱体，双筒支梁（有埋入轴承）结构。产品结构原型为我国引进英国 GST50 和 GWT58 两个型号产品的专有技术。大连液力机械公司在引进技术之后创新设计发展了系列产品，变竖直导管为水平导管。定量供油泵除为工作腔充液外兼供轴承润滑，埋入轴承由供油管从供油腔中取油润滑外，其余轴承均靠间隙飞溅喷油润滑。输入轴（图中左端）通过背壳带动泵轮与外壳旋转，泵轮与外壳间构成供导管伸缩的导管腔。泵轮与导管腔间有若干连通孔，使导管腔中有随泵轮及外壳同向旋转的液体环，导管（口）迎着液体环旋向插入，液体环靠自身旋转的动压力冲入导管口，经冷却后回入箱体下部油池。导管靠电动执行器的提拉而伸缩。导管口位置（导管开度）决定着液体环的厚度和工作腔充满度以及偶合器的输出转速和力矩。此形式偶合器的优点是导管动作灵活、反应快，可快速调节输出转速。适用于中、大规格液力偶合器 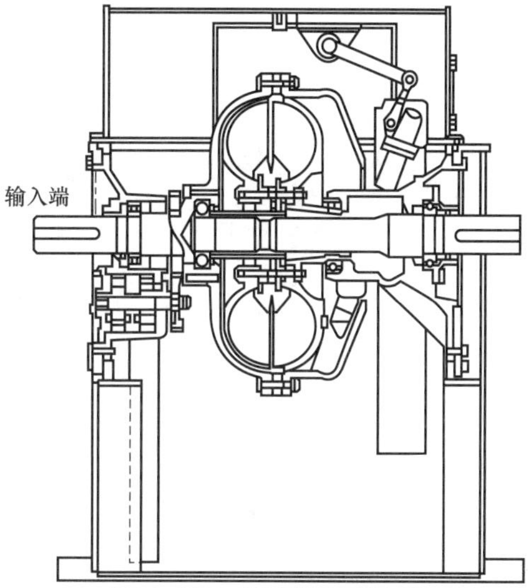 图(a) YOT_{GC} 调速型液力偶合器 引进技术后，此形式偶合器得到快速发展，广泛地应用于各领域
出口调节侧开箱体调速型液力偶合器	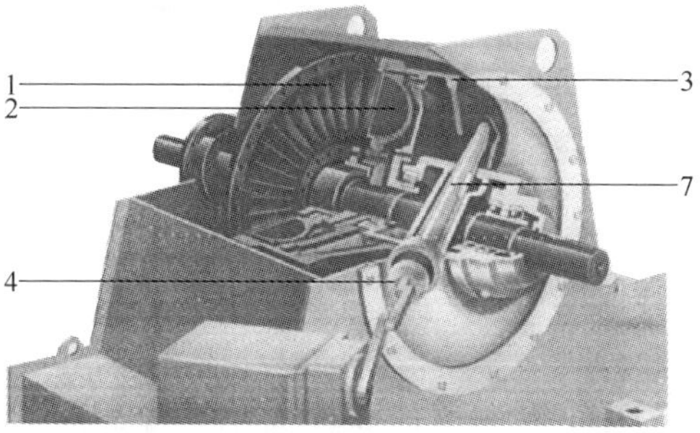 (i)实体图

续表

类　型	结构及特点
出口调节侧开箱体调速型液力偶合器	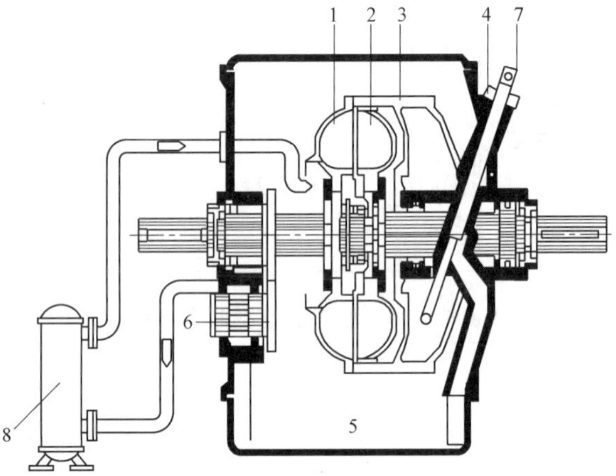 (ⅱ)结构图 图(b) SVTL 侧开箱体调速型液力偶合器 1—泵轮;2—涡轮;3—外壳;4—导管壳体;5—油池;6—供油泵; 7—导管;8—冷却器 图(b)为德国福伊特公司生产的 SVTL 调速型液力偶合器,特点是箱体两端安装两支大法兰盘,通过四套滚动轴承支承着双筒支梁结构。输入轴通过齿轮带动齿轮供油泵 6,从油池 5 吸油泵出,经冷却器 8 再进入泵轮 1 背部集油槽而后入泵轮。从图(b)中(ⅰ)实体图可见导管在水平位置,如此便于整体布置,使结构紧凑。此形式液力偶合器国内已有生产,宝钢已有应用
出口调节对开箱体调速型液力偶合器	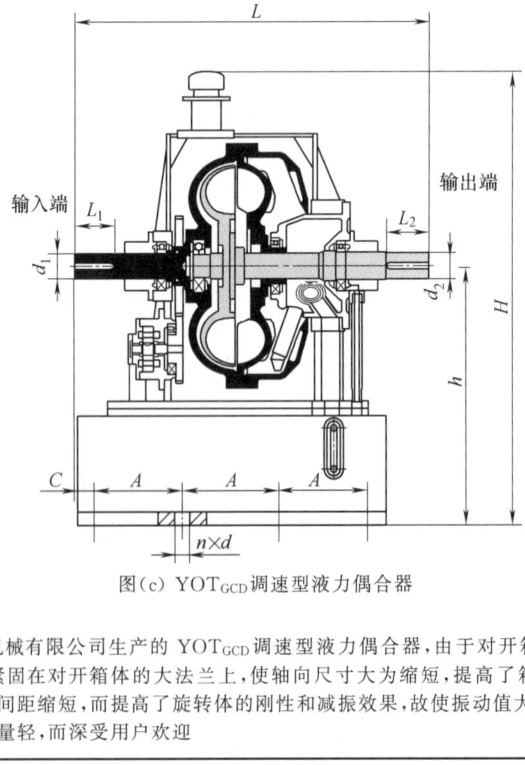 图(c) YOT_{GCD}调速型液力偶合器 图(c)为大连液力机械有限公司生产的 YOT_{GCD} 调速型液力偶合器,由于对开箱体取消了泵壳体,油泵外置,导管壳体被紧固在对开箱体的大法兰上,使轴向尺寸大为缩短,提高了箱体刚性和抗震能力。双筒支梁的四支轴承间距缩短,而提高了旋转体的刚性和减振效果,故使振动值大为降低。更兼轴向尺寸短小,结构紧凑,重量轻,而深受用户欢迎

续表

<table>
<tr><th>类　　型</th><th>结构及特点</th></tr>
<tr><td>出口调节回转壳体式调速型液力偶合器</td><td>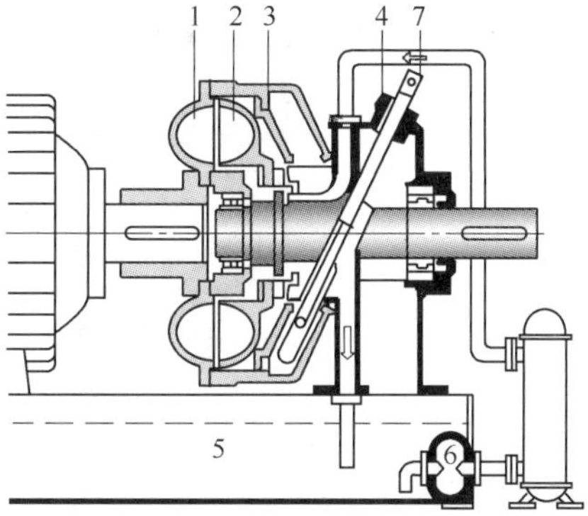
图(d) SVNK 调速型液力偶合器
1—泵轮;2—涡轮;3—外壳;4—导管座;5—油箱;6—油泵;7—导管

图(d)为德国福伊特公司生产的 SVNK 液力偶合器,采用泵轮支承无需专用支承结构,中空的输入轴套装在电动机轴上。输出轴一端通过埋入轴承支承在输入轴上,另一端支承在兼做导管壳体的箱座上。由于外壳旋转无箱体,故常称为出口调节回转壳体式。这种偶合器因无箱体而散热性能好、结构简单、轴向尺寸小、成本低。但因安装找正较难,振动较大,故多用于低速、中小功率</td></tr>
<tr><td>卧式圆筒箱体法兰连接式调速型液力偶合器</td><td>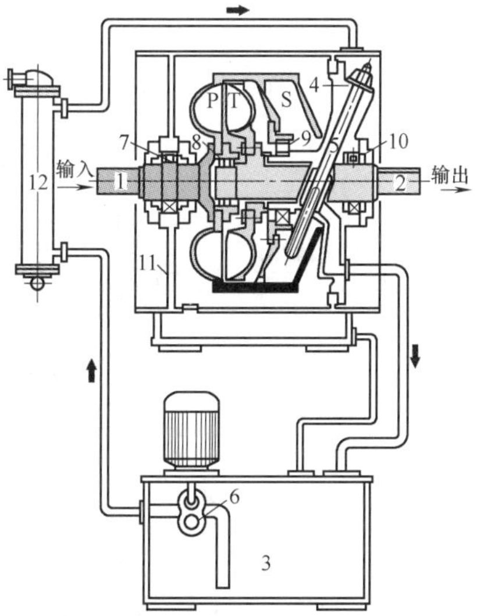
图(e) 卧式圆筒箱体法兰连接式调速型液力偶合器
1—输入轴;2—输出轴;3—油箱;4—导管壳体;5—导管;6—供油泵;
7—输入端轴承;8—埋入轴承;9—外壳轴承;10—输出端轴承;
11—圆筒箱体;12—冷却器

图(e)为此类偶合器结构,图中导管壳体 4 以法兰与圆筒箱体 11 相连,圆筒箱体的另一端固定连接轴承座,支承着输入轴 1;输出轴 2 一端通过埋入轴承支承在输入轴 1 上,另一端支承在导管壳体上。该偶合器油箱外置,设独立供油泵站,通过管路与偶合器的供、排油管相连。该偶合器的优点是结构紧凑、轴向尺寸短,中心高度较低。箱体有几种安装方式,图中为有底盘的安装方式。另外也有可以以法兰与减速器相连,吊挂在电动机或减速器轴端。适合煤矿井下空间狭小场合使用</td></tr>
</table>

续表

类　　型	结构及特点
出口调节立式调速型液力偶合器	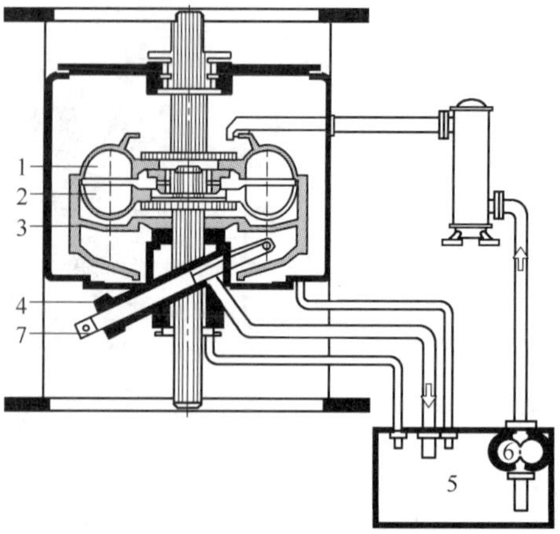 图(f) 立式调速型液力偶合器 1—泵轮;2—涡轮;3—外壳;4—导管壳体;5—油箱; 6—供油泵;7—导管 图(f)为立式调速型液力偶合器,结构形式与 SVTL 偶合器基本相同。立式安装,电动机在筒式箱体法兰之上,油箱外置,增设回油管路 立式液力偶合器国内外均有生产,主要用于立式工作机,占地面积较小
无埋入轴承双筒支梁调速型液力偶合器	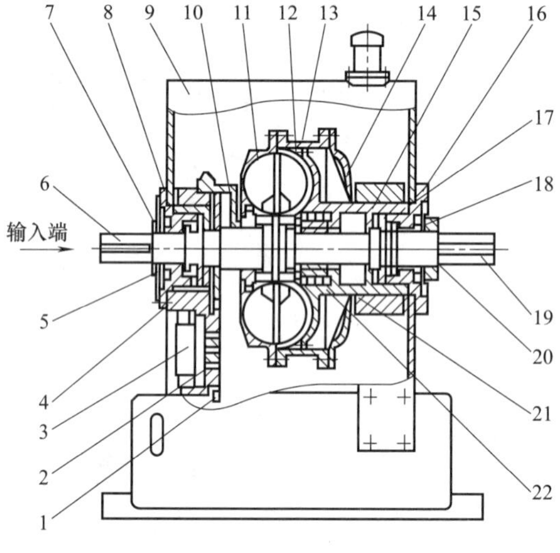 图(g) 无埋入轴承的双筒支梁结构调速型液力偶合器 1—从动齿轮;2—轴承 6016;3—主工作油泵;4—输入轴承座;5—$1^{\#}$、$4^{\#}$径向瓦; 6—输入轴;7—输入端盖;8—$1^{\#}$径向瓦座;9—箱盖;10—供油体;11—泵轮; 12—涡轮;13—旋转外壳(1);14—旋转外壳(2);15—导管壳体; 16—$4^{\#}$径向瓦座;17—推力瓦;18—输出端盖;19—输出轴; 20—测速齿盘;21—$2^{\#}$径向瓦;22—$3^{\#}$径向瓦 图(g)为大连液力机械有限公司生产的 GWT58F 双筒支梁全滑动轴承无埋入轴承(连接输入、输出轴的轴承)的调速型偶合器。常用结构均以埋入轴承将两个简支梁连成一体,埋入轴承承担运转中大部分的轴向力,而此处轴向力全部由两支轴向推力滑动轴承承担。为引进产品 GWT58 的创新发展

续表

<table>
<tr><th>类　　型</th><th colspan="2">结构及特点</th></tr>
<tr><td rowspan="2">无埋入轴承双筒支梁调速型液力偶合器</td><td>优点</td><td>①取消了埋入轴承。输入轴一端支承在对开箱体的轴承座上，另一端通过泵轮 11、旋转外壳 13 支承在导管壳体的外圆上，输出轴两端全支承在导管壳体上。这种支承方式，输入轴与输出轴没有直接联系，支承稳定可靠
②采用中间剖分对开式箱体。导管壳体被紧固在箱体的法兰上，输入端轴承直接安装在箱体轴承座上，支承稳定可靠，定位精度高，振动值大大降低
③油泵外置。油泵驱动齿轮不是悬挂在油泵轴上，而是通过轴承和卡环被安装在箱体上，油泵轴通过花键与驱动齿轮相连。不用打开箱体即可将油泵拆下，方便了油泵的检测和维修
④采用径向和轴向推力滑动轴承。承载能力强，运转噪声低，运行平稳可靠
⑤安装尺寸与原 GWT58 相同，便于改造替代，故障率和振动值均比原引进的 GWT58 调速型液力偶合器有大幅度降低</td></tr>
<tr><td>缺点</td><td>受轴承线速度的限制，输入轴通过泵轮旋转外壳支承在导管壳体外圆上的轴承不可能设计得过大，因而影响了这种结构的使用范围</td></tr>
<tr><td>离合式调速型液力偶合器</td><td colspan="2">图(h)为国内正在开发的 YOT_{LH} 新型液力偶合器，由普通的出口调节伸缩导管式调速型液力偶合器加装液压多片式摩擦离合器组成。在传动中可具有脱开、接合与调速功能。
在液力偶合器箱体外侧装有电动供油泵和控制油泵。供油泵流量取决于偶合器启动和调速快慢之需要，控制油泵流量很小。
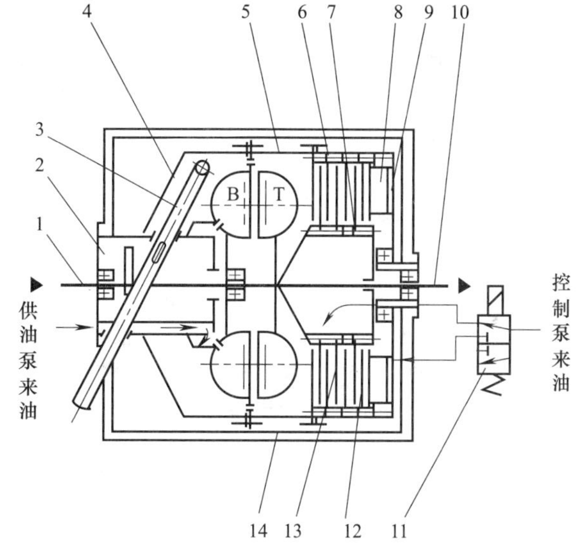

图(h) YOT_{LH}离合式调速型液力偶合器
1—输入轴；2—导管壳体；3—导管；4—外壳端盖；5—外壳；6—离合器外壳；7—离合器内壳；8—环状柱塞；9—环状油缸；10—输出轴；11—电磁换向阀；12—主动摩擦片；13—从动摩擦片；14—箱体
在液力偶合器旋转组件的输出端装设液控的多片式摩擦离合装置，其主动摩擦片 12 与离合器外壳 6、外壳 5、泵轮 B 与输入轴 1 连接。从动摩擦片 13 通过离合器内壳 7 与输出轴 10 连接。主、从动摩擦片交替重叠装入，由电磁换向阀供油控制它们脱开或接合。在动力机启动时不向工作腔供油，则动力机呈现脱载启动，之后向工作腔充液并由电动执行器调节导管开度，则为升速或调速。高转速时电磁换向阀向环状油缸 9 供油，旋转油液产生的动压力推动环状柱塞 8 压紧主、从动摩擦片接合，则输出轴 10 与输入轴 1 闭锁而直连传动
离合式调速型液力偶合器因有脱载启动和闭锁传动而有别于普通液力偶合器。脱载启动有利于动力机的启动工况减少对电网的冲击；闭锁传动使工作机不掉转速、提高传递功率和效率、提高生产能力。对于风机、泵类和压缩机等设备的应用，均会带来诸多好处</td></tr>
</table>

（2）出口调节回转导管式调速型液力偶合器

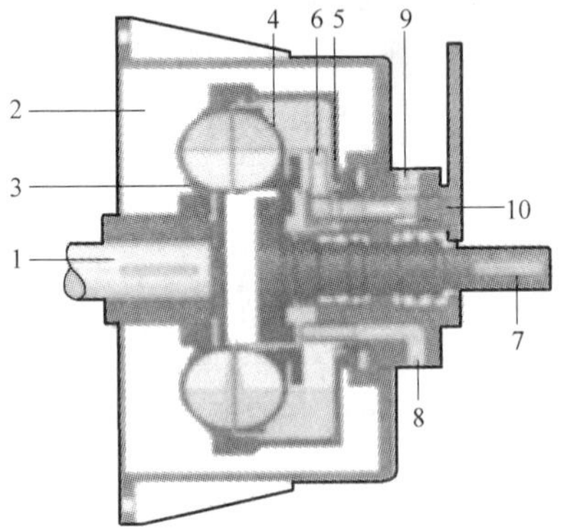

图 19-4-13 回转导管式调速型液力偶合器
1—电动机轴；2—固定箱体；3—泵轮；4—涡轮；
5—导管腔外壳；6—回转导管；7—输出轴；
8—进液管；9—出液管；10—手柄

图 19-4-13 为德国福伊特公司新近开发的 SVTW 水介质调速型液力偶合器，圆筒状的固定箱体 2 安装在电动机法兰盘上，泵轮 3 与导管腔外壳 5 固连在电动机轴 1 上，涡轮 4 与输出轴 7 固定连接。回转导管 6 的回转轴中心线与偶合器中心线有偏心距，当扳动手柄 10 使回转导管回转时就可改变导管腔外壳中的液环厚度，从而调节工作腔充液量和输出转速。导管的回转可以手动，也可以是电动执行器驱动。

此类型液力偶合器不需冷却系统（清水既是其传动介质又是传热的载体，随进、出口流量而得到散热）和润滑系统（酯润滑的滚动轴承），又无箱体底座，结构极为简单。其特点可由“轻、巧、简、廉”四字概括：

轻——质量极轻；

巧——结构上巧妙的组合；

简——结构极为简单，外形尺寸最小；

廉——成本低廉，经济效益高。

此类水介质液力偶合器尽管具有轻、巧、简、廉四特点，切勿以为只能是小（规格）的。据知该偶合器系列竟有 422～1390mm 九个规格，最大规格 1390mm（立式，750r/min，3800kW），质量有 5900kg。

此类水介质液力偶合器的应用领域，主要是高楼供水、自来水厂、供水泵站、农田灌溉等。

4.3.6.3 复合调节式调速型液力偶合器

同时改变工作腔进、出口流量来调速的液力偶合器称为复合调节式调速型液力偶合器。

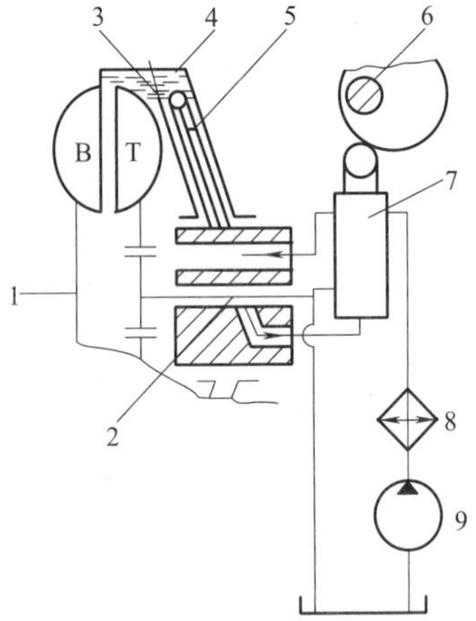

图 19-4-14 复合调节式调速型液力偶合器原理简图
1—泵轮轴；2—涡轮轴；3—过流孔；4—导管腔；5—导管；
6—联锁机构；7—综合配流阀；8—冷却器；9—供油泵

复合调节式调速型液力偶合器，其调速原理与采用导管排液的出口调节偶合器基本相同。不同之处是该偶合器增设了进、出口的综合配流阀。由图 19-4-14可见，综合配流阀 7 与导管 5 在操纵时机械联锁。当需要调高输出转速时，顺时针转动操纵手柄，导管 5 则向内收缩。主滑阀因机械联锁而随之下移，挡住部分甚至全部出油口。于是进油多，出油少，甚至只进不出，所以转速迅速升高。反之，当需要调低转速时，逆时针转动操纵手柄，导管 5 向外伸出，同时配流阀出口大开，于是进油少，出油多，所以转速迅速降低。当调到某一个工况点后，综合配流阀的开度使供液量与偶合器内的发热量相适应，以保持合适的工作油温（接近等温控制）。因而，进、出口复合调节偶合器不仅调速动作快、反应灵敏，而且能合理利用供液量，效率比较高。它的缺点是结构复杂，成本高，只适合较大规格偶合器用。

图 19-4-15 为综合配流阀结构，其中导管控制机构 1 和凸轮 2 即是图 19-4-14 中的联锁机构 6。

图 19-4-16 为德国福伊特公司生产的 SVL 复合调节式调速型液力偶合器，其供油泵 6 为离心式油泵，由输入轴通过锥齿轮驱动。特点是流量大、压力低，不需溢流阀。电动辅助油泵 9 向全部滑动轴承供油润滑。输入、输出轴均为带有两支径向滑动轴承和一支轴向推力滑动轴承的简支梁，此双简支梁结构亦称独立支承悬臂式结构，对同轴度要求不高。

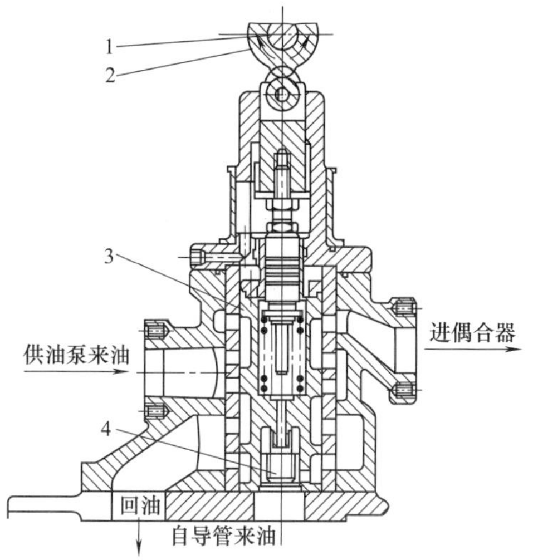

图 19-4-15　综合配流阀结构
1—导管控制机构；2—凸轮；3—主阀芯；4—单向阀

此类型液力偶合器运行精度高，能够较好地控制油温，调节得好可达到“等温控制”，传动效率高。但结构复杂、轴向尺寸大。

4.3.7　液力偶合器传动装置

调速型液力偶合器的最高转速只能是 3000r/min（二极电动机转速），满足不了工作机更高转速的要求，因而出现了液力偶合器传动装置。

由调速型液力偶合器与齿轮增速（或减速）机构组成的调速装置称液力偶合器传动装置。按齿轮机构所在部位，液力偶合器传动装置可分为前置齿轮式、后置齿轮式和复合齿轮式，齿轮机构有增速的也有减速的。此外，还有一些其他类型的液力偶合器传动装置。

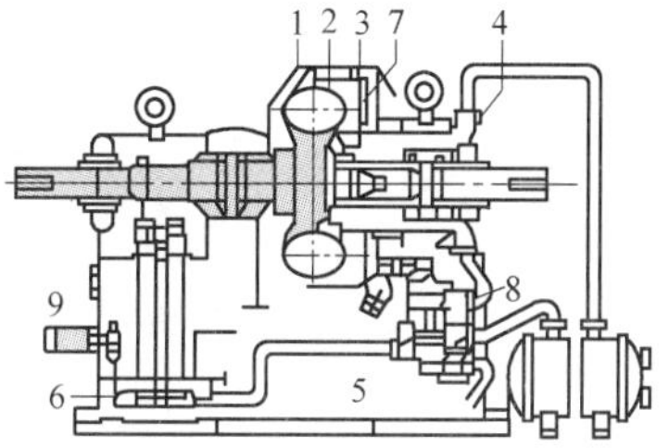

图 19-4-16　SVL 复合调节式调速型液力偶合器
1—泵轮；2—涡轮；3—外壳；4—箱体；5—工作油；6—供油泵；7—导管；8—综合配流阀；9—辅助油泵

表 19-4-26　液力偶合器传动装置的优缺点

优点	①对电机电压无限制，能适应高电压、大功率、高转速工况。目前，国外液力偶合器传动装置最高输出转速为 12000r/min，最大传递功率可达 27000kW，这是任何其他调速装置所无法达到的，因而占绝对优势 ②将调速型液力偶合器与齿轮传动装置有机地组合在一个箱体内，节省了空间和材料，降低了成本，缩短了传动链的长度。结构紧凑、尺寸小，是机械、液压、电气传动无可比拟的 ③能实现偶合器为电机、工作机、减速器等集中供油，省去各自的液压泵站，节省投资和占地面积，方便使用 ④单体传递功率的成本随输入转速提高而降低，单体投资是所有的调速装置中最低的 ⑤精确的速度调节和响应速度快，并能缓和冲击和振动 ⑥在重载情况下仍可使电机空载启动和软启动，并使工作机平稳、缓慢加速
缺点	①制造和装配精度要求特别严格 ②控制技术复杂 ③高速大功率液力偶合器传动装置有时出现振动、输出转速波动、导管汽蚀、工作液体产生气泡等问题，需要较高的技术去解决

表 19-4-27　液力偶合器传动装置的分类

类　型	结构简图	结构特点
前置齿轮式增速型	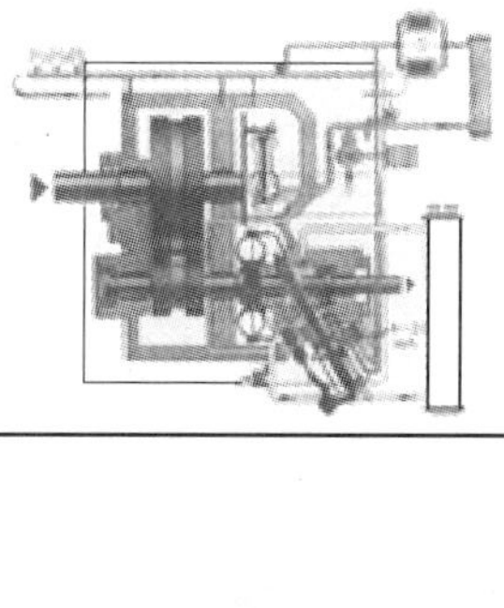	偶合器前设置一对增速齿轮，以提高偶合器的输入转速，提高传递功率能力，降低偶合器规格，适应高转速机械使用

续表

类型	结构简图	结构特点
后置齿轮式减速型	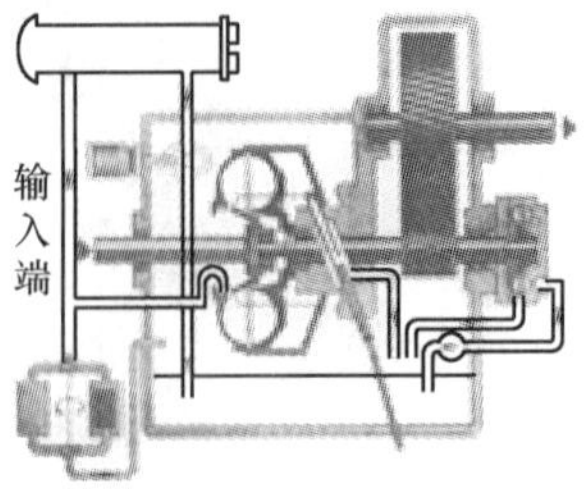	偶合器后设置一对减速齿轮，以适应低转速机械选用，输入转速较高，偶合器规格相对较小，传递功率较大，有时还加设液力减速器，以适应有快速柔性制动要求的工作机使用
后置齿轮式增速型	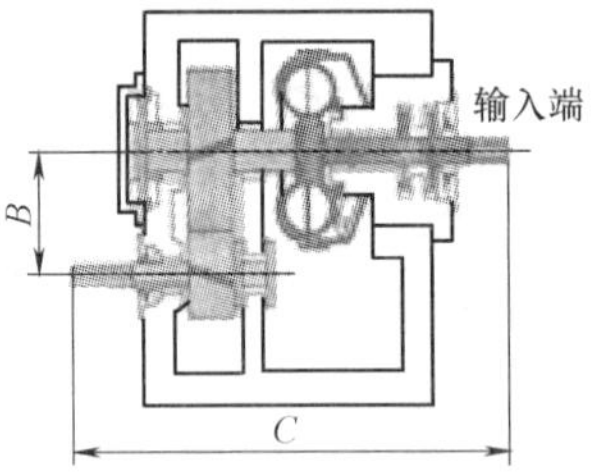	偶合器输入转速通常是3000r/min，偶合器后设置一对增速齿轮，目的是为了达到工作机所要求的转速
复合齿轮式前增速后减速型		偶合器前设置一对增速齿轮，目的是提高偶合器输入转速和传递功率能力，降低偶合器规格。偶合器后设置一对降速齿轮，目的是适应低速机械选用需要
复合齿轮式前增速后增速型	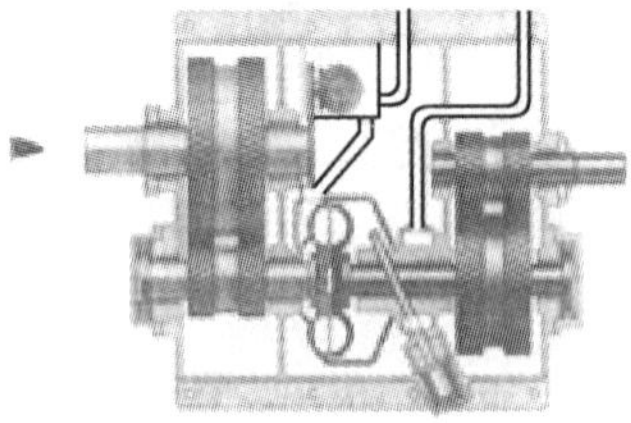	偶合器前设置一对增速齿轮，目的是提高偶合器输入转速和传递功率能力，降低偶合器规格。偶合器后再设置一对增速齿轮，目的是将输出转速提得更高
立式后置式齿轮减速型	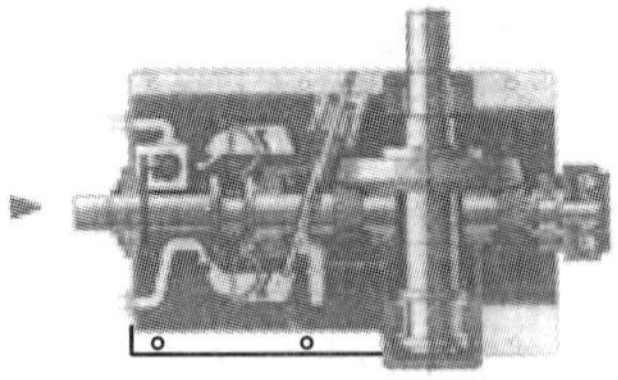	偶合器后设置直交轴锥齿轮传动的减速装置，以适应立式低速机械选用需要，有的还设置液力减速器，提供快速柔性制动功能
组合成套型	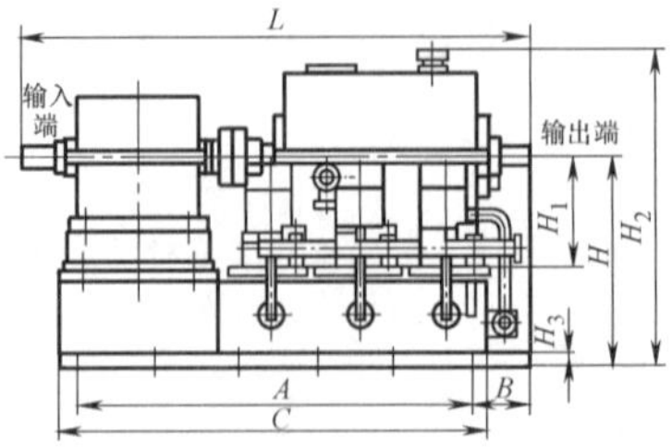	将调速型液力偶合器与增速器或减速器组合在一起，形成统一控制，集中供油的成套机组，简化了制造工艺和易于组装

续表

类　　型	结构简图	结构特点
多元组合型	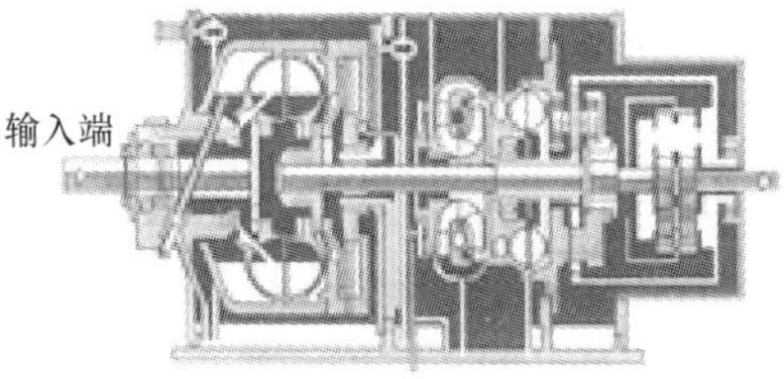	将调速型液力偶合器与行星齿轮调速系统、液力变矩器、液力减速器、液压离合器等组合在一起，发挥各元件优越性，使之具有空载启动，过载保护、变矩、液力减速、齿轮调速和 100% 闭锁传动等各项优异功能
后置齿轮减速箱组合型	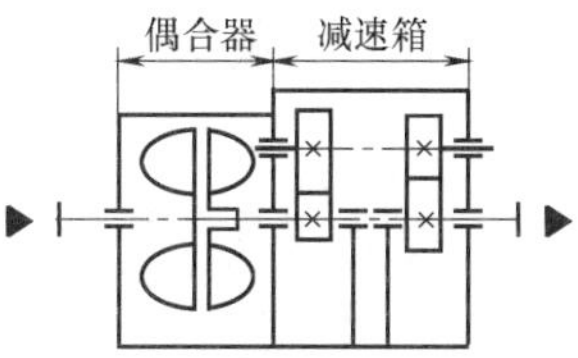	基本结构与后置齿轮减速型相同，所设减速齿轮不是一对而是两对，因而其输出轴与输入轴同轴线且旋转方向相同，俗称偶合器正车箱
后置行星齿轮式减速型	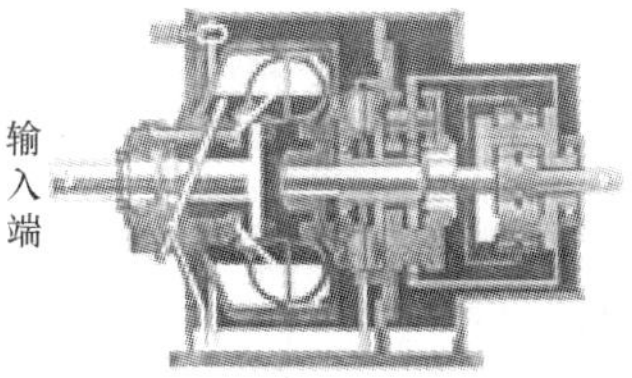	基本结构与后置齿轮减速型相同，采用行星齿轮减速，减速比大，输出转速低，输入轴和输出轴同轴线

表 19-4-28　　**液力偶合器传动装置结构及特点**

类　　型	结构及特点
前置齿轮式增速型液力偶合器传动装置	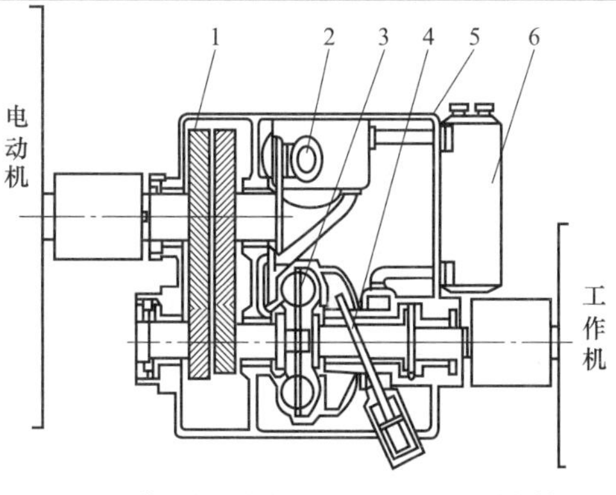 **图(a)　前置齿轮式液力偶合器传动装置结构简图** 1—增速齿轮对；2—供油、润滑泵；3—调速型液力偶合器；4—导管；5—箱体；6—冷却器 齿轮增速机构位于液力偶合器输入轴之前的称为前置齿轮式增速型液力偶合器传动装置。图(a)为其结构简图。在调速型液力偶合器 3 的输入轴前装置增速齿轮对 1，使偶合器输入转速在 4000～7000r/min 范围内运转(7000r/min 已使叶轮承受应力接近材质的强度极限)，使传递功率大幅度提高。该液力偶合器通常为复合调节式，供油、润滑泵 2 通常为串联的复合泵，有时是一根传动轴带动的两台独立的油泵，分别向工作腔供工作油和对各处滑动轴承供润滑油 由于液力偶合器在确定的循环圆直径情况下，输入转速越高，传递功率越大。液力偶合器传动装置的输出转速对传递功率值无影响，主要是协调对工作机转速的匹配。因此在各类液力偶合器传动装置中，前置齿轮增速型具有重要位置。其用途与产量较多 液力偶合器的叶轮于高速旋转中，在承受着工作腔中液流冲击的强大动载荷的同时还承受着很大的离心力，因此要求其材质有极高的强度和较好的韧性。对液力偶合器传动装置的齿轮同样也有较高要求，要有强度高的材质，制造精度高，工艺难度大，装配(啮合)精度要求高。为提高齿轮承载能力和平衡轴向力而采用渐开线人字齿轮，将加工好的两个单斜齿轮拼装组成人字齿轮，装配(啮合)精度极难达到要求，

续表

<table>
<tr><th>类　　型</th><th>结构及特点</th></tr>
<tr><td>前置齿轮式增速型液力偶合器传动装置</td><td>

因而齿轮常出事故。近年国内生产厂多改为单斜齿轮，简化了结构，提高了装配（啮合）精度，但却增大了轴承轴向载荷，须增强轴承轴向承载能力

当前，前置齿轮式液力偶合器传动装置主要应用于火电厂锅炉给水泵及钢铁厂高炉高压鼓风机等设备的调速节能

图(b)为前置齿轮式液力偶合器传动装置结构。对开整体式箱体，下部为油池

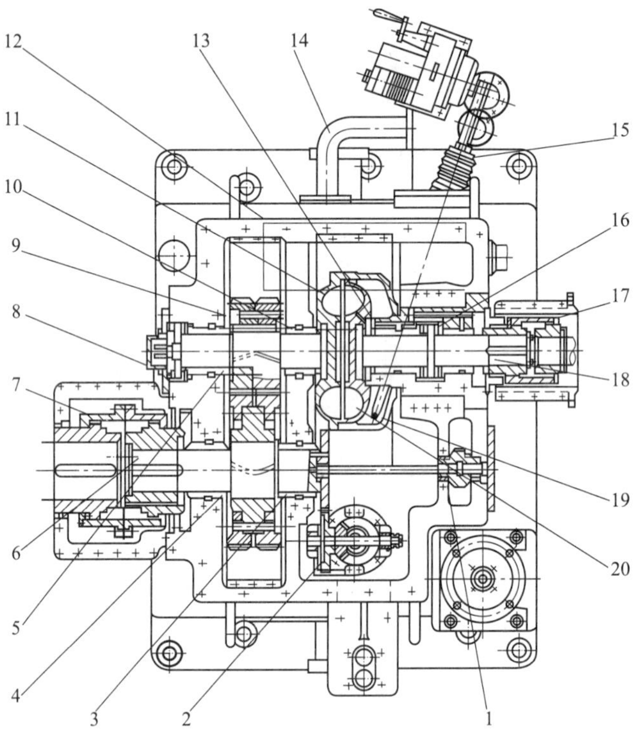

图(b)　前置齿轮式液力偶合器传动装置结构图

1,3～5,10,13—滑动轴承；2—工作泵和润滑泵传动齿轮组；6—输入轴；7,17—齿型联轴器；8,16—滑动推力轴承；9—增速齿轮组；11—泵轮；12—箱体；14—管系组件；15—调速机构组件；18—输出轴；19—壳体；20—涡轮

</td></tr>
<tr><td>后置齿轮式减速型液力偶合器传动装置</td><td>

齿轮机构位于液力偶合器输出轴后面的称为后置齿轮式液力偶合器传动装置。图(c)为后置齿轮式结构简图。在液力偶合器2的输出轴后装置一对减速齿轮4，用以协调与工作机的转速并增大力矩。通常其输出转速在300～800r/min范围内。此外还有一种直交轴传动的后置齿轮式液力偶合器传动装置[图(d)]，对大惯量设备除适应低速传动外还可施以快速制动。在输出轴的另一端设置一对增速齿轮，使液力减速器高速运转。正常状态下空转，当需制动时予以充液，使之发出较大的制动力矩以吸收设备的惯性力矩(动能)，使整套设备得以快速柔性制动。这是大型球磨机、磨煤机及风机的特殊要求

此外，还有后置行星齿轮式减速型液力偶合器传动装置，外形体积小，减速比大

后置齿轮式减速型液力偶合器传动装置主要应用于矿山带式输送机、浆体输送柱塞泵、火电厂灰浆泵、市政柱塞式煤气风机、电力与冶金离心式通、引风机等设备

另有一种后置齿轮式增速型液力偶合器传动装置，因其只是提高了输出转速而未增大传递功率，并且增大了偶合器的规格尺寸。因而应用前置齿轮式增速型，既满足工作机转速的需求而又缩小了偶合器的规格尺寸。故通常后置齿轮式增速型液力偶合器传动装置的生产、应用较少

</td></tr>
</table>

续表

类　型	结构及特点
后置齿轮式减速型液力偶合器传动装置	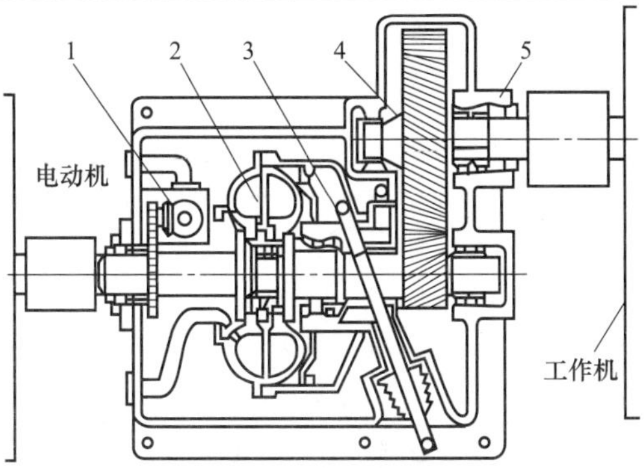 **图(c)　后置齿轮式液力偶合器传动装置结构简图** 1—供油泵;2—液力偶合器;3—导管;4—减速齿轮对;5—箱体 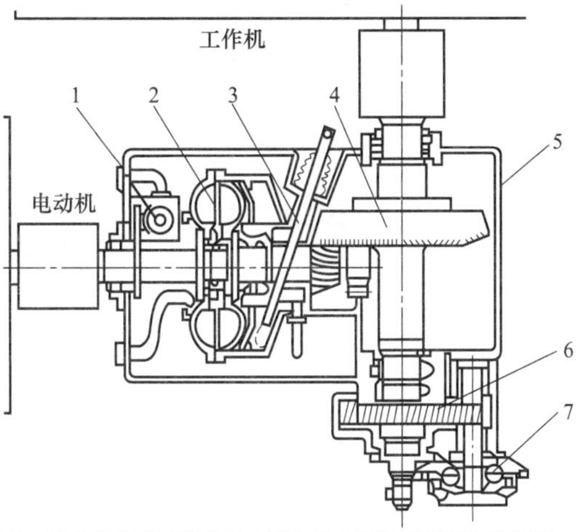 **图(d)　直交轴传动后置齿轮式液力偶合器传动装置结构简图** 1—供油泵;2—液力偶合器;3—导管;4—减速锥齿轮对;5—箱体;6—增速齿轮对;7—液力减速器
复合齿轮式前增后增型液力偶合器传动装置	在调速型液力偶合器的前、后均设置有齿轮增速机构的称为复合齿轮式前增后增型液力偶合器传动装置。图(e)为其结构简图 为增大传递功率,输入侧必然是增速齿轮对,而输出侧齿轮对既可是增速又可是减速。故有复合齿轮增速型和前增后减型,以适应工作机不同转速的需要。目前,国外最高输出转速可达 12000r/min,传递功率高达 27000kW(见表 19-4-30) 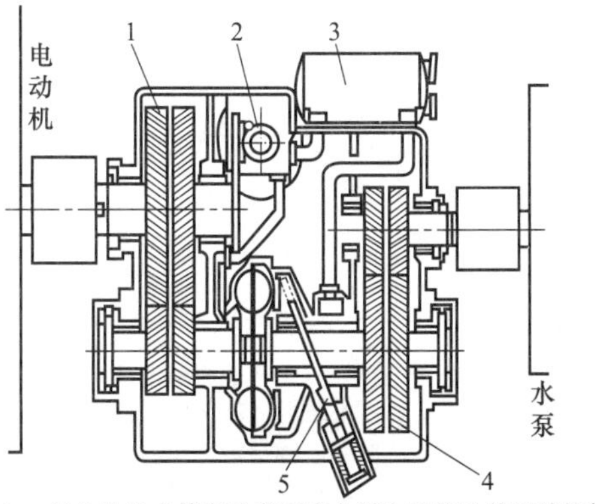 **图(e)　复合齿轮式前增后增型液力偶合器传动装置结构简图** 1—输入侧增速齿轮对;2—供油泵;3—冷却器;4—输出侧增速齿轮对;5—导管

续表

<table>
<tr><th>类　　型</th><th>结构及特点</th></tr>
<tr><td>复合齿轮式前增后增型液力偶合器传动装置</td><td>图(f)为复合齿轮式前增后增型液力偶合器传动装置结构图
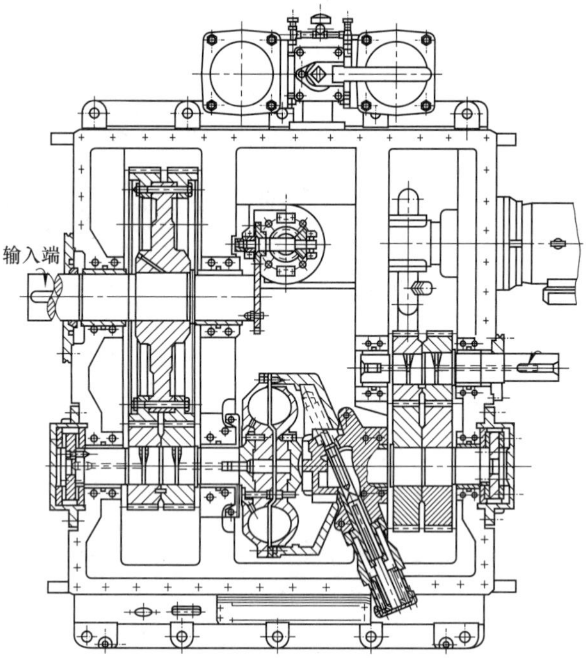

图(f)　复合齿轮式前增后增型液力偶合器传动装置</td></tr>
<tr><td>组合成套型液力偶合器传动装置</td><td>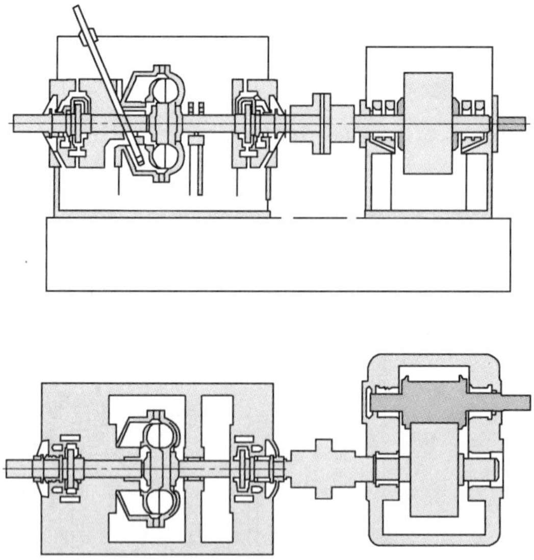
图(g)　组合成套型液力偶合器传动装置
图(g)为后置齿轮增速(或减速)式组合成套型液力偶合器传动装置，调速型液力偶合器与增速器以联轴器连接，以及电动供油泵等均安装在油箱之上，共同构成调速装置整体。偶合器与增速(或减速)器均为成熟的标准产品，产品质量易保证。特别是齿轮啮合精度有保证，使此形式传动装置便于加工制造和装配，降低成本和保证质量。与前述的前、后置齿轮式液力偶合器传动装置相比，结构复杂，外形尺寸较大，质量较大。优点是便于加工制造，将加工、装配精度要求很高的液力偶合器传动装置分为个体元件而易于加工和装配</td></tr>
</table>

续表

<table>
<tr><th>类　型</th><th>结构及特点</th></tr>
<tr><td>后置齿轮式减速正车型液力偶合器传动装置</td><td>

图(h)为大连恒通公司开发的YOTZJ700后置齿轮式减速正车型液力偶合器传动装置(通称偶合器正车箱),偶合器为多角形腔型、阀控式进口调节,固定导管出油。输入轴1通过油泵轴13带动供油泵12,供油泵12泵油经冷却器7及控制阀8而进入工作腔。偶合器动力经中间轴5驱动输出轴6带动工作机旋转做功

该传动装置用在石油钻机上,由柴油机(或电动机)驱动,用来带动钻井泵或其他设备,自身带有风力冷却器。偶合器的输入端与柴油机相连,输出端与减速齿轮箱相连。由于采用了二极圆柱齿轮减速,所以其输出端与柴油机同轴线且转向相同,一般称为“偶合器正车箱”。该偶合器传动装置结构紧凑、轴向尺寸小,可靠性较高,深受油田用户欢迎。按用户需要,另有输出对输入反转的“偶合器反车箱”

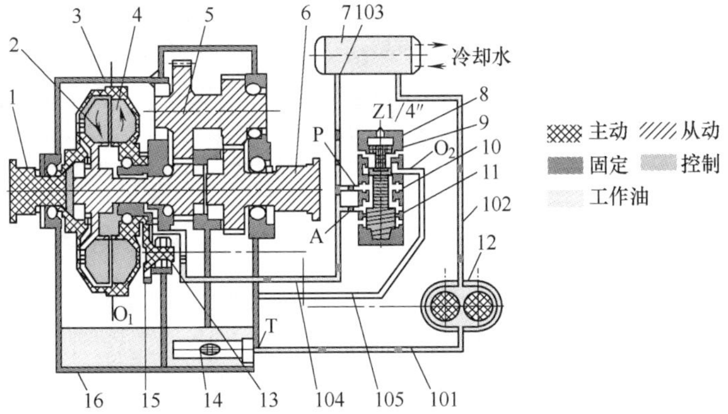

图(h)　YOTZJ700减速型液力偶合器传动装置结构及系统

1—输入轴;2—涡轮;3—箱体;4—泵轮;5—中间轴;6—输出轴;7—冷却器;8—控制阀;9—气动活塞;10—液动活塞;11—弹簧;12—供油泵;13—油泵轴;14—滤油器;15—油泵齿轮;16—油箱;101~105—管路

</td></tr>
<tr><td>多元组合型液力偶合器传动装置</td><td>

图(i)为德国福伊特公司开发的MSVD多元组合型液力偶合器传动装置(亦称多元调速装置),这是机、电、液相结合的大型多元调速装置。在卧式筒状壳体内,以调速型液力偶合器与行星齿轮轮系为基础,加入了液压片式摩擦离合器、液力变矩器和液力减速器而组合成大型调速装置。它既保持了传统的可调式液力元件的传动特点,又改善了液力元件低速运行传动效率低的不足之处。采用模块化设计,把不同的液力元件与机械部件组合安装成调速装置

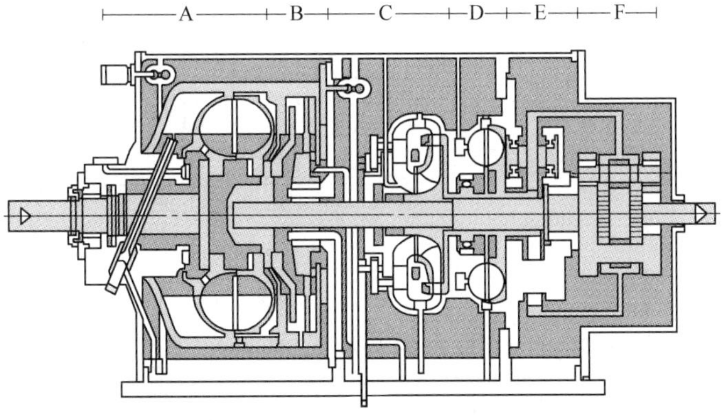

图(i)　MSVD多元组合型液力偶合器传动装置

A—调速型液力偶合器;B—液压片式摩擦离合器;C—导叶可调式液力变矩器;D—液力减速器;E—定轴行星轮系;F—旋转行星轮系

</td></tr>
</table>

续表

类型	结构及特点
多元组合型液力偶合器传动装置	图(j)为该传动装置结构简图，可清楚地显示出各传动元件之间的连接关系 图(k)表明该传动装置在运行中的三种不同工况，下面分别予以介绍 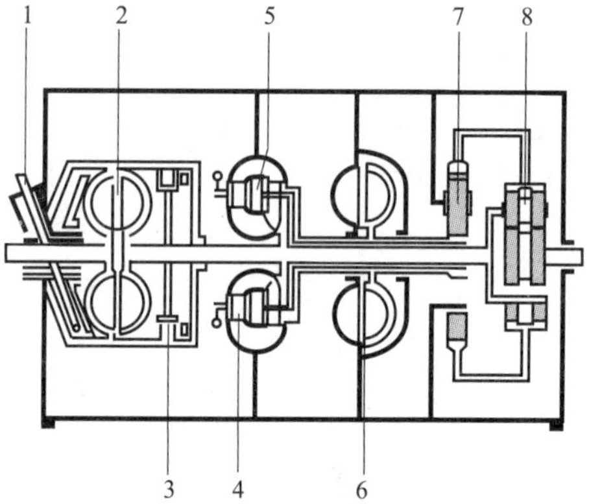 图(j)　多元组合型液力偶合器传动装置结构简图 1—导管；2—调速型液力偶合器；3—液压片式离合器；4—导叶及控制；5—液力变矩器；6—液力减速器；7—定轴行星轮系；8—旋转行星轮系 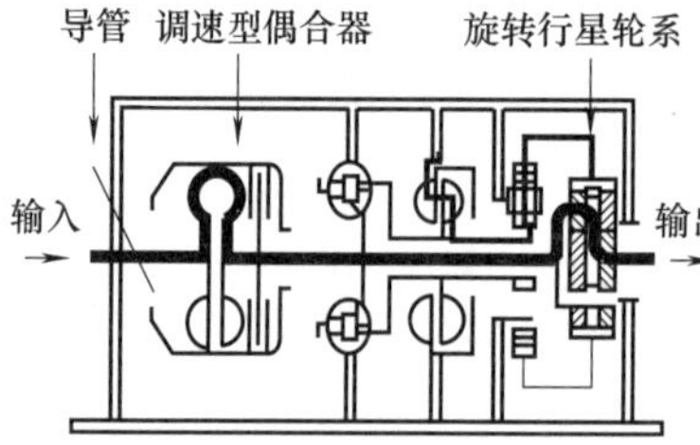 (ⅰ)低速工况 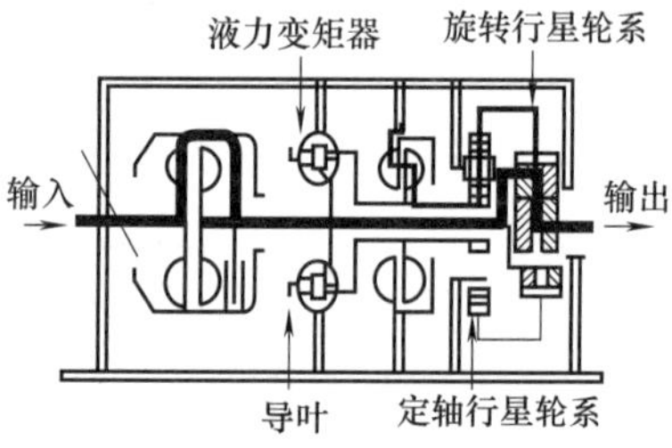 (ⅱ)高速工况 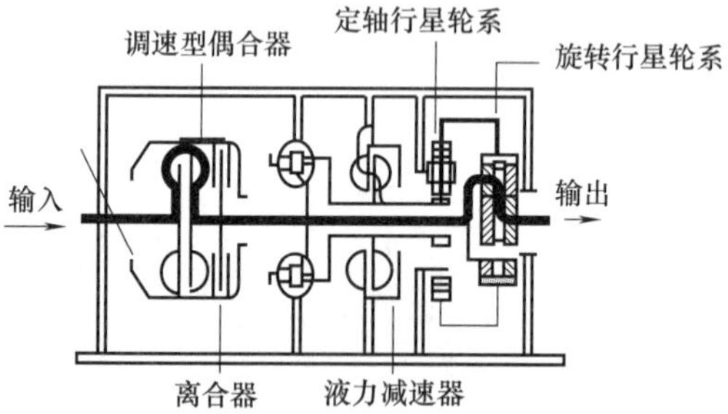 (ⅲ)闭锁工况 图(k)　传动装置在运行中的三种工况 1)启动和低速(全速的10%～60%)运行工况，只有调速型偶合器和旋转行星轮系投入运行。输出转速靠改变导管开度进行调节，力矩通过旋转行星轮系传递给输出轴。片式摩擦离合器脱开；液力变矩器处于排空状态；液力减速器内充油，对定轴行星轮系制动使其连续缓慢地减速，防止齿轮箱的磨损及振动。调速型偶合器的作用一则是调节输出转速；另一个作用是实现电动机的空载启动，消除扭振，使工作机平稳的运行 2)高速(全速的60%～100%)运行工况，片式摩擦离合器闭锁使液力偶合器泵轮与涡轮形成一个刚性整体，液力减速器排空，液力变矩器承担速度的调节控制，通过旋转行星轮系改变输出转速。原动机的大部

续表

类　　型	结构及特点
多元组合型液力偶合器传动装置	分功率由输入轴→旋转行星轮系→输出轴传递。一小部分功率从液力变矩器的泵轮动力分流经其涡轮进入定轴行星轮系和太阳轮汇集到输出轴。输入轴、液力变矩器的泵轮和旋转行星轮系的齿圈以同样的恒定转速转动 调整液力变矩器导叶的向位，则其涡轮输出转速随之改变。而液力变矩器的涡轮又通过定轴行星轮系通过偶合钢套与旋转行星轮系的行星架相连，因而旋转行星轮系的行星轮速度也要改变，进而导致输出轴(与旋转行星轮系的太阳轮相连)转速的变化 3)闭锁运行工况，在高速运行中液力变矩器、液力减速器均排空不参与运行。片式离合器闭锁后使液力偶合器泵轮、涡轮形成刚性的一体，原动机的动力经由泵轮、闭锁的离合器、主传动轴至旋转行星轮系的太阳轮输出，可以长时间的稳定运转。由于此时消除了液力偶合器运转中1%～3%的滑差功率损失，而使多元组合型液力偶合器传动装置的运行效率大为提高 图(l)为多元调速装置与液力偶合器传动装置传动效率比较，可见其效率较高 图(m)为三种流量调节方式损失功率的比较，可见多元调速装置损失功率最低 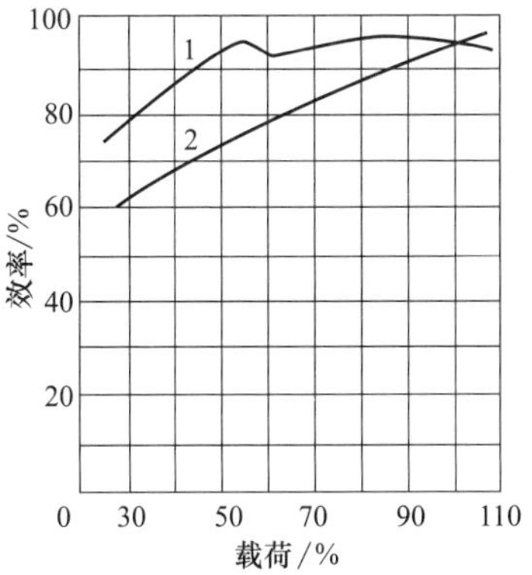 图(l)　多元调速装置与液力偶合器传动装置传动效率比较 1—多元调速装置；2—液力偶合器传动装置 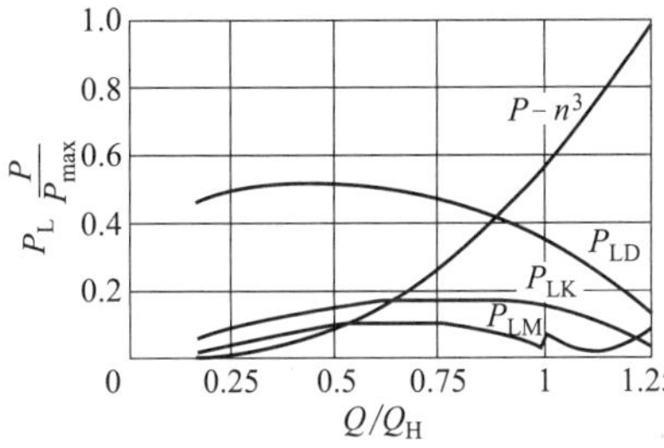 图(m)　三种流量调节方式损失功率的比较 P_{LD}—闸阀节流调节损失功率； P_{LK}—液力偶合器传动装置变速调节损失功率； P_{LM}—VORECON多元调速装置变速调节损失功率 为使多元调速装置中各元器件协调动作参与运行，必须配备优良的监控系统。图(n)为MSVD多元调速装置的监控系统 多元调速装置主要用于高速大功率的风机与泵类 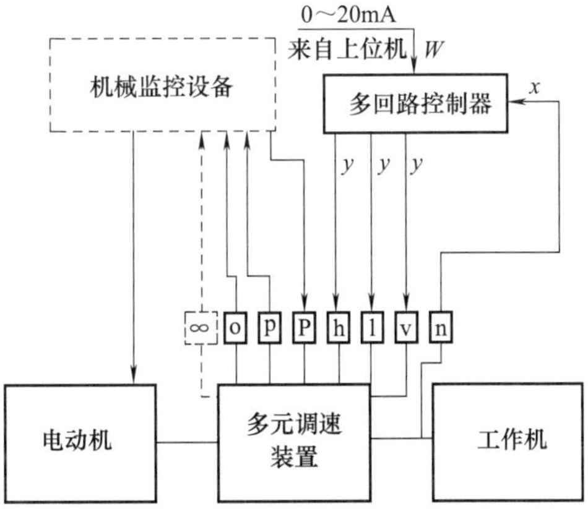 图(n)　MSVD多元调速装置监控系统 W—设定值；x—实际反馈值；y—控制器输出；∞—振动信号；o—温度信号；p—压力信号；P—辅助油泵马达；h—导管；l—导叶开度；v—控制阀信号；n—转速

表 19-4-29 国内调速型液力偶合器与液力偶合器传动装置部分生产厂家产品型号

生产厂	出口调节安装板箱体	出口调节对开箱体	复合调节	出口调节回转壳体	出口调节圆筒箱体	出口调节独立支承	出口调节立式	出口调节侧装式	阀控式	双腔离合式	后置齿轮降速型	前置齿轮增速型	后置齿轮增速型
大连液力机械有限公司	GWT·GST YOT_{GC}	YOT_{GCD} $YOT_{FC...CL}$		YOT_{HC}	$YOT_{HC··A}$ $YOT_{GC··R}$	YOT_{FC}	YOT_{CC}	YOT_{GC}	YOT_{GF}	YQL_{SQ}	$YOCH_{J}$	$YOCQ_{Z}$	$YOCH_{Z}$
广东中兴液力传动有限公司	YOT_{CS}	YOT_{CH} YOT_{CP}		VOT_{CK}	YOT_{CF}	YOT_{CH}	YOT_{CL}	SVTL		YOT_{FKD}	YOT_{CHJ}		
上海电力修造总厂有限公司		YOT_{C}	YOT									YOT	
上海交大南洋机电科技有限公司		$YOT_{C··B}$ $YOT_{C··H}$									$YOC_{H··B}$ $YOC_{H··H}$		
上海 711 研究所		YDT										YDTZ	
安徽电力修造厂		YOT_{C}											
大连创思福液力偶合器成套设备公司	YOT_{CG}	YOT_{GCP} YOT_{CHP}									YOCH	YOCQ	
蚌埠液力机械厂		YOT_{C}		SVN									
沈阳水泵厂		YOT	YOT									OH YOCQ	
大连福克液力偶合器有限公司	YOT_{C}	YOT_{PC}		YOT_{XC}		YOT_{DC}					YOCJ	YOCZ	
大连营城液力偶合器厂	YOT_{CB}	YOT_{CD}		YOT_{CH}	YOT_{CR}				YOT_{FD} YOT_{JF}	YOL_{SQ}	YOCJ		
威海九鼎液力传动有限公司		YOT_{LC}			YOT_{LZ}				YOTC $\cdots LCO_2$				
邯郸开源液力机械有限公司		YOT											
上海煤科院运输机电研制中心		YT/YOTC											
沈阳煤机配件厂	YOT_{GC}												
林州重机（集团）有限公司	YOT_{C}												
大连恒通液力机械有限公司											YOZJ		
张家口煤矿机械有限公司	YOTC												
北京起重运输机械设计研究院	YOTC							YOTC					

注：$YOT_{FC...CL}$为轧钢厂除鳞泵专用型。

表 19-4-30 国内外液力偶合器传动装置技术参数

前置齿轮增速型

序号	公司	型号	传递功率/kW	转速范围/r·min^{-1}
1	德国福依特公司	R10K R11K R12K R13K R14K R15K R16K R17K R18K R19K	300～11500	输入：1500 输出：1500～11230
		R15K-550 R16K-550 R17K-550 R18K-600 R19K-600	300～13270	输入：1500 输出：1500～6650
		R110K R111K R110K-710 R111K-710	300～17360	输入：1500 输出：1500～4260
2	英国液力驱动工程公司	RST38 RST40 RST50 RST57 RST66 RST67-G1	2000～11187	输入：1500 输出：1500～6770

后置齿轮增速型

序号	公司	型号	传递功率/kW	转速范围/r·min^{-1}
1	德国福依特公司	R15 R16 R17 GS320	100～17376	输入：1500 输出：1500～12000
		R18 R19 GS380		
		R100 R117 GS460		
		R116 R117 GS850	2000～6000	输入：1000 输出：1000～2000
		R118 R119 GS1120		
		R6C R7C R8C R9C R10C R11C	2024～24283	输入：3600 输出：3600～9060
2	英国液力驱动工程公司			

后置齿轮减速型

序号	公司	型号	传递功率/kW	转速范围/r·min^{-1}
1	德国福依特公司	R487A R562A R650A (B3) R750A (B3) R750A (B4) R866A (B4) R866A (B5) R1000A	60～5000	输入：1800～1200 输出：1200～360
2	英国液力驱动工程公司			

复合齿轮前增后增型

序号	公司	型号	传递功率/kW	转速范围/r·min^{-1}
1	德国福依特公司	R15 KGS R16 KGS R17 KGS R18 KGS R19 KGS	300～15340	输入：1500 输出：1500～12000
		R18 R19 KGS-14		
		R110 R111 R112 R113 KGS	300～27000	
2	英国液力驱动工程公司	RST50 RST57 RST66 RST67-G2	4000～11000	输入：1500 输出：1500～10000

复合齿轮前增后减型

序号	公司	型号	传递功率/kW	转速范围/r·min^{-1}
1	德国福依特公司	R15 KGL R16 KGL R17 KGL R18 KGL R19 KGL	300～15340	输入：1000 输出：1500～6700
		R110 KGL	300～17100	输入：1500 输出：1000～4735
		R111 KGL		
		R112 KGL R113 KGL	300～27000	
2	英国液力驱动工程公司			

续表

序号	公司	前置齿轮增速型			后置齿轮增速型			后置齿轮减速型			复合齿轮前增后增型			复合齿轮前增后减型		
		型号	传递功率/kW	转速范围/r·min^{-1}	型号	传递功率/kW	转速范围/r·min^{-1}	型号	传递功率/kW	转速范围/r·min^{-1}	型号	传递功率/kW	转速范围/r·min^{-1}	型号	传递功率/kW	转速范围/r·min^{-1}
3	日本日立制作所	GSS38 GSS42 GSS47 GSS53 GSS56 GSS60 GSS67	1000～2000	输入：1500 输出：2000～8230							GSG38 GSG42 GSG53 GSG56 GSG60 GSG67	3000～20000	输入：1500 输出：1500～12000			
4	德国SM公司	GSS 01/5.0 GSS 01/5.5 GSS 01/6.0	1000～13000	输入：1500 输出：2000～6250												
5	沈阳水泵厂	YOCQ422 YOCQ475	4100～5100	输入：1500 输出：6200												
		YOCQ360A YOCQ390	900～5500	输入：3000 输出：5500～6200												
		OH46	1600～3200	输入：3000 输出：4800												
6	上海电力修造总厂	YOT46	4600	输入：1500 输出：5855												
		YOT51 YOT51A R17K1-E	5100	输入：1500 输出：6000												

续表

序号	公司	前置齿轮增速型			后置齿轮增速型			后置齿轮减速型			复合齿轮前增后增型			复合齿轮前增后减型		
		型号	传递功率/kW	转速范围/r·min^{-1}	型号	传递功率/kW	转速范围/r·min^{-1}	型号	传递功率/kW	转速范围/r·min^{-1}	型号	传递功率/kW	转速范围/r·min^{-1}	型号	传递功率/kW	转速范围/r·min^{-1}
7	大连液力机械有限公司	YOCQ$_Z$320 YOCQ$_Z$360 YOCQ$_Z$400 YOCQ$_Z$420 YOCQ$_Z$450 YOCQ$_Z$465 YOCQ$_Z$500	440～6300	输入： 1500～3000 输出 3000～6000	YOCH$_Z$320 YOCH$_Z$360 YOCH$_Z$400 YOCH$_Z$420 YOCH$_Z$450 YOCH$_Z$465 YOCH$_Z$500	60～1625	输入： 3000 输出： 3000～10000	YOCH$_J$500 YOCH$_J$560 YOCH$_J$580 YOCH$_J$650 YOCH$_J$750 YOCH$_J$875 YOCH$_J$1000	20～3700	输入： 1000～3000 输出： 350～1000						
8	北京电力修造厂										YOCF-01	4220	输入： 1500 输出： 6021			
9	广东中兴液力传动公司							YOCH$_J$500 YOCH$_J$560 YOCH$_J$650 YOCH$_J$750 YOCH$_J$875 YOCH$_J$1000	90～1950	输入： 1000～1500 输出： 330～500						
10	上海711所	YDTZ32 YDTZ36 YDTZ40 YDTZ43 YDTZ46 YDTZ50	350～6300	输入： 1500～3000 输出： 3000～6000												
11	大连创思福公司	YOCQ400 YOCQ420 YOCQ450 YOCQ465 YOCQ500	400～7800	输入： 1500～3000 输出： 4500～6000				YOCH500 YOCH560 YOCH580 YOCH650 YOCH750 YOCH875 YOCH1000	20～3700	输入： 1000～3000 输出： 350～1000						

第19篇

续表

序号	公司	前置齿轮增速型			后置齿轮增速型			后置齿轮减速型			复合齿轮前增后增型			复合齿轮前增后减型		
		型号	传递功率/kW	转速范围/r·min^{-1}	型号	传递功率/kW	转速范围/r·min^{-1}	型号	传递功率/kW	转速范围/r·min^{-1}	型号	传递功率/kW	转速范围/r·min^{-1}	型号	传递功率/kW	转速范围/r·min^{-1}
12	大连福克公司	YOC_Z320 YOC_Z360 YOC_Z400 YOC_Z420 YOC_Z450 YOC_Z465 YOC_Z500	4400～6300	输入：1500～3000 输出：1500～6000				YOC_J500 YOC_J560 YOC_J580 YOC_J650 YOC_J750 YOC_J875 YOC_J1000	20～3700	输入：1000～3000 输出：350～1000						
13	大连恒通公司							YOZ_J700 YOZ_J750 YOF_J700 YOF_J750 $YOT_{ZJ}700$ $YO\ T_{ZJ}750$ $YOT_{FJ}700$ $YOT_{FJ}750$	300～1200	输入：1000～1500 输出：300～1000						
14	上海交大南洋公司							YOCH560B YOCH650B YOCH710B YOCH750B YOCH800B	200～1600	输入：1500 输出：500～1500						
								875H 1000H	670～3700	输入：1000 输出：330～500						

4.3.8　液力减速器

液力减速（制动）器是涡轮不动的特殊形式的液力偶合器。它不是传动元件，而是耗能的减速制动元件。其结构特点是：涡轮不转动，不输出动力，泵轮和涡轮均采用前倾斜叶片，以增大制动力矩。

图 19-4-17 为液力减速器诸多结构之一，双工作腔，转子 1 以花键连接在传动轴 3 上。转子与定子叶片前倾斜角均为 30°。转子随传动轴转动，定子 2 固定在箱体上，转子和定子共同组成工作腔，充液时转子将机械能转化成液体能，液流以较高的速度和压力冲向定子叶片，定子对液流的反作用力矩即为转子的制动力矩。此时全部液体能转化为热能。被加热的液体通过冷却器冷却后又回到液力减速器中，如此不断循环工作。

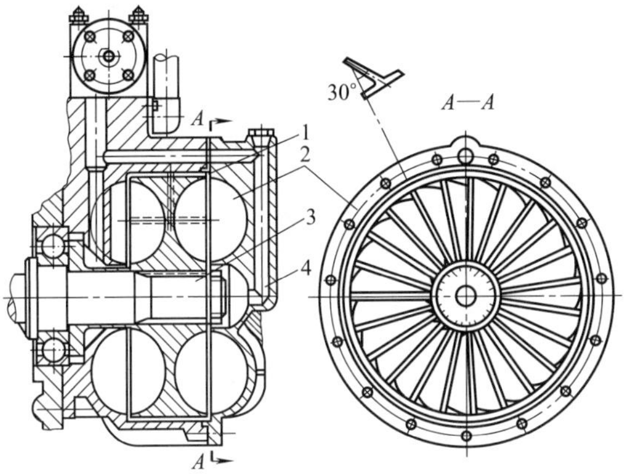

图 19-4-17　液力减速器
1—泵轮（转子）；2—涡轮（定子）；
3—传动轴；4—冷却循环流道

液力减速器按传动轴转速的高低和工作腔充液量的多少，提供的制动力矩遵从 $T_B=\lambda_B\rho g n_B^2 D^5$ 规律。充液少时减速制动力矩低，不需减速制动时不予以充液。λ_B与腔型、叶片倾斜角、叶片数及充液量有关。液力减速器通常采用 30°或 45°前倾斜叶片，其泵轮转矩系数约为相同腔型径向平面直叶片普通型液力偶合器的 3～10 倍。为降低液力减速器制动时产生的轴向力，通常采用双腔型。

由于液力减速器的制动力矩与其转速的平方及工作腔有效直径的五次方成正比，在高转速大直径时有更大的制动力矩，因而比液压制动和摩擦制动的结构尺寸要小得多。液力减速器无机械磨损，可长期无检修的运行，其寿命之长远非液压制动和摩擦制动可比。制动功率越大，其优点越显著。

液力减速器的缺点在于转速下降时制动转矩下降更快。在低于 500r/min 时制动力矩有波动，在转速为零时完全失去制动能力。故常作为辅助制动与其他制动方式配合使用，通过液力减速器的制动使旋转轴速度降低后，再施以摩擦制动予以刹车，这样可使制动平稳可靠并可防爆。

按用途分类，液力减速器可分为车辆用和固定设备用两种。

4.3.8.1　机车用液力减速（制动）器

当列车在长大坡道下行行驶时，为防止列车下滑超速造成事故，常采用阻尼制动的方式，以限制列车超速。若只采用闸瓦制动，则由于闸瓦温度升高，摩擦因数降低而制动效果变差，闸瓦磨损加快。如交替进行闸瓦制动，则会造成冲击过大，行驶不平稳，且易使驾驶员疲劳。若使用液力减速（制动）器，则这些问题可方便的解决。

图 19-4-18 为机车用 Z510 型液力制动器结构。它由内定子 2、转子 5、外定子 6、中间体 4、闸板机构 3、进油体 8 以及制动轴 9、11 组成。内外定子与中间体固定连接，固定在箱体上。转子 5 通过螺栓与机车动轮的制动轴 11 相连，而液力制动器的制动轴 9 则与转子相连，从而形成机车动轮带动液力制动器转子的结构。

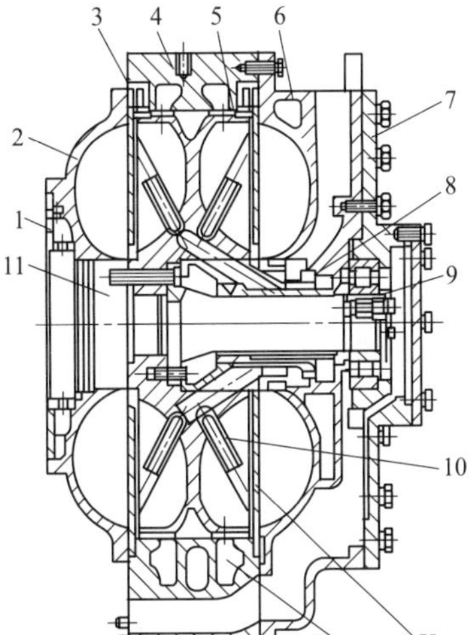

图 19-4-18　Z510 型液力制动器结构
1—定子内套；2—内定子；3—闸板机构；4—中间体；5—转子；6—外定子；7—外盖；8—进油体；9,11—制动轴；10—导油管；X—制动器中间腔；Y—蜗壳

该液力制动器有如下几个特点。

① 采用前倾 30°径向平面叶片，转子分长、短叶片，短片上焊有导油管（见图 19-4-19）。

② 定子也采用长、短叶片，其中有两个厚叶片，

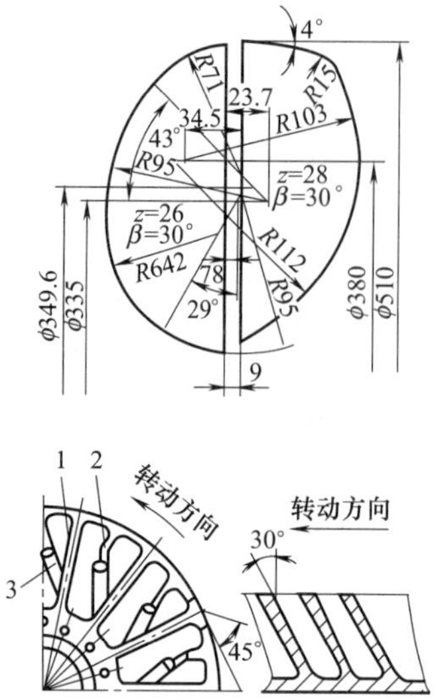

图 19-4-19　液力制动器转子

1—长叶片；2—短叶片；3—导油管

其上钻有排气孔。

③ 设有类似于轴流泵的进油体 8，进油体压装在转子内，随转子转动，具有相当强的泵油作用，加大了散热器中的循环流量，有利于工作液体散热。

④ 在中间体上装有闸板操纵阀、充油节流阀、液力制动控制阀、充液量限制阀、双向阀以及测温元件等。

⑤ 设有闸板机构 3，牵引工况时，制动器不充油不工作。闸板闭合，切断制动器循环通路，避免制动器空转时的鼓风损失。当液力制动时，操纵闸板机构，将左右闸板向两边移动，打开制动器循环通道，制动器充油工作，产生制动力矩。

4.3.8.2　汽车用液力减速(制动) 器

(1) 载重汽车采用液力减速（制动）器的必要性

在山区或矿山使用的大吨位载重汽车，经常需要满载下坡，在长大坡道上频繁制动。若单独使用闸瓦制动，由于制动负荷大、制动时间长，促使闸瓦发热，摩擦因数降低，导致制动性能差、闸瓦磨损快，影响车辆行驶安全性。例如，昆明至思茅公路的元江坡长 40km，平均坡度为 8%，解放牌卡车点刹车限速运行，由坡顶行驶至坡底需 2h 左右，测试后轮刹车车瓦的温度竟高达 400℃以上，这样高的温度可能使闸瓦烧毁，不仅不安全，还增加了驾驶技术难度，延长了运行时间。而国外很多载重汽车均采用液力减速器，值得借鉴。

为了保证行车安全性，德国交通规则规定：5.5t 以上的公共汽车和 9t 以上的载重汽车必须配备正常制动外的第三制动，要求车辆在 6km 长、坡度 7%的坡道上，能够以 30km/h 的速度安全行驶。只有应用液力减速（制动）器才能较好地满足上述要求。

(2) 汽车用液力减速（制动）器分类（表 19-4-31）

表 19-4-31　　汽车用液力减速（制动）器分类

分　类	产品形式	特　性
单一减速制动型	布置在非驱动轮内的液力减速(制动)器	减速器的转子通过一个行星排与车轮的轮毂相连,结构紧凑,不需要对原有系统做大的改动,因布置在轮内,所以径向尺寸受到限制,减速能力有限,散热能力有限,制动功率和连续制动时间受限[见图(a)] 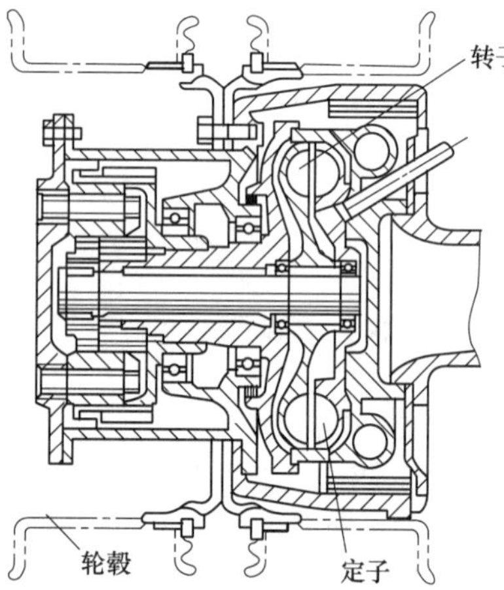 图(a)　轮毂内的液力减速器

续表

分　类	产品形式	特　性
单一减速制动型	布置在减速箱中的液力减速(制动)器	目前车辆应用液力减速器多数与变速箱连成一体，结构紧凑，便于安装布置，径向尺寸可以较大，散热良好，位于传动链的中间环节，减速器转子转速高，制动力矩大[见图(b)] 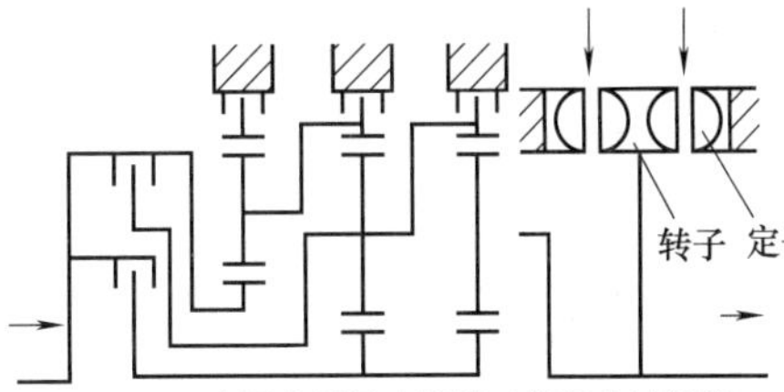 图(b)　布置在行星变速箱后的液力减速器
	布置在两桥之间的反转型液力减速(制动)器；布置在两桥万向轴中间的正转型液力减速(制动)器	该减速器两个工作轮都转动，一个正转，一个反转，分别由车辆的两轴驱动，减速器的转矩系数高，制动力矩大，可以在较低的转速下获得较高的制动力矩，连续冷却功率达 140kW[见图(c)]。万向轴中间的正转型液力减速(制动)器见图 19-4-20 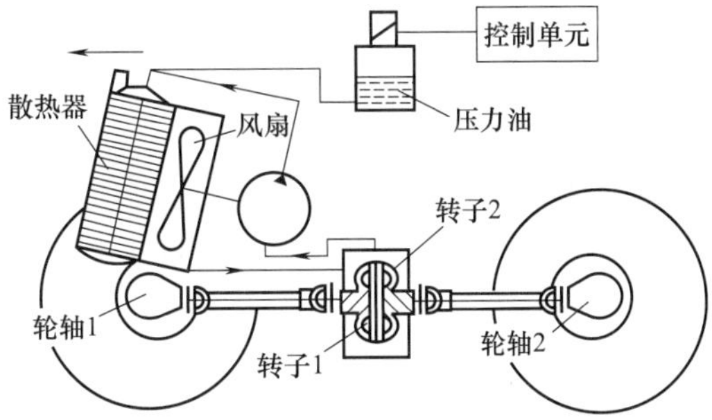 图(c)　布置在两桥之间的反转型液力减速器
牵引制动复合型	制动轮型	该减速器同时具有液力变矩器和液力减速器的功能。主要由泵轮、涡轮、导轮和两个制动轮组成。牵引工况，两个制动轮自由旋转，不消耗功率。制动工况，直接制动，制动轮耗能减速[见图(d)] 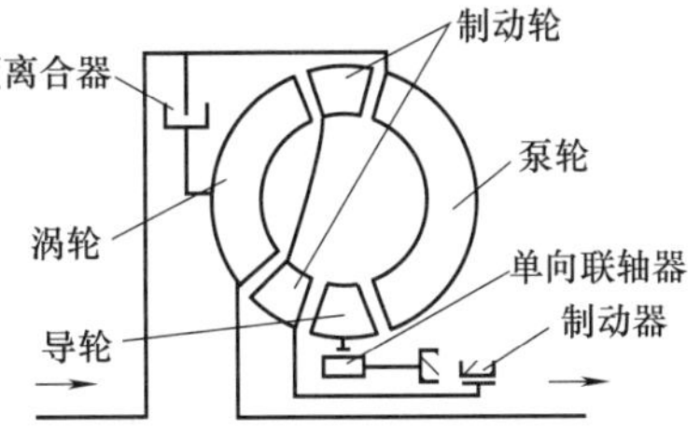 图(d)　制动轮型
	涡轮反转型	主要由一个离合器、一个制动器和一个液力变矩器组成。在牵引工况时，离合器结合，制动器松开。在制动工况时，离合器松开，制动器结合，同时使涡轮反转，带动液体冲击泵轮，产生制动力矩[见图(e)] 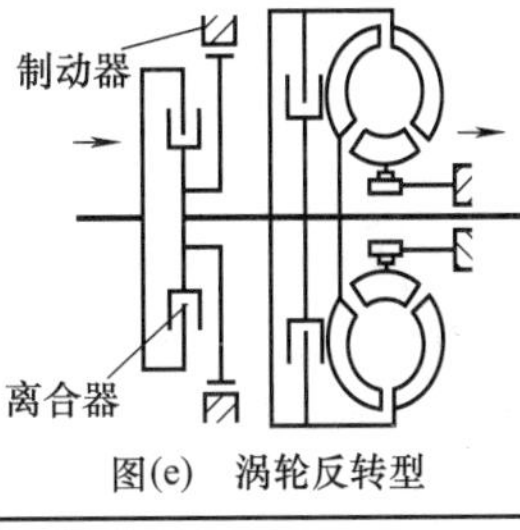 图(e)　涡轮反转型

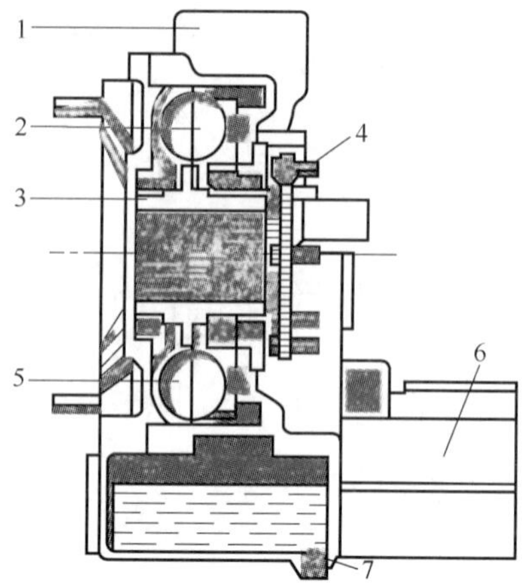

(a) 液力减速器结构

1—电磁换向阀；2—涡轮(定子)；3—传动轴；4—连接法兰；5—泵轮(转子)；6—油箱；7—放油塞

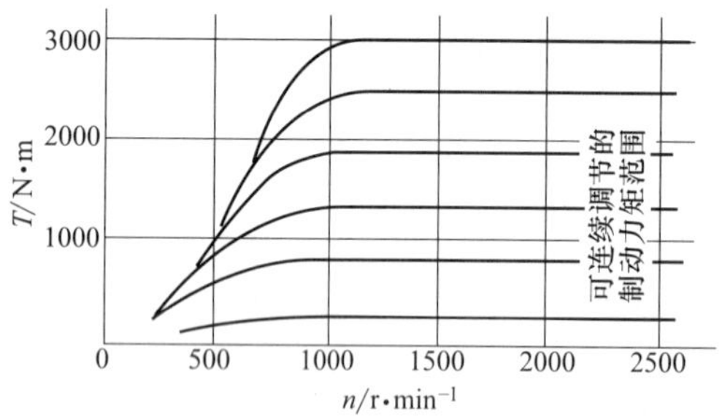

(b) 外特性曲线

图 19-4-20 VHBK-130 型液力减速器

图 19-4-20 为德国福依特公司生产的用于公交汽车、旅游车和大型卡车上的 VHBK-130 型液力减速器，连接法兰 4 与汽车变速箱相连，转子 5 通过传动轴 3 与汽车万向轴相连并随之转动，定子 2 与外壳固连。通过操纵电磁换向阀 1 可打开油路，压缩空气迫使油箱中的油液通过电磁换向阀充入工作腔进行工作。司机可依行车需要按挡［图 19-4-20（b）］调节气动阀门，以调节工作腔充液量和选择合适的制动力矩。由工作腔出来的油液经过油/水冷却器散热后再回到油箱中。

(3) 汽车用液力减速（制动）器的控制系统

汽车用液力减速（制动）器的控制系统多种多样，最常用的是气-液联动控制装置。下面以 SH380 型汽车液力减速（制动）器控制系统为例加以说明，见图 19-4-21。当司机欲使用液力减速器时，即踩下气操纵开关 4 的推杆，使排气阀关闭，进气阀打开，储气筒内的压缩空气经气操纵开关 4 进入控制阀 3 顶部的气室，从而推动滑阀下移，打开 A、B 通道，关闭 C、D 通道，于是油泵 9 泵出的工作油便进入液力减速器 2 的工作腔。工作后的工作液体将出油单向阀 5 顶开，经滤油器 7 进入冷却器 8，降温后再流回油底壳。与此同时，液力变矩器出油单向阀 6 在液力减速器排油压力作用下紧闭，其循环油路被隔断。反之，松开气操纵开关 4 的推杆，控制阀 3 中的空气逸出，滑阀在弹簧作用下上升，孔口 A、B 隔绝，C、D 接通，液力减速器不能进油，停止工作，而液力变矩器恢复正常工作。

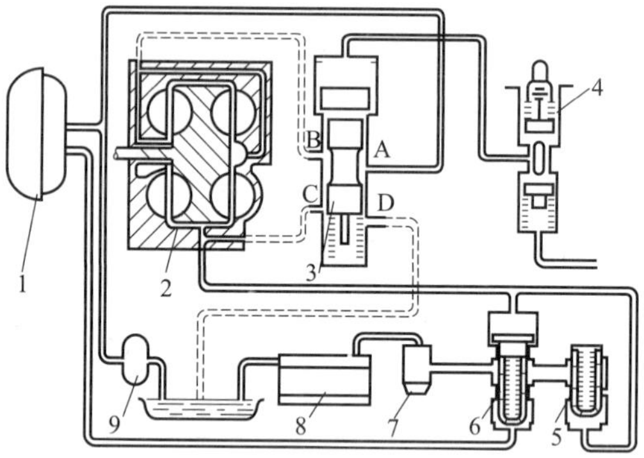

图 19-4-21 液力减速（制动）器控制系统示意

1—液力变矩器；2—液力减速器；3—控制阀；4—气操纵开关；5—液力减速器出油单向阀；6—液力变矩器出油单向阀；7—滤油器；8—冷却器；9—油泵

4.3.8.3 固定设备用液力减速(制动) 器

固定设备如带式输送机、球磨机、棒磨机等大惯量机械在制动刹车时常采用液力减速（制动）器，尤其下运带式输送机更离不开液力减速（制动）器。

在下运带式输送机从高处向低处输送物料过程中，物料所释放的位能成为带式输送机的附加动力，随着物料位能、输送带倾角和槽形的不同，电机呈不同的运行状态。

1）驱动状态　当物料释放的位能小于输送机的运行阻力时，需要电机驱动输送带运行，输送机的运行工况与平运或上运基本相同。

2）发电状态　当物料释放的位能大于输送机的运行阻力时，物料位能迫使输送机加速运转并对电机做功，使电机超过原有转速，呈发电运行状态。电机向电网反馈电能，同时对系统产生制动作用，如不能制动则输送带飞速下滑，俗称“飞车”。

为了防止下运带式输送机发生“飞车”事故，通常采用大容量电机，使电动机容量大于输送机的制动功率，电机的电磁力矩大于输入的机械力矩。但大容量的电机价格贵、安装困难，又无法有效控制下行速度，而采用液力减速（制动）器，这些问题就可迎刃而解了。

（1）驱动系统

图 19-4-22 为应用于下运带式输送机的具有液力减速器与机械制动的驱动系统。额定工况下，液力减速器不充液，无制动作用。当输送机加料过多超速时，监控系统发出信号，使液力减速器充入适量工作液体，产生阻尼力矩，控制速度不再上升。液力减速器与自动控制系统相配合，可有效地控制下运带式输送机的运行速度，符合安全要求。

在需要停机时，加大液力减速器的充液量，增加制动力矩，使带速大大降低，当转速降到一定程度后再施以摩擦制动，使设备平稳停机。

（2）控制系统

图 19-4-23 为某煤矿井下用的下运带式输送机液力减速器控制系统。煤矿井下用液力减速器的控制系统，除具有带式输送机正常运行和正常制动工况的控制功能外，还要具有失电紧急保护控制功能，具体功能见表 19-4-32。

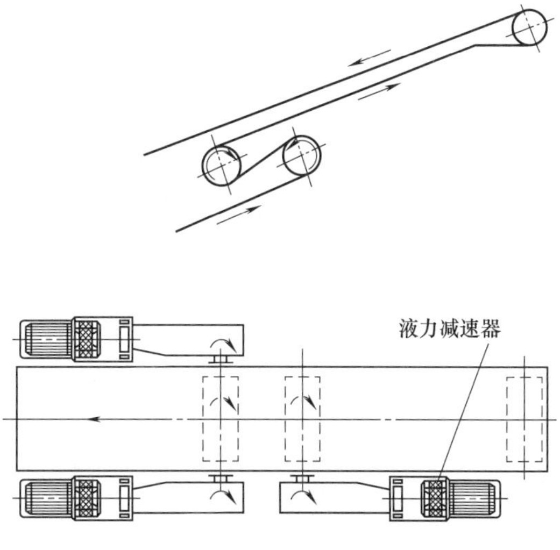

图 19-4-22　下运带式输送机的具有液力减速器与机械制动的驱动系统

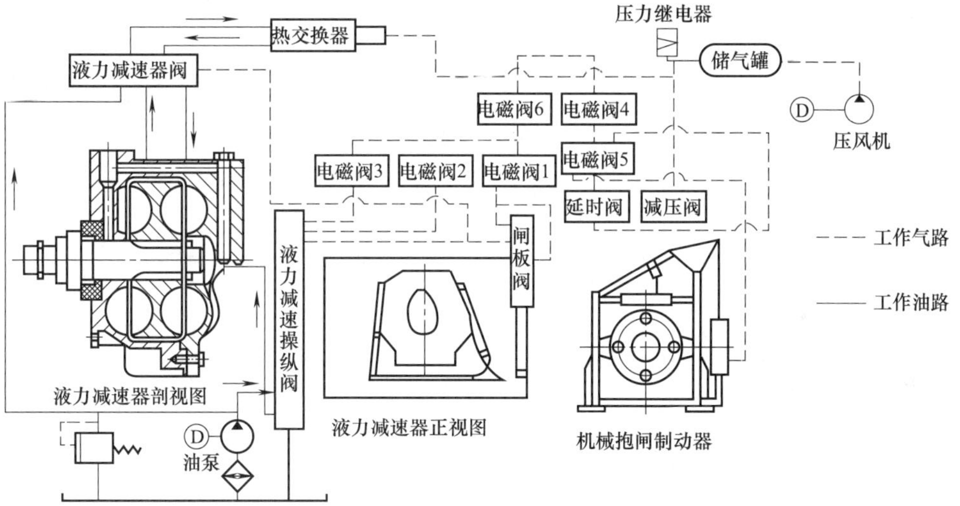

图 19-4-23　下运带式输送机液力减速器控制系统

表 19-4-32　　下运带式液力减速器控制系统功能

功　能	说　明
带式输送机正常运行工况液力减速器的控制	带式输送机正常运行时，油泵处于停机状态，储气罐的压力经常保持在 0.5～0.7MPa，电磁阀1、2、3 为通电截止气源状态，闸板阀、液力减速操纵阀及液力减速器阀的工作气缸均通大气，处于非工作状态。电磁阀 4 为断电接通气源状态，机械抱闸制动器的气缸工作，使机械抱闸的闸瓦打开。总之，两级制动均处于非工作状态
带式输送机正常制动工况液力减速器的控制	当下运带式输送机的负荷增大，物料释放的位能大于输送机的运行阻力，为防止“飞车”，需要发挥液力减速制动功能时，按下操纵台上的停车按钮后，油泵开始供油，电磁阀 1、2、3 都断电，接通气源，闸板阀将闸板打开，液力减速操纵阀动作，接通油路，并同时使液力减速器工作腔与热交换器接通。液力减速器处于充油制动状态，制动力矩有 4 挡，在制动过程中用加速度监测器控制电磁阀 2、3 的接通或截止，以调节制动力矩。当高速轴转速降至 450r/min 左右时，电磁阀 4 通电换位，使机械抱闸制动器的气缸接通大气，机械抱闸动作将输送机刹停，同时输油泵停机，液力减速器停止工作

续表

功能	说明
采区停电紧急制动工况液力减速器的控制	采区突然发生停电事故时，供油泵已不能工作，靠储气罐中的压缩空气将冷却器中的存油自动压向液力减速器，进行液力制动。经过延时阀适当延时后，输送机的速度已降到较低值，然后由气动延时阀控制机械抱闸，实施最后刹车。具体控制过程如下 采区停电时，电磁阀 1、2、3 断电，接通气源，闸板阀将闸板打开，液力减速操纵阀动作，接通冷却器与工作腔的通路，同时热交换器与储气罐接通，储气罐中的压缩空气推动热交换器的活塞，把热交换器中的油推向液力减速器，在液力减速器通往热交换器的出油口设有背压阀，以保证工作腔的压力，从而保证一定的制动力矩。此时，其他出油口均不通，电磁阀 4 仍为断电通气状态，电磁阀 5 断电换位，通过延时阀与机械抱闸制动器的气缸接通，使机械抱闸处于打开状态。经过一定时间后，延时阀换位，机械抱闸制动器的气缸与大气相通，机械抱闸动作将输送机刹停。这样，虽发生停电事故，仍保证了先进行液力减速器制动，使大部分能量被吸收后，再由机械抱闸制动的两极制动措施，可以确保输送机在停电时也不会发生“飞车”事故

4.4 液力偶合器设计

表 19-4-33 液力偶合器设计分类

序号	分类	说明
1	创新设计	按科技发展要求设计过去没有的新产品。要求采用先进技术进行新产品研制开发，要有创新精神与思维
2	类比设计	按已有的产品为模型进行相似设计或系列化设计，一方面要求严格遵循标准化、系列化、通用化原则；另一方面又要求遵循最优化原则，对产品性能、制造工艺、可靠程度进行优化，采用新产品、新材料、新工艺，设计出符合标准化要求的好产品
3	仿形设计	按样机或样机的核心部件(通常是工作叶轮)进行测绘，然后结合实际工艺水平和国内有关标准进行设计，要求在仿制过程中，不仅要消化原样机技术，而且要结合实际有所创新改进
4	变型设计	仅在连接尺寸和部分结构、配置等方面加以变化，以满足用户的特殊要求。要求反应速度快、设计周期短、产品改动少、符合经济合理原则
5	成套设计	液力偶合器与动力机、工作机构成统一的成套机组。要求设计共用安装底座、共用润滑系统、共用控制系统、共用冷却系统等
6	选型匹配设计	按用户所提供的条件进行匹配与选型方案分析与设计，进行节能分析预测，当为旧设备改造进行选型匹配设计时，往往与产品变型设计同时进行
7	配套件设计	按用户要求设计与产品有关的配套件，如联轴器、多机底座、高位油箱等
8	机组调速系统控制设计	有些用户往往委托偶合器厂设计整个机组的调速控制系统，如带式输送机多机驱动控制设计，利用 PLC 与以太网远程显示控制设计等

表 19-4-33 中序号 1～5 属于科研、生产所需的产品设计，序号 6～8 为产品应用设计。在诸多类的产品设计中，应用最多的是按照相似理论进行的类比设计，可得到事半功倍的效果。

4.4.1 液力偶合器的类比设计

液力元件的设计是以对叶轮叶栅系统与液流之间的相互作用及能量交换过程的研究作为理论基础的。实际上在液力元件里，叶轮与液流间的能量交换是非常复杂的过程，很难给出理论上的严格解答。

液流在液力元件里的运动是空间三维流动。为使问题简化，目前在设计液力元件时，主要还是采用束流理论（一维理论）。但这样只能求得近似的结果。所以，每设计新型液力元件时，都要经过设计—试制—改进等几个周期。这样，工作量大，周期长，成本高。

目前，在设计液力元件时，为了节省时间，简化设计程序，多采用类比设计的方法。即在已有的性能良好的液力元件模型中，先选定一种原始特性能满足设计要求的液力元件为模型，将其叶栅系统（即由循环圆和叶片组成的系统）按流体力学的相似理论放大或缩小，以满足与动力机的良好匹配。结构方面可参照一般机械结构的设计方法进行设计。

表 19-4-34　液力元件的类比设计

相似理论	根据流体力学有关相似原理的基本理论，欲使两个液力元件的液体流动具有相同的物理性质，即力学相似，必须满足几何相似、运动相似和动力相似等三个必要和充分的条件 1）几何相似　实际流动与模型流动对应部分的夹角相等，尺寸大小成比例。对液力元件则为叶栅系统几何相似 2）运动相似　实际流动和模型流动对应点的速度方向相同、大小成比例。对液力元件则为转速比相等 3）动力相似　实际流动与模型流动对应点上作用着相同性质的力，方向相同、大小成比例。对液力元件则为雷诺数 Re 相等 实际上，要使两种流动完全符合力学相似是不可能的。因为对应点上各种作用力都成比例是无法满足的。因此，通常只考虑影响流动规律的主要作用力，使其符合相似准则。这种相似称为部分动力相似。液力元件中主要作用力是惯性力和黏性力，即雷诺数 Re 相等则认为其动力相似 其实，雷诺数 Re 要做到相等也是相当困难的。因为当模型比实物尺寸小 m 倍时，要使雷诺数 Re 相等，则必须使模型的泵轮转速比实物大 m^2 倍，这一条件很难做到 有关文献推荐，对液力元件的雷诺数 $Re>(5\sim8)\times10^4$ 时，流动将接近自动模化区的范围，此时，即使模型与实物的 Re 有差别，但仍能基本上保持动力相似。这样，在应用相似理论时，只考虑几何相似和运动相似即可 液力元件雷诺数 Re 的表达式为 $Re=\frac{n_B D^2}{\nu}$ 式中　n_B——泵轮转速，r/min； D——有效直径，m； ν——工作液体运动黏度，m^2/s
相似准则	几何相似的液力元件，在相似工况下： ①流量与有效直径的三次方、泵轮转速的一次方成正比 $\frac{Q_M}{Q_S}=\left(\frac{D_M}{D_S}\right)^3\times\frac{\omega_{BM}}{\omega_{BS}}$　(19-4-3) 式中，下角标 S 表示实物；M 表示模型 ②能头与有效直径及泵轮转速的二次方成正比 $\frac{H_M}{H_S}=\left(\frac{D_M\omega_{BM}}{D_S\omega_{BS}}\right)^2$　(19-4-4) ③功率与有效直径的五次方、泵轮转速的三次方及液体密度的一次方成正比 $\frac{P_M}{P_S}=\left(\frac{D_M}{D_S}\right)^5\times\left(\frac{\omega_{BM}}{\omega_{BS}}\right)^3\times\frac{\rho_M}{\rho_S}$　(19-4-5) 此准则也可写成 $\lambda_{BP}=\frac{P_B}{\rho\omega_B^3 D^5}=$常数　(19-4-6) 式中　λ_{BP}——液力元件泵轮功率系数，对一系列几何相似、运动相似的液力元件，泵轮功率系数相等 ④力矩与泵轮转速的二次方、有效直径的五次方及液体密度的一次方成正比 $\frac{T_M}{T_S}=\left(\frac{\omega_{BM}}{\omega_{BS}}\right)^2\times\left(\frac{D_M}{D_S}\right)^5\times\frac{\rho_M}{\rho_S}$　(19-4-7) ⑤轴向力与泵轮转速的二次方、有效直径的四次方及液体密度的一次方成正比 $\frac{F_M}{F_S}=\left(\frac{\omega_{BM}}{\omega_{BS}}\right)^2\times\left(\frac{D_M}{D_S}\right)^4\times\frac{\rho_M}{\rho_S}$　(19-4-8) ⑥补偿压力与泵轮转速和有效直径的二次方及液体密度的一次方成正比 $\frac{P_M}{P_S}=\left(\frac{\omega_{BM}D_M}{\omega_{BS}D_S}\right)^2\times\frac{\rho_M}{\rho_S}$　(19-4-9)
设计步骤	根据相似准则可知，任何一组几何相似、运动相似和动力相似的液力元件，其原始特性都是一样的。因此，在类比设计时，就可把模型液力元件的原始特性，看作是实物液力元件的原始特性 类比设计的步骤如下 ①根据工作机对实物液力元件提出的使用要求和它与动力机的匹配原则，选定腔型，并利用模型液力元件的原始特性，看作是实物液力元件的原始特性 ②求出 D_M和 D_S的比值 D_M/D_S ③将模型液力元件叶栅系统按比值 D_M/D_S放大（或缩小），叶栅系统叶片角度不变 ④轴向力按式（19-4-8）放大（或缩小） ⑤补偿压力按式（19-4-9）确定 在实际设计中，因实物与模型液力元件结构和辅助系统可能不一样，故补偿压力不一定相似。由此，轴向力也就不同

续表

注意事项	理论上模型和实物液力元件的原始特性应该是一样的。但实际上做不到完全相似，因此，原始特性总会有些差异。虽然某些文献中提出过对这些差异的修正方法，但都是针对某种特定形式的液力元件而言。对原始特性影响较大的有两个因素：一是有效直径放大或缩小的尺寸因素；二是随使用条件不同泵轮转速改变的转速因素 尺寸因素的影响：实际上要保证严格的几何相似是不可能。因为随着有效直径的改变将引起下面一些变化：①液流的雷诺数改变；②液力元件叶轮叶片流道表面相对粗糙度改变，而不同的粗糙度对液流有不同的阻力系数；③当有效直径改变较大时，因受工艺及材料强度条件的限制，叶片数和叶片厚度也不能严格的几何相似，因此，会使排挤系数改变 泵轮转速的影响：随着泵轮转速的改变，液流雷诺数改变。定性地讲，转速因素对原始特性的影响是，随着泵轮转速的增高，效率增高，能容降低 原始特性虽然受尺寸和转速因素的影响，但是在尺寸改变不太大、雷诺数在自动模化区内变化时，特性的改变很小，一般都能满足使用要求

4.4.2 限矩型液力偶合器设计

限矩型液力偶合器应用广泛，可满足各类工作机的不同要求。在类比（或相似）设计中，首要的是要选择合乎要求的工作腔模型（腔型）。在选择腔型时要重点考虑过载系数是否合乎要求，同时要考虑到泵轮转矩系数是否合乎有关标准要求。

限矩型液力偶合器的限矩原理见表 19-4-13。限矩型液力偶合器的限矩措施如表 19-4-35 所示。

4.4.2.1 工作腔模型（腔型）及选择

工作腔由循环圆、叶栅系统和流道组成。腔型对液力偶合器性能有决定性影响，其次影响因素为流道的表面光洁度。同一系列液力偶合器在相同工况下和雷诺数$\left(Re=\dfrac{n_B D^2}{r}\right)$在自模区时，具有相同的原始特性，因此在产品设计之初选定（或创建）腔型十分重要。表 19-4-36 列出各类腔型，供设计时参考。

表 19-4-35　　限矩型液力偶合器的限矩措施

限矩措施	说明
选择过载系数低的腔型	液力偶合器的特性主要由腔型决定，不同的腔型其过载系数相差很大因而降低过载系数的前提是选择低过载系数的腔型
分流泄液（静压泄液、动压泄液、复合泄液）	液力偶合器传递力矩与充液量大体上成正比，设置一个或几个辅助腔在启动或低转速比工况下，利用液体做环流运动所产生的动压力或静压力，迫使工作液体由工作腔向辅助腔分流。通过降低工作腔的充液率，从而降低偶合器启动或低转速比工况的传动力矩，发挥过载保护功能。常用的分流方法有静压泄液、动压泄液和复合泄液三种
阻流（阻流板和阻流带）	在涡轮出口处设置阻流板或在涡轮流道内设置阻流带，阻碍工作液体由小环流向大环流转化，从而降低在启动或低转速比工况下的力矩，发挥限矩保护功能
延充（延充阀、节流孔等）	在设置辅助腔使工作液体从工作腔分流的基础上，设置延充阀或节流孔，使分流到辅助腔的工作液体缓慢进入工作腔，从而延长工作机启动时间，使启动变得更加缓慢、柔和
加大低转速比工况的液力损失	设置多角形或方形腔，正常工作时工作液体做小环流运动，不触及工作腔的折角部分，所以不影响正常传递力矩；低转速比工况，工作液体做大环流运动，在流经型腔折角时，产生涡流，加大了液力损失，使传递力矩降低。由于这种限矩措施以加大损失为前提，故长时间过载易过热
改进叶轮结构	试验证明，叶轮结构特别是涡轮叶栅结构对过载系数影响较大。采用长短相间叶片和大小复合腔以及泵轮、涡轮内缘削角，在涡轮上钻泄流孔等都可以有效地降低过载系数

表 19-4-36　　部分液力偶合器工作腔几何参数及特性

腔型名称	工作腔形状	原始特性曲线	几何参数	特性参数	特点
标准型	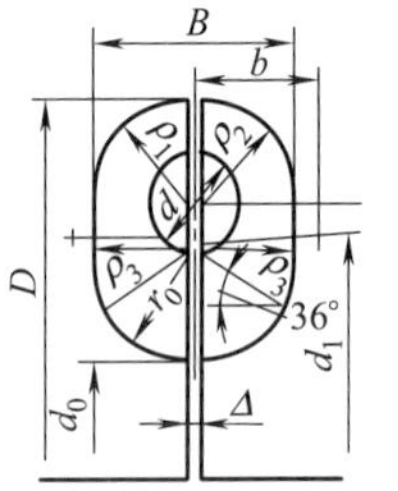	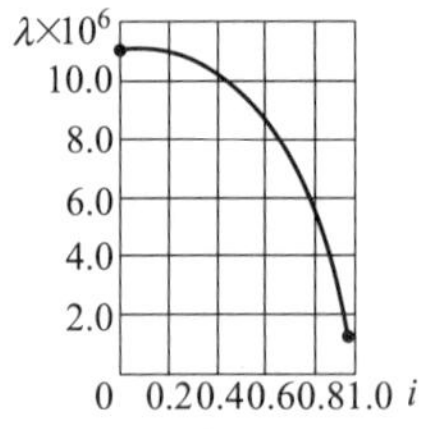	$d_0=0.31D$ $d=0.136D$ $d_1=0.645D$ $r_0=0.3625D$ $\rho_1=0.134D$ $\rho_2=0.15D$ $\rho_3=0.331D$ $b=0.18D$ $B=0.302D$ $\Delta=0.01D$	$\lambda_{0.97}=1.3\times10^{-6}$ $\lambda_0=10.8\times10^{-6}$ $T_g=8.3$	这是早期标准型工作腔，有内环有叶片和内环无叶片两种，法国西姆公司生产的回转壳体调速型液力偶合器仍用此腔型

第19篇

续表

腔型名称	工作腔形状	原始特性曲线	几何参数	特性参数	特　　点
长圆型	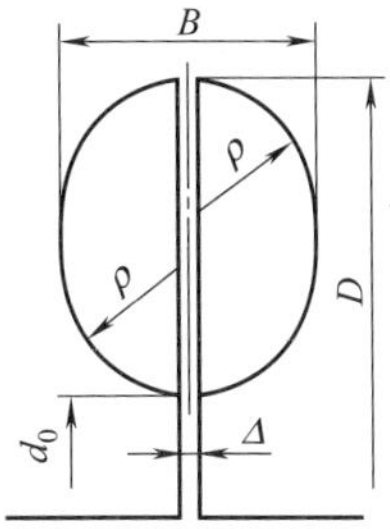	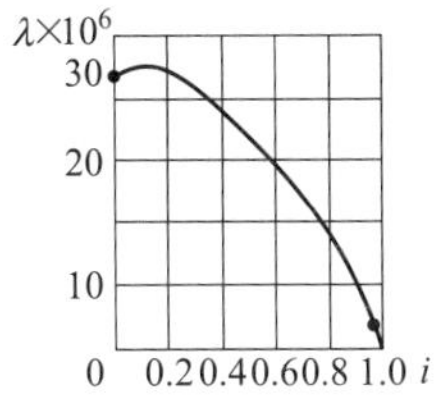	$d_0=0.28D$ $\rho=0.16D$ $B=0.32D$ $\Delta=0.01D$	$\lambda_{0.97}=1.45\times10^{-6}$ $\lambda_0=29\times10^{-6}$ $T_g=20$	启动过载系数和过载系数均高，用于普通型偶合器，若将叶片做成前倾，则 T_g 达26，用于液力减速器
圆型	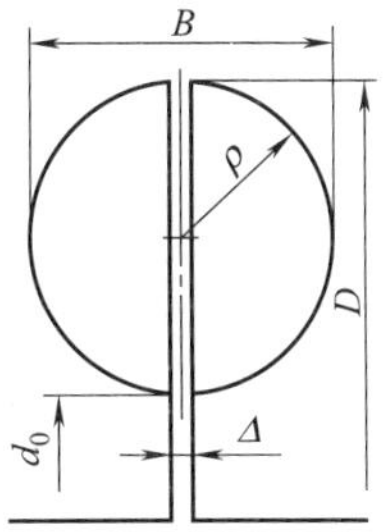	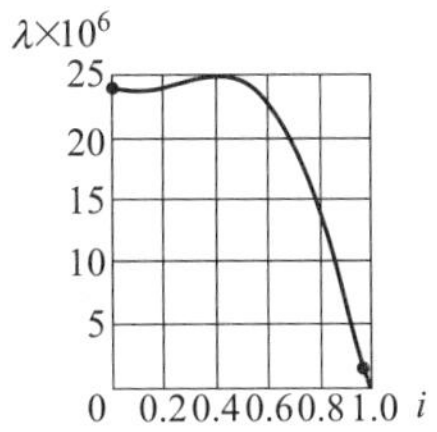	$d_0=0.32D$ $\rho=0.17D$ $B=0.34D$ $\Delta=0.01D$	$\lambda_{0.97}=1.22\times10^{-6}$ $\lambda_0=24\times10^{-6}$ $T_g=19.7$	启动过载系数和过载系数较高，用于普通型液力偶合器
扁圆型	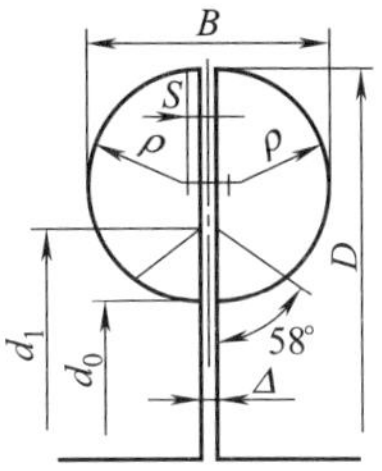	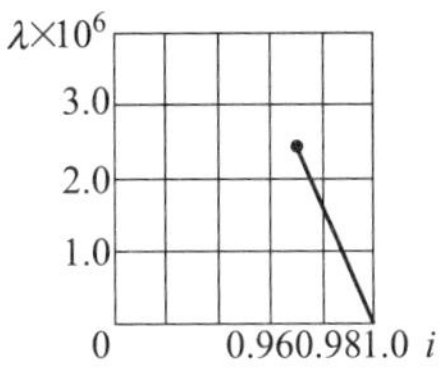	$d_0=0.415D$ $\rho=0.1465D$ $S=0.0244D$ $B=0.352D$ $d_1=0.585D$ $\Delta=0.01D$	$\lambda_{0.97}=2.4\times10^{-6}$ $T_g=7.0$	λ_B 值较高，用于调速型液力偶合器，因腔型底部是圆的，故可以用刀具铣削
桃型	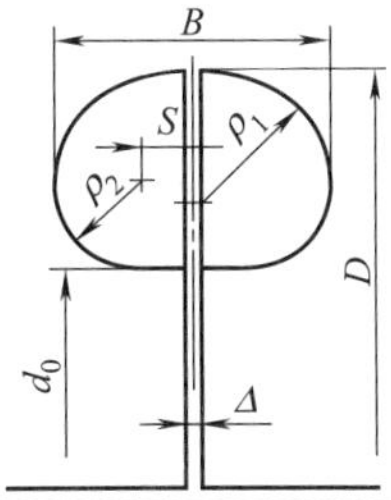	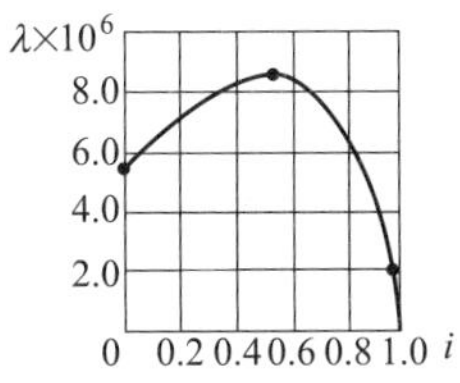	$d_0=0.525D$ $\rho_1=0.16D$ $\rho_2=0.104D$ $S=0.05D$ $B=0.318D$ $\Delta=0.01D$	$\lambda_{0.97}=2.1\times10^{-6}$ $\lambda_0=5.4\times10^{-6}$ $\lambda_{max}=8.42\times10^{-6}$ $T_g=2.57$ $T_{gmax}=4.01$	λ_B 值较高，过载系数也较低，常用于限矩型和调速型，如在此型基础上对涡轮稍加改型，则 T_g 值将更低
多角型	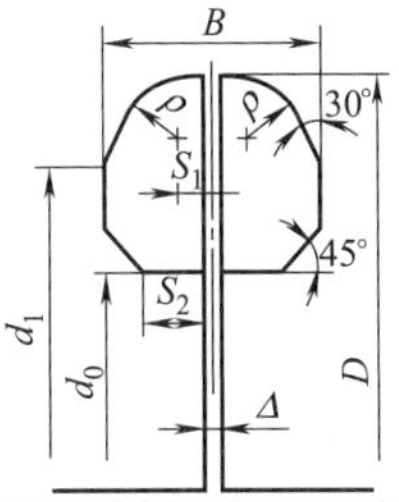	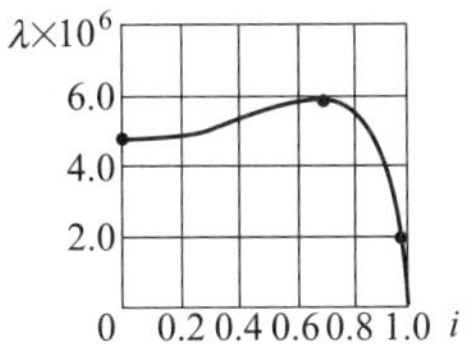	$d_0=0.525D$ $\rho=0.075D$ $S_1=0.0425D$ $S_2=0.09D$ $d_1=0.78D$ $B=0.31D$ $\Delta=0.01D$	$\lambda_{0.97}=2.15\times10^{-6}$ $\lambda_0=4.41\times10^{-6}$ $\lambda_{max}=5.91\times10^{-6}$ $T_g=2.05$ $T_{gmax}=2.75$	λ_B 值和 T_g 值均较理想，但此形式是利用液流在腔内折角时，增加损耗来限矩，必然会引起发热是其缺点
静压泄液式	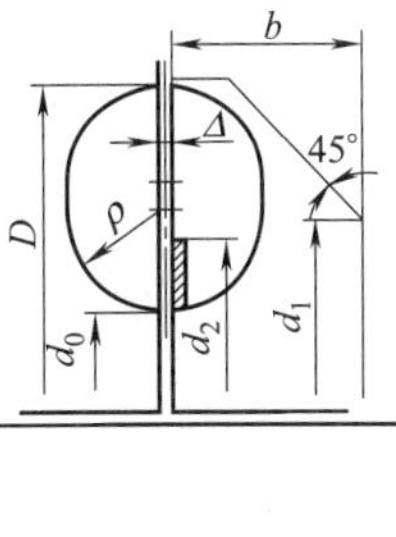	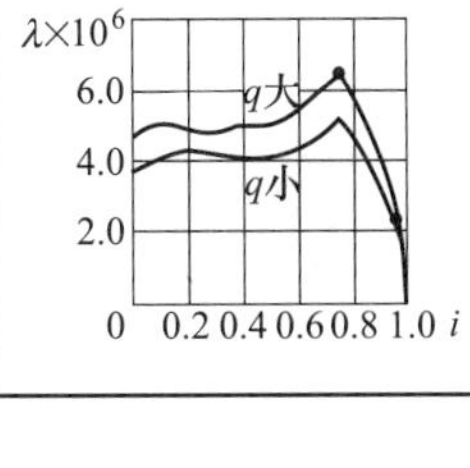	$d_0=0.32D$ $d_1=0.60D$ $d_2=0.53D$ $\rho=0.15D$ $b=0.30D$ $\Delta=0.01D$	$\lambda_{0.96}=1.6\times10^{-6}$ $\lambda_0=4.6\times10^{-6}$ $\lambda_{max}=6.2\times10^{-6}$ $T_g=2.87$ $T_{gmax}=3.88$	λ_B 值较高，是小型偶合器常用的腔型，如通过调整挡板尺寸或改进涡轮型腔，则 T_g 值会更低

续表

腔型名称	工作腔形状	原始特性曲线	几何参数	特性参数	特点
动压泄液式	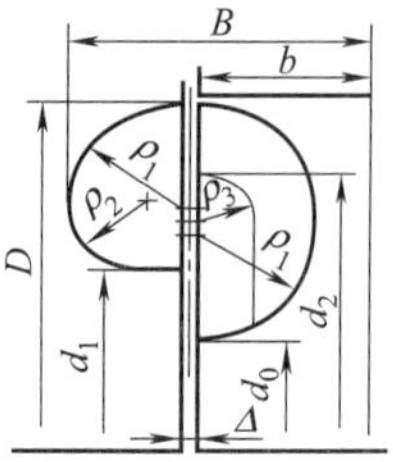	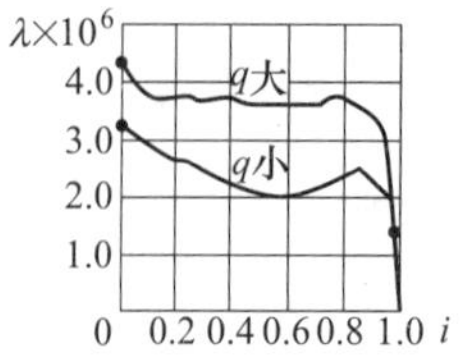	$d_0=0.32D$ $d_1=0.52D$ $d_2=0.80D$ $\rho_1=0.15D$ $\rho_2=0.10D$ $\rho_3=0.07D$ $b=0.22D$ $B=0.37D$ $\Delta=0.01D$	$\lambda_{0.96}=1.3\times10^{-6}$ $T_g=3.31$	λ_B值较低，T_g值尚可，特性曲线平滑。常用于动压泄液限矩型液力偶合器
延充式	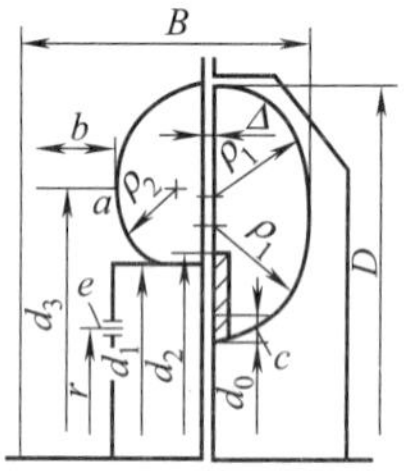	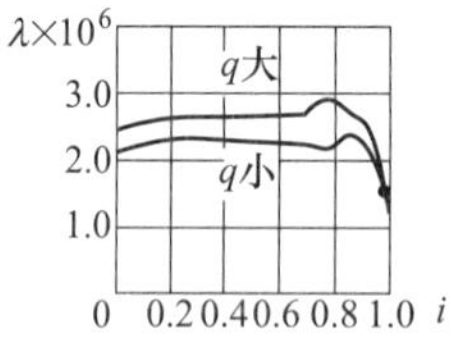	$d_0=0.32D$ $d_1=0.52D$ $d_2=0.55D$ $d_3=0.70D$ $\rho_1=0.15D$ $\rho_2=0.10D$ $b=0.15D$ $B=0.45D$ $\Delta=0.01D$ $a=4\times\phi0.008D$ $e=4\times\phi0.0125D$ $c=8\times\phi0.03D$ r尽量小，视结构而定	$\lambda_{0.96}=1.41\times10^{-6}$ $\lambda_0=2.60\times10^{-6}$ $\lambda_{max}=2.89\times10^{-6}$ $T_g=1.84$ $T_{gmax}=2.04$	过载系数较低，启动平稳，特性曲线平滑，如果能将泵轮型腔改进一下，提高λ_B值将是限矩型液力偶合器的理想腔型
斜蛋式	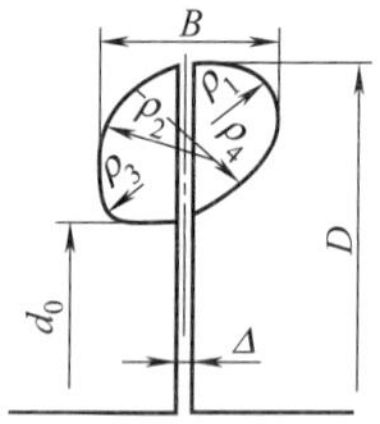		$d_0=0.535D$ $B=0.23D$ $\rho_1=0.085D$ $\rho_2=0.137D$ $\rho_3=0.05D$ $\rho_4=0.19D$	$\lambda_{0.97}=(1.52\sim1.61)\times10^{-6}$ T_g值较小	泵轮入口处有较大的折弯，有利T_g值降低，福依特传动装置用此腔型
阀控延充式	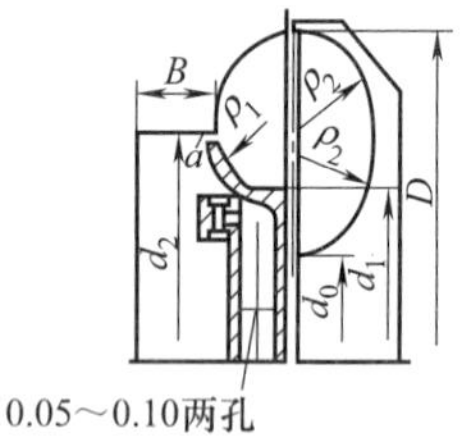	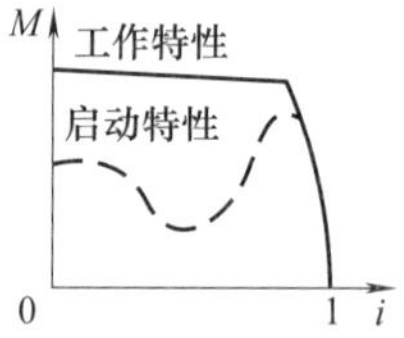	$d_0=0.23D$ $d_1=0.52D$ $d_2=0.70D$ $\rho_1=0.10D$ $\rho_2=0.15D$ $B=0.15D$ a—4 孔 $0.008D$	$\lambda_{0.96}=1.3\times10^{-6}$ $T_g=1.36$ $T_{gmax}=2.68$	过载系数很低，力矩系数过小，当对启动要求延时时用此腔型
方型	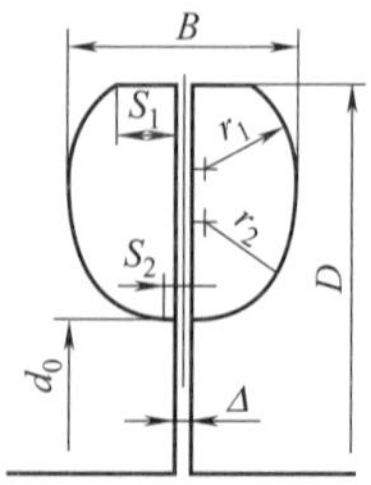		$d_0=0.40D$ $r_1=0.126D$ $r_2=0.126D$ $S_1=0.08D$ $S_2=0.0214D$ $B=0.3048D$	$\lambda_{0.96}=1.79\times10^{-6}$ $T_g=3\sim4$	与多角型腔类似，采用大折角，使液流在该处产生涡流损失。λ_B值较高，进口塔机回转机构偶合器用此腔型

4.4.2.2　限矩型液力偶合器的辅助腔

（1）限矩型液力偶合器辅助腔的作用（表 19-4-37）

表 19-4-37　限矩型液力偶合器辅助腔的作用

作用效果	说　明
分流泄液	设置辅助腔的目的是为了获取或改善偶合器的限矩特性，在启动或低转速比工况，利用液流的动压或静压迫使工作液体由工作腔向辅助腔泄液分流，从而降低工作腔的充液率，降低传递力矩能力，降低过载系数。为了发挥辅助腔这一功能，在设计时必须留有足够的分液容积
延时启动	利用设置辅助腔和延充装置（延充阀、节流孔等），使进入后辅腔内的工作液体缓慢进入工作腔，从而延长启动时间，使启动变得更加柔和缓慢，为了发挥辅助腔的延充功能，除要具有一定的延充容积之外，还要设计合理可靠的延充装置和合适的过流孔面积

（2）限矩型液力偶合器辅助腔的类型

按照静压泄液、动压泄液和复合泄液有三种基本类型及派生类型的各类辅助腔（见表 19-4-38）。

（3）辅助腔的容积

首先要满足偶合器过载系数要求，其次是延时启动的需要，同时也要考虑特性曲线的平滑性，避免有较大跌落。

辅助腔容积的确定很复杂，既要满足特性要求又须顾及整体结构尺寸安排。在缺乏已有的设计资料可参照的情况下，只能根据试验资料来确定辅助腔的容积与尺寸。

4.4.2.3　限矩型液力偶合器的叶轮结构

实践表明，限矩型液力偶合器的叶轮结构对其泵轮转矩系数和过载系数均有很大影响。在限制过载系数方面，除设置辅助腔泄液分流之外，设计者常采用适当的叶轮结构来降低过载系数，如表 19-4-39 所示。

表 19-4-38　限矩型液力偶合器辅助腔的类型

名　称	简　图	与工作腔的容积比/%	功　能
静压泄液偶合器侧辅腔	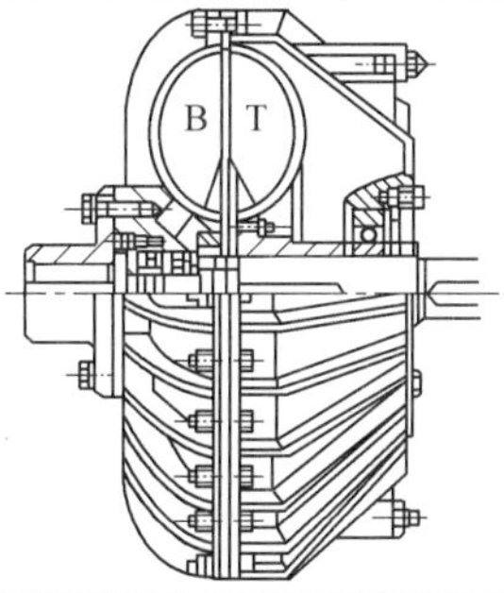	15～25	在涡轮侧设置容积较大的侧辅腔，在启动或低转速比工况，利用工作液体的静压泄流分流，常与阻流板配合使用
动压泄液偶合器单独前辅腔	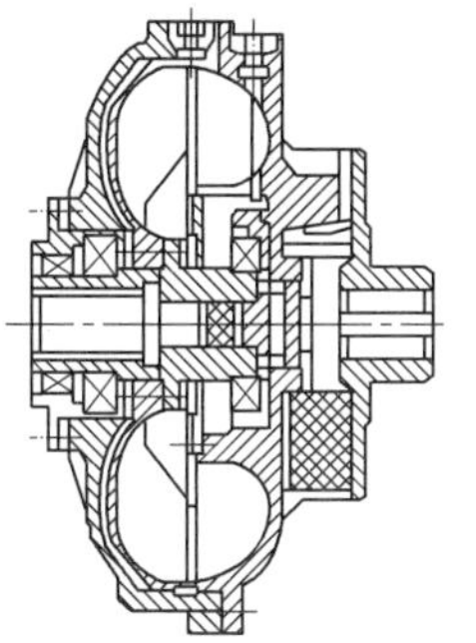	15～20	在泵轮和涡轮内缘近轴处设置独立前辅腔，启动或低转速比工况时，依靠工作液体作大环流运动产生的动压泄液分流
动压泄液偶合器大前辅腔	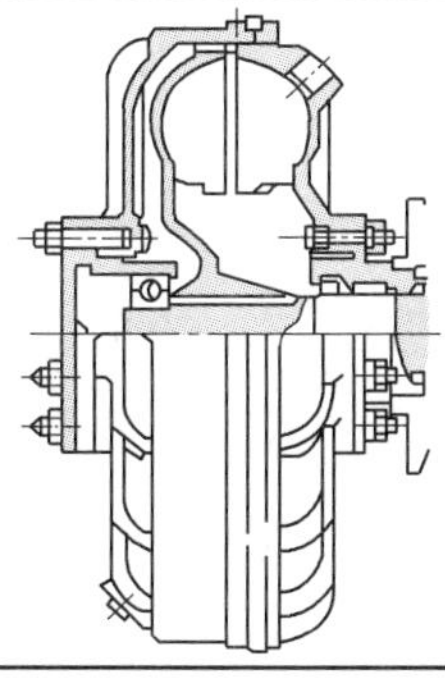	20～30	在泵轮和涡轮内缘近轴处设置容积较大的独立前辅腔，在启动或低转速比工况，依靠工作液体大环流运动产生的动压泄液分流，因分流功能较强，所以过载系数较低，且有一定的力矩跌落现象，常与阻流板配合使用

续表

名　称	简　图	与工作腔的容积比/%	功　能
动压泄液偶合器的与后辅腔配合的前辅腔	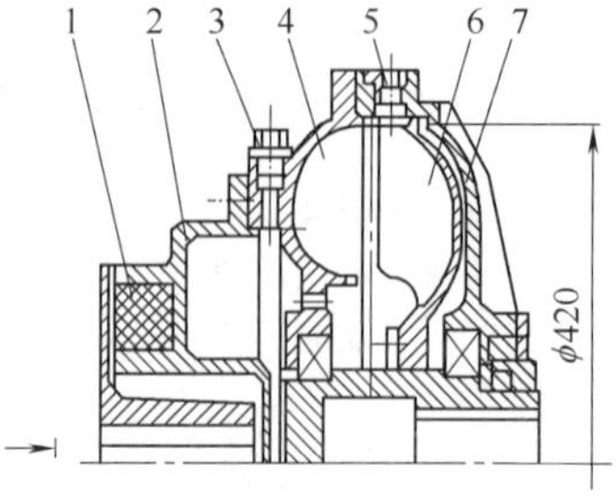 1—弹性联轴器；2—后辅腔外壳；3—注液塞；4—泵轮；5—易熔塞；6—涡轮组件；7—外壳	10～15	与后辅腔配合使用，前、后辅腔间有过流孔相通，依靠动压泄液分流，其容积比单独前辅腔容积小
动压泄液偶合器后辅腔		20～30	在泵轮侧设置后辅腔，常与前辅腔合用，前、后辅腔间有过流孔，依靠动压泄液分流，后辅腔与工作腔间有过流孔，依靠延充装置或调节过流孔的过流面积比例发挥延充功能
动压泄液延时启动偶合器加长后辅腔	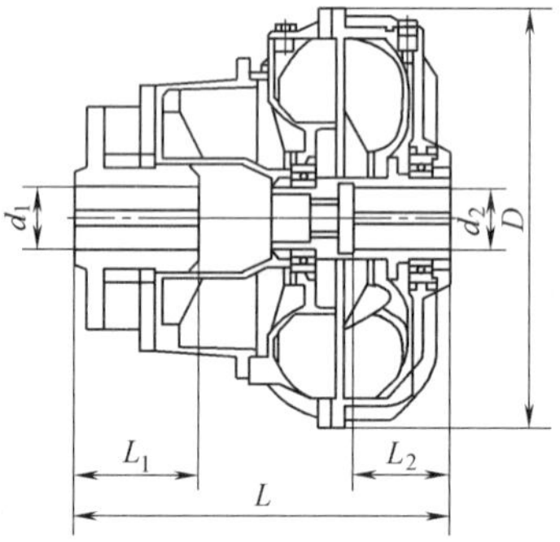	35～45	为了进一步发挥分流功能和延充功能，特将后辅腔加长，使启动时工作腔充液更少，启动特性更“软”，启动更加缓慢，依靠延充装置或调节过流孔面积和过流阀发挥延充功能
动压泄液“超软”启动偶合器加长后辅腔带侧辅腔	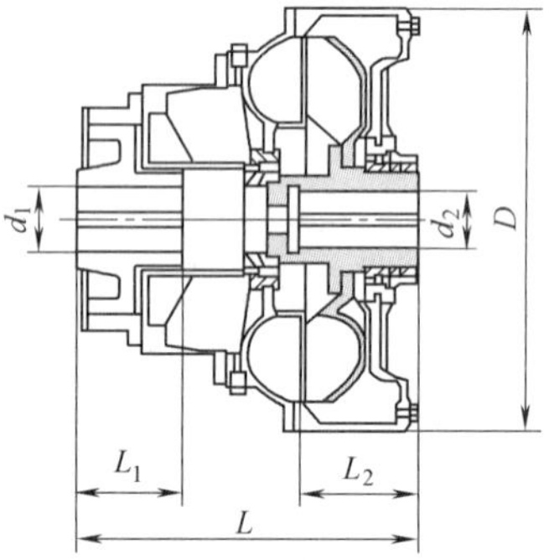	50～60	不仅设置加长后辅腔，还设置容积较大的侧辅腔，同时依靠动压和静压泄液分流，使工作腔充液量少，可以“超软”启动。依靠设置延充装置和调节过流孔及过流阀达到缓慢延充的目的，使启动特性最“软”
复合泄液偶合器侧辅腔	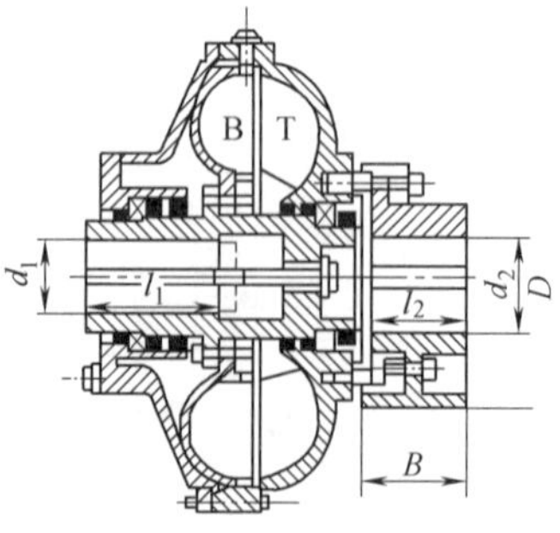	25～35	设置类似静压泄液的侧辅腔，但容积较大，泵轮上有过流孔，依靠液体动压与静压同时泄液分流，其延充功能不如带后辅腔的动压泄液式偶合器

表 19-4-39　可降低过载系数的叶轮结构

结构措施	原　理
泵轮叶片内缘削角	泵轮内缘全削角或间隔削角，目的是为了加大液体作大环流运动时的无叶片区，无叶片区增大了，传递力矩自然降低
涡轮内设置长短相间叶片	正常工作时，长、短叶片均参与传递力矩，所以额定力矩不受影响，启动或低转速比工况时，液体作大环流运动，由于短叶片结构使无叶片区增大，故传递力矩降低
涡轮内设置长短相间复合腔	正常运转时涡轮的长腔和短腔均发挥作用，所以传递力矩正常。启动或低转速比工况，液体作大环流运动，短腔传递力矩降低，而长腔数量又较少，因而总传动力矩降低
涡轮或泵轮加阻流板	在涡轮出口或泵轮进口设置阻流板，阻碍工作液体由小环流向大环流转换，增加液力损失，降低传递力矩
采用多角形或方形腔	多角形腔和方形腔在正常运转时工作液体不触及折角部分，所以不影响传递力矩。作大环流运动时，液体流经折角时产生涡流，增大液力损失，于是便降低了传递力矩，使偶合器具有过载保护功能，但发热严重
涡轮上钻泄液孔	过载时液体由泄流孔喷出，降低工作腔的充液率，故而降低过载系数

4.4.2.4　工作腔有效直径的确定

工作腔有效直径

$$D=\sqrt[5]{\frac{9550P_{\rm n}}{\rho g\lambda_{\rm B}n_{\rm B}^3}} \tag{19-4-10}$$

式中　$\lambda_{\rm B}$——腔型的额定转速下泵轮转矩系数，$\min^2/{\rm m}$；

$P_{\rm n}$——工作机额定功率，kW；

$n_{\rm B}$——泵轮额定转速，r/min。

在选定的腔型、传递功率和额定转速下，由式（19-4-10）可算得工作腔有效直径，再按表 19-4-10 “液力偶合器循环圆有效直径系列” 圆整为标准规格尺寸，即可进行元件设计。或者在选定腔型后，按表 19-4-10 规格尺寸进行系列产品设计，在确定工作腔有效直径后，按电机额定转速计算出传递功率。

4.4.2.5　叶片数目和叶片厚度

叶片数目太多，则工作腔有效容积减小，叶片表面与液流摩擦阻力及排挤系数增大，降低传递功率。叶片数目太少又会增大叶片间涡流损失而降低传递功率。表 19-4-40 为铸铝泵轮叶片数目推荐值。或者按经验公式（19-4-11）确定。

表 19-4-40　液力偶合器铸铝泵轮的推荐叶片数

有效直径 D/mm	200	220	250	280	320	360	400	450	500	560	650	750	875	1000
叶片数 $Z_{\rm B}$	26	28	30	32	36	40	46	48	52	54	58	62	64	64

$$Z_{\rm B}=7.6\times D^{0.3} \tag{19-4-11}$$

式中　D——工作腔有效直径，mm。

根据实际结构及工艺条件，叶片数目可以有所增减。焊接冲压叶片比较薄可适当增加叶片数量，以提高 $\lambda_{\rm B}$。为减少液体流动的排挤，可在涡轮出口采用长短叶片间隔排列。为减少液流脉动而引起的力矩高频波动，通常使涡轮与泵轮的叶片均匀分布，且使数目不相等，即 $Z_{\rm T}=Z_{\rm B}\pm(1\sim3)$。实践表明取 $Z_{\rm T}=Z_{\rm B}\pm1$ 效果最好。对于泵轮、涡轮叶片数目相等，叶片按分区不均匀布置的方式，因工艺不便而极少采用。叶片厚度与叶轮大小、制造工艺有关，见表19-4-41。

表 19-4-41　液力偶合器叶轮叶片厚度

（JB/T 9001—2013）

有效直径/mm	叶轮制造工艺	叶片厚度/mm	备注
250～500	钢板冲压轮壁，铆接薄钢板叶片	1～1.5	
250～500	铝合金铸造	2.5～3.5	金属模取低值，砂模取高值
450～875		4～6	
450～750	铸钢	5～6	
1000～2000	铸、锻钢轮壁，焊接钢板叶片	4～6	

4.4.3　调速型液力偶合器设计

调速型液力偶合器设计在腔型选择（见表 19-4-36）、叶轮结构（见表 19-4-39）、工作腔有效直径的确定［见式（19-4-11）］和叶片数目等均与限矩型液力偶合器设计有相同或相近的设计方法。而在叶轮强度计算、轴向力计算、导管及其控制、油路系统及配套件等均另有较多的设计工作。

4.4.3.1　叶轮强度计算

限矩型液力偶合器在产品类比设计中加入较多的经验设计，对于高转速、大容量的调速型液力偶合器或液力偶合器调速装置应进行叶轮受力分析和叶轮受力计算。

(1) 叶轮受力分析

如图19-4-24所示，涡轮内环有叶片，起到加强筋的作用，而且轮壁内外的油压力 P_W 可相互抵消，因此它的强度条件最好，所以叶轮中，通常着重考虑转动外壳和泵轮的强度计算。

在转速比 i 接近于1时，流道中的油压力最高，叶轮的应力最大。因此，强度计算以 $i=1$ 的工况为准。

(2) 叶轮轮壁断面形状和厚度的合理设计

液力偶合器叶轮轮壁断面形状和厚度是叶轮强度最主要的因素。设计轮壁的断面形状和厚度时首先以流道的基本形状和尺寸及必要的间隙为基础来确定合理的基本厚度，然后根据等扭矩环原理，向应力较大的根部和结构需要的部分逐步加厚并圆滑过渡，凡应力集中处应加大圆弧。

轮壁断面形状厚度的确定与制造方法有关。例如，采用砂型铸造，轮壁的厚度就不能过薄；采用金属型重力铸造或低压铸造的叶轮，轮壁的厚度与形状则应能满足铸造工艺性要求，确保能够顺序凝固。

(3) 影响叶轮强度的主要因素（表19-4-42）

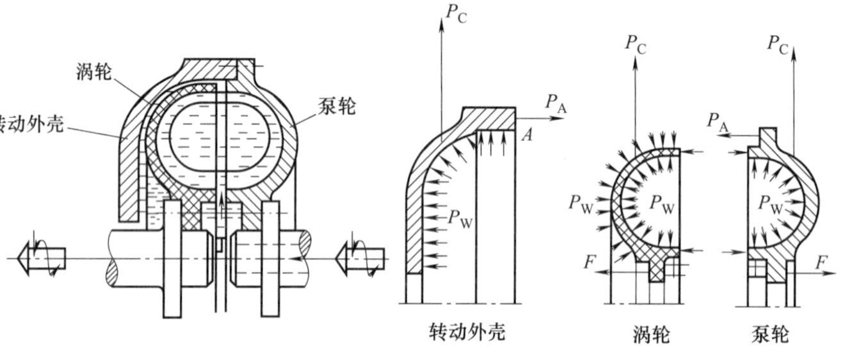

图19-4-24 偶合器泵轮、涡轮和转动外壳上所作用的外力

P_C—工作轮金属材料在旋转时的离心力；P_W—工作油的压力；

P_A—泵轮和转动外壳彼此传给对方的轴向力；F—轴传给工作轮的轴向推力

表19-4-42 **影响叶轮强度的主要因素**

影响因素	说明
叶轮轮壁厚度和形状	是叶轮强度的决定因素，为了既增加强度又节省材料，轮壁和叶片往往采用不等厚结构，即应力大的地方加厚
偶合器规格	一般小规格偶合器传递功率低，所受扭矩小、圆周速度低，所以所受离心力和扭矩低，壁厚相对较小；反之，大规格偶合器壁厚应当大些
传递功率	所传递的功率大、受力大，壁厚应当大；反之，亦然。偶合器传递功率是叶轮强度计算的主要依据
转速	偶合器转速高，所传功率大，圆周速度大，所受离心力和扭矩就大，轮壁厚度应当大；反之，则可适当减小
圆周速度	偶合器规格大、转速高、圆周速度就高，所受离心力就大；反之，规格小、转速低、圆周速度低，所受离心力就低，因而圆周速度是叶轮强度计算的主要依据
叶轮制造材料	叶轮制造材料对强度影响极大，选择机械强度高、密度低、易于加工的材料，对于提高叶轮强度作用较大、高转速大功率偶合器，叶轮往往采用高强度合金钢制造
叶轮制造方法	砂型铸造叶轮强度低，金属型铸造叶轮强度高，整体铣削叶轮和焊接叶轮强度高。有资料表明，金属型铸造叶轮强度比砂型铸造提高10%以上
叶轮热处理方法	铝合金铸造叶轮经T6固熔进行人工时效，其强度比自由加工状态提高50%以上，所以采用先进的热处理手段可以较大幅度地提高叶轮强度

(4) 叶轮强度计算的圆周速度限制法和传递功率限制法

叶轮强度经验计算最简单的方法是圆周速度限制法和传递功率限制法，通过有限元分析和与被实践证明叶轮强度合格的偶合器进行比较，制订出各种材料和制造方法所制造的叶轮的圆周速度许用值和功率许用值。当所设计的偶合器工作叶轮能同时满足这两项要求时，即可视为满足了强度要求。当超出这一限制要求时，则要在设计中通过材料选择、制造工艺改进和轮壁厚度与形状选择来满足强度要求。叶轮强度计算的圆周速度限制法和功率限制法虽然比较实用，但高转速、大功率偶合器叶轮强度应当采用有限元计算分析。

① 叶轮强度计算的圆周速度许用值见表 19-4-43（摘自 JB/T 9001—2013）

② 不同材料、不同制造方法的叶轮转速和传递功率许用值见表 19-4-44。

表 19-4-43　叶轮圆周速度许用值

圆周速度/m·s^{-1}	≤74	>74～96	>96～150	>150
材料	ZL104,ZL107	ZL115,ZL116	45 锻钢或合金铸钢	合金锻钢

表 19-4-44　不同材料、不同制造方法的叶轮转速和传递功率许用值

规格/mm	许用最高转速/r·min^{-1}	最大圆周速度/m·s^{-1}	许用最大传递功率/kW	叶轮材料	制造方法
400	3000	63	500	ZL104	铸造 F(自由加工状态)
450	3000	71	900		
500	3000	79	1200		
			1600		铸造 T6 固熔时效处理
560	3000	88	2500		
580	3000	91	2500		
			3200	泵轮 45、涡轮 45 或 ZL104	从英国引进技术时，泵轮用锻钢车制铣削；涡轮用 ZL104 铸铝，后全部改为钢件
620	3000	97	4300	45 锻钢	铣削或焊接
650	3000	102	5500		
750	1500	59	1480	ZL104	铸造 F 状态
800	1500	63	2000	ZL104	T6 处理
	1000	42	615		铸造 F 状态
875	1500	69	2400 以下	ZL104	T6 处理
			3200	45	焊接叶轮
	1000	46	960	ZL104	F 状态
1000	1000	52	1800	ZL104	T6 处理
				45	焊接叶轮
	750	39	750	ZL104	铸造 F 状态
1050	1000	55	2300	45	焊接叶轮
				ZL104	T6 处理
	750	41	950	ZL104	铸造 F 状态
1150	1000	60	4400	45	焊接叶轮
	750	45	1800	ZL104	铸造 T6 处理
				45	焊接叶轮

（5）液力偶合器轮壁的基本厚度

与国外偶合器相比，国产偶合器轮壁的基本厚度普遍偏大，这与我国的铸造和热处理技术落后及设计思想过于保守有关。根据实践经验：金属型铸造件的壁厚可以比砂型铸造薄，而限矩型液力偶合器的叶轮壁厚应比调速型液力偶合器的叶轮壁厚薄，涡轮的叶片相当于筋板，且结构与受力状况好，所以壁厚最薄；外壳内无筋板，且受力条件差，壁厚应当最厚，泵轮的壁厚介于两者之间。不同的规格、不同制造方法的叶轮基本壁厚见表 19-4-45。

表 19-4-45　液力偶合器叶轮基本壁厚推荐值（经验值）

偶合器规格/mm	材料	制造方法	轮壁基本壁厚/mm			叶片基本壁厚/mm	备　注
			涡轮	泵轮	外壳		
280 以下	ZL104	砂型铸造	4～5	5～6	6～7	2～2.5	①调速型液力偶合器轮壁的基本厚度应比表中数值大2～3mm ②叶片的基本厚度指平均厚度 ③为加强叶片强度，可制成径向不等厚叶片，外缘比内缘厚 2～3mm
		金属型铸造	3.5	4.5	5	2～2.5	
320～360	ZL104	砂型铸造	5～6	6～7	7～8	2.5～3	
		金属型铸造	4	5	6	2.5～3	
400～500	ZL104	砂型铸造	7～8	8～9	10～11	3～3.5	
		金属型铸造	5	6	7	3～3.5	
560～650	ZL104	砂型铸造	8～9	9～10	11～12	4～5	
		金属型铸造	7	8	9	3.5～4	
750～875	ZL104	砂型铸造	9～10	11～13	12～14	5～6	
		金属型铸造	9	10	12	4～5	
	45	焊接叶轮	9	10	12	3～4	
1000～1150	ZL104	砂型铸造	12	14	16	7～9	
	45	焊接叶轮	10	12	14	4～5	

（6）泵轮受力分析（表 19-4-46）

表 19-4-46　泵轮受力计算

泵轮腔内压力 p_W	由工作液流旋转产生的腔内压力 p_W(MPa)，垂直于壁壳，见图 19-4-24 $$p_W=\frac{\rho\omega_y^2}{2}(r_i^2-r_0^2)\times10^{-4} \quad (19\text{-}4\text{-}12)$$ 式中　ω_y——工作液体旋转角速度，泵轮内工作液体角速度 $\omega_{yB}=\omega_B$，涡轮内工作液体角速度 $\omega_{yT}=\omega_T$，与泵轮相连的外壳与涡轮之间的工作液体角速度 $\omega_y=\frac{\omega_B+\omega_T}{2}$ r_0——液体距旋转轴心最小半径，cm r_i——某点 i 处距旋转轴心半径，cm
液流对叶片的动载荷 p_y	液流对叶片的作用力是连续的动载荷，但在稳定工况下可按静载荷考虑。叶片按照周边固定的圆形平板为模型，在$(2R-2r)$（R 为圆形平板外径，r 为内径）的圆环面积上的叶片受到液流的作用力为垂直于叶片的均布载荷 p_y(N/m^2) $$p_y=\frac{\Phi T_y}{ZLA} \quad (19\text{-}4\text{-}13)$$ $$T_y=\frac{9550P}{n} \quad (19\text{-}4\text{-}14)$$ 式中　Φ——力矩增值系数，一般 $\Phi=1.2$ T_y——作用在叶轮上的液力力矩，N·m P——作用在叶轮上的功率 Z——叶轮叶片数 L——叶片圆心点的旋转半径，m A——叶轮叶片承载面积，m^2
作用于工作腔各浸液面上的补偿压力 p_0	一般，$p_0=0.06\sim0.2$MPa

续表

离心力 p_i	由于叶轮本身旋转，任一叶轮微小单元体产生的离心力 p_i $$p_c=\sum p_i=\mathrm{d}V\rho\omega r_i \quad (19\text{-}4\text{-}15)$$ 式中　dV——微小单元体积 ρ——叶轮材料密度 ω——叶轮角速度
支点作用力 p_A 与 F	p_A 为旋转壳体所受液体压力轴向分量对泵轮支点 A 的作用力(沿整个圆周) $$p_A=\int_{R_4}^{R_3}2p_w\pi r\,\mathrm{d}r \quad (19\text{-}4\text{-}16)$$ 式中　p_w——旋转壳体中液体压力，按式(19-4-12)计算 R_3，R_4——旋转壳体中液体分布半径上下限 F 为泵轮轴对于泵轮支点的反作用力，它和泵轮轴向力大小相等，方向相反

4.4.3.2　叶轮强度有限元分析简介

对于高转速、大功率的液力偶合器与液力偶合器传动装置，应进行三维有限元分析，直观地显示叶轮应力集中部位并求解应力最大值，在满足强度要求的前提下，能够较为准确地为产品的设计、制造提供可靠的依据。

有限元方法是结构分析的一种数值计算方法，其基本思想是将一个连续的求解域离散化，即分割成彼此用节点（离散点）互相联系的有限个单元，在单元体内假设近似解的模式，用有限个节点上的未知参数表征单元的特征，然后用适当的方法，将各个单元的关系式组合成包含这些未知参数的方程组。求解这个方程组，得出各节点的未知参数，然后利用插值函数求出近似解。

结构离散化是静特性有限元分析的前提，也是有限元法解题的重要步骤，其内容包括：把结构分割成有限个单元；把结构边界上的约束用适当的节点约束代替；把作用在结构上的非节点载荷等效地移置为节点载荷；在弹性平面问题中可以把结构分割成三角形、矩形和任意四边形等单元。在空间问题中，可以把结构划分成四面体和六面体单元，常用的有 10 节点的四面体单元、8 节点和 20 节点六面体单元。

对结构构件进行有限元划分，从理论上讲是任意的，但在实际工作中必须按规律和原则考虑到可行性及经济性进行划分。

网格划分与载荷模型的建立是叶轮有限元分析的重要内容，结合以上分析，总结 ANSYS 软件用于偶合器工作轮强度有限元分析的过程见表 19-4-47。

表 19-4-47　有限元分析过程

步　骤	说　明
实体选型	由液力偶合器的结构参数，利用三维实体作图软件，得到泵轮的三维实体模型
定义单元类型	径向平面直叶片的液力偶合器的叶轮的结构相对较为规则
网格划分	实体模型导入 ANSYS 软件中进行网格划分，通过设置单元尺寸，可以采用自由网格划分方式。ANSYS 前处理模块提供了一个强大的实体建模及网格划分工具，用户可以方便地构造有限元模型。当然也可采用专门的网格划分软件
加载和求解	在软件中对有限元模型施加面载荷、惯性载荷和约束。由于叶轮绕其轴线以均匀角速度旋转，故在叶轮轮毂内圆面施加周向位移和轴向位移约束，通过施加角速度选项对叶轮施加惯性载荷，通过对泵轮载荷模型的分析计算，确定其他载荷项。加载完成，保存数据库，观察确认求解信息，在 OLU 处理器中输入 SOLVE 命令即可求解。对于液力偶合器的泵轮，根据载荷的施加情况，计算两种载荷模型下的应力值： a. 循环流动的工作液体作用在叶轮壁壳(即外轮缘)内壁的载荷 b. 液流对叶片作用的连续动载荷
后处理	利用软件的通用后处理(POST1)查看模型的有限元计算结果，结果显示方式可以是文本形式，也可以是等值线图等形式。后处理模块可将计算结果以彩色等值线显示、梯度显示、矢量显示、粒子流迹显示、立体切片显示、透明及半透明显示(可看到结构内部)等图形方式显示出来，也可将计算结果以图表、曲线形式显示或输出

4.4.3.3　液力偶合器的轴向力

表 19-4-48　**液力偶合器的轴向力**

轴向力的产生

液力偶合器工作时，工作液体对叶轮产生轴向力作用，并由轴承承受。因而液力偶合器结构设计必须考虑轴向力对轴承的影响，轴向力由以下三部分组成，见图(a)

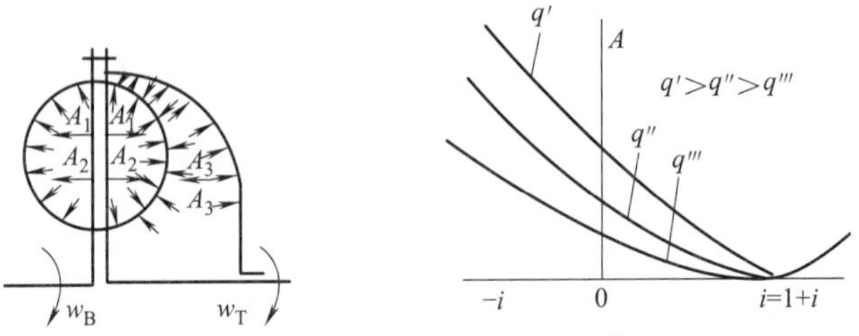

(ⅰ)　(ⅱ)

图(a)　液力偶合器轴向力产生的组成部分

A—各轴向力的合力；q—液力偶合器的充液量；i—转速比

① 工作液体在流道内流动时，液体的静压力对外环内壁作用的轴向力 A_1

② 工作液体进入和流出叶轮时，其轴面分速度方向变化引起的惯性对工作轮产生的轴向力 A_2

③ 辅助腔内液体压力对涡轮背面和外壳作用的轴向力 A_3

轴向力计算

轴向力理论计算十分复杂，并且计算结果与测定的实际数据出入较大。因此，工程上广泛采用由模型试验测出轴向力大小，然后用公式计算出实物偶合器的轴向力。轴向力公式为

$$F=k\rho g n_B^2 D^4 \tag{19-4-17}$$

$$k=\frac{F}{\rho g n_B^2 D^4}$$

式中　F——泵轮或涡轮上的轴向推力，N

ρ——工作液体密度，kg/m³

n_B——泵轮转速，r/min

D——有效直径，m

k——轴向推力系数

几种形式的液力偶合器轴向推力系数 k 的试验数据如下

几种形式的液力偶合器轴向推力系数

系数	流道形式	推力系数 k		
		全充油 i=1.0～0.8	全充油 i=0	调速 i=0.3～0.97
试验值	长圆形腔	1～3.5	−16.7	0.3～1.0 当 i=0.63 时，最大 6.3
	多角形腔	1～3.7	−11.8	
	桃形腔	1.5～3.8	−11.0	
参考值	静压泄液型腔		−(10～35)	
	动压泄液型腔		−(12～30)	
说明		用于离合型偶合器计算	用于限矩型偶合器计算	用于调速型偶合器计算

对于同一系列的偶合器，如果忽略因供油压力、结构、平衡面积的不同，而引起的较小差别，则根据相似理论，相同转速比时，轴向推力系数相同。图(b)～图(e)是几种典型腔型偶合器的轴向力特性曲线。在曲线中，正值表示轴向力方向使两轮相斥，负值表示轴向力方向使两轮相吸

续表

轴向力计算	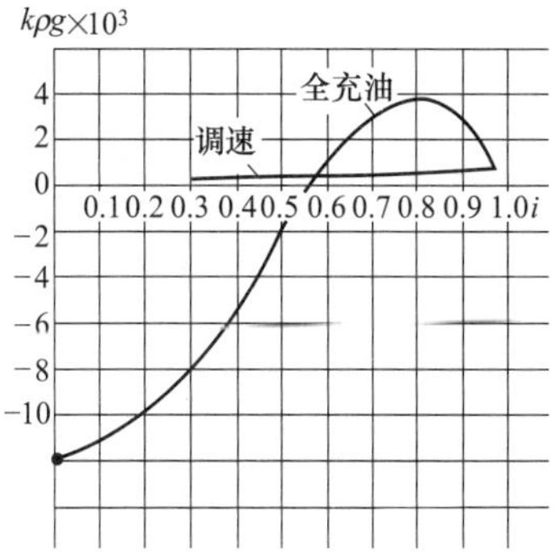 图(b)　多角形腔型推力系数特性曲线 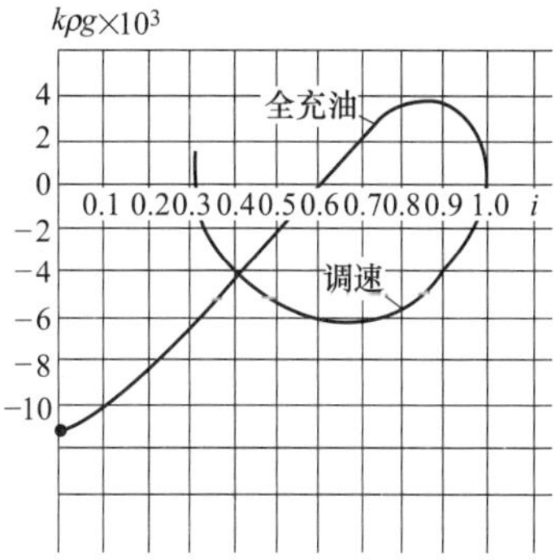 图(c)　桃形腔型推力特性曲线 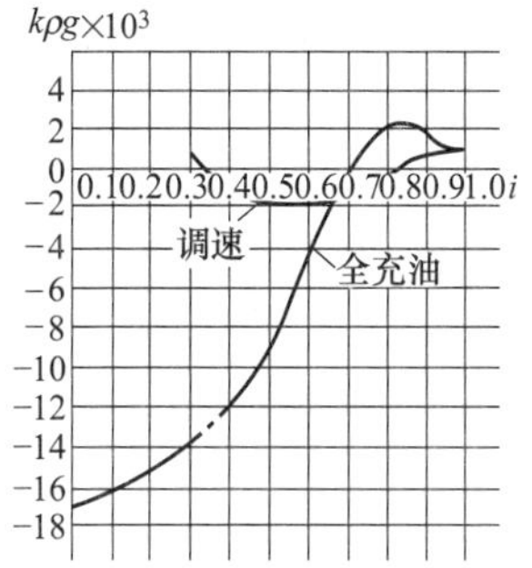 图(d)　类方形腔型推力特性曲线 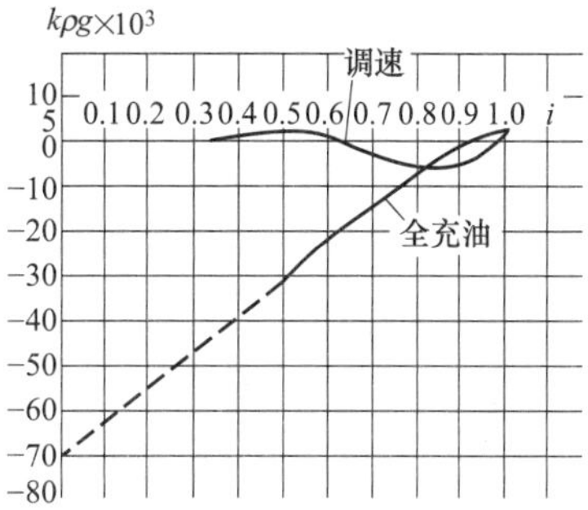 图(e)　斜蛋形腔型推力特性曲线
计算实例	多角形调速型偶合器，循环圆有效直径 650mm，输入转速 1500r/min，计算此种偶合器的轴向力 根据推力特性曲线图[见图(b)]取最大值 $k\rho g\times10^3=2.5$，$F=k\rho g n_B^2D^4=2.5\times10^3\times1500^2\times0.65^4=1005\text{kgf}=9856\text{N}$，方向是使两轮分开。一旦涡轮卡死时，偶合器可能产生最大推力 F_{max}（全充油 $i=0$），$k\rho g\times10^3=-11.8$，$F_{max}=-11.8\times10^3\times1500^2\times0.65^4=4740\text{kgf}=46484\text{N}$ 设计时，以 F_{max} 校验轴承强度即可
降低轴向力的措施	液力偶合器轴向力有时会达到很大的值，对偶合器的使用寿命，特别是对轴承的使用寿命影响很大。根据理论分析和试验研究，作用在液力偶合器叶轮上的轴向力，可以采用以下措施加以降低 1)选择轴向力较低的腔型　试验证明，不同的腔型轴向力并不一样，所以选择轴向力较小的腔型是降低轴向力影响的措施之一 2)在涡轮上钻卸荷平衡孔　卸荷孔孔径 $d=0.04D$ 左右，卸荷孔分布圆直径 $D_1=(0.91\sim0.92)D$，卸荷孔数量 10～16 个 3)采用双腔形式　双腔液力偶合器可基本平衡轴向力
轴承的选择	液力偶合器轴承主要承受径向力和轴向力。功率在 1000kW 以下，转速在 3000r/min 以下时，一般用球轴承；功率在 3000kW 以上，转速在 3000r/min 以上时多为专门设计的径向和双向推力滑动轴承；在 1000～3000kW 之间可以用球轴承，也可用滑动轴承。滑动轴承寿命长，噪声小，但制造工艺较复杂，要求维修水平高 轴向力随转速比 i 变化，轴承受力应按实际工况确定

4.4.3.4　导管及其控制

(1) 导管的种类

调速型液力偶合器工作腔充液量的调节方式，应用最多的是导管（亦称勺管）控制，其次是阀门或变量供油泵控制。导管的种类和加工工艺特点见表 19-4-49。常用的伸缩直导管见图 19-4-25。表层带有导向键槽的中空管筒，在圆周方向有若干排流孔，导管的一端是连接控制机构的柱销孔，另一端是导管口。导管口的形状为等腰梯形（亦有椭圆形的），实践表明等腰梯形能更好地发挥导油功能，降低排油的不稳定因素。

表 19-4-49 **导管的种类和加工工艺特点**

种类	加工工艺特点
伸缩直导管	有两种形式:安装板式箱体偶合器的导管比较短,较易加工;对开箱体式偶合器的导管比较长,较难加工。导管加工的要点是要保证其圆柱度和直线度,否则与导管壳体装配时就比较困难(如图 19-4-25 所示)
伸缩弯导管	结构如图 19-4-26 所示,进口调节回转壳体式偶合器用这种导管。为了使导管口位于储油腔的中心,导管向中心弯曲,给加工带来一定的困难,大部分采用先加工直导管部分,后焊弯曲部分的工艺,但焊接时一定要设法防止变形
伸缩齿条式导管	结构如图 19-4-27 所示,这种导管靠扇形齿轮驱动。导管上有齿条,通常采用先加工导管齿条,后焊导管头的工艺,同样要保证焊接时导管不变形
回转式导管	结构如图 19-4-28 所示,此种导管的导管体是精铸的,而导管接头与导管体采用焊接工艺,最后加工导管回转轴的轴孔

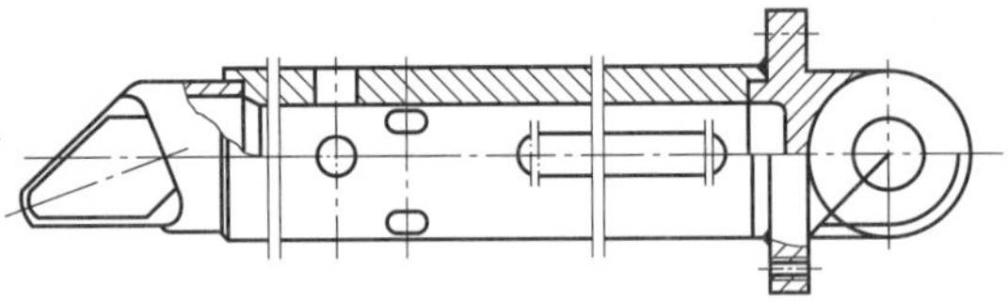

图 19-4-25 伸缩直导管

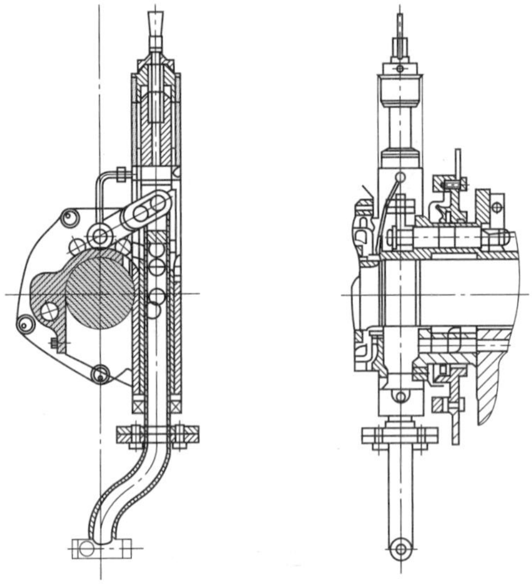

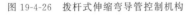

图 19-4-26 拨杆式伸缩弯导管控制机构

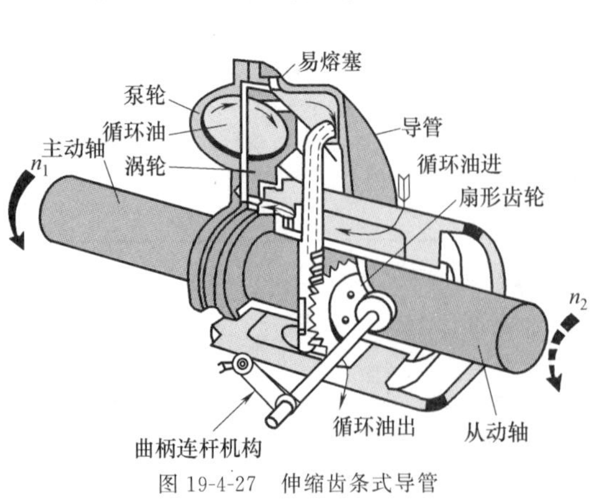

图 19-4-27 伸缩齿条式导管

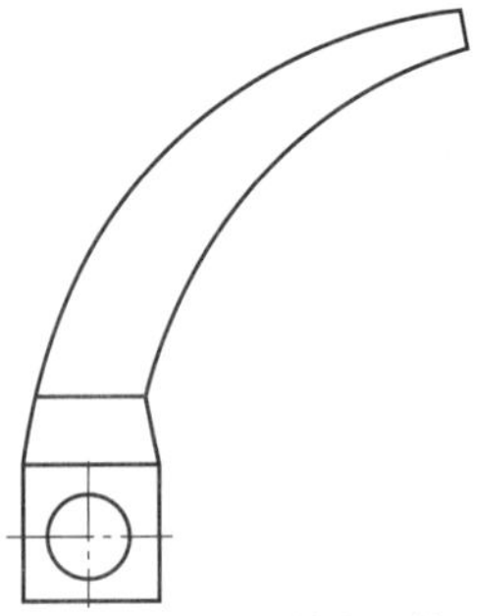

图 19-4-28 回转式导管

按导油流量确定导管内径。在偶合器稳定运行时，导管通过的流量即是供油泵的流量；调速时导管通过的流量应等于供油泵流量加上工作腔充液量变化的流量。经验表明导管的流量应等于两倍供油泵的流量。

导管从 100%开度降至 0%开度的过程中，时间应为 10s 左右，即导管应在 10s 内将偶合器工作腔内的工作液体导空。通常使油液在导管内的流速不得超过 12m/s（720m/min）。

液力偶合器工作液体的循环流量通常按 $Q=(0.185\sim0.20)\ P_B$选取。

导管内径的经验公式是

$$D_n=\sqrt{0.785\times10^{-6}P_B} \qquad (19\text{-}4\text{-}18)$$

式中 P_B——偶合器传递最大功率，kW；

D_n——导管内径，m。

导管在工作状态受到液流的冲击力作用产生一定的挠度，为使导管在导管孔中灵活的滑动，必使之有一定的刚度，而不致出现卡滞现象。但为安装布置的需要，导管外径在保证刚度下要尽量小。导管外径的计算比较复杂，通常采用经验公式：导管外径 $D_w=(1.3\sim1.5)D_n$，偶合器规格较大、导管较长时取大值。

(2) 导管控制机构（表 19-4-50）

表 19-4-50　　调速型液力偶合器导管控制机构分类

类别		用途	说明
手动控制	拨杆式	常用于回转壳体式偶合器(进口调节)	其结构见图 19-4-26。拨杆通过连杆机构与导管相连,拨动拨杆即可实现导管伸缩,另有一种转动导管,直接用拨杆转动导管
	转轮式	常用于回转壳体式偶合器和早期箱体式调速型偶合器	偶合器外设手轮,手轮转动带动连杆,连杆带动导管伸缩,还有一种手轮与扇形齿轮相连,扇形齿轮与齿条式导管相连,转动手轮可实现导管伸缩
液压缸控制	液压缸直接控制式	出口调节箱体式调速偶合器	液压缸的活塞杆直接与导管相连,调节液压缸的活塞行程也就调节了导管行程。优点是结构简单,缺点是导管行程较长时,液压缸过长,占用空间大且成本高
	液压缸-连杆控制式	进口调节回转壳体式偶合器	偶合器设置液压缸,通过连杆与偶合器导管拨杆相连,移动液压缸活塞即调节了导管开度,其结构见图 19-4-29
		出口调节箱体式调速偶合器	结构见图 19-4-29。液压缸的活塞杆通过连杆与导管相连,通过液压系统调节活塞行程,经连杆机构放大便调节了导管开度。由于采用了连杆放大与转向机构,所以液压缸可以横放在偶合器箱体上,且油缸的行程可以大大缩短
	液压重锤式	进口调节回转壳体式偶合器	导管拨杆与重锤和液压缸的活塞相连,偶合器启动时,在重锤的重力控制下,导管开度为最大,使偶合器腔内无油。偶合器轻载启动之后,油缸压力与重锤重力相平衡,使偶合器运行在额定工况,调整重锤的重力,即可调整启动时间,可以自动控制启动过程
电动执行器	直行程	出口调节箱体式调速偶合器	直行程的电动执行器通过连杆机构驱动导管伸缩
	角行程		结构如图 19-4-30 所示。角行程的电动执行器通过曲柄-连杆机构驱动导管伸缩
电动执行器与凸轮机构		出口调节箱体式调速偶合器,需要线性化调节时	电动执行器不是直接驱动导管,而是通过凸轮的线性调节驱动导管,可以使导管开度与输出转速达到线性化
电动执行器与齿轮机构		出口调节调速型偶合器	角行程电动执行器与齿轮相连,齿轮与齿条式导管相连,通过电动执行器带动齿轮转动而使导管伸缩
步进电动机-丝杠机构			根据要求控制采用步进电动机转动,经螺旋机构将转动变为直线运动,驱动导管伸缩
步进油缸			步进油缸是步进电动机与油缸的组合,可以直接将步进油缸与导管相连,也可以通过连杆机构与导管相连

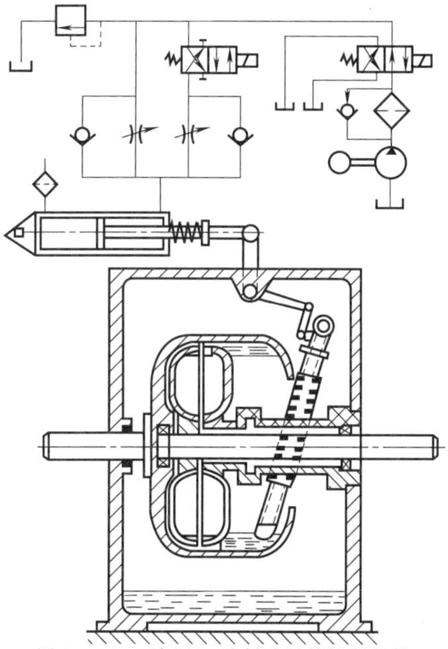

图 19-4-29　液压缸-连杆式导管控制机构

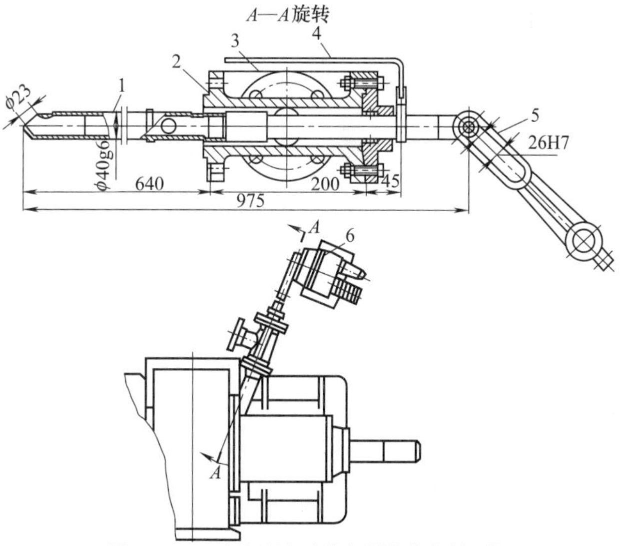

图 19-4-30　角行程电动执行器导管控制机构

1—导管；2—三通法兰；3—刻度板；4—指针；5—曲柄；6—电动执行器

(3) 导管排油与调速

导管的功能实质是一种旋喷泵，具有截取旋转油环油液并泵出的作用，与油泵的功能是相同的。

由图 19-4-31 可见，当导管口端中心距偶合器中心线的半径为 R_x 时，旋转油环在此处的圆周速度为

$$u_x=\frac{2\pi R_x n_B}{60}(\mathrm{m/s}) \qquad (19\text{-}4\text{-}19)$$

式中 n_B——泵轮及旋转油环的转速，r/min；

R_x——导管口端中心距偶合器中心的半径，m。

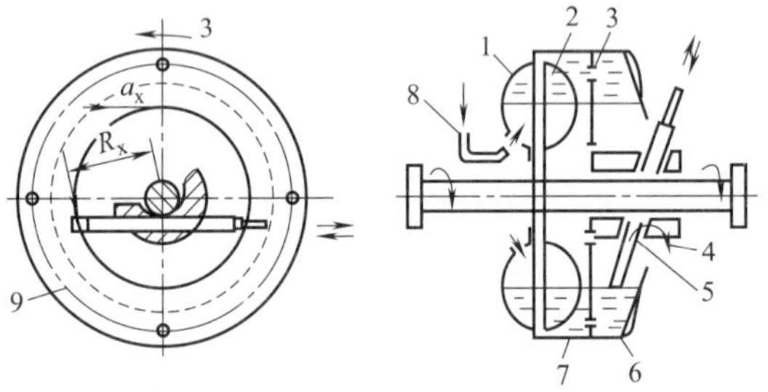

图 19-4-31 导管排油与调速

1—泵轮；2—涡轮；3—流通孔；4—排油；5—导管；6—甩油片；7—旋转外壳；8—进油管；9—旋转油环

以圆周速度 u_x 旋转的油环，当碰到固定不转但能斜向或直向移动的导管口端时，旋转油环所形成的动能便转化为压能，在迎着旋转油环的导管口处产生一定的压头。按毕托管原理（即伯努利方程），此压头为

$$H_x=\frac{u_x^2}{2g}\mathrm{m}(水柱) \qquad (19\text{-}4\text{-}20)$$

式中 H_x——距偶合器中心线距离为 R_x 半径处的导管孔口压头，m（水柱）；

u_x——旋转油环在该处的圆周速度，m/s。

式（19-4-20）是在液环的自由液面与导管口的中心相一致的情况下建立的，旋转油环液面在此压头下冲入导管而回入油箱，从而减小液环厚度及工作腔充液量，降低偶合器输出转速。当导管缩回、导管口离开液环时，液环增厚（因供油泵不断充油），则工作腔充液量增多、输出转速提高。若导管不动作，则导管流量与供油泵流量相等，工作腔充液量不变，输出转速亦不变。此为出口调节调速机理。

(4) 导管控制方式

导管由电动执行器控制可有三种操作控制方式：手动操作、手操电控和自动控制。手动操作为在机旁摇动电动执行器手柄控制导管伸缩，手操电控为在控制室内按电钮操纵电动执行器，此二者均为在导管控制系统里加入人为因素，称为开环控制，见图 19-4-32。自动控制为从工程系统（如电厂锅炉）中截取压力、速度、水位、温度等信号经变换器变换成电信号，再经伺服放大器放大为 4～20mA 电流输入电动执行器，使偶合器的输出转速随信号的变化而自动变化。此为闭环控制，见图 19-4-33。

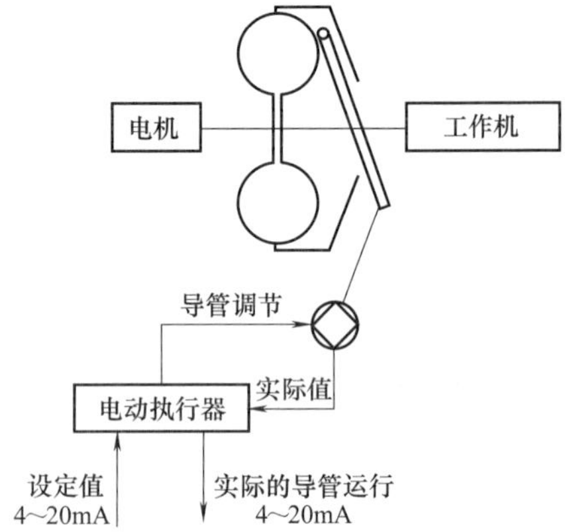

图 19-4-32 调速型液力偶合器开环控制原理

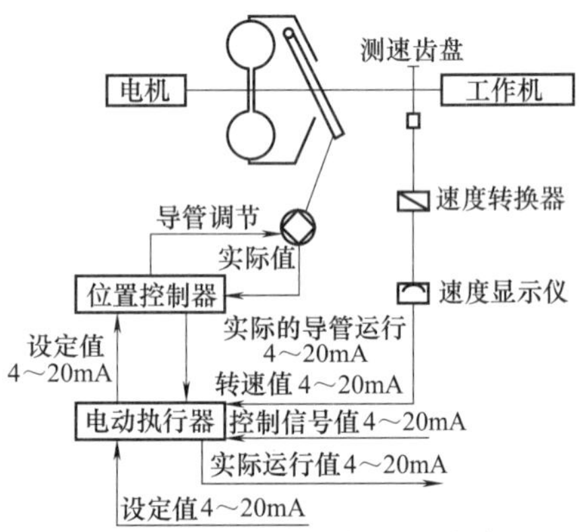

图 19-4-33 调速型液力偶合器闭环控制原理

4.4.3.5 设计中的其他问题

① 对要经常变化工作腔充满度的液力偶合器，工作腔应有通大气的孔，以便在增减循环工作液时使空气出入。气孔位置在叶片端线 R_2 处，$R_2=\sqrt{\frac{R_1^2+R_3^2}{2}}$（如图 19-4-34 所示）。一般孔径为 $\phi5$～6mm，2 个孔即可。

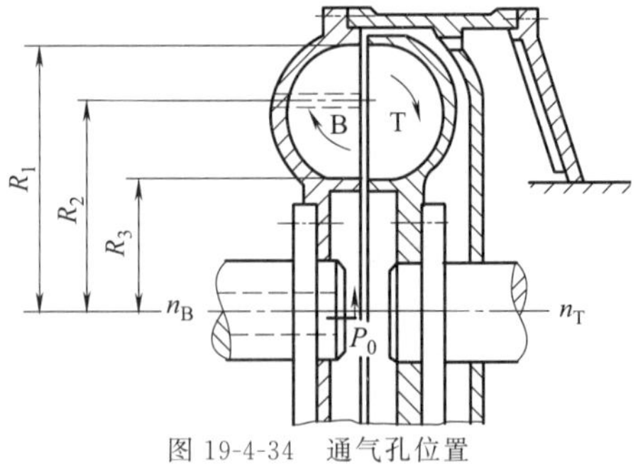

图 19-4-34 通气孔位置

② 在导管调速型液力偶合器的辅助腔中，为了确保液体的线速度，应在辅助腔内壁加些径向筋板。在辅助腔转速为 3000r/min 时一般筋板高度为 2.5～3mm，厚度为 3～5mm。

③ 需补偿液的液力偶合器，补偿液进口原则上开在低压处，即旋转轴线或泵轮液流进口处。供液压力 $p_0=0.06\sim0.2$MPa。

④ 为了承受拉力和加强密封，外缘螺钉直径不宜过大，但数量要尽量多些。

⑤ 起离合作用的液力偶合器，为迅速放液，放液阀口要开在高压处，即循环圆最大半径处。

⑥ 导管尺寸和结构，对出口调节式，一般使导管内径 $d=(0.02\sim0.06)D$（D 为有效直径）。转速高、取小值；转速低、取较大值。供液量小者取小值；供液量大者取大值；对于喷嘴导管调速型（进口调节式），由于喷嘴尺寸的限制，则可做的更小些，以协调升降速时间。

⑦ 泵轮、涡轮及其旋转零件应进行静平衡或动平衡。

4.4.3.6　油路系统

油路系统主要包括供油系统、润滑系统。

（1）供油系统

供油系统的作用是为了冷却和调速时增减工作腔中存液量并补充旋转外壳间隙密封的漏损。

供油泵一般工作压力为 0.2～0.5MPa，在液力偶合器进液口处不低于 0.06MPa。供油泵的流量按式（19-4-21）计算

$$q=\frac{Q}{c\Delta t\rho} \tag{19-4-21}$$

式中　Q——发热量；

c——工作液体比热容；

Δt——进出液力偶合器工作液体温差，常取 $\Delta t=10\sim15$℃，视冷却器冷却能力而定。

中小功率液力偶合器的供油泵多选用齿轮泵、叶片泵和转子泵。大功率者多用离心泵或螺杆泵。

在重要设备上常设置备用供油泵。

采用滚动轴承的调速型液力偶合器的供油和润滑系统使用统一的油路（图 19-4-35）。油泵 1 从油箱中吸油，经过设置在液力偶合器外部的冷却器 2 后，流入进油腔，通往工作腔，同时润滑各滚动轴承。安全阀 3 安装在箱体内。在出油口装有压力表 4 和温度计 5，进油口装有温度计 6，这些仪表均安装在箱体外侧上方，可随时监控油路系统中的油温和油压的变化。

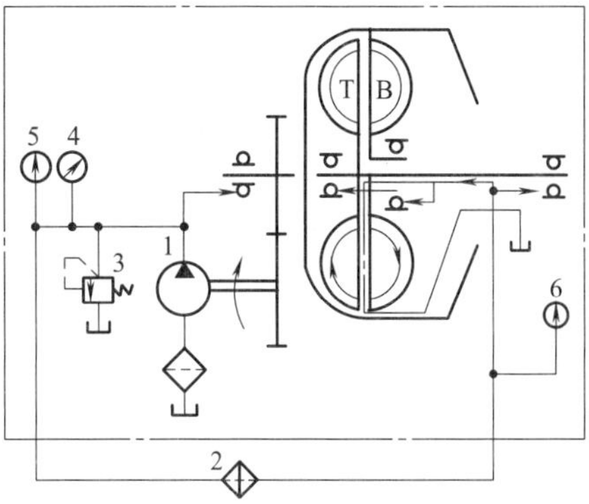

图 19-4-35　采用滚动轴承的液力偶合器的供油和润滑系统

1—油泵；2—冷却器；3—安全阀；4—压力表；5,6—温度计

（2）润滑系统

液力偶合器的轴承润滑必须保证，特别是大功率、高转速时一般采用强制润滑。

强制润滑系统一般由油箱（可与供油系统共用）、油泵、过滤器、冷却器等构成。润滑系统也可与其他机组润滑系统共用一个泵站。

为了防止突然断电事故，设置高位油箱。在突然断电，润滑系统停止供油时，高位油箱继续供润滑油直至机组停车。高位油箱容量应在断电后供油 15min 以保证惯性运转的需要。

采用滑动轴承的调速型液力偶合器，其油路系统分为主供油系统、润滑系统及辅助润滑系统（图 19-4-36）。其辅助润滑系统单独设置在箱体外。

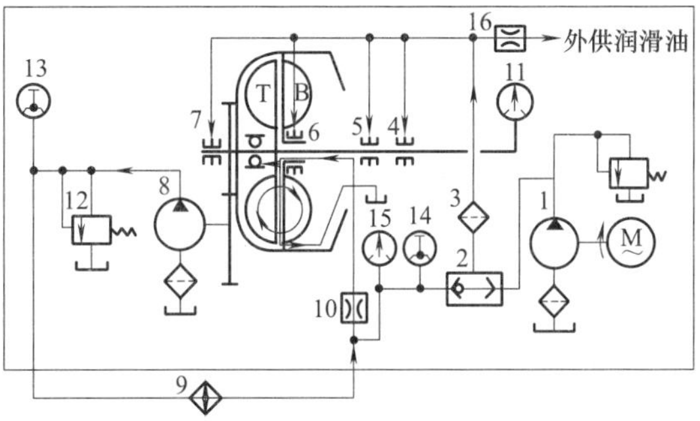

图 19-4-36　采用滑动轴承的液力偶合器油路系统

1—辅助润滑油泵；2—梭阀；3—双联滤油器；4—输出轴轴承；5—推力轴承；6—泵轮轴承；7—输入轴轴承；8—主供油泵；9—冷却器；10，16—节流阀；11，15—压力表；12—安全阀；13，14—温度表

液力偶合器启动前，必须首先启动辅助润滑油泵 1，润滑油经梭阀 2 和双联滤油器 3 通过专门设置的

润滑油路润滑滑动轴承4、5、6和7。

液力偶合器启动后，主供油泵8经箱体外部的冷却器9向工作腔供油。同时，在节流阀10前有一部分油液经梭阀进入润滑油路。当滤油器3后的压力表11显示达到规定的润滑压力（0.14～0.175MPa）后，辅助润滑油泵1停止工作。在液力偶合器正常运转时，滑动轴承由主油泵供油润滑。

在液力偶合器停机过程中，当压力表11显示值降到0.05MPa时，必须立即启动辅助润滑油泵1，及时向各滑动轴承供油润滑。

油路系统中装有安全阀12（安装在箱体内），其开启压力为0.05～0.42MPa。液力偶合器在运转时，分别通过温度表13和14，压力表11和15，及装在各滑动轴承处的测温元件，监控主供油系统和润滑系统的油温和油压。

在液力偶合器运转时，应将工作油油温控制在规定的范围内，即入口油温应高于45℃，出口油温应低于90℃，这可以通过调节冷却器中冷却水的流量来控制。

液力偶合器启动前，油箱内油温应高于5℃，如果低于此值，可用电加热器进行预热。

正常情况下，各滑动轴承的温度不允许超过90℃。若超过，则应停机检查润滑油路。

压力表和温度计大多采用电接点式，出厂时已配备好，用户可根据需要采用报警装置或实行联动控制，以保证液力偶合器安全可靠地运行。

调速型液力偶合器也可设分离式油路系统，立式或圆筒箱体调速型液力偶合器以及其他不便于采用一体化油路系统的调速型液力偶合器，往往采用分离式系统。其特点是供油、润滑系统不在偶合器箱体内，单独设置液压站，用连通管与偶合器进油口与出油口相连，见图19-4-37。

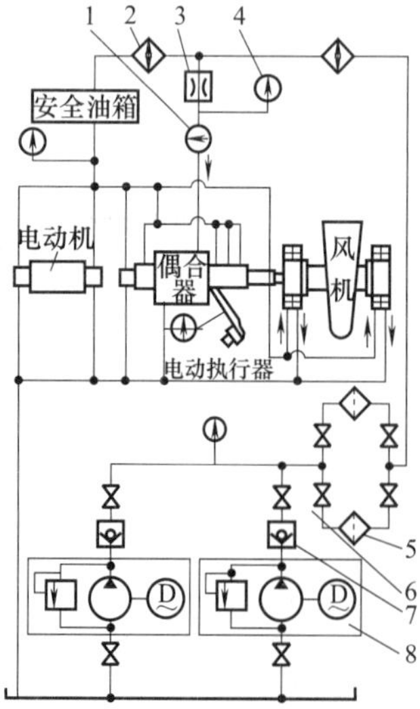

图19-4-37　分离式油路系统图

1—流量计；2—冷却器；3—节流阀；4—压力表；5—滤油器；6—截止阀；7—单向阀；8—供油泵机组

4.4.3.7　调速型液力偶合器的辅助系统与设备成套

在液力偶合器主传动之外的、支持主传动运转的系统，诸如供油与润滑系统、油温与油压监控系统、转速调节控制系统、转速检测系统、液力传动自动控制系统等均称辅助系统。图19-4-38为出口调节伸缩导管调速型液力偶合器辅助系统的典型配置。

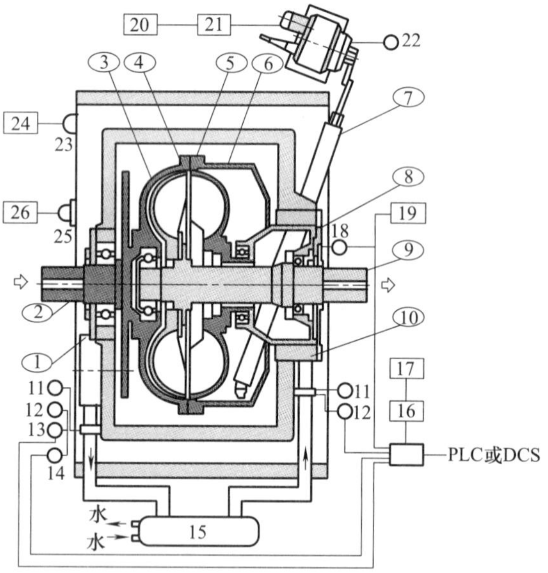

图19-4-38　出口调节伸缩导管调速型液力偶合器辅助系统的典型配置

◯—偶合器自身的构件；○—安装在偶合器上的仪器仪表；▭—安装在控制室的仪表；1—油泵；2—输入轴承；3—背壳；4—涡轮；5—泵轮；6—外壳；7—导管；8—导管壳体；9—输出轴；10—箱体；11—压力表；12—温度表；13—热电阻；14—压力变送器；15—冷却器；16—综合参数测试仪（现场用）；17—综合参数测试仪（控制室用）；18—转速传感器及测速齿盘；19—转速仪；20—伺服放大器；21—电动操纵器；22—电动执行器；23—液位传感器；24—液位报警器；25—电加热器；26—电加热自动控制器

（1）液力偶合器的辅助系统

大功率的调速型液力偶合器安装在大型设备主传动线上，往往要求有齐全的辅助系统，其组成见表19-4-51。

表 19-4-51　**液力偶合器辅助系统的组成**

项　目	说　明
供油与润滑系统	中小规格调速型液力偶合器的供油与润滑系统统一为一套系统。通常液力偶合器输入轴带动供油泵，泵的形式多为低压、大流量的摆线转子泵，也有由小电动机单独驱动的齿轮泵。高转速、大功率带有滑动轴承的调速型液力偶合器，以及液力偶合器传动装置常常是供油与润滑各自独立成系统。供油与润滑系统大多数安装在液力偶合器箱体内或外，与液力偶合器成为一体
油温、油压监控系统	液力偶合器必须有进、出口油温和进、出口油压的监控，通常将油温、油压表安装在液力偶合器机身的仪表盘上。如需报警则安装在控制油温、油压上下限值电接点的表盘上以便报警，用户可按需要采用声或光信号报警。如要求在操纵室里油温、油压以数字显示，可另选用综合参数监测仪(MZHY 型)，装在仪控板上
转速调节系统	调速型液力偶合器与液力偶合器传动装置大多采用电动执行器(角行程 DKJ 型或直行程 DKZ 型)来调节导管开度以调节输出转速。电动执行器需有附件电动操作器(DFD 型)及伺服放大器(FC 型)与其配套使用。电动执行器在产品出厂前已安装就位在液力偶合器本体上，电动操作器与伺服放大器需安装在操纵室里
转速监测系统	为准确测知输出转速，大多数液力偶合器在输出轴或联轴器上装有光栅盘和传感器，将信号输入操纵室转速仪数显转速。也可将信号输入综合参数检测仪数显转速
液力传动自动控制系统	众所周知，火力发电厂锅炉给水泵通常以异步电动机为动力，以调速型液力偶合器为传动装置。为适应机组工况变化要求，液力偶合器-锅炉给水泵系统需要根据锅炉水位的变化实现给水泵的自动调节。如果在反馈控制中，还包括给水流量和蒸汽流量变化信息，就是所谓三冲量控制，这就需要较为复杂的自动控制技术方能满足要求。对于长距离带式输送机的多点驱动所用调速型液力偶合器，必须协调一致动作，共同完成诸如顺序延时启动(可大大降低启动电流和启动张力)、平稳加速、均衡负荷的配比、过载保护及报警、停车前的协调降速等各项动作，均通过电动执行器控制导管的伸、缩或停顿来完成，而电动执行器则由自动控制系统通过伺服放大器控制，同时亦可手操作或远程控制。类似的液力传动自动控制系统在煤矿顺槽带式输送机上已有应用

(2) 液力偶合器的设备匹配成套

在使用中风机或水泵与调速型液力偶合器及电动机是一个单元，成套的匹配设计、选型、安装会带来多方面的好处。可免除设计单位分项选配单机的诸多不便，使设备选型和工程设计更为优化、快捷。可使用户分头对外的设备采购、安装调试、维修服务的工作量和费用大大降低。

通常，工程项目按工艺流程以供风或供水的参数为主导，以风机、水泵为主进行匹配成套工作。但由于引入了价值高、操作复杂的液力偶合器，更兼它连接风机（或水泵）与电机，并可向两者供应润滑油以取代润滑泵站，有时在给定了供风或供水参数的条件下，以液力偶合器为主进行匹配成套及组装更为便捷妥当。

目前，国内已有液力调速双吸离心泵成套机组系列和液力调速渣浆泵成套机组系列（大连液力机械公司设计），可供设计单位或用户选择。

图 19-4-39 为液力调速双吸离心泵成套机组布置图，加上配套系统构成完整的设备单元。

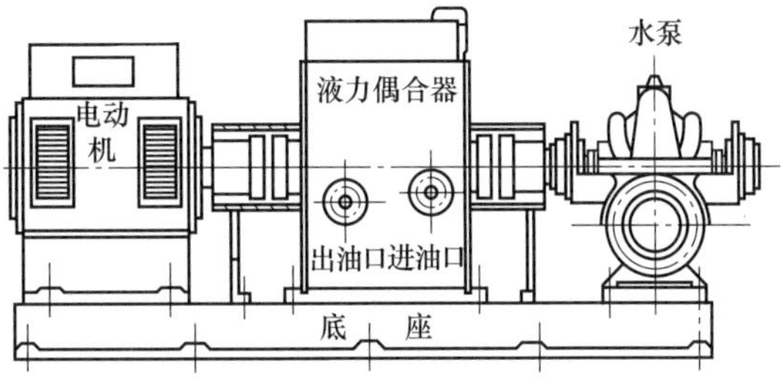

图 19-4-39　液力调速双吸离心泵成套机组布置图

调速型液力偶合器集中了传动系统、润滑系统、供油系统、监控系统、冷却系统（有时还需要加热系统）和转速监控系统。故以液力偶合器为主进行设备成套，有利于配套系统的优化配置，能统一润滑系统，能使整体结构紧凑，成套化程度高、安装精度好，可靠性高，维护费用低，使用寿命长。

4.4.3.8 调速型液力偶合器的配套件

表 19-4-52 调速型液力偶合器的配套件

名称	说明
供油泵	调速型液力偶合器供油系统的核心是供油泵，被选用的有内啮合摆线齿轮泵、离心泵、齿轮泵和螺杆泵等。较多应用的是内啮合摆线齿轮泵，因其结构紧凑，体积小，噪声低，运转平稳，流量大，适于高速运行 图(a)为内啮合摆线齿轮泵的工作原理，这种泵也称“转子泵”，它由内转子(主动轮)和外转子(从动轮)组成，内、外转子只有一齿差，偏差配置，偏心距为 e，转向相同。内转子的齿全部与外转子的齿相啮合，这样可以形成若干个密封容积单元。当内转子绕 O_1旋转时，外转子也将在泵体内绕 O_2同向旋转，转速关系为$\frac{n_w}{n_n}=\frac{z_n}{z_w}$。一般 $z_n=4\sim8$，$z_w=5\sim9$。由图可见，由内转子齿顶 A_1和外转子齿谷 A_2形成的一个密封容积单元(网线部分)在转子旋转时不断扩大，自图(a)中(ⅰ)至图(a)中(ⅵ)可由最小到达最大状态。在此过程中，通过侧面盖板上的配油窗 b，工作容积单元完成吸油过程，此后转子继续旋转便出现一个相反的过程，工作容积单元不断缩小并通过压油窗 a 完成压油过程。如此循环不已，完成泵送液体的工作。这种泵的工作压力一般可在 2.5MPa，制造良好的泵可达 8MPa，由于目前可采用粉末冶金工艺将转子压制成型，使齿轮的制造十分容易，因此这种泵得到了广泛应用。图(b)所示为此类型泵的一种结构

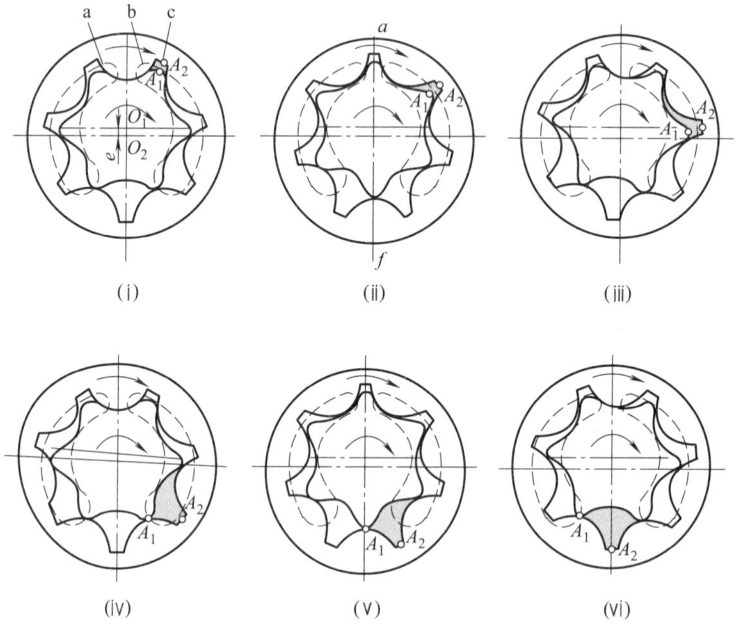

图(a) 内啮合摆线齿轮泵的作用原理示意

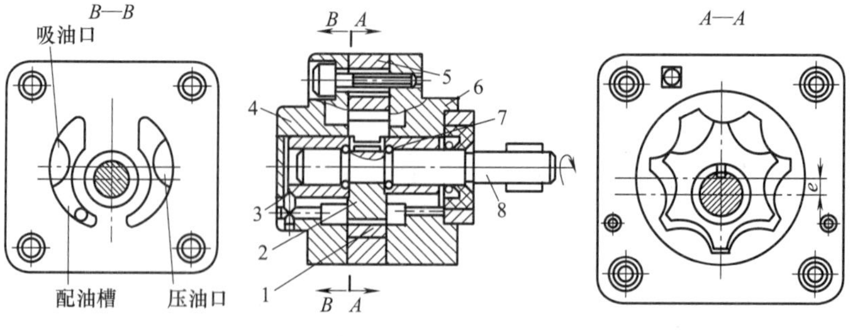

图(b) 内啮合摆线齿轮泵的结构

1—外转子；2—内转子；3—轴承；4—前盖；5—泵体；6—后盖；7—弹簧卡圈；8—泵轴

续表

名称	说　　明

供油泵

图(c)所示为上海高东液压泵厂按机床行业统一设计而生产的内啮合摆线齿轮泵。下表为该内啮合摆线齿轮泵系列型号与结构尺寸。每个型号末位数字为其额定流量(L/min)，全系列额定转速为 1500r/min，压力等级为 2.5MPa

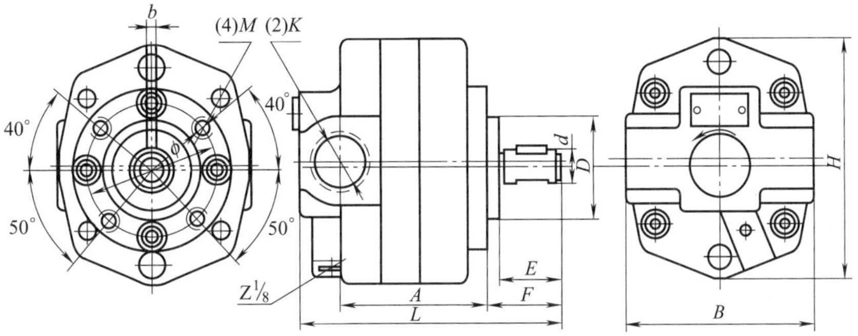

图(c)　内啮合摆线齿轮泵外形

内啮合摆线齿轮泵系列结构尺寸　mm

型号	A	B	E	F	H	L	D	d	ϕ	b	M	K
BB-B4	50	72	25	30	92	94	ϕ35 (f9)	ϕ12 (f7)	ϕ50	4	M6	Z3/8
BB-B6	55					99						
BB-B10	64					108						
BB-B16	72	95	30	34.5	117	127	ϕ50 (f9)	ϕ16 (f7)	ϕ65	5	M8	Z3/4
BB-B20	76					131						
BB-B25	81					136						
BB-B32	88					143						
BB-B40	85	110	32	37	134	144	ϕ55 (f9)	ϕ22 (f7)	ϕ80	6	M8	Z3/4
BB-B50	90					149						
BB-B63	97					156						
BB-B80	102	130	40	46	154	175	ϕ70 (f9)	ϕ30 (f7)	ϕ95	8	M8	Z1
BB-B100	109					182						
BB-B125	118					191						

电动执行器

由导管调节工作腔充液量的调速型液力偶合器，其调节动作主要靠电动执行器来完成。电动执行器是 DDZ 型电动单元组合仪表中的执行单元。它以电源为动力，接受统一的标准信号 0～10mA 或 4～20mA，并将此转变为与输入信号相对应的角位移或轴向位移，自动地操纵导管或伸或缩，完成调节输出转速动作。通常需配用电动操作器，以实现调节系统手动—自动无扰动切换。常用的电动执行器有角行程和直行程两种形式

① 角行程电动执行器　DKJ 型、DKJ-G 型和 DKJ-K 型均为角行程电动执行器。它们均由伺服放大器和执行机构两大部分组成。图(d)为电动执行器系统方块图

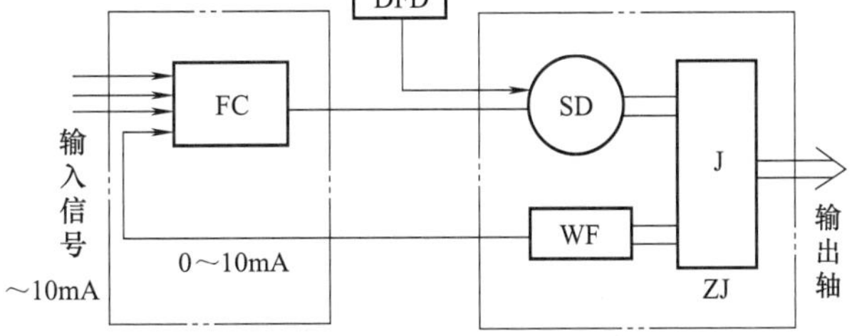

图(d)　电动执行器系统方块图

FC—伺服放大器；WF—位置发送器；DFD—电动操作器；
SD—二相伺服电动机；J—减速器；ZJ—执行机构

续表

名称	说　明
电动执行器	（见下）

DKJ 型电动执行器是一个以二相交流电动机为原动机的位置伺服机构。输入端无输入信号时，伺服放大器没有输出。输出轴稳定在预选好的零位上

当输入端有输入信号时，此输入信号与位置反馈信号在伺服放大器的前置级进行比较，比较后的偏差信号经过放大器放大，使伺服放大器有足够的输出功率，以驱动伺服电机，使减速器输出轴朝着减小这一偏差信号的方向转动，直到位置反馈信号和输入信号相等为止，此时输出轴就稳定在与输入信号相对应的转角位置上

由于二相伺服电动机采用杠杆式制动结构，能保证在断电时迅速制动，从而改善了系统的稳定性，并能限制执行器的惯性随走，消除负载及馈力的影响

各类 DKJ 型电动执行器规格与参数如下

DKJ 型电动执行器性能参数

每转时间	输入信号 \ 输出力矩	40N·m	100N·m	250N·m	600N·m	1600N·m	4000N·m	6000N·m
100s	0～10mA		DKJ-210	DKJ-310	DKJ-410	DKJ-510	DKJ-610	DKJ-710
	4～20mA		DKJ-210G	DKJ-310G	DKJ-410G	DKJ-510G		
40s	0～10mA	DKJ-110K	DKJ-210K	DKJ-310K	DKJ-410K			

技术性能：

①输入信号：0～10mA；4～20mA(DKJ-G 型)
②输入通道：3 个
③输入阻抗：200Ω，250Ω(DKJ-G 型)
④输出力矩：见表中
⑤出轴每转时间：(100±20)s(DKJ-K 型 40s)
⑥出轴有效转角：90°
⑦死区：≤300μA；≤480μA(DKJ-G 型)
⑧阻尼特性：出轴振荡不大于三次“半周期”摆动
⑨基本误差：±1.5%，±2.5%
⑩来回变差：1.5%
⑪反应时间≤1s
⑫电源电压：220V；50Hz
⑬使用环境温度：伺服放大器 0～45℃，执行机构－10～55℃

②直行程电动执行器　DKZ 型直行程电动执行器原理与 DKJ 型角行程电动执行器相同，只是结构略有差异。DKZ 型电动执行器性能参数如下

DKZ 型直行程电动执行器性能参数

型号	出轴推力/kg	行程/mm	全行程时间/s
DKZ-310 DKZ-310G	400	10	8
		16	12.5
		25	20
DKZ-410 DKZ-410G	640	40	32
		60	48
DKZ-510 DKZ-510G	1600	60	38
		100	63

技术性能：

①输入信号：0～10mA(DC)；4～20mA(DKZ-G 型)
②输入通道：3 个
③输入阻抗：200Ω
④输出推力：见表中
⑤灵敏限：≤150μA；≤240μA(DKZ-G 型)
⑥阻尼特性：出轴振荡不大于三次“半周期”摆动
⑦基本误差：±2.5%，±1.5%
⑧来回变差：1.5%
⑨反应时间：≤1s
⑩电源电压：220V，50Hz
⑪使用环境温度：伺服放大器 0～45℃，执行机构－10～55℃

续表

名称	说　明
电动执行器	见下

DKJ 电动执行器外形及安装尺寸　mm

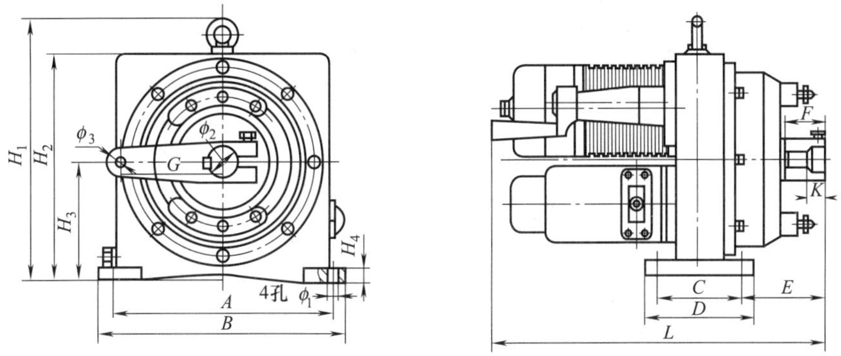

型号	A	B	C	D	E	F	G	H_1	H_2	H_3	H_4	L	K	ϕ_1	ϕ_2	ϕ_3	键	质量/kg
DKJ-210	220	245	130	152	86	35	100	270	230	125	20	360	15	ϕ12	ϕ25	ϕ14	8×7	31
DKJ-310	260	290	100	130	115	50	120	300	260	135	20	390	21	ϕ13	ϕ35	ϕ16	10×8	48
DKJ-410	320	365	130	162	142	60	150	390	326	170	30	500	23	ϕ14	ϕ40	ϕ18	12×8	86
DKJ-510	390	424	180	212	121	80	170	430	376	196	35	640	25	ϕ14	ϕ58	ϕ20	18×11	145
DKJ-610 DKJ-710	510	560	270	320	165	110	215	628	550	310	50	833	36	ϕ22	ϕ86	ϕ30	24×14	500

注：DKJ 型电动执行器派生品种的外形尺寸均与此相同。但 DKJ-K 型却和相应的 DKJ 型高一级规格的外形尺寸相同。

DKZ 型电动执行器外形及安装尺寸　mm

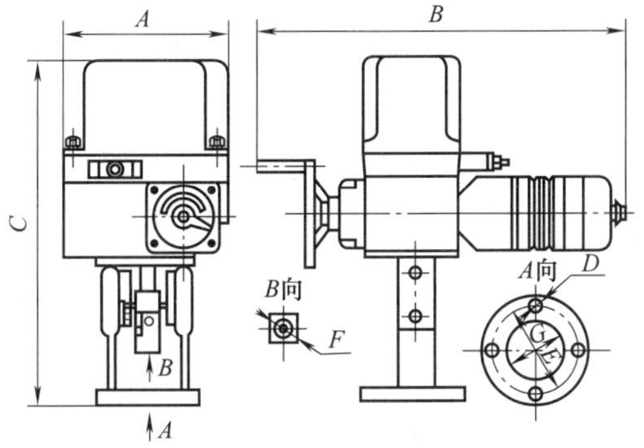

型号	行程	长×宽×高（A×B×C）	阀杆连接螺孔（F）	法兰连接孔距（E）	法兰连接孔（D）	法兰吻合内径（G）	公称通径	质量/kg
DKZ-310 DKZ-310G	10.16 25	230×545×485	M8	ϕ80	2 孔 ϕ10.5	ϕ60 D4	25,32,40,50	45
DKZ-410 DKZ-410G	40	230×560×535	M12×1.25	ϕ105	4 孔 ϕ10.5	ϕ80 D4	65,80,100	50
	60	230×560×560	M16×1.5	ϕ118	4 孔 ϕ10.5	ϕ95 D4	125,150	
DKZ-510	60	280×695×640	M16×1.5	ϕ118	4 孔 ϕ12.5	ϕ95 D3	200	65
	100	280×695×660	M20×2	ϕ170	4 孔 ϕ17	ϕ100 D3	250,300	65

续表

<table>
<tr><th>名称</th><th colspan="2">说　　明</th></tr>
<tr><td>电动执行器</td><td colspan="2">上述DKJ型和DKZ型电动执行器均是应用于一般场所运行的调速型液力偶合器。对于在爆炸级别不高于Ⅱ类B级，自燃温度不低于T_3组别的可燃气体或易燃液体的蒸汽的爆炸场所使用的调速型液力偶合器，应配套使用ZKJ-B型或ZKZ-B型隔爆型电动执行器</td></tr>
<tr><td>电动操作器</td><td colspan="2">电动操作器主要是由切换和操作组合在一起的操作开关，上下限位装置和单针电流表等所组成
DFD-07型、DFD-0700型电动操作器是DDZ-Ⅱ/Ⅲ型电动单元组合仪表中的一个辅助单元。适用于DDZ-Ⅱ/Ⅲ型变送单元，调节单元与电动执行器所组成的自动调节系统。应用该型电动操作器可实现：
①自动调节系统由"自动→手动"或"手动→自动"工作状况无扰动切换
②配有单针电流表，可以指示阀位电流
③操作器工作在手动状况时，自控系统中的执行机构，在全行程范围内进行手动操作。当操作器工作在自动状况时，因有"中途限位"装置，执行机构的行程将受到限制(上限或下限)，即执行机构限制在上、下限范围内工作
DFD型电动操作器主要技术特性如下
①电源电压：220V，50～60Hz
②开关触头额定容量：主回路500V，15A；信号回路110V，2A；跟踪电压1～5V DC(Ⅲ)，0～10V DC(Ⅱ)
③上下限位：上限50%～100%任意可调，下限0%～50%任意可调
④工作条件：
环境温度：0～45℃
相对湿度≤85%
工作振动频率≤25Hz，振幅≤0.1mm(双振幅)
仪表质量：约3.5kg
外形尺寸：(长×宽×高)323mm×80mm×175mm(面板80mm×160mm)
开孔尺寸：76$^{+1}_{0}$mm×152$^{+1}_{0}$mm</td></tr>
<tr><td rowspan="2">测速系统</td><td>组成及工作原理</td><td>测速系统由磁电传感器与微机转速仪组成。图(e)为测速系统工作原理
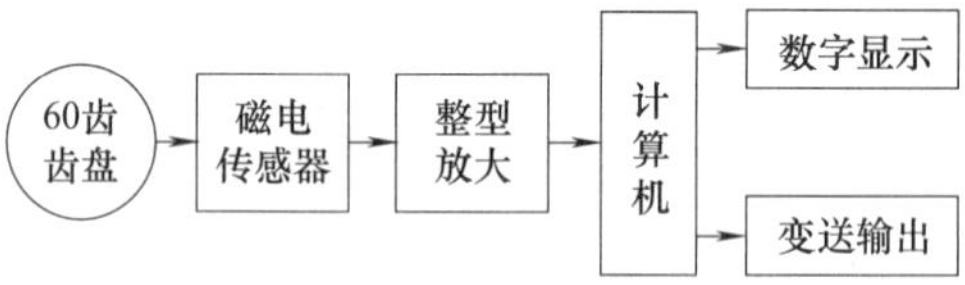
图(e)　测速系统工作原理
微机转速仪生产厂家较多，现介绍大连海事大学研制的MCS型微机转速仪。MCS型系列转速仪采用适于工业生产过程和环境的单片机配套用抗高灵敏度磁电传感器，系新型智能转速仪。仪器抗干扰能力强，稳定性好，测量精度高，广泛应用于工业生产、科研过程中测量旋转体的转速</td></tr>
<tr><td>转速仪技术数据</td><td><table>
<tr><td>使用环境</td><td>①环境温度：0～60℃
②环境相对湿度：80%以下
③无明显的机械冲击和剧烈振动
④无强电磁场干扰
⑤有良好的通风条件
⑥仪器允许连续使用</td></tr>
<tr><td>测量范围</td><td>20～9999r/min</td></tr>
<tr><td>测量精度</td><td>全量程±2r/min</td></tr>
<tr><td>电源电压</td><td>AC 220V±22V，50Hz</td></tr>
<tr><td>熔断丝容量</td><td>0.25A(安装在仪器内部)</td></tr>
<tr><td>显示方式</td><td>4位LED(0.8寸)数码管，直读数字式</td></tr>
</table></td></tr>
</table>

续表

名称		说　明
测速系统	安装	仪表为盘装，开孔尺寸为 $W\times H=152\text{mm}\times 76\text{mm}$ 图(f)为磁电传感器的安装图，将 60 齿齿盘安装在被测的传动轴上，磁电传感器应牢固地安装在固定支架上(该支架可安装在设备箱体上)，与齿盘径向(或轴向)间隙约为 0.5～1mm 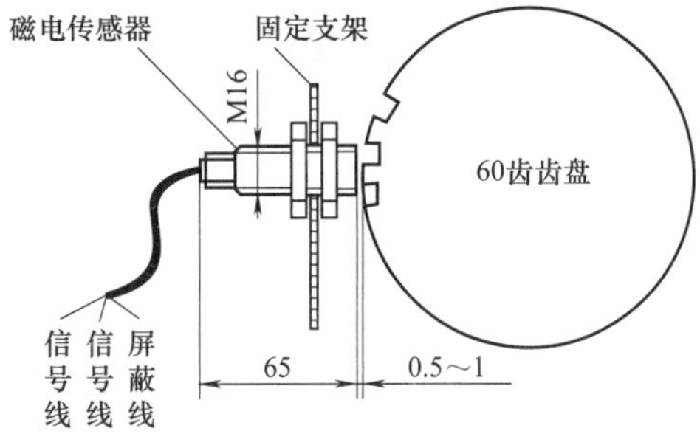 图(f)　磁电传感器的安装图
微机综合参数测试仪		调速型液力偶合器在设备运行中要适时测试出输出转速、进出口油压和进出口油温，并需要将各处分散的测试数据集中显示，以利监控。微机综合参数测试仪即能满足上述要求。现简述大连自动化仪表六厂产品 MZHY 微机综合参数测试仪，该产品是采用单片微型计算机而设计的新型智能测试仪，该仪器可对温度、压力、转速信号进行监测及显示，并可设置每一路参数的上、下限报警值，在被测参数超限时，仪器具有声光报警功能或语音报警功能。仪器还具有远传通信功能，可将现场测出的各类信号值远传至控制室，实现远距离监视、报警
	特点	①采用光电隔离技术，抗干扰能力强 ②使用开关电源，稳定性好，电源在 170～260V 之间波动时能正常工作 ③软件上采用了多项式逼近算法和多种滤波技术，精度高 ④具有防振功能
	工作原理	图(g)为 MZHY 微机综合参数测试仪的工作原理框图 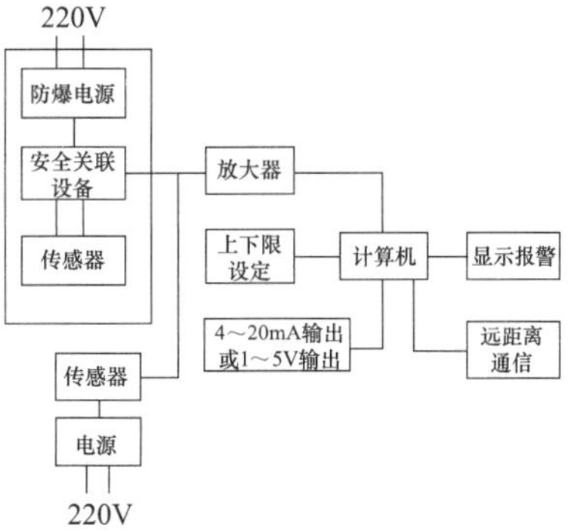 图(g)　MZHY微机综合系数测试仪工作原理框图
	主要技术指标	①温度测量范围：0～100℃(精度为 0.5 级) ②压力测量范围：0～1MPa(精度为 0.5 级) ③转速测量范围：0～9999r/min(精度为显示值 2r/min) ④每一路参数可单独设置上、下报警限值，并对设定值具有记忆功能 ⑤备有声光报警装置，并有一路开关量报警输出，接点容量交流 220V、0.5A ⑥具有远距离通信功能 ⑦每路有对应 4～20mA 或 1～5V 输出(MZHY-11，21，31 没有) ⑧防爆标志。温度变送器为(ia)ⅡCT5，压力变送器为(ia)ⅡBT6

续表

名称	说　明	
微机综合参数测试仪	仪表面板及操作	图(h)为调速型液力偶合器常用的 MZHY-21 型监控室专用参数测试仪(可与 MZHY-02 或 02B 配套使用)的仪表面板

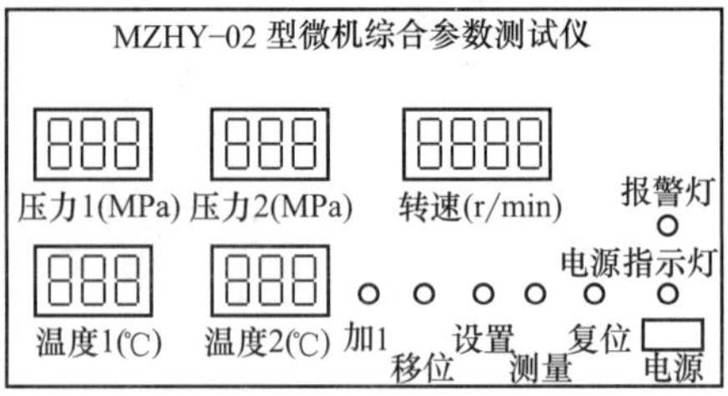

图(h)　微机综合参数测试仪仪表面板

仪表面板由数码管、报警灯、复位键、设置键、移位键、加 1 键和测量键等组成。各键操作方法如下

①复位键:恢复初始测量状态

②设置键:在测量状态下按设置键可进入报警限设置状态,并可用来切换报警上下限

③移位键:在报警限设置状态下,可循环移动闪烁位

④加 1 键:在报警限设置状态下,可对闪烁位进行加 1 操作

可变函数发生器

在风机、水泵的液力偶合器自动调速控制系统中使用可变函数发生器,可以消除由于系统静态调节特性的严重非线性引起的工作不稳定现象,是改善系统自动化控制质量的有效途径。在液力偶合器工作腔的近于圆形的轴断面上,由工作腔的内缘至外缘处,在相同的径向尺寸增量区段里,充液量的增值是不同的。而充液量与输出转速有近似正比关系,故导管的伸缩位移与输出转速为非线性关系,如图(i)所示

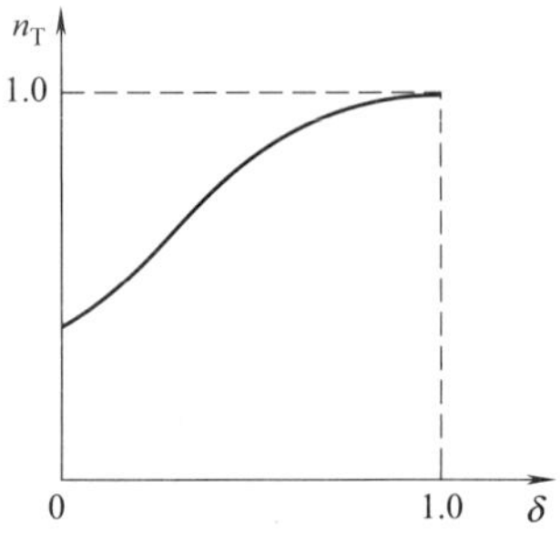

图(i)　液力偶合器的调节特性

δ—导管位移量;n_T—液力偶合器的输出转速

这种非线性关系对于中小型液力偶合器的手动调速操作或远程电动操作均无大的妨碍,而对于大型火电厂锅炉给水系统中,大功率调速型液力偶合器的调节则影响严重。调节特性的非线性给系统的设计带来困难,对系统的稳定性、误差及响应时间均存在影响。因此需将调节特性的非线性进行线性化

为了解决液力偶合器调节特性的非线性,哈尔滨工业大学研发了可变函数发生器。其控制框图如图(j)所示

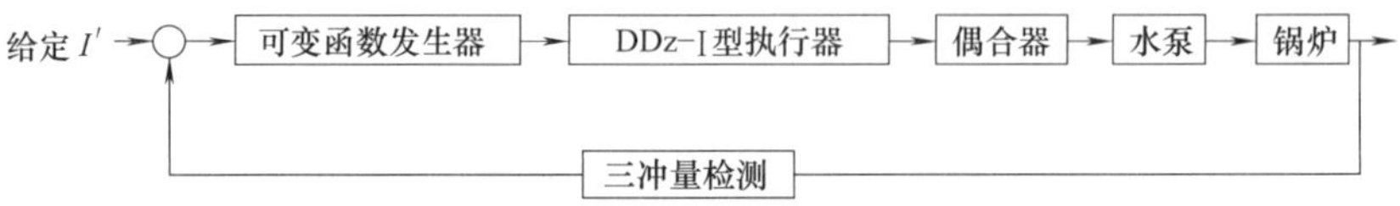

图(j)　系统框图

系统中加入可变函数发生器以后,调节特性如图(k)所示。通过沈阳水泵厂进行的工业性试验,证明了加入可变函数发生器以后,调节特性线性度较好,使发电成本降低,还能避免导管的"卡滞"现象。可变函数发生器可广泛应用于大型火电厂锅炉给水系统中。另外,在宝钢三号高炉 C 系列煤粉系统的排烟风机系统中应用了同样的可变函数发生器,使整个系统的运行达到了令人满意的效果

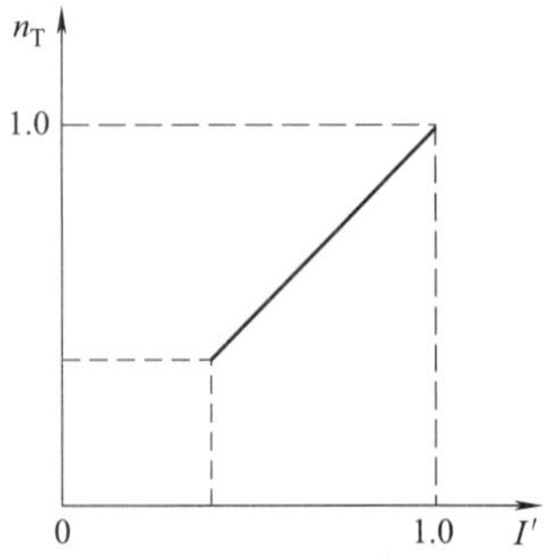

图(k)　加入可变函数发生器后的调节特性

可变函数发生器技术参数

工作电源	220V AC,50Hz
输入信号	4～20mA DC
输出信号	4～20mA DC
精度	≤1%
外形尺寸($L \times W \times H$)	285mm×100mm×340mm,可变函数发生器可吊装

4.4.4　液力偶合器传动装置设计

液力偶合器传动装置通常由出口调节式伸缩导管调速型液力偶合器与齿轮机构组合而成，各类典型结构见表 19-4-28。

4.4.4.1　前置齿轮式液力偶合器传动装置简介

图 19-4-40 所示为前置齿轮式液力偶合器传动装置配套系统。除机械构件之外，辅助配套系统可分为两大类：一类是润滑油与控制油泵送系统；另一类是传动油供油系统。两者均从箱体底部油池 1 吸油。润滑油与控制油泵送系统包括有机动润滑主泵 3、电动辅助润滑泵 2、润滑油冷却器 4、双腔滤油器 5、报警器 6 及连通伺服阀 11 和伺服油缸 15 的油路。传动油供油系统包括有供油泵 8、流量控制阀 9、工作腔 10、导管腔 12、导管 13、冷却器 14，以及控制伺服阀与流量控制阀的凸轮操作机构。

在主机启动前，开动电动辅助润滑泵使各处润滑轴承得以预润滑，在机动润滑泵随主机启动后，便切除电动辅助润滑泵。两个凸轮片套装在电动执行器轴上，一个凸轮片控制着伺服阀和伺服油缸及导管，凸轮的设计使电动执行器的控制电流 I 与凸轮转角 φ、导管升程（开度）、输出转速 n_2 均有线性关系，以便在使用现场能够精确地进行转速调节。另一个凸轮片控制着流量控制阀随时调节进入工作腔的流量与液力偶合器传动装置所传递的额定功率成正比、与工作腔进出油温差成反比，并且是转速比 i 的三次方函数。在图 19-4-40 中可见，工作腔、导管腔、冷却器、流量控制阀之间构成工作油的主回路，而由供油泵来的油路为供油支路，冷却器与流量控制阀之间的溢流阀为溢流支路。与流量控制阀联动的凸轮依据导管全程中液力偶合器输出转速 n_2 的高低和按转速比的发热量变化（在 $i=0.66$ 点发热量达最大值，并依转速比呈正态分布规律）来设计凸轮导程，使进入工作腔的流量在满足工作腔"等温控制"或接近等温控制条件下达到最小值。按此要求，工作腔进油流量由凸轮导程-流量控制阀开度决定，进油流量在转速比 i 低值时流量小，i 高值时流量大，在 $i=0.66$ 时，流量最大，以后流量又渐小，依此有效地带走液力偶合器随时产生的热量，保持"等温控制"。按照液力偶合器的转速比和发热量，适时地供给所需的最小供油量，可有以下好处。

①"等温控制"，保证液力偶合器不"过热"。

② 充分利用工作腔的回油，减低供油泵的流量，减少油流能耗。

③ 工作腔出口流量小，对导管口的冲击强度低，振动小，利于平衡稳定。且出口流量小，可减少油流能耗。

④ 在导管开度为零时供给最小供油量，可使最低稳定转速更低，扩大了液力偶合器的调速范围。

可见凸轮控制的变流量供油比恒定大流量供油给液力偶合器带来诸多好处，这也是先进技术使然。

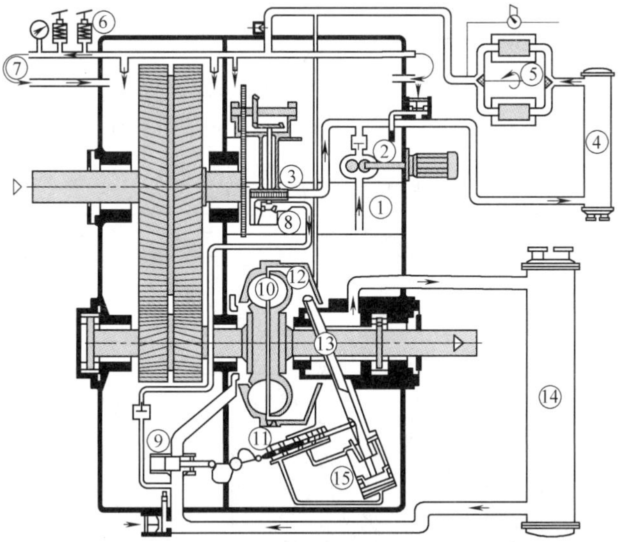

图 19-4-40　前置齿轮式液力偶合器传动装置配套系统

1—油池；2—电动辅助润滑泵；3—机动润滑主泵；4—润滑油冷却器；5—双腔滤油器；6—报警器；7—外用润滑管路；8—供油泵；9—流量控制阀；10—工作腔；11—伺服阀；12—导管腔；13—导管；14—冷却器；15—伺服油缸

4.4.4.2　液力偶合器传动装置设计要点

（1）“等温控制”的联动装置

“等温控制”是按偶合器不同工况、工作腔的发热量变化由流量控制阀（综合配流阀）控制工作腔的进油量与导管开度控制的出油量的联合配比，使工作腔油温控制在规定的油温限度以内，避免油温过高影响运行。导管开度与流量控制阀联动控制（即双凸轮控制）达到油温不过热要求。装在电动执行器轴上的两支凸轮片，按控制电流和两只凸轮片各自的转角来控制导管升程（开度）、输出转速和流量控制阀进入工作腔的流量，从而控制工作腔的油温。

（2）泵轮材质与强度计算

由于是高转速大功率的传动部件，必须按不同工艺（锻造、铣削或电火花）选用高强度、高韧性的材质。泵轮强度应进行电算。

（3）高速齿轮对的设计与加工

通常为抵消斜齿轮的轴向力而将两支拼装的斜齿轮组成人字齿轮，使加工精度和装配（啮合）精度均有极高要求，为一般机械加工难以达到。在各类液力偶合器传动装置中，只有后置齿轮减速型的齿轮便于加工和装置。

供油和润滑为两个独立系统，各有一冷却器。供油泵为离心油泵，润滑油泵为齿轮油泵，同由输入轴轴端齿轮驱动。为了滑动轴承在启动前的预先润滑，润滑系统另设一电动润滑油泵，以保证主机启动前和停车后的滑动轴承润滑。

4.4.5　液力偶合器的发热与冷却

液力偶合器运行中因有转速损失而发热，工作液体在传动中既是工作介质同时亦为热量载体。

限矩型和普通型液力偶合器在运行中的功率损失（即发热功率）$P_S=P_B-P_T=(1-i)P_B$，i 越小，功率损失越大，制动工况时（$i=0$）功率损失最大。功率损失表现在工作液体在流道中的冲击损失（特别是叶片顶部的冲击损失）和摩擦损失。损失的功率（发热功率）使工作液体温度升高。当过载严重或过载不严重但时间较长时，液体温度达到密封和油液老化所不允许的程度时，液力偶合器的过热保护装置——易熔塞（限矩型和普通型液力偶合器均装有易熔塞，调速型液力偶合器一般不装易熔塞）中低熔点合金熔化，使液力偶合器向外喷油而中断运行。

普通型和限矩型液力偶合器大多采用自冷式，即靠旋转壳体向外界散热。

液力偶合器的散热功率

$$P_a=KF\Delta t \tag{19-4-22}$$

式中　K——液力偶合器综合散热系数，决定于液力偶合器的结构形式和工作状态；

F——液力偶合器散热表面的面积（包括散热筋片）；

Δt——液力偶合器表面温度与环境温度之差。

对自冷式液力偶合器必须 $P_a \geqslant P_s$（P_s为液力偶合器的发热功率）。

调速型液力偶合器、液力偶合器传动装置、液力减速器必须有外冷却系统散热，运行过程的发热功率与转速比 i 及载荷性质的关系见表 19-4-53。

表 19-4-53 中的相对损失功率仅是转差损失的理论值。在损失功率中转差损失最大，此外还有轴承损失、鼓风损失、导管损失等。因此在计算液力偶合器发热功率（损失功率）时，要全面考虑。虽然最大功率损失系数为 0.148，但经验公式是 $P_a=(0.20\sim0.23)P_B$，并以此选用冷却器。

表 19-4-53　　调速型液力偶合器功率损失

载荷类型	P 与 n 的关系	$P\propto n^3$	$P\propto n^2$	$P\propto n$
	实例	抛物线型力矩负载，离心泵，离心风机	直线型力矩负载	提升机，带式输送机
功率损失 P_s计算公式		$\overline{P}_s=i^2-i^3$	$\overline{P}_s=i-i^2$	$\overline{P}_s=1-i$
P_B、P 及 P_s随 i 变化的规律		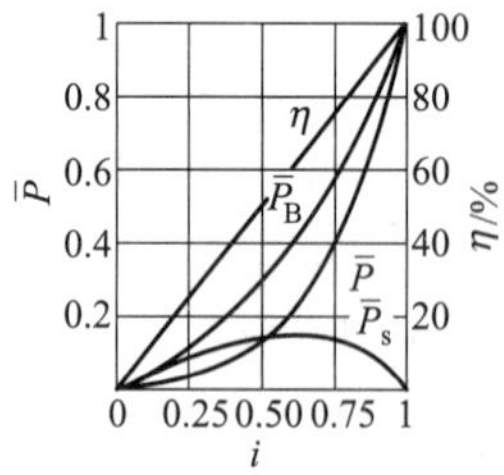	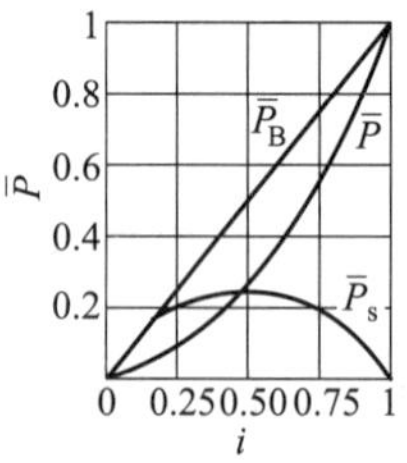	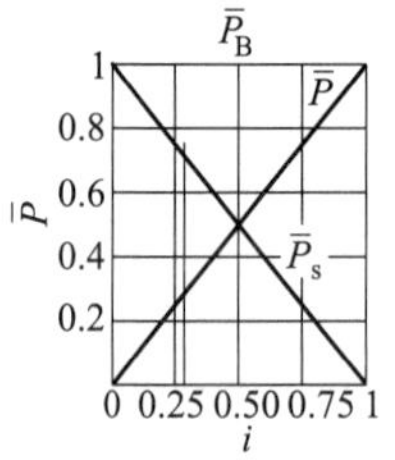

续表

最大相对损失功率及相应转速比	$\overline{P}_{smax}$	0.148	0.25	0.67
	i	0.66	0.5	0.33

注：$\overline{P}_B=\dfrac{P_B}{P_{dn}}$为液力偶合器的相对输入功率，$P_B$为液力偶合器的输入功率，$P_{dn}$为额定功率。

$\overline{P}_s=\dfrac{P_s}{P_{dn}}$为液力偶合器的相对损失功率。

$\overline{P}=\dfrac{P}{P_{dn}}$为液力偶合器的相对输出功率。

冷却系统的供液量即是供油泵（定量泵）的流量，可按式（19-4-21）确定。

冷却器的选择依据液力偶合器发热功率和冷却介质的温度。

一般冷却器的出口油温高于冷却介质（水或空气）进口温度 10℃左右。相差值越大，冷却效果越显著。因此选择冷却器时，需知液力偶合器进、出口油温和冷却器进、出口水温。

以水为冷却介质的冷却器有管式和板式两种结构形式，管式冷却器结构尺寸大，散热系数 K 值低，散热效果差，但易清洗，抗结垢能力强，使用寿命长。板式冷却器结构紧凑，散热系数 K 值高，散热能力强，但不易清洗，抗结垢能力差，使用寿命短。

冷却器散热面积 A（m^2）为

$$A=\frac{Q}{K\left(\dfrac{t_1+t_2}{2}-\dfrac{t_1'+t_2'}{2}\right)} \tag{19-4-23}$$

式中　Q——液力偶合器运行中发热量，J/h；

K——冷却器的散热系数，管式冷却器 $K=(628\sim1047)\times10^3\,J/(m^2\cdot h\cdot ℃)$，板式冷却器 $K=(837\sim2930)\times10^3\,J/(m^2\cdot h\cdot ℃)$；

t_1，t_2——工作油进、出冷却器的温度，℃；

t_1'，t_2'——冷却水进、出冷却器的温度，℃。

液力偶合器出口油温，一般不超过 70～75℃。对于大功率液力偶合器，若工作油和润滑油分别带有冷却器，则润滑油温限制在 70℃以下的同时，工作油温可提高到 90℃，以提高冷却效果和减小冷却器散热面积。

冷却器所需水量 q_L（m^3/h）为

$$q_L=\frac{Q}{c\Delta t\rho} \tag{19-4-24}$$

式中　Q——液力偶合器运行中发热量，J/h；

c——水的比热容，$c=4186.8J/(kg\cdot ℃)$；

Δt——冷却水进、出口温差，一般管式为 5～7℃，板式为 7～10℃；

ρ——水的密度，$\rho=1000kg/m^3$。

冷却水进、出口油温、水温选择见表 19-4-54。

以上计算有些繁琐，况且冷却器规格有限，即便计算的相当精确，也只能靠挡选取，所以精确计算意义不大，推荐用简化方法计算，见表 19-4-55。

表 19-4-54　冷却水进、出口油温、水温选择

温　度	推荐值/℃		平均温度/℃		说　明
进口油温 T_1	70		$T_m=57.5$		偶合器工作油温规定为 45～90℃，所以把工作油进入冷却器的温度定为 70℃
出口油温 T_2	45				
进口水温 t_1	工业循环水	>30	工业循环水	$t_m=t_1+3.5$	工业循环水温度较高，散热能力差，所以将进出口温差定为 7℃。江河水和自来水温度较低，进、出口温差可适当加大
	江河水	<30			
出口水温 t_2	工业循环水	t_1+7	江河水 自来水	$t_m=t_1+5$	
	江河水	t_1+10			

表 19-4-55　调速型液力偶合器冷却器换热面积及冷却水流量简化计算

负载类型	冷却器换热面积/m^2		冷却水流量 $Q/m^3\cdot h^{-1}$	冷却水条件
	板式	管式		
$P_Z\propto n_Z^3$	$0.017P_d$ P_d为电动机功率(kW)	$0.028P_d$	$Q=\dfrac{P_s}{\Delta t1.163}$ 式中　Q——冷却水流量，m^3/h； P_s——液力偶合器最大损失功率，kW； $P_{smax}=(0.2\sim0.23)P_d$ Δt——冷却水进出口温差，℃； 1.163——当冷却水进出口温差为 1℃时，每小时每立方米的水带走的热功率为 1.163kW	干净、无杂质、无腐蚀性，自来水、江河水、工业循环水均可。供水压力不低于 0.2MPa
$P_Z\propto n_Z^2$	$0.019P_d$	$0.032P_d$		
$P_Z\propto n_Z$	按实际最大损耗功率计算			

在寒冷地区的冬季，气温较低，偶合器的工作液体受冷凝结，不利于液力偶合器启动和调速，可以利用偶合器油箱下部的电加热器对工作液体进行加热。一般规定工作液体低于 5℃时应当加热。

4.5　液力偶合器试验

液力偶合器元件试验通常包括内特性试验、专题试验和外特性试验。内特性试验主要是测定液力元件内部的速度场和压力场，为现有的设计计算提出修正方法，使之符合实际情况。专题试验是为了满足工作机的要求而进行的特种试验。当转速很高时，离心力导致叶轮破裂，需做离心破坏试验；为了合理地确定结构方案和选择轴承，需进行轴向力试验；为了合理地选择供油泵和冷却器，需作散热温升试验等。一般情况不需进行内特性试验和专题试验。外特性试验包括出厂检验、性能试验、可靠性试验。

4.5.1　限矩型液力偶合器试验

表 19-4-56　　**限矩型液力偶合器试验**（JB/T 9004—2015）

名称	说　明
出厂检验	出厂检验为产品制造的最后一道工序，必须逐台检验。目的在于检验产品运转中振动有无异常和额定转速下壳体温度较高（以油为工作介质时为 100℃±5℃，以清水或难燃液为工作介质时为 85℃±1℃）时液力偶合器整体各处均不得有渗液、漏液现象 检验装置示意简图如图(a)所示 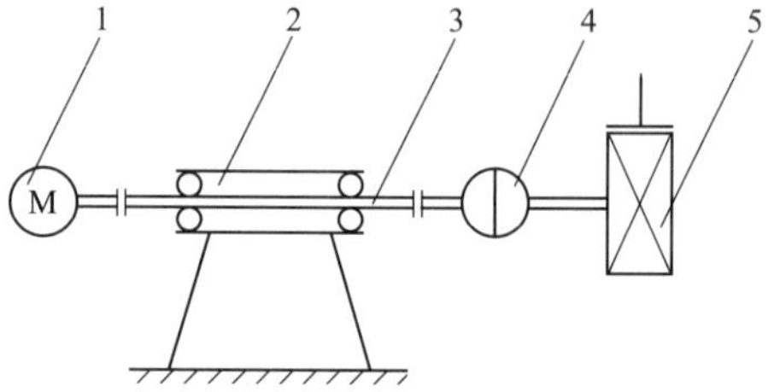 **图(a)　限速型液力偶合器出厂检验装置简图** 1—交流电动机；2—轴承支座；3—传动轴；4—被检验的液力偶合器；5—制动器（或制动杠杆） 在额定转速下空载运行检验液力偶合器振动。运转中在离液力偶合器最大外径 5～10cm 侧方挡白纸板，停留 3～6min 后验看飞溅液渍，并在停机后验看运转前涂敷的白垩粉色泽，以判别是否有渗漏
性能试验	凡属下列情况之一者，必须进行性能试验：试制的新产品、新产品鉴定、老产品改型或转产、定期抽检、进口产品检测 标准推荐采用动态连续测试法测定启动特性曲线和制动特性曲线。试验装置简图如图(b)所示。采用静态逐点测试法也可 试验步骤如下：测定腔体总容积、定量充液（分别按充液率 45%，50%，55%，62.5%，70%，80%充液）、启动电动机由飞轮加载测定和由 X-Y 函数仪描绘出启动特性曲线、水力测功机加载标定力矩值、机械制动器加载测定与描绘出制动特性曲线。按此方法可节能、省工和快速测出模拟应用现场工况的通用外特性曲线族，或者以计算机绘制曲线 根据泵轮转矩系数公式可整理和绘制出原始特性（λ_B-i）曲线 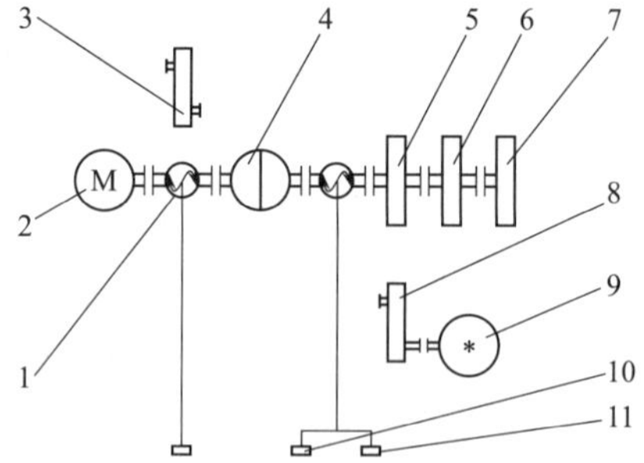 **图(b)　限速型液力偶合器性能试验装置简图** 1—转矩转速传感器；2—交流电动机；3，8—变速箱；4—被测液力偶合器；5—水力测功机；6—机械制动器；7—飞轮加载装置；9—电涡流测功机；10—X-Y 函数仪；11—转矩转速仪
可靠性试验	限矩型液力偶合器可靠性试验有两种方式可供选择：一是在台架上的强化试验方法；另一是产品在工业运行中以平均无故障工作时间（MTBF）进行考核 $$\mathrm{MTBF}=\frac{\text{累计工作时间}}{\text{故障次数}}\geqslant 4000\mathrm{h}$$

4.5.2　调速型液力偶合器试验

表 19-4-57　　调速型液力偶合器试验（JB/T 4238.1～4238.4—2005）

<table>
<tr><th>名称</th><th colspan="2">说　　明</th></tr>
<tr><td rowspan="3">出厂检验</td><td colspan="2">出厂检验包括以下各项：振动测量、噪声测量、供油泵流量检测、溢流阀开启压力的调定、滑动轴承温度测量、导管操纵灵活性检查以及过热试验的密封检查</td></tr>
<tr><td>试验装置</td><td>
仪表精度
<table>
<tr><td>测量参数</td><td>转速</td><td>流量</td><td>压力</td><td>温度</td><td>振动</td><td>滤网</td></tr>
<tr><td>精度</td><td>±0.35%</td><td>±5%</td><td>1.5 级</td><td>1.5 级</td><td>±5%</td><td>100 目</td></tr>
</table>
</td></tr>
<tr><td>试验方法及步骤</td><td>
将试验装置按图(a)(序号 9 制动杠杆除外)安装妥当，按下列步骤试验
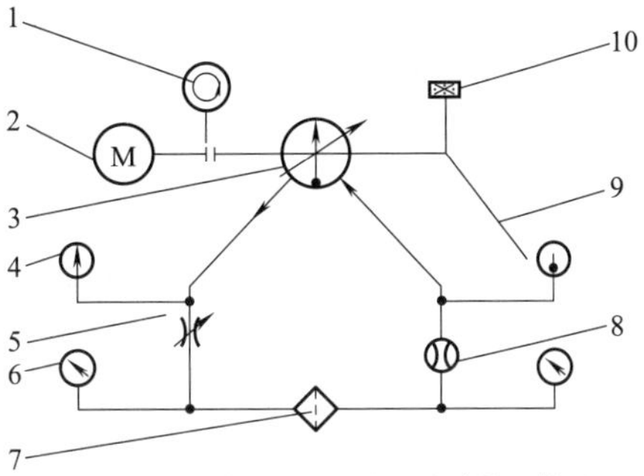

图(a)　调速型液力偶合器出厂检验装置简图
1—转速仪；2—电动机；3—被测液力偶合器；4—温度计；5—节流阀；
6—压力表；7—过滤器；8—流量计；9—制动杠杆；10—测振仪
①空载跑合　从低速到额定转速(使导管开度由 0%→100%→0%)每 10min 变换 1 次。空载跑合 1h 观察导管操纵的灵活性
②加载运转　制动输出轴后继续运转，按试验装置载荷能力大小来确定导管开度值，控制液力偶合器升温时间在 20min 以上，使箱体油温达到 60～70℃
③溢流阀开启压力的调定　调节节流阀控制压力，以调整供油泵溢流阀的开启压力
④供油泵流量检测　额定转速下从流量计 8 中读出供油泵的流量
⑤振动测量　去掉制动杠杆，在额定转速下测定导管开度为 100%、50%、0%时输入、输出端垂直、水平、轴向振动值。记入各点的最大值。振动最大值应符合下表的规定
⑥噪声测量　在额定转速下导管开度 100%时，在液力偶合器外壁测量点径向水平距离 1m 处，以噪声计测定
⑦滑动轴承温度测量　从各滑动轴承测温点的测温元件测得
⑧过热试验的密封检查　在输出轴上再次加入制动杠杆后继续运转，靠自身转速差加热到液力偶合器允许最高油温的 110%后，检查供油泵盖、输入轴、输出轴和法兰接头等处是否有渗油、漏油现象
振动最大值
<table>
<tr><td>液力偶合器额定输入转速/r·min⁻¹</td><td>750</td><td>1000</td><td>1500</td><td>3000</td><td>4000</td><td>5000</td><td>6000</td></tr>
<tr><td>振动最大值(≤)/μm</td><td>320</td><td>200</td><td>140</td><td>75</td><td>60</td><td>45</td><td>40</td></tr>
</table>
</td></tr>
</table>

续表

<table>
<tr><th>名称</th><th colspan="2">说　明</th></tr>
<tr><td rowspan="3">性能试验</td><td colspan="2">凡属下列情况之一者，必须进行性能试验：试制的新产品、老产品的改型或转产、定期抽检、国外进口产品的检测</td></tr>
<tr><td>性能试验装置</td><td>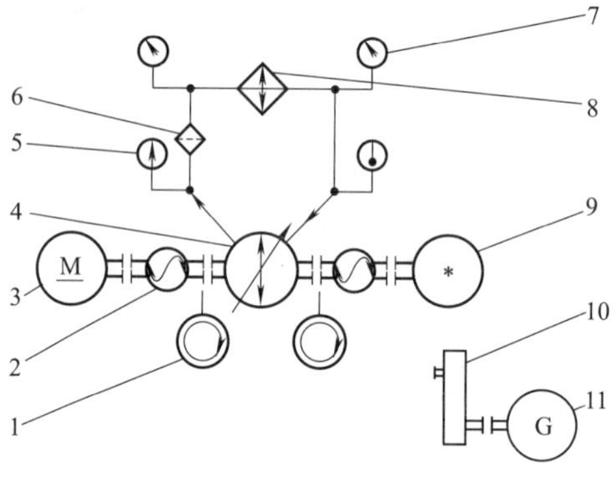

图(b)　调速型液力偶合器性能试验装置简图
1—转速仪；2—转矩仪；3—直流电动机；4—被试液力偶合器；5—温度计；6—过滤器；7—压力表；8—冷却器；9—电涡流测功机；10—增速箱；11—发电机
仪表精度<table><tr><th>测量参数</th><th>力矩</th><th>转速</th><th>压力</th><th>温度</th><th>流量</th></tr><tr><td>精度</td><td>±0.5%</td><td>±0.35%</td><td>1.5 级</td><td>1.5 级</td><td>±0.5%</td></tr></table></td></tr>
<tr><td>性能试验方法及步骤</td><td>①空载损失试验　在液力偶合器输出轴空载下，测定导管开度为 0% 和 100% 时的输入力矩 T_{10} 和转速 n_{10}，以计算空载损失效率
②加载试验　依次按导管开度 0%、10%、20%、30%、40%、50%、60%、70%、80%、90%、100% 逐点加载荷测定液力偶合器 T_2-n_2 外特性。并测定出导管开度 100%、$S=3\%$（额定转差率）时液力偶合器效率 $\eta=\frac{T_2n_2}{T_1n_1}$</td></tr>
<tr><td>可靠性试验</td><td colspan="2">调速型液力偶合器可靠性试验有两种方式可供选择：一是在应用现场以平均无故障工作时间（MTBF）进行考核；另一是模拟产品使用工况采用台架强化试验方法，使液力偶合器在允许最高油温的 110% 温度下以额定转速的 105% 转速，连续空转 1h，以考核其可靠性
大型液力偶合器（包括液力偶合器传动装置）的可靠性试验因能耗高而只能在应用现场考核</td></tr>
</table>

4.6　液力偶合器选型、应用与节能

调速型液力偶合器的应用见表 19-4-58。众多应用实例表明，调速型液力偶合器可节约电能 20%～40%，被国家列为推广应用的节能产品。限矩型液力偶合器因其可使电动机降低机座号而节能，亦被国家列为推广应用的节能产品。限矩型液力偶合器应用领域与效益见表 19-4-59。

表 19-4-58　　调速型液力偶合器的应用领域与效益

行业	应用调速型液力偶合器调速的设备	用途与效益
电力	锅炉给水泵、循环水泵、热网循环泵、灰渣泵、煤浆泵、核电厂钠泵、风扇式磨煤机、锤式碎煤机、锅炉送风机、锅炉引风机、冷却风机、压缩机、带式输送机	①平稳空载启动 ②无级调速，满足工艺要求 ③减缓冲击扭振，避免汽蚀 ④多机驱动并车 ⑤延长设备寿命，降低设备故障率 ⑥节能 20%～40%

续表

行业	应用调速型液力偶合器调速的设备	用途与效益
钢铁	转炉除尘风机、铁水预处理除尘风机、高炉鼓风机、高炉除尘风机、化铁炉鼓风机、初轧厂均热炉风机、加热炉引风机、电炉除尘风机、焦化厂拦焦车及装煤车除尘风机、焦化厂煤气鼓风机、烧结厂排烟风机、球团竖炉煤气鼓风机、二氧化硫风机，压缩机、冲渣泵、除鳞泵、供水泵、污水泵、泥浆泵、排水泵、带式输送机	①平稳空载启动 ②无级调速，满足工艺要求 ③减缓冲击扭振，避免风机喘振 ④风机低转速冲洗叶轮维护 ⑤延长设备寿命，降低设备故障率 ⑥提高产量 ⑦节能 20%～40%
有色冶金	铜冶炼转炉鼓风机、镍冶炼炉排烟风机和鼓风机、铝厂焙烧窑窑尾风机、锌冶炼鼓风机和除尘风机、铝矿场泥浆泵、供水泵、压缩机、污水泵、带式输送机	
水泥	回转窑窑头和窑尾风机、立窑罗茨鼓风机、矿山生料浆体输送泥浆泵、带式输送机、供水泵、除尘风机	①轻载平稳启动 ②无级调速，满足工艺要求 ③减缓冲击，隔离扭振 ④延长设备寿命，降低故障率 ⑤提高产量 ⑥节能 15%～35%
矿山	带式输送机、泥浆泵、渣浆泵、油隔离泵、压缩机、各种风机水泵、化学矿山渣浆泵、压缩机、给排水泵、矿井主扇风机	①无级调速，满足工艺要求 ②平稳空载启动 ③多机驱动并车 ④液力减速制动 ⑤节能 15%～35%
化工	苯酐车间原料风机、化工厂供水泵、污水泵、酶制剂搅拌机、化肥造粒机、带式输送机、原料破碎机、硫酸风机、煤气风机	①无级调速，满足工艺要求 ②改善传动品质 ③节能 15%～35%
轻纺造纸	造纸厂碱液回收锅炉风机、纺织厂空调风机、豆粕滚压机、制糖厂甘蔗渣煤粉锅炉风机	①无级调速，满足工艺要求 ②改善传动品质 ③节能 10%～25%
石油化工	气体压缩机、压注泵、注水泵、管道输送泵、加料泵、管道压缩机、水处理泵、装船泵、原油加载泵、制冷压缩机、二氧化碳压缩机、丙烷压缩机、加氢装置、氢循环装置、湿气装置、炼油厂油泵、石油钻井机、钻井柴油机冷却风扇	①无级调速，满足工艺要求 ②改善传动品质 ③节能 20%～40%
煤炭	带式输送机、下运带式输送机、选煤厂除尘风机、矿井主扇风机、水力采煤高压水泵	①无级调速，满足工艺要求 ②协调多机、均衡驱动 ③轻载平稳启动 ④节能 10%～25%
交通	内燃机主传动及冷却风扇调速、调车机车传动、地铁空调机、船用主机调速和并车	①无级调速，满足工艺要求 ②协调多机均衡载荷同步运行 ③轻载平稳启动，平稳并车 ④节能 10%～20%
市政	自来水厂供水泵，市政污水泵，高层建筑给水泵，垃圾污泥泥浆泵，垃圾电厂风机、水泵，中水处理水泵，煤气鼓风机，小区供热锅炉房风机、水泵、热网循环泵	①无级调速，满足工艺要求 ②改善传动品质 ③节能 10%～20%
军用设备	军用车辆冷却风扇调速、战地油泵车	①无级调速，满足工艺要求 ②改善传动品质 ③节能

表 19-4-59 **限矩型液力偶合器应用领域与效益**

行业	应用限矩型液力偶合器的设备	用途与效益
矿山	球磨机、棒磨机、破碎机、给料机、滚筒筛、带式输送机、刮板输送机、挖掘机、斗轮挖掘机、斗轮堆取料机、浓缩机、提升机、提升绞车、卷扬机、风机、水泵、压滤机	
电力	带式输送机、磨煤机、斗轮堆取料机、破碎机、碎渣机	
冶金	带式输送机、钢板吊装机、锻造给料机、桥式起重机、门式起重机、挖掘机、磨煤机、校直机、吊车卷缆机构	
煤炭	刮板输送机、带式输送机、转载机、刨煤机、翻车机、破碎机、给煤机、螺旋输送机、提升绞车、龙门式卸煤机、螺旋卸煤机	
石油	泥浆分离机、抽油机、抽油泵、石油钻机、近海石油作业船	
制革	制革转鼓、透平式干燥机、振荡拉软机、制革划槽	
建筑	塔式起重机、混凝土搅拌机、稳定土搅拌机、沥青搅拌机、平地机、铺路机、压路机、门式起重机、制砖机、破碎机、带式输送机	
建材	水泥球磨机、陶瓷球磨机、破碎机、炼泥机、拉拔机、校直机、带式输送机、链式提升机、钢筋拉直机、钢筋预应力牵引机、拉丝机	轻载启动、过载保护、减缓冲击、隔离扭振、协调多机均衡负荷、柔性制动、节能
食品制药	风机、离心机、淀粉分离机、榨糖机、埋刮板输送机、门式起重机、啤酒罐装机、水泵	
邮电	邮包分拣机、悬挂式输送机	
化工	砂磨机、化肥造粒机、化肥裹药机、干燥机、离心机、带式输送机、风机、水泵、捏合机、混料机	
港口	带式输送机、卸煤机、翻车机、输粮机、输煤机、塔式起重机、门式起重机、埋刮板输送机、螺旋输送机、集装箱吊装机	
纺织	气流纺纱机、梳理机、梳棉机、梳毛机、粗纱机、条卷机、并卷机、合绳机	
游艺	各类旋转式游艺机、滑雪场拉升机、高山滑车	
交通水利	运河船闸开启机、铁路地基挖掘机、机场扫雪车、汽车厂悬挂式输送机、车库门启闭机、门式起重机、塔式起重机、地铁空调机	
轻工造纸	洗毯机、洗涤机、脱水机、回转式广告灯具、烟草烘干机、玻璃破碎机、造纸输送机、刨花板铺设机、木柴吊装机、木柴旋切机、木柴撕碎机、树皮分离机、涂料搅拌机、涂料甩干机	
铸造	混砂机、喷丸机、门式起重机、空压机	
橡塑机	注塑机、挤出机、炼胶机、拔丝机	
其他	大型车床、冲压机、空压机、爬墙机器人吊缆张紧装置、机场飞机拦截张紧装置	

4.6.1 液力偶合器运行特点

液力传动由于利用液体在主动、从动件之间传递动力、为柔性传动，具有自动适应性。在传动运行中可有以下特点。

① 能使电机空载起步，由于 $T \propto n_1^2$ 缘故，使之不管调速型还是限矩型液力偶合器均具空载起步特点，在由静到动的起步瞬间（$n=0$，$T=0$），电动机只带泵轮空载启动，且转速迅速上升，按力矩与转速平方成正比关系，泵轮与涡轮力矩（两者力矩恒等）迅速提高，当涡轮力矩等于载荷启动力矩后，则涡轮带动载荷设备缓慢起步并升速。故电动机空载起步，而对载荷设备却可满载、平稳启动和加速。图 19-4-41 为有、无液力偶合器的启动比较。图中带有下角标“D”者为电机直接启动；带有下角标“0”者为装有限矩型液力偶合器的电机启动，可见 n_0 与 n_D 有明显的不同。

② 可以提高电动机的启动能力，可以克服异步电动机启动力矩低的缺点，可利用电动机的尖峰力矩去启动载荷。图 19-4-41 中输出转速为零时，T_0 明显大于 T_D，故可降低电动机机座号。

③ 对电动机和工作机均有良好的过载保护性能。匹配得合适，即使在工作机卡住不转时，动力机仍能带动泵轮照常转动，并不超载、不失速、不堵转，从而保护电动机不烧毁（或内燃机不熄火），以及传动部件免于损坏。

④ 降低启动电流的持续时间和减小启动电流平均值。没有液力偶合器时启动电流持续时间长，装液力偶合器后，由于电动机不是直接带动载荷而使启动电流很快降低下来（I_D 与 I_0），因而缩短了启动电流的持续时间。

⑤ 在多电动机驱动时可以平衡功率，便于多机驱动，并可顺序延时启动，使各电动机启动电流相互错开不叠加，大大降低总启动电流峰值。

⑥ 减缓冲击，隔离扭振，保护设备与传动部件，延长设备使用寿命。

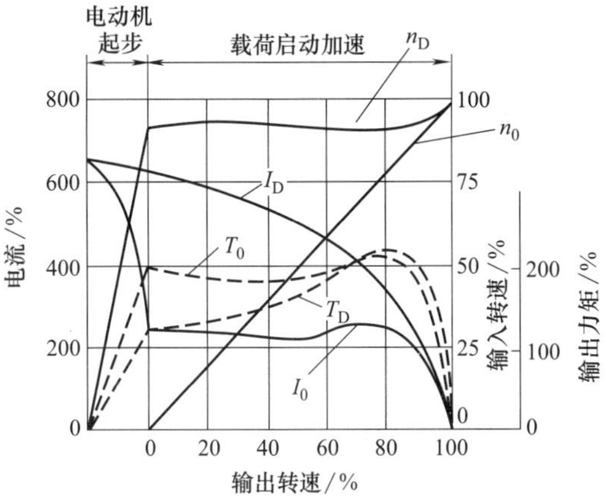

图 19-4-41　装与不装限矩型偶合器的电机与载荷启动过程

⑦ 调速型液力偶合器可无级调速，既可机旁手操作，又易于实现远程控制和自动控制。

⑧ 维护方便，可长时期无检修地运行，而且由于主、从动件不接触，没有机械摩擦，所以寿命长，寿命周期效益高。液力偶合器传动效率高，额定工况时为 0.97 左右。

⑨ 应用在工作机为叶片式机械的传动系统中，调速型液力偶合器可以有显著的节能效果；限矩型液力偶合器在合理匹配下，由于降低电动机机座号也有节能效果。

⑩ 液力偶合器传递功率与输入转速、循环圆直径的三、五次方成正比，故在高转速、大功率下其体积小、性能好的优越性是机械传动、液压传动和电气传动无法相比的。液力偶合器适于与高、低电压的异、同步电动机匹配使用，特别是在高电压、大容量电动机的调速传动中占有主要地位。

液力偶合器在传动中的特点是不能增大或减小传递的力矩，也不能增速。缺点是在运转中随着负载的变化，转速比也相应变化，因此不可能有精确的转速比。

为了说明液力偶合器在传动系统启动过程中的良好作用，这里介绍某公司做过的很有趣的试验。试验中分别以电动机加装 $FB_{0.85C}$ 限矩型液力偶合器和直接用电动机两种方式驱动直径为 710mm，宽 500mm，飞轮 $GD^2=1540N \cdot m^2$（$157kgf \cdot m^2$）的圆盘，进行启动特性试验（图 19-4-42）。

当直接用电动机驱动圆盘时，其启动特性曲线如图 19-4-42 的上半部，启动电流 400A。持续时间长达 12.8s，启动力矩也比较大（最大值达 590N・m）。当加装 $FB_{0.85C}$ 液力偶合器时，由图 19-4-42 的下半部可见，启动 3s 后启动电流由 400A 降至 100A，启动力矩也小（小于 343N・m），并随着涡轮转速的上升，启动力矩降至 196N・m 左右。当启动完毕，两种情况的力矩与电流均接近相等。图中可见采用液力偶合器后电动机（及泵轮）与载荷（及涡轮）分为两步启动（分别以 n_B 与 n_T 起步和升速），且使电动机空载起步。

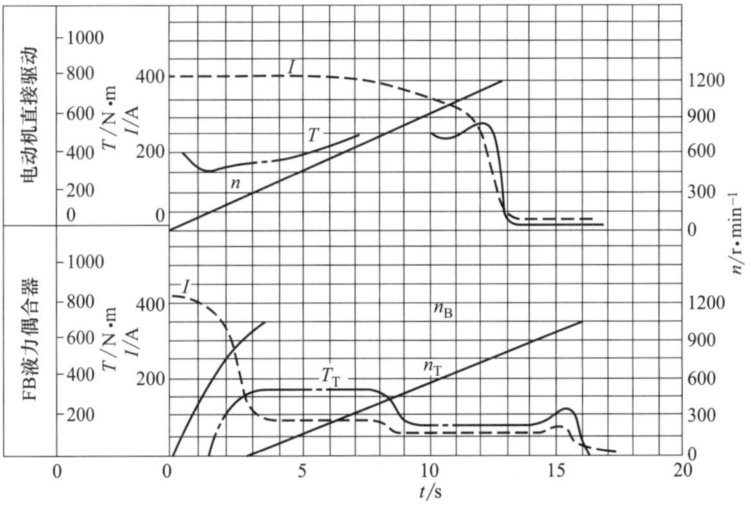

图 19-4-42　启动特性试验

I—电流曲线；T，T_T—电动机、液力偶合器输出力矩曲线；

n，n_B，n_T—电动机、泵轮、涡轮转速曲线

4.6.2 液力偶合器功率图谱

表 19-4-60 液力偶合器功率图谱

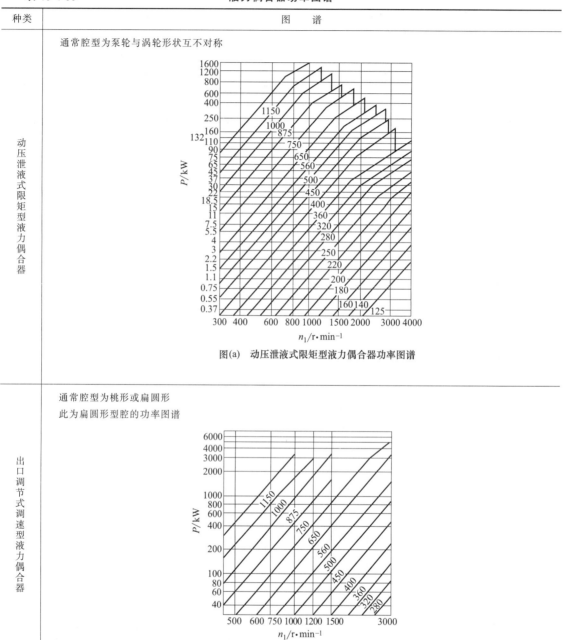

<table>
<tr><th>种类</th><th>图谱</th></tr>
<tr><td>动压泄液式限矩型液力偶合器</td><td>通常腔型为泵轮与涡轮形状互不对称
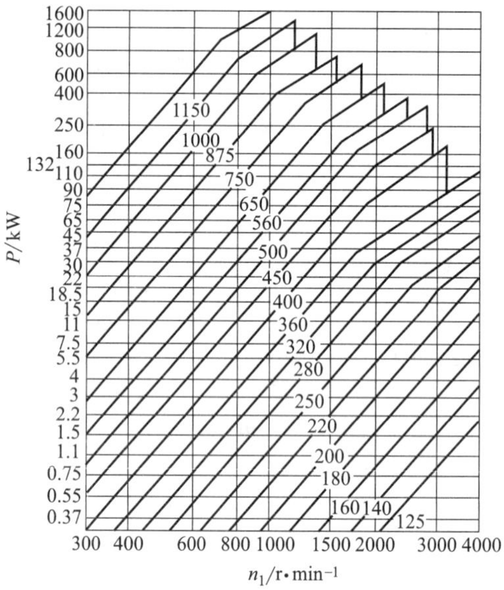

图(a) 动压泄液式限矩型液力偶合器功率图谱</td></tr>
<tr><td>出口调节式调速型液力偶合器</td><td>通常腔型为桃形或扁圆形
此为扁圆形型腔的功率图谱
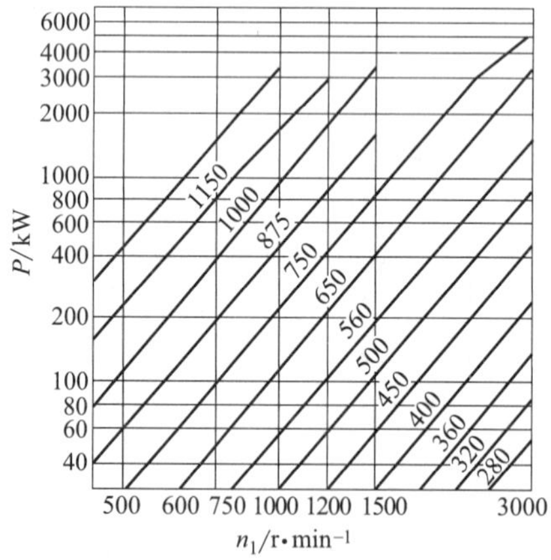

图(b) 出口调节式调速型液力偶合器功率图谱</td></tr>
</table>

4.6.3 限矩型液力偶合器的选型与应用

4.6.3.1 限矩型液力偶合器的选型

(1) 限矩型液力偶合器与电动机的匹配

① 保证传动系统的高效率。应使液力偶合器额定工况的输入特性曲线 $T_n=f(n_B)$ 与电动机外特性曲线交于额定工况点。或使液力偶合器额定力矩与电动机的额定力矩相等或接近。

② 对电动机的保护功能。应使液力偶合器零速

工况 i_0 的输入特性 $T_0=f(n_B)$ 曲线交于电动机尖峰力矩外侧的稳定工况区段上。这样，工作机因载荷过大而发生堵转时，电动机也不会堵转而烧毁。另外，液力偶合器的启动过载系数 T_{gQ} 和最大过载系数 T_{gmax} 均须小于电动机的过载系数 T_d。

③ 根据载荷性质选择液力偶合器。对于带载荷启动的工作机（如长距离的带式输送机），最好选 $\lambda_0=\lambda_{max}$ 的液力偶合器，以利用电动机的最大力矩启动载荷；对于阻力载荷小，惯性载荷占主要成分的工作机（如转子型破碎机），可选 λ_0 稍大于 λ_n 的液力偶合器；对于只起离合作用的，可选普通型液力偶合器，$\lambda_0\leqslant(4\sim5)\lambda_n$。

（2）限矩型液力偶合器与工作机的匹配

① 按工作机轴功率选择限矩型液力偶合器而不依电动机功率来选择液力偶合器，经验表明应使工作机、液力偶合器和电动机的额定功率依次递增 5%左右，即

工作机：液力偶合器：电动机＝1.0：1.05：1.10

② 按工作机载荷特性选液力偶合器。如带式输送机要求启动时间长、载荷曲线平滑、过载系数低，应选用带后辅腔（或加长后辅腔）的限矩型液力偶合器。

③ 根据使用工况选择偶合器。煤矿井下使用，必须选用防爆型水介质偶合器。露天使用须选用户外型偶合器等。

④ 根据连接方式选择偶合器。电动机与工作机平行传动，应选用带轮式偶合器；立式传动应选用立式偶合器。

⑤ 根据液力偶合器与动力机、工作机连接形式而选定偶合器连接结构，例如空心轴套装式、易拆卸式等。

⑥ 多电动机驱动同一工作机时实行顺序延时启动可大幅度降低启动电流。顺序延时多长为宜，应在前一台电动机启动电流峰值降至平缓时再启动第二台电动机。通常中小型笼型电动机启动时间约为 1～2.5s，可将间隔时间（即延时）设 3s 即可。如此可降低启动电流对电网的冲击，减低变压器的负荷。

⑦ 功率平衡及调节。多电机驱动同一工作机时，转动快的出力大，超负荷，转动慢的负荷不足，驱动系统总耗损加大。为此可调节偶合器充液量，使之达到功率平衡。

4.6.3.2 限矩型液力偶合器的应用

（1）大惯量设备的启动特性

限矩型液力偶合器多用于大惯量设备。大惯量设备是指运转部件质量大、难以启动的设备，如球磨机、破碎机、磨煤机、刮板输送机、带式输送机等均具有很大的启动惯量并难以启动，通常它们的启动力矩是额定力矩的 2～3.5 倍，若电动机选型不当或电压波动较大时就难以启动，甚至有时烧毁电动机。

按动力学分析，在载荷启动瞬间作用在电动机轴上的载荷启动力矩为

$$T_{ZQ}=T_c+T_a \tag{19-4-25}$$

式中　T_c——与转速无关的摩擦阻力矩，是轴承及机械接触摩擦力矩与鼓风阻力矩之和，对具体设备为常量；

T_a——载荷加速力矩，$T_a=J\varepsilon$。

加速力矩与系统的转动惯量 J 及角加速度 ε 有正比关系，或者与系统物体质量 m，加速度 a 成正比，而与载荷加速时间 t 成反比，因此载荷加速时间越短，加速力矩 T_a 和 T_{ZQ} 就越大。电动机直连传动启动时，构成冲击载荷，加速时间极短，则启动力矩很大而难以启动。若电动机拖不动则形成“闷车”而加长了启动电流持续时间，再严重时就烧毁电动机。加装液力偶合器改善了电动机启动状况，是解决上述问题的有效办法。

（2）电动机启动能力的提高

通常笼型电动机的启动力矩远小于其最大力矩，配以液力偶合器后使其联合工作的启动力矩大为增高（甚至接近电机的最大力矩），且使电动机起步瞬间接近空载启动。

动力机加装液力偶合器传动后，直接负载由工作机改为偶合器泵轮，因偶合器泵轮力矩与其转速的 2 次方成正比且转动惯量很小，故动力机近似等于带偶合器泵轮空载启动，所以启动轻快平稳、启动时间短、启动电流均值低、对电网冲击小，启动性能得以改善。涡轮启动后输出力矩立即升高（见图19-4-41）。

图 19-4-43（a）为电动机带偶合器泵轮启动状态，泵轮与电动机转子同步升速，若外载荷阻力足够大，则泵轮沿 oem（$i=0$）上升与电动机特性曲线交于 m 点，此时涡轮力矩为 om'，若阻力较小，则 T_T 为 $oq's'$ 曲线至 b' 点，稳定运行。图 19-4-43（b）为电动机与偶合器（涡轮）联合输出特性曲线。可见加装液力偶合器后：①偶合器输出力矩 om' 远大于电动机启动力矩 oq；②工作机启动时的加速力矩 ΔT_2 远大于电动机直接驱动时的加速力矩 ΔT_1。因此既利于电动机的空载启动，而又增大其启动能力。

（3）限矩型液力偶合器的节能效果（表 19-4-61）

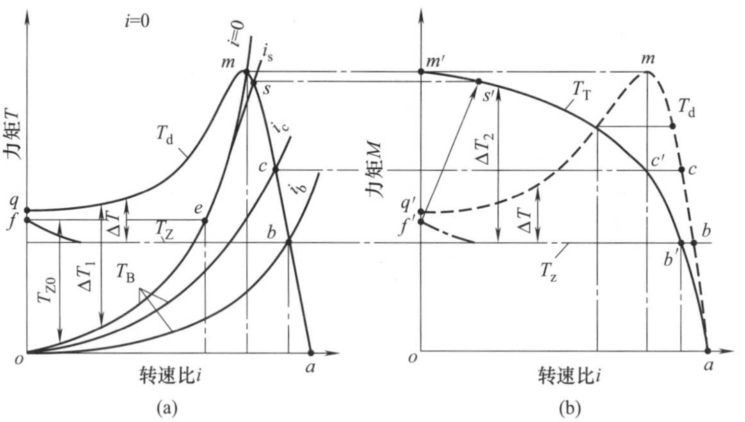

图 19-4-43　装与不装液力偶合器电动机启动特性分析

T_Z—工作机负载力矩；T_d—电动机转矩；T_B—偶合器泵轮力矩；T_T—偶合器涡轮力矩；

ΔT_1—电动机带偶合器启动时其转子与偶合器泵轮的加速力矩；

ΔT_2—工作机启动时的加速力矩；ΔT—电动机直接驱动工作机

时的启动加速力矩；T_{Z0}—工作机启动静阻力矩

表 19-4-61　　**限矩型液力偶合器的节能效果**

两步启动改善了启动性能，降低了工作机启动力矩而节能	在电动机与载荷之间加装液力偶合器，使原来的“直联”中间加入柔性的液力传动，变“直联”时的一步启动为两步启动。即第一步电动机带液力偶合器泵轮起步，由于液力偶合器力矩与转速平方成正比（$T\propto n_1^2$），$n_1=0$ 则 $T_B=T_D=0$。使电动机空载起步，并在轻载软启动下迅速升速。随电动机转速上升 $T_B=(T_T)$ 亦升高，当 $T_B=T_T\geqslant T_{ZQ}$时，涡轮带动载荷起步、升速。由电动机起步到涡轮起步为第一阶段（时间 t_1），涡轮带动载荷起步到额定转速为第二阶段（时间 t_2），整个启动时间 $t=t_1+t_2$。t_1为电动机启动时间，t_2为载荷起步时间。t_2取决于载荷的转动惯量 J 和角加速度 ε 及传动系统的动力状况。若加装的是限矩型液力偶合器，则启动过程为不可控的软启动，启动时间的长短取决于液力偶合器腔型结构和载荷状况。加装调速型液力偶合器则为可控的软启动，可人为控制启动时间长短，以调节加速度。如无特殊要求，一般的大惯量设备选用限矩型液力偶合器已可满足要求。加装限矩型液力偶合器后启动时间通常在 10s 左右，调速型液力偶合器可长达 2min 由图(a)可见，应用液力偶合器后提高了电动机启动载荷能力，小电动机能够启动原大电动机才能启动的载荷（$T_{TQ}>T_{ZQ}$） 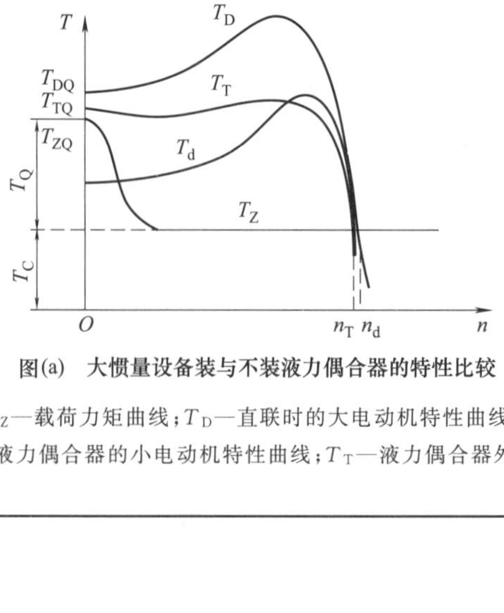 **图(a)　大惯量设备装与不装液力偶合器的特性比较** T_Z—载荷力矩曲线；T_D—直联时的大电动机特性曲线； T_d—加装液力偶合器的小电动机特性曲线；T_T—液力偶合器外特性曲线

续表

降低了启动电流及其持续时间——电动机空载启动节能	加装液力偶合器后的两步启动使电动机与载荷的启动电流相互错开、不叠加，又由于电动机空载启动后接下的是轻载软启动（$T_B \propto n_1^2$启动中转速低、力矩小，电流低），电动机升速快。所以降低了启动电流及其持续时间。与电动机直联传动相比，有明显的启动节电值[图(b)] 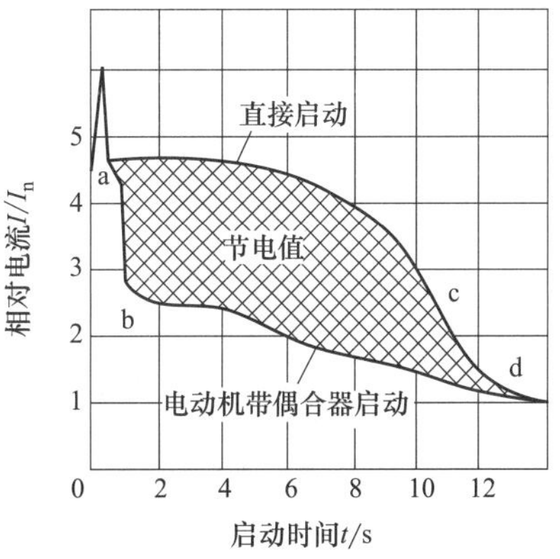 图(b)　应用液力传动电动机空载启动节能原理图
提高了电动机启动载荷的能力	在启动过程中随着电动机转速的升高，泵轮力矩亦升高，在某一转速下 $T_B=T_T \geqslant T_{ZQ}$ 时，涡轮带着载荷起步运转。可见并非以电动机的启动力矩去直接启动载荷，而是以涡轮的启动力矩（T_{TQ}）去启动载荷。故液力传动的应用，提高了电动机启动载荷的能力
匹配合理，降低装机容量而节能	加装液力偶合器，一方面使载荷启动力矩降低了，另一方面又提高了电动机启动载荷的能力，因此可降低配用电动机的机座号，应用小规格电动机即可满足大惯量设备的启动要求[图(a)]。利用涡轮启动力矩启动载荷后，在稳定运行时因接近其额定工况运行，故运行功率因数高，效率高，自身损耗（风损，铁损，铜损等）小，虽然液力偶合器有4%左右的转差损失，但与其效益相抵后仍有较好的技术经济效益，有明显的节电效果。若选用闭锁型液力偶合器则省去转差损失，可达到100%传动功率

（4）液力偶合器在典型的大惯量设备上的应用（表19-4-62）

表19-4-62　　液力偶合器在典型的大惯量设备上的应用

带式输送机	带式输送机是应用限矩型液力偶合器较多的大惯量设备。启动难、停车难和启动时的纵向振荡波是带式输送机的三大技术难题。液力偶合器的应用可以很好地解决上述难题。图(a)为带式输送机驱动系统 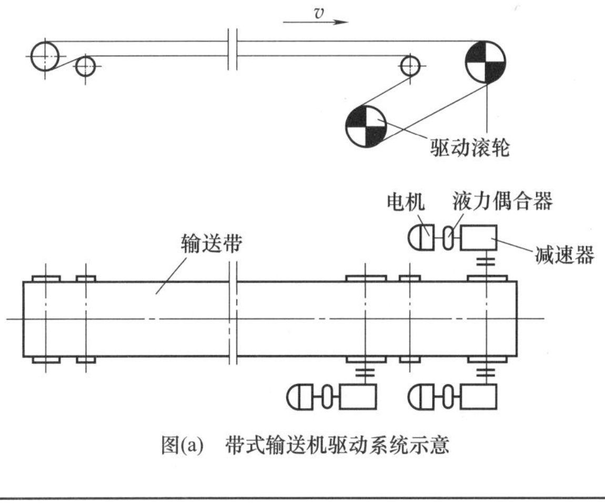 图(a)　带式输送机驱动系统示意

续表

带式输送机	带式输送机采用液力偶合器的优越性	①可采用廉价的笼型电机，限矩型液力偶合器与笼型电机相匹配，可使电动机空载起步，并能以其尖峰力矩去启动载荷，解决满载启动难的问题。并且合理的设计可降低电动机机座号，节约能源 ②由于限矩型液力偶合器有力矩过载保护和工作液体过热保护，可防止设备事故和烧毁电动机 ③由于延长启动时间和平稳启动，可有效地控制启动和运行中输送带的张力，从而可降低对输送带抗张强度的要求，并延长输送带的使用寿命 ④在多电动机驱动或多级驱动时，可通过对限矩型液力偶合器充液量的调节或对调速型液力偶合器导管开度的调节来使各电动机功率平衡。且可顺序延时启动，降低启动电流峰值，减低变压器容量 ⑤可使电动机空载启动，缩短启动电流持续时间，从而减少启动能耗和减弱对电网的冲击。可以隔离扭振，减缓冲击，从而延长机械设备的使用寿命 ⑥运行可靠，维修费用低。传动系统越简单，运行可靠性越高，维修费用就越低。事实证明，与其他传动方式相比，笼型电动机与限矩型或调速型液力偶合器相匹配，在可靠性和维修费用低等方面有突出优点	
	匹配设计要点	带式输送机是对驱动系统性能要求较高的大惯量设备，颇具代表性 ①满载启动　通常带式输送机均需按满载启动，尤其是长运距、大容量的带式输送机，输送带上常常载满物料，若使物料卸空是很难办到的。再者带式输送机在运转中一旦出现故障须紧急停车，再启动时即为满载启动，这是在设计中必须考虑的问题 ②延长启动时间达到平稳启动并减小输送带的启动张力　满载启动时须使启动力矩高于输送系统的静阻力矩，高出部分为加速力矩，构成系统加速度。因此为得到匀加速运动(即平稳启动)，必须保持低值加速度并避免出现加速度峰值，即应在电机热负荷允许的最长时间内使载荷启动完毕。输送带系统的加速度由式(19-4-26)确定 $$a_A=\frac{F_A-F}{\sum m} \quad (19\text{-}4\text{-}26)$$ 为了控制启动过程，达到较好的技术经济指标，带式输送机的启动张力应满足以下要求 $$F_A\leqslant(1.3\sim1.7)F$$ 为此液力偶合器的启动过载系数 $$T_{gQ}=\frac{T_Q}{T_H}\leqslant1.3\sim1.7$$ 为了避免输送带的伸长效应所引起的纵向振荡，启动张力 F_A 在输送带内应缓慢传递，以较小的启动加速度和较小的启动张力启动载荷，从而降低对输送带抗张强度的要求，并延长输送带的使用寿命 输送带成本在带式输送机中占较大的比重。例如，400m长的带式输送机，输送带成本占整机的40%左右，输送机越长所占比重越大。故延长启动时间、控制启动张力、对降低输送带抗张强度的要求具有一定的技术经济效益 ③为保护电动机不超载，须使液力偶合器的最大过载系数不大于电动机的过载系数，即 $$\text{液力偶合器 } T_{gmax}=\frac{T_{max}}{T_H}\leqslant\frac{\text{电动机最大转矩}}{\text{电动机额定转矩}}=1.4\sim2.2$$ ④为避免减速器输入轴断轴，应不使其承担液力偶合器质量，而应选择安装并承担其质量在电动机轴上的液力偶合器结构形式，即 YOX_F 型液力偶合器，是带式输送机专用配套产品 按我国带式输送机行业的DTⅡ(A)型带式输送机设计手册所载，功率在45kW以上的通用带式输送机均应配用 YOX_F 型(或YOXⅡ)限矩型液力偶合器，对于外装式电动滚筒(减速滚筒)型带式输送机，功率在18.5kW以上者即应采用限矩型液力偶合器 限矩型液力偶合器用于大惯量设备上十分明显的效果是解决了启动困难问题和降低电动机机座号，因而应用广泛，但其对载荷的软启动是自身形成而非人为可控的。因此一些对启动性能要求更高的设备(如某些带式输送机)选用调速型液力偶合器，除具有限矩型液力偶合器的优良性能外，还具有可控的软启动和无级调速性能，使启动过程时间、启动加速度值均可人为设定，满足工程项目要求。近年来，一些大型带式输送机、煤矿井下顺槽可伸缩带式输送机越来越多地应用调速型液力偶合器	F_A——驱动滚筒的启动圆周力(启动张力) F——驱动滚筒稳定工况时的圆周力 $\sum m$——输送系统的直线与旋转运动构件的总质量

续表

刮板输送机		我国刮板输送机对限矩型液力偶合器应用最多，约占全国限矩型液力偶合器产量的60%。刮板输送机主要应用在煤矿井下输送煤炭和在火(热)电厂输送灰渣。在输送链的刮板当中堆满煤炭或灰渣，由于输送料、链条与刮板质量较大，需较大启动力矩才能启动，故属于大惯量设备
	我国矿用液力偶合器现状	用于煤矿刮板输送机的限矩型液力偶合器数量最多，质量低劣。矿用液力偶合器须有防燃防爆功能，因此必须以清水(或难燃液)为工作介质，以矿物油为工作介质的液力偶合器不允许下井。矿用液力偶合器必须适应井下刮板输送机的重载启动、频繁启动与时常发生的超载运行等恶劣的井下作业条件，此为当前我国煤矿应用中的现实情况 由于当前我国液力行业多数厂家的产品质量满足不了煤矿井下作业的需要，因而使用寿命短，一般只有3～6个月，甚至有的一周左右即报废。有时因液力偶合器出现问题而停产，经济损失严重。究其原因，一是产品质量低下，二是运行中的违规操作常有发生
	匹配设计要点	煤炭行业下井安全许可证明确规定，杜绝使用油介质液力偶合器。使用单位绝不可心存侥幸沿用油介质液力偶合器 ①刮板输送机重载启动，要求其限矩型液力偶合器的过载系数为2.5～3.5。否则启动和超载时均满足不了使用要求 ②必须应用水介质(或难燃液)液力偶合器，且易熔塞的易熔温度必选用115℃±2℃ ③下井的液力偶合器须按规定装置易爆塞，壳体爆裂强度须高于3.4MPa(煤炭行业标准规定值) ④必须获得井下安全许可证的产品，方可下井使用
球磨机		包括有磨煤机、矿山球磨机、水泥球磨机和陶瓷球磨机等。球磨机是比较典型的大惯量、启动沉重型设备，其启动力矩通常为额定力矩的2.5～3.5倍。而常用较大规格电动机(y系列)启动力矩仅为额定力矩的1.4倍，小型电动机也仅为2.2倍。为对大惯量设备能满载启动常选用大规格电动机，故而造成"大马拉小车"的欠载运行状况，如此造成稳态运行时电动机运行效率低、功率因数低、功耗大的不合理状况。应用限矩型液力偶合器即可解决上述问题
优点及应用实例		应用液力偶合器可使设备系统分两步启动：第一步是电动机空载启动然后带动泵轮软启动，对电动机十分有利；当泵轮、涡轮力矩升高到载荷的启动力矩时涡轮起步并升速，即为第二步启动开始，直到升到额定转速时为启动完毕。第二步缓慢启动使载荷启动加速度和启动力矩大为降低。而此时由于电动机转速已升高、力矩已增大。此时载荷启动力矩降低，故使启动极为顺利。选用较小规格电动机即可满足启动要求。小规格电动机既利于启动而又在运行中因接近额定工况而提高了功率因数和运行效率，减少了功耗。有较好技术经济效益 ①广东省佛山市某厂生产的QMP3000×4650陶瓷球磨机，筒体回转部分总重72t，原用4极110kW电动机启动尚有困难。而加装限矩型液力偶合器后，配用4极75kW电动机即可顺利启动和运行 ②广东省某县水泥厂ϕ1.2m×4.5m水泥球磨机原为6极75kW电动机驱动，启动电流高、对电网冲击大，经常启动困难。后改为6极55kW电动机加装限矩型液力偶合器驱动，不仅启动顺利运行正常，且有明显节能效果 我国拥有各类球磨机近数十万台，如以液力传动进行技术改造，其技术经济效益相当巨大。矿山球磨机是典型的低速、重载、大功率设备，其电动机功率多为400kW以上的低速同步电动机。由于低速电动机设备笨重，价格昂贵，如以高速异步电动机加装液力偶合器和齿轮减速器进行技术改造，则其技术经济效益相当可观

4.6.4 调速型液力偶合器的选型与应用

调速型液力偶合器多用于风机、泵类的调速运行并有节能效果。

4.6.4.1 我国风机、水泵运行中存在的问题

① 单机效率低，国内产品比国外的效率约低 5%～10%，在市场竞争条件下制造厂应极力提高产品质量。

② 系统运行效率低，据查曾有某钢铁企业机泵实际运行效率仅为 6%，这是因为系统单机匹配选型不当，裕度系数过大和不合理的调节方式所造成。

裕度系数过大由两方面造成：一是设计规范的裕度系数过大，“宽打窄用”；另一是单机选型过大，向上靠挡，宁大勿小。最终造成整套系统“大马拉小车”欠载运行的不合理匹配状况。

图 19-4-44 中 A 点是额定点（高效点），由于机泵选型过大（流量 Q_A 过大），需节流调节流量使运行点偏离至 B 点降到所需流量 Q_B，则机泵效率由 η_{max} 降到 η_B，浪费能源。若采用调速调节流量至 Q_B，则可仍保持机泵的高效率而节约能源。

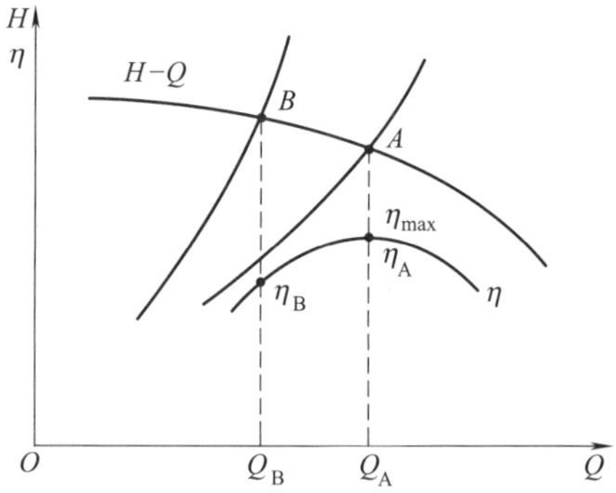

图 19-4-44　机泵偏离额定点运行时的效率

③ 大多数企业仍在沿用落后技术——管道闸阀节流方式，先进的调节方式应用尚少。若改为调速调节可节能 20%～40%。

④ 运行管理粗放，风机放空，水泵回流，跑、冒、滴、漏现象随处可见，使能源浪费严重。专家认为加强管理可拿回 10%能源。

因此，大力开展机泵节能改造，刻不容缓，利国利民。

4.6.4.2 风机、水泵调速运行的必要性

表 19-4-63　风机、水泵调速运行的必要性

节能的要求	设计规范过大的流量、压头裕度系数使在线运行的机泵参数均远大于所需，通常以节流调节纠正过大的流量造成能源浪费，而变速调节的应用就会节省这部分能源。在大幅度调小流量时，调速调节又比节流调节节约更多的能源。故调速运行是风机、水泵节能的重要途径
灵活选型的需要	风机、水泵规格型号不可能太多，很难与项目所需参数吻合，靠上一挡选型裕度太大，靠下一挡选型又容量不足。采用调速运行可以为选型带来方便
工艺流程调节的需要	锅炉是火(热)电厂的重要动力设备，其运行的好坏与工艺流程调速节能直接关联。尤其是循环流化床锅炉，由于结构和燃烧机理复杂，如若调节控制不当，就难以达到理想燃烧状态。例如炉内燃烧的供氧量由一、二次风机调控，要求一、二次风量要有恰当的比例，此比例与燃烧成分、炉型等因素有关，故一、二次风机均须调速运行。炉膛压力由引风机调控；负荷由燃烧量与风量调控；床温由反料量与风量、燃烧量调控；这些调控均关联着送、引风机风量的调控，风量调控的好坏直接影响到电厂的技术经济效益，故风机须与有关设备联控调速运行
自动化控制的需要	电厂锅炉采取自动控制十分重要，这就要求锅炉辅机风机、水泵联网控制、调速调节流量，提高锅炉运行的技术经济效益

4.6.4.3 各类调速方式的比较

对于交流电动机拖动的工作机，其转速表达式通常可以写成

$$n=n_D i_C i \qquad (19\text{-}4\text{-}27)$$

$$n_D=n_0(1-S)=60f/p(1-S)$$

$$i=n_T/n_B=1-S_T$$

式中　n_D——电动机转速；

i——调速装置输出/输入转速比；

i_C——机械传动装置的转速比。

故　$$n=60f/p(1-S)i_C(1-S_T) \qquad (19\text{-}4\text{-}28)$$

式中　f——电动机用电频率，Hz；

p——电动机极对数；

S——电动机转差率；

S_T——调速装置转差率。

由式（19-4-28）可见，由交流电动机拖动的工作机转速调节由以下参数变化决定：

① 改变电动机用电频率 f，如变频调速；

② 改变电动机极对数 p，如变极调速；

③ 改变电动机转差率 S，如定子调压调速、转子串电阻调速、串级调速；

④ 改变调速装置转差率 S_T，如电磁滑差离合器调速、液力偶合器调速、液黏调速离合器调速。

除液力偶合器和液黏调速离合器为机械调速方式外，其他均为电气调速方式。在电气调速方式中，电磁滑差离合器为独立的单体调速装置，其他均为控制电动机调速。变极调速、变频调速和定子调压调速，三者属于笼型电动机调速；转子串电阻调速和串级调速属于绕线型电动机调速。

表 19-4-64 为各类调速方式的比较，其中应用较为广泛的是变频调速和液力偶合器调速。

表 19-4-64　各类调速装备技术经济性能比较

调速装置	调速原理	可靠性	转差损失	调速范围/%	调速精度	传递功率	功率因数		谐波污染	使用维护	总效率		初始投资
							100%转速	50%转速			100%转速	50%转速	
变极调速	改变电动机极对数	决定于换极开关	小	有级调速	高	各种功率	0.9	0.9	无	简易	0.95		低
变频调速	改变频率 f	决定于元件质量	小	14.3～100	高	中小功率	0.9	0.3	最大	技术水平要求高	0.95	0.8	最高
变压调速	改变电压 u	较高	有,不能回收	80～100	一般	小功率	0.8	—	较大	较简易	0.95	—	较低
串级调速	改变转差率 S	较高	有,能回收	50～100	高	中小功率	0.77	0.4	较大	技术水平要求较高	0.95	0.83	较高
转子串电阻调速	改变转差率 S	较高	有,不能回收	50～100	一般	各种功率	0.9	0.65	无	技术水平要求较高	0.95	0.5	低
电磁滑差离合器	改变转差率 S	高	有,不能回收	10～100	一般	小功率	0.9	0.65	无	技术水平要求较高	0.95	—	低
液力偶合器调速	改变偶合器转差率 S	高	有,不能回收	20～97	较高	无限制	0.9	0.65	无	较简便	0.97	0.5 $T=c$ 0.8 $T\propto n$	较低
液黏调速	改变离合器转差率 S	较高	有,不能回收	0～100	较高	中小功率	0.9	0.65	无	技术水平要求较高	1		较低

注：T 为力矩，c 为常数，n 为转速。

4.6.4.4　应用液力偶合器调速的节能效益

表 19-4-65　应用液力偶合器调速的节能效益

匹配合理，降低装机容量	由于调速型液力偶合器可使电动机带大惯量载荷空载启动，因而电动机选型时可适当降低安全系数，避免"大马拉小车"现象。与原来的刚性传动相比，最低可降低一个电动机机座号，装机容量约降低10%～25%。由于匹配经济合理，所以节能
降低电动机启动功率消耗	因液力偶合器解决了大惯量机械的启动困难问题，所以电动机的启动电流均值低，启动电流持续时间短，对电网冲击小，启动时耗用功率低。特别是对于多机驱动设备，由于应用液力传动可以使各电动机顺序延时启动，因而避免了多电动机同时启动对电网的冲击，降低了启动电流，对于启动时间长、启动频繁的机械，使用液力偶合器节能显著

续表

降低设备故障率，提高设备使用寿命	因液力偶合器具有柔性传动、减缓冲击、隔离扭振、过载保护等功能，所以应用液力偶合器传动能提高传动品质，降低设备故障率和延长设备使用寿命。例如，除尘风机使用一段时间后，就会因叶片结垢而失去平衡。而应用液力偶合器调速，可以在低转速下用高压水冲洗叶片，这样就能使风机经常在平衡状态下运转，使用寿命得以提高。再如渣浆泵的叶轮磨损量与其转速的立方成正比，应用液力偶合器调速，在不需要高流量时，使渣浆泵降速运行，故可降低叶轮磨损和提高使用寿命
提高产量	应用液力偶合器调速之后，因降低了设备故障率和停工时间，故产量随之增加。例如，上钢三厂在 25t 转炉除尘风机上使用调速型液力偶合器调速运行，风机大修期由原每次 329 炉提高至每次 898 炉，每年因减少停工而增产 2360.7t 钢，所回收的煤气纯度和质量均有所提高
调速调节节能	以上四个方面的节能和效益，任何设备应用液力偶合器传动均能获得。而调速调节节能却只有在离心式机械上应用才能获得。离心式机械的流量与转速的一次方成正比，而功率与转速的立方成正比，所以降速之后，功率大幅度降低。而恒力矩机械应用液力偶合器不仅不节能，反而会因功率降低而耗能

4.6.4.5 风机、泵类调速运行的节能效果

节能是一种相对概念，在完成相同产量情况下，乙比甲减少了能源消耗，则乙相对于甲就是节能产品。随着技术进步，节能产品的概念非一成不变的，风机、泵类调速运行的节能效果，是与节流调节的耗能比较的结果。所谓节流调节，就是用关小阀门开度提高管网阻力办法来调节流量。

不改变管网曲线，通过改变风机、水泵的转速从而改变特性曲线来进行流量调节的称为调速调节，调速调节能够节能，这是由离心式风机、水泵自身的特性决定的。

当离心式风机、水泵的转速从 n 改变到 n' 后，其流量 Q、压头 H 及功率 P 的关系如下

$$Q'/Q=n'/n,\ H'/H=(n'/n)^2,\ P'/P=(n'/n)^3$$

即流量与转速的 1 次方成正比，压头与转速的 2 次方成正比，功率与转速的 3 次方成正比。由此可见，若风机、水泵等离心式机械的转速降低 1/2，则功率降低为原来的 1/8。许多变工况运行的风机、水泵，采用调速运行其节能效果相当显著。在图 19-4-45 中，当流量由 Q_1 降至 Q_2，若用节流调节，所耗功率相当于 OH_2BQ_2 所围起来的面积，而采用调速调节，则所消耗功率相当于 OH_3CQ_2 所围起来的面积，两者比较，阴影斜线部分相当于节省功率，显然节能相当可观，而且流量调节幅度越大，节能越高。

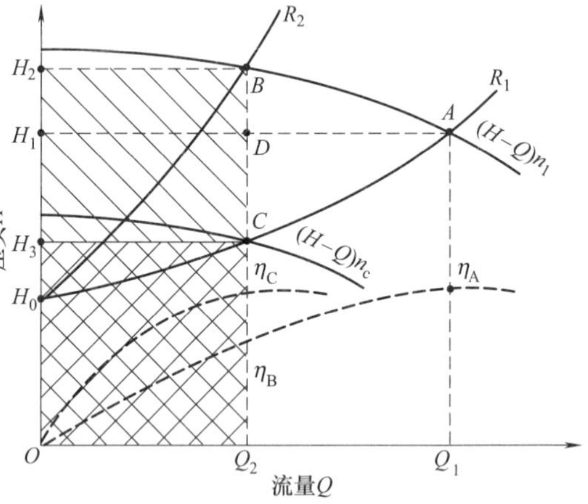

图 19-4-45 水泵节流调节与调速调节耗能比较

4.6.4.6 风机、泵类流量变化形式对节能效果的影响

表 19-4-66 风机、泵类流量变化形式对节能效果的影响

风机、泵类流量变化形式	恒流量型	流量基本不需要调节
	中低流量变化型	流量变化范围低于 50%～100%，见图(a) 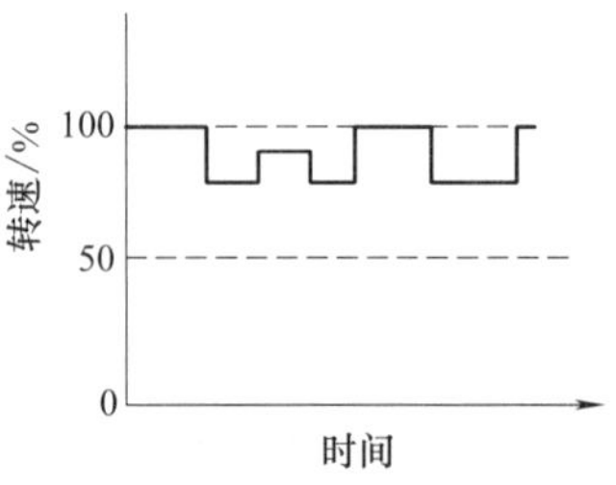 图(a) 中低流量变化型

续表

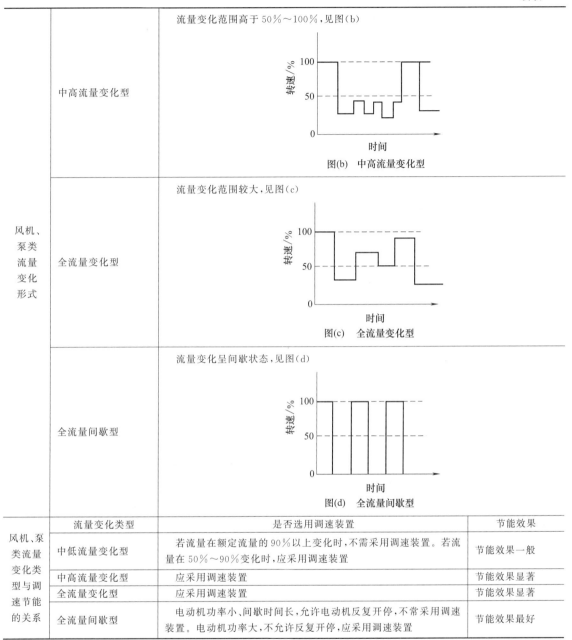

<table>
<tr><td rowspan="3">风机、泵类流量变化形式</td><td>中高流量变化型</td><td>流量变化范围高于 50%～100%，见图(b)
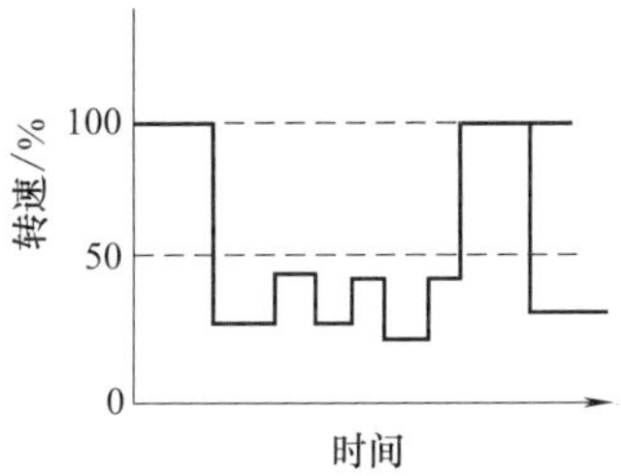

图(b)　中高流量变化型</td></tr>
<tr><td>全流量变化型</td><td>流量变化范围较大，见图(c)
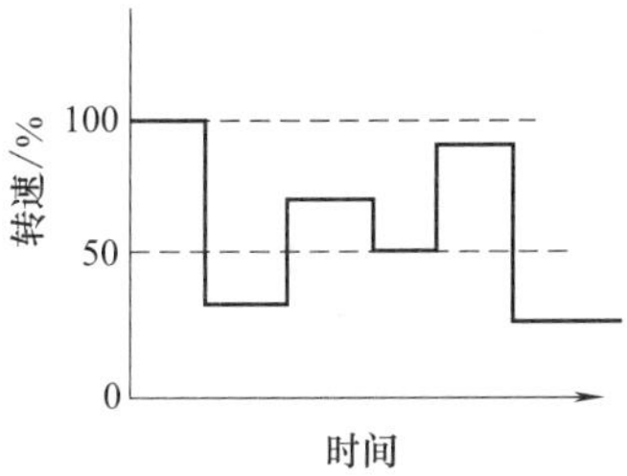

图(c)　全流量变化型</td></tr>
<tr><td>全流量间歇型</td><td>流量变化呈间歇状态，见图(d)
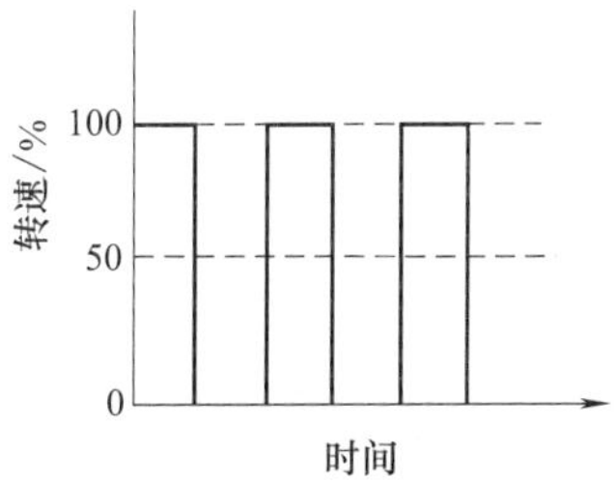

图(d)　全流量间歇型</td></tr>
</table>

风机、泵类流量变化类型与调速节能的关系	流量变化类型	是否选用调速装置	节能效果
	中低流量变化型	若流量在额定流量的 90%以上变化时，不需采用调速装置。若流量在 50%～90%变化时，应采用调速装置	节能效果一般
	中高流量变化型	应采用调速装置	节能效果显著
	全流量变化型	应采用调速装置	节能效果显著
	全流量间歇型	电动机功率小、间歇时间长，允许电动机反复开停，不常采用调速装置。电动机功率大，不允许反复开停，应采用调速装置	节能效果最好

4.6.4.7　调速型液力偶合器的效率与相对效率

液力偶合器特性之一是效率等于转速比（即 $\eta=i$），不管是调速型还是限矩型液力偶合器均有此特性。但在谈及功率损耗则另有一番状况。对于恒力矩载荷的调速，相对损耗功率等于 1 减去效率（即 $\overline{P}_S=1-i=1-\eta$），即最大损耗功率在 $i=0.33$ 点，其值为全功率的 0.67。对于风机、水泵（$P\propto n^3$）类型载荷，相对损耗功率 $\overline{P}_S=i^2-i^3$，最大值在 $i=0.66$ 点，$\overline{P}_{Smax}=0.148$（理论值），即最大损耗功率为额定功率的 0.148 倍。损耗功率值在 $i=0\sim0.97$ 区间上呈正态分布规律，在 $i=0.66$ 点有极值。在 $i=0$ 和 $i=0.97$ 处损耗功率极少。因此，风机、水泵在低转速比运行时，虽然效率不高，但因输入功率小，损耗功率很少，故仍有调速节能意义。

为了避免人们把风机、水泵调速运行中的损耗功率与效率等同看待，液力传动中特引入一个相对效率的概念。

额定功率与任意工况损失功率之差与额定功率之比称为相对效率$\bar{\eta}$，即

$$\bar{\eta}=\frac{P_H-P_S}{P_H}=1-\frac{P_S}{P_H} \qquad (19\text{-}4\text{-}29)$$

显然，最大损失功率工况（$i=2/3$），即为最低相对效率工况，此时

$$\bar{\eta}_{min}=1-\frac{P_{Smax}}{P_H}$$

将$P_{Smax}=0.148P_H$代入上式，得最低相对功率

$$\bar{\eta}_{min}=1-\frac{0.148P_H}{P_H}=0.852$$

因此，与额定工况运行相比，液力调速的相对效率范围为0.852～0.97。

调速型液力偶合器与限矩型液力偶合器在运行中输入转速基本不变，在较低输出转速时它们的损耗功率有明显不同。这是由于外载荷的变化和工作腔充液量不同所致。限矩型液力偶合器在较低输出转速时工作腔充液量变化不很大（有部分工作液体泄入辅助腔），其泵轮从动力机仍吸收不小的功率，故有较大的损耗功率。而调速型液力偶合器则不同，在较低输出转速时，工作腔充液量较低，则泵轮从动力机吸收较小功率，损耗功率较小。调速型液力偶合器运行中相对损耗功率见表19-4-67，在额定工况$i=0.97$时，相对损耗功率$P_S/P_H=0.029$，$i=0.66$时P_S/P_H最大值为0.148，可见液力调速的功率损失并不很大，在低转速比的调速状态下仍有明显的节能效益。

表19-4-67　液力调速相对损耗功率状况

i	1.0	0.97	0.95	0.90	0.85	0.80	0.75	0.70	0.66
$\frac{P_S}{P_H}$	0	0.029	0.045	0.081	0.108	0.128	0.140	0.147	0.148
i	0.60	0.55	0.50	0.45	0.40	0.35	0.30	0.25	0.20
$\frac{P_S}{P_H}$	0.144	0.136	0.125	0.112	0.090	0.08	0.063	0.047	0.032

4.6.4.8　调速型液力偶合器的匹配

调速型液力偶合器与异步电机匹配使用，适用范围很广，归纳起来可适用于图19-4-46所示五类典型的载荷。调速型液力偶合器应用于不同类型载荷，会有不同的工作区域和调速范围。图中纵坐标$T_K=T/T_H$为相对力矩，T为载荷力矩，T_H为额定转差率下偶合器输出力矩。各条细实线为在不同导管开度时偶合器的特性曲线。图中分为四个区域：Ⅰ、Ⅳ为启动区域；Ⅱ为调速工作区域；Ⅲ为超载区域。5条粗实线为各类典型载荷的特性曲线：曲线1为递增力矩曲线，力矩随转差率的上升而增加。例如输送高黏度液体的泵的特性曲线。曲线2为恒力矩曲线，例如带式输送机、斗式提升机的载荷特性。曲线3为递减力矩曲线，例如调压运行的锅炉给水泵载荷特性。曲线4为抛物线力矩曲线，例如无背压运行的透平式风机、水泵载荷特性。曲线5为陡降力矩曲线，例如恒压运行的锅炉给水泵载荷特性。

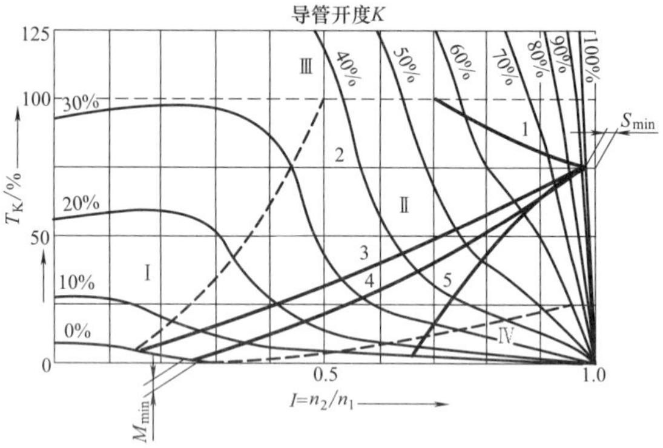

图19-4-46　调速型液力偶合器与各类载荷的匹配及调速范围（调节特性）

传动系统稳定运行的必要条件是液力偶合器某一导管开度的特性曲线与载荷特性曲线相交。两曲线交角越大，运行越稳定；接近平行则不稳定。交点的纵、横坐标值即为该工况点的相对力矩和转速比。

液力偶合器与某种工作机联合工作的调速范围，为在区域Ⅱ中该种工作机载荷曲线的横坐标的区间长度（即从最小转速比至额定转速比）。如图中抛物线力矩载荷（曲线4）的调速范围，一般为$i=0.25$～0.97（最大调速范围可达$i=0.20$～0.97）。恒力矩载荷（曲线2）调速范围$i=0.4$～0.97（最大调速范围$i=0.33$～0.97）。

通过对图19-4-46的分析，可得出如下结论。

液力偶合器的调速范围主要决定于载荷特性，液力偶合器自身因素影响较小。同一台液力偶合器对于不同特性的载荷，则有不同的调速范围。

调速范围的大小既决定于载荷特性，又决定于匹配状况。例如图19-4-46中曲线2若向上或向下平移（即变换工作机规格和改变匹配状况），会引起调速范围的改变。其他载荷曲线上、下平移时效果亦同。

曲线3、4、5所代表的载荷，在减小液力偶合器充满度、降低转速时驱动功率大幅度下降，与管路节流调节流量相比有明显的节能效果；而曲线1、2类型载荷在调低转速时不能降低能源消耗，即不节能。

液力偶合器的额定转差率决定于匹配状况。通常调速型液力偶合器额定转差率范围$S_H=1.5\%$～3%。其中$S_H=1.5\%$对应着传递功率范围下限值；

$S_H=3\%$对应着传递功率范围上限值。在进行匹配时，为减小液力偶合器额定工况发热和减少冷却水的消耗（缺水地区此点尤为必要），应选液力偶合器规格稍大一些，则 S_H接近 1.5%；若为了传递较大功率，应使 T_K高些，则 S_H大些。图 19-4-46 中的匹配使 $T_K=75\%$，表明载荷力矩 T 仅为液力偶合器额定力矩 T_H的 0.75 倍，则运行中偶合器的转差率 $S_H<3\%$。这意味着偶合器选得稍许大了些，这样可有较小的转差率，较宽的调速范围，较大的过载能力。

4.6.4.9　调速型液力偶合器的典型应用与节能

表 19-4-68　调速型液力偶合器的典型应用与节能

电力行业	电力行业是应用液力偶合器较多的行业，图(a)为液力偶合器在常规火(热)电厂的应用示例(图中以◐代表液力偶合器)。其中锅炉给水泵，锅炉送、引风机，热网循环泵和灰浆泵等对于调速型液力偶合器应用较多。热电厂的负荷是按电网要求按季度而变化的，因此风机、水泵也要变负荷调速运行。火(热)电厂是生产电(热)能的企业，但同时又是消耗电能的大户。通常风机、水泵的耗电量约占其发电总量的 5%～10%，可见风机、水泵的节电很重要。近年来一些热电厂采用了液力偶合器调速，以替代节流调节，取得了显著的技术经济效益 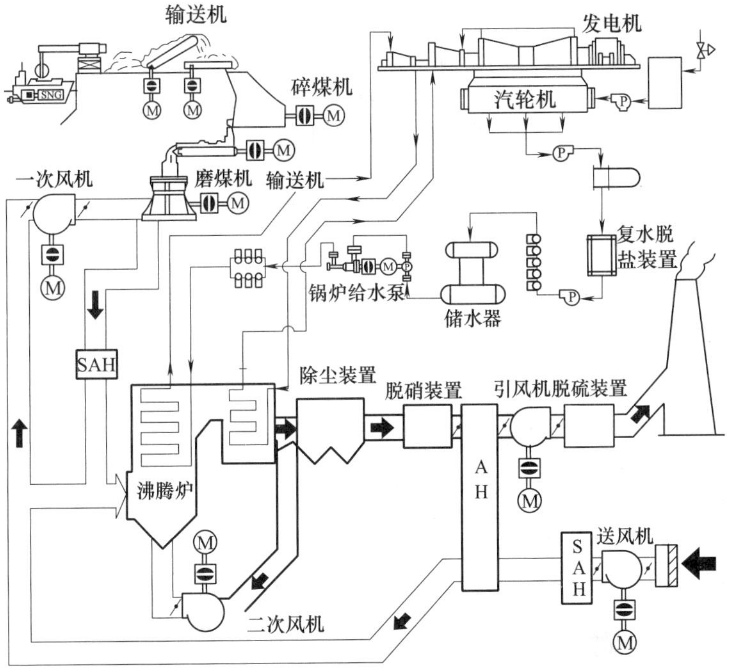 图(a)　液力偶合器在火(热)电厂的应用示意
锅炉给水泵	应用液力偶合器可改善传动品质，使电动机轻载启动、启动电流小。改善冷启动性能，提高运行效率，简化给水系统，可按需要调节流量。与节流调节相比可节能 20%左右 锅炉给水泵调速运行可获得以下节能效果 ①机组启动节能：以 125MW 发电机组为例，与节流调节相比，一次冷态启动就可节电 8000kW·h ②调峰运行节能：某 125MW 机组在调峰运行时调速泵的平均电流比定速泵低 36.7% ③提高效率节能：给水泵调速调节的效率比节流调节的效率平均提高 5%～8% ④额定运行调节：上述机组使用调速泵在额定工况运行时，由于节省了富余的压头和流量，提高了效率，在满负荷运行时，调速泵比定速泵的电流约下降 9.4%

续表

<table>
<tr>
<td rowspan="3">电力行业</td>
<td>热网循环泵</td>
<td>热电厂和小区供热锅炉房必须根据室外的气温变化调节供热量。通常，热网调节有四种方式

热网调节方式
<table>
<tr><th>调节方式</th><th>调节原理</th><th>热网循环泵</th><th>耗能情况</th></tr>
<tr><td>质调节</td><td>通过改变换热工质的温度来调节供热量</td><td>定速泵</td><td>严重浪费电能</td></tr>
<tr><td>量调节</td><td>通过改变换热工质的流量来调节供热量</td><td>调速泵</td><td>节能</td></tr>
<tr><td>质、量调节</td><td>通过改变换热工质的温度和流量来调节供热量</td><td>定速泵与调速泵并用</td><td>较节能</td></tr>
<tr><td>分阶段质调节</td><td>根据气温变化分阶段改变换热工质的流量，并采用质调节</td><td>采用定速泵台数调节</td><td>较节能，调节不方便，占地面积大</td></tr>
</table>
我国三北地区冬季供暖时期长达4～5个月。这期间室外气温的变化幅度很大，而为了确保在最寒冷时有供热能力，往往采用本地区的最低气温作为热网设计的依据。以大连地区为例，设计采暖温度为－14℃，可是真正能达到最低气温的不足半个月，只占整个供暖区4个月的1/8，从室外温度5℃直到最冷的－15℃全部要供暖，在选择热网循环泵时必须以最大需求为依据。这样在室外气温升高时，水泵的流量必然大大偏离额定工况点。如果用质调节，因为用的是定速泵，所以只好用阀门节流调节或打回流调节，能源浪费严重。而用量调节或质、量调节，因为采用的是调速泵，可以在不需要大流量时，通过调节泵的转速调低流量，因而能够节能</td>
</tr>
<tr>
<td>锅炉送、引风机</td>
<td>某电厂锅炉送、引风机应用液力偶合器调速进行改造的实际节能情况如下
①变负荷调速运行节能。下表为某电厂锅炉鼓风机改造前后耗能对比。由表中可见，风机采用液力偶合器调速，在高速区节电甚微，在中、低速时则节电显著。据统计，改造后全年节电2096000kW·h

某电厂锅炉鼓风机改造前后耗能对比
<table>
<tr><th>锅炉负荷/t(汽)·h^{-1}
单位负荷/kW·h·t^{-1}(汽)
项目</th><th>290</th><th>330</th><th>370</th><th>410</th><th>平均</th></tr>
<tr><td>改造前导流器调节</td><td>3.42</td><td>3.17</td><td>3.05</td><td>2.98</td><td>3.16</td></tr>
<tr><td>改造后液力偶合器调速</td><td>1.76</td><td>1.97</td><td>2.12</td><td>2.19</td><td>2.01</td></tr>
<tr><td>改造后节能率/%</td><td>29.4</td><td>—</td><td>10.9</td><td>5.3</td><td></td></tr>
</table>
②提高效率节能。由于风机采用调速后的效率比采用节流阀的效率大为提高，所以成为节能的主要因素
③降低装机容量节能。原用一台1600kW大电动机，为解决启动困难问题，采用了很大的功率裕度。采用液力偶合器调速后，解决了启动困难问题，由一台大电动机改为两台小电动机，功率分别为780kW和650kW，装机总容量降低170kW，比原电动机功率降低10.6%
④降低设备故障率节能。由于应用液力偶合器调速，避免了高压大电动机在启动时对电网的冲击和烧毁电动机现象，所以降低了设备故障率和维修费用。据资料统计，改造前每年烧毁电动机的故障发生1～2次，改造后从未发生电动机烧毁现象。理论与实践证明，热电厂送、引风机采用液力调速是必要的，不仅有节能、环保效果，而且还可以方便选型和工艺调节，值得大力推广应用</td>
</tr>
<tr>
<td>灰浆泵</td>
<td>液力调速可使灰浆泵在运行中带来诸多好处。由于对输送物料量与液体流量难以估算准确，常使水泵型号选得过大，运行中需加清水以纠正工况点的偏离，从而造成设备寿命短、输送效率低、耗水、浪费电等弊端。液力调速可使水泵降低转速，以适宜速度运行而消除上述弊端。灰浆泵的泵轮磨损速度近似与转速立方成正比，调低转速会延长泵轮使用寿命，减少更换泵轮次数，节约资金和减少维修工作量
灰浆泵采用液力调速的节能效果，因运转工况而不同，一般可达10%～25%
平顶山姚孟电厂在1000t/h直流锅炉灰浆泵(10/8ST-AH)上配用YOT_{GC}650调速型液力偶合器，仅调整工况减少节流损失一项，每年即可节电12.8×10^4kW·h。石横电厂在四机管路串联的WARMAN灰浆泵组的末端加装了YOT_{GC}750调速型液力偶合器(980r/min，380kW)，年节电64.8×10^4kW·h，节省电费22.1万元，运行不到一年即可收回投资</td>
</tr>
</table>

续表

<table>
<tr><td rowspan="5">冶金行业</td><td rowspan="4">分类</td><td colspan="2">钢铁企业是集采矿、选矿、炼铁、炼钢、轧钢在内的综合企业，钢铁企业的设备具有大惯量难启动、大功率耗电高、数量多节能潜力大等特点。特别是各种供风、供水、通风、除尘等项目所用的风机、水泵，大多数属于间歇运行类型，如以调速型液力偶合器调速运行，则可大量节约能源。钢铁企业中已应用液力偶合器的设备很多，归纳起来有以下几类</td></tr>
<tr><td>除尘风机类</td><td>包括高炉、转炉、电炉除尘风机以及铁水预处理除尘风机，拦焦车除尘风机和装煤车除尘风机等</td></tr>
<tr><td>鼓风机类</td><td>包括高炉鼓风机，化铁炉鼓风机，开坯车间均热炉鼓风机，轧钢车间的送、引风机，焦化厂煤气鼓风机，球团竖炉煤气风机和煤气加压风机等</td></tr>
<tr><td>水泵类</td><td>包括轧钢除鳞泵，炼钢厂高炉冲渣水泵，轧钢车间循环水泵等</td></tr>
<tr><td>转炉除尘风机</td><td colspan="2">由于转炉除尘风机功率大、数量多，最具代表性，以调速型液力偶合器在鞍钢 180t 转炉除尘风机（3000r/min，2000kW）上应用的节能、环保效果为例，加以说明。图(b)所示为电机负载与节电示意。由于所用电动机选型大，能耗高，在未装液力偶合器前，在应用中始终以高速、大功率运行，在不需抽吸烟气时改抽大气而白白浪费电能。装液力偶合器后按图中下部折线运行，在吹氧炼钢时风机以较高转速吸烟（仍低于不用液力偶合器时的转速），非吹炼时怠速运转。在一个炼钢周期 45min 时间内，高速运行 29min，其余低速，因而具有明显的节能效果。与原不调速相比，年可节电 752×10^4kW・h，年可节省电费 361 万元（电费按每千瓦时 0.48 元计）。可年节约标煤 3038t，可年减排 CO_2 7909t。液力偶合器投资 23 万元，投资回收期 0.8 个月。获得了节能环保双丰收
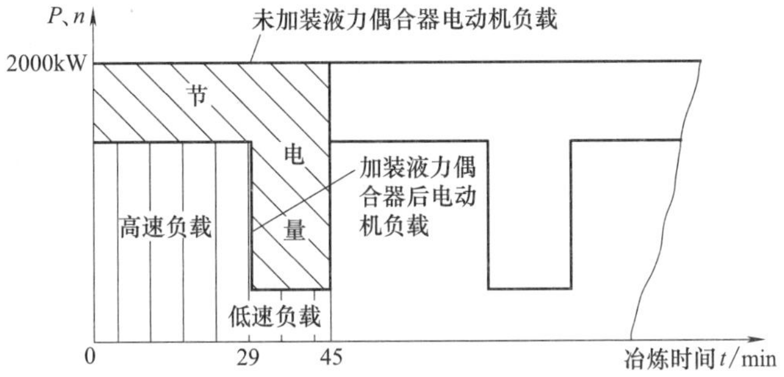
图(b)　电动机负载与节电示意</td></tr>
<tr><td></td><td>轧钢厂除鳞泵</td><td colspan="2">轧钢厂在轧制钢板过程中为轧出表面光洁的钢坯，必须在轧制前去除钢坯上的氧化皮，这一工序由除鳞泵完成。除鳞泵是一种高压水泵，通常功率在 900kW 以上，水压高达 150MPa，全天 24h 运转。它将高压水经喷嘴喷到轧制过程的钢坯上，从而将氧化皮冲掉。钢坯一道轧制平均需时 3min，而冲水时间只有十几秒，可见 90%以上的时间高压水泵作了无用功，能源浪费相当严重。以调速型液力偶合器使高压水泵调速运行，严重的浪费可以避免。某轧钢厂以调速型液力偶合器用于除鳞泵，水泵轴功率 840kW，电机功率 900kW，转速 2980r/min，应用 GST50 调速型液力偶合器，传递功率范围 560～1250kW。工艺要求是在轧制一块钢坯的 3min 内，水泵全速运行 10s，其余以 50%速度运行
图(c)所示为水泵运行程序及节能示意。由图可见，水泵按 10s 升速、10s 全速、10s 降速、150s 低速的运行程序会有很大的节能效果。当水泵转速由 2980r/min 降至 1470r/min 时，流量降低 50%，而轴功率却降低至原来的1/8，扣除液力偶合器的功率损失，其节能效果仍很可观。经过逐项分析计算，钢坯每轧制一次节电量为 30kW・h，节省电费 13.5 元（按每千瓦时 0.45 元计算），节电率 67%，三个月节能效益即可收回改造投资
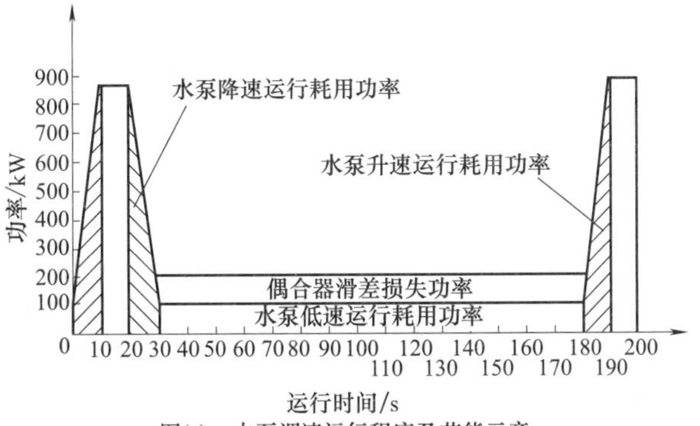
图(c)　水泵调速运行程序及节能示意</td></tr>
</table>

续表

冶金行业　炼铁高炉鼓风机

高炉鼓风机的风量和风压均需随高炉炉况而变化，对于不变速的高炉鼓风机，通常用阀门节流调节或放空调节，这样不仅浪费能源，还造成噪声污染。高炉鼓风机的耗电量约占高炉冶炼用电的60%～70%，所以应当成为节电的重点

高炉鼓风机应用液力偶合器调速可以获得以下技术经济效益

①获得工艺参数的最佳工艺调节，以计算机控制，实现风机喘振自控和风机参数的自动调节

②改善风机的启动性能

③延长电动机和风机使用寿命

④降低噪声，有利于环保

⑤节约电能，据多家钢铁厂统计，应用液力调速，每炼铁1t耗电降低10%～15%，虽节电率不算高，但因高炉鼓风机功率大，节电量均在每年200×10^4kW·h以上。高炉鼓风机系高速风机，宜选用前置齿轮增速型液力偶合器传动装置。如若高炉原有齿轮增速箱，或可利用原地基安装液力传动装置

水泥行业

我国的水泥产量已经跃居世界第一位，水泥行业生产厂遍布全国各地。水泥行业是耗能大户，其中回转窑风机和立窑风机的耗电量约占全厂总用量的15%，居水泥厂用电设备之首，因而节能挖潜改造很有必要

回转窑窑尾风机

图(d)所示为水泥回转窑生产工艺示意。窑头鼓风机1将煤粉注入喷煤管吹进窑内燃烧。将含碳酸钙的生料浆由窑尾4注入窑体内，随窑体旋转并向窑头徐徐前进(窑体有5%倾斜度)。料浆经链条带预热，成球后到分解带高温分解，然后进入冷却带成熟料，加入辅料并经球磨机磨碎便成水泥。窑内产生的废气由窑尾风机8排出。以前都用三轴阀门调节风机风量，既浪费能源且不便调节。改为液力调速后，经济效益很显著。下表是上海吴淞水泥厂78m长回转窑窑尾风机用液力调速在各种转速下的风量和功耗的测定情况。由表中可见，风机的转速由712r/min降至259r/min，转速降低2.75倍，功率却降低了5.3倍，用偶合器调速的窑尾风机年节电110000kW·h

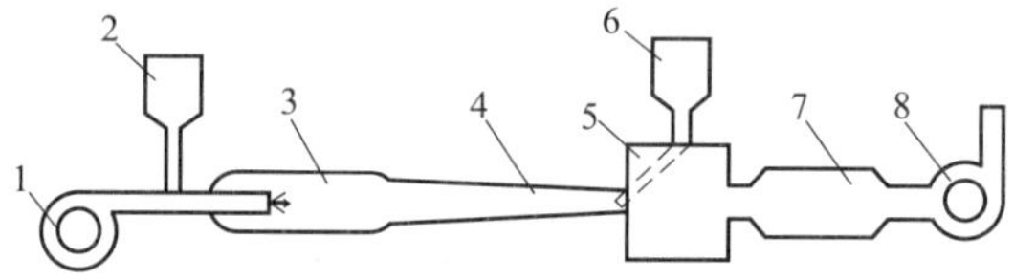

图(d)　水泥回转窑生产工艺示意

1—鼓风机(窑头风机)；2—煤粉；3—窑头；4—窑尾；5—烟室；
6—料浆；7—电除尘器；8—排风机(窑尾风机)

窑尾风机用偶合器调速后的风量和功耗测定

风机转速/r·min^{-1}	风量/m^3·h^{-1}	电功耗/kW	风机转速/r·min^{-1}	风量/m^3·h^{-1}	电功耗/kW
259	25777	13.14	671	68421	60.00
388	40575	24.24	701	74547	68.57
493	47497	34.78	712	74550	71.84
593	62852	48.98			

值得注意的是，当窑尾风机的风量降低到额定风量的70%时，风压降低，窑内会出现浑浊现象，窑内温度波动。若想再降低风量，必须配合使用阀门节流调节。这种调速调节与节流调节并用的特性曲线如图(e)所示。这种两段式调节既满足工艺调节需要而又节电，比较适用

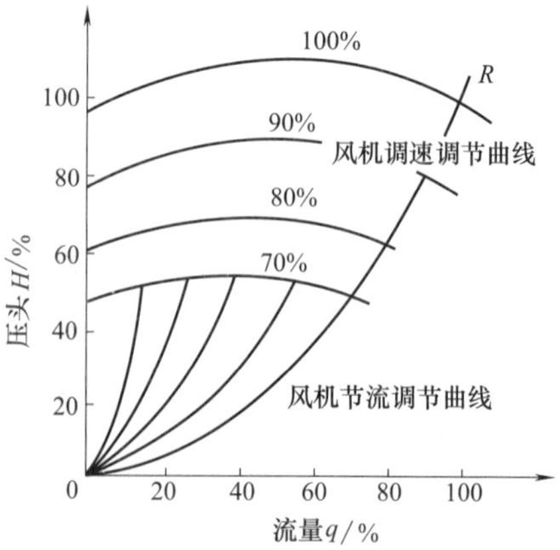

图(e)　调速调节与节流调节并用的特性曲线

续表

水泥行业	立窑罗茨风机	立窑在生产水泥过程中，要求窑内压力是可调节的高风压，对风量有严格要求，风量过大使排烟时带走的热风量增加，风量过小则氧气不足，影响熟料质量和产量。为调节风压和风量，以前多采用蝶阀放风调节，有很多缺点。放风卸荷时风压下降很大，影响生产。既有很大的噪声污染，又浪费能源。采用液力偶合器调速后有很好技术经济效益，具体情况如下 ①解决了启动困难问题 ②降低了装机容量而节能。现以广东省部分水泥厂为例列于下表

广东省部分水泥厂风机使用液力偶合器装机容量对比

企业名称	风机型号	原配电机功率/kW	加装偶合器后电机功率/kW	降低率/%
肇庆市水泥厂	L93WD	210	185	12
四会县马房水泥厂	D60×90/2000	215	155	28
德庆县水泥厂	D60×90/3500	215	155	28
连南县水泥厂	D60×90/2000	183	130	29
博罗县水泥厂	L60-250	215	155	28
梅州市西氮水泥厂	LG700	210	155	26
南海市水泥厂	K60/250	215	155	28

③取消了放风系统

④弥补设计选型误差，通过液力调速使原选型选大了的风机能够运行在需要的工况点，调节方便而且节能

⑤提高产量和质量，由于风压、风量调节合适，煅烧时间缩短，产量、质量有所提高

调速型液力偶合器在车辆和船舶上的应用	设备名称	应用液力偶合器调速的作用	应用举例
	军车冷却风扇	坦克车、装甲车等柴油机冷却风扇需要按要求调节温度，用液力偶合器调速可根据温度传感器的控制调节风扇转速，节能、自动化程度高	中国北方车辆研究所设计的车用风扇调速偶合器在军用车辆上使用，调速方便、可靠性高
	战地供油车	战地供油车上的供油泵需按要求调节供油量，应用液力偶合器调速比较方便	进口的战地供油车上装有液力偶合器调速装置
	挖泥船	挖泥船正常行驶和挖泥作业共用一套动力系统，挖泥时需要按工况调节。应用液力偶合器调速，解决启动困难问题和变工况调节问题，节能	国内的挖泥船已有应用液力调速的，但用量不大

4.7　液力偶合器可靠性与故障分析

4.7.1　基本概念

可定量描述的可靠性，是指系统、产品或零部件等在规定的条件下和规定的时间内，完成规定功能（无故障）的概率，一般称为可靠度。可以认为，可靠度是用时间尺度来描述的产品质量。可靠性工作是为了确定产品可靠性和如何获得产品的高可靠性这两个基本问题而开展的各种活动。可靠性活动贯穿于产品的设计、制造、检验、试验、环境处理，以及安装维修、运行操作等产品整个的寿命过程中，疏忽任何一个环节都可能降低它的可靠度。可靠性工程的根本任务是要采用一切措施，尽量减少和避免各类故障，尽可能地延长产品的使用寿命，提高产品的以时间（寿命）来度量的质量指标。故产品的故障（失效）分析和对策研究，应是可靠性工程的核心问题。

液力偶合器故障的分类见表 19-4-69。

表 19-4-69　液力偶合器故障的分类

故障种类	说　　明
本质性故障	由于设计和制造上的原因使设备在规定条件下使用时过早发生损坏，也可称此为早期故障
耗损性故障	由于摩擦、元器件老化、材料疲劳等原因使设备到了一定期限就不能正常工作，这一类故障可事前检测预知，这是属于正常的故障
偶发性故障	由于某些偶然因素引起的设备事故，一般事先无法预测
操作故障	不按规定条件使用、维护而引起的设备故障，是一种责任性故障
独立故障	并非由于系统中其他零部件故障而发生，只是本身原因而发生的故障

4.7.2　限矩型液力偶合器的故障分析

液力元件的零部件大致有三大类：第一类是液力元件的专有零部件，由它们决定元件的特殊功能，如工作轮、旋转壳体、易熔塞等，此外工作介质也可归入此类；第二类是通用机械零部件，如轴类、连接盘、箱体、齿轮、齿轮泵等；第三类是标准件，如紧固件、橡胶密封件、轴承、压力表、温度表等。对限矩型液力偶合器来说，通用机械零部件极少，故障往往是由专用件和标准件引起的，它们的故障模式主要有以下几种：

① 漏油，输出功率达不到规定要求；

② 滚动轴承损坏，一般是泵轮一侧的轴承损坏居多；

③ 泵轮和旋转壳体外表损坏；

④ 起不到应有的限矩作用，造成电机烧毁事故；

⑤ 花键损坏（滚键）；

⑥ 造成减速器输入轴断轴事故。

漏油与输出功率不足是密切相关的。限矩型液力偶合器在不同充液量下有不同的传递功率能力，漏油会使工作腔充满度下降，势必引起传递功率不足。如果因骨架油封失效，将有滴油现象，容易发现。如若泵轮或旋转壳体因铸造质量缺陷而有微细渗油（出汗），则只能在高速旋转时才会出现，往往不易发觉，是一种潜在的失效因素，这种失效是渐发性的，可以通过停机补油恢复工作能力，因此后果一般并不严重。

此外，充液过多使电动机达不到额定转速或工作机卡死、负载过大等外部因素也会出现输出转速偏低的情况。漏油或充液量不足也可能使易熔塞经常熔化，这也是一种非正常工作状态。减速器输入轴断轴，主要是因其承担液力偶合器重量，在轴的危险断面引起的附加弯矩、剪力和工作扭矩。剪、弯、扭联合应力的主应力，对危险断面构成旋转中的交变应力。即使交变应力值不大，在高速转动中应力的交替变化，也易使危险断面发生疲劳断裂而最后断轴。有效的解决办法是不使减速器输入轴承担液力偶合器重量，而由电动机轴承受。

液力偶合器在运转中发生故障必须及时排除，不应拖延以致酿成事故。表19-4-70限矩型液力偶合器的常见故障及排除方法。

图19-4-47为限矩型液力偶合器“工作不正常”的故障树。故障树是一种特殊的倒立树状逻辑因果关系图，它十分直观和逻辑清晰。建故障树的基本方法是首先确定一个“顶事件”作为分析目标，它是一个不希望出现的事件。从它开始，在不断回答“怎么会引起这一事件”这个问题的过程中，寻找导致这一事件的原因，一直追溯到导致“顶事件”发生的各种原因，称这些基本原因为“底事件”或“原始事件”。在“顶事件”与“底事件”之间，可以有若干“中间事件”。所有这类事件都用一些约定的图形符号（GB 4888—2009）加以表示，并用一些直线和逻辑符号按它们之间的因果逻辑关系连接起来，形成一个倒树形的逻辑框图，就成为一般所称的“故障树”或“失效树”。如果各个“底事件”的发生概率可以得知，还可以根据故障树所确定的逻辑关系计算“顶事件”的发生概率，并由此确定系统的可靠度值。因此，故障树分析方法既可用于进行可靠性设计的定性评估，也是一种很有利于计算机使用的分析失效信息流的演绎分析方法。表19-4-71为故障树分析中使用的符号和名词术语。

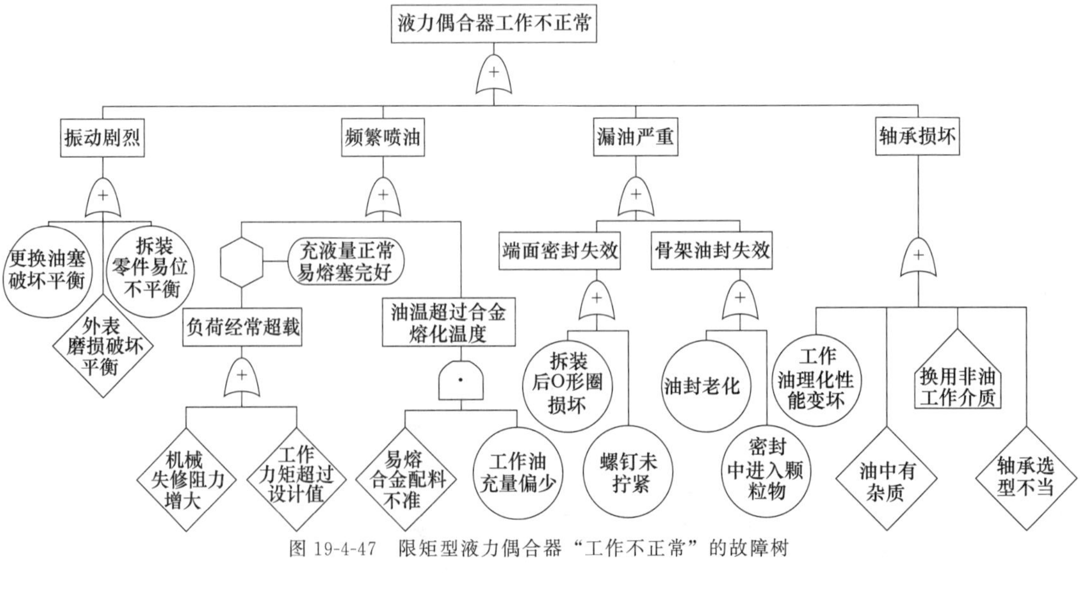

图19-4-47　限矩型液力偶合器“工作不正常”的故障树

表 19-4-70　**限矩型液力偶合器的常见故障及排除方法**

故　障	产 生 原 因	故 障 排 除
工作机达不到额定转速	驱动电动机有毛病或连接不正确	检查电动机的电流、电压、转速及连接方式有无问题
	工作机运转不灵活或被卡住	检查工作机故障并排除
	工作机超载，偶合器被迫加大转差率	排除工作机超载
	偶合器匹配不合理，传递功率不足	重新选择合适的偶合器
	偶合器充液量过少，传递功率不足	重新调整足够的充液量
	偶合器漏油，充液率降低，造成传递功率不足	排除偶合器漏油故障，更换失效密封件
	偶合器全充满油	按规定充油，不得超过 80%的充油率
	轴、孔安装不合格或产生滚键	检查安装情况并进行修理
易熔塞喷液	偶合器充液不足，传递功率不足，效率降低，偶合器发热	按规定充足足够的油
	偶合器漏油，传递功率减低，效率降低	检查漏油部位，更换失效密封件
	工作机超载或被卡住，耗用功率过大	检查并排除工作机故障或超载
	电动机在“星形”状态下运行太久	及早换成“三角形”接线
	电动机或工作机发热，促使偶合器发热	排除电动机或工作机故障
	偶合器匹配不合理，选型规格过小，功率过小，转差率过大，偶合器发热	重新选择较大规格偶合器，保证足够功率
	环境温度过高，偶合器散热不好	外加冷却风扇，强制冷却
	启动过于频繁	排除不应有的频繁启动 适当选择加大规格偶合器 适当提高易熔合金熔化温度
	易熔合金熔化温度过低	适当选择较高熔化温度的易熔合金
设备运转不稳产生振动和噪声	电动机与减速器安装不同轴	按规定值重新安装找正
	基础刚度不够，引起振动	加固基础，增加刚度
	偶合器、电动机或工作机轴承损坏	更换损坏轴承
	偶合器出厂平衡精度低	重新进行偶合器平衡，特别要检查容积是否平衡
	偶合器修理后失去平衡	重新进行平衡
	电动机或减速器底座松动	检查并紧固地脚螺栓
	配合的轴、孔磨损，配合间隙大	检查轴、孔配合精度，并予以维修
	弹性元件磨损，金属相撞	更换弹性元件
	电动机或工作机出故障	检查并排除故障
	偶合器内工作轮叶片损坏	更换或维修
	轴承磨损后，产生窜动，致使偶合器工作轮“扫膛”	更换轴承和已损坏的工作轮
漏油	壳体漏油	更换漏油壳体或用密封胶堵漏
	外径大法兰结合面漏油	更换失效“O”形圈或用密封胶堵漏
	偶合器两端漏油	加油过多，受热后将油封顶翻，降低充油率 油封损坏，更换合格油封
减速器断轴	减速器轴径远小于电动机轴，用外轮驱动偶合器，减速器负担不起偶合器的质量 基础刚度不够，受扭矩后变形，造成电动机、偶合器、减速器不同轴 安装严重不同轴	改用内轮驱动偶合器 加强基础刚度 重新安装调整，达到三机同轴

表 19-4-71　**故障树分析中的符号和名词术语**（摘自 GB 4888—2009）

符　号	名　称		代 表 意 义
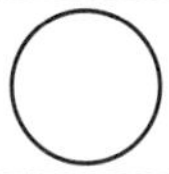	基本事件	底事件	无需探明其发生原因的底事件
	未探明事件		应予以探明但暂时不必或尚不能探明其原因的底事件

续表

符　　号	名　　称		代 表 意 义
	顶事件	结果事件	位于故障树顶端，是故障树分析中所关心的结果事件
	中间事件		位于底事件与顶事件之间的结果事件，分别是一些逻辑门的输入和输出事件
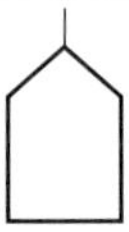	开关事件（房形事件）	特殊事件	在正常工作条件下必然发生或必然不发生的特殊事件
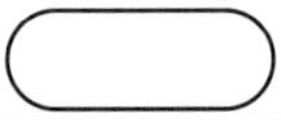	条件事件		描述逻辑门起作用的具体限制的特殊事件
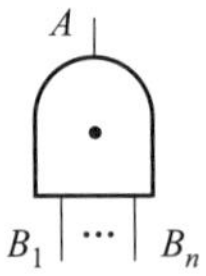	与门(AND)		仅当输入事件 $B_1 \cdots B_n$ 都发生时输出事件 A 才发生
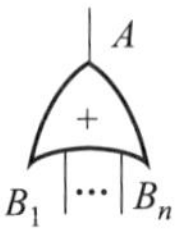	或门(OR)		输入事件 $B_1 \cdots B_n$ 有一个或几个发生时输出事件 A 都会发生
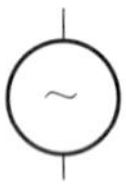	非门(NOT)		输出事件是输入事件的对立事件
	顺序与门		仅当输入事件按规定条件顺序发生时输出事件才发生
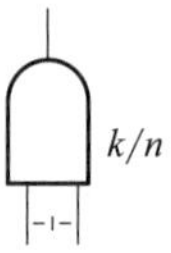	表决门	特殊事件	仅当输入的 n 个事件中有 k 个或 k 个以上事件发生时，输出事件才发生
	异或门		异或门表示仅当单个输入事件发生时输出事件才发生
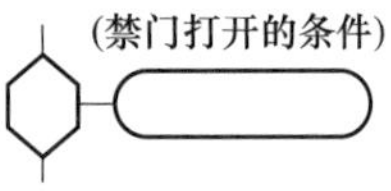	禁门		禁门表示仅当条件事件发生时，输入事件的发生才能导致输出事件的发生
	转向符号	相同转移符号	表示“下面转向”以子树代号所指的子树去
	转此符号		表示由具有相同子树代号的转向符号处转到这里来
	相似转向	相似转移符号	表示“下面转到以子树代号指出的结构相似而事件标号不同的子树去”在此符号的右侧标出不同事件的标号“××_××”
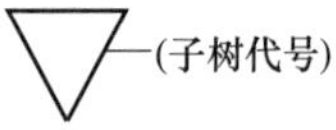	相似转此		表示“相似转向符号所指子树与此处子树相似但事件标号不同”

4.7.3 调速型液力偶合器的故障分析

调速型液力偶合器的故障形式主要有：

① 轴承损坏；

② 调速系统故障；

③ 供油、润滑系统故障；

④ 叶轮损坏；

⑤ 严重漏油；

⑥ 输出转速降不下来。

漏油是调速型液力偶合器的常见故障之一，由于有油液的冷却系统、导管的调节等增加了漏油因素，故比限矩型液力偶合器更易出现漏油事故。漏油影响外观质量和污染环境，是用户十分关注的故障形式。对于运转工作质量的影响，不同结构形式的液力偶合器影响程度是不同的。对于油液循环呈闭式回路结构，油液的泄漏使工作介质数量减少，势必影响到最高输出转速的下降和调节特性的变化；而对于开式回路结构，少量的漏损不直接对液力偶合器的特性产生影响，油箱存油量的变化范围成为补偿环节。只要采取措施使油液的外漏变成内漏，从动力特性角度来说，泄漏对可靠性就不产生什么影响了。

表 19-4-72 为调速型液力偶合器的常见故障与排除方法，供用户在维护中参考。

表 19-4-72　调速型液力偶合器的常见故障及排除方法

故障现象	可能的原因	排除方法
动力机达到额定转速而工作机不能启动	导管位置不对 ·执行器有故障 ·驱动信号不灵 ·控制油压力过低 ·导管装反了	向 100%导管位置移动导管 ·检修执行器 ·检查并排除驱动信号故障 ·检查并调整控制油压 ·调整导管至正确位置
	油泵不供油或供油不足 ·工作油低于 5℃ ·油位过低 ·吸油管位置过高 ·工作油泵压力过低 ·工作油产生泡沫 ·供油泵吸口滤油器堵塞	按以下处理方法达到油泵供油 ·启动电加热器加热工作油，关闭冷却器冷却水 ·检查油位在油标上限与下限之间 ·加长吸油管至最低油位以下 ·检查油泵内泄或其他故障并予以排除，检查并排除油泵故障，调节工作流量 ·检查油质，更换工作油，检查有无吸空现象，检查液压系统密封性
	易熔塞喷液	检查易熔塞是否喷液并更换
	工作机有故障，启动力矩过高	检查并排除工作机故障
	偶合器工作腔进不去油 ·安全阀压力值过低 ·油路堵塞或泄漏 ·泵损坏 ·泵转向错误 ·泵吸油管路密封不良，进空气	排除故障，使工作腔进油通畅 ·上紧弹簧，调高压力 ·疏通油路 ·检查并维修供油泵 ·调整泵的转向 ·维修管路，加强密封
输出转速振荡、执行器和导管周期性移动	工作油产生泡沫	检查油质并更换，检查有无吸空或漏气现象
	供油泵压力过低	检测供油泵压力，并使其达到要求
	积聚在冷却器中的空气周期性地进入偶合器	检查冷却器的排气孔是否堵塞并排除
	供油泵流量过低	检测供油泵，增加供油流量
	控制系统出现故障	检查并维修控制系统
输出转速不能控制、调速不灵	定位器或控制回路出现故障	排除控制系统故障
	执行器出现故障	检查并排除执行器故障
	导管移动不灵敏	检查导管配合，使之移动灵敏
输出转速达不到最高转速	导管开度未在 100%位置	检查并调整导管开度
	执行器限位调整不正确	重调限位
	转速表失灵	校正或更换
	易熔塞熔化	检查并消除原因，更换易熔塞

续表

故障现象	可能的原因	排除方法
输出转速达不到最高转速	工作油流量太低	重新调整工作油流量，检查并排除供油泵的故障和滤油器故障
	工作机有故障	排除工作机故障
	偶合器功率不足(匹配不对)	重新选型匹配
	匹配电动机过小(电动机过载)	重新匹配电动机
	导管开度标识不准确，100%开度不是偶合器最大充液量	检查导管开度100%位置是否是工作腔最大充液量
	导管装反了	重装
输出转速达不到最低转速(调速范围不对)	限位调整不正确	重新限位
	导管行程不到底	检查并更换导管
	导管开度标识不准确，所标的0%位实际上不是导管的零位	将导管插到底后往回返3～5mm作为零位，重新定位刻度盘
润滑油压力过低而不能启动	辅助油泵电动机有故障或接线不正确	检查电动机并正确接线
	外部供油未加节流阀，压力过低	调整节流孔板通径
	润滑油滤油器堵塞	更换并清洗滤油器，检查压差监控
	限压阀开启压力设置过低	调整限压阀压力达要求
	油路系统有泄漏	检查并维修油路系统达无泄漏
	油位过低	加油达油位要求
双筒滤油器压差过高	滤油器堵塞	更换并清洗滤油器
供油泵压力过低	油位过低，吸油管半吸空	提高油位，加长吸油管
	泵磨损内泄	检查并维修供油泵
	工作油含有泡沫	检查油质，必要时更换
	油中含水	检查冷却器油腔和水腔是否串通
	排气不良	检查冷却器排气孔是否阻塞
进、出口油压力过高	进油口节流孔过小	节流孔放大
	油路堵塞	疏通油路
	安全阀压力过高	调整安全阀
进油口压力过低	进口节流板孔过大	节流孔缩小
	管路系统漏油	检查并堵塞
	冷却器阻力过大	检查冷却器，使其管阻达要求
出油口压力过低	安全阀压力过低	拧紧弹簧调高压力
	进口节流孔过大	改小过流孔
	泵吸油管漏气	重新调整吸油管
	供油泵机械磨损	维修供油泵
偶合器润滑油冷却器出口温度过高	润滑油冷却器换热能力不足 ·冷却器选型不对 ·冷却水流量过低 ·冷却水温度过高 ·冷却水被污染、冷却器结垢	提高冷却器换热能力 ·加大冷却器规格 ·提高冷却水流量 ·降低冷却水温度 ·检查冷却系统，清洗冷却器
	润滑油流量过低	调高流量
	轴承温度过高	排除轴承故障
偶合器润滑油冷却器进口温度过高	轴承温度过高	排除轴承故障
	工作油温度过高	检查并排除故障
	流量过低	加大流量
	易熔塞熔化，偶合器效率低	查找原因，换用新的易熔塞

续表

故障现象	可能的原因	排除方法
轴承温度过高	轴承损坏	修复及更换轴承
	润滑油温度过高	检查润滑油冷却器
	润滑油压力过低 ·滤油器阻塞 ·压差控制器失灵 ·油位过低 ·减压阀压力过低 ·节流板孔过大	检查润滑油系统 ·更换并清洗 ·检查并维修 ·补油 ·重新调整 ·改小节流孔
偶合器工作油温度过高	冷却器换热能力不足 ·冷却器匹配不对 ·冷却水流量不足 ·冷却水温度过高 ·冷却水被污染，冷却器结垢	提高换热能力 ·加大冷却器换热面积 ·加大冷却水流量 ·降低冷却水温度 ·修复冷却器，清除结垢
	油箱中的油位不对 ·油位过高，旋转件浸油摩擦生热 ·油位过低，泵吸油不足	调整油位达要求 ·适当降低油位 ·适当提高油位
	油泵供油不足 ·油泵机械磨损内泄 ·泵吸口滤网阻塞	提高油泵供油量 ·维修油泵，提高效率 ·清洗滤网
	工作油流量过低 ·工作油量选择不对 ·油泵供油不足 ·管路泄漏 ·安全阀溢流过多	增加工作油量 ·重新选择，调整流量 ·维修油泵，清洗滤网 ·检查并堵塞 ·上紧弹簧，调高压力
	偶合器匹配不对，规格选小，效率降低	适当加大偶合器规格，提高效率
	工作机长期在偶合器的最大发热点下工作	尽量避开最大发热点，偶合器不能当减速器用
	选用冷却器时，没有认清工作机特性，最大发热功率计算不对	计算冷却器换热面积时，先认清工作机性质，再按不同性质工作机计算发热功率
机组运行不均衡，产生振动和噪声	安装不同心	重新调整安装精度
	基础刚度不够	加固基础
	联轴器损坏	检查并维修联轴器
	机组支撑不均衡，产生扭振	重新调整，支承应受力均匀
	机座螺栓松动	拧紧螺栓
	偶合器连接件松动	检查并维修
	偶合器旋转件平衡精度差	重新平衡
	偶合器或电机、工作机轴承损坏	检查并更换
	电动机振动大	维修电动机
	工作机振动大	排除工作机故障，风机叶轮定期除尘
	偶合器工作轮损坏（偶合器内部有噪声）	拆卸偶合器检查并维修
	产生共振	查共振原因，消除共振
漏油	轴端漏油 ·弹性联轴器旋转引起真空效应将油吸出 ·密封装置失效 ·密封处轴有划痕 ·密封装置被污垢封住	排除轴端漏油故障 ·加隔离罩 ·更换合格密封件 ·抛光 ·清除污垢，更换密封装置

续表

故障现象	可能的原因	排除方法
漏油	空气滤清器漏油 ·工作油温过高,喷出滤清器,形成油雾 ·空气滤清器高度不够 ·导管行程不对,导管口被挡住,工作油无法导出,从导管壳体与外壳的缝隙处冲出,甩成油环,直接排到滤油器中	排除漏油故障 ·降低工作油温 ·加装套筒,提高滤清器高度 ·调整导管行程,避免导管口被挡住
	导管与排油体处漏油 ·装导管时未用装配工具,导管处油封被键槽划伤 ·油封磨损老化	排除漏油故障 ·使用装配工具,避免划伤油封 ·更换
	管路漏油 ·焊接管路开焊 ·管路有应力,受热后胀裂 ·管路过长无支承,沉降开焊 ·法兰结合面失去密封	维修管路 ·重焊 ·焊接后消除管路应力 ·修复裂口,加支承 ·更换密封垫或密封胶
	冷却器管路接反	重新正确安装
导管移动不灵活	开机前,未先开冷却器,致使工作油温过高,导管变形	开机前,先开冷却器,更换新导管

4.8 液力偶合器典型产品及其选择

液力偶合器典型产品按限矩型液力偶合器、调速型液力偶合器和液力偶合器传动装置三大类型加以展示。限矩型液力偶合器以静压泄液式、动压泄液式和复合泄液式三类加以介绍。

限矩型液力偶合器的选型主要依据工作机的功率和技术性能要求来确定。

① 根据工作机的功率和转速确定规格大小。

② 根据工作机的技术性能要求确定液力偶合器的结构形式，例如煤矿井下具有一定斜度的带式输送机应选择 YOX_{FZS}型较为合适。

③ 订购限矩型液力偶合器时应提供液力偶合器输入、输出端有关连接尺寸如孔（或轴）径、长度及键槽等，并应提供电动机型号、功率、额定转速及减速器型号等，以免订货有误。

4.8.1 静压泄液式限矩型液力偶合器

表 19-4-73 YOXJ 液力偶合器主要性能参数

型号规格	20#透平油充液量/L	效率 η(间歇工作～连续工作)	常用输入转速的传递功率范围/kW			过载系数 T_g
			1000r/min	1500r/min	3000r/min	
YOXJ200	1.5	0.9～0.96	0.47～0.95	1.6～3.2	8.96～17.9	2～2.5
YOXJ224	2.8	0.9～0.96	0.95～1.42	3.2～4.8	17.9～26.8	2～2.5
YOXJ250	3.4	0.9～0.96	1.42～2.67	4.8～9.0	26.8～50.4	2～2.5
YOXJ280	5.4	0.9～0.96	2.67～5.19	9.0～17.5	50.4～98	2～2.5
YOXJ320	6.9	0.9～0.96	5.19～9.48	17.5～32	98～179	2～2.4
YOXJ360	10.3	0.9～0.96	9.48～14.8	32～50	179～280	2～2.4

注：工作机为连续工作制时，表中效率取较大值，而传递功率按较小值选取；若为间歇工作制时则表中效率可取较小值而传递功率按较大值选取。

表 19-4-74　**YOXJ 液力偶合器结构尺寸**　mm

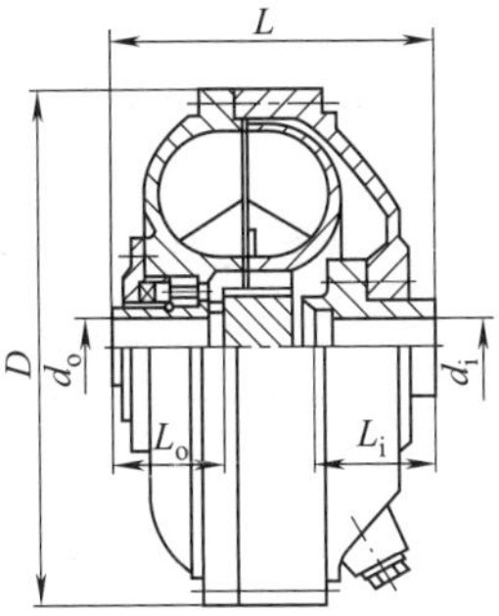

YOXJ　A型

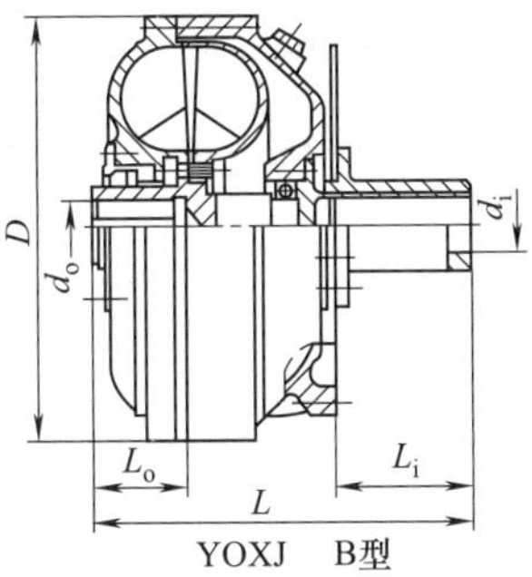

YOXJ　B型

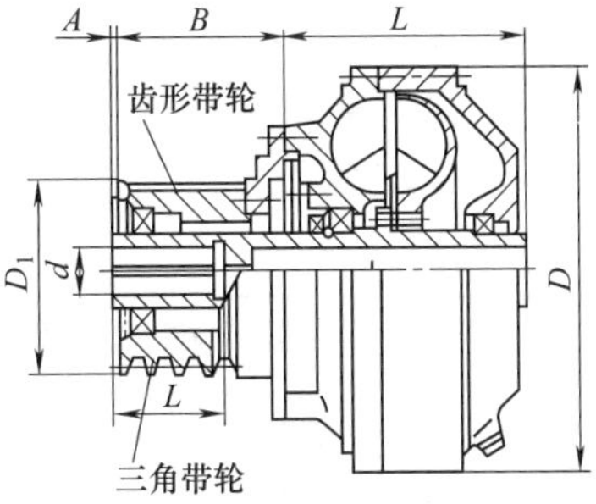

YOXJ　T型

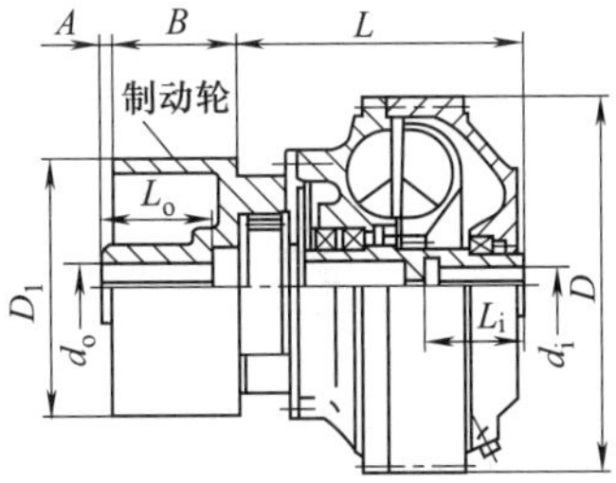

YOXJ　NZ型

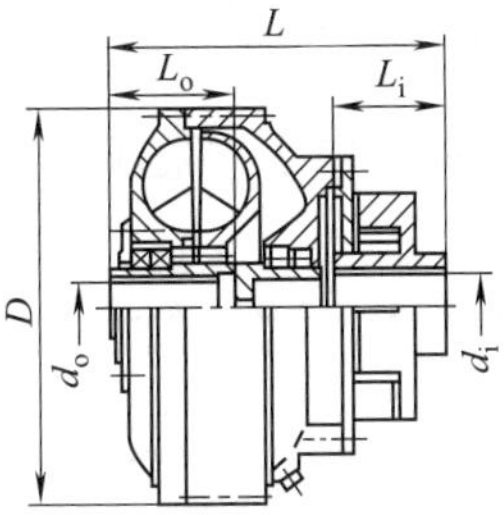

YOXJ　MT型

型号规格	连接形式	最大输入孔径及长度 $d_i \times L_i$	最大输出孔径及长度 $d_o \times L_o$	D	L	A	B	D_1
	A	$\phi28\times62$	$\phi24\times52$		150			
YOXJ200	T	$\phi28\times62$		$\phi235$	152	5	△	≤145
	MT	$\phi30\times60$	$\phi30\times62$		160			
	A	$\phi32\times83$	$\phi30\times63$		170			
YOXJ224	T	$\phi30\times65$		$\phi260$	160	5	△	≤150
	MT	$\phi35\times50$	$\phi35\times72$		170			
	A	$\phi38\times82$	$\phi35\times72$		190			
	NZ	$\phi40\times80$	△		233	5	△	△
YOXJ250	T	$\phi40\times80$		$\phi290$	180	5	△	≤170
	MT	$\phi40\times82$	$\phi35\times70$		270			
	A	$\phi42\times112$	$\phi38\times80$		205			
	B	$\phi42\times112$	$\phi38\times80$		300			
YOXJ280	NZ	$\phi50\times110$	△	$\phi320$	254	5	△	△
	T	$\phi50\times110$			199	5	△	≤170
	MT	$\phi50\times112$	$\phi45\times112$		305			
	A	$\phi48\times112$	$\phi42\times80$		220			
	B	$\phi50\times112$	$\phi42\times80$		315			
YOXJ320	NZ	$\phi55\times110$	△	$\phi360$	274	8	△	△
	T	$\phi55\times110$			205	8	△	≤200
	MT	$\phi55\times112$	$\phi48\times112$		320			

续表

型号规格	连接形式	最大输入孔径及长度 $d_i \times L_i$	最大输出孔径及长度 $d_o \times L_o$	D	L	A	B	D_1
YOXJ360	A	ϕ60×112	ϕ55×90	ϕ400	250			
	B	ϕ60×140	ϕ55×90		368			
	NZ	ϕ60×110	△		314	8	△	△
	T	ϕ60×110			232	8	△	≤200
	MT	ϕ60×112	ϕ55×112		350			

注：1. 生产厂商：长沙第三机床厂、大连营城液力偶合器厂（除表中规格型号外还有 YOX_{JA}各规格）。

2. △—按客户要求设计；未列入表的原有连接形式继续生产，有特殊要求的请与生产厂联系。

3. 连接方式：A 型—异端输入、输出直连型，同轴度要求高且需可靠定位；B 型—异端输入、输出弹性板连接型，安装时允许有少量角位移（<1.5°）；NZ 型—内轮驱动带制动轮弹性块连接型，安装时允许有少量径向位移（<0.5mm）和少量角位移（<1.5°）；T 型—同端输入、输出型，适用 T 带、V 带、齿形带、链轮等方式传动；MT 型—异端输入、输出弹性联轴器连接型，安装时允许少量径向位移（<0.5mm）和少量角位移（<1.5°）。

4.8.2　动压泄液式限矩型液力偶合器

表 19-4-75　　动压泄液式限矩型液力偶合器（油介质）**规格选用**（传递功率）　　kW

规　格	输入转速/r·min^{-1}					
	500	600	750	1000	1500	3000
220				0.4～1.1	1.5～3	12～16.5
250				0.75～1.5	2.5～5.5	15～30
280				1.5～3	4.5～8.7	25～50
320			1.1～2.2	2.5～5.5	9～18.5	45～73
(340)			1.6～3.1	3～9	12～24	
360			2～3.8	4.8～10	15～30	50～100
(380)			2.5～5.5	6～12	20～40	
400			4～8	9～18.5	22～50	80～145
(420)			4.5～9	10～20	30～60	
450			7～14	15～31	45～90	100～200
500(510)			11～22(24)	25～50(54)	70～150(155)	
560(562)			18～36(40)	41～83(90)	130～270(275)	
(600)			25～50	60～115	180～360	
650			37～73	90～180	240～480	
750		36～75	70～143	165～330	480～760	
875(866)	43～88	70～145	135～270	310～620	766～1100	
1000	83～165	145～300	270～595	620～1100		
1150	175～350	300～620	590～1200			
1320	350～705	600～1200	1100～2390			

注：此表用于根据液力偶合器的输入转速和传递功率选定规格大小，同一型号规格的液力偶合器水介质比油介质传递功率大 15%左右，选型时应注意。括号中的规格为非标，不推荐选用。

4.8.2.1　YOX、YOX$_{Ⅱ}$、TVA 外轮驱动直连式限矩型液力偶合器

表 19-4-76　　YOX、YOX$_{Ⅱ}$、TVA 外轮驱动直连式限矩型液力偶合器技术参数

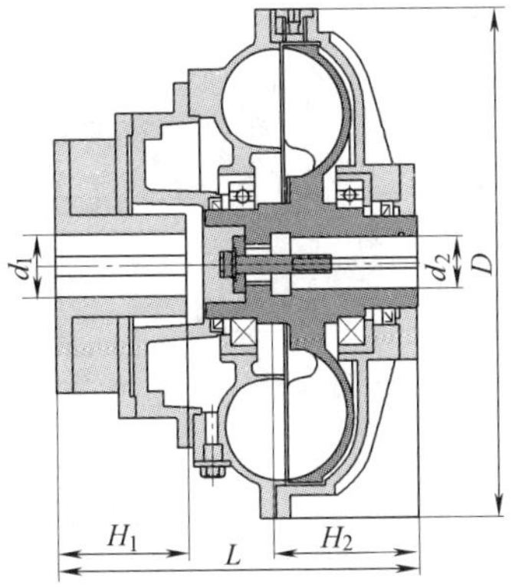

YOX、YOX$_{Ⅱ}$、TVA

型　号	输入转速 n /r·min^{-1}	过载系数 T_g	外形尺寸/mm		输入端	输出端	充油量 /L	质量 /kg
			D	L_{min}				
YOX220	1500	2～2.5	ϕ272	190	ϕ28×60	ϕ30×55	1.28～0.64	12
YOX250	1500	2～2.5	ϕ300	215	ϕ38×80	ϕ30×55	1.8～0.9	15
YOX280	1500	2～2.5	ϕ345	246	ϕ38×80	ϕ30×55	5.6～2.8	18
YOX320	1500	2～2.5	ϕ388	304	ϕ48×110	ϕ45×110	5.2～2.6	28
YOX340	1500	2～2.5	ϕ390	278	ϕ48×110	ϕ45×95	5.8～2.9	25
YOX360	1500	2～2.5	ϕ420	310	ϕ55×110	ϕ38×95	7.1～3.55	49
YOX380	1500	2～2.5	ϕ450	320	ϕ60×140	ϕ60×140	8.4～4.2	58
YOX400	1500	2～2.5	ϕ480	356	ϕ60×140	ϕ60×140	9.3～4.65	65
YOX420	1500	2～2.5	ϕ495	368	ϕ60×140	ϕ60×160	12～6	70
YOX450	1500	2～2.5	ϕ530	397	ϕ75×140	ϕ70×140	13～6.5	70
YOX500	1500	2～2.5	ϕ590	411	ϕ85×170	ϕ85×145	19.2～9.6	105
YOX510	1500	2～2.5	ϕ590	426	ϕ85×170	ϕ85×185	19～9.5	119
YOX560	1500	2～2.5	ϕ650	459	ϕ90×170	ϕ100×180	27～13.5	140
YOX562(TVA)	1500	2～2.5	ϕ634	449(471)	ϕ100×170	ϕ110×170	30～15	131
YOX600	1500	2～2.5	ϕ695	474	ϕ90×170	ϕ100×180	34～17	160
YOX650(TVA)	1500	2～2.5	ϕ760	556	ϕ120×210	ϕ130×210	48～24	230
YOX750(TVA)	1500	2～2.5	ϕ860	578	ϕ130×210	ϕ140×210	68～34	350
YOX875	1500	2～2.5	ϕ992	705	ϕ150×250	ϕ150×250	112～56	495
YOX1000	1000	2～2.5	ϕ1120	722	ϕ160×250	ϕ160×280	144～72	600
YOX1150	750	2～2.5	ϕ1295	830	ϕ180×220	ϕ180×300	220～110	910
YOX1320	750	2～2.5	ϕ1485	953	ϕ200×240	ϕ200×350	328～164	1380
YOX$_{Ⅱ}$400	1500	2～2.5	ϕ480	355	ϕ70×140	ϕ70×140	9.3～4.65	65
YOX$_{Ⅱ}$450	1500	2～2.5	ϕ530	397	ϕ75×140	ϕ70×140	13～6.5	70
YOX$_{Ⅱ}$500	1500	2～2.5	ϕ590	435	ϕ90×170	ϕ90×170	19.2～9.6	105
YOX$_{Ⅱ}$560	1500	2～2.5	ϕ634	489(529)	ϕ100×170(210)	ϕ110×170	30～15	131
YOX$_{Ⅱ}$650	1500	2～2.5	ϕ740	556	ϕ130×210	ϕ130×210	46～23	219
YOX$_{Ⅱ}$750	1500	2～2.5	ϕ842	618	ϕ140×250	ϕ140×250	68～34	332

注：1. 对 YOX$_{Ⅱ}$560，() 中的数据为电动机轴≥ϕ100 时。

2. YOX 即 GB/T 5837—2008 规定的 YOX$_D$。

3. 生产厂商：大连液力机械有限公司、广东中兴液力传动有限公司、沈阳市煤机配件厂、大连营城液力偶合器厂、北京起重运输机械设计研究院、长沙第三机床厂。

4. YOX（YOX$_D$）为动压泄液式偶合器的基本形式，由其可衍生多种其他型号产品。

5. YOX$_{Ⅱ}$型为带式输送机专用配套产品。

6. TVA 型为大连液力机械有限公司引进德国福伊特（VOITH）公司技术产品。

7. 传递功率见表 19-4-75。

4.8.2.2 YOX$_{\text{Ⅱ}Z}$外轮驱动制动轮式限矩型液力偶合器

表 19-4-77 YOX$_{\text{Ⅱ}Z}$外轮驱动制动轮式限矩型液力偶合器技术参数 mm

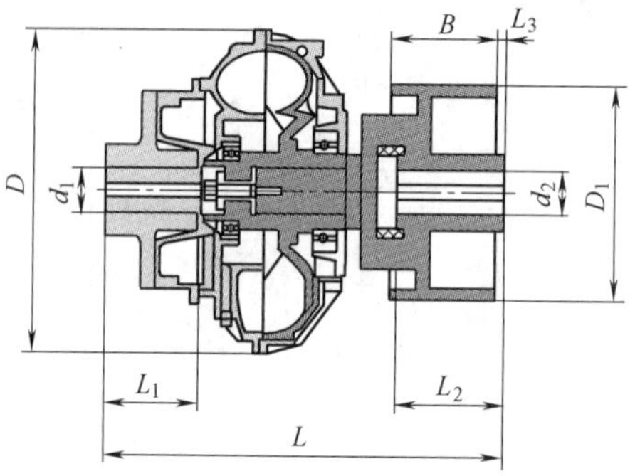

型号	外形尺寸		输入端		输出端		制动轮			充油量 /L		质量(不包括油)/kg	最高转速 /r·min^{-1}
	L	D	d_{1max}	L_1	d_{2max}	L_{2max}	D_1	B	L_3	max	min		
YOX$_{\text{Ⅱ}Z}$400	556	ϕ470	ϕ70	140	ϕ70	140	ϕ315	150	10	11.6	5.8	105	1500
YOX$_{\text{Ⅱ}Z}$450	580	ϕ530	ϕ75	140	ϕ70	140	ϕ315	150	10	14	7	125	1500
YOX$_{\text{Ⅱ}Z}$500	664	ϕ556	ϕ90	170	ϕ90	170	ϕ400	190	15	19.2	9.6	150	1500
YOX$_{\text{Ⅱ}Z}$560	736	ϕ634	ϕ100	210	ϕ100	210	ϕ400	190	15	27	13.5	200	1500
YOX$_{\text{Ⅱ}Z}$600	790	ϕ692	ϕ110	210	ϕ110	210	ϕ500	210	15	36	18	260	1500
YOX$_{\text{Ⅱ}Z}$650	829	ϕ740	ϕ125	210	ϕ130	210	ϕ500	210	15	46	23	385	1500
YOX$_{\text{Ⅱ}Z}$750	940	ϕ860	ϕ140	250	ϕ150	250	ϕ630	265	15	68	34	480	1500
YOX$_{\text{Ⅱ}Z}$866	1040	ϕ978	ϕ150	250	ϕ150	250	ϕ630	265	20	111	55.5	645	1500
YOX$_{\text{Ⅱ}Z}$1000	1140	ϕ1120	ϕ150	250	ϕ150	250	ϕ700	300	25	144	72	847	750
YOX$_{\text{Ⅱ}Z}$1150	1300	ϕ1312	ϕ170	350	ϕ170	350	ϕ800	340	30	170	85	1080	750

注：1. YOX$_{\text{Ⅱ}Z}$是带式输送机专用的配套产品。

2. 生产厂商：广东中兴液力传动有限公司、沈阳市煤机配件厂、大连液力机械有限公司、大连营城液力偶合器厂、中煤张家口煤矿机械有限责任公司。

3. 传递功率见表 19-4-75。

表 19-4-78 YOXnz 制动轮式、YOXp 式液力偶合器技术参数

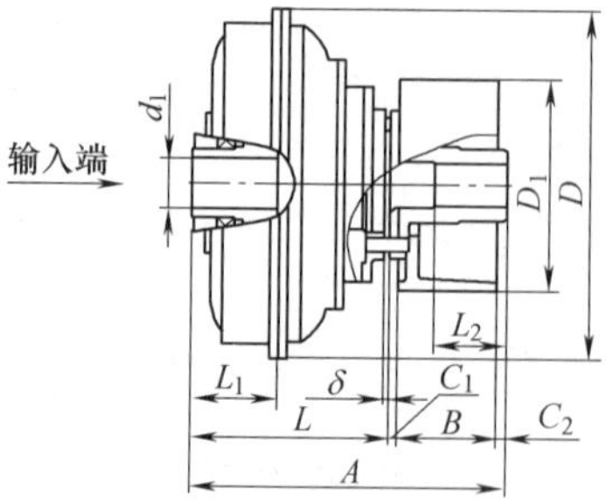

YOXnz 型

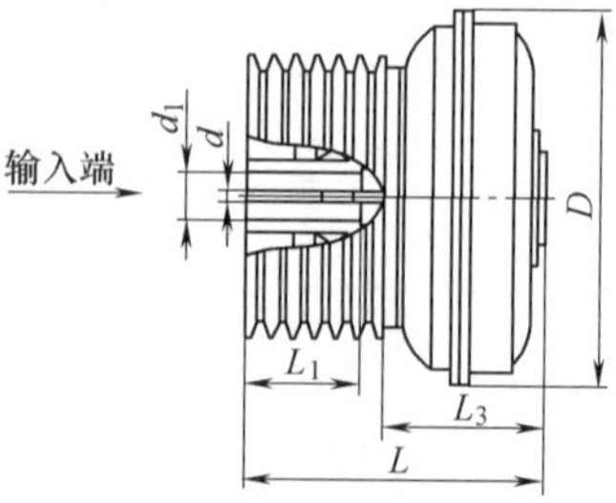

YOXp 型

续表

型号	输入转速 n /r·min^{-1}	传递功率范围 N/kW	充油量 Q/L	偶合器最大外径 D/mm	安装尺寸/mm												质量/kg
					YOXnz 型									YOXp 型			
					A	L	C_1	D_1	B	C_2	d_1	L_1	δ	d_1	L_3	d	
YOX280	1000	1.5～2.7	2.5～3.5	ϕ330	345	215	20	ϕ200	100	10	ϕ45	110	2	ϕ40	170	M10	22
	1500	5～9															
YOX320	1000	2.7～5	4.5～6.5	ϕ380	356	226	20	ϕ200	100	10	ϕ48	110	2	ϕ50	186	M12	30
	1500	9～18.5			366			ϕ250	110								
YOX360	1000	5～10	6.5～8.5	ϕ420	380	240	20	ϕ250	110	10	ϕ55	110	2	ϕ55	200	M12	45
	1500	17～35			407		7	ϕ315	150								
YOX400	1000	8～16	7.5～9	ϕ460	420	270	25	ϕ250	110	15	ϕ60	140	2	ϕ60	214	M16	60
	1500	30～55			447		12	ϕ315	150								
YOX450	1000	18.5～30	10～13	ϕ520	476	299	12	ϕ315	150	15	ϕ75	140	2	ϕ75	248	M16	90
	1500	45～100			514		10	ϕ400	190								
YOX500	1000	26～50	14～17	ϕ572	514	332	17	ϕ315	150	15	ϕ85	170	3	ϕ85	260	M16	120
	1500	90～160			552		15	ϕ400	190								
YOX560	750	20～40	18～25	ϕ640	588 608	363	15	ϕ400 ϕ500	190 210	20	ϕ90	180	3	ϕ90	287	M20	160
	1000	45～100															
	1500	160～280															
YOX650	750	40～80	28～40	ϕ744	675 730	425	20	ϕ500 ϕ630	210 265	20	ϕ120	210	3	ϕ120	325	M20	240
	1000	90～200															
	1500	280～550															
YOX710	750	65～135	40～60	ϕ814	708	458	20	ϕ500	210	20	ϕ130	210	3	ϕ130	355	M20	330
	1000	180～315			763			ϕ630	265								
	1500	500～800															
YOX800	600	60～125	65～90	ϕ920	842	527	25	ϕ630	265	25	ϕ140	250	4	ϕ140	400	M24	450
	750	120～240															
	1000	280～500															
YOX875	600	100～200	80～120	ϕ1000	893 928	573	30	ϕ630 ϕ700	265 300	25	ϕ150	250	4	ϕ150	435	M24	550
	750	200～380															
	1000	400～780															

注：1. 生产厂商：上海交大南洋机电科技有限公司。

2. 订货须注明选用偶合器的输入、输出端孔径、长度、键宽、槽深、公差等数据和带轮的技术参数，制动轮可按用户制作。

3. 表中产品的过载系数均为 2～2.5，额定转差率≤4%。

4.8.2.3 水介质限矩型液力偶合器

水介质液力偶合器工作介质为清水或水基难燃液。其结构须有如下特点：①腔内钢铁构件须进行防腐蚀、防锈蚀处理；②滚动轴承与腔内水液须设隔离密封；③须设置易熔塞与易爆塞。

表 19-4-79 **YOXD*** A 水介质液力偶合器技术参数** mm

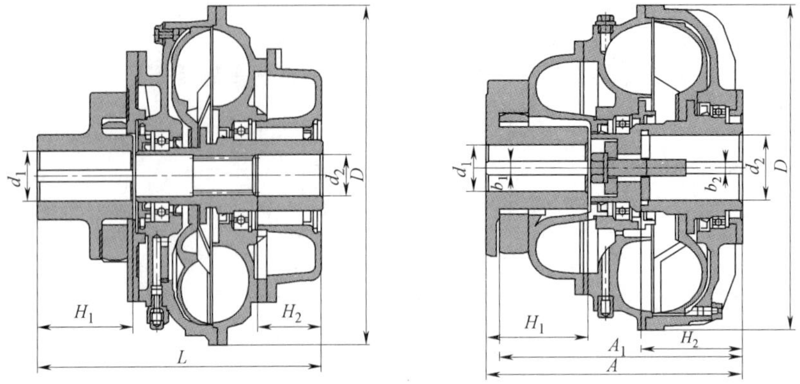

型 号	最高转速 n/r·min^{-1}	传递功率 N/kW	效率 η/%	质量 /kg	充水量 q /L	ϕD	L	ϕd_1	H_1	b_1	ϕd_2	H_2	b_2
YOXD360S(A)	1480	17～40	96	60	4.5～7.2	415	380	60	70	16	渐开线 INT16Z×2.5×30pϕ50×55/ϕ45×96		
YOXD400S	1480	30～55	96	68.1	5.6～7.6	465	394	55	110	16			
YOXD450S	1480	110	97	104.4	11.7	520	508	80	170	22	80	160	22
YOXD450S(A)	1475	75、90	97	145.2	9.6	520	488	75	140	20	65	140	18
YOXD450S(B)	1475	75	97	92.5	9.6～11.7	520	451	75	140	20	渐开线 INT16Z×3.5×30p 定心孔：ϕ65×120		
YOXD500	1480	132	96	105.6	16.6	570	478	80	170	22			
YOXD500A	1480	132	97	103	16.6	558	474	80	170	22	75	170	20
YOXD560	1480	200	97	158.7	20.5	634	432	90	170	25	100	170	28
	1475	250	97	165.6	22.75	634	590	100	210	28	100	240	28
YOXD650	1480	375～525	97	287.4	38	720	576	100	210	28	115	220	32
	1480	375～525	97	293	38	720	719	110	210	28	渐开线 INT16Z×5m×30p 定心孔：ϕ115×75		

注：1. 生产厂商：中煤张家口煤矿机械有限公司。

2. 此类偶合器传动介质为水，适用于防燃、防爆、防油污染的工作环境，常用于煤矿井下。此类偶合器专用于刮板输送机。

表 19-4-80 **YOXsj 水介质液力偶合器技术参数** mm

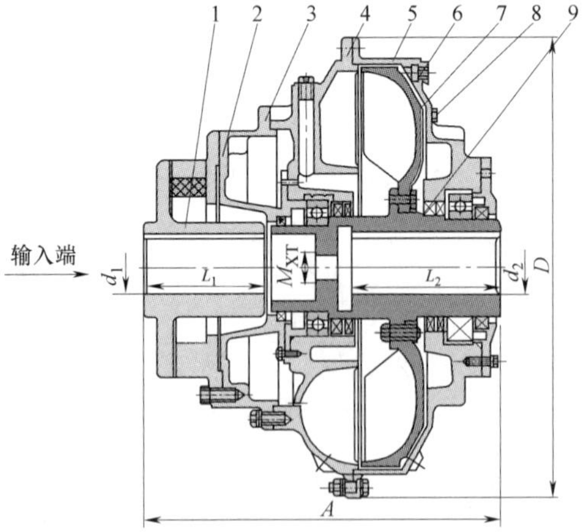

1—主动联轴器；2—从动联轴器；3—后辅腔；4—泵轮；5—外壳；6—易熔塞；7—涡轮；8—易爆塞；9—主轴

续表

规格型号	输入转速 n/r·min^{-1}	传递功率范围 N/kW	过载系数 T_g		效率 η	外形尺寸		最大输入孔径及长度 $\frac{d_{1max}}{L_{1max}}$	最大输出孔径及长度 $\frac{d_{2max}}{L_{2max}}$	M_{XT}	充水量 q/L		质量 /kg
			启动	制动		D	A				40%	80%	
YOXsj250	1000	1～1.75	2～2.7	2～2.7	0.97	ϕ305	270	ϕ45/80	ϕ40/80	M30×2	1.0	2.1	18
	1500	3～6.5											
YOXsj280	1000	1.5～3.5	2～2.7	2～2.7	0.97	ϕ345	280	ϕ50/80	ϕ45/80	M30×2	1.4	2.8	23
	1500	5～9											
YOXsj320	1000	3～6.5	2～2.7	2～2.7	0.97	ϕ380	300	ϕ55/110	ϕ50/110	M30×2	2.2	4.4	30
	1500	10～22											
YOXsj340	1000	3.5～10	2～2.7	2～2.7	0.97	ϕ390	330	ϕ55/110	ϕ50/110	M30×2	2.7	5.4	38
	1500	14～26											
YOXsj360	1000	6～12	1.5～1.8	2～2.5	0.96	ϕ428	360	ϕ60/140	ϕ55/110	M36×2	3.4	6.8	44
	1500	17～37											
YOXsj400	1000	10～22	1.5～1.8	2～2.5	0.96	472	394	ϕ60/140	ϕ60/140	M42×2	5.2	10.4	60
	1500	30～56											
YOXsj450	1000	17～35	1.5～1.8	2～2.5	0.96	ϕ530	438	ϕ75/140	ϕ70/140	M42×2	7.0	14	85
	1500	55～110											
YOXsj487	1000	23～50	1.5～1.8	2～2.5	0.96	ϕ556	450	ϕ75/140	ϕ70/140	M42×2	9.2	18.4	98
	1500	60～150											
YOXsj500	1000	27～58	1.5～1.8	2～2.5	0.96	ϕ575	480	ϕ90/170	ϕ90/170	M42×2	10.2	20.4	115
	1500	70～170											
YOXsj560	1000	45～100	1.5～1.8	2～2.5	0.96	ϕ640	520	ϕ100/210	ϕ100/180	M42×2	14	28	160
	1500	140～315											
YOXsj600	1000	70～135	1.5～1.8	2～2.5	0.96	ϕ695	540	ϕ110/210	ϕ100/200	M56×2	17	34	190
	1500	230～418											
YOXsj650	1000	100～205	1.5～1.8	2～2.5	0.96	ϕ760	600	ϕ120/210	ϕ110/200	M56×2	24	48	240
	1500	300～560											
YOXsj750	1000	195～385	1.5～1.8	2～2.5	0.96	ϕ860	640/675	ϕ130/250	ϕ130/210	M64×2	34	68	360
	1500	550～885											
YOXsj875	750	168～325	1.5～1.8	2～2.5	0.96	ϕ992	740	ϕ140/250	ϕ140/250	M64×2	56	112	550
	1000	380～720											
YOXsj1000	600	185～350	1.5～1.8	2～2.5	0.96	ϕ1138	780	ϕ150/250	ϕ150/250	M64×2	74	148	665
	750	260～690											
YOXsj1150	600	300～715	1.5～1.8	2～2.5	0.96	ϕ1312	900	ϕ170/300	ϕ170/300	M64×2	85	170	825
	750	610～1390											

注：1. 生产厂商：广东中兴液力传动有限公司。

2. 传动介质为水，适用于防燃、防爆、防油污染的工作环境，常用于煤矿井下。

3. 按 GB/T 5837—2008 规定，型号应为 YOX_D *** S。

表 19-4-81 YOX$_A$ 水介质液力偶合器技术参数 mm

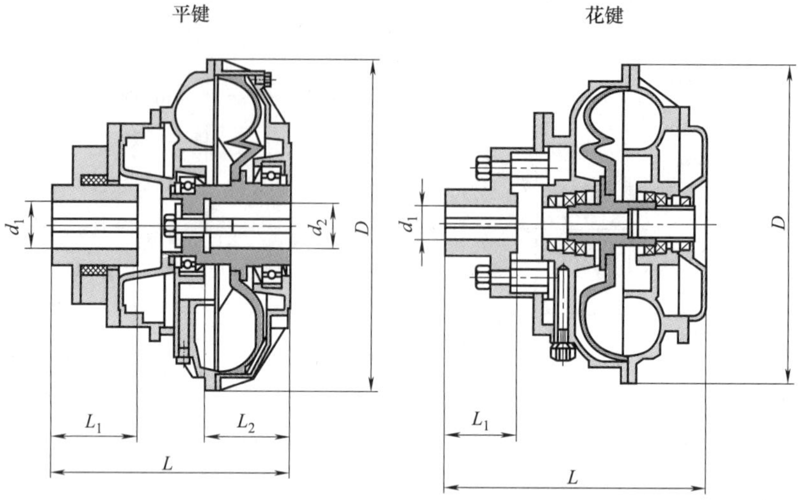

型 号	外形尺寸		输入端		输出端		充水量/L		质量(不包括水)/kg	最高转速 /r·min^{-1}
	L	D	d_1	L_1	d_2	L_2	max	min		
YOX400P	358	ϕ470	ϕ60	140	ϕ65	140	11.6	5.8	65	1500
YOX450C	367	ϕ530	ϕ75	140	ϕ75	140	13.6	6.8	80	1500
YOX450Ⅲ	508	ϕ520	ϕ80	170	ϕ80	170	16	8	87	1500
YOX500C	435	ϕ560	ϕ80	170	ϕ75	170	17.5	8.75	135	1500
YOX560A	433	ϕ634	ϕ90	170	ϕ115	170	21.5	10.75	130	1500
YOX560B	432	ϕ634	ϕ90	170	ϕ115	170	21.5	10.75	130	1500
YOX487	415	ϕ556	ϕ90	170	ϕ106	140	16.5	8.25	93	1500
YOX600	510	ϕ692	ϕ110	210	ϕ100	210	36	18	185	1500
YOX650	536	ϕ740	ϕ125	200	ϕ130	210	46	23	219	1500
YOX360	368	ϕ415	ϕ48	110	INT16Z×2.5M×30P		6.2	3.1	50	1500
YOX360A	229	ϕ425	—	—	INT16Z×2.5M×30P		6.9	3.45	40	1500
YOX400	394	ϕ465	ϕ55	110	INT16Z×2.5M×30P		9.6	4.8	60	1500
YOX450	444	ϕ520	ϕ75	140	INT16Z×3.5M×30P		13.6	6.8	80	1500
YOX450A	449	ϕ520	ϕ75	140	INT16Z×3.5M×30P		13.6	6.8	80	1500
YOX500	478	ϕ570	ϕ75	140	INT16Z×3.5M×30P		19.2	9.6	90	1500

注：1. 生产厂商：沈阳市煤机配件厂。

2. 表中规格分为平键、花键两种连接方式。

3. 按 GB/T 5837—2008 规定，型号应为 YOX$_D$ *** S。

4. 传递功率见表 19-4-75。

表 19-4-82　YOX$_S$ 水介质液力偶合器技术参数

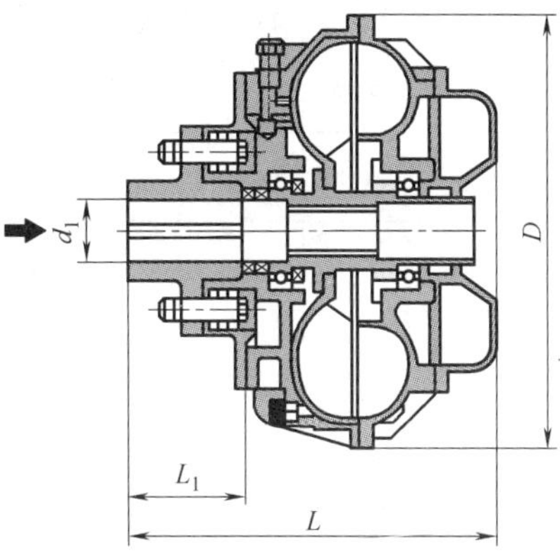

花键连接

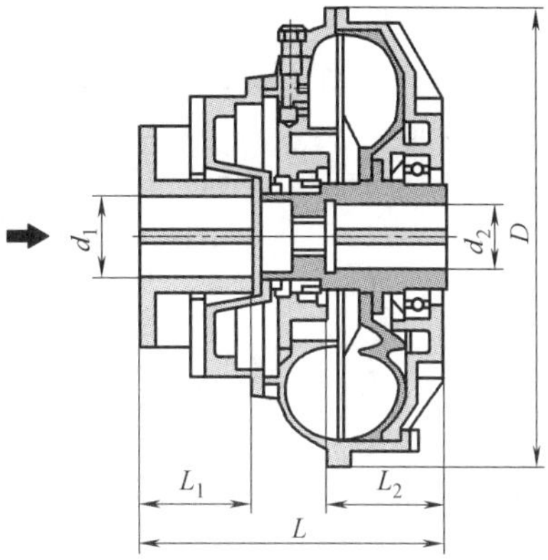

平键连接

规格型号	外形尺寸 (D×L) /mm	最大输入孔径及长度 d_{1max}/L_{1max}	输出端连接形式及尺寸/mm			充水量/L		质量 /kg
			花键连接形式	平键连接形式		50%	80%	
				d_{2max}	L_{2max}			
YOX$_S$360	ϕ415×365	ϕ48/110	INT16Z×2.5M×30P	ϕ45	80	3.1	6.2	50
YOX$_S$400	ϕ465×394	ϕ55/110				4.8	9.6	60
YOX$_S$450	ϕ520×449	ϕ75/140	INT16Z×3.5M×30P	ϕ65	110	6.8	13.6	80
YOX$_S$500	ϕ570×478	ϕ85/170		ϕ90	170	9.6	19.2	120
YOX$_S$560	ϕ634×432	ϕ90/170		ϕ100	180	11	22	160
YOX$_S$600	ϕ692×510	ϕ90/170			180	18	36	185
YOX$_S$650	ϕ740×536	ϕ125/210		ϕ130	210	23	46	240
YOX$_S$750	ϕ842×675	ϕ150/250		ϕ150	250	34	68	360

注：1. 生产厂商：大连营城液力偶合器厂。

2. 传递功率见表 19-4-75。

3. 按 GB/T 5837—2008，型号应为 YOX$_D$ *** S。

表 19-4-83　YOX$_S$、TVA$_S$ 水介质液力偶合器技术参数　mm

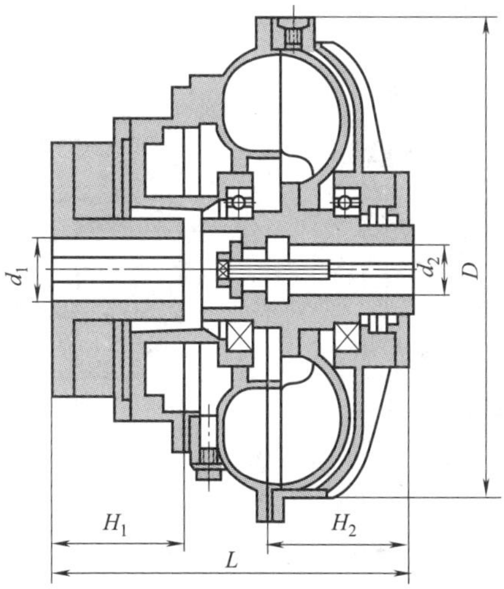

YOX$_S$型　TVA$_S$型

续表

型号	L_{min}	D	输入端		输出端		充水量/L		质量(不包括水)/kg	最高转速/r·min^{-1}	过载系数T_g
			d_{1max}	H_{1max}	d_{2max}	H_{2max}	max	min			
YOX_S400	356	$\phi480$	$\phi60$	140	$\phi60$	150	9.6	4.8	65	1500	2～2.5
YOX_S450	397	$\phi530$	$\phi75$	140	$\phi70$	140	13.6	6.8	70	1500	2～2.5
YOX_S500	444	$\phi590$	$\phi85$	170	$\phi85$	160	19.2	9.6	105	1500	2～2.5
YOX_S510	426	$\phi590$	$\phi85$	170	$\phi85$	160	19	9.5	119	1500	2～2.5
YOX_S560	459	$\phi650$	$\phi90$	170	$\phi100$	180	27	13.5	140	1500	2～2.5
YOX_S562	471	$\phi634$	$\phi100$	170	$\phi110$	170	30	15	131	1500	2～2.5
YOX_S600	474	$\phi695$	$\phi90$	170	$\phi100$	180	36	18	160	1500	2～2.5
TVA_S562	467	$\phi634$	$\phi100$	170	$\phi110$	170	30	15	131	1500	2～2.5
TVA_S650	536	$\phi740$	$\phi125$	225	$\phi130$	200	46	23	219	1500	2～2.5
TVA_S750	630	$\phi842$	$\phi140$	245	$\phi150$	240	68	34	332	1500	2～2.5

注：1. 生产厂商：大连液力机械有限公司。

2. 传递功率见表19-4-75。

3. 按GB/T 5837—2008规定，型号应为YOX_D*** S。

4.8.2.4 加长后辅腔与加长后辅腔带侧辅腔的限矩型液力偶合器

表19-4-84 YOX_Y、YOX_{YS}液力偶合器技术参数 mm

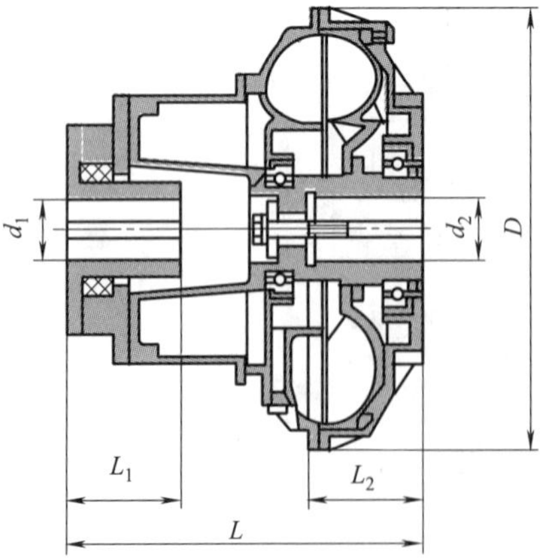

YOX_Y型

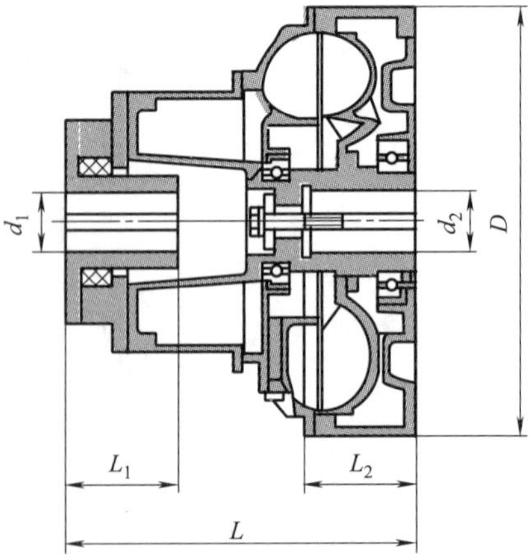

YOX_{YS}型

续表

型　号	外形尺寸		输入端		输出端		充水量/L		质量(不包括水)/kg	过载系数	最高转速/r·min^{-1}
	L_{min}	D	d_{1max}	L_{1max}	d_{2max}	L_{2max}	max	min			
YOX_Y360	360	ϕ420	ϕ60	110	ϕ55	100	9.6	4.8	48	1.2～2.35	1500
$YOX_{YS}360$							11.2	5.6	53	1.1～2.5	
YOX_Y400	390	ϕ470	ϕ70	140	ϕ65	120	11.6	5.8	64	1.2～2.35	1500
$YOX_{YS}400$							13.5	6.7	70	1.1～2.5	
YOX_Y450	447	ϕ530	ϕ75	140	ϕ75	140	14	7	76	1.2～2.35	1500
$YOX_{YS}450$							19.5	9.7	84	1.1～2.5	
YOX_Y500	470	ϕ556	ϕ90	170	ϕ80	160	19.2	9.6	115	1.2～2.35	1500
$YOX_{YS}500$							26.8	13.4	133	1.1～2.5	
YOX_Y560	530	ϕ634	ϕ100	210	ϕ115	170	21.5	10.75	142	1.2～2.35	1500
$YOX_{YS}560$							34.2	17.1	163	1.1～2.5	
YOX_Y600	540	ϕ692	ϕ100	210	ϕ100	210	36	18	200	1.2～2.35	1500
$YOX_{YS}600$							43.6	21.8	220	1.1～2.5	
YOX_Y650	625	ϕ740	ϕ130	210	ϕ120	200	46	23	229	1.2～2.35	1500
$YOX_{YS}650$							62.4	31.2	250	1.1～2.5	
YOX_Y750	680	ϕ860	ϕ140	250	ϕ120	220	68	34	357	1.2～2.35	1500
$YOX_{YS}750$							88.4	44.2	388	1.1～2.5	
YOX_Y866	820	ϕ978	ϕ150	250	ϕ160	265	112	56	505	1.2～2.35	1000
$YOX_{YS}866$							145.6	72.8	555	1.1～2.5	
YOX_Y1000	845	ϕ1120	ϕ150	250	ϕ160	280	144	72	660	1.2～2.35	750
$YOX_{YS}1000$							192.4	96.2	730	1.1～2.5	
YOX_Y1150	960	ϕ1312	ϕ170	300	ϕ170	300	170	85	880	1.2～2.35	750
$YOX_{YS}1150$							220	110	940	1.1～2.5	

注：1. 生产厂商：大连液力机械有限公司、沈阳市煤机配件厂。

2. 加长后辅腔与加长后辅腔带侧辅腔者均可使设备延长启动时间、降低启动力矩，使启动变得更“软”，更柔和。

3. 传递功率见表 19-4-75。

4. 图中轴孔内紧定螺栓为选配件。

表 19-4-85 YOX$_V$、YOX$_{VS}$液力偶合器技术参数 mm

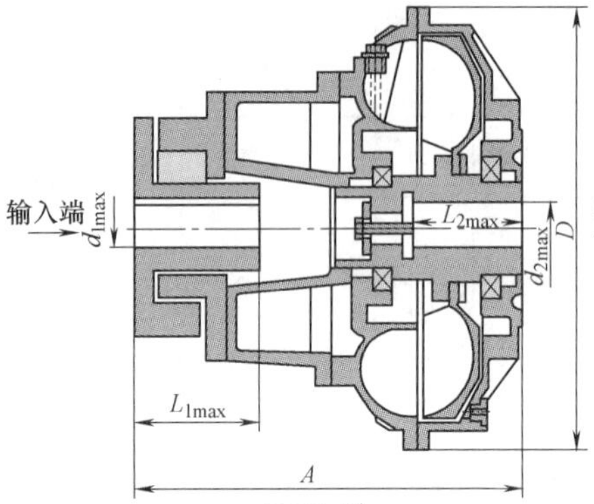

YOX$_V$型

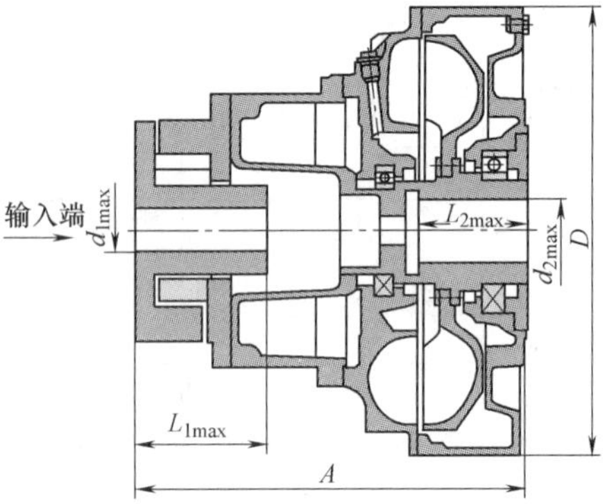

YOX$_{VS}$型

规格型号	输入转速 n/r·min^{-1}	传递功率范围/kW	过载系数 T_g		效率 η	外形尺寸		最大输入孔径及长度 d_{1max}/L_{1max}	最大输出孔径及长度 d_{2max}/L_{2max}	充油量/L		质量/kg
			启动	制动		D	A			40%	72%	
YOX$_V$360	1000	5～10	1.35～1.5	2～2.3	0.96	ϕ428	360	ϕ60/110	ϕ55/110	3.8	6.8	47
	1500	16～30										
YOX$_V$400	1000	8～18.5	1.35～1.5	2～2.3	0.96	ϕ472	390	ϕ70/140	ϕ60/140	5.8	10.4	71
	1500	28～48										
YOX$_V$450	1000	15～30	1.35～1.5	2～2.3	0.96	ϕ530	445	ϕ75/140	ϕ70/140	8.3	15	88
	1500	50～90										
YOX$_V$500	1000	25～50	1.35～1.5	2～2.3	0.96	ϕ582	510	ϕ90/170	ϕ90/170	11.4	20.6	115
	1500	68～144										
YOX$_V$560	1000	40～80	1.35～1.5	2～2.3	0.96	ϕ634	530	ϕ100/210	ϕ100/210	14.6	26.4	164
	1500	120～170										
YOX$_V$600	1000	60～115	1.35～1.5	2～2.3	0.96	ϕ695	575	ϕ100/210	ϕ100/210	18.6	33.6	200
	1500	200～360										
YOX$_V$650	1000	90～176	1.35～1.5	2～2.3	0.96	ϕ760	650	ϕ130/210	ϕ130/210	26.6	48	240
	1500	260～480										
YOX$_V$750	1000	170～330	1.35～1.5	2～2.3	0.96	ϕ860	680	ϕ140/250	ϕ150/250	37.7	68	375
	1500	380～760										
YOX$_V$875	750	140～280	1.35～1.5	2～2.3	0.96	ϕ992	820	ϕ150/250	ϕ150/250	62.1	112	530
	1000	330～620										
YOX$_V$1000	600	160～300	1.35～1.5	2～2.3	0.96	ϕ1138	845	ϕ150/250	ϕ150/250	82.5	148	710
	750	260～590										
YOX$_V$1150	600	265～615	1.35～1.5	2～2.3	0.96	ϕ1312	885	ϕ170/300	ϕ170/300	95	170	880
	750	525～1195										
YOX$_V$1250	500	235～540	1.35～1.5	2～2.3	0.96	ϕ1420	960	ϕ200/300	ϕ200/300	120	210	1030
	600	400～935										
	750	800～1800										
YOX$_V$1320	500	315～710	1.35～1.5	2～2.3	0.96	ϕ1500	975	ϕ210/310	ϕ210/310	140	230	1130
	600	650～1200										
	750	1050～2360										

续表

规格型号	输入转速 n/r·min^{-1}	传递功率范围/kW	过载系数 T_g		效率 η	外形尺寸		最大输入孔径及长度 $\frac{d_{1max}}{L_{1max}}$	最大输出孔径及长度 $\frac{d_{2max}}{L_{2max}}$	充油量/L		质量/kg
			启动	制动		D	A			40%	72%	
YOX$_{VS}$360	1000	5～10	1.1～1.35	2～2.3	0.96	ϕ428	360	ϕ60/110	ϕ55/110	5.3	8.8	52
	1500	16～30										
YOX$_{VS}$400	1000	8～18.5	1.1～1.35	2～2.3	0.96	ϕ472	390	ϕ70/100/140	ϕ60/140	7.7	13.5	77
	1500	28～48										
YOX$_{VS}$450	1000	15～30	1.1～1.35	2～2.3	0.96	ϕ530	445	ϕ75/140	ϕ70/140	11.1	19.5	96
	1500	50～90										
YOX$_{VS}$500	1000	25～50	1.1～1.35	2～2.3	0.96	ϕ582	510	ϕ90/170	ϕ90/170	15.3	26.8	133
	1500	68～144										
YOX$_{VS}$560	1000	40～80	1.1～1.35	2～2.3	0.96	ϕ634	530	ϕ100/170/210	ϕ100/210	19.5	34.2	185
	1500	120～270										
YOX$_{VS}$600	1000	60～115	1.1～1.35	2～2.3	0.96	ϕ695	575	ϕ100/170/210	ϕ115/210	24.9	43.6	220
	1500	200～360										
YOX$_{VS}$650	1000	90～176	1.1～1.35	2～2.3	0.96	ϕ760	650	ϕ130/210	ϕ130/210	35.6	62.4	260
	1500	260～480										
YOX$_{VS}$750	1000	170～330	1.1～1.35	2～2.3	0.96	ϕ860	680	ϕ140/250	ϕ150/250	50.5	88.4	406
	1500	380～760										
YOX$_{VS}$875	750	145～280	1.1～1.35	2～2.3	0.96	ϕ992	820	ϕ150/250	ϕ150/250	83.1	145.6	580
	1000	330～620										
YOX$_{VS}$1000	600	160～300	1.1～1.35	2～2.3	0.96	ϕ1138	845	ϕ150/250	ϕ150/250	108.5	192.4	780
	750	260～590										
YOX$_{VS}$1150	600	265～615	1.1～1.35	2～2.3	0.96	ϕ1312	885	ϕ170/300	ϕ170/300	132	220	940
	750	525～1195										
YOX$_{VS}$1250	500	235～540	1.1～1.35	2～2.3	0.96	ϕ1420	960	ϕ200/300	ϕ200/300	173	280	1120
	600	400～935										
	750	800～1800										
YOX$_{VS}$1320	500	315 ～ 710	1.1～1.35	2～2.3	0.96	ϕ1500	975	ϕ210/310	ϕ210/310	202	295	1230
	600	650～1200										
	750	1050～2360										

注：1. 生产厂商：广东中兴液力传动有限公司。

2. 加长后辅腔与加长后辅腔带侧辅腔者均可使设备延长启动时间、降低启动力矩、使启动变得更“软”、更柔和。

3. 图中轴孔内紧定螺栓为选配件。

表 19-4-86　　YOX$_{V}$、YOX$_{VS}$型液力偶合器技术参数　　mm

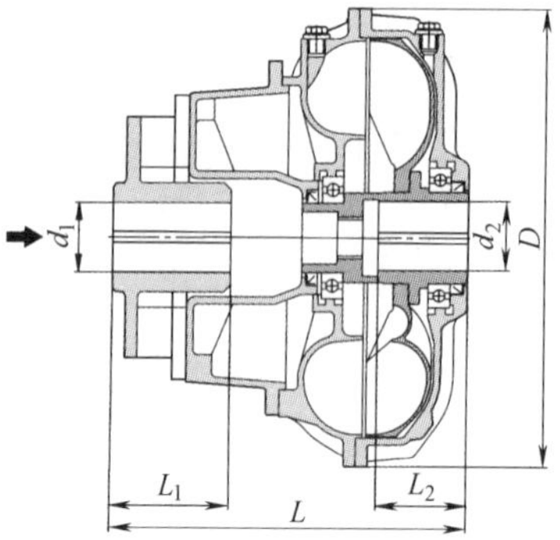

YOX$_{V}$型

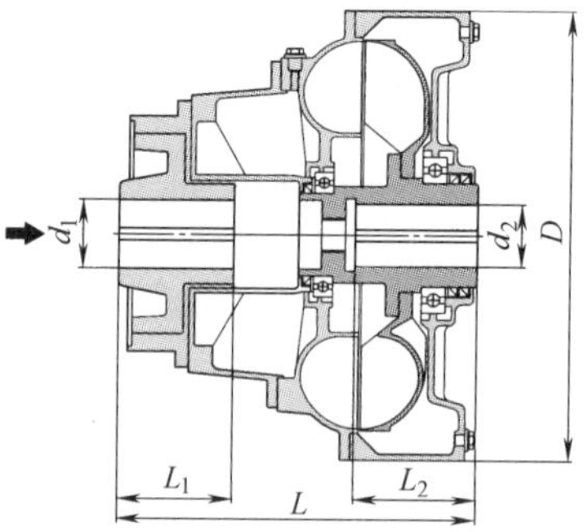

YOX$_{VS}$型

规格型号	外形尺寸		过载系数		最大输入孔径及长度	最大输出孔径及长度	充油量/L		质量
	D	L	启动	制动	d_{1max}/L_{1max}	d_{2max}/L_{2max}	min	max	/kg
YOX$_{V}$400	ϕ480	390	1.35～1.6	2～2.35	ϕ70/140	ϕ60/140	5.8	10.4	71
YOX$_{V}$450	ϕ530	445			ϕ75/140	ϕ70/140	8.3	15	88
YOX$_{V}$500	ϕ580	510			ϕ90/170	ϕ90/170	11.4	20.6	115
YOX$_{V}$560	ϕ650	530		2～2.3	ϕ100/210	ϕ100/210	14.6	26.4	164
YOX$_{V}$600	ϕ695	575		2～2.35			18.6	33.6	200
YOX$_{V}$650	ϕ740	650			ϕ130/210	ϕ130/210	26.6	48	240
YOX$_{V}$750	ϕ842	680			ϕ140/250	ϕ150/250	37.7	68	375
YOX$_{VS}$400	ϕ480	390	1.25～1.4	2～2.3	ϕ70/110/140	ϕ65/140	7.7	13.5	77
YOX$_{VS}$450	ϕ530	445		2～2.34	ϕ75/140	ϕ70/140	11.1	19.5	96
YOX$_{VS}$500	ϕ580	510		2～2.3	ϕ90/170	ϕ90/170	15.3	26.8	133
YOX$_{VS}$560	ϕ650	530			ϕ100/170/210	ϕ100/210	19.5	34.2	185
YOX$_{VS}$600	ϕ695	575				ϕ115/210	24.9	43.6	224
YOX$_{VS}$650	ϕ740	650		2～2.35	ϕ130/210	ϕ130/210	35.6	62.4	260
YOX$_{VS}$750	ϕ842	680		2～2.37	ϕ140/250	ϕ150/250	50.5	88.4	406

注：1. 生产厂：大连营城液力偶合器厂。
2. YOX$_{V}$、YOX$_{VS}$均可使设备延长启动时间、降低启动力矩、使启动变得更软、更柔和。
3. 传递功率见表 19-4-75。

表 19-4-87　　YOX$_{V}$、YOX$_{VC}$液力偶合器技术参数　　mm

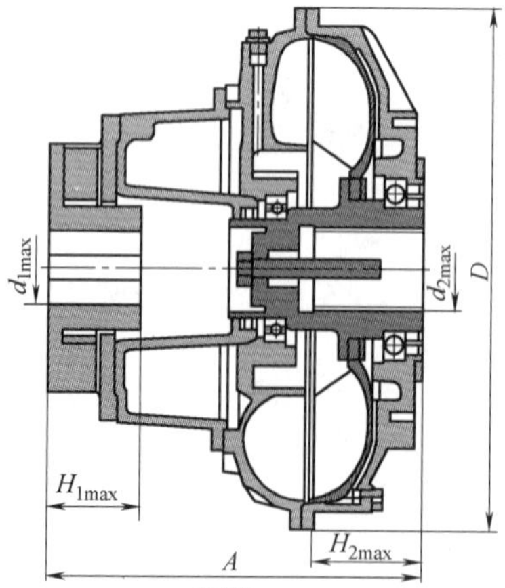

YOX$_{V}$

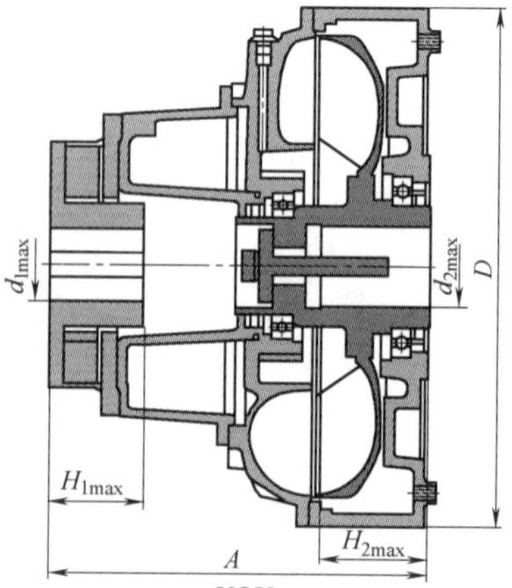

YOX$_{VC}$

续表

型号	输入转速/r·min^{-1}	传递功率范围/kW	过载系数 T_g	效率 η	外形尺寸		输入端孔径及长度 $\frac{d_{1max}}{L_{1max}}$	输出端孔径及长度 $\frac{d_{2max}}{L_{2max}}$	充油量/L		质量/kg
					D	A			min	max	
YOXv360	1000	5～10	2～2.7	0.96	ϕ428	360	ϕ60/110	ϕ55/110	3.8	8.1	47
	1500	16～30									
YOXv400	1000	8～18.5	2～2.5	0.96	ϕ470	390	ϕ70/140	ϕ65/140	5.8	10.4	71
	1500	28～50									
YOXv450	1000	15～30	2～2.5	0.96	ϕ530	445	ϕ75/140	ϕ70/140	8.3	15	88
	1500	50～110									
YOXv500	1000	25～50	2～2.5	0.97	ϕ580	510	ϕ90/170	ϕ90/170	11.4	20.6	115
	1500	75～150									
YOXv560	1000	40～80	2～2.5	0.97	ϕ634	530	ϕ100/210	ϕ100/210	15.6	27	164
	1500	120～280									
YOXv600	1000	60～115	2～2.5	0.97	ϕ695	575	ϕ100/210	ϕ100/210	18.6	33.6	200
	1500	200～375									
YOXv650	1000	90～176	2～2.5	0.97	ϕ740	650	ϕ120/210	ϕ120/210	26.8	48	240
	1500	260～480									
YOXv750	1000	170～330	2～2.5	0.97	ϕ860	680	ϕ140/250	ϕ140/250	37.7	68	375
	1500	480～760									
YOXv875	750	140～280	2～2.5	0.97	ϕ992	820	ϕ150/250	ϕ150/250	62.1	112	530
	1000	330～620									
YOXv1000	600	160～300	2～2.5	0.97	ϕ1138	845	ϕ150/250	ϕ150/250	82.5	148	710
	750	260～590									
YOXvc360	1000	5～10	2～2.7	0.96	ϕ428	360	ϕ60/110	ϕ55/110	5.3	8.8	52
	1500	16～30									
YOXvc400	1000	8～18.5	2～2.5	0.96	ϕ470	390	ϕ70/140	ϕ65/140	7.7	13.5	77
	1500	28～50									
YOXvc450	1000	15～30	2～2.5	0.96	ϕ530	445	ϕ75/140	ϕ70/140	11.1	19.5	96
	1500	50～110									
YOXvc500	1000	25～50	2～2.5	0.97	ϕ580	510	ϕ90/170	ϕ90/170	15.3	26.8	133
	1500	75～150									
YOXvc560	1000	40～80	2～2.5	0.97	ϕ634	530	ϕ100/210	ϕ100/210	19.5	34.2	185
	1500	120～280									
YOXvc600	1000	60～115	2～2.5	0.97	ϕ695	575	ϕ100/210	ϕ100/210	24.9	43.6	220
	1500	200～375									
YOXvc650	1000	90～176	2～2.5	0.97	ϕ750	650	ϕ120/210	ϕ120/210	35.6	62.4	260
	1500	260～480									
YOXvc750	1000	170～330	2～2.5	0.97	ϕ860	680	ϕ140/250	ϕ150/210	50.5	88.4	405
	1500	480～760									
YOXvc875	750	140～280	2～2.5	0.97	ϕ992	820	ϕ150/250	ϕ150/250	83	145	580
	1000	330～620									
YOXvc1000	600	160～300	2～2.5	0.97	ϕ1138	845	ϕ150/250	ϕ150/250	108	192	780
	750	260～590									

注：1. 生产厂商：中煤张家口煤矿机械有限责任公司。

2. YOXv、YOXvc均可使设备延长启动时间、降低启动力矩，使启动变得更“软”、更柔和。

4.8.2.5　加长后辅腔与加长后辅腔带侧辅腔制动轮式限矩型液力偶合器

表 19-4-88　　YOX$_{\text{YⅡZ}}$、YOX$_{\text{YSⅡZ}}$液力偶合器技术参数　　mm

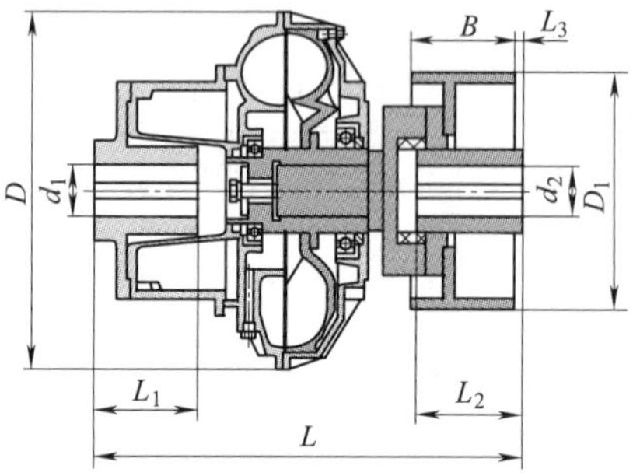

YOX$_{\text{YⅡZ}}$

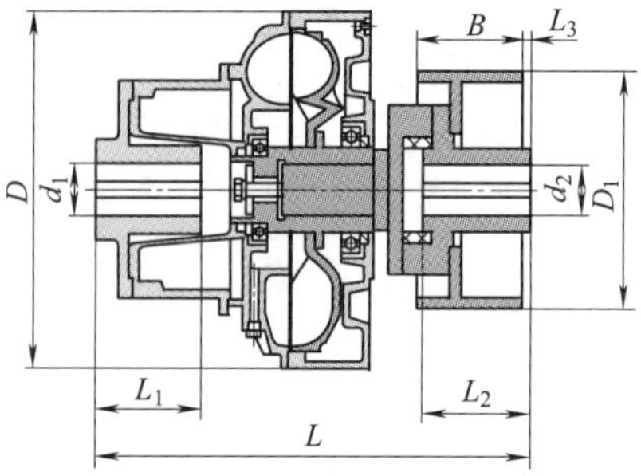

YOX$_{\text{YSⅡZ}}$

型号	外形尺寸		输入端		输出端		制动轮			充油量/L		质量(不包括油)/kg	最高转速/r·min^{-1}
	$L_{\min}$	D	$d_{1\max}$	$L_{1\max}$	$d_{2\max}$	$L_{2\max}$	D_1	B	L_3	max	min		
YOX$_{\text{YⅡZ}}$400	556	ϕ470	ϕ70	140	ϕ70	140	ϕ315	150	10	11.6	5.8	113	1500
YOX$_{\text{YSⅡZ}}$400										13.5	6.7	116	
YOX$_{\text{YⅡZ}}$450	600	ϕ530	ϕ75	140	ϕ70	140	ϕ315	150	10	14	7	128	1500
YOX$_{\text{YSⅡZ}}$450										19.5	9.7	132	
YOX$_{\text{YⅡZ}}$500	680	ϕ556	ϕ90	170	ϕ90	170	ϕ400	190	10	19.2	9.6	155	1500
YOX$_{\text{YSⅡZ}}$500										26.8	13.4	165	
YOX$_{\text{YⅡZ}}$560	754	ϕ634	ϕ100	210	ϕ100	210	ϕ400	190	10	21.5	10.75	205	1500
YOX$_{\text{YSⅡZ}}$560										34.2	17.1	218	
YOX$_{\text{YⅡZ}}$600	790	ϕ692	ϕ110	210	ϕ110	210	ϕ500	210	15	36	18	260	1500
YOX$_{\text{YSⅡZ}}$600										43.6	21.8	350	
YOX$_{\text{YⅡZ}}$650	829	ϕ740	ϕ125	210	ϕ130	210	ϕ500	210	15	46	23	385	1500
YOX$_{\text{YSⅡZ}}$650										62.4	31.2	392	
YOX$_{\text{YⅡZ}}$750	970	ϕ860	ϕ140	250	ϕ150	250	ϕ630	265	15	68	34	488	1500
YOX$_{\text{YSⅡZ}}$750										88.4	44.2	518	
YOX$_{\text{YⅡZ}}$866	1040	ϕ978	ϕ150	250	ϕ150	250	ϕ630	265	20	112	56	655	1500
YOX$_{\text{YSⅡZ}}$866										145.6	72.8	696	

注：1. 生产厂商：沈阳市煤机配件厂。

2. YOX$_{\text{YⅡZ}}$、YOX$_{\text{YSⅡZ}}$均为带式输送机专用配套产品，可使设备延长启动时间、降低启动力矩，使启动变得更“软”、更柔和。

3. 传递功率见表 19-4-75。

4. 图中轴孔内紧定螺栓为选配件。

表 19-4-89　**YOX_{YZ}、YOX_{YSZ}液力偶合器技术参数**　mm

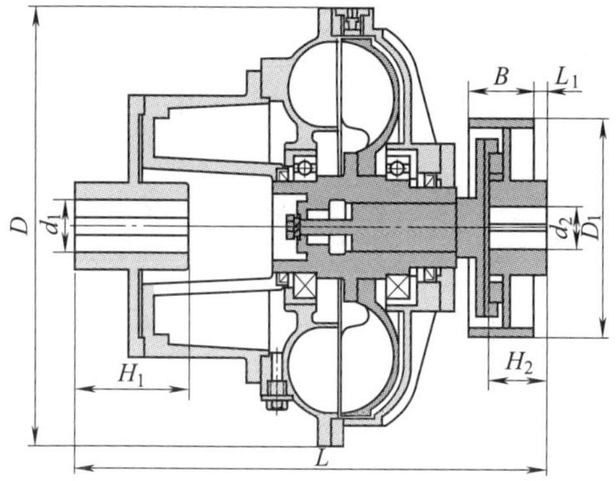

YOX_{YZ}型

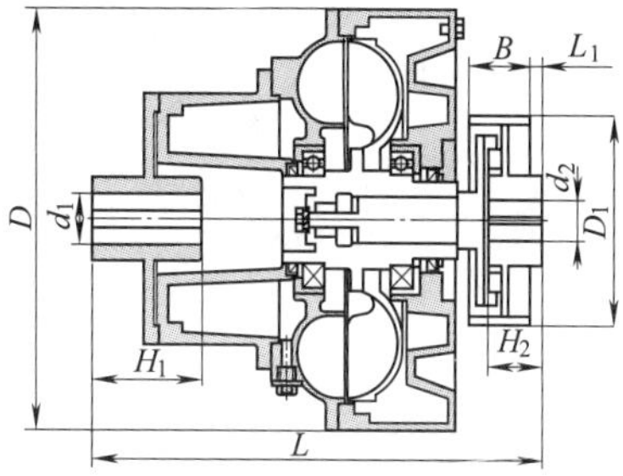

YOX_{YSZ}型

型号	L_{min}	D	L_1	输入端		输出端		制动轮		充油量/L		质量(不包括油)/kg	最高转速/r·min^{-1}	过载系数 T_g
				d_1	H_1	d_2	H_2	D_1	B	max	min			
YOX_{YZ}562	770	ϕ634	15	ϕ100	180	ϕ130	170	ϕ400	170	27	13.5	260	1500	1.1～2.5
YOX_{YZ}650	914	ϕ740	15	ϕ125	225	ϕ130	210	ϕ500	210	46	23	373	1500	1.1～2.5
YOX_{YSZ}400	557	ϕ480	10	ϕ70	140	ϕ70	140	315	150	13.5	6.7	120	1500	1.1～2.5
YOX_{YSZ}450	581	ϕ530	10	ϕ75	140	ϕ70	140	315	150	19.5	9.7	148	1500	1.1～2.5
YOX_{YSZ}500	672	ϕ590	10	ϕ90	170	ϕ90	170	400	190	26.8	13.4	162	1500	1.1～2.5

注：1. 生产厂商：大连液力机械有限公司。

2. YOX_{YZ}、YOX_{YSZ}均为带式输送机专用配套产品，可使设备延长启动时间、降低启动力矩，使启动变得更“软”、更柔和。

3. 传递功率见表 19-4-75。

4. 图中轴孔内紧定螺栓为选配件。

表 19-4-90　**$YOX_{VⅡZ}$、$YOX_{VCⅡZ}$液力偶合器技术参数**　mm

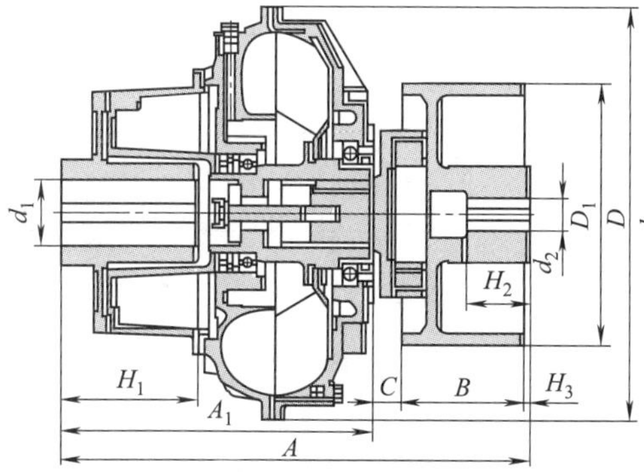

$YOX_{VⅡZ}$型

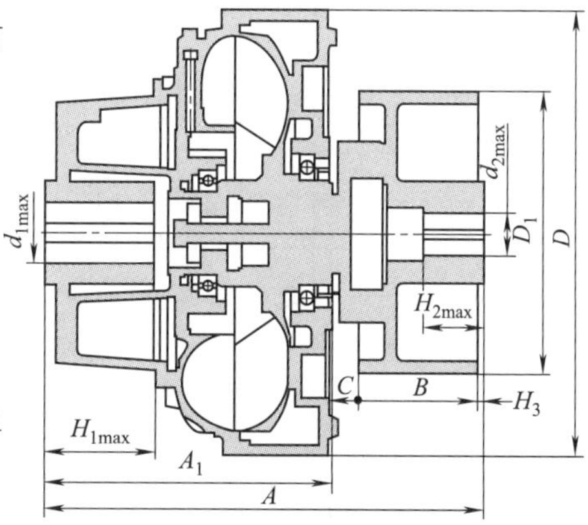

$YOX_{VCⅡZ}$型

续表

型号	输入转速/$r\cdot min^{-1}$	传递功率范围/kW	过载系数 T_g	效率 η	输入孔径及长度 $\frac{d_{1max}}{H_{1max}}$	输出孔径及长度 $\frac{d_{2max}}{H_{2max}}$	充油量/L		外形尺寸							质量/kg
							min	max	D	A	A_1	B	D_1	C	H_3	
YOX$_{VⅡZ}$360	1000	5～10	2～2.7	0.96	ϕ55/110	ϕ60/110	3.8	8.1	ϕ420	555	360	150	ϕ315	35	10	105
	1500	16～30														
YOX$_{VⅡZ}$400	1000	8～18.5	2～2.5	0.96	ϕ65/140	ϕ65/140	5.8	10.4	ϕ465	588	390	150	ϕ315	38	10	113
	1500	28～50														
YOX$_{VⅡZ}$450	1000	15～30	2～2.5	0.97	ϕ75/140	ϕ80/140	8.3	15	ϕ530	643	445	150	ϕ315	38	10	128
	1500	50～110														
YOX$_{VⅡZ}$500	1000	25～50	2～2.5	0.97	ϕ90/170	ϕ90/170	11.4	20.6	ϕ580	751	510	190	ϕ400	41	10	155
	1500	75～150														
YOX$_{VⅡZ}$560	1000	40～80	2～2.5	0.97	ϕ100/210	ϕ100/210	15.6	27	ϕ634	760	530	190	ϕ400	45	10	205
	1500	120～280														
YOX$_{VⅡZ}$600	1000	60～115	2～2.5	0.97	ϕ110/210	ϕ110/210	18.6	33.6	ϕ695	850	575	210	ϕ500	45	15	260
	1500	200～375														
YOX$_{VⅡZ}$650	1000	90～176	2～2.5	0.97	ϕ120/210	ϕ120/210	26.8	48	ϕ740	925	650	210	ϕ500	45	15	385
	1500	260～480														
YOX$_{VⅡZ}$750	1000	170～330	2～2.5	0.97	ϕ130/210	ϕ130/210	37.7	68	ϕ842	1010	680	265	ϕ630	50	15	488
	1500	480～760														
YOX$_{VⅡZ}$875	750	140～280	2～2.5	0.97	ϕ140/210	ϕ140/210	62.1	112	ϕ992	1120	780	265	ϕ630	75	20	655
	1000	330～620														
YOX$_{VCⅡZ}$400	1000	8～18.5	2～2.5	0.96	ϕ65/140	ϕ65/140	7.7	13.5	ϕ465	556	358	150	ϕ315	38	10	120
	1500	28～50														
YOX$_{VCⅡZ}$450	1000	15～30	2～2.5	0.96	ϕ75/140	ϕ80/140	11.1	19.5	ϕ530	581	383	150	ϕ315	38	10	135
	1500	50～110														
YOX$_{VCⅡZ}$500	1000	25～50	2～2.5	0.97	ϕ90/170	ϕ90/170	15.3	26.8	ϕ580	672	431	190	ϕ400	41	10	183
	1500	75～150														
YOX$_{VCⅡZ}$560	1000	40～80	2～2.5	0.97	ϕ100/210	ϕ100/210	19.5	34.2	ϕ634	733	488	190	ϕ400	45	10	238
	1500	120～280														
YOX$_{VCⅡZ}$600	1000	60～115	2～2.5	0.97	ϕ110/210	ϕ110/210	24.9	43.6	ϕ695	787	517	210	ϕ500	45	15	370
	1500	200～375														
YOX$_{VCⅡZ}$650	1000	90～176	2～2.5	0.97	ϕ120/210	ϕ120/210	35.6	62.4	ϕ760	825	555	210	ϕ500	45	15	415
	1500	260～480														
YOX$_{VCⅡZ}$750	1000	170～330	2～2.5	0.97	ϕ130/210	ϕ130/210	50.5	88.4	ϕ860	920	590	265	ϕ630	50	15	544
	1500	480～760														
YOX$_{VCⅡZ}$875	750	140～280	2～2.5	0.97	ϕ140/210	ϕ140/210	83	145	ϕ992	1032	672	265	ϕ630	75	20	740
	1000	330～620														

注：1. 生产厂商：中煤张家口煤矿机械有限责任公司。

2. YOX$_{VⅡZ}$、YOX$_{VCⅡZ}$均为带式输送机专用配套产品，均可使设备延长启动时间、降低启动力矩，使启动变得更“软”、更柔和。

表 19-4-91　　$YOX_{VⅡZ}$、$YOX_{VSⅡZ}$液力偶合器技术参数　　mm

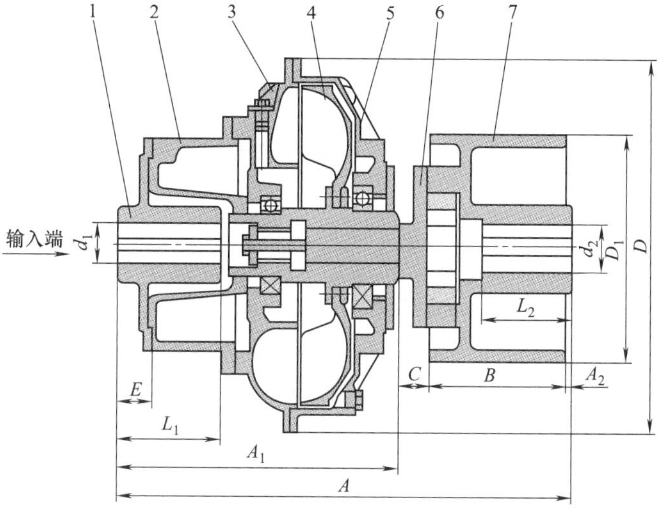

$YOX_{VⅡZ}$型

1—连接盘；2—加长后辅腔；3—泵轮；4—涡轮；
5—外壳；6—主轴；7—制动轮

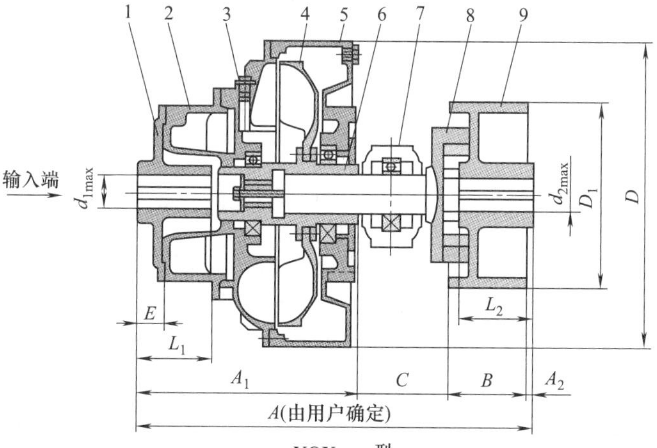

$YOX_{VSⅡZ}$型

1—连接盘；2—加长后辅腔；3—泵轮；4—涡轮；5—外侧辅腔；
6—主轴；7—轴承座；8—连接轴；9—制动轮

规格型号	输入转速 /r·min^{-1}	传递功率范围 /kW	过载系数 T_g 启动	过载系数 T_g 制动	效率 η	输入孔径及长度 d_{1max}/L_{1max}	输出孔径及长度 d_{2max}/L_{2max}	充油量 /L 40%	充油量 /L 72%	外形尺寸 A	A_1	D	B	D_1	A_2	C	E	质量 /kg
$YOX_{VⅡZ}$400	1000	8～18.5	1.35～1.5	2～2.3	0.96	ϕ65/140	ϕ65/140	5.8	10.4	556	358	ϕ472	150	ϕ315	10	38	50	116
	1500	28～48																
$YOX_{VⅡZ}$450	1000	15～30	1.35～1.5	2～2.3	0.96	ϕ75/140	ϕ75/140	8.3	15	581	383	ϕ530	150	ϕ315	10	38	30	132
	1500	50～90																

续表

规格型号	输入转速 /r·min^{-1}	传递功率范围 /kW	过载系数 T_g 启动	过载系数 T_g 制动	效率 η	输入孔径及长度 d_{1max}/L_{1max}	输出孔径及长度 d_{2max}/L_{2max}	充油量/L 40%	充油量/L 72%	外形尺寸 A	A_1	D	B	D_1	A_2	C	E	质量 /kg
YOX$_{VIIZ}$500	1000	25～50	1.35～1.5	2～2.3	0.96	ϕ90/170	ϕ90/170	11.4	20.6	672	431	ϕ582	190	ϕ400	10	41	40	165
	1500	68～144																
YOX$_{VIIZ}$560	1000	40～80	1.35～1.5	2～2.3	0.96	ϕ110/210	ϕ100/210	14.6	26.4	748	503	ϕ634	190	ϕ400	10	45	70	210
	1500	120～270																
YOX$_{VIIZ}$600	1000	60～115	1.35～1.5	2～2.3	0.96	ϕ110/210	ϕ110/210	18.6	33.6	787	517	ϕ695	210	ϕ500	15	45	50	350
	1500	200～360																
YOX$_{VIIZ}$650	1000	90～176	1.35～1.5	2～2.3	0.96	ϕ120/210	ϕ120/210	26.6	48	825	555	ϕ760	210	ϕ500	15	45	35	390
	1500	260～480																
YOX$_{VIIZ}$750	1000	170～330	1.35～1.5	2～2.3	0.96	ϕ130/210	ϕ130/210	37.7	68	920	590	ϕ860	265	ϕ630	15	50	40	513
	1500	380～760																
YOX$_{VIIZ}$875	750	140～280	1.35～1.5	2～2.3	0.96	ϕ140/250	ϕ140/250	62.1	112	1032	672	ϕ992	265	ϕ630	20	75	40	690
	1000	330～620																
YOX$_{VSIIZ}$400	1000	8～18.5	1.1～1.35	2～2.3	0.96	ϕ65/140	ϕ65/140	7.7	13.5	556	358	ϕ472	150	ϕ315	10	38	50	120
	1500	28～48																
YOX$_{VSIIZ}$450	1000	15～30	1.1～1.35	2～2.3	0.96	ϕ75/140	ϕ75/140	11.1	19.5	581	383	ϕ530	150	ϕ315	10	38	30	135
	1500	50～90																
YOX$_{VIIZ}$500	1000	25～50	1.1～1.35	2～2.3	0.96	ϕ90/170	ϕ90/170	15.3	26.8	672	431	ϕ582	190	ϕ400	10	41	40	183
	1500	68～144								842	601							
YOX$_{VSIIZ}$560	1000	40～80	1.1～1.35	2～2.3	0.96	ϕ110/210	ϕ100/210	19.5	34.2	748	503	ϕ634	190	ϕ400	10	45	70	240
	1500	120～270								933	688							
YOX$_{VSIIZ}$600	1000	60～115	1.1～1.35	2～2.3	0.96	ϕ110/210	ϕ110/210	24.9	43.6	787	517	ϕ695	210	ϕ500	15	45	50	370
	1500	200～360								972	922							
YOX$_{VSIIZ}$650	1000	90～176	1.1～1.35	2～2.3	0.96	ϕ120/210	ϕ120/210	35.6	62.4	825	555	ϕ760	210	ϕ500	15	45	35	415
	1500	260～480								1010	740							
YOX$_{VSIIZ}$750	1000	170～330	1.1～1.35	2～2.3	0.96	ϕ130/210	ϕ130/210	50.5	88.4	920	590	ϕ860	265	ϕ630	15	50	40	544
	1500	380～760								1120	790							
YOX$_{VSIIZ}$875	750	140～280	1.1～1.35	2～2.3	0.96	ϕ140/250	ϕ140/250	83.1	145.6	1032	672	ϕ992	265	ϕ630	20	75	40	740
	1000	330～620								1232	872							

注：1. 生产厂商：广东中兴液力传动有限公司。

2. YOX$_{VIIZ}$、YOX$_{VSIIZ}$均为带式输送机专用配套产品，可使设备延长启动时间、降低启动力矩，使启动变得更“软”、更柔和。

3. 图中轴孔内紧定螺栓为选配件。

4. YOX$_{VSIIZ}$图中序号 7 为轴承座。

表 19-4-92　　YOX$_{VWZ}$（YOX$_{VIIZ}$）液力偶合器技术参数　　mm

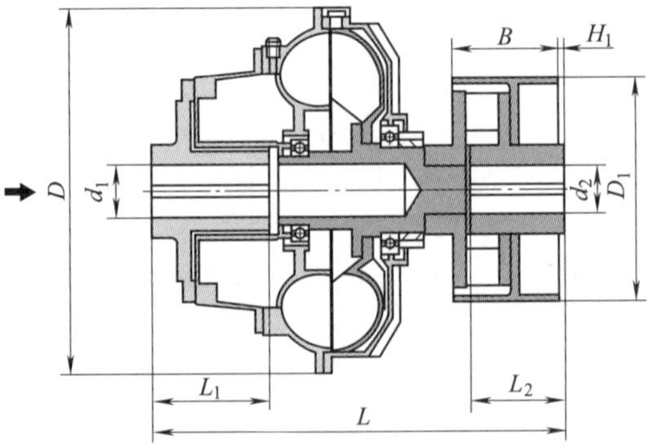

续表

型号规格	总长	外径	制动轮			输入端		输出端		充油量/L	
	L	D	D_1	B	H_1	d_{1max}	L_{1max}	d_{2max}	L_{2max}	min	max
$YOX_{VWZ}400$	591	ϕ480	ϕ315	150	10	ϕ70	140	ϕ70	140	5.8	10.4
$YOX_{VWZ}450$	580	ϕ530	ϕ315	150	10	ϕ75	140	ϕ70	140	8.3	15
$YOX_{VWZ}500$	763	ϕ580	ϕ400	190	10	ϕ90	170	ϕ90	170	11.4	20.6
$YOX_{VWZ}560$	817	ϕ650	ϕ400	190	10	ϕ100	210	ϕ100	210	14.6	26.4
$YOX_{VWZ}600$	871	ϕ695	ϕ500	210	15	ϕ100	210	ϕ100	210	18.6	33.6
$YOX_{VWZ}650$	943	ϕ740	ϕ500	210	15	ϕ125	210	ϕ130	210	26.6	48
$YOX_{VWZ}750$	1002	ϕ842	ϕ630	265	15	ϕ140	250	ϕ150	250	37.7	68

注：1. 生产厂商：大连营城液力偶合器厂。

2. YOX_{VWZ}（$YOX_{VⅡZ}$）为带式输送机专用配套产品，可使设备延长启动时间、降低启动力矩，使启动变得更“软”、更柔和。

3. 传递功率见表 19-4-75。

表 19-4-93　YOX_{VYZ}液力偶合器技术参数　mm

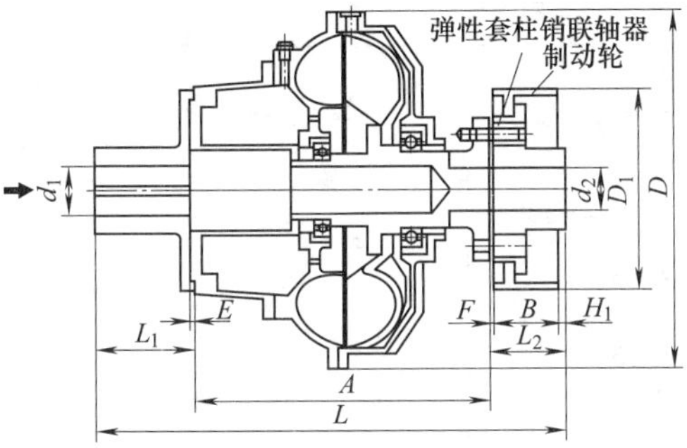

规格型号	外形尺寸				最大输入孔径及长度	弹性套柱销联轴器（GB 4323—2017）			充油量 q/L		制动轮		
	D	A	F	E	d_{1max}/L_{1max}	型号	d_{2max}	L_{2max}	min	max	D_1	B	H_1
$YOX_{VYZ}400$	ϕ480	366	8	6	ϕ65/140	TL7	ϕ65	142	5.8	10.4	ϕ315	150	10
$YOX_{VYZ}450$	ϕ530	405			ϕ75/140	TL8	ϕ75		8.3	15			
$YOX_{VYZ}500$	ϕ580	500	10		ϕ95/170	TL9	ϕ95	172	11.4	20.6	ϕ400	190	
$YOX_{VYZ}560$	ϕ650	579			ϕ120/210	TL9/TL10	ϕ120	212	14.6	26.4			
$YOX_{VYZ}600$	ϕ695	580	12	8		TL10			18.6	33.6	ϕ500	210	15
$YOX_{VYZ}650$	ϕ740	615			ϕ150/250	TL10/TL11	ϕ150	252	26.6	48			
$YOX_{VYZ}750$	ϕ842	637				TL11/TL12			37.7	68	ϕ630	265	

注：1. 生产厂商：大连营城液力偶合器厂。

2. 加长后辅腔易拆卸式偶合器与制动轮式偶合器的组合，具有两种偶合器的特点。

3. 传递功率见表 19-4-75。

4. 安装时，F 尺寸一定要大于 E 尺寸，L_2 尺寸要足够，以保证偶合器顺利装拆。

5. d_1、d_2 分别为输入、输出端尺寸。

4.8.2.6　加长后辅腔内轮驱动制动轮式限矩型液力偶合器

表 19-4-94　YOX_{VFZ}型液力偶合器技术参数　mm

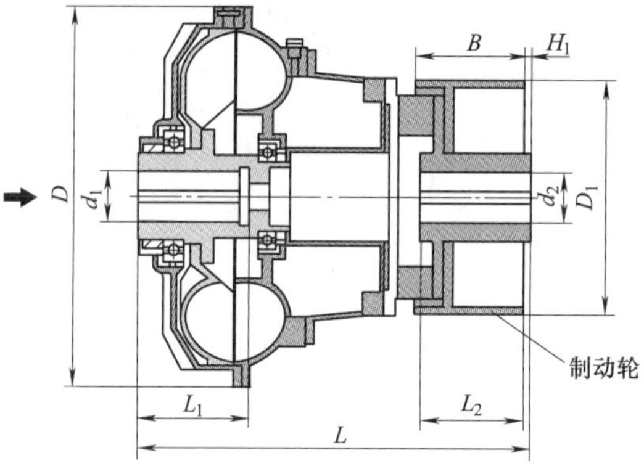

规格型号	总长 L_{min}	外径 D	制动轮			输入端		输出端		充油量/L	
			D_1	B	H_1	d_{1max}	L_{1max}	d_{2max}	L_{2max}	min	max
$YOX_{VFZ}400$	511	ϕ480	ϕ315	135	45	ϕ50	150	ϕ70	140	5.8	10.4
$YOX_{VFZ}450$	559	ϕ530	ϕ315	135	45	ϕ70	140	ϕ70	140	8.3	15
$YOX_{VFZ}500$	639	ϕ580	ϕ315	135	45	ϕ85	145	ϕ90	170	11.4	20.6
			ϕ400	170							
$YOX_{VFZ}560$	677	ϕ650	ϕ315	135	45	ϕ100	180	ϕ110	170	14.6	26.4
			ϕ400	170							
$YOX_{VFZ}600$	698	ϕ695	ϕ400	170	45	ϕ100	180	ϕ130	170	18.6	33.6
			ϕ500	210							
$YOX_{VFZ}650$	736	ϕ740	ϕ500	210	50	ϕ130	200	ϕ130	225	26.6	48
			ϕ630	265	55						
$YOX_{VFZ}750$	855	ϕ842	ϕ630	265	50	ϕ150	240	ϕ150	245	37.7	68

注：1. 生产厂商：大连营城液力偶合器厂。
2. 加长后辅腔可使设备延长启动时间、降低启动力矩，使启动变得更“软”、更柔和。
3. 传递功率见表 19-4-75。

4.8.3　复合泄液式限矩型液力偶合器

复合泄液式限矩型液力偶合器为内轮驱动，既有动压泄液又有静压泄液，故称复合泄液。复合泄液既有静压泄液结构简单的特点又有动压泄液动态反应快速的优点。它只有泵轮、涡轮和外壳三支盘形构件，而无后辅腔外壳，故结构简单、轴向尺寸小、重量轻、过载系数低。输出端连接简便，轮毂可直接装入制动轮，且使两者总长度相同。输入端固连在电动机轴上，由其承担偶合器重量而非减速器承担，故可减免减速器断轴事故的发生。上述特点使其特别适合三支点浮动支承液力驱动单元的需要。

复合泄液式限矩型液力偶合器近年有较快的发展。

表 19-4-95　　YOX_F、YOX_{FZ}液力偶合器技术参数

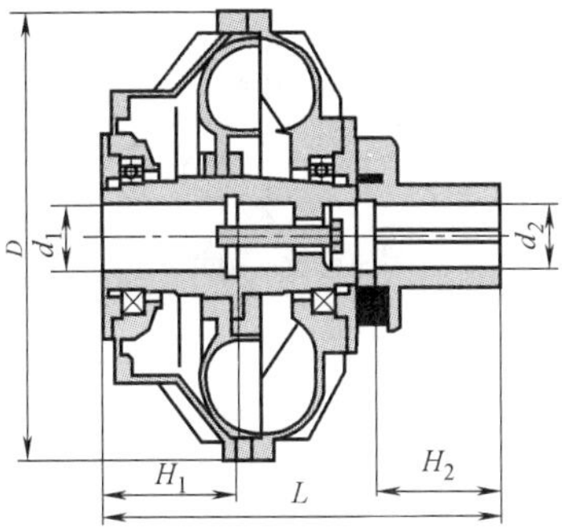

YOX_F型

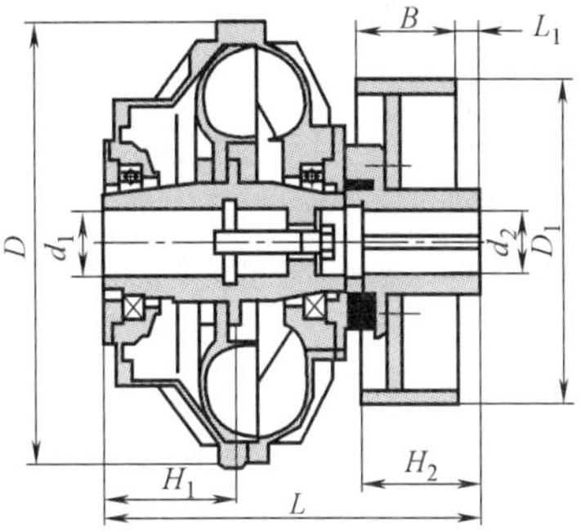

YOX_{FZ}(带制动轮)型

型号	输入转速/r·min⁻¹	过载系数 T_g		外形尺寸/mm			最大输入孔径及长度 $d_{1max}\times H_{1max}$/mm	最大输出孔径及长度 $d_{2max}\times H_{2max}$/mm	充油量/L 40%～80%	质量/kg
		启动	制动	D	L	$D_1\times B$				
YOX_{FZ}220	1500	1.8～2.2	2～2.7	ϕ272	△	△	ϕ40×80	☆	0.8～1.5	14
YOX_{FZ}250	1500	1.8～2.2	2～2.7	ϕ312	△	△	ϕ45×80	☆	1.0～2.1	19
YOX_{FZ}280	1500	1.8～2.2	2～2.7	ϕ330	△	△	ϕ50×80	☆	1.3～2.7	26
YOX_{FZ}320	1500	2～2.2	2～2.7	ϕ376	△	△	ϕ50×110	☆	2.2～4.5	34
YOX_{FZ}360	1500	2～2.7	2～2.7	ϕ422	366	315×150	ϕ55×110	ϕ55×110	3.4～6.4	50
YOX_{FZ}400	1500	1.5～1.8	2～2.5	ϕ475	421	315×150	ϕ70×140	ϕ70×140	7～12.8	72
YOX_{FZ}450	1500	1.5～1.8	2～2.5	ϕ518	466	315×150	ϕ75×140	ϕ70×140	8.5～15.2	95
YOX_{FZ}500	1500	1.5～1.8	2～2.5	ϕ590	500	400×190	ϕ90×170	ϕ90×170	10～19.5	112
YOX_{FZ}560	1500	1.5～1.8	2～2.5	ϕ624	553	400×190	ϕ100×210	ϕ110×210	14～27.2	155
YOX_{FZ}650	1500	1.5～1.8	2～2.5	ϕ758	619	400×190	ϕ125×210	ϕ130×210	22～47	215
YOX_{FZ}750	1500	1.5～1.8	2～2.5	ϕ840	830	500×210	ϕ140×250	ϕ150×250	35～68.5	380
YOX_{FZ}875	1000	1.5～1.8	2～2.5	ϕ985	890	630×265	ϕ140×250	ϕ140×250	58～115	540
YOX_{FZ}1000	750	1.5～1.8	2～2.5	ϕ1136	952	700×300	ϕ150×250	ϕ150×250	75～148	690
YOX_{FZ}1150	750	1.5～1.8	2～2.5	ϕ1310	1080	800×340	ϕ170×350	ϕ170×300	85～170	860

注：1. 生产厂商：北京起重运输机械设计研究院。

2. YOX_{FZ}制动轮以螺栓紧固在轮毂上，卸掉制动轮即成 YOX_F 偶合器，两者外形尺寸全同。

3. 表中质量不含制动轮。表中△、☆尺寸均由用户提供。

4. 传递功率见表 19-4-75。

5. d_1、d_2 分别为输入、输出端尺寸。

6. 特别适用于三支点浮动支承液力驱动单元。

表 19-4-96　　YOX_{FZ}液力偶合器技术参数　　mm

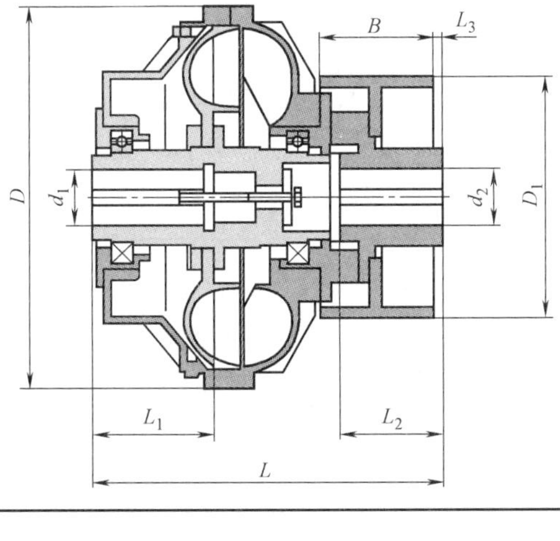

续表

型号	外形尺寸		输入端		输出端		制动轮			充油量/L		质量(不包含油)/kg	最高转速/r·min^{-1}	过载系数 T_g
	L_{min}	D	d_{1max}	L_{1max}	d_{2max}	L_{2max}	D_1	B	L_3	max	min			
$YOX_{FZ}360$	445	ϕ420	ϕ60	140	ϕ60	140	ϕ315	150	10	7.1	3.55	49	1500	0.8～2.0
$YOX_{FZ}400$	470	ϕ480	ϕ70	140	ϕ70	140	ϕ315	150	10	9.3	4.65	65	1500	0.8～2.0
$YOX_{FZ}450$	500	ϕ520	ϕ75	140	ϕ75	140	ϕ315	150	10	13	6.5	70	1500	0.8～2.0
$YOX_{FZ}500$	580	ϕ580	ϕ90	170	ϕ90	170	ϕ400	190	15	19.2	9.6	105	1500	0.8～2.0
$YOX_{FZ}560$	650	ϕ635	ϕ100	210	ϕ110	210	ϕ400	190	15	27	13.5	140	1500	0.8～2.0
$YOX_{FZ}600$	670	ϕ686	ϕ110	210	ϕ120	210	ϕ500	210	15	36	18	200	1500	0.8～2.0
$YOX_{FZ}650$	680	ϕ740	ϕ125	210	ϕ130	210	ϕ500	210	15	46	23	239	1500	0.8～2.0
$YOX_{FZ}750$	830	ϕ842	ϕ140	250	ϕ150	250	ϕ630	265	15	68	34	332	1500	0.8～2.0

注：1. 生产厂商：大连液力机械有限公司、沈阳市煤机配件厂。

2. 表中 YOX_{FZ}代表着 YOX_F。YOX_{FZ}制动轮以螺栓紧固在轮毂上，卸掉制动轮，即成 YOX_F 液力偶合器，两者外形尺寸全同。

3. 传递功率见表 19-4-75。

4. d_1、d_2 分别为输入、输出端尺寸。

表 19-4-97　　YOX_F 复合泄液式液力偶合器技术参数

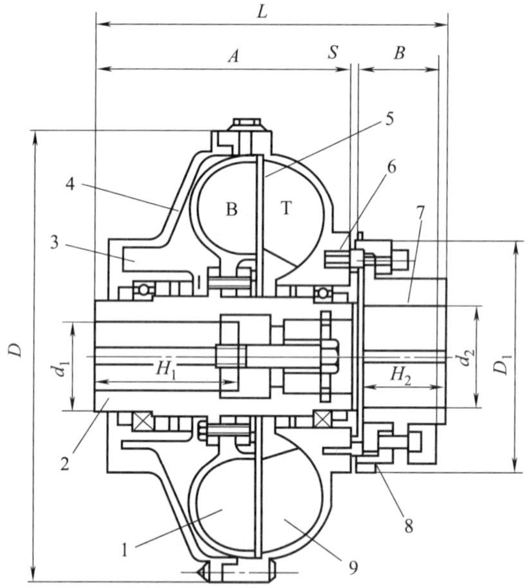

1—泵轮；2—主轴；3—侧辅腔；4—外壳；5—工作腔；6—橡胶弹性块；7—轮毂；8—制动轮；9—涡轮

型号规格	输入转速/r·min^{-1}	传递功率范围/kW	过载系数 T_g	效率 η	外形尺寸/mm		输入轴孔/mm		输出轴孔/mm		充油量/L		制动轮/mm				质量(不含油)/kg
					D	L	d_{1max}	H_{1max}	d_{2max}	H_{2max}	40%	80%	D_1	B	A	S	
YOX_F360	1000	4.8～10	0.8～2.0	0.96	420	445	ϕ60	140	ϕ60	140	3.55	7.1	ϕ315	150	276	3～4	49
	1500	15～30															
YOX_F400	1000	9～18.5	0.8～2.0	0.96	480	470	ϕ70	140	ϕ70	140	4.65	9.3	ϕ315	150	300	3～6	65
	1500	22～50															

续表

型号规格	输入转速/r·min^{-1}	传递功率范围/kW	过载系数 T_g	效率 η	外形尺寸/mm		输入轴孔/mm		输出轴孔/mm		充油量/L		制动轮/mm				质量(不含油)/kg
					D	L	d_{1max}	H_{1max}	d_{2max}	H_{2max}	40%	80%	D_1	B	A	S	
YOX$_F$450	1000	15～31	0.8～2.0	0.96	530	500	ϕ75	140	ϕ70	140	6.5	1.3	ϕ315	150	335	3～8	70
	1500	45～90															
YOX$_F$500	1000	25～50	0.8～2.0	0.96	590	580	ϕ90	170	ϕ90	170	9.6	19.2	ϕ400	190	365	3～8	105
	1500	70～150															
YOX$_F$560	1000	41～83	0.8～2.0	0.96	635	650	ϕ100	210	ϕ110	210	13.5	27	ϕ400	190	435	3～8	140
	1500	130～270															
YOX$_F$600	1000	69～115	0.8～2.0	0.96	686	670	ϕ110	210	ϕ120	210	18	36	ϕ500	210	435	3～8	200
	1500	180～360															
YOX$_F$650	1000	90～180	0.8～2.0	0.96	740	680	ϕ125	210	ϕ130	210	23	46	ϕ500	210	445	4～8	239
	1500	240～480															
YOX$_F$750	1000	165～330	0.8～2.0	0.96	842	830	ϕ140	250	ϕ150	250	34	68	ϕ630	265	535	4～8	332
	1500	380～760															

注：1. 生产厂商：长沙三业液力元件有限公司。
2. 订货可带制动轮，则型号为 YOX$_{FD}$。YOX$_{FD}$与 YOX$_F$ 外形尺寸全同。
3. d_1、d_2 分别为输入、输出端尺寸。
4. 特别适用于三支点浮动支承液力驱动单元。

表 19-4-98　YOX$_F$（MT）、YOX$_F$（Z）液力偶合器技术参数 mm

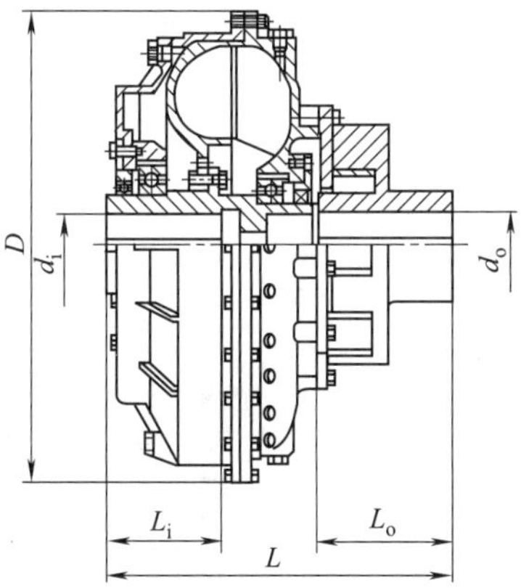

YOX$_F$(MT)型

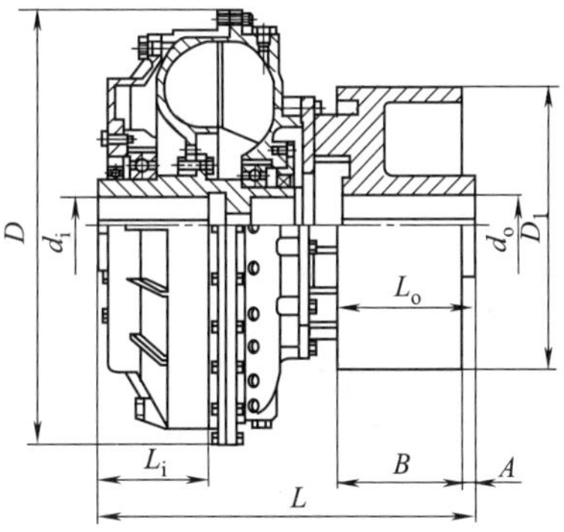

YOX$_F$(Z)型

型号	D	L	最大输入孔径及长度 $d_i \times L_i$	最大输出孔径及长度 $d_o \times L_o$	替代原有型号
YOX$_F$360MT	ϕ428	310	ϕ60×110	ϕ60×110	YOXD360MT YOX$_{II}$ 360
YOX$_F$400MT	ϕ472	355	ϕ70×140	ϕ70×140	YOXD400MT YOX$_{II}$ 400
YOX$_F$450MT	ϕ530	384	ϕ75×140	ϕ75×140	YOXD450MT YOX$_{II}$ 450
YOX$_F$500MT	ϕ582	435	ϕ90×170	ϕ90×170	YOXD500MT YOX$_{II}$ 500
YOX$_F$560MT	ϕ634	489	ϕ100×210	ϕ100×190	YOXD560MT YOX$_{II}$ 560
YOX$_F$650MT	ϕ760	556	ϕ120×210	ϕ130×210	YOXD650MT YOX$_{II}$ 650

续表

型号	D	L	最大输入孔径及长度 $d_i \times L_i$	最大输出孔径及长度 $d_o \times L_o$	替代原有型号
YOX_F750MT	ϕ860	578	ϕ140×210	ϕ140×210	YOXD750MT YOX_{II} 750
YOX_F875MT	ϕ992	705	ϕ150×250	ϕ150×250	YOXD875MT YOX_{II} 875

型号	D	L	D_1	B	A	最大输入孔径及长度 $d_i \times L_i$	最大输出孔径及长度 $d_o \times L_o$	替代原有型号
YOX_F400Z	ϕ472	408/442	ϕ315	150	10	ϕ70×140	ϕ70×140	YOX_{IIz}400 YOX_{nz}400
YOX_F450Z	ϕ530	430/464	ϕ315	150	10	ϕ75×140	ϕ75×140	YOX_{IIz}450 YOX_{nz}450
YOX_F500Z	ϕ582	492/535	ϕ400	190	10	ϕ90×170	ϕ90×140	YOX_{IIz}500 YOX_{nz}500
YOX_F560Z	ϕ634	529/571	ϕ400	190	10	ϕ100×210	ϕ100×140	YOX_{IIz}560 YOX_{nz}560
YOX_F650Z	ϕ760	616/658	ϕ500	210	15	ϕ120×210	ϕ120×210	YOX_{IIz}650 YOX_{nz}650
YOX_F750Z	ϕ860	695/738	ϕ630	265	15	ϕ130×210	ϕ130×210	YOX_{II} 750 YOX_{nz}750
YOX_F875Z	ϕ992	862/905	ϕ630	265	20	ϕ140×250	ϕ140×250	YOX_{II} 875 YOX_{nz}875

注：1. 生产厂商：长沙第三机床厂。

2. 传递功率见表 19-4-75。

3. 联轴器安装要求：径向位移≤0.5mm；轴线角位移≤1.5°。

4. 特别适用于三支点浮动支承液力驱动单元。

表 19-4-99　YOX_F、YOX_L 液力偶合器技术参数　mm

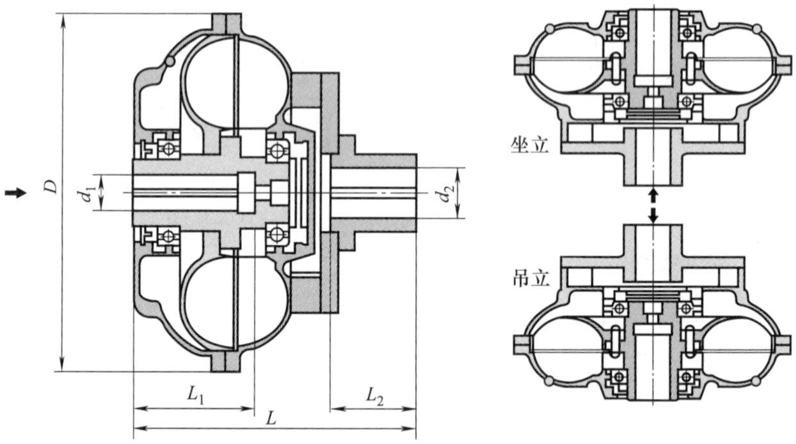

YOX_F 型　　YOX_L 型

规格型号	外形尺寸		输入端		输出端		充油量/L		质量/kg	最高转速/r·min^{-1}
	L_{min}	D	d_{1max}	L_{1max}	d_{2max}	L_{2max}	max	min		
YOX_F200 YOX_L200	150	ϕ245	ϕ28	60	ϕ35	55	0.8	0.4	10	3000
YOX_F220 YOX_L220	170	ϕ262			ϕ40	60	1.3	0.65	12	

续表

规格型号	外形尺寸		输入端		输出端		充油量/L		质量/kg	最高转速/r·min^{-1}
	L_{min}	D	d_{1max}	L_{1max}	d_{2max}	L_{2max}	max	min		
$\mathrm{YOX_F}$250 $\mathrm{YOX_L}$250	190	ϕ296	ϕ38	80	ϕ40	60	1.8	0.9	15	3000
$\mathrm{YOX_F}$280 $\mathrm{YOX_L}$280	235	ϕ330			ϕ45	80	2.8	1.4	18	
$\mathrm{YOX_F}$320 $\mathrm{YOX_L}$320	270	ϕ380	ϕ42	110	ϕ50	110	4.2	2.1	25	
$\mathrm{YOX_F}$340 $\mathrm{YOX_L}$340	280	ϕ395	ϕ48				5.6	2.8	32	
$\mathrm{YOX_F}$360 $\mathrm{YOX_L}$360	300	ϕ420	ϕ55	110	ϕ60		7	3.5	40	
$\mathrm{YOX_F}$380	320	ϕ450	ϕ60	140		140	8.4	4.2	58	
$\mathrm{YOX_F}$400 $\mathrm{YOX_L}$400	340	ϕ480					10	5	60	

注：1. 生产厂商：大连营城液力偶合器厂。
2. $\mathrm{YOX_F}$ 为复合泄液式，$\mathrm{YOX_L}$ 为立式外轮驱动液力偶合器。
3. 传递功率见表 19-4-75。

表 19-4-100　　$\mathrm{YOX_{FP}}$型液力偶合器技术参数　　mm

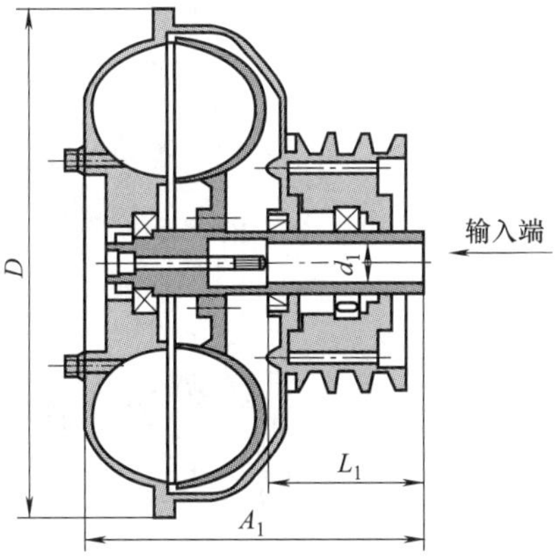

型号	输入转速/r·min^{-1}	过载系数 T_g		外形尺寸		最大输入孔径及长度 $d_{1max}\times L_{1max}$	带轮	充油量/L 40%～80%	质量/kg
		启动	制动	D	A_1				
$\mathrm{YOX_{FP}}$320	1500	2～2.7	2～2.7	ϕ376	181	$\phi55\times110$	用户提供尺寸加工	2.2～4.5	与带轮有关
$\mathrm{YOX_{FP}}$360	1500	2～2.7	2～2.7	ϕ422	168	$\phi48\times110$		3.4～6.4	
$\mathrm{YOX_{FP}}$400	1500	1.5～1.8	2～2.5	ϕ475	231	$\phi60\times140$		7～12.8	
$\mathrm{YOX_{FP}}$450	1500	1.5～1.8	2～2.5	ϕ518	266	$\phi65\times140$		8.5～15.2	
$\mathrm{YOX_{FP}}$500	1500	1.5～1.8	2～2.5	ϕ590	256	$\phi85\times170$		10～19.5	
$\mathrm{YOX_{FP}}$560	1500	1.5～1.8	2～2.5	ϕ624	315	$\phi95\times210$		14～27.2	
$\mathrm{YOX_{FP}}$650	1500	1.5～1.8	2～2.5	ϕ758	365	$\phi120\times210$		22～47	
$\mathrm{YOX_{FP}}$750	1500	1.5～1.8	2～2.5	ϕ840	535	$\phi140\times250$		35～68.5	

注：1. 生产厂商：北京起重运输机械设计研究院。
2. 传递功率见表 19-4-75。

4.8.4 调速型液力偶合器

调速型液力偶合器是一种依靠液体动能来传递扭矩，依靠导管伸缩或其他方式调节工作腔内充液量进行调速的柔性传动装置，它具有改善传动品质和调速节能的双重功能，优点突出，用途广泛，被国家八部委联合推荐为国家级节能产品。

4.8.4.1 出口调节安装板式箱体调速型液力偶合器

调速型液力偶合器广泛地应用于风机、泵类的传动，在应用中可获得如下优点。

① 离心机械（风机、泵类）应用液力偶合器调速运行，节能显著，节电率达 20%～40%。

② 可使电动机空载启动，可利用电动机尖峰力矩启动载荷，提高电动机启动能力，降低电动机启动时峰值电流的延续时间，降低对电网的冲击，降低电动机装机容量。

③ 可使工作机平稳、缓慢启动，减少因难于启动而引起的故障。

④ 减缓冲击、隔离扭振，防止动力过载，保护电动机、工作机不受损坏。

⑤ 能协调多机均衡驱动，可实现顺序延时启动，功率平衡，同步运行。

⑥ 易于实现对工作机的自动控制。

⑦ 操作简便，便于维护，养护费用低。

⑧ 设备投资费用低，使用寿命长，可反复多次大修。

⑨ 结构简单可靠，无机械磨损，适应各种恶劣的工作环境。

表 19-4-101 YOT_{GC}调速型液力偶合器技术参数 mm

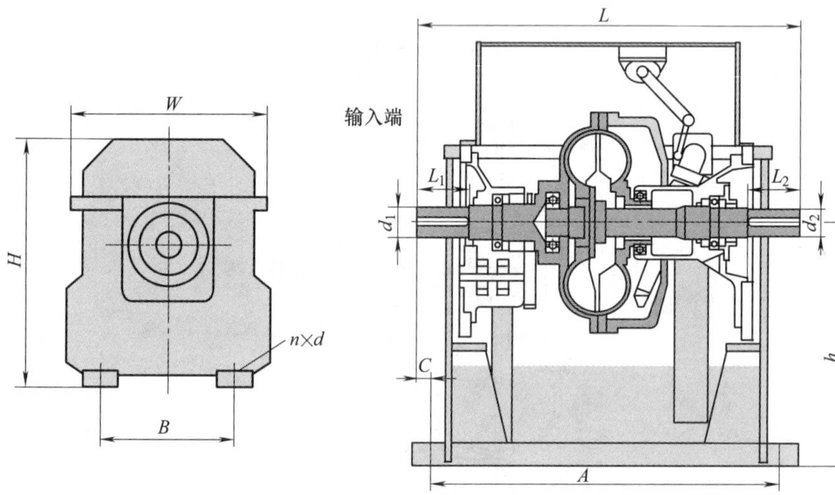

型号	输入转速/r·min⁻¹	传递功率/kW	L	W	H	d_1、d_2	L_1、L_2	h	A	B	C	n×d	质量/kg
GST50	1500 3000	70～200 560～1625	1020	1120	1375	ϕ75	145	635	940	865	38	4×ϕ27	1100
GWT58	1500 3000	140～400 1125～3250	1230	1594	1594	ϕ95	165	810	1080	920	30	4×ϕ27	2100
$\mathrm{YOT}_{GC}280$	1500 3000	4～11 30～85	798	919	1144	ϕ40	110	500	636	484	81	4×ϕ27	480
$\mathrm{YOT}^{GC}_{CS}320$	1500 3000	7.5～21 60～165	798	919	1159	ϕ40	110	500	636	484	81	4×ϕ27	520
$\mathrm{YOT}^{CG}_{GC}360$	1500 3000	13～35 110～305	830	1207	940	ϕ60	120	560	652	680	91	4×ϕ27	580
$\mathrm{YOT}^{CG}_{GC}400$	1500 3000	30～65 240～500	830	1207	940	ϕ60	120	560	652	680	91	4×ϕ27	600
$\mathrm{YOT}^{\substack{CG\\GC}}_{\substack{CB\\CS}}450$	1500 3000	50～110 430～900	1020	1120	1375	ϕ75	145	635	940	865	38	4×ϕ27	790

续表

型号	输入转速 /r·min^{-1}	传递功率 /kW	L	W	H	d_1、d_2	L_1、L_2	h	A	B	C	$n\times d$	质量 /kg
YOT$\begin{smallmatrix}CG\\GC\\CB\end{smallmatrix}$530	1500 3000	90～260 750～2170	1020	1120	1375	ϕ75	145	635	940	865	38	4×ϕ27	1200
YOT$\begin{smallmatrix}CG\\GC\\CB\\CS\end{smallmatrix}$560	1000 1500	35～100 115～340	1166	1310	1594	ϕ85	170	810	1080	920	30	4×ϕ27	1370
YOT$\begin{smallmatrix}CG\\GC\\CS\end{smallmatrix}$620	1500 3000	200～580 1500～4300	1300 2200	1200 1450	1500 1560	ϕ100 ϕ135	150 250	840 1060	1180 1900	900 1350	60 150	4×ϕ35 14×ϕ35	1800 5400
YOT$\begin{smallmatrix}CG\\GC\\CB\\CS\end{smallmatrix}$650	1000 1500	75～215 250～730	1300	1200	1500	ϕ100	150	840	1180	900	60	4×ϕ35	1920
YOT$\begin{smallmatrix}CG\\GC\end{smallmatrix}$682	1000 1500	80～240 280～800	1300	1200	1500	ϕ100	150	840	1180	900	60	4×ϕ35	1800
YOT$\begin{smallmatrix}CG\\GC\\CB\\CS\end{smallmatrix}$750	1000 1500	150～440 510～1480	1300	1200	1500	ϕ100	150	840	1180	900	60	4×ϕ35	2040
YOT$_{GC}$875	750 1000	150～400 365～960	1720	1500	1570	ϕ130	250	880	1580	1200	70	4×ϕ45	3100
YOT$\begin{smallmatrix}GC\\CB\end{smallmatrix}$ 875/1500	1500	1160～ 3260	1720	1500	1570	ϕ135	250	880	1580	1200	70	4×ϕ45	4370
YOT$\begin{smallmatrix}CG\\GC\\CB\\CS\end{smallmatrix}$1000	750 1000	285～750 640～1860	1930	1840	1810	ϕ150	250	1060	1810	1250	60	4×ϕ35	5100
YOT$\begin{smallmatrix}CG\\GC\\CB\\CS\end{smallmatrix}$1050	750 1000	360～955 815～2300	1930	1840	1810	ϕ150	250	1060	1810	1250	60	4×ϕ35	6150
YOT$\begin{smallmatrix}CG\\GC\\CB\\CS\end{smallmatrix}$1150	600 750	360～955 715～1865	1930	1840	1810	ϕ150	250	1060	1810	1250	60	4×ϕ35	6200
YOT$\begin{smallmatrix}CG\\GC\\CB\\CS\end{smallmatrix}$1250	600 750	440～1170 870～2300	2400	2800	2250	ϕ240	350	1250	2200	1700	100	4×ϕ45	7800
YOT$\begin{smallmatrix}CG\\GC\\CS\end{smallmatrix}$1320	600 750	580～1540 1150～3000	2400	2800	2250	ϕ240	350	1250	2200	1700	100	4×ϕ45	7800
YOT$_{GC}$1450	600 750	930～2500 1840～4800	2500	2900	2400	ϕ200	350	1500	2100	1840	280	4×ϕ45	8100
YOT$\begin{smallmatrix}GC\\CS\end{smallmatrix}$1550	600 750	1300～3400 2570～6700	2500	2900	2400	ϕ200	350	1500	2100	1840	280	4×ϕ45	8100
YOT$_{GC}$1800	600 750	2700～7250 5400～14200	2800	3200	2800	ϕ260	400	1800	2500	2140	400	4×ϕ45	9800

注：1. 生产厂商：各厂家相同规格，型号各有差异，参数稍有不同。大连液力机械有限公司（YOT$_{GC}$、GST、GWT）、沈阳市煤机配件厂（YOT$_{GC}$）、北京起重运输机械设计研究院（YOT$_{GC}$）、大连营城液力偶合器厂（YOT$_{CB}$）、广东中兴液力传动有限公司（YOT$_{CS}$）、大连创思福液力偶合器成套设备有限公司（YOT$_{CG}$）、烟台禹城机械有限公司（YOT$_{CG}$）、长沙第三机床厂（YOT$_{CG}$）。

2. 此类液力偶合器的额定转差率为 1.5%～3%。用于 $T\propto n^2$ 的离心式机械时，其调速范围为 1～1/5；用于 $T=C$ 恒扭矩机械时，其调速范围为 1～1/3。

3. GST50、GWT58 为引进英国技术产品。

4. 防爆型的标记为在型号后加 B。

表 19-4-102　　$\mathrm{YOT_{GCD}}$调速型液力偶合器技术参数　　mm

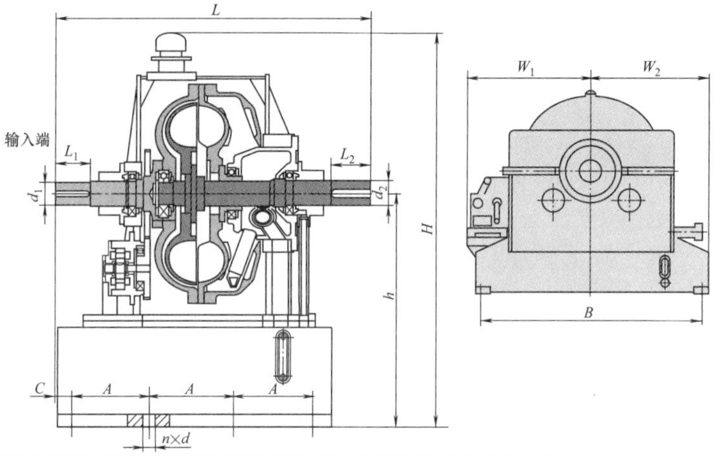

型号	输入转速/r·min⁻¹	传递功率/kW	L	W1	W2	H	d1、d2	L1、L2	h	A	B	C	n×d
YOT(CD/GCD/CP)530	1500 3000	90～260 750～2170	1020	560	560	1375	φ75	145	635	940	865	38	4×φ27
YOT(CD/CGP/GCD/CP/PC)560	1000 1500	35～100 115～340	930	900	600	1250	φ75	140	700	3×225	1140	93.5	8×φ22
$\mathrm{YOT_{GCD}}$620	1500	200～580	1300	600	600	1500	φ100	150	840	1180	900	60	4×φ35
$\mathrm{YOT_{GCD}}$ 620/3000	3000	1500～4300	2200	725	725	1560	φ135	250	1060	4×475	3×450	150	14×φ35
YOT(CD/CGP/GCD/CP/PC)650	1000 1500	75～215 250～730	1100	900	600	1505	φ85	150	700	3×225	1140	113.5	8×φ22
$\mathrm{YOT_{GCD}}$682	1000 1500	150～440 510～1480	1300	600	600	1500	φ100	150	840	1180	900	60	4×φ35
YOT(CD/CGP/GCD/PC)750	1000 1500	80～240 280～800	1200	950	755	1555	φ100	150	750	4×200	1450	152.5	10×φ22
YOT(CGP/GCD/CP)800	1000 1500	230～610 740～2080	1300	1050	755	1555	φ120	210	750	4×200	1450	202.5	10×φ22
YOT(CD/CGP/GCD/PC)875	750 1000	150～400 365～960	1400	1050	800	1500	φ125	250	850	3×320	1550	220	8×φ28
YOT(CD/GCD/CP) 875/1500	1500	1160～3260	1400	1050	800	1500	φ135	250	850	3×320	1550	220	8×φ28
YOT(CD/CGP/GCD/CP)1000	750 1000	285～750 640～1860	1500	1150	855	1595	φ135	250	900	3×320	1650	220	8×φ28
YOT(CD/CGP/PC/CP)1050	750 1000	360～955 815～2300	1650	1200	925	1938	φ150	250	1150	4×320	1750	185	10×φ35
YOT(CD/CGP/GCD/CP/PC)1150	600 750	360～955 715～1865	1650	1200	925	1938	φ150	250	1150	4×320	1750	185	10×φ35
YOT(GCD/CP) 1150/1000	1000	1700～4400	1650	1062	1062	1938	φ150	250	1150	4×320	1750	185	10×φ35
YOT(CGP/GCD/CP/PC)1250	600 750	440～1170 870～2300	2400	1400	1400	2250	φ240	350	1250	2200	1700	100	4×φ45
YOT(CGP/GCD/CP/PC)1320	600 750	580～1540 1150～3000	2400	1400	1400	2250	φ240	350	1250	2200	1700	100	4×φ45

续表

型号	输入转速/r·min^{-1}	传递功率/kW	L	W_1	W_2	H	d_1、d_2	L_1、L_2	h	A	B	C	$n\times d$
YOT$_{\text{GCD}}$1450	600 750	930～2500 1840～4800	2500	1450	1450	2400	ϕ200	350	1500	2100	1840	280	4×ϕ45
YOT$_{\text{GCD/CP/PC}}$1550	600 750	1300～3400 2570～6700	2500	1450	1450	2400	ϕ200	350	1500	2100	1840	280	4×ϕ45
YOT$_{\text{GCD}}$1800	600 750	2700～7250 5400～14200	2800	1600	1600	2800	ϕ260	400	1800	2500	2140	400	4×ϕ45

注：1. 生产厂商：各厂家相同规格，型号各有差异，参数稍有不同。大连液力机械有限公司（YOT$_{\text{GCD}}$）、大连营城液力偶合器厂（YOT$_{\text{CD}}$）、北京起重运输机械设计研究院（YOT$_{\text{PC}}$）、广东中兴液力传动有限公司（YOT$_{\text{CP}}$）、大连创思福液力偶合器成套设备有限公司（YOT$_{\text{CGP}}$）、烟台禹城机械有限公司（YOT$_{\text{CGP}}$）。

2. 此类液力偶合器的额定转差率为 1.5%～3%。用于 $T\propto n^2$ 的离心式机械时，其调速范围为 1～1/5；用于 $T=C$ 恒扭矩机械时，其调速范围为 1～1/3。

3. 此类液力偶合器结构紧凑，外形尺寸较小，振动值较低。

表 19-4-103　　YOT 箱体对开式调速型液力偶合器技术参数　　mm

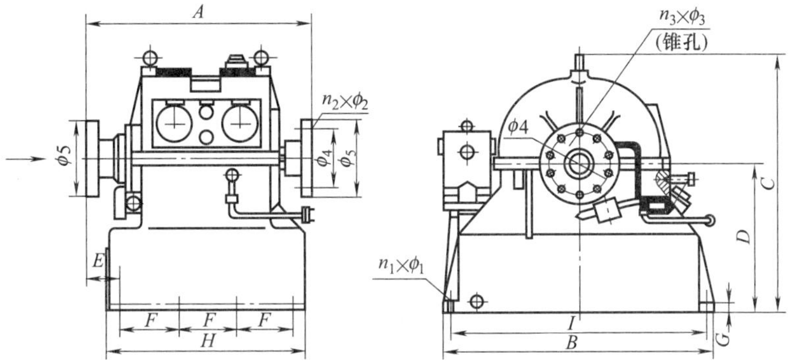

型号	转速/r·min^{-1}	功率/kW	A	B	C	D	E	F	G	H	I	$n_1\times\phi_1$	$n_2\times\phi_2$	$n_3\times\phi_3$	ϕ_4	ϕ_5	质量/kg
YOT28/30	2970	30～72	600	650	668	380	80	1×440	30	490	600	4×24	6×18	6×36	120	170	350
YOT32/30	2970	60～140	600	650	668	380	80	1×440	30	490	600	4×24	6×18	6×36	120	170	500
YOT36/30	2970	100～300	750	820	900	550	115	1×520	40	580	760	4×27	10×18	10×36	170	220	600
YOT40/30	2970	250～520	800	820	900	550	140	1×520	40	580	960	4×27	10×58	10×30	245	330	900
YOT45/30	2970	350～800	960	1120	1088	635	131	3×240	50	800	1060	8×22	10×58	10×30	245	330	1000
YOT50/30	2970	600～1600	1000	1120	1088	635	146	3×240	50	800	1060	8×22	10×58	10×30	245	330	1300
YOT50/15	1470	100～200	960	1120	1088	635	131	3×240	50	800	1060	8×22	10×58	10×30	245	330	900
YOT58/30	2970	1600～3200	1230	1500	1460	810	30	1×1080	60	1160	920	4×27					3500
YOT63/30	2970	2500～5000	1400	1560	1329	810	148	3×350	60	1160	1480	8×32	12×46	10×30	245	330	4000
YOT56/15	1470	200～400	930	1200	1184	700	93.5	3×225	50	750	1140	8×22	10×58	10×30	245	330	1500
	970	50～100															
YOT63/15	1470	380～620	970	1200	1184	700	113.5	3×225	50	750	1140	8×22	10×58	10×30	245	330	1600
	970	90～220															
	730	50～80															
YOT71/15	1470	500～1100	1200	1510	1394	750	152.4	4×200	50	900	1450	10×22	10×72	10×38	310	410	2000
	970	200～380															
	730	70～140															

续表

型号	转速/r·min⁻¹	功率/kW	A	B	C	D	E	F	G	H	I	$n_1\times\phi_1$	$n_2\times\phi_2$	$n_3\times\phi_3$	ϕ_4	ϕ_5	质量/kg
YOT80/15	1470	700～1600	1300	1510	1394	750	202.5	4×200	50	900	1450	10×22	10×88	10×46	380	500	2500
	970	260～580															
	730	130～250															
YOT90/10	970	500～1100	1500	1710	1595	900	220	4×240	50	1065	1650	10×28	10×88	10×46	380	500	3400
	730	200～450															
YOT 100/10	970	800～1800	1500	1710	1595	900	220	4×240	50	1065	1650	10×28	10×88	10×46	380	500	3600
	730	350～760															
YOT 115/10	970	2000～3500	1750	1850	1850	1150	235	4×320	50	1390	1750	10×35					8000
	730	850～1600															
YOT 125/7.5	750	1500～2500	2000	2400	2300	1240	71.5	4×430	50	1900	2300	10×48					13000
	600	750～1250															

注：1. 生产厂商：上海七一一研究所。

2. 按 GB/T 5837—2008 规定，YOT 应为 YOT_C。

3. 此类液力偶合器的额定转差率为 1.5%～3%。用于 $T\propto n^2$ 的离心式机械时，其调速范围为 1～1/5；用于 $T=C$ 恒扭矩机械时，其调速范围为 1～1/3。

表 19-4-104 YOT_{FC}调速型液力偶合器技术参数 mm

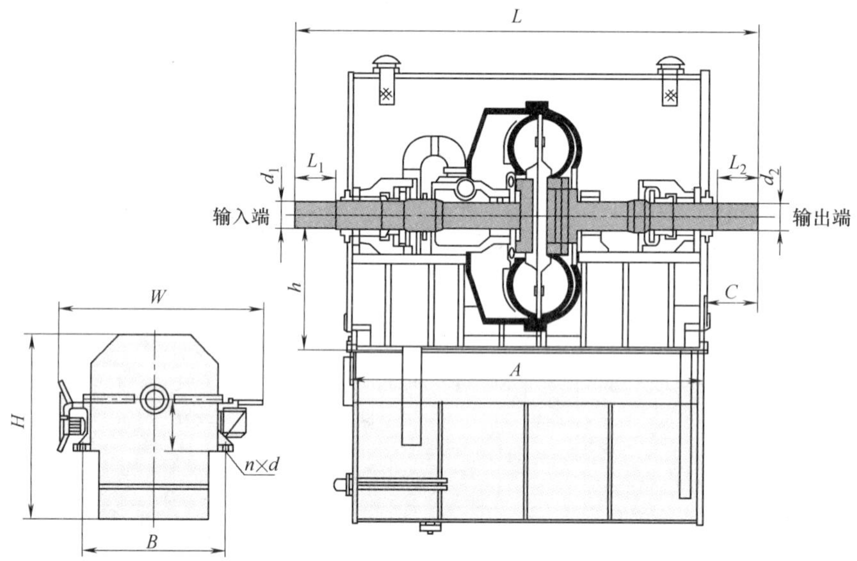

型号	输入转速/r·min⁻¹	传递功率/kW	L	W	H	d_1、d_2	L_1、L_2	h	A	B	C	$n\times d$	质量/kg
YOT_{FC}320	3000	60～165	1500	1060	1300	ϕ90	170	580	1240	800	260	8×ϕ27	1300
	6000	480～1320											
YOT_{FC}360	3000	110～305	1510	1080	1335	ϕ100	210	600	1258	825	280	8×ϕ27	1400
	6000	880～2440											
YOT_{FC}400	3000	240～500	1510	1080	1335	ϕ120	210	600	1258	825	280	8×ϕ27	1400
	6000	1920～4000											
YOT_{FC}^{CHP}450	3000	430～900	1530	1100	1335	ϕ140	250	635	1278	845	300	8×ϕ27	1500
	6000	3440～7200											

续表

型号	输入转速 /r·min^{-1}	传递功率 /kW	L	W	H	d_1、d_2	L_1、L_2	h	A	B	C	$n\times d$	质量 /kg
YOT$_{FC}^{CHP}$500	3000 6000	560～1625 4480～13000	1550	1420	1375	ϕ150	250	635	1298	865	300	8×ϕ27	1575
YOT$_{\substack{FC\\CH}}^{CHP}$ 500/3000	3000	560～1625	1550	1120	1375	ϕ75	145	635	1298	865	300	4×ϕ27	1575
YOT$_{\substack{FC\\CH}}^{CHP}$ 580/3000	3000	1125～3250	1879	1908	1240	ϕ95	175	810	1220	1380	366	10×ϕ27	3600
YOT$_{\substack{FC\\CH}}^{CHP}$ 620/3000	3000	1500～4300	2200	1450	1560	ϕ135	250	1060	4×475	3×450	150	14×ϕ35	5400
YOT$_{FC}^{CHP}$ 650/3000	3000	1900～5500	2200	1450	1560	ϕ135	250	1060	4×475	3×450	150	14×ϕ35	7250
YOT$_{FC}^{CHP}$ 682/3000	3000	2250～6500	2200	1450	1560	ϕ135	250	1060	4×475	3×450	150	14×ϕ35	7350
YOT$_{FC}^{CHP}$ 875/1500	1500	1160～3260	2500	2335	2200	ϕ140	250	800	4×380	1550	490	10×ϕ39	7450
YOT$_{\substack{FC\\CH}}^{CHP}$ 1000	1500	2115～6080	2800	3500	2400	ϕ150	250	600	4×450	1720	500	10×ϕ35	9000
YOT$_{\substack{FC\\CH}}^{CHP}$ 1050	1000	815～2300	2800	3500	2400	ϕ150	250	600	4×450	1720	500	10×ϕ35	9970
YOT$_{\substack{FC\\CH}}^{CHP}$ 1150	1000	1680～4420	3580	3600	2570	ϕ190	350	600	4×600	2020	590	10×ϕ35	13450
YOT$_{\substack{FC\\CH}}^{CHP}$ 1250	750 1000	870～2300 2060～5450	3580	3600	2570	ϕ190	350	600	4×600	2020	590	10×ϕ35	13450
YOT$_{\substack{FC\\CH}}^{CHP}$ 1320	750 1000	1150～3000 2720～7110	3580	3600	2570	ϕ190	350	600	4×600	2020	590	10×ϕ35	13700
YOT$_{FC}^{CHP}$1450	750	1840～4800	4200	3850	2800	ϕ280	470	700	5×520	2900	800	12×ϕ35	14200
YOT$_{CH}^{FC}$1550	750	2570～6700	4200	3850	2800	ϕ280	470	700	5×520	2900	800	12×ϕ35	14500
YOT$_{FC}$1800	750	5400～14200	5000	4650	3200	ϕ280	470	800	6×520	3200	940	14×ϕ35	20000

注：1. 生产厂商：各厂家相同规格，型号各有差异，参数稍有不同。大连液力机械有限公司（YOT$_{FC}$）、广东中兴液力传动有限公司（YOT$_{CH}$）、大连创思福液力偶合器成套设备有限公司（YOT$_{CHP}$）、烟台禹成机械有限公司（YOT$_{CHP}$）。

2. 此类液力偶合器的额定转差率 1.5%～3%。用于 $T\propto n^2$ 离心式机械时，其调速范围为 1～1/5；用于 $T=C$ 恒扭矩机械时，其调速范围为 1～1/3。

表 19-4-105　　YOTCH 调速型液力偶合器技术参数　　mm

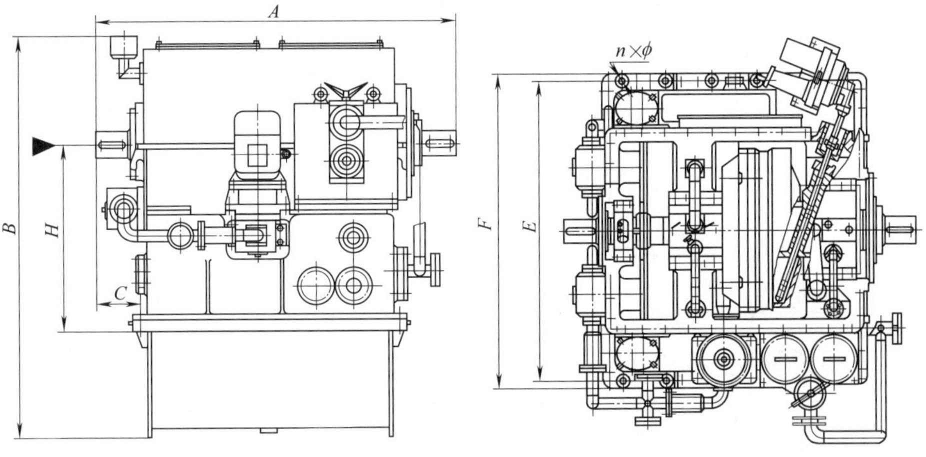

续表

型号	输入转速/r·min⁻¹	传递功率/kW	额定转差率/%	A	B	C	E	F	H	n×ϕ
YOTC560H	3000	1500～2800	≤3	1610	1710	267	1280	1340	800	12×ϕ35
YOTC600H	3000	2200～3200								
YOTC650H	3000	3200～4800								

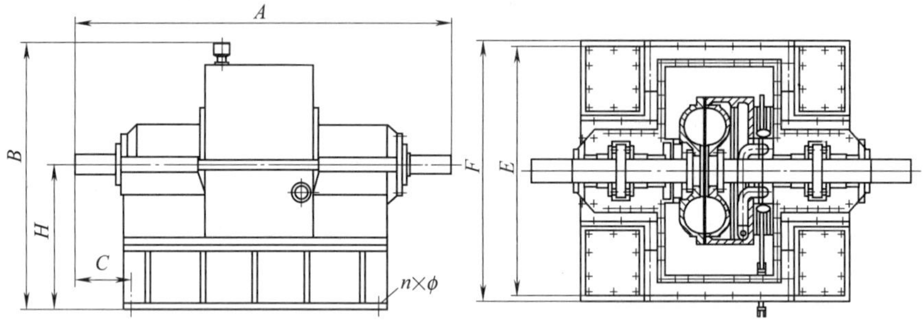

型号	输入转速/r·min⁻¹	传递功率/kW	额定转差率	A	B	C	E	F	H	n	ϕ	质量/kg
YOTC1000H	1500	2800～3550	≤3%	2720	2000	450	1720	1820	1000	12	35	10000
YOTC1150H	1000	2800～3550		3400	2075	509	1720	1820	1000	16	35	12000
YOTC1250H		3550～5000										12500

注：1. 生产厂商：上海交大南洋机电科技有限公司。
2. 结构紧凑，轴向尺寸较小。
3. 按GB/T 5837—2008规定，型号应为YOT_{CH}。

4.8.4.2 回转壳体箱座式调速型液力偶合器

表 19-4-106 YOT_{HC}回转壳体式调速型液力偶合器技术参数 mm

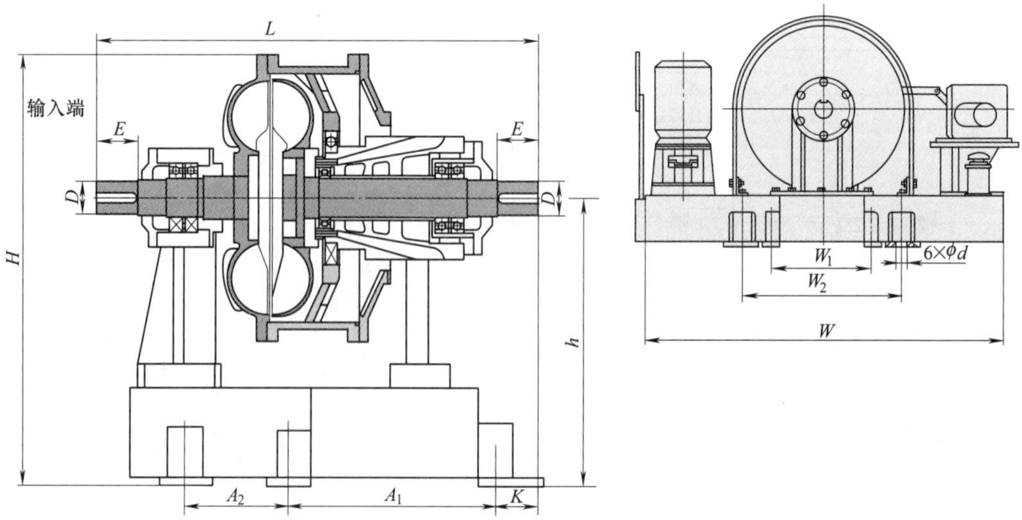

续表

型号	输入转速/r·min^{-1}	传递功率/kW	L	A_1	A_2	W	W_1	W_2	h	H	K	6×ϕd	E	D	质量/kg
$YOT_{HC}280$	1500	4～11	690	470		800		350	405	590	60	20	90	ϕ40	270
	3000	30～85													
$YOT_{HC}320$	1500	7.5～21	690	470		800		350	405	615	60	20	90	ϕ40	290
	3000	60～160													
$YOT_{HC}360$	1500	13～35	925	420	200	1170	450	600	500	730	90	22	115	ϕ60	330
	3000	110～305													
$YOT_{HC}400$	1500	30～65	925	420	200	1170	450	600	500	750	90	22	115	ϕ60	500
	3000	240～500													
$YOT_{HC}450$	1000	12～34	925	420	200	1170	450	600	500	780	90	22	115	ϕ65	570
	1500	50～110													
$YOT_{HC}500$	1000	20～57	1050	520	260	1200	500	700	550	855	37	22	140	ϕ75	800
	1500	70～200													
$YOT_{HC}560$	1000	35～100	1050	560	260	1370	500	700	650	995	37	22	160	ϕ85	830
	1500	115～340													
$YOT_{HC}650$	1000	75～215	1050	560	260	1440	500	700	650	1050	37	22	150	ϕ90	1070
	1500	290～620													
$YOT_{HC}750$	1000	150～440	1450	800	300	1620	700	1000	800	1250	80	35	210	ϕ100	1300
	1500	480～950													
$YOT_{HC}875$	750	150～440	1450	800	300	1620	700	1000	800	1320	80	35	210	ϕ130	1600
	1000	385～960													

注：1. 生产厂商：大连液力机械有限公司、北京起重运输机械设计研究院。

2. 此类液力偶合器额定转差率 1.5%～3%。用于 $T\propto n^2$ 离心式机械时，其调速范围为 1～1/5；用于 $T=C$ 恒扭矩机械时，其调速范围为 1～1/3。

表 19-4-107　YOT_{CK}调速型液力偶合器技术参数

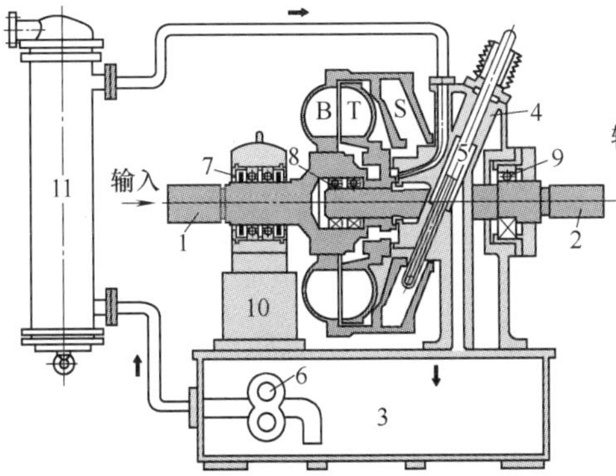

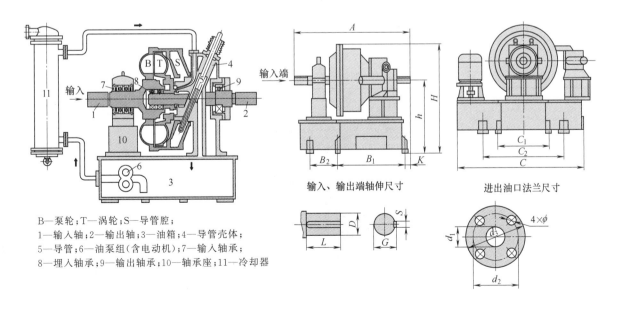

B—泵轮；T—涡轮；S—导管腔；
1—输入轴；2—输出轴；3—油箱；4—导管壳体；
5—导管；6—油泵组(含电动机)；7—输入轴承；
8—埋入轴承；9—输出轴承；10—轴承座；11—冷却器

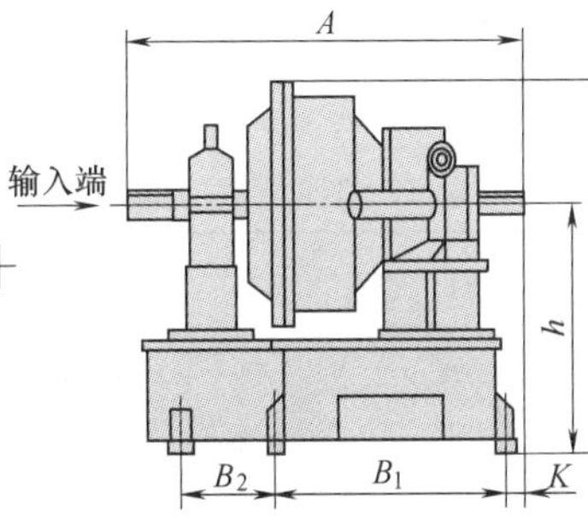

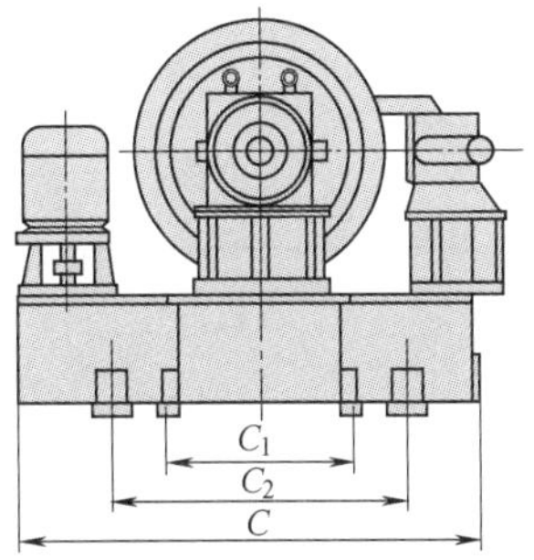

输入、输出端轴伸尺寸

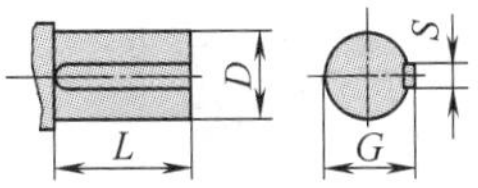

进出油口法兰尺寸

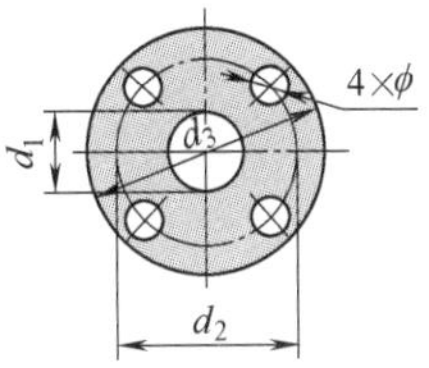

续表

规格型号	输入转速/r·min⁻¹	传递功率范围/kW	额定转差率S/%	无级调速范围	安装尺寸/mm																	质量/kg
					A	B_1	B_2	C	C_1	C_2	h	H	K	L	D	G	S	d_1	d_2	d_3	4×φ	
$YOT_{CK}220$	1000	0.4～1	1.5～3	离心式机械：1～1/5；恒扭矩机械：1～1/3	690	470		800		350	405	540	60	90	50	53.5	14	35	75	100	13	250
	1500	1.5～3.5																				
$YOT_{CK}250$	1000	0.75～2	1.5～3		690	470		800		350	405	558	60	90	50	53.5	14	35	75	100	13	260
	1500	3～6.5																				
$YOT_{CK}280$	1000	1.5～3.5	1.5～3		690	470		800		350	405	575	60	90	50	53.5	14	35	75	100	13	275
	1500	5.5～12																				
$YOT_{CK}320$	1000	3～6.5	1.5～3		690	470		800		350	405	600	60	90	50	53.5	14	35	75	100	13	300
	1500	7.5～22																				
$YOT_{CK}360$	1000	5.5～12	1.5～3		925	420	200	1170	450	600	500	722	90	115	70	74.5	20	35	75	100	13	410
	1500	15～40																				
$YOT_{CK}400$	1000	7.5～20	1.5～3		925	420	200	1170	450	600	500	740	90	115	70	74.5	20	35	75	100	13	450
	1500	30～70																				
$YOT_{CK}450$	1000	15～36	1.5～3		925	420	200	1170	450	600	500	765	90	115	70	74.5	20	35	75	100	13	500
	1500	55～120																				
$YOT_{CK}500$	1000	22～60	1.5～3		1050	520	260	1200	500	700	550	735	37	160	90	95	25	35	75	100	13	620
	1500	90～205																				
$YOT_{CK}560$	1000	55～110	1.5～3		1050	560	260	1370	500	700	650	965	37	160	90	95	25	35	75	100	13	660
	1500	155～360																				
$YOT_{CK}650$	1000	95～225	1.5～3		1050	560	260	1370	500	700	650	1015	37	160	90	95	25	35	75	100	13	700
	1500	290～760																				
$YOT_{CK}750$	750	80～185	1.5～3		1450	800	300	1620	700	1000	800	1223	80	210	130	137	32	62	125	160	18	1150
	1000	185～460																				
	1500	510～1555																				
$YOT_{CK}875$	600	85～215	1.5～3		1450	800	300	1620	700	1000	800	1293	80	210	130	137	32	62	125	160	18	1350
	750	155～420																				
	1000	390～995																				

注：1. 生产厂商：广东中兴液力传动有限公司。
2. 此类液力偶合器用于离心式机械时，其调速范围为1～1/5；用于恒扭矩机械时，其调速范围为1～1/3。

4.8.4.3　侧开箱体式调速型液力偶合器

表19-4-108　　SVTL调速型液力偶合器技术参数

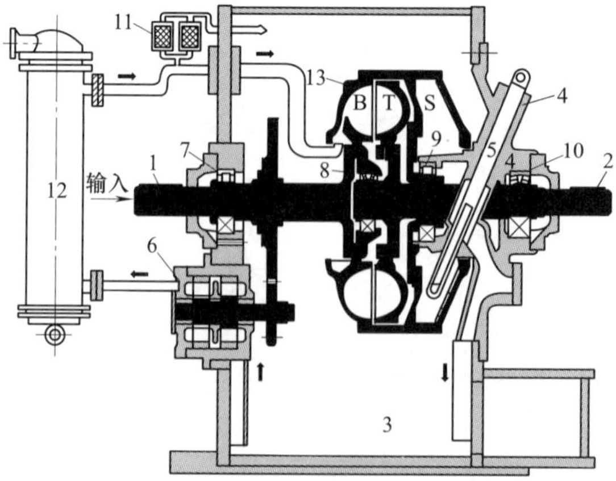

续表

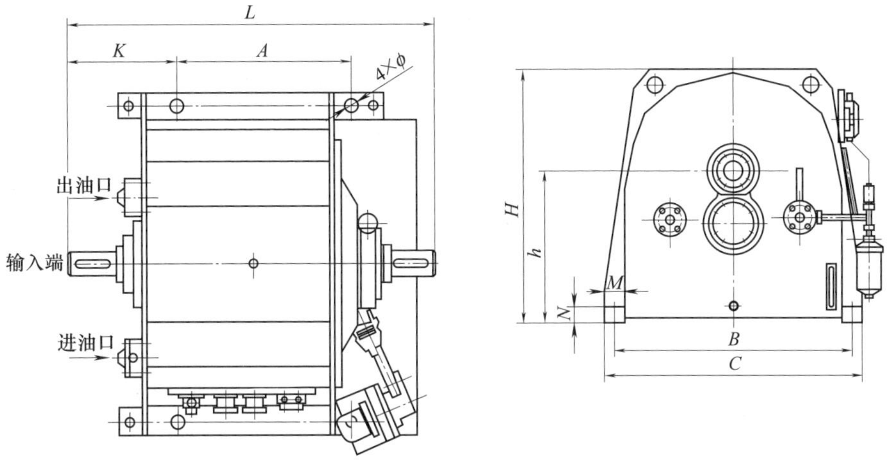

输入、输出端轴伸尺寸

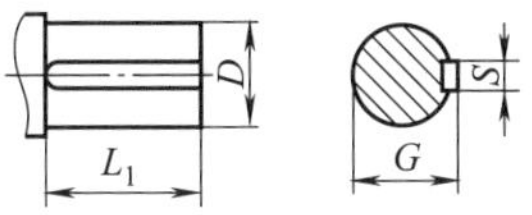

进出油口法兰尺寸

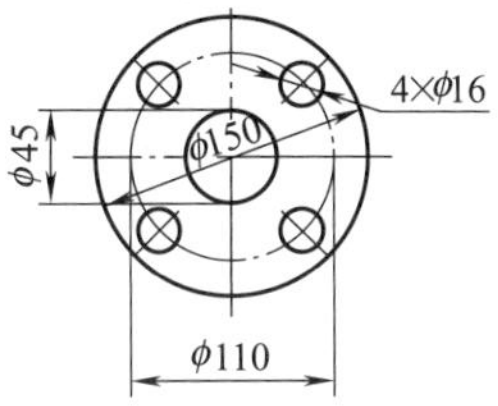

B—泵轮；T—涡轮；S—导管腔；
1—输入轴；2—输出轴；3—箱体；4—导管壳体；5—导管；
6—油泵；7—输入轴承；8—埋入轴承；9—泵轮轴承；
10—输出轴承；11—双联滤油器；12—冷却器；13—易熔塞

规格型号	输入转速 /r·min^{-1}	传递功率范围 /kW	额定转差率 S/%	无级调速范围	安装尺寸/mm														质量（净重）/kg
					A	B	C	L	h	H	K	M	N	4×φ	L_1	D	S	G	
SVTL487	1000	25～55	1.5～3	离心式机械：1～1/5 恒扭矩机械：1～1/3	620	1000	1060	1145	630	1030	260	60	30	23	140	70	20	74.5	750
	1500	80～180																	
SVTL562	1000	55～110	1.5～3		620	1000	1060	1145	630	1030	260	60	30	23	140	70	20	74.5	850
	1500	155～370																	
SVTL650	750	40～95	1.5～3		680	1200	1300	1310	750	1260	313	100	35	40	170	80	22	85	1350
	1000	95～225																	
	1500	290～760																	
SVTL750	750	80～195	1.5～3		680	1200	1300	1310	750	1260	313	100	35	40	170	80	22	85	1450
	1000	185～460																	
	1500	510～1555																	
SVTL875	600	80～215	1.5～3		780	1350	1470	1470	850	1450	370	120	50	40	180	130	32	137	2150
	750	155～420																	
	1000	390～995																	

注：1. 生产厂商：广东中兴液力传动有限公司。
2. SVTL 系引进德国福伊特（VOITH）公司技术产品。

表 19-4-109 YOT$_{CL}$调速型液力偶合器技术参数

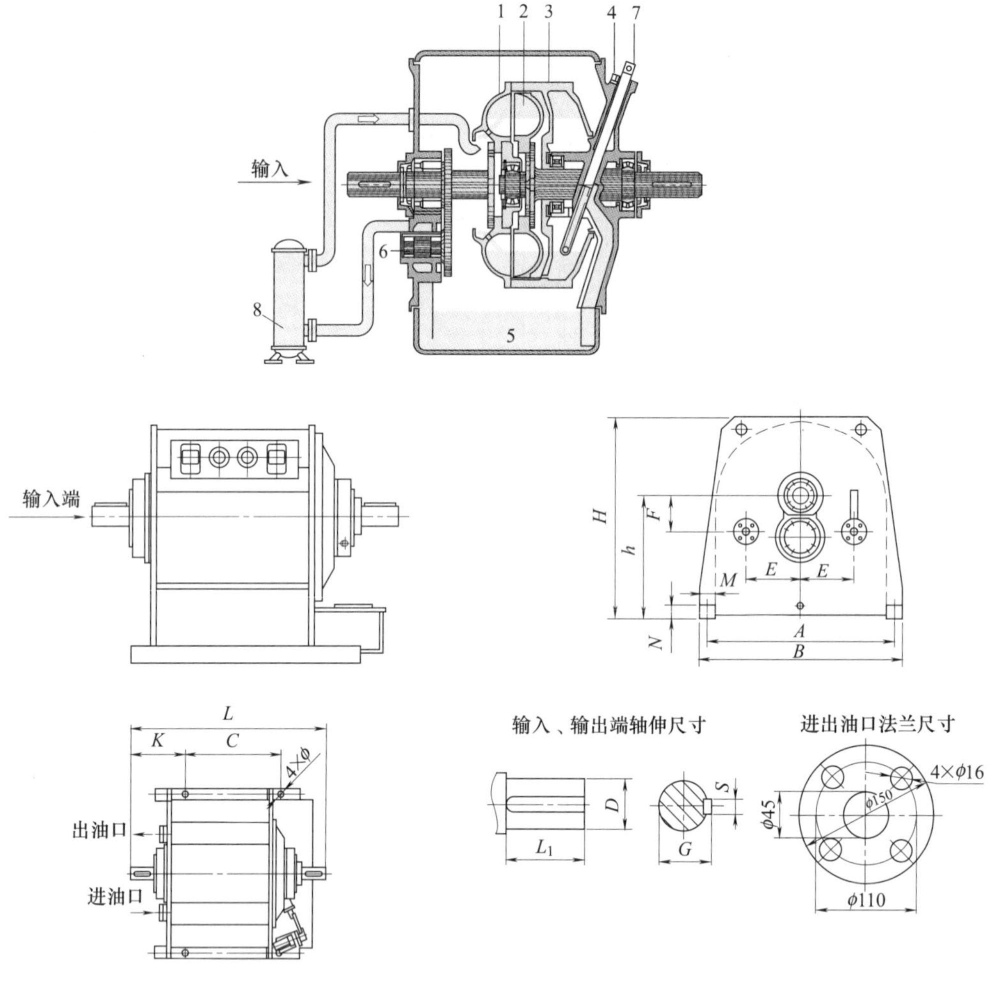

1—泵轮；2—涡轮；3—外壳；4—端盖；5—油箱；6—油泵；7—导管；8—冷却器

规格型号	输入转速/r·min^{-1}	传递功率范围/kW	额定转差率/%	无级调速范围	安装尺寸/mm																质量(净重)/kg
					A	B	C	L	h	H	K	M	N	E	F	4×φ	L_1	D	S	G	
YOT$_{CL}$400	1000	7.5～20	1.5～3	离心式机械：1～1/5 恒扭矩机械：1～1/3	800	825	550	973	500	810	240	50	30	290	190	φ20	115	70	20	74.5	550
	1500	30～70																			
YOT$_{CL}$450	1000	15～36	1.5～3		800	825	550	973	500	810	240	50	30	290	190	φ20	115	70	20	74.5	580
	1500	55～120																			
YOT$_{CL}$500	1000	22～60	1.5～3		1000	1060	620	1145	630	1030	260	60	30	330	240	φ23	140	75	20	79.5	750
	1500	90～205																			
YOT$_{CL}$560	1000	55～110	1.5～3		1000	1060	620	1145	630	1030	260	60	30	330	240	φ23	140	75	20	79.5	850
	1500	155～360																			
YOT$_{CL}$650	750	40～95	1.5～3		1200	1300	680	1310	750	1260	313	100	35	440	200	φ40	170	85	22	90	1350
	1000	95～225																			
	1500	290～760																			

续表

规格型号	输入转速/r·min^{-1}	传递功率范围/kW	额定转差率/%	无级调速范围	安装尺寸/mm																质量(净重)/kg
					A	B	C	L	h	H	K	M	N	E	F	4×ϕ	L_1	D	S	G	
$YOT_{CL}750$	750	80～195	1.5～3	离心式机械：1～1/5	1200	1300	680	1310	750	1260	313	100	35	440	200	ϕ40	170	85	22	90	1450
	1000	185～460																			
	1500	510～1555																			
$YOT_{CL}875$	600	80～215	1.5～3	恒扭矩机械：1～1/3	1350	1470	780	1470	850	1450	370	120	50	440	245	ϕ40	180	130	32	137	2150
	750	155～420																			
	1000	390～995																			

注：1. 生产厂商：长沙第三机床厂。
2. 侧开式箱体，结构简单紧凑，尺寸较小，质量较轻。

4.8.4.4 阀控式调速型液力偶合器

表 19-4-110　YOT_{GF}调速型液力偶合器技术参数　mm

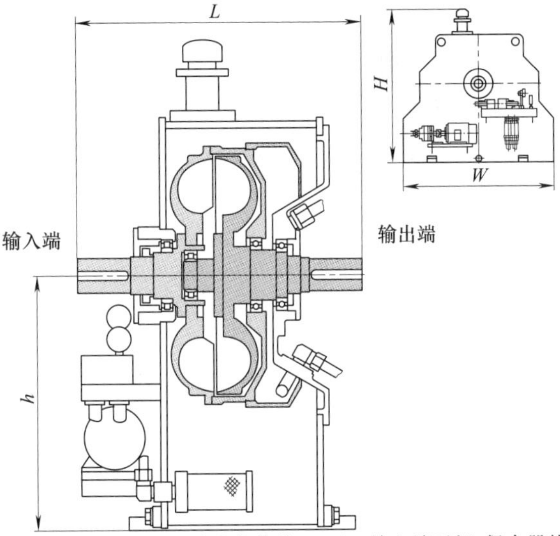

注:供油泵及其电机、电磁换向阀组均在箱体外面,置于输入端下部(偶合器外形尺寸以内)

型号	输入转速/r·min^{-1}	传递功率/kW	L	W	H	h
$YOT_{GF}450$	1000	12～34	600	1100	900	500
	1500	50～110				
$YOT_{GF}500$	1000	20～57	700	1200	990	610
	1500	70～200				
$YOT_{GF}560$	1000	35～100	700	1200	990	610
	1500	115～340				
$YOT_{GF}650$	1000	75～215	1000	1400	1200	740
	1500	250～730				
$YOT_{GF}750$	1000	150～440	1000	1400	1200	740
	1500	510～1480				

注：1. 生产厂商：两厂家生产，规格相同，参数全同，型号各有差异。大连液力机械有限公司（YOT_{GF}）、北京起重运输机械设计研究院（YOT_K）。
2. 新近研发的新产品，结构紧凑，与各类调速型液力偶合器同规格相比，尺寸最小、质量最轻。
3. 侧开式箱体，供油泵外置，便于拆装，并可根据设备对启动快与慢的不同需求，更换供油泵及其流量。
4. 此类液力偶合器额定转差率 1.5%～3%。用于 $T \propto n^2$ 离心式机械时，其调速范围为 1～1/5；用于 $T=C$ 恒扭矩机械时，其调速范围为 1～1/3。
5. 按 GB/T 5837—2008 规定，型号应为 YOT_V。

4.9 液力偶合器传动装置

4.9.1 前置齿轮增速式液力偶合器传动装置

表 19-4-111 YOCQ$_Z$ 液力偶合器传动装置技术参数 mm

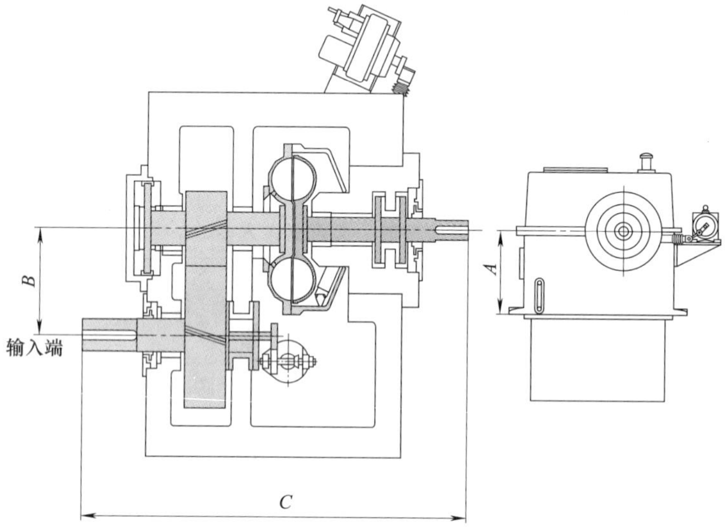

型　　号	输入转速/r·min^{-1}	A	B	C
YOCQ$_Z$320/3000/*	3000	330	300	1660
YOCQ$_Z$360/3000/*	3000		350	1680
YOCQ$_Z$400/$\frac{1500}{3000}$/*	1500	440	350	1650
	3000			
YOCQ$_Z$420/$\frac{1500}{3000}$/*	1500			
	3000			
YOCQ$_Z$450/$\frac{1500}{3000}$/*	1500		550	1800
	3000			
YOCQ$_Z$465/$\frac{1500}{3000}$/*	1500			
	3000			
YOCQ$_Z$500/3000/*	3000			1900

注：1. 生产厂商：大连液力机械有限公司。

2. 表中*为输出最高转速，根据用户需要确定。

3. 额定转差率为1.5%～3%，最高总效率≥95%。

4. 用于 $T\propto n^2$ 离心式机械时，调速范围为1～1/5；用于 $T=C$ 恒扭矩机械时，调速范围为1～1/3。

表 19-4-112　　YOT_{FQZ}液力偶合器传动装置技术参数

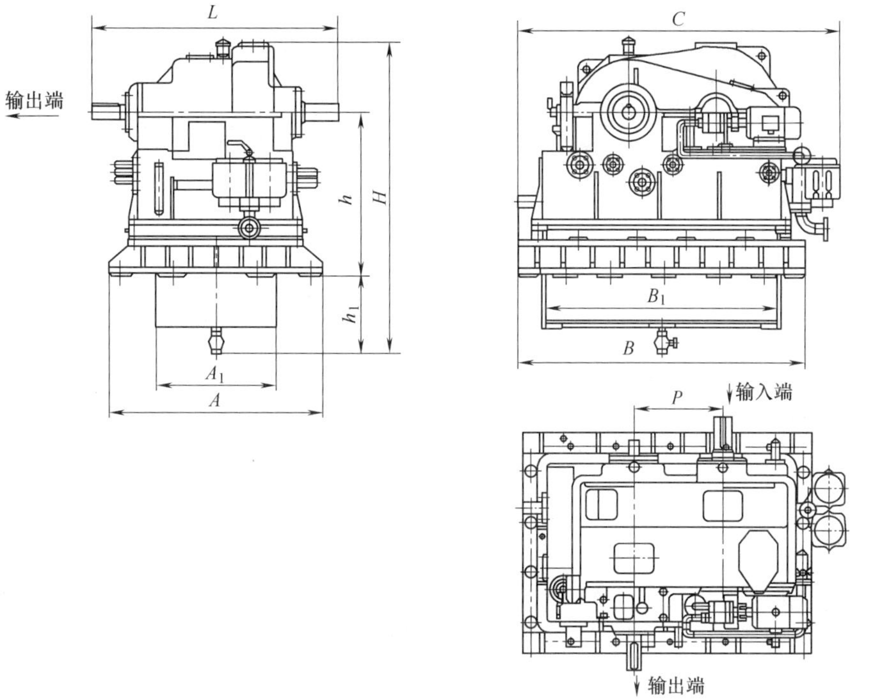

规格型号		$YOT_{FQZ}360$	$YOT_{FQZ}400$	$YOT_{FQZ}460$		$YOT_{FQZ}500$		$YOT_{FQZ}560$	
输入转速/$r \cdot min^{-1}$		3000	3000	1500	3000	1500	3000	1500	3000
最大传递功率/kW		$9.1\times10^{-9}n_B^3$	$1.6\times10^{-8}n_B^3$	$3.1\times10^{-8}n_B^3$		$4.7\times10^{-8}n_B^3$		$8.3\times10^{-8}n_B^3$	
输出转速/$r \cdot min^{-1}$		≤8500	≤8500	≤7000		≤7000		≤7000	
额定转差率/%		1.5～3							
无级调速范围		离心式机械:1～1/5；恒扭矩机械:1～1/3							
安装尺寸/mm	h	550	550	535	920	535	920	535	1000
	H	2245	2245	2750	1985	2750	1985	2750	2100
	h_1	1300	1300	1355	650	1355	650	1355	650
	L	1680	1680	1855	1425	1855	1600	2532	2200
	A	1220	1220	1500	1240	1500	1400	1550	1500
	A_1	1100	1100	1365	685	1365	850	1380	920
	B	1240	1240	1780	1650	1780	1750	2020	1940
	B_1	860	860	1350	1380	1350	1450	1570	1600
	C	1450	1450	2100	1885	2100	1930	2280	2190
	P	350	350	550	508	550	512	600	600

注：1. 生产厂商：广东中兴液力传动有限公司。

2. 按 GB/T 5837—2008 规定，型号应为 YOC_{QZ}。

表 19-4-113 YOTZ 液力偶合器传动装置技术参数 mm

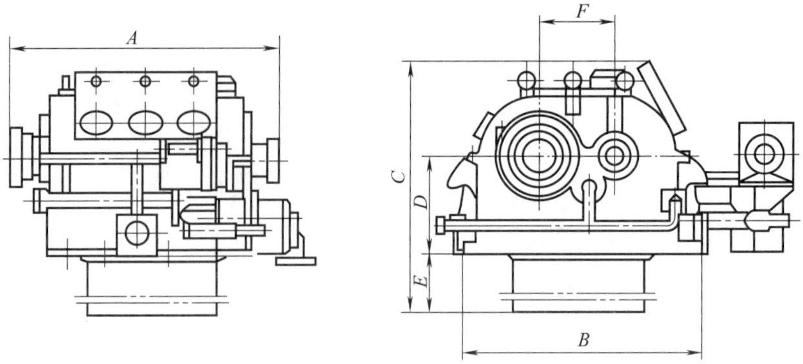

型号	转速 /r·min⁻¹	功率 /kW	A	B	C	D	E	F	质量 /kg
$YOTZ^{32}/_{48}$	4800	350～710	1031	810	1250	350		396	1000
$YOTZ^{32}/_{58}$	5800	630～970	1035	1334	1007	500		250	1000
$YOTZ^{36}/_{55}$	5500	800～1650	1200	980	1500	400	720	300	1500
$YOTZ^{40}/_{43}$	4300	820～1300	1444	1060	900	400		350	2500
$YOTZ^{40}/_{55}$	5500	1600～2800	1180	1520	1880	620	780	350	2500
$YOTZ^{43}/_{52}$	5200	2000～3500	1424	1226	940	500		350	2800
$YOTZ^{45}/_{51}$	5100	3200～4000	1460	1500	2340	620	980	350	3500
$YOTZ^{48}/_{52}$	5200	3500～4500	1599	2374	2409	650	1000	512	4000
$YOTZ^{50}/_{52}$	5200	4000～6000	1395	1140	1100	550		450	4500

注：1. 生产厂商：上海七一一研究所。

2. 按 GB/T 5837—2008 规定，型号应为 YOC_{QZ}。

3. 额定转差率 1.5%～3%。用于 $T\propto n^2$ 离心式机械时，调速范围为 1～1/5；用于 $T=C$ 恒扭矩机械时，调速范围为1～1/3。

表 19-4-114 YOCQA、OH46、OY55 液力偶合器传动装置技术参数

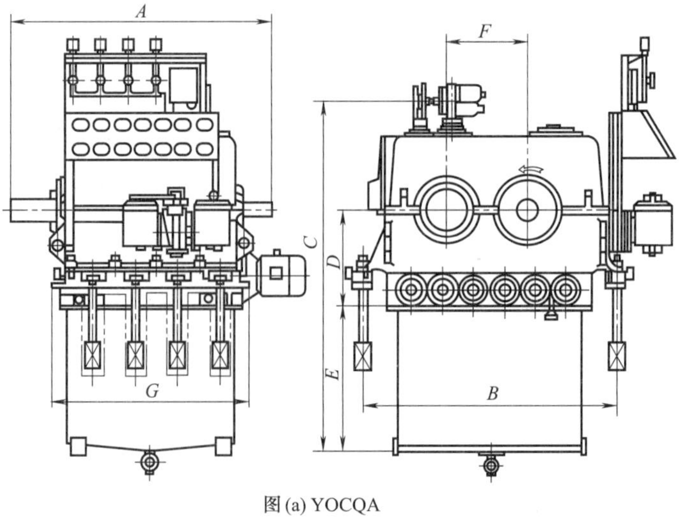

图(a) YOCQA

续表

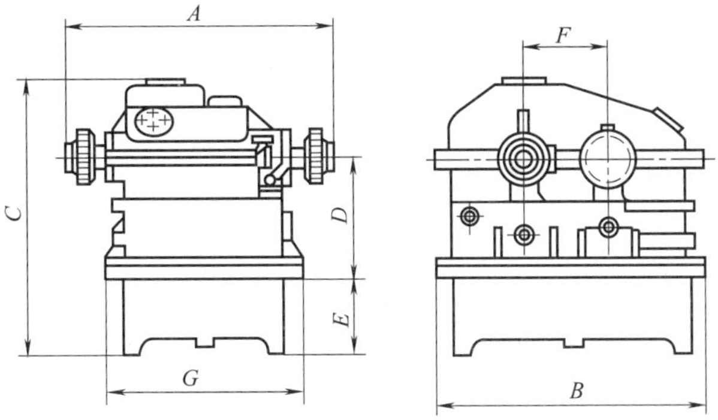

图(b) OH46

型　　号	泵轮转速 /r·min^{-1}	传递功率范围 /kW	外形尺寸/mm						
			A	B	C	D	E	F	G
YOCQA	6100	4200～6200	1855	1700	2385	650	1005	550	1400
OH46	4782	3200	1423	1492	1610	700	463	508	1016
OY55	6170	3700～5500	1855	1700	2180	535			
YOCQ422	6290	3400～5100	1510	1700	2250	535			
YOCQ464	5936	3200～4500							
YOCQ465	5975	3700～6300	1855	1700	2180	535			

注：1. 生产厂商：沈阳鼓风机集团有限公司（原沈阳水泵厂）。

2. 按 GB/T 5837—2008 规定，型号应为 YOC_{QZ}。

3. 额定转差率 1.5%～3%。用于 $T\propto n^2$ 离心式机械时，调速范围为 1～1/5；用于 $T=C$ 恒扭矩机械时，调速范围为1～1/3。

表 19-4-115　　CO46 液力偶合器传动装置技术参数

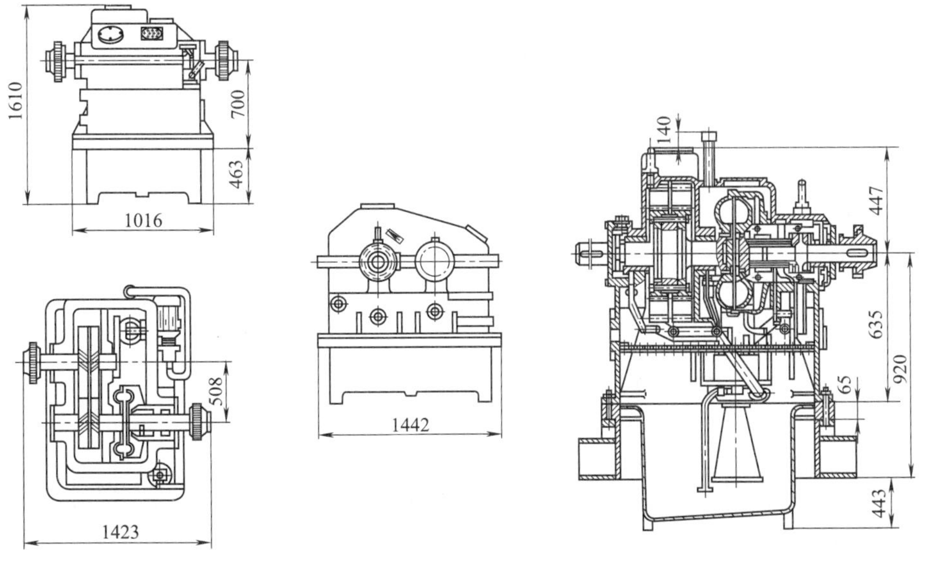

图(a) 结构

续表

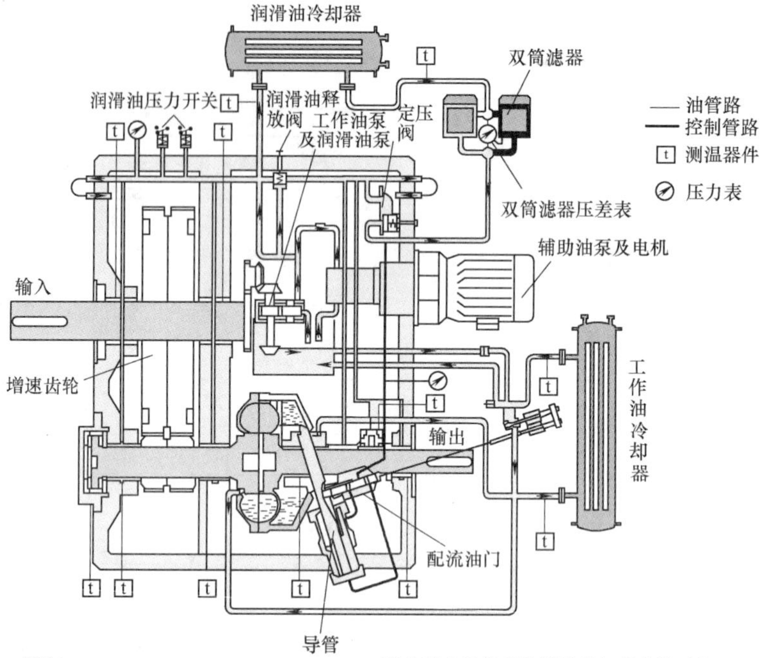

图(b) CO46、YOT51、YOT51A、YOT46-550液力偶合器传动装置机构与配套件系统

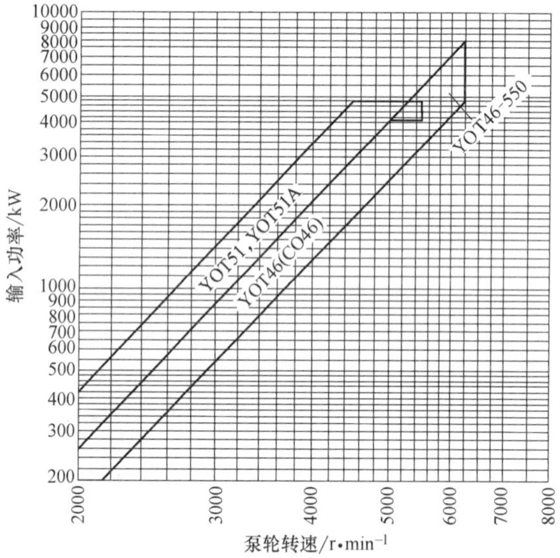

图(c) CO46、YOT51A、YOT46-550液力偶合器传动装置功率图谱

型　号	输入转速 /r·min^{-1}	传动齿轮增速比	泵轮转速 /r·min^{-1}	有效直径 /mm	传递功率范围/kW	额定转差率/%	调速范围 i	总效率 /%
CO46	2985	141/88=1.602	4782	463	约3200	≤3	0.25～0.97	95

注：1. 生产厂商：上海电力修造总厂有限公司，生产CO46、YOT51、YOT51A、YOT46-550各规格产品。

2. 按GB/T 5838—2008规定，上述产品型号应为YOC_{QZ}。

3. 各规格参数请向生产厂索取。

表 19-4-116　YOCQ500H 液力偶合器传动装置技术参数　mm

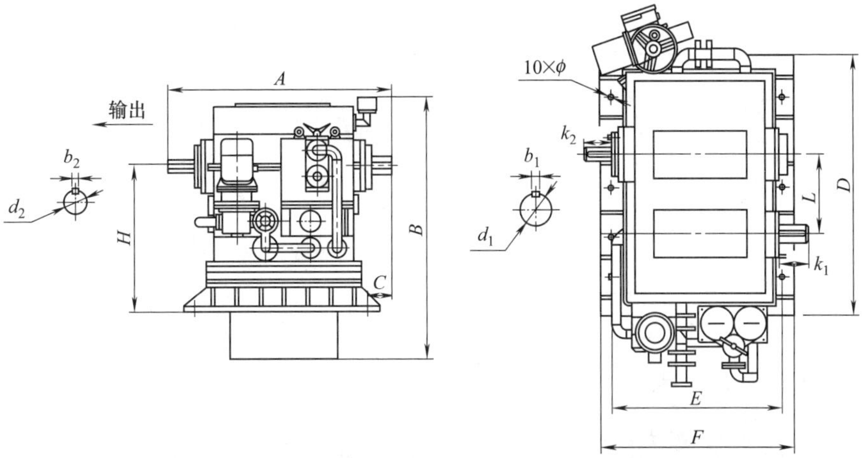

型　号	输入转速 /r·min⁻¹	传递功率 /kW	额定转差率	A	B	C	D	E	F	H	L	φ	b_1	b_2	d_1	d_2	k_1	k_2	质量 /kg
YOCQ500H	3000	2500～4000	≤3%	1425	1655	166	1650	1100	1240	920	508	30	32	25	120	85	185	165	6000

注：1. 上海交大南洋机电科技有限公司产品。

2. 外形尺寸以供货时提供的实际外形尺寸为准。

3. 按 GB/T 5837—2008 规定，型号应为 YOC_{QZ}。

表 19-4-117　$YOTF_Y$ 液力偶合器传动装置技术参数

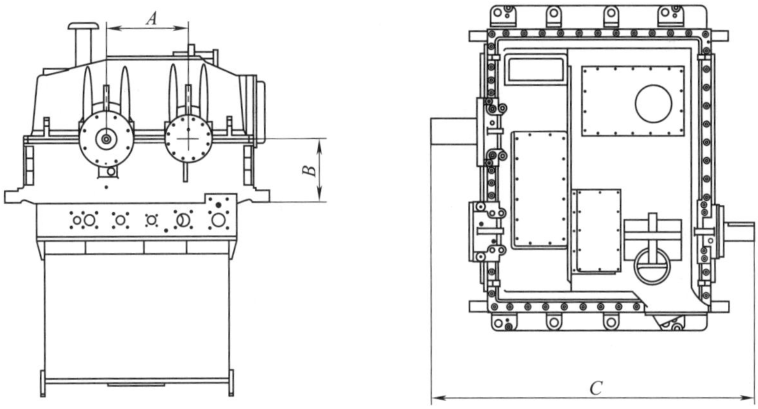

型　号	电机转速 /r·min⁻¹	传递功率 /kW	额定转差率 /%	输出转速 /r·min⁻¹	调速范围	A /mm	B /mm	C /mm
$YOTF_Y420$	1492/2980	600～5500	≤3	3000～6600	20%～97%	550	420	1560
$YOTF_Y460$	1492/2980	1000～6300	≤3	3000～6100	20%～97%	550	420	1885
$YOTF_Y510$	1492/2980	1800～7500	≤3	3000～5600	20%～97%	550	420	1885

注：1. 生产厂商：沈阳福瑞德泵业液力机械制造有限公司。

2. 按 GB/T 5837—2008 规定，型号应为 YOC_{QZ}。

4.9.2 后置齿轮减速式液力偶合器传动装置

表 19-4-118 YOCH$_J$、YOCH$_{JJ}$液力偶合器传动装置技术参数 mm

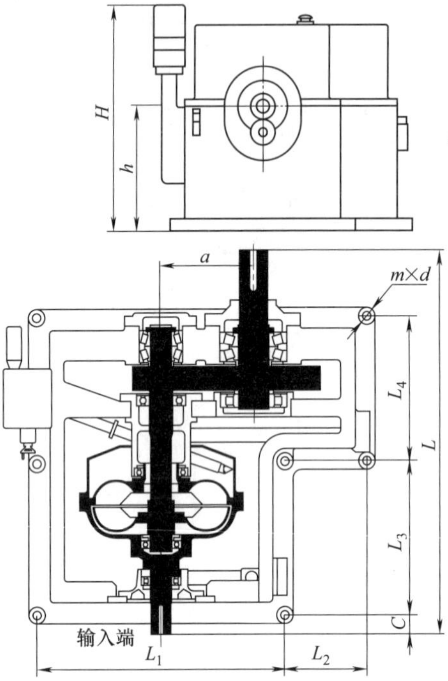

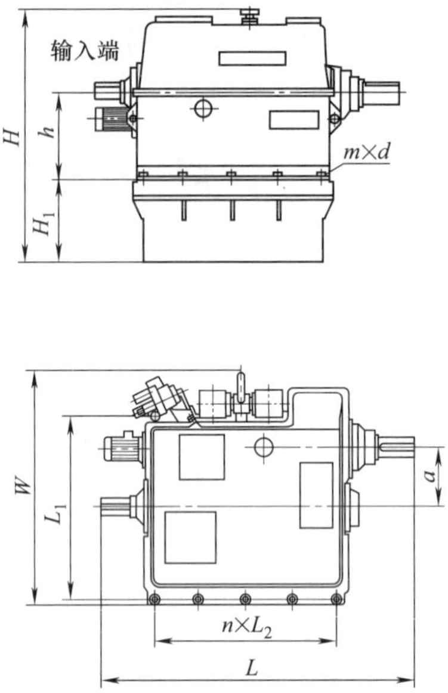

YOCH$_J$580/3000/*, 750/1500/*, 875/1500/*, 1000/1500/*,

型号	输入转速/r·min^{-1}	传递功率/kW	L	H	W	h	a	H_1	L_1	$n\times L_2$	L_3	C	L_4	$m\times d$
YOCH$_J$500/*/*	1000	20～60	1520	1452	1400	635	400		1010	315	570	40	590	9×ϕ27
	1500	70～200												
YOCH$_J$500/3000/*	3000	560～1625	1520	1452	1400	700	400		1125		710	300		4×ϕ35
YOCH$_J$560/*/*	1000	35～100	1600	1630	1400	810	400		1000	320	600	80	600	9×ϕ35
	1500	115～340												
YOCH$_J$580/3000/*	3000	1125～3250	2625	2850	1875	750	450	1500	1400	4×400		354		10×ϕ39
YOCH$_J$650/*/*	1000	75～215	1850	1532	1680	840	450		1200	400	730	100	700	9×ϕ35
	1500	250～730												
YOCH$_J$750/1000/*	1000	150～440	1850	1532	1680	840	450		1200	400	730	100	700	9×ϕ35
YOCH$_J$750/1500/*	1500	510～1480	2390	2180	1815	650	450	830	1573	1512 5孔不均布		297.5		10×ϕ39
YOCH$_J$875/1000/*	1000	300～850	2200	1650	1750	880	450		1360	210	900	200	800	9×ϕ39
YOCH$_J$875/1500/*	1500	1160～3260	2888	2520	2250	800	550	790	1750	4×435		449		10×ϕ39
YOCH$_J$1000/1500/*	1500	1250～3700	2988	2520	2250	800	550	1090	1750	4×460		449		10×ϕ39
YOCH$_{JJ}$650/*/*	1000	75～215	1850	1532	1680	840	450		1200	400	730	100	700	9×ϕ35
	1500	250～730												

注：1. 生产厂商：大连液力机械有限公司。

2. 型号标注示例：输入转速为 1500r/min，输出最高转速为 900r/min 的 YOCH$_J$650 型液力偶合器传动装置标注为 YOCH$_J$650/1500/900。

3. YOCH$_{JJ}$650 的第二个 J 为加装液力减速器的含义，其最大制动力矩为 5500N·m。

4. 此类液力偶合器传动装置的额定转差率 1.5%～3%，其输出的最高转速（即型号中后一个 * 处标注的转速），根据用户需要确定，一般最小为输入转速的 1/3。其最高总效率≥95%。

5. 此类液力偶合器传动装置用于 $T\propto n^2$ 的离心式机械时，其调速范围为 1～1/5；用于 $T=C$ 的恒扭矩机械时，其调速范围为 1～1/3。

表 19-4-119　YOT_{CHJ}液力偶合器传动装置技术参数

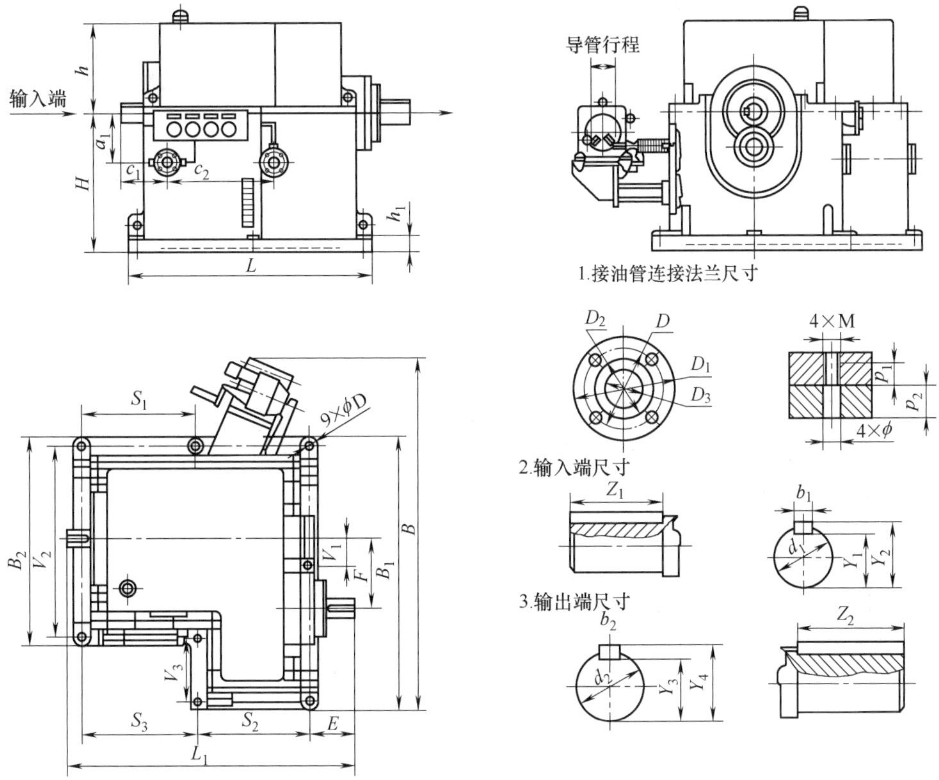

规格型号		$YOT_{CHJ}500$	$YOT_{CHJ}560$	$YOT_{CHJ}650$	$YOT_{CHJ}750$	$YOT_{CHJ}875$		$YOT_{CHJ}1000$	
输入转速 /r·min^{-1}		3000	1500	1500	1500	1000	1500	1000	1500
传递功率范围 /kW		670～1640	155～360	290～760	510～1550	390～995	1240～3360	750～1950	2500～5250
额定转差率 S/%		1.5～3							
无级调速范围		离心式机械：1～1/5；恒扭矩机械：1～1/3							
安装尺寸 /mm	H	810	810	840	840	880	880+200	1060	880+370
	h	485	485	550	550	650	650	725	725
	h_1	40	40	45	45	60	60	60	60
	a_1	75	75	220	220	110	110	300	300
	c_1	145	145	272	272	370	370	335	335
	c_2	520	520	687	687	860	860	1120	1120
	L	1280	1280	1510	1510	1800	1970	2250	2250
	L_1	1600	1600	1850	1850	2200	2650	2800	2800
	S_1	600	600	625	625	900	900	1200	1200
	S_2	600	600	805	805	800	950	1000	1000
	S_3	600	600	625	625	900	900	1100	1100
	B	1800	1800	2140	2140	2250	2450	2700	2700
	B_1	1400	1400	1680	1680	1750	1970	2000	2000
	B_2	1080	1080	1280	1280	1460	1520	1600	1600
	V_1	180	180	200	200	210	200	250	250
	V_2	1000	1000	1200	1200	1360	1400	1500	1500
	V_3	320	320	400	400	210	450	400	400
	E	320	320	320	320	380	520	600	600
	F	400	400	450	450	450	550	550	550
	d_1	$\phi75$	$\phi75$	$\phi100$	$\phi100$	$\phi130$	$\phi140$	$\phi150$	$\phi150$
	Z_1	145	145	150	150	200	250	250	250

续表

规格型号		YOT$_{\text{CHJ}}$500	YOT$_{\text{CHJ}}$560	YOT$_{\text{CHJ}}$650	YOT$_{\text{CHJ}}$750	YOT$_{\text{CHJ}}$875		YOT$_{\text{CHJ}}$1000	
安装尺寸/mm	b_1	20	20	28	28	32	36	36	36
	Y_1	67.5	67.5	90	90	119	128	138	138
	Y_2	79.5	79.5	106	106	137	148	158	158
	d_2	ϕ110	ϕ110	ϕ140	ϕ140	ϕ160	ϕ180	ϕ200	ϕ200
	Z_2	170	170	200	200	250	320	350	350
	b_2	28	28	36	36	40	45	45	45
	Y_3	100	100	128	128	147	165	185	185
	Y_4	116	116	148	148	169	190	210	210
	D	ϕ140	ϕ140	ϕ140	ϕ140	ϕ140	ϕ140	ϕ170	ϕ170
	D_1	ϕ178	ϕ178	ϕ178	ϕ178	ϕ178	ϕ178	ϕ210	ϕ210
	D_2	ϕ110	ϕ110	ϕ110	ϕ110	ϕ110	ϕ110	ϕ140	ϕ140
	D_3	ϕ83	ϕ83	ϕ83	ϕ83	ϕ83	ϕ83	ϕ103	ϕ103
	4×M	M16	M16	M16	M16	M16	M16	M16	M16
	4×ϕ	ϕ18	ϕ18	ϕ18	ϕ18	ϕ18	ϕ18	ϕ18	ϕ18
	p_1	35	35	35	35	35	35	35	35
	p_2	55	55	55	55	55	55	55	55
	9×ϕD	9×ϕ35	9×ϕ35	9×ϕ35	9×ϕ35	9×ϕ35	9×ϕ40	9×ϕ40	9×ϕ40
质量/kg		约 1850	约 1750	约 2900	约 3100	约 4550	约 4980	约 6800	约 7500

注：1. 生产厂商：广东中兴液力传动有限公司。

2. 按 GB/T 5837—2008 规定，型号应为 YOC$_{\text{HJ}}$。

表 19-4-120 YOCH$_{\text{J}}$ 液力偶合器传动装置性能参数 mm

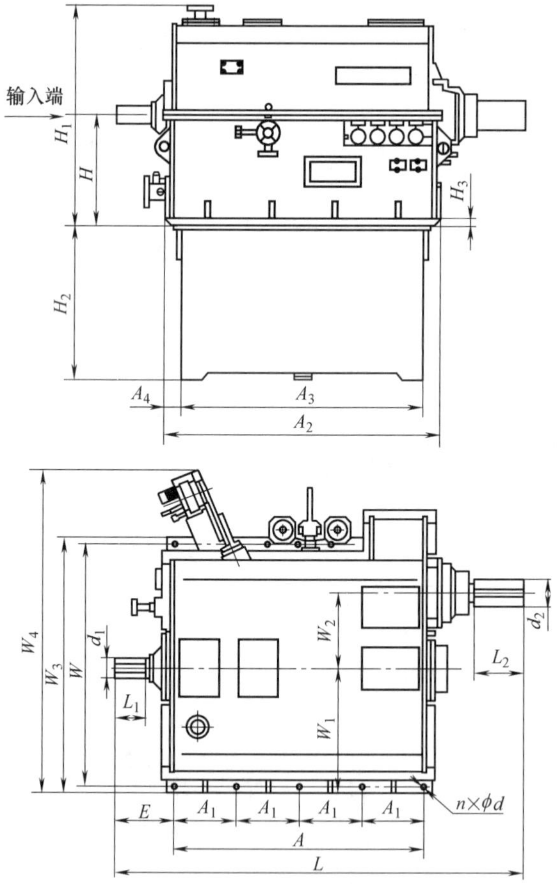

续表

型　　号	输入转速/r·min^{-1}	输出转速/r·min^{-1}	传递功率/kW
YOCH$_J$800	1000	1000～500	200～580
	1500	1500～500	610～1960
YOCH$_J$875	1000	1000～500	310～910
	1500	1500～500	1160～3260
YOCH$_J$920	1000	1000～500	440～1170
	1500	1500～500	1360～4000
YOCH$_J$1000	1000	1000～500	615～1770
	1500	1500～500	2060～6000

型　　号	L	$n\times\phi d$	E	A	A_1	A_2	A_3	A_4	d_1	d_2	L_1	L_2	H	H_1	H_2	H_3	W	W_1	W_2	W_3	W_4
YOCH$_J$800	2988	10×ϕ40	449	1840	460	1958	1760	99	ϕ140	ϕ200	250	320	800	1650	1090	55	1750	860	550	1850	2355
YOCH$_J$875	2988	10×ϕ40	449	1840	460	1958	1760	99	ϕ140	ϕ200	250	320	800	1650	1090	55	1750	860	550	1850	2355
YOCH$_J$920	2988	10×ϕ40	449	1840	460	1958	1760	99	ϕ140	ϕ200	250	320	800	1650	1090	55	1750	860	550	1850	2355
YOCH$_J$1000	3300	10×ϕ40	500	2000	470	2100	1900	100	ϕ180	ϕ250	300	350	900	1850	1090	55	1900	910	550	2000	2500

注：生产厂商：大连创思福液力偶合器成套设备有限公司、烟台禹成机械有限公司。

表 19-4-121　　YOCH×××B、YOCH×××H 型液力偶合器传动装置技术参数　　mm

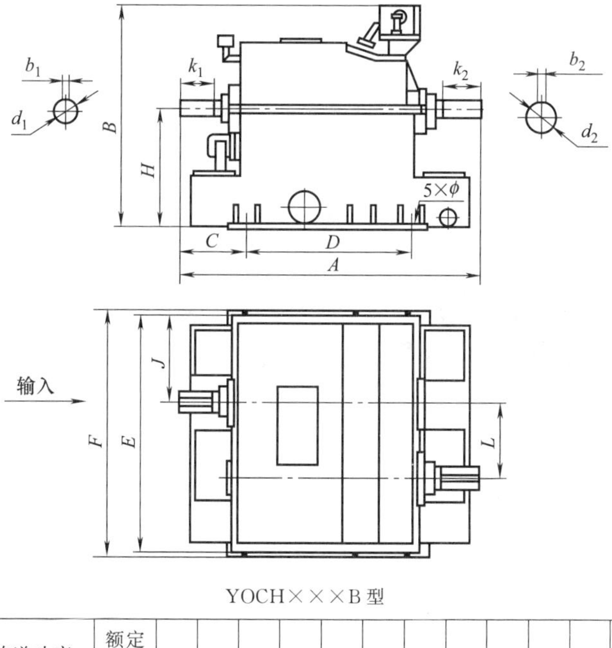

YOCH×××B 型

型　号	输入转速/r·min^{-1}	传递功率/kW	额定转差率	A	B	C	D	E	F	H	J	L	ϕ	b_1	b_2	d_1	d_2	k_1	k_2	质量/kg
YOCH560B	1500	200～335	≤3%	1500	1400	290	860	1110	1190	700	465	320	40	22	28	85	100	170	210	1250
YOCH650B		355～750		1830	1680	410	1000	1560	1635	900	672	450	40	28	36	110	150	210	250	3500
YOCH710B		750～1120																		3700
YOCH750B		1250～1400		1850	1670	360	1040	1780	1880	950	690	500	45	28	36	110	150	210	250	4500
YOCH800B		1400～2000																		4600

续表

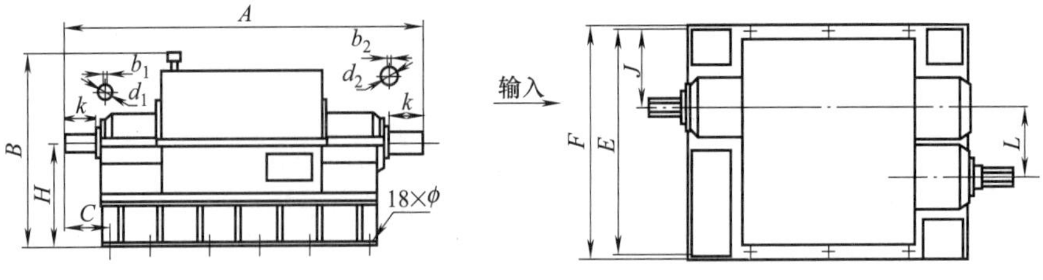

YOCH×××H 型

型号	输入转速 /r·min⁻¹	传递功率 /kW	额定转差率	A	B	C	E	F	H	J	L	ϕ	b_1	b_2	d_1	d_2	k	质量 /kg
YOCH875H	1000	630～900	≤3%	3500	1890	440	2160	2260	1000	855	660	42	40	50	160	210	300	13000
	1500	1600～3000																
YOCH1000H	1000	1000～1800																13400
	1500	2800～4000																

注：1. 生产厂商：上海交大南洋机电科技有限公司。

2. 按 GB/T 5837—2008 规定，型号应为 YOC_{HJ}。

3. 外形尺寸以供货时提供的实际外形尺寸为准。

4.9.3　后置齿轮增速式液力偶合器传动装置

表 19-4-122　　$YOCH_Z$ 液力偶合器传动装置技术参数

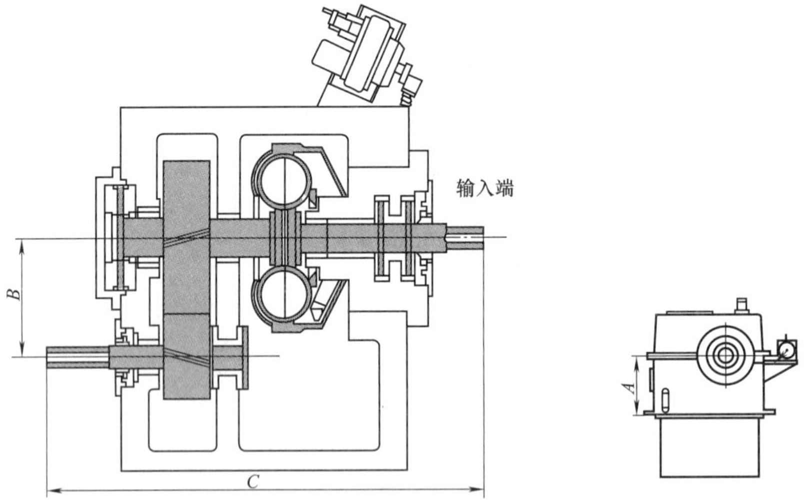

型　　号	输入转速 /r·min⁻¹	最高输出转速 /r·min⁻¹	传递功率 /kW	A /mm	B /mm	C /mm
$YOCH_Z$320/3000/*	3000	10000	60～165	330	300	1660
$YOCH_Z$360/3000/*	3000	10000	110～305	330	350	1680
$YOCH_Z$400/3000/*	3000	10000	240～500	440	350	1650
$YOCH_Z$420/3000/*	3000	10000	300～640	440	350	1650

续表

型　　号	输入转速 /r·min⁻¹	最高输出转速 /r·min⁻¹	传递功率 /kW	A/mm	B/mm	C/mm
$YOCH_Z$450/3000/*	3000	10000	430～900	440	550	1800
$YOCH_Z$465/3000/*	3000	10000	500～1050	440	550	1800
$YOCH_Z$500/3000/*	3000	10000	560～1625	440	550	1900

注：1. 生产厂商：大连液力机械有限公司。

2. 此为后置齿轮增速式液力偶合器传动装置，* 号为输出最高转速，根据用户需要确定。

3. 此类液力偶合器传动装置额定转差率 1.5%～3%，最高总效率≥95%。

4. 此类液力偶合器传动装置用于 $T \propto n^2$ 离心式机械时，其调速范围为 1～1/5；用于 $T=C$ 恒扭矩机械时，其调速范围为 1～1/3。

4.9.4　组合成套型液力偶合器传动装置

由调速型液力偶合器与增（减）速齿轮箱连接，安装在基础油箱之上，配以供油、润滑系统，构成组合成套型液力偶合器传动装置，便于制造、安装、拆卸，整套设备成本较低，只是尺寸稍大。

表 19-4-123　YOCQ 前置齿轮箱增速式组合成套型液力偶合器传动装置技术参数　mm

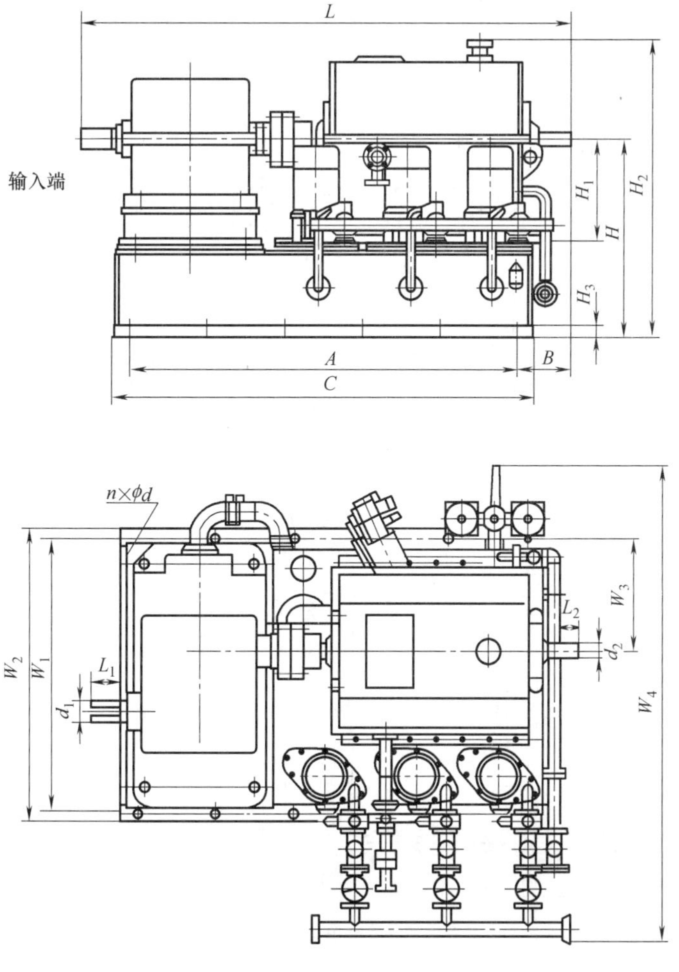

续表

型 号	输入转速/r・min^{-1}	输出转速/r・min^{-1}	传递功率/kW
YOCQ400	1500	3000～6000	575～2600
YOCQ420	1500	3000～6000	735～3280
YOCQ450	1500	3000～6000	920～4500
YOCQ465	1500	3000～6000	1100～5900
YOCQ500	1500	3000～6000	1600～7800
YOCQ550	1500	3000～6000	2600～12000

型 号	L	A	B	C	d_1	d_2	L_1	L_2	H	H_1	H_2	H_3	W_1	W_2	W_3	W_4	$n\times\phi d$
YOCQ400	2905	2300	315	2500	ϕ120	ϕ90	190	170	1150	600	1730	40	1600	1700	655	2920	8×ϕ45
YOCQ420	2905	2300	315	2500	ϕ120	ϕ90	190	170	1150	600	1730	40	1600	1700	655	2920	8×ϕ45
YOCQ450	2905	2300	315	2500	ϕ120	ϕ90	190	170	1150	600	1730	40	1600	1700	655	2920	8×ϕ45
YOCQ465	2905	2300	315	2500	ϕ120	ϕ90	190	170	1150	600	1730	40	1600	1700	655	2920	8×ϕ45
	3005	2400	315	2600	ϕ170	ϕ90	190	170	1200	600	1780	40	1600	1700	575	2920	8×ϕ45
YOCQ500	3200	2600	335	2800	ϕ180	ϕ110	240	200	1200	600	1780	40	1600	1700	575	2920	8×ϕ45
YOCQ550	3200	2600	335	2800	ϕ210	ϕ130	240	200	1200	600	1780	40	1600	1700	575	2920	8×ϕ45

注：生产厂商：大连创思福液力偶合器设备有限公司、烟台禹成机械有限公司。

表 19-4-124 YOCH$_{JJ}$后置齿轮箱减速式组合成套型液力偶合器传动装置技术参数 mm

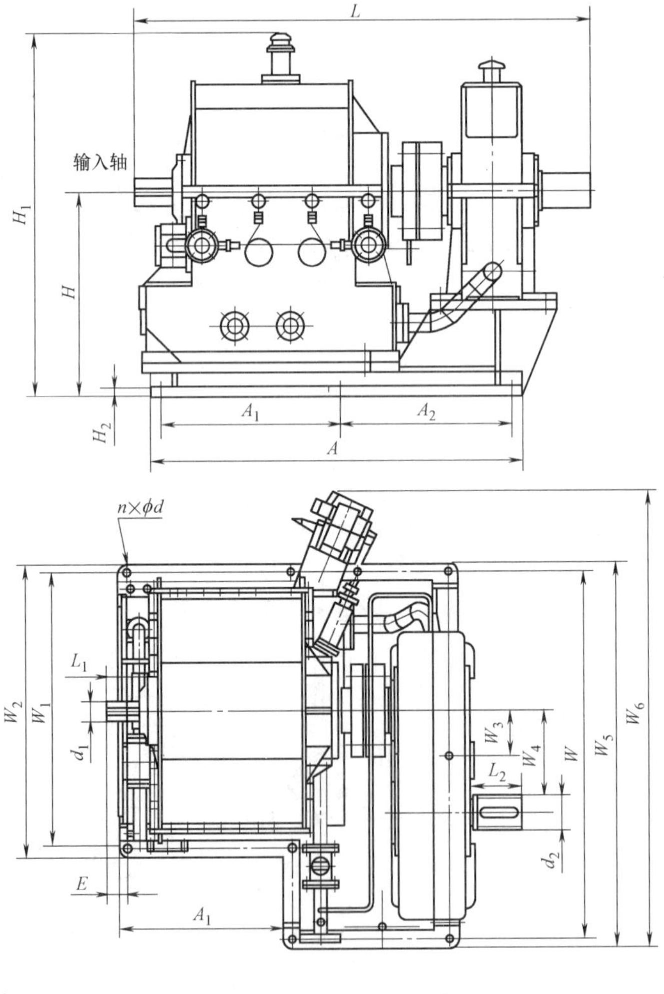

续表

型号	输入转速/r·min^{-1}	输出转速/r·min^{-1}	传递功率/kW
$YOCH_{JJ}650$	1000	1000～500	70～220
	1500	1500～500	240～700
$YOCH_{JJ}700$	1000	1000～500	110～320
	1500	1500～500	350～1000
$YOCH_{JJ}750$	1000	1000～500	145～460
	1500	1500～500	490～1420

型号	L	$n\times\phi d$	E	A	A_1	A_2	d_1	d_2	L_1	L_2	H	H_1	H_2	W	W_1	W_2	W_3	W_4	W_5	W_6
$YOCH_{JJ}650$	1850	$9\times\phi35$	100	1510	730	700	100	140	150	249	840	1500	40	1600	1200	1280	200	450	1680	1998
$YOCH_{JJ}700$	1850	$9\times\phi35$	100	1510	730	700	100	140	150	249	840	1500	40	1600	1200	1280	200	450	1680	1998
$YOCH_{JJ}750$	1850	$9\times\phi35$	100	1510	730	700	100	140	150	249	840	1500	40	1600	1200	1280	200	450	1680	1998

注：生产厂商：大连创思福液力偶合器成套设备有限公司。

表 19-4-125 $YOCH_Z$ 后置齿轮箱增速式组合成套型液力偶合器传动装置技术参数 mm

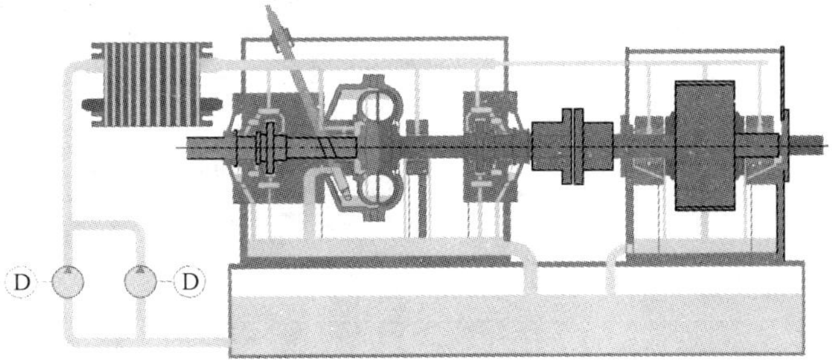

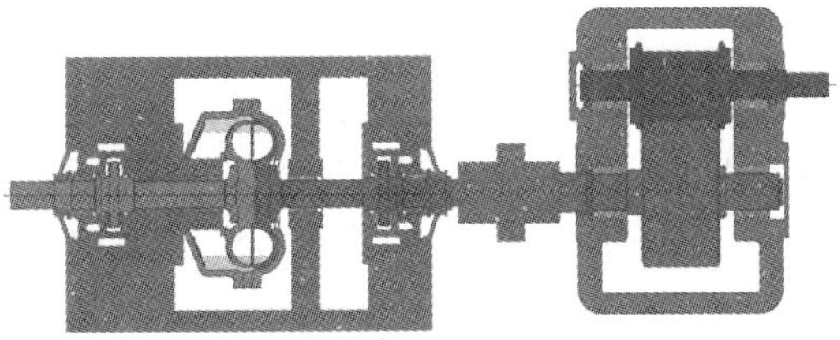

图(a) 示意

续表

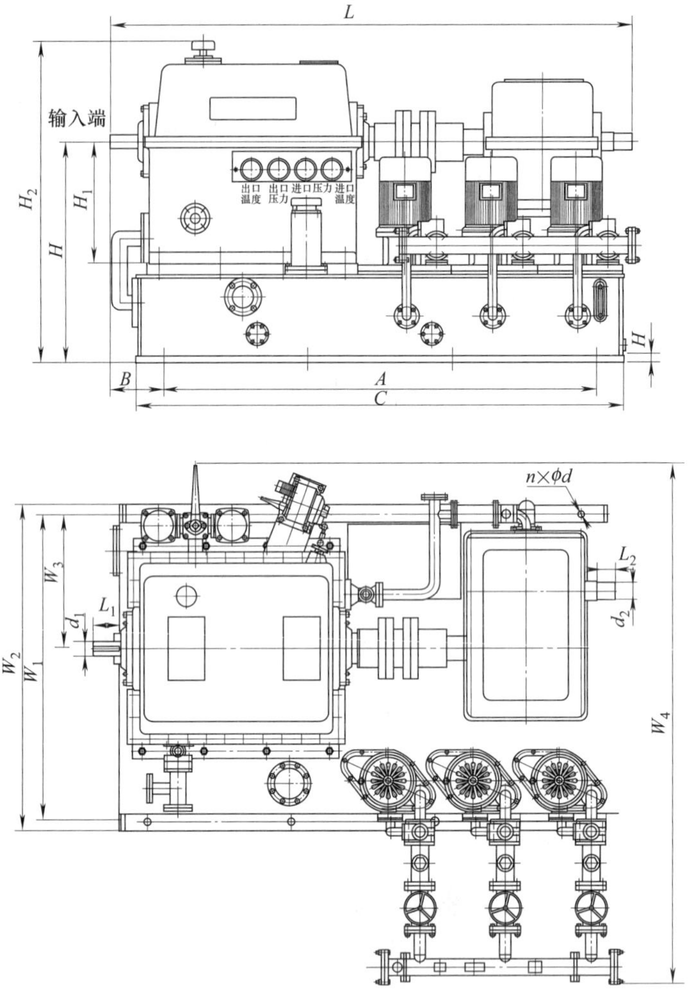

图(b) 外形

型　号	输入转速/r·min^{-1}	输出转速/r·min^{-1}	传递功率/kW	L	A	B	C	d_1	d_2	L_1	L_2	H	H_1	H_2	W_1	W_2	W_3	W_4	$n\times\phi d$
YOCHz450	3000	3000～7000	320～920	2483	2040	305	2340	ϕ75	ϕ70	145	78	1150	1670	40	1590	1690	675	2700	8×ϕ39
YOCHz500	3000	3000～7000	550～1600	2760	2280	295	2580	ϕ75	ϕ90	145	100	1150	1670	40	1590	1690	675	2700	8×ϕ39
YOCHz550	3000	3000～7000	910～2600	3040	2560	435	2755	ϕ95	ϕ90	175	100	1325	1845	40	1790	1890	695	2900	8×ϕ39
YOCHz580	3000	3000～7000	950～3250	3040	2560	435	2755	ϕ95	ϕ90	175	100	1325	1845	40	1790	1890	795	2900	8×ϕ39
YOCHz600	3000	3000～7000	1300～3780	3040	2560	435	2755	ϕ100	ϕ90	175	100	1325	1845	40	1790	1890	795	2900	8×ϕ39
YOCHz650	3000	3000～7000	1920～5560	3090	2600	418	2800	ϕ135	ϕ100	200	135	1350	2050	40	1790	1890	735	3000	8×ϕ39
YOCHz700	3000	3000～7000	2800～8350	3090	2600	418	2800	ϕ135	ϕ100	200	135	1350	2050	40	1790	1890	735	3000	8×ϕ39

注：生产厂商：大连创思福液力偶合器有限公司、烟台禹成机械有限公司。

4.9.5　后置齿轮减速箱组合型液力偶合器传动装置［偶合器正（反）车箱］

偶合器正（反）车箱是石油钻机上常用的液力偶合器传动装置，与电动机或柴油机配套用以驱动钻井泵或其他设备。图 19-4-48 为偶合器正（反）车箱结构与传动原理，输入端与电动机或柴油机连接，输出端与钻井泵或其他设备连接。以前的液力驱动装置用的是液力变矩器，因其效率低、载荷大时冒黑烟，改用阀控式调速型液力偶合器，则传动效率高并减少油耗用量。

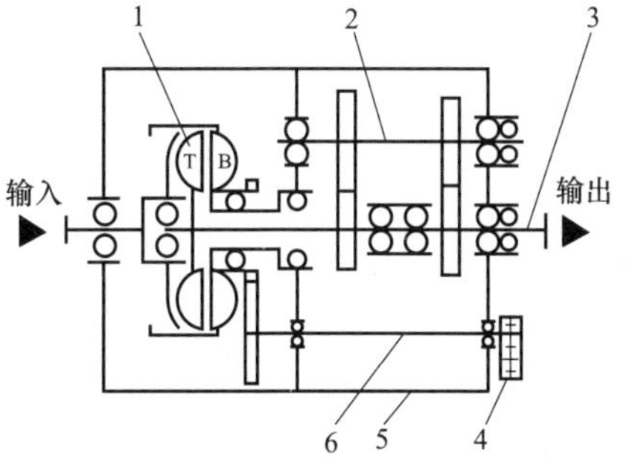

(a) 偶合器正车箱

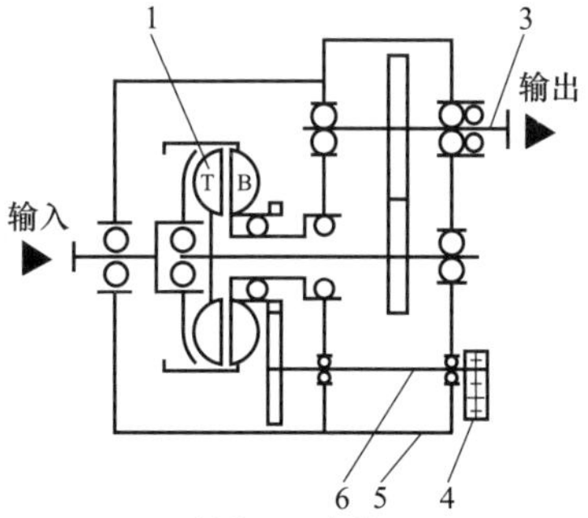

(b) 偶合器反车箱

图 19-4-48　偶合器正（反）车箱结构与传动原理
1—偶合器；2—中间轴；3—输出轴；4—供油泵；5—箱体；6—供油泵传动轴

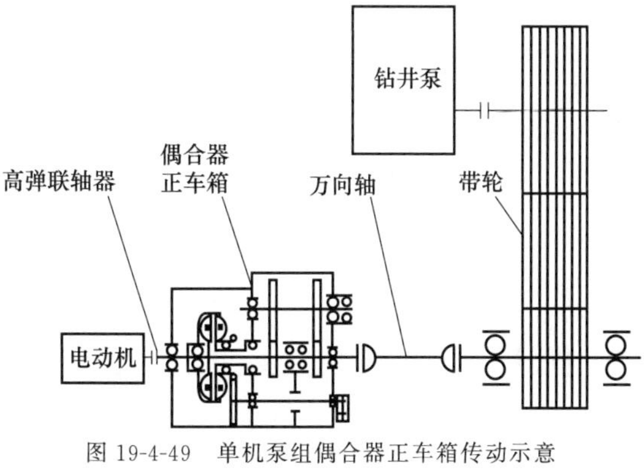

图 19-4-49　单机泵组偶合器正车箱传动示意

图 19-4-49、图 19-4-50 为偶合器正、反车箱在钻井泵上的应用。两者减速箱结构不同，万向轴位置与转向均不同。表 19-4-126 所示为某型号偶合器正（反）车箱技术参数。

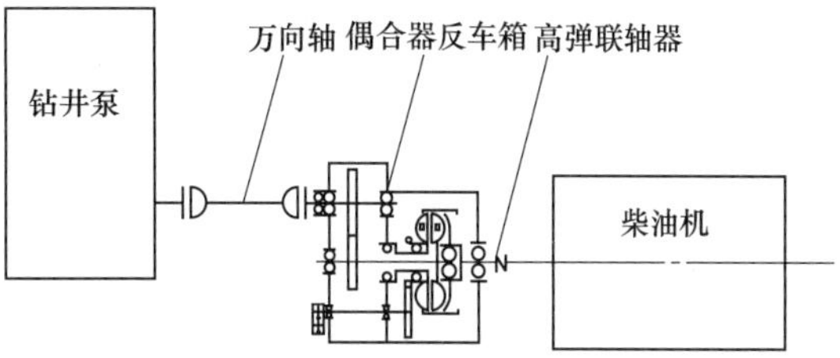

图 19-4-50　单机泵组偶合器反车箱传动示意

表 19-4-126　YOTZ（F）J700/750 型调速型偶合器正（反）车箱技术参数

规格参数		工作腔直径/mm	
		700	750
最大输入功率/kW		1500	1500
最大输入转速/r·min^{-1}		1600	1500
额定转差率/%		1.5～3	
调速范围	（恒转矩）	1～1/3	
	（恒功率）	1～1/5	
最高传动效率/%		92～95	
工作油温/℃		≤110	
使用油品		6 号或 8 号液力传动油	
减速比		1.5～2.5(正)/1.5～3.5(反)	

注：1. 生产厂商：大连恒通液力机械有限公司。
2. 当外界温度低于－20℃ 时，应采用 8 号液力传动油。

4.10　国内外调速型液力偶合器标准情况与对照

迄今，尚无液力偶合器国际标准。已有国家标准的只有中国和苏联（ГОСТ 17171—72 液力偶合器型式与基本参数）。国际上著名的英国 FLUIDRIVE 公司和德国 VOITH 公司也只有技术规范而尚未构成正式标准。

从对比表的备注中折算的泵轮转矩系数（均折算成 $S=3.0\%$时的 $\lambda_{B0.97}$）来看，我国国标性能参数低于英国 FLUIDRIVE 公司技术水平，而高于德国 VOITH 公司、苏联国标 ГОСТ 17171—72 的技术水平。

国内外调速型液力偶合器标准参数对比见表 19-4-127。国内外几种典型调速型液力偶合器系列比较见表 19-4-128。

中国 YOTC 为符合 GB/T 5837—2008 标准的调速型液力偶合器系列规格，小于 560 的规格为 $R20$ 优先数系，与苏联 ГОСТ 17171—72 相同；大于 650 的规格为 $R80/5$ 优先数系，与英国 FLUIDRIVE 公司 GST 调速型液力偶合器系列、德国 VOITH 公司调速型液力偶合器系列基本相同，均为大规格档次较稀以便生产批量集中。苏联的系列中大规格档次较密。

表 19-4-129 为我国现行液力偶合器相关标准。

表 19-4-127　国内外调速型液力偶合器标准参数对比

标准或技术规范	转差率 S/%	泵轮转矩系数 $\lambda_B/10^{-6}$	备　注
英国 FLUIDRIVE 公司技术规范	3.25	2.3	相当于 $\lambda_{B0.97}=2.12\times10^{-6}$
德国 VOITH 公司技术规范	3.6	2.01	相当于 $\lambda_{B0.97}=1.68\times10^{-6}$
苏联国标 ГОСТ 17171—72	2.0	1.1	相当于 $\lambda_{B0.97}=1.65\times10^{-6}$
中国国标 GB/T 5837—2008	3.0	1.80	$\lambda_{B0.97}=1.80\times10^{-6}$

表 19-4-128　国内外几种典型调速型液力偶合器系列比较　　mm

标准或技术规范	系列规格															
中国 YOTC	360	400	450	(487)	500	560	650	750	(800)	875	1000	1150	(1250)	1320	1550	
英国 FLUIDRIVE			430		500	580	660	750		870	1000	1150				
德国 VOITH	366	422		487		562	650	750		866	1000	1150		1320		1740
苏联 ГОСТ	355	400	450		500	560	630	710	800	900	1000	1120				

注：表中带括号者为不推荐的暂时保留规格。

表 19-4-129　我国现行液力偶合器相关标准

序号	标　准　号	标准名称
1	GB/T 5837—2008	液力偶合器　型式和基本参数
2	GB/T 3858—2014	液力传动术语
3	JB/T 8848—2018	液力元件　系列型谱
4	JB/T 4237—2013	液力元件　图形符号
5	JB/T 9004—2015	限矩型液力偶合器　试验
6	JB/T 4234—2013	普通型、限矩型液力偶合器　铸造叶轮技术条件
7	JB/T 4235—2018	普通型、限矩型液力偶合器　易熔塞
8	JB/T 9000—2018	液力偶合器　通用技术条件
9	JB/T 9001—2013	调速型液力偶合器　叶轮技术条件
10	JB/T 4238.1—2005	调速型液力偶合器、液力偶合器传动装置出厂试验方法
11	JB/T 4238.2—2005	调速型液力偶合器、液力偶合器传动装置出厂技术指标
12	JB/T 4238.3—2005	调速型液力偶合器、液力偶合器传动装置型式试验方法
13	JB/T 4238.4—2005	调速型液力偶合器、液力偶合器传动装置型式试验技术指标
14	MT/T 208—1995	刮板输送机用液力偶合器
15	MT/T 100—1995	刮板输送机用液力偶合器检验规范
16	MT/T 466—1995	刮板输送机用液力偶合器易爆塞
17	MT/T 923—2002	煤矿用调速型液力偶合器检验规范
18	MT/T 243—1991	煤矿井下液力偶合器用高含水难燃液
19	JB/T 11866—2014	塔式起重机用限矩型液力偶合器

第 5 章　液黏传动

（扫码阅读或下载）

参考文献

[1] 刘应诚. 液力偶合器设计制造与使用维修. 北京：化学工业出版社，2016.
[2] 杨乃乔，姜丽英. 液力调速与节能. 北京：国防工业出版社，2000.
[3] 魏宸官，赵家象. 液体黏性传动技术. 北京：国防工业出版社，1996.
[4] 杨乃乔. 液力偶合器. 北京：机械工业出版社，1989.
[5] 闻邦春主编. 机械设计手册. 第4卷. 第6版. 北京：机械工业出版社，2018.
[6] 成大先主编. 机械设计手册：第2卷. 第4版. 北京：化学工业出版社，2006.
[7] 马文星. 液力传动理论与设计. 北京：化学工业出版社，2004.
[8] 李壮云主编. 液压、气动与液力工程手册：下册. 北京：电子工业出版社，2008.
[9] 李有义. 液力传动. 哈尔滨：哈尔滨工业大学出版社，2000.
[10] 刘应诚，杨乃乔. 液力偶合器应用与节能技术. 北京：化学工业出版社，2006.
[11] 周明衡主编. 联轴器选用手册. 北京：化学工业出版社，2001.
[12] 刘应诚主编. 液力偶合器实用手册. 北京：化学工业出版社，2008.

第 20 篇
液压传动与控制

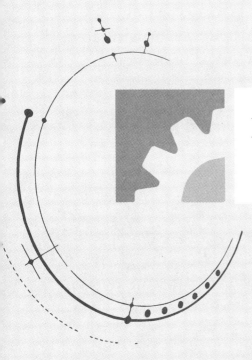

篇主编：高殿荣
撰　稿：刘　涛　吴晓明　张　伟　张齐生
　　　　赵静一　高殿荣
审　稿：高殿荣　姚晓先　吴晓明

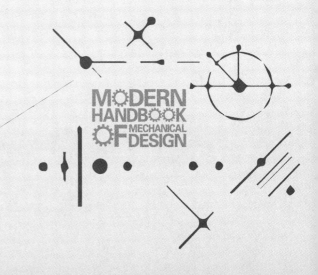

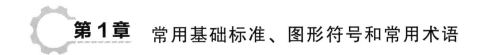

第 1 章　常用基础标准、图形符号和常用术语

1.1　基础标准

1.1.1　液压气压系统及元件的公称压力系列

表 20-1-1　　液压气压系统及元件的公称压力系列（GB/T 2346—2003）

kPa	MPa	（以 bar 为单位的等量值）	kPa	MPa	（以 bar 为单位的等量值）
1	—	(0.01)	—	2.5	(25)
1.6	—	(0.016)	—	[3.15]	[(31.5)]
2.5	—	(0.025)	—	4	(40)
4	—	(0.04)	—	[5]	[(50)]
6.3	—	(0.063)	—	6.3	(63)
10	—	(0.1)	—	[8]	[(80)]
16	—	(0.16)	—	10	(100)
25	—	(0.25)	—	12.5	(125)
40	—	(0.4)	—	16	(160)
63	—	(0.63)	—	20	(200)
100	—	(1)	—	25	(250)
[125]	—	[(1.250)]	—	31.5	(315)
160	—	(1.6)	—	[35]	[(350)]
[200]	—	[(2)]	—	40	(400)
250	—	(2.5)	—	[45]	[(450)]
[315]	—	[(3.15)]	—	50	(500)
400	—	(4)	—	63	(630)
[500]	—	[(5)]	—	80	(800)
630	—	(6.3)	—	100	(1000)
[800]	—	[(8)]	—	125	(1250)
1000	1	(10)	—	160	(1600)
—	[1.25]	[(12.5)]	—	200	(2000)
—	1.6	(16)	—	250	(2500)
—	[2]	[(20)]			

注：方括号中为非推荐值。

1.1.2　液压泵及液压马达的公称排量系列

表 20-1-2　　液压泵及液压马达的公称排量系列（GB/T 2347—1980）　　mL/r

0.1	0.16	0.25	0.4	0.63	1.0	1.25	1.6	2.0	2.5	3.15
4.0	5.0	6.3	8.0	10	12.5	(14)	16	(18)	20	(22.4)
25	(28)	31.5	(35.5)	40	(45)	50	(56)	63	(71)	80
(90)	100	(112)	125	(140)	160	(180)	200	(224)	250	(280)
315	(355)	400	(450)	500	(560)	630	(710)	800	(900)	1000
(1120)	1250	(1400)	1600	(1800)	2000	(2240)	2500	(2800)	3150	(3550)
4000	(4500)	5000	(5600)	6300	(7100)	8000	(9000)	—	—	—

注：括号内公称排量为非优先使用值。

1.1.3 液压元件的油口螺纹连接尺寸

表 20-1-3 液压油口螺纹连接尺寸（GB/T 2878.1—2011）

M8×1	M10×1	M12×1.5	M14×1.5	M16×1.5	M18×1.5	M20×1.5
M22×1.5	M27×2	M33×2	M42×2	M48×2	M60×2	

1.1.4 液压系统硬管外径系列和软管内径系列

表 20-1-4 硬管外径尺寸系列（GB/T 2351—2005） mm

4	5	6	8	10	12	(14)	16	18	20
22	25	28	30	32	(34)	35	38	(40)	42
50									

注：括号内尺寸不适用于新设计。

表 20-1-5 软管内径尺寸系列（GB/T 2351—2005） mm

3.2	5	6.3	8	10	12.5	16	19	20
25	31.5	38	40	50	51			

1.1.5 液压缸、气缸内径及活塞杆外径系列

表 20-1-6 液压缸、气缸的缸筒内径尺寸系列（GB/T 2348—1993） mm

8	40	125	(280)
10	50	(140)	320
12	63	160	(360)
16	80	(180)	400
20	(90)	200	(450)
25	100	(220)	500
32	(110)	250	

注：括号内数值为非优先选用值。

表 20-1-7 液压缸、气缸的活塞杆外径尺寸系列（GB/T 2348—1993） mm

4	18	45	110	280
5	20	50	125	320
6	22	56	140	360
8	25	63	160	
10	28	70	180	
12	32	80	200	
14	36	90	220	
16	40	100	250	

注：超出本系列的活塞杆外径尺寸应按 GB/T 321—2005《优先数和优先数系》中 $R20$ 系列选用。

1.1.6 液压缸、气缸活塞行程系列

① 液压缸、气缸活塞行程参数（GB/T 2349—1980）依优先次序按表 20-1-8～表 20-1-10 选取。

② 缸活塞行程>4000mm 时，按 GB/T 321—2005《优先数和优先数系》中，$R10$ 数系选用；如不能满足要求时，允许按 $R40$ 数系选用。

表 20-1-8 液压缸、气缸活塞行程参数优先次序一 mm

25	50	80	100	125	160	200	250	320	400
500	630	800	1000	1250	1600	2000	2500	3200	4000

表 20-1-9 液压缸、气缸活塞行程参数优先次序二 mm

	40			63		90	110	140	180
220	280	360	450	550	700	900	1100	1400	1800
2200	2800	3600							

表 20-1-10 液压缸、气缸活塞行程参数优先次序三 mm

240	260	300	340	380	420	480	530	600	650
750	850	950	1050	1200	1300	1500	1700	1900	2100
2400	2600	3000	3400	3800					

1.1.7 液压元件清洁度指标

表 20-1-11 主要液压元件清洁度指标（JB/T 7858—2006）

产品名称	规格		清洁度指标值/mg		备注
齿轮泵及叶片泵	公称排量值 $V/mL \cdot r^{-1}$	$V \leqslant 10$ $10 < V \leqslant 25$ $25 < V \leqslant 63$ $63 < V \leqslant 160$ $160 < V \leqslant 400$	25 30 40 50 65		
轴向柱塞泵、马达	公称排量值 $V/mL \cdot r^{-1}$		定量	变量	
		$V < 10$ $10 < V \leqslant 25$ $25 < V \leqslant 63$ $63 < V \leqslant 160$ $160 < V \leqslant 250$	25 40 75 100 130	30 48 90 120 155	
低速大扭矩马达	公称排量值 $V/mL \cdot r^{-1}$	$V \leqslant 1.6$ $1.6 < V \leqslant 8$ $8 < V \leqslant 16$ $16 < V \leqslant 25$	120 240 390 525		
压力控制类阀	公称通径/mm	≤10 16 20 25 ≥32	15 19 22 29 35		包括溢流阀、减压阀、顺序阀
节流阀	公称通径/mm	≤10 16 20 25 ≥32	10 12 14 19 27		
调速阀	公称通径/mm	≤10 16 20 25 ≥32	22 26 30 35 45		
电磁、电液换向阀	公称通径/mm	6 10 16 20 25 ≥32	12 25 29 33 39 50		
分片式多路阀	公称通径/mm	10 15 20 25 32	$25+14N$ $30+16N$ $33+22N$ $50+31N$ $67+47N$		N 为片数

续表

产品名称	规　格		清洁度指标值/mg	备注
二通插装阀	公称通径/mm	16	0.68	表中为插装件指标值，控制盖板指标值按相应通径增加 20%，先导阀指标值按相应阀类指标值
		25	1.72	
		32	3.6	
		40	6.96	
		50	11.64	
		63	26.3	
液压缸	内径/mm	ϕ40～63	35	行程按 1m 计算，每增加 1m 污染物，质量允许增加 50%
		ϕ80～110	60	
		ϕ125～160	90	
		ϕ180～250	135	
		ϕ320～500	260	
囊式蓄能器	公称容积/L	1.6	6	
		2.5	14	
		4	17	
		6.3	27	
		10	34	
		16	49	
		25	70	
		40	93	
		63	120	
		100	168	
		160	228	
		200	281	
		250	362	
过滤器	公称流量/L・min^{-1}	10	7	
		25	11	
		63	17	
		100	23	
		160	29	
		250	42	
		400	57	
		630	78	
胶管总成	内径/mm	5	1.57L	L 为胶管长度，m
		6.3	1.98L	
		8	2.52L	
		10	3.15L	
		12.5	3.93L	
		16	5.03L	
		19	5.98L	
		22	6.92L	
		25	7.86L	
		31.5	9.91L	
		38	11.95L	
		51	16.04L	

注：表中未包括的元辅件清洁度指标，可根据其结构形式和规格参照同样类型的产品指标执行（如单向阀可参照二通插装件指标值执行）。

1.1.8　液压阀油口、底板、控制装置和电磁铁的标识

表 20-1-12　　**标识规则汇总**（GB/T 17490—1998）

主油口数			2		3	4
阀的类型			溢流阀	其他阀	流量控制阀	方向控制阀和功能块
标识符号	主油口	进油口	P	P	P	P
		第 1 出油口	—	A	A	A
		第 2 出油口	—	—	—	B
		回油箱油口	T	—	T	T
	辅助油口	第 1 液控油口	—	X	—	X
		第 2 液控油口	—	—	—	Y
		液控油口(低压)	V	V	V	—
标识符号	辅助油口	泄油口	L	L	L	L
		取样点油口	M	M	M	M

注：1. 主级或先导级的电磁铁应该用与靠它们的动作而有压力的油口一致的标记。

2. 本表格不适用于 GB/T 8100—2006、GB/T 8098—2003 和 GB/T 8101—2002 中标准化的元件。

1.1.9　液压泵站油箱公称容量系列

表 20-1-13　　**液压泵站油箱公称容量系列**（JB/T 7938—2010）　　L

			1250
	16	160	1600
			2000
2.5	25	250	2500
		315	3150
4.0	40	400	4000
		500	5000
6.3	63	630	6300
		800	
10	100	1000	

注：油箱公称容量超出 6300L 时，应按 GB/T 321—2005《优先数和优先数系》中 *R*10 数系选用。

1.2　液压图形符号

1.2.1　图形符号

符号由符号要素和功能要素构成，其规定见表 20-1-14。

表 20-1-14 **流体传动系统及元件图形符号**（GB/T 786.1—2009）

符号要素					
名称	符号	用途或符号解释	名称	符号	用途或符号解释
实线	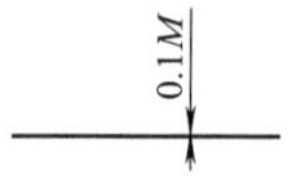	工作管路 控制供给管路 回油管路 元件图形符号框线	正方形	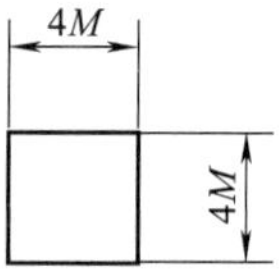	阀控制元件 除电动机外的原动机
虚线	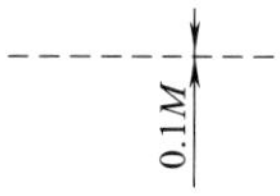	控制管路 泄油管路或放气管路 过滤器 过渡位置		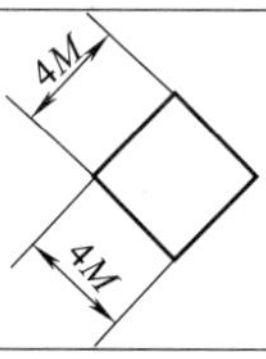	流体处理器件（过滤器、分离器、油雾器和热交换器等）
点画线	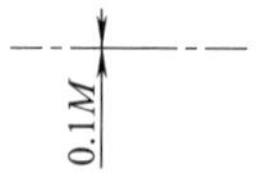	组合元件框线		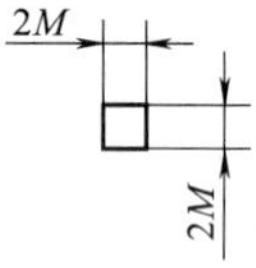	蓄能器重锤 控制方法框线
双线	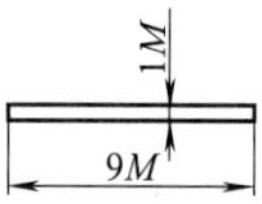	活塞杆	长方形	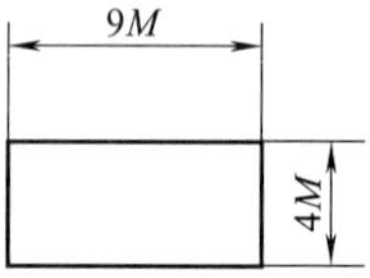	缸
大圆	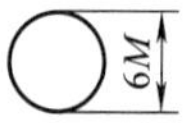	一般能量转换元件（泵、马达、压缩机）		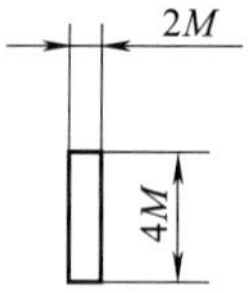	活塞
中圆	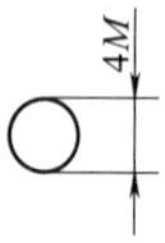	测量、控制仪表（步进电动机）		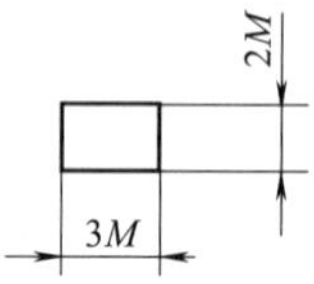	控制方法框线
小圆	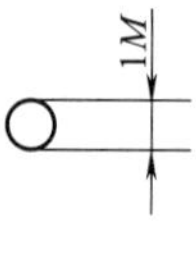	单向元件 旋转接头 机械铰链滚轮		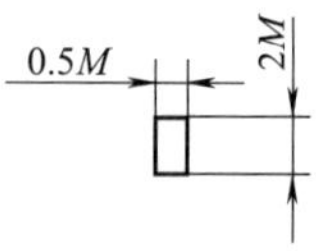	执行器中缸的缓冲
圆点	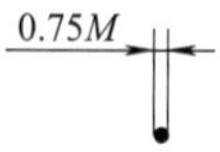	管路的连接点	半矩形	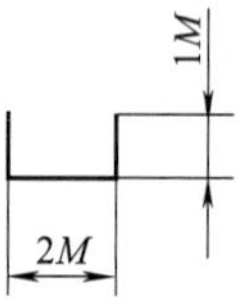	表示回到油箱（主油箱可按比例放大）
半圆	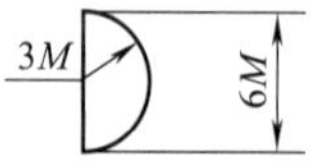	限定旋转角度的摆动马达或泵	囊形	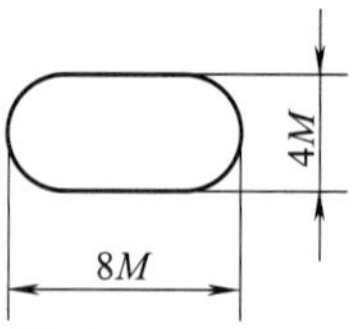	压力油箱 气罐 蓄能器 辅助气瓶

续表

符号要素

名称		符号	用途或符号解释
正三角形	实心正三角形	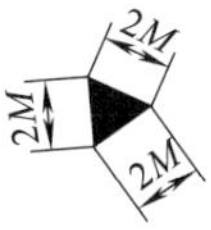	液压力作用方向
正三角形	空心正三角形	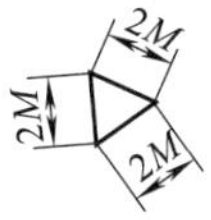	气动力作用方向 注：包括排气
直箭头		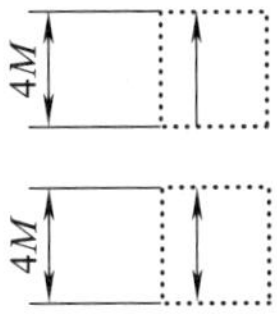	直线运动、流体流过阀的通路和方向
长斜箭头		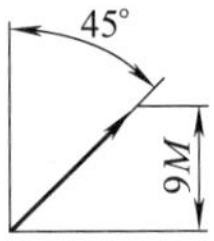	可调性符号（可调节的泵、弹簧、电磁铁等）
弧线箭头		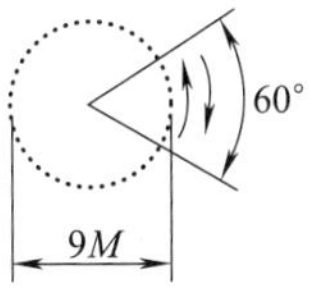	旋转运动方向指示
其他			电气符号

名称	符号	用途或符号解释
其他	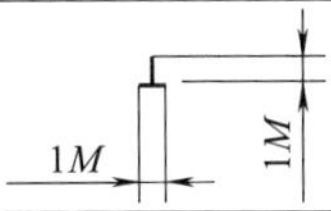	封闭油、气路或油、气口
其他	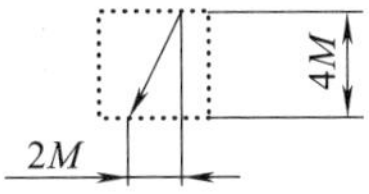	流过阀的路径和方向
其他		温度指示或温度控制
其他	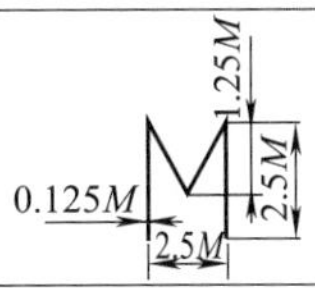	M 表示马达
其他	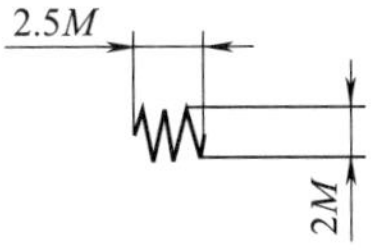	控制元件：弹簧
其他	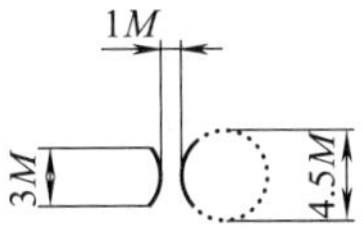	节流通道
其他	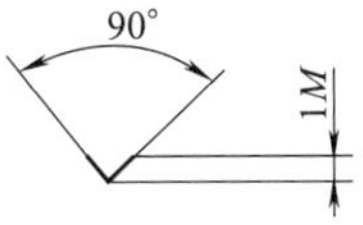	单向阀简化符号的阀座
其他	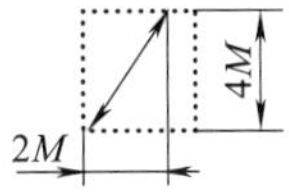	流过阀的路径和方向

液压泵、液压马达和液压缸

名称		符号	用途或符号解释
液压泵	液压泵	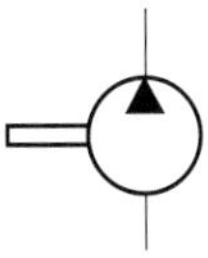	一般符号
液压泵	单向定量液压泵	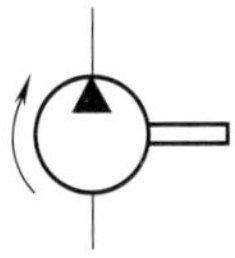	单向旋转，单向流动，定排量
液压泵	双向定量液压泵	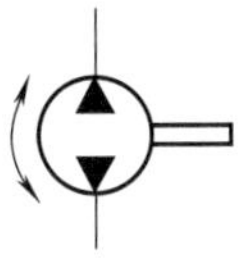	双向旋转，双向流动，定排量
液压泵	单向变量液压泵	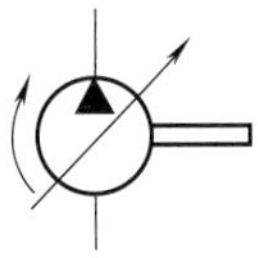	单向旋转，单向流动，变排量
液压泵	双向变量液压泵	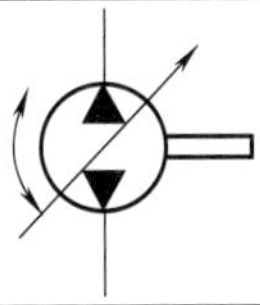	双向旋转，双向流动，变排量
液压马达	液压马达	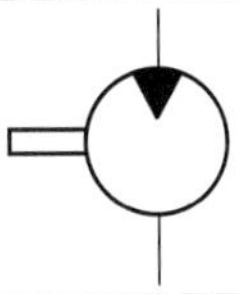	一般符号

续表

液压泵、液压马达和液压缸

	名称	符号	用途或符号解释
液压马达	单向定量液压马达	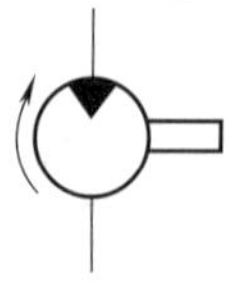	单向流动，单向旋转
液压马达	双向定量液压马达	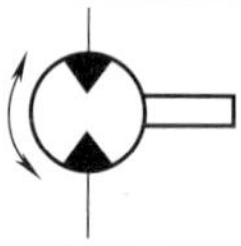	双向流动，双向旋转，定排量
液压马达	单向变量液压马达	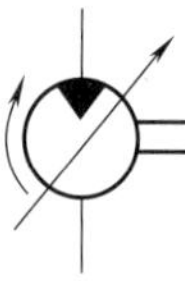	单向流动，单向旋转，变排量
液压马达	双向变量液压马达	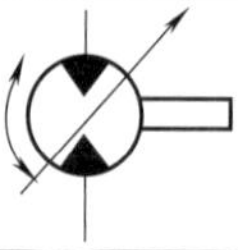	双向流动，双向旋转，变排量
液压马达	摆动马达	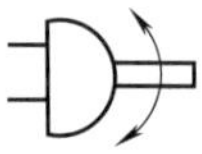	双向摆动，定角度
泵马达	定量液压泵—马达	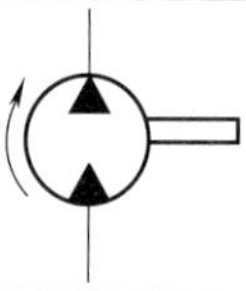	单向流动，单向旋转，定排量
泵马达	变量液压泵—马达	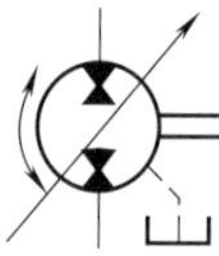	双向流动，双向旋转，变排量，外部泄油
泵马达	液压整体式传动装置	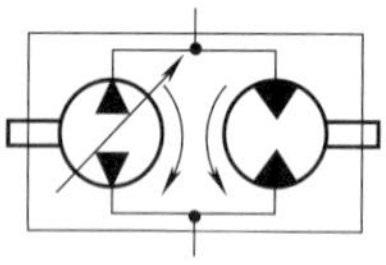	单向旋转，变排量，定排量马达
单作用缸	单活塞杆液压缸		详细符号
单作用缸	单活塞杆液压缸（带弹簧复位）	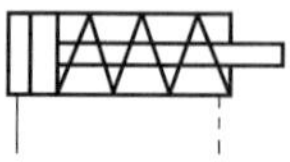	详细符号
单作用缸	柱塞缸	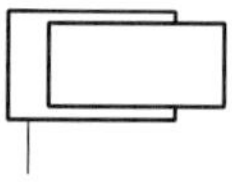	
单作用缸	伸缩缸	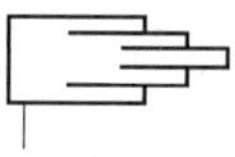	

	名称	符号	用途或符号解释
双作用缸	单活塞杆缸	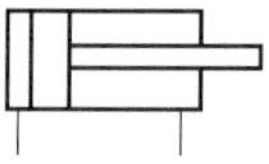	详细符号
双作用缸	双活塞杆缸	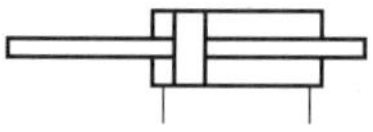	详细符号
双作用缸	不可调单向缓冲缸	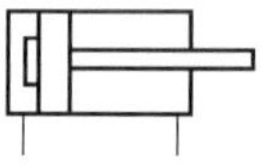	详细符号
双作用缸	可调单向缓冲缸	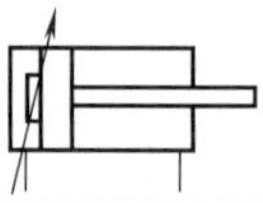	详细符号
双作用缸	不可调双向缓冲缸	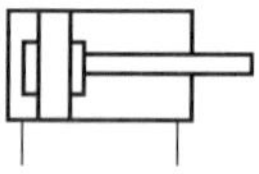	详细符号
双作用缸	可调双向缓冲缸	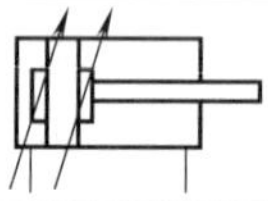	详细符号
双作用缸	伸缩缸	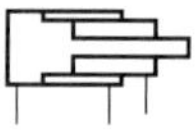	
压力转换器	气-液转换器	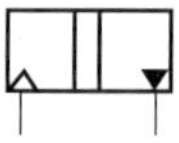	单程作用
压力转换器	气-液转换器	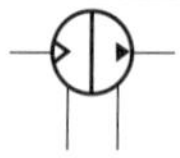	连续作用
压力转换器	增压器	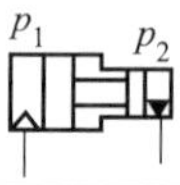	单程作用 $p_2>p_1$
压力转换器	增压器	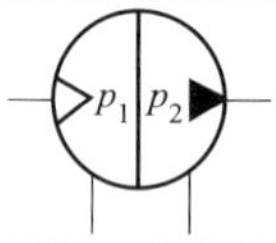	连续作用 $p_2>p_1$
蓄能器	囊式		一般符号
蓄能器	活塞式		
蓄能器	重锤式	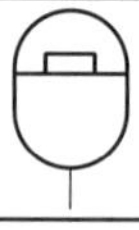	

续表

液压泵、液压马达和液压缸

名称		符号	用途或符号解释	名称		符号	用途或符号解释
蓄能器	弹簧式	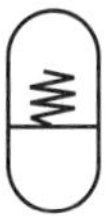		动力源	液压源		一般符号
辅助气瓶				动力源	气压源		一般符号
				动力源	电动机	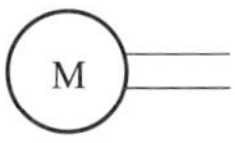	
气罐		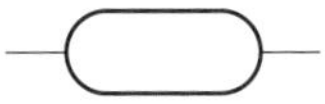		动力源	原动机	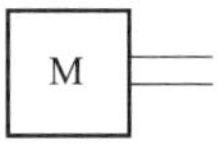	电动机除外

控制机构和控制方法

名称		符号	用途或符号解释	名称		符号	用途或符号解释
机械控制件	杆		箭头可省略	人力控制	手动控制	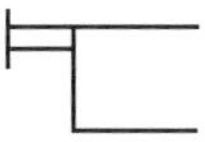	一般符号
机械控制件	旋转运动的轴		箭头可省略	人力控制	按钮式	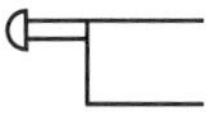	
机械控制件	定位装置			人力控制	拉钮式	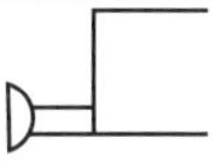	
机械控制件	锁定装置	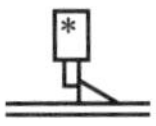	* 为开锁的控制方法，符号表示在矩形内	人力控制	按-拉式	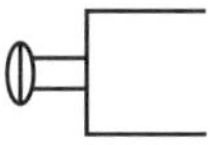	
机械控制件	弹跳机构			人力控制	手柄式	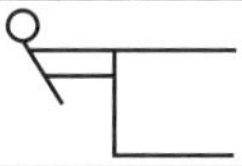	
机械控制	顶杆式			人力控制	踏板式	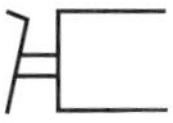	单方向控制
机械控制	可变行程控制式			人力控制	双向踏板式	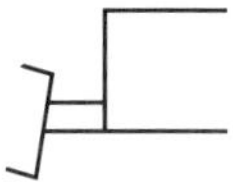	双方向控制
机械控制	弹簧控制式			直接压力控制	加压或卸压控制	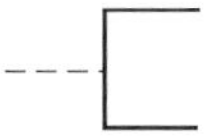	
机械控制	滚轮式	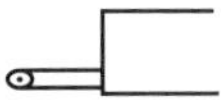	两个方向操作	直接压力控制	差动控制		
机械控制	单向滚轮式	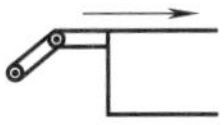	仅在一个方向上操作，箭头可省略	直接压力控制	内部压力控制	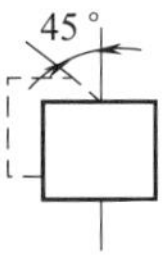	控制通路在元件内部
				直接压力控制	外部压力控制	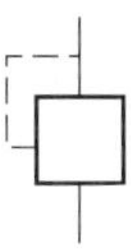	控制通路在元件外部

续表

控制机构和控制方法

名称		符号	用途或符号解释
先导压力控制	液压先导控制	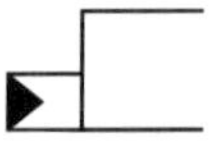	内部压力控制
	液压先导控制	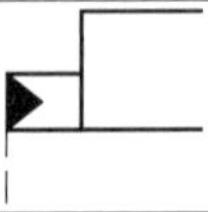	外部压力控制
	液压二级先导控制	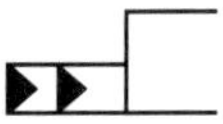	内部压力控制，内部泄油
	气-液先导控制	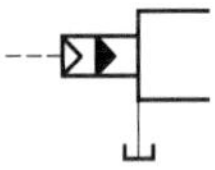	气压外部控制，液压内部控制，外部泄油
	电-液先导控制	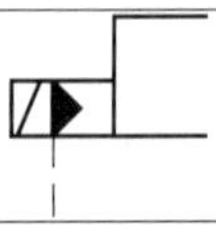	液压外部控制，内部泄油
	液压先导控制	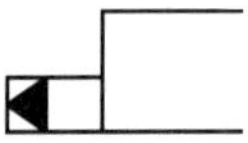	内部压力控制，内部泄油
		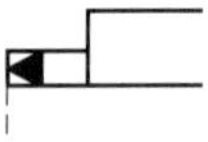	外部压力控制（带遥控泄放口）
	电-液先导控制	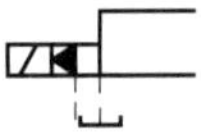	电磁铁控制、外部压力控制，外部泄油
	先导型压力控制阀		带压力调节弹簧，外部泄油，带遥控泄放口
	先导型比例电磁式压力控制阀	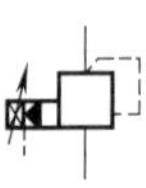	先导级由比例电磁铁控制，外部泄油

名称		符号	用途或符号解释
电气控制	单作用电磁铁	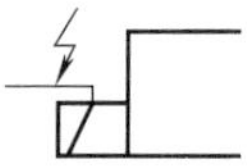	电气引线可省略，斜线也可向右下方
	双作用电磁铁	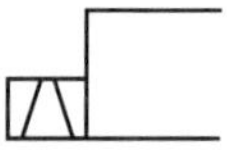	
	单作用可调电磁操纵（比例电磁铁，力矩马达等）	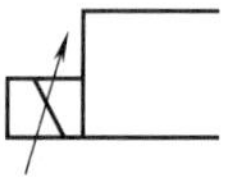	
	双作用可调电磁操纵（力矩马达）	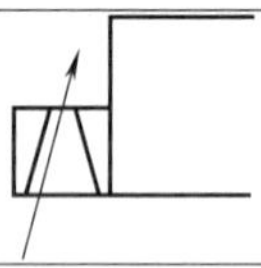	
	旋转运动电气控制装置	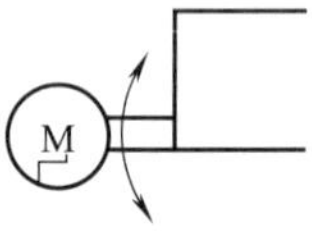	一般指步进电机控制
反馈控制	反馈	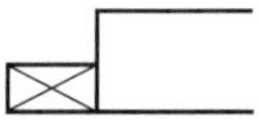	一般符号
	电反馈	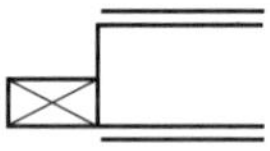	电位器、差动变压器等位置检测器
	机械反馈	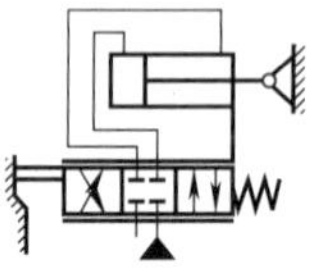	随动阀仿形控制回路

压力控制阀

名称		符号	用途或符号解释
溢流阀	溢流阀	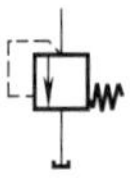	一般符号或直动型溢流阀
	先导型溢流阀		
	先导型电磁溢流阀	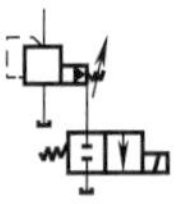	常闭

名称		符号	用途或符号解释
溢流阀	直动式比例溢流阀	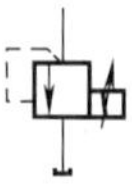	
	先导比例溢流阀		
	卸荷溢流阀	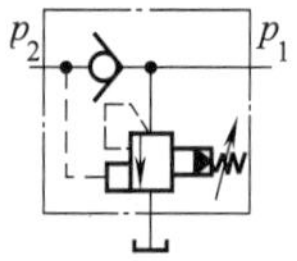	$p_2>p_1$ 时卸荷

续表

压力控制阀

名称		符号	用途或符号解释
溢流阀	双向溢流阀	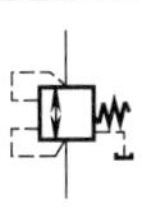	直动型，外部泄油
减压阀	减压阀	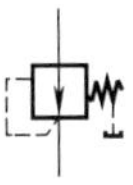	一般符号或直动型减压阀
减压阀	先导型减压阀		
减压阀	溢流减压阀	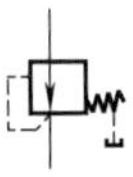	
减压阀	先导型比例电磁式溢流减压阀	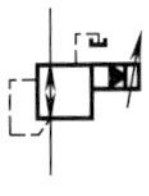	
减压阀	定比减压阀	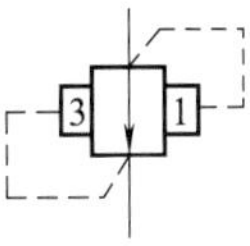	减压比 1/3
减压阀	定差减压阀	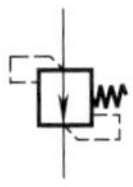	
顺序阀	顺序阀	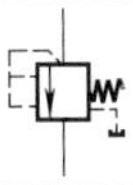	一般符号或直动型顺序阀
顺序阀	先导型顺序阀		
顺序阀	平衡阀（单向顺序阀）	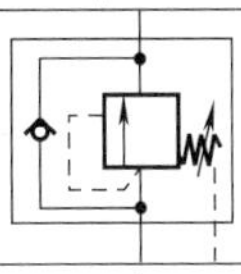	
卸荷阀	卸荷阀	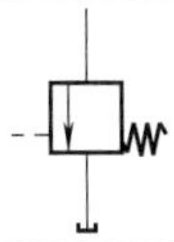	一般符号或直动型卸荷阀
卸荷阀	先导型电磁卸荷载	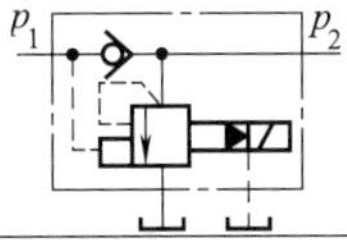	$p_1 > p_2$
制动阀	制动阀	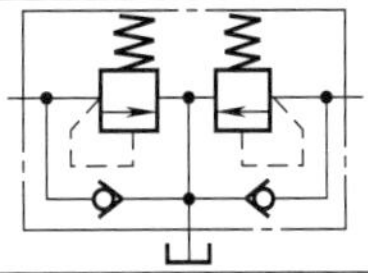	
制动阀	溢流油桥制动阀	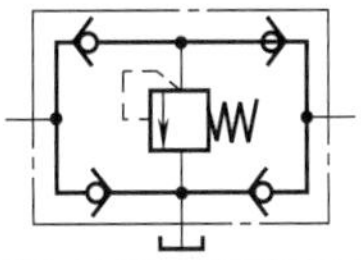	

方向控制阀

名称		符号	用途或符号解释
单向阀		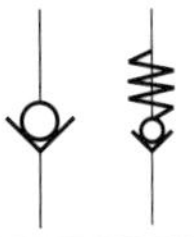	简化符号（弹簧可省略）
液控单向阀			简化符号（弹簧可省略）
液控单向阀	双液控单向阀（液压锁）	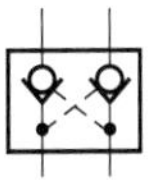	
梭阀	或门型	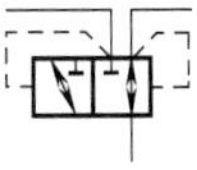	详细符号
梭阀	或门型	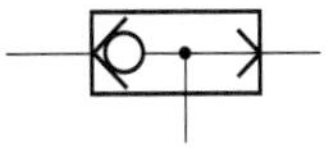	简化符号
换向阀	二位二通电磁阀	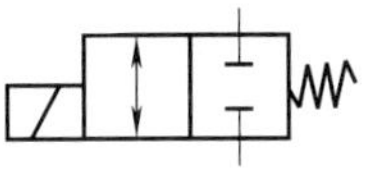	常断
换向阀	二位二通电磁阀	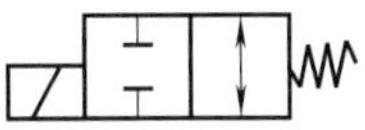	常通
换向阀	二位三通电磁球阀	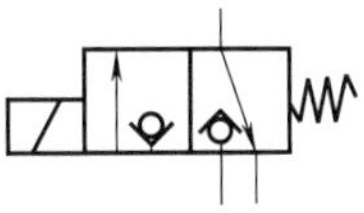	
换向阀	二位三通电磁球阀	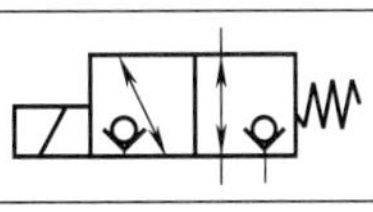	
换向阀	二位四通电磁阀	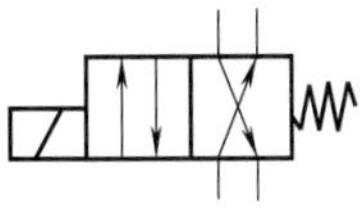	
换向阀	二位五通液动阀	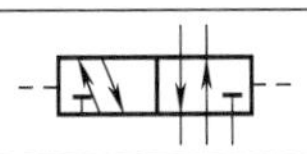	

第20篇

续表

方向控制阀

名称		符号	用途或符号解释
换向阀	二位四通机动阀	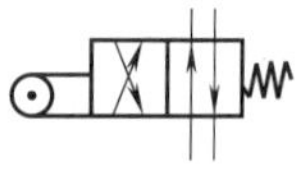	
	三位四通电磁阀		
	三位四通电液阀		简化符号（内控外泄）
	三位六通手动阀		
	三位五通电磁阀		
	三位四通电液阀		外控内泄（带手动应急控制装置）
换向阀	三位四通比例阀		节流型，中位正遮盖
	三位四通比例阀		中位负遮盖
	二位四通比例阀		
	四通伺服阀		
	四通电液伺服阀		二级
			带电反馈三级

流量控制阀

名称		符号	用途或符号解释
节流阀	可调节流阀	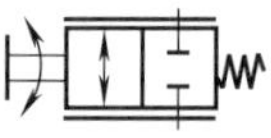	详细符号
		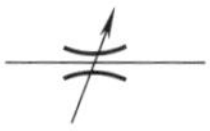	简化符号
	不可调节流阀		一般符号
	单向节流阀	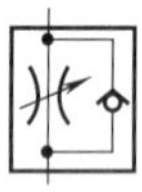	
	双单向节流阀	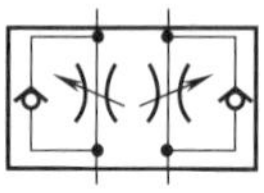	
	截止阀		
	滚轮控制节流阀（减速阀）	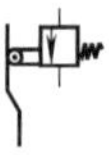	
调速阀		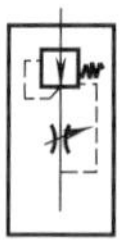	详细符号
			简化符号
调速阀	旁通型调速阀	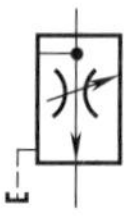	简化符号
	温度补偿型调速阀		简化符号
	单向调速阀	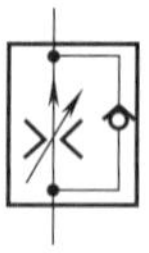	简化符号
同步阀	分流阀	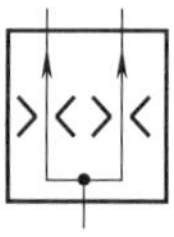	
	单向分流阀	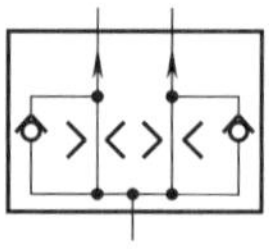	
	集流阀	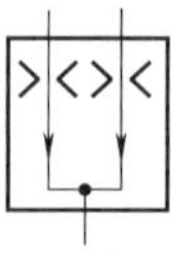	
	分流集流阀	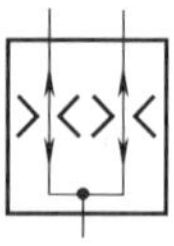	

续表

油　箱

名称	符号	用途或符号解释	名称	符号	用途或符号解释
通气式 管端在液面以上			油箱 管端连接在油箱底部		
通气式 管端在液面以下	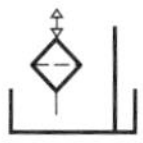	带空气过滤器	油箱 局部泄油或回油		
			加压油箱或密闭油箱	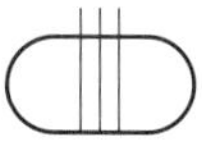	三条管路

流体调节器

名称	符号	用途或符号解释	名称	符号	用途或符号解释
过滤器 过滤器	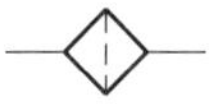	一般符号	空气过滤器		油箱通气过滤器
过滤器 带污染指示器的过滤器	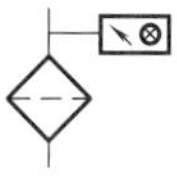		温度调节器		
过滤器 磁性过滤器			热交换器 冷却器	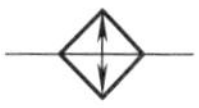	一般符号
过滤器 带旁通阀的过滤器	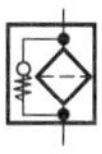		热交换器 带冷却剂管路的冷却器	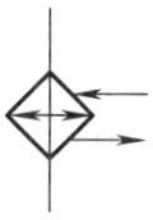	
过滤器 双筒过滤器	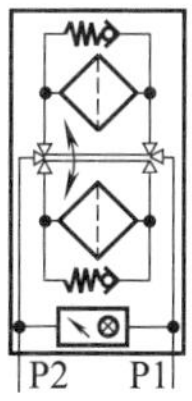	P1:进油 P2:回油	热交换器 加热器		一般符号

检测器、指示器

名称	符号	用途或符号解释	名称	符号	用途或符号解释
压力检测器 压力指示器			流量检测器 检流计（液流指示器）		
压力检测器 压力计（表）			流量检测器 流量计		
压力检测器 电接点压力表（压力显控器）	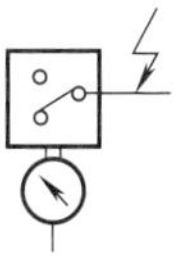		流量检测器 累计流量计		
压力检测器 压差计			温度计		
液面计（液位计）			转速仪	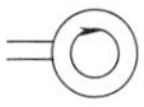	
			转矩仪		

第20篇

续表

其他辅助元器件

名称		符号	用途或符号解释
压力继电器（压力开关）			可调节的机械电子压力继电器
压力继电器（压力开关）			压力开关
行程开关		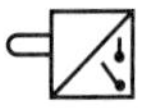	详细符号
行程开关		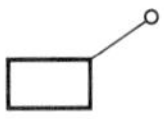	一般符号
联轴器	联轴器		一般符号
联轴器	弹性联轴器		

名称		符号	用途或符号解释
压差开关		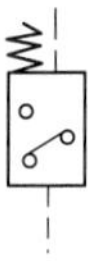	
传感器	传感器		一般符号
传感器	压力传感器	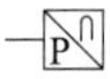	
传感器	温度传感器	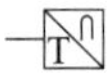	
放大器			

管路、管路连接口和接头

名称		符号	用途或符号解释
管路	管路		压力管路、回油管路
管路	连接管路		两管路相交连接
管路	控制管路		表示泄油管路或表示控制油管路
管路	交叉管路	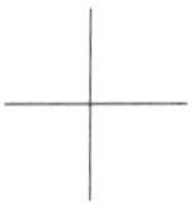	两管路交叉不连接
管路	柔性管路		
管路	单向放气装置（测压接头）	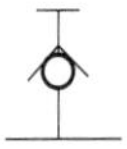	

名称		符号	用途或符号解释
快换接头	不带单向阀快换接头	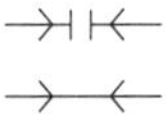	
快换接头	带单向阀快换接头	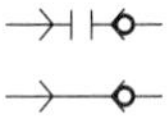	
旋转接头	单通路旋转接头	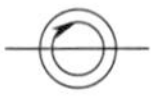	
旋转接头	三通路旋转接头	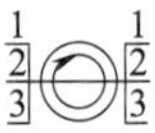	

1.2.2 液压图形符号绘制规则

表 20-1-15 控制机构符号绘制规则

符号种类	符号绘制规则	示例
能量控制和调节元件符号	能量控制和调节元件符号由一个长方形（包括正方形，下同）或相互邻接的几个长方形构成	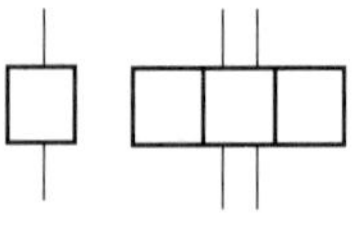

续表

符号种类	符号绘制规则	示 例
能量控制和调节元件符号	流动通路、连接点、单向及节流等功能符号，除另有规定者外，均绘制在相应的主符号中	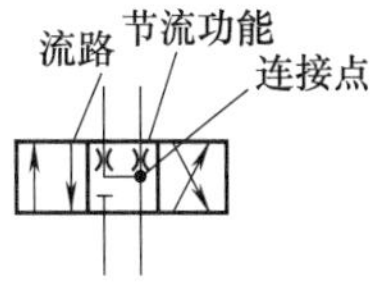
	外部连接口，如图所示，以一定间隔与长方形相交，两通阀的外部连接口绘制在长方形中间	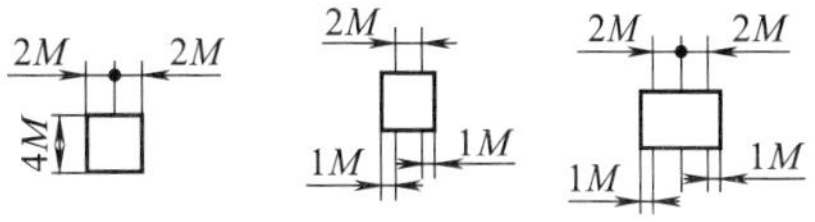
	泄油管路符号绘制在长方形的顶角处，如图所示 注：旋转型能量转换元件的泄油管路符号绘制在与主管路符号成 45°的方向，和主符号相交	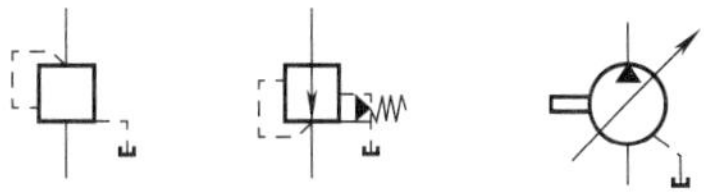
	过渡位置的绘制，如图所示，把相邻动作位置的长方形拉开，其间上下边框用虚线	
	具有数个不同动作位置及节流程度连续变化的过渡位置的阀，如图所示，在长方形上下外侧画上平行线来表示 为便于绘制，具有两个不同动作位置的阀，可用简化符号表示。其间，表示流动方向的箭头应绘制在符号中	
单一控制机构符号	阀的控制机构符号可以绘制在长方形端部的任意位置上	
	表示可调节元件的可调节箭头可以延长或转折，与控制机构符号相连	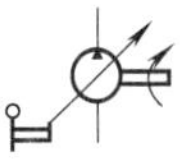
	双向控制的控制机构符号，原则上只需绘制一个，见图(a) 在双作用电磁铁控制符号中，当必须表示电信号和阀位置关系时，不采用双作用电磁铁符号[图(b)]，而采用两个单作用电磁铁符号[图(c)]	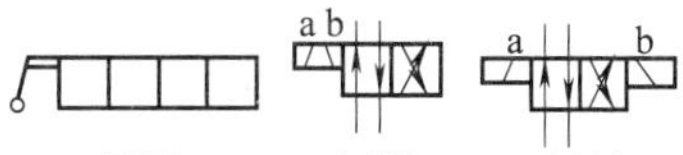图(a) 图(b) 图(c)
复合控制机构符号	单一控制方向的控制符号绘制在被控制符号要素的邻接处	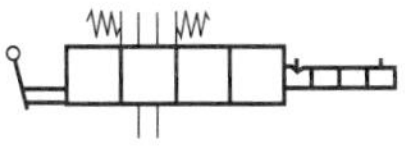
	三位或三位以上阀的中间位置控制符号绘制在该长方形内边框线向上或向下的延长线上	
	在不被误解时，三位阀的中间位置的控制符号也可以绘制在长方形的端线上	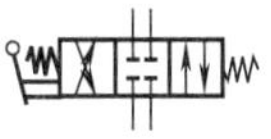
	压力对中时，可以将功能要素的正三角形绘制在长方形端线上	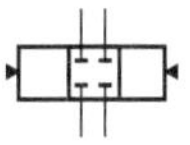
	先导控制(间接压力控制)元件中的内部控制管路和内部泄油管路，在简化符号中通常可省略	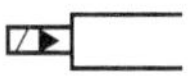
	先导控制(间接压力控制)元件中的单一外部控制管路和外部泄油管路仅绘制在简化符号的一端。任何附加的控制管路和泄油管路绘制在另一端。元件符号，必须绘制出所有的外部连接口	
	选择控制的控制符号并列绘制，必要时，也可以绘制在相应长方形边框线的延长线上	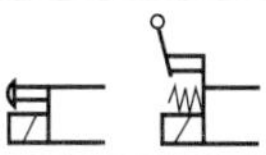
	顺序控制的控制符号按顺序依次排列	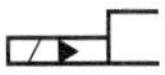

续表

名　　称	详细符号	简化符号
二通阀(常闭可变节流)	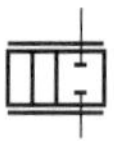	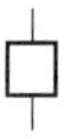
二通阀(常开可变节流)	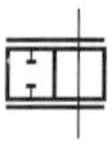	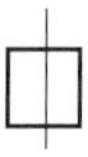
三通阀(常开可变节流)	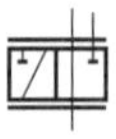	

表 20-1-16　旋转式能量转换元件的标注规则与符号示例

名　　称	标注规则
旋转方向	旋转方向用从功率输入指向功率输出的围绕主符号的同心箭头表示 双向旋转的元件仅需标注其中一个旋转方向，通轴式元件应选定一端
泵的旋转方向	泵的旋转方向用从传动轴指向输出管路的箭头表示
马达的旋转方向	马达的旋转方向用从输入管路指向传动轴的箭头表示
泵-马达的旋转方向	泵-马达的旋转方向的规定与“泵的旋转方向”的规定相同
控制位置	控制位置用位置指示线及其上的标注来表示
控制位置指示线	控制位置指示线为垂直于可调节箭头的一根直线，其交点即为元件的静止位置
控制位置标注	控制位置标注用 M、ϕ、N 表示。ϕ 表示零排量位置；M 和 N 表示最大排量的极限控制位置，见右图 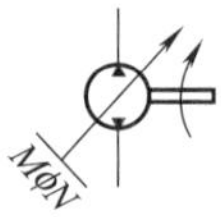
旋转方向和控制位置关系	旋转方向和控制位置关系必须表示时，控制位置的标注表示在同心箭头的顶端附近两个旋转方向的控制特性不同时，在旋转方向的箭头顶端附近分别表示出不同特性的标注

符号示例

名称	符　　号	说　　明
定量液压马达	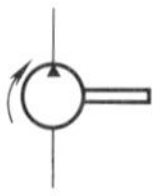	单向旋转，不指示和流动方向有关的旋转方向箭头
定量液压泵或马达	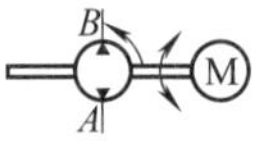 (1)可逆式旋转泵	双向旋转，双出轴，输入轴左向旋转时，B 口为输出口 B 口为输入口时，输出轴左向旋转
定量液压泵或马达	 (2)可逆式旋转马达	双向旋转，双出轴，输入轴左向旋转时，B 口为输出口 B 口为输入口时，输出轴左向旋转
变量液压马达	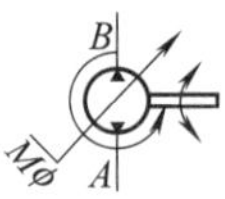	双向旋转 B 口为输入口时，输出轴左向旋转
变量液压泵	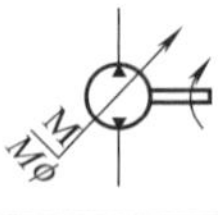	单向旋转 不指示和流动方向有关的箭头

符号示例

名称	符　　号	说　　明
定量液压泵-马达	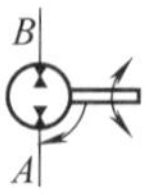	双向旋转 泵工作时，输入轴右向旋转，A 口为输出口
变量液压泵		单向旋转 向控制位置 N 方向操作时，A 口为输出口
变量液压泵或液压马达：可逆式旋转液压泵	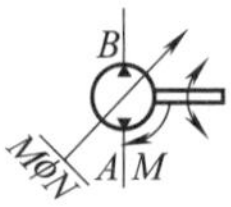	双向旋转 输入轴右向旋转，A 口为输出口，变量机构在控制位置 M 处
变量液压泵或液压马达：可逆式旋转液压马达		A 口为入口时，输出轴向左旋转，变量机构在控制位置 N 处

续表

	名称	符　号	说　明
符号示例	变量液压泵-马达	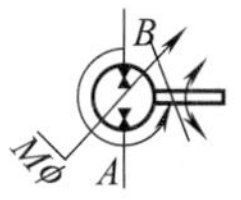	双向旋转 泵功能时，输入轴右向旋转，B 口为输出口
		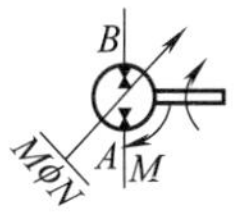	单向旋转 泵功能时，输入轴右向旋转，A 口为输出口，变量机构在控制位置 M 处
符号示例	变量可逆式旋转泵-马达	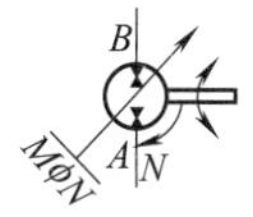	双向旋转 泵功能时，输入轴右向旋转，A 口为输出口，变量机构在控制位置 N 处
	定量/变量可逆式旋转泵	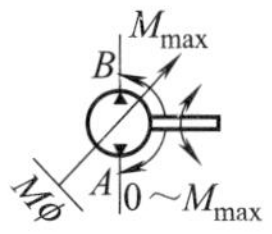	双向旋转 输入轴右向旋转时，A 口为输出口，为变量液压泵功能。左向旋转时，为最大排量的定量泵

1.3　常用液压术语

1.3.1　基本术语

表 20-1-17　　**基本术语**（GB/T 17446—2012）

词汇	解　释
流体传动	使用受压的流体作为介质来进行能量转换、传递、控制和分配的方式、方法，简称液压与气动
液压技术	涉及液体传动和液体压力规律的科学技术，简称液压
静液压技术	涉及流体的平衡状态和压力分布规律的科学技术
运行工况	装置在某规定使用条件下，用其有关的各种参数值来表示的工况。这些参数值可随使用条件而异
额定工况，标准工况	根据规定试验的结果所推荐的系统或元件的稳定工况。"额定特性"一般在产品样本中给出并表示为 q_n、p_n 等
连续工况	允许装置连续运行的并以其各种参数值表示的工况，连续工况表示为 q_c、p_c 等，通常与额定工况相同
极限工况	允许装置在极端情况下运行的并以其某参数的最小值或最大值来表示的工况。其他的有效参数和负载周期要加以明确规定。极限工况表示为：q_{min}、q_{max} 等
稳态工况	稳定一段时间后，参数没有明显变化的工况
瞬态工况	某一特定时刻的工况
实际工况	运行期间观察到的工况
规定工况	使用中要求达到的工况
周期稳定工况	有关参数按时间有规律重复变化的工况
间歇工况	工作与非工作（停止或空运行）交替进行的工况
许用工况	按性能和寿命允许标准运行的工况
装置温度	在装置规定部位和规定点所得的温度
介质温度	在规定点测得的介质温度
装置的温度范围	装置可以正常运行的允许温度范围
介质的温度范围	装置可以正常运行的介质的温度范围
环境温度	装置工作时周围环境的温度

词汇	解　释
公称压力	装置按基本参数所确定的名义压力
工作压力	装置运行时的压力
工作压力范围	装置正常工作时所允许的压力范围
进口压力	按规定条件在元件进口处测得的压力
出口压力	按规定条件在元件出口处测得的压力
压降，压差	在规定条件下，测得的系统或元件内两点（如进、出口处）压力之差
控制压力范围	最高允许控制压力与最低允许控制压力之间的范围
背压	装置中因下游阻力或元件进、出口阻抗比值变化而产生的压力
启动压力	开始动作所需的最低压力
爆破压力	引起元件壳体破坏和液体外溢的压力
峰值压力	在相当短的时间内允许超过最大压力的压力
运行压力	运行工况时的压力
冲击压力	由于冲击产生的压力
系统压力	系统中第一阀（统称为溢流阀）进口处或泵出口处测得的压力的公称值
控制压力	控制管路或回路的压力
充气压力	蓄能器充液前气体的压力
吸入压力	泵进口处流体的绝对压力
调压偏差	压力控制阀从规定的最小流量调到规定的工作流量时压力的增加值
额定压力	额定工况下的压力
流量	单位时间内通过流道横断面的流体数量（可规定为体积或质量）
额定流量	在额定工况下的流量
供给流量	供给元件或系统进口的流量
泄漏	流体流经密封装置不做有用功的现象
内泄漏	元件内腔间的泄漏
外泄漏	从元件内腔向大气的泄漏

第20篇

1.3.2 液压泵的术语

表 20-1-18 液压泵的术语（GB/T 17446—2012）

词汇	解释	词汇	解释
液压泵	将机械能转换为液压能的装置	非平衡式叶片泵	转子上所受的径向力未被平衡的叶片泵
容积式泵	流体压力的增加来自压力能的泵。其输出流量与轴的转速有关	平衡式叶片泵	转子上所受的径向力是平衡的叶片泵
定量泵	排量不可变的泵	柱塞泵	由一个或多个柱塞往复运动而输出流体的泵
变量泵	排量可改变的泵	径向柱塞泵	柱塞径向排列的泵
齿轮泵	由壳体内的两个或多个齿轮啮合作为能量转换件的泵	轴向柱塞泵	柱塞轴线与缸体轴线平行或略有倾斜的柱塞泵。柱塞可由斜盘或凸轮驱动
叶片泵	转子旋转时，由与凸轮环接触的一组径向滑动的叶片而输出流体的泵	多联泵	用一个公用的轴驱动两个或两个以上的泵

1.3.3 液压执行元件的术语

表 20-1-19 液压马达和液压缸的术语（GB/T 17446—2012）

词汇	解释	词汇	解释
液压马达	把液压能转换为旋转输出机械能的装置	变量马达	排量可变的马达
容积式马达	轴转速与输入流量有关的马达	齿轮马达	由两个或两个以上啮合齿轮作为工作件的马达
叶片马达	压力流体作用在一组径向叶片上而使转子转动的马达	径向柱塞马达	具有多个排列成径向柱塞而工作的马达
定量马达	排量不变的马达	轴向柱塞马达	带有几个轴线相互平行并布置成围绕并平行于公共轴线的柱塞的马达
缸	把流体能转换为机械力或直线运动的装置	摆动马达	轴往复摆角小于360°的马达
		单活塞杆缸	只向一端伸出活塞杆的缸
活塞缸	流体压力作用在活塞上产生机械压力的缸	双活塞杆缸	向两端伸出活塞杆的缸
		差动缸	活塞两端有效面积之比在回路中起主要作用的双作用缸
单作用缸	一个方向靠流体力移动，另一个方向靠其他力移动的缸		
弹簧复位单作用缸	靠弹簧复位的单作用缸	多级伸缩缸	具有一个或多个套装在一起的空心活塞杆，靠一个在另一个内滑动来实现的可逐个伸缩的缸
重力复位单作用缸	靠重力复位的单作用缸	双联缸	单独控制的两个缸机械地连接在同一轴上的，根据工作方式可获三个或四个定位的装置
双作用缸	外伸和内缩行程均由流体压力实现的缸	串联缸	在同一个活塞杆上至少有两个活塞在同一缸体的各自腔内工作，以实现力的叠加

第20篇

1.3.4　液压阀的术语

表 20-1-20　液压阀的术语（GB/T 17446—2012）

词汇	解　　释	词汇	解　　释
阀	用来调节流体传动回路中流体的方向、压力、流量的装置	中间封闭位置	当阀芯处于中间位置时，所有接口都是被封闭的位置
底板	承装单个板式阀的安装板，板上带有管路连接用的接口	中间开启位置	工作油（气）口封闭，供油（气）口和回油（气）口接通的位置
多位置底板	承装几个板式阀的安装板，板上带有管路连接用的接口	浮动位置	所有工作油（气）口与回油（气）口接通的位置
组合底板 集成块	两个或多个类似的底板用紧固螺栓或其他方法固定在一起的，提供一个公用供油（气）和（或）排油（气）系统。该底板包含有各种接口，供连接外管路用	单向阀	只允许流体向一个方向流动的阀
		弹簧复位单向阀	借助弹簧的作用使阀芯处于关闭的单向阀
油（气）路块	安装两个或多个板式阀的基础块，在其上具有外接口和连通各阀的流道	液控单向阀	用先导信号控制开启与关闭的单向阀
整体阀	多个类同的阀组合在公共阀体内的组件	带缓冲单向阀	阀芯移动被阻尼的单向阀，通常用于具有压力脉冲的系统中
板式阀	与底板或油（气）路块连接才能工作的阀	充液阀	在循环的快进工步允许流体以全流量从油箱充入工作缸，在工步允许施加工作压力，在回程工步允许流体自由地从缸返回油箱的单向阀
叠加阀	由一组相类似的阀叠加在一起所组成的元件。通常带有公共供油和（或）回油系统	溢流阀	当所要求的压力达到时，通过排出流体来维持该压力的阀
插装阀	工作件装在阀套并一起装于阀体中，其油口与阀体油口吻合	顺序阀	当进口压力超过调定值时，阀开启允许流体流经出口的阀（实际调节值不受出口压力的影响）
先导阀	操纵或控制其他阀的阀	减压阀	在进口压力始终高于选定的出口压力下，改变进口压力或出口压力或出口流量，出口压力能基本保持不变的压力控制阀
方向控制阀	连通或控制流体流动方向的阀		
		平衡阀	能保持背压以防止负载下落的压力控制阀
滑阀	借助可移动的滑动件接通或切断流道的阀。移动可以是轴向、旋转或二者兼有	卸荷阀	开启出口允许流体自由流入油箱（或排气）的阀
圆柱滑阀	借助圆柱形阀芯的移动来实现换向的阀	座阀式	由作用在座阀芯上的力来控制压力的阀
座阀	由阀芯提升或压下来开启或关闭流道的阀	柱塞式	由作用在柱塞上的力来控制压力的阀
阀芯	借助它的移动来实现方向控制、压力控制或流量控制的基本功能的阀零件	直动式	由作用在阀芯上的力来直接控制阀芯位置的阀

续表

词汇	解释	词汇	解释
阀芯位置	阀芯所处的位置	先导式	由一个较小的流量通过内装的泄放通道溢流(先导)来控制主阀芯移动的阀
常态位置	作用力或控制信号消除后阀芯的位置	机械控制式	作用于控制阀芯上的力为弹簧力或重力的阀。如为弹簧力通常有人操作
起始位置	主压力通入后在操纵力作用下,预定工作循环前的阀芯位置	液(气)控制式	借控制流体压力来控制阀芯的阀
中间位置	三位阀的中间位置	手动式	作用于控制阀芯或柱塞上的控制力式由手操作的阀
操纵位置	在操纵力作用下,阀芯的最终位置	流量控制阀	主要功能为控制流量的阀
过渡位置	起始和操纵位置间的任意位置	固定节流阀	进、出口之间节流通道截面不能改变的阀
闭合位置	输入与输出不接通时阀芯的位置	可调节流阀	进、出口之间节流通道截面在某一范围内可改变的阀
开启位置	输入与输出接通时阀芯的位置	减速阀	逐渐减少流量达到减速目的的流量阀
四通阀	具有进口、回油(排气)口和两个控制口的多节流口的流量控制阀。阀在某一方向作用时通过进口后节流到控制口A和通过控制口B节流到回油(排气)口;阀的反向作用是由进口到控制口B和通过控制口A到回油(排气)口	单向调节阀	容许沿一个方向畅通流动而另一个方向节流的阀。节流通道可以是可变的或固定的
		调速阀	可调节通过流量的压力补偿流量阀,通常仅用作一个方向的流量调节
三通阀	具有进口、回油(排气)口和一个控制口的多节流口的流量控制阀。阀在某一方向作用时由进口到控制口,阀反向的作用是由控制口到回油口	旁通调速阀	把多余流体排入油箱或第二工作级的可调节工作流量的压力补偿流量阀
		分流阀	把输入流量分成按选定比例的两股输出流量的压力补偿阀
二通阀	两个油(气)口间具有一个节流边的流量控制阀	集流阀	集合两股输入流量保持一个预定的输出流量的压力补偿阀
液压放大器	作为放大器的液压元件。液压放大器可采用滑阀、喷嘴挡板、射流管等	截止阀	可允许或阻止任一方向流动的二通阀
级	用于伺服阀的放大器。伺服阀可为单级、二级、三级等	球(形)阀	阀内某处液流与主流方向成直角,靠圆盘式阀芯升起或降下来开启或关闭流道的阀
输出级	伺服阀中起放大作用的最后一级	针阀	阀芯是锥形针的截止阀,通常用来精确调节流量
喷嘴挡板	喷嘴和挡板形成可变间隙以控制通过喷嘴的流量	闸阀	靠阀芯对流道方向垂直移动来控制开启或关闭的直通截止阀
遮盖	在滑阀中,阀芯处于零位时,固定节流棱边和可动节流棱边之间的相对轴向位置关系	碟阀	阀件由圆盘组成,可绕垂直于流动方向并通过其中心轴旋转的直通截止阀
零遮盖	阀芯处于零位,固定节流棱边和可动节流棱边重回的遮盖状态。在过零点和工作区产生恒定的流量增益	伺服阀	接受模拟量控制信号并输出相应的模拟量流体的阀
		液压伺服阀	调制液压输出的伺服阀

续表

词汇	解　　释	词汇	解　　释
正遮盖	阀芯处于零位，固定节流棱边和可动节流棱边不重合，节流棱边之间必须产生相对位移后才形成液流通道的遮盖状态	机液伺服阀	输入指令为机械量的液压伺服阀
负遮盖	阀芯处于零位，固定节流棱边和可动节流棱边不重合，两个或多个节流棱边之间已存在液流通道的遮盖状态	电液伺服阀	输入指令为电量的液压伺服阀
阀芯位移	阀芯沿任一方向相对于几何零位的位移	液压流量伺服阀	基本功能为控制输出流量的液压伺服阀
开口度	固定节流棱边和可动节流棱边之间的距离	液压压力伺服阀	基本功能为控制输出压力的液压伺服阀

1.3.5　液压辅件及其他专业术语

表 20-1-21　　液压辅件及其他专业术语（GB/T 17446—2012）

词汇	解　　释
管路	传输工作流体的管道
硬管	用于连接固定装置的金属管或塑料管
软管	通常用金属丝增强的橡胶或塑料柔性管
工作管路	用于传输压力流体的主管路
泵进油管路	把工作油液输送给泵进口的管路
回油管路	把工作油液返回到油箱的管路
排气管路	排出气体的管路
补液管路	对回路补充所需要的工作流体以弥补损失的管路
控制管路	用于先导控制系统工作的控制流体所通过的管路
泄油管路	把内泄漏液体返回油箱的管路
接头	连接管路和管路或其他元件的防漏件
外螺纹接头	带有外螺纹的接头
内螺纹接头	带有内螺纹的接头
螺纹中间接头	带有外螺纹或内螺纹的直通接头或异径接头
法兰接头	由一对法兰（密封的）组成的接头，每个法兰与被连接的元件相连
快换接头	不使用任何工具即可接合或分离的接头。接头可以带或不带自动截止阀
回转接头	可在管路连接点连续回转的接头

词汇	解　　释
动密封件	用在相对运动零件间的密封装置中的密封件
静密封件	用在相对静止零件间的密封装置中的密封件
轴向密封件	靠轴向接触压力密封的密封装置中的密封件
径向密封件	靠径向接触压力密封的密封装置中的密封件
旋转密封件	用在具有相对旋转运动零件间的密封装置中的密封件
液位计	指示液位高低的仪表
油箱液位计	将液位变化转换为机械运动并用带刻度盘的指针来指示油箱中液位的装置
压力开关，压力继电器	由流体压力控制的带电气开关的器件，流体压力达到预定值时，开关的触点动作
流量开关	由液体流量控制的带电气开关的器件，瞬时流量达到预定值时开关的触点动作
液位开关	由液体液位控制的带电气开关的器件，液位达到预定值时开关的触点动作
压差开关	由压差控制的带电气开关的器件，压差达到预定值时开关触点动作
液压泵站	由电动机驱动的液压泵和必要的附件（有时包括控制器、溢流阀等）组成的组件，也可带油箱
液压马达组件	液压马达、溢流阀及控制阀的组合
流体传动回路	相互连接的流体传动元件的组合
控制回路	用于控制主回路或元件的回路
压力控制回路	调节或控制系统或系统分支流体压力的回路

续表

词汇	解释	词汇	解释
摆动接头	允许在管路连接点有角位移，但不允许连续回转的接头	安全回路	用以防止突发事故、危险操作、实现过载保护及其他方式确保安全运行的回路
伸缩接头	一根管子可在另一根管子内轴向滑动而组成的接头	差动回路	使元件(一般为液压缸)排出的液体流向元件或系统输入端的回路，在执行元件输出力降低的状况下增加运动速度
弯头	连接两个管子使其轴线成某一角度的管接头。除另有规定外，角度通常为90°	顺序回路	当循环出现两个或多个工步时，用以确立各工步先后顺序的回路
流道	流体在元件内流动的通路	伺服回路	用于伺服控制的回路
油箱、气罐	储存流体系统工作流体的容器	调速回路	利用调节流量来控制运行速度的回路
开式油箱	在大气压力下储存油液的油箱	进口节流回路	调节执行元件进口流量来实现控制的调速回路
压力油箱	可储存高于大气压的油液的密闭油箱	出口节流回路	调节执行元件出口流量来实现控制的调速回路
闭式油箱	使液体和大气隔离的密闭油箱	同步回路	控制多个动作在同一时间发生的回路
油箱容量	油箱内存储工作液的最大允许体积	卸载回路	当系统不需要流量时，在最低压力下将油泵输出的流体返回油箱的回路
油箱膨胀容量	油箱最高液面以上的，温度升高引起的体积变化的气体体积	开式回路	使回油在再循环前通往油箱的回路
蓄能器	用于储存液压能并将此能释放出来完成有用功的装置	闭式回路	回油通往油泵进口的回路
液压蓄能器	装于液压系统中用来储存和释放压力能的蓄能器	原动机	流体传动系统的机械动力源(电动机或内燃机)，用以驱动液压泵或压缩机
弹簧式蓄能器	用弹簧加载活塞产生压力的液压蓄能器	管卡	用以支撑和固定管路的装置
重力式蓄能器	用重锤加载活塞产生压力的液压蓄能器	减振器	用以隔绝机器与其安装底座振动的装置
充气式蓄能器	利用惰性气体的可压缩性对液体加压的液压蓄能器。液气间可由皮囊、膜片或活塞隔离，也可直接接触	联轴器	轴向连接两旋转轴并传递转矩(一般允许有少量的同轴度偏差以及扭转的挠曲)的装置
液压过滤器	主要功能是从油液中截留不溶性污染物的装置	防护罩	通常由金属板或编织网制成的安全装置，以防止人员被运动部件(如驱动轴、旋转轴、活塞杆等)碰伤
滤芯	实现截留污染物的部件	液压控制系统	用液压技术实现的控制系统
自动旁通阀	当压差达到预先设定值时，可使未经过滤的油液自动绕过滤芯旁路的阀	冷却系统	实现从元件或工作液体中去除不需要的热量的系统
堵塞指示器	由滤芯压差操作的装置。通常该装置应指示滤芯达到堵塞的状况	水冷系统	用水作为传热介质的冷却系统
密封装置	防止流体泄漏或污染物侵入的装置	风冷系统	用风作为传热介质的冷却系统
密封件	密封装置中可更换的起密封作用的零件	液压油液	适用于液压系统的油液，可以是石油产品、水基液或有机物
水包油乳化油	油在水的连续相中的分散体	石油基液压油液，矿物油	由石油烃组成的油液，可含其他成分
油包水乳化油	水在油的连续相中的稳定分散体	难燃液压油	难以点燃，火焰传播的趋势极小的液压油
聚乙二醇液压油	主要成分是水和一种或多种乙二醇或聚乙二醇的液体	水基液压油	主要由水组成并含有有机物的液压油。其难燃性由水含量决定
合成液压油	通过合成而并非裂解或精炼制得的液压油。它可含各种添加剂		

第 2 章　液压流体力学常用计算公式及资料

2.1　流体力学基本公式

表 20-2-1　流体力学基本公式

项目	公　式	单位	符号意义
重力	$G=mg$	N	m——质量，kg g——重力加速度，m/s^2 V——流体体积，m^3 p——绝对压力，Pa T——热力学温度，K R——气体常数，N·m/(kg·K)；不同气体 R 值不同，空气 $R=287$N·m/(kg·K) k——绝热指数；不同气体 k 值不同，空气 $k=1.4$ $\Delta V/V$——体积变化率 Δp——压力差，Pa Δt——温度的增值，℃ μ——动力黏度，Pa·s
密度	$\rho=\frac{m}{V}$	kg/m^3	
理想气体状态方程	$\frac{p}{\rho}=RT$		
等温过程	$\frac{p}{\rho}=$常数		
绝热过程	$\frac{p}{\rho^k}=$常数		
流体体积压缩系数	$\beta_p=\frac{\Delta V/V}{\Delta p}$	m^2/N	
流体体积弹性模量	$E_0=\frac{1}{\beta_p}$	N/m^2	
流体温度膨胀系数	$\beta_t=\frac{\Delta V/V}{\Delta t}$	1/℃	
运动黏度系数	$v=\frac{\mu}{\rho}$	m^2/s	

2.2　流体静力学公式

表 20-2-2　流体静力学公式

项目	公式	单位	符号意义
压强或压力	$p=\frac{F}{A}$	Pa	F——总压力，N A——有效断面积，m^2 p_m——绝对压力，Pa p_a——大气压力，Pa h——液柱高，m p_1，p_2——同一种流体中任意两点的压力，Pa h_c——平面的形心距液面的垂直高度，m A_0——平板的面积，m^2 F_x——总压力的水平分量，N F_z——总压力的垂直分量，N A_x——曲面在 x 方向投影面积，m^2 h_{cx}——A_x 的形心距液面的垂直高度，m V_p——通过曲面周边向液面作无数垂直线而形成的体积，m^3 θ——总压力与 x 轴夹角，(°)
相对压力	$p_r=p_m-p_a$	Pa	
真空度	$p_b=p_a-p_m=-p_r$		
静力学基本方程	$p_2=p_1+\rho gh$ 使用条件：连续均一流体		
流体对平面的作用力	$F_0=\rho gh_cA_0$	N	
流体对曲面的作用力	$F=\sqrt{F_z^2+F_x^2}$ $F_x=\rho gh_{cz}A_x$ $F_z=\rho gV_p$ $\tan\theta=\frac{F_z}{F_x}$	N N N	

注：A_0 按淹没部分的面积计算。

【例 1】 如图 20-2-1 所示，由上下两个半球合成的圆球，直径 $d=2\mathrm{m}$，球中充满水。当测压管读数 $H=3\mathrm{m}$ 时，不计球的自重，求下列两种情况下螺栓群 A—A 所受的拉力：①上半球固定在支座上；②下半球固定在支座上。

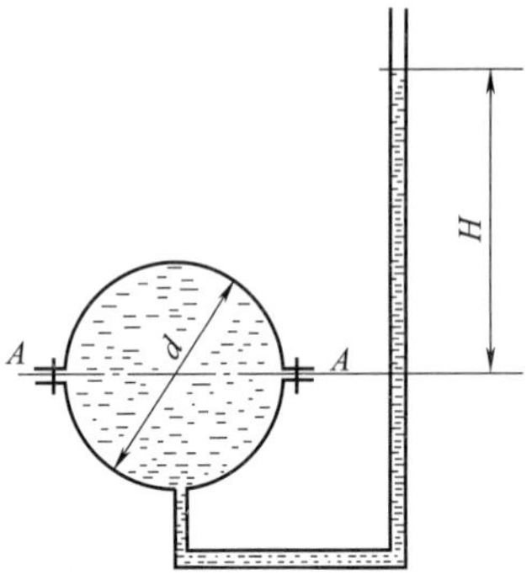

图 20-2-1 盛水球体图

解 ① 当上半球固定在支座上时，螺栓群 A—A 所承受的拉力 F_1 为下半球所受水的铅垂向下作用力，即下半球压力体中液体的重量。下半球压力体的体积 $V_下$ 等于下半球的体积 V_1 加上下半球的周界线与自由液面的延伸面所围成的直径为 d、高为 H 的圆柱体体积 V_2。即

$$V_下=V_1+V_2=\frac{1}{12}\pi d^3+\frac{\pi d^2}{4}H$$

于是螺栓群 A—A 所承受的拉力

$$F_1=\gamma V_下=\rho g V_下=\rho g\left(\frac{1}{12}\pi d^3+\frac{\pi d^2}{4}H\right)$$

$$=1000\times 9.81\times\left(\frac{\pi}{12}\times 2^3+\frac{\pi}{4}\times 2^2\times 3\right)\mathrm{N}$$

$$=113\mathrm{kN}$$

② 当下半球固定在支座上时，螺栓群 A—A 所承受的拉力 F_2 为上半球所受水的铅直向上作用力，即上半球压力体中液体的重量。上半球压力体的体积 $V_上$ 等于上半球的周界线与自由液面的延伸面所围成的直径为 d、高为 H 的圆柱体体积 V_2 减去上半球的体积 V_1。即

$$V_上=V_2-V_1=\frac{\pi d^2}{4}H-\frac{1}{12}\pi d^3$$

于是螺栓群 A—A 所承受的拉力 F_2

$$F_2=\gamma V_上=\rho g V_上=\rho g\left(\frac{\pi d^2}{4}H-\frac{1}{12}\pi d^3\right)$$

$$=1000\times 9.81\times\left(\frac{\pi}{4}\times 2^2\times 3-\frac{\pi}{12}\times 2^3\right)\mathrm{N}$$

$$=72\mathrm{kN}$$

2.3 流体动力学公式

表 20-2-3 流体动力学公式

项目	公式	符号意义
连续性方程	$v_1A_1=v_2A_2=$常数 $Q_1=Q_2=Q$ 使用条件：①稳定流；②流体是不可压缩的	A_1，A_2——任意两断面面积，m^2 v_1，v_2——任意两断面平均流速，m/s Q_1，Q_2——通过任意两断面的流量，m/s Z_1，Z_2——断面中心距基准面的垂直高度，m α——动能修正系数，一般工程计算可取 $\alpha_1=\alpha_2\approx 1$ h_w——总流断面 A_1 及 A_2 之间单位重力流体的平均能量损失，m H_0——单位重力流体从流体机械获得的能量（H_0 为“+”），或单位重力流体供给流体机械的能量（H_0 为“−”），m ΣF——作用于流体段上的所有外力，N
理想流体伯努利方程	$Z_1+\frac{p_1}{\rho g}+\frac{v_1^2}{2g}=Z_2+\frac{p_2}{\rho g}+\frac{v_2^2}{2g}$ $Z_1+\frac{p_1}{\rho g}+\frac{v^2}{2g}=$常数 使用条件：①质量力只有重力；②理想流体；③稳定流动	
实际流体总流的伯努利方程	$Z_1+\frac{p_1}{\rho g}+\frac{\alpha_1 v_1^2}{2g}=Z_2+\frac{p_2}{\rho g}+\frac{\alpha_2 v_2^2}{2g}+h_w$ 使用条件：①质量力只有重力；②稳定流动；③不可压缩流体；④缓变流；⑤流量为常数	
系统中有流体机械的伯努利方程	$Z_1+\frac{p_1}{\rho g}+\frac{\alpha_1 v_1^2}{2g}\pm H_0=Z_2+\frac{p_2}{\rho g}+\frac{\alpha_2 v_2^2}{2g}+h_w$ 使用条件：①质量力只有重力；②稳定流动；③不可压缩流体；④缓交流；⑤流量为常数	
定常流动的动量方程	$\Sigma F=\rho Q(v_2-v_1)$	

【例 2】 如图 20-2-2 所示，水流经弯管流入大气中，已知 $d_1=100\text{mm}$，$d_2=75\text{mm}$，$v_2=23\text{m/s}$，水的密度 $\rho=1000\text{kg/m}^3$，求弯管上所受的力（不计水头损失，不计重力）。

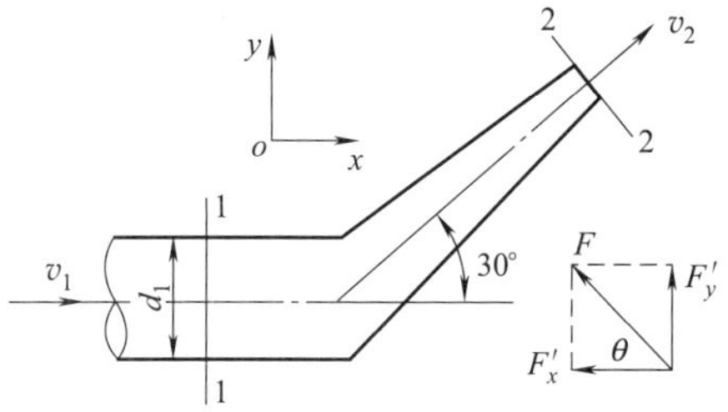

图 20-2-2　水流经弯管示意

解　取 1-1、2-2 两缓变流断面，并以 1-1 断面中心线所在的平面为基准面，列写伯努利方程

$$z_1+\frac{p_1}{\rho g}+\frac{\alpha_1 v_1^2}{2g}+H_0=z_2+\frac{p_2}{\rho g}+\frac{\alpha_2 v_2^2}{2g}+h_w$$

式中 $z_1=z_2=0$（不计重力），即 $\alpha_1=\alpha_2=1$，$h_w=0$（不计水头损失），$p_2=0$（流入大气，相对压力为零），代入上式得

$$p_1=\frac{\rho}{2}(v_2^2-v_1^2)$$

根据连续性方程有

$$v_1\frac{\pi d_1^2}{4}=v_2\frac{\pi d_2^2}{4}$$

所以

$$v_1=v_2\left(\frac{d_2}{d_1}\right)^2=23\times\left(\frac{75}{100}\right)^2\text{m/s}=12.94\text{m/s}$$

于是

$$p_1=\frac{1000}{2}\times(23^2-12.94^2)\text{Pa}=180778.2\text{Pa}$$

以 1-1、2-2 断面及管壁所包围的流体为控制体，并设弯管对流体的作用力分别为 F'_x、F'_y，方向如图 20-2-2 所示。则控制体中流体对弯管的作用力 F_x、F_y 与 F'_x、F'_y 大小相等，方向相反。

列写 x 方向动量定量，得

$$\sum F_x=\rho q_v(v_{2x}-v_{1x})$$

即

$$p_1\frac{\pi d_1^2}{4}-F'_x=\rho q_v(v_2\cos30°-v_1)$$

所以

$$F'_x=p_1\frac{\pi d_1^2}{4}-\rho q_v(v_2\cos30°-v_1)$$

$$=180778.2\times\frac{\pi\times0.1^2}{4}\text{N}-1000\times12.94\times\frac{\pi\times0.1^2}{4}\times(23\times\cos30°-12.94)\text{N}=710.23\text{N}$$

列写 y 方向动量定理，得

$$\sum F_y=\rho q_v(v_{2y}-v_{1y})$$

即

$$p_1\frac{\pi d_1^2}{4}\cos90°+F'_y=\rho q_v(v_2\sin30°-v_1\cos90°)$$

$$F'_y=1000\times12.94\times\frac{\pi\times0.1^2}{4}\times(23\times\sin30°-0)\text{N}$$

$$=1168.75\text{N}$$

所得结果 F'_x、F'_y 均为正值，说明假设的弯管对流体的作用力的方向是正确的，则流体给弯管的作用力 F'_x、F'_y 与图中所给的 F'_x、F'_y 大小相等，方向相反。

作用力的合力

$$F=\sqrt{F_x^2+F_y^2}=\sqrt{710.23^2+1168.75^2}\text{N}$$

$$=1367.63\text{N}$$

与水平方向夹角

$$\theta=\arctan\frac{F_y}{F_x}=\arctan\frac{1168.75}{710.23}=58.7°$$

2.4　阻力计算

2.4.1　沿程阻力损失计算

表 20-2-4　　沿程阻力损失计算

项目	公　式	符号意义
雷诺数	$Re=\frac{vd}{\nu}$	v——管内平均流速，m/s d——圆管内径，m ν——流体的运动黏度，m^2/s $Re_{(L)}$——临界雷诺数：圆形光滑管，$Re_{(L)}=2000\sim2300$；橡胶管，$Re_{(L)}=1600\sim2000$ λ——沿程阻力系数，它是 Re 和相对粗糙度 Δ/d 的函数，可按表 20-2-5 的公式计算，管壁的绝对粗糙度 Δ 见表 20-2-6 l——圆管的长度，m ρ——流体的密度，kg/m^3
层流	$Re<Re_{(L)}$	
紊流	$Re>Re_{(L)}$	
沿程压力损失	$\Delta p_f=\lambda\frac{l}{d}\times\frac{\rho v^2}{2}$	

表 20-2-5 **圆管的沿程阻力系数 λ 的计算公式**

流动区域		雷诺数范围		λ 计算公式
层流		$Re<2320$		$\lambda=\frac{64}{Re}$
紊流	水力光滑管区	$Re<22\left(\frac{d}{\Delta}\right)^{8/7}$	$3000<Re<10^5$	$\lambda=0.3164Re^{-0.25}$
紊流	水力光滑管区	$Re<22\left(\frac{d}{\Delta}\right)^{8/7}$	$10^5\leqslant Re<10^8$	$\lambda=\frac{0.308}{(0.842-\lg Re)^2}$
紊流	水力粗糙管区	$22\left(\frac{d}{\Delta}\right)^{8/7}\leqslant Re\leqslant 597\left(\frac{d}{\Delta}\right)^{9/8}$		$\lambda=\left[1.14-2\lg\left(\frac{\Delta}{d}+\frac{21.25}{Re^{0.9}}\right)\right]^{-2}$
紊流	阻力平方区	$Re>597\left(\frac{d}{\Delta}\right)^{9/8}$		$\lambda=0.11\left(\frac{\Delta}{d}\right)^{0.25}$

表 20-2-6 **管材内壁绝对粗糙度 Δ** mm

材料	管内壁状态	绝对粗糙度 Δ	材料	管内壁状态	绝对粗糙度 Δ
铜	冷拔铜管、黄铜管	0.0015～0.01	铸铁	铸铁管	0.05
铝	冷拔铝管、铝合金管	0.0015～0.06	塑料	光滑塑料管 $d=100$mm 的波纹管 $d\geqslant 200$mm 的波纹管	0.0015～0.01 5～8 15～30
钢	冷拔无缝钢管 热拉无缝钢管 轧制无缝钢管 镀锌钢管 波纹管	0.01～0.03 0.05～0.1 0.05～0.1 0.12～0.15 0.75～7.5	橡胶	光滑橡胶管 含有加强钢丝的胶管	0.006～0.07 0.3～4

2.4.2 局部阻力损失计算

$$\Delta p_{\xi}=\xi\frac{\rho v^2}{2}$$

或以局部压头（水头）损失 h_{ξ} 表示

$$h_{\xi}=\xi\frac{v^2}{2g}$$

式中 ξ——局部阻力系数，它与管件的形状、雷诺数有关；

v——平均流速，除特殊注明外，一般均指局部管件后的过流断面上的平均速度。

局部阻力系数可查表 20-2-7～表 20-2-12。

表 20-2-7 **突然扩大局部阻力系数**

A_2/A_1	1.5	2	3	4	5	6	7	8	9	10
ξ_L	1.16	3.33	10.6	22	37.33	56.66	80	107.33	138.6	174
ξ_T	0.25	1	4	9	16	25	36	49	64	81

表 20-2-8 **管道入口处的局部阻力系数**

<table>
<tr><th colspan="2">入 口 形 式</th><th colspan="8">局部阻力系数 ξ</th></tr>
<tr><td>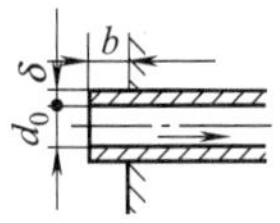</td><td>入口处为尖角凸边
$Re>10^4$</td><td colspan="8">当 $\delta/d_0<0.05$ 及 $b/d_0\leqslant 0.5$ 时，$\xi=1$
当 $\delta/d_0>0.05$ 及 $b/d_0<0.5$ 时，$\xi=0.5$</td></tr>
<tr><td rowspan="3">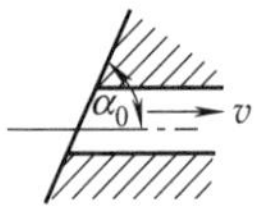</td><td rowspan="3">入口处为尖角
$Re>10^4$</td><td>α/(°)</td><td>20</td><td>30</td><td>45</td><td>60</td><td>70</td><td>80</td><td>90</td></tr>
<tr><td>ξ</td><td>0.96</td><td>0.91</td><td>0.81</td><td>0.70</td><td>0.63</td><td>0.56</td><td>0.5</td></tr>
<tr><td colspan="8">一般垂直入口，$\alpha=90°$</td></tr>
<tr><td rowspan="2">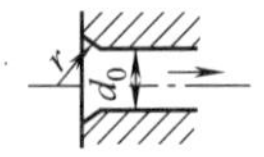</td><td rowspan="2">入口处为圆角</td><td colspan="2">r/d_0</td><td colspan="3">0.12</td><td colspan="3">0.16</td></tr>
<tr><td colspan="2">ξ</td><td colspan="3">0.1</td><td colspan="3">0.06</td></tr>
</table>

续表

入口形式		局部阻力系数 ξ					
		ξ					
	$\alpha/(°)$	e/d_0					
		0.025	0.050	0.075	0.10	0.15	0.60
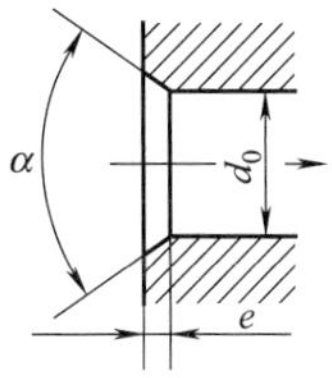 入口处为倒角 $Re>10^4$ （$\alpha=60°$时最佳）	30	0.43	0.36	0.30	0.25	0.20	0.13
	60	0.40	0.30	0.23	0.18	0.15	0.12
	90	0.41	0.33	0.28	0.25	0.23	0.21
	120	0.43	0.38	0.35	0.33	0.31	0.29

表 20-2-9　管道出口处的局部阻力系数

出口形式	局部阻力系数 ξ
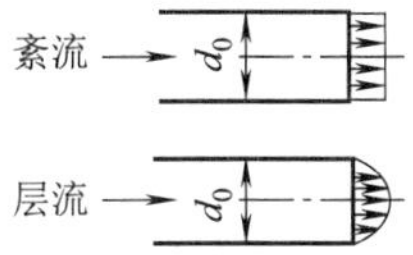 从直管流出	紊流时，$\xi=1$ 层流时，$\xi=2$

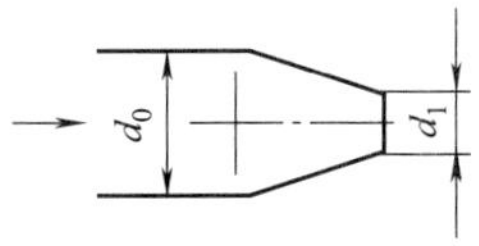

从锥形喷嘴流出
$Re>2\times10^3$

$$\xi=1.05(d_0/d_1)^4$$

d_0/d_1	1.05	1.1	1.2	1.4	1.6	1.8	2.0	2.2	2.4	2.6	2.8	3.0
ξ	1.28	1.54	2.18	4.03	6.88	11.00	16.8	24.8	34.8	48.0	64.6	85.0

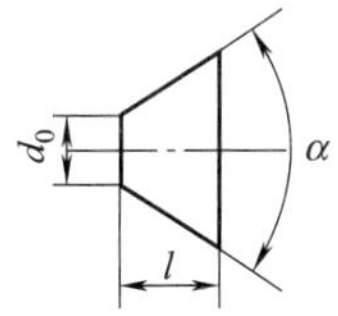

从锥形扩口管流出
$Re>2\times10^3$

l/d_0	ξ									
	$\alpha/(°)$									
	2	4	6	8	10	12	16	20	24	30
1	1.30	1.15	1.03	0.90	0.80	0.73	0.59	0.55	0.55	0.58
2	1.14	0.91	0.73	0.60	0.52	0.460	0.39	0.42	0.49	0.62
4	0.86	0.57	0.42	0.34	0.29	0.27	0.29	0.47	0.59	0.66
6	0.49	0.34	0.25	0.22	0.20	0.22	0.29	0.38	0.50	0.67
10	0.40	0.20	0.15	0.14	0.16	0.18	0.26	0.35	0.45	0.60

表 20-2-10　管道缩小处的局部阻力系数

管道缩小形式 ｜ 局部阻力系数 ξ

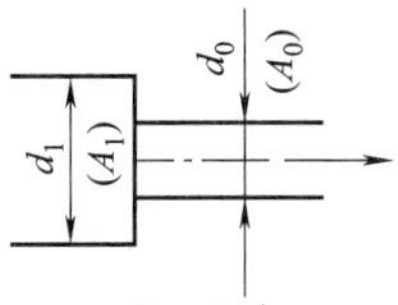

$Re>10^4$

$$\xi=0.5(1-A_0/A_1)$$

A_0/A_1	0.1	0.2	0.3	0.4	0.5	0.6	0.7	0.8	0.9	1.0
ξ	0.45	0.40	0.40	0.35	0.30	0.25	0.20	0.15	0.05	0

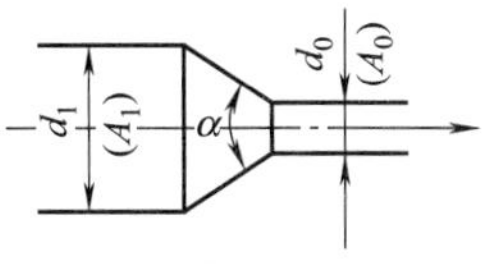

$Re>10^4$

$\xi=\xi'(1-A_0/A_1)$

ξ'——按表 20-2-8“管道入口处的局部阻力系数”第 4 种入口形式“入口处为倒角”的 ξ 值

注：A_0、A_1 为管道相应于内径 d_0、d_1 的通过面积

表 20-2-11　　**弯管局部阻力系数**

<table>
<tr><th>弯管形式</th><th colspan="10">局部阻力系数 ξ</th></tr>
<tr><td rowspan="2">折管
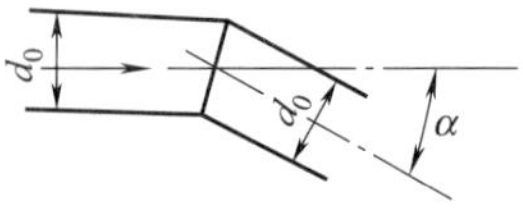</td><td>$\alpha/(^\circ)$</td><td>10</td><td>20</td><td>30</td><td>40</td><td>50</td><td>60</td><td>70</td><td>80</td><td>90</td></tr>
<tr><td>ξ</td><td>0.04</td><td>0.1</td><td>0.17</td><td>0.27</td><td>0.4</td><td>0.55</td><td>0.7</td><td>0.9</td><td>1.12</td></tr>
<tr><td rowspan="4">光滑管壁的均匀弯管
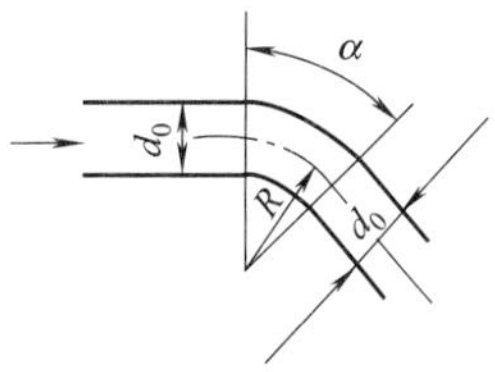</td><td colspan="10">$\xi=\xi'(\alpha/90^\circ)$</td></tr>
<tr><td>$d_0/2R$</td><td colspan="2">0.1</td><td colspan="2">0.2</td><td colspan="2">0.3</td><td colspan="2">0.4</td><td>0.5</td></tr>
<tr><td>ξ'</td><td colspan="2">0.13</td><td colspan="2">0.14</td><td colspan="2">0.16</td><td colspan="2">0.21</td><td>0.29</td></tr>
<tr><td colspan="10">注：1. 对于粗糙管的铸造弯头，当紊流时，ξ'数值较表中值大 3～4 倍。
2. 两个弯管连接的情况：
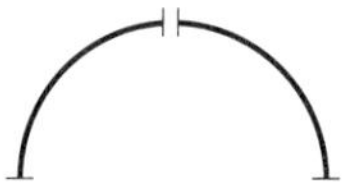

ξ=2ξ_{90°}
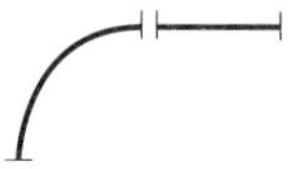

ξ=3ξ_{90°}
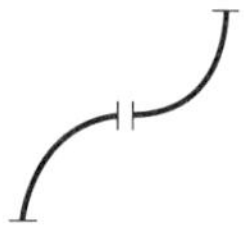

ξ=4ξ_{90°}</td></tr>
</table>

表 20-2-12　　**分支管局部阻力系数**

形式及流向	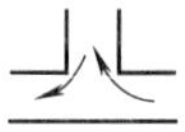	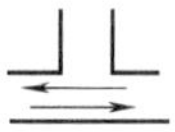				
ξ	1.3	0.1	0.5	3	0.05	0.15

2.5　孔口及管嘴出流、缝隙流动、液压冲击

2.5.1　孔口及管嘴出流计算

表 20-2-13　　**孔口及管嘴出流计算**

<table>
<tr><th>出流情况</th><th>简　　图</th><th>流量公式及适用条件</th><th>符 号 意 义</th></tr>
<tr><td>薄壁节流小孔流量</td><td>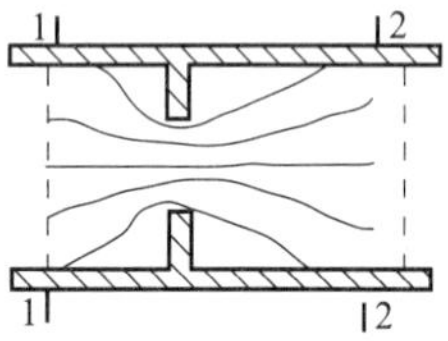</td><td>$$Q=C_dA_0\sqrt{\frac{2\Delta p}{\rho}}$$
$$\frac{l}{d}\leqslant 0.5$$</td><td rowspan="3">Q——小孔流量，m^3/s
C_d——薄壁小孔流量系数，对于紊流，$C_d=0.60\sim0.61$
C_q——长孔及管嘴流量系数，$C_q=0.82$
A_0——孔口面积，m^2
ρ——流体的密度，kg/m^3
H——孔口距液面的高度，m
g——重力加速度，m/s^2
Δp——压力差，Pa，$\Delta p=p_1-p_2$
l——孔的长度，m
d——孔的直径，m</td></tr>
<tr><td>薄壁小孔自由出流流量</td><td>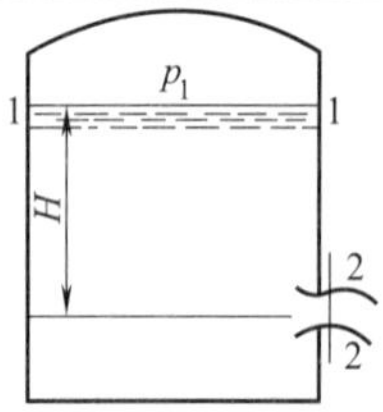</td><td>$$Q=C_dA_0\sqrt{2\left(gH+\frac{\Delta p}{\rho}\right)}$$
$$\frac{l}{d}\leqslant 0.5$$</td></tr>
<tr><td>阻尼长孔流量</td><td>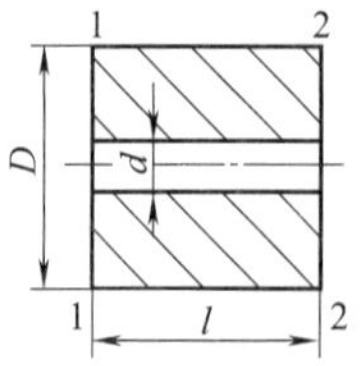</td><td>$$Q=C_qA_0\sqrt{\frac{2\Delta p}{\rho}}$$
$$l=(2\sim3)d$$</td></tr>
</table>

续表

出流情况	简　图	流量公式及适用条件	符 号 意 义
管嘴自由出流流量	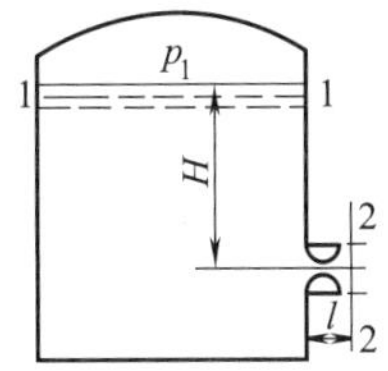	$Q=C_qA_0\sqrt{2\left(gH+\frac{\Delta p}{\rho}\right)}$ $l=(2\sim4)d$	Q——小孔流量，m^3/s C_d——薄壁小孔流量系数，对于紊流，$C_d=0.60\sim0.61$ C_q——长孔及管嘴流量系数，$C_q=0.82$ A_0——孔口面积，m^2 ρ——流体的密度，kg/m^3 H——孔口距液面的高度，m g——重力加速度，m/s^2 Δp——压力差，Pa，$\Delta p=p_1-p_2$ l——孔的长度，m d——孔的直径，m

2.5.2　缝隙流动计算

表 20-2-14　　缝隙流动计算

项目	情形	简图	计算公式及适用条件	说　明
平行平板间的缝隙流	两固定平板间的压差流	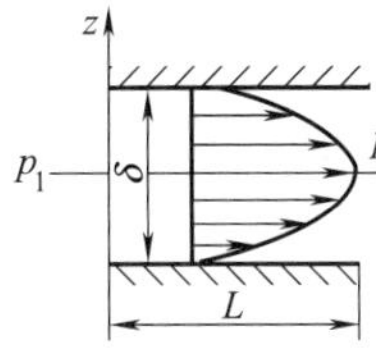	$u=\frac{\Delta p}{2\mu L}(\delta z-z^2)$ $Q=\frac{\Delta pB\sigma^3}{12\mu L}$	u——流速，m/s Q——流量，m^3/s L——缝隙长度，m B——缝隙垂直图面的宽度，m δ——缝隙量，m，$\delta\ll L$，$\delta\ll B$ μ——动力黏度，Pa · s Δp——压力差，Pa，$\Delta p=p_1-p_2$ U——上板平移速度，m/s z——流体质点的纵坐标，m
	下板固定，上板匀速平移的剪切流	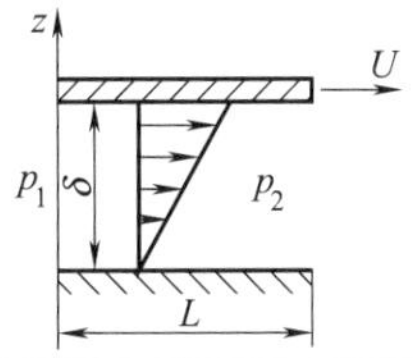	$u=\frac{Uz}{\delta}$ $Q=\frac{UB\delta}{2}$	
	上板匀速顺移的压差、剪切合成流	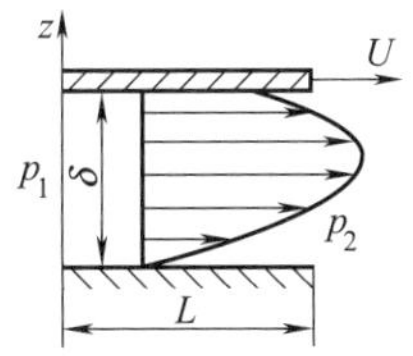	$u=\frac{\Delta p}{2\mu L}(\delta z-z^2)+\frac{Uz}{\delta}$ $Q=\frac{\Delta pB\delta^3}{12\mu L}+\frac{UB\delta}{2}$	
	上板匀速逆移的压差、剪切合成流	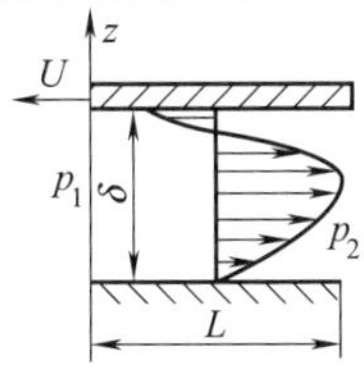	$u=\frac{\Delta p}{2\mu L}(\delta z-z^2)-\frac{Uz}{\delta}$ $Q=\frac{\Delta pB\delta^3}{12\mu L}-\frac{UB\delta}{2}$	
环形缝隙流	同心环形缝隙	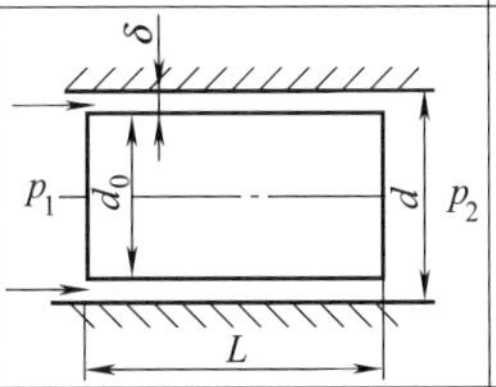	$Q=\frac{\pi d\delta^3}{12\mu L}\Delta p$ $\Delta p=\frac{12\mu LQ}{\pi d\delta^3}$	Q——流量，m^3/s Δp——压力差，MPa d——孔直径，m d_0——轴直径，m δ——缝隙量，m，$\delta=\frac{d-d_0}{2}$ e——偏心距，m ε——$\varepsilon=\frac{e}{\delta}$
	偏心环形缝隙	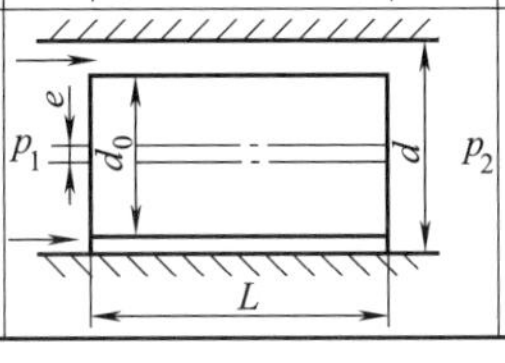	$Q=\frac{\pi d\delta^3}{12\mu L}(1+1.5\varepsilon^2)\Delta p$ $\Delta p=\frac{12\mu LQ}{\pi d\delta^3(1+1.5\varepsilon^2)}$	

续表

项目	情形	简图	计算公式及适用条件	说　明
环形缝隙流	最大偏心环形缝隙	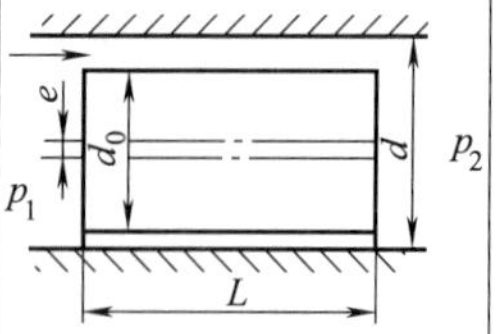	$Q=2.5\dfrac{\pi d\delta^3}{12\mu L}\Delta p$ $\Delta p=\dfrac{4.8\mu LQ}{\pi d\delta^3}$	Q——流量，m^3/s Δp——压力差，MPa d——孔直径，m d_0——轴直径，m δ——缝隙重，m，$\delta=\dfrac{d-d_0}{2}$ e——偏心距，m ε——$\varepsilon=\dfrac{e}{\delta}$

2.6　液压冲击计算

当管路中的阀门突然关闭时，管路中流体由于突然停止运动而引起压力升高，这种现象称为压力冲击。压力升高的最大值可按下式计算

$$\Delta p=\rho cv$$

$$c=\frac{\sqrt{\dfrac{K}{\rho}}}{\sqrt{1+\dfrac{DK}{\delta E}}}$$

式中　ρ——流体密度，kg/m^3；

v——管中原来的流速，m/s；

c——冲击波在管内的传播速度，m/s，c 与管材弹性、管径、壁厚等有关；

K——流体的体积弹性模量，Pa；

D，δ——管径及管壁厚，m；

E——管材的弹性模量，Pa。

当管路为绝对刚体时

$$c=c_0=\sqrt{\frac{K}{\rho}}$$

这就是流体中的声速，对水来说，$c_0=1425m/s$，对液压油来说，$c_0=890\sim1270m/s$。

第 3 章　液压系统设计

3.1　设计计算的内容和步骤

进行液压系统设计时，要明确技术要求，紧紧抓住满足技术要求的功能和性能这两个关键因素，同时还要充分考虑可靠性、安全性及经济性诸因素。图 20-3-1 所示是目前常规设计方法的一般流程，在实际设计中是变化的。对于简单的液压系统，可以简化设计程序，对于重大工程中的大型复杂系统，在初步设计基础上，应增加局部系统试验或利用计算机仿真试验，反复改进，充分论证才能确定设计方案。

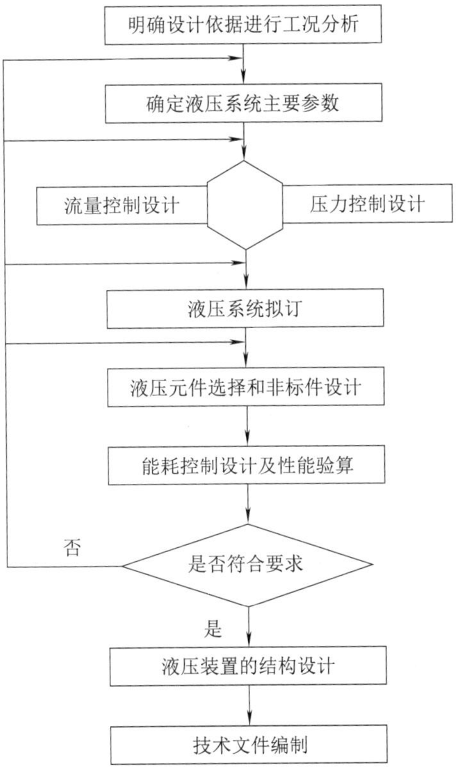

图 20-3-1　常规设计方法的一般流程

3.2　明确技术要求

技术要求是进行每项工程设计的依据。在制订基本方案并进一步着手液压系统各部分设计之前，必须把技术要求以及与该设计内容有关的其他方面了解清楚。

① 主机的概况：用途、性能、工艺流程、作业环境、总体布局等。

② 液压系统要完成哪些动作，动作顺序及彼此联锁关系如何。

③ 液压驱动机构的运动形式，运动速度。

④ 各动作机构的载荷大小及其性质。

⑤ 对调速范围、运动平稳性、转换精度等性能方面的要求。

⑥ 自动化程度、操作控制方式的要求。

⑦ 对防尘、防爆、防寒、噪声、安全可靠性的要求。

⑧ 对效率、成本等方面的要求。

3.3　确定液压系统主要参数

通过工况分析，可以看出液压执行元件在工作过程中速度和载荷变化情况，为确定系统及各执行元件的参数提供依据。

液压系统的主要参数是压力和流量，它们是设计液压系统、选择液压元件的主要依据。压力决定于外载荷，流量取决于液压执行元件的运动速度和结构尺寸。

3.3.1　初选系统压力

压力的选择要根据载荷大小和设备类型而定，还要考虑执行元件的装配空间、经济条件及元件供应情况等的限制。在载荷一定的情况下，工作压力低，势必要加大执行元件的结构尺寸，对某些设备来说，尺寸要受到限制，从材料消耗角度看也不经济；反之，压力选得太高，对泵、缸、阀等元件的材质、密封、制造精度也要求很高，必然要提高设备成本。一般来说，对于固定的、尺寸不太受限的设备，压力可以选低一些，行走机械、重载设备压力要选得高一些。具体选择可参考表 20-3-1 和表 20-3-2。

表 20-3-1　按载荷选择工作压力

载荷 /kN	<5	5～10	10～20	20～30	30～40	>50
工作压力 /MPa	<0.8～1	1.5～2	2.5～3	3～4	4～5	≥5

表 20-3-2 **各种机械常用的系统工作压力**

机械类型	机床				农业机械 小型工程机械 建筑机械 液压凿岩机	液压机 大中型挖掘机 重型机械 起重运输机械
	磨床	组合机床	龙门刨床	拉床		
工作压力/MPa	<0.8～2	3～5	2～8	8～10	10～18	20～30

3.3.2 计算液压缸尺寸或液压马达排量

(1) 计算液压缸的尺寸

液压缸有关设计参数见图 20-3-2。图 20-3-2（a）为液压缸活塞杆工作在受压状态，图 20-3-2（b）为活塞杆工作在受拉状态。

活塞杆受压时

$$F=\frac{F_W}{\eta_m}=p_1A_1-p_2A_2 \tag{20-3-1}$$

活塞杆受拉时

$$F=\frac{F_W}{\eta_m}=p_1A_2-p_2A_1 \tag{20-3-2}$$

式中 F——活塞杆所受到的有效外负载力；

$A_1=\frac{\pi}{4}D^2$——无杆腔活塞有效作用面积，m^2；

$A_2=\frac{\pi}{4}(D^2-d^2)$——有杆腔活塞有效作用面积，$m^2$；

p_1——液压缸工作腔压力，Pa；

p_2——液压缸回油腔压力，即背压力，Pa，其值根据回路的具体情况而定，初算时可参照表 20-3-3 取值，差动连接时要另行考虑；

D——活塞直径，m；

d——活塞杆直径，m。

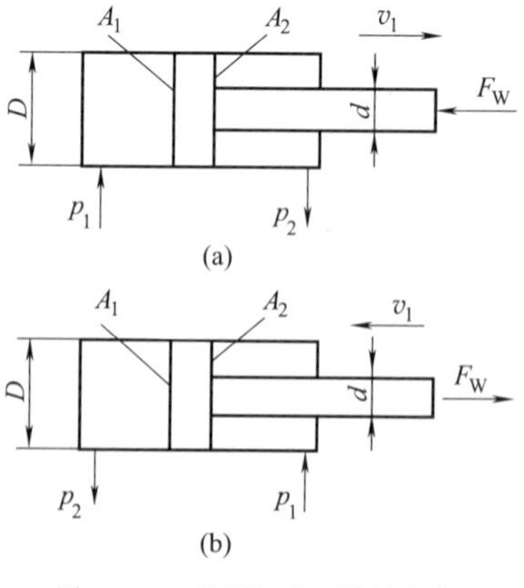

图 20-3-2 液压缸主要设计参数

表 20-3-3 **执行元件背压力**

系统类型	背压力/MPa
简单系统或轻载节流调速系统	0.2～0.5
回油路带调速阀的系统	0.4～0.6
回油路设置有背压阀的系统	0.5～1.5
用补油泵的闭式回路	0.8～1.5
回油路较复杂的工程机械	1.2～3
回油路较短，且直接回油箱	可忽略不计

一般，液压缸在受压状态下工作，其活塞面积为

$$A_1=\frac{F+p_2A_2}{p_1} \tag{20-3-3}$$

运用式（20-3-3）需事先确定 A_1 与 A_2 的关系，或是活塞杆径 d 与活塞直径 D 的关系，令杆径比 $\phi=d/D$，其比值可按表 20-3-4 和表 20-3-5 选取。

$$D=\sqrt{\frac{4F}{\pi[p_1-p_2(1-\varphi^2)]}} \tag{20-3-4}$$

采用差动连接时，往返速度之比 $v_1/v_2=(D^2-d^2)/d^2$。如果要求往返速度相同，应取 $d=0.71D$。

对行程与活塞杆直径比 $L/d>10$ 的受压柱塞或活塞杆，还要做压杆稳定性验算。

当工作速度很低时，还须按最低速度要求验算液压缸尺寸

$$A\geqslant\frac{q_{vmin}}{v_{min}}$$

式中 A——液压缸有效工作面积，m^2；

q_{vmin}——系统最小稳定流量，m^3/s，在节流调速中取决于回路中所设调速阀或节流阀的最小稳定流量，容积调速中决定于变量泵的最小稳定流量；

v_{min}——运动机构要求的最小工作速度，m/s。

如果液压缸的有效工作面积 A 不能满足最低稳定速度的要求，则应按最低稳定速度确定液压缸的结构尺寸。

另外，如果执行元件安装尺寸受到限制，液压缸的缸径及活塞杆的直径须事先确定时，可按载荷的要求和液压缸的结构尺寸来确定系统的工作压力。

液压缸直径 D 和活塞杆直径 d 的计算值要按国

标规定的液压缸的有关标准进行圆整。如与标准液压缸参数相近，最好选用国产标准液压缸，免于自行设计加工。常用液压缸内径及活塞杆直径见表 20-3-6 和表 20-3-7。

表 20-3-4　按工作压力选取 d/D

工作压力/MPa	≤5.0	5.0～7.0	≥7.0
d/D	0.5～0.55	0.62～0.70	0.7

表 20-3-5　按速比要求选取 d/D

v_2/v_1	1.15	1.25	1.33	1.46	1.61	2
d/D	0.3	0.4	0.5	0.55	0.62	0.71

注：v_1 为无杆腔进油时活塞运动速度；v_2 为有杆腔进油时活塞运动速度。

表 20-3-6　常用液压缸内径 D　mm

40	50	63	80	90	100	110
125	140	160	180	200	220	250

表 20-3-7　活塞杆直径 d　mm

速比	缸径/mm					
	40	50	63	80	90	100	110
1.46	22	28	35	45	50	55	63
3			45	50	60	70	80
速比	缸径/mm						
	125	140	160	180	200	220	250
1.46	70	80	90	100	110	125	140
2	90	100	110	125	140		

（2）计算液压马达的排量

表 20-3-8　液压马达排量计算

计算公式	符号说明
液压马达的排量为 $V=\frac{2\pi T}{\Delta p}$	T——液压马达的载荷转矩，N·m $\Delta p=p_1-p_2$——液压马达的进出口压差，Pa
液压马达的排量也应满足最低转速要求 $V\geqslant\frac{q_{vmin}}{n_{min}}$	q_{vmin}——通过液压马达的最小流量 n_{min}——液压马达工作时的最低转速

3.3.3　作出液压缸或液压马达工况图

工况图包括压力循环图、流量循环图和功率循环图。它们是调整系统参数，选择液压泵、阀等元件的依据。

① 压力循环图——（p-t）图。通过最后确定的液压缸或马达的结构尺寸，再根据实际载荷的大小，求出液压缸或马达在其动作循环各阶段的工作压力，然后把它们绘制成（p-t）图。

② 流量循环图——（q_v-t）图。根据已确定的液压缸有效工作面积或液压马达的排量，结合其运动速度算出它在工作循环中每一阶段的实际流量，把它绘制成（q_v-t）图。若系统中有多个液压缸或马达同时工作，要把各自的流量图叠加起来绘出总的流量循环图。

③ 功率循环图——（P-t）图。绘出压力循环图和总流量循环图后，根据 $P=pq_v$，即可绘出系统的功率循环图。

3.4　拟订液压系统原理图

整机的液压系统原理图由控制回路及液压源组合而成。各回路相互组合时要去掉重复多余的元件，力求系统结构简单。注意各元件间的联锁关系，避免误动作发生。要尽量减少能量损失环节，提高系统的工作效率。

为便于液压系统的维护和监测，在系统中的主要路段要安装必要的检测元件（如压力表、温度计等）。

大型设备的关键部位，要附设备用件，以便意外事件发生时能迅速更换，保证主机连续工作。

各液压元件尽量采用国产标准件，在图中要按国家标准规定的液压元件职能符号的常态位置绘制。对于自行设计的非标准元件可用结构原理图绘制。

系统原理图中应注明各液压执行元件的名称和动作，注明各液压元件的序号以及各电磁铁的代号，并附有电磁铁、行程阀及其他控制元件的动作表。

3.5　液压元件的选择

3.5.1　液压执行元件的选择

液压执行元件是液压系统的输出部分，必须满足机器设备的运动功能、性能的要求及结构、安装上的限制。根据所要求的负载运动形态，选用不同的液压执行元件配置。根据液压执行元件的种类和负载质量、位移量、速度、加速度、摩擦力等，经过基本计算，确定所需的压力、流量。压力可根据受压面积与负载力求出。

3.5.2 液压泵的选择

表 20-3-9　　液压泵的选择

<table>
<tr><th>选择步骤</th><th colspan="2">计 算 公 式</th><th>符 号 说 明</th></tr>
<tr><td>1. 确定液压泵的最大工作压力 p_P</td><td colspan="2">$p_P \geqslant p_1 + \sum \Delta p$</td><td>$p_P$——液压泵的最大工作压力
p_1——液压缸或液压马达最大工作压力
$\sum \Delta p$——从液压泵出口到液压缸或液压马达入口之间总的管路损失，$\sum \Delta p$ 的准确计算要待元件选定并绘出管路图时才能进行，初算时可按经验数据选取：管路简单、流速不大的，取 $\sum \Delta p$ 为 0.2～0.5MPa；管路复杂，进口有调速阀的，取 $\sum \Delta p$ 为 0.5～1.5MPa</td></tr>
<tr><td rowspan="2">2. 确定液压泵的流量 q_{vmax}</td><td>多液压缸或液压马达同时工作时</td><td>液压泵的输出流量应为
$q_{vmax} \geqslant K \sum q_{vmax}$</td><td>$K$——系统泄漏系数，一般取 $K=1.1 \sim 1.3$
$\sum q_{vmax}$——同时动作的液压缸或液压马达的最大总流量，可从(q_v-t)图上查得，对于在工作过程中用节流调速的系统，还需加上溢流阀的最小溢流量，一般取 $0.5 \times 10^{-4} m^3/s$</td></tr>
<tr><td>系统使用蓄能器作辅助动力源时</td><td>$q_{vP} \geqslant \sum_{i=1}^{z} \frac{KV_i}{T_t}$</td><td>$K$——系统泄漏系数，一般取 $K=1.2$
T_t——液压设备工作周期，s
V_i——每一个液压缸或液压马达在工作周期中的总耗油量，m^3
z——液压缸或液压马达的个数</td></tr>
<tr><td>3. 选择液压泵的规格</td><td colspan="3">根据以上求得的 p_P 和 q_{vP} 值，以及按系统选取的液压泵的形式，从产品样本或相关手册中选择相应的液压泵。为使液压泵有一定的压力储备，所选泵的额定压力一般要比最大工作压力大 25%～60%</td></tr>
<tr><td rowspan="3">4. 确定液压泵的驱动功率 P</td><td colspan="2">在工作循环中，如果液压泵的压力和流量比较恒定，即(p-t)、(q_v-t)图变化较平缓，则
$P=\frac{p_P q_{vP}}{\eta_P}$</td><td>$p_P$——液压泵的最大工作压力，Pa
q_{vP}——液压泵的流量，m^3/s
η_P——液压泵的总效率，参考下表选择

液压泵的总效率
<table><tr><th>液压泵类型</th><th>齿轮泵</th><th>螺杆泵</th><th>叶片泵</th><th>柱塞泵</th></tr><tr><td>总效率</td><td>0.6～0.7</td><td>0.65～0.80</td><td>0.60～0.75</td><td>0.80～0.85</td></tr></table></td></tr>
<tr><td colspan="2">限压式变量叶片泵的驱动功率，可按流量特性曲线拐点处的流量、压力值计算。一般情况下，可取 $p_P=0.8p_{Pmax}$，$q_{vP}=q_{vN}$，则
$P=\frac{0.8p_{Pmax}q_{vN}}{\eta_P}$</td><td>$p_{Pmax}$——液压泵的最大工作压力，Pa
q_{vN}——液压泵的额定流量，m^3/s</td></tr>
<tr><td colspan="2">在工作循环中，如果液压泵的流量和压力变化较大，即(q_v-t)、(p-t)曲线起伏变化较大，则需分别计算出各个动作阶段内所需功率，驱动功率取其平均功率
$P_{PC}=\sqrt{\frac{P_1^2 t_1 + P_2^2 t_2 + \cdots + P_n^2 t_n}{t_1 + t_2 + \cdots + t_n}}$
按平均功率选出电动机功率后，还要验算下每一阶段内电动机超载量是否都在允许范围内。电动机允许的短时间超载量一般为 25%</td><td>$t_1, t_2, \cdots, t_n$——一个循环中每一动作阶段内所需的时间，s
$P_1, P_2, \cdots, P_n$——一个循环中每一动作阶段内所需的功率，W</td></tr>
</table>

3.5.3　液压控制阀的选择

选定液压控制阀时，要考虑的因素有压力、流量、工作方式、连接方式、节流特性、控制性、稳定性、油口尺寸、外形尺寸、重量等，但价格、寿命、维修性等也需考虑。阀的容量要参考制造厂样本上的最大流量及压力损失值来确定。样本上没有给出压力损失曲线时，可用额定流量时的压力损失，按下式估算其他流量下的压力损失

$$\Delta p=\Delta p_r(q_v/q_{vr})^2 \tag{20-3-5}$$

式中　Δp——流量为 q_v 时的压力损失；

Δp_r——额定流量 q_{vr} 时的压力损失。

另外，如果黏度变化时，要乘以表 20-3-10 中给出的系数。

表 20-3-10　黏度修正系数

运动黏度 /$mm^2\cdot s^{-1}$	14	32	43	54	65	76	87
系数	0.93	1.11	1.19	1.26	1.32	1.27	1.41

阀的连接方式如果为板式连接，则更换阀时不用拆卸油管。另外，板式连接的阀可以装在油路块或集成块上，使液压装置的整体设计合理化。控制回路有时要用很多控制阀，可考虑采用插装式、叠加式控制阀。集成化有配管少、漏油少、结构紧凑的优点。

3.5.4　蓄能器的选择

表 20-3-11　确定蓄能器的类型及主要参数

序号	计算公式	符号说明
1	液压执行元件短时间快速运动，由蓄能器来补充供油，其有效工作容积为 $\Delta V=\sum_{i=1}^{z}A_il_iK-q_{vP}t$	A_i——液压缸的有效作用面积，m^2 l_i——液压缸的工作行程，m z——液压缸的个数 K——油液泄漏系数，一般取 $K=1.2$ q_{vP}——液压泵流量，m^3/s t——动作时间，s
2	作应急能源，其有效工作容积为 $\Delta V=\sum_{i=1}^{z}A_il_iK$	$\sum_{i=1}^{z}A_il_iK$——要求应急动作液压缸总的工作容积，m^3
3	有效工作容积算出后，根据有关蓄能器的相应公式，求出蓄能器的容积，再根据其他性能要求，即可确定所需蓄能器	

3.5.5　管路的选择

表 20-3-12　管路的选择

选择步骤	计算公式	符号说明
1. 管道内径计算	$d=\sqrt{\frac{4q_v}{\pi v}}$ 计算出内径 d 后，按标准系列选取相应的管子	q_v——通过管道内的流量，m^3/s v——管内允许流速，m/s，见下表

允许流速推荐值

管道	推荐流速/$m\cdot s^{-1}$
液压泵吸油管道	0.5～1.5，一般常取 1 以下
液压系统压油管道	3～6，压力高，管道短，黏度小取大值
液压系统回油管道	1.5～2.6

选择步骤	计算公式	符号说明
2. 管道壁厚 δ 的计算	$\delta=\frac{pd}{2[\sigma]}$ $[\sigma]=\frac{\sigma_b}{n}$	p——管道内最高工作压力，Pa d——管道内径，m $[\sigma]$——管道材料的许用应力，Pa σ_b——管道材料的抗拉强度，Pa n——安全系数，对钢管来说，$p<7$ MPa 时，取 $n=8$；$p<17.5$ MPa 时，取 $n=6$；$p>17.5$ MPa 时，取 $n=4$

3.5.6 确定油箱容量

初始设计时，先按经验公式（20-3-6）确定油箱的容量，待系统确定后，再按散热的要求进行校核。

油箱容量的经验公式为

$$V=aq_v \qquad (20\text{-}3\text{-}6)$$

式中 q_v——液压泵每分钟排出压力油的容积，m^3；

a——经验系数，见表 20-3-13。

表 20-3-13 经验系数 a

系统类型	行走机械	低压系统	中压系统	锻压机械	冶金机械
a	1～2	2～4	5～7	6～12	10

在确定油箱尺寸时，一方面要满足系统供油的要求，还要保证执行元件全部排油时，油箱不能溢出，以及系统中最大可能充满油时，油箱的油位不低于最低限度。

3.5.7 过滤器的选择

根据液压系统的需要，确定过滤器的类型、过滤精度和尺寸大小。

过滤器的类型是指它在系统中的位置，即吸油过滤器、压油过滤器、回油过滤器、离线过滤器及通气过滤器。

过滤器的过滤精度是指过滤介质的最大孔口尺寸数值。对于不同的液压系统，有不同的过滤精度要求，可根据表 20-3-14 进行过滤精度的选择。

选择过滤器的通油能力时，一般应大于实际通过流量的 2 倍以上。过滤器通油能力可按下式计算

$$q_v=\frac{KA\Delta p\times 10^{-6}}{\mu}$$

式中 q_v——过滤器通油能力，m^3/s；

μ——液压油的动力黏度，Pa·s；

A——有效过滤面积，m^2；

Δp——压力差，Pa；

K——滤芯通油能力系数，网式滤芯 $K=0.34$；线隙式滤芯 $K=0.006$；烧结式滤芯 $K=\frac{1.04D^2\times 10^3}{\delta}$；$D$ 为粒子平均直径，m；δ 为滤芯的壁厚，m。

3.5.8 液压油的选择

油液在液压系统中实现润滑与传递动力双重功能，必须根据使用环境和目的慎重选择。油液的正确选择保证了系统元件的工作与寿命。系统中工作最繁重的元件是泵、液压缸以及马达，针对泵、液压缸以及马达选择的油液也适用于阀。

3.6 液压系统性能验算

液压系统初步设计是在某些估计参数情况下进行的，当各回路形式、液压元件及连接管路等完全确定后，针对实际情况对所设计的系统进行各项性能分析。对一般液压传动系统来说，主要是进一步确切地计算液压回路各段压力损失、容积损失及系统效率，压力冲击和发热温升等。根据分析计算发现问题，对某些不合理的设计要进行重新调整，或采取其他必要的措施。

表 20-3-14 推荐液压系统的过滤精度

工作类别	极关键	关键	很重要	重要	一般	普通保护
系统举例	高性能伺服阀、航空航天实验室、导弹、飞船控制系统	工业用伺服阀、飞机、数控机床、液压舵机、位置控制装置、电液精密液压系统	比例阀、柱塞泵、注塑机、潜水艇、高压系统	叶片泵、齿轮泵、低速马达、液压阀、叠加阀、插装阀、机床、油压机、船舶等中高压工业用液压系统	车辆、土方机械、物料搬运液压系统	重型设备、水压机、低压系统
要求过滤精度/μm	1～3	3～5	10	10～20	20～30	30～40

3.6.1 系统压力损失计算

表 20-3-15 系统压力损失计算

计算步骤	计算公式	符号说明
总的压力损失	压力损失包括管路的沿程损失 Δp_1、管路的局部压力损失 Δp_2 和阀类元件的局部损失 Δp_3 $\Delta p=\Delta p_1+\Delta p_2+\Delta p_3$	Δp_1——管路的沿程损失 Δp_2——管路的局部压力损失 Δp_3——阀类元件的局部损失
沿程损失和局部压力损失	$\Delta p_1=\lambda\dfrac{l}{d}\times\dfrac{v^2}{2}\rho$ $\Delta p_2=\zeta\dfrac{v^2}{2}\rho$	l——管道的长度，m d——管道内径，m v——液流平均速度，m/s ρ——液压油密度，kg/m³ λ——沿程阻力系数 ζ——局部阻力系数 λ、ζ 的具体值可参考有关内容
阀类元件局部损失	$\Delta p_3=\Delta p_N\left(\dfrac{q_v}{q_{vN}}\right)^2$	q_{vN}——阀的额定流量，m³/s q_v——通过阀的实际流量，m³/s Δp_N——阀的额定压力损失，Pa
系统的调整压力	对于泵到执行元件间的压力损失，如果计算出的 Δp 比选泵时估计的管路损失大得多时，应该重新调整泵及其他有关元件的规格尺寸等参数 系统的调整压力 $p_T\geqslant p_1+\Delta p$	p_T——液压泵的工作压力或支路的调整压力

3.6.2 系统效率计算

液压系统的效率指液压执行器的输出功率与液压泵的输出功率之比，即

$$\eta=\frac{P_A}{p_P q_{vP}} \tag{20-3-7}$$

式中 η——液压系统的效率；

P_A——液压执行器输出功率；

p_P——液压泵的输出压力；

q_{vP}——液压泵的输出流量。

液压传动的总效率是指液压执行器的输出功率与液压泵的输入功率（即液压泵轴功率）之比，即

$$\eta_t=\frac{P_A}{P_P} \tag{20-3-8}$$

式中 η_t——液压传动的总效率；

P_P——液压泵轴功率。

3.6.3 系统发热计算

液压系统工作时，除执行元件驱动外载荷输出有效功率外，其余功率损失全部转化为热量，使油温升高。液压系统的功率损失及发热功率见表 20-3-16。

表 20-3-16 液压系统的功率损失及发热功率

计算步骤	计算公式	符号说明
1. 液压泵的功率损失	$P_{h1}=\dfrac{1}{T_t}\sum\limits_{i=1}^{z}P_{r_i}(1-\eta_{P_i})t_i$	T_t——工作循环周期，s z——投入工作液压泵的台数 P_{r_i}——第 i 台液压泵的输入功率，W η_{P_i}——第 i 台液压泵的效率 t_i——第 i 台液压泵工作时间，s
2. 液压执行元件的功率损失	$P_{h2}=\dfrac{1}{T_t}\sum\limits_{j=1}^{M}P_{r_j}(1-\eta_j)t_j$	M——液压执行元件的数量 P_{r_j}——液压执行元件的输入功率，W η_j——第 j 台液压执行元件的效率 t_j——第 j 个执行元件工作时间，s
3. 溢流阀的功率损失	$P_{h3}=p_y q_{vy}$	p_y——溢流阀的调整压力，Pa q_{vy}——经溢流阀流回油箱的流量，m³/s

续表

计算步骤	计算公式	符号说明
4. 油液流经阀或管路的功率损失	$P_{h4}=\Delta p q_v$	Δp——通过阀或管路的压力损失,Pa q_v——通过阀或管路的流量,m^3/s
5. 液压系统的发热功率	由以上各种损失构成了整个系统的功率损失,即液压系统的发热功率 $P_{hr}=P_{h1}+P_{h2}+P_{h3}+P_{h4}$ 式(20-3-8)适用于回路比较简单的液压系统,对于复杂系统,由于功率损失的环节太多,一一计算较麻烦,通常用下式计算液压系统的发热功率 $P_{hr}=P_r-P_c$ $P_r=\frac{1}{T_t}\sum_{i=1}^{z}\frac{p_i q_{vi} t_i}{\eta_{Pi}}$ $P_c=\frac{1}{T_t}(\sum_{i=1}^{n}F_{Wi}s_i+\sum_{j=1}^{m}T_{Wj}\omega_j t_j)$	P_r——液压系统的总输入功率 P_c——液压系统输出的有效功率 T_t——工作周期,s z,n,m——液压泵、液压缸、液压马达的数量 p_i,q_{vi},η_{pi}——第 i 台泵的实际输出压力、流量、效率 t_i——第 i 台泵工作时间,s T_{Wj},ω_j,t_j——液压马达的外载转矩(N·m)、转速(rad/s)、工作时间(s) F_{Wi},s_i——液压缸外载荷及驱动此载荷的行程,N·m

3.6.4 热交换器的选择

液压系统的散热渠道主要是油箱表面，但如果系统外接管路较长，在计算散热功率 P_{hc}时，也应考虑管路表面散热。

$$P_{hc}=(K_1A_1+K_2A_2)\Delta T \qquad (20\text{-}3\text{-}9)$$

式中 K_1——油箱散热系数，见表 20-3-17；

K_2——管道散热系数，见表 20-3-18；

A_1，A_2——分别为油箱、管道的散热面积，m^2；

ΔT——油温与环境温度之差,℃。

若系统达到热平衡，则 $P_{hr}=P_{hc}$，油温不再升高，此时，最大温差

$$\Delta T=\frac{P_{hr}}{K_1A_1+K_2A_2} \qquad (20\text{-}3\text{-}10)$$

表 20-3-17 油箱散热系数 K_1

W/(m²·℃)

冷却条件	K_1
通风条件很差	8～9
通风条件良好	15～17
用风扇冷却	23
循环水强制冷却	110～170

表 20-3-18 管道散热系数 K_2

W/(m²·℃)

风速 /m·s⁻¹	管道外径/m		
	0.01	0.05	0.1
0	8	6	5
1	25	14	10
5	69	40	23

环境温度为 T_0，则油温 $T=T_0+\Delta T$。如果计算出的油温超过该液压设备允许的最高油温（各种机械允许油温见表 20-3-19），就要设法增大散热面积，如果油箱的散热面积不能加大，或加大一些也无济于事时，则需要装设冷却器。

表 20-3-19 各种机械允许油温 ℃

液压设备类型	正常工作温度	最高允许温度
数控机床	30～50	55～70
一般机床	30～55	55～70
机车车辆	40～60	70～80
船舶	30～60	80～90
冶金机械、液压机	40～70	60～90
工程机械、矿山机械	50～80	70～90

冷却器的散热面积为

$$A=\frac{P_{hr}-P_{hc}}{K\Delta t_m} \qquad (20\text{-}3\text{-}11)$$

$$\Delta t_m=\frac{T_1+T_2}{2}-\frac{t_1+t_2}{2}$$

式中 P_{hr}——液压系统的发热功率，W；

P_{hc}——液压系统的散热功率，W；

K——冷却器的散热系数，见液压辅助元件有关冷却器的散热系数；

Δt_m——平均温升，℃；

T_1，T_2——液压油入口和出口温度，℃；

t_1，t_2——冷却水或风的入口和出口温度，℃。

3.7　液压装置结构设计

液压装置设计是液压系统功能原理设计的延续和结构实现，也可以说是整个液压系统设计过程的归宿。

表 20-3-20　液压装置结构设计

总体配置形式		液压装置按其总体配置分为分散配置型和集中配置型两种主要结构类型，而集中配置型即为通常所说的液压站
	集中配置	将动力源、控制调节装置等集中组成独立于主机的液压动力站，与主机之间靠管道和电气控制线路连接。有利于消除动力源振动以及温升对主机的影响，装配、维修方便，但增大占地面积。主要用于本身结构较紧凑的固定式液压设备
	分散配置	将动力源、控制调节装置等合理布局分散安装在主机本体上。这种配置主要适用于工程机械、起重运输机械等行走式液压设备上，如液压泵安装在发动机附近、操纵机构汇总在驾驶台，阀类控制元件为了便于检测、观察和维修，相对集中安装在主机设计预留部位。虽然结构紧凑，但布管、安装、维修均较复杂，且振动、温升等因素均会对主机产生不利影响
元件配置方式		通过弯头、二通、三通、四通等附件经由管道把各个元件连接起来，但难以保证在使用中不松、不漏。为减少纯管式连接，提供如下元件配置方式
	板式配置	把标准元件与其底板固定在同一块平板上，背面再用接头和管道连接起来。这种配置方式只是便于元件合理布置，缩短管长，但未避免管道连接的麻烦。只在教学用演示板或少元件连接时局部应用
	无管板式配置	采用分体或整体加工形成的通油沟槽或孔道替代管道连接。分体结构加工后需用黏合剂胶合和螺钉夹固才能应用。不易察觉由于黏合剂失效或遭压力冲击造成油路间串油而破坏系统正常工作 整体结构是通过钻孔或精密铸造孔道连接，只要铸造质量保证，工作十分可靠，故应用较多，但工艺性较差
	箱式配置	与无管板式配置差别只是缩小面积、增加了厚度，有利于改善孔道加工工艺，并增加了三个安装面。如图(a)所示为只用了一个主安装面的箱式配置 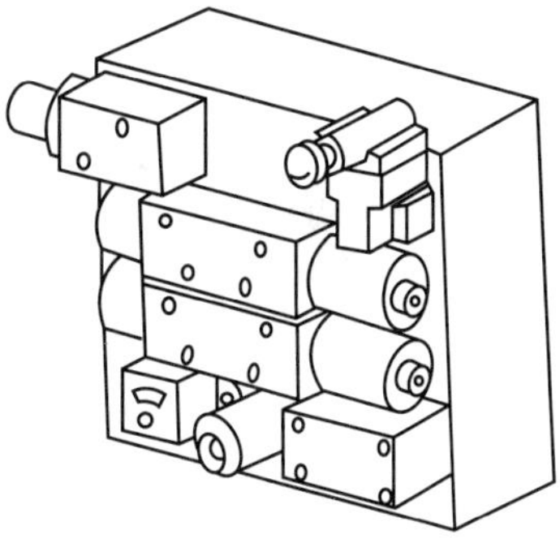 图(a)　箱式配置
	集成块式配置	它是按组成液压系统的各种基本回路，设计成通用化的长方体集成块，上下面作为块与块间的叠加结合面，除背面留作进出管连接用外，其余三个面均可作固定标准元件用。根据需要，数个集成块经螺栓连接就可构成一个液压系统。这种配置方式具有一定程度的通用性和灵活性，如图(b)所示 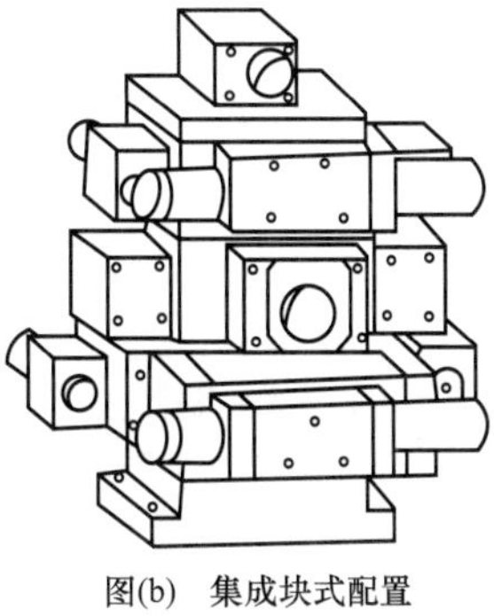 图(b)　集成块式配置

续表

元件配置方式	叠加阀式配置	如图(c)所示，它是在集成块式配置基础上发展形成的。用阀体自身兼作叠加连接用，即取消了作过渡连接作用的集成块，仅保留与外界进出油管连接用的底座块。不仅省去了连接块，使结构更加紧凑，而且还缩短了流道，系统的修改、增减元件较方便。缺点是现有品种较完整的管式和板式标准元件皆不能用，必须为此发展一种自成系列的叠加式元件 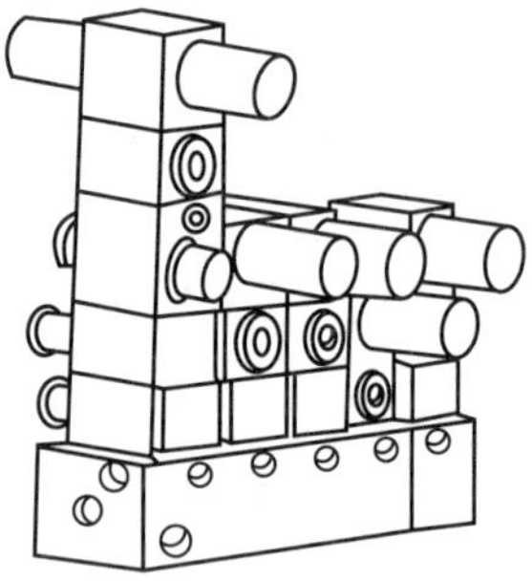 图(c)　叠加阀式配置
	上述五种配置方式反映了一个不断改进的过程。设计时应根据阀的数量、额定流量、加工条件、批量等因素合理选用	
配管要点	配管是用管道和各种接头，把系统组成所需的元件有序地连接起来，构成一个完整的液压装置	
	材质品种及选择	按材质划分有金属、塑料和橡胶三类，金属硬管又有热轧钢管，冷拔钢管、不锈钢管、铜管等品种。其中热轧钢管、冷拔钢管和橡胶软管是液压系统中常用的品种 冷拔钢管有较理想的内表质量和外观，且柔韧性好，能弯曲成各种形状，有利于少用接头，用于液压系统配管最为广泛。一般按其外径及壁厚规格选用 热轧钢管是按公称尺寸和管壁厚度形成规格系列的。公称尺寸是指钢管与接头连接螺纹的尺寸。热轧钢管柔性差，但比冷拔管便宜，常在大口径长直配管中选用 在腐蚀性大的环境下，或有严格清洁度控制要求的场合，宜选用成本较高的不锈钢管 铜管由于易弯曲，曾在如磨床等中低压系统中应用，但铜易促进石油基介质氧化，又为重要有色金属，故液压系统中不推荐采用 塑料管用材品种较多，常见的有聚乙烯、聚氯乙烯、聚丙烯和尼龙等。它具有价廉、柔性好、透明、能着色等特点，在气动系统中应用很普遍，在液压低压系统或如回油等低压管道中应用较多 橡胶管是用耐油橡胶或人工合成橡胶与单层或多层金属丝编织网专门制成的耐压橡胶软管。按通流量要求及耐压级别选用。它是运动部件之间常用的系统连接方式的选择
	弯曲半径及用料计算	硬管弯曲半径受限于弯管工艺及质量要求。当弯曲半径 R 与管径 d 之比超过 2 以后，增大 R 对降低弯曲部位的局部压力损失并不明显，仅在 2×10^{-4}MPa 以内，在工艺可能和满足质量要求的前提下，尽可能采用结构紧凑的较小弯曲半径 对于内径小于 100mm 的冷轧钢管，最小弯管半径可在 $R\geqslant(2.2\sim5)d$ 范围内选择，中等管内径取小值，细或粗管径时取大值。R 及弯曲角度选定以后，用料长度即可由下式算出 $$L=A+B-2R\tan\frac{\varphi}{2}+\pi R\frac{\phi}{180^\circ}$$ 式中　L——落料长度，mm A，B——两端至弯曲点的中心线长度，mm R——弯管曲率半径，mm φ——弯曲角度，(°)，如图(d)所示 当 $\varphi=90^\circ$时，$L=A+B-0.43R$ 当管道需进行多次弯曲时，两次弯曲间的最小距离 l［见图(e)］根据弯管机结构确定。通常当管径 d_0在 6～48mm 范围时，l 值在 60～280mm 变化 通用弯管机的弯曲半径多为 $6d$ 以上的规格，不符合液压系统布管要求，需要进行改造。按 $R\geqslant(2.2\sim5)d$ 改造后的弯管机可以达到如下技术指标，能够满足一般液压设备配管需要 圆度：<15%；弯曲部分最小壁厚：90%公称壁厚 弯曲角度偏差：±1.5°；弯曲加工尺寸误差：±5mm 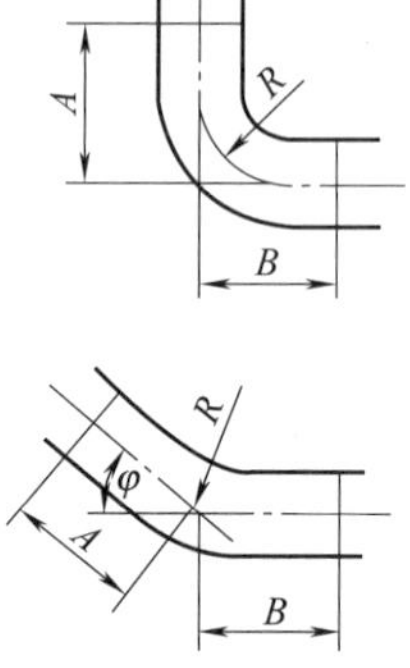 图(d)　弯曲角度 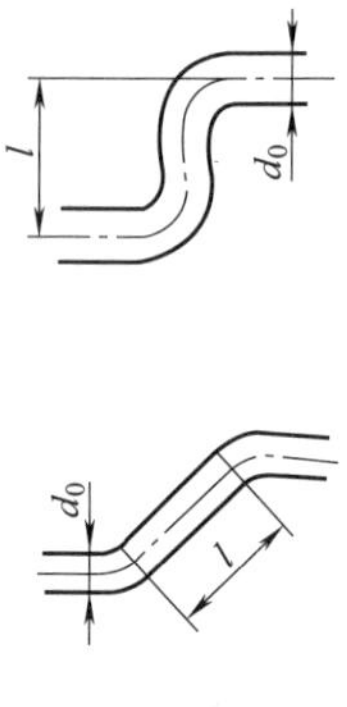 图(e)　最小距离

续表

配管要点 | 配用软管要点

不能因软管对长度和形状有较强的适应性而轻视其配管设计

①软管在工作压力变动下，有－4%～＋2%的伸缩变化，在配管长度上绝对要防止裕度不足造成直管拉紧而难以伸缩，或者接头处急剧弯曲现象

②为防止接头连接不牢，根据管径及钢丝层数等要素，合理控制胶管的压缩量。以扣压式软管接头为例，单层钢丝压缩率 40%～43%，三层则大于 46%～50%，两层时可控制于两组数据之间

③橡胶软管的承压能力是由补强层（钢丝）承受的，在实际使用中，由于承受反复弯曲运动，会使钢丝间、钢丝和管体间相互摩擦，交变应力使得材质发生疲劳破坏。故弯曲状态下工作软管的承压能力会明显下降。规定软管的最小弯曲半径必须在内径的 12 倍以上，此时受压能力（利用率）才能达到 95%左右，否则寿命会相应缩短，直接影响到整个液压系统及设备的安全可靠性。表 1 为弯曲管承载利用率随弯曲半径减小而降低的数据，可供配管时参考。一旦安装空间确定，切忌用过长管道致使弯曲半径减小。采用 90°的角度接头，是改善软管承受弯曲力的常用办法

表 1　弯曲管的承载利用率

弯曲半径	$2d$	$3d$	$4d$	$5d$	$6d$	$7d$	$8d$	$10d$	$20d$
利用率/%	73	81	85	88	90	91	93	94	96

④在装配橡胶软管时，应避免软管的扭曲。由于它会造成软管加固层角度的变更，其危害性超过弯曲，导致软管工作寿命大幅度降低。如果装配时使软管扭曲 5°，则其工作寿命将会降低，仅为原来的 70%。可用软管表面涂纵向色带方法判断和防止扭曲

新型彩色高聚物液压复合软管是由强度高、耐油的内胶层和高强度、重量轻的聚酯纤维增强层及各种颜色、光亮、耐老化、耐磨的外胶层组成。具有承压能力高（达 207MPa），弯曲半径小、耐高低温等优点

密封设计 | 静密封装置

主要是 O 形橡胶密封圈、聚四氟乙烯生料带等品种。后者用于管接头螺纹装配时缠绕填充防漏。O 形橡胶圈使用时注意以下几点

①O 形橡胶圈应符合 GB/T 3452.1—2005 的要求。表面缺陷必须符合 GB/T 3452.2—2007 的要求。O 形圈沟槽的形式、尺寸与公差应符合 GB/T 3452.3—2005

②合理控制压缩率 K 值，K 值过小，密封性不好，过大易产生过大的永久变形，降低寿命。推荐值见表 2。压力低时取小值，压力高时取大值

表 2　O 形密封圈压缩率

形式 \ d/mm \ K/%	1.80	2.65	3.55	5.30	7.00
活塞密封	15.1～27.7	14.2～26.3	14.5～25.2	13.5～23.8	13.1～21.4
活塞杆密封	12.0～25.0	11.5～22.3	11.0～23.3	10.5～20.8	10.0～18.5
轴向密封	20.0～31.9	19.0～28.1	17.5～24.7	16.8～21.8	15.0～20.0

③为防止橡胶圈被压力挤出而损坏，在未使用挡圈保护时，应按表 3 根据胶质硬度和工作压力范围控制密封间隙

密封垫属静密封范畴，液压技术中多用金属垫或复合式密封垫，橡胶、纸质或纸质涂胶等非金属密封垫仅在供水等低压工况中应用

表 3　O 形密封圈允许密封间隙　mm

邵氏硬度	60～70		70～80		80～90	
工作压力/MPa \ d/mm	1.80,2.65,3.55	5.30,7.00	1.80,2.65,3.55	5.30,7.00	1.80,2.65,3.55	5.30,7.00
<2.5	0.14～0.18	0.20～0.25	0.18～0.20	0.22～0.25	0.20～0.25	0.22～0.25
2.5～8.0	0.08～0.12	0.10～0.15	0.10～0.15	0.13～0.20	0.14～0.18	0.20～0.23
8.0～10.0	—	—	0.06～0.08	0.08～0.11	0.08～0.11	0.10～0.13
10.0～32.0	—	—	—	—	0.04～0.07	0.07～0.09

续表

密封设计

静密封装置

金属垫多由纯铜、纯铝、低碳钢等软金属制成，硬度在 32～45HB 之间。靠螺纹连接产生的轴向夹紧力使垫圈材料发生塑性变形，填充补偿结合面的凹凸不平或缝隙，达到密封的目的。金属垫弹性差，不宜多次重复使用

组合密封垫是由稍厚的耐油橡胶垫和起支承作用的金属外环组合而成，依靠橡胶的弹性变形起密封作用，无需较大的轴向压紧力就能实现良好密封。但密封面偶件的表面粗糙度应达到：$Ra \leqslant 6.3 \sim 1.6\mu m$；$Rz \leqslant 2.5 \sim 6.3\mu m$ 的要求。

密封锁紧垫是兼有密封和锁紧双重作用的组合垫。用结构钢基体外环和丁腈或氯橡胶内环组成，工作压力可达 40MPa。将尼龙填料注塑在螺母端面也能达到同样效果

密封胶是一种高分子材料构成的流态密封垫料，它在外力作用下可流填于接合面微观凸凹不平处及间隙中，是一种使用方便的密封手段，能达到绝对防漏的效果，且具备防松锁固作用

密封胶可分为橡胶型和树脂型、有溶剂型和无溶剂型。按使用工况划分，有耐热型、耐寒型、耐压型、耐油型、耐化学品型等

在需拆卸、有剥离要求的地方应选干态可剥离型密封胶；有较高的附着性及耐压性要求的，可选干态不可剥离型密封胶，但耐振和耐冲击性、拆卸性较差；在抗振、抗冲击高要求场合，应选用能长期保持黏弹性，不固化，耐压和便于拆卸的半干型密封胶；需经常拆装或需紧急维修的部位，宜用不干型密封胶，清除较易

动密封装置

动密封装置分为往复运动密封和旋转运动密封。区别于静密封的是单纯靠密封圈本身实现绝对无泄漏，难度较大，往往需在结构上采取多重措施。但是，注意密封部位的工艺质量和控制间隙或配合过盈量，则是密封有效性的关键所在

①密封配合部位的工艺要求：轴类直径公差一般为 h9 或 f9；表面粗糙度控制 Ra 在 $0.25 \sim 0.5\mu m$ 范围内

轴的偏心跳动量控制在 0.15mm 以内。表面硬度要求 30～40HRC，当使用聚四氟乙烯密封圈时，要求达到 50～60 HRC。轴端和轴肩部位应倒角并修圆棱边

②往复运动唇形密封允许最大密封间隙见表 4（适用于丁腈橡胶圈）及表 5（适于夹织物或聚氨酯胶圈）

③旋转运动唇形密封的轴间过盈量推荐值见表 6

表 4　丁腈橡胶唇形密封许用最大间隙　mm

公称直径/mm		<50	50～125	125～200	200～250	250～300	300～400
压力/MPa	<3.5	0.15	0.20	0.25	0.30	0.36	0.40
	3.5～21	0.13	0.15	0.20	0.25	0.30	0.36

表 5　夹织物、聚氨酯胶圈许用间隙　mm

公称直径/mm		<75	75～200	200～250	250～300	300～400	400～600
压力/MPa	<3.5	0.30	0.36	0.41	0.46	0.51	0.56
	3.5～21	0.20	0.25	0.30	0.36	0.41	0.46
	>21	0.15	0.20	0.25	0.30	0.36	0.41

表 6　旋转运动唇形密封轴间过盈量推荐值　mm

轴径 d_0	唇口直径			允许偏心量
	低速型	高速型	无簧型	
<30	$(d_0-1)\pm0.3$		$(d_0-1.5)\pm0.3$	0.2
30～80	$(d_0-1)\pm0.5$	$d_0-1.0$	$(d_0-1.5)\pm0.5$	0.4
80～180	$(d_0-1)-1.0$	$d_0{}^{-0.5}_{-1.5}$	$(d_0-1.5)-1.0$	0.6
>180	$(d_0-1)-1.5$	$d_0{}^{-1.0}_{-1.5}$	$(d_0-1.5)-1.0$	0.7

螺栓、螺钉

液压件或阀块装配连接中使用的螺栓和螺钉，由于承受极大的张力，一旦产生塑性变形就会破坏密封性。必须采用由冷锻制造工艺生产的高强度螺栓和螺钉，其力学性能应达到螺纹紧固件分级中的 8.8、10.9、12.9 三个等级。32MPa 时应用最高级，螺母亦应选 12 级。材料推荐选用 35CrMo、30CrMnSi 或 Q420 合金结构钢，同一材料通过不同工艺措施，可得到不同的性能等级，螺母材料一般较配合螺栓略软

堵头

液压元件或流道连接块体上常有些工艺孔或多余通口需要堵塞，螺堵是最常用的标准件。由于在不长的螺堵上螺纹不多，形成了较难密封的薄弱环节，甚至在高压试验中脱扣冲出，产生事故

采用液压管螺纹是保证螺堵可靠密封的基本要求，它具备气密效果，即与一般螺纹不同，螺扣接合不是仅仅依靠螺纹的侧面，而是在牙侧啮合以前，牙根和牙顶首先啮合，不但密封效果可靠，而且确保结合更为牢固

续表

密封设计	堵头	采用球涨式堵头如图(f)所示，它由钢球 1 和球堵壳体 2 组成。用于压力≤32MPa 情况下，十分安全可靠 对于压力＞32MPa 的工况下，建议在装配中采用拧断式双头高压密封螺堵 高压密封螺堵优于通常锥形螺堵、带垫螺堵、焊接销堵、球涨式堵头，如图(g)所示。螺堵制成双头，中央为拧紧用工艺性六角头，拧紧后，自动在薄弱颈部 d_4 处断脱而弃之。由于它与工件孔间主要是借助不同锥角的斜面棱边密封，故耐压可高达 50MPa。若配合使用密封胶。密封更加可靠 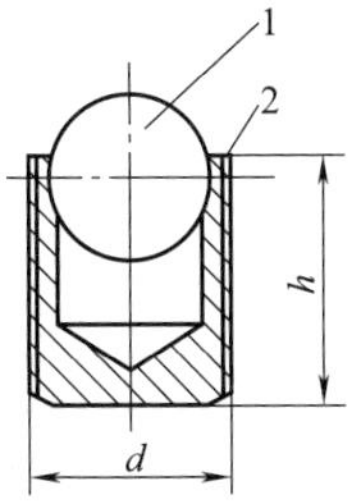 图(f)　球涨式堵头 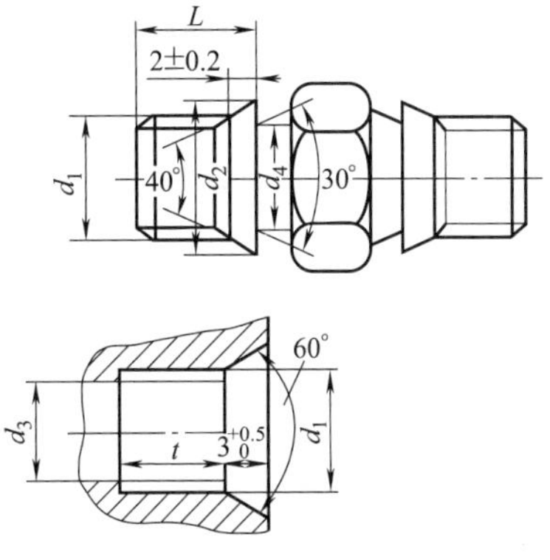 图(g)　高压密封螺堵
	泄漏综合措施	泄漏往往是在使用一段时间之后发生的，这是因为 ①再好的动密封及其配合部位都会磨损 ②油温过高或介质的不相容性导致的橡胶等密封材料的老化变质 ③液压冲击和振动使接点松动和密封破坏 消除活塞杆和驱动轴动密封上的侧向载荷；用防尘圈、防护罩和橡胶套保护密封等措施可以减少动密封的磨损 选用与介质相容性好的密封材料，严格控制系统油温是防止密封材料老化和变质，延长使用寿命的重要措施 为了减少冲击和振动可以采取选用灵敏性好的压力控制阀、采用减振支架、加设缓冲蓄能器，减少管式接头用量等措施

3.8　液压泵站设计

液压泵站是多种元、辅件组合而成的整体，是为一个或几个系统存放一定清洁度的工作介质，并输出一定压力、流量的液体动力，兼作整体式液压站安放液压控制装置基座的整体装置。液压泵站是整个液压系统或液压站的一个重要部件，其设计质量的优劣对液压设备性能关系很大。

3.8.1　液压泵站的组成及分类

液压泵站一般由液压泵组、油箱组件、控温组件、过滤器组件和蓄能器组件五个相对独立的部分组成，见表 20-3-21。尽管这五个部分相对独立，但设计者在液压泵站装置设计中，除了根据机器设备的工况特点和使用的具体要求合理进行取舍外，经常需要将它们进行适当的组合，合理构成一个部件。例如，油箱上常需将控温组件中的油温计、过滤器组件作为油箱附件而组合在一起构成液压油箱等。

液压泵站根据液压泵组布置方式，分为上置式液压泵站和非上置式液压泵站。

(1) 上置式液压泵站

泵组布置在油箱之上的上置式液压泵站（见图 20-3-3），当电动机卧式安装，液压泵置于油箱之上时，称为卧式液压泵站，见图 20-3-3 (a)；当电动机立式安装，液压泵置于油箱内时，称为立式液压泵站，见图 20-3-3 (b)。上置式液压泵站占地面积小，结构紧凑，液压泵置于油箱内的立式安装噪声低且便于收集漏油。在中、小功率液压站中被广泛采用，油箱容量可达 1000L。液压泵可以是定量型或变量型（恒功率式、恒压式、恒流量式、限压式及压力切断式等）。当采用卧式液压泵站时，由于液压泵置于油箱之上，必须注意各类液压泵的吸油高度，以防液压泵进油口处产生过大的真空度，造成吸空或气穴现象，各类液压泵的吸油高度见表 20-3-22。

(2) 非上置式液压泵站

将泵组布置在底座或地基上的非上置式液压泵站，如果泵组安装在与油箱一体的公用底座上，则称为整体型液压泵站，它又可分为旁置式、下置式两种，见图 20-3-4 (a) 和图 20-3-4 (b)；将泵组单

表 20-3-21　　**液压泵站的组成**

组成部分	包含元器件	作　用
液压泵组	液压泵	将原动机的机械能转换为液压能
	原动机(电动机或内燃机)	驱动液压泵
	联轴器	连接原动机和液压泵
	传动底座	安装和固定液压机及原动机
油箱组件	油箱	储存油液、散发油液热量、逸出空气、分离水分、沉淀杂质和安装元件
	液位计	显示和观测液面高度
	通气过滤器	注油、过滤空气
	放油塞	清洗油箱或更换油液时放油
控温组件	油温计	显示、观测油液温度
	温度传感器	检测并控制油温
	加热器	油液加热
	冷却器	油液冷却
过滤器组件	各类过滤器	分离油液中的固体颗粒,防止堵塞小截面流道,保持油液清洁度等
蓄能器组件	蓄能器	蓄能、吸收液压脉动和冲击
	支撑台架	安装蓄能器

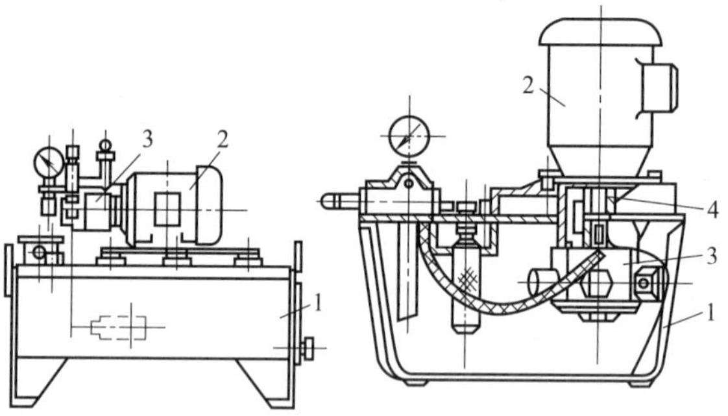

(a) 卧式　　(b) 立式

图 20-3-3　上置式液压泵站

1—油箱；2—电动机；3—液压泵；4—联轴器

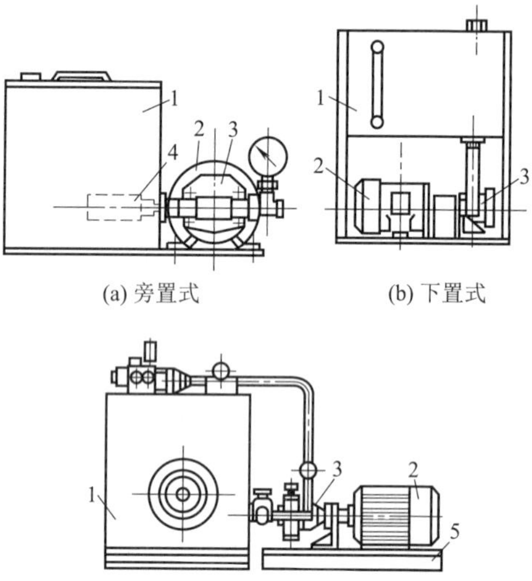

(c) 分离式

图 20-3-4　非上置式液压泵站

1—油箱；2—电动机；3—液压泵；4—过滤器；5—底座

独安装在地基上的则称为分离式液压泵站，见图 20-3-4 (c)。非上置式液压泵站由于液压泵置于油箱液面以下，故能有效改善液压泵的吸入性能。这种动力源装置的液压泵可以是定量型或变量型（恒功率式、恒压式、恒流量式、限压式及压力切断式等），并且具有高度低、便于维护的优点，但占地面积大。因此，适用于泵的吸入允许高度受限制，传动功率较大，而使用空间不受限制以及开机率低，使用时又要求很快投入运行的场合。

表 20-3-22　**液压泵的吸油高度**　　mm

液压泵	螺杆泵	齿轮泵	叶片泵	柱塞泵
吸油高度	500～1000	300～400	≤500	≤500

上置式与非上置式液压泵站的综合比较见表 20-3-23。

3.8.2　油箱及其设计

在 3.5.6 节中初步确定了油箱的容积，在 3.6.4 节中利用最大温差 ΔT 验算了油箱的散热面积是否满足要求。当系统的发热量求出之后，可根据散热的要求确定油箱的容量。

表 20-3-23　上置式与非上置式液压泵站的综合比较

项　目	上置立式	上置卧式	非上置式
振动	较大		小
占地面积	小		较大
清洗油箱	较麻烦		容易
漏油收集	方便	需另设滴油盘	需另设滴油盘
液压泵工作条件	泵浸在油中，工作条件好	一般	好
液压泵安装要求	泵与电动机有同轴度要求	泵与电动机有同轴度要求；需考虑液压泵的吸油高度；吸油管与泵的连接处密封要求严格	泵与电动机有同轴度要求；吸油管与泵的连接处密封要求严格
应用	中小型液压站	中小型液压站	较大型液压站

由式（20-3-10）可得油箱的散热面积为

$$A_1=\frac{\left(\frac{P_{hr}}{\Delta T}-K_2A_2\right)}{K_1}\qquad(20\text{-}3\text{-}12)$$

式中　K_1——油箱散热系数，见表 20-3-17；

K_2——管道散热系数，见表 20-3-18；

A_1，A_2——油箱、管道的散热面积，m^2；

P_{hr}——液压系统的发热功率，W；

ΔT——油温与环境温度之差，℃。

如不考虑管路的散热，式（20-3-12）可简化为

$$A_1=\frac{P_{hr}}{\Delta TK_1}$$

油箱主要设计参数如图 20-3-5 所示。一般油面的高度为油箱高 h 的 0.8 倍，与油直接接触的表面算全散热面，与油不直接接触的表面算半散热面，图示油箱的有效容积 V 和散热面积 A_1 分别为

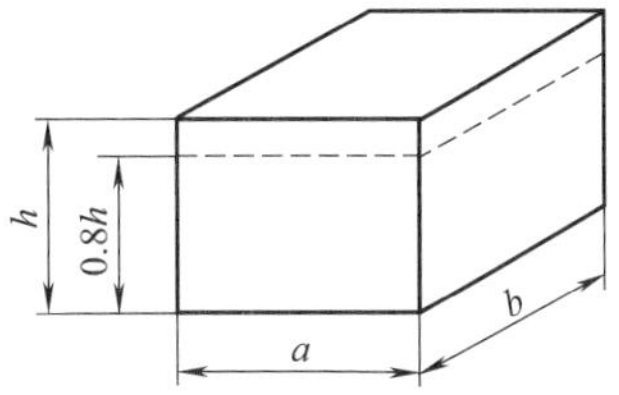

图 20-3-5　油箱结构尺寸

$$V=0.8abh$$

$$A_1=1.8h(a+b)+1.5ab$$

若 A_1 求出，再根据结构要求确定 a、b、h 的比例关系，即可确定油箱的主要结构尺寸。

3.8.3　液压泵组的结构设计

液压泵组是指液压泵及驱动泵的原动机（固定设备上的电动机和行走设备上的内燃机）和联轴器及传动底座组件，各部分的作用见表 20-3-21。液压泵组的结构设计要点如表 20-3-24 所示。

表 20-3-24　液压泵的结构设计要点

设计要点		设计说明
布置方式		可根据主机的结构布局、工况特点、使用要求及安装空间的大小，按照前面的方法合理确定液压泵组的布置方式
连接和安装方式	轴间连接方式	确定液压泵与原动机的轴间连接和安装方式首先要考虑的问题是：液压泵轴的径向和轴向负载的消除或避免 ①直接驱动型连接 a. 联轴器。由于泵轴在结构上一般不能承受额外的径向和轴向载荷，所以液压泵最好由原动机经联轴器直接驱动。并且使泵轴与驱动轴之间严格对中，轴线的同轴度误差不大于 0.08mm 原动机与液压泵之间的联轴器宜采用带非金属弹性元件的挠性联轴器，例如 GB/T 5272—2017 中规定的梅花形弹性联轴器以及 GB/T 10614—2008 中规定的芯型弹性联轴器和 GB/T 5844—2002 中规定的轮胎式联轴器。其中梅花形弹性联轴器具有弹性、耐磨性、缓冲性及耐油性较高，制造容易、维护方便等优点，应用较多。上述各种联轴器的标准可查阅相关机械设计手册 b. 花键连接。除了采用挠性联轴器外，原动机与液压泵之间还可采用特殊的轴端带花键连接孔的原动机，将泵的花键轴直接插入原动机轴端。此种连接方式在省去联轴器的同时，还可以保证两轴间的同轴度。液压泵的轴伸尺寸系列应按国家标准 GB/T 2353—2005 的规定
		②间接驱动连接。如果液压泵不能经联轴器由原动机直接驱动，而需要通过齿轮传动、链传动或带传动间接驱动时，液压泵轴所受的径向载荷不得超过泵制造厂的规定值，否则带动泵轴的齿轮、链轮或带轮应架在另外设置的轴承上。此种连接方式也应满足规定的同轴度要求

续表

设计要点		设计说明
连接和安装方式	安装方式	①角形支架卧式安装。如图(a)所示，YBX-16 型液压泵直接装在角形支架 1 的止口里，依靠角形支架的底面与基座 2 相连接，再通过挠性联轴器 3 与带底座的卧式电动机(Y90L-4-1)相连。液压泵与电动机的同轴度需通过在电动机底座下和角形支架下加装的调整垫片来实现 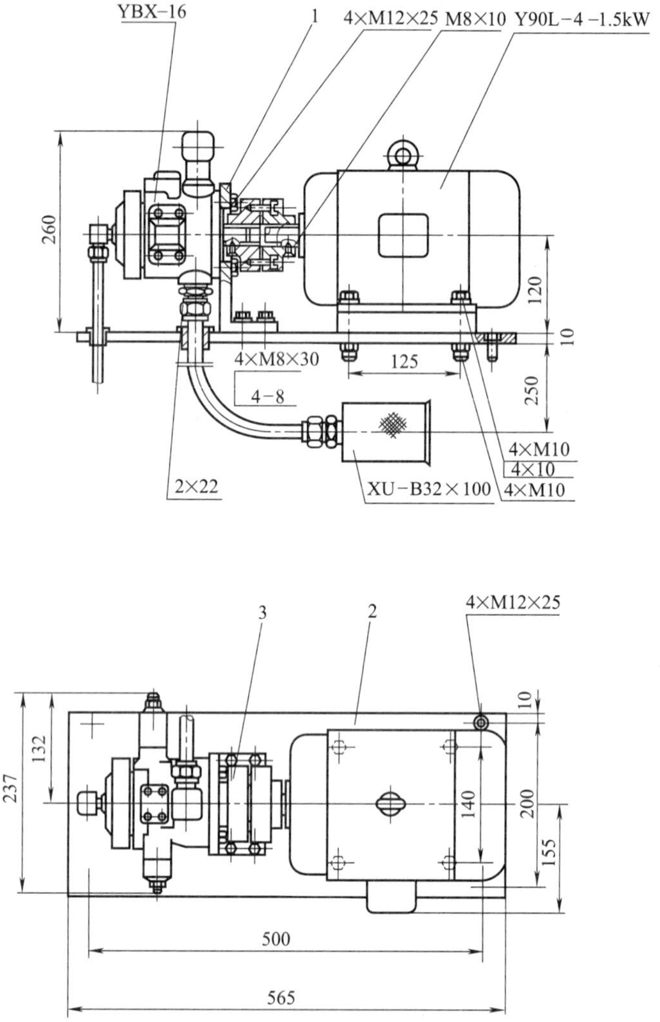 **图(a)　角形支架卧式安装** 1—角形支架；2—基座；3—挠性联轴器
		②钟形罩立式安装。如图(b)所示，通过 YB1-32 型液压泵上的轴端法兰实现泵与钟形罩(也称钟形法兰)的连接，钟形罩再与带法兰的立式电动机(Y112M-685)连接，依靠钟形罩上的止口保证液压泵与电动机的同轴度。此种方式安装和拆卸均较方便

续表

设计要点		设计说明
连接和安装方式	安装方式	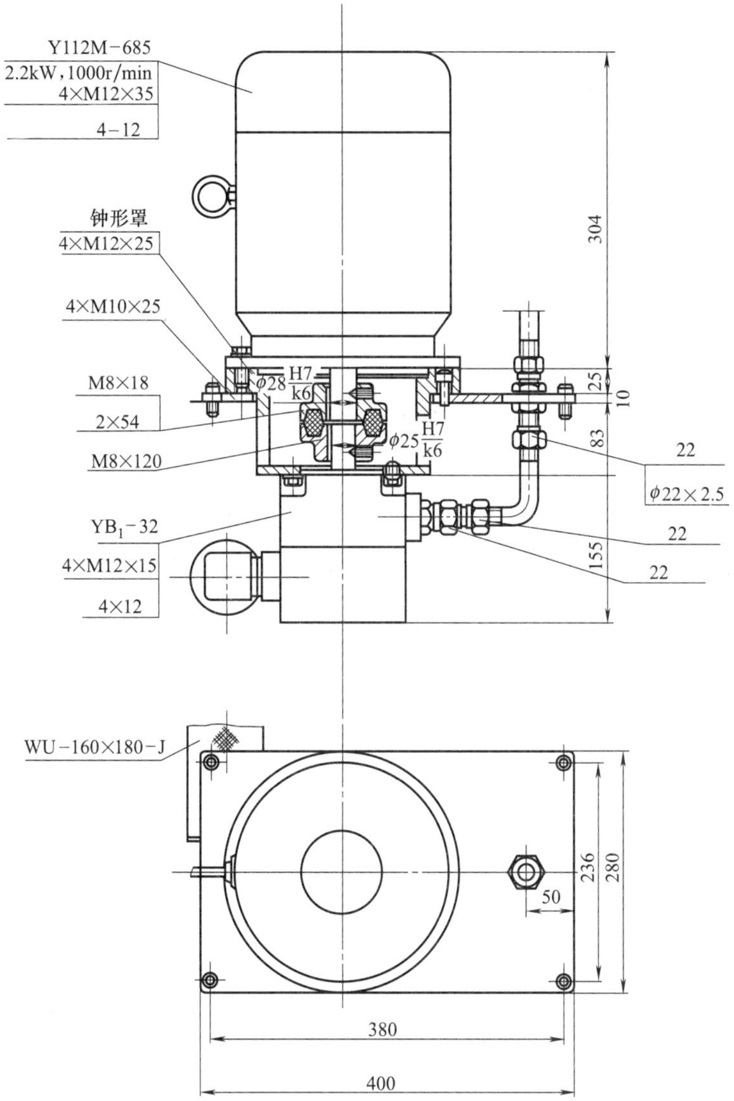 图(b) 钟形罩立式安装
		③脚架钟形罩卧式安装。如图(c)所示,此种安装方式与钟形罩立式安装类同,不同之处在于这里的钟形罩自带脚架2,并采用卧式安装 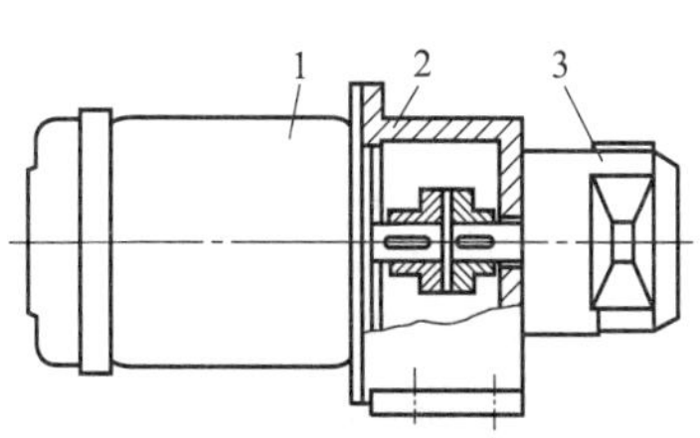 图(c) 脚架钟形罩卧室安装 1—电动机;2—脚架;3—液压泵

第20篇

续表

<table>
<tr><th>设计要点</th><th colspan="2">设 计 说 明</th></tr>
<tr><td rowspan="1">连接和安装方式</td><td>安装方式</td><td>④支架钟形罩卧式安装。如图(d)所示，电动机(Y132M-4)与液压泵通过钟形罩连接起来，钟形罩再与支架相连，最后通过支架将液压泵与电动机一并安装在基座上。液压泵与电动机的同轴度由钟形罩上的止口保证。此种方式加工和安装都比较方便
目前，有的液压元件制造厂还提供已经把液压泵和电动机组装成一体的产品，简称电机组合泵，给用户设计和使用液压装置提供了方便
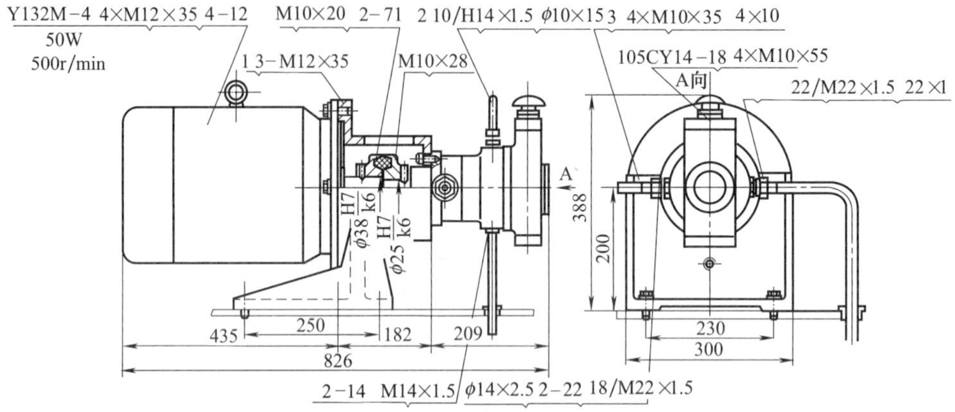

图(d) 支架钟形罩卧式安装</td></tr>
<tr><td>液压泵的安装姿态</td><td colspan="2">应使液压泵的壳体泄油口朝上，以保证工作时泵壳体中始终充满油液。泵轴和联轴器等外露的旋转部分，应该设有可拆装的防护罩以保证安全。泵的下方应设置滴油盘，以免检修时油液流到地面上</td></tr>
<tr><td>液压泵组的传动底座</td><td colspan="2">液压泵组的传动底座在结构上应具有足够的强度和刚度，特别是对于油箱箱顶上安装液压泵组的情况，箱顶要有足够的厚度(通常应不小于箱壁厚度的 4 倍)。还应考虑安装、检修的方便性，要在合适的部位设置滴油盘，以防油液污染工作场地</td></tr>
</table>

3.8.4 蓄能器装置的设计

蓄能器在液压系统中具有蓄能、吸收液压冲击和脉动、减振、平衡、保压等用途，在弹簧加载、重力加载和气体加载等三种类型蓄能器中，气体加载型可挠式在皮囊式蓄能中应用最多。各类蓄能器的详细分类、特点及适用场合，选择方法及其注意事项见前面章节。此处主要介绍蓄能器装置设计、安装及使用要点。

表 20-3-25 蓄能器装置的设计、安装及使用要点

设计要点	要 点 详 述
蓄能器装置的设计与安装	对于使用单个蓄能器的中小型液压系统，可将蓄能器通过托架安装在紧靠脉动或冲击源处，或直接搭载安装在油箱箱顶或油箱侧壁上。对于使用多个蓄能器的大型液压系统，应设计安装蓄能器的专门支架，用以支撑蓄能器；同时，还应使用卡箍将蓄能器固定。支架上两相邻蓄能器的安装位置要留有足够的间隔距离，以便于蓄能器及其附件(提升阀及密封件等)的安装和维护。蓄能器间的管路连接应有良好的密封 蓄能器装置应安装在便于检查、维修的位置，并远离热源。用于降低噪声、吸收脉动和液压冲击的蓄能器，应尽可能靠近振动源。蓄能器的铭牌应置于醒目的位置。非隔离式蓄能器及皮囊式蓄能器应油口向下、充气阀朝上竖直安放。蓄能器与液压泵之间应装设单向阀，防止液压泵卸荷或停止工作时蓄能器中的压力油倒灌。蓄能器与系统之间应装设截止阀，供充气、检查、维修蓄能器时或长时间停机时使用。各蓄能器应牢固地固定在支架上，蓄能器支架应牢固地固定在地基上，以防蓄能器从固定部位脱开而发生飞起伤人事故

续表

设计要点	要点详述
蓄能器使用注意事项	①不能在蓄能器上进行焊接、铆焊及机械加工。蓄能器绝对禁止充氧气，以免引起爆炸。不能在充液状态下拆卸蓄能器 ②非隔离式蓄能器不能放空油液，以免气体进入管路中。使用压力不宜过高，防止过多气体溶入油液中 检查充气压力的方法：将压力表装在蓄能器的油口附近，用液压泵向蓄能器注满油液，然后，使泵停止，使压力油通过与蓄能器相接的阀慢慢从蓄能器中流出。在排油过程中观察压力表。压力表指针会慢慢下降。当达到充气压力时，蓄能器的提升阀关闭，压力表指针迅速下降到零，压力迅速下降前的压力即为充气压力。也可利用充气工具直接检查充气压力，但由于每次检查都要放掉一点气体，故不适用于容量很小的蓄能器

3.9　液压集成块设计

尽管目前已有多种集成块系列及其单元回路，但是现代液压系统日趋复杂，导致系列集成块有时不能满足用户的使用和设计要求，工程实际中仍有不少回路集成块需自行设计。

由于集成块的孔系结构复杂，设计者经验的多寡对于设计的成败及质量的优劣有很大影响。对于经验缺乏的设计者来说，在设计中，建议设计者研究和参考现有通用集成块系列的结构及特点，以便于加快设计进程，减少设计失误，提高设计工作效率。

表 20-3-26　　液压集成块设计要点

<table>
<tr><th>设计要点</th><th>说　明</th></tr>
<tr><td>确定公用油道孔的数目</td><td>集成块体的公用油道孔，有二孔、三孔、四孔、五孔等多种设计方案，应用较广的为二孔式和三孔式，其结构及特点见表 1
表 1　二孔式和三孔式集成块的结构及特点
<table>
<tr><th>公用油道孔</th><th>结构简图</th><th>特　点</th></tr>
<tr><td>二孔式</td><td>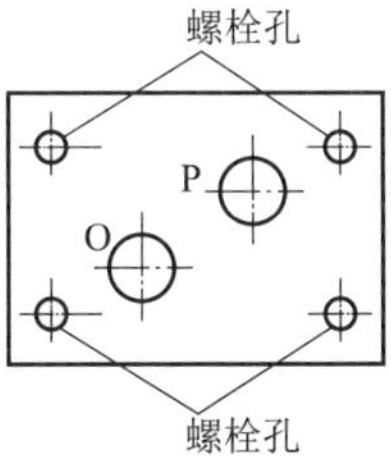
</td><td>在集成块上分别设置压力油孔 P 和回油孔 O 各一个，用四个螺栓孔与块组连接螺栓间的环形孔来作为泄漏油通道。优点：结构简单，公用通道少，便于布置元件；泄漏油道孔的通流面积大，泄漏油的压力损失小。缺点：在基块上需将四个螺栓孔相互钻通，所以需堵塞的工艺孔较多，加工麻烦，为防止油液外漏，集成块间相互叠积面的粗糙度要求较高，一般应小于 $Ra0.8\mu m$</td></tr>
<tr><td>三孔式</td><td>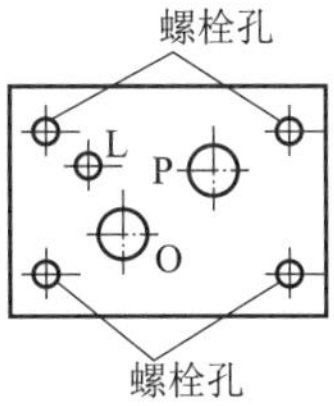
</td><td>在集成块上分别设置压力油孔 P、回油孔 O 和泄油孔 L 共三个公用孔道。优点：结构简单，公用油道孔数较少。缺点：因泄漏油孔 L 要与各元件的泄漏油口相通，故其连通孔道一般细（$\phi5\sim6mm$）而长，加工较困难，且工艺孔较多</td></tr>
</table></td></tr>
<tr><td>制作液压元件样板</td><td>为了在集成块四周面上实现液压阀的合理布置及正确安排其通油孔（这些孔将与公用油道孔相连），可按照液压阀的轮廓尺寸及油口位置预先制作元件样板，放在集成块各有关视图上，安排合适的位置。对于简单回路则不必制作样板，直接摆放布置即可</td></tr>
<tr><td>确定孔道直径及通油孔间壁厚</td><td>集成块上的孔道可分为三类：第一类是通油孔道，其中包括贯通上下面的公用孔道，安装液压阀的三个侧面上直接与阀的油口相通的孔道，另一侧面安装管接头的孔道，不直接与阀的油口相通的中间孔道即工艺孔四种；第二类是连接孔，其中包括固定液压阀的定位销孔和螺钉孔（螺孔），成摞连接各集成块的螺栓孔（光孔）；第三类是质量在 30kg 以上的集成块的起吊螺钉孔</td></tr>
</table>

续表

<table>
<tr><th>设计要点</th><th colspan="2">说明</th></tr>
<tr><td rowspan="1">确定孔道直径及通油孔间壁厚</td><td>通油孔道的直径</td><td>与阀的油口相通孔道的直径,应与液压阀的油口直径相同。与管接头相连接的孔道,其直径 d 一般应按通过的流量和允许流速,用下式计算,但孔口需按管接头螺纹小径钻孔并攻螺纹
$$d=\sqrt{\frac{4q}{\pi v}}$$
式中 q——通过的最大流量,m^3/s
v——孔道中允许流速(取值见表 2)
d——孔道内径,m
表 2 孔道中的允许流速
<table>
<tr><th>油液流经孔道</th><th>吸油孔道</th><th>高压孔道</th><th>回油孔道</th></tr>
<tr><td>允许流速/$m \cdot s^{-1}$</td><td>0.5～1.5</td><td>2.5～5</td><td>1.5～2.5</td></tr>
<tr><td>说明</td><td colspan="3">高压孔道:压力高时取最大值,反之取小值;孔道长的取小值,反之取大值;油液黏度大时取小值</td></tr>
</table>
工艺孔应用螺塞或球胀堵头堵死
公用孔道中,压力油孔和回油孔的直径可以类比同压力等级的系列集成块中的孔道直径确定,也可通过上式计算得到;泄油孔的直径一般由经验确定,例如对于低、中压系统,当 $q=25$ L/min 时,可取 ϕ6mm,当 $q=63$ L/min 时,可取 ϕ10mm</td></tr>
<tr><td>连接孔的直径</td><td colspan="2">固定液压阀的定位销孔的直径和螺钉孔(螺孔)的直径,应与所选定的液压阀的定位销直径及配合要求与螺钉孔的螺纹直径相同
连接集成块组的螺栓规格可类比相同压力等级的系列集成块的连接螺栓确定,也可以通过强度计算得到。单个螺栓的螺纹小径 d 的计算公式为
$$d \geqslant \sqrt{\frac{4P}{\pi N[\sigma]}}$$
式中 P——块体内部最大受压面上的推力,N
N——螺栓个数
$[\sigma]$——单个螺栓的材料许用应力,Pa
螺栓直径确定后,其螺栓孔(光孔)的直径也就随之而定,系列集成块的螺栓直径为 M8～M12,其相应的连接孔直径为 ϕ9～12mm</td></tr>
<tr><td>起吊螺钉孔的直径</td><td colspan="2">单个集成块质量在 30kg 以上时,应按质量和强度确定螺钉孔的直径</td></tr>
<tr><td>油孔间的壁厚及其校核</td><td colspan="2">通油孔间最小壁厚的推荐值不小于 5mm。当系统压力高于 6.3MPa 时,或孔间壁厚较小时,应进行强度校核,以防止系统在使用中被击穿。孔间壁厚 δ 可按下式进行校核。但考虑到集成块上的孔大,多细而长,钻孔加工时可能会偏斜,实际壁厚应在计算基础上适当取大一些
$$\delta=\frac{pdn}{2\sigma_b}$$
式中 δ——压力油孔间壁厚,m
p——孔道内最高工作压力,MPa
d——压力油孔道直径,m
n——安全系数,钢件取值见表 3
σ_b——集成块材料抗拉强度,MPa
表 3 安全系数(钢件)
<table>
<tr><td>孔道内最高工作压力/MPa</td><td><7</td><td>7～17.5</td><td>17.5</td></tr>
<tr><td>安全系数</td><td>8</td><td>6</td><td>4</td></tr>
</table></td></tr>
</table>

续表

设计要点	说　　明
中间块外形尺寸的确定	中间块用来安装液压阀，其高度 H 取决于所安装元件的高度。H 通常应大于所安装的液压阀的高度。在确定中间块的长度和宽度尺寸时，在已确定公用油道孔基础上，应首先确定公用油道孔在块间结合面上的位置。如果集成块组中有部分采用标准系列通道块，则自行设计的公用油道孔位置应与标准通道块上的孔一致。中间块的长度和宽度尺寸均应大于安放元件的尺寸，以便于设计集成块内的通油孔道时调整元件的位置。一般长度方向的调整尺寸为 40～50mm，宽度方向为 20～30mm。调整尺寸留得较大，孔道布置方便，但将加大块的外形尺寸和质量，反之，则结构紧凑、体积小、质量轻，但孔道布置困难。最后确定的中间块长度和宽度应与标准系列块的一致 应当指出的是，现在有些液压系统产品中，一个集成块上安装的元件不止三个，有时一块上所装的元件数量达到 5～8 个以上，其目的无非是减少整个液压控制装置所用油路块的数量。如果采用这种集成块，通常每块上的元件不宜多于 8 个，块在三个尺度方向的最大尺寸不宜大于 500mm。否则，集成块的体积和质量较大，块内孔系复杂，给设计和制造带来诸多不便
布置集成块上的液压元件	在确定了集成块中公用油道孔的数目、直径及在块间连接面中的位置与集成块的外形尺寸后，即可逐块布置液压元件了。液压元件在通道块上的安装位置合理与否，直接影响集成块体内孔道结构的复杂程度、加工工艺性的好坏及压力损失的大小。元件安放位置不仅与典型单元回路的合理性有关，还要受到元件结构、操纵调整的方便性等因素的影响。即使单元回路完全合理，若元件位置不当，也难于设计好集成块体。因此，它往往与设计者的经验多寡、细心程度有很大关系
中间块	中间块的侧面安装各种液压控制元件。当需与执行装置连接时，三个侧面安装元件，一个侧面安装管接头。注意事项如下 ①应给安装液压阀、管接头、传感器及其他元件的各面留有足够的空间 ②集成块体上要设置足够的测压点，以便调试时和工作中使用 ③需经常调节的控制阀，如各种压力阀和流量阀等应安放在便于调节和观察的位置，应避免相邻侧面的元件发生干涉 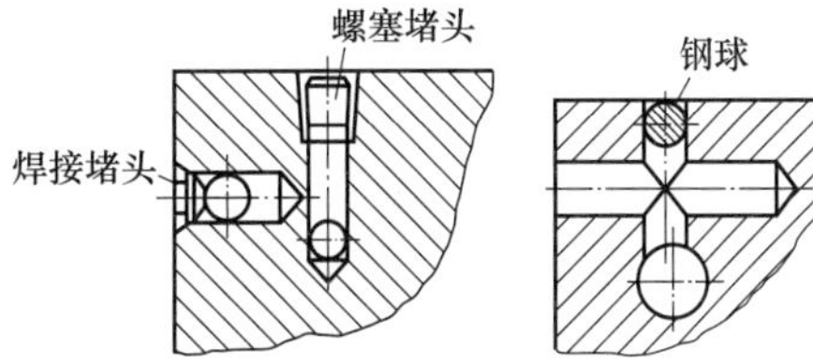 (ⅰ)螺塞和焊接　(ⅱ)球胀 图(a)　工艺孔的封堵 ④应使与各元件相通的油孔尽量安排在同一水平面内，并在公用通油孔道的直径范围内，以减少中间连接孔（工艺孔）、深孔和斜孔的数量。互不相通的孔间应保持一定壁厚，以防工作时击穿 ⑤集成块的工艺孔均应封堵，封堵有螺塞、焊接和球胀三种方式，如图(a)所示。螺塞封堵是将螺塞旋入螺纹孔口内，多用于可能需要打开或等元件的工艺孔的封堵，螺塞应按有关标准制造。焊接封堵是将短圆柱周边牢固焊接在封堵处，对于直径小于 5mm 的工艺孔可以省略圆柱而直接焊接封堵，多用于靠近集成块边壁的交叉孔的封堵。球胀封堵是将钢球以足够的过盈压入孔中，多用于直径小于 10mm 工艺孔的封堵，制造球胀式堵头及封堵孔的材料及尺寸应符合 JB/T 9157—2011 标准的规定。封堵用螺塞、圆柱和钢球均不得凸出集成块的壁面，焊接封堵后应将焊接处磨平。封堵后的密封质量以不漏油为准 ⑥ 在集成块间的叠积面上（块的上面），公用油道孔出口处要安装 O 形密封圈，以实现块间的密封。应在公用油道孔出口处按选用的 O 形密封圈的规格加工出沉孔，O 形圈沟槽尺寸应满足相关标准 GB/T 3452.3—2005 的规定
基块（底板）	基块的作用是将集成块组件固定在油箱顶盖或专用底座上，并将公用通油孔道通过管接头与液压泵和油箱相连接，有时需在基块侧面上安装压力表开关。设计时要留有安装法兰、压力表开关和管接头等的足够空间。当液压泵出油口经单向阀进入主油路时，可采用管式单向阀，并将其装在基块外
顶块（盖板）	顶块的作用是封闭公用通油孔道，并在其侧面安装压力表开关以便测压，有时也可在顶块上安装一些控制阀，以减少中间块数量
过渡板	为了改变阀的通油口位置或为了在集成块上追加、安装较多的元件，可按需要在集成块上采用过渡板。过渡板的高度应比集成块高度至少小 2mm，其宽度可大于集成块，但不应与相邻两侧元件相干涉
集成块专用控制阀	为了充分利用集成块空间，减少过渡板，可采用嵌入式和叠加式两种集成块专用阀，前者将油路上串接的元件，如单向阀、背压阀等直接嵌入集成块内；后者通常将叠加阀叠积在集成块与换向阀之间
集成块油路的压力损失	油液在流经集成块孔系后要产生一定的压力损失，其数值是反映块式集成装置设计质量与水平的重要标志之一。显然，集成块中的工艺孔愈少，附加的压力损失愈小 集成块组的压力损失，是指贯通全部集成块的进油、回油孔道的压力损失。在孔道布置一定后，压力损失随流量增加而增加。经过一个集成块的压力损失 Δp（包括孔道的沿程压力损失 $\sum\Delta p_\lambda$、局部压力损失 $\sum\Delta p_\zeta$ 和阀类元件的局部压力损失 $\sum\Delta p_v$ 三部分），可借助有关公式逐孔、逐段详细算出后叠加。通常，经过一个块的压力损失值约为 0.01MPa 对于采用系列集成块的系统，也可以通过有关图线查得不同流量下经过集成块组的进油、回油通道的压力损失

续表

设计要点		说　明
绘制集成块加工图	加工图的内容	为了便于读图、加工和安装，通常集成块的加工图应包括四个侧面视图及顶面视图、各层孔道剖面图与该集成块的单元回路图，并将块上各孔编号列表，并注明孔的直径、深度及与之相通的孔号，当然，加工图还应包括集成块所用材料及加工技术要求等 在绘制集成块的四个侧面和顶面视图时，往往是以集成块的底边和任一邻边为坐标，定出各元件基准线的坐标，然后绘制各油孔和连接液压阀的螺钉孔及块间连接螺栓孔，以基准线为坐标标注各尺寸 目前在有些液压企业，所设计的集成块加工图、各层孔道的剖视图，常略去不画，而只用编号列表来说明各种孔道的直径、深度及与之相通的孔号，并用绝对坐标标注各孔的位置尺寸等，以减少绘图工作量。但为了避免出现设计失误，最后必须通过人工或计算机对各孔的所有尺寸及孔间阻、通情况进行仔细校验
	集成块的材料和主要技术要求	制造集成块的材料因液压系统压力高低和主机类型不同而异，可以参照表 4 选取。通常，对于固定机械、低压系统的集成块，宜选用 HT250 或球墨铸铁；高压系统的集成块宜选用 20 钢和 35 钢锻件。对于有重量限制要求的行走机械等设备的液压系统，其集成块可采用铝合金锻件，但要注意强度设计

表 4　集成块的常用材料

种　类	工作压力/MPa	厚度/mm	工艺性	焊接性	相对成本
热轧钢板	约 35	<160	一般	一般	100
碳钢锻件	约 35	>160	一般	一般	150
灰口铸铁	约 14	—	好	不可	200
球墨铸铁	约 35	—	一般	不可	210
铝合金锻件	约 21	—	好	不可	1000

集成块的毛坯不得有砂眼、气孔、缩松和夹层等缺陷，必要时需对其进行探伤检查。毛坯在切削加工前应进行时效处理或退火处理，以消除内应力

集成块各部位的粗糙度要求不同：集成块各表面和安装嵌入式液压阀的孔的粗糙度不大于 $Ra0.8\mu m$，末端管接头的密封面和 O 形圈沟槽的粗糙度不大于 $Ra3.2\mu m$，一般通油孔道的粗糙度不大于 $Ra12.5\mu m$。块间结合面不得有明显划痕

形位公差要求为：块间结合面的平行度公差一般为 0.03mm，其余四个侧面与结合面的垂直度公差为 0.1mm。为了美观，机械加工后的铸铁和钢质集成块表面可镀锌

图(b)所示为不画各层孔道剖面图的集成块加工图

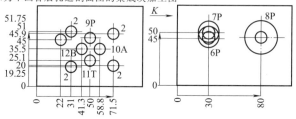

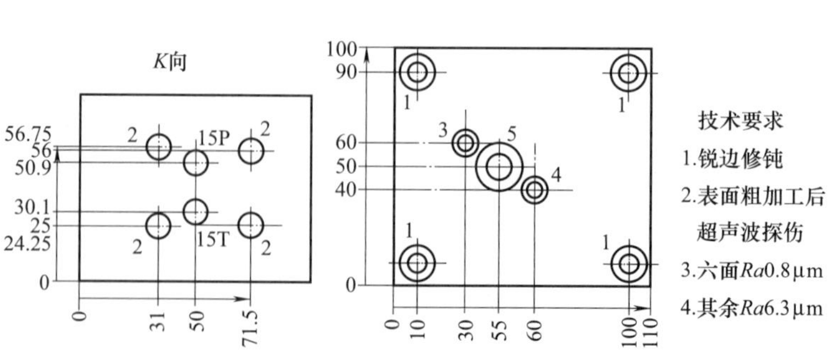

图(b)　不画各层孔道剖面图的集成块加工图

续表

设计要点	说明						
绘制集成块加工图	集成块的材料和主要技术要求	15	$\phi6$	55	—	5、11	
		14	$\phi6$	30	—	7	
		13	$\phi6$	80	—	6、8	口攻 Z1/8，工艺孔
		12	$\phi6$	60	—	4	
		11	$\phi6$	55	—	5、15	
		10	$\phi6$	80	—	3	
		9	$\phi6$	30	—	8	
		8	$\phi6$	50	—	9、13	
		7	$\phi6$	50	—	14、3	
		6	$\phi6$	22	—	13	口攻 M22×1.5 深 18
		5	$\phi10$	31	—	11、15	口攻 Z1/4
		4	$\phi6$	50	—	12	底面孔口攻 Z3/8
		3	$\phi6$	65	—	10、7	口攻 M14×1.5 深 15
		2	M5	16	—	—	口攻 M14×1.5 深 15
		1	$\phi7$	通孔	10	—	口扩 $\phi12$ 深 20
		孔号	孔径	孔深	攻深	相交孔号	孔口加工

3.10 全面审核及编写技术文件

在完成了设计之后，交付制造部门之前，要对所涉及的液压装置及其各部分，从功能上及结构上进行全面审核，找出失误之处并予以纠正。审核要点见表 20-3-27。

① 技术文件包括图样和技术文档，经以上各设计步骤，设计方案及系统草图经反复修改、完善被确认无误后，应绘制正式设计图。

② 液压系统图，一般按停车状态绘出。

③ 非标元件、辅件的装配图和零件图。

④ 各液压装置的布置装配图。一般由几张装配图组成，管路安装图可由简化示意图表示，但必须注明各元件、辅件的型号、规格、数量和连接方式等。

表 20-3-27　审核要点

对象	功能方面	结构、形式方面
总体	电动机容量 安全、保护的考虑 溢流量是否过大(节能问题) 耐压能力 元件规格是否与装置适应 启动、停止的联锁 是否在合适部位设置了放气阀 泄油管是否单独回油箱 是否设置了下限监控仪表 管路拆装是否方便 软管弯曲半径是否合理 泵与电动机安装座的刚度 密封材料的相容性	是否符合有关法规 注意事项标记 使用说明书内容 维修工具 运输、搬运的准备 管路支撑 泵的隔振措施 回油管伸到液面以下 回油管与吸油管用隔板隔开 留出更换滤芯的空间 通气器结构 取样口 油箱姿势对液面的影响

续表

对象	功能方面	结构、形式方面
液压泵	旋转方向 转速 变量方式 吸油阻力 吸油管气密性 泄油管从最高点引出 停止时防止反转 低转速下的补油泵流量	吸油管单向阀 轴上载荷 联轴器 管子安装 泄油管取样能力
液压马达	转速 超越负载的制动措施 阻力负载的启动裕量 爬行问题 外界机械制动作用 泄油管从最高点引出	轴上载荷 管道安装 泄油管取样能力
液压缸	纵弯强度 面积差的影响 缓冲 管路摇动问题 速度范围 释压措施	活塞杆上侧向力 活塞杆防尘措施 安装座强度
溢流阀	额定流量 溢流管阻力 设定压力 控制管、泄放管口径	更换零件的空间 调压方便 调压时能看到压力表
电磁阀	额定流量 滑阀机能 线圈过热问题	更换阀芯的空间 线圈电压、暂载率 手动操作

对复杂、自动化程度高的液压设备，还应绘制液压执行元件的工作循环图和电气控制装置的动作程序表等。

技术文档应尽量完整，应附上作为设计依据和衡量设计质量优劣的设计任务书，方案的论证说明书和图样必要的说明书。其主要内容为设计计算书、调试使用说明书、标准件、通用件和易损备件汇总表等。

3.11　液压系统设计计算实例

3.11.1　机床液压系统设计实例

表 20-3-28　　平面磨床工作台驱动回路设计实例

步骤	分析
条件	①启动、停止为手动操作，往复运动的换向由液压实现 ②工作台速度为 50～150mm/s，两方向的速度大致相同 ③工作台的行程为 150～900mm ④工作台的质量为 450kg，其摩擦因数为 0.2 ⑤达到最高速度的加速时间为 0.5s ⑥工作压力最好为 2MPa 左右

续表

步骤	分　　析
实例分析	驱动工作台所需要的力为摩擦力与惯性力之和，摩擦力等于重力乘以摩擦因数，重力等于质量（重量）乘以重力加速度。惯性力等于质量（重量）乘以加速度，加速度等于最高速度除以加速时间。于是 $F=mg\mu+m\dfrac{v}{t}=450\times9.81\times0.2+450\times\dfrac{0.15}{0.5}=1017.9\text{N}$ 令液压缸无杆端与有杆端的面积比为 2∶1，令外伸时回路为差动回路，则缸的受压面积 A_0 为 $A_0=\dfrac{F}{p}=\dfrac{1017.9}{2\times10^6}=5.09\times10^{-4}\text{m}^2$ 选用缸内径 40mm，活塞杆直径 28mm，行程 1000mm 的液压缸。无杆腔面积 A_1 和有杆腔面积 A_2 分别为 $A_1=\dfrac{\pi D^2}{4}=\dfrac{3.1416\times0.04^2}{4}=1.26\times10^{-3}\text{m}^2$ $A_2=\dfrac{\pi(D^2-d^2)}{4}=\dfrac{3.1416\times(0.04^2-0.028^2)}{4}=6.41\times10^{-4}\text{m}^2$ 活塞杆外伸时的工作压力 p_a 和所需要流量 q_a 分别为 $p_a=\dfrac{F}{A_1-A_2}=\dfrac{1017.9}{12.6\times10^{-4}-6.41\times10^{-4}}=1.64\text{MPa}$ $q_a=v(A_1-A_2)=0.15\times(12.6\times10^{-4}-6.41\times10^{-4})=9.3\times10^{-5}\text{m}^3/\text{s}=5.57\text{L/min}$ 活塞内缩时的 p_b 和 q_b 分别为 $p_b=\dfrac{F}{A_2}=\dfrac{1017.9}{6.41\times10^{-4}}=1.59\text{MPa}$ $q_b=vA_2=0.15\times6.41\times10^{-4}=9.6\times10^{-5}\text{m}^3/\text{s}=5.76\text{L/min}$ 假定压力损失 $\Delta p_1=0.2\text{MPa}$，溢流阀的调压差值 $\Delta p_2=0.22\text{MPa}$，则溢流阀的设定压力 p 为 $p=p_a+\Delta p_1+\Delta p_2=1.64+0.2+0.22=2.06\text{MPa}$ 如果泵的输出流量留有 10% 的裕量，则 $q=q_b\times1.1=5.76\times1.1=6.34\text{L/min}$ 如令泵的总效率 $\eta_P=0.7$，则泵的输入功率 P_r 为 $P_r=\dfrac{pq}{\eta_P}=\dfrac{2.06\times10^6\times6.34\times10^{-3}}{60\times0.7}=310.96\text{W}$ 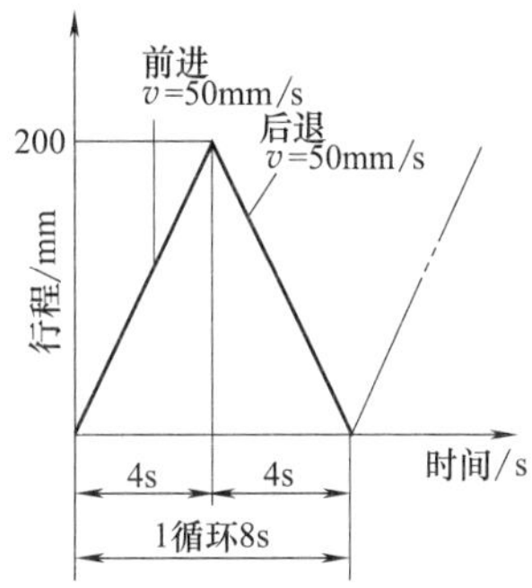 图(a)　工作台工作循环 接下来讨论发热量 H 与温升 $\Delta\theta_0$。假定图(a)所示的磨床工作台工作循环，求连续运行 1h 的发热量及油液温升 泵的效率引起的发热量 H_1 为 $H_1=P_r(1-\eta_P)=310.96\times(1-0.7)=93.29\text{W}$ 当速度为 50mm/s 时，活塞杆外伸时所需流量 q_a 为 $q_a=v(A_1-A_2)=0.05\times(12.6\times10^{-4}-6.41\times10^{-4})$ $=3.1\times10^{-5}\text{m}^3/\text{s}=1.86\text{L/min}$ 则溢流阀的发热量 H_2 为 $H_2=pq_a=\dfrac{2.06\times10^6\times(6.34-1.86)\times10^{-3}}{60}=153.81\text{W}$ 综上所述，系统的总发热量 H 为 $H=H_1+H_2=93.29+153.81=247.1\text{W}$ 于是，假定油箱散热系数 $K=11.63\text{W}/(\text{m}^2\cdot℃)$，40L 油箱的散热面积 $A=0.9\text{m}^2$，则油液温升 $\Delta\theta$ 为 $\Delta\theta=\dfrac{H}{KA}=\dfrac{247.1}{11.63\times0.9}=23.6℃$ 磨床工作台驱动回路见图(b) 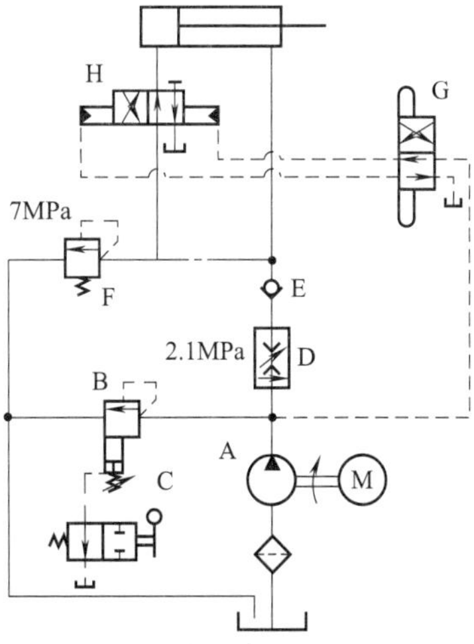 图(b)　磨床工作台驱动回路 手动换向阀一换向，溢流阀 B 即负载工作，泵 A 的输出流量通过调速阀 D 引向液压缸的两侧，缸杆外伸前进。此回路称为差动回路 前进到规定位置时，凸轮操纵阀 G 使液动换向阀 H 切换，缸杆内缩后退 调速阀 D 实现进口节流控制，多余流量从溢流阀 B 溢流

3.11.2 油压机液压系统设计实例

表 20-3-29 600t 油压机回路设计实例

步骤	分析
条件	①主缸内径 630mm，行程 500mm ②两个辅助缸内径 180mm，活塞杆直径 125mm，行程 500mm，其无杆侧不加压，连通油箱 ③自重为 9t ④工作压力为 21MPa ⑤循环[参见图(a)]如下 高速下降、高速上升 $v_1=v_3=110\text{mm/s}$ 加压下降 输出力 $F=3\text{MN}$ 时，$v_2=9.3\text{mm/s}$ 输出力 $F=6\text{MN}$ 时，$v_2=4.7\text{mm/s}$ ⑥主泵为双向变量泵，电动机功率为 37kW，转速为 1450r/min 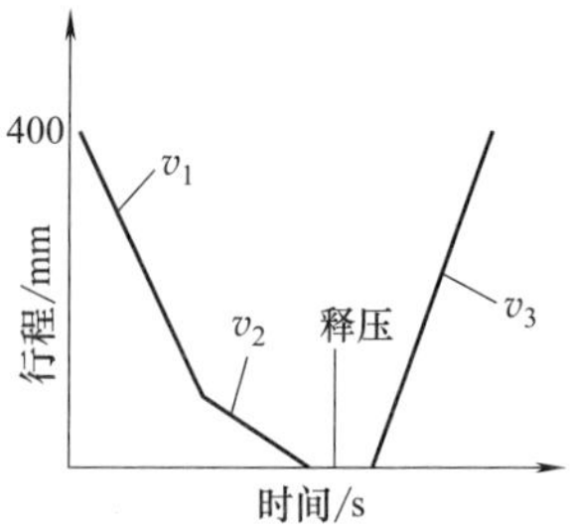 图(a) 油压机工作循环
实例分析	主缸的面积 A 及两个辅助缸的面积 B 分别为 $A=\frac{\pi D_1{}^2}{4}=\frac{3.14\times63^2}{4}=3116\text{cm}^2$ $B=\frac{\pi(D_2{}^2-d_2{}^2)}{4}\times2=\frac{3.14\times(18^2-12.5^2)}{4}\times2=264\text{cm}^2$ 高速下降时注入主缸的流量 q_1 和从辅助缸流出的流量 q_2 分别为 $q_1=Av_1=2057\text{L/min}$ $q_2=Bv_1=174\text{L/min}$ 通过充液阀 G 的流量为 $q_1-q_2=1883\text{L/min}$ 加压下降时的 q_1、q_2 为 $q_1=88\sim174\text{L/min}$ $q_2=7.5\sim15\text{L/min}$ 上升时从主缸流出的流量 q_3 和流入辅助缸的流量 q_4 分别为 $q_3=2057\text{L/min}$ $q_4=174\text{L/min}$ 经充液阀流回油箱的流量为 1883L/min 此处假设 $\alpha=$(惯性力＋摩擦力)/$B=1\text{MPa}$，则上升时的压力 p_a 为 $p_a=\frac{mg}{B}+\alpha=\frac{9000\times9.81}{0.0264}+1\times10^6=4.4\text{MPa}$ 假设 $\Delta p=$调压差值＋余量$=1.62+1=2.6\text{MPa}$，则平衡阀 E 的设定压力 p_R 为 $p_R=p_a+\Delta p=4.4+2.6=7\text{MPa}$ 根据加压时的输出力 $F=3\sim6\text{MN}$，所需压力 p_b 为 $p_b=\frac{F}{A}=19.2\text{MPa}(v_2=4.7\text{mm/s})$ $p_b=9.6\text{MPa}(v_2=9.3\text{mm/s})$ 主溢流阀设定压力为 $p_R=21\text{MPa}$ 由于 $n_p=1450\text{r/min}$、$\eta_v=0.95$，所以主泵排量为 $Q=\frac{174}{1.45\times0.95}=126\text{mL/r}$ 因此，双向变量泵的排量应不小于 126mL/r，但下降方向带压力补偿控制装置 油压机液压回路见图(b) 为了控制双向变量泵 A 的输出流量，伺服压力 p_s、控制压力 p_i 以及充液阀 G 和平衡阀 E 动作的控制压力是必要的。作为它们的动力源，图中使用双联定量泵 ①高速下降　泵 A 切换成使柱塞下降时，从辅助缸流出的液压油经过已经卸荷的平衡阀 E 流入泵 A 吸油回路，流进主缸的液压油仅靠泵的输出流量是不够的，所以经过充液阀从油箱补充。下降速度取决于辅助缸面积 B 和泵的吸入流量，自重靠泵支承同时下降 ②加压下降　在接触工件之前根据行程开关的信号进入加压下降状态。自重由平衡阀支撑同时下降。加压速度取决于泵的输出流量和主缸面积 A，但接触工件而进入加工状态时，泵的压力补偿控制装置工作，所以速度随负载而变化。此时，泵吸入量的不足部分通过单向阀 H 从油箱补充 ③释压、上升　根据压力继电器 I 的信号进入释压过程。节流阀 D 用来调节释压速度。释压结束后进入上升行程，靠上限行程开关使缸停止。上升时油液的流动方向与高速下降时相反 注意，如果在释压过程中输入上升指令，能产生冲击 如果存在下降开始时平衡阀 E 的响应迟钝、高速下降时的急停及加压下降时的平衡阀故障等，辅助缸的有杆腔会产生高压，所以设置安全阀 F。另外，如果阀 E 响应迟钝，则缸开始动作时可能失速 有时为了进一步确保安全，增设防止下落的液控单向阀

续表

步骤	分　析
实例分析	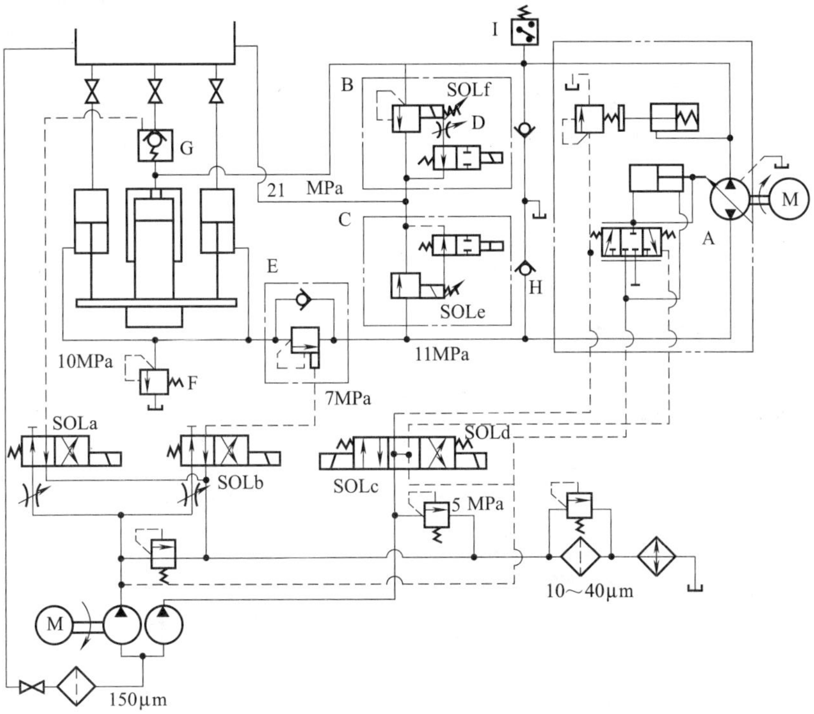 图(b)　油压机液压回路

3.11.3　注塑机液压系统设计实例

表 20-3-30　　50t 注塑机回路设计实例

步骤	分　析
条件	①合模缸内径 $D_1=224$mm，活塞杆直径 $D_2=190$mm，快进缸直径 $D_3=100$mm，行程 400mm，合模力 $F=500$kN，高速顶出速度 $v_1=125$mm/s，低速顶出速度 $v_2=25$mm/s，内缩速度 $v_3=80$mm/s ②注射缸内径 100mm，活塞杆直径 80mm，顶出力 $F=30\sim100$kN，顶出速度 $v_4=0\sim125$mm/s ③令各执行器单独动作，压力为 14～15MPa ④其他执行器省略
实例分析	合模缸的各部分面积 A_1、A_2、A_3 为 $$A_1=315.5\text{cm}^2$$ $$A_2=78.5\text{cm}^2$$ $$A_3=110.6\text{cm}^2$$ 根据合模力 $F=500$kN，可得出所需压力 p_a 为 $$p_a=\frac{F}{A_1+A_2}=12.7\text{MPa}$$ 根据合模缸的速度 v_1、v_2、v_3，可得出所需流量分别为 $$q_1=v_1A_2=58.9\text{L/min}$$ $$q_2=v_2(A_1+A_2)=59.1\text{L/min}$$ $$q_3=v_3A_3=53.1\text{L/min}$$ 注射缸无杆侧面积 A 为 $$A=78.5\text{cm}^2$$

续表

步骤	分析
实例分析	根据注射缸顶出力 $F=30\sim100\text{kN}$ 可得所需压力为 $p_b=3.8\sim12.7\text{MPa}$ 另外，根据顶出速度 $v_4=0\sim125\text{mm/s}$ 可得所需流量 q_4 为 $q_4=0\sim58.9\text{L/min}$ 取 10%的裕量，则泵的输出流量 q 为 $q=59\times1.1=64.9\text{L/min}$ 取 $n=1450\text{n/min}$，$\eta_v=0.95$，则泵的排量 Q 为 $Q=\dfrac{q}{\eta_v}=47.12\text{cm}^2/\text{r}$ 取溢流阀的最高设定压力 p 为 $p=12.7+\Delta p=15\text{MPa}$ 令 $\eta_p=0.8$，则泵的输入功率 P_r 为 $P_r=\dfrac{15\times64.9}{60\times0.8}=20.3\text{kW}$ 因此，选用 22kW 的电动机 注塑机液压回路见图(a) 用比例电磁式溢流阀 B 和比例电磁式调速阀 C 来控制各行程的压力和流量 ①合模缸高速顶出　SOLa 通电，进入高速顶出行程。此时液压油从油箱经过充液阀 D 引入液压缸 A_1 腔 ②合模缸低速顶出　根据行程开关的信号使 SOLf 和 SOLg 通电，进入低速顶出行程。接触模具后主管路压力升高，压力继电器 F 动作，使 SOLa 断电，换向阀复中位。此时合模缸 A_1、A_2 腔内保持 15MPa 左右的压力 ③注射缸推出　SOLd 通电时注射缸动作，向模具内注射液态树脂。注射完毕后树脂固化到一定程度之前保压。保压时间由定时器设定 ④释压、合模缸退回　保压完毕后，换向阀复中位，同时 SOLg 断电，合模缸释压。释压结束后进入退回行程 ⑤螺旋送料器驱动　SOLe 通电螺旋送料器旋转时，树脂被送进加热筒，一边熔化一边被送到喷嘴前端。此时注射缸被熔化的树脂推回去。为施加背压而设置平衡阀 H 注意：树脂注射缸的速度误差影响制品的表面质量，一般应在±5%以内。为此，注射机中广泛采用比例阀。另外，为了节能和提高性能而使用蓄能器、多联泵、变量泵等 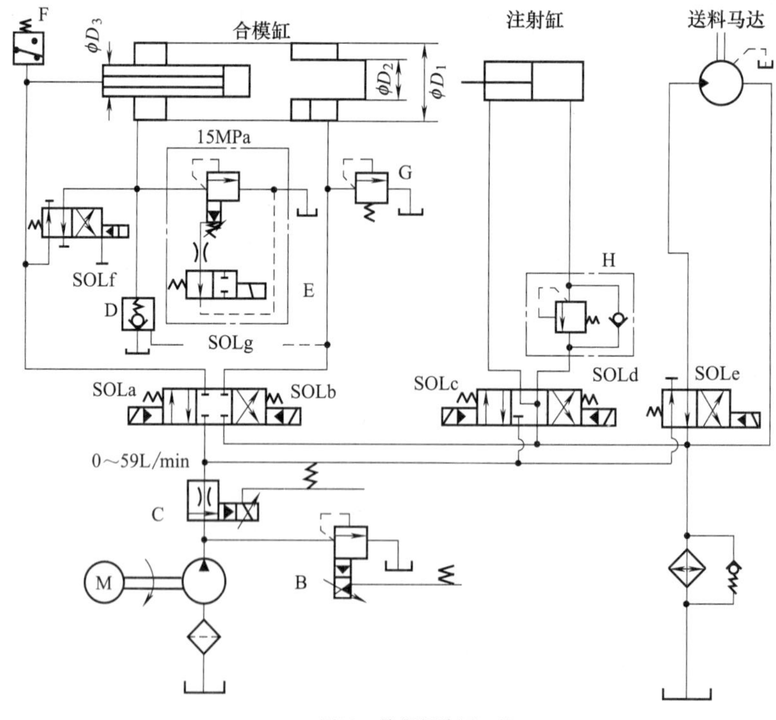 图(a)　注塑机液压回路

第 4 章　液压基本回路

4.1　概述

液压基本回路是由相关液压元件组成，用来完成特定功能的典型回路。任何复杂的液压系统都是由一些简单的基本回路组成的。这些基本回路是由各类元件或辅件组成的，具有各种不同的功能，而同一基本功能的回路可以有多种实现方法。

在实际工作中，只有了解一些基本回路，对各种基本回路进行分析比较，并在充分了解工作环境和条件、了解机械设备对液压系统的基本要求下，才能选择合适的符合工况要求、简单经济的基本回路。这对于合理有效地利用液压系统，充分发挥整个机械设备的效能以及设备的维修保养，都会有很大的帮助。

本章仅说明液压基本回路的原理，对其他要求如散热、过滤、压力脉动等不论及。

4.2　液压源回路

液压源回路也可称为动力源回路，是液压系统中最基本的不可缺少的部分。液压源回路的功能是向液压系统提供满足执行机构需要的压力和流量。液压源回路是由油箱、油箱附件、液压泵、电动机、压力阀、过滤器、单向阀等组成的。在选择和使用液压源时要考虑系统所需的流量和压力，使用的工况、作业的环境以及液压油的污染控制和温度控制等。

表 20-4-1　液压源回路

类别		回　路	特　点
定量泵-液压阀液压源回路	定量泵-溢流阀液压源回路	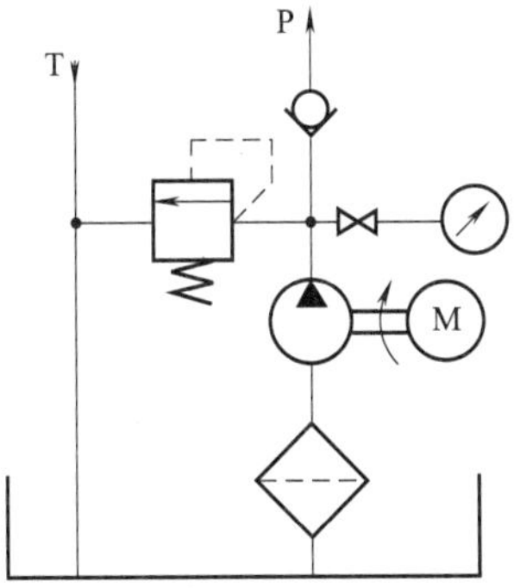	定量泵-溢流阀液压源回路结构简单，泵出口压力近似不变，为一恒定值。这种恒压源一般采用一个恒定转速的定量泵并联溢流阀，其压力是靠溢流阀的调定值决定的。当系统需要流量不大时，大部分流量是通过溢流阀流回油箱，所以使用这种恒压源的效率不高，能量损失较大，多用于功率不大的液压系统，如一般的机床液压系统
	定量泵-减压阀液压源回路	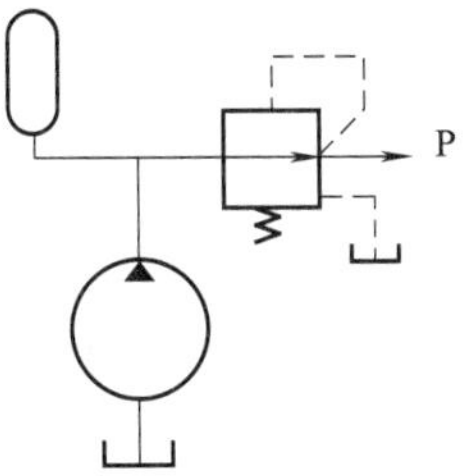	定量泵-减压阀液压源回路为恒压源。这种恒压源多用于瞬间流量变化大的伺服系统中。为保证伺服系统执行机构快速作用的需要，此类恒压源的动态响应高，因此瞬间功率也大。蓄能器可以满足瞬间大流量的要求，减少泵的容量，避免能量浪费。减压阀的响应决定了能源的响应，保证了恒压源的高频率响应。为了提高线性和高频率响应，充气式蓄能器的气瓶容量相当大，定量泵一般排量相对较小
	定量泵-安全阀液压源	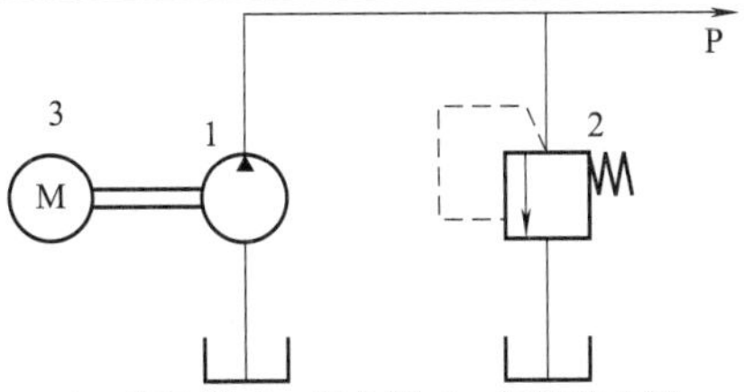 1—定量泵；2—安全阀；3—恒速动力源	该回路是由定量泵和安全阀组成的恒流源，恒速原动机驱动定量泵排出恒定流量的油液，安全阀限制系统的最高压力。在安全阀限定的压力范围内，无论压力如何波动，油源输出油液的流量始终是恒定的

续表

类别		回 路	特 点
定量泵-液压阀液压源回路	定量泵-限流阀液压源	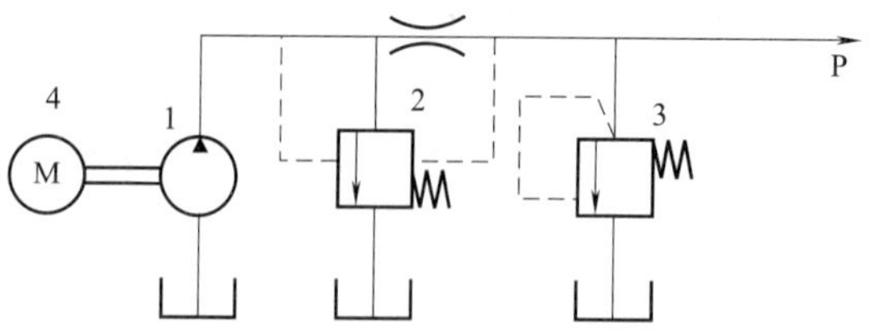 1—定量泵；2—限流阀；3—安全阀；4—变速原动机	某些场合定量泵由变速原动机驱动（如汽车发动机），随着原动机转速变化，定量泵的转速也变化，从而输出的流量也变化，为使泵输出的流量保持恒定，在系统中增加限流阀
变量泵-安全阀液压源回路		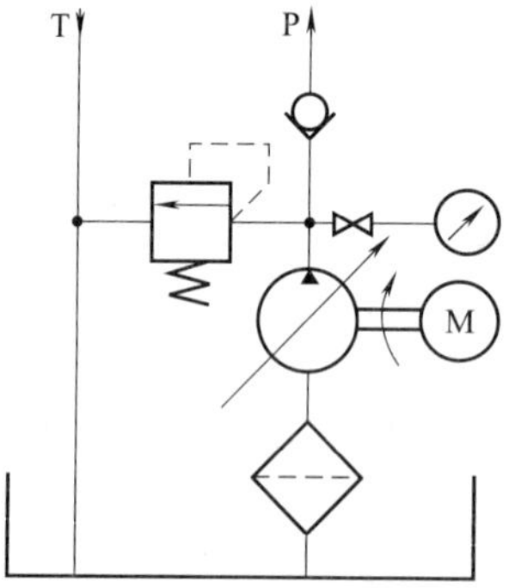	变量泵-安全阀液压源回路为液压系统提供所需的压力和流量，随负载的变化变量泵自动调整输出的压力和流量。变量泵出口有溢流阀作为安全阀，没有溢流损失。此回路性能好，效率高，但结构复杂，价格较贵。系统超载时，可以通过安全阀卸荷。常用在开式液压回路中，如振动下料机的液压系统
高低压双泵液压源回路		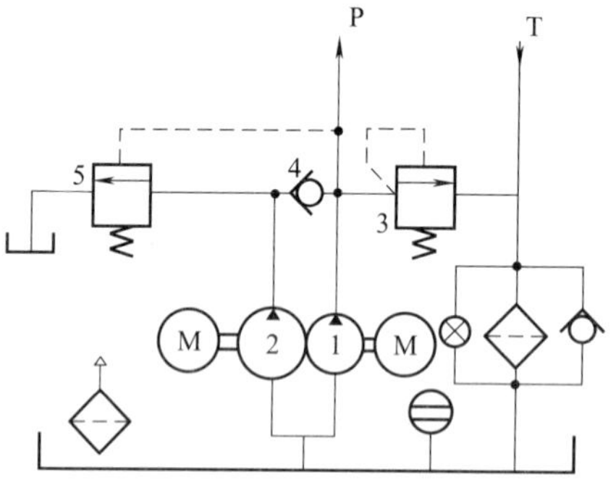 1—高压小流量泵；2—低压大流量泵；3—溢流阀；4—单向阀；5—卸荷阀	高低压双泵液压源回路可以为系统提供所需的不同的运动速度。当系统中的执行机构所克服的负载较小而要求快速运动时，两泵同时供油以增大流量、增加速度；当负载增加而要求执行机构运动速度较慢时，系统工作压力升高，卸荷阀 5 打开，低压大流量泵 2 卸荷，高压小流量泵 1 单独供油。此回路由双泵协同供油，提高了液压系统的效率同时减少了功率消耗 溢流阀 3 控制泵 1 的供油压力，根据系统所需的最大工作压力来调定。卸荷阀 5 的调定压力比溢流阀 3 的调定压力低。但要比系统的最低工作压力高（即快速运动时系统的压力）。此系统用于经常需要工作在不同工作速度，而且两个速度相差很大时的情况下，如带轮三角槽辊轧机液压系统
多泵并联供油液压源回路		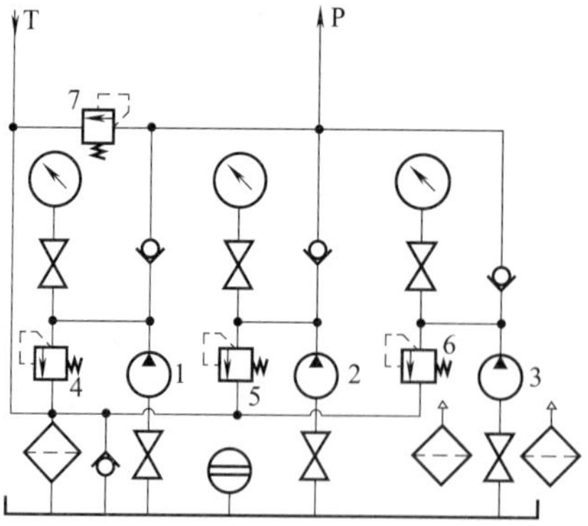 1～3—定量泵；4～7—溢流阀	多泵并联供油液压源回路常在系统需要多种不同的运动速度的情况下应用。多泵并联供油回路中泵的数量依据系统流量需要而确定。或根据长期连续运转工况，要求液压系统设置备用泵，一旦发现故障及时启动备用泵或采用多泵轮换工作制延长液压源使用和维护周期。各泵出口的溢流阀也可采用电磁溢流阀，使泵具有卸荷功能 回路中三个定量泵的流量分别为 $q_1<q_2<q_3$，$q_3>q_1+q_2$。根据各个泵是否工作，图中所示系统可以提供七种不同的运动速度。系统中单向阀可以起到使不工作的泵不受压力油的作用，系统压力由主油路溢流阀 7 设定，各泵出口溢流阀的调定压力应该相同，且高于系统压力

续表

类别	回　　路	特　　点
闭式系统液压源回路	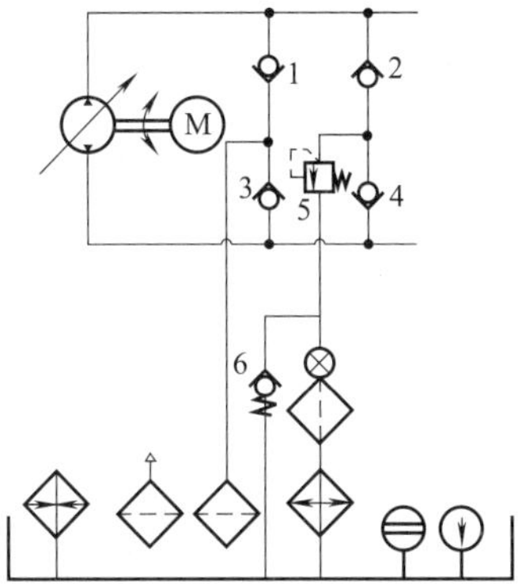 1～4,6—单向阀;5—溢流阀	闭式系统液压源回路采用双向变量泵,执行元件的回油直接输入到泵的吸油口,污物和空气不容易侵入液压系统。此回路效率高,油箱体积小,结构紧凑,运行平稳,换向冲击小。但是散热条件较差,油温容易升高。此回路常应用在功率大、换向频繁的液压系统,如龙门刨床、拉床、挖掘机、船舶等液压系统 闭式系统液压源回路可以通过改变变量泵输出油液的方向和流量,控制执行机构的运动方向和速度。回路中的压力取决于负载的大小,没有过剩的压力和流量。高压侧压力由溢流阀 5 进行控制,经单向阀 3(或单向阀 1)向吸油侧补充油液。此液压源做主液压泵时只能供给一个执行元件,不适合多负载系统
辅助泵供油液压源回路	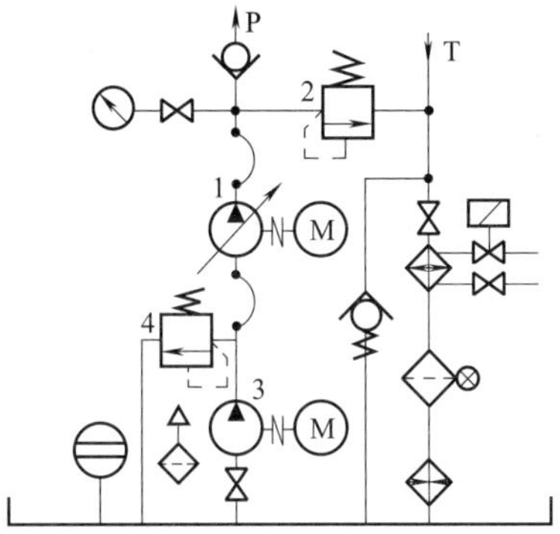 1—高压主油泵;2,4—溢流阀;3—辅助泵	有时为了满足液压系统所要求的较高性能,选取了自吸能力很低的高压泵,因此采用自吸性好、流量脉动小的辅助泵供油以保证主泵可靠吸油。图示回路中 1 为主泵,3 为辅助泵。溢流阀 4 调定辅助泵供油压力,压力大小以保证主泵可靠吸油为原则,一般为 0.5MPa 左右
辅助循环泵液压源回路	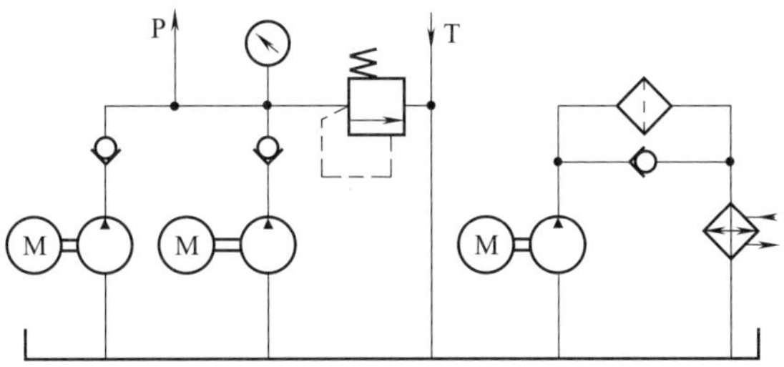	为了提高对系统污染度及温度的控制,该液压源采用了独立的过滤、冷却循环回路。即使主系统不工作,采用这种结构,同样可以对系统进行过滤和冷却,主要用于对液压介质的污染度和温度要求较高且较重要的场合

4.3　压力控制回路

压力控制回路主要是借助于各种压力控制元件来控制液压系统中各条油路的压力，以达到满足各个执行机构所需的力或力矩，合理使用功率和保证系统工作安全的目的。

在设计液压系统、选择液压基本回路时，一定要根据设计、主机工艺要求、方案特点、适用场合等认真考虑。例如，在一个工作循环的某一段时间内各支路均不需要新提供的液压能时，则考虑采用卸荷回路；当某支路需要稳定的低于动力油源的压力时，应考虑减压回路；当载荷变化较大时，应考虑多级压力控制回路；当有惯性较大的运动部件容易产生冲击时，应考虑缓冲或制动回路；在有升降运动部件的液压系统中，应考虑平衡回路等。

4.3.1 调压回路

表 20-4-2 **调压回路**

类别	回 路	特 点
单级压力调定回路	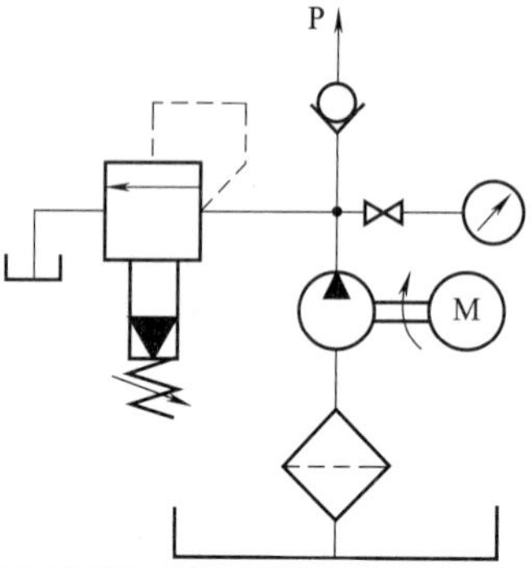	单级压力调定回路是最基本的调压回路。用溢流阀来控制系统的工作压力，溢流阀的调定压力应该大于液压缸的最大工作压力(包含液压管路上各种压力损失)，当系统压力超过溢流阀的调定压力时，溢流阀溢流，系统卸荷来保护系统过载。一般用于功率较小的中低压系统，如车载横向行走小车的调压回路
多级压力调定回路	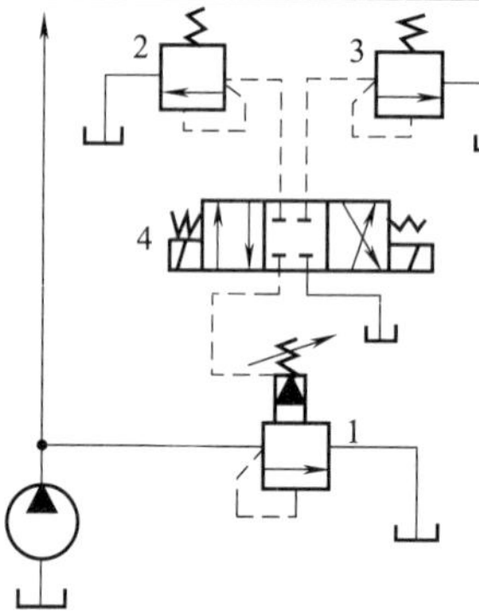 1—溢流阀；2，3—远程调压阀；4—三位四通电磁阀	以采用两个远程调压阀 2、3 和溢流阀 1 的三级调压回路为例。当液压系统需要多级压力控制时，可采用此回路。图中主溢流阀 1 的遥控口通过三位四通电磁阀 4 分别与远程调压阀 2 和 3 相接。换向阀中位时，系统压力由溢流阀 1 调定。换向阀左位得电时，系统压力由阀 2 调定，右位得电时由阀 3 调定。因而系统可设置三种压力值。值得注意的是远程调压阀 2、3 的调定压力必须低于主溢流阀 1 的调定压力
无级压力调定回路	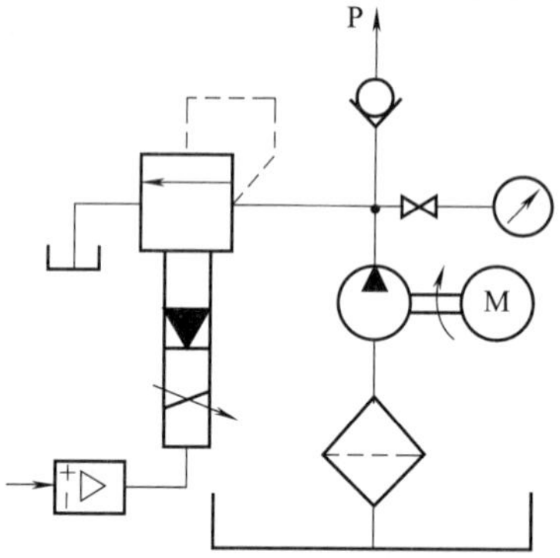	可以通过连续改变比例溢流阀的输入电流来实现系统的无级调压。电液比例溢流阀的调定压力与输入的电流成比例，电液比例溢流阀内带安全阀，保证系统的安全。此回路常用于需要随负载的变化情况改变系统压力的场合
变量泵调压回路	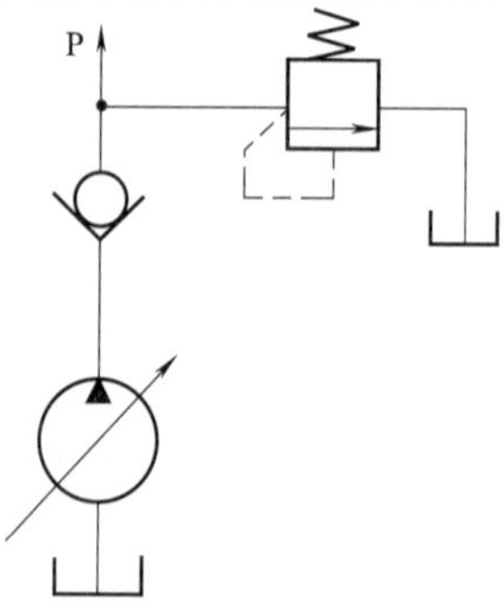	当采用非限压式变量泵和安全阀来调定系统的压力，系统的最高压力由安全阀限定。安全阀一般采用直动型溢流阀为好；当采用限压式变量泵时系统的最高压力由泵调节，其值为泵处于无流量输出时的压力。但在此系统中仍设置安全阀，防止液压泵变量机构失灵引起事故。此回路功率损失小，适用于利用变量泵的液压系统中，如快慢速交替工作的机械设备的液压系统中

续表

类别	回　　路	特　　点
远程调压回路	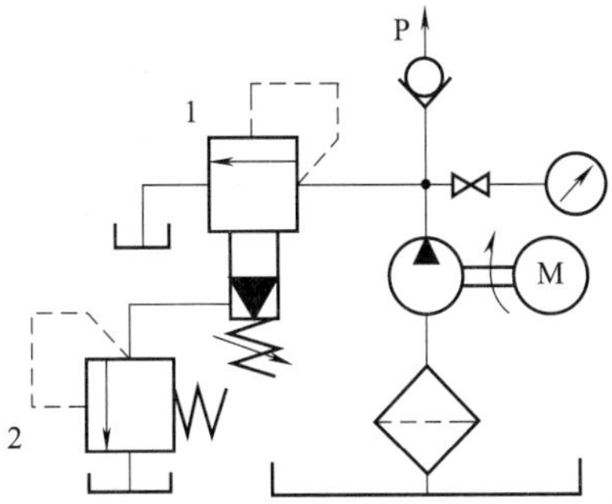 1—主溢流阀 2—远程调压阀	将远程调压阀 2 接在主溢流阀 1 的遥控口上，调节阀 2 即可调整系统工作压力。主溢流阀 1 用来调定系统的安全压力值。远程调压阀 2 的调定压力应小于溢流阀 1 的调定压力。该调压回路可应用于液压机的远程调压
插装阀组调压回路	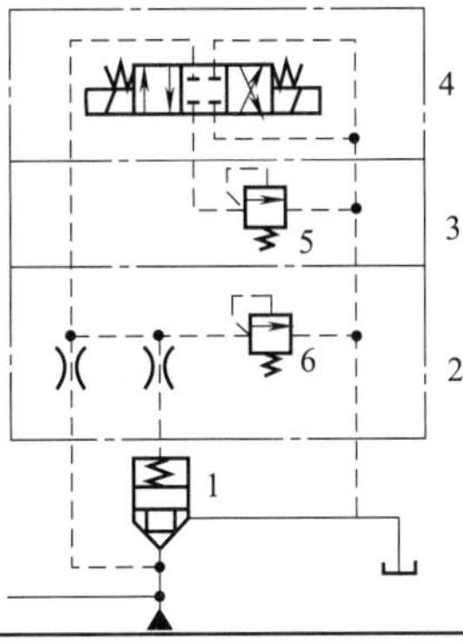 1—插装阀 2—带有先导调压阀的盖板 3—可叠加的调压阀 4—三位四通阀 5，6—溢流阀	本回路由插装阀 1、带有先导调压阀的盖板 2、可叠加的调压阀 3 和三位四通阀 4 组成，具有高低压两级压力选择和卸荷控制功能。三位四通换向阀处于左位时，系统压力由阀 6 确定；三位四通换向阀处于右位时，系统压力由阀 5 确定。插装阀结构简单，通流能力大，动态响应快，密封性好，抗污染，适用于大流量的液压系统

4.3.2　减压回路

表 20-4-3　　减压回路

类别	回　　路	特　　点
一级减压回路	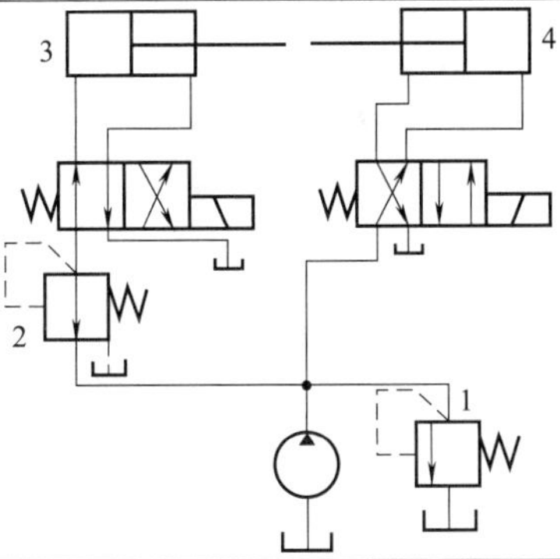 1—溢流阀 2—减压阀 3—夹紧缸 4—主工作缸	在液压系统中，当某个支路所需要的工作压力低于油源设定的压力值时，可采用一级减压回路，如机床夹头的夹紧回路。液压泵的最大工作压力由溢流阀 1 调定，夹紧缸 3 的工作压力则由减压阀 2 调定。一般情况下，减压阀 2 的调定压力要在 0.5MPa 以上，但又要低于溢流阀 1 的调定压力，这样可使减压阀出口压力保持在一个稳定的范围内
二级减压回路	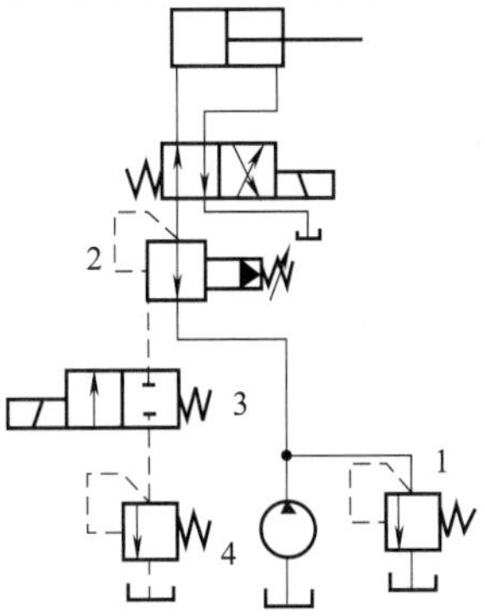 1—溢流阀 2—减压阀 3—二位二通电磁换向阀 4—调压阀	在减压阀 2 的遥控口通过电磁换向阀 3 接入小规格调压阀 4，便可获得两种稳定的低压。减压阀 2 的出口压力由其本身设定。当电磁阀 3 通电时，减压阀 2 的出口压力就由调压阀 4 设定。调压阀 4 要比减压阀 2 本身的压力要小，阀 2 和 4 二者的压力都要比溢流阀 1 的调定压力小。适用于系统需要两种不同的稳定低压时的场合

续表

类别	回　　路	特　　点
多级减压回路	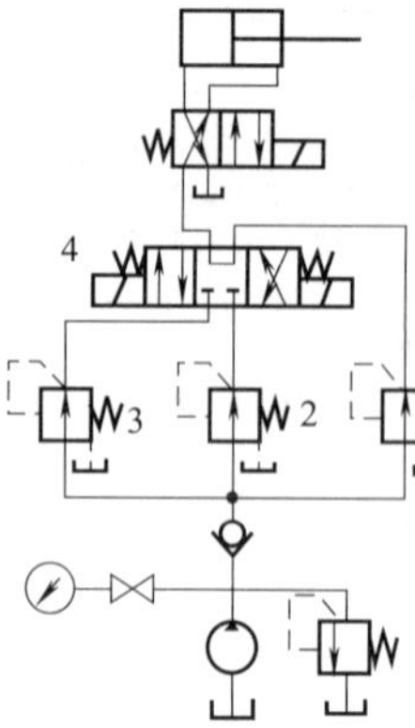 1～3—减压阀 4—三位四通换向阀	在同一液压源供油的系统中可以设置多个不同工作压力的减压回路，或同一支路可以得到多种不同的工作压力。如图所示，靠三位四通换向阀 4 进行转换控制，使液压缸得到三种不同的压力。三位四通换向阀 4 处于中位，由减压阀 1 减压；三位四通换向阀 4 处于右位，由减压阀 2 减压；三位四通换向阀 4 处于左位，由减压阀 3 减压。各减压阀的调定压力均小于溢流阀的调定压力。各减压阀的调定压力和负载相适应
无级减压回路	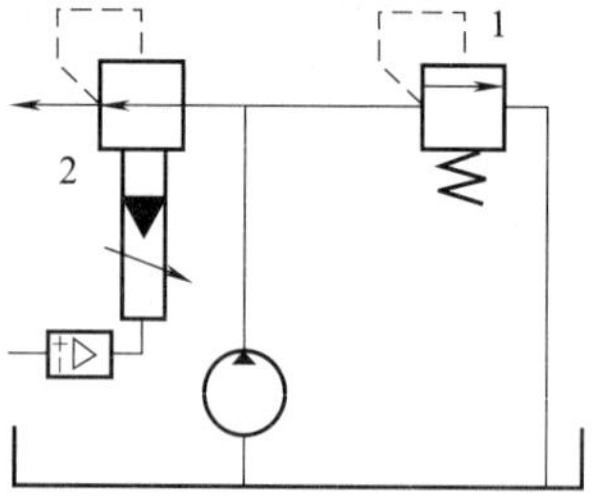 1—溢流阀 2—电液比例先导减压阀	图示回路是采用电液比例先导减压阀的无级减压回路。连续改变电液比例先导减压阀的输入电流（电液比例先导减压阀的调定压力与电流成比例），该支路即可得到低于系统工作压力的连续无级调节压力，常用于需要连续调压的情况下

4.3.3　增压回路

表 20-4-4　　　　增压回路

类别	回　　路	特　　点
单作用增压器增压回路	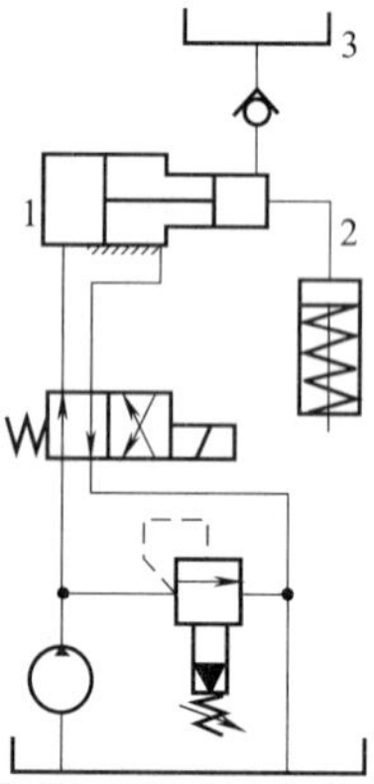 1—增压器 2—液压缸 3—油箱	单作用增压回路一般只适用于液压缸单方向需要很大的力和行程较短的场合。图中所示增压器 1 的活塞左行时，其高压腔经单向阀从高位油箱 3 内补油，缸 2 的活塞在内部弹簧作用下回程。当增压器的活塞右行时，其高压腔输出高压油，从而使缸 2 输出较大的力。根据所需增压比来选择增压器的参数。此系统一般只适用于液压缸单方向需要很大力和行程较短的场合，如铆接机的液压系统
双作用增压器增压回路	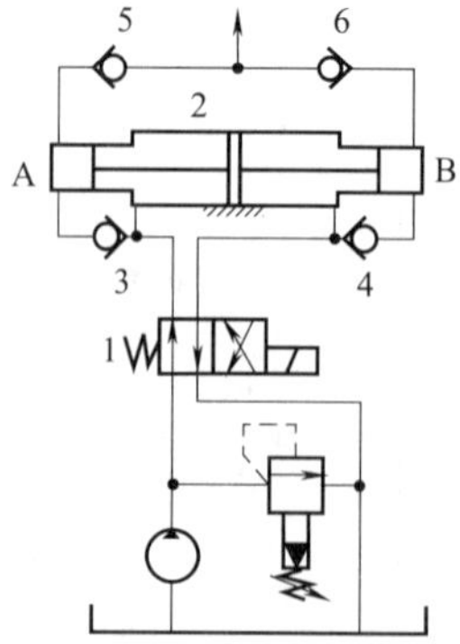 1—二位四通换向阀 2—双作用增压器 3～6—单向阀	在图示情况下，增压器 2 的活塞右行，其高压腔 B 经单向阀 6 输出高压油。反之，当电磁阀通电时，增压器的高压腔 A 经单向阀 5 输出高压油。只要电磁阀 1 不断地切换，双作用增压器 2 就能不断地输出高压油。经过单向阀 3、4 从油箱补油。该回路适用于双向增压，如挤压机等双向载荷相同、要求压力相同的增压回路中，以及水射流机床增压系统

续表

类别	回　　路		特　　点
增力回路	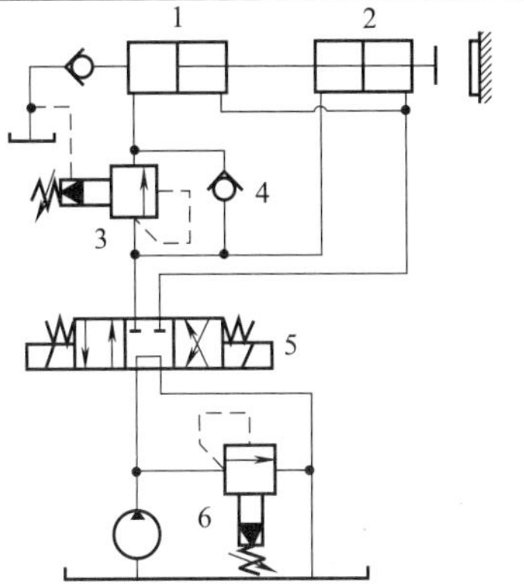	1,2—液压缸 3—顺序阀 4—单向阀 5—三位四通换向阀 6—溢流阀	增力回路是通过双缸的联动来增大夹紧力的。如图示回路，当换向阀 5 处于左位时，顺序阀关闭，压力油仅进入缸 2，实现快速前进，缸 1 经单向阀从油箱吸油。活塞杆接触工件后同路压力上升，顺序阀开启，压力油进入缸 1。压力上升到溢流阀的设定压力，产生很大的夹紧力。夹紧力等于两个缸推力之和。回程时两缸都经换向阀回油。溢流阀 6 的调定压力应大于顺序阀 3 的调定压力
液压泵增压回路	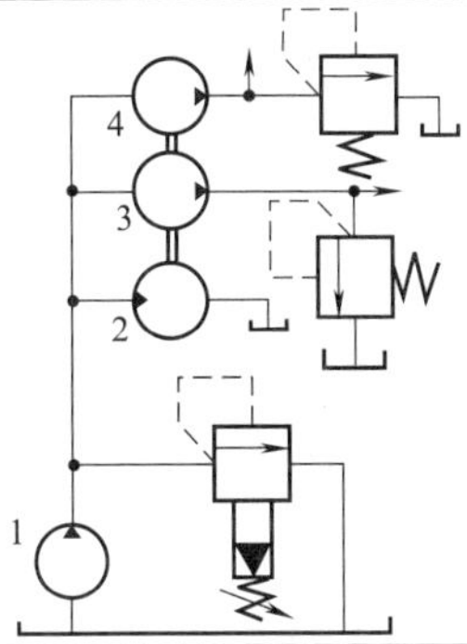	1,3,4—液压泵 2—液压马达	用泵的串联增压，液压泵 3、4 由液压马达 2 驱动，泵 1 与泵 3 或泵 4 串联，实现增压。泵 1 的安全阀压力小于泵 3、4 的出口调定压力。多用于起重机的液压系统
液压马达增压回路	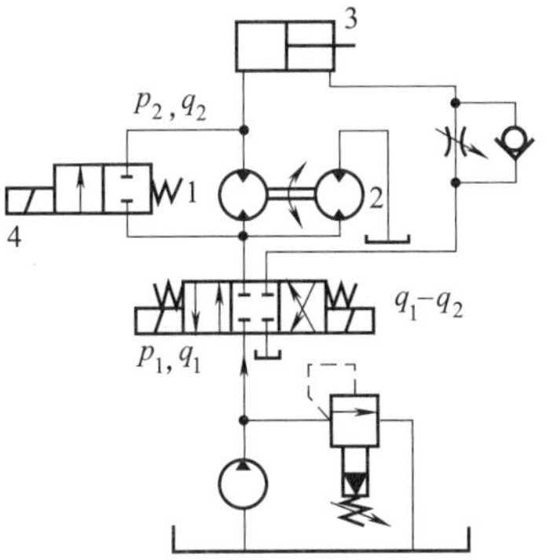	1,2—液压马达 3—液压缸 4—二位二通换向阀	液压马达 1、2 的轴为刚性连接，马达 2 出口通油箱，马达 1 出口通液压缸 3 的左腔。若马达 1 的进口压力为 p_1，则马达 1 的出口压力 $p_2=(1+a)p_1$，a 为两马达的排量之比，即 $a=q_2/q_1$，例如：若 $a=2$. 则 $p_2=3p_1$，实现了增压的目的 当马达 2 采用变量马达时，则可通过改变其排量来改变增压压力 p_2。二位二通换向阀 4 用来使活塞快速退回。本回路适用于现有液压泵不能实现的而又需要连续高压的场合

4.3.4　保压回路

表 20-4-5　　**保压回路**

类别		回　　路	特　　点
用泵保压的回路	用定量泵保压的回路	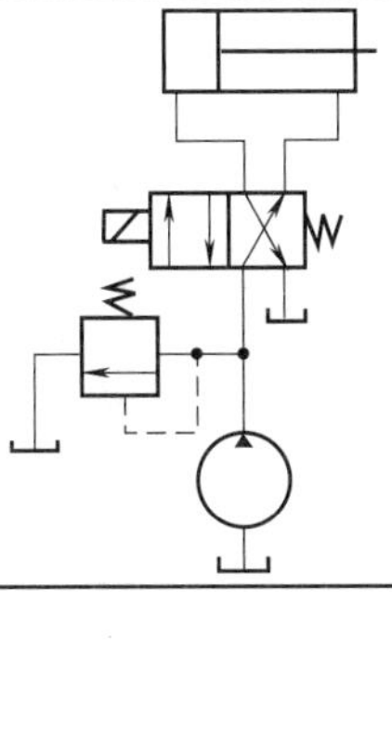	当活塞到达行程终点需要保压时，可使液压泵继续运转，输出的压力油由溢流阀流回油箱，系统压力保持在溢流阀调定的数值上。此法简单可靠，但保压时功率损失大，油温高，因此一般用于 3kW 以下的小功率系统中

续表

类别		回路	特点
用泵保压的回路	用压力补偿变量泵保压的回路	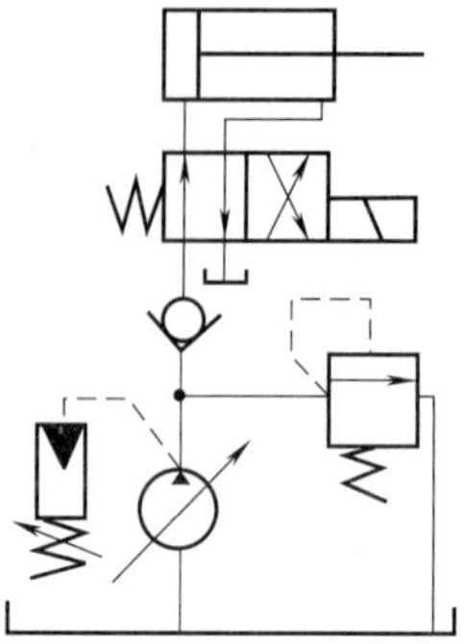	在夹紧装置等需要保压的油路中，采用压力补偿变量泵可以长期保持液压缸的压力，而且效率较高，因为液压缸中压力升高后，液压泵的输油量自动减至补偿泄漏所需的流量，并能随泄漏量的变化自动调整
	用辅助泵保压的回路	用辅助泵保压的回路Ⅰ 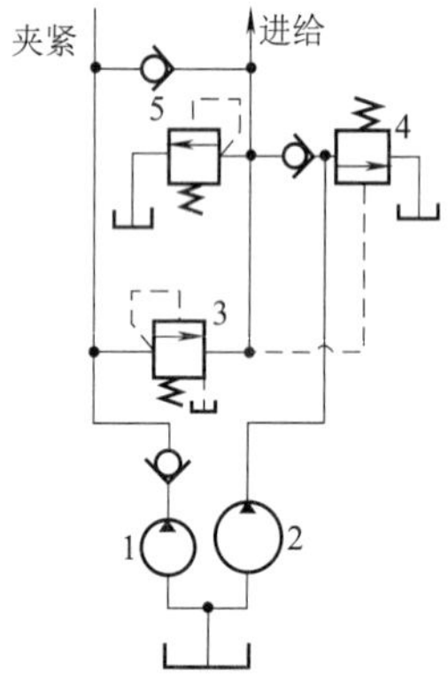 1,2—泵 3—顺序阀 4,5—溢流阀	如图所示，系统存在夹紧装置回路和进给装置两个回路。在夹紧装置回路中，当夹紧缸移动时，小泵1和大泵2同时供油。夹紧后，泵1压力升高，打开顺序阀3，并使夹紧缸保压。此后进给缸快进，泵1与泵2同时供油。进给缸慢进时，油压升至阀4所调节的压力，阀4打开，泵2卸荷，由泵1单独供油，供油压力由阀5调节。夹紧和进给分别由不同的油路来控制时，阀4的调定压力大于顺序阀3的调定压力，阀5的调定压力大于阀4的调定压力。此回路泵的利用效率高，常用于小型机床，辅助泵用于夹紧回路的保压
		用辅助泵保压的回路Ⅱ 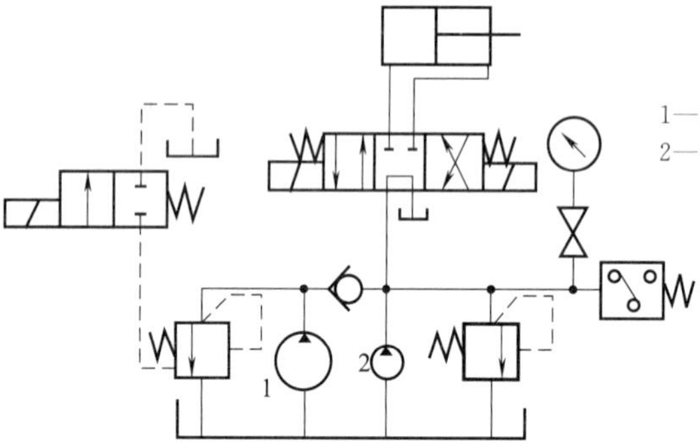 1—大泵 2—小泵	如图所示，液压缸工作行程时，大、小泵同时供油。液压缸移动至行程末端，压力升高，压力继电器动作，二位二通电磁换向阀通电，大泵1卸荷，小泵2继续工作以保压。大泵1的溢流阀的调定压力小于泵2的溢流阀的调定压力。通常采用液压泵保压的方法可使液压缸的压力始终保持稳定不变。此回路常用于夹紧回路
用蓄能器保压的回路	用蓄能器保压的回路Ⅰ	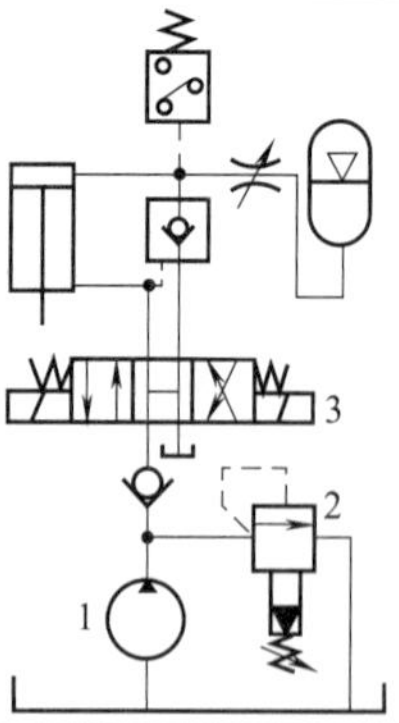 1—泵 2—溢流阀 3—三位四通换向阀	如图所示，液压缸中的压力达到预定值后，压力继电器动作，使三位四通换向阀3断电，液压泵卸荷，由蓄能器保持液压缸中的压力，可对工件实现较长时间的保压。蓄能器的容量要根据内泄漏的大小和保压时间的长短确定。三位四通换向阀3选择中位机能为进油口和油箱相连的方式。应用于如压力离心铸造机中的拔管钳的保压回路

续表

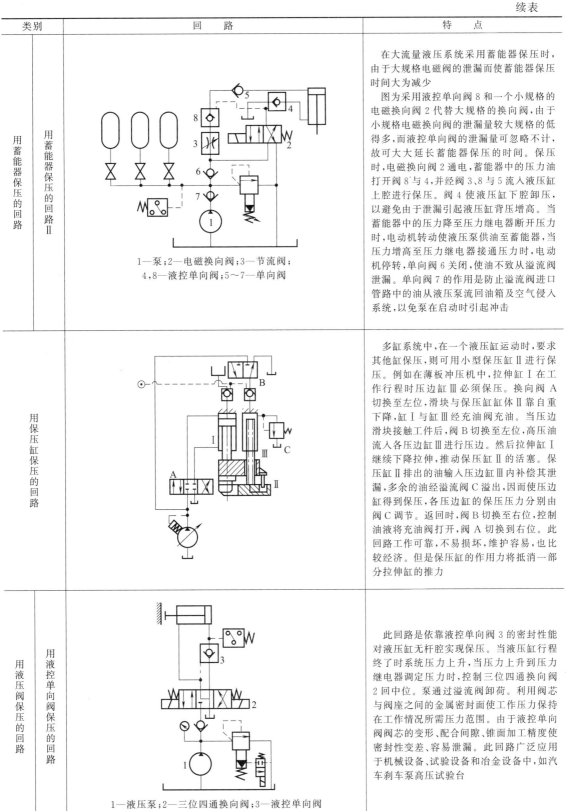

类别		回　　路	特　　点
用蓄能器保压的回路	用蓄能器保压的回路Ⅱ	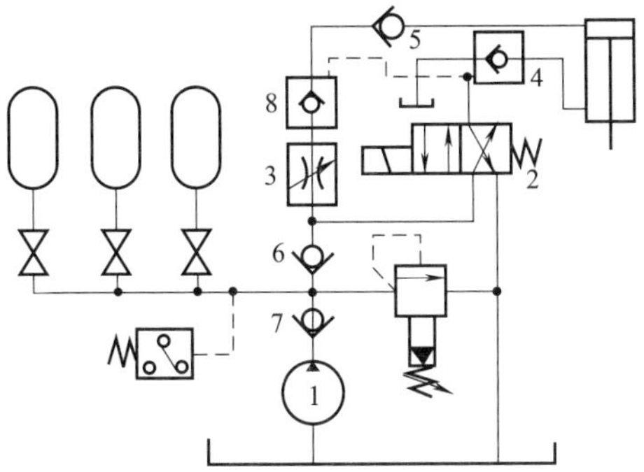 1—泵；2—电磁换向阀；3—节流阀；4，8—液控单向阀；5～7—单向阀	在大流量液压系统采用蓄能器保压时，由于大规格电磁阀的泄漏而使蓄能器保压时间大为减少 图为采用液控单向阀 8 和一个小规格的电磁换向阀 2 代替大规格的换向阀，由于小规格电磁换向阀的泄漏量较大规格的低得多，而液控单向阀的泄漏量可忽略不计，故可大大延长蓄能器保压的时间。保压时，电磁换向阀 2 通电，蓄能器中的压力油打开阀 8 与 4，并经阀 3、8 与 5 流入液压缸上腔进行保压。阀 4 使液压缸下腔卸压，以避免由于泄漏引起液压缸背压增高。当蓄能器中的压力降至压力继电器断开压力时，电动机转动使液压泵供油至蓄能器，当压力增高至压力继电器接通压力时，电动机停转，单向阀 6 关闭，使油不致从溢流阀泄漏。单向阀 7 的作用是防止溢流阀进口管路中的油从液压泵流回油箱及空气侵入系统，以免泵在启动时引起冲击
用保压缸保压的回路		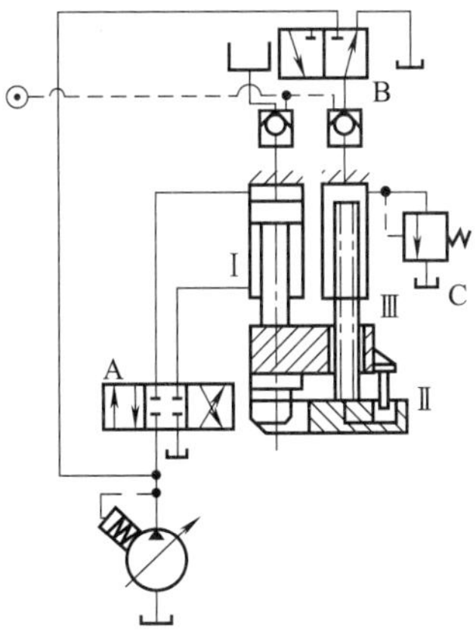	多缸系统中，在一个液压缸运动时，要求其他缸保压，则可用小型保压缸Ⅱ进行保压。例如在薄板冲压机中，拉伸缸Ⅰ在工作行程时压边缸Ⅲ必须保压。换向阀 A 切换至左位，滑块与保压缸缸体Ⅱ靠自重下降，缸Ⅰ与缸Ⅲ经充油阀充油。当压边滑块接触工件后，阀 B 切换至左位，高压油流入各压边缸Ⅲ进行压边。然后拉伸缸Ⅰ继续下降拉伸，推动保压缸Ⅱ的活塞。保压缸Ⅱ排出的油输入压边缸Ⅲ内补偿其泄漏，多余的油经溢流阀 C 溢出，因而使压边缸得到保压，各压边缸的保压压力分别由阀 C 调节。返回时，阀 B 切换至右位，控制油液将充油阀打开，阀 A 切换到右位。此回路工作可靠，不易损坏，维护容易，也比较经济。但是保压缸的作用力将抵消一部分拉伸缸的推力
用液压阀保压的回路	用液控单向阀保压的回路	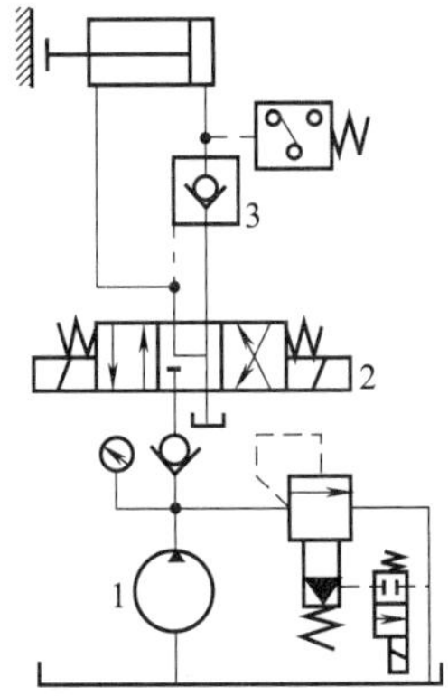 1—液压泵；2—三位四通换向阀；3—液控单向阀	此回路是依靠液控单向阀 3 的密封性能对液压缸无杆腔实现保压。当液压缸行程终了时系统压力上升，当压力上升到压力继电器调定压力时，控制三位四通换向阀 2 回中位。泵通过溢流阀卸荷。利用阀芯与阀座之间的金属密封面使工作压力保持在工作情况所需压力范围。由于液控单向阀阀芯的变形、配合间隙、锥面加工精度使密封性变差、容易泄漏。此回路广泛应用于机械设备、试验设备和冶金设备中，如汽车刹车泵高压试验台

续表

类别		回路	特点
用液压阀保压的回路	用节流阀保压的回路	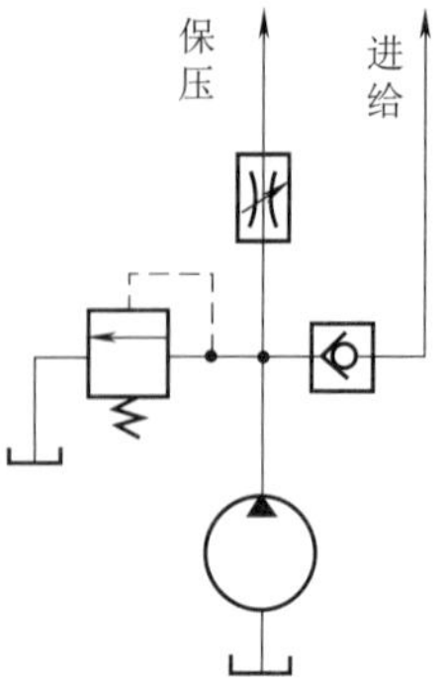	在单泵驱动的双缸液压系统中，可用节流阀把油路分成两段。节流阀前为夹紧系统的保压段，节流阀后，进给缸的移动将不会影响节流阀前的夹紧力。这是因为泵的流量远大于进给所需的流量，多余的油是在保压的条件下经溢流阀流回油箱的。进给缸需要快进时，则节流阀必须通过快进所需流量。若这时夹紧仍需保压，泵的流量必须大于快进流量，使进给缸快进时，溢流阀仍处于开启的状态

4.3.5 卸荷回路

表 20-4-6 卸荷回路

类别		回路	特点
不保压系统的卸荷回路	用换向阀卸荷的回路	利用滑阀机能卸荷的回路 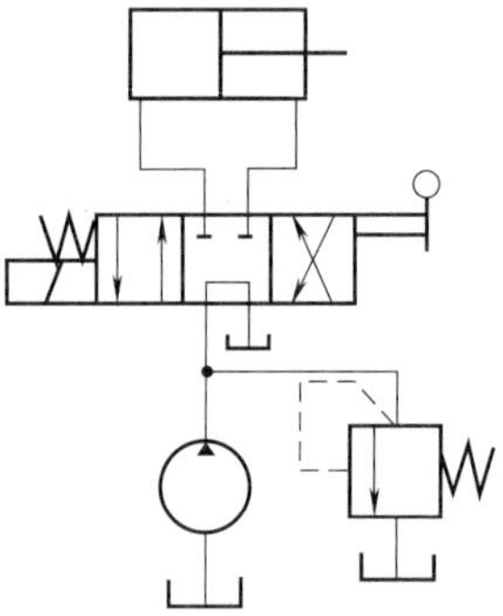	回路简单，利用中位机能来卸荷。对于压力较高，流量较大(大于 3.5MPa，40L/min)的系统，此回路会产生冲击。当三位四通换向阀处于中位时，滑阀机能为 M 型、H 型和 K 型时，油口 P 与 T 相通，达到卸荷的目的。为了减少和避免液压冲击，并使卸荷较彻底，采用手动或电液换向阀。这时需要 0.3～0.5MPa 的背压作为控制油压，换向阀的额定流量必须与泵的额定流量相等。适用于流量较小的系统，不适用于一泵驱动多个液压缸的多支路场合
		用二位二通换向阀卸荷的回路 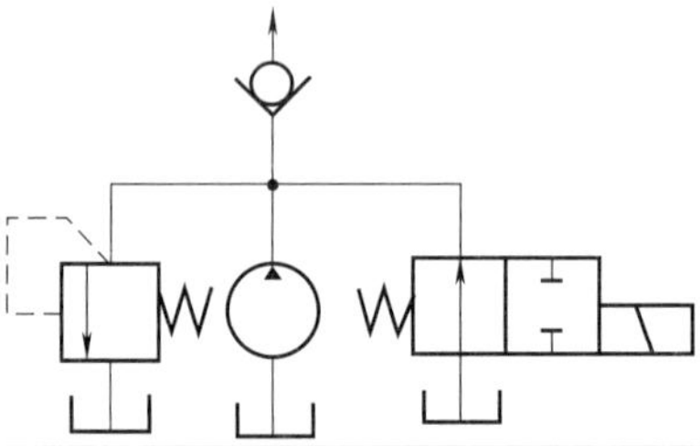	回路结构简单，液压泵的出油口经二位二通电磁阀与油箱相通。二位二通电磁阀断电时，液压泵卸荷；二位二通电磁阀通电时，液压泵升压。选用二位二通电磁阀应能通过泵的全部流量，即阀的额定流量和泵的额定流量相等。特别适用于低压小流量系统
		用电液换向阀组成的卸荷回路 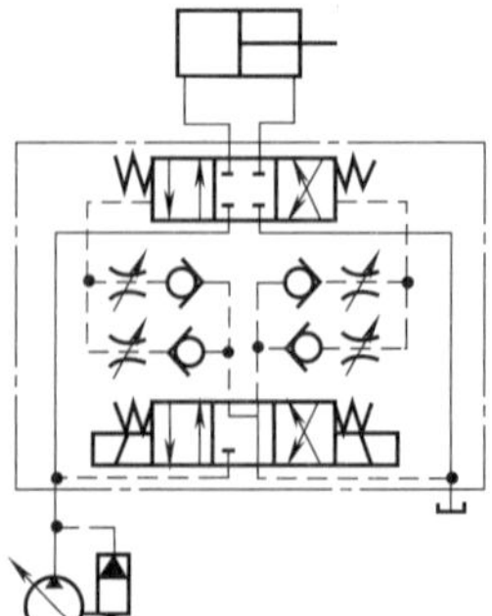	图示是采用电液换向阀、单向阀和节流阀组成的卸荷回路。通过调节控制油路中的节流阀控制主阀芯移动的速度，使阀口缓慢开启，避免液压缸突然卸压，因而实现较平稳卸压。采用此回路系统响应速度快，精度高。常用于流量较大时，需要平稳卸荷的场合，如装载机线控转向系统

续表

类别		回　　路	特　　点
不保压系统的卸荷回路	用溢流阀卸荷的回路	用普通溢流阀卸荷的回路 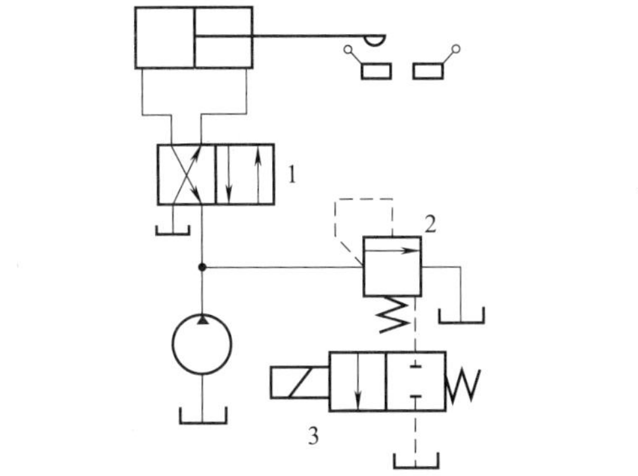 1—二位四通换向阀；2—溢流阀；3—二位二通换向阀	如回路图中溢流阀 2 的遥控口与二位二通换向阀 3 相连，当阀 3 处于左位时，泵即可通过溢流阀 2 流回油箱卸荷。二位二通换向阀 3 只需要通过很少的流量，因此可以采用小流量阀。如果阀 3 有泄漏，即使阀 3 断电，也会发生压力升不到溢流阀调定压力的情况。本回路在泵从卸荷到有负荷的过程中有滞后现象。用于远程控制实现泵的卸荷的场合，如仿形刨床、PLC 自动控制的板料剪切机、自动焊接机等
		用电磁溢流阀卸荷的回路 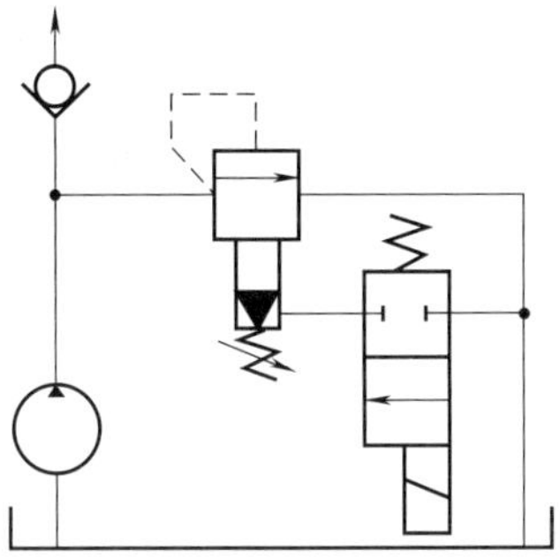	此回路在液压泵的出油口处连接一个电磁溢流阀。当执行机构停止运动时，可控制电磁溢流阀使液压泵卸荷。电磁溢流阀的遥控口经二位二通电磁阀与油箱相通；二位二通电磁阀通电时，液压泵卸荷；二位二通电磁阀断电时，液压泵升压。选用二位二通电磁阀应能通过泵的全部流量。应用于压力管离心铸造机的卸荷回路、汽车悬挂减振器性能试验台等
	用嵌入式锥阀卸荷的回路	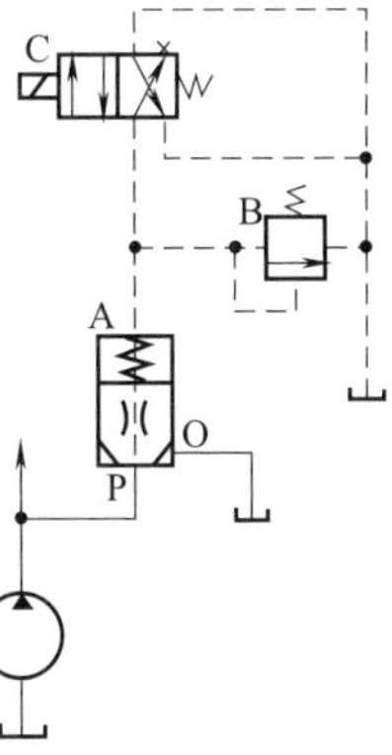	大流量液压系统可用嵌入式锥阀调压卸荷回路。在回路图所示的位置时，锥阀 A 上腔的压力由溢流阀 B 调定，锥阀由差动力打开并保持恒压。当阀 C 通电后，锥阀上腔通油箱，锥阀打开使泵卸荷
	用液压缸结构卸荷的回路	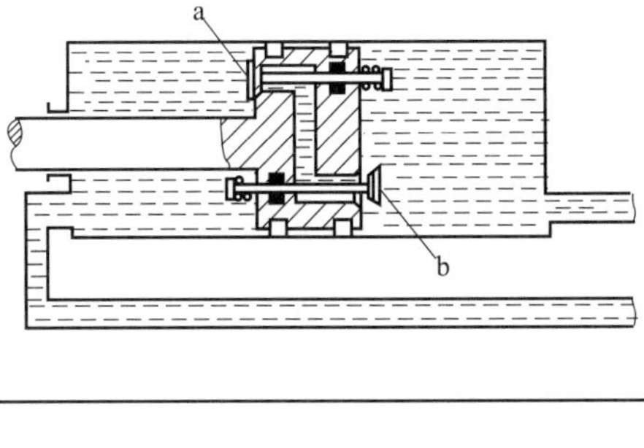	在双作用液压缸的活塞中反向装有两个阀门与阀座，它们交替在活塞行程的终端开启。当液压缸左腔供油时，弹簧与油压力使阀 a 关闭，同时，系统压力打开阀 b。当活塞到达行程终端时，阀 a 碰到缸盖后被打开，使压力油通过阀 a 与阀 b 流至液压缸右腔，系统卸荷。活塞向左移动时，工作原理相同。阀的弹簧力的大小只需在活塞两边的油压大致相等时能使阀门关闭即可

第20篇

续表

类别		回　　路	特　　点
不保压系统的卸荷回路	用专用阀延时卸荷的回路	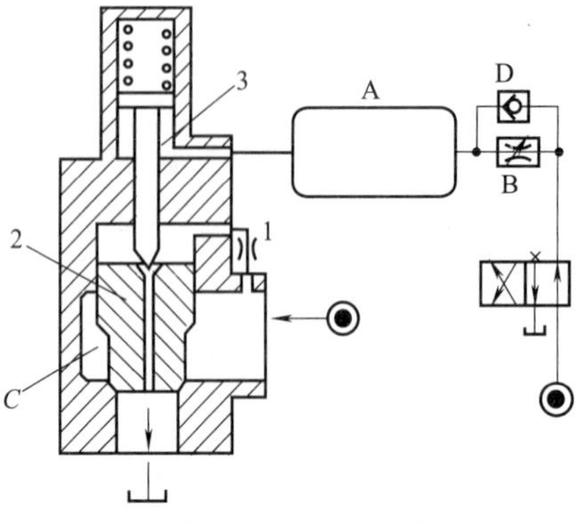 1—节流阀；2—阀芯；3—先导针阀	本回路使泵在卸荷与非卸荷转换中有一些延迟可应用于多泵并联系统。当阀芯 2 中央的小孔被先导针阀 3 关闭时，阀芯上端面承受的油压力大于阀芯环形面积 C 上承受的油压力，先导溢流阀关闭。若针阀 3 被提起，打开阀芯中的小孔，则阀芯上腔压力降低，作用于面积 C 上油的压力将阀芯抬起，使泵卸荷 延迟作用是由于先导压力油经过节流阀 B，然后再经过膨胀容器 A（内有气体）引起的。为了使建立起的压力足以克服弹簧力，油与空气必须被压缩，延迟时间取决于容器 A 的大小与节流阀 B 的开口量。若一个方向不需延迟，可用一个单向阀 D 使节流阀 B 短路
保压系统的卸荷回路	用蓄能器保持系统压力的卸荷回路	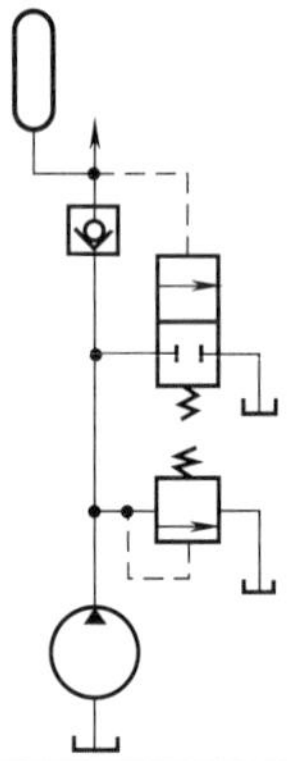	蓄能器充油至所需压力时，液动二通换向阀切换，使泵卸荷。当系统压力降低到液动二通换向阀复位压力时，液动二通换向阀复位，泵不卸荷。适用于泵卸荷系统保压的场合
	用限压式变量泵保持系统压力的卸荷回路	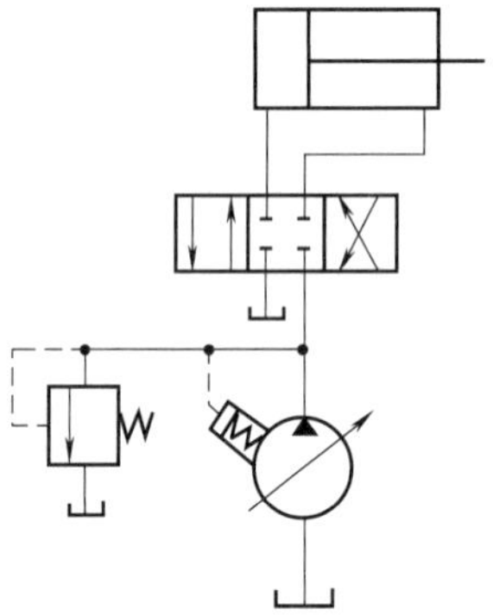	当系统压力大于调定值时，压力补偿装置使泵输出流量近似为零而卸荷，但系统仍由泵保压。本回路可以不用溢流阀。但为了防止压力补偿装置失灵和换向阀转换过程中的压力冲击，加一个安全阀较好。本回路功率损失很少
	大泵卸荷并用小泵保持系统压力的回路	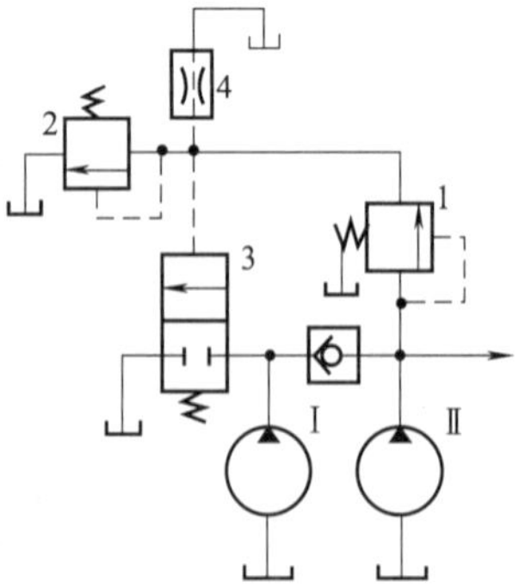 Ⅰ，Ⅱ—高压泵；1，2—溢流阀；3—卸荷阀；4—节流阀	本回路适用于两个压力相同的泵，例如大流量高压泵Ⅰ用于工作进给，小流量高压泵Ⅱ用于保压。开始时，两个泵同时供油进行工作进给。当压力达到溢流阀 1 调节压力时，阀 1 开始溢流。由于回油口有低压溢流阀 2，回油产生 3～7bar（$1bar=10^5Pa$）的背压推动卸荷阀 3 切换，则使泵Ⅰ卸荷，泵Ⅱ继续工作。当系统压力降低，阀 1 不再溢流时，控制油经阀 4 卸压，阀 3 复位，则泵Ⅰ重新工作。阀 3 也可采用液控顺序阀

4.3.6　平衡回路

表 20-4-7　平衡回路

类别	回　路	特　点
用液控单向阀的平衡回路	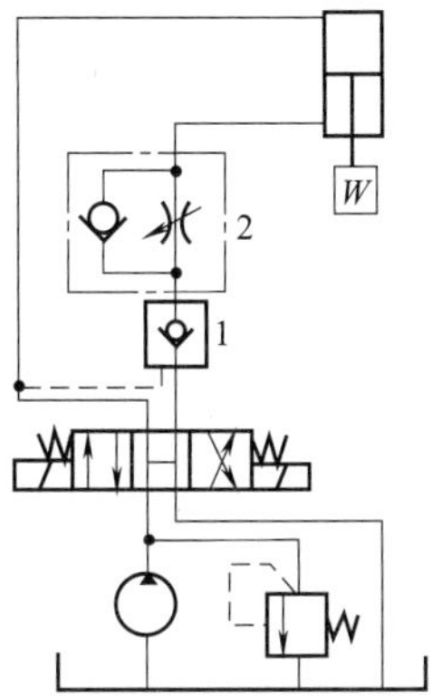 1—液控单向阀；2—单向节流阀	当执行机构在不运动时只受重力负载，为了平衡此重力负载，维持执行机构不动就需要采用平衡回路，最常用的办法就是在液压回路中加上平衡阀，也就是说平衡回路实质上是起平衡重力负载的作用 如图所示，液控单向阀具有锁紧作用，活塞可以长期停留而不下降。活塞向下运动时，液控单向阀 1 被打开，活塞部件的重量由节流阀产生的背压平衡。液压缸停止运动时，依靠液控单向阀的反向密封作用，锁紧运动部件，防止由于自重下落。单向节流阀 2（根据实际需要的速度来选择节流阀的通流面积）用来控制活塞下行的速度。本回路负载小，流量大时，效率较低。应用于剪切机的剪刀缸的平衡回路
用单向节流阀的平衡回路	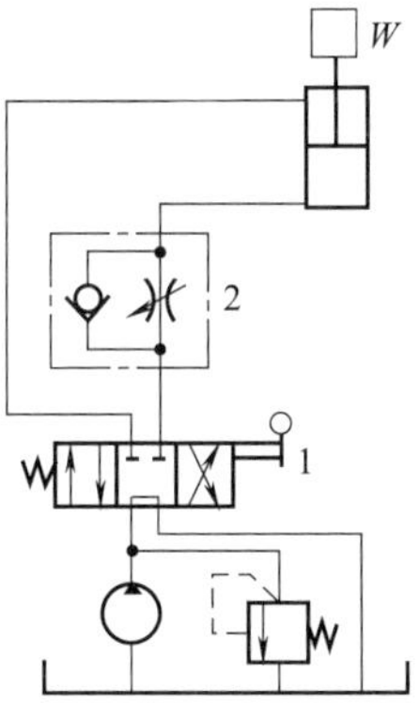 1—换向阀；2—单向节流阀	图示用单向节流阀 2 和换向阀 1 组成的平衡回路。回路受载荷 W 大小影响，下降速度不稳定。换向阀 1 处于左位时，回路中的单向节流阀 2 处于调速状态，适当调节单向节流阀 2 可以防止超速下降。换向阀 1 处于中位时，液压缸进出口被封住，活塞停在某一位置。由节流阀产生的背压与之平衡。常用于对速度稳定性及锁紧要求不高、功率不大或功率虽大但工作不频繁的定量泵油路中。如将阀 2 用单向减速阀代替，则回路受载荷的影响明显减小。常用于如货轮舱口盖的启闭、铲车的升降、电梯及升降平台的升降等
用直控平衡阀的平衡回路	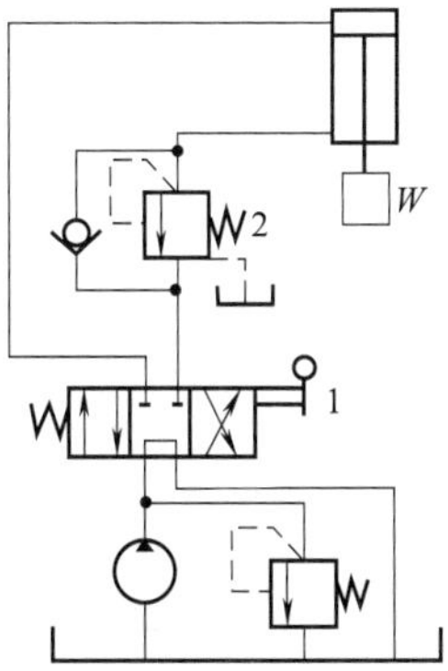 1—换向阀；2—直控平衡阀	当活塞下行时，回油腔通过直控平衡阀 2 产生一定的背压，即可以防止活塞及其工作部件的自行下滑，起到平衡的作用。调整直控平衡阀 2 的开启压力，使其稍大于液压缸活塞及其工作部件的自重在下腔产生的背压。此回路活塞运行平稳，但系统功率损耗较大。用于如 PLC 自动控制的板料剪切机的压块液压缸的平衡回路

续表

类别	回　　路	特　　点
用远控平衡阀的平衡回路	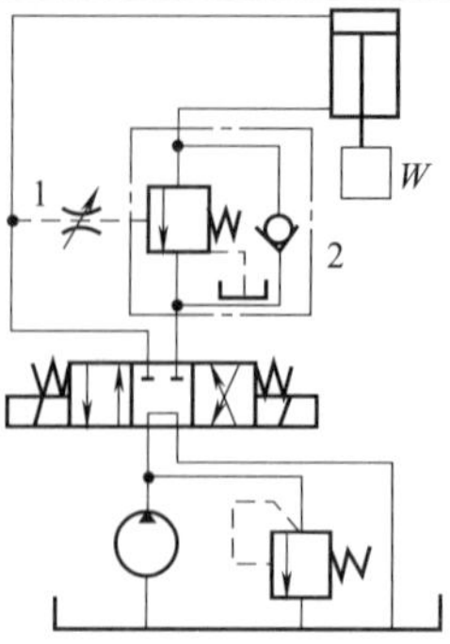 1—节流阀;2—远程遥控阀	回路图中阀 2 的开启取决于液控口控制油的压力,与负载的大小无关。为了防止液压缸振荡,在控制油路中装节流阀 1。通过远程遥控阀 2 和节流阀 1 在重物下降的过程中起到平衡的作用,限制其下降速度。根据重物的下降速度调整节流阀 1 通流截面积可以改变系统的振荡性能。该回路适用于平衡质量变化较大的液压机械,如液压起重机、升降机等

4.3.7　缓冲回路

表 20-4-8　　　缓冲回路

类别		回　　路	特　　点
液压缸缓冲回路	用可调式双向缓冲液压缸构成的缓冲回路	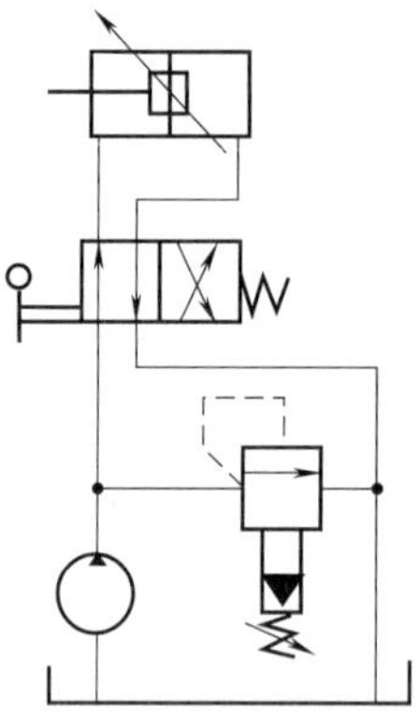	此回路缓冲动作可靠,起到缓冲作用,减少冲击和振动。对液压缸的行程设计要求严格,不容易变换。其缓冲效果由缓冲液压缸的缓冲装置调整。适用于缓冲行程位置固定的工作场合
	用液压缸结构进行缓冲的回路	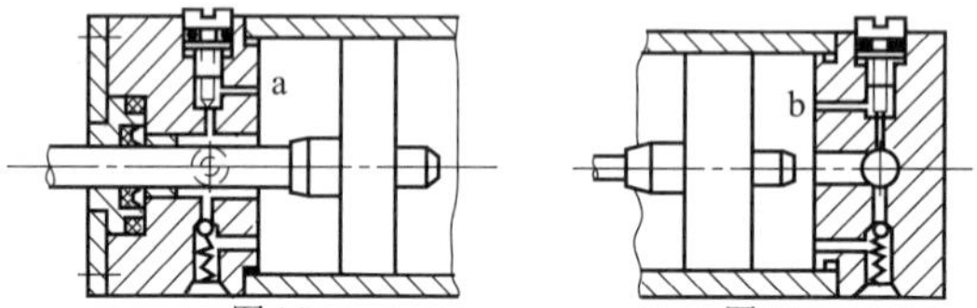 图(a)　　图(b)	如回路图所示,活塞快速接近行程终点时,活塞上的凸部嵌入缸盖上的凹部,液压缸回油只能经过可调节流阀从油口 a(或 b)流出,使液压缸进行缓冲。调节节流阀即可调节缓冲的效果。活塞返回时,油液经单向阀进入油腔使活塞快速移动
蓄能器缓冲回路		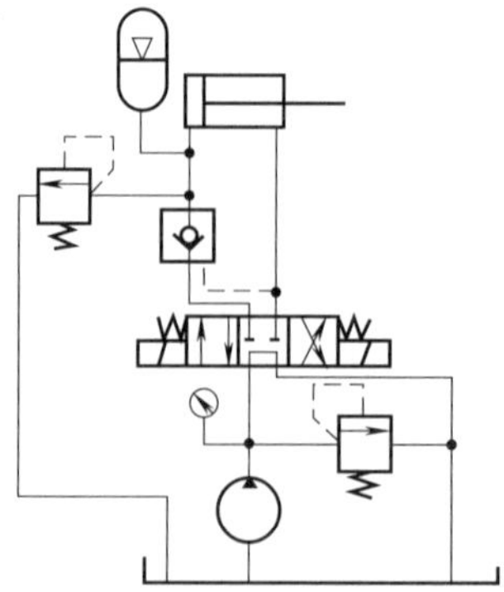	如回路图所示,蓄能器用于吸收因负载突然变化使液压缸产生位移而产生的液压冲击。蓄能器的容量应与液压缸正常工作时产生的压力冲击相适应。当冲击太大,蓄能器吸收容量有限时,可由安全阀消除。用于如高压输电线间隔棒振摆试验液压系统、矿用装载机离合器等

续表

类别		回 路	特 点
液压阀缓冲回路	溢流阀缓冲回路	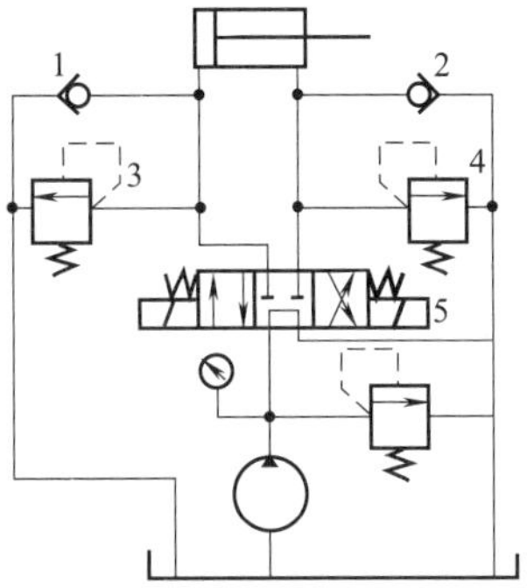 1,2—单向阀;3,4—直动溢流阀;5—三位四通换向阀	在液压缸的两侧设置直动式溢流阀作为安全阀用。当换向阀 5 处于左位时,活塞杆向右移动,由于直动溢流阀 4 的作用,不会突然向右移动。反之向左运动时,由于直动溢流阀 3 的作用,减缓或消除液压缸活塞换向时产生的液压冲击。回路图中的单向阀 1、2 起到补油的作用。用于经常换向而且会产生冲击的场合,如压路机振动部分的液压回路
	电液换向阀缓冲回路	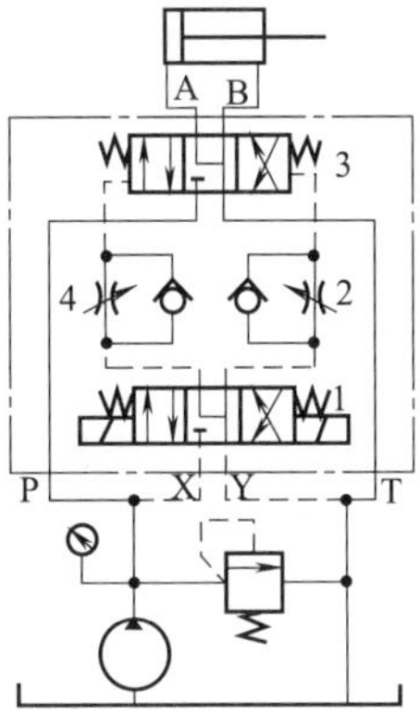 1—先导换向阀;2,4—单向节流阀;3—主阀	图示回路为采用电液换向阀的缓冲回路。调节主阀 3 和先导换向阀 1 之间的单向节流阀 2(或 4)开口量,限制流入主阀控制腔的流量,延长主阀芯的换向时间,达到缓冲的目的。此回路缓冲效果较好。用于经常需要换向,而且产生很大冲击的场合
	调速阀缓冲回路	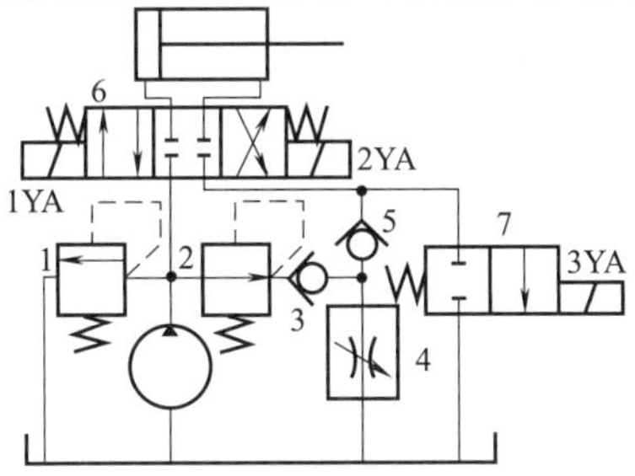 1—溢流阀;2—减压阀;3,5—单向阀;4—调速阀;6—三位四通换向阀;7—二位二通换向阀	回路图中二位二通换向阀 7 是为了使活塞快速移动设置的,调速阀 4 由于减压阀 2 的作用预先处于工作状态,从而起到避免液压缸活塞前冲的目的。当液压缸停止运动前,活塞杆碰行程开关,使 3YA 断电,调速阀开始工作,活塞减速,达到缓冲的目的。可以用行程开关来控制二位二通换向阀 7 实现工进和快进的转换。常应用于轮式装载机行走机构等
	节流阀缓冲回路	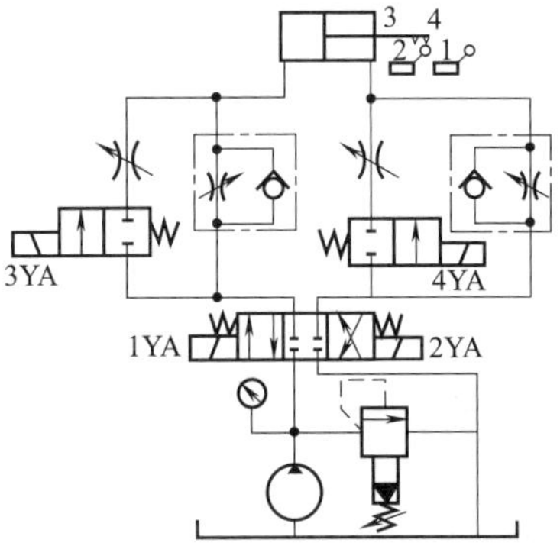 1,2—行程开关;3,4—凸块	节流阀安装在进出油口的支路上,活塞杆上有凸块 3 或 4,当其运动碰到行程开关时,电磁铁 3YA 或 4YA 断电,单向节流阀开始节流,实现液压缸的缓冲。根据要求调整行程开关的安放位置,可实现液压缸在往复行程时的缓冲。可应用于大型、需要经常往复运动的场合,如牛头刨床中

续表

类别		回　　路	特　　点
液压阀缓冲回路	用顺序阀缓冲的回路	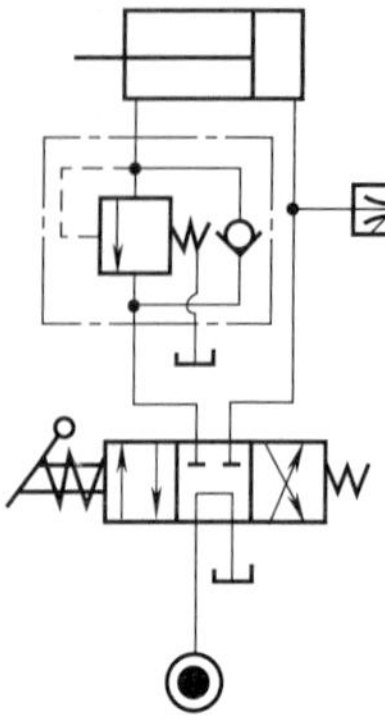	图示为钻床的液压回路。为了防止孔将钻穿时，因液压缸负载突然减小而使钻头向左快速前进，引起钻头断裂或工件崩口等事故，采用单向顺序阀给液压缸左腔加背压，并在右腔进油管的支油路中装一个节流阀，以控制流入液压缸右腔的流量。虽然本回路不能准确地控制速度，但可比较平滑地控制速度，效率也较高
	用液控单向阀缓冲的回路	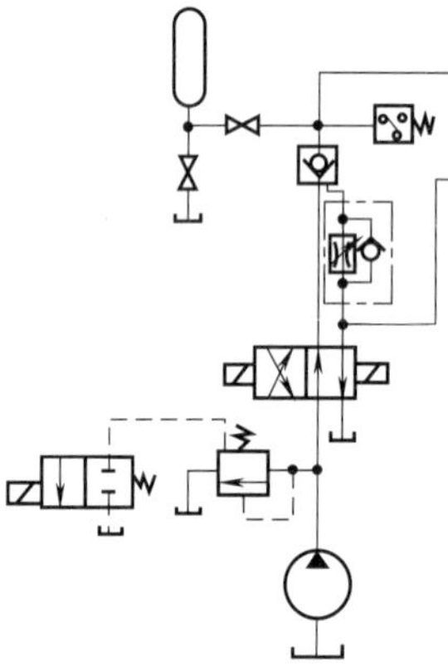	图示为长时间保压回路。当换向阀切换至左位时，压力油流入液压缸下腔，并通过节流阀使液控单向阀缓慢打开，以避免由于液控单向阀打开过快，液压缸上腔压力油突然释压而引起冲击
	用其他阀缓冲的回路	用小规格阀缓冲的回路 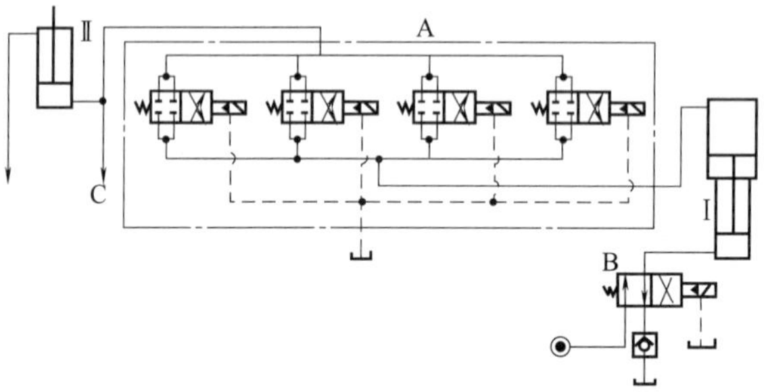	大规格换向阀瞬时开、关时，会引起换向冲击。本回路采用四个小规格换向阀代替一个大规格换向阀。液压缸Ⅰ为增速缸，电液换向阀 B 通电后，压力油 Q_1 经阀 B 进入缸Ⅰ下腔，上腔输出的流量 Q_2 经四个小规格换向阀进入主缸Ⅱ下腔，使活塞快进。四个换向阀 A 通电时，由时间继电器作顺序控制，使之不产生剧烈的投向冲击。缸Ⅱ快进结束后，四个换向阀 A 断电，由 C 处通入高压油，缸Ⅱ转为慢速工作行程
		用换向阀阀芯上三角槽缓冲的回路 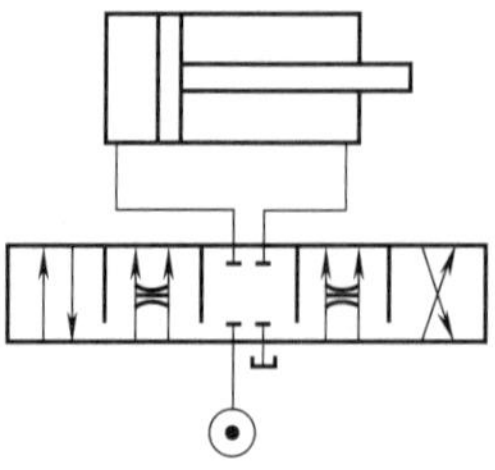 图(a) 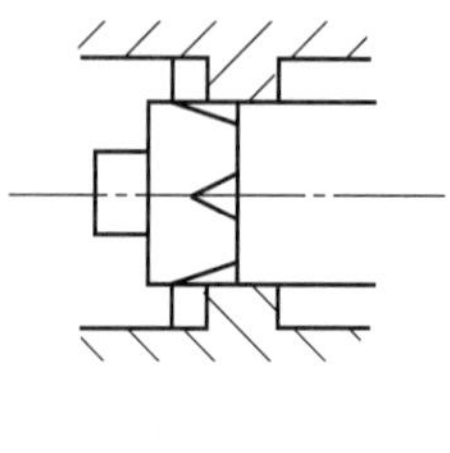 图(b)	在换向阀的阀芯上开有截面为三角形的轴向斜槽，见图(b)，使阀芯在移动过程中，油的通流截面逐渐变化，延长油量的变化过程达到缓冲的目的。适用于小规格换向阀缓冲。负开口量(正重叠量)小的换向阀缓冲效果亦较小

续表

<table>
<tr><th>类别</th><th></th><th>回　　路</th><th>特　　点</th></tr>
<tr><td rowspan="3">液压阀缓冲回路</td><td rowspan="3">用其他阀缓冲的回路</td><td>用无冲击阀缓冲的回路
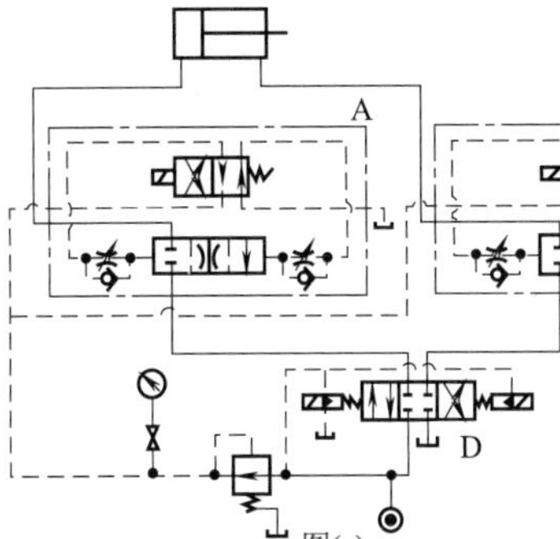
图(a)
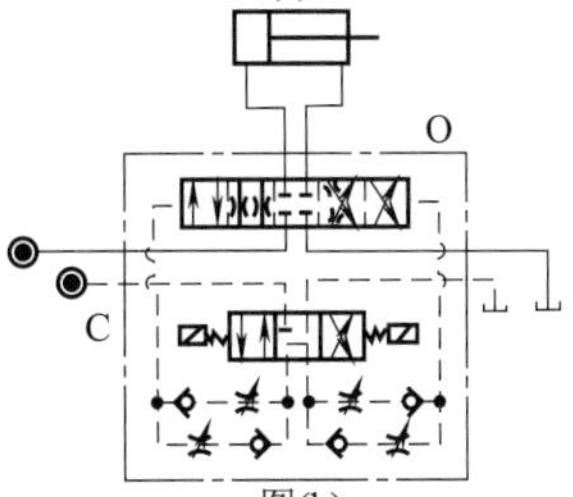
图(b)</td><td>对于大流量或高速重载下冲击较大的液压机器，如果单靠电液换向阀进行缓冲，则效果不好。因为电液换向阀的阀芯上没有节流三角槽，换向阀切换时，阀通过的流量变化太快，引起液压缸的冲击。本回路采用无冲击阀来进行缓冲，图(a)是用两个无冲击阀A与B分别控制液压缸的两条油路。当换向阀D通电切换时，阀A与阀B亦同时通电，使液压缸的进出油路同时逐渐开启。由于无冲击阀的液动阀芯上开有节流三角槽或将阀芯做得长些，在阀芯上磨出小角度节流锥度，因此当油液从接通状态到断开或由断开状态到接通，都需要经过节流口，延长了液压缸油路断开或接通的时间，另外，液动阀芯移动速度可由节流阀调节，使通过无冲击阀的流量缓慢变化，以减少液压缸制动与启动时的冲击压力。采用两个无冲击阀后，使液压缸双向都能进行缓冲。图(b)是用一个无冲击阀C使液压缸换向与缓冲。阀芯上开有节流三角槽。为了使液动阀芯移动平稳，采用了进、回油路同时节流的方式</td></tr>
<tr><td>用专用阀缓冲的回路
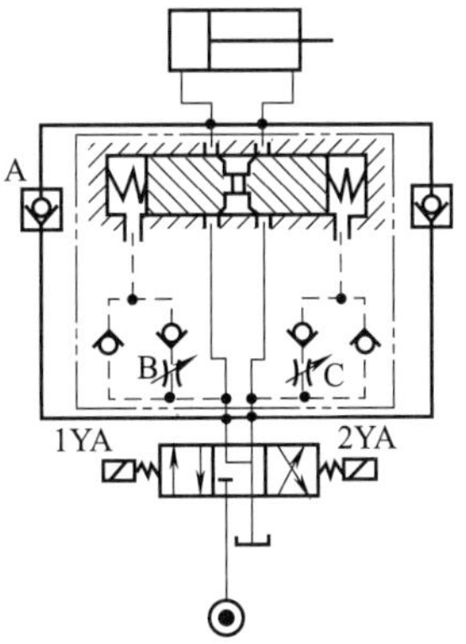</td><td>电磁铁1YA通电后，压力油经单向阀A进入液压缸左腔，同时，压力油经节流阀B至专用制动阀阀芯的左端，使阀芯向右移动，将液压缸右腔的回油路逐渐打开，活塞启动右移，调节节流阀B即可调节阀芯移动速度。在阀芯将回油路从关闭状态移至全开状态期间，活塞速度逐渐加快。在阀芯全开时，活塞速度保持一定。当1YA断电后，阀芯由右弹簧推动向中位回复，在阀芯左移时，把油经节流阀C吸入右弹簧腔，将液压缸右腔的回油口逐渐关闭，活塞的速度也逐渐变慢直至停止。调节节流阀C即可控制阀芯移动速度，以调节缓冲的效果。活塞向左返回时，2YA通电，动作原理相同。本回路的特点是活塞靠阀芯上的制动锥进行缓冲，效果较好。为了防止阀芯受单边油压作用而卡死，油口应径向对称分布，使油压作用力平衡</td></tr>
<tr><td>用制动阀缓冲的回路
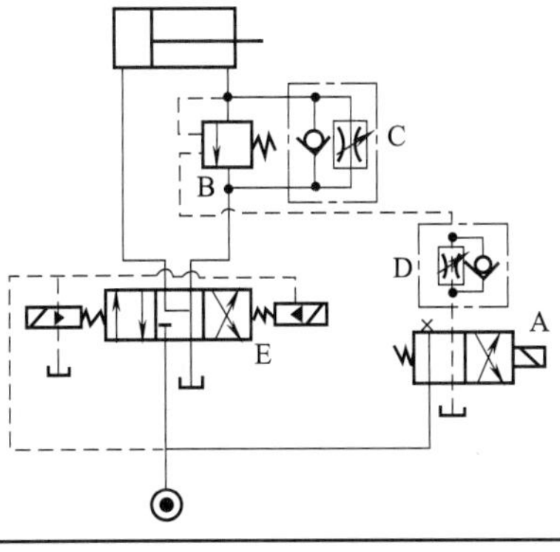</td><td>换向阀A通电后，制动阀B被打开。换向阀E切换至左位后，活塞向右快速移动，碰到行程开关后，阀A断电，阀B的液控口经节流阀D通油箱，使液控腔逐渐失压，活塞转为慢速移动，移动速度由节流阀C调节，转换过程中由制动阀B缓冲，这时阀B成为自控式背压阀。这种转换的平滑性可由节流阀D调节。本回路适用于大负荷机床等快慢速度换接的场合</td></tr>
</table>

续表

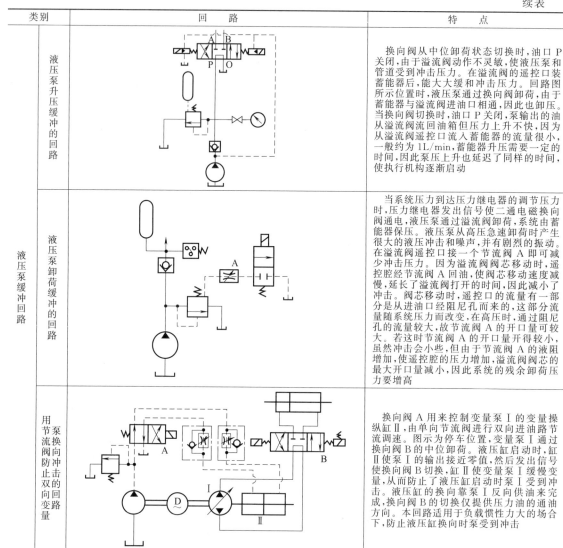

类别		回　路	特　点
液压泵缓冲回路	液压泵升压缓冲的回路	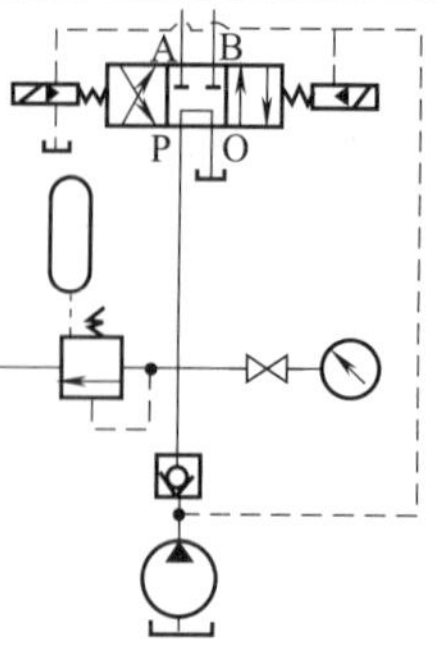	换向阀从中位卸荷状态切换时，油口 P 关闭，由于溢流阀动作不灵敏，使液压泵和管道受到冲击压力。在溢流阀的遥控口装蓄能器后，能大大缓和冲击压力。回路图所示位置时，液压泵通过换向阀卸荷，由于蓄能器与溢流阀进油口相通，因此也卸压。当换向阀切换时，油口 P 关闭，泵输出的油从溢流阀流回油箱但压力上升不快，因为从溢流阀遥控口流入蓄能器的流量很小，一般约为 1L/min，蓄能器升压需要一定的时间，因此泵压上升也延迟了同样的时间，使执行机构逐渐启动
	液压泵卸荷缓冲的回路	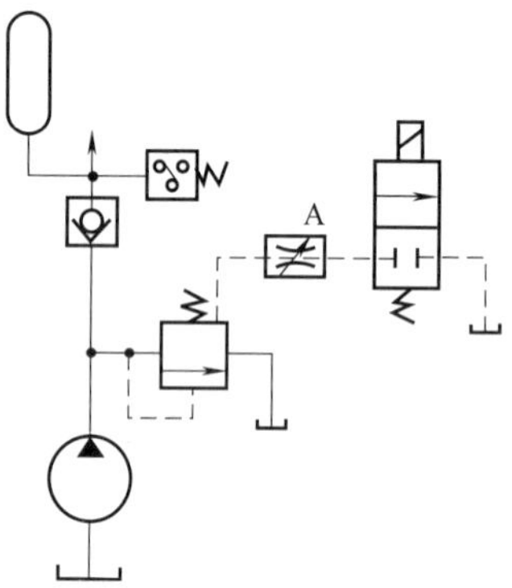	当系统压力到达压力继电器的调节压力时，压力继电器发出信号使二通电磁换向阀通电，液压泵通过溢流阀卸荷，系统由蓄能器保压。液压泵从高压急速卸荷时产生很大的液压冲击和噪声，并有剧烈的振动。在溢流阀遥控口接一个节流阀 A 即可减少冲击压力。因为溢流阀阀芯移动时，遥控腔经节流阀 A 回油，使阀芯移动速度减慢，延长了溢流阀打开的时间，因此减小了冲击。阀芯移动时，遥控口的流量有一部分是从进油口经阻尼孔而来的，这部分流量随系统压力而改变，在高压时，通过阻尼孔的流量较大，故节流阀 A 的开口量可较大。若这时节流阀 A 的开口量开得较小，虽然冲击会小些，但由于节流阀 A 的液阻增加，使遥控腔的压力增加，溢流阀阀芯的最大开口量减小，因此系统的残余卸荷压力要增高
	用节流阀防止双向变量泵换向冲击的回路	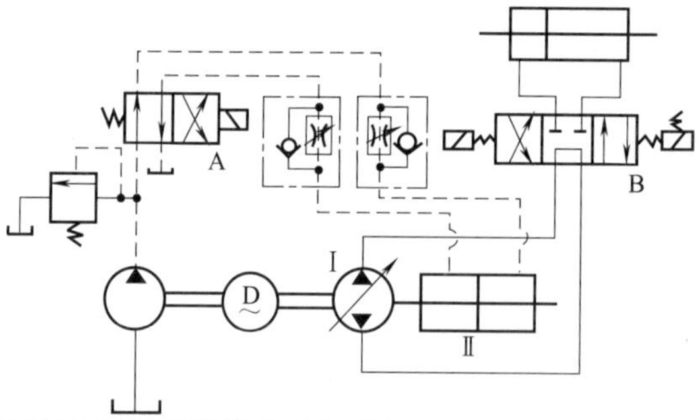	换向阀 A 用来控制变量泵Ⅰ的变量操纵缸Ⅱ，由单向节流阀进行双向进油路节流调速。图示为停车位置，变量泵Ⅰ通过换向阀 B 的中位卸荷。液压缸启动时，缸Ⅱ使泵Ⅰ的输出接近零值，然后发出信号使换向阀 B 切换，缸Ⅱ使变量泵Ⅰ缓慢变量，从而防止了液压缸启动时泵Ⅰ受到冲击。液压缸的换向靠泵Ⅰ反向供油来完成，换向阀 B 的切换仅提供压力油的通油方向。本回路适用于负载惯性力大的场合下，防止液压缸换向时泵受到冲击

4.3.8　卸压回路

表 20-4-9　　**卸压回路**

类别	回　路	特　点
节流阀卸压的回路	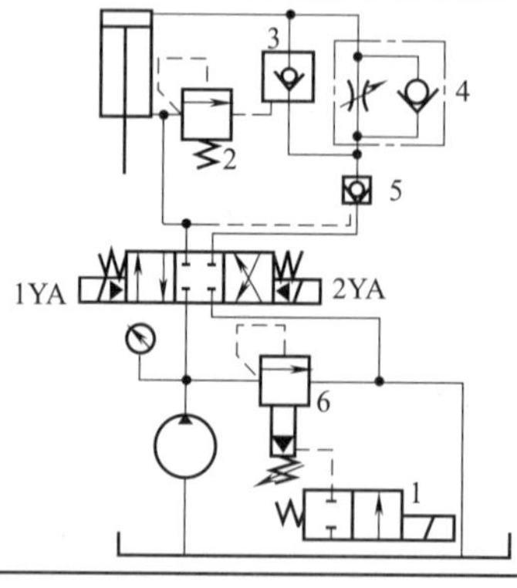1—换向阀 2—顺序阀 3，5—液控单向阀 4—单向节流阀 6—电磁溢流阀	如回路图所示，换向阀处于右位时，液压油经换向阀右位、液控单向阀 5、单向节流阀 4 进入液压缸上腔，活塞杆下移，开始加压。加压结束后，泄压时先使换向阀左位接通，液压缸有杆腔升压，首先使阀 1 开启，液压缸上腔经节流阀泄压。当压力达到顺序阀调定压力时，阀 2 开启，主缸活塞回程。泄压速度取决于节流阀开度大小及顺序阀调定压力值大小。卸压速度取决于节流阀 4 开度的大小及顺序阀调定压力的大小。液控单向阀 5 的控制油压应小于顺序阀 2 的调定压力。常应用于液压缸在回程结束后需要卸压的场合

续表

类别	回　　路	特　　点
顺序阀卸压的回路	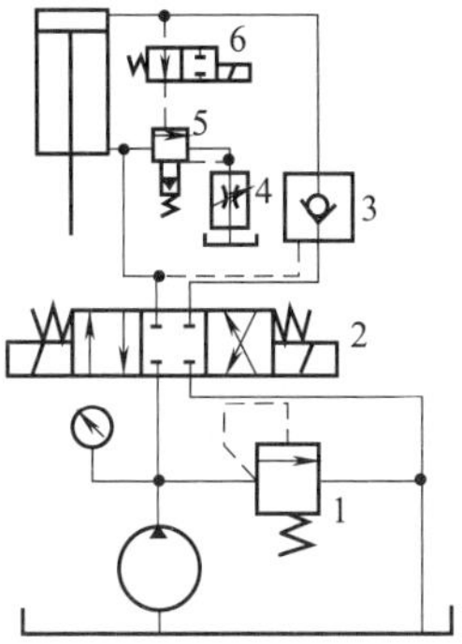 1—溢流阀；2—三位四通换向阀；3—液控单向阀；4—节流阀；5—顺序阀；6—二位二通换向阀	此种卸压回路应用较广。当换向阀 2 处于右位时，液压油经换向阀右位、液控单向阀 3 进入液压缸上腔，活塞杆下移，开始加压。加压结束后，卸压时先使三位四通换向阀 2 左位接通，使从泵出来的液压油经换向阀左位、顺序阀 5 和节流阀 4 流回油箱。调整节流阀 4，使其产生的背压只能推开先导式液控单向阀的先导装置，使主缸上腔卸压。当主缸上腔压力低于顺序阀的设定压力时，顺序阀切断油路，系统压力升高，打开液控单向阀的主阀芯，主缸活塞回程上移。选用时注意各阀调定压力之间的关系及其与动作顺序之间的关系。卸压时顺序阀 5 一直处于开启状态。顺序阀 5 的调定压力应该大于节流阀 4 产生的背压，液控单向阀 3 的控制油压应大于顺序阀 5 的调定压力，也大于节流阀 4 产生的背压
换向阀卸压的回路	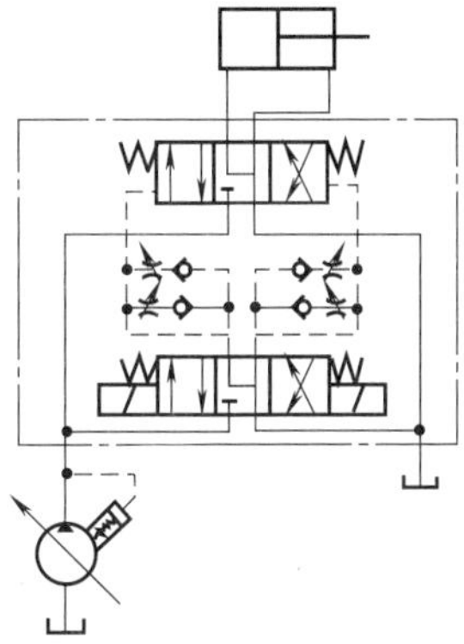	本回路采用电液换向阀卸压，通过调节控制油路的节流阀，以控制阀芯移动速度，使阀口缓慢打开。液压缸因换向开始时阀口的节流作用而逐渐卸压，故能避免液压缸突然卸压
液控单向阀卸压的回路 / 用二级液控单向阀卸压的回路	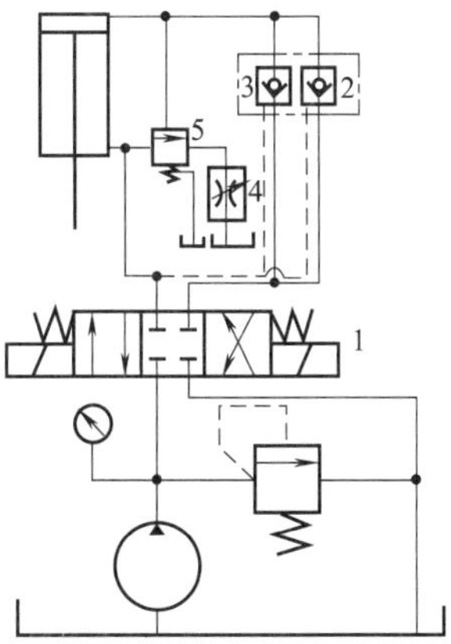 1—换向阀；2，3—液控单向阀；4—节流阀；5—顺序阀	如回路图所示，换向阀 1 处于右位，开始加压。加压结束后，换向阀 1 切换至左位，中位不停留。这时顺序阀 5 仍保持开启，泵输出的油液经顺序阀 5 及节流阀 4 流回油箱，节流阀使回油压力保持在 2MPa 左右，不足以使活塞上移，而只能打开液控单向阀中的卸压阀 3，使液压缸上腔的压力油经阀 3 流回油箱，上腔压力慢慢降低。在使液压缸上腔的压力降低至阀 5 的调定压力 2～4MPa 后，阀 5 关闭，进油压力上升并打开液控单向阀 2 使活塞上移。液控单向阀中的阀 3 是卸压阀，阀 2 是主阀。系统加压结束后，液压缸上腔压力经过一段时间的缓慢卸压后，活塞杆才开始上移。顺序阀 5 的调定压力应该大于节流阀 4 产生的背压，液控单向阀 3 的控制油压应大于顺序阀 5 的调定压力，也大于节流阀 4 产生的背压，系统才能正常工作

续表

类别	回路	特点
液控单向阀卸压的回路：用三级液控单向阀卸压的回路	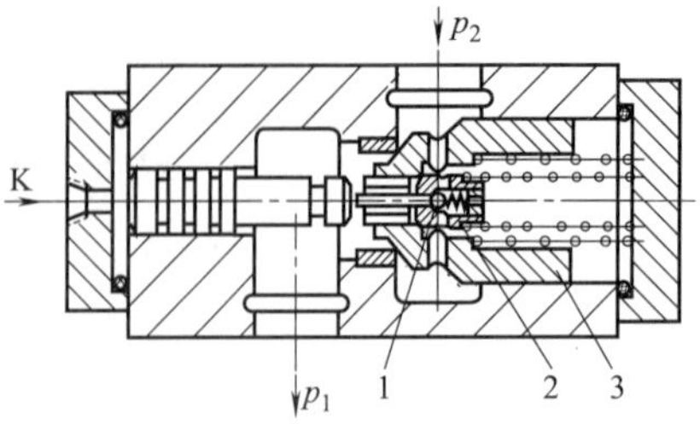 1—球阀；2—中间锥阀；3—大锥阀	图示为三级液控单向阀的结构，控制油由油口 K 流入液控腔，推动柱塞向右移动，先顶开球阀 1，继之顶开中间锥阀 2，最后顶开大锥阀 3，逐步进行卸压。这种结构适用于高压大容量液压缸的场合。其使用的回路与二级液控单向阀卸压回路相同
溢流阀卸压的回路	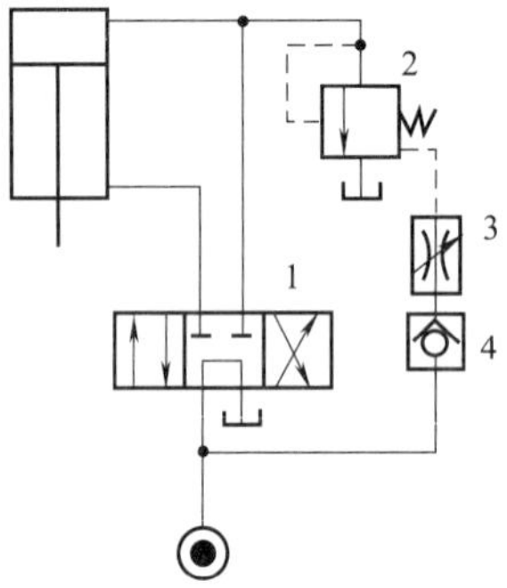 1—换向阀；2—溢流阀；3—节流阀；4—单向阀	工作行程结束时，换向阀 1 先切换至中位，溢流阀 2 的遥控口通过节流阀 3 与单向阀 4 通油箱。调节阀 3 的开口量可改变阀 2 的开启速度，也可调节液压缸上腔卸压的速度。阀 2 同时可作为安全阀
手动截止阀卸压的回路	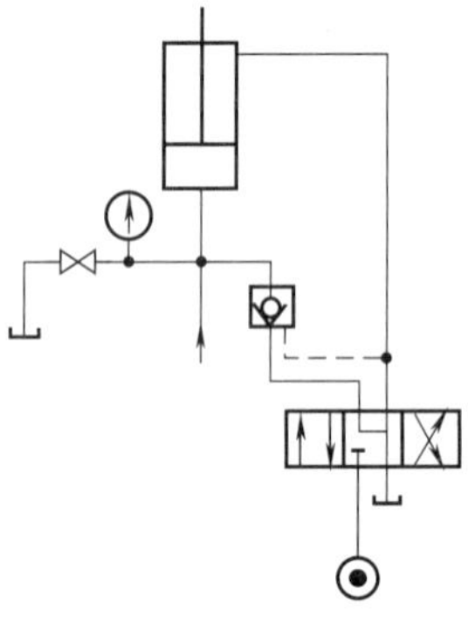	图示为用超高压手动截止阀卸压的回路。逐渐拧开截止阀，使液压缸下腔压力油经截止阀卸压。卸压结束后，关闭截止阀，使换向阀切换至右位，活塞即可下移。这种卸压方式结构简单，但卸压时间长，每次卸压均需手动操作。一般用于使用不频繁的超高压系统如材料试验机等
双向变量泵卸压的回路	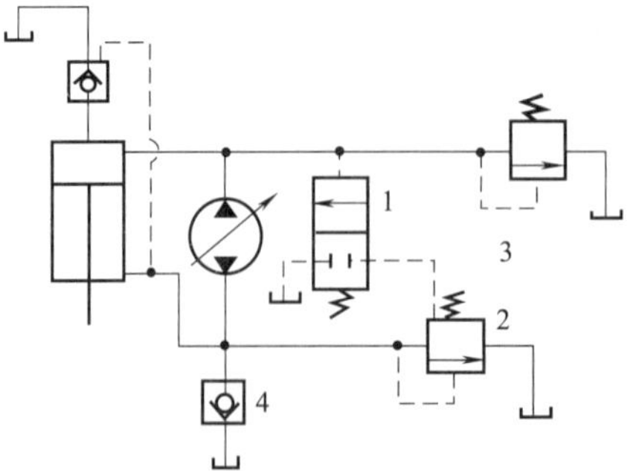 1—换向阀；2—溢流阀；3—安全阀；4—补油阀	活塞向下工作行程时，压力油使阀 1 切换，阀 2 遥控口通油箱，因此液压缸下腔处于卸荷状态。当活塞向上移动时，泵反向供油，因液压缸下腔处于卸荷状态，故不会升压，但泵吸油使液压缸上腔卸压，当压力降至使阀 1 复位时，活塞开始向上移动。阀 3 为安全阀，阀 4 为补油阀

4.3.9　制动回路

表 20-4-10　**制动回路**

类别	回　路	特　点
溢流阀制动回路	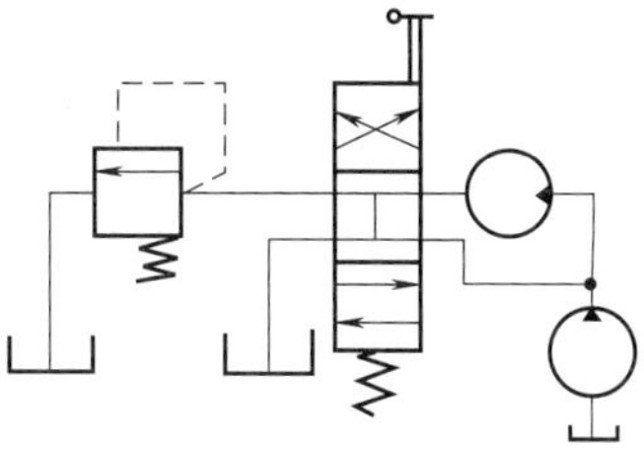	在图示系统中，手动换向阀在中位时液压泵卸压，液压马达滑行停止，处于浮动状态，手动换向阀在上位时，液压马达工作；手动换向阀在下位时，液压马达制动
远程调压阀制动回路	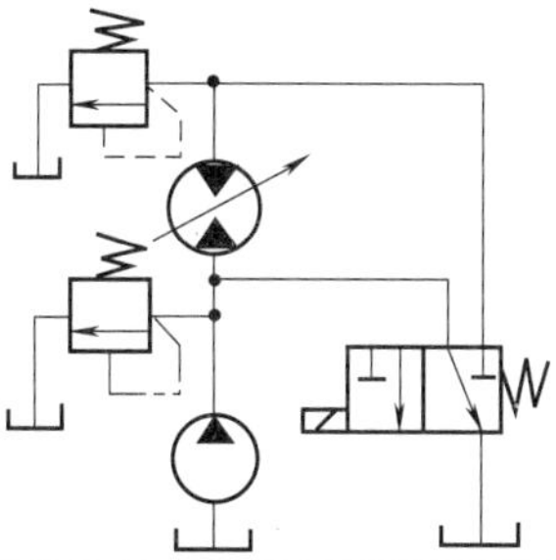	当电磁换向阀通电时，液压马达工作；电磁换向阀断电时，液压马达制动
制动器制动回路	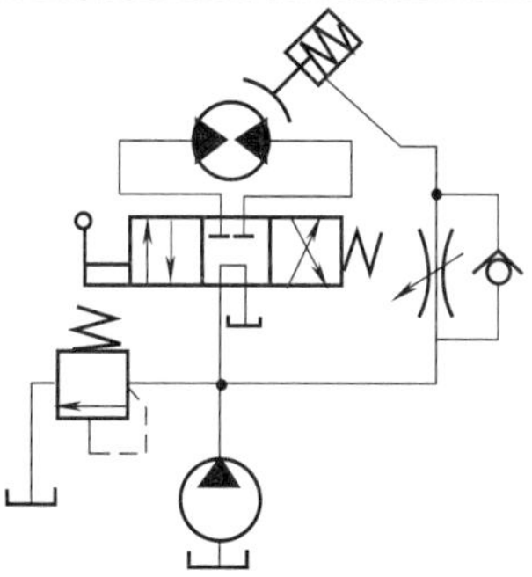	制动器一般都采用常闭式，即向制动器供压力油时，制动器打开，反之，则在弹簧力作用下使马达制动。本回路在液压泵的出口和制动缸之间接有单向节流阀。当换向阀在左位和右位时，压力油需经节流阀进入制动缸，故制动器缓慢打开，使液压马达平稳启动。当需要刹车时，换向阀置于中位，制动缸里的油经单向阀排回油箱，故可实现快速制动
溢流桥制动回路	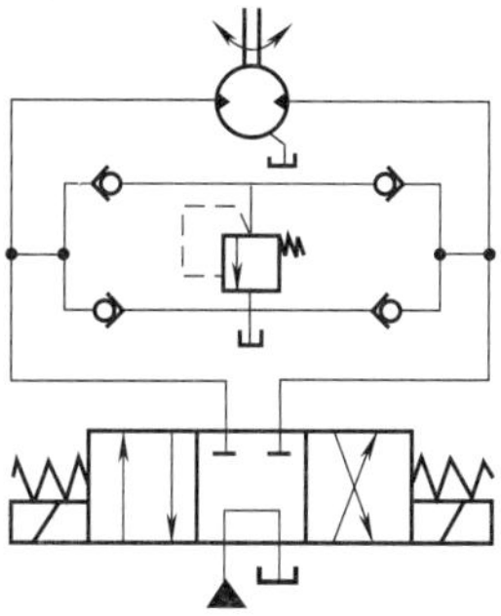	采用溢流桥可实现马达的制动。当换向阀回中位时，液压马达在惯性作用下有继续转动的趋势，它此时所排出的高压油经单向阀由溢流阀限压，另一侧靠单向阀从油箱吸油。该回路中的溢流阀既限制了换向阀回中位时引起的液压冲击，又可以使马达平稳制动。还需指出，图中溢流桥出入口的四个单向阀，除构成制动油路外，还起到对马达的自吸补油作用
溢流阀双向制动回路	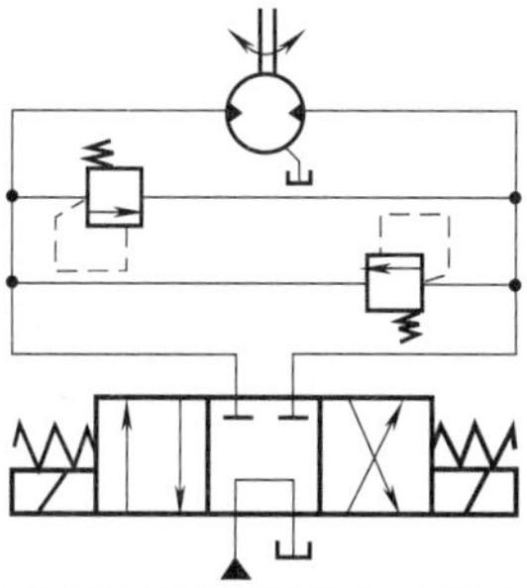	双向马达可采用双溢流阀来实现双向制动，当换向阀回中位时，马达在惯性的作用下，使一侧压力升高，此时靠每侧的溢流阀限压，减缓液压冲击。马达制动过程中另一侧呈负压状态，由溢流阀限压时溢流出的油液进行补充，从而实现马达制动

4.4 速度控制回路

在液压系统中，一般液压源是共用的，要解决各执行元件的不同速度要求，只能用速度控制回路来调节。

4.4.1 调速回路

表 20-4-11 调速回路

<table>
<tr><th colspan="2">类别</th><th>回　　路</th><th>特　　点</th></tr>
<tr><td rowspan="3">节流调速回路</td><td colspan="3">节流调速回路根据流量控制元件在回路中安放的位置不同，分为进油路节流调速、回油路节流调速、旁油路节流调速及双向节流调速回路四种基本形式。节流调速装置简单，都是通过改变节流口的大小来控制流量，故调速范围大，但由节流引起的能量损失大、效率低、容易引起油液发热。回油路节流调速回路在回油路上产生背压，工作平稳，在阻力载荷作用下仍可工作。而进油路和旁油路节流调速背压为零，工作稳定性差，仅适用于小功率液压系统</td></tr>
<tr><td>进油路节流调速回路</td><td>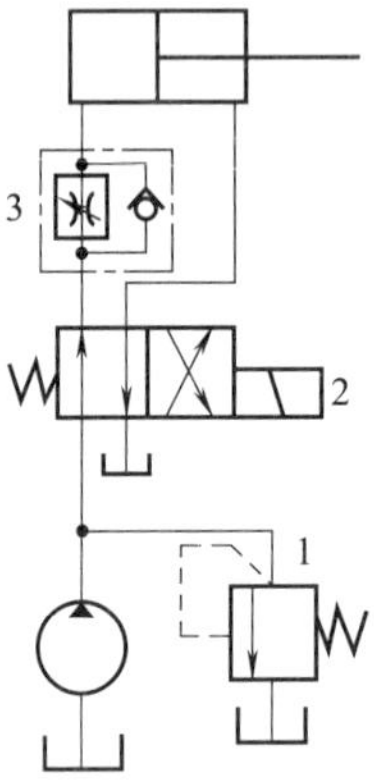
1—溢流阀；2—换向阀；3—调速阀</td><td>调速阀装在进油路上，用它来控制进入液压缸的流量从而达到调速的目的，称为进油路节流调速回路。液压泵输出的多余油液经溢流阀流回油箱，回路效率低，功率损失大，油容易发热，只能单向调速。如回路图所示，阀 2 处于左位，活塞杆向右运动，流入液压缸的流量由调速阀调节，进而达到调节液压缸的速度的目的；阀 2 处于右位，活塞杆向左快速退回，回油经阀 3 的单向阀流回油箱。液压缸的工作压力取决于负载。对速度要求不高时，调速阀 3 可以换成节流阀。对速度稳定性要求较高时，采用调速阀。一般用在阻力负载(负载作用方向与液压缸运动方向相反)、轻载低速的场合</td></tr>
<tr><td>回油路节流调速回路</td><td>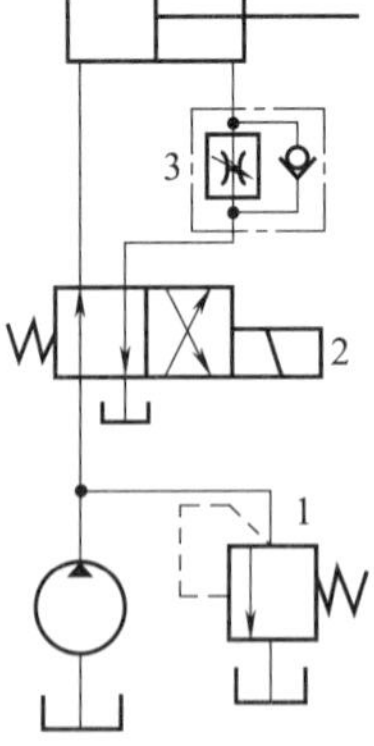
1—溢流阀；2—换向阀；3—调速阀</td><td>如图所示，将节流阀串联在液压缸的回油路上，借助节流阀控制液压缸的排油量来调节其运动速度，称为回油路节流调速回路。液压缸的工作压力由溢流阀的调定压力决定，与负载变化无关，效率较低。在液压缸回油腔有背压，可以承受阻力载荷(负载作用方向与活塞运动方向相反)，且动作平稳。当液压缸的负载突然减小时，由于节流阀的阻尼作用，可以减小活塞前冲的现象。根据最大负载决定溢流阀 1 的调定压力。回油节流使执行元件产生背压，需要克服背压才能使执行元件动作，所以执行元件的输出力减小。可用于低速运动的场合，如多功能棒料折弯机的左右折弯液压缸的调速回路，无内胎铝合金车轮气密性检测机构的升降缸、夹紧缸回路等</td></tr>
</table>

续表

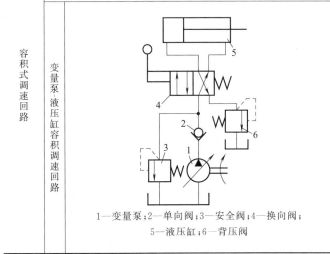

<table>
<tr><th colspan="2">类别</th><th>回　　路</th><th>特　　点</th></tr>
<tr><td rowspan="2">节流调速回路</td><td>旁油路节流调速回路</td><td>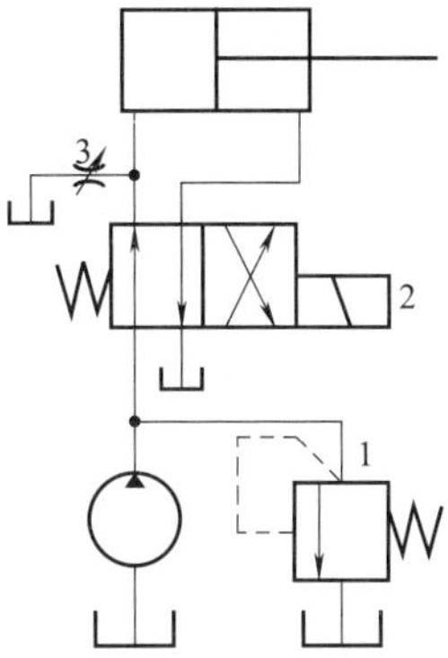

1—溢流阀；2—换向阀；3—节流阀</td><td>把节流阀装在与液压缸并联的支路上，利用节流阀把液压泵供油的一部分排回油箱实现速度调节的回路，称为旁油路节流调速回路。泵的供油压力随负载变化而变化，效率比进油或回油调速回路高。把泵的供油流量的一部分经旁路流量控制阀流回油箱，也就是控制流入液压缸中的流量。溢流阀 1 作安全阀用。系统的调速范围较小。常用于速度较高、载荷较大、负载变化较小的场合，不适用于阻力载荷的场合</td></tr>
<tr><td>双向节流调速回路</td><td>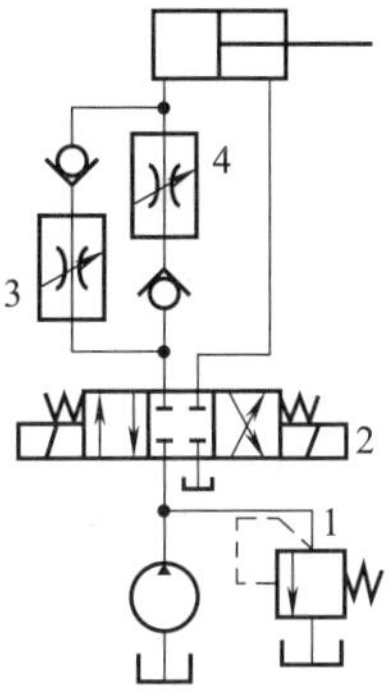

1—溢流阀；2—换向阀；3，4—调速阀</td><td>如图示回路，活塞往返速度可分别调节。活塞向右运动时由进油路调速，速度由阀 3 调定；活塞向左运动时由回油路调速，速度由阀 4 调定。也可以把这些控制阀装在液压缸右腔的油路上，则向右运动为回油路调速，向左运动为进油路调速</td></tr>
<tr><td rowspan="2">容积式调速回路</td><td colspan="3">容积调速回路可用变量泵供油，根据需要调节泵的输出流量，或应用变量液压马达，调节其每转排量以进行调速，也可以采用变量泵和变量液压马达联合调速。容积调速回路的主要优点是没有节流调速时通过溢流阀和节流阀的溢流功率损失和节流功率损失。所以发热少，效率高，适用于功率较大，并需要有一定调速范围的液压系统中
容积调速回路按所用执行元件的不同，分为泵-缸式回路和泵-马达式回路</td></tr>
<tr><td>变量泵-液压缸容积调速回路</td><td>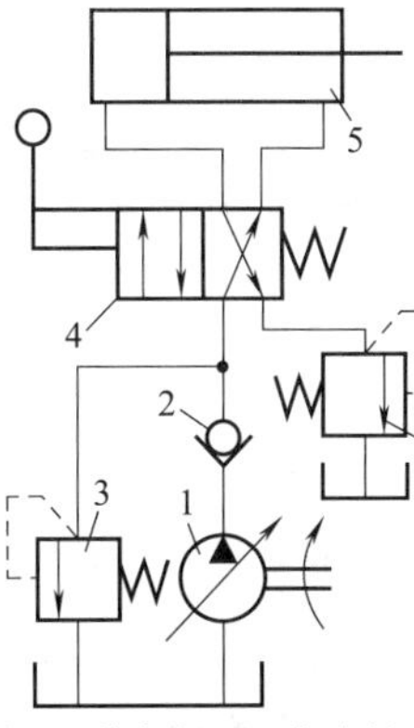

1—变量泵；2—单向阀；3—安全阀；4—换向阀；
5—液压缸；6—背压阀</td><td>如图所示开式回路为由变量泵及液压缸组成的容积调速回路。改变回路中变量泵 1 的排量，即可调节液压缸中活塞的运动速度。单向阀 2 的作用是当泵停止工作时，防止液压缸里的油液向泵倒流和进入空气，系统正常工作时安全阀 3 不打开，该阀主要用于防止系统过载，背压阀 6 可使运动平稳。由于变量泵径向力不平衡，当负载增加压力升高时，其泄漏量增加，使活塞速度明显降低，因此活塞低速运动时其承载能力受到限制。常用于拉床、插床、压力机及工程机械等大功率的液压系统中</td></tr>
</table>

续表

类别		回路	特点
容积式调速回路	变量泵-定量马达容积调速回路	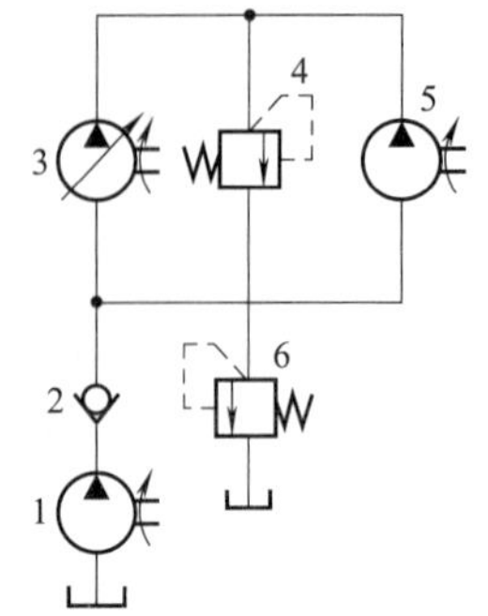 1—辅助油泵；2—单向阀；3—主泵；4—安全阀；5—液压马达；6—溢流阀	图示回路为变量泵-定量马达调速回路。回路中压力管路上的安全阀4，用以防止回路过载，低压管路上连接一个小流量的辅助油泵1，以补偿主泵3和液压马达5的泄漏，其供油压力由溢流阀6调定。辅助泵与溢流阀使低压管路始终保持一定压力，不仅改善了主泵的吸油条件，而且可置换部分发热油液，降低系统温升。在这种回路中，液压泵转速 n_p 和液压马达排量 V_M 都为恒值，改变液压泵排量 V_p 可使液压马达转速 n_M 和输出功率 P_M 随之成比例地变化。液压马达的输出转矩 T_M 和回路的工作压力 p 都由负载转矩来决定，不因调速而发生改变，所以这种回路常被称为恒转矩调速回路。值得注意的是，在这种回路中，因泵和马达的泄漏量随负载的增加而增加，致使马达输出转速下降
	定量泵-变量马达容积调速回路	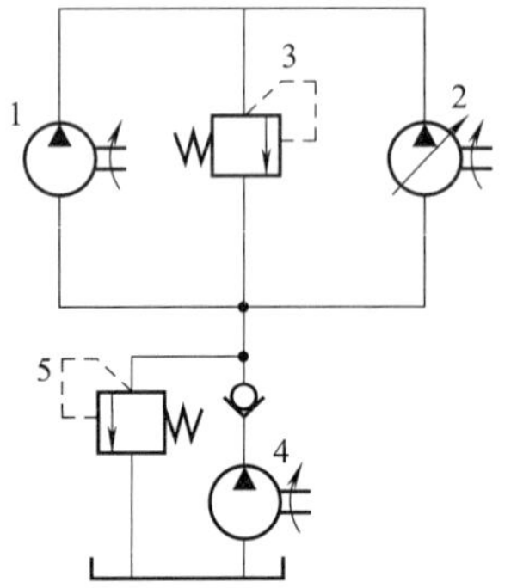 1—定量泵；2—变量液压马达；3—安全阀；4—补油泵；5—溢流阀	图示所示为定量泵-变量马达容积调速回路，定量泵1的排量 V_p 不变，变量液压马达2的排量 V_M 的大小可以调节，3为安全阀，4为补油泵，5为补油泵的低压溢流阀。在这种回路中，液压泵转速 n_p 和排量 V_p 都是常值，改变液压马达排量 V_M 时，液压马达输出转矩的变化与 V_M 成正比，输出转速 n_M 则与 V_M 成反比。液压马达的输出功率 P_M 和回路的工作压力 p 都由负载功率决定，不因调速而发生变化，所以这种回路常被称为恒功率调速回路。该回路的优点是能在各种转速下保持很大输出功率不变，其缺点是调速范围小，因此这种调速方法往往不能单独使用
	变量泵-变量马达容积调速回路	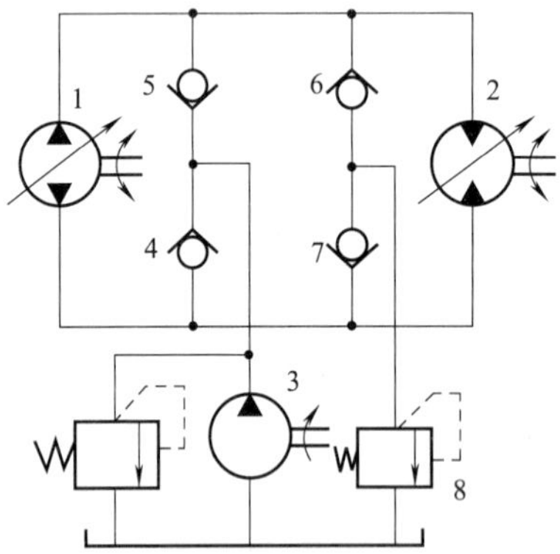 1—变量泵；2—变量马达；3—补油泵；4～7—单向阀；8—溢流阀	图示为双向变量泵和双向变量马达组成的容积调速回路。回路中各元件对称布置，改变泵的供油方向，就可实现马达的正反向旋转，单向阀4和5用于辅助泵3双向补油，单向阀6和7使溢流阀8在两个方向上都能对回路起过载保护作用。一般机械要求低速时输出转矩大，高速时能输出较大的功率，这种回路恰好可以满足这一要求。第一阶段将变量马达的排量 V_M 调到最大值并使之恒定，然后调节变量泵的排量 V_p 从最小逐渐加大到最大值，则马达的转速 n_M 便从最小逐渐升高到相应的最大值(变量马达的输出转矩 T_M 不变，输出功率 P_M 逐渐加大)。这一阶段相当于变量泵定量马达的容积调速回路，为恒转矩调速。第二阶段将已调到最大值的变量泵的排量 V_p 固定不变，然后调节变量马达的排量 V_M，从最大逐渐调到最小，此时马达的转速 n_M 便进一步逐渐升高到最高值(在此阶段中，马达的输出转矩 T_M 逐渐减小，而输出功率 P_M 不变)。这一阶段相当于定量泵变量马达的容积调速回路，为恒功率调速。这种容积调速回路的调速范围大，并且有较高的效率，它适用于大功率的场合，如矿山机械、起重机械以及大型机床的主运动液压系统

续表

类别	回　路	特　点
容积节流调速回路	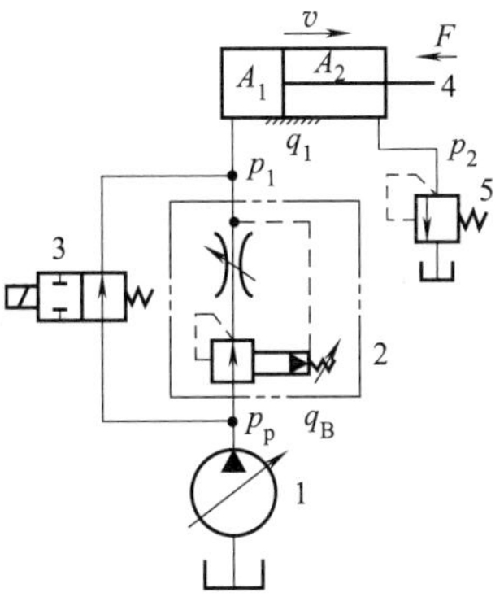 1—限压式变量泵；2—调速阀；3—换向阀；4—液压缸；5—背压阀	容积节流调速回路的基本工作原理是采用压力补偿式变量泵供油、调速阀（或节流阀）调节进入液压缸的流量并使泵的输出流量自动地与液压缸所需流量相适应 常用的容积节流调速回路有：限压式变量泵与调速阀等组成的容积节流调速回路；变压式变量泵与节流阀等组成的容积调速回路 图示为限压式变量泵与调速阀组成的调速回路。在图示位置，液压缸 4 活塞快速向右运动，泵 1 按快速运动要求调节其输出流量 q_{max}，同时调节限压式变量泵的压力调节螺钉，使泵的限定压力 p_c 大于快速运动所需压力。当换向阀 3 通电，泵输出的压力油经调速阀 2 进入缸 4，其回油经背压阀 5 回油箱。调节调速阀 2 的流量 q_1 就可调节活塞的运动速度 v，由于 $q_1<q_p$，压力油迫使泵的出口与调速阀进口之间的油压憋高，即泵的供油压力升高，泵的流量便自动减小到 $q_p \approx q_1$ 为止 这种调速回路的运动稳定性、速度负载特性、承载能力和调速范围均与采用调速阀的节流调速回路相同。此回路只有节流损失而无溢流损失，具有效率较高、调速较稳定、结构较简单等优点。目前已广泛应用于负载变化不大的中、小功率组合机床的液压系统中
节能调速回路	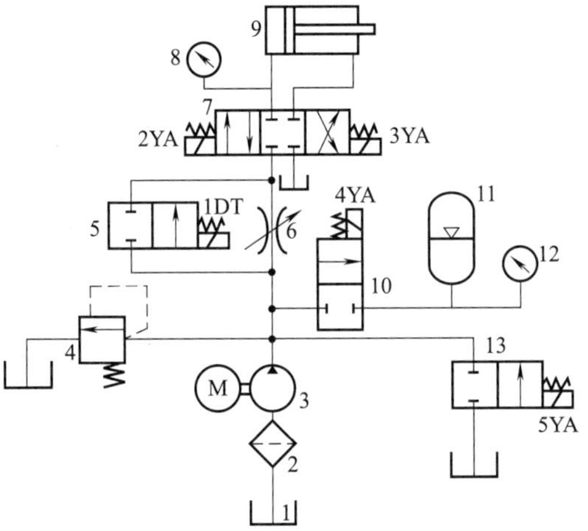 1—油箱；2—过滤器；3—定量泵；4—安全阀；5，7，10，13—电磁换向阀；6—可调节流阀；8—工作电接点压力表；9—活塞式缸；11—蓄能器；12—蓄能器电接点压力表	当启动液压泵后，1YA、2YA、4YA 同时通电，实现快速供油，此时液压泵和蓄能器同时供液，流量增加，液压缸快速上升。当快速上升完成后，碰到行程开关或接触到被加工物体，压力升高。由压力继电器控制，转入低速加压工进阶段。此时 1YA 断电，2YA、4YA 通电。进入液压缸的油被节流阀 6 节流，速度变慢同时液压泵抽出的油有部分进入蓄能器，达到节流储能的作用。整个加压过程就在蓄能器供油和储油的过程中完成，既完成了节流调速的功能，又避免了溢流阀的缝隙溢流带来的油温升高。而且电动机空载时，液压泵抽出的油用于给蓄能器补液，节约了能源

4.4.2 增速回路

表 20-4-12 **增速回路**

类别	回 路	特 点
差动式缸增速的回路	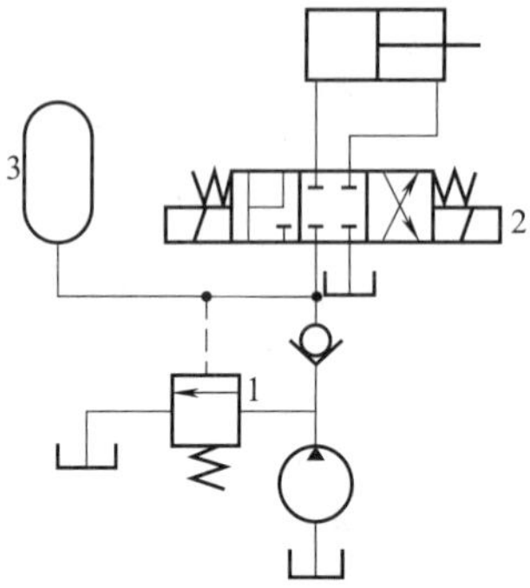 1—溢流阀；2—换向阀；3—蓄能器	本回路采用三位四通换向阀实现液压缸差动连接，以达到增速的目的。当三位四通换向阀切换至左位时，液压缸左、右腔同时通压力油，由于两腔压力相同而面积不同，故活塞向右移动，液压缸右腔回油亦流入左腔，所以活塞增速。若左腔面积为右腔的二倍，则可使活塞往返速度相同。节流阀用于调节活塞的往返速度。当不需要调节速度时，也可不用。用于向右运动时需要增速的回路，如气缸体封水槽加工机床液压系统中的滑台液压缸和输送液压缸
增速缸增速的回路	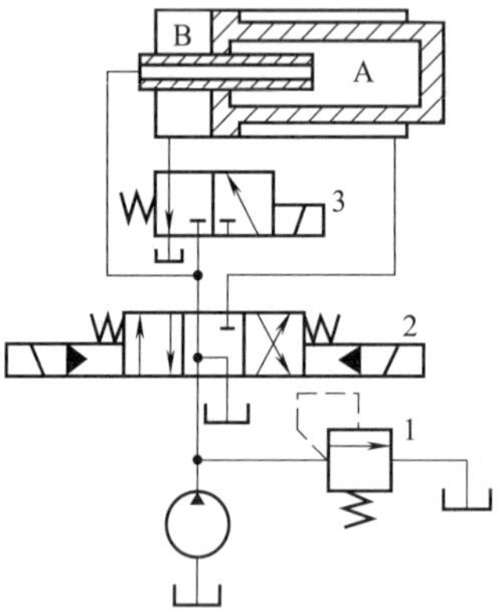 1—溢流阀；2—三位四通换向阀；3—二位三通换向阀	当换向阀 2 处于左位时，压力油只流入增速缸 A 腔，因其有效面积较小，所以活塞快速向右运动。此时液压缸的 B 腔经二位三通换向阀 3 从油箱自吸补油。当活塞快速运动到设定位置时，撞压行程开关，行程开关发信号，使二位三通换向阀 3 通电，液压泵输出的油液同时进入 A 腔和 B 腔，B 腔有效面积较大，实现慢速进给工况。增速缸结构复杂，增速缸的外壳构成工作缸的活塞部件。应用于中小型液压机中
辅助缸增速的回路	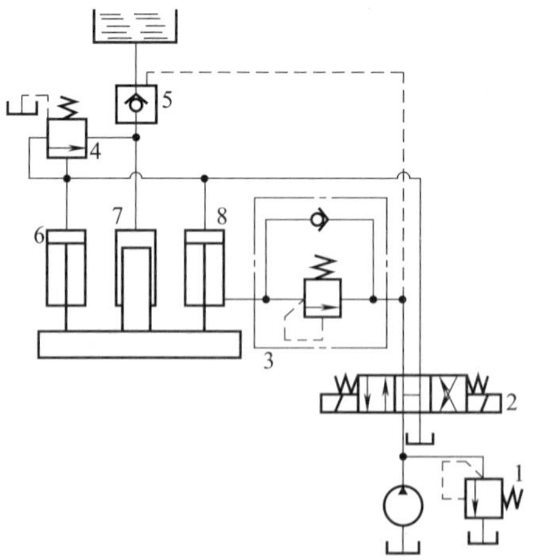 1—溢流阀；2—换向阀；3—平衡阀；4—顺序阀；5—液控单向阀；6,8—辅助缸；7—主缸	本回路采用辅助缸增速，活塞向下运动时增速。当换向阀 2 处于右位时，压力油流入两个有效作用面积较小的辅助缸 6、8 上腔（因快速运动时，负载压力较小，因而阀 4 关闭），使主缸 7 活塞和辅助缸 6、8 的活塞快速下降，此时主缸 7 上腔通过阀 5 自高位油箱自吸补油。当接触到工件后，油压上升到阀 4 的调定压力时，阀 4 打开。压力油同时流入缸 6、8 和缸 7 的上腔，活塞转为加压行程。当换向阀 2 处于左位时，压力油经阀 3 中的单向阀流入缸 8 下腔，活塞上升。此时液控单向阀 5 在压力油作用下打开，缸 7 下腔的压力油流回辅助油箱，活塞退回。缸 6、8 经换向阀 2 流回主油箱。阀 3 为平衡阀，防止滑块因自重下滑。此回路在大中型液压机液压系统中普遍使用

续表

类别	回　路	特　点
蓄能器增速的回路	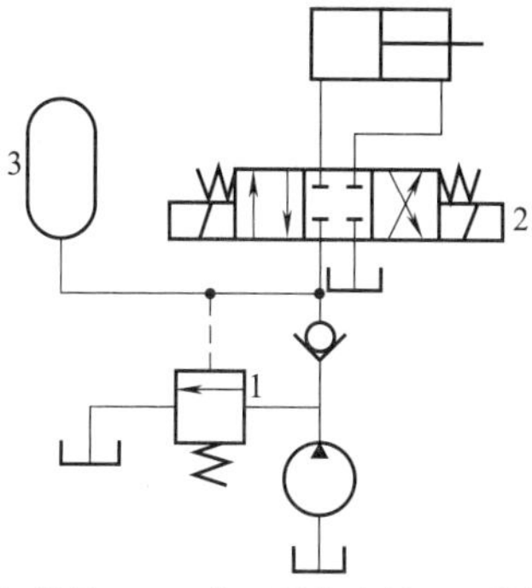1—卸荷阀；2—三位四通换向阀；3—蓄能器	本回路采用一个大容量的蓄能器 3 使液压缸双向增速活塞运动到位后，系统中的压力油流入蓄能器 3。当蓄能器 3 压力升高到卸荷阀 1 的调定压力时，泵卸荷。当换向阀 2 切换到左(右)位后，泵和蓄能器 3 同时向液压缸左(右)腔供油，使液压缸增速。在活塞伸出和缩回工作循环中必须有足够的间歇时间对蓄能器 3 进行充液。卸荷阀 1 的调定压力应大于系统的工作压力。采用小流量的泵既能获得较大的活塞移动速度，又能减少功率消耗
自重补油增速的回路	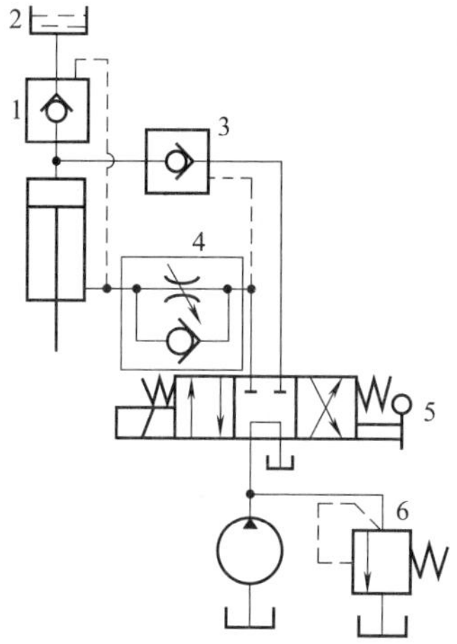1，3—液控单向阀；2—油箱；4—节流阀；5—换向阀；6—溢流阀	自重补油增速回路是靠液压缸活塞自重补油的增压回路，回路简单。常用于垂直安装的液压缸，与活塞相连接的工作部件的质量较大时。当换向阀 5 处于右位时，活塞因自重迅速下降，此时所需的流量大于液压泵的供油量，液压缸上腔呈现出负压，液控单向阀 1 打开。辅助油箱 2 的油液补入液压缸上腔。当活塞接触工件后。上腔压力升高，阀 1 关闭，由泵继续供油对工件加压。当换向阀 5 切换到左位时，压力油打开阀 1 和阀 3，液压缸上腔的油经阀 1 流到辅助油箱，当辅助油箱充满后。回油经阀 3 流回主油箱，活塞上升。节流阀 4 用来调整活塞下降的速度，避免活塞下降太快，造成液压缸上腔充油不足，使升压时间延长
低压泵增速的回路	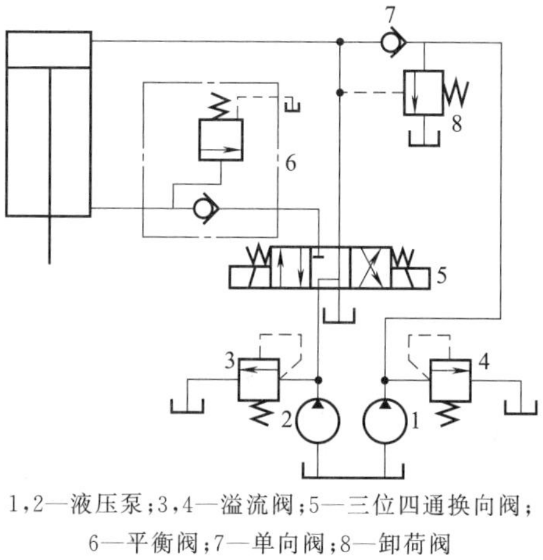1，2—液压泵；3，4—溢流阀；5—三位四通换向阀；6—平衡阀；7—单向阀；8—卸荷阀	图示回路为低压泵增速的回路。小流量高压泵 2 与大流量低压泵 1 均通过换向阀 5 卸荷，活塞与运动部件的质量由平衡阀 6 支承。当换向阀 5 切换到右位后，两泵同时向液压缸上腔供油，活塞快速下降。运动部件接触工件后，缸上腔压力升高，打开卸荷阀 8 使泵 1 卸荷，由泵 2 单独供油，活塞转为慢速加压行程。当换向阀 5 切换到左位时，由泵 2 供油到液压缸的下腔，上腔回油流回油箱，活塞上升。这时泵 1 通过单向阀 7、换向阀 5 卸荷，由于活塞上升仅由小流量泵 2 供油。为了保证上升速度足够快，液压缸上、下腔的面积比应大于 3。本回路适用于运动部件质量大和快慢速度比值大的压力机

4.4.3 减速回路

表 20-4-13 **减速回路**

类别	回路	特点
用行程节流阀减速的回路	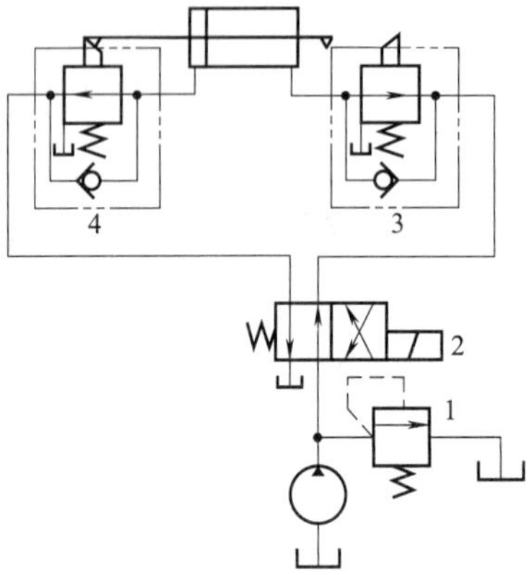 1—溢流阀；2—换向阀；3，4—行程节流阀	用两个行程节流阀实现液压缸双向减速的目的。当活塞接近左右行程终点时，活塞杆上的撞块压住行程节流阀的触头，使其节流口逐渐关小。增加了液压缸回油阻力，使活塞逐渐减速达到缓冲的目的。用于行程终了慢慢减速的回路中，如注塑机、灌装机等回路中
用行程换向阀减速的回路	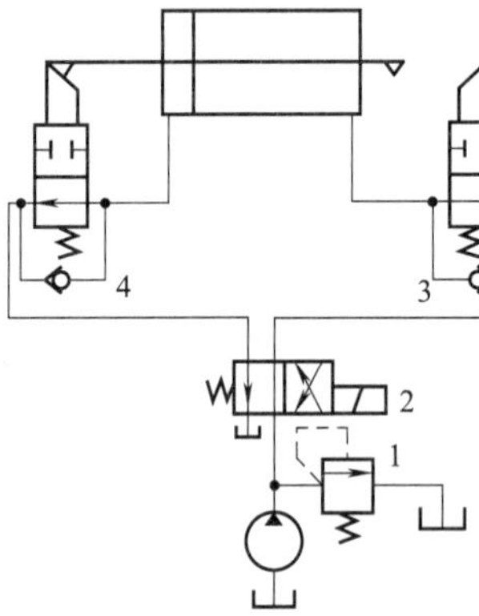 1—溢流阀；2—换向阀；3，4—行程换向阀	活塞到达行程终点前，撞块将行程阀的触头压下，使阀内通流截面关小，活塞速度因之减慢。减速性能取决于挡块的设计。也可在阀芯上开一个轴向三角槽以提高减速或缓冲性能
用节流阀减速的回路	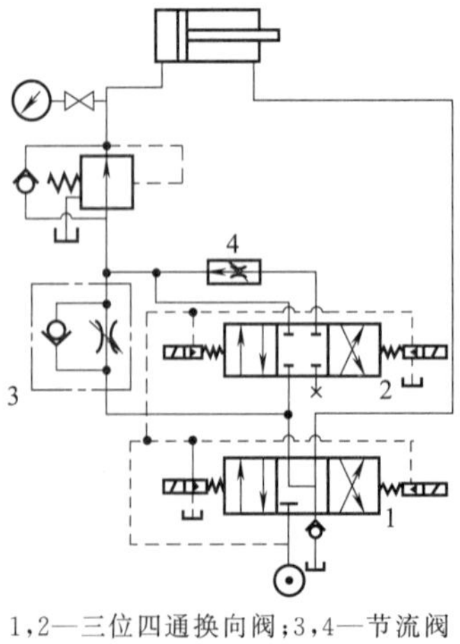 1，2—三位四通换向阀；3，4—节流阀	本回路可使液压缸活塞向左移动时实现多级减速。当换向阀 1 切换至左位时，压力油经减压阀流入液压缸左腔，使活塞向右移动。当换向阀 1 切换至右位时，压力油流入液压缸右腔，使活塞向左移动。若这时换向阀 2 切换至左位则为快速移动；阀 2 切换至右位，液压缸左腔的油经并联的节流阀 3 与 4 流回油箱，则为中速移动；阀 2 回复至中位，液压缸左腔的回油只经节流阀 3 流回油箱，则为慢速移动，移动速度则由节流阀 3 调节

续表

类别	回　　路	特　　点
用比例调速阀减速的回路	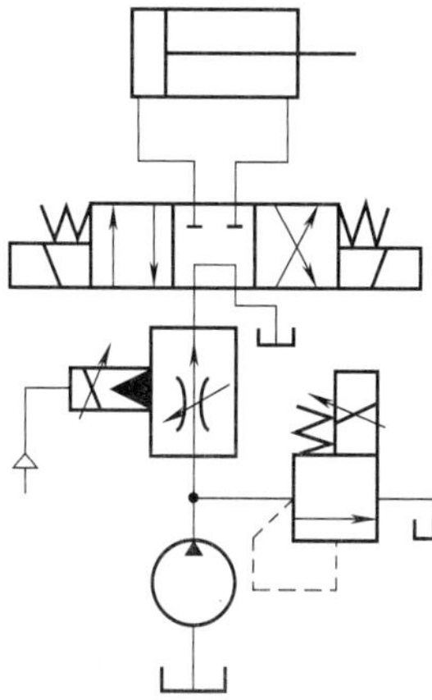	本回路用比例调速阀控制活塞的移动速度。如图所示，当活塞到达需减速的位置时，发信号装置使输入比例调速阀的电流减小，比例调速阀的开口量也随之关小，活塞可按所需规律逐渐减速，并能减少速度变换时的冲击。本回路也可进行遥控操作
用专用阀减速的回路	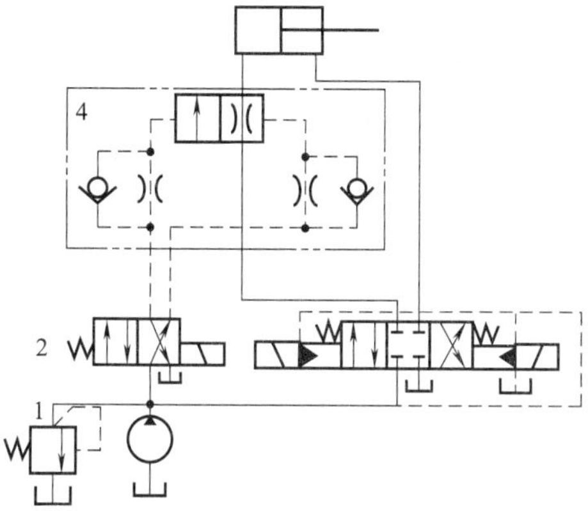 1—溢流阀；2，3—换向阀；4—专用阀	换向阀 3 切换至左位，换向阀 2 通电，控制油压源使专用阀切换至左位，压力油流入液压缸左腔，使活塞向右移动。减速时，使换向阀 2 断电，专用阀逐渐切换至右位，因此液压缸进油经过节流而使活塞减慢速度。减速时没有冲击，但减速时间较长

4.4.4　二次进给回路、比例阀连续调速回路

表 20-4-14　　二次进给回路、比例阀连续调速回路

类别		回　　路	特　　点
二次进给回路	调速阀并联的二次进给回路	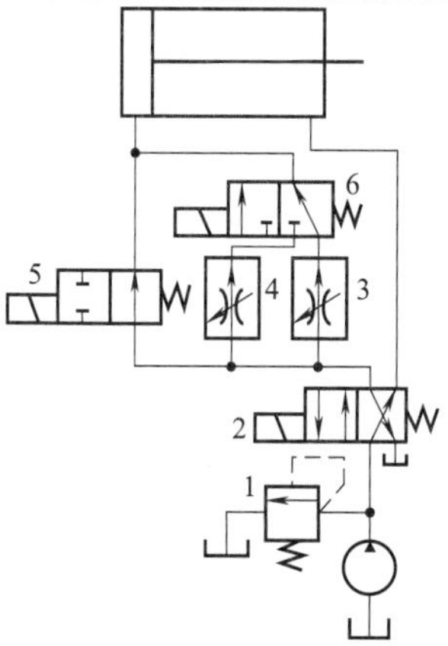 1—溢流阀；2—二位四通电磁换向阀；3，4—调速阀；5—二位二通电磁换向阀；6—二位三通电磁换向阀	调速阀并联的二次进给回路是指第一进给速度和第二进给速度分别用各自的调速阀。若二位四通电磁换向阀 2 处于左位，阀 5 得电处于左位，阀 6 处于右位时，液压油经调速阀 3、阀 6 右位进入液压缸左腔，液压缸活塞以第一进给速度右行。此时若阀 6 得电，液压油经调速阀 4 进入液压缸左腔，液压缸活塞以第二进给速度右行，完成两种速度的转换。回路中的两个调速阀互不影响，缺点是当由第一进给速度转换为第二进给速度，会出现工作部件的前冲现象。用于例如淬火机械手的调速回路

续表

类别		回路	特点
二次进给回路	调速阀串联的二次进给回路	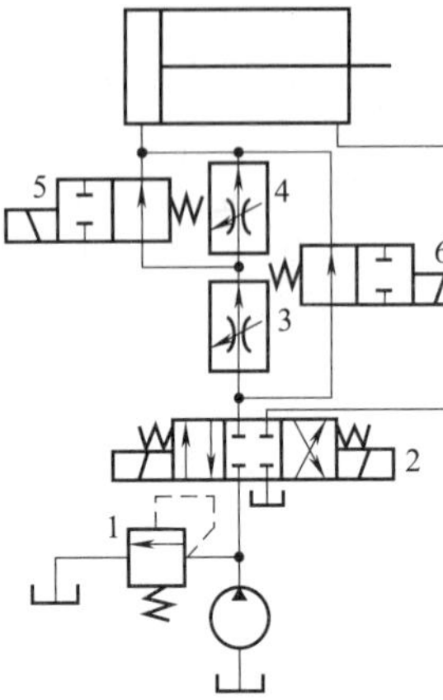 1—溢流阀;2—三位四通换向阀;3,4—调速阀; 5,6—二位二通换向阀	当换向阀 2 处于左位、阀 6 断电处于左位,阀 5 得电处于左位时,液压缸活塞快速右行;当换向阀 2 处于左位、阀 6 通电处于右位,阀 5 断电处于右位时,油液经阀 2、阀 3 和阀 5 进入液压缸左腔,液压缸活塞以第一进给速度向右运动。运动过程中,若阀 5 通电,则液压油先后流经阀 3 和阀 4 进入液压缸的无杆腔,从而实现第二进给速度运动。当换向阀 2 处于右位时,阀 6 断电,油液经阀 2 右腔进入液压缸右腔,活塞快速退回,左腔回油经阀 6 流回油箱。调速阀 4 的节流口要小于调速阀 3 的节流口才能实现第二进给速度运动小于第一进给速度运动。应用于自动淬火机床液压系统,双轴液压自动成形车床的滑台液压回路
比例阀连续调速回路		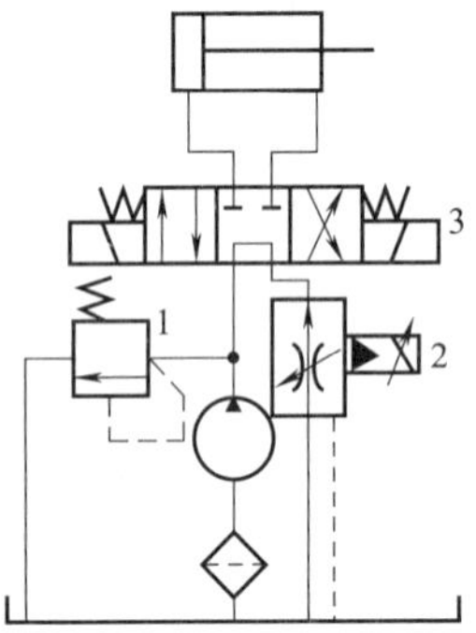 1—溢流阀;2—电液比例连续调速阀; 3—三位四通换向阀	比例阀连续调速回路是采用电液比例连续调速阀组成的速度控制回路,本回路优点是可适用于同一工作周期不同步骤对速度的不同要求,可以实现对执行机构的连续或程序化速度控制。比例阀连续调速回路中阀价格较贵,多应用在速度变化频繁,需要大范围调节执行元件的运动速度,又对精度有较高要求的液压系统

4.5 同步控制回路

在多缸工作的液压系统中，常常会遇到要求两个或两个以上的执行元件同时动作的情况，并要求它们在运动过程中克服负载、摩擦阻力、泄漏、制造精度和结构变形上的差异，维持相同的速度或相同的位移——即做同步运动。同步运动包括速度同步和位置同步两类。速度同步是指各执行元件的运动速度相同；而位置同步是指各执行元件在运动中或停止时都保持相同的位移量。同步回路就是用来实现同步运动的回路。实现多缸同步动作的方法有很多种，它们的控制精度和价格也相差很大，实际应用中需要根据系统的具体要求，进行合理的设计。

表 20-4-15 **同步控制回路**

类别		回路	特点
机械同步回路	串联液压缸的同步回路	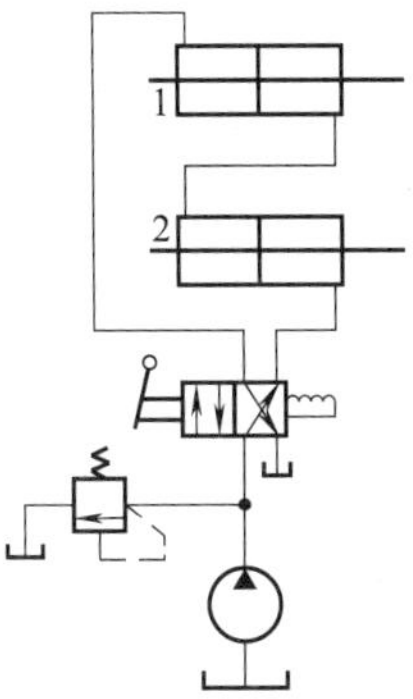 1,2—液压缸	图示是串联液压缸的同步回路。图中液压缸 1 回油腔排出的油液，被送入液压缸 2 的进油腔。如果串联油腔活塞的有效面积相等，便可实现同步运动。这种回路两缸能承受不同的负载，但泵的供油压力要大于两缸工作压力之和 由于泄漏和制造误差，影响了串联液压缸的同步精度，当活塞往复多次后，会产生严重的失调现象，为此要采取补偿措施
	带有补偿装置的同步回路	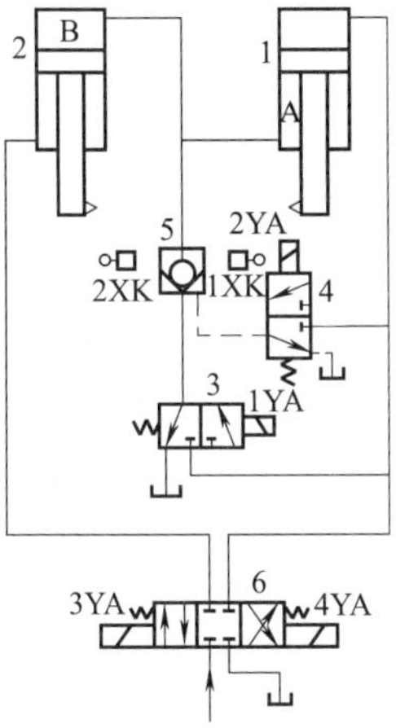 1,2—液压缸，3,4—二位三通电磁阀；5—液控单向阀；6—三位四通电磁阀	图示是两个单作用缸串联，为了达到同步运动，缸 1 有杆腔 A 的有效面积应与缸 2 无杆腔 B 的有效面积相等。在活塞下行的过程中，如液压缸 1 的活塞先运动到底，触动行程开关 1XK 发信号，使电磁铁 1YA 通电，此时压力油便经过二位三通电磁阀 3、液控单向阀 5，向液压缸 2 的 B 腔补油，使缸 2 的活塞继续运动到底。如果液压缸 2 的活塞先运动到底，触动行程开关 2XK，使电磁铁 2YA 通电，此时压力油便经二位三通电磁阀 4 进入液控单向阀的控制油口，液控单向阀 5 反向导通，使缸 1 能通过液控单向阀 5 和二位三通电磁阀 3 回油，使缸 1 的活塞继续运动到底，对失调现象进行补偿
流量控制同步回路	用调速阀控制的同步回路	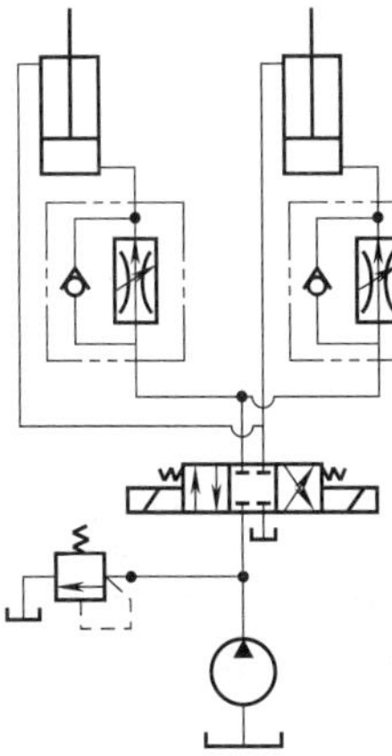	图示为两个并联的液压缸，分别用调速阀控制的同步回路。两个调速阀分别调节两缸活塞的运动速度，当两缸有效面积相等时，则流量也调整得相同；若两缸有效面积不等时，则改变调速阀的流量也能达到同步的运动 用调速阀控制的同步回路，结构简单，并且可以调速，但是由于受到油温变化以及调速阀性能差异等影响，同步精度较低，一般为 5%～7%

续表

类别		回　　路	特　　点
流量控制同步回路	用分流阀的同步回路	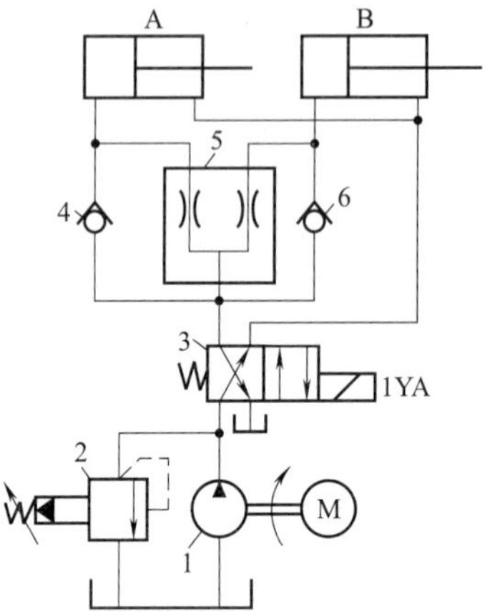 1—泵；2—溢流阀；3—换向阀； 4，6—单向阀；5—等量分流阀	如图所示，电磁换向阀 3 右位工作时，压力油经等量分流阀 5 后以相等的流量进入两液压缸的左腔，两缸右腔回油，两活塞同步向右伸出。当换向阀 3 左位工作时，两缸左腔分别经单向阀 6 和 4 回油，两活塞快速退回，但不能保证同步。适用于负载变化不大、同步精度要求不高的液压系统
	用分流集流阀同步回路	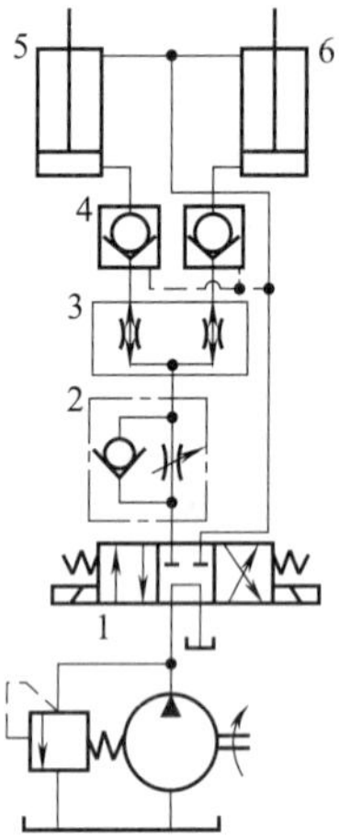 1—三位四通换向阀；2—单向节流阀；3—分流集流阀； 4—液控单向阀；5，6—液压缸	分流集流阀具有良好的偏载承受能力，可使两液压缸在承受不同负载时仍能实现速度同步。由于同步作用靠分流阀自动调整，使用较为方便，但效率低，压力损失大。回路中采用分流集流阀 3(同步阀)代替调速阀来控制两液压缸的进入或流出的流量，单向节流阀 2 用来控制活塞的下降速度，液控单向阀 4 可防止活塞停止时的两缸负载不同而通过分流阀的内节流孔窜油。由于压力损失大、效率低，该回路不宜用于低压系统，常用于同步精度要求较高的中、高压系统
	电液比例调速阀同步回路	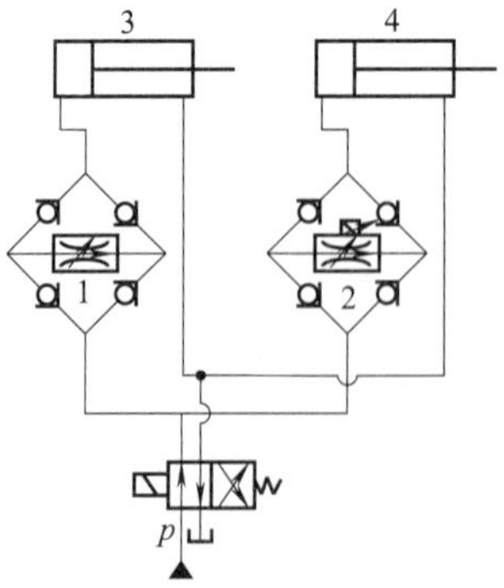 1—普通调速阀；2—比例调速阀；3，4—液压缸	这种回路的同步精度较高，位置精度可达 0.5mm，已能满足大多数工作部件所要求的同步精度。图示为用电液比例调速阀实现同步运动的回路。回路中使用了一个普通调速阀 1 和一个比例调速阀 2，它们装在由多个单向阀组成的桥式回路中，并分别控制着液压缸 3 和 4 的运动。当两个活塞出现位置误差时，检测装置就会发出信号，调节比例调速阀的开度，使缸 4 的活塞跟上缸 3 活塞的运动而实现同步。比例阀虽然性能比不上伺服阀，但费用低，系统对环境适应性强，因此，用它来实现同步控制被认为是一个新的发展方向。本回路用于同步精度要求高的液压系统，如大型闸门的同步升降等

续表

类别		回　　路	特　　点
容积调速同步回路	同步缸同步回路	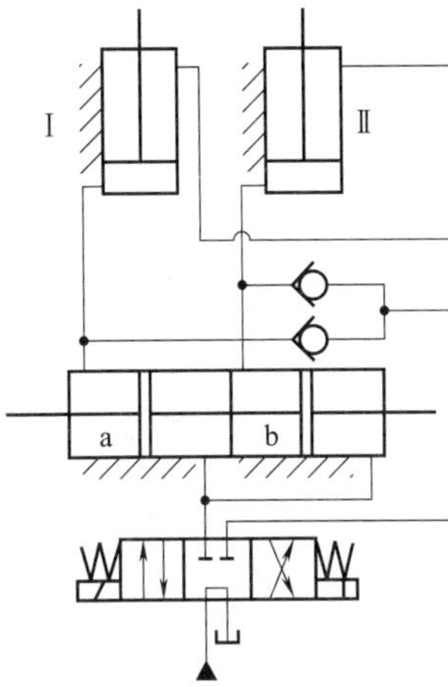	图中同步缸缸径及两个活塞的尺寸完全相同并共用一个活塞杆。同步缸容积大于液压缸容积,两个单向阀和背压阀是为了提高同步精度的放油装置,其同步精度可达2%～5%。当同步缸工作时,出入同步缸的流量相等,可同时向两个液压缸供油,实现位移同步。如果缸Ⅰ的活塞已到达行程终点,而缸Ⅱ的活塞尚未到达终点,则油腔 a 的余油可通过溢流阀排回油箱。油腔 b 的油可继续流入缸Ⅱ的下腔,使之移动到终点。同理,如果缸Ⅱ的活塞先到达行程终点,亦可使缸Ⅰ的活塞相继到达终点。同步精度主要取决于缸的加工精度及密封性能。可用于负载变化较大的场合
	同步马达同步回路	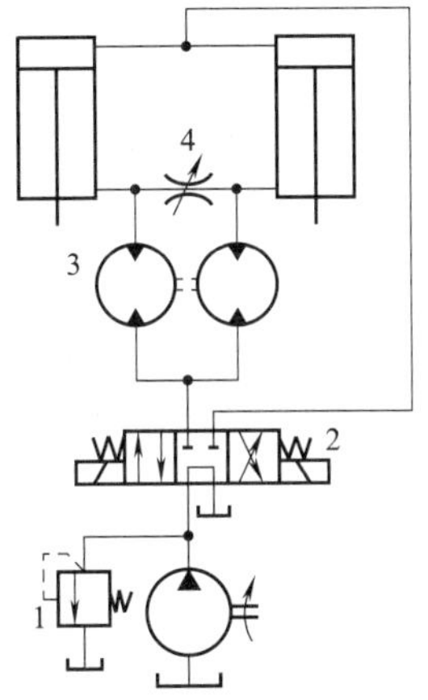 1—溢流阀;2—二位四通电磁阀;3—同轴等排量双向液压马达;4—节流阀	两个马达轴刚性连接,把等量的油分别输入两个尺寸相同的液压缸中,使两液压缸实现同步。用两个同轴等排量双向液压马达 3 作配油环节,输出相同流量的油液可实现两缸双向同步。节流阀 4 用于行程端点消除两缸位置误差。换向阀中位时,液压泵低压卸荷。这种同路回路的同步精度比采用流量控制阀的同步回路高,但专用的配流元件使系统复杂、制作成本高。适用于同步精度要求不高的双向同步的场合
	泵同步回路	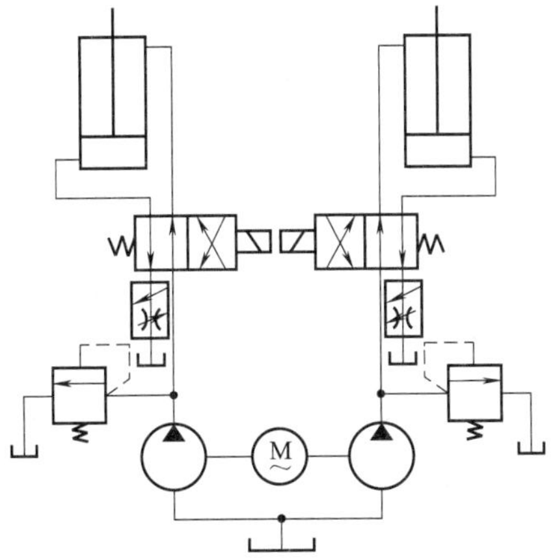	正常工作时,两个换向阀应同时切换,同步精度为 2%～5%。液压系统简单,系统效率较高,相互不干扰。用一个电动机驱动两个等流量的定量泵,使两个液压缸同步动作。当两个等流量泵的流量不完全相等时,可用两个调速阀来修正速度同步误差。液压缸泄漏和泵的容积效率是影响同步精度的主要因素。因此宜采用容积效率较稳定的柱塞泵。适用于高压、大流量、同步精度高的场合

4.6 方向控制回路

在液压系统中，工作机构的启动、停止或变换运动方向等是利用控制进入执行元件油流的通、断及改变流动方向来实现的。实现这些功能的回路称为方向控制回路。

4.6.1 换向回路

表 20-4-16　　换向回路

类别	回　路	特　点
换向阀换向回路	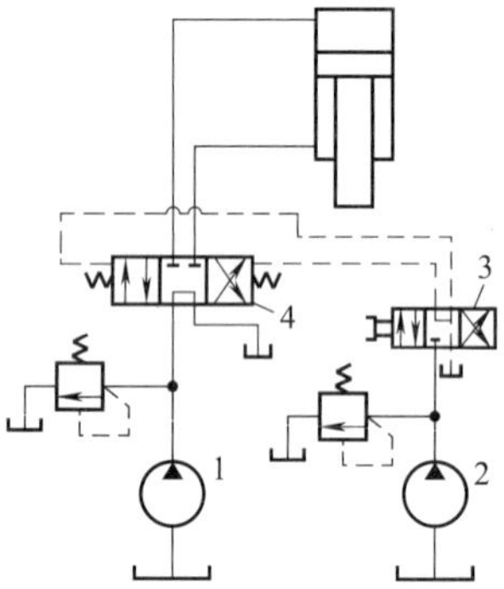 1，2—液压泵；3—手动先导阀；4—液动换向阀	图示为手动转阀(先导阀)控制液动换向阀的换向回路。回路中用辅助泵 2 提供低压控制油，通过手动先导阀 3(三位四通转阀)来控制液动换向阀 4 的阀芯移动，实现主油路的换向，当转阀 3 在右位时，控制油进入液动换向阀 4 的左端，右端的油液经转阀回油箱，使液动换向阀 4 左位接入工件，活塞下移。当转阀 3 切换至左位时，即控制油使液动换向阀 4 换向，活塞向上退回。当转阀 3 中位时，液动换向阀 4 两端的控制油通油箱，在弹簧力的作用下，其阀芯回复到中位，主泵 1 卸荷。这种换向回路常用于大型压机上 在液动换向阀的换向回路或电液动换向阀的换向回路中，控制油液除了用辅助泵供给外，在一般的系统中也可以把控制油路直接接入主油路。但是，当主阀采用 M 型或 H 型中位机能时，必须在回路中设置背压阀，保证控制油液有一定的压力，以控制换向阀阀芯的移动 在机床夹具、油压机和起重机等不需要自动换向的场合，常常采用手动换向阀来进行换向
用多路换向阀换向的换向回路	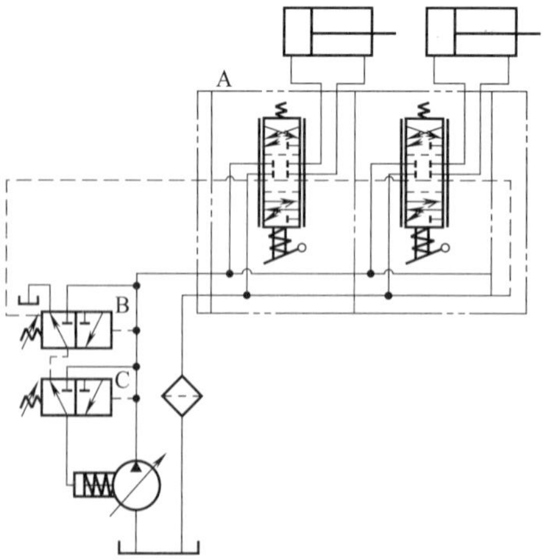	如图所示，本回路可使泵流量始终与阀 A 的调节流量相等，使泵的输出压力与液压缸的工作压力的差值始终保持在弹簧所调定的数值范围内，因而功率损失很少，可使负载所需功率与泵的输出功率基本上相等。将泵输出的压力油引入阀 B 阀芯的右端，液压缸工作腔的压力油引至阀芯的左端，两者的压力差由弹簧力平衡，因此当泵流量比换向阀 A 所调节的流量大时，由于压力差增加，阀芯左移，使泵流量减少。当液压缸到达行程终点时，截止阀 C 动作，一方面使泵保持由该阀所调定的最高压力，同时又使泵仅输出补偿泄漏所需的微小流量。当液压缸不工作时，阀 A 均处于中位，阀 B 左端通油箱，泵输出的油经阀 B 与 C 反馈至泵，这时泵压增至最高，泵输出的流量为补偿泄漏所需的流量 本回路功率损失小，效率高，适用于大功率中、高压系统

续表

类别	回　　路	特　　点
用嵌入式锥阀组成的换向回路	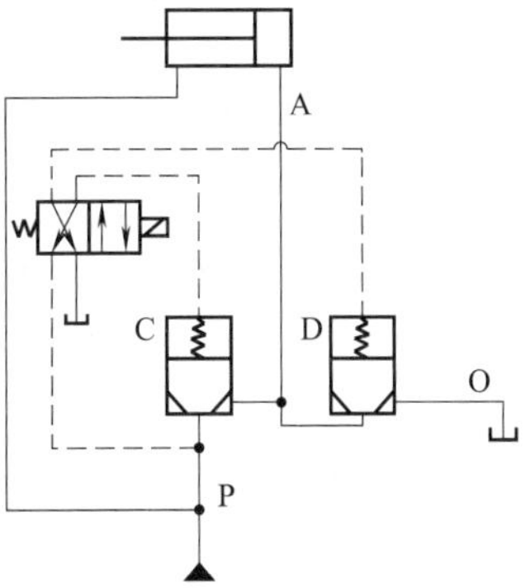	对于大流量液压系统可采用嵌入式锥阀，将锥阀嵌入集成块体孔道内部，在集成块外面叠加控制阀组成回路。它的优点如下：流动阻力小、通油能力大、动作速度快、密封性好、结构简单、制造容易、工作可靠，可以组成多功能阀 它相当于一个由二位三通电液换向阀组成的换向回路，由小流量电磁阀进行控制。在图示的位置时，锥阀 C 上腔通压力油，锥阀 D 上腔通油箱，因此油口 P 关闭，油口 O 打开，活塞向右移动。电磁铁通电后，则锥阀 C 上腔通油箱，锥阀 D 上腔通压力油，油口 O 打开，油口 P 关闭，液压缸实现差动连接，活塞向左移动。由于锥阀是开关式元件，因此可以用计算机进行逻辑设计，能设计出最合理的液压系统。适用于自动化程度高的大流量液压系统，如步进式加热炉
用比例电液换向阀换向的回路	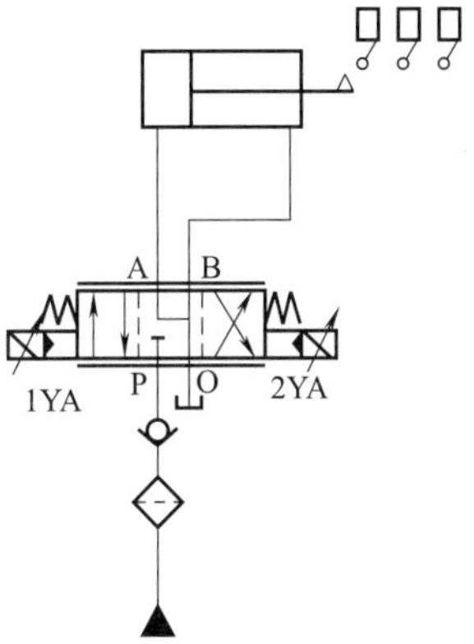	用比例电液换向阀可以控制液压缸的运动方向和速度。本回路采用开环控制，无反馈，精度较闭环控制低。改变比例电磁铁 1YA 和 2YA 的通电、断电状态，即可改变液压缸的运动方向；改变输给比例电磁铁的电流大小，即可改变通过比例电液换向阀的流量，因而改变液压缸的速度。电磁铁的通电或断电可由行程开关或其他方式进行控制。适用于控制精度较高，成本适中的液压系统
双向泵换向回路	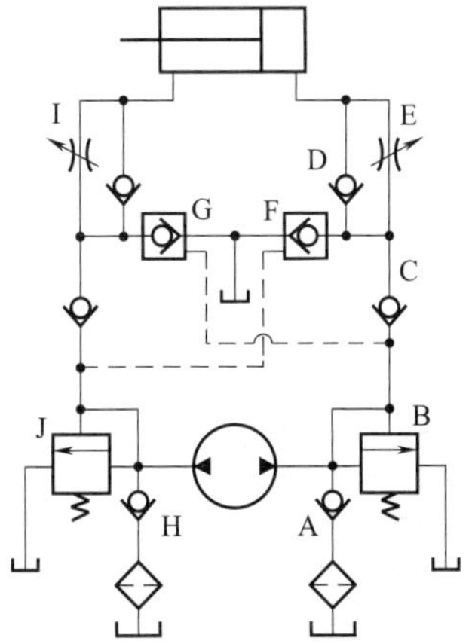	用双向定量泵换向，要借助电动机实现泵的正反转。电动机正转时，液压缸的推力由溢流阀 B 调节；电动机反转时，油压由溢流阀 J 调节。活塞以回油路节流调速控制移动。电动机停转时，液控单向阀 G 与 F 将液压缸锁紧 当正转时，液压泵左边油口为出油口，压力油经两个单向阀进入液压缸左腔，同时使液控单向阀 F 打开，液压缸右腔的油经节流阀 E 和液控单向阀 F 回油箱。而液压泵的吸油则通过单向阀 A 进行。溢流阀 J 调定液压缸活塞右行时的工作压力。本回路为对称式油路，正反向油流走向类似。适用于换向频率不高的液压系统。应用本回路时，要在轻载或卸荷状态下启动液压泵

4.6.2 锁紧回路

表 20-4-17　**锁紧回路**

类别	回　　路	特　　点
用换向阀的锁紧回路	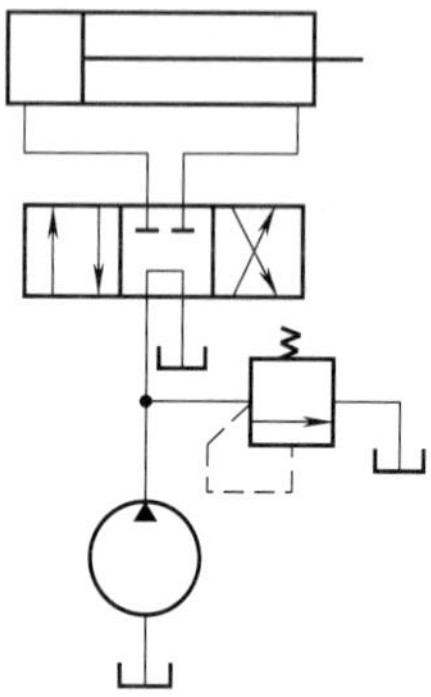	三位四通换向阀在中位时，将进油口或出油口封闭，或同时将进油口和出油口封闭，便构成了单向锁紧或双向锁紧回路。本回路为双向锁紧回路，采用换向阀锁紧，回路简单，但是锁紧精度较低 本回路采用 M 型机能的三位换向阀，当阀芯处于中位时，液压缸的进、出口都被封闭，可以将活塞锁紧。使执行元件不工作时，保持在既定位置上。因受换向阀内泄漏的影响，采用换向阀锁紧，锁紧精度较低，锁紧效果较差。由于滑阀式换向阀不可避免地存在泄漏，这种锁紧方法不够可靠，只适用于锁紧时间短且锁紧精度要求不高的回路中
用单向阀的锁紧回路	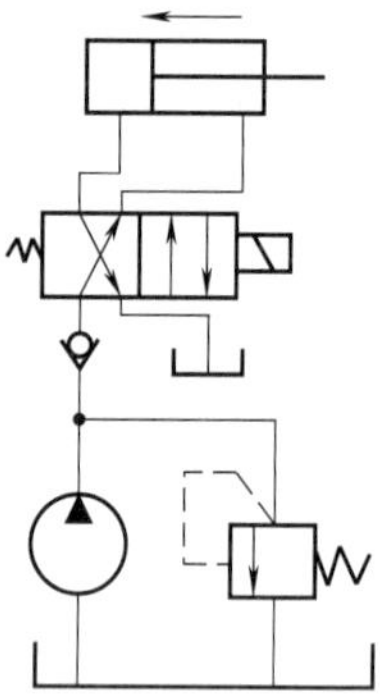	当液压泵停止工作时，液压缸活塞向右方向的运动被单向阀锁紧，向左方向则可以运动。液压泵出口处的单向阀在泵停止运转时还有防止空气渗入液压系统的作用，并可防止执行元件和管路等处的冲击压力影响液压泵。能实现单方向锁紧，另一方向在外力作用下仍可运动。只有当活塞向左移动到极限位置时，才能实现双向锁紧。这种回路的锁紧精度受换向阀内泄漏量的影响，常用于仅要求单方向锁紧的回路，如机床夹具夹紧装置的液压回路
用液控单向阀的锁紧回路	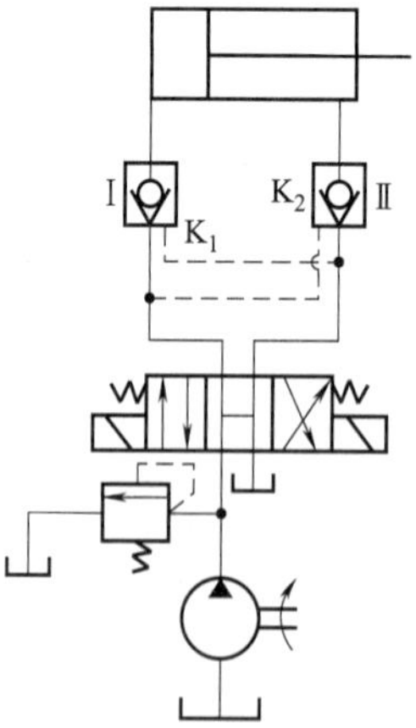	液控单向阀有良好的密封性能，锁紧精度只受液压缸内少量的内泄漏影响，因此，锁紧精度较高，即使在外力作用下，也能使执行元件长期锁紧。在液压缸的进、回油路中都串接液控单向阀(又称液压锁)，活塞可以在行程的任何位置锁紧，并可防止其停止后窜动 采用液控单向阀的锁紧回路，换向阀的中位机能应使液控单向阀的控制油液卸压(换向阀采用 H 形或 Y 形)，液控单向阀便立即关闭，活塞停止运动。假如采用 O 型机能，在换向阀中位时，由于液控单向阀的控制腔压力油被闭死而不能使其立即关闭，直至由换向阀的内泄漏使控制腔泄压后，液控单向阀才能关闭，影响其锁紧精度。这种回路常用于汽车起重机的支腿油路中，也用于矿山采掘机械的液压支架和飞机起落架的锁紧回路中

续表

类别	回　　路	特　　点
用液控顺序阀的锁紧回路	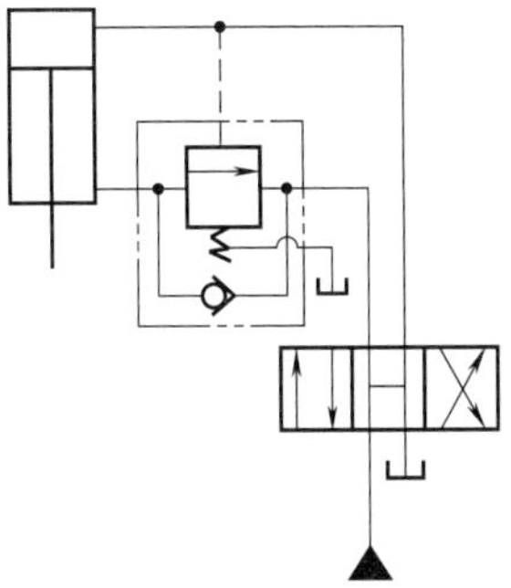	当液压缸上腔不进油或上腔压力低于液控顺序阀的调整压力时，液控顺序阀关闭，液压缸下腔不能回油，因而使活塞锁紧不致下落。顺序阀的调压值应与活塞、活塞杆等组件向下的力相匹配。适用于单向锁紧并且锁紧精度要求不高的液压系统。由于液控顺序阀有泄漏，因此锁紧时间不能太长
用锁紧缸锁紧的回路	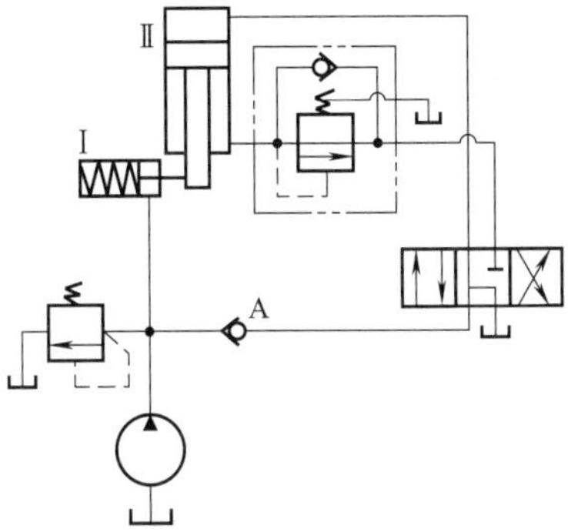	本回路能长时间地保持锁紧状态，完全防止活塞下滑。当换向阀切换，液压缸Ⅱ工作时，由单向阀 A 和液压缸阻力所产生的油压克服锁紧缸Ⅰ的弹簧力而使锁紧松开。当换向阀回到中位而泵卸荷时，单向阀 A 产生的压力不足以克服弹簧力，弹簧使锁紧缸Ⅰ活塞伸出并将活塞锁紧。单向阀 A 的作用是防止锁紧缸Ⅰ中的油流失。适用于锁紧时间长，锁紧精度要求高的液压系统

4.6.3　连续往复运动回路

表 20-4-18　　连续往复运动回路

类别	回　　路	特　　点
用行程开关控制的连续往复运动回路	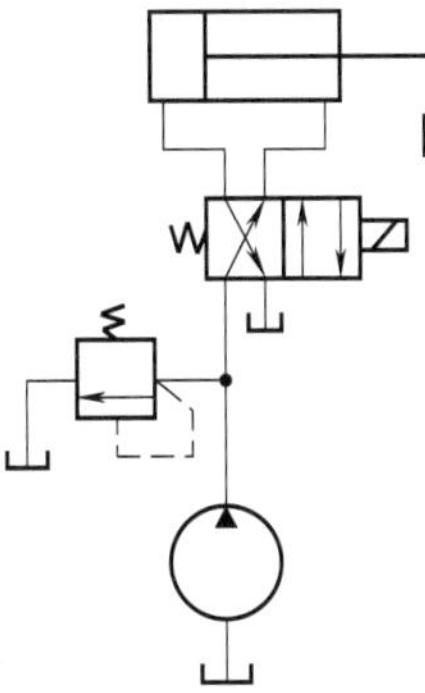	如图所示状态，电磁铁断电，换向阀左位接通，压力油进入液压缸右腔，活塞左移。当撞块压下左侧行程开关，电磁铁通电，换向阀右位接通，压力油进入液压缸左腔，活塞右移。当撞块压下右侧行程开关，电磁铁断电，换向阀左位接通，重复上述循环，实现活塞的连续往复运动。如果采用二位或三位的电液换向阀，则由于此阀中带有阻尼器，因此换向时间可调，可用延长换向时间的方法来减缓换向冲击。其适用于换向频率低于每分钟 30 次、流量大于 63L/min、运动部件质量较大的场合。用行程开关发信号使电磁换向阀连续通断来实现液压缸自动往复。由于电磁换向阀的换向时间短，故会产生换向冲击，而且当换向频率高时，电磁铁容易损坏

续表

类别	回　　路	特　　点
用行程换向阀控制的连续往复运动回路	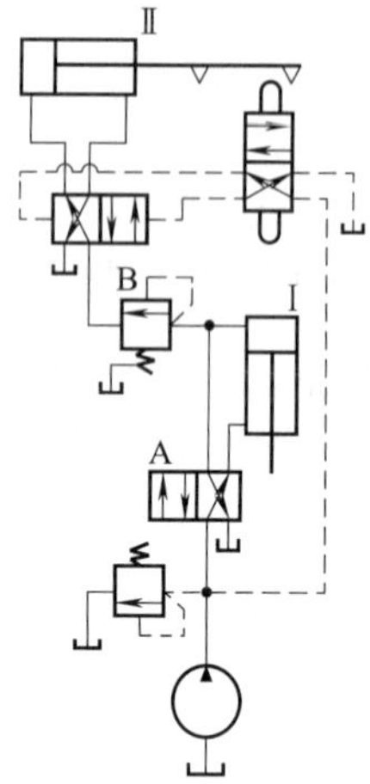	利用工作部件上的撞块与行程换向阀来控制液动换向阀换向使活塞自动往复。如图所示，当换向阀 A 切换至左位，夹紧缸Ⅰ夹紧后，压力油打开顺序阀 B 流入往复缸Ⅱ使活塞向右移动。换向阀 A 切换至右位后，工件松开，顺序阀 B 因进口压力降低而关闭，缸Ⅱ活塞即停止运动。适用于驱动机床工作台实现往复直线运动的机床液压传动系统
用压力继电器控制的连续往复运动回路	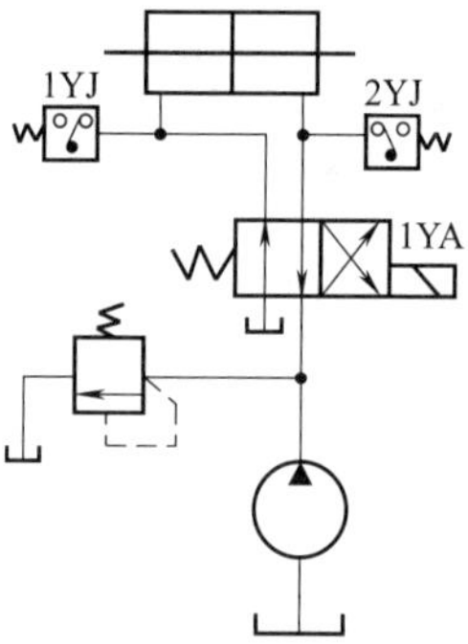	本回路为用压力继电器控制的连续往复运动回路。系统压力变化，压力继电器发出电信号，使电磁铁通断，控制换向阀动作，实现连续往复运动。在图示的位置时，活塞向左移动。当负载增大或活塞碰到缸盖后，进油压力升高使压力继电器 2YJ 动作，1YA 通电，换向阀右位接通，活塞向右移动。当进油压力升高至压力继电器 1YJ 动作时，1YA 断电，活塞又向右移动，形成压力控制的自动往复运动。用于换向精度和换向平稳性要求不高的液压系统
用顺序阀控制的连续往复运动回路	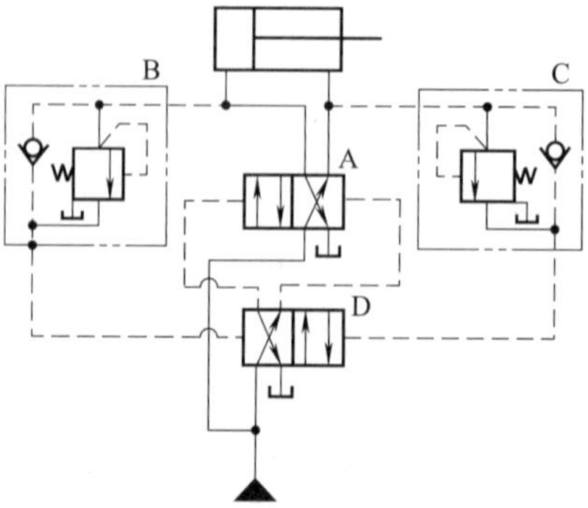	本回路是用顺序阀控制的连续往复运动回路。顺序阀控制先导阀，先导阀控制液动主换向阀，进而使活塞往复运动。在图示的位置时，活塞正在向左移动，当活塞到达行程终端或负载压力达到阀 C 的调定压力时，阀 C 打开，控制油使先导阀 D 切换至右位，因此换向阀 A 切换至左位，活塞向右移动。在活塞右移过程中，只要负载压力达到阀 B 的设定压力时，阀 D 就切换至左位，活塞向左移动，如此循环往复。适用于大流量的液压系统

4.7　液压马达回路

表 20-4-19　　液压马达回路

类别		回　路	特　点
液压马达制动回路	用溢流阀制动的回路	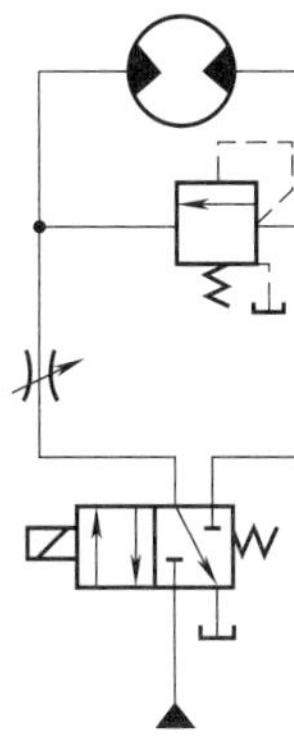	电磁换向阀通电后，压力油经节流阀流入液压马达，使之单向转动，当电磁换向阀断电后，溢流阀起停止时的缓冲作用。由于泄漏而引起的吸油不足可经节流阀从油箱补充
	用制动阀制动的回路	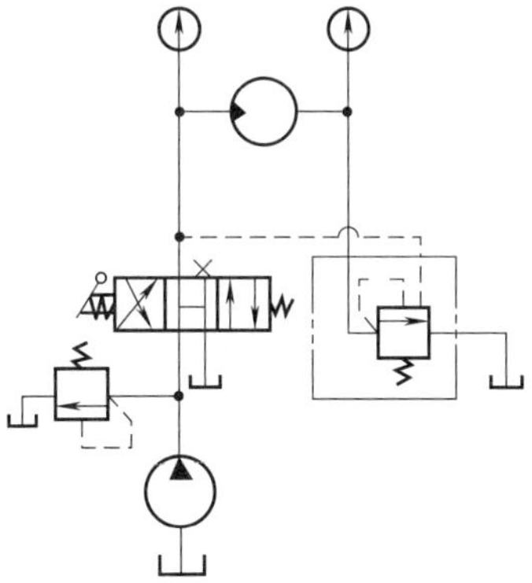	换向阀切换至右位时，压力油使制动阀打开，液压马达驱动负载旋转，无背压。换向阀切换至中位时，泵卸荷，制动阀液控口通油箱，制动阀开口关小使液压马达迅速制动，减少制动时的冲击压力。换向阀切换至左位时，则泵不卸荷，液压马达制动。本回路可用于负值负载，这时液压马达进油端压力下降，制动阀关小使回油端产生背压
	用蓄能器制动的回路	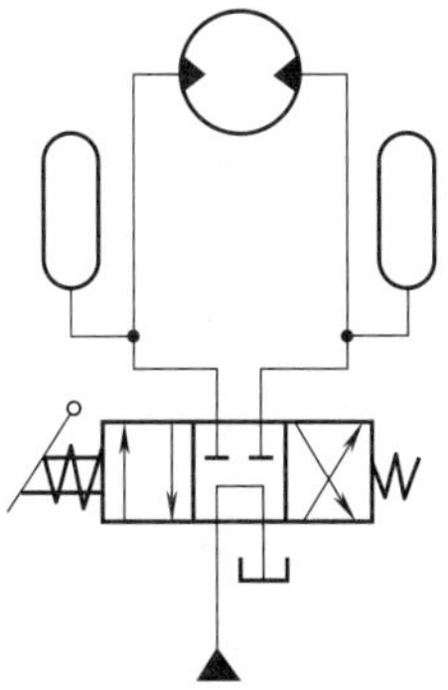	在靠近液压马达油口处装有蓄能器。制动时，换向阀切换至中位，油路压力剧增，由蓄能器收容部分高压油，以限制油压增高实现缓冲。当油路压力突降时，又可以从蓄能器获得补油，避免产生负压。此外，蓄能器还可用来吸收泵的脉动，使执行元件工作更为平稳。但是这种回路结构不紧凑

续表

类别		回路	特点
液压马达制动回路	用制动缸制动的回路	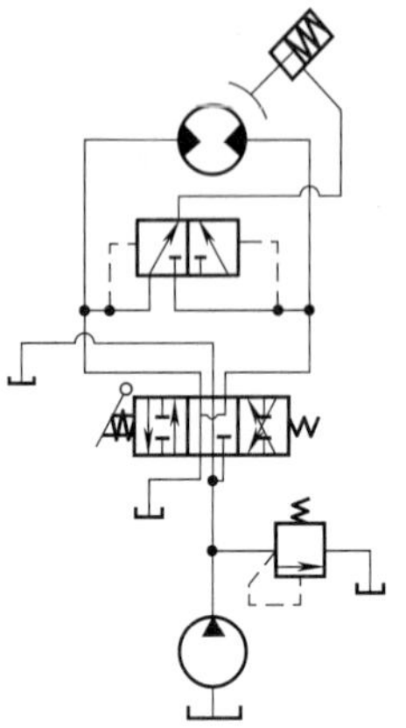	换向阀切换至右位，压力油先经梭阀流至制动缸，使制动器松开，然后液压马达才开始旋转。制动时，换向阀回到中位，制动缸中的弹簧将油压回油箱，并依靠制动器将液压马达锁紧，泵通过换向阀卸荷。换向阀切换至左位时，液压马达反转，制动原理相同
液压马达浮动回路	用换向阀浮动的回路	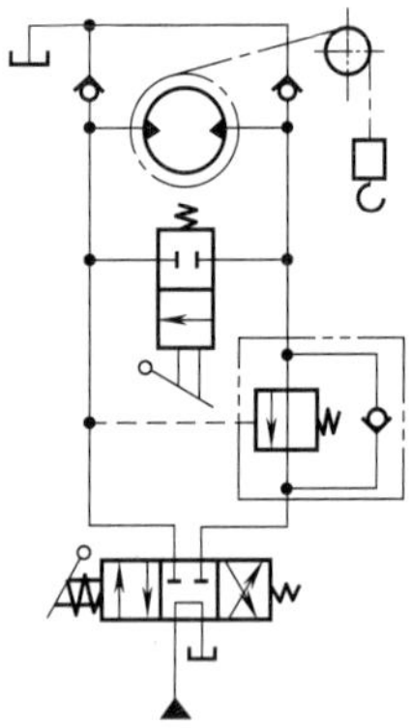	本回路用于液压吊车。液压马达正常工作时，二位换向阀处于断开位置。当液压马达需要浮动“抛钩”时，可将二位换向阀接通，使液压马达进出油口接通，吊钩即在自重作用下快速下降。单向阀用于补偿泄漏。这种回路结构简单，如果吊钩自重太轻而液压马达内阻相对较大时，则有可能达不到快速下降的效果
	内曲线液压马达自身实现浮动的回路	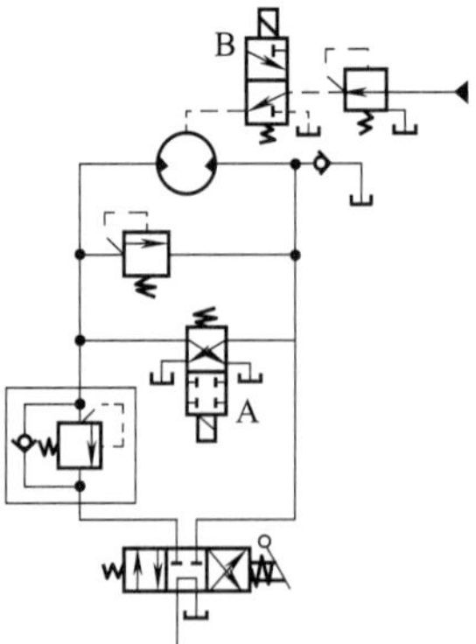	壳转式内曲线低速马达的壳体内如充入压力油，可将所有柱塞压入缸体内，使滚轮脱离轨道，外壳就不受约束成为自由轮。浮动时，先通过阀 A 使主油路卸荷，再通过阀 B 从泄漏油路向液压马达壳体充入低压油，迫使柱塞缩入缸体内

续表

类别		回　　路	特　　点
液压马达浮动回路	用液压离合器使工作部件浮动的回路	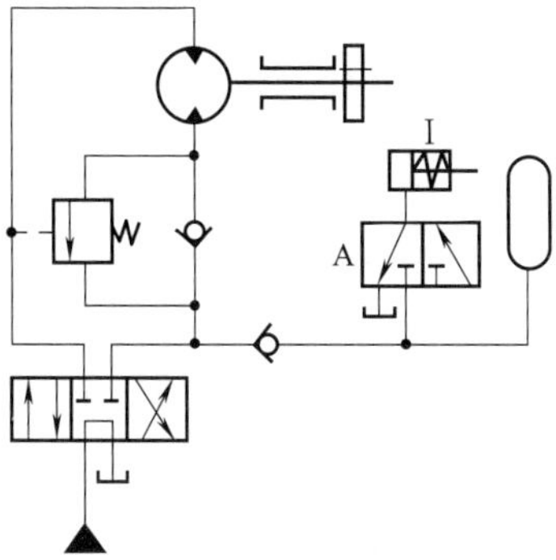	在液压马达轴和卷筒之间有一个离合器，当起重机升降重物时，离合器液压缸Ⅰ的弹簧力使离合器啮合。当需要使空吊钩快速下降时，可把阀 A 切换至右位，蓄能器中的压力油使离合器脱开，于是吊钩等重量只需克服卷筒等的摩擦力即可自由下落。液压马达本身不浮动

4.8　其他液压回路

4.8.1　顺序动作回路

表 20-4-20　　　顺序动作回路

类别		回　　路	特　　点
压力控制的多缸顺序动作回路	负载压力决定的顺序动作回路	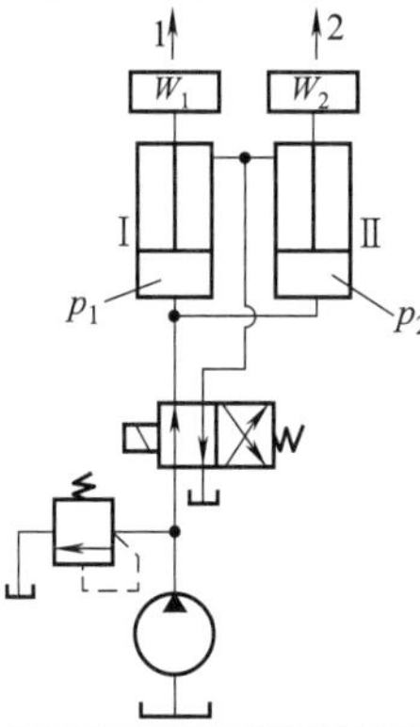	这种顺序动作回路突出的优点是结构简单，但受负载变化的影响大。W_1 和 W_2 分别为液压缸Ⅰ和Ⅱ的负载，p_1 和 p_2 分别为它们的负载压力。若 $p_1<p_2$ 则在图示情况下，必然是缸Ⅰ的活塞首先上升，其行程结束时，系统压力升高，上升到 p_2 时，液压缸Ⅱ的活塞才开始上升。当两缸负载压力差较小时，不能实现可靠的顺序动作。适用于两负载差别较大的场合
	用顺序阀控制的多缸顺序动作回路	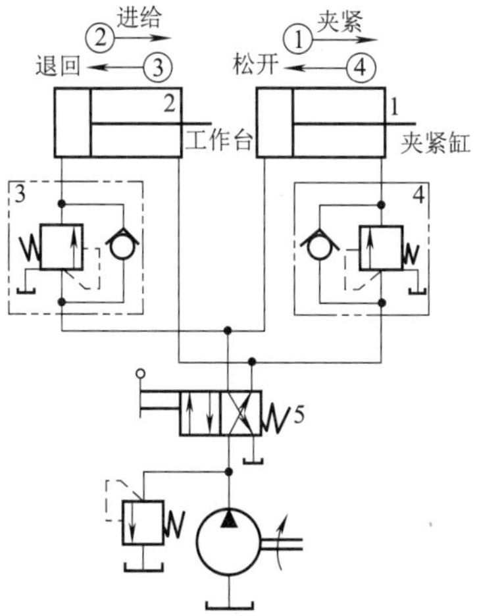1，2—液压缸；3，4—单向顺序阀；5—电磁换向阀	单向顺序阀 3 控制两液压缸前进时的先后顺序，单向顺序阀 4 控制两液压缸后退时的先后顺序。电磁换向阀 5 左位接通，此时由于压力较低，缸 1 的活塞先动，顺序阀 3 关闭。当缸 1 的活塞运动至终点时，油压升高，顺序阀 3 开启，缸 2 的活塞向右移动。当液压缸 2 的活塞右移达到终点后，电磁换向阀断电复位，此时压力油进入液压缸 2 的右腔，左腔经阀 3 中的单向阀回油，使缸 2 的活塞向左返回，到达终点时，压力油升高打开顺序阀 4 再使液压缸 1 的活塞返回 这种顺序动作回路的优点是动作灵敏，安装连接较方便；缺点是可靠性不高，位置精度低。其可靠性在很大程度上取决于顺序阀的性能及其压力调整值。顺序阀的调整压力应比先动作的液压缸的工作压力高 0.8～1.0MPa，以免在系统压力波动时发生误动作。如果要改变动作的先后顺序，就要对两个顺序阀在油路中的安装位置进行相应的调整。这种回路适用于液压缸数目不多、负载变化不大的场合。常用于机床液压系统，满足先将工件夹紧、然后动力滑台进行切削加工的动作顺序要求

续表

类别		回路	特点
压力控制的多缸顺序动作回路	用压力继电器控制的多缸顺序动作回路	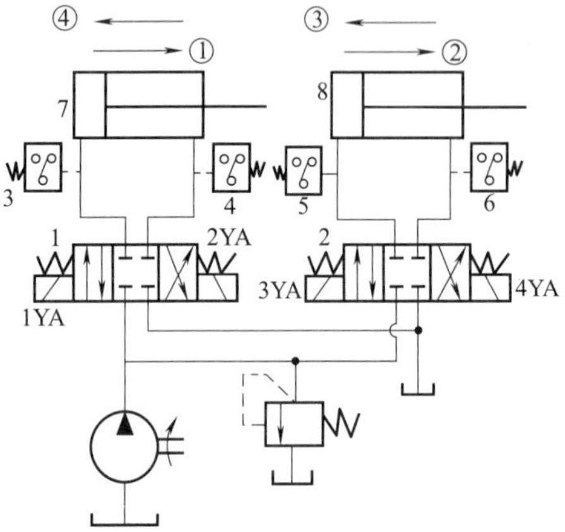 1,2—三位四通电磁换向阀;3～6—压力继电器;7,8—液压缸	用压力继电器控制电磁换向阀来实现顺序动作,如果要改变动作的先后顺序,就要对两个顺序阀在油路中的安装位置进行相应的调整。按启动按钮,使1YA得电,换向阀1左位工作,缸7的活塞向右移动,实现动作顺序①;到右端后,缸7左腔压力上升,达到压力继电器3的调定压力时发信号,使电磁铁1YA断电,3YA得电,换向阀2左位工作,压力油进入缸8的左腔,其活塞右移,实现动作顺序②;到行程端点后,缸8左腔压力上升,达到压力继电器5的调定压力时发信号,使电磁铁3YA断电。4YA得电,换向阀2右位工作,压力油进入缸8的右腔,其活塞左移,实现动作顺序③;到行程端点后,缸8右腔压力上升,达到压力继电器6的调定压力时发信号,使电磁铁4YA断电,2YA得电,换向阀1右位工作,缸7的活塞向左退回,实现动作顺序④。到左端后,缸7右端压力上升,达到压力继电器4的调定压力时发信号,使电磁铁2YA断电,1YA得电,换向阀1左位工作,压力油进入缸7左腔,自动重复上述动作循环 在这种顺序动作回路中,为了防止压力继电器在前一行程液压缸到达行程端点以前发生误动作,压力继电器的调定值应比前一行程液压缸的最大工作压力高0.3～0.5MPa。同时,为了能使压力继电器可靠地发出信号,其压力调定值又应比溢流阀的调定压力低0.3～0.5MPa。这种回路只适用于系统中执行元件数目不多、负载变化不大的场合
行程控制的多缸顺序动作回路	用行程开关控制的多缸顺序动作回路	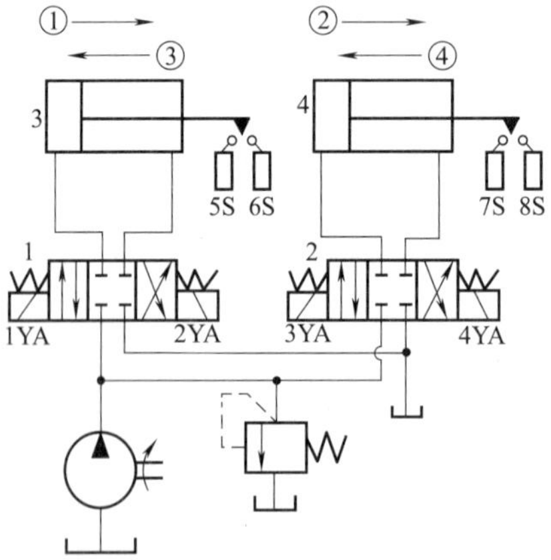 1,2—三位四通电磁换向阀;3,4—液压缸;5S～8S—行程开关	调整行程比较方便,改变电气控制线路就可以改变液压缸的动作顺序,利用电气互锁,可以保证顺序动作的可靠性。按动启动按钮,使1YA得电,缸3活塞右行。当挡块压下行程开关6S后,使1YA断电,3YA得电,缸4活塞右行。当挡块压下行程开关8S,使3YA断电,2YA得电,缸3活塞按箭头③向左运动。当挡块压下行程开关5S,使2YA断电,4YA得电,缸4活塞按箭头④的方向返回。当挡块压下行程开关7S时,4YA断电,活塞停止运动,至此完成一个工作循环。利用电气行程开关发出信号来控制电磁阀进而控制液压缸的先后动作顺序。这种回路控制灵活方便,但其可靠程度主要取决于电气元件的质量。采用电气行程开关控制的顺序回路,调整行程大小和改变动作顺序均甚方便,且可利用电气互锁使动作顺序可靠

续表

类别		回　　路	特　　点
行程控制的多缸顺序动作回路	用行程换向阀控制的多缸顺序动作回路	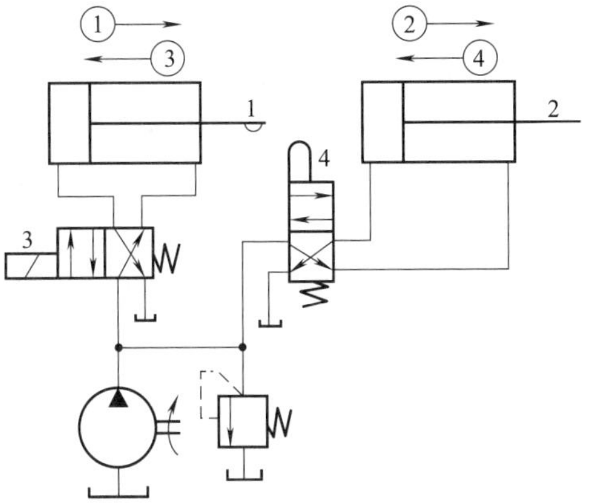 1，2—液压缸；3—电磁阀；4—行程阀	采用行程阀的顺序动作回路，顺序动作可靠，但改变动作顺序较困难。在图示状态时首先使电磁阀 3 通电，则液压缸 1 的活塞向右运动。当活塞杆上的挡块压下行程阀 4 时，行程阀 4 换向，使缸 2 的活塞向右运动。电磁阀 3 断电后，液压缸 1 的活塞向左运动，当行程阀 4 复位后，液压缸 2 的活塞也退回到左端，完成所要求的顺序动作。这种回路工作可靠，但动作顺序一经确定再改变就比较困难，同时管路长，布置较麻烦。适用于机械加工设备的液压系统
	用顺序缸控制的多缸顺序动作回路	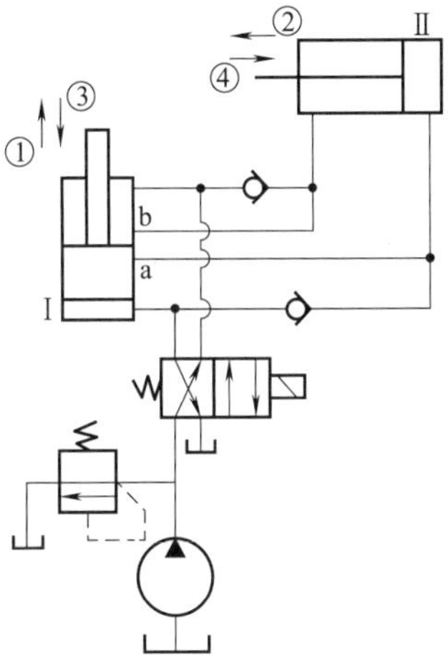	本回路采用顺序缸来实现多缸顺序动作。可靠性较高，但动作顺序不能变更，顺序动作的起始位置亦不能调整。当电磁换向阀切换至右位，顺序缸Ⅰ活塞向上移动。当活塞移动至油口 a 被打开，缸Ⅱ活塞才向左移动。当电磁换向阀切换至图示位置时，缸Ⅰ活塞向下移动，当活塞移动至油口 b 被打开时，缸Ⅱ活塞才向右返回。该回路动作可靠，设计完毕动作顺序不可改变，另外，因其缸体上有孔，顺序缸宜采用间隙密封。因活塞不易密封，所以不能用于高压系统，一般用于动作顺序固定的场合
时间控制的多缸顺序动作回路	用凸轮控制时间的多缸顺序动作回路	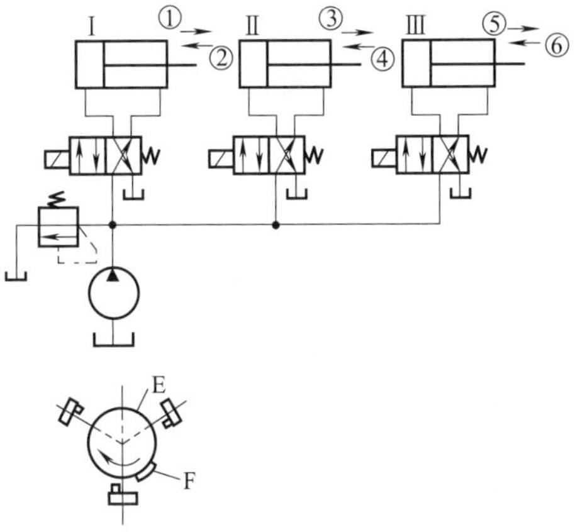	本回路用电动机驱动的凸轮盘(或凸轮轴)顺次触动微动开关使任意一个液压缸按一定的顺序动作。凸轮盘 E 由电动机经减速箱带动旋转，其上面的撞块 F 顺次触动微动开关，控制电磁换向阀顺次通电或断电的时间，实现图示的顺序动作。凸轮盘转动一转的时间即为一个循环的时间。布置灵活，控制方便，可用于控制多执行装置的顺序动作

第20篇

续表

类别		回路	特点
时间控制的多缸顺序动作回路	用延时阀控制时间的多缸顺序动作回路	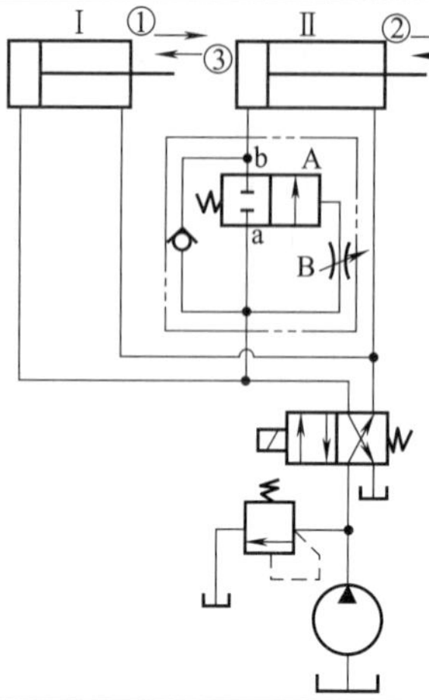	本回路采用延时阀使多缸顺序动作，调节阀 B 的开口量即可控制缸Ⅱ活塞延时动作时间的长短。由于阀 B 通过的流量不可能太小，并随温度而变，因此顺序动作的可靠性较差。当换向阀切换至左位后，压力油流入缸Ⅰ左腔，使活塞向右移动，同时压力油又经节流阀 B 推动阀芯 A 向左移动，当阀芯移至使油路 a 与 b 接通时，缸Ⅱ活塞才开始向右移动。此类控制，常称为时间控制。调节节流阀，即可调节缸Ⅰ和缸Ⅱ先后动作的时间差。不宜用于缸Ⅱ延时动作时间较长的场合
	用专用阀控制时间的多缸顺序动作回路	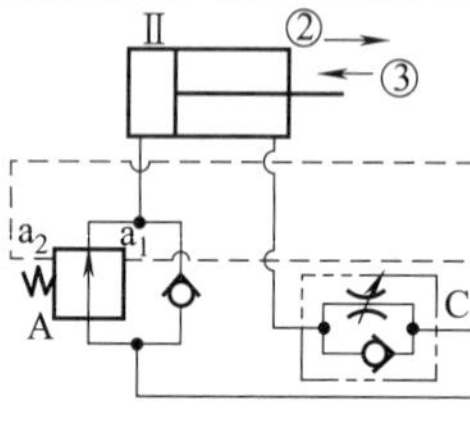 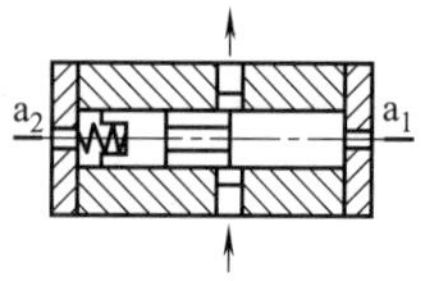 图(a) 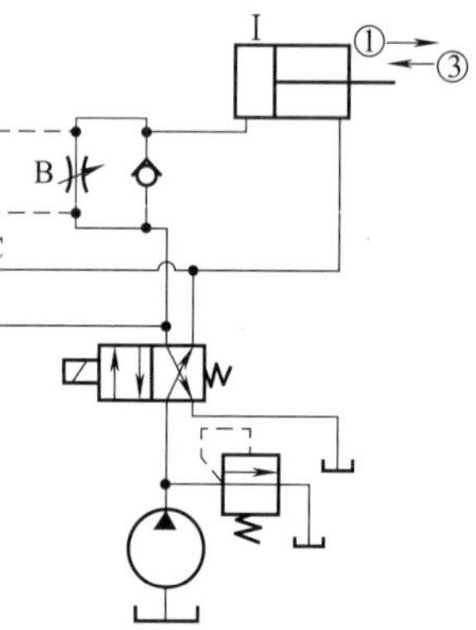 图(b)	本回路利用节流阀两端压差来实现两个液压缸先后动作。缸Ⅰ用进油路节流调速，缸Ⅱ用回油路节流调速。图(a)是差压阀 A 的结构简图。当电磁换向阀通电后，缸Ⅰ活塞开始右移，节流阀 B 进出口的油压被引至差压阀 A 两端 a_1 与 a_2，此压力差使阀 A 的阀芯克服弹簧力左移，将缸Ⅱ的进油路关闭。缸Ⅰ活塞行程结束后，节流阀 B 进出口压力相等，阀 A 的弹簧将阀芯推至右边，打开缸Ⅱ的进油路，使缸Ⅱ活塞右移。当换向阀断电后，各液压缸同时退回原位。若利用缸Ⅱ出口节流阀 C 两端的压差还可以使第三个液压缸作顺序动作。适用于大流量、中高压系统

4.8.2 插装阀控制回路

表 20-4-21 **插装阀控制回路**

类别	回路	特点
方向控制插装阀	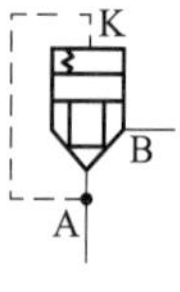 图(a) 单向阀 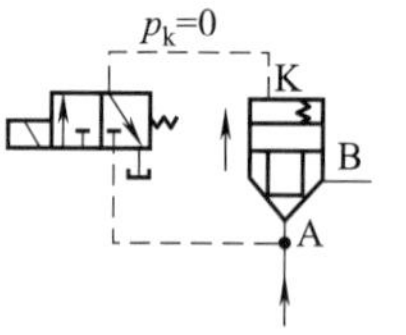 图(b) 二位二通阀 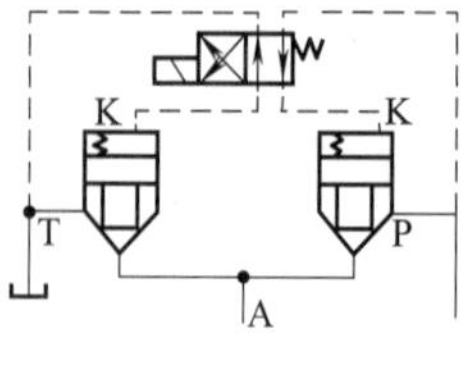 图(c) 二位三通阀 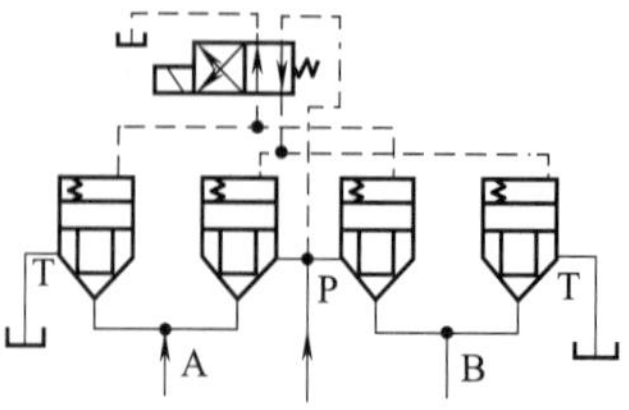 图(d) 二位四通阀	插装阀组成各种方向控制阀如图所示。图(a)为单向阀，当 $p_A > p_B$ 时，阀芯关闭，A 与 B 不通；而当 $p_B > p_A$ 时，阀芯开启，油液从 B 流向 A。图(b)为二位二通阀，当二位三通电磁阀断电时，阀芯开启，A 与 B 接通；电磁阀通电时，阀芯关闭，A 与 B 不通。图(c)为二位三通阀，当二位四通电磁阀断电时，A 与 T 接通；电磁阀通电时，A 与 P 接通。图(d)为二位四通阀，电磁阀断电时，P 与 B 接通，A 与 T 接通；电磁阀通电时，P 与 A 接通，B 与 T 接通

续表

类别	回　　路	特　　点
压力控制插装阀	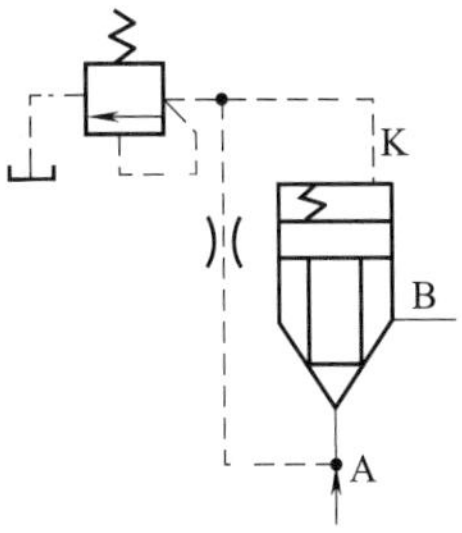 图(a)　溢流阀 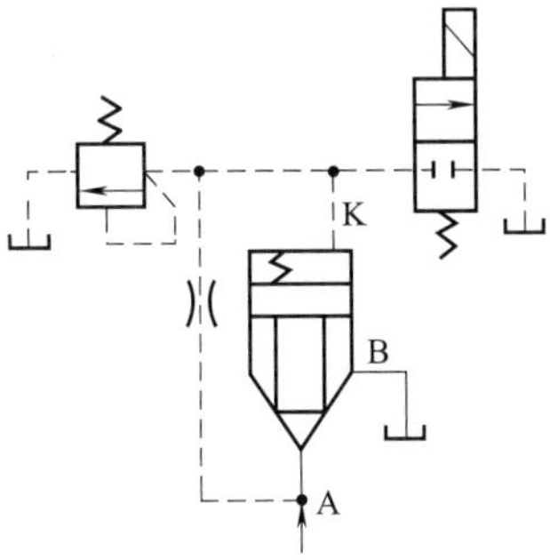 图(b)　电磁溢流阀	插装阀组成压力控制阀如图所示。在图(a)中，如 B 接油箱，则插装阀用作溢流阀，其原理与先导式溢流阀相同。如 B 接负载时，则插装阀起顺序阀作用。图(b)所示为电磁溢流阀，当二位二通电磁阀通电时起卸荷作用
流量控制插装阀	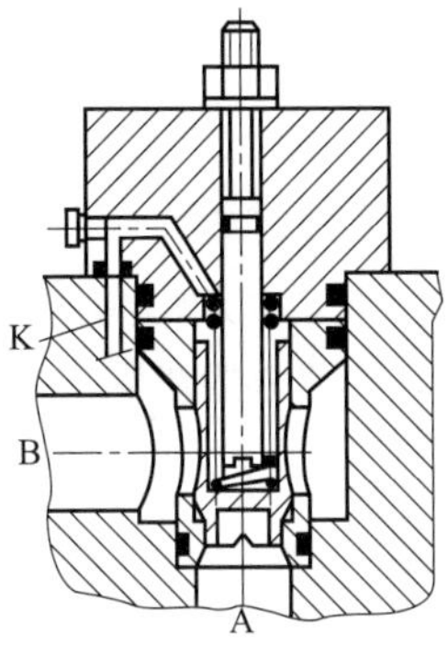 图(a)　结构 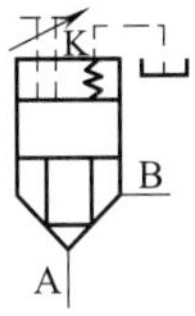 图(b)　图形符号	二通插装节流阀的结构及图形符号如图所示。在插装阀的控制盖板上有阀芯限位器，用来调节阀芯开度，从而起到流量控制阀的作用。若在二通插装阀前串联一个定差减压阀，则可组成二通插装调速阀

4.9　二次调节静液传动回路

二次调节静液传动系统的组成如图 20-4-1 所示。主要由二次元件 7、变量液压缸 8、电液伺服阀 9 等组成。恒压油源部分由安全阀 10、恒压变量泵 3 和液压蓄能器 6 组成。

二次调节系统的工作原理就是通过改变二次元件的排量来适应外负载转矩的变化，直至变量缸的两端达到力平衡为止。这种调节在输出区的二次元件上进行，调节功能通过二次元件自身闭环反馈控制来实现，不改变系统的工作压力。在液压系统中，对液压能与机械能互相转换的液压元件进行调节来实现能量转换和传递。通过调节可逆式轴向柱塞元件（二次元件）的斜盘摆角来适应外负载的转速、转角、转矩或功率的变化。这一点类似于电力传动系统，它们都是在恒压网络中传递能量。它以改变能量的形式或不改变能量的形式来存储能量，这部分能量可由蓄能器储存，蓄能器储存液压能的功能，一方面可以满足间歇性大功率的需要，由此来提高系统的工作效率；另一方面，油源采用恒压源加蓄能器，可以防止系统出现压力峰值，减少压力波动；因为能源管路中没有节流元件，理论上二次元件可以无损失地从恒压网络获得能量，从而提高系统效率。

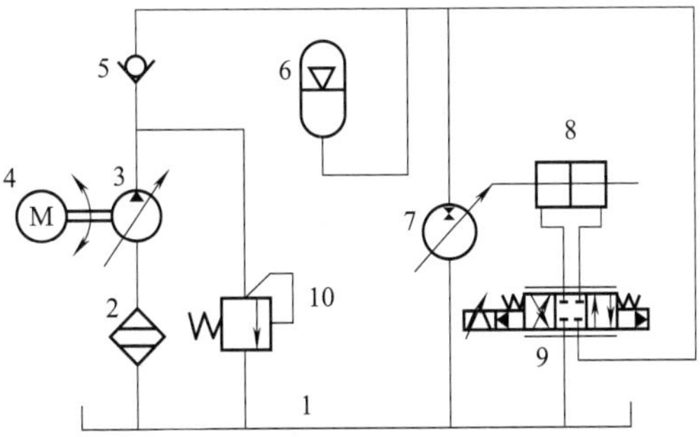

图 20-4-1　二次调节静液传动系统的基本组成原理
1—油箱；2—滤油器；3—一次元件（恒压变量泵）；4—电动机；5—单向阀；6—液压蓄能器；7—二次元件（可逆式轴向柱塞元件）；8—变量液压缸；9—电液伺服阀；10—安全阀

第 20 篇

第 5 章　液压工作介质

5.1 液压介质的分类

5.1.1 分组

液压传动与控制系统中所使用的工作介质，根据其使用性能和化学成分的不同，划分为若干组，其组别名称与代号见表 20-5-1。液压介质分类见表 20-5-2。

表 20-5-1　　液压介质的组别名称与代号

类别	组别	应用场合	更具体应用	产品代号 L-
L	H	液压系统（流体静压系统）		HH
				HL
				HM
				HR
				HV
				HS
			液压导轨系统	HG
			需要难燃液的场合	HFAE
				HFAS
				HFB
				HFC
				HFDER
				HFDS
				HFDT
				HFDU
		液压系统（流体动力系统）	自动传动	HA
			联轴器	HN

5.1.2 命名

液压介质的命名方法：类别-品种　数字。

表 20-5-2　　液压介质分类

矿物油型液压油	抗燃液	
	含水型	合成型
①普通液压油 ②抗磨液压油 ③低凝液压油 ④高黏度指数液压油 ⑤专用液压油 ⑥机械油 ⑦汽轮机油	①水包油型乳化液 ②油包水型乳化液 ③水-乙二醇液压液 ④高水基液压液	①磷酸酯液压液 ②脂肪酸酯液压液 ③卤化物液压液

5.1.3 代号

液压介质的代号可按下列顺序表示：

类别（L）-组别（H）-品种详细分类　数字

例：46 号抗磨液压油

代号：

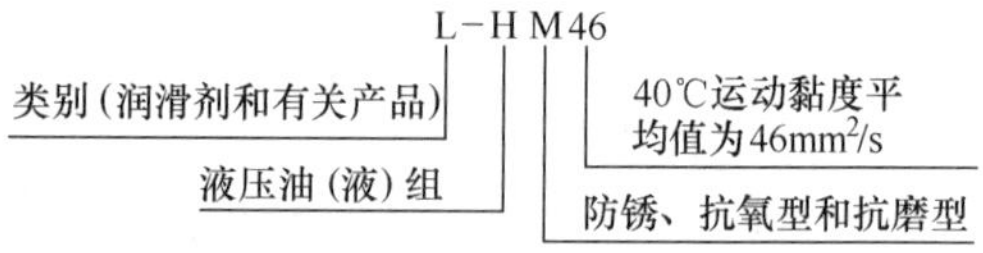

命名：46 号抗磨、防锈和抗氧型液压油

简名：46 号 HL 油 或 46 号抗磨液压油

5.1.4 H 组（液压系统）常用工作介质的牌号及主要应用

液压系统常用工作介质应按 GB/T 7631.2—2003 规定的牌号选择。表 20-5-3 给出了液压系统常用工作介质的牌号及主要应用。

表 20-5-3　　H 组（液压系统）常用工作介质的牌号及主要应用

工作介质		组成、特性和主要应用
工作介质牌号	黏度等级	
L-HH	15	本产品为无(或含有少量)抗氧剂的精制矿物油 适用于对液压油无特殊要求(如:低温性、防锈性、抗乳化性和空气释放能力等)的一般循环润滑系统、低压液压系统和有十字头压缩机曲轴箱等的循环润滑系统。也可适用于轻负荷传动机械、滑动轴承和滚动轴承等油浴式非循环润滑系统 无本产品时可选用 L-HL 液压油
	22	
	32	
	46	
	68	
	100	
	150	

续表

工作介质牌号	黏度等级	组成、特性和主要应用
L-HL	15 22 32 46 68 100	本产品为精制矿物油，并改善其防锈和抗氧性的液压油 常用于低压液压系统，也可用于要求换油期较长的、轻负荷机械的、油浴式非循环润滑系统 无本产品时可用 L-HM 液压油或用其他抗氧防锈型液压油
L-HM	15 22 32 46 68 100 150	本产品为在 L-HL 液压油基础上改善其抗磨性的液压油 适用于低、中、高压液压系统，也可用于中等负荷机械润滑部位和对液压油有低温性能要求的液压系统 无本产品时，可选用 L-HV 和 L-HS 液压油
L-HV	15 22 32 46 68 100	本产品为在 L-HM 液压油基础上改善其低温性的液压油 适用于环境温度变化较大、工作条件恶劣的低、中、高压液压系统和中等负荷的机械润滑部位，对油有更高的低温性能要求 无本产品时，可选用 L-HS 液压油
L-HR	15 32 46	本产品为在 L-HL 液压油基础上改善其黏温性的液压油 适用于环境温度变化较大、工作条件恶劣的（野外工程和远洋船舶等）低压液压系统和其他轻负荷机械的润滑部位。对于有银部件的液压元件，在北方可选用 L-HR 油，而在南方可选用对青铜或银部件无腐蚀的无灰型 HM 和 HL 液压油
L-HS	10 15 22 32 46	本产品为无特定难燃性的合成液，它可以比 L-HV 液压油的低温黏度更小 主要应用同 L-HV 油，可用于北方寒冷季节，也可全国四季通用
L-HG	32 68	本产品为在 L-HM 液压油基础上改善其黏温性的液压油 适用于液压和导轨润滑系统合用的机床，也可用于要求有良好黏附性的机械润滑部位
L-HFAE	7 10 15 22 32	本产品为水包油型（O/W）乳化液，也是一种乳化型高水基液体，通常含水 80%以上，低温性、黏温性和润滑性差，但难燃性好，价格便宜 适用于煤矿液压支架静压液压系统和不要求回收废液、不要求具有良好润滑性，但要求有良好难燃性的液压系统或机械设备 使用温度为 5～50℃
L-HFAS	7 10 15 22 32	本产品为水的化学溶液，是一种含有化学添加剂的高水基液，通常呈透明状。低温性、黏温性和润滑性差，但难燃性好，价格便宜 适用于需要难燃液的低压液压系统和金属加工等机械 使用温度为 5℃～50℃
L-HFB	32 46 68 100	本产品为油包水型（W/O）乳化液，通常含油 60%以上，其余为水和添加剂，低温性差，难燃性比 L-HFDR 液差 适用于冶金、煤矿等行业的中压和高压、高温和易燃场合的液压系统 使用温度为 5℃～50℃
L-HFC	22 32 46 68	本产品通常为含乙二醇或其他聚合物的水溶液，低温性、黏温性和对橡胶的适应性好 适用于冶金和煤矿等行业低压和中压液压系统 使用温度为－20～50℃

续表

工作介质		组成、特性和主要应用
工作介质牌号	黏度等级	
L-HFDR	15	本产品通常为无水的磷酸酯作基础液加入各种添加剂而制得的，难燃性好，但黏温性和低温性较差，对丁腈橡胶和氯丁橡胶的适应性不好 适用于冶金、火力发电、燃气轮机等高温高压下操作的液压系统 使用温度－20～100℃
	22	
	32	
	46	
	68	
	100	

注：工作介质牌号说明：牌号 L-HM46，L——润滑剂类、H——液压油液组、M——防锈抗氧和抗磨型、46——黏度等级。

5.1.5 常用工作介质与材料的适应性

表 20-5-4 常用工作介质与材料的适应性

材料		HM 油 抗磨液压油	HFAS 液 水的化学溶液	HFB 液 油包水 乳化液	HFC 液 水-乙二醇液	HFDR 液 磷酸酯 无水合成液
金属	铁	适应	适应	适应	适应	适应
	铜、黄铜	无灰 HM 适应	适应	适应	适应	适应
	青铜	不适应(含硫剂油)	适应	适应	有限适应	适应
	镉和锌	适应	不适应	适应	不适应	适应
	铝	适应	不适应	适应	有限适应	适应
	铅	适应	适应	不适应	不适应	适应
	镁	适应	不适应	不适应	不适应	适应
	锡和镍	适应	适应	适应	适应	适应
涂料	普通耐油工业涂料	适应	不适应	不适应	不适应	不适应
	环氧型与酚醛型	适应	适应	适应	适应	适应
	搪瓷	适应	适应	适应	适应	适应
塑料和树脂	丙烯酸树脂	适应	适应	适应	适应	不适应
	苯乙烯树脂	适应	适应	适应	适应	不适应
	环氧树脂	适应	适应	适应	适应	适应
	硅树脂	适应	适应	适应	适应	适应
	酚醛树脂	适应	适应	适应	适应	适应
	聚氯乙烯塑料	适应	适应	适应	适应	不适应
	尼龙	适应	适应	适应	适应	适应
	聚丙烯塑料	适应	适应	适应	适应	适应
	聚四氟乙烯塑料	适应	适应	适应	适应	适应
橡胶	天然橡胶	不适应	适应	不适应	适应	不适应
	氯丁橡胶	适应	适应	适应	适应	不适应
	丁腈橡胶	适应	适应	适应	适应	不适应
	丁基橡胶	不适应	不适应	不适应	适应	适应
	乙丙橡胶	不适应	适应	不适应	适应	适应
	聚氨酯橡胶	适应	有限适应	不适应	不适应	有限适应
	硅橡胶	适应	适应	适应	适应	适应
	氟橡胶	适应	适应	适应	适应	适应
其他密封材料	皮革	适应	不适应	有限适应	不适应	有限适应
	含橡胶浸渍的塞子	适应	适应	不适应	不适应	有限适应
过滤材料	醋酸纤维	适应	适应	适应	适应	适应
	金属网	同上述金属	同上述金属	同上述金属	同上述金属	同上述金属
	白土	不适应	不适应	不适应	不适应	不适应

5.2　工作介质的选择

正确选用工作介质对液压系统适应各种环境条件和工作状况的能力、延长系统和元件的寿命、提高设备运转的可靠性、防止事故发生等方面都有重要意义。

选择工作介质主要从工作介质的化学特性和使用的环境来考虑，而对物理特性，如黏度，各种工作类型工作介质都有多种规格供选择。

工作介质的选择应按 GB/T 7631.2—2003，或参考本标准表 20-5-3。工作介质的黏度等级应按 GB/T 3141—1994（40℃运动黏度）的规定。

选择工作介质应从以下方面综合考虑：

1）首先应考虑使用的安全性，如环境有无高温、起火和爆炸的危险，如果有则应考虑使用难燃液压油。

2）一般应优先考虑使用矿物油型液压油和合成烃型液压油，并应根据液压系统工作介质的使用条件，如液压泵的类型、工作压力、工作温度和温度范围、系统元件选用的密封材料、元件的材料及系统运转和维修时间等，进行选择。

3）应考虑工作介质的经济性和可操作性。

5.2.1　根据工作环境选择

应考虑液压系统的工作环境，如室内、露天、地下、水上、内陆沙漠、热带或处于冬、夏温差大的寒冷地区等，以及固定式或移动式工作方式。若液压系统靠近有 300℃以上高温的表面热源或有明火场所，应选用难燃液压液。

液压系统对工作介质有特殊要求时，用户应与供应商协商。

按工作环境和使用工况选择工作介质见表 20-5-5。

当液压系统工作在环保特性要求高的场合时，应选择下列环境可接受液压液：

HETG——甘油三酸酯系列环境可接受液压液；

HEPG——聚乙二醇系列环境可接受液压液；

HEES——合成醋系列环境可接受液压液；

HEPR——聚 α 烯烃和相关烃类产品系列环境可接受液压液。

5.2.2　根据液压系统工作温度选择

应考虑液压系统所处的环境温度和工作介质工作时的温度，主要对工作介质的黏温性、热安定性和液压系统的低温启动性提出要求。

5.2.2.1　液压系统的工作温度

表 20-5-6 给出了不同液压系统工作温度所适应的工作介质品种。

工作介质的起始温度决定于工作环境温度，在寒冷地区野外工作时，当环境温度在－5～－25℃时，可用 HV 低温抗磨液压油；当环境温度在－5～－40℃时，可用具有更好低温性能的 HS 低凝抗磨液压油；环境温度低于－40℃时，使用的工作介质应与供应商协商确定。

5.2.2.2　工作介质的工作温度范围

工作介质的工作温度对液压系统是相当重要的。温度过高，会加速其氧化变质，氧化生成的酸性物质对液压系统的元件有腐蚀作用并会污染工作介质。长时间在高温下工作，工作介质的寿命会大大缩短。

表 20-5-5　按工作环境和使用工况选择工作介质

使用工况	工作环境			
	系统压力：<6.3MPa 系统温度：<50℃	系统压力： 6.3～16MPa 系统温度：<50℃	系统压力： 6.3～16MPa 系统温度：50～80℃	系统压力：>16MPa 系统温度： 80～120℃
室内—固定液压设备	HH、HL、HM	HL、HM	HM	HM(优等品)
露天—寒区和严寒区	HH、HR、HM	HV、HS	HV、HS	HV(优等品) HS(优等品)
高温热源或明火附近	HFAE、HFAS	HFB、HFC	HFDR	HFDR

表 20-5-6　按液压系统工作温度选择工作介质

液压系统工作温度/℃	<－10	－10～80	>80
工作介质(液压油)品种	HV、HS	HH、HL、HR、HM、HV、HS	HM(优等品)、HV、HS

注：1. HV、HS 具有良好的低温特性，可用于－10℃以下，具体使用温度与供应商协商。

2. HM（优等品）、HV、HS 具有良好的高温特性，可用于 80℃以上，具体使用温度与供应商协商。

第20篇

表20-5-7给出了液压系统中工作介质适宜的工作温度范围。

表20-5-7　工作介质适宜的工作温度范围

工作介质类型	连续工作状态/℃	最高温度/℃
矿物油型或合成烃型液压油(HL、HM、HV、HS)	−40～80	120
水—乙二醇型液压液(HFC)	−20～50	70
磷酸酯型液压液(HFDR)	−20～100	150
水包油型液压液(HFAE)	5～50	65
油包水型液压液(HFB)	5～50	65

5.2.3　根据工作压力选择

主要对工作介质的润滑性和极压抗磨性提出要求。对于高压系统的液压元件，特别是液压泵中处于边界润滑状态的摩擦副，由于正压力加大、转速高，使摩擦磨损条件趋于苛刻，为了得到正常的润滑，防止金属直接接触，减少磨损，应选择具有优良极压抗磨性的HM液压油。

当液压系统选择水—乙二醇液压液和磷酸酯液压液作为工作介质时，液压泵或液压系统的工作压力和最高工作转速应相比矿物油型液压油（如：HM抗磨液压油）降级使用，具体应根据元件供应商的技术资料确定。

按液压系统和液压泵的工作压力选择工作介质见表20-5-8。

表20-5-8　按液压系统和液压泵时工作压力选择工作介质

工作压力/MPa	<6.3	6.3～16	>16
液压油品种	HH、HL、HM	HM、HV、HS	HM(优等品)、HV、HS

5.2.4　根据液压泵类型选择

根据液压泵类型选择工作介质主要考虑液压泵的类型，如齿轮泵、叶片泵、柱塞泵等，同时应考虑液压泵的工况，如功率、转速、压力、流量，以及液压泵的材质等因素。通常应优先选用液压油。对于低压液压泵可以采用HL液压油，对于中、高压液压泵应选用HM、HV、HR、HS液压油。

① 齿轮泵为主油泵的液压系统采用HH、HL、HM液压油。16MPa以上压力的齿轮泵应优先选用HM液压油。

② 叶片泵为主油泵的液压系统，不管其压力高低应选用HM、HV、HR、HS液压油。高压时应使用高压型HM、HV、HR、HS液压油。

③ 柱塞泵为主油泵的液压系统可用HM、HV、HS液压油。高压柱塞泵应选用含锌量低于0.07%（一般为0.03%～0.04%）的低锌或不含锌及其他金属盐的无灰HM（优等品）、HV、HS液压油。

当液压系统中的液压元件（包括泵、阀等）有铜和镀银部件时，高锌抗磨剂会对这类部件产生腐蚀磨损，应选用低锌或无灰抗磨液压油或液压液。

5.2.5　工作介质黏度的选择

黏度是工作介质的重要使用性能之一，黏度选择偏高会引起系统功率损失过大，偏低则会降低液压泵的容积效率、增加磨损、增大泄漏。

工作介质黏度的选择应考虑工作介质的黏度-温度特性，并应考虑液压系统的设计特点、工作温度和工作压力。在液压系统中，液压泵是对黏度变化最敏感元件之一。一般情况下，环境温度和工作温度低时，应选择黏度低（牌号小）的工作介质。反之，应选择黏度高（牌号大）的工作介质，并应保证系统主要元件对黏度范围的要求。系统其他元件应根据所选定的工作介质黏度范围进行设计和选择。

表20-5-9给出了对于不同液压泵类型和工作压力所推荐的工作介质黏度等级。

表20-5-9　不同液压泵类型和工作压力下所推荐的工作介质黏度等级

液压泵类型	工作压力	黏度等级	
		工作温度<50℃	工作温度50～80℃
叶片泵	<6.3MPa	32、46	46、68
	>6.3MPa	46、68	68、100
齿轮泵	<6.3MPa	32、46	6、68
	>6.3MPa	46、68	68、100
径向柱塞泵	<6.3MPa	32、46、68	100、150
	>6.3MPa	68、100	100、150
轴向柱塞泵	<6.3MPa	32、46	68、100
	>6.3MPa	46、68	100、150

5.2.6　工作介质污染度等级的确定

液压系统对工作介质污染度的要求，可根据液压系统中主要液压元件对污染的敏感程度和系统控制精度的要求而定，或按照主要液压元件产品说明书的要求，确定工作介质的可接受污染度。

表20-5-10给出了对于不同液压元件及系统类型所推荐的、可接受的工作介质固体颗粒污染度等级。

第20篇

表 20-5-10　不同元件及液压系统适用的工作介质污染度等级推荐值

污染度等级		主要工作元件	系统类型	过滤精度	
GB/T14039	NAS1638			$\beta_{x(c)}\geqslant100$ 用 ISO MTD 校准	$\beta_x\geqslant100$ 用 ACFTD 校准
—/13/10	4	高压柱塞泵、伺服阀、高性能比例阀	要求高可靠性并对污染十分敏感的控制系统，如：实验室和航空航天设备	4～5	1～3
—/15/12	6	高压柱塞泵、伺服阀、比例阀、高压液压阀	高性能伺服系统和高压长寿命系统，如：飞机、高性能模拟试验机，大型重要设备	5～6	3～5
—/16/13	7	高压柱塞泵、叶片泵、比例阀、高压液压阀	要求较高可靠性的高压系统	6～10	5～10
—/18/15	9	柱塞泵、叶片泵、中高压常规液压阀	一般机械和行走机械液压系统，中等压力系统	10～14	10～15
—/19/16	10	叶片泵、齿轮泵、常规液压阀	大型工业用低压液压系统，农机液压系统	14～18	15～20
—/20/17	11	齿轮泵、低压液压阀	低压系统，一般农机液压系统	18～25	20～30

注：1. NAS1638 为美国国家宇航标准。表中所列其等级与 GB/T 14039 的等级是近似对应关系，仅供参考。

2. ISO MTD 是国际标准中级试验粉末，为现行国家（国际）标准校准物质。

3. ACFTD 是一种作为校准物质的细试验粉末，目前已停止使用，被 ISO MTD 替代。

4. $\beta_{x(c)}$过滤比和 β_x的定义见 GB/T 20079。

5.2.7 其他要求

选用工作介质时，还要考虑工作介质与液压系统中的密封材料、金属材料、塑料、橡胶、过滤材料和涂料、油漆的适应性。

常用工作介质与各种材料的适应性参见表 20-5-4。

常用工作介质与密封材料相适应的关系见表 20-5-11。

表 20-5-11　工作介质与相适应的密封材料

工作介质类型	相适应的密封材料
矿物油或合成烃型液压油（HL、HM、HV、HS）	丁腈橡胶、聚氨酯、聚四氟乙烯
水-乙二醇型液压液（HFC）	丁腈橡胶、聚四氟乙烯、聚酰胺
磷酸酯型液压油（HFDR）	氟橡胶、聚四氟乙烯、聚酰胺、硅橡胶
水包油型液压液（HFAE）	丁腈橡胶、聚酰胺、聚氨酯、聚四氟乙烯、氟橡胶、硅橡胶、氯丁橡胶
油包水型液压液（HFB）	

注：详细的对应关系需参照相关产品的具体说明。

当用户有特殊用途要求或国家标准和行业标准中无适用的工作介质时，建议用户与工作介质的供应商联系。

5.3 工作介质的使用

在工作介质的使用过程中，应定期检测其品质指标，当出现下述情况之一时，应采取必要的控制措施，及时处理或更换工作介质。

1）工作温度超过规定范围　过高的工作温度会加速工作介质的氧化，缩短使用寿命。

2）颗粒污染度超过规定等级　严重的颗粒污染会造成机械磨损，使元件表面特性下降，导致系统功能失效。

3）水污染　水会加速工作介质的变质，降低润滑性能，腐蚀元件表面，并且低温下结冰会成为颗粒污染。

4）空气污染　空气进入工作介质会产生气蚀、振动和噪声，使液压元件动态性能下降，增加功率消耗，并加速工作介质的老化。

5）化学物质污染　酸、碱类化学物质会腐蚀元件，使其表面性能下降。

5.3.1 污染控制

工作介质的污染是导致液压系统故障的主要原因，实施污染控制就是使液压系统的工作介质达到要求的可接受污染度等级，是提高液压系统工作可靠性和延长元件使用寿命的重要途径之一。因此建议对液压系统和工作介质采取以下污染控制措施。

① 应保证在清洁的环境中进行系统装配，受污染的元件在装入系统前应清洗干净。

② 系统组装前应对管路和油箱进行清洗（包括酸洗和表面处理）。

③ 系统组装后应对油箱、管道、阀块、液压元件进行循环冲洗和过滤。

④ 加入系统的工作介质应过滤（包括新购的工作介质）。

⑤ 油箱应采取密封措施并安装空气滤清器，防止外部污染物侵入系统。

⑥ 应对液压元件的油封或防尘圈等外露密封件采取保护措施，以避免因密封件的损坏导致外部污染物进入元件和系统。

⑦ 保持工作环境和工具的清洁，彻底清除与工作介质不相容的清洗液和脱脂剂。

⑧ 系统维修后应对工作介质循环过滤，并清洗整个系统。

⑨ 系统工作初期应通过专门装置排放空气，防止空气混入工作介质。

⑩ 过滤净化，滤除系统及元件工作中产生的污染颗粒。

⑪ 控制油温，防止高温使工作介质老化析出污染物。

5.3.2 过滤

① 为防止外界污染物侵入油箱，应在油箱通气口安装空气滤清器，对进入油箱的空气进行过滤。

② 为保证系统及系统各元件对工作介质的污染度要求，应根据需要在吸油管路、回油管路和关键元件之前安装不同性能的过滤器。

③ 在为系统补充工作介质时，应使用过滤装置对补充的工作介质进行过滤，即使是新油也应过滤后加注。

④ 为减小系统过滤器的负荷，维持工作介质的清洁度，可在液压系统内设置旁路循环过滤装置，该装置独立于主系统外，并可用于为液压系统补充工作介质时的过滤。

⑤ 当工作介质的含水量超过规定指标时，应使用集过滤、聚结、分离功能于一体的过滤脱水装置或使用其他方法清除工作介质中的水分。

5.3.3 补充工作介质

① 系统运行过程中会因为泄漏等损失造成油箱工作介质减少，当低于最低液位要求时，系统需要补充工作介质。补入的新工作介质应为同一制造商、同一牌号、同一类型、同一黏度等级的产品。

② 补充工作介质前，应对剩余工作介质的性能进行分析。如果性能劣化严重，达到工作介质更换指标，则必须更换，否则劣化的旧工作介质会加速新工作介质的老化。

5.3.4 更换工作介质

① 液压系统的工作介质应根据实际使用情况定期检查，以确定是否需要更换。L-HL 型液压油的换油标准可参考 SH/T 0476—1992，L-HM 型液压油的换油标准可参考 SH/T 0599—2013。如果系统对更换工作介质有特殊要求，则应按照系统的规定更换。

② 更换工作介质时应对液压系统进行清洗，并更换全部过滤器的滤芯。更换工作介质的程序与新系统加注工作介质时相同。

5.3.5 工作介质的维护

工作介质的维护就是要控制液压系统运行中工作介质的污染和变质，液压系统污染源来自多方面，重视系统维护并采取必要措施控制污染能有效延长工作介质的使用寿命。一般应考虑在以下方面采取措施。

① 油箱应保持密封。

② 避免工作中的外漏油液或检修过程中的脏油直接进入系统。

③ 杜绝与工作介质不相容的溶剂或介质进入系统。

④ 定期检查。

⑤ 按照液压系统使用要求，定期或根据过滤器的压差报警信号更换过滤器的滤芯。除非滤芯上有明确说明，否则滤芯不可冲洗后重复使用。

5.3.6 工作介质的检测

5.3.6.1 工作介质理化性能检测

工作介质的理化性能检测是用来检测新工作介质的各项性能是否达到相关技术标准或用来检测工作介质在工作一段时间后工作性能的退化程度，并作为按照理化性能判断工作介质更换的依据。

新工作介质的理化性能检测的主要项目包括：运动黏度（40℃）、黏度指数、闪点、倾点、水分、抗乳化性、抗泡性、空气释放性、中和值等。

矿物油型和合成烃型液压油的理化性能及质量指标可参考 GB/T 11118.1—2011。

5.3.6.2　工作介质污染度检测

表 20-5-12　工作介质污染度检测

一般要求		①工作介质污染度检测包括对新购入和正在使用的工作介质污染度的检测，并作为判断工作介质污染度是否符合液压系统设计要求的依据 ②为了保证工作介质污染度检测结果的准确性，从工作介质中提取液样及液样的传递、处理、检测过程，应防止对液样的二次污染，不应使用易落纤维的抹布 ③为了保证液样污染度检测结果的真实性，被测液样应具有代表性。因此，在液样的提取和处理过程中，应严格按标准规定的程序操作，使污染物颗粒充分均匀地悬浮 ④当工作介质为 L-HFAE、L-HFAS、L-HFB、L-HFC 等混合型液压液时，不宜采用以遮光原理工作的自动颗粒计数器检测
检测用容器		工作介质污染度检测用的容器包括取样容器、检测中处理样品和清洗系统的容器等 为了防止容器对检测样品造成二次污染，应按 GB/T 17484—1998 的规定进行容器净化。净化后容器的污染度应至少优于被测样品两个污染度等级。即：如果要求被测样品的污染度等级为—/15/12，则净化后的容器污染度等级应为—/13/10
工作介质取样	管路取样	工作介质取样一般应选择管路取样 管路取样是在运行中的液压系统管路中提取工作介质样品。管路取样是油液污染度检测的关键环节，应按 GB/T 17489—1998 中 4.1 规定的程序进行。应尽量避免在系统高压工作条件下取样，如果必须，一定要由有经验的操作者进行取样，并在取样时作好安全防护，防止人身受到伤害或油液大量外泄；也可通过外接在线自动颗粒计数器的检测接口取样
	油箱取样	油箱取样是在液压系统管路上无法安装取样器或取样有危险的情况下采取的取样方式。在油箱中取样非常容易对系统造成二次污染，应按 GB/T 17489—1998 中 4.2 规定的程序进行 注：在油桶中取样可参照上述规定
检测环境		工作介质的污染度检测应在清洁的环境中进行。如果被测液样的污染度等级优于 GB/T 14039—2002 规定的—/15/12，检测宜在符合 GB 50073—2013 规定的 7 级环境条件下进行
检测方法		工作介质的污染度检测可根据检测仪器分别采用自动颗粒计数法和显微镜计数法
	自动颗粒计数法	自动颗粒计数法是采用自动颗粒计数器或油液污染度检测仪进行工作介质污染度检测的方法。分为离线式检测和在线式检测两种方式。采用离线式检测的具体操作方法应按照 ISO 11500—2008 的规定；采用在线式检测的具体操作方法应按照仪器制造商产品使用说明书的规定
	显微镜计数法	显微镜计数法是采用显微镜通过人工计数或计算机自动计数进行检测工作介质污染度的方法。具体操作应按 GB/T 20082—2006 的规定。

5.3.7　安全与环保

一般矿物油型液压油和合成烃型液压油对人体是无害的（少数人可能对某种油液会产生过敏反应）。

难燃液压液的部分添加剂可能对人体有害，使用时应遵守产品说明书中的相关安全防护规定。

在对液压系统工作介质进行正常操作时，一般不需要特殊的预防和保护，工作环境应具有良好的通风。当工作介质可能接触到眼睛或手时，需佩戴防护眼镜和防护手套。应避免吸入和吞食工作介质。

使用时应注意避开火源。

一般常用工作介质不是环境可接受的，是不可生物降解的，使用中不应随意排放，并应避免泄漏，防止其流入下水道、水源或低洼地域造成环境污染。

5.4　工作介质的贮存

工作介质应贮存在密闭容器内，放置在干燥通风并远离火源的场所。

贮存工作介质的最高环境温度不得超过 45℃。

5.5　工作介质废弃处理

工作介质的废弃处理应遵守国家相关法律和地方各项环保法规。不应随意倾倒或遗弃使用过的液压系统工作介质，以免造成环境污染。

工作介质报废后，应委托有资质的专业公司回收处理，或按照当地环保部门要求或委托的专门机构进行处理。禁止自行烧掉或随意排放。

第6章 液 压 泵

6.1 液压泵的分类

液压泵是动力元件，它的作用是把机械能转变成液压能，向系统提供一定压力和流量的油液，因此液压泵是一种能量转换装置。液压泵的分类如下。

- 液压泵
  - 定量泵
    - 齿轮泵
      - 外啮合齿轮泵
      - 内啮合齿轮泵
        - 楔块式内啮合齿轮泵
        - 摆线内啮合齿轮泵
          - 渐开线内啮合齿轮泵
          - 直齿及其共轭齿廓内啮合齿轮泵
    - 螺杆泵
    - 定量叶片泵
    - 定量径向柱塞泵
    - 定量轴向柱塞泵
      - 定量斜轴式轴向柱塞泵
      - 定量斜盘式轴向柱塞泵
  - 变量泵
    - 变量叶片泵
    - 变量径向柱塞泵
    - 变量轴向柱塞泵
      - 变量斜轴式轴向柱塞泵
      - 变量斜盘式轴向柱塞泵

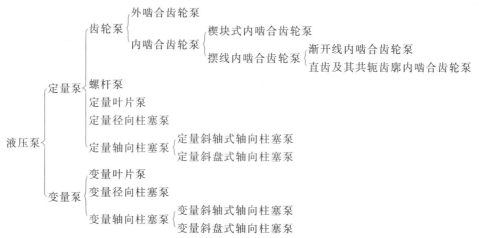

6.2 液压泵的主要技术参数及计算公式

6.2.1 液压泵的主要技术参数

表 20-6-1 液压泵的主要技术参数

排量 V $/cm^3 \cdot r^{-1}$或 $mL \cdot r^{-1}$	理论排量：液压泵每转一周排出的液体体积。其值由密封容器几何尺寸的变化计算而得，也叫几何排量 空载排量：在规定最低工作压力下，泵每转一周排出的液体体积。其值用以下办法求得：先测出对应两种转速的流量，再分别计算出排量，取平均值。理论排量无法测出，在实用场合往往以空载排量代替理论排量 有效排量：在规定工况下泵每转一周实际排出的液体体积
流量 q $/m^3 \cdot r^{-1}$或 $L \cdot min^{-1}$	理论流量：液压泵在单位时间内排出的液体体积，其值等于理论排量和泵的转速之乘积 有效流量：在某种压力和温度下，泵在单位时间内排出的液体体积，也称实际流量 瞬间流量：液压泵在运转中，在某一时间点排出的液体体积 平均流量：根据在某一时间段内泵排出的液体体积计算出的，单位时间内泵排出的液体体积。其值为在该时间段内各瞬间流量的平均值 额定流量：泵在额定工况下的流量 除极个别地方外，本章所论述的流量均指体积流量，故流量符号 q 不加任何区别流量性质的角标，如体积流量为 q_v，质量为 q_m 等
压力 p /MPa	额定压力：液压泵在正常工作条件下，按试验标准规定能连续运转的最高压力 最高压力：液压泵能按试验标准规定，允许短暂运转的最高压力（峰值压力） 例如某泵额定压力为 21MPa，最高压力为 28MPa，短暂运转时间为 6s 工作压力：液压泵实际工作时的压力
转速 n $/r \cdot min^{-1}$	额定转速：在额定工况下，液压泵能长时间持续正常运转的最高转速 最大转速：在额定工况下，液压泵能超过额定转速允许短暂运转的最高转速 最低转速：液压泵在正常工作条件下，能运转的最小转速
功率 P /kW	输入功率：驱动液压泵运转的机械功率 输出功率：液压泵输出液压功率，其值为工作压力与有效流量的乘积

续表

效率	容积效率:液压泵输出的有效流量与理论流量的比值 机械效率:液压泵的液压转矩与实际输入转矩的比值 总效率:液压泵输出的液压功率与输入的机械功率的比值
吸入能力/Pa	液压泵能正常运转(不发生汽蚀)条件下吸入口处的最低绝对压力,一般用真空度表示

6.2.2　液压泵的常用计算公式

表 20-6-2　　常用计算公式

参数名称	单位	计算公式	说明
流量	L/min	$q_0=Vn$ $q=Vn\eta_v$	V——排量,mL/r n——转速,r/min q_0——理论流量,L/min q——实际流量,L/min p——输出压力,MPa M——扭矩,N·m η_v——容积效率,% η_m——机械效率,% η——总效率,%
输出功率	kW	$P_0=pq/60$	
输入功率	kW	$P_i=2\pi Mn/60$	
容积效率	%	$\eta_v=\dfrac{q}{q_0}\times 100$	
机械效率	%	$\eta_m=\dfrac{1000pq_0}{2\pi Mn}\times 100$	
总效率	%	$\eta=\dfrac{P_0}{P_i}\times 100$	

6.3　液压泵的技术性能和参数选择

表 20-6-3　　液压泵的技术性能和参数选择

类型 \ 性能参数	齿轮泵			叶片泵		柱塞泵				
	内啮合		外啮合	单作用	双作用	轴向			径向轴配流	卧式轴配流
	楔块式	摆线式				直轴端面配流	斜轴端面配流	阀配流		
压力范围/MPa	≤30.0	1.6～16.0	≤25.0	≤6.3	6.3～32.0	≤40.0	≤40.0	≤70.0	10.0～20.0	≤40.0
排量范围/mL·r^{-1}	0.8～300	2.5～150	0.3～650	0.5～320	0.5～480	0.2～560	0.2～3600	≤420.0	20～720	1～250
转速范围/r·min^{-1}	1500～2000	1000～4500	300～7000	500～2000	500～4000	600～2200	600～1800	≤1800	700～1800	200～2200
最大功率/kW	350	120	120	30	320	730	2660	750	250	260
容积效率/%	≤96	80～90	70～95	85～92	80～94	88～93	88～93	90～95	80～90	90～95
总效率/%	≤90	65～80	63～87	64～81	65～82	81～88	81～88	83～88	81～83	83～88
功率质量比/kW·kg^{-1}	大	中	中	小	中	大	中～大	大	小	中
最高自吸真空度/kPa			425	250	250	125	125	125	125	
变量能力	不能			能	不能	能				
效率变化	齿轮磨损后效率下降			叶片磨损效率下降小		配流盘、滑靴或分流阀磨损时效率下降较大				
流量脉动/%	1～3	≤3	11～27	≤1	≤1	1～5	1～5	<14	<2	≤14
噪声	小	小	中	中	中	大	大	大	中	中
污染敏感度	中	中	大	中	中	大	中～大	小	中	小
价格	较低	低	最低	中	中低	高	高	高	高	高
应用范围	机床、工程机械、农业机械、航空、船舶、一般机械			机床、注塑机、液压机、起重运输机械、工程机械、飞机		工程机械、锻压机械、运输机械、矿山机械、冶金机械、船舶、飞机等				

续表

选择要点	选择液压泵时要考虑的因素有工作压力、流量、转速、定量或变量方式、容积效率、总效率、原动机的种类、噪声、压力脉动率、自吸能力等，还要考虑与液压油的相容性、尺寸、质量、经济性和维修性。这些因素，有些已写入产品样本或技术资料里，要仔细研究，不明确的地方要询问制造厂 液压泵的输出压力应是执行元件所需压力、配管的压力损失、控制阀的压力损失之和。它不得超过样本上的额定压力，强调安全性、可靠性时，还应留有较大的余地。样本上的最高工作压力是短期冲击时的允许压力，如果每个循环中都发生这样的冲击压力，泵的寿命就会显著缩短，甚至泵会损坏 液压泵的输出流量应包括执行元件所需流量(有多个执行元件时由时间图求出总流量)、溢流阀的最小溢流量、各元件的泄漏量的总和、电动机掉转(通常 1r/s 左右)引起的流量减少量、液压泵长期使用后效率降低引起的流量减少量(通常 5%～7%)，样本上往往给出理论排量、转速范围及典型转速、不同压力下的输出流量 压力越高、转速越低则泵的容积效率越低，变量泵排量调小时容积效率降低。转速恒定时泵的总效率在某个压力下最高；变量泵的总效率在某个排量、某个压力下最高，泵的总效率对液压系统的效率有很大影响，应该选择效率高的泵，并尽量使泵工作在高效工况区 转速关联着泵的寿命、耐久性、气穴、噪声等。虽然样本上写着允许的转速范围，但最好是在与用途相适应的最佳转速下使用。特别是用发动机驱动泵的情况下，油温低时，若低速则吸油困难、有因润滑不良引起的卡咬失效的危险，而高转速下则要考虑产生汽蚀、振动、异常磨损、流量不稳定等现象的可能性。转速剧烈变动还对泵内部零件的强度有很大影响 开式回路中使用时需要泵具有一定的自吸能力。发生汽蚀不仅可能使泵损坏，而且还引起振动和噪声，使控制阀、执行元件动作不良，对整个液压系统产生恶劣影响。在确认所用泵的自吸能力的同时，必须再考虑液压装置的使用温度条件、液压油的黏度。在计算吸油管路的阻力的基础上，确定泵相对于油箱液位的安装位置并设计吸油管路。另外，泵的自吸能力就计算值来说要留有充分裕量 液压泵是主要噪声源，在对噪声有限制的场合，要选用低噪声泵或降低转速使用，注意，泵的噪声数据有两种，即在特定声场测得的和在一般声场测得的数据，两者之间有显著不同 用定量泵还是用变量泵，需要仔细论证。定量泵简单、便宜，变量泵结构复杂、价格昂贵，但节省能源。变量泵(尤其是变量轴向柱塞泵)的变量机构有各种形式。就控制方法来说，有手动控制、内部压力控制、外部压力控制、电磁阀控制、顺序阀控制、电磁比例阀控制、伺服阀控制等。就控制结果来说，有比例变量、恒压变量、恒流变量、恒扭矩变量、恒功率变量、负载传感变量等。变量方式的选择要适应系统的要求，实际使用中要弄清这些变量方式的静态特性、动态特性和使用方法。不同种类的泵、不同生产厂，其变量机构的特性不同

6.4 齿轮泵

6.4.1 齿轮泵的工作原理及主要结构特点

齿轮泵是一种常用的液压泵，它的主要优点是结构简单，制造方便，价格低廉，体积小，质量轻，自吸性好，对油液污染不敏感，工作可靠；其主要缺点是流量和压力脉动大，噪声大，排量不可调。齿轮泵被广泛地应用于采矿设备、冶金设备、建筑机械、工程机械和农林机械等各个行业。齿轮泵按照其啮合形式的不同，有外啮合和内啮合两种，外啮合齿轮泵应用较广，内啮合齿轮泵则多为辅助泵。

表 20-6-4 齿轮泵的原理和结构

外啮合齿轮泵	外啮合齿轮泵的结构如图(a)所示，泵主要由主、从动齿轮，驱动轴，泵体及侧板等主要零件构成。泵体内相互啮合的主、从动齿轮与两端盖及泵体一起构成密封工作容积(图中所示阴影部分)，齿轮的啮合线将左、右两腔隔开，形成吸、压油腔。当齿轮按图示方向旋转时，吸油腔内的轮齿不断脱开啮合，使吸油侧密封容积不断增大而形成真空，在大气压力作用下从油箱吸入油液；这部分油液从右侧吸油腔被旋转的轮齿带入左侧压油腔。压油腔内的轮齿不断进入啮合，压油侧密封容积不断减小，油液受压，不断被压出进入系统，这样就完成了齿轮泵的吸油和压油过程	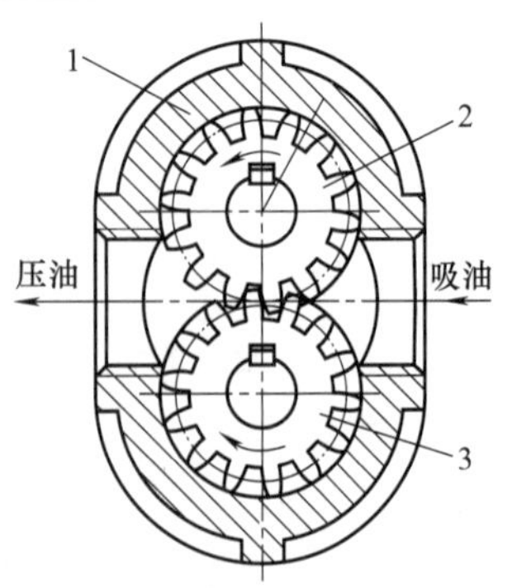 图(a) 外啮合齿轮泵工作原理 1—泵体；2—主动齿轮；3—从动齿轮

续表

内啮合齿轮泵	内啮合齿轮泵有渐开线齿轮泵［图(b)］和摆线齿轮泵（又名转子泵）两种。在图(b)所示的渐开线齿形内啮合齿轮泵中，小齿轮和内齿轮之间要装一块月牙隔板，以便把吸油腔和压油腔隔开。内啮合齿轮泵中的小齿轮是主动轮，大齿轮为从动轮，在工作时大齿轮随小齿轮同向旋转 如图(c)所示摆线齿形啮合齿轮泵又称摆线转子泵。借助于一对具有摆线-摆线共轭齿形的偏心啮合的共轭的内外转子（偏心距为 e，外转子的齿数比内转子齿数多一个）组成。在啮合过程中，形成几个封闭的独立空间，随着内外转子的啮合旋转，各封闭空间的容积将发生变化，容积逐渐增大的区域形成真空成为吸油腔，容积逐渐变小的区域形成压油腔。摆线泵在工作过程中，内转子的一个齿每转动一周出现一个工作循环，完成吸压油各一次，通过端面配流盘适当把不同齿不断变化工作循环的吸油道和压油道的变化空间连通起来，就形成了连续不断吸油和压油 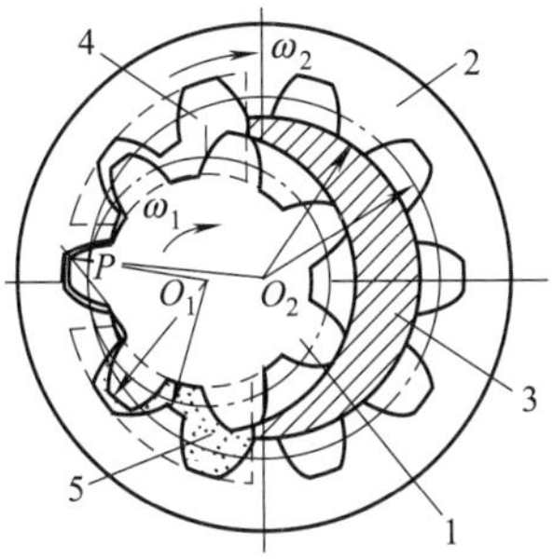 **图(b)　渐开线齿轮泵** 1—小齿轮（主动齿轮）；2—内齿轮（从动齿轮）； 3—月牙板；4—吸油腔；5—压油腔 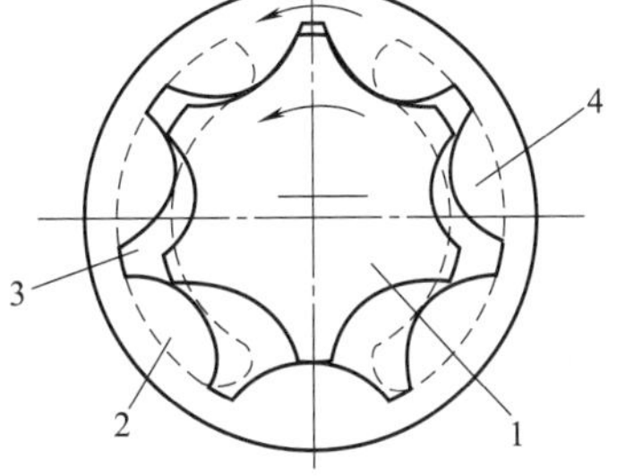 **图(c)　摆线齿轮泵** 1—内转子；2—外转子； 3—吸油腔；4—压油腔 内啮合齿轮泵结构紧凑，尺寸小，质量轻；由于齿轮同向旋转，相对滑动速度小，磨损小，使用寿命长；流量脉动小，因而压力脉动和噪声都较小；油液在离心力作用下易充满齿间槽，故允许高速旋转，容积效率高。摆线内啮合齿轮泵结构更简单，啮合重叠系数大，传动平稳，吸油条件更为良好。它们的缺点是齿形复杂，加工精度要求高，因此造价较贵

6.4.2　齿轮泵拆装方法、使用注意事项

表 20-6-5　　CBN 高压齿轮泵的拆装方法及注意事项

拆卸	①松开泵盖上全部连接螺母，并卸下全部垫圈与螺栓 ②拆下前盖和后盖 ③从壳体中取出轴套、主动齿轮、从动齿轮 ④从前、后盖的密封沟槽内，取出矩形密封圈 ⑤检查装在前盖上的骨架油封，如果骨架油封阻油边缘良好能继续使用，则不必取出。如骨架油封阻油边缘已磨损或被油液冲坏，则必须把骨架油封从前盖中取出 ⑥把拆下来的零件用煤油或柴油进行清洗
装配	①用煤油或轻柴油清洗全部零件 ②在压床上用芯轴把骨架油封压入前盖油封座内，把骨架油封压入前盖时须涂以润滑油，骨架油封的唇口应朝向里面，勿装反 ③将矩形密封圈、聚四氟乙烯挡片装入前盖、后盖的密封槽中 ④将两个定位销装入壳体的两个定位销孔中 ⑤将主、从动齿轮与轴套的工作面涂以润滑油 ⑥将后盖装到壳体上，必须注意将低压腔位于进油口一边 ⑦将主、从动两个齿轮装入两个轴套孔内，装成齿轮轴套副时，轴套的卸荷槽必须贴住齿轮端面；轴套的喇叭口必须位于同一侧 ⑧将轴套齿轮副装入壳体时，轴套有喇叭口的一侧必须位于壳体进油口一侧 ⑨前盖装配时，应该先用专用套筒插入骨架油封内，然后套入主动齿轮轴，以防骨架油封唇口翻边 ⑩装上四个方头螺栓、垫片，拧紧螺母 ⑪将总装后的齿轮泵夹在有铜钳口的虎钳上，用扭力扳手均匀扳紧四个紧固螺母 ⑫从虎钳上卸下齿轮泵，在齿轮泵吸油口处滴入机油少许，均匀旋转主动齿轮，应无卡滞和过紧现象
拆卸和装配齿轮泵的注意事项	①为了保证齿轮泵具有较长的使用期限，在拆装时必须保证清洁。应防止灰尘落入齿轮泵中，不能在灰尘大的地方随意拆装 ②为防止棉纱头阻塞吸油滤网，造成故障，拆装清洗过程中严禁用棉纱头擦洗零件，应当使用毛刷或绸布 ③不允许用汽油清洗橡胶密封件 ④齿轮油泵为精密部件，其零件精度和光洁度较高，且铝制零件多，因此在拆装时须特别注意，切勿敲打、撞击，更不能从高处掉在地面上

6.4.3　齿轮泵产品

6.4.3.1　齿轮泵产品技术参数总览

表 20-6-6　　齿轮泵产品技术参数总览

类别	型号	排量/mL・r^{-1}	压力/MPa		转速/r・min^{-1}		容积效率/%
			额定	最高	额定	最高	
外啮合单级齿轮泵	CB	32、50、100	10	12.5	1450	1650	≥90
	CBB	6、10、14	14	17.5	2000	3000	≥90
	CB-B	2.5～12.5	2.5	—	1450	—	≥70～95
	CB-C	10～32	10	14	1800	2400	≥90
	CB-D	32～70					
	CB-E	70～210	10	12.5	1800	2400	≥90
	CB-F	10～40	14	17.5	1800	2400	≥90
	CB-F_A	10～40	16	20			
	CB-G	16～200	12.5	16	2000	2500	≥91
	CB-L	40～200	16	20	2000	2500	≥90
	CB-Q	20～63	20	25	2500	3000	≥91～92
	CB-S	10～140	16	20	2000	2500	≥91～93
	CB-X	10～40	20	25	2000	3000	≥90
	G5	5～25	16～25	—	—	2800～4000	≥90
	GPC4	20～63	20～25	—	—	2500～3000	≥90
	G20	23～87	14～23	—	—	2300～3600	≥87～90
	GPC4	20～63	20～25	—	—	2500～3000	≥90
	G30	58～161	14～23	—	—	2200～3000	≥90
	BBXQ	12.16	3.5	6	1500	2000	≥90
	GPA	1.76～63.6	10	—	2000～3000		≥90
	CB-Y	10.18～100.7	20	25	2500	3000	≥90
	CB-H_B	51.76～101.5	16	20	1800	2400	≥91～92
	CBF-E	10～140	16	20	2500	3000	≥90～95
	CBF-F	10～100	20	25	2000	2500	≥90～95
	CBQ-F5	20～63	20	25	2500	3000	≥92～96
	CBZ2	32～100.6	16～25	20～31.5	2000	2500	≥94
	GB300	6～14	14～16	17.5～20	2000	3000	≥90
	GBN-E	16～63	16	20	2000	2500	≥91～93
外啮合双联齿轮泵	BG2	40.6～140.3	16	20	2000	3000	≥91
	CBG3	126.4～200.9	12.5～16	16～20	2000	2200	≥91
	CBL	40.6～200.9	16	20	2000	2500	≥90
	CBY	10.18～100.7	20	25	2000	3000	≥90
	CBQL	20～63	16～20	20～25	—	3000	≥90
	CBZ	32.1～80	25	31.5	2000	2500	≥94
	CBF-F	10～100	20	25	2000	2500	≥90～93
内啮合齿轮泵	NB	10～125	25	32	1500～2000	3000	≥83
	BB-B	4～125	2.5	—	1500	—	≥80～90

6.4.3.2　CB 型齿轮泵

型号意义：

CB-※

齿轮泵——┘ └——排量(mL/r)

表 20-6-7 CB 型齿轮泵技术规格

产品型号	公称排量 /mL·r^{-1}	压力/MPa		转速/r·min^{-1}		容积效率 /%	驱动功率 /kW	质量 /kg
		额定	最高	额定	最高			
CB-32	31.8	10	12.5	1450	1650	≥90	8.7	6.4
CB-46(50)	48.1						13	7
CB-98(100)	98.1						27.1	18.3

表 20-6-8 CB-32 和 CB-46 型齿轮泵外形尺寸 mm

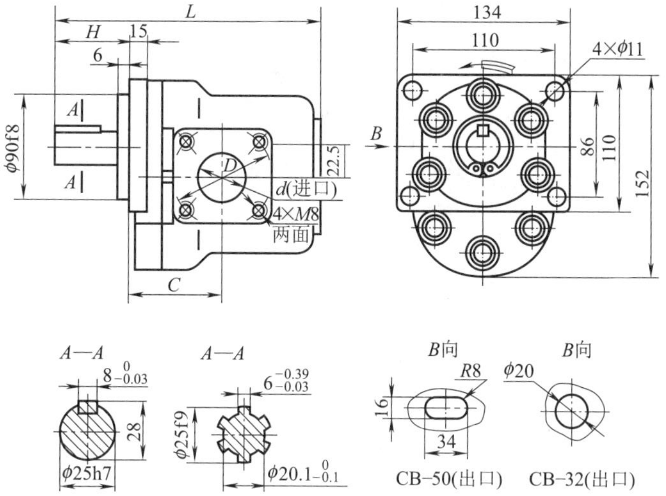

型号	L	H	C	D	d
CB-32	186	48	68.5	φ65	φ28
CB-46	200	51	74	φ76	φ34

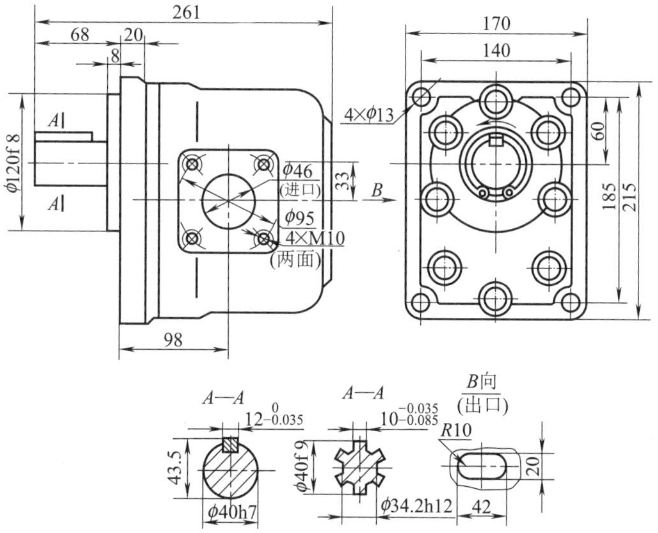

图 20-6-1 CB-98 型齿轮外形尺寸

第20篇

6.4.3.3 CB-B 型齿轮泵

型号意义：

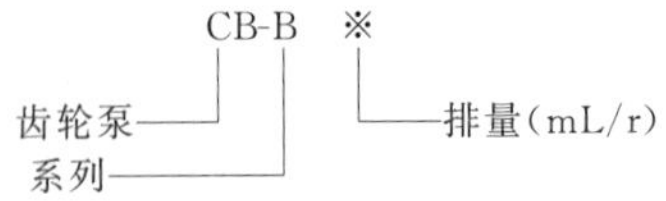

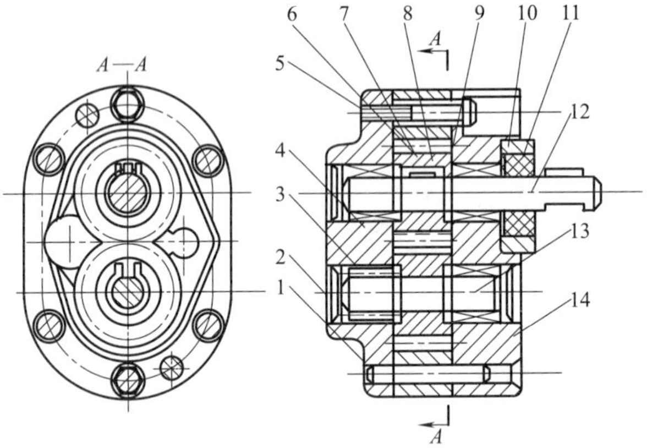

图 20-6-2 CB-B 型齿轮泵结构

1—圆柱销；2—压盖；3—轴承；4—后盖；5—螺钉；6—泵体；7—齿轮；8—平键；9—卡环；10—法兰；11—油封；12—长轴；13—短轴；14—前盖

表 20-6-9 CB-B 型齿轮泵技术规格

产品型号	排量/mL·r^{-1}	额定压力/MPa	转速/r·min^{-1}	容积效率/%	驱动功率/kW	质量/kg
CB-B2.5	2.5	2.5	1450	≥70	0.13	2.5
CB-B4	4			≥80	0.21	2.8
CB-B6	6				0.31	3.2
CB-B10	10				0.51	3.5
CB-B16	16			≥90	0.82	5.2
CB-B20	20				1.02	5.4
CB-B25	25				1.3	5.5
CB-B32	32			≥94	1.65	6.0
CB-B40	40				2.1	10.5
CB-B50	50				2.6	11.0
CB-B63	63			≥95	3.3	11.8
CB-B80	80				4.1	17.6
CB-B100	100				5.1	18.7
CB-B125	125				6.5	19.5
CB-B200	200			≥90	10.1	—
CB-B250	250				13	
CB-B300	300				15	
CB-B350	350				17	
CB-B375	375				18	
CB-B400	400				20	
CB-B500	500				24	
CB-B600	600				29	
CB-B700	700				34	
CB-B800	800				37	
CB-B900	900				42	
CB-B1000	1000				49	

表 20-6-10　　齿轮泵外形尺寸　　mm

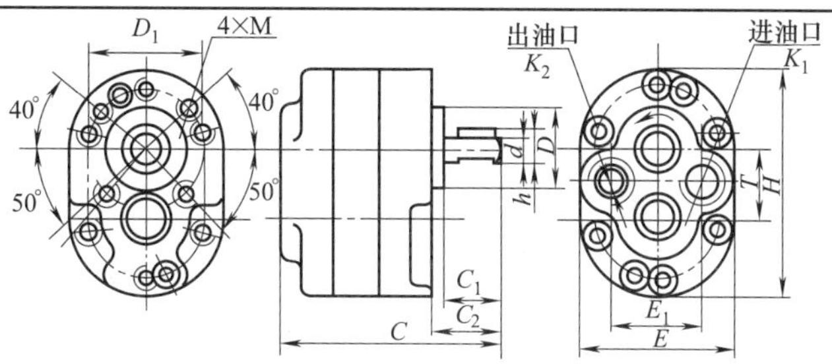

图(a)　CB-B(2.5～125)型

型号	C	E	H	C_1	C_2	D	D_1	d(f7)	E_1	T	b	h	M	K_1	K_2
CB-B2.5	77	65	95	25	30	ϕ35	ϕ50	ϕ12	35	30	4	13.5	M6	R_c3/8	R_c3/8
CB-B4	84														
CB-B6	86														
CB-B10	94														
CB-B16	107	86	128	30	35	ϕ50	ϕ65	ϕ16	50	42	5	17.8	M8	R_c3/4	R_c3/4
CB-B20	111														
CB-B25	119														
CB-B32	121														
CB-B40	132	100	152	35	40	ϕ55	ϕ80	ϕ22	55	52	6	27.2	M8	R_c3/4	R_c3/4
CB-B50	138														
CB-B63	144														
CB-B80	158	120	185	43	50	ϕ70	ϕ95	ϕ30	65	65	8	32.8	M8	R_c1 1/4	R_c1
CB-B100	165														
CB-B125	174														

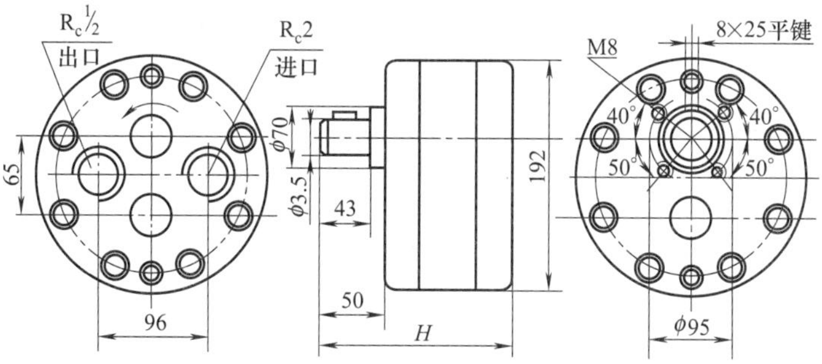

图(b)　CB-B(200～500)型

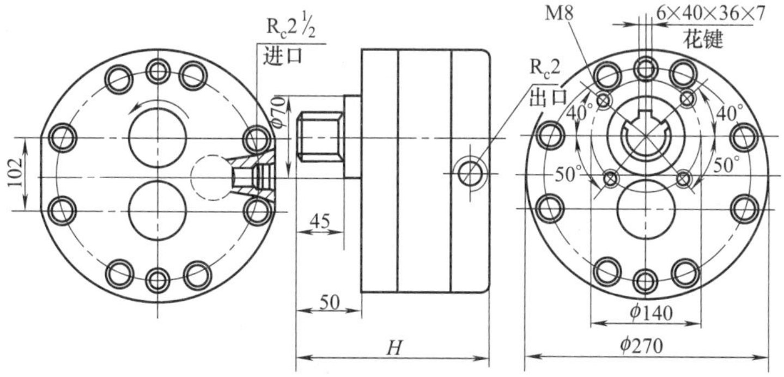

图(c)　CB-B(600～1000)型

型号	CB-B200	CB-B250	CB-B300	CB-B350	CB-B375	CB-B400	CB-B500	CB-B600	CB-B700	CB-B800	CB-B900	CB-B1000
H	210	228	245	263	272	280	316	335	345	365	385	405

第 20 篇

6.4.3.4　CBF-E 型齿轮泵

型号意义：

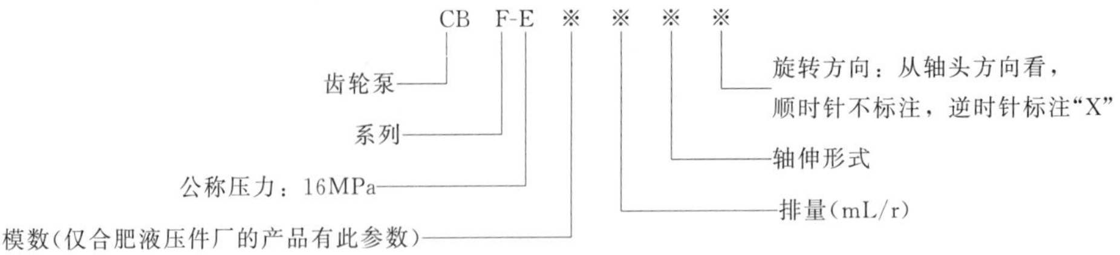

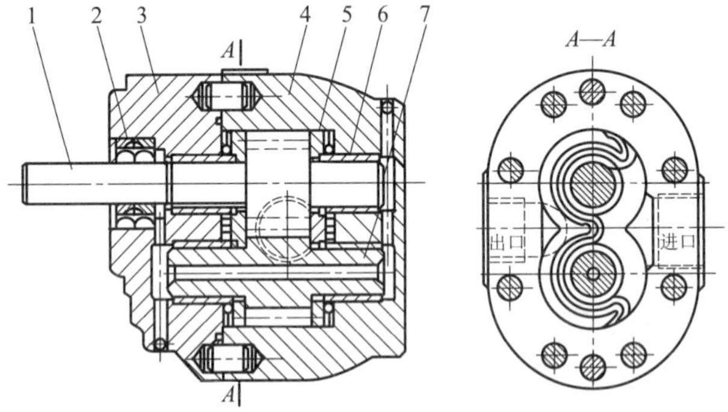

图 20-6-3　CBF-E 型齿轮泵结构

1—主动齿轮；2—骨架油封；3—泵盖；4—泵体；5—侧板；6—轴承；7—从动齿轮

表 20-6-11　　CBF-E 型齿轮泵技术规格

产品型号	公称排量 /mL·r^{-1}	压力/MPa		转速/r·min^{-1}		容积效率 /%	总效率 /%	额定驱动功率/kW	质量 /kg
		额定	最高	额定	最高				
CBF-E10	10	16	20	2500	3000	≥91	≥82	8.5	3.6
CBF-E16	16							13.0	3.8
CBF-E18	18							14.5	3.8
CBF-E25	25					≥92	84	19.5	4.0
CBF-E32	32					≥93	≥85	25.0	4.3
CBF-E40	40			2000				25.0	4.7
CBF-E50	50				2500	≥91	≥82	32.0	8.5
CBF-E63	63							40.0	8.8
CBF-E71	71					≥92	≥84	44.5	9.0
CBF-E80	80							50.0	9.3
CBF-E90	90							56.0	9.6
CBF-E100	100					≥93	85	61.0	9.8
CBF-E112	112							68.0	10.1
CBF-E125	125							76.0	10.5
CBF-E140	140							85.5	11.0
CBF-E650	50							32	—
CBF-E663	63							40	—
CBF-E671	71							44.5	—
CBF-E680	80							50	—
CBF-E690	90							56	—
CBF-E6100	100							61	—
CBF-E6112	112							68	—
CBF-E6125	125							76	—
CBF-E6140	140							85.5	—

表 20-6-12　　　　　　　　　　　齿轮泵外形尺寸

CBF-E(10～40)型

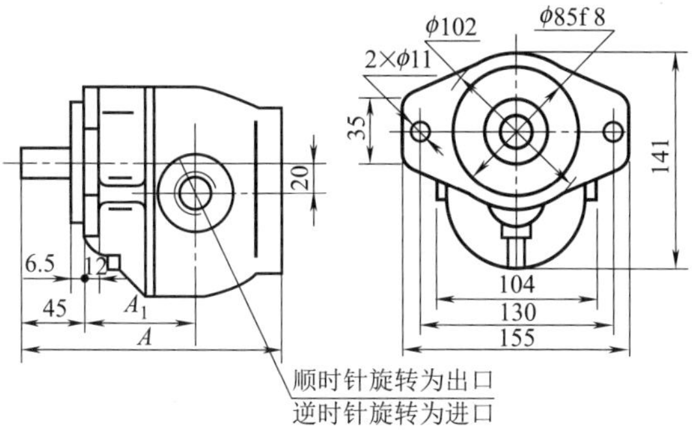

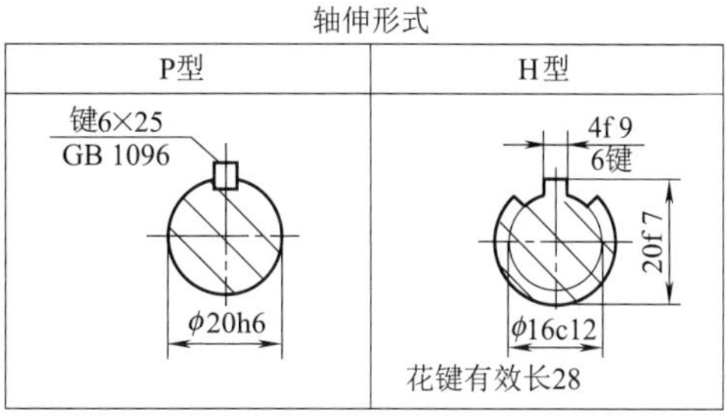

型　　号	A	A_1	吸、出口径	
			吸口	出口
CBF-E10	160.5	68.5	M22×1.5-6H	M18×1.5-6H
CBF-E16	166.5	72	M27×2-6H	M22×1.5-6H
CBF-E18	168	71	M27×2-6H	M222×1.5-6H
CBF-E25	175	74	M33×2-6H	M27×2-6H
CBF-E32	181.5	80.5	M33×2-6H	M27×2-6H
CBF-E40	187.5	88.5	M33×2-6H	M27×2-6H

CBF-E(50～140)型

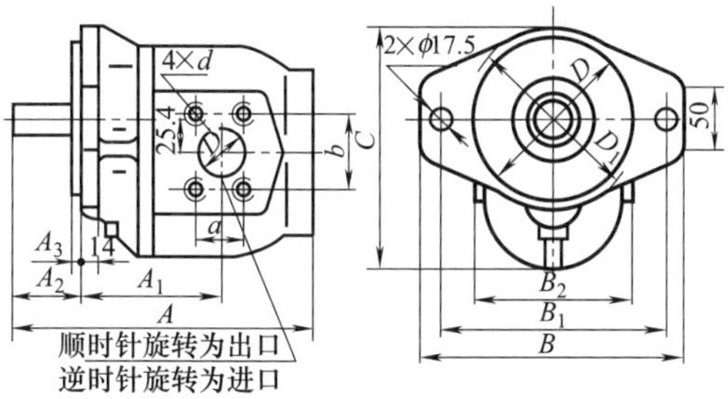

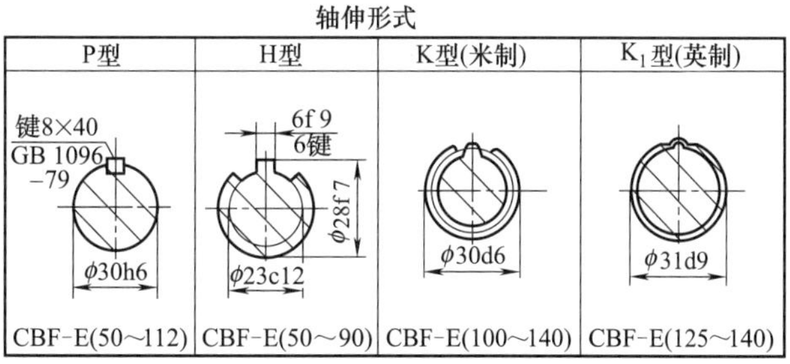

注：轴伸花键有效长 32mm

<table>
<tr><th rowspan="2">型号</th><th rowspan="2">A</th><th rowspan="2">A₁</th><th rowspan="2">A₂</th><th rowspan="2">A₃</th><th rowspan="2">B</th><th rowspan="2">B₁</th><th rowspan="2">B₂</th><th rowspan="2">C</th><th rowspan="2">D
(f8)</th><th rowspan="2">D₁</th><th colspan="4">吸口</th><th colspan="4">出口</th></tr>
<tr><th>a</th><th>b</th><th>D</th><th>d</th><th>a</th><th>b</th><th>D</th><th>d</th></tr>
<tr><td>CBF-E50</td><td>212</td><td>91</td><td rowspan="5">57</td><td rowspan="5">8</td><td rowspan="5">200</td><td rowspan="5">160</td><td rowspan="6">146</td><td rowspan="5">185</td><td rowspan="5">ϕ80</td><td rowspan="5">ϕ142</td><td rowspan="2">30</td><td rowspan="2">60</td><td rowspan="2">ϕ32</td><td rowspan="2">M10</td><td rowspan="2">26</td><td rowspan="2">52</td><td rowspan="2">ϕ25</td><td rowspan="2">M8</td></tr>
<tr><td>CBF-E63</td><td>217</td><td>96</td></tr>
<tr><td>CBF-E71</td><td>221</td><td>94</td><td rowspan="2">36</td><td rowspan="2">60</td><td rowspan="2">ϕ36</td><td rowspan="2">M10</td><td rowspan="2">36</td><td rowspan="2">60</td><td rowspan="2">ϕ28</td><td rowspan="2">M10</td></tr>
<tr><td>CBF-E80</td><td>225</td><td>98</td></tr>
<tr><td>CBF-E90</td><td>229</td><td>102</td><td rowspan="3">36</td><td rowspan="3">60</td><td rowspan="3">ϕ40</td><td rowspan="3">M10</td><td rowspan="3">36</td><td rowspan="3">60</td><td rowspan="3">ϕ32</td><td rowspan="3">M10</td></tr>
<tr><td>CBF-E100</td><td>234</td><td>107</td><td>57</td><td rowspan="4">6.5</td><td rowspan="4">215</td><td rowspan="4">180</td><td rowspan="4">189</td><td rowspan="4">ϕ127</td><td rowspan="4">ϕ150</td></tr>
<tr><td>CBF-E112</td><td>239</td><td>112</td><td>57</td><td rowspan="3">133</td></tr>
<tr><td>CBF-E125</td><td>243</td><td>110</td><td>55</td><td rowspan="2">43</td><td rowspan="2">78</td><td rowspan="2">ϕ50</td><td rowspan="2">M12</td><td rowspan="2">30</td><td rowspan="2">59</td><td rowspan="2">ϕ35</td><td rowspan="2">M10</td></tr>
<tr><td>CBF-E140</td><td>252</td><td>119</td><td>55</td></tr>
</table>

CBF-E6 型

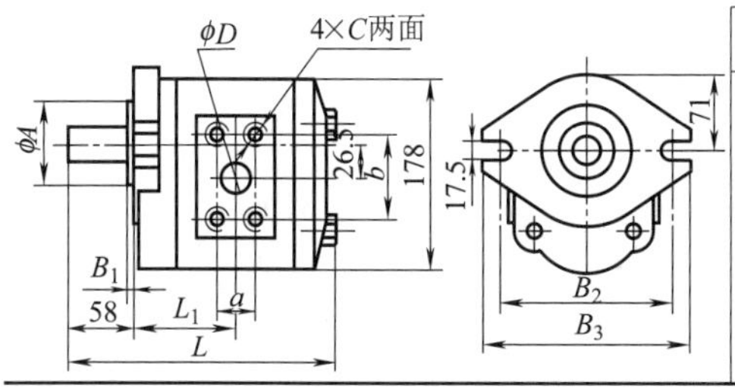

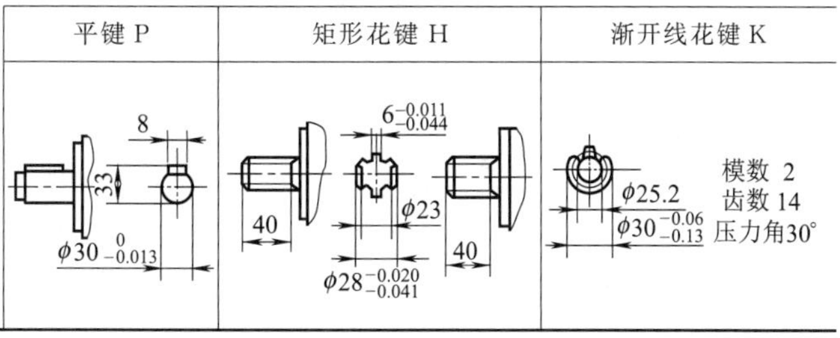

续表

型号	L_1	L	A	B_1	B_2	B_3	进油口				出油口			
							D	a	b	c	D	a	b	c
CBF-E650-AF※※	80.5	218	$80^{-0.030}_{-0.076}$	8	160	200	32	30	60	M10	25	26	52	M8
CBF-E663-AF※※	83.8	224.5												
CBF-E671-AF※※	85.8	228.5					36	36	60	M10	28	36	60	M10
CBF-E680-AF※※	88	233												
CBF-E690-AF※※	90	238					40	36	60	M10	32	36	60	M10
CBF-E6100-AF※※	93	243	$127^{-0.043}_{-0.106}$	6.3	180	215								
CBF-E6112-AF※※	96	249					50	43	78	M12	35	30	59	M10
CBF-E6125-AF※※	99.2	255.5												
CBF-E6140-AF※※	103	263												

6.4.3.5 CBF-F 型齿轮泵

型号意义：

CB F-F ※ (※※) ※ ※ ※

- 齿轮泵——CB
- 阜液系列——F
- 压力等级：20MPa——F
- 单泵排量——※
- 双泵排量——(※※)
- 安装形式：A— 菱形法兰；B— 方形法兰
- 轴伸形式：代号见外形图
- 旋向：顺时针不注；逆时针注 X

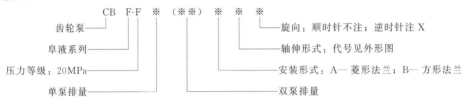

表 20-6-13 CBF-F 型齿轮泵技术规格

产品型号	公称排量 /mL·r^{-1}	压力/MPa		转速/r·min^{-1}		容积效率 /%	总效率 /%	额定功率 /kW
		额定	最高	额定	最高			
CBF-F10	10	20	25	2500	3000	≥89	≥80	10.8
CBF-F16	16					≥90	≥81	17.2
CBF-F25	25					≥91	≥82	26.8
CBF-F31.5	31.5					≥92	≥83	31.6
CBF-F40	40			2000	2500			32.1
CBF-F50	50					≥90	≥81	42.9
CBF-F63	63							54.0
(CBF-F71)	71					≥92	≥83	61.0
CBF-F80	80							68.8
CBF-F90	90					≥93	≥84	77.2
CBF-F100	100							85.5

表 20-6-14 齿轮泵外形尺寸 mm

CBF-F10～40 型

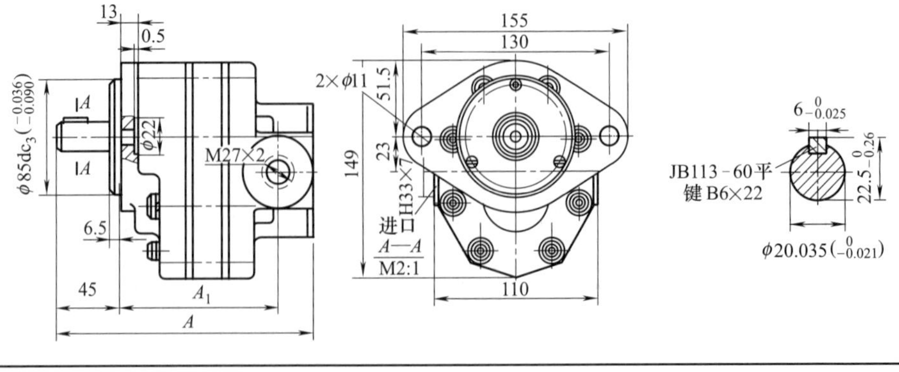

续表

型号	A	A_1	油口		型号	A	A_1	油口	
			吸口	出口				吸口	出口
CBF-F10	160.5	68.5	M22×1.5	M18×1.5	CBF-F32	181.5	80.5	M33×2	M27×2
CBF-F16	166	74	M27×2	M22×1.5	CBF-F40	189.5	88.5		
CBF-F25	175		M33×2	M27×2					

CBF-F50～100 型

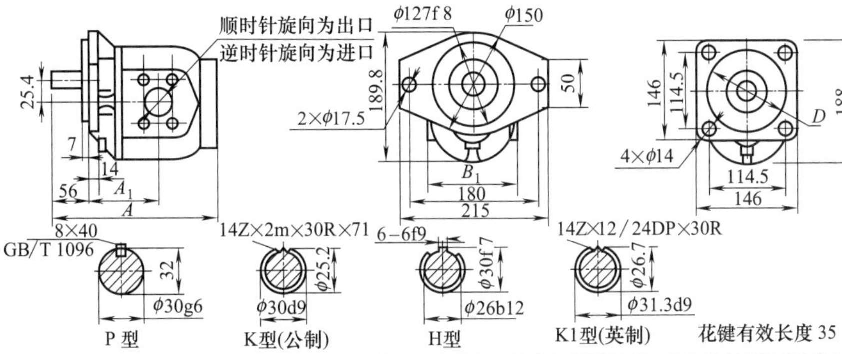

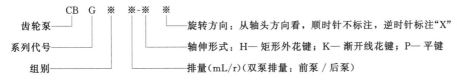

型号	A	A_1	B_1	油口		型号	A	A_1	B_1	油口	
				吸口	出口					吸口	出口
CBF-F50	211.5	91	146	ϕ32	ϕ25	CBF-F80	224	98	150	ϕ35	ϕ28
CBF-F63	216.5	94				CBF-F90	228	102		ϕ40	ϕ32
CBF-F71	220	96	150	ϕ35	ϕ28	CBF-F100	233	107			

6.4.3.6　CBG 型齿轮泵

型号意义：

CB　G　※　※-※　※

- 齿轮泵 —— CB
- 系列代号 —— G
- 组别 —— ※
- 排量(mL/r)(双泵排量：前泵/后泵) —— ※
- 轴伸形式：H— 矩形外花键；K— 渐开线花键；P— 平键 —— ※
- 旋转方向：从轴头方向看，顺时针不标注，逆时针标注“X” —— ※

表 20-6-15　　CBG 型齿轮泵单泵技术规格

产品型号	公称排量 /mL·r^{-1}	压力/MPa		转速/r·min^{-1}		容积效率 /%	总效率 /%	额定驱动功率 /kW	质量 /kg
		额定	最高	额定	最高				
CBG1016	15.4	16	20	2000	3000	91	82	10.5	—
CBG1025	25.4							16.2	—
CBG1032	32.2				2500			20.5	—
CBG1040	40.1	12.5	16					19.9	—
CBG1050	50.3	10	12.5					19.9	—
CBG2040	40.6	16	20				81	23.6	21
CBG2050	50.3							29.2	21.5
CBG2063	63.6							37	22.5
CBG2080	80.4					92	83	46.7	23.5
CBG2100	100.7	12.5	16					45.7	24.5
CBG3100	100.61	—	—					58.1	42
CBG3125	26.4	16	20		2400	92	83	72.6	43.5
CBG3140	140.3							81.3	44.5
CBG3160	161.1							90.0	45.5
CBG3180	181.1	12.5	16					81.7	47
CBG3200	200.9							90.8	48.5

表 20-6-16　　CBG 型齿轮泵双联泵技术规格

产品型号	公称排量 /mL·r^{-1}	压力/MPa		转速/r·min^{-1}		容积效率 /%	总效率 /%	额定驱动功率/kW
		额定	最高	额定	最高			
CBG2040/2040	40.6	16	20	2000	3000	≥92	≥83	47.2
CBG2050/2040	50.3/40.6							52.8
CBG2050/2050	50.3							58.4
CBG2063/2040	63.6/46.6				2500			60.6
CBG2063/2050	63.6/50.3							66.2
CBG2063/2063	63.6							74
CBG2080/2040	80.4/40.6							70.3
CBG2080/2050	80.4/50.3							75.9
CBG2080/2063	80.4/63.6							87.7
CBG2080/2080	80.4							93.4
CBG2100/2040	100.7/40.6	12.5	16					82.1
CBG2100/2050	100.7/50.3							87.7
CBG2100/2063	100.7/63.6							94.5
CBG2100/2080	100.7/80.4							105.2
CBG2100/2100	100.7							117
CBG3125/3125	126.4	160	200	2000	2200	≥92	≥83	146.8
CBG3140/3125	140.3/126.4							154.9
CBG3140/3140	140.3							163
CBG3160/3125	161.1/126.4							167
CBG3160/3140	161.1/140.3							175.1
CBG3160/3160	161.1							187.2
CBG3180/3125	180.1/126.4	125	160					155.1
CBG3180/3140	180.1/140.3							163.2
CBG3180/3160	180.1/161.1							175.3
CBG3180/3180	180.1							163.4
CBG3200/3125	200.9/126.4							164.6
CBG3200/3140	200.9/140.3							172.7
CBG3200/3160	200.9/161.1							184.8
CBG3200/3180	200.9/180.1							172.9
CBG3200/3200	200.9							182.4

表 20-6-17　　CBG（2040～2100）、（3125～3200）型齿轮泵尺寸　　mm

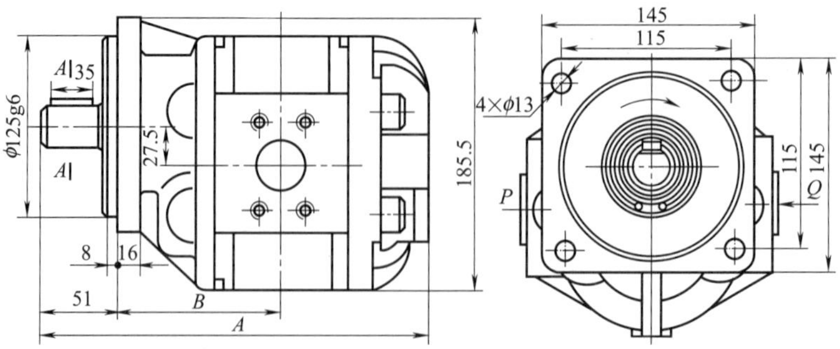

续表

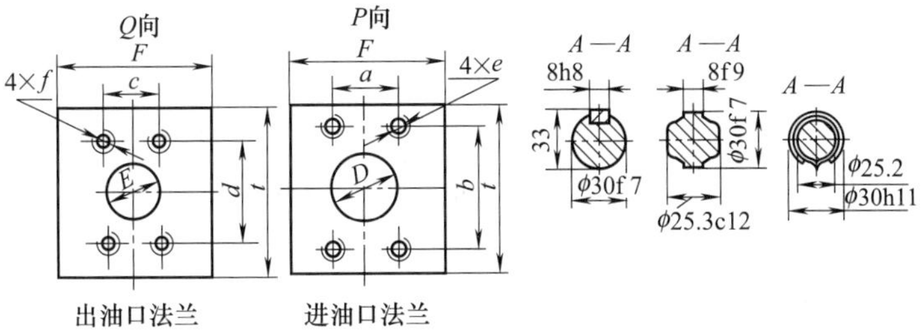

图(a)　CBG(2040～2100)型

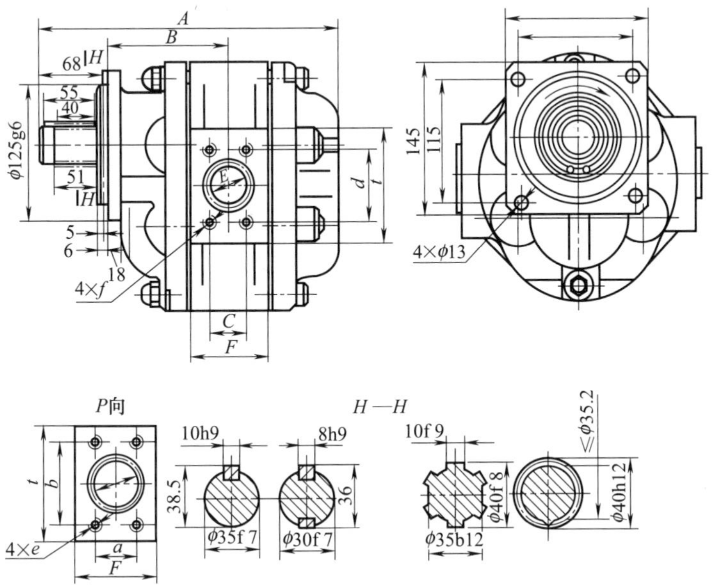

图(b)　CBG(3125～3200)型

型号	A	B	C	D	E	F	a	b	c	d	e	f	t
CBG2040	230	96.5	23	ϕ20	ϕ20	55	22	48	22	48	M8 深 12	M8 深 12	95
CBG2050	235.5	99	28.5	ϕ25		60.5	26	52	22	48	M8 深 12		
CBG2063	243	103	36	ϕ32	ϕ25	68	30	60	26	52		M10 深 12	
CBG2080	252.5	108	45.5	ϕ35	ϕ32	77.5	36	70	30	60	M12 深 15	M10 深 20	
CBG2100	264	113.5	57	ϕ40		89	36	70	30	60	M12 深 20		
CBG3125	277.5	114	36.5			60.5	36	70	30	60	M12 深 15	M10 深 15	95
CBG3140	281.5	116	40.5		ϕ35	64.5	36	70	30	60			
CBG3160	287.5	119	46.5			70.5	36	70	30	60			
CBG3180	293	122	55	ϕ50	ϕ40	76	43	78	36	70		M10 深 15	110
CBG3200	299	125	58			82	43	78	36	70			

渐开线花键要素	CBG2	CBG3
模数/mm	2	2
齿数	14	19
分度圆压力角	30°	30°
分度圆直径/mm	28	38
精度等级	2	2

表 20-6-18 CBG 双联齿轮泵外形尺寸 mm

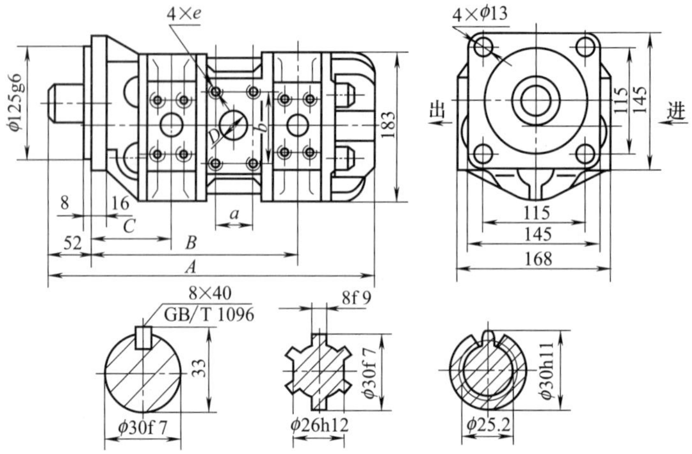

型号	A	B	C	D	a	b	e
CBG2040/2040	369	243	104.5	ϕ32	30	60	M10 深 17
CBG2050/2040	374	248	107	ϕ32	30	60	M10 深 17
CBG2063/2040	382	256	111	ϕ35	36	70	M12 深 20
CBG2080/2040	392	266	115.5	ϕ40	36	70	M12 深 20
CBG2100/2040	403	277	121.5	ϕ40	36	70	M12 深 20
CBG2050/2050	379	251	107	ϕ35	36	70	M12 深 20
CBG2063/2050	387	259	110	ϕ40	36	70	M12 深 20
CBG2080/2050	396	268	115.5	ϕ40	36	70	M12 深 20
CBG2100/2050	409	280	121.5	ϕ40	36	70	M12 深 20
CBG2063/2063	395	263	110	ϕ40	36	70	M12 深 20
CBG2080/2063	405	272	115.5	ϕ40	36	70	M12 深 20
CBG2100/2063	416	284	121.5	ϕ50	45	80	M12 深 20
CBG2080/2080	413	276.5	115.5	ϕ50	45	80	M12 深 20
CBG2100/2080	426	288	121.5	ϕ50	45	80	M12 深 20
CBG2100/2100	437	294.5	121.5	ϕ50	45	80	M12 深 20

注：两个出口和单泵出口尺寸相同，只有一个进口。

表 20-6-19 CBG2/2、CBG3/3 型齿轮泵外形尺寸 mm

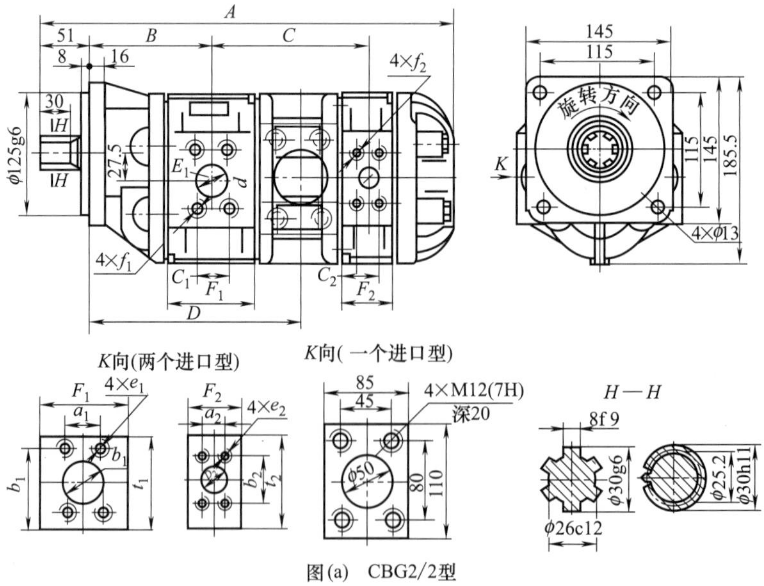

图(a) CBG2/2型

续表

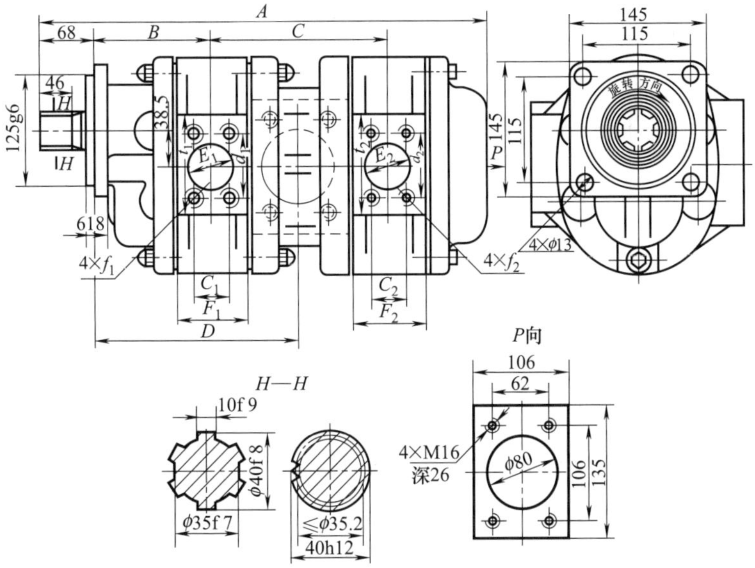

图(b)　CBG3/3型

型号	CBG2040 /2040	CBG2050 /2040	CBG2050 /2050	CBG2063 /2040	CBG2063 /2050	CBG2063 /2063	CBG2080 /2040	CBG2080 /2050	CBG2080 /2063	CBG2080 /2080
A	271	376.5	382	384	389.5	397	393.5	399	406.5	416
B	96.5	99	99	103	103	103	108	108	108	108
C	141	144	146.5	147.5	150	154	152	155	159	163.5
D	167	172.5	172.5	180	180	180	189.5	189.5	189.5	189.5
型号	CBG2100 /2040	CBG2100 /2050	CBG2100 /2063	CBG2100 /2080	CBG2100 /2100	CBG3125 /3125	CBG3140 /3125	CBG3140 /3140	CBG3160 /3125	CBG3160 /3140
A	405	410.5	418	427.5	439	445	449	453	455	459
B	113.5	113.5	113.5	113.5	113.5	114	116	116	119	119
C	158	161	164.5	169	175	168	170	172	173	175
D	201	201	201	201	201	198	202	202	208	208
型号	CBG3160 /3160	CBG3180 /3125	CBG3180 /3140	CBG3180 /3160	CBG3180 /3180	CBG3200 /3125	CBG3200 /3140	CBG3200 /3160	CBG3200 /3180	CBG3200 /3200
A	465	461	465	471	476	467	471	477	482	488
B	119	122	122	122	122	125	125	125	125	125
C	178	175	177	180	183	178	180	183	186	189
D	208	213	213	213	213	219	219	219	219	219

渐开线花键要素	CBG2/2	CBG3/3	分度圆压力角	30°	30°
模数/mm	2	2	分度圆直径/mm	28	38
齿数	14	19	精度等级	2	

注：其他尺寸与同型号单级泵对应尺寸相同。如 CBG2040/2050 的出油口 E1、E2 与 CBG2050、CBG2040 的出油口（E）对应相同。

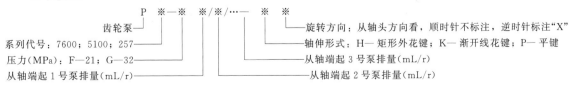

6.4.3.7　P 系列齿轮泵

型号意义：

P　※—※　※/※/…—　※　※

- 齿轮泵
- 系列代号：7600；5100；257
- 压力(MPa)：F—21；G—32
- 从轴端起 1 号泵排量(mL/r)
- 从轴端起 2 号泵排量(mL/r)
- 从轴端起 3 号泵排量(mL/r)
- 轴伸形式：H— 矩形外花键；K— 渐开线花键；P— 平键
- 旋转方向：从轴头方向看，顺时针不标注，逆时针标注“X”

表 20-6-20　　P 系列齿轮泵技术规格

产品型号	公称排量 /mL·r^{-1}	齿宽/in	压力/MPa		转速/r·min^{-1}		额定驱动功率/kW	质量 /kg
			额定	最高	额定	最高		
P257-G18	18	1/2	32	35	2000	2500	17.7	19.5
P257-G32	32	3/4					26.6	20.1
P257-G40	40	1					35.4	20.9
P257-G50	50	1¼					44.3	21.7
P257-G63	63	1½	28	32			53.1	21.3
P257-G80	80	1¾					62.0	22.9
P257-G90	90	2	25	28			70.0	23.5
P257-G100	100	2¼					75.0	24.1
P257-G112	112	2½					82.5	24.7
P5100-F18	18	1/2	23	28	2000	2500	20.8	14.5
P5100-F32	32	3/4					27.7	16.1
P5100-F40	40	1					35.8	17.6
P5100-F50	50	1¼					43.9	19.6
P5100-F63	63	1½					50.8	20.2
P5100-F80	80	1¾					58.9	21.6
P5100-F90	90	2					67.4	22.4
P5100-F100	100	2¼					76.0	23.3
P5100-F112	112	2½					85.6	23.3
P7600-F50	50	3/4	23	28	2000	2500	42.2	30.6
P7600-F63	63	1					55.6	31.6
P7600-F80	80	1¼					69.0	32.6
P7600-F100	100	1½					82.4	33.4
P7600-F112	112	1¾					96.3	34.8
P7600-F125	125	2					110.2	36.1
P7600-F140	140	2⅛					116.0	36.8
P7600-F150	150	2¼					112.6	37.4
P7600-F160	160	2½					135.4	38.7
P7600-F180	180	2¾					151.9	39.6
P7600-F200	200	3					168.0	40.5

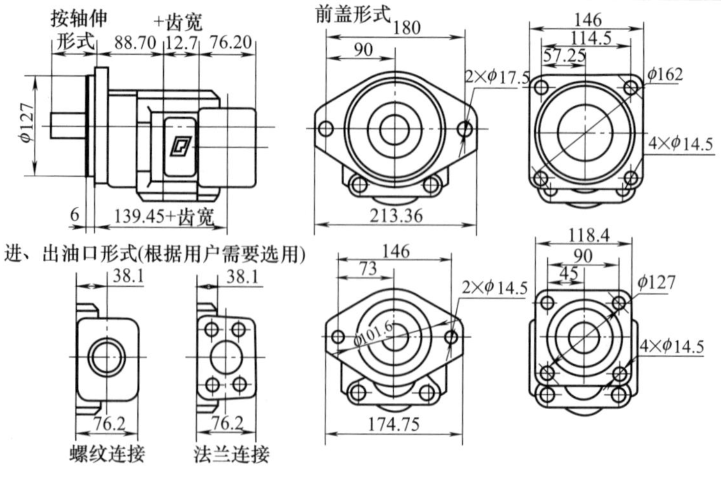

图(a)　P257型齿轮泵外形尺寸

续表

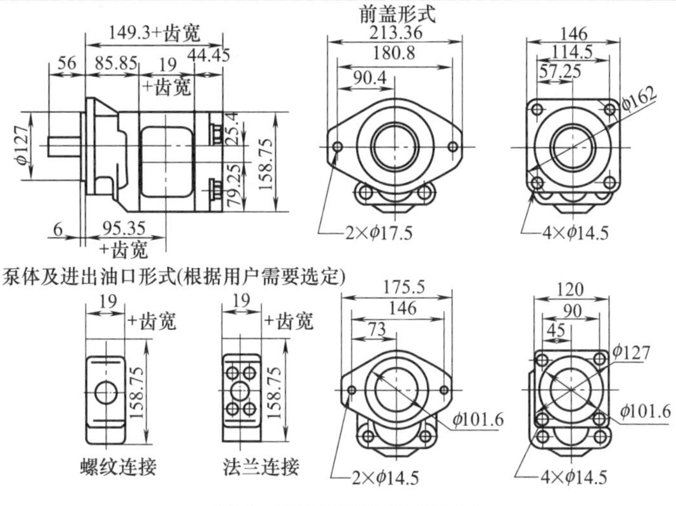

图(b) P5100型齿轮泵外形尺寸

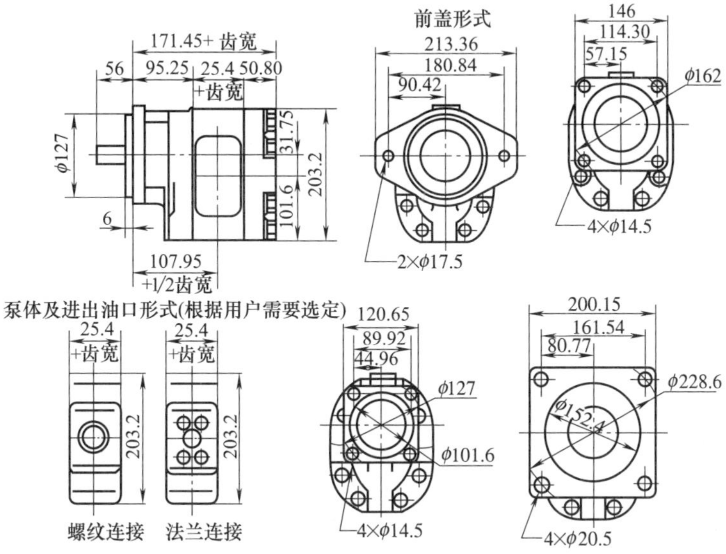

图(c) P7600型齿轮泵外形尺寸

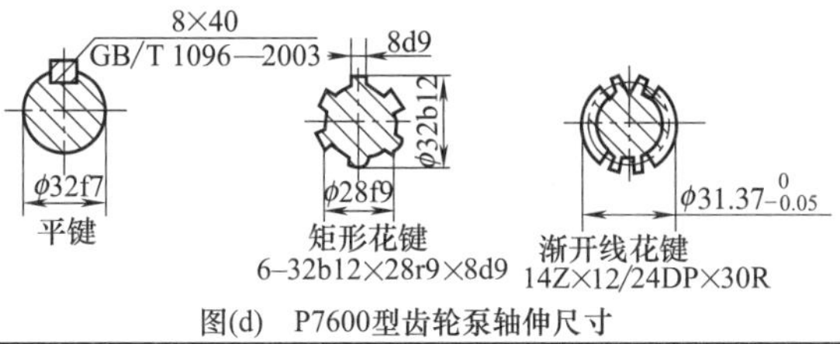

图(d) P7600型齿轮泵轴伸尺寸

6.4.3.8 NB型内啮合齿轮泵

型号意义：

NB ※ ※—※ ※ F —※

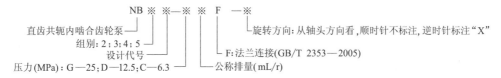

- 直齿共轭内啮合齿轮泵（NB）
- 组别：2；3；4；5
- 设计代号
- 压力(MPa)：G—25；D—12.5；C—6.3
- 公称排量(mL/r)
- F：法兰连接(GB/T 2353—2005)
- 旋转方向：从轴头方向看，顺时针不标注，逆时针标注“X”

表 20-6-21 **NB 型内啮合齿轮泵技术规格**

产品型号	公称排量/mL·r^{-1}	压力/MPa		额定转速/r·min^{-1}	驱动功率/kW
		额定	最高		
NB2-C32F	32	6.3	8.0	1500	6
NB2-C25F	25				5
NB2-C20F	20				4
NB3-C63F	63				12
NB3-C50F	50				9
NB3-C40F	40				8
NB4-C125F	125				23
NB4-C100F	100				18
NB4-C80F	80				14
NB5-C250F	250				43
NB5-C200F	200				35
NB5-C160F	160				28
NB2-D16F	16	12.5	16	1500	5
NB2-D12F	12				4
NB2-D10F	10				3.5
NB3-D32F	32				11
NB3-D25F	25				8.5
NB3-D20F	20				7
NB4-D63F	63				21
NB4-D50F	50				17
NB4-D40F	40				13
NB5-D125F	125				41
NB5-D100F	100				32
NB5-D80F	80				26
NB2-G16F	16	25	32	1500	11
NB2-G12F	12				9
NB2-G10F	10				7
NB3-G32F	32				22
NB3-G25F	25				17
NB3-G20F	20				14
NB4-G63F	63				42
NB4-G50F	50				34
NB4-G40F	40				27
NB5-G125F	125				82
NB5-G100F	100				66
NB5-G80F	80				53

表 20-6-22 **NB型内啮合齿轮泵外形尺寸** mm

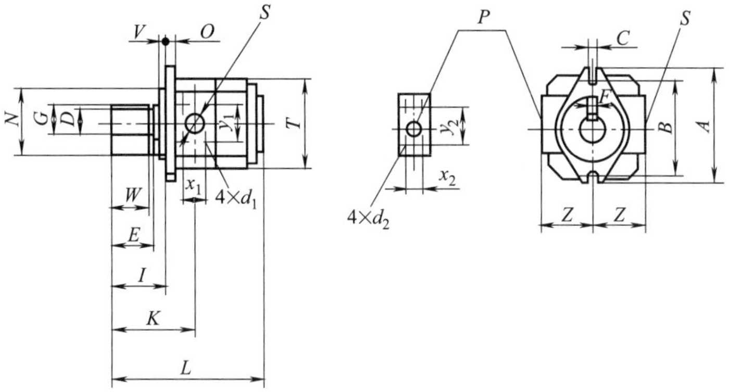

NB※-C型内啮合齿轮泵(低压泵)外形尺寸

型号	NB2-C32	NB2-C25	NB2-C20	NB3-C63	NB3-C50	NB3-C40	NB4-C125	NB4-C100	NB4-C80	NB5-C250	NB5-C200	NB5-C160
S	ϕ30			ϕ38			ϕ50			ϕ64		
P	ϕ20			ϕ25			ϕ30			ϕ38		
A	140			177			224			280		
B	109			140			180			224		
C	11			14			18			22		
I	50			68			92			92		
K	88			112			144			153		
L	197			241			298			340		
N	ϕ80h8			ϕ100h8			ϕ125h8			ϕ160h8		
O	12			16			20			24		
T	115			145			180			224		
V	7			9			9			9		
Z	60			75			93			115		
D	ϕ25j6			ϕ32j6			ϕ40j6			ϕ50j6		
E	42			58			82			82		
F	8			10			12			14		
G	28			35			43			53.5		
W	38			54			70			80		
x_1	30			36			43			51		
y_1	59			70			78			80		
d_1	M10×25			M12×30			M12×30			M12×30		
x_2	22			26			30			36		
y_2	48			52			59			70		
d_2	M10×25			M10×25			M10×25			M12×30		
质量/kg	11.5			21.5			41			75		

续表

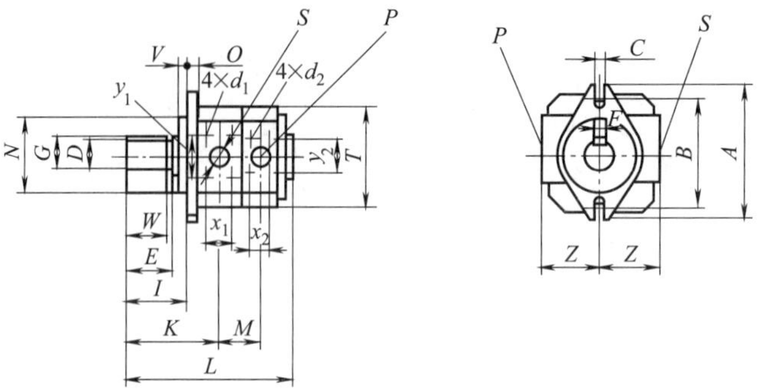

NB※-G型内啮合齿轮泵(中压泵)

型号	NB2-D16	NB2-D12.5	NB2-D10	NB3-D32	NB3-D25	NB3-D20	NB4-D63	NB4-D50	NB4-D40	NB5-D125	NB5-D100	NB5-D80
S	ϕ30			ϕ38			ϕ50			ϕ64		
P	ϕ20			ϕ25			ϕ30			ϕ38		
A	140			177			224			280		
B	109			140			180			224		
C	11			14			18			22		
I	50			68			92			92		
K	88			112			144			153		
L	197			241			298			340		
M	63			76			92			110		
N	ϕ80h8			ϕ100h8			ϕ125h8			ϕ160h8		
O	12			16			20			24		
T	115			145			180			224		
V	7			9			9			9		
Z	60			75			93			115		
D	ϕ25j6			ϕ32j6			ϕ40j6			ϕ50j6		
E	42			58			82			82		
F	8			10			12			14		
G	28			35			43			53.5		
W	38			54			70			80		
x_1	30			36			43			51		
y_1	59			70			78			80		
d_1	M10×25			M12×30			M12×30			M12×30		
x_2	22			26			30			36		
y_2	48			52			59			70		
d_2	M10×25			M10×25			M10×25			M12×30		
质量/kg	11.5			21.5			41			75		

续表

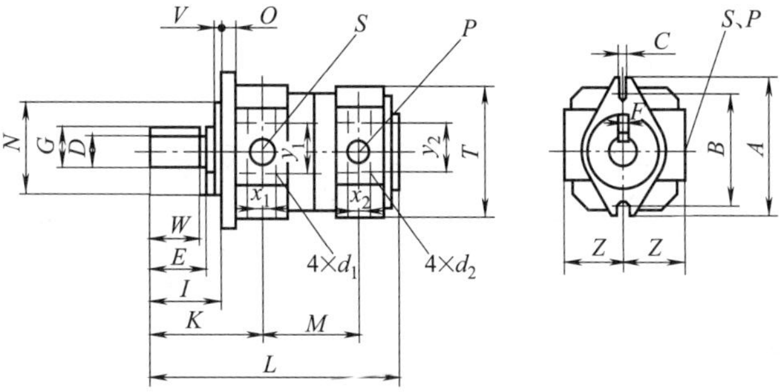

NB※-G 型内啮合齿轮泵(中压泵)

型号	NB2-G16	NB2-G12	NB2-G10	NB2-G32	NB2-G25	NB2-G20	NB2-G63	NB2-G50	NB2-G40	NB2-G125	NB2-G100	NB2-G80
S	ϕ30			ϕ38			ϕ50			ϕ64		
P	ϕ20			ϕ25			ϕ30			ϕ38		
A	140			177			224			280		
B	109			140			180			224		
C	11			14			18			22		
I	50			68			92			92		
K	88			112			144			153		
L	242			297			368			430		
M	108			132			162			200		
N	ϕ80h8			ϕ100h8			ϕ125h8			ϕ160h8		
O	12			16			20			24		
T	115			145			180			224		
V	7			9			9			9		
Z	60			75			93			115		
D	ϕ25j6			ϕ32j6			ϕ40j6			ϕ50j6		
E	42			58			82			82		
F	8			10			12			14		
G	28			35			43			53.5		
W	38			54			70			80		
x_1	30			36			43			51		
y_1	59			70			78			80		
d_1	M10×25			M12×30			M12×30			M12×30		
x_2	22			26			30			36		
y_2	48			52			59			70		
d_2	M10×25			M10×25			M10×25			M12×30		
质量/kg	15			28			53			103		

6.4.3.9　三联齿轮泵

型号意义：

CBKP ※※ /※※/※※ -B F ※ ※

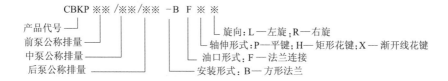

- 产品代号
- 前泵公称排量
- 中泵公称排量
- 后泵公称排量
- 安装形式：B—方形法兰
- 油口形式：F—法兰连接
- 轴伸形式：P—平键；H—矩形花键；X—渐开线花键
- 旋向：L—左旋；R—右旋

表 20-6-23　　三联齿轮泵规格和外形尺寸　　mm

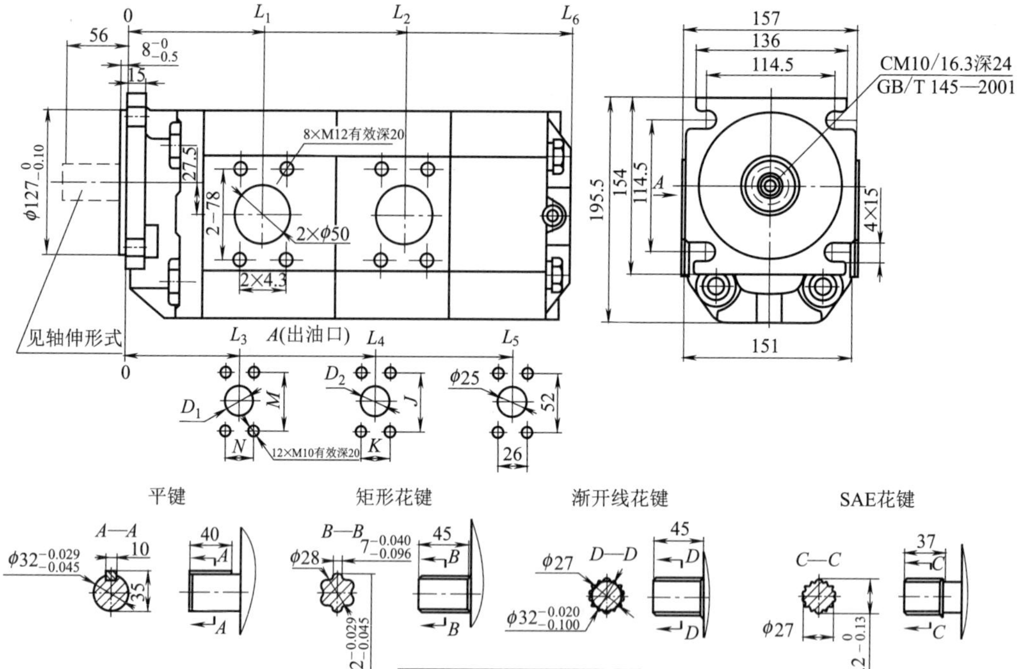

渐开线花键参数	
模数/mm	2
齿数	15
压力角	30°

SAE 花键参数	
径节/mm	12/24
齿数	14
压力角	30°

型　　号	进油口		出油口							L_6
	L_1	L_2	L_3	L_4	L_5	D_1	$M\times N$	D_2	$J\times K$	
CBKP50/50/40-BF※※	119	239.5	100	220.5	345	φ25	52×26	φ25	52×26	404.5
CBKP63/40/32-BF※※	125	241	106	224	346					401.5
CBKP63/50/32-BF※※		245		226	350.5					406.5
CBKP63/63/32-BF※※		251		232	356					412
CBKP63/63/40-BF※※										415.5
CBKP80/50/32-BF※※	128	254	110	235	359.5	φ32	60×30			415.5
CBKP80/50/50-BF※※										424
CBKP80/63/32-BF※※		260		241	365					421
CBKP80/63/40-BF※※										424.5
CBKP80/80/32-BF※※		263		245	374			φ32	60×30	430
CBKP80/80/40-BF※※										433.5
CBKP100/63/40-BF※※		269	120	250				φ35	52×26	434.5
CBKP100/63/50-BF※※										439.5
CBKP100/80/32-BF※※		272		254	383			φ32	60×30	440
CBKP100/80/40-BF※※										443.5
CBKP100/80/63-BF※※										454

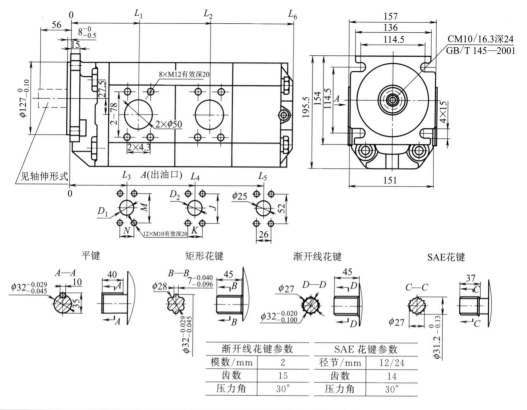

6.4.3.10 恒流齿轮泵

型号意义：

CBW/F_B － E 3 ※※ － A T ※ ※

- 产品代号 —— CBW/F_B
- 压力等级 E—16MPa
- 齿轮模数(3mm)
- 公称排量(mL/r)
- 安装形式：A—菱形法兰
- 油口形式：T—特殊连接
- 轴伸形式
- 旋向：R—右旋；L—左旋

表 20-6-24 CBG2/F 型恒流齿轮泵技术规格和外形尺寸 mm

型号	公称排量 /mL·r^{-1}	压力/MPa		转速/r·min^{-1}			分流流量 /L·min^{-1}	分流压力 /MPa	质量 /kg
		额定	最高	最低	额定	最高			
GBG2/F-F540-TT※※/※※	40	20	25	600	2000	2500	12,15 18,22 25,30	16	14.6
GBG2/F-F550-TT※※/※※	50								15.1
GBG2/F-F563-TT※※/※※	63			500					15.7
GBG2/F-F580-TT※※/※※	80								16.6
GBG2/F-F5100-TT※※/※※	100								17.6

型号	L_1	L	进油口		
			D	a	b
GBG2/F-F540-TT※※/※※	96.5	214.5	25	22	48
GBG2/F-F550-TT※※/※※	99	220.5	30	26	52
GBG2/F-F563-TT※※/※※	103	228.5	32	30	60
GBG2/F-F580-TT※※/※※	108	238.5	35	36	70
GBG2/F-F5100-TT※※/※※	113.5	250.5	40	36	70

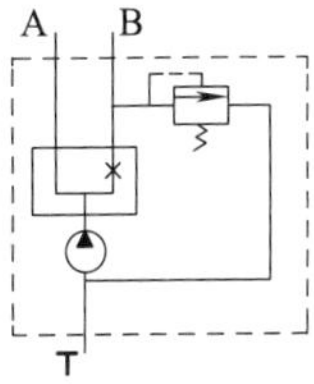

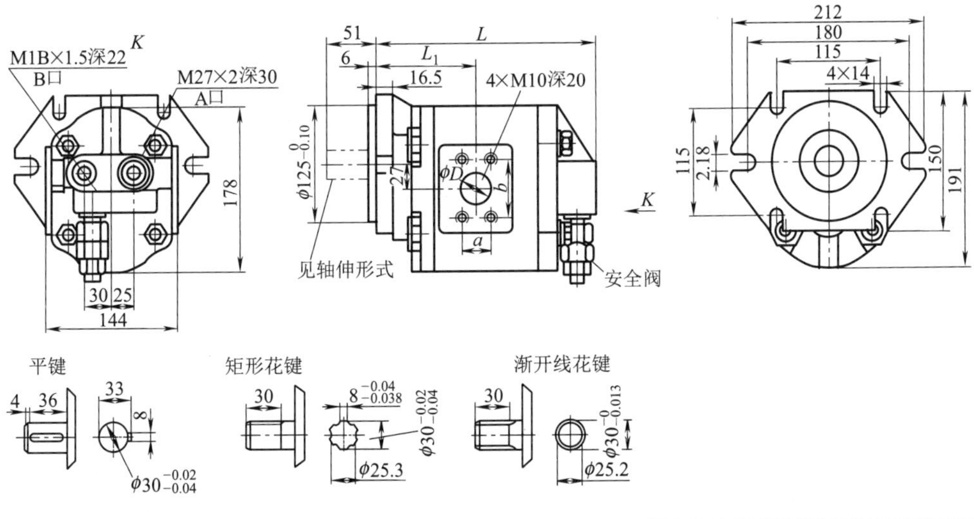

6.4.3.11 复合齿轮泵

CBW/FA-E4 系列复合齿轮油泵由一齿轮轴与一单稳分流阀组合而成，而液压系统提供一主油路油流及另一稳定油流，有多种分流流量供用户选择，广泛应用于叉车、装载机、挖掘机、起重机、压路机等工程机械及矿山、轻工、环卫、农机等行业。

CBWS/F-D3 系列复合双向齿轮油泵由一双向旋转

齿轮油泵和一组合阀块组合而成，组合阀块由梭形阀、安全阀、单向阀及液控单向阀组成，具有结构紧凑、性能优良、压力损失小等特点，主要用于液压阀门、液控推杆等闭式液压系统，为油缸提供双向稳定油流。

型号意义：

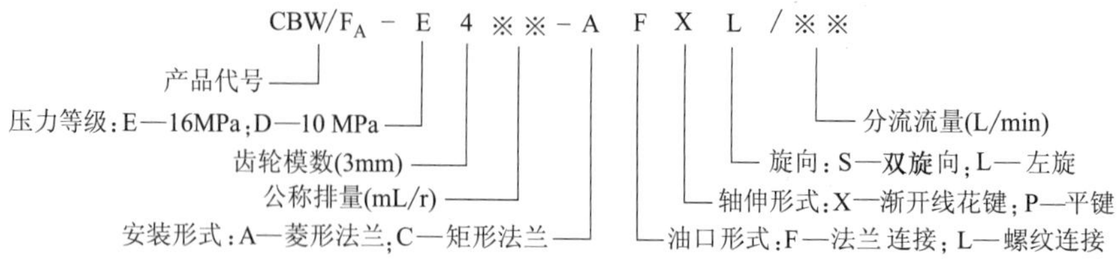

表 20-6-25　　CBW/F_A 型齿轮泵外形尺寸

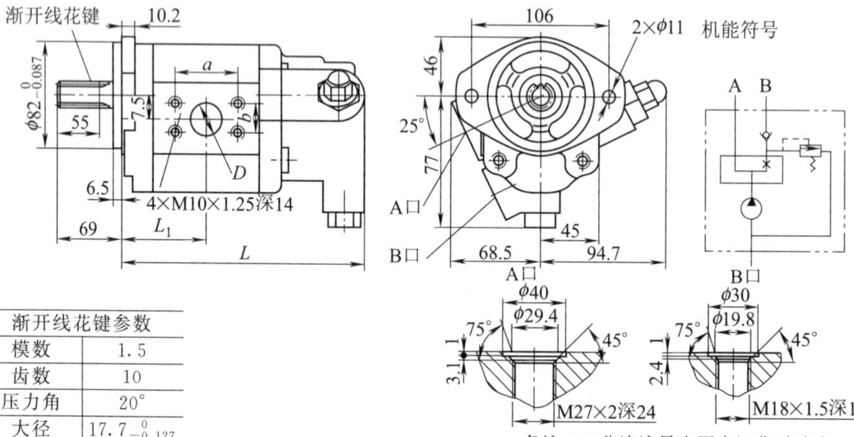

渐开线花键参数	
模数	1.5
齿数	10
压力角	20°
大径	$17.7_{-0.127}^{0}$
小径	14.4

备注:B口分流流量由用户订货时选定

型号	公称排量 /$mL \cdot r^{-1}$	压力/MPa		转速/$r \cdot min^{-1}$			B口分流流量 /$L \cdot min^{-1}$	L_1 /mm	L /mm	a /mm	b /mm	D /mm	质量 /kg
		额定	最高	最低	额定	最高							
CBW/F_A-E425-AFXL/※※	25	16	20	600	2500	3000	8,10,12,14,16	65.8	188	52.4	26.2	26	7.0
CBW/F_A-E432-AFXL/※※	32							69.5	195.5				7.3
CBW/F_A-E440-AFXL/※※	40							74	204.5	57.2	26	30	7.6

表 20-6-26　　CBWS/F 型齿轮泵技术规格和外形尺寸

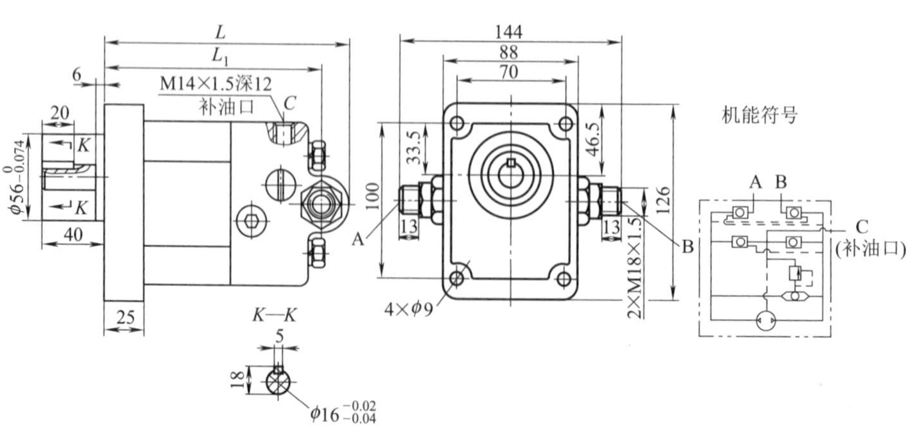

续表

型　　号	公称排量 /mL·r^{-1}	压力/MPa		转速/r·min^{-1}			容积效率 /%	L_1 /mm	L/mm	质量 /kg
		额定	最高	最低	额定	最高				
CBWS/F-D304-CLPS	4	10	12	80	1500	1800	≥80	135.5	153.5	5.5
CBWS/F-D306-CLPS	6							139	157	5.6
CBWS/F-D308-CLPS	8							142.5	160.5	5.7
CBWS/F-D310-CLPS	10							145	163	5.8

6.4.3.12　GPY 系列齿轮泵

GPY 系列是日本 SHIMADZU 的定量齿轮泵。由于 GPY 系列的构造设计精确细致，故其容积效率和机械效率比较高；同时结构紧凑、质量轻、可靠性高、性能稳定，还能够方便地与低压大流量的叶片泵组合实现合理利用能源，节约成本。

表 20-6-27　　GPY 系列齿轮泵技术规格

型号	排量 /mL·r^{-1}	使用压力 /MPa		转速 /r·min^{-1}		质量 /kg
		额定电压	瞬间最高	最低	最高	
GPY-3	2.98	20.6	22.6	700	3000	1.2
GPY-4	4.09			500		1.2
GPY-5.8	5.77					1.2
GPY-7	7.07					1.2
GPY-8	8.01					1.2
GPY-9	8.94					1.4
GPY-10	10.06					1.4
GPY-11.5	11.55				2500	1.4

型号意义：

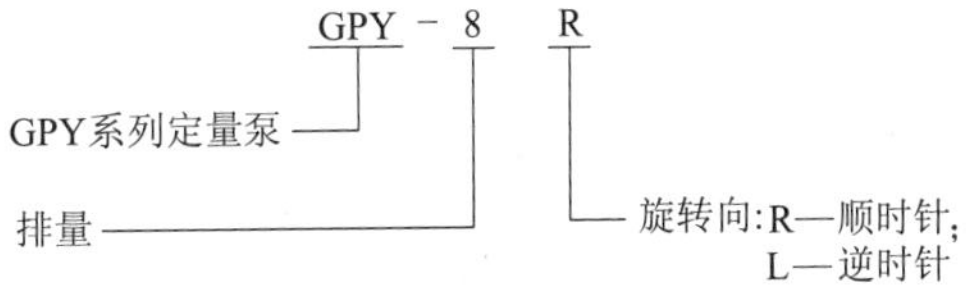

6.5　叶片泵产品

6.5.1　叶片泵的工作原理及主要结构特点

叶片液压泵有单作用式（变量泵）和双作用式（定量泵）两大类，在机床、工程机械、船舶、压铸及冶金设备中得到广泛应用。它具有输出流量均匀、运转平稳、噪声小的优点。中低压叶片泵工作压力一般为 6.3MPa，高压叶片泵的工作压力可达 25～32MPa。叶片泵对油液的清洁度要求较高。

表 20-6-28　　叶片泵的原理和结构

单作用叶片泵	工作原理	如图(a)所示定子的内表面是圆柱面，转子和定子中心之间存在着偏心，叶片在转子的槽内可灵活滑动，在转子转动时的离心力以及叶片根部油压力作用下，叶片顶部贴紧在定子内表面上，于是两相邻叶片、配油盘、定子和转子便形成了一个密封的工作腔。当转子转动时，叶片由离心力或液压力作用使其顶部和定子内表面产生可靠接触。当转子按逆时针方向转动时，右半周的叶片向外伸出，密封工作腔容积逐渐增大，形成局部真空，于是通过吸油口和配油盘上的吸油窗口将油吸入。在左半周的叶片向转子里缩进，密封工作腔容积逐渐缩小，工作腔内的油液经配油盘压油窗口和泵的压油口输到系统中去。泵的转子每旋转一周，叶片在槽中往复滑动一次，密封工作腔容积增大和缩小各一次，完成一次吸油和压油，故称单作用泵	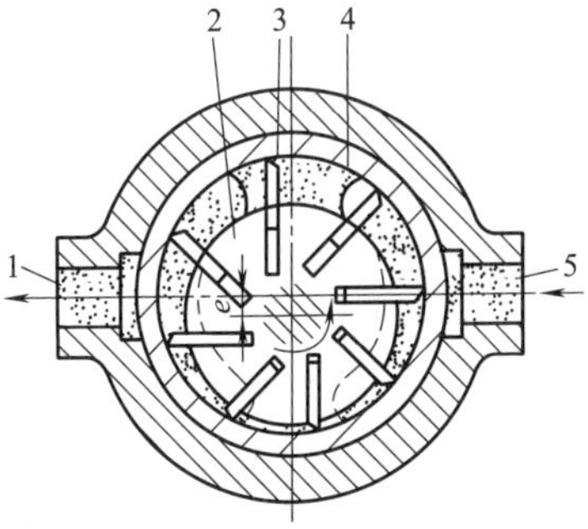图(a)　单作用叶泵工作原理 1—压油区；2—叶片；3—定子；4—配流盘；5—吸油区

续表

<table>
<tr>
<td rowspan="1">单作用叶片泵</td>
<td>结构要点</td>
<td>
单作用叶片泵和齿轮泵一样都具有液压泵共同的结构要点。限压式变量叶片泵是一种输出流量随工作压力变化而变化的泵。当泵排油腔压力的压轴分力与压力调节弹簧的预紧力平衡时，泵的输出压力不会再升高，所以这种泵被称为限压式变量叶片泵。变量叶片泵有内反馈式和外反馈式两种
①限压式内反馈式叶片泵　内反馈式变量泵操纵力来自泵本身的排油压力，内反馈式变量叶片泵配流盘的吸、排油窗口的布置如图(b)所示。由于存在偏角，排油压力对定子环的作用力可以分解为垂直于轴线的分力 F_1 及与之平行的调节分力 F_2，调节分力 F_2 与调节弹簧的压缩恢复力、定子运动的摩擦力及定子运动的惯性力相平衡。定子相对于转子的偏心距、泵的排量大小可由力的相对平衡来决定。流量特性曲线如图(c)所示，当泵的工作压力所形成的调节分力 F_2 小于弹簧预紧力时，泵的定子环对转子的偏心距保持在最大值，不随工作压力的变化而变，由于泄漏，泵的实际输出流量随其压力增加而稍有下降，如图中 AB 段所示。当泵的工作压力 p 超过 p_B 后，调节分力 F_2 大于弹簧预紧力，使定子环向减小偏心距的方向移动，泵的排量开始下降(变量)。改变弹簧预紧力可以改变曲线的 B 点；调节最大流量调节螺钉，可以调节曲线的 A 点
②限压式外反馈式叶片泵　如图(d)所示的外反馈变量叶片泵与内反馈式的变量原理相似，只不过调节力由内反馈式时作用于定子的内表面，改为经反馈柱塞作用于定子的外表面。流量特性曲线和内反馈式时完全一样
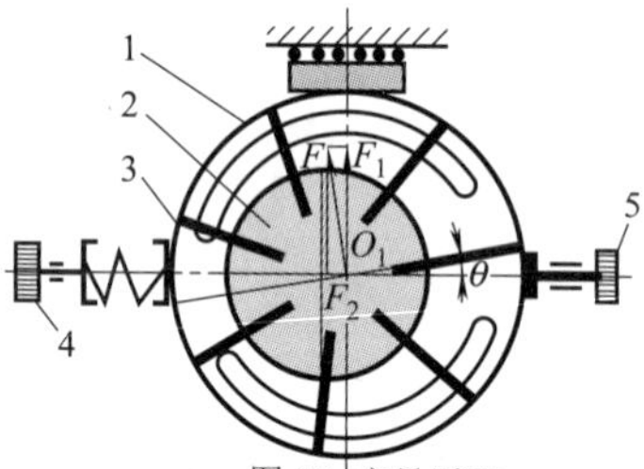

图(b) 变量原理
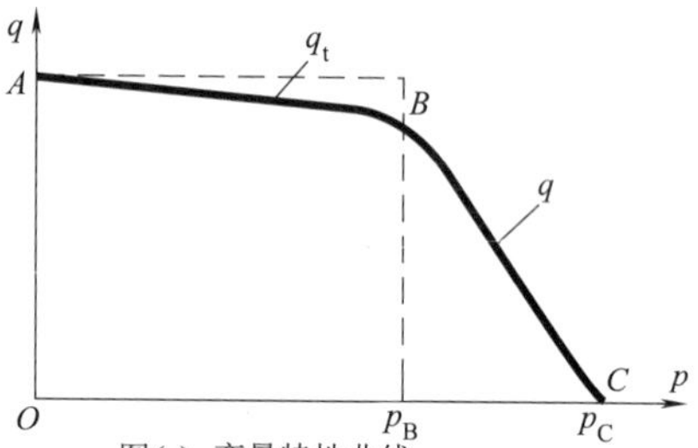

图(c) 变量特性曲线
1—定子；2—转子；3—叶片；4—压力调节螺钉；5—最大流量限定螺钉
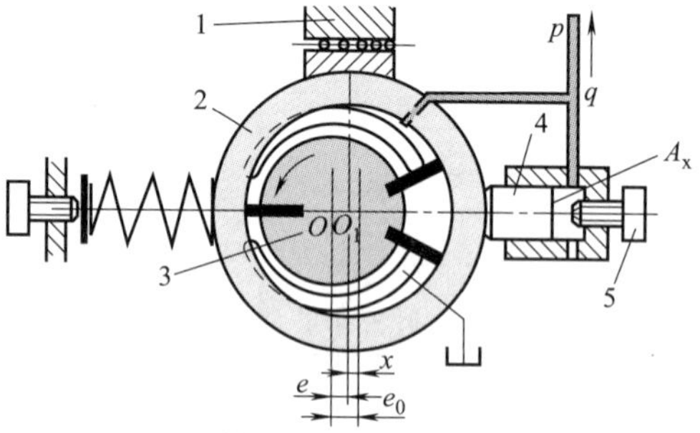

图(d) 限压式外反馈式叶片泵变量原理
1— 滑块滚针轴承；2— 定子；3— 转子；4—柱塞；5—流量调节螺钉
</td>
</tr>
<tr>
<td>双作用叶片泵</td>
<td>工作原理</td>
<td>
这种叶片泵的转子每转一转，完成两次吸油和压油，所以称双作用叶片泵
双作用叶片泵的原理和单作用叶片泵相似，不同之处只在于定子内表面是由两段长半径圆弧、两段短半径圆弧和四段过渡曲线组成，且定子和转子是同心的。如图(e)所示，当转子顺时针方向旋转时，密封工作腔的容积在左上角和右下角处逐渐增大，为吸油区，在左下角和右上角处逐渐减小，为压油区；吸油区和压油区之间有一段封油区将吸、压油区隔开。当转子按照图示方向旋转时，叶片在离心力和根部液压油的作用下紧贴在定子内表面上，并与转子两侧的配流盘和定子在相邻两叶片间形成密封腔。当两相邻叶片从小半径向大半径处滑移时，这个密封腔容积逐渐增大，形成局部真空而完成吸油过程；当两相邻叶片从大半径向小半径处滑移时，这个密封腔容积又逐渐减小，压迫油液向出口排出完成压油过程。在转子旋转的一周内，每一个叶片在转子滑槽内往复运动两次，从而完成吸油和压油过程两次，因此称为双作用式叶片泵
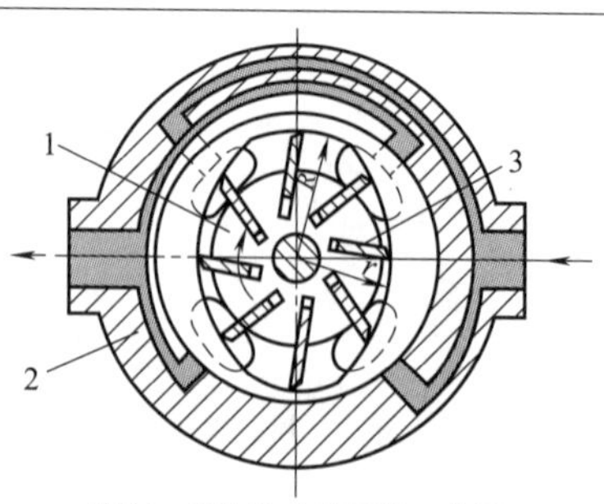

图(e) 双作用叶片泵的工作原理
1—转子；2—定子；3—叶片
</td>
</tr>
</table>

续表

双作用叶片泵	结构特点	①定子过渡曲面。定子内表面的曲面由四段圆弧和四段过渡曲面组成，应使叶片转到过渡曲面和圆弧面交接线处的加速度突变不大，以减小冲击和噪声，同时，还应使泵的瞬时流量的脉动最小。等加速-等减速曲线、高次曲线和余弦曲线等是目前得到较广泛应用的几种曲线 ②叶片泵的高压化趋势。双作用叶片泵的最高工作压力已达到 20～30MPa，因为双作用叶片泵转子上的径向力基本上是平衡的，不像齿轮泵和单作用叶片泵那样，工作压力的提高会受到轴承上所承受的不平衡液压力的限制
叶片泵的拆装方法、使用注意事项		①装配前所有零件应清洗干净，不得有切屑、磨粒或其他污物 ②叶片在叶片槽内应运动灵活 ③一组叶片的高度差应控制在 0.008mm 以内 ④叶片高度略低于转子的高度，其值为 0.005mm ⑤转子和叶片在定子中应保持原装配方向，不得装反 ⑥轴向间隙控制在 0.04～0.07mm 范围内 ⑦紧固螺钉时用力必须均匀 ⑧装配完工后，用手旋转主动轴，应保持平稳，无阻滞现象

6.5.2　叶片泵产品

6.5.2.1　叶片泵产品技术参数概览

表 20-6-29　　叶片泵产品技术参数概览

类别	型号	排量/mL·r^{-1}	压力/MPa	转速/r·min^{-1}
定量叶片泵	YB_1	2.5～100，2.5/2.5～100/100	6.3	960～1450
	YB_2	6.4～194	7	1000～1500
	YB	10～114	10.5	1500
	YB-D	6.3～100	10	600～2000
	YB-E	6～80，10/32～50/100	16	600～1500
	YB_1-E	10～100	16	600～1800
	YB_2-E	10～200	16	600～2000
	PV2R	6～237，6/26～116/237	14～16	600～1800
	T6	10～214	24.5～28	600～1800
	Y2B	6～200	14	600～1200
	YYB	6/6～194/113	7	600～2000
变量叶片泵	YBN	20，40	7	600～1800
	YBX	16，25，40	6.3	600～1500
	YBP	10～63	6.3～10	600～1500
	YBP-E	20～125	16	1000～1500
	V4	20～50	16	1450

6.5.2.2　YB 型、YB_1 型叶片泵

型号意义：

YB　1 —※ ※ ※

叶片泵
改型号(系列)
设计代号
安装形式：省略 — 法兰；J—脚架
公称排量(mL/r) (双联泵：前泵/后泵)

表 20-6-30　　**YB_1 型叶片泵技术规格**

型号	排量/mL·r^{-1}	压力/MPa	转速/r·min^{-1}	容积效率/%	总效率/%	驱动功率/kW	质量/kg
YB_1-2.5	2.5	6.3	1450	70	42	0.6	5.3
YB_1-4	4			75	52	0.8	
YB_1-6	6			80	60	1.5	
YB_1-10	10			84	65	2.2	
YB_1-12	12		960	85	68	2	8.7
YB_1-16	16			86	71	2.2	
YB_1-20	20			87	74	—	
YB_1-25	25			88	75	4	
YB_1-32	32			90	73	5	16
YB_1-40	40				75	6	
YB_1-50	50				78	7.5	
YB_1-63	63			91	74	10	22
YB_1-80	80				80	12	
YB_1-100	100				80	13	
YB-125J	125				82	16	—
YB-160J	160					21	
YB-200J	200					26	

表 20-6-31　　**YB_1 型叶片泵外形尺寸**　　mm

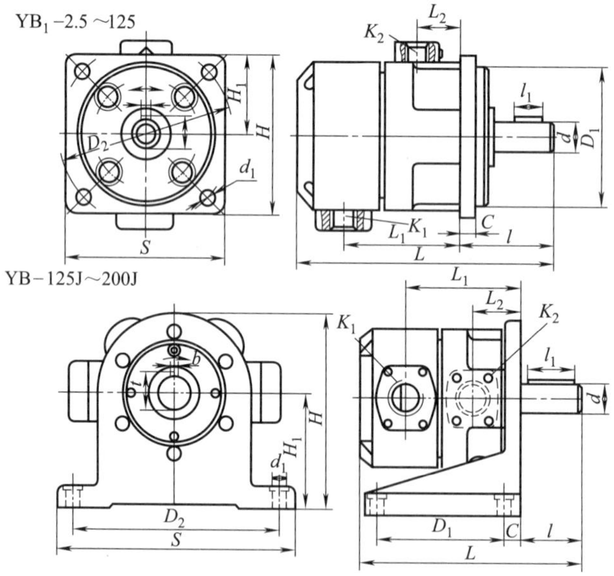

型号	L	L_1	L_2	l	l_1	S	H	H_1	D_1	D_2	d	d_1	C	t	b	K_1	K_2
YB_1-2.5	151	80.3	36	42	19	90	105	51.5	75h6	100	15d	9	6	17	5	R_c3/8	R_c1/4
YB_1-4																	
YB_1-6																	
YB_1-10																	

续表

型号	L	L_1	L_2	l	l_1	S	H	H_1	D_1	D_2	d	d_1	C	t	b	K_1	K_2
YB_1-12	184	97.8	38	49	19	110	142	71	90h6	128	20d	11	4	22	5	R_c1	$R_c3/4$
YB_1-16																	
YB_1-20																	
YB_1-25																	
YB_1-32	210	110	45	55	25	130	170	85	90h6	150	25d	13	5	28	8	R_c1	R_c1
YB_1-40																	
YB_1-50																	
YB_1-63	225	118	49.5	55	30	150	200	100	90h6	175	30d	13	5	33	8	$R_c1\frac{1}{4}$	R_c1
YB_1-80																	
YB_1-100																	
YB-125J	353	182	79.5	95	80	380	305	180	200	330	50d	22	25	52.8	12	R_c2	$R_c1\frac{1}{4}$
YB-160J																	
YB-200J																	

表 20-6-32 YB 型双联叶片泵外形尺寸 mm

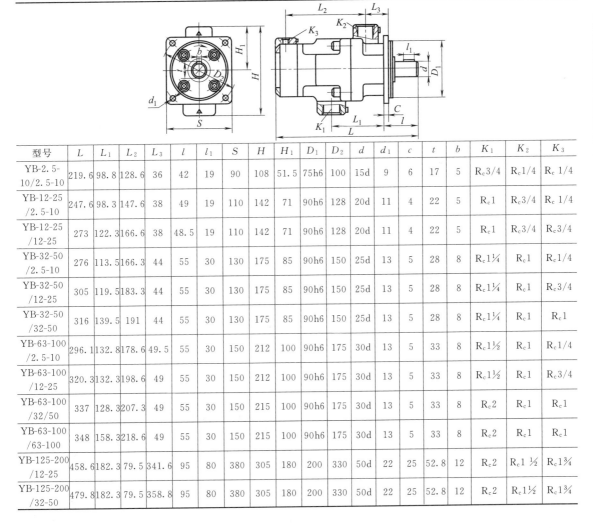

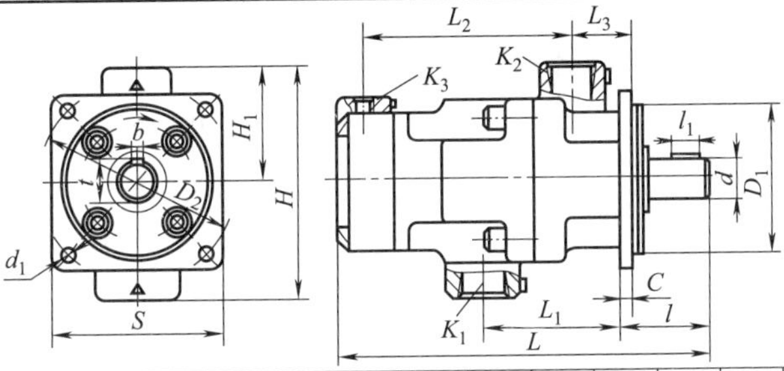

型号	L	L_1	L_2	L_3	l	l_1	S	H	H_1	D_1	D_2	d	d_1	c	t	b	K_1	K_2	K_3
YB-2.5-10/2.5-10	219.6	98.8	128.6	36	42	19	90	108	51.5	75h6	100	15d	9	6	17	5	$R_c3/4$	$R_c1/4$	R_c 1/4
YB-12-25 /2.5-10	247.6	98.3	147.6	38	49	19	110	142	71	90h6	128	20d	11	4	22	5	R_c1	$R_c3/4$	R_c 1/4
YB-12-25 /12-25	273	122.3	166.6	38	48.5	19	110	142	71	90h6	128	20d	11	4	22	5	R_c1	$R_c3/4$	$R_c3/4$
YB-32-50 /2.5-10	276	113.5	166.3	44	55	30	130	175	85	90h6	150	25d	13	5	28	8	$R_c1\frac{1}{4}$	R_c1	$R_c1/4$
YB-32-50 /12-25	305	119.5	183.3	44	55	30	130	175	85	90h6	150	25d	13	5	28	8	$R_c1\frac{1}{4}$	R_c1	$R_c3/4$
YB-32-50 /32-50	316	139.5	191	44	55	30	130	175	85	90h6	150	25d	13	5	28	8	$R_c1\frac{1}{4}$	R_c1	R_c1
YB-63-100 /2.5-10	296.1	132.8	178.6	49.5	55	30	150	212	100	90h6	175	30d	13	5	33	8	$R_c1\frac{1}{2}$	R_c1	$R_c1/4$
YB-63-100 /12-25	320.3	132.3	198.6	49	55	30	150	212	100	90h6	175	30d	13	5	33	8	$R_c1\frac{1}{2}$	R_c1	$R_c3/4$
YB-63-100 /32/50	337	128.3	207.3	49	55	30	150	215	100	90h6	175	30d	13	5	33	8	R_c2	R_c1	R_c1
YB-63-100 /63-100	348	158.3	218.6	49	55	30	150	215	100	90h6	175	30d	13	5	33	8	R_c2	R_c1	R_c1
YB-125-200 /12-25	458.6	182.3	79.5	341.6	95	80	380	305	180	200	330	50d	22	25	52.8	12	R_c2	$R_c1\frac{1}{2}$	$R_c1\frac{3}{4}$
YB-125-200 /32-50	479.8	182.3	79.5	358.8	95	80	380	305	180	200	330	50d	22	25	52.8	12	R_c2	$R_c1\frac{1}{2}$	$R_c1\frac{3}{4}$

6.5.2.3　YB-※车辆用叶片泵

型号意义：

YB ※—※ ※ —※ ※

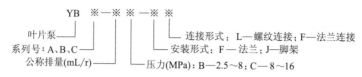

- 叶片泵（YB）
- 系列号：A、B、C
- 公称排量(mL/r)
- 压力(MPa)：B—2.5～8；C—8～16
- 安装形式：F—法兰；J—脚架
- 连接形式：L—螺纹连接；F—法兰连接

表 20-6-33　　YB-※车辆用叶片泵技术规格

产品型号	公称排量 /mL·r^{-1}	压力/MPa		转速/r·min^{-1}		容积效率 /%	驱动功率 /kW	质量/kg
		额定	最高	额定	最高			
YB-A10C-※F	10	10.5	—	600～1500	—	—	3.57	—
YB-A16C-※F	16						5.03	
YB-A20C-※F	20						6.35	
YB-A25C-※F	25						7.03	
YB-A30C-※F	30						8.60	
YB-A32C-※F	32						9.19	
YB-B48C-※F	48						15.14	
YB-B58C-※F	58						18.27	
YB-B75C-※F	75						23.49	
YB-B92C-※F	92						28.08	
YB-B114C-※F	114						32.70	

6.5.2.4　PV2R 型叶片泵

型号意义：

单泵：

PV2R ※—※—※—※—※—※

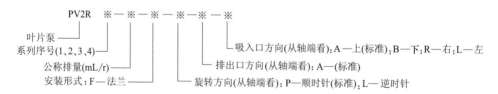

- 叶片泵（PV2R）
- 系列序号(1、2、3、4)
- 公称排量(mL/r)
- 安装形式：F—法兰
- 旋转方向(从轴端看)：P—顺时针(标准)；L—逆时针
- 排出口方向(从轴端看)：A—(标准)
- 吸入口方向(从轴端看)：A—上(标准)；B—下；R—右；L—左

双联泵：

PV2R ※※—※—※—※ —※ —※ —※—※

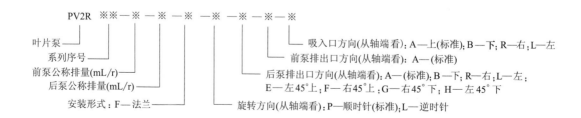

- 叶片泵（PV2R）
- 系列序号
- 前泵公称排量(mL/r)
- 后泵公称排量(mL/r)
- 安装形式：F—法兰
- 旋转方向(从轴端看)：P—顺时针(标准)；L—逆时针
- 后泵排出口方向(从轴端看)：A—(标准)；B—下；R—右；L—左；E—左45°上；F—右45°上；G—右45°下；H—左45°下
- 前泵排出口方向(从轴端看)：A—(标准)
- 吸入口方向(从轴端看)：A—上(标准)；B—下；R—右；L—左

表 20-6-34 **PV2R型低噪声叶片泵单泵技术规格**

产品型号	理论排量/mL·r^{-1}	最高使用压力/MPa							允许转速/r·min^{-1}		质量/kg
		石油系工作油			水成型液压液			合成工作液			
		高压用特定工作油	抗磨性工作油	普通液压油	耐磨性水-乙二醇液压液	非耐磨性水-乙二醇液压液	W/O乳化液	磷酸酯液压液、脂肪酸酯液压液	最高	最低	
PV2R1-6	6.0	—	—	16.0	7.0	7.0	7.0	16.0	—	—	—
PV2R1-8	8.2	21.0	17.5								
PV2R1-10	9.7	21.0	17.5	16.0	7.0	7.0	7.0	16.0	1800 (1200)	750	7.8
PV2R1-12	12.6										
PV2R1-14	14.1										
PV2R1-17	17.1										
PV2R1-19	19.1										
PV2R1-23	23.4	16.0	16.0								
PV2R1-26	26.6	21.0	17.5	14.0	7.0	7.0	7.0	14.0	1800 (1200)	600	17.7
PV2R1-33	33.3										
PV2R1-41	41.3										
PV2R1-47	47.2										
PV2R1-52	52.2	21.0	17.5	14.0	7.0	7.0	7.0	14.0	1800 (1200)	600	36.7
PV2R1-60	59.6										
PV2R1-66	66.3										
PV2R1-76	76.4										
PV2R1-94	93.6										
PV2R1-116	115.6	16.0	16.0								
PV2R1-136	136	17.5	17.5	14.0	7.0	7.0	7.0	14.0	1800 (1200)	600	70.0
PV2R1-153	153										
PV2R1-184	184										
PV2R1-200	201										
PV2R1-237	237										

表 20-6-35 **PV2R型双联叶片泵技术规格及外形尺寸** mm

产品型号		理论排量/mL·r^{-1}	最高使用压力/MPa							允许转速/r·min^{-1}		质量/kg
			石油系工作油			水成型液压液			合成工作液			
			高压用特定工作油	抗磨性工作油	普通液压油	耐磨性水-乙二醇液压液	非耐磨性水-乙二醇液压液	W/O乳化液	磷酸酯液压液、脂肪酸酯液压液	最高	最低	
PV2R12	后泵	6、8	21.0	17.5	16.0	16.0	7.0	7.0	16.0	1800 (1200)	750	22
		10、12、14、17、19	21.0	17.5								
		23	16.0	16.0								

续表

产品型号		理论排量/mL·r^{-1}	最高使用压力/MPa							允许转速/r·min^{-1}		质量/kg
			石油系工作油			水成型液压液			合成工作液			
			高压用特定工作油	抗磨性工作油	普通液压油	耐磨性水-乙二醇液压液	非耐磨性水-乙二醇液压液	W/O乳化液	磷酸酯液压液、脂肪酸酯液压液	最高	最低	
PV2R12	前泵	26、33、41、47	21.0	17.5	14.0	16.0	7.0	7.0	14.0	1800 (1200)	750	22
PV2R13	后泵	6、8	21.0	17.5	16.0	16.0	7.0	7.0	16.0	1800 (1200)	750	43.6
		10、12、14、17、19	21.0	17.5								
		23	16.0	16.0								
	前泵	52、60、66、76、94	21.0	17.5	14.0	16.0	7.0	7.0	14.0			
		116	16.0	16.0								
PV2R23	后泵	26、33、41、47	21.0	17.5	14.0	16.0	7.0	7.0	14.0	1800 (1200)	750	49
	前泵	52、60、66、76、94	21.0	17.5	14.0	16.0	7.0	7.0	14.0			
		116	16.0	16.0								
PV2R33	后泵	52、60、66、76、94	21.0	17.5	14.0	16.0	7.0	7.0	14.0	1800 (1500) (1200)	600	84
		116	16.0	16.0								
	前泵	52、60、66、76、94	21.0	17.5	14.0	16.0	7.0	7.0	14.0			
		116	16.0	16.0								
PV2R14	后泵	6、8	21.0	17.5	16.0	16.0	7.0	7.0	16.0	1800 (1200)	750	75
		10、12、14、17、19	21.0	17.5								
		23	16.0	16.0								
	前泵	136、153、184、200、237	17.5	17.5	14.0	16.0	7.0	7.0	14.0			
PV2R24	后泵	26、33、41、47	21.0	17.5	14.0	16.0	7.0	7.0	14.0	1800 (1200)	600	78
	前泵	136、153、184、200、237	21.0	17.5	14.0	16.0	7.0	7.0	14.0			
PV2R34	后泵	52、60、66、76、94	21.0	17.5	14.0	16.0	7.0	7.0	14.0	1800 (1200)	600	98
		116	16.0	16.0								
	前泵	136、153、184、200、237	17.5	17.5	14.0	16.0	7.0	7.0	14.0			

续表

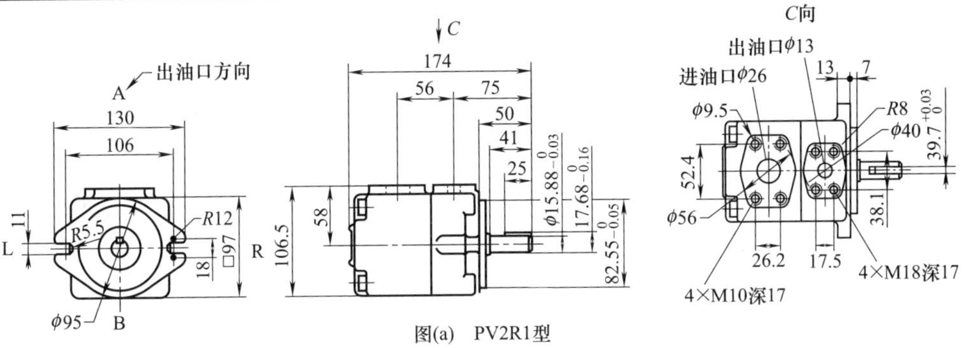

图(a) PV2R1型

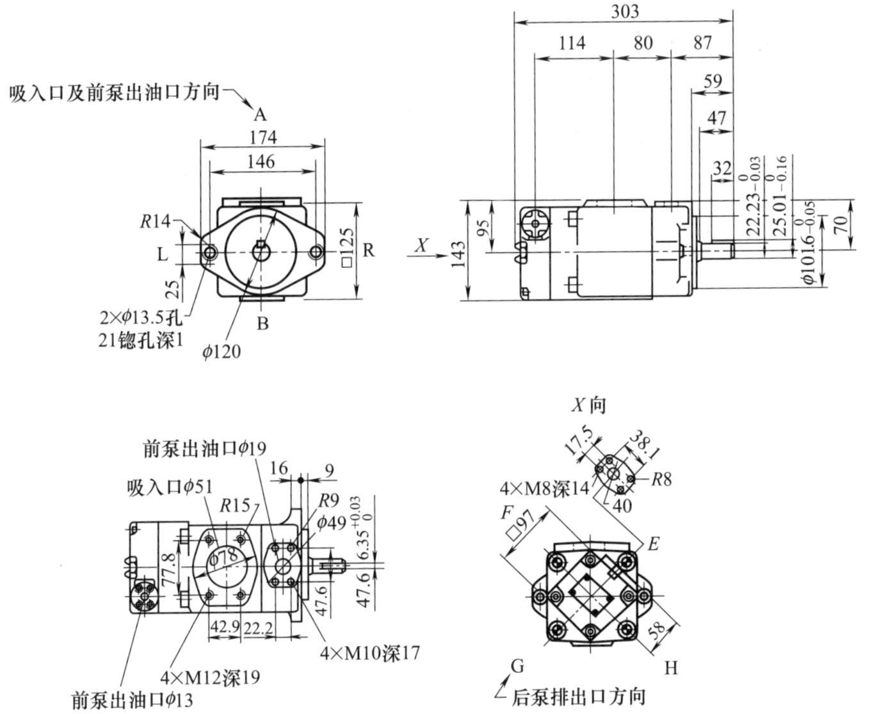

图(b) PV2R12型叶片泵外形尺寸

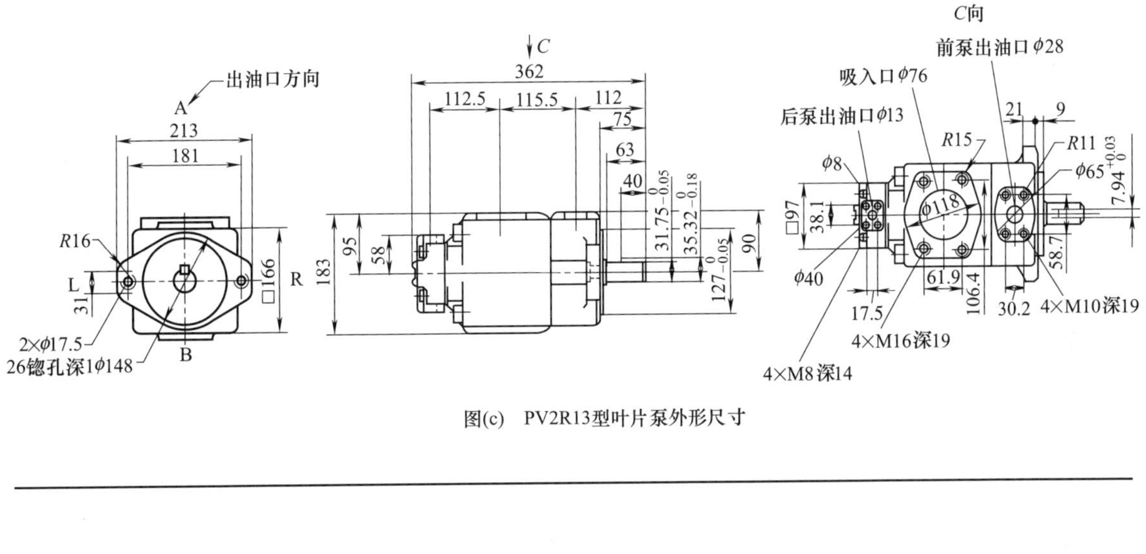

图(c) PV2R13型叶片泵外形尺寸

续表

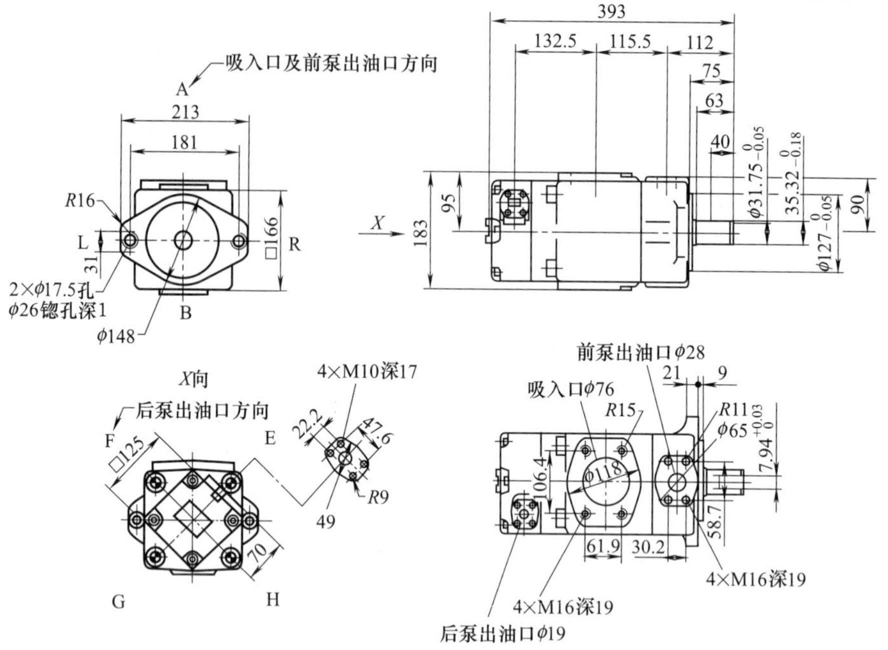

图(d)　PV2R23型叶片泵外形尺寸

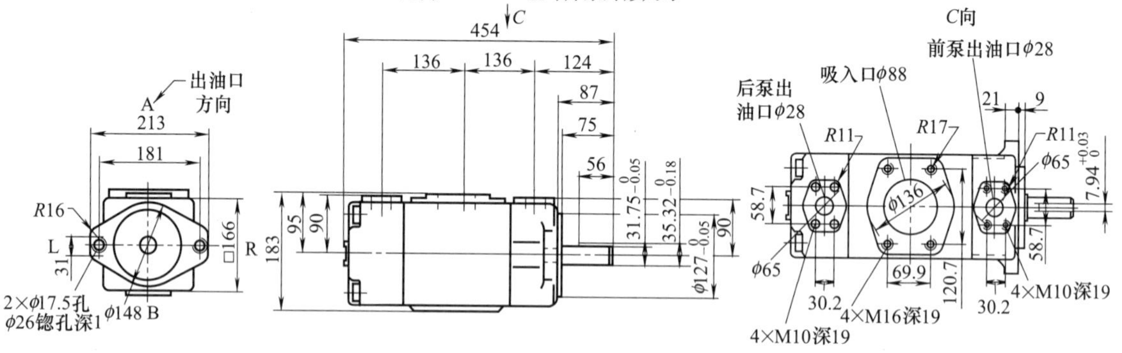

图(e)　PV2R33型叶片泵外形尺寸

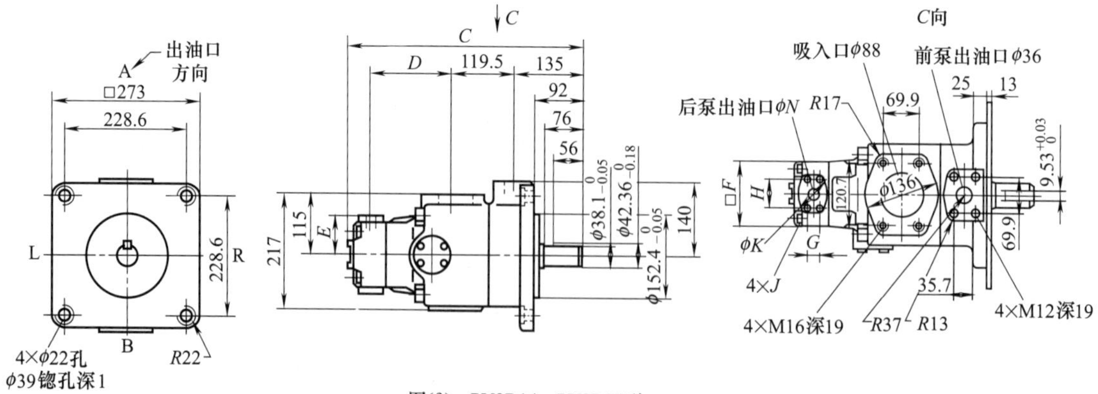

图(f)　PV2R14、PV2R24型

型号	C	D	E	F	G	H	J	ϕk	ϕN
PV2R14	423	146.5	58	97	17.5	38.1	M8 深 14	40	13
PV2R24	462	171.5	70	125	22.2	47.6	M10 深 17	49	19

续表

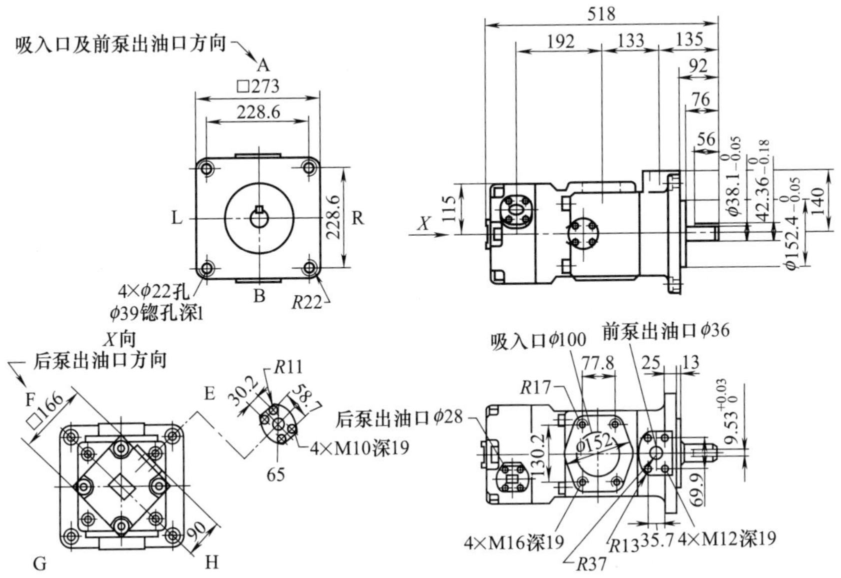

图(g) PV2R34型叶片泵

注：1. 使用 PV2R3-116，转速超过 1700r/min 时，限制吸入口压力。

2. 使用 PV2R4-237，转速超过 1700r/min 时，限制吸入口压力。

3. 使用磷酸酯液压液及水成型液压液时，最大转速限制在 1200r/min。

4. 低转速启动时，限制最高黏度。

5. 超过 16MPa 使用时，转速应超过 1450r/min。

6.5.2.5 PFE 型柱销式叶片泵

型号意义：

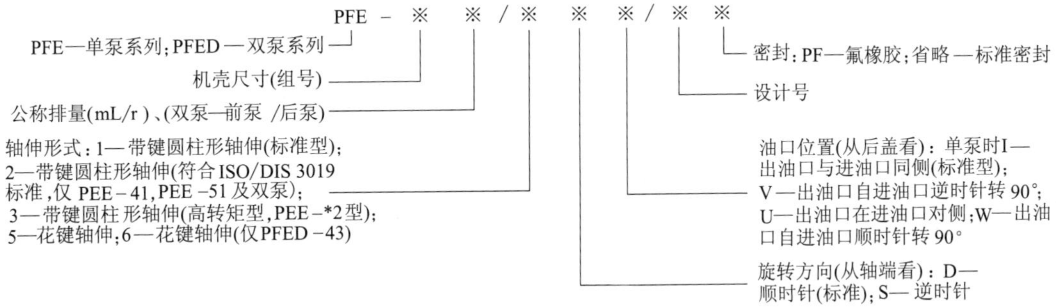

表 20-6-36 单泵 PFE-※1 系列技术规格

型号	排量 /mL·r⁻¹	额定压力 /MPa	输出流量 /L·min⁻¹	驱动功率 /kW	转速范围 /r·min⁻¹	质量 /kg	油口通径/in	
							进口	出口
※PFE-21005	5.0	21	4.8	3.5	900～300	—	3/4	1/2
※PFE-21006	6.3		5.8	4.0				
※PFE-21008	8.0		7.8	5.5				
※PFE-21010	10.0		9.7	6.5				
※PFE-21012	12.5		12.2	8				
※PFE-21016	16.0		15.6	10				

续表

型号	排量 /mL·r⁻¹	额定压力 /MPa	输出流量 /L·min⁻¹	驱动功率 /kW	转速范围 /r·min⁻¹	质量 /kg	油口通径/in	
							进口	出口
PFE-31016	16.5	21	16	10	800～2800	9	1¼	3/4
PFE-31022	21.6		23	13				
PFE-31028	28.1		33	17				
PFE-31036	35.6		43	21				
PFE-31044	43.7		55	26				
PFE-41029	29.3	21	34	17	700～2500	14	1½	1
PFE-41037	36.6		45	22				
PFE-41045	45.0		57	26				
PFE-41056	55.8		72	33				
PFE-41070	69.9		91	41				
PFE-41085	85.3		114	50	700～2000			
PFE-51090	90.0	21	114	53	600～2200	25.5	2	1¼
PFE-51110	109.6		141	64				
PFE-51129	129.2		168	76				
PFE-51150	150.2		197	88	600～1800			
PFE-61160	160	21	211	94	600～1800	—	2½	1½
PFE-61180	180		237	106				
PFE-61200	200		264	117				
PFE-61224	224		295	131				

表 20-6-37　　单泵 PFE-※2 系列技术规格

型号	排量 /mL·r⁻¹	额定压力 /MPa	输出流量 /L·min⁻¹	驱动功率 /kW	转速范围 /r·min⁻¹	质量 /kg	油口通径/in	
							进口	出口
※PFE-22008	8.0	30	7	8	1500～2800	—	3/4	1/2
※PFE-22010	10.0		9	10				
※PFE-22012	12.5		11.5	12				
PFE-32022	21.6	30	20	18	1200～2500	9	1¼	3/4
PFE-32028	28.1		30	24				
PFE-32036	35.6		40	30				
PFE-42045	45.0	28	56	36	1000～2200	14	1½	1
PFE-42056	55.8		70	44				
PFE-42070	69.9	25	90	49				
PFE-52090	90.0	25	111	63	1000～2000	25.5	2	1¼
PFE-52110	109.6		138	77				
PFE-52129	129.2		163	90				

表 20-6-38　　单泵 PFE-※0 系列技术规格

型号	排量 /mL·r⁻¹	额定压力 /MPa	输出流量 /L·min⁻¹	驱动功率 /kW	转速范围 /r·min⁻¹	质量 /kg	油口通径/in	
							进口	出口
※PFE-20004	4.3	10	4.5	1.5	900～3000		3/4	1/2
※PFE-20005	5.4		6.0	2.0				
※PFE-20007	6.9		7.5	2.5				

续表

型号	排量/mL·r^{-1}	额定压力/MPa	输出流量/L·min^{-1}	驱动功率/kW	转速范围/r·min^{-1}	质量/kg	油口通径/in	
							进口	出口
※PFE-21010	8.6	10	9.5	3.0	900～3000		3/4	1/2
※PFE-20008	10.8		12.0	3.5				
※PFE-20010	13.9		15.5	4.5				
PFE-30015	14.7	10	17	4.5	800～2800	9	1¼	3/4
PFE-30019	19.1		24	5.5				
PFE-30026	25.9		33	7.5				
PFE-330032	32.5		42	9.0				
PFE-30040	40.0		53	11.5				
PFE-40024	24.7	10	31	7	700～2500	14	1½	1
PFE-40033	33.4		43	10				
PFE-40040	40.4		53	12				
PFE-40050	50.9		67	15				
PFE-40062	62.6		83	18				
PFE-40078	78.1		104	22	700～2000			
PFE-50081	81.3	10	110	23	600～2000	25.5	2	1¼
PFE-50100	100.1		136	28				
PFE-50117	117.4		159	33				
PFE-50136	136.8		185	38	600～1800			
PFE-60147	146.9	10	200	41	600～1800		2½	1½
PFE-60165	165.6		224	46				
PFE-60183	183.7		248	52				
PFE-60206	206.2		279	58				

表 20-6-39 **双联泵 PFED 系列技术规格**

型号	排量/mL·r^{-1}	额定压力/MPa	输出流量/L·min^{-1}	驱动功率/kW	转速范围/r·min^{-1}	质量/kg	油口通径/in		
							进口	前泵出口	后泵出口
※PFED-4030※/※	PFE-40+PFE-30 组合				800～2500（800～2000）括号内值为前泵是最大排量时的转速范围	24.5	2½	1	3/4
※PFED-4031※/※	PFE-40+PFE-31 组合								
※PFED-4130※/※	PFE-41+PFE-30 组合								
※PFED-4131※/※	PFE-41+PFE-31 组合								
※PFED-5040※/※	PFE-50+PFE-40 组合				700～1000（700～1800）括号内值为前泵是最大排量时的转速范围	36	3	1¼	1
※PFED-5041※/※	PFE-50+PFE-41 组合								
※PFED-5140※/※	PFE-51+PFE-40 组合								
※PFED-5141※/※	PFE-51+PFE-41 组合								

注：1. 各主要性能参数中的输出流量和驱动功率是在 n=1500r/min，p=额定压力工况下的保证值。

2. 前泵指轴端（大排量侧）泵，后泵指盖端（小排量）侧泵。

表 20-6-40 **PFE 型叶片泵外形尺寸** mm

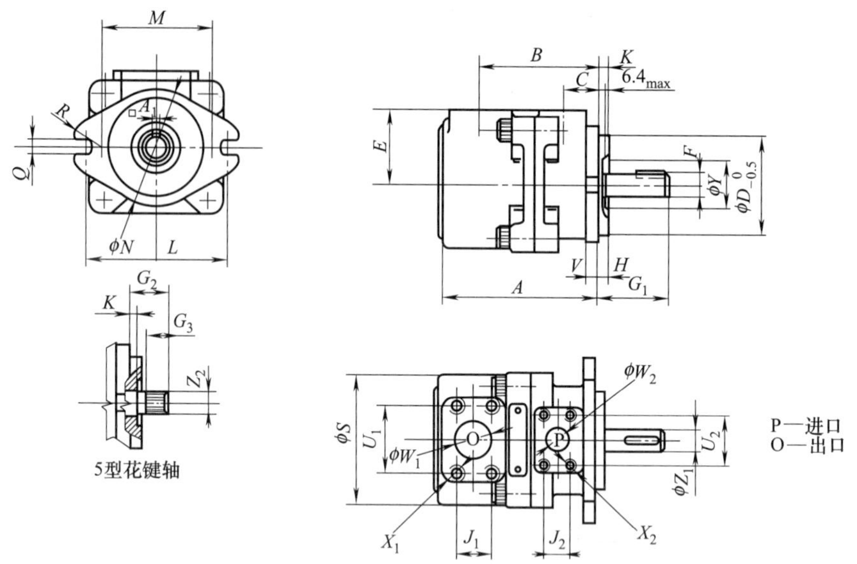

型号	A	B	C	φD	E	H	L	M	φN	Q	R
PFE-20/21/22	105	69	20	63	57	7	100	—	84	9	—
PFE-30/31/32	135	98.5	27.5	82.5	70	6.4	106	73	95	11	28.5
PFE-40/41/42	159.5	121	38	101.6	76.2	9.7	146	107	120	14.3	34
PFE-50/51/52	181	125	38	127	82.6	12.7	181	143.5	148	17.5	35
PFE-60/61	200	144	40	152.4	98	12.7	229	—	188	22	—

型号	φS	U_1	U_2	V	$φW_1$	$φW_2$	J_1	J_2	X_1	X_2	φY
PFE-20/21/22	92	47.6	38.1	10	19	11	22.2	17.5	M10×17	M8×15	40
PFE-30/31/32	114	58.7	47.6	10	32	19	30.2	22.2	M10×20	M10×17	47
PFE-40/41/42	134	70	52.4	13	38	25	35.7	26.2	M12×20	M10×17	76
PFE-50/51/52	158	77.8	58.7	15	51	32	42.9	30.2	M12×20	M10×20	76
PFE-60/61	185	89	70	18	63.5	38	50.8	35.7	M12×22	M12×22	100

型号	1 型轴(标准)					2 型轴				
	$φZ_1$	G_1	A_1	F	K	$φZ_1$	G_1	A_1	F	K
PFE-20/21/22	15.88	48	4.00	17.37	8	—	—	—	—	—
	15.85		3.98	17.27		—	—	—	—	—
PFE-30/31/32	19.05	55.6	4.76	21.11	8	—	—	—	—	—
	19.00		4.75	20.94		—	—	—	—	—
PFE-40/41/42	22.22	59	4.76	25.54	11.4	22.22	71	6.36	25.07	8
	22.20		4.75	24.51		22.20		6.35	25.03	
PFE-50/51/52	31.75	73	7.95	35.33	13.9	31.75	84	7.95	35.33	8
	31.70		7.94	35.07		31.70		7.94	35.07	
PFE-60/61	38.10	91	9.56	42.40	8	—	—	—	—	—
	38.05		9.53	42.14		—	—	—	—	—

续表

型号	3 型轴					5 型轴			
	ϕZ_1	G_1	A_1	F	K	Z_2	G_2	G_3	K
PFE-20/21/22	—	—	—	—	—	—	—	—	—
	—	—	—	—	—	—	—	—	—
PFE-30/31/32	22.22	55.6	4.76	24.54	8	9T	32	19.5	8
	22.20		4.75	24.41		16/32DP			
PFE-40/41/42	25.38	78	6.36	28.30	11.4	13T	41	38	8
	25.36		6.35	28.10		16/32DP			
PFE-50/51/52	34.90	84	7.95	38.58	13.9	14T	56	42	8
	34.88		7.94	38.46		12/24DP			
PFE-60/61	—	—	—	—	—	—	—	—	—
	—	—	—	—	—	—	—	—	—

表 20-6-41 PFED 型双联叶片泵外形尺寸

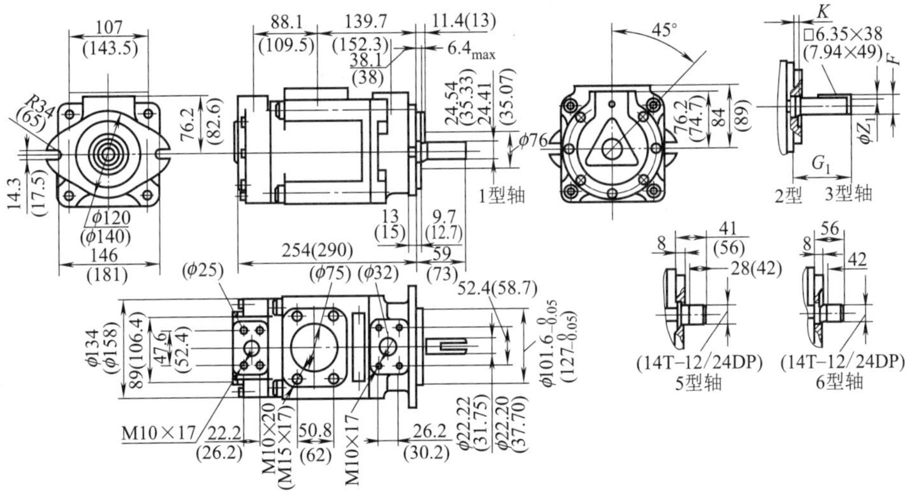

（注：图中括号内尺寸为 PFED-5040/5041/5140/5141 型的尺寸）

型号	ϕZ_1/mm		G_1/mm		F/mm		K/mm	
	2 型轴	3 型轴	2 型轴	3 型轴	2 型轴	3 型轴	2 型轴	3 型轴
PFED-4030/4031/4130/4131	22.22 (22.20)	25.38 (25.35)	71	78	25.07 (25.03)	28.30 (28.10)	8	11.4
PFED-5040/5041/5140/5141	31.75 (31.70)	34.90 (34.88)	84	84	35.07 (35.03)	38.58 (38.46)	8	13.9

表 20-6-42 油口法兰连接尺寸 mm

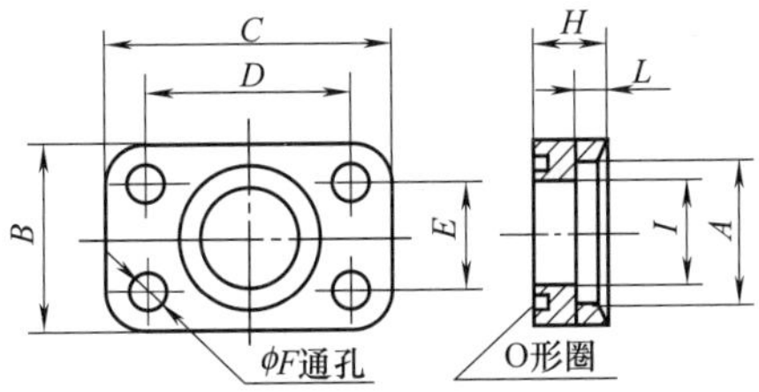

续表

型号	A	B	C	D	E	F	H	I	L	O 形圈	螺钉	法兰对应的泵油口
WF-12	18	34	54	38.1	17.5	9	18	11	10	25×2.4	M8×30	PFE-20/21/22 出口
WF-20	28.5	42	65	47.6	22.2	11	18	19	10	35×3.1	M10×30	PFE-20/21/22 进口，PFE-30/31/32 出口
WF-25	35	50	70	52.4	26.2	11	18	25	10	40×3.1	M10×30	PFE-40/41/42 出口
WF-32	43	53	79	58.7	30.2	11	21	32	12	45×3.1	M10×35	PFE-30/31/32 进口，PFE-50/51/52 出口
WF-40	52	65	87	70	35.7	13.5	25	38	15	55×3.1	M12×40	PFE-40/41/42 进口，PFE-60/61 出口
WF-50	65.5	73	102	77.8	42.9	13.5	25	51	15	65×3.1	M12×40	PFE-50/51/52 进口
WF-65	78	87	110	89	50.8	13.5	25	63	15	75×3.1	M12×40	PFE-60/61 进口，PFED-40(41)30(31)进口
WF-75	93	107	132	106.4	62	17.5	30	75	18	95×3.1	M16×45	PFED-50(51)40(41)进口

注：WF-※，其中 WF 表示法兰盘，※表示通径。

6.5.2.6 YBX 型限压式变量叶片泵

型号意义：

YBX- ※ ※ ※ (V3)

限压式变量叶片泵 —— YBX

压力等级：省略 —6.3MPa；D—10MPa

排量(mL/r)

安装方式：省略 —法兰安装；B—板式安装；J—低脚安装

可与“V3”泵互换

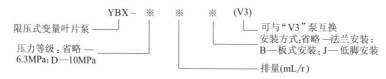

表 20-6-43 YBX 型限压式变量叶片泵技术规格

型号	排量 /mL·r^{-1}	压力/MPa		转速/r·min^{-1}		效率/%		驱动功率 /kW	质量 /kg
		额定	最高	额定	最高	容积	总效率		
YBX-16	16	6.3	7	1450	1800	88	72	3	10
YBX-16B									9
YBX-16J									—
YBX-25	25							4	19.5
YBX-25B									19
YBX-25J									—
YBX-40	40							7.5	22
YBX-40B									23
YBX-40J	63							9.8	55
YBX-D10(V3)	10	10	10					3	6.25
YBX-D20(V3)	20							5	11
YBX-D20(V3)									
YBX-D32(V3)	32							7	26
YBX-D32(V3)									
YBX-D50(V3)	50							10	30
YBX-D50(V3)									

表 20-6-44　　YBX-16J、YBX-25J 型限压式变量泵（底脚安装）外形尺寸　　mm

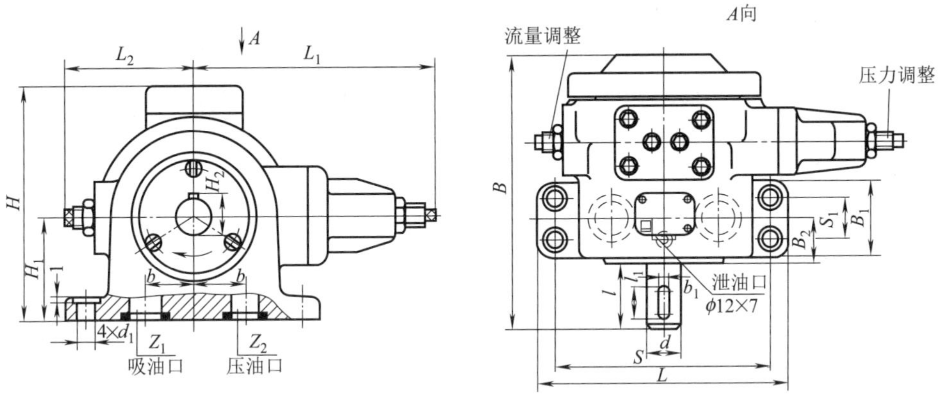

型号	L	L_1	L_2	l	l_1	B	B_1	B_2	H	H_1	H_2	d	d_1	b	b_1	S	S_1	Z_1	Z_2
YBX-16J	167	132	96	35	20	140	45	25	129	54	21.5D6	ϕ20	ϕ11	25	4×d4	120	25	ϕ30×ϕ20	ϕ30×ϕ18
YBX-25J	206	164	108	50	25	188	58	32	170	75	28D6	ϕ25	ϕ13	38	8×d4	160	30	ϕ35×ϕ25	ϕ30×ϕ20

表 20-6-45　　YBX-16J、YBX-25J 型限压式变量泵（法兰安装）外形尺寸　　mm

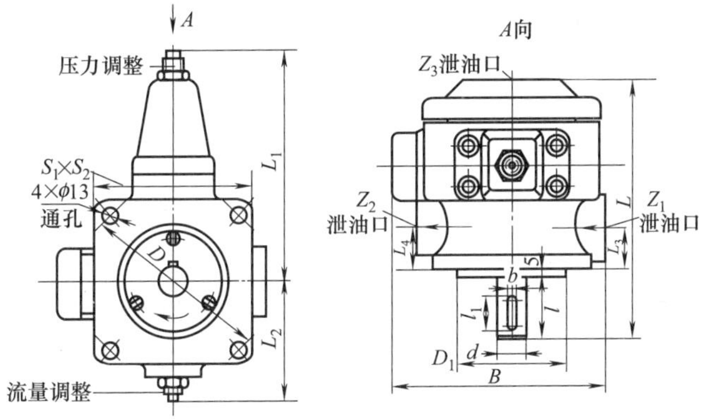

型号	L	L_1	L_2	L_3	L_4	l	l_1	B	h	D	D_1	d	b	Z_1	Z_2	Z_3
YBX-16J	165	132	105	29.5	25	35	20	135	21.5	ϕ127.3	ϕ100f7	ϕ20h6	4	M33×2	M27×2	M10×1
YBX-25J	206	164	108	35	35	50	25	170	28	ϕ150	ϕ90f7	ϕ25h6	8	R_c1	$R_c3/4$	$R_c1/8$

表 20-6-46　　YBX-25、YBX-40 型限压式变量泵（法兰安装）外形尺寸　　mm

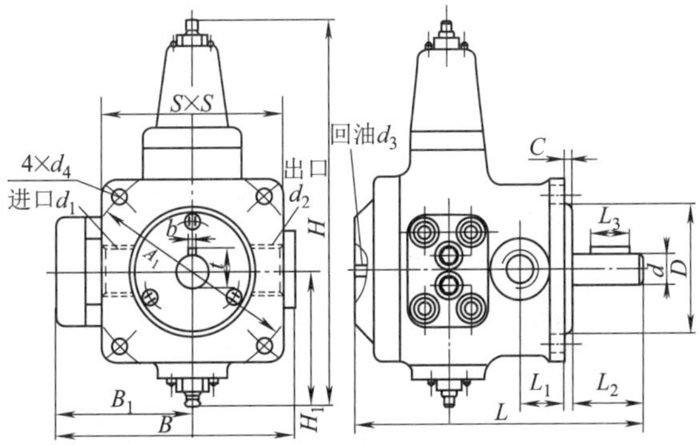

续表

型号	L	L_1	L_2	L_3	H	H_1	S	B	B_1	A_1
YBX-25	206	35	50	25	302	118	130	170	95	ϕ150
YBX-40	225	36	50	25	323	143	145	188	106.5	115×115

型号	D	t	d	d_1	d_2	d_3	d_4	b	c
YBX-25	ϕ90d	28	ϕ25d	M33×2	M27×2	G1/8	ϕ13	8	5
YBX-40	ϕ125d	33	ϕ30D	M42×2	M33×2	G1/4	ϕ13	8	5

表 20-6-47　　YBX-25B、YBX-40B 型限压式变量泵（底脚安装）外形尺寸　　mm

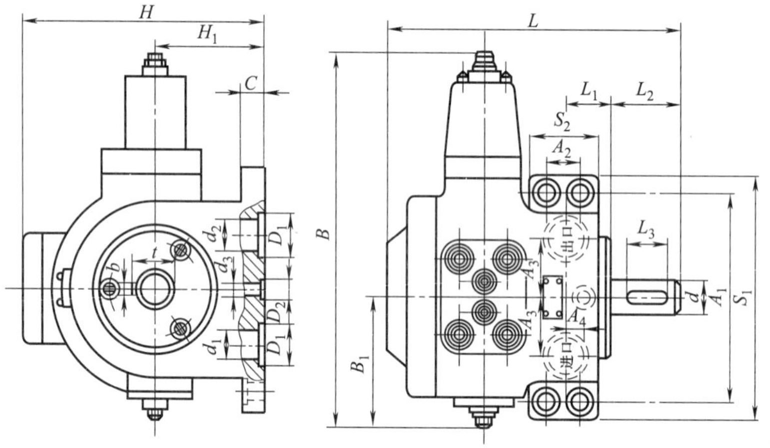

型号	L	L_1	L_2	L_3	H	H_1	C	B	B_1	A_1	A_2	A_3
YBX-25B	204	32	50	25	170	75	17	275	108	160	30	38
YBX-40B	220	36	50	25	198	94	20	316	176	178	32	44.5

型号	A_4	S_1	S_2	d	d_1	d_2	d_3	D_1	D_2	t	b
YBX-25B	15	188	58	ϕ25d	ϕ25	ϕ20	ϕ7	ϕ35	ϕ12	28	8
YBX-40B	8	208	62	ϕ30d	ϕ32	ϕ25	ϕ10	ϕ40	ϕ16	33	8

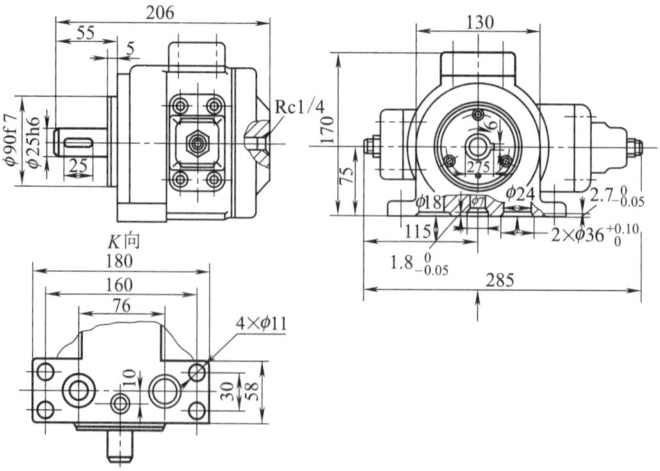

图 20-6-4　YBX-25J 型限压式变量泵（底脚安装）外形

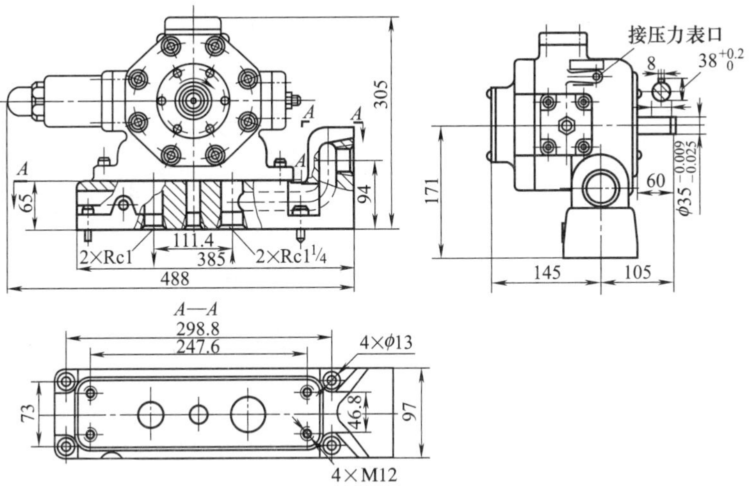

图 20-6-5　YBX-63J 型限压式变量泵（底脚安装）外形

表 20-6-48　　YBX 型变量叶片泵外形尺寸　　mm

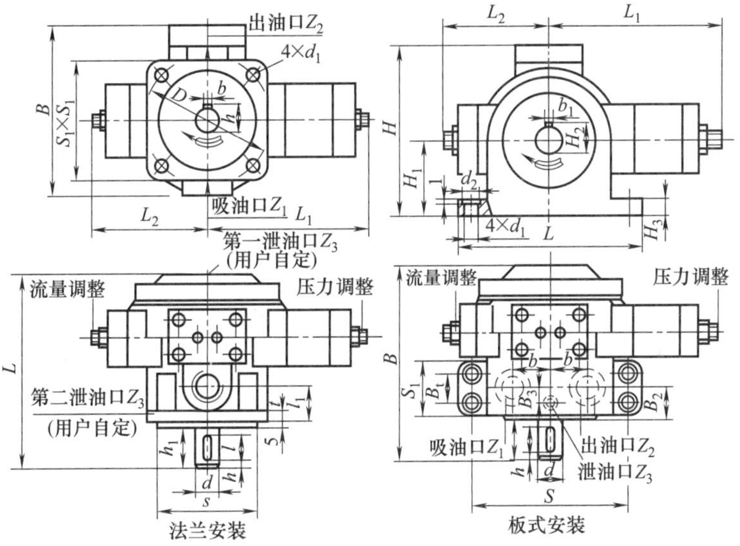

型号	L	L_1	L_2	l	l_1	B	b	h	h_1	S	S_1	D	d
YBX-16	165	132	105	20	29	139	4H9	21.5	35	ϕ100f8	118	ϕ127.3	ϕ20h6
YBX-25	206	164	108	25	40	170	8H9	28	50	ϕ90f8	130	ϕ150	ϕ25h6
YBX-40	208	185	130	25	41	190	8H9	33	50	ϕ125f8	145	ϕ162.6	ϕ30h6

型号	d_1	Z_1	Z_2	Z_3	L	L_1	L_2	l	l_1	l_2	B	B_1	B_2	B_3	b
YBX-16	ϕ13	M33×2	M27×2	M10×1	140	138	102	35	20	5	140	45	25	0	25
YBX-25	ϕ13	M33×2	M27×2	M10×1	188	161	114	50	25	8	188	58	32	15	38
YBX-40	ϕ13	M42×2	M33×2	M14×1.5	208	185	130	50	25	8	208	62	36	15	44.5

型号	b_1	H	H_1	H_2	H_3	d	d_1	d_2	S	S_1	Z_1	Z_2	Z_3
YBX-16	4H9	133	54	21.5	15	ϕ20h6	ϕ11	ϕ18	120	25	ϕ30×ϕ20	ϕ30×ϕ18	ϕ13×ϕ7
YBX-25	8H9	170	75	28	20	ϕ25h6	ϕ13	ϕ20	160	30	ϕ35×ϕ25	ϕ35×ϕ20	ϕ13×ϕ7
YBX-40	8H9	199	94	33	20	ϕ30h6	ϕ13	ϕ20	178	32	ϕ40×ϕ32	ϕ40×ϕ25	ϕ16×ϕ10

第 20 篇

表 20-6-49　　YBX-25J、YBX-40J 型变量叶片泵（底脚安装）外形　　mm

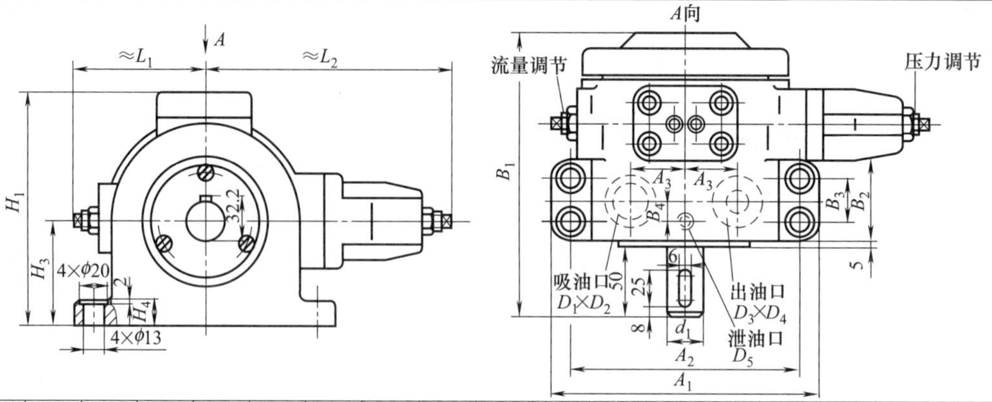

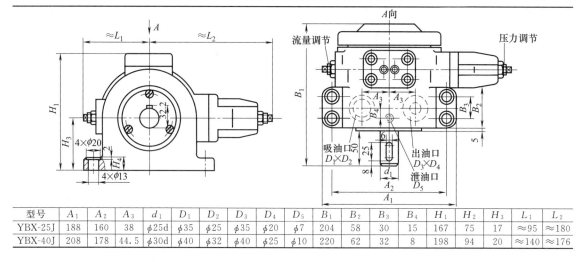

型号	A_1	A_2	A_3	d_1	D_1	D_2	D_3	D_4	D_5	B_1	B_2	B_3	B_4	H_1	H_2	H_3	L_1	L_2
YBX-25J	188	160	38	φ25d	φ35	φ25	φ35	φ20	φ7	204	58	30	15	167	75	17	≈95	≈180
YBX-40J	208	178	44.5	φ30d	φ40	φ32	φ40	φ25	φ10	220	62	32	8	198	94	20	≈140	≈176

6.5.2.7　V4 型变量叶片泵

型号意义：

单泵：V4 － 10 / ※R ※ 01 ※ ※ ※ ※ 1

- V4 型变量叶片泵
- 设计序号(10～19系列安装尺寸、连接尺寸相同)
- 排量(mL/r)
- A—单出轴；D—双出轴
- 工作介质：M—矿物质液压油；V—磷酸酯液
- 控制形式：CO—标准压力调节器；SO—锁定式标准压力调节器；D—液压远程压力调节；W—电器 液压远程二级压力调节；E—电液比例压力调节；N—机械式流量调节；J—电液比例流量调节；T—机械式流量调节和液压远程压力调节；R—电液比例流量调节和液压远程压力调节；F—电液比例压力式和电液比例流量式远程调节；L—功率调节
- 零位位移压力：06—6.3MPa；10—10MPa；16—16MPa
- N—最大流量不可调式(无调节螺钉)；A—最大流量可调式(有调节螺钉)

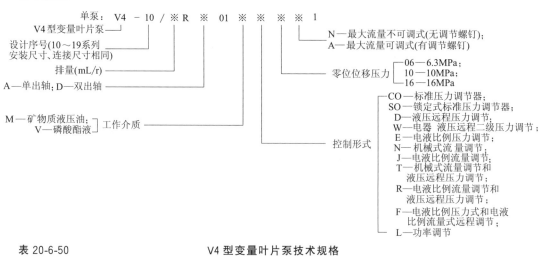

表 20-6-50　　V4 型变量叶片泵技术规格

型　号		V4-10/20	V4-10/32	V4-10/50	V4-10/80	V4-10/125
排量/mL·r^{-1}		20	32	50	80	125
转速范围/r·min^{-1}		750～2000	1000～1800			
工作压力/MPa	排油口	16				
	吸油口	－0.02～0.15				
	漏油口	0.2				
压力/MPa	公称值	6.3				6.3
	最佳调节值	1.5～6.3				2.5～6.3
	公称值	10				
	最佳调节值	4～10				
	公称值	16				
	最佳调节值	6.3～16				
油温范围/℃		－10～70				
过滤精度/μm		25				
质量/kg		23.5	31	42.8	56	98

表 20-6-51 **V4 型变量叶片泵外形尺寸** mm

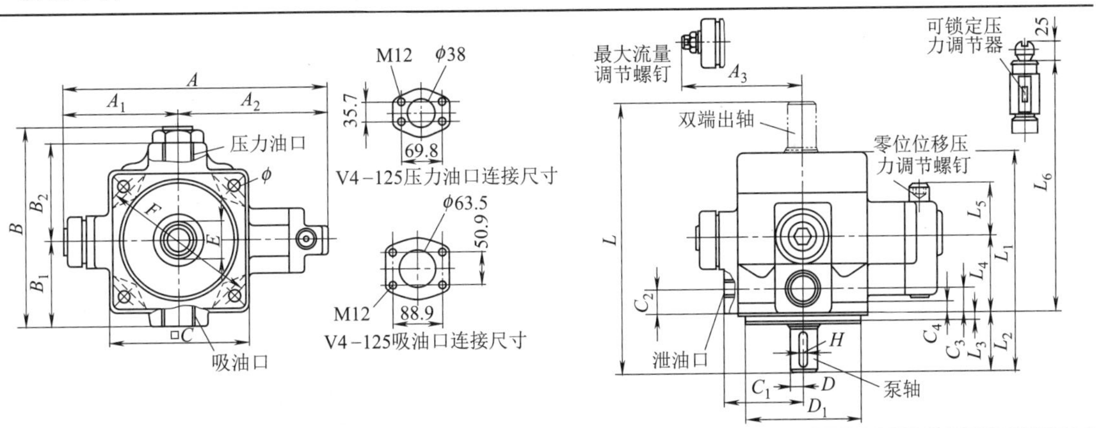

规格	A	A_1	A_2	A_3	B	B_1	B_2	C	C_1	C_2	C_3	C_4	D	D_1	E	F	H	L	L_1	L_2	L_3	L_4	L_5	L_6	ϕ
20	280	129	151	149	178	79	99	120	100	17	28	11	28	100	30.9	125	8	259	215	52	9	82	73	250	12
32	292	130	162	147	211	93	108	152	83	21	32	12	32	125	35.3	160	10	309	238	69	10	86	73	254	14
50	335	141	172	163	221	92	115	150	77	17.5	36.5	12.5	38	125	41	160	10	342	283	68	9	108	82	269	14
80	351	—	184	167	237	104	123	180	108	33	42.5	16	38	160	41.3	200	10	368	289	68	9	114	82	285	18
125	465	—	252	213	293	118	130	224	156	39	57	25	50	200	53.5	250	14	456	375.5	92.5	9	144	65	298	22

表 20-6-52 **V4 型双联变量叶片泵外形尺寸** mm

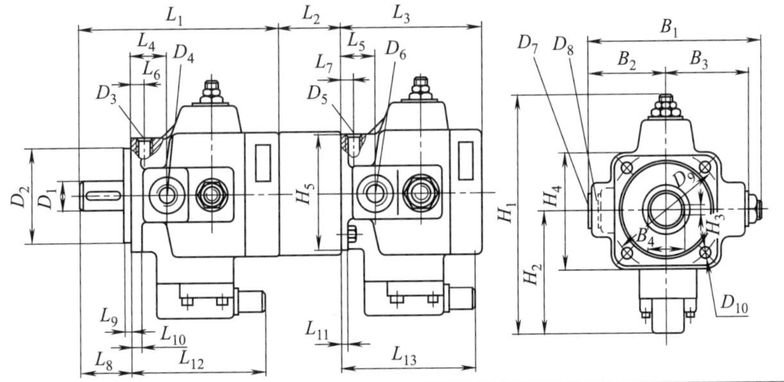

规格	L_1	L_2	L_3	L_4	L_5	L_6	L_7	L_8	L_9	L_{10}	L_{11}	L_{12}	L_{13}	D_1	D_2	D_3
V4-20/20	209.5	82	173	28	28	17	17	52	9	11	11	155	155	28	100	G3/8
V4-32/20	242	82	173	32	28	21	17	69	10	12	11	159	155	32	125	G3/8
V4-32/32	242	82	179	32	32	21	21	69	10	12	12	159	159	32	125	G3/8
V4-50/20	277	82	173	36.5	28	17.5	17	68	9	12.5	11	190	155	38	125	G3/8
V4-50/32	277	82	179	36.5	32	17.5	21	68	9	12.5	12	190	159	38	125	G3/8
V4-50/50	277	82	244	36.5	36.5	17.5	17.5	68	9	12.5	12.5	190	190	38	125	G3/8
V4-80/20	302	82	173	42.5	28	33	17	68	9	16	11	196	155	42	160	G1/2
V4-80/32	302	82	179	42.5	32	33	21	68	9	16	12	196	159	42	160	G1/2
V4-80/50	302	82	244	42.5	36.5	33	17.5	68	9	16	12.5	196	190	42	160	G1/2
V4-80/80	302	82	231	42.5	42.5	33	33	68	9	16	16	196	196	42	160	G1/2
V4-125/20	365	82	173	57	28	39	17	92.5	9	25	11	209	155	50	200	G1
V4-125/32	365	82	179	57	32	39	21	92.5	9	25	12	209	159	50	200	G1
V4-125/50	365	82	224	57	36.5	39	17.5	92.5	9	25	12.5	209	190	50	200	G1
V4-125/80	365	82	231	57	42.5	39	33	92.5	9	25	16	209	196	50	200	G1
V4-125/125	365	82	293	57	57	39	39	92.5	9	25	25	209	209	50	200	G1

续表

规格	D_4	D_5	D_6	D_7	D_8	D_9	D_{10}	B_1	B_2	B_3	B_4	H_1	H_2	H_3	H_4	H_5
V4-20/20	G1/2	G3/8	G1/2	G1	G1	125	12	178	79	99	30.9	300	151	8	120	120
V4-32/20	G3/4	G3/8	G1½	G1¼	G1	160	14	211	93	108	35.3	309	162	10	152	120
V4-32/32	G3/4	G3/8	G3/4	G1¼	G1¼	160	14	211	93	108	35.3	309	162	10	152	152
V4-50/20	G1	G3/8	G1/2	G1½	G1	160	14	221	92	115	41	335	172	10	150	120
V4-50/32	G1	G3/8	G3/4	G1½	G1¼	160	14	221	92	115	41	335	172	10	150	152
V4-50/50	G1	G3/8	G1	G1½	G1½	160	14	221	92	115	41	335	172	10	150	150
V4-80/20	G1¼	G3/8	G1/2	G1½	G1	200	18	237	104	123	45.1	351	184	12	180	120
V4-80/32	G1¼	G3/8	G3/4	G1½	G1¼	200	18	237	104	123	45.1	351	184	12	180	152
V4-80/50	G1¼	G3/8	G1	G1½	G1½	200	18	237	104	123	45.1	351	184	12	180	150
V4-80/80	G1¼	G1/2	G1¼	G1½	G1½	200	18	237	104	123	45.1	351	184	12	180	180
V4-125/20	法兰式	G3/8	G1/2	法兰式	G1	250	22	293	118	130	53.5	465	252	14	224	120
V4-125/32	法兰式	G3/8	G3/4	法兰式	G1¼	250	22	293	118	130	53.5	465	252	14	224	152
V4-125/50	法兰式	G3/8	G1	法兰式	G1½	250	22	293	118	130	53.5	465	252	14	224	150
V4-125/80	法兰式	G1/2	G1¼	法兰式	G1½	250	22	293	118	130	53.5	465	252	14	224	180
V4-125/125	法兰式	G1	法兰式	法兰式	法兰式	250	22	293	118	130	53.5	465	252	14	224	224

6.6 柱塞泵产品

6.6.1 柱塞泵的工作原理及主要结构特点

柱塞泵是通过柱塞在柱塞孔内往复运动时密封工作容积的变化来实现吸油和排油的。柱塞泵的特点是泄漏小、容积效率高，可以在高压下工作。按照柱塞的运动形式可分为轴向柱塞泵和径向柱塞泵。轴向柱塞泵可分为斜盘式和斜轴式两大类。

表 20-6-53 柱塞泵工作原理及结构

斜盘式柱塞泵	工作原理	如图(a)所示斜盘 3 和配流盘 6 不动，传动轴 1 带动缸体 5、柱塞 4 一起转动。传动轴旋转时，柱塞 4 在其沿斜盘自下而上回转的半周内逐渐向缸体外伸出，使缸体孔内密封工作腔容积不断增加，油液经配流盘 6 上的配油窗口 a 吸入。柱塞在其自上而下回转的半周内又逐渐向里推入，使密封工作腔容积不断减小，将油液从配油盘窗口 b 向外排出。缸体每转一转，每个柱塞往复运动一次，完成一次吸排油动作。改变斜盘的倾角，就可以改变密封工作容积的有效变化量，实现泵的变量 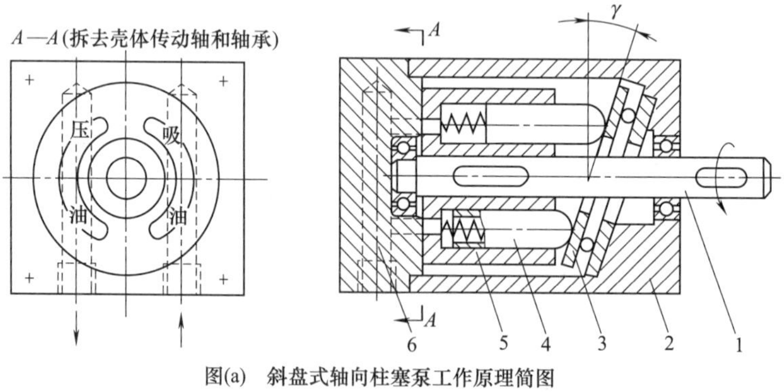 图(a) 斜盘式轴向柱塞泵工作原理简图 1—传动轴；2—壳体；3—斜盘；4—柱塞；5—缸体；6—配流盘
	变量机构	柱塞泵的排量是斜盘倾角的函数，改变斜盘倾角 γ，就可改变轴向柱塞泵的排量，从而达到改变泵的输出流量。用来改变斜盘倾角的机械装置称为变量机构。这种变量机构按控制方式分有手动控制、液压伺服控制和手动伺服控制等；按控制目的分有恒压控制、恒流量控制和恒功率控制等多种，下面以手动变量机构为例来说明其工作原理 如图(b)所示手动伺服变量机构，斜盘 3 通过拨叉机构与活塞 4 下端铰接，利用活塞 4 的上下移动来改变斜盘倾角 γ。变量机构由壳体 5、活塞 4 和伺服阀 1 组成。当用手柄使伺服阀芯 1 向下移动时，上面的进油阀口打开，活塞也向下移动，球铰 2 移动时又使伺服阀上的阀口关闭，最终使活塞 4 自身停止运动。同理，当手柄使伺服阀芯 1 向上移动时，变量活塞向上移动

续表

斜盘式柱塞泵	变量机构	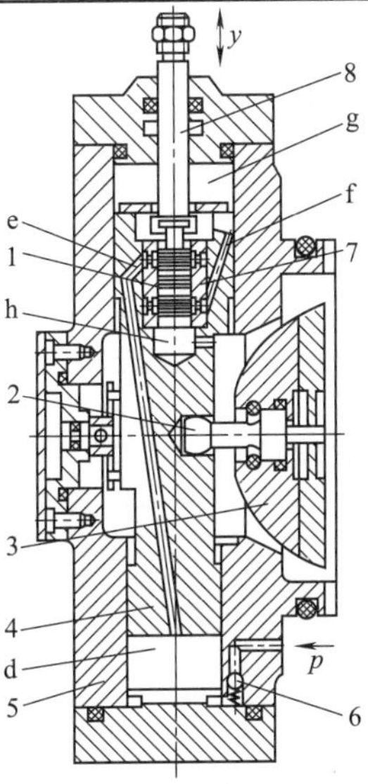 图(b) 手动伺服变量机构 1—变量阀芯；2—球铰；3—斜盘；4—变量活塞；5—壳体；6—单向阀；7—阀套；8—拉杆
斜轴式柱塞泵		这种轴向柱塞泵的传动轴中心线与缸体中心线倾斜一个角度，故称斜轴式轴向柱塞泵。目前应用比较广泛的是无铰斜轴式柱塞泵。该泵的工作原理如图(c)所示。当传动轴 1 转动时，通过连杆 2 的侧面和柱塞 3 的内壁接触带动缸体 4 转动。同时柱塞在缸体的柱塞孔中作往复运动，实现吸油和压油。其排量公式与直轴式轴向柱塞泵相同 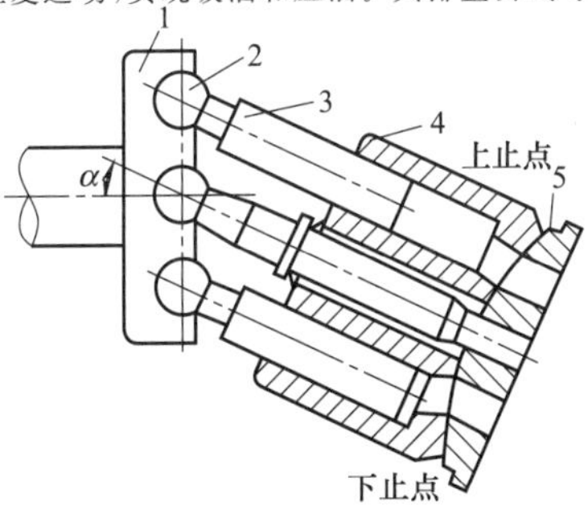 图(c) 无铰斜轴式柱塞泵 1—主轴；2—连杆；3—柱塞；4—缸体；5—配流盘
径向柱塞泵		径向柱塞泵径向尺寸大，结构较复杂，自吸能力差，但它的容积效率和机械效率都比较高 如图(d)所示，转子 2 的中心与定子 1 的中心之间有一个偏心量 e。在固定不动的配流轴 4 上，相对于柱塞孔的部位有相互隔开的上下两个配流窗口，该配流窗口又分别通过所在部位的两个轴向孔与泵的吸、排油口连通，当转子 2 按图示箭头方向旋转时，上半周的柱塞皆往外滑动，通过轴向孔吸油；下半周的柱塞皆往里滑动，通过配流盘向外排油。当移动定子，改变偏心量 e 的大小时，泵的排量就发生改变；因此，径向柱塞泵可以是双向变量泵(泵的吸油口和排油口可互换) 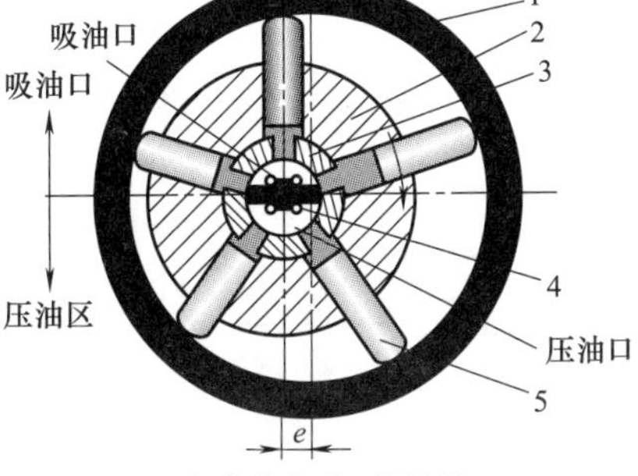 图(d) 径向柱塞泵工作原理 1—定子；2—转子(缸体)；3—轴套；4—配流轴；5—柱塞

6.6.2 柱塞泵的拆装方法和注意事项

表 20-6-54 CY14-1B 轴向柱塞泵的拆装方法和注意事项

装配顺序	①装配传动轴部件。将两只小轴承、内外隔圈固装于传动轴轴颈部位，并用弹性挡圈锁牢 ②传动轴与外壳体(泵体)的装配。在检查好外壳体端面，特别是与配流盘接合盘面的平面度、表面粗糙度后，将传动轴部件装入外壳孔中、要求轴转动时对壳体内端面跳动量不大于 0.02mm，然后，壳体外端面再装上油封小压盖，并用垫片调整轴向间隙在 0.07mm 左右 ③对接外壳体与中壳体，使传动轴伸出端向下，竖直安放外壳体，并用圆环物或高垫块垫置稳固。用螺钉对接两壳体时，要注意大、小密封圈的完好，尤其不能遗失掉压力控制油道接口处的小密封圈，滚柱轴承外圈压入中壳体孔中 ④安放配流盘。要注意配流盘盘面缺口槽对应的定位销位置 ⑤安放缸体。缸体上镶有的钢套就是滚柱轴承的内圈，与滚柱及保持架已组装为一整体。安放缸体时，应先用两只吊装螺钉旋入缸体的有关螺孔中，手抓吊装螺钉，转动缸体，使其进入中壳体(泵壳)内的轴承外圈孔中，安放到位，即缸体端面与配流盘接触后，转动缸体，使缸体另一端面跳动在 0.02mm 以内 ⑥依次装入中心外套、中心弹簧、内套及钢球 ⑦将柱塞、滑靴组按顺序置于回程盘上，然后垂直地把柱塞对号放入缸体孔内 ⑧压力补偿变量机构的装配
拆装时注意事项	首先应将所有待装配零件、部件全面检查一次，看各部毛刺、飞边是否均已清除，是否划伤、碰磕损坏，各配合表面是否达到精度，特别是配流盘与泵壳端面及缸体端面的接触处。此外，柱塞与滑靴的配合轴向间隙为 0.05mm 左右，检查时要感到运转灵活而不松动。各零部件在装配前均要仔细清洗，严防杂质、污物及织物、毛头混入

6.6.3 柱塞泵产品

6.6.3.1 柱塞泵产品技术参数概览

表 20-6-55 柱塞泵产品技术参数概览

类别	型号	排量 /mL·r⁻¹	压力/MPa		转速/r·min⁻¹		变量形式
			额定	最高	额定	最高	
斜盘式轴向柱塞泵	2.5※CY14-1B	3.49	31.5	40	3000	—	手动变量
	10※CY14-1B	10.5	31.5	46	1500	3000	恒功率变量
	25※CY14-1B	26.6	31.5	40	1500	3000	手动伺服变量
	40※CY14-1B	40.0	25	31.5	1500	3000	恒压变量
	63※CY14-1B	66.0	31.5	40	1500	2000	液控变量
	80※CY14-1B	84.9	25	31.5	1500	2000	电动变量
	160※CY14-1B	164.7	31.5	40	1000	1500	阀控恒功率变量
	250※CY14-1B	254	31.5	40	1000	1500	电液比例变量
	ZB※9.5	9.5	21	28	1500	3000	ZB(定量泵)
	ZB※40	40				2500	ZBSV(手动伺服)
	ZB※75	75				2000	ZBY(液控变量)
	ZB※160	160				2000	ZBP(恒压变量)
	ZB※227	227				2000	ZBN(恒功率变量)
斜轴式轴向柱塞泵	A2F	9.4～500	35	40	—	5000	定量泵
	A6V	28.1～500	35	40	—	4750	手动变量 液控变量 高压自动变量

续表

类别	型号	排量/mL·r⁻¹	压力/MPa		转速/r·min⁻¹		变量形式
			额定	最高	额定	最高	
斜轴式轴向柱塞泵	A7V	20～500	25	40	—	4750	恒功率变量 恒压变量 液压控制变量 手动变量
	A2V	28.1～225	32	40		4750	变量泵
径向柱塞泵	JB-G	57～121	25	31.5	1000	1500	
	JB-H	17.6～35.5	31.5	40	1000	1500	
	BFW01	26.6	20		1500		

6.6.3.2 CY14-1B型斜盘式轴向柱塞泵

型号意义：

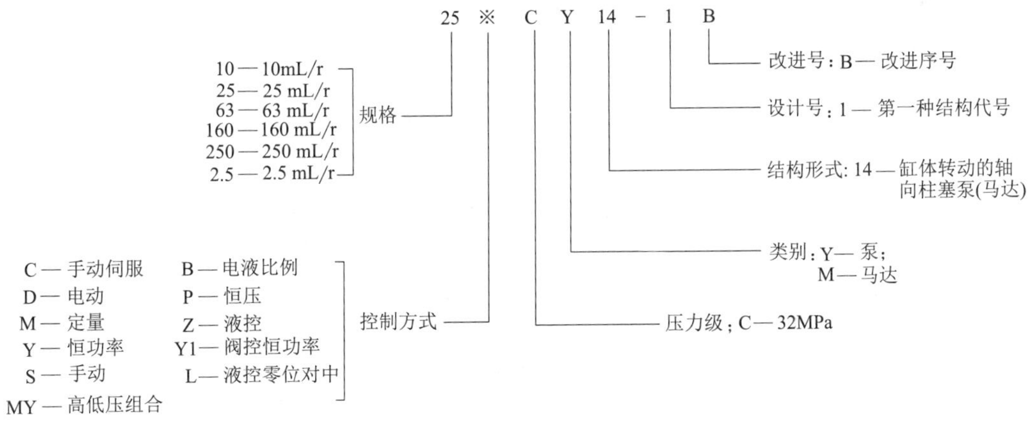

表 20-6-56 CY14-1B型斜盘式轴向柱塞泵技术规格

型号	公称压力/MPa	公称排量/mL·r⁻¹	额定转速/r·min⁻¹	公称流量(1000r/min时)/L·min⁻¹	1000r/min时的功率/kW	最大理论转矩/N·m	质量/kg
2.5※CY14-1B	32	2.5	3000	2.5	1.43		4.5～7.2
10※CY14-1B		10	1500	10	5.5		16.1～24.9
25※CY14-1B		25	1500	25	13.7		28.2～41
63※CY14-1B		63	1500	63	34.5		56～74
63※CY14-1B		63	1500	63	59		67
160※CY14-1B		160	1000	160	89.1		138～168
250※CY14-1B		250	1000	250	136.6		约 227
400※CY14-1B	21	400	1000	400	138		230

注：“※”表示型号意义中除B、Y以外的所有变量形式。

表 20-6-57　　**CY14-1B 型柱塞泵外形尺寸**　　mm

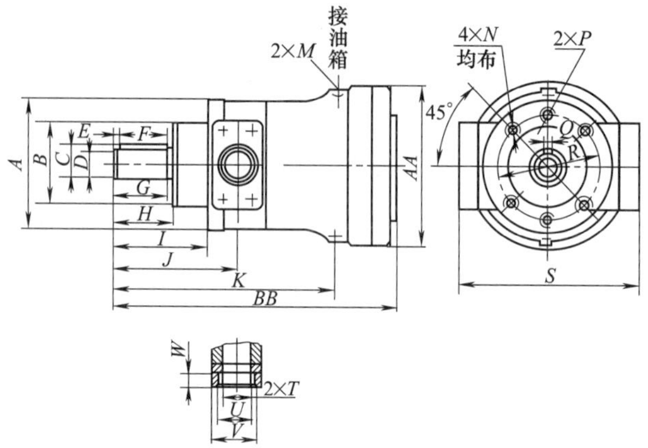

图(a)　MCY14-1B型

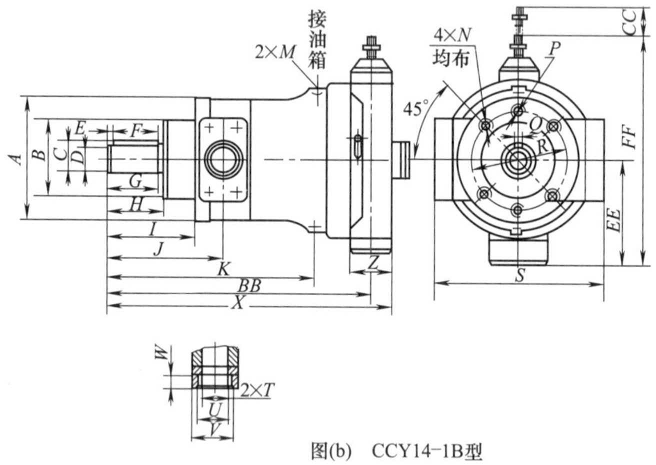

图(b)　CCY14-1B型

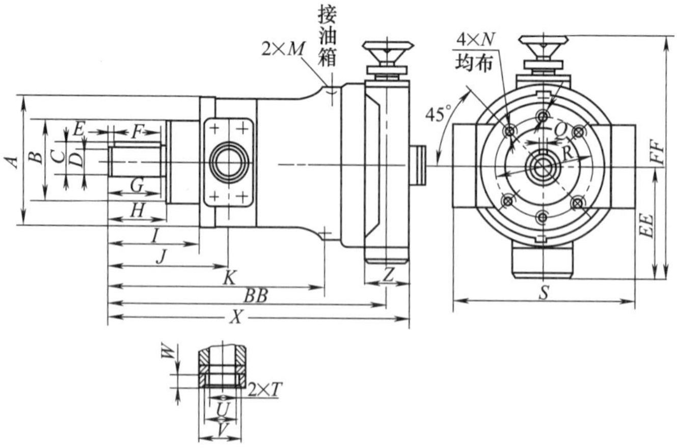

图(c)　SCY14-1B型

续表

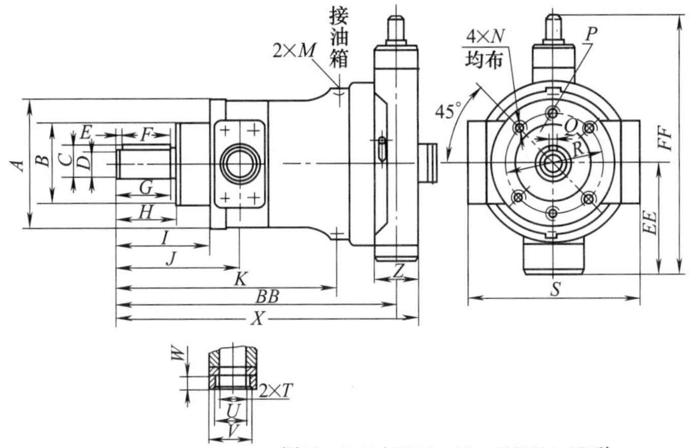

图(d)　MY/CY14—1B、YCY14-1B型

<table>
<tr><td>规格</td><td>2.5</td><td colspan="3">10</td><td colspan="3">25</td><td colspan="3">63</td><td colspan="2">160</td><td colspan="3">250</td><td colspan="3">400</td></tr>
<tr><td>A</td><td>79</td><td colspan="3">125</td><td colspan="3">150</td><td colspan="3">190</td><td colspan="2">240</td><td colspan="3">280</td><td colspan="3">280</td></tr>
<tr><td>B</td><td>52f9</td><td colspan="3">75f9</td><td colspan="3">100f9</td><td colspan="3">120f9</td><td colspan="2">150f9</td><td colspan="3">180f9</td><td colspan="3">180f9</td></tr>
<tr><td>C</td><td>15.8</td><td colspan="3">27.5</td><td colspan="3">32.5</td><td colspan="3">42.8</td><td colspan="2">58.5</td><td colspan="3">63.9</td><td colspan="3">63.9</td></tr>
<tr><td>D</td><td>14h6</td><td colspan="3">25h6</td><td colspan="3">30h6</td><td colspan="3">40h6</td><td colspan="2">55h6</td><td colspan="3">60h6</td><td colspan="3">60h6</td></tr>
<tr><td>E</td><td>3</td><td colspan="3">4</td><td colspan="3">4</td><td colspan="3">4</td><td colspan="2">4</td><td colspan="3">5</td><td colspan="3">5</td></tr>
<tr><td>F</td><td>20</td><td colspan="3">30</td><td colspan="3">45</td><td colspan="3">50</td><td colspan="2">100</td><td colspan="3">100</td><td colspan="3">100</td></tr>
<tr><td>G</td><td>25</td><td colspan="3">40</td><td colspan="3">52</td><td colspan="3">60</td><td colspan="2">108</td><td colspan="3">110</td><td colspan="3">110</td></tr>
<tr><td>H</td><td>26</td><td colspan="3">41</td><td colspan="3">54</td><td colspan="3">62</td><td colspan="2">110</td><td colspan="3">110</td><td colspan="3">110</td></tr>
<tr><td>I</td><td>62</td><td colspan="3">86</td><td colspan="3">104</td><td colspan="3">122</td><td colspan="2">178</td><td colspan="3">212</td><td colspan="3">212</td></tr>
<tr><td>J</td><td>77</td><td colspan="3">109</td><td colspan="3">134</td><td colspan="3">157</td><td colspan="2">228</td><td colspan="3">272</td><td colspan="3">277</td></tr>
<tr><td>K</td><td>119</td><td colspan="3">194</td><td colspan="3">246</td><td colspan="3">300</td><td colspan="2">420</td><td colspan="3">502</td><td colspan="3">502</td></tr>
<tr><td>M</td><td>M10×1-7H</td><td colspan="3">M14X1.5-7×H</td><td colspan="3">M14×1.5-7H</td><td colspan="3">M18×1.5-7H</td><td colspan="2">M22×1.5-7H</td><td colspan="3">M22×1.5-7H</td><td colspan="3">M22×1.5-7H</td></tr>
<tr><td>N</td><td>M17-7H</td><td colspan="3">M10-7H</td><td colspan="3">M10-7H</td><td colspan="3">M12-7H</td><td colspan="2">M16-7H</td><td colspan="3">M20-7H</td><td colspan="3">M20-7H</td></tr>
<tr><td>P</td><td>—</td><td colspan="3">—</td><td colspan="3">—</td><td colspan="3">—</td><td colspan="2">M16-7H</td><td colspan="3">M20-7H</td><td colspan="3">M20-7H</td></tr>
<tr><td>Q</td><td>5h9</td><td colspan="3">8h9</td><td colspan="3">8h9</td><td colspan="3">12h9</td><td colspan="2">16h9</td><td colspan="3">18h9</td><td colspan="3">18h9</td></tr>
<tr><td>R</td><td>80</td><td colspan="3">100</td><td colspan="3">125</td><td colspan="3">155</td><td colspan="2">198</td><td colspan="3">230</td><td colspan="3">230</td></tr>
<tr><td>S</td><td>84</td><td colspan="3">142</td><td colspan="3">172</td><td colspan="3">200</td><td colspan="2">340</td><td colspan="3">420</td><td colspan="3">420</td></tr>
<tr><td>T</td><td>M18×1.5-7H</td><td colspan="3">M22×1.5-7H</td><td colspan="3">M33×1.5-7H</td><td colspan="3">M42×1.5-7H</td><td colspan="2">50</td><td colspan="3">55</td><td colspan="3">65</td></tr>
<tr><td>U</td><td>—</td><td colspan="3">—</td><td colspan="3">—</td><td colspan="3">—</td><td colspan="2">64</td><td colspan="3">76</td><td colspan="3">76</td></tr>
<tr><td>V</td><td>—</td><td colspan="3">—</td><td colspan="3">—</td><td colspan="3">—</td><td colspan="2">90</td><td colspan="3">110</td><td colspan="3">110</td></tr>
<tr><td>W</td><td>—</td><td colspan="3">—</td><td colspan="3">—</td><td colspan="3">—</td><td colspan="2">25</td><td colspan="3">25</td><td colspan="3">25</td></tr>
<tr><td>X</td><td>—</td><td colspan="3">294</td><td colspan="3">362</td><td colspan="3">439</td><td colspan="2">589</td><td colspan="3">690</td><td colspan="3">700</td></tr>
<tr><td>Z</td><td>—</td><td colspan="3">50</td><td colspan="3">66</td><td colspan="3">74</td><td colspan="2">100</td><td colspan="3">100</td><td colspan="3">100</td></tr>
<tr><td>AA</td><td>92</td><td colspan="3">150</td><td colspan="3">170</td><td colspan="3">225</td><td colspan="2">300</td><td colspan="3">360</td><td colspan="3">360</td></tr>
<tr><td>BB</td><td>171</td><td colspan="3">253</td><td colspan="3">308</td><td colspan="3">385</td><td colspan="2">525</td><td colspan="3">622</td><td colspan="3">622</td></tr>
<tr><td>CC</td><td>—</td><td colspan="3">23.4</td><td colspan="3">34</td><td colspan="3">43.4</td><td colspan="2">42.8</td><td colspan="3">60</td><td colspan="3">60</td></tr>
<tr><td>DD</td><td>—</td><td colspan="3">M6-6g</td><td colspan="3">M17-6g</td><td colspan="3">M17-6g</td><td colspan="2">M17-6g</td><td colspan="3">M17-6g</td><td colspan="3">M17-6g</td></tr>
<tr><td>EE</td><td>—</td><td>98</td><td>97</td><td>130</td><td>102</td><td>127</td><td>159</td><td>130</td><td>146</td><td>180</td><td>167</td><td>178</td><td>210</td><td>203</td><td>215</td><td>210</td><td>203</td><td>215</td></tr>
<tr><td>FF</td><td>—</td><td>231</td><td>289</td><td>287</td><td>263</td><td>352</td><td>339</td><td>306</td><td>406</td><td>377</td><td>405</td><td>453</td><td>458</td><td>465</td><td>525</td><td>458</td><td>465</td><td>525</td></tr>
<tr><td colspan="2">变量形式</td><td>C</td><td>S</td><td>Y</td><td>C</td><td>S</td><td>Y</td><td>C</td><td>S</td><td>Y</td><td>C</td><td>S</td><td>MY</td><td>S</td><td>Y</td><td>C</td><td>S</td><td>Y</td></tr>
</table>

注：其他变量形式的柱塞泵安装、连接尺寸与同一排量定量泵相同。

第
20
篇

6.6.3.3　A2F 型柱塞泵

型号意义：

A2F ※ ※ ※ ※ ※

- 斜轴式轴向柱塞泵
- 排量
- 旋转方向(从轴端看)：R—顺时针；L—逆时针；W—双向(不适用于开式回路中的泵)
- 结构形式：1、2、3、4、5、6.1
- 轴伸形式：P—平键(GB/T 1096—2003)；Z—花键(DIN5480)；S—花键(GB/T 3478.1—2008)
- 后盖形式：1、2、3、4、5、6

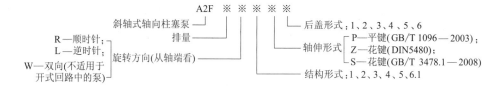

表 20-6-58　　A2F 型斜轴式轴向柱塞泵技术规格

型号	排量 /mL·r⁻¹	压力 /MPa		最高转速 /r·min⁻¹		最大功率 /kW		额定转矩 /N·m	转动惯量 /kg·m²	驱动功率 /kW	质量 /kg
		额定	最高	闭式	开式	闭式	开式				
A2F10	9.4			7500	5000	41	26.6	52.5	0.0004	7.9	5.5
A2F12	11.6			6000	4000	41	26.3	64.5	0.0004	9.8	5.5
A2F23	22.7			5600	4000	74	53	126	0.0017	19	12.5
A2F28	28.1			4750	3000	78	49	156	0.0017	24	12.5
A2F40	40	35	40	3750	2500	87	55	225	—	—	23
A2F45	44.3			4500	3000	98	75	246	0.0052	38	23
A2F55	54.8			3750	2500	120	78	305	0.0052	46	23
A2F63	63			4000	2700	147	96	350	0.0109	53	33
A2F80	80			3350	2240	156	102	446	0.0109	68	33
A2F87	86.5			3000	2500	151	123	480	0.0167	73	44
A2F107	107	35	40	3000	2000	187	121	594	0.0167	90	44
A2F125	125			3150	2240	230	159	693	0.0322	106	63
A2F160	160			2650	1750	247	159	889	0.0322	135	63
A2F200	200			2500	1800	292	210	1114	0.088	169	88
A2F250	250	35	40	2500	1500	365	218	1393	0.088	211	88
A2F355	355			2440	1320	464	273	1987	0.160	300	138
A2F500	500			2000	1200	583	340	2785	0.225	283	185
A2F12	12			6000	3150	42	22	67	0.0004	10	6
A2F23	22.9			4750	2500	63	33	127	0.0012	19	9.5
A2F28	2801			4750	2500	78	41	156	0.0012	24	9.5
A2F56	56.1			3750	2000	123	65	312	0.0042	47	18
A2F80	80.4			3350	1800	157	84	447	0.0072	68	23
A2F107	106.7			3000	1600	187	100	594	0.0116	90	32
A2F160	160.4	35	40	2650	1450	248	136	894	0.022	136	45
A2F16	16			6000	3150	56	30	89	0.0004	13	6
A2F32	32			4750	2500	88	46	178	0.0012	26	9.5
A2F45	15.6			4250	2240	113	59	254	0.0024	38	13.5
A2F63	63			3750	2000	137	74	350	0.0042	53	18
A2F90	90			3350	1800	176	95	500	0.0072	76	23
A2F125	125			3000	1600	219	116	696	0.0116	106	32
A2F180	180			2650	1450	178	152	1001	0.0220	152	45

表 20-6-59　A2F（10～160）型斜轴式柱塞泵/马达（结构 1～4）外形尺寸　mm

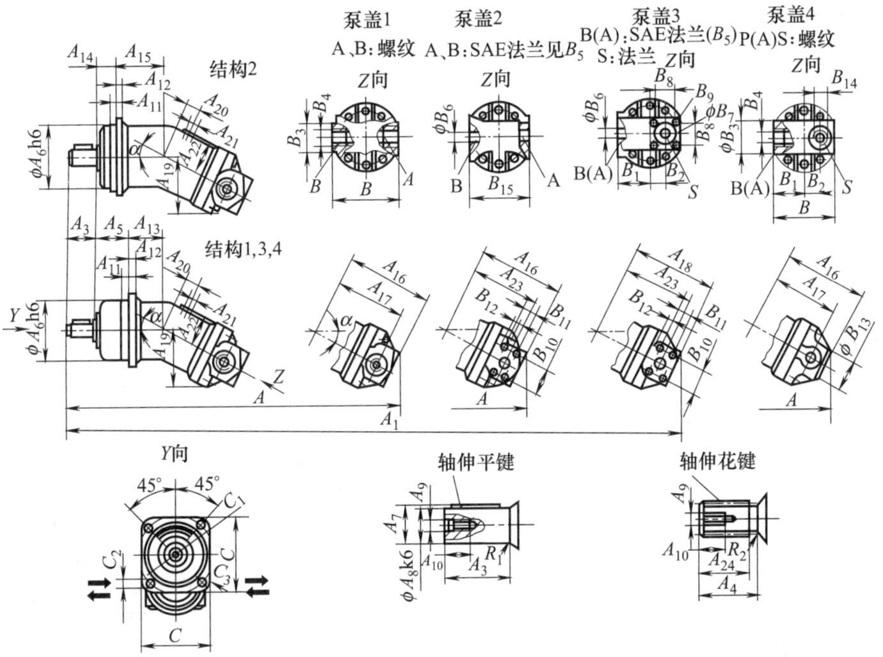

规格		结构形式	后盖形式	A_1		A_2		A_3	A_4	A_5	A_6	A_7	A_8	A_9	A_{10}
α=20°	α=25°			α=20°	α=25°	α=20°	α=25°								
10	12	4	1,4	235	232	—	—	40	34	40	80	22.5	20	6	16
23	28	3	1,4	296	293	—	—	50	43	50	100	27.9	25	8	19
45	55	1	1,2,3	384	381	378	376	60	35	63	125	32.9	30	12	28
63	80	2	1,2,3	452	450	450	447	70	40	—	140	38	35	12	28
87	107	2	1,2,3	480	476	476	473	80	45	—	160	43.5	40	12	28
125	160	2	1,2,3	552	547	547	547	90	50	—	180	48.5	45	16	36

规格		A_{11}	A_{12}	A_{13}	A_{14}	A_{15}	A_{16}	A_{17}	A_{18}	A_{19}		A_{20}	A_{21}	A_{22}	A_{23}	A_{24}
α=20°	α=25°									α=20°	α=25°					
10	12	8	12.5	42	—	—	112	90	—	69	75	10	M12×1.5	40	—	22
23	28	8	16	50	—	—	145	118	—	88	95	25	M16×1.5	50	—	28
45	55	10	20	77	32	108	183	150	178	110	118	31.5	M18×1.5	63	151	28
63	80	10	23	—	32	137	213	173	208	126	140	36	M18×1.5	77	173	33
87	107	12	25	—	40	130	230	190	225	138	149	40	M18×1.5	80	190	37.5
125	160	10	28	—	40	156	262	212	257	159	173.5	45	M22×1.5	93	212	42.5

规格		B	B_1	B_2	B_3	B_4		B_5SAE法兰	B_6	B_7	B_8	B_9		B_{10}	B_{11}	B_{12}		B_{13}
α=20°	α=25°					螺纹	深					螺纹	深			螺纹	深	
10	12	89	42.5	18	40	M22×1.5		—	—	—	—	—	—	—	—	—	—	42
23	28	100	53	25	47	M27×2		—	—	—	—	—	—	—	—	—	—	53
45	55	132	63	29	53	M33×2		0.75	19	50	48	M10	16	50.8	23.8	M10	16	—
63	80	156	75	35.5	63	M42×2		1	25	56	60	M12	18	57.1	27.8	M12	16	—
87	107	165	80	35.5	66	M42×2		1	25	63	60	M12	18	57.1	27.8	M12	18	—
125	160	195	95	42.2	70	M48×2		1.25	32	70	75	M16	24	66.7	27.8	M14	21	—

续表

规格		B_{14}		B_{15}	C	C_1	C_2	C_3	平键 GB/T 1096	花键 DIN 5480-1	花键 GB 3478.1
α=20°	α=25°	螺纹	深								
10	12	M33×2	18	—	95	100	9	10	键 6×6×32	W20×1.25×14×9g	EXT14Z×1.25m×30R×5f
23	28	M42×2	20	—	118	125	11	12	键 8×7×40	W25×1.25×18×9g	EXT18Z×1.25m×30R×5f
45	55	—	—	126	050	160	13.5	16	键 8×7×50	W30×2×14×9g	EXT14Z×2m×30R×5f
63	80	—	—	156	145	180	13.5	16	键 10×8×56	W35×2×16×9g	EXT16Z×2m×30R×5f
87	107	—	—	160	190	200	17.5	20	键 12×8×63	W40×2×18×9g	EXT18Z×2m×30R×5f
125	160	—	—	190	210	224	17.5	20	键 14×9×70	W45×2×21×9g	EXT21Z×2m×30R×5f

注：A_5、A_{13}不用于结构 2，A_{14}、A_{15}不用于结构 1。

表 20-6-60　A2F（200～500）型斜轴式柱塞泵/马达（结构 5）外形尺寸　mm

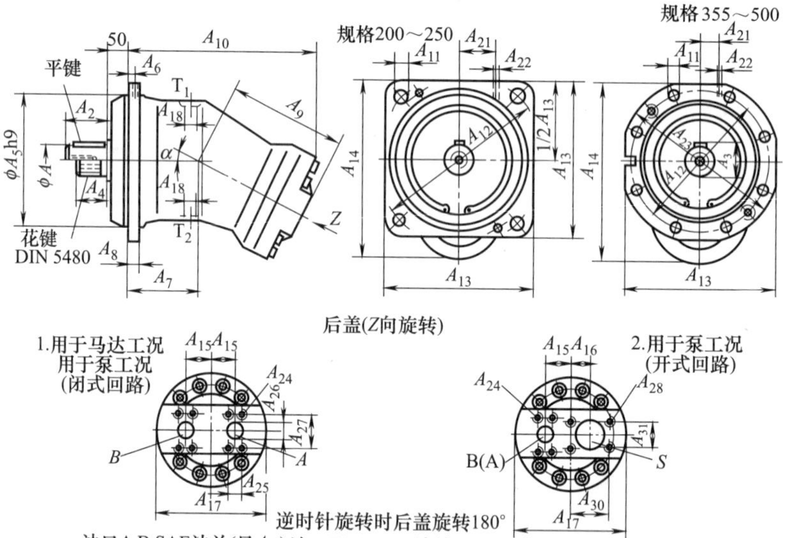

油口A,B:SAE法兰(见A_{19}) 油口E(A):SAE法兰(见A_{19}) 油口S:SAE法兰(见尺寸A_{20})

规格	α	A_1	A_2	A_3	A_4	A_5	A_6	A_7	A_8	A_9	A_{10}	A_{11}	A_{12}	A_{13}	A_{14}	A_{15}	A_{16}
200	21°	50k6	82	53.5	58	224	50	134	25	232	368	22	280	252	300	55	45
250	26.5°	50k6	82	53.5	58	224	50	134	25	232	370	22	280	252	314	55	45
355	26.5°	60m6	105	64	82	280	50	160	28	260	422	18	320	335	380	60	50
500	26.5°	70m6	105	74.5	82	315	50	175	30	283	462	22	360	375	420	65	55

规格	α	A_{17}	A_{18}	A_{19}/in	A_{20}/in	A_{21}	A_{22}	A_{23}	A_{24}		A_{25}	A_{26}
									螺纹	深		
200	21°	216	M22×1.5	1.25	2.5	70	M14×1.5	—	M14	22	31.8	32
250	26.5°	216	M22×1.5	1.25	2.5	70	M14×1.5	—	M14	22	31.8	32
355	26.5°	245	M33×2	1.5	2.5	35	M14×1.5	360	M16	24	31.6	40
500	26.5°	270	M33×2	1.5	3	35	M18×1.5	400	M16	24	36.6	40

规格	A_{27}	A_{28}		A_{29}	A_{30}	A_{31}	平键 GB 1096—2003	花键 DIN 5480-1—2006	质量/kg
		螺纹	深						
200	66.7	M12	18	63	88.9	50.8	14×80	W50×2×24×9g	88
250	66.7	M12	18	63	88.9	50.8	14×80	W50×2×24×9g	88
355	79.4	M12	18	63	88.9	50.8	18×100	W60×2×28×9g	138
500	79.4	M16	24	75	106.4	62	20×100	W70×3×22×9g	185

表 20-6-61 **A2F 型斜轴式柱塞泵/马达（结构 6.1）外形尺寸** mm

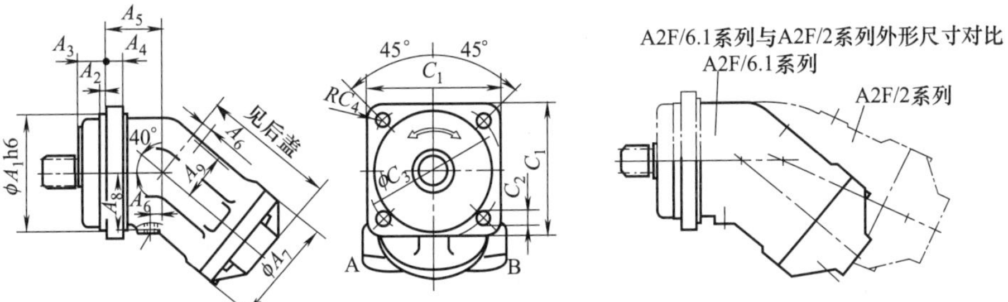

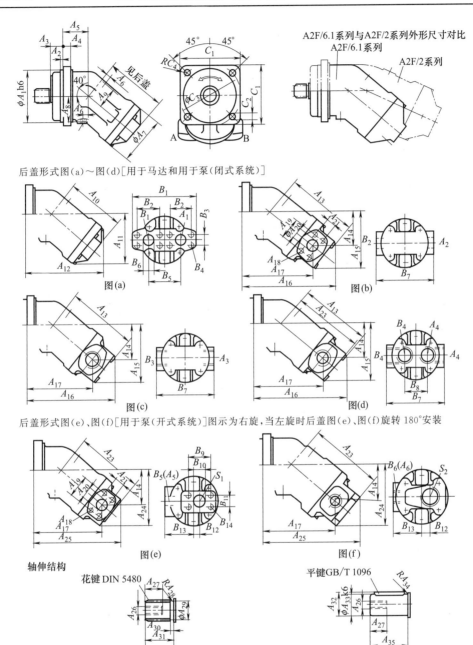

后盖形式图(a)～图(d)[用于马达和用于泵(闭式系统)]

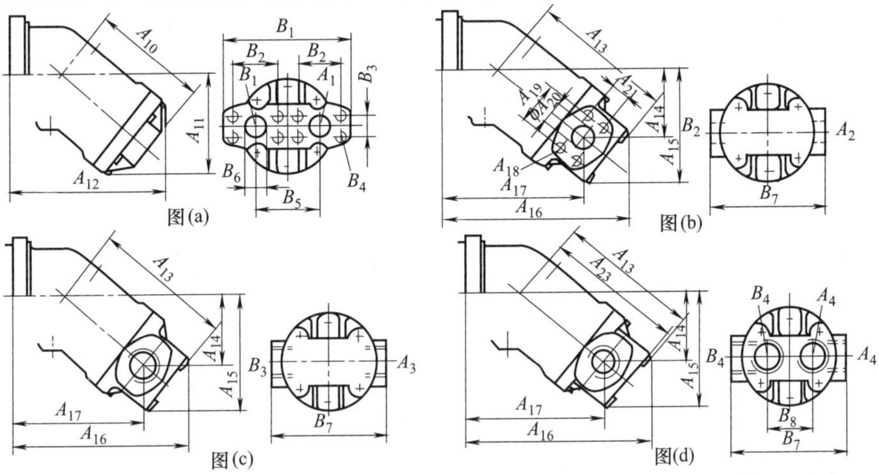

图(a) 图(b) 图(c) 图(d)

后盖形式图(e)、图(f)[用于泵(开式系统)]图示为右旋，当左旋时后盖图(e)、图(f)旋转 180°安装

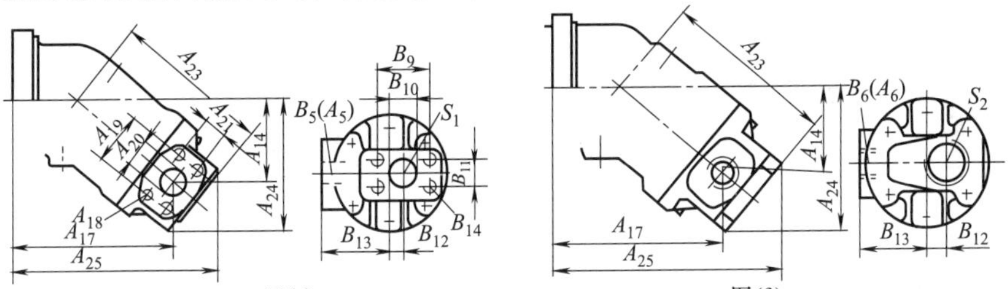

图(e) 图(f)

轴伸结构

公称规格(系列)		A_1	A_2	A_3	A_4	A_5	A_6	A_7	A_8	A_9	A_{10}	A_{11}	A_{12}	A_{13}
Ⅰ	Ⅱ													
16	12	80	6	20	12	64.5	5	85	56.5	41.5	—	—	—	108
32	23;28	100	8	25	18	60.7	19	106	55.5	48.5	121	106	173	137
45	—	125	12	32	20	60.3	18	118	63	52	138	119	187	155
63	56	125	10	32	20	67.5	18	128	70	56	149.5	130	206	166.5
90	80	140	10	32	20	78.5	15	138	83	61	162.5	145	233	189.5
125	107	160	10	40	23	82.8	18	150	85	67	186.5	159	252	222
180	160	180	10	40	25	93	19.5	180	95.5	77.5	208	188	294	233

续表

公称规格(系列)		A_{14}	A_{15}	A_{16}	A_{17}	A_{23}	A_{24}	A_{25}	B_1	B_2	B_3	B_4
Ⅰ	Ⅱ											
16	12	55.5	85	159.5	130.5	108	93.5	167.5	—	—	—	—
32	23;28	70	117	190	144	141	120	193	115	40.5	18.2	M8深15
45	—	80	133	207	155	158	133	207	147	50.8	23.8	M10深17
63	56	87	142	225	171	169.5	142	225	147	50.8	23.8	M10深17
90	80	99	162	257	196	189.5	160	225	166	57.2	27.8	M12深17
125	107	110	181	285	213	212	173	275	194	66.7	31.8	M14深19
180	160	121	188	294	237	1233	188	294	194	66.7	31.8	M14深19

公称规格		B_5	B_6	B_7	B_8	B_9	B_{10}	B_{11}	B_{12}	B_{13}	B_{14}	C_1	C_2	C_3	C_4
Ⅰ系列	Ⅱ系列														
16	12	—	—	85	36	—	—	—	16	42.5	—	95	9	100	10
32	23;28	59	13	120	58	47.6	19	22.2	14	60	M10深17	118	11	125	12
45	—	75	19	128	58	52.4	25	26.2	20	63.5	M10深17	150	13.5	160	16
63	56	75	19	136	58	52.4	25	26.2	23	68	M10深17	150	13.5	160	16
90	80	84	25	160	64	58.7	32	30.2	25	73	M10深17	165	13.5	180	16
125	107	99	32	178	71	69.9	38	35.7	20	89	M12深20	190	17.5	200	20
180	160	99	32	202	71	69.9	38	35.7	15	101	M12深20	210	17.5	224	20

公称规格	A_{18}	A_{19}	A_{20}	A_{21}	A_{26}	A_{27}	A_{28}	A_{29}	A_{30}	A_{31}	A_{32}	A_{33}	A_{34}	A_{35}
16	—	—	—	—	M10	22	1.6	21.8	6	28	28	25	1	40
32	M8深15	40.5	13	18.2	M10	22	1.6	25	8	35	33	30	0.8	50
45	M10深17	50.8	19	23.8	M12	28	1.6	25	8	35	33	30	0.8	60
63	M10深17	50.8	19	23.8	M12	28	1.6	30	8	40	38	35	1	60
90	M10深17	57.2	25	27.8	M16	36	2.5	35	811	45	43	45	1	70
125	M14深19	66.7	32	31.8	M16	36	2.5	40	12	50	48.5	40	1.6	80
180	M14深19	66.7	32	31.8	M16	36	4	45	15	55	53.5	45	2.5	90

公称规格	连接油口								花键 DIN 5480-1—2006	平键 GB/T 1096—2003
	A_1、B_1/in	A_2、B_2/in	A_3、B_3	A_4、B_4	A_5、B_5	A_6、B_6	S_1/in	S_2		
16	—	—	M22×1.5	M22×1.5	—	M22×1.5	—	M33×2	W25×1.25×18×9g	

6.6.3.4 ZB型斜轴式轴向柱塞泵

型号意义：

ZB ※-F ※ ※ ※

斜轴式轴向柱塞泵——ZB

变量形式：N— 恒功率变量；P— 恒压变量；SC— 手动伺服控制——※

压力等级：20MPa——F

排量(mL/r)——※

安装方式：无 — 法兰安装；J— 脚架安装——※

壳体：无 — 带壳体；B— 不带壳体——※

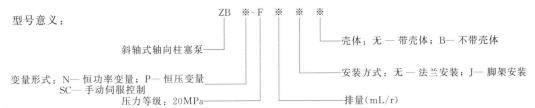

表 20-6-62 ZB型斜轴式轴向柱塞泵技术规格和外形尺寸

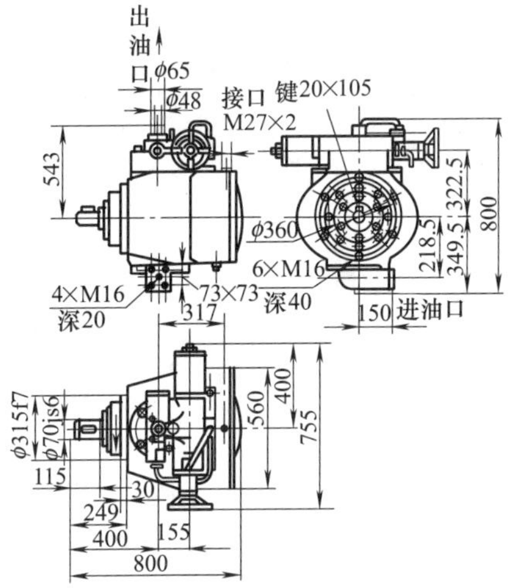

图(a) ZBP-F481 型

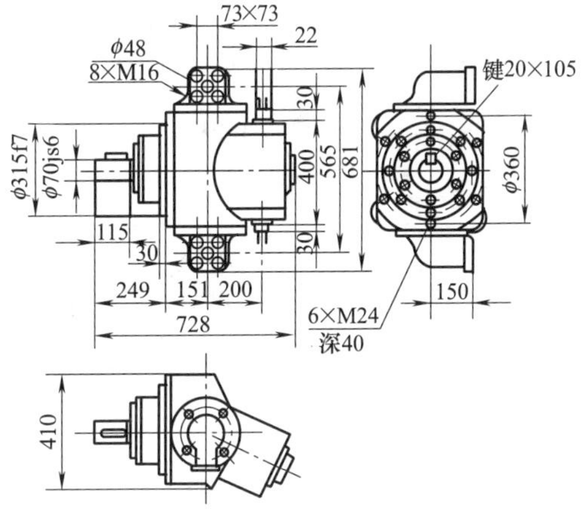

图(b) ZB-F481-B型

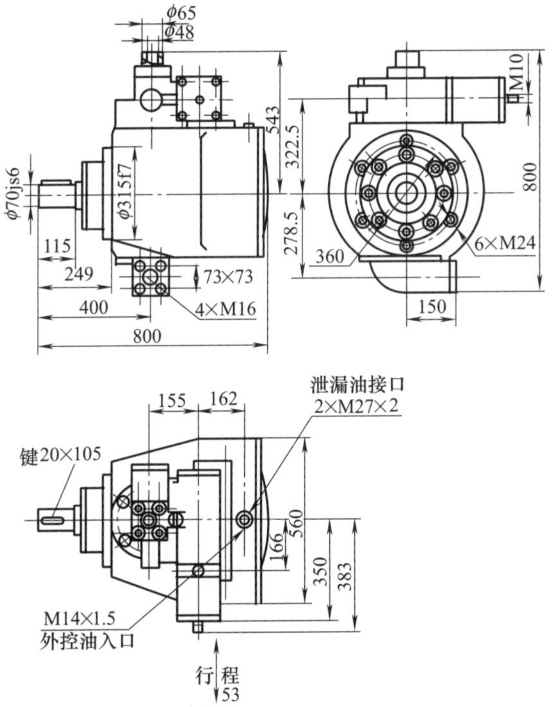

图(c) ZBSC-F481型柱塞泵外形尺寸

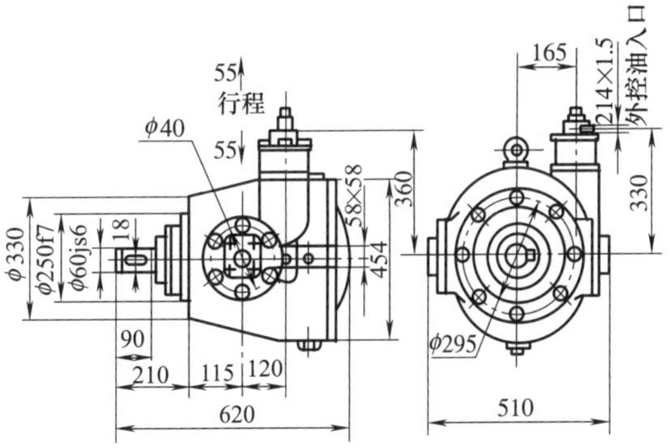

图(d) ZBSC-F234型柱塞泵外形尺寸

续表

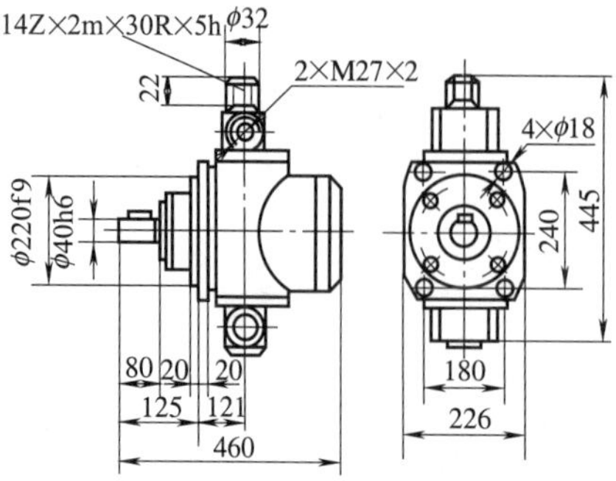

图(e) ZB-F125-B型柱塞泵外形尺寸

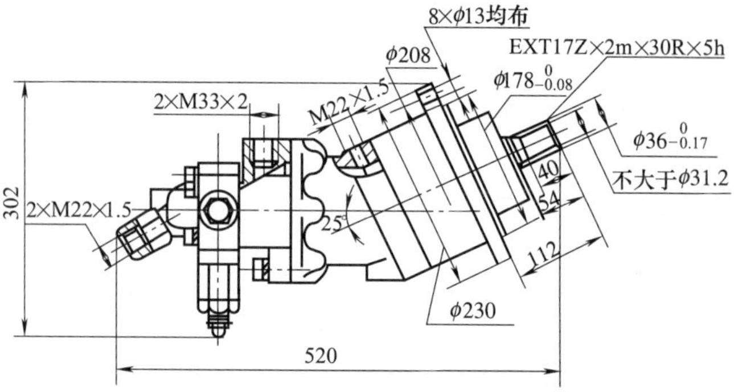

图(f) ZB-F80 型柱塞泵外形尺寸

型号	变量形式	排量/mL·r^{-1}	压力/MPa		转速/r·min^{-1}		驱动功率/kW	额定转矩/N·m	容积效率(≥)/%	质量/kg	旧型号
			额定	最高	额定	最高					
ZBP-F481	恒压变量	481	21	35	970	1500	163	—	96	500	ZB1-740
ZB-F481-B	用户自定（双向变量）	481	21	35	970	1500	163	—	96	200	ZB2-740
ZBSC-F481	手动伺服双向变量	481	21	35	970	1500	163	—	96	500	ZB3-740
ZBSC-F234	手动伺服双向变量	234	21	35	1500	1500	123	—	96	350	ZB3-732
ZB-F125-B	用户自定（双向变量）	125	20	25	2200	2200	90	—	96	84	YAK-125
ZB-F80	恒流量控制手动伺服变量	87	21	25	1500	1670	50	—	96	80	—

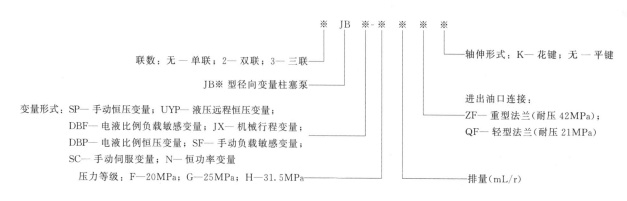

6.6.3.5 JB 型径向柱塞泵

型号意义：

※ JB ※-※ ※ ※ ※

联数：无—单联；2—双联；3—三联

JB※ 型径向变量柱塞泵

变量形式：SP—手动恒压变量；UYP—液压远程恒压变量；
DBF—电液比例负载敏感变量；JX—机械行程变量；
DBP—电液比例恒压变量；SF—手动负载敏感变量；
SC—手动伺服变量；N—恒功率变量

压力等级：F—20MPa；G—25MPa；H—31.5MPa

排量(mL/r)

进出油口连接：
ZF—重型法兰(耐压 42MPa)；
QF—轻型法兰(耐压 21MPa)

轴伸形式：K—花键；无—平键

表 20-6-63 JB※型径向变量柱塞泵技术规格

规格	排量/mL·r^{-1}	压力/MPa	转速/r·min^{-1}		调压范围/MPa	过滤精度/μm
			最佳	最高		
16	16	F:20 G:25 H:31.5 最大:35	1800	3000	3～31.5	吸油:100 回油:30
19	19		1800	2500		
32	32		1800	2500		
45	45		1800	1800		
63	63		1800	2100		
80	80		1800	1800		

表 20-6-64 JB※型径向变量柱塞泵外形尺寸

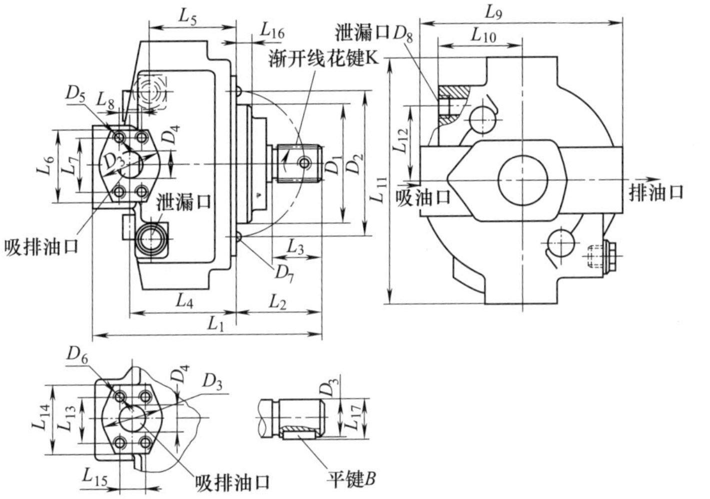

排量/mL·r^{-1}	尺寸/mm										
	L_1	L_2	L_3	L_4	L_5	L_6	L_7	L_8	L_9	L_{10}	L_{11}
16、19	200	71	42	84	72	71	47.6±0.20	22.2±0.20	181	85	217
32、45	242	83	58	106	84	80	—	—	225	90	257
63、80	301	116	64	140	108	80	58.74±0.25	30.16±0.20	272	110	330

排量/mL·r^{-1}	尺寸/mm									
	L_{12}	L_{13}	L_{14}	L_{15}	L_{16}	L_{17}	D_1	D_2	D_3	D_4
16、19	56	50.8±0.25	71	23.9±0.25	7	28	100h8	125±0.15	25js7	20
32、45	78	52.4±0.25	71	26.2±0.25	8	35	100h8	125±0.15	32K7	26
63、80	90	57.2±0.25	80	27.8±0.25	13	48.5	160	200±0.15	45K7	26

排量/mL·r^{-1}	尺寸/mm									
	D_5		D_6		D_7		D_8		B 平键	K 渐开线花键
	螺纹	深	螺纹	深	螺纹	深	螺纹	深		
16、19	M10	16	M10	16	M10	15	M18×1.5	13	8×30	—
32、45	—	—	M10	21	M10	20	M22×1.5	14	10×45	—
63、80	M12	21	M12	21	M10	20	M18×1.5	16	14×56	EXT21Z×2m×30P×65

6.6.3.6 A10V 型轴向柱塞泵

型号意义：

A10V ※ ※/※ ※-※ ※ ※ ※ ※

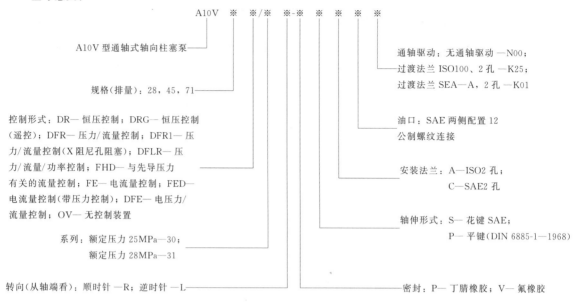

- A10V 型通轴式轴向柱塞泵
- 规格(排量)：28，45，71
- 控制形式：DR— 恒压控制；DRG— 恒压控制(遥控)；DFR— 压力/流量控制；DFR1— 压力/流量控制(X 阻尼孔阻塞)；DFLR— 压力/流量/功率控制；FHD— 与先导压力有关的流量控制；FE— 电流量控制；FED— 电流量控制(带压力控制)；DFE— 电压力/流量控制；OV— 无控制装置
- 系列：额定压力 25MPa—30；额定压力 28MPa—31
- 转向(从轴端看)：顺时针 —R；逆时针 —L
- 密封：P— 丁腈橡胶；V— 氟橡胶
- 轴伸形式：S— 花键 SAE；P— 平键(DIN 6885-1—1968)
- 安装法兰：A—ISO2 孔；C—SAE2 孔
- 油口：SAE 两侧配置 12 公制螺纹连接
- 通轴驱动：无通轴驱动 —N00；过渡法兰 ISO100、2 孔 —K25；过渡法兰 SEA—A，2 孔 —K01

表 20-6-65 A10V 型通轴式轴向柱塞泵技术规格和外形尺寸

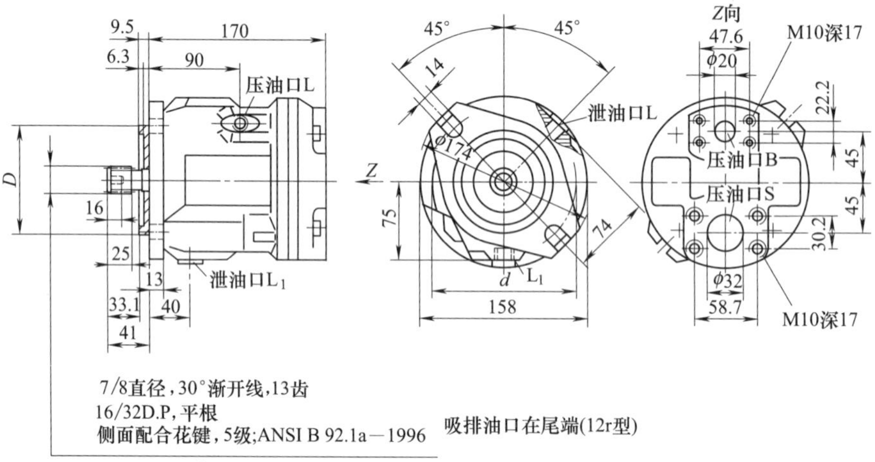

吸排油口在尾端(12r型)

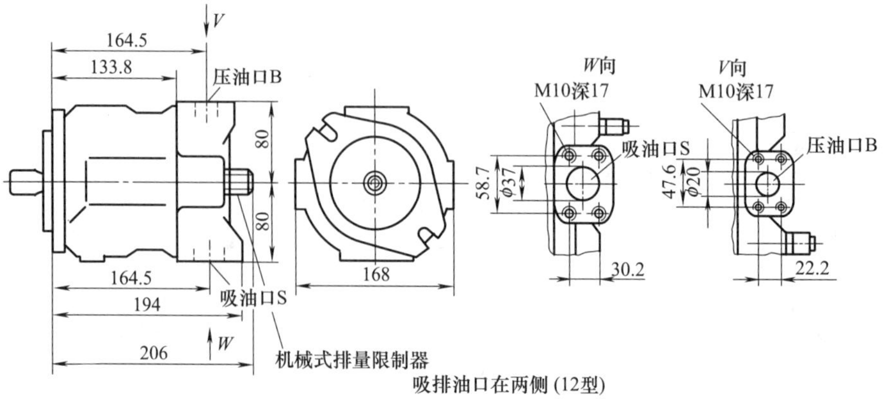

吸排油口在两侧 (12型)

续表

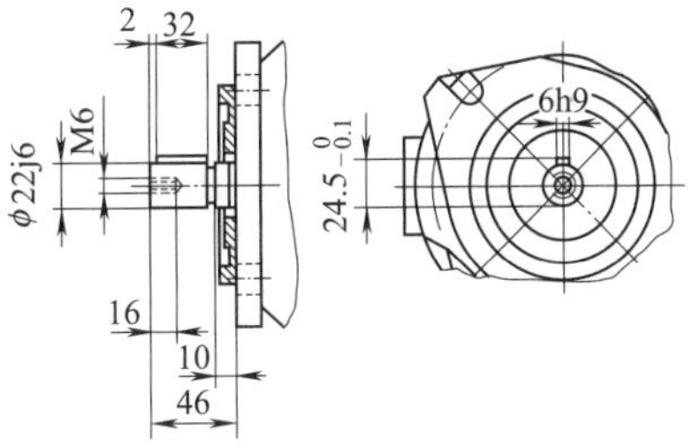

压油口B:3/4in SAE(标准压力系列)
吸油口S: $1\frac{1}{4}$in SAE(标准压力系列)
壳体泄油口L/L_1:M18×1.5(L_1口在出厂时塞住)

图(a) A10V28N00型轴向柱塞泵外形尺寸(不带通轴驱动、不包括控制装置)

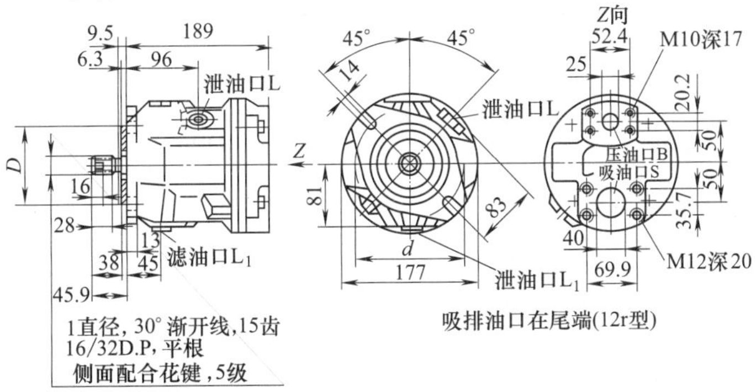

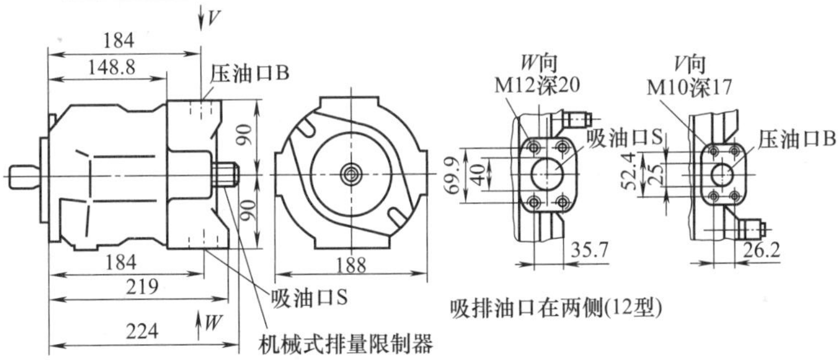

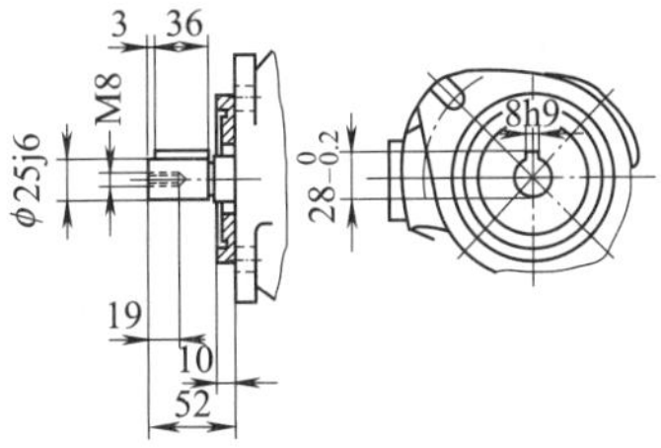

压油口B:1 SAE(标准压力系列)
吸油口S: $1\frac{1}{2}$ SAE(标准压力系列)
壳体泄油口L/L_1:M22×1.5(L_1口在出厂时塞住)

图(b) A10V45N00型轴向柱塞泵外形尺寸(不带通轴驱动、不包括控制装置)

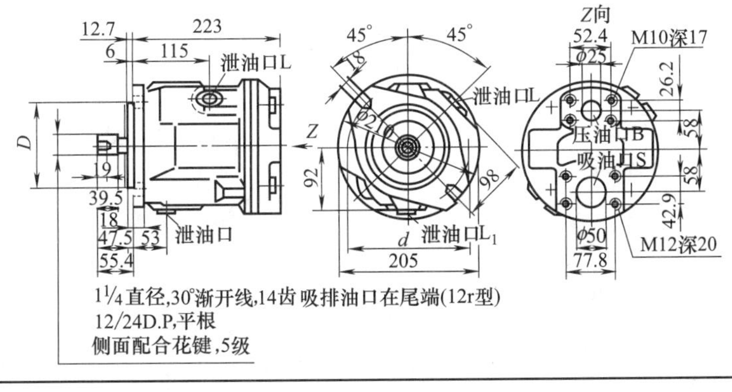

续表

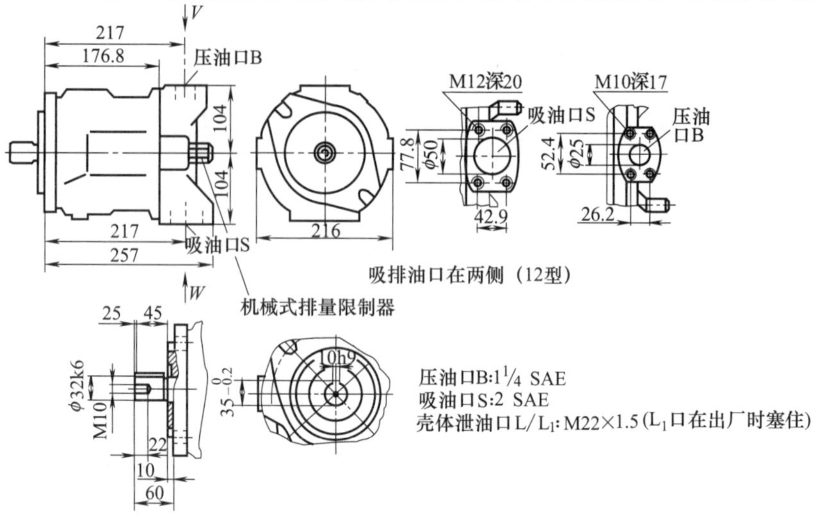

图(c) A10V71 型轴向柱塞泵外形尺寸(不带通轴驱动、不包括控制装置)

规格	排量/mL·r⁻¹	压力/MPa				最高转速/r·min⁻¹	转矩/N·m			转动惯量/kg·m²	功率/kW				质量/kg
		额定		最大			$\Delta p=$10MPa	$\Delta p=$25MPa	$\Delta p=$28MPa		30 系列		31 系列		
		30系列	31系列	30系列	31系列						$n=1450$r/min	n_{max}	$n=1500$r/min	n_{max}	
28	28					3000	45	111	125	0.0017	17	35	20	39	15
45	45	25	28	31.5	35	2600	72	179	200	0.0033	27	49	32	55	21
71	71					2200	113	282	316	0.0083	43	65	50	73	33

表 20-6-66 外形安装图 mm

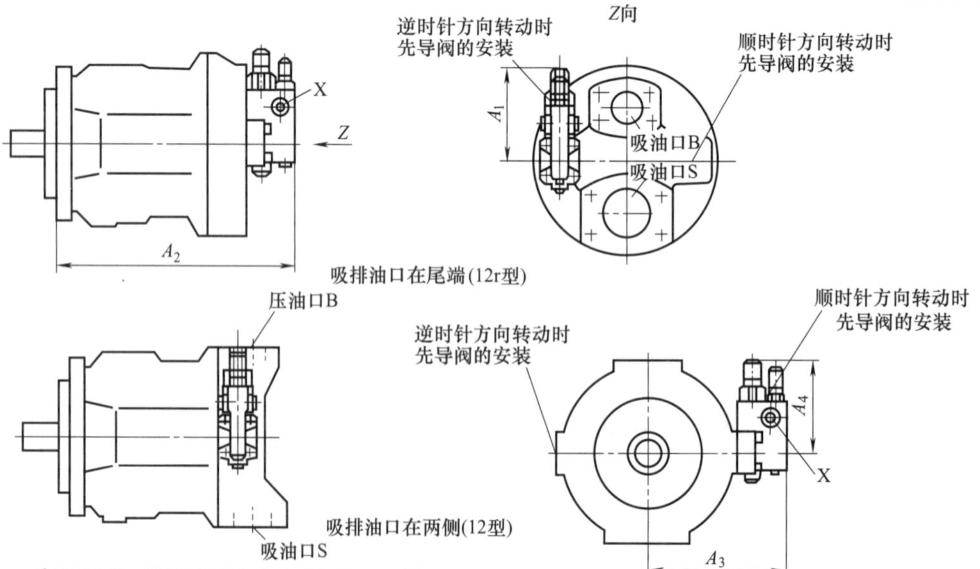

采用DFR阀，其流量控制在出厂时被封闭，且没有进行过试验

图(a) 恒压控制(DR型)泵的外形安装

续表

规格	12r 型		12 型		X 口
	A_1	A_2	A_3	A_4	
28	109	225	136	106	M14×1.5;深 12
45	106	244	146	106	M14×1.5;深 12
71	106	278	160	106	M14×1.5;深 12

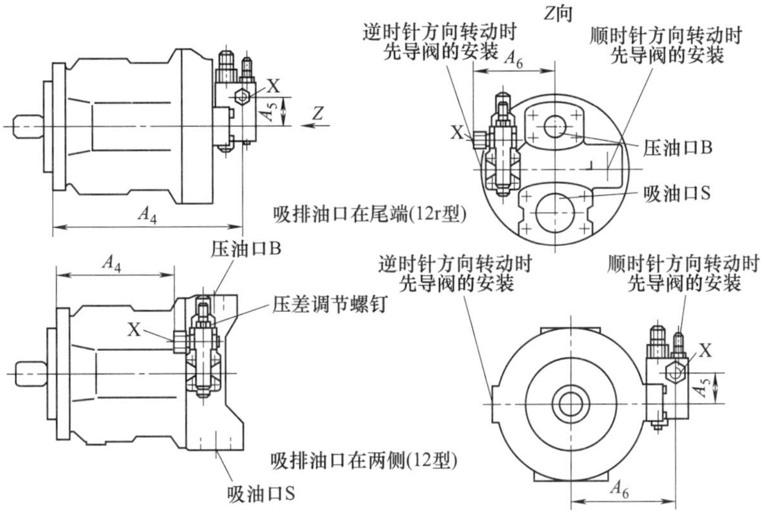

图(b)　恒压遥控(DRG型)泵的外形安装

规格	12r 型			12 型			X 口
	A_4	A_5	A_6	A_4	A_5	A_6	
28	209	43	94	120	40	119	M14×1.5;深 12
45	228	40	102.5	135	40	129	M14×1.5;深 12
71	267	40	112.5	163	40	143	M14×1.5;深 12

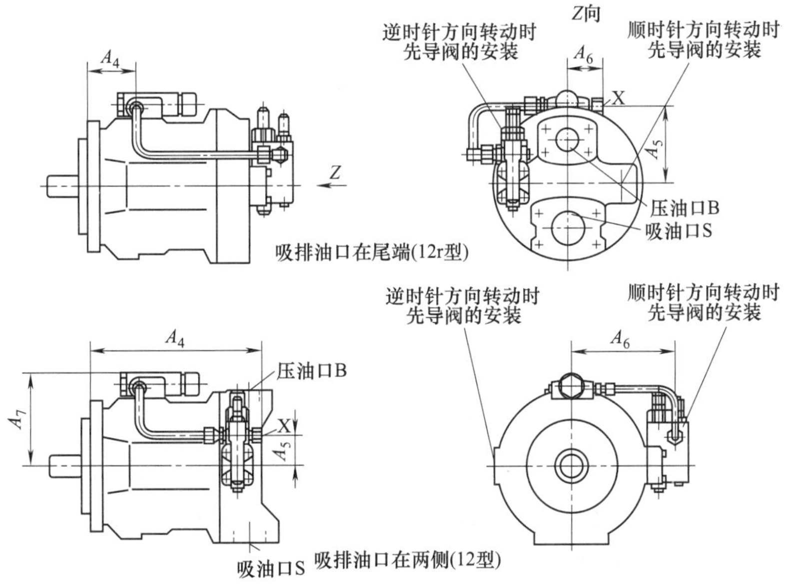

图(c)　DFLR 恒压/流量/功率控制(DR型)泵的外形安装

续表

规格	12r 型			12 型			X 口
	A_4	A_5	A_6	A_5	A_6	A_7	
28	48	84	48	40	119	106.5	M14×1.5,深 12
45	54	91.5	48	40	129	112	M14×1.5,深 12
71	69	103.5	48	40	143	126	M14×1.5,深 12

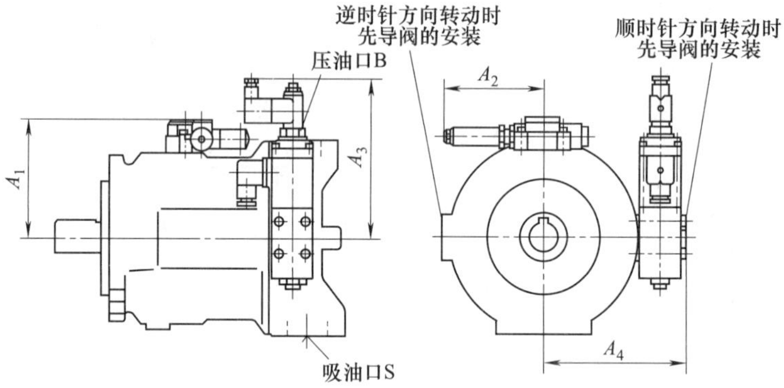

图(d)

规格	A_1	A_2	A_3	A_4
28	104	107	170	126
45	109	107	170	136
71	121	107	170	150

6.6.3.7　RK 型超高压径向柱塞泵

型号意义：

```
                     RK   ※-※   ※
RK 型径向柱塞泵———┘    |   |    └——工作压力(MPa)
无 — 单排；2— 双排————┘   └———————柱塞直径(mm)
```

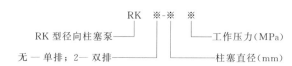

表 20-6-67　　RK 型径向柱塞泵技术规格

额定工作压力/MPa		100(80)	63	50	32	22.5
柱塞直径/mm		6.5	8.5	10	13	15
额定转速/$r \cdot min^{-1}$		1500				
形式	柱塞数	理论流量/$L \cdot min^{-1}$				
单排	1	0.37	0.64	0.89	1.51	2
	2	0.75	1.29	1.79	3.02	4
	3	1.13	1.93	2.68	4.54	6
	4	1.51	2.58	3.58	6.05	8
	5	1.89	3.22	4.47	7.56	10
	6	2.26	3.87	5.37	9.07	12
	7	2.64	4.51	6.26	10.59	14.1
双排	8	3.02	5.16	7.16	12.1	16.1
	10	3.78	6.64	8.59	15.13	20.1
	12	4.53	7.75	10.74	18.15	24.1
	14	5.29	9.04	12.53	21.18	28.2

表 20-6-68 RK 型径向柱塞泵外形尺寸 mm

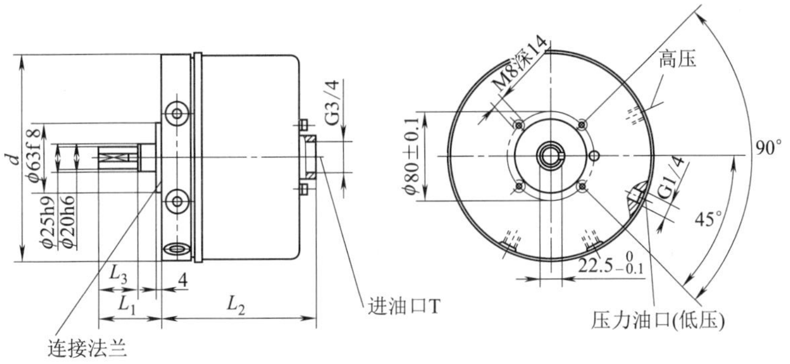

形式	d	L_1	L_2	L_3	平键 GB/T 1096—2003
单排	184	32	112	23	6×6×18
双排	185	54	139	34	6×6×28

6.6.3.8 SB 型手动泵

SB 系列手动泵是在引进国外样机的基础上创新研制的新型液压元件。它广泛运用在各种武器装备、工程机械、起重运输车辆、铁道作业机具、冶金采矿设备以及各类液压机具的液压系统，用作手动液压源或应急液压源，还可作液压泵、润滑泵、试压泵、供油泵，特别适用于缺少机电动力和需要节能的场合。

表 20-6-69 SB 型手动泵技术规格

类型	型号	排量 /mL·次$^{-1}$	压力 /MPa	最高压力 /MPa	操作力 /N	容积效率 /%	质量 /kg	储油筒容积 /L
通用型 组合型	SB-12.5	12.5	25	50	250	>95	6.5	1
	SB-12.5-1						7.8	
	SB-16	16	16	25	250	>95	7	1
	SB-16-1						7.8	
	SB-20	20	12	16	250	>93	7.8	2
	SB-20-2						9.2	
	SB-30	30	8	14	280	>90	10.5	2
	SB-30-2						12	
	SB-40	40	6	10	280	>90	10.5	2
	SB-40-2						12	
	SB-60	60	4	8	300	>88	12	2
	SB-60-3						13.5	

第 7 章 液压马达

7.1 液压马达的分类

- 液压马达
  - 常速马达
    - 定量式
      - 齿轮式
      - 叶片式
      - 径向柱塞式
      - 轴向柱塞式
        - 斜盘式
        - 斜轴式
    - 变量式
      - 叶片式
      - 径向柱塞式
      - 轴向柱塞式
        - 斜轴式
        - 斜盘式
  - 低速马达
    - 单作用式
      - 径向柱塞式
        - 连杆式
        - 无连杆式
        - 摆缸式
      - 轴向柱塞式—双斜盘式
    - 多作用式
      - 柱塞传力式
        - 柱塞轮式
        - 钢球柱塞式
        - 滚子柱塞式
      - 横梁传力式
      - 滚轮传力式
      - 连杆传力式
      - 双列钢球式

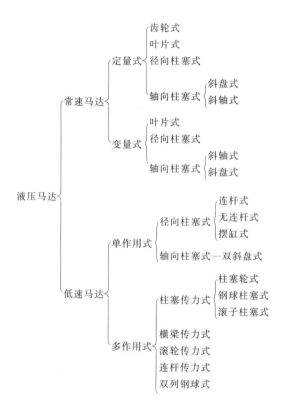

7.2 液压马达的主要参数及计算公式

7.2.1 主要参数

表 20-7-1 液压马达的主要参数

排量	理论(或几何)排量:液压马达转动一周,由其密封容积几何尺寸变化计算而得的、需输进液体的体积 空载排量:在规定的最低工作压力下,用两种不同转速测出流量,计算出排量取平均值
流量	理论流量:液压马达在单位时间内,需输进液体的体积。其值由理论排量和转速计算而得 有效流量:液压马达进口处,在指定温度和压力下测得的实际流量
压力和压差 /MPa	额定压力:液压马达在正常工作条件下,按试验标准规定能连续运转的最高压力 最高压力:液压马达按试验标准规定,允许短暂运转的最高压力 工作压力:液压马达实际工作时的压力 压差 Δp:液压马达输入压力与输出压力的差值
转矩 T/N·m	理论转矩:由输入压力产生的、作用于液压马达转子上的转矩 实际转矩:在液压马达输出轴上测得的转矩

续表

功率 P/kW	输入功率:液压马达入口处输入的液压功率 输出功率:液压马达输出轴上输出的机械功率
效率	容积效率 η_v:液压马达的理论流量与有效流量的比值 机械效率 η_{hm}:液压马达的实际转矩与理论转矩的比值 总效率 η_t:液压马达输出的机械功率与输入的液压功率的比值
转速 n/r·min^{-1}	额定转速:液压马达在额定条件下,能长时间持续正常运转的最高转速 最高转速:液压马达在额定条件下,能超过额定转速允许短暂运转的最高转速 最低转速:液压马达在正常工作条件下,能稳定运转的最小转速

7.2.2 计算公式

表 20-7-2 液压马达主要参数计算公式

参数名称	单位	计算公式	说明
流量	L/min	$q_0=Vn$ $q=\dfrac{Vn}{\eta_V^m}$	V——排量,mL/min n——转速,r/min q_0——理论流量,L/min q——实际流量,L/min
输出功率	kW	$P_0=\dfrac{2\pi Mn}{6000}$	M——输出扭矩,N·m P_0——输出功率,kW
输入功率	kW	$P_i=\dfrac{\Delta pq}{60}$	Δp——入口压力和出口压力之差,MPa P_i——输入功率,kW
容积效率	%	$\eta_V^m=\dfrac{q_0}{q}\times 100$	η_V^m——容积效率,%
机械效率	%	$\eta_m^m=\dfrac{\eta_t^m}{\eta_V^m}\times 100$	η_m^m——机械效率,%
总效率	%	$\eta_t^m=\dfrac{P_0}{P_i}\times 100$	η_t^m——总效率,%

7.2.3 液压马达主要技术参数概览

表 20-7-3 液压马达主要技术参数概览

类型	型号	额定压力/MPa	转速/r·min^{-1}	排量/mL·r^{-1}	输出转矩/N·m
齿轮马达	CMG	16	500～2500	40.6～161.1	101.0～402.1
	CM4	20	150～2000	40～63	115～180
	CMG4	16	150～2000	40～100	94～228
	BM-E	11.5～14	125～320	312～797	630～1260
	CMZ	12.5～20	150～2000	32.1～100	102～256
	BM※	10	125～400	80～600	100～750
	BYM	12	180～300	80～320	105～420
叶片马达	YM	6	100～2000	16.3～93.5	11～72
	YMF-E	16	200～1200	100～200	215～490
	M 系列	15.5	100～4000	31.5～317.1	77.5～883.7
	M2 系列	5.5	50～2200	23.9;35.9	16.2～24.5
柱塞马达	JM 系列	10～16	5～1250	63～6300	42～18713
	1JMD	16	10～400	201～6140	47～1430
	1JM-F	20	100～500	200～4000	68.6～16010
	NJM	16～25	12～100	850～4500	3892～114480
	QJM	10～20	1～800	100～16000	215～42183
	QKM	10～20	1～600	400～4500	840～10490
摆动马达	YMD	14	0°～270°	30～7000	71～20000
	YMS	14	0°～90°	60～7000	142～20000

7.3　液压马达的结构特点

表 20-7-4　　液压马达产品的结构特点

类型			结构示意图	结构特点	优缺点
单作用液压马达	径向柱塞式	连杆式	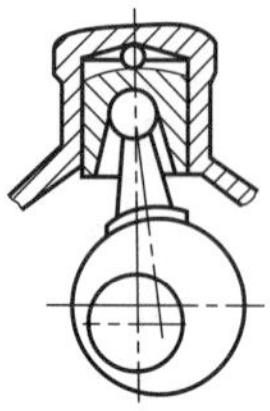	油压作用于柱塞，液压力通过连杆作用于偏心曲轴，从而使马达轴旋转	柱塞所受侧向力较小，工作可靠但体积较大
单作用液压马达	径向柱塞式	无连杆式	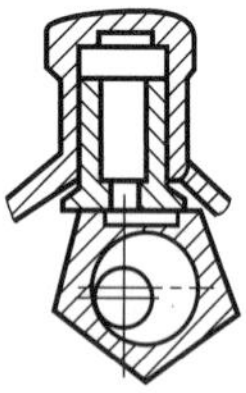	油压直接作用于偏心曲轴，从而使马达轴旋转或壳体旋转	体积较大，柱塞侧向力大
单作用液压马达	径向柱塞式	摆缸式	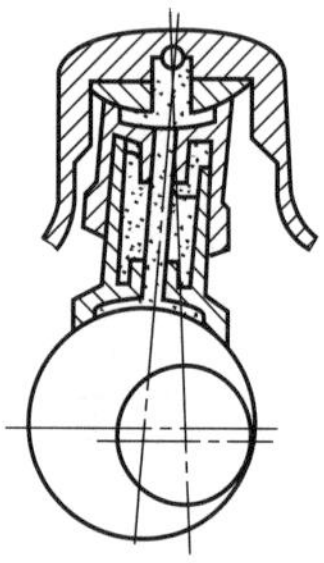	油压直接作用于鼓形偏心曲轴，从而使马达轴旋转。柱塞呈伸缩套筒式，并随曲轴旋转而摆动	柱塞无侧向力，且静力平衡，体积较大
单作用液压马达	轴向柱塞式	双斜盘式	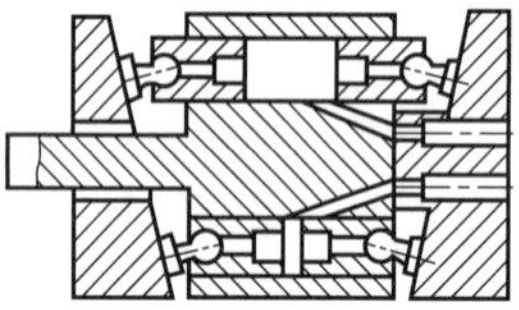	油液通过端面配流盘进入转子缸孔中，油压推动柱塞及滑履作用于斜盘上，产生切向力使转子旋转	体积较小，柱塞受侧向力
多作用液压马达	柱塞传力式	柱塞轮式	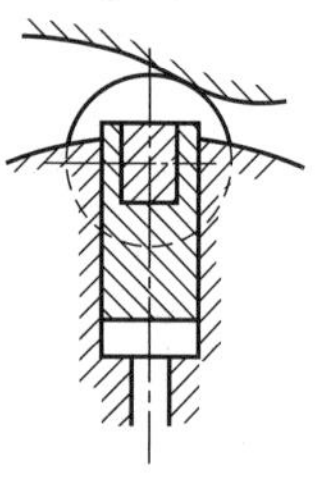	滚轮作用于导轨产生的切向力，直接由柱塞传递给转子，从而使转子旋转	柱塞的比压较大，体积小
多作用液压马达	柱塞传力式	钢球柱塞式	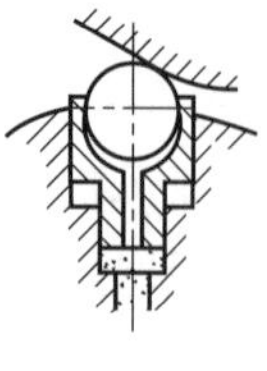	钢球作用于导轨所产生的切向力，通过柱塞传递给转子，从而使转子旋转	体积小，容积效率稍低，工作压力稍低

续表

类型		结构示意图	结构特点	优缺点
多作用液压马达	滚柱柱塞式	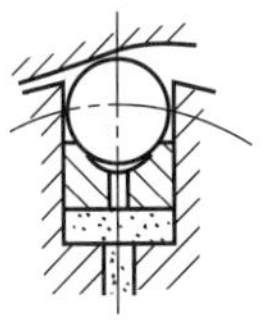	滚柱作用于导轨所产生的切向力，由滚柱直接传递给转子，从而使转子旋转	体积小，工作压力较钢球柱塞式高
	横梁传力式	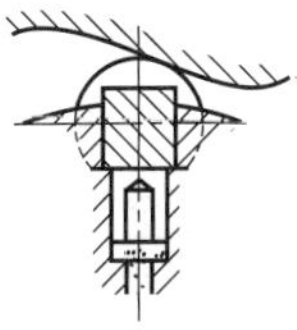	滚轮作用于导轨所产生的切向力，由矩形横梁传递给转子，从而使转子旋转	柱塞无侧向力，工作可靠
	滚轮传力式	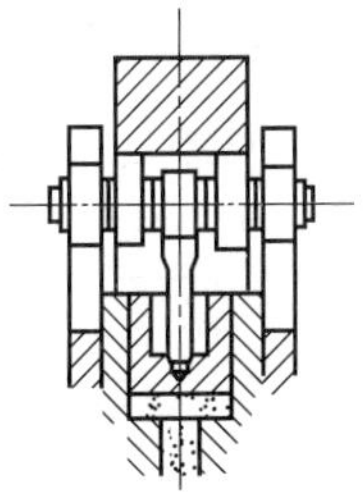	工作滚轮作用于导轨所产生的切向力，由导向滚轮传递给转子，从而使转子旋转	柱塞无侧向力，传力零件均为滚动摩擦，工作可靠，结构较复杂
	连杆传力式	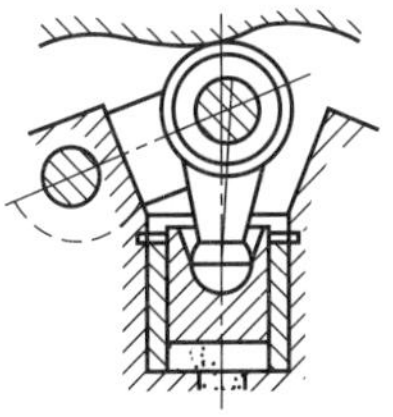	滚轮作用于导轨所产生的切向力，由铰接的连杆传递给转子，从而使转子旋转	柱塞侧向力很小，结构复杂
	双列钢球式	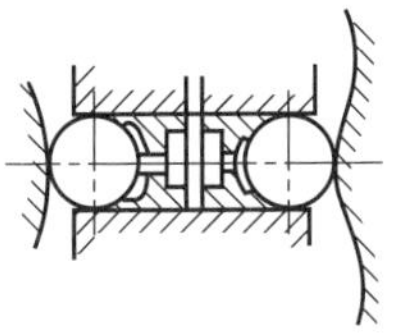	钢球作用于导轨所产生的切向力，直接由钢球传递给转子，从而使转子旋转	体积较小，定子曲线不易加工，可靠性较差

7.4 齿轮马达

齿轮液压马达的结构和工作原理如图 20-7-1 所示，设齿轮的齿高为 h，啮合点 P 到两齿根的距离分别为 a 和 b，由于 a 和 b 都小于 h，所以当压力油作用在齿面上时（如图中箭头所示，凡齿面两边受力平衡的部分都未用箭头表示）在两个齿轮上都有一个使它们产生转矩的作用力 $pB(h-a)$ 和 $pB(h-b)$，其中 p 为输入油液的压力，B 为齿宽，在上述作用力下，两齿轮按图示方向旋转，并将油液带回低压腔排出。

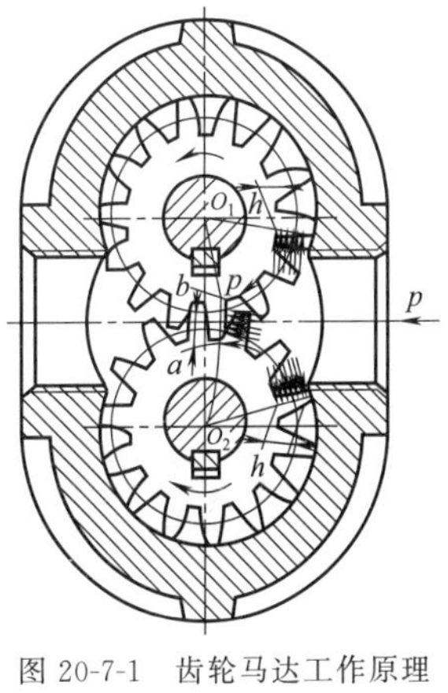

图 20-7-1 齿轮马达工作原理

和一般齿轮泵一样，齿轮液压马达由于密封性较差，容积效率较低，所以输入的油压不能过高，因而不能产生较大转矩，并且它的转速和转矩都是随着齿轮的啮合情况而脉动的。因此，齿轮液压马达一般多用于高转速低转矩的情况。

齿轮马达在结构上为了适应正反转要求，进出油口相等、具有对称性、有单独外泄油口将轴承部分的泄漏油引出壳体外；为了减少启动摩擦力矩，采用滚动轴承；为了减少转矩脉动，齿轮液压马达的齿数比泵的齿数要多。

齿轮液压马达因密封性差，容积效率较低，输入油压力不能过高，不能产生较大转矩，且瞬间转速和转矩随着啮合点的位置变化而变化，因此齿轮液压马达仅适合于高速小转矩的场合，一般用于工程机械、农业机械以及对转矩均匀性要求不高的机械设备上。

7.4.1 外啮合齿轮马达

7.4.1.1 GM5 型齿轮马达

GM5 系列高压齿轮马达为三片式结构，主要由铝合金制造的前盖、后盖、合金钢制造的齿轮和铝合金制造的压力板等零部件组成，见图 20-7-2。前后盖内各压装有两个 DU 轴承，DU 材料使齿轮泵提高了寿命。压力板是径向和轴向压力补偿的主要元件，可以减轻轴承负荷和自动调节齿轮轴向间隙，从而有效地提高了齿轮马达的性能指标和工作可靠性。

GM5 系列齿轮马达有单旋向不带前轴承、双旋向不带前轴承和单旋向带前轴承、双旋向带前轴承四种结构形式，其中带前轴承的马达可以承受径向力和轴向力。

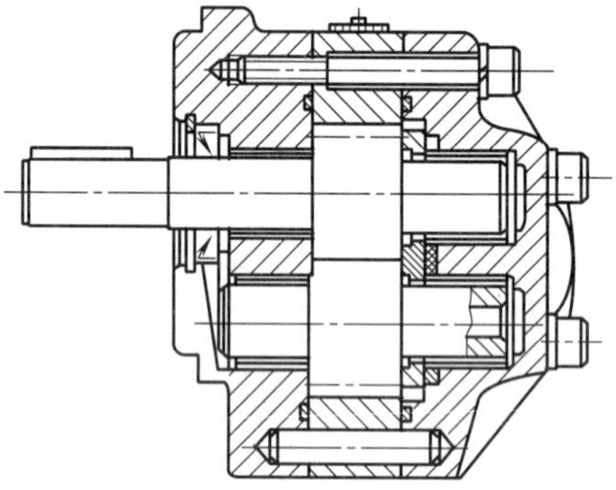

图 20-7-2 GM5 型齿轮马达结构

型号意义：

GM 5-※-※-※ ※ ※-20 ※

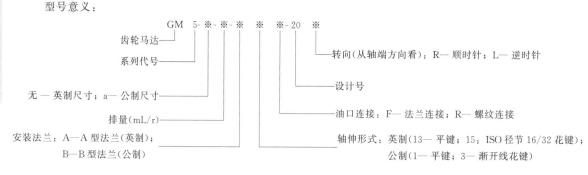

齿轮马达——GM
系列代号——5
无—英制尺寸；a—公制尺寸
排量(mL/r)
安装法兰：A—A 型法兰(英制)；B—B 型法兰(公制)
轴伸形式：英制(13—平键；15：ISO 径节 16/32 花键)；公制(1—平键；3—渐开线花键)
油口连接：F—法兰连接；R—螺纹连接
设计号
转向(从轴端方向看)：R—顺时针；L—逆时针

表 20-7-5 GM5 型齿轮马达技术规格

型号	排量 /$mL \cdot r^{-1}$	压力/MPa	转速/$r \cdot min^{-1}$		输出转矩 /N·m	油液过滤精度 /μm	容积效率 /%	质量 /kg
			最高	最低				
GM5-5	5.2	20	4000	800	16.56	25	≥85	1.9
GM5-6	6.4	21	4000	700	21.40			2.0
GM5-8	8.1	21	4000	650	27.09			2.1
GM5-10	10.0	21	4000	600	33.44			2.2
GM5-12	12.6	21	3600	550	42.13			2.3
GM5-16	15.9	21	3300	500	53.17			2.4
GM5-20	19.9	20	3100	500	63.38			2.5
GM5-25	25.0	16	3000	500	63.69			2.7

表 20-7-6　**GM5 型齿轮马达外形尺寸**　mm

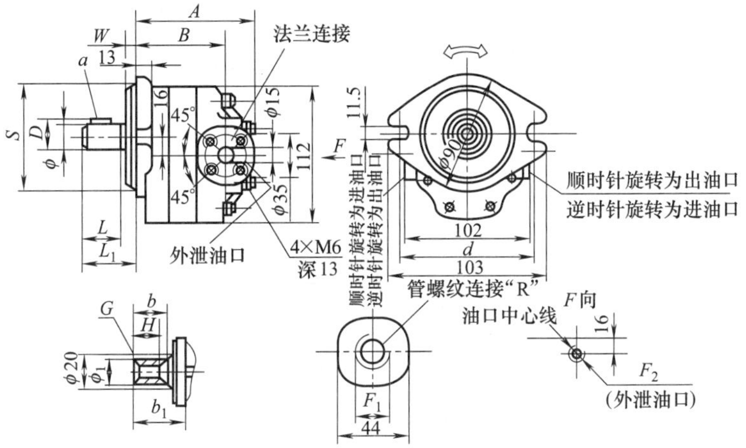

型号	整轴式(不带前轴承)		分轴式(带前轴承)	
	A	*B*	*A*	*B*
GM5-5	84.0	59.0	112.0	87.0
GM5-6	86.0	61.5	114.0	89.0
GM5-8	88.5	63.5	116.5	91.5
GM5-10	91.5	66.5	119.5	94.5
GM5-12	95.5	70.5	123.5	98.5
GM5-16	100.5	75.5	128.5	103.5
GM5-20	106.5	81.5	134.5	109.5
GM5-25	114.5	89.5	142.5	117.5

尺寸/mm	GM5	GM5a
S	82.55h8	80h8
d	106.4	109
D	21.1	22.5
a	4.75×4.75×25.4	6×32
H	18.3	23
ϕ_1	15.46	19.5
b	23.8	36
b_1	32	44
ϕ	19.05	20
L	36.6	36
L_1	44.5	44
G	DP:16/32	M:1.5
W	6.5	7
F_1	G3/4	M27×2
F_2	G1/2	M22×1.5

第20篇

7.4.1.2 CM-C 型齿轮马达

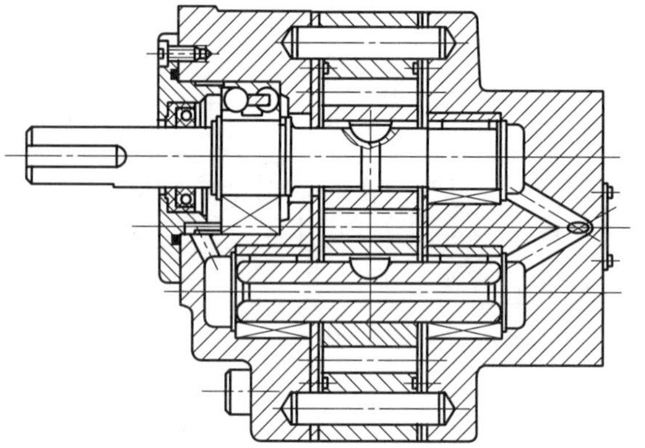

图 20-7-3 CM-C 型齿轮马达结构

型号意义：

CM - C 18 C - F L

- 齿轮马达——CM
- 系列代号——C
- 排量(mL/r)——18
- 压力等级：8 ～ 16MPa——C
- 安装法兰：A—A 型法兰(英制)；B—B 型法兰(公制)——F
- 连接方式：L— 螺纹连接；F— 法兰连接——L

表 20-7-7 CM-C 型齿轮马达技术规格

型号	排量 /mL·r⁻¹	压力/MPa		转速/r·min⁻¹		转矩/N·m		质量 /kg
		额定	最大	额定	最大	6.3MPa	10MPa	
CM-C10	10.93	10	14	1800	2400	10.9	17.4	7.8
CM-C18	18.21					18.3	29	8.0
CM-C25	25.5					25.6	40.5	8.5
CM-C32	37.78					32.8	52.1	9.0

表 20-7-8 CM-C 型齿轮马达外形尺寸 mm

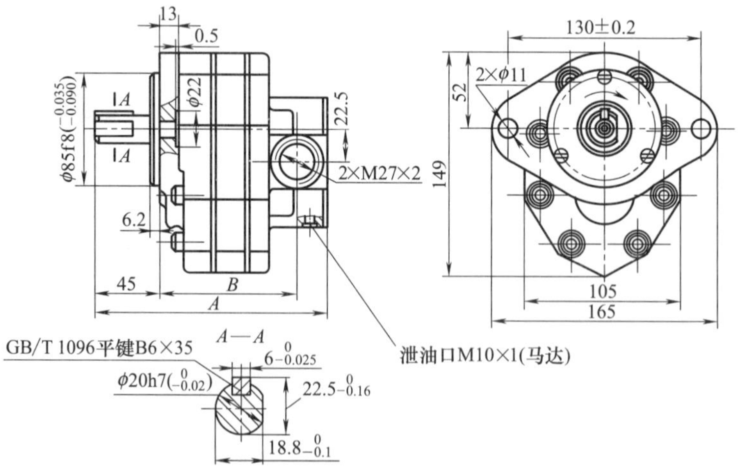

型号	CM-C10	CM-C18	CM-C25	CM-C32
A	153.5	158.5	163.5	168.5
B	85.5	90.5	95.5	100.5

7.4.1.3 CM-G4 型齿轮马达

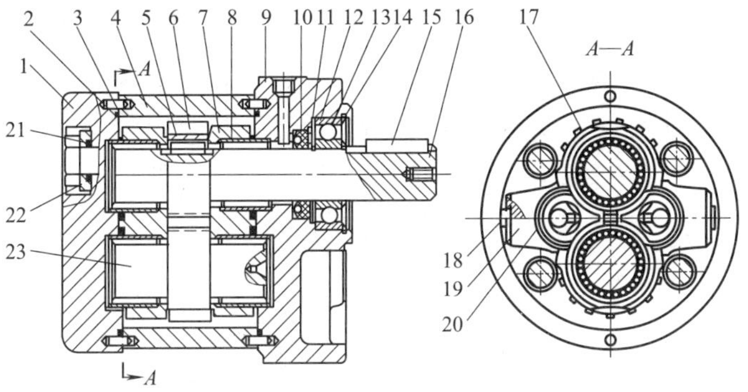

图 20-7-4 CM-G4 型齿轮马达结构

1—后盖；2—密封圈；3—圆柱销；4—壳体；5—平键；6—主动齿轮；7—侧板；8,13—轴承；9—前盖；10—回转油封；11,12,14—挡圈；15—键；16—传动轴；17—胶圈；18—弹簧片；19—密封块；20,21—O 形密封圈；22—垫圈；23—从动齿轮

型号意义：

CM-G 4 - ※

齿轮马达——CM

系列代号——G

模数——4

排量(mL/r)——※

表 20-7-9 CM-G4 型齿轮马达技术规格

型号	排量 /mL·r⁻¹	压力/MPa		转速范围 /r·min⁻¹	输出转矩/N·m		功率/kW	质量/kg
		额定	最高		$p=16$MPa	$p=20$MPa		
CM-G4-32	32	16	20	150～2000	80	100	8	—
CM-G4-40	40.6				103	129	10.6	24
CM-G4-50	50.6				128.7	161	13	25
CM-G4-63	63				160	200	16	26
CM-G4-80	81				206.5	258	21	27
CM-G4-100	100				253	316.5	26	28

表 20-7-10 CM-G4 型齿轮马达外形尺寸 mm

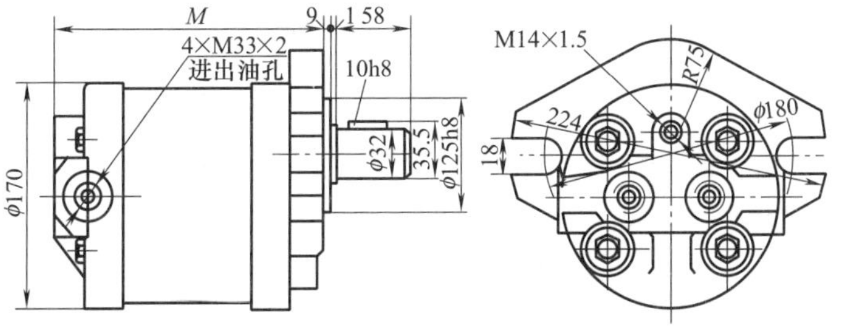

图(a) 菱形法兰

型号	CM-G4-32	CM-G4-40	CM-G4-50	CM-G4-63	CM-G4-80	CM-G4-100
M	189	194.5	201	209	222	235

第 20 篇

续表

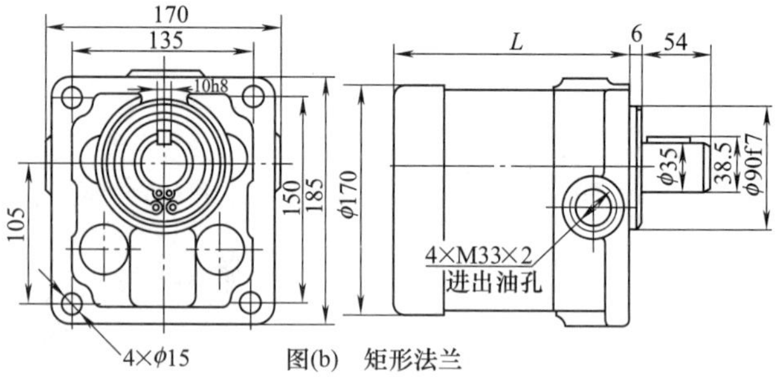

图(b)　矩形法兰

型号	CM-G4-32	CM-G4-40	CM-G4-50	CM-G4-63	CM-G4-80	CM-G4-100
L	175	180	187	194.5	207	221

7.4.1.4　CM-D 型齿轮马达

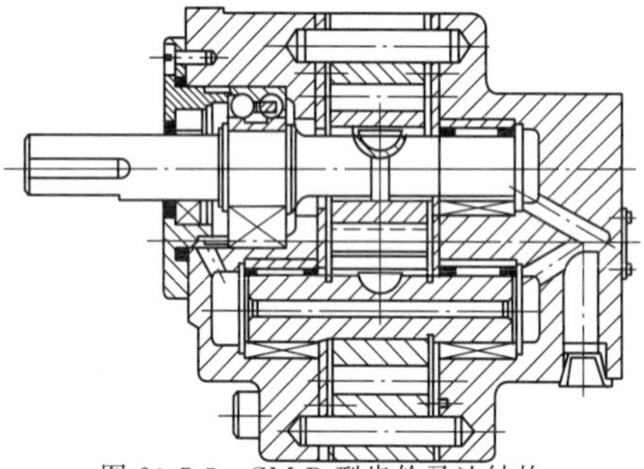

图 20-7-5　CM-D 型齿轮马达结构

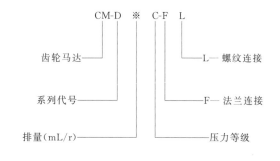

型号意义：

CM-D　※　C-F　L

- 齿轮马达——CM-D
- 系列代号——C
- 排量(mL/r)——※
- 压力等级——C
- F— 法兰连接
- L— 螺纹连接

表 20-7-11　　CM-D 型齿轮马达技术规格

型号	排量 /r・min⁻¹	压力/MPa		转速/r・min⁻¹		转矩/N・m		质量/kg
		额定	最大	额定	最大	6.3MPa	10MPa	
CM-D32C	33.64	10	14	1800	2400	32.8	53.5	13.5
CM-D45C	46.05					46.2	73.5	14.5
CM-D57C	58.44					58.5	92.9	15.5
CM-D70C	70.84					71.0	112.7	16.5

表 20-7-12　　CM-D 型齿轮马达外形尺寸　　mm

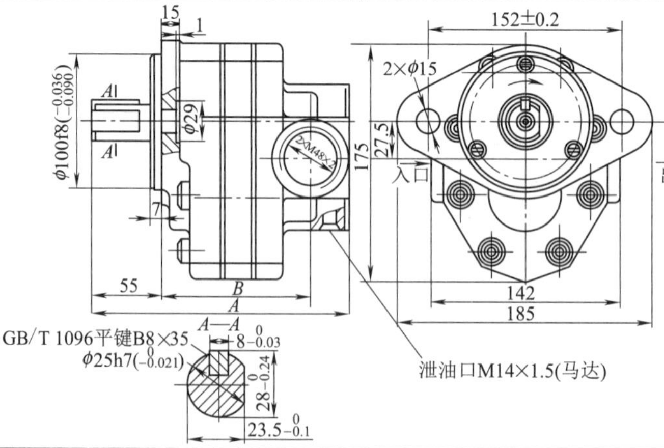

型号	CM-D32C	CM-D45C	CM-D57C	CM-D70C
A	209	216	223	230
B	121	128	135	142

7.4.1.5 CMZ型齿轮马达

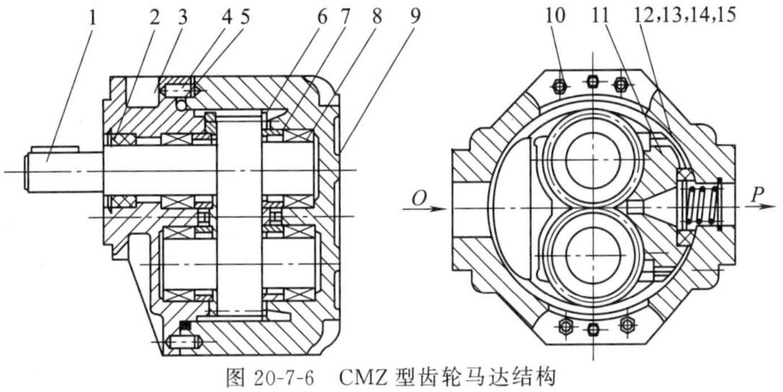

图20-7-6 CMZ型齿轮马达结构

1—主动齿轮轴；2—油封；3—前泵盖；4—柱销；5—O形圈；6—侧板；7—挠形板；8—轴承；9—泵体；10—螺栓；11—径向密封块；12,13—护圈；14—挡圈；15—弹簧

型号意义：

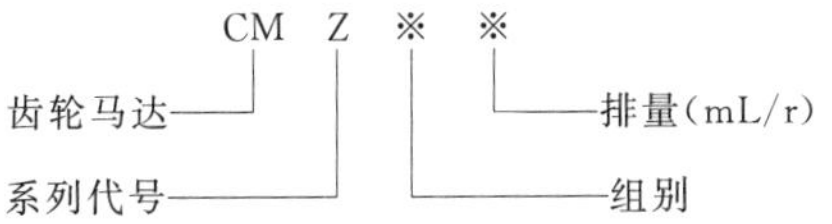

表20-7-13 CMZ型齿轮马达技术规格

型号	排量/mL·r^{-1}	压力/MPa		转速/r·min^{-1}		效率/%		质量/kg
		额定	最高	最低	最高	容积效率	总效率	
CMZ2032	32.1	20	25	150	2000	94	85	23.8
CMZ2040	40.3							24.5
CMZ2050	50							25.8
CMZ2063	63.4							27.5
CMZ2080	80	16	20					28.6
CMZ2100	100	12.5	16					29.5

7.4.1.6 CMW型齿轮马达

型号意义：

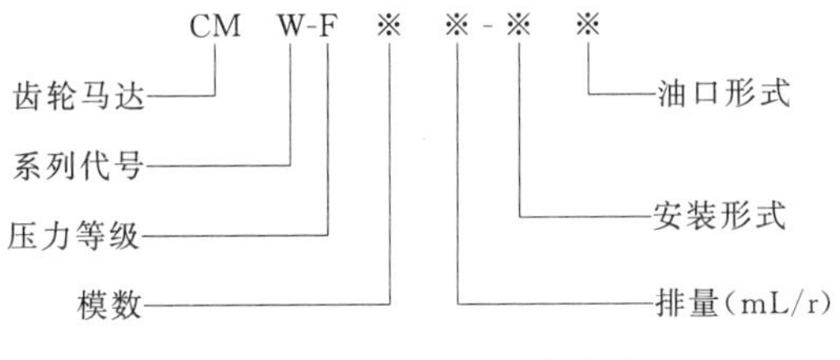

表20-7-14 CMW型齿轮马达技术规格

型号	排量/mL·r^{-1}	压力/MPa		转速/r·min^{-1}		转矩/N·m
		额定	最高	最低	最高	
CMW-F304	4	20	25	400	3000	11
CMW-F306	6					16.5
CMW-F308	8					22
CMW-F310	10					27.5
CMW-F312.5	12.5					34

表 20-7-15　　CMW 型齿轮马达外形尺寸

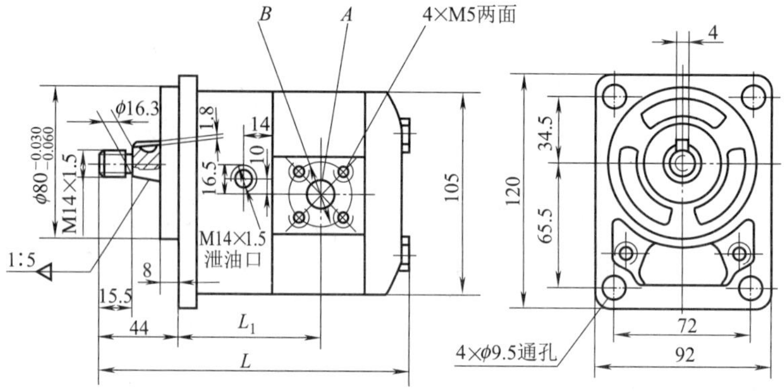

型号	尺寸/mm					
	L_1	L	进油口		出油口	
			A	B	A	B
CMW-F304	80	169	8	35	10	—
CMW-F306	82	172.5	10		15	
CMW-F308	84	176				
CMW-F310	85	179	15		20	
CMW-F312.5	87	183				

7.4.1.7　CMK 型齿轮马达

型号意义：

CM　K-※　※

齿轮马达——CM

系列代号——K

转向——※（末位）

排量——※（K-后）

表 20-7-16　　CMK 型齿轮马达技术规格

型号	理论排量 /mL·r^{-1}	压力/MPa		溢流阀调压范围/MPa	转速/r·min^{-1}		转矩 /N·m	容积效率 /%
		额定	最大		最低	最高		
CMK04	4.25	16	20	10～21	600	3000	10.82	≥85
CMK05	5.2						13.24	
CMK06	6.4						16.3	
CMK08	8.1						20.63	
CMK10	10						25.46	
CMK11	11.1						28.27	
CMK12	12.6						32.09	
CMK16	15.9						40.49	
CMK18	18						45.84	
CMK20	19.9						50.67	
CMK22	21.9						55.77	
CMK25	25						63.6	

表 20-7-17 CMK 型齿轮马达外形尺寸

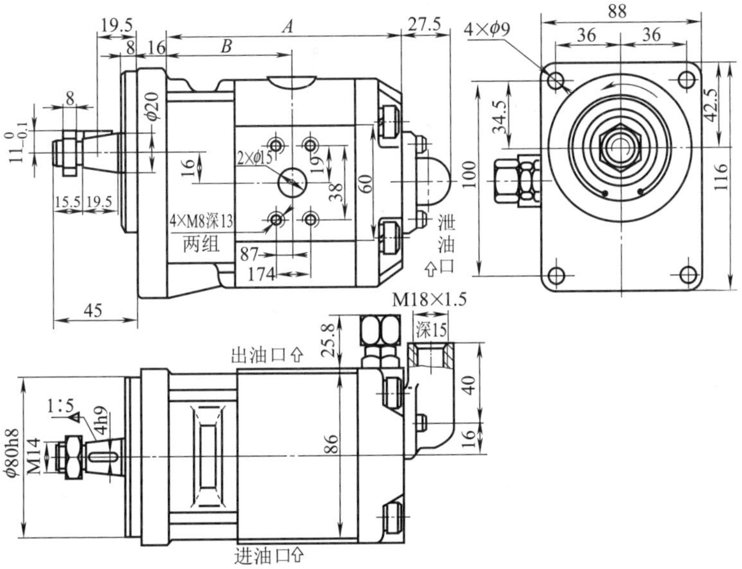

型号	CMK04	CMK05	CMK06	CMK08	CMK10	CMK11	CMK12	CMK16	CMK18	CMK20	CMK22	CMK25
A/mm	121.5	123	125	127.5	130.5	132	134.5	139.5	142.5	145.5	148.5	153.5
B/mm	72.25	76	77	78.25	79.75	80.5	81.75	84.25	85.75	87.25	88.75	91.25

7.4.1.8 CM-F 型齿轮马达

型号意义：

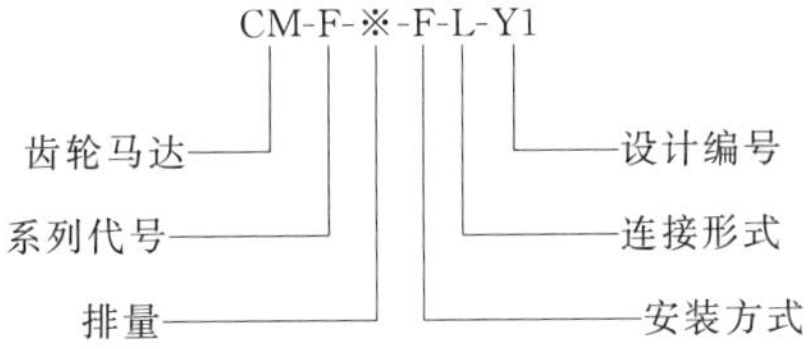

表 20-7-18 CM-F 型齿轮马达技术规格

型号	压力/MPa		转速/r·min^{-1}		最低转速/r·min^{-1}	排量/mL·r^{-1}	转矩/N·m	质量/kg
	额定	最高	额定	最高				
CM-F10-FL	14	17.5	1800	2400	120	11.27	20	—
CM-F18-FL						18.32	32	8.6
CM-F25-FL						25.36	45	8.8
CM-F32-FL						32.41	57	9.0
CM-F40-FL						39.45	70	9.2

注：1. 表中的最高压力和最高转速为使用中短暂时间内允许的峰值，每次持续时间不宜超过 3min。

2. 表中所列转矩系压力为 14MPa 时的转矩。

表 20-7-19　　CM-F 型齿轮马达外形尺寸　　mm

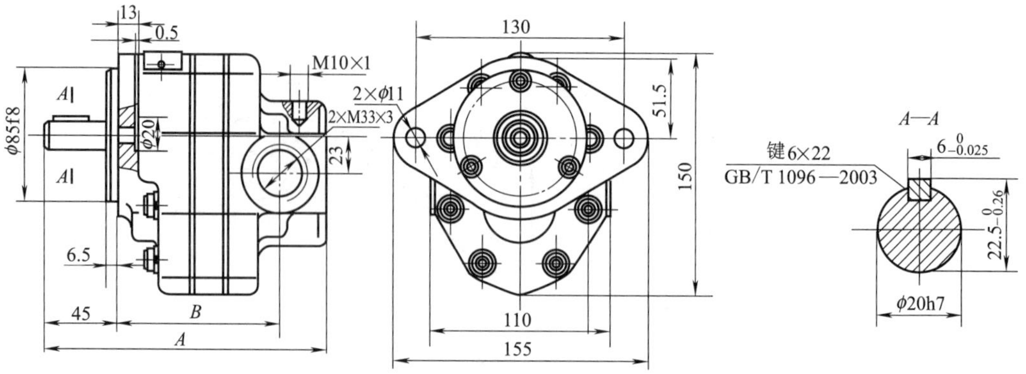

型　　号	A	B
CM-F10-FL	167	97
CM-F18-FL	172	102
CM-F25-FL	177	107
CM-F32-FL	182	112
CM-F40-FL	187	117

7.4.1.9　CB-E 型齿轮马达

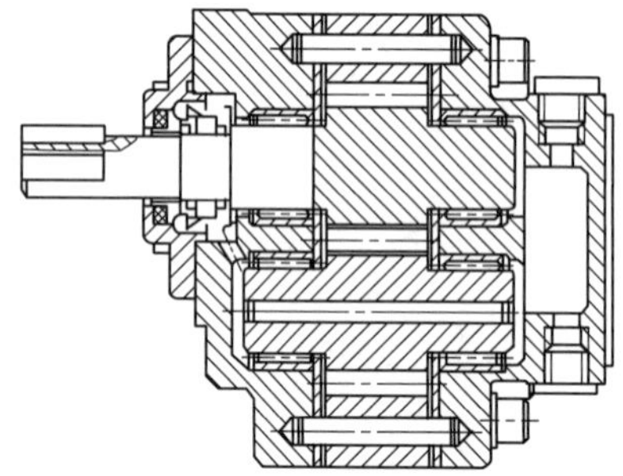

图 20-7-7　CB-E 型齿轮马达结构

型号意义：

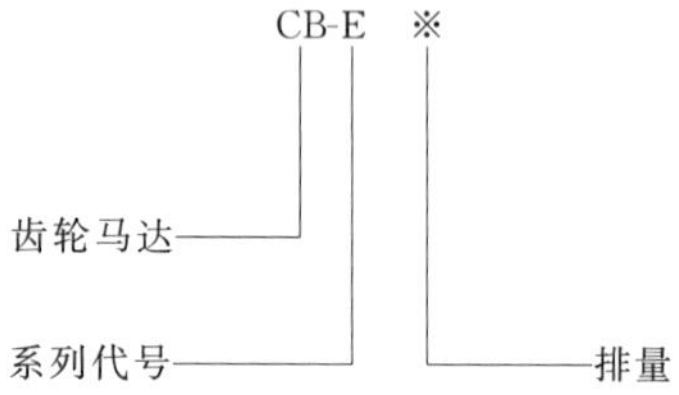

表 20-7-20　　CB-E 型齿轮马达技术规格

型号	排量/mL·r^{-1}	压力/MPa		转速/r·min^{-1}		容积效率/%	额定转矩/N·m	质量/kg
		额定	最高	额定	最高			
CB-E70	69.4	10	12.5	500	2400	≥85	108	37.1
CB-E105	105.5						165	39.7
CB-E140	141.6						220	42.1
CB-E175	177.7						278	45
CB-E210	213.8						333	46

表 20-7-21　CB-E型齿轮马达外形尺寸　mm

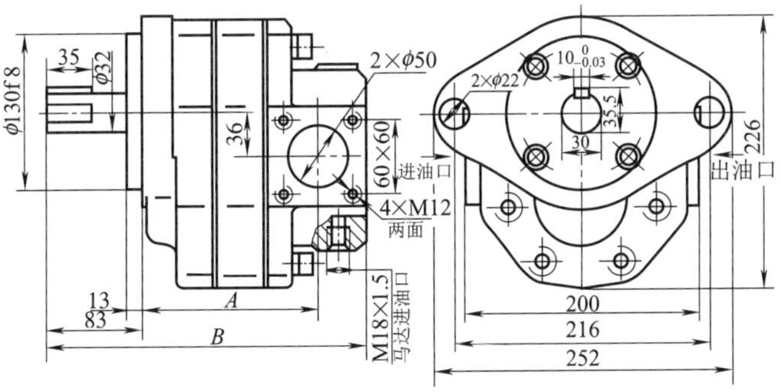

型号	CB-E70	CB-E105	CB-E140	CB-E175	CB-E210
A	138	151	164	177	190
B	263	276	289	302	315

7.4.2 摆线液压马达

7.4.2.1 BYM型齿轮马达

表 20-7-22　BYM型齿轮马达技术规格

型号	排量 /mL·r^{-1}	压力/MPa		转速/r·min^{-1}		转矩 /N·m	质量 /kg
		额定	最高	额定	最高		
BYM(A)-80	80	10	12.5	500	625	100	6.2
BYM(A)-100	100			400	500	115	6.7
BYM(A)-125	125			320	400	145	7.2
BYM(A)-160	160			250	310	200	7.8
BYM(A)-200	200			200	250	250	8.1
BYM(A)-250	250			160	200	300	8.4
BYM(A)-315	315			127	160	380	9.0

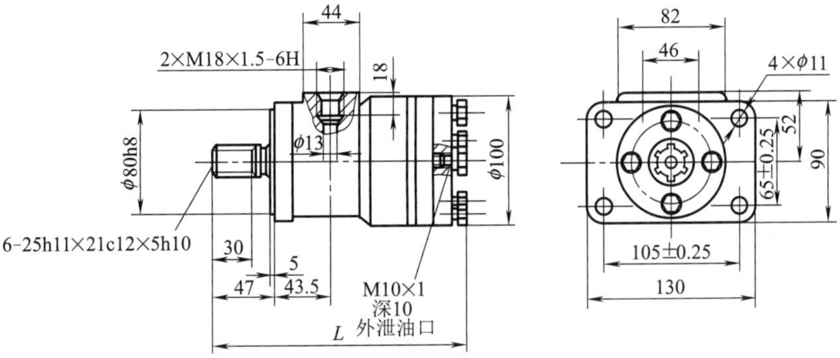

图 20-7-8　BYM型齿轮马达外形尺寸

7.4.2.2　BM-C/D/E/F 型摆线液压马达

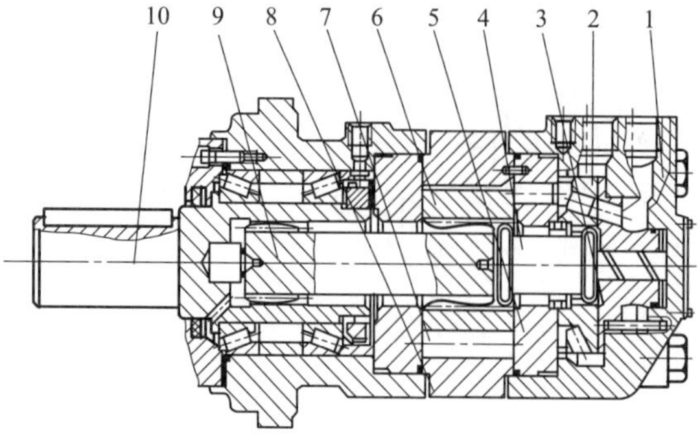

图 20-7-9　BM-C/D/E/F 型摆线液压马达结构

1—后壳体；2—配油盘；3—支撑盘；4—短花键轴；5—后侧板；6—转子；7—针柱；8—定子；9—长花键轴；10—输出轴

型号意义：

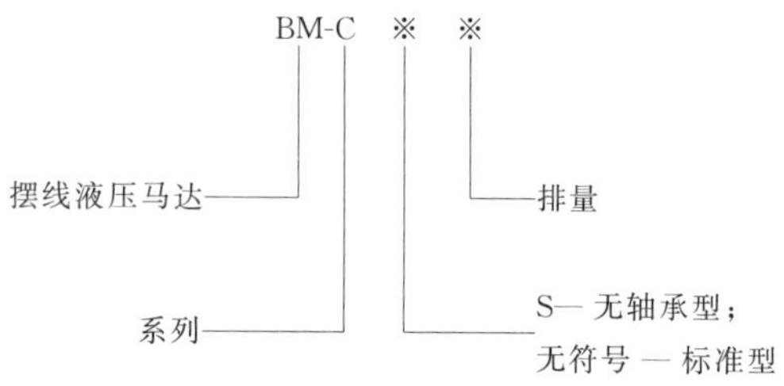

表 20-7-23　　BM-C/D/E/F 型摆线液压马达技术规格

型号	排量 /mL·r^{-1}	压力/MPa		转速/r·min^{-1}		额定转矩 /N·m	额定流量 /L·min^{-1}	功率 /kW	总效率 /%	质量 /kg	L_1 /mm	L /mm
		额定	最高	额定	最高							
BM-C80	80.5	16	20	620	780	170	50	10.5	80	9.8	126	168
BM-CS80										7.8	79	120
BM-C100	100			500	625	215	50	10.5		10	130	172
BM-CS100										8	83	126
BM-C125	125.7			400	500	265	50	10.5		10.3	134	176
BM-CS125										8.2	87	130
BM-C160	159.7	12.5	15.5	310	390	265	50	8.2		10.7	140	182
BM-CS160										8.7	93	136
BM-C200	200			250	310	330	50	8.2		11.1	147	189
BM-CS200										9.1	100	143
BM-C250	250	10	12.5	200	250	330	50	6.5		11.6	156	198
BM-C315	315			160	200	420	50	6.5		12.3	168	210
BM-D160	158.7	16	20	500	625	340	80	16.7	≥78	20.7	149	210
BM-DS160										15.4	97	148
BM-D200	200.8			400	500	420	80	16.7		21.3	163.5	214.5
BM-DS200										15.9	102	153
BM-D250	252.2			320	400	530	80	16.7		22	169	220
BM-DS250										16.5	107	158
BM-D320	317.4			250	310	675	80	16.7		22.6	176	114
BM-DS320										15.7	227	165
BM-E315	312	16	24	320	400	700	100	22	≥80	30.7	160	215
BM-ES315										22.3	117	171
BM-E400	398			250	310	890	100	22		31.5	167	222
BM-ES400										23.1	122	177
BM-E500	496			200	250	1120	100	22		32.4	175	230
BM-ES500										24	130	185
BM-E630	625	16	24	160	200	1400	100	22	≥80	33.6	185	240
BM-ES630										25.2	140	195
BM-E800	797	12.5	18.5	125	160	1400	100	22		35.2	199	154
BM-ES800										26.8	254	209
BM-E(Ⅱ)315	312	18	—	320	—	750	100	24	—	30.7	159	219
BM-E(Ⅱ)S315										22.3	115	175
BM-E(Ⅱ)400	398			250	—	960	100	24		31.5	166	226
BM-E(Ⅱ)S400										23.1	122	182
BM-E(Ⅱ)500	496			200	—	1190	100	24		32.4	174	234
BM-E(Ⅱ)S500										24	130	190
BM-E(Ⅱ)625	625	16	—	160	—	1340	100	21		33.6	184.5	244.5
BM-E(Ⅱ)S625										25.2	140.5	200.5
BM-E(Ⅱ)800	797			125	—	1700	100	21		35.2	198.5	258.5
BM-E(Ⅱ)S800										25.8	154.5	214.5
BM-F800	800	14	18.5	200	250	1480	160	30	≥78	54	237	303
BM-F1000	1000			160	200	1850	160	30		56	247	313
BM-F1250	1250			128	160	2310	160	30		58	258	324

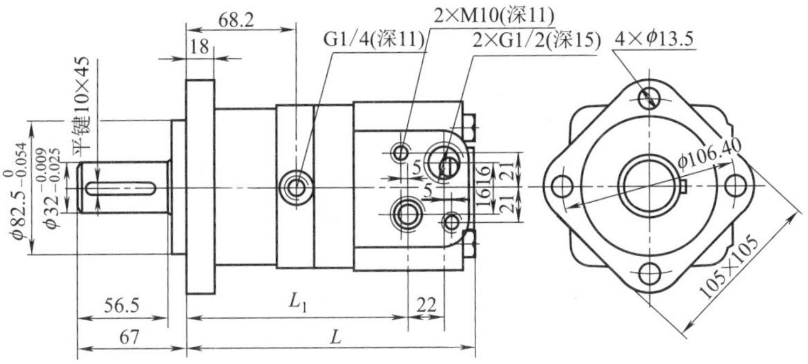

图 20-7-10 BM-C80-315 型摆线液压马达外形尺寸

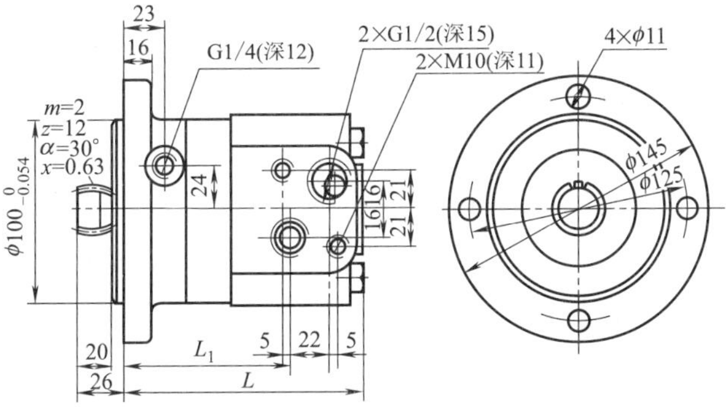

图 20-7-11 BM-CS80-315 无轴承型摆线液压马达外形尺寸

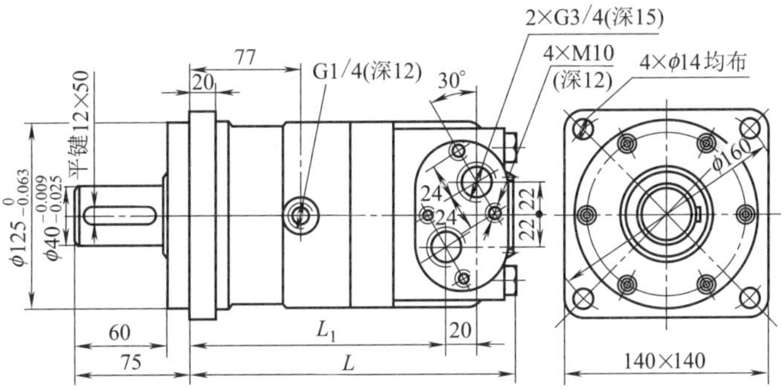

图 20-7-12 BM-D160-320 型摆线液压马达外形尺寸

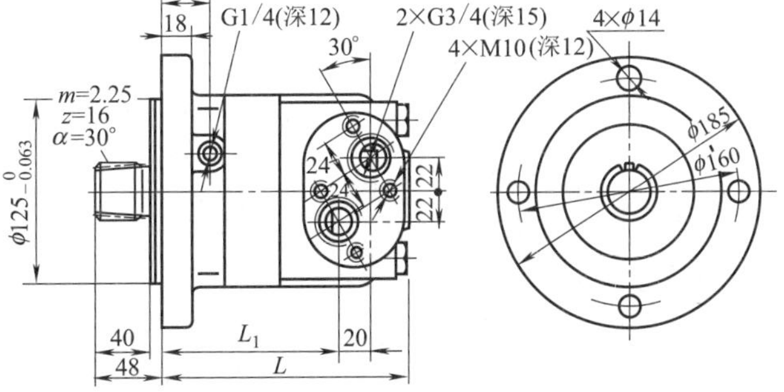

图 20-7-13 BM-DS160-320 无轴承型摆线液压马达外形尺寸

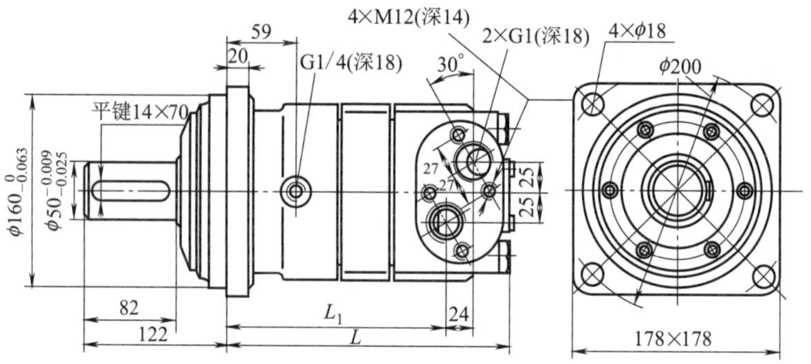

图 20-7-14 BM-E315-800 型摆线液压马达外形尺寸（端面配流）

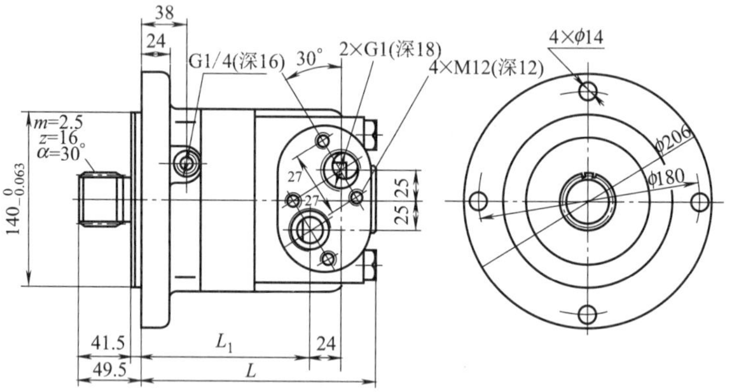

图 20-7-15 BM-ES315-800 无轴承型摆线液压马达外形尺寸（端面配流）

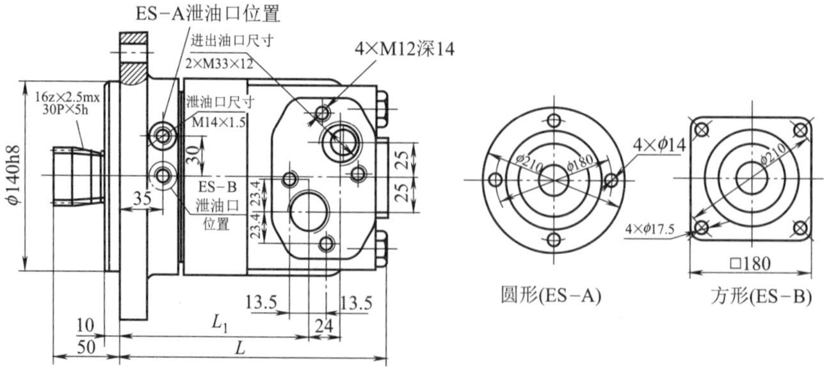

图 20-7-16 BM-E（Ⅱ）S 型摆线液压马达外形尺寸

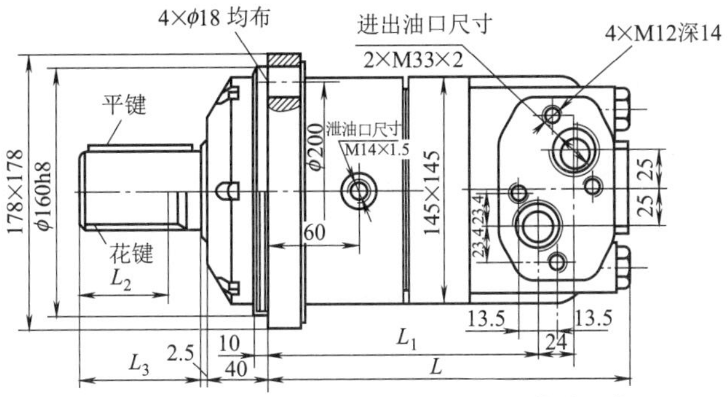

图 20-7-17　BM-E（Ⅱ）型摆线液压马达外形尺寸

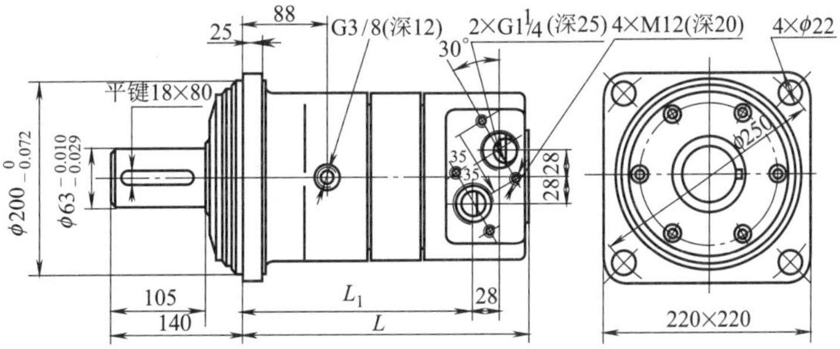

图 20-7-18　BM-F 型摆线液压马达外形尺寸

7.5　叶片马达

由于压力油作用，受力不平衡使转子产生转矩。叶片式液压马达的输出转矩与液压马达的排量、液压马达进出油口之间的压力差有关，其转速由输入液压马达的流量大小来决定。由于液压马达一般都要求能正反转，所以叶片式液压马达的叶片要径向放置。为了使叶片根部始终通有压力油，在回、压油腔通入叶片根部的通路上应设置单向阀，为了确保叶片式液压马达在压力油通入后能正常启动，必须使叶片顶部和定子内表面紧密接触，以保证良好的密封，因此在叶片根部应设置预紧弹簧。叶片式液压马达体积小，转动惯量小，动作灵敏，可适用于换向频率较高的场合，但泄漏量较大，低速工作时不稳定。因此叶片式液压马达一般用于转速高、转矩小和动作要求灵敏的场合。

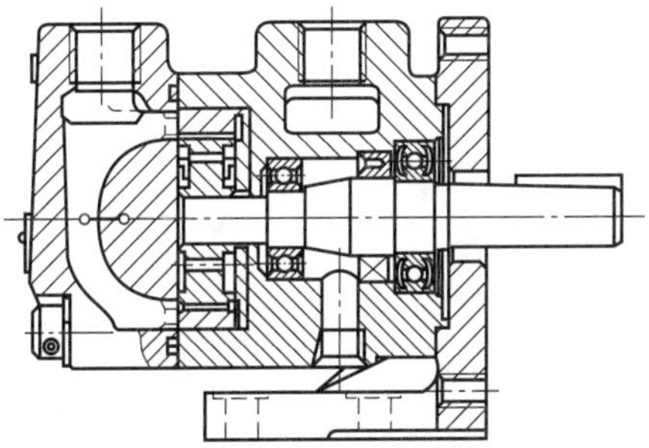
图 20-7-19　YM 型马达结构

7.5.1　YM 型液压马达

7.5.1.1　YM 型中压液压马达

型号意义：

YM ※-※ ※ ※ ※ Y1

- 叶片式液压马达——YM
- 系列
- 排量
- 压力等级（B—2～8MPa）
- 安装方式：F— 法兰安装；J— 脚架安装
- 连接形式：L— 螺纹连接；F— 法兰安装
- 设计编号——Y1

表 20-7-24　YM 型中压液压马达技术规格

型号	理论排量 /mL·r⁻¹	额定压力 /MPa	转速/r·min⁻¹	
			最高	最低
YM-A19B	16.3	6.3	2000	100
YM-A22B	19.0			
YM-A25B	21.7			
YM-A28B	24.5			
YM-A32B	29.9			
YM-B67B	61.1			
YM-B102B	93.6			

输出转矩 /N·m	质量/kg		油口尺寸	
	法兰安装	脚架安装	进口	出口
9.7	9.8	12.7	R_c3/4	R_c3/4
12.3				
14.3				
16.1				
21.6				
43.1	25.2	31.5	R_c 1	R_c 1
66.9				

注：输出转矩指在 6.3MPa 压力下的保证值。

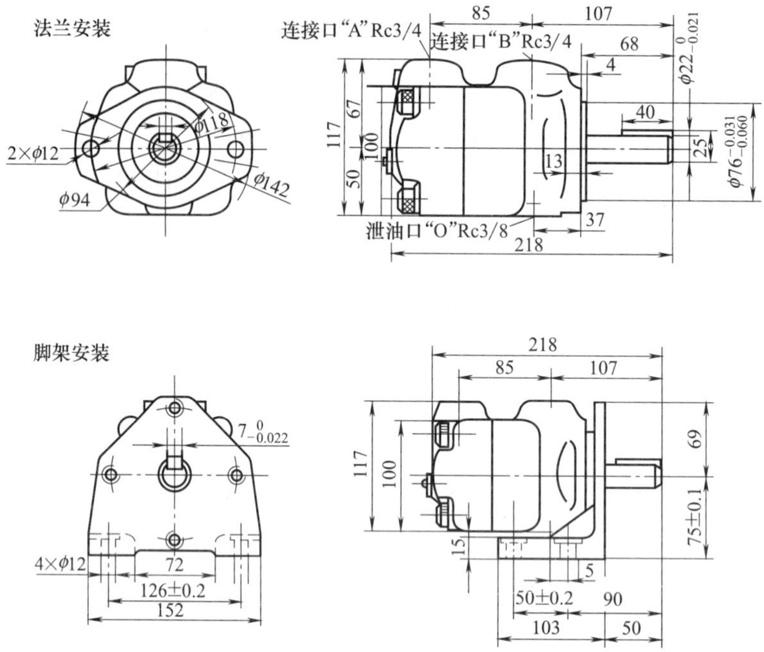

图 20-7-20 YM-A 型外形尺寸

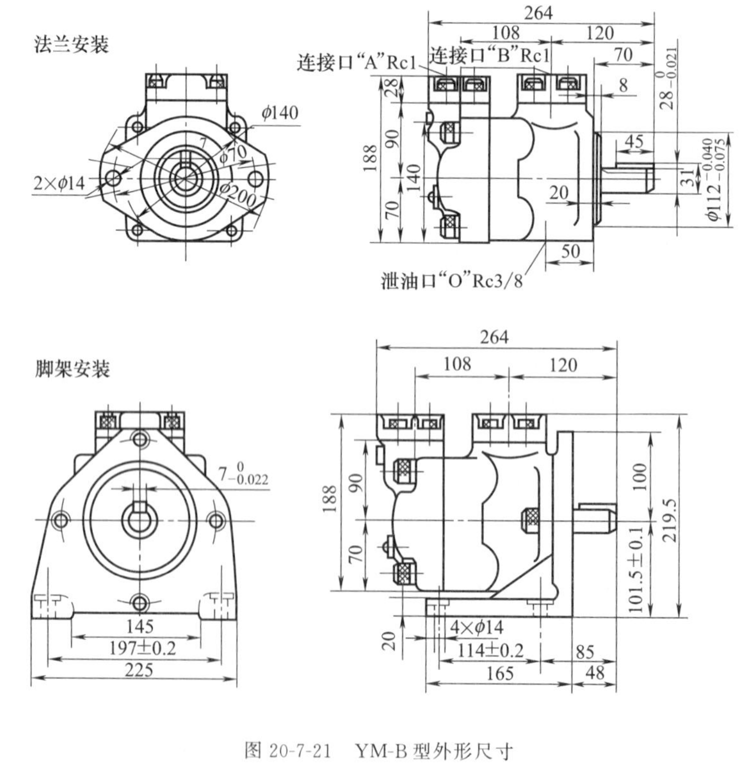

图 20-7-21 YM-B 型外形尺寸

7.5.1.2　YM 型中高压液压马达

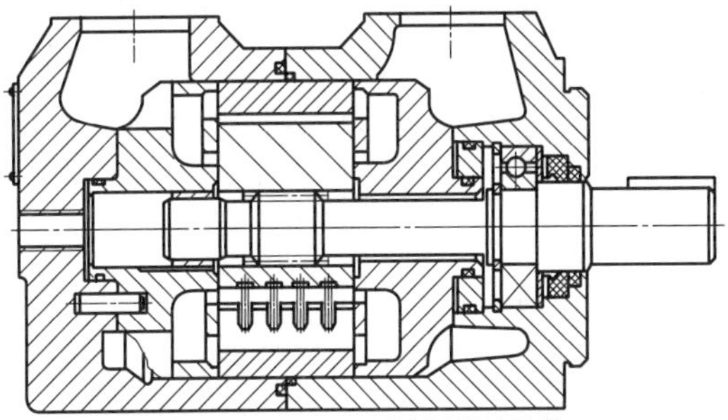

图 20-7-22　YM 型液压马达结构

型号意义：

YM　※-※

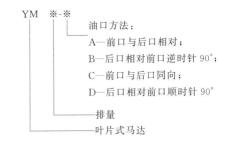

油口方法：
A—前口与后口相对；
B—后口相对前口逆时针 90°；
C—前口与后口同向；
D—后口相对前口顺时针 90°

排量

叶片式马达

表 20-7-25　　YM 型中高压液压马达技术规格

型号	排量 /mL·r^{-1}	压力/MPa		转速/r·min^{-1}		转矩 /N·m	质量 /kg	效率/%	
		最高	额定	额定	最高			容积效率	总效率
YM-40	43	16	7.5	1500	2200	110	20	89	80
YM-50	57					145		89	80
YM-63	68					171.5		90	81
YM-80	83	16	7.5	1500	2200	209.5	31	90	81
YM-100	100					252		90	81
YM-125	122					305.5		90	81
YM-140	138	16	7.5	1500	2200	346.5	40	92	82
YM-160	163					409.5		92	82
YM-200	193					483		92	82
YM-224	231	16	7.5	1500	2000	579.5	74	92	82
YM-250	268					672		92	82
YM-315	371					795		92	82

表 20-7-26　　YM 型中高压液压马达外形尺寸　　mm

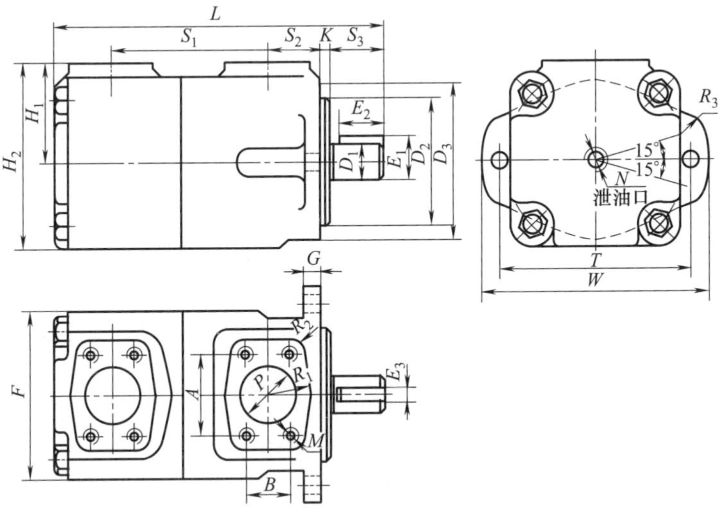

续表

型号	A	B	D_1	D_2	D_3	E_1	E_2	E_3	F	G	H_1	H_2	K	L	M	N	P	R_1	R_2	R_3	S_1	S_2	S_3	T	W
YM-40																									
YM-50	60	32	25 ± 0.01	$125_{-0.06}^{0}$	121	28	28	8	120	15	762	135.9	9	235	M12×20	M14×1.5	32	27	12	14	105	40	43.5	146	176
YM-63																									
YM-80																									
YM-100	70	35	$125_{-0.06}^{0}$	$125_{-0.06}^{0}$	146	35	35	10	142	18	88.9	159.7	9	280	M12×22	M18×1.5	38	35	12	18	122.5	52	59.5	181	215
YM-125																									
YM-140																									
YM-160	78	43	$125_{-0.06}^{0}$	$125_{-0.06}^{0}$	146	35	35	10	160	18	93.6	173.6	9	318	M12×25	M14×1.5	50	38	12	18	146	52	59.5	181	215
YM-200																									
YM-224																									
YM-250	90	50	$45_{+0.002}^{+0.027}$	$152.4_{-0.05}^{0}$	200	49	49	14	198	23	120.6	220.2	12.7	392	M12×25	M22×1.5	63	54	12	22	162	70	83.5	229	267
YM-315																									

7.5.1.3　YM※型低速大扭矩叶片马达

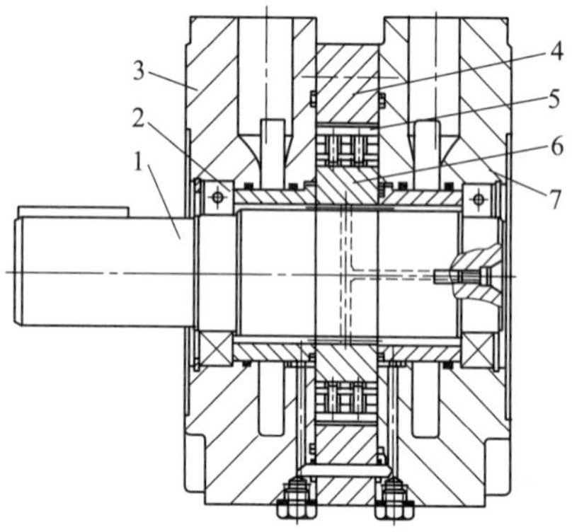

图 20-7-23　YM※型低速大扭矩叶片马达结构
1—轴；2—轴承；3—前盖；4—定子；5—叶片；6—转子；7—后盖

型号意义：

YM-※-※-※/※
- ※/※：双速马达分排量
- ※（第二个）：总排量
- ※（第一个）：代号：无—单速；2—双速
- YM：叶片式液压马达

表 20-7-27　YM※型低速大扭矩叶片马达（单速）技术规格

型号	排量/mL·r^{-1}	压力/MPa		转速/r·min^{-1}		效率/%		转矩/N·m	质量/kg
		额定	最高	额定	最高	容积效率	总效率		
YM-400	393	16	20	200	400	90	81	1127	91
YM-630	623	16	20	175	350	90	78	1715	102
YM-800	865	16	20	150	300	90	79	2401	109
YM-1250	1318					90	79	3700	
YM-1600	1606	16	20	125	250	90	79	4508	163
YM-1800	1852					90	79	5194	
YM-2240	2360	12.5	14	100	200	91	80	4606	236
YM-2800	2720					91	80	5341	
YM-3150	3089					91	82	6027	
YM-4500	4703	12.5	14	80	150	91	80	9212	327
YM-5000	5440					91	80	10633	
YM-6300	6178					91	80	12054	
YM-9000	9276	12.5	14	50	100	92	81	18130	431
YM-12000	12370	12.5	14	50	100	92	81	24108	531

—

表 20-7-28 **YM※型低速大扭矩叶片马达（双速）技术规格**

型号	排量 /mL·r⁻¹	分排量 /mL·r⁻¹	压力/MPa 额定	压力/MPa 最高	转速/r·min⁻¹ 额定	转速/r·min⁻¹ 最高	效率/% 容积效率	效率/% 总效率	转矩 /N·m	质量 /kg
YM-2-0.17-0.4/0.4	865	433/433	16	20	150	300	90	79	2401	91
YM-2-1.25-0.63/0.63	1318	659/659					90	79	3700	
YM-2-1.6-0.9/0.71	1606	925/690	16	20	125	250	90	79	4508	162
YM-2-1.17-0.9/0.9	1852	925/925					90	79	5194	
YM-2-2.24-1.12/1.12	2360	1180/1180	12.5	14	100	200	91	80	4606	240
YM-2-2.17-1.6/1.12	2720	1545/1180					91	80	5341	
YM-2-3.15-1.6/1.6	3089	1545/1545					91	82	6027	
YM-2-4.5-2.24/2.24	4703	2360/2360	12.5	14	80	150	91	80	9212	331
YM-2-5.4-3.15/2.24	5440	3089/2360					91	80	10633	
YM-2-6.3-3.15/3.15	6178	3089/3089					91	80	12054	
YM-2-9. 0-4. 5/4. 5	9267	4630/4630	12. 5	14	50	100	92	81	18130	431
YM-2-12. 0-6. 3/6. 3	12370	6178/6178	12. 5	14	50	100	92	81	24108	531

表 20-7-29 **YM※型低速大扭矩叶片马达外形尺寸** mm

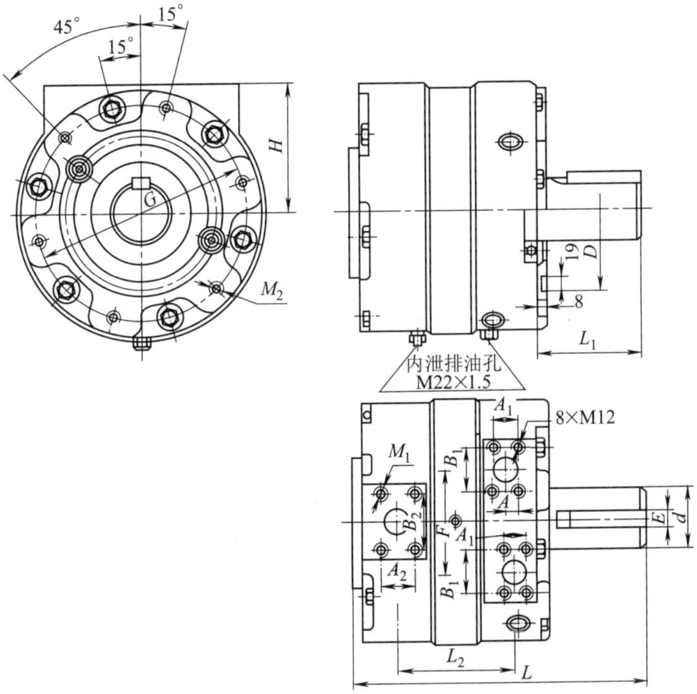

续表

规格	L	L_1	L_2	A	A_1	B_1	A_2	B_2	d	D	E	F	G	H	M_1	M_2
YM-400	250	88	88	—	30	60	30	60	ϕ57	ϕ148	12.7	0	ϕ203	132	M12	M14
YM-630	300	98	123	—	30	60	30	60	ϕ63.5	ϕ187	15.8	0	ϕ250	160	M12	M16
YM-800 YM-1250	330	98	140	17	30	59	36	70	ϕ88.9	ϕ208	15.8	128	ϕ266.7	160	M12	M16
YM-1600 YM-1800	375	112	161	20	35	70	43	78	ϕ101.6	ϕ264	22.2	144	ϕ298.5	178	M12	M16
YM-2240 YM-2800 YM-3150	480	166	187.5	11	35	70	50	90	ϕ101.6	ϕ264	25.4	165	ϕ343	207	M14	M20
YM-4500 YM-5000 YM-6300	585	166	291.5	11	35	70	50	90	ϕ101.6	ϕ264	25.4	165	ϕ343	207	M14	M20
YM-9000	690	166	395.5	11	35	70	50	90	ϕ101.6	ϕ264	25.4	165	ϕ343	207	M14	M20
YM-12000	790	166	499.5	11	35	70	50	90	ϕ101.6	ϕ264	25.4	165	ϕ343	207	M14	M20

7.5.2 BMS、BMD 型叶片摆动马达

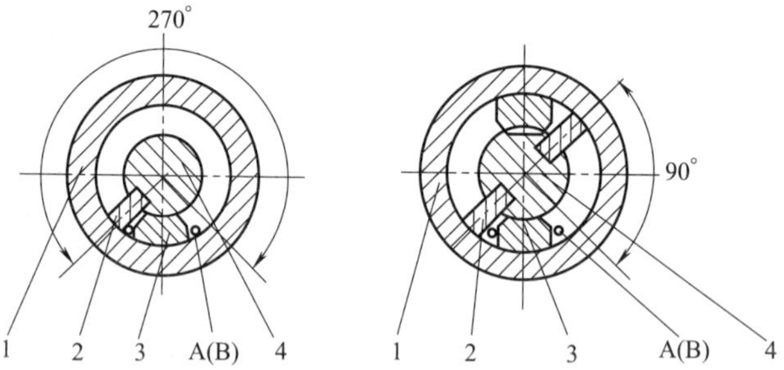

单叶片摆动马达　　双叶片摆动马达

图 20-7-24 叶片摆动马达结构

1—壳体；2—转块；3—挡块；4—马达轴

型号意义：

BM ※-※ L F ※

- BM：叶片式液压马达
- ※：代号：D— 单叶片；S— 双叶片
- ※：输出转矩
- L：螺纹连接
- F：法兰连接
- ※：轴伸：A— 单轴伸；B— 双轴伸

表 20-7-30 BMS、BMD 型叶片摆动马达技术规格

类别	型号	转角范围 /(°)	转矩/N·m						排量 /mL·r^{-1}	内泄量 /mL·min^{-1}	质量 /kg
			1MPa	2MPa	3MPa	4MPa	5MPa	6.3MPa			
单叶片	BMD-3	0～270	5	11	16	22	27	34	30	45	10.87
	BMD-6		9	19	29	39	49	61	58	100	11.57
	BMD-12		20	40	60	81	101	127	120	200	12.74
	BMD-25		40	81	121	162	202	255	260	300	17.73

续表

类别	型号	转角范围/(°)	转矩/N・m						排量/mL・r^{-1}	内泄量/mL・min^{-1}	质量/kg
			1MPa	2MPa	3MPa	4MPa	5MPa	6.3MPa			
单叶片	BMD-32	0～270	52	103	155	206	258	325	307	350	18.94
	BMD-55		88	177	265	353	442	557	530	480	33.31
	BMD-80		128	256	384	512	640	807	754	500	46
	BMD-100		161	322	483	644	805	1015	966	550	57.56
双叶片	BMS-6	0～90	1	22	32	44	54	68	20	40	10.94
	BMS-12		18	38	58	78	98	122	39	80	11.65
	BMS-24		40	80	120	162	202	254	80	160	13
	BMS-50		80	162	242	324	404	510	173	260	17.8
	BMS-64		104	206	310	412	516	650	204	300	19.57
	BMS-110		176	354	530	706	884	1114	354	450	34.4
	BMS-160		256	512	768	1024	1280	1614	502	460	47.5
	BMS-200		322	644	966	1288	1610	2030	644	500	59.5

表 20-7-31　　BMS、BMD 型叶片摆动马达外形尺寸　　mm

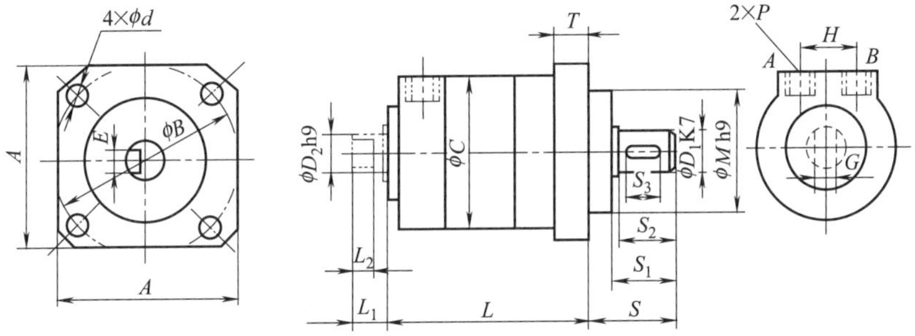

型号		A	B	C	D_1	E	M	d	P	H	S	S_1	S_2	S_3	L	G	T	D_2	L_1	L_2
BMD-3	BMS-6	125	125	95	16	5	100	11	G1/4	28	39	30	28	20	100	14	15	20	16	12
BMD-6	BMS-12	125	125	95	16	5	100	11	G1/4	28	39	30	28	20	116	14	15	20	16	12
BMD-12	BMS-24	150	160	120	20	6	125	14	G3/8	36	47	38	36	30	145	14	18	20	16	12
BMD-25	BMS-50	150	160	136	30	10	125	14	G3/8	44	69	60	58	45	174	21	20	30	20	15
BMD-32	BMS-64	150	160	136	30	10	125	14	G3/8	44	69	60	58	45	191	21	20	30	20	15
BMD-55	BMS-110	190	160	166	32	10	160	18	G1/2	63	69	60	58	45	211	21	22	32	20	15
BMD-80	BMS-160	236	250	196	40	12	200	22	G3/4	72	94	85	83	65	216	26	25	40	25	20
BMD-100	BMS-200	236	250	196	40	12	200	22	G3/4	72	94	85	83	65	241	26	25	40	25	20

7.6　柱塞马达

7.6.1　斜盘式轴向柱塞式马达

图 20-7-25 所示为斜盘式轴向柱塞式马达，它的工作原理是当压力油输入液压马达时，处于压力腔的柱塞被顶出，压在斜盘上，斜盘对柱塞产生反力，该力可分解为轴向分力和垂直于轴向的分力。其中，垂直于轴向的分力使缸体产生转矩。这样在这些柱塞输出转矩作用下马达就可以克服负载旋转，如果将马达的进、出油口互换，马达就能够反向转动，同时改变斜盘的倾角时又可以实现马达排量的改变进而可以调节输出转速或转矩。也就是说这种形式的马达是一种可以实现双向变量的马达。

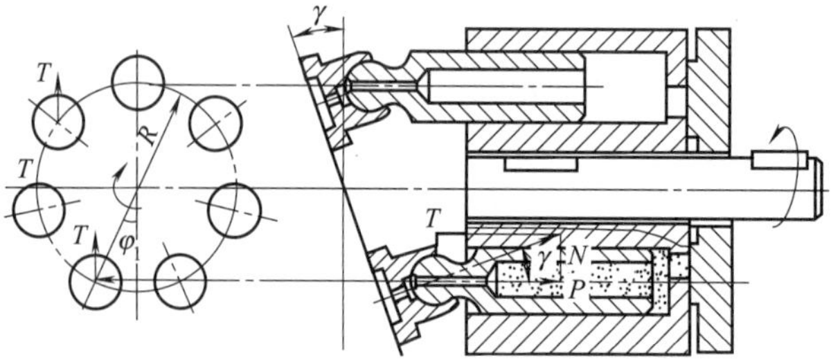

图 20-7-25 柱塞式马达

7.6.1.1 ZM、XM 型柱塞马达

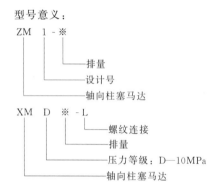

型号意义：

ZM 1 - ※
- ※ — 排量
- 1 — 设计号
- ZM — 轴向柱塞马达

XM D ※ - L
- L — 螺纹连接
- ※ — 排量
- D — 压力等级：D—10MPa
- XM — 轴向柱塞马达

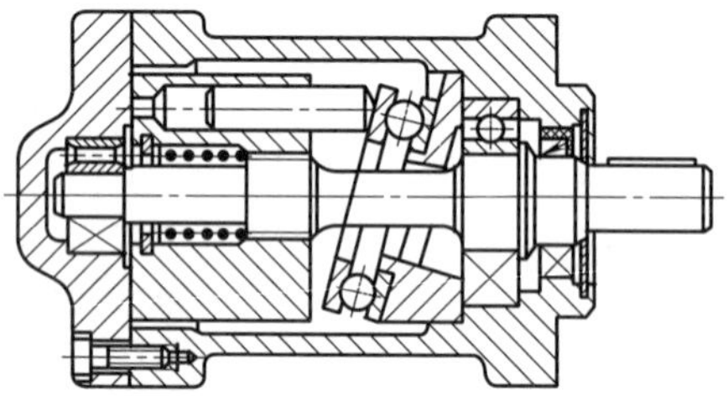

图 20-7-26 ZM、XM 型轴向柱塞马达结构

表 20-7-32 ZM 型轴向柱塞马达技术规格和外形尺寸 mm

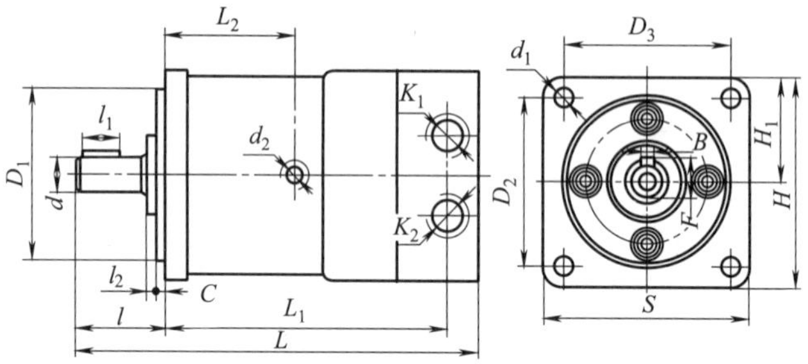

型号	排量 /mL·r⁻¹	压力/MPa		转速/r·min⁻¹		转矩 /N·m	效率/%		功率 /kW	质量 /kg
		额定	最大	额定	最大		容积效率	总效率		
ZM1-8	8	5	6.3	20	2000	6.1	95	80	1.04	5.3
ZM1-10	10	5	6.3	20	2000	7.7	95	80	1.3	5.3
ZM1-16	16	5	6.3	20	2000	12.4	95	80	2.09	5.3
ZM1-25	25	5	6.3	20	2000	19.4	95	80	3.26	8
ZM1-40	40	5	6.3	20	1500	31.1	95	80	3.9	12.5
ZM1-80	80	5	6.3	20	1500	62.32	95	80	7.8	26
ZM1-160	160	5	6.3	20	1000	124.6	95	80	10.37	38

续表

型号	L	L_1	L_2	l	l_1	S	H	H_1	D_1	l_2	D_2	D_3	d	d_1	d_2	C	F	B	K_1、K_2
ZM1-8	172	122	54	36	16	85	85	42.5	ϕ70f7	8.5	69	69	ϕ14n6	ϕ9	R_c1/4	6	15.4	4	R_c3/8
ZM1-10																			
ZM1-16																			
ZM1-25	200	136	65	48	20	100	100	50	ϕ70f7	10	80	80	ϕ16n6	ϕ9	R_c1/4	6	17.8	5	R_c1/2
ZM1-40	229	157	63	53	25	118	118	59	ϕ75f7	10	92	92	ϕ18n6	ϕ11	R_c1/4	6	20.2	6	R_c3/4
ZM1-80	296	213	96	60	30	140	140	70	ϕ120f7	13	114	114	ϕ32n6	ϕ13	R_c3/8	8	34.6	8	R_c1
ZM1-160	334	237	102	65	30	160	160	80	ϕ140f7	14	128	128	ϕ40n6	ϕ13.5	R_c3/8	8	42.8	12	R_c1½

表 20-7-33 XM 型轴向柱塞马达技术规格和外形尺寸 mm

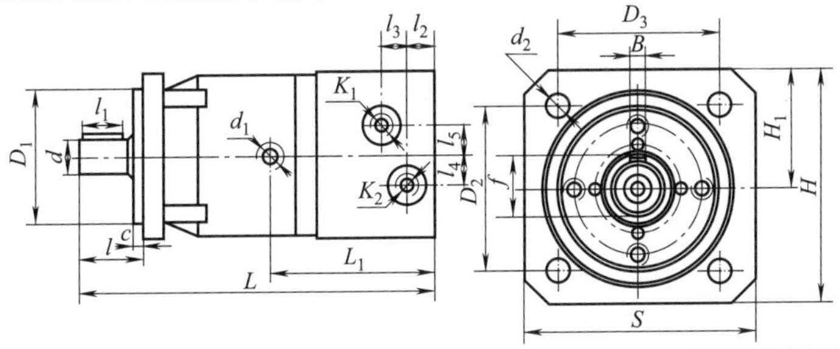

型号	排量 /mL·r^{-1}	压力/MPa		转速/r·min^{-1}		转矩 /N·m	效率/%		功率 /kW	质量 /kg
		额定	最大	额定	最大		容积效率	总效率		
XM-D25L	25	10	—	20	2000	38.9	92	85	6.6	—
XM-D16L	16	10	—	20	2000	24.89	91	85	4.7	—

型号	L	L_1	l	C	l_1	l_2	l_3	l_4	l_5	S	f	H	H_1	D_1	D_2	D_3	d	d_1	d_2	B	K_1、K_2
XM-D25L	239	120	51	9	35	21	16	20	20	125	28	125	62.2	ϕ100h8	88.4	88.4	ϕ25h6	M10×1	ϕ11	8h8	M18×1.5
XM-D16L	228	100	44	7	28	21	16	20	20	100	25.5	100	100	ϕ80h8	72.5	72.5	ϕ20h6	M10×1	ϕ9	6h8	M18×1.5

7.6.1.2 HTM (SXM) 型双斜盘轴向柱塞马达

型号意义：

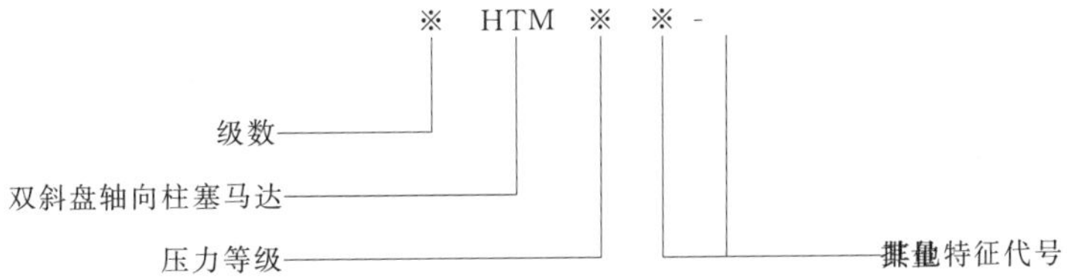

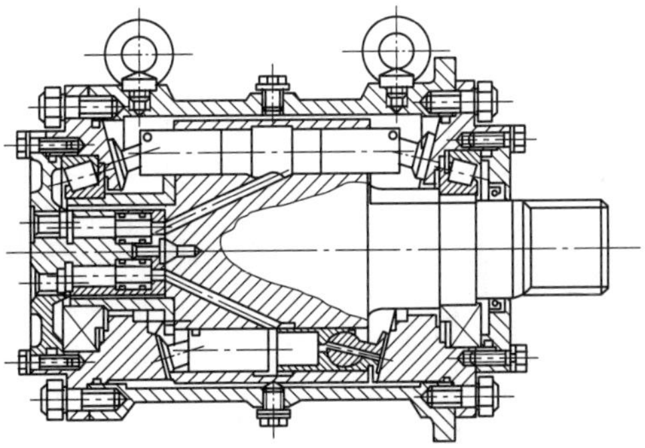

图 20-7-27 HTM (SXM) 型双斜盘轴向柱塞马达结构

表 20-7-34 HTM（SXM）型双斜盘轴向柱塞马达技术规格

型号	排量 /mL·r⁻¹	压力/MPa		转速/r·min⁻¹		转矩/N·m		额定功率 /kW	质量 /kg	备注
		额定	最大	额定	最大	额定	最大			
SXM-E35.5	35.5	16	20	2000	2500	82	103	16	15	—
SXM-G280	280	25	31.5	500	600	1001	1262	48	50	—
SXM-G280-1	280	25	31.5	500	600	1001	1262	48	73	A
SXM-G280-2	280	25	31.5	500	600	1001	1262	48	63	B
SXM-G280-3	280	25	31.5	500	600	1001	1262	48	60	—
SXM-G280-4	280	25	31.5	500	600	1001	1262	48	50	—
SXM-G280-5	280	25	31.5	500	600	1001	1262	48	63	B
SXM-G280-6	280	25	31.5	500	600	1001	1262	48	83	C
SXM-G280-7	280	25	31.5	500	600	1001	1262	48	95	B、C
SXM-G280-8	280	25	31.5	500	600	1001	1262	48	105	D
SXM-G560-D	560	25	31.5	320	400	1001	2524	62	150	B
SXM-G560-1	560	25	31.5	320	400	2003	2524	62	150	—
2SXM-G560	280/560	25	31.5	640/320	800/400	1001/2003	1262/2524	62	150	E
2SXM-G560-D	280/560	25	31.5	640/320	800/400	1001/2003	1267/2524	62	230	F
SXM-F3150	3150	20	25	100	125	9015	11269	87	250	—

注：1. 表中转矩是按机械效率 90%计算的。

2. 备注栏中 A—带内制动器，制动力矩 400N·m；B—带制动缓冲阀，调定压力 20MPa；C—带外制动器，制动力矩 1225N·m，松弛压力 4.3MPa，润滑压力小于 0.1MPa；D—带外制动器，制动力矩 1010N·m，松弛压力 2MPa；带制动缓冲阀，调定压力 20MPa；带制动器控制阀，控制压力 1～31.5MPa；E—带双速阀，控制压力 0.8～1MPa；F—带双速阀，双速阀控制压力 0.8～1MPa；带制动缓冲阀，调定压力 20MPa；带外制动器，制动力矩 1370N·m，松弛压力 3.9MPa，润滑压力小于 0.1MPa。

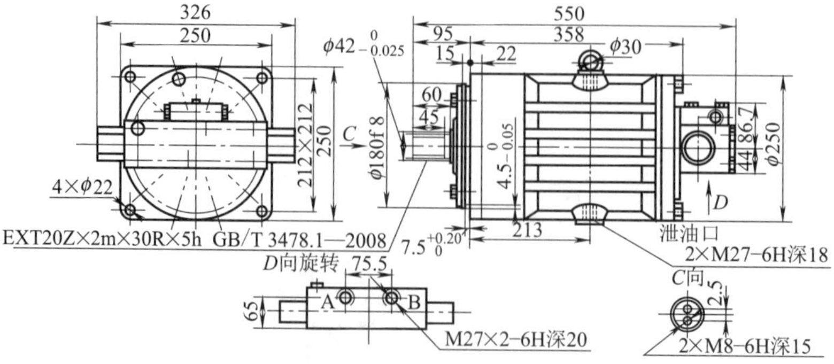

图 20-7-28 HTM（SXM）-G280-1 柱塞马达外形尺寸

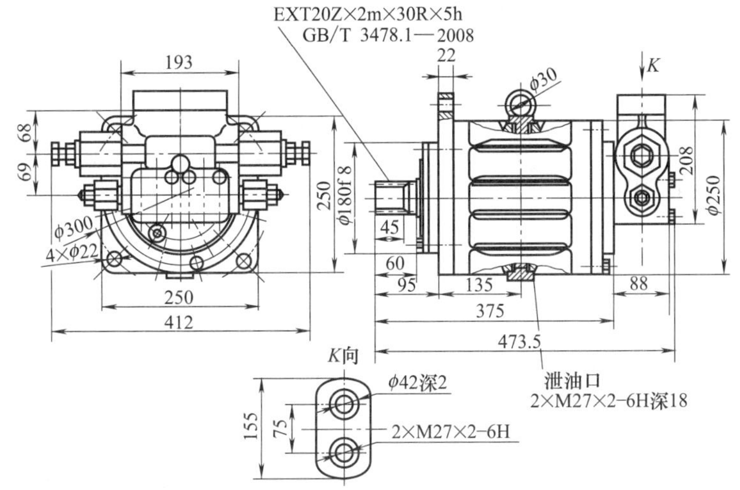

图 20-7-29　HTM（SXM）-G280-2 柱塞马达外形尺寸

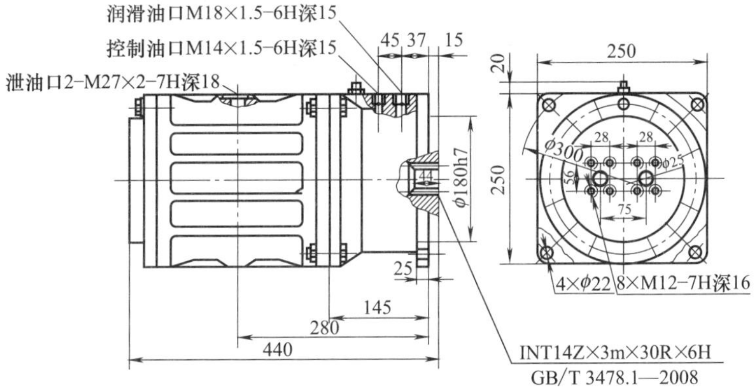

图 20-7-30　HTM（SXM）-G280-6 柱塞马达外形尺寸

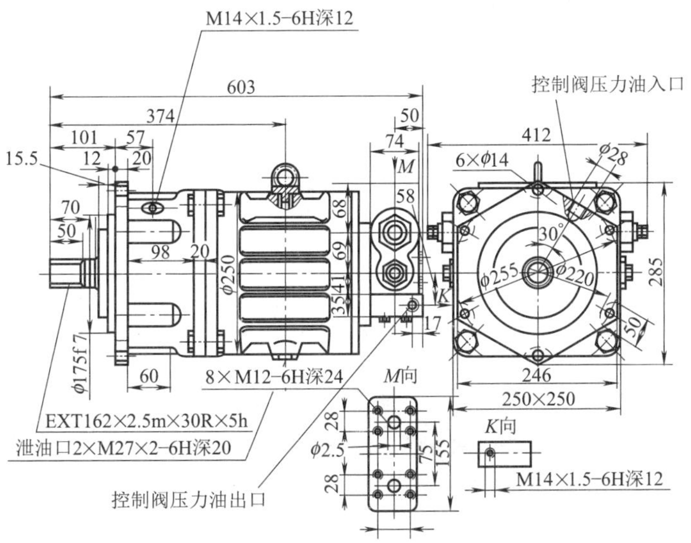

图 20-7-31　HTM（SXM）-G280-8 柱塞马达外形尺寸

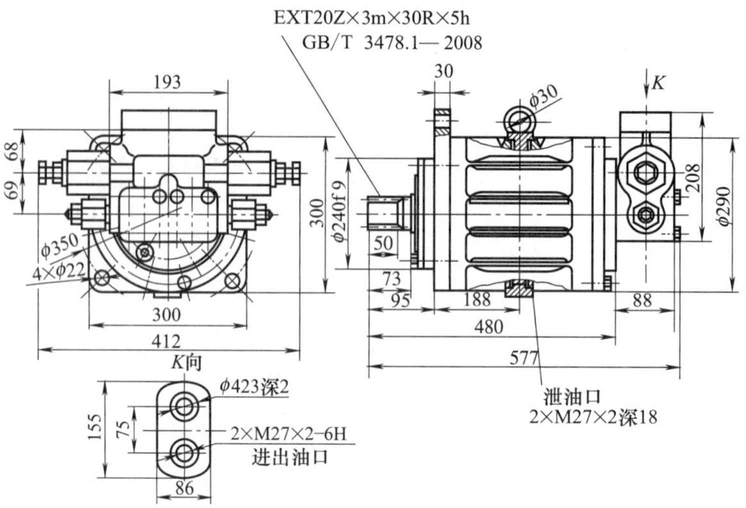

图 20-7-32 HTM（SXM)-G560-D 柱塞马达外形尺寸

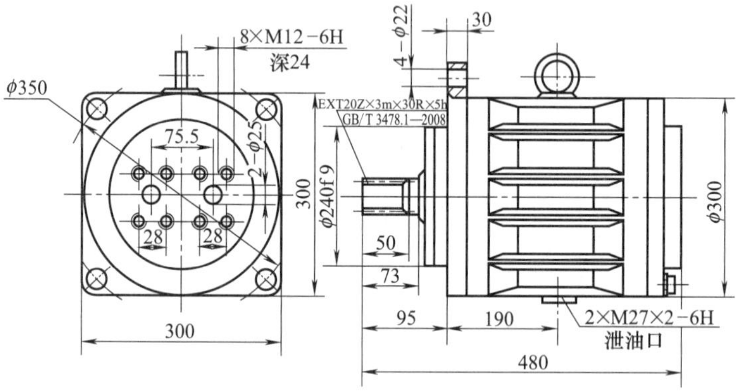

图 20-7-33 HTM（SXM)-G560-1 柱塞马达外形尺寸

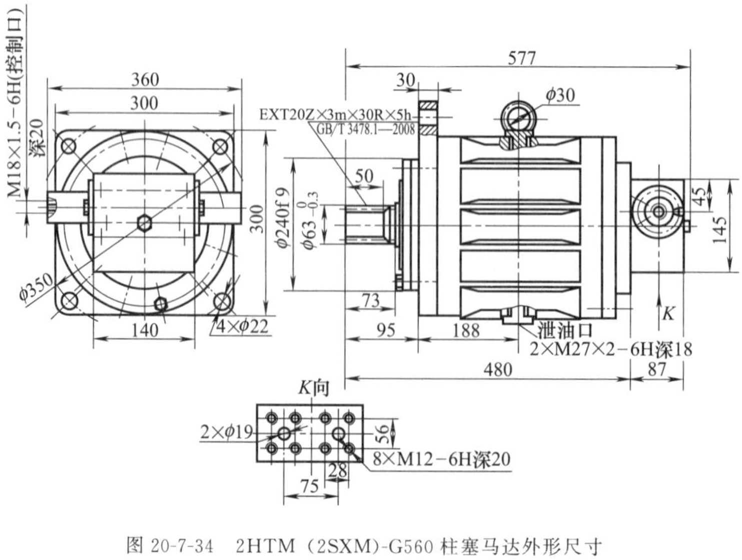

图 20-7-34 2HTM（2SXM)-G560 柱塞马达外形尺寸

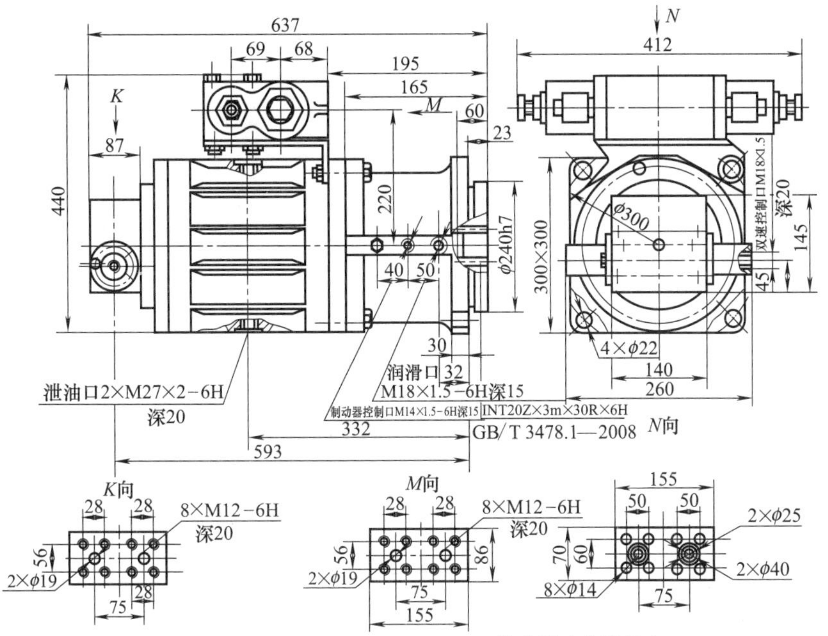

图 20-7-35　2HTM（2SXM）-G560-D 柱塞马达外形尺寸

7.6.1.3 $^{P}_{M}$FBQA 型轻型轴向柱塞马达

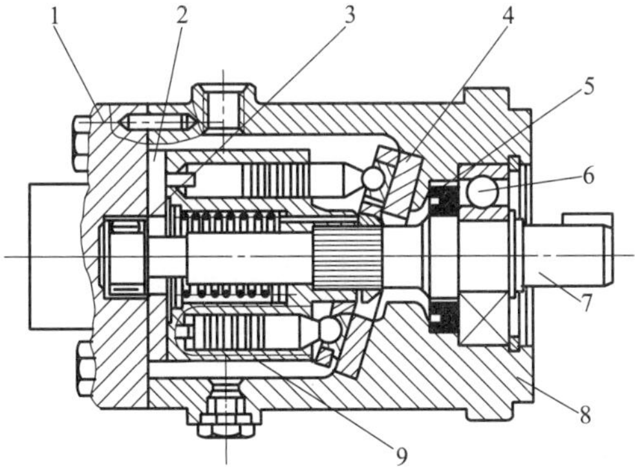

图 20-7-36　$^{P}_{M}$FBQA 型轻型轴向柱塞马达结构

1—端盖；2—配油盘；3,6—轴承；4—止推板；5—轴封；7—传动轴；8—壳体；9—缸体组件

表 20-7-35　$^{P}_{M}$FBQA 型系列轻型轴向柱塞马达技术规格

基本型号	排量 /mL·r^{-1}	最高转速（最大排量时）/r·min^{-1}	最低转速 /r·min^{-1}	最高工作压力 /MPa	最大输出转矩 /N·m	质量 /kg
MFBQA5※	10.55	3600	100	21	31	≈6
MFBQA10※	21.10	3200	100	21	64	≈12
MFBQA20※	42.80	2400	50	17.5	101	≈22
MFBQA29-※※-10	61.60	2400	80	14.0	146	≈22

续表

基本型号	排量 /mL・r⁻¹	最高转速（最大排量时）/r・min⁻¹	最低转速 /r・min⁻¹	最高工作压力 /MPa	最大输出转矩 /N・m	质量 /kg
MFBQA29-※※-20	61.60	2400	50	21	178	≈31
MVBQA5※	10.55	3600	300	21	31	≈9
MVBQA10※	21.10	3200	300	21	61	≈17
M-MFBQA29	61.60	2600	50	17.5	169	≈19
M-MVBQA29	61.60	2600	300	17.5	169	≈27
MFB45	94.50	2200	100	21	271	33
M-MFB45	94.50	2400	100	17.5	258	33

注：带※号者可用于行走机械。

表 20-7-36 轴向柱塞马达外形尺寸 mm

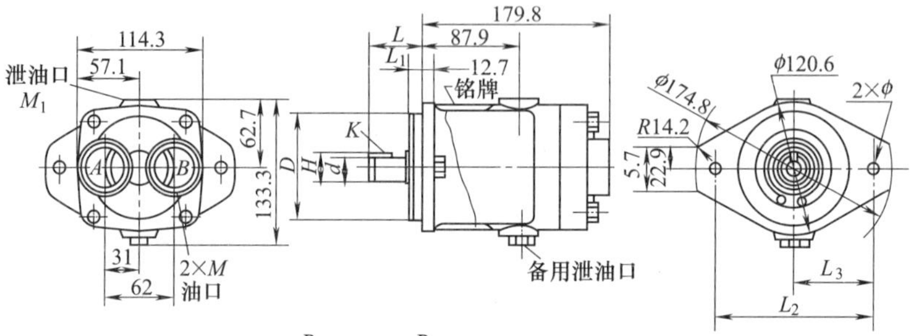

图(a) $^{P}_{M}$FBQA5、$^{P}_{M}$FBQA10/15型

型号	M	M_1	D	H	d	L	L_1	L_2	L_3	K	ϕ
$^{P}_{M}$FBQA5	M27×2	M14×1.5	ϕ80h8	22	ϕ20h6	44	7	109	54.5	6×25	ϕ11
$^{P}_{M}$FBQA10/15	M42×2	M18×1.5	ϕ100h8	28	ϕ25h8	52.5	9.5	140	70	8×22	ϕ14

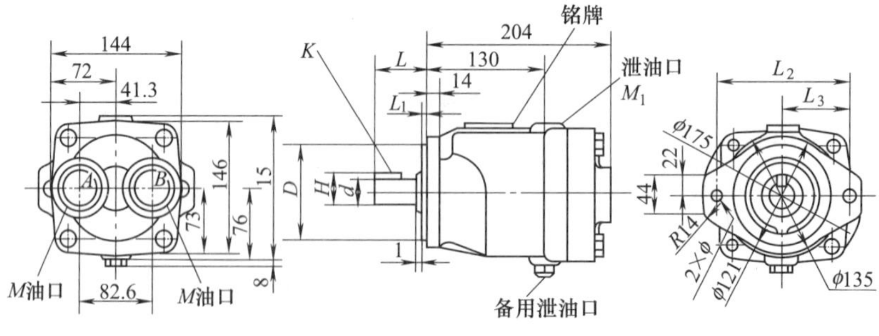

图(b) $^{P}_{M}$FBQA20、$^{P}_{M}$FBQA29-※※-10型

续表

M	M_1	D	H	d	L	L_1	L_2	L_3	K	ϕ
M42×2	M18×1.5	ϕ100h8	35	ϕ32k7	68	9	140	70	10×32	ϕ14

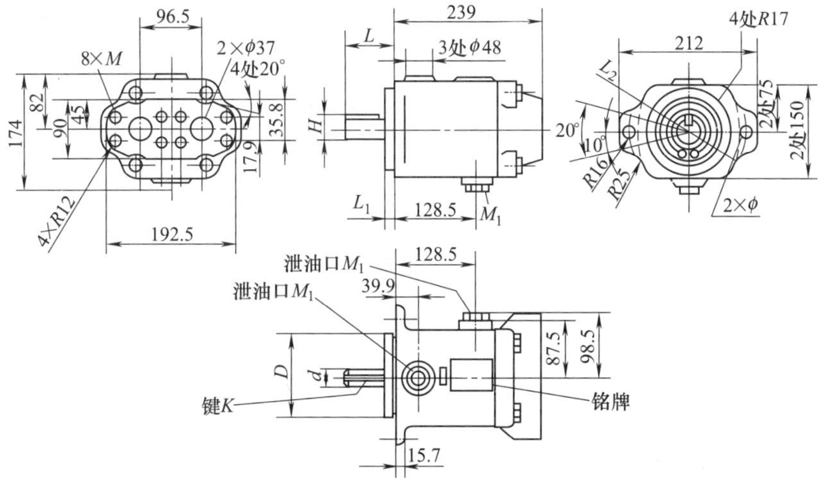

图(c) $^{P}_{M}$FBQAP-※※-20型定量泵(马达)外形尺寸图

M	M_1	D	H	d	L	L_1	L_2	K	ϕ
M12深27	M27×2	ϕ125h8	35	ϕ32k7	68	9	ϕ180	10×32	14
M	M_1	D	H	d	L	L_1	L_2	K	ϕ
M27×2	M18×1.5	ϕ80h8	22	ϕ20h6	44	6.2	106	6×25	11
M	M_1	D	H	d	L	L_1	L_2	K	ϕ
M42×2	M18×1.5	ϕ100h6	28	ϕ25h6	58.7	9.5	140	8×22	14

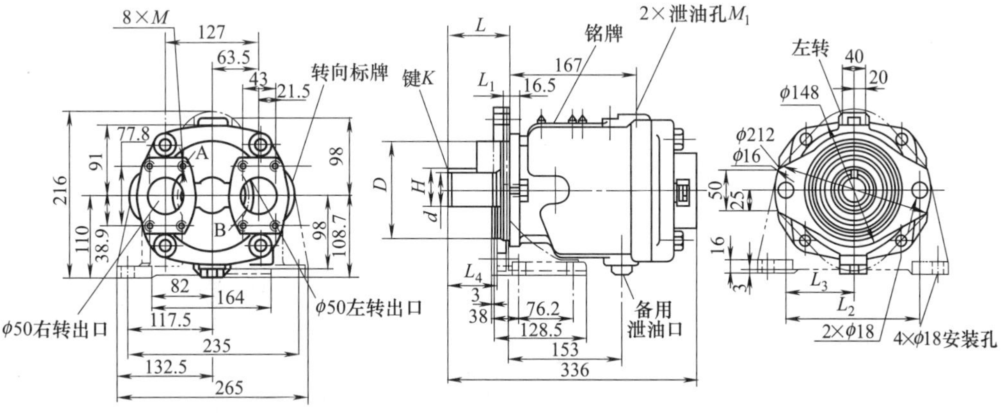

图(d) MFB45-※UF-10型

7.6.2　斜轴式轴向柱塞马达

7.6.2.1　A2F 型斜轴式轴向柱塞马达

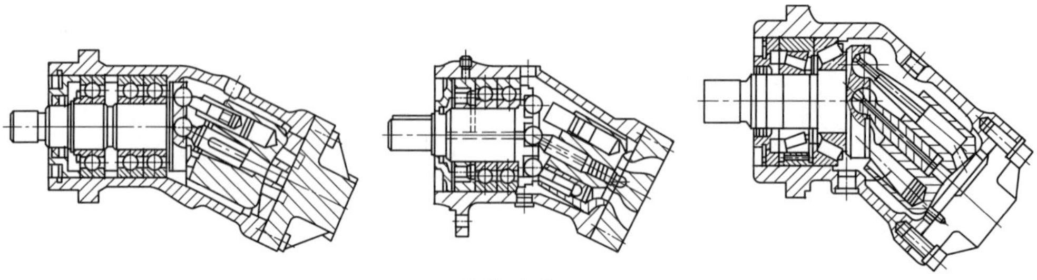

(a) 结构1～4,规格10～160　　(b) 结构5,规格200～500　　(c) 结构6.1

图 20-7-37　A2F 型斜轴式轴向柱塞马达结构

型号意义：

A2F ※ ※ ※ ※ ※

- 斜轴式轴向柱塞马达——A2F
- 规格(排量)——第1个※
- 旋转方向——第2个※
- 结构形式——第3个※
- 轴伸——第4个※
- 后盖形式——第5个※

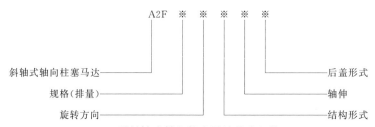

表 20-7-37　　A2F 型斜轴式轴向柱塞马达技术规格

型号	排量 /mL·r^{-1}	压力/MPa		最高转速 /r·min^{-1}		最大功率 /kW		额定转矩 /N·m	转动惯量 /kg·m^2	驱动功率 /kW	质量 /kg	备注
		额定	最高	闭式	开式	闭式	开式					
A2F10	9.4	35	40	7500	5000	41	26.6	52.5	0.0004	7.9	5.5	结构 1～4
A2F12	11.6			6000	4000	41	26.3	64.5	0.0004	9.8	5.5	
A2F23	22.7			5600	4000	74	53	126	0.0017	19	12.5	
A2F28	28.1			4750	3000	78	49	156	0.0017	24	12.5	
A2F40	40			3750	2500	87	55	225	—	—	23	
A2F45	44.3			4500	3000	98	75	246	0.0052	38	23	
A2F55	54.8			3750	2500	120	78	305	0.0052	46	23	
A2F63	63			400	2700	147	96	350	0.0109	53	33	
A2F80	80			3350	2240	156	102	446	0.0109	68	33	

续表

型号	排量 /mL・r^{-1}	压力/MPa		最高转速 /r・min^{-1}		最大功率 /kW		额定转矩 /N・m	转动惯量 /kg・m^2	驱动功率 /kW	质量 /kg	备注
		额定	最高	闭式	开式	闭式	开式					
A2F87	86.5	35	40	3000	2500	151	123	480	0.0167	73	44	结构 1～4
A2F107	107			3000	2000	187	121	594	0.0167	90	44	
A2F125	125			3150	2240	230	159	693	0.0322	106	63	
A2F160				2650	1750	247	159	889	0.0322	135	63	
A2F200	200	35	40	2500	1800	292	210	1114	0.088	169	88	结构 5
A2F250	250			2500	1500	365	218	1393	0.088	211	88	
A2F355	355			2440	1320	464	273	1987	0.160	300	138	
A2F500	500			2000	1200	583	340	2785	0.225	283	185	
A2F12	12			6000	3150	42	22	67	0.0004	10	6	结构 6.1
A2F23	22.9			4750	2500	63	33	127	0.0012	19	9.5	
A2F28	2801			4750	2500	78	41	156	0.0012	24	9.5	
A2F56	56.1			3750	2000	123	65	312	0.0042	47	18	
A2F80	80.4			3350	1800	157	84	447	0.0072	68	23	
A2F107	106.7			3000	1600	187	100	594	0.0116	90	32	
A2F160	160.4			2650	1450	248	136	894	0.022	136	45	
A2F16	16			6000	3150	56	30	89	0.0004	13	6	
A2F32	32			4750	2500	88	46	178	0.0012	26	905	
A2F45	15.6			4250	2240	113	59	254	0.0024	38	13.5	
A2F63	63			3750	2000	137	74	350	0.0042	53	18	
A2F90	90			3350	1800	176	95	500	0.0072	76	23	
A2F125	125			3000	1600	219	116	696	0.0116	106	32	
A2F180	180			2650	1450	178	152	1001	0.022	152	45	

注：1. 外形尺寸见同型号液压泵。

2. 生产厂家为贵州力源液压股份有限公司。

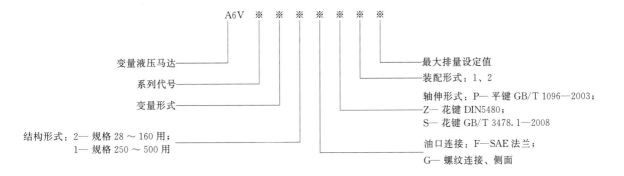

7.6.2.2　A6V 型斜轴式变量马达

型号意义：

A6V ※ ※ ※ ※ ※ ※ ※

变量液压马达

系列代号

变量形式

结构形式：2— 规格 28 ～ 160 用；
1— 规格 250 ～ 500 用

油口连接：F—SAE 法兰；
G— 螺纹连接、侧面

轴伸形式：P— 平键 GB/T 1096—2003；
Z— 花键 DIN5480；
S— 花键 GB/T 3478.1—2008

装配形式：1、2

最大排量设定值

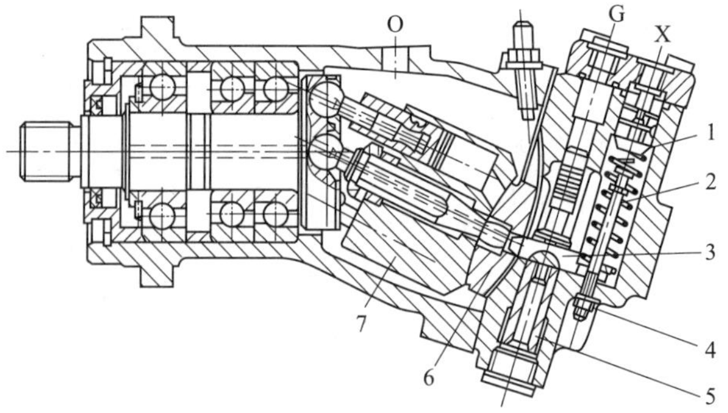

图 20-7-38　A6V 型斜轴式轴向柱塞马达结构

1—后盖；2—弹簧；3—拨销；4—调整螺钉；5—变量活塞；6—配油盘；7—缸体；
G—同步、外控油口；O—泄油、排气油口；X—外控油口

表 20-7-38　　A6V 型斜轴式轴向柱塞马达技术规格

型号	排量/mL·r^{-1}		压力/MPa		最高转速 /r·min^{-1}		最大转矩 /N·m	最大功率 /kW	转动惯量 /kg·m^2	质量 /kg
	最大 $\alpha=25°$	最小 $\alpha=7°$	额定	最高	$\alpha=25°$	$\alpha=7°$				
A6V28	28.1	8.1	35	40	4700	6250	143	71	0.0017	18
A6V5	54.8	15.8			3750	5000	278	110	0.0052	27
A6V80	80	23			3350	4500	408	143	0.0109	39
A6V107	107	30.8			3000	4000	543	171	0.0167	52
A6V160	160	46			2650	3500	813	226	0.0322	74
A6V250	250	72.1			2500	3300	1272	335	0.0532	103
A6V500	500 ($\alpha=26.5°$)	137			1900	2500	2543	507	—	223
A6VM55	54.8	11.3	35(轴伸 A 型)	40(轴伸 A 型)	4200	6300	305/348	134/153	0.0042	26
A6VM80	80	16.5			3750	5600	446/510	175/200	0.0080	34
A6VM107	107	22.1	40(轴伸 B 型)	45(轴伸 B 型)	3300	5000	594/679	206/235	0.0127	45
A6VM160	160	33			3000	4500	889/1016	280/320	0.0253	64

注：A6VM 的最大转矩和最大功率值的分子数表示 $\Delta p=35$MPa 时的数值，分母数表示 $\Delta p=40$MPa 时的数值。

7.6.3　径向柱塞马达

7.6.3.1　NJM 型柱塞马达

型号意义：

※　NJM-※　※

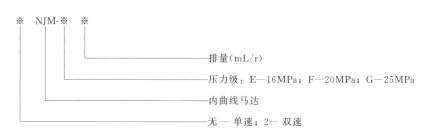

- ※（第四项）——排量(mL/r)
- ※（第三项）——压力级：E—16MPa；F—20MPa；G—25MPa
- NJM——内曲线马达
- ※（第一项）——无 — 单速；2— 双速

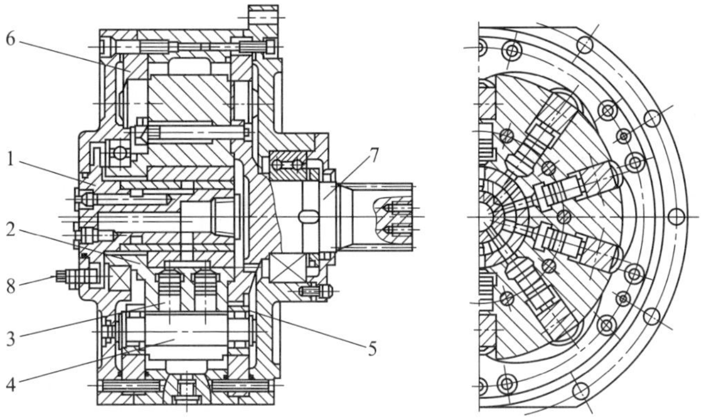

图 20-7-39 NJM 型内曲线马达结构

1—配油器；2—缸体；3—柱塞；4—横梁；5—滚轮；6—导轨曲线；7—主轴；8—微调螺钉

表 20-7-39 NJM 型内曲线马达技术规格

型号	排量 /L·r^{-1}	压力/MPa		最高转速 /r·min^{-1}	转矩/N·m		质量 /kg
		额定	最大		额定	最大	
NJM-G1	1	25	32	100	3310	4579	160
NJM-G1.25	1.25	25	32	100	4471	5724	230
NJM-G2	2	25	32	63/(80)	7155	9158	230
NJM-G2.5	2.5	25	32	80	8720	11448	290
NJM-G2.84	2.84	25	32	50	10160	13005	219
2NJM-G4	2/4	25	32	63/40	7155/14310	9158/18316	425
NJM-G4	4	25	32	40	14310	18316	425
NJM-G6.3	6.3	25	32	40	—	28849	524
NJM-F10	9.97	20	25	25		35775	638
NJM-G3.15	3.15	25	32	63		15706	291
2NJM-G3.15	1.58/3.15	25	32			7853/15706	297
NJM-E10W	9.98	16	20	20		28620	—
NJM-F12.5	12.5	20	25	20		44719	
NJM-E12.5W	12.5	16	25	20		35775	
NJM-E40	40	16	25	12		114480	

表 20-7-40 NJM 型内曲线马达外形尺寸 mm

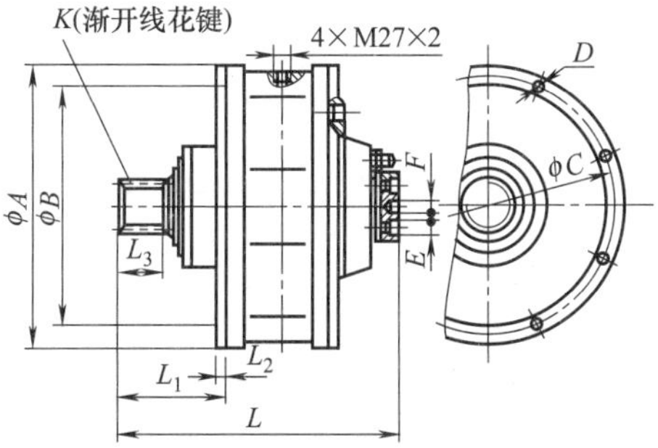

图(a) NJM-G(1.25、2、2.84、6.3、3.15)型、2NJM-G(4、3.15)型

续表

型号	ϕA	ϕB	C	D	E	F	L	L_1	L_2	L_3	K（渐开线花键）
NJM-G1.25	460	400	430	17×ϕ20	M27×2	—	418	167	8	75	EXT 28Z×2.5m×20p
NJM-G2	560	480	524	17×ϕ21	M27×2	—	475	200	8	85	EXT 38Z×2.5m×20p
NJM-G2.84	466	380	426	17×ϕ18	M22×1.5	—	449	174	—	72	EXT 24Z×3m×30p
2NJM-G4	560	480	524	17×ϕ21	M35×2	M14×1.5	564	200	8	78	EXT 38Z×2.5m×20p
NJM-G6.3	600	480	560	6×ϕ26	M42×2	—	570	219	8	100	EXT 40Z×3m×30p
NJM-G3.15	530	400	493	6×ϕ22	M27×2	—	517	185	6	78	ZXT 32Z×3m×30p
2NJM-G3.15	530	400	493	6×ϕ22	M27×2	M14×1.5	540	185	6	70	ZXT 24Z×3m×30p

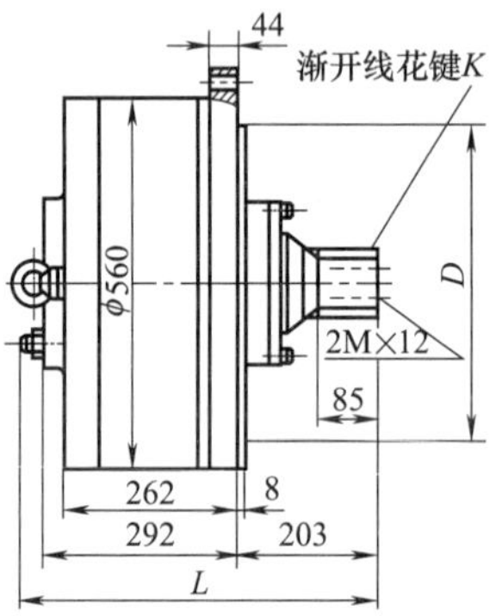

图(b) NJM-G4、2NJM-G4型

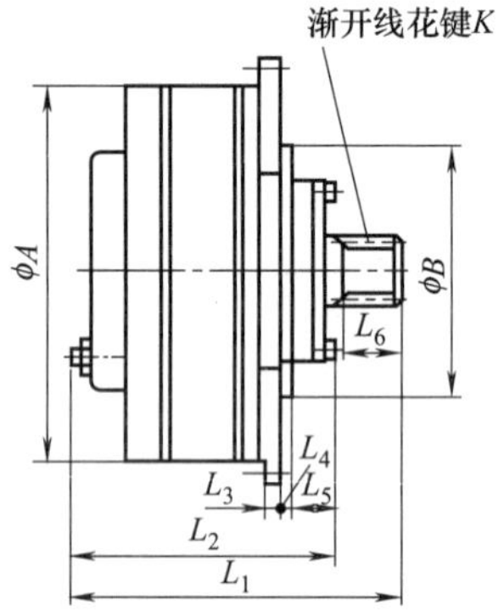

图(c) NJM-G(2、2.5) 型

型号	L	D	渐开线花键 K
NJM-G4	526	ϕ420f9	EXT 58Z×2.5m×20p
2NJM-G4	550	ϕ480f9	ZXT 38Z×2.5m×20p

型号	ϕA	ϕB	L_1	L_2	L_3	L_4	L_5	L_6	渐开线花键 K
NJM-G2	485	400	465	365	30	10	48	80	EXT 25Z×2.5m×30p×5h
NJM-G2.5	560	480	430	330	34	8	60	85	EXT 38Z×2.5m×30p×5h

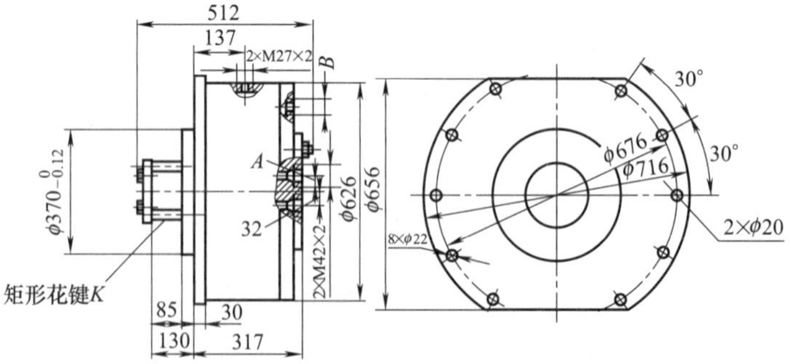

图(d) NJM-F(10、12.5)型

型号	A	B	矩形花键 K
NJM-F10	45	M16×1.5	10×145f7×160f5×22f9
NJM-F12.5	43	M18×1.5	10×145f7×160f5×22f9

续表

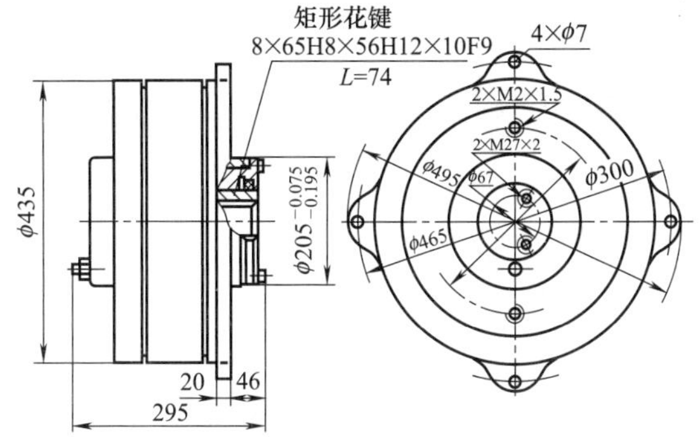

图(e) NJM-G1型

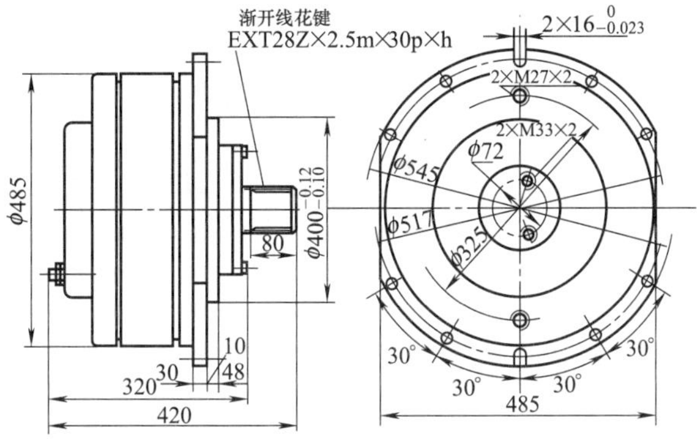

图(f) NJM-G1.25型

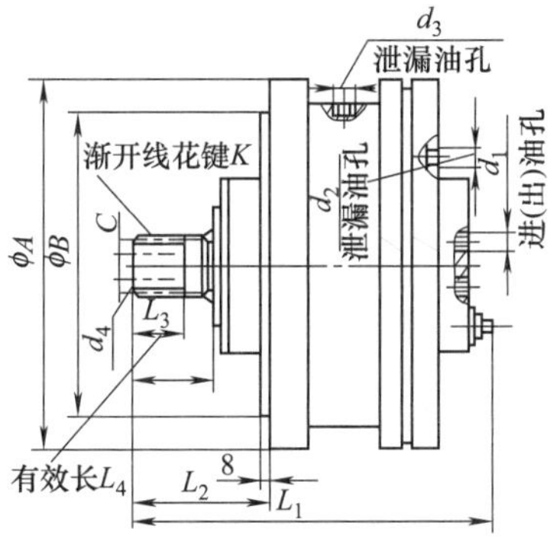

图(g) NJM-G(2、2.84)型

型号	ϕA	ϕB	C	L_1	L_2	L_3	L_4	d_1	d_2	d_3	d_4	K
NJM-G2	560	480	35	475	200	116	85	4×M27×2	4×M27×2	1×M27×2	2×M12	EXT 38Z×2.5m×30R
NJM-G2.84	462	380	35	448	174	103	72	2×M22×1.5	2×M22×1.5	1×M22×1.5	2×M12	EXT 24Z×3m×30R×6h

续表

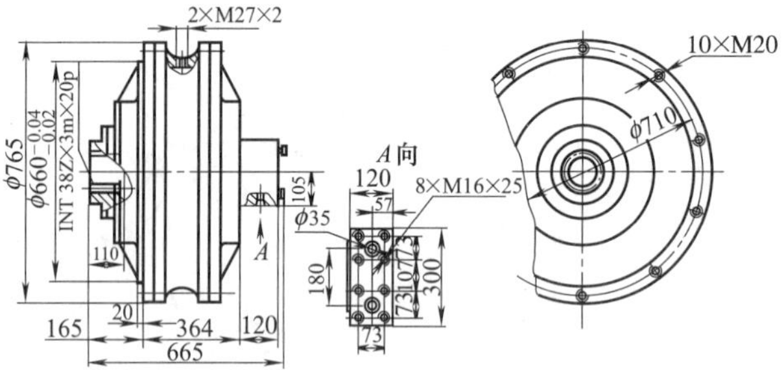

图(h)　NJM-E10W型液压马达外形尺寸

7.6.3.2　1JMD 型柱塞马达

型号意义：

1　JMD　※
柱塞直径(mm)
径向柱塞马达
五柱塞

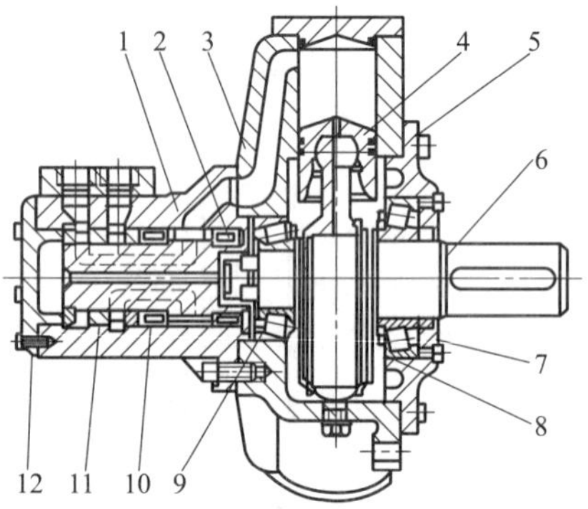

图 20-7-40　1JMD 型径向柱塞马达结构
1—阀壳；2—十字接头；3—壳体；4—柱塞；5—连杆；6—曲轴；7,12—盖；8,9—圆锥滚子轴承；10—滚针轴承；11—转阀

表 20-7-41　　1JMD 型径向柱塞马达技术规格

型号	排量 /L·r^{-1}	转速 /r·min^{-1}	压力/MPa		转矩/N·m		功率/kW		机械效率 /%	偏心距 /mm	质量 /kg
			额定	最大	额定	最大	额定	最大			
1JMD-40	0.201	10～400	16	22	470	645	19.2	26.4	≥91.5	16	44.5
1JMD-63	0.780	10～200	16	22	1815	2500	37.2	51.2	≥91.5	25	107
1JMD-80	1.608	10～150	16	22	3750	5160	57.8	79.2	≥91.5	32	160.4
1JMD-100	3.140	10～100	16	22	7350	10070	75.3	103	≥91.5	40	257
1JMD-125	6.140	10～75	16	22	14300	19700	110	151	≥91.5	50	521

表 20-7-42　　1JMD-40、1JMD-(63～125) 型径向柱塞马达外形尺寸　　mm

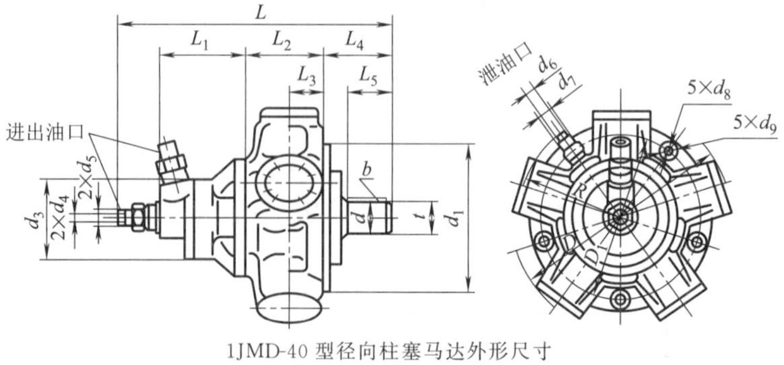

1JMD-40 型径向柱塞马达外形尺寸

续表

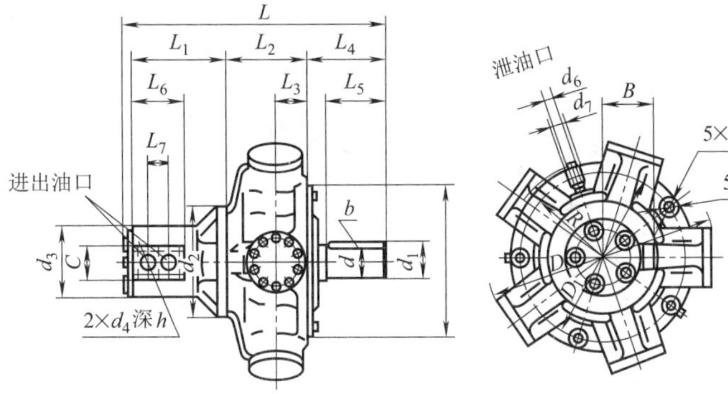

1JMD-(63～125)型径向柱塞马达外形尺寸

型号	L	L_1	L_2	L_3	L_4	L_5	L_6	L_7	B	b	C	D	D_1	d
1JMD-40	395	121	106	42	108	65	—	—	—	12	—	320	235	40h6
1JMD-63	470	180	148	55	132	90	115	45	104	18	70	420	295	60h6
1JMD-80	582	194	176	70	175	130	115	45	115	20	70	544	360	75h6
1JMD-100	645	222.5	205	84	241	200	124	50	118	24	76	658	440	80h6
1JMD-125	820	269	285	130	240	200	130	60	140	32	95	830	580	120h6

型号	d_1	d_2	d_3	d_4	d_5	d_6	d_7	d_8	d_9	t	R	h
1JMD-40	205h9	—	115	20	13	14	12	14	32	42.8	145	—
1JMD-63	260h9	—	140	M33×1.5	—	14	12	18	38	65.5	168	18
1JMD-80	330h9	—	160	M33×1.5	—	14	12	21	40	79.2	200	18
1JMD-100	380h9	252h9	170	M33×1.5	—	14	12	22	38	85	235	24
1JMD-125	510h9	320h9	190	M42×2	—	14	12	34	56	126.5	290	25

7.6.3.3　JM※系列径向柱塞马达

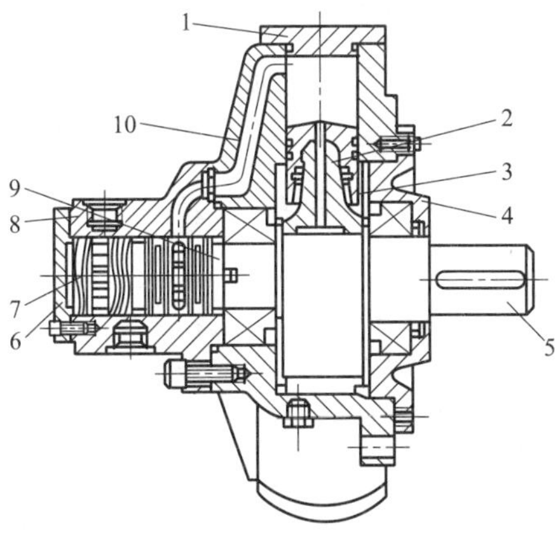

图 20-7-41　JM1 型径向柱塞马达结构（一）
1—缸盖；2—连杆；3—柱塞；4—轴承盖；5—曲轴；6—端盖；7—配油轴；8—配油壳体；9—十字轴；10—壳体

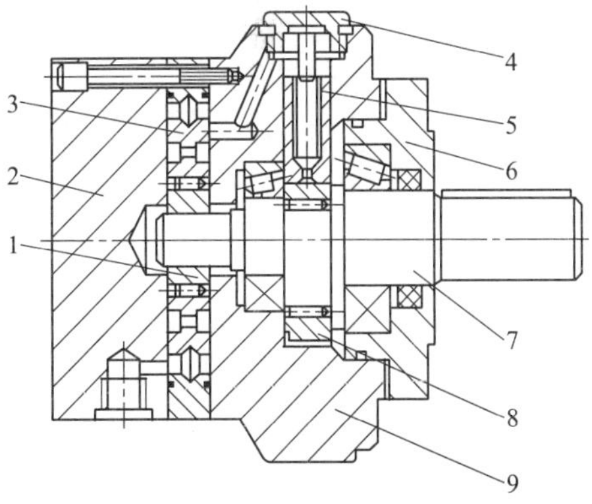

图 20-7-42　JM1 型径向柱塞马达结构（二）
1—偏心轮；2—端盖；3—配流盘；4—缸盖；5—柱塞；6—轴承盖；7—曲轴；8—七星轮；9—壳体

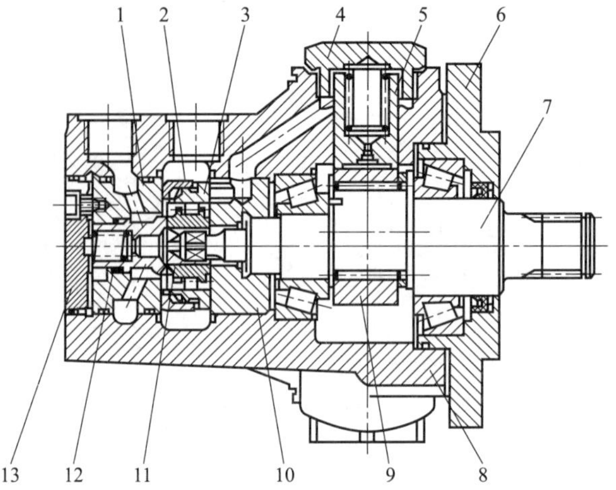

图 20-7-43　JM1 型径向柱塞马达结构（三）

1—进出油套；2—外油环；3—内油环；4—缸盖；5—柱塞；6—轴承盖；7—曲轴；8—壳体；9—五星轮；10—配油轴；11—偏心轮；12—压力块；13—端盖

型号意义：

JM ※ ※ ※ ※ ※ ※ ※ ※

- JM：径向柱塞液压马达
- 第 1 个※：结构代号
- 第 2 个※：结构参数设计顺序号
- 第 3 个※：变型结构代号
- 第 4 个※：压力等级
- 第 5 个※：排量
- 第 6 个※：进出油口连接方式
- 第 7 个※：轴伸型式
- 第 8 个※：附带装置

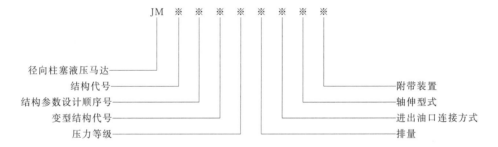

表 20-7-43　　**JM※系列径向柱塞马达技术规格**

型　　号	排量/mL·r^{-1}	压力/MPa		转速/r·min^{-1}		效率/%		有效转矩/N·m		质量/kg
		额定	最高	额定	范围	容积效率	总效率	额定	最大	
JM10-F0.16F1	163	20	25	500	18～630	≥92	≥83	468	585	50
JM10-F0.18F1	182							523	653	
JM10-F0.2F1	201							578	723	
JM10L-F0.2								578	723	
JM10-F0.224F1	222			400	18～500			638	797	
JM10-F0.25F1	249							715	894	
JM11-F0.315F1	314	20	25	320	18～400	≥92	≥83	902	1127	75
JM11-F0.355F1	353							1014	1267	
JM11-F0.4F1	393							1128	1411	
JM11-F0.45	442							1270	1587	
JM11-F0.5F1	493			250				1424	1780	
JM11-F0.56F1	554							1591	1989	

续表

型号	排量/mL·r^{-1}	压力/MPa		转速/r·min^{-1}		效率/%		有效转矩/N·m		质量/kg
		额定	最高	额定	范围	容积效率	总效率	额定	最大	
JM12-F0.63F2	623	20	25	250	15～320	≥92	≥84	1812	2264	115
JM12-F0.71F2	717			200	15～250			2084	2605	
JM12-F0.8F2	779							2265	2831	
JM12L-F0.8F2										
JM12-F0.9F2	873							2537	3172	
JM12-E1.0F2	1104	16	20					2567	3209	
JM12-E1.25F2	1237							2876	3595	
JM13-F1.25F1	1257	20	25	200	12～250	≥92	≥84	3653	4543	160
JM13-F1.4F1	1427							4147	5184	
JM13-F1.6F1	1608							4653	5816	
JM13-F1.6	1608							4653	5816	
JM13-F1.8F1	1816			160	12～200			5278	6598	
JM13-E2.0F1	2014							5853	7317	
JM14-F2.24F1	2278	20	25	100	10～175	≥91	≥84	6693	8367	320
JM14-F2.5F1	2513							7384	9270	
JM14-F2.8F1	2827							8216	10270	
JM14-F3.15F1	3181				10～125			9346	11689	
JM14-F3.55F1	3530							10372	12965	
JM15-E5.6	5645	16	20	63	8～75	≥91	≥84	13269	16586	520
JM15-E6.3	6381							14999	18749	
JM15-E7.1	7116							16727	20909	
JM15-E8.0	8005			50	3～60			18817	23521	
JM16-F4.0F1	3958	20	25	100	8～125	≥91	≥84	11630	14537	420
JM16-F4.5F1	4453							13084	16355	
JM16-F5.0	5278							15508	19385	480
JM21-D0.02	20.2	10	12.5	1000	20～1500	≥92	≥74	26	33	16
JM21-D0.0315	36.5				30～1250			47	59	
JM21a-D0.0315		8	10	850	50～1000	≥88	≥70	37	46	
JM22-D0.05	49.3	10	12.5	750	25～1250	≥92	≥74	64	80	19
JM22-D0.063	73				25～1000			100	125	
JM22a-D0.063		8	10	650	40～800	≥88	≥70	74	93	
JM23-D0.09	110	10	12.5	600	25～750	≥92	≥74	150	180	22
JM23a-D0.09		8	10	500	45～600	≥88	≥70	111	139	
JM31-E0.08	81	16	20	750	25～1000	≥91	≥78	177	221	40
JM31-E0.125	116			630	25～800			275	344	
JM33-E0.16	161			750	25～1000			352	439	58
JM33-E0.25	251			500	25～600			548	685	

表 20-7-44　　JM1 型径向柱塞马达外形尺寸　　mm

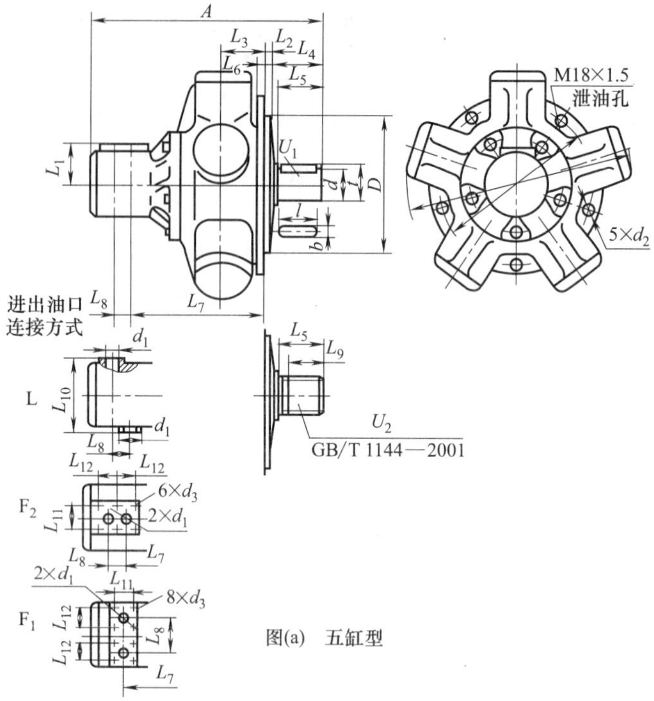

图(a)　五缸型

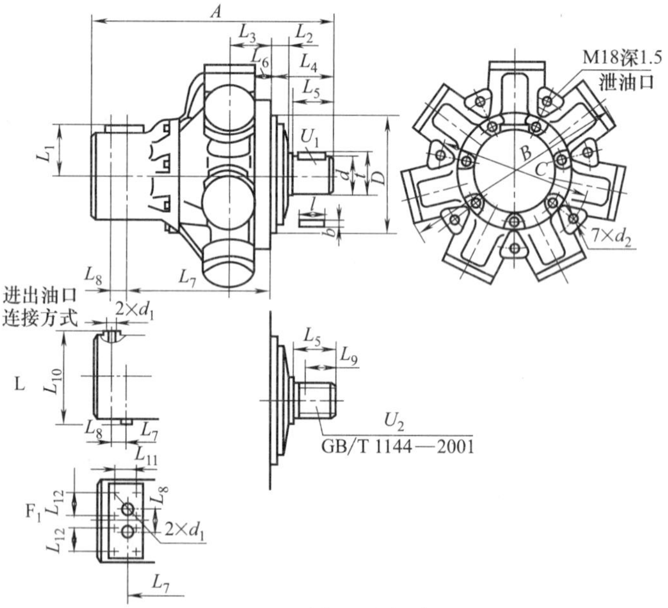

图(b)　七缸型

型号	A	B	C	D	d	d_1	d_2	d_3×深	轴伸	
									$U_1(b\times l)$	U_1 (GB/T 1144—2001)
JM10-F0.16F1	287	ϕ328	ϕ230	ϕ204h8	ϕ40g6	ϕ22	5×ϕ14	M12×1.6	A12×60	6-40×35×10
JM10-F0.18F1	287	ϕ328	ϕ230	ϕ204h8	ϕ40g6	ϕ22	5×ϕ14	M12×1.6	A12×60	6-40×35×10
JM10-F0.2F1	287	ϕ328	ϕ230	ϕ204h8	ϕ40g6	ϕ22	5×ϕ14	M12×1.6	A12×60	6-40×35×10

续表

型号	A	B	C	D	d	d_1	d_2	d_3×深	轴伸 $U_1(b\times l)$	轴伸 U_1 (GB/T 1144—2001)
JM10L-F0.2	287	φ328	φ235	φ205h8	φ40g6	M33×2	14	—	A12×60	6-40×35×10
JM10-F0.224F1			φ230	φ204h8		φ22		M12×1.6		
JM10-F0.25F1										
JM11-F0.31F1	338	φ408	φ260	φ180h8	φ55m7	φ22	5×φ18	M12×1.6	A18×90	8-60×54×9
JM11-F0.355F1										
JM11-F0.4F1										
JM11-F0.45						M33×2		—		
JM11-F0.5F1						φ22		M12×1.6		
JM11-F0.56F1										
JM12-F0.63F2	344	φ480	φ300	φ250h8	φ63m7	φ26（加连接板为M33×2）	5×φ22	M10×20	A18×90	8-60×54×10
JM12-F0.71F2										
JM12-F0.8F2										
JM12L-F0.8F2			φ295	φ260h8	φ60m7		5×φ18		A18×85	6-60×54×14
JM12-F0.9F2			φ300	φ250h8	φ63m7		5×φ22		A18×90	8-60×52×10
JM12-E1.0F2										
JM12-E1.25F2	348									
JM13-F1.25F1	401	φ573	φ360	φ320h8	φ75m7	φ28	5×φ22	M12×20	A22×100	6-75×65×16
JM13-F1.4F1										
JM13-F1.6F1										
JM13-F1.6	377			φ330h8		M42×2				
JM13-F1.8F1	401			φ320h8	φ80m7	φ28			A24×150	10-82×72×12
JM13-F2.0F1										
JM14-F2.24F1	445	φ660	φ420	φ380h8	φ90g7	φ30	5×φ22	M12×20	C25×170	6-90×80×20
JM14-F2.5F1										
JM14-F2.8F1										
JM14-F3.15F1										
JM14-F3.55F1										
JM15-E5.6	490	φ85	φ180	φ500h8	φ120g7	M48×2	5×φ33	4×M16×30	A32×180	10-120×112×18
JM15-E6.3										
JM15-E7.1										
JM15-E8.0										
JM16-F4.0F1	450	φ692	φ520.7	φ457h8	φ100m7	φ32	7×φ22	M12×25	C28×170	—
JM16-F4.5F1										
JM16-F5.0	516	φ740			φ110m7	G1/2		4×M20×25	A28×200（双键）	

第20篇

续表

<table>
<tr><th>型号</th><th>L1</th><th>L2</th><th>L3</th><th>L4</th><th>L5</th><th>L6</th><th>L7</th><th>L8</th><th>L9</th><th>L10</th><th>L11</th><th>L12</th></tr>
<tr><td>JM10-F0.16F1</td><td rowspan="3">78</td><td rowspan="3">34</td><td rowspan="6">42</td><td rowspan="6">108</td><td rowspan="6">65</td><td rowspan="6">18</td><td rowspan="3">213</td><td rowspan="3">75</td><td rowspan="6">45</td><td rowspan="3">—</td><td rowspan="3">51</td><td rowspan="3">51</td></tr>
<tr><td>JM10-F0.18F1</td></tr>
<tr><td>JM10-F0.2F1</td></tr>
<tr><td>JM10L-F0.2</td><td>—</td><td>37</td><td>194.5</td><td>37</td><td>138</td><td>—</td><td>—</td></tr>
<tr><td>JM10-F0.224F1</td><td rowspan="2">78</td><td rowspan="2">34</td><td rowspan="2">213</td><td rowspan="2">75</td><td rowspan="2">—</td><td rowspan="2">51</td><td rowspan="2">51</td></tr>
<tr><td>JM10-F0.25F1</td></tr>
<tr><td>JM11-F0.31F1</td><td rowspan="3">78</td><td rowspan="6">27</td><td rowspan="6">75</td><td rowspan="6">132</td><td rowspan="6">100</td><td rowspan="6">35</td><td rowspan="3">266</td><td rowspan="3">75</td><td rowspan="6">73</td><td rowspan="3">—</td><td rowspan="3">51</td><td rowspan="3">51</td></tr>
<tr><td>JM11-F0.355F1</td></tr>
<tr><td>JM11-F0.4F1</td></tr>
<tr><td>JM11-F0.45</td><td>—</td><td>243.5</td><td>37</td><td>138</td><td>—</td><td>—</td></tr>
<tr><td>JM11-F0.5F1</td><td rowspan="2">78</td><td rowspan="2">266</td><td rowspan="2">75</td><td rowspan="2">—</td><td rowspan="2">51</td><td rowspan="2">51</td></tr>
<tr><td>JM11-F0.56F1</td></tr>
<tr><td>JM12-F0.63F2</td><td rowspan="7">80（加连接底板为M33×2）</td><td rowspan="7">37</td><td rowspan="5">66</td><td rowspan="3">145</td><td rowspan="3">105</td><td rowspan="5">30</td><td rowspan="7">241.5</td><td rowspan="7">50</td><td rowspan="3">75</td><td rowspan="7">—</td><td rowspan="7">50</td><td rowspan="7">45</td></tr>
<tr><td>JM12-F0.71F2</td></tr>
<tr><td>JM12-F0.8F2</td></tr>
<tr><td>JM12L-F0.8F2</td><td>128</td><td>88</td><td>68</td></tr>
<tr><td>JM12-F0.9F2</td><td rowspan="3">145</td><td rowspan="3">105</td><td rowspan="3">75</td></tr>
<tr><td>JM12-E1.0F2</td><td rowspan="2">70</td><td rowspan="2">34</td></tr>
<tr><td>JM12-E1.25F2</td></tr>
<tr><td>JM13-F1.25F1</td><td rowspan="3">85</td><td rowspan="6">30</td><td rowspan="6">80</td><td rowspan="4">148</td><td rowspan="4">109</td><td rowspan="6">34</td><td rowspan="3">324</td><td rowspan="3">75</td><td rowspan="4">84</td><td rowspan="3">—</td><td rowspan="3">51</td><td rowspan="3">51</td></tr>
<tr><td>JM13-F1.4F1</td></tr>
<tr><td>JM13-F1.6F1</td></tr>
<tr><td>JM13-F1.6</td><td>—</td><td>288</td><td>30</td><td>146</td><td>—</td><td>—</td></tr>
<tr><td>JM13-F1.8F1</td><td rowspan="2">85</td><td rowspan="2">198</td><td rowspan="2">平键159
花键125</td><td rowspan="2">324</td><td rowspan="2">75</td><td rowspan="2">100</td><td rowspan="2">—</td><td rowspan="2">51</td><td rowspan="2">51</td></tr>
<tr><td>JM13-F2.0F1</td></tr>
<tr><td>JM14-F2.24F1</td><td rowspan="5">100</td><td rowspan="2">30</td><td rowspan="5">110</td><td rowspan="5">235</td><td rowspan="5">平键180
花键130</td><td rowspan="5">38</td><td rowspan="5">376</td><td rowspan="5">75</td><td rowspan="5">100</td><td rowspan="5">—</td><td rowspan="5">51</td><td rowspan="5">51</td></tr>
<tr><td>JM14-F2.5F1</td></tr>
<tr><td>JM14-F2.8F1</td><td rowspan="3">50</td></tr>
<tr><td>JM14-F3.15F1</td></tr>
<tr><td>JM14-F3.55F1</td></tr>
<tr><td>JM15-E5.6</td><td rowspan="4">—</td><td rowspan="4">54</td><td rowspan="4">120</td><td rowspan="4">245</td><td rowspan="4">190</td><td rowspan="4">50</td><td rowspan="4">395</td><td rowspan="4">0</td><td rowspan="4">150</td><td rowspan="4">25（有连接底板为：340）</td><td rowspan="4">ϕ100</td><td rowspan="4">—</td></tr>
<tr><td>JM15-E6.3</td></tr>
<tr><td>JM15-E7.1</td></tr>
<tr><td>JM15-E8.0</td></tr>
<tr><td>JM16-F4.0F1</td><td rowspan="2">95</td><td rowspan="2">36</td><td rowspan="2">120</td><td rowspan="2">210</td><td rowspan="2">170</td><td rowspan="2">40</td><td rowspan="2">358</td><td rowspan="2">82</td><td rowspan="3">—</td><td rowspan="2">—</td><td rowspan="2">60</td><td rowspan="2">30</td></tr>
<tr><td>JM16-F4.5F1</td></tr>
<tr><td>JM16-F5.0</td><td>—</td><td>30</td><td>150</td><td>242</td><td>210</td><td>52</td><td>445</td><td>—</td><td>220</td><td>ϕ130</td><td>—</td></tr>
</table>

表 20-7-45　　JM2 和 JM3 型径向柱塞马达外形尺寸　　mm

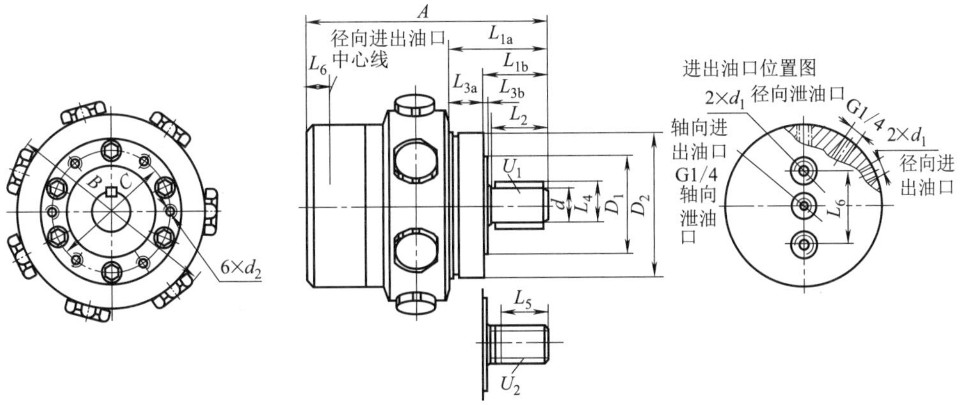

图(a)　JM21型径向柱塞马达(单排缸)

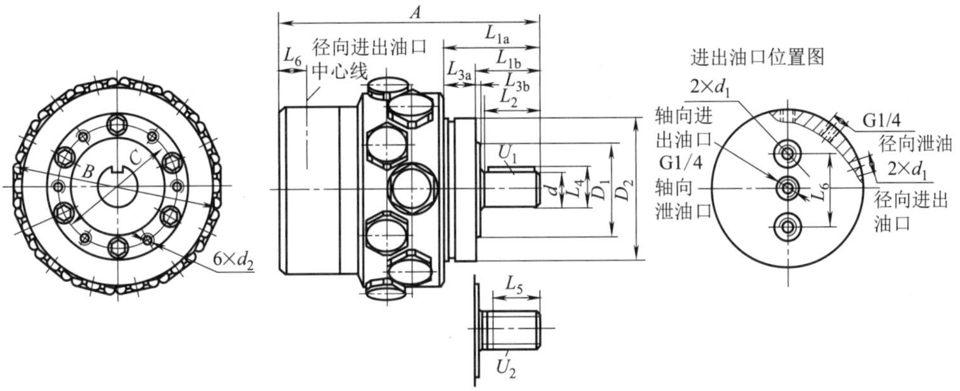

图(b)　JM22型径向柱塞马达(双排缸)

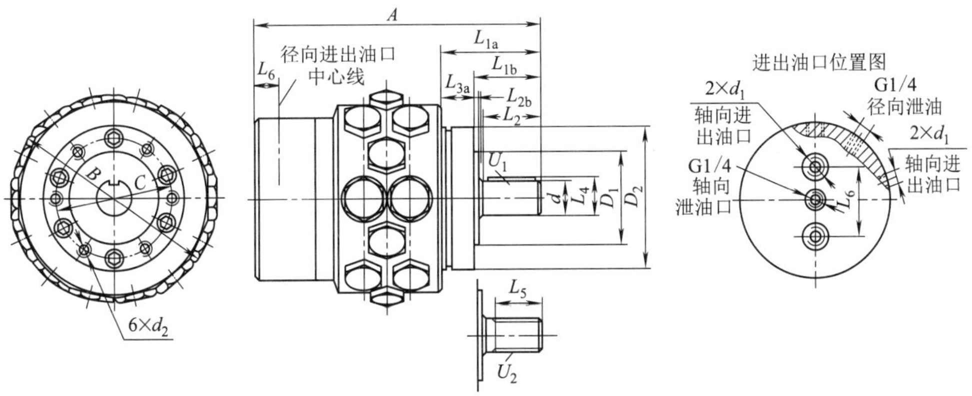

图(c)　JM23型径向柱塞马达(三排缸)

续表

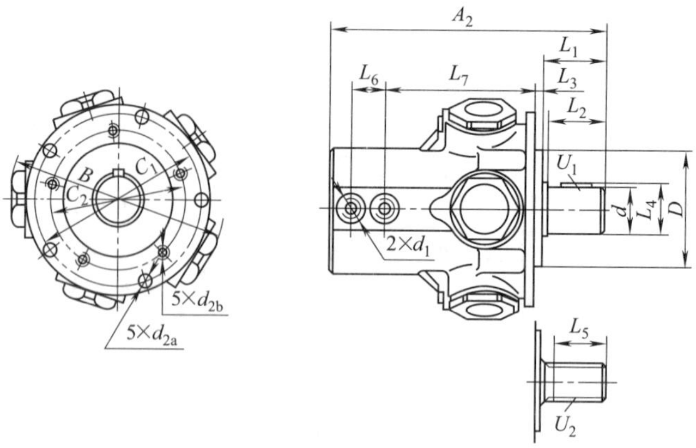

图(d) JM31型径向柱塞马达(单排缸)
(带间隙自动补偿机构)

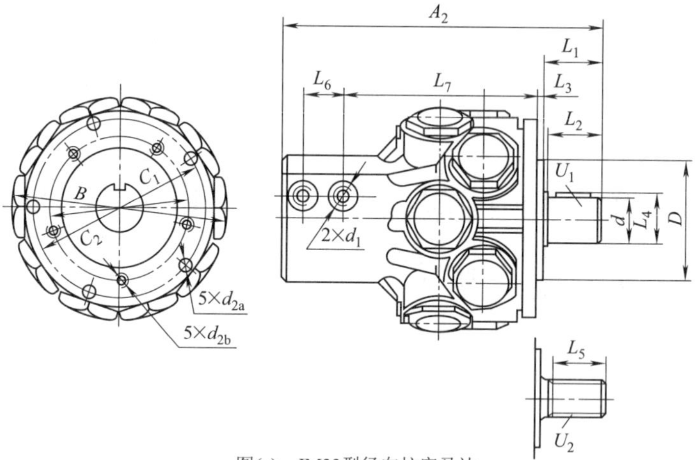

图(e) JM33型径向柱塞马达

型号	A①		B	C②		D③		d	d_1	d_2		轴伸④		L_1		$L_2$⑤		L_3		L_4	L_5	L_6	L_7
	A_1	A_2		C_1	C_2	D_1	D_2			d_{2a}	d_{2b}	U_1	U_2	L_{1a}	L_{1b}	L_{2a}	L_{2b}	L_{3a}	L_{3b}				
JM21-D0.02	202	189	ϕ178	ϕ100	ϕ100	ϕ80h6	ϕ129h6	ϕ30js7	2×G1/2	6×M8	6×M8	A8×45	6×30×26×6	78	56	50	50	22	4	33	35	26	—
JM21-D0.0315																							
JM21a-D0.0315																							
JM22-D0.05	222	206																					
JM22-D0.063																							
JM22a-D0.063																							
JM23-D0.09	242	229																					
JM23a-D0.09																							
JM31-E0.125	—	337	ϕ245	ϕ200	ϕ160	ϕ140		ϕ40k7	G1	5×ϕ11	5×M12	A12×56	6×38×32×6 (W40×2×18×7h)	67		65	55		11	43	30 (30)	54	152
JM31-E0.16																							

续表

型号	A①		B	C②		D③		d	d_1	d_2		轴伸④		L_1		$L_2$⑤		L_3		L_4	L_5	L_6	L_7
	A_1	A_2		C_1	C_2	D_1	D_2			d_{2a}	d_{2b}	U_1	U_2	L_{1a}	L_{1b}	L_{2a}	L_{2b}	L_{3a}	L_{3b}				
JM33-E0.16	—	391	φ248	φ200	φ160	φ140		φ50k7	G1	5×φ11	5×M12	A16×63	8×48×42×8 (W50×2×24×7h)	77		75	65		11	54	45 (38)	54	196

① A 栏中 A_1 为径向进油、A_2 为轴向进油尺寸。
②、③ C、D 为止口安装用尺寸，C_1、C_2 和 D_1、D_2 可根据实际使用。
④ 花键规格按 GB/T 1144—2001 标准，括号内为 DIN 5480 标准。
⑤ L_2 栏中 L_{2a} 为平键轴伸尺寸，L_{2b} 为花键轴伸尺寸。

7.6.4　球塞式液压马达

7.6.4.1　QJM 型径向球塞马达

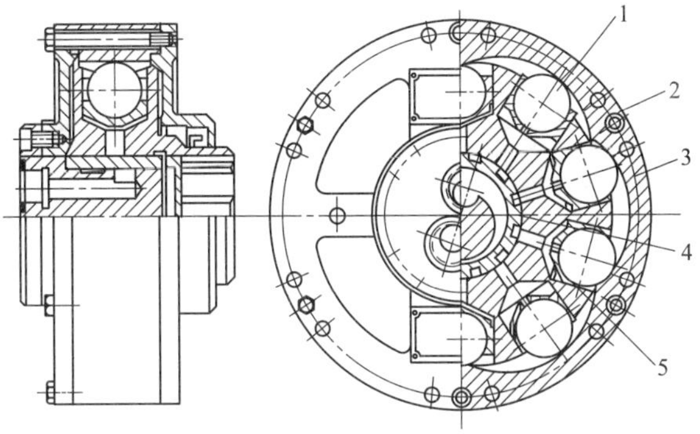

图 20-7-44　QJM 型径向柱塞马达结构
1—钢球；2—转子；3—导轨；4—配油器；5—柱塞

型号意义：

※ ※ ※ ※ ※ ※ ※

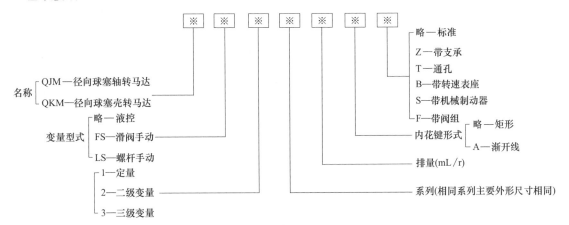

- 名称：QJM—径向球塞轴转马达；QKM—径向球塞壳转马达
- 变量型式：略—液控；FS—滑阀手动；LS—螺杆手动
- 1—定量；2—二级变量；3—三级变量
- 系列(相同系列主要外形尺寸相同)
- 排量(mL/r)
- 内花键形式：略—矩形；A—渐开线
- 略—标准；Z—带支承；T—通孔；B—带转速表座；S—带机械制动器；F—带阀组

表 20-7-46　QJM 型径向柱塞马达技术规格

型　　号	排量/mL·r^{-1}	压力/MPa		转速范围/r·min^{-1}	转矩/N·m
		额定	最高		
1QJM001-0.063	0.064	10	16	17～1000	95

续表

型　　号	排量/mL·r^{-1}	压力/MPa		转速范围/r·min^{-1}	转矩/N·m
		额定	最高		
1QJM001-0.08	0.083	10	16	17～800	123
1QJM01-0.10	0.104	10	16	17～630	154
1QJM01-0.063	0.064	10	16	17～1250	149
1QJM01-0.1	0.10	10	16	17～800	148
1QJM01-0.16	0.163	10	16	17～630	241
1QJM02-0.2	0.203	10	16	17～500	300
1QJM02-0.32	0.326	10	16	5～400	483
1QJM02-0.4	0.406	10	25	5～320	600
1QJM11-0.32	0.339	10	16	5～500	802
1QJM1A1-0.4	0.404	10	16	5～400	598
1QJM11-0.5	0.496	10	16	5～320	734
1QJM11-0.63	0.664	10	16	4～250	983
1QJM021-0.63	0.664	10	16	4～250	983
1QJM21-1.0	1.08	10	16	3～160	1598
1QJM21-0.4	0.404	16	31.5	2～400	957
1QJM21-0.5	0.496	16	31.5	2～320	1157
1QJM21-0.63	0.664	16	31.5	2～250	1572
1QJM21-0.8	0.808	16	25	2～200	1913
1QJM21-1.0	1.01	10	16	2～160	1495
1QJM21-1.25	1.354	10	16	2～125	2004
1QJM21-1.6	1.65	10	16	2～100	2442
1QJM12-1.0	1.0	10	16	4～200	1480
1QJM12-1.25	1.33	10	16	4～160	1968
1QJM31-0.8	0.808	20	31.5	2～250	2392
1QJM31-1.0	1.06	16	25	1～200	2510
1QJM31-1.6	1.65	10	16	1～125	2442
1QJM31-2.0	2.0	10	16	2～100	2960
1QJM32-0.63	0.635	20	31.5	1～500	1880
1QJM32-1.0	1.06	20	31.5	1～400	3138
1QJM32-1.25	1.295	20	31.5	2～320	3833
1QJM32-1.6	1.649	20	31.5	2～250	4881
1QJM32-2.0	2.03	16	25	2～200	4807

续表

型号	排量/mL·r^{-1}	压力/MPa		转速范围/r·min^{-1}	转矩/N·m
		额定	最高		
1QJM32-2.5	2.71	10	16	1～160	4011
1QJM32-3.2	3.3	10	16	1～100	4884
1QJM32-4.0	4.0	10	16	1～320	5920
1QJM32-2.0	2.11	20	31.5	1～250	6264
1QJM42-2.5	2.56	20	31.5	1～200	7578
1QJM42-3.2	3.24	16	25	1～160	7672
1QJM42-4.0	4.0	10	16	1～125	5920
1QJM42-4.5	4.6	10	16	1～125	6808
1QJM42-5.0	4.84	10	16	1～320	7163
1QJM42-2.5	2.67	20	31.5	1～250	7903
1QJM52-3.2	3.24	20	31.5	1～200	9590
1QJM52-4.0	4.0	16	25	1～160	9472
1QJM52-5.0	5.23	10	16	1～125	7740
1QJM52-6.3	6.36	10	16	1～125	9413
1QJM62-3.2	3.3	20	31.5	0.5～200	9768
1QJM62-4.0	4.0	20	31.5	0.5～200	11840
1QJM62-5.0	5.18	20	31.5	0.5～160	15333
1QJM62-6.3	6.27	16	25	0.5～125	14847
1QJM62-8	7.85	10	16	0.5～100	11618
1QJM62-10	10.15	10	16	0.5～80	15022
2QJM11-0.4	0.404,0.202	10	16	5～630	598
2QJM11-0.5	0.496,0.248	10	16	5～400	734
2QJM11-0.63	0.664,0.332	10	16	5～320	983
2QJM21-0.32	0.371,0.1585	16	31.5	2～630	751
2QJM21-0.5	0.496,0.248	16	31.5	2～400	1175
2QJM21-0.63	0.664,0.332	16	31.5	2～320	1572
2QJM21-1.0	1.01,0.505	10	16	2～250	1495
2QJM31-1.25	1.354,0.677	10	16	2～200	2004
2QJM31-0.8	0.808,0.404	20	31.5	2～250	2392
2QJM31-1.0	1.06,0.53	16	25	1～200	2510
2QJM31-1.6	1.65,0.825	10	16	1～125	2442

续表

型　　号	排量/mL・r^{-1}	压力/MPa		转速范围/r・min^{-1}	转矩/N・m
		额定	最高		
2QJM32-2.0	2.0,1.0	10	16	1～100	2960
2QJM32-0.63	0.635,0.318	10	31.5	1～500	1880
2QJM32-1.0	1.06,0.53	20	31.5	1～400	3138
2QJM32-1.25	1.295,0.648	20	31.5	2～320	3833
2QJM32-1.6	1.649,0.825	20	31.5	2～250	4881
2QJM32-1.6/0.4	1.6,0.4	20	31.5	2～250	4736
2QJM32-2.0	2.03,1.015	16	25	2～200	4807
2QJM32-2.5	2.71,1.355	10	16	1～160	4011
2QJM32-3.2	3.3,1.65	10	16	1～125	4884
2QJM42-2.0	2.11,1.055	20	31.5	1～320	6264
2QJM42-2.5	2.56,1.28	20	31.5	1～250	7578
2QJM42-3.2	3.24,1.62	16	25	1～200	7672
2QJM42-4.0	4.0,2.0	10	16	1～200	5920
2QJM42-5.0	4.84,2.42	10	16	1～125	7163
2QJM52-2.5	2.67,1.335	20	31.5	1～320	7903
2QJM52-3.2	3.24,1.62	20	31.5	1～250	9590
2QJM52-4.0	4.0,2.0	16	25	1～200	9472
2QJM52-5.0	5.23,2.615	10	16	1～160	7740
2QJM52-6.3	6.36,3.18	10	16	1～125	9413
2QJM62-3.2	3.30,1.65	20	31.5	0.5～200	9768
2QJM62-4.0	4.0,2.0	20	31.5	0.5～200	11840
2QJM62-5.0	5.18,2.59	20	31.5	0.5～160	15333
2QJM62-6.3	6.27,3.135	16	25	0.5～125	14874
2QJM62-8.0	7.85,3.925	10	16	0.5～100	11618
2QJM62-10	10.15,5.075	10	16	0.5～80	15022
3QJM32-1.25	1.295,0.648,0.324	20	31.5	1～320	3833
3QJM32-1.6	1.649,0.825,0.413	20	31.5	2～250	4881
3QJM32-2.5	2.71,1.335,0.678	10	16	1～160	4011
3QJM32-3.2	3.3,1.65,0.825	10	16	1～125	4884

7.6.4.2　QJM型带制动器液压马达

表 20-7-47　　QJM型带制动器液压马达技术规格

型　号	排量 /mL·r^{-1}	排量/mL·r^{-1}		转速范围 /r·min^{-1}	输出转矩 /N·m	制动器开启压力/MPa	制动器制动转矩/N·m
		额定	最高				
1QJM11-0.2S	0.196	16	25	5～800	601	4～6	400～600
1QJM11-0.32S	0.254	16	25	5～630	751		
1QJM11-0.40S	0.317	16	25	5～500	598		
1QJM11-0.50S	0.404	10	16	5～400	734	3～5	
1QJM11-0.63S	0.496	10	16	5～320	983		
1QJM11-0.40S	0.664	10	16	4～250	598		
2QJM11-0.50S	0.404,0.202	10	16	5～400	734		
2QJM11-0.63S	0.496,0.248	10	16	5～320	983		
2QJM11-0.32S	0.664,0.332	10	31.5	5～200	751	4～6	1000～1400
1QJM21-0.4S	0.317	16	31.5	2～500	957		
1QJM21-0.5S	0.404	16	31.5	2～400	1175		
1QJM21-0.63S	0.496	16	31.5	2～320	1572		
1QJM21-0.8S	0.664	16	25	2～250	1913	3～5	
1QJM21-1.0S	0.808	16	16	2～200	1495		
1QJM21-1.25S	1.01	10	16	2～160	2004		
1QJM21-1.6S	0.354	10	12.5	2～125	2442	4～7	
2QJM21-0.32S	1.65	10	31.5	2～100	751		
2QJM21-0.40S	0.317,0.1585	16	31.5	2～600	957		
2QJM21-0.50S	0.404,0.202	16	31.5	2～500	1175		
2QJM21-0.63S	0.496,0.248	16	31.5	2～400	1572		
2QJM21-0.8S	0.664,0.332	16	25	2～320	1913	3～5	
2QJM21-1.0S	0.808,0.404	16	16	2～200	1495		
2QJM21-1.25S	1.01,0.505	10	16	2～250	2004		
2QJM21-1.6S	1.65,0.825	10	16	2～200	2442		
1QJM42-1.6S	1.73	10	31.5	1～400	5121	4～7	3000～5000
1QJM42-2.0S	2.11	20	31.5	1～320	6246		
1QJM42-2.5S	2.56	20	31.5	1～250	7578		
1QJM42-3.2S	3.24	16	25	1～200	7672	4～6	3000～5000
1QJM42-4.0S	4.0	10	16	1～160	5920	3～5	
2QJM42-1.6S	1.73,0.865	20	31.5	1～400	5121	4～7	
2QJM42-2.0S	2.11,1.055	20	31.5	1～320	6462		
2QJM42-2.5S	2.56,1.28	20	31.5	1～250	7578		
2QJM42-3.2S	3.24,1.62	16	25	1～200	7672	4～6	
2QJM42-4.0S	4.0,2.0	10	16	1～160	5920	3～5	
1QJM42-2.0S	2.19	20	31.5	1～400	6482	4～7	4000～6000
1QJM52-2.5S	2.67	20	31.5	1～320	7903		
1QJM52-3.2S	3.24	20	31.5	1～250	9590		
1QJM52-4.0S	4.0	16	25	1～200	9472	4～6	
1QJM52-5.0S	5.23	10	16	1～160	7740	3～5	

续表

型　　号	排量/mL·r^{-1}	排量/mL·r^{-1}		转速范围/r·min^{-1}	输出转矩/N·m	制动器开启压力/MPa	制动器制动转矩/N·m
		额定	最高				
1QJM52-6. 3S	6. 36	10	16	1～125	9143	3～5	4000～6000
2QJM52-2. 0S	2. 19,1. 095	20	31. 5	1～400	6482	4～7	
2QJM52-3. 2S	3. 24,1. 62	20	31. 5	1～250	9590		
2QJM52-4. 0S	4. 0,2. 0	16	25	1～200	9472	4～6	
2QJM52-5. 0S	5. 23,2. 615	10	16	1～160	7740	3～5	
2QJM52-6. 3S	6. 36,3. 18	10	16	1～125	9413		
1QJM52-0. 4SZ	0. 404	20	31. 5	1～630	1196	4～7	1100～1600
1QJM31-0. 5SZ	0. 5	20	31. 5	1～400	1480		
1QJM31-0. 63SZ	0. 66	20	31. 5	1～320	1954		
1QJM31-0. 8SZ	0. 808	20	31. 5	2～250	2392	4～7	
1QJM31-1. 0SZ	1. 06	16	25	1～200	2510	4～6	
1QJM311. 25SZ	1. 36	10	16	1～160	2013	3～5	
1QJM31-1. 6SZ	1. 65	10	16	1～125	2442		
1QJM31-2. 0SZ	2. 0	10	16	1～100	2960		
1QJM31-2. 5SZ	2. 59	8	12. 5	1～80	3067	3～4	
1QJM31-0. 63S	0.635	20	31. 5	1～500	1880	4～7	2000～3800
1QJM32-0. 63SZ							
1QJM32-0. 8S	0.80	20	31. 5	1～400	2368		
1QJM32-0. 8SZ							
1QJM32-1. 0S	1.06	20	31. 5	1～400	3138		
1QJM32-1. 0SZ							
1QJM32-2. 5S	2.71	10	16	1～160	4011	3～5	
1QJM32-2. 5SZ							
1QJM32-3. 2S	3.3	10	16	1～125	4884		
1QJM32-3. 2SZ							
1QJM32-4. 0S	4.0	10	16	1～100	5920		
1QJM32-4. 0SZ							
2QJM32-0. 63S	0.635	20	31. 5	1～500	1880		
2QJM32-0. 63SZ	0.318						
2QJM32-0. 8S	0.8	20	31. 5	1～400	2368		
2QJM32-0. 8SZ	0.4						
2QJM32-1. 0S	1.06	20	31. 5	1～400	3138		
2QJM32-1. 0SZ	0.53						
2QJM32-1. 25S	1.295	20	31. 5	2～320	3833		
2QJM32-1. 25SZ	0.648						
2QJM32-1. 6S	1.649	20	31. 5	2～250	4881		
2QJM32-1. 6SZ	0.825						
2QJM32-2. 0S	2.03	16	25	2～200	4807		
2QJM32-2. 0SZ	1.015						
2QJM32-2. 5S	2.71	10	16	1～160	4011		
2QJM32-2. 5SZ	1.355						
2QJM32-3. 2S	3.3	10	16	1～125	4884		
2QJM32-3. 2SZ	1.65						
2QJM32-4. 0S	4.0	10	16	1～100	5920		
2QJM32-4. 0SZ	2.0						

表 20-7-48　　**QJM 型径向球塞马达外形尺寸**　　mm

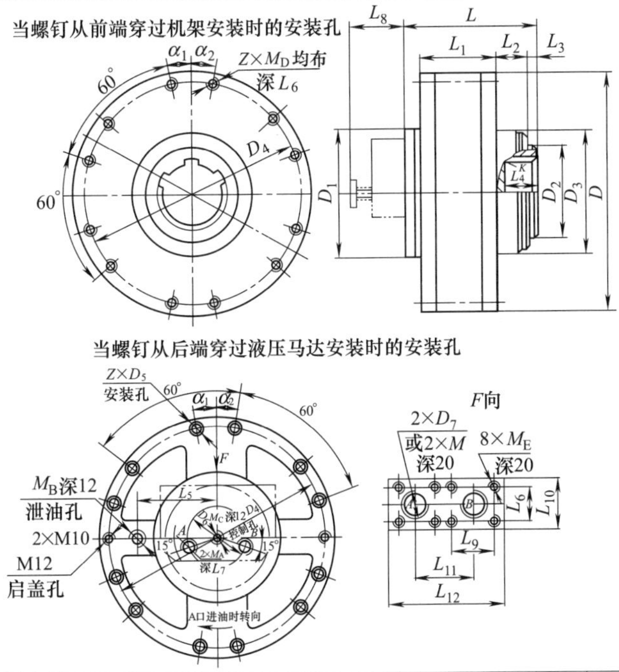

型　号	L	L_1	L_2	L_3	L_4	L_5	L_6	L_7	L_8	L_9	L_{10}	L_{11}	L_{12}	D	D_1	D_2	D_3	D_4	$Z\times D_5$
1QJM001-※※	101	58	38	5	30	43	—	20	37	—	37	35	63	ϕ140	—	ϕ60	ϕ110	ϕ128±0.3	12×ϕ6.5
1QJM01-※※	130	80	38	3	30	62	—	20	—	—	—	—	—	ϕ180	ϕ100	ϕ70	ϕ130	ϕ165±0.3	12×ϕ9
1QJM02-※※	152	102	38	3	32	62	—	20	—	—	—	—	—	ϕ180	ϕ100	ϕ70	ϕ130	ϕ165±0.3	12×ϕ9
1QJM11-※※ 2QJM11-※※ 2LSQJM11-※※	132	82	33	3	38	87	—	20	80	—	48	58	148	ϕ240	ϕ150	ϕ100	ϕ160	ϕ220±0.3	12×ϕ11
1QJM1A1-※※	132	82	24.5	11.5	32	87	—	20	—	—	—	—	—	ϕ240	ϕ150	ϕ60h8	ϕ200	ϕ220±0.3	12×ϕ11
1QJM12-※※ 2QJM12-※※	165	115	33	3	28	87	—	20	—	—	—	—	—	ϕ240	ϕ150	ϕ100	ϕ160	ϕ220±0.3	12×ϕ11
1QJM21-※※	139	92	22	3	38	100	14	20	—	—	—	—	—	ϕ280	ϕ150	ϕ110	ϕ160	ϕ243±0.3	—
1QJM21-※※ 2QJM21-※※ 2LSQJM21-※※	168	98	29	14	55	100	—	20	110	—	48	58	150	ϕ300	ϕ150	ϕ110	ϕ160	ϕ283±0.3	12×ϕ11
1QJM32-※※ 2QJM32-※※ 2LSQJM32-※※	213	138	43	10	35	115	—	20	95	—	48	70	165	ϕ320	ϕ165	ϕ120	ϕ170	ϕ299±0.3	12×ϕ13
1QJM42-※※ 2QJM42-※※ 2LSQJM42-※※	200	153	16	12	35	124	—	22	151	73	108	104	204	ϕ350	ϕ190	ϕ140	ϕ200	ϕ320±0.3	12×ϕ13
1QJM42-※※A	200	153	23	5	55	124	—	22	—	—	—	—	—	340	ϕ190	ϕ120	ϕ170	ϕ320±0.3	12×ϕ13
1QJM31-※※ 2QJM31-※※	180	104	42.5	10	55	115	—	20	—	—	—	—	—	ϕ320	ϕ165	ϕ120	ϕ170	ϕ299±0.3	12×ϕ13
1QJM52-※※ 2QJM52-※※ 2LSQJM52-※※	237	175	20	16	45	135	28	24	144	73	101	105	205	ϕ420	ϕ220	ϕ160	ϕ315	ϕ360±0.3	6×ϕ22
1QJM62-※※ 2QJM62-※※ 2LSQJM62-※※	264	162	24	16	45	167.5	28	24	144	73	101	123	255	ϕ485	ϕ255	ϕ170	ϕ3957	ϕ435±0.3	6×ϕ22

续表

型　　号	L	L_1	L_2	L_3	L_4	L_5	L_6	L_7	L_8	L_9	L_{10}	L_{11}	L_{12}	D	D_1	D_2	D_3	D_4	$Z\times D_5$
1QJM21-※※S_2 2QJM21-※※S_2	184	127	12	13	32	100	—	20	—	—	—	—	—	φ304	φ150	φ110	φ1607	φ283±0.3	12×φ11
1QJM32-※※S_2 2QJM32-※※S_2	252	167.5	58	3	55	115	—	20	—	—	—	—	—	φ320	φ165	φ170	φ2807	φ299±0.3	12×φ13

型号	D_6	D_7	M_A	M_B	M_C	$Z\times M_D$	M_E	α_1	α_2	K（对花键轴要求）	质量/kg
1QJM001-※※	—	M18×1.5	—	M16×1.5	—	—	—	10°	10°	6-48H11×42H11×12D9/48b12×42b12×12d9	7
1QJM01-※※	φ58	—	M27×2	M12×1.5	—	—	—	10°	—	6-48H11×42H11×12D9/48b12×42b12×12d9	15
1QJM02-※※	φ58	—	M27×2	M12×1.5	—	—	—	10°	—	6-48H11×42H11×12D9/48b12×42b12×12d9	24
1QJM11-※※ 2QJM11-※※ 2LSQJM11-※※	φ69	M33×2	M33×2	M16×1.5	M12×1.5	—	—	10°	—	6-70H11×62H11×16D9/70b12×62b12×16d9	28
1QJM1A1-※※	φ69	—	M33×2	M16×1.5	—	—	—	10°	—	6-42H11×36H11×7D9/42b12×36b12×7d9	28
1QJM12-※※ 2QJM12-※※	φ69	—	M33×2	M16×1.5	—	—	—	10°	—	6-70H11×62H11×16K9/70b12×62b12×16K9	39
1QJM21-※※	φ69	—	M33×2	M22×1.5	M12×1.5	6×M12		6°	30°	6-90H11×80H11×20D9/90b12×80b12×20d9	46
1QJM21-※※ 2QJM21-※※ 2LSQJM21-※※	φ69	M33×2	M33×2	M22×1.5	—	—	—	10°	—	6-90H11×80H11×20D9/90b12×80b12×20d9	50
1QJM32-※※ 2QJM32-※※ 2LSQJM32-※※	φ79	M33×2	M33×2	M22×1.5	M12×1.5	—	—	10°	—	10-98H11×92H11×14D9/98b12×92b12×14d9	70 78
1QJM42-※※ 2QJM42-※※ 2LSQJM42-※※	φ100	φ40	M42×2	M22×1.5	M12×1.5	—	M16	10°	—	10-112H11×102H11×16D9/112b12×102b12×16d9	90 100
1QJM42-※※A	φ100	—	M42×2	M22×1.5	—	—		10°	—	10-98H11×92H11×14D9/98b12×92b12×14d9	90
1QJM31-※※ 2QJM31-※※	φ79	—	M33×2	M22×1.5	—	—		10°	—	10-98H11×92H11×14D9/98b12×92b12×14d9	60
1QJM52-※※ 2QJM52-※※ 2LSQJM52-※※	φ110	—	M48×2	M22×1.5	M16×1.5	6×M20	M16	6°	14°	10-120H11×112H11×18D9/120b12×112b12×18d9	150 160
1QJM62-※※ 2QJM62-※※ 2LSQJM62-※※	φ128	φ40	M48×2	M22×1.5	M16×1.5	6×M20	M16	6°	14°	10-120H11×112H11×18D9/120b12×112b12×18d9	200 212

续表

型号	D_6	D_7	M_A	M_B	M_C	$Z\times M_D$	M_E	α_1	α_2	K（对花键轴要求）	质量/kg
1QJM21-※※S_2 2QJM21-※※S_2	ϕ69	—	M33×2	M22×1.5	M12×1.5	—	—	10°	30°	10-90H11×80H11×20D9/90b12×80b12×20d9	55
1QJM32-※※S_2 2QJM32-※※S_2	ϕ79	—	M33×2	M22×1.5	M12×1.5	—	—	10°	—	10-98H11×92H11×14D9/98b12×92b12×14d9	86

表 20-7-49　　QJM 型带支承径向球塞马达外形尺寸　　mm

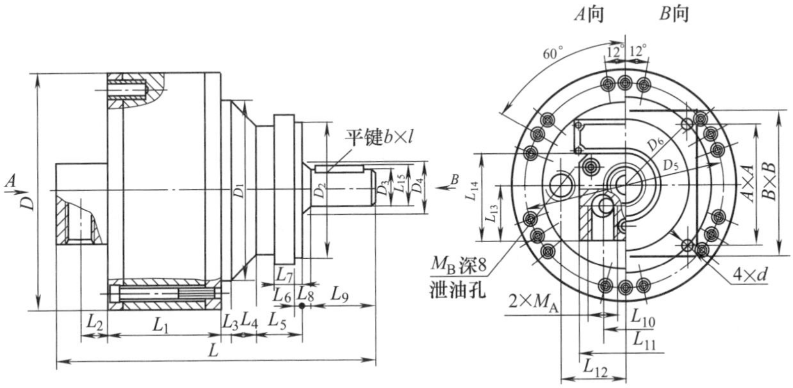

型号	L	L_1	L_2	L_3	L_4	L_5	L_6	L_7	L_8	L_9	L_{10}	L_{11}	L_{12}	L_{13}	L_{14}	L_{15}	D	D_1	D_2	D_3
1QJM001-※※Z	237	68	17	6	16	70	48	12	3	40	38	63	43	32	49	27.5	ϕ140	ϕ110g7	ϕ75g7	ϕ25h8
1QJM002-※※Z	257	88	17	6	16	70	48	12	3	40	38	63	43	32	49	27.5	ϕ140	ϕ110g7	ϕ75g7	ϕ25h8
1QJM02-※※Z 2LSQJM02-※※Z	290	102	22		52	32	5	18	3	56.5	58	100	60	41	82	43	ϕ180	—	ϕ125g7	ϕ40k6

型号	D_4	D_5	D_6	d	M_A	M_B	A×A	B×B	b×l	花键	质量/kg
1QJM001-※※Z	ϕ35H7/K6	ϕ128	—	ϕ11	M18×1.5	M16×1.5	70×70	90×90	8×36	—	10
1QJM002-※※Z	ϕ35H7/K6	ϕ128	—	ϕ11	M18×1.5	M16×1.5	70×70	90×90	8×36	—	12
1QJM02-※※Z 2LSQJM02-※※Z	—	ϕ160	ϕ160	ϕ13	M12×1.5	M12×1.5	—	140×140	12×45	—	24 28

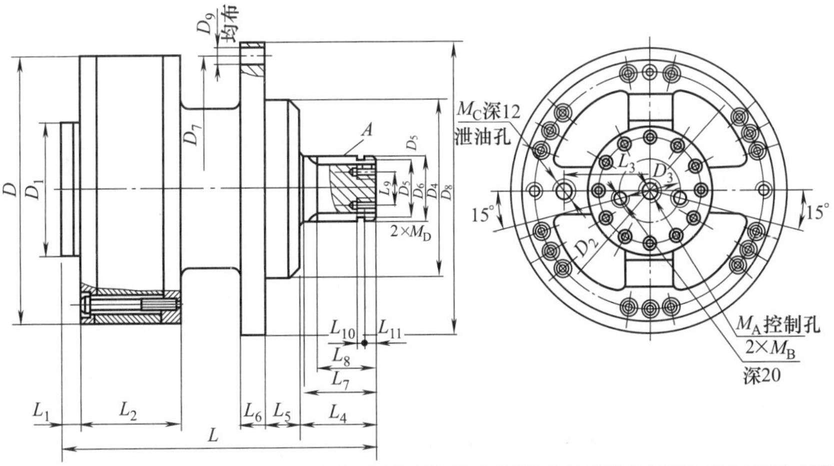

续表

型号	L	L_1	L_2	L_3	L_4	L_5	L_6	L_7	L_8	L_9	L_{10}	L_{11}	D	D_1	D_2	D_3	D_4	D_5	D_6
1/2QJM21-※※Z3	328	26	99	100	81	45	16	78	75	38	—	—	φ300	φ150	φ283	φ69	φ295f9	—	φ65f7
1/2QJM32-※※Z3	395.5	22	139	115	81	45	16	78	75	38	—	—	φ320	φ165	φ299	φ79	φ295f9	—	φ65f7
1/2QJM32-※※Z3	394.5	22	144	115	103	30	25	101	65	40	2.65	3	φ320	φ165	φ299	φ79	φ250f7	φ79	φ82b11
1/2QJM31-※※Z3	402.5	26	104	115	78	44	18	77	75	—	—	—	φ320	φ165	φ299	φ79	φ230g6	—	φ70h6
1/2QJM32-※※Z3	438.5	26	140	115	78	44	18	77	75	—	—	—	φ320	φ165	φ299	φ79	φ230g6	—	φ70h6
1/2QJM52-※※Z3	526	27	176	135	131	10	30	121	142	—	—	—	φ420	φ220	φ360	φ110	φ290	—	φ78
1/2QJM62-※※Z3	487	42	162	330	157	5	20	155	152	—	—	—	φ485	φ225	φ435	φ110	φ400f8	—	φ101.55

型号	D_7	D_8	D_9	M_A	M_B	M_C	M_D	A		质量/kg
								平键(长×宽×高)	花键	
1/2QJM21-※※Z3	φ335	φ379	6×φ18	M12×1.5	M33×2	M22×1.5	M12深20	75×18×70	—	75
1/2QJM32-※※Z3	φ335	φ379	6×φ18	M12×1.5	M33×2	M22×1.5	M12深20	75×18×70	—	108
1/2QJM32-※※Z	φ300	φ335	7×φ18	M12×1.5	M33×2	M22×1.5	M12深15	—	10D-82h11×72b12×12f9	106
1/2QJM31-※※Z4	φ270	φ300	17×φ16.5	—	M33×2	M22×1.5	M12—6H深25	C20×70	—	105
1/2QJM32-※※Z4	φ270	φ300	6×φ16.5	M12×1.5	M33×2	M22×1.5	M12—6H深25	C20×70	—	120
1/2QJM52-※※Z	φ340	φ370	6×φ20	M16×1.5	M48×2	M22×1.5	—	136×22×14.7	—	190
1/2QJM62-※※Z	φ490	φ530	6×φ22	M16×1.5	M48×2	M22×1.5	—	150×25.4	—	240

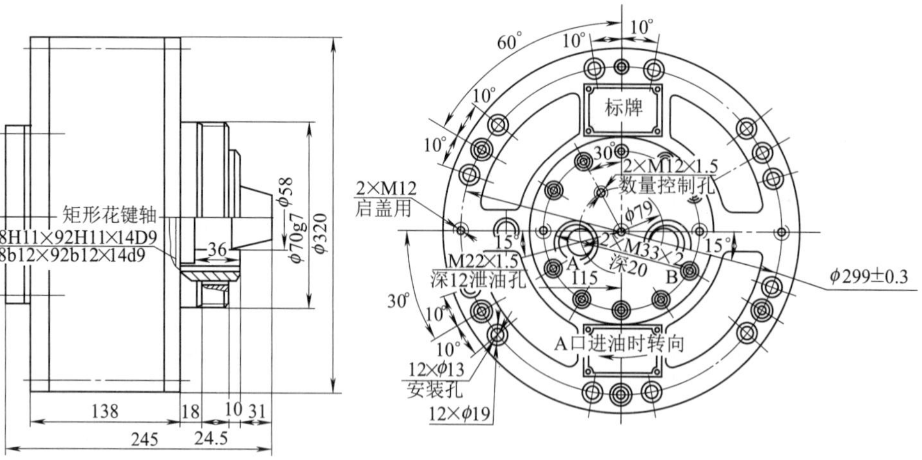

图 20-7-45 3QJM32-※※型液压马达外形尺寸

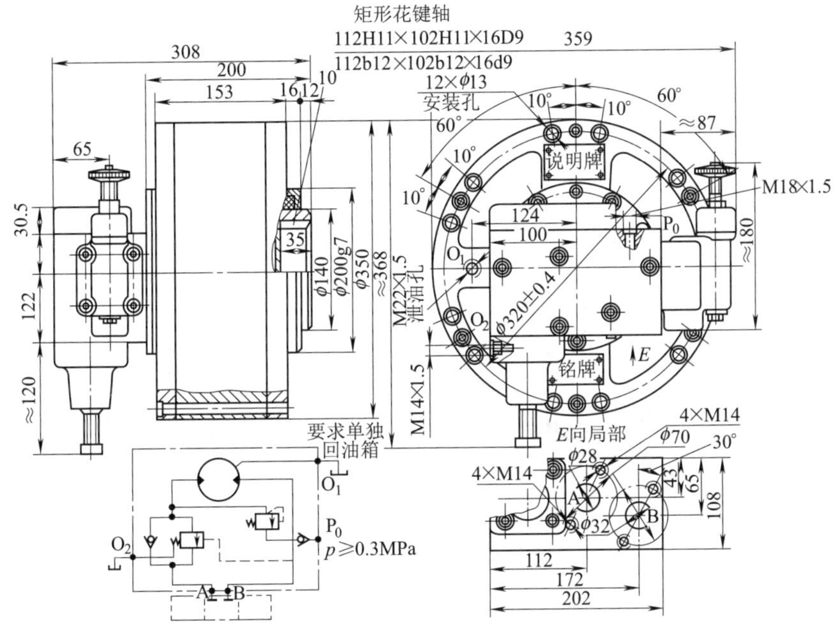

图 20-7-46 1QJM42-※※F 型液压马达外形尺寸

7.6.4.3 QKM 型液压马达

表 20-7-50 QKM 型液压马达技术规格

型 号	排量 /mL·r⁻¹	压力/MPa		转速范围 /r·min⁻¹	转矩 /N·m
		额定	最高		
1QKM11-0.32、1QKM11-0.32D	0.317	16	25	5～630	751
1QKM11-0.4、1QKM11-0.4D	0.404	10	16	5～400	598
1QKM11-0.5、1QKM11-0.5D	0.496	10	16	5～320	734
1QKM11-0.63、1QKM11-0.63D	0.664	10	16	4～250	983
1QKM42-1.6、1QKM42-1.6D	1.73	20	31.5	1～400	5121
1QKM42-2.0、1QKM42-2.0D	2.11	20	31.5	1～320	6246
1QKM42-2.5、1QKM42-2.5D	2.56	20	31.5	1～250	7578
1QKM42-3.2、1QKM42-3.2D	3.24	16	25	1～200	7672
1QKM42-4.0、1QKM42-4.0D	4.0	10	16	1～160	5920
1QKM42-4.5、1QKM42-4.5D	4.5	10	16	1～125	6808
1QKM42-5.0、1QKM42-5.0D	4.84	10	16	1～125	7163
1QKM52-2.0、1QKM52-2.0D	2.19	20	31.5	1～400	6482
1QKM52-2.5、1QKM52-2.5D	2.67	20	31.5	1～320	7903
1QKM52-3.2、1QKM52-3.2D	3.24	20	31.5	1～250	9590
1QKM52-4.0、1QKM52-4.0D	4.0	16	25	1～200	9472
1QKM52-5.0、1QKM52-5.0D	5.23	10	16	1～160	7740
1QKM52-6.3、1QKM62-6.3D	6.36	10	16	1～125	9413
1QKM62-4.0	4.0	20	31.5	0.5～200	11840
1QKM62-5.0	5.18	20	31.5	0.5～160	15333
1QKM62-6.3	6.27	16	25	0.5～125	14847
1QKM62-8.0	7.85	10	16	0.5～100	11618
1QKM62-10	10.15	10	16	0.5～80	15022

注：带“D”型号表示单边出轴，无“D”型号表示两端出轴。

表 20-7-51 1QKM 型（42～62）壳转液压马达外形尺寸 mm

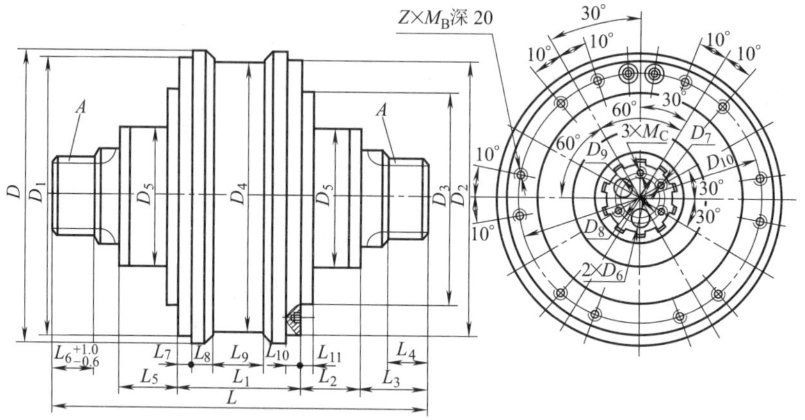

型号	L	L_1	L_2	L_3	L_4	L_5	L_6	L_7	L_8	L_9	L_{10}	L_{11}	D	D_1	D_2	D_3	D_4	D_5
1QKM42-※※	555	154	65	150.5	60	65	60	—	37	80	—	24	ϕ376	—	—	ϕ200g7	ϕ340	ϕ170
1QKM52-※※	548	174	91	96	60	91	60	20	27	80	20	20	ϕ430	ϕ400f8	ϕ400f8	ϕ315g7	ϕ400	ϕ205
1QKM62-※※	665	175	120	125	100	120	100	—	48	79	—	53	ϕ485	—	—	ϕ395g7 对称	ϕ465	ϕ262

型号	D_6	D_7	D_8	D_9	D_{10}	$Z\times M_B$	M_C	A（对花键轴的要求）	质量/kg
1QKM42-※※	ϕ28	ϕ18	ϕ68	ϕ50	ϕ346	9×M16	M16	10-98b12×92b12×14d9	129
1QKM52-※※	ϕ29	ϕ16.5	ϕ68	ϕ50	ϕ370	12×M16	M16	10-98b12×92b12×14d9	194
1QKM62-※※	ϕ32	ϕ20	ϕ68	ϕ50	435	12×M20	M16 深 22	10-112b12×102b12×16d9	250

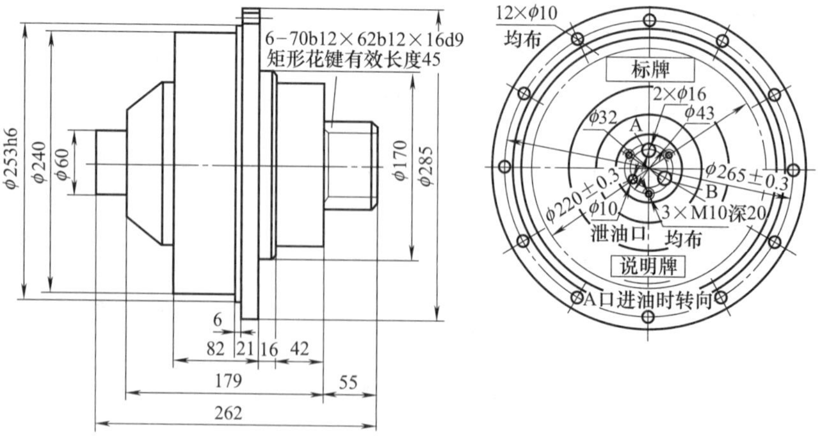

图 20-7-47 1QKM 型（11）壳转液压马达外形尺寸

表 20-7-52　　2QJM（21、32、52）通孔液压马达外形尺寸　　mm

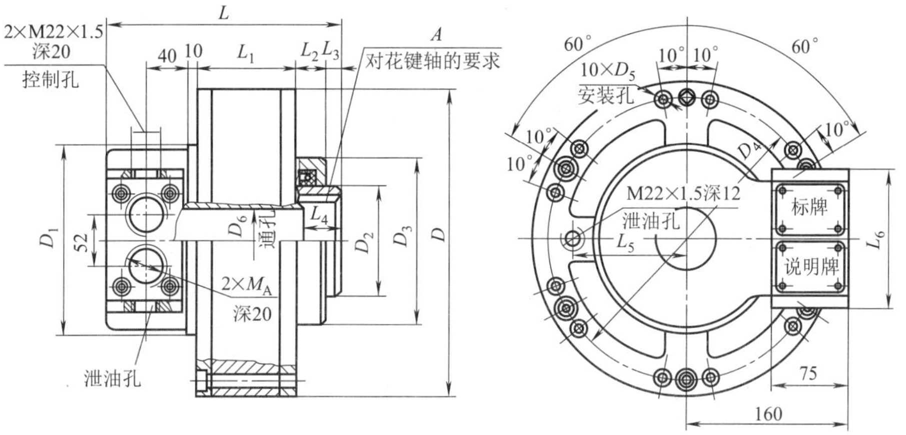

型号	L	L_1	L_2	L_3	L_4	L_5	L_6	D	D_1	D_2	D_3	D_4	D_5	D_6	M_A	A（对花键轴的要求）	质量/kg
2QJM21-※※T50	230	98	29	14	36	110	156	ϕ300	ϕ148	ϕ110	ϕ160g6	ϕ283	ϕ11	ϕ50	ϕM27×2	6-90H11×80H11×20D9/90b12×80b12×20d9	60
2QJM21-※※T65	230	98	29	14	36	110	150	ϕ300	ϕ186	ϕ110	ϕ160g6	ϕ283	ϕ11	ϕ65	ϕM33×2	10-98H11×92H11×14D9/98b12×92b12×14d9	64
2QJM32-※※T75	273	138	43	10	41	115	150	ϕ320	ϕ186	ϕ120	ϕ170g6	ϕ299	ϕ13	ϕ75	ϕM33×2	10-98H11×92H11×14D9/98b12×92b12×14d9	88
2QJM52-※※T80	367	175	20	34	45	135	180	ϕ420	ϕ220	ϕ215	ϕ395g7	ϕ360	ϕ22	ϕ80	ϕM33×2	10-120H11×112H11×18D9/120b12×112b12×18d9	150

表 20-7-53　　1QJM（01、11）通孔液压马达外形尺寸　　mm

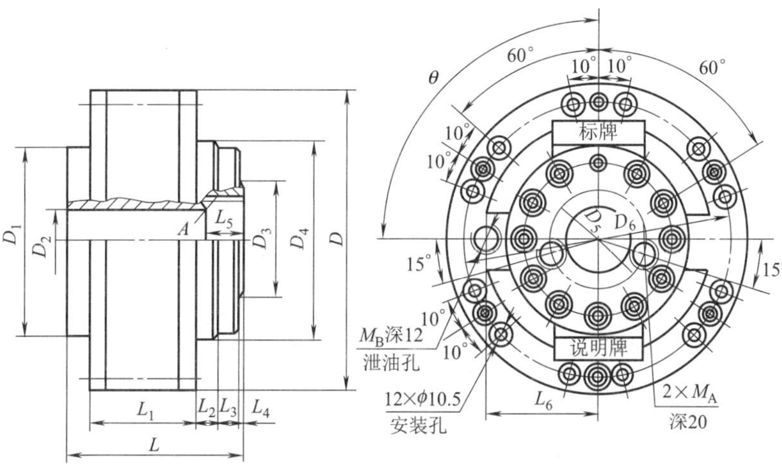

第20篇

续表

型号	L	L_1	L_2	L_3	L_4	L_5	L_6	D	D_1	D_2	D_3	D_4	D_5	D_6	θ	M_A	M_B	A(对花键轴的要求)	质量/kg
1QJM01-※※T40	130	79	15	23	3	30	53	ϕ180	ϕ130	ϕ40	ϕ110	ϕ130g6	ϕ70	ϕ165	180°	M22×1.5	M12×1.5	6-48H11×42H11×12D9/48b12×42b12×12d9	15
2QJM11-※※T50	132	82	16	17	3	28	87	ϕ240	ϕ150	ϕ50	ϕ150	ϕ160g6	ϕ80	ϕ220	90°	M22×1.5	M12×1.5	6-70H11×62H11×16D9/70b12×62b12×16d9	26

7.7　曲轴连杆式径向柱塞马达

曲轴连杆式液压马达的工作原理如图 20-7-48 所示。图中仅画出马达的一个柱塞缸，它相当于一个曲柄连杆机构。

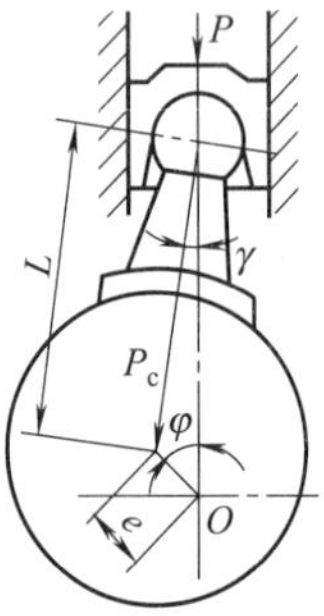

图 20-7-48　曲轴连杆式液压马达的工作原理

通压力油的柱塞缸受液压力的作用，在柱塞上产生推力 P，此力通过连杆作用在偏心轮中心，使输出轴旋转，同时配流轴随着一起转动。当柱塞所处位置超过下止点时，柱塞缸便由配流轴接通总回油口，柱塞便被偏心轮往上推，做功后的油液通过配流轴返回油箱。各柱塞缸依次接通高、低压油，各柱塞对输出轴中心所产生的驱动力矩同向相加，就使马达输出轴获得连续而平稳的回转扭矩。

当改变油流方向时，便可改变马达的旋转方向。如将配流轴转 180°装配，也可以实现马达的反转。如果将曲轴固定，进、出油直接通到配流轴中，就可实现外壳旋转。壳转马达可用来驱动车轮和绞车卷筒等。

7.8　液压马达的选用

选定液压马达时要考虑的因素有工作压力、转速范围、运行扭矩、总效率、容积效率、滑差特性、寿命等机械性能以及在机械设备上的安装条件、外观等。

液压马达的种类很多，特性不一样，应针对具体用途选择合适的液压马达，表 20-7-54 列出了典型液压马达的特性对比。低速场合可以应用低速马达，也可以用带减速器装置的高速马达。两者在结构布置、成本、效率等方面各有优点，必须仔细论证。

表 20-7-54　典型液压马达的特性比较

特性＼种类	高速马达			低速马达
	齿轮式	叶片式	柱塞式	径向柱塞式
额定压力/MPa	21	17.5	35	21
排量/mL·r^{-1}	4～300	25～300	10～1000	125～38000
转速/r·min^{-1}	300～5000	400～3000	10～5000	1～500
总效率/%	75～90	75～90	85～95	80～92
堵转效率	50～85	70～85	80～90	75～85
堵转泄漏	大	大	小	小
污染敏感度	大	小	小	小
变量能力	不能	困难	可	可

明确了所用液压马达的种类之后，可根据所需要的转速和转矩从产品系列中选取出能满足需要的若干种规格，然后利用各种规格的特性曲线（或算出）相应的压降、流量和总效率。接下去进行综合技术评价来确定某个规格。如果原始成本最重要，则应选择流量最小的，这样泵、阀、管路等都最小；如果运行成本最重要，则应选择总效率最高的；如果工作寿命最重要，则应选择压降最小的；也许选择的是上述方案的折中。

需要低速运行的马达，要核对其最低稳定速度。如果缺乏数据，应在有关系统的所需工况下实际试验后再定取舍。为了在极低转速下平稳运行，马达的泄漏必须恒定，负载要恒定，要有一定的回油背压（0.3～0.5MPa）和至少 35mm^2/s 的油液黏度。

轴承寿命和转速、载荷有关，如果载荷减半则轴承寿命为原来的两倍。需要马达带载启动时要核对堵转扭矩；要用液压马达制动时，其制动扭矩不得大于马达的最大工作扭矩。

为了防止作为泵工作的制动马达发生汽蚀或丧失制动能力，应保障这时马达的“吸油口”有足够的补油压力。可以靠闭式回路中的补油泵或开式回路中的背压阀来实现。当液压马达驱动大惯量负载时，为了防止停车过程中惯性运动的马达缺油，应设置与马达并联的旁通单向阀补油。需要长时间防止负载运动时，应使用在马达轴上的液压释放机械制动器。

7.9　摆动液压马达

7.9.1　摆动液压马达的分类

- 摆动液压马达
  - 叶片式
    - 单叶片摆动液压马达
    - 双叶片摆动液压马达
  - 活塞式
    - 齿条齿轮式
    - 旋转活塞式
    - 链式
    - 曲柄连杆式
    - 来复式

表 20-7-55　　摆动液压马达的工作原理及特点

单叶片摆动液压马达	如图(a)所示，单叶片摆动液压马达主要由定子块1、壳体2、摆动轴3、叶片4、左右支承盘和左右盖板等主要零件组成。定子块固定在壳体上，叶片和摆动轴固连在一起，当两油口相继通以压力油时，叶片即带动摆动轴做往复摆动。单叶片摆动液压马达的摆角一般不超过280°	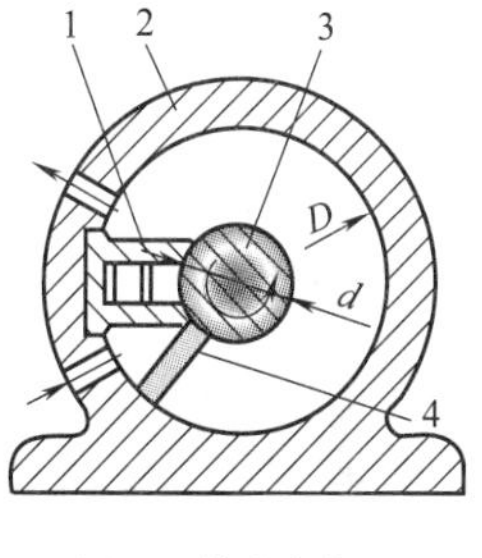 图(a)　单叶片式 1—定子块；2—壳体； 3—摆动轴；4—叶片
双叶片摆动液压马达	如图(b)所示，当输入压力和流量不变时，双叶片摆动液压马达摆动轴输出转矩是相同参数单叶片摆动缸的两倍，而摆动角速度则是单叶片的一半。双叶片摆动液压马达的摆角一般不超过150°。摆动马达结构紧凑，输出转矩大，但密封困难，一般只用于中、低压系统中往复摆动，转位或间歇运动的地方	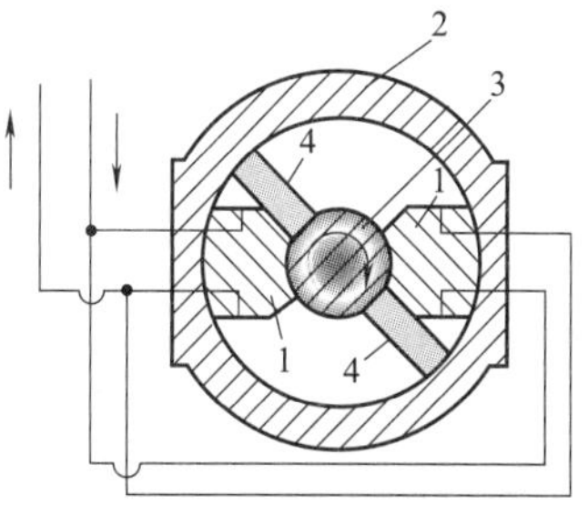 图(b)　双叶片式 1—定子块；2—壳体； 3—摆动轴；4—叶片

续表

摆动液压马达的典型结构	叶片式摆动缸/马达的特征就是它内部一段固定的装置,也就是所谓的叶片。一个叶片段牢牢地固定在外壳上,活塞部分则牢牢地固定在驱动轴上 叶片式摆动马达主要应用在运动仿真伺服转台和需要非连续旋转运动的机械中,主要应用在仿真模拟、检测试验、可靠性试验、自动化生产线、特种设备等领域 SP 系列德国高端液压叶片摆动马达参数指标如下 最大扭矩:48000N·m 最大摆动速度:540°/s 单叶片式:标准角度 270°,压力 0～30MPa 双叶片式:标准角度 90°,压力 0～15MPa YMD、YMS 系列国产液压叶片摆动马达参数如下 工作压力:0～14MPa 摆动角度:YMS 为 0～90°;YMD 为 0～270° 最大扭矩:68000N·m

7.9.2 摆动液压马达产品

YMD、YMS 系列摆动液压马达（又称摆动油缸），是一种输出轴做往复摆动的液压执行元件。它的突出特点是能使负载直接获得往复摆动运动，无需其他变速机构，其摆动角度在 0～270°之间任意设计。本产品在原有 YM 系列摆动液压马达的基础上，加以改进，具有体积小、结构紧凑、质量轻、输出扭矩调节范围广、定位精度高等优点。广泛应用于工程机械、农林机械、石油、化工、塑料机械及各类自动生产线的工装及工业机械手等机构中。

7.9.2.1 YMD 型单叶片摆动马达

型号意义：

YM D ※-※-※-※

摆动液压马达——YM
单叶片——D
排量——第一个※
工作摆角——第二个※
输出轴形式：H— 花键——第三个※
尾轴形式：Z— 有尾轴伸——第四个※

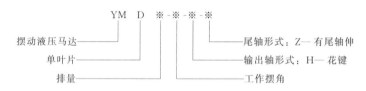

表 20-7-56 1YMD 型单叶片摆动马达技术规格

型号	摆角/(°)	额定压力/MPa	额定理论转矩/N·m	排量/mL·r^{-1}	内泄漏量/mL·min^{-1}		额定理论启动转矩/N·m	质量/kg
					摆角 90°	摆角 270°		
YMD30	90 180 270	14	71	30	300	315	24	5.3
YMD60			137	60	390	410	46	6
YMD120			269	120	410	430	96	11
YMD200			445	200	430	450	162	21
YMD300			667	300	450	470	243	23
YMD500			1116	500	480	500	404	40
YMD700			1578	700	620	650	571	44
YMD1000			2247	1000	690	720	894	75
YMD1600			3360	1600	780	820	1400	70
YMD2000			4686	2000	950	990	1973	85
YMD4000			9100	4000	1160	1220	3570	100
YMD7000			2000	7000	1280	1340	6570	120

表 20-7-57 1YMD 型单叶片摆动马达外形尺寸 mm

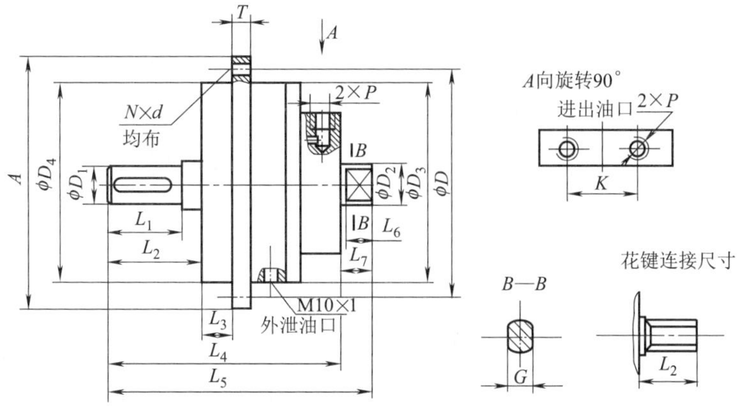

型号	A	ϕD (h3)	ϕD_1	ϕD_2	ϕD_3	ϕD_4	L_1	L_2	L_3	90°		180°,270°	
										L_4	L_5	L_4	L_5
YMD-30	125×125	125	20	20	100	100	36	46	15	—	—	116	132
YMD-60	125×125	125	20	20	100	100	36	46	15	116	132	130	145
YMD-120	150×150	160	25	25	130	125	42	52	15	137	153	149	165
YMD-200	190×190	200	32	32	168	160	58	68	18	169	190	177	198
YMD-300	190×190	200	32	32	168	160	58	68	18	179	200	191	202
YMD-500	236×236	250	40	40	206	200	82	92	20	228	254	238	264
YMD-700	236×236	250	40	40	206	200	82	92	20	238	264	255	287
YMD-1000	301×301	315	50	50	260	250	82	92	25	247	278	268	299
YMD-1600	ϕ300	260	65	65	232	220	82	102	20	302	332	302	332
YMD-2000	ϕ320	280	71	71	244	225	105	108	20	302	332	302	332
YMD-4000	ϕ320	282	90	90	252	225	140	161	21	402	442	402	442
YMD-7000	ϕ360	330	90	90	300	300	140	161	21	402	442	402	442

型号	L_6	L_7	T	K	G	N	d	P(油口)	与输出轴的连接方式	
									平键	花键
									GB/T 1096—2003	GB/T 1144—2001
YMD-30	12	16	15	23	14	4	ϕ11	M10×1.0-6H	6×6	6×16×20×4
YMD-60	12	16	15	23	14	4	ϕ11	M10×1.0-6H	6×6	6×16×20×4
YMD-120	12	16	15	30	14	4	ϕ14	M10×1.0-6H	8×7	6×21×25×5
YMD-200	16	21	18	39	21	4	ϕ18	M14×1.5-6H	10×8	6×28×32×7
YMD-300	16	21	18	39	21	4	ϕ18	M14×1.5-6H	10×8	6×28×32×7
YMD-500	20	26	20	48	21	4	ϕ22	M18×1.5-6H	12×8	8×36×40×7
YMD-700	20	26	20	48	21	4	ϕ22	M18×1.5-6H	12×8	8×36×40×7
YMD-1000	25	31	25	58	36	4	ϕ26	M22×1.5-6H	14×9	8×46×50×9
YMD-1600	30	34	25	60	30	6	ϕ18	M18×1.5-6H	18×11	8×56×65×10
YMD-2000	30	34	25	80	34	6	ϕ18	M18×1.5-6H	20×12	8×62×72×12
YMD-4000	34	40	25	60	45	12	ϕ18	M27×2.0-6H	25×14	10×82×92×12
YMD-7000	34	40	25	60	55	16	ϕ18	M27×2.0-6H	25×14	10×82×92×12

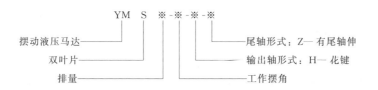

7.9.2.2 YMS 型双叶片马达

型号意义：

YM S ※-※-※-※

摆动液压马达——YM

双叶片——S

排量——※

工作摆角——※

输出轴形式：H— 花键

尾轴形式：Z— 有尾轴伸

表 20-7-58　　YMS 型双叶片摆动马达技术规格

型号	最大摆角/(°)	额定压力(进出油口压力)/MPa	额定理论转矩/N·m	排量/mL·r^{-1}	内泄漏量/mL·min^{-1}	额定理论启动转矩/N·m	质量/kg
YMS60	90	14	142	60	480	48	5.3
YMS120			282	120	530	104	10
YMS200			488	200	570	167	20
YMS300			732	300	700	251	22
YMS450			1031	450	700	379	38
YMS600			1363	600	800	501	41
YMS800			1814	800	850	722	68
YMS1000			2268	1000	1070	883	71
YMS1600			3360	1600	1090	1410	80
YMS2000			4686	2000	1150	1770	85
YMS4000			9096	4000	1220	3530	101
YMS7000			20000	7000	1250	6180	121

表 20-7-59　　YMS 型双叶片摆动马达外形尺寸　　mm

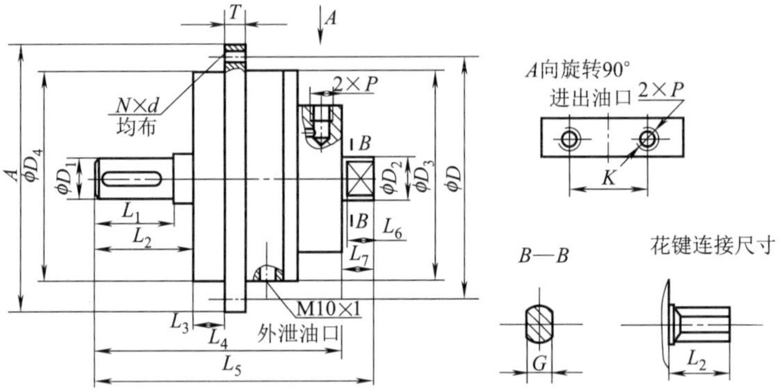

型号	A	ϕD (h3)	ϕD_1	ϕD_2	ϕD_3	ϕD_4	L_1	L_2	L_3	L_4	L_5
YMS-60	125×125	125	20	20	100	100	36	46	15	116	132
YMS-120	150×150	160	25	25	130	125	42	52	15	137	153
YMS-200	190×190	200	32	32	168	160	58	68	18	169	190
YMS-300	190×190	200	32	32	168	160	58	68	18	179	200
YMS-450	236×236	250	40	40	206	200	82	92	20	228	254
YMS-600	236×236	250	40	40	206	200	82	92	20	238	264
YMS-800	301×301	315	50	50	260	250	82	92	25	247	278
YMS-1000	301×301	315	50	50	260	250	82	92	25	256	287
YMS-1600	ϕ300	260	65	65	232	220	82	102	20	302	332
YMS-2000	ϕ320	280	71	71	244	225	105	108	20	302	332
YMS-4000	ϕ320	282	90	90	252	220	140	161	21	402	442
YMS-7000	ϕ360	330	90	90	300	300	140	161	21	402	442

型号	L_6	L_7	T	K	G	N	d	P(油口)	与输出轴的连接方式	
									平键	花键
									GB/T 1096—2003	GB/T 1144—2001
YMS-60	12	16	15	23	14	4	ϕ11	M10×1.0-6H	6×6	6×16×20×4
YMS-120	12	16	15	30	14	4	ϕ14	M10×1.0-6H	8×7	6×21×25×5
YMS-200	16	21	18	39	21	4	ϕ18	M14×1.5-6H	10×8	6×28×32×7

续表

型号	L_6	L_7	T	K	G	N	d	P(油口)	与输出轴的连接方式	
									平键	花键
									GB/T 1096—2003	GB/T 1144—2001
YMS-300	16	21	18	39	21	4	ϕ18	M14×1.5-6H	10×8	6×28×32×7
YMS-450	20	26	20	48	21	4	ϕ22	M18×1.5-6H	12×8	8×36×40×7
YMS-600	20	26	20	48	21	4	ϕ22	M18×1.5-6H	12×8	8×36×40×7
YMS-800	25	31	25	58	26	4	ϕ26	M22×1.5-6H	14×9	8×46×50×9
YMS-1000	25	31	25	58	26	4	ϕ26	M22×1.5-6H	14×9	8×43×50×9
YMS-1600	30	34	25	60	30	6	ϕ18	M18×1.5-6H	18×11	8×56×65×10
YMS-2000	30	34	25	60	34	6	ϕ18	M18×1.5-6H	20×2	8×62×72×12
YMS-4000	34	40	25	60	45	12	ϕ18	M27×2.0-6H	25×14	10×82×92×12
YMS-7000	34	40	25	60	55	16	ϕ18	M27×2.0-6H	25×14	10×82×92×12

7.9.3　摆动液压马达的选择原则

摆动液压马达突出的优点是能使负载直接获得往复摆动运动，无需任何变速机构，已被广泛应用各个领域，如舰用雷达天线稳定平台的驱动、声纳基体的摆动、鱼雷发射架的开启、液压机械手、装载机上铲斗的回转。

在选用摆动液压马达时，要知道被驱动负载所需的转角、扭矩和转速等参数，如所需转角在310°以上时，目前只能选用活塞式摆动马达，摆动马达的输出扭矩要略大于驱动负载所需的扭矩及让负载获得最大角速度所需扭矩之和。如果所需扭矩较大，可考虑提高系统工作压力，对动态品质要求较高的液压伺服系统中，可考虑选择叶片式摆动马达，若需同时驱动相隔一定间距的两个负载作摆动，则链式结构的摆动马达能满足要求。

第 8 章　液　压　缸

8.1　液压缸的类型

液压缸按供油方向分为单作用缸和双作用缸。单作用液压缸中液压力只能使活塞（或柱塞）单方向运动，反方向运动必须靠外力（如弹簧力或自重等）实现；双作用液压缸可由液压力实现两个方向的运动。

液压缸按结构形式分为活塞缸、柱塞缸、伸缩套筒缸、摆动液压缸，用以实现直线运动和有限角度的摆动，输出推力和速度。

液压缸按活塞杆形式分为单活塞杆缸、双活塞杆缸等，见表 20-8-1。

表 20-8-1　　液压缸的分类、特点及图形符号

分类	名　称		图形符号	特　点
单作用液压缸	活塞缸		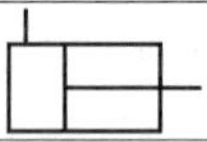	活塞只单向受力而运动，反向运动依靠活塞自重或其他外力
	柱塞缸		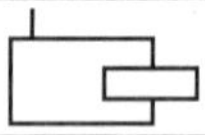	柱塞只单向受力而运动，反向运动依靠柱塞自重或其他外力
	伸缩式套筒缸		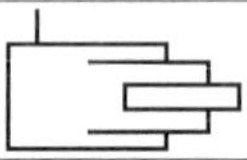	有多个互相连动的活塞，可依次伸缩，行程较大，由外力使活塞返回
双作用液压缸	单活塞杆	普通缸	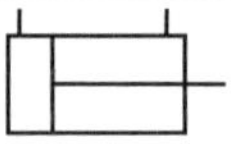	活塞双向受液压力而运动，在行程终了时不减速，双向受力及速度不同
		不可调缓冲缸	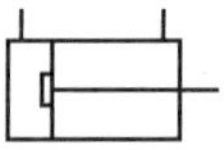	活塞在行程终了时减速制动，减速值不变
		可调缓冲缸	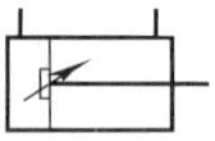	活塞在行程终了时减速制动，并且减速值可调
		差动缸	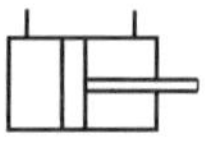	活塞两端面积差较大，使活塞往复运动的推力和速度相差较大
	双活塞杆	等行程等速缸	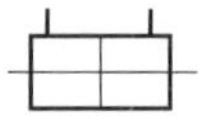	活塞左右移动速度，行程及推力均相等
		双向缸	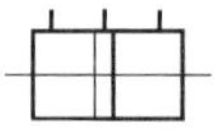	利用对油口进、排油次序的控制，可使两个活塞做多种配合动作的运动
	伸缩式套筒缸		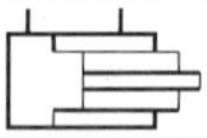	有多个互相联动的活塞，可依次伸出获得较大行程
组合缸	弹簧复位缸		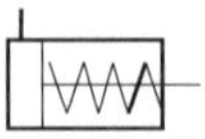	单向液压驱动，由弹簧力复位
	增压缸		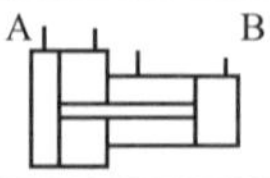	由 A 腔进油驱动，使 B 输出高压油源
	串联缸		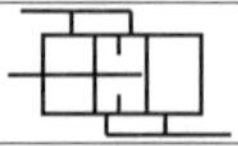	用于缸的直径受限制，长度不受限制处，能获得较大推力
	齿条传动缸		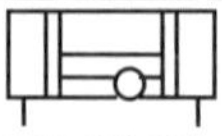	活塞的往复运动转换成齿轮的往复回转运动
	气-液转换器		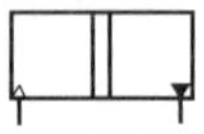	气压力转换成大体相等的液压力

8.2　液压缸的基本参数

液压缸的输入量是液体的流量和压力，输出量是速度和力。液压缸的基本参数主要是指公称压力，内径尺寸、活塞杆直径、行程长度，活塞杆螺纹形式和尺寸，连接油口尺寸等。液压缸公称压力系列见表 20-8-2，各类液压设备常用的工作压力见表20-8-3。

表 20-8-2　液压缸公称压力系列

（GB/T 2346—2003）　　MPa

0.010　0.016　0.025　0.040　0.063　0.10　0.16　(0.20)　0.25
0.40　0.63　(0.80)　1.0　1.6　2.5　4.0　6.3　(8.0)　10.0
12.5　16.0　20.0　25.0　31.5　40.0　50.0　63.0　80.0　100

注：1. 括号内公称排量值为非优先用值。
2. 超出本系列 100MPa 时，应按 GB/T 321—2005《优先数和优先数系》中 $R10$ 数系选用。

表 20-8-3　各类液压设备常用的工作压力

设备类型	一般机床	一般冶金设备	农业机械、小型工程机械	液压机、重型机械、轧机压下、起重运输机械
工作压力/MPa	1～6.3	6.3～16	10～16	20～32

液压缸内径尺寸系列、液压缸活塞杆外径尺寸系列、液压缸活塞行程系列、液压缸活塞杆螺纹形式和尺寸系列、液压缸活塞杆螺纹形式和尺寸系列分别见表 20-8-4～表 20-8-7。

液压缸油口螺纹连接系列、16MPa 小型系列单杆液压缸油口安装尺寸、16MPa 中型系列单杆液压缸油口安装尺寸、25MPa 中型系列单杆液压缸油口安装尺寸分别见表 20-8-8 和表 20-8-9。

表 20-8-4　液压缸内径尺寸系列

（GB/T 2348—1993）　　mm

8	40	125	(280)
10	50	(140)	320
12	63	160	(360)
16	80	(180)	400
20	(90)	200	(450)
25	100	(220)	500
32	(110)	250	

注：圆括号内的尺寸为非优先选用尺寸。

表 20-8-5　液压缸活塞杆外径尺寸系列

（GB/T 2348—1993）　　mm

4	20	56	160
5	22	63	180
6	25	70	200
8	28	80	220
10	32	90	250
12	36	100	280
14	40	110	320
16	45	125	360
18	50	140	

表 20-8-6　液压缸活塞行程系列　　mm

液压缸活塞行程第一系列									
25	50	80	100	125	160	200	250	320	400
500	630	800	1000	1250	1600	2000	2500	3200	4000
液压缸活塞行程第二系列									
	40			63		90	110	140	180
220	280	360	450	550	700	900	1100	1400	1800
2200	2800	3600							
液压缸活塞行程第三系列									
240	260	300	340	380	420	480	530	600	650
750	850	950	1050	1200	1300	1500	1700	1900	2100
2400	2600	3000	3400	3800					

注：当活塞行程＞4000mm 时，按 GB/T 321—2005《优先数和优先数系》中 $R10$ 数系选用，如不能满足要求时，允许按 $R40$ 数系选用。

表 20-8-7　液压缸活塞杆螺纹形式和尺寸系列（GB/T 2350—1980）　　mm

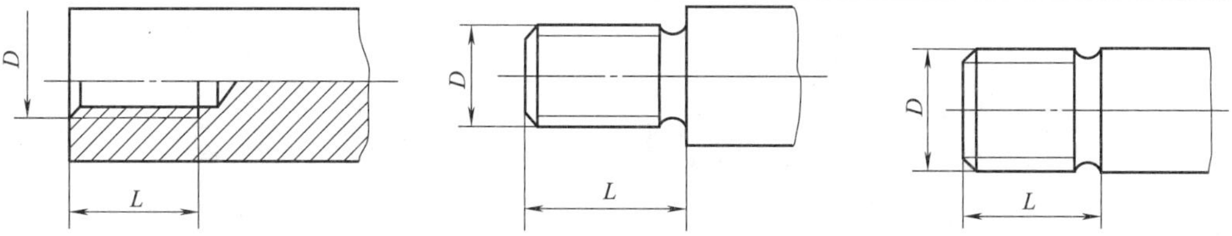

内螺纹　　外螺纹有肩　　外螺纹无肩

续表

直径与螺距 D×T	螺纹长 L		直径与螺距 D×T	螺纹长 L	
	短型	长型		短型	长型
M3×0.35	6	9	M42×2	56	84
M4×0.5	8	12	M48×2	63	96
M4×0.7*	8	12	M56×2	75	112
M5×0.5	10	15	M64×3	85	128
M6×0.75	12	16	M72×3	85	128
M6×1*	12	16	M80×3	95	140
M8×1	12	20	M90×3	106	140
M8×1.25*	12	20	M100×3	112	—
M10×1.25	14	22	M110×3	112	—
M12×1.25	16	24	M125×4	125	—
M14×1.5	18	28	M140×4	140	—
M16×1.5	22	32	M160×4	160	—
M18×1.5	25	36	M180×4	180	—
M20×1.5	28	40	M200×4	200	—
M22×1.5	30	44	M220×4	220	—
M24×2	32	48	M250×6	250	—
M27×2	36	54	M280×6	280	—
M30×2	40	60	—	—	—
M33×2	45	66	—	—	—
M36×2	50	72	—	—	—

注：1. 螺纹长度 L：内螺纹时，是指最小尺寸；外螺纹时，是指最大尺寸。

2. 当需要用锁紧螺母时，采用长型螺纹长度。

3. 带 * 号的螺纹尺寸为气缸专用。

第
20
篇

表 20-8-8　液压缸油口螺纹连接系列（GB/T 2878.1—2011）　mm

	M8×1	M10×1	M12×1.5	M14×1.5	M16×1.5	M18×1.5
M20×1.5	M22×1.5	M27×2	M33×2	M42×2	M48×2	M60×2

注：螺纹精度为 6H。

表 20-8-9　单杆液压缸油口安装尺寸

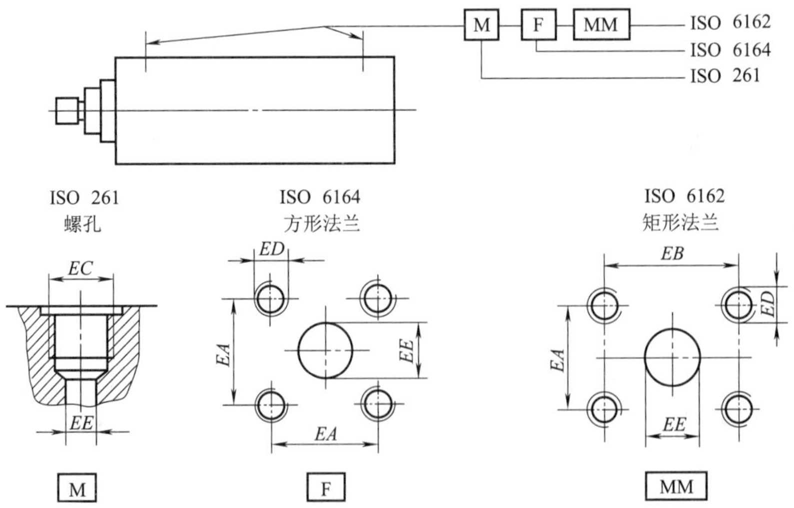

液压缸进、出油口尺寸代号

续表

16MPa 小型系列单杆液压缸油口安装尺寸			
缸筒内径 D/mm	进、出油口 EC/mm	缸筒内径 D/mm	进、出油口 EC/mm
25	M14×1.5	80	M27×2
32	M14×1.5	100	M27×2
40	M18×1.5	125	M27×2
50	M22×1.5	160	M33×2
63	M22×1.5	200	M42×2

16MPa 中型系列单杆液压缸油口安装尺寸

缸径 D/mm	EC /mm	EE 最小值 /mm	方形法兰名义规格 DN /mm	方形法兰 EE/mm	方形法兰 EA/mm	方形法兰 ED /mm	矩形法兰名义规格 DN /mm	矩形法兰 EE/mm	矩形法兰 EA/mm	矩形法兰 EB/mm	矩形法兰 ED/mm
25	M14×1.5	6	—	—	—	—	—	—	—	—	—
32	M18×1.5	10	—	—	—	—	—	—	—	—	—
40	M22×1.5	12	—	—	—	—	—	—	—	—	—
50	M22×1.5	12	—	—	—	—	—	—	—	—	—
63	M27×2	16	15	15(公差 0～1.5)	29.7±0.25	M8×1.25	13	13(公差 0～1.5)	17.5±0.25	38.1±0.25	M8×1.25
80	M27×2	16	15	15(公差 0～1.5)	29.7±0.25	M8×1.25	13	13(公差 0～1.5)	17.5±0.25	38.1±0.25	M8×1.25
100	M33×2	20	20	20(公差 0～1.5)	35.3±0.25	M8×1.25	19	19(公差 0～1.5)	22.2±0.25	47.6±0.25	M10×1.5
125	M33×2	20	20	20(公差 0～1.5)	35.3±0.25	M8×1.25	19	19(公差 0～1.5)	22.2±0.25	47.6±0.25	M10×1.5
160	M42×2	25	25	25(公差 0～1.5)	43.8±0.25	M10×1.5	25	25(公差 0～1.5)	26.2±0.25	52.4±0.25	M10×1.5
200	M42×2	25	25	25(公差 0～1.5)	43.8±0.25	M10×1.5	25	25(公差 0～1.5)	26.2±0.25	52.4±0.25	M10×1.5
250	M50×2	32	32	32(公差 0～1.5)	51.6±0.25	M12×1.75	32	32(公差 0～1.5)	30.2±0.25	58.7±0.25	M12×1.75
320	M50×2	32	32	32(公差 0～1.5)	51.6±0.25	M12×1.75	32	32(公差 0～1.5)	30.2±0.25	58.7±0.25	M12×1.75
400	M60×2	38	38	38(公差 0～1.5)	60±0.25	M14×2	38	38(公差 0～1.5)	35.7±0.25	69.9±0.25	M14×2
500	M60×2	38	38	38(公差 0～1.5)	60±0.25	M14×2	38	38(公差 0～1.5)	35.7±0.25	69.9±0.25	M14×2

25MPa 中型系列单杆液压缸油口安装尺寸

缸径 D/mm	EC /mm	EE 最小值 /mm	方形法兰名义规格 DN /mm	方形法兰 EE/mm	方形法兰 EA/mm	方形法兰 ED /mm	矩形法兰名义规格 DN /mm	矩形法兰 EE/mm	矩形法兰 EA/mm	矩形法兰 EB/mm	矩形法兰 ED/mm
50	M22×1.5	12	—	—	—	—	—	—			
63	M27×2	16	15	15(公差 0～1.5)	29.7±0.25	M8×1.25	19	19(公差 0～1.5)	22.2±0.25	47.6±0.25	M10×1.5
80	M27×2	16	15	15(公差 0～1.5)	29.7±0.25	M8×1.25	19	19(公差 0～1.5)	22.2±0.25	47.6±0.25	M10×1.5

续表

25MPa 中型系列单杆液压缸油口安装尺寸											
缸径 *D*/mm	*EC* /mm	*EE* 最小值 /mm	方形法兰名义规格 *DN* /mm	方形法兰 *EE*/mm	方形法兰 *EA*/mm	方形法兰 *ED* /mm	矩形法兰名义规格 *DN* /mm	矩形法兰 *EE*/mm	矩形法兰 *EA*/mm	矩形法兰 *EB*/mm	矩形法兰 *ED*/mm
100	M33×2	20	20	20(公差 0～1.5)	35.3± 0.25	M8× 1.25	19	19(公差 0～1.5)	22.2± 0.25	47.6± 0.25	M10× 1.5
125	M33×2	20	20	20(公差 0～1.5)	35.3± 0.25	M8× 1.25	19	19(公差 0～1.5)	22.2± 0.25	47.6± 0.25	M10× 1.5
160	M42×2	25	25	25(公差 0～1.5)	43.8± 0.25	M10× 1.5	25	25(公差 0～1.5)	26.2± 0.25	52.4± 0.25	M10× 1.5
200	M42×2	25	25	25(公差 0～1.5)	43.8± 0.25	M10× 1.5	25	25(公差 0～1.5)	26.2± 0.25	52.4± 0.25	M10× 1.5
250	M50×2	32	32	32(公差 0～1.5)	51.6± 0.25	M12× 1.75	32	32(公差 0～1.5)	30.2± 0.25	58.7± 0.25	M12× 1.75
320	M50×2	32	32	32(公差 0～1.5)	51.6± 0.25	M12× 1.75	32	32(公差 0～1.5)	30.2± 0.25	58.7± 0.25	M12× 1.75
400	M60×2	38	38	38(公差 0～1.5)	60± 0.25	M14× 2	38	38(公差 0～1.5)	36.5± 0.25	79.4± 0.25	M10× 1.5
500	M60×2	38	38	38(公差 0～1.5)	60± 0.25	M14× 2	38	38(公差 0～1.5)	36.5± 0.25	79.4± 0.25	M10× 1.5

8.3 液压缸的安装方式

表 20-8-10　液压缸的安装方式

安装方式		安装简图	说明
法兰型	头部法兰	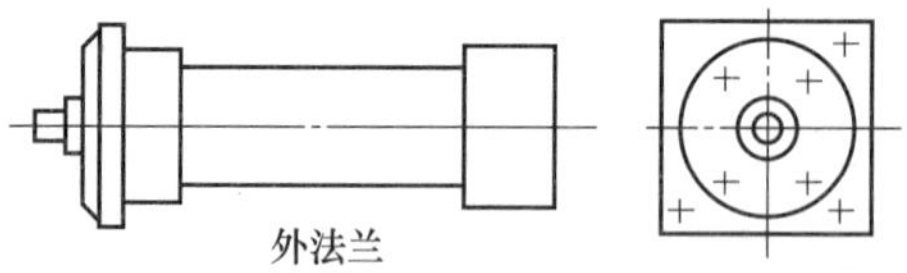 外法兰 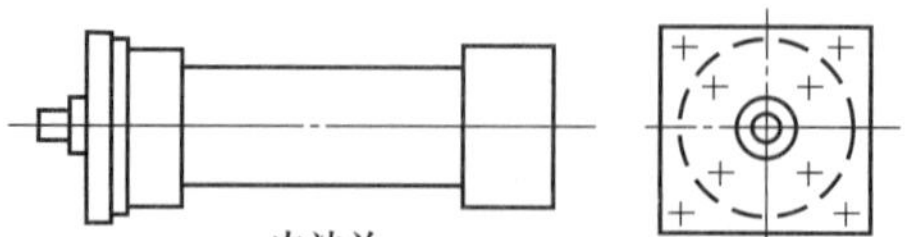 内法兰	头部法兰型安装时，安装螺钉受拉力较大；尾部法兰型安装，螺钉受力较小

续表

安装方式	安装简图		说明
法兰型	头部法兰	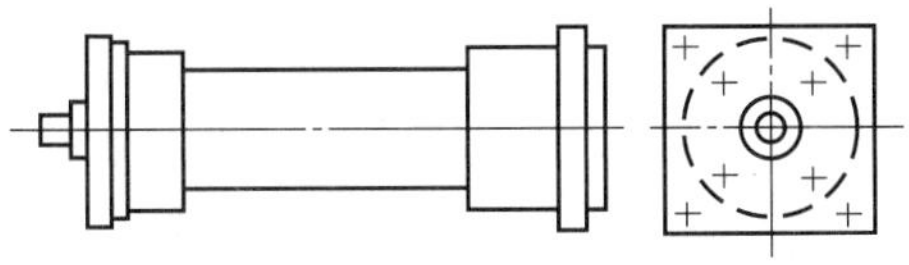	头部法兰型安装时，安装螺钉受拉力较大；尾部法兰型安装螺钉受力较小
销轴型	头部销轴	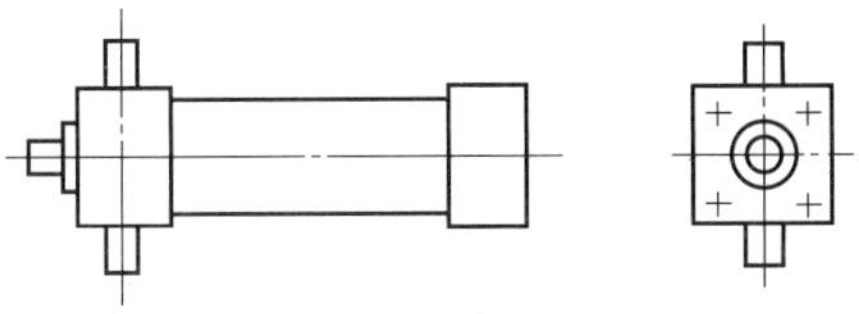	液压缸在垂直面内可摆动。头部销轴型安装时，活塞杆受弯曲作用较小；中间销轴型次之；尾部销轴型最大
	中间销轴	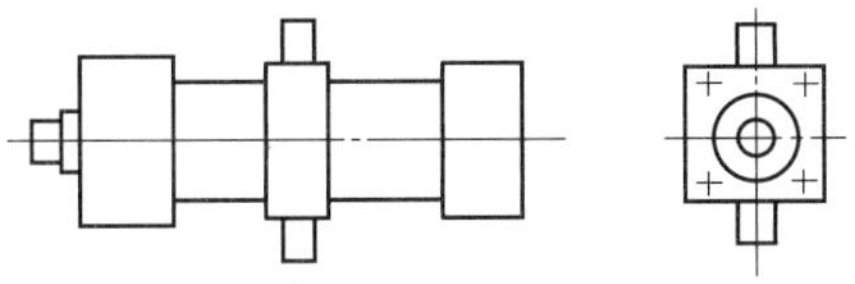	
	尾部销轴	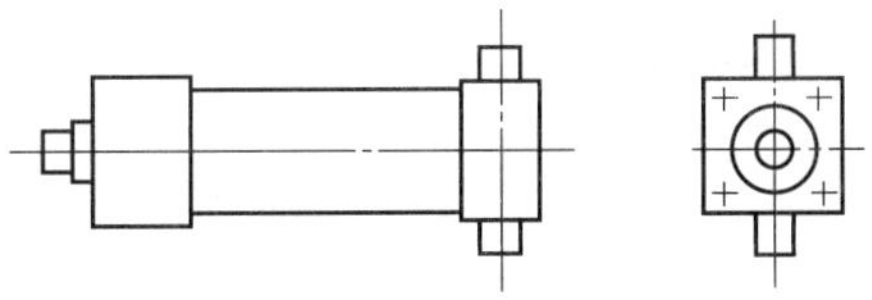	
耳环型	头部耳环	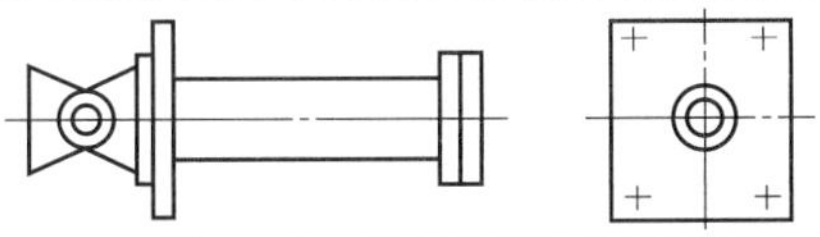	液压缸在垂直面内可摆动，头部耳环型安装时，活塞杆受弯曲作用较小；尾部耳环型较大
	尾部耳环	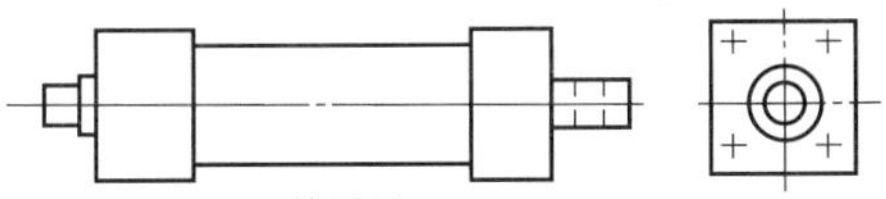 单耳环 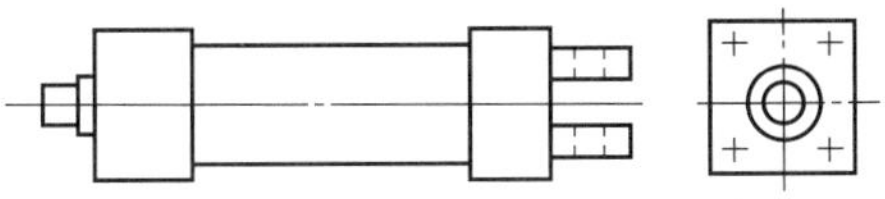 双耳环	
底座型	径向底座	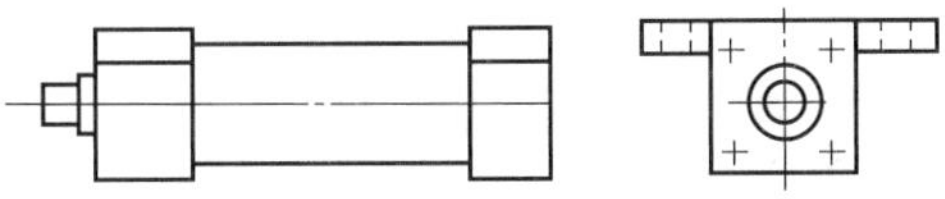	径向底座型安装时，液压缸受倾翻力矩较小；切向底座型和轴向底座型较大
	切向底座	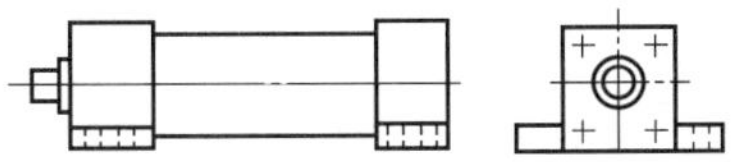	
	轴向底座	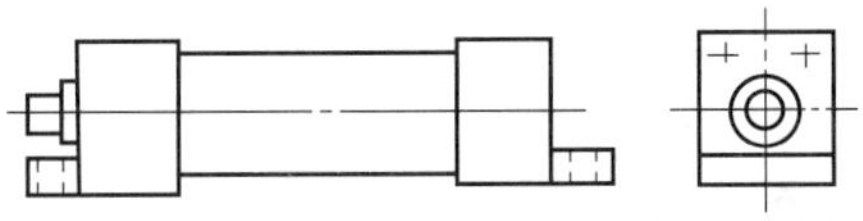	
球头型	尾部球头	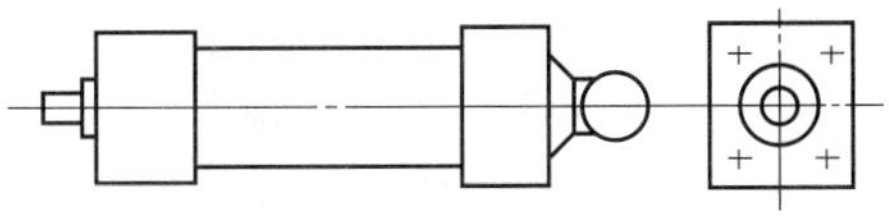	液压缸可在一定空间范围内摆动

注：表中所列液压缸皆为缸体固定，活塞杆运动。根据工作需要，也可采用活塞杆固定、缸体活动。

第20篇

液压缸的安装注意事项如下。

① 液压缸只能一端固定，另一端自由，使热胀冷缩不受限制。

② 底座型和法兰型液压缸的安装螺栓不能直接承受推力载荷。

③ 耳环型液压缸活塞杆顶端连接头的轴线方向必须与耳环的轴线方向一致。

④ 拉杆伸出安装的缸适用于传递直线力的应用场合，并在空间有限时特别有用。对于压缩用途，缸盖端拉杆安装最合适；活塞杆受拉伸的场合，应指定缸头端安装方式。拉杆伸出的缸可以从任何一端固定于机器构件，而缸的自由端可以连接在一个托架上。

⑤ 法兰安装的缸也适用于传递直线力的应用场合。对于压缩型用途，缸盖安装方式最合适；主要负载使活塞杆受拉伸的场合，应指定缸头安装。

⑥ 脚架安装的缸不吸收在其中心线上的力。结果，缸所施加的力会产生一个倾翻力矩，试图使缸绕着它的安装螺栓翻转。因而，应把缸牢固地固定于安装面并应有效地引导负载，以免过大的侧向载荷施加于活塞杆密封装置和活塞导向环。

⑦ 带铰支安装的缸吸收在其中心线上的力，应该用于机器构件沿曲线运动的场合。如果活塞杆进行的曲线路径在单一平面之内，则可使用带固定双耳环的缸。

⑧ 耳轴安装的缸被设计成吸收在其中心线上的力。它们适用于拉伸（拉力）或压缩（推力）用途，并可用于机器构件将沿单一平面内的曲线路径运动的场合。耳轴销仅针对剪切载荷设计并应承受最小的弯曲应力。

液压缸的安装连接元件、单耳环用柱销尺寸系列、单耳环带球铰轴套用柱销尺寸系列、双耳环用柱销尺寸系列、杆用单耳环安装尺寸和杆用双耳环安装尺寸见表 20-8-11～表 20-8-13。

表 20-8-11 **液压缸的安装连接元件**

名　　称	工作压力/MPa	简　　图	标　准　号
杆用单耳环(不带轴套)	≤16 ≤25	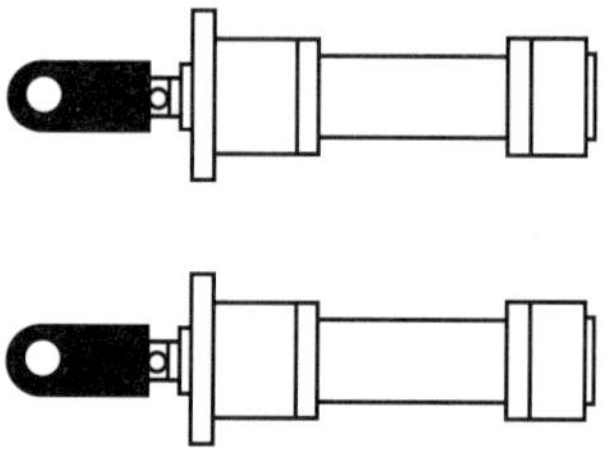	ISO/DIS 8133 GB/T 14042—1993
杆用单耳环(带球铰轴套)	≤16	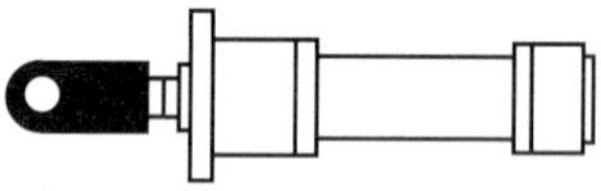	ISO/DIS 8134
杆用单耳环(带关节轴承)	≤25	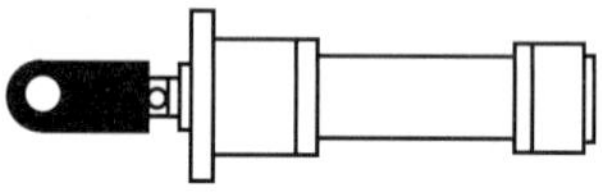	ISO 8133—2014 DIN 24338 GB/T 14036—1993
杆用双耳环	≤16 ≤25	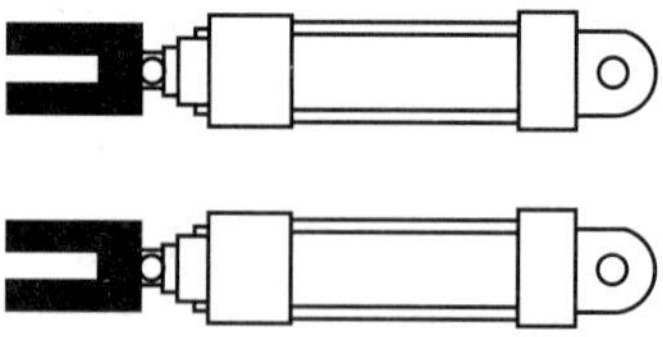	ISO/DIS 8133 ISO 8132—2014
杆端用圆形法兰	≤25	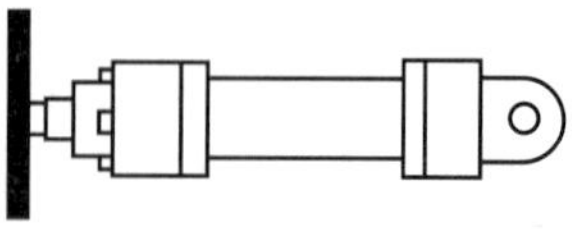	ISO 8132—2014
A 型单耳环支座	≤25	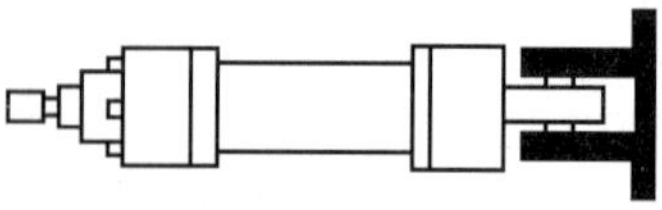	ISO 8132—2014

续表

名　　称	工作压力/MPa	简　　图	标　准　号
B 型单耳环支座	≤25	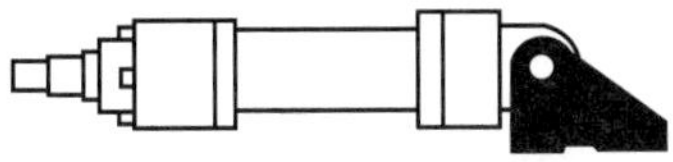	ISO 8132—2014
单耳环(带球铰轴套)支座	≤25	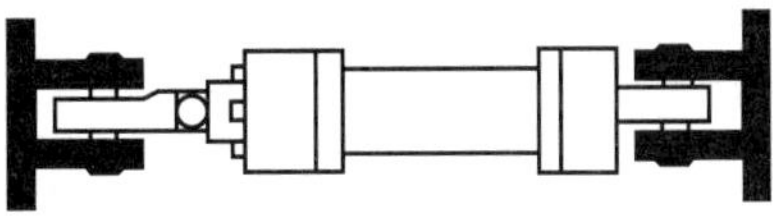	ISO/DIS 8133
双耳环支座	≤25	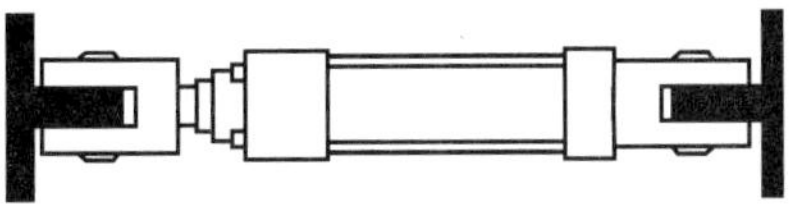	ISO/DIS 8133
耳轴支座	≤25	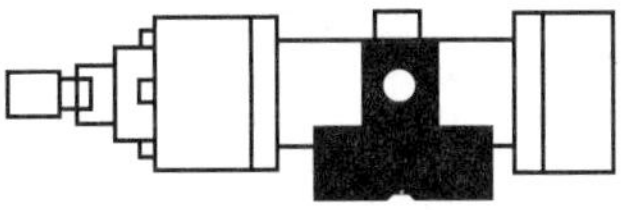	ISO 8132—2014

表 20-8-12　　耳环用柱销尺寸系列

单耳环用柱销尺寸系列

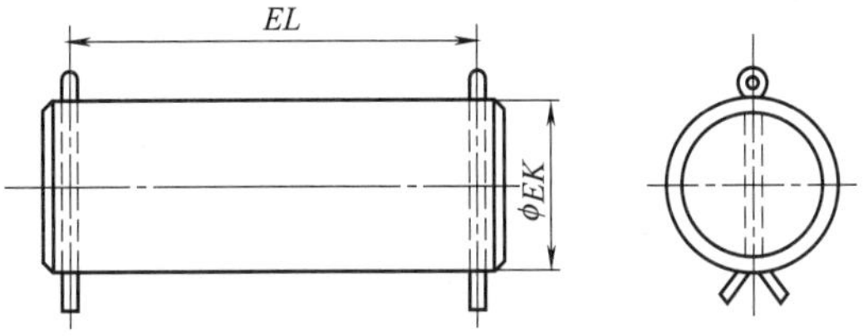

图(a)　柱销(用开口销)

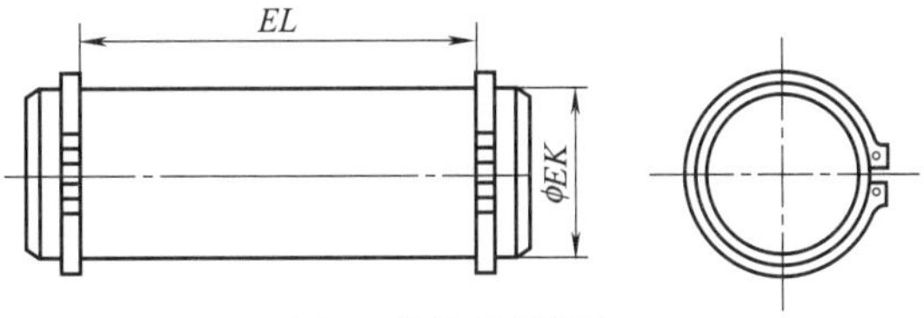

图(b)　柱销(用弹簧圈)

耳环用柱销形式及尺寸代号

注:用于球铰时,尺寸 EK 公差为 m6

型　　号	缸筒内径/mm	额定作用力/N	EL 最小值/mm	EK(f8)/mm
10	25	8000	29	10
12	32	12500	37	12
16	40	20000	45	14
20	50	32000	66	20
25	63	50000	66	20
30	80	80000	87	28
40	100	125000	107	36
50	125	200000	129	45
60	160	320000	149	56
80	200	500000	169	70

单耳环带球铰轴套用柱销尺寸系列

型　　号	公称力/N	动态作用力/N	EL 最小值/mm	EK(f6)/mm
10	8000	8000	28	10
12	12500	10800	33	12
16	20000	20000	41	16
20	32000	30000	54	20
25	50000	48000	58	25
30	80000	62000	71	30

续表

单耳环带球铰轴套用柱销尺寸系列				
型　号	公称力/N	动态作用力/N	*EL* 最小值/mm	*EK*(f6)/mm
40	125000	100000	87	40
50	200000	156000	107	50
60	320000	245000	126	60
80	500000	400000	147	80

双耳环用柱销尺寸系列			
型　号	公称力/N	*EK*(f8)/mm	*EL*(H16)/mm
12	8000	12	29
16	12500	16	37
20	20000	20	46
25	32000	25	57
32	50000	32	72
40	80000	40	92
50	125000	50	112
63	200000	63	142
80	320000	80	172

表 20-8-13　　杆用耳环安装尺寸

杆用单耳环安装尺寸(ISO 8133)

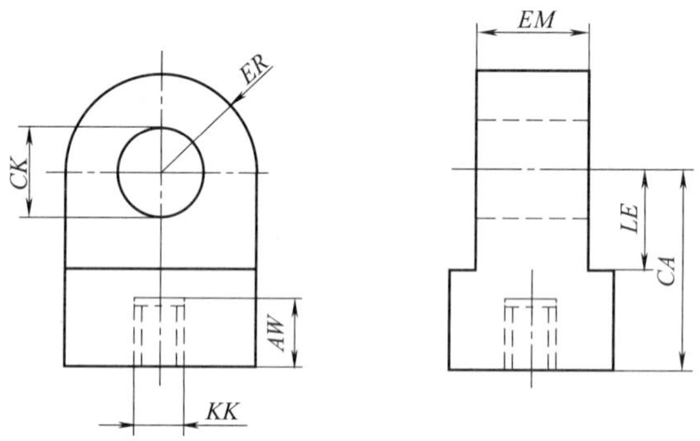

型号	活塞杆直径/mm	缸筒内径/mm	公称力/N	*KK*/mm	*CK*(H9)/mm	*EM*(H13)/mm	*ER* 最大值/mm	*CA*(js13)/mm	*AW* 最小值/mm	*LE* 最小值/mm
10	12	25	8000	M10×1.25	10	12	12	32	14	13
12	14	32	12500	M12×1.25	12	16	17	36	16	19
16	18	40	20000	M14×1.5	14	20	17	38	18	19
20	22	50	32000	M16×1.5	20	30	29	54	22	32
25	28	63	50000	M20×1.5	20	30	29	60	28	32
30	36	80	80000	M27×2	28	40	34	75	36	39
40	45	100	125000	M33×2	36	50	50	99	45	54
50	56	125	200000	M42×2	45	60	53	113	56	57
60	70	160	320000	M48×2	56	70	59	126	63	63
80	90	200	500000	M64×2	70	80	78	168	85	83

续表

杆用单耳环安装尺寸(ISO 8133)

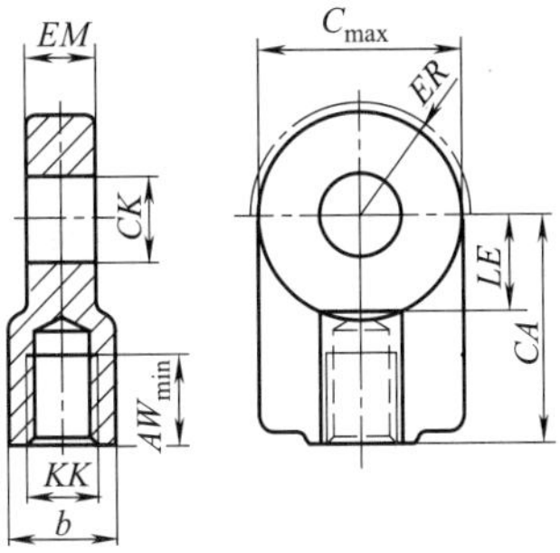

型号	公称力/N	CK(H9)/mm	EM(H12)/mm	KK(螺纹精度6H)/mm	AW_{min}/mm	CA/mm	LE/mm	C_{max}/mm	ER/mm	b/mm
12	8000	12	12	M12×1.25	17	38	14	32	16	16
16	12500	16	16	M14×1.5	19	44	18	40	20	21
80	20000	20	20	M16×1.5	23	52	22	50	25	25
25	32000	25	25	M20×1.5	29	65	27	62	32	30
32	50000	32	32	M27×2	37	80	32	76	40	38
40	80000	40	40	M33×2	46	97	41	97	50	47
50	125000	50	50	M42×2	57	120	50	118	63	58
63	200000	63	63	M48×2	64	140	62	142	71	70
80	320000	80	80	M64×3	86	180	78	180	90	90
100	500000	100	100	M80×3	96	210	98	224	112	110
125	800000	125	125	M100×3	113	260	120	290	160	135
160	1250000	160	160	M125×4	126	310	150	346	200	165
200	2000000	200	200	M160×4	161	390	195	460	250	215
250	3200000	250	250	M200×4	205	530	265	640	320	300
320	5000000	320	320	M250×6	260	640	325	750	375	360

杆用双耳环安装尺寸(ISO 8132)

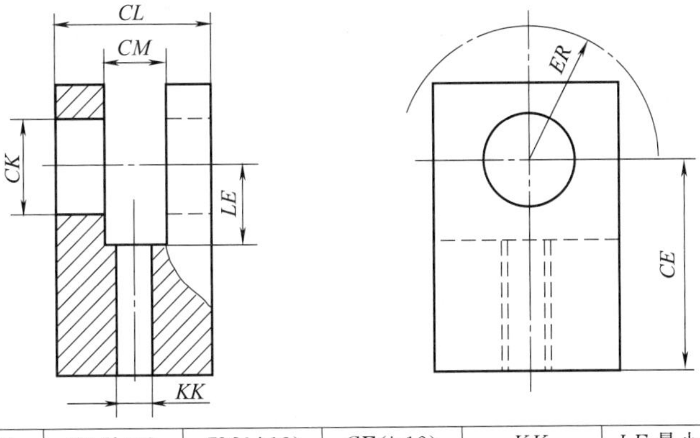

型号	公称力/N	CK(H9)/mm	CL(h16)/mm	CM(A12)/mm	CE(js12)/mm	KK/mm	LE 最小值/mm	ER 最大值/mm
12	8000	12	28	12	38	M12×1.25	18	16
16	12500	16	36	16	44	M14×1.5	22	20
20	20000	20	45	20	52	M16×1.5	27	25
25	23000	25	56	25	65	M20×1.5	34	32
32	50000	32	70	32	80	M27×2	42	40
40	80000	40	90	40	97	M33×2	52	50
50	125000	50	110	50	120	M42×2	64	63
63	200000	63	140	63	140	M48×2	75	71
80	320000	80	170	80	180	M64×3	94	90

8.4 液压缸的主要结构、材料及技术要求

8.4.1 缸体和缸盖的材料及技术要求

表 20-8-14 缸体和缸盖的材料及技术要求

	材料	技术要求
缸体	①一般要求有足够的强度和冲击韧性，对焊接的缸筒还要求有良好的焊接性能。根据液压缸的参数、用途和毛坯来源可选用以下各种材料：25、35、45 等；25CrMo，35CrMo，38CrMoAl 等；ZG200-400，ZG230-450，1Cr18Ni9，ZL105，5A03，5A06 等；ZCuAl10Fe3，ZCuAl10Fe3Mn2等 ②缸筒毛坯普遍采用退火的冷拔或热轧无缝钢管。国内市场上已有内孔经珩磨或内孔精加工，只需按要求的长度切割的无缝钢管，材料有 20、35、45、27SiMn ③对于工作温度低于－50℃的液压缸缸筒，必须用 35 钢、45 钢，且要调质处理 ④与缸盖焊接的缸筒，使用 35 钢，机械加工后再调质。不与其他零件焊接的缸筒，使用调质的 45 钢 ⑤较厚壁的毛坯仍用铸铁或锻件，或用厚钢板卷成筒形，焊接后退火，焊缝需用 X 射线或磁力探伤检查	①有足够的强度，能长期承受最高工作压力及短期动态试验压力而不致产生永久变形 ②有足够的刚度，能承受活塞侧向力和安装的反作用力而不产生弯曲 ③内表面与活塞杆密封件及导向环在摩擦力的作用下，能长期工作而磨损少，尺寸公差等级和形位公差等级足以保证活塞密封件的密封性 ④需要焊接的缸筒还要求有良好的可焊性以便在焊上法兰或管接头后不至于产生裂纹或过大的变形 总之，缸筒是液压缸的主要零件，它与缸盖、缸底、油口等零件构成密封的容腔，用以容纳压力油液，同时它还是活塞运动“轨道”。设计液压缸缸筒时，应该正确确定各部分的尺寸，保证液压缸有足够的输出力、运动速度和有效行程，同时还必须有一定的刚度，能足以承受液压力、负载力和外冲击力；缸筒的内表面应具有合适的配合公差等级、表面粗糙度和形位公差等级，以保证液压缸的密封性、运动平稳性和耐用性 适合加工制造缸筒的冷拔无缝钢管的产品规格见表 20-8-15
缸盖	端盖装在缸筒两端，与缸筒形成封闭油腔，同样承受很大的液压力，因此，端盖及其连接件都应有足够的强度。设计时既要考虑强度，又要选择工艺性较好的结构形式 工作压力 $p<10$MPa 时，也使用 HT20-40、HT25-47、HT30-54 等铸铁。$p<20$MPa 时使用无缝钢管，$p>20$MPa 时使用铸钢或锻钢。缸盖常用 35、45 钢的锻件或铸造毛坯	①缸盖内孔尺寸公差一般取 H8，表面粗糙度不低于 0.8μm ②缸盖内孔与止口外径 D 的圆柱度误差不大于直径公差的一半，轴线的圆跳动，在直径 100mm 上不大于 0.04mm

表 20-8-15 高精度冷拔无缝钢管产品规格

内径/mm	壁厚/mm	内径精度	壁厚差/mm	表面粗糙度/μm	材料
ϕ30～50	<7.5	H7～H9	±10%	0.4～0.2	20、45、27SiMn
ϕ50～80	<10	H7～H9	±10%	0.4～0.2	20、45、27SiMn
ϕ80～120	<15	H7～H9	±10%	0.4～0.2	20、45、27SiMn
ϕ120～180	<20	H7～H9	±10%	0.4～0.2	20、45、27SiMn
ϕ180～250	<25	H7～H9	±10%	0.4～0.2	20、45、27SiMn
ϕ40～50	<7.5	H8	±5%	0.4～0.2	20、35、45、27SiMn
ϕ50～100	<13	H8	±8%	0.4～0.2	20、35、45、27SiMn
ϕ100～140	<15	H8	±8%	0.4～0.2	20、35、45、27SiMn
ϕ140～200	<20	H8	±8%	0.4～0.2	20、35、45、27SiMn
ϕ200～250	<25	H8	±8%	0.4～0.2	20、35、45、27SiMn
ϕ250～360	<40	H8	±8%	0.4～0.2	20、35、45、27SiMn
ϕ360～500	<60	H8	±8%	0.4～0.2	20、35、45、27SiMn

8.4.2　缸体端部连接形式

常见的缸体与缸盖的连接结构见表 20-8-16。

导向套对活塞杆或柱塞起导向和支承作用，有些液压缸不设导向套，直接用端盖孔导向，这种结构简单，但磨损后必须更换端盖。

表 20-8-16　　**各种连接方式的液压缸缸筒端部结构**

<table>
<tr><th>连接方式</th><th>结构简图</th><th>特　点</th></tr>
<tr><td>拉杆</td><td>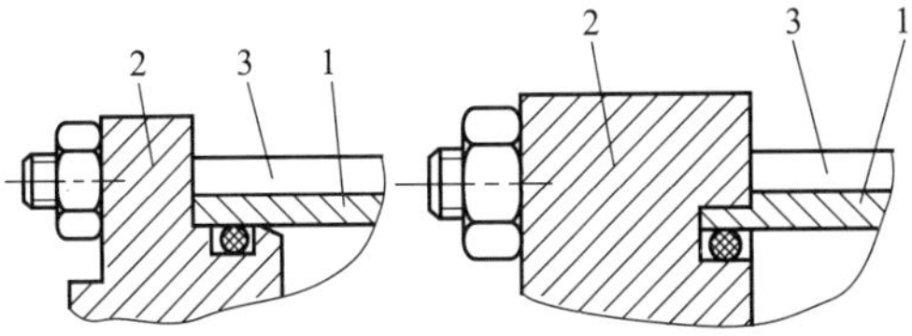</td><td>零件通用性大,缸筒加工简便,装拆方便,应用较广,重量以及外形尺寸较大</td></tr>
<tr><td>法兰</td><td>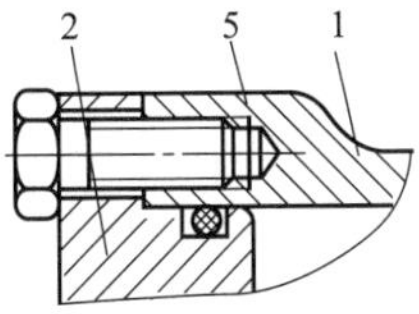图(a)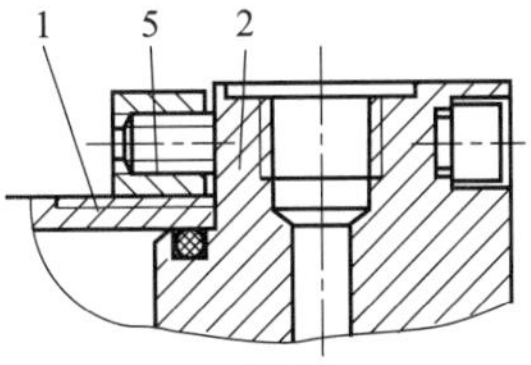图(b)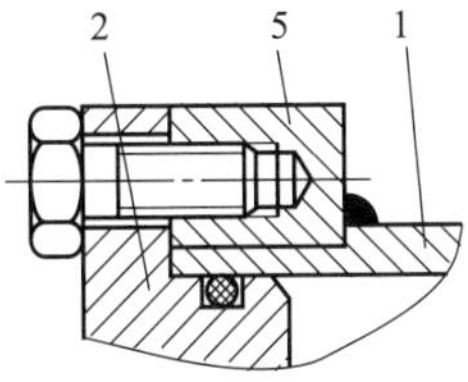图(c)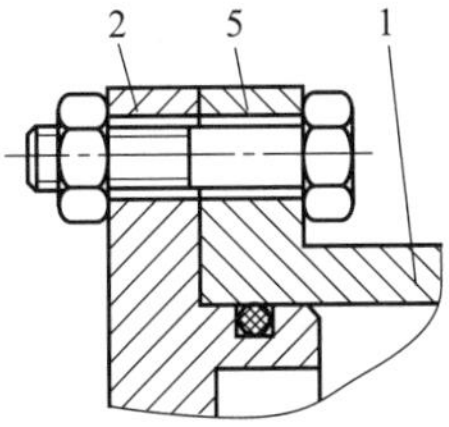图(d)</td><td>法兰盘与缸筒有焊接[图(c)]和螺纹[图(b)]连接或整体的铸、锻件[图(a)、图(d)]。结构较简单;易加工、易装拆。整体的铸、锻件其重量及外形尺寸较大,且加工复杂</td></tr>
<tr><td>焊接</td><td>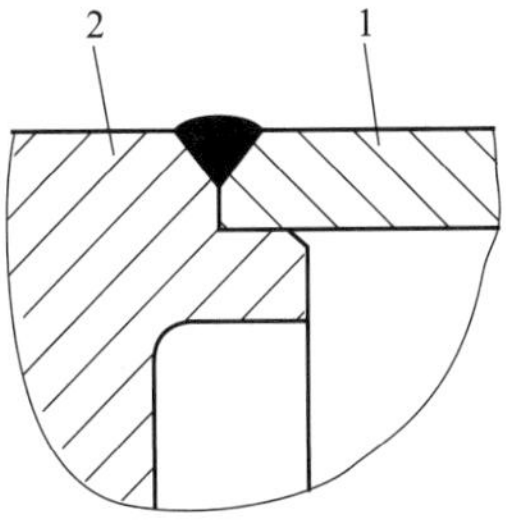</td><td>结构简单,外形尺寸小。焊后易变形;清洗、装拆有一些困难</td></tr>
<tr><td>外螺纹</td><td>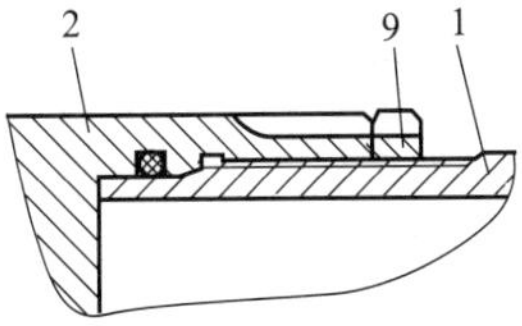图(a)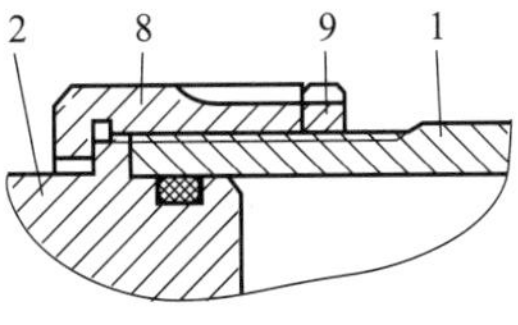图(b)</td><td rowspan="2">重量和外形尺寸、外螺纹结构较内螺纹大。装拆时需专用工具,缸径大时装拆比较费劲
为了防止装拆时扭伤密封件和改善同轴度,前端盖可设计成分体结构,如图(b)所示。图(a)为整体结构</td></tr>
<tr><td>内螺纹</td><td>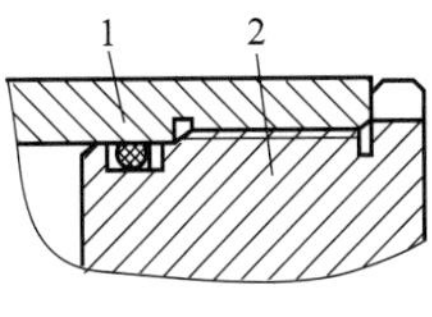图(a)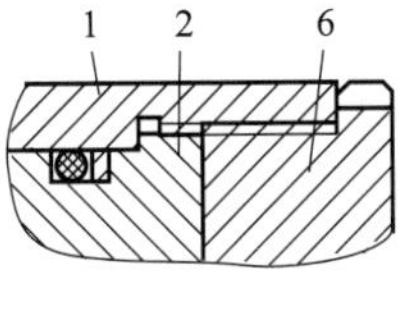图(b)</td></tr>
</table>

续表

连接形式	结构简图	特点
外卡环	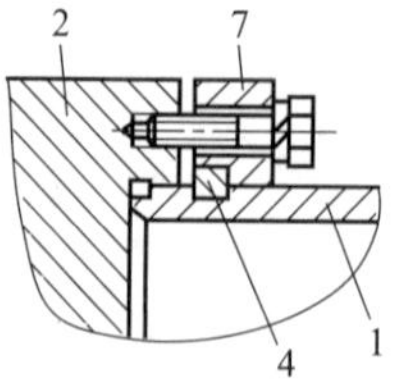 图(a) 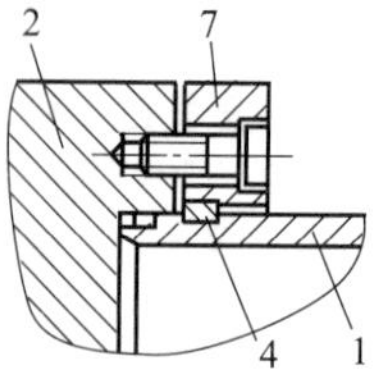 图(b)	外形尺寸较大；缸筒外表面需加工；卡环槽削弱了缸筒壁厚，相应地需加厚。装拆比较简单。图(a)为普通螺钉，图(b)为内六方螺钉
内卡环	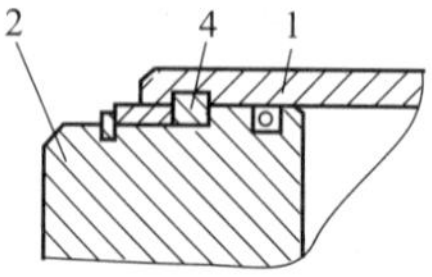 图(a) 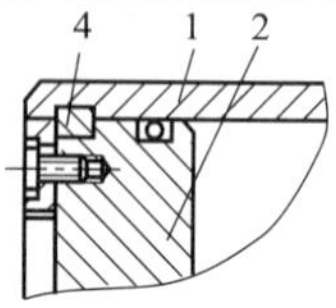 图(b)	结构紧凑，外形尺寸较小。卡环槽削弱了缸筒壁厚，相应地需加厚。装拆时，密封件易被擦伤。为防止端盖移动，图(a)用隔套、挡圈；图(b)用螺钉连接，但增加了径向尺寸
钢丝挡圈	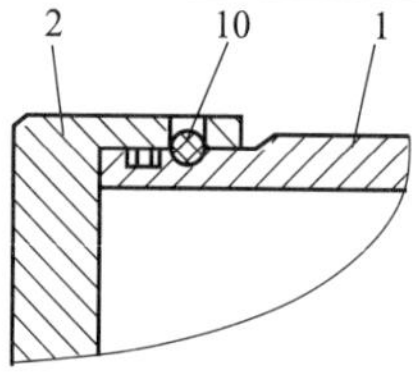 图(a) 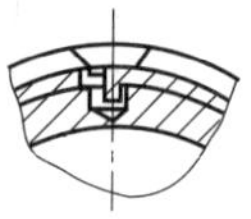 图(b)	结构简单，外形尺寸小。工作压力和缸径都不能太大 一般用 $\phi 3.5 \sim 6$mm 弹簧钢丝，装卸钢丝挡圈时，需转动前端盖

注：1—缸筒；2—端盖；3—拉杆；4—卡环；5—法兰；6—盖；7—套环；8—螺套；9—锁紧螺母；10—钢丝挡圈。

表 20-8-17　　活塞缸盖端部连接件的主要安装尺寸

杆端用圆形法兰安装尺寸

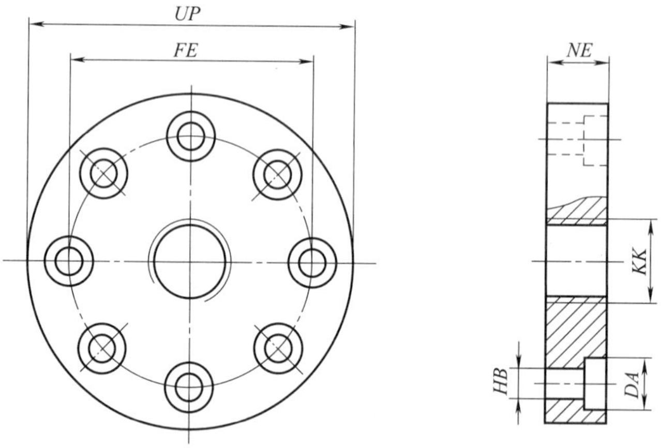

型号	公称力/N	KK/mm	FE(js13)/mm	螺孔数	HB(H13)/mm	NE(h13)/mm	UP 最大值/mm	DA(H13)/mm
12	8000	M12×1.25	40	4	6.6	17	56	11
16	12500	M14×1.5	45	4	9	19	63	14.5
20	20000	M16×1.5	54	6	9	23	72	14.5
25	32000	M20×1.5	63	6	9	29	82	14.5
32	50000	M27×2	78	9	11	37	100	17.5
40	80000	M33×2	95	8	13.5	46	120	20
50	125000	M42×2	120	8	17.5	57	150	26
63	200000	M48×2	150	8	22	64	190	33
80	320000	M64×3	180	8	26	86	230	39

续表

A 型单耳环支座(ISO 8132—2014)

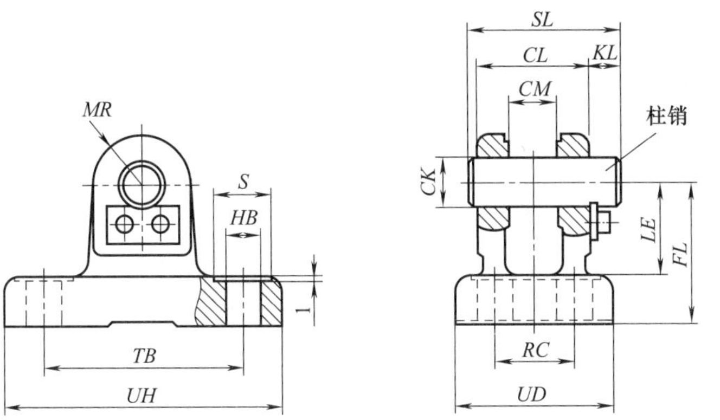

型号	公称力 /N	CK (H9) /mm	CL (h16) /mm	CM (A12) /mm	FL (js12) /mm	HB (H13) /mm	S /mm	SL /mm	KL /mm	LE 最小值 /mm	MR 最大值 /mm	RC (js14) /mm	TB (js14) /mm	UD 最大值 /mm	UH 最大值 /mm
12	8000	12	28	12	34	9	15	38	8	22	12	20	50	40	70
16	12500	16	36	16	40	11	18	46	8	27	16	26	65	50	90
20	20000	20	45	20	45	11	18	57	10	30	20	32	75	58	98
25	32000	25	56	25	55	13.5	20	68	10	37	25	40	85	70	113
32	50000	32	70	32	65	17.5	26	86	13	43	32	50	110	85	143
40	80000	40	90	40	76	22	33	109	16	52	40	65	130	108	170
50	125000	50	110	50	95	26	40	132	19	65	50	80	170	130	220
63	200000	63	140	63	112	33	48	165	20	75	63	100	210	160	270
80	320000	80	170	80	140	39	57	200	26	95	80	125	250	210	320

双耳环支座尺寸(ISO 8133—2014)

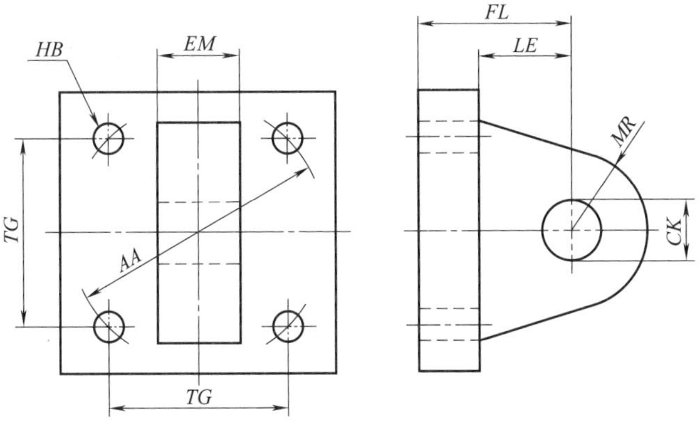

型号	缸筒内径 /mm	公称力 /N	CK(H9) /mm	EM(h13) /mm	FL(js14) /mm	MR 最大值 /mm	LE 最小值 /mm	AA (参考值) /mm	HB (H13) /mm	TG (js14) /mm
10	25	8000	10	12	23	12	13	40	5.5	28.3
12	32	12500	12	16	29	17	19	47	6.6	33.3
16	40	20000	14	20	29	17	19	59	9	41.7
20	50	32000	20	30	48	29	32	74	13.5	52.3
25	63	50000	20	30	48	29	32	91	13.5	64.3
30	80	80000	28	40	59	34	39	117	17.5	82.7
40	100	125000	36	50	79	50	54	137	17.5	96.9
50	125	200000	45	60	87	53	57	178	24	125.9
60	160	320000	56	70	103	59	63	219	30	154.9
80	200	500000	70	80	132	78	82	269	33	190.2

续表

耳轴支座安装尺寸(ISO 8132—2014)

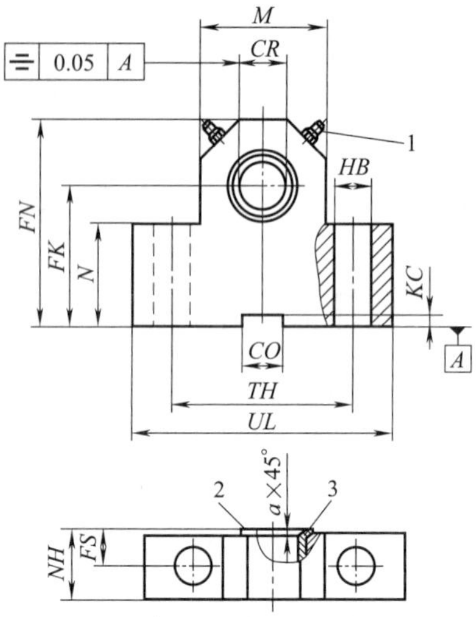

1—油嘴；2—内侧面；3—轴套

型号	公称力/N	CR (H7) /mm	FK (js12) /mm	FN 最大值 /mm	HB (H13) /mm	NH 最大值 /mm	TH (js14) /mm	UL 最大值 /mm	CO (N9) /mm	KC /mm	KC 上偏差 /mm	KC 下偏差 /mm	FS (js14) /mm	M /mm	N /mm	a /mm
12	8000	12	34	50	9	17	40	63	10	3.3	+0.3	0	8	25	25	1
16	12500	16	40	60	11	21	50	80	16	4.3	+0.3	0	10	30	30	1
20	20000	20	45	70	11	21	60	90	16	4.3	+0.3	0	10	40	38	1.5
25	32000	25	55	80	13.5	26	80	110	25	5.4	+0.3	0	12	56	45	1.5
32	50000	32	65	100	17.5	33	110	150	25	5.4	+0.3	0	15	70	52	2
40	80000	40	76	120	22	41	125	170	36	8.4	+0.3	0	16	88	60	2.5
50	125000	50	95	140	26	51	160	210	36	8.4	+0.3	0	20	100	75	2.5
63	200000	63	112	180	33	61	200	265	50	11.4	+0.3	0	25	130	85	3
80	320000	80	140	220	39	81	250	325	50	11.4	+0.3	0	31	160	112	3.5

B 型单耳环支座(ISO 8132—2014)

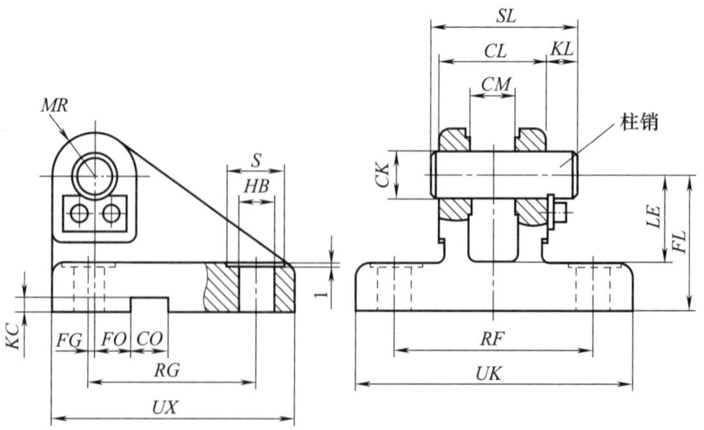

续表

型号	公称力/N	CK (H9) /mm	CL (h16) /mm	SL /mm	KL /mm	CM (A12) /mm	FL (js12) /mm	HB (H13) /mm	S /mm	CO (N9) /mm	LE 最小值 /mm	MR 最大值 /mm	RG (js14) /mm	RF (js14) /mm	UX (max) /mm	UK (max) /mm	FG (js14) /mm	KC /mm	KC 上偏差 /mm	KC 下偏差 /mm	FO (js14) /mm
12	8000	12	28	38	8	12	34	9	15	10	22	12	45	52	65	72	2	3.3	+0.3	0	10
16	12500	16	36	46	8	16	40	11	18	16	27	16	55	65	80	90	3.5	4.3	+0.3	0	10
20	20000	20	45	57	10	20	45	11	18	16	30	20	70	75	95	100	7.5	4.3	+0.3	0	10
25	32000	25	56	68	10	25	55	13.5	20	25	37	25	85	90	115	120	10	5.4	+0.3	0	10
32	50000	32	70	86	13	32	65	17.5	26	25	43	32	110	110	145	145	14.5	5.4	+0.3	0	6
40	80000	40	90	109	16	40	76	22	33	36	52	40	125	140	170	185	17.5	8.4	+0.3	0	6
50	125000	50	110	132	19	50	95	26	40	36	65	50	150	165	200	215	25	8.4	+0.3	0	—
63	200000	63	140	165	20	63	112	33	48	50	75	63	170	210	230	270	33	11.4	+0.3	0	—
80	320000	80	170	200	26	80	140	39	57	50	95	80	210	250	280	320	45	11.4	+0.3	0	—

单耳环(带球铰轴套)支座(ISO 8133—2014)

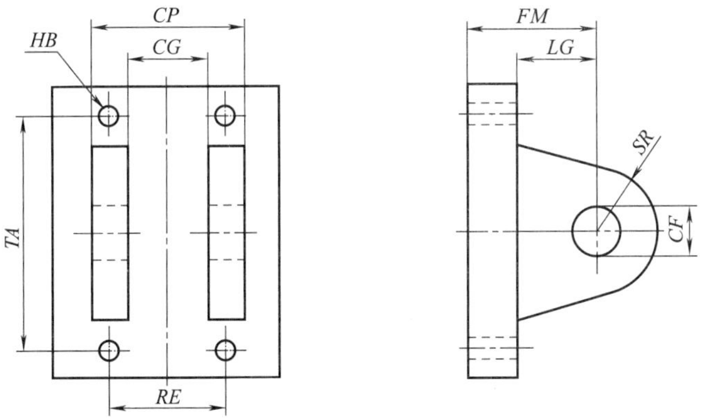

型号	缸筒内直径 /mm	公称力 /N	CF (H9) /mm	CG (A16) /mm	FM (js14) /mm	SR 最大值 /mm	HB (H13) /mm	LG 最小值 /mm	RE (js14) /mm	TA (js14) /mm	CP 最大值 /mm
10	25	8000	10	11	33	11	5.5	23	17	59	25
12	32	12500	12	12	36	17	6.6	26	20	65	30
16	40	20000	16	16	42	20	9	32	25	84	38
20	50	32000	20	18	51	29	13.5	35	33	106	50
25	63	50000	25	22	64	33	13.5	48	37	130	54
30	80	80000	30	24	72	36	17.5	52	44	137	67
40	100	125000	40	30	104	54	17.5	79	55	191	83
50	125	200000	50	38	123	58	24	93	68	234	101
60	160	320000	60	47	144	59	30	104	82	288	120
80	200	500000	80	58	182	78	33	132	98	366	141

8.4.3 活塞

8.4.3.1 活塞材料及尺寸和公差

表 20-8-18 活塞材料及尺寸和公差

项目		说明
材料	无导向环的活塞	用高强度铸铁 HT200～HT300 或球墨铸铁
	有导向环活塞	用优质碳素钢 20 钢、35 钢及 45 钢，也有 40Cr，有的外径套尼龙(PA)或聚四氟乙烯 PTFE＋玻璃纤维或聚三氟氯乙烯材料制成的支撑环。装配式活塞外环可用锡青铜。还有用铝合金作为活塞材料。无特殊情况一般不要热处理
尺寸和公差		活塞宽度一般为活塞外径的 0.6～1.0 倍，但也要根据密封件的形式、数量和导向环的沟槽尺寸而定。有时，可以结合中隔圈的布置确定活塞的宽度 活塞的外径基本偏差一般采用 f、g、h 等，橡胶密封活塞公差等级可选用 7、8、9 级，活塞环密封时采用 6、7 级，间隙密封时可采用 6 级，皮革密封时采用 8、9、10 级，缸筒与活塞一般采用基孔制的间隙配合。活塞采用橡胶密封件时，缸筒内孔可采用 H8、H9 公差等级，与活塞组成 H8/f7、H8/f8、H8/g8 、H8/h7、H8/h8、H9/g8 、H9/h8、H9/h9 的间隙配合。活塞内孔的公差等级一般取 H7，与活塞杆轴径组成 H7/g6 的过渡配合。外径对内孔的同轴度公差不大于 0.02mm，端面与轴线的垂直度公差不大于 0.04mm/10mm，外表面的圆度和圆柱度一般不大于外径公差之半，表面粗糙度视结构形式不同而异。一般活塞外径、内孔的表面粗糙度可取 $Ra=0.4\sim0.8\mu m$

8.4.3.2 常用的活塞结构形式

表 20-8-19 常用的活塞结构形式

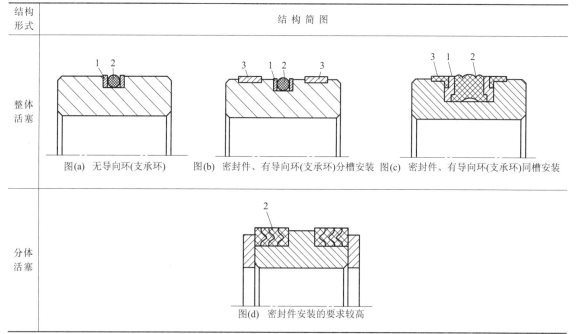

结构形式	结构简图		
整体活塞	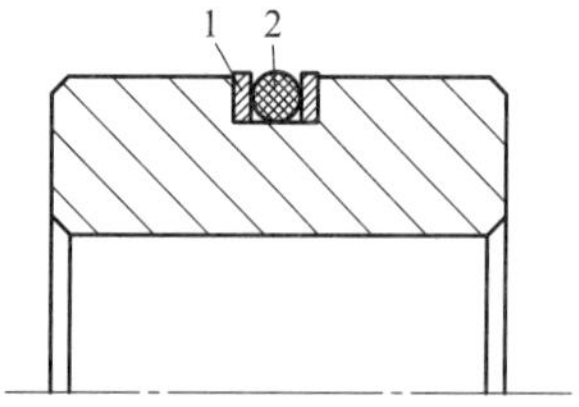 图(a) 无导向环(支承环)	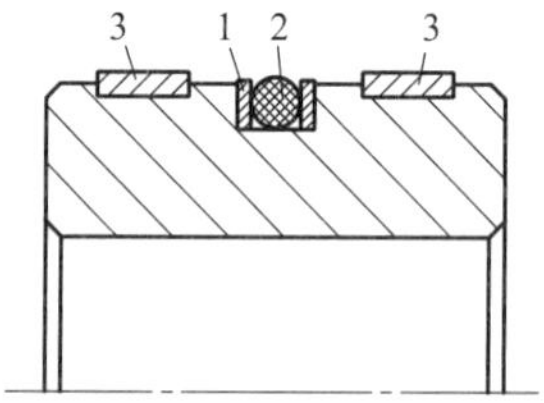 图(b) 密封件、有导向环(支承环)分槽安装	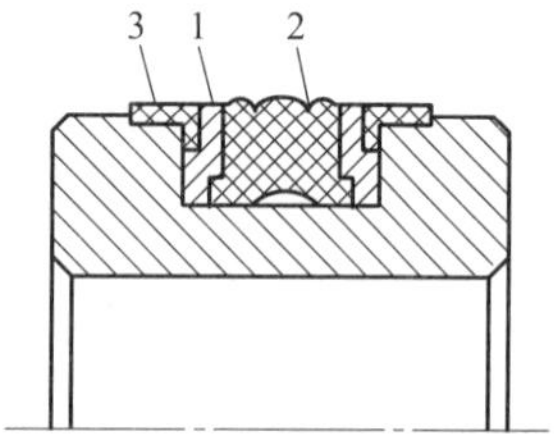 图(c) 密封件、有导向环(支承环)同槽安装
分体活塞	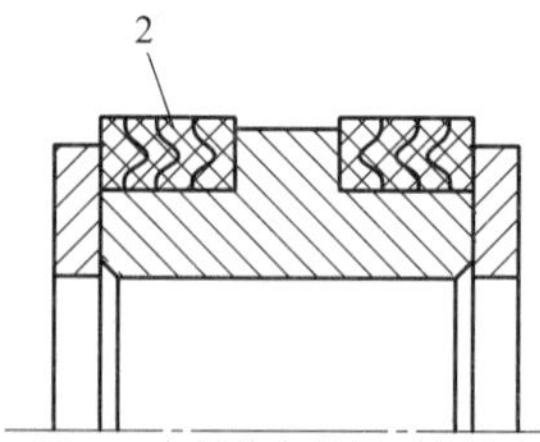 图(d) 密封件安装的要求较高		

注：1—挡圈；2—密封件；3—导向环（支承环）。

8.4.3.3 活塞的密封

密封装置主要用来防止液压油的泄漏。对密封装置的基本要求是具有良好的密封性能，并随压力的增加能自动提高密封性，除此以外，摩擦阻力要小，耐油，抗腐蚀，耐磨，寿命长，制造简单，拆装方便。液压缸主要采用密封圈密封，常用的密封圈有 O 形、V 形、Y 形及组合式等数种，其材料为耐油橡胶、尼龙、聚氨酯等。活塞密封的结构及原理见表 20-8-20，常见的活塞和活塞杆的密封件见表 20-8-21。

表 20-8-20　　活塞密封的结构及原理

形式	结　构	原　理
O形 密封圈	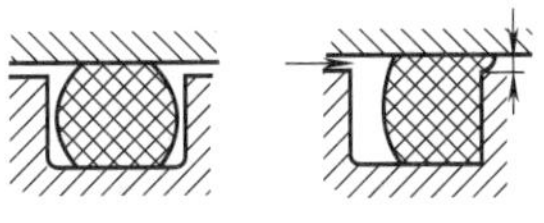 (ⅰ)普通型 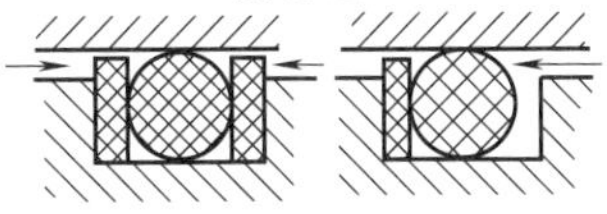 (ⅱ)有挡圈型 图(a)　O形密封圈	O形密封圈(简称O形圈)的截面为圆形,主要用于静密封。O形密封圈安装方便,价格便宜,可在$-40\sim120$℃的温度范围内工作,但与唇形密封圈相比,运动阻力较大,做运动密封时容易产生扭转,故一般不单独用于液压缸运动密封(可与其他密封件组合使用) O形圈密封的原理如图(a)中(ⅰ)所示,O形圈装入密封槽后,其截面受到压缩后变形。在无液压力时,靠O形圈的弹性对接触面产生预接触压力,实现初始密封,当密封腔充入压力油后,在液压力的作用下,O形圈挤向槽一侧,密封面上的接触压力上升,提高了密封效果。任何形状的密封圈在安装时,必须保证适当的预压缩量,过小不能密封,过大则摩擦力增大,且易于损坏,因此,安装密封圈的沟槽尺寸和表面精度必须按有关手册给出的数据严格保证。在动密封中,当压力大于10MPa时,O形圈就会被挤入间隙中而损坏,为此需在O形圈低压侧设置聚四氟乙烯或尼龙制成的挡圈,其厚度为1.25～2.5mm,双向受高压时,两侧都要加挡圈,其结构如图(a)中(ⅱ)所示
V形 密封圈	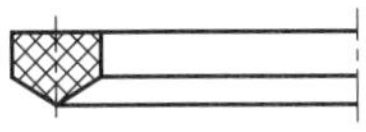 (ⅰ)压环 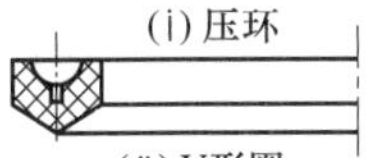 (ⅱ)V形圈  (ⅲ)支承环 图(b)　V形密封圈	V形圈的截面为V形,如图(b)所示,V形密封装置由压环、V形圈和支承环组成。当工作压力高于10MPa时,可增加V形圈的数量,提高密封效果。安装时,V形圈的开口应面向压力高的一侧 V形圈密封性能良好,耐高压,寿命长,通过调节压紧力,可获得最佳的密封效果,但V形密封装置的摩擦阻力及结构尺寸较大,主要用于活塞杆的往复运动密封,它适宜在工作压力为$p>50$MPa、温度$-40\sim80$℃的条件下工作
Y(Y_x) 形密 封圈	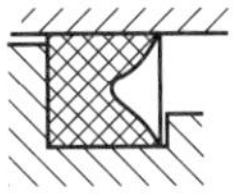 (ⅰ)Y形圈 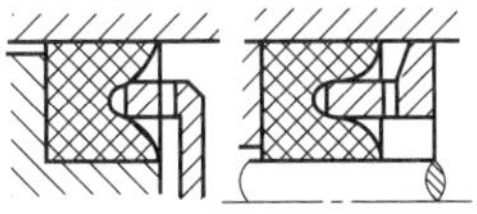 (ⅱ)带支承环的Y形圈 图(c)　Y形密封圈	Y形密封圈的截面为Y形,属唇形密封圈。它是一种密封性、稳定性和耐压性较好、摩擦阻力小、寿命较长的密封圈,故应用也很普遍。Y形圈主要用于往复运动的密封,根据截面长宽比例的不同,Y形圈可分为宽断面和窄断面两种形式,图(c)所示为宽断面Y形密封圈 Y形圈的密封作用依赖于它的唇边对接合面的紧密接触,并在压力油作用下产生较大的接触压力,达到密封目的。当液压力升高时,唇边与接合面贴得更紧,接触压力更高,密封性能更好 Y形圈安装时,唇口端面应对着液压力高的一侧,当压力变化较大,滑动速度较高时,要使用支承环,以固定密封圈,如图(c)中(ⅱ)所示 宽断面Y形圈一般适用于工作压力$p<20$MPa的场合;窄断面Y形圈一般适用于在工作压力$p<32$MPa下工作

表 20-8-21　　活塞和活塞杆的密封件

名称	密封部位		密封作用	截面形状	直径范围/mm	工作范围			特点
	活塞杆	活塞				压力/MPa	温度/℃	速度/$m\cdot s^{-1}$	
O形密封圈加挡圈	密封	密封	单 双	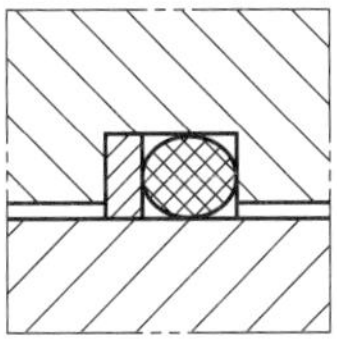 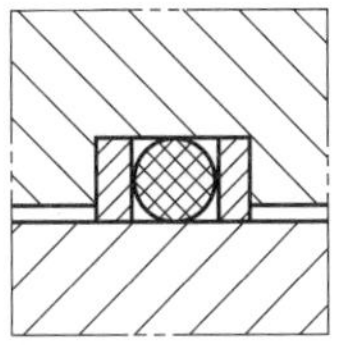	—	≤40	$-30\sim110$	≤0.5	O形圈加挡圈,以防O形圈被挤入间隙中

续表

名称	密封部位		密封作用	截面形状	直径范围/mm	工作范围			特点
	活塞杆	活塞				压力/MPa	温度/℃	速度/m·s^{-1}	
O形密封圈加弧形挡圈	密封	密封	单	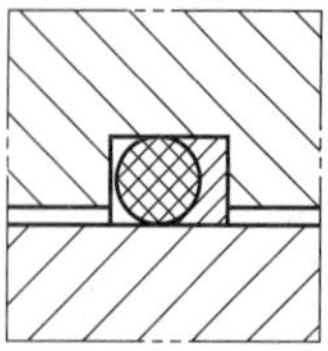	—	≤250	−60～200	≤0.5	挡圈的一侧加工成弧形，以更好地和O形圈相适应，且在很高的脉动压力作用下保持其形状不变
			双	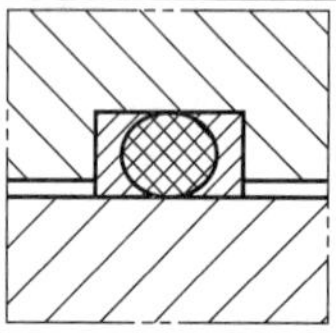					
特康双三角密封圈	密封	密封	双	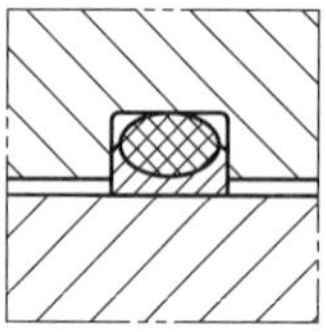	4～250	≤35	−54～200	≤15	安装沟槽与O形圈相同，有良好的摩擦特性，无爬行启动，具有优异的干运行性能
星形密封圈加挡圈	密封	密封	单	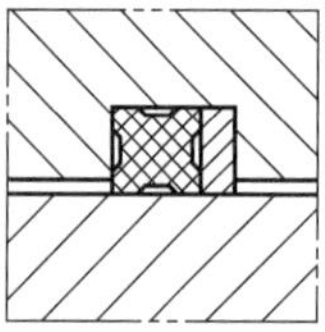	—	≤80	−60～200	≤0.5	星形密封圈有四个唇口，在往复运动时，不会扭曲，比O形密封圈具有更有效的密封性以及更低的摩擦
			双	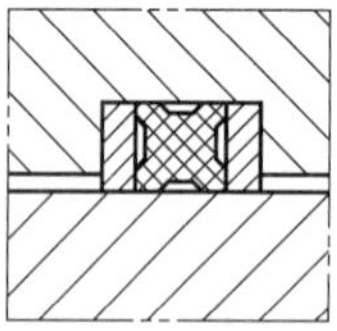					
T形特康格来圈	密封	密封	双	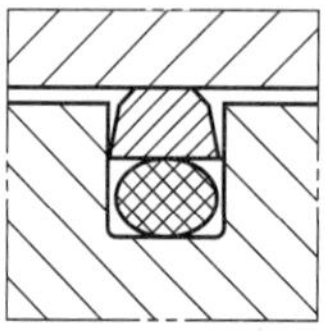	8～250	≤80	−54～200	≤15	格来圈截面形状改善了泄漏控制且具有更好的抗挤出性。摩擦力小，无爬行，启动力小以及耐磨性好
特康AQ圈	不密封	密封	双	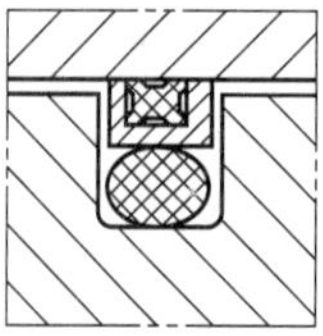	16～700	≤40	−54～200	≤2	由O形圈和星形圈，另加一个特康滑块组成。以O形圈为弹性元件，用于两种介质间，例如液/气分割的双作用密封
5形特康AQ封	不密封	密封	双	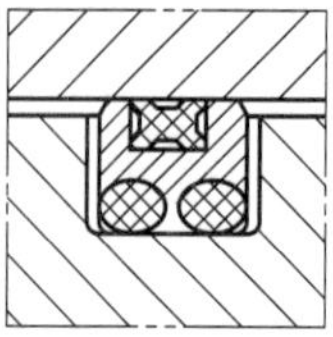	40～700	≤60	−54～200	≤3	与特康AQ密封不同处在于：用两个O形圈作弹性元件，改善了密封性能

续表

名称	密封部位		密封作用	截面形状	直径范围/mm	工作范围			特点
	活塞杆	活塞				压力/MPa	温度/℃	速度/m·s^{-1}	
K 形特康斯特封	密封	密封	单	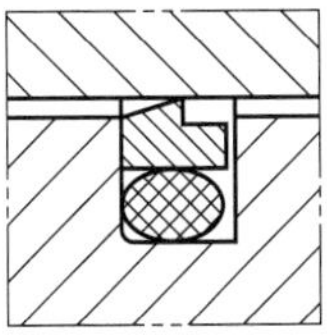	8～250	≤80	－54～200	≤15	以 O 形密封圈为弹性元件，另加特康斯特封组成单作用密封，摩擦力小，无爬行，启动力小且耐磨性好
佐康威士密封圈	不密封	密封	双	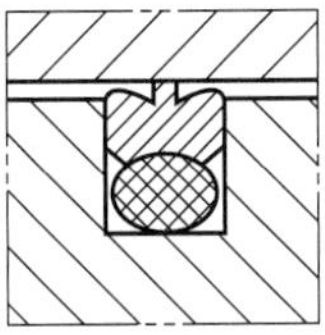	16～250	≤25	－35～80	≤0.8	以 O 形密封圈为弹性元件，另加佐康威士圈组成双作用密封。密封效果好，抗扯裂及耐磨性好
佐康雷姆封	密封	不密封	单	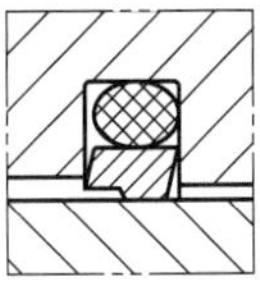	8～150	≤25	－30～100	≤5	它的截面形状使它具有和 K 形特康斯特封极为相似的压力特性，因而有良好的密封效果。它主要与 K 形特康斯特封串联使用
D-A-S 组合密封圈	不密封	密封	双	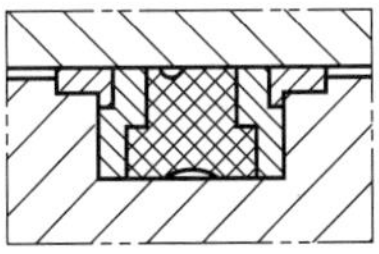	20～250	≤35	－30～110	≤0.5	由一个弹性齿状密封圈，两个挡圈和两个导向环组成。安装在一个沟槽内
CST 特康密封圈	不密封	密封	双	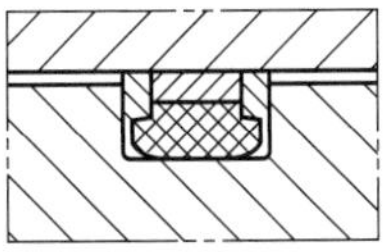	50～320	≤50	－54～120	≤1.5	由 T 形弹性元件、特康密封圈和两个挡圈组成。安装在一个沟槽内，它的几何形状使其具有全面的稳定性，高密封性能，低摩擦力和使用寿命长
U 形密封圈	密封	不密封	单	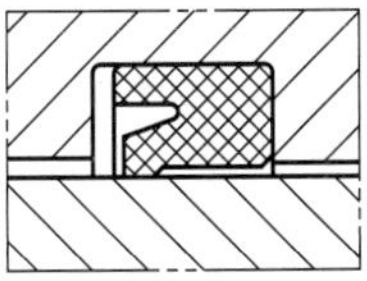	6～185	≤40	－30～110	≤0.5	由单唇和双唇两种截面形状，材料为聚氨酯。双唇间形成的油膜，降低摩擦力及提高耐磨性
			单	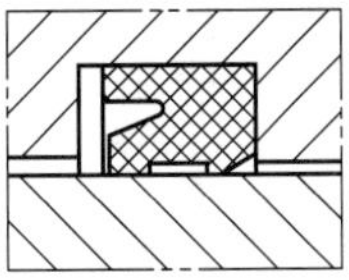					

续表

名称	密封部位		密封作用	截面形状	直径范围/mm	工作范围			特点
	活塞杆	活塞				压力/MPa	温度/℃	速度/m·s^{-1}	
M2 型特康泛塞密封	密封	密封	单	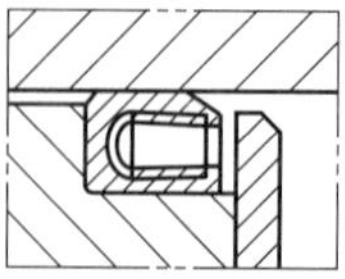	6～250	≤45	-70～260	≤15	U 形特康密封圈内装不锈钢簧片为单作用密封元件。在低压和零压时，由金属弹簧提供初始密封力，当系统压力升高时，主要密封力由系统压力形成，从而保证由零压到高压时都是可靠密封
W 形特康泛塞密封	密封	密封	单	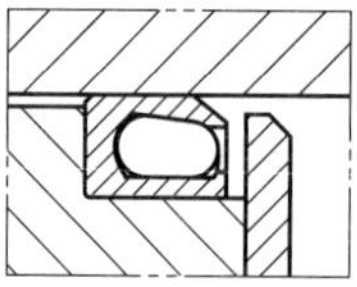	6～250	≤20	-70～230	≤15	U 形特康密封圈内装螺旋形簧片为单作用密封元件。用在摩擦力必须保持在很窄的公差范围内，例如压力开关的场合
洁净型特康泛塞密封	不密封	密封	单	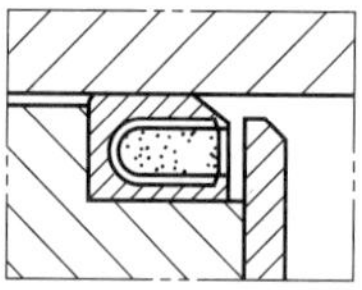	6～250	≤45	-70～260	≤15	U 形特康密封圈内装不锈钢簧片，在 U 形簧片的空腔内用硅填充，以消除细菌的生长，且便于清洗。主要用在食品、医药工业

8.4.4 活塞杆

表 20-8-22　　活塞杆的材料和技术要求

项目	说　明
材料	一般用中碳钢(如 45 钢、40Cr 等)，调质处理 241～286HB；但对只承受推力的单作用活塞杆和柱塞，则不必进行调质处理。对活塞杆通常要求淬火 52～58HRC，淬火深度一般为 0.5～1mm，或活塞杆直径每毫米淬深 0.03mm。再校直，再磨，再镀镍镀铬，再抛光
技术要求	活塞杆要在导向套中滑动，一般采用 H8/h7 或 H8/h7 配合。太紧，摩擦力大；太松，容易引起卡滞现象和单边磨损。其圆柱度和圆度公差大于直径公差之半。安装活塞的轴径与外圆的同轴度公差不大于 0.01mm，是为了保证活塞杆外圆与活塞外圆的同轴度，以避免活塞与缸筒、活塞杆与导向套的卡滞现象。安装活塞的轴肩端面与活塞杆轴线的垂直度公差不大于 0.04mm/100mm，以保证活塞安装不产生歪斜 活塞杆的外圆表面粗糙度 *Ra* 值一般为 0.1～0.3μm。太光滑了，表面形成不了油膜，反而不利于润滑。为了提高耐磨性和防锈性，活塞杆表面需进行镀铬处理，镀层厚为 0.03～0.05mm，并进行抛光和磨削加工。对于工作条件恶劣、碰撞机会较多的情况，工作表面需先经高频淬火后再镀铬。如果需要耐腐蚀和环境比较恶劣也可加陶瓷。用于低载荷(如低速度、低工作压力)和良好润滑条件时，可不作表面处理 活塞杆内端的卡环槽、螺纹和缓冲柱塞也要保证与轴线的同心，特别是缓冲柱塞，最好与活塞杆做成一体。卡环槽取动配合公差，螺纹则取较紧的配合

液压缸活塞杆螺纹尺寸系列、杆用单耳环（带球铰轴套）安装尺寸、杆用单耳环（带关节轴承）安装尺寸、杆用双耳环安装尺寸（ISO 8133）分别见表20-8-23和表20-8-24。

表 20-8-23　液压缸活塞杆螺纹尺寸系列　mm

螺纹直径与螺距（D×L）	螺纹长度 L（短型）	螺纹长度 L（长型）	螺纹直径与螺距（D×L）	螺纹长度 L（短型）	螺纹长度 L（长型）
M3×0.35	6	9	M42×2	56	84
M4×0.5	8	12	M48×2	63	96
M5×0.5	10	15	M56×2	75	112
M6×0.75	12	16	M64×3	85	128
M8×1	12	20	M72×3	85	128
M10×1.25	14	22	M80×3	95	140
M12×1.25	16	24	M90×3	106	140
M14×1.5	18	28	M100×3	112	—
M16×1.5	22	32	M110×3	112	—
M18×1.5	25	36	M125×4	125	—
M20×1.5	28	40	M140×4	140	—
M22×1.5	30	44	M160×4	160	—
M24×2	32	48	M180×4	180	—
M27×2	36	54	M200×4	200	—
M30×2	40	60	M220×4	220	—
M33×2	45	66	M250×6	250	—
M36×2	50	72	M280×6	280	—

注：1. 螺纹长度（L）对内螺纹是指最小尺寸，对外螺纹是指最大尺寸。
2. 当需要用锁紧螺母时，采用长型螺纹长度。

表 20-8-24　杆用耳环安装尺寸

杆用单耳环（带球铰轴套）安装尺寸

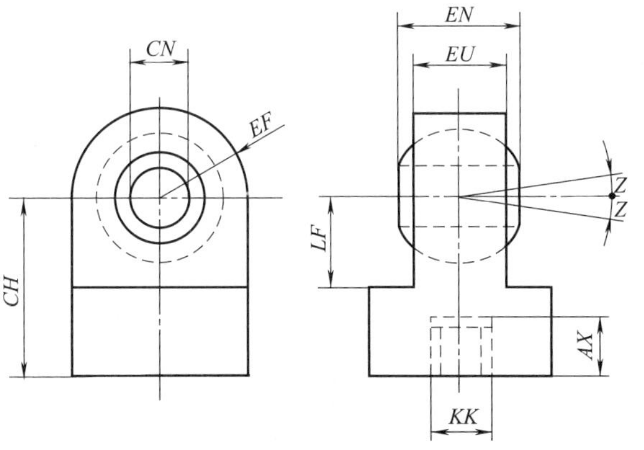

注：动态作用力为依据球铰最佳使用寿命而定的动态最大推荐负载

续表

型号	公称力/N	动态作用力/N	KK/mm	CN/mm	CN 上偏差/μm	CN 下偏差/μm	EN/mm	EN 上偏差/μm	EN 下偏差/μm	EF 最大值/mm	CH (is13)	AX 最小值	LF 最小值	EU (h13)/mm	最大摆角 Z
10	8000	8000	M10×1.25	10	0	−8	9	0	−120	20	37	14	13	6	4°
12	12500	10800	M10×1.25	12	0	−8	10	0	−120	23	45	16	19	7	4°
16	20000	20000	M14×1.5	16	0	−8	14	0	−120	29	50	18	22	10	4°
20	32000	30000	M16×1.5	20	0	−10	16	0	−120	32	67	22	31	12	4°
25	50000	48000	M20×1.5	25	0	−10	20	0	−120	45	77	28	35	18	4°
30	80000	62000	M27×2	30	0	−10	22	0	−120	48	92	36	40	16	4°
40	125000	100000	M33×2	40	0	−12	28	0	−120	74	120	45	57	22	4°
50	200000	156000	M42×2	50	0	−12	35	0	−120	86	135	56	61	28	4°
60	320000	245000	M48×2	60	0	−15	44	0	−150	94	145	61	62	36	4°
80	500000	400000	M64×3	80	0	−15	55	0	−150	120	190	85	82	45	4°

杆用单耳环(带关节轴承)安装尺寸(ISO 8133—2014)

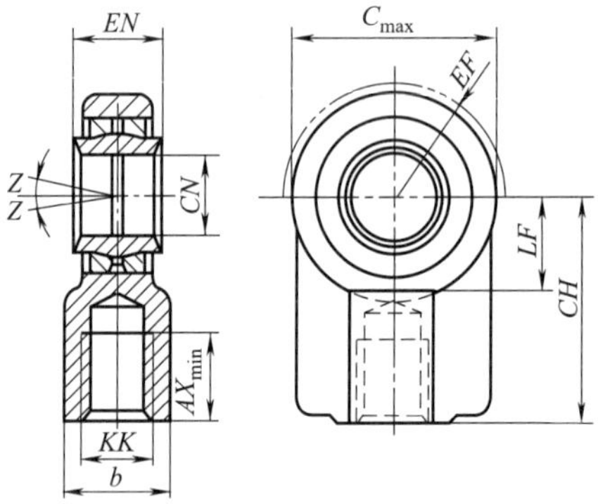

型号	公称力/N	CN (H7)/mm	EN (h12)/mm	KK/mm	AX_{min}/mm	CH/mm	LF/mm	C_{max}	EF/mm	b/mm	最大摆角 Z
12	8000	12	12	M12×1.25	17	38	14	32	16	16	4°
16	12500	16	16	M14×1.5	19	44	18	40	20	21	4°
20	20000	20	20	M16×1.5	23	52	22	50	25	25	4°
25	32000	25	25	M20×1.5	29	65	27	62	32	30	4°
32	50000	32	32	M27×2	37	80	32	76	40	38	4°
40	80000	40	40	M33×2	46	97	41	97	50	47	4°
50	125000	50	50	M42×2	57	120	50	118	63	58	4°
63	200000	63	63	M48×2	64	140	62	142	71	70	4°
80	320000	80	80	M64×2	86	180	78	180	90	90	4°
100	500000	100	100	M80×3	96	210	98	224	112	110	4°
125	800000	125	125	M100×3	113	260	120	290	160	135	4°
160	1250000	160	160	M125×4	126	310	150	346	200	165	4°
200	2000000	200	200	M160×4	191	390	195	460	250	215	4°
250	3200000	250	250	M200×4	205	530	265	640	320	300	4°
320	5000000	320	320	M250×6	260	640	325	750	375	360	4°

续表

杆用双耳环安装尺寸(ISO 8133)

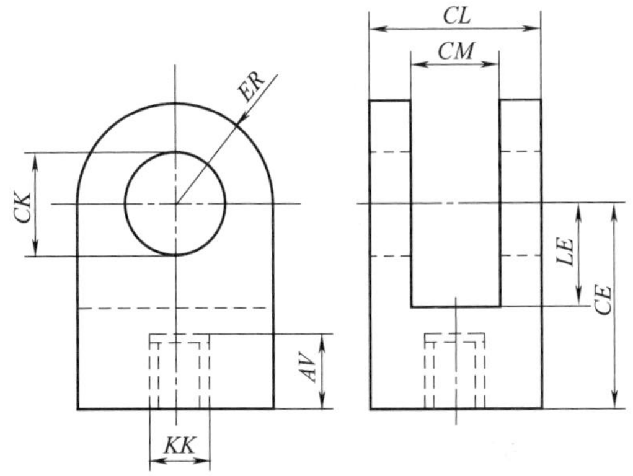

型号	活塞杆直径/mm	缸筒内径/mm	公称力/N	KK/mm	CK(H9)/mm	CM(A16)/mm	ER 最大值/mm	CE(js13)/mm	AV 最小值/mm	LE 最小值/mm	CL 最大值/mm
10	12	25	8000	M10×1.25	10	12	12	32	14	13	26
12	14	32	12500	M12×1.25	12	16	17	36	16	19	34
16	18	40	20000	M14×1.5	14	20	17	38	18	19	42
20	22	50	32000	M16×1.5	20	30	29	54	22	32	62
25	28	63	50000	M20×1.5	20	30	29	60	28	32	62
30	36	80	80000	M27×2	28	40	34	75	36	39	83
40	45	100	125000	M33×2	36	50	50	99	45	54	103
50	56	125	200000	M42×2	45	60	53	113	56	57	123
60	70	160	320000	M48×2	56	70	59	126	63	63	143
70	90	200	500000	M64×3	70	80	78	168	85	83	163

8.4.5 活塞杆的导向、密封和防尘

活塞杆导向套装在液压缸的有杆侧端盖内，用以对活塞杆进行导向，内装有密封装置以保证缸筒有杆腔的密封。外侧装有防尘圈，以防止活塞杆在后退时把杂质、灰尘和水分带到密封装置处，损坏密封装置。当导向套采用耐磨材料时，其内圈还可装设导向环，用作活塞杆的导向。导向套的典型结构有轴套式和端盖式两种。

8.4.5.1 导向套的材料和技术要求

导向套的材料和技术要求见表 20-8-25，典型结构形式见表 20-8-26。

表 20-8-25 导向套的材料和技术要求

项目	说明
材料	金属导向套一般采用摩擦因数小、耐磨性好的青铜材料制作。非金属导向套可以用塑料(PA)、聚四氟乙烯(PTFE+玻璃纤维)或聚三氟氯乙烯制作。端盖式直接导向型的导向套材料用灰铸铁、球墨铸铁、氧化铸铁等
技术要求	导向套外圆与端盖内孔的配合多为 H8/f7，内孔与活塞杆外圆的配合多为 H9/f9，外圆与内孔的同轴度公差不大于 0.03mm，圆度和圆柱度公差不大于直径公差之半，内孔中的环形油槽和直油槽要浅而宽，以保证良好的润滑

表 20-8-26　　导向套典型结构形式

类别	结构	特点	类别	结构	特点
端盖式	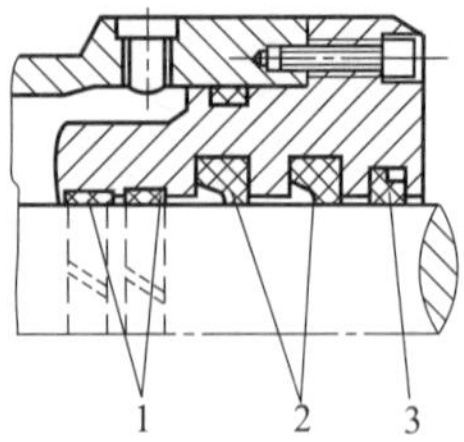 1—非金属材料导向套； 2—组合密封；3—防尘圈	①前端盖采用球墨铸铁或青铜制成。其内孔对活塞杆导向 ②成本高 ③适用于低压、低速、小行程液压缸	轴套式	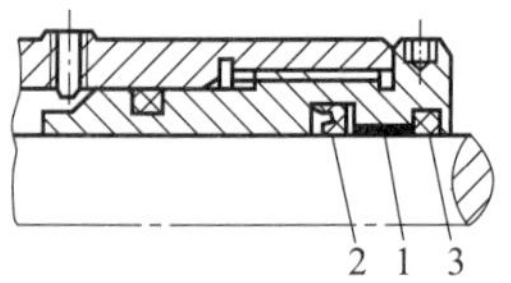 1—非金属材料导向套； 2—车氏组合密封；3—防尘圈	①该种导向套摩擦阻力大，一般采用青铜材料制作 ②应用于重载低速的液压缸中
端盖式加导向环	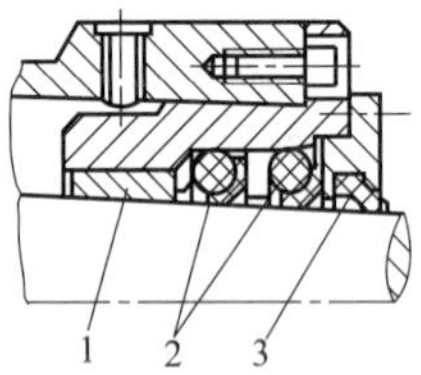 1—非金属材料导向套； 2—组合式密封；3—防尘圈	①非金属材料制成的导向环，价格便宜，更换方便，摩擦力小，低速启动不爬行 ②多应用于工程机械且行程较长的液压缸		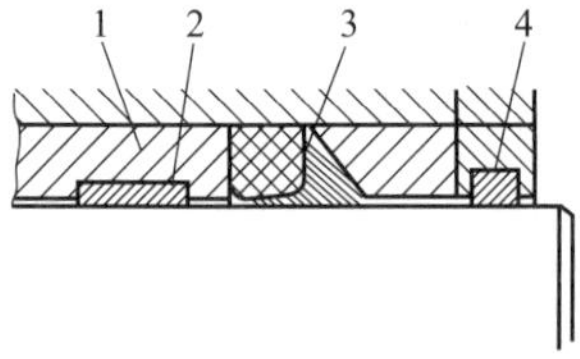 1—导向套；2—非金属材料导向套； 3—车氏组合密封；4—防尘圈	①导向环的使用降低了导向套加工的成本 ②这种结构增加了活塞杆的稳定性，但也增加了长度 ③应用于有侧向负载且行程较长的液压缸中

8.4.5.2　活塞杆的密封

活塞和活塞杆的密封件见表 20-8-21，车氏活塞杆（轴）用密封件表和车氏活塞（孔）用密封件见表 20-8-27 和表 20-8-28。

表 20-8-27　　车氏活塞杆（轴）用密封件

型号意义	结构示意图	轴颈直径/mm	压力/MPa	温度/℃	速度/m·s^{-1}	介质	配套O形圈标准
TB2-Ⅰ 例：TB2-Ⅰ 63×8 脚形滑环式组合密封 轴用密封 轴颈直径d O形圈截面直径d_0	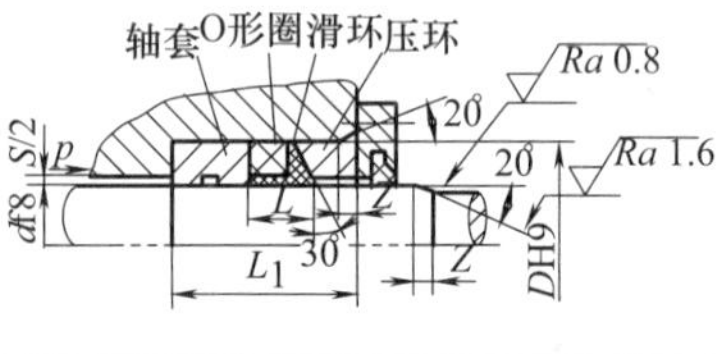	10～420	0～100	−55～250	6	空气、氢气、氧气、氮气、水、矿物油、水-乙二醇、酸、碱	非标
TB3-ⅠA 例：TB3-Ⅰ A 63×5.3 齿形滑环式组合密封 轴用密封 O形圈类型 轴颈直径 O形圈截面直径d_0	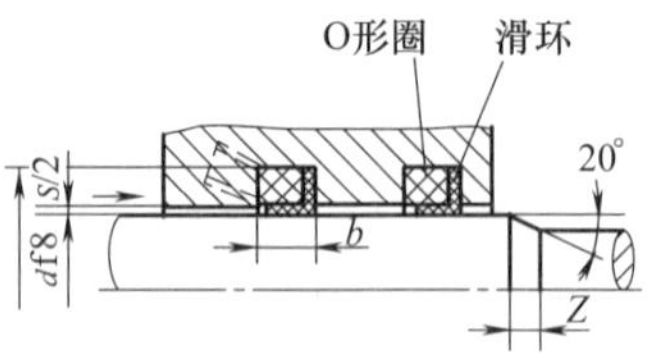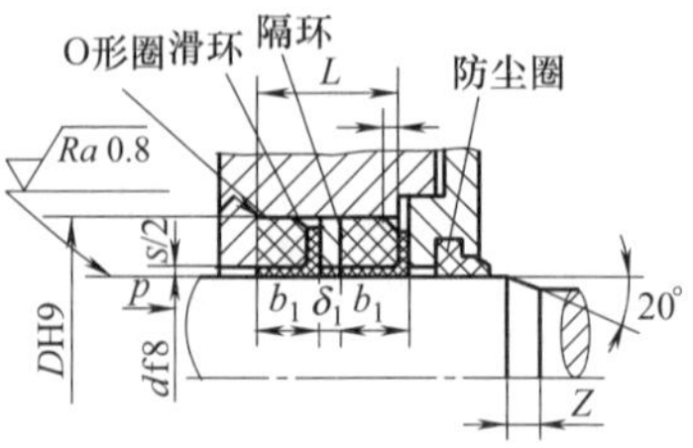	8～670	0～60	−55～250	6	空气、水、矿物油、水-乙二醇、酸、碱	GB/T 3452.1—2005

续表

型号意义	结构示意图	轴颈直径/mm	压力/MPa	温度/℃	速度/m・s^{-1}	介质	配套O形圈标准
TB4-ⅠA 例: TB4-ⅠA 70×5.3 C形滑环式组合密封 轴用密封 O形圈类型 轴颈直径 O形圈截面直径d_0	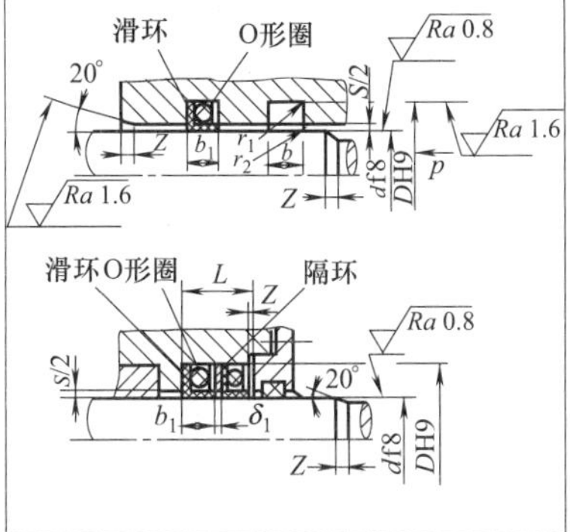	8～670	0～60	−55～250	6	空气、水、矿物油、水-乙二醇、酸、碱、氟利昂	GB 3452.1—2005

表 20-8-28　车氏活塞（孔）用密封件

型号意义	结构示意图	孔径/mm	压力/MPa	温度/℃	速度/m・s^{-1}	介质	配套O形圈标准
TB2-Ⅱ 例: TB2-Ⅱ 100×8 角形滑环式组合密封 孔用密封 孔径D O形圈截面直径d_0	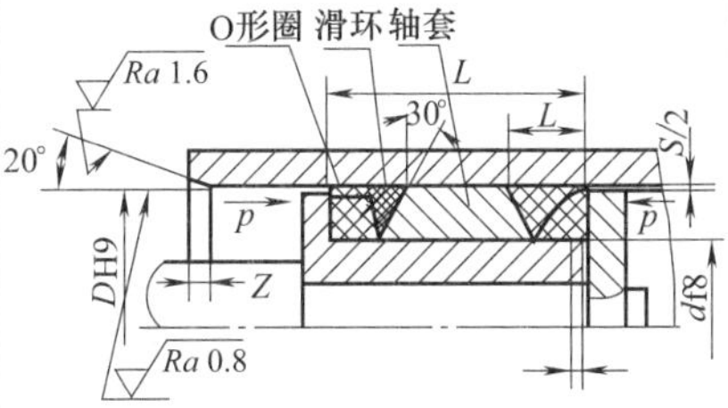	20～500	0～100	−55～250	6	空气、氢气、氧气、氮气、水、矿物油、水-乙二醇、酸、碱	非标
TB3-ⅡA 例: TB3-ⅡA 80×5.3 齿形滑环式组合密封 孔用密封 O形圈类型 孔颈直径 O形圈截面直径d_2	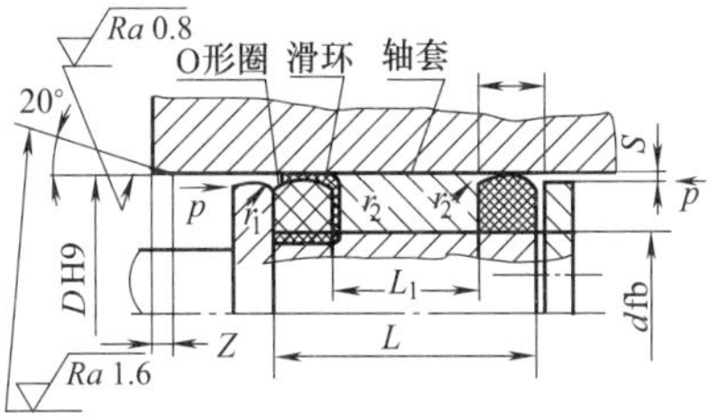	32～500	0～36	−55～250	6	空气、水、矿物油、水-乙二醇、酸、碱	GB 3452.1—2005
TB4-ⅡA 例: TB4-ⅡA 80×5.3 C形滑环式组合密封 孔用密封 O形圈类型 孔径D O形圈截面直径d_0	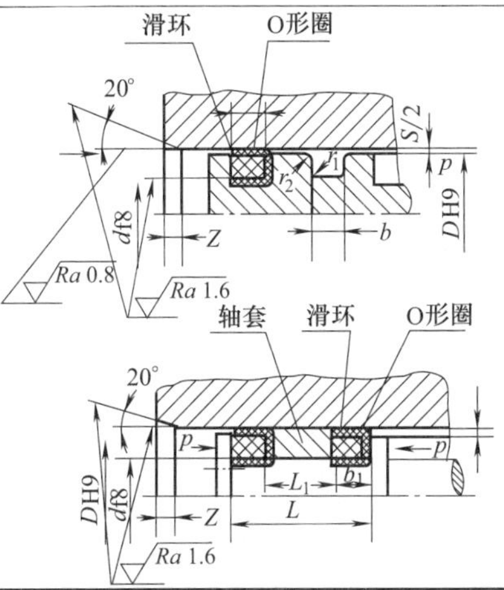	25～690	0～60	−55～250	6	空气、水、矿物油、水-乙二醇、酸、碱、氟利昂	GB 3452.1—2005

第20篇

8.4.5.3　活塞杆的防尘圈

表 20-8-29　　活塞杆的防尘圈

名称	截面形状	作用		直径范围/mm	工作范围		特点
		密封	防尘		温度/℃	速度/m·s^{-1}	
2 型特康防尘圈(埃落特)	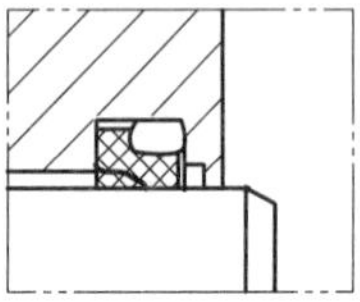	√	√	6～1000	－54～200	≤15	以 O 形圈为弹性元件和特康的双唇防尘圈组成。O 形圈使防尘唇紧贴在滑动表面起到极好的刮尘作用。如与 K 形特康斯特封和佐康雷姆封串联使用,双唇防尘圈的密封唇起到了辅助密封效果
5 型特康防尘圈(埃落特)	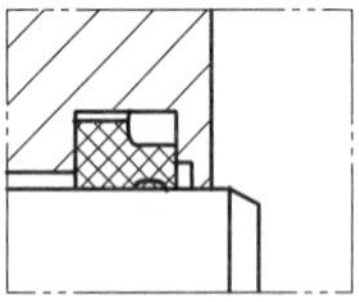	√	√	20～2500	－54～200	≤15	界面形状与 2 型特康防尘圈稍有所不同。其密封和防尘作用与 2 型相同。2 型用于机床或轻型液压缸,而 5 型主要用于行走机械或中型液压缸
DA17 型防尘圈	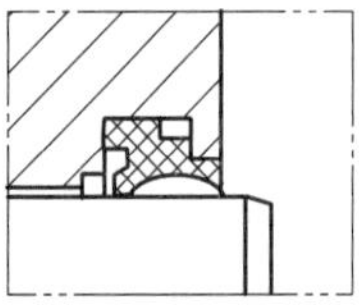	√	√	10～440	－30～110	≤1	材料为丁腈橡胶。有密封唇和防尘唇的双作用防尘圈,如与 K 形特康斯特封和佐康雷姆封串联使用,除防尘作用,又起到了辅助密封效果
DA22 型防尘圈	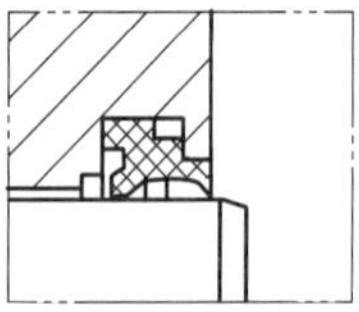	√	√	5～180	－35～＋100	≤1	材料为聚氨酯,与 DA17 型防尘圈一样具有密封和防尘的双作用防尘圈
ASW 型防尘圈	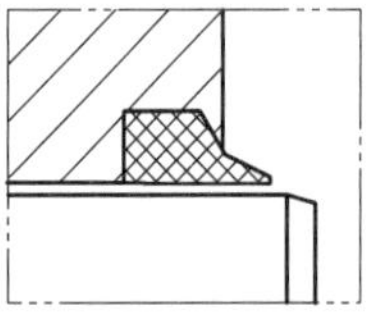	×	√	8～125	－35～100	≤1	材料为聚氨酯,有一个防尘唇和一个改善在沟槽中定位的支承边。有良好的耐磨性和抗扯裂性
SA 型防尘圈	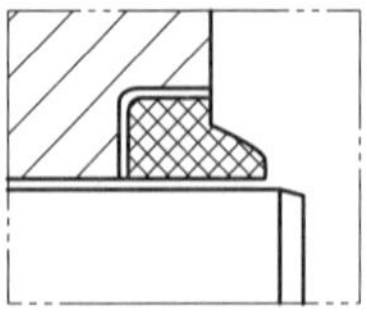	×	√	6～270	－30～＋100	≤1	材料为丁腈橡胶,带金属骨架的防尘圈
A 型防尘圈	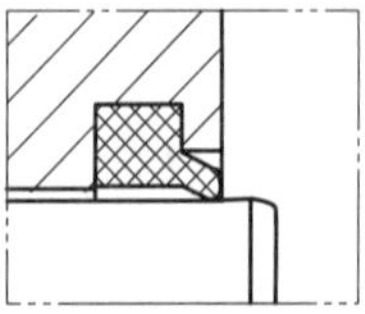	×	√	6～390	－30～110	≤1	材料为丁腈橡胶,在外表面上具有梳子形截面的密封表面,保证了它在沟槽中可靠的定位

续表

名　　称	截面形状	作　　用		直径范围/mm	工作范围		特　　点
		密封	防尘		温度/℃	速度/m·s^{-1}	
金属防尘圈	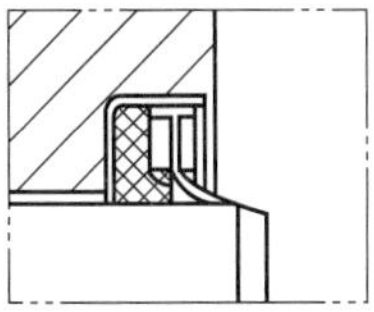	×	√	12～220	−40～120	≤1	包在钢壳里的单作用防尘圈。由一片极薄的黄铜防尘唇和丁腈橡胶的擦净唇组成。可从杆上除去干燥的或结冰的泥浆、沥青、冰和其他污染物

8.4.6　液压缸的缓冲装置

液压缸拖动沉重的部件做高速运动至行程终端时，往往会发生剧烈的机械碰撞。另外，由于活塞突然停止运动也常常会引起压力管路的水击现象，从而产生很大的冲击和噪声。这种机械冲击的产生，不仅会影响机械设备的工作性能，而且会损坏液压缸及液压系统的其他元件，具有很大的危险性。缓冲器就是为防止或减轻这种冲击振动而在液压缸内部设置的缓冲装置，在一定程度上能起到缓冲的作用，液压缸一般都设置缓冲装置，特别是对大型、高速或要求高的液压缸，为了防止活塞在行程终点时和缸盖相互撞击，引起噪声、冲击，则必须设置缓冲装置。

缓冲装置的工作原理是利用活塞或缸筒在其走向行程终端时封住活塞和缸盖之间的部分油液，强迫它从小孔或细缝中挤出，以产生很大的阻力，使工作部件受到制动，逐渐减慢运动速度，达到避免活塞和缸盖相互撞击的目的。

如图 20-8-1（a）所示，当缓冲柱塞进入与其相配的缸盖上的内孔时，孔中的液压油只能通过间隙 δ 排出，使活塞速度降低。由于配合间隙不变，故随着活塞运动速度的降低，起缓冲作用。当缓冲柱塞进入配合孔之后，油腔中的油只能经节流阀 1 排出，如图 20-8-1（b）所示。由于节流阀 1 是可调的，因此缓冲作用也可调节，但仍不能解决速度减低后缓冲作用减弱的缺点。如图 20-8-1（c）所示，在缓冲柱塞上开有三角槽，随着柱塞逐渐进入配合孔中，其节流面积越来越小，解决了在行程最后阶段缓冲作用过弱的问题。常见的缓冲柱塞的几种结构形状见图 20-8-2。

8.4.7　液压缸的排气装置

液压传动系统往往会混入空气，使系统工作不稳定，产生振动、爬行或前冲等现象，严重时会使系统不能正常工作。因此，设计液压缸时，必须考虑空气的排除。

对于要求不高的液压缸，往往不设计专门的排气装置，而是将油口布置在缸筒两端的最高处，这样也能使空气随油液排往油箱，再从油箱溢出；对于速度稳定性要求较高的液压缸和大型液压缸，常在液压缸的最高处设置。如图 20-8-3（a）所示的放气孔或专门的放气阀［见图 20-8-3（b）和图 20-8-3（c）］。当松开排气塞或阀的锁紧螺钉后，低压往复运动几次，带有气泡的油液就会排出，空气排完后拧紧螺钉，液压缸便可正常工作。

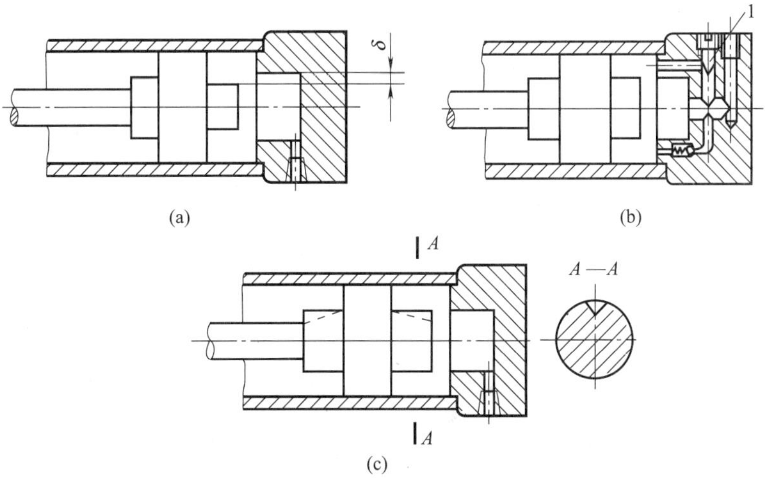

图 20-8-1　液压缸的缓冲装置

1—节流阀

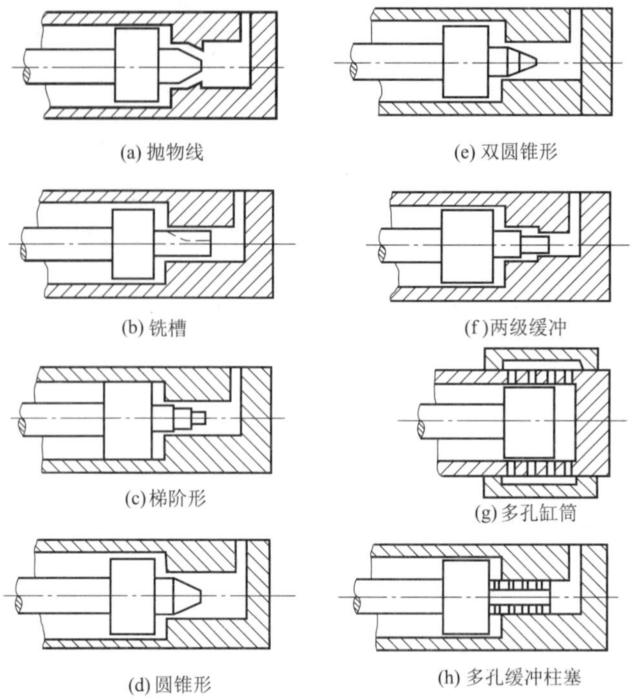

图 20-8-2 缓冲柱塞的几种结构形状

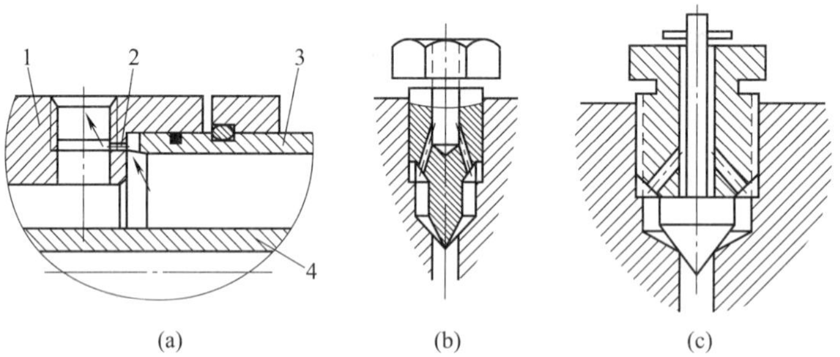

图 20-8-3 放气装置

1—缸盖；2—放气小孔；3—缸体；4—活塞杆

8.5 液压缸的设计计算

8.5.1 液压缸的设计计算

液压缸是液压传动的执行元件，它和主机工作机构有直接的联系，对于不同的机种和机构，液压缸具有不同的用途和工作要求。因此，在设计液压缸之前，必须对整个液压系统进行工况分析，编制负载图，选定系统的工作压力，然后根据使用要求选择结构类型，按负载情况、运动要求、最大行程等确定其主要工作尺寸，进行强度、稳定性和缓冲验算，最后再进行结构设计。设计步骤和注意事项如表 20-8-30 所示。

总之，液压缸的设计内容不是一成不变的，根据具体的情况有些设计内容可不做或少做，也可增加一些新的内容。设计步骤可能要经过多次反复修改，才能得到正确、合理的设计结果。在设计液压缸时，正确选择液压缸的类型是所有设计计算的前提。

在选择液压缸的类型时，要从机器设备的动作特点、行程长短、运动性能等要求出发，同时还要考虑到主机的结构特征给液压缸提供的安装空间和具体位置。如：机器的往复直线运动直接采用液压缸来实现是最简单又方便的，对于要求往返运动速度一致的场合，可采用双活塞杆式液压缸；若有快速返回的要求，则宜用单活塞杆式液压缸，并可考虑用差动连接；行程较长时，可采用柱塞缸，以减少加工的困难；行程较长但负载不大时，也可考虑采用一些传动装置来扩大行程；往复摆动运动既可用摆动式液压缸，也可用直线式液压缸加连杆机构或齿轮-齿条机构来实现。

表 20-8-30 液压缸的设计计算

项目	内容
设计步骤	①掌握原始资料和设计依据，主要包括：主机的用途和工作条件；工作机构的结构特点、负载状况、行程大小和动作要求；液压系统所选定的工作压力和流量；材料、配件和加工工艺的现实状况；有关的国家标准和技术规范等 ②根据主机的动作要求选择液压缸的类型和结构形式 ③根据液压缸所承受的外部载荷作用力，如重力、外部机构运动摩擦力、惯性力和工作载荷，确定液压缸在行程各阶段上负载的变化规律以及必须提供的动力数值 ④根据液压缸的工作负载和选定的油液工作压力，确定活塞和活塞杆的直径 ⑤根据液压缸的运动速度、活塞和活塞杆的直径，确定液压泵的流量 ⑥选择缸筒材料，计算外径 ⑦选择缸盖的结构形式，计算缸盖与缸筒的连接强度 ⑧根据工作行程要求，确定液压缸的最大工作长度 L，通常 $L \geqslant D$，D 为活塞杆直径。由于活塞杆细长，应进行纵向弯曲强度校核和液压缸的稳定性计算 ⑨必要时设计缓冲、排气和防尘等装置 ⑩绘制液压缸装配图和零件图 ⑪整理设计计算书，审定图样及其他技术文件
注意事项	①尽量使液压缸的活塞杆在受拉状态下承受最大负载，或在受压状态下具有良好的稳定性 ②考虑液压缸行程终了处的制动问题和液压缸的排气问题。缸内如无缓冲装置和排气装置，系统中需有相应的措施，但是并非所有的液压缸都要考虑这些问题 ③正确确定液压缸的安装、固定方式。如承受弯曲的活塞杆不能用螺纹连接，要用止口连接。液压缸不能在两端用键或销定位，只能在一端定位，目的是不致阻碍它在受热时的膨胀。如冲击载荷使活塞杆压缩，定位件需设置在活塞杆端，如为拉伸则设置在缸盖端 ④液压缸各部分的结构需根据推荐的结构形式和设计标准进行设计，尽可能做到结构简单、紧凑，加工、装配和维修方便 ⑤在保证能满足运动行程和负载力的条件下，应尽可能地缩小液压缸的轮廓尺寸 ⑥要保证密封可靠，防尘良好。液压缸可靠的密封是其正常工作的重要因素。如泄漏严重，不仅降低液压缸的工作效率，甚至会使其不能正常工作(如满足不了负载力和运动速度要求等)。良好的防尘措施有助于提高液压缸的工作寿命

8.5.2 液压缸性能参数的计算

表 20-8-31 液压缸性能参数计算

参数	计算公式	说明
压力	压力是指作用在单位面积上的液压力。从液压原理可知，压力等于负载力与活塞的有效面积之比 $p=\dfrac{F}{A}$	F——作用在活塞上的负载力，N A——活塞的有效工作面积，m^2 从公式可知，压力值的建立是由负载力的存在而产生的。在同一个活塞的有效工作面积上，负载力越大克服负载力所需要的压力就越大。换句话说，如果活塞的有效工作面积一定，压力越大活塞产生的作用力就越大。因此可知 ①根据负载力的大小，选择活塞面积合适的液压缸和压力适当的液压泵 ②根据液压泵的压力和负载力，设计或选用合适的液压缸 ③根据液压泵的压力和液压缸的活塞面积，确定负载的重量 在液压系统中，为便于液压元件和管路的设计选用，往往将压力分级，见表 20-8-2

续表

参数	计算公式	说明
流量	流量是指单位时间内液体流过管道某一截面的体积，对液压缸来说等于液压缸容积与液体充满液压缸所需时间之比。即 $$Q=\frac{V}{t}\ (\mathrm{m^3/s})$$ 由于 $$V=vAt$$ 则 $$Q=vA=\frac{\pi}{4}D^2v$$ 对于单活塞杆式液压缸来说，当活塞杆前进时 $$Q=\frac{\pi}{4}D^2v\ (\mathrm{m^3/s})$$ 当活塞杆后退时 $$Q=\frac{\pi}{4}(D^2-d^2)v\ (\mathrm{m^3/s})$$ 当活塞杆差动前进时 $$Q=\frac{\pi}{4}d^2v\ (\mathrm{m^3/s})$$	V——液压缸实际需要的液体体积，L t——液体充满液压缸所需要的时间，s D——缸筒内径，m d——活塞杆直径，m v——活塞杆运动速度，m/s 如果液压缸活塞和活塞杆直径一定，则流量越大，活塞杆的运动速度越快，所需要的时间就越短 ①根据需要运动的时间，选择尺寸合适的活塞和活塞杆（或柱塞）直径。对于有时间要求的液压缸（如多位缸）来说，这点很重要 ②根据需要运动的时间，可以选择流量合适的液压泵
运动速度	运动速度是指单位时间内液体流入液压缸推动活塞（或柱塞）移动的距离。运动速度可表示为 $$v=\frac{Q}{A}\ (\mathrm{m/s})$$ 当活塞杆前进时 $$v=\frac{4Q\eta_V}{\pi D_1^2}\ (\mathrm{m/s})$$ 当活塞杆后退时 $$v=\frac{4Q\eta_V}{\pi(D_1^2-d^2)}\ (\mathrm{m/s})$$	Q——流量，$\mathrm{m^3/s}$ D_1——活塞直径，m d——活塞杆直径，m η_V——容积效率，一般取为0.9～0.95 运动速度只与流量和活塞的有效面积有关，而与压力无关。认为“加大压力就能加快活塞运动速度”的观点是错误的 计算运动速度的意义在于 ①对于运动速度为主要参数的液压缸，控制流量是十分重要的 ②根据液压缸的速度，可以确定液压缸进、出油口的尺寸，活塞和活塞杆的直径 ③利用活塞杆前进和后退的不同速度，可实现液压缸的慢速工进和快速退回
速比	速比是指液压缸活塞杆往复运动时的速度之比。因为速度与活塞的有效工作面积有关，速比也是活塞两侧有效工作面积之比，即 $$\varphi=\frac{v_2}{v_1}=\frac{A_1}{A_2}=\frac{\frac{\pi}{4}D_1^2}{\frac{\pi}{4}(D_1^2-d^2)}=\frac{D_1^2}{D_1^2-d^2}$$	v_1——活塞杆的伸出速度，m/s v_2——活塞杆的退回速度，m/s D_1——活塞直径，m d——活塞杆直径，m 计算速比主要是为了确定活塞杆的直径和决定是否设置缓冲装置。速比不宜过大或过小，以免产生过大的背压或造成活塞杆太细，稳定性不好
行程时间	行程时间指活塞在缸体内完成全部行程所需要的时间，即 $$t=\frac{V}{Q}\ (\mathrm{s})$$ 当活塞杆伸出时 $$t=\frac{\pi D^2S}{4Q}\ (\mathrm{s})$$ 当活塞杆缩回时 $$t=\frac{\pi(D^2-d^2)S}{4Q}\ (\mathrm{s})$$	V——液压缸容积，$V=AS$ S——活塞行程，m Q——流量，$\mathrm{m^3/s}$ D——缸筒内径，m d——活塞杆直径，m 计算行程时间主要是为了在流量和缸径确定后，计算出达到动作要求的行程或工作时间。对于有工作时间要求的液压缸来说，是必须计算的重要数据

续表

参数	计算公式	说明
推力和拉力	液压油作用在活塞上的液压力，对于双作用液压缸来说，活塞杆伸出时的推力为 $P_1=\left[\frac{\pi}{4}D^2p-\frac{\pi}{4}(D^2-d^2)p_0\right]\eta_g$ $=\frac{\pi}{4}[D^2(p-p_0)+d^2p_0]\eta_g$ 活塞杆缩回时的拉力为 $P_2=\left[\frac{\pi}{4}(D^2-d^2)p-\frac{\pi}{4}D^2p_0\right]\eta_g$ $=\frac{\pi}{4}[D^2(p-p_0)-d^2p_0]\eta_g$	p——工作压力，N/m^2 p_0——回油背压力，N/m^2 D——缸筒内径，m d——活塞杆直径，m η_g——机械效率，根据产品决定，一般情况下取 $\eta_g=0.85\sim0.95$，摩擦力大的取小值，摩擦力小的取大值 如不需计算背压力和机械效率，根据压力和活塞面积可直接查出推力 P_1 和拉力 P_2
功和功率	从力学上可知，液压缸所做的功为 $W=PS$ (J) 液压缸的功率为 $N=\frac{W}{t}=\frac{PS}{t}=P\frac{S}{t}=Pv$ 由于 $P=pA$，$A=\frac{Q}{v}$，上式变为 $N=Pv=pA\frac{Q}{A}=pQ$ (W)	P——液压缸的出力(推力或拉力)，N S——活塞行程，m t——运动时间，s v——活塞杆运动速度，m/s p——工作压力，N/m^2 Q——流量，m^3/s 即液压缸的功率等于压力与流量的乘积

8.5.3 液压缸主要几何参数的计算

液压缸的几何尺寸主要有五个：缸筒内径 D、活塞杆直径 d、活塞行程 S、缸筒长度 L_1 和最小导向长度 H。

表 20-8-32 液压缸主要几何参数的计算

参数	计算公式	说明
主液压缸内径 D 的计算	液压缸的缸筒内径 D 根据负载的大小来选定工作压力或往返运动速度比，求得液压缸的有效工作面积，再从 GB/T 2348—1993 标准中选取最近的标准值作为所设计的缸筒内径。可根据负载和工作压力的大小确定 D ①以无杆腔作工作腔时 $D=\sqrt{\frac{4F_{max}}{\pi p_1}}$ ②以有杆腔作工作腔时 $D=\sqrt{\frac{4F_{max}}{\pi p_1}+d^2}$	p_1——缸工作腔的工作压力，可根据机床类型或负载的大小来确定 F_{max}——最大作用负载
活塞杆直径 d 的计算	活塞杆直径 d 通常先从满足速度或速度比的要求来选择，然后再校核其结构强度和稳定性。若速度比为 φ，则该处应有一个带根号的式子 $d=D\sqrt{\frac{\varphi-1}{\varphi}}$	也可根据活塞杆受力状况来确定，一般为受拉力作用时，$d=(0.3\sim0.5)D$。受压力作用时：$p_1<5MPa$ 时，$d=(0.5\sim0.55)D$；$5MPa<p_1<7MPa$ 时，$d=(0.6\sim0.7)D$；$p_1>7MPa$ 时，$d=0.7D$。液压缸工作压力与活塞杆直径推荐值见下表 液压缸工作压力与活塞杆直径 液压缸工作压力 p/MPa：$\leqslant5$ ｜ 5～7 ｜ $\leqslant7$ 推荐活塞杆直径：$(0.5\sim0.55)D$ ｜ $(0.6\sim0.7)D$ ｜ $0.7D$

续表

参数	计算公式	说明
主液压缸活塞行程 S 的计算	液压缸的活塞行程 S，在初步设计时，主要是按实际工作需要的长度来考虑。由于活塞杆细长，应进行纵向弯曲强度校核和液压缸的稳定性计算。因此实际需要的工作行程并不一定是液压缸的稳定性所允许的行程。为了计算行程，应首先计算出活塞杆的最大允许计算长度 $L=1.01d^2\sqrt{\frac{n}{9.8Pn_k}}$　(m) 根据液压缸的各种安装形式和计算压杆稳定的欧拉公式所确定的活塞杆计算长度 L，以及上式计算出的 L 值可以推导出具体的活塞行程 S 值 液压缸安装及末端条件系数见表 20-8-33，液压缸往复速度比推荐值见表 20-8-34	d——活塞杆直径，m P——活塞杆纵向压缩负载，N n——末端条件系数，见表 20-8-33 n_k——安全系数，$n_k>6$
液压缸缸筒长度 L_1 的确定	缸筒长度 L_1 由最大工作行程长度加上各种结构需要来确定，即 $L_1=S+B+H+M+C$	S 为活塞的最大工作行程；B 为活塞宽度，一般为 $(0.6\sim1)D$；H 为活塞杆导向长度，取 $(0.6\sim1.5)D$；M 为活塞杆密封长度，由密封方式定；C 为其他长度。一般缸筒的长度最好不超过内径的 20 倍
最小导向长度 H 的确定	对于一般的液压缸，其最小导向长度应满足下式 $H\geqslant S/20+D/2$ 一般导向套滑动面的长度 A，在 $D<80$mm 时取 $A=(0.6\sim1.0)D$，在 $D>80$mm 时取 $A=(0.6\sim1.0)D$；活塞的宽度 B 则取 $B=(0.6\sim1.0)D$。为保证最小导向长度，过分增大 A 和 B 都是不适宜的，最好在导向套与活塞之间装一隔套 K，隔套宽度 C 由所需的最小导向长度决定，即 $C=H-\frac{A+B}{2}$ 采用隔套不仅能保证最小导向长度，还可以改善导向套及活塞的通用性	当活塞杆全部外伸时，从活塞支承面中点到导向套滑动面中点的距离称为最小导向长度 H，如图所示。如果导向长度过小，将使液压缸的初始挠度（间隙引起的挠度）增大，影响液压缸的稳定性，因此设计时必须保证有一最小导向长度 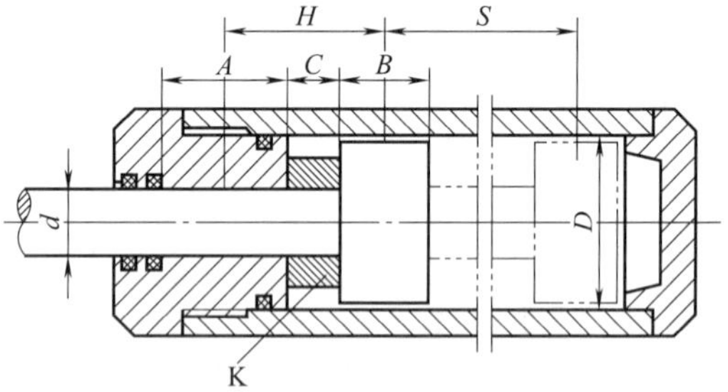 液压缸的导向长度 K—隔套；S—液压缸最大工作行程，m；D—缸筒内径，m

表 20-8-33　　液压缸安装及末端条件系数 n

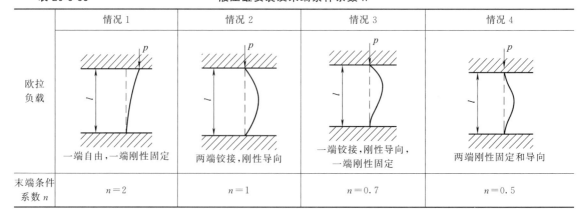

	情况 1	情况 2	情况 3	情况 4
欧拉负载	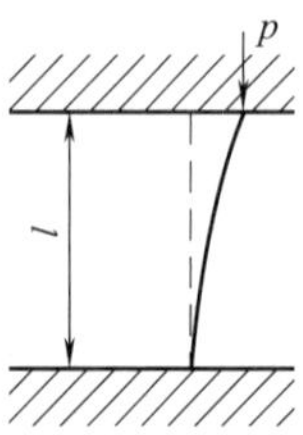 一端自由，一端刚性固定	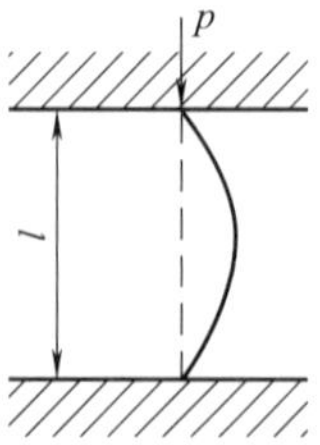 两端铰接，刚性导向	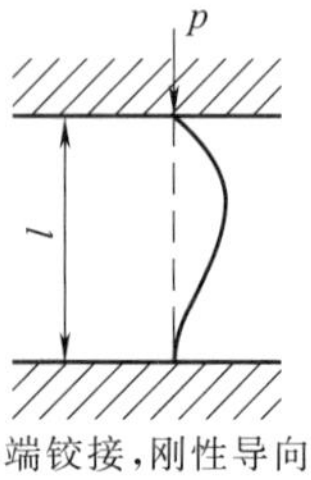 一端铰接，刚性导向，一端刚性固定	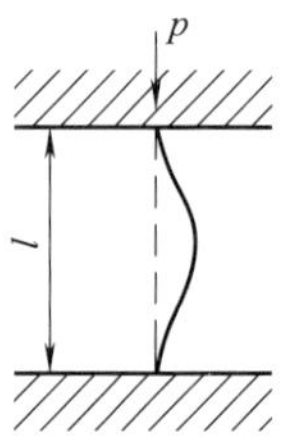 两端刚性固定和导向
末端条件系数 n	$n=2$	$n=1$	$n=0.7$	$n=0.5$

续表

	情况 1	情况 2	情况 3	情况 4
安装情况	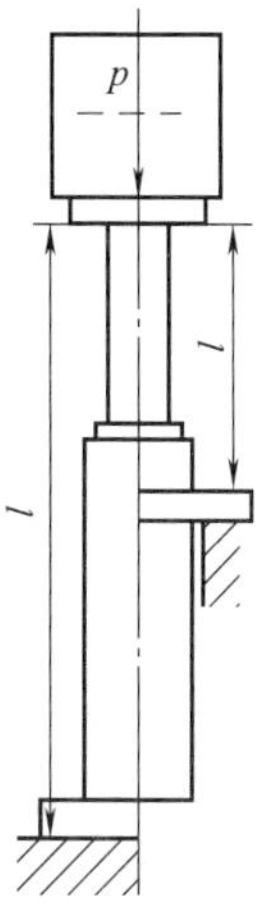	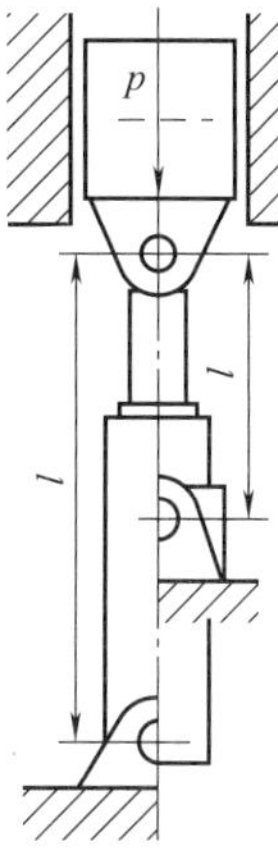	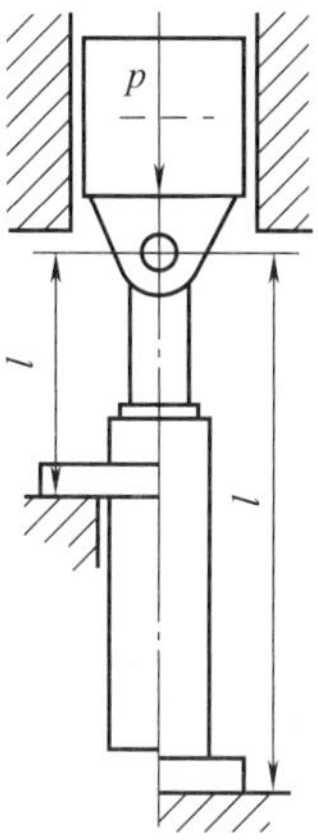	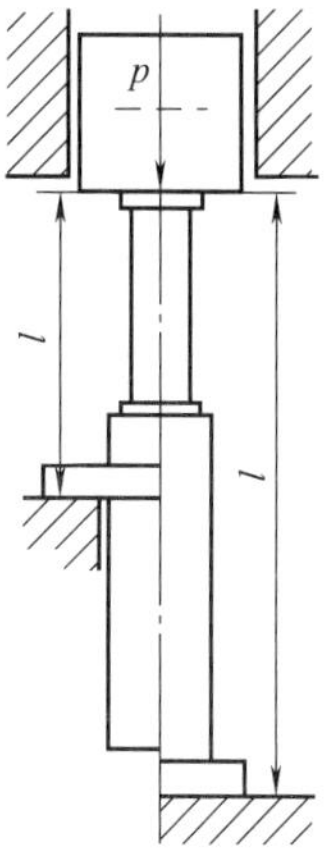

注：若液压缸安装形式如表图左半部时，式中 l 取左部 l 值；若液压缸实际安装形式如表图右半部时，式中 l 应取右边 l 值。

表 20-8-34　　液压缸往复速度比推荐值

液压缸工作压力 p/MPa	≤10	1.25～20	>20
往复速度比 φ	1.33	1.46～2	2

8.5.4 液压缸结构参数的计算

表 20-8-35　　液压缸结构参数的计算

参数	计算公式	说明
主液压缸缸筒壁厚 δ 的计算	中、高压液压缸一般用无缝钢管做缸筒，大多属薄壁筒，即 $\delta/D\leqslant0.08$，此时，可根据材料力学中薄壁圆筒的计算公式验算缸筒的壁厚，即 $$\delta\geqslant\frac{p_{\max}D}{2[\sigma]}$$ 当 $\delta/D\geqslant0.3$ 时，可用下式校核缸筒壁厚 $$\delta\geqslant\frac{D}{2}\left(\sqrt{\frac{[\sigma]+0.4p_{\max}}{[\sigma]-1.3p_{\max}}}-1\right)$$ 当液压缸采用铸造缸筒时，壁厚由铸造工艺确定，这时应按厚壁圆筒计算公式验算壁厚。当 $\delta/D=0.08\sim0.3$ 时，可用下式校核缸筒的壁厚 $$\delta\geqslant\frac{p_{\max}D}{2.3[\sigma]-3p_{\max}}$$	$p_{\max}$——缸筒内的最高工作压力 $[\sigma]$——缸筒材料的许用应力 缸筒壁厚 δ 见表 20-8-36
端盖厚度的计算	在单活塞杆液压缸中，有活塞杆通过的缸盖叫端盖，无活塞杆通过的缸盖叫缸头或缸底。端盖、缸底与缸筒构成封闭的压力容腔，它不仅要有足够的强度以承受液压力，而且必须具备一定的连接强度。端盖上有活塞杆导向孔(或装导向套的孔)及防尘圈、密封槽圈，还有连接螺钉孔，受力情况比较复杂，设计不好容易损坏 端盖上有导向孔和螺钉孔，所以与缸底的计算方法不同，常用的法兰或缸盖计算公式如下	

续表

参数		计算公式	说明
端盖厚度的计算	螺钉连接端盖	螺钉连接端盖[图(a)]厚度按下式计算 $\sigma=\dfrac{3P(D_0-d_2)}{\pi d_2 h^2}\leqslant[\sigma]$ $h=\sqrt{\dfrac{3P(D_0-d_2)}{\pi d_1[\sigma]}}$ $P=P_1+P_2=0.785d^2p+0.785(d_1{}^2-d^2)q$	σ——在 d_1 截面上的弯曲应力,Pa $[\sigma]$——许用应力,Pa h——缸盖厚度,m P——端盖受力的总和,N p——液压力,Pa q——附加密封压力,Pa,一般取密封材料的屈服极限 其他符号意义见图(a) 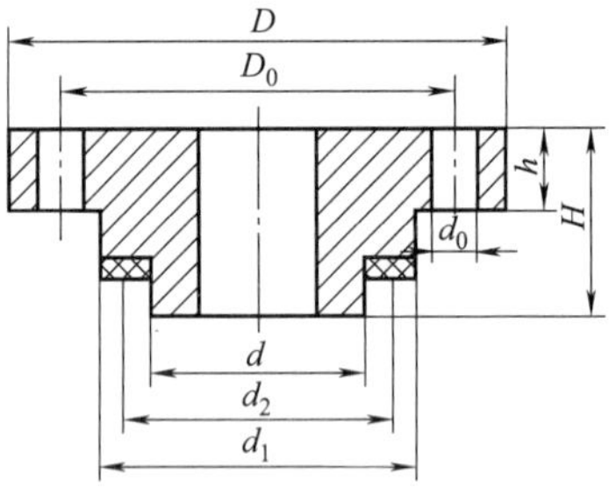 图(a)　螺钉连接端盖
	整体端盖	整体端盖[图(b)]厚度按下式计算 $\sigma=\dfrac{3P(D_0-D_1)}{\pi D_1 h^2}\leqslant[\sigma]$ $h=\sqrt{\dfrac{3P(D_0-D_1)}{\pi D_1[\sigma]}}$	σ——在 D_1 截面上 A—A 截面处的应力,Pa $[\sigma]$——许用应力,Pa P——端盖受力总和,N 其他符号意义见图(b) 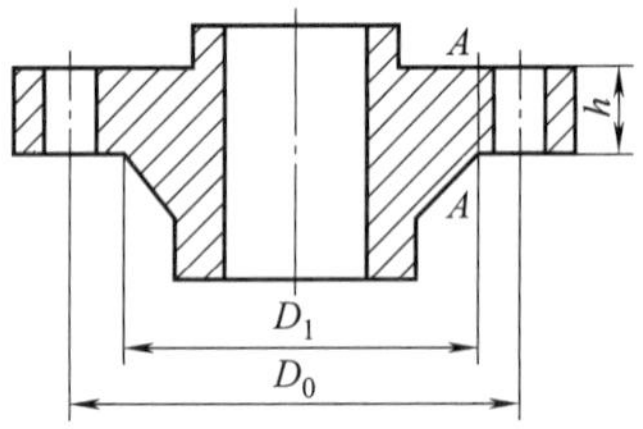 图(b)　整体端盖
	整体螺纹连接端盖	整体螺纹连接端盖[图(c)]厚度按下式计算 $\sigma=\dfrac{3P(D_0-d_2)}{\pi(D-d_2-2d_0)h^2}\leqslant[\sigma]$ $h=\sqrt{\dfrac{3P(D_0-d_2)}{\pi(D-d_2-2d_0)[\sigma]}}$	σ——直径截面上的弯曲应力,Pa P——端盖受力总和,N 其他符号见图(c) 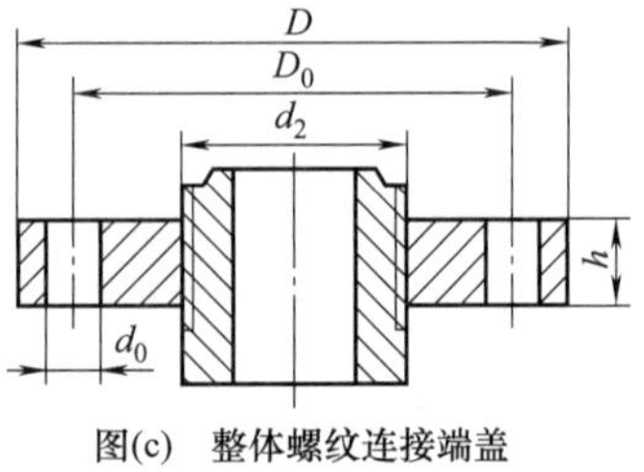 图(c)　整体螺纹连接端盖

续表

<table>
<tr><th colspan="2">参数</th><th>计算公式</th><th>说明</th></tr>
<tr><td rowspan="2">缸底厚度的计算</td><td>平缸底[图(d)]</td><td>平缸底厚度按下式计算
$$\delta=0.433d_1\sqrt{\frac{p}{[\sigma]}}$$</td><td rowspan="2">δ——缸底厚度
d_1——缸底止口内径
p——液压力
$[\sigma]$——缸底材料许用压力
d_0——油孔直径,m
D——缸筒内径,m
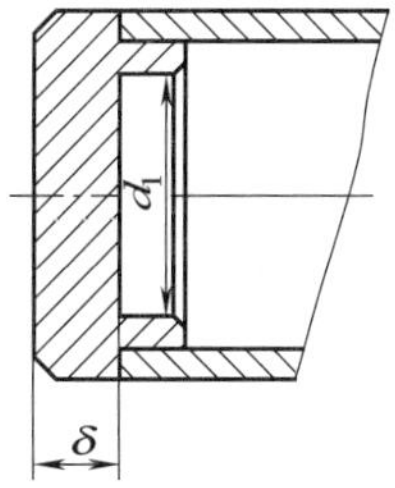
图(d) 平缸底
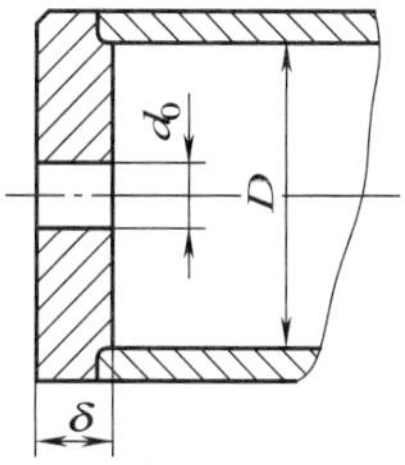
图(e) 有孔平缸底</td></tr>
<tr><td>有孔平缸底[图(e)]</td><td>有孔平缸底按下式计算
$$\delta=0.433D\sqrt{\frac{pD}{(D-d_0)[\sigma]}}$$</td></tr>
<tr><td colspan="2">液压缸油口尺寸的确定</td><td colspan="2">选择油口尺寸的主要参数是油管直径。油管的有效通油直径,应保证油液流速在2～4.5m/s以下,这样可以减少压力损失,提高效率,减轻振动和噪声。油管壁厚要有足够的强度。油管的内径可以从表20-8-8和表20-8-9查出。油口可设在缸筒上、缸盖上、活塞杆上,也可设在销轴或铰轴上
液压缸管接头的选择,决定了接口的形式和尺寸。选择时,应充分考虑液压缸的压力、流量、安装形式、安装位置和工作情况,对各种管接头的工作性能、应用范围应有充分了解
按结构形式划分,管接头有扩口薄管式、高压卡套式、球形钢管焊接式、钢管焊接式、法兰式以及软管接头等
按通路数目,可分为直通式、直角式、三通、四通和铰接式等
油口采用螺纹连接,制造简单,安装方便。但是它的安装方向性差,特别是直角接头,拧紧后方向不一定正合适。螺纹连接的耐冲击性稍差,拧得过紧会发生斜楔效应,以致挤裂油口
螺纹连接通常采用四种形式:55°圆柱管螺纹(G)、55°圆锥管螺纹(ZC)、60°圆锥管螺纹(Z)和普通细牙螺纹(M),前三种是英制螺纹,第四种是公制螺纹。圆锥管螺纹的螺纹面具有一定的密封能力。60°圆锥管螺纹比55°圆锥管螺纹的密封更好些,前者多用于高压系统,后者多用于低压系统。为了提高圆锥管螺纹的密封性能,常与聚四氟乙烯薄膜或密封胶配合使用。圆柱管螺纹一般与密封圈或密封垫配合使用。目前普遍采用普通细牙螺纹,已有逐渐代替英制螺纹的趋势</td></tr>
</table>

表 20-8-36　　　缸筒壁厚 δ

产品系列代号	p_n /MPa	$D=$ 40	$D=$ 50	$D=$ 63	$D=$ 70	$D=$ 80	($D=$ 90)	$D=$ 100	($D=$ 110)	$D=$ 125	($D=$ 140)	$D=$ 150	$D=$ 160	($D=$ 180)	$D=$ 200	($D=$ 220)	$D=$ 250	($D=$ 280)	$D=$ 320	($D=$ 360)
A	16	10	10	10	10	11	12	13.5	15	13.5	14	15	17	19.5	22.5	30	31	32	30	—
B	16	8.5	9	10	—	11	12	13.5	15	13.5	14	15	17	19.5	22.5	26.5	24.5	—	28.5	—
C	16	7	6.75	6.5	—	7.5	9	10.5	11.5	13.5	14	15	17	19.5	22.5	26.5	24.5	22.5	28.5	—
D	16	5	6.5	6.5	—	7.5	—	10.5	—	13.5	—	—	17	—	22.5	26.5	24.5	35.5	28.5	37.5
E	25	5	5	7.5	—	10	—	12.5	—	12.5	15	—	17.5	20	22.5	25	25	22	30.5	—
E	35	7.5	7.5	10	—	10	—	12.5	—	17.5	20	—	22.5	25	27.5	25	37	44	43	—
F	16	—	5.5	7	—	8	—	8	8.5	9.5	11	—	12	—	14	—	18	—	—	—
F	25	—	6	7	—	9	—	11	12	13	15	—	17	—	21	—	26	—	—	—
F	32	—	8	9.5	—	12	—	15	16	17.5	21	—	25	—	30	—	35	—	—	—

续表

产品系列代号	p_n/MPa	D=40	D=50	D=63	D=70	D=80	(D=90)	D=100	(D=110)	D=125	(D=140)	D=150	D=160	(D=180)	D=200	(D=220)	D=250	(D=280)	D=320	(D=360)
G	4	—	—	—	—	—	—	—	—	—	—	—	—	—	7.5	—	—	—	—	—
G	5	—	—	—	—	—	—	—	—	—	—	5	—	—	—	—	—	—	—	—
G	7	—	—	3	—	3	—	3	—	5	—	—	—	—	—	—	—	—	—	—
G	10.5	3	3	—	—	—	—	—	—	—	—	—	—	—	—	—	—	—	—	—

注：1. 带括号 D 尺寸为 GB/2348—1993 规定非优先选用。
2. p_n—液压缸的额定压力。
3. 产品系列代号：
A—DG 型车辆用液压缸；
B—HSG 型工程用液压缸；
C—Y-HG1 型冶金设备标准液压缸；
D—CDE 型双作用船用液压缸；
E—力士乐公司 CD250、CD350 系列重载型液压缸；
F—洪格尔公司 THH 型液压缸；
G—力士乐公司 CD70 系列拉杆型液压缸。

8.5.5 液压缸的连接计算

表 20-8-37 液压缸的连接计算

<table>
<tr><th colspan="2">参数</th><th>计算公式</th><th>说明</th></tr>
<tr><td rowspan="3">活塞杆连接螺纹的计算</td><td>螺纹外径的计算</td><td>假设可忽略螺顶与螺底的尺寸差别，则可用下式概略计算
$$d_0=1.38\sqrt{\frac{P}{[\sigma]}}$$</td><td rowspan="3">d_0——螺纹外径，m
d_1——螺纹底径，m
N——螺纹有效工作圈数
P——活塞拉力，N
q——螺纹许用接触面压力，Pa
$[\sigma]$——许用应力，Pa
$\sigma_{合}$——合成应力，Pa
$\sigma_{拉}$——拉应力，Pa
τ——切应力，Pa
K——螺纹连接摩擦因数，一般取 0.07
S——螺距</td></tr>
<tr><td>螺纹圈数的计算</td><td>活塞杆螺纹有效圈数按下式计算
$$N=\frac{P}{q}\times\frac{\pi}{4}(d_0{}^2-d_1{}^2)$$</td></tr>
<tr><td>螺纹强度的计算</td><td>活塞杆与活塞连接螺纹的强度可按式校核
根据第四强度理论
$$\sigma_{拉}=\frac{1.25P}{\frac{\pi}{4}d_1{}^2}$$
$$\tau=\frac{20Pd_0K}{\pi d_1^3}$$
$$\sigma_{合}=\sqrt{\sigma_{拉}^2+3\tau^2}$$
活塞拉力几乎有 40% 作用在第一圈螺纹上，所以第一圈螺纹应力为
$$\sigma_b=\frac{0.248P}{d_1S}$$
$$\tau=\frac{0.127P}{d_1S}$$</td></tr>
<tr><td colspan="2">活塞杆卡键连接强度的计算</td><td>活塞杆卡键连接强度按下式计算[见图(a)]
$$\tau=\frac{p(D^2-d_1{}^2)}{4d_1l}$$
$$\sigma=\frac{p(D^2-d_1{}^2)}{h(2d_1+h)}$$
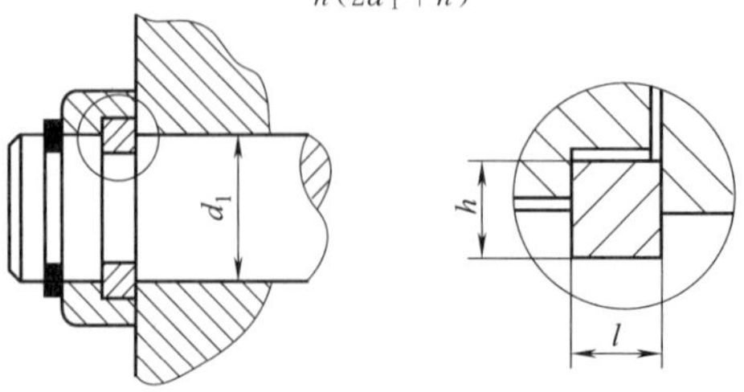

图(a) 活塞杆卡键连接简图</td><td>τ——切应力，Pa
σ——挤压应力，Pa
p——工作油压力，Pa
D——缸筒内径，m
d_1——活塞杆轴颈直径 m
h——卡键高度，m
l——卡键宽度，m</td></tr>
</table>

续表

参数			计算公式	说　　明
缸盖内部连接强度的计算	缸盖焊接强度的计算	缸底焊接强度的计算	当采用 V 形坡口对接焊缝时[图(b)] $\sigma=\dfrac{4P}{\pi(D_1^2-D_2^2)\varphi}$	P——液压缸推力 D_1——缸筒外径 D_2——焊缝底径 φ——焊缝强度系数，一般焊条电弧焊 $\varphi=0.7\sim0.8$，自动焊 $\varphi=0.8\sim0.9$ 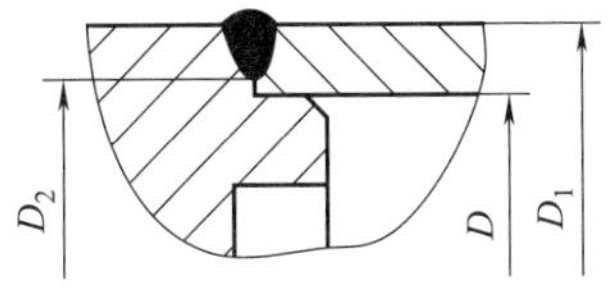 图(b)　缸底焊缝
		缸盖法兰焊接强度计算	当采用填角焊接时[图(c)] $\sigma=\dfrac{1.414P}{\pi D_1 h\varphi}$	h——有效焊缝宽度 φ——焊缝强度系数，一般焊条电弧焊 $\varphi=0.6$，自动焊 $\varphi=0.65$ 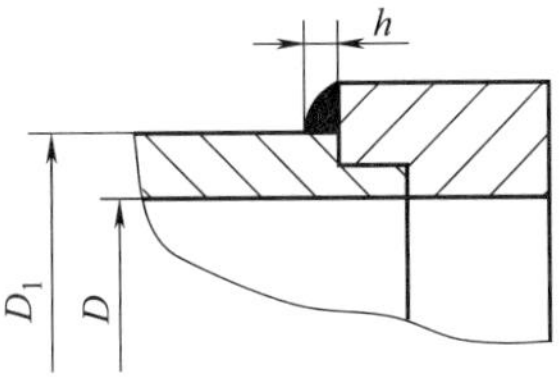 图(c)　缸盖焊缝
	法兰连接螺栓强度计算		螺纹的拉应力 $\sigma=\dfrac{KP}{\frac{\pi}{4}d_1^2Z}$ (Pa) 螺纹的剪应力 $\tau=\dfrac{K_1KPd_0}{0.2d_1^3Z}$ (Pa) 合成应力 $\sigma_n=\sqrt{\sigma^2+3\tau^2}\approx1.3\sigma\leqslant[\sigma_s]$ (Pa)	P——液压缸最大推力，N d_0——螺纹直径，m d_1——螺纹底径，m，普通螺纹 $d_1=d_0-1.224S$ K——拧紧螺纹系数，静载荷 $K=1.25\sim1.5$，动载荷 $K=2.5\sim4$ K_1——螺纹内摩擦因数，一般取 $K_1=0.12$ $[\sigma_s]$——缸筒材料屈服极限，Pa Z——螺栓数目
	螺纹连接强度的计算		螺纹拉应力 $\sigma=\dfrac{KP}{\frac{\pi}{4}(d_1^2-D^2)}$ (Pa) 螺纹剪切应力 $\tau=\dfrac{K_1KPd_1}{0.2(d_1^3-D^3)}$ (Pa) 合成应力 $\sigma_n=\sqrt{\sigma^2+3\tau^2}\leqslant[\sigma]$ (Pa)	D——缸筒内径，m 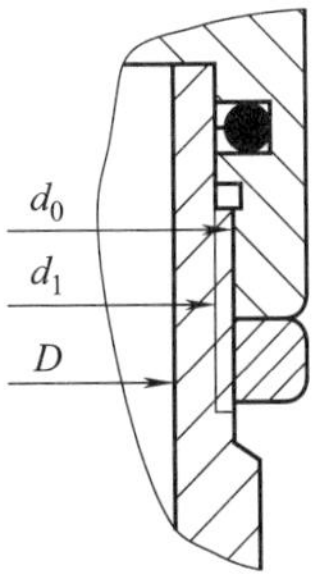 图(d)　螺纹连接计算简图

第 20 篇

续表

参数			计算公式	说明
缸盖内部连接强度的计算	卡键连接强度的计算	外卡键连接强度的计算	卡键的切应力（a—a 截面） $\tau=\frac{pD_1}{4l}$ 卡键的挤压应力（a—b 截面） $\sigma_t=\frac{pD_1^2}{h(2D_1-h)}$ 缸筒危险截面的拉应力（A—A 截面） $\sigma=\frac{pD^2}{D_1^2-(D+h^2)}$	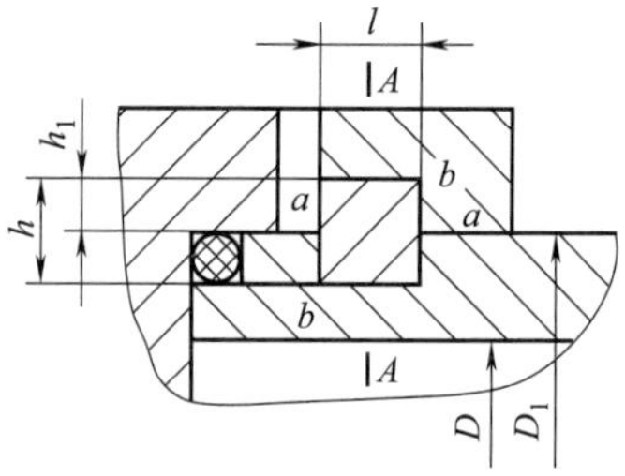 图(e)　外卡键连接强度计算简图
		内卡键连接强度的计算	卡键的切应力（a—a 截面） $\tau=\frac{pD}{4l}$ 卡键的挤压应力（a—b 截面） $\sigma_t=\frac{pD^2}{h(2D-h)}$ 缸筒危险截面的拉应力（A—A 截面） $\sigma=\frac{pD^2}{D_1^2-(D+h)^2}$ 卡键尺寸一般取 $h=l=\delta, h_1=h/2$	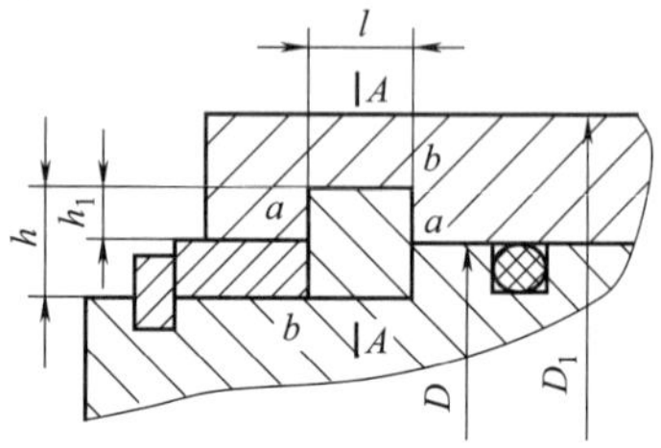 图(f)　内卡键连接强度计算简图
缸盖外部连接强度的计算	铰轴强度的计算		切应力 $\tau=\frac{pD^2}{2d_0^2}\leqslant[\tau]$	D——液压缸内径 p——液压力 d_0——铰轴直径
	耳环强度的计算		耳环拉应力 $\sigma=\frac{R_1^2+R_2^2}{R_2^2-R_1^2}\times\frac{\frac{\pi}{4}D^2p}{d_1b}\leqslant[\sigma]$ 挤压应力 $\sigma_t=\frac{\frac{\pi}{4}pD^2}{d_1b}$ 双耳环座的应力为单耳环座的二分之一 耳环轴销剪切应力 $\tau=\frac{pD^2}{2d_1^2}\leqslant[\tau]$	R_1——耳环座内半径 R_2——耳环座外半径 b——耳环座宽度 d_1——耳环孔直径 D——液压缸直径 p——液压力

8.5.6　活塞杆稳定性验算

行程长的液压缸，特别是在两端采用铰接结构的液压缸，当其活塞杆直径与液压缸计算长度之比 $D/l<1:10$ 时，必须校对液压缸的稳定性。液压缸承受的压缩载荷 P 大于液压缸的稳定极限力 P_k 时，容易发生屈曲破坏。如果液压缸推力 P 小于稳定极限力 P_k，液压缸就处于稳定工作状态。

当液压缸处于不稳定工作状态时，应改进设计，或采取其他结构措施，如加大活塞杆直径、缸筒直径，限制行程长度，改进安装方式，改变安装位置，或增加支承位置等。

液压缸稳定极限力 P_k 的计算方法很多，目前普遍使用欧拉公式、拉金公式等截面计算方法，其次是非等截面的查表法。

等截面计算方法：此法使用欧拉公式和拉金公式，将液压缸视为截面完全相等的整体杆进行纵向稳定极限力计算，因而称为等截面计算法。由于计算是按活塞杆截面进行的，所以得到的稳定极限力趋于保守。

表 20-8-38　　活塞杆稳定性验算

计算方式	计算公式	说明
欧拉公式	当细长比 $l/k \geqslant m\sqrt{n}$ 时（m 为柔性系数），n 为末端条件系数（表 20-8-33），用欧拉公式计算 $P_k=\dfrac{n\pi^2 EJ_1}{l^2}$（N） 采用钢材作活塞杆时，上式又可直接写为 $P_k=\dfrac{1.02nd^4}{l^2}\times 10^6$（N）	P_k——液压缸稳定极限力 l——活塞杆安装长度，m J_1——活塞杆截面转动惯量，m^4 E——材料弹性模量，Pa A——活塞杆的截面积，m^2 f_0——材料强度实验值（见下表） a——实验常数（见下表） d——活塞杆直径，cm k——活塞杆截面回转半径 实心轴：　$k=\sqrt{\dfrac{J_2}{A}}=\dfrac{d}{4}$（m） 空心轴：　$k=\sqrt{\dfrac{d_1^2+d_2^2}{4}}$（m） d_1——轴的外径，m d_2——轴的内径，m
拉金公式	当细长比 $l/k<m\sqrt{n}$ 时，用拉金公式计算 $P_k=\dfrac{10f_0A}{1+\dfrac{a}{n}\left(\dfrac{l}{k}\right)^2}$（N）	实验常数 f_0、a、m 值（见下表）

实验常数 f_0、a、m 值

材料	铸铁	锻铁	软钢	硬钢	干燥材料
f_0/MPa	560	250	340	490	50
a	1/1600	1/9000	1/7500	1/5000	1/750
m	80	110	90	85	60

8.6　液压缸标准系列

液压缸主要有以下产品：工程机械以及机床设备用液压缸（多为单杆双作用液压缸），车辆用液压缸（多为双作用单活塞杆液压缸），冶金用液压缸（多为双作用单活塞杆型），船用液压缸（双作用和单作用柱塞液压缸两种），多级液压缸等产品。目前生产液压缸的厂家很多，许多国外厂家在国内也开办了工厂。

8.6.1　工程液压缸系列

（1）HSG 型工程液压缸结构

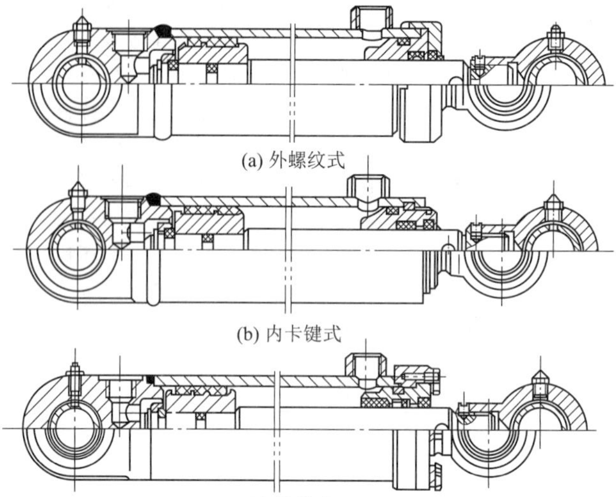

图 20-8-4　HSG 型工程液压缸结构

（2）HSG 型工程液压缸型号意义

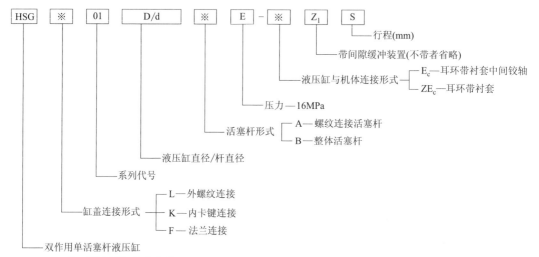

HSG　※　01　D/d　※　E　-　※　Z_1　S

- S —— 行程(mm)
- Z_1 —— 带间隙缓冲装置(不带者省略)
- ※ —— 液压缸与机体连接形式：E_c—耳环带衬套中间铰轴；ZE_c—耳环带衬套
- E —— 压力—16MPa
- ※ —— 活塞杆形式：A—螺纹连接活塞杆；B—整体活塞杆
- D/d —— 液压缸直径/杆直径
- 01 —— 系列代号
- ※ —— 缸盖连接形式：L—外螺纹连接；K—内卡键连接；F— 法兰连接
- HSG —— 双作用单活塞杆液压缸

（3）HSG 型工程液压缸技术规格

表 20-8-39　　HSG 型工程液压缸技术规格

型号	缸径 /mm	活塞杆直径/mm			工作压力 160MPa						最大行程 /mm
		速比 1.33	速比 1.46	速比 2	速比 1.33		速比 1.46		速比 2		
					推力/N	拉力/N	推力/N	拉力/N	推力/N	拉力/N	
HSG※01-40/dE	40	20	22	25	20100	15070	20100	14010	20100	12270	500
HSG※01-50/dE	50	25	28	32	31400	23550	31400	18560	31400	15010	600
HSG※01-63/dE	63	32	35	45	49870	37010	49870	34480	49870	24430	800
HSG※01-80/dE	80	40	45	55	80420	60320	80420	54980	80420	42410	(1000) 2000
HSG※01-90/dE	90	45	50	63	101790	76340	101790	40360	101790	51900	(1100) 2000

续表

型号	缸径/mm	活塞杆直径/mm			工作压力 160MPa						最大行程/mm
		速比 1.33	速比 1.46	速比 2	速比 1.33		速比 1.46		速比 2		
					推力/N	拉力/N	推力/N	拉力/N	推力/N	拉力/N	
HSG※01-100/dE	100	50	55	70	125660	94240	125660	87650	125660	64060	(1350) 4000
HSG※01-110/dE	110	55	63	80	152050	114040	152050	102180	152050	71600	(1600) 4000
HSG※01-125/dE	125	63	70	90	196350	146480	196350	134770	196350	94500	(2000) 4000
HSG※01-140/dE	140	70	80	100	246300	184730	246300	165880	246300	120600	(2000) 4000
HSG※01-150/dE	150	75	85	105	282740	212060	282740	193210	282740	144280	(2000) 4000
HSG※01-160/dE	160	80	90	110	321700	241270	321700	219910	32170	169600	(2000) 4000
HSG※01-185/dE	180	90	100	125	407150	305370	407150	281500	407150	210800	(2000) 4000
HSG※01-200/dE	200	100	110	140	502660	376990	502660	350600	502660	256300	(2000) 4000
HSG※01-220/dE	220	—	125	160	608200		608200	411860	608200	286500	4000
HSG※01-250/dE	250	—	140	180	785600		785600	539100	785600	378200	4000

(4) HSG 型工程液压缸外形尺寸

① HSG 型工程液压缸外形尺寸（活塞杆端为外螺纹连接）

表 20-8-40　　HSG 型工程液压缸外形尺寸（活塞杆端为外螺纹连接）　　mm

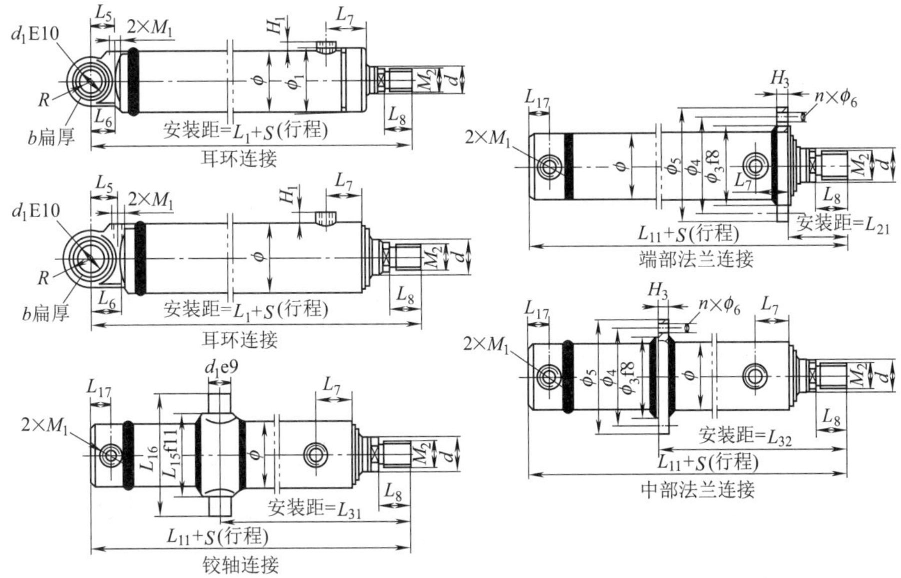

续表

缸径 D	ϕ	d 速比 φ 1.33	d 速比 φ 1.46	d 速比 φ 2	d_1	R	b	L_6	M_2	L_8	L_5	L_7	L_1	$2\times M_1$	H_1	ϕ_1
40	57	20	22	※25	20 或 GE20ES	25		30	M16×1.5	30	30	65	225	M14×1.5	15	65
50	68	25	28	※32	30 或 GE30ES	35		40	M22×1.5	35	40		243	M18×1.5		75
63	83	32	35	45					M27×1.5	40			258			90
80	102	40	45	55	40 或 GE40ES	45		50	M33×1.5	45	50	75 △65	300	M22×1.5	18	110
90	114	45	50	63					M36×2			66 ▲76	305 ▲325			
100	127	50	55	70	50 或 GE50ES	60		65	M42×2	50	60	72 ▲82	304 ▲360	M27×2	20	—
110	140	55	63	80					M48×2	55		77 ▲87	360 ▲380			
125	152	63	70	90					M42×2	60		78	370			
140	168	70	80	100	60 或 GE60ES	70		75	M60×2	65	70	85 ▲95	405 ▲425	M33×2		
150	180	75	85	105					M64×2	70	75	92 ▲102	420 ▲440		22	
160	194	80	90	110					M68×2	75	70	100	435	M42×2		
180	219	90	100	125	70 或 GE70ES	80		85	M76×3	85	89	107	480		24	
200	245	100	110	140	80 或 GE80ES	95	90	95	M85×3	95	100	110	510			
220	273	110	125	160	90 或 GE90ES	105	100	105	M95×3	105	110	120	560		25	
250	299	125	140	180	100 或 GE100ES	120	110	120	M105×3	115	112	135	614			

缸径 D	L_{15}	L_{16}	L_{11}	L_{17}	ϕ_3	ϕ_4	ϕ_5	H_3	L_{21}	$n\times\phi_6$	L_{31}	L_{32}	S
80	125	185	275	25	115	145	175	20	81	8×ϕ13.5	＞215 ＜160+S	＞200 ＜190+S	55
90	140	200	280 ▲300		130	160	190		82 ▲92	8×ϕ15.5	＞225 ＜165+S	＞210 ＜195+S	60
100	155	230	310 ▲330	30	145	180	210		88 ▲98	8×ϕ18	＞250 ＜170+S	＞230 ＜210+S	80
110	170	245	330 ▲350		160	195	225	22	95 ▲105	8×ϕ18	＞260 ＜190+S	＞225 ＜225+S	70
125	185	260	340		175	210	240		98	10×ϕ18	＞255 ＜200+S	＞235 ＜240+S	55
140	200	290	370 ▲390	35	190	225	260	24	108 ▲118	10×ϕ20	＞290 ＜210+S	＞265 ＜250+S	80
150	215	305	385 ▲405		205	245	285	26	114 ▲124	10×ϕ22	＞305 ＜225+S	＞285 ＜265+S	80
160	230	320	400		220	260	300	28	119	10×ϕ22	＞310 ＜240+S	＞290 ＜280+S	70
180	255	360	440	42	245	285	325	30	130	10×ϕ24	＞345 ＜255+S	＞320 ＜300+S	90
200	285	405	460	40	275	320	365	32	143	10×ϕ26	＞365 ＜265+S	＞340 ＜315+S	100
220	320	455	503	53	305	355	405	34	156	10×ϕ29	＞395 ＜285+S	＞365 ＜340+S	100
250	350	500	547	55	330	390	450	36	171	12×ϕ32	＞430 ＜315+S	＞395 ＜375+S	105

注：1. 带▲者仅为速比 $\varphi=2$ 时的接连尺寸。
2. 带※者速比为 1.7。
3. 带△者仅为 ϕ80 缸卡键式尺寸。
4. 铰轴和中部法兰连接的行程不得小于表中 S 值。

② HSG 型工程液压缸外形尺寸（活塞杆端为外螺杆头耳环连接）

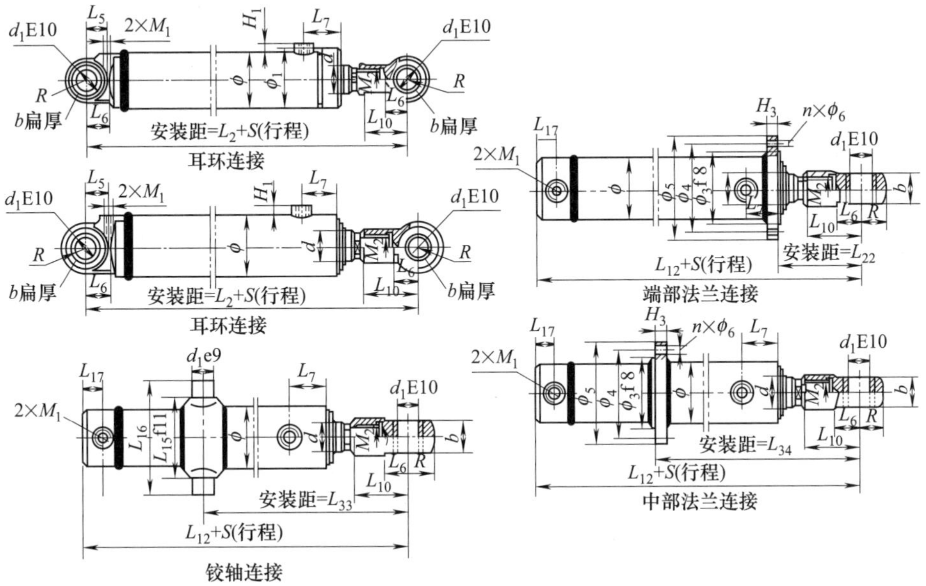

图 20-8-5　HSG 型工程液压缸外形尺寸（活塞杆端为外螺杆头耳环连接）

③ HSG 型工程液压缸外形尺寸（活塞杆端为内螺纹连接）

表 20-8-41　　**HSG 型工程液压缸外形尺寸**（活塞杆端为内螺纹连接）　　mm

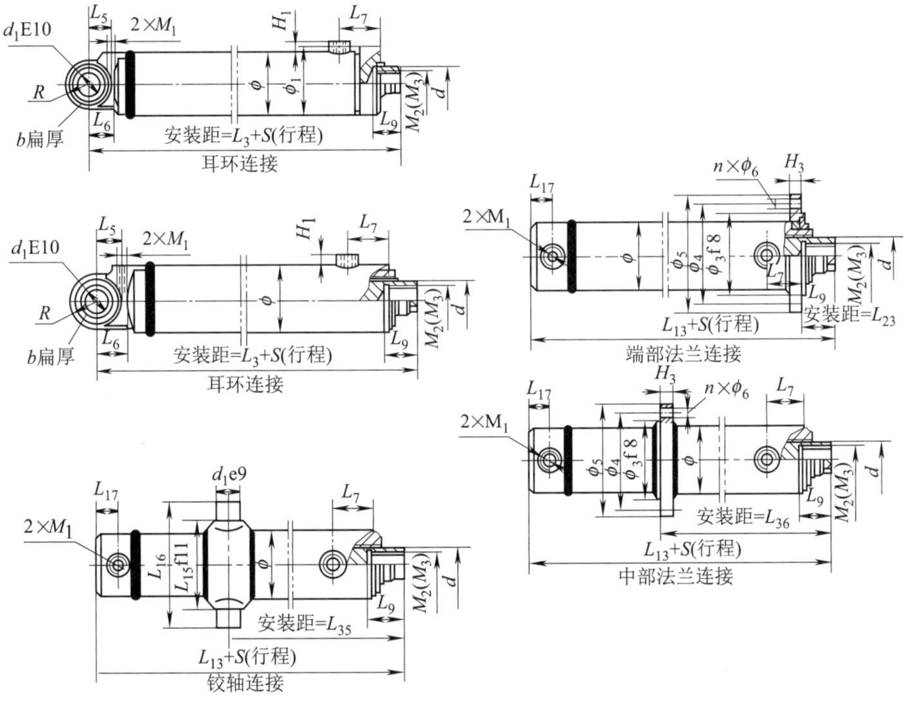

续表

缸径 D	ϕ	d 速比 φ 1.33	1.46	2	d_1	R	b	L_6	M_2	L_9	L_5	L_7	L_3	$2\times M_1$	H_1	ϕ_1
63	83	32	35	45	30 或 GE30ES	35		40	M27×1.5	35	40	65	218	M18×1.5	15	90
80	102	40	45	55	40 或 GE40ES	45		50	M33×1.5	40	50	75 △65	255	M22×1.5	18	110
90	114	45	50	63					M36×2	50		66 ▲76	260 ▲280			—
100	127	50	55	70	50 或 GE50ES	60		65	M42×2	55	60	72 ▲82	290 ▲310	M27×2	20	
110	140	55	63	80					M48×2	60		77 ▲87	305 ▲325			
125	152	63	70	90					M52×2	65		78	310			
140	168	70	80	100	60 或 GE60ES	70		75	M60×2	70	70	85 ▲95	340 ▲360			
150	180	75	85	105					M64×2	75	75	92 ▲102	350 ▲370	M33×2	22	
160	194	80	90	110					M68×2	80	70	100	360			
180	219	90	100	125	70 或 GE70ES	80		85	M76×3	90	89	107	395	M42×2	24	
200	245	100	110	140	80 或 GE80ES	95	90	95	M85×3	100	100	110	415			
220	273	110	125	160	90 或 GE90ES	105	100	105	M95×3	110	110	120	455		25	
250	299	125	140	180	100 或 GE100ES	120	110	120	M105×3	120	122	135	499			

缸径 D	L_{15}	L_{16}	L_{13}	L_{17}	ϕ_3	ϕ_4	ϕ_5	H_3	L_{23}	$n\times\phi_6$	L_{35}	L_{36}	S
80	125	185	230	25	115	145	175	20	36	8×ϕ13.5	＞170 ＜115+S	＞155 ＜145+S	55
90	140	200	235 ▲255		130	160	190		37 ▲47	8×ϕ15.5	＞180 ＜120+S	＞165 ＜150+S	60
100	155	230	260 ▲280	30	145	180	210		38 ▲48	8×ϕ18	＞200 ＜120+S	＞180 ＜160+S	80
110	170	245	275 ▲295		160	195	225	22	40 ▲50	8×ϕ18	＞205 ＜135+S	＞185 ＜170+S	70
125	185	260	280		175	210	240		38	10×ϕ18	＞195 ＜140+S	＞175 ＜180+S	55
140	200	290	305 ▲325	35	190	225	260	24	43 ▲53	10×ϕ20	＞225 ＜145+S	＞200 ＜185+S	80
150	215	305	315 ▲335		205	245	285	26	44 ▲54	10×ϕ22	＞235 ＜155+S	＞215 ＜195+S	80
160	230	320	325		220	260	300	28	44	10×ϕ22	＞235 ＜165+S	＞215 ＜205+S	70
180	255	360	355	42	245	285	325	30	45	10×ϕ24	＞260 ＜170+S	＞235 ＜215+S	90
200	285	405	365	40	275	320	365	32	48	10×ϕ26	＞270 ＜170+S	＞245 ＜220+S	100
220	320	455	398	53	305	355	405	34	51	10×ϕ29	＞290 ＜180+S	＞260 ＜235+S	100
250	350	500	432	55	330	390	450	36	56	12×ϕ32	＞315 ＜200+S	＞280 ＜260+S	105

注：1. M_1 用于速比 $\varphi=1.46$ 和 2；M_2 仅用于速比 $\varphi=1.33$。
2. 带▲者仅为速比 $\varphi=2$ 时的接连尺寸。
3. 带△者仅为 ϕ80 缸卡键式尺寸。
4. 铰轴和中部法兰连接的行程不得小于表中 S 值。

④ HSG 型工程液压缸外形尺寸（活塞杆端为内螺纹，杆头耳环连接）

表 20-8-42　HSG型工程液压缸外形尺寸（活塞杆端为内螺纹，杆头耳环连接）　mm

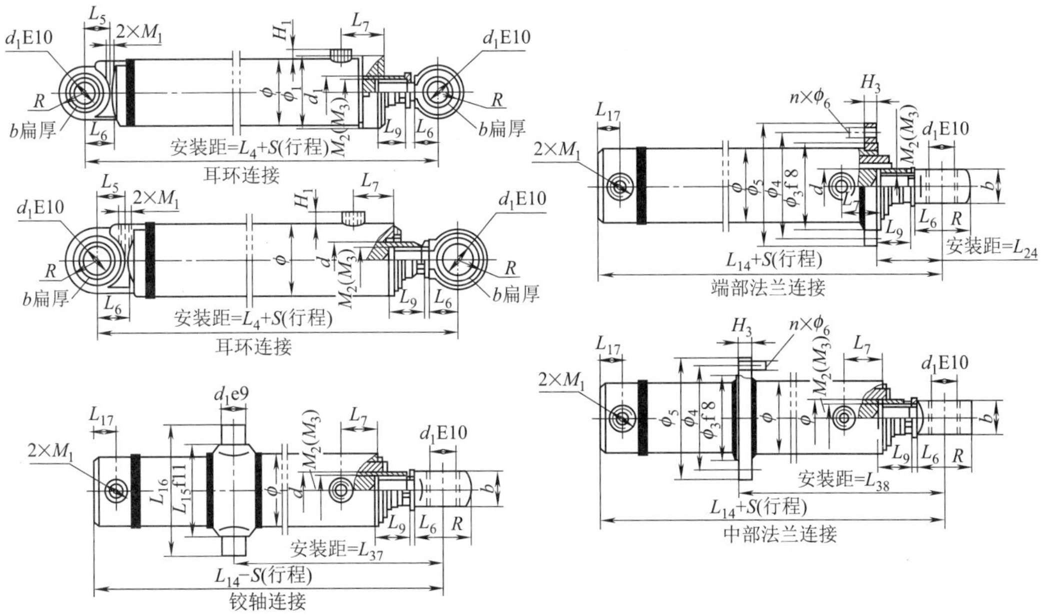

缸径 D	φ	d 速比φ 1.33	d 速比φ 1.46	d 速比φ 2	d_1	R	b	L_6	M_2	M_3	L_9	L_5	L_7	L_4	$2\times M_1$	H_1	ϕ_1
40	57	20	22	※25	20 或 GE20ES	25		30	整体式活塞杆			30	65	218	M14×1.5	15	65
50	68	25	28	※32	30 或 GE30ES	35		40	整体式活塞杆			40		240	M18×1.5		75
63	83	32	35	45					M27×1.5	M24×1.5	35			270			90
80	102	40	45	55	40 或 GE40ES	45		50	M33×1.5	M30×1.5	40	50	75 △65	317	M22×1.5	18	110
90	114	45	50	63					M36×2	M33×2	50		66 ▲76	312 ▲332			—
100	127	50	55	70	50 或 GE50ES	60		65	M42×2	M36×2	55	60	72 ▲82	357 ▲377	M27×2	20	
110	140	55	63	80					M48×2	M42×2	60		77 ▲87	372 ▲392			
125	152	63	70	90					M52×2	M48×2	65		78	377			
140	168	70	80	100	60 或 GE60ES	70		75	M60×2	M53×2	70	70	85 ▲95	418 ▲438			
150	180	75	85	105					M64×2	M56×2	75	75	92 ▲102	428 ▲448	M33×2	22	
160	194	80	90	110					M68×2	M60×2	80	70	100	438			
180	219	90	100	125	70 或 GE70ES	80		85	M76×3	M68×3	90	89	107	483	M42×2	24	
200	245	100	110	140	80 或 GE80ES	95	90	95	M85×3	M76×3	100	100	110	513			
220	273	110	125	160	90 或 GE90ES	105	100	105	M95×3	M85×3	110	110	120	565		25	
250	299	125	140	180	100 或 GE100ES	120	110	120	M105×3	M95×3	120	120	135	624			

续表

缸径 D	L_{15}	L_{16}	L_{14}	L_{17}	ϕ_3	ϕ_4	ϕ_5	H_3	L_{24}	$n\times\phi_6$	L_{37}	L_{38}	S
80	125	185	292	25	115	145	175	20	98	8×ϕ13.5	>230 <175+S	>215 <205+S	55
90	140	200	287 ▲307		130	160	190		89 ▲99	8×ϕ15.5	>230 <170+S	>215 <200+S	60
100	155	230	327 ▲347	30	145	180	210		105 ▲115	8×ϕ18	>265 <185+S	>245 <225+S	80
110	170	245	342 ▲362		160	195	225	22	107 ▲117	8×ϕ18	>270 <200+S	>250 <235+S	70
125	185	260	347		175	210	240		105	10×ϕ18	>260 <205+S	>240 <245+S	55
140	200	290	383 ▲403	35	190	225	260	24	121 ▲131	10×ϕ20	>305 <225+S	>280 <265+S	80
150	215	305	393 ▲413		205	245	285	26	122 ▲132	10×ϕ22	>315 <235+S	>295 <275+S	80
160	230	320	403		220	260	300	28	122	10×ϕ22	>315 <245+S	>295 <285+S	70
180	255	360	443	42	245	285	325	30	133	10×ϕ24	>350 <260+S	>325 <305+S	90
200	285	405	463	40	275	320	365	32	146	10×ϕ26	>370 <220+S	>345 <320+S	100
220	320	455	508	53	305	355	405	34	160	10×ϕ29	>400 <290+S	>370 <345+S	100
250	350	500	557	55	330	390	450	36	181	12×ϕ32	>440 <325+S	>405 <385+S	105

注：1. M_2 用于速比 φ=1.46 和 2；M_3 仅用于速比 φ=1.33。
2. 带▲者仅为速比 φ=2 时的接连尺寸。
3. 带※者速比为 1.7。
4. 带△者仅为 ϕ80 缸卡键式尺寸。
5. 铰轴和中部法兰连接的行程不得小于表中 S 值。

⑤ HSG 型工程液压缸外形尺寸（外螺纹连接）

表 20-8-43　HSG 型工程液压缸外形尺寸（外螺纹连接） mm

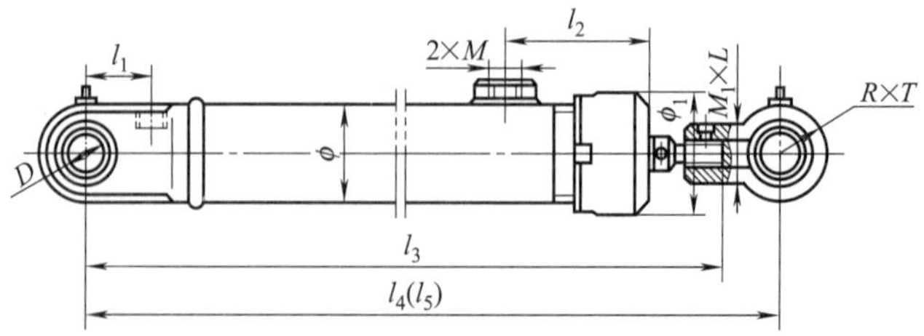

缸径	ϕ	ϕ_1	D	l_1	l_2	l_3	l_4	l_5	$R\times T$(厚)	2×M	$M_1\times L$(长)
63	76	90	30	40	77	273+行程	310+行程	275+行程	35×35	M18×1.5	M27×2×(35)
80	95	110	40	45	77	302+行程	365+行程	310+行程	45×35	M18×1.5	M27×2×(35)

⑥ HSG 型工程液压缸外形尺寸（内卡键连接）

表 20-8-44　　HSG 型工程液压缸外形尺寸（内卡键连接）　　mm

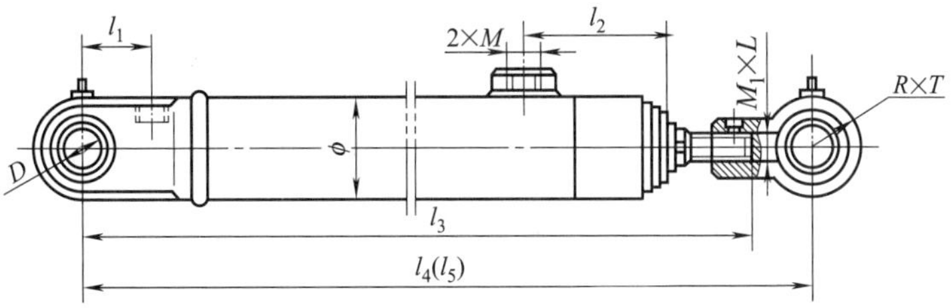

缸径	ϕ	D	l_1	l_2	l_3	l_4	l_5	$R\times T$(厚)	$2\times M$	$M_1\times L$(长)
80	95	40	45	65	302+行程	365+行程	310+行程	45×45	M18×1.5	M32×2×(45)
90	108				307+行程	370+行程	310+行程			M36×2×(50)
100	121	50	55		352+行程	430+行程	365+行程	60×60	M22×1.5	M42×2×(55)
110	133			70	362+行程	440+行程	370+行程			M48×2×(60)
125	152			82	383+行程	455+行程	380+行程			M52×2×(65)
140	168	60	65	87	412+行程	500+行程	420+行程	70×70	M27×2	M60×2×(70)
160	194			95	427+行程	515+行程	430+行程			M68×2×(75)
180	219	70	75	100	488+行程	590+行程	490+行程	80×80	M33×2	M76×3×(85)
200	245	80	85	105	518+行程	630+行程	520+行程	90×90		M85×3×(95)
220	273	90	90	110	565+行程	690+行程	565+行程	100×100	M42×2	M95×3×(110)
250	299	100	100	120	598+行程	730+行程	595+行程	110×110		M100×3×(120)

⑦ HSG 型工程液压缸外形尺寸（法兰连接）

表 20-8-45　　HSG 型工程液压缸外形尺寸（法兰连接）　　mm

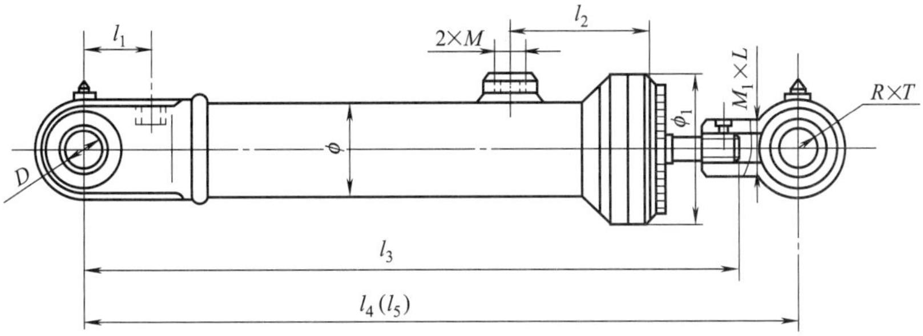

缸径	ϕ	ϕ_1	D	l_1	l_2	l_3	l_4	l_5	$R\times T$(厚)	$2\times M$	$M_1\times L$(长)
80	95	120	40	45	65	302+行程	365+行程	310+行程	45×45	M18×1.5	M32×2×(45)
90	108	140				307+行程	370+行程	310+行程			M36×2×(50)
100	121	150	50	55		352+行程	430+行程	365+行程	60×60	M22×1.5	M42×2×(55)
110	133	165			70	362+行程	440+行程	370+行程			M48×2×(60)
125	152	185			82	383+行程	455+行程	380+行程			M52×2×(65)
140	168	200	60	65	87	412+行程	500+行程	420+行程	70×70	M27×2	M60×2×(70)
160	194	220			95	427+行程	515+行程	430+行程			M68×2×(75)
180	219	250	70	75	100	488+行程	590+行程	490+行程	80×80	M33×2	M76×3×(85)
200	245	270	80	85	105	518+行程	630+行程	520+行程	90×90		M85×3×(95)
220	273	300	90	90	110	565+行程	690+行程	565+行程	100×100	M42×2	M95×3×(110)
250	299	330	100	100	120	598+行程	730+行程	595+行程	110×110		M100×3×(120)

8.6.2 冶金设备用标准液压缸系列

8.6.2.1 YHG_1 型冶金设备标准液压缸

（1）YHG_1 型冶金设备标准液压缸结构

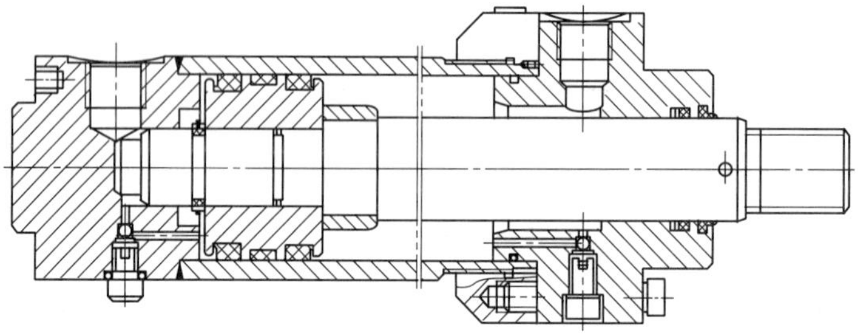

图 20-8-6 YHG_1 型冶金设备标准液压缸结构

（2）YHG_1 型冶金设备标准液压缸型号意义

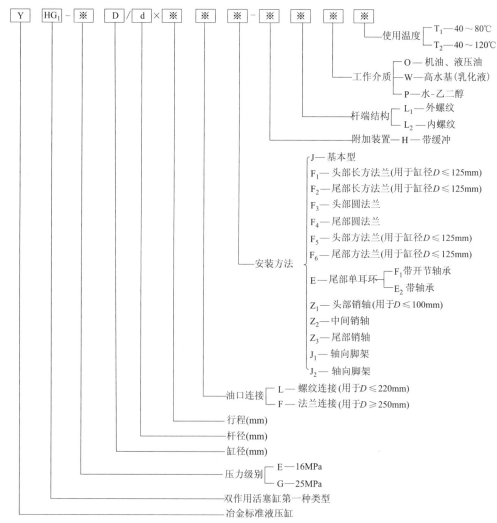

Y HG_1 - ※ D / d × ※ ※ ※ - ※ ※ ※ ※

- Y——冶金标准液压缸
- HG_1——双作用活塞缸第一种类型
- ※——压力级别：E—16MPa；G—25MPa
- D——缸径(mm)
- d——杆径(mm)
- ※——行程(mm)
- ※——油口连接：L— 螺纹连接(用于$D \leqslant 220$mm)；F— 法兰连接(用于$D \geqslant 250$mm)
- ※——安装方法：
  - J—基本型
  - F_1—头部长方法兰(用于缸径$D \leqslant 125$mm)
  - F_2—尾部长方法兰(用于缸径$D \leqslant 125$mm)
  - F_3—头部圆法兰
  - F_4—尾部圆法兰
  - F_5—头部方法兰(用于缸径$D \leqslant 125$mm)
  - F_6—尾部方法兰(用于缸径$D \leqslant 125$mm)
  - E—尾部单耳环：F_1带开节轴承；E_2带轴承
  - Z_1—头部销轴(用于$D \leqslant 100$mm)
  - Z_2—中间销轴
  - Z_3—尾部销轴
  - J_1—轴向脚架
  - J_2—轴向脚架
- ※——附加装置—H—带缓冲
- ※——杆端结构：L_1—外螺纹；L_2—内螺纹
- ※——工作介质：O—机油、液压油；W—高水基(乳化液)；P—水-乙二醇
- ※——使用温度：T_1—40～80℃；T_2—40～120℃

(3) YHG_1 型冶金设备标准液压缸技术规格

表 20-8-46 YHG_1 型冶金设备标准液压缸技术规格

缸径 D/mm	速比 φ	杆径 MM /mm	YHG_1E(16MPa) 推力/N	YHG_1E(16MPa) 拉力/N	YHG_1G(25MPa) 推力/N	YHG_1G(25MPa) 拉力/N
40	1.46	22	20100	14000	31400	21840
	2	28		10200		15910
50	1.46	28	31400	21500	49800	34540
	2	36		15100		23550
63	1.46	36	49800	33500	77680	52260
	2	45		24400		38600
80	1.46	45	80400	54900	125400	85640
	2	56		41000		63960
90	1.46	50	101700	70300	152600	109600
	2	63		51900		80960
100	1.46	56	125600	86200	195900	134400
	2	70		64000		99840
110	1.46	63	152000	102000	237100	159100
	2	80		71600		111600
125	1.46	70	196000	134700	305700	210100
	2	90		94500		147400
140	1.46	80	246300	165800	384200	258600
	2	100		120600		188100
150	1.46	85	282700	191900	441000	299300
	2	105		144200		224900
160	1.46	90	321700	219900	501800	343000
	2	110		169600		264500
180	1.46	100	407100	281400	635070	438900
	2	125		210800		328800
200	1.46	110	502600	350600	784050	546900
	2	140		256300		399900
220	1.46	125	608200	411800	948700	642400
	2	160		306300		477800
250	1.46	140	785400	539000	1365600	840800
	2	180		378200		589900
280	1.46	160	985200	683300	1536900	1065900
	2	200		482500		751900
320	1.46	180	1286800	879600	2007700	1371200
	2	220		678500		1057600

(4) YHG_1 型冶金设备标准液压缸外形尺寸

表 20-8-47 Y-HG_1ED/d× ※※ J-※L_1 ※(基本型) 液压缸外形尺寸 mm

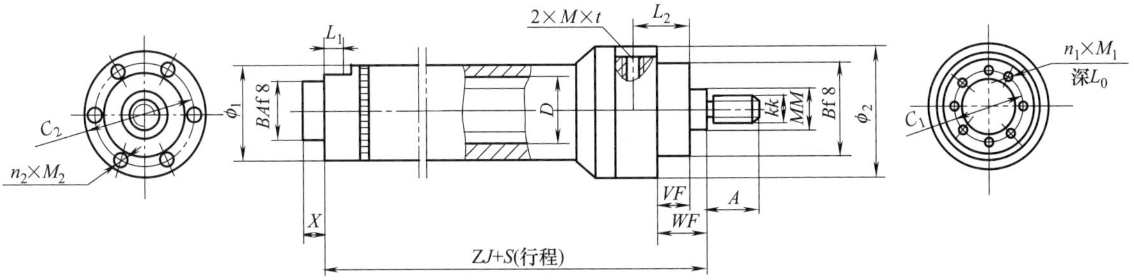

第20篇

续表

缸径 D	速比 φ	杆径 MM	kk	A	M×t	B	BA	C_1	C_2	ϕ_1	ϕ_2	VF	WF	ZJ	X	L_1	L_2	L_0	$n_1 \times M_1$	$n_2 \times M_2$	质量 /kg	每增加10mm的质量增加 /kg
40	1.46	22	M16×1.5	22	M18×1.5	48	20	42	66	54	80	19	32	190	8	26	44	12	8×M6	6×M8	3.9	0.111
	2	28	M20×1.5	28																	3.85	0.129
50	1.46	28	M20×1.5	28	M18×1.5	55	30	50	75	63.5	90	24	38	205	8	28	61	12	8×M6	6×M8	6.74	0.142
	2	36	M27×2	36																	6.76	0.174
63	1.46	36	M27×2	36	M27×2	70	38	60	90	76	108	29	45	224	10	25	52	12	8×M8	6×M10	8.5	0.234
	2	45	M33×2	45																	9.78	0.234
80	1.46	45	M33×2	45	M27×2	86	55	75	112	95	134	36	54	250	10	36	58	13	8×M10	6×M12	16.82	0.295
	2	56	M42×2	56																	18.3	0.36
90	1.46	50	M42×2	56	M27×2	100	55	80	132	108	158	36	55	270	10	43	63	17	8×M12	6×M16	19.3	0.41
	2	63	M48×3	63																	23.43	0.37
100	1.46	56	M42×2	56	M33×2	118	68	95	150	121	175	37	57	300	10	47	69	18	8×M12	8×M16	33.1	0.51
	2	70	M48×3	63																	31.6	0.48
110	1.46	63	M48×3	63	M33×2	132	68	95	165	133	195	37	57	310	10	50	73	22	8×M16	8×M16	41.48	0.52
	2	80	M48×3	63																	40	0.6
125	1.46	70	M48×3	63	M33×2	150	80	115	184	152	212	37	60	325	10	50	85	22	8×M16	8×M16	51	0.46
	2	90	M64×3	85																	52.48	0.6
140	1.46	80	M48×3	63	M42×2	165	95	132	200	168	230	37	62	335	10	53	74	22	8×M16	8×M16	64.8	0.79
	2	100	M80×3	95																	67	0.83
150	1.46	85	M64×3	85	M42×2	175	105	140	215	180	245	41	64	350	10	54	85	22	8×M16	8×M16	81.3	0.89
	2	105	M80×3	95																	83.43	0.95
160	1.46	90	M64×3	85	M42×2	190	110	150	230	194	265	41	66	370	10	59	91	26	8×M20	8×M20	133.29	1.04
	2	110	M80×3	95																	131.69	1.05
180	1.46	100	M80×3	95	M48×2	200	110	160	250	219	280	41	70	410	15	65	98	27	8×M20	8×M20	102.66	1.32
	2	125	M80×3	95																	130.94	1.36
200	1.46	110	M80×3	95	M48×2	215	120	170	280	245	310	45	75	450	15	65	115	27	8×M20	8×M20	181.75	1.53
	2	140	M100×3	112																	183.23	1.7
220	1.46	125	M100×3	112	M48×2	240	140	200	310	273	340	45	80	490	20	75	123	36	8×M24	12×M20	240	2.25
	2	160	M100×3	112																	259	2.33
250	1.46	140	M100×3	112	φ40	280	160	220	340	299	380	64	96	550	25	80	145	36	8×M24	12×M24	321	2.5
	2	180	M125×3	125																	406.58	2.5
280	1.46	160	M125×4	125	φ40	300	180	240	370	325	410	64	100	600	30	80	162	36	8×M24	12×M24	484.5	2.67
	2	200	M125×4	125																	534.3	2.87
320	1.46	180	M125×4	125	φ40	360	200	310	430	377	470	71	108	660	35	80	190	36	12×M24	16×M24	745.5	2.8
	2	220	M160×4	160																	797.2	3.1

表 20-8-48　Y-HG$_1$-ED/d× ※※ F$_1$-※L$_1$ ※（头部长方法兰）液压缸外形尺寸　mm

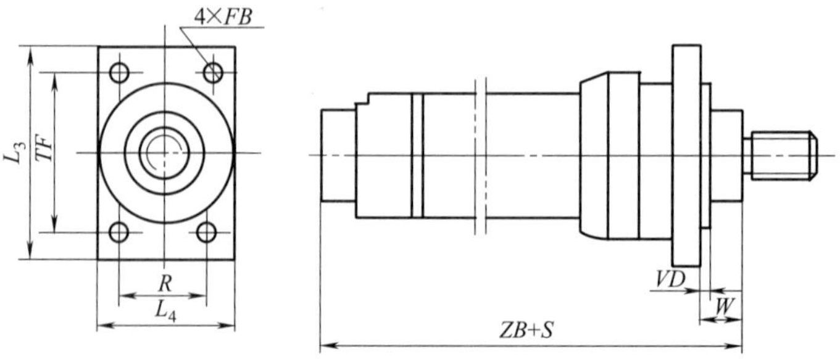

续表

缸径 D	40	50	63	80	90	100	110	125
W	16	18	20	22	23	25	25	28
ZB	198	213	234	260	280	310	320	335
R	40.6	48.2	55.5	63.1	120	120	140	150
TF	98	116.4	134	152.5	168	184.8	200	217.1
VD	3	4	4	4	4	5	5	5
L_4	86	95	115	140	170	185	205	225
L_3	120	11	165	190	210	230	245	260
FB	9	11	13.5	17.5	22	22	22	22

表 20-8-49　Y-HG₁-ED/d× ※※ F₂-※L₁ ※(尾部长方法兰) 液压缸外形尺寸　mm

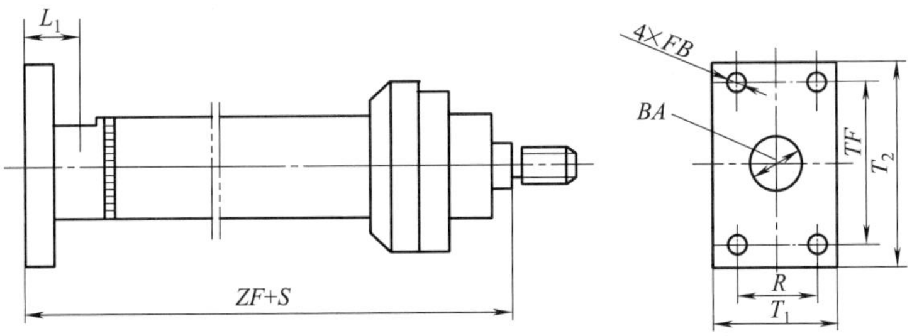

缸径 D	40	50	63	80	90	100	110	125
ZF	206	225	249	282	302	332	342	357
FB	9	11	13.5	17.5	22	22	22	22
R	40.6	48.2	55.5	63.1	70	76.5	83	90.2
T_1	65	75	85	100	115	120	130	155
TF	98	116.4	134	152.5	168	184.8	200	217.1
T_2	120	140	164	200	210	230	245	260
BA	20	30	38	55	55	68	60	80
L_1	42	38	50	68	75	79	82	82

表 20-8-50　Y-HG₁-ED/d× ※※ F₃-※L₁ ※(头部圆法兰) 液压缸外形尺寸　mm

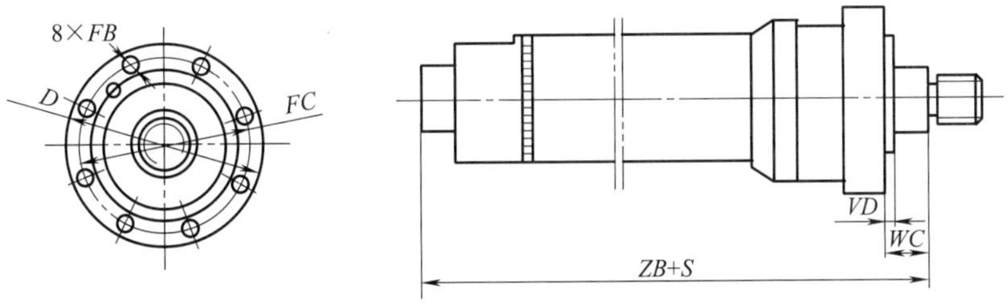

缸径 D	40	50	63	80	90	100	110	125	140	150	160	180	200	220	250	280	320
VD	3	4	4	4	4	5	5	5	5	5	5	5	5	5	8	8	8
ZB	198	213	234	260	280	310	320	335	345	360	380	425	465	510	575	630	695
FC	106	126	145	165	195	210	230	250	265	280	300	325	355	390	430	470	530
FB	9	11	13.5	17.5	22	22	22	22	22	22	22	26	26	33	33	39	39
D	126	150	175	200	240	255	275	295	310	325	345	375	405	445	485	525	595
WC	16	18	20	22	23	25	25	28	30	28	30	34	35	40	40	44	45

表 20-8-51 Y-HG₁-ED/d× ※※ F_3-※L_1 ※(尾部圆法兰) 液压缸外形尺寸 mm

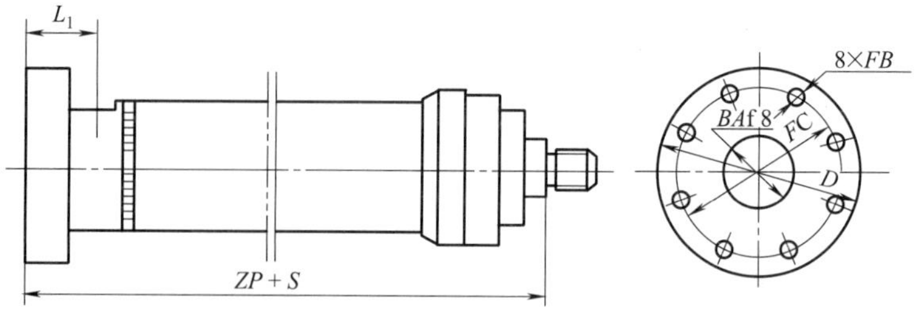

缸径 D	40	50	63	80	90	100	110	125	140	150	160	180	200	220	250	280	320
FC	106	126	145	165	185	200	215	235	255	265	280	310	340	380	420	470	520
D	126	150	175	200	228	245	260	280	300	310	325	360	390	435	475	525	585
L_1	42	38	50	68	75	79	82	82	88	90	95	105	105	120	136	140	143
BA	20	30	38	55	55	68	60	80	95	105	110	110	120	140	160	180	200
ZP	206	225	249	282	302	332	342	357	370	386	406	450	490	535	606	660	723
FB	6	11	13.5	17.5	22	22	22	22	22	22	22	26	26	33	33	39	39

表 20-8-52 Y-HG₁-ED/d× ※※ F_5-※L_1 ※(头部方法兰) 液压缸外形尺寸 mm

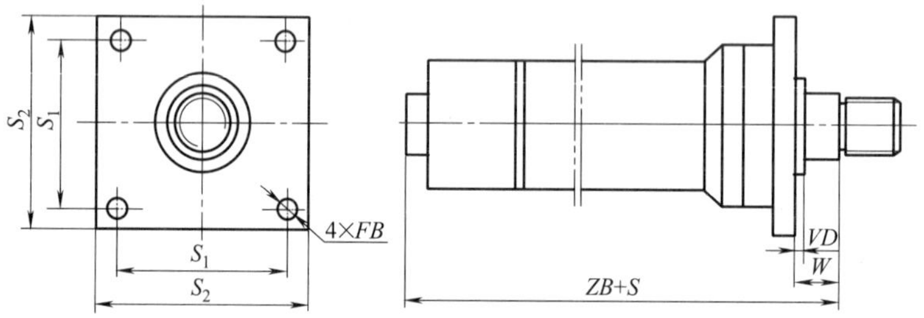

缸径 D	40	50	63	80	90	100	110	125
ZB	198	213	234	260	280	310	320	335
VD	3	4	4	4	4	5	5	5
W	16	18	20	22	23	25	25	28
FB	9	11	13.5	17.5	22	22	22	22
S_1	95	115	132	155	170	190	215	224
S_2	115	140	160	190	210	230	255	265

表 20-8-53 Y-HG₁-ED/d× ※※ F_6-※L_1 ※(尾部方法兰) 液压缸外形尺寸 mm

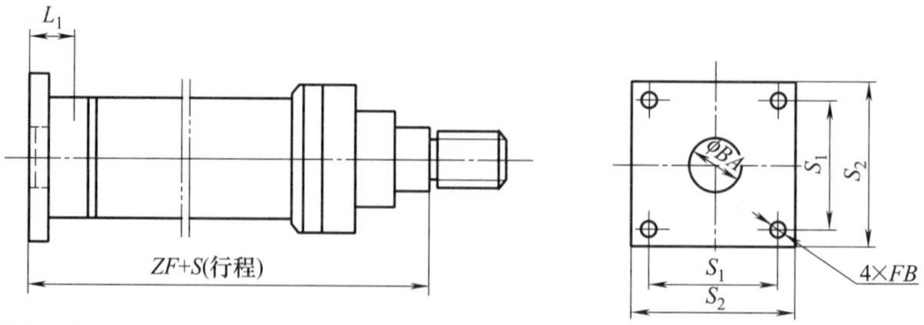

缸径 D	40	50	63	80	90	100	110	125
ZF	206	225	249	282	302	332	342	357
BA	20	30	38	55	55	68	60	80
L_1	42	38	50	68	75	79	82	82
FB	9	11	13.5	17.5	22	22	22	22
S_1	65	80	95	110	120	135	145	160
S_2	90	110	130	150	165	180	190	205

表 20-8-54　　Y-HG_1-ED/d× ※※ E_1 \×2-※L_1 ※(尾部单耳环) 液压缸外形尺寸　　mm

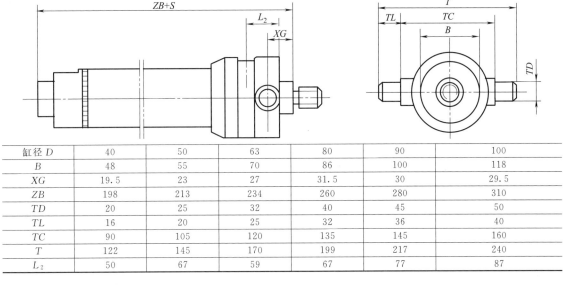

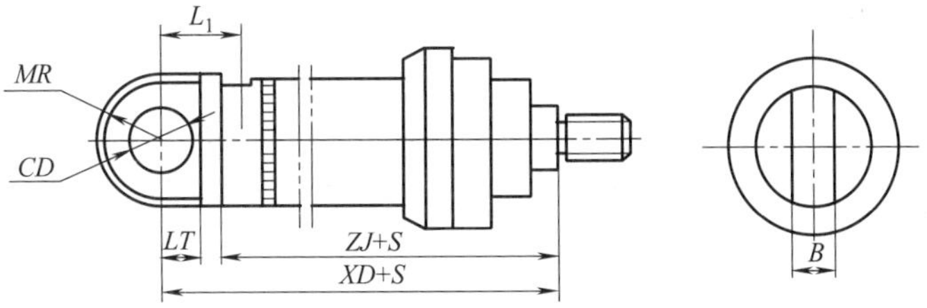

缸径 D	40	50	63	80	90	100	110	125	140	150	160	180	200	220	250	280	320
CD	20	25	30	40	45	50	50	60	70	70	80	90	100	110	120	140	160
MR	27	32	38	47.5	54	60.5	66.5	76	84	90	97	109.5	122.5	136.5	149.5	162.5	188.5
LT	25	32	40	50	58	63	67	71	78	84	90	100	112	140	160	175	200
ZJ	190	205	224	250	270	300	310	325	335	350	370	410	450	490	550	600	660
B	18	22	26	30	35	38	38	50	58	58	62	68	72	72	88	90	92
L_1	67	70	90	118	133	142	145	153	163	179	194	205	230	255	303	325	350
XD	231	257	289	332	360	395	405	428	445	475	505	550	615	670	773	845	930

表 20-8-55　　Y-HG_1-ED/d× ※※ Z_1-※L_1 ※(头部销轴) 液压缸外形尺寸　　mm

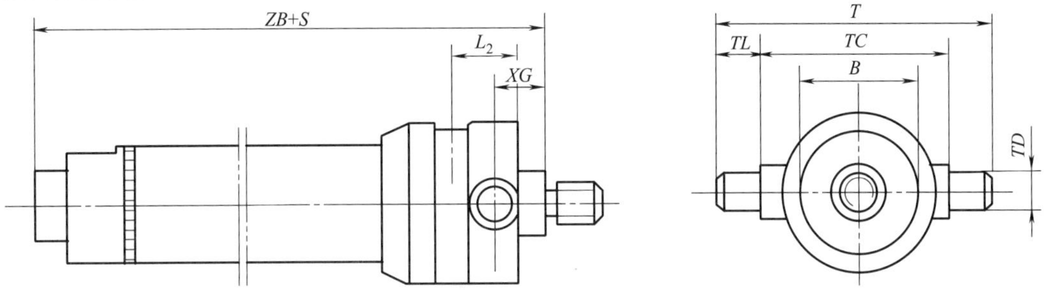

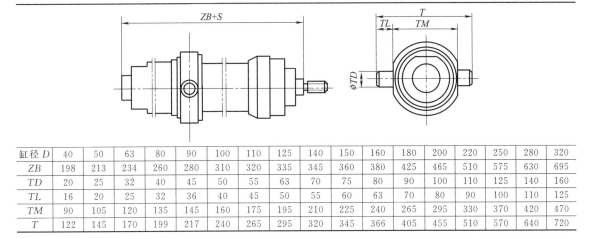

缸径 D	40	50	63	80	90	100
B	48	55	70	86	100	118
XG	19.5	23	27	31.5	30	29.5
ZB	198	213	234	260	280	310
TD	20	25	32	40	45	50
TL	16	20	25	32	36	40
TC	90	105	120	135	145	160
T	122	145	170	199	217	240
L_2	50	67	59	67	77	87

表 20-8-56　　Y-HG_1-ED/d× ※※ Z_2 (1)-※L_1 ※(中间销轴) 液压缸外形尺寸　　mm

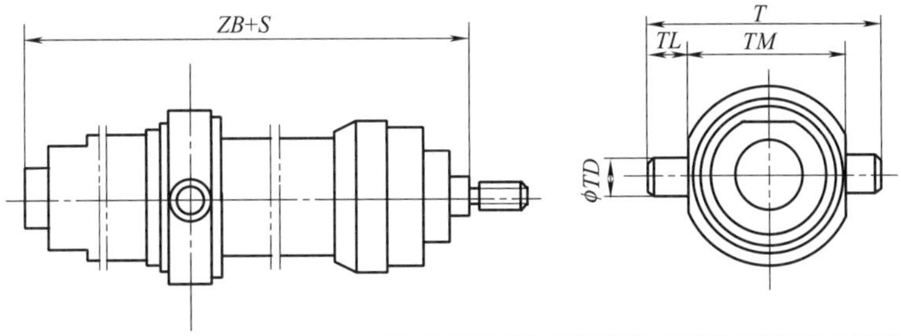

缸径 D	40	50	63	80	90	100	110	125	140	150	160	180	200	220	250	280	320
ZB	198	213	234	260	280	310	320	335	345	360	380	425	465	510	575	630	695
TD	20	25	32	40	45	50	55	63	70	75	80	90	100	110	125	140	160
TL	16	20	25	32	36	40	45	50	55	60	63	70	80	90	100	110	125
TM	90	105	120	135	145	160	175	195	210	225	240	265	295	330	370	420	470
T	122	145	170	199	217	240	265	295	320	345	366	405	455	510	570	640	720

表 20-8-57　　Y-HG₁-ED/d× ※※ Z₃-※L₁ ※(尾部销轴) 液压缸外形尺寸　　mm

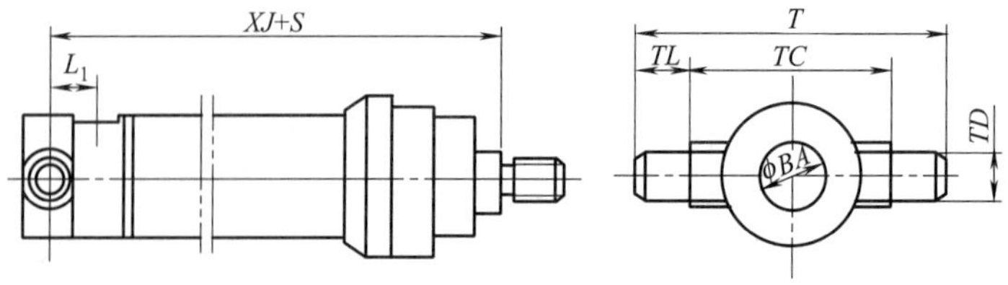

缸径 D	40	50	63	80	90	100	110	125	140
XJ	202.5	220	242	272.5	295	327.5	340	350	372.5
TD	20	25	32	40	45	50	55	63	70
TL	16	20	25	32	36	40	45	50	55
TC	90	105	120	135	145	160	175	195	210
T	122	145	170	199	217	240	265	295	320
BA	20	30	38	55	55	68	60	80	95
L_1	38.5	33	43	58.5	68	74.5	80	84	90.5
缸径 D	150	160	180	200	220	250	280	320	—
XJ	390	412.5	457.5	502.5	547.5	615	672.5	742.5	—
TD	75	80	90	100	110	125	140	160	—
TL	60	63	70	80	90	100	110	125	—
TC	225	240	265	295	330	370	420	470	—
T	345	366	405	455	510	570	640	720	—
BA	105	110	110	120	140	160	180	200	—
L_1	94	101.5	112.5	117.5	132.5	145	152.5	162.5	—

表 20-8-58　　Y-HG₁-ED/d× ※※ J₁-※L₁ ※(轴向脚架) 液压缸外形尺寸　　mm

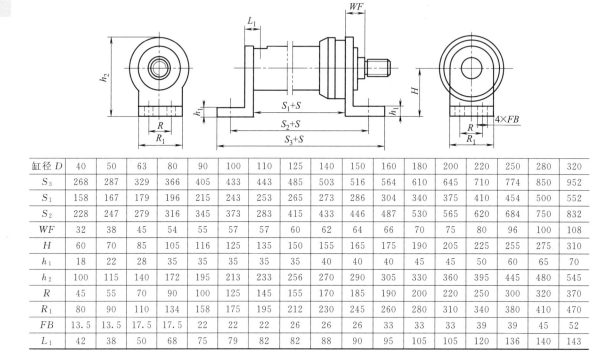

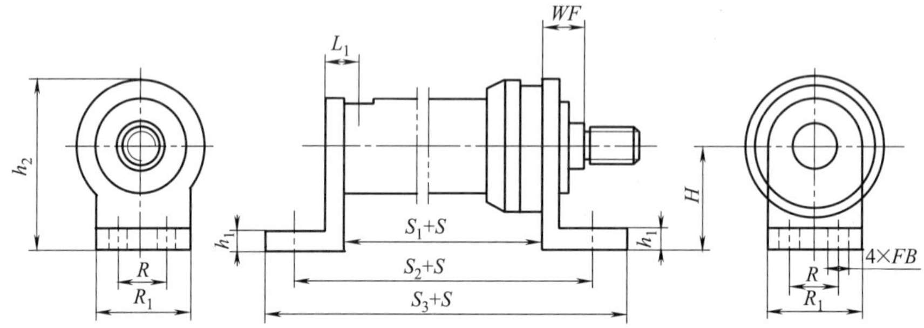

缸径 D	40	50	63	80	90	100	110	125	140	150	160	180	200	220	250	280	320
S_3	268	287	329	366	405	433	443	485	503	516	564	610	645	710	774	850	952
S_1	158	167	179	196	215	243	253	265	273	286	304	340	375	410	454	500	552
S_2	228	247	279	316	345	373	283	415	433	446	487	530	565	620	684	750	832
WF	32	38	45	54	55	57	57	60	62	64	66	70	75	80	96	100	108
H	60	70	85	105	116	125	135	150	155	165	175	190	205	225	255	275	310
h_1	18	22	28	35	35	35	35	35	40	40	40	45	45	50	60	65	70
h_2	100	115	140	172	195	213	233	256	270	290	305	330	360	395	445	480	545
R	45	55	70	90	100	125	145	155	170	185	190	200	220	250	300	320	370
R_1	80	90	110	134	158	175	195	212	230	245	260	280	310	340	380	410	470
FB	13.5	13.5	17.5	17.5	22	22	22	26	26	26	33	33	33	39	39	45	52
L_1	42	38	50	68	75	79	82	82	88	90	95	105	105	120	136	140	143

表 20-8-59　　头部耳环装配（D/dGT-E1，2）液压缸外形尺寸　　mm

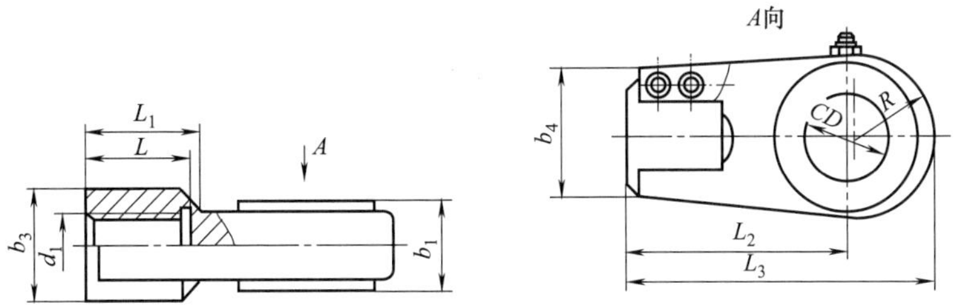

缸径 D	速比 φ	CD	d_1	b_1	b_3	b_4	L	L_1	L_2	L_3	R
40	1.46	20	M16×1.5	18	26	36	23	34	60	88	25
	2.0		M20×1.5		30	40	29	40	65	98	30
50	1.46	25	M20×1.5	22	30	40	29	40	72	105	30
	2.0		M27×2		37	47	37	48	80	118	35
63	1.46	30	M27×2	26	37	47	37	48	80	118	35
	2.0		M33×2		45	63	46	60	100	150	45
80	1.46	40	M33×2	30	45	63	46	60	100	160	45
	2.0		M42×2		56	72	57	70	120	182.5	57.5
90	1.46	45	M42×2	35	56	66	57	70	128	181	50
	2.0		M48×2		70	75	64	80	136	201	60
100	1.46	50	M42×2	38	56	72	57	70	133	195.5	57.5
	2.0		M48×2		70	78	64	80	143	213	65
110	1.46	50	M48×2	38	70	75	64	80	147	212	60
	2.0		M48×2		70	94	64	80	147	229	75
125	1.46	60	M48×2	50	70	78	64	80	151	221	65
	2.0		M64×2		90	104	87	105	176	271	85
140	1.46	70	M48×2	58	70	94	64	80	158	240	75
	2.0		M80×3		110	122	97	117	195	300	95
150	1.46	70	M64×3	58	90	98	87	105	190	277	80
	2.0		M80×3		110	116	97	117	200	287	80
160	1.46	80	M64×3	62	90	104	87	105	195	290	85
	2.0		M80×3		110	130	97	117	207	327	110
180	1.46	90	M80×3	68	110	122	97	117	220	325	95
	2.0		M80×3		110	140	97	117	220	350	120
200	1.46	100	M80×3	72	110	130	97	117	230	350	110
	2.0		M100×3		140	160	114	140	252	392	130
220	1.46	110	M100×3	72	140	160	114	140	280	410	120
	2.0		M100×3		140	160	114	140	280	440	130
250	1.46	120	M100×3	88	140	160	114	140	300	440	130
	2.0		M125×4		165	185	127	170	330	510	170
280	1.46	140	M125×4	95	165	185	127	170	345	505	150
	2.0		M125×4		165	200	127	170	345	505	150
320	1.46	160	M125×4	105	165	185	127	170	370	505	170
	2.0		M160×4		220	220	162	110	410	590	170

8.6.2.2　ZQ 型重型冶金设备液压缸

（1）型号意义

ZQ - D / d × S ※ - ※

- ZQ液压缸(符合JB/ZQ 4395—1986标准)
- D：缸筒内径(mm)
- d：活塞杆直径(mm)
- S：行程(mm)
- 第一个※：安装形式
  - S_1— 装关节轴承的尾部悬挂式
  - S_2— 装滑动轴承的尾部悬挂式
  - B_1— 头部摆动式
  - B_2— 中间摆动式
  - B_3— 尾部摆动式
  - G —脚架固定式
  - F_1— 头部法兰固定式
  - F_2— 尾部法兰固定式
- 第二个※：工作介质
  - 无 — 液压油
  - S —水 - 乙二醇
  - R— 乳化液

（2）技术规格

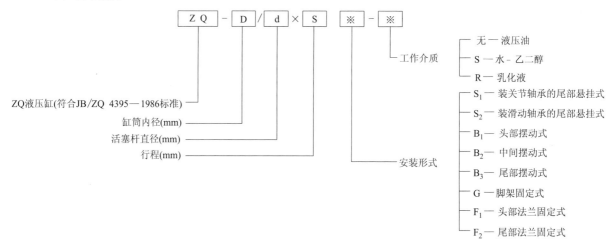

表 20-8-60　　ZQ 型重型冶金设备液压缸技术规格

缸径 D/mm	速比 φ	杆径 d/mm	推力/kN	拉力/kN	许用最大行程/mm					
					S_1、S_2 型	B_1 型	B_2 型	B_3 型	GF_1 型	F_1 型
40	1.4 2	22 28	31.42	21.91 16.02	40 225	200 500	135 380	80 280	450 965	120 380
50	1.4 2	28 36	49.09	33.69 23.64	140 335	400 600	265 530	180 350	740 1295	265 545
63	1.4 2	36 45	77.93	52.48 38.17	210 435	550 800	375 670	250 400	900 1615	375 690
80	1.4 2	45 56	125.66	85.90 64.09	280 545	700 1000	480 835	320 500	1235 1990	505 885
100	1.4 2	56 70	196.35	134.77 100.14	360 695	900 1300	600 1050	400 650	1520 2480	610 1095
125	1.4 2	70 90	396.80	210.59 147.75	465 960	1100 2200	760 1415	550 1000	1915 3310	785 1480
140	1.4 1.6 2	80 90 100	384.85	259.18 225.80 188.50	550 800 1055	1400 1800 2200	900 1210 1560	630 800 1100	2200 2905 3640	900 1260 1630
160	1.4 1.6 2	90 100 110	592.66	343.61 306.31 265.07	630 840 1095	1400 2000 2500	100 1295 1630	700 900 1100	2200 2905 3640	900 1260 1705
200	1.4 1.6 2	110 125 140	785.40	547.82 478.60 400.55	700 1365 1445	1800 2200 3200	1100 1625 2135	800 1100 1400	2890 3890 4975	1250 1700 2240
220	1.4 1.6 2	125 140 160	950.30	643.54 565.49 447.68	800 1205 1730	2200 2800 3600	1400 1850 2550	1000 1250 1800	3600 4440 5920	1400 1930 2675

续表

缸径 D/mm	速比 φ	杆径 d/mm	推力/kN	拉力/kN	许用最大行程/mm					
					S_1、S_2 型	B_1 型	B_2 型	B_3 型	GF_1 型	F_1 型
250	1.4 1.6 2	140 160 180	1227.19	842.34 724.52 581.01	900 1445 1965	2200 3200 4000	1400 1850 2550	1000 1250 1800	3600 4440 5920	1600 2280 3020
280	1.4 1.6 2	160 180 200	1539.38	1036.73 903.21 753.98	1100 1600 2100	2500 3400 4000	1800 2460 3155	1250 1790 2100	4000 5925 7305	1950 2575 3310
320	1.4 1.6 2	180 200 220	2010.62	1374.45 1225.22 1060.29	1250 1710 2215	2800 3600 4000	2000 2600 3270	1400 1800 3270	5000 6205 7635	2000 2730 3445

注：φ 为活塞受推力与受拉力面积之比。

（3）外形尺寸

表 20-8-61 基本外形尺寸 mm

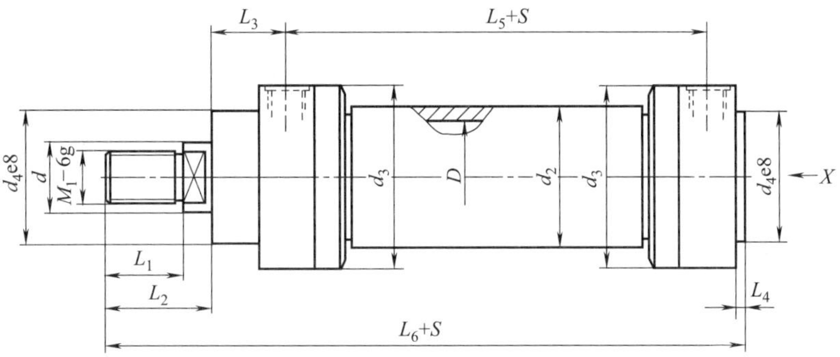

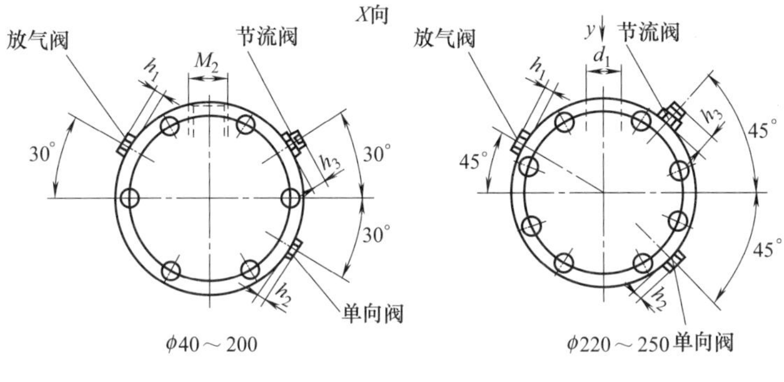

缸径 D	速比 φ	d	缓冲长度	M_1	M_2	d_1	d_2	d_3	d_4	L_1	L_2	L_3	L_4	L_5	L_6	h_1	h_2	h_3
40	1.4 2	22 28	18	M16×1.5	M22×1.5	—	57	85	55	25	38	60	5	125	248	5	7	6
50	1.4 2	28 36	24	M22×1.5	M22×1.5	—	63.5	105	68	34	50	60	5	130	265	5	7	6
63	1.4 2	36 45	28	M27×2	M27×2	—	76	120	75	40	60	67.5	5	145	300	6	8	7
80	1.4 2	45 56	35	M36×2	M27×2	—	102	135	95	54	75	70	5	160	335	6	8	8

续表

缸径 D	速比 φ	d	缓冲长度	M_1	M_2	d_1	d_2	d_3	d_4	L_1	L_2	L_3	L_4	L_5	L_6	h_1	h_2	h_3
100	1.4 2	56 70	40	M48×2	M33×2	—	121	165	115	68	95	82.5	5	180	390	6	8	8
125	1.4 2	70 90	45	M56×2	M42×2	—	152	200	135	81	110	97.5	8	215	463	7	10	10
140	1.4 1.6 2	80 90 100	50	M64×3	M42×2	—	168	220	155	90	120	105	8	240	508	7	10	10
160	1.4 1.6 2	90 100 110	50	M80×3	M48×2	—	194	265	180	101	135	117.5	8	270	568	7	10	10
200	1.4 1.6 2	110 125 140	60	M110×3	M48×2	—	245	310	215	119	152	135	8	315	650	7	13	13
220	1.4 1.6 2	125 140 160	70	M125×4	—	40	273	355	245	132	170	162.5	8	365	758	7	14	14
250	1.4 1.6 2	140 160 180	80	M140×4	—	40	299	395	280	148	185	172.5	8	379	797	7	14	14
280	1.4 1.6 2	160 180 200	90	M140×4	—	50	325	430	305	148	195	192.5	8	419	907	7	22	22
320	1.4 1.6 2	180 200 220	100	M160×4	—	50	377	490	340	172	215	212.5	10	465	975	7	22	22

表 20-8-62　　**尾部悬挂式液压缸外形尺寸**　　mm

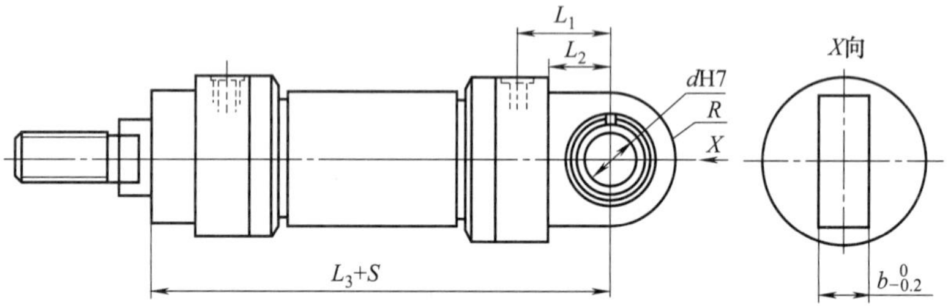

图(a)　装关节轴承的尾部悬挂式(S_2型)

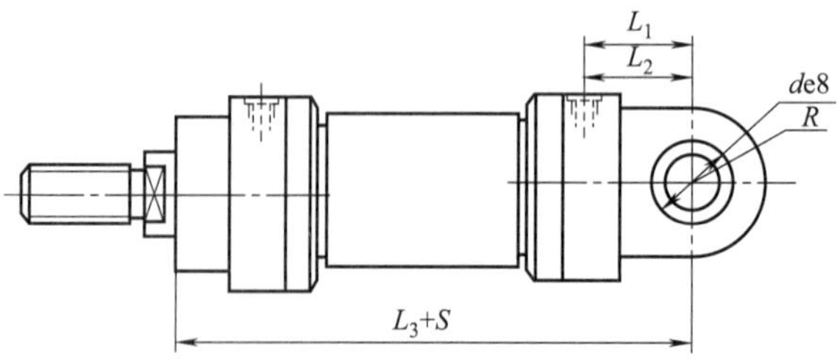

图(b)　装滑动轴承的尾部悬挂式(S_2型)

续表

缸径 D	40	50	63	80	100	125	140	160	200	220	250	280	320
b	23	28	30	35	40	50	55	60	70	80	90	100	110
d	25	30	35	40	50	60	70	80	100	110	120	140	160
R	30	34	42	50	63	70	77	88	115	132.5	150	170	190
L_1	50	55	67.5	75	87.5	102.5	110	122.5	155	177.5	192.5	222.5	347.5
L_2	30	35	45	50	60	70	75	85	115	125	140	150	175
L_3	235	245	280	305	350	415	455	510	605	705	744	834	925

表 20-8-63　　摆动式液压缸外形尺寸　　mm

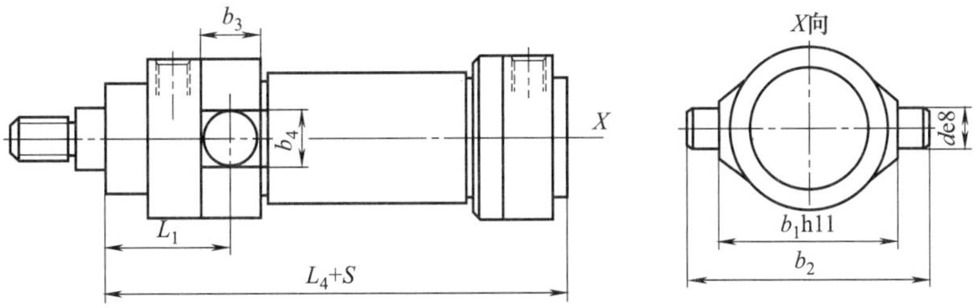

图(a)　头部摆动式(B_1型)

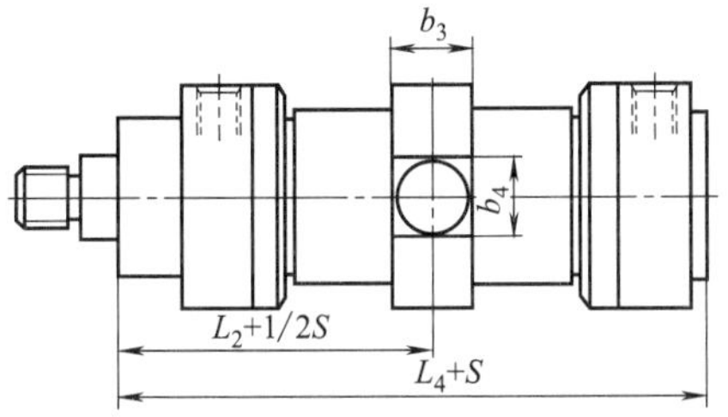

图(b)　中间摆动式(B_2型)

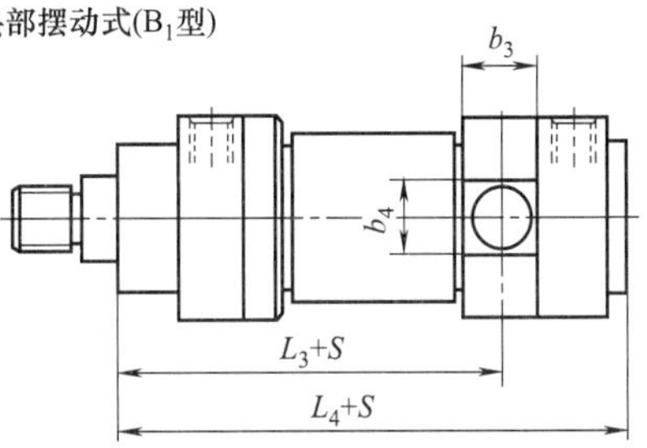

图(c)　尾部摆动式(B_3型)

缸径 D	40	50	63	80	100	125	140	160	200	220	250	280	320
L_1	99	99	111	119	139	164	176	196	224	269	288	348	373
L_2	122	125	135	151	172	205	225	230	262	337	362	427.5	445
L_3	146	151	169	181	206	246	174	309	361	421	436	466	517
L_4	210	215	240	260	295	353	388	433	498	588	612	692	760
b_1	95	115	130	145	175	210	230	275	320	370	410	450	510
b_2	135	155	170	195	235	290	315	380	430	490	540	590	690
b_3	38	38	42	48	58	68	72	82	98	108	126	146	176
b_4	40	40	50	55	68	74	80	90	120	130	147	158	184
d	30	30	35	40	50	60	65	75	90	100	110	130	160

表 20-8-64　　脚架固定式（G 型）液压缸外形尺寸　　mm

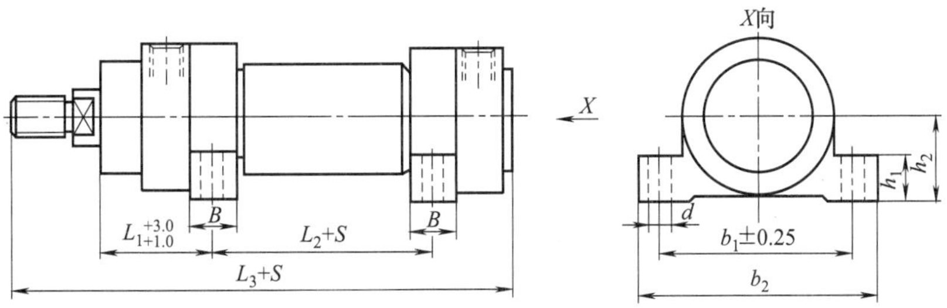

第20篇

续表

缸径 D	40	50	63	80	100	125	140	160	200	220	250	280	320
L_1	92.5	92.5	105	115	135	160	172.5	192.5	220	262	275	320	345
L_2	60	65	70	70	75	90	105	120	145	166	174	164	200
L_3	248	265	300	335	390	463	508	568	650	758	797	887	975
B	25	25	30	40	50	60	65	75	90	94	100	110	120
b_1	110	130	150	170	205	255	280	330	385	445	500	530	610
b_2	135	155	180	210	250	305	340	400	465	530	600	630	730
d	11	11	14	18	22	26	26	33	39	45	52	52	62
h_1	25	30	35	40	50	60	65	70	85	95	110	125	140
h_2	45	55	65	70	85	105	115	135	160	185	205	225	255

表 20-8-65　法兰固定式液压缸外形尺寸　mm

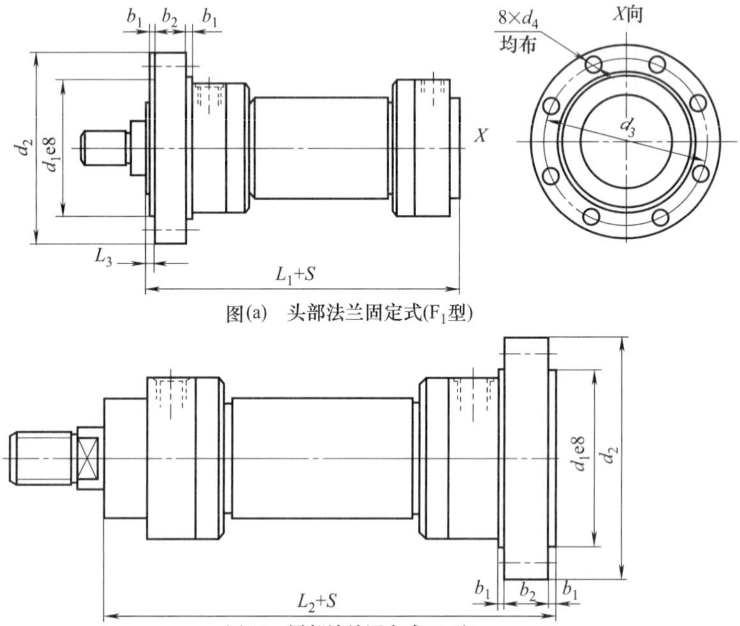

图(a)　头部法兰固定式(F_1型)

图(b)　尾部法兰固定式(F_2型)

缸径 D	40	50	63	80	100	125	140	160	200	220	250	280	320
b_1	5	5	5	5	5	10	10	10	10	10	10	10	10
b_2	30	30	35	35	45	45	50	60	75	85	85	95	95
d_1	90	110	130	145	175	210	230	275	320	370	415	450	510
d_2	130	160	185	200	245	295	315	385	445	490	555	590	680
d_3	108	130	155	170	205	245	265	325	375	430	485	520	600
d_4	9	11	14	14	18	22	22	26	33	33	39	39	45
L_1	210	215	240	260	295	353	388	433	498	588	612	692	760
L_2	245	250	280	300	345	410	450	505	585	685	709	799	865
L_3	5	5	5	5	5	10	10	10	10	15	25	15	35

表 20-8-66 活塞杆接头外形尺寸 mm

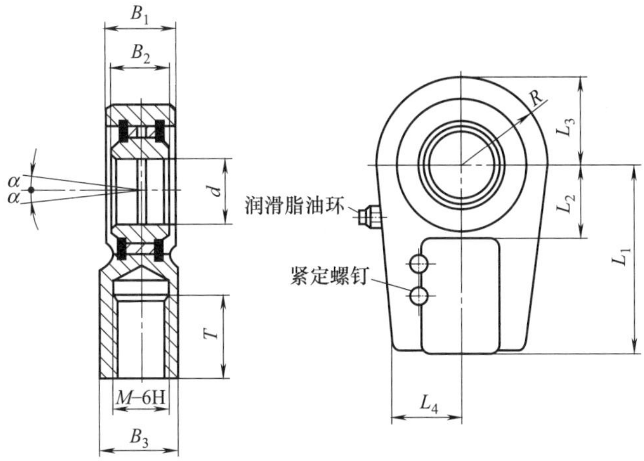

缸径 D	40	50	63	80	100	125	140	160	200	220	250	280	320
型号	GE16	GE22	CE27	CE36	CE48	CE56	CE64	CE80	CE110	CE125	CE140	CE160	CE160
B_1	23	28	30	35	40	50	55	60	70	80	90	110	110
B_2	20	22	25	28	35	44	49	55	70	70	85	90	90
B_3	28	34	44	55	70	87	105	125	170	180	210	230	230
d	25	30	35	40	50	60	70	80	100	110	120	140	140
M	M16×1.5	M22×1.5	M27×2	M36×2	M48×2	M56×2	M64×3	M80×3	M110×3	M125×4	M140×4	M160×4	M160×4
T	22	30	36	50	63	75	85	95	112	125	140	160	160
L_1	65	75	90	105	135	170	195	210	275	300	360	420	420
L_2	25	30	40	45	55	65	75	80	105	115	140	185	185
L_3	30	34	42	50	63	70	83	95	125	142.5	180	200	200
L_4	24	27	33	39	45	59	65	76	86	97	112	123	123
R	28	32	39	47	58	65	77	88	115	132.5	170	190	190
α/(°)	7	6	6	7	6	6	6	6	7	6	6	7	7
螺钉	M8×20	M8×20	M10×25	M12×30	M12×30	M16×40	M16×40	M20×50	M20×50	M24×60	M24×60	M30×80	M30×8

8.6.2.3 JB系列冶金设备液压缸

(1) 型号意义

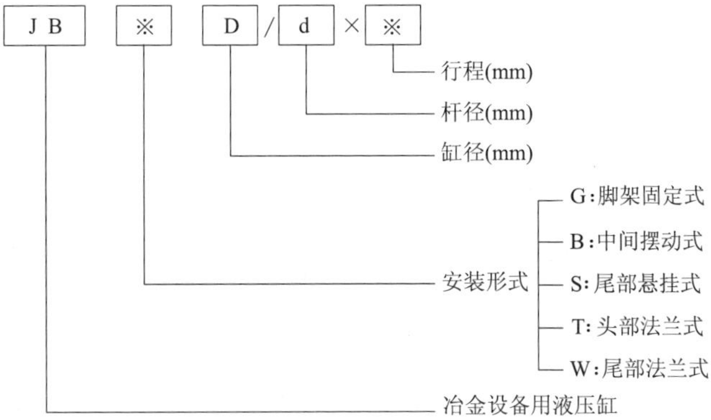

(2) 技术规格

表 20-8-67 **技术规格**

缸径/mm	杆径/mm	工作压力/MPa						最大行程/mm				
		6.3		10		16		安装形式				
		推力/kN	拉力/kN	推力/kN	拉力/kN	推力/kN	拉力/kN	G	B	S	T	W
50	28	12.40	8.50	19.60	13.50	31.40	21.60	1000	630	400	1000	450
63	36	19.64	13.22	31.17	20.99	49.90	33.58	1250	800	550	1250	630
80	45	31.67	21.70	50.30	34.00	80.00	55.00	1600	1000	800	1600	800
100	56	49.50	34.00	78.50	54.00	125.70	86.30	2000	1250	1000	2000	1000
125	70	77.30	53.20	122.70	84.20	196.35	135.00	2500	1600	1250	2500	1250
160	90	126.70	86.60	201.00	137.40	321.70	220.00	3200	2000	1600	3200	1800
200	110	197.90	138.00	314.00	219.20	502.70	350.00	3600	2500	2000	3600	2000
250	140	309.25	212.27	490.90	330.93	785.40	539.00	4750	3200	2500	4750	2800

(3) 外形尺寸

表 20-8-68 **G型液压缸（脚架固定式）外形尺寸** mm

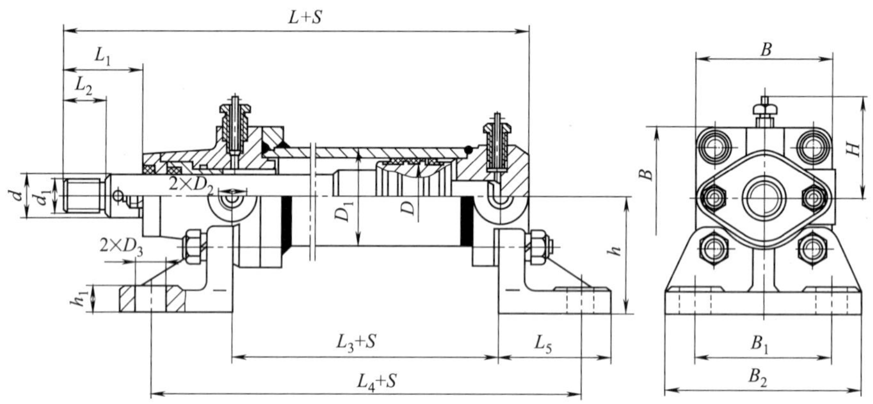

D	d	D_1	D_2	D_3	d_1	L	L_1	L_2	L_3	L_4	L_5	B	B_1	B_2	h	h_1	H(近似)
50	28	63.5	M18×1.5	18	M22×1.5	245	55	30	110	220	75	90	90	130	75	17	66
63	35	76	M22×1.5	22	M27×2	290	65	40	131	261	85	115	105	145	90	20	79
80	45	102	M27×2	25	M33×2	340	80	50	160	310	100	140	120	170	105	22	92
100	55	121	M27×2	32	M42×2	390	95	60	180	360	120	165	200	260	125	28	105
125	70	152	M33×2	40	M52×2	460	105	70	203	413	140	210	210	280	150	30	127
160	90	194	M33×2	45	M68×2	560	140	100	254	490	168	260	320	420	200	40	152
200	110	245	M42×2	50	M85×3	675	165	110	285	545	190	310	400	520	235	50	177
250	140	299	M48×2	60	M100×3	790	200	130	345	705	240	360	400	520	260	52	202

表 20-8-69 **B型液压缸（中间摆动式）外形尺寸** mm

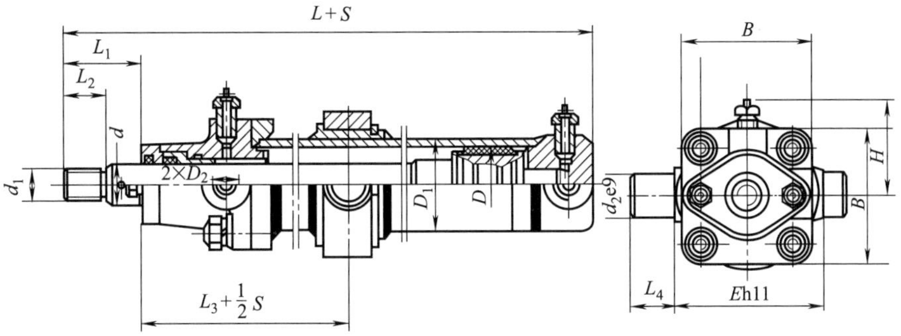

D	d	D_1	D_2	d_1	d_2	L	L_1	L_2	L_3	L_4	B	E	H(近似)
50	28	63.5	M18×1.5	M22×1.5	30	245	55	30	125.5	30	90	105	66
63	35	76	M22×1.5	M27×2	35	290	65	40	147.5	35	115	120	79
80	45	102	M27×2	M33×2	40	340	80	50	162	40	140	155	92
100	55	121	M27×2	M42×2	50	390	95	60	197.5	50	165	185	105
125	70	152	M33×2	M52×2	50	460	105	70	233	50	210	220	127
160	90	194	M33×2	M68×2	60	560	140	100	265	60	260	285	152
200	110	245	M42×2	M85×3	80	675	165	110	330	80	310	340	177
250	140	299	M48×2	M100×3	100	790	200	130	375	100	360	415	202

表 20-8-70 **S型液压缸（尾部悬挂式）外形尺寸** mm

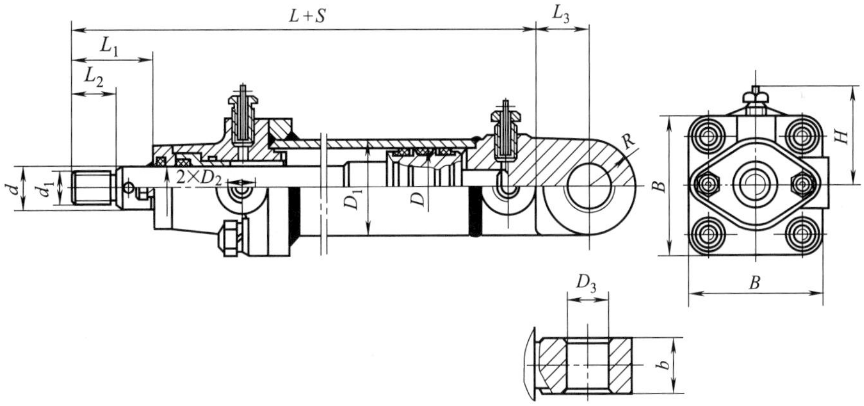

D	d	D_1	D_2	d_1	D_3	L	L_1	L_2	L_3	R	B	b	H(近似)
50	28	63.5	M18×1.5	M22×1.5	30	245	55	30	35	30	90	35	66
63	35	76	M22×1.5	M27×2	35	290	65	40	40	35	115	45	79
80	45	102	M27×2	M33×2	40	340	80	50	45	40	140	45	92
100	55	121	M27×2	M42×2	50	390	95	60	60	50	165	65	105
125	70	152	M33×2	M52×2	50	460	105	70	60	50	210	70	127
160	90	194	M33×2	M68×2	60	560	140	100	70	60	260	70	152
200	110	245	M42×2	M85×3	80	675	165	110	90	80	310	90	177
250	140	299	M48×2	M100×3	100	790	200	130	110	100	360	120	202

表 20-8-71　　T 型液压缸（头部法兰式）外形尺寸　　mm

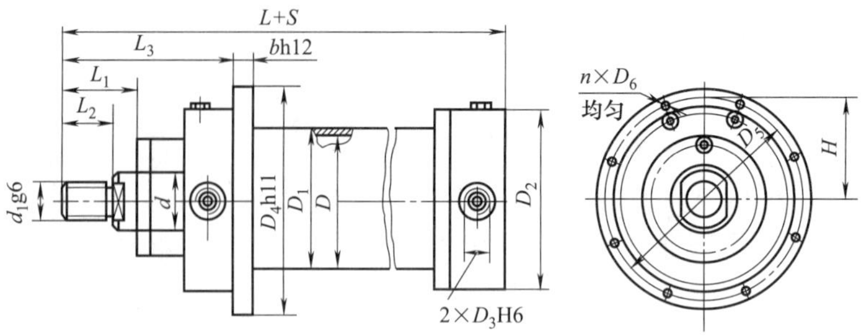

D	d	d_1	D_1	D_2	D_3	D_4	D_5	D_6	L	L_1	L_2	L_3	b	n	H
50	28	M22×1.5	63.5	106	M18×1.5	170	140	11	245	55	34.5	141	30	5	65
63	36	M27×2	76	120	M22×1.5	198	160	13.5	290	65	42	168	35	5	72
80	45	M33×2	102	136	M27×2	214	176	13.5	340	70	51	190	35	8	80
100	56	M42×2	121	160	M27×2	258	210	17.5	390	85	62	215	45	8	92
125	70	M56×2	152	188	M33×2	310	250	22	460	105	81	268	45	8	106
160	90	M72×3	194	266	M33×2	365	295	26	560	135	94	325	60	10	145
200	100	M90×3	245	322	M42×2	504	414	33	675	145	115	365	75	10	173
250	140	M100×3	299	370	M48×2	585	478	39	790	185	121	450	85	10	187

表 20-8-72　　W 型液压缸（尾部法兰式）外形尺寸　　mm

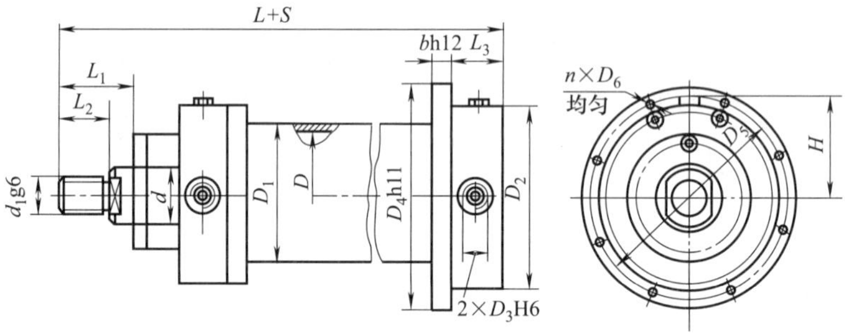

D	d	d_1	D_1	D_2	D_3	D_4	D_5	D_6	L	L_1	L_2	L_3	b	n	H
50	28	M22×1.5	63.5	106	M18×1.5	170	140	11	245	55	34.5	141	30	5	65
63	36	M27×2	76	120	M22×1.5	198	160	13.5	290	65	42	168	35	5	72
80	45	M33×2	102	136	M27×2	214	176	13.5	340	70	51	190	35	8	80
100	56	M42×2	121	160	M27×2	258	210	17.5	390	85	62	215	45	8	92
125	70	M56×2	152	188	M33×2	310	250	22	460	105	81	268	45	8	106
160	90	M72×3	194	266	M33×2	365	295	26	560	135	94	325	60	10	145
200	100	M90×3	245	322	M42×2	504	414	33	675	145	115	365	75	10	173
250	140	M100×3	299	370	M48×2	585	478	39	790	185	121	450	85	10	187

8.6.2.4 YG型液压缸

（1）型号意义

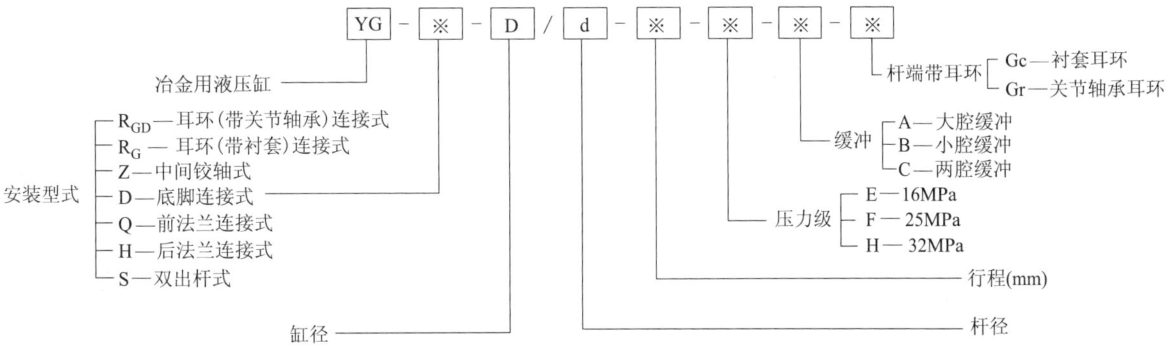

（2）技术规格

表 20-8-73 技术规格

工作压力/MPa	E:16,F:25,H:32
工作介质	矿物液压油,水-乙二醇,磷酸酯
工作温度/℃	20～100

（3）外形尺寸

表 20-8-74 YG-R型液压缸外形尺寸 mm

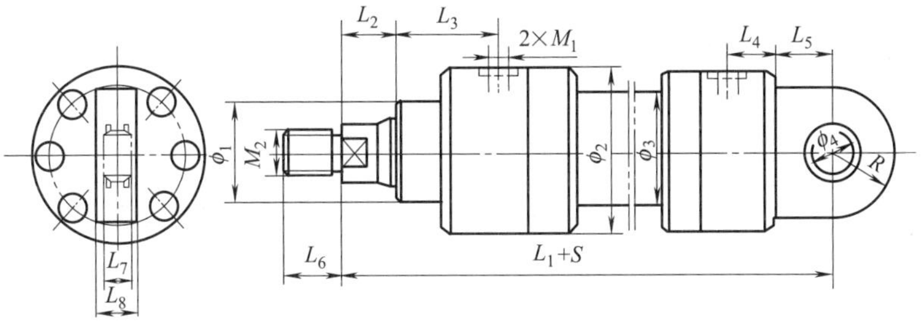

缸径	杆径	ϕ_1	ϕ_2	ϕ_3	ϕ_4	R	M_1	M_2	L_1	L_2	L_3	L_4	L_5	L_6	L_7	L_8	GR①
40	22	55	86	52	25	30	M22×1.5	M18×2	305	28	97	27	30	30	20	27	25
	25																
	28																
50	28	65	104	65	30	40	M22×1.5	M24×2	337	32	100	32	35	40	22	30	30
	32																
	36																
63	36	75	122	80	35	46	M27×2	M30×2	370	33	105	40	40	50	25	35	35
	40																
	45																

续表

缸径	杆径	ϕ_1	ϕ_2	ϕ_3	ϕ_4	R	M_1	M_2	L_1	L_2	L_3	L_4	L_5	L_6	L_7	L_8	GR
80	45 50 56	90	144	95	40	55	M27×2	M39×3	410	37	110	50	50	60	28	37	40
100	56 63 70	110	170	120	50	65	M33×2	M50×3	475	40	130	58	60	70	35	44	50
125	70 80	135	210	145	60	82	M42×2	M64×3	540	48	135	62	70	80	44	55	60
140	90 100	155	235	165	70	92	M42×2	M80×3	590	48	140	67	85	90	49	62	70
160	100 110	180	268	190	80	105	M48×2	M90×3	640	51	145	70	100	100	55	66	80
180	110 125	200	296	210	90	120	M48×2	M100×3	690	50	155	80	110	120	60	72	90
200	125 140	225	325	235	100	130	M48×2	M110×3	740	56	155	85	120	140	70	80	100
220	140 160	250	360	260	110	145	M48×2	M120×4	800	57	160	95	130	160	70	80	110
250	160 180	285	405	295	120	165	M48×2	M140×4	915	65	190	100	150	180	85	95	120
280	180 200	315	452	330	140	185	M48×2	M160×4	975	65	190	115	170	200	90	100	140
320	200 220	365	520	375	160	220	M48×2	M180×4	1050	65	190	120	200	220	105	125	160

① GR 是指配关节轴承耳环 GR 时对应型号规格，下同。

表 20-8-75　　YG-Z 型液压缸外形尺寸　　mm

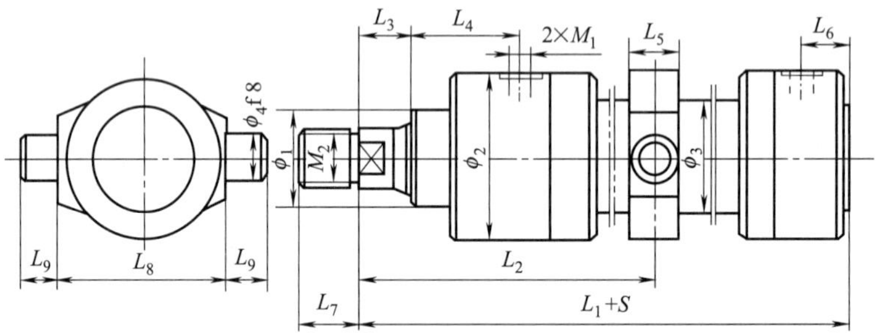

缸径	杆径	ϕ_1	ϕ_2	ϕ_3	ϕ_4	M_1	M_2	L_1	L_{2min}	L_{2max}	L_3	L_4	L_5	L_6	L_7	L_8	L_9	GR
40	22 25 28	55	86	52	25	M22×1.5	M18×2	280	200	173+S	28	97	30	32	30	95	20	25
50	28 32 36	65	104	65	30	M22×1.5	M24×2	307	215	184+S	32	100	35	37	40	115	25	30
63	36 40 45	75	122	80	35	M27×2	M30×2	335	231	192+S	33	105	40	45	50	135	30	35

续表

缸径	杆径	ϕ_1	ϕ_2	ϕ_3	ϕ_4	M_1	M_2	L_1	L_{2min}	L_{2max}	L_3	L_4	L_5	L_6	L_7	L_8	L_9	GR
80	45	90	144	95	40	M27×2	M39×3	365	252	195+S	37	110	45	55	60	155	35	40
	50																	
	56																	
100	56	110	170	120	50	M33×2	M50×3	420	297	218+S	40	130	55	63	70	180	40	50
	63																	
	70																	
125	70	135	210	145	60	M42×2	M64×3	480	327	246+S	48	135	65	72	80	210	50	60
	80																	
	90																	
140	90	155	235	165	70	M42×2	M80×3	515	347	251+S	48	140	75	77	90	240	60	70
	100																	
160	100	180	268	190	80	M48×2	M90×3	550	373	253+S	51	145	90	80	100	270	70	80
	110																	
180	110	200	296	210	90	M48×2	M100×3	590	402	258+S	50	155	120	90	120	310	80	90
	125																	
200	125	225	325	235	100	M48×2	M110×4	630	428	263+S	56	155	110	95	140	350	90	100
	140																	
220	140	250	360	260	120	M48×2	M120×4	680	453	274+S	57	160	130	105	160	390	100	110
	160																	
250	160	285	405	295	140	M48×2	M140×4	775	524	316+S	65	190	150	110	180	440	110	120
	180																	
280	180	315	452	330	170	M48×2	M160×4	815	559	301+S	65	190	180	125	200	500	130	140
	200																	
320	200	365	520	375	200	M48×2	M180×4	860	586	289+S	65	190	210	130	220	570	150	160
	220																	

表 20-8-76　　YG-D 型液压缸外形尺寸　　mm

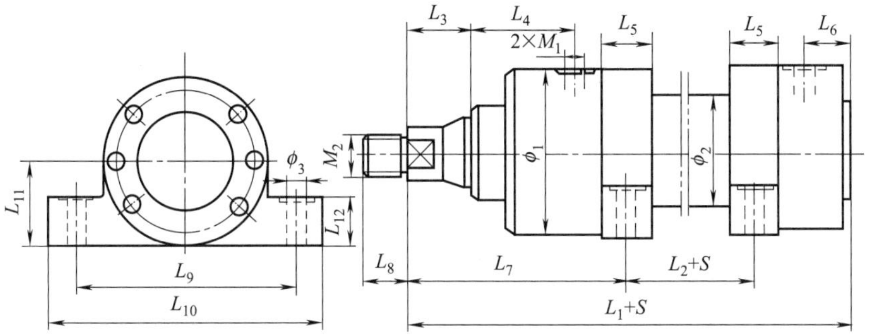

缸径	杆径	ϕ_1	ϕ_2	ϕ_3	M_1	M_2	L_1	L_2	L_3	L_4	L_5	L_6	L_7	L_8	L_9	L_{10}	L_{11}	L_{12}	GR
40	22	86	52	11	M22×1.5	M18×2	280	52	30	97	25	32	161.5	30	115	145	50	25	25
	25																		
	28																		
50	28	104	65	13.5	M22×1.5	M24×2	307	58	35	100	30	36	172	40	140	175	60	30	30
	32																		
	36																		
63	36	122	80	15.5	M27×2	M30×2	335	55	40	105	35	40	187.5	50	160	200	70	35	35
	40																		
	45																		

续表

缸径	杆径	ϕ_1	ϕ_2	ϕ_3	M_1	M_2	L_1	L_2	L_3	L_4	L_5	L_6	L_7	L_8	L_9	L_{10}	L_{11}	L_{12}	GR
80	45	144	95	17.5	M27×2	M39×3	365	50	50	110	40	46	205	60	185	230	80	40	40
	50																		
	56																		
100	56	170	120	20	M33×2	M50×3	420	40	60	130	45	55	247.5	70	215	265	95	50	50
	63																		
	70																		
125	70	210	145	24	M42×2	M64×3	480	56	70	135	55	72	269.5	80	260	315	115	60	60
	80																		
	90																		
140	90	235	165	26	M42×2	M80×3	515	41	85	140	60	78	297	90	295	355	130	65	70
	100																		
160	100	268	190	30	M48×2	M90×3	550	26	100	145	65	84	324.5	100	335	400	145	70	80
	110																		
180	110	296	210	33	M48×2	M100×3	590	16	110	155	70	91	352	120	370	445	160	80	90
	125																		
200	125	325	235	39	M48×2	M110×4	630	11	120	155	80	98	372	140	410	500	175	90	100
	140																		
220	140	360	260	45	M48×2	M120×4	680	18	130	160	90	105	391	160	460	560	195	100	110
	160																		
250	160	405	295	52	M48×2	M140×4	775	13	150	190	100	112	456	180	520	630	220	110	120
	180																		
280	180	452	330	52	M48×2	M160×4	815	17	170	190	110	125	491	200	570	680	245	120	140
	200																		
320	200	520	375	62	M48×2	M180×4	860	46	200	190	120	138	528	220	660	800	280	140	160
	220																		

表 20-8-77 YG-Q 型液压缸外形尺寸 mm

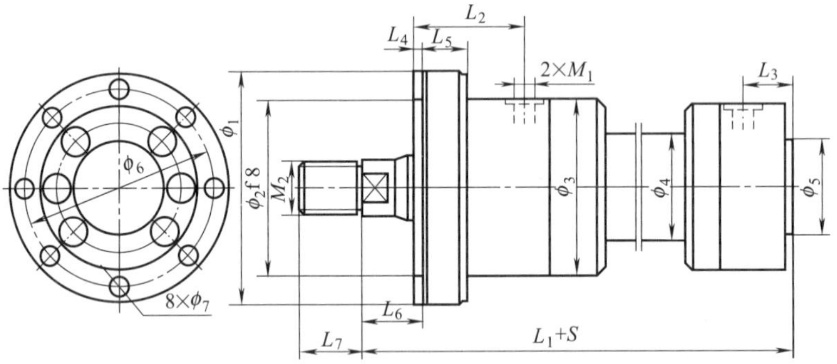

缸径	杆径	ϕ_1	ϕ_2	ϕ_3	ϕ_4	ϕ_5	ϕ_6	ϕ_7	M_1	M_2	L_1	L_2	L_3	L_4	L_5	L_6	L_7	GR
40	22	130	90	86	52	55	110	8.4	M22×1.5	M18×2	280	97	32	5	30	33	30	25
	25																	
	28																	
50	28	160	110	104	65	65	135	10.5	M22×1.5	M24×2	307	100	37	5	35	37	40	30
	32																	
	36																	
63	36	180	130	122	80	75	155	13	M27×2	M30×2	335	105	45	5	40	38	50	35
	40																	
	45																	

续表

缸径	杆径	ϕ_1	ϕ_2	ϕ_3	ϕ_4	ϕ_5	ϕ_6	ϕ_7	M_1	M_2	L_1	L_2	L_3	L_4	L_5	L_6	L_7	GR
80	45	210	150	144	95	90	180	15	M27×2	M39×3	365	110	55	5	45	42	60	40
	50																	
	56																	
100	56	250	180	170	120	110	215	17	M33×2	M50×3	420	130	63	5	50	45	70	50
	63																	
	70																	
125	70	300	220	210	145	135	260	21	M42×2	M64×3	480	135	72	10	55	58	80	60
	80																	
	90																	
140	90	335	245	235	165	155	290	23	M42×2	M80×3	515	140	77	10	60	58	90	70
	100																	
160	100	380	280	268	190	180	330	25	M48×2	M90×3	550	145	80	10	70	61	100	80
	110																	
180	110	420	310	296	210	200	365	28	M48×2	M100×3	590	155	90	10	80	60	120	90
	125																	
200	125	460	340	325	235	225	400	31	M48×2	M110×4	630	155	95	10	90	66	140	100
	140																	
220	140	520	380	360	260	250	450	37	M48×2	M120×4	680	160	105	10	100	67	160	110
	160																	
250	160	570	430	405	295	285	500	37	M48×2	M140×4	775	190	110	10	110	75	180	120
	180																	
280	180	660	480	452	330	315	570	43	M48×2	M160×4	815	190	125	10	120	75	200	140
	200																	
320	200	750	550	520	375	365	650	50	M48×2	M180×4	860	190	130	10	130	75	220	160
	220																	

表 20-8-78　YG-H 型液压缸外形尺寸　mm

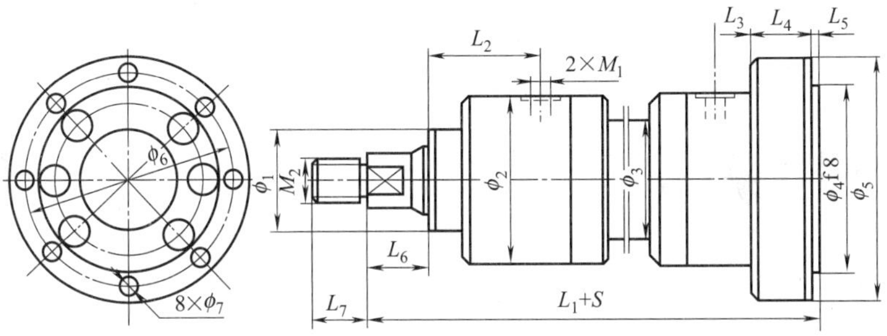

缸径	杆径	ϕ_1	ϕ_2	ϕ_3	ϕ_4	ϕ_5	ϕ_6	ϕ_7	M_1	M_2	L_1	L_2	L_3	L_4	L_5	L_6	L_7	GR
40	22	55	86	52	90	130	110	8.4	M22×1.5	M18×2	310	97	27	30	5	28	30	25
	25																	
	28																	
50	28	65	104	65	110	160	135	10.5	M22×1.5	M24×2	342	100	32	35	5	32	40	30
	32																	
	36																	
63	36	75	122	80	130	180	155	13	M27×2	M30×2	375	105	40	40	5	33	50	35
	40																	
	45																	

续表

缸径	杆径	ϕ_1	ϕ_2	ϕ_3	ϕ_4	ϕ_5	ϕ_6	ϕ_7	M_1	M_2	L_1	L_2	L_3	L_4	L_5	L_6	L_7	GR
80	45	90	144	95	150	210	180	15	M27×2	M39×2	410	110	50	45	5	37	60	40
	50																	
	56																	
100	56	110	170	120	180	250	215	17	M33×2	M50×3	470	130	58	50	10	40	70	50
	63																	
	70																	
125	70	135	210	145	220	300	260	21	M42×2	M64×3	535	135	62	55	10	48	80	60
	80																	
	90																	
140	90	155	235	165	245	335	290	23	M42×2	M80×3	575	140	67	60	10	48	90	70
	100																	
160	100	180	268	190	280	380	330	25	M48×2	M90×3	620	145	70	70	10	51	100	80
	110																	
180	110	200	296	210	310	420	365	28	M48×2	M100×3	670	155	80	80	10	50	120	90
	125																	
200	125	225	325	235	340	460	400	31	M48×2	M110×4	720	155	85	90	10	56	140	100
	140																	
220	140	250	360	260	380	520	450	37	M48×2	M120×4	780	160	95	100	10	57	160	110
	160																	
250	160	285	405	295	430	570	500	37	M48×2	M140×4	885	190	100	110	10	65	180	120
	180																	
280	180	315	452	330	480	660	570	43	M48×2	M160×2	935	190	115	120	10	65	200	140
	200																	
320	200	365	520	375	550	750	650	50	M48×2	M180×4	1050	190	120	130	10	65	220	160
	220																	

表 20-8-79 YG-S 型液压缸外形尺寸 mm

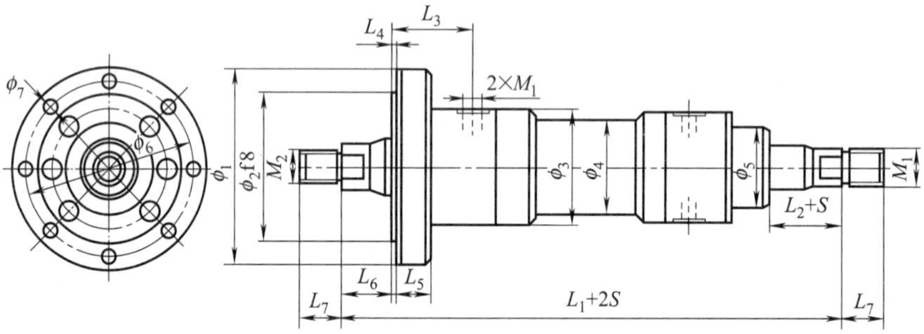

缸径	杆径	ϕ_1	ϕ_2	ϕ_3	ϕ_4	ϕ_5	ϕ_6	ϕ_7	M_1	M_2	L_1	L_2	L_3	L_4	L_5	L_6	L_7	GR
40	22	130	90	86	52	55	110	8.4	M22×1.5	M18×2	373	28	97	5	30	33	30	25
	25																	
	28																	
50	28	160	110	104	65	65	135	10.5	M22×1.5	M24×2	399	32	100	5	35	37	40	30
	32																	
	36																	
63	36	180	130	122	80	75	155	13	M27×2	M30×2	423	33	105	5	40	38	50	35
	40																	
	45																	

续表

缸径	杆径	ϕ_1	ϕ_2	ϕ_3	ϕ_4	ϕ_5	ϕ_6	ϕ_7	M_1	M_2	L_1	L_2	L_3	L_4	L_5	L_6	L_7	GR
80	45 50 56	210	150	144	95	90	180	15	M27×2	M39×3	447	37	110	5	45	42	60	40
100	56 63 70	250	180	170	120	110	215	17	M33×2	M50×3	515	40	130	5	50	45	70	50
125	70 80 90	300	220	210	145	135	260	21	M42×2	M64×3	573	48	135	10	55	58	80	60
140	90 100	335	245	235	165	155	290	23	M42×2	M80×3	598	48	140	10	60	58	90	70
160	100 110	380	280	268	190	180	330	25	M48×2	M90×3	626	51	145	10	70	61	100	80
180	110 125	420	310	296	210	200	365	28	M48×2	M100×3	660	50	155	10	80	60	120	90
200	125 140	460	340	325	235	225	400	31	M48×2	M110×3	691	56	155	10	90	66	140	100
220	140 160	520	380	360	260	250	450	37	M48×2	M120×4	727	57	160	10	100	67	160	110
250	160 180	570	430	405	295	285	500	37	M48×2	M140×4	840	65	190	10	110	75	180	120
280	180 200	660	480	452	330	315	570	43	M48×2	M160×4	860	65	190	10	120	75	200	140
320	200 220	750	550	520	375	365	650	50	M48×2	M180×4	875	65	190	10	130	75	220	160

表 20-8-80 关节轴承耳环 GR mm

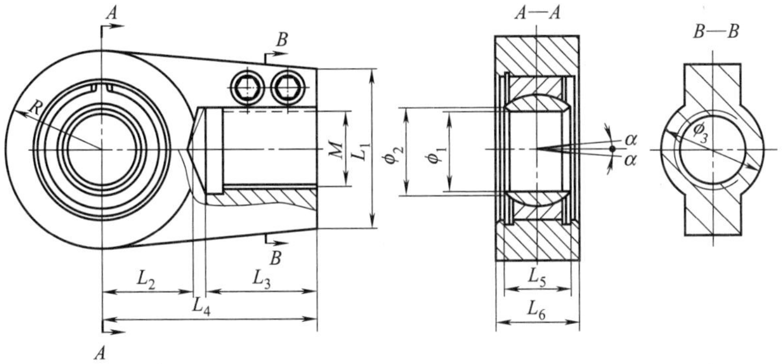

型号	ϕ_1	R	M	L_1	L_2	L_3	L_4	L_5	L_6	ϕ_2	ϕ_3	α	载荷/kN	
													动	静
GR25	25	30	M18×2	40	30	32	65	20	27	29	28	7°	48	240
GR30	30	40	M24×2	52	35	42	80	22	30	34	34	6°	62	310
GR35	35	46	M30×2	65	40	52	95	25	35	39	44	6°	80	400
GR40	40	55	M39×3	85	50	62	115	28	37	45	55	7°	100	500
GR50	50	65	M50×3	105	60	73	140	35	44	55	70	6°	156	780
GR60	60	82	M64×3	130	70	83	160	44	55	66	87	6°	245	1200
GR70	70	92	M80×3	155	85	93	185	49	62	77	105	6°	315	1560

续表

型号	ϕ_1	R	M	L_1	L_2	L_3	L_4	L_5	L_6	ϕ_1	ϕ_2	α	载荷/kN	
													动	静
GR80	80	105	M90×3	180	100	103	210	55	66	88	125	6°	400	2000
GR90	90	120	M100×3	210	110	125	250	60	72	98	150	5°	490	2450
GR100	100	130	M110×4	230	120	145	280	70	80	109	170	7°	610	3050
GR110	110	145	M120×4	260	130	165	310	70	80	120	180	6°	655	3250
GR120	120	165	M140×4	290	150	185	360	85	95	130	210	6°	950	4750
GR140	140	185	M160×4	330	170	205	400	90	100	150	230	7°	1080	5400
GR160	160	220	M180×4	350	200	225	460	105	125	170	260	8°	1370	6800

8.6.2.5 UY 型液压缸

(1) 型号意义

UY ※ ※ ※ ※×※×※-※ ※

- UY——优瑞纳斯冶金重型液压缸
- 第一个※——工作类型：无—常规缸(工作温度-35～100℃)；R—高温缸(工作温度-30～225℃)；V—高速缸(工作速度0～5m/s)
- 第二个※——安装形式：WE—尾部耳环式；ZB—中部摆动式；TB—头部摆动式；TF—头部法兰式；WF—尾部法兰式；JG—脚架式；ZBD—中部摆动式等速缸；TFD—头部法兰式等速缸；JGD—脚架式等速缸
- 第三个※——活塞杆端连接方式：10—外螺纹；11—外螺纹带Ⅰ型杆端耳环；20—内螺纹；21—内螺纹带Ⅱ型杆端耳环
- 第四个※——缸径(mm)
- 第五个※——行程(mm)
- 第六个※——中部铰轴位置：无—标准长度L_{12}+1/2行程长度；—用户要求长度(mm)
- 第七个※——压力—10、12、15、16、21、25(MPa)
- 第八个※——工作介质：无—矿物油；W—水-乙二醇；P—磷酸酯

(2) 技术规格

表 20-8-81 技术规格

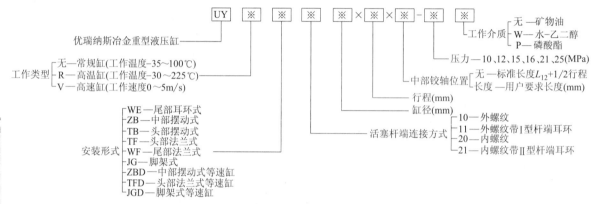

缸内径/活塞杆径/(mm/mm)	活塞面积/cm²	活塞杆端环形面积/cm²	工作压力/MPa									
			10.0		12.5		16.0		21.0		25.0	
			推力/kN	拉力/kN	推力/kN	拉力/kN	推力/kN	拉力/kN	推力/kN	拉力/kN	推力/kN	拉力/kN
40/28	12.57	6.41	12.57	6.41	15.71	8.01	20.11	10.25	26.39	13.46	31.42	16.12
50/36	19.63	9.46	19.63	9.46	24.54	11.82	31.42	15.13	41.23	19.86	49.09	23.64
63/45	31.17	15.27	31.17	15.27	38.97	19.09	49.88	24.43	65.46	32.06	77.93	38.17
80/56	50.27	25.64	50.27	25.64	62.83	32.05	80.42	41.02	105.56	53.84	125.66	64.09
100/70	78.54	40.06	78.54	40.06	98.17	50.07	125.66	64.09	164.93	84.12	196.35	100.14
125/90	122.72	59.1	122.72	59.1	153.4	73.88	196.35	94.57	257.71	124.12	306.8	147.76
140/100	153.94	75.4	153.94	75.4	192.42	94.25	246.3	120.64	323.27	158.34	384.85	188.5
160/110	201.06	106.03	201.06	106.03	251.33	132.54	321.7	169.65	422.23	222.67	502.65	265.08
180/125	254.47	131.75	254.47	131.75	318.09	164.69	407.15	210.81	534.38	276.68	636.17	329.39
200/140	314.16	160.23	314.16	160.23	392.7	200.28	502.65	256.36	659.73	336.47	785.4	400.57
220/160	380.13	179.08	380.13	179.08	475.17	223.85	608.21	286.52	798.28	376.06	950.33	447.69
250/180	490.87	236.41	490.87	236.41	613.59	295.52	785.4	378.26	1030.84	496.47	1227.18	591.03
280/200	615.75	301.6	615.75	301.6	769.69	377	985.2	482.56	1293.08	633.37	1539.38	754.01
320/220	804.25	424.13	804.25	424.13	1005.31	530.16	1286.8	678.6	1688.92	890.67	2010.62	1060.32
360/250	1017.88	527.02	1017.88	527.02	1272.35	658.77	1628.6	843.23	2137.54	1106.74	2544.69	1317.54
400/280	1256.64	640.9	1256.64	640.9	1570.8	801.13	2010.62	1025.45	2638.94	1345.9	3141.59	1602.26

注：生产厂商：天津优瑞纳斯油缸有限公司。

(3) 外形尺寸

表 20-8-82　　中部摆动式（ZB）液压缸外形尺寸　　mm

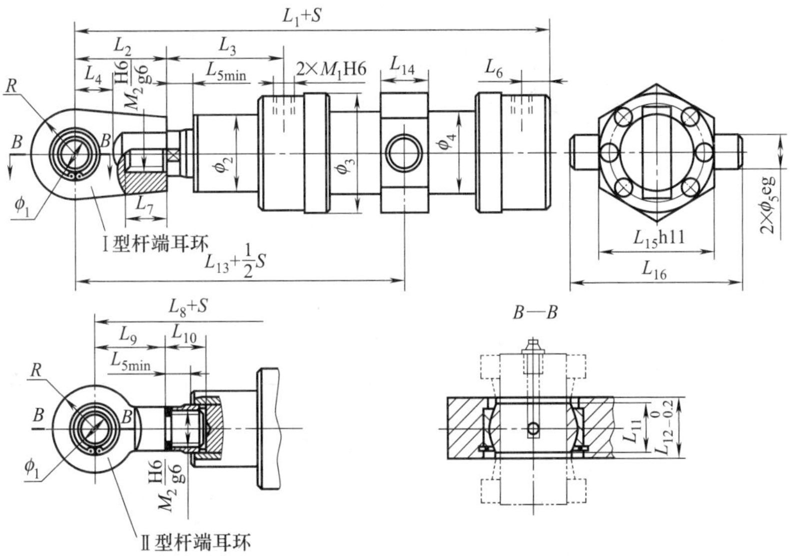

缸径	杆径	ϕ_1	ϕ_2	ϕ_3	ϕ_4	ϕ_5	R	GR	M_1	M_2	L_1	L_2	L_3
40	28	25	58	90	58	25	30	25	M22×1.5	M18×2	345	65	127
50	36	30	70	108	70	30	40	30	M22×1.5	M24×2	387	80	137
63	45	35	80	126	83	35	46	35	M27×1.5	M30×2	430	95	145
80	56	40	100	148	108	40	55	40	M27×2	M39×3	466	115	164
100	70	50	120	176	127	50	65	50	M33×2	M50×3	560	140	170
125	90	60	150	220	159	60	82	60	M42×2	M64×3	628	160	215.5
140	100	70	167	246	178	70	92	70	M42×2	M80×3	700	185	235
160	110	80	190	272	194	80	105	80	M48×2	M90×3	760	210	251.5
180	125	90	210	300	219	90	120	90	M48×2	M100×3	840	250	263
200	140	100	230	330	245	100	130	100	M48×2	M110×4	910	280	281
220	160	110	255	365	270	120	145	110	M48×2	M120×4	990	310	306
250	180	120	295	410	299	140	165	120	M48×2	M140×4	1135	360	377
280	200	140	318	462	325	170	185	140	M48×2	M160×4	1215	400	385
320	220	160	390	525	375	200	220	160	M48×2	M180×4	1320	460	408
360	250	180	404	560	420	200	250	180	M48×2	M200×4	1377	480	390
400	280	200	469	625	470	200	280	200	M48×2	M220×4	1447	520	415

L_4	L_{14}	L_{15}	L_{16}	L_5	L_6	L_7	L_8	L_9	L_{10}	L_{11}	L_{12}	L_{13}
30	30	95	135	28	32	30	310	30	32	20	27	251.5
35	35	115	165	32	39	40	347	40	42	22	30	281
40	40	135	195	33	45	50	382	47	52	25	35	309
50	45	155	225	37	45	58	420	55	62	28	37	343.5
60	55	180	260	40	63	70	490	70	73	35	44	403.5
70	65	225	325	48	55	80	556	76	83	44	55	455.5
85	75	250	370	48	75	86	600	85	93	49	62	498
100	90	275	415	51	58	100	644	94	103	55	66	543
110	100	350	530	51	80	120	710	120	125	60	72	603
120	110	350	530	56	75	140	770	140	145	70	80	653
130	130	390	590	57	105	160	832	152	165	70	80	706
150	150	440	660	65	85	180	965	190	185	85	95	820
170	180	500	760	65	138	200	1010	195	205	90	100	872.5
200	210	570	870	65	120	220	1088	228	225	105	120	952.5
220	220	580	920	65	135	240	1085	220	245	105	120	988.5
240	220	640	1040	65	140	260	1192	234	265	110	130	986

表 20-8-83 **尾部耳环式（WE）液压缸外形尺寸** mm

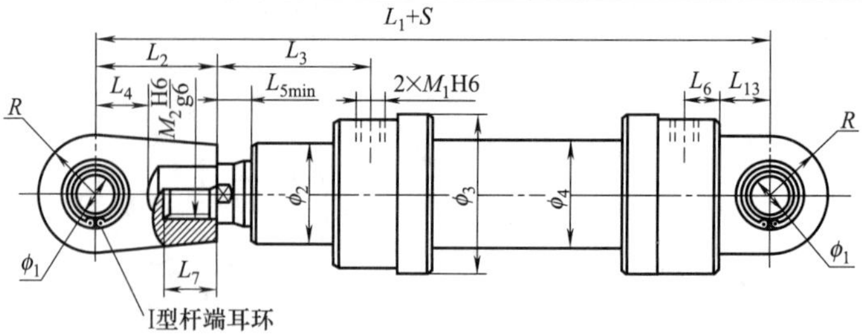

缸径	40	50	63	80	100	125	140	160	180	200	220	250	280	320	360	400
杆径	28	36	45	56	70	90	100	110	125	140	160	180	200	220	250	280
L_1	370	417	465	525	615	700	775	850	940	1020	1110	1275	1375	1510	1560	1655
L_6	27	34	40	54	58	57.5	65	48	70	65	95	75	128	120	88	88
L_{13}	30	35	40	50	60	70	85	100	110	120	130	150	170	200	230	260

注：其他尺寸代号与中部摆动式（ZB）相同，见表 20-8-82。

表 20-8-84 **头部摆动式（TB）液压缸外形尺寸** mm

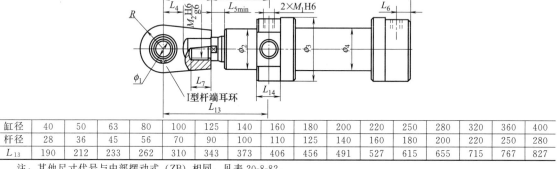

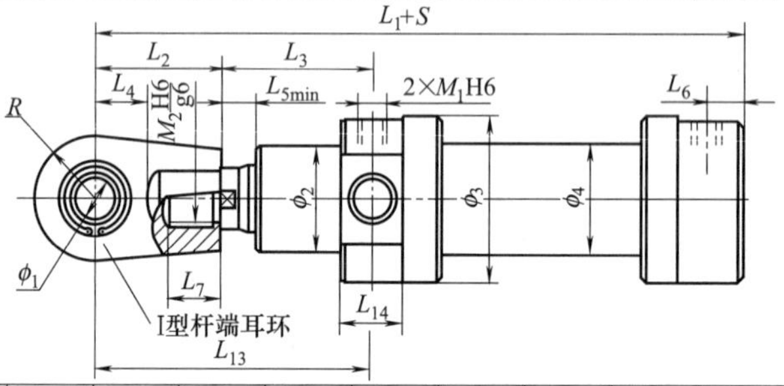

缸径	40	50	63	80	100	125	140	160	180	200	220	250	280	320	360	400
杆径	28	36	45	56	70	90	100	110	125	140	160	180	200	220	250	280
L_{13}	190	212	233	262	310	343	373	406	456	491	527	615	655	715	767	827

注：其他尺寸代号与中部摆动式（ZB）相同，见表 20-8-82。

表 20-8-85 **头部法兰式（TF）液压缸外形尺寸** mm

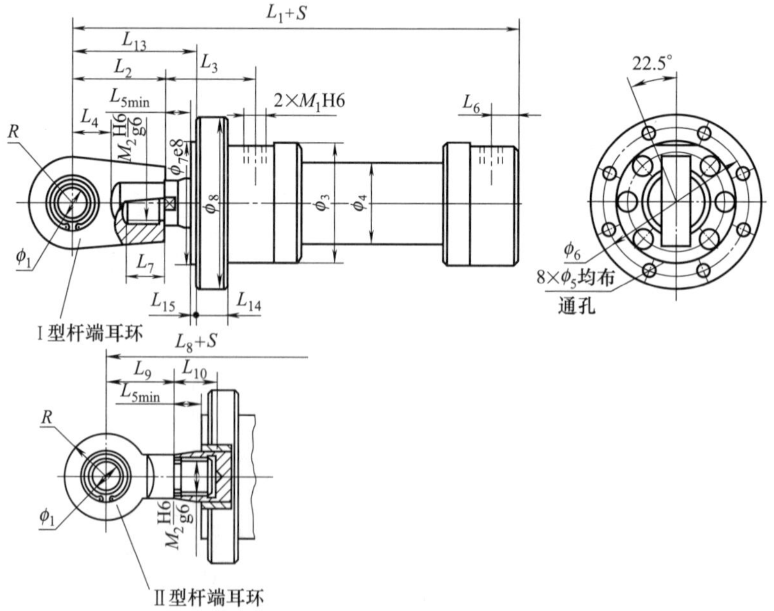

续表

缸径	40	50	63	80	100	125	140	160	180	200	220	250	280	320	360	400
杆径	28	36	45	56	70	90	100	110	125	140	160	180	200	220	250	280
ϕ_5	8.4	10.5	13	15	17	21	23	25	28	31	37	37	43	50	50	52
ϕ_6	110	135	155	180	215	160	290	330	365	400	450	500	570	650	650	730
ϕ_7	90	110	130	150	180	220	245	280	310	340	380	430	480	550	560	640
ϕ_8	130	160	180	210	250	300	335	380	420	460	520	570	660	750	780	820
L_{13}	98	117	133	157	185	218	243	271	311	346	377	435	475	535	555	595
L_{14}	30	35	40	45	50	55	60	70	80	90	100	110	120	130	130	150
L_{15}	5	5	5	5	5	10	10	10	10	10	10	10	10	10	10	10

注：其他尺寸代号与中部摆动式（ZB）相同，见表 20-8-82。

表 20-8-86　　中部摆动式等速（ZBD）液压缸外形尺寸　　mm

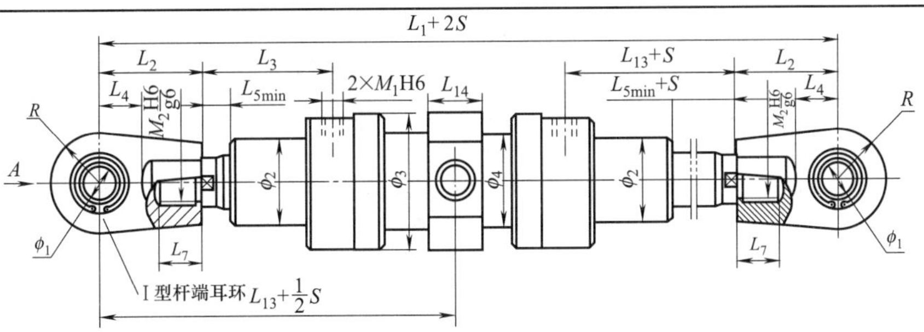

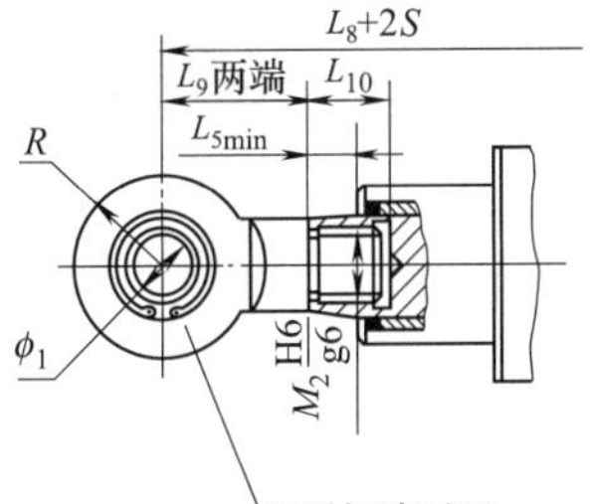

缸径	40	50	63	80	100	125	140	160	180	200	220	250	280	320	360	400
杆径	28	36	45	56	70	90	100	110	125	140	160	180	200	220	250	280
L_1	503	562	618	687	807	911	996	1086	1206	1306	1412	1640	1745	1905	1977	2092
L_8	433	482	522	567	667	743	796	854	946	1026	1096	1300	1335	1441	1457	1520

注：其他尺寸代号与中部摆动式（ZB）相同，见表 20-8-82。

表 20-8-87　　脚架固定式（JG）液压缸外形尺寸　　mm

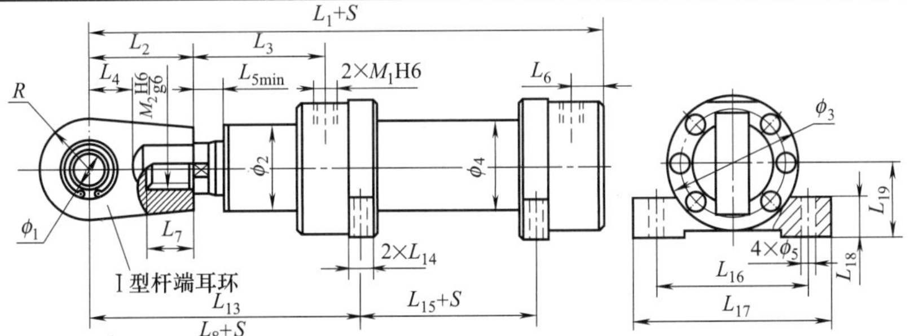

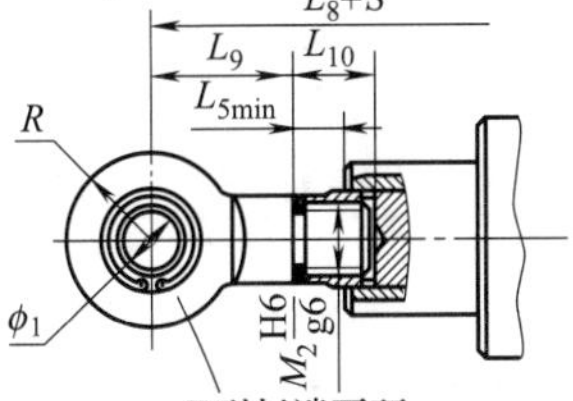

续表

缸径	40	50	63	80	100	125	140	160	180	200	220	250	280	320	360	400
杆径	28	36	45	56	70	90	100	110	125	140	160	180	200	220	250	280
ϕ_5	11	13.5	15.5	17.5	20	24	26	30	33	39	45	52	52	62	62	70
L_{13}	226.5	252	282.5	320	367.5	343	373	406	456	491	527	615	655	715	767	827
L_{14}	25	30	35	40	45	55	60	65	70	80	90	100	110	120	120	130
L_{15}	52	61	60	60	72	225	250	274	294	324	348	410	435	475	475	485
L_{16}	115	140	160	185	215	260	295	335	370	410	460	520	570	660	695	750
L_{17}	145	175	200	230	265	315	355	400	445	500	560	630	680	800	835	870
L_{18}	25	30	35	40	50	60	65	70	80	90	100	110	120	140	150	160
L_{19}	50	60	70	80	95	115	130	145	160	175	195	220	245	280	310	340

注：其他尺寸代号与中部摆动式（ZB）相同，见表20-8-82。

表20-8-88　　尾部法兰式（WF）液压缸外形尺寸　　mm

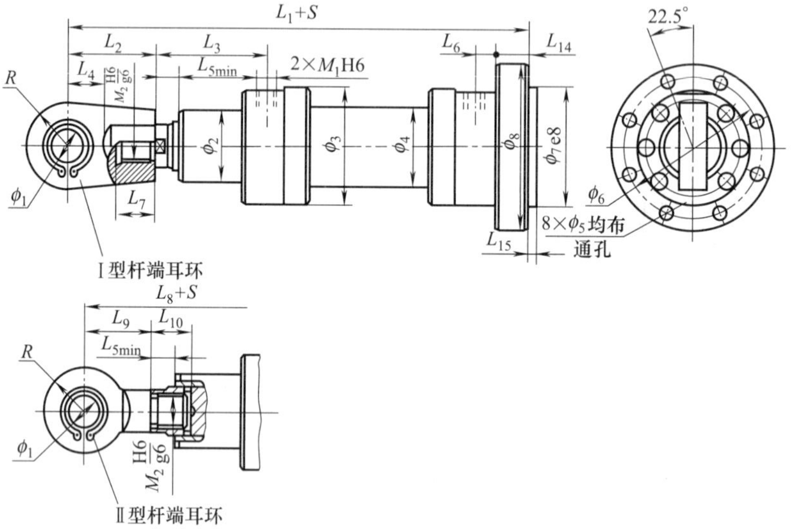

缸径	40	50	63	80	100	125	140	160	180	200	220	250	280	320	360	400
杆径	28	36	45	56	70	90	100	110	125	140	160	180	200	220	250	280
ϕ_5	8.4	10.5	13	15	17	21	23	25	28	31	37	37	43	50	50	52
ϕ_6	110	135	155	180	215	260	290	330	365	400	450	500	570	650	650	730
ϕ_7	90	110	130	150	180	220	245	280	310	340	380	430	480	550	560	640
ϕ_8	130	160	180	210	250	300	335	380	420	460	520	570	660	750	780	820
L_1	370	417	465	520	605	685	750	820	910	990	1080	1235	1325	1500	1497	1587
L_6	27	34	40	54	58	47.5	65	48	70	65	95	75	128	170	125	130
L_8	335	377	417	460	535	601	650	704	780	850	922	1065	1120	1268	1302	1366
L_{14}	30	35	40	45	50	55	60	70	80	90	100	110	120	130	130	150
L_{15}	5	5	5	5	5	10	10	10	10	10	10	10	10	10	10	10

注：其他尺寸代号与中部摆动式（ZB）相同，见表20-8-82。

表 20-8-89　　头部法兰式等速（TFD）液压缸外形尺寸　　mm

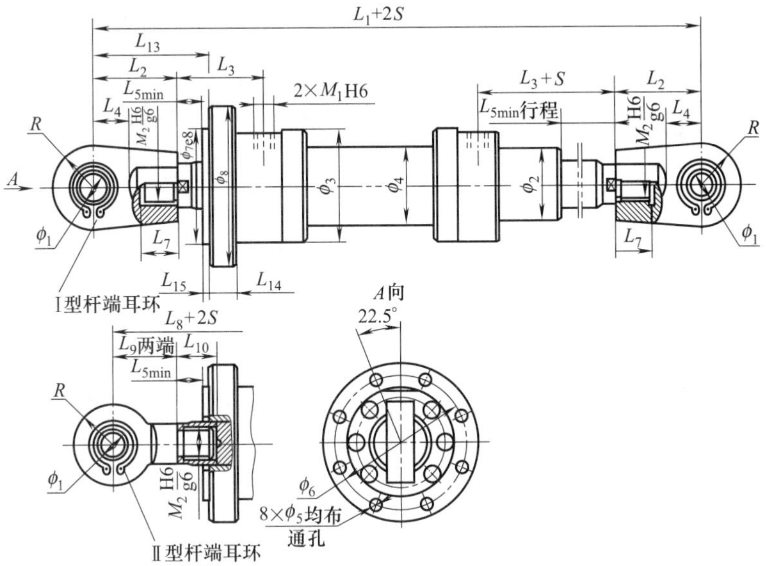

缸径	40	50	63	80	100	125	140	160	180	200	220	250	280	320	360	400
杆径	28	36	45	56	70	90	100	110	125	140	160	180	200	220	250	280
ϕ_5	8.4	10.5	13	15	17	21	23	25	28	31	37	37	43	50	50	52
ϕ_6	110	135	155	180	215	260	290	330	365	400	450	500	570	650	650	730
ϕ_7	90	110	130	150	180	220	245	280	310	340	380	430	480	550	560	640
ϕ_8	130	160	180	210	250	300	335	380	420	460	520	570	660	750	780	820
L_1	503	562	618	687	807	911	996	1086	1206	1306	1412	1640	1745	1905	1977	2092
L_8	433	482	522	567	667	743	796	854	946	1026	1096	1300	1335	1441	1457	1520
L_{13}	98	117	133	157	185	218	243	271	311	346	377	435	475	535	555	595
L_{14}	30	35	40	45	50	55	60	70	80	90	100	110	120	130	130	150
L_{15}	5	5	5	5	5	10	10	10	10	10	10	10	10	10	10	10

注：其他尺寸代号与中部摆动式（ZB）相同，见表 20-8-82。

表 20-8-90　　脚架固定式等速（JGD）液压缸外形尺寸　　mm

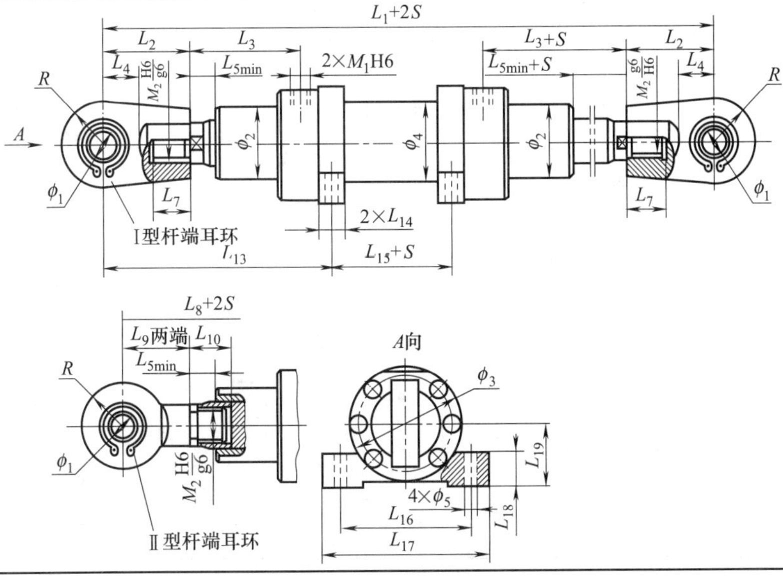

续表

缸径	40	50	63	80	100	125	140	160	180	200	220	250	280	320	360	400
杆径	28	36	45	56	70	90	100	110	125	140	160	180	200	220	250	280
ϕ_5	11	13.5	15.5	17.5	20	24	26	30	33	39	45	52	52	62	62	70
L_1	505	565	625	700	807	911	996	1086	1206	1306	1402	1640	1745	1905	2009	2139
L_8	433	482	522	567	667	743	796	854	946	1026	1096	1300	1335	1441	1457	1520
L_{13}	226.5	252	282.5	320	367.5	343	373	406	456	491	527	615	655	715	767	827
L_{14}	25	30	35	40	45	55	60	65	70	80	90	100	110	120	120	130
L_{15}	52	61	60	60	72	225	250	274	294	324	348	410	435	475	475	485
L_{16}	115	140	160	185	215	260	295	335	370	410	460	520	570	660	695	750
L_{17}	145	175	200	230	265	315	355	400	445	500	560	630	680	800	835	870
L_{18}	25	30	35	40	50	60	65	70	80	90	100	110	120	140	150	160
L_{19}	50	60	70	80	95	115	130	145	160	175	195	220	245	280	310	340

注：其他尺寸代号与中部摆动式（ZB）相同，见表 20-8-82。

8.6.3 车辆用液压缸系列

8.6.3.1 DG 型车辆液压缸

（1）DG 型车辆液压缸结构

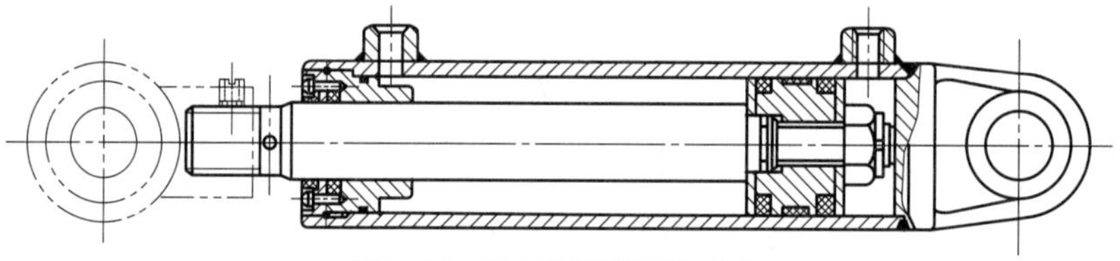

图 20-8-7　DG 型车辆液压缸结构

（2）型号意义

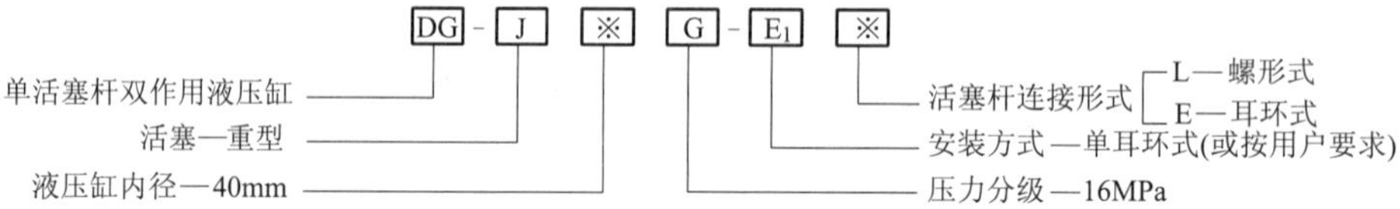

（3）技术规格

表 20-8-91　　技术规格

型号	缸径/mm	杆径/mm	活塞面积/cm² 大端	活塞面积/cm² 小端	推力/N 16MPa	拉力/N 16MPa	最大行程/mm
DG-JB40E-※-※	40	22	12.57	8.63	20160	13800	1500
DG-JB50E-※-※	50	28	19.64	13.48	31410	21560	1500
DG-JB63E-※-※	63	35	31.17	21.27	49870	34480	2000
DG-JB80E-※-※	80	45	50.27	34.37	80430	54980	2500
DG-JB100E-※-※	100	55	78.54	53.91	125660	87650	6000
DG-JB110E-※-※	110	63	94.99	63.38	152050	102180	6000
DG-JB125E-※-※	125	70	122.72	83.13	196350	134770	8000
DG-JB140E-※-※	140	80	163.86	103.62	246300	165870	8000
DG-JB150E-※-※	150	85	176.72	119.97	287240	191940	8000
DG-JB160E-※-※	160	90	200.96	136.38	321700	219920	8000

续表

型号	缸径/mm	杆径/mm	活塞面积/cm²		推力/N	拉力/N	最大行程/mm
			大端	小端	16MPa	16MPa	
DG-JB180E-※-※	180	100	254.34	175.84	407150	281490	8000
DG-JB200E-※-※	200	110	314.16	219.23	502660	350770	8000
DG-JB220E-※-※	220	125	380.13	257.41	608210	411860	8000
DG-JB250E-※-※	250	140	490.88	336.96	785410	539100	8000
DG-JB280E-※-※	280	150	615.24	438.50	984000	780800	8000
DG-JB320E-※-※	320	180	804.25	549.78	1286800	879650	8000

（4）外形尺寸

表 20-8-92　基本型车辆用（DG）液压缸外形尺寸　mm

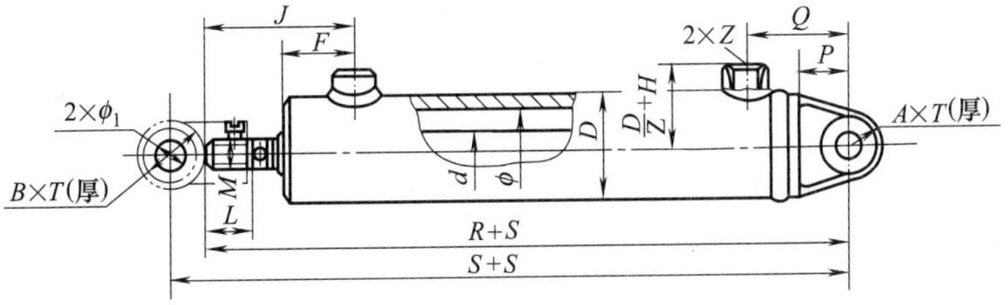

型号	d	ϕ	D	Z	M	L	$B\times T$	$A\times T$	P	Q	F	J	H	R	S	2×ϕ_1 或关节轴承
DG-J40C-E$_1$※-Y$_3$	22	40	60	3/8	M20×1.5	29	45×37.5	20×22	27	59	43	88	15	200	266	16D5
DG-J50C-E$_1$※-Y$_3$	28	50	70	3/8	M24×1.5	34	56×45	25×28	32	66	52	104	15	242	276	20D5
DG-J63C-E$_1$※-Y$_3$	35	63	86	1/2	M30×1.5	36	71×60	35.5×40	40	79	59	114	20	274	317	31.5D5 或 GE30ES
DG-J80C-E$_1$※-Y$_3$	45	80	102	1/2	M39×1.5	42	90×75	42.5×50	50	94	57	121	20	306	359	40D5 或 GE40ES
DG-J90C-E$_1$※-Y$_3$	50	90	114	1/2	M39×1.5	42	90×75	45×45	50	101	70	142	20	345	396	40D5 或 GE40ES
DG-J100C-E$_1$※-Y$_3$	56	100	127	3/4	M48×1.5	62	112×95	53×63	60	111	66	154	24	369	427	50D5 或 GE50ES
DG-J110C-E$_1$※-Y$_3$	63	110	140	3/4	M48×1.5	62	112×95	55×75	65	128	83	173	24	407	462	50D5 或 GE50ES
DG-J125C-E$_1$※-Y$_3$	71	125	152	3/4	M64×2	70	140×118	67×80	75	136	70	166	24	421	496	63D5 或 GE60ES
DG-J140C-E$_1$※-Y$_3$	80	140	168	1	M64×2	70	140×118	65×80	75	147	93	193	25	449	522	63D5 或 GE60ES
DG-J150C-E$_1$※-Y$_3$	85	150	194	1	M80×2	80	170×135	75×80	95	169	78	185	25	481	566	71D5 或 GE70ES
DG-J160C-E$_1$※-Y$_3$	90	160	194	1	M80×2	80	170×135	75×80	95	169	113	223	25	520	603	71D5 或 GE70ES
DG-J180C-E$_1$※-Y$_3$	100	180	219	1¼	M90×2	95	176×160	80×90	95	173	149	269	30	597	687	90D5 或 GE90ES
DG-J200C-E$_1$※-Y$_3$	110	200	245	1¼	M90×2	95	210×160	122×100	95	237	165	295	30	687	777	100D5 或 GE100ES

表 20-8-93　　DG 车辆型液压缸

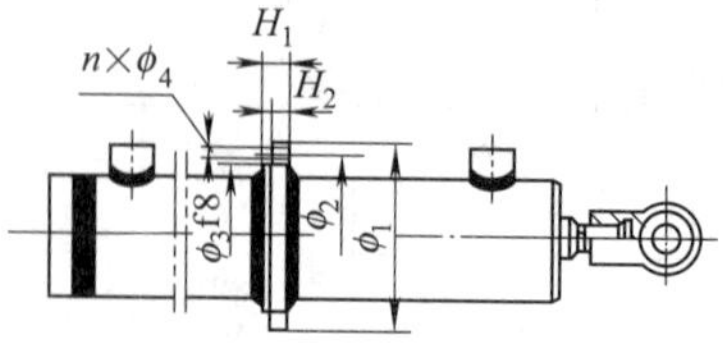

图(a)　中部法兰安装型

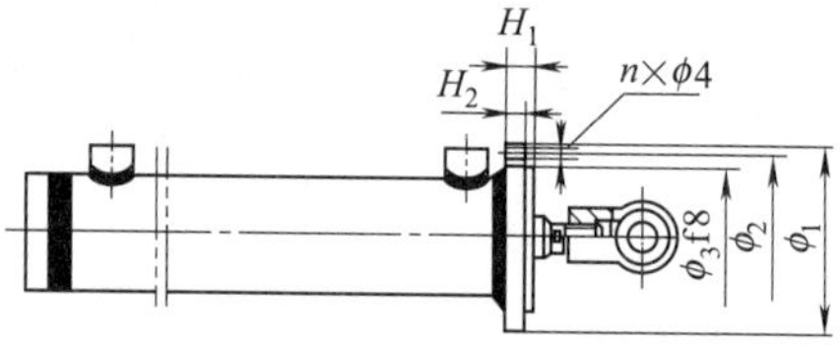

图(b)　头部法兰安装型

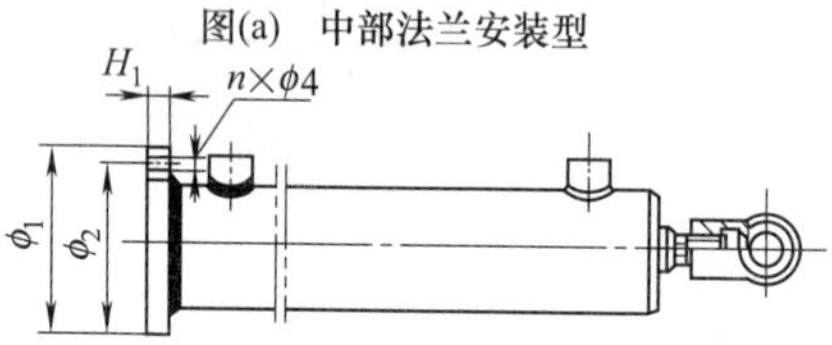

图(c)　底部法兰安装型

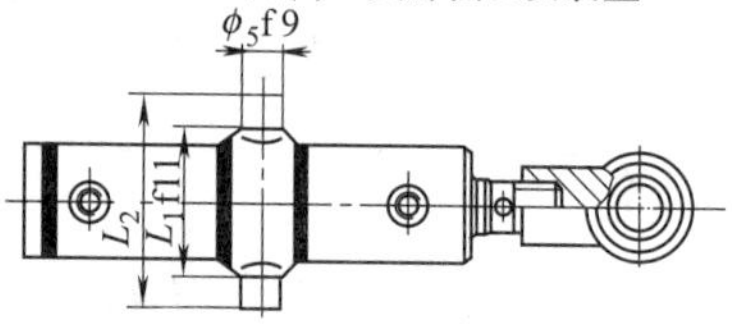

图(d)　中间铰轴安装型

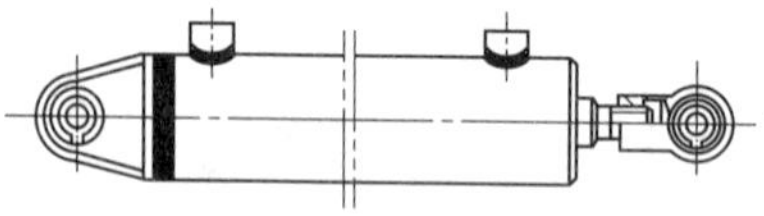
图(e)　带关节轴承耳环安装连接型

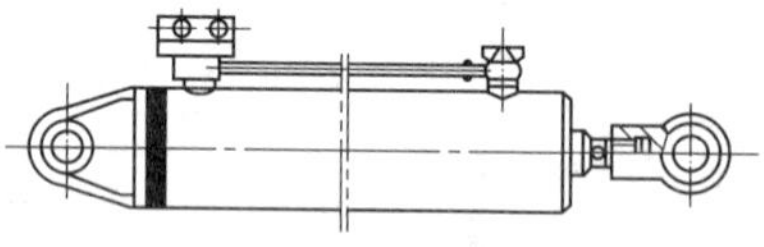
图(f)　带液压锁耳环安装连接型

缸径/mm	法兰盘推荐尺寸/mm						铰轴推荐尺寸/mm		
	H_1	H_2	ϕ_1	ϕ_2	ϕ_3	$n\times\phi_4$	ϕ_5f9	L_1	L_2
40	23	15	130	115	90	4×φ11	25	95	145
50	23	15	140	125	100	4×φ11	25	105	155
63	23	15	160	135	110	6×φ13.5	60	115	171
80	28	20	175	145	115	8×φ13.5	40	135	199
90			190	160	130	8×φ15.5	45	150	222
100			210	180	145	8×φ18	50	160	240
110	30	22	225	195	160	8×φ18		180	270
125			240	210	175	10×φ18	60	195	295
140	32	24	260	225	190	10×φ20	70	215	325
150	34	26	285	245	205	10×φ22		215	325
160	36	28	300	260	220	10×φ22	80	240	366
180	38	30	325	285	245	10×φ24	90	270	410
200	40	32	365	320	275	10×φ26	100	295	455

表 20-8-94　　DG 型液压缸的外形尺寸　　mm

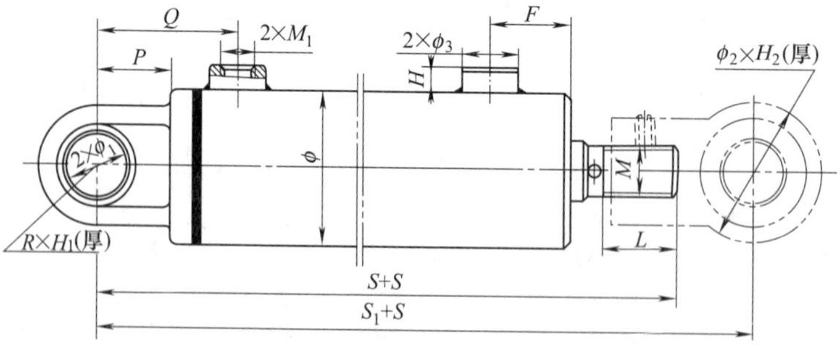

续表

型号	ϕ	M	L	$\phi_2 \times H_2$	$2\times\phi_1$	$R\times H_1$	$2\times\phi_3$	$2\times M_1$	F	H	P	Q	S	S_1
DG-J50C-E_1L	70	M24×1.5	33	56×45	20	25×28	30	M18×1.5	52	15	32	65	242	272
DG-J63C-E_1L	83	M30×2	36	60×60	32	30×40	35	22×1.5	67	15	35	70	272	310
DG-J80C-E_1L	102	M42×2	42	80×75	40	40×50	35	M22×1.5	70	15	50	85	308	359
DG-J100C-E_1L	127	M48×2	62	100×95	50	50×63	45	M27×2	81	20	60	102	369	427
DG-J110C-E_1L	140	M56×2	70	115×105	55	55×75	45	M27×2	85	20	65	118	404	472
DG-J125C-E_1L	159	M64×3	73	124×118	63	62×80	45	M27×2	90	20	70	129	421	486
DG-J140C-E_1L	168	M72×3	75	130×125	65	65×80	55	M33×2	95	20	80	144	560	540
DG-J150C-E_1L	185	M80×3	80	140×135	71	71×80	55	M33×2	101	20	81	145	481	565
DG-J160C-E_1L	194	M80×3	85	160×145	80	80×85	55	M33×2	115	20	90	168	528	613
DG-J180C-E_1L	219	M90×3	95	176×160	90	90×95	65	M42×2	126	20	105	185	606	716
DG-J200C-E_1L	245	M100×3	105	184×170	100	100×105	65	M42×2	157	20	110	200	680	800
DG-J220C-E_1L	273	M110×3	112	200×120	100	100×120	65	M42×2	157	20	120	200	693	811
DG-J250C-E_1L	299	M125×4	125	220×130	110	110×136	65	M42×2	157	20	130	210	716	831
DG-J320C-E_1L	402	M160×4	166	280×170	140	140×176	70	M48×2	200	24	160	264	847	1017

8.6.3.2 G※型液压缸

(1) 型号意义

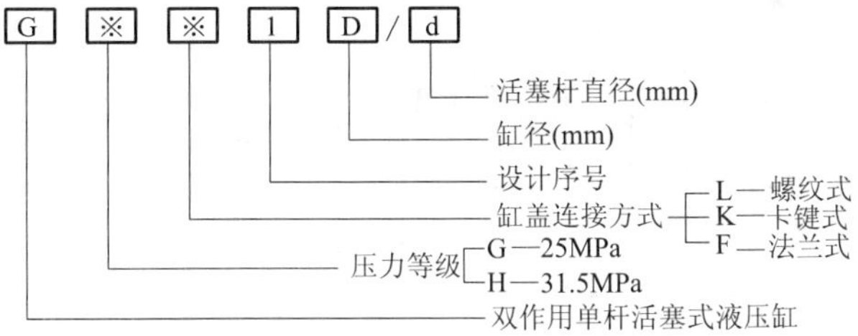

(2) 技术规格

表 20-8-95 技术规格

型 号	压力/MPa	工作介质	工作油温/℃
GC※1D/d	25	矿油物	−40～90
GHF1D/d	31.5	—	—

(3) 外形尺寸

表 20-8-96 CG※1 型液压缸外形尺寸 mm

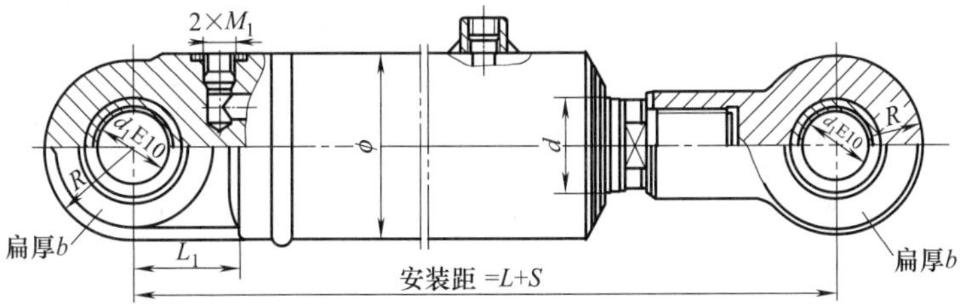

缸径 D	ϕ	速比 φ			d_1	b、L_1	R	$L+S$	M_1
		1.46	1.66	2					
		d			衬套或关节轴承				
80	102	45	50	56	40，GEG40ES	50	52	370+S	M18×1.5
90	114	50	56	63	45，GEG45ES	55	58	400+S	M22×1.5
100	127	56	63	70	50，GEG50ES	60	70	430+S	

续表

缸径 D	ϕ	速比 φ 1.46	1.66	2	d_1 衬套或关节轴承	b、L_1	R	$L+S$	M_1
		d							
110	140	63	70	80	60，GEG60ES	60	70	460+S	M27×2
125	152	70	80	90	60，GEG60ES	70	80	500+S	
140	172	80	90	100	70，GEG70ES	80	90	550+S	
160	194	90	100	110	80，GEG80ES	90	110	600+S	M33×2
180	224	100	110	125	90，GEG90ES	100	115	650+S	
200	245	100	125	140	100，GEG100ES	110	125	700+S	M42×1.5

表 20-8-97 CHF1 型外形尺寸 mm

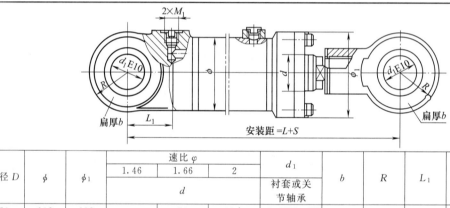

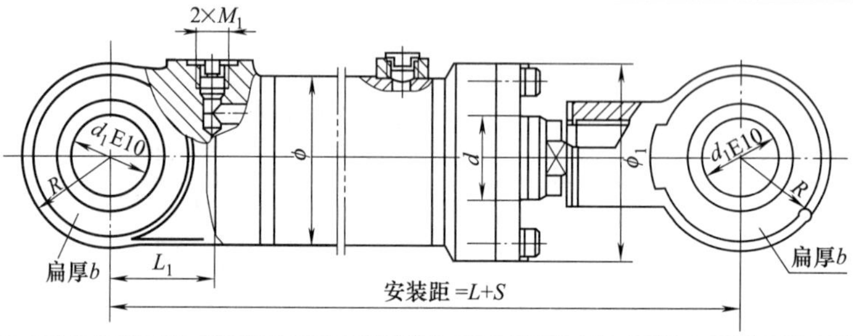

缸径 D	ϕ	ϕ_1	速比 φ 1.46	1.66	2	d_1 衬套或关节轴承	b	R	L_1	$L+S$	M_1
			d								
80	102	132	—	50	56▲	45，GEG45ES	45	58	55	400+S	M18×1.5
90	114	142	—	56	63▲	50，GEG50ES	50	68	60	430+S	M22×1.5
100	127	160	56	63	70▲	55，GEG55ES	55	73	65	470+S	
110	140	176	63	70	80▲	60，GEG60ES	60	80	70	500+S	
125	159	190	70	80	90	70，GEG70ES	70	92	80	540+S	M27×2
140	174	215	80	90	100	80，GEG80ES	80	100	90	580+S	
150	184	230	85	95	105	90，GEG90ES	85	105	95	610+S	M33×2
160	200	240	90	100	110	90，GEG90ES	90	115	100	640+S	
180	224	270	100	110	125	100，GEG100ES	100	125	110	700+S	
200	250	300	110	125	140	110，GEG110ES	110	140	120	760+S	M42×2
220	273	330	125	140	160	120，GEG120ES	120	160	130	820+S	
250	308	375	140	160	180	140，GEG140ES	140	180	150	900+S	

注：带▲的安装距为 $L+S+30$。

8.6.4 重载液压缸

8.6.4.1 CD/CG 型液压缸

（1）型号意义

※ ※ ※ ※ ※ - ※ ※ 10 - ※ ※ ※ ※ ※ ※ □

- 差动缸—CD；等速缸—CG
- 25MPa—250；36MPa—350
- 安装方式
- 活塞直径/活塞杆直径（见下表）
- 行程长度(mm)
- A—液压缸两端螺钉连接结构；B—5缸底焊接结构，缸头螺钉连接结构
- 10—系列10（10～19—安装尺寸、连接尺寸相同）
- 管路连接：01—BSP螺纹；02—ISO公制螺纹
- C—镀硬铬(德国材料牌号CK45)；H—4淬火加镀硬铬(德国材料牌号CK53)、L—镀硬铬(德国材料牌号X22CrNi17)
- G—2用于GA球铰耳环或SA衬套耳环的螺纹；A—2用于是GAS球铰耳环的螺纹
- U—无端部缓冲；D—两端部有缓冲
- M—矿物油用丁腈橡胶密封材料；V—磷酸酯，用偏氟乙烯-六氟丙烯橡胶密封材料
- 活塞密封圈：T—1低摩擦工作的滑动环；A—V形密封圈
- 其他说明

压力 25MPa	压力 35MPa	活塞直径/mm	活塞杆直径/mm	面积比 φ	
√		40	20	1,3:1	=40/20
√	√		28	2:1	=40/28
√		50	28	1,4:1	=50/28
√	√		36	2:1	=50/36
√		63	36	1,4:1	=63/63
√	√		45	2:1	=63/45
√		80	45	1,4:1	=80/45
√	√		56	2:1	=80/56
√		100	56	1,4:1	=100/56
√	√		70	2:1	=100/70
√		125	70	1,4:1	=125/70
√	√		90	2:1	=125/90
√		140	90	1,6:1	=140/90
√	√		100	2:1	=140/100
√		160	100	1,6:1	=160/100
√	√		110	2:1	=160/110
√		180	110	1,6:1	=180/110
√	√		125	2:1	=180/125
√		200	125	1,6:1	=200/125
√	√		140	2:1	=200/140
√		220	140	1,6:1	=220/140
√	√		160	2:1	=200/160
√		250	160	1,6:1	=250/160
√	√		180	2:1	=250/180
√		280	180	1,6:1	=280/180
√	√		200	2:1	=280/200
√		320	200	1,6:1	=320/220
√	√		220	2:1	=320/220

（2）安装方式

表 20-8-98　安装方式

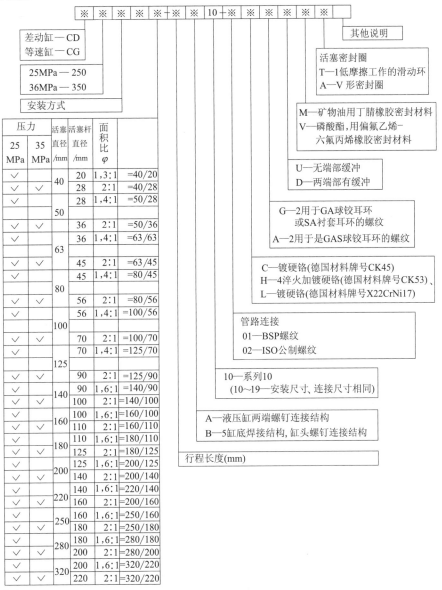

安装方式	液压缸类型	
	CD 型单活塞杆双作用缸	CG 型双活塞杆双作用缸
A：缸底滑动轴承	√	—
B：缸底球铰轴承		
C：缸头法兰	√	√
D：缸底法兰	√	—
E：中间耳轴安装	√	√
F：底座安装	√	√

（3）技术规格

表 20-8-99　　**技术规格**

工作压力/MPa	25、35
工作介质	矿物油、水-乙二醇、磷酸酯
工作温度/℃	－30～100
运行速度/m·s^{-1}	0.5(采用特殊密封可达 15m/s)

注：生产厂为河南省汝阳县液压机械厂。

（4）液压缸推（拉）力

表 20-8-100　　**CD250/CG250 液压缸推（拉）力**

压力/MPa	活塞直径	mm	40		50		63		80		100		125		140	
	活塞杆直径	mm	20	28	28	36	36	45	45	56	56	70	70	90	90	100
	活塞面积	cm^2	12.56		19.63		31.17		50.26		78.54		122.72		153.94	
	环形面积	cm^2	9.42	6.40	13.47	9.45	20.99	15.27	34.36	25.63	53.91	40.06	84.24	59.10	90.32	75.40
5	推力	kN	6.28		9.82		15.58		25.13		39.27		61.35		76.95	
	拉力	kN	4.71	3.20	6.74	4.73	10.50	7.63	17.18	12.82	26.95	20.03	42.10	29.55	45.15	37.70
10	推力	kN	12.56		19.63		31.17		50.26		78.54		122.72		153.94	
	拉力	kN	9.42	6.40	13.47	9.45	20.99	15.27	34.36	25.63	53.91	40.06	84.24	59.10	90.32	75.40
15	推力	kN	18.84		29.28		46.75		75.40		117.81		184.05		230.85	
	拉力	kN	14.13	9.60	20.22	17.19	31.50	22.89	51.28	38.46	80.85	60.09	126.30	88.65	135.45	113.10
20	推力	kN	25.12		39.28		62.34		100.54		157.08		245.40		307.80	
	拉力	kN	18.84	12.80	26.96	18.65	42.00	30.52	68.72	51.28	107.80	80.12	168.40	117.20	180.60	150.80
25	推力	kN	31.40		49.10		77.90		125.65		196.35		306.75		384.75	
	拉力	kN	23.55	16.00	33.70	23.65	52.50	38.15	85.90	64.10	134.75	100.15	210.50	147.75	225.75	188.40

压力/MPa	活塞直径	mm	160		180		200		220		250		280		320	
	活塞杆直径	mm	100	110	110	125	125	140	140	160	160	180	180	200	200	220
	活塞面积	cm^2	201.06		254.47		314.16		380.13		490.87		615.75		804.25	
	环形面积	cm^2	122.5	106.0	159.43	131.75	191.4	160.2	226.19	179.07	289.8	236.4	361.28	301.59	490.08	424.11
5	推力	kN	100.5		127.23		157.05		190		245.4		307.8		402.1	
	拉力	kN	61.25	53.00	79.7	65.87	95.7	80.10	113	89.53	144.9	118.2	180.6	150.8	245	212
10	推力	kN	201.00		254.47		314.10		380.1		490.87		615.75		804.2	
	拉力	kN	122.50	106.00	159.4	131.75	191.40	160.20	226.2	179	289.8	236.4	361.6	490	424	
15	推力	kN	301.50		381.70		471.15		570.2		736.3		923.63		1206.4	
	拉力	kN	183.75	159.00	239.1	197.6	287.10	240.30	339	268.6	434.7	354.6	541.9	425.4	735.1	636.2
20	推力	kN	402.00		508.94		628.20		760.26		981.7		1231.5		1608.5	
	拉力	kN	245.00	212.00	318.86	263.5	382.80	320.40	452.38	358.14	579.6	472.8	722.56	603.2	980.2	849.2
25	推力	kN	502.50		636.17		785.25		950.33		1227.2		1539.4		2010.0	
	拉力	kN	306.25	265.00	398.57	329.37	478.50	400.50	565.47	447.6	724.5	591	903.2	754	1225.2	1060.3

表 20-8-101 CD350/CG350 液压缸推（拉）力

压力/MPa									
压力/MPa	活塞直径	mm	40	50	63	80	100	125	140
	活塞杆直径		28	36	45	56	70	90	100
	活塞面积	cm^2	12.56	19.63	31.17	50.26	78.54	122.72	153.94
	环形面积		6.40	9.45	15.27	25.63	40.06	59.10	75.40
5	推力	kN	6.28	9.82	15.58	25.13	39.27	61.35	76.95
	拉力		3.2	4.73	7.63	12.82	20.03	29.55	37.70
10	推力		12.56	19.64	31.17	50.27	78.54	122.72	153.90
	拉力		6.4	9.46	15.26	25.64	40.06	59.10	75.40
15	推力		18.84	29.46	46.75	75.40	117.81	184.05	230.85
	拉力		9.6	14.19	22.89	38.46	60.09	88.65	113.10
20	推力		25.12	39.28	62.34	100.54	157.08	245.40	307.80
	拉力		12.80	18.92	30.52	51.28	80.12	115.20	150.80
25	推力		31.40	49.10	77.90	125.65	196.35	306.75	384.75
	拉力		16.00	23.65	38.15	64.10	100.15	147.75	188.40
30	推力		37.69	58.90	93.5	150.8	235.6	368.1	461.7
	拉力		19.2	28.35	45.8	76.9	120.2	177.3	226.2
35	推力		43.96	68.72	109.1	175.9	274.9	429.5	538.7
	拉力		22.4	33.07	53.4	89.7	140.2	206.9	263.9
压力/MPa	活塞直径	mm	160	180	200	220	250	280	320
	活塞杆直径		110	125	140	160	180	200	220
	活塞面积	cm^2	201.06	254.47	314.16	380.13	490.87	615.75	804.25
	环形面积		106.0	131.75	160.2	179.07	236.4	301.59	424.11
5	推力	kN	100.50	127.23	157.05	190	245.4	307.8	402.1
	拉力		53.00	65.87	80.10	89.53	118.2	150.8	212
10	推力		201.00	254.47	314.10	380.1	490.87	615.75	804.2
	拉力		106.00	131.75	160.20	179	236.4	301.6	424
15	推力		301.50	381.70	471.15	570.2	736.3	923.63	1206.4
	拉力		159.00	197.6	240.30	268.6	354.6	452.4	636.2
20	推力		402.00	508.94	628.20	760.26	981.7	1231.5	1608.5
	拉力		212.00	263.5	320.40	358.14	472.8	603.2	848.2
25	推力		502.50	636.17	785.25	950.33	1227.2	1539.4	2010.6
	拉力		265.00	329.37	400.50	447.6	591	754	1060.3
30	推力		603	763.4	942	1140	1470	1847.3	2412.7
	拉力		318	395.1	480.6	537	708	904.77	1270
35	推力		703.5	890.6	1099	1330	1715	2155	2814.8
	拉力		371	460.9	560.7	626.5	826	1056	1484

（5）外形尺寸

表 20-8-102 CD250A、CD250B 液压缸外形尺寸 mm

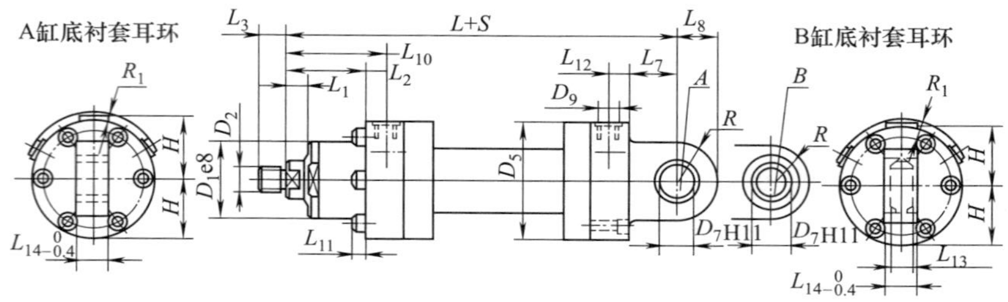

活塞直径		40	50	63	80	100	125	140	160	180	200	220	250	280	320
活塞杆直径		20/28	28/36	36/45	45/56	56/70	70/90	90/100	100/110	110/125	125/140	140/160	160/180	180/200	200/220
D_1		55	68	75	95	115	135	155	180	200	215	245	280	305	340
D_2	A	M18×2	M24×2	M30×2	M39×3	M50×3	M64×3	M80×3	M90×3	M100×3	M110×4	M120×4	M120×4	M150×4	M160×4
	G	M16×1.5	M22×1.5	M28×1.5	M35×1.5	M45×1.5	M58×1.5	M65×1.5	M80×20	M100×2	M110×2	M120×3	M120×3	M130×3	—
D_5		85	105	120	135	165	200	220	265	290	310	355	395	430	490
D_7		25	30	35	40	50	60	70	80	90	100	110	110	120	140
D_9	01	1/2in BSP	1/2in BSP	3/4in BSP	3/4in BSP	1in BSP	5/4in BSP	5/4in BSP	3/2in BSP	3/2in BSP	3/2in BSP	3/2in BSP	3/2in BSP	3/2in BSP	3/2in BSP
	02	M22×1.5	M22×1.5	M27×2	M27×2	M33×2	M42×2	M42×2	M48×2	M48×2	M48×2	M48×2	M48×2	M48×2	M48×2
L		252	265	302	330	385	447	490	550	610	645	750	789	884	980
L_1		17	21	25	15.5	33	32	37/33	40	40/37	40	25	25	35	40
L_2		54	58	67	65	85	97	105	120	130	135	155	165	170	195
L_3	A	30	35	45	55	75	95	110	120	140	150	160	160	190	200
	G	16	22	28	35	45	58	65	80	100	110	120	120	130	—
L_7 (A10/B10)		32.5	37.5	45	52.5/50	60	70	75	85	90	115	125	140	150	175

续表

L_8		27.5	32.5	40	50	62.5	70	82	95	113	125	142.5	160	180	200
L_{10}		76	80	89.5	86	112.5	132	145	160	175	180	225	235	270	295
L_{11}		8	10	12	12	16	—	—	—	—	—	—	—	—	—
L_{12}		20.5	20.5	22.5	32.5	32.5	35	40	40	55	40	70	70	99	100
L_{14}		23	28	30	35	40	50	55	60	65	70	80	80	90	110
H		45	55	63	70	82.5	103	112.5	132.5	147.5	157.5	200	180	220	250
R		27.5	32.5	40	50	62.5	65	77	88	103	115	150	132.5	170	190
R_1（A10/B10）		7/16	2/14	2/9	1.5/5	—/11.5	4/—	—	27.5/—	18/—	20/—	—	—	—	—
CD250B	L_{13}	$20_{-0.12}^{0}$	$22_{-0.12}^{0}$	$25_{-0.12}^{0}$	$28_{-0.12}^{0}$	$35_{-0.12}^{0}$	$44_{-0.15}^{0}$	$49_{-0.15}^{0}$	$55_{-0.15}^{0}$	$60_{-0.2}^{0}$	$70_{-0.2}^{0}$	$70_{-0.2}^{0}$	$70_{-0.2}^{0}$	$85_{-0.2}^{0}$	$90_{-0.25}^{0}$
CD250A CD250B	系数 X	5	7.5	13	18	34	76	99	163	229	275	417	571	712	1096
	系数 Y	0.011/0.015	0.015/0.019	0.020/0.024	0.030/0.039	0.050/0.060	0.078/0.092	0.105/0.122	0.136/0.156	0.170/0.192	0.220/0.246	0.262/0.299	0.346/0.387	0.387/0.434	0.510/0.562
	质量/kg	$m=X+Y\times$行程													

注：1. A10 型用螺纹连接缸底，适用于所有尺寸的缸径。
2. B10 型用焊接缸底，只用在≤100mm 的缸径。
3. 缸头外侧采用密封盖，仅用于≥125mm 的缸径。
4. 缸头外侧采用活塞杆导向套，仅用于≤100mm 的缸径。
5. 缸头、缸底与缸筒螺纹连接时，当缸径≤100mm，螺钉头均露在法兰外；当缸径>100mm 时，螺钉头凹入缸底法兰内。
6. 单向节流阀和排气阀与水平线夹角 θ：
CD350 系列：缸径≤200mm，$\theta=30°$；缸径≥220mm，$\theta=45°$。CD250 系列：除缸径等于 300mm，$\theta=45°$外，其余均为 30°。
7. G 为采用 GA 球铰耳环或 SA 衬套耳环的螺纹；A 为采用 GAS 球铰耳环的螺纹。
8. 01 为惠氏管螺纹；02 为 ISO 公制螺纹。
9. 以下表注与此表注相同。

表 20-8-103　　CD250C、CD250D 液压缸外形尺寸　　mm

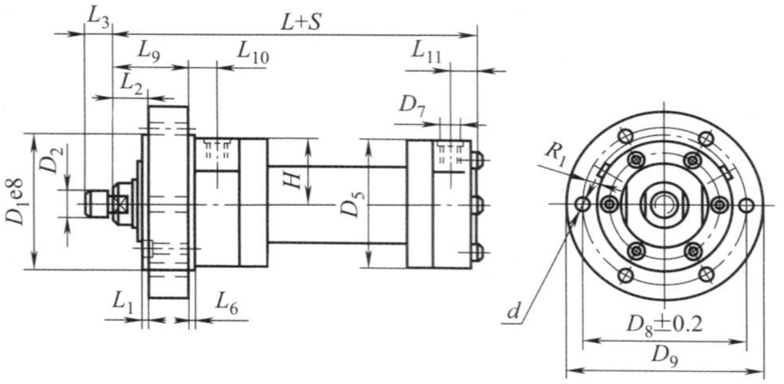

图(a)　C缸头法兰

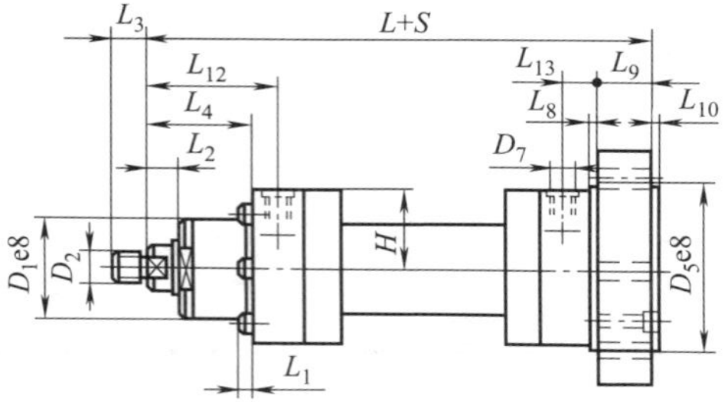

图(b)　D缸底法兰

C缸头法兰	活塞直径		40	50	63	80	100	125	140	160	180	200	220	250	280	320
	活塞杆直径		20/28	28/36	36/45	45/56	56/70	70/90	90/100	100/110	110/125	125/140	140/160	160/180	180/200	200/220
	D_2	A	M18×2	M24×2	M30×2	M39×3	M50×3	M64×3	M80×3	M90×3	M100×3	M110×4	M120×4	M120×4	M150×4	M160×4
		G	M16×1.5	M22×1.5	M28×1.5	M35×1.5	M45×1.5	M58×1.5	M65×1.5	M80×20	M100×2	M110×2	M120×3	M120×3	M130×3	—
	D_7	01	1/2in BSP	1/2in BSP	3/4in BSP	3/4in BSP	1 in BSP	5/4in BSP	5/4in BSP	3/2in BSP	3/2in BSP	3/2in BSP	3/2in BSP	3/2in BSP	3/2in BSP	3/2in BSP
		02	M22×1.5	M22×1.5	M27×2	M27×2	M33×2	M42×2	M42×2	M48×2	M48×2	M48×2	M48×2	M48×2	M48×2	M48×2
	D_8		108	130	155	170	205	245	265	325	360	375	430	485	520	600
	D_9		130	160	185	200	245	295	315	385	420	445	490	555	590	680
	L_3	A	30	35	45	55	75	95	110	120	140	150	160	160	190	200
		G	16	22	28	35	45	58	65	80	100	110	120	120	130	—
	d		9.5	11.5	14	14	18	22	22	28	30	33	33	39	39	45
	R_1 (A10/B10)		7/16	2/14	2/9	1.5/5	—/11.5	4/—	—	27.5/—	18/—	20/—	—	—	—	—
	H		45	55	63	70	82.5	103	112.5	132.5	147.5	157.5	180	200	220	250

续表

C缸头法兰		D_1	90	110	130	145	175	210	230	275	300	320	370	415	450	510
		D_5	85	105	120	135	165	200	220	265	290	310	355	395	430	490
		L	268	278	324	325	405	474	520	585	635	665	780	814	905	1000
		$L_1(L_6)$	5	5	5	5	5	5(10)	10	10	10	10	10	10	10	10
		L_2	19	23	27	25	35	37	45	50	50	50	60	70	65	65
		L_9	49	53	62	60	80	87	95	110	120	125	145	155	160	185
		L_{10}	27	27	27.5	26	32.5	45	50	50	55	55	80	80	110	110
		L_{11}	27	27	27.5	30	32.5	35	45	50	55	45	80	80	109	11
D缸底法兰		D_1	55	68	75	95	115	135	155	180	200	215	245	280	305	340
		D_5	90	110	130	145	175	210	230	275	300	320	370	415	450	510
		L	256	264	297	315	375	432	475	535	585	615	720	744	839	935
		L_1	8	10	12	12	16	—	—	—	—	—	—	—	—	—
		L_2	17	21	25	25.5	33	32	37/33	40	40/37	40	25	25	35	40
		L_4	54	58	67	65	85	97	105	120	130	135	155	165	170	195
		$L_8(L_{10})$	5	5	5	10	10	10	10	10	10	10	10	10	10	10
		L_9	30	30	35	35	45	50	50	60	70	75	85	85	95	120
		L_{12}	76	80	89.5	86	112.5	132	145	160	175	180	225	235	270	295
		L_{13}	27	27	27.5	35	37.5	40	50	50	55	50	80	80	109	110
CD250C	系数 X		8	12	20	23	41	95	120	212	273	334	485	643	784	1096
CD250D	系数 X		9	13	22	26	48	95	120	212	273	334	485	643	784	1263
CD250C CD250D	系数 Y		0.011/0.015	0.015/0.019	0.020/0.024	0.030/0.039	0.050/0.060	0.078/0.092	0.105/0.122	0.136/0.156	0.17/0.192	0.22/0.246	0.262/0.299	0.346/0.387	0.387/0.434	0.510/0.562
质量/kg			$m=X+Y\times$行程													

表 20-8-104 CD250E 液压缸外形尺寸 mm

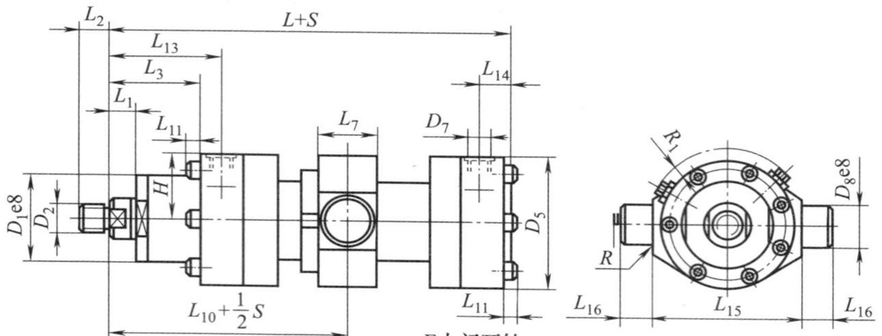

E中间耳轴

活塞直径		40	50	63	80	100	125	140	160	180	200	220	250	280	320
活塞杆直径		20/28	28/36	36/45	45/56	56/70	70/90	90/100	100/110	110/125	125/140	140/160	160/180	180/200	200/220
D_1		55	68	75	95	115	135	155	180	200	215	245	280	305	340
D_2	A	M18×2	M24×2	M30×2	M39×3	M50×3	M64×3	M80×3	M90×3	M100×3	M110×4	M120×4	M120×4	M150×4	M160×4
	G	M16×1.5	M22×1.5	M28×1.5	M35×1.5	M45×1.5	M58×1.5	M65×1.5	M80×2	M100×2	M110×2	M120×3	M120×3	M130×3	—
D_5		85	105	120	135	165	200	220	265	290	310	355	395	430	490
D_7	01	1/2in BSP	1/2in BSP	3/4in BSP	3/4in BSP	1in BSP	5/4in BSP	5/4in BSP	3/2in BSP	3/2in BSP	3/2in BSP	3/2in BSP	3/2in BSP	3/2in BSP	3/2in BSP
	02	M22×1.5	M22×1.5	M27×2	M27×2	M33×2	M42×2	M42×2	M48×2	M48×2	M48×2	M48×2	M48×2	M48×2	M48×2
D_8		30	30	35	40	50	60	65	75	85	90	100	110	130	160
L		268	278	324	325	405	474	520	585	635	665	780	814	905	1000
L_1		17	21	25	15.5	33	32	37/33	40	40/37	40	25	25	35	40
L_2	A	30	35	45	55	75	95	110	120	140	150	160	160	190	200
	G	16	22	28	35	45	58	65	80	100	110	120	120	130	—
L_3		54	58	67	65	85	97	105	120	130	135	155	165	170	195
L_7		35	35	40	45	55	65	70	80	95	95	110	125	145	175
L_{10}(中间)		136	143.5	162	170	201	237	260	292.5	317.5	332.5	390	407	452	500
L_{11}		8	10	12	12	16	—	—	—	—	—	—	—	—	—
L_{13}		76	80	89.5	86	112.5	132	145	160	175	180	225	235	270	295
L_{14}		27	27	27.5	30	32.5	35	45	50	55	45	80	80	109	110
L_{15}		$95_{-0.20}^{0}$	$115_{-0.20}^{0}$	$130_{-0.20}^{0}$	$145_{-0.20}^{0}$	$175_{-0.20}^{0}$	$210_{-0.5}^{0}$	$110_{-0.4}^{0}$	$110_{-0.4}^{0}$	$110_{-0.4}^{0}$	$110_{-0.4}^{0}$	$110_{-0.4}^{0}$	$110_{-0.4}^{0}$	$110_{-0.4}^{0}$	$110_{-0.4}^{0}$
L_{16}		20	20	20	25	30	40	42.5	52.5	55	55	60	65	70	90
R		1.6	1.6	2	2	2	2.5	2.5	2.5	2.5	2.5	2.5	2.5	2.5	2.5
系数 X		7	10	17.5	20	35	81	104	165	248	282	444	591	745	1138
系数 Y		0.011/0.015	0.015/0.019	0.02/0.024	0.03/0.039	0.050/0.060	0.078/0.092	0.105/0.122	0.136/0.156	0.170/0.192	0.220/0.246	0.262/0.299	0.346/0.387	0.387/0.434	0.510/0.562
质量/kg		$m=X+Y\times$行程													

表 20-8-105 CD250F 液压缸外形尺寸 mm

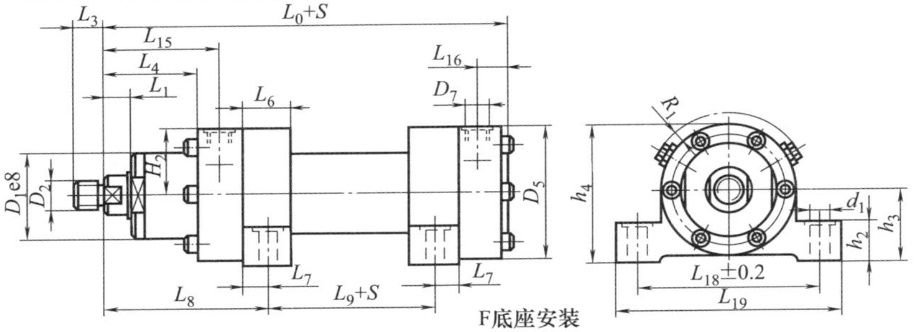

F底座安装

活塞直径		40	50	63	80	100	125	140	160	180	200	220	250	280	320
活塞杆直径		20/28	28/36	36/45	45/56	56/70	70/90	90/100	100/110	110/125	125/140	140/160	160/180	180/200	200/220
D_1		55	68	75	95	115	135	155	180	200	215	245	280	305	340
D_2	A	M18×2	M24×2	M30×2	M39×3	M50×3	M64×3	M80×3	M90×3	M100×3	M110×4	M120×4	M120×4	M150×4	M160×4
	G	M16×1.5	M22×1.5	M28×1.5	M35×1.5	M45×1.5	M58×1.5	M65×1.5	M80×2	M100×2	M110×2	M120×3	M120×3	M130×3	—
D_5		85	105	120	135	165	200	220	265	290	310	355	395	430	490
D_7	01	1/2in BSP	1/2in BSP	3/4in BSP	3/4in BSP	1in BSP	5/4in BSP	5/4in BSP	3/2in BSP	3/2in BSP	3/2in BSP	3/2in BSP	3/2in BSP	3/2in BSP	3/2in BSP
	02	M22×1.5	M22×1.5	M27×2	M27×2	M33×2	M42×2	M42×2	M48×2	M48×2	M48×2	M48×2	M48×2	M48×2	M48×2
L_0		226	234	262	275	325	377	420	475	515	535	635	569	744	815
L_1		17	21	25	15.5	33	32	37/33	40	40/37	40	25	25	35	40
L_3	A	30	35	45	55	75	95	110	120	140	150	160	160	190	200
	G	16	22	28	35	45	58	65	80	100	110	120	120	130	—
L_4		54	58	67	65	85	97	105	120	130	135	155	165	170	195
L_6		30	35	40	55	65	60	65	75	80	90	94	100	110	120
L_7		12.5	12.5	15	27.5	25	30	32.5	37.5	40	45	47	50	55	60
L_8		106.5	110.5	127	135	165	192	207.5	232.5	250	260	307	320	370	400
L_9		55	57	70	55	75	90	105	120	135	145	166	174	165	200
L_{15}		76	80	89.5	86	112.5	132	145	160	175	180	225	235	270	295
L_{16}		27	27	27.5	30	32.5	35	45	50	55	45	80	80	109	110
L_{18}		110	130	150	170	205	255	280	330	360	385	445	500	530	610
L_{19}		135	155	180	210	250	305	340	400	440	465	530	600	630	730
d_1		11	11	14	18	22	25	28	31	37	37	45	52	52	62
h_2		26	31	27	42	52	60	65	70	80	85	95	110	125	140
h_3		45	55	65	70	85	105	115	135	150	160	185	205	225	255
h_4		90	110	128	140	167.5	208	227.5	267.5	297.5	317.5	365	405	445	505
系数 X		7	10	17.5	20	35	85	111	184	285	302	510	589	816	1171
系数 Y		0.011/0.015	0.015/0.019	0.020/0.024	0.030/0.039	0.050/0.060	0.078/0.092	0.103/0.122	0.136/0.156	0.170/0.192	0.220/0.246	0.262/0.299	0.346/0.387	0.387/0.434	0.510/0.562
质量/kg		$m=X+Y\times$行程													

表 20-8-106 CD350A、CD350B 液压缸外形尺寸 mm

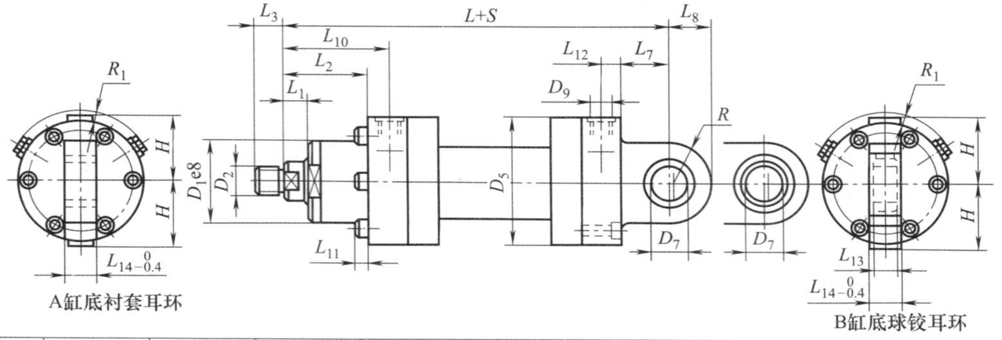

活塞直径		40	50	63	80	100	125	140	160	180	200	220	250	280	320
活塞杆直径		28	36	45	56	70	90	100	110	125	140	160	180	200	220
D_1		58	70	88	100	120	150	170	190	220	230	260	290	330	340
D_2	A	M24×2	M30×2	M39×2	M50×3	M64×3	M80×3	M90×3	M100×3	M110×4	M120×4	M120×4	M150×4	M160×4	M180×4
	G	M22×1.5	M28×1.5	M35×1.5	M45×1.5	M58×1.5	M65×1.5	M80×2	M100×2	M110×2	M120×3	M120×3	M130×3	—	—
D_5		90	110	145	156	190	235	270	290	325	350	390	440	460	490
D_7		$30_{-0.010}^{\ 0}$	$35_{-0.012}^{\ 0}$	$40_{-0.012}^{\ 0}$	$50_{-0.012}^{\ 0}$	$60_{-0.015}^{\ 0}$	$70_{-0.015}^{\ 0}$	$80_{-0.015}^{\ 0}$	$90_{-0.020}^{\ 0}$	$100_{-0.020}^{\ 0}$	$110_{-0.020}^{\ 0}$	$110_{-0.020}^{\ 0}$	$120_{-0.020}^{\ 0}$	$140_{-0.025}^{\ 0}$	$160_{-0.025}^{\ 0}$
D_9	01	1/2in BSP	1/2in BSP	3/4in BSP	3/4in BSP	1 in BSP	5/4in BSP	5/4in BSP	3/2in BSP	3/2in BSP	3/2in BSP	3/2in BSP	3/2in BSP	3/2in BSP	3/2in BSP
	02	M22×1.5	M22×1.5	M27×2	M27×2	M33×2	M42×2	M42×2	M48×2	M48×2	M48×2	M48×2	M48×2	M48×2	M48×2
L		268	280	330	355	390	495	530	600	665	710	760	825	895	965
L_1		18	18	18	18	18	20	20	30	30	26	18	16	30	45
L_2		63	65	65	75	80	100	110	130	145	155	165	175	190	205
L_3	A	35	45	55	75	95	110	120	140	150	160	160	190	200	220
	G	22	28	35	45	58	65	80	100	110	120	120	130	—	—
L_7		35	43	50/57.5	55	65	75	80	90	105	115	115	140	170	200
L_8		34	41	50	63	70	82	95	113	125	142.5	142.5	180	200	250
L_{10}		88	90	100	111	112.5	145	160	187.5	205	215	225	245	265	275
L_{11}		8	10	12	16	20	—	—	—	—	—	—	—	—	—
L_{12}		20	25	35/27.5	30	32.5	45	50	57.5	60	55	55	60	85	70
L_{14}		28	30	35	40	50	55	60	65	70	80	80	90	100	110
H		—	—	74	78	97.5	118	137.5	147.5	162.5	177.5	197.5	222.5	232	250
R		32	39	47	58	65	77	88	103	115	132.5	132.5	170	190	240
R_1		5/6	—/4	—/12.5	—/7	—/10	—	—	15/—	10/—	2/—	—	—	—	—
系数 X		12	18	46	0.051	83	164	246	338	369	554	700	901	1077	1458
系数 Y		0.010	0.016	0.029	54	0.076	0.116	0.163	0.213	0.264	0.317	0.418	0.541	0.584	0.685
质量/kg		$m=X+Y\times$行程													
CD350B	L_{13}	$22_{-0.12}^{\ 0}$	$25_{-0.12}^{\ 0}$	$28_{-0.12}^{\ 0}$	$35_{-0.12}^{\ 0}$	$44_{-0.15}^{\ 0}$	$49_{-0.15}^{\ 0}$	$55_{-0.15}^{\ 0}$	$60_{-0.2}^{\ 0}$	$70_{-0.2}^{\ 0}$	$70_{-0.2}^{\ 0}$	$70_{-0.2}^{\ 0}$	$85_{-0.2}^{\ 0}$	$90_{-0.25}^{\ 0}$	$105_{-0.25}^{\ 0}$

表 20-8-107 CD350C、CD350D 液压缸外形尺寸 mm

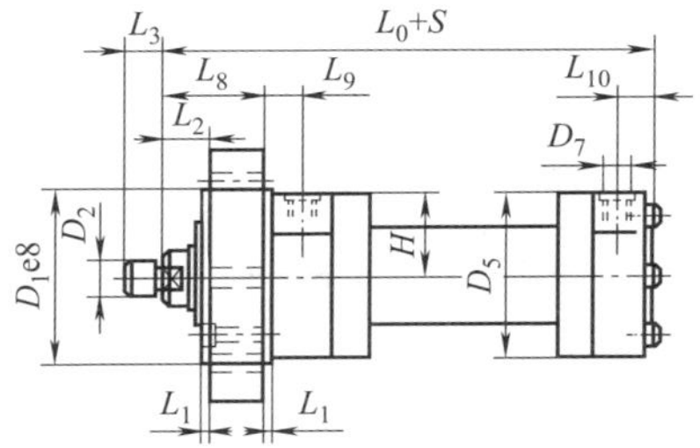

C缸底法兰

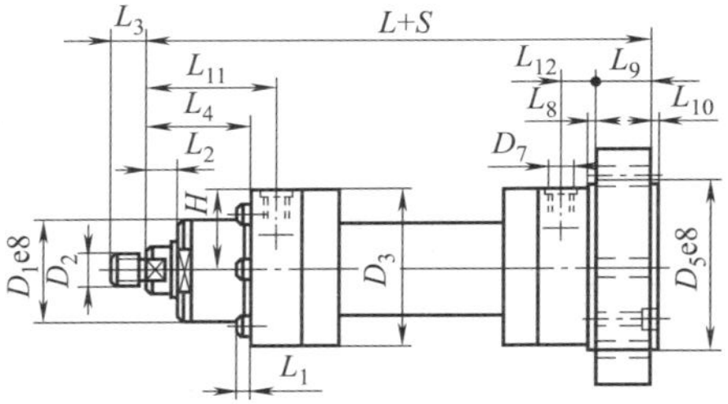

D缸头法兰

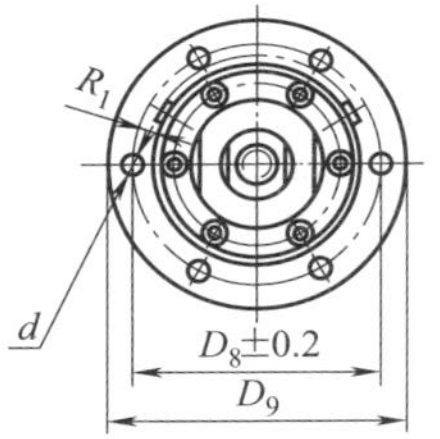

活塞直径		40	50	63	80	100	125	140	160	180	200	220	250	280	320
活塞杆直径		28	36	45	56	70	90	100	110	125	140	160	1800	200	220
D_2	A	M24×2	M30×2	M39×3	M50×3	M64×3	M80×3	M90×3	M100×3	M110×4	M120×4	M120×4	M150×4	M160×4	M180×4
	G	M22×1.5	M28×1.5	M35×1.5	M45×1.5	M58×1.5	M65×1.5	M80×2	M100×2	M110×2	M120×3	M120×3	M130×3	—	—
D_7	01	1/2in BSP	1/2in BSP	3/4in BSP	3/4in BSP	1in BSP	5/4in BSP	5/4in BSP	3/2in BSP	3/2in BSP	3/2in BSP	3/2in BSP	3/2in BSP	3/2in BSP	3/2in BSP
	02	M22×1.5	M22×1.5	M27×2	M27×2	M33×2	M42×2	M42×2	M48×2	M48×2	M48×2	M48×2	M48×2	M48×2	M48×2
D_8		120±0.2	140±0.2	180±0.2	195±0.2	230±0.2	290±0.2	330±0.2	360±0.2	400±0.2	430±0.2	475±0.2	530±0.2	550±0.2	590±0.2
D_9		145	165	210	230	270	335	380	420	470	500	550	610	630	670
L_3	A	35	45	55	75	95	110	120	140	150	160	160	190	200	220
	G	22	28	35	45	58	65	80	100	110	120	120	130	—	—
d		13	13	18	18	22	26	28	28	34	34	37	45	45	45
R_1		5/6	—/4	—/12.5	—/7	—/10	—	—	15/—	10/—	2/—	7	—	—	—
H		45	55	74	78	97.5	118	137.5	147.5	162.5	177.5	197.5	222.5	232	250
CD350C	D_1	95	115	150	160	200	245	280	300	335	360	400	450	470	510
	D_5	90	110	145	156	190	235	270	290	325	350	390	440	460	490
	L_0	238	237	285	305	330	425	457	515	565	600	655	695	735	775
	L_1	5	5	5	5	5	5	10	10	10	10	10	10	10	10

续表

CD350C	L_2	23	20	20	20	20	25	30	40	40	40	40	40	50	55
	L_8	58	60	60	70	75	95	100	120	135	145	155	165	180	195
	L_9	30	30	40	41	47.5	50	60	67.5	70	70	70	80	85	80
	L_{10}	25	25	32.5	35	37.5	50	57	62.5	65	60	65	70	85	80
CD350D	D_1	58	70	88	100	120	150	170	190	220	230	260	290	330	340
	D_3	90±2.3	110±2.3	145±2.5	156±2.5	190±2.7	235±2.7	270±2.9	290±2.9	325±3.1	350±3.1	390±3.1	440±3.3	460±3.3	490±3.3
	D_5	95	115	150	160	200	245	280	300	335	360	400	450	470	510
	L	273	277	325	355	385	405	532	600	665	710	770	820	865	915
	L_1	8	10	12	16	20	—	—	—	—	—	—	—	—	—
	L_2	18	18	18	18	18	20	20	30	30	26	18	16	30	45
	L_4	63	65	65	75	80	100	110	130	145	155	165	175	190	205
	L_8	5	5	5	5	5	5	10	10	10	10	10	10	10	10
	L_9	35	40	40	50	55	70	70	80	95	105	115	125	130	140
	L_{11}	88	90	100	111	112.5	145	160	187.5	205	215	225	245	265	275
	L_{12}	25	25	32.5/45	35	37.5	50	62	67.5	65	65	65	70	85	80
CD350C	系数 X	9	14	32	41	63	122	190	252	286	420	552	699	959	1309
CD350D	系数 X	12	18	46	54	83	164	246	338	369	554	700	901	1077	1458
CD350C	系数 Y	0.010	0.016	0.029	0.051	0.076	0.116	0.163	0.213	0.264	0.317	0.418	0.541	0.584	0.685
CD350D	质量/kg	$m=X+Y\times$行程													

表 20-8-108 CD350E 液压缸外形尺寸 mm

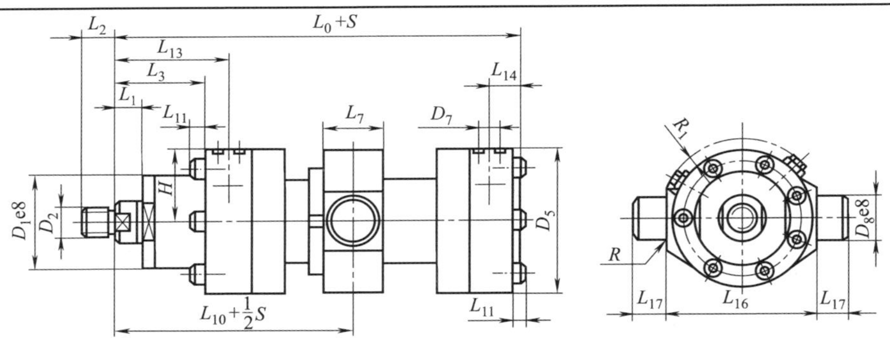

E中间耳轴

活塞直径		40	50	63	80	100	125	140	160	180	200	220	250	280	320
活塞杆直径		28	36	45	56	70	90	100	110	125	140	160	180	200	220
D_1		58	70	88	100	120	150	170	190	220	230	260	290	330	340
D_2	A	M24×2	M30×2	M39×3	M50×3	M64×3	M80×3	M90×3	M100×3	M110×4	M120×4	M120×4	M150×4	M160×4	M180×4
	G	M22×1.5	M28×1.5	M35×1.5	M45×1.5	M58×1.5	M65×1.5	M80×2	M100×2	M110×2	M120×3	M120×3	M130×3	—	—
D_5		90	110	145	156	190	235	270	290	325	350	390	440	460	490
D_7	01	1/2in BSP	1/2in BSP	3/4in BSP	3/4in BSP	1in BSP	5/4in BSP	5/4in BSP	3/2in BSP	3/2in BSP	3/2in BSP	3/2in BSP	3/2in BSP	3/2in BSP	3/2in BSP
	02	M22×1.5	M22×1.5	M27×2	M27×2	M33×2	M42×2	M42×2	M48×2	M48×2	M48×2	M48×2	M48×2	M48×2	M48×2
D_8		40	40	45	55	60	75	85	95	110	120	130	140	170	200
L_0		238	237	285	305	330	425	472	515	565	600	655	695	735	775
L_1		18	18	18	18	18	20	20	30	30	26	18	16	30	45
L_2	A	35	45	55	75	95	110	120	140	150	160	160	180	200	220
	G	22	28	35	45	58	65	80	100	110	120	120	130	—	—
L_3		63	65	65	75	80	100	110	130	145	155	165	175	190	205
L_7		50	50	50	60	65	80	90	100	115	125	135	145	180	210
L_{11}		8	10	12	16	20	—	—	—	—	—	—	—	—	—
L_{13}		88	90	100	111	112.5	145	160	187.5	205	215	225	245	265	275
L_{14}		25	25	32.5	35	37.5	50	57	62.5	65	60	65	70	85	80
L_{16}		95-0.2	120-0.2	150-0.2	160-0.2	200-0.2	245-0.5	280-0.5	300-0.5	335-0.5	360-0.5	400-0.5	450-0.5	480-0.5	500-0.5
L_{17}		30	30	35	50	55	60	70	80	90	100	100	100	125	150
H		45	55	74	78	97.5	118	137.5	147.5	163	177.5	197.5	222.5	232	250
R_1		5/6	—/4	—/12.5	—/7	—/10	—	—	15/—	10/—	2/—	—	—	—	—
系数 X		11	16	34	43	67	133	213	278	312	468	598	775	1015	1362
系数 Y		0.010	0.016	0.029	0.051	0.076	0.116	0.163	0.213	0.264	0.317	0.418	0.541	0.584	0.685
质量/kg		$m=X+Y\times$行程													

表 20-8-109 CD350F 差动液压缸外形尺寸 mm

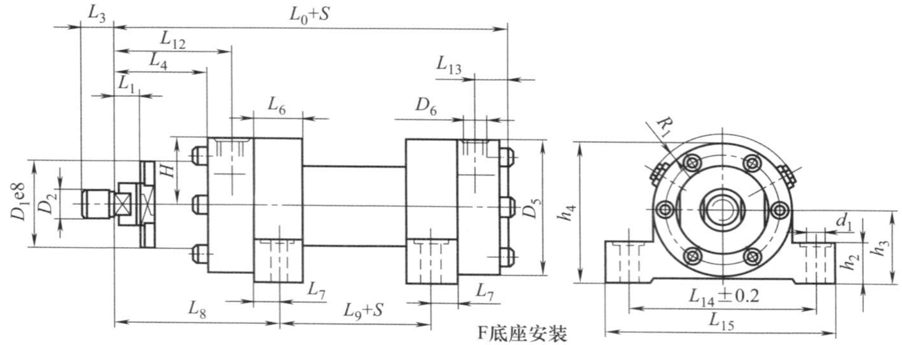

F底座安装

活塞直径		40	50	63	80	100	125	140	160	180	200	220	250	280	320
活塞杆直径		28	36	45	56	70	90	100	110	125	140	160	180	200	220
D_1		58	70	88	100	120	150	170	190	220	230	260	290	330	340
D_2	A	M24×2	M30×2	M39×3	M50×3	M64×3	M80×3	M90×3	M100×3	M110×4	M120×4	M120×4	M150×4	M160×4	M180×4
	G	M22×1.5	M28×1.5	M35×1.5	M45×1.5	M58×1.5	M65×1.5	M80×2	M100×2	M110×2	M120×3	M120×3	M130×3	—	—
D_5		90	110	145	156	190	235	270	290	325	350	390	440	460	490
D_6	01	1/2in BSP	1/2in BSP	3/4in BSP	3/4in BSP	1in BSP	5/4in BSP	5/4in BSP	3/2in BSP	3/2in BSP	3/2in BSP	3/2in BSP	3/2in BSP	3/2in BSP	3/2in BSP
	02	M22×1.5	M22×1.5	M27×2	M27×2	M33×2	M42×2	M42×2	M48×2	M48×2	M48×2	M48×2	M48×2	M48×2	M48×2
L_0		238	237	285	305	330	425	457	515	565	600	655	695	735	775
L_1		18	18	18	18	18	20	20	30	30	26	26	16	30	45
L_3	A	35	45	55	75	95	110	120	140	150	160	160	190	200	220
	G	22	28	35	45	58	65	90	100	110	120	120	130	—	—
L_4		63	65	65	75	80	100	110	130	145	155	165	175	190	205
L_6		30	40	50	60	65	80	90	95	115	125	135	145	160	170
L_7		15	20	25	30	32.5	40	45	47.5	57.5	62.5	67.5	72.5	80	85
L_8		123	130	147.5	162.5	172.5	220	235	270	297.5	312.5	337.5	362.5	385	410
L_9		55	42	50	50	60	80	90	100	110	125	135	135	145	150
L_{12}		88	90	100	111	112.5	145	160	187.5	205	215	225	245	265	275
L_{13}		25	25	32.5	35	37.5	50	57	62.5	65	60	65	70	85	80
L_{14}		120±0.2	150±0.2	185±0.2	210±0.2	250±0.2	310±0.2	340±0.2	370±0.2	415±0.2	460±0.2	500±0.2	550±0.2	600±0.2	650±0.2
L_{15}		145	185	235	270	320	390	420	450	515	570	610	660	720	780
d_1		17	21	24	26	33	39	39	42	45	48	48	52	62	74
h_2		30	35	45	50	60	70	75	87	95	110	110	120	140	160
h_3		50	65	75	80	100	120	140	150	165	180	200	225	235	255
h_4		—	—	149	158	197.5	238	227.5	297.5	327.5	357.5	397.5	447.5	467	505
系数 X		11	17	37	47	73	132	203	304	357	499	665	814	1069	1304
系数 Y		0.010	0.016	0.029	0.051	0.076	0.116	0.163	0.213	0.264	0.317	0.418	0.541	0.584	0.685
质量/kg		$m=X+Y\times$行程													

8.6.4.2 CG250、CG350 等速重载液压缸尺寸

(1) 安装形式

表 20-8-110 安装形式

安装形式	CD250F、CD350	CD250	CD350
F 底座	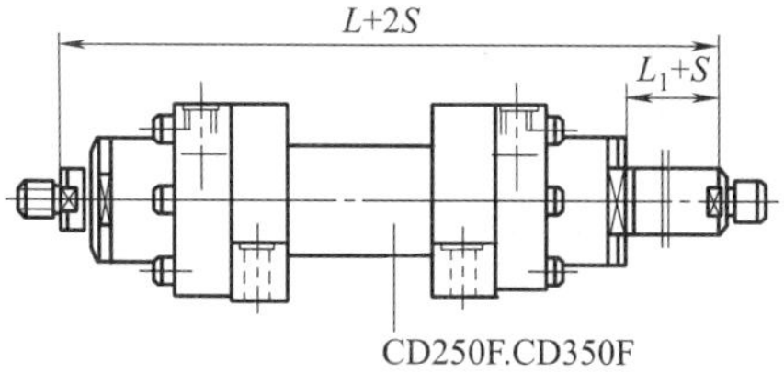	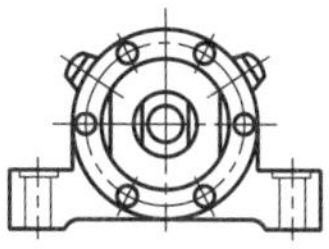	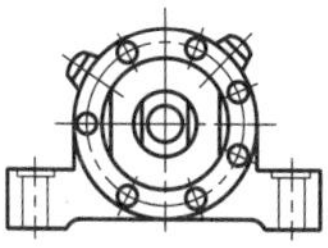
E 中间耳轴	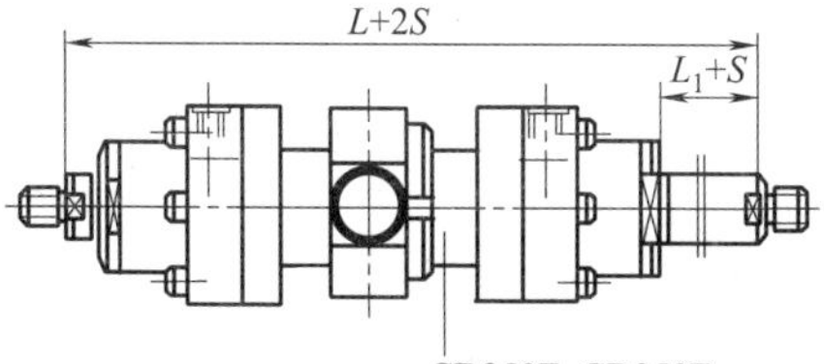	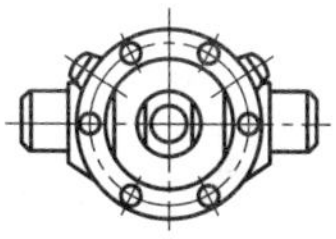	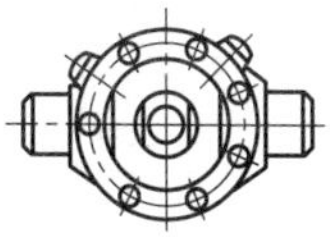
C 缸头法兰	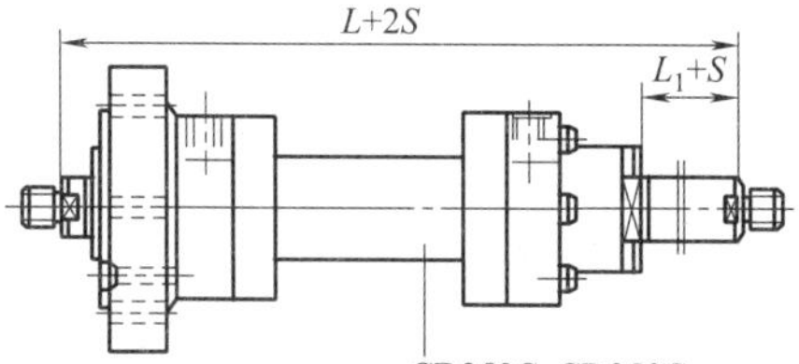	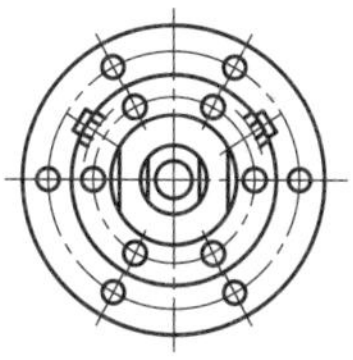	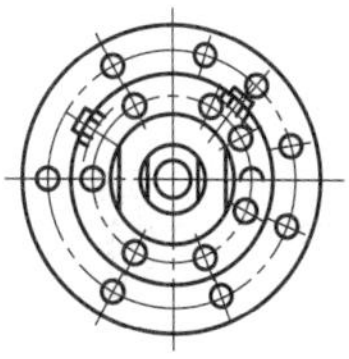

表 20-8-111 安装尺寸 mm

油口连接螺纹尺寸		—	—	CG250					CG350				
	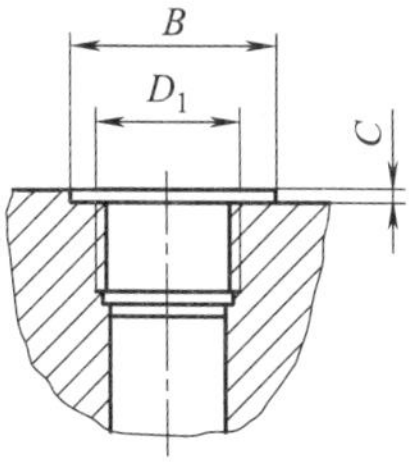	D_1	02	M22×1.5	M27×2	M33×2	M42×2	M48×2	M22×1.5	M27×2	M33×2	M42×2	M48×2
			01	G1/2	G3/4	G1	G1¼	G1½	G1/2	G3/4	G1	G1¼	G1½
		B		34	42	47	58	65	40	42	47	58	65
		C		1	1	1	1	1	5	4	1	1	1

活塞直径		40	50	63	80	100	125	140	160	180	200	220	250	280	320
CG250	L	268	278	324	325	405	474	520	585	635	665	780	814	905	1000
	L_1	17	21	25	15.5	33	32	37/33	40	40/37	40	25	25	35	40
CG350	L	301	302	345	375	405	520	560	640	705	750	810	860	915	970
	L_1	18	18	18	18	18	20	20	30	30	26	18	16	30	45

（2）CA 型球铰耳环、SA 型衬套耳环液压缸耳环尺寸

表 20-8-112　　CA 型球铰耳环、SA 型衬套耳环液压缸耳环尺寸　　mm

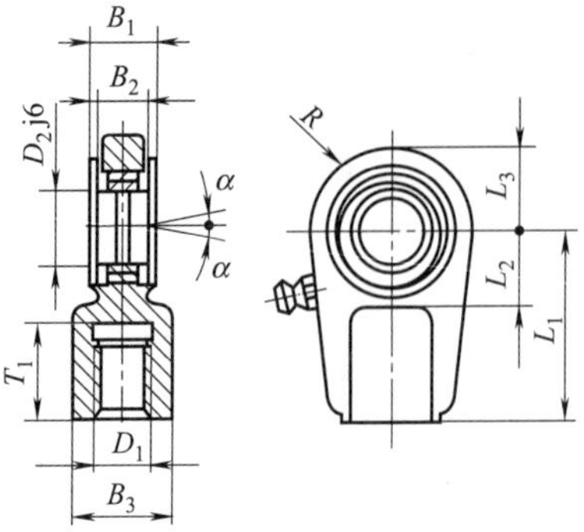

图(a)　CA型球铰耳环

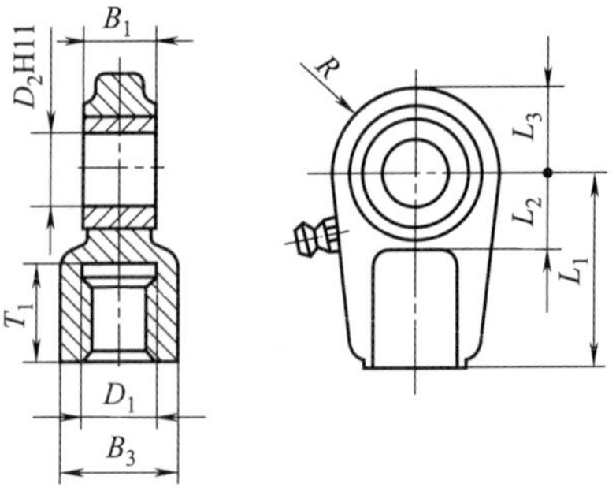

图(b)　SA型衬套耳环

CD250 CG250 活塞直径	CD350 CG350 活塞直径	型号 GA	件号 303	型号 SA	件号 303	$B_{1\ -0.4}^{\ 0}$	B_3	D_1	D_2	L_1	L_2	L_3	R	T_1	质量 /kg	α	$B_{2\ -0.2}^{\ 0}$
						GA、SA										GA	
40	—	16	125	16	150	23	28	M16×1.5	25	50	25	30	28	17	0.43	8°	20
50	40	22	126	22	151	28	34	M22×1.5	30	60	30	34	32	23	0.7	7°	22
63	50	28	127	28	152	30	44	M28×1.5	35	70	40	42	39	29	1.1	7°	25
80	63	35	128	35	153	35	55	M35×1.5	40	85	45	50	47	36	2.0	7°	28
100	80	45	129	45	154	40	70	M45×1.5	50	105	55	63	58	46	3.3	7°	35
125	100	58	130	58	155	60	87	M58×1.5	60	103	65	70	65	59	5.5	7°	44
140	125	65	131	65	156	55	93	M65×1.5	70	150	75	82	77	66	8.6	6°	49
160	140	80	132	80	157	60	125	M80×2	80	170	80	95	88	81	12.2	6°	55
180	160	100	133	100	158	65	143	M100×2	90	210	90	113	103	101	21.5	6°	60
200	180	110	134	110	159	70	153	M110×2	100	235	105	125	115	111	27.5	7°	70
220	200	120	135	120	160	80	176	M120×2	110	265	115	142.5	132.5	125	40.7	7°	70
250	220	120	135	120	160	80	176	M120×2	110	265	115	142.5	132.5	125	40.7	7°	70
280	250	130	136	130	161	90	188	M130×2	120	310	140	180	170	135	76.4	6°	85
320	280	—	—	—	—	—	—	—	—	—	—	—	—	—	—	—	—
—	320	—	—	—	—	—	—	—	—	—	—	—	—	—	—	—	—

（3）GAK、GAS 型球铰耳环（带锁紧螺钉）尺寸

表 20-8-113　　GAK、GAS 型球铰耳环（带锁紧螺钉）尺寸　　mm

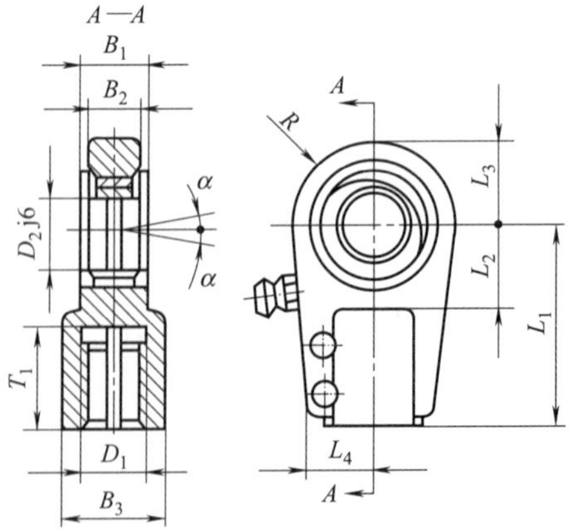

续表

CD250 CG250 (CD350) (CG350) 活塞直径	型号 GAK	件号 303	型号 GAS	件号 303	B_1	B_2	D_2	L_2	L_3	R	CD250 CG250 锁紧螺钉			CD350 CG350 锁紧螺钉			质量 /kg
											螺钉	力矩 /N·m	α	螺钉	力矩 /N·m	α	
					GAK、GAS							GAK					
40	16	162	25	137	23	20	25	30	28	16	M6×16	9	8°	—	—	—	0.43
50(40)	22	163	30	138	28	22	30	30	34	32	M8×20	20	7°	M8×20	20	7°	0.7
63(50)	28	164	35	139	30	25	35	40	42	39	M8×20	20	7°	M10×25	40	7°	1.1
80(63)	35	165	40	140	35	28	40	45	50	47	M10×30	40	7°	M12×30	80	7°	2.0
100(80)	45	166	50	141	40	35	50	55	63	58	M12×35	80	7°	M12×30	80	7°	3.3
125(100)	58	167	60	142	50	44	60	65	70	65	M16×50	160	7°	M16×40	160	7°	5.5
140(125)	65	168	70	143	55	49	70	75	83	77	M16×50	160	6°	M16×40	160	6°	8.6
160(140)	80	169	80	144	60	55	80	80	95	88	M16×50	160	6°	M20×50	300	6°	12.2
180(160)	100	—	90	145	65	60	90	90	113	103	M16×60	160	6°	M20×50	300	5°	21.5
200(180)	110	—	100	146	70	70	100	105	125	115	M20×60	300	7°	M20×50	300	7°	27.5
220(200)	120	—	110	147	80	70	110	115	142.5	132.5	M24×70	500	7°	M24×60	500	6°	40.7
250(220)	120	—	110	147	80	70	110	115	142.5	132.5	M24×70	500	7°	M24×60	500	6°	40.7
280(250)	130	—	120	148	90	85	120	140	180	170	M24×80	500	6°	M30×80	1000	6°	76.4
320(280)	—	—	140	—	110	90	140	185	200	190	—	—	—	—	—	—	—
(320)	—	—	169	149	110	105	160	200	250	240	—	—	—	—	—	—	—

CD250 CG250 (CD350) (CG350) 活塞直径	型号 GAK	件号 303	型号 GAS	件号 303	B_3	D_1	L_1	L_4	T_1	B_3	D_1	L_1	L_4	T_1	锁紧螺钉		α	质量 /kg
															螺钉	力矩 /N·m		
					GAK					GAS								
40	16	162	25	137	28	M16×1.5	50	20	17	28	M18×2	65	24	30	M8×20	20	8°	0.65
50(40)	22	163	30	138	34	M22×1.5	60	22	23	34	M24×2	75	27	35	M8×20	20	7°	1.0
63(50)	28	164	35	139	44	M28×1.5	70	27	29	44	M30×2	90	33	45	M10×25	40	7°	1.3
80(63)	35	165	40	140	55	M35×1.5	85	35	36	55	M39×2	105	39	55	M12×30	80	7°	2.4
100(80)	45	166	50	141	70	M45×1.5	105	42	46	70	M50×2	135	45	75	M12×30	80	7°	4.1
125(100)	58	167	60	142	87	M58×1.5	130	54	59	87	M64×2	170	59	95	M16×40	160	7°	6.5
140(125)	65	168	70	143	93	M65×1.5	150	57	66	105	M80×3	195	65	110	M16×40	160	6°	9.5
160(140)	80	169	80	144	125	M80×2	170	66	81	125	M90×3	210	76	120	M20×50	300	6°	16
180(160)	100	—	90	145	143	M100×2	210	76	101	150	M100×3	250	81	140	M20×50	300	5°	28
200(180)	110	—	100	146	153	M110×2	235	85	111	170	M110×4	275	86	150	M20×50	300	7°	34
220(200)	120	—	110	147	176	M120×3	265	96	125	180	M120×4	300	97	160	M24×60	500	6°	44
250(220)	120	—	110	147	176	M120×3	265	96	125	180	M120×4	300	97	160	M24×60	500	6°	44
280(250)	130	—	120	148	188	M130×3	310	102	135	210	M150×4	360	112	190	M24×60	500	6°	75
320(280)	—	—	140	—	—	—	—	—	—	230	M160×4	420	123	200	M30×80	1000	7°	160
(320)	—	—	160	149	—	—	—	—	—	260	M180×4	460	138	220	M30×80	1000	8°	235

8.6.5　轻载拉杆式液压缸

（1）安装形式

表 20-8-114　　安装形式

安装形式		简　图	安装形式		简　图
LA	切向底座	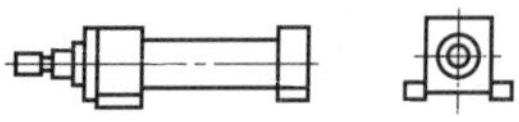	FD	底侧方法兰	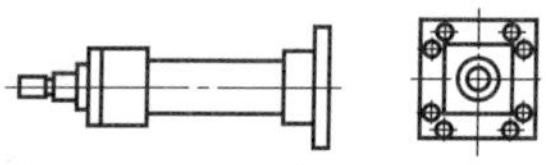
LB	轴向底座	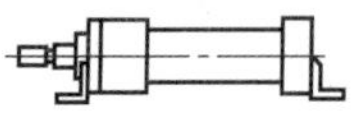	CA	后端单耳环	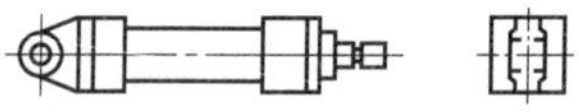
FA FY	杆侧长方法兰	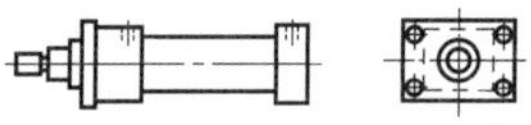	CB	后端双耳环	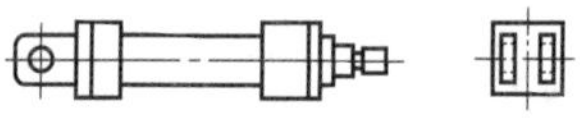
FB FZ	底侧长方法兰	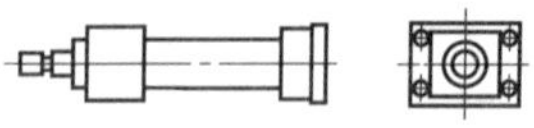	TA	前端耳轴	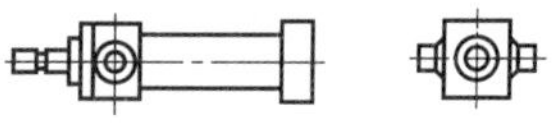
FC	杆侧方法兰	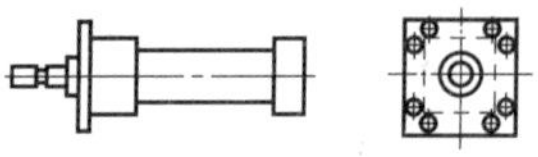	TC	中部耳轴	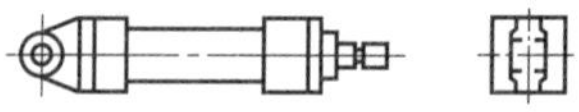
			SD	基本型	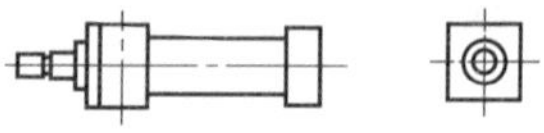

（2）外形尺寸

表 20-8-115　　单活塞杆 SD 基本型　　mm

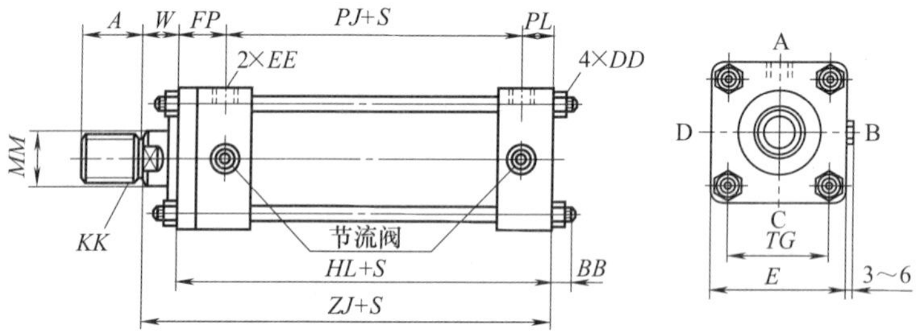

缸径	B 型杆			C 型杆			BB	DD	E	EE	FP	HL	PJ	PL	TG	W	ZJ
	A	KK	MM	A	KK	MM											
32	25	M16×1.5	18	—	—	—	11	M10×1.25	□58	ZG⅜	38	141	90	13	□38	30	171
40	30	M20×1.5	22.4	25	M16×1.5	18	11	M10×1.25	□65	ZG⅜	38	141	90	13	□45	30	171
50	35	M24×1.5	28	30	M20×1.5	22.4	11	M10×1.25	□76	ZG½	42	155	98	15	□52	30	185
63	45	M30×1.5	35.5	35	M24×1.5	28	13	M12×1.5	□90	ZG½	46	163	102	15	□63	35	198
80	60	M39×1.5	45	45	M30×1.5	35.5	16	M16×1.5	□110	ZG¾	56	184	110	18	□80	35	219
100	75	M48×1.5	56	60	M39×1.5	45	18	M18×1.5	□135	ZG¾	58	192	116	18	□102	40	232
125	95	M64×2	71	75	M48×1.5	56	21	M22×1.5	□165	ZG1	67	220	130	23	□122	45	265
140	110	M72×2	80	80	M56×2	63	22	M24×1.5	□185	ZG1	69	230	138	23	□138	50	280
150	115	M76×2	85	85	M60×2	67	2.5	M27×1.5	□196	ZG1	71	240	146	23	□148	50	290
160	120	M80×2	90	95	M64×2	71	25	M27×1.5	□210	ZG1	74	253	156	23	□160	55	308
180	140	M95×2	100	110	M72×2	80	27	M30×1.5	□235	ZG1	75	275	172	28	□182	55	330
200	150	M100×2	112	120	M80×2	90	29	M33×1.5	□262	ZG1½	85	301	184	32	□220	55	356
224	180	M120×2	125	140	M95×2	100	34	M39×1.5	□292	ZG1½	89	305	184	32	□225	60	365
250	195	M130×2	140	150	M100×2	112	37	M42×1.5	□325	ZG2	106	346	200	40	□250	65	411

表 20-8-116 **带防护罩** mm

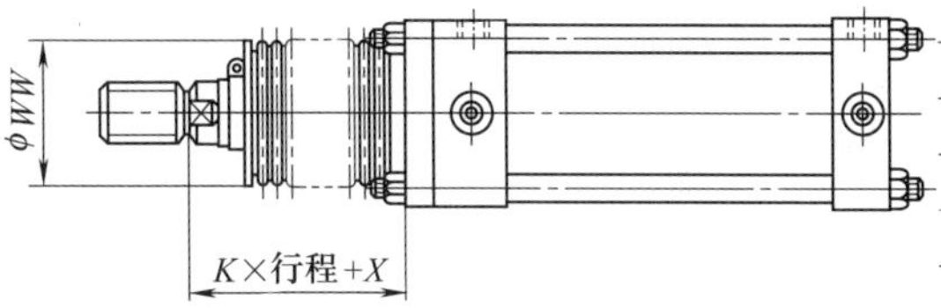

缸径/mm	金属罩 K	缸径/mm	革制品或帆布罩 K
φ32	1/3	φ32	1/2
φ40、φ50	1/3.5	φ40、φ50	1/2.5
φ63～100	1/4	φ63～100	1/3
φ125～200	1/5	φ125、φ140	1/3.5
φ224、φ250	1/6	φ150～200	1/4
		φ224、φ250	1/4.5

缸径		32	40	50	63	80	100	125	140	150	160	180	200	224	250
X	B	45	45	45	55	55	55	65	65	65	65	65	65	80	80
	C														
WW	B	40	50	63	71	80	100	125	125	140	140	160	180	180	200
	C	—	50	50	63	71	80	100	125	125	125	125	140	160	180

注：其他可参照基本型。

表 20-8-117 **双活塞杆 SD 基本型** mm

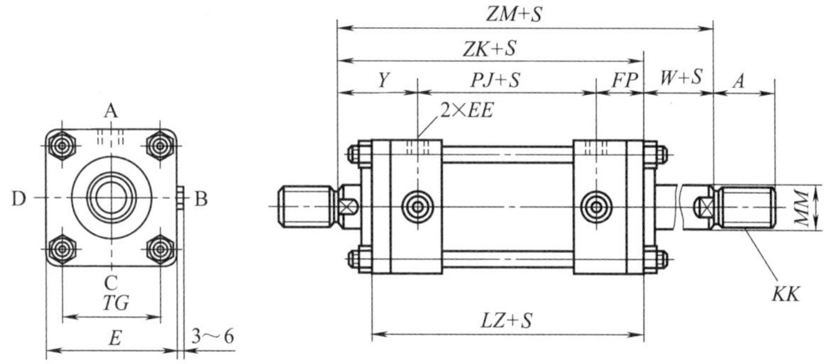

缸径	B型杆			C型杆			E	EE	FP	LZ	PJ	TG	Y	W	ZK	ZM
	A	KK	MM	A	KK	MM										
32	25	M16×1.5	18	—	—	—	□58	ZG3/8	38	166	90	□38	68	30	196	226
40	30	M20×1.5	22.4	25	M16×1.5	18	□65	ZG3/8	38	166	90	□45	68	30	196	226
50	35	M24×1.5	28	30	M20×1.5	22.4	□76	ZG1/2	42	182	98	□52	72	30	212	242
63	45	M30×1.5	35.5	35	M24×1.5	28	□90	ZG1/2	46	194	102	□63	81	35	229	264
80	60	M39×1.5	45	45	M30×1.5	35.5	□110	ZG3/4	56	222	110	□80	91	35	257	292
100	75	M48×1.5	56	60	M39×1.5	45	□135	ZG3/4	58	232	116	□102	98	40	272	312
125	95	M64×2	71	75	M48×1.5	56	□165	ZG1	67	264	131	□122	112	45	309	354
140	110	M72×2	80	80	M56×2	63	□185	ZG1	69	276	138	□138	119	50	326	376
150	115	M76×2	85	85	M60×2	67	□196	ZG1	71	288	146	□148	121	50	338	388
160	120	M80×2	90	95	M64×2	71	□210	ZG1	74	304	156	□160	129	55	359	414

注：1. 其他安装形式的尺寸可按基本型计算。

2. 缸径超过 φ160mm，请与厂方联系。

表 20-8-118

LA 切向地脚型、LB 轴向地脚型

mm

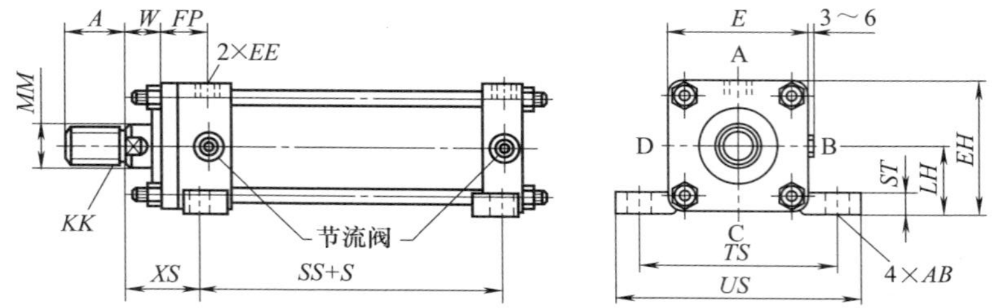

图(a) LA(切向脚架)

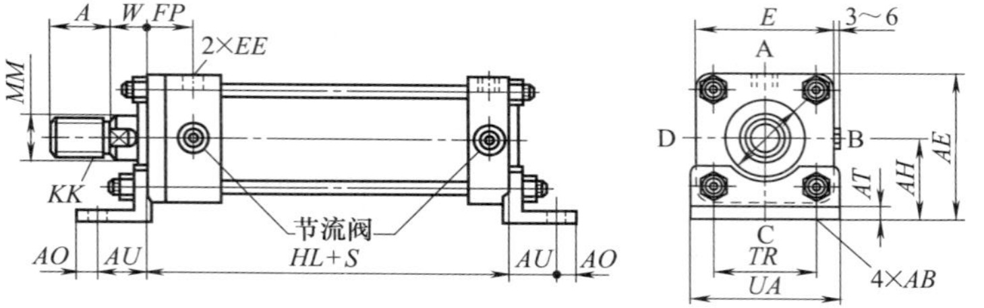

图(b) LB(轴向脚架)

缸径	B型杆			C型杆			E	EE	FP	W	AB	LA							LB							
	A	KK	MM	A	KK	MM						SS	TS	ST	US	EH	LH	XS	AE	AH	AU	AT	AO	TR	HL	UA
32	25	M16×1.5	18	—	—	—	58	ZG3/8	38	30	11	98	88	12	109	63	35±0.15	57	68	40±0.15	32	8	13	40	141	62
40	30	M20×1.5	22.4	25	M16×1.5	18	65	ZG3/8	38	30	11	98	95	14	118	70	37.5±0.15	57	75.5	43±0.15	32	8	13	46	141	69
50	35	M24×1.5	28	30	M20×1.5	22.4	76	ZG1/2	42	30	14	108	115	17	145	82.5	45±0.15	60	87.5	50±0.15	35	8	15	58	155	85
63	45	M30×1.5	35.5	35	M24×1.5	28	90	ZG1/2	46	35	18	106	132	19	165	95	50±0.15	71	105	60±0.15	42	10	18	65	163	98
80	60	M39×1.5	45	45	M30×1.5	35.5	110	ZG3/4	56	35	18	124	155	25	190	115	60±0.25	74	127	72±0.25	50	12	20	87	184	118
100	75	M48×1.5	56	60	M39×1.5	45	135	ZG3/4	58	40	22	122	190	27	230	138.5	71±0.25	85	152.5	85±0.25	55	12	23	109	192	150
125	95	M64×2	71	75	M48×1.5	56	165	ZG1	67	45	26	136	224	32	272	167.5	85±0.25	99	187.5	105±0.25	66	15	29	130	220	171
140	110	M72×2	80	80	M56×2	63	185	ZG1	69	50	26	144	250	35	300	187.5	95±0.25	106	207.5	115±0.25	70	18	30	145	230	195
150	115	M76×2	85	85	M60×2	67	196	ZG1	71	50	30	146	270	37	320	204	106±0.25	111	221	123±0.25	75	18	30	155	240	210
160	120	M80×2	90	95	M64×2	71	210	ZG1	74	55	33	150	285	42	345	217	112±0.25	122	237	132±0.25	75	18	35	170	253	225
180	140	M95×2	100	110	M75×2	80	235	ZG1¼	75	55	33	172	315	47	375	242.5	125±0.25	123	265.5	148±0.25	85	20	40	185	275	243
200	150	M100×2	112	120	M90×2	90	262	ZG1½	85	55	36	186	355	52	425	271	140±0.25	131	296	165±0.25	98	25	40	206	301	272
224	180	M120×2	125	140	M95×2	100	292	ZG1½	89	60	42	186	395	52	475	296	150±0.25	140	331	185±0.25	115	30	45	230	305	310
250	195	M130×2	140	150	M100×2	112	325	ZG2	106	65	45	206	425	57	515	332.5	170±0.25	158	370.5	208±0.28	130	35	50	250	346	335

表 20-8-119　　CA（单耳环型）、CB（双耳环型）　　mm

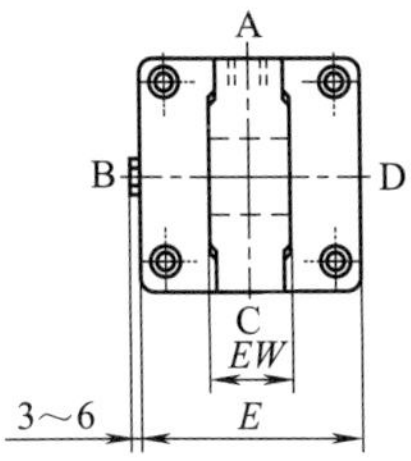

图(a)　CA(单耳环型)

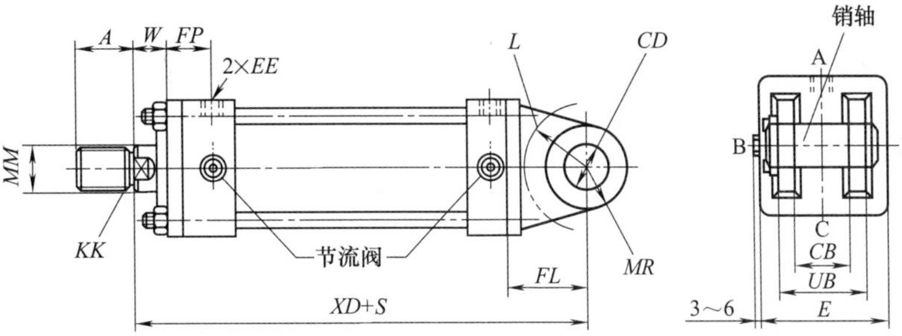

图(b)　CB(双耳环型)

缸径	B 型杆			C 型杆			CD (H9)	E	EE	EW	FP	FL	L	MR	XD	CB	W	UB
	A	KK	MM	A	KK	MM												
32	25	M16×1.5	18	—	—	—	16	□58	ZG⅜	$25^{-0.1}_{-0.4}$	38	38	R20	R16	209	$25^{+0.4}_{+0.1}$	30	50
40	30	M20×1.5	22.4	25	M16×1.5	18	16	□65	ZG⅜	$25^{-0.1}_{-0.4}$	38	38	R20	R16	209	$25^{+0.4}_{+0.1}$	30	50
50	35	M24×1.5	28	30	M20×1.5	22.4	20	□76	ZG½	$31.5^{-0.1}_{-0.4}$	42	45	R35	R20	230	$31.5^{+0.4}_{+0.1}$	30	63.5
63	45	M30×1.5	35.5	35	M24×1.5	28	31.5	□90	ZG½	$40^{-0.1}_{-0.4}$	46	63	R46	R31.5	261	$40^{+0.4}_{+0.1}$	35	80
80	60	M39×1.5	45	45	M30×1.5	35.5	31.5	□110	ZG¾	$40^{-0.1}_{-0.4}$	56	72	R52	R31.5	291	$40^{+0.4}_{+0.1}$	35	80
100	75	M48×1.5	56	60	M39×1.5	45	40	□135	ZG¾	$50^{-0.1}_{-0.4}$	58	84	R62	R40	316	$50^{+0.4}_{+0.1}$	40	100
125	95	M64×2	71	75	M48×1.5	56	50	□165	ZG1	$63^{-0.1}_{-0.6}$	67	100	R73	R50	365	$63^{+0.4}_{+0.1}$	45	126
140	110	M72×2	80	80	M56×2	63	63	□185	ZG1	$80^{-0.1}_{-0.6}$	69	120	R91	R63	400	$80^{+0.6}_{+0.1}$	50	160
150	115	M76×2	85	85	M60×2	67	63	□196	ZG1	$80^{-0.1}_{-0.6}$	71	122	R91	R63	412	$80^{+0.6}_{+0.1}$	50	160
160	120	M80×2	90	95	M64×2	71	71	□210	ZG1	$80^{-0.1}_{-0.6}$	74	137	R103	R71	445	$80^{+0.6}_{+0.1}$	55	160
180	140	M95×2	100	110	M72×2	80	80	□235	ZG1¼	$100^{-0.1}_{-0.6}$	75	150	R100	R80	480	$100^{+0.6}_{+0.1}$	55	200
200	150	M100×2	112	120	M80×2	90	90	□262	ZG1½	$125^{-0.1}_{-0.6}$	85	170	R115	R90	526	$125^{+0.6}_{+0.1}$	55	251
224	180	M120×2	125	140	M95×2	100	100	□292	ZG1½	$125^{-0.1}_{-0.6}$	89	185	R125	R100	550	$125^{+0.6}_{+0.1}$	60	251
250	195	M130×2	140	150	M100×2	112	100	□325	ZG2	$125^{-0.1}_{-0.6}$	106	185	R125	R100	596	$125^{+0.6}_{+0.1}$	65	251

表 20-8-120　FA、FY（杆侧长方法兰型）、FB、FZ（底侧长方法兰型）　mm

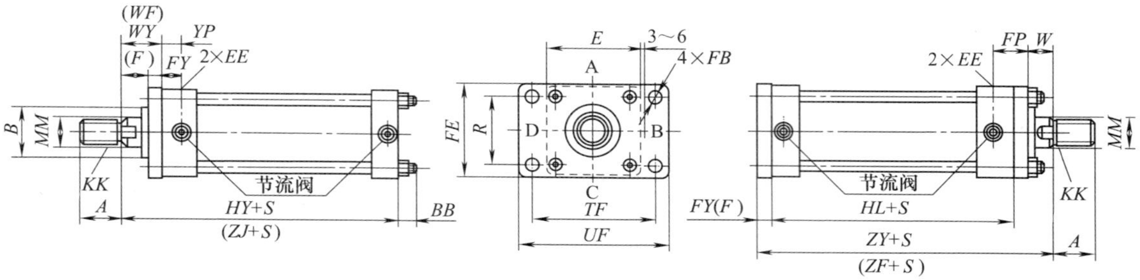

缸径	B型杆				C型杆				E	EE	FP	W	YP	TF	UF	FB	FE	R	FA、FB					FY、FZ				
	A	B	KK	MM	A	B	KK	MM											ZJ	ZF	WF	F	BB	HY	HL	ZY	WY	FY
32	25	34	M16×1.5	18	—	—	—	—	58	ZG3/8	38	30	27	88	109	11	62	40	171	182	41	11	11	173	141	184	43	13
40	30	40	M20×1.5	22.4	25	36	M16×1.5	18	65	ZG3/8	38	30	27	95	118	11	69	46	171	182	41	11	11	173	141	184	43	13
50	35	46	M24×1.5	28	30	40	M20×1.5	22.4	76	ZG1/2	42	30	29	115	145	14	85	58	185	198	43	13	11	190	155	203	48	18
63	45	55	M30×1.5	35.5	35	46	M24×1.5	28	90	ZG1/2	46	35	31	132	165	18	98	65	198	213	50	15	13	203	163	218	55	20
80	60	65	M39×1.5	45	45	55	M30×1.5	35.5	110	ZG3/4	56	35	38	155	190	18	118	87	219	237	53	18	16	225	184	243	59	24
100	75	80	M48×1.5	56	60	65	M39×1.5	45	135	ZG3/4	58	40	38	190	230	22	150	109	232	252	60	20	18	240	192	260	68	28
125	95	95	M64×2	71	75	80	M48×1.5	56	165	ZG1	67	45	43	224	272	26	175	130	265	289	69	24	21	274	220	298	78	33
140	110	105	M72×2	80	80	85	M56×2	63	185	ZG1	69	50	43	250	300	26	195	145	280	306	76	26	22	291	230	317	87	37
150	115	110	M76×2	85	85	90	M60×2	67	196	ZG1	71	50	43	270	320	30	210	155	290	318	78	28	25	301	240	329	89	39
160	120	115	M80×2	90	95	95	M64×2	71	210	ZG1	74	55	43	285	345	33	225	170	308	339	86	31	25	318	253	349	96	41
180	140	125	M95×2	100	110	105	M72×2	80	235	ZG1¼	75	55	42	315	375	33	243	185	330	363	88	33	27	343	275	376	101	46
200	150	140	M100×2	112	120	115	M90×2	90	262	ZG1½	85	55	48	355	425	36	272	206	356	393	92	37	29	370	301	407	106	51
224	180	150	M120×2	125	140	125	M95×2	100	292	ZG1½	89	60	48	395	475	42	310	230	365	406	101	41	34	382	305	423	118	58
250	195	170	M130×2	140	150	140	M100×2	112	325	ZG2	106	65	60	425	515	45	335	250	411	457	111	46	37	430	346	476	130	65

注：FA、FB 仅限 7MPa 用 FY、FZ 仅限 14MPa 用。

表 20-8-121 FC（杆侧方法兰型）、FD（底侧方法兰型） mm

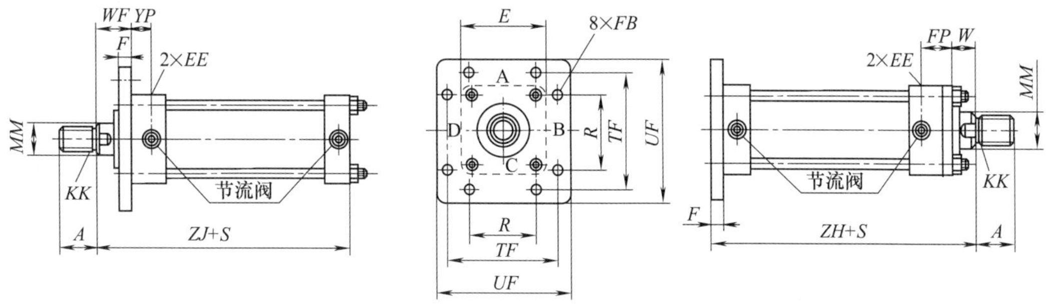

缸径	B 型杆			C 型杆			E	EE	FP	ZJ	TF	FB	UF	YP	R	WF	W	F	ZH
	A	KK	MM	A	KK	MM													
32	25	M16×1.5	18	—	—	—	□58	ZG3/8	38	171	88	11	109	27	40	41	30	11	182
40	30	M20×1.5	22.4	25	M16×1.5	18	□65	ZG3/8	38	171	95	11	118	27	46	41	30	11	182
50	35	M24×1.5	28	30	M20×1.5	22.4	□70	ZG1/2	42	185	115	14	145	29	58	43	30	13	198
63	45	M30×1.5	35.5	35	M24×1.5	28	□90	ZG1/2	46	198	132	18	165	31	65	50	35	15	213
80	60	M39×1.5	45	45	M30×1.5	35.5	□110	ZG3/4	56	219	155	18	190	38	87	53	35	18	237
100	75	M48×1.5	56	60	M39×1.5	45	□135	ZG3/4	58	232	190	22	30	38	109	60	40	20	252
125	95	M64×2	71	75	M48×1.5	56	□165	ZG1	67	265	224	26	272	43	130	69	45	24	289
140	110	M72×2	80	80	M56×2	63	□185	ZG1	69	280	250	26	300	43	145	76	50	26	306
150	115	M76×2	85	85	M60×2	67	□196	ZG1	71	290	270	30	320	43	155	78	50	28	318
160	120	M80×2	90	95	M64×2	71	□210	ZG1	74	308	285	33	345	43	170	86	55	31	339
180	14	M95×2	100	110	M72×2	90	□235	ZG1 1/4	75	330	315	33	375	42	185	88	55	33	363
200	150	M100×2	112	120	M80×2	90	□262	ZG1 1/2	85	356	355	36	425	48	206	92	55	37	393
224	180	M110×2	125	140	M95×2	100	□292	ZG1 1/2	89	365	395	42	475	48	230	101	60	41	406
250	195	M130×2	140	150	M100×2	112	□325	ZG2	106	411	425	45	515	60	250	111	65	46	457

表 20-8-122

TA（杆侧铰轴）、TC（中间铰轴）

mm

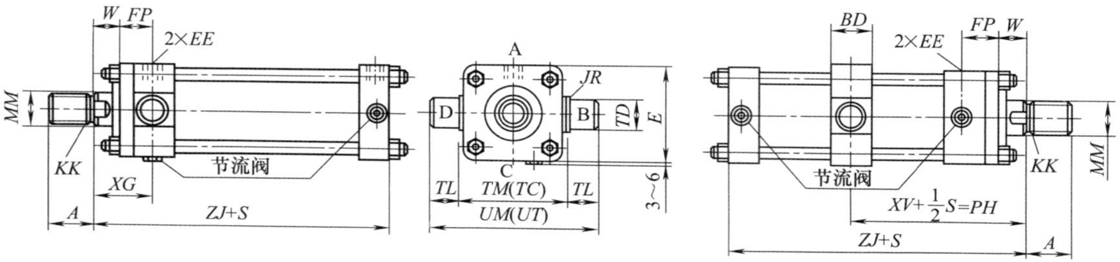

缸径	B 型杆			C 型杆			TD (e9)	E	EE	PH min	BD	TL	UM	JR	UT	TM	TC	XV	ZJ	XG
	A	KK	MM	A	KK	MM														
32	25	M16×1.5	18	—	—	—	20	□58	ZG3/8	105	28	20	98	R2	98	$58_{-0.3}^{0}$	$58_{-0.3}^{0}$	113	171	62
40	30	M20×1.5	22.4	25	M16×1.5	18	20	□65	ZG3/8	105	28	20	109	R2	109	$69_{-0.3}^{0}$	$69_{-0.3}^{0}$	113	171	62
50	35	M24×1.5	28	30	M20×1.5	22.4	25	□76	ZG1/2	113.5	33	25	135	R2.5	135	$85_{-0.35}^{0}$	$85_{-0.35}^{0}$	121	185	66
63	45	M30×1.5	35.5	35	M24×1.5	28	31.5	□90	ZG1/2	127.5	43	31.5	161	R2.5	161	$98_{-0.35}^{0}$	$98_{-0.35}^{0}$	132	198	74
80	60	M39×1.5	45	45	M30×1.5	35.5	31.5	□110	ZG3/4	140.5	43	31.5	181	R2.5	181	$118_{-0.35}^{0}$	$118_{-0.35}^{0}$	146	219	82
100	75	M48×1.5	56	60	M39×1.5	45	40	□135	ZG3/4	152.5	53	40	225	R3	225	$145_{-0.4}^{0}$	$145_{-0.4}^{0}$	156	232	89
125	95	M64×2	71	75	M48×1.5	56	50	□165	ZG1	174	58	50	275	R3	275	$175_{-0.4}^{0}$	$175_{-0.4}^{0}$	177	265	103
140	110	M72×2	80	80	M56×2	63	63	□185	ZG1	191	79	63	321	R4	321	$195_{-0.46}^{0}$	$195_{-0.4}^{0}$	188	280	112
150	115	M76×2	85	85	M60×2	67	63	□196	ZG1	193	78	63	332	R4	332	$206_{-0.46}^{0}$	$206_{-0.5}^{0}$	194	290	112
160	120	M80×2	90	95	M64×2	71	71	□210	ZG1	211	88	71	360	R4	360	$218_{-0.46}^{0}$	$218_{-0.5}^{0}$	207	308	126
180	140	M95×2	100	110	M72×2	80	80	□235	ZG1¼	225	98	80	403	R4		$243_{-0.46}^{0}$		216	330	—
200	150	M100×2	112	120	M80×2	90	90	□262	ZG1½	244	108	90	452	R5		$272_{-0.52}^{0}$		232	356	—
224	180	M120×2	125	140	M95×2	100	100	□292	ZG1½	257.5	117	100	500	R5		$300_{-0.52}^{0}$		241	365	—
250	195	M130×2	140	150	M100×2	112	100	□325	ZG2	287.5	117	100	535	R5		$335_{-0.57}^{0}$		271	411	—

注：1. UT、UC 为杆侧铰轴尺寸。
2. 其他尺寸见基本型。

表 20-8-123 **单耳环、双耳环端部零件** mm

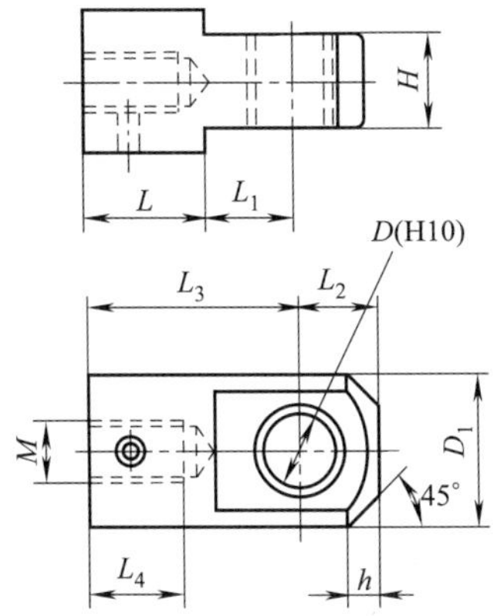

图(a) 单耳环

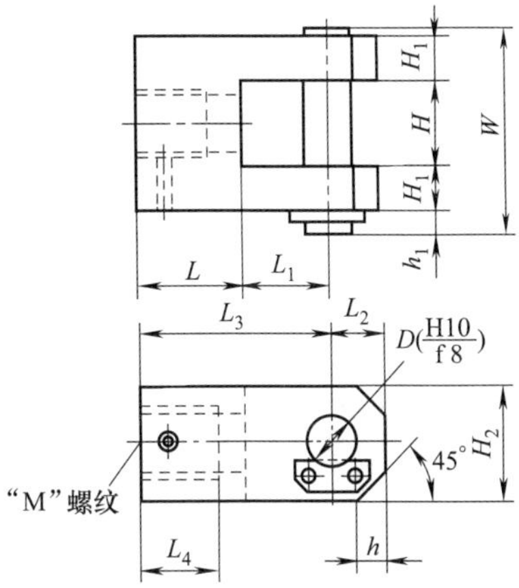

图(b) 双耳环

单、双耳环			单耳环									双耳环												端部零件质量/kg	
缸径	杆标记	M	L_4	L_3	L_1	D	D_1	L_2	H	h	L	L_4	L_3	L_1	D	H_2	L_2	H_1	H	h_1	W	h	L	单耳环	双耳环
32	B	M16×1.5	34	60	23	16	39	20	$25_{-0.4}^{-0.1}$	8	37	33	60	27	16	32	16	12.5	$25_{+0.1}^{+0.4}$	12	68	4	33	0.5	0.6
	C	M12×1.25	27									33												0.5	0.6
40	B	M20×1.5	39	60	23	16	39	20	$25_{-0.4}^{-0.1}$	8	37	33	60	27	16	32	16	12.5	$25_{+0.1}^{+0.4}$	12	68	4	33	0	0
	C	M16×1.5	34									33												0.5	0.6
50	B	M24×1.5	44	70	28	20	49	25	$31.5_{-0.4}^{-0.1}$	10	42	38	70	32	20	40	20	16	$31.5_{+0.1}^{+0.4}$	12	80	10	38	0.9	1.0
	C	M20×1.5	39									38												0.9	1.1
63	B	M30×1.5	50	115	43	31.5	62	35	$40_{-0.4}^{-0.1}$	15	72	50	115	50	31.5	60	30	20	$40_{+0.1}^{+0.4}$	12	98	12	65	2.4	3.4
	C	M24×1.5	44									40												2.5	3.5
80	B	M39×1.5	65	115	43	31.5	62	35	$40_{-0.4}^{-0.1}$	15	72	65	115	50	31.5	60	30	20	$40_{+0.1}^{+0.4}$	12	98	12	65	2.1	3.1
	C	M30×1.5	50									50												2.4	3.4
100	B	M48×1.5	80	145	55	40	79	40	$50_{-0.4}^{-0.1}$	20	90	85	145	60	40	80	40	25	$50_{+0.1}^{+0.4}$	18	125	15	85	4.2	7.0
	C	M39×1.5	65									65												4.8	7.5
125	B	M64×2.0	100	180	65	50	100	50	$63_{-0.4}^{-0.1}$	25	115	100	180	70	50	100	50	31.5	$63_{+0.1}^{+0.4}$	18	150	20	110	8.4	13.4
	C	M48×1.5	80									80												9.8	14.8
140	B	M72×2.0	115	225	85	63	130	65	$80_{-0.6}^{-0.1}$	30	140	115	225	90	63	120	65	40	$80_{+0.1}^{+0.6}$	18	185	25	135	19.0	26.4
	C	M56×2.0	85									85												21.1	28.5
150	B	M76×2.0	120	225	85	63	130	65	$80_{-0.6}^{-0.1}$	30	140	120	225	90	63	120	65	40	$80_{+0.1}^{+0.6}$	18	185	25	135	16.8	24.2
	C	M60×2.0	90									90												19.7	27.1
160	B	M80×2.0	125	240	90	71	140	70	$80_{-0.6}^{-0.1}$	35	150	125	240	100	71	140	70	40	$80_{+0.1}^{+0.6}$	18	185	30	140	22.4	32.1
	C	M64×2.0	100									100												24.8	34.5

8.6.6 带接近开关的拉杆式液压缸

拉杆式液压缸带接近感应开关，用来控制行程两端位置的换向。感应开关是非接触敏感元件，无接触，无磨损，输出信号准确，安全可靠，感应开关位置可以任意调节。

榆次油研液压有限公司生产的产品有 CJT35L、CJT70L、CJT140L，工作压力为 3.5MPa、7MPa、14MPa，带接近开关。武汉油缸厂生产的产品有 WY10，工作压力为 7MPa、14MPa。详情查有关生产厂的样本。

（1）型号意义

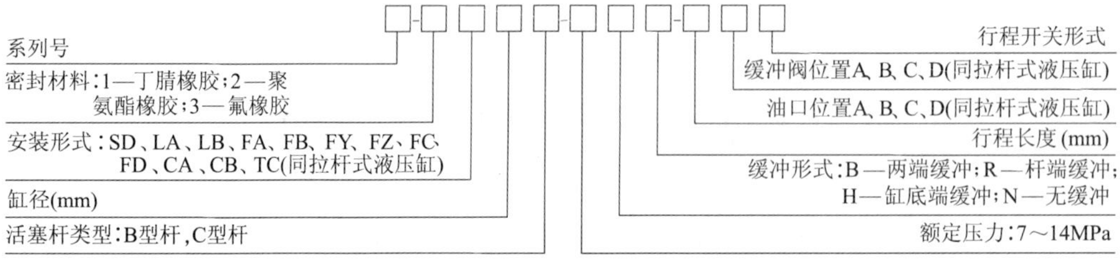

（2）技术参数

表 20-8-124 带行程开关式液压缸性能及接近开关技术参数

额定压力/MPa	7～14	使用温度/℃	－10～60
最高允许压力/MPa	10.5～21	最高运行速度/m·s⁻¹	1
最低启动压力/MPa	＜0.3	工作介质	矿物油、水-乙二醇、磷酸酯等

<table>
<tr><td colspan="2" rowspan="2">形式</td><td colspan="4">有接点开关型</td><td colspan="5">无接点开关型</td></tr>
<tr><td>S1、S3、S5(导线型)
SB(接线柱型)</td><td colspan="3">T1、T3、T5(导线型)
TB(接线柱型)</td><td colspan="3">U1、U3、U5(导线型)
UB(接线柱型)</td><td colspan="2">W1、W3、W5(导线型)
WB(接线柱型)</td></tr>
<tr><td rowspan="12">接近开关的参数</td><td>电气回路</td><td>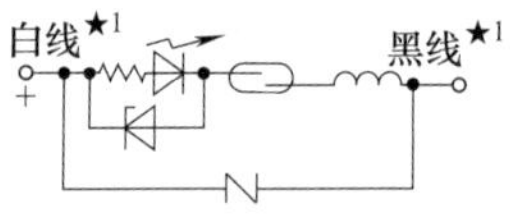</td><td colspan="3">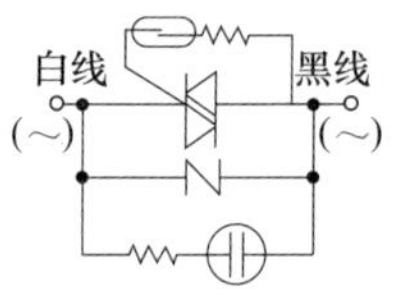</td><td colspan="3">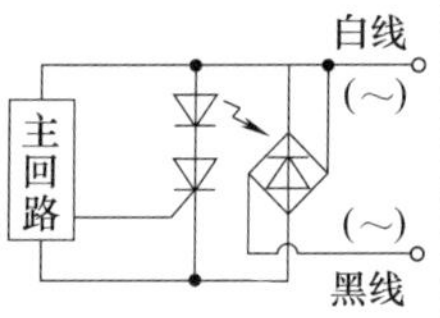</td><td colspan="2">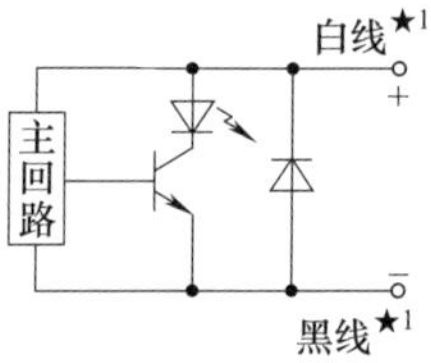</td></tr>
<tr><td>用途</td><td>AC/DC 继电器、程序器用</td><td colspan="3">大容量继电器</td><td colspan="3">AC 继电器、程序器用</td><td colspan="2">DC 继电器、程序器用</td></tr>
<tr><td>最大负载电压，电流</td><td>DC 24V，5～50mA
AC 100V，7～20mA
AC 200V，7～10mA</td><td colspan="3">AC 100V，20～200mA
AC 200V，10～200mA</td><td colspan="3">AC 85～265V，
5～100mA</td><td colspan="2">DC 24V，5～50mA</td></tr>
<tr><td>内部压降</td><td>低于 2.4V</td><td colspan="3">低于 2V</td><td colspan="3">低于 7V</td><td colspan="2">低于 4V</td></tr>
<tr><td>灯</td><td>发光二极管
(开关接通时亮)</td><td colspan="3">霓虹灯
(开关断开时亮)</td><td colspan="5">发光二极管(开关接通时亮)</td></tr>
<tr><td>泄漏电流</td><td>0</td><td colspan="3">小于 1mA</td><td colspan="3">AC 100V，小于 1mA
AC 200V，小于 2mA</td><td colspan="2">小于 1mA</td></tr>
<tr><td>额定感距/mm</td><td colspan="9">1.5</td></tr>
<tr><td>开关频率/Hz</td><td colspan="9">≤1000</td></tr>
<tr><td>缸径/mm</td><td colspan="2">—</td><td>32</td><td colspan="2">40</td><td>50</td><td>63</td><td>80</td><td>100</td></tr>
<tr><td rowspan="2">动作范围/mm</td><td colspan="2">有接点型 S-※、T-※</td><td>9～12</td><td colspan="2">12～14</td><td>15～17</td><td>16～18</td><td>17.5～19.5</td><td>15.5～20.5</td></tr>
<tr><td colspan="2">无接点型</td><td></td><td colspan="2"></td><td></td><td></td><td></td><td></td></tr>
<tr><td>不稳定区/mm</td><td colspan="2"></td><td colspan="5">1.5～3.5</td><td colspan="2">2～4</td></tr>
</table>

带接近开关液压缸的安装尺寸，与拉杆式标准液压缸相同，接近开关的尺寸和行程末端位置检测的最适当设置如表 20-8-125 所示。

表 20-8-125 接近开关尺寸及行程末端位置检测的最适当位置 mm

工作压力/MPa	缸径	A_1	A	h_2	h_1	H	工作压力/MPa	缸径	A_1	A	h_2	h_1	H
7、14	32	35	70	40	61	8	7、14	63	51	102	57	76	20
	40	37	74	45	65	8		80	63	126	76	86	24
	50	47	94	53	71	8		100	73	146	85	99	22

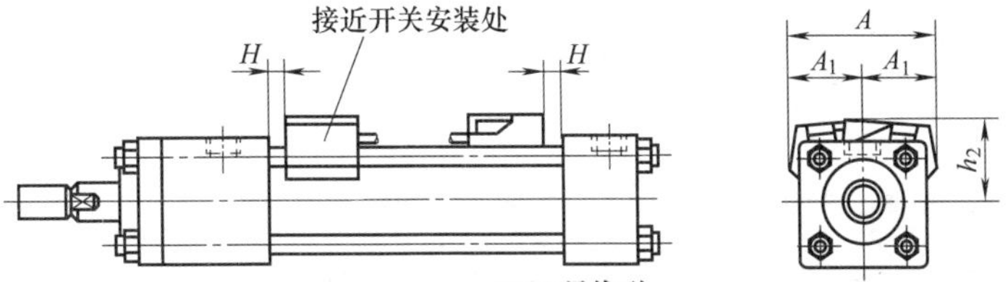

图(a) 导线型

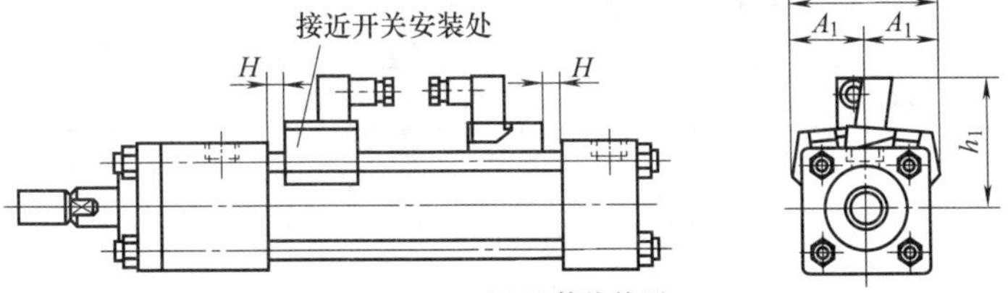

图(b) 接线柱型

注：1. H 尺寸是行程端部检测最合适设置位置。而开关最灵敏位置是在 $H+15$mm 处（安装处有记号）。
2. 其他尺寸同轻型拉杆式液压缸。

8.6.7 伸缩式套筒液压缸

（1）型号意义

※ ※-※×※

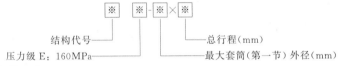

结构代号
压力级 E：160MPa
总行程(mm)
最大套筒(第一节)外径(mm)

（2）技术规格及安装尺寸

表 20-8-126 QTG 型液压缸外形尺寸 mm

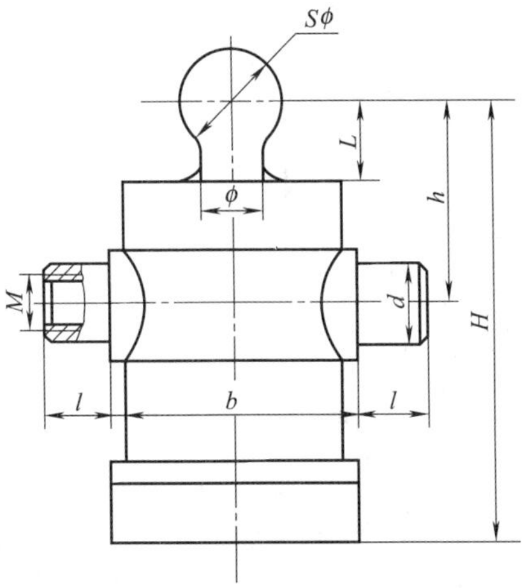

续表

型号	H	h	b	L	l	Sφ	φ	d	M	额定压力/MPa	最高压力/MPa	总行程	额定理论推力/kN 首级	额定理论推力/kN 末级
5QTG-140×160	300	115	190	50	30	50	30	50	M27×2	16	20	800	246.17	44.50
4QTG-140×160												640		80.43
5QTG-140×200	350	125										1000		44.50
4QTG-140×200												800		80.43
5QTG-140×250	405	130	190	50	30	50	30	50	M27×2	16	20	1250	246.17	44.50
4QTG-140×250												1000		80.43
5QTG-140×320	480	135										1600		44.50
4QTG-140×320												1280		80.43
5QTG-220×250	434	145	304	80	45	70	40	30	M32×2			1250	607.90	180.86
4QTG-110×200	350	125	152	50	30	50	30	50	M20×1.5			800	151.97	31.40

表 20-8-127　　**TGI 型液压缸外形尺寸**　　mm

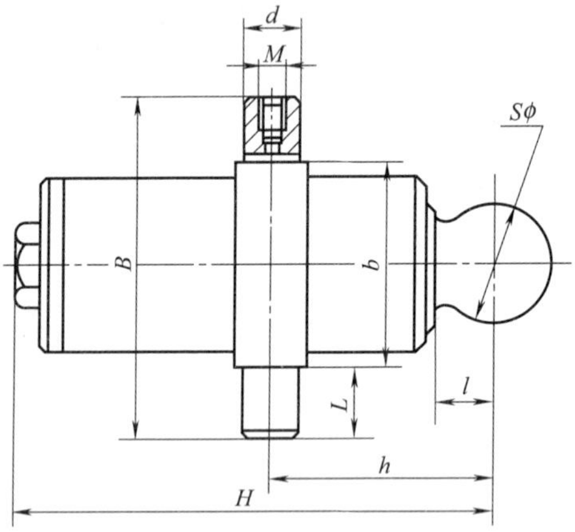

型号	额定压力/MPa	最高压力/MPa	总行程	外形尺寸（长×宽×高）	额定理论推力/kN 首级	额定理论推力/kN 末级	h	B	b	L	d	Sφ	M	l	H≤ 单级行程 250	H≤ 单级行程 300	H≤ 单级行程 340
2TGI-60×250	16	20	500	455×157×93	44.5	20.11	140	157	97	30	30	50	M20×1.5	30	430	490	540
2TGI-70×250				455×169×105	61.60	31.41		169	109								
2TGI-80×250				455×200×116	80.43	44.50		200	120	40	40						
2TGI-80×300			600	505×200×116													
2TGI-90×300				505×212×128	101.79	61.60		212	132								
2TGI-90×340			680	565×212×128													
3TGI-90×250			750	455×212×128		31.41											
3TGI-90×300			900	505×212×128													
3TGI-100×300				505×240×136	125.66	44.50		240	140	50	50						
3TGI-100×340			1020	565×240×136													
3TGI-110×250			750	455×252×148	152.05	61.60		252	152								
3TGI-110×340			1020	565×252×148													

8.6.8 传感器内置式液压缸

由武汉油缸厂在重载液压缸基础上设计、研制的带位移传感器液压缸，可以在所选用的行程范围内，在任意位置输出精确的控制信号，是可以应用于各种生产线上进行程序控制的液压缸。

（1）型号意义

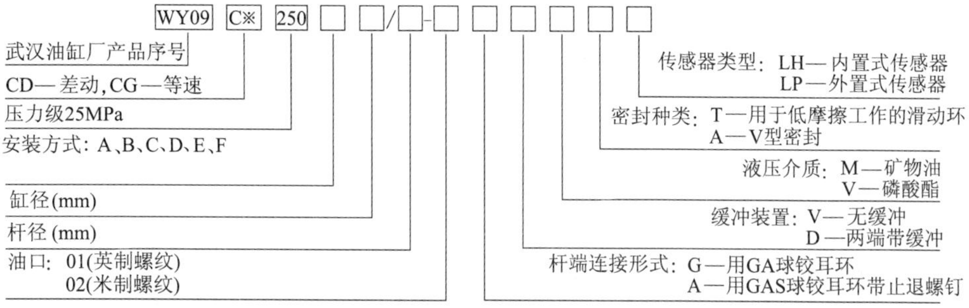

（2）技术参数

表 20-8-128 技术参数

额定压力	/MPa	25	使用温度/℃	−20～80	非线性/mm	0.05	重复性/mm	0.002
最高工作压力		37.5	最大速度/m·s^{-1}	1	滞后/mm	<0.004	电源/V	DC 24
最低启动压力		<0.2	工作介质	矿物油，水-乙二醇等	输出	测量电路的脉冲时间		
传感器性能					安装位置	任意		
测量范围/mm	25～3650		分辨率/mm	0.002	接头选型	RG 金属接头(7 针)		

（3）行程及外形尺寸（外形尺寸见前述 CD250）

表 20-8-129 带位移传感器 CD、CG 液压缸许用行程 mm

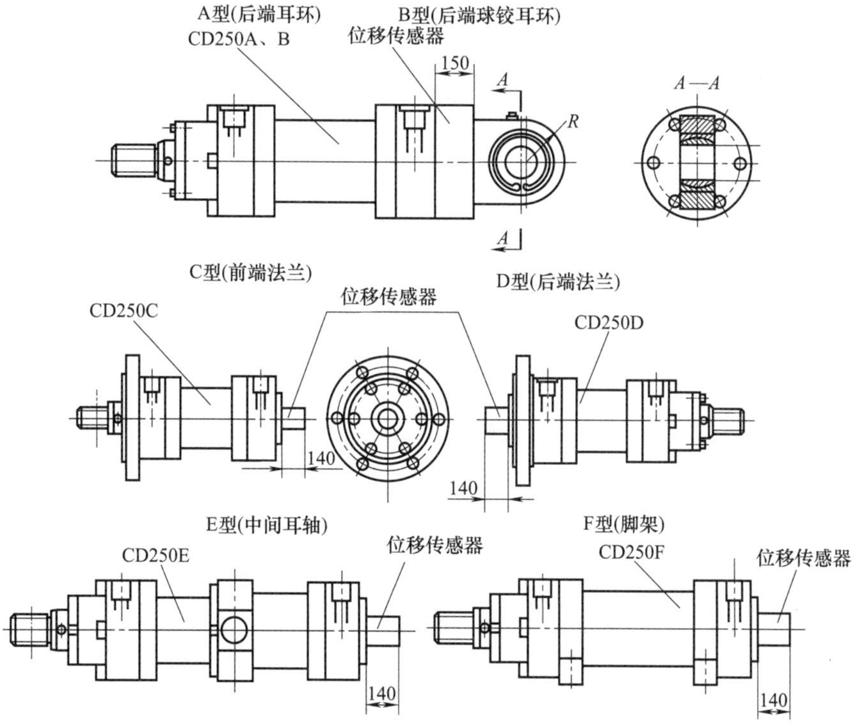

续表

安装形式 \ 参数 \ 缸径			40	50	63	80	100	125	140	160	180	200	220	250	280	320
A、B型后端耳环			150(装传感器尺寸)													
	许用行程	A	40	140	210	280	360	465	795	840	885	1065	1205	1445	1630	1710
		B	225	335	435	545	695	960	1055	1095	1260	1445	1730	1965	2150	2215
C、D型前、后端法兰			140(传感器尺寸,包括C、D、E、F型)													
	C型许用行程	A	445	740	990	1235	1520	1915	2905	3120	3330	3890	4440	5155	5825	6205
		B	965	1295	1615	1990	2480	3310	3640	3835	4390	4975	5920	6630	7305	7635
	D型许用行程	A	120	265	375	505	310	785	1260	1350	1430	1700	1930	2280	2575	2730
		B	380	545	690	885	1095	1480	1630	1705	1965	2240	2675	3020	3310	3445
E型中间耳轴	许用行程	A	445	740	990	1235	1520	1915	2905	3120	3330	3890	4440	5155	5825	6205
		B	965	1295	1615	1990	2480	3310	3640	3835	4390	4975	5920	6630	7305	7635
F型脚架	许用行程	A	135	265	375	480	600	760	1210	1295	1370	1625	1850	2180	2460	2600
		B	380	530	670	835	1050	1415	1560	1630	1875	2135	2550	2875	3155	3270

产品重量 m(kg)$=X+Y\times$行程(mm)

	缸径		40	50	63	80	100	125	140	160	180	200	220	250	280	320
A、B型	X		5	7.5	13	18	34	76	99	163	229	275	417	571	712	109.6
	Y	A	0.011	0.015	0.020	0.030	0.050	0.078	0.105	0.136	0.170	0.220	0.262	0.346	0.387	0.510
		B	0.015	0.019	0.024	0.039	0.060	0.092	0.122	0.156	0.192	0.246	0.299	0.387	0.434	0.562
C、D型	X		9	13	22	26	48	95	120	212	273	334	485	643	784	1263
	Y	A	0.011	0.015	0.020	0.030	0.050	0.078	0.105	0.136	0.170	0.220	0.262	0.346	0.387	0.510
		B	0.015	0.019	0.024	0.039	0.060	0.092	0.122	0.156	0.192	0.246	0.299	0.387	0.434	0.562
E型	X		8	11	20	23	40	90	122	187	275	322	501	658	845	1274
	Y	A	0.013	0.019	0.028	0.042	0.069	0.108	0.155	0.197	0.244	0.316	0.383	0.507	0.587	0.757
		B	0.010	0.027	0.036	0.058	0.090	0.142	0.183	0.230	0.288	0.366	0.457	0.587	0.680	0.860
F型	X		7	10	17.5	20	35	85	111	184	285	302	510	589	816	1171
	Y	A	0.011	0.015	0.020	0.030	0.050	0.078	0.105	0.136	0.170	0.220	0.262	0.346	0.387	0.510
		B	0.015	0.019	0.024	0.039	0.060	0.092	0.122	0.156	0.192	0.246	0.299	0.387	0.434	0.562

注：许用行程栏中，A、B表示活塞杆的两种不同的直径。

8.7　液压缸的加工工艺与拆装方法、注意事项

表 20-8-130　　液压缸的加工工艺

加工部位		加工工艺
活塞与活塞杆的加工	活塞的加工	活塞加工质量的好坏不仅影响内泄漏量的大小,而且是影响液压缸是否会产生"憋劲"现象的主要原因。活塞看起来比较简单,容易加工,但液压缸的很多故障都是因为活塞的加工质量不高而引起的 为了保证活塞的外圆、密封槽、内孔的同轴度不超差,活塞在加工外圆、内孔、密封槽时应该"一刀落",在一次装夹中完成上述部位的切削任务,或者以同一定位基准加工完成。活塞与活塞杆轴肩的配合端面,虽然表面粗糙程度要求并不高,但与内孔轴线的垂直度一定要保证。如果垂直度超差,外圆相对于缸壁就会发生倾斜而产生憋劲和局部磨损。活塞内孔与活塞杆的配合一般采用轻动配合,如果它们之间的间隙太小也同样会产生憋劲和单边或局部磨损。因此,不管活塞端面的粗糙度要求如何,都应该以内孔为定位基准,将该端面在平磨上加工一次 活塞的典型加工工艺如下:粗车毛坯—半精车外圆—精割密封槽—精车外圆—精磨外圆

续表

加工部位		加工工艺
活塞与活塞杆的加工	活塞杆加工	活塞杆加工前必须调质校直,活塞杆的镀层厚度一般不小于 0.03mm。活塞杆磨削余量,要看活塞杆的材料、直径大小、长度,再来定余量。活塞杆也是液压缸的主要零件,虽然它多数不属于细长轴,但长径比仍然很大,因此加工中仍需特别注意。活塞杆要在导向套中往复运动而不允许造成外泄漏,对表面粗糙度、圆柱度、圆度和直线度要求都比较严格。为了满足表面粗糙度和精度的要求,在加工中应采取相适应的工艺手段 典型的活塞杆加工工艺如下 ①下料(根据长度外径留加工余量不同) ②粗加工(单边留加工余量 2～3mm) ③调质热处理。为了提高活塞杆的机械强度和改善切削性能,原材料加工前一般都要进行调质处理。对于弯曲严重的原材料,调质后不主张进行机械校直,对弯曲材料还是用切削加工的方法去改变为好 ④两端钻中心孔,并研磨中心孔 ⑤外圆留磨量,其余车成 ⑥热处理:外圆表面淬火 ⑦磨外圆。活塞杆外圆镀铬前要进行光整加工,使表面粗糙度 Ra 值达到 0.4～0.8μm,否则铬层就不易镀好。光整加工可以采用磨削,磨削时尾顶尖的顶紧力不要过大,托架支承爪也不能顶得过紧,以能不费力就可转动工件为限。砂轮一定要进行精平衡,磨削中应随时测量活塞杆的圆柱度和圆度误差 若外圆镀铬,则 ①外圆按工艺要求车成(减镀铬层厚) ②镀铬:为了增加耐磨性和防止锈蚀,活塞杆外圆表面一般都要镀铬,铬层不能太厚,0.02～0.05mm 就足够了,铬层太厚反而容易引起脱落
缸体的加工	目前,国内液压缸缸体内孔的加工,主要采用热轧无缝管材的镗削工艺和冷拔无缝管的珩磨工艺。下面将两种加工工艺作一比较	
	热轧管材的镗削加工工艺	当前国内缸体内孔普遍采用这种工艺方法。其工艺过程为:粗镗—精镗—浮镗—滚压(简称为三镗一滚),共四道工序。每道工序均要更换一种切具,更换过程复杂,人工劳动强度大。整个过程金属去除率高,加工效率低,加工质量受刀具及工人技术熟练程度的影响,因此,加工质量不稳定
	冷拔管材珩磨工艺	随着我国冷拔管制造技术的不断发展,国内某些厂家已经开始选用冷拔管材制造液压缸缸体,同时采用内孔强力珩磨工艺。这种工艺方法金属去除率低、加工效率高(如 ϕ125 内孔缸体,加工余量 0.4～0.5mm,加工 1m 需 20～30min,为镗削加工的 2～3 倍)。但由于采用砂条强力珩磨,内孔表面残留螺旋网纹状刀痕,表面粗糙度 Ra 只能达到 0.4μm 左右;而且砂条上的磨粒嵌入缸体内壁,给清洗造成很大困难,并直接影响液压缸的清洁度。另外,由于我国冷拔管材热处理手段尚不够完善,常常会造成珩磨后缸体内孔的变形。因此,这种加工工艺目前尚未推广
	国外现状	目前,国外一些液压缸生产厂家的缸体,大多采用冷拔管的珩磨工艺及一种新型的加工工艺——刮削辊光加工工艺。下面就这种新工艺的加工方法作一简述 德国某公司生产的一种深孔加工设备,采用镗削一次进刀、返程滚压的工艺方法 虽然加工余量较小(2mm),但加工效率也不算太高。而美国 SIRRA 公司生产一种新型刮削辊光设备,为液压缸缸体加工开辟了一条新的途径。目前这种设备已被美国、日本、德国、巴西的一些液压缸生产厂家广泛采用(如美国的 CATER-PLLLAR 公司、J-I CASE 公司、日本的 TCM 公司等) 刮削辊光工艺加工内孔,其突出特点是内孔一次走刀成形,最大一次加工余量可达 8～15mm,最小加工余量 0.3mm,粗镗、浮镗、滚压集成一体 粗镗刀(与刀体刚性连接)担负大部分金属的切削,留浮镗余量 0.5～1.0mm;浮镗刀在高压油的作用下涨开进行浮镗,然后高压油涨开锥套利用滚柱进行滚压,整个加工过程一次装夹完成。当内孔加工完毕后,高压油卸荷,浮镗刀、滚柱缩回,以 7.35m/min 的速度高速退刀。所以,它的加工效率特别高,一般表面粗糙度 Ra 可达 0.1～0.2μm,与珩磨相比,这种工艺方法有如下特点

续表

加工部位		加 工 工 艺
缸体的加工	国外现状	①刮削比珩磨工效提高了 18～80 倍。如加工 ϕ125 缸体内孔，当加工余量为 8mm 时，每米只需 3min；若余量为 0.3～0.5mm，只需 0.5min ②对于大切削用量的重型加工，刮削所需增加的时间最少，一次进刀所去掉的加工余量 15mm，珩磨则无法解决 ③刮削可以加工径向有孔的零件，而珩磨极易引起砂条破碎 ④刮削刀具的成本比珩磨低 ⑤刮削一次走刀，缸筒重复加工精度可达 H8 左右 ⑥内孔表面质量可由压力油进行调节 ⑦成本低，一台 SIERRA 设备可替代 18 台珩磨机、17 台抛光设备和 3 台清洗过滤设备 ⑧加工表面粗糙度低，可延长密封件的使用寿命。刮削后的内孔表面波峰平整，波谷形成润滑槽，可大大延长密封件的使用寿命。而珩磨后的内孔表面残存有珩磨砂粒，难以清洗，降低密封件的使用寿命 ⑨加工后的表面易于清洗 由于具备上述优点，因此，这种工艺被国外一些液压缸生产厂家广泛采用

表 20-8-131　　液压缸的拆装方法与注意事项

步骤		拆装方法与注意事项
液压缸的拆卸		①拆卸液压缸之前，应使液压回路卸压。否则，当把与液压缸相连接油管接头拧松时，回路中的高压油就会迅速喷出。液压回路卸压时应先拧松溢流阀等处的手轮或调压螺钉，使压力油卸荷，然后切断电源或切断动力源，使液压装置停止运转，松开油口配管后将油口堵住 当液压缸出现泄漏等故障需拆卸维修时，应使活塞移至缸底位置，拆卸中严禁强行敲打以及出现突然掉落 ②拆卸时应防止损伤活塞杆顶端螺纹、油口螺纹和活塞杆表面、缸套内壁等。更应注意，不能强行将活塞从缸筒中打出。为了防止活塞杆等细长件弯曲或变形，放置时应用垫木支承均衡 ③拆卸时要按顺序进行。由于各种液压缸结构和大小不尽相同，拆卸顺序也稍有不同。一般应放掉油缸两腔的油液，然后拆卸缸盖，最后拆卸活塞与活塞杆。在拆卸液压缸的缸盖时，对于内卡键式连接的卡键或卡环要使用专用工具，禁止使用扁铲；对于法兰式端盖必须用螺钉顶出，不允许锤击或硬撬。在活塞和活塞杆难以抽出时，不可强行打出，应先查明原因再进行拆卸。拆装液压缸时，严禁用锤敲打缸筒和活塞表面，如缸孔和活塞表面有损伤，不允许用砂纸打磨，要用细油石精心研磨。导向套与活塞杆间隙要符合要求 ④拆卸前后要设法创造条件防止液压缸的零件被周围的灰尘和杂质污染。例如，拆卸时应尽量在干净的环境下进行；拆卸后所有零件要用塑料布盖好，不要用棉布或其他工作用布覆盖 ⑤液压缸拆卸后要认真检查，以确定哪些零件可以继续使用，哪些零件可以修理后再用，哪些零件必须更换
液压缸的安装	液压缸安装的一般原则	①装配前必须对各零件仔细清洗 ②安装时要保证活塞杆顶端连接头的方向应与缸头、耳环（或中间铰轴）的方向一致，并保证整个活塞杆在进退过程中的直线度，防止出现刚性干涉现象，造成不必要的损坏 ③要正确安装各处的密封装置 a. 安装 O 形圈时，不要将其拉到永久变形的程度，也不要边滚动边套装，否则可能因形成扭曲状而漏油 b. 安装 Y 形和 V 形密封圈时，要注意其安装方向，避免因装反而漏油。对 Y 形密封圈而言，其唇边应对着有压力的油腔；此外，Yx 形密封圈还要注意区分是轴用还是孔用，不要装错。V 形密封圈由形状不同的支承环、密封环和压环组成，当压环压紧密封环时，支承环可使密封环产生 V 形而起密封作用，安装时应将密封环的开口面向压力油腔；调整压环时，应以不漏油为限，不可压得过紧，以防密封阻力过大 c. 密封装置如与滑动表面配合，装配时应涂以适量的液压油 d. 拆卸后的 O 形密封圈和防尘圈应全部换新

续表

步骤			拆装方法与注意事项
液压缸的安装	液压缸安装的一般原则		④螺纹连接件拧紧时应使用专用扳手，拧紧力矩应符合标准要求 ⑤活塞与活塞杆装配后，需设法测量其同轴度和在全长上的直线度是否超差 ⑥装配完毕后活塞组件移动时应无阻滞感和阻力大小不匀等现象 ⑦液压缸向主机上安装时，进出油口接头之间必须加上密封圈并紧固好，以防漏油 ⑧按要求装配好后，应在低压情况下进行几次往复运动，以排除缸内气体 ⑨液压缸安装完毕，在试运行前，应对耳环、中间铰轴等相对运动部位加注润滑油脂 ⑩液压缸安装后与导轨不平行，应进行调整或重新安装 ⑪液压缸的安装位置偏移，应检查液压缸与导轨的平行度，并校正 ⑫双出杆活塞缸的活塞杆两端螺母拧得太紧，使同心不良，应略松螺母，使活塞处于自然状态 ⑬液压缸在工作之前必须用低压（大于启动压力）进行多次往复运行，排出液压缸中空气后，才能进行正常工作。进出油口与接头之间必须用组合垫紧固好，以防漏油
	中低压液压缸和高压液压缸的装配	中低压液压缸	压力在16MPa以下的液压缸称为中低压液压缸，它广泛用于推土机、装载机、平地机及起重机等工程机械中。这类液压缸的密封件国内外常采用耐油橡胶作为材质，如丁腈橡胶、夹布橡胶和三元尼龙橡胶等。液压缸的密封分内、外两部分：外密封部分包括缸筒与缸盖间的静密封件和缸盖导向套与活塞杆间的动密封件，二者的作用是保证液压缸不产生外泄漏；内密封部分包括活塞与缸筒内径之间的动密封件和活塞与活塞杆连接处的静密封件。这些密封的性能状态是决定液压缸能否达到设计能力的关键 16MPa级工程液压缸常见的缸盖结构形式有焊接法兰连接、内卡键连接、螺纹连接和卡簧连接4种。下面就密封件装配时的有关要求介绍如下 ① 缸盖与活塞杆装配。装配前应用汽油或清洗油（严禁用柴油或煤油）清洗所有装配件，并将缸盖内外环槽的残留物用绸布或无毛的棉布擦干净后，方可装入密封件，并应在密封件和导向套的接触表面上涂液压油（严禁干装配）。缸盖装入活塞杆时最好采用工装从水平方向或垂直方向进行装配，在保证二者同心后，才用硬木棒轻轻打入。有条件时也可加工一导向锥套，然后用螺母旋入或用硬木打入，这样既保护了油封表面，又保证缸盖能顺利装入缸筒内 ② 活塞密封件装配。装配前必须检查导向环的背衬是否磨损，若磨损应更换，这样导向环可保证活塞与缸筒内孔间有正常间隙。导向环也称耐磨环，常由锡青铜、聚四氟乙烯、尼龙1010、MC尼龙及聚甲醛等具有耐油、耐磨、耐热且摩擦因数小的材料制成。非金属材料导向环的切口宽度随导向部分直径的增大而增加，一定要留有膨胀量，以防止在高压高温工作时出现严重拉缸现象，导致缸筒报废 活塞内孔与活塞杆头部的配合间隙一般较小，若间隙过大时，应更换或选配活塞进行装配。活塞头部的卡键连接处应能转动灵活，无轴向间隙。采用螺纹连接的要有足够的预紧力矩，并用开口销、锁簧或径向紧固螺钉锁住，但开口销及紧固螺钉外伸部分不应过长，以免与缸底作缓冲作用的内孔部分产生碰撞而导致使用过程中出现拉缸或活塞头脱落等严重故障 ③ 缸筒与活塞杆总成装配。装配好的活塞、活塞杆、缸盖及密封件组成一个整体总成后，如何使活塞头部能正确、安全无损地装入清洗干净的缸筒内是保证液压缸工作不内泄的重要环节。 不同的活塞结构和缸盖连接方式，其装配工艺不同 ①法兰连接的缸筒。当缸筒内孔端部倒角处无啃碰伤，活塞表面已涂上液压油，并且缸筒内孔与活塞同心时，即可装入活塞组件。缸盖静密封处切口的背衬应涂润滑脂或工业凡士林，并保证背衬不弹出脱位，要按规定力矩并均匀对称地紧固缸盖连接螺栓 ②内卡键连接的缸盖。装配时必须将缸筒内表面卡键填平，为保证缸筒内圆表面不卡阻，活塞密封件不损坏，常用以下两种方法 a. 工厂内作业或在有条件的情况下，应加工3块卡环，用其填平卡键槽，待活塞及缸盖导向套装入缸筒内后，再将3块卡环取出，然后装入卡键。需待缸盖导向套复位后再装上定位挡圈、卡簧等件 b. 在施工现场或无加工条件的情况下，可剪切一条石棉板板条（与卡键槽等宽），用其填平卡键槽，其余同上述方法。此法快、方便，且能保证装配质量 ③内螺纹连接的缸盖。由于缸筒端面内孔的内螺纹易对密封件造成损坏，故装配时必须加工一薄壁开口导向套，用其固定于活塞头部，使活塞能顺利装入缸筒内，既保护了密封件，也提高了装配质量

续表

<table>
<tr><th colspan="3">步骤</th><th>拆装方法与注意事项</th></tr>
<tr><td>液压缸的安装</td><td>中低压液压缸和高压液压缸的装配</td><td>高压液压缸</td><td>高压系统和智能化控制系统要求液压缸具有无内外泄漏、启动阻力较低、灵敏度高及工作时液压缸无爬行和滞后现象等特性。目前国内已引进了以美国霞板、德国宝色(现为宝色霞板)和洪格尔等密封件为代表的滑环密封技术,并广泛用于挖掘机、装载机及起重机等工程机械的高压液压缸中。正确装配是保证密封系统性能和使用寿命的前提,现就其装配工艺介绍如下
① 活塞上的密封件。活塞密封装置由矩形滑环(也称格莱圈)和弹性圈加 4～5 道导向环(也称摩擦环、支撑环或斯莱圈)共同组成。它适用于重载用活塞上的密封,具有良好的密封性、抗挤出和抗磨性能,抗腐蚀性也强。其中的格莱圈等密封件必须按照下列装配工艺进行安装,才能保证密封效果
a. 将弹性圈用专用锥套推入清洁干净的活塞沟槽中
b. 把格莱圈浸入液压油(或机油)内,并用温火均匀加温到 80℃左右,至手感格莱圈有较大的弹性和可延伸性时为止
c. 用导向锥套将加热的格莱圈装入活塞槽弹性圈上
d. 用内锥形弹性套筒将格莱圈冷却收缩定形。若格莱圈变形过大且不易收缩时,则应将活塞及格莱圈一起放入 80℃左右的热油液中浸泡 5～10min,取出后需定形收缩至安装尺寸后方可进行装配
斯莱圈应能在活塞导向槽内转动灵活,其开口间隙应留有足够的膨胀量,一般视活塞直径大小而定(2～5mm 为宜),装入缸筒前应将各开口位置均匀错开
②缸盖的密封件。缸盖的密封件由双斯特封加 2～3 道斯莱圈及防尘圈等组成。斯特封也称为阶梯滑环,它的装配正确与否直接影响外密封效果
装配过程中应注意工具、零件和密封件的清洁,需采用润滑装配,避免锋利的边缘(应覆盖一切螺纹),工具要平滑、无毛口,以免损坏密封件。装配次序如下
a. 先将 O 形弹性圈装入缸盖内槽内
b. 再将已经在油中加热的斯特封弯曲成凹形,装在 O 形弹性圈的内槽内,并将弯曲部分在热状态下展开入槽(用一字旋具木柄压入定形)。注意:斯特封的台阶应向高压侧
c. 用一根锥芯轴插入缸盖内孔,使斯特封定形,以便于装入活塞杆上
d. 采用定位导向锥套将装有防尘圈、斯特封及斯莱圈的缸盖装在活塞杆上,此方法是保证斯特封唇口不啃伤的关键
活塞及活塞杆组件与缸筒的装配,可参考中低压液压缸的装配</td></tr>
</table>

第 20 篇

8.8　液压缸的选择指南

液压缸选用不当，不仅会造成经济上的损失，而且有可能出现意外事故。选用时应认真分析液压缸的工作条件，选择适当的结构和安装形式，确定合理的参数。

选用液压缸主要考虑以下几点要求：①结构形式；②液压缸作用力；③工作压力 p；④液压缸和活塞杆的直径；⑤行程；⑥运动速度；⑦安装方式；⑧工作温度和周围环境；⑨密封装置；⑩其他附属装置（缓冲器、排气装置等）。

选用液压缸时，应该优先考虑使用有关系列的标准液压缸，这样做有很多好处。首先是可以大大缩短设计制造周期；其次是便于备件，且有较大的互换性和通用性。另外标准液压缸在设计时曾进行过周密的分析和计算，进行过台架试验和工作现场试验，加之专业厂生产中又有专用设备、工夹量具和比较完善的检验条件，能保证质量，所以使用比较可靠。

我国各种系列的液压缸已经标准化了，目前重型机械、工程机械、农用机械、汽车、冶金设备、组合机床、船用液压缸等已形成了标准或系列。

表 20-8-132　液压缸的选择指南

项目	选择方法
液压缸主要参数的选定	选用液压缸时,根据运动机构的要求,不仅要保证液压缸有足够的作用力、速度和行程,而且还要有足够的强度和刚度 但在某些特殊情况下,为了使用标准液压缸或利用现有的液压缸例如液压缸的额定工作压力,可以略微超出这些液压缸的额定工作范围。例如液压缸的额定工作压力为 6.3MPa,为了提高其作用力,使它能推动超过额定负荷的机构运动,允许将它的工作压力提高到 6.5MPa 或再略微高一些。因为在设计液压缸零件时,都有一定的安全裕度。但应该注意以下几个问题 ①液压缸的额定值不能超出太大,否则过多地降低其安全系数,容易发生事故 ②液压缸的工作条件应比较稳定,液压系统没有意外的冲击压力 ③对液压缸某些零件要重新进行强度校核。特别要验算缸筒的强度、缸盖的连接强度、活塞杆纵向弯曲强度

续表

项目		选 择 方 法
液压缸安装方式的选择	选择合理的安装方式	液压缸的安装方式很多，它们各具不同的特点。选择液压缸的安装方式，既要保证机械和液压缸自如地运动，又要使液压缸工作趋于稳定，并使安装部位处于有利的受力状态。工程机械、农用机械液压缸，为了取得较大的自由度，绝大多数都用轴线摆动式，即用耳环铰轴或球头等安装方式，如伸缩缸、变幅缸、翻斗缸、动臂缸、提升缸等。而金属切削机床的工作台液压缸都用轴线固定式液压缸，即底脚、法兰等安装方式
	保证足够的安装强度	安装部件必须具有足够的强度。例如支座式液压缸的支座很单薄，刚性不足，即使安装得十分正确，但加压后缸筒向上挠曲，活塞就不能正常运动，甚至会发生活塞杆弯曲折断等事故
	尽量提高稳定性	选择液压缸的安装方式时，应尽量使用稳定性较好的一种，如铰轴式液压缸头部铰轴的稳定性最好，尾部铰轴的最差
	确定有利的安装方向	同一种安装方式，其安装方向不同，所受的力也不相同。比如法兰式液压缸，有头部外法兰、头部内法兰、尾部外法兰、尾部内法兰四种形式。又由于液压缸推拉作用力方向不同，因而构成了法兰的八种不同工作状态。这八种工作状态中，只有两种状态是最好的。以活塞杆拉入为工作方向的液压缸，采用头部外法兰为最有利。以活塞杆推出为工作方向时，采用尾部外法兰最有利。因为只有这两种情况下法兰不会产生弯矩，其他六种工作状态都要产生弯曲作用。在支座式液压缸中，径向支座受的倾覆力矩最小，切向支座的较大，轴向支座最大，这都是应该考虑的
速度对选择液压缸的影响	微速运动时	液压缸在微速运动时应该特别注意爬行问题。引起液压缸爬行的原因很多，但不外乎有以下三个方面 ①液压缸所推动机构的相对运动件摩擦力太大，摩擦阻力发生变化，相互摩擦面有污物等。例如机床工作台导轨之间调整过紧、润滑条件不佳等 ②液压系统内部的原因。如调速阀的流量稳定性不佳、油液的可压缩性、系统的水击作用、空气的混入、油液不清洁、液压力的脉动、回路设计不合理、回油没有背压等 ③液压缸内部的原因。如密封摩擦力过大、滑动面间隙不合理、加工精度及光洁度较低、液压缸内混入空气、活塞杆刚性太差等 因此，在解决液压缸微速运动的爬行问题时，除了要解决液压缸外部的问题外，还应解决液压缸内部的问题，即在结构上采取相应的技术措施。其中主要应注意以下几点 ①选择滑动阻力小的密封件。如滑动密封、间隙密封、活塞环密封、塑料密封件等 ②活塞杆应进行稳定性校核 ③在允差范围内，尽量使滑动面之间间隙大一些，这样，即使装配后有一些累积误差也不至使滑动面之间产生较大的单面摩擦而影响液压缸的滑动 ④滑动面的表面粗糙度 Ra 应控制在 0.2～0.05μm 之间 ⑤导向套采用能浸含油液的材料，如灰铸铁、铝青铜、锡青铜等 ⑥采用合理的排气装置，排除液压缸内残留的空气
	高速运动时	高速运动液压缸的主要问题是密封件的耐磨性和缓冲问题 ①一般橡胶密封件的最大工作速度为 60m/min。但从使用寿命考虑，工作速度最好不要超过 20m/min。因为密封件在高速摩擦时要产生摩擦热，容易烧损、黏结，破坏密封性能，缩短使用寿命。另外，高速液压缸应采用不易发生拧扭的密封件，或采用适当的防拧扭措施 ②必要时，高速运动液压缸要采用缓冲装置。确定是否采用缓冲装置，不仅要看液压缸运动速度的高低以及运动部件的总质量与惯性力，还要看液压缸的工作要求。一般液压缸的速度在 10～25m/min范围内时，就要考虑采用缓冲装置，小于 10m/min，则可以不采用缓冲结构。但是速度大于 25m/min 时，只在液压缸上采取缓冲措施往往不够，还需要在回路上考虑缓冲措施
行程对选择液压缸的影响		使用长行程液压缸时，应注意以下两个问题 ①缸筒的浮动措施。长行程液压缸的缸筒很长，液压系统在工作时油温容易升高，引起缸体的膨胀伸长，如果缸筒两端都固定，缸体无法伸长，势必会产生内应力或变形，影响液压缸的正常工作。采用一端固定，另一端浮动，就可避免缸筒产生热应力 ②活塞杆的支承措施。长行程液压缸的活塞杆（或柱塞）很长，在完全伸出时容易下垂，造成导向套、密封件及活塞杆的单面磨损，因此应尽量考虑使用托架支承活塞杆或柱塞

续表

<table>
<tr><th colspan="2">项目</th><th>选择方法</th></tr>
<tr><td colspan="2">温度对选择液压缸的影响</td><td>一般的液压缸适于在−10～80℃范围内工作，最大不超过−20～105℃的界限。因为液压缸大都采用丁腈橡胶作密封件，其工作温度当然不能超出丁腈橡胶的工作温度范围，所以液压缸的工作温度受密封件工作性能的限制
另外，液压缸在不同温度下工作对其零件材料的选用和尺寸的确定也应有不同的考虑
①在高温下工作时，密封件应采用氟化橡胶，它能在200～250℃高温中长期工作，且耐用度也显著优于丁腈橡胶
除了解决密封件的耐热性外，还可以在液压缸上采取隔热和冷却措施。比如，用石棉等绝热材料把缸筒和活塞杆覆盖起来，降低热源对液压缸的影响
把活塞杆制成空心的，可以导入循环冷却空气或冷却水。导向套的冷却则是从缸筒导入冷却空气或冷却水，用来带走导向套密封件和活塞杆的热量
在高温下工作的液压缸，因为各种材料的线胀系数不同，所以滑动面尺寸要适当修整。例如，钢材的线胀系数是10.6×10^{-6}，而耐油橡胶的线胀系数却是钢材的10～20倍。毫无疑问，密封件的膨胀会增加滑动面之间的摩擦力，因此需适当修整密封件的尺寸。为了减轻高温对防尘圈的热影响，除了采用石棉隔热装置外，还可以在防尘圈外部加上铝青铜板
如果液压缸在高于它所使用材料的再结晶温度下工作时，还要考虑液压缸零件的变化，特别是紧固件的蠕变和强度的变化
②在低温下工作时，如在−20℃以下工作的液压缸，最好也使用氟化橡胶或用配有0259混合酯增塑剂的丁腈橡胶，制作密封件和防尘圈。由于在0℃以下工作时活塞杆上容易结冰，为保护防尘圈不受破坏，常在防尘圈外侧增设一个铝青铜合金刮板
液压缸在−40℃以下工作时要特别注意其金属材料的低温脆性破坏。钢的抗拉强度和疲劳极限随温度的降低而提高(含碳量0.6%的碳素钢例外，在−40℃时，它的疲劳极限急剧下降)。但冲击值从−40℃开始却显著下降，致使材料的韧性变坏。当受到强大的外力冲击时，容易断裂破坏。因此，在−40℃以下工作的液压缸，应尽量避免用冲击值低的高碳钢、普通结构钢等材料，最好用镍系不锈钢、铬钼钢及其他冲击值较高的合金钢
液压缸中如有焊接部位，也要认真检查焊缝在低温条件下的强度和可靠性</td></tr>
<tr><td rowspan="4">工作环境对选择液压缸的影响</td><td colspan="2">很多液压缸常在恶劣的条件下工作。如挖掘机常在风雨中工作且不断与灰土砂石碰撞；在海上或海岸工作的液压缸，很容易受到海水或潮湿空气的侵袭；化工机械中的液压缸，常与酸碱溶液接触等。因此，根据液压缸的工作环境，还要采取相应措施</td></tr>
<tr><td>防尘措施</td><td>在灰土较多的场合，如铸造车间、矿石粉碎场等，应特别注意液压缸的防尘。粉尘混入液压缸内不仅会引起故障，而且会增加液压缸滑动面的磨损，同时又会析出粉状金属，而这些粉状金属又进一步加剧液压缸的磨损，形成恶性循环
另外，混入液压缸的粉尘，也很容易被循环的液压油带入其他液压装置而引起故障或加剧磨损，因此防尘是非常重要的
液压缸的外部防尘措施主要是增设防尘圈或防尘罩。当选用防尘伸缩套时，要注意在高频率动作时的耐久性，同时注意在高速运动时伸缩套透气孔是否能及时导入足够的空气。但是，安装伸缩套给液压缸的装配调整会带来一些困难</td></tr>
<tr><td>防锈措施</td><td>在空气潮湿的地方，特别是在海上、海水下或海岸作业的液压缸，非常容易受腐蚀而生锈，因此防锈措施非常重要
有效的防锈措施之一是镀铬。金属镀铬以后，化学稳定性能抵抗潮湿空气和其他气体的侵蚀，抵抗碱、硝酸、有机酸等的腐蚀。同时，镀铬以后硬度提高，摩擦因数降低，所以大大增强了耐磨性。但它不能抵抗盐酸、热硫酸等的腐蚀
作为一般性防锈或仅仅是为了耐磨，镀铬层只需0.02～0.03mm即可。在风雨、潮湿空气中工作的液压缸，镀铬层需0.05mm以上，也可镀镍。在海水中工作的液压缸，最好使用不锈钢等材料。另外，液压缸的螺栓、螺母等也应考虑使用不锈钢或铬钼钢</td></tr>
<tr><td>活塞杆的表面硬化</td><td>有些液压缸的外部工作条件很恶劣，如铲土机液压缸的活塞杆常与砂石碰撞，压力机液压缸的活塞杆或柱塞要直接压制工件等，因此必须提高活塞杆的表面硬度。主要方法为高频淬火，深度1～3mm，硬度40～50HRC</td></tr>
</table>

续表

<table>
<tr><th colspan="2">项目</th><th>选择方法</th></tr>
<tr><td rowspan="4">受力情况对选择液压缸的影响</td><td colspan="2">液压缸的受力情况比较复杂，在交变载荷、频繁换向时，液压缸振动较大；在重载高速运动时，承受较大的惯性力；在某些条件下，液压缸又不得不承受横向载荷。因此，设计选用液压缸时，要根据受力情况采取相应措施</td></tr>
<tr><td>振动</td><td>液压缸产生振动的原因很多。除了泵阀和系统的原因外，自身的某些原因也能引起振动，如零件加工装配不当、密封阻力过大、换向冲击等
振动容易引起液压缸连接螺钉松动，进而引起缸盖离缝，使O形圈挤出损坏，造成漏油
防止螺钉、螺母松动的方法很多，如采用细牙螺纹，设置弹簧垫圈、止退垫圈、锁母、销钉、顶丝等
另外，拧紧螺纹的应力比屈服点大50%～60%，也可防止松动
振动较大的液压缸，不仅要注意缸盖的连接螺纹、螺钉是否容易松动，而且要注意活塞与活塞杆连接螺纹的松动问题</td></tr>
<tr><td>惯性力</td><td>液压缸负载很大、速度很高时，会受到很大的惯性力作用，使油压力急剧升高，缸筒膨胀，安装紧固零件受力突然增大，甚至开裂，因此需要采用缓冲结构</td></tr>
<tr><td>横向载荷</td><td>液压缸承受较大的横向载荷时，容易挤掉液压缸滑动面某一侧的油膜，从而造成过度磨损、烧伤甚至咬死。在选用液压缸滑动零件材料时，应考虑以下措施
①活塞外部熔敷青铜材料或加装耐磨圈
②活塞杆高频淬火，导向套采用青铜、铸铁或渗氮钢</td></tr>
<tr><td colspan="2">选用液压缸时应注意密封件和工作油的影响</td><td>密封件摩擦力大时，容易产生爬行和振动。为了减小滑动阻力，常采用摩擦力小的密封件，如滑动密封等
此外，密封件的耐高温性、耐低温性、硬度、弹性等对液压缸的工作亦有很大影响。耐高温性差的密封件在高温下工作时，容易黏化胶着；密封件硬度降低后，挤入间隙的现象更加严重，进而加速其损坏，破坏了密封效果；耐低温性差的密封件在−10℃以下工作时，容易发生压缩永久变形，也影响密封效果；硬度低、弹性差的密封件容易挤入密封间隙而破坏。聚氯酯密封件在水溶液中很容易分解，应该特别予以注意
工作油的选择，应从泵、阀、液压缸及整个液压系统考虑，还要分析液压装置的工作条件和工作温度，以选择适当的工作油
在温度高、压力大、速度低的情况下工作时，一般应选用黏度较高的工作油。在温度低、压力小、速度高的情况下工作时，应选用黏度较低的工作油。在酷热和高温条件下应使用不燃油。但应注意，使用水系不燃油时，不能用聚氨酯橡胶密封件；用磷酸酯系不燃性油时，不能使用丁腈橡胶密封件，否则会引起水解和侵蚀。精密机械中应采用黏度指数较高的油液
除了机油、透平油、锭子油外，还可以根据情况选用适当液压油，如精密机床液压油、航空液压油、舵机液压油、稠化液压油等</td></tr>
</table>

第 9 章 液压控制阀

液压控制阀（简称液压阀）是液压系统中用来控制液流的压力、流量和流动方向的控制元件，借助于不同的液压控制阀，经过适当的组合，可以对执行元件的启动、停止、运动方向、速度和输出力或力矩进行调节和控制。

在液压系统中，控制液流的压力、流量和流动方向的基本模式有两种：容积式控制（俗称泵控，具有效率高但动作较慢的特点）和节流式控制（俗称阀控，具有动作快但效率较低的特点）。液压阀的控制属于节流式控制。压力阀和流量阀利用通流截面的节流作用控制系统的压力和流量，方向阀利用通流通道的变换控制油液的流动方向。

9.1 液压控制阀的分类

9.1.1 按照液压阀的功能和用途进行分类

按照液压阀的功能和用途进行分类，液压阀可以分为压力控制阀、流量控制阀、方向控制阀等主要类型，各主要类型又包括若干阀种，如表 20-9-1 所示。

表 20-9-1 按照阀的功能和用途进行分类

阀　类	阀　种	说　明
压力控制阀	溢流阀、减压阀、顺序阀、平衡阀、电液比例溢流阀、电液比例减压阀	电液伺服阀根据反馈形式不同，可形成电液伺服流量控制阀、压力控制阀、压力-流量控制阀
流量控制阀	节流阀、调速阀、分流阀、集流阀、电液比例节流阀、电液比例流量阀	
方向控制阀	单向阀、液控单向阀、换向阀、电液比例方向阀	
复合控制阀	电液比例压力流量复合阀	
工程机械专用阀	多路阀、稳流阀	

9.1.2 按照液压阀的控制方式进行分类

按照液压阀的控制方式进行分类，液压阀可以分为手动控制阀、机械控制阀、液压控制阀、电动控制阀、电液控制阀等主要类型，如表 20-9-2 所示。

表 20-9-2 按照阀的控制方式进行分类

阀　类	说　明
手动控制阀	利用手柄及手轮、踏板、杠杆进行控制
机械控制阀	利用挡块及碰块、弹簧进行控制
液压控制阀	利用液体压力进行控制
电动控制阀	利用普通电磁铁、比例电磁铁、力马达、力矩马达、步进电动机等进行控制
电液控制阀	利用电动控制和液压控制进行复合控制

9.1.3 按照液压阀控制信号的形式进行分类

按照液压阀控制信号的形式进行分类，液压阀可以分为开关定值控制阀、模拟量控制阀、数字量控制阀等主要类型，各主要类型又包括若干种类，如表 20-9-3 所示。

表 20-9-3 按照阀控制信号的形式进行分类

阀　类	说　明
开关定值控制阀（普通液压阀）	它们可以是手动控制、机械控制、液压控制、电动控制等输入方式，开闭液压通路或定值控制液流的压力、流量和方向

续表

阀类			说明
模拟量	伺服阀		根据输入信号，成比例地连续控制液压系统中液流流量和流动方向或压力高低的阀类，工作时着眼于阀的零点附近的性能以及性能的连续性。采用伺服阀的液压系统称为液压伺服控制系统
	比例阀	普通比例阀	根据输入信号的大小成比例、连续、远距离控制液压系统的压力、流量和流动方向。它要求保持调定值的稳定性，一般具有对应于 10%～30%最大控制信号的零位死区。多用于开环控制系统
		比例伺服阀	比例伺服阀是一种以比例电磁铁为电-机转换器的高性能比例方向节流阀，与伺服阀一样，没有零位死区，频响介于普通比例阀和伺服阀之间，可用于闭环控制系统
数字量	数字阀		输入信号是脉冲信号，根据输入的脉冲数或脉冲频率来控制液压系统的压力和流量。数字阀工作可靠，重复精度高，但一般控制信号频宽较模拟信号低，额定流量很小，只能作小流量控制阀或先导级控制阀

9.1.4　按照液压阀的结构形式进行分类

按照液压阀的结构形式进行分类，液压阀可以分为滑阀、锥阀、球阀、喷嘴挡板阀等主要类型，如表 20-9-4 所示。

表 20-9-4　按照阀的结构形式进行分类

结构形式	说明
滑阀类	通过圆柱形阀芯在阀体孔内的滑动来改变液流通路开口的大小，以实现对液流的压力、流量和方向的控制
锥阀、球阀类	利用锥形或球形阀芯的位移实现对液流的压力、流量和方向的控制
喷嘴挡板阀类	用喷嘴与挡板之间的相对位移实现对液流的压力、流量和方向的控制。常用作伺服阀、比例伺服阀的先导级

9.1.5　按照液压阀的连接方式进行分类

按照液压阀的连接方式进行分类，液压阀可以分为管式连接、板式连接、集成连接等主要类型，集成连接又可以分为集成块、叠加阀、嵌入阀、插装阀和螺纹插装阀连接等，如表 20-9-5 所示。

表 20-9-5　按照阀的连接方式进行分类

连接形式		说明
管式连接		通过螺纹直接与油管连接组成系统，结构简单、重量轻，适用于移动式设备或流量较小的液压元件的连接。缺点是元件分散布置，可能的漏油环节多，拆装不够方便
板式连接		通过连接板连接成系统，便于安装维修，应用广泛。由于元件集中布置，操纵和调节都比较方便。连接板包括单层连接板、双层连接板和整体连接板等多种形式
集成连接	集成块	集成块为六面体，块内钻成连通阀间的油路，标准的板式连接元件安装在侧面，集成块的上下两面为密封面，中间用 O 形密封圈密封。将集成块进行有机组合即可构成完整的液压系统。集成块连接有利于液压装置的标准化、通用化、系列化，有利于生产与设计，因此是一种良好的连接方式
	叠加阀	由各种类别与规格不同的阀类及底板组成。阀的性能、结构要素与一般阀并无区别，只是为了便于叠加，要求同一规格的不同阀的连接尺寸相同。这种集成形式在工程机械中应用较多，如多路换向阀
	嵌入阀	将几个阀的阀芯合并在一个阀体内，阀间通过阀体内部油路沟通的一种集成形式。结构紧凑但复杂，专用性强，如磨床液压系统中的操纵箱
	插装阀(盖板式)	将阀按标准参数做成阀芯、阀套等组件，插入专用的阀块孔内，并配置各种功能盖板以组成不同要求的液压回路。它不仅结构紧凑，而且具有一定的互换性。逻辑阀属于这种集成形式。特别适于高压、大流量系统
	螺纹插装阀	与盖板式插装阀类似，但插入件与集成块的连接是符合标准的螺纹，主要适用于小流量系统

9.2 液压控制元件的性能参数

表 20-9-6 液压控制元件的性能参数

性能参数	定义
规格大小	目前国内液压控制阀规格大小的表示方法尚不统一，中低压阀一般用公称流量表示（如 25L/min、63L/min、100L/min 等）；高压阀大多用公称通径（NG）表示，公称通径是指液压阀的进出油口的名义尺寸，它并不是进出油口的实际尺寸。并且同一公称通径不同种类的液压阀的进出油口的实际尺寸也不完全相同
公称压力	表示液压阀在额定工作状态时的压力，以符号 p_n表示，单位为 MPa
公称流量	表示液压阀在额定工作状态下通过的流量，以符号 q_n表示，单位 L/min 国外对通过液压阀的流量指标一般只规定在能够保证正常工作的条件下所允许通过的最大流量值，同时给出通过不同流量时，有关参数改变的特性曲线，如通过流量与压力损失关系曲线、通过流量与启闭灵敏度关系曲线等

9.3 压力控制阀

压力控制阀是用来控制液压系统中液体压力的阀类，简称压力阀，它是基于阀芯上液压力和弹簧力相平衡的原理来进行工作的。压力阀包括溢流阀、减压阀、顺序阀和压力继电器。

9.3.1 溢流阀

9.3.1.1 普通溢流阀

溢流阀的种类较多，基本工作原理是可变节流与压力反馈。阀的受控进口压力来自液体流经阀口时产生的节流压差。根据结构类型及工作原理的不同，溢流阀可以分为直动型和先导型两大类，统称为普通溢流阀。将先导型溢流阀与电磁换向阀或单向阀等液压阀进行组合，还可以构成电磁溢流阀或卸荷溢流阀等复合阀。

表 20-9-7 普通溢流阀的特性及应用

项目			特性及应用
主要用途			溢流阀是通过阀口的开启溢流，使被控制系统的压力维持恒定，实现稳压、调压或限压作用 溢流阀的主要用途有以下两点：一是用来保持系统或回路的压力恒定；二是在系统中作安全阀用，只是在系统压力等于或大于其调定压力时才开启溢流，对系统起过载保护作用。此外，溢流阀还可作背压阀、卸荷阀、制动阀、平衡阀和限速阀用。对溢流阀的主要要求是：调压范围大，调压偏差小，压力振摆小，动作灵敏，过流能力大，噪声小
溢流阀的特性			溢流阀是液压系统中极为重要的控制元件。其工作性能的优劣对液压系统的工作性能影响很大。溢流阀的静态特性，是指溢流阀在稳定工作状态下（即系统压力没有突变时）的压力流量特性、启闭特性，卸荷压力及压力稳定性等
	静态特性	压力-流量特性（p-q 特性）	压力流量特性又称溢流特性，表示溢流阀在某一调定压力下工作时，溢流量的变化与阀的实际进口压力的关系 图(a)中（ⅰ）为直动型和先导型溢流阀的压力流量特性曲线。横坐标为溢流量 q，纵坐标为阀进油口压力 p，图中 p_n称为溢流阀的额定压力，是指当溢流量为额定值 q_n时所对应的压力。p_c称为开启压力，是指溢流阀刚开启时（溢流量为 $0.01q_n$时）阀进口的压力。额定压力 p_n与开启压力 p_c的差值称为调压偏差，也即溢流量变化时溢流阀工作压力的变化范围 调压偏差越小，其性能越好。由图可见，先导型溢流阀的特性曲线比较平缓。调压偏差也小，故其稳压性能比直动型溢流阀好。因此，先导型溢流阀宜用于系统溢流稳压，直动型溢流阀因其灵敏性高宜用作安全阀

续表

项目			特性及应用
溢流阀的特性	静态特性	压力-流量特性（p-q 特性）	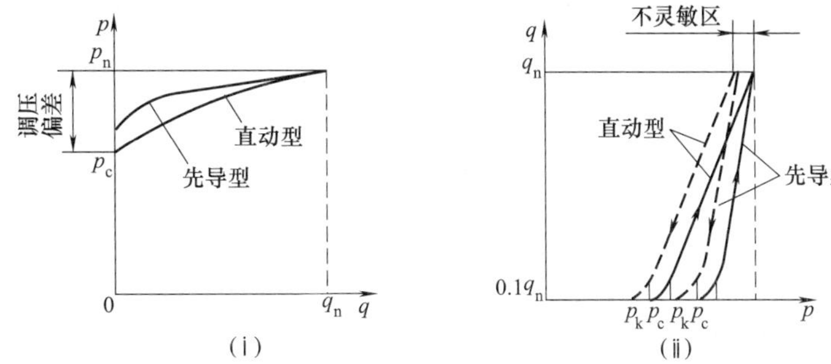 图(a)　溢流阀的静态特性
		启闭特性	溢流阀的启闭特性是指溢流阀从刚开启到通过额定流量（也叫全流量），再由额定流量到闭合（溢流量减小为 $0.01q_n$以下）整个过程中的压力流量特性 溢流阀闭合时的压力 p_k为闭合压力。闭合压力 p_k与额定压力 p_n之比称为闭合比。开启压力 p_c与额定压力 p_n之比称为开启比。由于阀开启时阀芯所受的摩擦力与进油口（进口）压力方向相反，而闭合时阀芯所受的摩擦力与进油压力方向相同，因此在相同的溢流量下，开启压力大于闭合压力。图(a)中(ⅱ)所示为溢流阀的启闭特性。图中实线为开启曲线，虚线为闭合曲线。由图可见这两条曲线不重合。在某溢流量下，两曲线压力坐标的差值称为不灵敏区。因压力在此范围内变化时，阀的开度无变化，它的存在相当于加大了调压偏差，且加剧了压力波动。因此该差值越小，阀的启闭特性越好。由图中的两组曲线可知，先导型溢流阀的不灵敏区比直动型溢流阀的不灵敏区小一些。为保证溢流阀有良好的静态特性，一般规定其开启比不应小于 90%，闭合比不应小于 85%
		压力稳定性	溢流阀工作压力的稳定性由两个指标来衡量：一是在额定流量 q_n和额定压力 p_n下，进口压力在一定时间（一般为 3min）内的偏移值；二是在整个调压范围内，通过额定流量 q_n时进口压力的振摆值。对中压溢流阀，这两项指标均不应大于±0.2MPa。如果溢流阀的压力稳定性不好，就会出现剧烈的振动和噪声
		卸荷压力	在额定压力下，通过额定流量时，将溢流阀的外控口及与油箱连通，使主阀阀口开度最大，液压泵卸荷时溢流阀进出油口的压力差，称为卸荷压力。卸荷压力越小，油液通过阀口时的能量损失就越小，发热也越少，表明阀的性能越好
		内泄漏量	指调压螺栓处于全闭位置，进口压力调至调压范围的最高值时，从溢流口所测的泄漏量
	动态特性		当溢流阀的溢流量由零突然变化为额定流量时，其进口压力将迅速升高并超过额定压力调定值，然后逐步衰减到最终稳定压力，这一过程就是溢流阀的动态响应过程，在这一过程中表现出的特性称为溢流阀的动态特性。有两种方法可测得溢流阀的动态特性：一种是将与溢流阀并联的电液（或电磁）换向阀突然通电或断电，另一种是将连接溢流阀遥控口的电磁换向阀突然通电或断电。溢流阀的动态响应曲线如图(b)所示 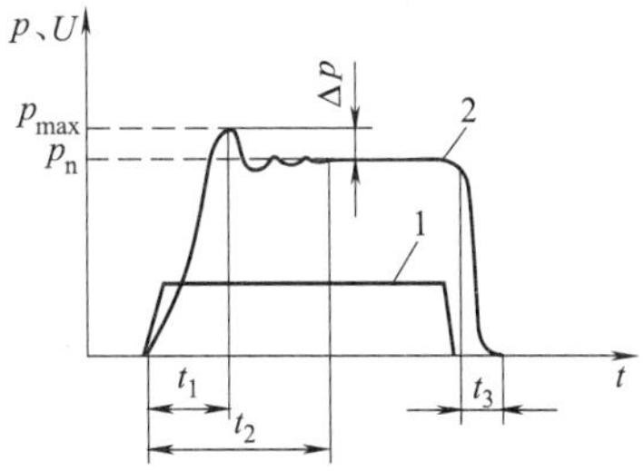 图(b)　溢流阀动态响应曲线 由动态特性曲线可得到动态性能参数 ①压力超调量 Δp：指峰值压力 p_{max}与调定压力 p_n之差值 ②压力超调 δ_p：指压力超调量与调定压力之比 ③升压时间 t_1：指压力从 $0.1(p_n-p_c)$ 上升到 $0.9(p_n-p_c)$时所需的时间 ④升压过渡过程时间 t_2：指压力从 $0.1(p_n-p_c)$上升到稳定状态所需的时间 ⑤卸荷时间 t_3：指压力从 $0.9(p_n-p_c)$下降到 $0.1(p_n-p_c)$时所需的时间 压力超调对系统的影响是不利的。如采用调速阀的调速系统，因压力超调是一突变量，调速阀来不及调整，使得机构主体运动或进给运动速度产生突跳，压力超调还会造成压力继电器误发信号，压力超调量大时使系统产生过载从而破坏系统。选用溢流阀时应考虑到这些因素。升压时间等时域指标代表着溢流阀的反应快慢，对系统的动作、效率都有影响

续表

<table>
<tr><th>项目</th><th colspan="2">特性及应用</th></tr>
<tr><td rowspan="6">溢流阀的典型应用</td><td colspan="2">溢流阀用在液压系统中，能分别起到调压溢流、安全保护、使泵卸荷、远程调压及使液压缸回油腔形成背压等多种作用，具体用法如图(c)所示
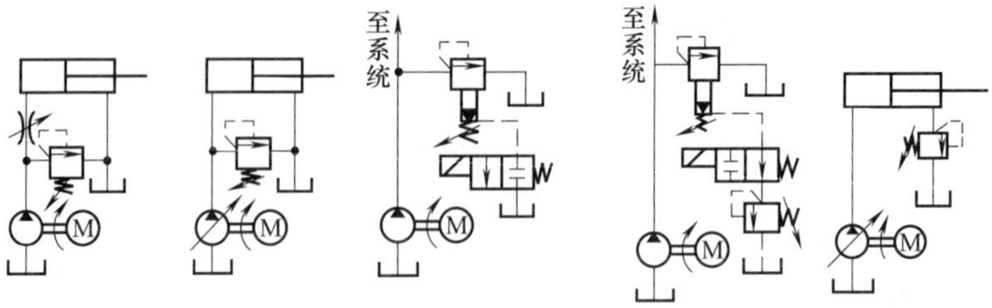

(ⅰ)　(ⅱ)　(ⅲ)　(ⅳ)　(ⅴ)
图(c)　溢流阀的典型应用</td></tr>
<tr><td>调压溢流</td><td>系统采用定量泵供油的节流调速回路时，常在其进油路或回油路上设置节流阀或调速阀，使泵油的一部分进入液压缸工作，而多余的油须经溢流阀流回油箱。溢流阀处于其调定压力下的常开状态，调节弹簧的预紧力，也就调节了系统的工作压力。如图(c)中(ⅰ)所示</td></tr>
<tr><td>安全保护</td><td>系统采用变量泵供油时，系统内没有多余的油需溢流，其工作压力由负载决定。这时与泵并联的溢流阀只有在过载时才需打开，以保障系统的安全。这种系统中的溢流阀又称为安全阀，处于常闭状态，如图(c)中(ⅱ)所示</td></tr>
<tr><td>使泵卸荷</td><td>采用先导型溢流阀调压的定量泵系统，当阀的外控口与油箱连通时，其主阀芯在进口压力很低时即可迅速抬起，使泵卸荷，以减少能量损耗。图(c)中(ⅲ)中，当电磁铁通电时，溢流阀外控口通油箱，因而能使泵卸荷</td></tr>
<tr><td>远程调压</td><td>当先导型溢流阀的外控口与调压较低的远程调压阀连通时，其主阀芯上腔的油压只要达到远程阀调压的调整压力，主阀芯即可抬起溢流（其先导阀不再起调压作用），实现远程调压。图(c)中(ⅳ)中，当电磁阀失电右位工作时，将先导型溢流阀的外控口与远程调压阀连通，如果入口压力超过远程阀调定压力，溢流阀开启溢流</td></tr>
<tr><td>形成背压</td><td>将溢流阀设置在液压缸的回油路上，可使缸的回油腔形成背压，提高运动部件运动的平稳性。因此这种用途的阀也称背压阀</td></tr>
<tr><td rowspan="2">直动型溢流阀</td><td colspan="2">直动型溢流阀又分为锥阀式、球阀式和滑阀式三种
图(d)所示为直动型溢流阀的工作原理。压力油自 P 口进入，经阻尼孔 1 作用在阀芯的底部。当作用在阀芯 3 上的压力大于弹簧力时，阀口打开，使油液溢流。通过溢流阀的流量变化时，阀芯的位置也会随之而改变，但改变量极小，作用在阀芯的弹簧力变化甚微。因此，可以认为当阀口打开溢流时，溢流阀入口处的压力是基本恒定的。通过转动手轮可以改变调压弹簧 7 的预压紧力，便可调整溢流阀的开启压力。改变弹簧的刚度，便可改变调压范围</td></tr>
<tr><td colspan="2">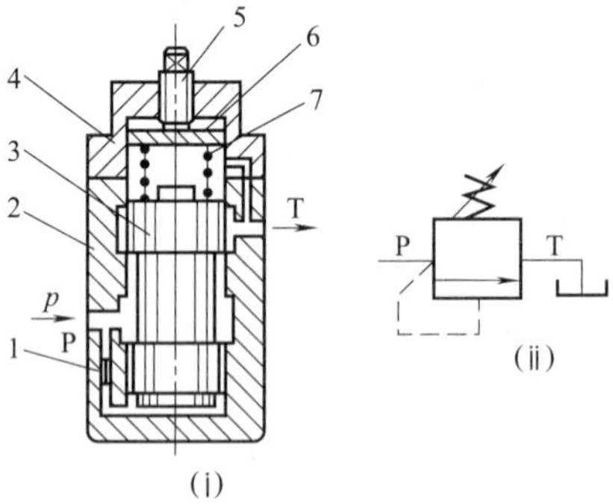

(ⅰ)　(ⅱ)
图(d)　直动型溢流阀结构与图形符号
1—阻尼孔；2—阀体；3—阀芯；4—阀盖；5，7—调压弹簧；6—弹簧座
直动型溢流阀结构简单，灵敏度高。但控制压力受溢流流量的影响较大，不适于在高压、大流量下工作
图(e)为德国力士乐公司生产的直动型溢流阀的结构。锥阀式和球阀式阀芯结构简单，密封性好，但阀芯和阀座的接触应力大。滑阀式阀芯用得较多，但泄漏量较大。锥阀式带有减振活塞</td></tr>
</table>

续表

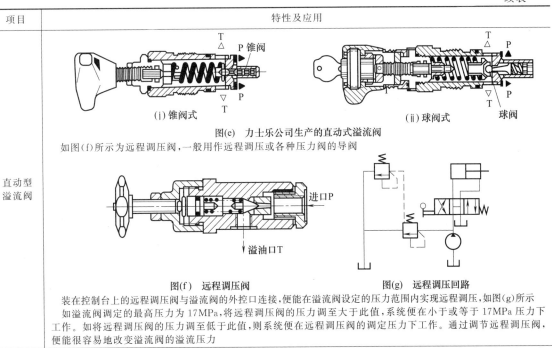

项目	特性及应用
直动型溢流阀	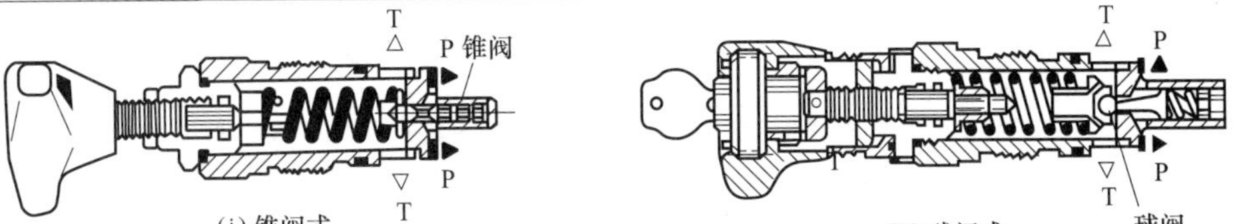 (ⅰ)锥阀式　(ⅱ)球阀式 **图(e)　力士乐公司生产的直动式溢流阀** 如图(f)所示为远程调压阀，一般用作远程调压或各种压力阀的导阀 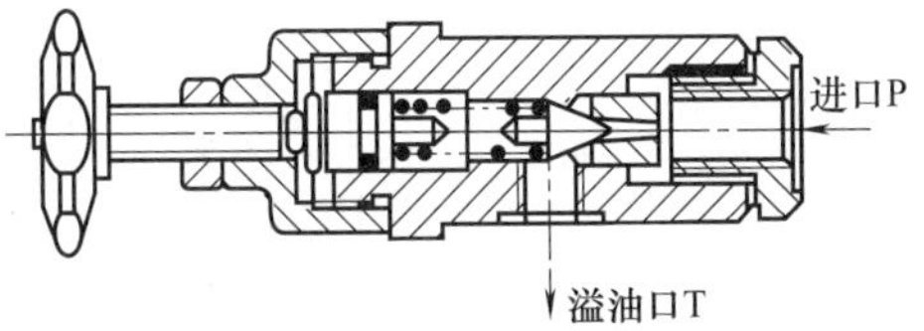 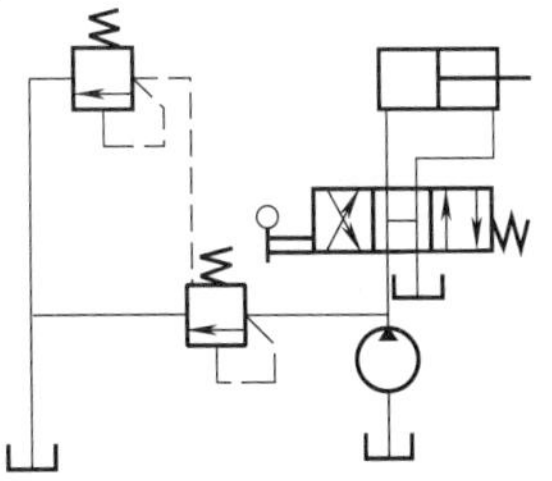 **图(f)　远程调压阀**　**图(g)　远程调压回路** 装在控制台上的远程调压阀与溢流阀的外控口连接，便能在溢流阀设定的压力范围内实现远程调压，如图(g)所示 如溢流阀调定的最高压力为 17MPa，将远程调压阀的压力调至大于此值，系统便在小于或等于 17MPa 压力下工作。如将远程调压阀的压力调至低于此值，则系统便在远程调压阀的调定压力下工作。通过调节远程调压阀，便能很容易地改变溢流阀的溢流压力
先导型溢流阀	在中高压、大流量的情况下，一般采用先导型溢流阀。先导型溢流阀是由先导阀和主阀两部分组成。图(h)中(ⅰ)为先导型溢流阀的工作原理。系统的压力作用于主阀 1 及先导阀 3。当先导阀 3 未打开时，阻尼孔中液体没有流动，作用在主阀 1 左右两方的液压力平衡，主阀 1 被弹簧 2 压在右端位置，阀口关闭。当系统压力增大到使先导阀 3 打开时，液流通过阻尼孔 5、先导阀 3 流回油箱。由于阻尼孔的阻尼作用，使主阀 1 右端的压力大于左端的压力，主阀 1 在压差的作用下向左移动，打开阀口，实现溢流作用。调节先导阀 3 的调压弹簧 4，便可实现溢流压力的调节 阀体上有一个远程控制口 K，当将此口通过二位二通阀接通油箱时，主阀 1 左端的压力接近于零，主阀 1 在很小的压力下便可移到左端，阀口开得最大。这时系统的油液在很低的压力下通过阀口流回油箱，实现卸荷作用。如果将 K 口接到另一个远程调压阀上（其结构和溢流阀的先导阀一样），并使打开远程调压阀的压力小于先导阀 3 的压力，则主阀 1 左端的压力就由远程调压阀来决定，从而用远程调压阀便可对系统的溢流压力进行远程调节 由于先导型溢流阀中主阀的开闭依靠差动液压力，主阀弹簧只用于克服主阀芯的摩擦力，因此主阀的弹簧刚度很小。主阀开口量的变化对系统压力的影响远小于先导阀开口量变化对压力的影响 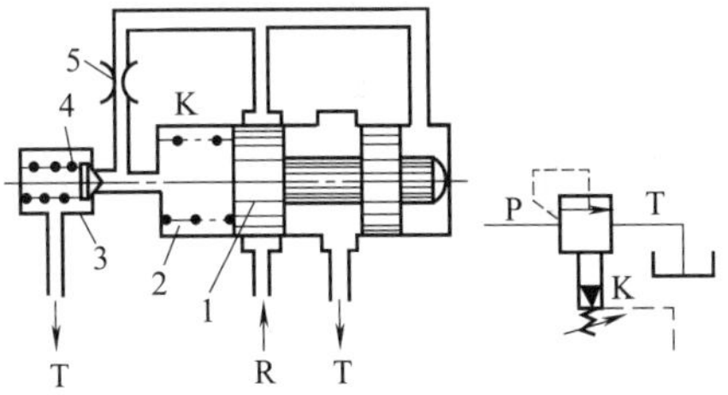 (ⅰ)　(ⅱ) **图(h)　先导型溢流阀结构与图形符号** 1—主阀；2—主阀弹簧；3—先导阀；4—调压弹簧；5—阻尼孔 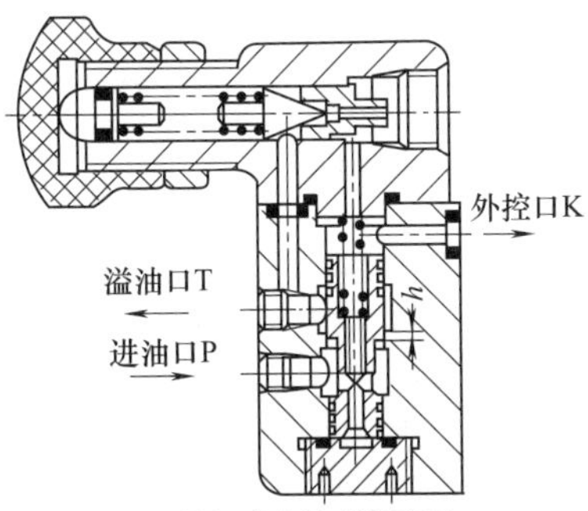 **图(i)　滑阀式先导型溢流阀** 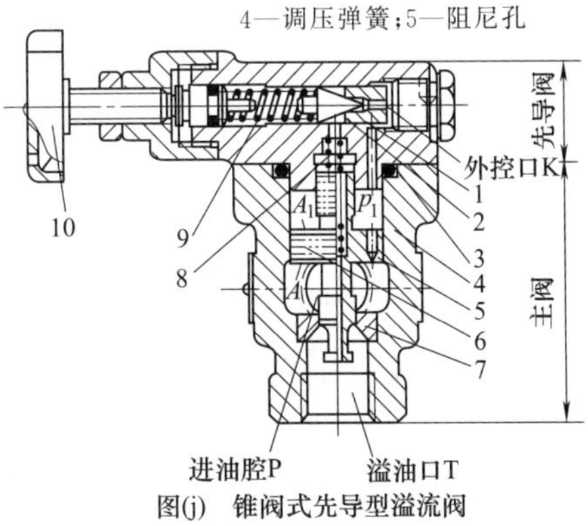 **图(j)　锥阀式先导型溢流阀** 1—锥阀；2—先导阀座；3—阀盖；4—阀件；5—阻尼孔；6—主阀芯；7—主阀座；8—主阀弹簧；9—调压弹簧；10—调压螺栓

续表

项目	特性及应用
先导型溢流阀	先导型溢流阀的导阀一般为锥阀结构，主阀则有滑阀和锥阀两种。图(i)为滑阀式先导型溢流阀。主阀为滑阀结构，其加工精度和装配精度很容易保证，但密封性较差。为减少泄漏，阀口处有叠盖量 h，从而出现死区，使灵敏度降低，响应速度变慢对稳定性带来不利的影响。滑阀式先导型溢流阀一般只用于中低压 图(j)为典型的锥阀式先导型溢流阀的结构，美国威格士(VICKERS)公司的 EC 型先导型溢流阀、日本油研(YUKEN)公司的先导型溢流阀都是这种结构，通常称为威格士型。它要求主阀芯上部与阀盖、中部活塞与阀体、下部锥面与阀座三个部位同心，故称为三节同心式。它的加工精度和装配精度要求都较高 主阀芯 6 和先导阀座 2 上的节流孔起降压和阻尼作用，有助于降低超调量和压力振摆，但使响应速度和灵敏度降低。主阀为下流式锥阀，稳态液动力起负弹簧作用，对阀的稳定性不利。为此，主阀芯下端做成尾蝶状，使出流方向与轴线垂直，甚至形成回流，以补偿液动力的影响 图(k)为德国力士乐公司生产的 DB 型先导型溢流阀。这类结构中，只要求主阀芯 3 与阀套 4、锥面与阀座两处同心，故称为二节同心式。因主阀为单向阀式结构，又称为单向阀式溢流阀 二节同心式先导型溢流阀的结构简单，工艺性、通用性和互换性好，加工精度和装配精度比较容易保证。主阀为单向阀结构，过流面积大，流量大，在相同的额定流量下主阀的开口量小，因此，启闭特性好。主阀为上流式锥阀，液流为扩散流动，流速较小，因而噪声较小，且稳态液动力的方向与液流方向相反，有助于阀的稳定。力士乐公司的先导型溢流阀增加了导阀和主阀上腔的两个阻尼孔，从而提高了阀的稳定性 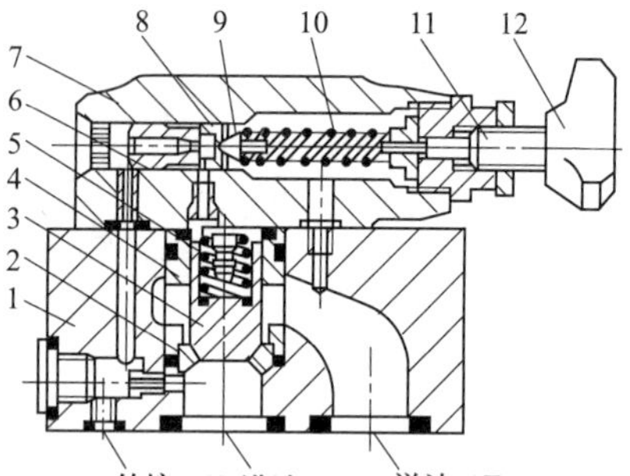 图(k) DB型先导型溢流阀 1—阀体；2—主阀座；3—主阀芯；4—阀套；5—主阀弹簧；6—防振套；7—阀盖；8—锥阀座；9—锥阀；10—调压弹簧；11—调节螺钉；12—调压手轮

9.3.1.2 电磁溢流阀

电磁溢流阀是一种组合阀，如图 20-9-1 所示。由先导型溢流阀和电磁换向阀组成，用于系统的卸荷和多级压力控制。电磁溢流阀具有升压时间短，通断电均可卸荷、内控和外控多级加载、卸荷无明显冲击等性能。用不同位数和机能的电磁阀，可实现多种功能，见表 20-9-8。

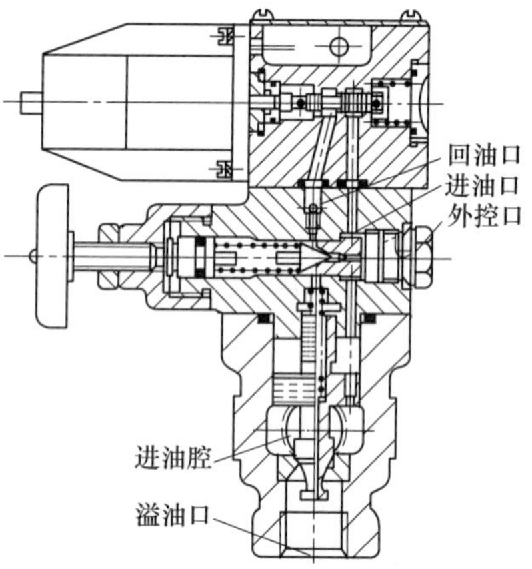

图 20-9-1 电磁溢流阀

表 20-9-8 **电磁溢流阀功能表**

电磁阀		图形符号	工作状态和应用
二位二通电磁阀	常闭	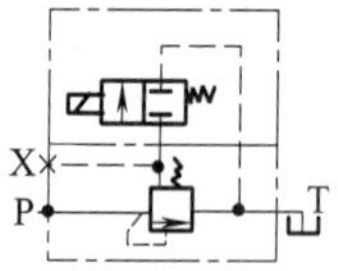	电磁铁断电，系统工作 电磁铁通电，系统卸荷 用于工作时间长、卸荷时间短的工况
	常开	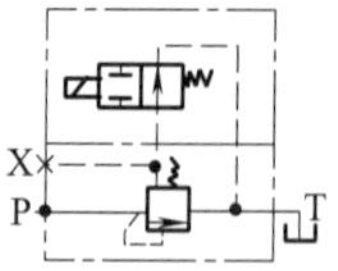	电磁铁断电，系统卸荷 电磁铁通电，系统工作 用于工作时间短、卸荷时间长的工况

续表

电磁阀		图形符号	工作状态和应用
二位四通电磁阀	普通机能	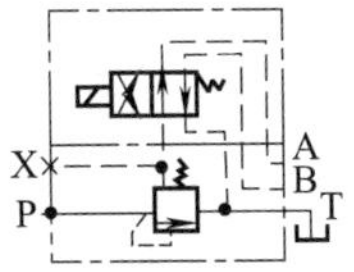	电磁铁断电，A 口外控加载 电磁铁通电，B 口外控加载 用于需要二级加压控制场合
	H 机能	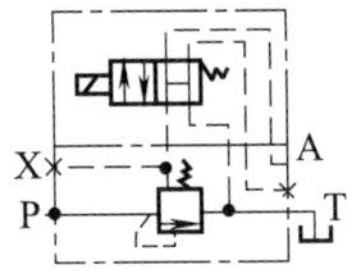	电磁铁断电，系统卸荷 电磁铁通电，A 口若堵上，内控加载 A 口接遥控阀，外控加载 用于工作时间短、卸荷时间长的工况
三位四通电磁阀	O 机能	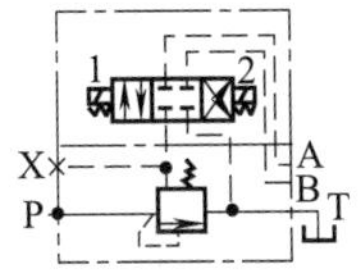	电磁铁断电，内控加载 电磁铁 1 通电，A 口外控加载或卸荷 电磁铁 2 通电，B 口外控加载或卸荷 用于需要多级压力控制的场合
	H 机能	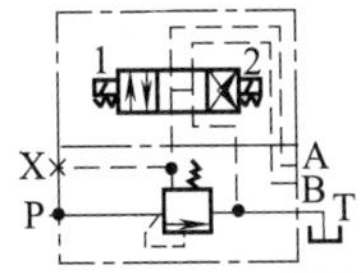	电磁铁断电，系统卸荷 电磁铁 1 通电，A 口外控加载 电磁铁 2 通电，B 口外控加载 用于工作时间短、卸荷时间长，且需要多级压力控制的场合

9.3.1.3　卸荷溢流阀

卸荷溢流阀亦称单向溢流阀，如图 20-9-2 所示。卸荷溢流阀由溢流阀和单向阀组成，工作时使其 P 口接泵，A 口接系统，T 口接油箱。控制活塞的压力油来自 A 口。当系统压力达到调定压力时，控制活塞 2 将导阀打开，从而使主阀打开，泵卸荷，同时单向阀关闭，防止系统压力油液倒流。当系统压力降到一定值时，导阀关闭，致使主阀关闭，泵向系统加载，从而实现自动控制液压泵的卸荷或加载。卸荷溢流阀常用于蓄能器系统中泵的卸荷［图 20-9-3（a）］和高低压泵组中大流量低压泵的卸荷［图 20-9-3（b）］，卸荷动作由油压直接控制，因此卸荷性能好，工作稳定可靠。

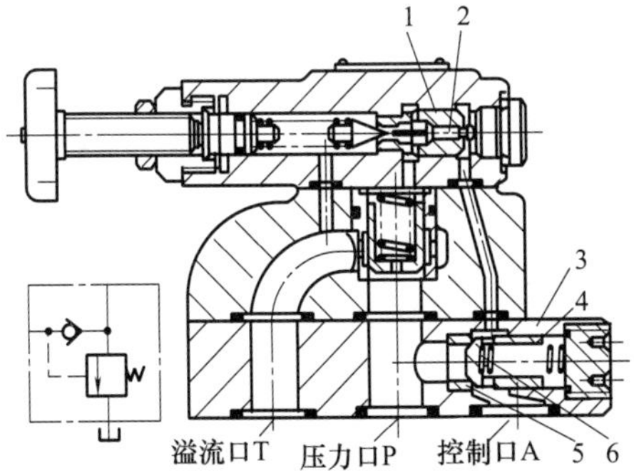

图 20-9-2　卸荷溢流阀的结构

1—控制活塞套；2—控制活塞；3—单向阀体；4—单向阀芯；5—单向阀座；6—单向阀弹簧

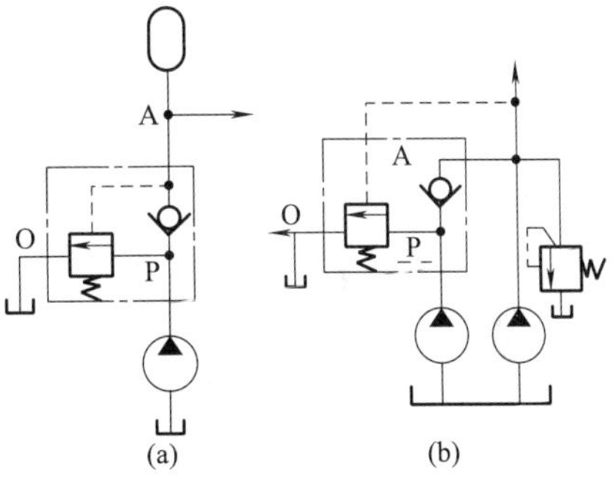

图 20-9-3　卸荷溢流阀的应用

卸荷溢流阀的静态特性与普通溢流阀基本相同，其中 P 口压力变化特性是卸荷溢流阀的一项重要性能指标。它是指使主阀升压和卸荷时 P 口所允许的压力变化范围。一般常用百分比表示，数值为调定压力的 10%～20%。

9.3.2　减压阀

减压阀是使阀的出口压力（低于进口压力）保持恒定的压力控制阀，当液压系统某一部分的压力要求稳定在比供油压力低的压力上时，一般常用减压阀来实现。它在系统的夹紧回路、控制回路、润滑回路中应用较多。减压阀分定值、定差、定比减压阀三种。三类减压阀中最常用的是定值减压阀。如不指明，表 20-9-9 减压阀通常所称的减压阀即为定值减压阀。

表 20-9-9　　减压阀性能及应用

<table>
<tr><th>类别</th><th colspan="2">工作原理、性能及应用</th></tr>
<tr><td>定比减压阀</td><td colspan="2">定比减压阀能使进、出口压力的比值维持恒定。图(a)为其工作原理，阀芯在稳态时的力平衡方程为
$$p_1a=k(x_0+x)+p_2A$$
式中　p_1，p_2——进、出口压力，Pa；
k——弹簧刚度，N/m。
A，a——分别为阀芯大、小端的作用面积，m^2
如果忽略弹簧力，则有
$$p_1/p_2=A/a$$
可见，选择阀芯的作用面积 A 和 a，便可达到所要求的压力比，且比值近似恒定
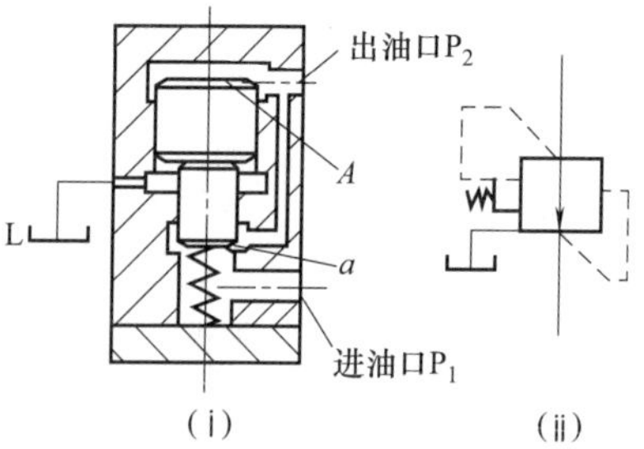

图(a)　定比减压阀工作原理和图形符号</td></tr>
<tr><td>定差减压阀</td><td colspan="2">定差减压阀能使出口压力 p_2 和某一负载压力 p_3 的差值保持恒定。图(b)为其图形符号。阀芯在稳态下的力平衡方程为
$$A(p_2-p_3)=k(x_0+x)$$
于是
$$\Delta p=p_2-p_3=k(x_0+x)/A$$
式中　p_2——出口压力，Pa
p_3——负载压力，Pa
因为 κ 不大，且 $x \ll x_0$，所以压差近似保持定值
将定差减压阀与节流阀串联，即用定差减压阀作为节流阀的串联压力补偿阀，便构成了图(c)所示的减压型调速阀
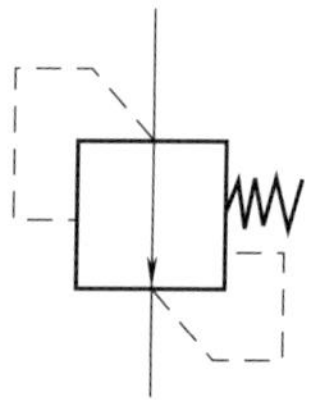
图(b)　减压阀的图形符号
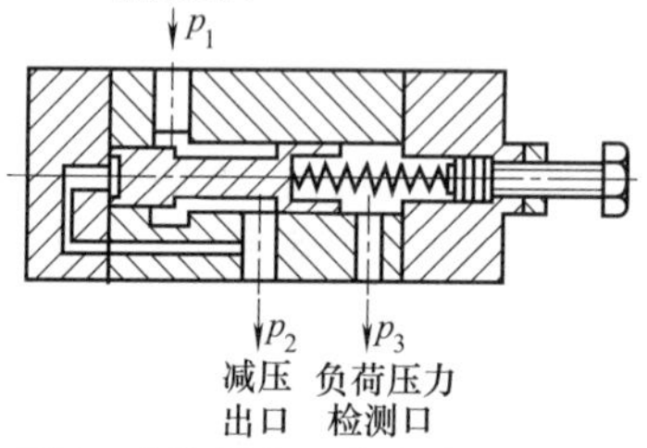

图(c)　定差减压阀用作串联压力补偿</td></tr>
<tr><td rowspan="3">减压阀的性能</td><td colspan="2">减压阀的工作参数有进(油)口压力 p_1、出(油)口压力 p_2 和流量 q 三项，主要的特性如下</td></tr>
<tr><td>p_2-q 特性曲线</td><td>减压阀进油口压力 p_1 基本恒定时，若其通过的流量 q 增加，则阀的减压口加大，出油口压力 p_2 略微下降。q 与 p_2 关系曲线的形状如图(d)所示，在输出流量接近零的区间内，p_2-q 曲线会出现后右弯转的现象。当减压阀的出油口处不输出油液时，它的出口压力基本上仍能保持恒定，此时有少量油液通过减压口经先导阀排出，保持该阀处于工作状态。当阀内泄漏较大时，则通过先导阀的流量加大，p_2 有所增加
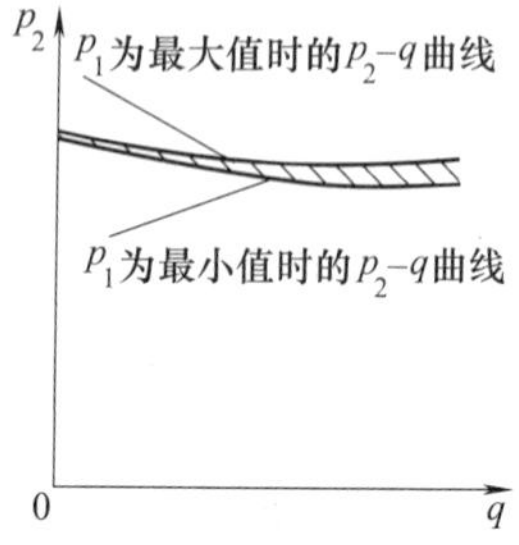

图(d)　减压阀的p_2-q特性曲线</td></tr>
<tr><td>p_2-p_1 特性曲线</td><td>减压阀的进口压力 p_1 发生变化时，由于减压口开度亦发生变化，因而会对出口压力 p_2 产生影响，但影响的量值不大。图(e)给出了两者的关系曲线。由此可知：当进油口处压力值 p_1 波动时，减压阀的工作点应分布在一个区域内，见图(d)中阴影线部分，而不是在一条曲线上
对减压阀的要求是进口压力变化比引起的出口压力变化要小。通常进口与出口压力差愈大，则进口压力变化时，出口压力愈稳定。同时还要求通过阀的流量变化比引起的出口压力的变化要小
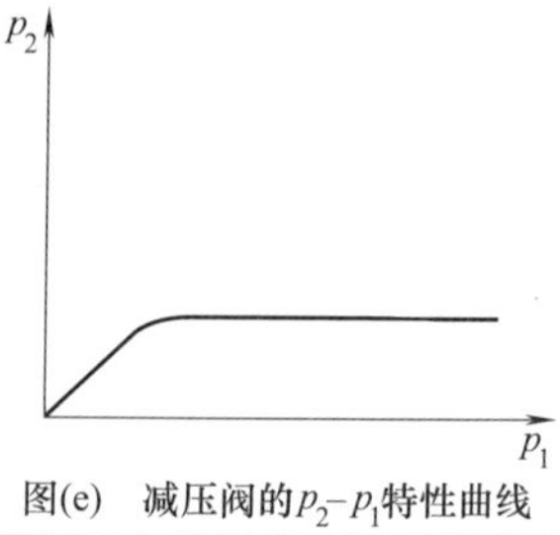

图(e)　减压阀的p_2-p_1特性曲线</td></tr>
</table>

续表

类别	工作原理、性能及应用	
减压阀的性能	动态特性	指减压阀进口压力或流量突然变化时出口压力的响应特性。与溢流阀一样亦有升压时间、过渡过程时间等指标
减压阀的应用	①定值减压阀在系统中用于减压和稳压。例如在液压机构定位夹紧系统中，为确保夹紧机构的可靠性，使夹紧油路不受系统压力影响而保持稳定夹紧力，在油路中装置减压阀，并将阀出口压力调至系统最低压力以下。此外，减压阀还可用来限制工作机构的作用力，减少压力波动带来的影响，改善系统的控制性能。应用时，减压阀的泄油口必须直接回油箱，并保证泄油路畅通，以免影响减压阀的正常工作 ②定差减压阀用作节流阀的串联压力补偿阀，例如构成定差减压调速阀 ③定比减压阀用于需要两级定比调压的场合	
减压阀的常见故障与排除	调压失灵	①调节调压手轮，出油口压力不上升。原因之一是主阀芯阻尼孔堵塞。出油口油液不能流入主阀上腔和导阀部分前腔，出油口压力传递不到锥阀上，使导阀失去对主阀出油口压力调节的作用。又因阻尼孔堵塞后，主阀上腔失去了油压的作用，使主阀变成一个弹簧力很弱的直动型滑阀，故在出油口压力很低时就将主阀减压口关闭，使出油口建立不起压力 ②出油口压力上升后达不到额定数值。原因有调压弹簧选用不当或压缩行程不够，锥阀磨损过大等 ③进出油口压力相等。其原因有锥阀座阻尼小孔堵塞、泄油口堵住等。如锥阀座阻尼小孔堵塞，出油口压力同样也传递不到锥阀上，使导阀失去对主阀出油口压力调节的作用。又因阻尼小孔堵塞后，便无先导流量流经主阀芯阻尼孔，使主阀上、下腔油液压力相等，主阀芯在主阀弹簧力的作用下处于最下部位置。减压口通流面积为最大，所以出油口压力就跟随进油口压力的变化而变化。如泄油口堵住，从原理上来说，等于锥阀座阻尼小孔堵塞。这时，出油口压力虽能作用在锥阀上，但同样也无先导流量流经主阀芯阻尼孔，减压口通流面积也为最大，故出油口压力也跟随进油口压力的变化而变化 ④出油口压力不下降。原因是主阀芯卡住，出口压力达不到最低调定压力，主要是由于先导阀中 O 形密封圈与阀盖配合过紧等
	噪声、压力波动及振荡	对于先导型减压阀，其导阀部分和溢流阀的导阀部分相同，所以引起噪声和压力波动的原因也和溢流阀基本相同
直动式减压阀	按照结构和工作原理定值减压阀可以分成直动型和先导型两种。图(f)所示为直动型减压阀原理，它与直动型溢流阀的结构相似，差别在于减压阀的控制压力来自出口压力侧，且阀口为常开式。当出口压力未达到阀的设定压力时，弹簧力大于阀芯端部的液压作用力，阀芯处于最下方，阀口全开。当出口压力达到阀的设定压力时，阀芯上移，开口量减小乃至完全关闭，实现减压，以维持出口压力恒定，不随进口压力的变化而变化。减压阀的泄油口需单独接回油箱 在图(f)中，阀芯在稳态时的力平衡方程为 $p_2A=k(x_0+x)$ 式中　p_2——出口压力，Pa； A——阀芯的有效面积，m^2； k——弹簧刚度，N/m； x_0——弹簧预压缩量，m； x——阀的开口量，m 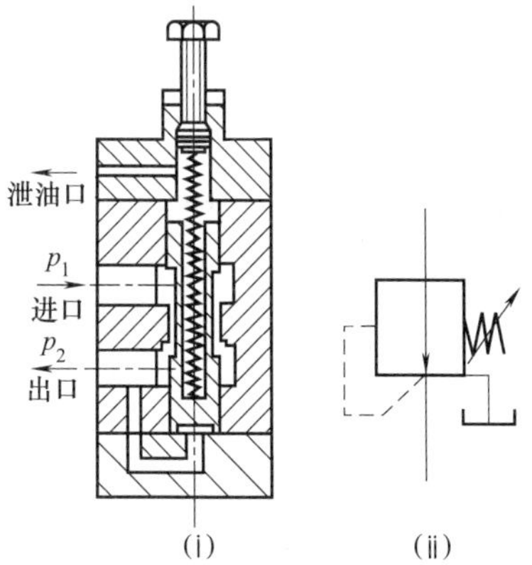 图(f)　直动型减压阀的工作原理和图形符号 因此，阀的出口压力为：$p_2=k(x_0+x)/A$，在使用 k 很小的弹簧，且考虑到 $x\ll x_0$ 时，$p_2\approx kx_0/A\approx$常数。这就是减压阀出口压力可基本上保持定值的原因。直动型减压阀的弹簧刚度较大，因而阀的出口压力随阀芯的位移，以及流经减压阀的流量变化而略有变化。图(g)为力士乐公司生产的直动型单向减压阀，Y 为泄油口 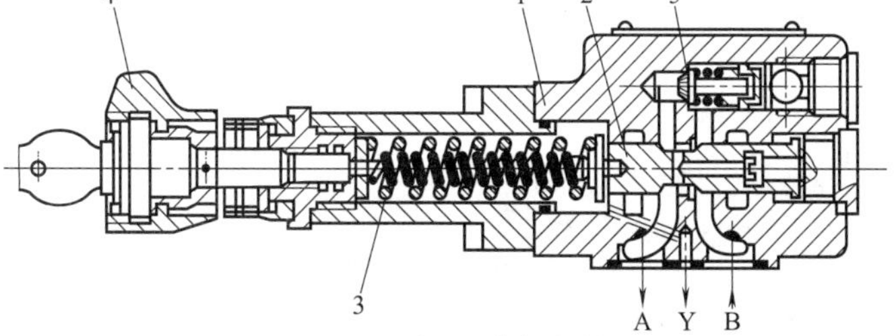 图(g)　直动型单向减压阀 1—阀体；2—阀芯；3—调压弹簧；4—调压装置；5—单向阀芯	

续表

类别	工作原理、性能及应用
先导式减压阀	图(h)所示为先导型减压阀的原理，它与先导型溢流阀的差别是控制压力为出口压力，且主阀为常开式。出口压力经端盖引入主阀芯下腔，再经主阀芯中的阻尼孔，进入主阀上腔。主阀芯上、下液压力差为弹簧力所平衡，先导阀是一个小型的直动型溢流阀，调节先导阀弹簧，便改变了主阀上腔的溢流压力，从而调节了出口压力。当出口压力未达到设定压力时，主阀芯处于最下方，阀口全开；当出口压力达到阀的设定压力时，主阀芯上移，阀口减小，乃至完全关闭，以维持出口压力恒定。先导型减压阀的出口压力较直动型减压阀恒定。图(i)为先导型减压阀的结构 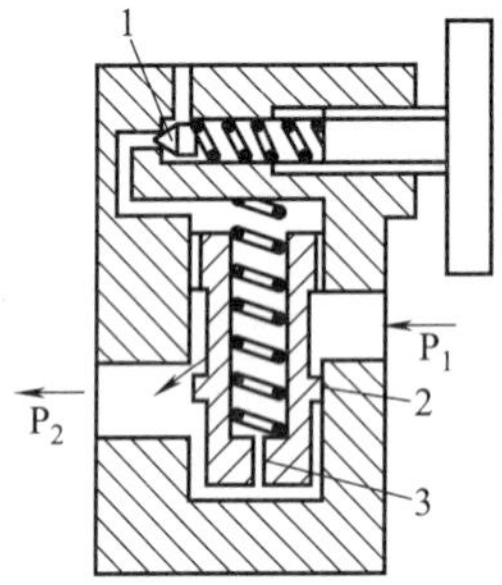 图(h) 先导型减压阀的工作原理 1—导阀；2—主阀；3—阻尼孔 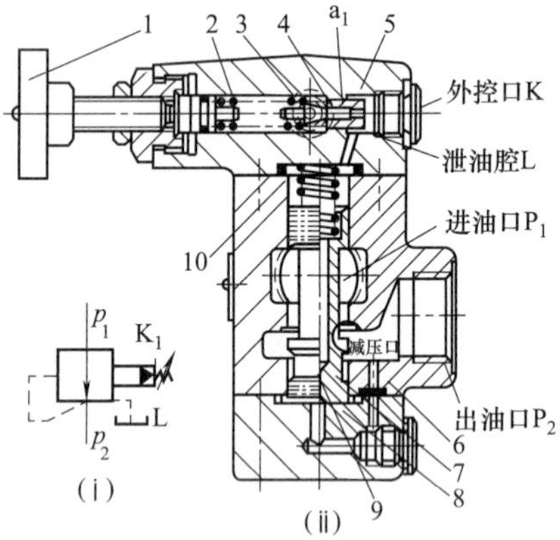 图(i) 先导型减压阀的结构 1—调压手柄；2—调压弹簧；3—先导阀芯；4—先导阀座；5—阀盖；6—阀体；7—主阀；8—端盖；9—阻尼孔；10—主阀弹簧

9.3.3 顺序阀

顺序阀的功用是以系统压力为信号使多个执行元件自动地按先后顺序动作。通过改变控制方式、卸油方式和二次油路的接法，顺序阀还可构成其他功能，如作背压阀、卸荷阀和平衡阀用。根据控制压力来源的不同，它有内控式和外控式之分。其结构也有直动型和先导型之分。顺序阀与其他液压阀（如单向阀）组合可构成单向顺序阀（平衡阀）等复合阀。

表 20-9-10 **顺序阀性能及应用**

项目	性能及应用
顺序阀的主要性能	顺序阀的主要性能与溢流阀相仿。为使执行元件准确实现顺序动作，要求调压偏差小。为此，应减小调压弹簧的刚度。顺序阀实际上属于开关元件，仅当系统压力达到设定压力时，阀才开启，因此要求阀关闭时泄漏量小。锥阀结构的顺序阀的泄漏量小。滑阀结构的顺序阀为减小泄漏量，应有一定的遮盖量，但会增大死区，使调压偏差增大
顺序阀的应用	①用以实现多个执行元件的顺序动作 ②用于保压回路，使系统保持某一压力 ③作平衡阀用，保持垂直液压缸不因自重而下落 ④用外控顺序阀作卸荷阀，使系统某部分卸荷 ⑤用内控顺序阀作背压阀，改善系统性能

续表

<table>
<tr><th>项目</th><th>性能及应用</th></tr>
<tr><td rowspan="2">直动式顺序阀</td><td>

图(a)为内控式直动顺序阀的工作原理，工作原理与直动型溢流阀相似，区别在于：二次油路即出口压力油不接回油箱。因而泄漏口单独接回油箱，为减少调压弹簧刚度，设置了控制柱塞。内控式顺序阀在其进油路压力达到阀的设定压力之前，阀口一直是关闭的，达到设定压力后，阀口才开启，使压力油进入二次油路，去驱动另一执行元件

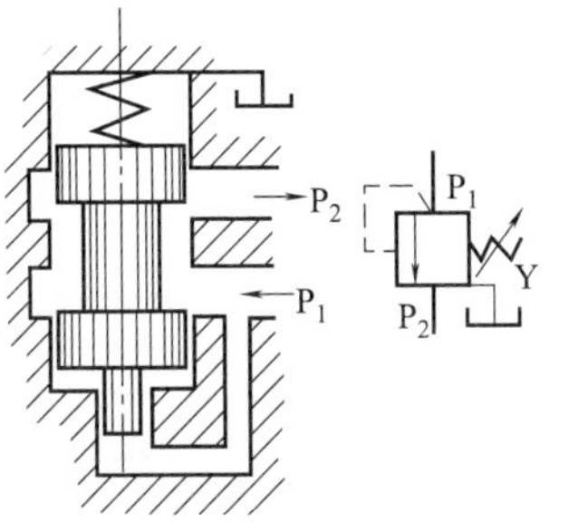

图(a)　内控式直动顺序阀的工作原理

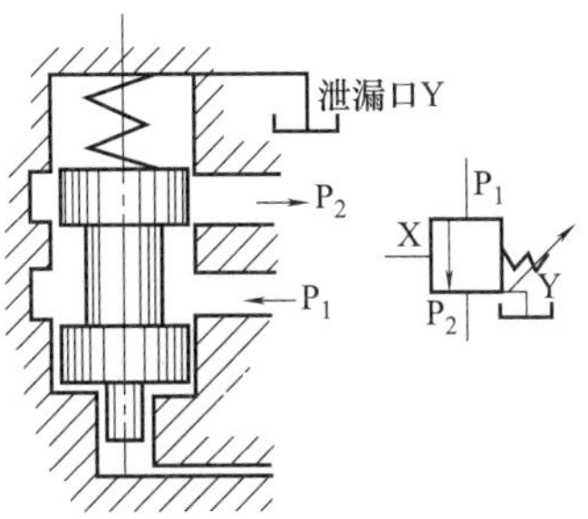

图(b)　外控式直动顺序阀的工作原理

图(b)为外控式直动顺序阀的工作原理。其阀口的开启与否和一次油路处来的进口压力无关，仅取决于外控制压力的大小

</td></tr>
<tr><td>

图(c)为 XF 型直动顺序阀。控制柱塞进油路中的阻尼孔和阀芯内的阻尼孔有助于阀的稳定。图示为内控式，将下端盖转过 90°或 180°安装，并除去螺塞，便成为外控式顺序阀。当二次油路接回油箱时，将阀盖转过 90°或 180°安装，并将外泄口堵住，则外泄变成内泄。直动型顺序阀的顺序动作压力不能太高，否则调压弹簧刚度太大，启闭特性较差

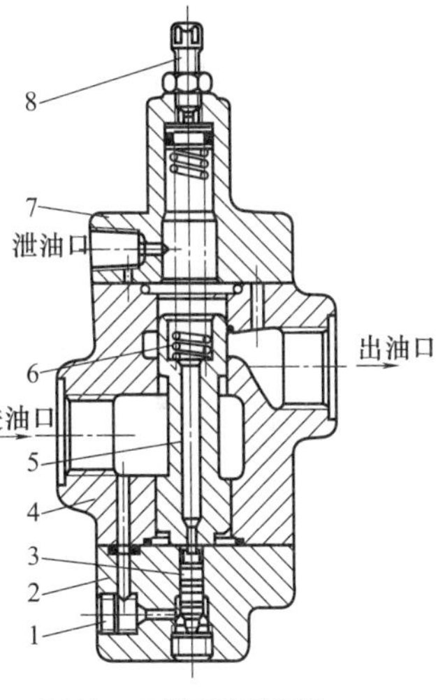

图(c)　XF 型直动顺序阀

1—螺塞；2—阀盖；3—控制柱塞；4—阀体；5—阀芯；6—调压弹簧；7—端盖；8—调节螺栓

</td></tr>
<tr><td>先导式顺序阀</td><td>

图(d)为滑阀结构的先导型顺序阀，下端盖位置为外控接法。若下盖转过 90°，则为内控接法。此时油路经主阀中节流孔，由下腔进入上腔。当一次油路压力未达到设定压力时，先导阀关闭；当一次油路压力达到设定压力时，先导阀开启，主阀芯节流孔中有油液流动形成压差，主阀芯上移，主阀开启，油液进入二次油路。主阀弹簧刚度可以很小，故可省去直动型顺序阀下盖中的控制柱塞。采用先导控制后，不仅启闭特性好，而且顺序动作压力可以大大提高

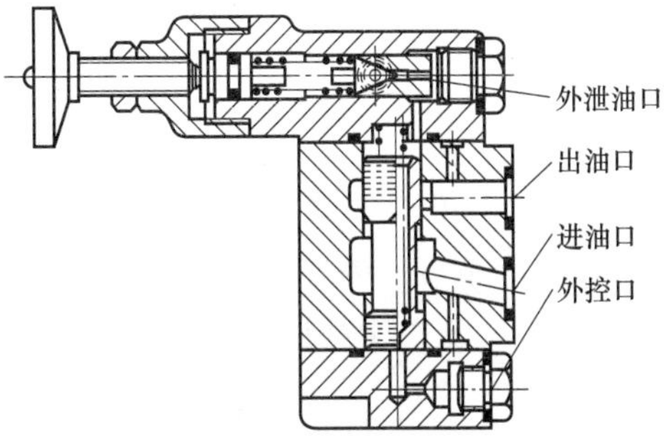

图(d)　先导型顺序阀

</td></tr>
</table>

续表

<table>
<tr><th>项目</th><th>性能及应用</th></tr>
<tr><td>单向顺序阀</td><td>
在实际使用中往往只希望油液在一个方向流动时受顺序阀控制，但在反向油液流动时则经单向阀自由通过，因此将顺序阀和单向阀组合成单向顺序阀。单向顺序阀在液压系统中多用于平衡位置液压缸及其拖动工作机构的自重，以防其自行下落，因此又称平衡阀。按照其中顺序阀的结构不同，单向顺序阀也有直动式和先导式之分
图(e)是 XDF 型单向顺序阀的结构。它由单向阀和直动型顺序阀两部分组成，可通过改变端盖的安装方向，构成不同的控制形式，以组成外控单向顺序阀等
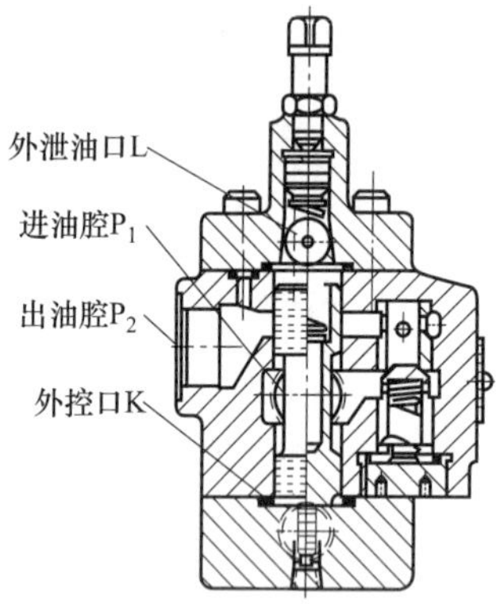

图(e) XDF型单向顺序阀结构
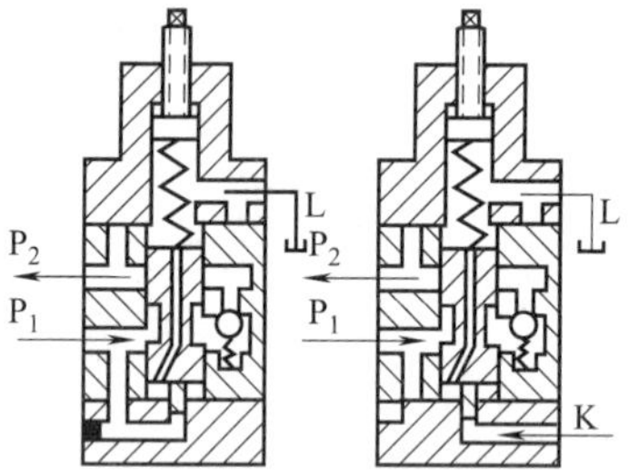

图(f) 单向顺序阀和外控单向顺序阀工作原理
图(f)所示为内控单向顺序阀(简称单向顺序阀)和外控单向顺序阀的工作原理。其顺序阀部分的工作原理与内控顺序阀和外控顺序阀相同
当压力油从进油腔 P_1 流入，从出油腔 P_2 流出时，单向阀关闭，顺序阀工作。当油流反向从出油腔 P_2 流入，从进油腔 P_1 流出时，单向阀开启，顺序阀关闭，油流通过单向阀时的阻力损失很小
XF 型顺序阀和 XDF 型单向顺序阀的阀体，一般与 JF 型减压阀和 JDF 型单向减压阀的阀体通用，将顺序阀和单向顺序阀的阀体倒置，即可成为减压阀和单向减压阀的阀体，顺序阀的阀口结构一般也与减压阀的减压口结构相同
FD 型平衡阀主要用在起重液压系统中，使液压马达和液压缸运动速度不受载荷变化的影响，保持稳定。它附加的单向阀功能，密封性好，在管路损坏或制动失灵时，可防止重物自由下落造成事故。
FD 平衡阀还具有旁路阀的功能，反向流油可快速退回；用法兰连接时，还可附加二次溢流
图(g)是 FD 型平衡阀的结构原理，图(h)是该阀的图形符号。图(i)是应用 FD 型平衡阀的油路，当采用单杆液压缸时，从可靠性考虑，换向控制阀的中位应是关闭的；当采用液压马达时，为保证制动器可靠工作，换向阀的中位应使两个工作腔与回油连通
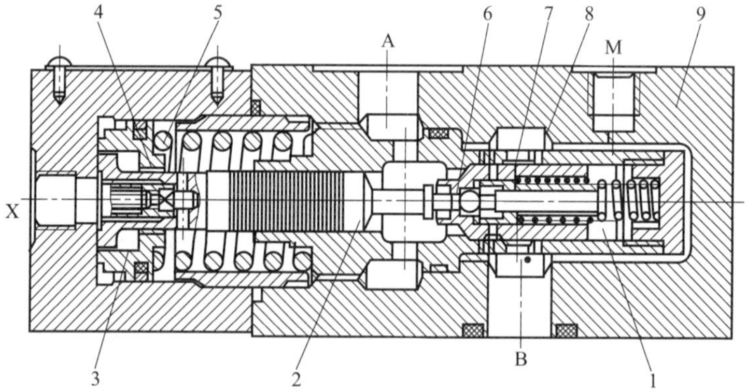

图(g) FD型平衡阀结构原理
1—压力油腔；2—先导阀芯；3—活塞；4—缓冲调节器；5—弹簧；6—主阀；7—辅助阀芯；8—负载腔；9—阀体
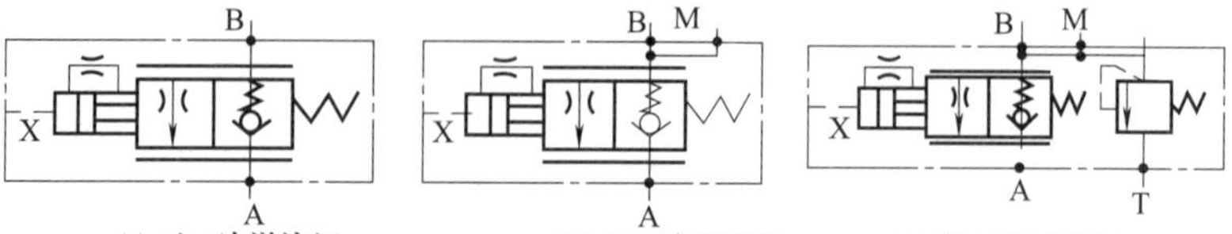

(a) 无二次溢流阀 (b) 无二次溢流阀 (c) 带二次溢流阀
图(h) FD平衡阀图形符号
</td></tr>
</table>

续表

项目	性能及应用
单向顺序阀	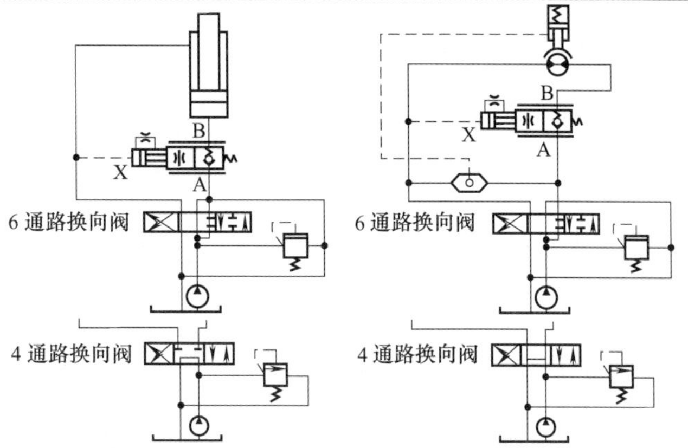 图(i)　FD型平衡阀油路实例

9.3.4　溢流阀、减压阀、顺序阀的综合比较

溢流阀、减压阀和顺序阀均属压力控制阀，结构原理与适用场合既有相近之处，又有很多不同之处，其综合比较见表 20-9-11，具体使用中应该特别注意加以区别，以正确有效地发挥其在液压系统中的作用。

表 20-9-11　　溢流阀、减压阀和顺序阀的综合比较

比较内容	溢流阀		减压阀		顺序阀	
	直动型	先导型	直动型	先导型	直动型	先导型
图形符号	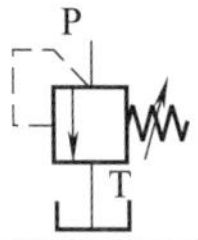	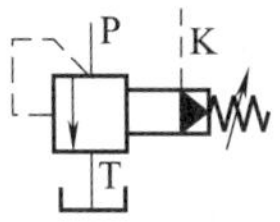	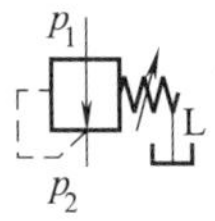	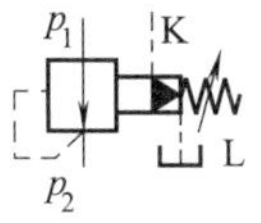	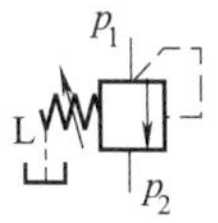	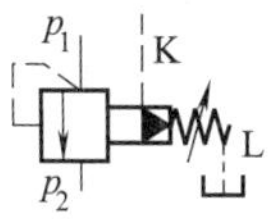
先导液压半桥形式		B		B		B
阀芯结构	滑阀、锥阀、球阀	滑阀、锥阀、球阀式导阀；滑阀、锥阀式主阀	滑阀、锥阀、球阀	滑阀、锥阀、球阀式导阀；滑阀、锥阀式主阀	滑阀、锥阀、球阀	滑阀、锥阀、球阀式导阀；滑阀、锥阀式主阀
阀口状态	常闭	主阀常闭	常开	主阀常开	主阀常闭	主阀常闭
控制压力来源	入口	入口	出口	出口	入口	入口
控制方式	通常为内控	既可内控又可外控	内控	既可内控又可外控	既可内控又可外控	既可内控又可外控
二次油路	接油箱	接油箱	接次级负载	接次级负载	通常接负载；作背压阀或卸荷阀时接油箱	通常接负载；作背压阀或卸荷阀时接油箱
泄油方式	通常为内泄，可以外泄	通常为内泄，可以外泄	外泄	外泄	外泄	外泄
组成复合阀	可与电磁换向阀组成电磁溢流阀	可与电磁换向阀组成电磁溢流阀，或与单向阀组成卸荷溢流阀	可与单向阀组成单向减压阀	可与单向阀组成单向减压阀	可与单向阀组成单向顺序阀	可与单向阀组成单向顺序阀
适用场合	定压溢流、安全保护、系统卸荷、远程和多级调压、作背压阀		减压稳压	减压稳压、多级减压	顺序控制、系统保压、系统卸荷、作平衡阀、作背压阀	

9.3.5　压力继电器

压力继电器又称压力开关，是利用液体压力与弹簧力的平衡关系来启、闭电气微动开关（简称微动开关）触点的液压-电气转换元件。当液压系统的压力上升或下降到由弹簧力预先调定的启、闭压力时，微动开关通、断，发出电信号，控制电气元件（如电动机、电磁铁、各类继电器等）动作，用以实现液压泵的加载或卸荷、执行元件的顺序动作或系统的安全保护和互锁等功能。

压力继电器主要由压力-位移转换机构和电气微动开关组成。前者通常包括感压元件、调压复位弹簧和限

位机构等。有些压力继电器还带有传动杠杆。感压元件有柱塞端面、橡胶膜片、弹簧管和波纹管等结构形式。

按感压元件的不同，压力继电器可分为柱塞式、膜片式、弹簧管式和波纹管式四种类型。其中柱塞式应用较为普遍，按其结构不同有单柱塞式、双柱塞式之分，而单柱塞式又有柱塞、差动柱塞和柱塞-杠杆三种形式。按照微动开关的结构不同，压力继电器有单触点和双触点之分。

表 20-9-12　　压力继电器结构原理、性能及应用

项目		结构原理、性能及应用	
结构和工作原理	柱塞式压力继电器	图(a)所示为柱塞式压力继电器。当系统压力达到调定压力时，作用于柱塞上的液压力克服弹簧力，顶杆上推，使微动开关的触点闭合，发出电信号	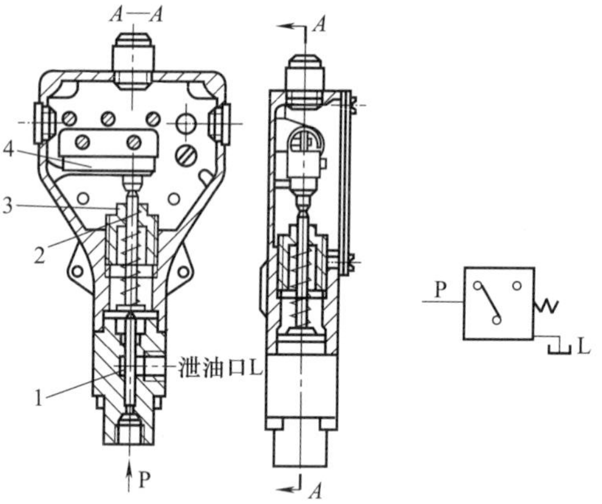 图(a)　柱塞式压力继电器 1—柱塞；2—顶杆；3—调节螺栓；4—微动开关
	弹簧管式压力继电器	图(b)为弹簧管式压力继电器。弹簧管既是压力感受元件，也是弹性元件。压力增大时，弹簧管伸长，与其相连的杠杆产生位移，从而推动微动开关，发出电信号。弹簧管式压力继电器的工作压力调节范围大，通断压力差小，重复精度高	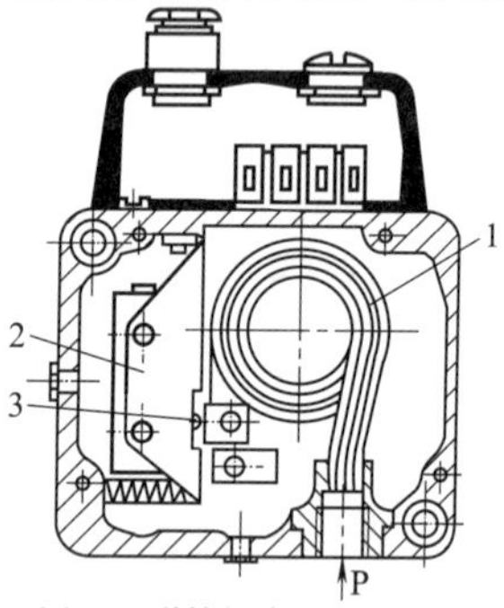 图(b)　弹簧管式压力继电器 1—弹簧管；2—微动开关；3—微动开关触头
	膜片式压力继电器	图(c)为膜片式压力继电器。当系统压力达到继电器的调定压力时，作用在膜片 10 上的液压力克服弹簧 2 的弹簧力，使柱塞 9 向上移动。柱塞的锥面使钢球 5 和 6 水平移动，钢球 5 推动杠杆 12 绕销轴 11 作逆时针偏转，压下微动开关 13，发出电信号。当系统压力下降到一定值时，弹簧 2 使柱塞下移，钢球 5、6 落入柱塞的锥面槽内，微动开关复位并将杠杆推回，电路断开。调整弹簧 7 可调节启闭压力。膜片式压力继电器的位移小，因而反应快，重复精度高，但不宜用于高压系统，且易受压力波动的影响	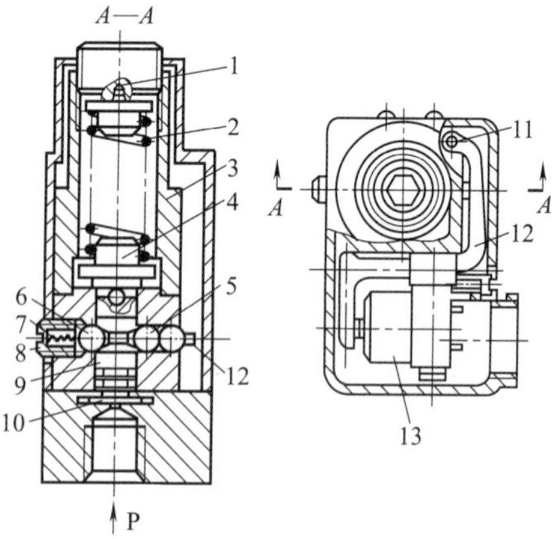 图(c)　膜片式压力继电器 1—调节螺钉；2，7—弹簧；3—套；4—弹簧座；5，6—钢球；8—螺钉；9—柱塞；10—膜片；11—销轴；12—杠杆；13—微动开关

续表

项　目		结构原理、性能及应用
结构和工作原理	波纹管式压力继电器	图(d)为波纹管式压力继电器。作用在波纹管下方的油压使其变形，通过芯杆推动绕铰轴 2 转动的杠杆 9。弹簧 7 的作用力与液压力相平衡。通过杠杆上的微调螺钉 3 控制微动开关 8 的触点，发出电信号。由于杠杆有位移放大作用，芯杆的位移较小，因而重复精度较高，但波纹管式不宜用于高压场合 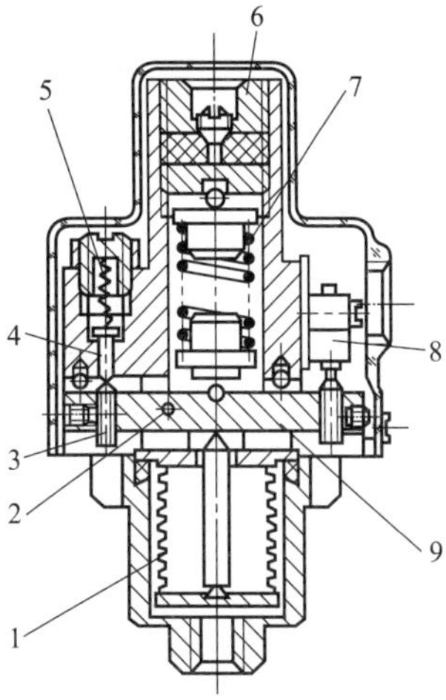 **图(d)　波纹管式压力继电器** 1—波纹管组件；2—铰轴；3—微调螺钉；4—滑柱；5—副弹簧；6—调压螺钉；7—弹簧；8—微动开关；9—杠杆
压力继电器的主要性能		①调压范围。压力继电器能够发出电信号的最低工作压力和最高工作压力的范围称为调压范围 ②灵敏度与通断调节区间。系统压力升高到压力继电器的调定值时，压力继电器动作接通电信号的压力称为开启压力；系统压力降低，压力继电器复位切断电信号的压力称为闭合压力。开启压力与闭合压力的差值称为压力继电器的灵敏度。差值小则灵敏度高。为避免系统压力波动时压力继电器时通时断，要求开启压力与闭合压力有一定的差值，此差值若可调，则称为通断调节区间 ③升压或降压动作时间。压力继电器入口侧压力由卸荷压力升至调定压力时，微动开关触点接通发出电信号的时间称为升压动作时间，反之，压力下降，触点断开发出断电信号的时间称为降压动作时间 ④重复精度。在一定的调定压力下，多次升压(或降压)过程中，开启压力或闭合压力本身的差值称为重复精度，差值小则重复精度高
压力继电器的主要应用		①用于执行机构卸荷、顺序动作控制 ②用于系统指示、报警、联锁或安全保护

9.3.6　典型产品

9.3.6.1　直动型溢流阀及远程调压阀

(1) DBD 型直动型溢流阀（力士乐系列）

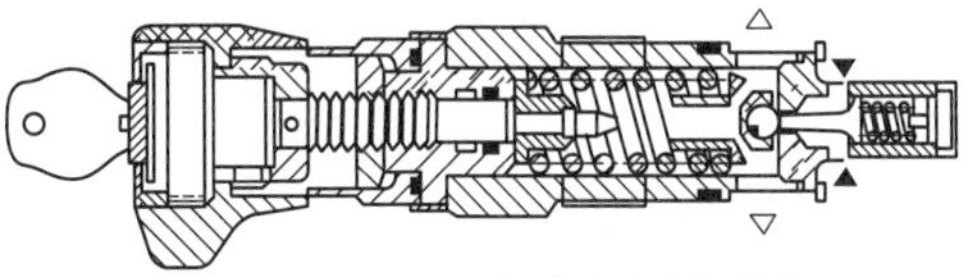

图 20-9-4　DBD 型直动型溢流阀结构

型号意义：

DBD-※　※　※　10　※　※

- 调节方式：S—带保护罩的调节螺栓；H—调节手柄；A—带锁的调节手柄(只用于通径 6、8、10)
- 通径：6、8、10、15、20、25、30
- 连接方式：K—插入式阀；G—管式阀；F—板式阀
- 系列号 10—10 系列
- 压力级：100—调节压力 10MPa；315—调节压力 315MPa
- 附加说明

表 20-9-13　　DBD 型直动型溢流阀技术规格

通径/mm		6	8、10	15、20	25、30
工作压力/MPa	P 口	40	63	40	31.5
	O 口	31.5			
流量/L·min^{-1}		50	120	250	350
介质		矿物液压油或磷酸酯液压油			
介质温度/℃		−20～70			
介质黏度/m^2·s^{-1}		(2.8～380)×10^{-6}			

表 20-9-14　　DBD 型直动型溢流阀插入式外形尺寸　　mm

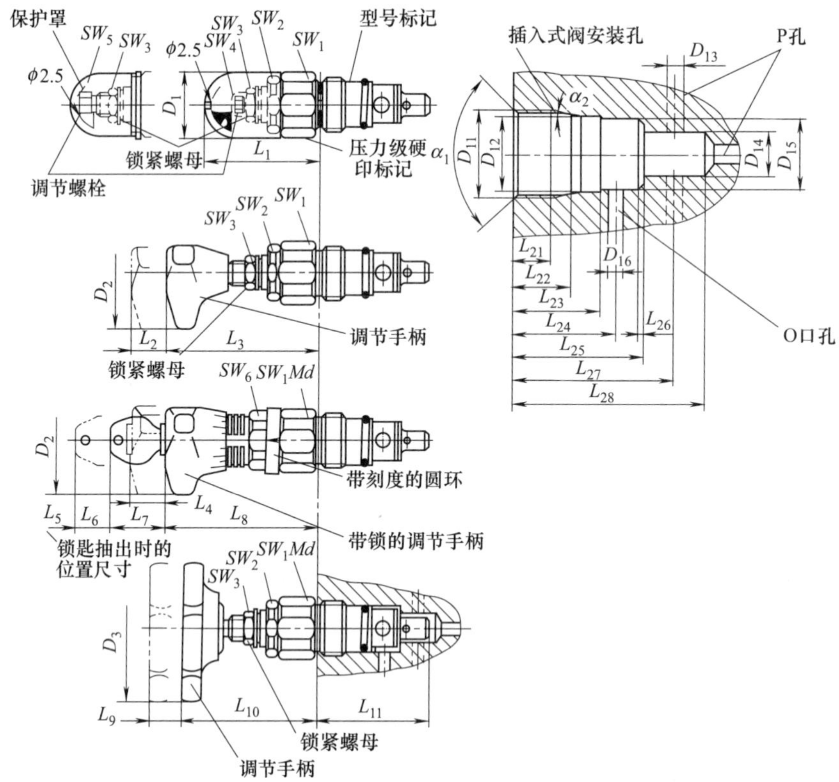

通径	D_1	D_2	D_3	L_1	L_2	L_3	L_4	L_5	L_6	L_7	L_8	L_9	L_{10}	L_{11}	SW_1	SW_2	SW_3	SW_4	SW_5	SW_6
6	34	60	—	72	11	83	11	20	11	30	83	—	—	64	32	30	19	6	—	30
10	38			68		79					79			75	36					
20	48			65		77	—	—	—	—	—			106	46	36				—
30	63	—		83	—	—						11	56	131	60	46		—	13	

通径	D_{11}	D_{12}	D_{13}	D_{14}	D_{15}	D_{16}	L_{21}	L_{22}	L_{23}	L_{24}	L_{25}	L_{26}	L_{27}	L_{28}	α_1	α_2
6	M28×1.5	25	6	15	24.9	6	15	19	30	35	45	0.5×45°	56.5±5.5	65	90°	15°
10	M35×1.5	32	10	18.5	31.9	10	18	23	35	41	52		67.5±7.5	80		
20	M45×1.5	40	20	24	39.9	20	21	27	45	54	70		91.5±8.5	110		20°
30	M60×2	55	30	38.75	54.9	30	23	29		60	84		113.5±11.5	140		

（2）DBT/DBWT 型遥控溢流阀（力士乐系列）

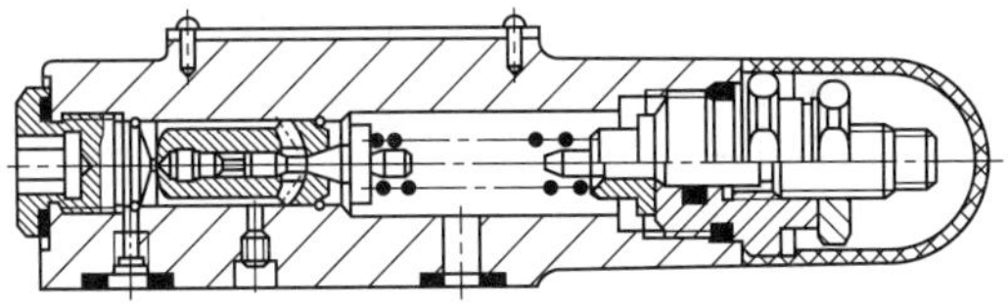

图 20-9-5 DBT 型遥控溢流阀结构

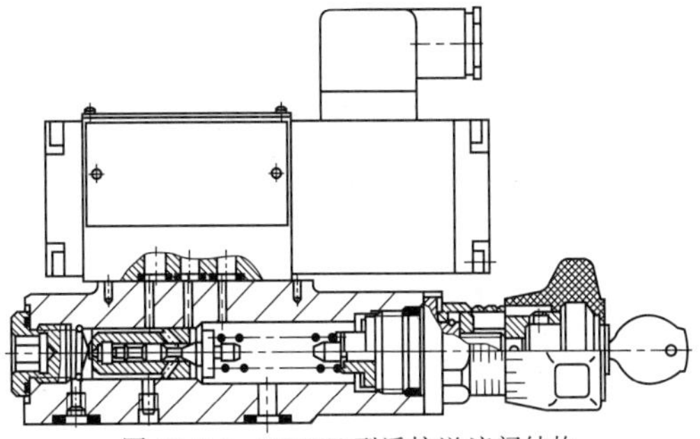

图 20-9-6 DBWT 型遥控溢流阀结构

型号意义：

DB-※T ※ ※-30/※ ※ ※ ※ ※ ※

- 电磁换向阀标记：W—带电磁换向阀；无标记 — 不带电磁换向阀
- A—常闭；B—常开
- 调压方式：1—手柄；2—带保护罩的内六角螺栓；3—带锁手柄
- 系列号：30—30 系列(30 ～ 39 系列内部结构和连接尺寸不变)
- 压力级：100—调节压力 10MPa；315—调节压力 31.5MPa
- 电源：W220-50— 交流电源 220V50Hz；G24—直流电源 24V；W220-R— 交流本整电源 220V
- N— 带故障检查按钮；无标记 — 不带故障检查按钮
- 电线插头：Z4— 小方形电线插头；Z5— 大方形电线插头；Z5L— 带指示灯的电线插头
- V— 磷酸酯液压油；无标记 — 矿物质液压油
- 附加说明

表 20-9-15 DBT/DBWT 型遥控溢流阀技术规格

型 号	最大流量/L·min^{-1}	工作压力/MPa	背压/MPa	最高调节压力/MPa
DBT	3	31.5	约 31.5	10 31.5
DBWT	3	31.5	交流 约 10 直流 约 16	10 31.5

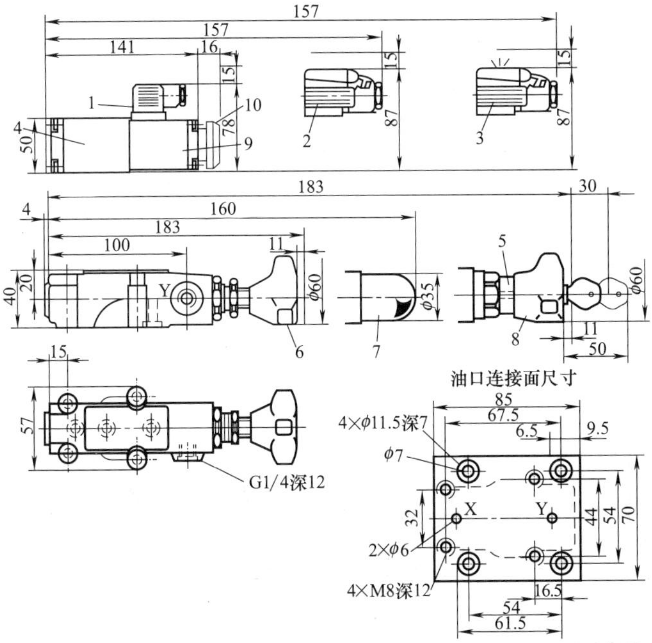

1—Z4 型电线插头；
2—Z5 型电线插头；
3—Z5L 型电线插头；
4—WE5 型电磁换向阀；
5—重复调节刻度；
6—"1" 型压力调节装置；
7—"2" 型压力调节装置；
8—"3" 型压力调节装置；
9—电磁铁 a；
10—故障检查按钮

图 20-9-7 DBT/DBWT 型遥控溢流阀外形尺寸

(3) C-175 型直动溢流阀（威格士系列）

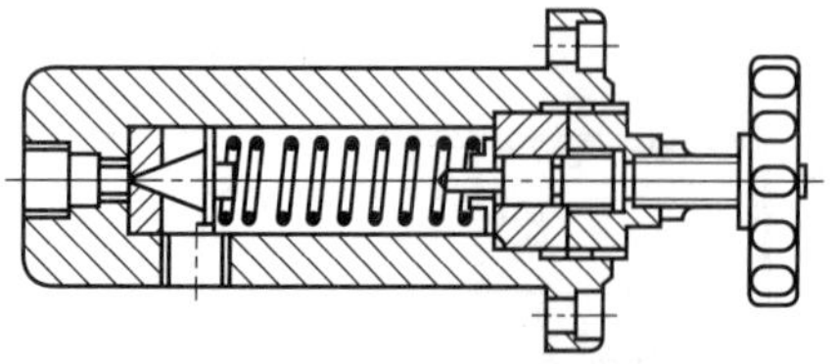

图 20-9-8　C-175 型直动溢流阀结构

型号意义：

F3　C-175-※-11　※

- F3：特殊密封标记（使用磷酸酯液压油时需要），不需要时省略
- C-175：基本型号
- ※：调压范围：B—0.5～7MPa；C—3.5～14MPa；F—10～21MPa
- 11：设计号
- ※：油口螺纹—UA NPTT 1/4；UB G1/4

表 20-9-16　**C-175 型直动溢流阀技术规格**

型　号	通径/in	调压范围/MPa	额定流量/L·min^{-1}	连接方式	质量/kg
C-175	1/4	B:0.5～7 C:3.5～14 F:10～21	12	管式	1.6

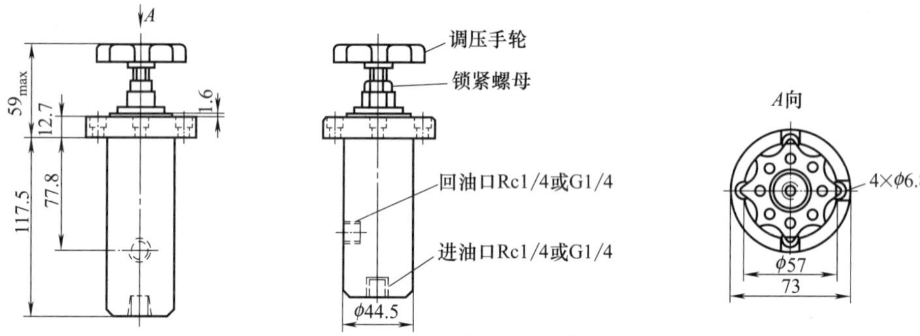

图 20-9-9　C-175 型直动溢流阀外形尺寸

(4) CGR 型遥控溢流阀（威格士系列）

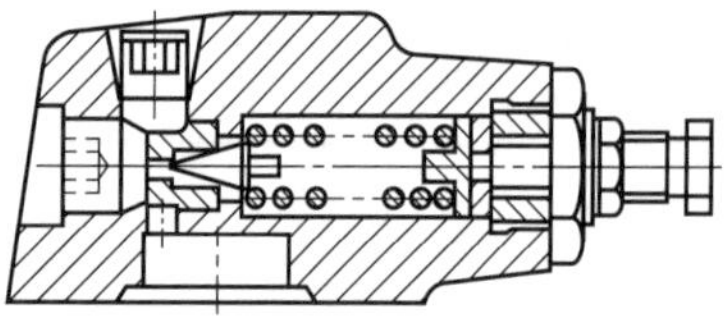

图 20-9-10　CGR 型遥控溢流阀结构

型号意义：

CGR-02-※　※　21

- CGR：基本型号
- 02：通径代号：02—1/4in
- ※：调节方式：K—手轮调节；无标记—螺钉调节
- ※：调压范围：B—0.5～7MPa；C—3.5～14MPa；F—10～21MPa
- 21：设计号

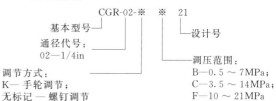

表 20-9-17　**CGR 型遥控溢流阀技术规格**

型　号	通径/in	压力调节范围/MPa	最大流量/L·min^{-1}	连接方式	质量/kg
CGR-02-※	1/4	B:0.5～7 C:0.5～14 F:0.5～21	4	板式	1.3

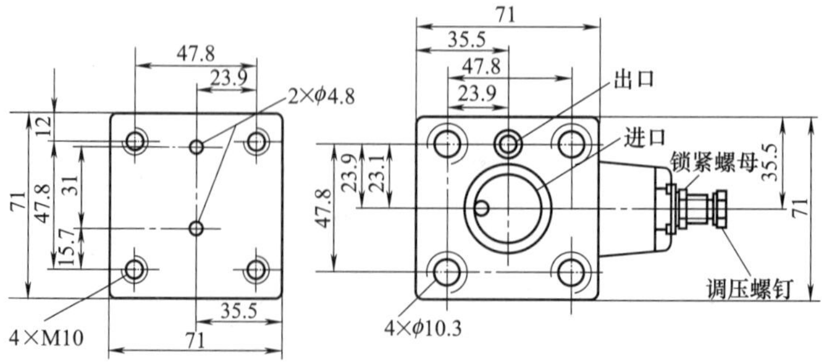

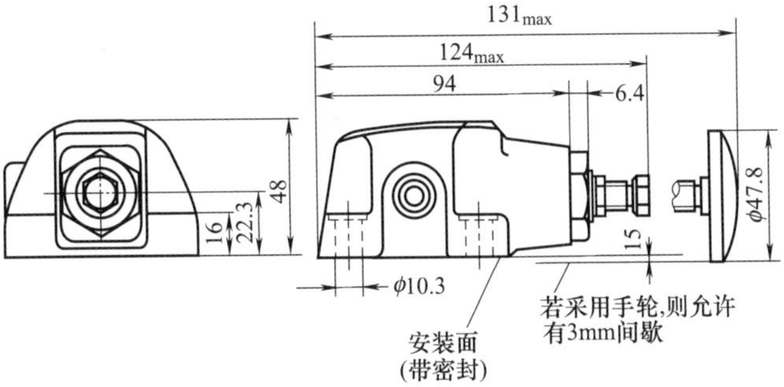

图 20-9-11　CGR-02 型遥控溢流阀外形尺寸
(安装螺钉：M11×30　4 个)

9.3.6.2　先导型溢流阀、电磁溢流阀

(1) DB/DBW 型先导型溢流阀（3X 系列，力士乐系列）

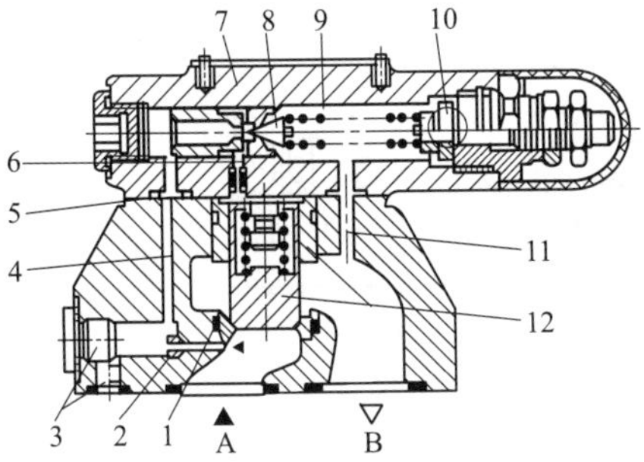

图 20-9-12　DB 型先导型溢流阀结构
1,4,6,10,11—控制油道；2—阻尼器；3—外供油口；5—阻尼器；7—先导阀；8—锥阀；9—弹簧；12—主阀芯

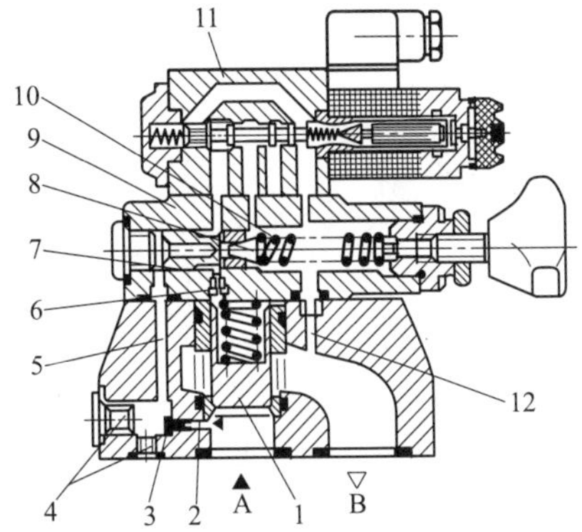

图 20-9-13　DBW 型先导型溢流阀结构
1—主阀芯；2,5,7,12—控制油道；3—阻尼器；4—外供油口；6—阻尼器；8—锥阀；9—先导阀；10—弹簧；11—电磁换向阀

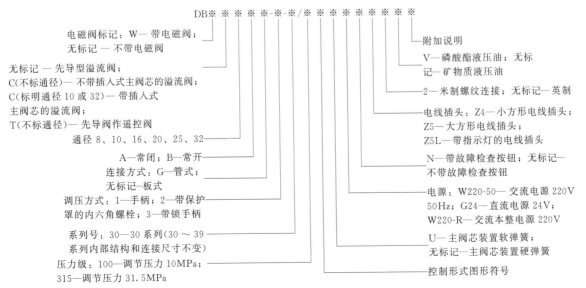

型号意义：

DB※ ※ ※ ※ ※-※-※/※ ※ ※ ※ ※ ※ ※ ※ ※

- 电磁阀标记：W— 带电磁阀；无标记 — 不带电磁阀
- 无标记 — 先导型溢流阀；C(不标通径)— 不带插入式主阀芯的溢流阀；C(标明通径 10 或 32)— 带插入式主阀芯的溢流阀；T(不标通径)— 先导阀作遥控阀
- 通径 8、10、16、20、25、32
- A—常闭；B—常开
- 连接方式：G—管式；无标记—板式
- 调压方式：1—手柄；2—带保护罩的内六角螺栓；3—带锁手柄
- 系列号：30—30 系列(30 ～ 39 系列内部结构和连接尺寸不变)
- 压力级：100—调节压力 10MPa；315—调节压力 31.5MPa
- 控制形式图形符号
- U— 主阀芯装置软弹簧；无标记—主阀芯装置硬弹簧
- 电源：W220-50— 交流电源 220V 50Hz；G24—直流电源 24V；W220-R—交流本整电源 220V
- N—带故障检查按钮；无标记—不带故障检查按钮
- 电线插头：Z4—小方形电线插头；Z5—大方形电线插头；Z5L—带指示灯的电线插头
- 2—米制螺纹连接；无标记— 英制
- V—磷酸酯液压油；无标记—矿物质液压油
- 附加说明

表 20-9-18　　DB/DBW 型先导型溢流阀 3X 系列技术规格

通径/mm		8	10	15	20	25	30
最大流量/L·min^{-1}	管式	100	200	0	400	400	600
	板式	—	200	—	—	400	600
工作压力 A,B,X 口/MPa		至 31.5					
背压/MPa	DB	至 31.5					
	DBW	至 6					
最小调节压力/MPa		与流量有关					
最大调节压力/MPa		至 10 或 31.5					
介质		矿物油,磷酸酯油					
介质黏度/m^2·s^{-1}		(2.8～380)×10^{-6}					
介质温度/℃		−20～70					

表 20-9-19　　DB/DBW 型先导型溢流阀 3X 系列外形尺寸　　mm

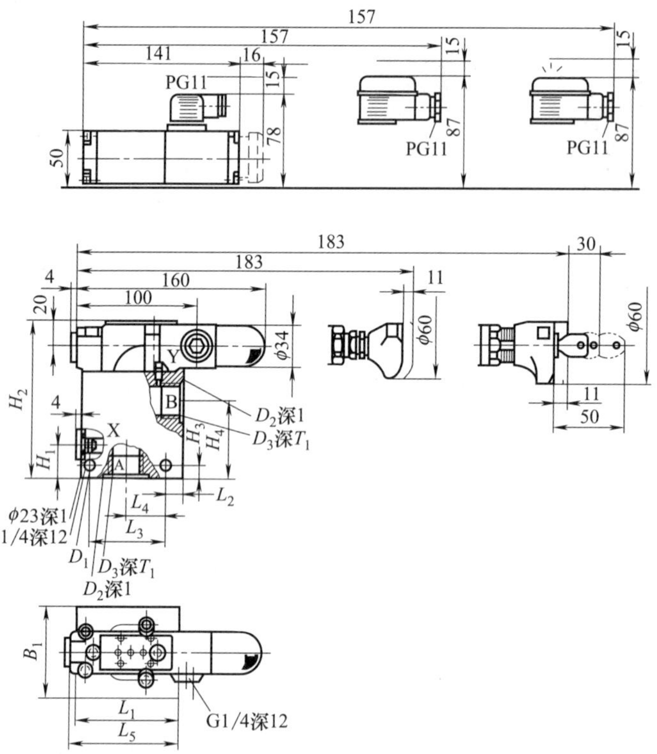

通径	B_1	D_1	D_2	D_3 公制	D_3 英制	H_1	H_2	H_3	H_4	L_1	L_2	L_3	L_4	L_5	T_1	质量/kg DB	质量/kg DBW
8	63	9	28		G3/8	27	125	10	62	85	14	62	31	90	12	4.8	5.9
10			34	M22×1.5	G1/2										14		
15			42	M27×2	G3/4										16		
20			47	M33×2	G1				57						18	4.6	5.7
25	70	11	56	M42×2	G1¼	42	138	13	66	100	18	72	36	99	20	5.6	6.7
32			61	M48×2	G1½										22	5.3	6.4

（2）ECT（G）型溢流阀（威格士系列）

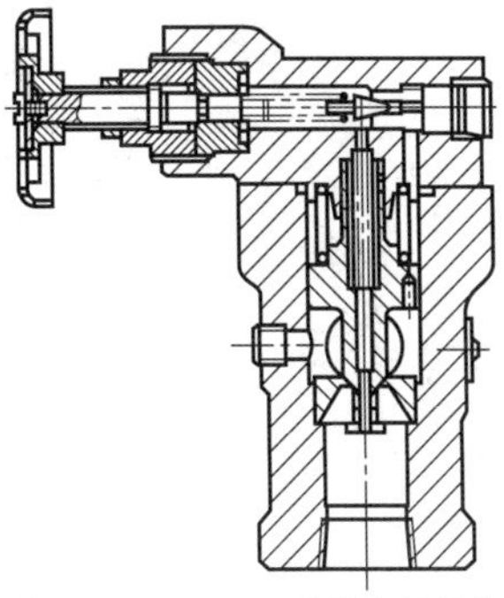

图 20-9-14　ECT 型溢流阀结构

型号意义：

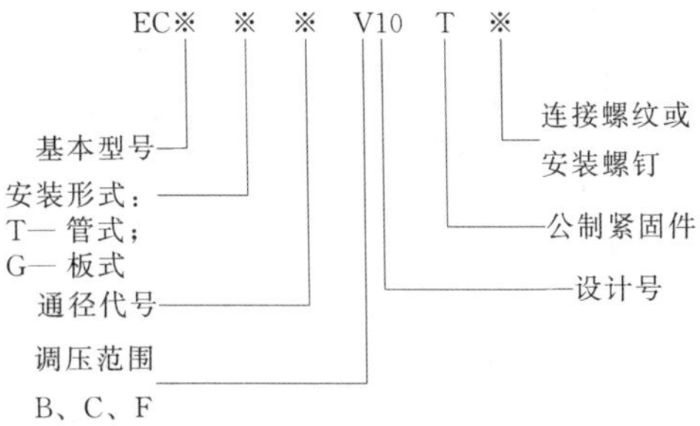

表 20-9-20　　ECT（G）型溢流阀技术规格

型号	通径/in	额定流量/L·min^{-1}	调压范围/MPa	安装方式	质量/kg
ECT-06	3/4	200	B：0.5～7 C：3.5～14 F：10.0～25	管式	4.5
ECT-10	1¼	380		管式	9.1
ECG-06	3/4	200		板式	6.8
ECG-10	1¼	380		板式	12.7

表 20-9-21　　ECT 型溢流阀连接外形尺寸　　mm

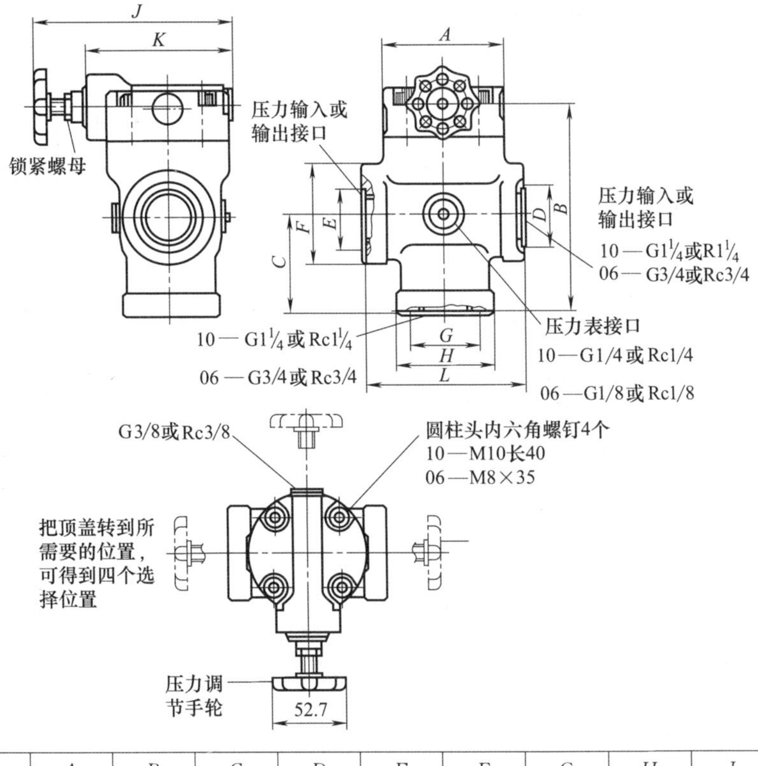

型号	A	B	C	D	E	F	G	H	J	K	L
ECT-06※V-10-TB	77.72	133.3	63.3	42.0	42.0	57.2	42.0	63.5	146.0	103.0	106.4
ECT-10※V-10-TB	95.3	163.3	76.2	56.0	56.0	76.2	56.0	76.2	155.5	112.3	124.0
ECT-06※V-10-TA	77.72	133.3	—	—	—	57.2	—	63.5	146.0	103.0	106.4
ECT-10※V-10-TA	95.3	163.3	—	—	—	76.2	—	76.2	155.5	112.3	124.0

(3) CG2V 型溢流阀（威格士系列）

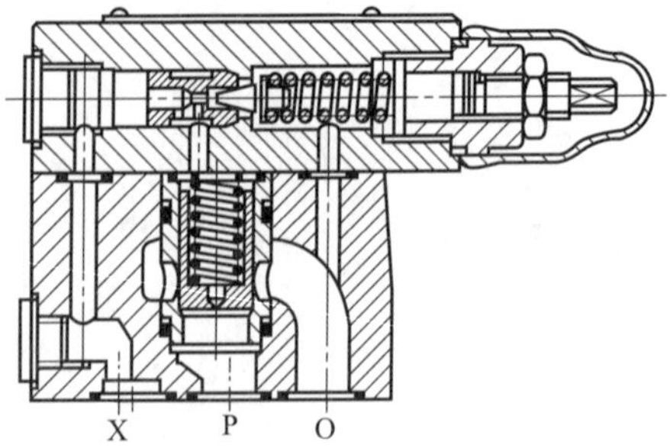

图 20-9-15 CG2V 型溢流阀结构

型号意义：

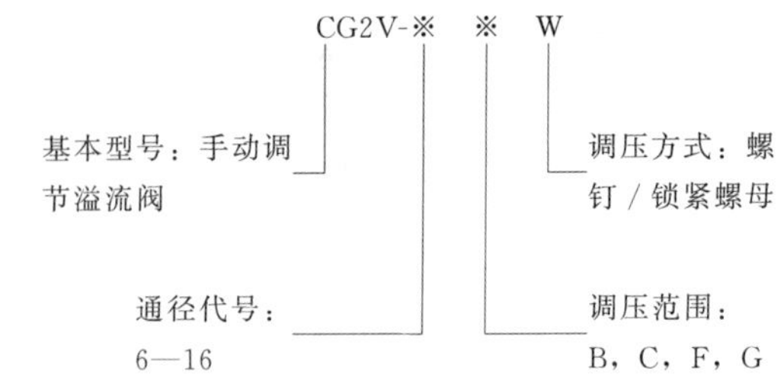

表 20-9-22 **CG2V 型溢流阀技术规格**

型号	通径/mm	额定流量/L·min^{-1}	公称流量/L·min^{-1}	调压范围/MPa	质量/kg
CG2V-6※W	16	160	200	B:0.6～8 C:4～16 F:8～25 G:16～35	3.5
CG2V-8※W	25	300	400		4.4

表 20-9-23 **CG2V 型溢流阀板式连接外形尺寸** mm

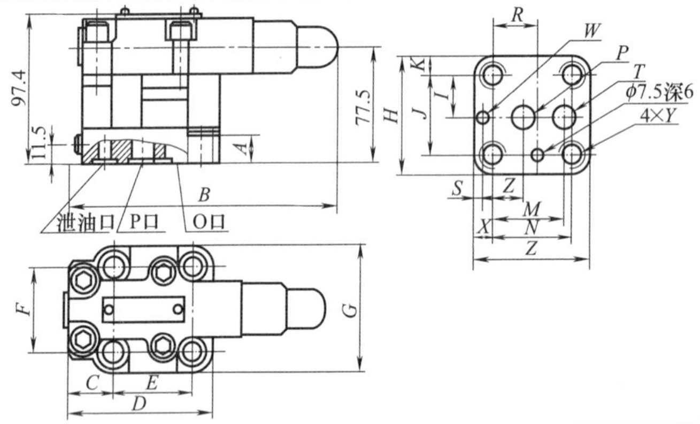

型号	A	B	C	D	E	F	G	H	J	K	I
CG2V-6	20	176	35	100	53.8	53.8	79	80	53.8	13.1	26.9
CG2V-8	25	183	39	122	66.7	70	103	103	70	16	35

型号	M	N	P	R	S	T	X	W	Y	Z
CG2V-6	48	53.8	14.7	22.1	0	14.7	13.1	4.8	M12	80
CG2V-8	55.6	66.7	23.4	33.4	23.8	23.4	35	6.3	M16	118

9.3.6.3 卸荷溢流阀

(1) DA/DAW 型先导型卸荷阀（力士乐系列）

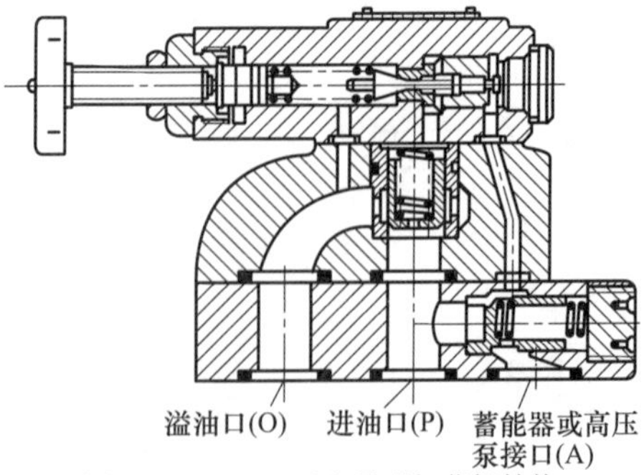

图 20-9-16 DA 型先导型卸荷阀结构

型号意义：

DA※　※　※-※-30/※　※　※　※　※　※　※

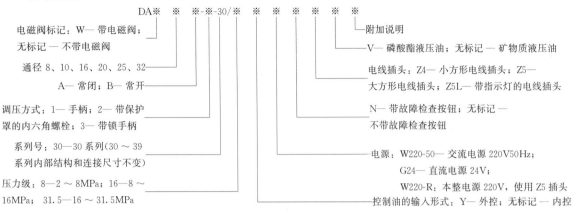

- 电磁阀标记：W— 带电磁阀；无标记 — 不带电磁阀
- 通径 8、10、16、20、25、32
- A— 常闭；B— 常开
- 调压方式：1— 手柄；2— 带保护罩的内六角螺栓；3— 带锁手柄
- 系列号：30—30 系列(30 ～ 39 系列内部结构和连接尺寸不变)
- 压力级：8—2 ～ 8MPa；16—8 ～ 16MPa；31.5—16 ～ 31.5MPa
- 控制油的输入形式：Y— 外控；无标记 — 内控
- 电源：W220-50— 交流电源 220V50Hz；G24— 直流电源 24V；W220-R：本整电源 220V，使用 Z5 插头
- N— 带故障检查按钮；无标记 — 不带故障检查按钮
- 电线插头：Z4— 小方形电线插头；Z5— 大方形电线插头；Z5L— 带指示灯的电线插头
- V— 磷酸酯液压油；无标记 — 矿物质液压油
- 附加说明

表 20-9-24　DA/DAW 型先导型卸荷阀技术规格

通径		10	25	32
介质		矿物质液压油;磷酸酯液		
最大流量/L·min^{-1}		40	100	250
切换压力范围(从 O 到 A)		17%以内		
输入压力 A 口(P 到 O 卸荷)		至 31.5MPa		
质量/kg	DA 型	3.8	7.7	13.4
	DAW 型	4.9	8.8	14.5
电磁阀		WE5 电磁阀		
介质黏度范围/mm^2·s^{-1}		2.8～380		
介质温度范围/℃		−20～70		

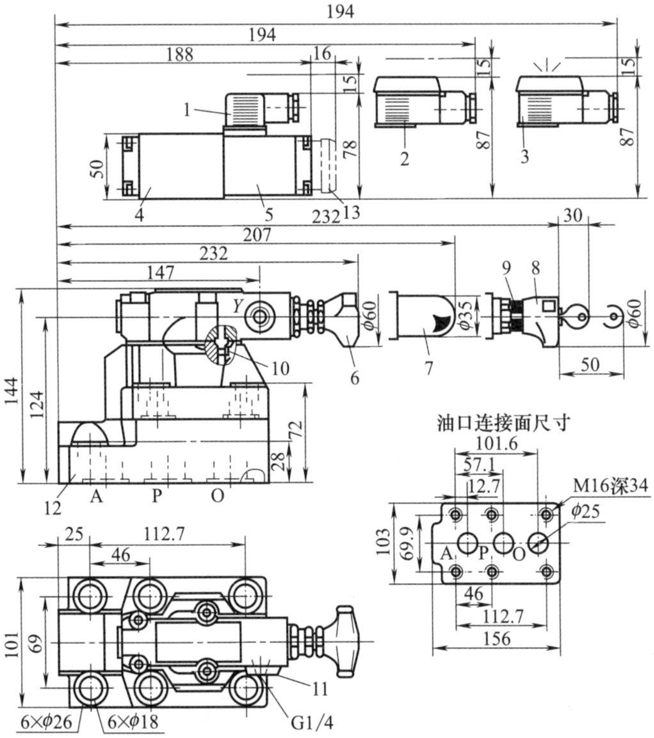

1—Z4 插头；
2—Z5 插头；
3—Z5L 插头；
4—电磁阀；
5—电磁铁 a；
6—调节方式“1”；
7—调节方式“2”；
8—调节方式“3”；
9—调节刻度套；
10—螺塞（控制油内泄时没有此件）；
11—外泄口；
12—单向阀；
13—故障检查按钮

图 20-9-17　DA/DAW20 型先导型卸荷阀（板式）外形尺寸

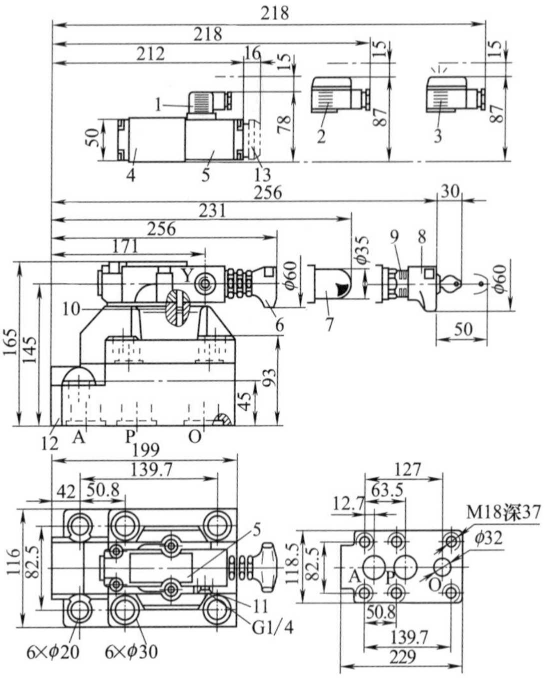

图 20-9-18　DA/DAW30 型先导型卸荷阀（板式）外形尺寸

1—Z4 插头；2—Z5 插头；3—Z5L 插头；4—电磁阀；5—电磁铁 a；6—调节方式"1"；7—调节方式"2"；8—调节方式"3"；9—调节刻度套；10—螺塞（控制油内泄时没有此件）；11—外泄口；12—单向阀；13—故障检查按钮

表 20-9-25　连接底板

通径/mm	10	25	32
底板型号	G467/1 G468/1	G469/1 G470/1	G471/1 G472/1

（2）EUR 型卸荷溢流阀（威格士系列）

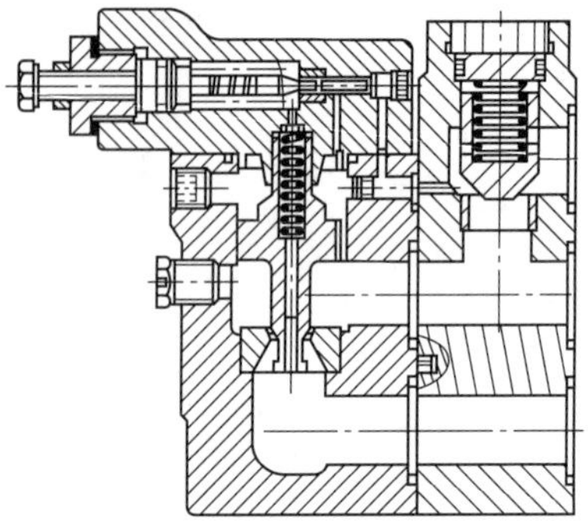

图 20-9-19　EUR 型卸荷溢流阀结构

型号意义：

EUR※　※-※　V　※　※

- 连接方式：T—管式；G—板式
- 调压等级 B、C、F
- 通径：6、10
- 高卸荷弹簧
- 设计号
- 油口连接螺纹

表 20-9-26　EUR 型卸荷溢流阀技术规格

型　号	公称通径/in	调节范围/MPa	额定流量/L·min^{-1}	质量/kg	连接方式
EURT※-06	3/4	B:2.4～7 C:3.5～14 F:10～21	75	4.6	管式
EURT※-10	1¼		190	9.1	
EURG※-06	3/4		95	11.4	板式
EURG※-10	1¼		246	22.1	

表 20-9-27　EURT※型卸荷溢流阀外形尺寸　mm

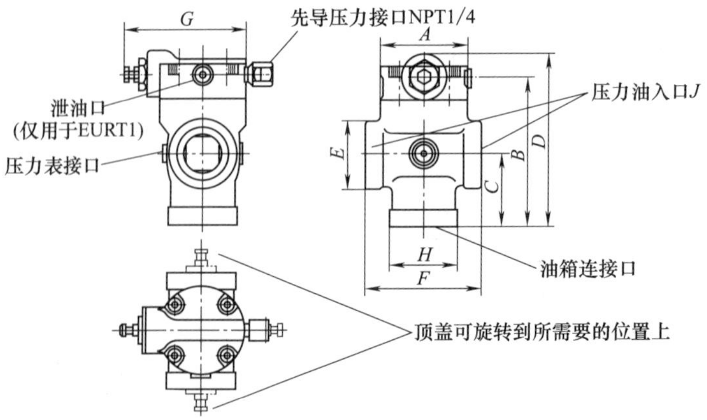

续表

型号	A	B	C	D	E	F	G	H	J
EURT※-06	77.7	133.4	65	159	57.2	108	127.8	63.5	NPT3/4
EURT※-10	95.3	165.1	76.2	189	76.2	127	137	76.2	NPT1¼

表 20-9-28　EURG※型卸荷溢流阀外形尺寸　mm

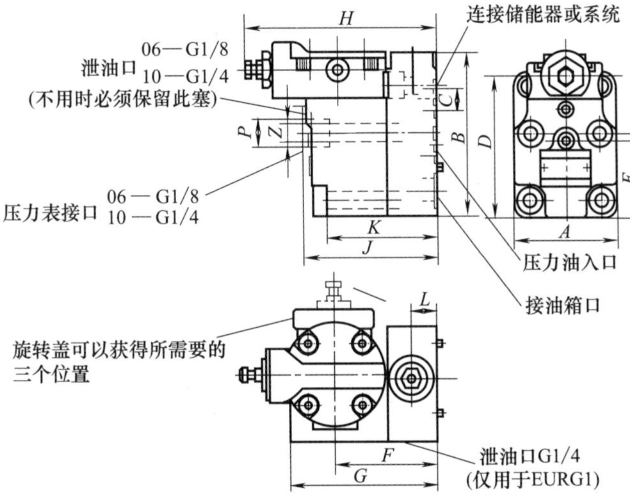

型号	A	B	C	D	E	F	G	H	J	K	L	M	Z	P
EURG※-06	101.6	160.3	23	139.7	76.2	92.2	124.0	181.0	134.1	108.0	25.4	82.8	17	26
EURG※-10	120.7	217.5	28.6	179.3	95.3	117.6	157.2	206.3	167.6	138.1	33.3	108	21	32

表 20-9-29　EURG※用安装底板尺寸　mm

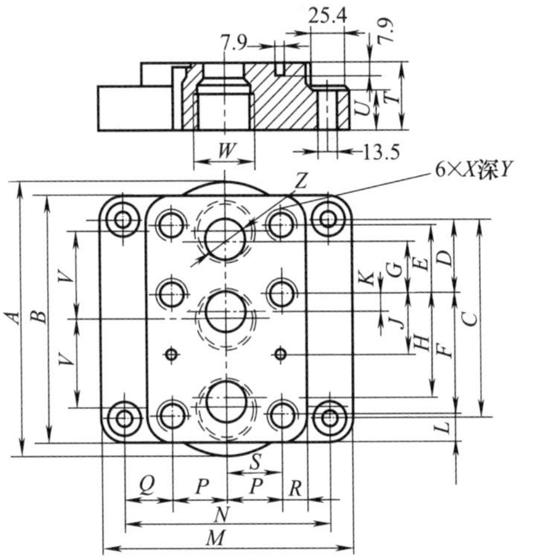

型号	A	B	C	D	E	F	G	H	J	K	L	M
EURG-06	—	145	88.9	46	46	66.7	33.3	55.6	33.3	11.1	15.9	162
EURG-10	200	178	146.1	54	50.8	88.9	38.1	76.2	44.5	12.7	19.1	184

型号	N	P	Q	R	S	T	U	V	W	X	Y	Z
EURG-06	130.2	69.9	30.2	15.9	34.9	40	23.9	48.3	Rc3/4	M16	通	23
EURG-10	152.4	82.6	34.9	19.1	41.3	50	30.2	64.3	Rc1¼	M20	40	28.6

9.3.6.4　减压阀

（1）DR 型先导型减压阀（力士乐系列）

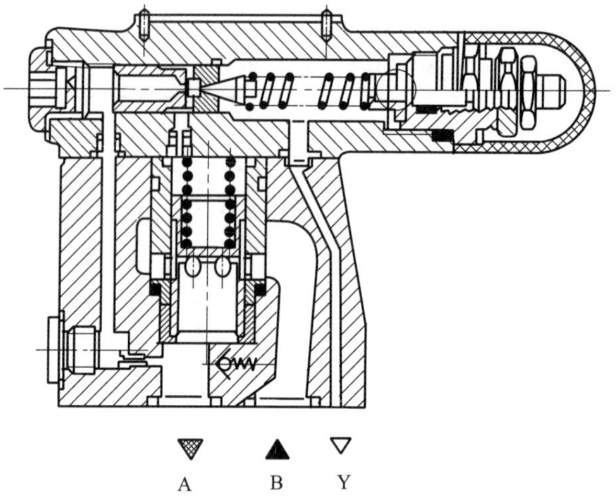

图 20-9-20　DR 型先导型减压阀结构

型号意义：

※ ※-※ ※ ※/※ Y ※ ※

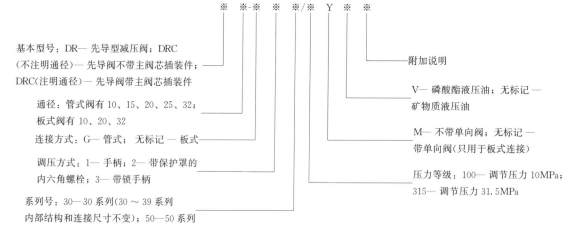

- 基本型号：DR— 先导型减压阀；DRC（不注明通径）— 先导阀不带主阀芯插装件；DRC(注明通径)— 先导阀带主阀芯插装件
- 通径：管式阀有 10、15、20、25、32；板式阀有 10、20、32
- 连接方式：G— 管式；无标记 — 板式
- 调压方式：1— 手柄；2— 带保护罩的内六角螺栓；3— 带锁手柄
- 系列号：30—30 系列(30 ～ 39 系列内部结构和连接尺寸不变)；50—50 系列
- 压力等级：100— 调节压力 10MPa；315— 调节压力 31.5MPa
- M— 不带单向阀；无标记 — 带单向阀(只用于板式连接)
- V— 磷酸酯液压油；无标记 — 矿物质液压油
- 附加说明

表 20-9-30　**DR 型先导式减压阀技术规格**

通径/mm		8	10	15	20	25	32
流量/L·min^{-1}	板式	—	80	—	—	200	300
	管式	80	80	200	200	200	300
工作压力/MPa		至 10 或 31.5					
进口压力 B 口/MPa		至 31.5					
出口压力 A 口/MPa		0.3～31.5		1～31.5			
背压 Y 口/MPa		至 31.5					
介质		矿物油;磷酸酯液					
介质黏度/m^2·s^{-1}		(2.8～380)×10^{-6}					
介质温度/℃		−20～70					

表 20-9-31　　　　**30 系列 DR 型板式减压阀外形尺寸**　　　　mm

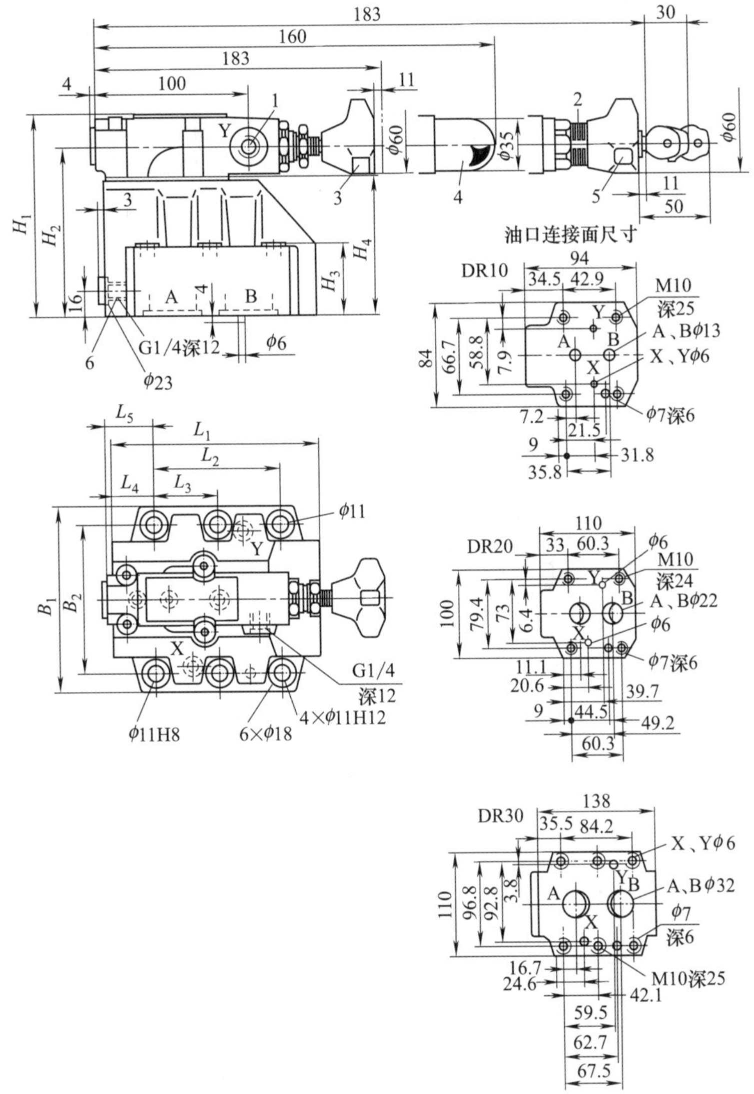

1—油口 Y(可选作外泄或遥控)；2—调节刻度；3—压力调节装置“1”；
4—压力调节装置“2”；5—压力调节装置“3”；6—压力表接口

通径	B_1	B_2	H_1	H_2	H_3	H_4	L_1	L_2	L_3	L_4	L_5	O 形圈		质量/kg
												用于 X,Y 口	用于 A,B 口	
10	85	66.7	112	92	28	72	90	42.9	—	31.5	34.5	9.25×1.78	17.12×2.62	3.6
25	102	79.4	122	102	38	82	112	60.3	—	33.5	37	9.25×1.78	28.17×3.53	5.5
32	120	96.8	130	110	46	90	140	84.2	42.1	28	31.3	9.25×1.78	34.52×3.53	8.2

表 20-9-32　　　　**安装底板**

通径/mm	10	20	32
底板型号	G460/01 G461/01	G412/01 G413/01	G414/01 G415/01

表 20-9-33　　30 系列 DR 型管式减压阀外形尺寸　　mm

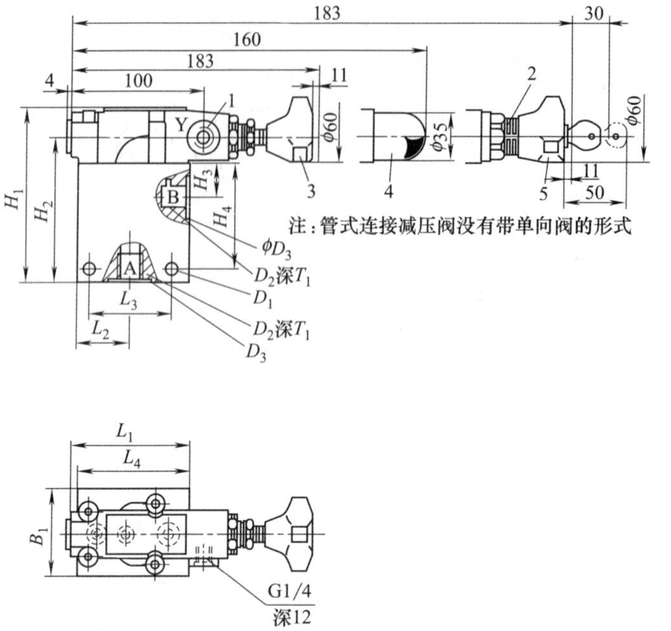

1—油口 Y(可选作外泄或遥控);2—调节刻度;3—压力调节装置"1";4—压力调节装置"2";5—压力调节装置"3"

通径	B_1	D_1	D_2 米制	D_2 英制	D_3	H_1	H_2	H_3	H_4	L_1	L_2	L_3	L_4	T_1	质量/kg
10	63	9	M22×1.5	G1/2	34	125	105	28	75	90	40	62	85	14	4.3
15			M27×2	G3/4	42									16	6.8
20			M33×2	1	47			28						18	
25	70	11	M42×2	G1 ½	58	138	118	34	85	100	46	72	99	20	10.2
30			M48×2	G1 ½	65									22	

表 20-9-34　　30 系列 DRC 型减压阀外形尺寸　　mm

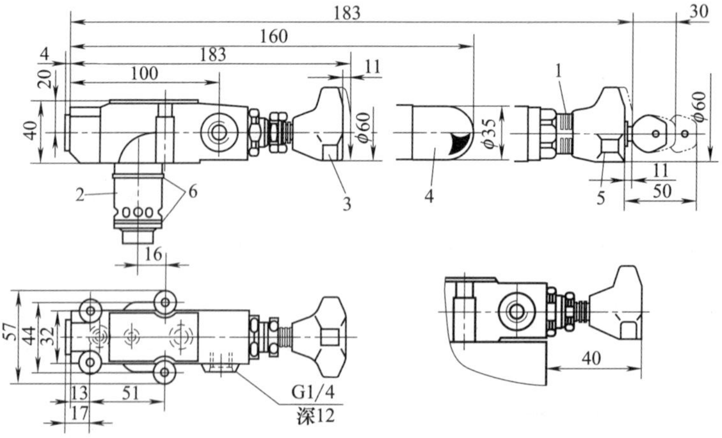

1—调节刻度;2—主阀芯插装件;3—压力调节装置"1";4—压力调节装置"2";
5—压力调节装置"3";6—O 形圈 27.3×2.4

续表

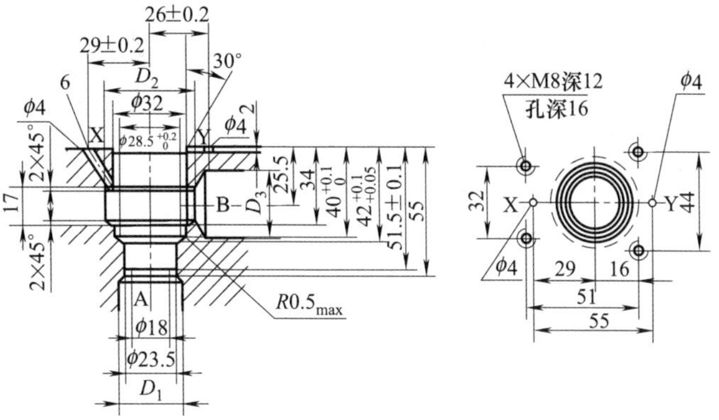

通　　径	D_1	D_2/mm	D_3/mm	质量/kg
10	10	40	10	1.4
25	25	40	25	
32	32	45	32	

(2) DR※DP 型直动型减压阀（力士乐系列）

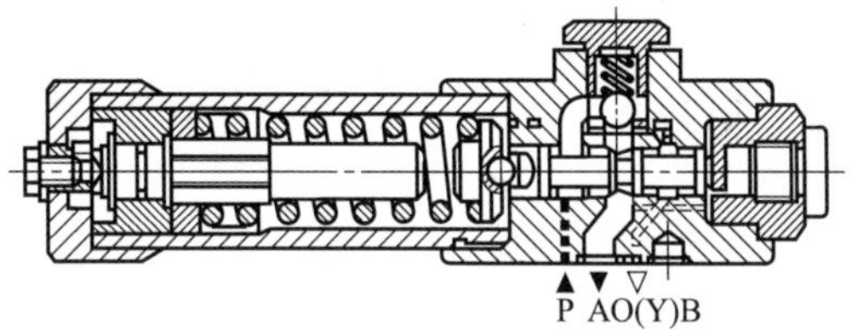

图 20-9-21　DR6DP 型直动型减压阀结构

型号意义：

※DR※　D P　※-※/※　※　※　※　※

- F— 面板安装；无标记 — 底板安装
- 规格 5、6、10
- 直动型
- 底板连接
- 调压方式：1— 手柄；2— 带保护罩的内六角螺栓；3— 带锁手柄
- 系列号 10—10 系列(规格 5)；50—50 系列(规格 6)；40—40 系列(规格 10)
- 最高设定压力：25—2.5MPa；75—7.5MPa；150—15MPa；210—21MPa；315—31.5MPa（只用于不带单向阀，规格 5）
- 供、泄油方式：Y— 内部先导供油，外部先导泄油；XY— 外部先导供油，外部先导泄油(只用于规格 5)
- M— 不带单向阀；无标记 — 带单向阀
- V— 磷酸酯液压油；无标记 — 矿物质液压油
- 附加说明

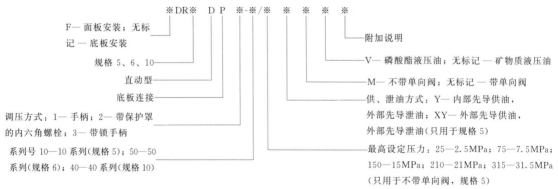

表 20-9-35　　DR※DP 型直动式减压阀技术规格

规　　格	5	6	10
输入压力(油口 P)/MPa	至 31.5		
输出压力(油口 A)/MPa	至 21.0/不同单向阀至 31.5	至 2.5,7.5,15,21	至 2.5,7.5,15,21
背压(油口 Y)/MPa	至 6.0	至 16	至 16
最大流量/L·min^{-1}	至 15	至 60	至 80
液压油	矿物油(DIN 51524)；磷酸酯液		

续表

油温范围/℃	−20～70	−20～80	
黏度范围/$mm^2 \cdot s^{-1}$	2.8～380	10～800	
过滤精度	NAS1638 九级		
质量/kg	—	约 1.2	约 1.2

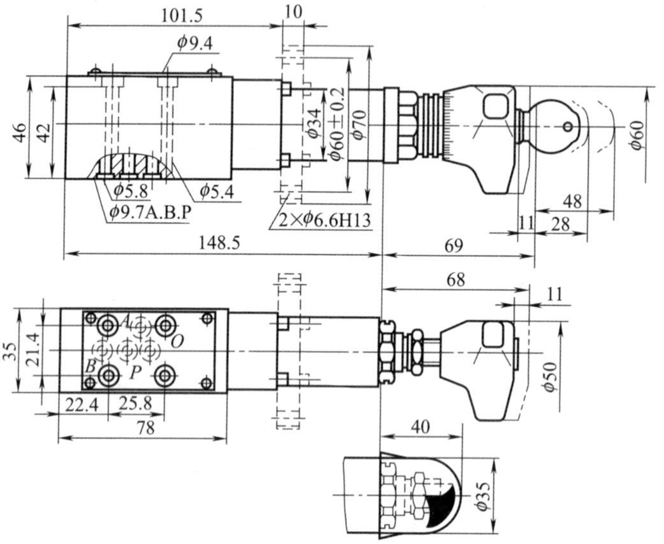

图 20-9-22 DR5DP 型直动型减压阀外形尺寸

底板：G115/01（G1/4）G96/01（G1/4）

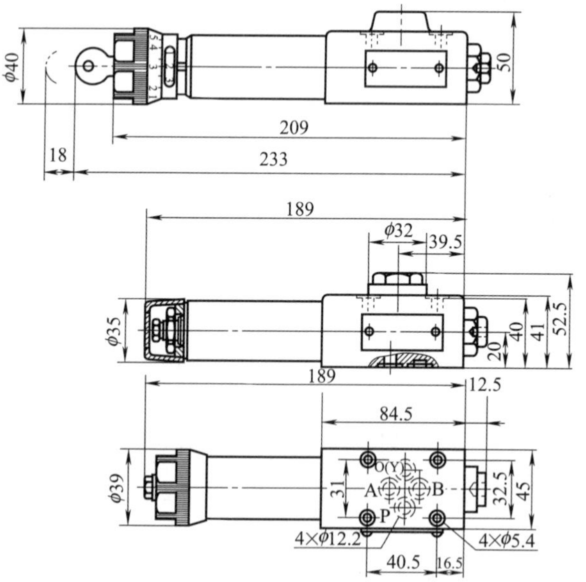

图 20-9-23 DR6DP 型直动型减压阀外形尺寸

底板：G341/01（G1/4）、G342/01（G3/8）

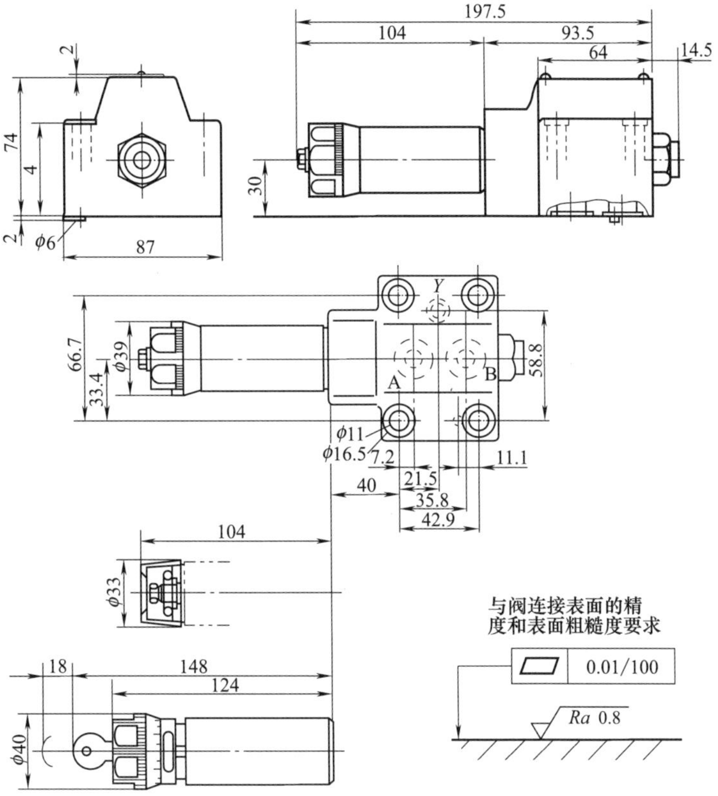

图 20-9-24　DR10DP 型直动型减压阀外形尺寸

底板：G341/01（G1/4）、G342/01（G3/8）

（3）X、XC 型减压阀及单向减压阀（威格士系列）

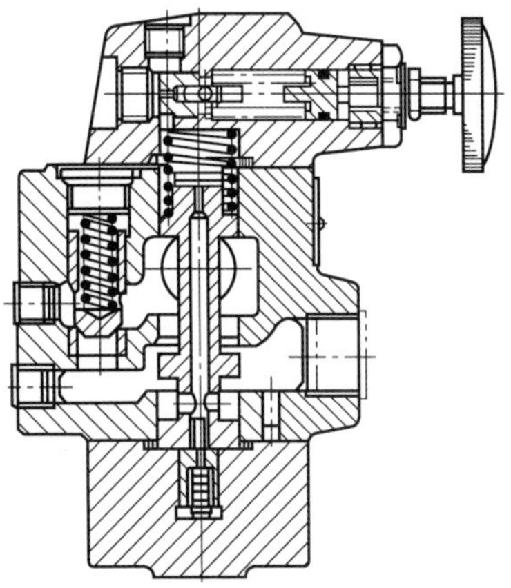

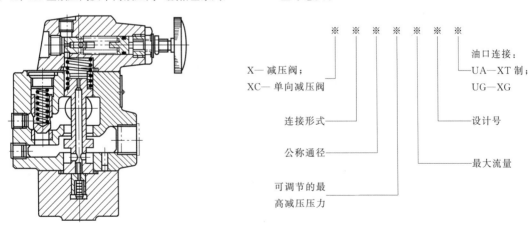

图 20-9-25　XC 型单向减压阀结构

型号意义：

※ ※ ※ ※ ※ ※ ※

X— 减压阀；
XC— 单向减压阀

连接形式

公称通径

可调节的最高减压压力

最大流量

设计号

油口连接：
UA—XT 制；
UG—XG

表 20-9-36　　X、XC 型减压阀及单向减压阀技术规格

型号				公称通径/in	额定流量 /L·min^{-1}	压力调节范围/MPa
管式连接	质量/kg	板式连接	质量/kg			
XT-03-※B	3.2	XG-03-※B	3.9	3/8	26	1—0.52～6.9 2—0.52～13.8 3—0.52～19.6

续表

型号				公称通径/in	额定流量/L·min⁻¹	压力调节范围/MPa
管式连接	质量/kg	板式连接	质量/kg			
XT-03-※F	3.2	XG-03-※F	3.9	3/8	53	1—1.04～6.9 2—1.04～13.8 3—1.04～19.6
XT-06-※B	5.7	XG-06-※B	6.1	3/4	57	1—0.56～6.9 2—0.56～13.8 3—0.56～19.6
XT-06-※F	5.7	XG-06-※F	6.1	3/4	114	1—1.4～6.9 2—1.4～13.8 3—1.4～19.6
XT-10-※B	11.3	XG-10-※B	11.8	1¼	95	1—0.7～6.9 2—0.7～13.8 3—0.7～19.6
XT-10-※B	11.3	XG-10-※B	11.8	1¼	190	1—1.2～6.9 2—1.2～13.8 3—1.2～19.6
XT-10-※F	11.3	XG-10-※F	11.8	1¼	284	1—1.6～6.9 2—1.6～13.8 3—1.6～19.6
XCT-03-※B	3.4	XCG-03-※B	4.1	3/8	26	1—0.52～6.9 2—0.52～13.8 3—0.52～19.6
XCT-03-※F	3.4	XCG-03-※F	4.1	3/8	53	1—1.04～6.9 2—1.04～13.8 3—1.04～19.6
XCT-06-※B	5.9	XCG-06-※B	6.4	3/4	57	1—0.55～6.9 2—0.55～13.8 3—0.55～19.6
XCT-06-※F	5.9	XCG-06-※F	6.4	3/4	114	1—1.4～63.9 2—1.4～13.8 3—1.4～19.6
XCT-10-※B	11.8	XCG-10-※B	12.2	1¼	95	1—0.7～6.9 2—0.7～13.8 3—0.7～19.6
XCT-10-※B	11.8	XCG-10-※B	12.2	1¼	190	1—1.14～6.9 2—1.14～13.8 3—1.14～19.6
XCT-10-※F	11.8	XCG-10-※F	12.2	1¼	284	1—1.55～6.9 2—1.55～13.8 3—1.55～19.6

表 20-9-37 **XT 型减压阀外形尺寸** mm

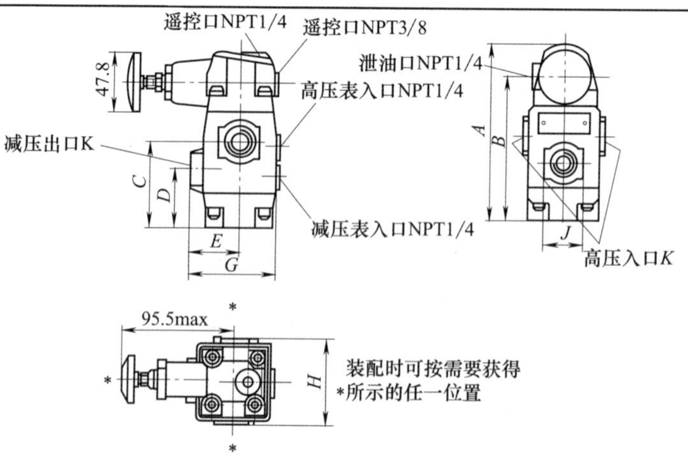

续表

型号	A	B	C	D	E	G	H	J	K 口直径
XT-03	142.2	116.8	69.1	46.0	39.6	70	69.9	35.1	NPT3/8
XT-06	176.5	151.1	96.8	69.9	49.3	88.6	95.2	50.8	NPT3/4
XT-10	211.3	182.6	109.7	81	68.3	118	117.3	86.4	NPT5/4

表 20-9-38　XG 型减压阀外形尺寸　mm

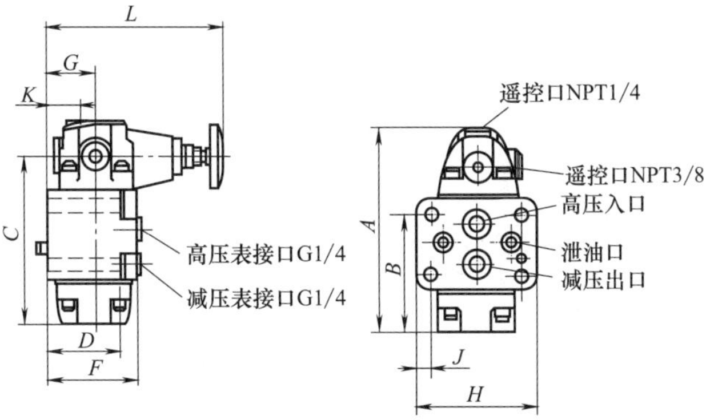

型号	A	B	C	D	F	G	H	J	K	L
XG-03	142.2	82.5	116.8	56.0	66.5	36.6	87.4	10.4	25.4	132.1
XG-06	176.5	116	151.1	68.6	79.2	41.1	101.6	11.2	29.9	136.6
XG-10	211.3	139	182.6	95.3	100.1	50.8	117.3	10.4	39.6	146.3

表 20-9-39　XCT 型单向减压阀外形尺寸　mm

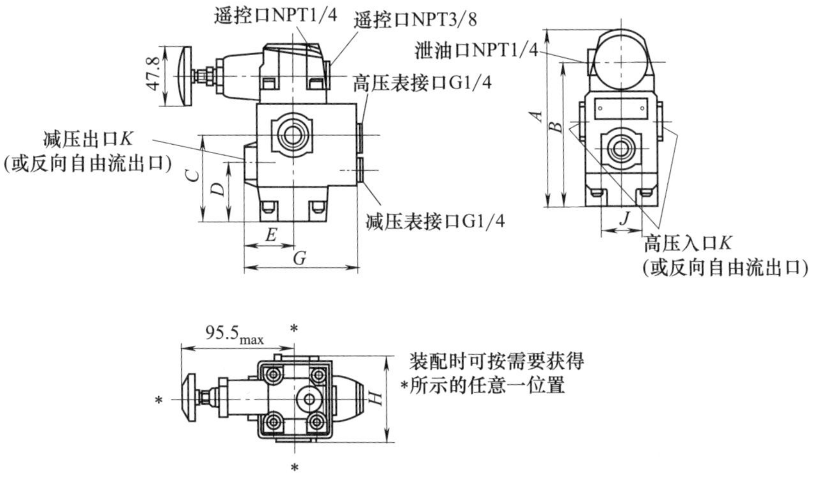

型号	A	B	C	D	E	G	H	J	K
XCT-03	142.2	116.8	69.1	46.0	39.6	93.7	69.9	35.1	NPT3/8
XCT-06	176.5	151.1	96.8	69.9	49.3	106.4	95.2	50.8	NPT3/4
XCT-10	211.3	182.6	109.7	81	68.3	147.6	117.3	86.4	NPT5/4

表 20-9-40　　XCG 型单向减压阀外形尺寸　　mm

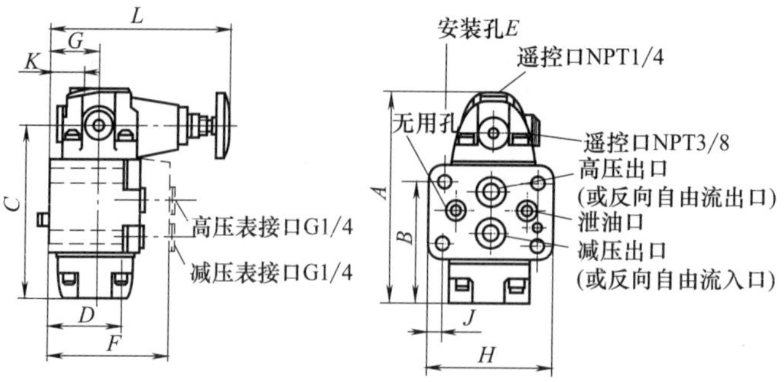

型号	A	B	C	D	E	F	G	H	J	K	L
XCG-03	142.2	82.5	116.8	55.9	4	90.4	36.6	87.4	10.4	25.4	132.1
XCG-06	176.5	116	151.1	68.6	4	98.6	41.1	101.6	11.1	29.9	136.6
XCG-10	211.3	139	182.6	95.3	6	130	50.8	117.6	10.4	39.6	146.3

表 20-9-41　　安装底板

阀型号	底板型号	螺钉	底板质量/kg
XG/XCG-03-※※-22UG	E-RXGM-03-20-C E-RXGM-03X-20-C	GB/T 70 M10 长 70	1.4
XG/XCG-06-※※-22UG	E-RXGM-06-P-20-C E-RXGM-06X-P-20-C	GB/T 70 M10 长 80	2.7
XG/XCG-10-※※-22UG	E-RXGM-10-P-20-C	GB/T 70 M10 长 110	4.5

9.3.6.5　顺序阀

（1）DZ※DP 型直动型顺序阀（力士乐系列）

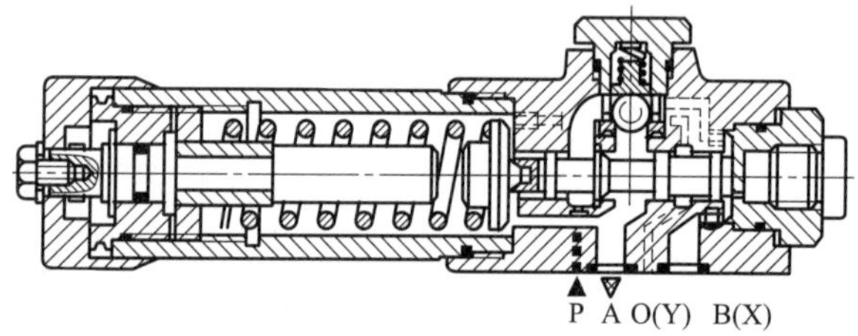

图 20-9-26　DZ6DPI-5X/… /… 型直动型顺序阀结构

型号意义：

DZ※　D　P　※-※/※　※　※　※　※

规格：5、6、10

直动型

底板连接

调压方式：1— 手柄；2— 带保护罩的内六角螺栓；3— 带锁手柄

系列号：10—10 系列(规格 5)；50—50 系列(规格 6)；40—40 系列(规格 10)

最高设定压力：25—2.5MPa；75—7.5MPa；150—15MPa；210—21MPa；315—31.5MPa（只用于不带单向阀，规格 5）

供、泄油方式：无标记 — 内部先导供油，内部先导泄油；X— 内部先导供油，外部先导泄油；Y— 内部先导供油，外部先导泄油；XY— 外部先导供油，外部先导泄油

M— 不带单向阀；无标记 — 带单向阀

V— 磷酸酯液压油；无标记 — 矿物质液压油

附加说明

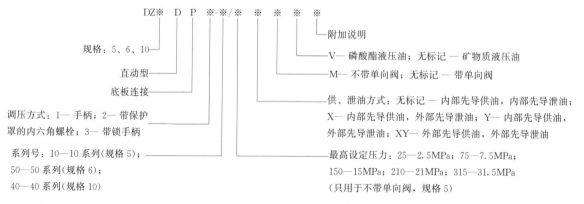

表 20-9-42　　DZ※DP 型直动式顺序阀技术规格

通径/mm	5	6	10
输入压力,油口 P,B(X)/MPa	至 21.0/不同单向阀至 31.5	至 31.5	至 31.5
输出压力,油口 A/MPa	至 31.5	至 21.0	至 21.0
背压,油口(Y)/MPa	至 6.0	至 16	至 16

续表

液压油	矿物油(DIN 51524);磷酸酯液		
油温范围/℃	−20～70	−20～80	−20～80
黏度范围/$mm^2 \cdot s^{-1}$	2.8～380	10～800	10～380
过滤精度	NAS1638 九级		
最大流量/$L \cdot min^{-1}$	15	60	80

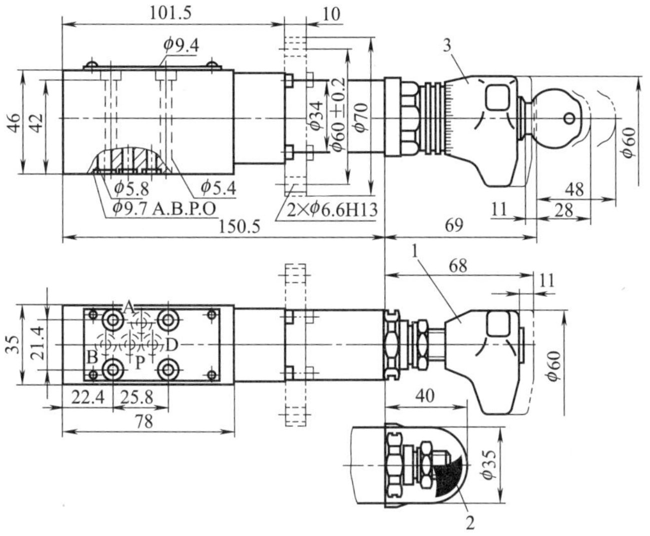

图 20-9-27　DZ5DP 型直动式顺序阀外形尺寸
1—“1”型调节件；2—“2”型调节件；3—“3”型调节件（重复设定刻度环）

表 20-9-43　　连接底板

规　　格	NG5	NG6	NG10
底板 型号	G115/01 G96/01	G341/01 G342/01	G341/01 G342/01

（2）DZ 型先导式顺序阀（力士乐系列）

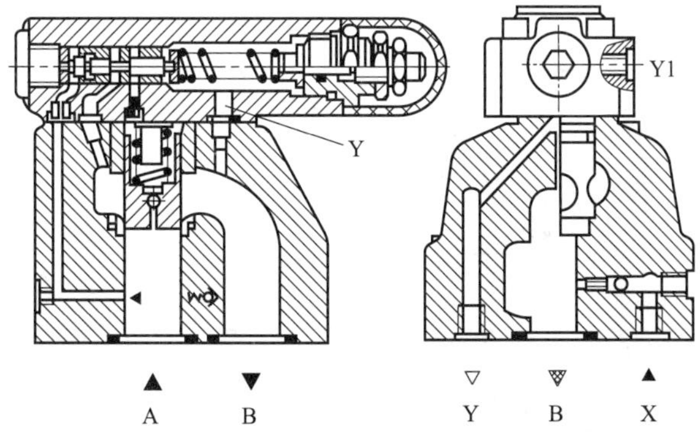

图 20-9-28　DZ 型先导式顺序阀结构

型号意义：

DZ※　※-※-30/210 ※　※　※　※

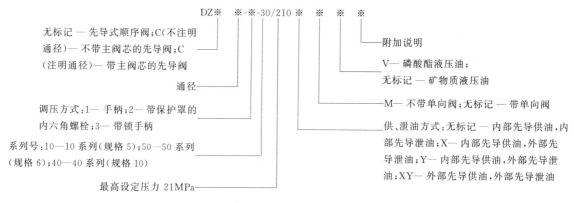

无标记 — 先导式顺序阀；C(不注明通径)— 不带主阀芯的先导阀；C(注明通径)— 带主阀芯的先导阀

通径

调压方式：1— 手柄；2— 带保护罩的内六角螺栓；3— 带锁手柄

系列号：10—10 系列(规格 5)；50—50 系列(规格 6)；40—40 系列(规格 10)

最高设定压力 21MPa

供、泄油方式：无标记 — 内部先导供油，内部先导泄油；X— 内部先导供油，外部先导泄油；Y— 内部先导供油，外部先导泄油；XY— 外部先导供油，外部先导泄油

M— 不带单向阀；无标记 — 带单向阀

V— 磷酸酯液压油；无标记 — 矿物质液压油

附加说明

表 20-9-44　DZ 型先导式顺序阀技术规格

通径/mm	10	20	30
流量/L·min^{-1}	150	300	450
工作压力/MPa	A,B,X 口至 31.5		
Y 口背压/MPa	至 31.5		
顺序阀动作压力(调节压力)/MPa	0.3～21		
介质	矿物油；磷酸酯液		
介质黏度/m^2·s^{-1}	(2.8～380)×10^{-6}		
介质温度/℃	−20～70		

表 20-9-45　DZ 型板式顺序阀外形尺寸　mm

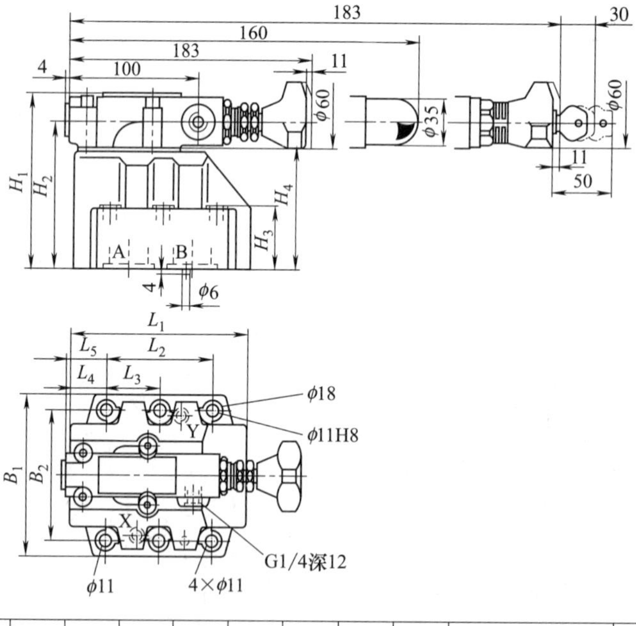

通径/mm	B_1	B_2	H_1	H_2	H_3	H_4	L_1	L_2	L_3	L_4	L_5	O形圈(X,Y腔)	O形圈(A,B腔)	质量/kg
10	85	66.7	112	92	28	72	90	42.9	—	35.5	34.5	9.25×1.78	17.12×2.62	3.6
25	102	79.4	122	102	38	82	112	60.3	—	33.5	37	9.25×1.78	28.17×3.53	5.5
32	120	96.8	130	110	46	90	140	84.2	42.1	28	31.3	9.25×1.78	34.52×3.53	8.2

表 20-9-46 连接底板

通径/mm	10	25	32
底板 型号	G460/1 G461/1	G412/1 G413/1	G414/1 G415/1

（3）R、RC 型顺序阀及单向顺序阀（威格士系列）

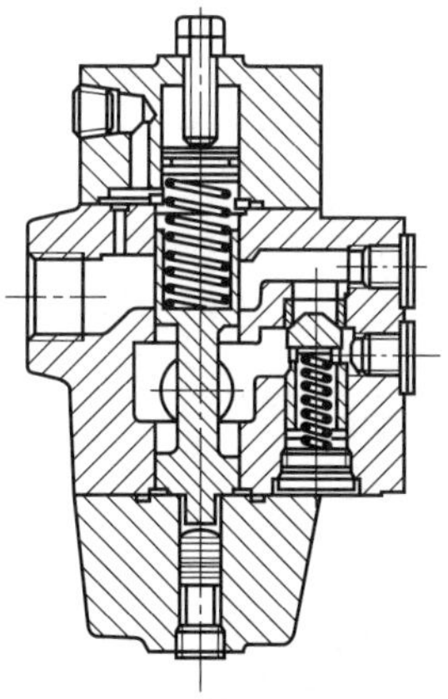

图 20-9-29 RC 型单向顺序阀结构

型号意义：

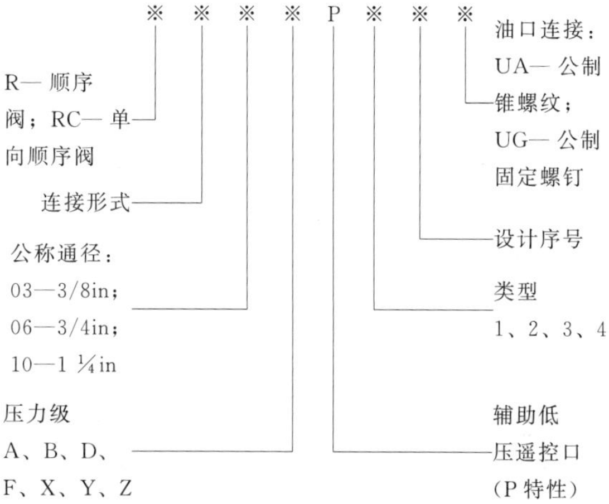

表 20-9-47 R、RC 型顺序阀及单向顺序阀技术规格

规格	通径/in	额定流量/L·min^{-1}	最高压力/MPa		压力级/MPa（调压范围）
			主流口	遥控流口	
R※-03-※ RC※-03-※	3/8	45	21	14	A:0.5～1.7 B:0.9～3.5 D:1.7～7 F:3.5～14 X:0.07～0.2 Y:0.14～0.4 Z:0.24～0.9
R※-06-※ RC※-06-※	3/4	114			
R※-10-※ RC※-10-※	1 ¼	284			

表 20-9-48 RT 型顺序阀、RCT 型单向顺序阀外形尺寸 mm

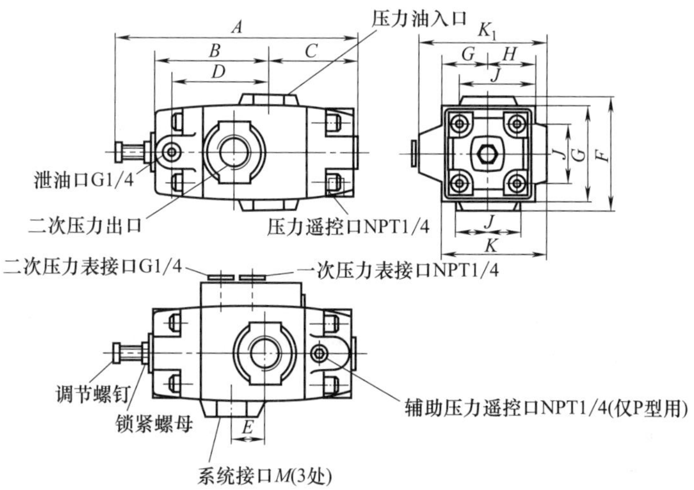

续表

型号	A	B	C	D	E	F	G	H	J	K	K_1	M	质量/kg
RT-03	117.8	96.8	53.8	58.7	23.1	69.9	59.4	39.6	35.1	70	—	NPT 3/8	2.1
RCT-03										—	93.7		2.9
RT-06	200.2	97.0	74.9	79.5	26.9	95.3	75.7	50.8	50.8	88.6	—	NPT 3/4	5.7
RCT-06										—	108.0		5.9
RT-10	277.9	154.2	84.3	80.5	28.7	117.4	98.6	68.3	82.6	118	—	NPT1 1/4	12
RCT-10										—	147.6		12.8

表 20-9-49　　RG 型顺序阀、RCG 型单向顺序阀外形尺寸　　mm

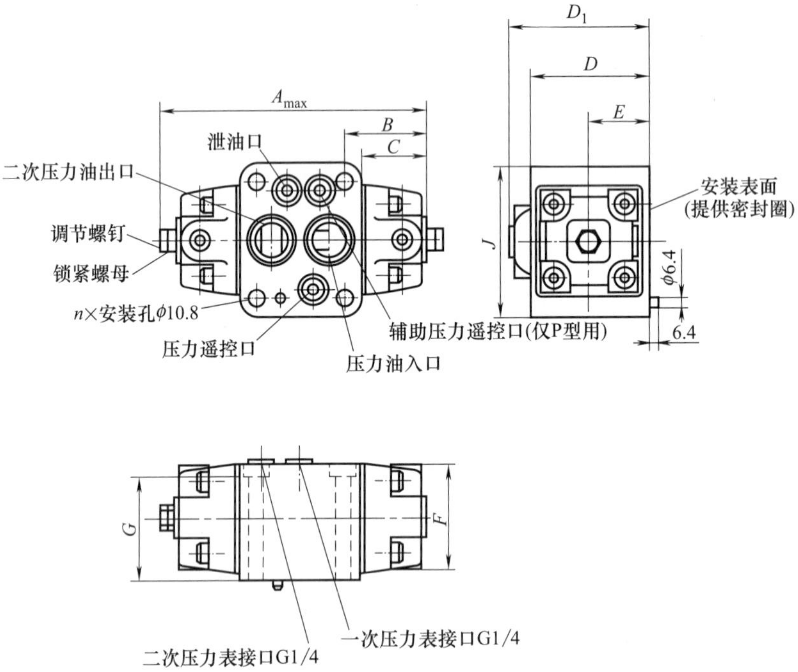

型号	A	B	C	D	D_1	E	F	G	n	J	质量/kg
RG-03	117.8	47.0	29.2	66.5	—	36.6	57.2	56.0	4	87.4	3.5
RCG-03				—	90.4						3.6
RG-06	200.2	66.8	44.5	79.2	—	41.1	71.4	68.7	4	101.6	6.1
RCG-06				—	98.6						6.4
RG-10	277.9	71.6	44.5	100.1	—	50.8	95.3	95.3	6	117.3	11.3
RCG-10				—	130.0						11.8

注：除 R（C）G-03 型及 X、Y、Z 压力级外，其他型号均可使用辅助低压遥控口。其控制压力为 A、B、D 级压力的 12.5%；F 级压力的 6.25%。

9.3.6.6　压力继电器

（1）HED 型压力继电器（力士乐系列）

型号意义：

HED ※ ※ ※ ※/※ ※ ※ ※ ※ ※

- 压力继电器
- 1—柱塞式；2—单点弹簧管式；3—双点弹簧管式；4—板连接柱塞式
- K—有泄漏油口，只限于 HED1；无标记—无泄漏油口
- A—管式连接；P—水平板连接；H—立式板连接；P、H 只适用于 HED4
- 系列号
- 最大设定压力
- 电线插头：无标记—套管连接；Z—带地线的四脚肘状插头连接；Z6：带地线的六脚肘状插头连接；Z14—小插头连接；Z15—大插头连接，Z14、Z15 只适用于 HED4
- 指示灯标记：无标记—不带指示灯；L24—带 24V 指示灯；L110—带 110V 指示灯；L220—带 220V 指示灯
- 保护装置标记：无标记—不带保护装置；H、O、S—带保护装置；A—带锁的保护装置
- V—磷酸酯液压油；无标记—矿物质液压油
- 附加说明

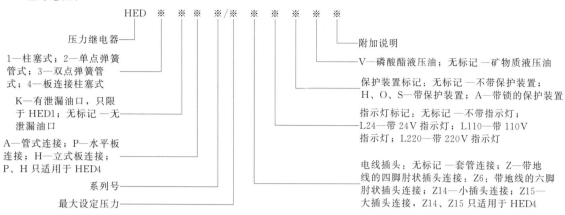

表 20-9-50　HED 型压力继电器技术规格

型号	额定压力/MPa	最高工作压力（短时间）/MPa	复原压力/MPa		动作压力/MPa		切换频率/次·min^{-1}	切换精度
			最高	最低	最高	最低		
HED1K	10.0	60	0.3	9.2	0.6	10	300	小于调压的±2%
	35.0	60	0.6	32.5	1	35		
	50.0	60	1	46.5	2	50		
HED1O	5	5	0.2	4.5	0.35	5	50	小于调压的±1%
	10	35	0.3	8.2	0.8	10		
	35	35	0.6	29.5	2	35		
HED2O	2.5	3	0.15	2.5	0.25	2.55	30	小于调压的±1%
	6.3	7	0.4	6.3	0.5	6.4		
	10	11	0.6	10	0.75	10.15		
	20	21	1	20	1.4	20.4		
	40	42	2	40	2.6	40.6		
HED3O	2.5	3	0.15	2.5	0.25	2.6	30	小于调压的±1%
	6.3	7	0.4	6.3	0.6	6.5		
	10	11	0.6	10	0.9	10.3		
	20	21	1	20	1.8	20.8		
	40	42	2	40	3.2	41.2		
HED4O	5	10	0.2	4.6	0.4	5	20	小于调压的±1%
	10	35	0.3	8.9	0.8	10		
	35	35	0.6	32.2	2	35		

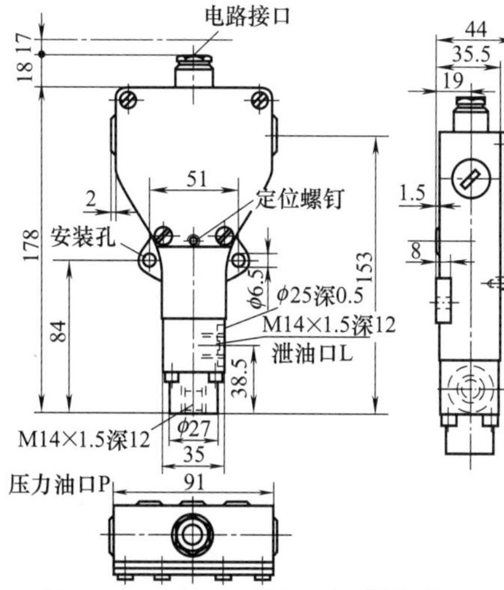

图 20-9-30　HED1 型压力继电器外形尺寸

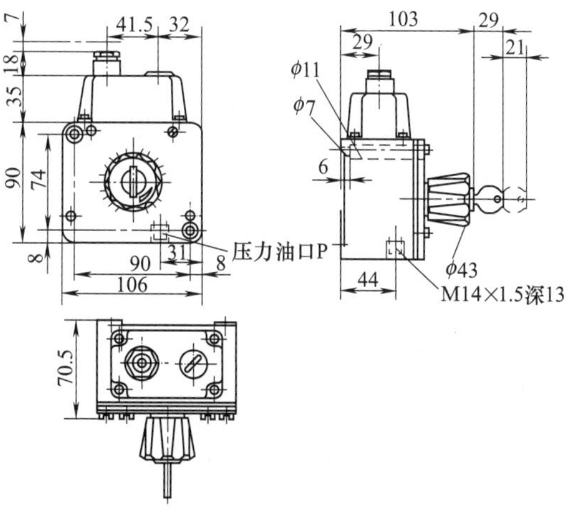

图 20-9-31　HED2 型压力继电器外形尺寸

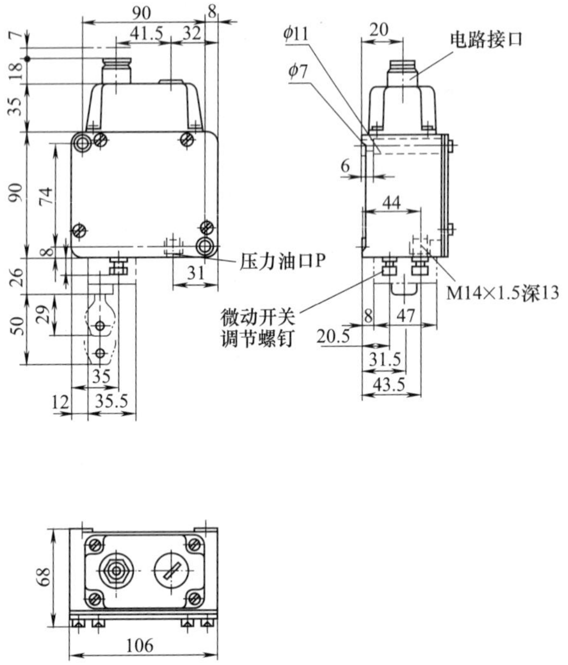

图 20-9-32 HED3 型压力继电器外形尺寸

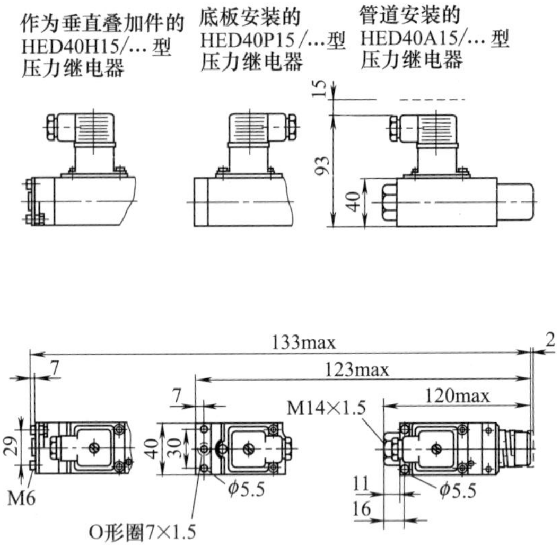

图 20-9-33 HED4 型压力继电器外形尺寸

(2) DP 型压力继电器（榆次系列）

型号意义：

DP ※-※

压力继电器——DP

压力——第一个※

连接形式：B— 板式连接；无标记 — 螺纹连接——第二个※

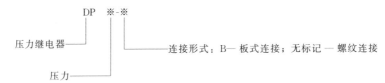

表 20-9-51 **DP 型压力继电器技术规格**

型号	压力调整范围/MPa	重复精度/MPa	通断调节区间/MPa	灵敏度/MPa	外泄漏/mL·min^{-1}	电气参数				连接孔径
						交流		直流		
						V	A	V	A	
DP-10、DP-10B	0.1～1	0.02	0.05～0.15	—	无	250	1	48	0.5	NPT 1/8 ϕ15mm
DP-25、DP-25B	0.25～2.5	0.04	0.15～0.3	—	无					NPT 1/8 ϕ15mm
DP-40、DP-40B	0.3～4	0.05	0.2～0.3	—	无					NPT 1/8 ϕ15mm
DP-100	0.6～10	<0.15	0.8～1.5	—	<50					P 孔：M20×1.5 L 孔：M10×1
DP-63、DP-63B	0.6～6.3	0.05	0.35～0.8	—	无	380	3	110	3	NPT 1¼ ϕ11mm
DP-320	1～32	0.15	—	2	<50					M14×1.5

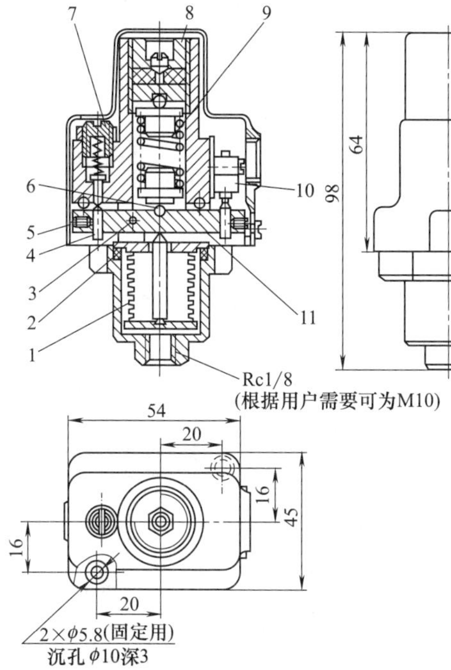

图 20-9-34　DP-(10、25、40) 型压力继电器结构尺寸

1—波纹管；2—密封圈；3—铰轴；4—微调螺钉；5—锁紧螺钉；6—钢球；7—副调节螺钉；8—主调节螺钉；9—弹簧；10—开关；11—杠杆

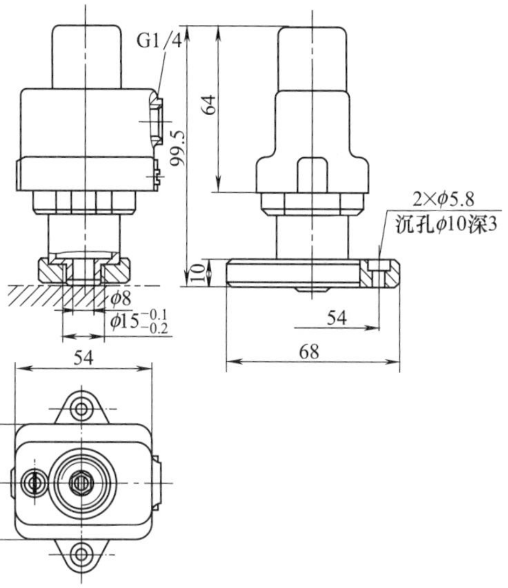

图 20-9-35　DP-(10、25、40) B 型压力继电器外形尺寸

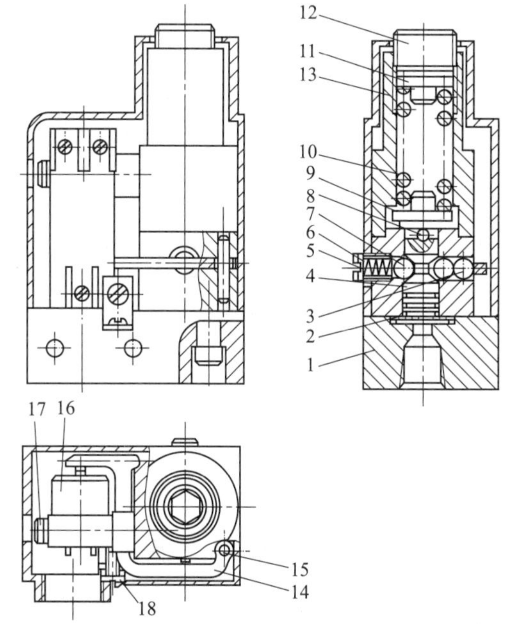

图 20-9-36　DP-63 型压力继电器结构

1—下体压力腔；2—薄膜；3—双球；4—柱塞；5—弹簧；6—区间可调螺钉；7—单球；8—支撑球；9—弹簧下座；10—主弹簧；11—弹簧上座；12—调压螺钉；13—上体；14—杠杆；15—铰轴；16—开关；17—螺钉；18—微调螺钉

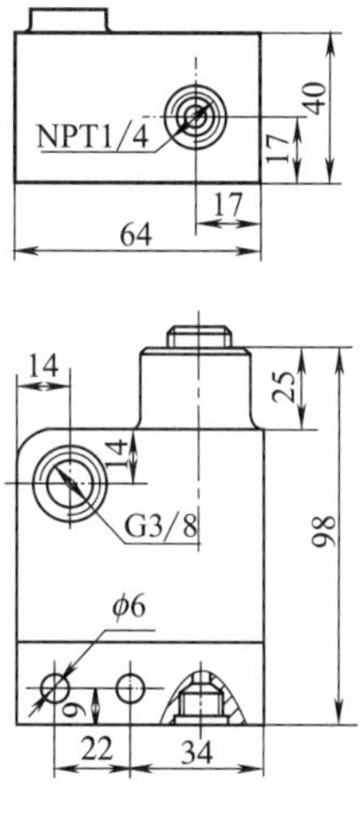

图 20-9-37　DP-63 型压力继电器外形尺寸

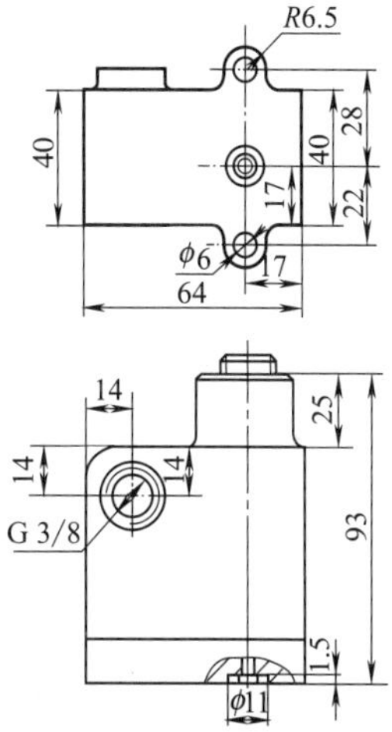

图 20-9-38　DP-63B 型压力继电器外形尺寸

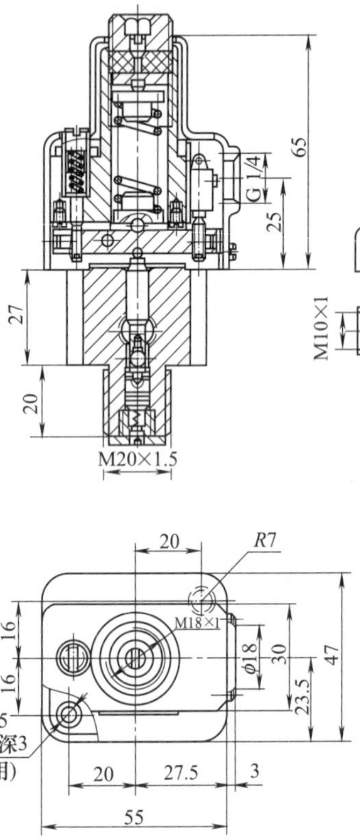

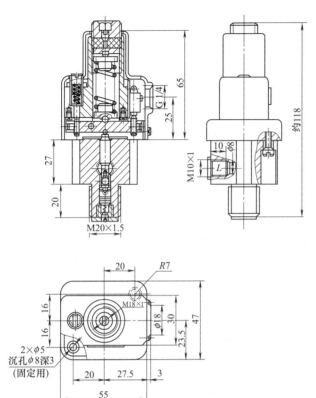

图 20-9-39 DP-100 型压力继电器结构尺寸

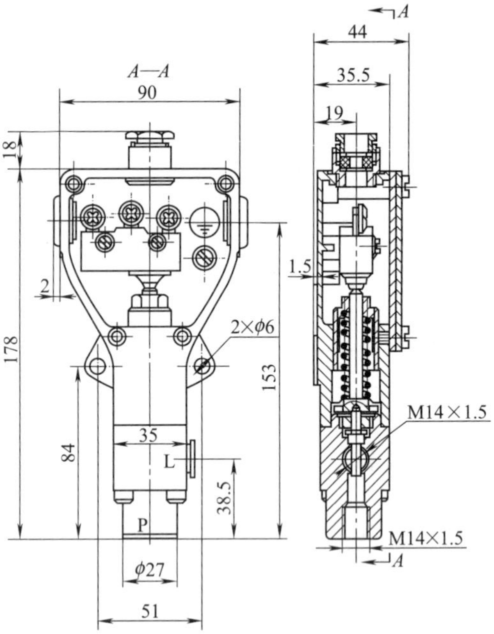

图 20-9-40 DP-320 型压力继电器结构尺寸

9.4 流量控制阀

在液压系统中，用来控制流体流量的阀统称为流量控制阀，简称流量阀。按结构、原理和功用分类，流量阀可分为节流阀、调速阀、溢流节流阀和分流集流阀。

9.4.1 节流阀及单向节流阀

节流阀是通过改变节流截面或节流长度以控制流体流量的阀。将节流阀和单向阀并联，则可组合成单向节流阀。节流阀和单向节流阀是简易的流量控制阀，在定量泵液压系统中，节流阀和溢流阀配合，可组成三种节流调速系统，即进油路节流调速系统、回油路节流调速系统和旁油路节流调速系统。该阀没有压力和温度补偿装置，不能补偿由负载或油液黏度变化所造成的速度不稳定，一般仅用于负载变化不大或对速度稳定性要求不高的场合。

表 20-9-52 流量阀的基本性能要求

流量调节范围	在规定的进、出口压差下，调节阀口开度能达到的最小稳定流量和最大流量之间的范围。最大流量与最小稳定流量之比一般在 50 以上
速度刚性	即流量阀的输出流量能保持稳定，不受外界负载变动的影响的性质，用速度刚性 $T=\partial P/\partial q$ 来表示。速度刚性 T 越大越好
压力损失	流量控制阀是节流型阻力元件，工作时必然有一定的压力损失。为避免过大的功率损失，规定了通过额定流量时的压力损失一般为 0.4MPa 以下，高压时可至 0.8MPa
调节的线性	在采用手轮调节时，要求动作轻便，调节力小。手轮的旋转角度与流量的变化率应尽可能均匀，调节的线性好
内泄漏量	流量阀关闭时从进油腔流到出油腔的泄漏量会影响阀的最小稳定流量，所以内泄漏量要尽可能小
其他	工作时油温的变化会影响黏度而使流量变动，因此常采用对油温不敏感的薄壁节流口

表 20-9-53　**节流阀及单向节流阀**

	类型	说　　明
工作原理和基本结构	普通节流阀	图(a)为 LF 型轴向三角槽式结构筒式节流阀。它由阀体、阀芯、螺盖、手轮等组成。压力油由进油口 P_1 进入，通过由阀芯 3 和阀体 4 组成的节流口，从出油口 P_2 流出。旋转手轮 1，可改变节流口的过流面积，从而实现对流经该阀的流量的控制。因进油腔的油压直接作用在阀芯下部的承压面积上，所以在油压力较高时手轮的调节就较困难，甚至无法调节，因此这种阀也叫带载不可调节流阀 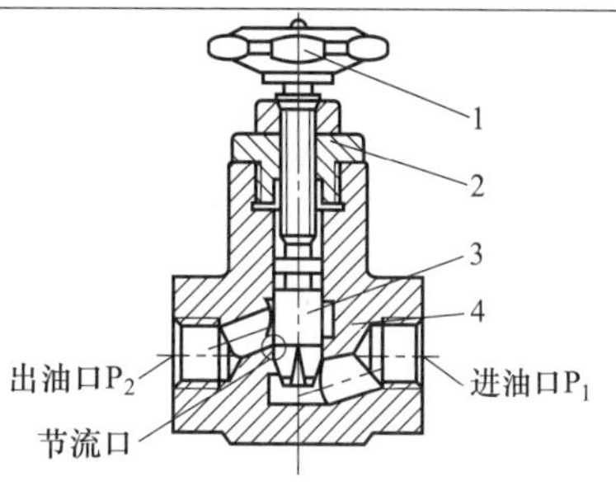 图(a)　LF型轴向三角槽式结构筒式节流阀 1—手轮；2—螺盖；3—阀芯；4—阀体
	可调节流阀	图(b)是公称压力为 32MPa 系列的 LFS 型可调节流阀的结构。压力油由进油口 P_1 进入，通过节流口后自出油口 P_2 流出，进油腔压力油通过阀芯中间通道同时作用在阀芯的上下端承压面积上。因阀芯上下端面积相等，所以受到的液压力也相等，阀芯只受复位弹簧的作用力紧贴推杆，以保持原来调节好的节流口开度。进油腔压力油也同时作用在推杆上，因推杆面积小，所以即使在高压下，推杆上受到的液压力也较小，因此调节手轮上所需的力，比 LF 型要小得多，便于在高压下调节 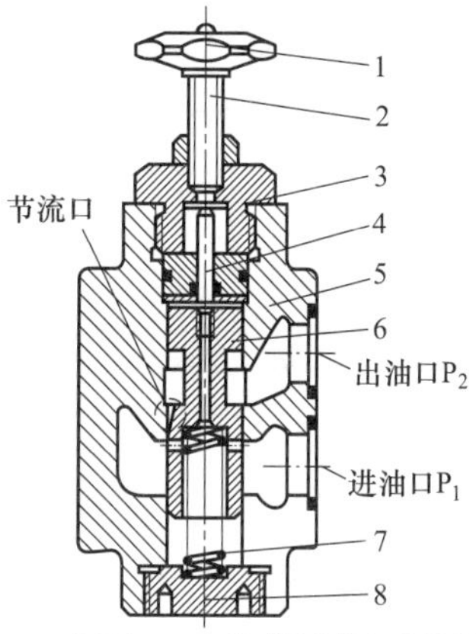 图(b)　LFS型可调节流阀的结构 1—手轮；2—调节螺钉；3—螺盖；4—推杆；5—阀体；6—阀芯；7—复位弹簧；8—端盖
	双向节流阀	图(c)为力士乐公司的 MG 型节流阀，可以双向节流。油通过旁孔 4 流向阀体 2 和可调节的套筒 1 之间形成的节流口 3。转动套筒 1，能够通过改变节流面积，调节流经的流量，该阀只能在无压下调节 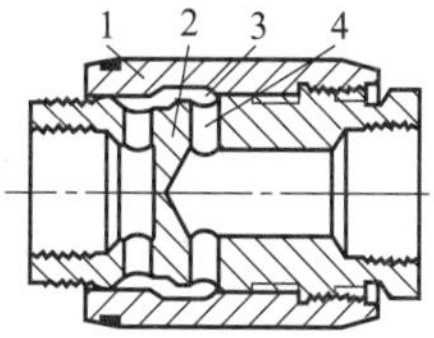 图(c)　MG型节流阀的结构 1—套筒；2—阀体；3—节流口；4—旁孔
	单向节流阀	图(d)为筒式单向节流阀。压力油从进油口 P_1 进入，经阀芯上的三角槽节流口节流，从出油口 P_2 流出。旋转手轮 3 即可改变通过该阀的流量。该阀也是带载不可调节流。当压力油从 P_2 进入时，在压力油作用下阀芯 4 克服软弹簧的作用力向下移，油液不用通过节流口而直接从 P_1 流出，从而起单向阀作用 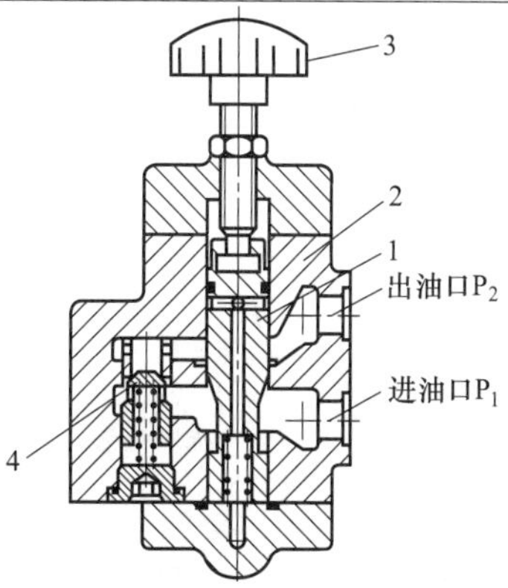 图(d)　筒式单向节流阀 1—阀芯；2—阀体；3—手轮；4—单向阀芯

续表

	类型	说　　明
工作原理和基本结构	单向节流阀	图(e)为 LA 型带载可调单向节流阀。油液从进油口 P_1 正向进入的工作原理与带载不可调节流阀相同，只是进油腔的压力油靠阀体上的通油孔通到上、下阀芯两端，以实现液压平衡，所以也叫带载可调式节流阀。当油液从出油口 P_2 流进时就起单向阀作用 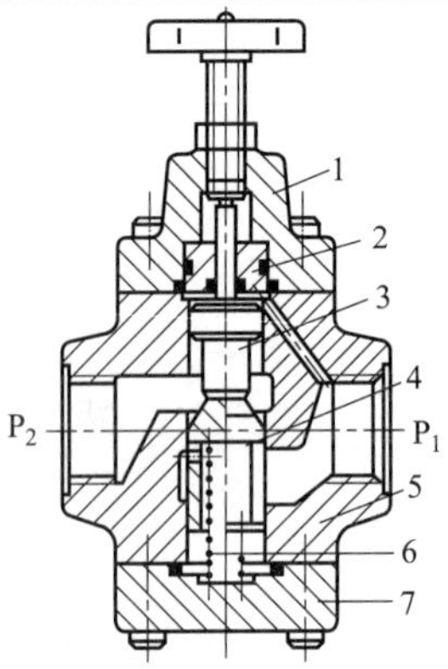 图(e)　LA型带载可调单向节流阀 1—上阀盖；2—顶杆套；3—上阀芯；4—下阀芯；5—阀体；6—弹簧；7—下阀盖
		图(f)为力士乐公司的 MK 型单向节流阀，当压力油从锥阀背面 B 口流入时，作为节流阀使用。若从相反方向流入时，它作为单向阀使用。这时由于有部分油液可在环形缝隙中流动，可以清除节流口上的沉积物。这种阀体积小，结构简单，但不能带载调节 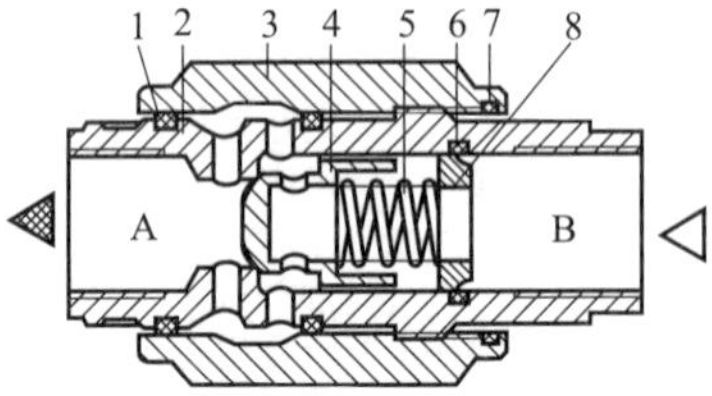 图(f)　力士乐公司的MK型单向节流阀 1，7—密封圈；2—阀体；3—套筒；4—阀芯；5—弹簧；6—弹簧卡圈；8—弹簧座
	行程节流阀	图(g)所示为常开式 CF 型行程节流阀。压力油由进油腔 P_1 进入，通过节流后由出油腔 P_2 流出。在行程挡块未接触滚轮前，节流口面积最大，流经阀的流量最大。当行程挡块接触滚轮时，将阀芯逐渐往下推，使节流口面积逐渐减小，流经阀的流量逐渐减少，执行机构的速度亦越来越慢，直到挡块将节流口关闭，执行机构停止运动。这种阀能使执行机构实现快速前进，慢速进给的目的。也可用来使执行元件在行程末端减速，起缓冲作用 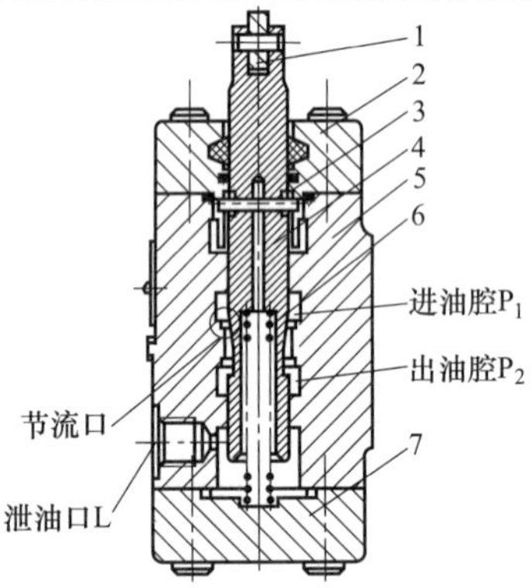 图(g)　常开式CF型行程节流阀 1—滚轮；2—上阀盖；3—径向孔；4—阀芯；5—阀体；6—弹簧；7—下阀盖
		行程节流阀的另一种形式是常闭式(O 型)行程节流阀[见图(h)]，在行程挡块未接触滚轮前，节流口处于关闭状态，没有流量通过。当行程挡块接触滚轮时，将阀芯逐渐往下推，使节流口面积逐渐开大，流经阀的流量逐渐增加，执行机构的速度亦越来越快 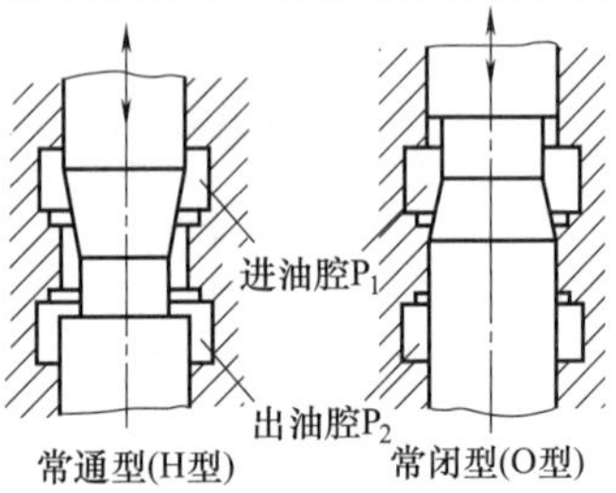 图(h)　行程节流滑阀

续表

	类型	说　　明
工作原理和基本结构	行程节流阀	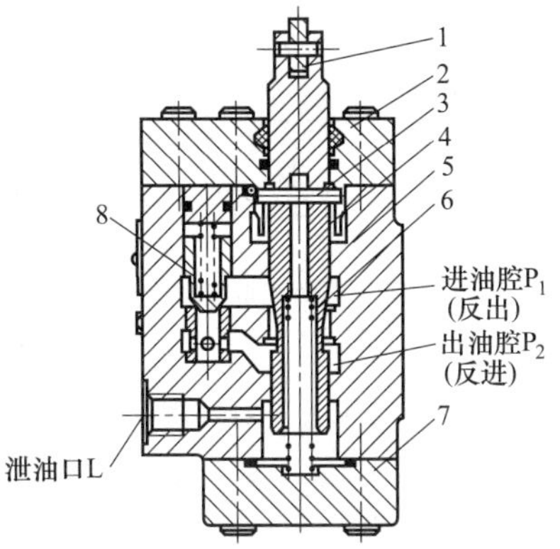 图(i)　常开式单向行程节流阀的结构 1—滚轮；2—上阀盖；3—径向孔；4—阀芯；5—阀体；6—弹簧；7—下阀盖；8—单向阀芯 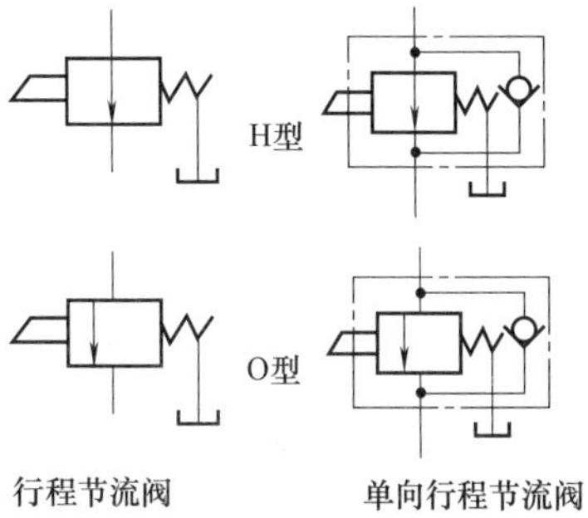 图(j)　行程节流阀图形符号 图(i)是常开式单向行程节流阀的结构。图(j)为其图形符号。它由单向阀和行程节流阀组成。当压力油由进油腔 P_1 流向出油腔 P_2 时，单向阀关闭，起到行程节流阀的作用。当油液反向从 P_2 进入 P_1 流出时，单向阀开启，使执行机构快速退回。这种阀常用于需要实现快进—工进—快退的工作循环，也可使执行元件在行程终点减速、缓冲
应用		节流阀在定量泵液压系统中与溢流阀配合，组成进油路节流调速、回油路节流调速、旁油路节流调速系统。由于没有压力补偿装置，通过阀的流量随着负载的变化而变化，速度稳定性较差。节流阀也可作为阻力元件在回路中调节压力，如作为背压阀等。单向节流阀则用在执行机构在一个方向需要节流调速，另一方向可自由流动的场合。行程节流阀主要用于执行机构末端需要减速、缓冲的系统。也可用单向行程节流阀来实现快进—工进—快退的要求

9.4.2　调速阀及单向调速阀

当节流阀的节流口开度一定，负载变化时，节流阀的进出口油压差 Δp 也变化，通过节流口的流量也发生变化，因此在执行机构的运动速度稳定性要求较高的场合，就要用到调速阀。调速阀利用负载压力补偿原理，补偿由于负载变化而引起的进出口压差的 Δp 变化，使 Δp 基本趋于一常数。压力补偿元件通常是定差减压阀或定差溢流阀，因此调速阀分别称为定差减压型调速阀或定差溢流型调速阀。

表 20-9-54　　调速阀及单向调速阀

工作原理	减压节流型调速阀	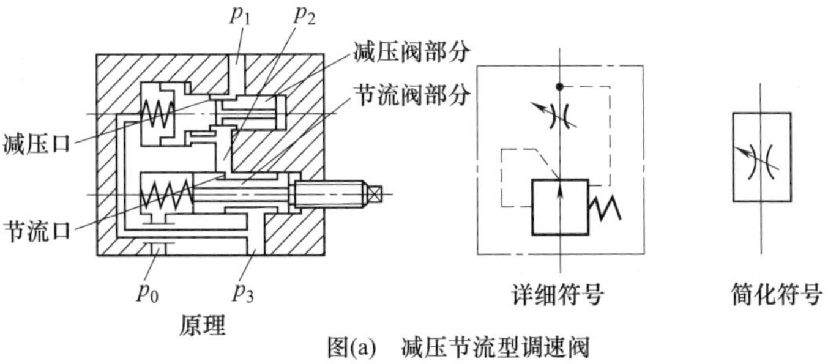 图(a)　减压节流型调速阀

第20篇

续表

<table>
<tr><th></th><th>类型</th><th>说　　明</th></tr>
<tr><td rowspan="2">工作原理</td><td>减压节流型调速阀</td><td>

调速阀由普通节流阀与定差减压阀串联而成。压力油 p_1 由进油腔进入，经减压阀减压，压力变为 p_2 后流入节流阀的进油腔，经节流口节流，压力变为 p_3，由出油腔流出到执行机构。出口油液压力 p_3 通过阀体的通油孔，反馈到减压阀芯大端的承压面积上。当负载增加时，p_3 也增加，减压阀芯向右移，使减压口增大，流经减压口的压力损失也减小，即 p_2 也增加，直到 $\Delta p=p_2-p_3$ 基本保持不变，达到新的平衡；当负载下降时，p_3 也下降，减压阀芯左移，减压口开度减小，流经减压口的压力降增加，使得 p_2 下降，直到 $\Delta p=p_2-p_3$ 基本保持不变。而当进口油压 p_1 变化时，经类似的调节作用，节流阀前后的压差 Δp 仍基本保持不变，即流经阀的流量依旧近似保持不变

由调速阀的工作原理知，液流反向流动时由于 $p_3>p_2$，所以定差减压阀的阀芯始终在最右端的阀口全开位置，这时减压阀失去作用而使调速阀成为单一的节流阀，因此调速阀不能反向工作。只有加上整流桥才能做成双向流量控制，见图(b)

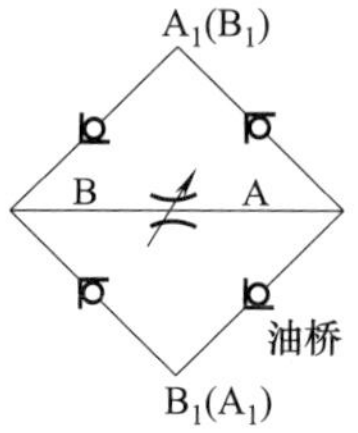

图(b) 整流桥的图形符号

</td></tr>
<tr><td>单向调速阀</td><td>

单向调速阀由单向阀和调速阀并联而成，油路在一个方向能够调速，另一方向油液通过单向阀流过，减少了回油的节流损失，如图(c)所示

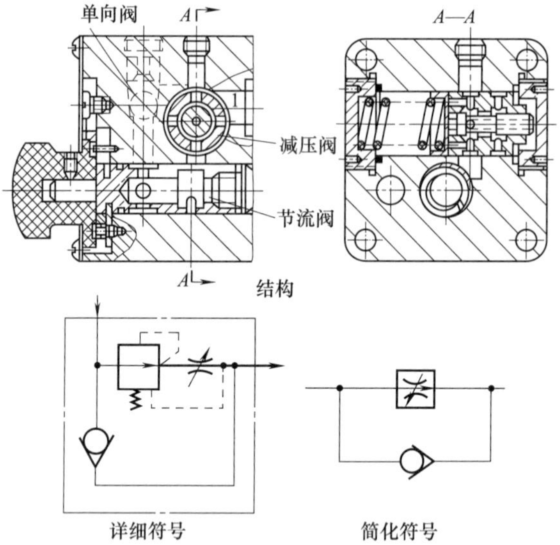

图(c) QA型单向调速阀

</td></tr>
<tr><td>流量特性</td><td colspan="2">

当调速阀稳定工作时，忽略减压阀阀芯自重以及阀芯上的摩擦力，对图(d)减压阀芯作受力分析，则作用在减压阀芯上的力平衡方程为

$$p_2(A_c+A_d)=p_3A_b+k(x_0+\Delta x)$$

$$p_2-p_3=\frac{k(x_0+\Delta x)}{A}$$

由于弹簧较软，阀芯的偏移量 Δx 远小于弹簧的预压缩量 x_0，所以 $k(x_0+\Delta x)\approx kx_0$，即

$$\Delta p=p_2-p_3\approx\frac{kx_0}{A}=\text{常数}$$

式中　Δp——节流阀口前后压差，Pa；
A_c——减压阀阀芯肩部环形面积，m^2；
A_d——减压阀阀芯小端面积，m^2；
A_b——减压阀阀芯大端面积，m^2；
k——减压阀阀腔弹簧刚度，N/m；
x_0——减压阀阀腔弹簧预压缩量，m；
Δx——减压阀阀芯移动量，m；
A——减压阀芯大活塞面积

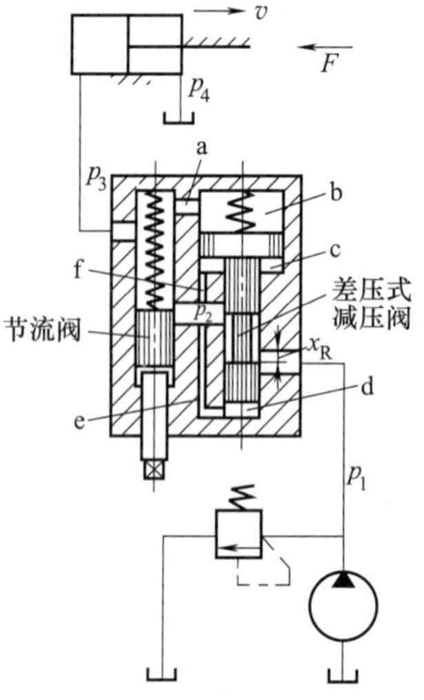

图(d) 调速阀的工作原理及流量特性分析

</td></tr>
</table>

续表

工作原理		节流口前后压差 Δp 基本为一常数，通过该节流口的流量基本不变，即不随外界负载、进油压力变化而变化，调速阀与节流阀的流量特性曲线如图(e)所示。由图中可以看出，调速阀的速度稳定性比节流阀的速度稳定性好，但它有个最小工作压差。这是由于调速阀正常工作时，至少应有 0.4～0.5MPa 的压力差。否则，减压阀的阀芯在弹簧力的作用下，减压阀的开度最大，不能起到稳定节流阀前后压差的作用。此时调速阀的性能就如同节流阀。只有在调速阀上的压力差大于一定数值之后，流量才基本处于稳定 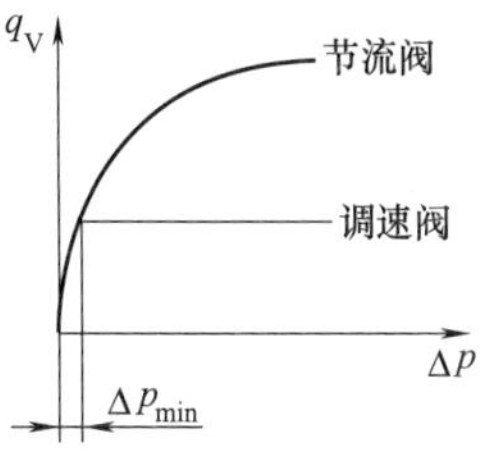 图(e)　调速阀与节流阀的流量特性比较 (图中 Δp 为阀的进出口压力差， 并非节流口的出口压力差)
主要性能要求	进出油腔最小压差	指节流口全开，通过公称流量时，阀进出油腔的压差，一般在 1MPa 左右。压差过低，减压阀部分不能正常工作，就不能对节流阀进行有效的压力补偿，因而影响流量的稳定
	流量调节范围	流量调节范围越大越好，并且调节时，流量变化均匀，调节性能好
	最小稳定流量	指调速阀能正常工作的最小流量，即流量的变化率不大于 10%，不出现断流的现象。QF 型调速阀和 QDF 单向节流阀的最小稳定流量，一般为公称流量的 10%左右
	内泄漏	即节流阀全关闭时，进油腔压力调节至公称压力时，从阀芯和阀体配合间隙处由进油腔泄漏到出油腔的流量，要求内泄漏量要小
	其他	要求调速阀不易堵塞，特别是小流量时要不易堵塞。通过阀的流量受温度的影响要小
改善调速阀流量特性的措施		温度的变化会使介质的黏度发生改变，液动力也会使定差减压阀阀芯的力平衡受到影响。这些因素也会影响流量的稳定性。可以采用温度补偿装置或液动力补偿阀芯结构来加以改善
	温度补偿	在流量控制阀中，当为了减小油温对流量稳定性的影响而采用薄壁孔结构时，只能在 20～70℃的范围内得到一个不使流量变化率超过 15%的结果。对于工作温度变化范围较大，流量稳定性要求较高，特别是微量进给的场合，就必须在节流阀内采取温度补偿措施 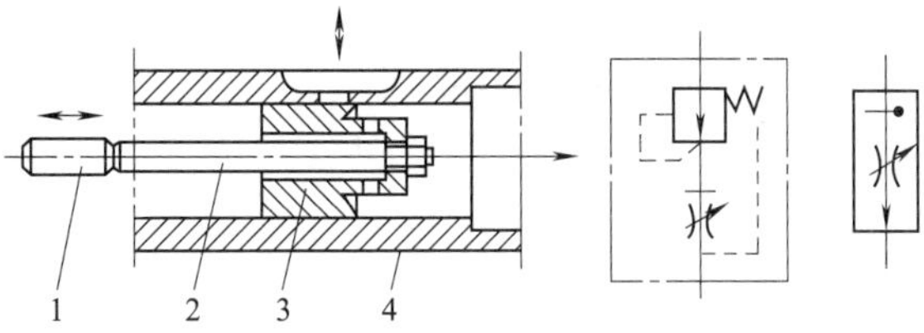 结构　　详细符号　　简化符号 图(f)　带温度补偿装置的调速阀 1—顶杆；2—补偿杆；3—阀芯；4—阀体 图(f)为某调速阀中节流阀部分的温度补偿装置。节流阀开口的调节是由顶杆 1 通过补偿杆 2 和阀芯 3 来完成的。阀芯在弹簧的作用下使补偿杆靠紧在顶杆上，当油温升高时，补偿杆受热变形伸长，使阀口开度减小，补偿了由于油液黏度减小所引起的流量增量 目前的温度补偿阀中的补偿杆用强度大、耐高温、线胀系数大的聚乙烯塑料 NASC 制成，效果甚好，能在 20～60℃的温度范围内使流量变化率不超过 10%
	液动力补偿	有些调速阀还采用液动力补偿的阀芯结构来改善流量特性，见图(g) 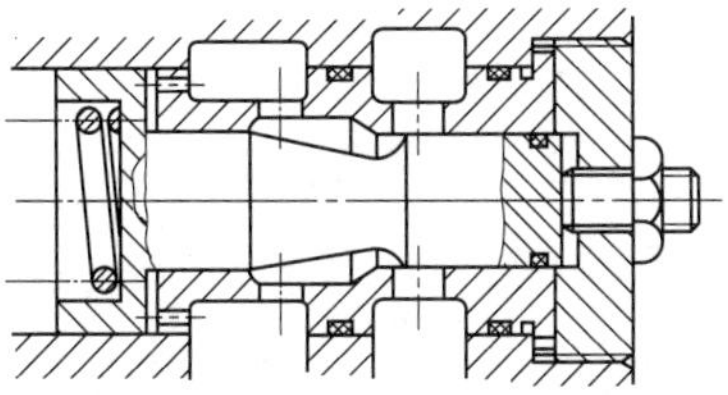 图(g)　带液动力补偿机构的减压阀芯

第20篇

续表

<table>
<tr><td>结构和特点</td><td colspan="2">调速阀由定差减压阀和节流阀串联而成。结构上有节流阀在前，减压阀在后的，如美国威格士 FG-3 型[见图(h)]，也有减压阀在前、节流阀在后的，如德国的力士乐 2FRM 型单向调速阀[见图(i)]。图(h)中，油液从 A 腔正向进入，一方面进到节流阀的进油腔，一方面作用在减压阀的阀芯左端面。经节流后的油液进入减压阀的弹簧腔，经减压阀减压后从 B 腔流出，不管进油腔 A 或出油腔 B 的压力发生变化，减压阀都会调节减压口的开度，使 A、B 腔的压力差基本保持不变，达到稳定流量的作用。这种阀的结构和油路较为简单
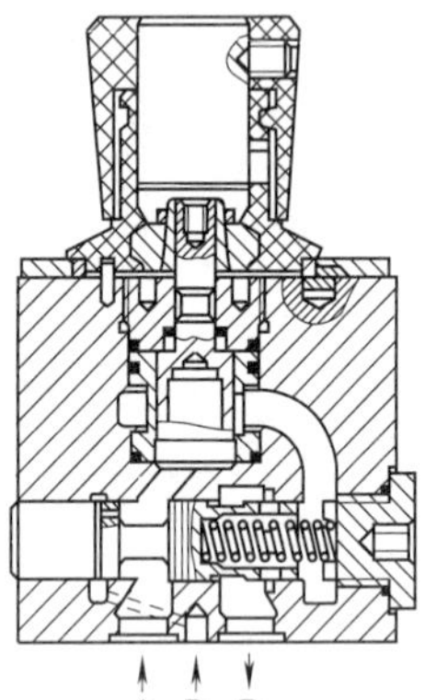

图(h) 威格士FG-3型调速阀
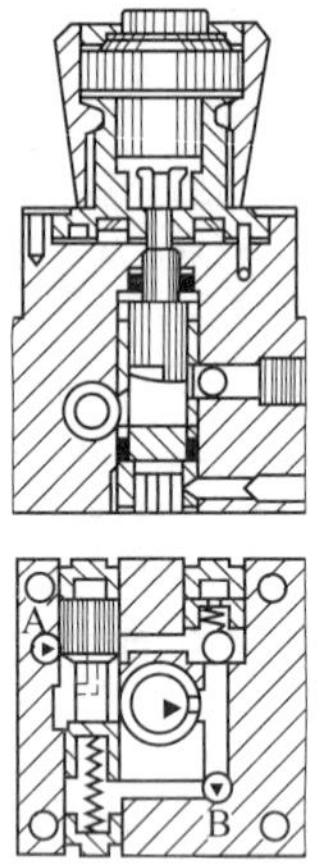

图(i) FRM型单向调速阀
图(i)为德国力士乐公司生产的 FRM 型单向调速阀。油液先经减压阀减压，再由节流阀节流。由于节流阀口设计成薄刃状，流量受温度的变化影响较小，因而流量稳定性较好
图(j)为单向行程调速阀的结构和图形符号。它由行程阀与单向调速阀并联组成。当工作台的挡块未碰到滚轮时，由于此行程阀是常开的，油液可以经行程阀流过，而不经调速阀，所以液流不受节流作用，这时执行机构以快速运动。当工作台的挡块碰到滚轮，将行程阀压下后，行程阀封闭，油液只能流经调速阀，执行机构的运动速度便由调速阀来调节。当油液反向流动时，油液直接经单向阀流过，执行机构快速退回。利用单向行程调速阀，可以实现执行机构的快进—工进—快退的功能
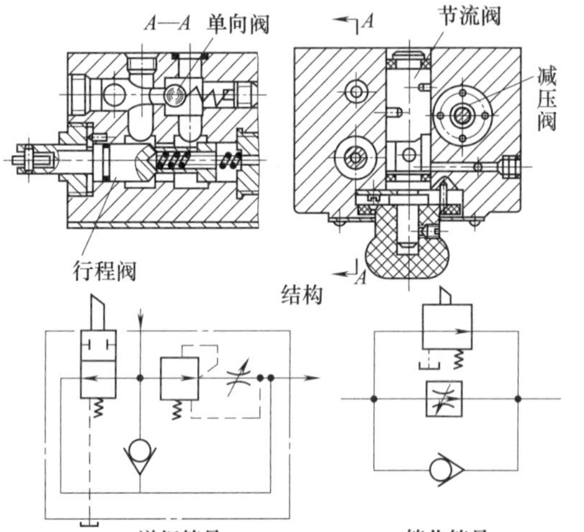

图(j) 单向行程调速阀的结构和图形符号</td></tr>
<tr><td>应用</td><td colspan="2">调速阀在定量泵液压系统中的主要作用是与溢流阀配合，组成节流调速系统。因调速阀调速刚性大，更适用于执行元件负载变化大、运动速度稳定性要求较高的液压调速系统。采用调速阀调速与节流阀调速一样，可将调速阀装在进油路、回油路和旁油路上，也可用于执行机构往复节流调速回路
调速阀可与变量泵组合成容积节流调速回路，主要用于大功率、速度稳定性要求较高的系统。它的调速范围较大</td></tr>
<tr><td rowspan="3">常见故障与排除方法</td><td>流量调节失灵</td><td>调节节流部分时出油腔流量不发生变化，其主要原因是阀芯径向卡住和节流部分发生故障等。减压阀芯或节流阀芯在全关闭位置时，径向卡住会使出油腔没有流量；在全开位置(或节流口调整好)时，径向卡住，会使调节节流口开度而出油腔的流量不发生变化
当节流调节部分发生故障时，会使调节螺杆不能轴向移动，使出油腔流量也不发生变化。发生阀芯卡住或节流调节部分故障时，应进行清洗和修复</td></tr>
<tr><td>流量不稳定</td><td>节流调节型调速阀当节流口调整好锁紧后，有时会出现流量不稳定现象，特别在最小稳定流量时更易发生。其主要原因是锁紧装置松动，节流口部分堵塞，油温升高，进、出油腔最小压差过低和进、出油腔接反等</td></tr>
<tr><td>内泄漏量增大</td><td>减压节流型调速阀节流口关闭时，是靠间隙密封的，因此不可避免有一定的泄漏量。当密封面磨损过大时，会引起内泄漏量增加，使流量不稳定，特别是影响到最小稳定流量</td></tr>
</table>

9.4.3　溢流节流阀

表 20-9-55　　**溢流节流阀**

工作原理	溢流节流阀又称旁通型调速阀，图(a)所示为旁通型调速阀的工作原理。该阀是另一种带压力补偿装置形式的节流阀，由起稳压作用的溢流阀和起节流作用的节流阀并联组成，亦能使通过节流阀的流量基本不受负载变化的影响。由图可见，进油口处流入的高压油一部分通过节流阀的阀口，自出油口处流出，将压力降为 p_2，另一部分通过溢流阀的阀口溢流回油箱。溢流阀上端的油腔与节流阀后的压力油相通，下端的油腔与节流阀前压力油相通。当出口油压力增大时，阀芯下移，关小阀口，从而使进口处压力 p_2 增加，节流阀前后的压力差 p_1-p_2 基本保持不变。当出口压力 p_2 减少时，阀芯上移，开大阀口，使进油压力 p_1 下降，结果仍能保持压差 p_1-p_2 基本不变 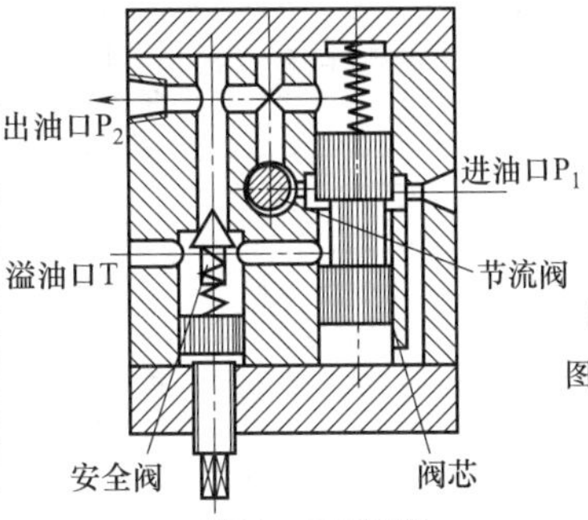 图(a)　工作原理 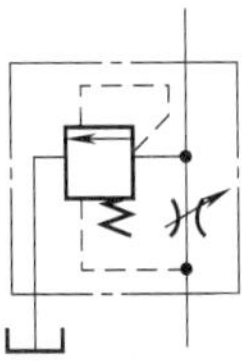 图(b)　详细符号 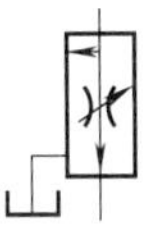 图(c)　简化符号
流量特性	假设溢流阀芯上受到的液动力和摩擦力忽略不计，则阀芯上的力平衡方程为 $$p_1(A_b+A_c)=p_2A+k(x_0+\Delta x)$$ $$\Delta p=p_1-p_2=\frac{k(x_0+\Delta x)}{A}\approx\frac{kx_0}{A}=常数$$ 溢流节流阀上设有安全阀，当出口压力 p_2 增大到安全阀的调定压力时，安全阀打开，防止系统过载 溢流节流阀只能装在执行元件的进油口，当执行元件的负载发生变化时，工作压力 p_2 也相应变化，使溢流阀进口处的压力 p_1 也发生变化，即液压泵的出口压力随负载的变化而变化，因此旁通型调速阀有功率损失低、发热小的优点。但是旁通型调速阀中流过的流量比减压型调速阀的大，基本为系统的全部流量，阀芯运动时阻力较大，故弹簧做得比较硬，因此它的速度稳定性稍差些，一般用于速度稳定性要求不太高、功率较大的系统 此外，由于系统的工作压力处于追随负载压力变化中，因此泄漏量的变化有时也会引起一些动态特性的问题

9.4.4　分流集流阀

分流集流阀也称为同步阀，用于多个液压执行器需要同步运动的场合。它可以使多个液压执行器在负载不均的情况下，仍能获得大致相等或成比例的流量，从而实现执行器的同步运动。但它的控制精度较低，压力损失也较大，适用于要求不高的场合。

第20篇

表 20-9-56　　**分流集流阀**

分类	分流集流阀按照流量分配、液流方向、结构原理分成不同的形式： 分流集流阀 - 按流量分配情况分：等量式；比例式 - 按液流方向分：分流阀；集流阀；分流集流阀 - 按结构原理分：定节流式（换向活塞式；挂钩阀芯式）；可调定节流式；自调定节流式
结构和工作原理	分流集流阀是利用负载压力反馈的原理，来补偿因负载变化而引起流量变化的一种流量阀。但它不控制流量的大小，只控制流量的分配。图(a)为 FJL 型活塞式分流集流阀的结构原理 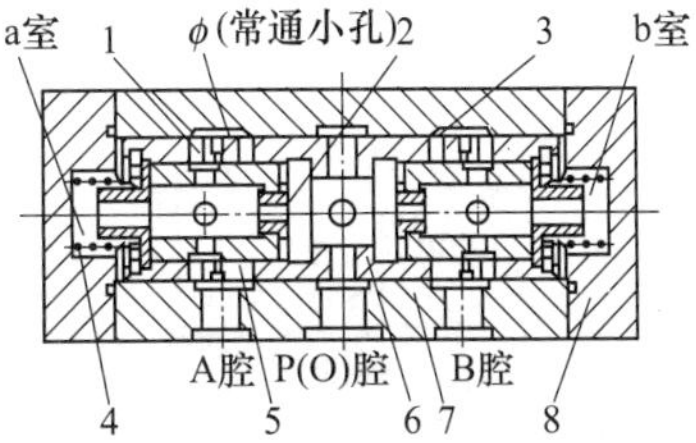 图(a)　FJL型活塞式分流集流阀的结构 1—可变分流节流口；2—定节流口；3—可变集流节流口；4—对中弹簧；5—换向活塞；6—阀芯；7—阀体；8—阀盖

续表

结构和工作原理

当处于分流工况时，压力油 p 使换向活塞分开[图(b)]。图中 P(O)为进油腔，A 和 B 是分流出口。当 A 腔与 B 腔负载压力相等时，通过变节流口反映到 a 室和 b 室的油液压力也相等，阀芯在对中弹簧作用下便处于中间位置，使左右两侧的变节流口开度相等。因 a、b 两室的油液压力相等，所以定节流孔 F_A 和 F_B 的前后压力差也相等，即 $\Delta p_{pa}=\Delta p_{pb}$，于是分流口 A 腔的流量等于分流口 B 腔的流量，即 $q_A=q_B$

当 A 腔和 B 腔负载压力发生变化时，若 $p_A>p_B$ 时，通过节流口反映到 a 室和 b 室的油液压力就不相等，则定节流孔 F_A 的前后油液压差就小于定节流口 F_B 的前后油液压差，即 $\Delta p_{pa}<\Delta p_{pb}$。因阀芯两端的承压面积相等，又 $p_a>p_b$，所以阀芯离开中间位置向右移动，阀芯移动后使左侧变节流口 f_A 开大，右侧变节流口关小，使流经 f_B 的油液节流压降增加，使 b 室压力增高(B 腔负载压力不变)。直到 a、b 两室的油液压力相等，即 $p_a=p_b$ 时，阀芯才停止运动，阀芯在新的位置得到新的平衡。这时定节流口 F_A 和 F_B 的前后油液压差又相等，即 $\Delta p_{pa}=\Delta p_{pb}$，分流口 A 腔的流量又重新等于分流口 B 腔的流量，即 $q_A=q_B$

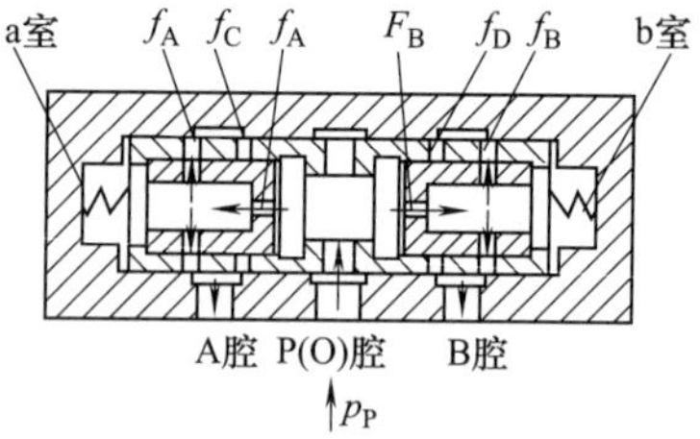

图(b)　分流工作原理

图(c)为换向活塞式分流集流阀集流工作状况的工作原理。由两个执行元件排出的压力油 p_A 与 p_B 分别进入阀的集流口 A 和 B，然后集中于 P(O)腔流出，回到油箱。当 A 腔和 B 腔负载压力相等时，通过变节流口反映到 a 室和 b 室的油液压力也相等。阀芯在对中弹簧作用下处于中间位置，使左右两侧的变节流口开度相等，因 a、b 两室的油液压力相等，即 $\Delta p_a=\Delta p_b$，所以定节流孔 F_A 和 F_B 的前后油液压差又相等，$\Delta p_{pa}=\Delta p_{pb}$，集流口 A 腔的流量等于集流口 B 腔的流量，即 $q_A=q_B$

当 A 腔和 B 腔负载压力发生变化时，若 $p_A>p_B$，通过节流口反映到 a 室和 b 室的油液压力就不相等，即 $p_a>p_b$。定节流孔 F_A 的前后油液压差，就小于定节流口 F_B 的前后油液压差，即 $\Delta p_{pa}<\Delta p_{pb}$，因阀芯两端的承压面积相等，又 $p_a>p_b$，所以阀芯离开中间位置向右移动，阀芯移动后使左侧变节流口 f_C 关小，右侧变节流口 f_D 开大。f_C 关小的结果，使流经 f_C 的油液节流压降增加，使 a 室压力降低，直到 a、b 两室的油液压力相等。即 $p_a=p_b$ 时，阀芯才停止运动，阀芯在新的位置得到新的平衡。这时定节流口 F_A 和 F_B 的前后油液压差又相等，即 $\Delta p_{pa}=\Delta p_{pb}$，集流口 A 腔的流量又重新等于集流口 B 腔的流量，即 $q_A=q_B$

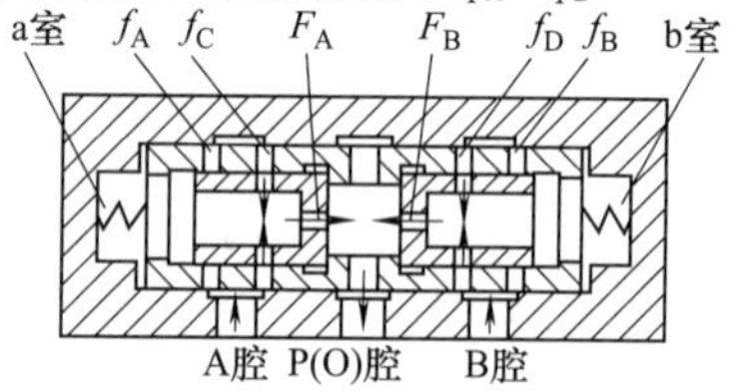

图(c)　集流工作原理

应用

分流集流阀用于多个液压执行元件驱动同一负载，而要求各执行元件同步的场合。由于两个或两个以上的执行元件的负载不均衡，摩擦阻力不相等，以及制造误差、内外泄漏量和压力损失不一致，经常不能使执行元件同步，因此，在这些系统中需要采取同步措施，来消除或克服这些影响。保证执行元件的同步运动时，可以考虑采用分流集流阀，但选用时要注意同步精度应满足要求

分流集流阀在动态时(阀芯移动过程中)，两侧节流孔的前后压差不相等，即 A 腔流量不等于 B 腔流量，所以它只能保证执行元件在静态时的速度同步，而在动态时，既不能保证速度同步，更难实现位置同步。因此它的控制精度不高，不宜用在负载变动频繁的系统

分流集流阀的压力损失较大，通常在 1～12MPa 左右，因此系统发热量较大。自调节流式或可调节流式同步阀的同步精度及同步精度的稳定性都较固定节流式的为高，但压力损失也较后者为大

9.4.5　典型产品

9.4.5.1　节流阀

(1) MG/MK 型节流阀及单向节流阀（力士乐系列）

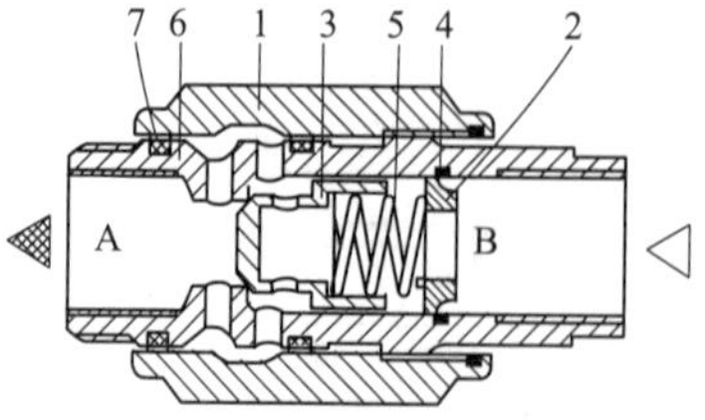

图 20-9-41　MK 型节流阀结构
1—螺母；2—弹簧座；3—单向阀；4—卡环；5—弹簧；6—阀体；7—O 形圈

型号意义：

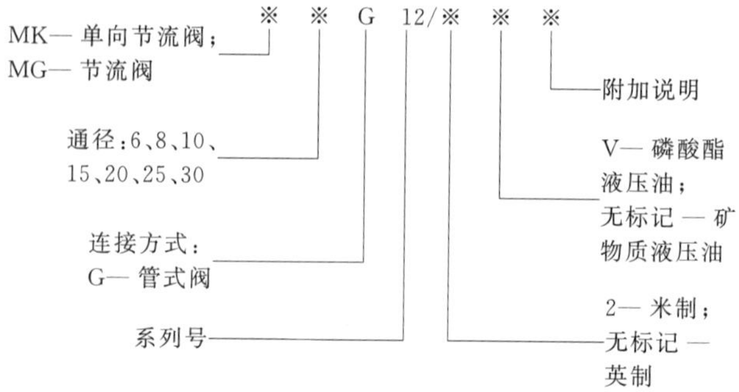

表 20-9-57　　MG/MK 型节流阀技术参数

通径/mm	6	8	10	15	20	25	30
流量/L·min^{-1}	15	30	50	140	200	300	400
压力/MPa	约 31.5						
开启压力/MPa	0.05(MK 型)						
介质	矿物油;磷酸酯液						
介质黏度/mm^2·s^{-1}	(2.8～380)×10^{-6}						
介质温度/℃	-20～70						

表 20-9-58　　MG/MK 型节流阀外形尺寸　　mm

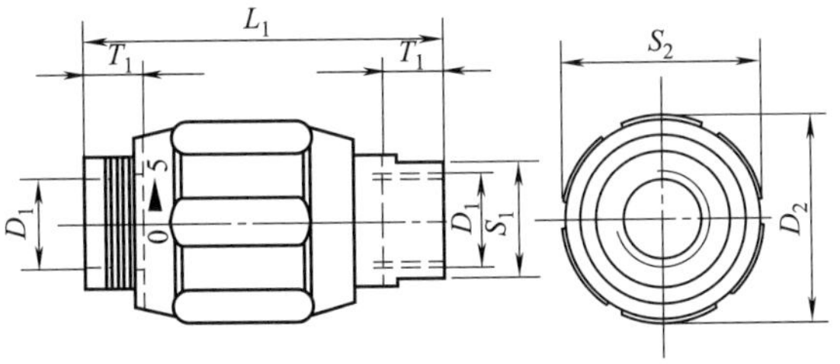

通径/mm	D_1	D_2	L_1	S_1	S_2	T_1	质量/kg
6	G1/4(M14×1.5)	34	65	19	32	12	0.3
8	G3/8(M18×1.5)	38	65	22	36	12	0.4
10	G1/2(M22×1.5)	48	80	27	46	14	0.7
15	G3/4(M27×2)	58	100	32	55	16	1.1
20	G1(M33×2)	72	110	41	70	18	1.9
25	G1¼(M42×2)	87	130	50	85	20	3.2
30	G1½(M48×2)	93	150	60	90	22	4.1

(2) DV/DRV 型节流截止阀及单向节流截止阀（力士乐系列）

型号意义：

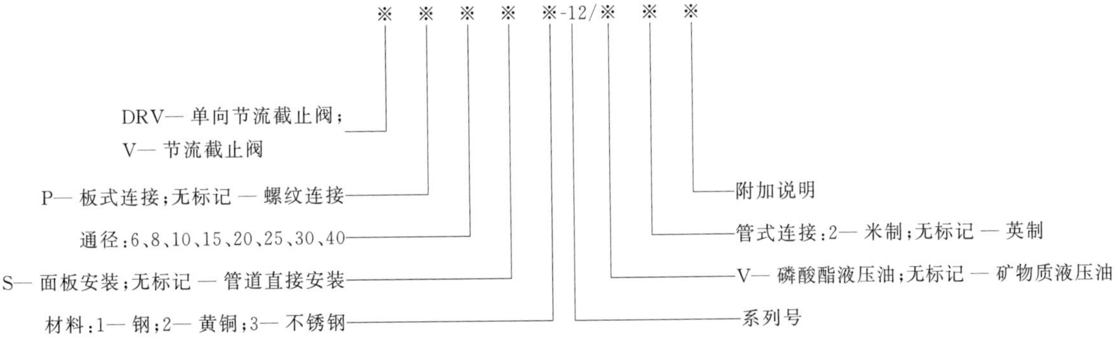

表 20-9-59　　DV/DRV 型节流截止阀及单向节流截止阀技术参数

通径/mm	6	8	10	12	16	20	25	30	40
流量/L·min^{-1}	14	60	75	140	175	200	300	400	600
工作压力/MPa	约 35								
单向阀开启压力/MPa	0.05								
介质	矿物液压油;磷酸酯液								
介质黏度/m^2·s^{-1}	(2.8～380)×10^{-6}								
介质温度/℃	-20～100								
安装位置	任意								

表 20-9-60　　DV/DRV 型节流阀（管式）外形尺寸　　mm

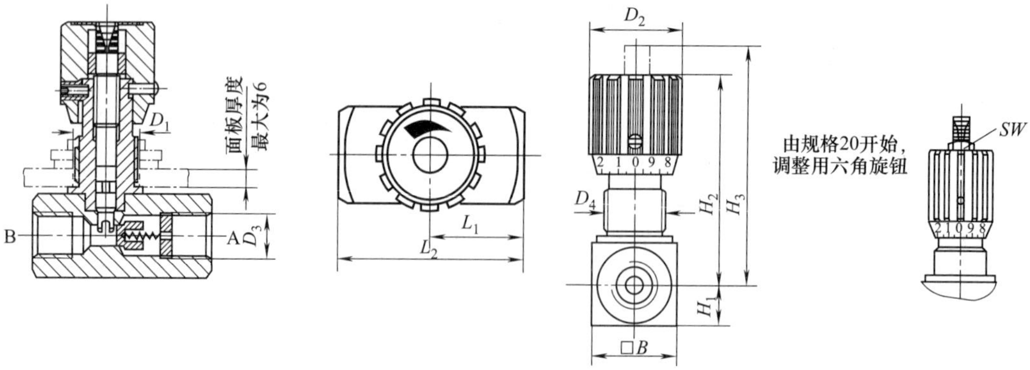

规格	B	D_1	D_2	D_3		D_4	H_1
6	15	16	24	G1/8	M10×1	M12×1.25	8
8	25	19	29	G1/4	M14×1.5	M18×1.5	12.5
10	30	19	29	G3/8	M18×1.5	M18×1.5	15
12	35	23	38	G1/2	M22×1.5	M22×1.5	17.5
16	45	23	38	G3/4	M27×2	M22×1.5	22.5
20	50	38	49	G1	M33×2	M33×1.5	25
25	60	38	49	G1¼	M42×2	M33×1.5	30
30	70	38	49	G1½	M48×2	M33×1.5	35
40	90	38	49	G2		M33×1.5	45

规格	H_2	H_3	SW	L_1		L_2	
				DV	DRV	DV	DRV
6	50	55	—	19	26	38	45
8	65	72		24	33.5	48	45
10	67	74		29	41	58	65
12	82	92		34	44	68	73
16	96	106		39	57	78	88
20	128	145	19	54	77	108	127
25	133	150	19	54	93	108	143
30	138	155	19	54	108	108	143
40	148	165	19	—	130	—	165

表 20-9-61　　DRVP 型节流阀（板式）外形尺寸　　mm

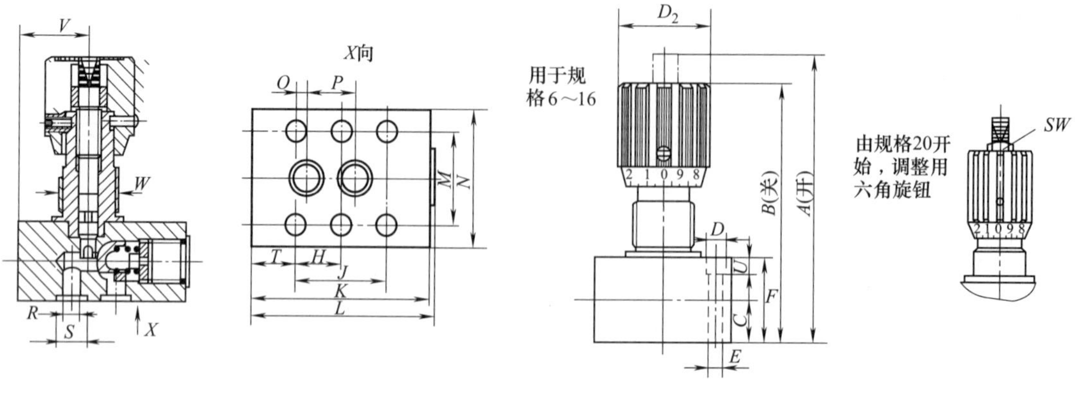

续表

规格	A	B	C	D	E	F	D_2	H	J	K	L
DRVP-6	63	58	8	11	6.6	16	24	—	19	41.5	43
DRVP-8	79	72	10	11	6.6	20	29	—	35	63.5	65
DRVP-10	84	77	12.5	11	6.6	25	29	—	33.5	70	72
DRVP-12	103	96	16	11	6.6	32	38	—	38	80	84
DRVP-16	128	118	22.5	14	9	45	38	38	76	104	107
DRVP-20	170	153	25	14	9	50	49	47.5	95	127	131
DRVP-25	175	150	27.5	18	11	55	49	60	120	165	169
DRVP-30	195	170	37.5	20	14	75	49	71.5	143	186	190
DRVP-40	220	203	50	20	14	100	49	67	133.5	192	196

规格	M	N	O	P	R	S	T	U	V	W	SW
DRVP-6	28.5	41.5	1.6	16	5	9.8	6.4	7	13.5	Pg7	—
DRVP-8	33.5	46	4.5	25.5	7	12.7	14.2	7	31	Pg11	—
DRVP-10	38	51	4	25.5	10	15.7	18	7	29.5	Pg11	—
DRVP-12	44.5	57.5	4	30	13	18.7	21	7	36.5	Pg16	—
DRVP-16	54	70	11.4	54	17	24.5	14	9	49	Pg16	—
DRVP-20	60	76.5	19	57	22	30.5	16	9	49	Pg29	19
DRVP-25	76	100	20.6	79.5	28.5	37.5	15	11	77	Pg29	19
DRVP-30	92	115	23.8	95	35	43.5	15	13	85	Pg29	19
DRVP-40	111	140	25.5	89	47.5	57.5	16	13	64	Pg29	19

9.4.5.2 调速阀

(1) 2FRM型调速阀（5、10、16通径）（力士乐系列）

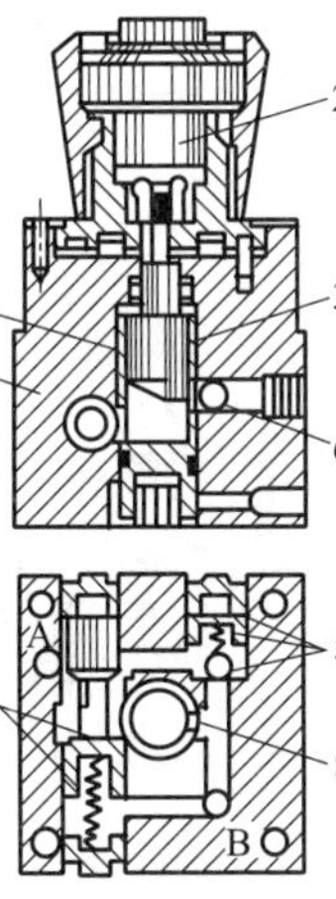

图 20-9-42　2FRM5-30型调速阀结构

1—阀体；2—调节元件；3—薄刃孔；4—减压阀；5—单向阀；6—节流窗口；7—节流杆；8—节流孔

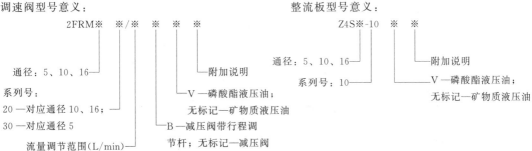

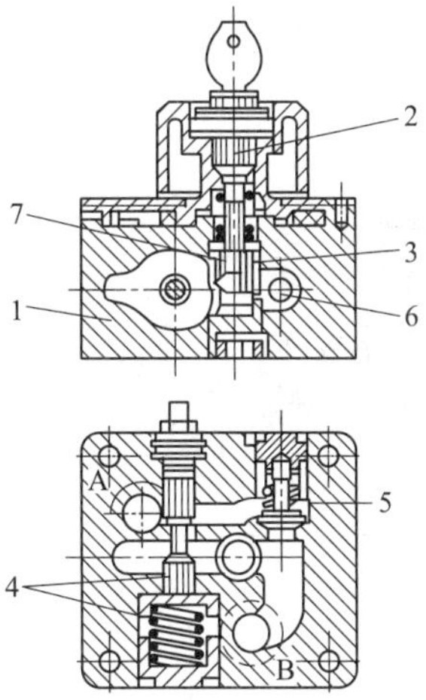

图 20-9-43　2FRM16-20型调速阀结构

1—阀体；2—调节元件；3—薄刃孔；4—减压阀；5—单向阀；6—节流窗口；7—节流杆

调速阀型号意义：

2FRM※　※/※　※　※　※

- 通径：5、10、16
- 系列号：20—对应通径10、16；30—对应通径5
- 流量调节范围(L/min)
- B—减压阀带行程调节杆；无标记—减压阀无行程调节杆
- V—磷酸酯液压油；无标记—矿物质液压油
- 附加说明

整流板型号意义：

Z4S※-10　※　※

- 通径：5、10、16
- 系列号：10
- V—磷酸酯液压油；无标记—矿物质液压油
- 附加说明

表 20-9-62　　**2FRM 型调速阀技术规格**

介　质	矿物质液压油;磷酸酯液													
介质温度范围/℃	−20～70													
介质黏度范围/$mm^2 \cdot s^{-1}$	2.8～380													
通径/mm	5							10				16		
流量/$L \cdot min^{-1}$	0.2	0.6	1.2	3	6	10	15	10	16	25	50	60	100	160
油自 B 到 A 反向流通时压差 Δp/MPa	0.05	0.05	0.06	0.09	0.18	0.36	0.67	0.2	0.25	0.35	0.6	0.28	0.43	0.73
流量稳定范围(−20～70℃)/(Q_{max}%)	5	3	2					2						
	2(Δp=21MPa)							2(Δp=31.5MPa)						
工作压力/MPa	21							31.5						
最低压力损失/MPa	0.3～0.5				0.6～0.8			0.3～0.7				0.5～12		
过滤精度/μm	25(Q<5L/min);10(Q<0.5L/min)							—						
质量/kg	1.6							5.6				11.3		

表 20-9-63　　**整流板的技术规格**

介　质	矿物质液压油;磷酸酯液		
介质温度范围/℃	−20～70		
介质黏度范围/$mm^2 \cdot s^{-1}$	2.8～380		
通径/mm	5	10	16
流量/$L \cdot min^{-1}$	15	50	160
工作压力/MPa	21	31.5	31.5
开启压力/MPa	0.1	0.15	0.15
质量/kg	0.6	3.2	9.3

表 20-9-64　　**调速阀外形尺寸**　　mm

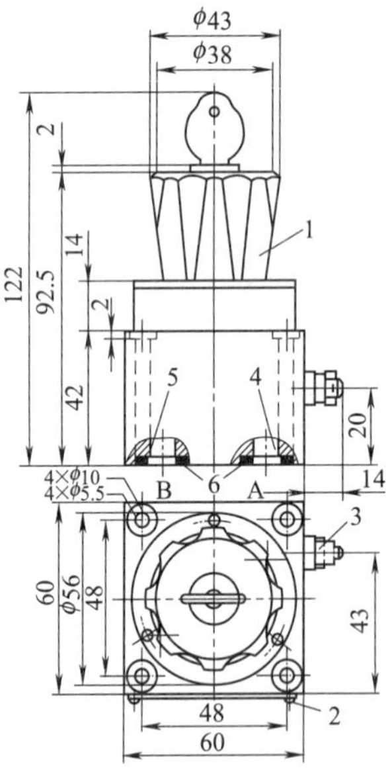

图(a)　2FRM5型

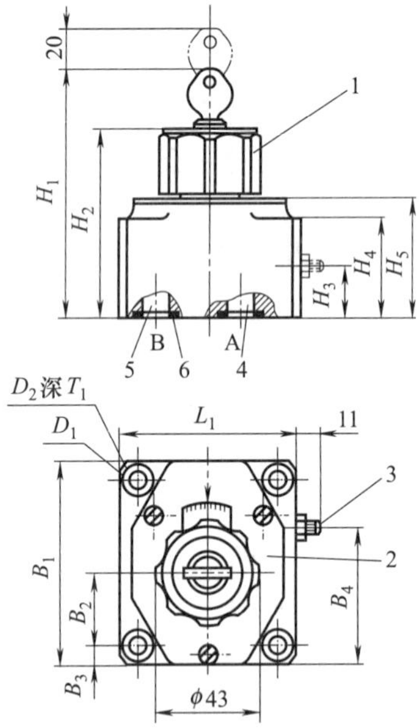

图(b)　2FRM10和2FRM16型

1—带锁调节手柄;2—标牌;3—减压阀行程调节器;4—进油口 A;5—回油口 B;6—O 形圈

通径/mm	B_1	B_2	B_3	B_4	D_1	D_2	H_1	H_2	H_3	H_4	H_5	L_1	T_1
10	101.5	35.5	9.5	68	9	15	125	95	26	51	60	95	13
16	123.5	41.5	11	81.5	11	18	147	117	34	72	82	123.5	12

表 20-9-65　整流板外形尺寸　mm

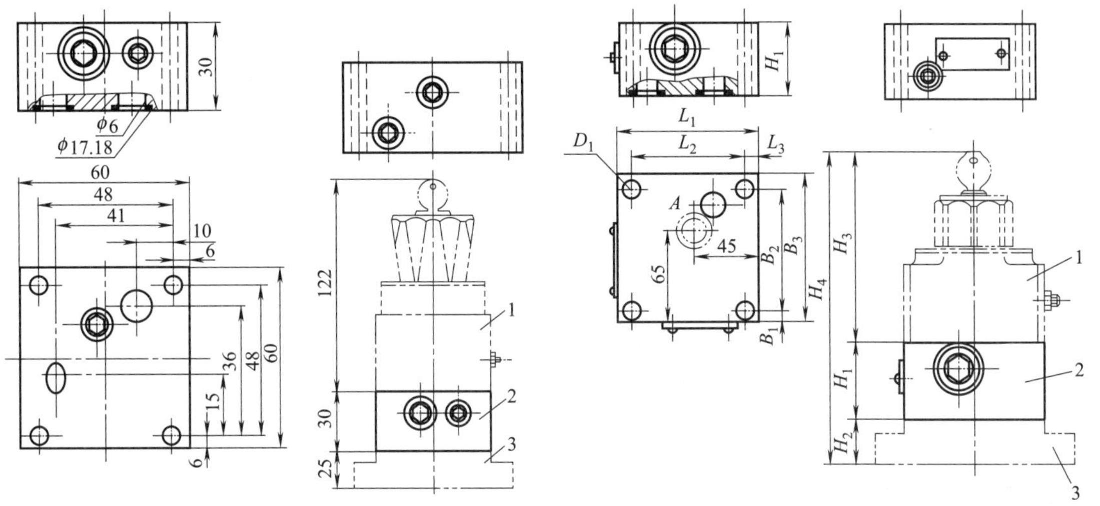

图(a)　Z4S5型　　图(b)　Z4S10和Z4S16型

1—调速阀；2—整流板；3—底板

通径/mm	B_1	B_2	B_3	D_1	H_1	H_2	H_3	H_4	L_1	L_2	L_3
10	9.5	82.5	101.5	9	50	30	125	205	95	76	9.5
16	11	101.5	123.5	11	85	40	147	272	123.5	101.5	11

表 20-9-66　连接底板

通径/mm	5	10	16
底板型号	G44/1 G45/1	G279/1 G280/1	G281/1 G282/1

(2) MSA 型调速阀（力士乐系列）

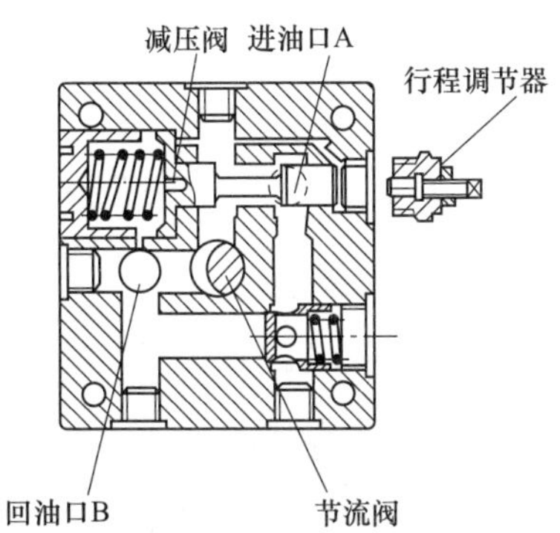

图 20-9-44　MSA 型调速阀结构

型号意义：

MSA30　EP　※/※

通径 30

流量(A→B)(L/min)

附加说明

B—减压阀带行程调节杆；

无标记—减压阀无行程调节杆

表 20-9-67　MSA 型调速阀的技术规格

介　　质	矿物质液压油
介质温度范围/℃	−20～70
介质黏度范围/$mm^2 \cdot s^{-1}$	2.8～380
工作压力/MPa	21
最小压差(与 Q_{max} 有关)/MPa	5～10
流量调节	与压力无关

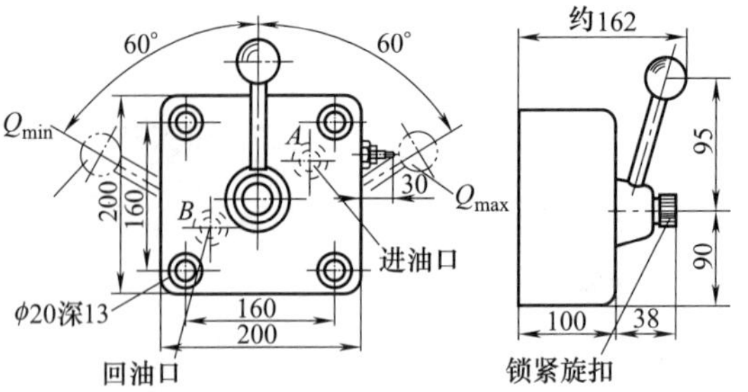

图 20-9-45　MSA 型调速阀外形尺寸（连接底板为 G138/1、G139/1）

(3) F※G 型流量控制阀（威格士系列）

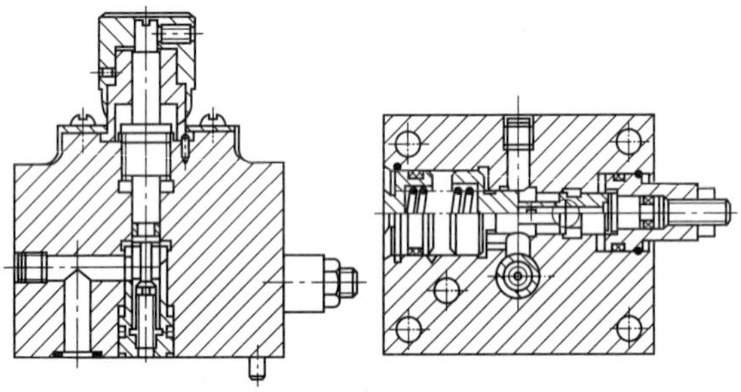

图 20-9-46　FCG-01 型流量控制阀结构

型号意义：

F　※-G-※-(※)　※　※　UG

- F— 流量控制阀
- C— 内装单向阀；R— 内装溢流阀；无：不装其他阀
- G— 板式连接
- 公称通径：01—1/8；02—1/4；03—3/8；06—3/4；10—1¼
- 压力级：B—7MPa；C—14MPa；F—24MPa
- 最大流量代号
- 设计序号
- UG— 公制螺钉连接

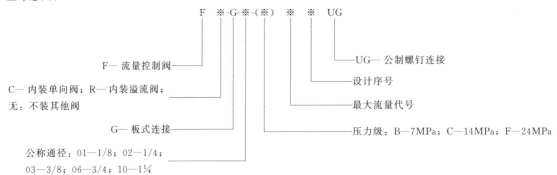

表 20-9-68　**F※G 型流量控制阀的技术规格**

型号	公称通径		压力/MPa		流量/L·min^{-1}		最小控制流量/L·min^{-1}	质量/kg
	mm	in	额定	最大	额定	最大		
F(C)G-01	6	1/8	—	21	4	8	0.04(0.02)①	约 1.3
F(C)G-02	—	1/4		21	—	24.5	0.05	约 3.9
FCG-03	10	3/8		21	—	106	0.2	约 8.2
FRG-03	10	3/8		21	—	106	0.2	约 7.7
FG-06	—	3/4		14	—	170	2	约 20
FG-10	—	1¼		14	—	375	4	约 45.4

① 当压力小于 7MPa 时，最小控制流量可达 0.02L/min。

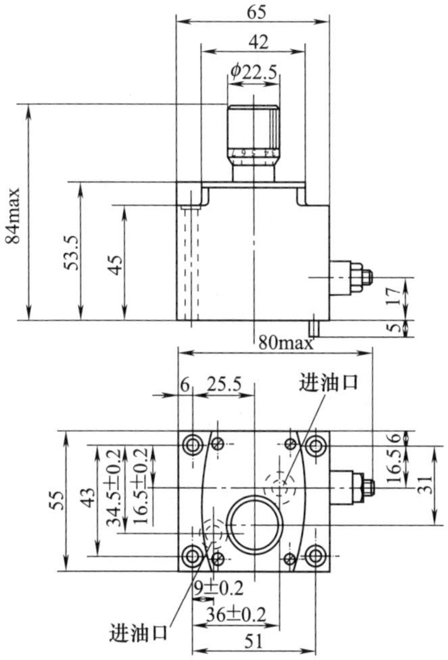

图 20-9-47　FCG-01 型流量控制阀外形尺寸

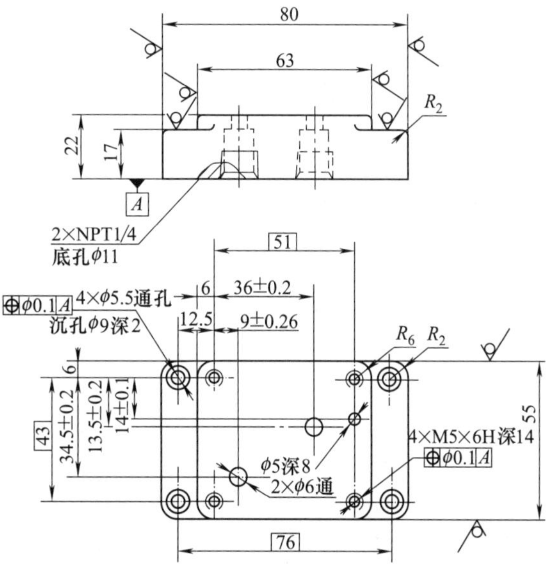

图 20-9-48　FCG-01 型用安装底板外形尺寸

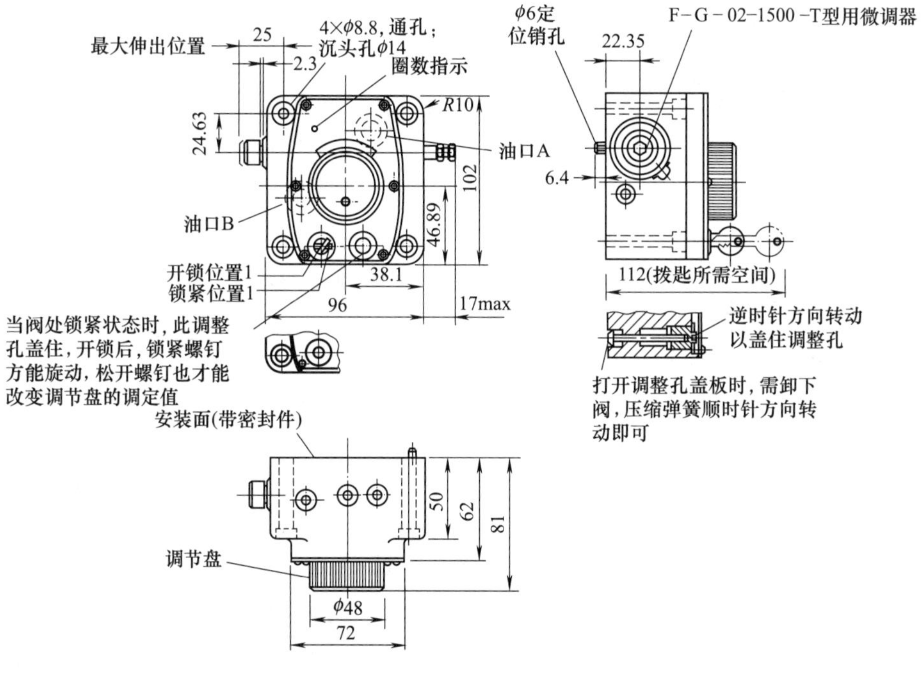

图 20-9-49　FCG-02 型流量控制阀外形尺寸

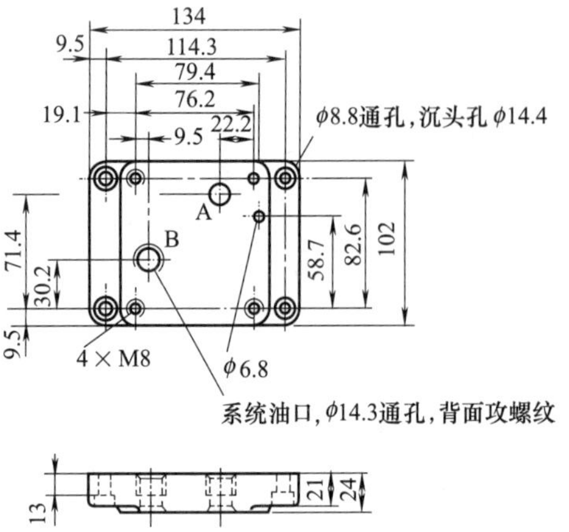

图 20-9-50 FCG-02 用安装底板外形尺寸

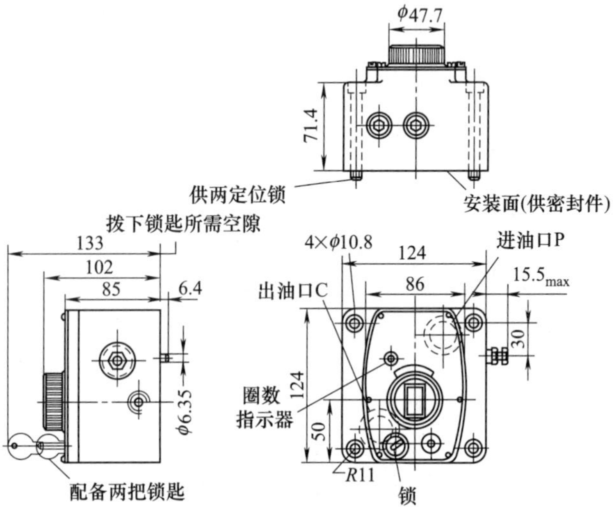

图 20-9-51 FCG-03-28-22（UG）型流量控制阀外形尺寸

表 20-9-69 FCG-03 用安装底板外形尺寸 mm

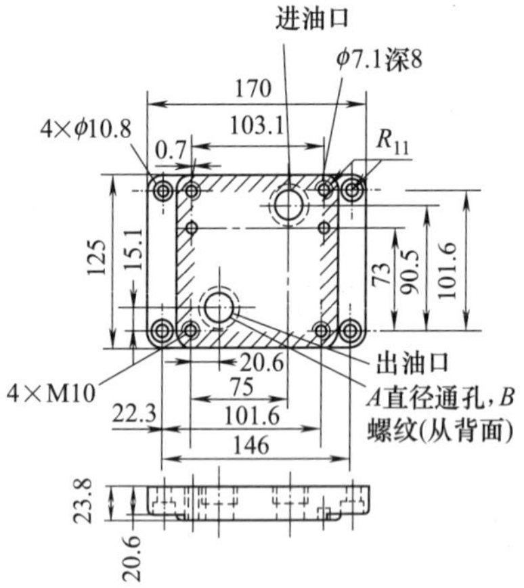

型号	A	B	最大推荐油量/L·min^{-1}
E-FGM-03-20	14.2	G3/8	38、3.4
E-FGM-03Y-10	23.0	G3/4	76 、3.4
E-FGM-03Z-10	23.0	G1	106 、4.95

表 20-9-70 F※G-06 型和 F※G-10 型流量控制阀外形尺寸 mm

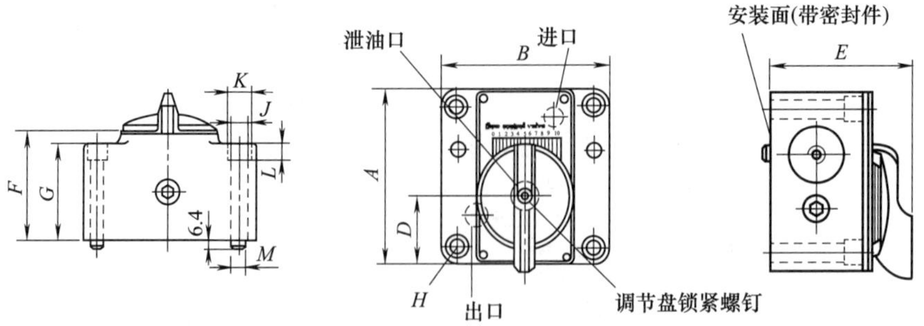

型号	A	B	D	E	F	G	H	J	K	L	M	螺栓组件
FG-06	165	178	63.5	146	106	95	16	17	27	16	16	BKFG-06-646
FG-10	225	244	82.6	162	122	108	24	21	34	19	19	BKFG-10-647

表 20-9-71　　F※G-06 和 F※G-10 用安装底板外形尺寸　　mm

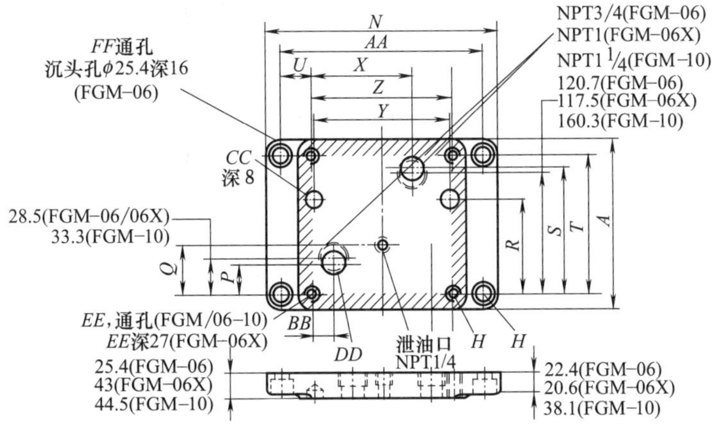

型号	N	P	Q	R	S	T	U	X	Y
FGM-06-*-10	241	28.6	47.6	92	120.7	133.4	31.7	104.8	142.8
FGM-10-10	330	33.3	58.7	122.2	160.3	177.8	42.9	144.5	200

型号	Z	AA	BB	CC	DD	EE	FF
FGM-06-*-10	146	209.6	22.2	16.7	23	M16-6H	16.7
FGM-10-10	196.9	282.6	34.9	19.8	28.6	M20-6H	19.8

9.4.5.3 分流集流阀（同步阀）

(1) FJL、FL、FDL 型同步阀

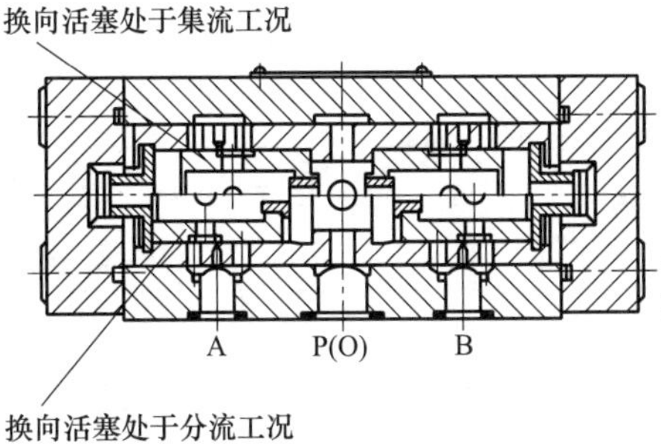

图 20-9-52　同步阀结构

型号意义：※ B ※ H

- ※：名称：FJL— 分流集流阀；FL— 分流阀；FDL— 集流阀
- B：板式连接
- ※：公称通径：10、15、20
- H：压力 —32MPa

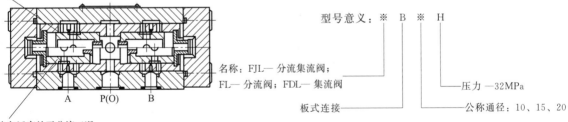

表 20-9-72　　FJL、FL、FDL 型同步阀技术规格

名称	型号	通径/mm	流量/L・mm^{-1}		压力/MPa		速度同步误差(≤)/%				质量/kg
							A、B口负载压差/MPa				
			P(O)	A、B	最高	最低	≤1.0	≤6.3	≤20	≤30	
分流集流式同步阀	FJL-B10H FJL-B15H FJL-B20H	10 15 20	40 63 100	20 31.5 50	32	2	0.7	1	2	3	13.8
分流式同步阀	FL-B10H FL-B15H FL-B20H	10 15 20	40 63 100	20 31.5 50							13.5
单向分流式同步阀	FDL-B10H FDL-B15H FDL-B20H	10 15 20	40 63 100	20 31.5 50							14

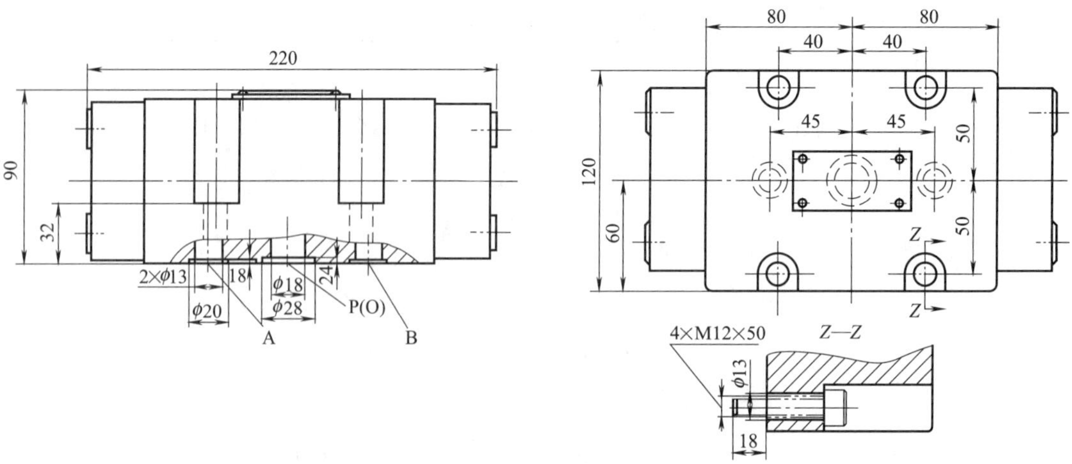

图 20-9-53 FJL、FL、FDL 型同步阀外形尺寸

(2) 3FL、3FJLK 型同步阀

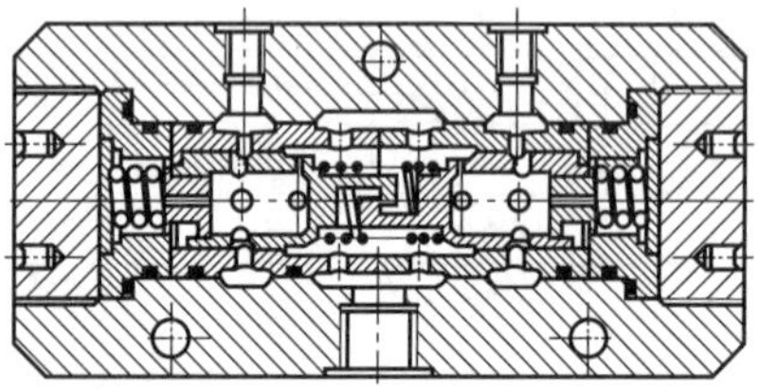

图 20-9-54 3FL 型同步阀结构

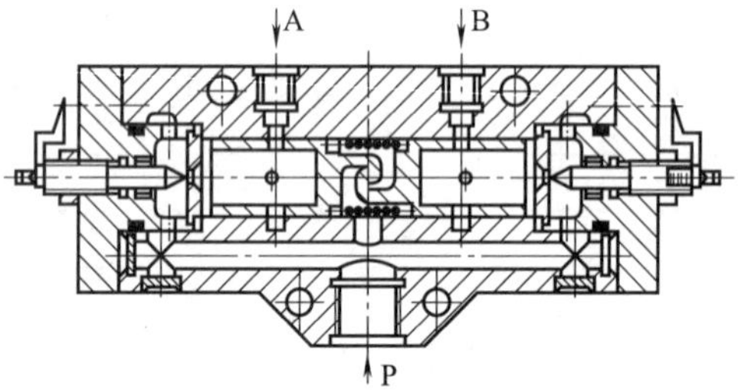

图 20-9-55 3FJLK 型同步阀结构

型号意义：

3F ※-L ※ ※

名称：3FL— 同步阀；3FJLK— 可调式同步阀

螺纹连接

压力：B—7MPa；H—21MPa

流量(L/min)

表 20-9-73 **3FL、3FJLK 型同步阀技术规格**

名称	型号	流量/L·min	压力/MPa	同步精度/%	主油路连接螺纹	分油路连接螺纹
同步阀	3FL-L30B	30	7	1～3	M27×15	M14×1.5
	3FL-L25H	25	32	1～3	M28×1.5	M14×1.5
	3FL-L50H	50	32	1～3	M22×1.5	M18×1.5
	3FL-L63H	63	32	1～3	M22×1.5	M18×1.5
可调式同步阀	3FJLK-L10-50H	10～15	21	1	M33×2	M18×1.5

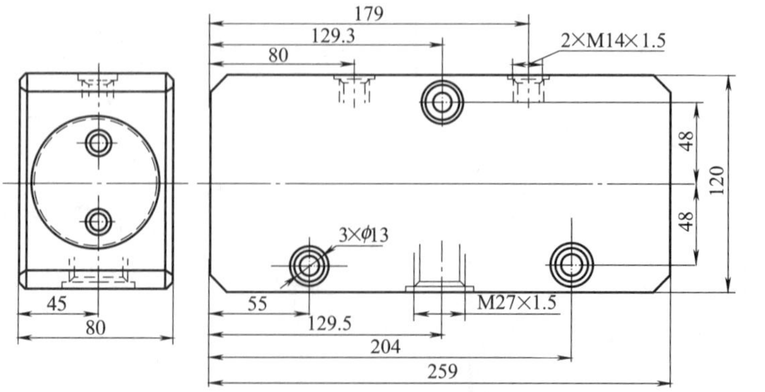

图 20-9-56 3FL 型同步阀外形尺寸

（3）3FJLZ 型自调式分流集流阀

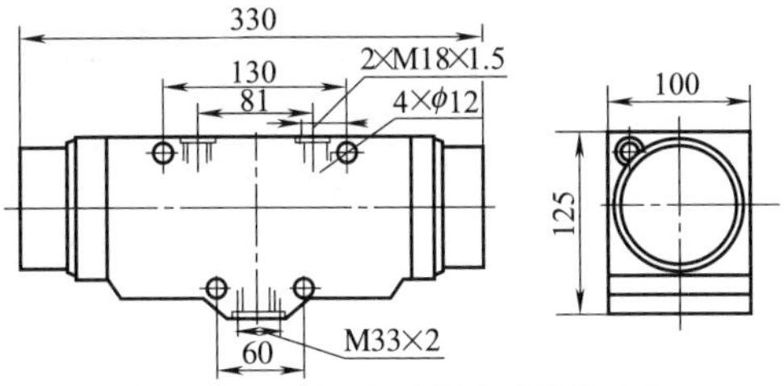

图 20-9-57　3FJLK 型同步阀外形尺寸

型号意义：

3　FJLZ　L　20-130H

三通
分流集流自调式
螺纹连接
压力
测量范围(L/min)

表 20-9-74　　3FJLZ 型自调式分流集流阀技术规格

型号	公称压力/MPa	额定流量/L·min^{-1}	同步精度	主油路连接螺纹	分油路连接螺纹
3FJLZ-L20-130-H	20	20～130	1%～3%	M33×2	M27×2

（4）ZTBF2 型自调式同步阀

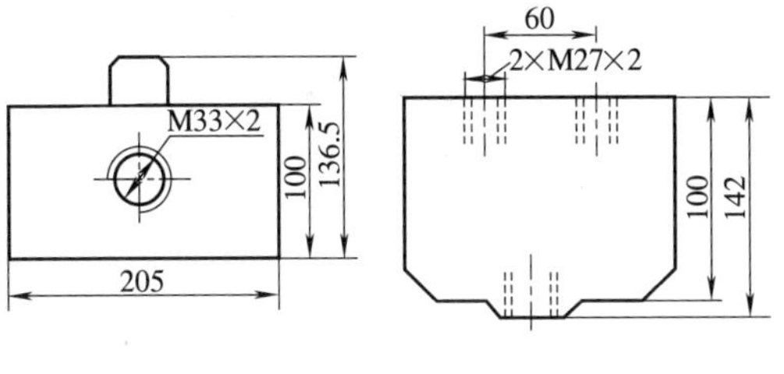

图 20-9-58　3FJLZ 型自调式分流集流阀外形尺寸

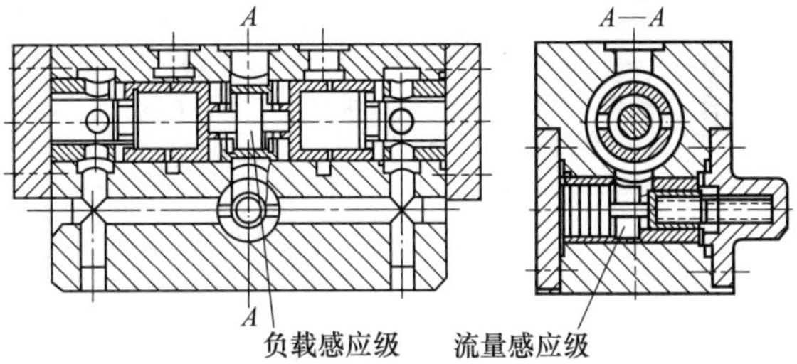

图 20-9-59　ZTBF2 型自调式同步阀结构原理

型号意义：

ZTBF-2-※-H　B

自调式同步阀
设计序号
流量范围
板式连接
压力 —32MPa

表 20-9-75　　ZTBF2 型自调式同步阀技术规格

型　　号	流量范围 /L·min^{-1}	最高压力 /MPa	压力降 /MPa	允许出口负载偏差		使用温度/℃	同步精度/%
				流量下限时	流量上限时		
ZTBF2-3～12	3～12	32	0.8～1.2	30%	90%	－20～60	0.5～1.5
ZTBF2-10～50	10～50						
ZTBF2-40～130	40～130						
ZTBF2-80～320	80～320						

表 20-9-76　　ZTBF2 型自调式同步阀外形尺寸　　mm

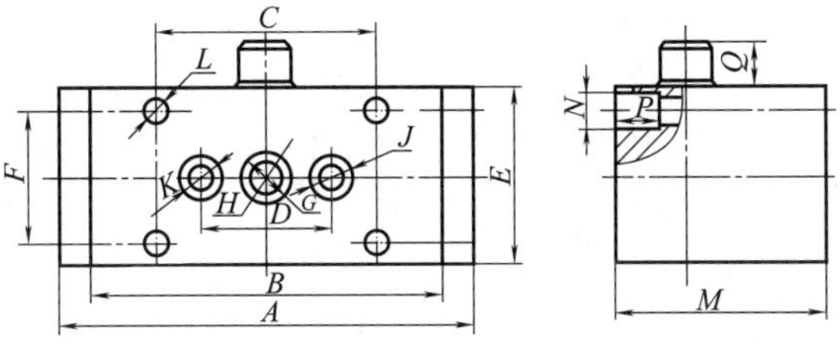

续表

型号	A	B	C	D	E	F	G	H	J	K	L	M	N	P	Q
ZTBF2-3～12	200	172	100	60	80	60	$\phi24$	$\phi15$	$2\times\phi12$	$2\times\phi12$	$4\times\phi12$	96	$4\times\phi17$	20	21
ZTBF2-10～50	200	172	100	60	80	60	$\phi24$	$\phi15$	$2\times\phi12$	$2\times\phi12$	$4\times\phi12$	96	$4\times\phi17$	20	21
ZTBF2-40～130	294	250	130	100	110	86	$\phi30$	$\phi20$	$2\times\phi30$	$2\times\phi20$	$4\times\phi14$	137	$4\times\phi20$	32	28
ZTBF2-80～320	400	360	200	150	150	115	$\phi65$	$\phi50$	$2\times\phi45$	$2\times\phi30$	$4\times\phi20$	200	$4\times\phi29$	40	45

9.5 方向控制阀

9.5.1 方向控制阀的工作原理和结构

方向控制阀主要用于控制油路油液的通断，从而控制液压系统执行元件的换向、启动和停止。方向控制阀按其用途可分为单向阀和换向阀两类。单向阀可分为普通单向阀和液控单向阀：普通单向阀只允许油液往一个方向流动，反向截止；液控单向阀在外控油液作用下，反方向也可流动；结构形式主要是锥阀和球阀。换向阀利用阀芯与阀体的相对运动使阀所控制的油口接通或断开，从而控制执行元件的换向、启动、停止等动作。换向阀有很多种类，按照阀的结构方式，分为滑阀式、转阀式和球阀式，其中最主要的是滑阀式。按照操纵方式又可以分成手动、机动、电动、液动、电液、气动等不同类型。

表 20-9-77 方向控制阀的原理和结构

工作原理

滑阀式换向阀是控制阀芯在阀体内作轴向运动，使相应的油路接通或断开的换向阀。滑阀是一个具有多段环形槽的圆柱体，阀芯有若干个台肩，而阀体孔内有若干条沉割槽。每条沉割槽都通过相应的孔道与外部相连，与外部连接的孔道数称为通数。以四通阀为例，表示它有四个外接油口，其中 P 通进油，T 通回油，A 和 B 则通液压缸两腔，如图(a)中(ⅰ)所示。当阀芯处于图示位置时，通过阀芯上的环形槽使 P 与 B、T 与 A 相通，液压缸活塞向左运动。当阀芯向右移动处于图(a)中(ⅱ)所示位置时，P 与 A、B 与 T 相通，液压缸活塞向右运动

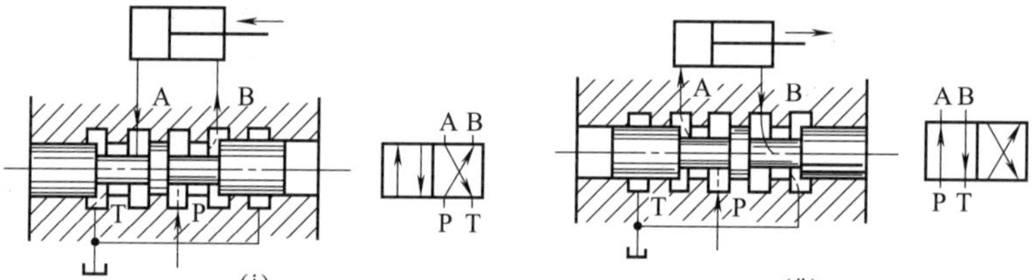

(ⅰ) (ⅱ)

图(a) 滑阀式换向阀的换向原理

换向阀的工作位置数和通路数

换向阀的功能主要由它控制的通路数和阀的工作位置来决定

常用换向阀的结构原理与图形符号

位和通	结构原理图	图形符号
二位二通	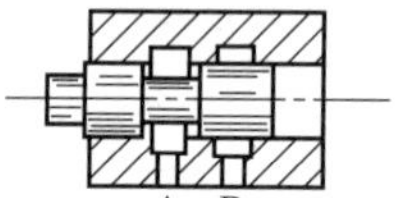 A B	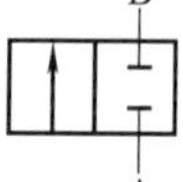 B A
二位三通	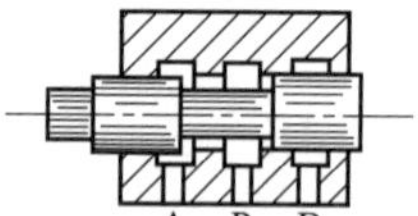 A P B	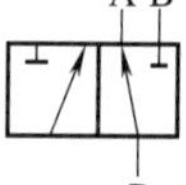 A B P
二位四通	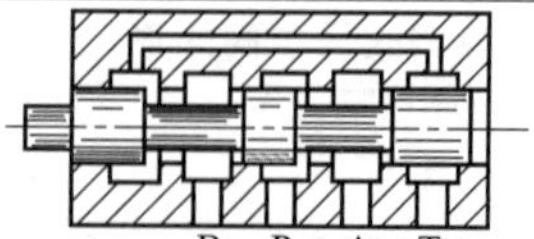 B P A T	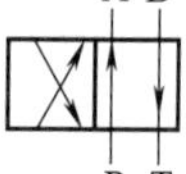 A B P T
二位五通	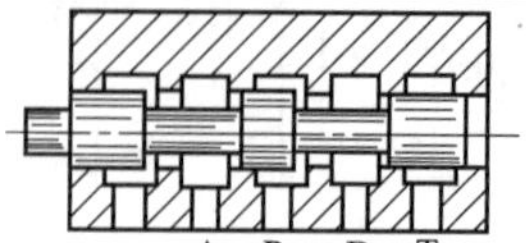 A P B T_2	 A B T_1PT_2

续表

	位和通	结构原理图	图形符号
换向阀的工作位置数和通路数	三位四通	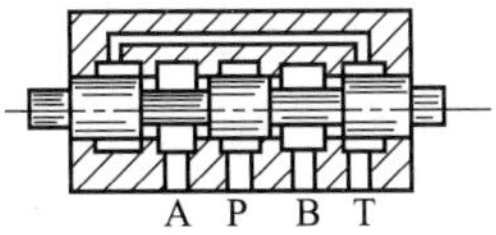	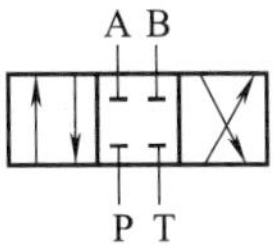
	三位五通	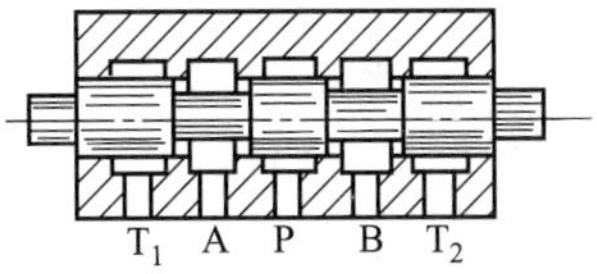	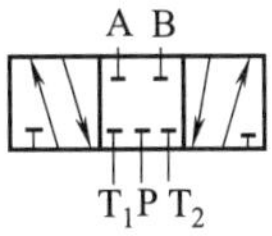

中位机能

换向阀处于不同工作位置，其各油口的连通情况也不同，这种不同的连通方式所体现的换向阀的各种控制功能，叫滑阀机能。特别是三位换向阀的中位机能，在选用时必须注意

三位换向阀的中位机能

机能代号	中间位置的符号		中间位置的性能特点
	三位四通	三位五通	
O	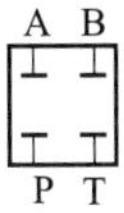	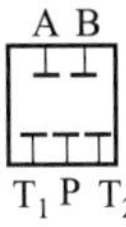	各油口全关闭，系统保持压力，缸密封
H			各油口 A、B、P、T 全部连通，泵卸荷，缸两腔连通
Y	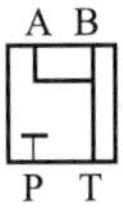		A、B、T 连通，P 口保持压力，缸两腔连通
J	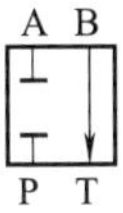		P 口保持压力，缸 A 口封闭，B 口与回油 T 接通
C	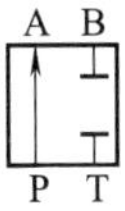		缸 A 口通压力油，B 口与回油口 T 不通
P			P 口与 A、B 口都连通，回油口封闭
K			P 、A、T 口连通，泵卸荷，缸 B 封闭

第20篇

续表

	机能代号	中间位置的符号		中间位置的性能特点
		三位四通	三位五通	
中位机能	X			A、B、P、T 口半开启接通，P 口保持一定压力
	M	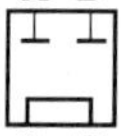	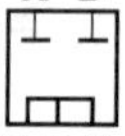	P 、T 口连通，泵卸荷，缸 A、B 都封闭
	U		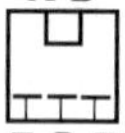	A、B 口接通，P 、T 口封闭，缸两腔连通。P 口保持压力

在分析和选择阀的中位机能时，通常考虑：

系统保压	当 P 口被堵塞，系统保压，液压泵能用于多缸系统。当 P 口与 T 口接通不太通畅时（如 X 型），系统能保持一定的压力供控制油路使用
系统卸荷	P 口与 T 口接通通畅时，系统卸荷
换向平稳性和精度	当通液压缸的 A、B 两口堵塞时，换向过程易产生冲击，换向不平稳，但换向精度高。反之，A、B 两口都通 T 口时，换向过程中工作部件不易制动，换向精度低，但液压冲击小
启动平稳性	阀在中位时，液压缸某腔如通油箱，则启动时因该腔内无油液起缓冲作用，启动不太平稳
液压缸"浮动"和在任意位置上的停止	阀在中位，当 A、B 两口互通时，卧式液压缸呈"浮动"状态，可用其他机构移动工作台，调整其位置。当 A、B 两口堵住或与 P 口连接（在非差动情况下），则可使液压缸在任意位置停下来

液压卡紧现象

对于所有换向阀来说，都存在着换向可靠性问题，尤其是电磁换向阀。为了使换向可靠，必须保证电磁推力大于弹簧力与阀芯摩擦力之和，方能可靠换向，而弹簧力必须大于阀芯摩擦阻力，才能保证可靠复位，由此可见，阀芯的摩擦阻力对换向阀的换向可靠性影响很大。阀芯的摩擦阻力主要是由液压卡紧力引起的。由于阀芯与阀套的制造和安装误差，阀芯出现锥度，阀芯与阀套存在同轴度误差，阀芯周围方向出现不平衡的径向力，阀芯偏向一边，当阀芯与阀套间的油膜被挤破，出现金属间的干摩擦时，这个径向不平衡力达到某饱和值，造成移动阀芯十分费力，这种现象叫液压卡紧现象。滑阀的液压卡紧现象是一个共性问题，不只是换向阀上有，其他液压阀也普遍存在。这就是各种液压阀的滑阀阀芯上都开有环形槽，制造精度和配合精度都要求很严格的缘故

液动力

液流通过换向阀时，作用在阀芯上的液流力有稳态液动力和瞬态液动力

稳态液动力是滑阀移动完毕，开口固定之后，液流通过滑阀流道因油液动量变化而产生的作用在阀芯上的力，这个力总是促使阀口关闭，使滑阀的工作趋于稳定

稳态液动力在轴向的分量 F_{bs}(N)为

$$F_{bs}=2C_dC_vw\sqrt{C_r^2+x_v^2}\cos\theta\Delta p$$

式中　x_v——阀口开度，m；

C_r——阀芯与阀套间的径向间隙，m；

w——阀口周围通油长度，即面积梯度，m；

Δp——阀口前后压差，Pa；

C_d——阀口的流量系数；

C_v——阀口的速度系数；

θ——流束轴线与阀芯线间的夹角

稳态液动力加大了阀芯移动换向的操纵力。补偿或消除这种稳态液动力的具体方法有：采用特制的阀腔[见图(b)中(ⅰ)]，阀套上开斜小孔[见图(b)中(ⅱ)]，使流入和流出阀腔的液体的动量互相抵消，从而减小轴向液动力；或者改变阀芯某些区段的颈部尺寸，使液流流过阀芯时有较大的压降[见图(b)中(ⅲ)]，以便在阀芯两端面上产生不平衡液压力，抵消轴向液动力。但应注意不要过补偿，因为过补偿意味着稳态液动力变成了开启力，这对滑阀稳定性是不利的

续表

液动力

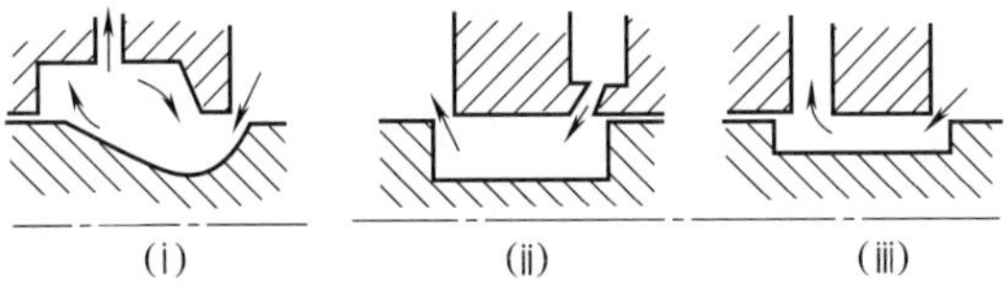

图(b)　稳态液动力的补偿方法

瞬态液动力是滑阀在移动过程中，开口大小发生变化时，阀腔中液流因加速或减速而作用在滑阀上的力。它与开口量的变化率有关，与阀口的开度本身无关。滑阀不动时，只有稳态液动力存在，瞬态液动力则消失。图(c)为作用在滑阀上的瞬态液动力的情况。瞬态液动力 F_{bt}(N)的计算公式为

$$F_{bt}=LC_d w\sqrt{2\rho\Delta p}\frac{dx_v}{dt}=K_i\frac{dx_v}{dt}$$

式中　L——滑阀进油口中心到回油口中心之间的长度，常称为阻尼长度，m；

ρ——流经滑阀的油液密度，kg/m^3；

K_i——瞬态液动力系数

由上式可见，瞬态液动力与阀芯移动速度成正比，这相当于一个阻尼力，其大小也与阻尼长度有关。其方向总是与阀腔内液流加速度方向相反，所以可根据加速度方向确定液动力方向。一般常采用下述原则来判定瞬态液动力的方向：油液流出阀口，瞬态液动力的方向与阀芯移动方向相反；油液流入阀口，瞬态液动力的方向与阀芯移动方向相同。如果瞬态液动力的方向与阀芯运动方向相反，则阻尼长度为正；如果瞬态液动力的方向与阀芯移动方向相同，则阻尼长度为负

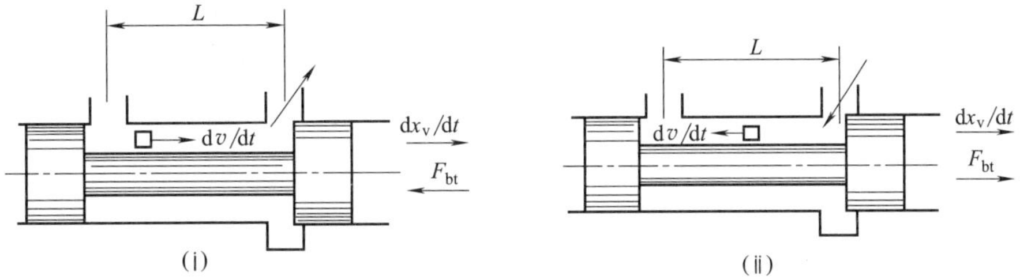

图(c)　滑阀上的瞬态液动力

9.5.2　普通单向阀

普通单向阀在液压系统中的作用是只允许液流沿管道一个方向通过，另一个方向的流动则被截止。

表 20-9-78　　普通单向阀的原理和结构

工作原理

普通单向阀结构简图见图(a)。压力油从 P_1 腔进入时，克服弹簧力推动阀芯，使油路接通，压力油从 P_2 腔流出，称为正向流动。当压力油从 P_2 腔进入时，油液压力和弹簧力将阀芯紧压在阀座上，油液不能通过，称为反向截止

要使阀芯开启，液压力必须克服弹簧力 F_k、摩擦力 F_f和阀芯重量 G，即

$$(p_1-p_2)A>F_k+F_f+G$$

式中　p_1——进油腔1的油液压力，Pa；

p_2——进油腔2的油液压力，Pa；

F_k——弹簧力，N；

F_f——阀芯与阀座的摩擦力，N；

G——阀芯重量，N；

A——阀座口面积，m^2

单向阀的开启压力 p_k一般都设计得较小，一般为0.03～0.05MPa，这是为了尽可能降低油流通过时的压力损失。但当单向阀作为背压阀使用时，可将弹簧设计得较硬，使开启压力增高，以使系统回油保持一定的背压。可以根据实际使用需要更换弹簧，以改变其开启压力

单向阀按阀芯结构分为球阀和锥阀。图(a)为球阀式单向阀。球阀结构简单，制造方便。但由于钢球有圆度误差，而且没有导向，密封性差，一般在小流量场合使用。图(b)为锥阀式单向阀，其特点是当油液正向通过时，阻力可以设计得较小，而且密封性较好。但工艺要求严格，阀体孔与阀座孔必须有较高的同轴度，且阀芯锥面必须进行精磨加工。在高压大流量场合下一般都使用锥阀式结构

续表

工作原理	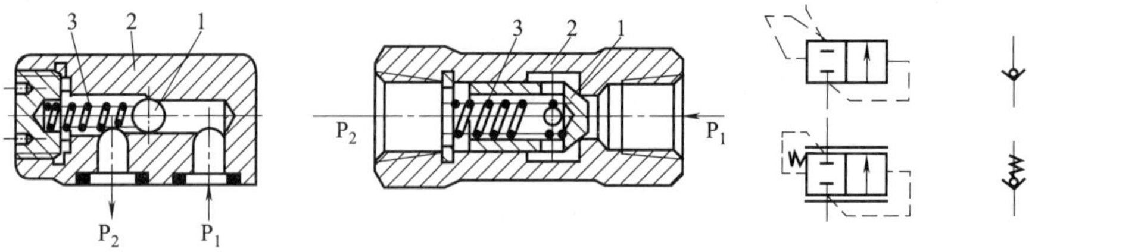 图(a) 球阀式 图(b) 锥阀式 图(c) 详细符号 图(d) 简化符号 单向阀的结构和图形符号 1—阀芯;2—阀体;3—弹簧 单向阀按进出口油流的方向可分为直通式和直角式。直通式单向阀的进出口在同一轴线上(即管式结构),结构简单,体积小,但容易产生自振和噪声,而且装于系统更换弹簧很不方便。直角式单向阀的进出口油液方向成为直角布置,见图(e),其阀芯中间容积是半封闭状态,阀芯上的径向孔对阀芯振动有阻尼作用,更换阀芯弹簧时,不用将阀从系统拆下,性能良好 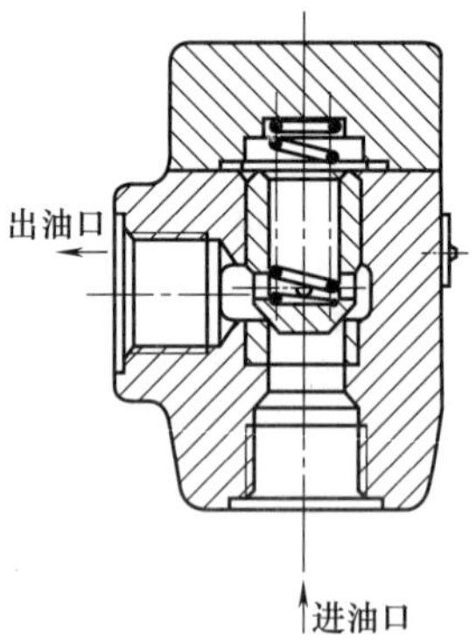 图(e) 直角式单向阀的结构
性能要求	①正向最小开启压力 $p_k=(F_k+F_f+G)/A$,国产单向阀的开启压力有 0.04MPa 和 0.4MPa,通过更换弹簧,改变刚度来改变开启压力的大小 ②反向密封性好 ③正向流阻小 ④动作灵敏
应用	主要用于不允许液流反向的场合 ①单独用于液压泵出口,防止由于系统压力突升油液倒流而损坏液压泵 ②隔开油路间不必要的联系 ③配合蓄能器实现保压 ④作为旁路与其他阀组成复合阀。常见的有单向节流阀、单向顺序阀、单向调速阀等 ⑤采用较硬弹簧作背压阀。电液换向阀中位时使系统卸荷,单向阀保持进口侧油路的压力不低于它的开启压力,以保证控制油路有足够压力使换向阀换向

9.5.3 液控单向阀

液控单向阀是一种特殊的单向阀,除了具有普通单向阀的功能外,还可根据需要由外部油压控制,实现逆向流动。

表 20-9-79 液控单向阀

工作原理	液控单向阀见图(a)。图中上半部与一般单向阀相同,当控制口 K 不通压力油时,阀的作用与单向阀相同,只允许油液向一个方向流动,反向截止。下半部有一控制活塞 1,控制口 K 通以一定压力的油液,推动控制活塞并通过推杆 2 抬起锥阀阀芯 3,使阀保持开启状态,油液就可以由 P_2 流到 P_1,即反向流动

续表

工作原理

要使阀芯反向开启必须满足

$$(p_k-p_1)A_k-F_{f2}>(p_2-p_1)A+F_k+F_f+F_{f1}+G$$

即

$$p_k>p_1+(p_2-p_1)\frac{A}{A_k}+\frac{F_k+F_{f1}+F_{f2}+G+F_f}{A_k}$$

式中　p_k——阀反向开启时的控制压力，Pa；

p_1——进油腔1的油液压力，Pa；

p_2——进油腔2的油液压力，Pa；

A_k——控制活塞面积，m^2；

F_{f1}——锥阀阀芯的摩擦阻力，N；

F_{f2}——控制活塞的摩擦阻力，N；

F_k——弹簧力，N；

F_f——阀芯与阀座的摩擦力，N；

G——阀芯重量，N；

A——阀座口面积，m^2

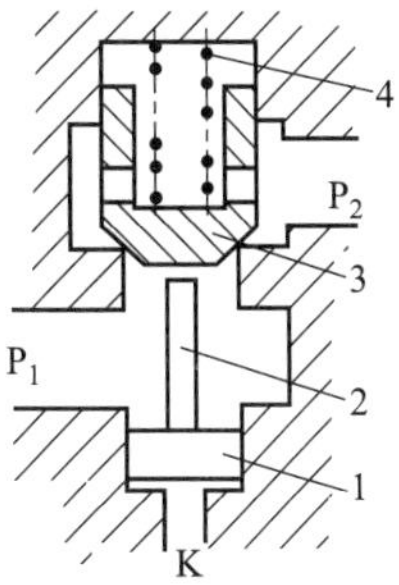

图(a)　液控单向阀工作原理

1—控制活塞；2—推杆；3—锥阀阀芯；4—弹簧

由上式可以看出，液控单向阀反向开启压力主要取决于进油腔压力 p_2 和锥阀活塞与控制活塞面积比 A/A_k，同时也与出口压力 p_1 有关

图(b)是内泄式液控单向阀，它的控制活塞上腔与 P_1 腔相通，所以叫内泄式。它的结构简单，制造方便。但由于结构限制，控制活塞面积 A_k 不能比阀芯面积大很多，因此反向开启的控制压力 p_k 较大。当 $p_1=0$ 时，$p_k\approx(0.4\sim0.5)p_2$。若 $p_1\neq0$ 时，p_k 将会更大一些，所以这种阀只用于低压场合

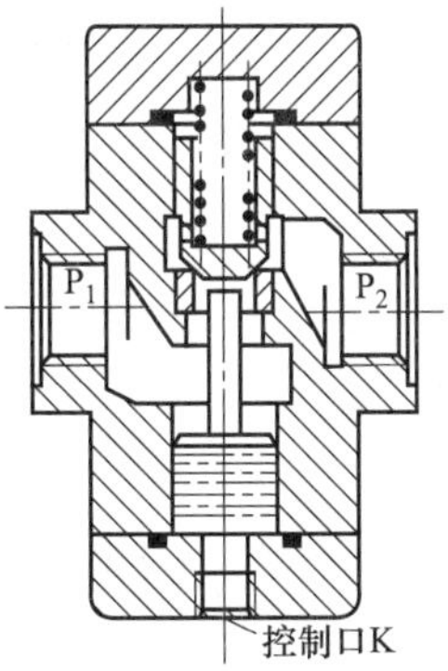

图(b)　内泄式液控单向阀

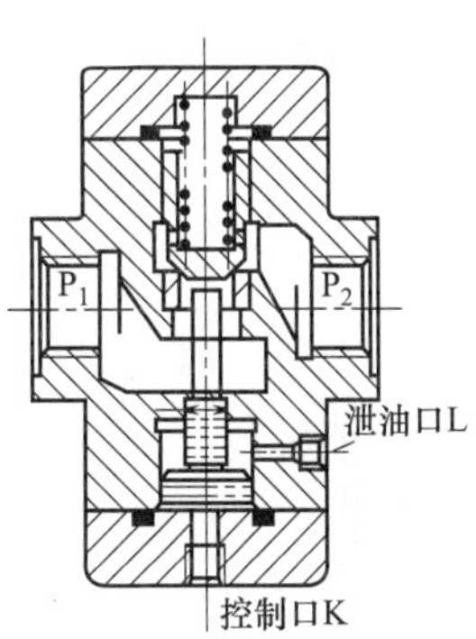

图(c)　外泄式液控单向阀

为了减少出油腔压力 p_1 对开启控制压力 p_k 的影响，出现了图(c)所示的外泄式液控单向阀，在控制活塞的上腔增加了外泄口，与油箱连通，减少了 P_1 腔压力在控制活塞上的作用面积。此时上式改写为(忽略摩擦力和重力)

$$p_k>p_1\frac{A_1}{A_k}+(p_2-p_1)\frac{A}{A_k}$$

式中　A_1——P_1 腔压力作用在控制活塞上的活塞杆面积，m^2

A_1/A_k 越小，p_1 对 p_k 的影响就越小

在高压系统中，上述两种结构所需的反向开启控制压力均很高，为此应采用带卸荷阀芯的液控单向阀，它也有内泄式和外泄式两种结构。图(d)为内泄式带卸荷阀芯的液控单向阀。它在锥阀3(主阀)内部增加了一个卸荷阀芯6，在控制活塞顶起锥阀之前先顶起卸荷阀芯6，使锥阀上部的油液通过卸荷阀上铣去的缺口与下腔压力油相通，阀上部的油液通过泄油口到下腔，上腔压力有所下降，上下腔压力差 p_2-p_1 减少，此时控制活塞便可将锥阀顶起，油从 P_2 腔流向 P_1 腔，卸荷阀芯顶开后，$p_2-p_1\approx0$，所以公式就变成

$$p_k>+\frac{F_k+F_{f1}+F_{f2}+G+F_f}{A_k}+p_1$$

即开启压力大大减少，这是高压液控单向阀常采用的一种结构

续表

工作原理

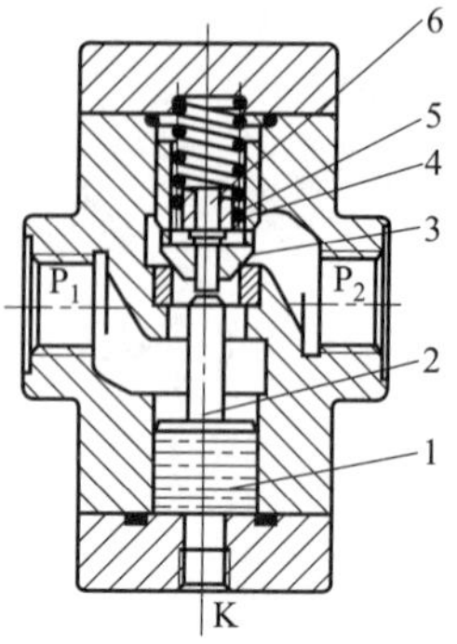

图(d) 内泄式带卸荷阀芯的液控单向阀

1—控制活塞；2—推杆；3—锥阀；
4—弹簧座；5—弹簧；6—卸荷阀芯

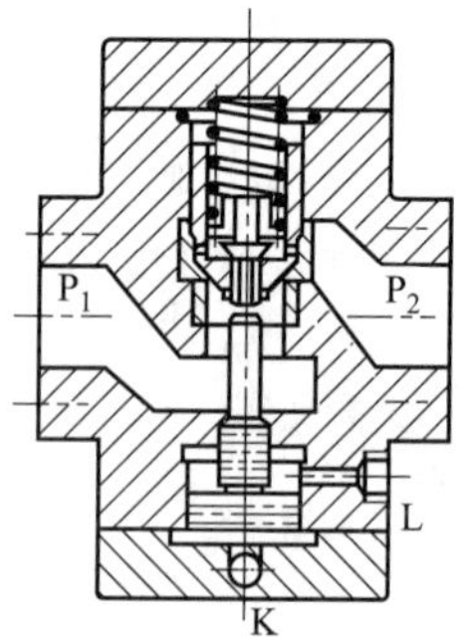

图(e) 外泄式带卸荷阀芯的液控单向阀

图(e)为外泄式带卸荷阀芯的液控单向阀，该阀可以进一步减少出油口压力 p_1 对 p_k 的影响，所需开启压力为

$$p_k > p_1 \frac{A_1}{A_k} + \frac{F_k + F_{f1} + F_{f2} + G + F_f}{A_k}$$

因为 $A_1 < A$ 所以外泄式液控单向阀所需反向开启控制压力比内泄式的低

图(f)为卸荷阀芯的结构。由于它的结构比较复杂，加工也困难，尤其是通径较小时结构更小，加工更困难，因此近年来国内外都采用钢球代替卸荷阀芯，封闭主阀下端的小孔来达到同样的目的，见图(g)和图(h)

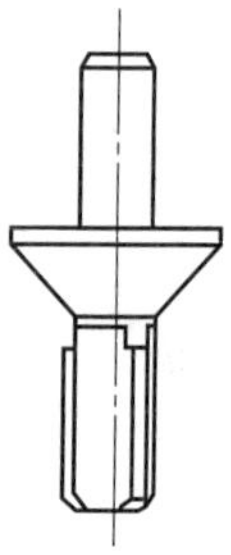

图(f) 卸荷阀芯的结构

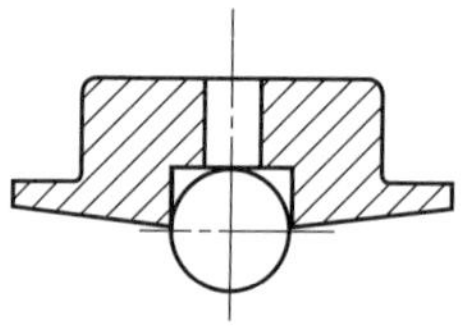

图(g) 钢球密封的结构

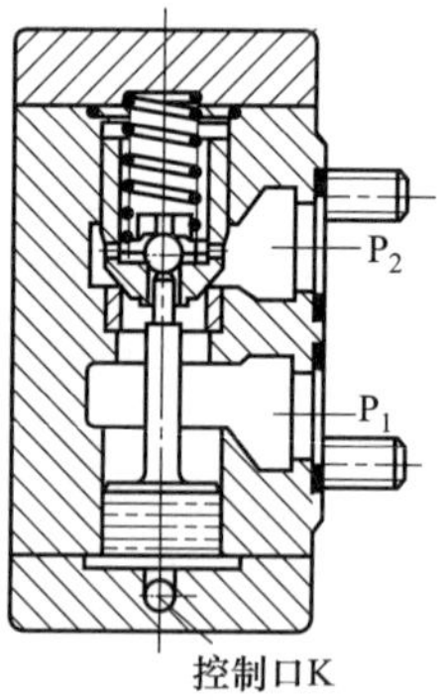

图(h) 钢球式卸荷阀芯液控单向阀的结构

它是将一个钢球压入弹簧座内，利用钢球的圆球面将阀芯小孔封闭。这种结构大大简化了工艺，解决了卸荷阀芯加工困难的问题。但是，这种结构的控制活塞的顶端应加长一小段，伸入阀芯小孔内，由于这个阀芯孔较小，控制活塞端部伸入的一段较细，因而容易发生弯曲甚至断裂。另外，对阀体上端阀芯孔和下端控制活塞孔的同轴度的要求也提高了

带卸荷阀结构的液控单向阀，由于卸荷阀芯开启时与主阀芯小孔之间的缝隙较小，通过这个缝隙能溢掉的油液量是有限的，所以，它仅仅适合于反向油流是一个封闭的场合，如液压缸的一腔、蓄能器等。封闭容腔的压力油只需释放很少一点流量便可将压力卸掉，这样就可用很小的控制压力将主阀芯打开。如果反向油流是一个连续供油的油源，如直接来自液压泵的供油，由于连续供油的流量很大，这么大的流量强迫它从很小的缝隙通过，油流必然获得很高的流速，同时造成很大的压力损失，而反向油流的压力仍然降不下来。所以虽然卸荷阀芯打开了，但仍有很高的反向油流压力压在主阀芯上，因而仅能打开卸荷阀芯，却打不开主阀芯，使反向油流的压力降不到零，油流也就不能全部通过。在这种情况下，要使反向连续供油全部反向通过，必须大大提高控制压力，将主阀芯打开到一定开度才行

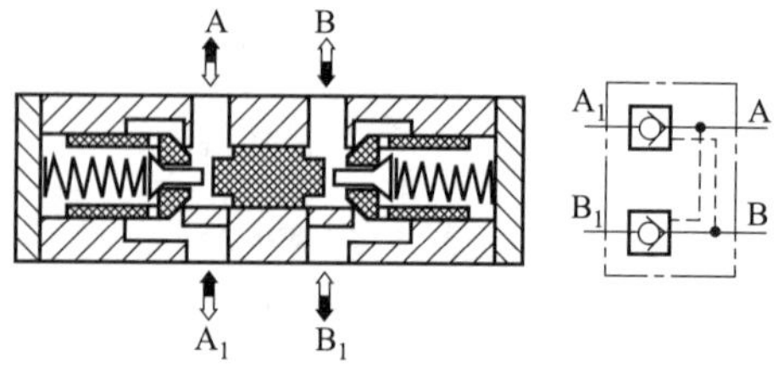

图(i) 双液控单向阀的结构

图(i)是将两个液控单向阀布置在同一个阀体内，称为双液控单向阀，也叫液压锁。其工作原理是：当液压系统一条通路的油从 A 腔进入时，依靠油液压力自动将左边的阀芯推开，使 A 腔的油流到 A_1。同时，将中间的控制活塞向右推，将右边的阀芯顶开，使 B 腔与 B_1 腔相沟通，把原来封闭在 B_1 腔通路上的油液通过 B 腔排出。总之就是当一个油腔是正向进油时，另一个油腔就是反向出油，反之亦然

续表

主要性能要求

①最小正向开启压力要小。最小正向开启压力与单向阀相同，为 0.03～0.05MPa
②反向密封性好
③压力损失小
④反向开启最小控制压力一般为：不带卸荷阀 $p_k=(0.4\sim0.5)p_2$，带卸荷阀 $p_k=0.05p_2$

应用

液控单向阀在液压系统中的应用范围很广，主要利用液控单向阀锥阀良好的密封性。如图(j)所示的锁紧回路，锁紧的可靠性及锁定位置的精度仅仅受液压缸本身内泄漏的影响。图(k)的防止自重下落回路，可保证将活塞锁定在任何位置，并可防止由于换向阀的内部泄漏引起带有负载的活塞杆下落

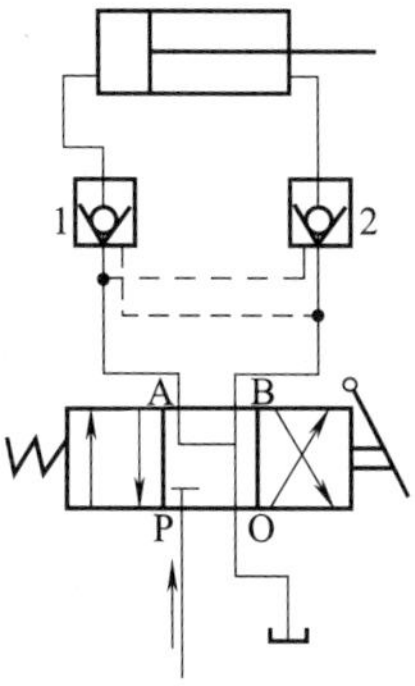

图(j)　利用液控单向阀的锁紧回路

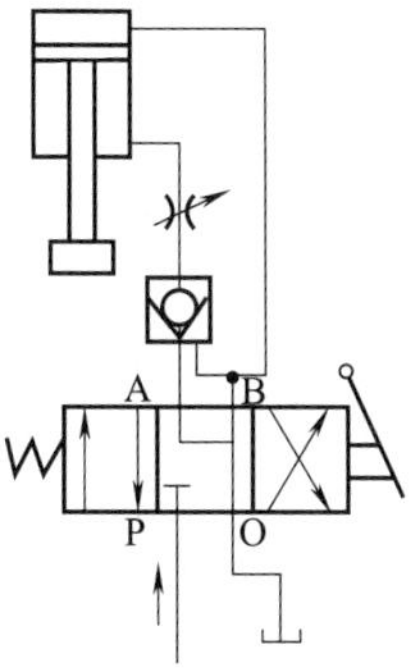

图(k)　防止自重下落回路

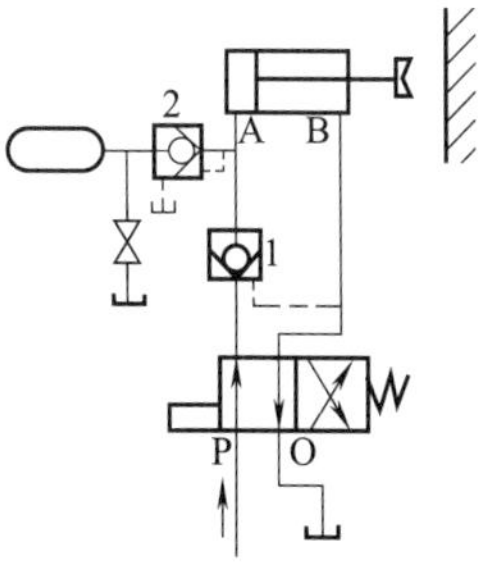

图(l)　利用液控单向阀的保压回路

在液压缸活塞夹紧工件或顶起重物过程中，由于停电等突然事故而使液压泵供电中断时，可采用液控单向阀，打开蓄能器回路，以保持其压力，见图(l)。当二位四通电磁阀处于左位时，液压泵输出的压力油正向通过液控单向阀 1 和 2，向液压缸和蓄能器同时供油，以夹紧工件或顶起重物。当突然停电液压泵停止供油时，液控单向阀 1 关闭，而液控单向阀 2 仍靠液压缸 A 腔的压力油打开，沟通蓄能器，液压缸靠蓄能器内的压力油保持压力。这种场合的液控单向阀，必须带卸荷阀芯，并且是外泄式的结构。否则，由于这里液控单向阀反向出油腔油流的背压就是液压缸 A 腔的压力，因为压力较高而有可能打不开液控单向阀

在蓄能器回路里，可以采用液控单向阀，利用蓄能器本身的压力将液控单向阀打开，使蓄能器向系统供油。这种场合应选择带卸荷阀芯的并且是外泄式结构的液控单向阀。见图(m)。当二位四通电磁换向阀处于右位时，液控单向阀处于关闭状态；当电磁铁通电使换向阀处于左位时，蓄能器内的压力油将液控单向阀打开，同时向系统供油

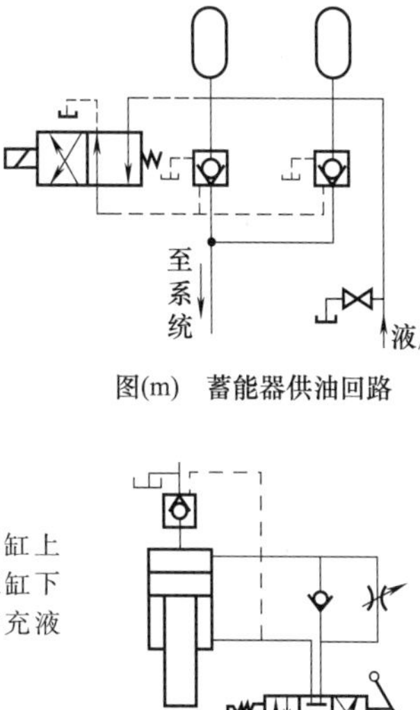

图(m)　蓄能器供油回路

液控单向阀也可作充液阀，如图(n)所示。活塞等以自重空程下行时，液压缸上腔产生部分真空，液控单向阀正向导通从充液箱吸油。活塞回程时，依靠液压缸下腔油路压力打开液控单向阀，使液压缸的上腔通过它向充液油箱排油。因为充液时通过的流量很大，所以充液阀一般需要自行设计

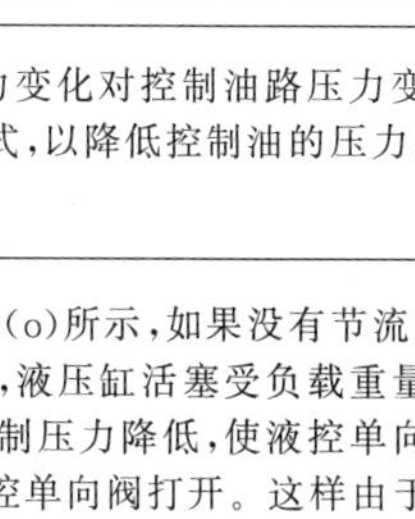
图(n)　液控单向阀作充液阀

选用

选用液控单向阀时，应考虑打开液控单向阀所需的控制压力。此外还应考虑系统压力变化对控制油路压力变化的影响，以免出现误开启。在油流反向出口无背压的油路中可选用内泄式；否则需用外泄式，以降低控制油的压力，而外泄式的泄油口必须无压回油，否则会抵消一部分控制压力

使用注意事项

①液控单向阀回路设计应确保反向油流有足够的控制压力，以保证阀芯的开启。如图(o)所示，如果没有节流阀，则当三位四通换向阀换向到右边通路时，液压泵向液压缸上腔供油，同时打开液控单向阀，液压缸活塞受负载重量的作用迅速下降，造成由于液压泵向液压缸上腔供油不足而使压力降低，即液控单向阀的控制压力降低，使液控单向阀有可能关闭，活塞停止下降。随后，在流量继续补充的情形下，压力再升高，控制油再将液控单向阀打开。这样由于液控单向阀的开开闭闭，使液压缸活塞的下降断断续续，从而产生低频振荡

续表

<table>
<tr><td>使用注意事项</td><td>②前面介绍的内泄式和外泄式液控单向阀，分别使用在反向出口腔油流背压较低或较高的场合，以降低控制压力。如图(o)左图所示，液控单向阀装在单向节流阀的后部，反向出油腔油流直接接回油箱，背压很小，可采用内泄式结构。图(o)右图中的液控单向阀安装在单向节流阀的前部，反向出油腔通过单向节流阀回油箱，背压很高，采用外泄式结构为宜
③当液控单向阀从控制活塞将阀芯打开，使反向油液通过，到卸掉控制油，控制活塞返回，使阀芯重新关闭的过程中，控制活塞容腔中的油要从控制油口排出，如果控制油路回油背压较高，排油不通畅，则控制活塞不能迅速返回，阀芯的关闭速度也要受到影响，这对需要快速切断反向油流的系统来说是不能满足要求的。为此，可以采用外泄式结构的液控单向阀，如图(p)所示，将压力油引入外泄口，强迫控制活塞迅速返回
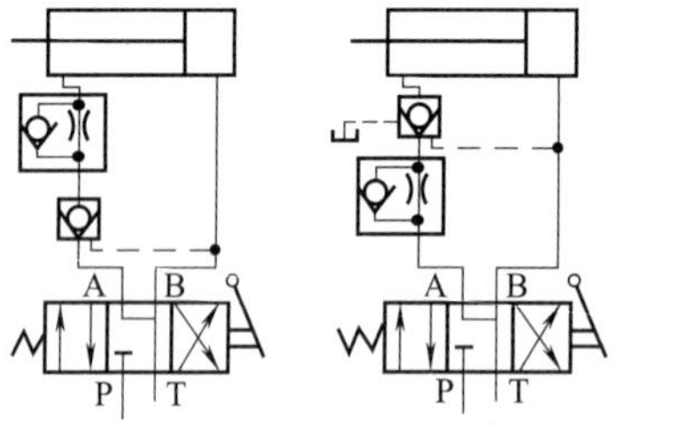
图(o) 内泄式和外泄式液控单向阀的不同使用场合
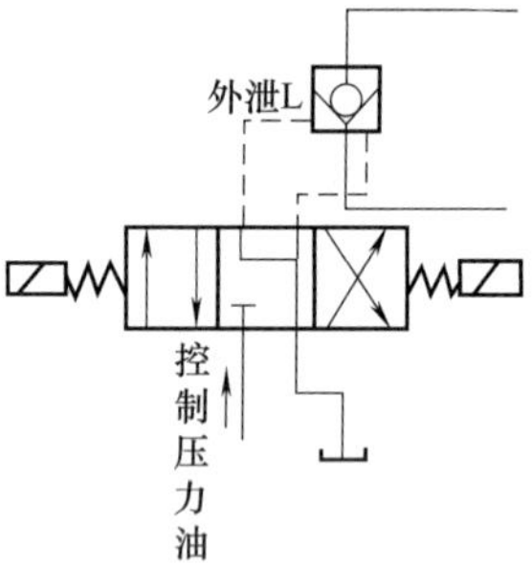
图(p) 液控单向阀的强迫返回回路</td></tr>
</table>

9.5.4 电磁换向阀

电磁换向阀也叫电磁阀，是液压控制系统和电气控制系统之间的转换元件。它利用通电电磁铁的吸力推动滑阀阀芯移动，改变油流的通断，来实现执行元件的换向、启动、停止。

表 20-9-80 电磁换向阀的原理和结构

<table>
<tr><td rowspan="2">电磁铁</td><td colspan="2">电磁铁是电磁换向阀重要的部件之一，电磁铁品种规格和工作特性的选择，电磁铁与阀互相配合的特性的设计，对电磁换向阀的结构和工作性能有极大的影响</td></tr>
<tr><td>交流电磁铁</td><td>图(a)为交流湿式电磁铁的结构。交流电磁铁具有恒磁链特性，启动电流大于正常吸持电流的 4～10 倍[见图(b)]。当衔铁因故被卡住，或阀的复位弹簧刚度设计过大，与电磁铁的吸力特性配合不当，推杆配合不正确，以及阀芯由于各种原因产生卡阻或工作电源电压过低等原因使衔铁不能正常吸合时，都会因电流过大，使励磁线圈温升过高而烧毁。另外，交流电磁铁的操作频率不能过高(每分钟 30 次左右)，过高的操作频率，也会因线圈过热而烧毁
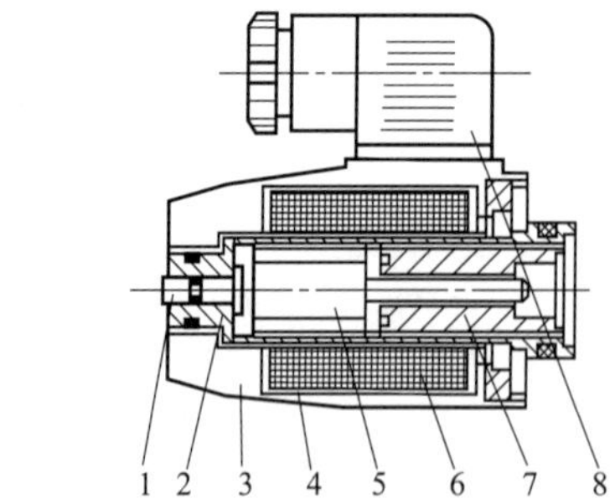
图(a) 交流湿式电磁铁的结构
1—手动推杆；2—导磁套；3—塑性外壳；4—磁轭；5—衔铁；6—线圈；7—挡铁；8—插头组件
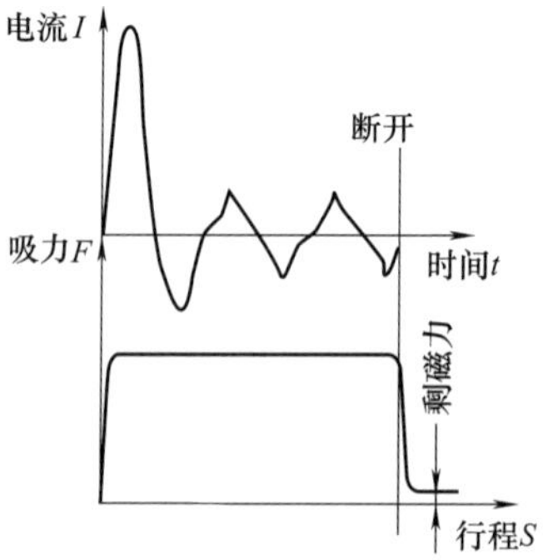
图(b) 交流电磁铁的电流与吸力特性曲线</td></tr>
</table>

续表

<table>
<tr><td rowspan="3">电磁铁</td><td>交流电磁铁</td><td>交流电磁铁吸合时快，释放时间也短，能适用于要求快速切换的场合。但冲击力较大，使阀芯换向时容易产生液压冲击，造成执行机构工作的不稳定性和系统管路的振动。因此，电磁铁的推力不宜超过阀的总反力太多，否则会影响衔铁的机械寿命。一般交流电磁铁的寿命较短(50 万～60 万次，国际先进水平可达 1000 万次)交流电磁铁工作时噪声较大，特别是当衔铁和铁芯的吸合面有脏物时更为明显。它的额定吸力受温度变化的影响较小，一般热态吸力为冷态吸力的 90%～95%
交流电磁铁吸力随衔铁与铁芯吸合行程的变化递增较快，即吸力-行程特性曲线比较陡，这对帮助阀芯在换向过程中克服各种阻力和液流力的影响有利。但气隙随工作次数的增加而变小，使剩磁力增大，这对阀芯依靠弹簧力复位时又是一个不利的因素。而且剩磁力的大小与电源被切断时的电压有关</td></tr>
<tr><td>直流电磁铁</td><td>图(c)为干式直流电磁铁结构，直流电磁铁具有恒电流特性，当衔铁像交流电磁铁那样，因各种原因不能正常吸合时，励磁线圈不会被烧毁，工作可靠，操作频率较高，一般可允许每分钟 120 次，甚至可达每分钟 240 次以上。而且频率的提高对吸力和温升没有影响。直流电磁铁的寿命较长，可达数千万次以上
图(d)所示为直流电磁铁的电流与吸力特性曲线，由图可见，直流电磁铁吸合动作慢，比交流电磁铁大约慢 10 倍。故阀的换向动作较平稳，噪声也较小，在需要快速切换的系统，可采用快速励磁回路，并设法采用微型继电器，以缩短线圈励磁时间，提高换向速度。由于吸合慢，冲击力小，与阀的总的反力相配合时，应具有较大的裕量，它对帮助阀芯在换向过程中克服各种阻力的影响作用较差。另外，还存在涡流，释放时间也较长，比交流电磁铁要长 10 倍左右
直流电磁铁的额定吸力受温度变化的影响较大，一般热态吸力仅为冷态吸力的 75%左右。直流电磁铁因采用直流电源，没有无功损耗，用电较省，如采用低电压工作，较为安全，在潮湿的环境中工作，击穿的危险性较小。又由于线圈不会过热烧毁，外壳的结构比交流型简单，一般不需加置散热肋。直流电磁铁起始段行程的吸力递增较慢，即随衔铁行程变化的曲线较平坦；它的气隙容易控制，剩磁力比较稳定
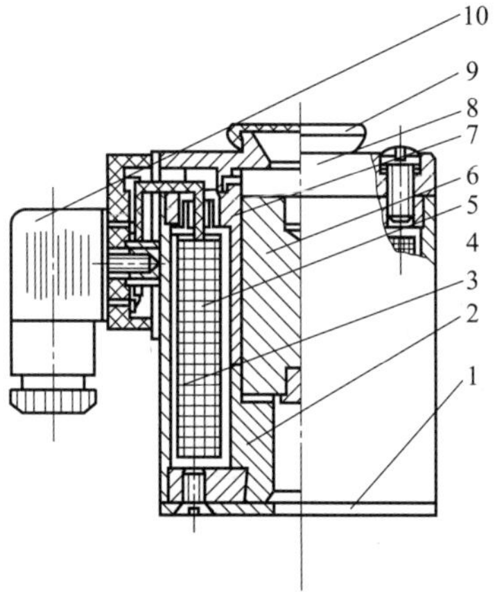

图(c)　干式直流电磁铁基本结构
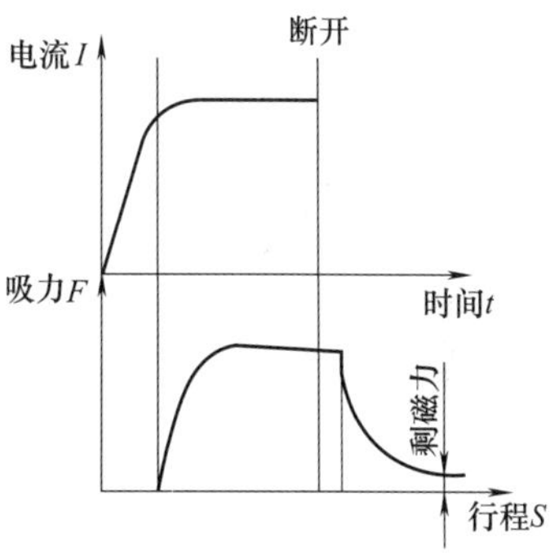

图(d)　直流电磁铁的电流与吸力特性曲线
1—连接板；2—挡板；3—线圈护箔；4—外壳；5—线圈；
6—衔铁；7—内套；8—后盖；9—防尘套；10—插头组件
在电气控制系统中，继电器因电磁铁通断电时产生火花而影响到寿命。可在直流电磁铁上加二极管来减弱继电器断开时的火花。另外，直流电磁铁在断电的瞬间，冲击电压可高达 600～800V，这将影响配有电子控制设备或电子计算机控制系统的正常工作。在普通液压机械中，直流电磁铁也因工作可靠、不易烧毁的特殊优点而得到普遍应用。下表为交直流电磁铁的直观对比</td></tr>
<tr><td>交、直流电磁铁的对比</td><td><table>
<tr><td colspan="2">交、直流电磁铁的对比</td></tr>
<tr><td>交流电磁铁</td><td>直流电磁铁</td></tr>
<tr><td>不需特殊电源</td><td>需专门的直流电源或整流装置</td></tr>
<tr><td>电感性负载，温升时吸力变化较小</td><td>电阻性负载，温升时吸力下降较大</td></tr>
<tr><td>通电后立即产生额定吸力</td><td>滞后约 0.5s 才达到额定吸力</td></tr>
<tr><td>断电后吸力很快消失</td><td>滞后约 0.1s 吸力才消失</td></tr>
<tr><td>铁芯材料用硅钢片，货源充分</td><td>铁芯材料用工业纯铁，货源少</td></tr>
<tr><td>多数为冲压件，适合批量生产</td><td>机加工量大，精度要求高</td></tr>
<tr><td>滑阀卡住时，线圈会因电流过大而烧毁</td><td>滑阀卡住时，不会烧毁线圈</td></tr>
<tr><td>体积较大，工作可靠性差，寿命较短</td><td>体积小，工作可靠，寿命长</td></tr>
</table></td></tr>
</table>

续表

电磁铁	干式、湿式电磁铁的对比	干式电磁铁与阀体能分开，更换电磁铁方便，电磁铁不允许油液进入电磁铁内部，因此推动阀芯的推杆处要求可靠密封。密封处摩擦阻力较大，影响换向可靠性，也易产生泄漏。湿式电磁铁与干式电磁铁相比，最大的区别是压力油可以进入电磁铁内部，衔铁在油液中工作 图(e)是湿式直流电磁铁的一种结构，除有干式直流电磁铁的基本特点外，它与阀配合组成的直流湿式电磁阀还具有如下主要特点 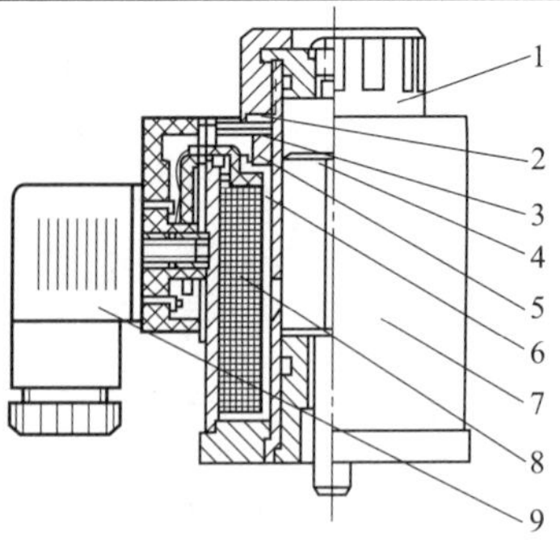 1—紧固螺母；2—密封圈；3—弹簧；4—衔铁组；5—上轭；6—导磁芯组件；7—外套组件；8—线圈；9—插头组件 图(e)　湿式直流电磁铁的结构 ①电磁铁与阀的安装结合面靠 O 形密封圈固定密封。取消了干式结构推杆处的 O 形圈座结构，电磁阀 T 腔部分的液压油可进入电磁铁内部，不存在推杆与 O 形密封圈的滑动摩擦副，从根本上解决了干式阀从推杆处容易产生外泄漏的问题 ②电磁铁的运动部件在油液中工作，由于油液的润滑作用和阻尼作用，减缓了衔铁对阀体的撞击，动作平稳，噪声小，并减小了运动副的磨损，大大延长了电磁铁的寿命。经试验，其寿命比干式更长。这一点与干式交流电磁铁相比是最为特殊的优点 ③湿式电磁铁无需克服干式结构推杆处 O 形密封圈的摩擦阻力，这样就可充分利用电磁铁的有限推力，提高滑阀切换的可靠性 ④随着电磁铁的反复吸合、释放动作，将油液循环压入和排除电磁铁内，带走了线圈发出的一部分热量，改善了电磁铁的散热效能，可使电磁铁发挥更大的效率 ⑤电磁阀的阀芯与阀体连成一体，并取消了 O 形圈座等零件，取消了阀芯推杆连接部分的 T 形槽结构，简化了电磁阀的结构，改进了工艺，提高了生产效率 ⑥湿式电磁铁的主要缺点是结构较干式复杂，价格较高。另外，由于油液的阻尼作用，动作较慢，在需要快速切换的场合，应在电气控制线路中采取措施，以加快动作时间
典型结构和特点	电磁阀的规格和品种较多，按电磁铁的结构形式分有交流型、直流型、本机整流型(简称本整型)；按工作电源规格分有交流 110V、220V、380V，直流 12V、24V、36V、110V 等；按电磁铁的衔铁是否浸入油液分有湿式型和干式型两种；按工作位置数和油口通路分有二位二通到三位五通等	
	干式二位二通	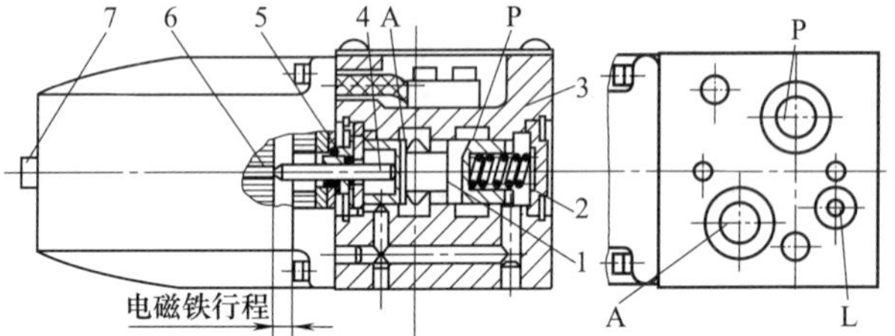 图(f)　干式二位二通电磁阀结构 1—阀芯；2—弹簧；3—阀体；4—推杆；5—密封圈；6—电磁铁芯；7—手动推杆 图(f)是干式二位二通电磁阀结构。常态时 P 与 A 不通，电磁铁通电时，电磁铁芯 6 通过推杆 4 克服弹簧 2 的预紧力，推动阀芯 1，使阀芯 1 换位，P 与 A 接通。电磁铁断电时，阀芯在弹簧的作用下回复到初始位置，此时 P 腔与 A 断开。二位二通阀主要用于控制油路的通断。电磁铁顶部的手动推杆 7 是为了检查电磁铁是否动作以及电气发生故障时手动操纵而设置的。图中的 L 口是泄漏油口，通过阀体与阀芯之间的缝隙泄漏的油液通过此油口回油箱
	干式二位三通	图(g)是干式二位三通电磁阀结构图及图形符号。电磁铁通电时，电磁铁的推力通过推杆推动滑阀阀芯，克服弹簧力，一直将滑阀阀芯推到靠紧垫板，此时 P 腔与 B 腔相通，A 腔封闭。当电磁铁断电时，即常态时，阀芯在弹簧力的作用下回到初始位置，此时 P 与 A 相通，B 腔封闭。这种结构的二位三通阀也可作为二位二通阀使用。如果 B 口堵住，即变成二位二通常开型机能。当电磁铁不通电时，P 与 A 通，电磁铁通电时，P 与 A 不通。反之，如果 A 口封闭，则变成常闭型机能的二位二通阀。即电磁铁通电时 P 腔与 B 腔相通，断电时(即常态)P 腔与 B 腔不通

续表

典型结构和特点	干式二位三通	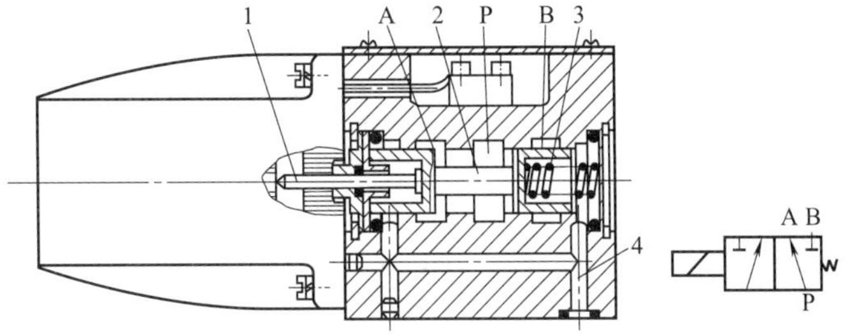 图(g)　干式二位三通电磁阀结构和图形符号 1—推杆；2—阀芯；3—复位弹簧
	干式二位四通单电磁铁弹簧复位式	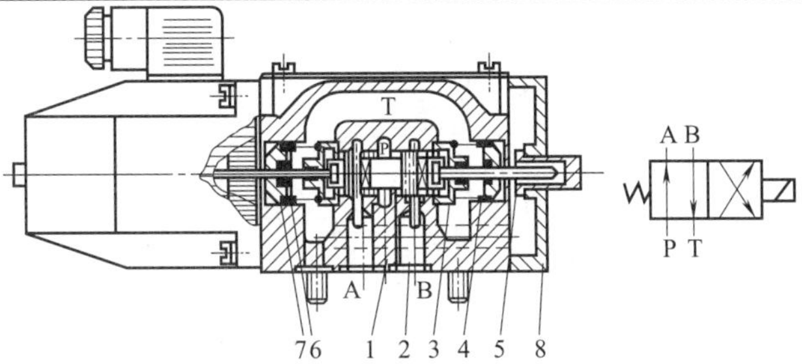 (i)　(ii) 图(h)　干式二位四通单电磁铁弹簧复位式电磁换向阀结构和图形符号 1—A 口；2—B 口；3—弹簧座；4—弹簧；5—推杆；6—挡板；7—O 形圈座；8—后盖板 图(h)是一种干式二位四通单电磁铁弹簧复位式电磁换向阀结构。两端的对中弹簧使阀芯保持在初始位置，阀芯的两个台肩上各铣有通油沟槽。当电磁铁不通电时，进油腔 P 与一个工作腔 A 沟通，另一个工作腔 B 与回油腔 T 相沟通。当电磁铁吸合时，阀芯换向使 P 腔与 B 腔沟通，A 腔与 T 腔沟通。当电磁铁断电时，依靠右端的复位弹簧将阀芯推回到初始位置，左边的弹簧仅仅在电磁铁不工作时，使阀芯保持在初始位置并支承 O 形圈座，在阀的换向和复位期间不起作用
	二位四通交流湿式单电磁铁弹簧复位式	图(i)为二位四通交流湿式单电磁铁弹簧复位式电磁换向阀结构。左端装有湿式交流型电磁铁，其动作原理与图(h)的阀基本相同。它的最大特点是电磁铁为湿式交流型，两端回油腔的油液可以进入电磁铁内部，电磁铁与阀体之间利用 O 形密封圈靠径向压紧密封，解决了干式交流型结构两端 T 腔压力油可能从推杆处的外泄漏 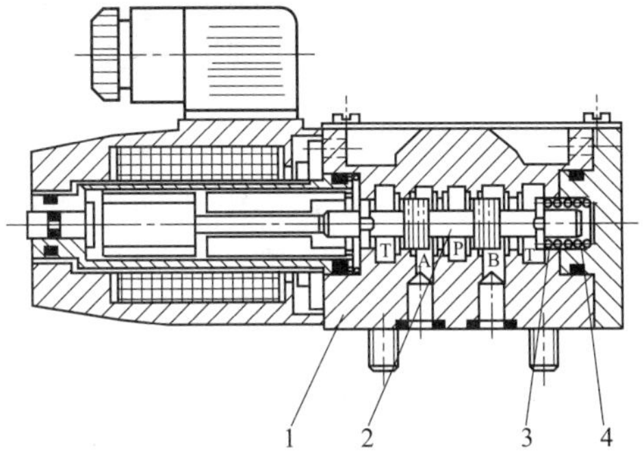 图(i)　二位四通交流湿式单电磁铁弹簧复位式电磁换向阀结构 1—阀体；2—阀芯；3—弹簧；4—后盖
	二位四通干式双电磁铁无复位弹簧式	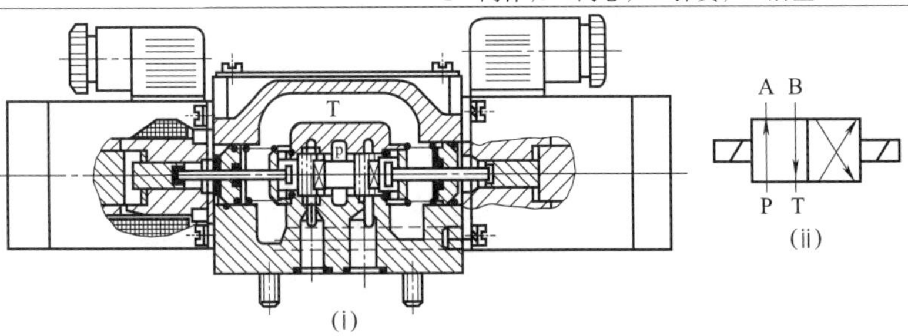 (i)　(ii) 图(j)　二位四通干式双电磁铁无复位弹簧式电磁换向阀的结构和图形符号

续表

典型结构和特点	二位四通干式双电磁铁无复位弹簧式	图(j)是一种二位四通干式双电磁铁无复位弹簧式电磁换向阀的结构和图形符号。这种换向阀的技术规格和主要零件与上述单电磁铁二位四通型换向阀基本相同，只是右边多装了一个电磁铁。当左边的电磁铁通电时，阀芯换向，使 P 腔与 B 腔相通，A 腔与 T 腔相通。当电磁铁断电时，由于两端弹簧刚度很小，不能起到使阀芯复位的作用，要依靠右端电磁铁的通电吸合，才能将阀芯推回到初始位置，使 P 腔与 A 腔沟通，B 腔与 T 腔沟通。两端弹簧仅起到支承 O 形圈座的作用，所以不叫复位弹簧。当两端电磁铁都处于断电情况时，阀芯因没有弹簧定位而无固定位置。因此，任何情况下，都应保证有一个电磁铁是常通电的，这样不至于发生误动作。图(k)是二位四通湿式双电磁铁无复位弹簧式电磁换向阀的结构，这种电磁阀因不需克服复位弹簧的反力，而可以充分利用电磁铁的推力去克服由其他因素产生的各种阻力，以使阀的换向动作更为可靠
	二位四通湿式双电磁铁无复位弹簧式	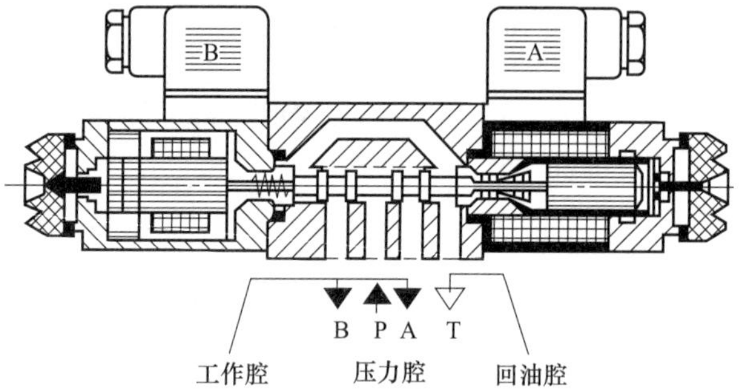 图(k)　二位四通湿式双电磁铁无复位弹簧式电磁换向阀的结构
	二位四通双电磁铁钢珠定位式	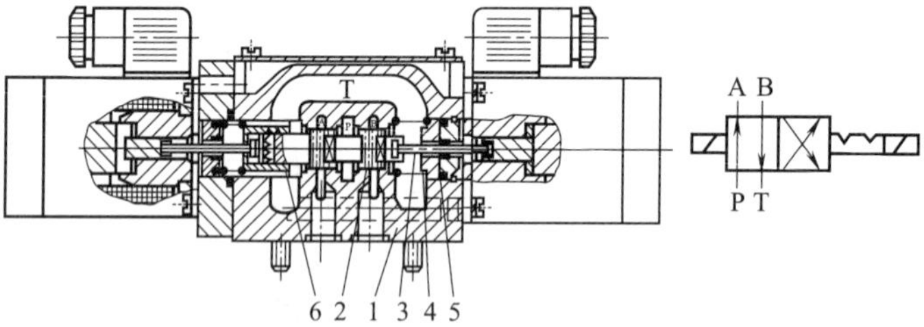 图(l)　二位四通双电磁铁钢珠定位式电磁换向阀的结构和图形符号 1—阀体；2—阀芯；3—推杆；4—弹簧；5—弹簧座；6—定位套 图(l)为一种二位四通双电磁铁钢珠定位式电磁换向阀的结构和图形符号。这种形式换向阀的技术规格与上述相同。它的工作特点是当两端电磁铁都不工作时，阀芯靠左边两个钢珠定位在初始位置上。当左边电磁铁通电吸合时，将阀芯与定位钢珠一起向右推动，直到钢珠卡入在定位套的右边槽中，完成换向动作。当电磁铁断电时，由于钢珠定位的作用，阀芯仍处于换向位置，要靠右边电磁铁通电吸合，将阀芯与钢珠一起向左推动，直到钢珠卡入原来的定位槽中，才能完成复位动作。当电磁铁断电时，由于钢珠定位作用，阀芯仍保持在断电前位置。这样就保证当电磁铁的供电因故中断时，阀芯都能保持在电磁铁通电工作时的位置，不至于造成整个液压系统工作的失灵或故障，也可避免电磁铁长期通电。两端的弹簧仅仅起到支承 O 形圈座定位套的作用
	二位五通	二位型的电磁换向阀，除上述的二位二通、二位三通、二位四通型外，尚有二位五通型的结构。它是将两端的两个回油腔（T 腔）分别作为独立的回油腔使用，在阀内不连通，即成为 T_1 和 T_2，工作原理和结构和二位四通阀的相同，能适用于有两条回油管路且背压要求不同的系统，图形符号见图(m) 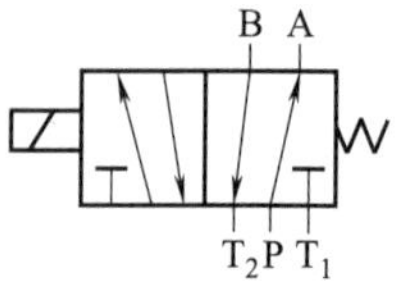 图(m)　二位五通电磁阀的图形符号

续表

典型结构和特点	三位四通弹簧对中型	图(n)是一种三位四通干式弹簧对中型电磁换向阀的结构。阀芯有三个工作位置，它所控制的油腔有四个，即进油腔P，工作腔A和B，回油腔T。图中所示是O形滑阀中位机能的结构。当两边电磁铁不通电时，阀芯靠两边复位弹簧保持在初始中间位置，四个油腔全部封闭。当左边电磁铁通电吸合时，阀芯换向，并将右边的弹簧压缩，使P腔与B腔沟通，A腔与T腔沟通；当电磁铁断电时，靠右边的复位弹簧将阀芯回复到初始中间位置，仍将四个油腔全部切断。反之，当右边电磁铁通电吸合时，阀芯换向，P腔与A腔连通，B腔与T腔连通，当电磁铁断电时，依靠左边的复位弹簧将阀芯回复到初始中间位置，将四个油腔又全部切断 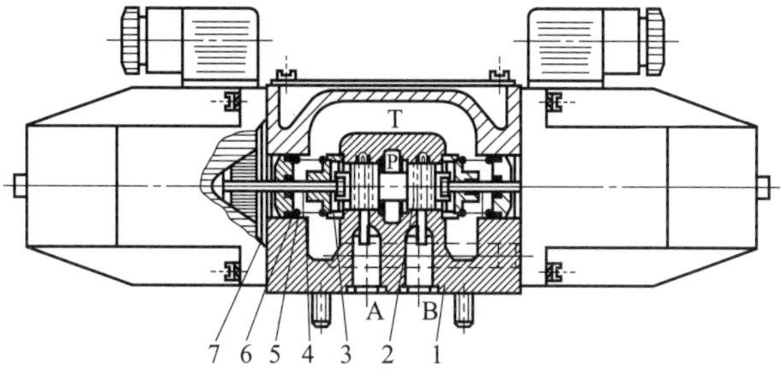 **图(n) 三位四通干式弹簧对中型电磁换向阀的结构** 1—阀体；2—阀芯；3—弹簧座；4—推杆；5—弹簧；6—挡板；7—O形圈座 图(o)是另一种三位四通弹簧对中型电磁换向阀的结构。技术规格与图(n)所示阀相同，工作原理也相同，所不同的是配装的电磁铁是湿式直流型，阀芯与推杆连成一个整体，简化了零件结构。两端T腔的回油可以进入电磁铁内，取消了两端推杆处的动密封结构，大大减小了阀芯运动时O形密封圈处的摩擦阻力，提高了滑阀换向工作的可靠性。电磁铁与阀体之间利用O形密封圈靠两平面压紧密封，避免了干式结构两端T腔压力油从推杆处向外泄漏 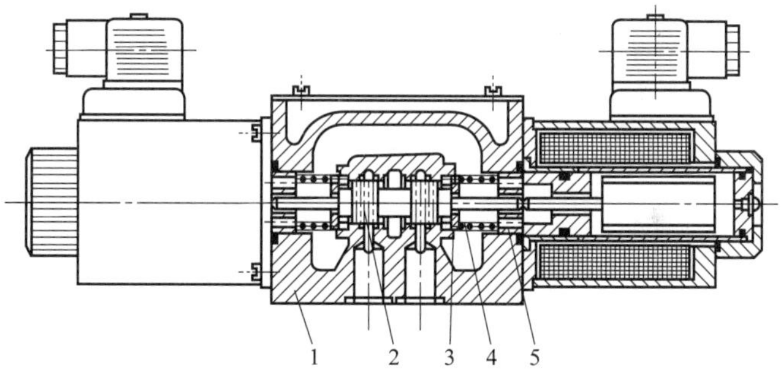 **图(o) 三位四通弹簧对中型电磁换向阀的结构** 1—阀体；2—阀芯；3—弹簧座；4—弹簧；5—挡块
	螺纹连接电磁铁式	目前，国外生产的电磁换向阀大都采用螺纹连接式电磁铁，如图(p)所示。这种电磁铁的铁芯套管是密封系统的一部分，甚至在压力下，不使用工具便可更换电磁铁线圈。因此，这种螺纹连接电磁铁式电磁换向阀具有结构简单、不漏油、可承受背压压力高、防水、防尘等优点 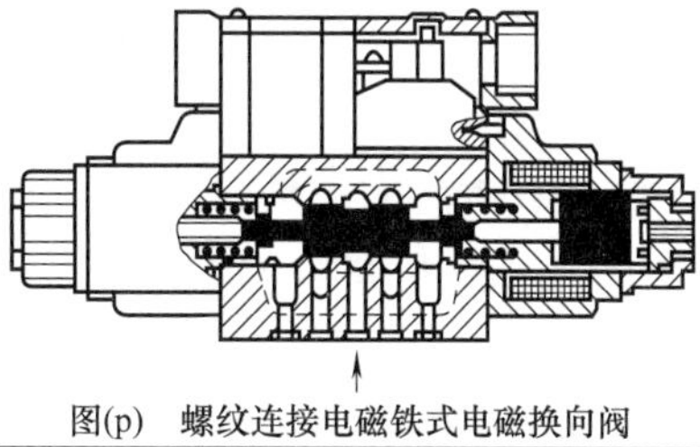 **图(p) 螺纹连接电磁铁式电磁换向阀**
	低冲击和无冲击	图(q)为低冲击的电磁换向阀的部分结构。弹簧座2的一部分伸到挡板3的孔中，两者之间有不大的间隙。当电磁铁推动阀芯右移时，挡板孔中的油被弹簧挤出，且必须通过两者之间的间隙，从而延缓了阀芯移动的速度，降低了阀口开关的速度，减小了换向冲击。但这种阀的换向时间是固定的，不可调节 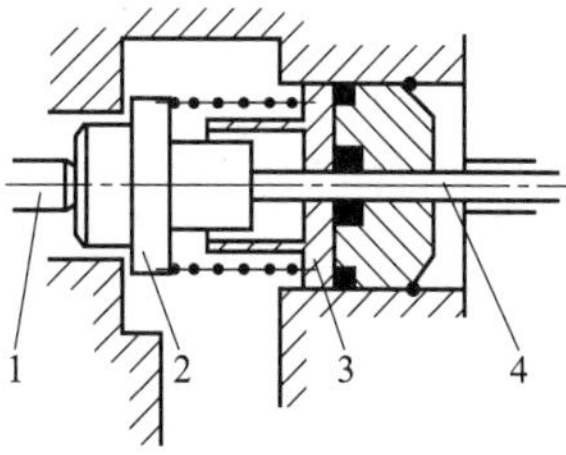 **图(q) 低冲击的电磁换向阀的部分结构** 1—阀芯；2—弹簧座；3—挡板；4—推杆

续表

<table>
<tr>
<td rowspan="2">典型结构和特点</td>
<td>低冲击和无冲击</td>
<td>日本油研公司研制出一种时间可调的无冲击型电磁换向阀，见图(r)。特殊的阀芯形式可以缓冲由于执行元件的启动和停止引起的液压冲击。专用的电子线路则可调节阀芯的换向时间，使换向阀上的换向时间设定到最合适的水准，以减少对机器的冲击和振动
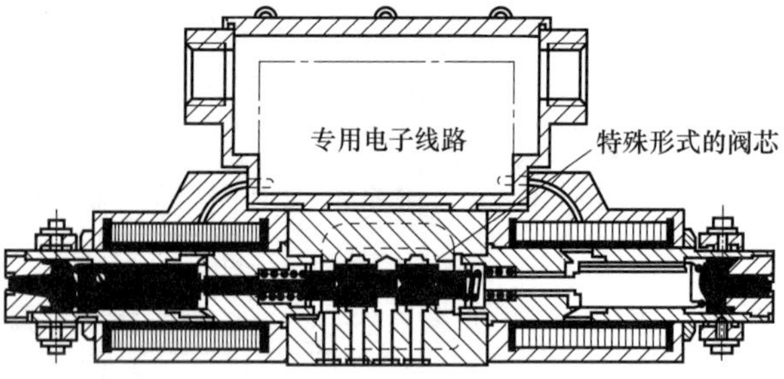

图(r) 无冲击型电磁换向阀</td>
</tr>
<tr>
<td>三位四通直流湿式</td>
<td>图(s)是威格仕设计的 DG4V-5 型的三位四通直流湿式电磁阀，带有速度控制节流塞，可实现平滑、可变的阀响应速度
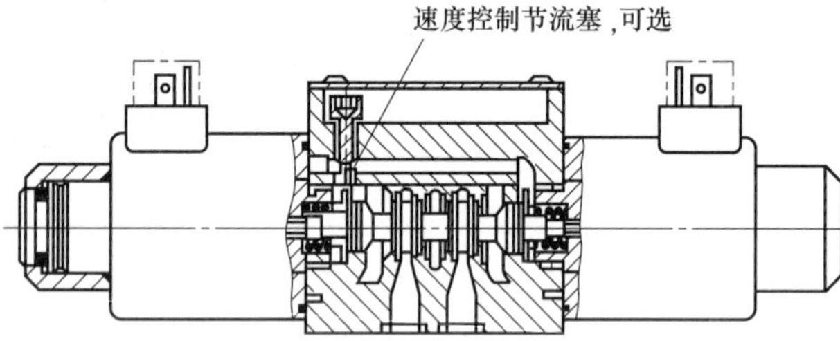

图(s) 威格仕设计的DG4V-5型的三位四通直流湿式电磁阀</td>
</tr>
<tr>
<td rowspan="6">性能要求</td>
<td>工作可靠性</td>
<td>电磁换向阀依靠电磁铁通电吸合推动阀芯换向，并依靠弹簧作用力复位进行工作。电磁铁通电能迅速吸合，断电后弹簧能迅速复位，表示电磁阀的工作可靠性高。影响这一指标的因素主要有液压卡紧力和液动力。液动力与工作时通过的压力及流量有关。提高工作压力或增加流量，都会使换向或复位更困难。所以在电磁换向阀的最大允许压力和最大允许流量之间，通常称为换向界限，见图(t)。液动力与阀的滑阀机能、阀芯停留时间、转换方式、电磁铁电压及使用条件有很大关系。卡紧力主要与阀体孔和阀芯的加工精度有关，提高加工精度和配合精度，可有效地提高换向可靠性
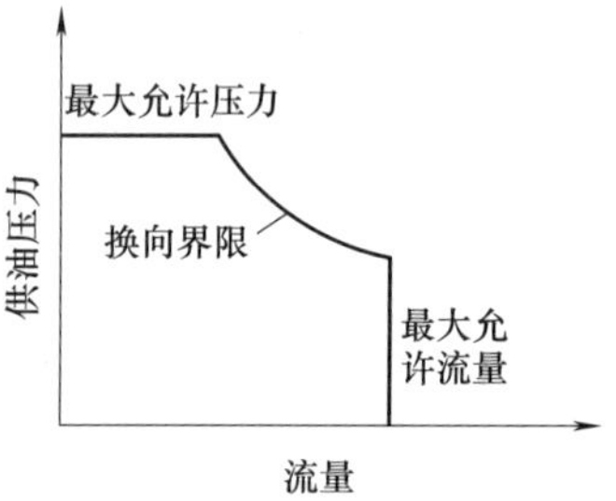

图(t) 电磁阀的换向极限</td>
</tr>
<tr>
<td>压力损失</td>
<td>电磁换向阀由于电磁铁额定行程的限制，阀芯换向的行程比较短，阀腔的开口度比较小，一般只有 1.5～2mm。这么小的开口在通过一定流量时，必定会产生较大的压力降。另外，由于电磁阀的结构比较小，内部各处油流沟处的通流截面也比较小，同样会产生较大的压力降。为此，在阀腔的开度受电磁铁行程限制不能加大时，可采用增大回油通道，用铸造方法生产非圆截面的流道，改进进油腔 P 和工作腔 A、B 的形状等措施，以设法降低压力损失</td>
</tr>
<tr>
<td>泄漏量</td>
<td>电磁换向阀因为换向行程较短，阀芯台肩与阀体孔的封油长度也就比较短，所以必定造成高压腔向低压腔的泄漏。过大的泄漏量不但造成能量损失，同时影响到执行机构的正常工作和运动速度，因此泄漏量是衡量电磁阀性能的一个重要指标</td>
</tr>
<tr>
<td>换向时间和复位时间</td>
<td>电磁阀的换向时间是指电磁铁从通电到阀芯换向终止的时间。复位时间是指电磁铁从断电到阀芯回复到初始位置的时间。一般交流电磁铁的换向时间较短，为 0.03～0.1s，但换向冲击较大，直流电磁铁的换向时间较长，为 0.1～0.3s，换向冲击较小。交直流电磁铁的复位时间基本相同，都比换向时间长，电磁阀的换向时间和复位时间与阀的滑阀机能有关</td>
</tr>
<tr>
<td>换向频率</td>
<td>电磁换向阀的换向频率是指在单位时间内的换向次数。换向频率在很大程度上取决于电磁铁本身的特性。对于双电磁铁型的换向阀，阀的换向频率是单只电磁铁允许最高频率的两倍。目前，电磁换向阀的最高工作频率可选每小时 15000 次</td>
</tr>
<tr>
<td>工作寿命</td>
<td>电磁换向阀的工作寿命很大程度上取决于电磁铁的工作寿命。干式电磁铁的使用寿命较短，为几十万次到几百万次，长的可达 2000 万次。湿式电磁铁的使用寿命较长，一般为几千万次，有的高达几亿次。直流电磁铁的使用寿命总比交流电磁铁的要长得多。对于换向阀本身来说，其工作寿命极限是指某些主要性能超过了一定的标准并且不能正常使用。例如当内泄漏量超过规定的指标后，即可认为该阀的寿命已结束。对于干式电磁换向阀，推杆处动密封的 O 形密封圈，会因长期工作造成磨损引起外泄漏。如有明显外泄漏，应更换 O 形密封圈。复位对中弹簧的寿命也是影响电磁阀工作寿命的主要因素，在设计时应加以注意</td>
</tr>
</table>

续表

应用	①直接对一条或多条油路进行通断控制 ②用电磁换向阀的卸荷回路。电磁换向阀可与溢流阀组合进行电控卸荷，如图(u)中(ⅰ)所示，可采用较小通径的二位二通电磁阀。图(u)中(ⅱ)所示为二位二通电磁阀旁接在主油路上进行卸荷，要采用足够大通径的电磁阀。图(u)中(ⅲ)是采用 M 型滑阀机能的电磁换向阀的卸荷回路，当电磁阀处于中位时，进油腔 P 与回油腔 T 相沟通，液压泵通过电磁阀直接卸荷 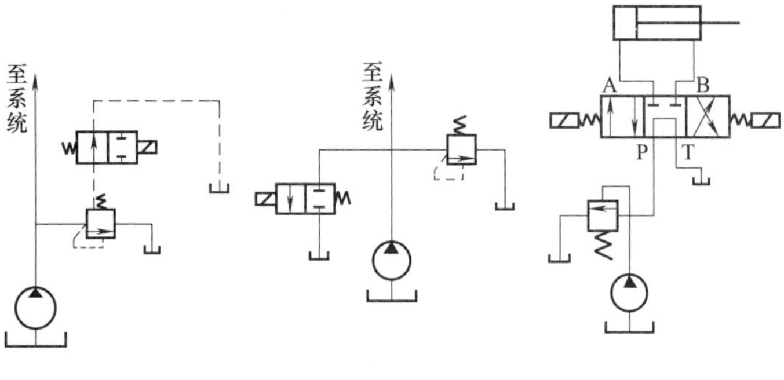 图(u)　电磁换向阀的卸荷回路 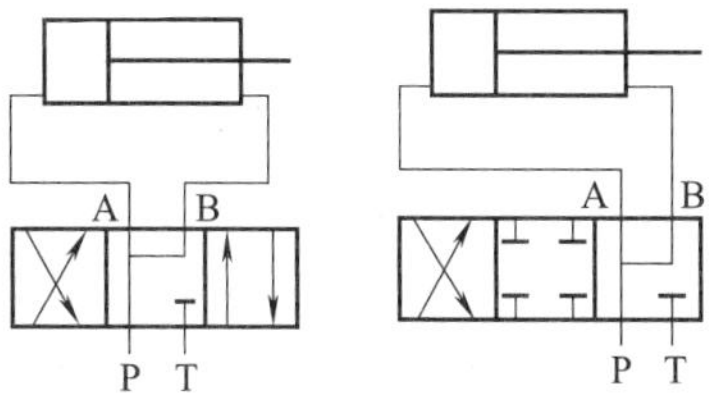 图(v)　利用滑阀机能实现的差动回路 ③利用滑阀机能实现差动回路。图(v)中(ⅰ)是采用 P 型滑阀机能的电磁换向阀实现的差动回路。图(v)中(ⅱ)是采用 OP 型滑阀机能的电磁换向阀，当右阀位工作时，也可实现差动连接 ④用作先导控制阀，例如构成电液动换向阀。二通插装阀的启闭通常也是靠电磁换向阀来操纵 ⑤与其他阀构成复合阀，如电磁溢流阀、电动节流阀等
选用	选用电磁换向阀时，应考虑如下几个问题 ①电磁阀中的电磁铁，有直流型、交流型、本整型，而结构上有干式和湿式之分。各种电磁铁的吸力特性、励磁电流、最高切换频率、机械强度、冲击电压、吸合冲击、换向时间等特性不同，必须选用合适的电磁铁。特殊的电磁铁有安全防爆式、耐压防爆式。而高湿度环境使用时要进行热处理，高温环境使用时要注意绝缘性 ②检查电磁阀的滑阀机能是否符合要求。电磁阀有很多滑阀机能，出厂时还有正装和反装的区别，所以在使用时一定要检查滑阀机能是否与要求一致。换向阀的中位滑阀机能关系到执行机构停止状态下的安全性，必须考虑内泄漏和背压情况，从回路上充分论证。另外，最大流量值随滑阀机能的不同会有很大变化，应予注意 ③注意电磁阀的切换时间及过渡位置机能。换向阀的阀芯形状影响阀芯开口面积，阀芯位移的变化规律、阀的切换时间及过渡位置时执行机构的动作情况，必须认真选择。换向阀的切换时间，受电磁阀中电磁铁的类型和阀的结构，电液换向阀中控制压力和控制流量的影响。用节流阀控制流量，可以调整电液换向阀的切换时间。有些回路里，如在行走设备的液压系统中，用换向阀切换流动方向并调节流量。选用这类换向阀时要注意其节流特性，即不同的阀芯位移下流量与压降的关系 ④换向阀使用时的压力、流量不要超过制造厂样本上的额定压力、额定流量，否则液压卡紧现象和液动力影响往往引起动作不良。尤其在液压缸回路中，活塞杆外伸和内缩时回油流量是不同的。内缩时回油流量比泵的输出流量还大，流量放大倍数等于缸两腔活塞面积之比，要特别注意。另外还要注意的是，四通阀堵住 A 口或 B 口只用一侧流动时，额定流量显著减小。压力损失对液压系统的回路效率有很大影响，所以确定阀的通径时不仅考虑换向阀本身，而且要综合考虑回路中所有阀的压力损失、油路块的内部阻力、管路阻力等 ⑤回油口 T 的压力不能超过允许值。因为 T 口的工作压力受到限制，当四通电磁阀堵住一个或两个油口，当作三通阀或二通电磁阀使用时，若系统压力值超过该电磁换向阀所允许的背压值，则 T 口不能堵住 ⑥双电磁铁电磁阀的两个电磁铁不能同时通电，对交流电磁铁，两电磁铁同时通电，可造成线圈发热而烧坏；对于直流电磁铁，则由于阀芯位置不固定，引起系统误动作。因此，在设计电磁阀的电控系统时，应使两个电磁铁通断电有互锁关系

9.5.5　电液换向阀

如要增大通过电磁换向阀的流量，为克服稳态液动力、径向卡紧力、运动摩擦力以及复位弹簧的反力等，必须增大电磁铁的推力。如果在通过很大流量时，又要保证压力损失不致过大，就必须增大阀芯的直径，这样需要克服的各种阻力就更大。在这种情况下，如果再靠电磁铁直接推动阀芯换向，必然要将电磁铁做得很大。为此，可采用压力油来推动阀芯换向，来实现对大流量换向的控制，这就是液动换向阀。用来推动阀芯换向的油液流量不必很大，可采用普通小规格的电磁换向阀作为先导控制阀，与液动换向阀安装在一起，实现以小流量的电磁换向阀来控制大通径的液动换向阀的换向，这就是电液换向阀。

表 20-9-81 **电液换向阀的原理和结构**

工作原理

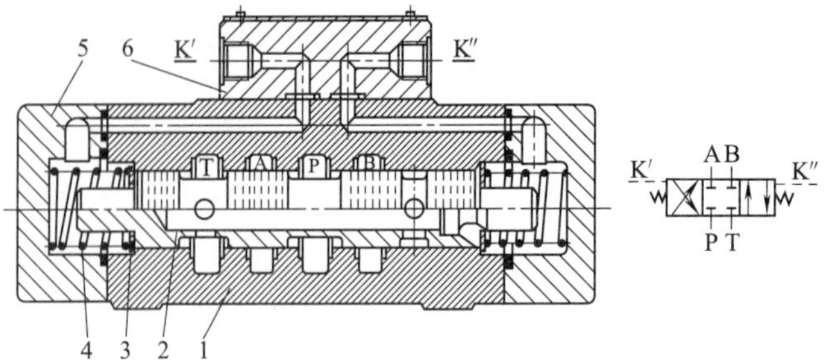

图(a) 液动换向阀的工作原理和图形符号

1—阀体；2—阀芯；3—挡圈；4—弹簧；5—端盖；6—盖板

图(a)为弹簧对中式液动换向阀的工作原理和图形符号。滑阀机能为二位四通 O 型。阀体内铸造有四个通油容腔，进油腔 P 腔，工作腔 A、B 腔，回油腔 T 腔。K′、K″为控制油口。当两控制油口都没有控制油压力时，阀芯靠两端的对中弹簧保持在中间位置。当控制油口 K′、K″通控制压力油时，压力油通过控制流道进入左端或右端弹簧腔，克服对中弹簧力和各种阻力，使阀芯移动，实现换向。当控制压力油消失时，阀芯在弹簧力的作用下，回到中间位置。液动换向阀就是这样依靠外部提供的压力油推动阀芯移动来实现换向的。液动换向阀的先导阀可以是机动换向阀、手动换向阀或电磁换向阀。后者就构成电液换向阀

电液换向阀的工作原理如图(b)所示。当先导电磁阀两边电磁铁都不通电时，阀芯处于中间位置。当左边的电磁铁通电时，先导阀处于左位，先导阀的 P 口与 B 口相通，A 口与 T 口相通，控制压力油从 B 口进入 K″腔，作用在主阀芯的右边弹簧腔，推动阀芯向左移动，主阀的 P 口与 A 口相通，B 口与 T 口相通。当左边电磁铁断电时，先导阀芯处于中位，主阀芯也由弹簧对中而回到中位。右边电磁铁通电时，情况与上述类似。电液换向阀就是这样，先依靠先导阀上的电磁铁的通电吸合，推动电磁阀阀芯的换向，改变控制油的方向，再推动液动阀阀芯换向。此时应注意先导阀的中位机能应为 Y 型

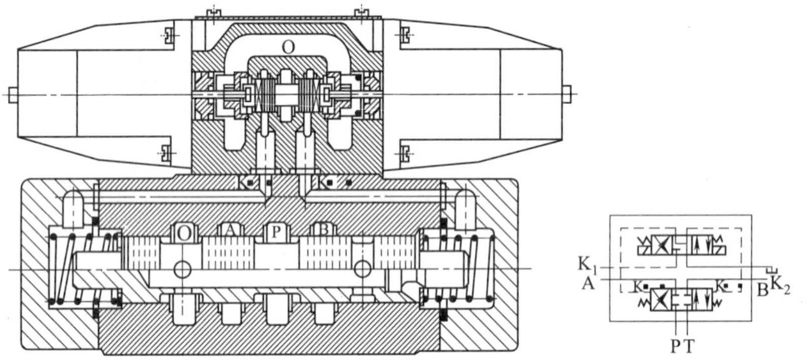

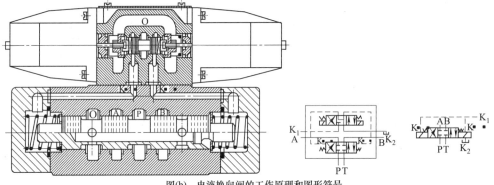

图(b) 电液换向阀的工作原理和图形符号

典型结构和特点

液动换向阀与电液换向阀同样有二位二通、二位三通、二位四通、二位五通、三位四通、三位五通等通路形式，以及弹簧对中、弹簧复位等结构。它比电磁换向阀还增加了行程调节和液压对中等形式

图(c)为二位三通板式连接型电液动换向阀的结构和图形符号。它由阀体 1、阀芯 2、阀盖 3 及二位四通型先导电磁阀、O 形密封圈等主要零件组成。特点是主阀芯部分没有弹簧，阀芯在阀孔内处于浮动状态，完全靠先导电磁阀的通路特征来决定主阀芯的换向工作位置

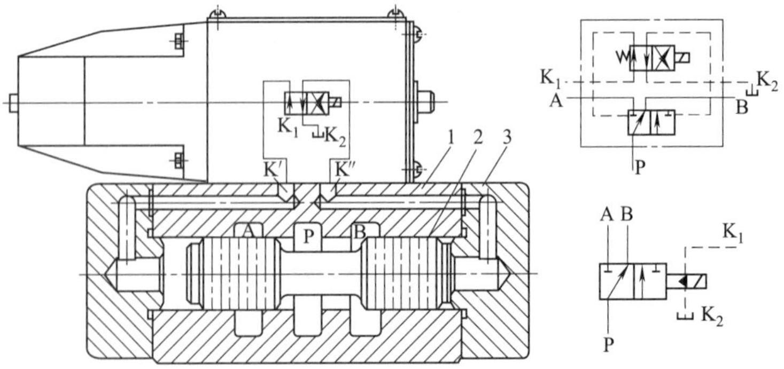

图(c) 二位三通电液动换向阀的结构和图形符号

1—阀体；2—阀芯；3—阀盖

续表

典型结构和特点

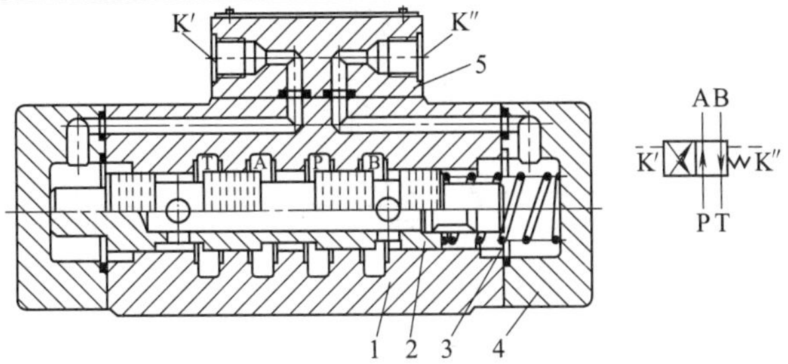

图(d)　二位四通液动换向阀的结构和图形符号

1—阀体；2—阀芯；3—弹簧；4—端盖；5—盖板

图(d)是二位四通板式连接弹簧复位型液动换向阀的结构和图形符号。阀芯依靠右端弹簧维持在左端初始工作位置，使 P 腔与 A 腔沟通，B 腔与 T 腔相通。当 K″口引入控制油时，阀芯仍处于左端初始工作位置；当 K′口引入控制油时，压力油将阀芯推向右端工作位置，使 P 口与 B 口相通，A 口与 T 口相通。当 K′口控制油取消时，阀芯又依靠弹簧力回复到左端初始位置。这种结构的液动换向阀的特点是，当阀不工作时，阀芯总是依靠弹簧力使其保持在一个固定的初始工作位置，因此，也可叫弹簧偏置型结构。同类型的电液动换向阀，只是在该液动换向阀上部安装一个二位四通型的电磁换向阀作为先导阀，如图(e)所示，当电磁铁不通电时，电磁阀的进油腔 P 与两个工作腔 A 或 B 总是保持有一个相通，也就是使主阀的两个控制油口总有一个保持有控制压力油，使阀芯始终保持在某一初始工作位置。当电磁先导阀通电换向后，再推动下部主阀芯改变换向位置。它与前述的二位四通阀不同的是，液动阀当两端都没有控制油进入时，阀芯依靠弹簧力始终保持在左端位置。而电液换向阀则不然，它可根据采用的先导电磁换向阀滑阀机能的不同，以及调换安装位置等措施，改变主阀芯初始所处的位置是在右端还是在左端。这样，在使用中就更灵活了

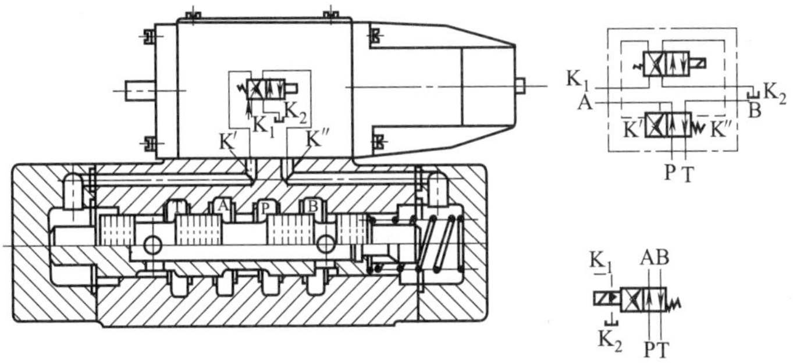

图(e)　二位四通型的电液换向阀的结构和图形符号

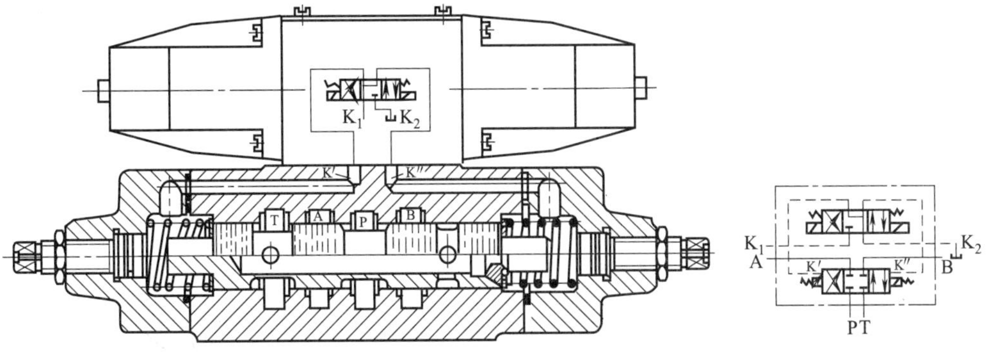

图(f)　三位四通行程调节型电液动换向阀的结构和图形符号

图(f)是三位四通板式连接弹簧对中行程调节型电液动换向阀的结构和图形符号。它的工作原理与前述介绍的电液换向阀的完全一样，特点是左右两端阀盖处各增加了一个行程调节机构，通过调节两端调节螺钉，可以改变阀芯的行程，从而减小阀芯换向时控制的各油腔的开度，使通过的流量减少，起到比较粗略的节流调节作用，对某些需要调速、但精度要求不高的系统，采用这种行程调节型电液换向阀是比较方便的。通过两端调节螺钉的调整，还可以使阀芯左右的换向行程不一样，使换向后的左右两腔开口度也不一样，以获得两种不同的通过流量，使执行机构两个方向的运动速度也不一样

第20篇

续表

典型结构和特点

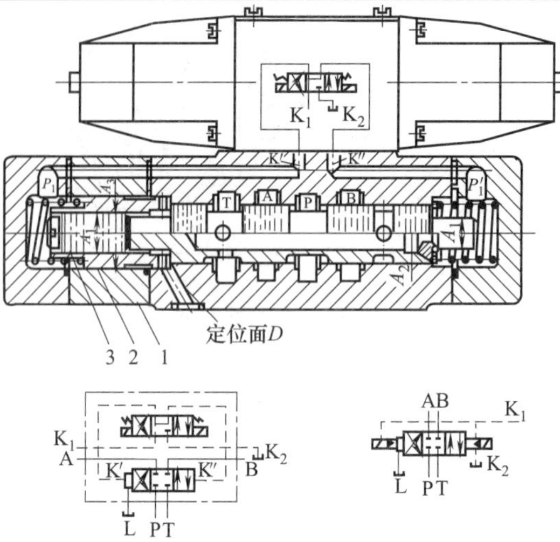

图(g) 三位四通板式连接液压对中型电液动换向阀的结构和图形符号

1—中盖;2—缸套;3—柱塞

图(g)是三位四通板式连接液压对中型电液动换向阀的结构和图形符号。它的特点是阀的右端部分与不用弹簧对中型电液动换向阀的结构相同,而阀的左端增加了中盖 1、缸套 2 和柱塞 3 等零件。同时,这种结构的电液动换向阀所采用的先导电磁阀是 P 型滑阀机能。即当两边电磁铁都不通电,阀芯处于中间位置时,进油腔 P 与两个工作腔 A、B 都相通。也就是说这时控制油能够进入主阀的两端容腔,而且两端容腔控制油的压力是相等的。设柱塞 3 的截面积为 A_1,主阀芯截面积为 A_2,缸套环形截面积为 A_3。一般做成 $A_3=A_2=2A_1$,因此,在相同的压力作用下,缸套及阀芯都定位在定位面 D 处。两个弹簧不起对中作用,仅在无控制压力时使阀芯处于中位

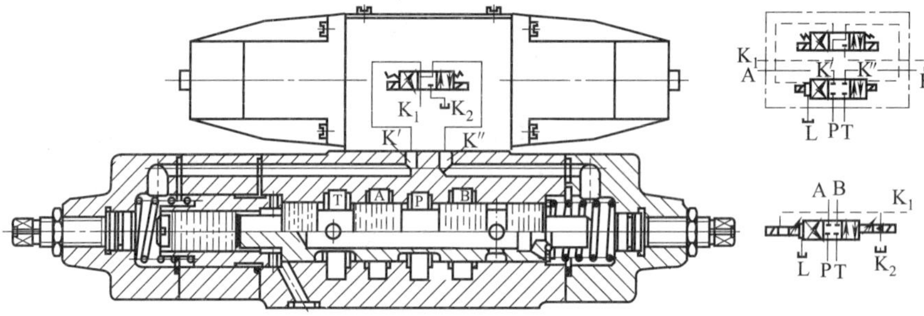

图(h) 三位四通液压对中调节型电液动换向阀的结构和图形符号

图(h)是三位四通板式连接液压对中调节型电液动换向阀的结构和图形符号。它通过调节两端的调节螺钉,可使阀芯向两边换向的行程不一样,以获得各油腔不同的开口,起到粗略的节流调节作用

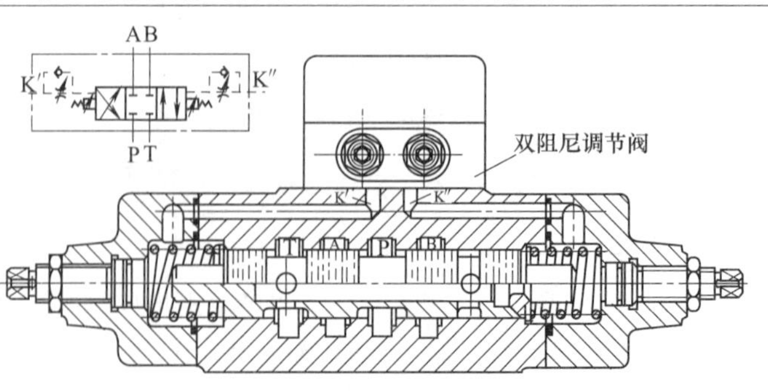

图(i) 带双阻尼调节阀的液动换向阀的结构和图形符号

图(i)是带双阻尼调节阀的液动换向阀的结构和图形符号。外部供给的控制油,通过双阻尼调节阀进入控制容腔,调节阻尼开口的大小,可改变进入的控制油流量,以改变阀芯换向的速度。液动换向阀两端还有行程调节机构,可调节阀芯的行程以改变各油腔开口的大小,使通过的流量得到控制

续表

典型结构和特点

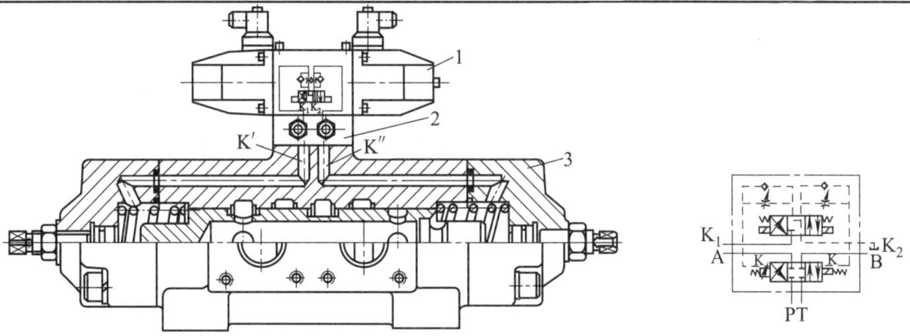

图(j)　带双阻尼调节阀的电液动换向阀的结构和图形符号

1—先导阀；2—双阻尼调节阀；3—主阀

图(j)是带双阻尼调节阀的电液动换向阀的结构和图形符号，先导电磁换向阀换向至左右两边工作位置时，P腔进入A腔或进入B腔的控制油，都先经过双阻尼调节阀进入液动换向阀的两个控制油口，调节阻尼阀的开口大小，可改变进入两控制油口的流量，达到控制液动阀阀芯换向速度的目的。双阻尼器叠加在导阀与主阀之间

加设阻尼器的另一种形式是在两端阀形上加一个小型的单向节流阀，见图(k)，中间可调阀芯2与阀孔之间的相对开口可通过上部螺纹调节，并用螺母1锁定。当控制油进入时，压力油从下部将钢珠8顶开后，从中间可调节阀芯的径向孔及节流缝隙同时进入控制容腔，推动主阀芯换向。当控制容腔的压力油要排出时，压力油将钢珠紧压在阀座上，油液只能从可调阀芯与阀孔之间的节流缝隙处流出，达到回油节流的目的。调节可调阀芯与阀孔的相对距离，就可改变节流缝隙的大小，以控制通过的流量，起到阻尼作用，从而达到减缓主阀芯换向速度的目的。如在阀的两端都加置这种形式的单向节流阀，即可使阀芯向左右两边换向时都起到阻尼作用

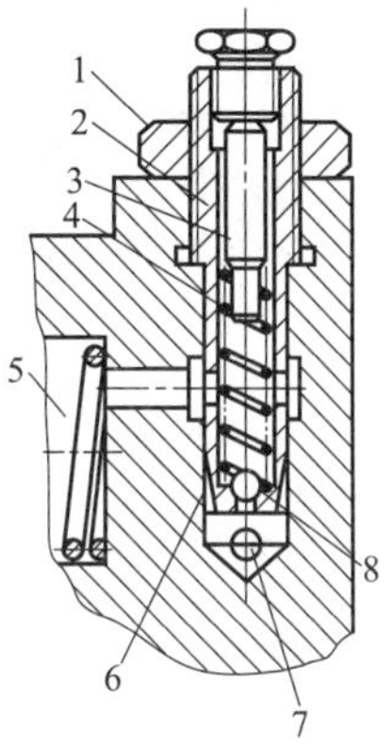

图(k)　阻尼可调节阀的另一种结构形式

1—锁紧螺母；2—可调阀芯；3—调节杆；4—压紧弹簧；5—控制容腔；6—可调节缝隙；7—控制油口；8—钢珠

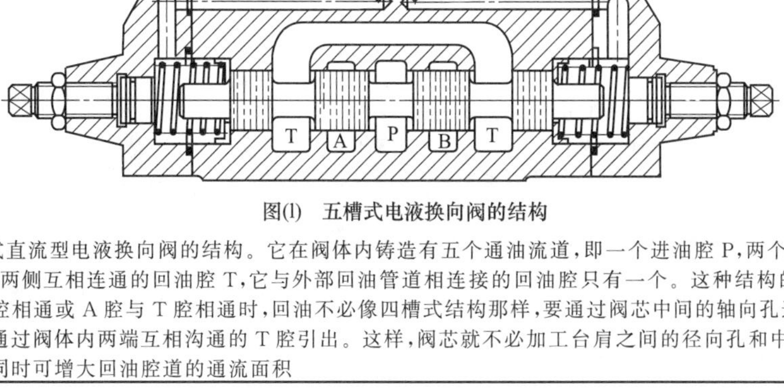

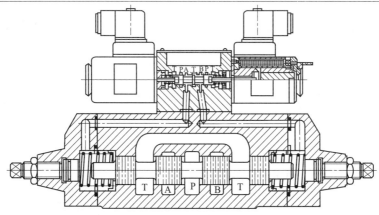

图(l)　五槽式电液换向阀的结构

图(l)是五槽式直流型电液换向阀的结构。它在阀体内铸造有五个通油流道，即一个进油腔P，两个工作油腔A、B，两个分别布置在两侧互相连通的回油腔T，它与外部回油管道相连接的回油腔只有一个。这种结构的特点是当阀芯换向，B腔与T腔相通或A腔与T腔相通时，回油不必像四槽式结构那样，要通过阀芯中间的轴向孔道回到左边的T腔，而可以直接通过阀体内两端互相沟通的T腔引出。这样，阀芯就不必加工台肩之间的径向孔和中间的轴向孔，简化了加工工艺，同时可增大回油腔道的通流面积

续表

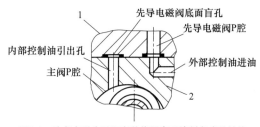

先导控制方式和回油方式	电液换向阀的先导油供油方式有内部供油和外部供油方式，简称为内控、外控方式。对应的先导油回油方式也有内泄和外泄两种	
	外部油先导控制方式	外部油控制方式是指供给先导电磁阀的油源是由另外一个控制油路系统供给的，或在同一个液压系统中，通过一个分支管路作为控制油路供给的。前者可单独设置一台辅助液压泵作为控制油源使用，后者可通过减压阀等，从系统主油路中分出一支减压回路。外部控制形式的特点是，由于电液换向阀阀芯换向的最小控制压力一般都设计得比较小，多数在 1MPa 以下，因此控制油压力不必太高，可选用低压液压泵。它的缺点是要增加一套辅助控制系统
	内部油先导控制方式	主油路系统的压力油进入电液换向阀进油腔后，再分出一部分作为控制油，并通过阀体内部的孔道直接与上部先导阀的进油腔相沟通。特点是不需要辅助控制系统，省去了控制油管，简化了整个系统的布置。缺点是因为控制压力就是进入该阀的主油路系统的油液压力，当系统工作压力较高时，这部分高压流量的损耗是应该加以考虑的，尤其是在电液换向阀使用较多，整个高压流量的分配受到限制的情况下，更应该考虑这种控制方式所造成的能量损失。内部控制方式一般是在系统中电液动换向阀使用数目较少而且总的高压流量有剩余的情况下，为简化系统的布置而选择采用 另外要注意的是，对于阀芯初始位置为使液压泵卸荷的电液换向阀，如 H 型、M 型、K 型、X 型，由于液压泵处于卸荷状态，系统压力为零，无法控制主阀芯换向。因此，当采用内部油控制方式而主阀中位卸荷时，必须在回油管路上加设背压阀，使系统保持有一定的压力。背压力至少应大于电液动换向阀主阀的最小控制压力。也可在电液换向阀的进油口 P 中装预压阀。它实际上是一个有较大开启压力的插入式单向阀。当电液换向阀处于中间位置时，油流先经过预压阀，然后经电液换向阀内流道由 T 口回油箱，从而在预压阀前建立所需的控制压力 设计电液换向阀一般都考虑了内部油控制形式和外部油控制形式在结构上的互换性，更换的方法则根据电液换向阀的结构特点而有所不同。图(m)采用改变电磁先导阀安装位置的方法来实现两种控制形式的转换示意图。在电磁先导阀的底面上与进油腔 P 并列加工有一盲孔，当是内部油控制形式时，电磁先导阀的进油腔 P 与主阀的 P 腔相沟通；利用盲孔将外部控制油的进油孔封住（这时也没有外部控制油进入）。如将电磁先导阀的四个安装螺钉拆下后旋转 180°重新安装，则盲孔转到与主阀 P 腔孔相对的位置，并将该孔封闭，使主阀 P 腔的油不能进入电磁先导阀。而电磁先导阀的 P 腔孔则与外部控制油相通，外部控制油就进入电磁先导阀，实现了外部油控制形式。这种方式需要注意的是，由于电磁先导阀改变了安装方向，使原来电磁阀上的 A 腔和 B 腔与控制油 K″口和 K′口相对应的状况，改变为 A 腔和 B 腔是与 K″口和 K′口相对应。这样，当电磁先导阀上原来的电磁铁通电吸合工作时，主阀两边换向位置的通路情况就与原来相反了。对于三位四通型电液换向阀，这种情况可采用改变电磁铁通电顺序的方法纠正解决；但对于二位四通单电磁铁型的电液换向阀，就必须将电磁先导阀的电磁铁以及有关零件拆下调换到另外一端安装才能纠正 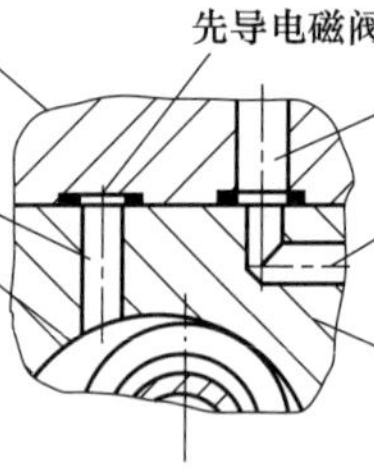 图(m) 改变电磁先导阀安装位置实现控制方式的转换 1—先导电磁阀；2—主阀 图(n)是采用工艺螺塞的方法实现内部油控制和外部油控制形式转换的示意图，它的方法是先导电磁阀的 P 腔始终与主阀的 P 腔相对应连通，同时在与主阀的 P 腔连通的通路上加了一个螺塞 1。当采用内部油控制形式时把该螺塞卸去，主阀 P 腔的部分油液通过该孔直接进入电磁先导阀作为控制油（这时还应用螺塞 2 将外部控制油的进油口堵住，用螺塞 1 堵住内部控制油，同时将原来堵住外部控制油口的螺塞卸去任意一个，外部控制油则通过其中一个孔道进入电磁先导阀） 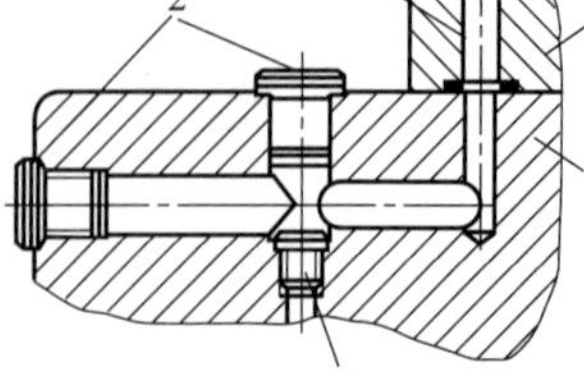 图(n) 采用工艺螺塞实现控制方式转换 1，2—螺塞；3—先导电磁阀阀体；4—主阀阀体

续表

先导控制方式和回油方式	先导控制油回油方式	控制油回油有内部和外部回油两种方式。控制油内部回油指先导控制油通过内部通道与液动阀的主油路回油腔相通，并与主油路回油一起返回油箱。图(o)是控制油内部回油的结构示意图。这种形式的特点是省略了控制油回油管路，使系统简化，但是受主油路回油背压的影响。由于电磁先导阀的回油背压受到一定的限制，因此，当采用内部回油形式时，主油路回油背压必须小于电磁先导阀的允许背压值，否则电磁先导阀的正常工作将受到影响 控制油外部回油是指从电液换向阀两端控制腔排出的油，经过先导电磁阀的回油腔单独直接回油箱(螺纹连接或者法兰连接电液换向阀一般均采用这种方式)。也可以通过下部液动阀上专门加工的回油孔接回油箱(板式连接型一般都采用这种方式)，图(p)是板式连接型电液换向阀控制油外部回油的结构示意图。这种形式的特点是控制油回油背压不受主阀回油背压的影响。它可直接接回油箱，也可与背压不大于电磁先导阀允许背压的主油管路相连，一起接回油箱，使用较为灵活，其缺点是多了一根回油管路，这对电液换向阀使用较多的复杂系统，增加了管道的布置
		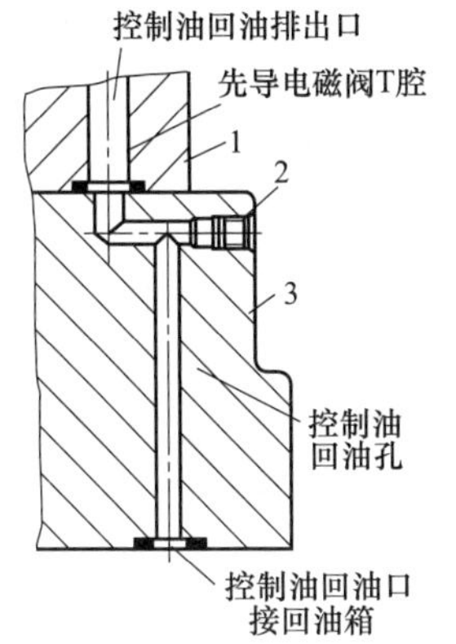 图(o)　控制油内部回油的结构 1—先导电磁阀体； 2—工艺堵； 3—主阀阀体 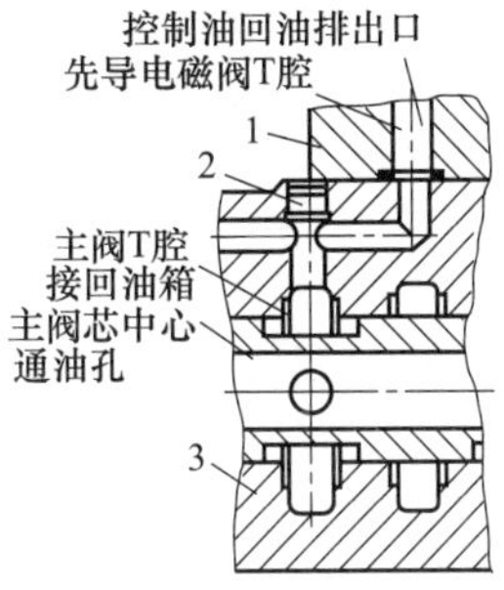 图(p)　控制油外部回油的结构 1—先导电磁阀体； 2—工艺堵； 3—主阀阀体
主要性能要求	换向可靠性	液动换向阀的换向可靠性完全取决于控制压力的大小和复位弹簧的刚度。电液换向阀的换向可靠性基本取决于电磁先导阀的换向可靠性。电液换向阀在工作过程中所要克服的径向卡紧力、稳态液动力及其他摩擦阻力较大，在这种情况下，为使阀芯能可靠地换向和复位，可以适当提高控制压力，也可增强复位弹簧的刚度。这两个参数在设计中较容易实现，主要还是电磁先导阀的动作可靠性起着决定性的作用
	压力损失	油流通过各油腔的压力损失是通过流量的函数。增大电液换向阀的流量所造成的稳态液动力的增加，可以采用提高控制压力和加强复位弹簧刚度的办法加以克服，但将造成较大的压力损失和油液发热。因此，流量不能增加太大
	内泄漏量	液动换向阀和电液换向阀的内泄漏量与电磁换向阀的内泄漏量定义是完全相同的，但它所指的是主阀部分的内泄漏量
	换向和复位时间	液动换向阀的换向和复位时间，受控制油流的大小、控制压力的高低以及控制油回油背压的影响。因此，在一般情况下，并不作为主要的考核指标，使用时也可以调整控制条件以改变换向和复位时间
	液压冲击	液动换向阀和电液换向阀，由于口径都比较大，控制的流量也较大，在工作压力较高的情况下，当阀芯换向而使高压油腔迅速切换的时候，液压冲击压力可达工作压力的百分之五十甚至一倍以上。所以应设法采取措施减少液压冲击压力值 减少冲击压力的方法，可以对液动换向阀和电液换向阀加装阻尼调节阀，以减慢换向速度。对液压系统也可采用适当措施，如加灵敏度高的小型安全阀、减压阀等，或适当加大管路直径，缩短导管长度，采用软管等。目前，尚没有一种最好的方法能完全消除液压冲击现象，只能通过各种措施减少到尽可能小的范围内
	电液换向阀与液动换向阀主要用于流量较大(超过 60L/min)的场合，一般用于高压大流量的系统。其功能和应用与电磁换向阀相同	

9.5.6　其他类型的方向阀

表 20-9-82　**其他类型的方向阀**

<table>
<tr>
<td rowspan="3">手动换向阀</td>
<td colspan="2">操纵滑阀换向的方法除了用电磁铁和液压油来推动外，还可利用手动杠杆的作用来进行控制，这就是手动换向阀。手动换向阀一般都是借用液动换向阀或电磁换向阀的阀体进行改制，再在两端装上手柄操纵机构和定位机构。手动换向阀有二位、三位、二通、三通、四通等，也有各种滑阀机能</td>
</tr>
<tr>
<td rowspan="2">典型结构和工作原理</td>
<td>
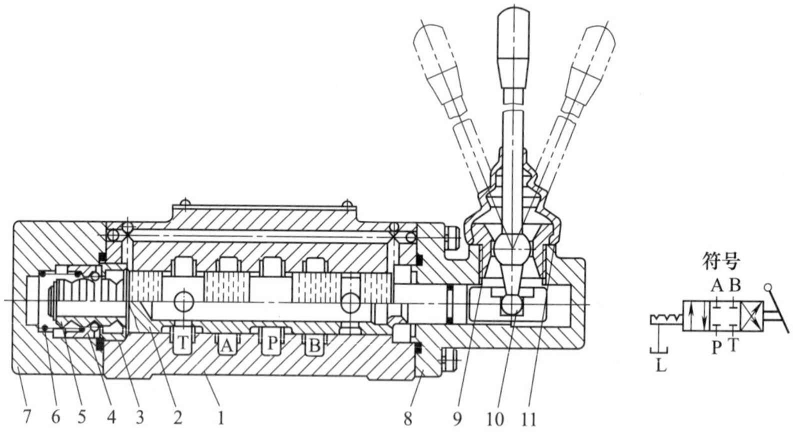

图(a)　三位四通钢珠定位式手动换向阀的结构和图形符号

1—阀体；2—阀芯；3—球座；4—护球圈；5—定位套；6—弹簧；
7—后盖；8—前盖；9—螺套；10—手柄；11—防尘套

手动换向阀按其操纵阀芯换向后的定位方式分，有钢珠定位式和弹簧复位式两种。钢球定位式是当操纵手柄外力取消后，阀芯依靠钢球定位保持在换向位置。弹簧复位式是当操纵手柄外力取消后，弹簧使阀芯自动回复到初始位置。图(a)是三位四通钢珠定位式手动换向阀的结构和图形符号。当手柄处于初始中间位置时，后盖 7 中的钢珠卡在定位套的中间一档沟槽里，使阀芯 2 保持在初始中间位置。进油腔 P、两个工作腔 A 和 B 以及回油腔 T 都不沟通。当把手柄向左推时，依靠定位套沟槽斜面将钢珠推开并滑入左边定位槽中，阀芯定位在右边换向位置，使 P 腔与 B 腔相沟通，A 腔与 T 腔相沟通。当把手柄从初始中间位置向右方向拉时，钢珠进入定位套上的右边定位槽中，使阀芯定位在左边换向工作位置，使 P 腔与 A 腔相沟通，B 腔与 T 腔相沟通
</td>
</tr>
<tr>
<td>
将图(a)的三位四通手动换向阀的阀芯定位套改成两个定位槽，就可以变成钢球定位式二位四通手动换向阀，如图(b)所示

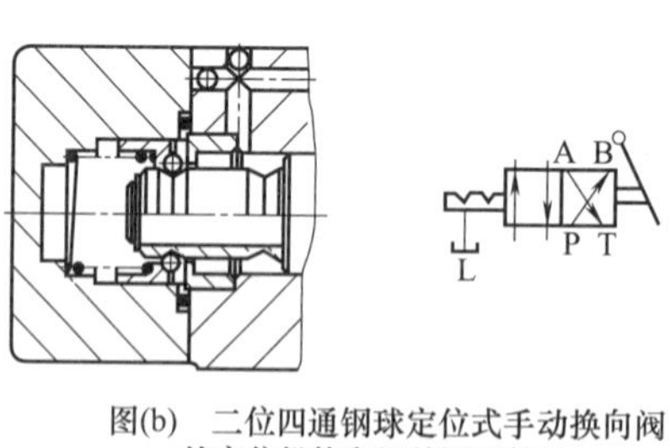

图(b)　二位四通钢球定位式手动换向阀的定位机构和阀的图形符号

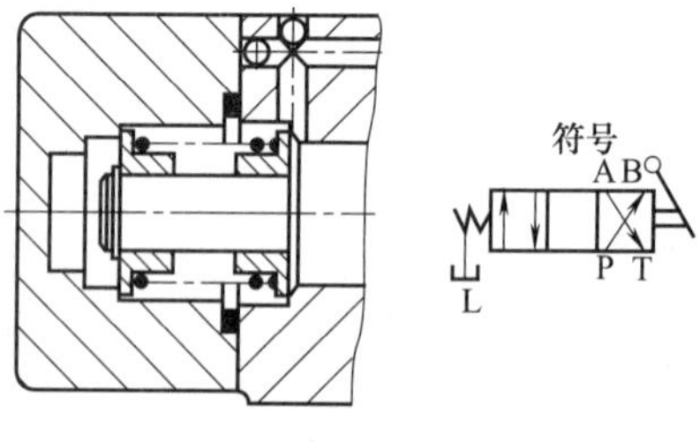

图(c)　三位四通弹簧自动复位式手动换向阀的部分结构和阀的符号

图(c)是三位四通弹簧自动复位式手动换向阀的部分结构和阀的符号。它只要将阀芯后部的定位套换上两个相同的弹簧座，并取消球和护球圈就可以了。复位弹簧安置在两个弹簧座的中间，使阀芯保持在初始中间位置。当把手柄往左推时，阀芯带动左端弹簧座压缩弹簧，并靠右端弹簧座限位，阀芯即处于右边换向工作位置。当操纵手柄的外力去除后，复位弹簧把阀芯推回到初始中间位置。当手柄往右拉时，阀芯台肩端面推动右端弹簧座使弹簧压缩，并靠右端弹簧座限位，使阀芯处于左边换向工作位置
</td>
</tr>
</table>

续表

手动换向阀

典型结构和工作原理

将图(c)所示三位四通弹簧自动复位式的两个弹簧座改成图(d)所示结构，就成为二位四通弹簧自动复位式手动换向阀

弹簧自动复位式结构的特点是操纵手柄的外力必须始终保持，才能使阀芯维持在换向工作位置。外力一去除，阀芯立即依靠弹簧力回复到初始位置。利用这一点，在使用中可通过操纵手柄的控制，使阀芯行程根据需要任意变动，而使各油腔的开口度灵活改变。这样可根据执行机构的需要，通过改变开口量的大小来调节速度。这一点比钢球定位式更为方便

手动换向阀手柄操纵部分的结构有多种形式，图(e)是杠杆结构。杠杆结构比较简单，前盖与阀体安装螺钉孔的相对位置精度容易保证，但支架部分在手柄长期搬动后容易松动

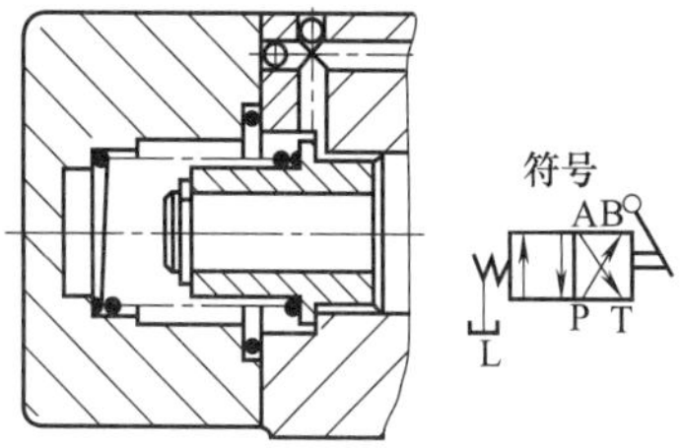

图(d) 二位四通弹簧自动复位式手动换向阀的定位结构和阀的符号

图(f)是力士乐公司生产的采用旋钮操纵的换向滑阀。控制阀芯是由调节旋钮来操纵的(转动角度 2×90°)，由此而产生的转动借助于灵活的滚珠螺旋装置转变为轴向运动并直接作用在控制阀芯上，控制阀芯便运动到所要求的末端位置，并打开要求的油口。旋钮前面有一刻度盘可以观察阀芯 3 的实际切换位置。所有操作位置均借助定位装置定位

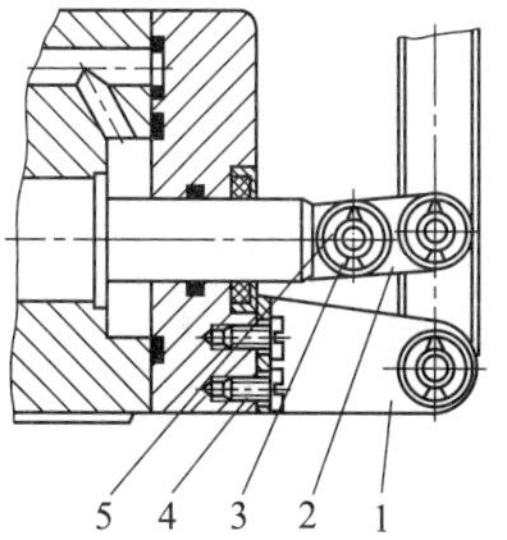

图(e) 杠杆式手柄操纵机构

1—支架；2—连接座；3—圆柱销；4—螺钉；5—开口销

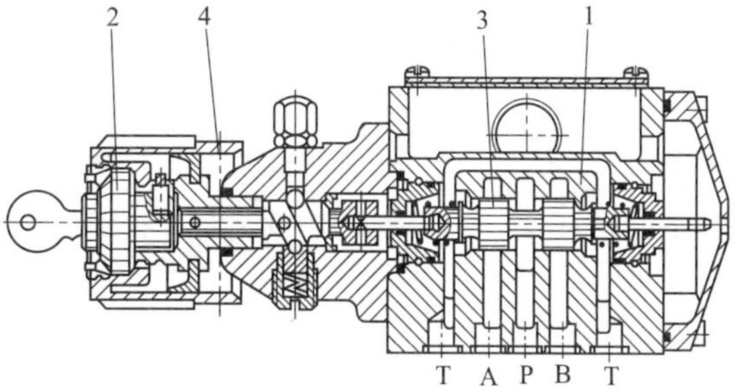

图(f) 采用旋钮操纵的换向滑阀

1—阀体；2—调节件；3—控制阀芯；4—调节旋钮

主要性能要求

①换向可靠性。手动换向阀靠手柄操纵阀芯换向，比电磁换向阀、电液换向阀和液动换向阀的工作更为简便可靠，稳态液动力和径向卡紧力的影响容易克服。必须注意的是，后盖部分容腔中的泄漏油必须单独引出，接回油箱，不允许有背压。否则，将由于泄漏油的积聚，而自行推动阀芯移动，产生误动作，甚至发生故障

②压力损失小

③泄漏量小

应用

手动换向阀在系统中的应用以及容易发生的故障，与液动换向阀和电液换向阀基本相同。它操作简单，工作可靠，能在没有电力供应的场合使用，在工程机械中得到广泛的应用。但在复杂的系统中，尤其在各执行元件的动作需要联动、互锁或工作节拍需要严格控制的场合，就不宜采用手动换向阀，使用时应注意：

①即使螺纹连接的阀，亦应用螺钉固定在加工过的安装面上，不允许用管道悬空支撑阀门

②外泄油口应直接回油箱。外泄油压力增大，操作力增大，则堵住外泄油口，滑阀不能工作

机动换向阀

机动换向阀也叫行程换向阀，能通过安装在执行机构上的挡铁或凸轮，推动阀芯移动，来改变油流的方向。它一般只有二位型的工作方式，即初始工作位置和一个换向工作位置。同时，当挡铁或凸轮脱开阀芯端部的滚轮后，阀芯都是靠弹簧自动将其复位。它也有二通、三通、四通、五通等结构

典型结构和工作原理

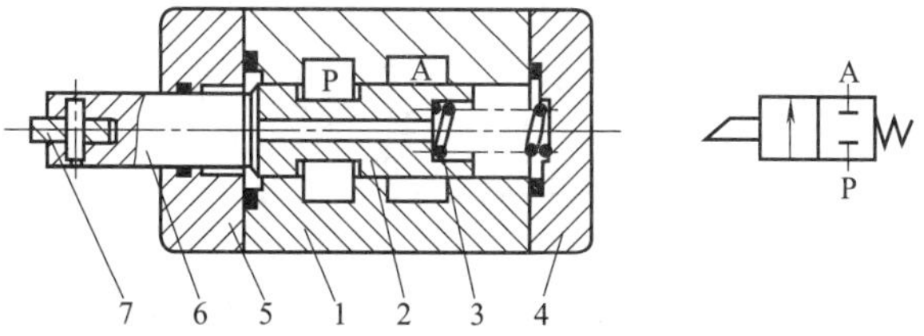

图(g) 二位二通常闭型机动换向阀的结构和图形符号

1—阀体；2—阀芯；3—弹簧；4—前盖；5—后盖；6—顶杆；7—滚轮

图(g)是二位二通常闭型机动换向阀的结构和图形符号。当阀芯处于图示位置时，复位弹簧将阀芯压在左端初始工作位置，进油腔 P 与工作腔 A 处于封闭状态。当挡块或凸轮接触滚轮并将阀芯压向右边工作位置时，P 腔与 A 腔沟通，挡块或凸轮脱开滚轮后，阀芯则依靠复位弹簧回复到初始工作位置

续表

机动换向阀	典型结构和工作原理	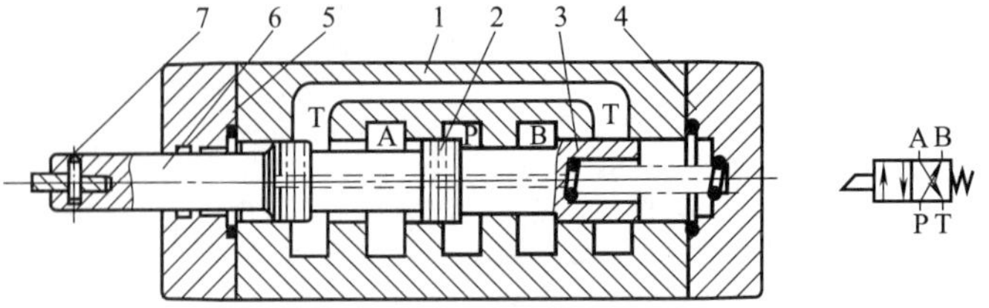 图(h)　二位四通机动换向阀的结构和图形符号 1—阀体;2—阀芯;3—弹簧;4—前盖;5—后盖;6—顶杆;7—滚轮 图(h)是二位四通机动换向阀的结构和图形符号。当阀芯处于图示位置时,复位弹簧将阀芯压在左端工作位置,使进油腔 P 与工作腔 B 相沟通,另一个工作腔 A 与回油腔 T 相沟通。当挡铁或凸轮接触滚轮,并将阀芯压向右边工作位置时,使 P 腔与 A 腔沟通,B 腔与 T 腔沟通。当挡块或凸轮脱开滚轮后,阀芯又依靠复位弹簧回复到初始工作位置 图(i)、图(j)是威格仕二位四通机动换向阀的结构,图(i)采用滚轮凸轮操作方式,图(j)中采用顶杆操作方式 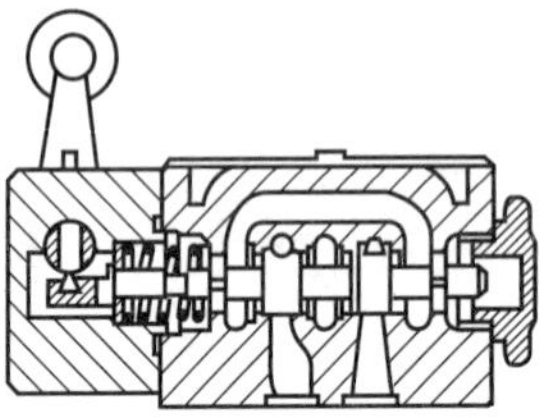 图(i)　滚轮凸轮式机动换向阀的结构 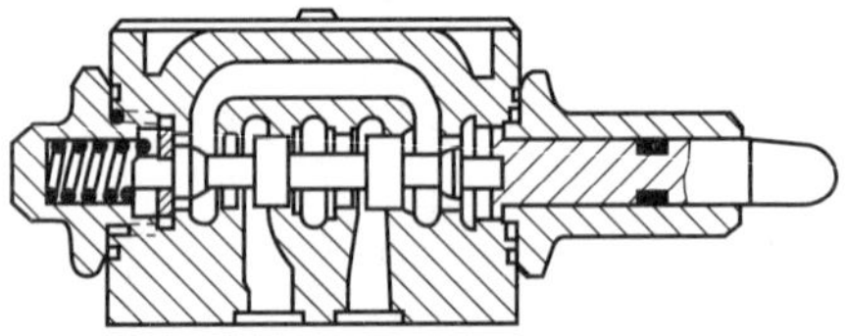 图(j)　顶杆机动换向阀的结构 由于用行程开关与电磁阀或电液换向阀配合可以很方便地实现行程控制(换向),代替机动换向阀即行程换向阀,且机动换向阀配管困难,不易改变控制位置,因此目前国内较少生产机动换向阀
电磁球阀	电磁球阀也叫提动式电磁换向阀,由电磁铁和换向阀组成。电磁铁推力通过杠杆连接得到放大,电磁铁推杆位移使阀芯换向。其密封形式采用标准的钢球件作为阀座芯,钢球与阀座接触密封。电磁球阀在液压系统中大多作为先导控制阀使用,在小流量液压系统中可作为其他执行机构的方向控制	
	典型结构和工作原理	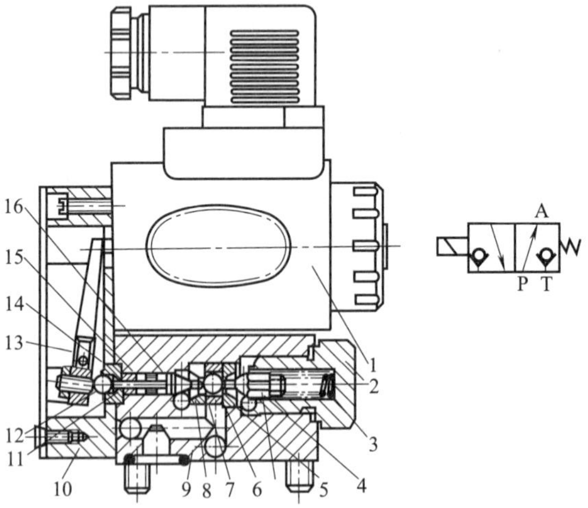 图(k)　常开式二位三通电磁球阀 1—电磁铁;2—导向螺母;3—弹簧;4—复位杆;5—右阀座;6,12—钢球;7—隔环;8—左阀座;9—阀体;10—杠杆盒;11—定位球套;13—杠杆;14—衬套;15—Y 形密封圈;16—推杆 图(k)是常开式二位三通电磁球阀。当电磁铁断电时,弹簧 3 的推力作用在复位杆 4 上,将钢球 6 压在左阀座 8 上,P 腔与 A 腔沟通,A 腔与 T 腔断开。当电磁铁通电时,电磁铁的推力通过杠杆 13、钢球 12 和推杆 16 作用在钢球 6 上并压在右阀座 5 上,A 腔与 T 腔沟通,P 腔封闭

续表

电磁球阀	典型结构和工作原理	图(l)为常闭式二位三通电磁球阀的结构和图形符号。在初始位置时(电磁铁断电时)P腔与A腔是互相封闭的,A腔与T腔相通。当电磁铁通电时,P腔与A腔相通,T腔封闭 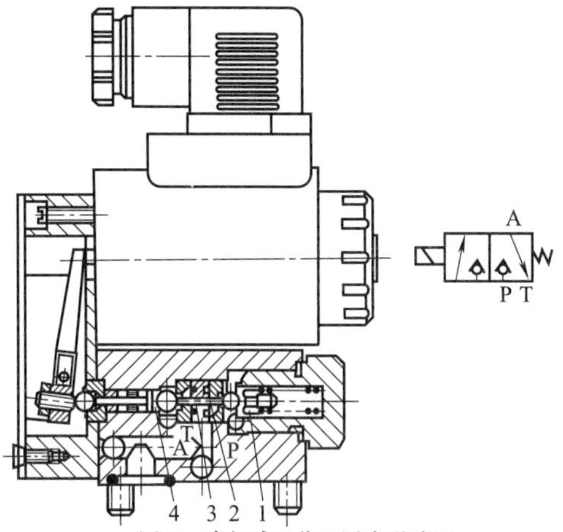 图(l) 常闭式二位三通电磁球阀 1—复位杆;2—中间推杆;3—隔环;4—推杆
	特点	电磁球阀在关闭位置内泄漏为零,适用于非矿物油介质的系统,如乳化液、水-乙二醇、高水基液压油、气动控制系统等;受液流作用力小,不易产生径向卡紧力;无轴向密封长度,动作可靠,换向频率较之滑阀式高;阀的安装连接尺寸符合DIN 24340标准;快速一致的响应时间;装配和安装简单,维修方便
	应用	电磁球阀的应用与电磁换向阀基本相同,在小流量系统中控制系统的换向和启停,在大流量系统中作为先导阀用。在保压系统中,电磁球阀具有显著的优势 目前,电磁球阀只有二位阀,需要两个二位阀才能组成一个三位阀,同时,两个二位三通电磁球阀不可能构成像一般电磁换向阀那样多种滑阀机能的元件,这使电磁球阀的应用受到一定的限制

9.5.7 典型产品

9.5.7.1 单向阀

(1) S型单向阀(力士乐系列)

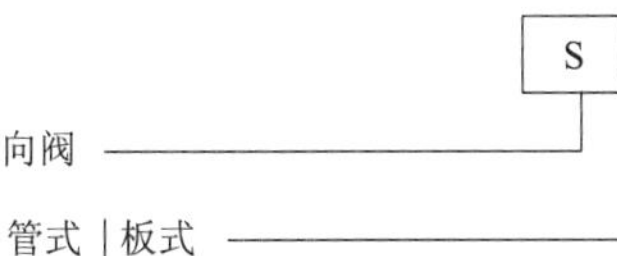

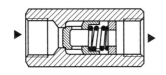

图 20-9-60 S型单向阀(管式)结构

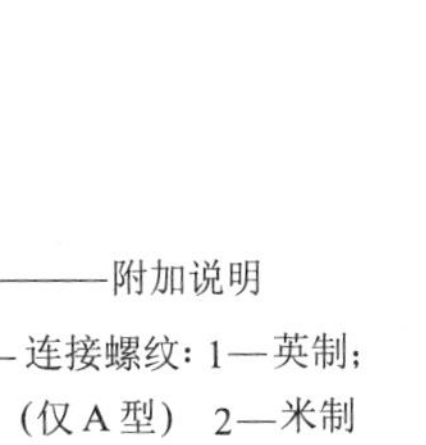

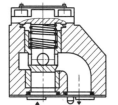

图 20-9-61 S型单向阀(板式)结构

型号意义:

S ※ ※ ※ ※ ※

S:单向阀

通径	管式	板式
6	6	—
8	8	—
10	10	10
15	15	—
20	20	20
25	25	—
30	30	30

连接形式:P—板式;A—管式

开启压力:0—无弹簧;
1—开启压力0.05MPa;
2—开启压力0.15MPa;
3—开启压力0.3MPa;
5—开启压力0.5MPa

连接螺纹:1—英制;
(仅A型) 2—米制

附加说明

表 20-9-83 **S 型单向阀技术规格**

规格/mm	6	8	10	15	20	25	30
流量(流速=6m/s)/L·min^{-1}	10	18	30	65	115	175	260
液压介质	矿物质液压油;磷酸酯液						
介质温度范围/℃	−30～80						
介质黏度/m^2·s^{-1}	(2.8～380)×10^{-6}						
工作压力/MPa	至 31.5						

表 20-9-84 **S 型单向阀（管式）外形尺寸** mm

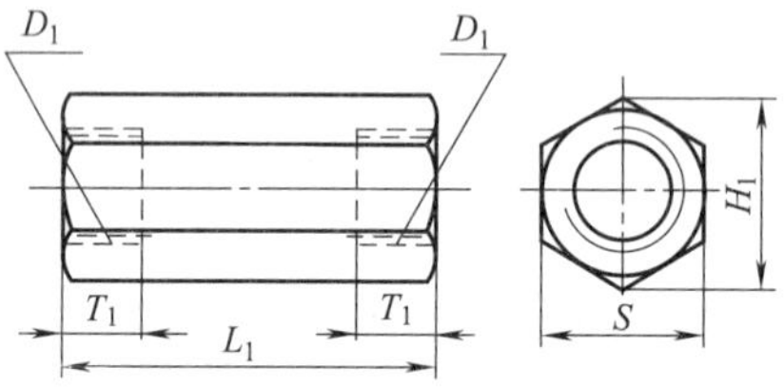

尺寸		6	8	10	15	20	25	30
D_1	英制	G1/4	G3/8	G1/2	G3/4	G1	G1¼	G1½
	米制	M14×1.5	M18×1.5	M22×1.5	M27×2	M33×2	M42×2	M48×2
H_1		22	28	34.5	41.5	53	69	75
L_1		58	58	72	85	98	120	132
T_1		12	12	14	16	18	20	22
S		19	24	30	36	46	60	65
质量/kg		0.1	0.2	0.3	0.5	1	2	2.5

表 20-9-85 **S 型单向阀（板式）外形尺寸** mm

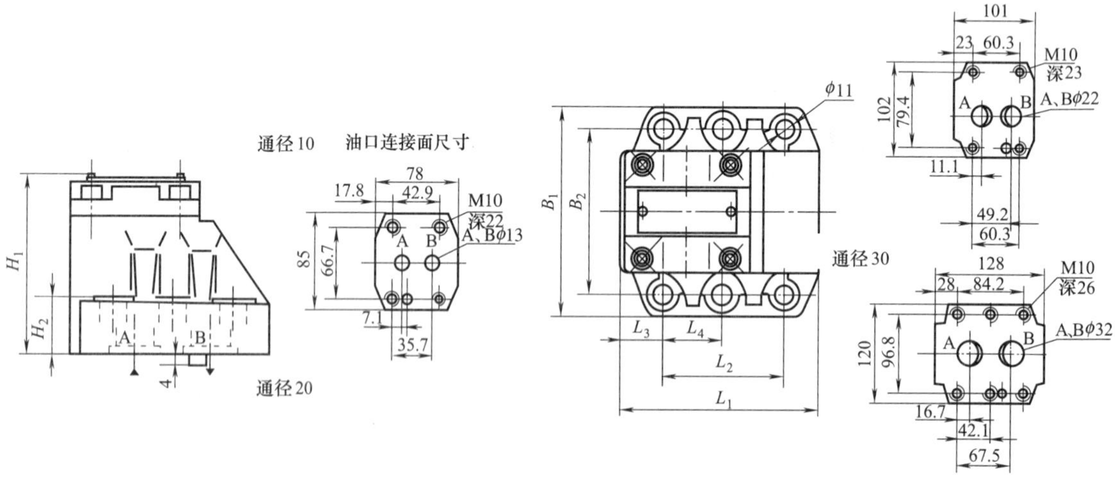

通径	B_1	B_2	L_1	L_2	L_3	L_4	H_1	H_2	阀固定螺钉(GB/T 70)
10	85	66.7	78	42.9	17.8	—	66	21	4×M10 长 40-10.9
20	102	79.4	101	60.3	23	—	93.5	31.5	4×M10 长 50-10.9
30	120	96.8	128	84.2	28	42.1	160.5	46	4×M10 长 70-10.9

第 20 篇

(2) C 型单向阀（威格士系列）

型号意义：

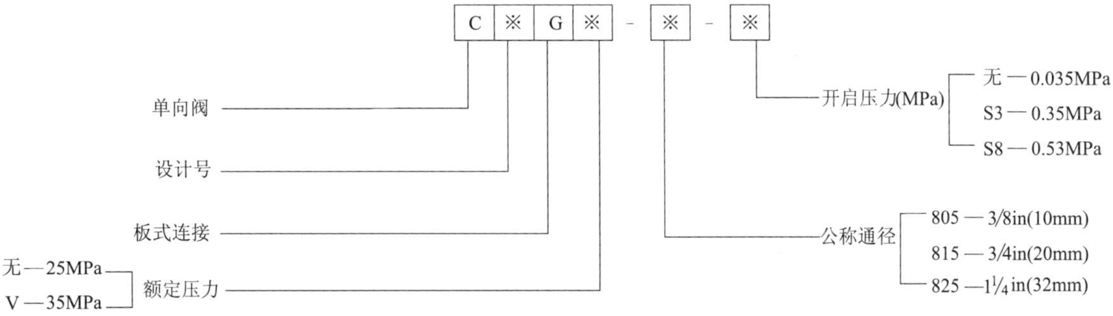

表 20-9-86　　C 型单向阀技术规格

型号	通径		最高压力/MPa	公称流量/L·min^{-1}	开启压力/MPa	质量/kg
	/in	/mm				
C2G-805-※	3/8	10	31.5	40	无：0.035	1.5
C5G-815-※	3/4	20	35.0	80	S3：0.35	3.0
C5G-825-※	1¼	32	35.0	380	S8：0.53	6.2

表 20-9-87　　C 型单向阀外形尺寸　　mm

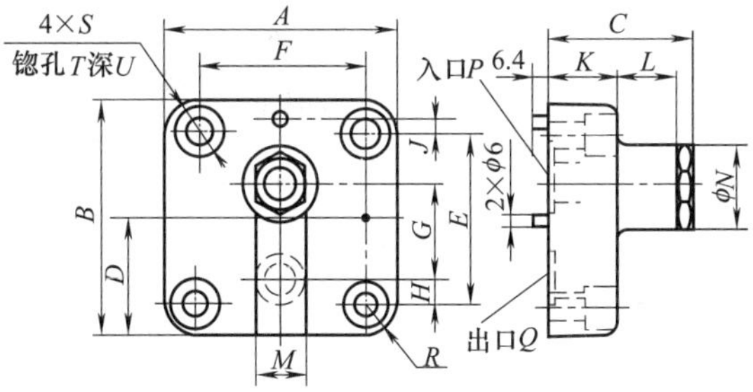

型号	A	B	C	D	E	F	G	H	J	K
C2G-805	70	85	70	42.5	65	50	88	18.5	—	35
C5G-815	97	113	76	56.5	21	65	46	12.7	8.7	38
C5G-825	127	127	110	63.5	92	92	50.8	20.6	9.5	58

型号	L	M	N	P	Q	R	S	T	U
C2G-805	29	34	42.5	16	16	10	8.7	14	8
C5G-815	30	42	51	19.0	22.2	16	17	26	16
C5G-825	42	48	66.5	28.6	35.0	17.5	21	32	—

安装底板的型号意义：

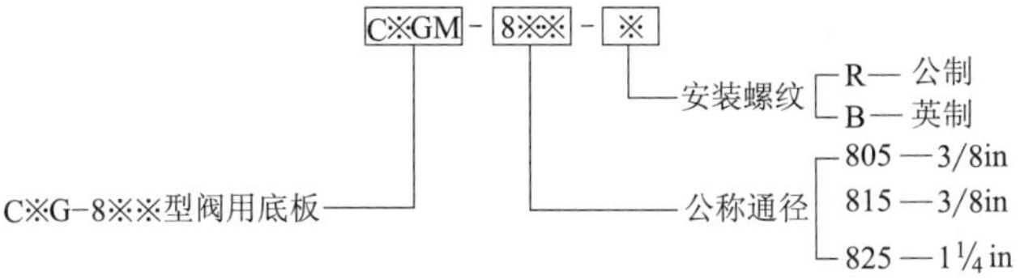

表 20-9-88　　**底板外形尺寸**　　mm

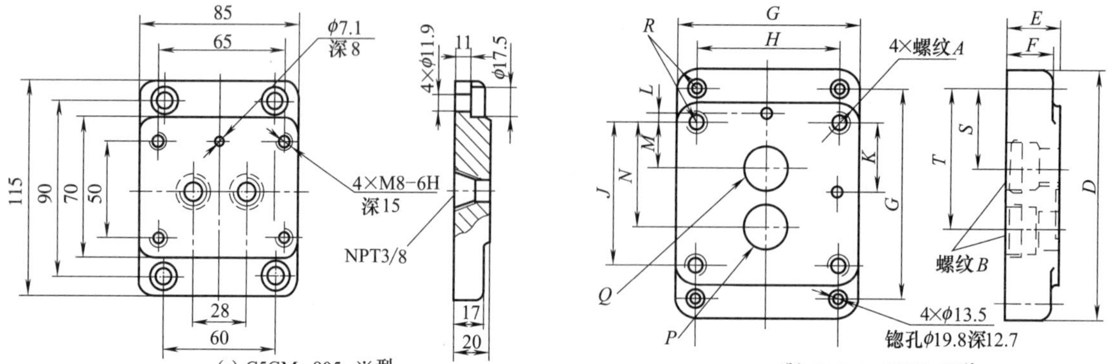

(a) C5GM-805-※型　　(b) C5GM-8※※-※型

底板	A	B	C	D	E	F	G	H	J
C5GM-815-R	M16-6H	NPT3/4	97	171.5	25.4	22.4	139.7	65	81
C5GM-825-R	M20-6H	NPT1 ¼	127	187.5	141.3	22.5	152.4	92	92
底板	K	L	M	N	P	Q	R	S	T
C5GM-815-R	40.5	8.7	22.2	68.3	22.2	22.2	16	51.6	97.7
C5GM-825-R	16	9.5	20.6	71.4	35	28.6	17.5	47.7	104.8

9.5.7.2　液控单向阀

（1）SV/SL 型液控单向阀（力士乐系列）

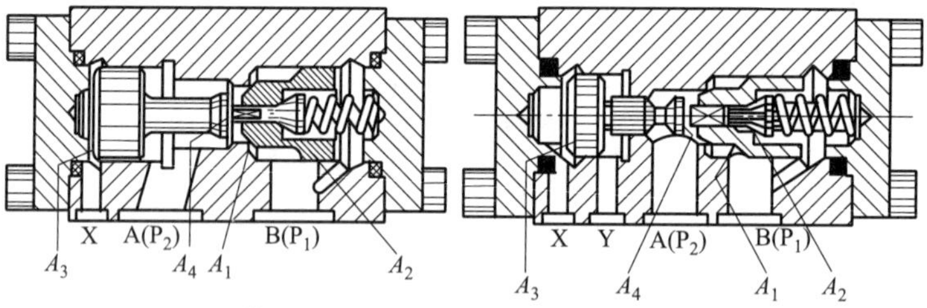

(a) SV型　　(b) SL型

图 20-9-62　液控单向阀结构

表 20-9-89　　**压力作用面面积**　　cm^2

阀　型　号	A_1	A_2	A_3	A_4
SV10,SL10	1.13	0.28	3.15	0.50
SV15,SV20,SL15,SL20	3.14	0.78	9.62	1.13
SV25,SV30,SL25,SL30	5.30	1.33	15.9	1.54

型号意义：

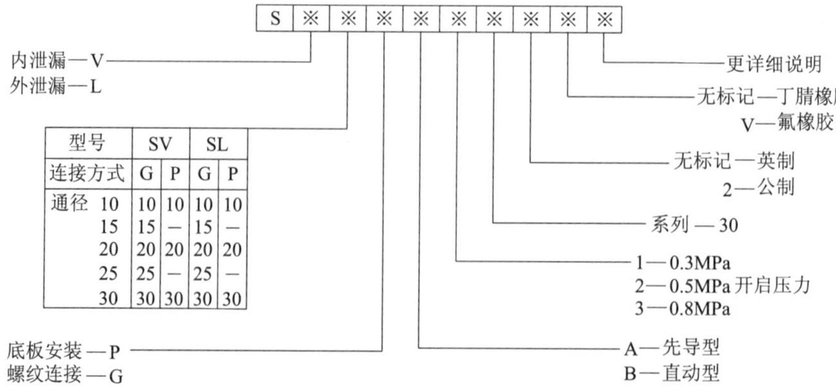

表 20-9-90　**SV/SL 型液控单向阀技术规格**

阀型号	SV10	SL10	SV15、20	SL15、20	SV25、30	SL25、30
X 口控制容积/cm³	2.2		8.7		17.5	
Y 口控制容积/cm³	—	1.9	—	7.7	—	15.8
液流方向	A 至 B 自由流通，B 至 A 自由流通(先导控制时)					
工作压力/MPa	~31.5					
控制压力/MPa	0.5~31.5					
液压油	矿物油；磷酸酯液					
油温范围/℃	−30~70					
黏度范围/mm²·s⁻¹	2.8~380					
质量/kg	SV/SL10	SV15、20	SL15、20	SV/SL25	SV/SL30	
	2.5	4.0	4.5	8.0		

表 20-9-91　**SV/SL 型液控单向阀外形尺寸（螺纹连接）**　mm

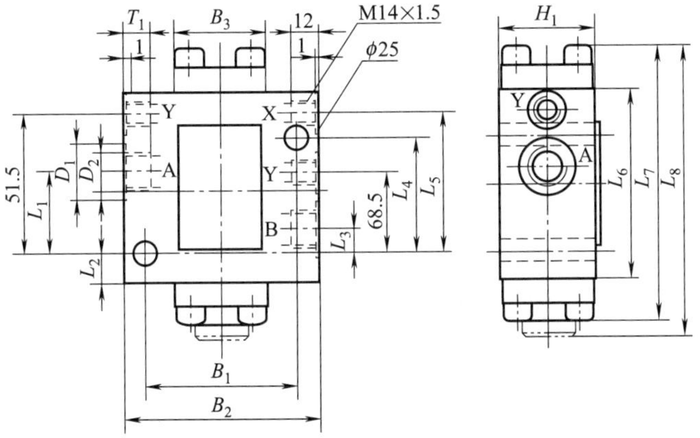

阀型号		B_1	B_2	B_3	D_1	D_2	H_1	L_1	L_2	L_3	L_4	L_5	L_6	$L_7$①	$L_8$②	T_1
SV	10	66.5	85	40	34	M22×1.5	42	27.5	18.5	10.5	33.5	49	80	116	116	14
	15	79.5	100	55	42	M27×1.5	57	36.7	17.3	13.3	50.5	67.5	95	135	146	16
	20	79.5	100	55	47	M33×1.5	57	36.7	17.3	13.3	50.5	67.5	95	135	146	18
	25	97	120	70	58	M42×1.5	75	54.5	15.5	20.5	73.5	89.5	115	173	179	20
	30	97	120	70	65	M48×1.5	75	54.5	15.5	20.5	73.5	89.5	115	173	179	22
SL	10	66.5	85	40	34	M22×1.5	42	22.5	18.5	10.5	33.5	49	80	116	116	14
	15	79.5	100	55	42	M27×1.5	57	30.5	17.5	13	50.5	72.5	100	140	151	16
	20	79.5	100	55	47	M33×1.5	57	30.5	17.5	13	50.5	72.5	100	140	151	18
	25	97	120	70	58	M42×1.5	75	54.5	15.5	20.5	84	99.5	125	183	189	20
	30	97	120	70	65	M48×1.5	75	54.5	15.5	20.5	84	99.5	125	183	189	22

① 尺寸 L_7 只适用于开启压力 1 和 2 的阀。

② 尺寸 L_8 只适用于开启压力 3 的阀。

连接底板：

通径/mm	10	20	30
底板 型号	G460/1 G461/1	G412/1 G413/1	G414/1 G415/1

(2) 4C 型液控单向阀（威格士系列）

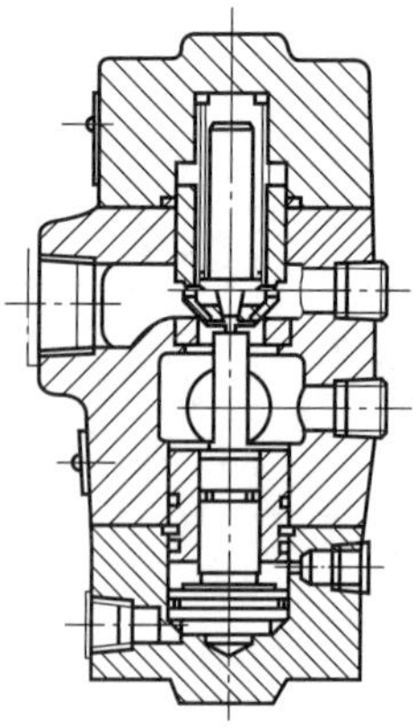

图 20-9-63 4C 型液控单向阀结构

型号意义：

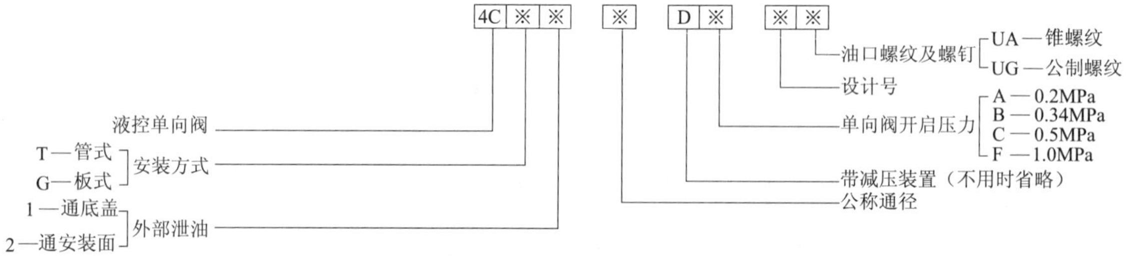

表 20-9-92 **4C 型液控单向阀技术规格**

型号	通径/in	额定流量/L·min^{-1}	最高工作压力/MPa	单向阀开启压力/MPa
4C※-03-※	3/8	45	21	A:0.2 B:0.34
4C※※-06-※	3/4	114		C:0.5
4C※1-10-※	1¼	284		F:1.0

表 20-9-93 **4CT※ 型液控单向阀外形尺寸** mm

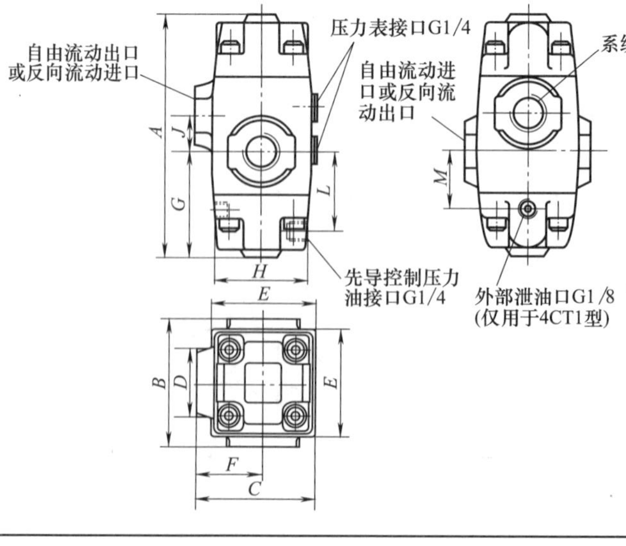

续表

型号	*A*	*B*	*C*	*D*	*E*	*F*	*G*	*H*	*J*	*K*	*L*	*M*	质量/kg
4CT-03	122.2	70	70	35	60	39.6	53.1	57.2	23.1	G3/8	42.2	—	2.7
4CT1-06	177.8	95.3	88.6	50.8	75	50.8	77.7	70.1	26.9	G3/4	57.2	42.7	5.7
4CT1-10	203.2	117.4	118	86.4	99	68.3	93.5	95.3	28.7	G1¼	80	54.6	11.9

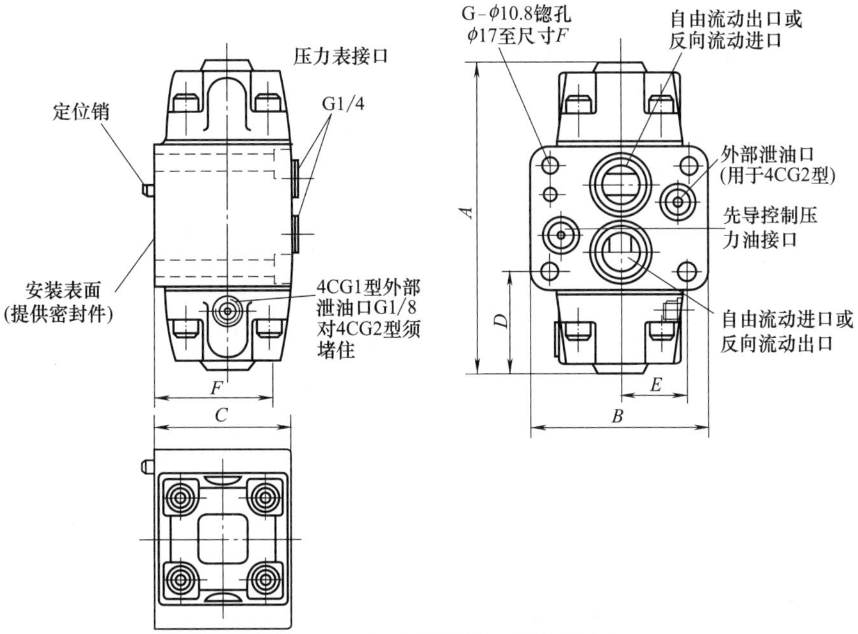

图 20-9-64　4CG※型液控单向阀外形尺寸

安装底板的型号意义：

RXGM - ※ - 20 - ※

- RXGM：4CG※型阀用底板
- ※：公称通径
  - 03-3/8in、03X-1/2in（4CG-03型用）
  - 06P-3/4in、06X-P-1in（4CG※-06型用）
  - 10-P-1¼in（4CG1-10型用）
- 20：设计号
- ※：安装螺纹

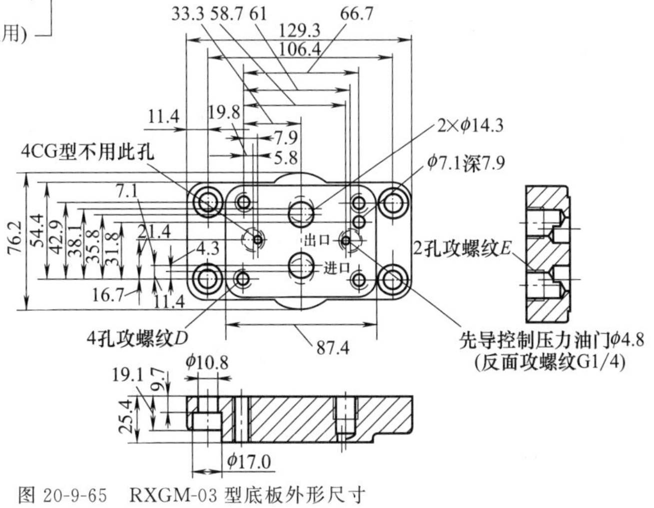

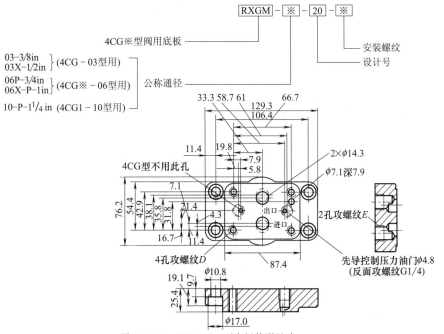

图 20-9-65　RXGM-03 型底板外形尺寸

表 20-9-94　　RXGM-06 型底板外形尺寸

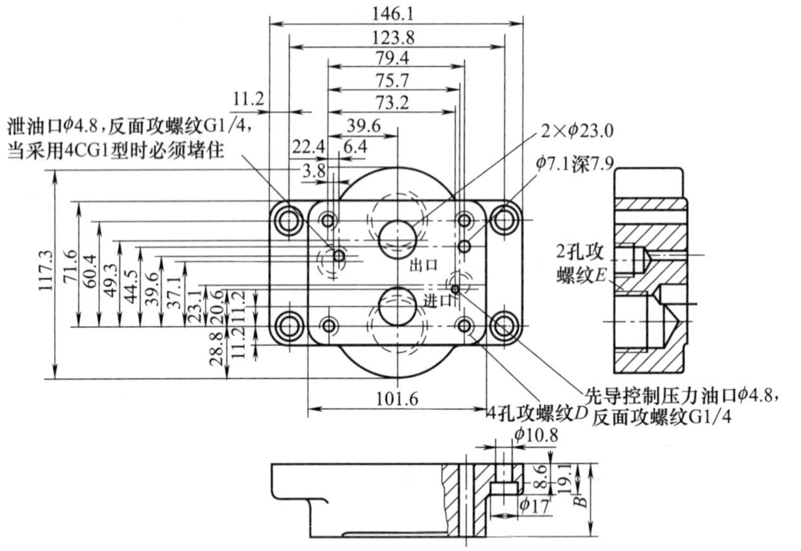

型号	E/mm	D/mm	安装螺钉	型号	E/mm	B/mm	D/mm	安装螺钉
RXGM-03-20-C	G3/8	M10-6H	M10 长 70	RXGM-06-20-C	G3/4	35.1	M10-6H	M10 长 80
RXGM-03X-20-C	G1/2	M10-6H		RXGM-06X-20-C	G1	41.1	M10-6H	

表 20-9-95　　RXGM-10 型底板外形尺寸

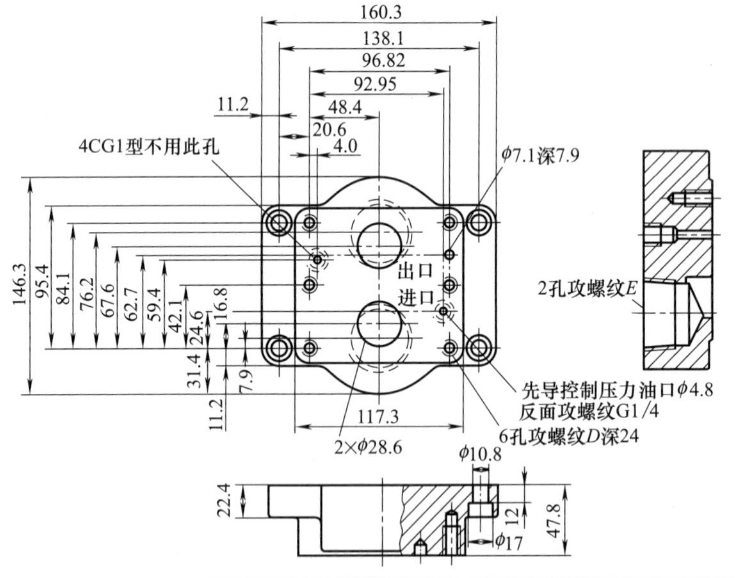

型号	E/mm	D/mm	安装螺钉
E-RXGM-10-P-20-C	G1¼	M10-6H	M10 长 110

9.5.7.3　电磁换向阀

(1) WE5 型湿式电磁换向阀（力士乐系列）

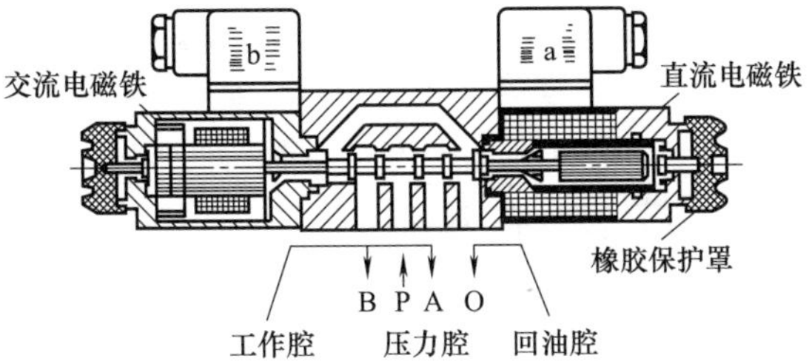

图 20-9-66　WE5 型湿式电磁换向阀结构

型号意义：

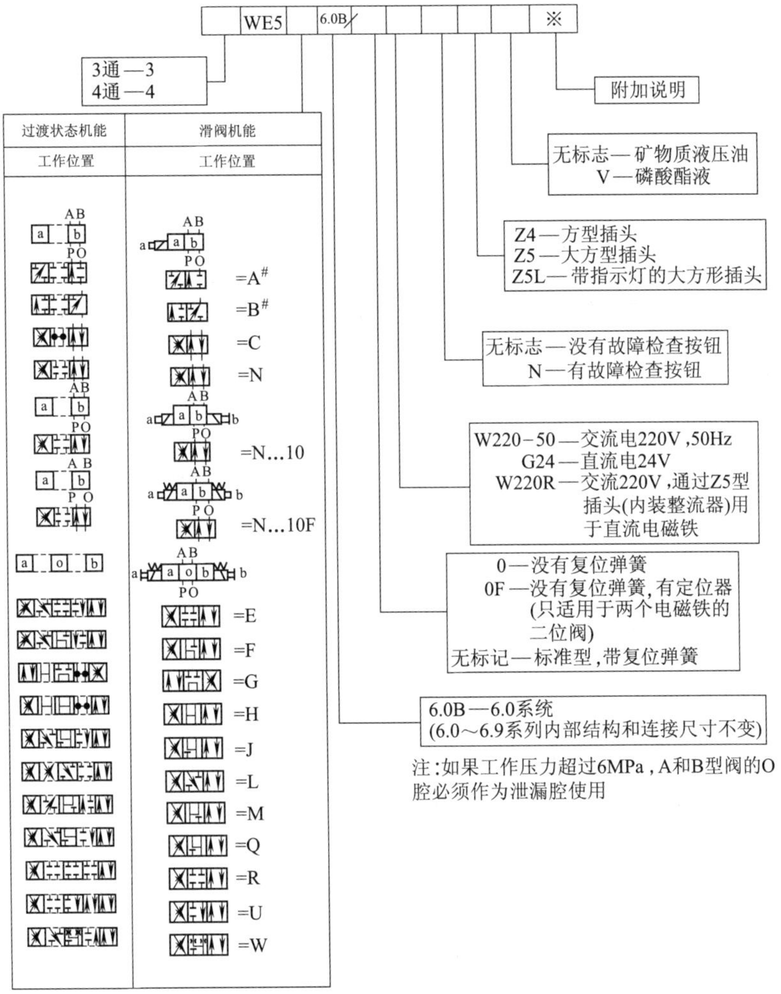

表 20-9-96　　WE5 型湿式电磁换向阀技术规格

介　　质	矿物油;磷酸酯液	
介质温度/℃	−30～70	
介质黏度/$m^2 \cdot s^{-1}$	$(2.8\sim380)\times10^{-6}$	
最大允许的工作压力/MPa	连接口	
	A、B、P	O
	至 25	至 6

续表

过流截面(0位,即中间位置)	W型		Q型	
	额定截面积的3%		额定截面积的6%	
质量/kg	阀	底板G115/1		底板G96/1
	约1.4	约0.7		约0.5
交流电压	110V,220V(50Hz)			
直流电压	12V,24V,110V			
电压类别	直流电压		交流电压	
消耗功率	26W		—	
停留时功率	—		46V·A	
启动时功率	—		130V·A	
运转时间	连续			
接通时间/ms	40		25	
断开时间/ms	30		20	
最大许可的环境温度/℃	50			
最大许可的线圈温度/℃	150			
最大许可的开关频率/h^{-1}	15000		7200	
保护装置类型 DIN 40050	IP65			

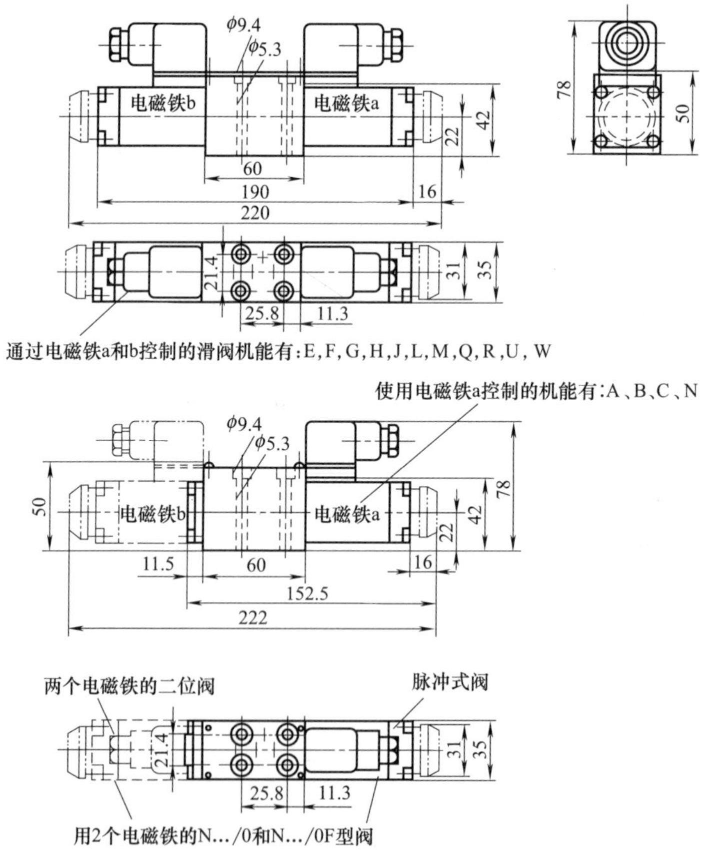

图20-9-67　WE5型电磁换向阀外形及连接尺寸
连接底板：G115/01、G96/01

（2）WE6 型电磁换向阀（力士乐系列）

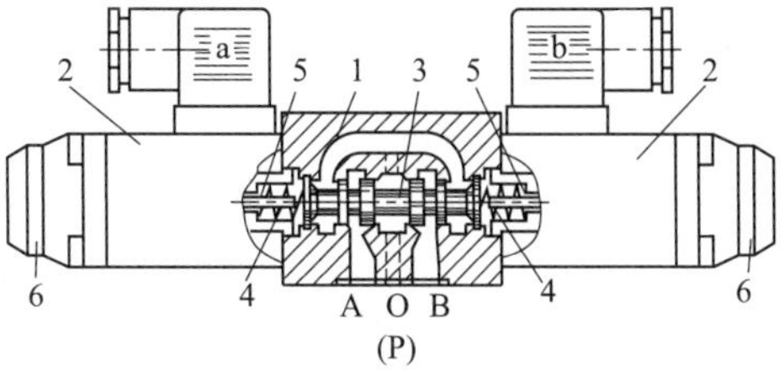

图 20-9-68　WE6 型电磁换向阀结构

1—阀体；2—电磁铁；3—阀芯；4—弹簧；5—推杆；6—应急手动按钮

型号意义：

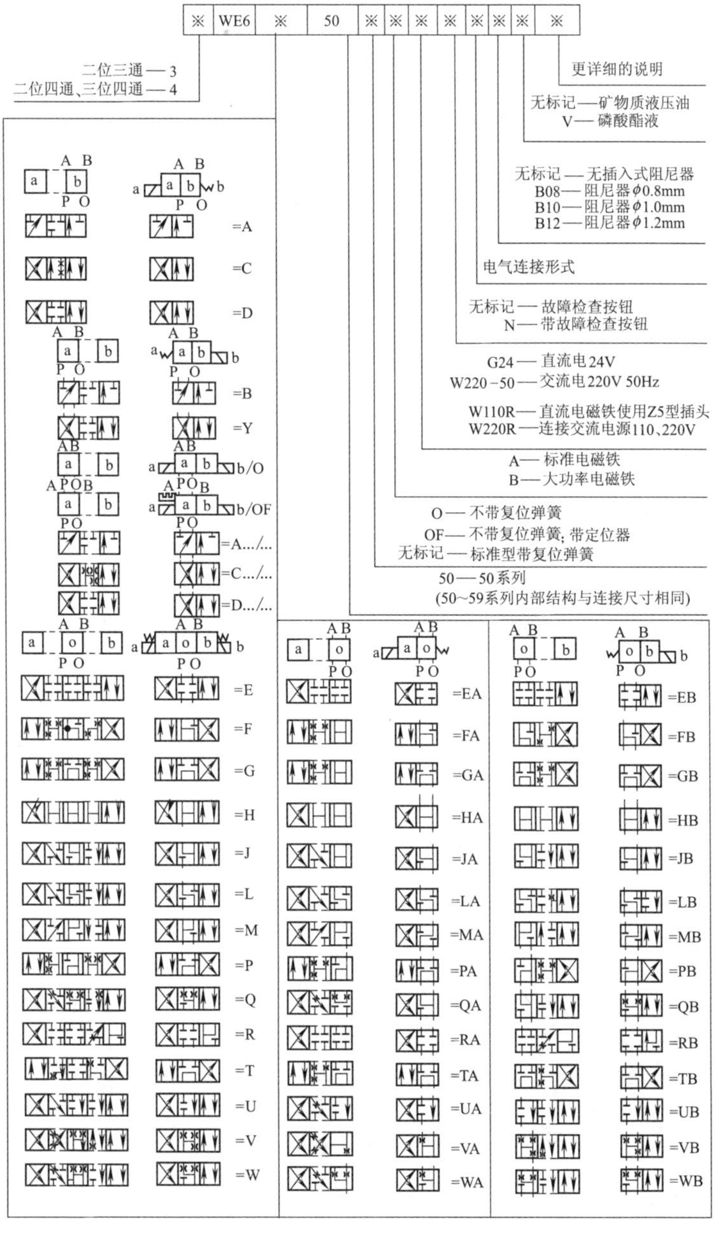

表 20-9-97　　WE6 型湿式电磁换向阀技术规格（液压部分）

电　磁　铁		标准电磁铁 A	大功率电磁铁 B
工作压力/MPa	A、B、P 腔	31.5	35
	O 腔	16（直流）；10（交流）	16
流量/L·min^{-1}		60	80（直流）；60（交流）
流量截面（中位时）		Q 型机能为额定截面积的 6%，W 型机能为额定截面积的 3%	
介质		矿物油；磷酸酯液	
介质温度/℃		−30～70	
介质黏度/m^2·s^{-1}		(2.8～380)×10^{-6}	
质量/kg	单电磁铁	1.2	1.35
	双电磁铁	1.6	1.9

注：如工作压力超过 O 腔压力时，A 和 B 型阀的 O 腔必须作泄油口使用。

表 20-9-98　　WE6 型湿式电磁换向阀技术规格（电气部分）

电　磁　铁	标准电磁铁 A		大功率电磁铁 B	
	直流	交流	直流	交流
适用电压/V	12、24、110	110V、220V(50Hz)	12、24、110	110V、220V(50Hz)
消耗功率/W	26	—	30	—
吸合功率/V·A	—	46	—	35
接通功率/V·A	—	130	—	220
工作状态	连续	连续	连续	连续
接通时间/ms	20～45	10～25	20～45	10～20
断开时间/ms	10～25	10～25	10～25	15～40
环境温度/℃	50			
线圈温度/℃	150			
切换频率/h^{-1}	15000	7200	15000	7200
保护装置	—	符合 DIN 40050　IP65		—

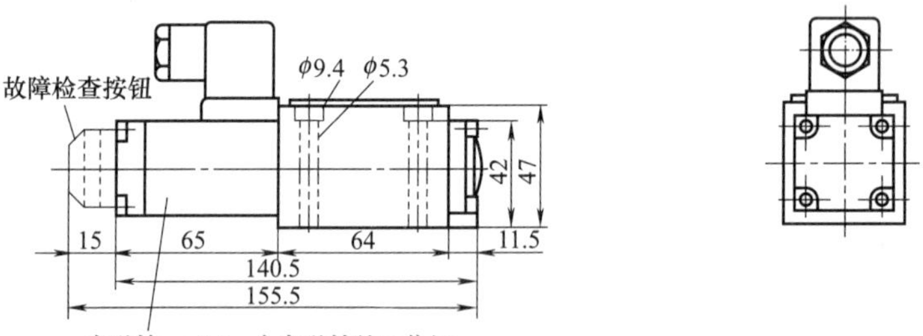

(a)一个电磁铁的二位阀

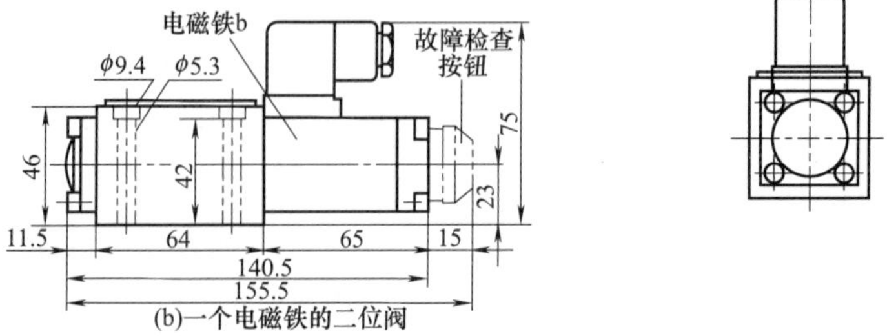

(b)一个电磁铁的二位阀

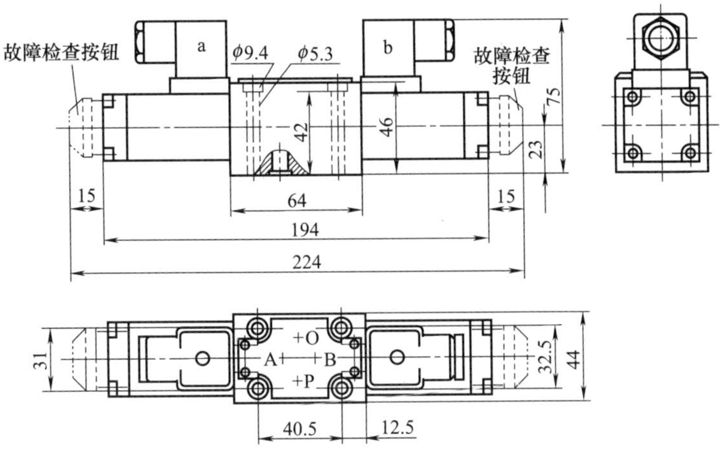

(c)用两个电磁铁的二位阀(或三位阀)

图 20-9-69　WE6…50/…型电磁换向阀外形尺寸

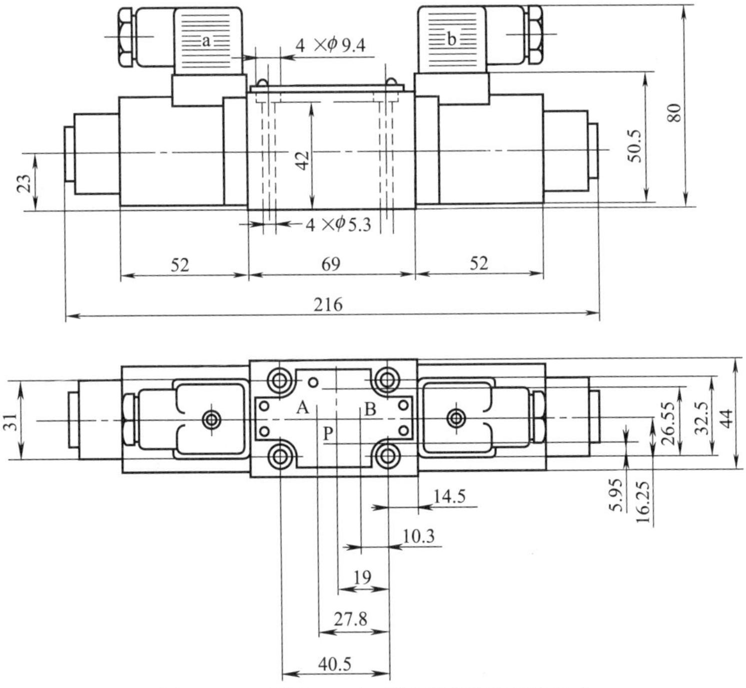

图 20-9-70　WE6…60/…型电磁换向阀外形尺寸

连接底板：G341/01、G342/01、G502/01

(3) WE10 型电磁换向阀（力士乐系列）

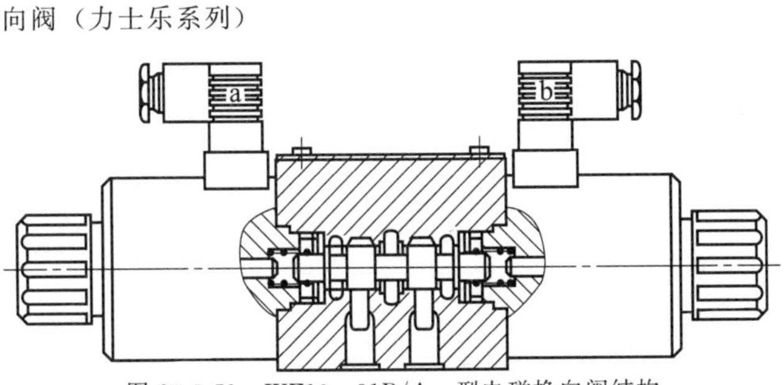

图 20-9-71　WE10…31B/A…型电磁换向阀结构

型号意义：

※ WE10 ※ - ※ / ※ A ※ ※ ※ ※ ※ ※

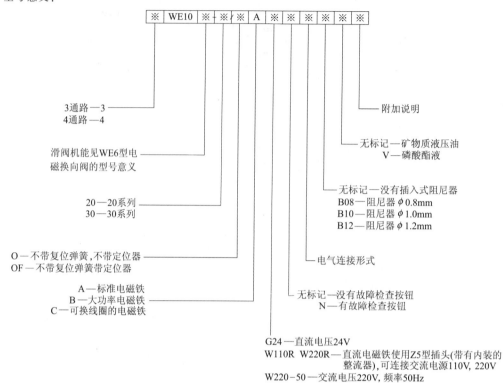

- 3通路—3；4通路—4
- 滑阀机能见WE6型电磁换向阀的型号意义
- 20—20系列；30—30系列
- O—不带复位弹簧,不带定位器；OF—不带复位弹簧带定位器
- A—标准电磁铁；B—大功率电磁铁；C—可换线圈的电磁铁
- G24—直流电压24V；W110R W220R—直流电磁铁使用Z5型插头(带有内装的整流器),可连接交流电源110V, 220V；W220-50—交流电压220V, 频率50Hz
- 无标记—没有故障检查按钮；N—有故障检查按钮
- 电气连接形式
- 无标记—没有插入式阻尼器；B08—阻尼器 ϕ0.8mm；B10—阻尼器 ϕ1.0mm；B12—阻尼器 ϕ1.2mm
- 无标记—矿物质液压油；V—磷酸酯液
- 附加说明

表 20-9-99　　WE10 型湿式电磁换向阀技术规格

项目			
工作压力(A、B、P 腔)/MPa		31.5	
工作压力(O 腔)/MPa		16(直流);10(交流)	
流量/L・min^{-1}		最大 100	
过流截面(中位时)		Q 型机能	W 型机能
		额定截面积的 6%	额定截面积的 3%
介质		矿物质液压油;磷酸酯液	
介质温度/℃		-30～70	
介质黏度/m^2・s^{-1}		(2.8～380)×10^{-6}	
质量/kg	1 个电磁铁的阀	4.7(直流);4.2(交流)	
	2 个电磁铁的阀	6.6(直流);5.6(交流)	
	连接板	G66/01 约 2.3;G67/01 约 2.3;G534/01 约 2.5	
供电		直流电	交流电
供电电压/V		12、24、42、64、96、110、180、195、220	42、127、220(50Hz)、220(60Hz)
消耗功率/W		35	—
吸合功率/V・A		—	65
接通功率/V・A		—	480
运行状态		连续	
接通时间/ms		50～60	15～25
断开时间/ms		50～70	40～60
环境温度/℃		50	
线圈温度/℃		150	
动作频率/h^{-1}		15000	7200

注：如果工作压力超过 O 腔所允许的压力，则 A 型和 B 型机能阀的 O 腔必须作泄油腔使用。

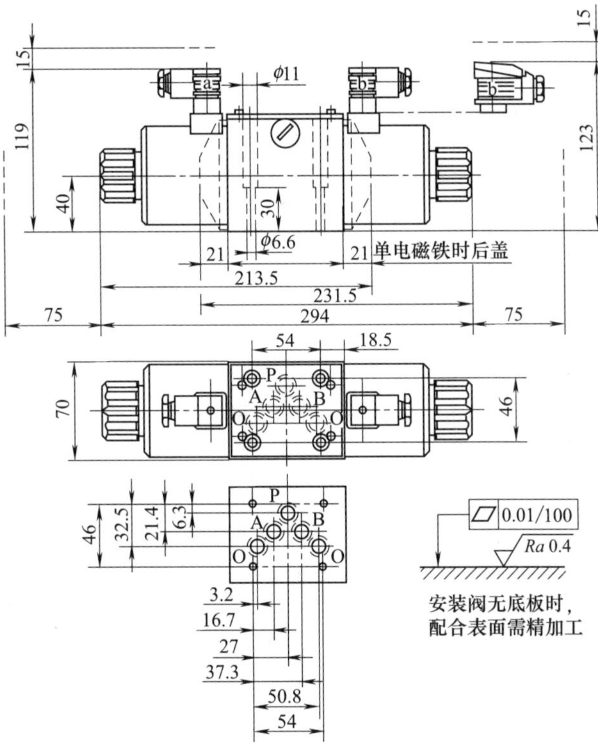

图 20-9-72　WE10※20 型电磁换向阀外形尺寸

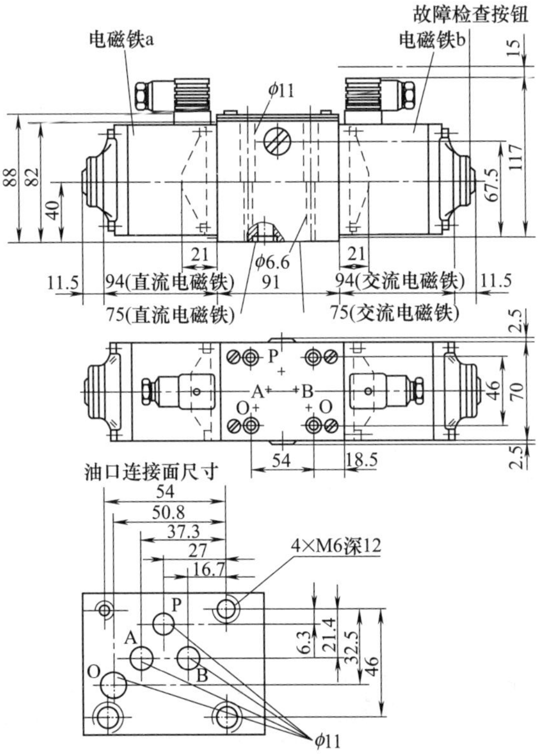

图 20-9-73　WE10※30 型电磁换向阀外形尺寸

连接底板：G66/01、G67/01、G534/01

(4) DG4V 型电磁换向阀（威格士系列）

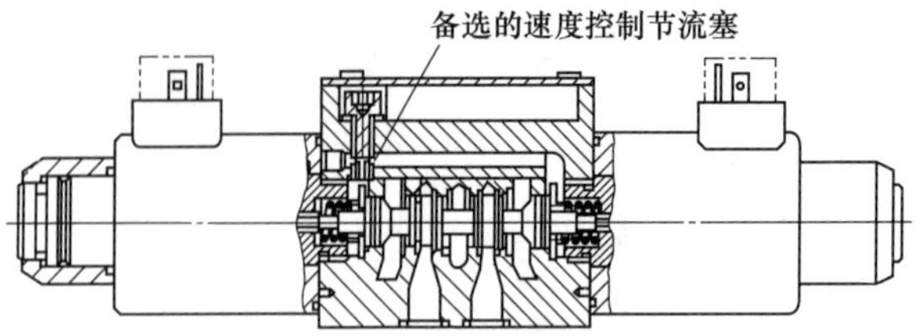

图 20-9-74　DG4V-5 型电磁换向阀结构

型号意义：

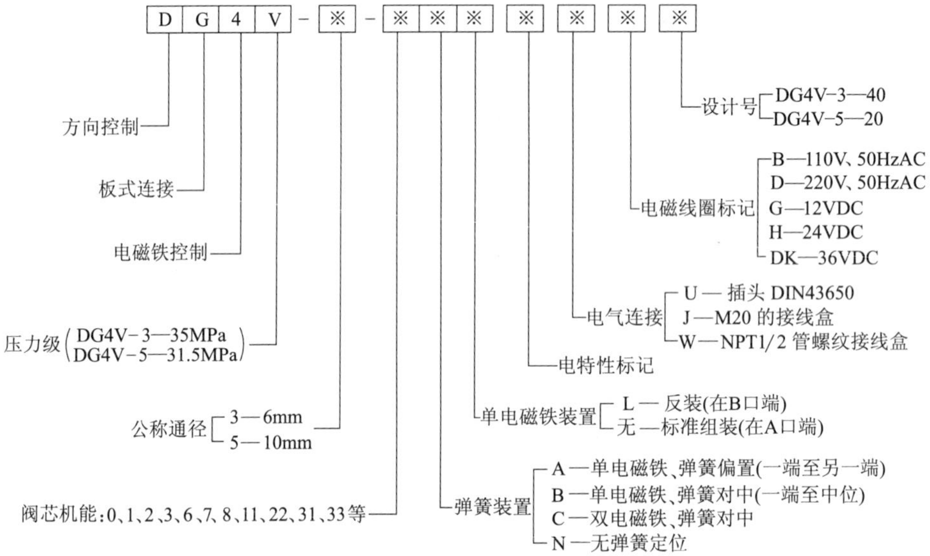

表 20-9-100　　DG4V 型电磁换向阀技术规格（电气部分）

型号	通径 /mm	最高压力(A、B、P 口) /MPa	最高回油压力(O 口) /MPa	最大流量 /L·min^{-1}	质量/kg	
					单电磁铁	双电磁铁
DG4V-3	6	35	15.5	50	1.7	2.1
DG4V-5	10	31.5	16	100	4～4.8	4.5～6

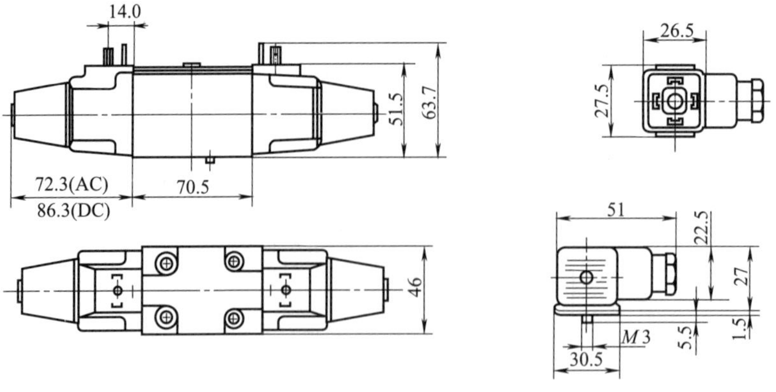

图 20-9-75　DG4V-3-※C 和 DG4V-3-※N 型电磁换向阀外形尺寸

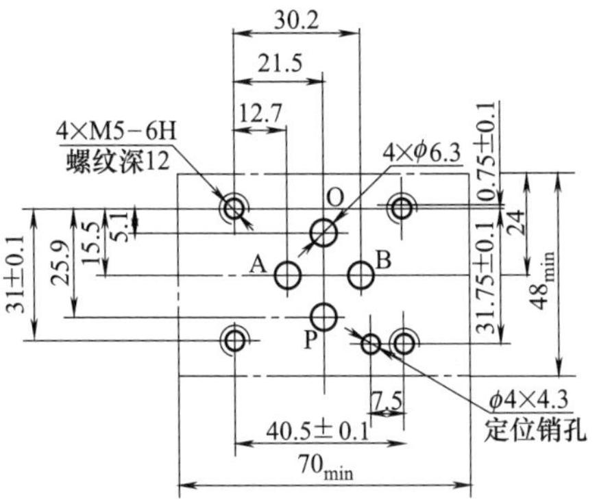

图 20-9-76　DG4V-3 型安装面尺寸

表 20-9-101　　DG4V-5 型电磁换向阀外形尺寸　　mm

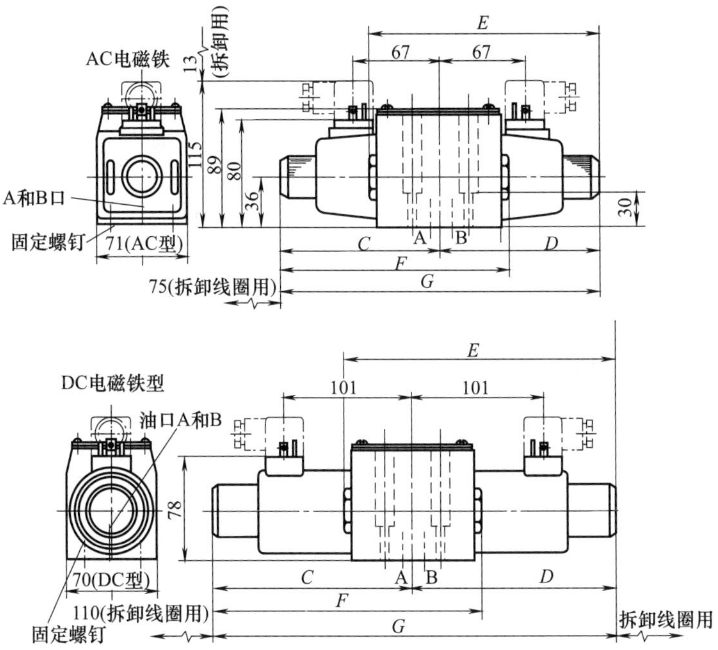

型号		电磁铁位于	C	D	E	F	G
交流电磁阀	DG4V-5-※A(L)/B(L)(Z)	A 口端	123	—	—	182	—
		B 口端	—	123	182	—	—
	DG4V-5-※A(L)/B(L)P	A 口端	123	—	—	195	—
		B 口端	—	123	195	—	
	DG4V-5-※C/N(Z)	两端	123	123	—	—	246
直流电磁阀	DG4V-5-※A(L)/B(L)(Z)	A 口端	156	—	—	215	—
		B 口端	—	156	215	—	—
	DG4V-5-※A(L)/B(L)P	A 口端	156	—	—	228	—
		B 口端	—	156	228	—	—
	DG4V-5-※C/N(Z)	两端	156	156	—	—	312

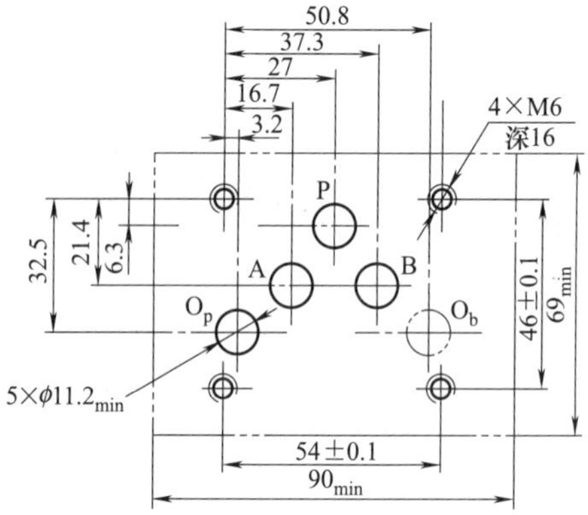

图 20-9-77 DG4V-5 型安装面尺寸

9.5.7.4 电液换向阀

(1) WEH (WH) 型电液换向阀 (液控换向阀) (力士乐系列)

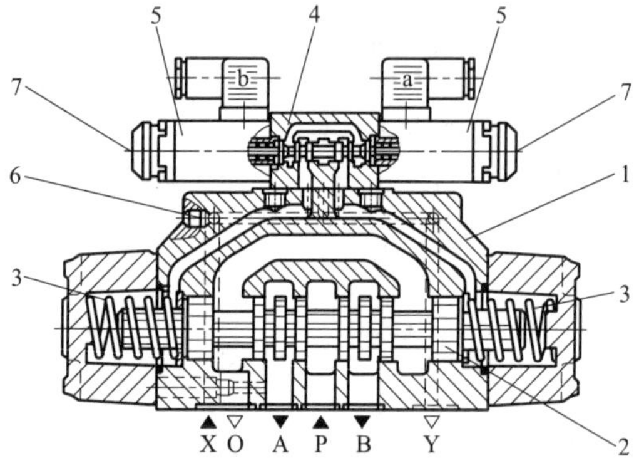

图 20-9-78 WEH 型电液换向阀结构 (弹簧对中)

1—主阀体；2—主阀芯；3—复位弹簧；4—先导电磁阀；5—电磁铁；6—控制油进油道；7—故障检查按钮

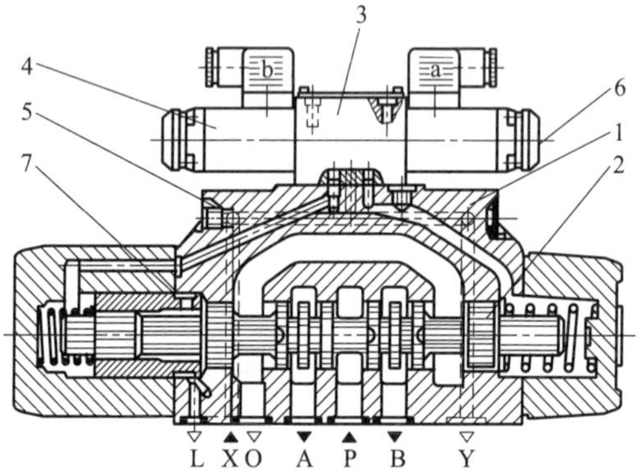

图 20-9-79 WEH 型电液换向阀结构 (液压对中)

1—主阀体；2—主阀芯；3—先导电磁阀；4—电磁铁；5—控制油进油道；6—故障检查按钮；7—定位套

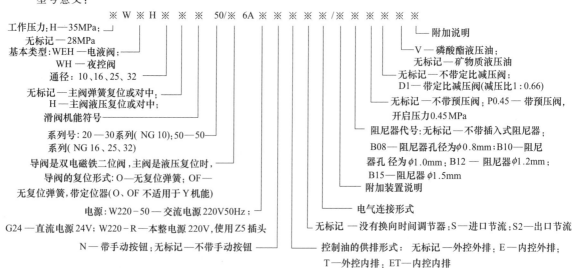

型号意义：

※ W ※ H ※ ※ ※ 50/※ 6A ※ ※ ※ ※ ※ /※ ※ ※ ※ ※ ※

工作压力：H—35MPa；无标记—28MPa

基本类型：WEH—电液阀；WH—夜控阀

通径：10、16、25、32

无标记—主阀弹簧复位或对中；H—主阀液压复位或对中；

滑阀机能符号

系列号：20—30系列(NG 10)；50—50系列(NG 16、25、32)

导阀是双电磁铁二位阀，主阀是液压复位时，导阀的复位形式：O—无复位弹簧；OF—无复位弹簧，带定位器(O、OF 不适用于 Y 机能)

电源：W220-50—交流电源 220V50Hz；G24—直流电源 24V；W220-R—本整电源 220V，使用 Z5 插头

N—带手动按钮；无标记—不带手动按钮

控制油的供排形式：无标记—外控外排；E—内控外排；T—外控内排；ET—内控内排

无标记—没有换向时间调节器；S—进口节流；S2—出口节流

电气连接形式

附加装置说明

阻尼器代号：无标记—不带插入式阻尼器；B08—阻尼器孔径为ϕ0.8mm；B10—阻尼器孔径为ϕ1.0mm；B12—阻尼器ϕ1.2mm；B15—阻尼器ϕ1.5mm

无标记—不带预压阀；P0.45—带预压阀，开启压力0.45MPa

无标记—不带定比减压阀；D1—带定比减压阀(减压比1:0.66)

V—磷酸酯液压油；无标记—矿物质液压油

附加说明

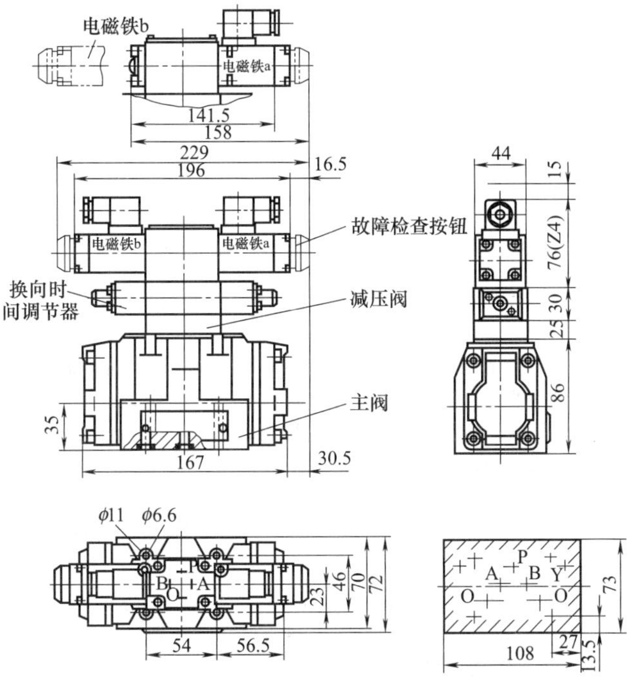

图 20-9-80　WEH10-型电液换向阀外形尺寸

连接板：G535/01（G3/4）、G535/01（G3/4）、G536/01（G1）

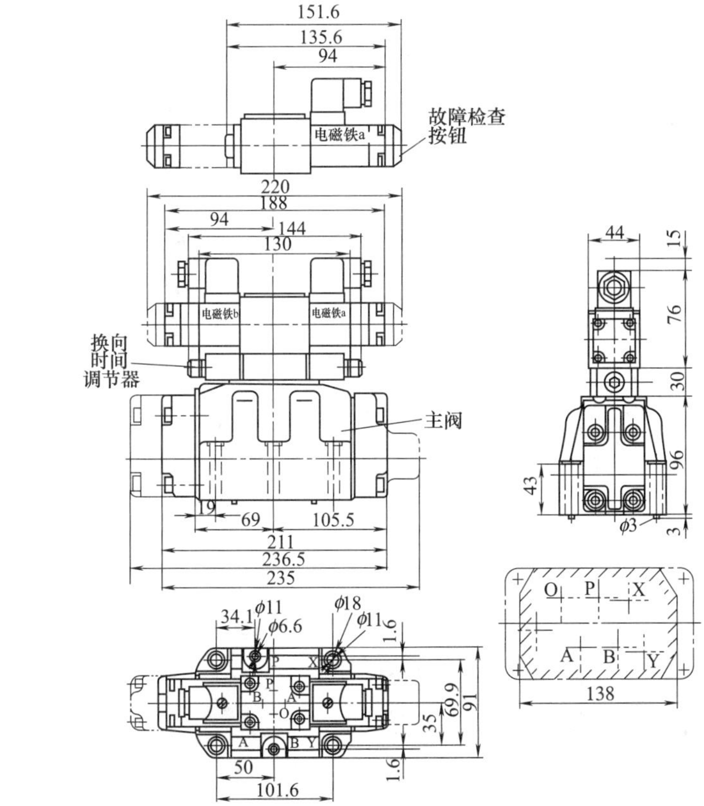

图 20-9-81　WEH16-型电液换向阀外形尺寸

连接板：G172/01（G3/4）、G172/02（M27×2）、G17401（G1）、G174/02（M33×2）

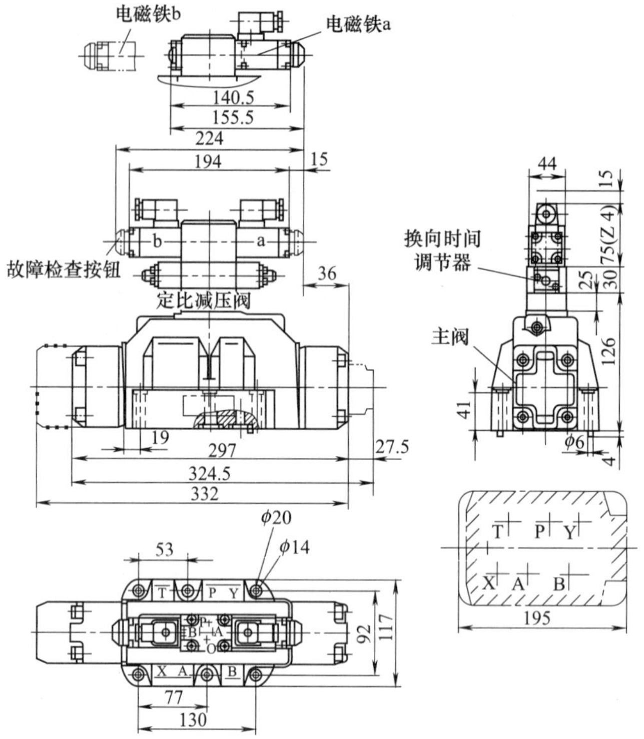

图 20-9-82　WEH25-型电液换向阀外形尺寸

连接板：G151/01（G1）、G153/01（G1）、G154/01（G11/4）、G156/01（G11/2）

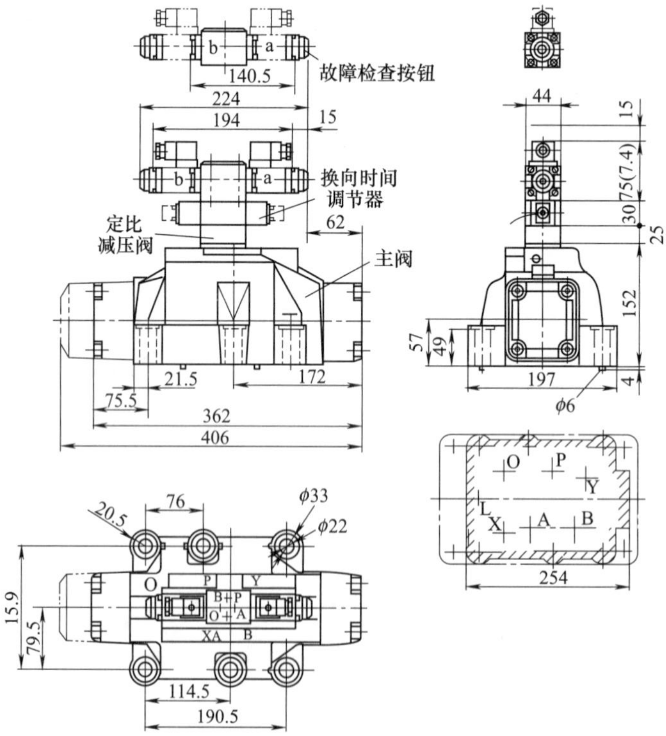

图 20-9-83　WEH32-型电液换向阀外形尺寸

连接板：G157/01（G1）、G157/02（M48×2）、G158/10

(2) DG5S4-10 型电液换向阀（威格士系列）

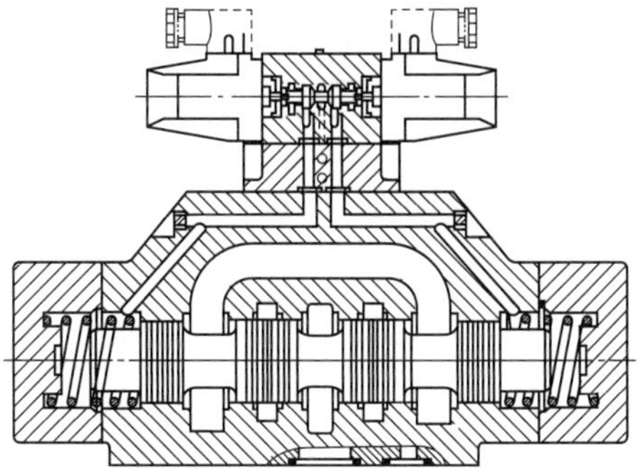

图 20-9-84 DG5S4-10※C 型电液换向阀结构

型号意义：

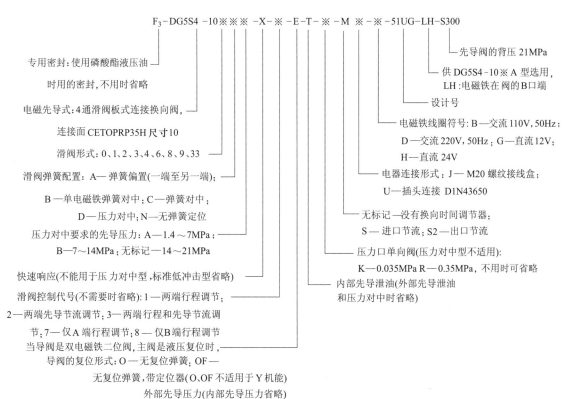

F_3-DG5S4 -10※※※ -X-※-E-T-※-M ※-※-51UG-LH-S300

专用密封：使用磷酸酯液压油时用的密封，不用时省略

电磁先导式：4 通滑阀板式连接换向阀，连接面 CETOPRP35H 尺寸 10

滑阀形式：0、1、2、3、4、6、8、9、33

滑阀弹簧配置：A— 弹簧偏置(一端至另一端)；B —单电磁铁弹簧对中；C—弹簧对中；D— 压力对中；N—无弹簧定位

压力对中要求的先导压力：A—1.4～7MPa；B—7～14MPa；无标记 —14～21MPa

快速响应(不能用于压力对中型，标准低冲击型省略)

滑阀控制代号(不需要时省略)：1 —两端行程调节；2—两端先导节流调节；3—两端行程和先导节流调节；7— 仅A 端行程调节；8 — 仅B端行程调节

当导阀是双电磁铁二位阀，主阀是液压复位时，导阀的复位形式：O —无复位弹簧；OF—无复位弹簧，带定位器(O、OF 不适用于 Y 机能)

外部先导压力(内部先导压力省略)

内部先导泄油(外部先导泄油和压力对中时省略)

压力口单向阀(压力对中型不适用)：K—0.035MPa R—0.35MPa，不用时可省略

无标记 —没有换向时间调节器；S — 进口节流；S2 —出口节流

电器连接形式：J — M20 螺纹接线盒；U—插头连接 D1N43650

电磁铁线圈符号：B —交流 110V，50Hz；D —交流 220V，50Hz；G—直流 12V；H—直流 24V

设计号

供 DG5S4-10※A 型选用，LH：电磁铁在阀的B口端

先导阀的背压 21MPa

表 20-9-102 DG5S4-10 型电液换向阀技术规格

基本型号	滑阀形式	控制	最大流量(在 21MPa 时)/L·min^{-1}	最大工作压力/MPa
DG5S4-10-※※-M-51	0、2、6、9	A/N	950①	21
	0、4、8	C	950	
	2、3、6、33	C	950①	
	9	C	320②	
	0、2、3、4、6、8、9、33	D	950	

① 随系统流量增加、最小先导压力随之增加，在较大的流量下，需要较高的先导压力。

② DG5G4-109C 型在 14MPa 时最大流量值 475L/min，在 7MPa 时最大流量值 570L/min。

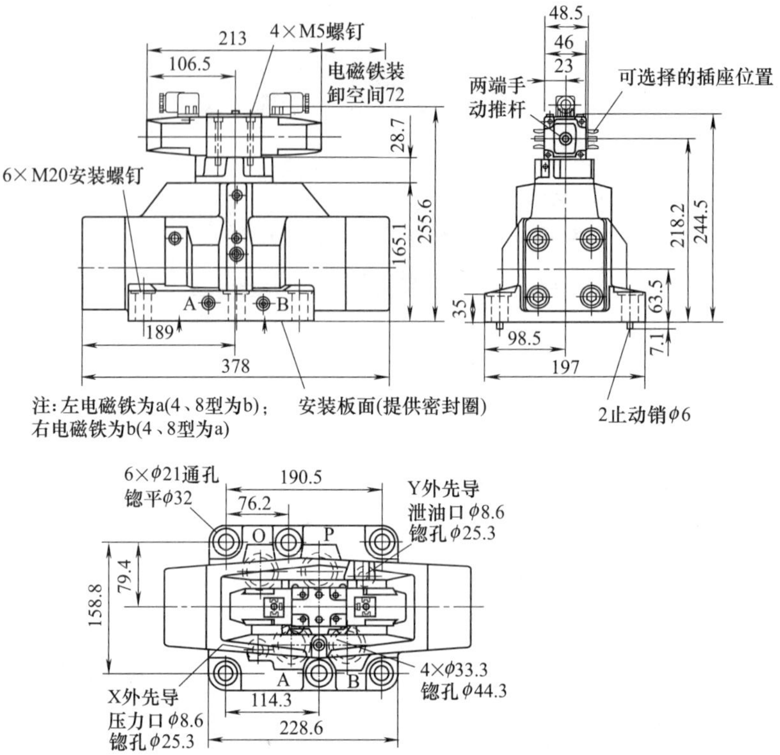

图 20-9-85 DG5S4-10※C-(※)-(E)-(T)-M-U 型电液换向阀外形尺寸

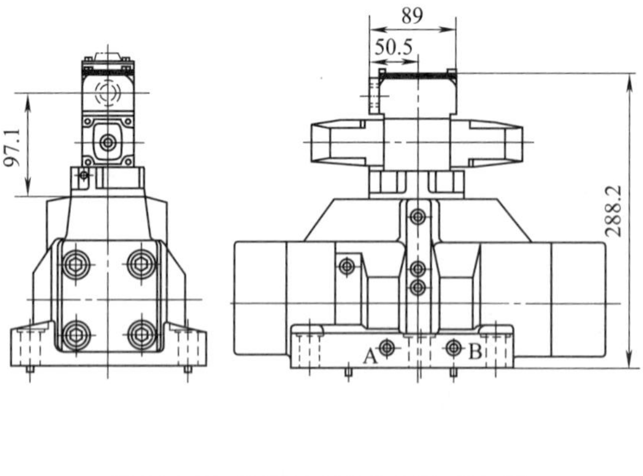

图 20-9-86 DG5S4-10※C--M-J（L）型电液换向阀外形尺寸

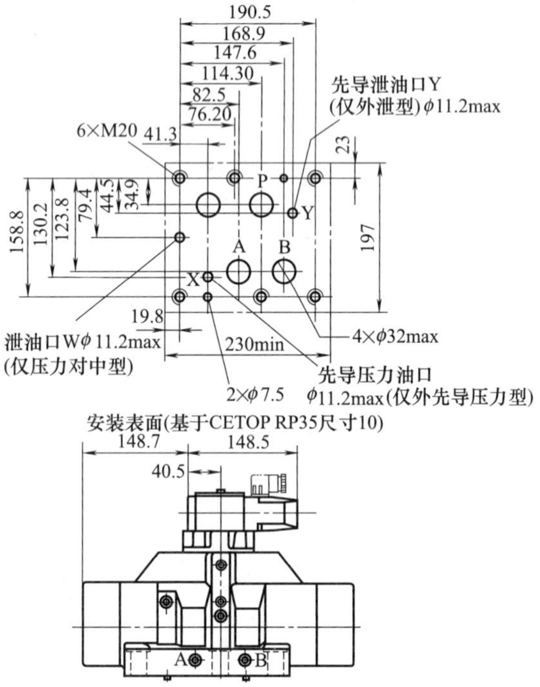

图 20-9-87 DG5S4-10※A-M-51UG 型和 DG5S4-10※B-M-51UG 电液换向阀外形尺寸

第20篇

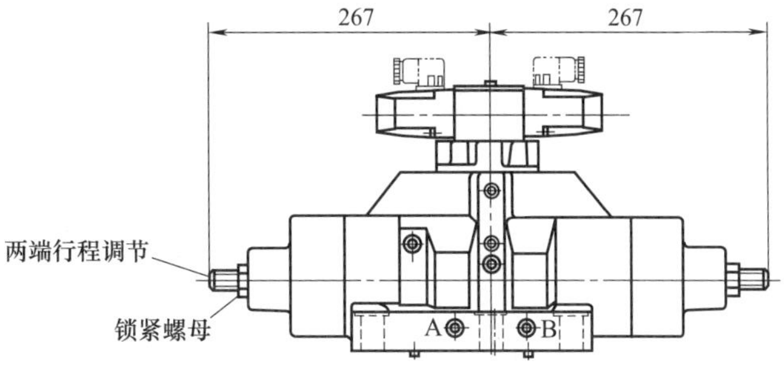

图 20-9-88　DG5S4-10※C-1-M-51UG 型电液换向阀外形尺寸

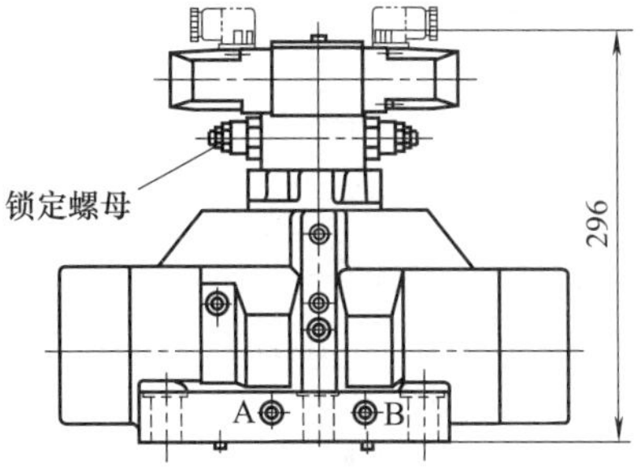

图 20-9-89　DG5S4-10※C-2-M-51UG 型电液换向阀外形尺寸

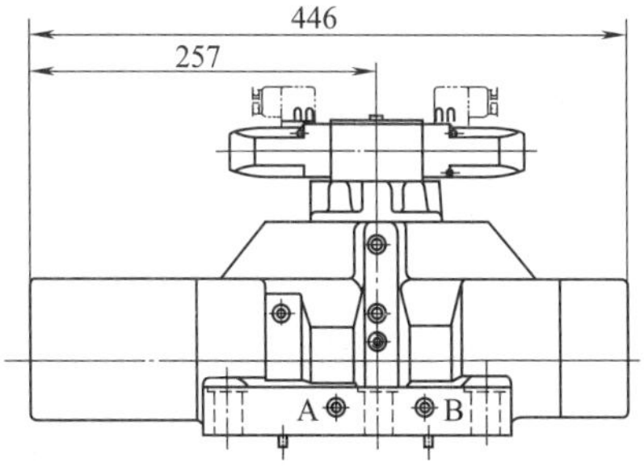

图 20-9-90　DG5S4-10D-M-51UG 型电液换向阀外形尺寸

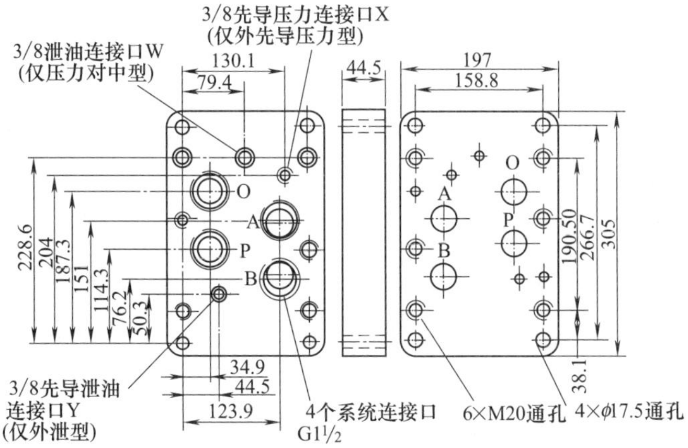

图 20-9-91　底板 E-DGSM-10X-D-11-C 外形尺寸

9.5.7.5　手动换向阀和行程换向阀

(1) WMD 型手动换向阀（旋钮式）（力士乐系列）

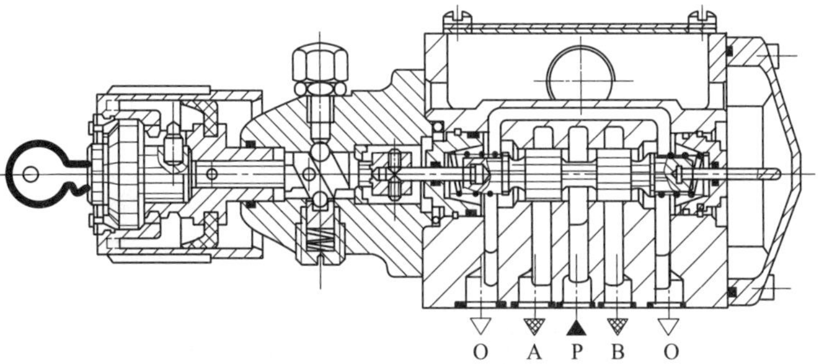

图 20-9-92　WMDA6E50/F 型手动换向阀结构

型号意义：

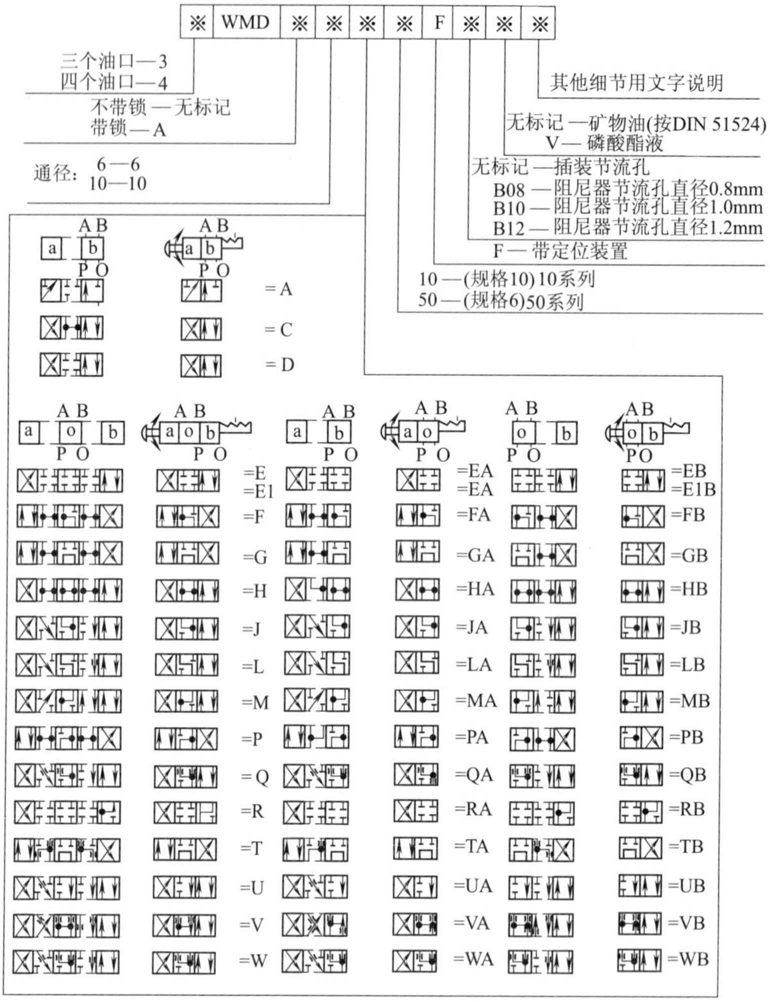

表 20-9-103 **WMD 型手动换向阀技术规格**

通径/mm	6	10
流量/$L \cdot min^{-1}$	60	100
质量/kg	约 1.4	约 3.5
操纵力/N	15～20	30
工作压力(油口 A、B、P)/MPa	31.5	
压力(油口 O)/MPa	16.0	15.0
	对于 A 型阀芯，如工作压力超过最高回油压力，O 必须作泄油口	
阀开口面积(阀位于中位)	Q 型阀芯	W 型阀芯
	公称截面的 6%	公称截面的 3%
液压油	矿物液压油；磷酸酯液	
油温度范围/℃	-30～70	
介质黏度/$mm^2 \cdot s^{-1}$	2.8～380	

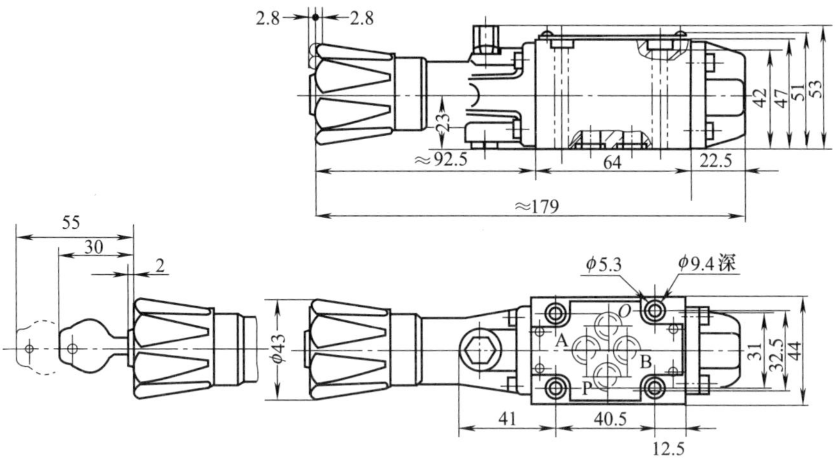

图 20-9-93　WMD※6 型手动换向阀外形尺寸
连接板：G341/01、G342/01、G502/01

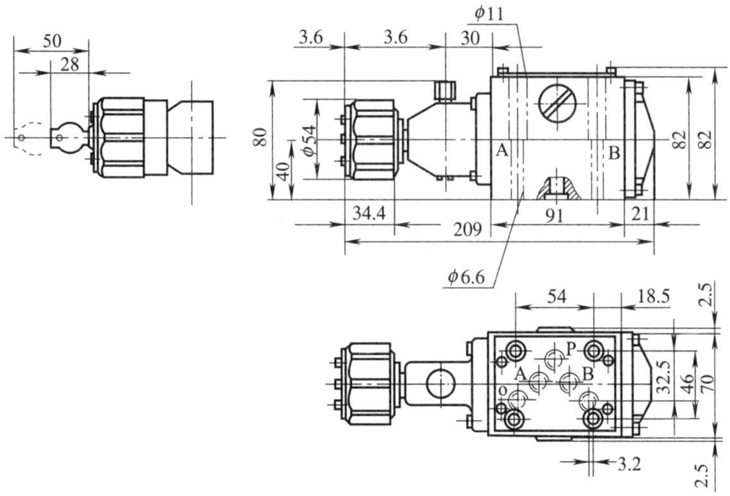

图 20-9-94　WMDA6E50/F 型手动换向阀结构
连接板：G66/01、G67/01、G534/01

(2) WMM 型手动换向阀（手柄式）（力士乐系列）

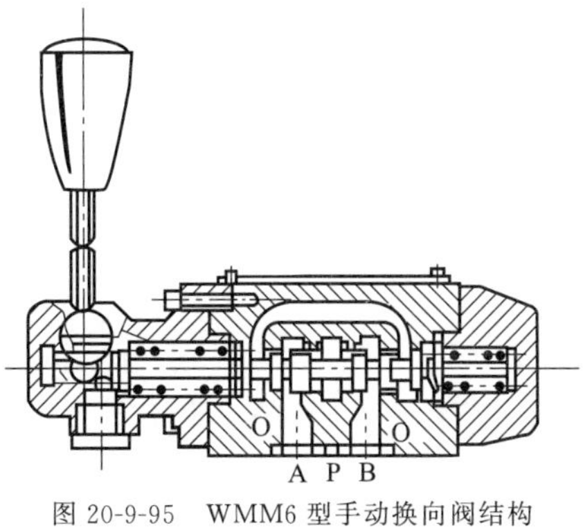

图 20-9-95　WMM6 型手动换向阀结构

型号意义：

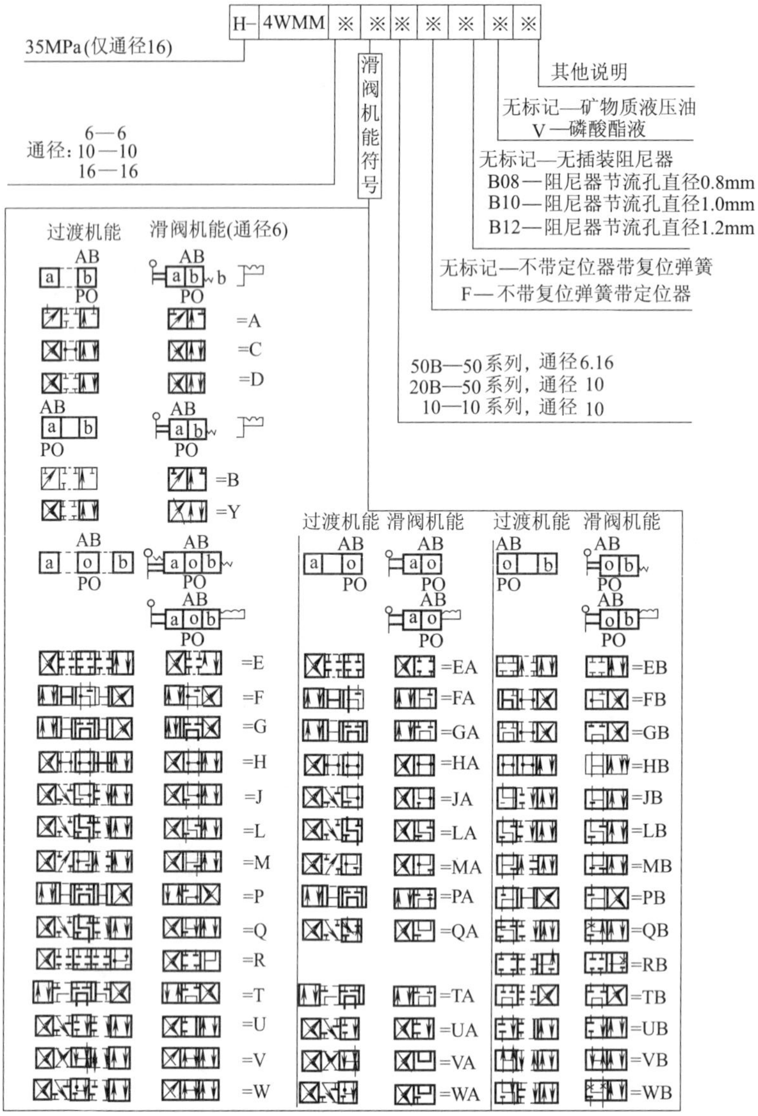

表 20-9-104 WMM 型手动换向阀技术规格

通径/mm		6	10	16
流量/L·min^{-1}		约 60	约 100	约 300
工作压力/MPa	A、B、P 腔	31.5		35
	O 腔	16	15	25
流动截面积（在中位时）		Q 型阀芯为公截面积的 6% W 型阀芯为公截面积的 3%		Q、V 型机能为公称截面积的 16% W 型机能为公称截面积的 3%
介质		矿物液压油；磷酸酯液		
介质黏度/m^2·s^{-1}		(2.8～380)×10^{-6}		
介质温度/℃		−30～70		
操纵力/N		无回油压力时：20 回油压力 15MPa 时：32	带定位装置时：16～23 带复位弹簧时：20～27	约 75
阀质量/kg		1.4	4.0	8

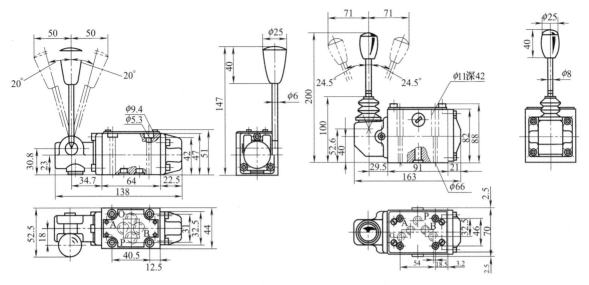

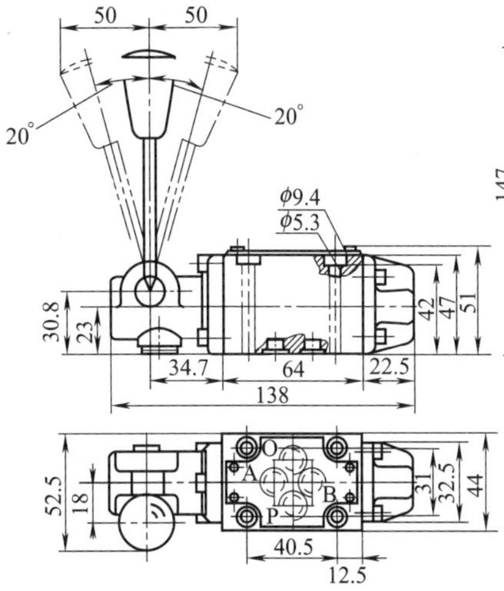

图 20-9-96　WMM6 型手动换向阀外形尺寸

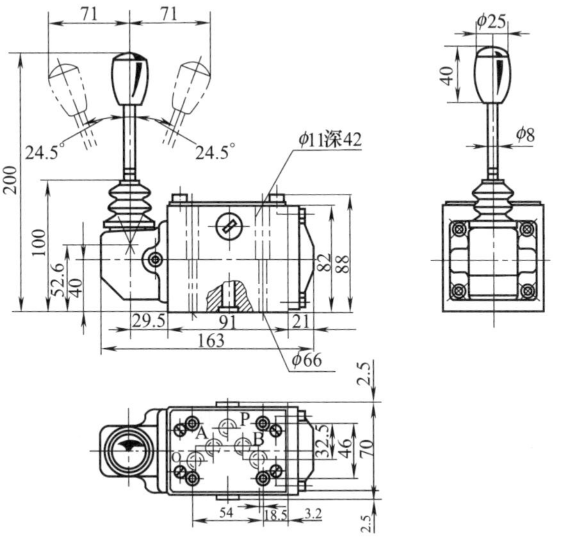

图 20-9-97　WMM10 型手动换向阀外形尺寸

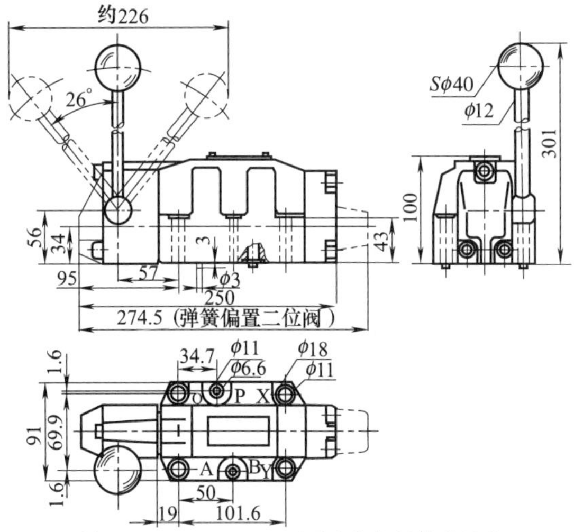

图 20-9-98　WMM16 型手动换向阀外形尺寸

表 20-9-105　WMM 型手动换向阀连接底板

通径/mm	6	10	16
底板型号	G34/01 G342/01 G502/01	G66/01 G67/01 G534/01	G172/01,G174/02 G172/02,G174/08 G174/01

(3) DG 型手动（机动）换向阀（威格士，力士乐系列）

型号意义：

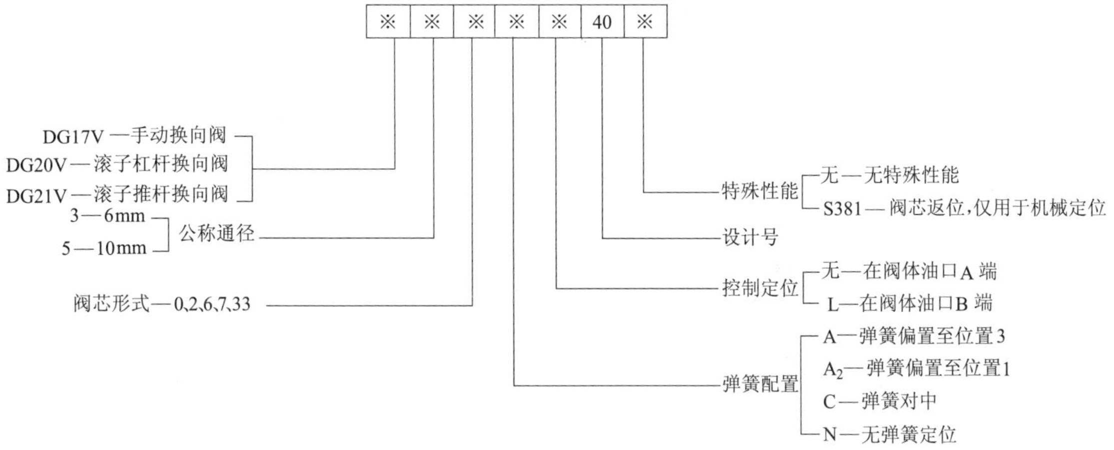

表 20-9-106　　DG 型手动（机动）换向阀技术规格

型号	公称通径/mm	最高压力/MPa	最大流量/L·min^{-1}	质量/kg
DG17V-3	6	35	50	1.55
DG21V-3	6	35	50	1.50
DG20V-3	6	35	50	1.50
DG17V-5	10	35	100	3.2

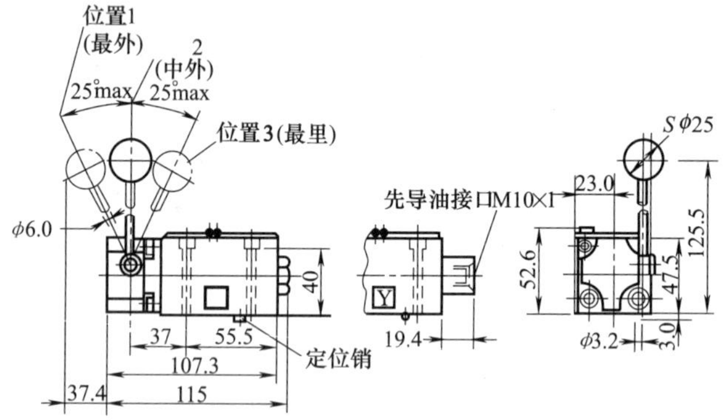

图 20-9-99　DG17V-3 型手动阀外形尺寸

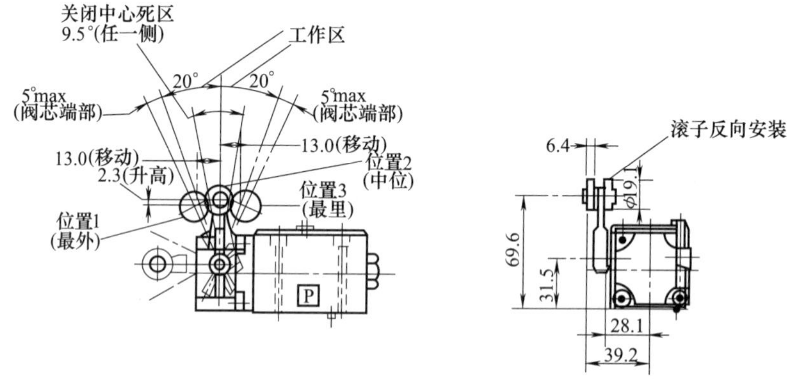

图 20-9-100　DG20V-3 型手动阀外形尺寸

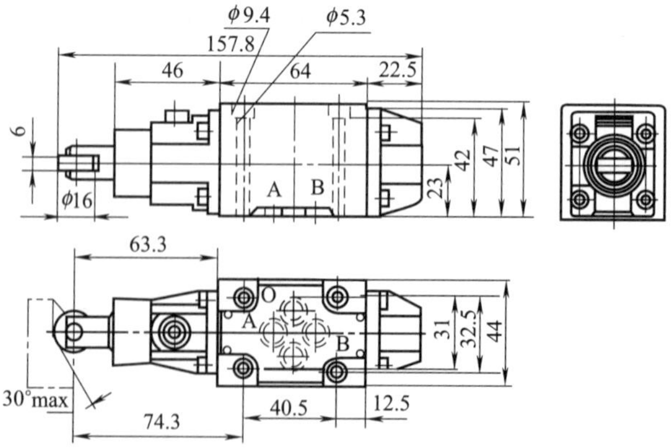

图 20-9-101　DG21V-3 型手动阀外形尺寸

(4) WMR/U 型行程（滚轮）换向阀

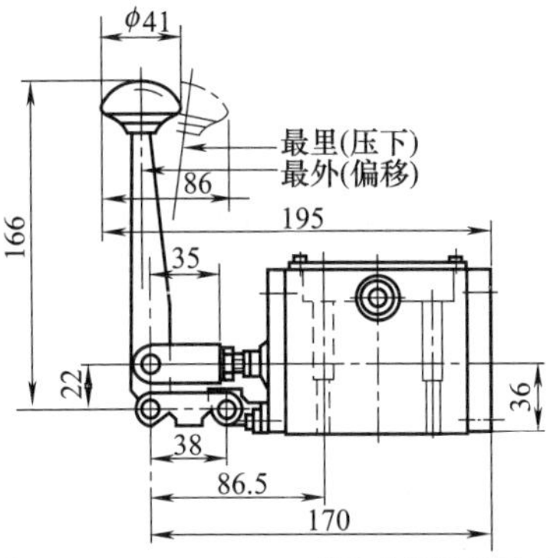

图 20-9-102　DG17V-5 型手动阀外形尺寸

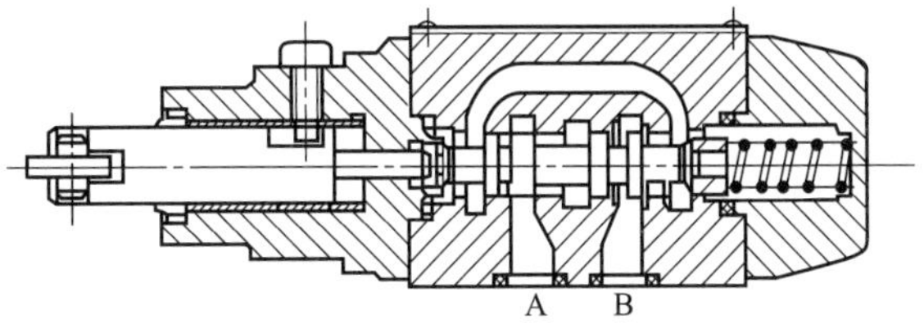

图 20-9-103　WMR6 型行程换向阀结构

型号意义：

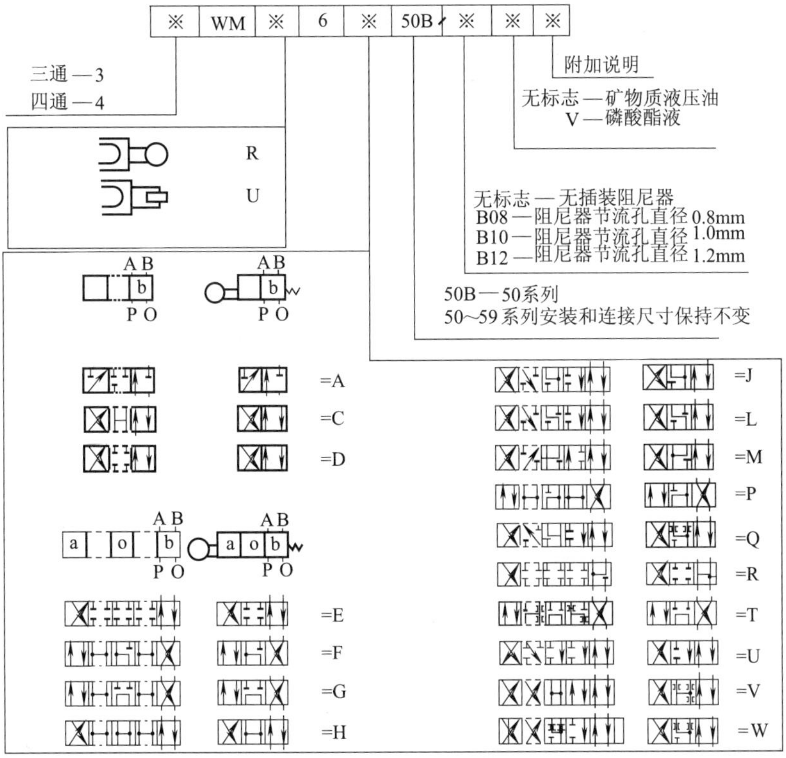

表 20-9-107　WMR/U 型行程（滚轮）换向阀技术规格

额定工作压力(油口 A、B、P)/MPa	31.5			
(油口 O)/MPa	6			
流量/L·min^{-1}	60			
流动截面(在中位时)	Q 型阀芯		W 型阀芯	
	公称截面的 6%		公称截面的 3%	
液压介质				
	矿物质液压油；磷酸酯液			
介质温度/℃	−30～70			

续表

介质黏度/$mm^2 \cdot s^{-1}$		2.8～380		
质量/kg		约 1.4		
实际工作压力(油口 A、B、P)/MPa		10.0	20.0	31.5
滚轮推杆上的操纵力/N	有回油压力时	约 100	约 112	约 121
	无回油压力时	约 184	约 196	约 205

注：对于滑阀机能 A 和 B，若压力超过最高回油压力，油口 O 必须用作泄油口。

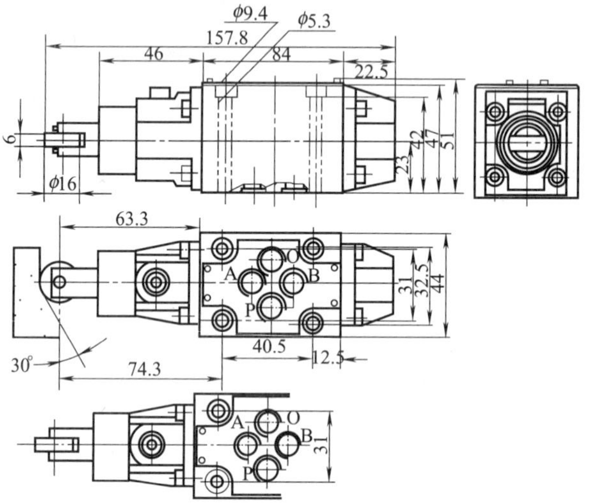

图 20-9-104 WM※6 型行程换向阀外形尺寸

连接板：G341/01、G342/01、G502/01

9.6 多路换向阀

多路换向阀是由两个以上手动换向阀为主体，并可根据不同的工作要求加上安全阀、单向阀、补油阀等辅助装置构成的多路组合阀。多路换向阀具有结构紧凑、通用性强、流量特性好、一阀多能、不易泄漏以及制造简单等特点，常用于起重运输机械、工程机械及其他行走机械的操纵机构。

9.6.1 多路换向阀工作原理、典型结构及性能

多路换向阀分类如下：

- 按阀体结构形式分
  - 分片式多路换向阀
  - 整体式多路换向阀
- 按滑阀的连通方式分
  - 并联油路多路换向阀
  - 串联油路多路换向阀
  - 串并联油路多路换向阀
  - 复合油路多路换向阀

表 20-9-108 多路换向阀工作原理、典型结构及性能

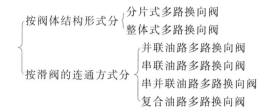

工作原理	并联油路多路换向阀	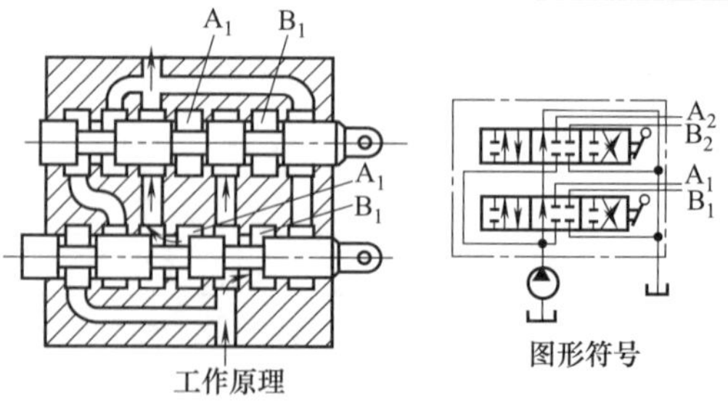 工作原理　图形符号 图(a) 并联油路多路换向阀 A_1，B_1—通第一个执行元件的进出油口；A_2，B_2—通第二个执行元件的进出油口 如图(a)所示，多路换向阀内的各单阀之间的进油路并联。滑阀可各自独立操作，系统压力由最小负载的机构决定，当同时操作两个或两个以上滑阀时，负载轻的工作机构先动作，此时分配到各执行元件的油液仅是泵流量的一部分

续表

工作原理	串联油路多路换向阀	如图(b)所示,多路换向阀的各单阀之间的进油路串联,即上游滑阀工作油液的回油口与下游滑阀工作油液的进油口连接。当同时操作两个或两个以上滑阀时,则相应的机构同步动作。工作时,液压泵出口压力等于各工作机构压力之和 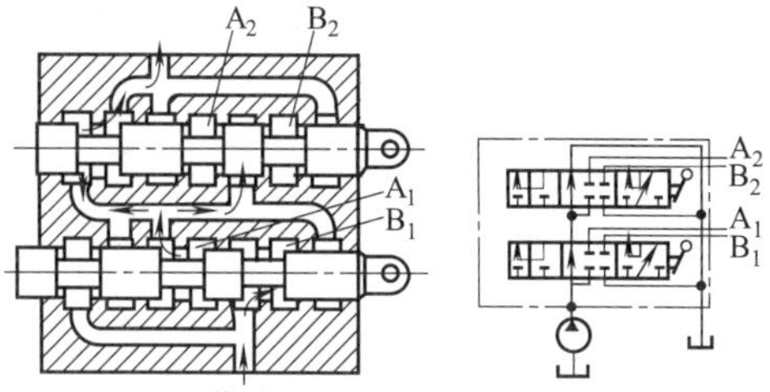 工作原理　图形符号 图(b)　串联油路多路换向阀 A_1,B_1—通第一个执行元件的进出油口; A_2,B_2—通第二个执行元件的进出油口
	串并联油路多路换向阀	如图(c)所示,多路换向阀的各单阀间的进油路串联,回油路则与总回油路连接。上游滑阀不在中位时,下游滑阀的进油口被切断,因此多路换向阀中总是只有一个滑阀工作,实现了滑阀之间的互锁功能。但上游滑阀在微调范围内操作时,下游滑阀尚能控制该工作机构的动作 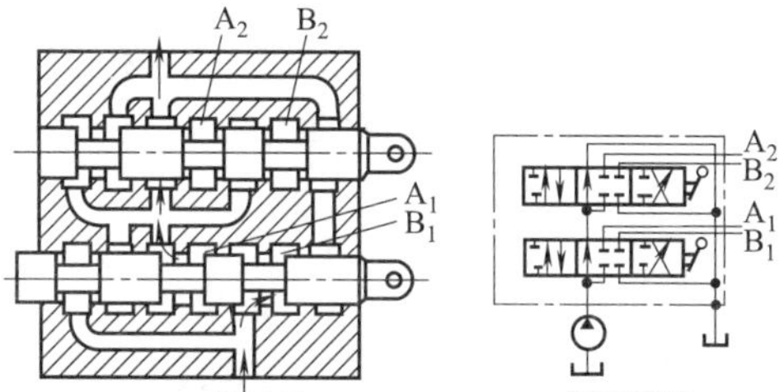 工作原理　图形符号 图(c)　串并联油路多路换向阀 A_1,B_1—通第一个执行元件的进出油口; A_2,B_2—通第二个执行元件的进出油口
	复合油路多路换向阀	由上述的几种基本油路中的任意两种或三种油路组成的多路换向阀,称为复合油路多路换向阀
	多路换向阀的滑阀机能	对应于各种操纵机构的不同使用要求,多路换向阀可选用多种滑阀机能。对于并联和串并联油路,有 O、A、Y、OY 四种机能;对于串联油路,有 M、K、H、MH 四种机能,如图(d)所示 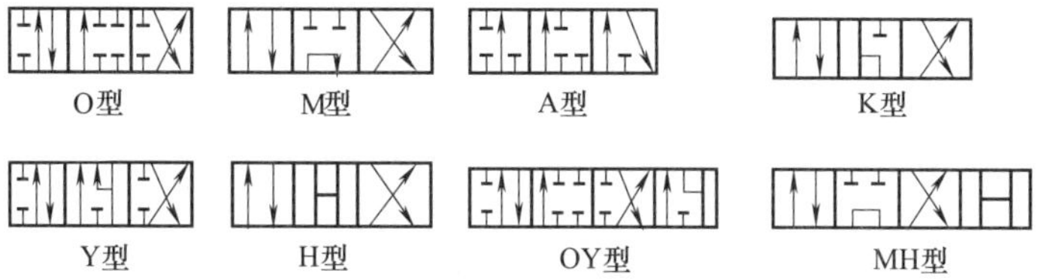 图(d)　多路换向机能 上述八种机能中,以 O 型、M 型应用最广;A 型应用在叉车上;OY 型和 MH 型用于铲土运输机械,作为浮动用;K 型用于起重机的提升机构,当制动器失灵,液压马达要反转时,使液压马达的低压腔与滑阀的回油腔相通,补偿液压马达的内泄漏;Y 型和 H 型多用于液压马达回路,因为中位时液压马达两腔都通回油,马达可以自由转动
	分片式多路换向阀	分片式多路换向阀指组成多路换向阀的各滑阀或其他有关辅件的阀体分别制造,再经螺栓连接成一体的多路换向阀。组成件多已标准化和系列化,可根据工作要求进行选用、组装而得多种功能的多路换向阀。这种结构有利于少量或单件产品的开发和使用,如专用机械的操纵机构等 分片式多路换向阀的缺点是阀体加工面多,外形尺寸大,质量大,外泄漏的机会多,还可能会因为装配变形的原因,使阀芯容易卡死。它的优点是阀体的铸造工艺较整体式结构简单,因此产品品质比较容易保证。且如果一片阀体加工不合格,其他片照样可以使用。用坏了的单元也容易更换和修理。至于分片式多路换向阀的阀体,可以是铸造阀体或机加工阀体。前者主要因为铸造工艺方面的原因,质量不易保证,但与后者相比,其过流压力损失小,加工量小,外形尺寸紧凑

续表

典型结构	分片式多路换向阀	图(e)是 ZFS 型分片式多路换向阀的结构。这种多路换向阀由两联三位六通滑阀组成。阀体为铸件，各片之间有金属隔板，连接通孔用密封圈密封 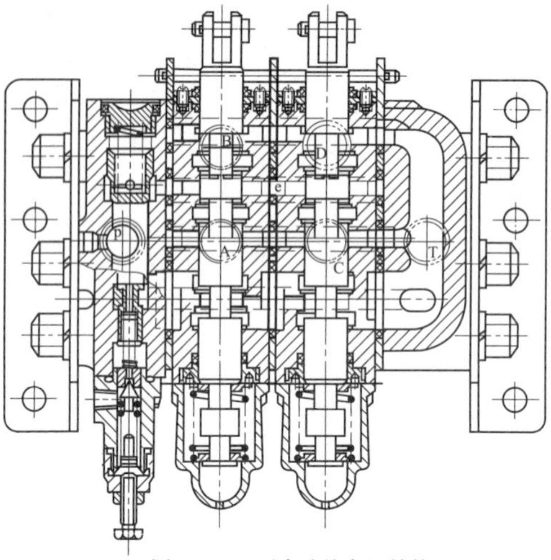 图(e) ZFS型多路换向阀结构
	整体式多路换向阀	这种结构的特点是滑阀机能以及各种阀类元件均装在同一阀体内，具有固定的滑阀数目和滑阀机能 整体式多路换向阀结构紧凑、密封性能好、重量轻和压力损失较小，但加工及铸造工艺较分片式复杂，适用于较为简单和大批量生产的设备使用 图(f)为 DF 型整体式多路换向阀的结构。这种阀有两联，采用整体式结构。下联为三位六通，中位为封闭状态，上联为四位六通，包括有封闭和浮动状态，油路采用串并联形式。当下联为封闭时，上联与压力油接通。阀内还设有安全阀和过载补油阀 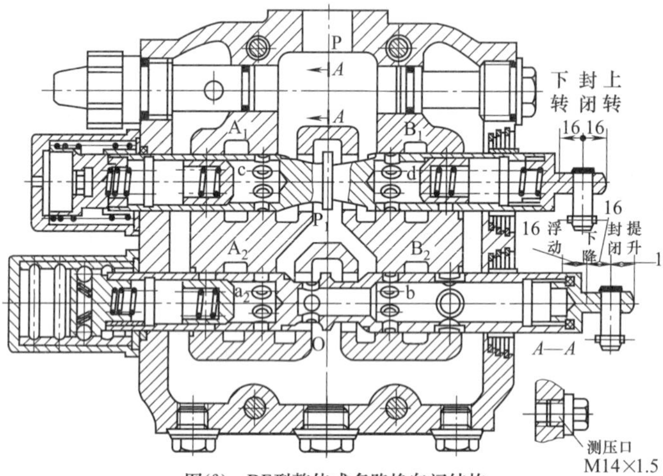 图(f) DF型整体式多路换向阀结构
补油装置		多路换向阀主要有主溢流阀、过载溢流阀、过载补油阀、补油阀等辅助元件，这些元件大多采用尺寸较小的插装式结构 图(g)为先导控制过载补油阀。工作腔压力油通过顶杆的阻尼小孔作用于先导阀芯，当压力大于调定值时，先导阀芯开启，顶杆与先导阀芯之间形成间隙阻尼，压差使提动阀芯开启，起溢流作用；而当系统因外力作用而产生负压时，回油腔的背压使起单向阀作用的提动阀芯开启，向工作腔补油 对于中小流量的多路换向阀(流量为 63L/min 左右)的主溢流阀和过载补油阀，也可采用直动式结构，如图(h)所示 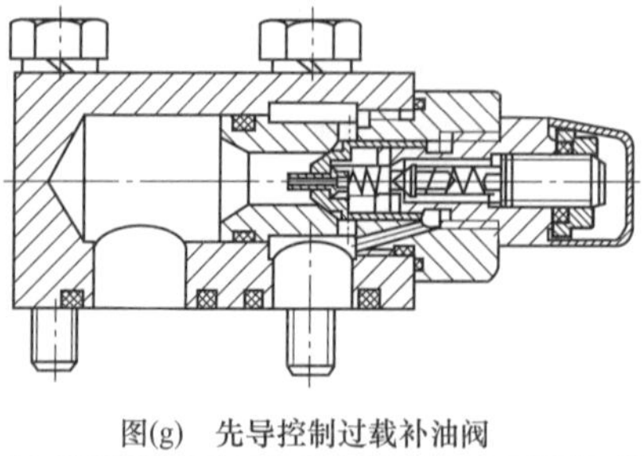 图(g) 先导控制过载补油阀 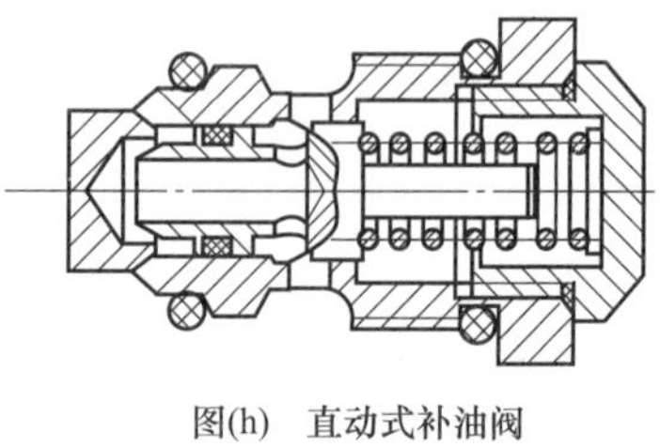 图(h) 直动式补油阀

续表

补油装置	若一工作油口腔内仅需在某工况时补油，则可设置独立的补油阀或钢球结构。图(i)为锥阀式补油阀和钢球结构 系统的主溢流阀和过载溢流阀调定压力一般比实际使用压力大1.5MPa以上，主溢流阀开启过程中的峰值压力不超过调定压力的10%，初始压力与全开压力比不小于90% 系统的主溢流阀和过载溢流阀调定压力应相差1.5MPa以上，避免两阀之间在初始至全开压力范围重叠，否则容易产生共振 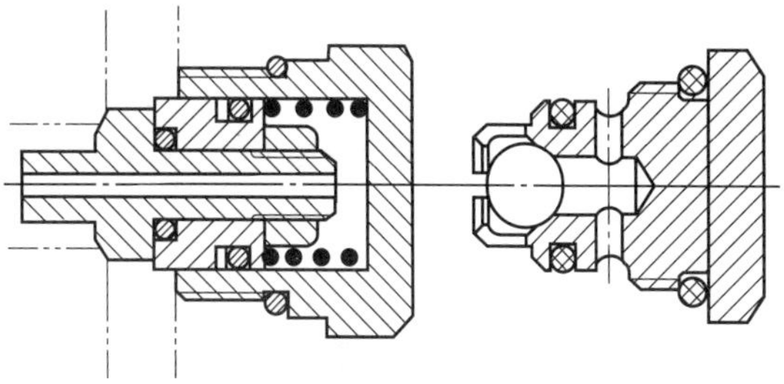 图(i) 锥阀式补油阀和钢球结构
性能	图(j)所示曲线为额定流量65L/min的多路换向阀，当滑阀处于中间位置，通过不同流量及不同通路数时，其进回油路间的压力损失曲线 图(k)为该多路换向阀在工作位置时，进油口P至工作油口A、B至回油口T的压力损失曲线 图(l)为滑阀的微调特性曲线，图中P为进油口，A、B为工作油口，T为通油箱的回油口。压力微调特性是在工作油口堵死(或负载顶死的工况下)，多路换向阀通过额定流量移动滑阀过程中的压力变化曲线。流量微调特性是在工作油口的负载为最大工作压力的75%情况下，移动滑阀时的流量变化情况。曲线的坐标值以压力、流量和位移量的百分数表示。若随行程变化，压力和流量的变化率越小，则该阀的微调特性越好，使用时工作负载的动作越平稳 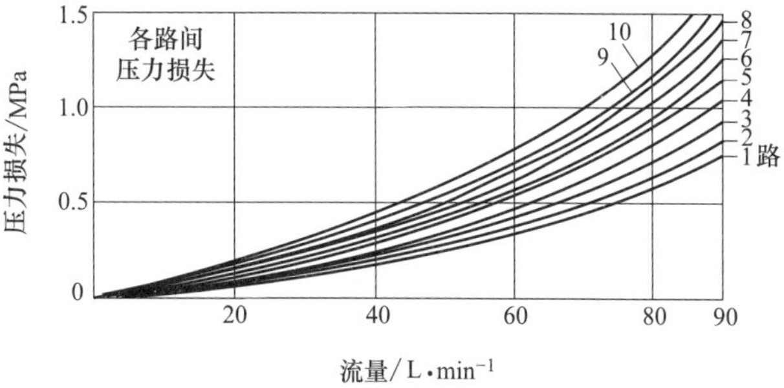 图(j) 压力损失曲线 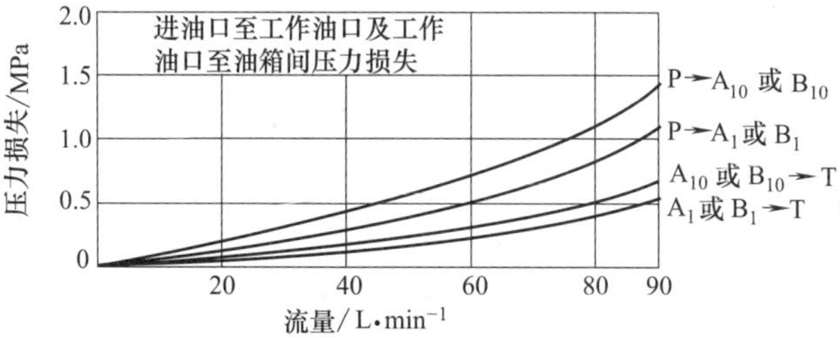 图(k) 压力损失曲线 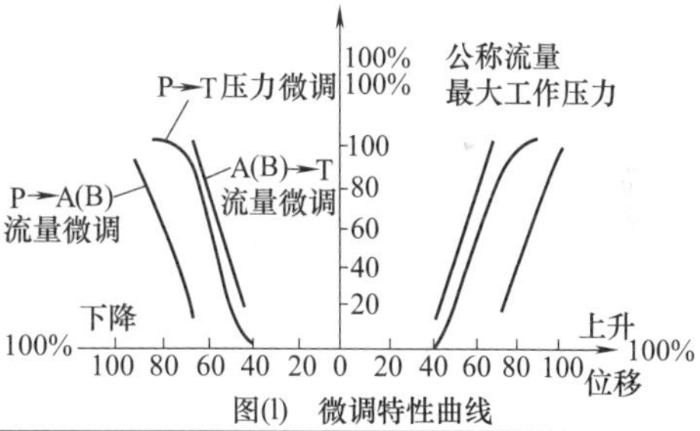 图(l) 微调特性曲线

9.6.2 产品介绍

9.6.2.1 ZFS型多路换向阀

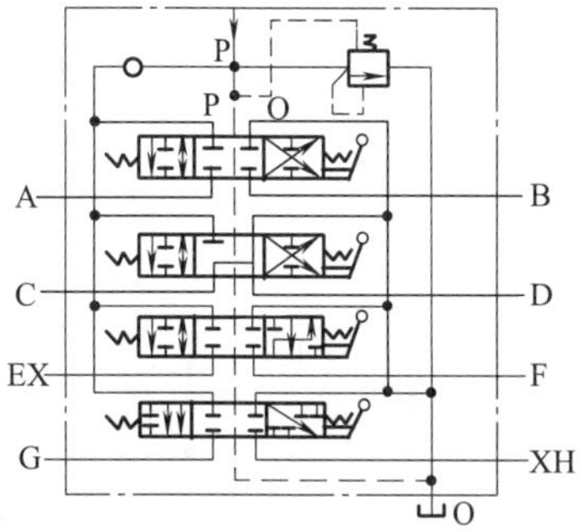

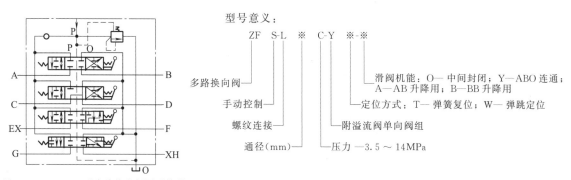

图20-9-105 ZFS型多路换向阀图形符号

型号意义：

ZF S-L ※ C-Y ※-※

- ZF——多路换向阀
- S——手动控制
- L——螺纹连接
- ※——通径(mm)
- C——压力—3.5～14MPa
- Y——附溢流阀单向阀组
- ※——定位方式：T—弹簧复位；W—弹跳定位
- ※——滑阀机能：O—中间封闭；Y—ABO连通；A—AB升降用；B—BB升降用

表 20-9-109　　**ZFS 型多路换向阀技术规格**

型　　号	通径 /mm	流量 /L·min^{-1}	压力/MPa	滑阀机能	油路形式	质量/kg			
						1 联	2 联	3 联	4 联
ZFS-L10C-Y※-※	10	30	14	O、Y、A、B	并联	10.5	13.5	16.5	19.5
ZFS-L20C-Y※-※	20	75	14			24	31.0	38	45
ZFS-L25C-Y※-※	25	130	10.5			42	53.0	64	75

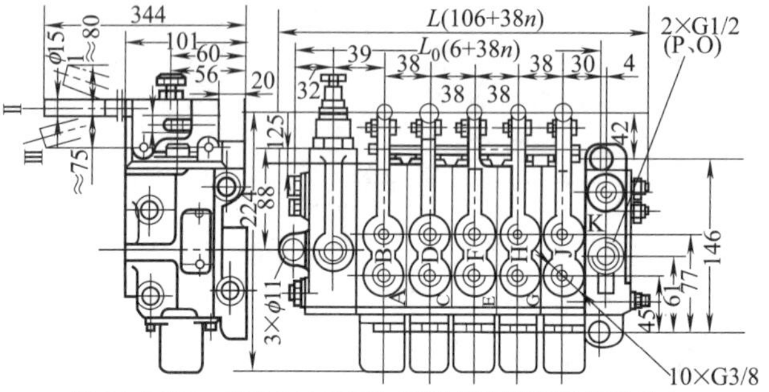

图 20-9-106　ZFS-L10C-Y※-※型多路换向阀外形尺寸

表 20-9-110　　**ZFS-L20C-Y※-※、ZFS-L25C-Y※-※型多路换向阀外形尺寸**　　mm

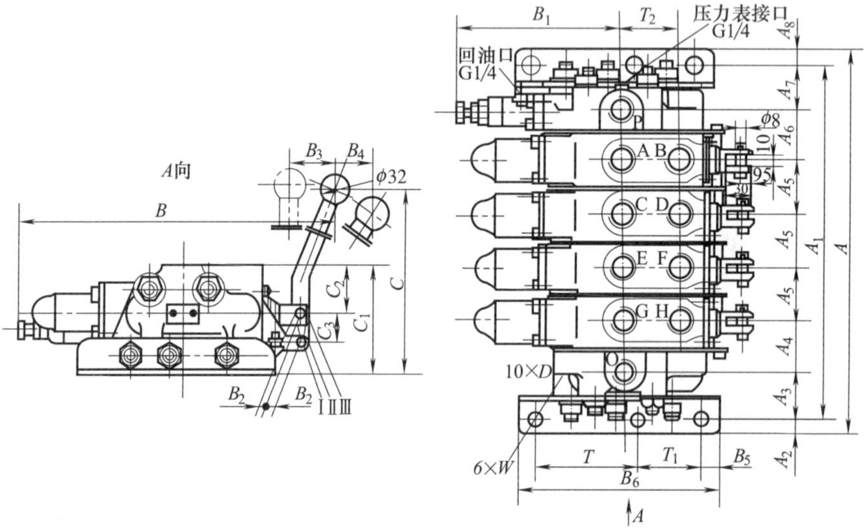

型号	联数	A	A_1	A_2	A_3	A_4	A_5	A_6	A_7	A_8	B	B_1	B_2
ZFS-L20C-Y	1	236	204	16	48	54	57.5	54	48	16	371.5	184.5	9.5
	2	293.5	261.5										
	3	351	319										
	4	408.5	376.5										
ZFS-L25C-Y	1	235	241	22	58	62.5	62.5	62.5	58	22	437	188	12
	2	347.5	303.5										
	3	410	366										
	4	472.5	428.5										

型号	联数	B_3	B_4	B_5	B_6	C	C_1	C_2	C_3	D	T	T_1	T_2	W
ZFS-L20C-Y	1	78	73	18	213	275	121	54	30	Rc3/4	110	67	60	15
	2													
	3													
	4													
ZFS-L25C-Y	1	107	100	25	275	391	140	60	40	M33	100	125	70	18
	2													
	3													
	4													

9.6.2.2　ZFS-※※H 型多路换向阀

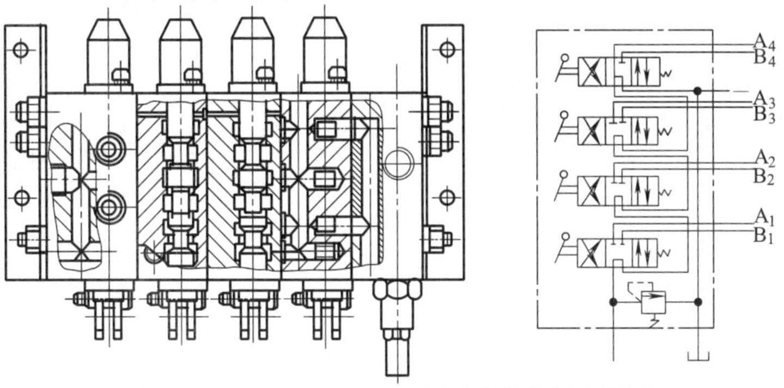

图 20-9-107　ZFS-L20H-型多路换向阀结构与图形符号

型号意义：

ZFS-※　※　H-※　※-※-Y

- 多路换向阀——ZFS
- L— 螺纹连接；B— 板式连接——※
- 通径(mm)——※
- 压力级别——H
- 阀的联数——※
- 定位方式：T— 弹簧复位；W— 弹跳定位——※
- 溢流阀数——※
- 溢流阀——Y

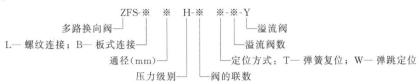

表 20-9-111　ZFS-※※H 型多路换向阀技术规格

型号	通径/mm	压力/MPa	流量/L·min^{-1}	滑阀机能	油路形式
ZFS-L15H	15	20	63	M、K	串联
ZFS-L20H	20	20	100	M、K	并联

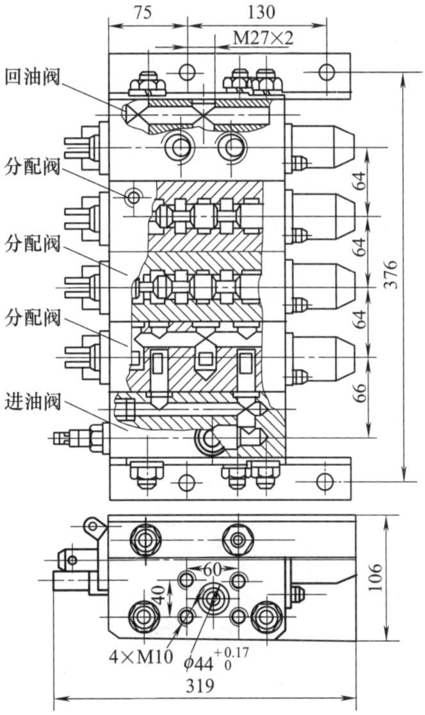

图 20-9-108　ZFS-L15H-3T 型多路换向阀外形尺寸

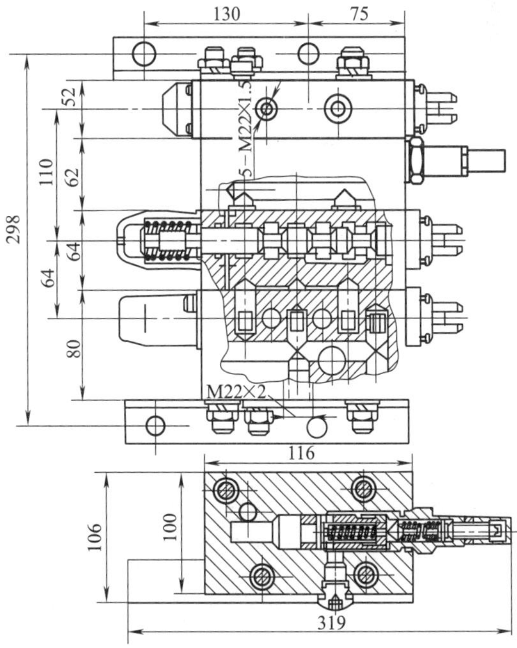

图 20-9-109　ZFS-L15H-3T-Y 型多路换向阀外形尺寸

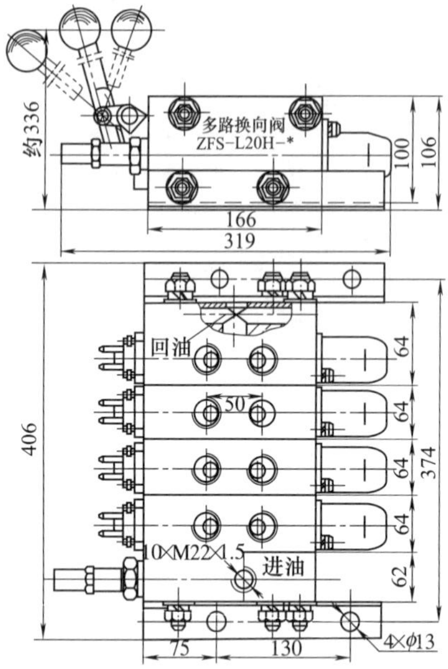

图 20-9-110 ZFS-L20H 型多路换向阀外形尺寸

9.6.2.3 DF 型多路换向阀

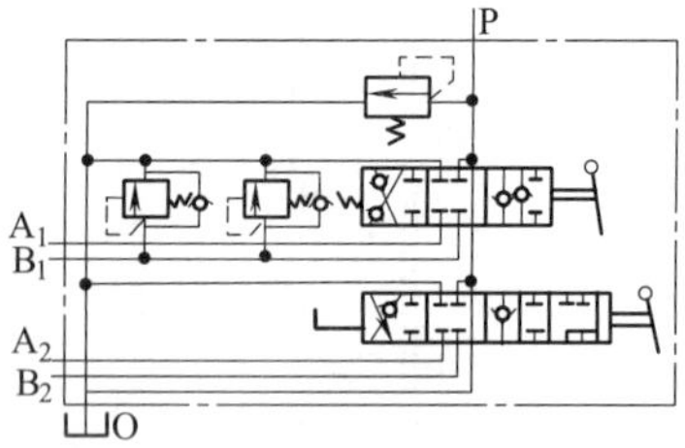

图 20-9-111 DF 型多路换向阀图形符号

型号意义：

DF-※ ※-※-※

- 多路换向阀
- 通径(mm)
- 压力级别：F₁—16MPa；无标记—20MPa
- 阀的联数
- 出油口法兰面形式（A、B、C、D、F）

表 20-9-112 DF 型多路换向阀技术规格

型 号	通径/mm	流量/L·min^{-1}	压力/MPa	滑阀机能	油路形式	允许背压/MPa
DF-25F1	25	160	16	O、Q	串并联	2.5
DF-25			20			
DF-32F1	32	250	16	O、Y、A、Q		
DF-32			20			

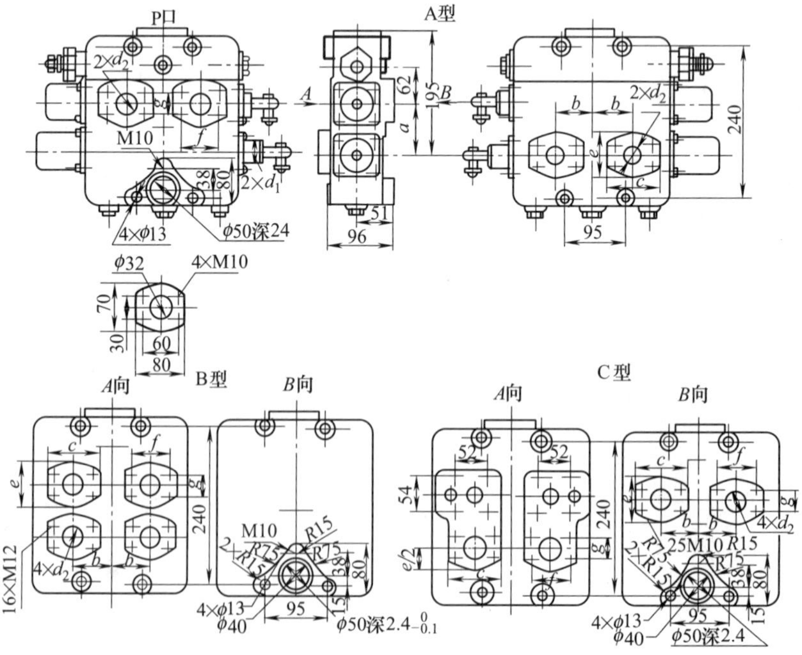

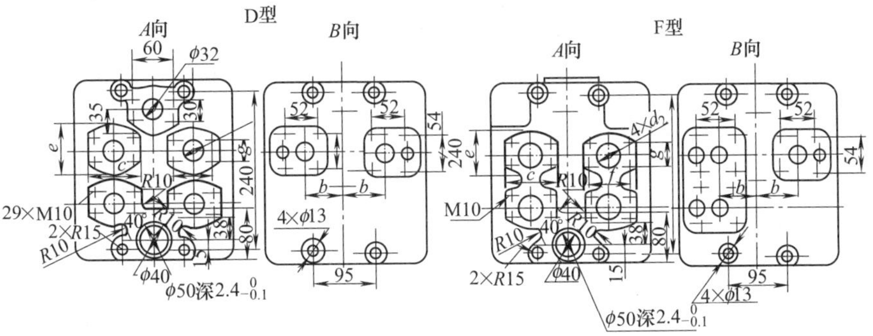

图 20-9-112　DF 二联阀外形尺寸

9.6.2.4　CDB 型多路换向阀

型号意义：

　　　　　　　　　　　　　　第一联　第二联
CDB-F　※　※-※※※※/※※※※…

- 多路换向阀
- 压力级别—20MPa
- 通径(mm)
- 进油片附加阀：U— 带单稳分流阀；Ub— 带可变量分流阀；D— 不带分流阀
- 滑阀机能：A、O、O_2、Q
- B 口辅助阀
- A 口辅助阀
- 复位、定位方式：T— 三位弹簧复位；Z— 钢球、弹簧组和复位；W— 钢球复位

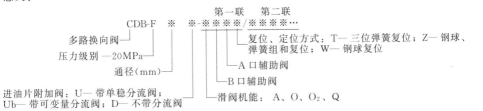

表 20-9-113　CDB-F 型多路阀技术规格

型号	通径 /mm	额定流量 /L·min^{-1}	额定压力 /MPa	工作安全阀调压范围 /MPa	分流安全阀调压范围 /MPa	分流口流量 /L·min^{-1}	允许背压 /MPa	过载阀调压范围 /MPa
CDB-F15	15	80	20	8～20	4～10	11～16	1.5	8～20
CDB-F20	20	160	20	8～20	5～16	23～31	1.5	8～20

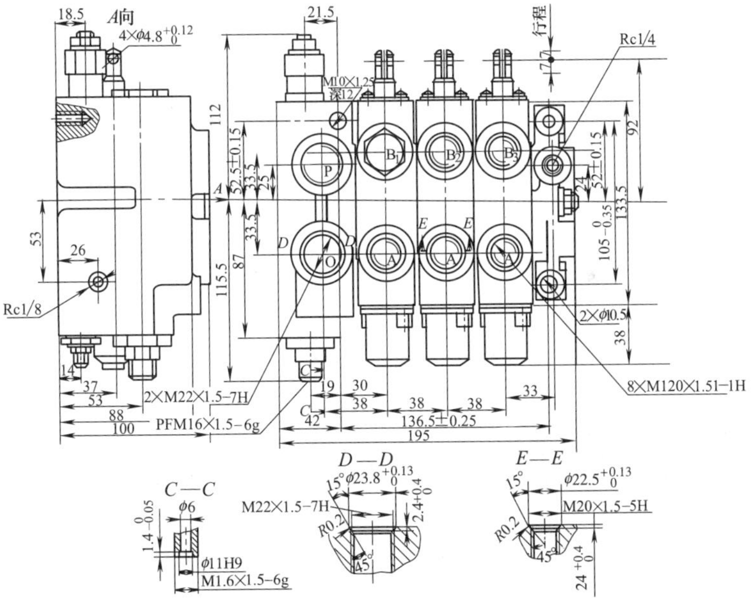

图 20-9-113　CDB-F15U 型多路阀外形尺寸

表 20-9-114　　**CDB-F15D 型多路阀外形尺寸**　　mm

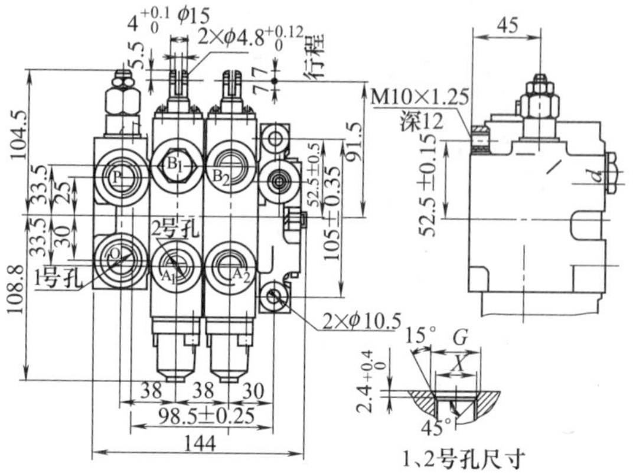

孔口	*X*	*G*
1(P、O 口)	M22×1.5	$\phi 23.8^{+0.13}_{0}$
2(A、B 口)	M20×1.5	$\phi 22.5^{+0.13}_{0}$

表 20-9-115　　**CDB-F20U 型多路阀外形尺寸**　　mm

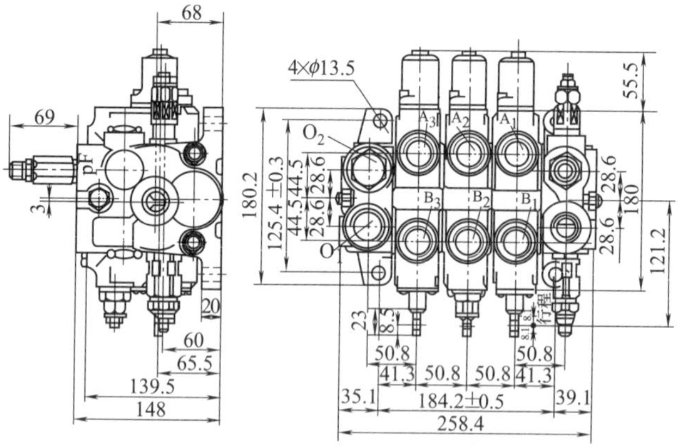

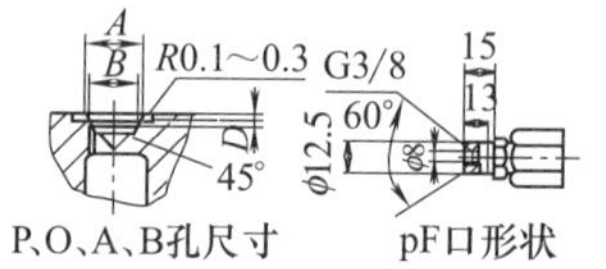

孔口	$A_1 \sim A_3$	$B_1 \sim B_3$	*D*
A、B	$\phi 32.33^{+0.13}_{0}$	M30×2	$3.3^{+0.38}_{0}$
O	$\phi 32.51^{+0.13}_{0}$	M33×2	$3.3^{+0.38}_{0}$
P	$\phi 30.2^{+0.1}_{0}$	G3/4"	$3.3^{+0.4}_{0}$

表 20-9-116　　**CDB-F20D 型多路阀外形尺寸**　　mm

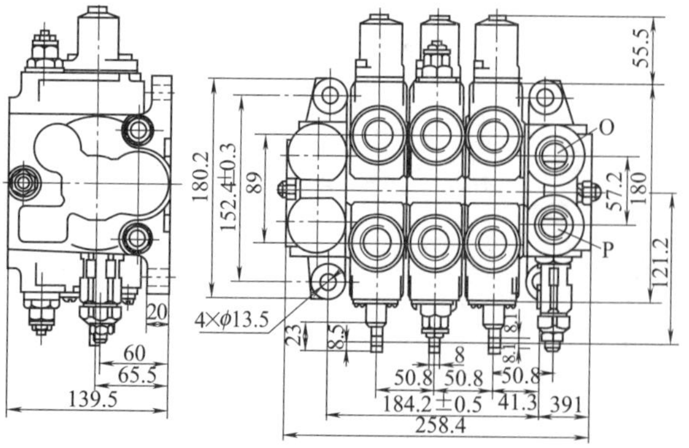

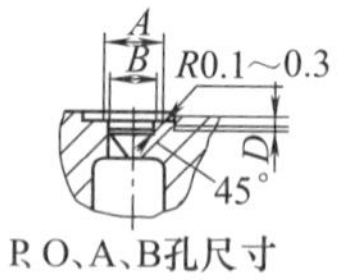

孔口	*A*	*B*	*D*
A_1B_1	$\phi 32.33^{+0.13}_{0}$	M30×2	$3.3^{+0.38}_{0}$
O	$\phi 32.5^{+0.13}_{0}$	M33×2	$3.3^{+0.38}_{0}$
P	$\phi 32.33^{+0.13}_{0}$	G3/4	$3.3^{+0.38}_{0}$

9.7　叠加阀

9.7.1　叠加阀工作原理、典型结构及性能

叠加阀是指可直接利用阀体本身的叠加而不需要另外的油道连接元件而组成液压系统的特定结构的液压阀的总称。叠加阀安装在板式换向阀和底板之间，每个叠加阀除了具有某种控制阀的功能外，还起着油道作用。叠加阀的工作原理与一般阀的基本相同，但在结构和连接方式上有其特点而自成体系。按控制功能叠加阀可分为压力、流量、方向三类，其中方向控制阀中只有叠加式单向阀和叠加式液控单向阀。同一通径的各种叠加阀的油口和螺钉孔的大小、位置、数量都与相匹配的板式主换向阀相同，因此。针对一个板式换向阀，可以按一定次序和数目叠加而组成各种典型的液压系统。通常控制一个执行元件的系统的叠加阀叠成一叠。

图 20-9-114 为典型的使用叠加阀的液压系统，在回路Ⅰ中，5、6、7、8 为叠加阀，最上层为主换向阀 4，底部为与执行元件连接用的底板 9。各种叠加阀的安装表面尺寸和高度尺寸都由 ISO 7790 和 ISO 4401 等标准规定，使叠加阀组成的系统具有很强的组合性。目前生产的叠加阀的主要通径系列为 6、10、16、20、32。

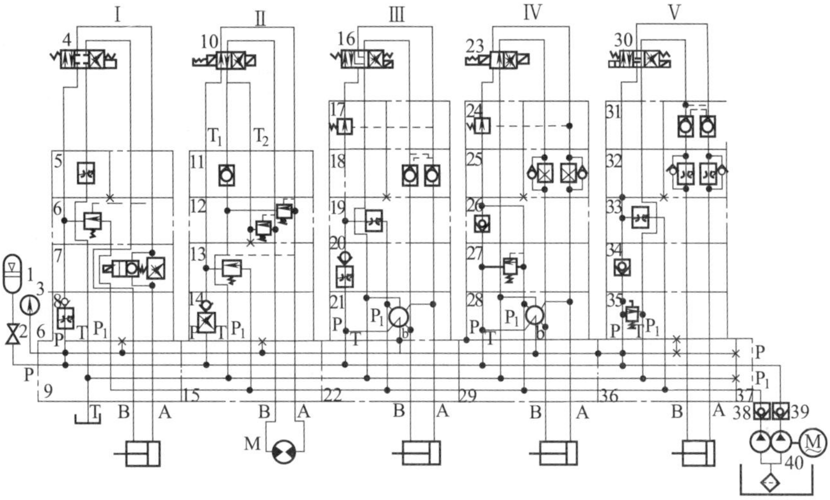

图 20-9-114　叠加阀液压系统的典型回路

表 20-9-117　　叠加阀工作原理、典型结构及性能

典型结构		叠加阀连接方法须符合 ISO 4401 和 GB 2514 标准。在一定的安装尺寸范围内，结构受到相应的限制。结构有多种形式，有滑阀式、插装式、板式外贴式、复合机能式等。另外，叠加阀还有整体式结构和组合式结构之分。整体式结构叠加阀就是将控制阀和油道设置在同一个阀体内，而组合式结构则是将控制阀做成板式连接件，而阀体则只作成油道体，再把控制阀安装在阀体上。一般较大通径的叠加阀多采用整体式结构，小通径叠加阀多采用组合式结构
	滑阀式	滑阀结构简单，使用寿命长，阀芯上有几个串联阀口，与阀体上的阀口配合完成控制功能，这种结构容易实现多机能控制功能。但它的缺点是体积较大，受液压夹紧力和液动力影响较大，一般用于直动型或中低压场合
	插装式	从叠加阀结构变化形式看，新的叠加阀更多地采用螺纹插装组件结构，如图(a)所示为力士乐公司的 2DR10VP-3X/YM 先导型减压阀，螺纹插装组件结构突出优点是内阻力小，流量大；动态性能好，响应速度快，在所有结构之中，插装结构最紧凑、基本结构参数可以系列化、微型化，适应数控精密加工规范管理。螺纹插装组件维修更换方便，根据功能需要，还可以应用到油路块场合，组件供应较方便 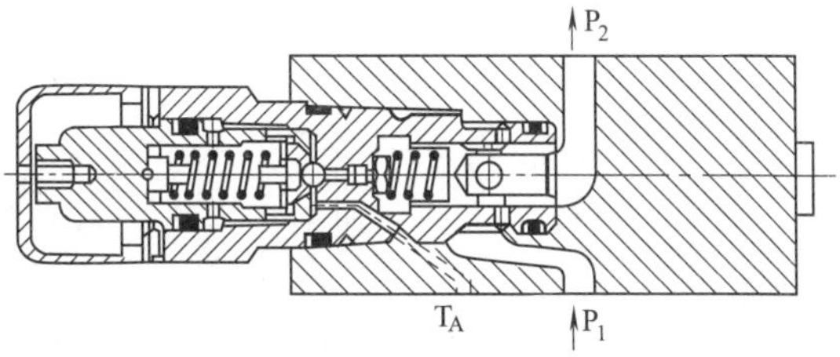 图(a)　力士乐公司的2DR10VP-3X/YM先导式减压阀

第20篇

续表

典型结构	安装	在多位置底板与换向阀之间可组成各种十分紧凑的液压回路，叠加形式有垂直叠加、水平叠加、塔式叠加等。安装叠加阀时，选用的螺栓长度等于穿过换向阀和叠加阀的长度加上底板块螺纹深度和螺母的把合长度。而威格士公司 $\phi 10$ 通径系列叠加阀安装的方式别具特色，如图(b)所示，它是采用组合元件，将叠加阀逐个进行连接，可以准确保证阀与阀之间把合力 叠加阀连接螺栓对安全性和泄漏性有一定要求，根据使用压力和螺栓的长度不同选用不同的螺栓材料。螺母为如图(c)所示的形式 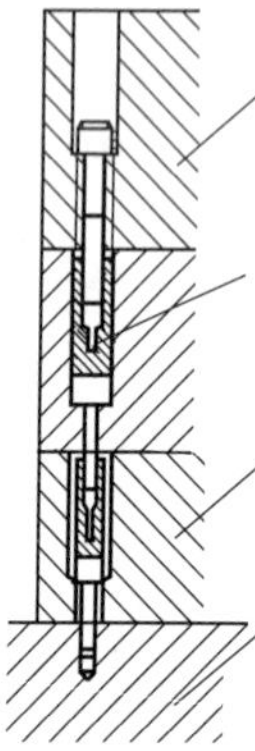 图(b)　威格士组合元件 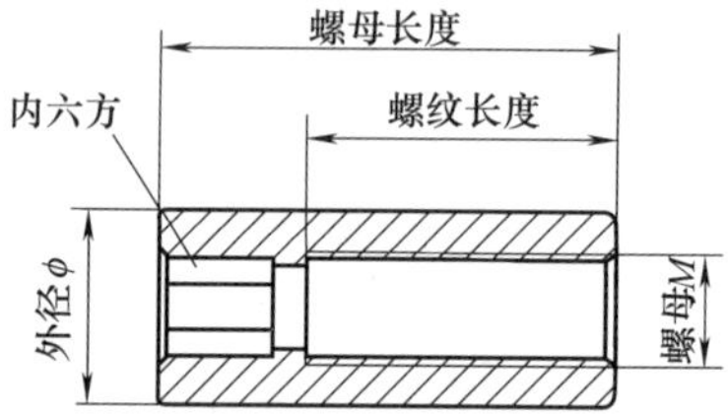 图(c)　叠加阀连接螺母 叠加阀阀体采用铸铁材质(一般为 HT300)，特别应用场合可以来用钢、铝或不锈钢材质。$\phi 6$、$\phi 10$ 通径系列产品大部分是加工通道，阀体油道大量采用斜孔加工。$\phi 16$ 通径以上系列品种，一般采用内部铸造油道，阀体外形一次铸造成形
功能	单功能叠加阀	一个单功能叠加阀只具有一种普通液压阀的功能，如压力控制阀(包括溢流阀、减压阀、顺序阀)、流量控制阀(包括节流阀、单向节流阀、调速阀、单向调速阀等)、方向控制阀(包括单向阀、液控单向阀等)，阀体按照通径标准确定 P、T、A、B 及一些外接油口的位置和连接尺寸，各类阀根据其控制特点可有多种组合，构成型谱系列 图(d)为 Y1 型叠加式先导溢流阀。这个阀为整体式结构，由先导阀和主阀两部分组成，主阀阀体上开有通油孔 A、B、T 和外接油孔 P 及连接孔等，阀芯为带阻尼的锥阀式单向阀(该图为中间的机能)，当 A 口油压达到定值时，可打开先导阀芯，少量 A 口油液经阻尼孔和先导阀芯流向出口 T，由于主阀芯的小孔的阻尼作用，使主阀芯受到向左的推力而打开，A 口油液经主阀口溢流。对主阀体略作改动即有如右图所示的几种不同的调压功能 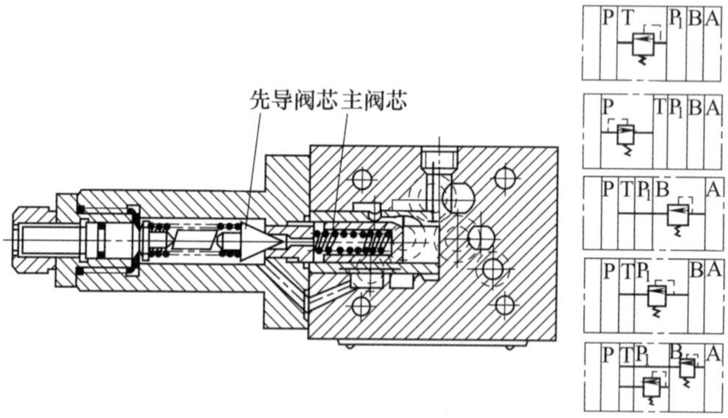 图(d)　Y1型叠加式先导溢流阀及功能符号 图(e)为 2YA 型叠加液控单向阀，为双阀芯结构，工作原理同普通双向液压锁基本一致 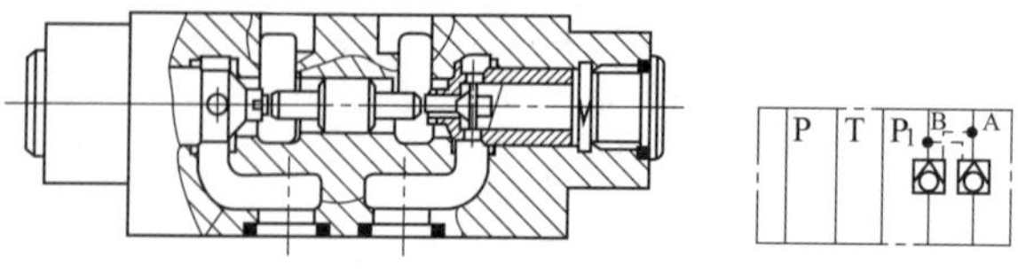 图(e)　2YA型叠加液控单向阀

续表

<table>
<tr>
<td rowspan="1">功
能</td>
<td>复合功能叠加阀</td>
<td>

复合功能叠加阀是在一个液压阀芯中实现两种以上控制机能的液压阀，这种元件结构紧凑，可大大简化专用液压系统

图(f)为顺序节流阀，该阀由顺序阀和节流阀复合而成，具有顺序阀和节流阀的功能。顺序阀和节流阀共用一个阀芯，将三角槽形的节流口开设在顺序阀阀芯的控制边上，控制口 A 的油压通过阀芯的小孔作用于右端阀芯，压力大于顺序阀的调定压力时阀芯左移，节流口打开，反之节流口关闭。节流口的开度由调节杆限定。此阀可用于多回路集中供油的液压系统中，以解决各执行元件工作时的压力干扰问题

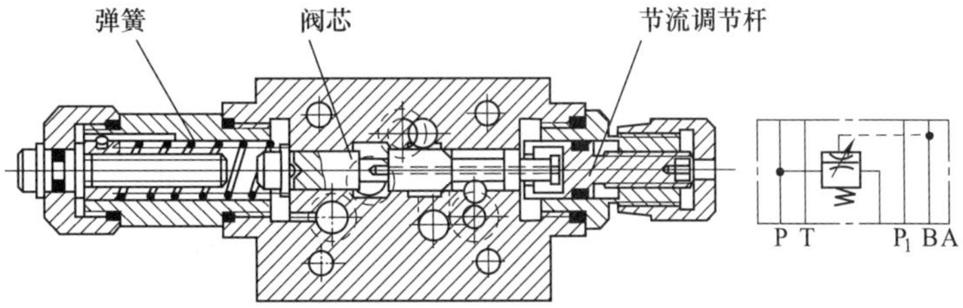

图(f)　顺序节流阀及功能符号

图(g)为叠加式电动单向调速阀。阀为组合式结构，由三部分组成。Ⅰ是板式连接的调速阀，Ⅱ是叠加阀的主体部分，Ⅲ是板式结构先导阀。电磁铁通电时，先导阀 12 向左移动，将 d 腔与 e 腔切断，接通 e 腔与 f 腔，锥阀弹簧腔 b 的油经 e 腔、f 腔与叠加阀回油路 T 接通而卸荷。此时锥阀 10 在 a 腔压力油作用下被打开，压力油流经锥阀到 A，电磁铁断电时，先导阀复位，A_1 油路的压力油经 d、e 到 b 腔，将锥阀关闭，此时由 A_1 进入的压力油只能经调速阀部分到 A，实现调速，反向流动时，A 口压力油可打开锥阀流回 A_1

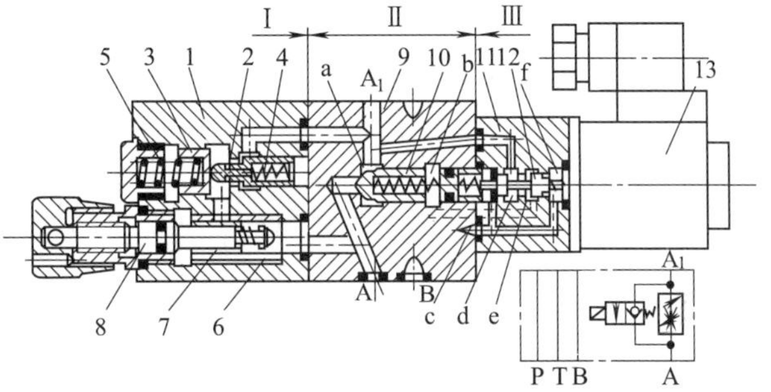

图(g)　电动单向调速阀及功能符号

1，9—阀体；2—减压阀；3—平衡阀；4，5—弹簧；6—节流阀套；7—节流阀芯；8—节流阀调节杆；10—锥阀；11—先导阀体；12—先导阀；13—直流湿式电磁铁

</td>
</tr>
<tr>
<td>应
用</td>
<td colspan="2">由叠加阀组成的液压系统，结构紧凑，体积小，质量小，占地面积小；叠加阀安装简便，装配周期短，系统有变动需增减元件时，重新组装较为方便；使用叠加阀，元件间无管连接，消除了因管接头等引起的漏油、振动和噪声；使用叠加阀系统配置简单，元件规格统一，外形整齐美观，维护保养容易；采用我国叠加阀组成的集中供油系统节电效果显著。但由于规定尺寸的限制，由叠加阀组成的回路形式较少，通径较小，一般适用于工作压力小于 20MPa，流量小于 200L/min 的机床、轻工机械、工程机械、煤炭机械、船舶、冶金设备等行业</td>
</tr>
</table>

9.7.2　产品介绍

(1) 力士乐系列叠加式压力阀

1) ZD/ZDB 型叠加式溢流阀（40 系列）

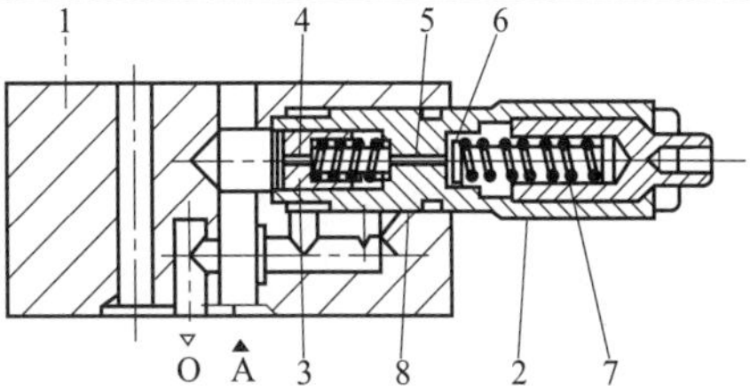

图 20-9-115　ZDB 型叠加式溢流阀结构

1—阀体；2—插入式溢流阀；3—阀芯；4，5—节流孔；6—锥阀；7—弹簧；8—孔道

型号意义：

Z ※ DB ※ ※ ※ ※—※ ※ ※

- 叠加式—Z
- 单向溢流—无标记；双向溢流—2
- 先导溢流阀—DB
- 通径　6—6；10—10
- 控制油形式　A→O—VA；B→O—VB；P→O—VP；A→O和B→O—VC；A→B和B→A—VD
- 1—调节手柄；2—带保护罩的调节螺栓；3—带锁的调节手柄
- 40B—40系列（40～49连接尺寸相同）
- 50—压力调至5MPa；100—压力调至10MPa；200—压力调至20MPa；315—压力调至31.5MPa
- 无标记—矿物油；V—磷酸酯液
- 其他附加说明

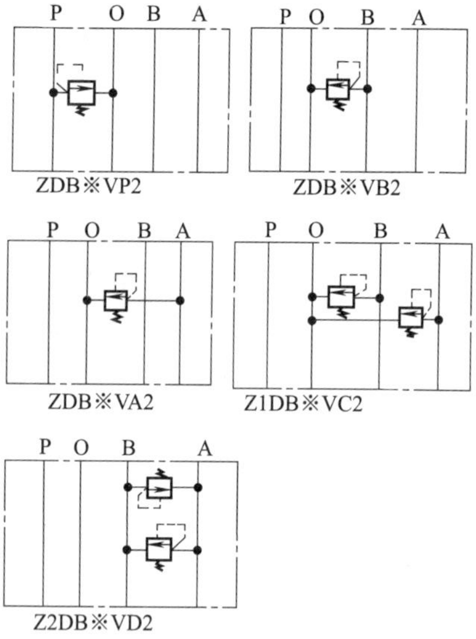

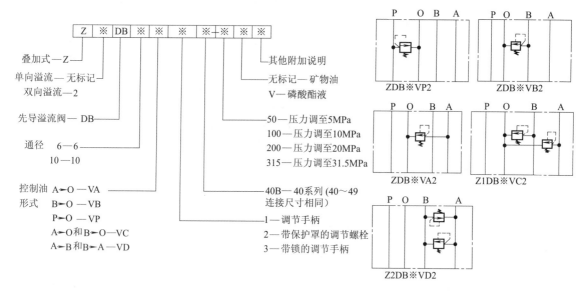

图 20-9-116　ZDB 型叠加式溢流阀图形符号

表 20-9-118　ZDB/Z2DB 型叠加式溢流阀技术规格

型　号	通径 /mm	流量 /L·min^{-1}	工作压力 /MPa	调压范围 /MPa	质量/kg ZDB	质量/kg Z2DB
ZDB6※ Z2DB6※	6	60	31.5	5 10 20 31.5	1.0	1.2
ZDB10※ Z2DB10※	10	100			2.4	2.6

注：外形尺寸见产品样本。

2）ZDR 型叠加式直动减压阀

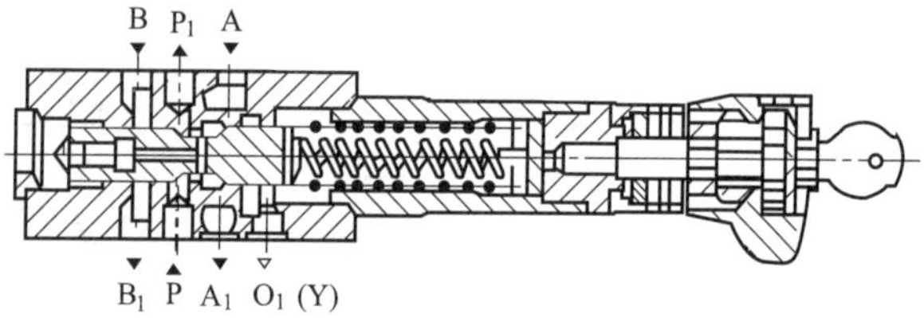

图 20-9-117　ZDR10DP... 40/... YM 型叠加式直动减压阀结构

型号意义：

Z DR ※ D ※ ※—※/※ Y ※ ※ ※

- 叠加式
- 减压阀
- 通径6—6；通径10—10
- 直动型
- A腔减压—A；B腔减压—B；P腔减压—P
- 调节手柄—1；带保护罩的调节螺栓—2；带锁的调节手柄—3
- 10系列—10；30系列—30；40系列—40
- 25—最大二次压力2.5MPa；75—最大二次压力7.5MPa；150—最大二次压力15MPa；250—最大二次压力21MPa
- 控制油内供外排
- 无标记—带单向阀（P腔减压的没有单向阀）；M—不带单向阀
- 无标记—矿物质液压油；V—磷酸酯液
- 附加说明

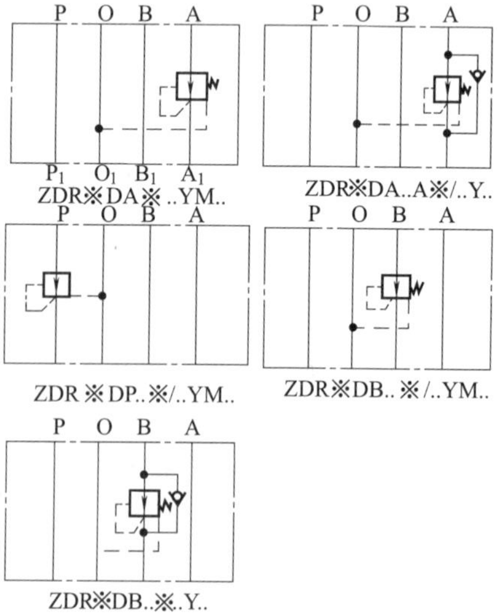

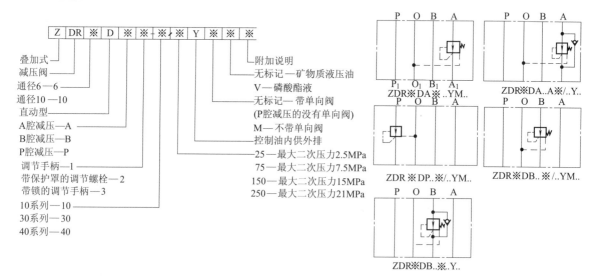

图 20-9-118　ZDR 型叠加式直动减压阀图形符号

表 20-9-119　**ZDR 型叠加式直动减压阀技术规格**

型　号	通径/mm	流量/L·min^{-1}	进口压力/MPa	二次压力/MPa	背压/MPa	质量/kg
ZDR6	6	30	31.5	约 21	约 6	1.2
ZDR10	10	50	31.5	约 21(DA 和 DP 型),约 7.5(DB 型)	约 15	2.8

注：外形尺寸见产品样本。

3）Z2FS 型叠加式双单向节流阀

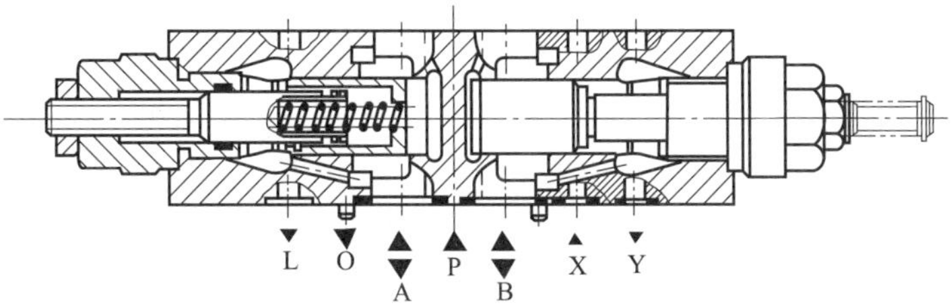

图 20-9-119　Z2FS 型叠加式双单向节流阀结构

型号意义：

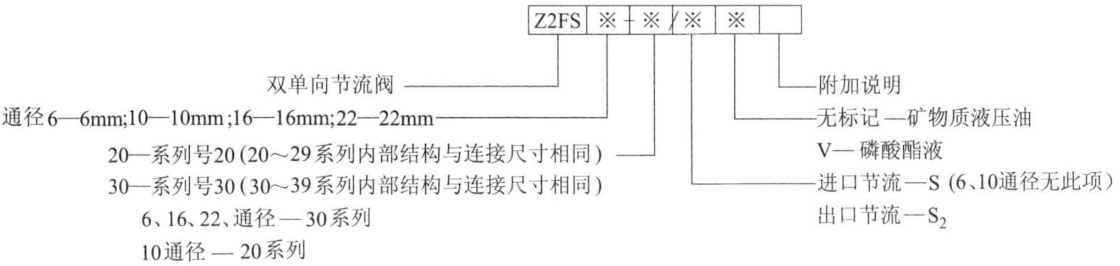

表 20-9-120　**Z2FS 型叠加式双单向节流阀技术规格**

型　号	通径/mm	流量/L·min^{-1}	工作压力/MPa
Z2FS6	6	80	31.5
Z2FS10	10	160	31.5
Z2FS16	16	250	35
Z2FS22	22	350	35

注：外形尺寸见产品样本。

4）Z1S 型叠加式单向阀

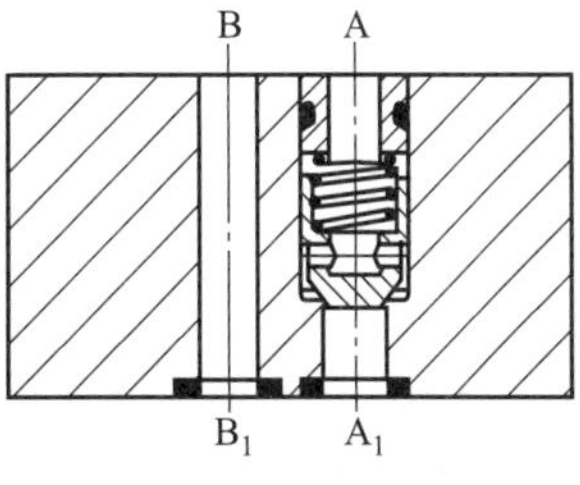

图 20-9-120　Z1S 型叠加式单向阀结构

型号意义：

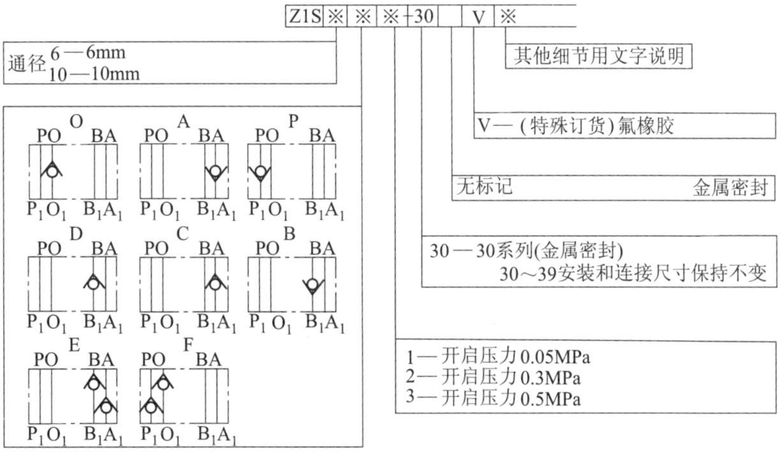

表 20-9-121　　**Z1S 型叠加式单向阀技术规格**

型号	流量/$L\cdot min^{-1}$	流速/$m\cdot s^{-1}$	工作压力/MPa	开启压力/MPa	质量/kg
Z1S6	40	>6	31.5	0.05、0.3、0.5	0.8
Z1S10	100	>4	31.5		2.3

注：外形尺寸见厂家产品样本。

5）DDJ 型叠加式单向截止阀

型号意义：

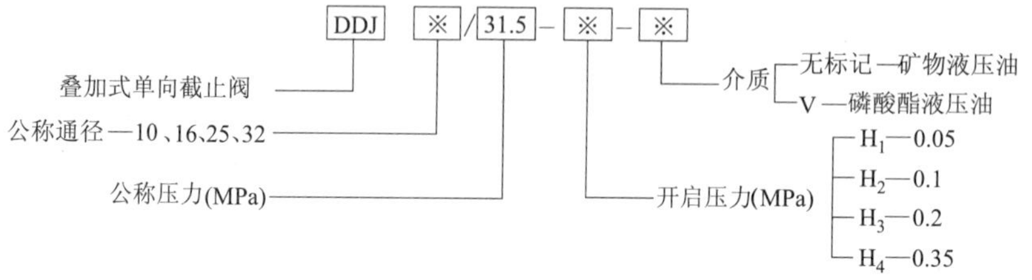

表 20-9-122　　**DDJ 型叠加式单向截止阀技术规格**

型　　号		DDJ10	DDJ16	DDJ25	DDJ32
公称通径/mm		10	16	25	32
公称压力/MPa		31.5			
公称流量/$L\cdot min^{-1}$	单向阀	63	200	360	500
	截止阀	100	250	400	630
介质		矿物液压油；磷酸酯液压油			
油流方向		$P-P_1$、O_1-O			
单向阀开启压力/MPa		H_1:0.05，H_2:0.1，H_3:0.2，H_4:0.35			
质量/kg		3.36	8.12	14.23	41.9

注：外形尺寸见厂家产品样本。

6）Z2S 型叠加式液控单向阀

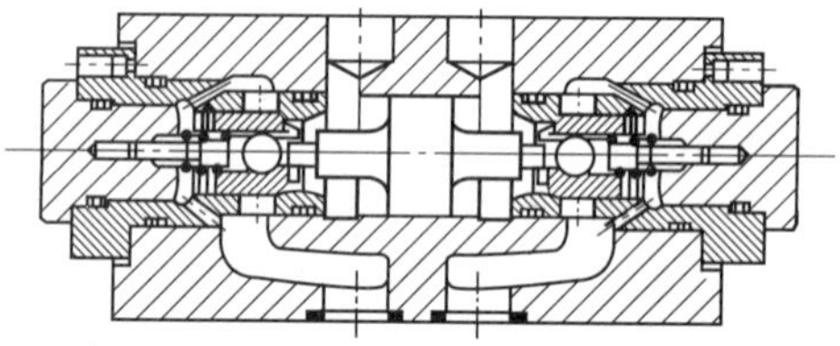

图 20-9-121　Z2S 型叠加式液控单向阀结构

型号意义：

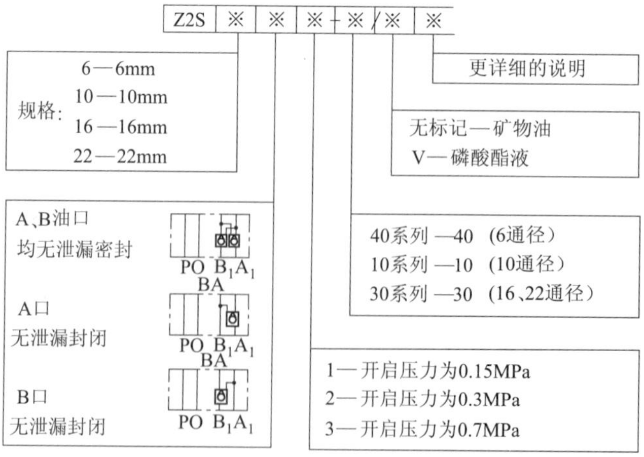

表 20-9-123　　Z2S 型叠加式液控单向阀技术规格

型　号	通径 /mm	流量 /L·min^{-1}	工作压力 /MPa	开启压力 /MPa	流动方向	面积比	质量 /kg
Z2S6	6	50	31.5	0.15、0.3、0.7	由 A 至 A_1 或 B 至 B_1 经单向阀自由流通，先导操纵由 B_1 至 B 或由 A_1 至 A	$A_1/A_2=1/2.97$	0.8
Z2S10	10	80	31.5			$A_1/A_2=1/2.86$、$A_3/A_2=1/11.45$	2
Z2S16	16	200	31.5			—	11.7
Z2S22	22	400	31.5			—	11.7

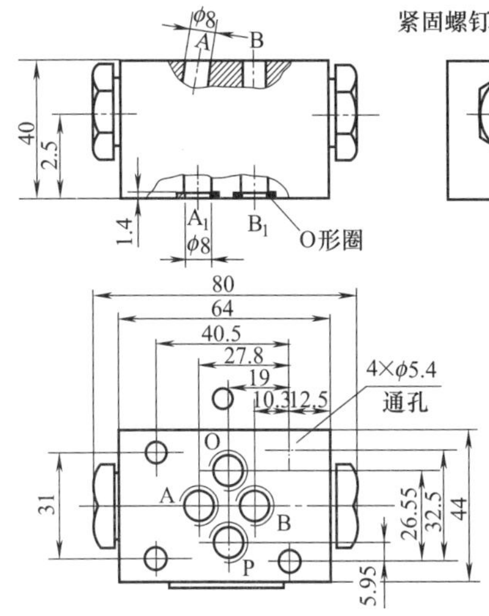

图 20-9-122　Z2S6 型液控单向阀外形尺寸

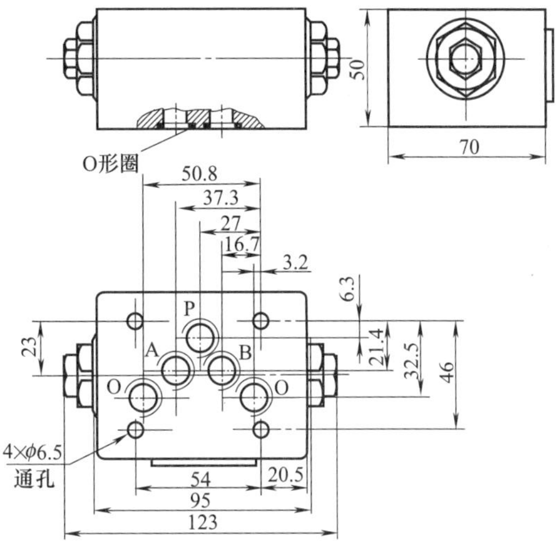

图 20-9-123　Z2S10 型液控单向阀外形尺寸

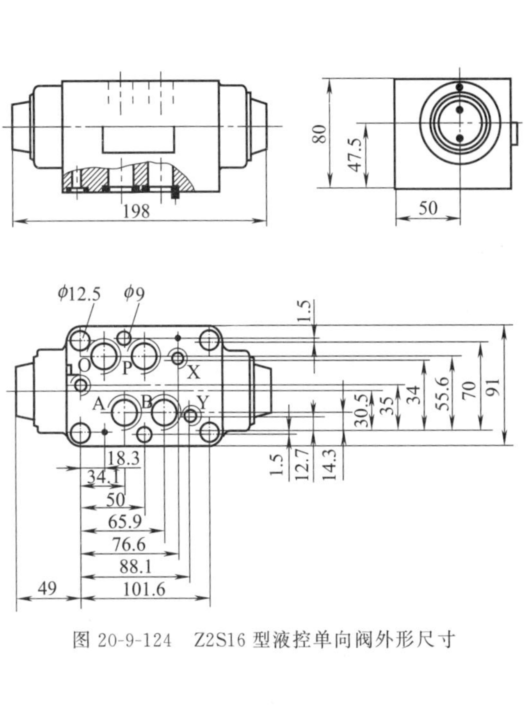

图 20-9-124　Z2S16 型液控单向阀外形尺寸

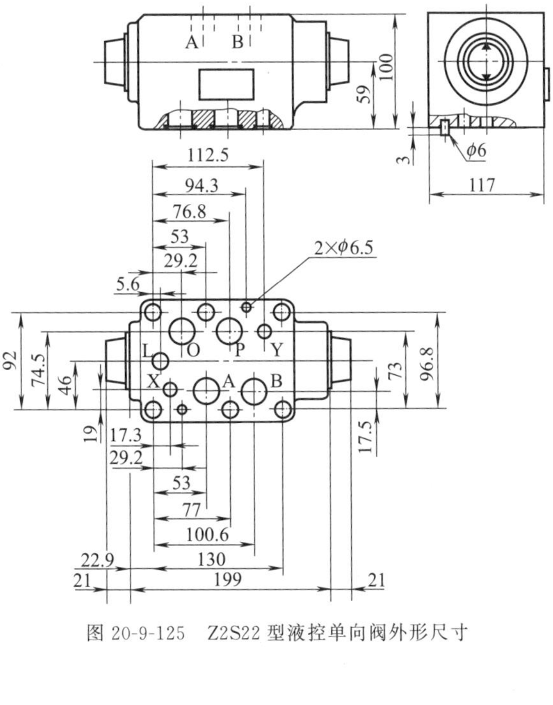

图 20-9-125　Z2S22 型液控单向阀外形尺寸

（2）威格士系列叠加阀产品

1）DGMR※型平衡阀及 DGMX 型减压阀

型号意义：

DGM※-｜※｜※-｜※｜※｜※｜※-｜※-｜※

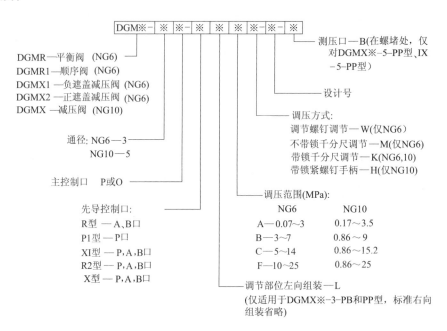

DGMR—平衡阀 (NG6)
DGMR1—顺序阀 (NG6)
DGMX1 —负遮盖减压阀 (NG6)
DGMX2 —正遮盖减压阀 (NG6)
DGMX —减压阀 (NG10)

通径: NG6—3
NG10—5

主控制口　P或O

先导控制口:
R型 — A、B口
P1型 — P口
XI型 — P，A，B口
R2型 — P，A，B口
X型 — P，A，B口

调节部位左向组装—L
(仅适用于DGMX※-3-PB和PP型，标准右向组装省略)

调压范围(MPa):

	NG6	NG10
A	0.07~3	0.17~3.5
B	3~7	0.86~9
C	5~14	0.86~15.2
F	10~25	0.86~25

调压方式:
调节螺钉调节—W(仅NG6)
不带锁千分尺调节—M(仅NG6)
带锁千分尺调节—K(NG6,10)
带锁紧螺钉手柄—H(仅NG10)

设计号

测压口—B(在螺堵处，仅对DGMX※-5-PP型、IX-5-PP型)

表 20-9-124　　DGMR※型平衡阀及 DGMX 型减压阀功能符号及说明

型　号	作　用	说　明	功能符号
DGMR-3-TA-※※	平衡阀	O 路平衡阀 A 路先导，排油至 O 路	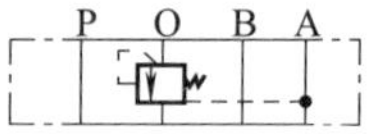
DGMR-3-TB-※※	平衡阀	O 路平衡阀 B 路先导，排油至 O 路	
DGMX※-3-PA-※※ DGMX※-5-PA-※※	减压阀	P 路减压阀 A 路先导，排油至 O 路	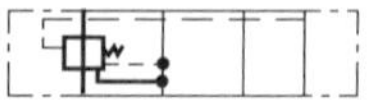
DGMX※-3-PB(L)-※※ DGMX※-5-PB(L)-※※	减压阀	P 路减压阀 B 路先导，排油至 O 路	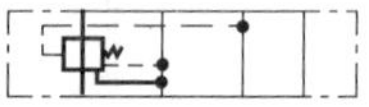
DGMX※-3-PP(L)-※※ DGMX※-5-PP(L)-※※	减压阀	P 路减压阀 P 路先导，排油至 O 路	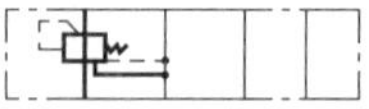
DGMR1-3-PP-※※	顺序阀	P 路直接顺序阀 向 O 路反向流动	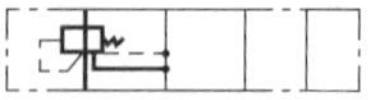

表 20-9-125　　DGMR※型平衡阀及 DGMX 型减压阀技术规格

型　号	公称通径/in	最高压力/MPa	最大流量/L·min^{-1}	调压范围/MPa
DGMR-3 DGMX-3 DGMR1-3	6	25	38	A:0.07~3　B:3~7 C:5~14　F:10~25
DGMX-5	10	25	76	A:0.17~3.5　B:0.86~9 C:0.86~15.2　F:0.86~25

注：外形尺寸见厂家产品样本。

2）DGMC※型溢流阀

型号意义：

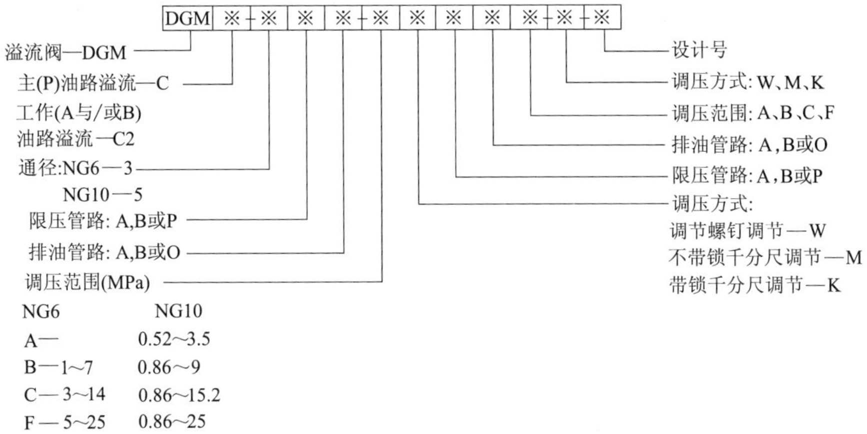

表 20-9-126　　DGMC※型溢流阀功能符号及说明

型　号	作　用	说　明	功 能 符 号
DGMC-3-PT DGMC-5-PT	主油路溢流	P 路溢流至 O 路	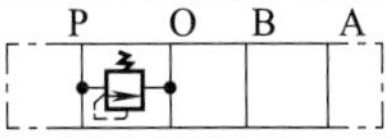
DGMC2-3-AB DGMC2-5-AB	工作油路溢流	A 路溢流至 B 路	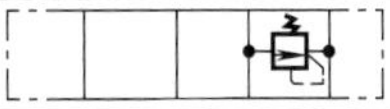
DGMC2-3-BA DGMC2-5-BA	工作油路溢流	B 路溢流至 A 路	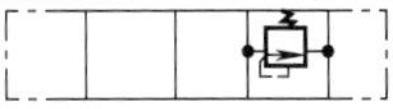
DGMC2-3-AB-※※-BA-※※ DGMC2-5-AB-※※-BA-※※	工作油路溢流	B 路溢流至 A 路 A 路溢流至 B 路	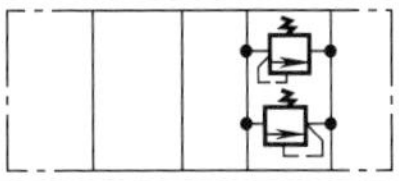

表 20-9-127　　DGM 型叠加式直动减压阀技术规格

型　号	公称通径/mm	最高压力/MPa	最大流量/L・min^{-1}	调压范围/MPa
DGMR-3 DGMC2-3	6	25	38	B：1～7　C：3～14 F：5～25
DGMR-5 DGMC2-5	10	25	76	A：0.52～3.5　B：0.86～9 C：0.86～15.2　F：0.86～25

注：外形尺寸见厂家产品样本。

3）DGMX-7 型减压阀

型号意义：

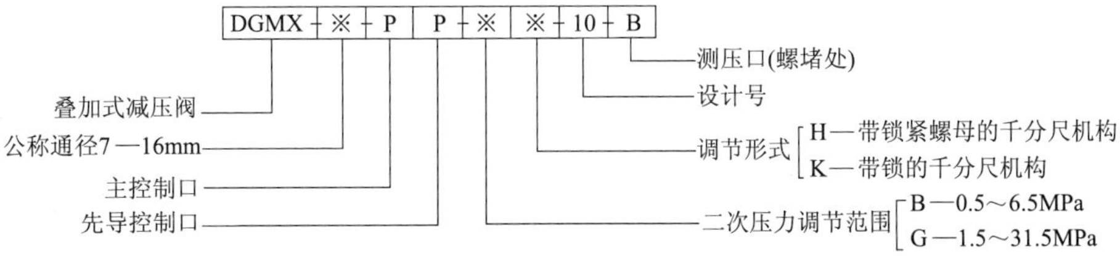

表 20-9-128　　DGMX-7 型减压阀技术规格

型　号	公称通径/mm	最高压力/MPa	最大流量/L・min^{-1}	调压范围/MPa
DGMX-7	16	31.5	160	B：0.5～6.5 G：1.5～31.5

注：外形尺寸见产品样本。

4）DGMC-7 型溢流阀

型号意义：

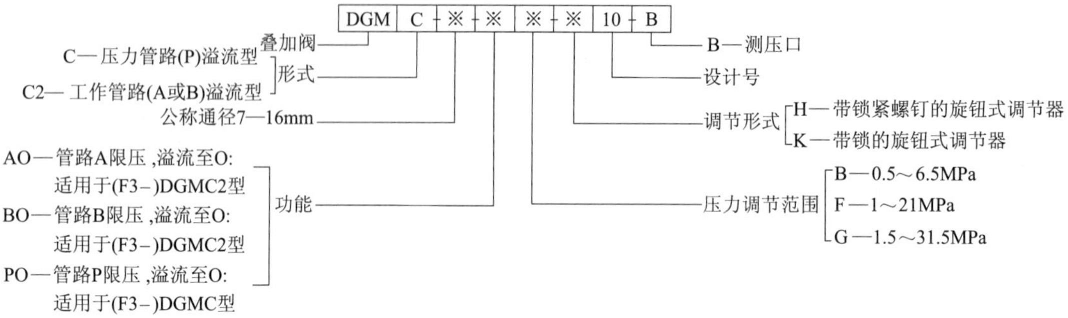

表 20-9-129 DGMC-7 型溢流阀技术规格

型号	公称通径/mm	最高压力/MPa	最大流量/L·min^{-1}	调压范围/MPa
DGMC-7 DGMC2-7	16	31.5	200	B:0.5～6.5 F:1～21 G:1.5～31.5

注：外形尺寸见厂家产品样本。

5）DGMDC 型直动式单向阀

型号意义：

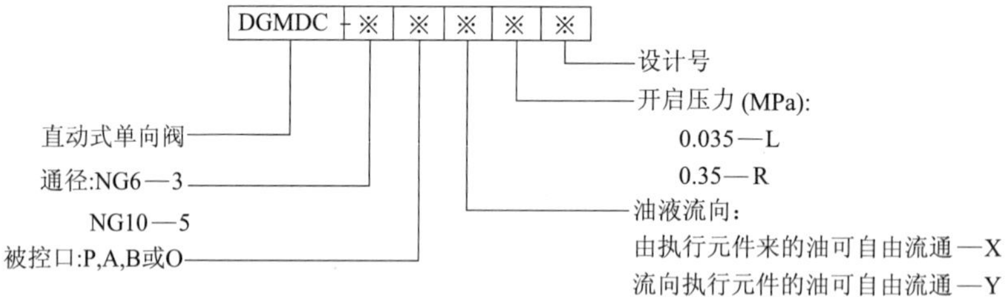

表 20-9-130 DGMDC 型直动式单向阀功能符号及说明

型号	作用	说明	功能符号
DGMDC-3-BX※-20	直动式单向阀	B 口自由流出	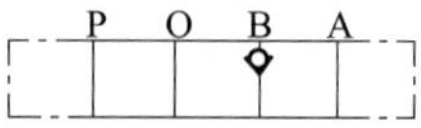
DGMDC-3-BY※-20		B 口自由流出	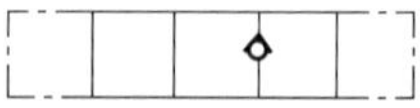
DGMDC-3-AX※-20		A 口自由流出	
DGMDC-3-AY※-20		A 口自由流出	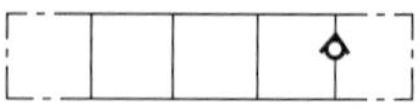
DGMDC-3-PY※-20 DGMDC-5-PY※-10		P 口自由流出	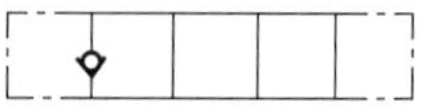
DGMDC-3-TX※-20 DGMDC-5-TX※-10		O 口自由流出	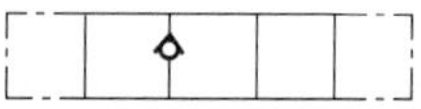

表 20-9-131 **DGBDC 型叠加式直动减压阀技术规格**

型 号	公称通径/mm	最高压力/MPa	最大流量/L·min^{-1}	开启压力/MPa
DGMDC-3	6	31.5	38	L:0.035 R:0.35
DGMDC-5	10	31.5	86	

注：外形尺寸见厂家产品样本。

6）DGMPC 型液控单向阀

型号意义：

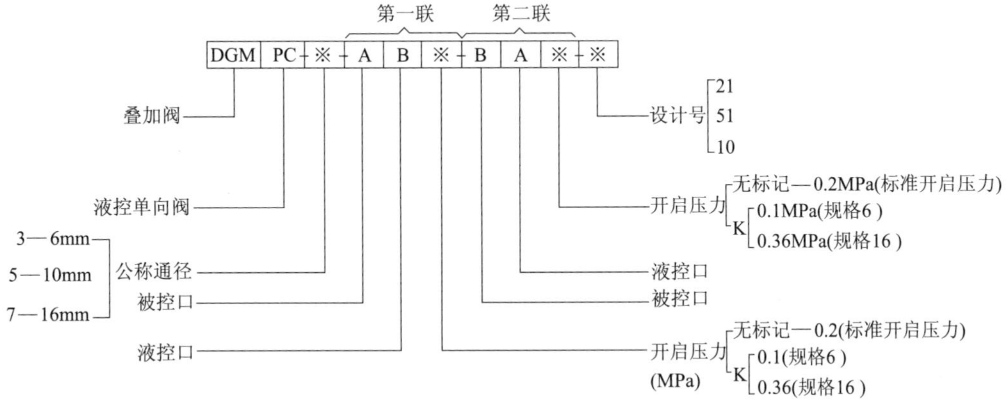

表 20-9-132 **DGMPC 型液控单向阀功能符号及说明**

型 号	作 用	说 明	功 能 符 号
DGMPC-3-ABK-BAK-21 DGMPC-5-AB-51 DGMPC-7-AB※-BA※-10	双液控	A 路单向，B 路控制 B 路单向，A 路控制	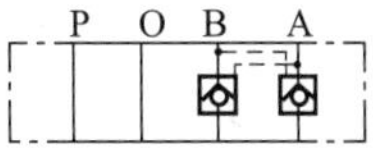
DGMPC-3-BAK-21 DGMPC-5-B-51 DGMPC-7-BA※-10	单液控	B 路单向，A 路控制	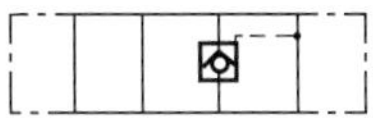
DGMPC-3-ABK-21 DGMPC-5-A-51 DGMPC-7-AB※-10	单液控	A 路单向，B 路控制	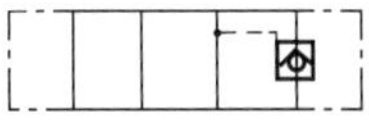
DGMPC-5-DA-DB-51	双液控	A 路单向，B 路控制 B 路单向，A 路控制	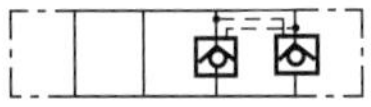

表 20-9-133 **DGMPC 型液控单向阀技术规格**

型 号	公称通径/mm	最高压力/MPa	最大流量/L·min^{-1}	开启压力/MPa
DGMPC-3	6		38	K:0.1
DGMPC-5	10	31.5	86	0.2
DGMPC-7	16		180	K:0.36

注：外形尺寸见厂家产品样本。

7）DGMFN 型节流阀

型号意义：

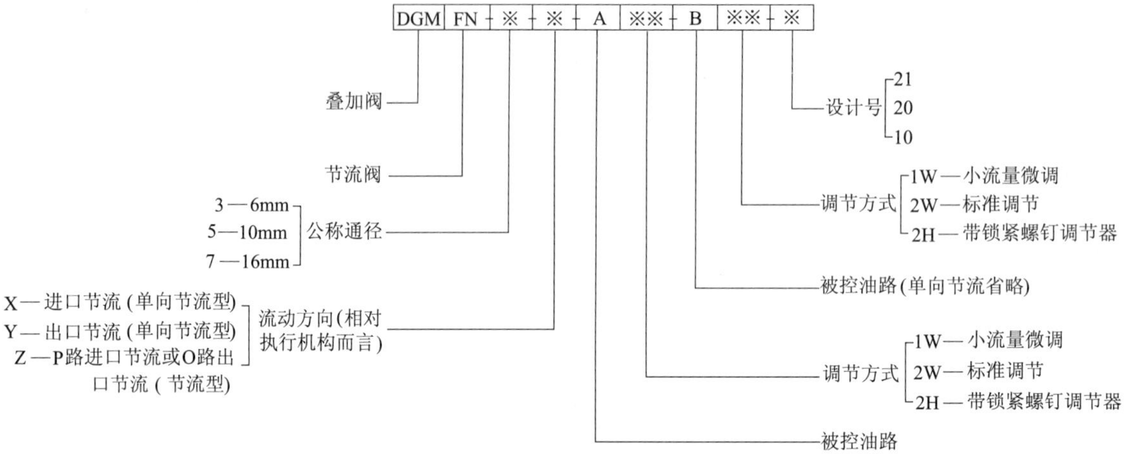

表 20-9-134 **DGMFN 节流阀技术规格**

型 号	公称通径/mm	最高压力/MPa	最大流量/L・min⁻¹
DGMFN-3	6	31.5	38
DGMFN-5	10		86
DGMFN-7	16		180

表 20-9-135 **DGMFN-3 型节流阀外形尺寸** mm

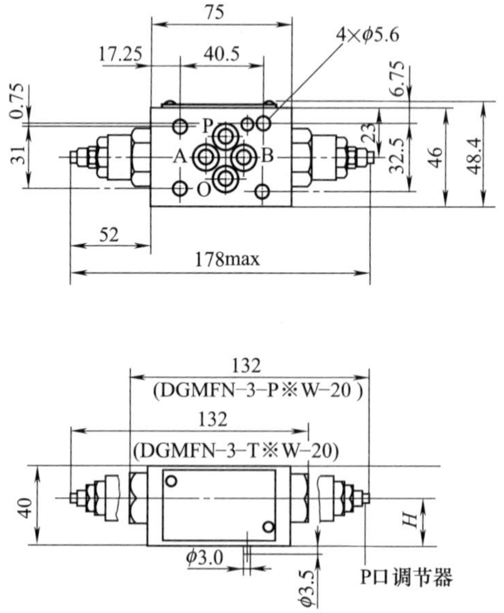

型 号	DGMFN-3X	DGMFN-3Y	DGMFN-3Z
H	16.6	217-7	20.0

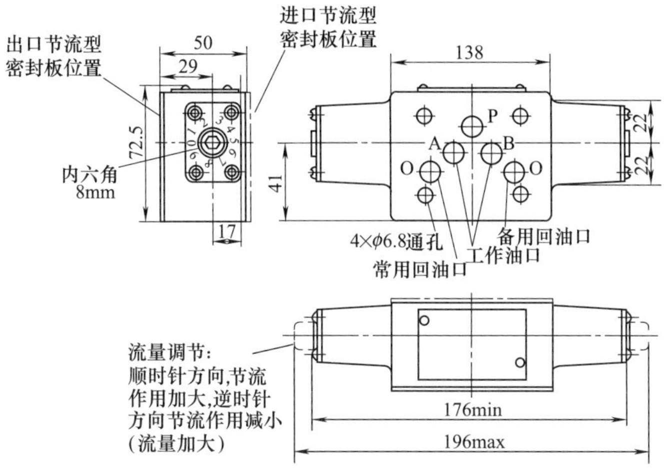

图 20-9-126　DGMFN-5 型节流阀外形尺寸

表 20-9-136　DGMFN-7-Y 型节流阀外形尺寸　mm

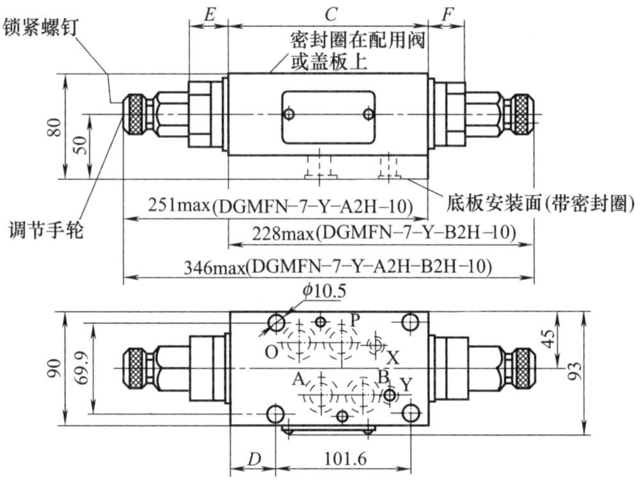

型　号	C	D	E	F
DGMFN-7-Y-A2H	155	37	29	20
DGMFN-7-Y-B2H	132	14	20	29
DGMFN-7-Y-A2H-B2H	155	37	29	29

9.8　插装阀

二通插装阀是以插装式单向阀为基本单元，通过多种方式控制其阀芯的启闭和开启量的大小来实现对液流的压力、方向和流量进行控制的液压阀元件。二通插装阀具有流通能力大、阀芯动作灵敏、密封性好、泄漏小、结构简单及抗污染能力强等优点。还可与比例元件、数字元件相结合，增强控制功能。在重型机械、液压机、塑料机械以及冶金和船舶等行业应用广泛。

9.8.1 插装阀的工作原理和结构

表 20-9-137 **插装阀的工作原理和结构**

工作原理

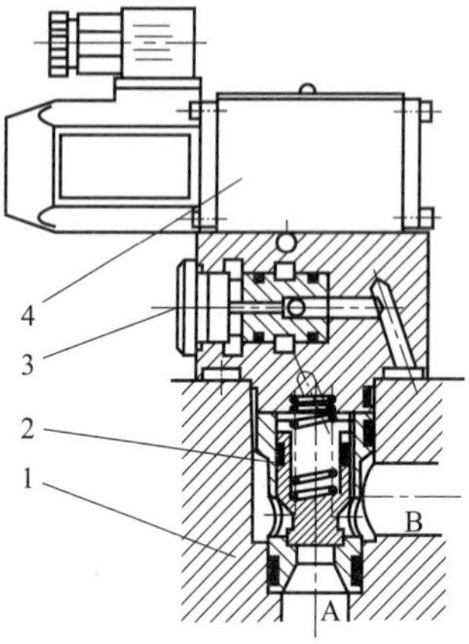

图(a) 二通插装阀的典型结构

1—插装块体；2—插装元件；3—控制盖板；4—先导阀

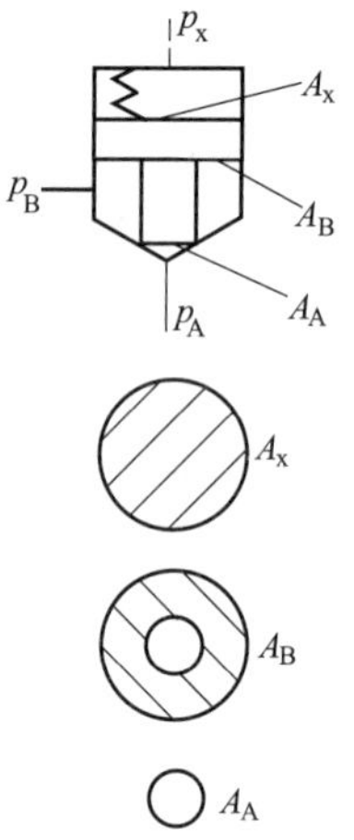

图(b) 插装阀的工作原理

图(a)为二通插装阀的典型结构。典型的带锥阀式插装元件的插装阀工作原理如图(b)所示。阀芯主要受到来自主通油口 A、B 和控制油口的压力以及插装元件的弹簧力的作用，如果不考虑阀芯的质量、液流的液动力以及摩擦力，阀芯的力平衡方程为

$$\sum F=p_AA_A+p_BA_B-p_xA_x-F_x$$

式中 A_A——油口 A 处阀芯面积
A_B——油口 B 处阀芯面积
A_x——控制油口处阀芯面积，$A_x=A_A+A_B$
F_x——弹簧力，$F_x=k(x_0+x)$
k——弹簧刚度
x_0——弹簧预压缩量
x——弹簧工作压缩量(阀芯位移)
p_A——油口 A 处压力
p_B——油口 B 处压力
p_x——控制腔 x 处压力

当 $\sum F>0$ 时，阀芯开启，油路 A、B 接通；当 $\sum F<0$ 时，阀芯关闭，A、B 油口切断。因此可通过控制压力 p_x 的大小变化来实现油路 A、B 的开关

阀芯处于关闭位置时，阀芯控制腔(通常是上腔)面积 A_x 和阀芯在主油口 A、B 处的面积的比值称为面积比，即面积比 $\alpha_A=A_A/A_x$，$\alpha_B=A_B/A_x$。面积比的值影响启闭时所需的控制压力的大小

插装元件的结构

插装元件由阀芯、阀套、弹簧和密封件等组成，插装在插装块体之中，是二通插装阀的主阀部分。插装元件的阀芯有锥阀和滑阀两种形式，前者阀芯和阀座为线接触密封，可以做成无泄漏；而后者的阀芯和阀套为间隙密封

常用的面积比有 1∶1、1∶1.1、1∶1.15 和 1∶1.2 等，用作压力控制时选用较小的 α_A 值，用作方向控制时选用较大的 α_A 值

阀芯的尾部结构有多种形式。利用阀芯尾部结构的锥度，可使阀芯开关过程平稳，以便于控制流量；利用阀芯的阻尼孔，可使阀能用于安全回路或快速顺序回路。几何形状不同的阀芯和阀座的配合会使阀口的流量系数不同、液流力不同，因而直接影响阀的控制特性

阀芯弹簧的刚度对阀的动静态特性和启闭特性有重要影响。每个规格的插装阀分别可选配三种不同刚度的弹簧，相应阀也可有三种不同的开启压力，不同压力级阀芯的开启压力如下表所示。插装阀的典型工作曲线如图(c)所示

不同压力级阀芯的开启压力

压力级	A_A∶A_x	A→B	B→A
—	1∶1	0.2	—
L(低)	1∶1.1	0.03	0.34
M(中)		0.14	1.70
H(高)		0.27	17—70
L(低)	1∶2	0.05	0.05
M(中)		0.25	0.25
H(高)		0.50	0.50

续表

<table>
<tr><td>插装元件的结构</td><td colspan="3">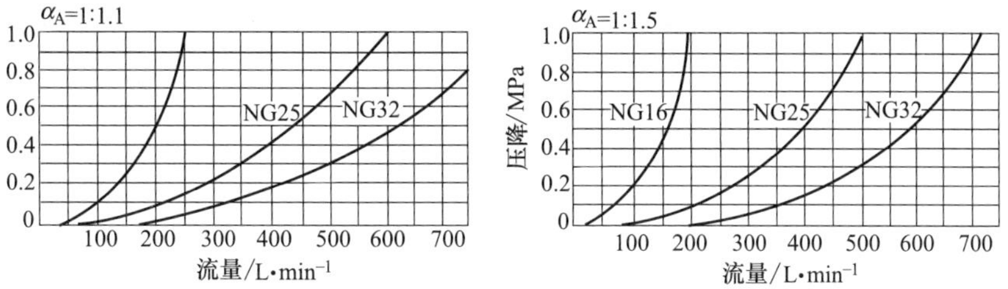
图(c)　插装阀的典型流量-压力降曲线</td></tr>
<tr><td rowspan="7">控制盖板</td><td colspan="3">控制盖板的作用是为插装元件提供盖板座以形成密封空间，安装先导元件和沟通油液通道。控制盖板主要由盖板体、先导控制元件、节流螺塞等构成。按控制功能的不同，分为方向控制、压力控制和流量控制三大类。有的盖板具有两种以上控制功能，则称为复合盖板</td></tr>
<tr><td>盖板体</td><td colspan="2">盖板体通过密封件安装在插装元件的头端，根据嵌装的先导元件的要求有方形的和矩形的，通常公称通径在63mm 以下采用矩形，公称通径大于 80mm 时常采用圆形</td></tr>
<tr><td rowspan="5">先导控制元件</td><td>梭阀元件</td><td>如图(d)所示，梭阀元件可用于对两种不同的压力进行选择，C 口的输出压力与 A 口和 B 口中压力较大者相同，有时它也称压力选择阀
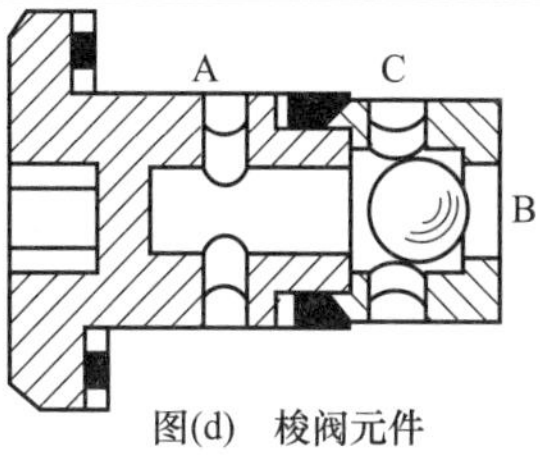
图(d)　梭阀元件</td></tr>
<tr><td>液控单向元件</td><td>如图(e)所示，工作原理与普通的液控单向阀相同
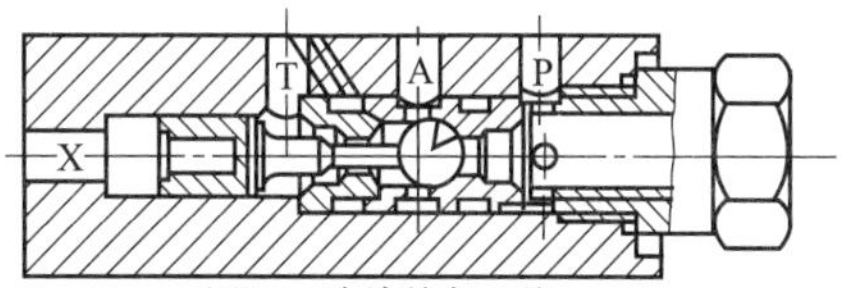
图(e)　液控单向元件</td></tr>
<tr><td>压力控制元件</td><td>如图(f)所示，可配合中心开孔的主阀组件使用，组成插装式溢流阀、减压阀和其他压力控制阀
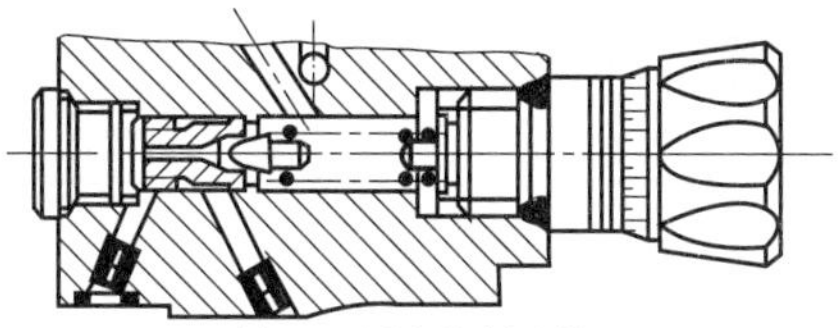
图(f)　压力控制元件</td></tr>
<tr><td>微流量调节器</td><td>如图(g)所示，其工作原理是利用阀芯 3 和小孔 4 构成的变节流孔和弹簧 2 的调节作用，保证流经节流孔 1 的压差为恒值，因此是一个流量稳定器，作用是使减压阀组件的入口取得的控制流量不受干扰而保持恒定
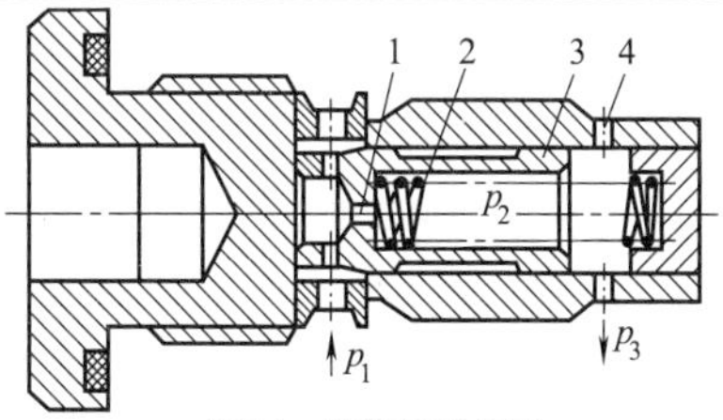
图(g)　微流量调节器
1—节流孔；2—弹簧；3—阀芯；4—小孔</td></tr>
<tr><td>行程调节器</td><td>如图(h)所示，行程调节器嵌于流量控制盖板，可通过调节阀芯的行程来控制流量
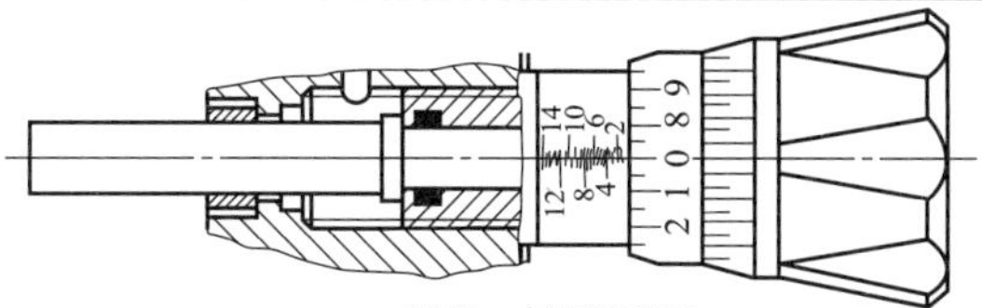
图(h)　行程调节器</td></tr>
</table>

续表

控制盖板	先导控制元件	节流螺塞	如图(i)所示，作为固定节流器嵌于控制盖板中，用于产生阻尼，形成特定的控制特性，或用于改善控制特性 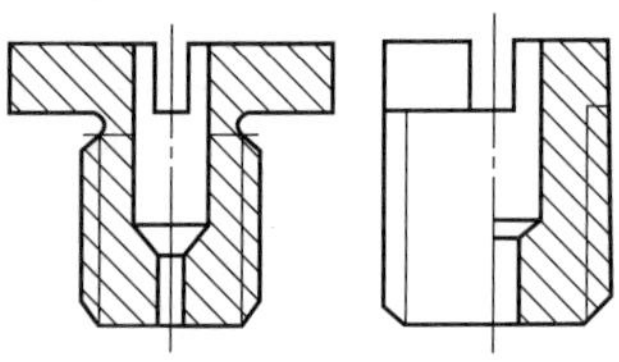 图(i)　节流螺塞

9.8.2　插装阀的典型组件

表 20-9-138　　插装阀的典型组件

方向控制组件	基本型单向阀组件	如图(a)所示，二通插装阀本身即为单向阀，控制盖板内设有节流螺塞，以影响阀芯的开关时间，插装阀常用锥形阀芯。这种单向阀流通面积大，具有良好的流量-压降特性，最大工作压力为 31.5MPa，最大流量为 1100L/min 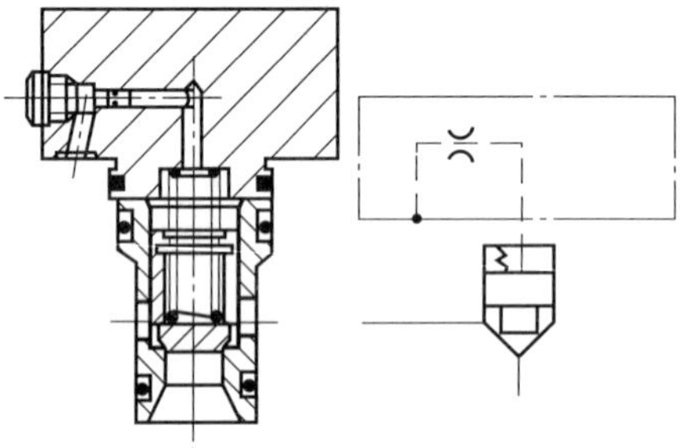 图(a)　基本型单向阀组件
	带球式压力选择阀(梭阀)的单向阀组件	如图(b)所示，该阀的控制盖板设置了梭阀组件，因此可自动选择较高的压力进入 A 口，实现多个信号对阀芯的控制 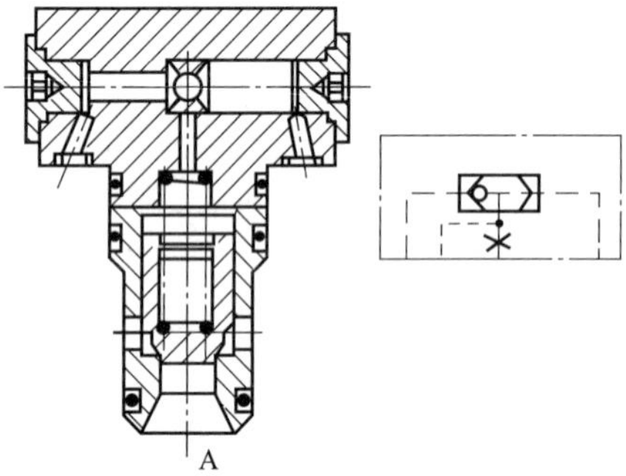 图(b)　带球式压力选择阀(梭阀)的单向阀组件
	带锥阀式压力选择阀的单向阀组件	如图(c)所示，锥式单向阀密封性能较好，在高水基系统中更为可靠。在这种组件的控制盖板中，可以插装 1～4 个组件 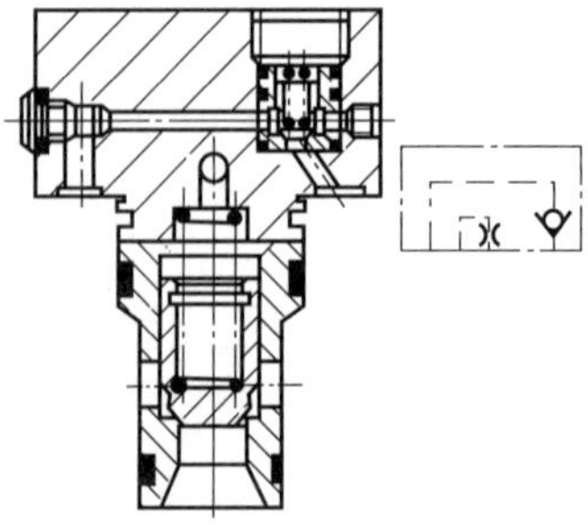 图(c)　带锥阀式压力选择阀的单向阀组件

续表

方向控制组件	带滑阀式先导电磁阀的方向阀组件	如图(d)所示，先导阀可以是板式连接的先导电磁阀、含小型插装阀的电液换向阀、手动换向阀或叠加阀。控制盖板为先导阀提供油道和安装面，并在油道设置了多个节流螺塞以改善主阀芯的启闭性能，有的盖板还带有压力选择阀 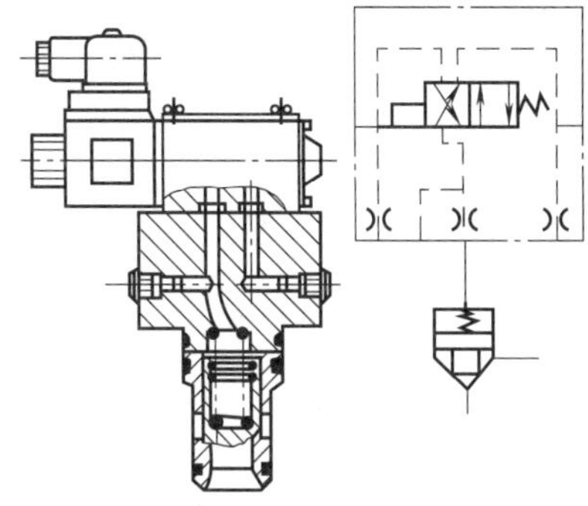 图(d)　带滑阀式先导电磁阀的方向阀组件
	带球式电磁先导阀的方向阀组件	如图(e)所示，这种先导阀阀芯的密封性能及响应速度均较好，特别适合于高压系统和高水基介质系统。当电磁阀左位工作时，可以做到 A 到 T 无泄漏 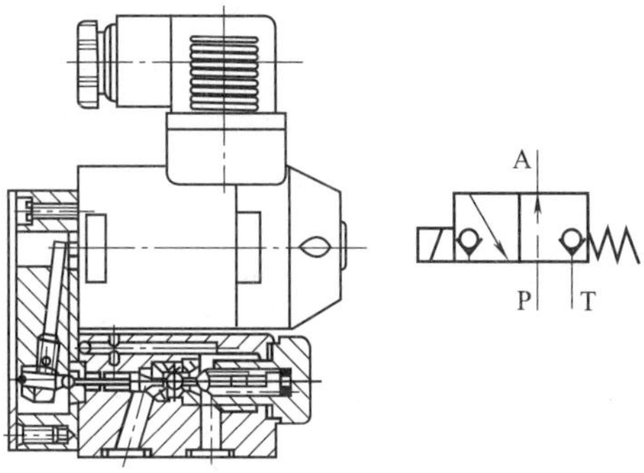 图(e)　带球式电磁先导阀的方向阀组件
	带先导换向阀和叠加阀的方向阀组件	如图(f)所示，盖板安装面应符合 ISO 4401 的规定，这种阀兼有叠加阀的特性，可容易改变或更换控制阀 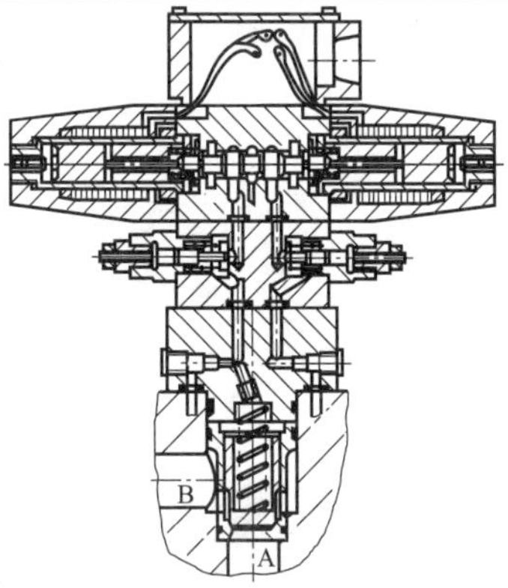 图(f)　带先导换向阀和叠加阀的方向阀组件
	带电液先导控制的方向阀组件	当主阀通径大于 ϕ63mm，并要求快速启动时，可采用电液阀作为先导控制阀，构成三级控制方向阀组件[见图(g)] 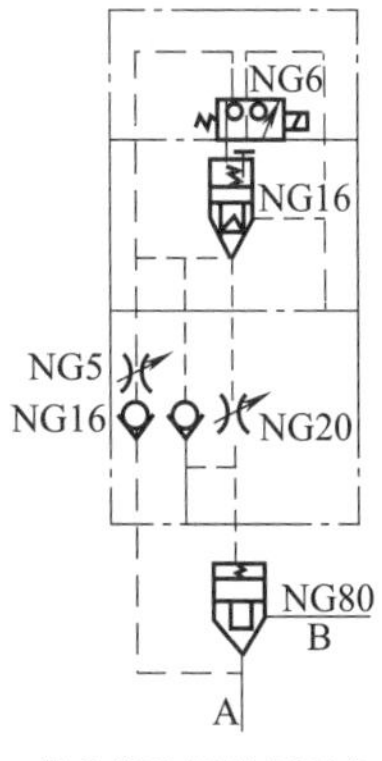 图(g)　带电液先导控制的方向阀组件

续表

方向控制组件	带阀芯位置指示的方向阀组件	如图(h)所示，这种组件中安装检测阀芯位置的接近开关，可用于对系统的安全控制或标志阀所处的工作状态检测 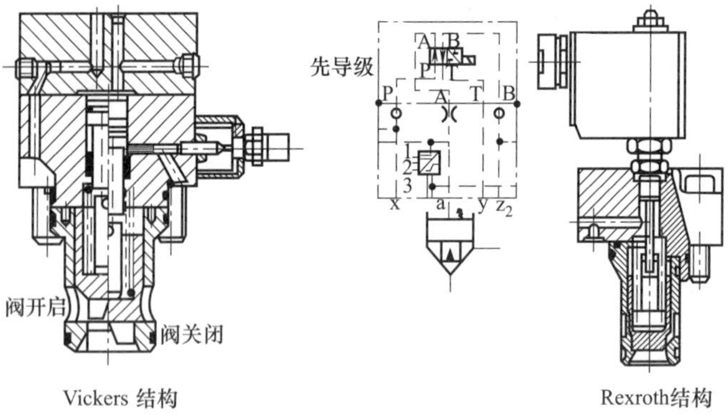 图(h)　带阀芯位置指示的方向阀组件
压力控制组件	基本型溢流阀组件	如图(i)所示，由带先导调压阀的控制盖板和锥阀式插装阀组成，调压阀调定主阀芯的开启压力。与传统溢流阀的区别在于多了两个节流螺塞，以改善主阀的控制特性。选用不同面积比的主阀芯，会影响溢流阀的特性 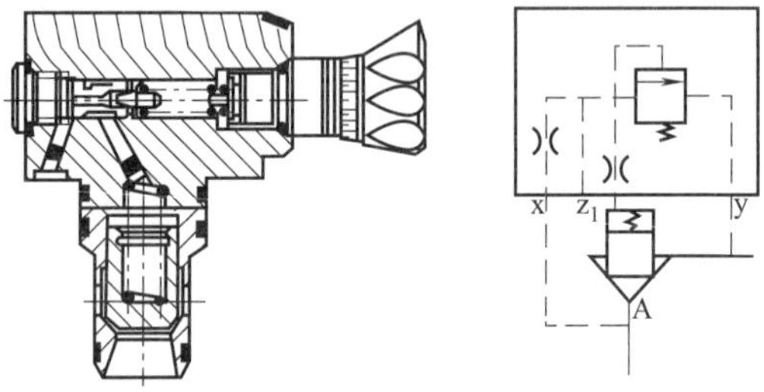 图(i)　基本型溢流阀组件
	带先导电磁阀的溢流阀组件	如图(j)所示，在基本型溢流阀组件的盖板上安装先导电磁阀和叠加式溢流阀。通过控制二通插装阀控制腔与油箱通断状态，实现阀的二级调压和卸荷功能 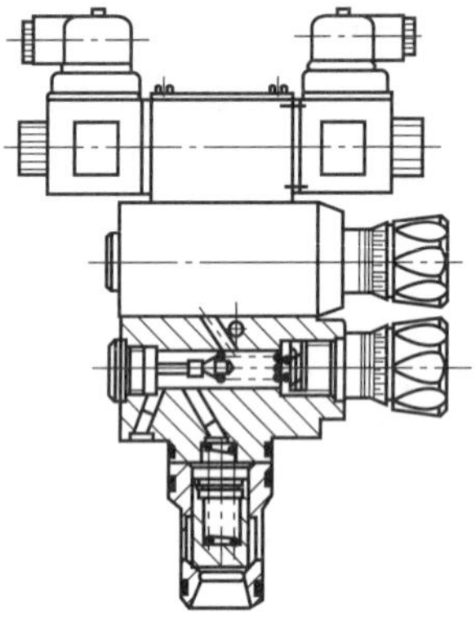 图(j)　带先导电磁阀的溢流阀组件
	顺序阀组件	二通插装阀式顺序阀组件和溢流阀组件结构相同，但油口 B 接工作腔而不回油箱。先导阀泄油需单独接油箱。如图(k)所示 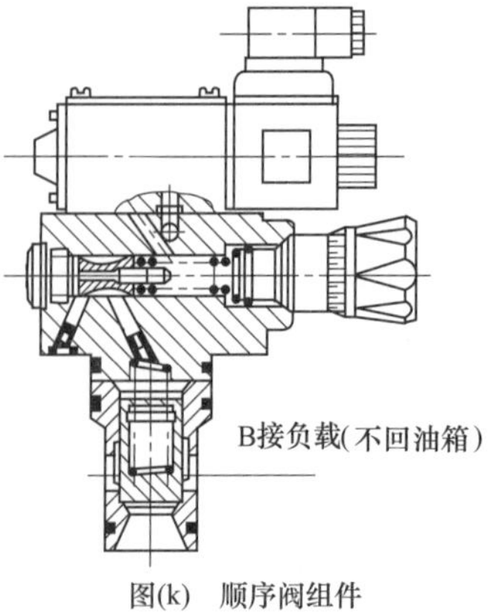 图(k)　顺序阀组件

续表

压力控制组件	平衡阀组件	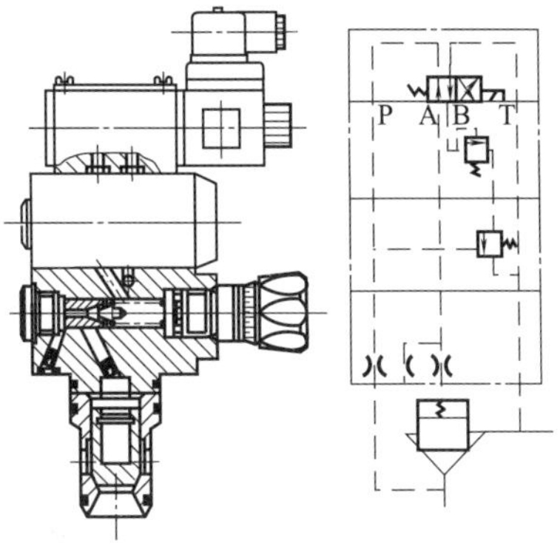 图(l)　平衡阀组件及其原理图
	基本型减压阀组件	如图(m)所示，由滑阀式插装阀芯和先导调压元件及微流量调节器组成，控制油液由上游取得，经微流量调节器时，由于一个起限流作用的浮动阀芯而使通过先导阀的流量恒定，为主阀芯上端提供了基本恒定的控制压力 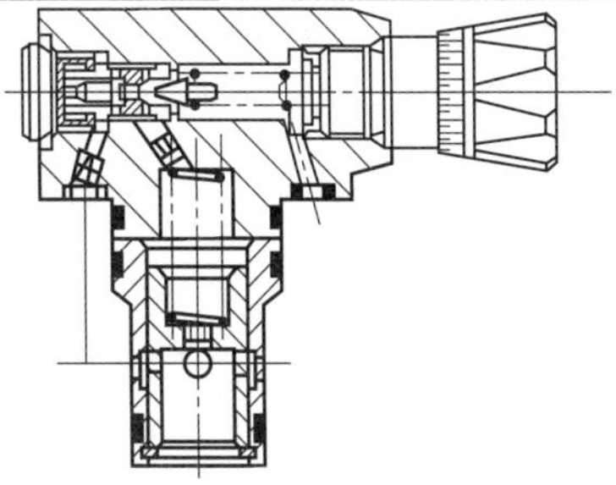 图(m)　基本型减压阀组件
	带先导电磁阀的减压阀组件	如图(n)所示，这种阀可由电磁阀进行高低压选择 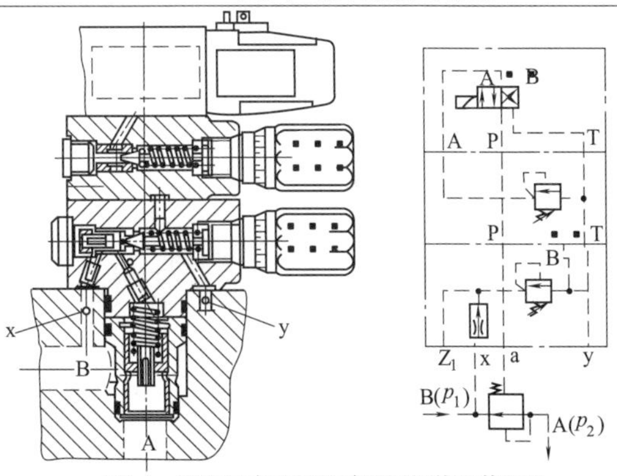 图(n)　带先导电磁阀的减压阀组件及其原理
流量控制组件	二通插装阀流量控制组件	如图(o)所示，它由带行程调节器的控制盖板和阀芯尾部带节流口的插装元件组成。主阀芯尾部节流口的常见结构见图(p)。若把控制腔与 B 口连接，则成为单向节流阀 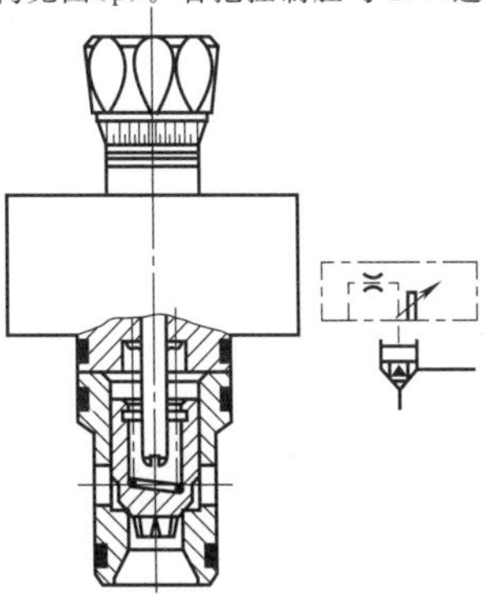 图(o)　流量控制组件 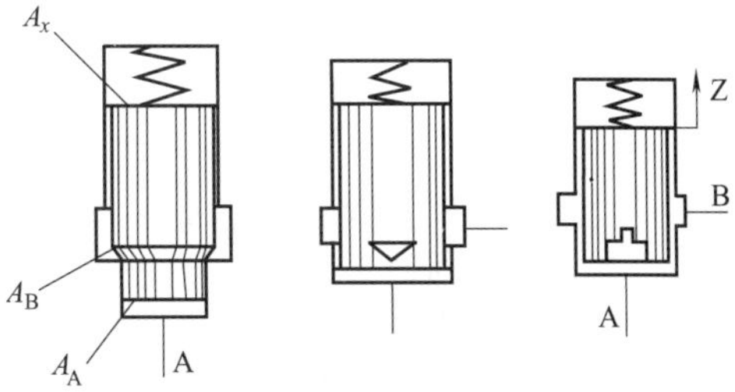 锥形节流口　三角形节流口　矩形节流口 图(p)　主阀芯尾部节流口的常见结构

续表

流量控制组件	带先导电磁阀的节流阀组件	如图(q)所示，由节流阀和先导电磁阀串联而成 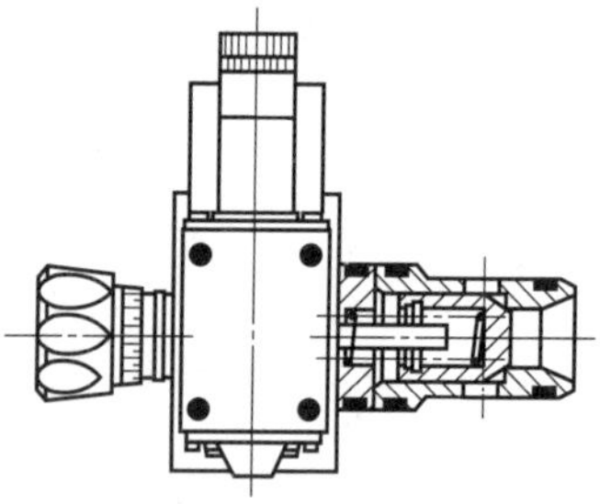 图(q)　带先导电磁阀的节流阀组件
	二通调速阀组件	节流阀对流量的控制效果易受到外负载的影响，即速度刚度小。为提高速度刚度，可用节流阀与压力补偿器组成的调速阀。图(r)为二通调速阀组件的结构，它由节流阀与压力补偿器串装而成，若 p_2 上升时，将使补偿器阀芯右移，减少补偿器的节流作用，使 p_A 上升，结果减少节流阀前后压差的变化而稳定流量 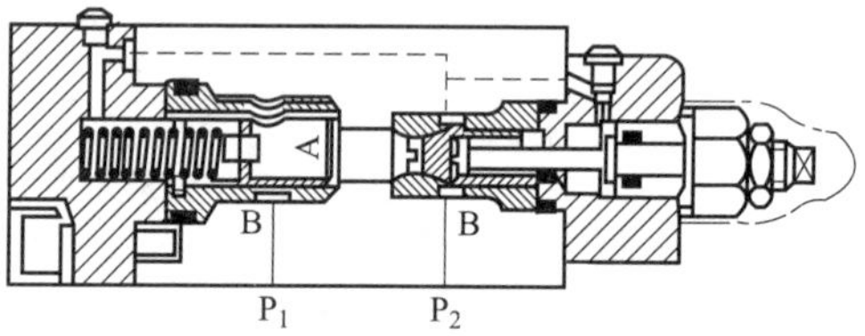 图(r)　二通调速阀组件
	三通调速阀组件	如图(s)所示，三通调速阀由节流阀与压力补偿器并联，压力补偿器实质为一定差溢流阀。此压差即节流阀前后的压差。该阀一般装在进油路上，由于入口压力将随负载变化，故能量损失较二通调速阀小 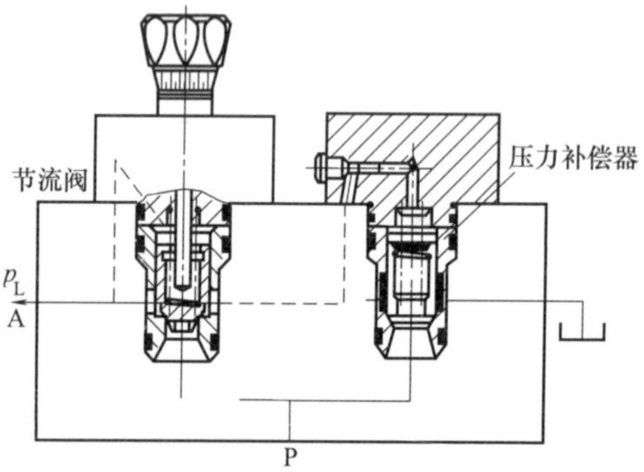 图(s)　三通调速阀组件

9.8.3　插装阀的基本回路

利用二通插装阀的两个主阀口和一个控制阀口对阀芯启闭的不同作用，二通插装阀可与相应的控制组件构成各种功能的阀或与外接阀组成多种基本控制回路，二通插装阀用作系统的功率级。

表 20-9-139　　插装阀的基本回路

方向控制回路	由二通插装阀及先导控制阀组成的典型的方向控制回路如图(a)～图(d)所示，一个二通主油路由一个二通插装阀构成。图(a)为单向阀，当 $p_A>p_B$ 时，A、B不通；$p_B>p_A$ 时，A、B接通。图(b)为二位二通阀，当电磁阀通电时，$p_C=p_A$，锥阀关闭，A、B不通；反之，A、B接通。图(c)为二位三通阀，二位四通先导阀通电时，A、P接通，T封闭；反之，A、T接通，P封闭。图(d)为二位四通阀，先导阀通电时，P通A，B通T；反之，P通B，A通T。根据此原理，还可利用二通插装阀组成其他多位多通方向阀 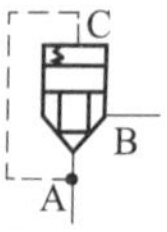 图(a)　单向阀 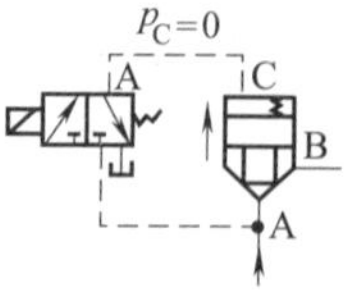 图(b)　二位二通阀 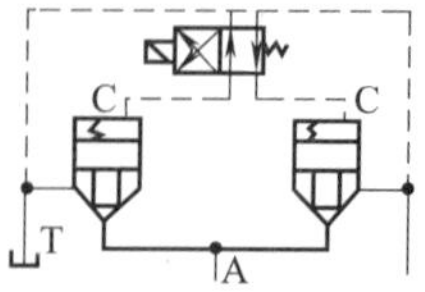 图(c)　二位三通阀 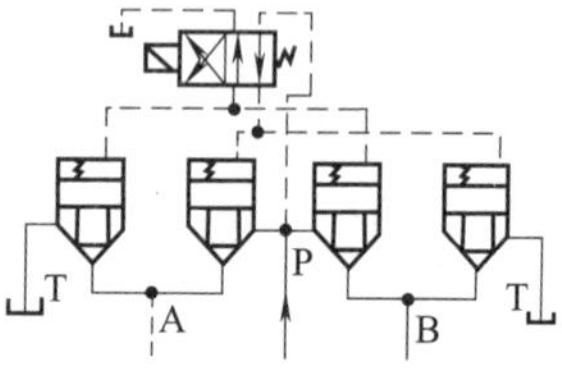 图(d)　二位四通阀

续表

压力控制回路

利用先导阀对二通插装阀的控制口进行阀芯开启压力控制，便可构成压力阀。如图(e)～图(g)所示。图(e)为溢流阀或顺序阀，当 B 口通油箱时为溢流阀，若 B 口接另一支路，则起顺序阀的作用。图(f)为减压阀，用常开式滑阀阀芯，B 为一次压力油的进口，A 为出口，由于控制油取自 A 口，因而能得到恒定二次压力 p_2。图(g)为电磁溢流阀，在插装阀控制腔接二位二通电磁阀，电磁阀通电时，该阀用作卸荷阀

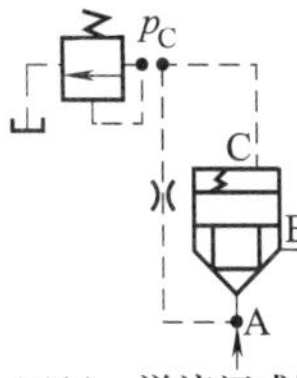

图(e)　溢流阀或顺序阀

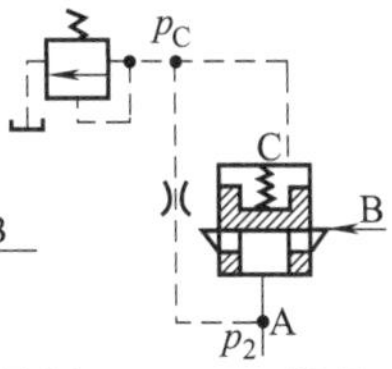

图(f)　减压阀

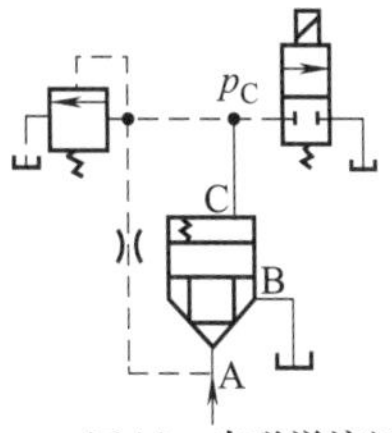

图(g)　电磁溢流阀

流量控制回路

在二通插装阀上设置行程调节器，控制主阀芯的开启量，便可调节主阀口的流通截面积的大小，实现对主阀的流量控制。图(h)、图(i)所示分别为插装阀用作节流阀和调速阀的原理图。图(i)中，用一减压阀作压力补偿，控制 A、B 油口之间的压差为定值

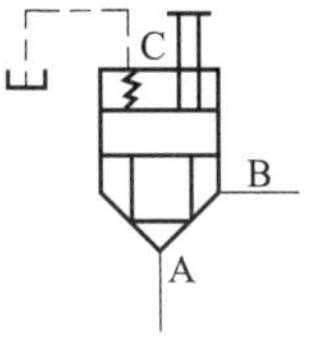

图(h)　节流阀

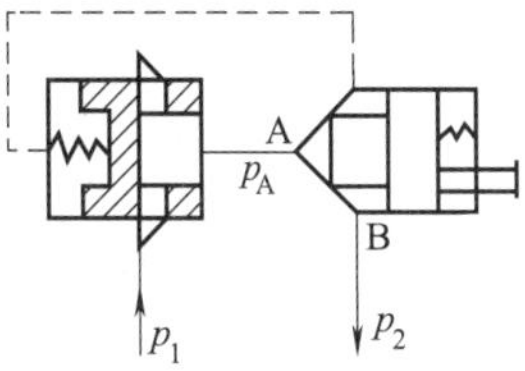

图(i)　调速阀

9.8.4　插装阀典型产品

9.8.4.1　力士乐系列插装阀产品（L 系列）

L 系列方向控制二通插装阀包括 LC※※※型插装件和 LFA※※※型盖板，最大流量可达 20000L/min。

(1) 方向控制二通插装阀

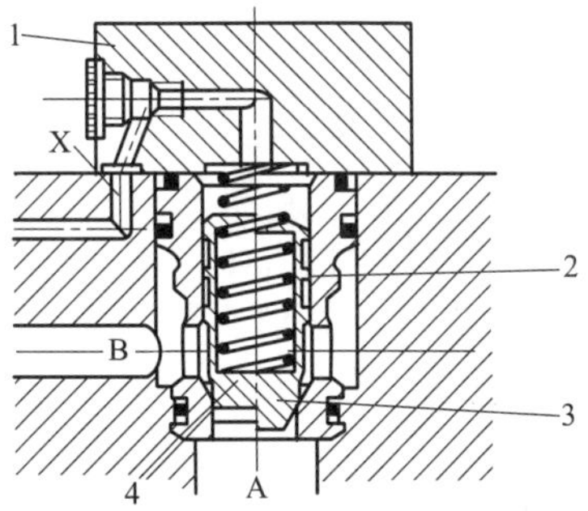

图 20-9-127　方向控制二通插装阀结构

1—控制盖板；2—插装件；3—阀芯带阻尼凸头；4—阀芯不带阻尼凸头

型号意义：

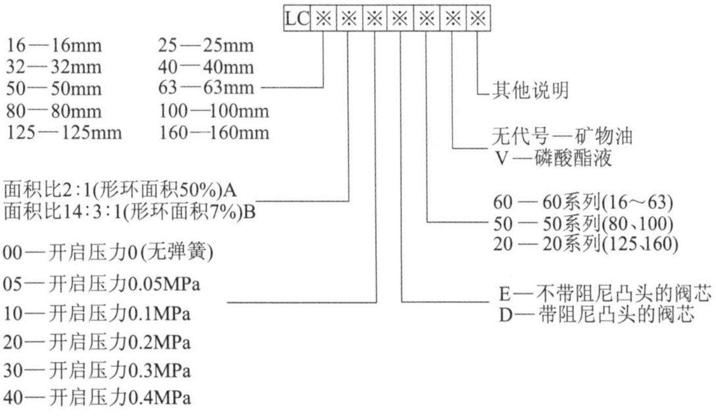

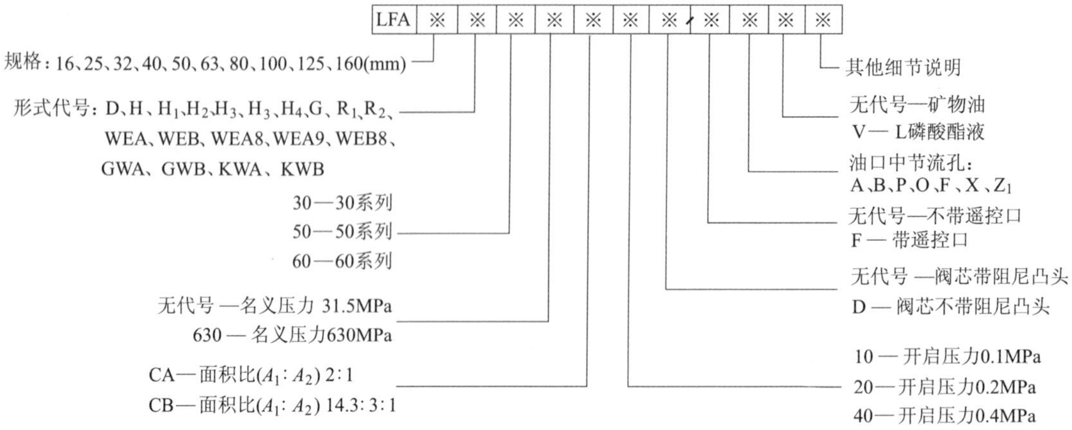

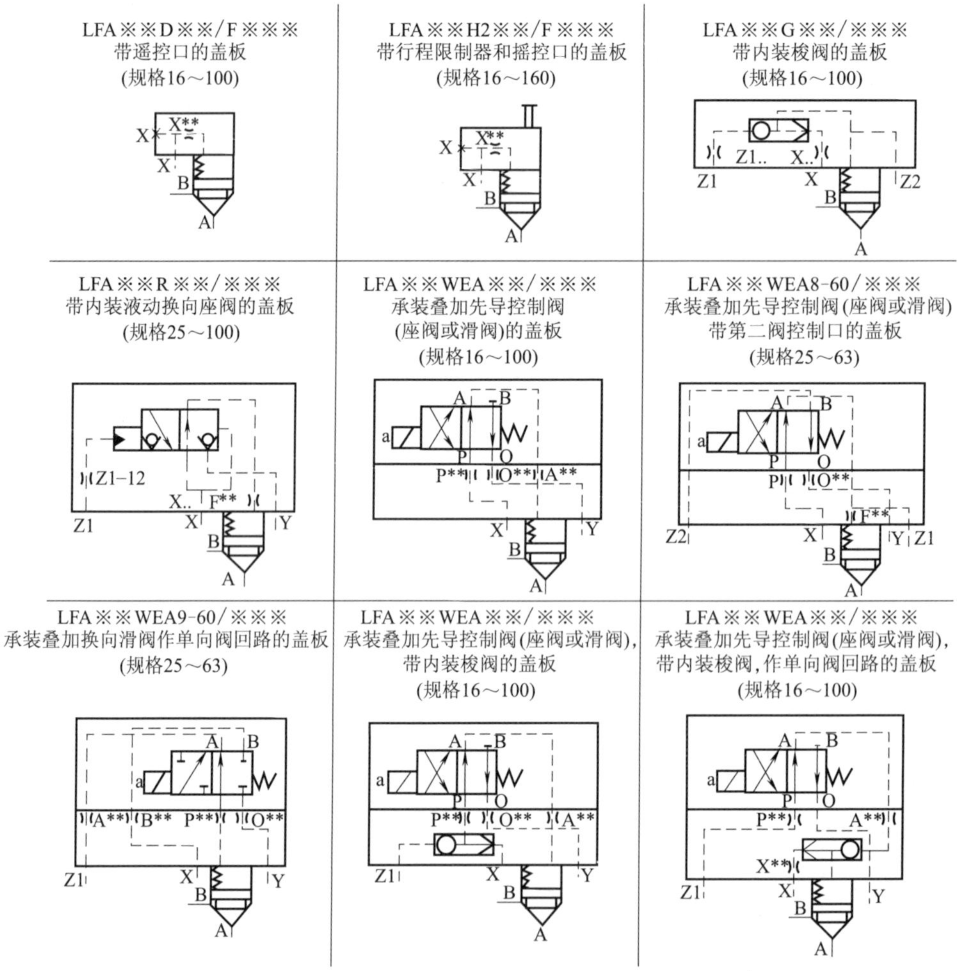

图 20-9-128　LFA※※※型方向控制盖板的基本形式

注：图中，带“＊＊”者为油口节流孔，节流直径取决于螺纹尺寸，如下表所示。BSP 螺纹符合 ISO 228/1 标准。

螺纹	节流孔直径/mm	螺纹	节流孔直径/mm
M6 螺孔	0.5～2.5	3/8BSP	0.8～6.0
M8×1 螺孔	0.8～3.5	1/2BSP	1.0～8.0

表 20-9-140 **LC※※※型插装件技术规格**

公称通径/mm		16	25	32	40	50	63	80	100	125	160
流量(Δp=0.5MPa)/L·min^{-1}	不带阻尼凸头	160	420	620	1200	1750	2300	4500	7500	11600	18000
	带阻尼凸头	120	330	530	900	1400	1950	3200	5500	8000	12800
工作压力/MPa		31.5(42)									
工作介质		矿物油;磷酸酯液									
油温范围/°C		−30~70									
过滤精度/μm		25									

注：括号中压力为带叠加式换向座阀（63MPa 型）的盖板。

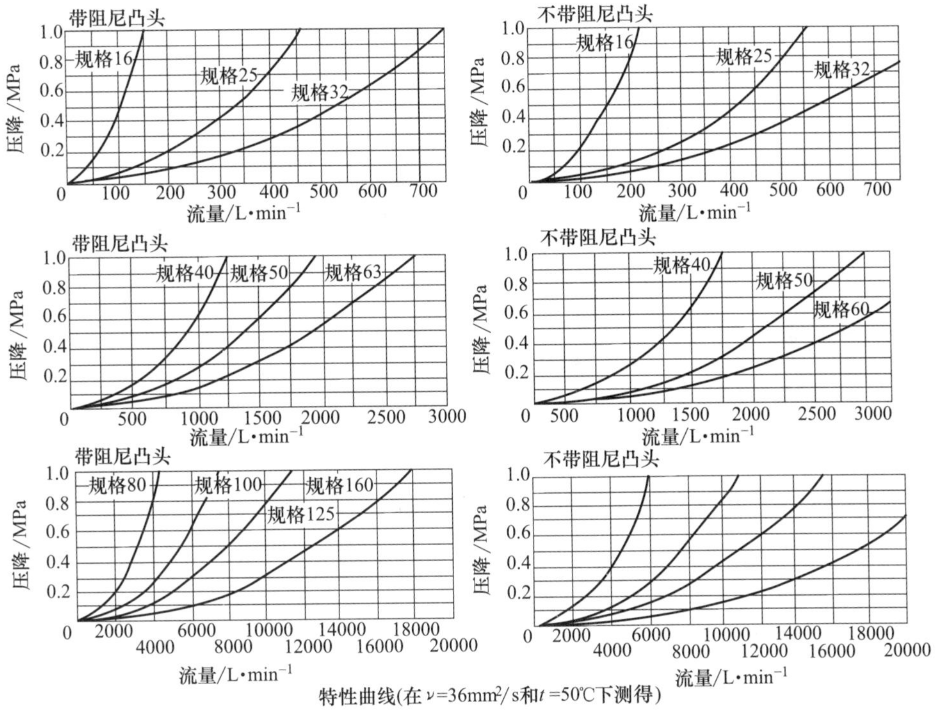

图 20-9-129 LC 型插装件特性曲线

表 20-9-141 **二通插装阀插件安装孔尺寸** mm

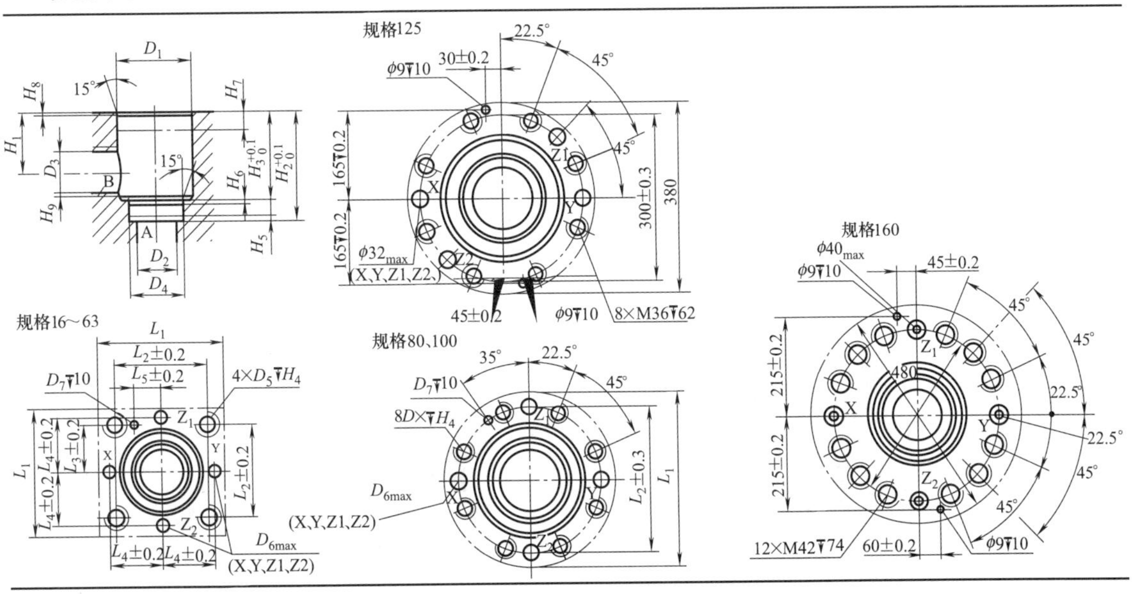

续表

规 格	16	25	32	40	50	63	80	100	125	160
D_1	32	45	60	75	90	120	145	180	225	300
D_2	16	25	32	40	50	63	80	100	150	200
D_3	16	25	32	40	50	63	80	100	125	200
D_4	25	34	45	55	68	90	110	135	200	270
D_5	M8	M12	M16	M20	M20	M30	M24	M30	—	—
D_6	4	6	8	10	10	12	16	20	—	—
D_7	4	6	6	6	8	8	10	10	—	—
H_1	34	44	52	64	72	95	130	155	192	268
H_2	56	72	85	105	122	155	205	245	$300^{+0.15}_{0}$	$425^{+0.15}_{0}$
H_3	43	58	70	87	100	130	175±0.2	210±0.2	257±0.5	370±0.5
H_4	20	25	35	45	45	65	50	63	—	—
H_5	11	12	13	15	17	20	25	29	31	45
H_6	2	2.5	2.5	3	3	4	5	5	7±0.5	8±0.5
H_7	20	30	30	30	35	40	40	50	40	50
H_8	2	2.5	2.5	3	4	4	5	5	5.5±0.2	5.5±0.2
H_9	0.5	1	1.5	2.5	2.5	3	4.5	4.5	2	2
L_1	65/80	85	102	125	140	180	250	300	—	—
L_2	46	58	70	85	100	125	200	245	—	—
L_3	23	29	35	42.5	50	62.5	—	—	—	—
L_4	25	33	41	50	58	75	—	—	—	—
L_5	10.5	16	17	23	30	38	—	—	—	—

表 20-9-142 带或不带遥控口的控制盖板（※※※D※※※或 D/F 型）外形尺寸 mm

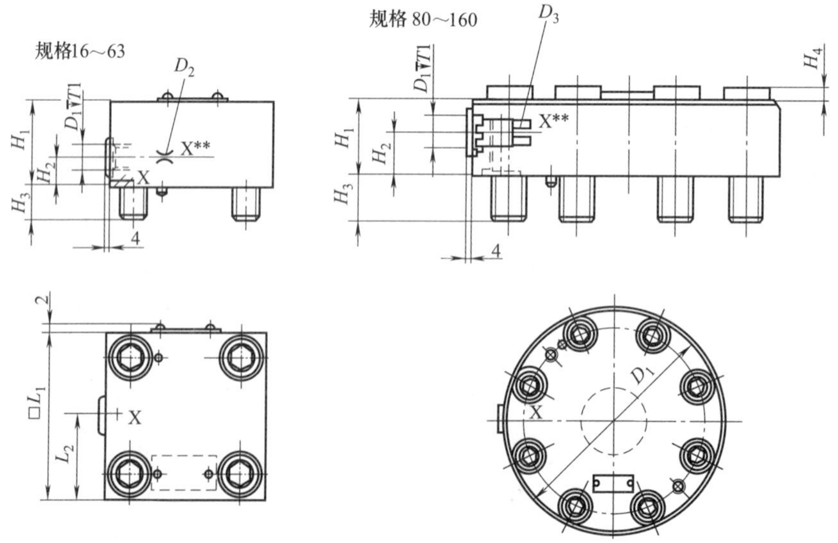

续表

规格	16	25	32	40	50	63	80	100	125	160
D_1	1/8BSP	1/4BSP	1/4BSP	1/2BSP	1/2BSP	3/4BSP	250	300	380	480
D_2	M6	M6	M6	M8×1	M8×1	G3/8	3/4BSP	1BSP	1¼BSP	1¼BSP
H_1	35	40	50	60	68	82	70	75	105	147
H_2	12	16	16	30	32	40	35	40	50	70
H_3	15	24	29	32	34	50	45	45	61	74
L_1	65	85	100	125	140	180	—	—	—	—
L_2	32.5	42.5	50	75	80	90	—	—	—	—
T_1	8	12	12	14	14	16	16	18	20	20
D_3/in	—	—	—	—	—	—	3/8	1/2	1	1
H_4	—	—	—	—	—	—	10	11	31	42

表 20-9-143 带行程限制器和遥控口的盖板（※※※H※※※型）外形尺寸 mm

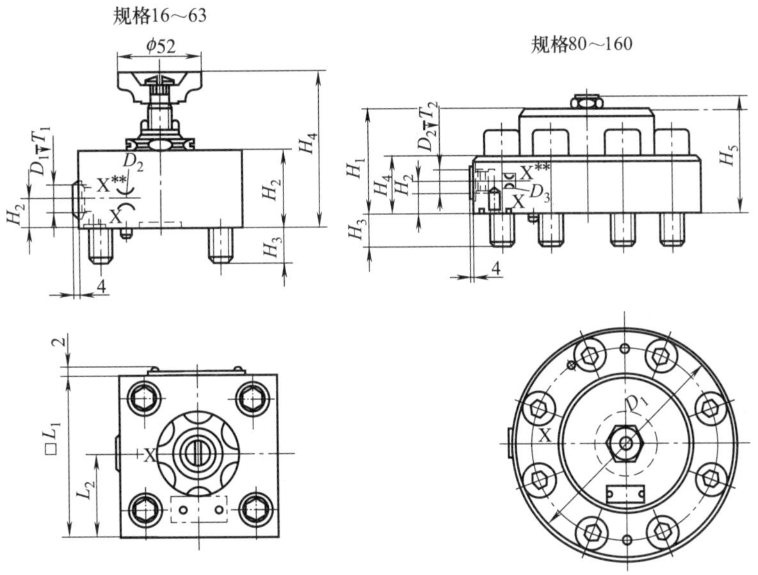

规格	16	25	32	40	50	63	80	100	125	160
D_1	1/8BSP	1/4BSP	1/4BSP	1/2BSP	1/2BSP	3/4BSP	250	300	380	480
D_2	M6	M6	M6	M8×1	M8×1	3/8BSP	3/4BSP	1BSP	1¼BSP	1¼BSP
D_3	—	—	—	—	—	—	3/8BSP	1/2BSP	1BSP	1BSP
H_1	35	40	50	80(60)	98	112	114	132	170	225
H_2	12	16	16	32(22)	32	40	35(24)	40(35)	50	70
H_3	15	24	28	32	34	50	45	45	61	74
H_4	85	92	109	136	—	—	76	76	100	147
H_5	—	—	—	—	—	—	137	157	195	340
L_1	65	85	100	125	140	180	—	—	—	—
L_2	32.5	42.5	50	72(62.5)	80	90	—	—	—	—
T_1	8	12	12	14	14	16	16	18	20	20

注：括号中数值仅对 H_3、H_4 型有效。

表 20-9-144　　带内装换向座阀的盖板（※※※G/※※※型）外形尺寸　　mm

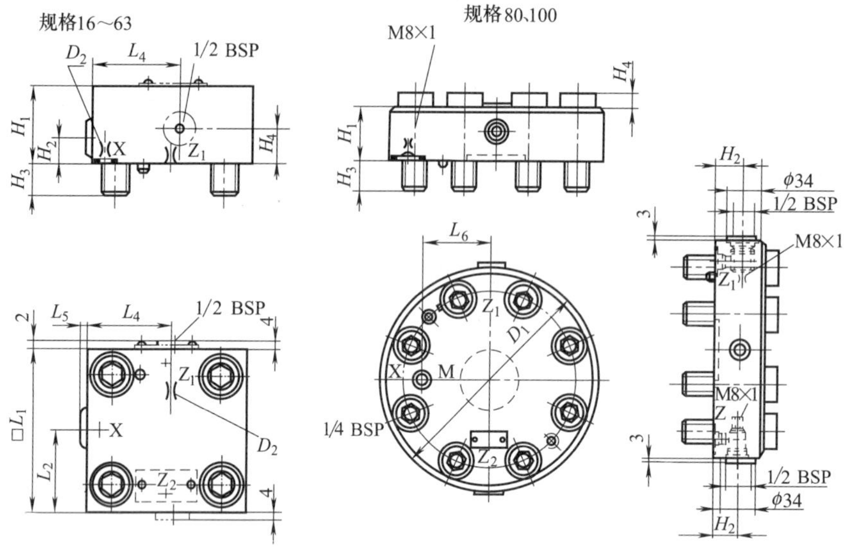

规　格	16	25	32	40	50	63	80	100
D_1	1.2	1.5	2.0	M6	M8×1	M8×1	250	300
D_2	1.2	1.5	2.0	M6	M8×1	M8×1	—	—
H_1	35	40	50	60	68	82	80	75
H_2	17	17	21.5	30	32	40	45	40
H_3	15	24	28	32	34	50	45	58
H_4	—	—	—	—	32	40	4	18
L_1	65	85	100	125	140	180	—	—
L_2	36.5	45.5	50	62.5	74	90	—	—
L_4	—	—	—	—	72	90	—	—
L_5	2.5	2			4	2	—	—
L_6	—	—	—	—	—	—	73	95

表 20-9-145　带内装换向座阀的盖板（※※※R※※※或※※※R_2※※※型）外形尺寸　　mm

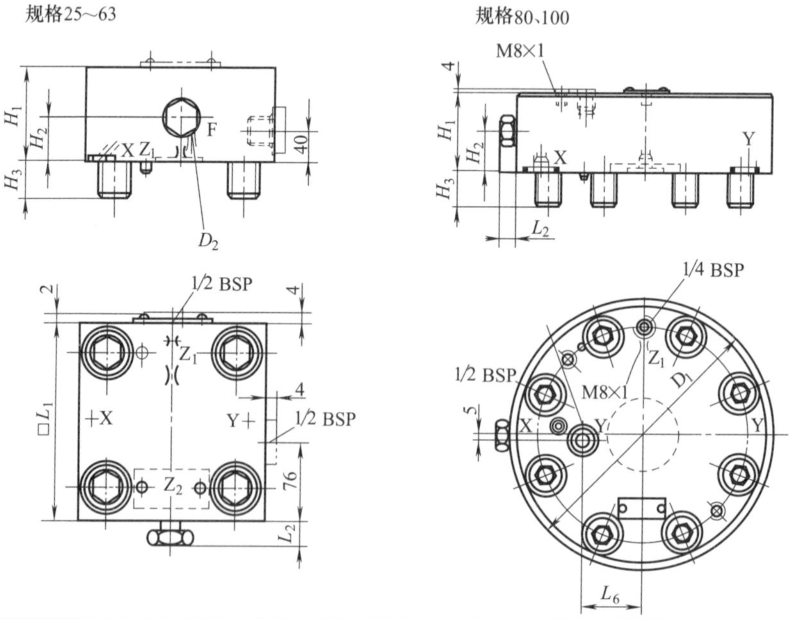

续表

规　格		16	25	32	40	50	63	80
D_1		M6	M6	M8×1	M8×1	M8×1	250	300
D_2		M6	M6	M8×1	M8×1	M8×1	—	—
H_1		40	50	60	68	87	80	90
H_2		17	22	33	32	40	40	45
H_3		24	28	32	34	50	45	58
L_1		85	100	125	140	180	—	—
L_2	(R)	2	1	25	24	18.5	21	17
	(R_2)	18.5	17.5	25	24	18.5	—	—
L_6		—	—	—	—	—	51	72

表 20-9-146　承装叠加式滑阀或座式换向阀的盖板（※※※WE$^{A}_{B}$※※※型）外形尺寸　mm

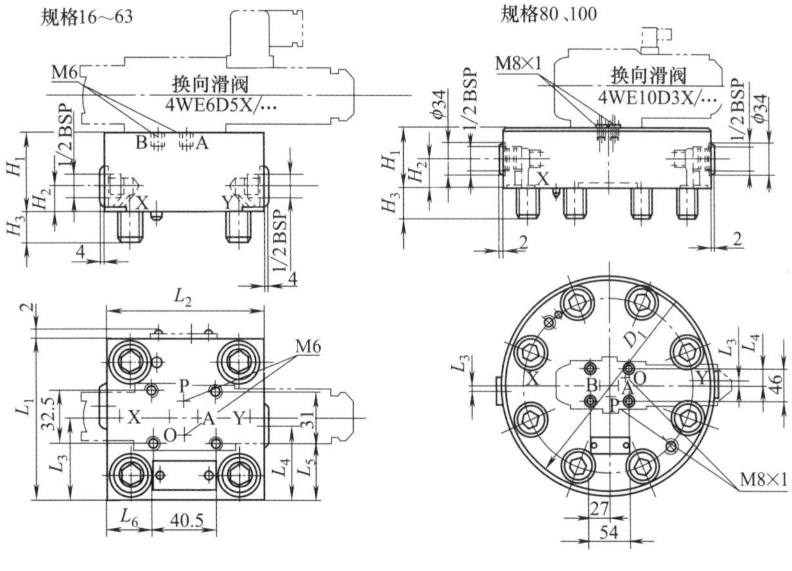

规格	16	25	32	40	50	63	80	100
H_1	40	40	50	60	68	82	80	90
H_2	—	—	—	30	32	40	30	40
H_3	15	24	28	32	34	50	45	45
L_1	65	85	100	125	140	180	—	—
L_2	80	85	100	125	140	180	—	—
L_3	—	—	—	72	80	101	6	6
L_4	—	—	—	53	60	79	23	23
L_5	17	27	34.5	47	54.5	74.5	—	—
L_6	7	22.5	30	43.5	51	71	—	—

表 20-9-147 **承装叠加式滑阀或座式换向阀的盖板（※※※WE_{B}^{A}8※※※或※※※WE_{B}^{A}9※※※型）外形尺寸** mm

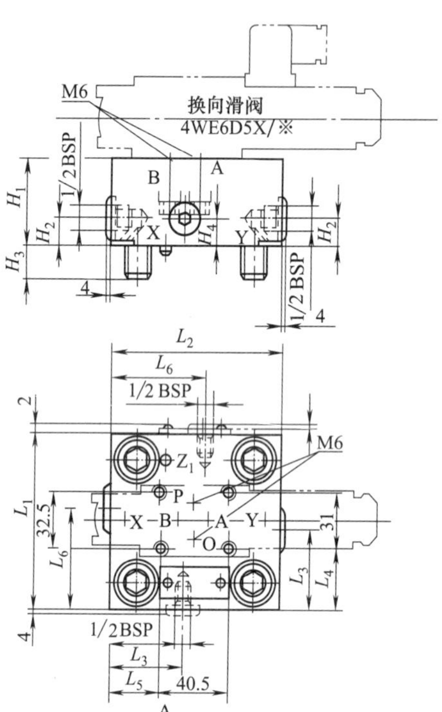

※※※WE_{B}^{A}8※※※型

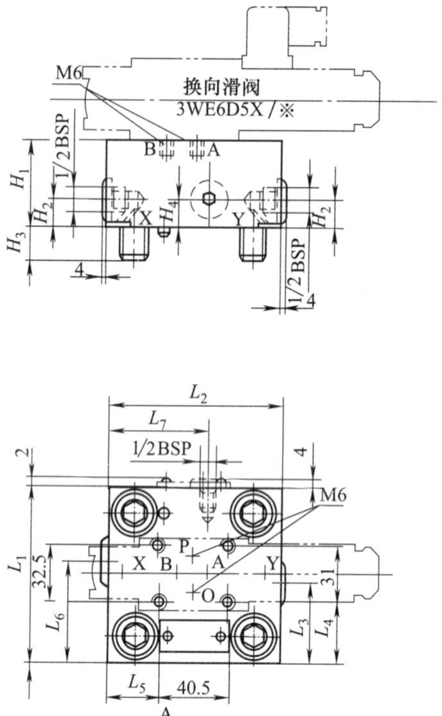

※※※WE_{B}^{A}9※※※型

规格	※※※WE_{B}^{A}8※※※型						※※※WE_{B}^{A}9※※※型					
	16	25	32	40	50	63	16	25	32	40	50	63
H_1	40	40	50	60	68	82	65	40	50	60	68	82
H_2	—	—	—	30	32	40	—	—	—	30	32	40
H_3	15	24	28	32	34	50	15	24	28	32	34	50
H_4	—	—	—	30	32	60	—	—	—	30	32	60
L_1	65	85	100	125	140	180	65	85	100	125	140	180
L_2	80	85	100	125	140	180	80	85	100	125	140	180
L_3	—	—	—	53	60	79	—	—	—	53	60	79
L_4	17	27	34.5	47	54.5	74.5	17	27	34.5	47	54.5	74.5
L_5	7	22.5	30	43.5	51	71	7	22.5	30	43.5	51	71
L_6	—	—	—	62.5	70	90	—	—	—	72	80	101
L_7	—	—	—	72	80	101	—	—	—	—	—	—

表 20-9-148　承装叠加式滑阀或座式换向阀的盖板（※※※GE$^{A}_{B}$8※※※型）外形尺寸　　mm

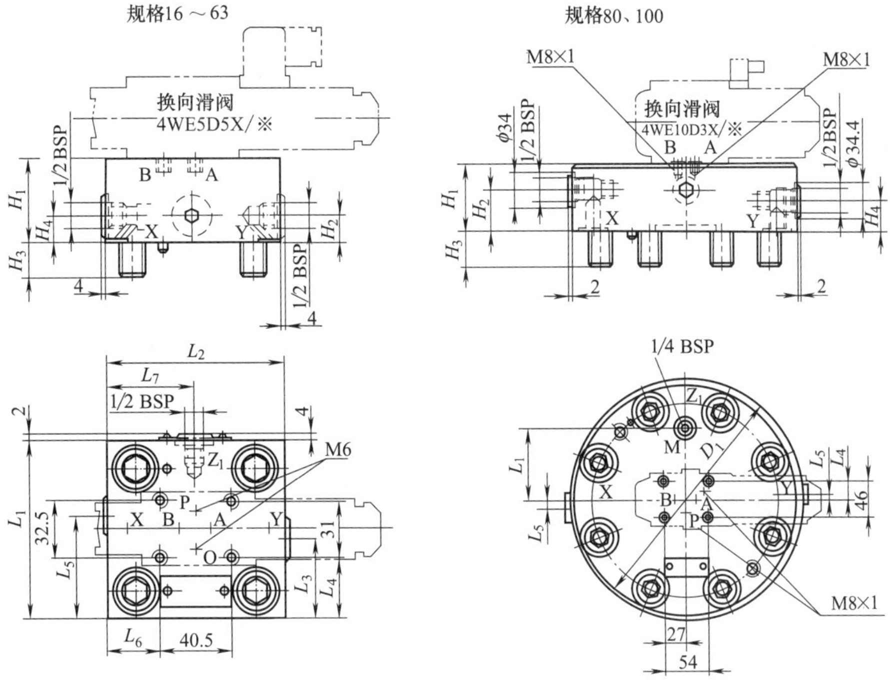

规　格	16	25	32	40	50	63	80	100
H_1	40	40	50	60	68	82	—	—
H_2	—	—	—	30	32	40	80	100
H_3	15	24	28	32	34	50	26	40
H_4	17	17	21.5	30	32	42	45	52.5
L_1	65	85	100	125	140	180	26	55
L_2	80	85	100	125	140	180	74	96.5
L_3	36.5	45.5	50	62.5	72	90	—	—
L_4	—	—	—	53	60	79	9.5	13
L_5	—	—	—	62.5	70	90	29	28
L_6	7	22.5	30	43.5	51	71	10.5	13
L_7	17	27	34.5	47	54.5	74.5	—	—
D_1	—	—	—	—	—	—	ϕ250	ϕ300

表 20-9-149　承装叠加式滑阀或座式换向阀的盖板（※※※$kE_{B}^{A}8$※※※型）外形尺寸　　mm

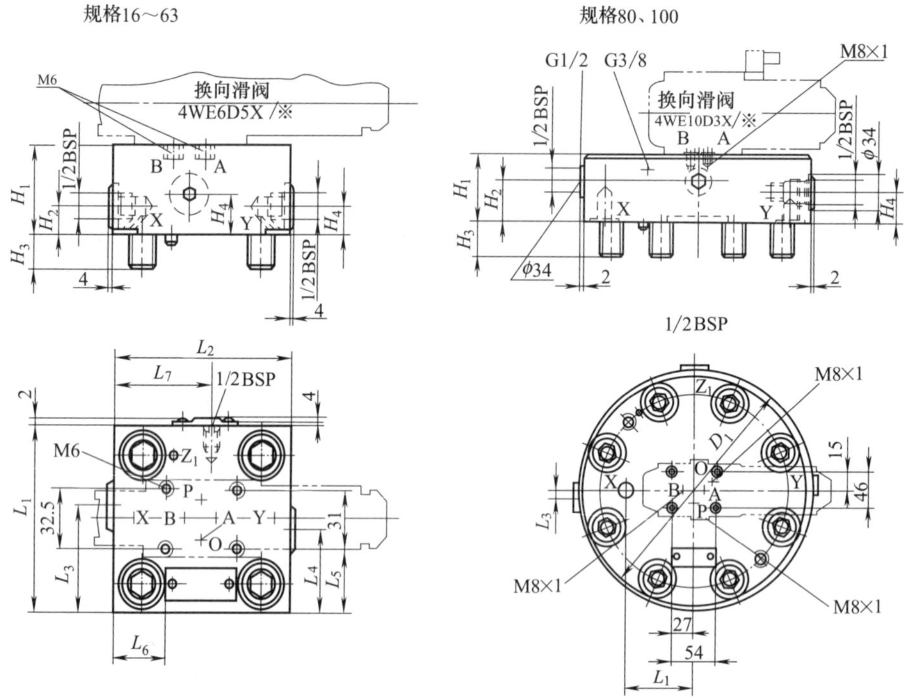

规　格	16	25	32	40	50	63	80	100
H_1	40	40	50	60	68	82	100	110
H_2	17	17	21.5	30	32	42	19.5	27
H_3	15	24	28	32	34	50	45	52.5
H_4	—	—	—	30	32	42	60	70
L_1	65	85	100	125	140	180	55	62
L_2	80	85	100	125	140	180	—	—
L_3	36.5	45.5	50	62.5	70	90	6.5	5
L_4	—	—	—	53	60	79	—	—
L_5	17	27	34.5	47	54.5	74.5	—	—
L_6	7	22.5	30	43.5	51	71	6.5	5
L_7	—	—	—	62.5	70	90	—	—
D_1	—	—	—	—	—	—	ϕ250	ϕ300

（2）压力控制二通插装阀

用于压力控制的二通插装阀（图 20-9-130）包括 LC※※※型插装件和 LFA※※※型盖板，通径为 16～100，压力最高可达 42MPa，流量最高可达 7000L/min。

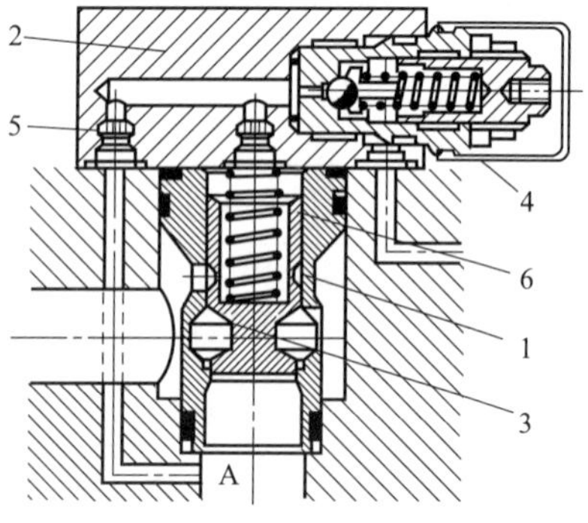

图 20-9-130　压力控制二通插装阀结构

1—插装阀主级；2—控制盖板；3—阀芯；4—先导控制阀；5—先导油节流孔；6—弹簧

型号意义：

LC | iφ | DB | iφ | iφ | iφ / iφ | iφ

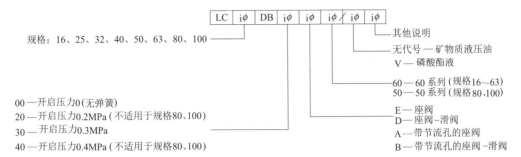

- 规格：16、25、32、40、50、63、80、100
- 00—开启压力0(无弹簧)
  20—开启压力0.2MPa(不适用于规格80、100)
  30—开启压力0.3MPa
  40—开启压力0.4MPa(不适用于规格80、100)
- E—座阀
  D—座阀-滑阀
  A—带节流孔的座阀
  B—带节流孔的座阀-滑阀
- 60—60 系列(规格16~63)
  50—50 系列(规格80、100)
- 无代号—矿物质液压油
  V—磷酸酯液
- 其他说明

LFA | iφ | iφ | iφ | iφ | iφ / iφ | iφ | iφ | iφ | iφ

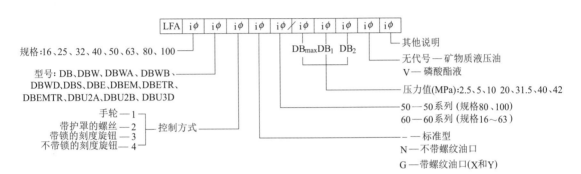

- 规格:16、25、32、40、50、63、80、100
- 型号: DB、DBW、DBWA、DBWB、DBWD、DBS、DBE、DBEM、DBETR、DBEMTR、DBU2A、DBU2B、DBU3D
- 控制方式：
  手轮—1
  带护罩的螺丝—2
  带锁的刻度旋钮—3
  不带锁的刻度旋钮—4
- –—标准型
  N—不带螺纹油口
  G—带螺纹油口(X和Y)
- 50—50系列(规格80、100)
  60—60系列(规格16~63)
- DB_{max} DB_1 DB_2：压力值(MPa):2.5、5、10 20、31.5、40、42
- 无代号—矿物质液压油
  V—磷酸酯液
- 其他说明

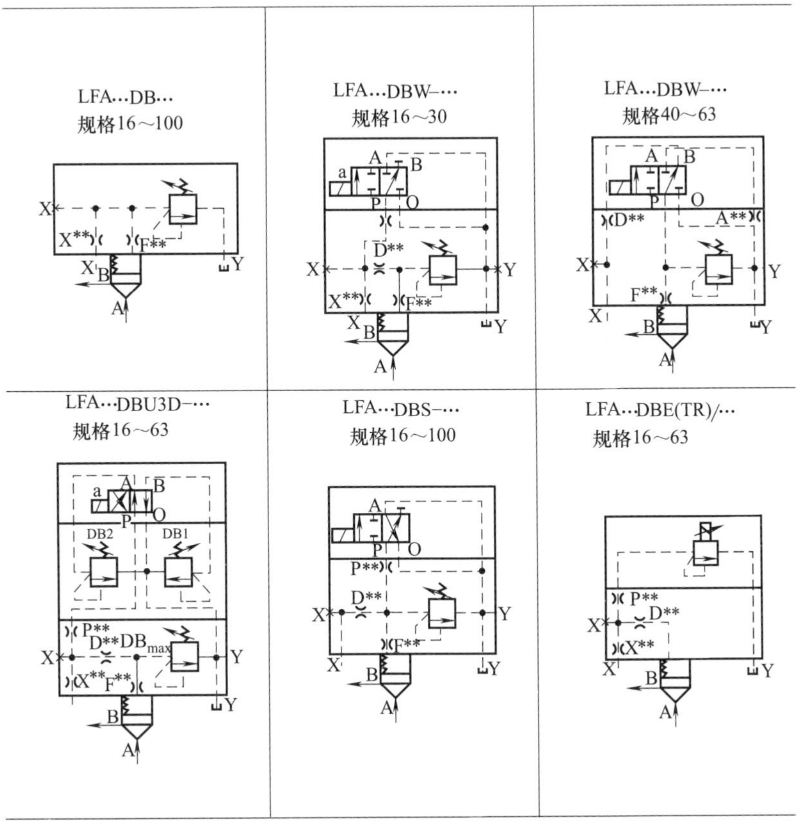

图 20-9-131

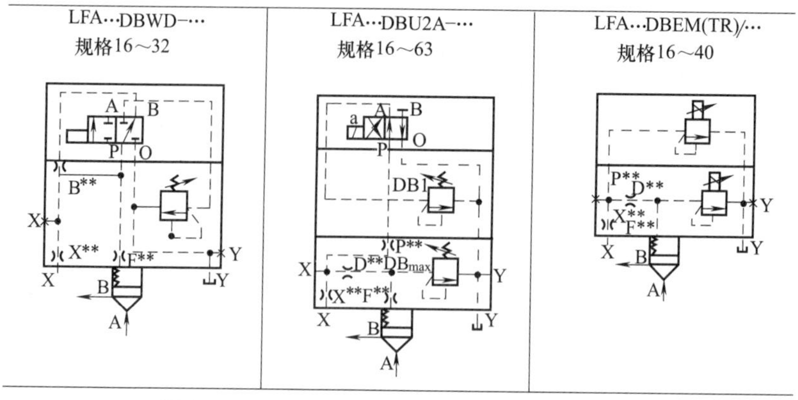

图 20-9-131　LFA※※※型压力控制盖板的基本形式

表 20-9-150　　LFA※※※型压力控制盖板技术规格

规格/mm			16	25	32	40	50	63	80	100
最大流量/L·min^{-1}			250	400	600	1000	1600	2500	4500	7000
最高工作压力/MPa	油口 A 和 B		42							
	油口 Y	LFA...DB...－60/...	40							
		—	31.5							
允许背压/MPa(油口 Y)	LFA...DBW...－60/...		31.5				31.5(带换向滑阀)			
	LFA...DBS...－60/...		—				40(带换向滑阀)			
	LFA...DBU2...－60/...		31.5							
工作介质			矿物油;磷酸酯液							
介质温度范围/℃			－20～70							

表 20-9-151　　带手动压力设定的控制盖板（LFA※DB※※/※※型）外形尺寸　　mm

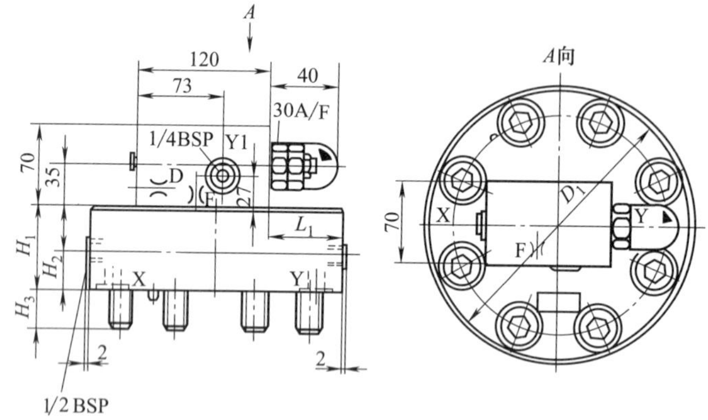

规　格	80	100
D_1	250	300
F*	1.8	1.8
D*	1.8	1.8
H_1	80	90
H_2	30	40
H_3	45	58
L_1	55	80

注：标注“＊”者为相应标记阻尼孔直径（后面图中“＊”同义）。

表 20-9-152　带手动压力设定的控制盖板（LFA※DB※G※※/※※※型）外形尺寸　　mm

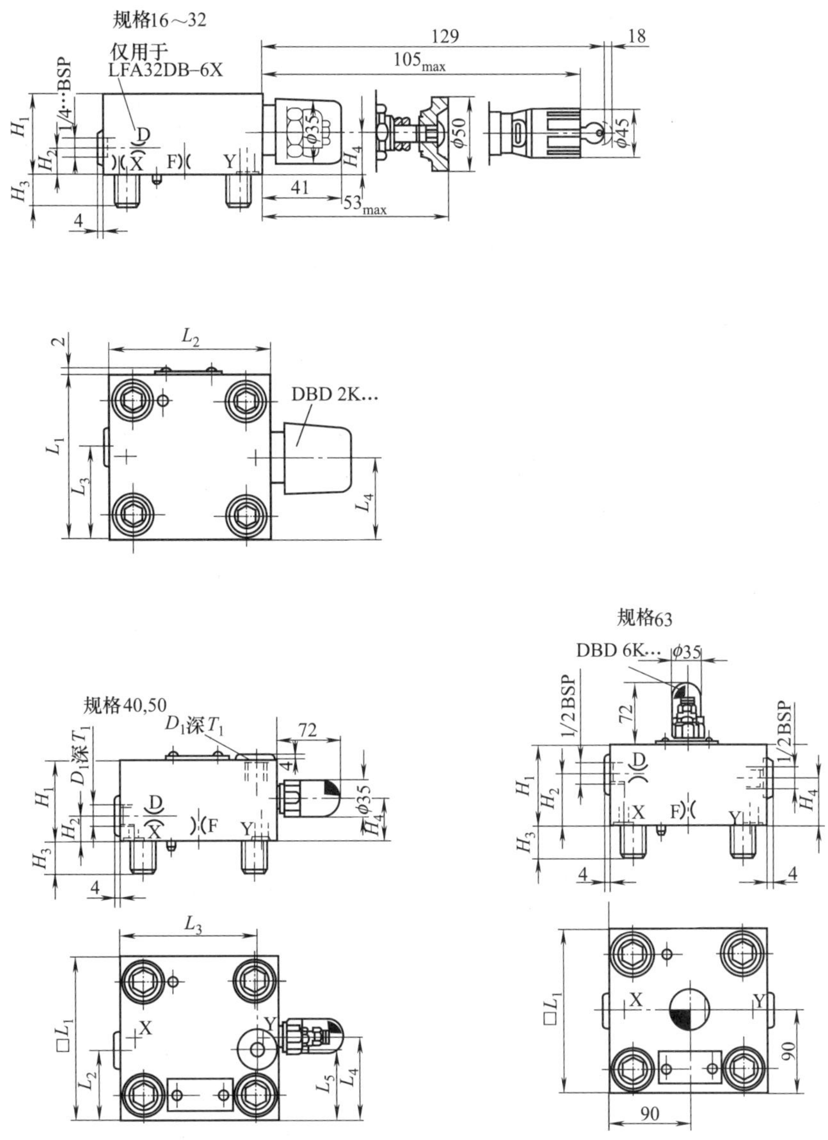

规格	X*	F*	D*	D_1	H_1	H_2	H_3	H_4	□L_1	L_2	L_3	L_4	L_5	T
16	0.8	1.0	—	—	40	17	15	19	65	80	36.5	32.5	—	—
25	0.8	1.0	—	—	40	19	24	19	85	85	49	45.5	—	—
32	0.8	1.2	0.8	—	50	26	28	26	100	100	56.5	53	—	—
40	—	1.2	1.0	Rc1/4	60	28	32	27	125	125	89	76	60	12
50	—	1.2	1.2	Rc1/4	68	19.5	34	35	140	140	105	84	70	14
63	—	1.5	1.5	—	82	30	50	45.5	180	180	—	—	—	—

表 20-9-153　　**带手动压力设定、承装电卸荷阀的控制盖板（LFA※※※DBW※-※※※型）外形尺寸**　　mm

规格16～32

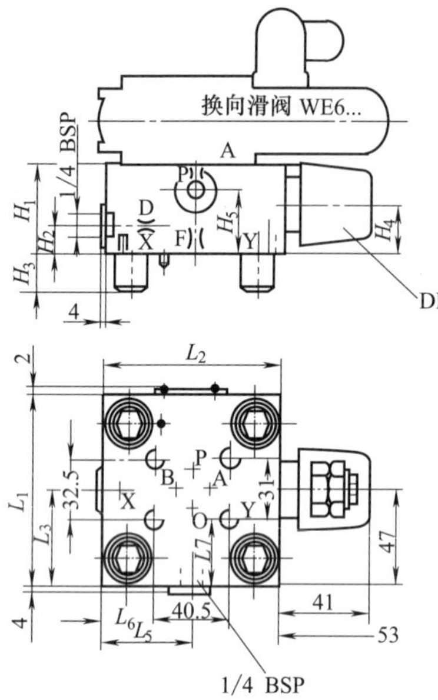

规格40、50

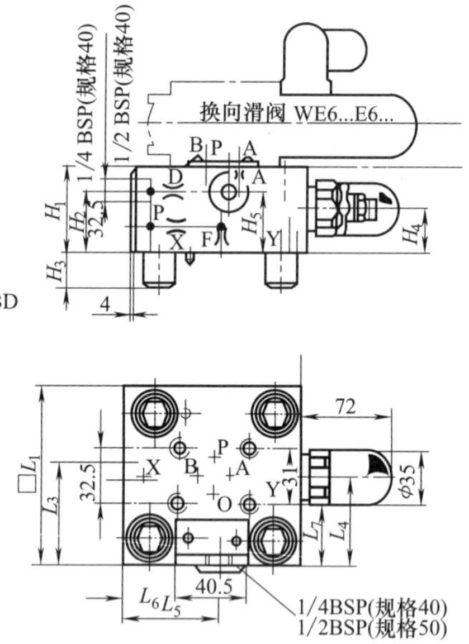

规格63

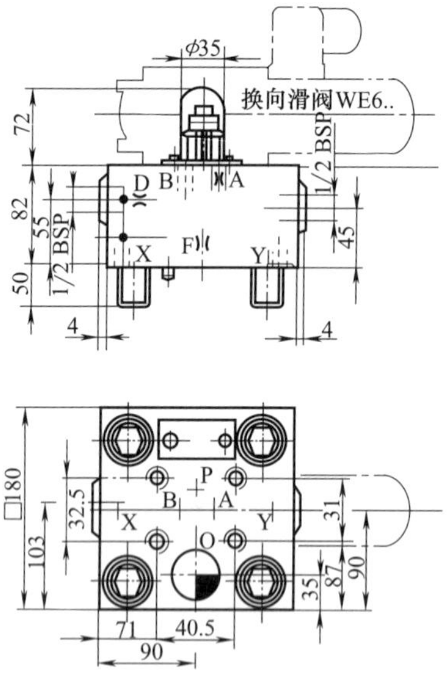

规格80、100

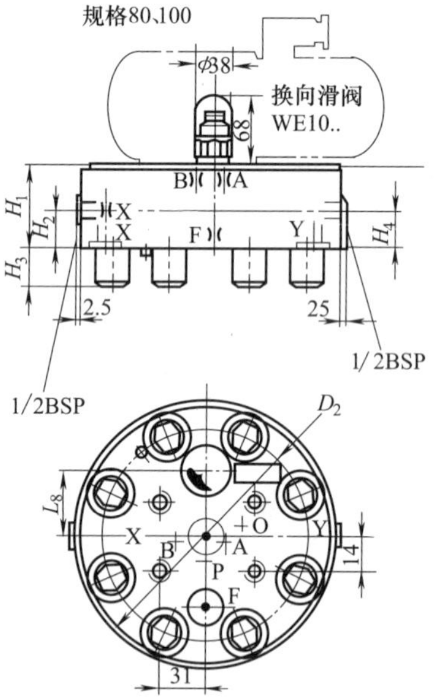

规格	X*	F*	D*	P*	H_1	H_2	H_3	H_4	H_5	L_1	L_2	L_3	L_4	L_5	L_6	L_7
16	0.8	1.0	0.8	1.0	40	17	15	19	28	65	80	36.5	36.5	35	7	17
25	0.8	1.0	0.8	1.0	40	19	24	19	28	85	85	49	45.5	36	8	27
32	0.8	1.2	1.0	1.0	50	26	28	26	37	100	56.5	56.5	53	53	30	34.5

规格	A*	P*	F*	D*	H_1	H_2	H_3	H_4	H_5	L_1	L_3	L_4	L_5	L_6	L_7
40	0.8	1.2	1.2	60	60	46	32	27	40	125	62.5	76	68	43.5	47
50	0.8	1.2	1.2	60	68	51	34	35	50	140	67.5	84	74.5	51	54.5

规格	A*	B*	X*	F*	P*	D*	H_1	H_2	H_3	H_4	L_8	D_6
63	1.0	—	—	1.5	1.8	1.5	—	—	—	—	—	—
80	1.2	3.0	3.0	2.5	3.5	—	100	30	45	52	75	250
100	1.5	3.0	3.0	2.5	3.5	—	100	30	51	52	85	300

表 20-9-154　带手动压力设定和封闭功能的控制盖板（LFA※※DBWD※※※型）外形尺寸　mm

规格16～32

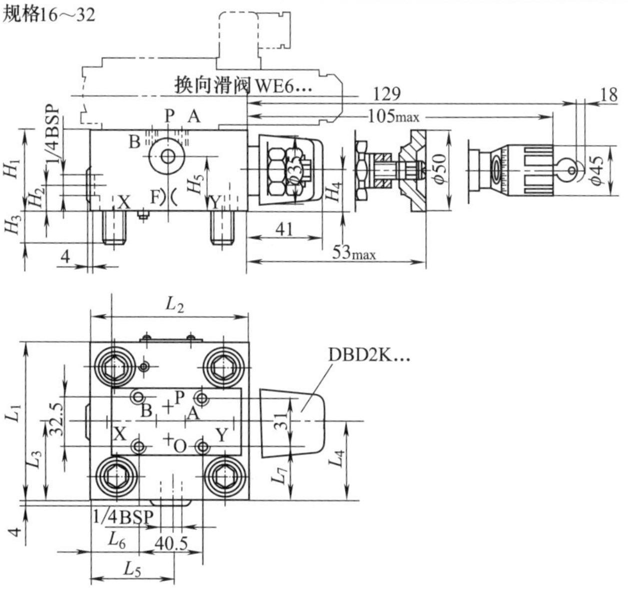

规格63

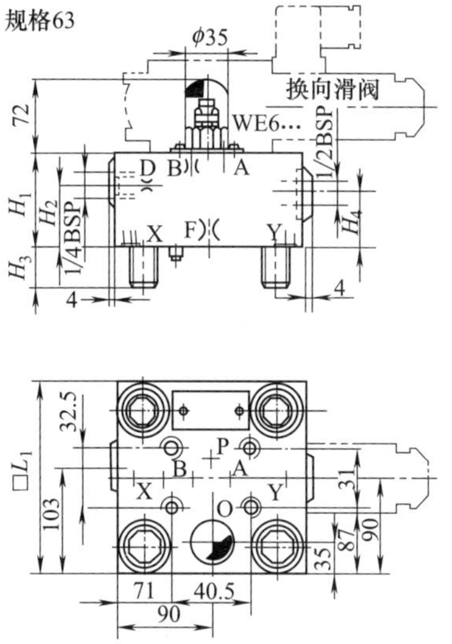

规格40、50

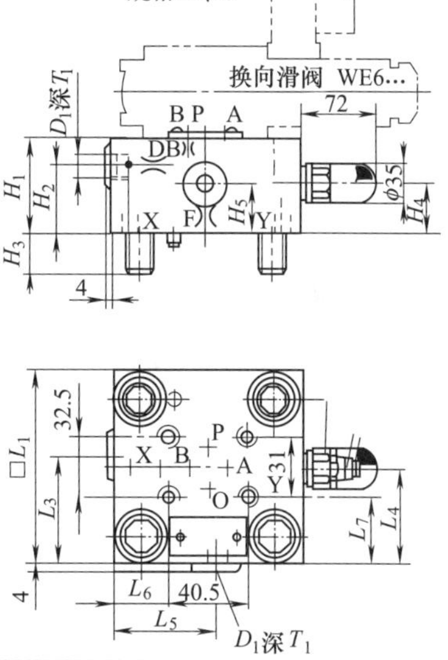

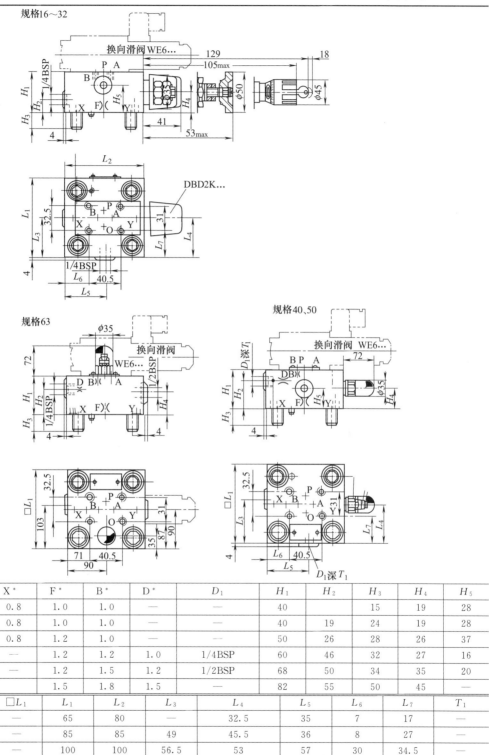

规格	X*	F*	B*	D*	D_1	H_1	H_2	H_3	H_4	H_5
16	0.8	1.0	1.0	—	—	40		15	19	28
25	0.8	1.0	1.0	—	—	40	19	24	19	28
32	0.8	1.2	1.0	—	—	50	26	28	26	37
40	—	1.2	1.2	1.0	1/4BSP	60	46	32	27	16
50	—	1.2	1.5	1.2	1/2BSP	68	50	34	35	20
63		1.5	1.8	1.5	—	82	55	50	45	—

规格	□L_1	L_1	L_2	L_3	L_4	L_5	L_6	L_7	T_1
16	—	65	80	—	32.5	35	7	17	—
25	—	85	85	49	45.5	36	8	27	—
32	—	100	100	56.5	53	57	30	34.5	—
40	125	—	—	62.5	76	68	43.5	47	12
50	140	—	—	70	84	75	51	54.5	14
63	180	—	—	—	—	—	—	—	—

表 20-9-155　　带有可以电选择的 2 个手动压力设定的盖板外形尺寸

（LFA※※DBU2A※※、LFA※※DBU2B※※型）　　mm

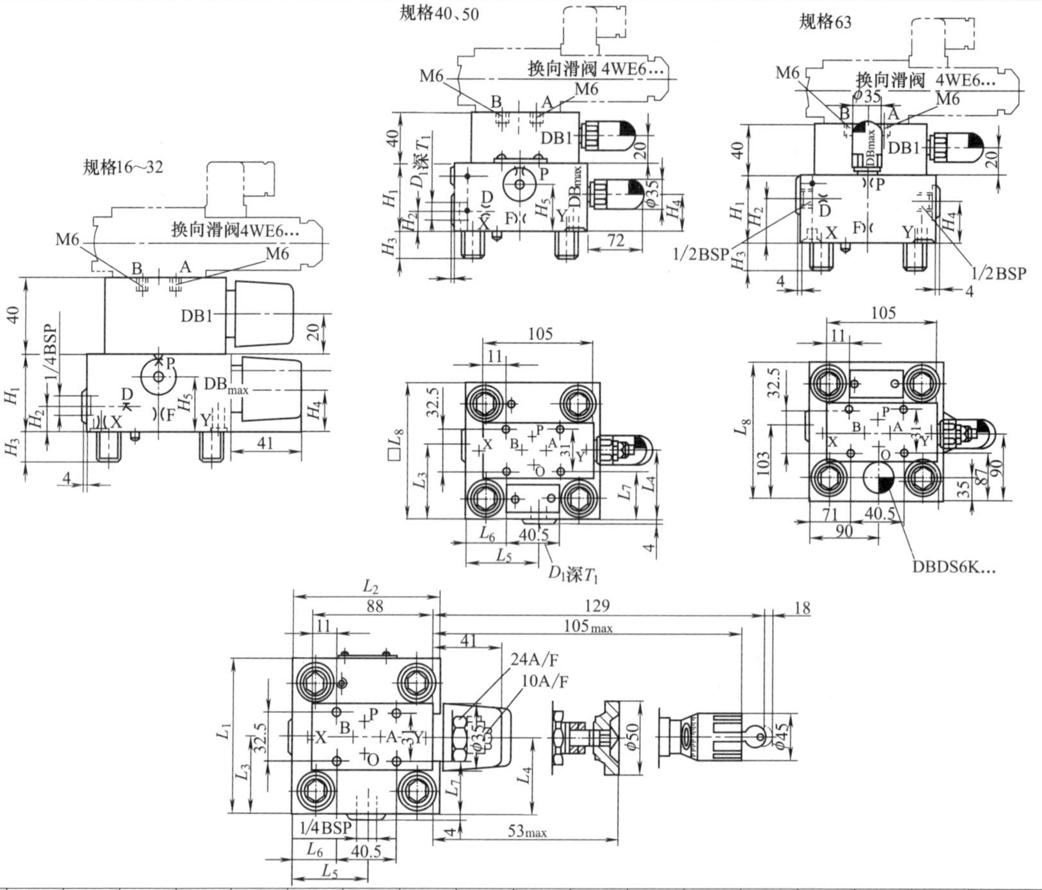

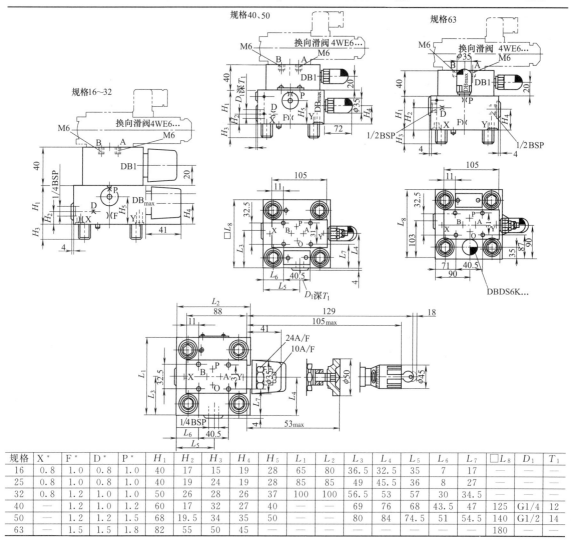

规格	X*	F*	D*	P*	H_1	H_2	H_3	H_4	H_5	L_1	L_2	L_3	L_4	L_5	L_6	L_7	$\square L_8$	D_1	T_1
16	0.8	1.0	0.8	1.0	40	17	15	19	28	65	80	36.5	32.5	35	7	17	—	—	—
25	0.8	1.0	0.8	1.0	40	19	24	19	28	85	85	49	45.5	36	8	27	—	—	—
32	0.8	1.2	1.0	1.0	50	26	28	26	37	100	100	56.5	53	57	30	34.5	—	—	—
40	—	1.2	1.0	1.2	60	17	32	27	40	—	—	69	76	68	43.5	47	125	G1/4	12
50	—	1.2	1.2	1.5	68	19.5	34	35	50	—	—	80	84	74.5	51	54.5	140	G1/2	14
63	—	1.5	1.5	1.8	82	55	50	45	—	—	—	—	—	—	—	—	180	—	—

表 20-9-156　　带有可以电选择的 3 个手动压力设定的盖板外形尺寸

（LFA※※DBU3D※※型）　　mm

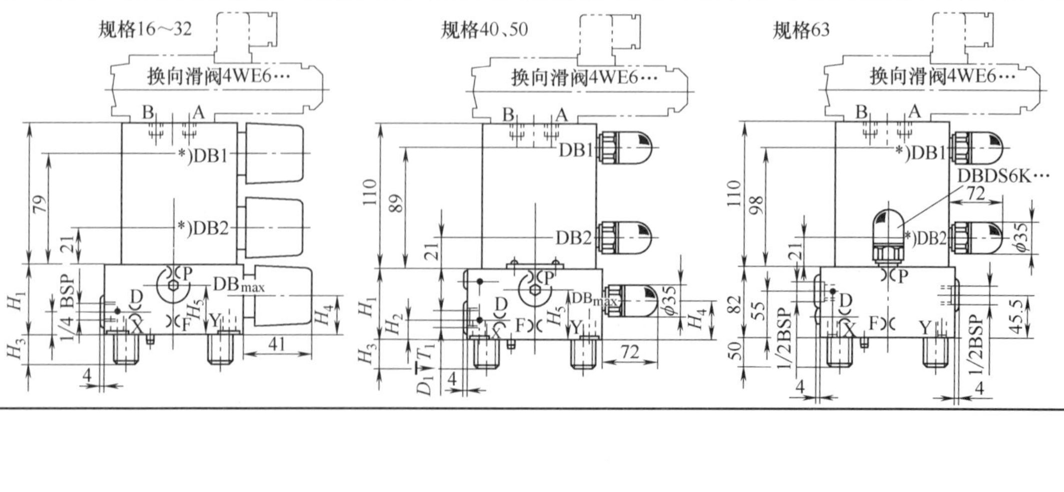

续表

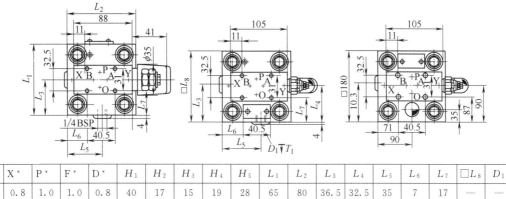

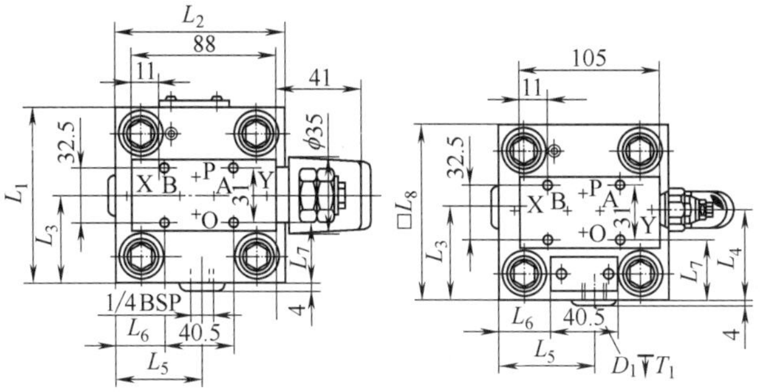

规格	X*	P*	F*	D*	H_1	H_2	H_3	H_4	H_5	L_1	L_2	L_3	L_4	L_5	L_6	L_7	$\square L_8$	D_1	T_1
16	0.8	1.0	1.0	0.8	40	17	15	19	28	65	80	36.5	32.5	35	7	17	—	—	—
25	0.8	1.0	1.0	0.8	40	19	24	19	28	85	85	49	45.5	36	8	27	—	—	—
32	0.8	1.0	1.2	1.0	50	26	28	26	37	100	100	56.5	53	57	30	34.5	—	—	—
40		1.2	1.2	1.0	60	17	32	27	40	—		69	76	68	43.5	47	125	G1/4	12
50		1.5	1.2	1.2	68	19.5	34	35	50	—		74.5	84	74.5	51	54.5	140	G1/2	14
63		1.8	1.5	1.5	—	—	—	—	—	—	—	—	—	—	—	—	—	—	—

表 20-9-157　用于不带高压力溢流的电气比例压力控制盖板外形尺寸［LFA※※DBE（TR）※※型］　mm

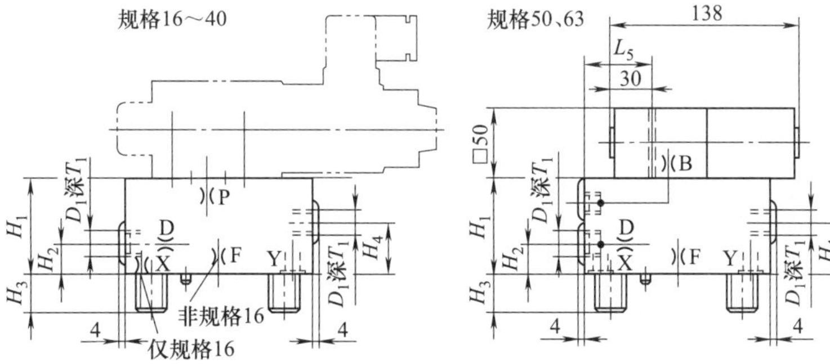

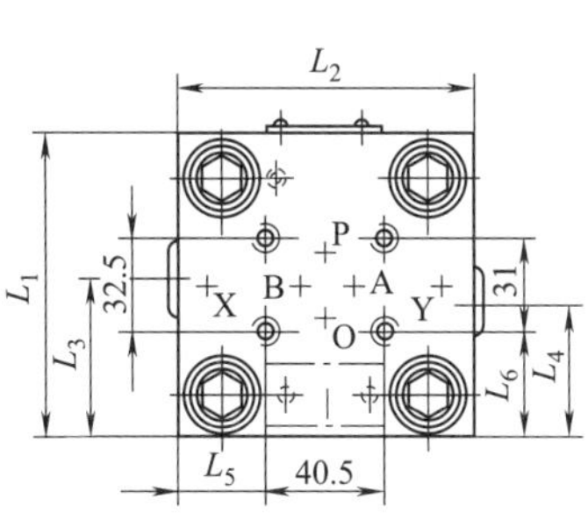

规格	B*	D*	X*	F*	P*	D_1	H_1	H_2	H_3	H_4	L_1	L_2	L_3	L_4	L_5	L_6	T_1
16	—	0.8	0.8	—	1.0	1/4BSP	40	17	15	20	65	80	36.5	23.5	7	17	12
25	—	0.8	—	0.8	1.0	1/4BSP	40	19	24	19	85	85	49	36	22.5	27	12
32	—	0.8	—	1.0	1.0	1/4BSP	50	26	28	26	100	100	56.5	43.5	30	34.5	12
40	—	1.0	—	1.2	1.5	1/2BSP	60	30	32	30	125	125	72	53	43.5	473	14
50	0.8	2.0	—	1.2	—	1/2BSP	68	32	34	32	140	140	80	50	51	54.5	14
63	0.8	2.0	—	1.5	—	1/2BSP	82	40	40	40	180	180	101	79	71	74.5	14

表 20-9-158 用于不带高压力溢流的电气比例压力控制盖板外形尺寸［LFA※※DBEM（TR）※※型］ mm

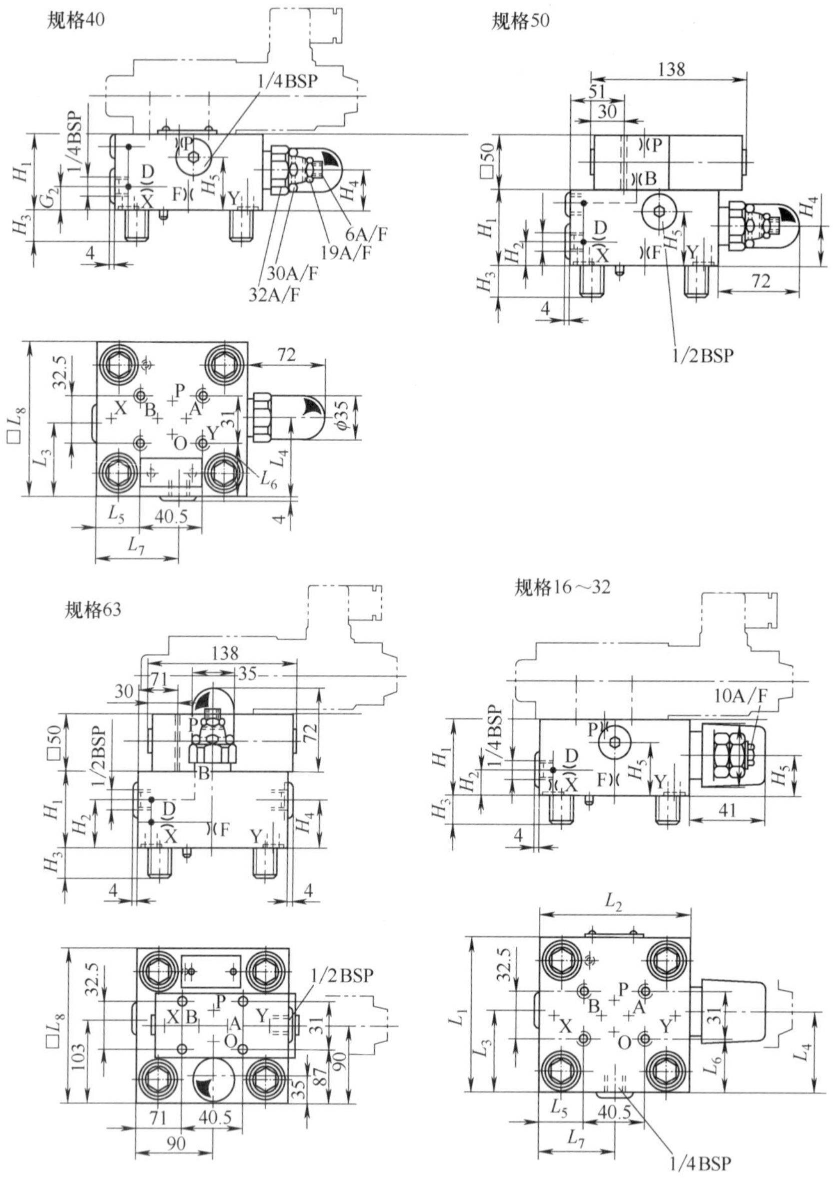

规格	X*	P*	F*	D*	H_1	H_2	H_3	H_4	H_5	L_1	L_2	L_3	L_4	L_5	L_6	L_7	□L_8	B*
16	0.8	1.0	1.0	0.8	40	17	15	19	28	65	80	36.5	32.5	7	17	35	—	—
25	0.8	1.0	1.0	0.8	40	19	24	19	28	85	85	49	45.5	8	27	36	—	—
32	0.8	1.0	1.2	1.0	50	26	28	26	37	100	100	56.5	53	30	34.5	57	—	—
40	—	1.5	1.2	1.0	60	20	32	27	40	—	—	69	76	43.5	47	68	125	—
50	—	1.0	1.2	2.0	68	19.5	34	35	50	—		80	84	51	54.5	74.5	140	0.8
63	—	—	1.5	2.0	82	55	50	45	—	—	—	—	—	—	—	—	180	0.8

9.8.4.2　威格士系列插装阀

（1）控制盖板及插装件

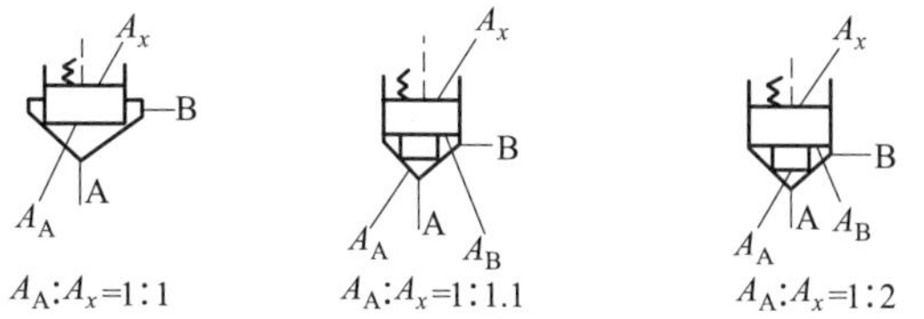

图 20-9-132　插装件图形符号

表 20-9-159　　技术规格

公称通径/mm	16	25	32	40	50	63	80
最大流量/$L \cdot min^{-1}$	200	450	800	1100	1700	2800	4500
最高压力/MPa	35						
温度范围/℃	环境：−20～70；矿物油：−10～70；含水液体：−10～54						
黏度范围/$mm^2 \cdot s^{-1}$	5～500（推荐 13～54）						
过滤精度/μm	25（绝对）						

表 20-9-160　　开启压力

压力级	A_A : A_x	$A \to B$ 开启压力/MPa	$B \to A$ 开启压力/MPa
	1 : 1	0.2	—
L	1 : 1.1	0.03	0.34
M	1 : 1.1	0.14	1.70
H	1 : 1.1	0.27	1.70
L	1 : 2	0.05	0.05
M	1 : 2	0.25	0.25
H	1 : 2	0.50	0.50

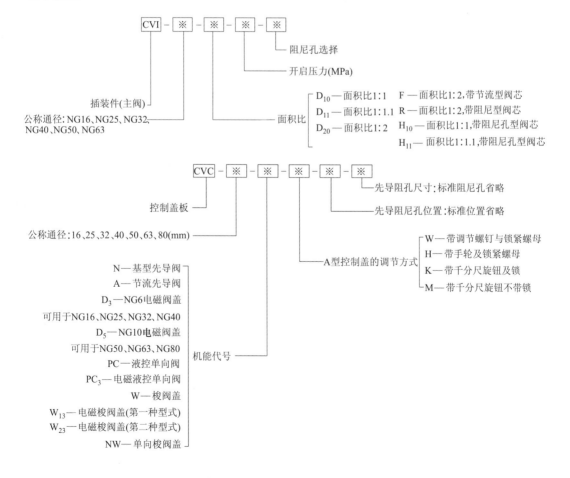

型号意义：

CVI − ※ − ※ − ※ − ※

- CVI：插装件(主阀)
- 第一个※：公称通径：NG16、NG25、NG32、NG40、NG50、NG63
- 第二个※：面积比
  - D_{10}—面积比1∶1
  - D_{11}—面积比1∶1.1
  - D_{20}—面积比1∶2
  - F—面积比1∶2，带节流型阀芯
  - R—面积比1∶2，带阻尼型阀芯
  - H_{10}—面积比1∶1，带阻尼孔型阀芯
  - H_{11}—面积比1∶1.1，带阻尼孔型阀芯
- 第三个※：开启压力(MPa)
- 第四个※：阻尼孔选择

CVC − ※ − ※ − ※ − ※ − ※

- CVC：控制盖板
- 第一个※：公称通径：16、25、32、40、50、63、80(mm)
- 第二个※：机能代号
  - N—基型先导阀
  - A—节流先导阀
  - D_3—NG6电磁阀盖，可用于NG16、NG25、NG32、NG40
  - D_5—NG10电磁阀盖，可用于NG50、NG63、NG80
  - PC—液控单向阀
  - PC_3—电磁液控单向阀
  - W—梭阀盖
  - W_{13}—电磁梭阀盖(第一种型式)
  - W_{23}—电磁梭阀盖(第二种型式)
  - NW—单向梭阀盖
- 第三个※：A型控制盖的调节方式
  - W—带调节螺钉与锁紧螺母
  - H—带手轮及锁紧螺母
  - K—带千分尺旋钮及锁
  - M—带千分尺旋钮不带锁
- 第四个※：先导阻尼孔位置：标准位置省略
- 第五个※：先导阻尼孔尺寸：标准阻尼孔省略

表 20-9-161　　**控制盖板外形尺寸**　　mm

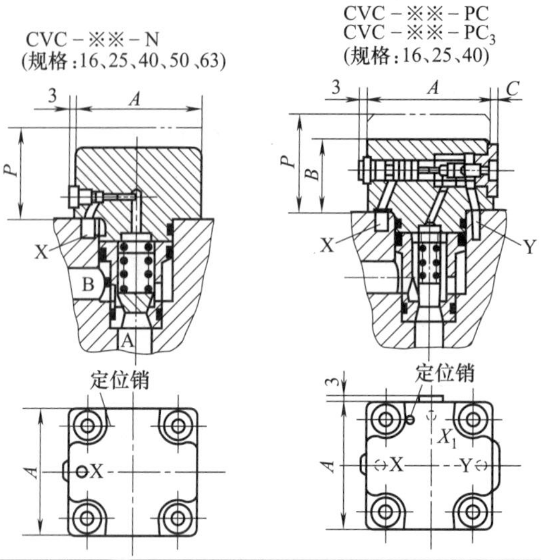

规格	A	B	C	P	阻尼孔直径
NG16	65	35	10.0	44	1.0
NG25	85	42	4.5	53	1.2
NG40	125	61	3.0	76	1.4
NG50	140	70	—	88	1.6
NG63	180	86	—	106	1.6

表 20-9-162　　**CVC-※※-A 型控制盖板外形尺寸**（NG16、25、40、50、63）　　mm

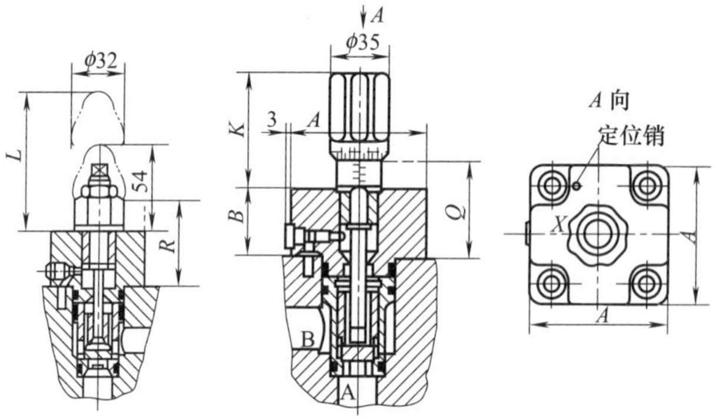

规格	A	B	K max	L	Q	R	阻尼孔直径
NG16	65	35	74.5	91	137	110	1.0
NG25	85	42	74.5	98	144	131.5	1.2
NG40	125	61	—	—	—	—	1.4
NG50	140	70	—	—	—	—	1.6
NG63	180	86	—	—	—	—	1.8

表 20-9-163　　**CVC-※※-D_3A-W 型控制盖板外形尺寸**（NG16、25、40、50、63）　　mm

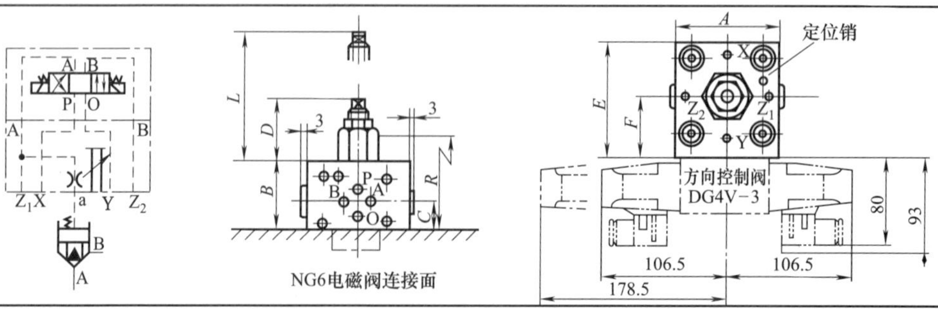

续表

规格	A	B	C	D max	E	F	L	R	阻尼孔直径
NG16	80	54	28	46	80	47.5	98	123	1.0
NG25	85	54	28	49	95	52.5	114	139	1.2
NG40	125	60	28	43	125	62.5	137	165	1.4
NG50	140	70	—	57	140	70	—	—	1.6
NG63	180	88	—	66	180	90	—	—	1.8

表 20-9-164　　梭阀控制盖板外形尺寸　　mm

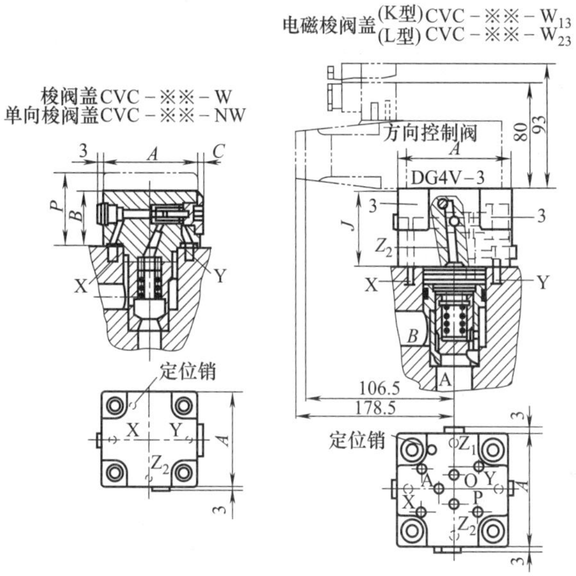

规格	A	B	C	J	P	阻尼孔直径
NG16	65	35	10.0	—	44	1.0
NG25	85	42	4.5	57	53	1.2
NG40	125	61	3.0	58	76	1.4

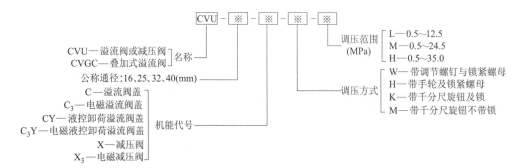

（2）溢流阀及减压阀

型号意义：

CVU－※－※－※－※

- 名称：CVU—溢流阀或减压阀；CVGC—叠加式溢流阀
- 公称通径：16、25、32、40(mm)
- 机能代号：C—溢流阀盖；C_3—电磁溢流阀盖；CY—液控卸荷溢流阀盖；C_3Y—电磁液控卸荷溢流阀盖；X—减压阀；X_3—电磁减压阀
- 调压方式：W—带调节螺钉与锁紧螺母；H—带手轮及锁紧螺母；K—带千分尺旋钮及锁；M—带千分尺旋钮不带锁
- 调压范围(MPa)：L—0.5～12.5；M—0.5～24.5；H—0.5～35.0

表 20-9-165　　溢流阀盖（CVU-※※-C-※-※）、液控卸荷溢流阀盖（CVU-※※-CY-※-※）外形尺寸　　mm

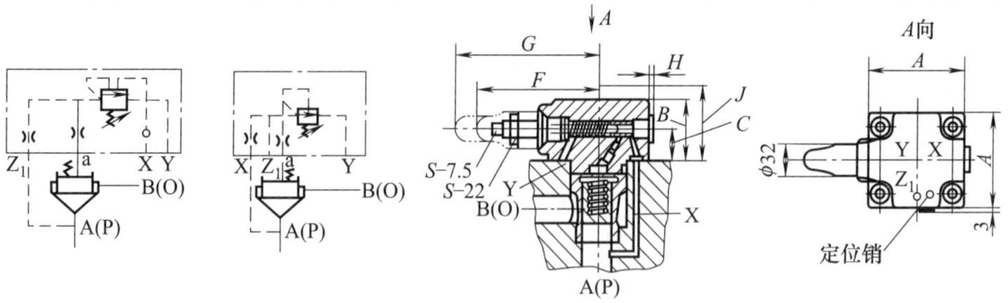

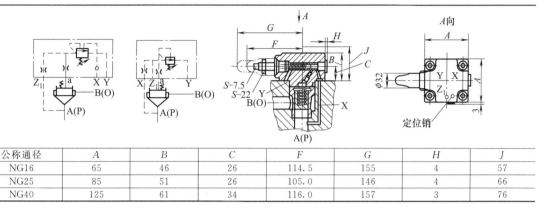

公称通径	A	B	C	F	G	H	J
NG16	65	46	26	114.5	155	4	57
NG25	85	51	26	105.0	146	4	66
NG40	125	61	34	116.0	157	3	76

表 20-9-166　　电磁溢流阀盖（CVU-※※-C_3-※-※）、电磁液控卸荷溢流阀盖（CVU-※※-C_3Y）外形尺寸　　mm

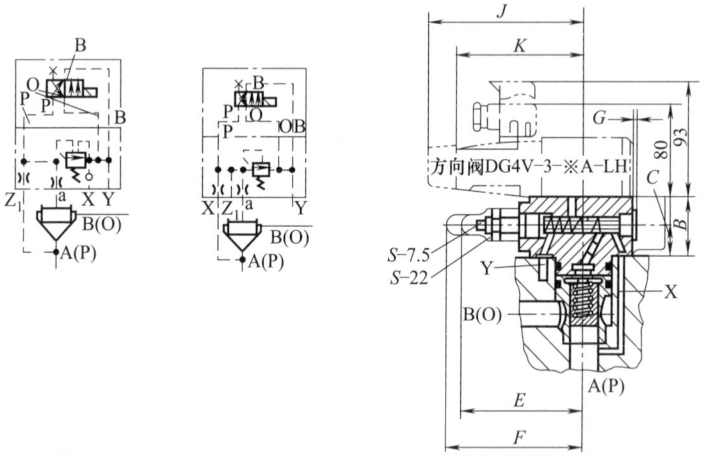

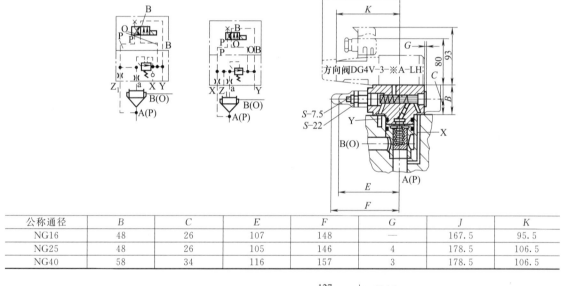

公称通径	B	C	E	F	G	J	K
NG16	48	26	107	148	—	167.5	95.5
NG25	48	26	105	146	4	178.5	106.5
NG40	58	34	116	157	3	178.5	106.5

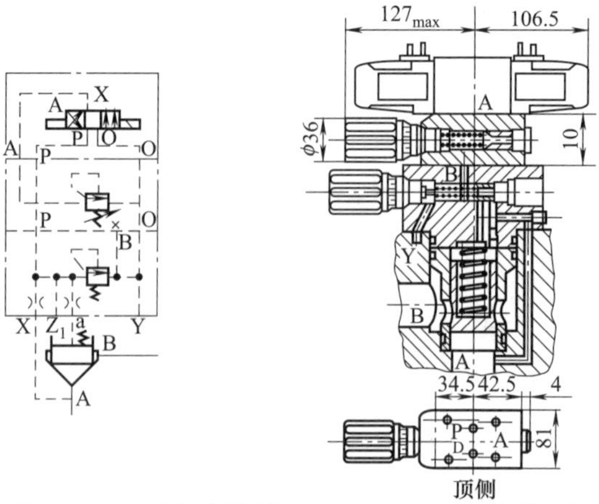

图 20-9-133　叠加式溢流阀 CVGC-3-※-※-※外形尺寸

表 20-9-167 叠加式减压阀 CVU-※※-X-※-※外形尺寸 mm

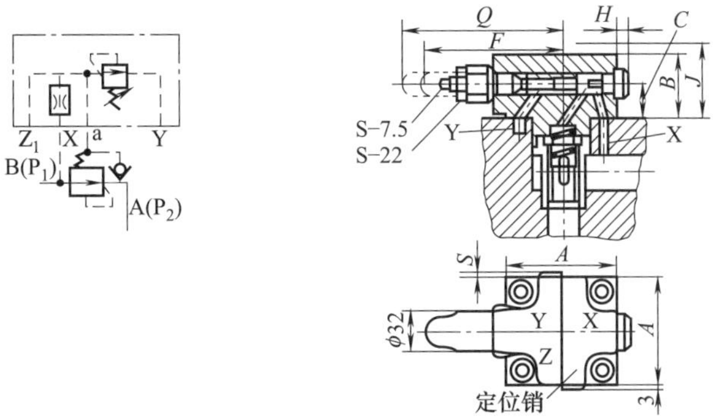

公称通径	A	B	C	F	H	J	S
NG16	65	46	26	114.5	10	57	—
NG25	85	51	26	105	10	66	—
NG40	125	61	34	116	3	76	3

表 20-9-168 叠加式电磁减压阀 CVU-※※-X_1-※-※外形尺寸 mm

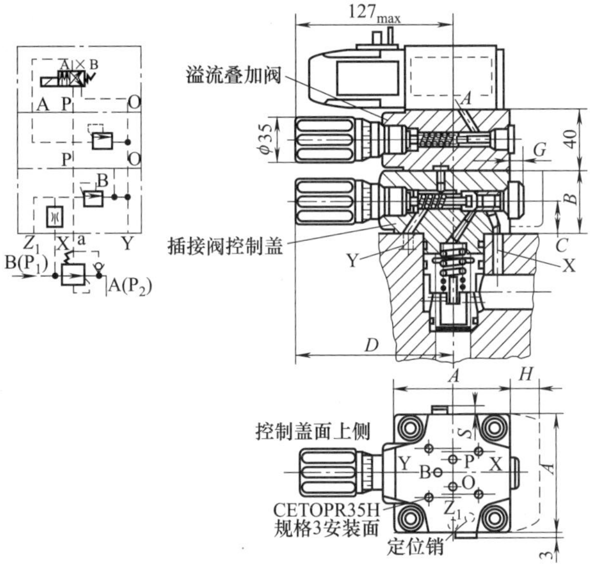

公称通径	A	B	C	D_{max}	G	H	S
NG16	65	48	26	129	—	21	—
NG25	85	48	26	127	10	—	—
NG40	125	58	34	138	3	—	3

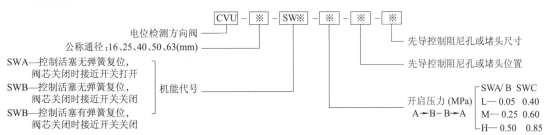

(3) 电位监测方向阀

型号意义：

CVU - ※ - SW※ - ※ - ※ - ※

- CVU：电位检测方向阀
- ※：公称通径：16、25、40、50、63(mm)
- SW※：机能代号
  - SWA—控制活塞无弹簧复位，阀芯关闭时接近开关打开
  - SWB—控制活塞无弹簧复位，阀芯关闭时接近开关关闭
  - SWB—控制活塞有弹簧复位，阀芯关闭时接近开关关闭
- ※：开启压力 (MPa) A➝B- B➝A

	SWA/B	SWC
L—	0.05	0.40
M—	0.25	0.60
H—	0.50	0.85

- ※：先导控制阻尼孔或堵头位置
- ※：先导控制阻尼孔或堵头尺寸

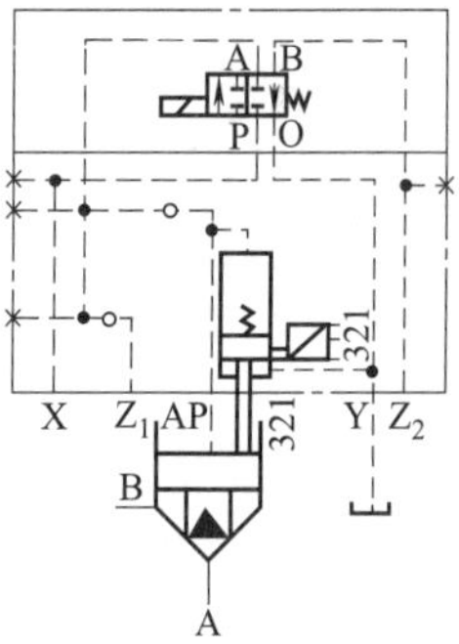

(a) CVU-16-SWC 的机能符号

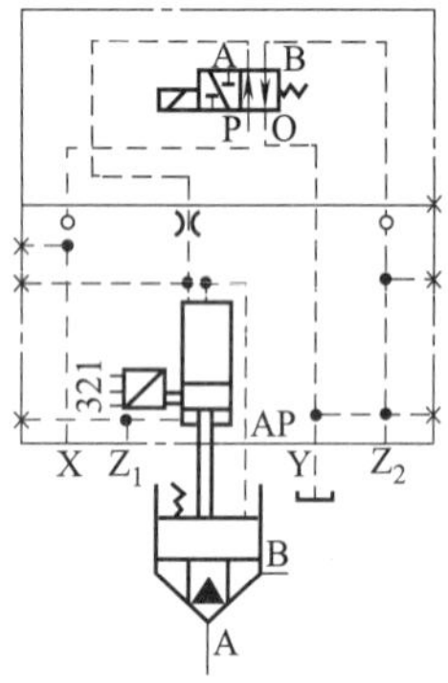

(b) CVU-25/40/50/63-SWA/SWB 的机能符号

图 20-9-134　电位监测方向阀的机能符号

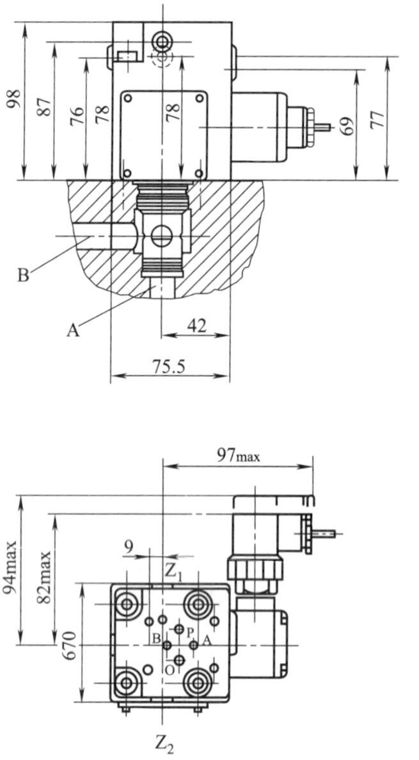

图 20-9-135　CVU-16-SWC 型电位监测阀外形尺寸

表 20-9-169　　CVU-25-63 型电位监测阀外形尺寸　　mm

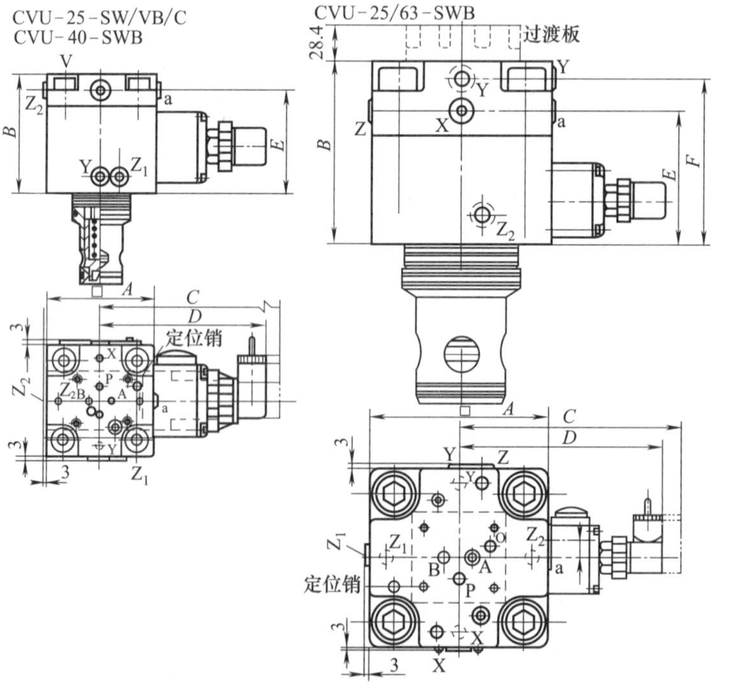

续表

型号	阻尼孔直径	*A*	*B*	*C*	*D*	*E*	*F*
CVU-25-SWA	1.2	85	92	149	138	79	—
CVU-25-SWB	1.2	85	92	149	138	79	—
CVU-25-SWC	1.2	85	117	149	138	79	—
CVU-40-SWB	1.4	125	100	172	160	80	—
CVU-50-SWB	1.6	140	142	180	168	104	129
CVU-63-SWB	1.8	180	165	200	188	113	141

表 20-9-170　　二通插装阀插件安装孔尺寸　　mm

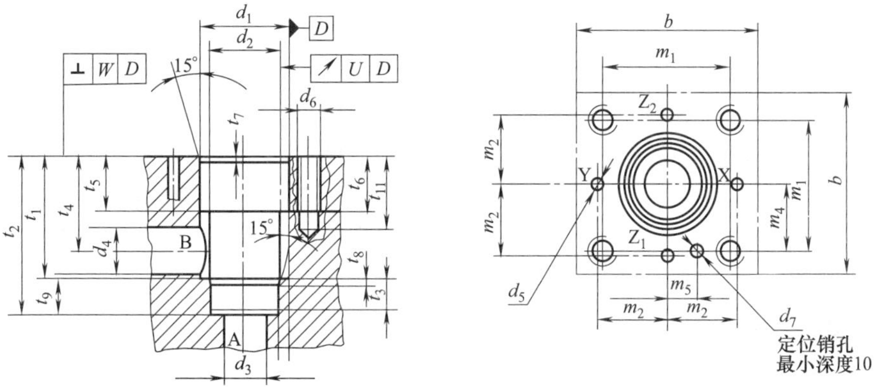

尺寸	公差	规格					
		16	25	32	40	50	63
b	—	65	85	102	125	140	180
d_1	H7	32	45	60	75	90	120
d_2	H7	25	34	45	55	68	90
d_3	—	16	25	32	40	50	63
d_4	min	16	25	32	40	50	63
	max	25	32	40	50	63	80
d_5	max	4	6	8	10	10	12
d_6	—	M8	M12	M16	M20	M20	M30
d_7	H13	4	6	6	6	8	8
m_1	±0.2	46	58	70	85	100	125
m_2	±0.2	25	33	41	50	58	75
m_4	±0.2	23	29	35	42.5	50	62.5
m_5	±0.2	10.5	16	17	23	30	38
t_1	$^{+0.1}_{0}$	43	58	70	87	100	130
t_2	$^{+0.1}_{0}$	56	72	85	105	122	155
t_3	—	11	12	13	15	17	20
t_4	至 d_{4min}	34	44	52	64	72	95
	至 d_{4max}	29.5	40.5	48	59	65.5	86.5
t_5	—	20	30	30	30	35	40
t_6	—	20	25	35	45	45	65
t_7	—	2	2.5	2.5	3	4	4
t_8	—	2	2.5	2.5	3	3	4
t_9 校核尺寸	min	0.5	1.0	1.5	2.5	2.5	3
t_{11}	max	25	31	42	53	53	75
U	—	0.03	0.03	0.03	0.05	0.05	0.05
W	—	0.05	0.05	0.1	0.1	0.1	0.2

9.9 液压阀的清洗和拆装

表 20-9-171 液压阀的清洗和拆装

液压阀清洗	拆卸清洗是液压阀维修的第一道工序。对于因液压油污染造成油污沉积，或液压油中的颗粒状杂质导致的液压阀故障，经拆卸清洗一般能够排除故障，恢复液压阀的功能	
	清洗工艺	①拆卸。虽然液压阀的各零件之间多为螺栓连接，但液压阀设计是面向非拆卸的，如果没有专用设备或专业技术，强行拆卸极可能造成液压阀损害。因此拆卸前要掌握液压阀的结构和零件间的连接方式，拆卸时记录各零件间的位置关系 ②检查清理。检查阀体、阀芯等零件的污垢沉积情况，在不损伤工作表面的前提下，用棉纱、毛刷、非金属刮板清除集中污垢 ③粗洗。将阀体、阀芯等零件放在清洗箱的托盘上，加热浸泡，将压缩空气通入清洗槽底部，通过气泡的搅动作用，清洗掉残存污物，有条件的可采用超声波清洗 ④精洗。用清洗液高压定位清洗，最后用热风干燥。有条件的企业可以使用现有的清洗剂，个别场合也可以使用有机清洗剂如柴油、汽油 ⑤装配。依据液压阀装配示意图或拆卸时记录的零件装配关系装配，装配时要小心，不要碰伤零件。原有的密封材料在拆卸中容易损坏，应在装配时更换
	注意事项	①对于沉积时间长，粘贴牢固的污垢，清理时不要划伤配合表面 ②加热时注意安全。某些无机清洗液有毒性，加热挥发可使人中毒，应当慎重使用；有机清洗液易燃，注意防火 ③选择清洗液时，注意其腐蚀性，避免对阀体造成腐蚀 ④清洗后的零件要注意保存，避免锈蚀或再次污染 ⑤装配好的液压阀要经试验合格后方能投入使用
拆装阀的一般要求	①拆装液压阀是一项精细的工作，任何尝试它的人必须承担以后阀能否正常工作的责任 ②不要在车间的地板上或者有灰尘和污垢被吹进阀的部件的地方进行阀的内部维修工作，必须选择干净的场地，使用清洁的工作台，确认使用的工具是清洁的，其上没有油脂和灰尘。所有的阀的拆卸和装配应在一个水平安装的位置上，并应该有足够的空间 ③卸掉管道内的油压力，防止油喷 ④管道拆卸必须预先做好标记，以免装配混淆 ⑤在维修工作中当移除元件时，确认密封了所有阀体的开口，这样做是为了防止外来的异物进入阀体 ⑥拆卸的油管先用清洗油清洗，然后在空气中风干，并将管两端开口处堵上塑料塞子，防止异物进入。管道螺纹及法兰盘上的O形圈等结构，要注意保护，防止划伤 ⑦防止异物进入或加工面划伤 ⑧细小零件(如密封圈、螺栓)，要分类保存(可分别装入塑料袋中)，不要丢失或损伤 ⑨油箱要用盖板覆盖，防止尘埃进入，排出的油应装入单独的干净桶里。再使用时，要用带过滤器的油泵一边过滤一边注入油箱	
液压阀拆卸注意事项	①对元件的结构图必须了解透彻，要熟悉装配关系、拆卸顺序和方法。在拆卸之前，学习研究阀的爆炸图并注意所有零件的方向和位置。为了以后方便装配，在拆卸时小心识别各个零件。阀芯和阀体是适配的并且必须被装回相同的阀体上。必须用相同的顺序重新装配阀的各个零部件 ②当不得不在虎钳上夹紧阀体时要特别小心，不要损坏部件。假如可能，使用一个装备有铅或铜的钳夹，或者缠绕上一个保护覆盖物保护元件 ③使用压力机移除承受高压的弹簧 ④用清洁的矿物油溶剂(或者其他非腐蚀性清洁剂)仔细洗净拆下的零件，而且保持原装配状态，分别安置好，不得丢失和碰伤。用压缩空气吹干零件。不要用废纸和碎布擦拭阀，因为碎布中藏有污物和纤维屑可能进入液压系统并引起故障 ⑤不要使用四氯化碳作为清洁剂，因为它会恶化橡胶密封 ⑥当发现表面形状或颜色异常时，要保持原始状态，便于分析故障发生的原因 ⑦在清洗和吹干阀之后立即用防锈的液压油涂上阀的各个零件。确认保持零部件的清洁并且免除潮湿直到重新装配它们。对于长时间保持拆卸状态的零件，应涂防锈油后，装入箱内保管 ⑧拆卸时要仔细地检查阀的弹簧，当弹簧有翘起、弯曲或者包含有破损、断裂的或者生锈的弹簧圈的迹象时应更换弹簧 ⑨使用弹簧检测仪检查弹簧的长度，压缩到一个指定的长度 ⑩拆卸时特别小心避免损坏阀芯或者阀套。即使一个极微小的阀的棱边上或阀套上的缺口都可能毁坏阀 ⑪拆下的零件要用放大镜、显微镜等仔细观察磨损、伤痕和锈蚀等情况。仔细检查滑动部位有无卡住，配合部分(如阀芯与阀体、阀芯与阀座等)是否接触不良等 ⑫主要零件要测量变形、翘曲、磨损、硬度等；弹簧要检测其弯曲和性能，在阀被拆卸后应更换所有的密封圈。密封圈要检测其表面有无破坏、切断伤痕、磨损、硬化及变形等 ⑬检测后，根据零件的损伤情况，采用必要的工具(砂纸、锉刀、刮刀、油石等)进行修复。不能修复的可进行配作或更换(如阀芯和密封圈等)。零件经过检测、修复或更换后，需重新组装	

续表

液压阀组装注意事项	①确认阀被清洗过了。用煤油冲洗阀的各个部件，将零件上的锈蚀、伤痕、毛刺及附着污物等彻底清洗干净，并用空气吹干它们。然后用含有防锈添加剂的液压油浸泡。这样做将帮助安装并提供初始的润滑，在装配时可以使用凡士林油固定密封圈至它们相应的位置 ②再一次检查阀的各结合面无毛刺和油漆 ③组装前涂上工作油 ④当维修一个阀的组件时应更换所有的密封和密封垫片。在安装之前浸泡所有的新的密封圈和密封垫片。这样做将防止密封件的损坏 ⑤确认装一个阀的阀芯在与它适配的阀体内。必须用准确的顺序重新安装阀的各部件 ⑥对滑阀等滑动件，不要强行装入。根据配合要求，要装配到能正常工作为止 ⑦确认安装阀时没有变形。变形可能的原因是安装螺栓时和管道法兰时的不平衡的拧紧力，不平的安装表面，不正确的阀的位置，或者当油温升高时不充足的可允许的管道膨胀。这些都会导致阀芯约束。因此紧固螺栓时，应按照对角顺序平均拧紧。不要过紧，过紧会使主体变形或密封损坏失效 ⑧在拧紧螺栓之后检查阀芯的动作。如果有任何的黏滞和约束，检查安装螺栓的拧紧力矩 ⑨装配完毕，应仔细校核检查有无遗忘零件(如弹簧、密封圈等)

9.10　液压控制元件的选型原则

液压控制阀的选择，除了要考虑安装空间、尺寸、质量、价格、服务性、可置换性、流体介质的可溶性、产品的信誉、油口连接尺寸等，为满足系统设计要求，各种阀还应满足表 20-9-172 所列的选用原则。

表 20-9-172　　液压控制元件的选型原则

控制表	选 用 原 则
方向阀	①额定压力必须与系统工作压力相容 ②额定流量要高于工作流量，还要注意到由于作用液压缸两边的面积差所造成的流量差异，最新的公司样本已开始将阀的通流能力用流量与压力差的关系曲线表示，选用时要根据这个曲线确定是否满足需要 ③操作方式 ④整体式与分片式 ⑤响应时间 ⑥节流特性 ⑦阀的其他功能
压力阀	①公称压力应大于系统额定压力的 20%～30%，或至少不得低于系统的最高压力(包括考虑动态情况下的最高压力) ②对压力控制要求较高时，要从阀的结构形式及动态性能方面来考虑 ③当系统对卸荷压力或溢流时的压力损失有限制时，通径可以选大些 ④溢流阀的开启时间比系统要求的长时，会造成系统的压力冲击，称水锤现象，这时要选用锥阀或直动型溢流阀 ⑤压力稳定是对压力阀的要求之一，特别是减压阀。但压力阀均存在压力偏移，在选用时要注意是否超过系统要求 ⑥压力控制重复性 ⑦响应时间，被选阀总有建压与卸压的过程，应注意这些特性是否满足系统提出的要求 ⑧效率高低
流量阀	①系统工作压力。应考虑系统的可能压力范围去选用流量控制阀 ②最大流量能满足在一个工作循环中所有的流量范围 ③流量控制形式是要求节流还是要求分流或集流，是否还有单向流动控制要求等 ④流量调节范围应满足系统要求的最大流量及最小流量 ⑤流量控制精度。被选阀能否满足被控制的流量精度。即使在系统全范围内根据提供的性能指标能满足，但也要注意到流量控制阀在小流量时控制精度是很差的 ⑥重复性。要求在重复的工作循环里，所调定的流量值每次都一致 ⑦流量调节的操作方式有手动、遥控以及自动等，可根据工作要求选择 ⑧是否需要温度补偿，根据工作条件及流量的控制精度决定 ⑨是否需要压力补偿 ⑩效率高低
叠加阀	①国产叠加阀应优先选用第三代叠加阀和有引进许可证的产品，也可选用第二代中高压系列产品及高压系列产品，随着技术发展，应注意选择型号新、性能稳定、品种齐全、质量可靠的产品 ②国产系列叠加阀经过十几年的发展，基本上已经形成了完整的与之相配套的一系列定型产品，如：多联底板块系列产品、叠加过渡垫板系列产品、叠加阀用螺栓和螺母，以及各种规格的油箱、管接头、泵装置等。在选用叠加阀组成液压系统时，可以选用上述产品，常规系统可以直接选配

续表

控制表	选 用 原 则
插装阀	①根据系统特点及插装阀使用条件确定是否采用插装阀(插装阀使用条件:系统功率大、流量超过 150L/min、工作压力超过 21MPa;系统要求集成度高、外形尺寸小;系统要求快速响应;系统要求内卸小或基本无泄漏;系统要求稳定性好、噪声小) ②确定各执行机构要求的各项参数以及控制方法 ③确定系统的工作介质 ④确定系统各组成部分之间的安装连接要求 ⑤确定各执行机构的各个工作过程及它们相对应的压力、方向及流量 ⑥确定对控制安全性的要求 ⑦根据以上要求确定插装阀的具体型号规格(初步确定插装件、再确定先导级、最后确定所有元件)
比例阀	①选用前应详细了解元件的工作原理、主要功能、性能,综合考虑使用要求与价格因素,正确合理地选择阀的类型 ②功能参数选择应留有一定余量,一般额定压力、流量应高于系统实际使用值的 10%～20%,性能参数应满足控制系统的要求 ③一般的比例阀有 25%左右的零位死区,频宽在 10Hz 以下,只宜用于开环控制系统中,闭环控制系统应慎重选用高性能比例阀 ④比例压力阀区分为不同压力等级,应根据系统的实际工作压力范围正确选用,才能达到预期的调节精度,提高阀的工作可靠性 ⑤流量控制阀不仅有不同流量调节范围,还有不同的流量变化形式,选用时可根据实际使用系统对流量变化要求考虑型号、规格。流量阀还应保证一个使阀能正常工作的压差 ⑥方向阀要合理选择中位机能和过滤机能 ⑦工作介质不同对阀密封有不同要求,选用时应注意产品样本的说明

9.11 液压控制装置的集成

9.11.1 液压控制装置的板式集成

表 20-9-173 板式集成的特点及其液压控制装置的设计

结构及特点		
结构及特点	板式集成液压控制装置,是把若干个标准板式液压控制阀用螺钉固定在一块公共底板(油路板,亦称阀板)上,按系统要求,通过油路板中钻、铣或铸造出的孔道实现各阀之间的油路联系,构成一个回路[参见图(a)]。对于较复杂的系统,则需将系统分解成若干个回路,用几个油路板来安装板式液压元件,各个油路板之间通过管道来连接。通常将油路板上安装阀的一面称为正面,不安装阀的一面称为背面 根据获取内部孔道方式的不同,油路板可分为整体式油路板和剖分式油路板两种结构形式 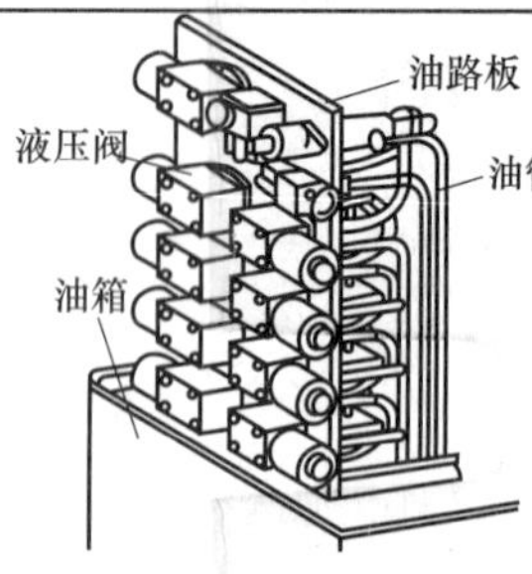 图(a) 板式集成液压控制装置的结构	
	整体式油路板	整体式油路板的油路孔道可用钻孔、铣槽和铸造三种方法之一得到 ①钻孔。包括油路板正面与阀的油口连接的孔在内的所有孔道都用钻孔的方法得到。图(b)中(ⅰ)所示的液压回路中的液压阀 1、2、3、4,安装到用钻孔方法获得的油路板上,组成的板式集中液压控制装置见图(b)中(ⅱ),此种结构的油路板具有强度高、可靠性好的优点,因而应用较多。其缺点是:加工工艺性差、效率低,特别是深孔的加工较难;由于孔道是钻出来的,孔道的交叉和转弯处都是直角[见图(c)中(ⅰ)],故液流局部阻力损失较大;由于油液在实现元件间油路联系所钻的一些工艺孔[最后需用图(c)中(ⅱ)所示的螺塞 2 堵死]中流动时会出现负压,螺塞密封不严可能吸入空气,从而导致系统出现振动、噪声和工作稳定性下降 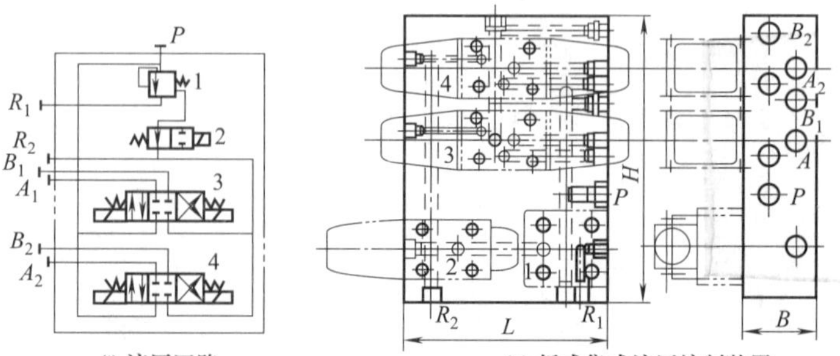 (ⅰ) 液压回路 (ⅱ) 板式集成液压控制装置 图(b) 液压回路及其板式集成液压控制装置

续表

板式集成液压控制装置的设计

油路板的工作图与制造

1)油路板的工作图。所设计的油路板零件工作图是加工制造油路板的主要依据,设计和绘制时的注意事项如下

①油路板的安装方式有支脚式和框架式。支脚式安装需要单独制作 L 形支脚(可用型钢简单加工而成),支脚紧固在油路板背面下角,再通过螺钉将油路板与主机附属设备或油箱顶盖连接起来。此安装方式结构简单,但刚性较差,适合单块油路板的装置采用

框架式安装方式是将油路板固定在一个框架上[如图(i)所示],或固定在专门的底座上,框架可用铸造或焊接等方法获得。此方式结构稍显复杂,但一个框架上可同时安装几块油路板,故特别适合较复杂的液压系统采用

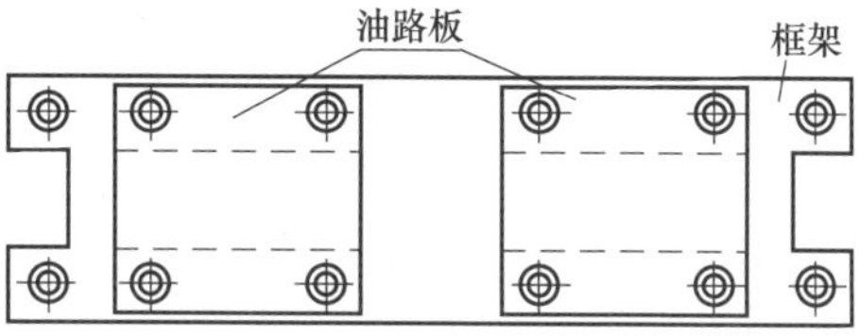

图(i)　框架式安装

②应有足够的视图数目。油路板的零件图要有足够的视图数目,以完整地表达油路板的内外形状及各种几何尺寸。一般应包括油路板的正面视图及各钻孔层的剖面图和带有螺塞的侧面视图

③尺寸标注应齐全无误。在外形尺寸标注齐全的同时,应当确定出各液压元件的基准线坐标,注出各孔相对于基准线的尺寸。零件图上各孔的直径与深度应标注齐全。由于油路板上孔系较多,且大小深浅不一,为了便于加工和检验,可用孔内做记号或将各孔编号列表的方法标出各孔的直径与深度;一般孔的位置公差和孔深误差为自由公差,故可不注,若有较高要求,则应注明

2)油路板的制造

①油路板材料通常采用 HT200、Q235 钢等

②铸件不得有疏松、缩孔及裂纹等缺陷。安装液压元件的正面应磨削加工,表面粗糙度可按所选用的液压阀对安装连接面的要求确定,也可自行确定,但表面粗糙度一般不得大于 $Ra1.6\mu m$。其余各面的表面粗糙度为 $Ra12.5\mu m$ 即可

③油路板加工完毕,还应进行耐压试验,在试验压力为工作压力的 1.3 倍时,油路板各面、各接口及螺塞处不得有渗漏

板式集成液压控制装置总装图的绘制

板式集成液压控制装置的总装图(有时简称油路板总装图)是全部液压控制元件安装到阀板上之后的外形图,为了便于油路板零件图的读图及加工,可在油路板装配图中附上该油路板的液压回路(系统)原理图

图(j)是一采用整体式油路板的板式集成液压控制装置的总装图示例

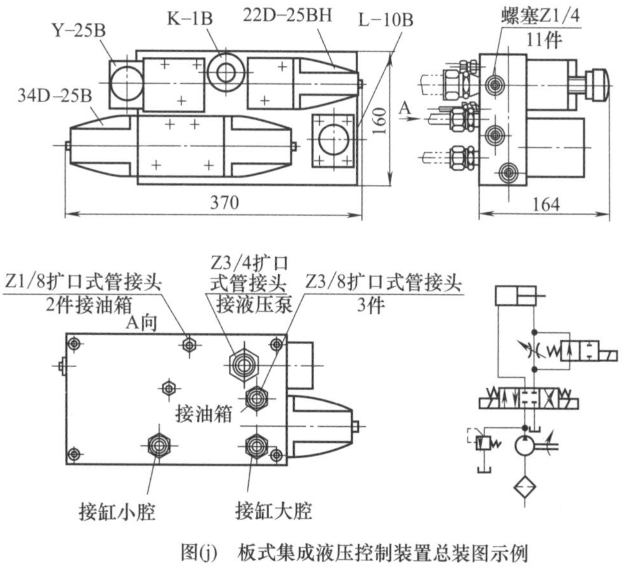

图(j)　板式集成液压控制装置总装图示例

第20篇

9.11.2 液压控制装置的块式集成

表 20-9-174 **块式集成的特点及其液压控制装置的设计**

结构及特点	如图(a)所示，块式集成是将标准的板式阀及少量叠加式阀或插装阀装在集成块上组成基本回路，元件之间靠集成块上加工出的通道连接，块与块之间又有连接孔，以便将适当的回路块叠积在一起成为所需要的系统	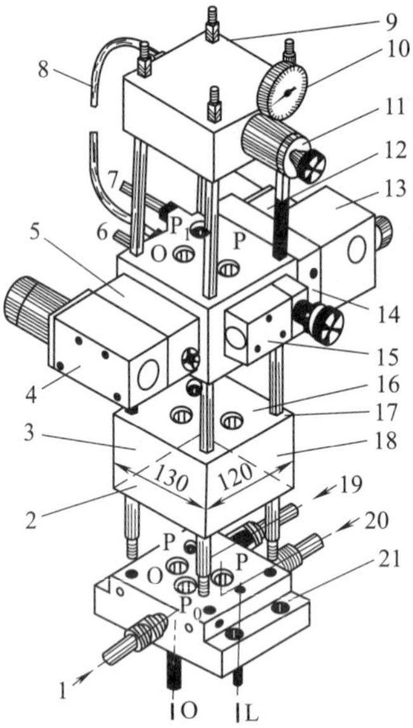 1—单泵或双泵供油进口； 2—集成块前面； 3—油路块左侧面； 4—二位五通电磁换向阀； 5—背压阀； 6—通液压缸小腔的管接头； 7—通液压缸大缸的管接头； 8—测压管； 9—顶块； 10—压力表； 11—压力表开关； 12—二位二通电磁换向阀； 13—调速阀； 14—过渡板； 15—顺序阀； 16—集成块后面； 17—集成块； 18—集成块侧面； 19,20—双、单泵供油进油口； 21—基块 图(a) 块式集成液压控制装置的结构
	可简化设计	可用标准元件按典型动作组成单元回路块。选取适当的回路块叠积于一体，即可构成所需液压控制装置，故可简化设计工作
	设计灵活、更改方便	因整个液压系统由不同功能的单元回路块组成，当需要更改系统、增减元件时，只需更换或增减单元回路块即可实现，所以设计时灵活性大、更改方便
	易于加工、专业化程度高	集成块(也称通道体)主要是 6 个平面及各种孔的加工。与前述油路板相比，集成块尺寸要小得多，因此平面和孔道的加工比较容易，便于组织专业化生产和降低成本
	结构紧凑、装配维护方便	由于液压系统的多数油路等效成了集成块内的通油孔道，所以大大减少了整个液压装置的管路和管接头数量。使得整个液压控制装置结构紧凑，占地面积小，外形整齐美观，便于装配维护，系统运行时泄漏少，稳定性好
	系统运行效率较高	由于实现各控制阀之间油路联系的孔道的直径较大且长度短损失小，发热少，效率较高。块式集成的主要缺点是集成块的孔系设计和加工容易出错，需要一定的设计和制造经验
块式集成液压控制装置的设计	分解液压系统并绘制集成块单元回路图	当液压控制装置决定采用块式集成时，首先要对已经设计好的液压系统原理图进行分解，并绘制集成块单元回路图。集成块单元回路图实质上是液压系统原理图的一个等效转换，它是设计块式集成液压控制装置的基础，也是设计集成块的依据。现以专用铣床工作台液压系统为例，图(b)所示，说明其要点。首先将液压系统原理图中的公用油路(本例为 3 条公用油路：压力油路 P，回油路 O 及泄油路 L)集中引至系统图一边；然后根据执行器动作功能及需要将系统分解为若干单元回路(本例分解为 4 个单元回路：2 个安装液压阀的中间集成块，简称中间块；1 个起支承作用的基块；1 个安放压力表开关的顶块)。各单元回路用点画线画出轮廓，并在其中标明每一单元回路上具体安装的控制阀及其数目，是否采用过渡板(见后)或专用阀，以及各阀之间的油路联系情况。分解集成块单元回路时，应优先采用现有系列集成块单元回路，以减少设计工作量。目前国内有多种集成块系列，各有几十种标准单元回路供选用。集成块上液压阀的安排应紧凑，块数应尽量少，以减小整个液压控制装置的结构尺寸和重量。集成块的数量与液压系统的复杂程度有关，一摞集成块组中，除基块和顶块外，中间块一般有 1～7 块。当所需中间块多于 7 块时，可按系统工作特点和性质，分组叠积，否则集成块组的高度和重量过大，容易失稳。减少中间块数目的主要途径有：液压阀的数目较少的简单回路合用一个集成块；液压泵的出口串接单向阀时，可采用管式连接的单向阀(串接在泵与集成块组的基块之间)；采用少量叠加阀、插装阀及集成块专用嵌入式插装阀，集成块侧面加装过渡板与阀连接，基块与顶块上布置适当的元件等

续表

<table>
<tr><td rowspan="4">块式集成液压控制装置的设计</td><td colspan="2">分解液压系统并绘制集成块单元回路图</td><td>
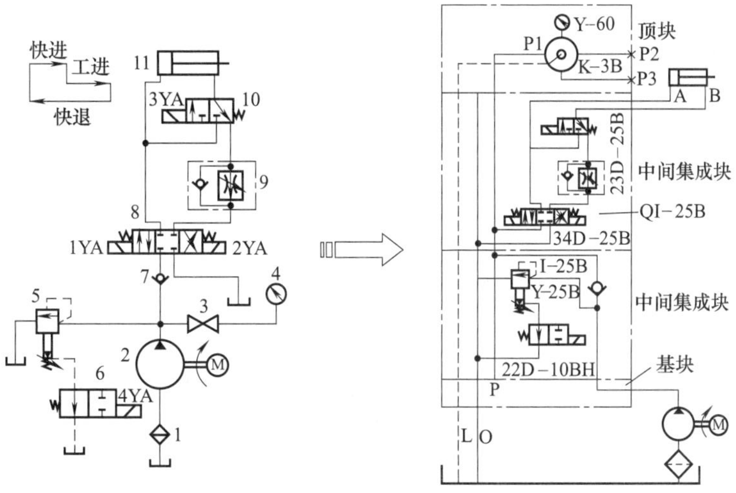

系统原理图　集成块单元回路图
图(b)　集成块单元回路图
</td></tr>
<tr><td rowspan="3">集成块的设计</td><td colspan="2">尽管目前已有多种集成块系列及其单元回路，但是现代液压系统日趋复杂，导致系列集成块有时不能满足用户的使用和设计要求，据统计工程实际中有占系统回路 20%～30%的回路集成块需自行设计
由于集成块的孔系结构复杂，设计者经验的多寡对于设计的成败及质量的优劣有很大影响。对于经验缺乏的设计者来说，在设计中，建议设计者研究和参考现有通用集成块系列的结构及特点，以便于加快设计进程，减少设计失误，提高设计工作效率</td></tr>
<tr><td>确定公用油道孔的数目</td><td>集成块体的公用油道孔，有二孔、三孔、四孔、五孔等多种设计方案，应用较广的是二孔式和三孔式
①二孔式。在集成块上分别设置压力油孔 P 和回油孔 O 各一个，用 4 个螺栓孔与块组连接螺栓间的环形孔来作为泄漏油通道。如图(c)所示
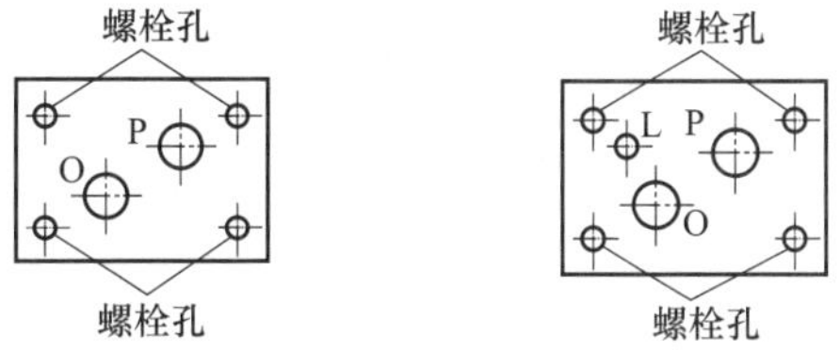

二孔式　三孔式
图(c)　集成块的公用油道孔
二孔式集成块的优点是：结构简单，公用通道少，便于布置元件；泄漏油道孔的通流面积大，泄漏油的压力损失小。缺点是：在基块上需将 4 个螺栓孔相互钻通，所以需堵塞的工艺孔较多，加工麻烦，为防止油液外泄，集成块间相互叠积面的粗糙度要求较高，一般应小于 $Ra0.8\mu m$
②三孔式。在集成块上分别设置压力油孔 P、回油孔 O 和泄油孔 L 共 3 个公用孔道，如图(c)所示
三孔式集成块的优点是结构简单，公用油道孔数较少，缺点是因泄漏油孔 L 要与各元件的泄漏油口相通，故其连通孔道一般细而长，加工较困难，且工艺孔较多</td></tr>
<tr><td>液压元件样板的制作</td><td>为了在集成块四周面上实现液压阀的合理布置及正确安排其通油孔(这些孔将与公用油道孔相连)，可按照液压阀的轮廓尺寸及油口位置预先制作元件样板，放在集成块各有关视图上，安排合适的位置。对于简单回路则不必制作样板，直接摆放布置即可</td></tr>
</table>

续表

块式集成液压控制装置的设计	集成块的设计	孔道直径及通油孔间的壁厚确定	集成块上的孔道很多，但可以分为三类：第一类是通油孔道，其中包括贯通上下面的公用孔道，安装液压阀的 3 个侧面上直接与阀的油口相通的孔道，另一侧面安装管接头的孔道，不直接与阀的油口相通的中间孔道即工艺孔等；第二类是连接孔，其中包括固定液压阀的定位销孔和螺钉孔（螺孔），连接各集成块的螺栓孔（光孔）；第三类是质量在 30kg 以上的集成块的起吊螺钉孔 ①确定通油孔道的直径 a. 与阀的油口相通孔道的直径，应与液压阀的油口直径相同 b. 与管接头相连接的孔道，其直径一般应按通过的流量和允许流速，但孔口须按管接头螺纹小径钻孔并攻螺纹 c. 工艺孔应用螺塞堵死 d. 对于公用孔道，压力油孔和回油孔的直径可以类比同压力等级的系列集成块中的孔道直径确定，也可通过计算得到；泄油孔的直径一般由经验确定，例如对于低中压系统，当 $q=25\mathrm{L/min}$ 时，可取 $\phi 6\mathrm{mm}$；当 $q=63\mathrm{L/min}$ 时，可取 $\phi 10\mathrm{mm}$ ②连接孔的直径 a. 固定液压阀的定位销孔的直径和螺钉孔（螺孔）的直径，应与所选定的液压阀的定位销直径及配合要求和螺钉孔的螺纹直径相同 b. 连接集成块组的螺栓规格可类比相同压力等级的系列集成块的连接螺栓确定，也可以通过强度计算得到。螺栓直径确定后，其螺栓孔（光孔）的直径也就随之而定，系列集成块的螺栓直径为 M8～M12，其相应的连接孔直径为 $\phi 9 \sim 12\mathrm{mm}$ c. 起吊螺钉孔的直径。单个集成块质量在 30kg 以上时，应按质量和强度确定螺钉孔的直径。 d. 通油孔间的壁厚及其校核。通油孔间的最小壁厚的推荐值不小于 5mm。当系统压力高于 6.3MPa 时，或孔间壁厚较小时，应进行强度校核，以防止系统在使用中被击穿。考虑到集成块上的孔大多细而长，钻孔加工时可能会偏斜，实际壁厚应在计算基础上适当取大一些
		中间块外形尺寸的确定	中间块用来安装液压阀，其高度 H 取决于所安装元件的高度。H 通常应大于所安装的液压阀的高度。在确定中间块的长度和宽度尺寸时，在已确定公用油道孔基础上，应首先确定公用油道孔在块间结合面上的位置。如果集成块组中有部分采用标准系列通道块，则自行设计的公用油道孔位置应与标准通道块上的孔一致。如图(d)所示，中间块的长度和宽度尺寸均应大于安放元件的尺寸，以便于设计集成块内的通油孔道时调整元件的位置。一般长度方向的调整尺寸为 40～50mm，宽度方向为 20～30mm。调整尺寸留得较大，孔道布置方便，但将加大块的外形尺寸和质量，反之，则结构紧凑、体积小、质量小。但孔道布置困难。最后确定的中间块长度和宽度应与标准系列块的一致 应当指出的是，现在有些液压系统产品中，一个集成块上安装的元件不止 3 个，有时一块上所装的元件数量达到 5～8 个以上，其目的无外乎是减少整个液压控制装置所用油路块的数量。如果采用这种集成块，通常每块上的元件不宜多于 8 个，块在 3 个尺度方向的最大尺寸不宜大于 500mm。否则，集成块的体积和质量较大，块内孔系复杂，给设计和制造带来诸多不便 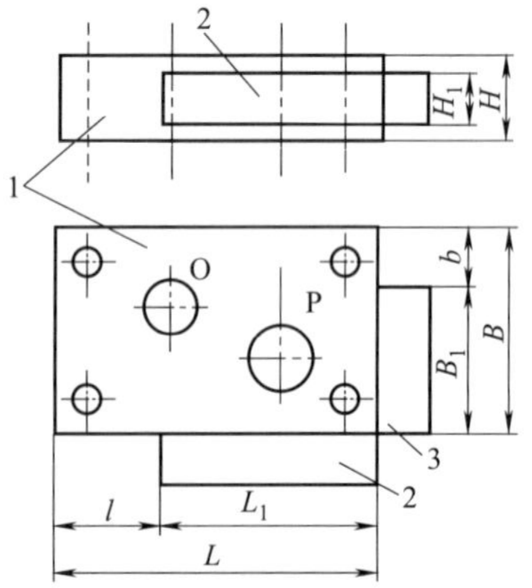 **图(d)　中间块外形尺寸及其调整示意** 1—中间块；2—正面安装的液压阀；3—侧面安装的液压阀
		布置集成块上的液压元件	在确定了集成块中公用油道孔的数目、直径及在块间连接面中的位置与集成块的外形尺寸后，即可逐块布置液压元件了。液压元件在通道块上的安装位置合理与否，直接影响集成块体内孔道结构的复杂程度、加工工艺性的好坏及压力损失的大小。元件安放位置不仅与典型单元回路的合理性有关，还要受到元件结构、操纵调整的方便性等因素的影响。即使单元回路完全合理，若元件位置不当，也难于设计好集成块体。因此，它往往与设计者的经验多寡、细心程度有很大关系 ①基块（底板）。基块的作用是将集成块组件固定在油箱顶盖或专用底座上，并将公用通油孔道通过管接头与液压泵和油箱相连接，有时需在基块侧面上安装压力表开关。设计时要留有安装法兰、压力表开关和管接头等的足够空间。当液压泵出油口经单向阀进入主油路时，可采用管式单向阀，并将其装在基块外 ②中间块。中间块的侧面安装各种液压控制元件。当需与执行装置连接时，3 个侧面安装元件，一个侧面安装管接头，注意事项如下

续表

块式集成液压控制装置的设计	集成块的设计	布置集成块上的液压元件	（见下文）

a. 应给安装液压阀、管接头、传感器及其他元件的各面留有足够的空间

b. 集成块体上要设置足够的测压点，以便调试和工作时使用

c. 需经常调节的控制阀如各种压力阀和流量阀等应安放在便于调节和观察的位置，避免相邻侧面的元件发生干涉

d. 应使与各元件相通的油孔尽量安排在同一水平面内，并在公用通油孔道的直径范围内，以减少中间连接孔（工艺孔）、深孔和斜孔的数量。互不相通的孔间应保持一定壁厚，以防工作时击穿

e. 集成块的工艺孔均应封堵，封堵有螺塞、焊接和球涨 3 种方式，如图(e)所示。螺塞封堵是将螺塞旋入螺纹孔口内，多用于可能需要打开或改接测压等元件的工艺孔的封堵。焊接封堵是将短圆柱周边牢固焊接在封堵处，对于直径小于 5mm 的工艺孔可以省略圆柱而宜接焊接封堵，多用于靠近集成块边壁的交叉孔的封堵。球涨封堵是将钢球以足够的过盈压入孔中，多用于直径小于 10mm 工艺孔的封堵，制造球涨式堵头及封堵孔的材料及尺寸应符合 JB/T 9157—2011 的规定。封堵用螺塞、圆柱和钢球均不得凸出集成块的壁面，焊接封堵后应将焊接处磨平。封堵后的密封质量以不漏油为准

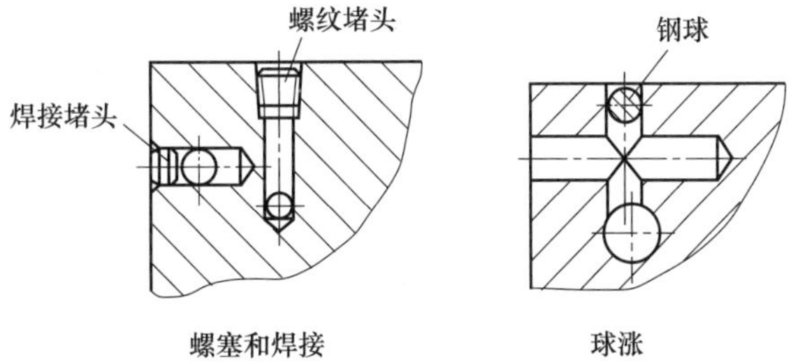

图(e)　工艺孔的封堵方式

f. 在集成块间的叠积面上（块的上面），公用油道孔出口处要安装 O 形密封圈，以实现块间的密封。应在公用油道孔出口处按选用的 O 形密封圈的规格加工出沉孔，O 形圈沟槽尺寸应满足相关标准的规定

③顶块（盖板）。顶块的作用是封闭公用通油孔道，并在其侧面安装压力表开关以便测压，有时也可以在顶块上安装一些控制阀，以减少中间块数量

④过渡板。为了改变阀的通油口位置或为了在集成块上追加、安装较多的元件，可按需要在集成块上采用过渡板。过渡板的高度应比集成块高度至少小 2mm，其宽度可大于集成块，但不应与相邻两侧元件相干涉

⑤集成块专用控制阀。为了充分利用集成块空间，减少过渡板，可采用以下两种集成块专用阀

a. 嵌入式专用阀。将油路上串接的元件如单向阀、背压阀等直接嵌入集成块内

b. 叠加式专用阀。通常将叠加阀叠积在集成块与换向阀之间

⑥集成块油路的压力损失。油液在流经集成块孔系后要产生一定的压力损失，其数值是反映块式集成装置设计质量与水平的重要标志之一。显然，集成块中的工艺孔愈少，附加的压力损失愈小

集成块组的压力损失，是指贯通全部集成块的进油、回油孔道的压力损失。在孔道布置确定后，压力损失随流量增加而增加。经过一个集成块的压力损失，可逐孔、逐段详细算出后叠加。通常，经过一个块的压力损失值约为 0.01MPa。对于采用系列集成块的系统，也可以通过有关图线查得不同流量下经过集成块组的进油、回油通道的压力损失。图(f)给出了 JK25 系列集成块的进油和回油通道的压力损失图线

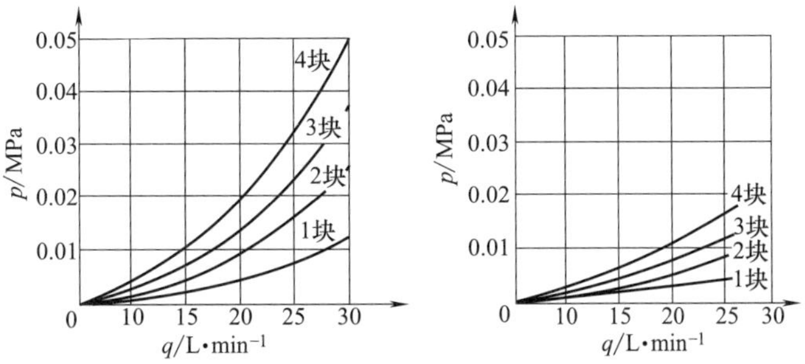

进油通道的压力损失　　回油通道的压力损失

图(f)　JK25系列集成块的压力损失图线

续表

块式集成液压控制装置的设计 — 集成块的设计 — 布置集成块上的液压元件

⑦绘制集成块加工图

a. 加工图的内容。为了便于看图、加工和安装，通常集成块的加工图应包括 4 个侧面视图及顶面视图、各层孔道剖面图与该集成块的单元回路图，并将块上各孔编号列表，并注明孔的直径、深度及与之阻、通的孔号，当然，加工图还应包括集成块所用材料及加工技术要求等

在绘制集成块的 4 个侧面和顶面视图时，往往是以集成块的底边和任一邻边为坐标，定出各元件基准线的坐标，然后绘制各油孔相连接液压阀的螺钉孔及块间连接螺栓孔，以基准线为坐标标注各尺寸

目前在有些液压企业，所设计的集成块加工图，各层孔道的剖视图，常略去不画，而只用编号列表来说明各种孔道的直径、深度及与之相通的孔号，并用绝对坐标标注各孔的位置尺寸等，以减少绘图工作量。但为了避免出现设计失误，最后必须通过人工或计算机对各孔的所有尺寸及孔间阻、通情况进行仔细校验

b. 集成块的材料和主要技术要求。制造集成块的材料因液压系统压力高低和工作机械类型不同而异。通常，对于固定机械、低压系统的集成块，宜选用 HT250 或球墨铸铁；高压系统的集成块宜选用 20 钢和 35 钢锻件。对于有质量限制要求的行走机械等设备的液压系统，其集成块可采用铝合金锻件，但要注意强度设计

集成块的毛坯不得有砂眼、气孔、缩松和夹层等缺陷，必要时需对其进行探伤检查。毛坯在切削加工前应进行时效处理或退火处理，以消除内应力

集成块各部位的粗糙度和公差要求不同，见下表

集成块各部位的粗糙度和公差要求

<table>
<tr><th>项目</th><th>部　位</th><th>数值/μm</th><th>项目</th><th colspan="2">部　位</th><th>数值/μm</th></tr>
<tr><td rowspan="3">表面粗糙度 Ra</td><td>各表面和安装嵌入式液压阀的孔</td><td><0.8</td><td rowspan="9">公差</td><td colspan="2">定位销孔直径</td><td>φ12</td></tr>
<tr><td>末端管接头的密封面</td><td><3.2</td><td colspan="2">安装面的表面平面度</td><td>每 100mm 距离上 0.01mm</td></tr>
<tr><td>O 形圈沟槽</td><td><3.2</td><td rowspan="3">沿 X 和 Y 轴计算孔位置尺寸</td><td>定位销孔</td><td>±0.1mm</td></tr>
<tr><td rowspan="4"></td><td rowspan="2">一般通油孔道</td><td rowspan="2"><12.5</td><td>螺纹孔</td><td>±0.1mm</td></tr>
<tr><td>油口</td><td>±0.2mm</td></tr>
<tr><td colspan="2" rowspan="2">备注
①块间结合面不得有明显划痕
②为了美观，机械加工后的铸铁和钢质集成块表面可镀锌</td><td colspan="2">块间结合面的平行度</td><td>0.03μm</td></tr>
<tr><td colspan="2">四个侧面与结合面的垂直度</td><td>0.1mm</td></tr>
</table>

形位公差要求为：块间结合面的平行度公差一般为 0.03μm，其余 4 个侧面与结合面的垂直度公差为 0.1mm。为了美观，机械加工后的铸铁和钢质集成块表面可镀锌

块式集成液压控制装置总装图绘制

块式集成液压控制装置总装图（也称集成块组装配图）是所有安装上标准液压阀的集成块成摞叠积后的外形图，为了便于读图、装配调试和使用维护，建议在总装图中附上整个液压系统等效的集成块单元回路图。块式集成液压控制装置总装图实例见图(g)

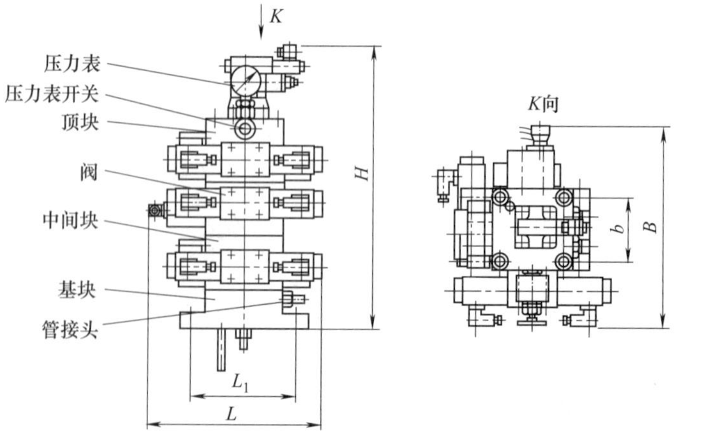

图(g) 块式集成液压控制装置总装图

9.11.3　液压控制装置的叠加阀式集成

表 20-9-175　　叠加阀式集成液压控制装置设计

<table>
<tr><td colspan="2">结构及特点</td><td>叠加阀式集成是在块式集成基础上发展起来的，液压控制元件间的连接不需要另外的连接块，而是以特殊设计的叠加阀的阀体作为连接体，通过螺栓将液压阀等元件直接叠积并固定在最底层的基块（底板块）上。基块侧开有螺纹孔口，通过管接头作为通向执行器、液压泵或油箱的孔道，并可根据需要用螺塞封堵或打开。由于同一系列、规格的叠加阀的油口和连接螺栓孔的大小、位置及数量与相匹配的板式换向阀相同，所以，只要把同一规格的叠加阀按一定顺序叠加起来，再将板式换向阀直接安装于这些叠加阀的上面，即可构成各种典型液压回路。叠加阀式集成液压控制装置的结构如图(a)所示
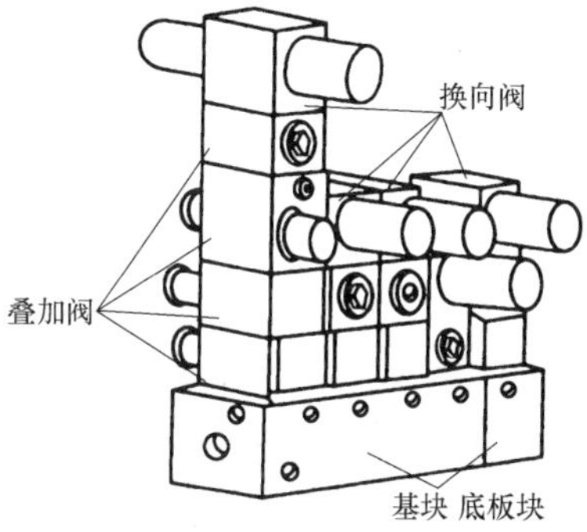

图(a)　叠加阀式集成液压控制装置的结构</td></tr>
<tr><td></td><td>优点</td><td>①标准化、通用化和集成化程度高，设计、加工及装配周期短，便于进行计算机辅助设计
②结构紧凑、外形美观、体积小、重量轻、占地面积小
③配置灵活、安装维护方便，便于通过增减叠加阀，实现液压系统原理的变更
④减少了管件和阀间连接辅助件，耗材少，成本低
⑤压力损失小，消除了漏油、振动和噪声，系统稳定性高，使用安全可靠</td></tr>
<tr><td></td><td>缺点</td><td>叠加阀式集成液压控制装置的主要缺点是回路形式较少，一般最大通径 32mm，故不能满足复杂和大功率液压系统的需要</td></tr>
<tr><td>叠加阀式集成液压控制装置的设计要点</td><td>绘制液压叠加回路图</td><td>液压叠加回路图是已有液压系统原理图的一个等效转换，它是组成叠加阀式集成液压控制装置的依据
研究叠加阀系列型谱，首先应对叠加阀系列型谱进行研究，其目的是根据液压系统功能原理设计时确定的液压系统工作压力、流量，从现有叠加阀系列中选定合适的叠加阀系列产品，作为系统的控制元件，选择时重点注意叠加阀的机能、公称压力和通径（流量），并对要选用的叠加阀与普通液压阀原理相对比，以验证其使用后的正确性。最后将选定的叠加阀，按系列的规定和一定规律绘制成系统的液压叠加回路图，各叠加阀要用点画线画出轮廓，并应标明各阀之间的油路联系情况
绘制液压叠加回路时的注意事项如下
①主换向阀、叠加阀、基块之间的通径相连接尺寸应一致，并符合国际标准 ISO 4401 的规定
②板式主换向阀应布置在叠加阀组的最上面，兼作顶盖用。执行器、液压泵及油箱通过管接头及油管与基块的下底面或侧面通油孔道相连接，各种叠加阀应布置在主换向阀与底板块之间
③压力表开关应紧靠基块，否则将无法测出各点压力。多联基块的组合控制装置中至少要设一个压力表开关。凡有减压阀的油路都应设一个压力表开关
④组成的回路有时会受到部分叠加阀叠加顺序的限制，所以要注意：双液控单向阀与双单向节流阀组合时，应使单向节流阀靠近执行器，以防双液控单向阀启闭不正常引起液压缸冲击；减压阀与双单向节流阀组合时，节流阀应靠近执行器，以防节流阀的节流作用引起的压力变化使减压阀阀口开度即出口压力频繁变化，从而导致液压执行器运动不稳定或振动；减压阀与双控单向阀组合时，也应使单向阀靠近执行器，以保证需锁紧的液压执行器不致因减压阀的泄漏而出现窜动
⑤回油路上的调速阀和节流阀等元件，应安装在紧靠主换向阀的位置，以减小这些元件后的背压（压力损失），使回油或泄油畅通
⑥对于较复杂的多执行器液压系统，可使用多联基块连接出多摞阀（因为通常一摞阀只能控制 1 个执行器）
⑦叠加阀组原则上应垂直叠加，以避免水平安装时因重力作用使连接螺栓发生拉伸和弯曲变形，叠加阀间产生向外渗油现象
⑧采用液控单向阀的系统，其主换向阀需采用 Y 型或 YX 型中位机能，以保证换向阀在中位时，液控单向阀的液控口接油箱使单向阀的阀芯可靠复位
图(b)为 1 个液压马达和 1 个液压缸作为执行器的液压叠加回路图的示例</td></tr>
</table>

续表

叠加阀式集成液压控制装置的设计要点	绘制液压叠加回路图	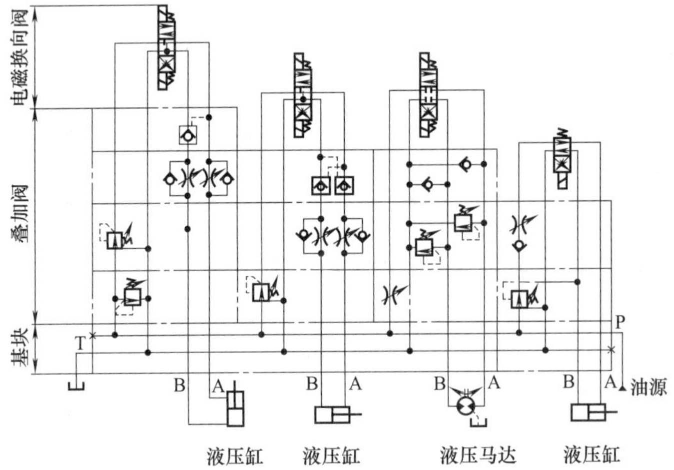 图(b)　液压叠加回路图
	基块（底板块）的选用与设计	目前，各现有叠加阀系列均有其通用基块的图纸或产品可以供给，一般情况下，可满足各种液压系统的要求，因此应优先选用，以减少设计工作量并缩短制造加工周期。选用底板块时应根据叠加阀通径区分所选阀的种类。如 $\phi6$ 通径的基块（底板块）可按需要直接选取联（摞）数，1 摞（叠）阀选 1 联，2 摞（叠）阀选 2 联等（也可多选 1 联，作为备用基块供追加元件之用）。而 $\phi10$ 通径之上的基块有左、中、右之分，若有 2 摞（叠）以上的阀，应选左、右底板各 1 块，若只有 1 叠阀则可仅选用 1 块左边块或右边块，不用的孔应使用螺栓封堵。若通用基块不能满足使用要求，则需根据系统性质和特点参考通用基块的结构自行设计，其设计要点与块式集成中的集成块相似，故此处从略
	绘制叠加阀式集成的总装图	叠加阀式集成液压控制装置的总装图（也称叠加阀组总装图）是将各换向阀、叠加阀叠积于基块后的外形图。在对所设计的液压叠加回路进行校验、与系统原理图进行比较确认其工作原理无误后，即可开始绘制总装图。为了便于读图、装配调试和使用维护，建议在装配图中附上整个液压系统等效的液压叠加回路图。叠加阀式集成液压控制装置的总装图示例（略去了俯视图和回路图）如图(c)所示 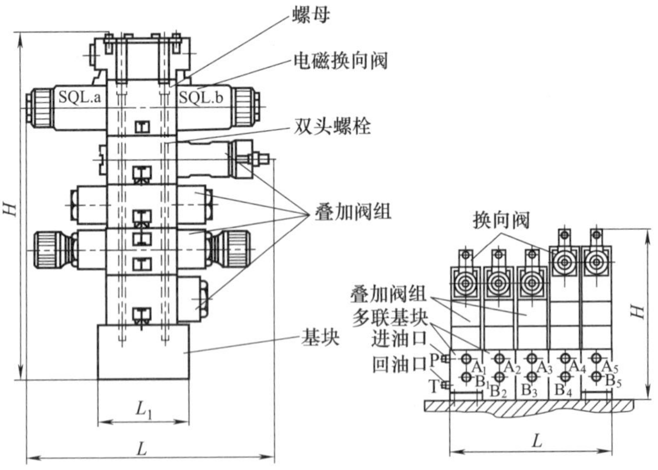 单联叠加阀组　　多联叠加阀组 图(c)　叠加阀式集成液压控制装置的总装图

9.11.4　液压控制装置的插入式集成

表 20-9-176　插入式集成液压控制装置的特点及设计

<table>
<tr><td rowspan="3">结构及特点</td><td colspan="2">插入式集成是近年发展起来的新型集成方式。它所连接的液压阀主要为插装阀，所以也称插装式集成
插装阀本身没有阀体，如图(a)所示，依靠插入元件(阀芯 1、阀套 2、弹簧 3 和密封件 4)与集成块(又称通道块)5 中的孔配合，控制盖板上根据插装阀的不同控制功能，安装相应的先导控制元件；通道块既是嵌入插入元件及安装控制盖板的基础阀体，又是主油路和控制油路的连通体，图(b)为某整体式通道块的外形
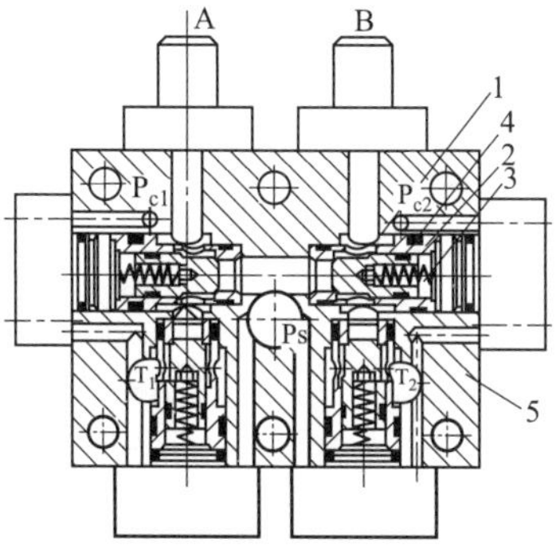

图(a)　插入式集成中的插装阀
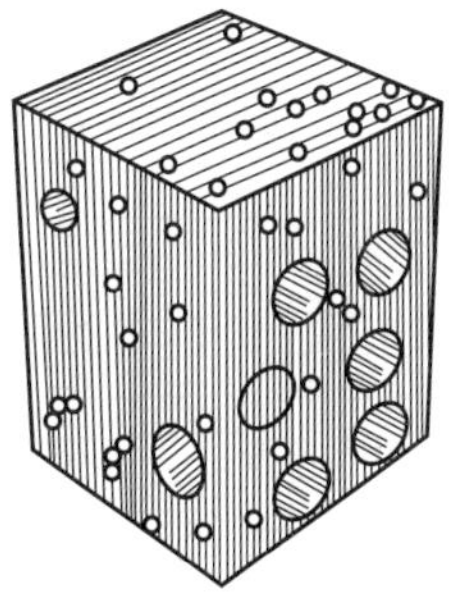
图(b)　插入式集成的整体式通道块</td></tr>
<tr><td>优点</td><td>与普通液压阀及其集成方式相比，插入式集成的优点是
①插装阀通过组合插件与阀盖，具有可构成方向、流量以及压力多种控制功能
②由于阀座式结构，内部泄漏小，没有卡阻现象；有良好的适应性，能实现高压、大流量(可达 18000L/min)，并且适用于高水基液压介质
③插装阀直接装入集成块的内腔中，所以减少了泄漏、振动、噪声和配管引起的故障，提高了可靠性
④结构简单，标准化、系列化、专业化程度高，集成后的液压控制装置可大幅度地缩小安装空间与占地面积，与常规的液压装置相比成本低
所以在重型机械、冶金、塑料机械及各种加工机床的液压系统中获得了广泛应用</td></tr>
<tr><td>缺点</td><td>液压系统变更的灵活性较差，集成块的通油孔系统较复杂，不便于设计和加工</td></tr>
<tr><td>插入式集成的设计</td><td>绘制插装阀液压回路图</td><td>插装阀液压回路图的绘制分为两种情况：一种是可以将液压系统功能原理设计时拟订的常规阀表示的液压系统或回路等效转换成相应的插装阀回路[图(c)]；另一种是在整个液压系统设计之初，就决定采用插装阀，则可在系统功能原理设计时，就以插装阀形式绘制出整个系统的回路图。若为前者，则应对转换前后的液压系统原理的正确性进行慎重验证与核对
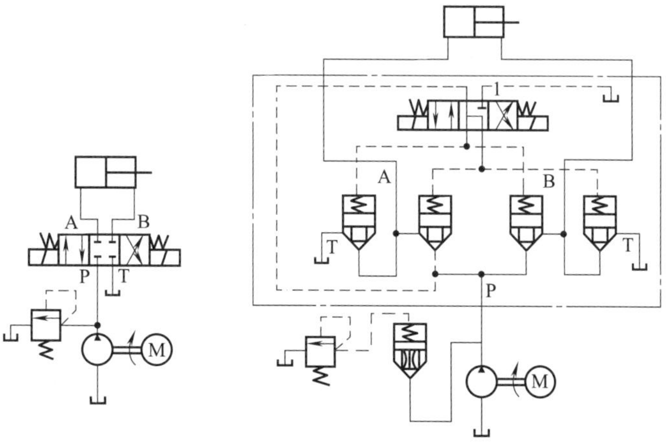

图(c)　将常规阀液压回路转换为插装阀回路</td></tr>
</table>

续表

插入式集成的设计	插装阀的选用与设计	目前，国产各系列插装阀的开发单位或生产厂基本上均可提供所需产品，因此应优先采用现有插装阀系列产品。只有在现有产品不能满足用户特殊使用要求时，才可参考液压阀设计方面的相关文献、资料自行设计
	集成块(通道块)的选用与设计	阀块实质上是插装阀的复合控制单元。与插装阀一样，也进行了系列化和标准化。制造厂为每一种集成块提供回路原理图供用户选择，也提供非标准集成块 当标准阀块不能满足使用要求时，用户可结合选用或设计的插装阀并参照块式集成中集成块的设计要点自行设计。但应符合二通插装阀的安装连接尺寸(GB/T 2877—2007)及螺纹式插装阀的阀孔尺寸(JB/T 5963—2014)的标准规定
	绘制插入式集成液压控制装置的总装图	插入式集成液压控制装置的总装图应该包含的内容及其绘制方法和注意事项，与块式集成等集成方式的总装图的绘制类同(略)

9.11.5 液压控制装置的复合式集成

随着制造业和工业技术的发展，各类机械设备的液压系统及液压装置的结构形式日趋复杂和多样化。在一个液压系统中，这种情况下往往有多个回路或支路，而各支路因负载、速度的不同，其通过流量和使用压力不尽相同，这种情况下机械地采用同一类型的液压阀及集成方式就未必合理。此时可以根据各回路或支路的工况特点统筹考虑，并将板式、块式、链式、叠加阀式、插入式集成方式混合使用，构成一个整体型的复合式集成液压控制装置。它集中了上述几种集成方式的特点，适应性和针对性强，整体造价可能较单独采用一种集成方式要低。但在一个油路块上以多种方式集成许多元件（图 20-9-136），无疑增大了油路块的体积、质量和孔系的复杂性，也加大了设计制造难度。

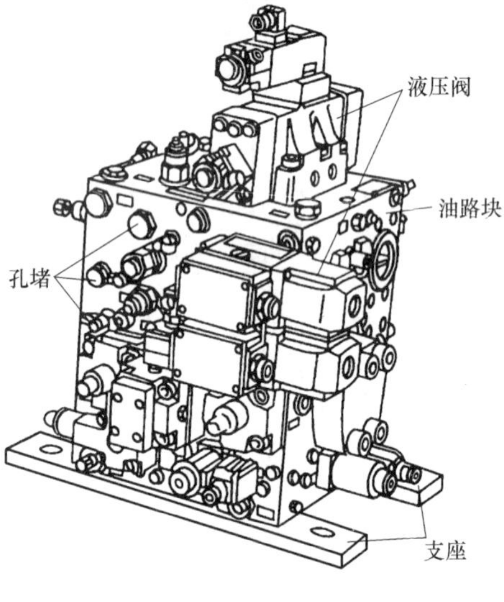

图 20-9-136 复合集成许多元件的油路块

在这种液压控制装置中，可以按以下原则进行设计：在同样使用压力下，对于较小流量的回路，可采用叠加阀式集成装置；对于较大流量回路，可采用插装阀并构成插装式集成装置，对于中等流量的回路，可采用板式阀并构成块式集成装置。

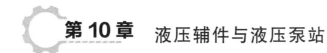

第 10 章　液压辅件与液压泵站

10.1　蓄能器

蓄能器在液压系统中是用来储存、释放能量的装置，其主要用途为：可作为辅助液压源在短时间内提供一定数量的压力油，满足系统对速度、压力的要求，如可实现某支路液压缸的增速、保压、缓冲、吸收液压冲击、降低液压脉动、减少系统驱动功率等。

10.1.1　蓄能器的种类及特点

表 20-10-1　　蓄能器的种类及特点

种类		结构简图	特点	用途	安装要求
气体加载式	气囊式	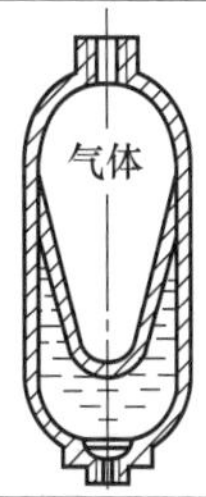	油气隔离，油不易氧化，油中不易混入气体，反应灵敏，尺寸小，重量轻；气囊及壳体制造较困难，橡胶气囊要求温度范围－20～70℃	折合型气囊容量大，适于蓄能；波纹型气囊用于吸收冲击	一般充惰性气体（如氮气）。油口应向下垂直安装。管路之间应设置开关（为充气、检查、调节时使用）
	活塞式	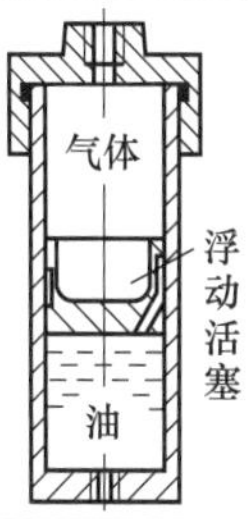	油气隔离，工作可靠，寿命长尺寸小，但反应不灵敏，缸体加工和活塞密封性能要求较高，有定型产品	蓄能，吸收脉动	
	气瓶式	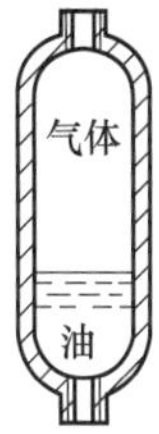	容量大，惯性小，反应灵敏，占地小，没有摩擦损失；但气体易混入油内，影响液压系统运行的平稳性，必须经常灌注新气；附属设备多，一次性投资大	适用于需大流量中、低压回路的蓄能	
重锤式		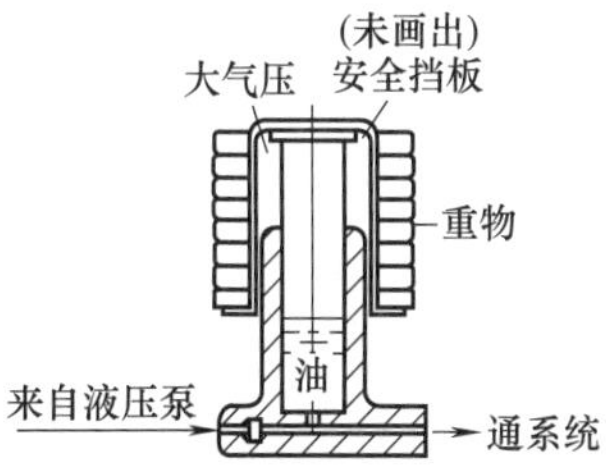	结构简单，压力稳定；体积大，笨重，运动惯性大，反应不灵敏，密封处易漏油，有摩擦损失	仅作蓄能用，在大型固定设备中采用。轧钢设备中仍广泛采用（如轧辊平衡等）	柱塞上升极限位置应设安全装置或信号指示器，应均匀地安置重物
弹簧式		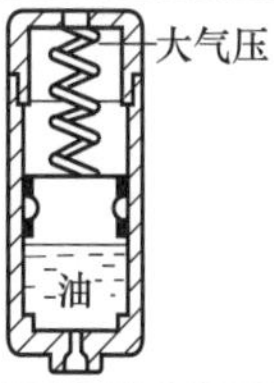	结构简单，容量小，反应较灵敏；不宜用于高压，不适于循环频率较高的场合	仅供小容量及低压 $p \leqslant 1 \sim 12$MPa 系统作蓄能器及缓冲用	应尽量靠近振动源

10.1.2 蓄能器在系统中的应用

表 20-10-2 **蓄能器在系统中的应用**

用 途	系 统 图	用 途	系 统 图
储蓄液压能用			
(1)对于间歇负荷，能减少液压泵的传动功率 当液压缸需要较多油量时，蓄能器与液压泵同时供油；当液压缸不工作时，液压泵给蓄能器充油，达到一定压力后液压泵停止运转	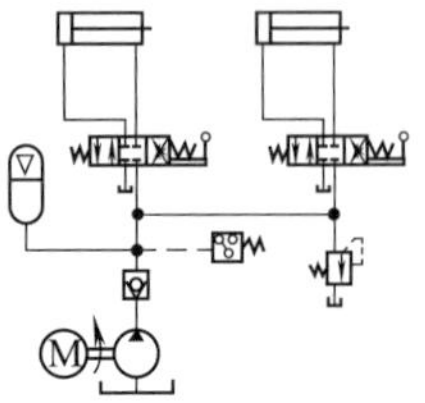	(4)保持系统压力：补充液压系统的漏油，或用于液压泵长时间停止运转而要保持恒压的设备上	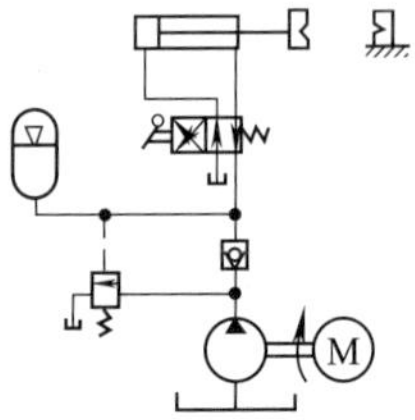
(2)在瞬间提供大量压力油	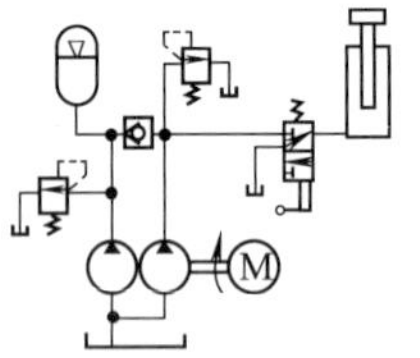	(5)驱动二次回路：机械在由于调整检修等原因而使主回路停止时，可以使用蓄能器的液压能来驱动二次回路	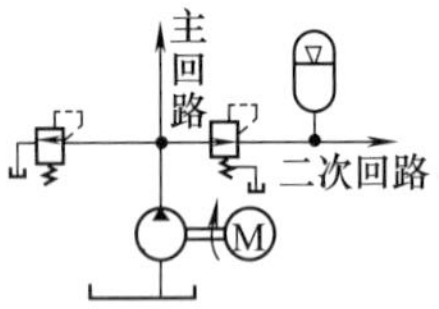
(3)紧急操作：在液压装置发生故障和停电时，作为紧急的动力源	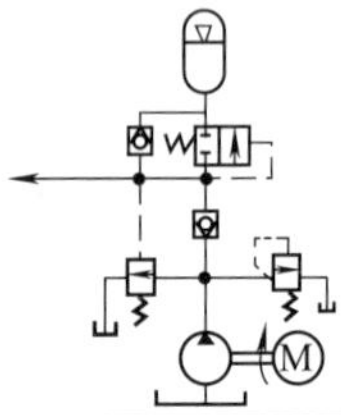	(6)稳定压力：在闭锁回路中，由于油温升高而使液体膨胀，产生高压可使用蓄能器吸收，对容积变化而使油量减少时，也能起补偿作用	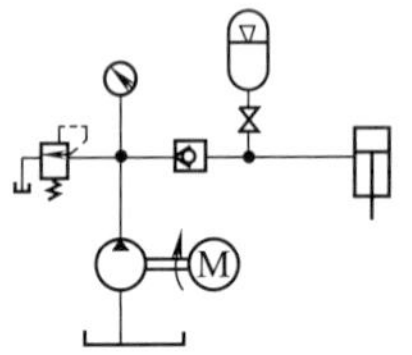
缓和冲击及消除脉动用			
(1)吸收液压泵的压力脉动	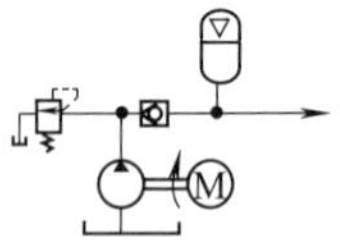	(2)缓和冲击：如缓和阀在迅速关闭和变换方向时所引起的水锤现象	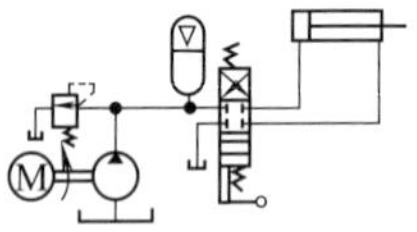

注：1. 缓和冲击的蓄能器，应选用惯性小的蓄能器，如气囊式蓄能器、弹簧式蓄能器等。

2. 缓和冲击的蓄能器，一般尽可能安装在靠近发生冲击的地方，并垂直安装，油口向下。如实在受位置限制，垂直安装不可能时，再水平安装。

3. 在管路上安装蓄能器，必须用支板或支架将蓄能器固定，以免发生事故。

4. 蓄能器应安装在远离热源的地方。

10.1.3 各种蓄能器的性能及用途

表 20-10-3 **各种蓄能器的性能及用途**

形 式				性能：响应	性能：噪声	性能：容量的限制	性能：最大压力/MPa	性能：漏气	性能：温度范围/℃	用途：蓄能用	用途：吸收脉动冲击用	用途：传递异性液体用
气体加载式	隔离式	可挠型	气囊式	良好	无	有(480L 左右)	35	无	−10～120	可	可	可
			隔膜式	良好	无	有(0.95～11.4L)	7	无	−10～70	可	可	可
			直通气囊式	好	无	有	21	无	−10～70	不可	很好	不可
			金属波纹管式	良好	无	有	21	无	−50～120	可	可	不可
		非可挠型	活塞式	不太好	有	可做成较大容量	21	小量	−50～120	可	不太好	可
			差动活塞式	不太好	有	可做成较大容量	45	无	−50～120	可	不太好	不可
	非隔离式			良好	无	可做成大容量	5	有	无特别限制	可	可	不可
重力加载式				不好	有	可做成较大容量	45	—	−50～120	可	不好	不可
弹簧加载式				不好	有	有	1.2	—	−50～120	可	不太好	可

10.1.4　蓄能器的容量计算

表 20-10-4　**蓄能器的容量计算**

<table>
<tr><th>应用场合</th><th>容积计算公式</th><th>说　明</th></tr>
<tr><td>作辅助动力源</td><td>$V_0=\frac{V_x(p_1/p_0)^{\frac{1}{n}}}{1-(p_1/p_2)^{\frac{1}{n}}}$</td><td>$V_0$—所需蓄能器的容积,$m^3$
p_0—充气压力,Pa,按 $0.9p_1<p_0<0.25p_2$
V_x—蓄能器的工作容积,m^3
p_1—系统最低工作压力,Pa
p_2—系统最高工作压力,Pa
n—指数,等温时取 $n=1$,绝热时 $n=1.4$</td></tr>
<tr><td>吸收泵的脉动</td><td>$V_0=\frac{AkL(p_1/p_0)^{\frac{1}{n}}\times 10^3}{1-(p_1/p_2)^{\frac{1}{n}}}$</td><td>$A$—缸的有效面积,$m^3$
L—柱塞行程,m
p_0—充气压力,按系统工作压力的 60%充气
k—与泵的类型有关的系数:
<table>
<tr><th>泵的类型</th><th>系数 k</th><th>泵的类型</th><th>系数 k</th></tr>
<tr><td>单缸单作用</td><td>0.60</td><td>双缸双作用</td><td>0.15</td></tr>
<tr><td>单缸双作用</td><td>0.25</td><td>三缸单作用</td><td>0.13</td></tr>
<tr><td>双缸单作用</td><td>0.25</td><td>三缸双作用</td><td>0.06</td></tr>
</table></td></tr>
<tr><td>吸收冲击</td><td>$V_0=\frac{m}{2}v^2\left(\frac{0.4}{p_0}\right)\left[\frac{10^3}{\left(\frac{p_2}{p_0}\right)^{0.285}-1}\right]$</td><td>$m$—管路中液体的总质量,kg
v—管中流速,m/s
p_0—充气压力,按系统工作压力的 90%充气</td></tr>
</table>

注:1. 充气压力按应用场合选用。
2. 蓄能器工作循环在 3min 以上时,按等温条件计算,其余均按绝热条件计算。

10.1.5　蓄能器的选择

蓄能器的选择应考虑如下因素:工作压力及耐压;蓄能器的用途;公称容积及允许的吸(排)液量或气体腔容积;允许使用的工作介质及介质温度等。其次,还应考虑蓄能器的重量及占用空间;价格、质量及使用寿命;安装维修的方便性及生产厂家的货源情况等。

蓄能器作为一种压力容器要受到有关法规或规程的强制性管理,其使用材料、制造方法、强度、安全措施应符合国家的有关规定。选用蓄能器时应选用有完善质量体系保证并取得有关部门认可的生产厂家的产品。

10.1.6　蓄能器产品

10.1.6.1　NXQ 型囊式蓄能器

NXQ 型国标囊式蓄能器是利用气体(一般为氮气)的可压缩性原理来蓄能的,广泛用于汽车、机械机床、石油、航天航空等领域,如图 20-10-1 所示。其具体原理为:在皮囊的内部充入氮气,外部则由液压油包围,而当液压油不断增多时,皮囊就受到挤压而变形,气体体积随之缩小,气压增大,这就是蓄能过程;而当气体膨胀时,液压油不断被排出,这就是释放能量的过程。

囊式蓄能器主体部分是皮囊与壳体,其中重要部分是皮囊,这也是决定产品质量、寿命关键因素。皮囊最上面的内孔有内螺纹,与充气单向阀连接,充气口里面有一个单向阀,阀芯后面有一个弹簧。皮囊和单向阀的接合面用紫铜垫密封。需要注意的是,对于不同容积和压力的皮囊,其单向阀及各种辅助密封圈一般都是可以通用的。

图 20-10-1　NXQ 型囊式蓄能器

型号意义：

NXQ-※-※/※-※-※

液压囊式蓄能器——NXQ

结构形式：A— 小口；AB— 大口

公称容量：0.4 ～ 150L

公称压力：10MPa、20MPa、31.5MPa

连接方式：L— 螺纹；F— 法兰

工作介质：A— 液压油；Ra— 乳化液

表 20-10-5　　　　NXQ 型囊式蓄能器技术参数

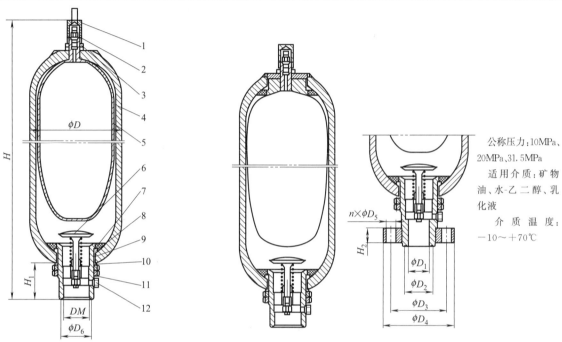

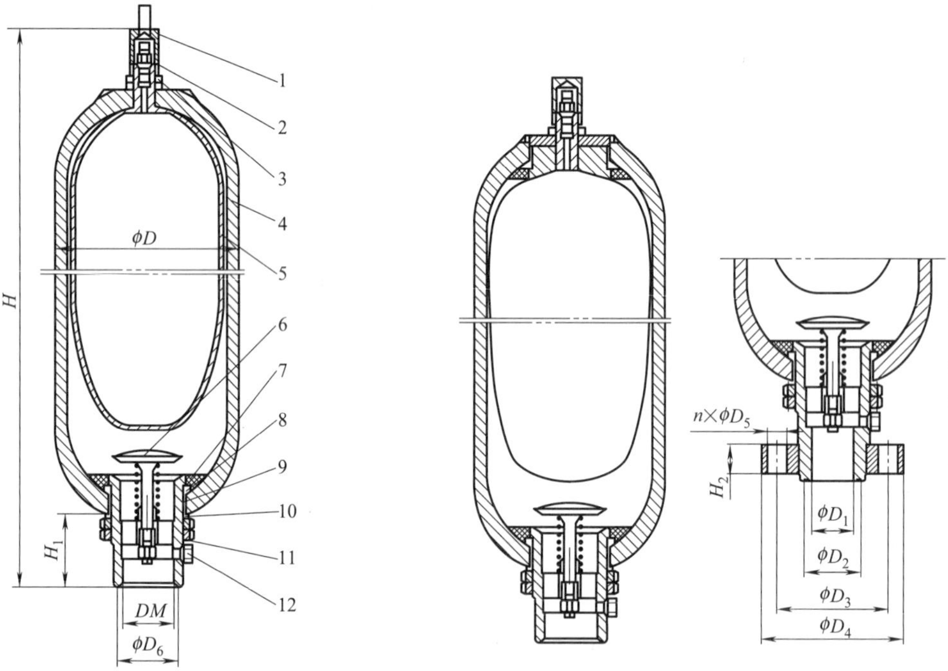

公称压力：10MPa、20MPa、31.5MPa

适用介质：矿物油、水-乙二醇、乳化液

介质温度：−10～+70℃

1—阀防护罩；2—充气阀；3—止动螺母；4—壳体；5—胶囊；6—菌形阀；7—橡胶托环；
8—支承环；9—密封环；10—压环；11—阀体座；12—螺堵

型号	公称压力/MPa	公称容量/L	连接方式 L H	连接方式 F H	DM	ϕD_1	ϕD_2	基本尺寸/mm ϕD_3	ϕD_4	$n\times\phi D_5$	ϕD_6	H_1	H_2	ϕD	质量/kg
NXQ※-0.4/※-L-※	10 20 31.5	0.4	250		M27×2						32 (32×1.9)	52		89	3
NXQ※-0.63/※-L-※		0.63	320												3.5
NXQ※-1/※-L-※		1	315											114	5.5
NXQ※-1.6/※-L/F-※		1.6	355	370	M42×2	40	50 (50×3.1)	97	130	6×Φ17	50 (50×3.1)	66	25	152	12.5
NXQ※-2.5/※-L/F-※		2.5	420	435											15
NXQ※-4/※-L/F-※		4	530	545											18.5
NXQ※-6.3/※-L/F-※		6.3	700	715											25.5
NXQ※-10/※-L/F-※		10	660	685	M60×2	50	65 (65×3.1)	125	160	6×Φ22	70 (70×3.1)	85	32	219	48

续表

型号	公称压力/MPa	公称容量/L	连接方式 L H	连接方式 F H	DM	ϕD_1	ϕD_2	基本尺寸/mm ϕD_3	ϕD_4	$n\times\phi D_5$	ϕD_6	H_1	H_2	ϕD	质量/kg
NXQ※-16/※-L/F-※	10 20 31.5	16	870	895	M60×2	50	65(65×3.1)	125	160	6×Φ22	70(70×3.1)	85	32	219	63
NXQ※-25/※-L/F-※		25	1170	1195											84
NXQ※-40/※-L/F-※		40	1690	1715											119
NXQ※-20/※-L/F-※		20	690	715	M72×2	70	80(80×3.1)	150	200	6×Φ26	80(80×3.1)	105	40	299	92
NXQ※-25/※-L/F-※		25	780	805											105
NXQ※-40/※-L/F-※		40	1080	1110	M72×2										135
NXQ※-63/※-L/F-※		63	1500	1530											191
NXQ※-80/※-L/F-※		80	1810	1840											241
NXQ※-100/※-L/F-※		100	2220	2250											290
NXQ※-100/※-L/F-※		100	1315	1360	M100×2	100	115(115×3.1)	220	255	8×Φ26	115(115×5.7)	115	50	426	441
NXQ※-160/※-L/F-※		160	1915	1960											552
NXQ※-200/※-L/F-※		200	2315	2360											663
NXQ※-250/※-L/F-※		250	2915	2960											786

注：1. 括号内为 O 形密封圈尺寸。
2. 生产厂为奉化朝日液压公司。

10.1.6.2　NXQ 型囊式蓄胶囊

蓄胶囊是囊式蓄能器的重要组成部分（图 20-10-2），通常由橡胶制成，具有可伸缩性，用于储藏压缩后的惰性气体。一般来说，胶囊内会注入一定气压的氮气，在胶囊外则充入液压油，胶囊会随着液压油的挤压而变形，从而压缩氮气来蓄能，反之则是释放能量。为了便于胶囊的更换，蓄能器的顶部一般使用大口结构。

图 20-10-2　NXQ 型囊式蓄胶囊

型号意义：

※×※-※-※

- 胶囊容量：0.4 ~ 160L
- 胶囊长度：74 ~ 2150mm
- 蓄能器外径(mm)
- 胶囊代号：NBR— 丁腈橡胶；IIR— 丁基橡胶；CR— 氯丁橡胶；FPM— 氟橡胶

表 20-10-6　　NXQ 型囊式蓄胶囊技术参数

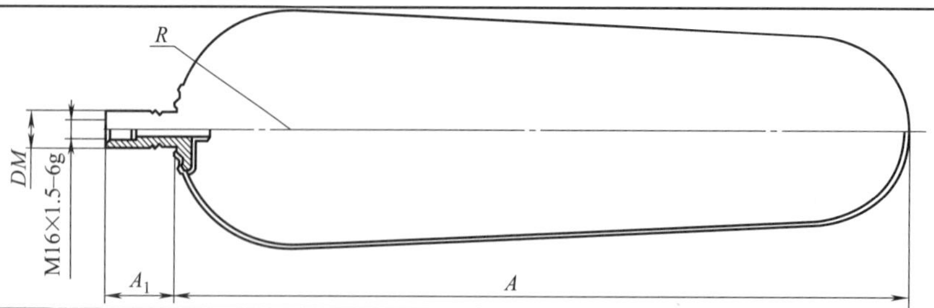

蓄能器规格		基本尺寸/mm			
φ	L	A	A_1	R	DM
89	0.4	74	44	38.5	M24×2.5
	0.63	144			
114	1	150		49	
152	1.6	144	49	66	M30×1.5
	2.5	206			
	4	312			
	6.3	486			
219	10	365	60	95	

蓄能器规格		基本尺寸/mm			
φ	L	A	A_1	R	DM
219	16	569	60	95	M30×1.5
	25	877			
	32	1115			
	40	1405			
	50	1475	70	131	M30×1.5 M50×1.5
299	20	380			
	25	470			
	40	740			

蓄能器规格		基本尺寸/mm			
φ	L	A	A_1	R	DM
299	50	950	70	131	M30×1.5
	63	1180			M50×1.5
	80	1480			
	100	1880			
351	80	1090		150	M50×1.5
	100	1360			
	125	1680			
	160	2150			

注：胶囊介质—胶囊内为氮气；胶囊外为液压油、矿物油、抗燃油、水、乳化液、燃料等。

10.1.6.3　HXQ 型活塞式蓄能器

活塞式蓄能器的工作原理和液气隔离式蓄能器一样，主要利用了气体和液体的压缩性，在气压大的时候，将液体的压力转换为气体内能，而当气压下降的时候，将气体内能释放而对外做功。其中，活塞式蓄能器利用活塞将气体和液体隔开，由于活塞和筒状蓄能器内壁之间是密封关系，降低了液体氧化的可能性。活塞式蓄能器在辅助电源、吸收脉动、降低噪声、紧急动力源、吸收液压冲击等方面有着非常显著的作用。

活塞式蓄能器结构主要由活塞（铸铁、锻钢、铸钢或铝合金等材料制成）、缸筒、端盖（油口端与氮气端）三大主体构成，其中固定在缸筒两端有油侧连接法兰和气侧连接法兰。在油侧连接法兰上设有油孔，而气侧连接法兰上设有充气嘴。而活塞的两端各设有一单向阀，沿轴向则有储油槽、密封沟槽、储气槽和导向带沟槽。

图 20-10-3　HXQ 型活塞式蓄能器

型号意义

HXQ-※-※/※-※

活塞式蓄能器

连接方式：L-螺纹连接；F-法兰连接

公称容量：0.49 ～ 250L

压力等级：10MPa、20MPa、31.5MPa

适用介质：H 油液 - 矿物油、液压油气体 - 氮气

表 20-10-7　　HXQ 型活塞式蓄能器技术参数

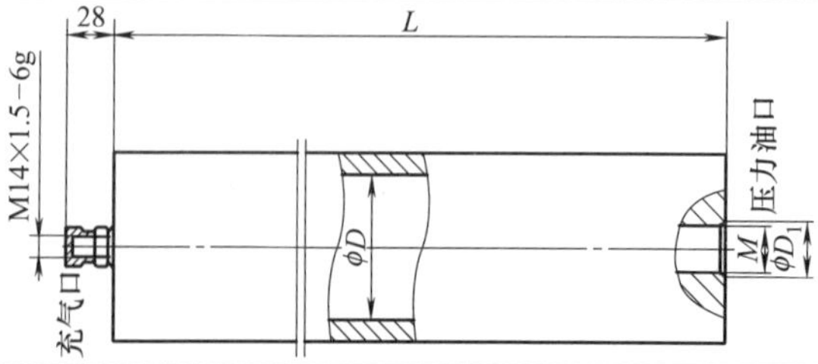

续表

型　号	公称压力 /MPa	公称容积 /L	基本尺寸			L	质量 /kg
			ϕD	M	ϕD_1		
HXQ-L0.49/※-H	10 20 31.5	0.49	83	M27×2	35	280	10.9
HXQ-L1/※-H		1				440	13.8
HXQ-L2/※-H		2				770	19.8
HXQ-L2.5/※-H		2.5	121/127	M42×2	50	540	26.2/31.2
HXQ-L5/※-H		5				860	35.4/43.3
HXQ-L7.5/※-H		7.5				1180	44.4/55.4
HXQ-L10/※-H		10	206/219	M60×2	70	700	84.5/108.3
HXQ-L16/※-H		16				930	98.7/130.4
HXQ-L20/※-H		20				1090	108.6/145.7
HXQ-L25/※-H		25				1290	121/164.9
HXQ-L32/※-H		32				1560	137.7/190.8
HXQ-L45/※-H		45				2070	169.2/239.8
HXQ-L50/※-H		50				2270	181.6/258.9
HXQ-L50/※-H		50	286/310	M72×2	80	1450	269/396
HXQ-L60/※-H		60				1660	294/440
HXQ-L80/※-H		80				2060	341/523
HXQ-L100/※-H		100				2470	390/608
HXQ-L120/※-H		120				2880	439/693
HXQ-L130/※-H		130	480/500			1600	1093/1286
HXQ-L150/※-H		150				1760	1163/1375
HXQ-L180/※-H		180				2000	1266/1508
HXQ-L200/※-H		200				2160	1335/1596
HXQ-L250/※-H		250				2560	1508/1816

10.1.6.4 GXQ 型隔膜式蓄能器

隔膜式蓄能器（图 20-10-4）的最大特点是重量较轻易携带，安装方便易推广，灵敏度高作用大，结构简单易维护，并且低压消除脉动效果显著，因此在各个行业中都扮演重要角色。隔膜式蓄能器一般可以分为焊接式、螺纹式两种。其中焊接式结构简单，成本低廉；而螺纹式可以更换隔膜，提高蓄能器的利用率。

隔膜式蓄能器的主要原理是利用波义尔定律，即气体的压缩性，通过液体来压缩进行储能工作。开始的时候将预定压力的气体充到蓄能器中的气密隔离件的胶囊内，而胶囊的周围则是液体和液压回路相通。其能量转化方式如下：当压力升高时，液体压缩气体，液体进入隔膜式蓄能器从而储存能量；当压力下降时，压缩的气体开始膨胀，使得液体流向液压回路从而释放能量。

型号意义：

图 20-10-4　GXQ 型隔膜式蓄能器

隔膜式蓄能器的主体结构是将两个半球紧扣，并且用中间的一张隔膜将半球内的气体和油（两者通常使用氮气和油液）分开。具体来说是由耐压钢质容器、可变形柔性材料制成的隔膜（通常由橡胶制成）、带闭合座、带闭合座等组成。

GXQ-※/※-※

- 隔膜式蓄能器
- 公称容积：0.16 ～ 2L
- 公称压力：10 ～ 33MPa
- 工作介质：Y— 液压油；R— 乳化液

表 20-10-8　　GXQ 型隔膜式蓄能器技术参数

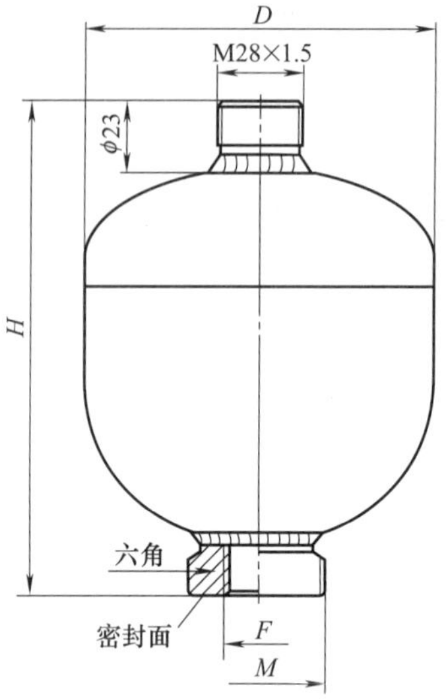

型号	公称容积/L	公称压力/MPa	D	H	螺纹连接			螺纹连接	最后排放流量
					公制	英制	美制		
	0.16		74	112					38
	0.25		84	117			SAE＃6		
	0.32	10	93	137					90
	0.5		105	154					
GXQ-※/※-※	0.75	21	121	168	外螺纹 M18×1.5	内螺纹 M18×1/2		M33×1.5	
	1	33	136	181					
	1.4		150	200			SAE＃1.5		
	2		167	224					
	2.8	21	167	271					

10.1.6.5　GLXQ 型管路式蓄能器

GLXQ 型管路蓄能器（图 20-10-5 和图 20-10-6）用于液压装置、精密测量和控制装置的管路中减少振动、消除噪声等。随管路串联安装、结构简单，并适合在要求较高的液压装置、精密测量和控制装置中应用。

图 20-10-5　GLXQ 型管路式蓄能器

型号意义：

GLXQ-※/※-※-※

- 管路式蓄能器：GLXQ
- 公称容积：0.1L、0.32L、0.63L、1.6L
- 公称压力：10MPa、20MPa、31.5MPa
- 连接方式：L— 螺纹连接；F— 法兰连接
- 工作介质：Y— 液压油；R— 乳化液

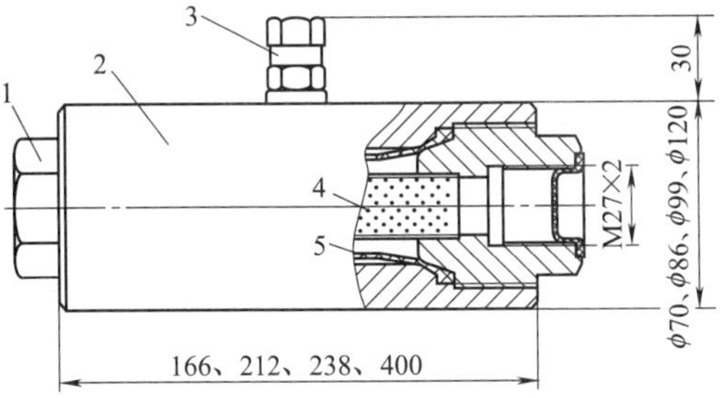

图 20-10-6　GLXQ 型管路式蓄能器内部结构及外形尺寸

1—管接头；2—壳体；3—充气阀；4—内管；5—管状胶囊

10.1.6.6　CQP 型非隔离式蓄能器（储气罐）

储气罐是以储气方式储存能量。作为气体动力源或作为非隔离式蓄能器，气体与液体直接接触，在液压、气动系统中起储能、补偿液压损耗和稳定压力等作用，目的是增加排油容量，减少泵机组功率。非隔离式蓄能器具有容量大、功能损耗少、节约能源、占地面积小等优点。

非隔离式蓄能器站一般与活塞式蓄能器配套使用，目的是增加排油容量，减小泵机组功率从而起到节能作用，应用于快速放油液场合，如大型压铸机。

型号意义：

CQP　Φ-V/P　※-※

储气罐——CQP

罐体外径(mm)——Φ

公称容量(L)——V

公称压力(MPa)——P

结构型式：A— 双头；B— 单头

螺纹类型

表 20-10-9　　CQP 型储气瓶技术参数

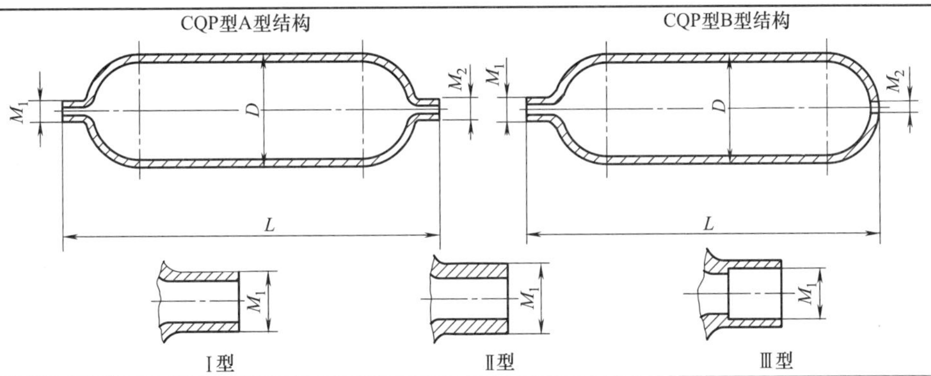

型　号	外径/mm	公称压力/MPa	公称容积/L	基本尺寸		连接螺纹		质量/kg	
				A 型	B 型	M_1	M_2	A 型	B 型
CQPΦ-10/14-※	219	14	10	570	510	M60×2-6g	M30×1.5-6H	44	41
CQPΦ-16/14-※			16	760	700			59	56
CQPΦ-25/14-※			25	1090	1030			82	79
CQPΦ-32/14-※			32	1330	1280			98	95
CQPΦ-40/14-※			40	1610	1550			118	115
CQPΦ-10/20-※		20	10	570	570			38	36
CQPΦ-16/20-※			16	760	760			51	49
CQPΦ-25/20-※			25	1090	1030			70	68
CQPΦ-32/20-※			32	1330	1280			84	82
CQPΦ-40/20-※			40	1610	1550			101	99
CQPΦ-10/31.5-※		31.5	10	570	570			44	41
CQPΦ-16/31.5-※			16	760	760			59	56
CQPΦ-25/31.5-※			25	1090	1030			82	79
CQPΦ-32/31.5-※			32	1330	1280			98	95
CQPΦ-40/31.5-※			40	1610	1550			118	115
CQPΦ-40/14-※	299	14	40	90	930	M80×2-6g	M42×2-6H	130	127
CQPΦ-50/14-※			50	1170	1110			154	151
CQPΦ-63/14-※			63	1410	1350			184	181
CQPΦ-72/14-※			72	1580	1520			205	202

续表

型号	外径/mm	公称压力/MPa	公称容积/L	基本尺寸		连接螺纹		质量/kg	
				A 型	B 型	M_1	M_2	A 型	B 型
CQPΦ-80/14-※	299	14	80	1710	1650	M80×2-6g	M42×2-6H	224	221
CQPΦ-100/14-※			100	2090	2030			268	271
CQPΦ-40/20-※		20	40	990	930			87	85
CQPΦ-50/20-※			50	1170	1110			103	101
CQPΦ-63/20-※			63	1410	1350			123	121
CQPΦ-72/20-※			72	1580	1520			137	135
CQPΦ-80/20-※			80	1710	1650			150	148
CQPΦ-100/20-※			100	2090	2030			170	172
CQPΦ-40/31.5-※		31.5	40	990	930			130	127
CQPΦ-50/31.5-※			50	1170	1110			154	151
CQPΦ-63/31.5-※			63	1410	1350			184	181
CQPΦ-72/31.5-※			72	1580	1520			205	202
CQPΦ-80/31.5-※			80	1710	1650			224	221
CQPΦ-100/31.5-※			100	2090	2030			281	284
CQPΦ-63/20-※	351	20	63	1100	1040	M115×3-6g	M42×2-6H	149	145
CQPΦ-80/20-※			80	1320	1260			178	174
CQPΦ-100/20-※			100	1580	1520			216	212
CQPΦ-125/20-※			125	1910	1850			256	252
CQPΦ-150/20-※			150	2240	2180			299	295
CQPΦ-180/20-※			180	2640	2580			352	348
CQPΦ-200/20-※			200	2900	2840			386	382
CQPΦ-63/32-※		32	63	1100	1040			183	178
CQPΦ-80/32-※			80	1320	1260			219	215
CQPΦ-100/32-※			100	1580	1520			262	257
CQPΦ-125/32-※			125	1910	1850			316	311
CQPΦ-150/32-※			150	2240	2180			369	364
CQPΦ-180/32-※			180	2640	2580			435	430
CQPΦ-200/32-※			200	2900	2840			477	472

10.1.6.7 囊式蓄能器站

囊式蓄能器站（图 20-10-7 和图 20-10-8）包含多个囊式蓄能器，是最为常见的蓄能器站之一，能够有效提高液压系统的工作性能，应用范围极广。囊式蓄能器站由固定支架、囊式蓄能器、控制阀组、球阀、进出油管、回油管等多个部分组成。与其他蓄能器站相比，囊式蓄能器站更容易安装维护，充气也更加方便，能极大地提高企业的生产效率。

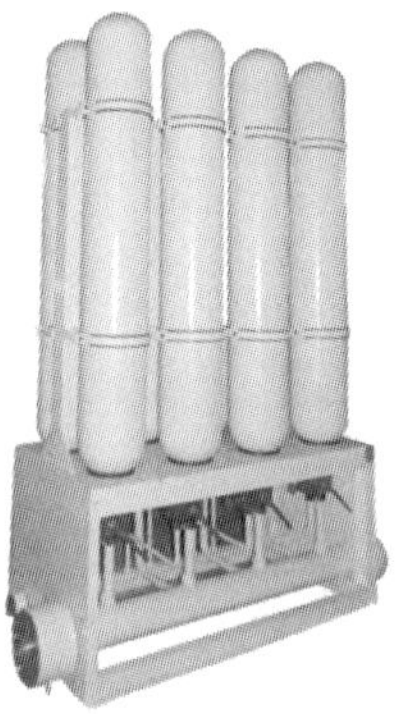

图 20-10-7 囊式蓄能器站

型号意义：

NZ-※×※/※-※

- NZ：囊式蓄能器站
- 第一个※：囊式蓄能器的数量，以阿拉伯数字表示
- 第二个※：每个囊式蓄能器的容积(L)
- 第三个※：囊式蓄能器的工作压力(MPa)
- 第四个※：工作介质：液压油为 Y，乳化液为 R

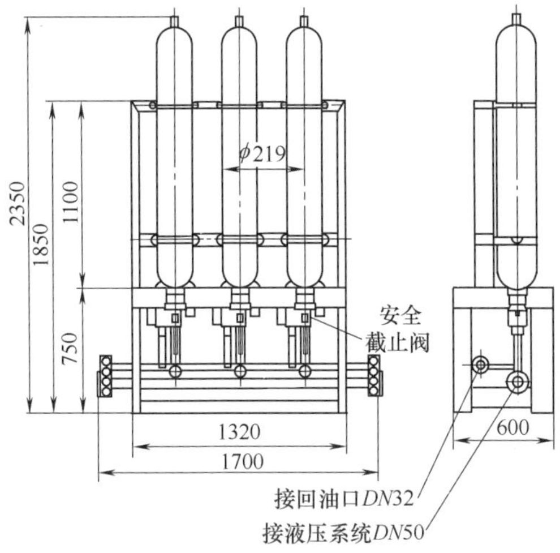

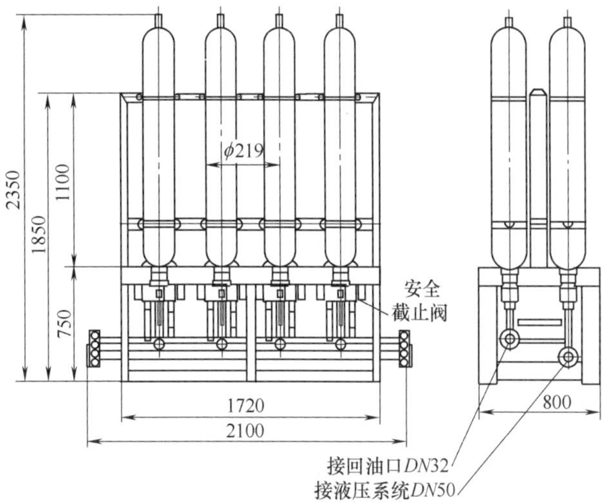

囊式蓄能器站-示例3　技术数据
3个囊式蓄能器，每个容量为63L，带有安全截止阀

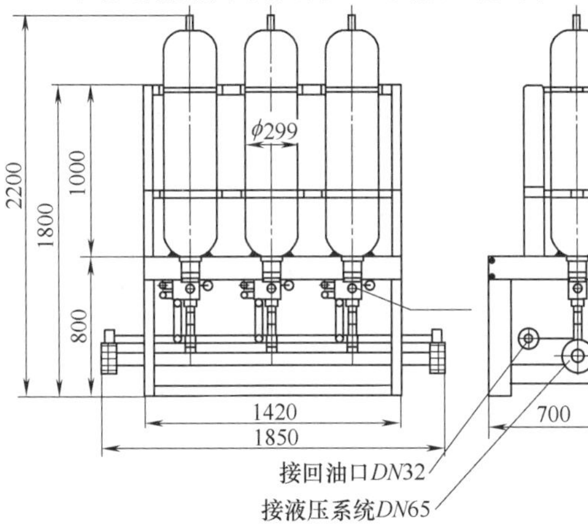

囊式蓄能器站-示例4　技术数据
8个囊式蓄能器，每个容量为63L，带有安全截止阀

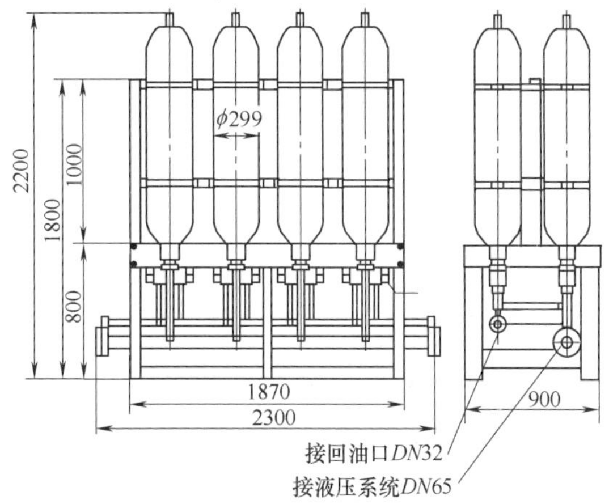

图 20-10-8　囊式蓄能器站内部结构及尺寸

10.1.6.8　活塞式蓄能器站及氮气瓶组

活塞式蓄能器站包括固定支架、活塞式蓄能器、控制阀组、球阀、气体安全阀、储气瓶组等部分，能够在相当短的时间内输出大容量流体，使得执行机构液压缸及液压马达快速做功，从而满足工况条件。可广泛应用在冶金、矿山、航天航空、机械大型游艺设备等领域，用于在瞬间提供大流量排油使执行机构液压缸及液压马达快速做功，满足工况条件。

活塞式蓄能器站的左边或右边一般配有用于压力接口和回油接口的分管接头。同时，所有氮气瓶与所有蓄能器的分管连在一起或单独用于每个蓄能器。

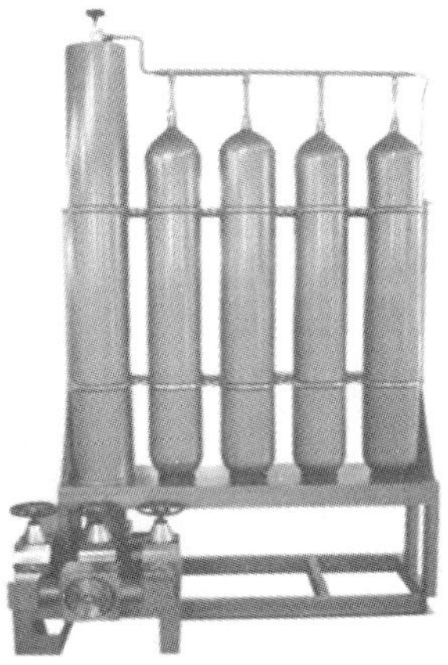

图 20-10-9　活塞式蓄能器站及氮气瓶组

型号意义：

HZ-※ ※×※/※ ※

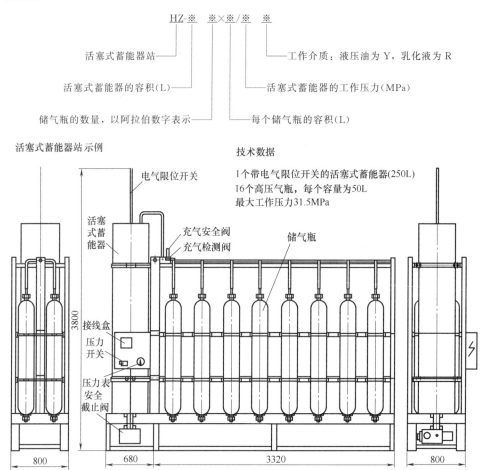

- 活塞式蓄能器站——HZ
- 活塞式蓄能器的容积(L)
- 储气瓶的数量，以阿拉伯数字表示
- 每个储气瓶的容积(L)
- 活塞式蓄能器的工作压力(MPa)
- 工作介质：液压油为 Y，乳化液为 R

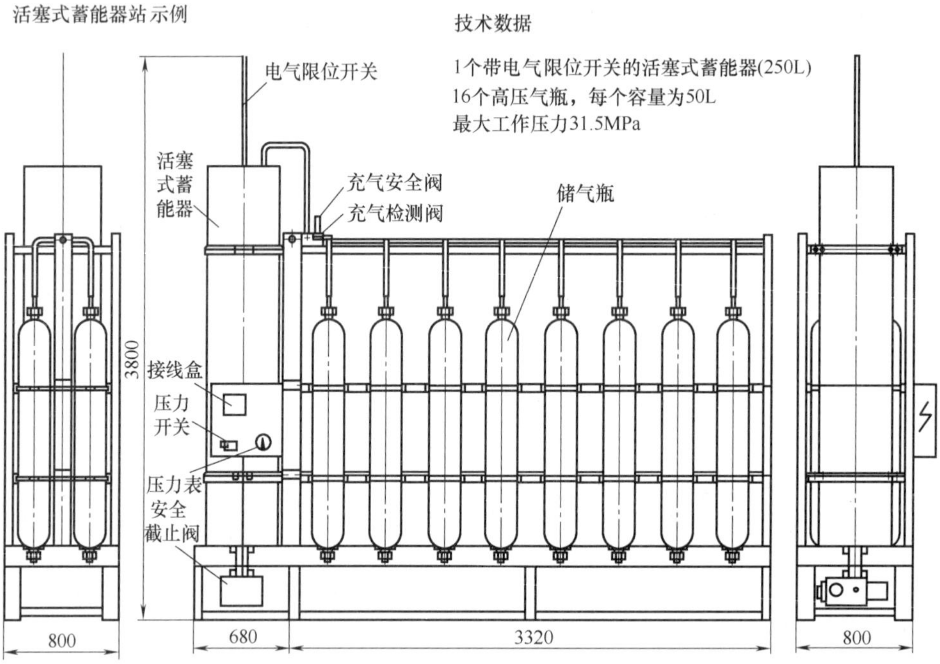

图 20-10-10 活塞式蓄能器站及氮气瓶组结构特点

10.1.7 蓄能器附件

10.1.7.1 CQJ 型蓄能器充氮工具

CQJ 型蓄能器充氮工具（图 20-10-11）是蓄能器进行充气、补气、修正气压和检查充气压力等必不可少的专用工具。它具有结构紧凑、安全可靠、承高压、耐冲击、使用方便等特点。

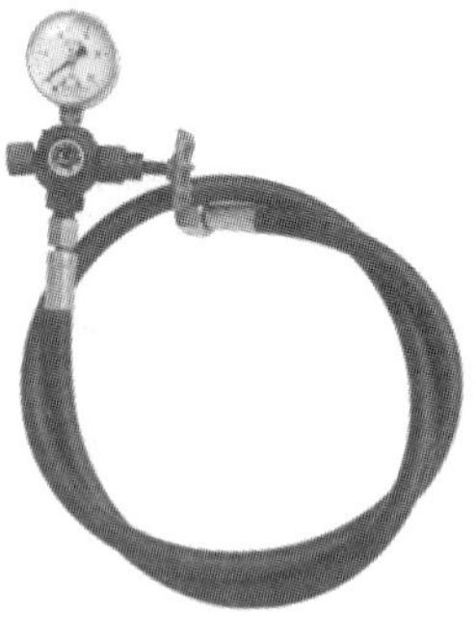

图 20-10-11 CQJ 型蓄能器充氮工具

型号意义：

CQJ-□-□

- 充氮工具——CQJ
- 压力等级：10MPa、20MPa、31.5MPa
- 国内标准：连接口标准为 M14×1.5；国外标准：5/8—18UNF 等

表 20-10-10　　CQJ 型蓄能器充氮工具技术参数技术参数

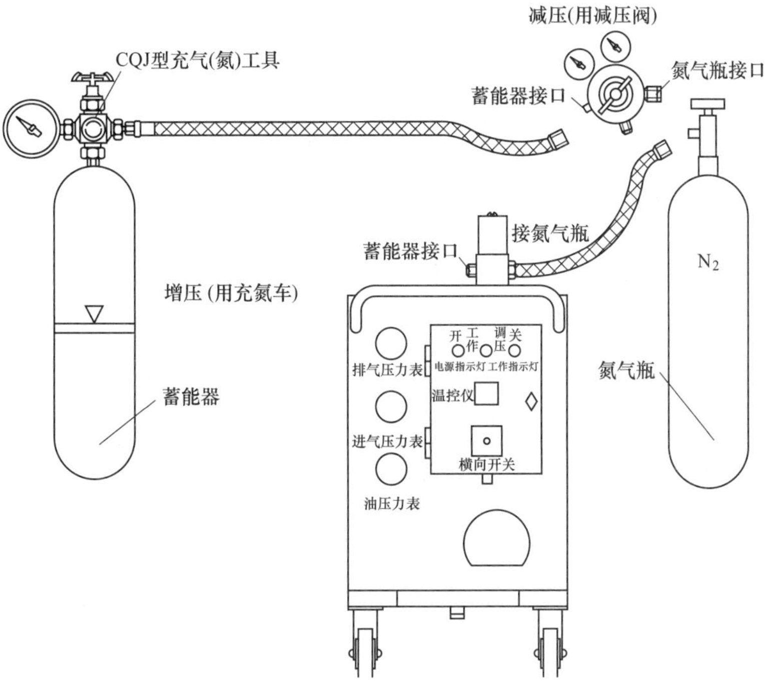

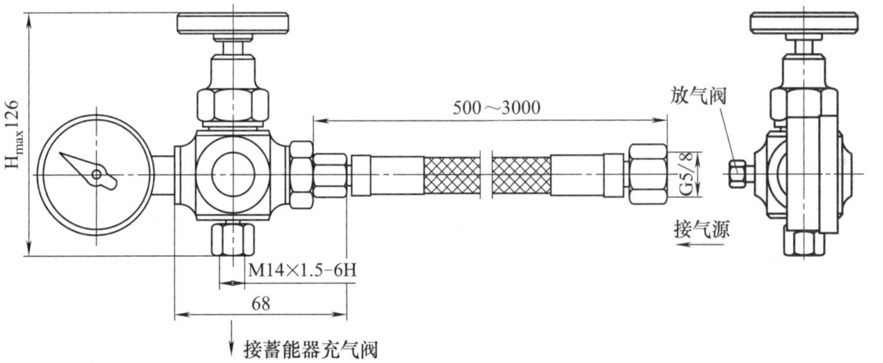

型号	公称压力/MPa	配用压力表		胶管规格		与蓄能器连接尺寸/mm	适用蓄能器型号	质量/kg
		刻度等级/MPa	精度等级/MPa	内径/mm×钢丝层数	长度/mm			
CQJ-16	10	16	1.5	ϕ8×1	500至3000	M14×1.5-6g	NXQ-□/10-L/F	1.7
CQJ-25	20	25					NXQ-□/20-L/F	
CQJ-40	31.5	40					NXQ-□/31.5-L/F	

10.1.7.2　CPU 型蓄能器充氮工具

CPU 型蓄能器充氮工具（图 20-10-12）由铝合金工具箱、带有压力表的多功能充气阀体、耐振不锈钢压力表、1.5 米长的微型高压软管、维修蓄能器用的钩形扳手、给国内外蓄能器充气互换的接头等。

图 20-10-12　CPU 型蓄能器充氮工具

型号意义：

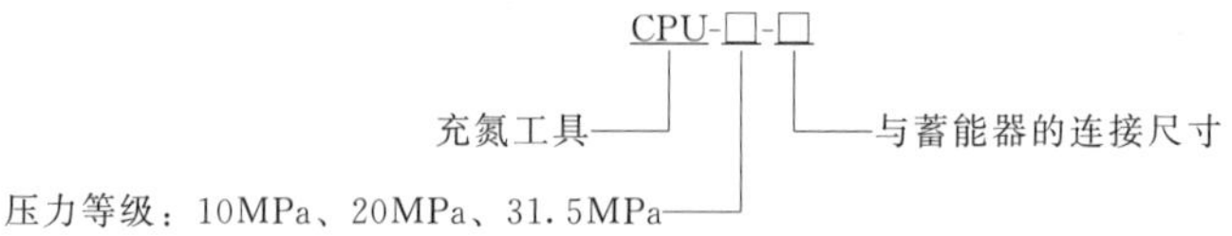

表 20-10-11 CPU 型蓄能器充氮工具技术参数

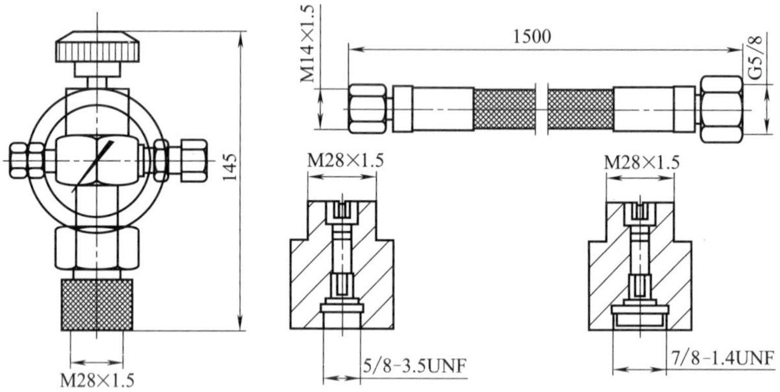

型号	公称压力/MPa	耐振压力表		胶管规格	与蓄能器连接尺寸/mm	应用蓄能器
		刻度等级/MPa	精度等级/MPa	（内径×长度）		
CPU-16	10	0～6	1.5	Φ4×1.5m	M27×1.5	隔离式蓄能器
					M28×1.5	
CPU-25	20	0～25			M14×1.5	国标蓄能器
					5/16UNF	囊式、活塞式蓄能器
CPU-40	31.5	0～40			5/8UNF	
					7/8UNF	

10.1.7.3 CDZs-D1 型充氮车（氮气充压装置）

CDZs-D1 型充氮车（氮气增压装置）（图20-10-13）是适用于液压活塞式蓄能器、液压囊式蓄能器、液压隔膜式蓄能器（包括进口蓄能器）及其他高压容器充入、增压氮气的专用增压装置。

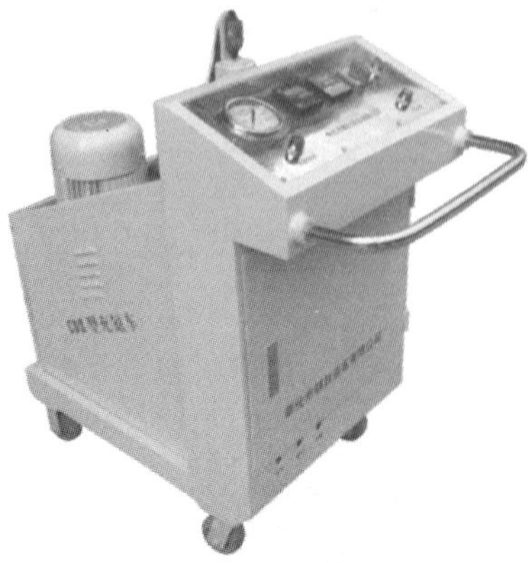

图 20-10-13 CDZs-D1 型充氮车

型号意义：

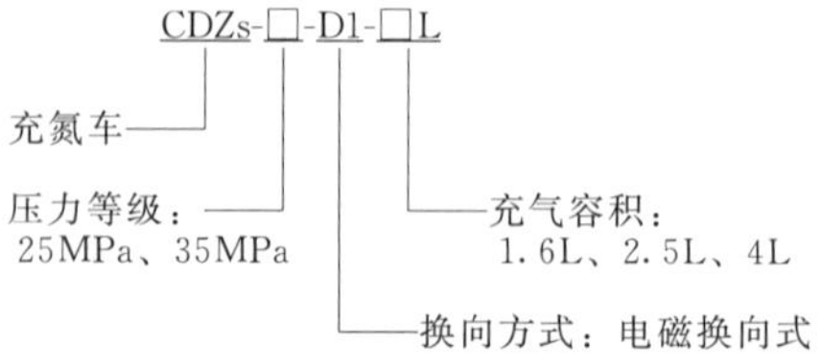

充氮车由液压系统、气路系统和电路系统等组成。当压力油液通过电磁换向阀进入增压缸内推动活塞运动时，进入到增压缸内的氮气开始增压且经单向阀、充气工具进入蓄能器（或高压容器）内，并通过限位开关的作用，使活塞做上下反复运动，使氮气增压到设定的工作压力时，即自行停机。工作原理见图20-10-14。

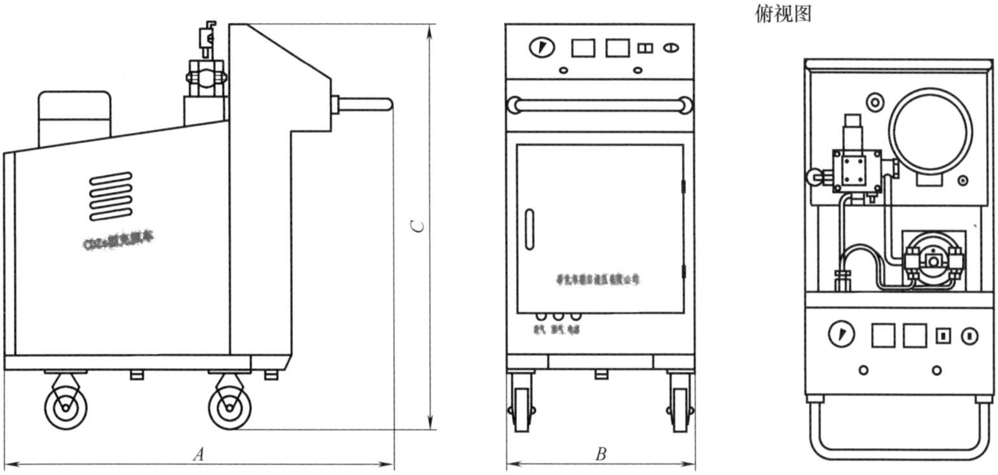

图 20-10-14　CDZs-D1 型充氮车工作原理图

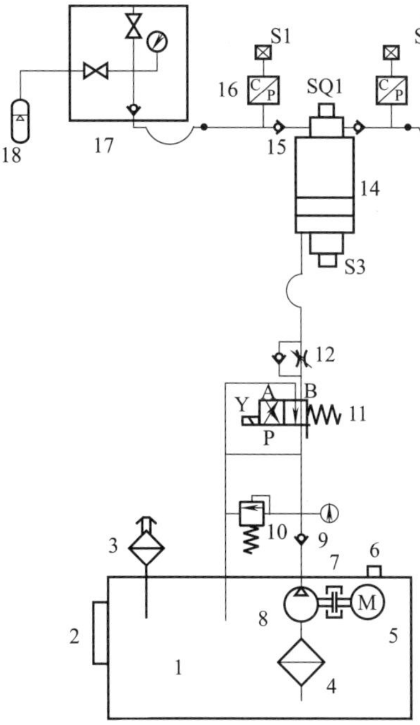

图 20-10-15　CDZs-D1 型充氮车结构原理图

1—油箱；2—液位计；3—空气滤清器；4—滤油器；5—电动机；6—油温控制器；7—联轴器；8—油泵；9—单向阀；10—溢流阀；11—电磁换向阀；12—节流阀；13—氮气瓶；14—增压装置；15—单向阀；16—压力传感器；17—充（氮）气装置；18—蓄能器

表 20-10-12　　CDZs-D1 型充氮车技术参数

型　号	输入压力	最高输入压力/MPa	油泵		充气装置容积/L	电源	A/mm	B/mm	C/mm	质量/kg
			压力/MPa	流量/L·min^{-1}						
CDZs-25D1-1.6L	3～35	25	31.5	3.75	1.6	3 相 380V 50Hz	890	520	950	240
CDZs-25D1-2.5L				7.5	2.5		1190	600	950	245
CDZs-25D1-4.0L				15	4		1200	640	1200	300
CDZs-32D1-1.6L		35	50	2.68	1.6		890	520	950	240
CDZs-32D1-2.5L				5.37	2.5		1190	600	950	245
CDZs-32D1-4.0L				10.74	4		1200	640	1200	300

10.1.7.4 AQF 型蓄能器安全球阀

蓄能器安全球阀主要用在液压囊式蓄能器中作安全断流和卸荷的蓄能器附件，装接于蓄能器和液压系统之间。安全阀可保持系统中的压力调定值，当压力超过调定值时，安全阀开启，防止系统过载。装于封闭系统中的蓄能器更是不可或缺的，用于防止外负荷的突然加压所造成的系统损害。蓄能器安全球阀主要有三种连接方式：直通式、直角式和三通式螺纹连接。

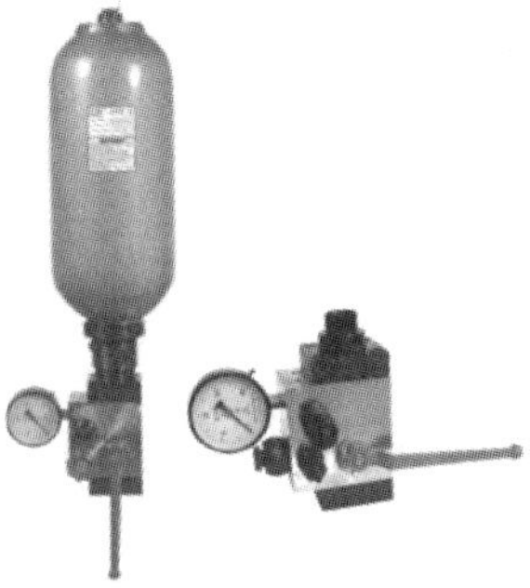

图 20-10-16　AQF 型蓄能器安全球阀

型号意义：

AQF-□ □ □-□ □

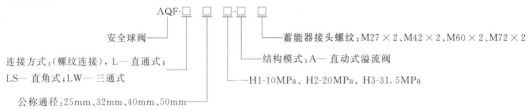

- 安全球阀——AQF
- 连接方式：(螺纹连接)，L— 直通式；LS— 直角式；LW— 三通式
- 公称通径：25mm、32mm、40mm、50mm
- H1-10MPa、H2-20MPa、H3-31.5MPa
- 结构模式：A— 直动式溢流阀
- 蓄能器接头螺纹：M27×2、M42×2、M60×2、M72×2

表 20-10-13　AQF 型蓄能器安全球阀技术参数

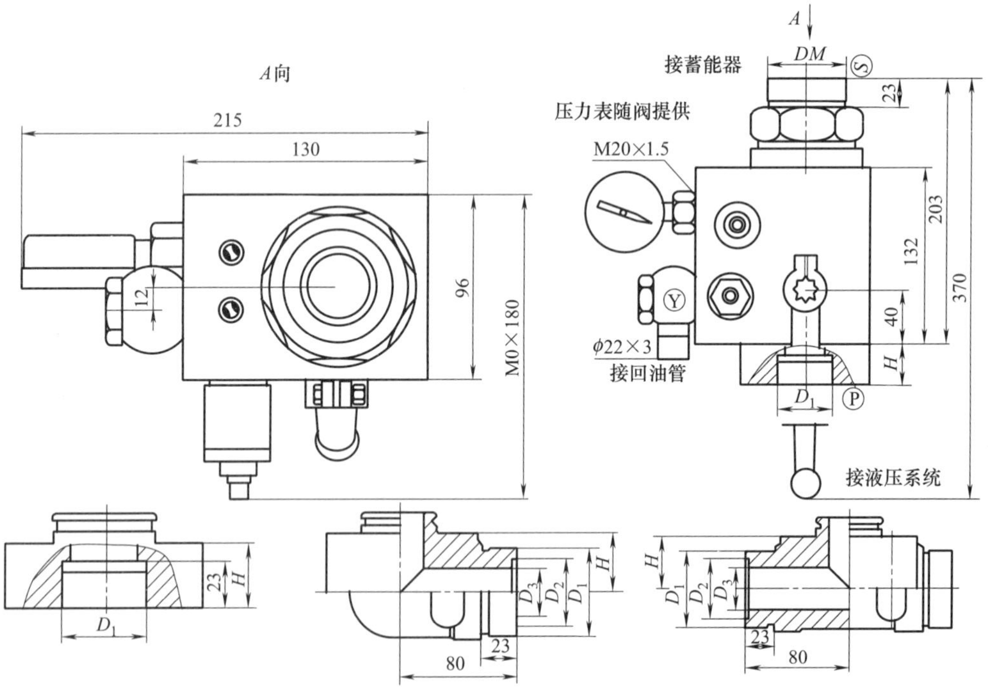

AQF型直通式螺纹连接　AQF型直角式螺纹连接　AQF型三通式螺纹连接

续表

型号	公称压力/MPa	调节范围/MPa	公称通径/mm	公称流量/L·min^{-1}	基本尺寸					适用蓄能器型号	质量/kg
					H	D_3	D_2	D_1	DM		
AQF-L25H※-A	10 20 31.5	H1：3.5～14 H2：7～21 H3：14～31.5	25	100	31.5	24		M33×2	M27×2	NXQ-1.6～10※-L-A	17
AQF-Ls25H※-A					30	22	35	M42×2	M42×2		
AQF-Lw25H※-A											
AQF-L32H※-A			32	160	31.5	30			M42×2	NXQ-10～100※-L-A	17.5
AQF-Ls32H※-A					36	26	40	M52×2	M60×2		
AQF-Lw32H※-A											
AQF-L40H※-A			40	250	31.5	36		M52×2	M60×2		18.5
AQF-Ls40H※-A					40	32	45	M60×2	M72×2		
AQF-Lw40H※-A											
AQF-L50H※-A			50	500	36	48		M72×2	M72×2		20

10.1.7.5　AJF 型蓄能器截止阀

AJF 型蓄能器安全截止阀（图 20-10-17）由截止阀、安全阀和卸荷阀等组成，安装于蓄能器和液压系统之间，用于控制蓄能器油液的通断、溢流、卸荷等工况。

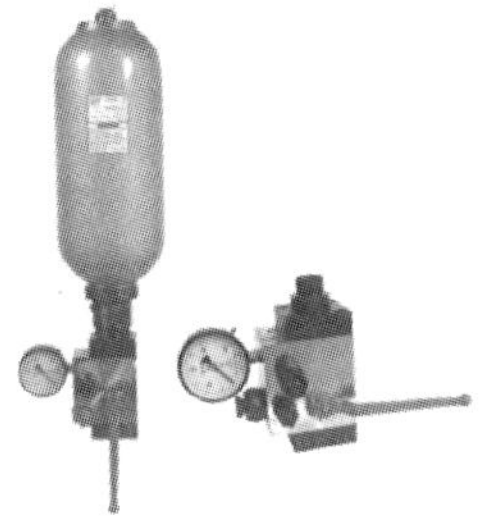

图 20-10-17　AJF 型蓄能器截止阀

型号意义：

AJF-H□-□L　□-F2

安全截止阀

连接方式：L—直通式；LS—直角式；LW—三通式

压力等级：H1—10MPa、H2—20MPa、H3—31.5MPa

公称通径：25mm、40mm、50mm

表 20-10-14　AJF 型蓄能器截止阀技术参数

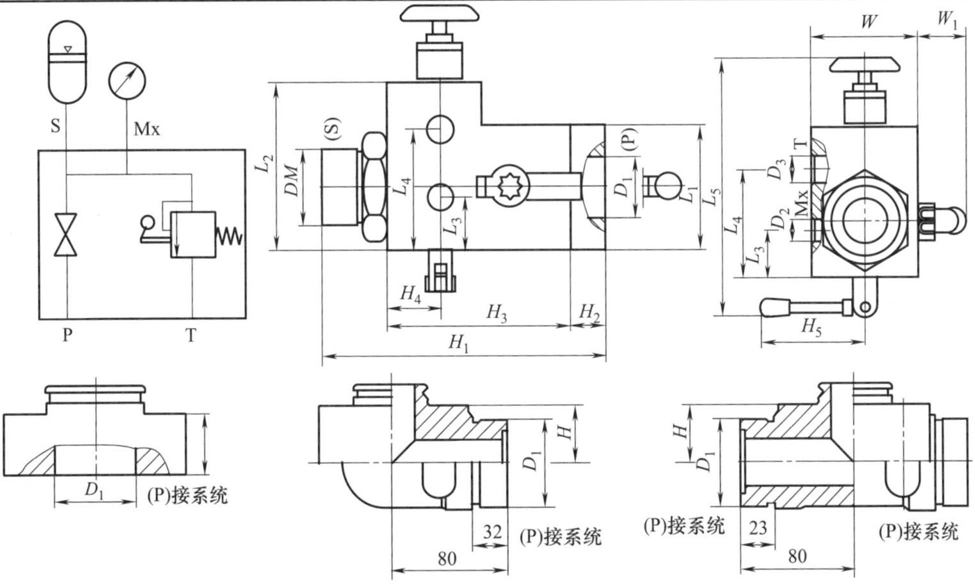

AJF型直通式螺纹连接
AJF-H□-25L～50L

AJF型直角式螺纹连接
AJF-H□-25LS～50LS

AJF型三通式螺纹连接
AJF-H□-25LW～50LW

续表

型号	基本尺寸															
	L_1	L_2	L_3	L_4	L_5	W	W_1'	H	H_1	H_2	H_3	H_4	H_5	DM	D_1	D_2	D_3
AJF-H※25L																	
AJF-H※25LS	68	100	34	67	190	68	45	30	180.5	26.5	110	38		M42×2	M33×2		
AJF-H※25LW																	
AJF-H※40L																	
AJF-H※40LS	96	130	40	93	241/255	95	45	40	228	28	146	40	95	M60×2	M48×2	M20×1.5	M22×1.5
AJF-H※40LW																	
AJF-H※50L																	
AJF-H※50LS	110	140	55	102	251/270	110	50	40	256	31	160	47		M72×2	M60×2		
AJF-H※50LW																	

型　号	公称压力/MPa	公称通径/mm	公称流量/L·min^{-1}	适用蓄能器型号	质量/kg
AJF-H※25L					
AJF-H※25LS		25	160	NXQ-1.6-6.3/※-L-A	6.8
AJF-H※25LW					
AJF-H※40L	10				
AJF-H※40LS	20	40	400	NXQ-10-40/※-L-A	13.5
AJF-H※40LW	31.5				
AJF-H※50L					
AJF-H※50LS		50	630	NXQ-63-100/※-L-A	18.5
AJF-H※50LW					

10.1.7.6 AJ型蓄能器控制阀组

蓄能器控制阀组（图20-10-18）主要安装在蓄能器和液压系统之间，由截止阀、安全阀和卸荷阀等组成，用于控制蓄能器通断、溢流、卸荷等，具有结构紧凑性能强、连接灵活易操作等特点。卸荷有手动卸荷或电磁卸荷。

蓄能器控制阀组由高压球芯截止阀、直控式溢流阀及一个小型截止阀三个主要阀体组成，其中截止阀是手动主开关阀，溢流阀作为安全阀（用以设定最高机械压力），而截止阀是卸荷阀。三个阀体相互协调，构成液压系统内蓄能器回路不可或缺的一部分。

图20-10-18　AJ型蓄能器控制阀组

型号意义：

AJ-□-□ □ □/□

- 蓄能器控制阀组
- 卸荷形式：S—手动卸荷(标准型)；D—带电磁卸荷
- 公称通径：10mm、20mm、32mm
- 安全阀压力等级：a—6.3MPa；b—16MPa；c—25MPa；h—31.5MPa
- 结构模式：Z—直动式溢流阀
- 蓄能器接头螺纹：M27×2、M42×2、M60×2、M72×2

表 20-10-15　AJ 型蓄能器控制阀组规格及外形尺寸

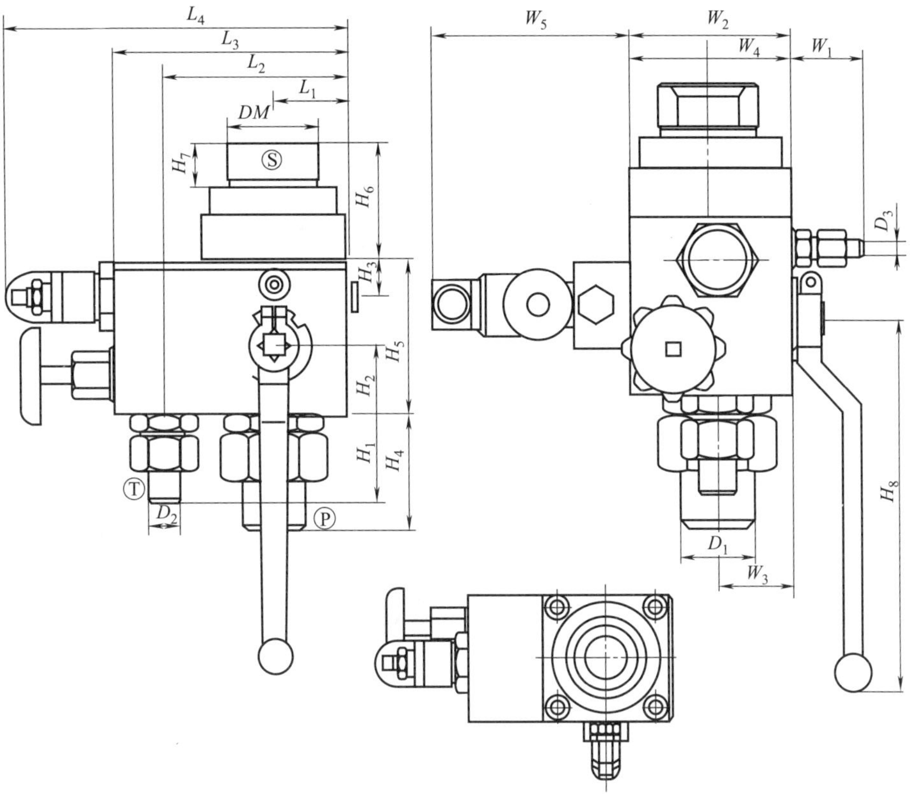

型号	公称通径 /mm	公称压力 /MPa	基本尺寸/mm													
			L_1	L_2	L_3	L_4	W_1	W_2	W_3	W_4	H_1	H_2	H_3	H_4	M_1	M_2
AJS-10※Z※	10	10 20 31.5	25	68	90	155	42	50	22.5	25	40	24		55	M14×1.5	
AJS-20※Z※	20		45	105	145	210	42	90	40	45	53	32	20	60		
AJS-32※Z※	32		50	122	155	225	42	95	42	47.5	53	38	20	78		

型号	基本尺寸/mm								质量 /kg
	H_5	H_6	H_7	H_8	D_1	D_2	D_3	DM	
AJS-10※Z※	85	31/35	16/23	130	22	17	10	M27×2/M42×2	4
AJS-20※Z※	90	63/75	23/30	170	28	22	10	M42×2/M60×2	13
AJS-32※Z※	100	75/80	30/35	210	42	22	10	M60×2/M72×2	15

型号	公称通径 /mm	公称压力 /MPa	基本尺寸/mm													
			L_1	L_2	L_3	L_4	W_1	W_2	W_3	W_4	W_5	H_1	H_2	H_3	M_1	M_2
AJD-10※Z※	10	10 20 31.5	25	69	90	155	42	50	22.5	25	113	40	24		M14×1.5	
AJD-20※Z※	20		45	105	145	210	42	90	40	45	113	53	32	20		
AJD-32※Z※	32		50	122	155	225	42	95	42	47.5	113	53	38	20		

续表

型号	基本尺寸/mm									质量/kg
	H_4	H_5	H_6	H_7	H_8	D_1	D_2	D_3	DM	
AJD-10※Z※	55	85	31/35	16/23	130	22	17	10	M27×2/M42×2	4
AJD-20※Z※	60	90	63/75	23/30	170	28	22	10	M42×2/M60×2	13
AJD-32※Z※	78	100	75/80	30/35	210	42	22	10	M60×2/ M72×2	15

10.1.7.7 QFZ 型蓄能器安全阀组

QFZ 型蓄能器安全阀组（图 20-10-19）由高压球芯截止阀、直动式溢流阀和一个小型截止阀组成，具有启闭、安全、卸荷等作用。

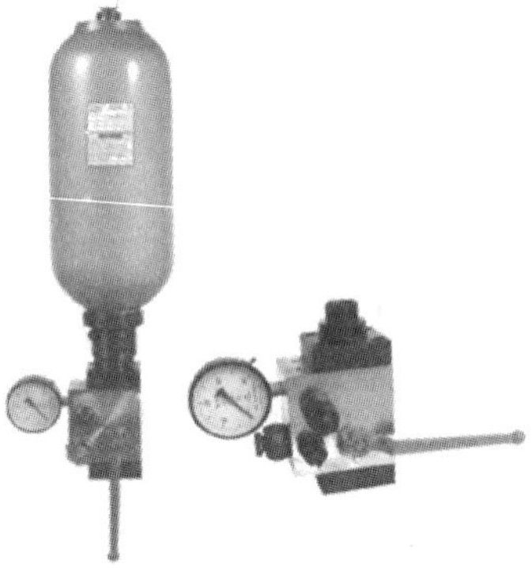

图 20-10-19 QFZ 型蓄能器安全阀组

第20篇

型号意义：

QFZ-H□ □ □

安全阀组——QFZ

压力等级：Hb—10MPa；Hc—20MPa；Hd—31.5MPa——H□

公称通径：15mm、25mm、40mm、50mm——第二个□

连接方式：F— 法兰连接；L— 螺纹连接——第三个□

表 20-10-16 QFZ 安全阀组规格及外形尺寸

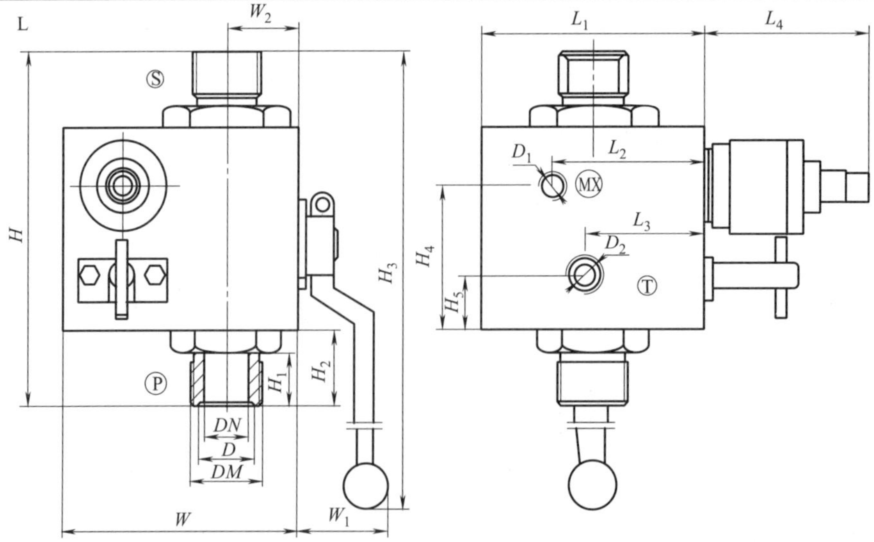

(a) QFZ安全阀组(螺纹式)

续表

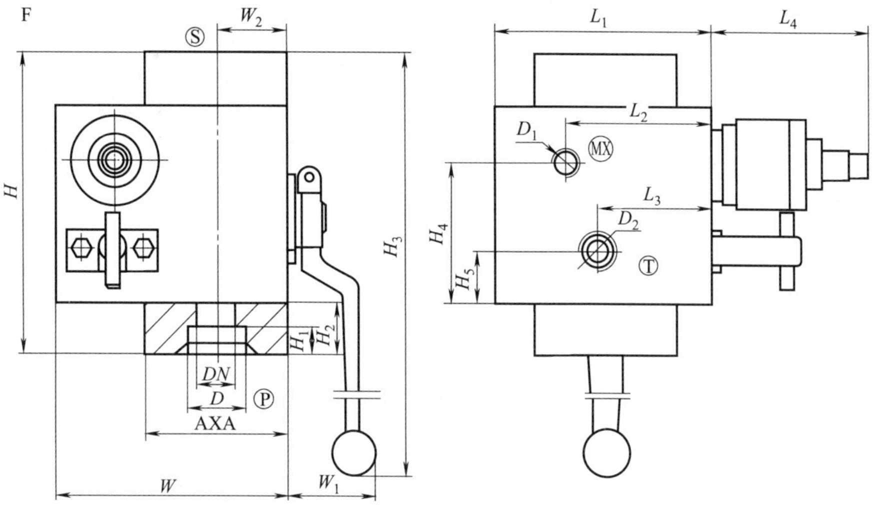

(b) QFZ安全阀组(法兰式)

型号	公称通径/mm	公称压力/MPa	基本尺寸/mm															
			L_1	L_2	L_3	L_4	H	H_1	H_2	H_3	H_4	H_5	W	W_1	W_2	D	D_1	D_2
QFZ-H※15L	15	10 20 31.5	85	58	46	68	131	20	28	201	53	20	90	33	28	20	M10×1	M18×1.5
QFZ-H※25L	25		90	58	46	68	167	23	31	262	76	23	110	44	37	35		
QFZ-H※40L	40		100	65	46	68	200	30	40	318	90	35	140	45	48	52		
QFZ-H※50L	50		120	70	46	68	240	30	40	377	115	56	160	50	60	63		
QFZ-H※15F	15		85	58	46	68	115	11	20	193	53	20	90	33	28	22.5		
QFZ-H※25F	25		90	58	46	68	155	14	25	256	76	23	110	44	37	35		
QFZ-H※40F	40		100	65	46	68	180	18	30	308	90	35	140	48	48	52		
QFZ-H※50F	50		120	70	46	68	230	20	35	372	115	56	160	60	60	63		

第20篇

10.1.7.8 QF-CR 型蓄能器气体安全阀

QF-CR 型蓄能器气体安全阀（图 20-10-20 和图 20-10-21）除了用来给蓄能器充气、放气、检测气体压力外，还主要用于防止蓄能器超压。

型号意义：

QF-CR-□

气体安全阀块——QF

设计单位：朝日液压——CR

□——工作压力：设计时的最高工作压力

图 20-10-20 QF-CR 型蓄能器气体安全阀

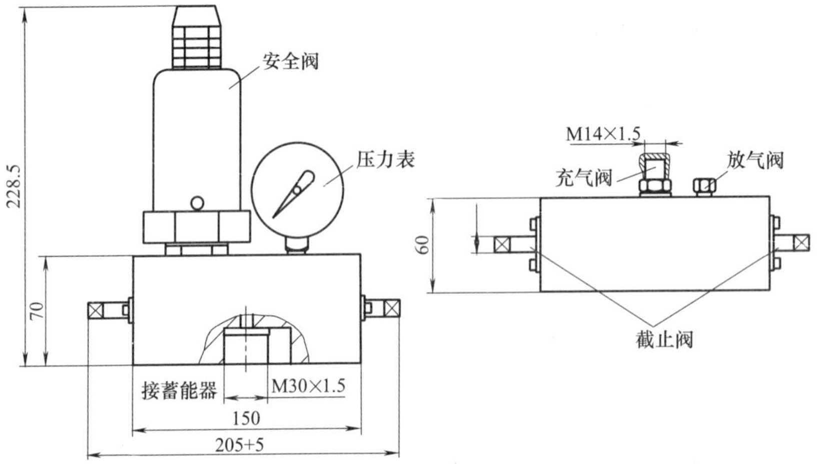

图 20-10-21 QF-CR 型蓄能器气体安全阀外形尺寸

10.1.7.9 QXF 型蓄能器充气阀

QXF 型蓄能器充气阀（图 20-10-22）是为蓄能器充装氮气的专用单向阀，该充气阀借助充气工具向蓄能器充气。充气完毕，取下充气工具后即可自行关闭。

图 20-10-22 QXF 型蓄能器充气阀

型号意义：

QXF □-□

充气阀——QXF

公称通径：4mm、5mm——第一个□

第二个□——1—国产专用；2—ASME 专用

表 20-10-17 QXF 型蓄能器充气阀外形尺寸

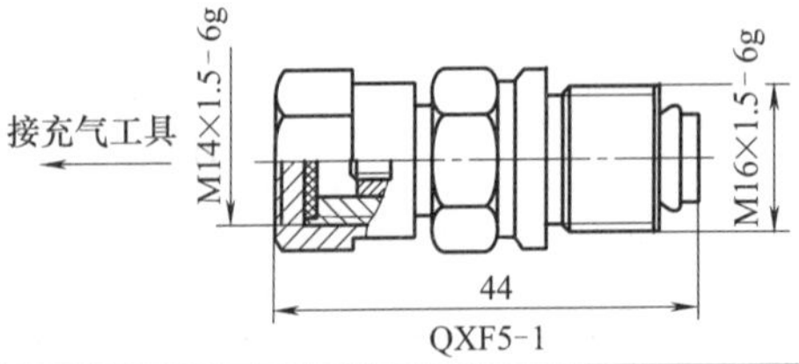

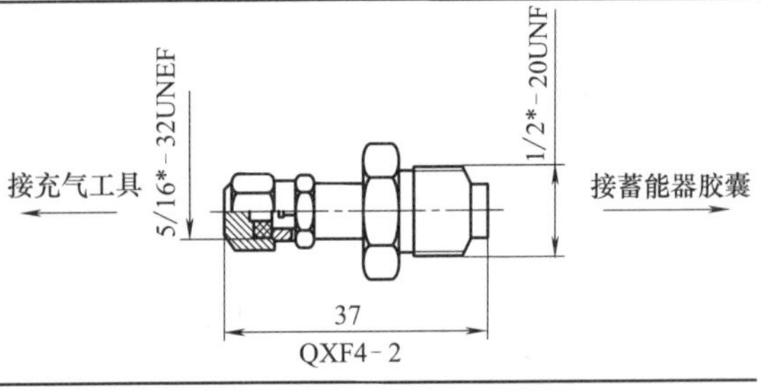

续表

型　号	充气压力范围	公称通径 /mm	螺纹连接		配用蓄能器型号	质量 /kg
			进口 (接充氮工具)	出口 (接蓄能器)		
QXF5-1	0.4～40	5	M14×1.5-6g	M16×1.5-6g	NXQ-0.4～250□-L/F-□	0.07
QXF4-2	0.4～40	4	5/16-32UNF	1/2-20UNF	BA(TA)-0.15～15/□-□-□	0.03

10.1.7.10　蓄能器固定组件

正确地安装固定是蓄能器正常运行、发挥应有作用的重要条件。当固定蓄能器时，不能让壳体或接头受到外加的压力，尤其是在振动强烈、卧式安装和安装大容量的蓄能器时，必须使用固定组件。整套蓄能器固定组件（图 20-10-23）一般由后壁板、卡箍、托架、橡胶垫圈等组成，用于固定蓄能器，防止产生危险的振动。固定组件用于简单和安全地固定，与安装位置和使用地点无关，需要注意的是，固定组件是为静态应用设计的，若要在动态状态下使用，必须按照要求提供特别设计的卡箍。

图 20-10-23　蓄能器固定组件

型号意义：

NXQ-L□-□-□

蓄能器固定组件
公称容量：1～100L
蓄能器的直径：ϕ114～299
卡箍数量：A—1 个；B—2 个

表 20-10-18　NXQ 型蓄能器固定组件外形尺寸　mm

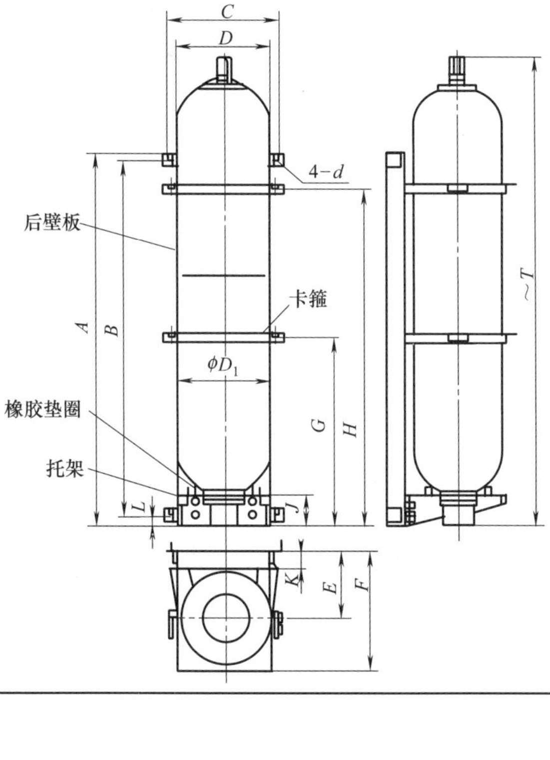

续表

型号	~T	A	B	L	J	G	H	C	D	ϕD_1	d	K	E	F
NXQ-L0.63-89	320	200	170	15	45	—	160	130	106	89	9	30	92.5	142
NXQ-L1-114	315	190	160	15	50	—	160	155	131	114	9	30	105	168
NXQ-L1.6-152	355	210	170	15	50	—	175	203	169	152	13	30	126	208
NXQ-L2.5-152	420	280	240			—	220							
NXQ-L4-152	530	360	320			—	300							
NXQ-L6.3-152	700	500	460			—	440							
NXQ-L10-219	660	480	420	20	60	—	360	282	236	219	17	60	193	312
NXQ-L16-219	870	650	590			—	550							
NXQ-L25-219	1170	850	790			—	750							
NXQ-L40-219	1160	1350	1290			620	1250							
NXQ-L20-299	690	480	420			—	400							
NXQ-L25-299	780	570	510	30	100	—	450	362	316	299	17	60	233	392
NXQ-L40-299	1080	780	720			—	660							
NXQ-L63-299	1500	1200	1140			600	1080							
NXQ-L80-299	1810	1500	1440			680	1080							
NXQ-L100-299	2220	1800	1740			680	1080							

10.1.7.11　蓄能器托架

型号意义：

NX-TJ/ϕ□

蓄能器托架——

——蓄能器外径：ϕ89～426

图 20-10-24　蓄能器托架

表 20-10-19　　蓄能器托架外形尺寸　　mm

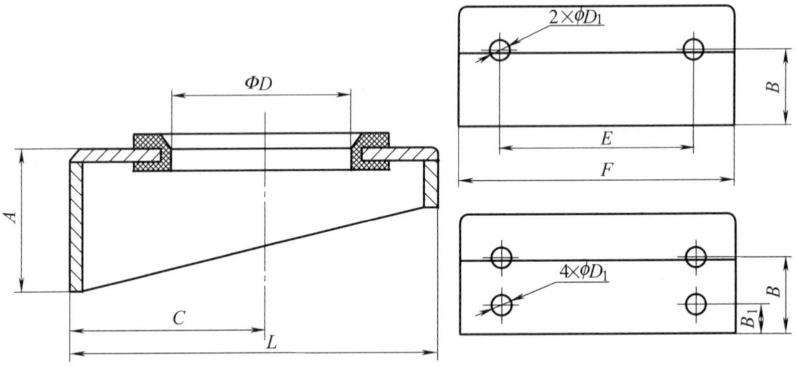

型号	A	B	C	ϕD	ϕD_1	E	F	B_1	L	配用蓄能器型号	质量/kg
NX-TJ/Φ89	45	23	62.5	Φ60	2×Φ9	60	98	/	112	NXQ-0.4L～0.63L	0.8
NX-TJ/Φ114	50	28	75	Φ60	2×Φ9	70	126	/	138	NXQ-1L	1
NX-TJ/Φ152	65	35	96	Φ88	2×Φ13	113	162	/	178	NXQ-1.6～6.3L	2
NX-TJ/Φ219	100	62	133	Φ125	4×Φ17	160	226	22	252	NXQ-10L～40L	7
NX-TJ/Φ299	100	62	173	Φ140	4×Φ17	200	306	22	332	NXQ-20L～100L	12
NX-TJ/Φ351	120	70	212	Φ170	4×Φ17	280	360	30	412	NXQ-63L～160L	20
NX-TJ/Φ426	120	70	237	Φ200	4×Φ17	300	435	30	462	NXQ-100L～250L	24

10.1.7.12　蓄能器卡箍

卡箍是专为固定蓄能器而设计的专业装置。连接结构紧凑，连接灵活，外形美观等特点。

型号意义：

NX-KG/ϕ□

蓄能器卡箍——NX-KG

蓄能器外径：ϕ89～426——□

图 20-10-25　蓄能器卡箍

表 20-10-20　蓄能器卡箍外形尺寸　mm

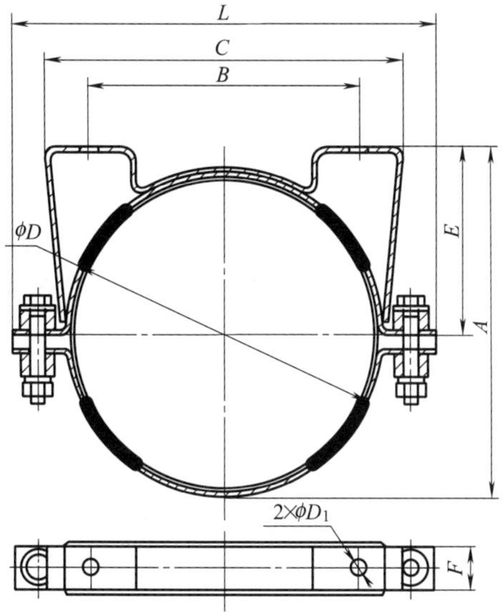

型号	A	B	C	ϕD	ϕD_1	E	F	L	配用蓄能器型号	质量/kg
NX-KG/Φ89	112	76	110	ϕ89	ϕ9	62.5	20	150	NXQ-0.4L～0.63L	0.3
NX-KG/Φ114	137	100	138	ϕ114	ϕ9	75	20	176	NXQ-1L	0.4
NX-KG/Φ152	177	126	186	ϕ152	ϕ11	96	20	176	NXQ-1.6～6.3L	0.5
NX-KG/Φ219	248	196	260	ϕ219	ϕ13	133	30	306	NXQ-10L～40L	1.1
NX-KG/Φ299	328	276	350	ϕ299	ϕ13	173	30	385	NXQ-20L～100L	1.5
NX-KG/Φ351	396	330	405	ϕ351	ϕ15	212	35	442	NXQ-63L～160L	
NX-KG/Φ426	456	403	478	ϕ426	ϕ15	237	40	518	NXQ-100L～250L	

10.2　过滤器

过滤器的功能是清除液压系统工作介质中的固体污染物，使工作介质保持清洁，延长器件的使用寿命、保证液压元件工作性能可靠。液压系统故障的75%左右是由介质的污染造成的。因此过滤器对液压系统来说是不可缺少的重要辅件。

10.2.1　过滤器的主要性能参数

表 20-10-21　　**过滤器的主要性能参数**

过滤精度	也称绝对过滤精度，是指油液通过过滤器时，能够穿过滤芯的球形污染物的最大直径（即过滤介质的最大孔口尺寸数值）
过滤能力	也叫通油能力，指在一定压差下允许通过过滤器的最大流量
纳垢容量	是过滤器在压力将达到规定值以前，可以滤出并容纳的污染物数量。过滤器的纳垢容量越大，使用寿命越长。一般来说，过滤面积越大，其纳垢容量也越大
工作压力	不同结构形式的过滤器允许的工作压力不同，选择过滤器时应考虑允许的最高工作压力
允许压力降	油液经过过滤器时，要产生压力降，其值与油液的流量、黏度和混入油液的杂质数量有关。为了保持滤芯不被破坏或系统的压力损失不致过大，要限制过滤器最大允许压力降。过滤器的最大允许压力降取决于滤芯的强度

10.2.2　过滤器的名称、用途、安装、类别、形式及效果

表 20-10-22　　**过滤器的名称、用途、安装、类别、形式及效果**

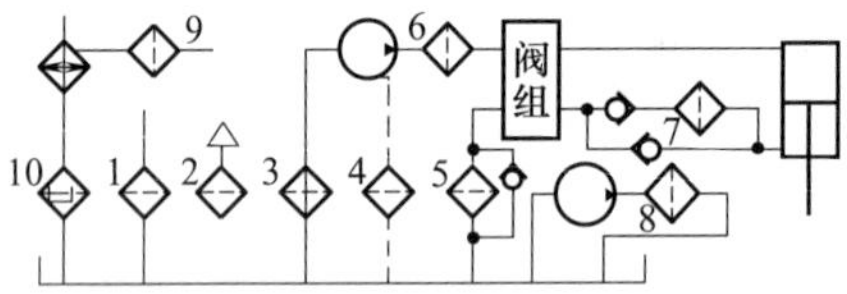

名称	用途	安装位置（见图中标号）	精度类别	滤材形式	效果
吸油过滤器	保护液压泵	3	粗过滤器	网式、线隙式滤芯	特精过滤器：能滤掉 1～5μm 颗粒 精过滤器：能滤掉 5～10μm 颗粒 普通过滤器：能滤掉 10～100μm 颗粒 粗过滤器：能滤掉 100μm 铁屑颗粒
高压过滤器	保护泵下游元件不受污染	6	精过滤器	纸质、不锈钢纤维滤芯	
回油过滤器	降低油液污染度	5	精过滤器	纸质、纤维滤芯	
离线过滤器	连续过滤保护清洁度	8	精过滤器	纸质、纤维滤芯	
泄油过滤器	防止污染物进入油箱	4	普通过滤器	网式滤芯	
安全过滤器	保护污染抵抗力低的元件	7	特精过滤器	纸质、纤维滤芯	
空气过滤器	防止污染物随空气侵入	2	普通过滤器	多层叠加式滤芯	
注油过滤器	防止注油时侵入污染物	1	粗过滤器	网式滤芯	
磁性过滤器	清除油液中的铁屑	10	粗过滤器	磁性体	
水过滤器	清除冷却水中的杂质	9	粗过滤器	网式滤芯	

10.2.3　推荐液压系统的清洁度和过滤精度

表 20-10-23　推荐液压系统的清洁度和过滤精度

工作类别	系统举例	油液清洁度		要求过滤精度/μm
		ISO 4406	NAS1638	
极关键	高性能伺服阀、航空航天试验室、导弹、飞机控制系统	12/9 13/10	3 4	1 1～3
关键	工业用伺服阀、飞机数控机床、液压舵机、位置控制装置、电液精密液压系统	14/11 15/12	5 6	3 3～5
很重要	比例阀、柱塞泵、注塑机、潜水艇、高压系统	16/13	7	10
重要	叶片泵、齿轮泵、低速马达、液压阀、叠加阀、插装阀、机床、油压机、船舶等中高压工业用液压系统	17/14 18/15	8 9	1～20 20
一般	车辆、土方机械、物料搬运液压系统	19/16	10	20～30
普通保护	重型设备、水压机、低压系统	20/17 21/16	11 12	30 30～40

10.2.4　过滤器的选择和计算

表 20-10-24　过滤器的选择和计算

选择要点	① 根据使用的目的(用途)选择过滤器的种类，根据安装位置要求选择过滤器的安装形式 ② 过滤器应具有足够大的通油能力，并且压力损失要小 ③ 过滤精度应满足液压系统或元件所需清洁度要求 ④ 滤芯使用的滤材应满足所使用的工作介质的要求，并且有足够的强度 ⑤ 过滤器的强度及压力损失是选择时需重点考虑的因素，安装过滤器后会对系统造成局部压降或产生背压 ⑥ 滤芯的更换及清洗应方便 ⑦ 应根据系统需要考虑选择合适的滤芯保护附件(如带旁通阀的定压开启装置及滤芯污染情况指示器或信号器等) ⑧ 结构应尽量简单、紧凑、安装形式合理 ⑨ 价格低廉
计算	选过滤器的通油能力时，一般应大于实际通过流量的 2 倍以上。过滤器通油能力可按下式计算 $q_v=\frac{KA\Delta p\times10^6}{\mu}$　(m^3/s) 式中　q_v——过滤器通油能力，m^3/s μ——液压油的动力黏度，Pa・s A——有效过滤面积，m^2 Δp——压力差，Pa K——滤芯通油能力系数，网式滤芯 $K=0.34$，线隙式滤芯 $K=0.17$，纸质滤芯 $K=\frac{1.04D^2\times10^3}{\delta}$，其中 D 为粒子平均直径，m；δ 为滤芯的壁厚，m

10.2.5　过滤器产品

10.2.5.1　WF 型吸油滤油器

型号意义：

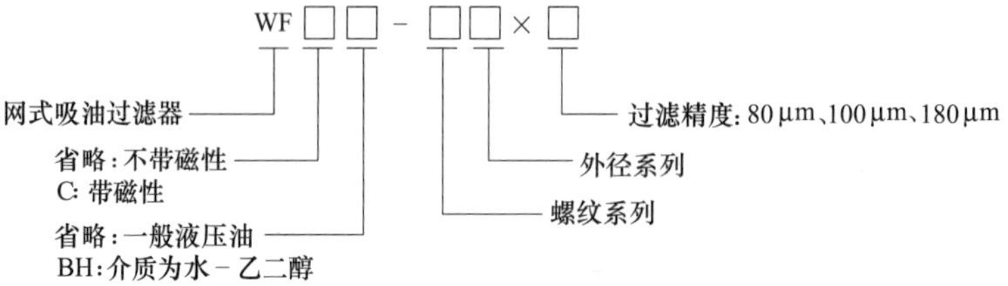

表 20-10-25　WF 型吸油滤油器技术规格　mm

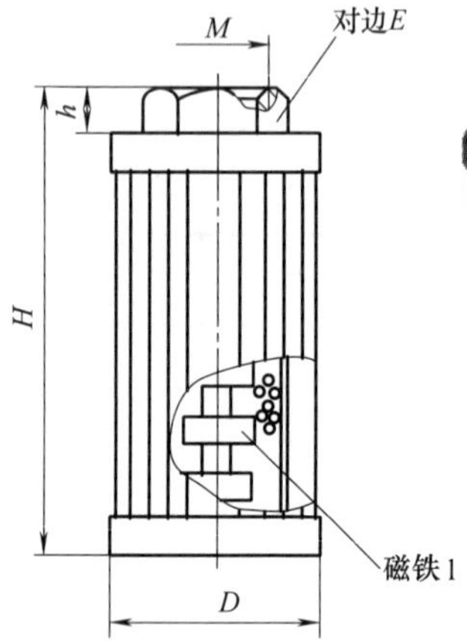

型号	接口螺纹	D	H	h	E	过滤面积/cm^2
WF-3A	G3/8	ϕ50	85	10	30	282
WF-4A	G1/2			10	30	282
WF-4B		ϕ70	95	10	41	530
WF-6B	G3/4		95	10	41	530
WF-6BL			145	10	41	832
WF-8B	G1		145	10	41	832
WF-10C	G1¼	ϕ99	142	15	69	1206
WF-10CL			232	15	69	2140
WF-12C	G1½		142	15	69	1206
WF-12CL			232	15	69	2140
WF-16C	G2		232	15	69	2140
WF-12D	G 1½	ϕ130	170	20	69	2015
WF-16D	G2		170	20	69	2015
WF-16DL			270	20	69	3590
WF-20D	G2½		270	20	100	3590
WF-24D	G3		270	20	100	3590
WF-24DL			330	20	100	4320

10.2.5.2　WR 型吸油滤油器

该过滤器属于粗过滤器，一般安装在油泵的吸油口处，用以保护油泵避免吸入较大的机械杂质。该过滤器结构简单，采用 R 螺纹连接无须另外密封，安装方便并且通油能力大、阻力小。

型号意义：

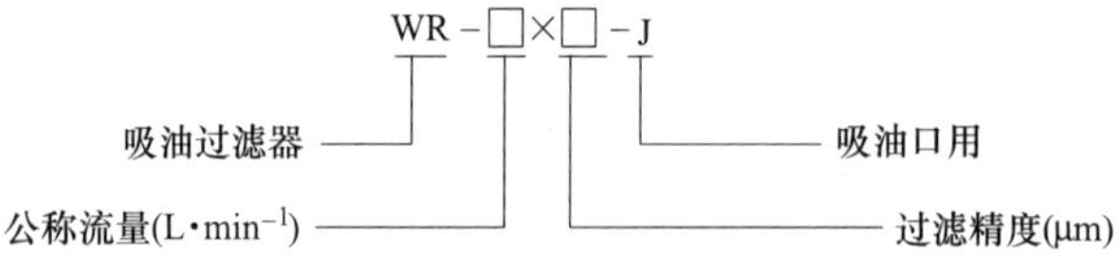

表 20-10-26　WR 型吸油滤油器技术规格

型号	接口螺纹	公称流量 /L·min^{-1}	原始压力损失 /MPa	过滤精度 /μm
WR-16×＊-J	Rc1/2	16	≤0.01	80 100 180
WR-25×＊-J	Rc3/4	25		
WR-45×＊-J	Rc3/4	45		
WR-63×＊-J	Rc1	63		
WR-150×＊-J	Rc1¼	150		

表 20-10-27　　WR 型吸油滤油器外形尺寸　　mm

型号	d	D	H	L
WR-16×*-J	Rc1/2	61	62	50
WR-25×*-J	Rc3/4	61	71	58
WR-45×*-J	Rc3/4	101	75	60
WR-63×*-J	Rc1	101	90	73
WR-150×*-J	Rc1¼	101	87	71

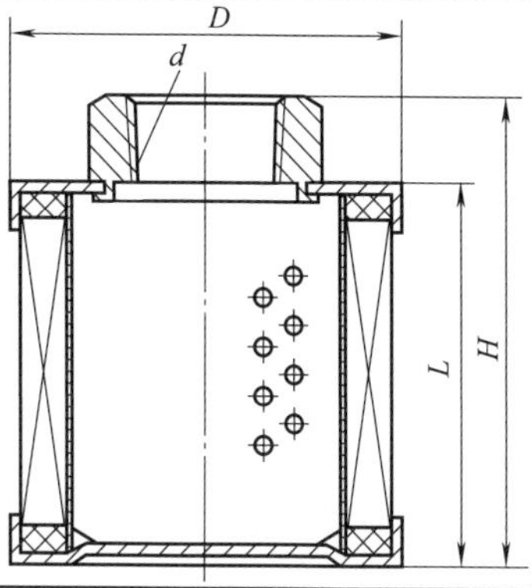

10.2.5.3　WU、XU 型吸油滤油器

该过滤器属于粗过滤器，一般安装在油泵的吸油口处，用以保护油泵避免吸入较大的机械杂质。该过滤器结构简单，通油能力大，阻力小，并设有管式、法兰式连接，分网式、线隙式两种。如图 20-10-26 所示。

图 20-10-26　WU、XU 型吸油滤油器

型号意义：

□□·□-□×□□-J

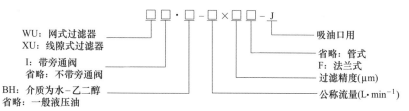

- WU：网式过滤器；XU：线隙式过滤器
- I：带旁通阀；省略：不带旁通阀
- BH：介质为水-乙二醇；省略：一般液压油
- 公称流量(L·min^{-1})
- 过滤精度(μm)
- 省略：管式；F：法兰式
- J：吸油口用

表 20-10-28　　WU、XU 系列吸油滤油器技术规格（$_{X}^{W}$U 网式与线隙式）

型号	通径 /mm	公称流量 /L·min^{-1}	原始压力损失 /MPa	过滤精度 /μm	旁通阀开启压力 /MPa	连接方式
$_{X}^{W}$U-16×*-J	12	16	≤0.01	80 100 180 (仅 WU)		管式
$_{X}^{W}$U-25×*-J	15	25			0.02	
$_{X}^{W}$U-40×*-J	20	40				
$_{X}^{W}$U-63×*-J	25	63				
$_{X}^{W}$U-100×*-J	32	100				
$_{X}^{W}$U-160×*-J	40	160				
WU-225×*G-J	50	225				
$_{X}^{W}$U-250×*-J	50	250				法兰式
$_{X}^{W}$U-400×*-J	65	400				
$_{X}^{W}$U-630×*-J	80	630				
WU-800×*G-J	63	800				管式
WU-1000×*G-J	76	1000				

注：*为过滤精度，若使用介质为水-乙二醇，带旁通阀，公称流量 100L/min，过滤精度 80μm，则过滤器型号为：WUI·BH-100×80-J，XUI·BH-100×80-J。

表 20-10-29 WU、XU 型吸油滤油器外形尺寸（连接法兰） mm

型号	A	B	C	D	$D_1{}^{+0.06}_{0}$	$D_2{}^{+0.2}_{0}$	D_3	d	$E^{0}_{-0.1}$	4×ϕ	法兰用O形圈	法兰用螺钉(4只)
WU-225×＊F-J	ϕ86	15	9	ϕ50	ϕ60	ϕ54	ϕ60	ϕ74	2.4	6.7	ϕ60×3.1	M6×25
XU-250×＊F-J												
WU-400×＊F-J	ϕ105			ϕ65	ϕ75	ϕ70	ϕ76	ϕ93			ϕ75×3.1	
XU-400×＊F-J												
WU-630×＊F-J	ϕ118			ϕ80	ϕ90	ϕ85	ϕ91	ϕ104			ϕ90×3.1	
XU-630×＊F-J												

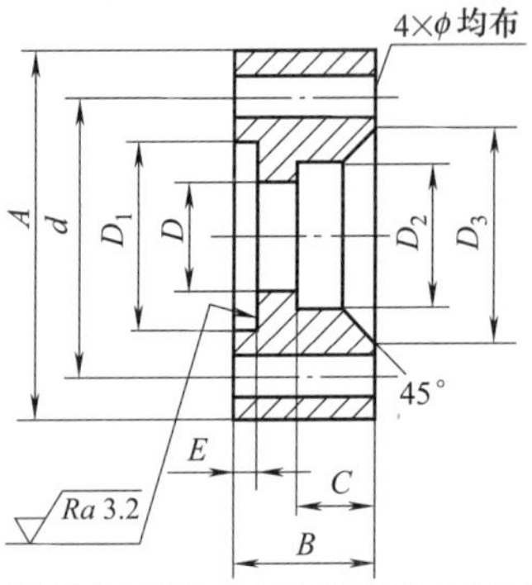

表 20-10-30 WU 型吸油滤油器外形尺寸（网式） mm

型号	H	D	$M(d)$	d_1
WU-16×＊-J	84	ϕ35	M18×1.5	
WU-25×＊-J	104	ϕ43	M22×1.5	
WU-40×＊-J	124		M27×2	
WU-63×＊-J	103	ϕ70	M33×2	
WU-100×＊-J	153		M42×2	
WU-160×＊-J	200	ϕ82	M48×2	
WU-225×＊G-J	165	ϕ150	G2	
WU-250×＊F-J	182	ϕ88	ϕ50	ϕ74
WU-400×＊F-J	229	ϕ105	ϕ65	
WU-630×＊F-J	281	ϕ118	ϕ80	ϕ93
WU-800×＊G-J	340	ϕ150	G2½	ϕ104
WU-1000×＊G-J	430	ϕ150	G3	

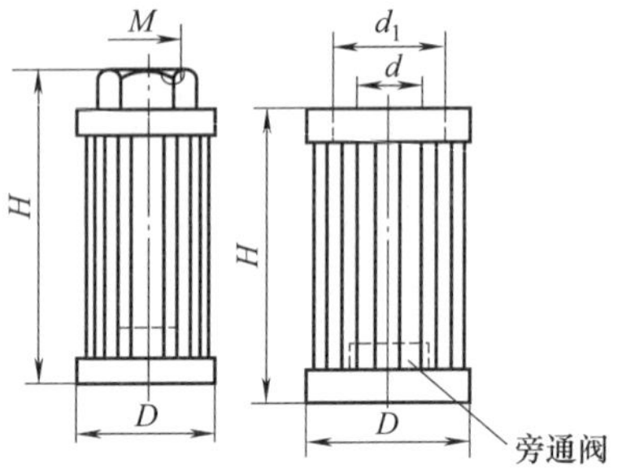

表 20-10-31 XU 型吸油滤油器外形尺寸（线隙式） mm

型号	H	D	$M(d)$	d_1
XU-6×＊-J	73	ϕ56	M18×1.5	
XU-10×＊-J	104			
XU-16×＊-J	158			
XU-25×＊-J	125	ϕ75	M22×1.5	
XU-40×＊-J	198		M27×2	
XU-63×＊-J	186	ϕ99	M33×2	
XU-100×＊-J	288		M42×2	
XU-160×＊-J	368	ϕ118	M48×2	ϕ74
XU-250×＊F-J	422	ϕ162	ϕ50	
XU-400×＊F-J	491	ϕ222	ϕ65	ϕ93
XU-630×＊F-J	659	ϕ252	ϕ80	ϕ104

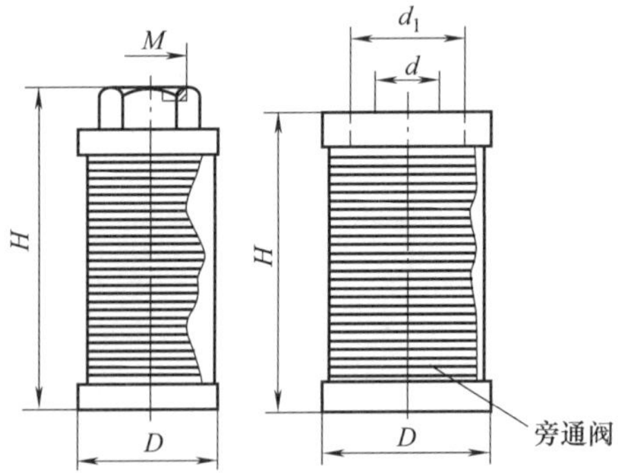

10.2.5.4 ISV 型管路吸油过滤器

ISV 型管路吸油过滤器是由铝合金外壳、滤芯、旁通阀及目测发信器和电发信器构成的轻质而坚固的带外壳吸油过滤器，应竖直安装在油箱外的管路上，不影响管路的布置，油箱的尺寸不受过滤器的限制。

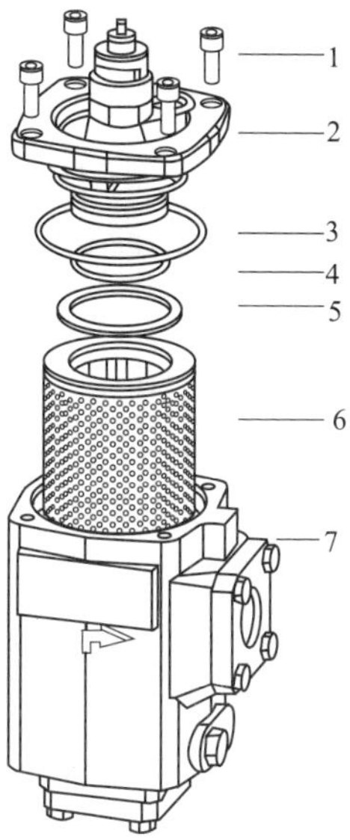

图 20-10-27　ISV 型管路吸油过滤器结构简图
1—螺钉；2—滤盖；3，4—O 形密封圈；5—弹性垫圈；6—滤芯；7—壳体

型号意义：

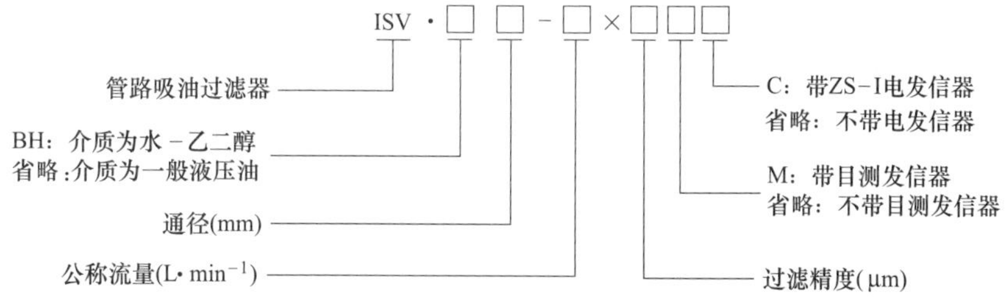

表 20-10-32　**ISV 型管路吸油过滤器技术规格**

型号	公称流量 /L·min^{-1}	过滤精度 /μm	通径 /mm	原始压力损失 /MPa	发信装置 /V	发信装置 /A	质量 /kg	滤芯型号
ISV20-40×＊	40	80 100 180	20	≤0.01	12 24 36 220	2.5	5	IX-40×＊
ISV25-63×＊	63		25					IX-63×＊
ISV32-100×＊	100		32				6	IX-100×＊
ISV40-160×＊	160		40			2		IX-160×＊
ISV50-250×＊	250		50				8.5	IX-250×＊
ISV65-400×＊	400		65			1.5	11	IX-400×＊
ISV80-630×＊	630		80					IX-630×＊
ISV90-800×＊	800		90			0.25	20	IX-800×＊
ISV100-1000×＊	1000		100					IX-1000×＊

注：＊为过滤精度，若使用介质为水-乙二醇，公称流量 160L/min，过滤精度 80μm，带 ZS-I 型发信器，则过滤器型号为 ISV·BH40-160×80C，滤芯型号为 IX·BH-160×80。

表 20-10-33　**ISV 型管路吸油过滤器外形尺寸**　mm

型号	H	H_1	L	h	d_1	d_2	d_3	d_4	P	F	D	T	t
ISV20-40×＊	167	100	67	110	ϕ85	ϕ20	ϕ27.5	ϕ9	ϕ70	68	112	12	8
ISV25-63×＊						ϕ25	ϕ34.5						

续表

型号	H	H_1	L	h	d_1	d_2	d_3	d_4	P	F	D	T	t
ISV32-100×*	229	145	80	160	ϕ100	ϕ32	ϕ43	ϕ11	ϕ78	78	138	14	9
ISV40-160×*						ϕ40	ϕ49						
ISV50-250×*	259	170	90	180	ϕ120	ϕ50	ϕ61	ϕ14	ϕ102	96	156		
ISV65-400×*	284		105	200	ϕ140	ϕ65	ϕ77		ϕ130	122	180	20	14
ISV80-630×*						ϕ80	ϕ90						
ISV90-800×*	352	240	135	260	ϕ180	ϕ90	ϕ103	ϕ18	ϕ166	156	230	22	15
ISV100-1000×*						ϕ100	ϕ115						

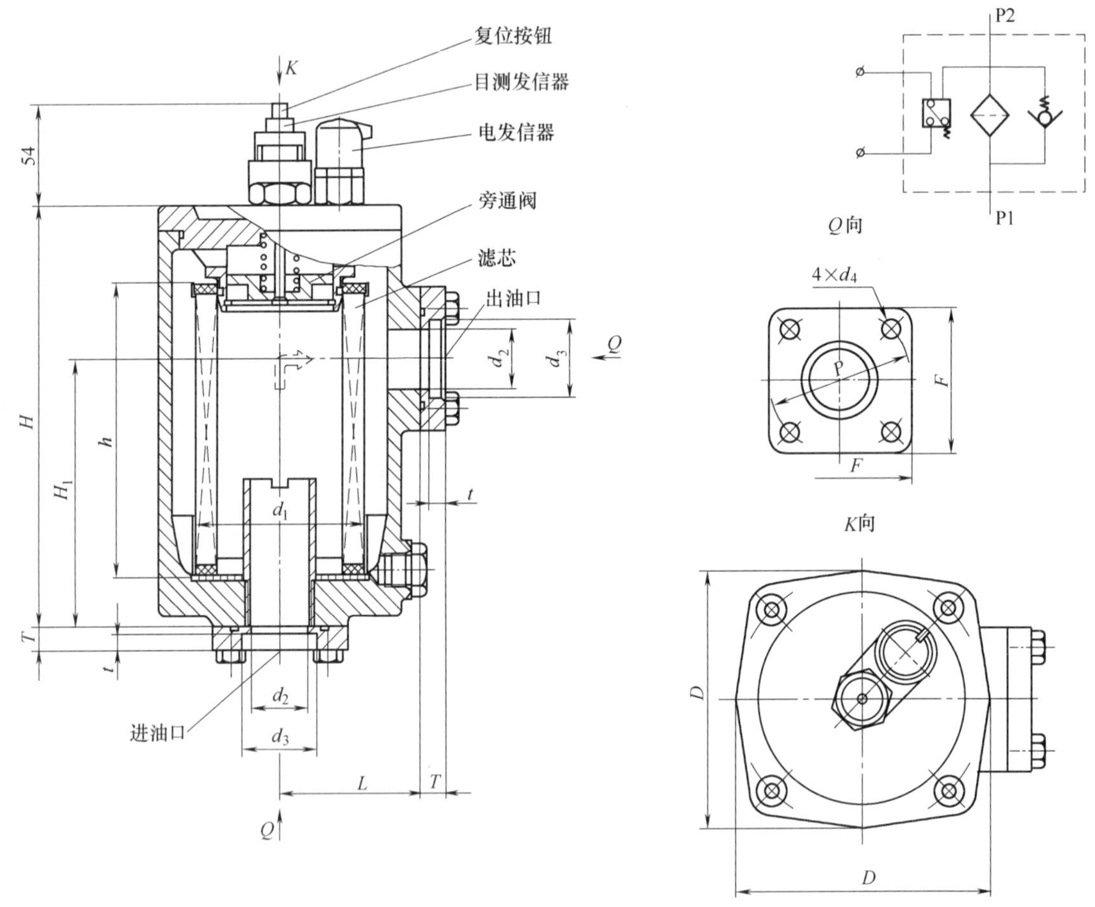

10.2.5.5 TF 型箱外自封式吸油过滤器

TF 型箱外自封式吸油过滤器安装在油泵吸油口处，用以保护油泵及其他液压元件，避免吸入污染杂质，有效地控制液压系统污染，提高液压系统的清洁度。

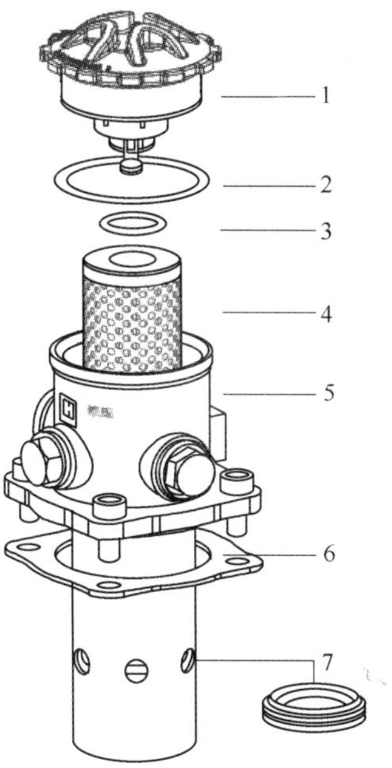

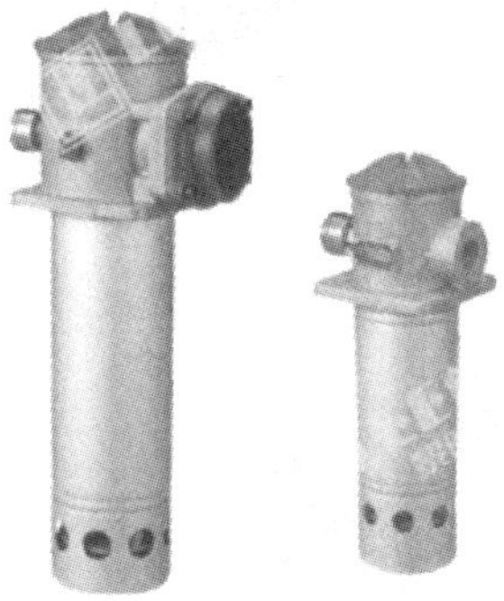

图 20-10-28　TF 型箱外自封式吸油过滤器结构简图

1—滤盖组件；2，3—O 形密封圈；4—滤芯；5—壳体；6—密封垫；7—密封圈

型号意义：

TF · □ - □×□ □ - □

- 箱外自封式吸油过滤器（TF）
- BH：介质为水-乙二醇；省略：介质为一般液压油
- 公称流量(L·min^{-1})
- 过滤精度(μm)
- L：出油口为螺纹连接；F：出油口为法兰连接
- Y：带ZKF-Ⅱ型发信器≤DC24V；C：带ZS-Ⅰ型发信器≤220V；省略：不带发信器

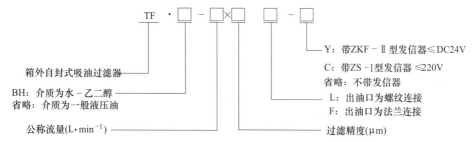

表 20-10-34　TF 型箱外自封式吸油过滤器技术规格

型号	公称流量/L·min^{-1}	过滤精度/μm	通径/mm	原始压力损失/MPa	发信装置/V	发信装置/A	连接方式	质量/kg	滤芯型号
TF-25×*L-$^{C}_{Y}$	25	80 100 180	15	<0.01	12 24 36 220	2.5 2 1.5 0.25	管式	0.4	TFX-25×*
TF-40×*L-$^{C}_{Y}$	40		20					0.45	TFX-40×*
TF-63×*L-$^{C}_{Y}$	63		25					0.82	TFX-63×*
TF-100×*L-$^{C}_{Y}$	100		32					0.87	TFX-100×*
TF-160×*L-$^{C}_{Y}$	160		40					1.75	TFX-160×*
TF-250×*L-$^{C}_{Y}$	250		50				法兰	2.6	TFX-250×*
TF-400×*L-$^{C}_{Y}$	400		65					4.3	TFX-400×*
TF-630×*L-$^{C}_{Y}$	630		90					6.2	TFX-630×*
TF-800×*L-$^{C}_{Y}$	800							6.9	TFX-800×*
TF-1000×*L-$^{C}_{Y}$	1000							8	TFX-1000×*
TF-1300×*L-$^{C}_{Y}$	1300							10.4	TFX-1300×*

注：*为过滤精度，若使用介质为水-乙二醇，公称流量 160L/min，过滤精度 80μm，带 ZS-I 型发信器，则过滤器型号为 TF·BH-160×80L·C，滤芯型号为 TFX·BH-160×80。

表 20-10-35　　TF 型箱外自封式吸油过滤器（螺纹式）外形尺寸　　mm

管式(出油口螺纹连接)

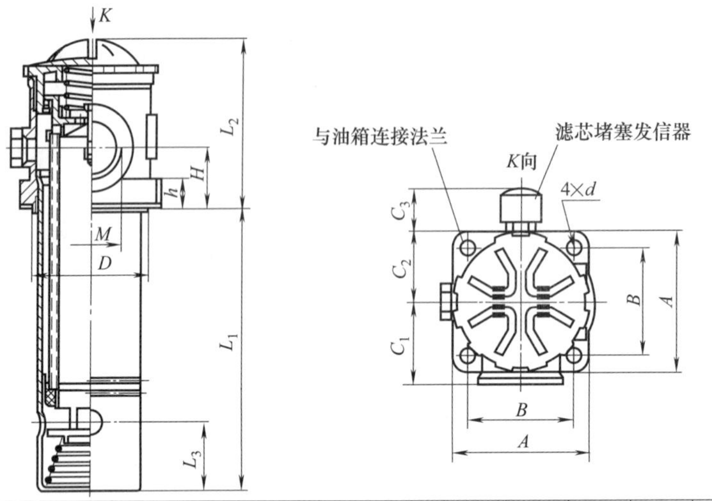

型号	L_1	L_2	L_3	H	M	D	A	B	C_1	C_2	C_3	h	d
TF-25× * L-$^{C}_{Y}$	93	78	36	25	M22×1.5	φ62	80	60	45	42	42	9.5	φ9
TF-40× * L-$^{C}_{Y}$	110				M27×2								
TF-63× * L-$^{C}_{Y}$	138	98	40	33	M33×2	φ75	90	70.7	54	47		10	
TF-100× * L-$^{C}_{Y}$	188				M42×2								
TF-160× * L-$^{C}_{Y}$	200	119	53	42	M48×2	φ91	105	81.3	62	53.5		12	φ11

法兰式(出油口法兰连接)

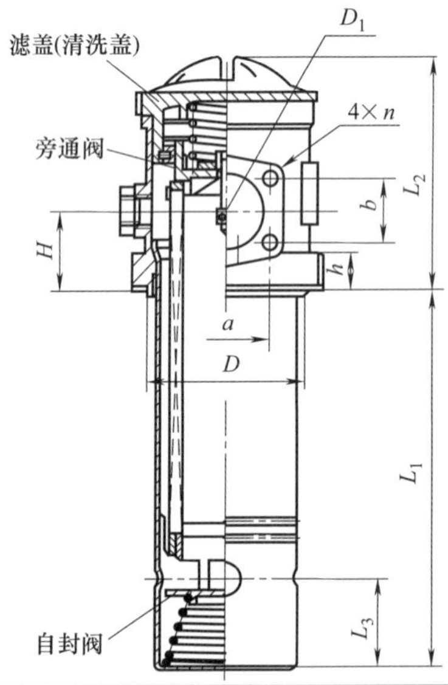

配对法兰外形尺寸

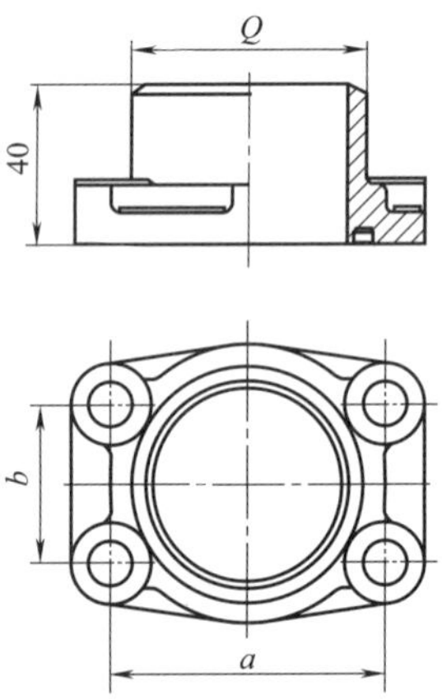

型号	L_1	L_2	L_3	H	D_1	D	a	b	n	h	Q
TF-250× * L-$^{C}_{Y}$	270	119	53	42	φ50	φ91	70	40	M10	12	φ60
TF-400× * L-$^{C}_{Y}$	275	141	60	50	φ65	φ110	90	50		15	φ73
TF-630× * L-$^{C}_{Y}$	325	184	55	65	φ90	φ140	120	70		15.5	φ102
TF-800× * L-$^{C}_{Y}$	385										
TF-1000× * L-$^{C}_{Y}$	485										
TF-1300× * L-$^{C}_{Y}$	680										

10.2.5.6　TRF 型吸回油过滤器

TRF 型吸回油过滤器主要适用于闭式回路的液压系统，滤除闭式回路油液中各元件磨损产生的金属颗粒以及密封件的橡胶杂质等污染物，使系统的油液保持清洁，有效地延长液压泵及系统其他元件的使用寿命。

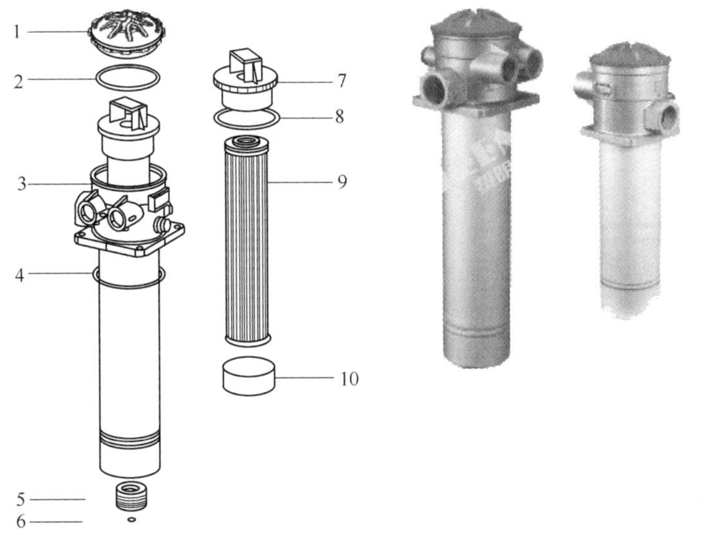

图 20-10-29　TRF 型吸回油过滤器结构简图

1—滤盖；2,4,8—O 形密封圈；3—壳体；5—吸油滤芯；6—螺母；7—滤芯定位座；9—回油滤芯；10—积污槽

型号意义：

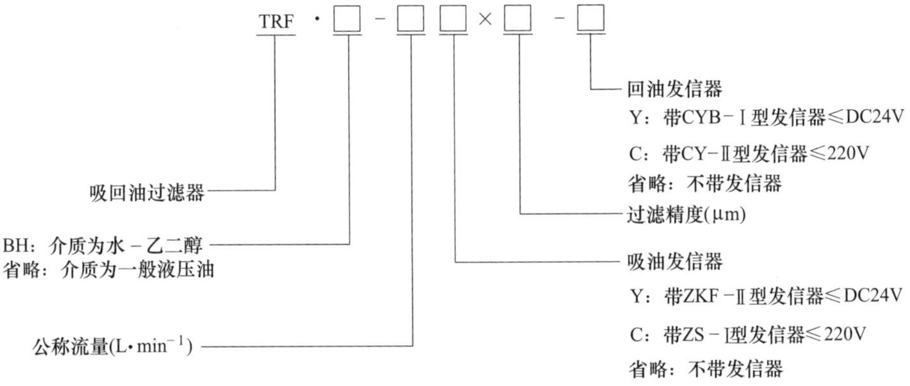

表 20-10-36　TRF 型吸回油过滤器技术规格

型号	流量 /L·min^{-1}	公称压力 /MPa	过滤精度 /μm		发信装置		旁通阀开启压力 /MPa	安全阀开启压力 /MPa	最大补偿流量 /L·min^{-1}	回油滤芯型号
			吸油	回油	/V	/A				
TRF-100$_{Y}^{C}$X * -$_{Y}^{C}$	100	1	80	10 20 30	12 24 36 220	2.5 2 1.5 0.25	0.4	0.05	6	TRFX-100X *
TRF-200$_{Y}^{C}$X * -$_{Y}^{C}$	200								10	TRFX-200X *
TRF-300$_{Y}^{C}$X * -$_{Y}^{C}$	300								16	TRFX-300X *

注：* 为过滤精度，若使用介质为水-乙二醇，公称流量 100L/min，回油过滤精度 10μm，吸油带 ZS-I 型发信器，回油带 CYB-I 型发信器，则过滤器型号为 TRF·BH-100C×10-Y，滤芯型号为 TRFX·BH-100×10。

第 20 篇

表 20-10-37　　TRF 型吸回油过滤器

TRF-100

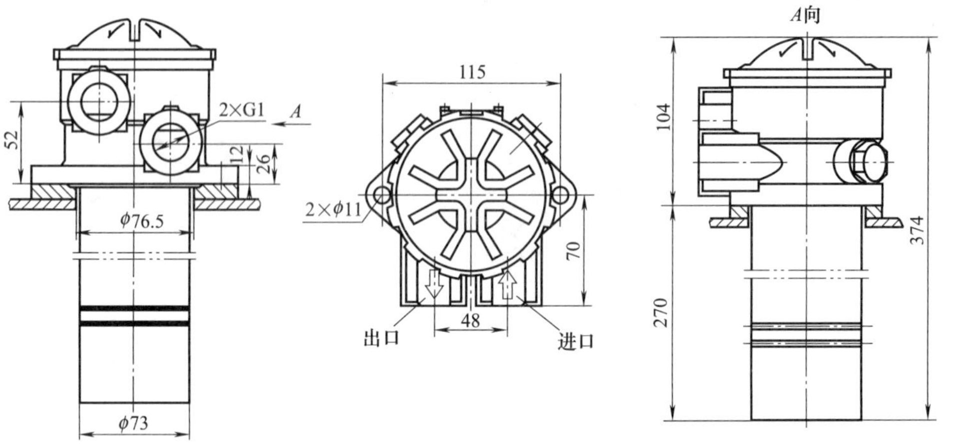

TRF-200

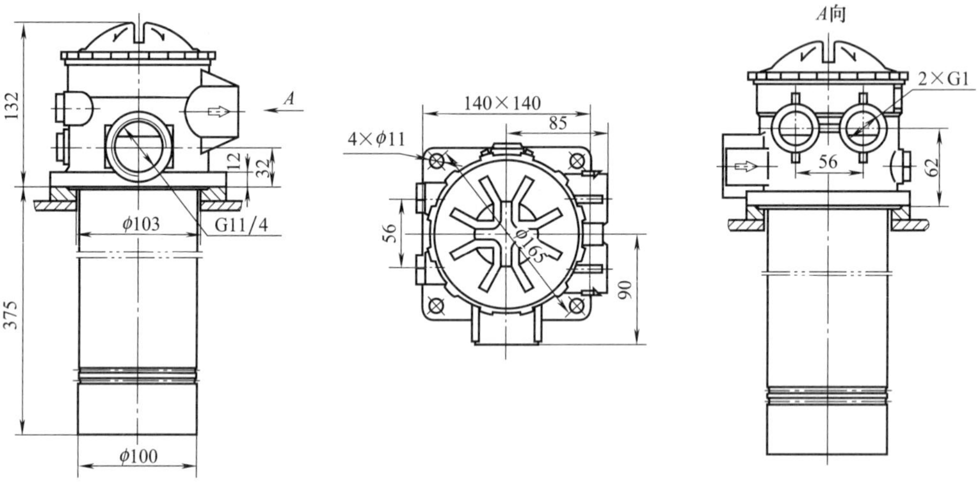

TRF-300

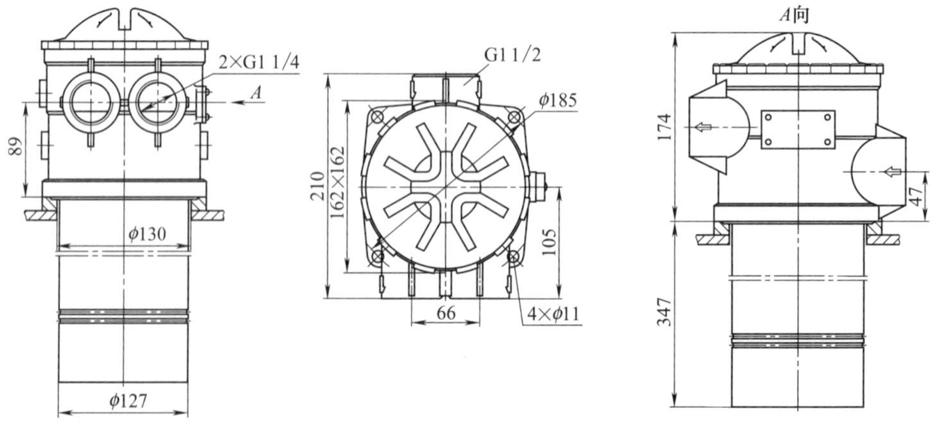

10.2.5.7　GP、WY 型磁性回油过滤器

GP、WY 型磁性回油过滤器仅一小部分的滤头连接部分露在油箱外，其余大部分都在油箱内部，从而简化了系统管路，安装方便，系统排列紧凑美观。从结构上改进原来管路回油过滤器的庞大结构，考虑到液压系统内产生量多的还是铁磁性污染物，所以在回油精过滤前，先经强磁铁进行磁性过滤，然后再经二级精密过滤。

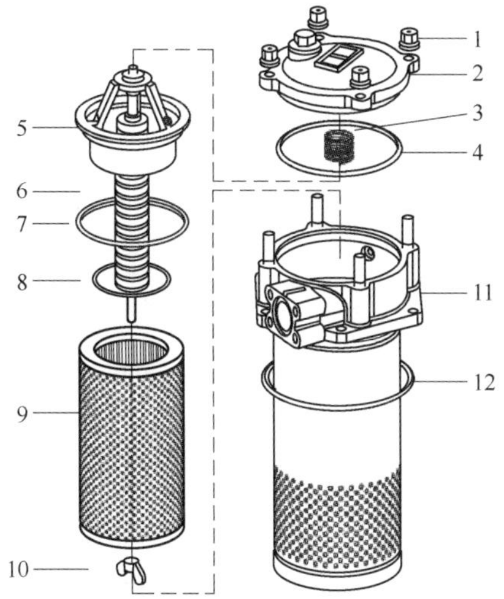

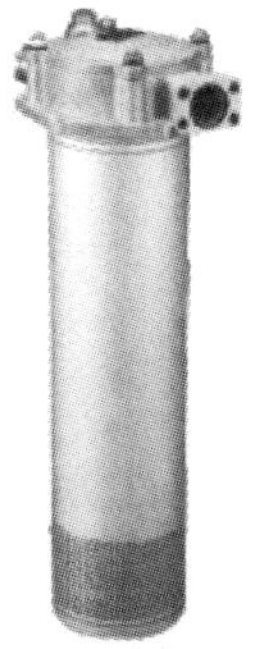

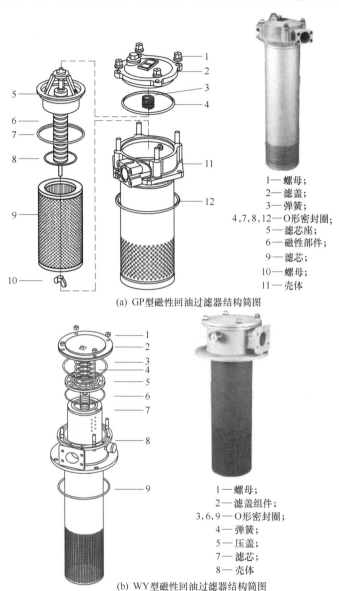

1—螺母；
2—滤盖；
3—弹簧；
4,7,8,12—O形密封圈；
5—滤芯座；
6—磁性部件；
9—滤芯；
10—螺母；
11—壳体

(a) GP型磁性回油过滤器结构简图

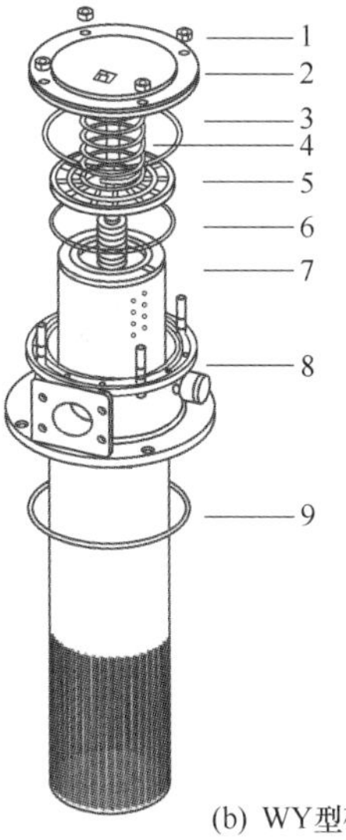

1—螺母；
2—滤盖组件；
3,6,9—O形密封圈；
4—弹簧；
5—压盖；
7—滤芯；
8—壳体

(b) WY型磁性回油过滤器结构简图

图 20-10-30　GP、WY 型磁性回油过滤器

型号意义：

□·□-A□×□Q_2□

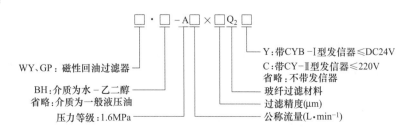

- WY、GP：磁性回油过滤器
- BH：介质为水-乙二醇；省略：介质为一般液压油
- 压力等级：1.6MPa
- 公称流量(L·min^{-1})
- 过滤精度(μm)
- 玻纤过滤材料
- Y：带CYB-Ⅰ型发信器≤DC24V；C：带CY-Ⅱ型发信器≤220V；省略：不带发信器

第 20 篇

表 20-10-38　　GP、WY 型磁性回油过滤器技术规格

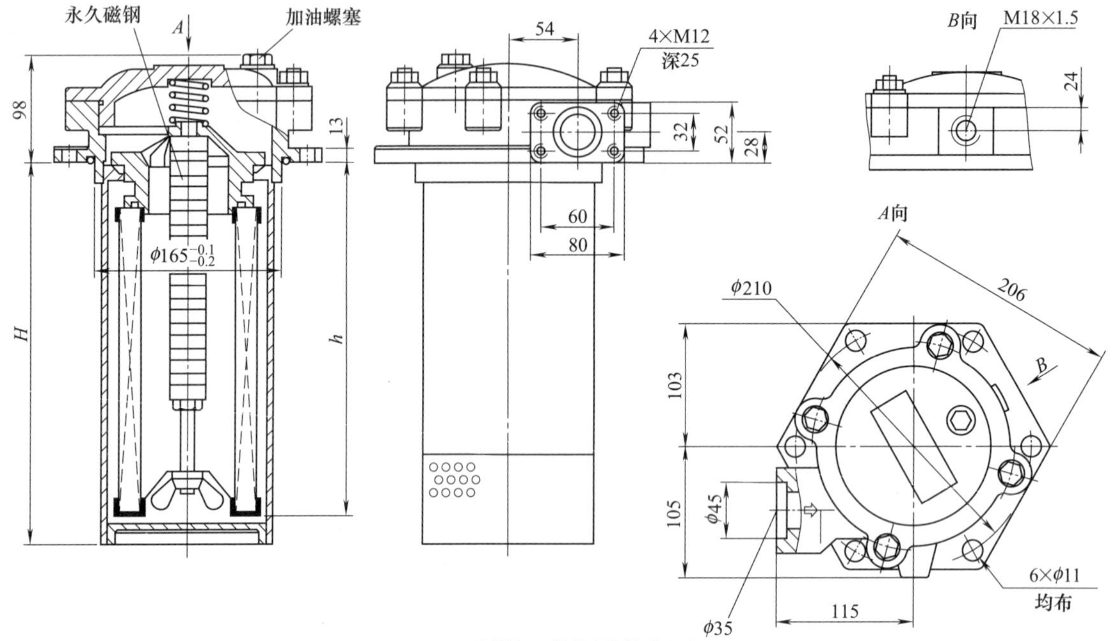

图(a)　GP 型磁性回油过滤器外形尺寸

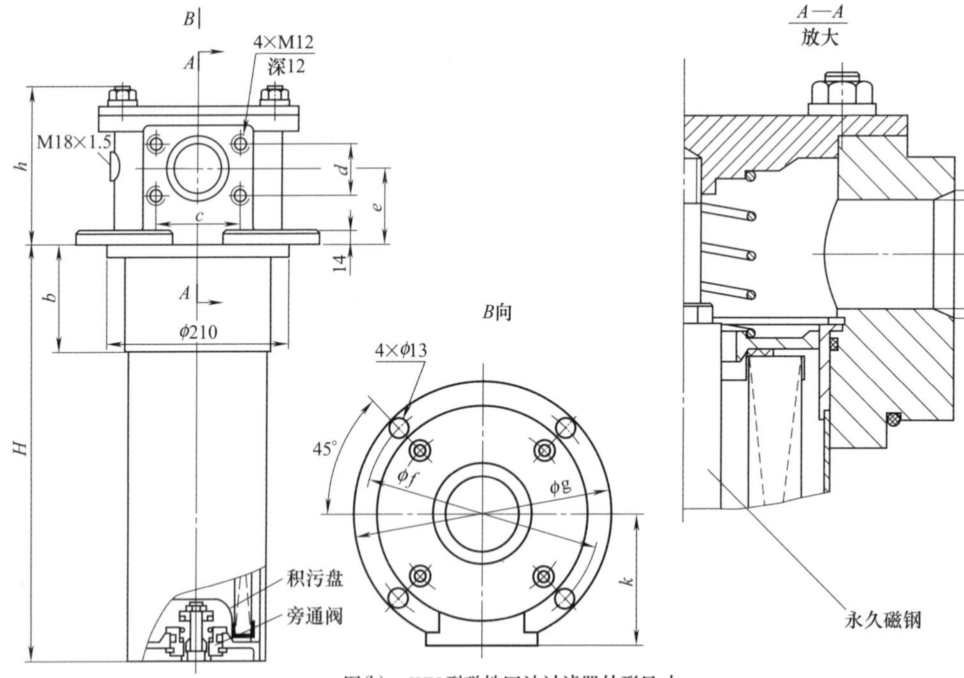

图(b)　WY 型磁性回油过滤器外形尺寸

续表

型号	公称流量/L·min⁻¹	公称压力/MPa	过滤精度/μm	旁通阀开启压力/MPa	永久磁钢表面积/cm²	尺寸/mm											质量/kg	滤芯型号
						H	h	a	b	c	d	e	f	g	k	r		
GP-A300×*$Q_2{}^{C}_{Y}$	300	1.6	3 5 10 20 30		170	300	278										9	GP300×*Q_2
GP-A400×*$Q_2{}^{C}_{Y}$	400					380	358										9.7	GP400×*Q_2
GP-A500×*$Q_2{}^{C}_{Y}$	500					570	548										11.5	GP500×*Q_2
GP-A600×*$Q_2{}^{C}_{Y}$	600					590	568										11.8	GP600×*Q_2
WY-A300×*$Q_2{}^{C}_{Y}$	300			0.4		300	160	55	125	88.9	50.8	75	265	290	140	60	12	WY300×*Q_2
WY-A400×*$Q_2{}^{C}_{Y}$	400					410											13	WY400×*Q_2
WY-A500×*$Q_2{}^{C}_{Y}$	500					500											13.8	WY500×*Q_2
WY-A600×*$Q_2{}^{C}_{Y}$	600					550											15.7	WY600×*Q_2
WY-A700×*$Q_2{}^{C}_{Y}$	700					610											16.5	WY700×*Q_2
WY-A800×*$Q_2{}^{C}_{Y}$	800					716	136	50	116	90	50	50	283	310	183	50		WY800×*Q_2

注：*为过滤精度，若使用介质为水-乙二醇，公称流量 400L/min，过滤精度 10μm，带 CYB-I 型发信器，则过滤器信号为 GP·BH-A400×10Q_2Y、WY·BH-A400×10Q_2Y；滤芯型号为 GP·BH400×10Q_2、WY·BH-A400×10Q_2。

10.2.5.8 RFA 型微型直回式回油过滤器

RFA 型微型直回式回油过滤器用于液压系统回油精过滤，滤除液压系统中元件磨损产生的金属颗粒以及密封件的橡胶杂质等污染物，使流回油箱的油液保持清洁。过滤器安装在油箱顶部，筒体部分浸入油箱内，并设置旁通阀、扩散器、滤芯污染堵塞发信器等装置。具有结构紧凑、安装方便、通油能力大、压力损失小、更换滤芯方便等特点。

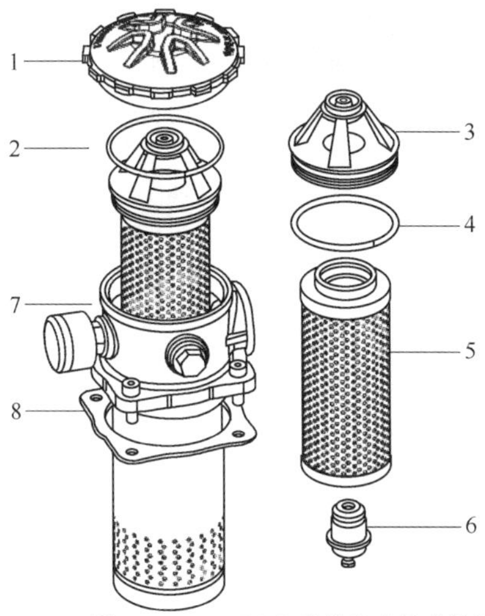

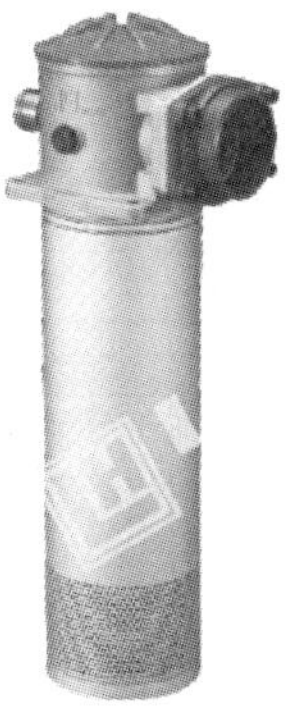

图 20-10-31　RFA 型微型直回式回油过滤器结构简图

1—滤盖；2,4—O 形密封圈；3—滤芯定位器；5—滤芯；6—旁通阀；7—壳体；8—密封垫

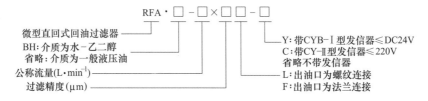

型号意义：

RFA·□-□×□□-□

- 微型直回式回油过滤器
- BH：介质为水-乙二醇；省略：介质为一般液压油
- 公称流量(L·min⁻¹)
- 过滤精度(μm)
- L：出油口为螺纹连接；F：出油口为法兰连接
- Y：带CYB-Ⅰ型发信器≤DC24V；C：带CY-Ⅱ型发信器≤220V；省略不带发信器

表 20-10-39　　RFA 型微型直回式回油过滤器技术规格

型号	公称流量 /L·min^{-1}	过滤精度 /μm	通径 /mm	公称压力 /MPa	压力损失 /MPa		发信装置		质量 /kg	滤芯型号
					原始值	最大值	/V	/A		
RFA-25×＊L-$_{Y}^{C}$	25	1 3 5 10 20 30	15	1.6	≤0.075	0.35	12 24 36 220	2.5 2 1.5 0.25	0.85	FAX-25×＊
RFA-40×＊L-$_{Y}^{C}$	40		20						0.9	FAX-40×＊
RFA-63×＊L-$_{Y}^{C}$	63		25						1.5	FAX-63×＊
RFA-100×＊L-$_{Y}^{C}$	100		32						1.7	FAX-100×＊
RFA-160×＊L-$_{Y}^{C}$	160		40						2.7	FAX-160×＊
RFA-250×＊F-$_{Y}^{C}$	250		50						4.35	FAX-250×＊
RFA-400×＊F-$_{Y}^{C}$	400		65						6.15	FAX-400×＊
RFA-630×＊F-$_{Y}^{C}$	630		90						8.2	FAX-630×＊
RFA-800×＊F-$_{Y}^{C}$	800		90						8.9	FAX-800×＊
RFA-1000×＊F-$_{Y}^{C}$	1000		90						9.96	FAX-1000×＊

表 20-10-40　　RFA-25～160 型微型直回式回油过滤器外形尺寸　　mm

管式(进油口螺纹连接)

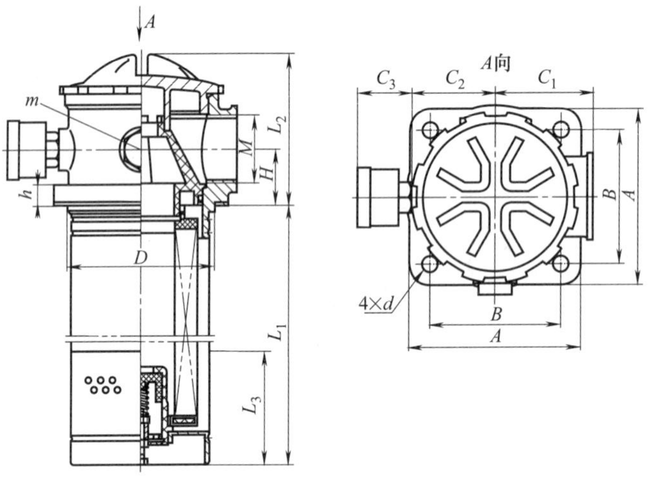

型号	L_1	L_2	L_3	H	D	M	m	A	B	C_1	C_2	C_3	d	h
RFA-25×＊L-$_{Y}^{C}$	127	74	45	25	ϕ75	M22×1.5	M18×1.5	90	70	53	45	39	ϕ9	10
RFA-40×＊L-$_{Y}^{C}$	158					M27×2								
RFA-63×＊L-$_{Y}^{C}$	185	93	60	33	ϕ95	M33×2		110	85	60	53			12
RFA-100×＊L-$_{Y}^{C}$	245					M42×2								
RFA-160×＊L-$_{Y}^{C}$	322	108	80	40	ϕ110	M48×2		125	95	71	61		ϕ13	15

续表

法兰式(进油口法兰连接)

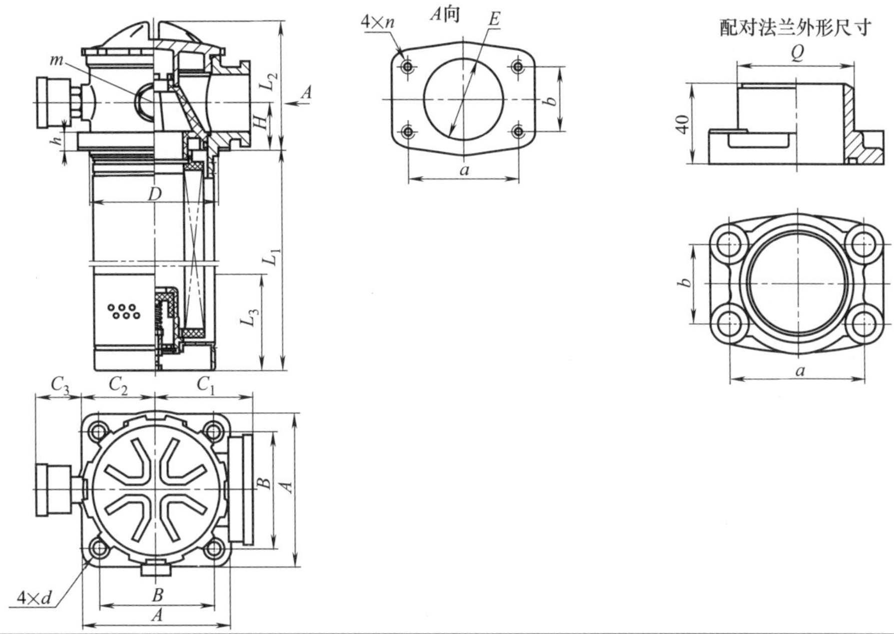

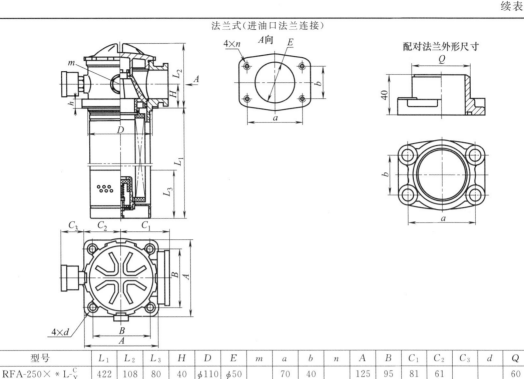

型号	L_1	L_2	L_3	H	D	E	m	a	b	n	A	B	C_1	C_2	C_3	d	Q	h
RFA-250×*L-$^{C}_{Y}$	422	108	80	40	ϕ110	ϕ50		70	40		125	95	81	61			60	15
RFA-400×*L-$^{C}_{Y}$	467	135	100	55	ϕ130	ϕ65		90	50		140	110	90	68			73	15
RFA-630×*L-$^{C}_{Y}$	494									M10					39	ϕ13		
RFA-800×*L-$^{C}_{Y}$	606	175	118	70	ϕ160	ϕ90		120	70		170	140	110	85			102	18
RFA-1000×*L-$^{C}_{Y}$	786																	

10.2.5.9　SRFA 型双筒微型直回式回油过滤器

SRFA 型双筒微型直回式回油过滤器（图 20-10-32）是由两只单筒过滤器、换向阀、旁通阀、发信器、扩散器等组成。它被安装在油箱顶部，可在系统不停机的情况下更换滤芯，适用于连续工作的液压系统回油精过滤，用来滤除液压系统中诸元件磨损产生的金属粉末以及密封件的橡胶杂质等，使流回油箱的油液保持清洁，以利于系统中的油液循环使用。

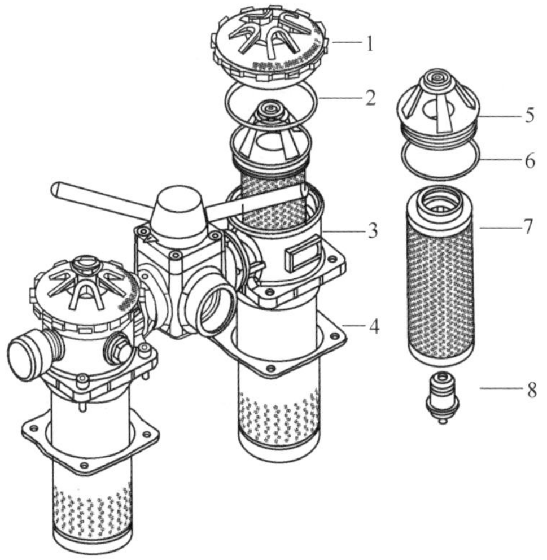

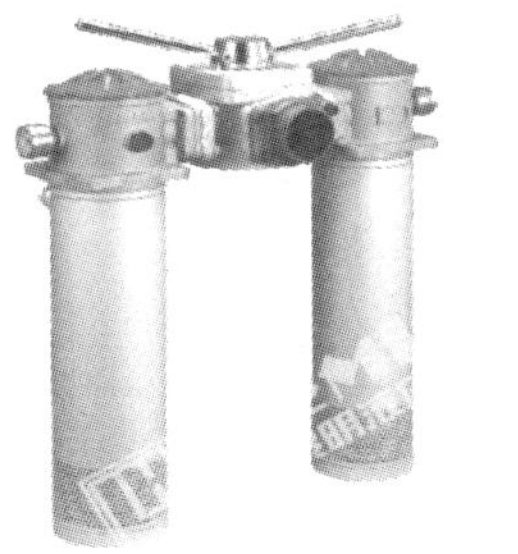

图 20-10-32　SRFA 型双筒微型直回式回油过滤器结构简图

1—滤盖；2,6—O 形密封圈；3—壳体；4—密封垫；5—滤芯定位座；7—滤芯；8—旁通阀

型号意义：

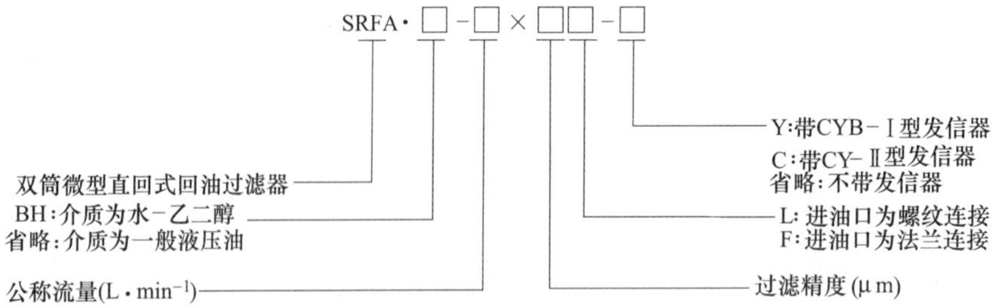

表 20-10-41　　SRFA 型双筒微型直回式回油过滤器技术规格

型号	公称流量 /L·min^{-1}	过滤精度 /μm	通径 /mm	公称压力 /MPa	压力损失/MPa 开始	压力损失/MPa 最大	发信装置 /V	发信装置 /A	质量 /kg	连接方式	滤芯型号
SRFA-25×＊-$^{C}_{Y}$	25	1 3 5 10 20 30	20	1.6	≤0.08	0.35	12 24 36 220	2.5 2 1.5 0.25		螺纹	SFAX-25×＊
SRFA-40×＊-$^{C}_{Y}$	40		20								SFAX-40×＊
SRFA-63×＊-$^{C}_{Y}$	63		32								SFAX-63×＊
SRFA-100×＊-$^{C}_{Y}$	100		32								SFAX-100×＊
SRFA-160×＊-$^{C}_{Y}$	160		50							法兰	SFAX-160×＊
SRFA-250×＊-$^{C}_{Y}$	250		50								SFAX-250×＊
SRFA-400×＊-$^{C}_{Y}$	400		65								SFAX-400×＊
SRFA-630×＊-$^{C}_{Y}$	630		90								SFAX-630×＊
SRFA-800×＊-$^{C}_{Y}$	800		90								SFAX-800×＊
SRFA-1000×＊-$^{C}_{Y}$	1000		90								SFAX-1000×＊

注：＊为过滤精度。若使用介质为水-乙二醇，使用压力 1.6MPa，公称流量 63L/min，过滤精度 10μm，带 CYB-I 发信器。则过滤器型号为 SRFA·BH-63×10L-Y，滤芯型号为 SFAX·BH-63×10。

表 20-10-42　　SRFA 型双筒微型直回式回油过滤器外形尺寸　　mm

螺纹式

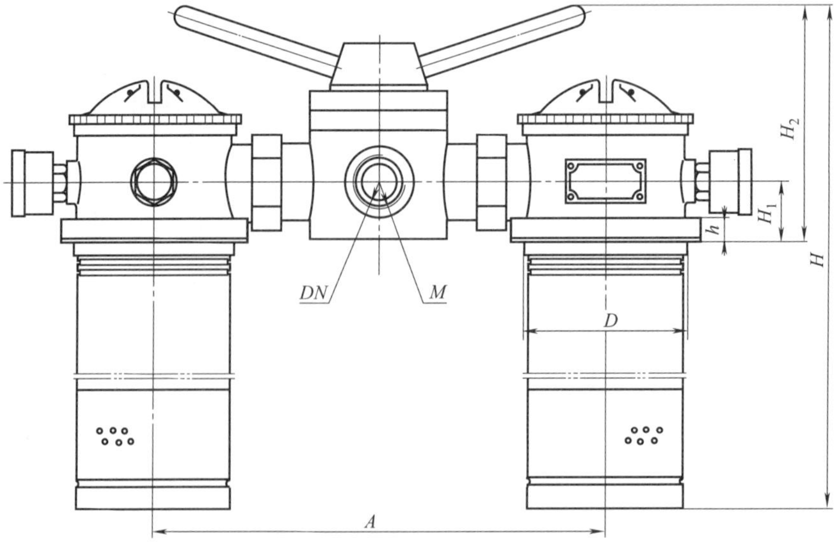

续表

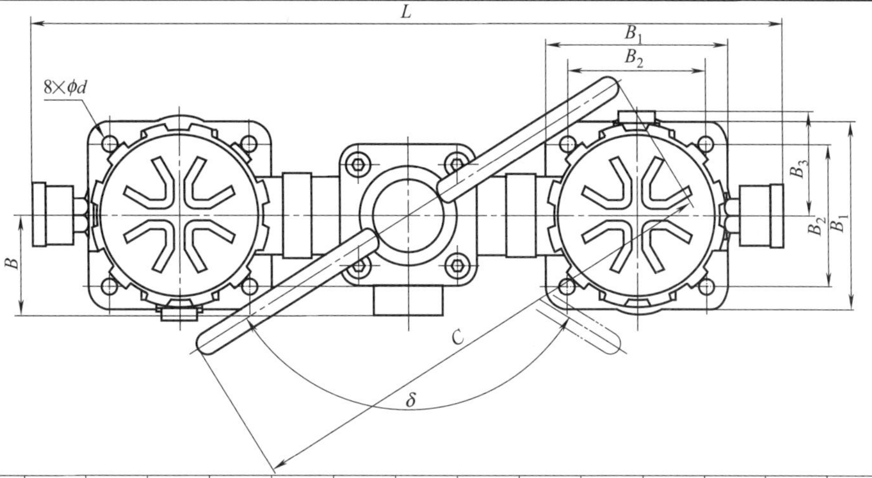

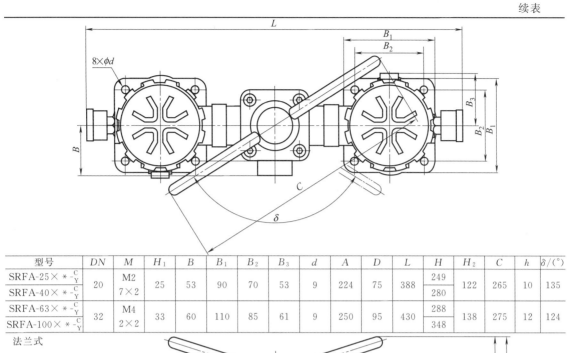

型号	DN	M	H_1	B	B_1	B_2	B_3	d	A	D	L	H	H_2	C	h	δ/(°)
SRFA-25×∗-$^{C}_{Y}$	20	M27×2	25	53	90	70	53	9	224	75	388	249	122	265	10	135
SRFA-40×∗-$^{C}_{Y}$												280				
SRFA-63×∗-$^{C}_{Y}$	32	M42×2	33	60	110	85	61	9	250	95	430	288	138	275	12	124
SRFA-100×∗-$^{C}_{Y}$												348				

法兰式

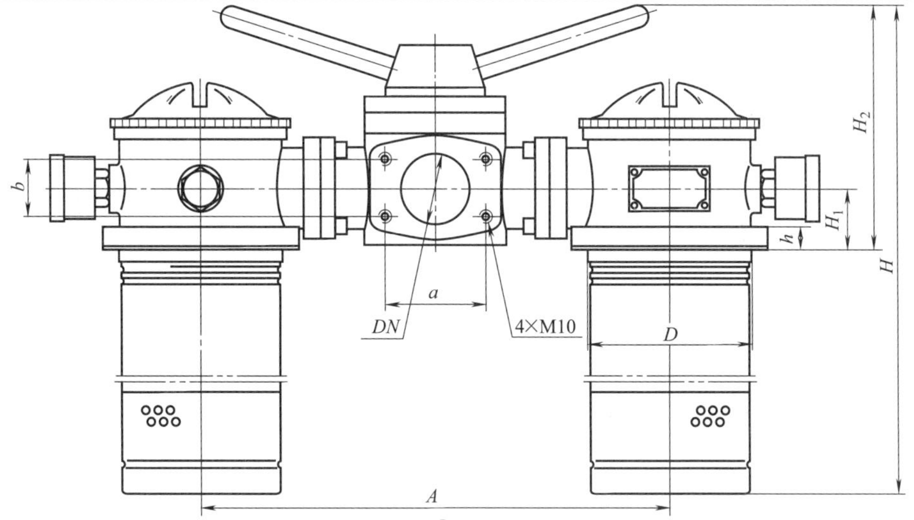

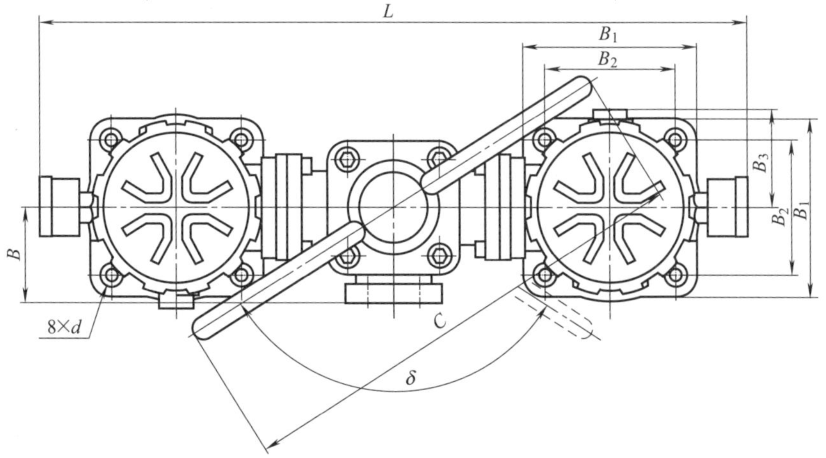

续表

型号	DN	a	b	H_1	B	B_1	B_2	B_3	d	A	D	L	H	H_2	C	h	δ/(°)
SRFA-160×*-$_{Y}^{C}$	50	70	40	40	81	125	95	67	ϕ13	320	110	566	482	160	265	10	135
SRFA-250×*-$_{Y}^{C}$													582				
SRFA-400×*-$_{Y}^{C}$	65	90	50	55	90	140	110	76	ϕ13	370	130	580	664	197	400	15	73
SRFA-630×*-$_{Y}^{C}$	90	120	70	70	115	170	140	93	ϕ13	450	160	694	743	248	545	18	102
SRFA-800×*-$_{Y}^{C}$													853				
SRFA-1000×*-$_{Y}^{C}$													1033				

10.2.5.10　XNL型箱内回油过滤器

XNL型箱内自封式回油过滤器（图20-10-33）是一新型回油过滤器，装于液压系统回油管处，滤除液压系统中由于元件磨损而产生的金属颗粒以及密封件磨损产生的橡胶杂质等污染物，使流回油箱的油液保持清洁。具有以下特点：直接安装在油箱内，简化了系统的管路，节省空间，使系统布置更为紧凑；带有自封阀，检修系统时，油箱里的油液不会回流，更换滤芯时，能把滤芯内的污染物一同带出油箱，使油液不会外流；带有旁通阀，当滤芯被污染物堵塞导致压差达0.35MPa时，如不能马上更换滤芯，设在滤芯顶部的旁通阀会自动开启（其压差为0.4MPa），以保护系统正常工作；带有磁性装置，可滤除回油油液中1μm以上的铁磁性颗粒。

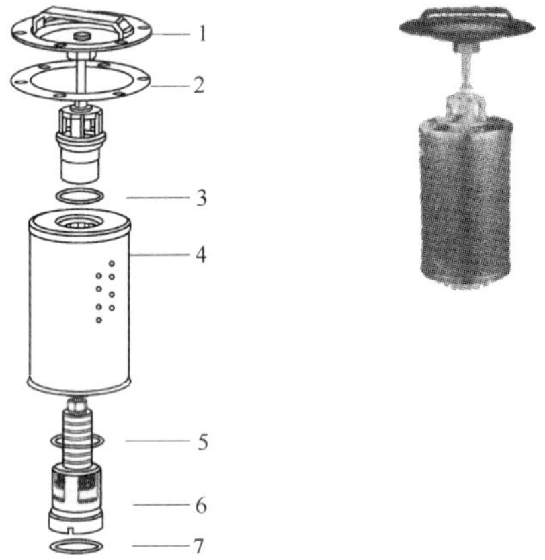

图20-10-33　XNL型箱内回油过滤器结构简图
1—滤盖组件；2—密封垫；3,5,7—O形密封圈；4—滤芯；6—自封阀组件

型号意义：

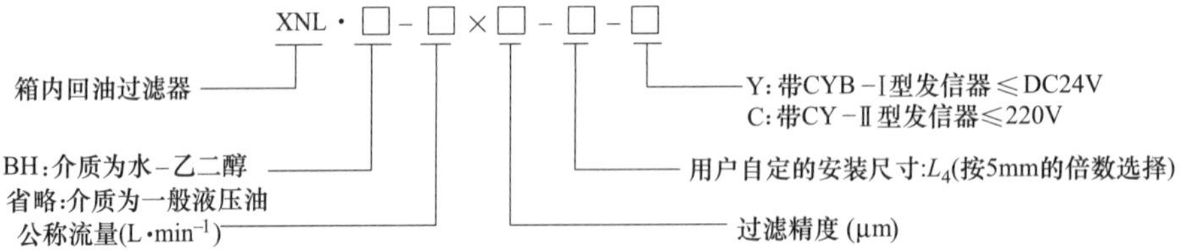

表20-10-43　XNL型箱内回油过滤器技术参数

型号	公称流量/L·min^{-1}	过滤精度/μm	通径/mm	公称压力/MPa	压力损失P/MPa 初始值	压力损失P/MPa 最大值	发信装置 V	发信装置 A	旁通阀开启压力	质量/kg	滤芯型号
XNL-25×*-$_{Y}^{C}$	25	1 3 5 10 20 30	20	0.6	≤0.1	0.35	12 24 36 220	2.5 2 1.5 0.25	0.4	1.2	NLX-25×*
XNL-40×*-$_{Y}^{C}$	40									1.5	NLX-40×*
XNL-63×*-$_{Y}^{C}$	63		32							2.3	NLX-63×*
XNL-100×*-$_{Y}^{C}$	100									2.5	NLX-100×*
XNL-160×*-$_{Y}^{C}$	160		50							4.6	NLX-160×*
XNL-250×*-$_{Y}^{C}$	250									5.1	NLX-250×*
XNL-400×*-$_{Y}^{C}$	400		80							10.1	NLX-400×*
XNL-630×*-$_{Y}^{C}$	630									10.8	NLX-630×*
XNL-800×*-$_{Y}^{C}$	800		90							14.2	NLX-800×*
XNL-1000×*-$_{Y}^{C}$	1000									14.9	NLX-1000×*

注：*为过滤精度，若使用介质为水-乙二醇，公称流量160L/min，过滤精度10μm，带CYB-Ⅰ型发信器，则过滤器型号为XNL·BH-160×10Y，滤芯型号为NLX·BH-160×10。

表 20-10-44　XNL 型箱内回油过滤器基本尺寸　mm

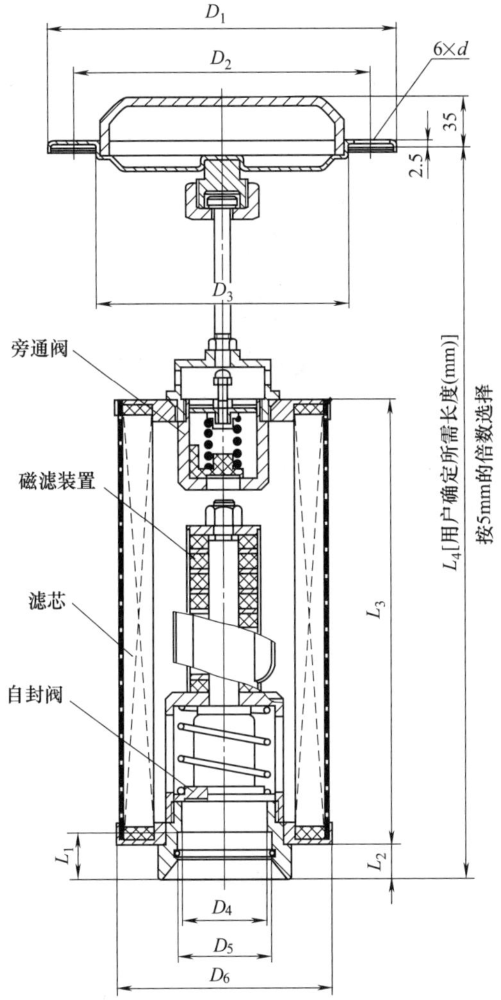

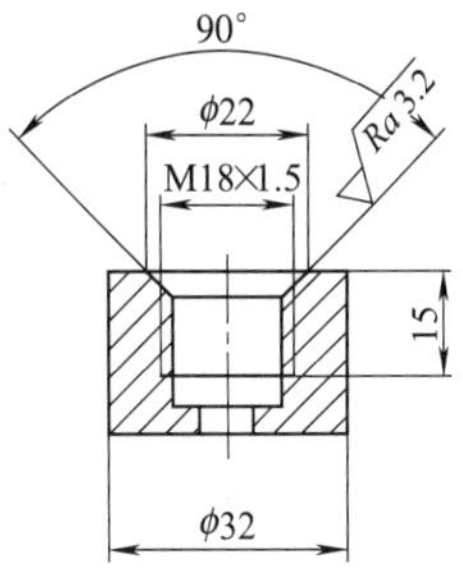

发信器接口尺寸

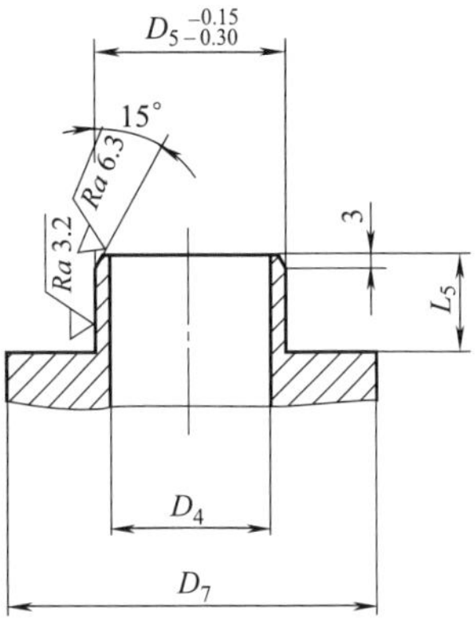

回油口接口尺寸

型号	D_1	D_2	D_3	D_4	D_5	D_6	D_7	L_1	L_2	L_3	最小 L_4	L_5	d
XNL-25×*-$^{C}_{Y}$	φ129	φ105	φ85	φ20	φ25	φ80	φ46	21	12	145	280	20	φ9
XNL-40×*-$^{C}_{Y}$										180	315		
XNL-63×*-$^{C}_{Y}$	φ154	φ130	φ110	φ32	φ40	φ106	φ56	23	15	160	300	22	
XNL-100×*-$^{C}_{Y}$										210	350		
XNL-160×*-$^{C}_{Y}$	φ200	φ170	φ145	φ50	φ55	φ141	φ76	28	20	250	430	27	φ11
XNL-250×*-$^{C}_{Y}$										320	500		
XNL-400×*-$^{C}_{Y}$	φ242	φ210	φ185	φ80	φ85	φ180	φ108	32	22	400	580	31	φ13.5
XNL-630×*-$^{C}_{Y}$										500	680		
XNL-800×*-$^{C}_{Y}$	φ262	φ230	φ205	φ90	φ100	φ200	φ127	32	22	600	805		
XNL-1000×*-$^{C}_{Y}$										750	955		

10.2.5.11　ZU-H、QU-H 型压力管路过滤器

ZU-H、QU-H 型压力管路过滤器安装在液压系统的压力管路上，用以滤除液压油中混入的机械杂质和液压油本身化学变化所产生的胶质、沥青质、炭渣质等，从而防止阀芯卡死、节流小孔缝隙和阻尼孔的堵塞以及液压元件过快磨损等故障的发生。

该过滤器过滤效果好、精度高，但堵塞后清洗比较难，必须更换滤芯。

该过滤器设有压差发信装置，当滤芯污染堵塞到进出油口压差为 0.35MPa 时，即发出开关信号，此时更换滤芯，以达到保护系统安全的目的。

该过滤器滤芯采用玻璃纤维过滤材质，具有过滤精度高、通油能力大、原始压力损失小、纳污量大等优点。

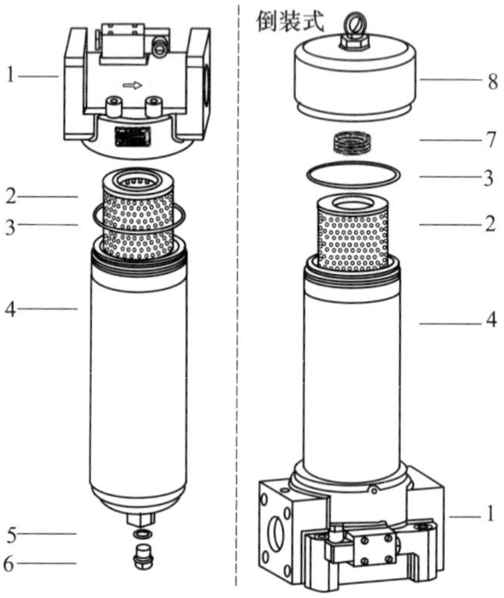

图 20-10-34　ZU-H、QU-H 型压力管路过滤器结构简图

1—滤头；2—滤芯；3,5—O 形密封圈；4—壳体；6—螺塞；7—弹簧；8—顶盖

型号意义：

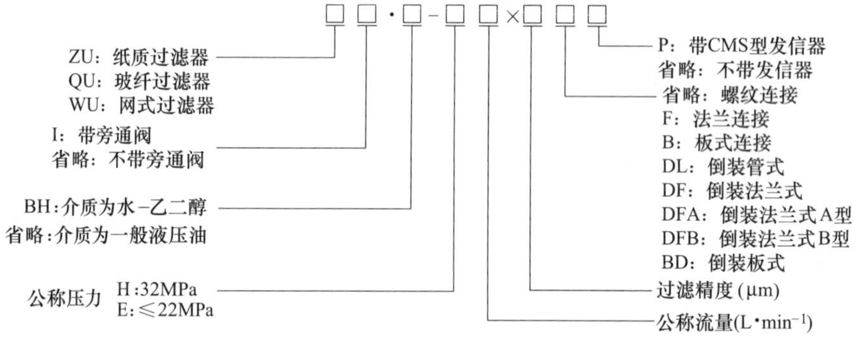

表 20-10-45　ZU-H、QU-H 型压力管路过滤器技术规格

型号	通径 /mm	公称流量 /L·min^{-1}	过滤精度 /μm	公称压力 /MPa	压力损失/MPa 原始值	压力损失/MPa 最大值	发信装置功率	质量 /kg	滤芯型号	连接方式
$^{Z}_{Q}$U-H10×*P	15	10	1 3 5 10 20 30	32	0.08	0.35	24V/48W 220V/50W	3.6	HX-10×*#	管式
$^{Z}_{Q}$U-H25×*P		25						5.0	HX-25×*#	
$^{Z}_{Q}$U-H40×*P	20	40			0.1			8.0	HX-40×*#	
$^{Z}_{Q}$U-H63×*P		63						9.8	HX-63×*#	
$^{Z}_{Q}$U-H100×*P	25	100						12.0	HX-100×*#	
$^{Z}_{Q}$U-H160×*P	32	160			0.12			18.2	HX-160×*#	
$^{Z}_{Q}$U-H250×*P	40	250						23.0	HX-250×*#	法兰式
$^{Z}_{Q}$U-H400×*P	50	400			0.15			33.8	HX-400×*#	
$^{Z}_{Q}$U-H630×*P	53	630						42.0	HX-630×*#	
$^{Z}_{Q}$U-H800×*P		800						52.0	HX-800×*#	

续表

型号	通径/mm	公称流量/L·min^{-1}	过滤精度/μm	公称压力/MPa	压力损失/MPa 原始值	压力损失/MPa 最大值	发信装置功率	质量/kg	滤芯型号	连接方式
$^{Z}_{Q}$U-H10×*BP	15	10	1 3 5 10 20 30 40	32	0.08	0.35	24V/48W 220V/50W	5.7	HBX-10×*	板式
$^{Z}_{Q}$U-H25×*BP		25						7.0	HBX-25×*	
$^{Z}_{Q}$U-H40×*BP	25	40			0.1			11.5	HBX-40×*	
$^{Z}_{Q}$U-H63×*BP		63						13.2	HBX-63×*	
$^{Z}_{Q}$U-H100×*BP		100						15.0	HBX-110×*	
$^{Z}_{Q}$U-H160×*BP	32	160			0.12			21.4	HBX-160×*	
$^{Z}_{Q}$U-H250×*BP	40	250						25.7	HBX-250×*	
$^{Z}_{Q}$U-H400×*BP	50	400			0.15			38.0	HBX-400×*	
$^{Z}_{Q}$U-H630×*BP		630						42.3	HBX-630×*	
$^{Z}_{Q}$U-H10×*DLP	15	10			0.08			8.5	HDX-10×*	倒装管式
$^{Z}_{Q}$U-H25×*DLP		25						9.9	HDX-25×*	
$^{Z}_{Q}$U-H40×*DLP	20	40			0.1			16.4	HDX-40×*	
$^{Z}_{Q}$U-H63×*DLP		63						18.9	HDX-63×*	
$^{Z}_{Q}$U-H100×*DLP	25	100						22.5	HDX-100×*	
$^{Z}_{Q}$U-H160×*DLP	32	160			0.15			33.4	HDX-160×*	
$^{Z}_{Q}$U-H10×*DFP	15	10			0.08			8.6	HDX-10×*	倒装法兰式
$^{Z}_{Q}$U-H25×*DFP		25						10.0	HDX-25×*	
$^{Z}_{Q}$U-H40×*DFP	20	40			0.1			16.6	HDX-40×*	
$^{Z}_{Q}$U-H63×*DFP		63						19.2	HDX-63×*	
$^{Z}_{Q}$U-H100×*DFP	25	100						22.9	HDX-100×*	
$^{Z}_{Q}$U-H160×*DFP	32	160			0.12			34.0	HDX-160×*	
$^{Z}_{Q}$U-H250×*DFP	40	250						41.9	HDX-250×*	
$^{Z}_{Q}$U-H400×*DFP	50	400			0.15			57.6	HDX-400×*	
$^{Z}_{Q}$U-H630×*DFP	53	630						62.4	HDX-630×*	
$^{Z}_{Q}$U-H800×*DFP		800							HDX-800×*	
$^{Z}_{Q}$U-H10×*DFAP	15	10			0.08			8.6	HDX-10×*	倒装法兰式A型
$^{Z}_{Q}$U-H25×*DFAP		25						10.0	HDX-25×*	
$^{Z}_{Q}$U-H40×*DFAP	20	40						16.6	HDX-40×*	
$^{Z}_{Q}$U-H63×*DFAP		63			0.1			19.2	HDX-63×*	
$^{Z}_{Q}$U-H100×*DFAP	25	100						22.9	HDX-100×*	
$^{Z}_{Q}$U-H160×*DFAP	32	160			0.12			34.0	HDX-160×*	
$^{Z}_{Q}$U-H250×*DFAP	40	250						41.9	HDX-250×*	
$^{Z}_{Q}$U-H400×*DFAP	50	400			0.15			57.6	HDX-400×*	
$^{Z}_{Q}$U-H630×*DFAP	53	630						62.4	HDX-630×*	
$^{Z}_{Q}$U-H800×*DFAP		800							HDX-800×*	
$^{Z}_{Q}$U-H10×*DFBP	15	10			0.08			8.6	HDX-10×*	倒装法兰式B型
$^{Z}_{Q}$U-H25×*DFBP		25						10.0	HDX-25×*	
$^{Z}_{Q}$U-H40×*DFBP	20	40						16.6	HDX-40×*	
$^{Z}_{Q}$U-H63×*DFBP		63			0.12			19.2	HDX-63×*	
$^{Z}_{Q}$U-H100×*DFBP	25	100						22.9	HDX-100×*	
$^{Z}_{Q}$U-H160×*DFBP	32	160			0.1			34.0	HDX-160×*	
$^{Z}_{Q}$U-H250×*DFBP	40	250						41.9	HDX-250×*	
$^{Z}_{Q}$U-H400×*DFBP	50	400			0.15			57.6	HDX-400×*	
$^{Z}_{Q}$U-H630×*DFBP	53	630						62.4	HDX-630×*	
$^{Z}_{Q}$U-H800×*DFBP		800							HDX-800×*	
$^{Z}_{Q}$U-H10×*BDP	15	10			0.08			8.4	HDX-10×*	倒装板式
$^{Z}_{Q}$U-H25×*BDP		25						9.8	HDX-25×*	
$^{Z}_{Q}$U-H40×*BDP	20	40						16.3	HDX-40×*	
$^{Z}_{Q}$U-H63×*BDP		63			0.12			18.9	HDX-63×*	
$^{Z}_{Q}$U-H100×*BDP	25	100						22.5	HDX-100×*	
$^{Z}_{Q}$U-H160×*BDP	40	160			0.1			33.6	HDX-160×*	
$^{Z}_{Q}$U-H250×*BDP		250						41.3	HDX-250×*	
$^{Z}_{Q}$U-H400×*BDP	50	400			0.15			57.0	HDX-400×*	
$^{Z}_{Q}$U-H630×*BDP		630						61.8	HDX-630×*	
$^{Z}_{Q}$U-H800×*BDP		800							HDX-800×*	

注：*为过滤精度，#表示过滤材料，若使用介质为水-乙二醇，使用压力 32MPa，公称流量 63L/min，滤材为纸质，带发信器和旁通阀，则过滤器型号为 ZUI·BH-H63×* P；滤芯型号为 HX·BH-63 ×*；滤材为玻璃纤维，带发信器，则过滤器型号为 QU·BH-63×*Q；滤芯型号为 HX·BH-63×*Q；滤材为金属网，带发信器，则过滤型号为 WU-H63×*P，滤芯型号为 HX-63×*W。

表 20-10-46　　ZU-H、QU-H 型压力管路过滤器外形尺寸　　mm

管式

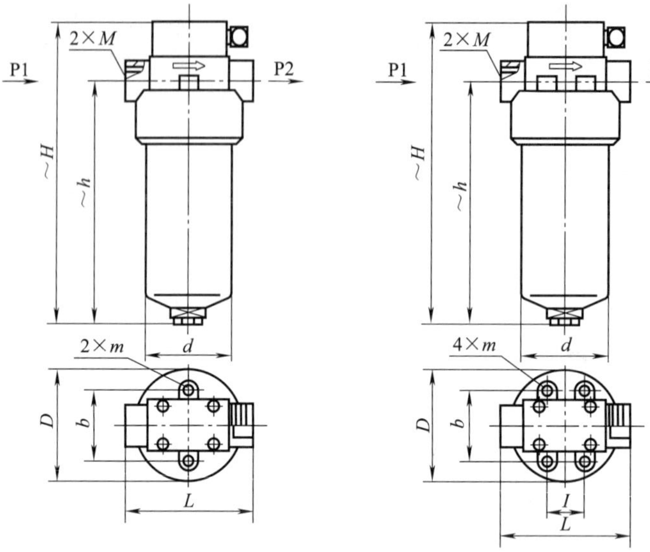

型号	~H	~h	L	I	b	D	d	m	M
$^{Z}_{Q}$U-H10× * P	198	140	118		70	ϕ88	ϕ73	2-M6	M27×2
$^{Z}_{Q}$U-H25× * P	288	230							
$^{Z}_{Q}$U-H40× * P	255	194	128	44	86	ϕ124	ϕ102	4-M10	M33×2
$^{Z}_{Q}$U-H63× * P	323	262							
$^{Z}_{Q}$U-H100× * P	394	329							M42×2
$^{Z}_{Q}$U-H160× * P	435	362	166	60	100	ϕ146	ϕ121		M48×2

法兰式

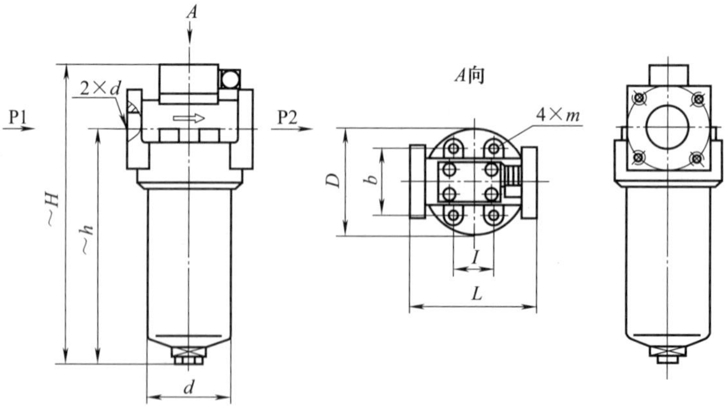

型号	~H	~h	L	I	b	D	d	m	M
$^{Z}_{Q}$U-H250× * FP	508	430	166	60	100	146	121	ϕ40	M10
$^{Z}_{Q}$U-H400× * FP	545	461	206		123	170	146	ϕ50	M12
$^{Z}_{Q}$U-H630× * FP	647	563			128			ϕ55	
$^{Z}_{Q}$U-H800× * FP	767	683							

续表

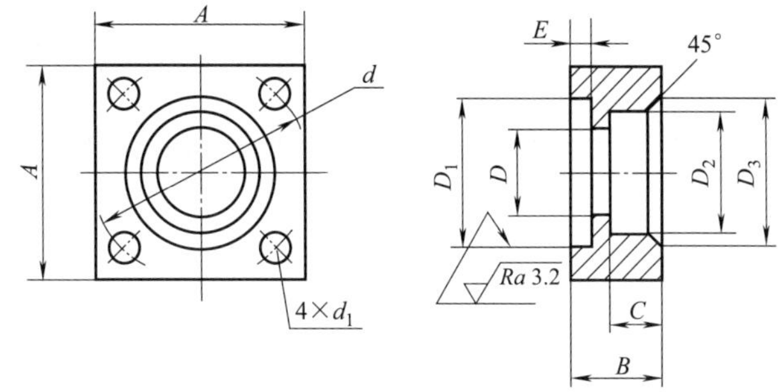

型号	A	B	C	D	D_1		D_2		D_3	d	E		d_1	法兰用O形圈	法兰用螺钉
$^{Z}_{Q}$U-H250×＊FP	100	30	18	φ40	φ55	0 −0.2	φ52	+0.2 0	φ60	φ98	2.4	0 −0.1	17	φ55 ×3.1	M16 ×45
$^{Z}_{Q}$U-H400×＊FP	123	36	20	φ52	φ73		φ65		φ73	φ118	4.5		22	φ73 ×5.7	M20 ×60
$^{Z}_{Q}$U-H630×＊FP	142	42	22	φ55	φ77		φ77		φ85	φ145				φ80 ×5.7	M20 ×65
$^{Z}_{Q}$U-H800×＊FP	142	42	22	φ55	φ77		φ77		φ85	φ145				φ80 ×5.7	M20 ×65

板式

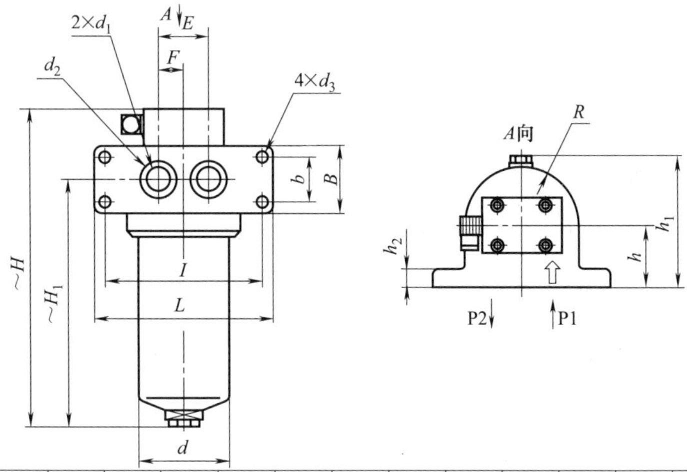

型号	~H	~H_1	R	d	L	B	I	b	E	F	h	h_1	h_2	d_1	d_2	d_3
$^{Z}_{Q}$U-H10×＊BP	210	142	46	φ73	158	60	128	30	40	20	50	110	22	φ15	φ24	φ13
$^{Z}_{Q}$U-H25×＊BP	300	232														
$^{Z}_{Q}$U-H40×＊BP	269	199	62	φ102	190	64	160	32	50	25	65	138	25	φ25	φ32	φ15
$^{Z}_{Q}$U-H63×＊BP	337	267														
$^{Z}_{Q}$U-H100×＊BP	399	329														
$^{Z}_{Q}$U-H160×＊BP	426	353	73	φ121	212	72	180	40	60	30	77	164	30	φ32	φ40	φ17
$^{Z}_{Q}$U-H250×＊BP	507	429				80		48						φ40	φ50	
$^{Z}_{Q}$U-H400×＊BP	554	461	85	φ146	275	110	225	60	80	40	92	194	40	φ50	φ65	φ26
$^{Z}_{Q}$U-H630×＊BP	654	561														

续表

倒装管式

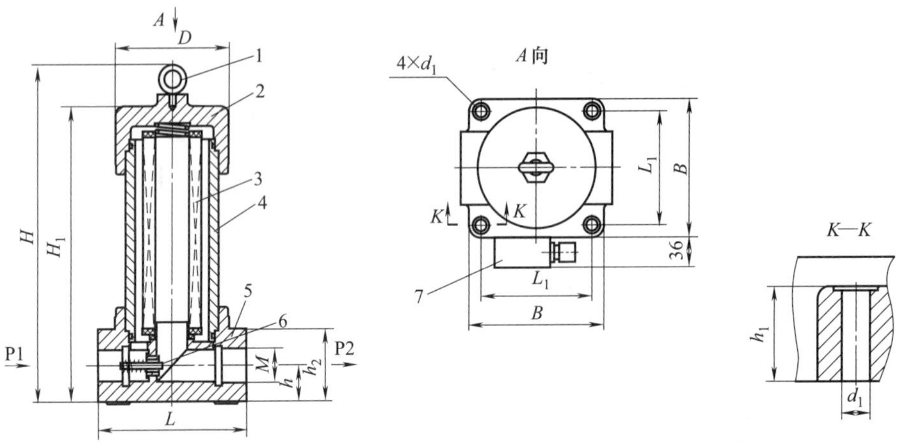

1—吊环螺钉；2—顶盖；3—滤芯；4—壳体；5—滤头；6—旁通阀；7—发信器

型号	H	H_1	L	L_1	B	d_1	h	h_1	h_2	M	D
$^{Z}_{Q}$U-H10× * DLP	198	148	130	95	115	$\phi 9$	27.5	33	54	M27×2	$\phi 92$
$^{Z}_{Q}$U-H25× * DLP	288	238									
$^{Z}_{Q}$U-H40× * DLP	247	197	156	115	145	$\phi 14$	34	41	68	M33×2	$\phi 124$
$^{Z}_{Q}$U-H63× * DLP	315	265									
$^{Z}_{Q}$U-H100× * DLP	377	327								M42×2	
$^{Z}_{Q}$U-H160× * DLP	415	365	190	140	170		46	50	92	M48×2	$\phi 146$

倒装法兰式

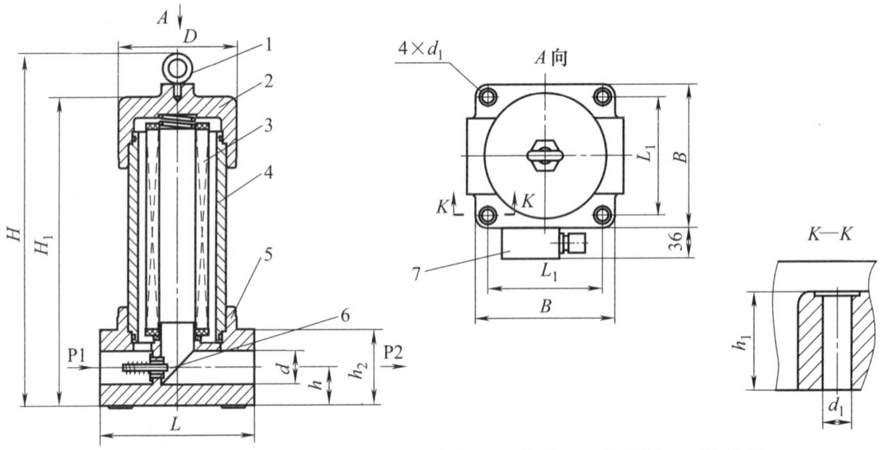

1—吊环螺钉；2—顶盖；3—滤芯；4—壳体；5—滤头；6—旁通阀；7—发信器

型号	H	H_1	D	L	L_1	B	d_1	h	h_1	h_2	d
$^{Z}_{Q}$U-H10× * DFP	198	148	$\phi 92$	130	95	115	$\phi 9$	27.5	33	54	$\phi 18$
$^{Z}_{Q}$U-H25× * DFP	288	238									
$^{Z}_{Q}$U-H40× * DFP	247	197	$\phi 124$	156	115	145	$\phi 14$	34	41	68	$\phi 25$
$^{Z}_{Q}$U-H63× * DFP	315	265									
$^{Z}_{Q}$U-H100× * DFP	377	327									
$^{Z}_{Q}$U-H160× * DFP	415	365	$\phi 146$	190	140	170		46	50	92	$\phi 32$
$^{Z}_{Q}$U-H250× * DFP	485	435									$\phi 40$
$^{Z}_{Q}$U-H400× * DFP	532	482	$\phi 176$	240	160	200	$\phi 18$	63	75	122	$\phi 50$
$^{Z}_{Q}$U-H630× * DFP	632	582									$\phi 55$
$^{Z}_{Q}$U-H800× * DFP	752	702									

续表

倒装法兰式 A 型

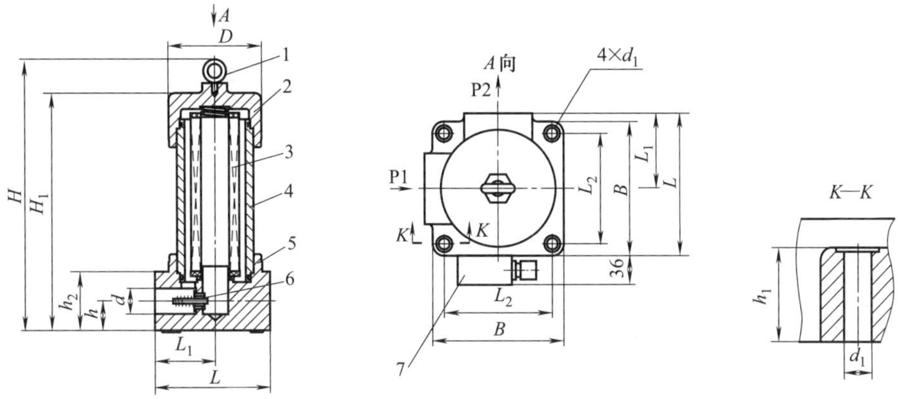

1—吊环螺钉；2—顶盖；3—滤芯；4—壳体；5—滤头；6—旁通阀；7—发信器

型号	H	H_1	L	L_1	L_2	B	d_1	h	h_1	h_2	d	D
$^{Z}_{Q}$U-H10×∗DFAP	198	148	122.5	65	95	115	$\phi 9$	27.5	33	54	$\phi 18$	$\phi 92$
$^{Z}_{Q}$U-H25×∗DFAP	288	238										
$^{Z}_{Q}$U-H40×∗DFAP	247	197	150.5	78	115	145	$\phi 14$	34	41	68	$\phi 25$	$\phi 124$
$^{Z}_{Q}$U-H63×∗DFAP	315	265										
$^{Z}_{Q}$U-H100×∗DFAP	377	327										
$^{Z}_{Q}$U-H160×∗DFAP	415	365	180	95	140	170		46	50	92	$\phi 32$	$\phi 146$
$^{Z}_{Q}$U-H250×∗DFAP	485	435									$\phi 40$	
$^{Z}_{Q}$U-H400×∗DFAP	532	482	220	120	160	200	$\phi 18$	63	75	122	$\phi 50$	$\phi 176$
$^{Z}_{Q}$U-H630×∗DFAP	632	582									$\phi 55$	
$^{Z}_{Q}$U-H800×∗DFAP	752	702										

倒装法兰式 B 型

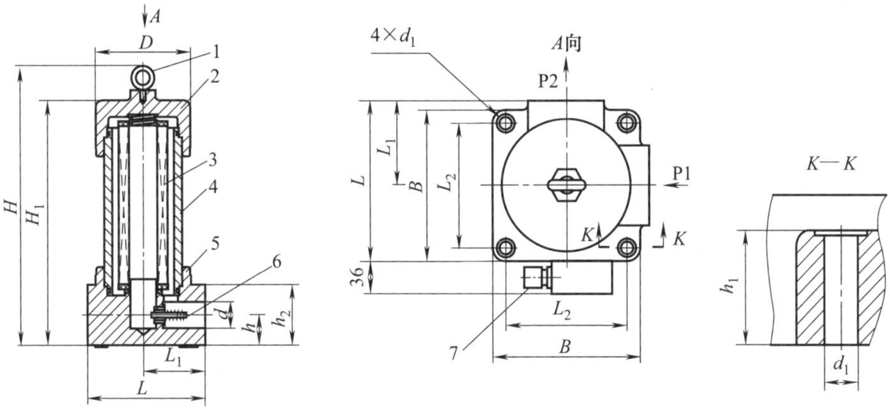

1—吊环螺钉；2—顶盖；3—滤芯；4—壳体；5—滤头；6—旁通阀；7—发信器

型号	H	H_1	L	L_1	L_2	B	d_1	h	h_1	h_2	d	D
$^{Z}_{Q}$U-H10×∗DFBP	198	148	122.5	65	95	115	$\phi 9$	27.5	33	54	$\phi 18$	$\phi 92$
$^{Z}_{Q}$U-H25×∗DFBP	288	238										

续表

型号	H	H_1	L	L_1	L_2	B	d_1	h	h_1	h_2	d	D
$^{Z}_{Q}$U-H40× * DFBP	247	197	150.5	78	115	145	ϕ14	34	41	68	ϕ25	ϕ124
$^{Z}_{Q}$U-H63× * DFBP	315	265										
$^{Z}_{Q}$U-H100× * DFBP	377	327										
$^{Z}_{Q}$U-H160× * DFBP	415	365	180	95	140	170		46	50	92	ϕ32	ϕ146
$^{Z}_{Q}$U-H250× * DFBP	485	435									ϕ40	
$^{Z}_{Q}$U-H400× * DFBP	532	482	220	120	160	200	ϕ18	63	75	122	ϕ50	ϕ176
$^{Z}_{Q}$U-H630× * DFBP	632	582									ϕ55	
$^{Z}_{Q}$U-H800× * DFBP	752	702										

倒装板式

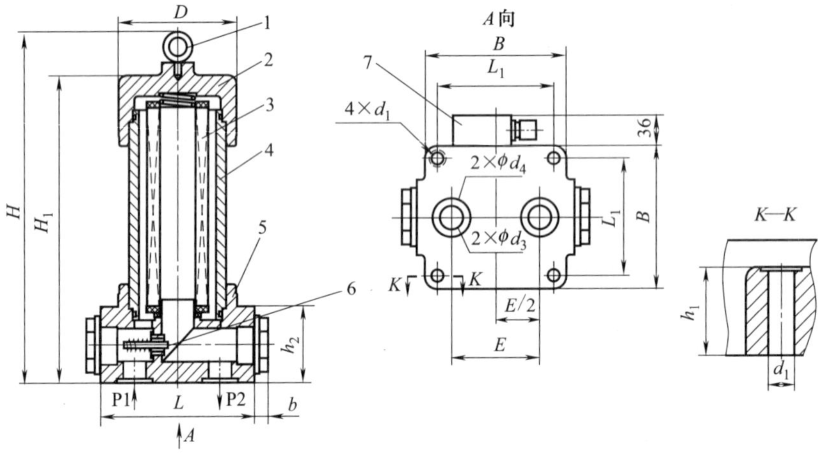

1—吊环螺钉；2—顶盖；3—滤芯；4—壳体；5—滤头；6—旁通阀；7—发信器

注：安装螺钉建议选用 GB/T 70.1—2008 12.9 级

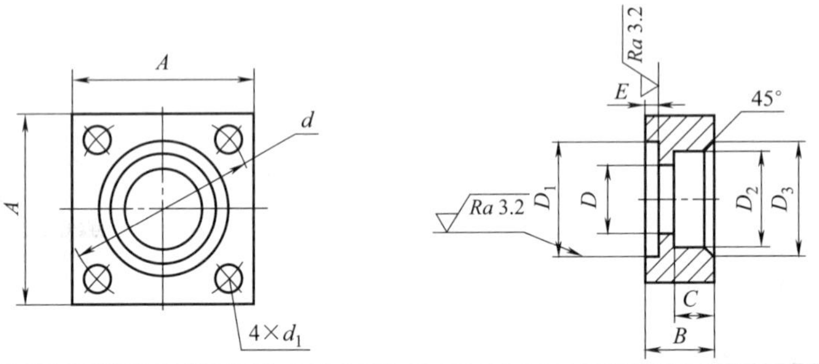

型号	H	H_1	D	L	L_1	B	d_1	E	h_1	h_2	d_3	d_4	b
$^{Z}_{Q}$U-H10× * BDP	196	146	ϕ92	130	90	115	ϕ11.5	60	31	50	ϕ15	ϕ24	14
$^{Z}_{Q}$U-H25× * BDP	286	236											
$^{Z}_{Q}$U-H40× * BDP	245	195	ϕ124	156	115	145	ϕ16	88	39	64	ϕ25	ϕ38	15
$^{Z}_{Q}$U-H63× * BDP	313	263											
$^{Z}_{Q}$U-H100× * BDP	375	325											
$^{Z}_{Q}$U-H160× * BDP	413	363	ϕ146	190	135	170	ϕ18	104	48	88	ϕ40	ϕ50	23
$^{Z}_{Q}$U-H250× * BDP	483	433											
$^{Z}_{Q}$U-H400× * BDP	530	480	ϕ176	240	160	200	ϕ26	144	70	118	ϕ50	ϕ65	24
$^{Z}_{Q}$U-H630× * BDP	630	580											
$^{Z}_{Q}$U-H800× * BDP	750	700											

续表

型号	A	B	C	D	D_1		D_2		D_3	d	E		d_1	法兰用O形圈	法兰用螺钉
$_{Q}^{Z}$U-H10×*DΔP	52	22	11	φ18	φ30	$^{0}_{-0.2}$	φ28	$^{+0.2}_{0}$	φ36	φ50	2.4	$^{0}_{-0.1}$	φ9	φ30×3.1	M8×40
$_{Q}^{Z}$U-H25×*DΔP	52	22	11	φ18	φ30	$^{0}_{-0.2}$	φ28	$^{+0.2}_{0}$	φ36	φ50	2.4	$^{0}_{-0.1}$	φ9	φ30×3.1	M8×40
$_{Q}^{Z}$U-H40×*DΔP	66	22	12	φ25	φ40	$^{0}_{-0.2}$	φ35	$^{+0.2}_{0}$	φ43	φ62	2.4	$^{0}_{-0.1}$	φ11	φ40×3.1	M10×45
$_{Q}^{Z}$U-H63×*DΔP	66	22	12	φ25	φ40	$^{0}_{-0.2}$	φ35	$^{+0.2}_{0}$	φ43	φ62	2.4	$^{0}_{-0.1}$	φ11	φ40×3.1	M10×45
$_{Q}^{Z}$U-H100×*DΔP	66	22	12	φ25	φ40	$^{0}_{-0.2}$	φ35	$^{+0.2}_{0}$	φ43	φ62	2.4	$^{0}_{-0.1}$	φ11	φ40×3.1	M10×45
$_{Q}^{Z}$U-H160×*DΔP	90	26	16	φ32	φ50	$^{0}_{-0.2}$	φ43	$^{+0.2}_{0}$	φ51	φ85	2.4	$^{0}_{-0.1}$	φ17	φ50×3.1	M16×45
$_{Q}^{Z}$U-H250×*DΔP	90	26	16	φ40	φ50	$^{0}_{-0.2}$	φ52	$^{+0.2}_{0}$	φ60	φ85	2.4	$^{0}_{-0.1}$	φ17	φ50×3.1	M16×45
$_{Q}^{Z}$U-H400×*DΔP	120	36	20	φ52	φ73	$^{0}_{-0.2}$	φ65	$^{+0.2}_{0}$	φ73	φ118	4.5	$^{0}_{-0.1}$	φ22	φ73×5.7	M20×65
$_{Q}^{Z}$U-H630×*DΔP	120	36	20	φ55	φ80	$^{0}_{-0.2}$	φ77	$^{+0.2}_{0}$	φ85	φ118	4.5	$^{0}_{-0.1}$	φ22	φ80×5.7	M20×65
$_{Q}^{Z}$U-H800×*DΔP	120	36	20	φ55	φ80	$^{0}_{-0.2}$	φ77	$^{+0.2}_{0}$	φ85	φ118	4.5	$^{0}_{-0.1}$	φ22	φ80×5.7	M20×65

10.3 热交换器

当液压系统工作时，因液压泵、液压马达等的容积和机械损失，控制元件及管路的压力损失和液体摩擦损失等消耗的能量，几乎全部转化为热量。大部分热量使油液及元件的温度升高。如果油温过高，则油液黏度下降，元件内泄漏就会增加，导致磨损加快、密封老化等，将严重影响液压系统的正常工作。一般液压介质正常使用温度范围为15～65℃。

在设计液压系统时，考虑油箱的散热面积，是一种控制油温过高的有效措施。但是，某些液压装置由于受结构限制，油箱不能很大；一些液压系统全日工作，有些重要的液压装置还要求能自动控制油液温度。所以必须采用冷却器来强制冷却控制油液的温度，使之适合系统工作的要求。

10.3.1 冷却器的种类及特点

表 20-10-47　冷却器的种类及特点

种类		特点	冷却效果	种类		特点	冷却效果
水冷却式	列管式：固定折板式，浮头式，双重管式，U形管式，立式，卧式等	冷却水从管内流过，油从列管间流过，中间折板使油折流，并采用双程或四程流动方式，强化冷却效果	散热效果好，散热系数可达350～580W/(m²·℃)	风冷却式	风冷式：间接式、固定式及浮动式或支撑式和悬挂式等	用风冷却，结构简单、体积小、质量轻、热阻小、换热面积大，使用、安装方便	散热效率高，散热系数可达116～175W/(m²·℃)
水冷却式	波纹板式：人字波纹式，斜波纹式等	利用板式文字或斜波纹结构叠加排列形成的接触斑点，使液流在流速不高的情况下形成紊流，提高散热效果	散热效果好，散热系数可达230～815W/(m²·℃)	制冷式	机械制冷式：箱式、柜式	利用氟利昂制冷原理把液压油中的热量吸收、排出	冷却效果好，冷却温度控制方便

10.3.2 冷却器的选择及计算

在选择冷却器时应首先要求冷却器安全可靠、有足够的散热面积、压力损失小、散热效率高、体积小、质量轻等。然后根据使用场合、作业环境情况选择冷却器类型。如使用现场是否有冷却水源，液压站是否随行走机械一起运动，当存在以上情况时，应优先选择风冷式，而后机械制冷式。

表 20-10-48 **冷却器的选择及计算**

水冷式冷却器的冷却面积计算

$$A=\frac{N_h-N_{hd}}{K\Delta T_{av}} \quad (20\text{-}10\text{-}1)$$

式中 A——冷却器的冷却面积，m^2

N_h——液压系统发热量，W

N_{hd}——液压系统散热量，W

K——散热系数，见表"油箱散热系数"

ΔT_{av}——平均温度，℃

$$\Delta T_{av}=\frac{(T_1+T_2)-(t_1+t_2)}{2} \quad (20\text{-}10\text{-}2)$$

式中 T_1,T_2——进口和出口油温，℃

t_1,t_2——进口和出口水温，℃

系统发热量和散热量的估算

$$N_h= N_p(1-\eta_c) \quad (20\text{-}10\text{-}3)$$

式中 N_p——输入泵的功率，W

η_c——系统的总效率，合理、高效的系统为 70%～80%，一般系统仅达到 50%～60%

$$N_{hd}=KA\Delta t \quad (20\text{-}10\text{-}4)$$

式中 K——油箱散热系数，$W/(m^2\cdot ℃)$，取值范围如下：

油箱散热系数 $W/(m^2\cdot ℃)$

散热情况	散热系数	散热情况	散热系数
整体式油箱，通风差	11～28	上置式油箱，通风好	58～74
单体式油箱，通风较好	29～57	强制通风的油箱	142～341

A——油箱散热面积，m^2

Δt——油温与环境温度之差，℃

冷却水用量 Q_t 的计算

$$Q_t=\frac{C\gamma(T_1-T_2)}{C_s\gamma_s(t_2-t_1)}Q \quad (m^3/s) \quad (20\text{-}10\text{-}5)$$

式中 C——油的比热容，$J/(kg\cdot ℃)$，一般 $C=2010J/(kg\cdot ℃)$

C_s——水的比热容，$J/(kg\cdot ℃)$，一般 $C_s=1J/(kg\cdot ℃)$

γ——油的密度，kg/m^3，一般 $\gamma=900kg/m^3$

γ_s——水的密度，kg/m^3，一般 $\gamma_s=1000kg/m^3$

Q——油液的流量，m^3/s

风冷式冷却器的面积计算

$$A=\frac{N_h-N_{hd}}{K\Delta T_{av}}\alpha \quad (20\text{-}10\text{-}6)$$

式中 N_h——液压系统发热量，W

N_{hd}——液压系统散热量，W

α——污垢系数，一般 $\alpha=1.5$

K——散热系数，见表"油箱散热系数"

ΔT_{av}——平均温差，℃

$$\Delta T_{av}=\frac{(T_1+T_2)-(t_1'+t_2')}{2} \quad (20\text{-}10\text{-}7)$$

$$t_2'=t_1'+\frac{N_p}{Q_p\gamma_pC_p}$$

式中 t_1',t_2'——进口、出口温度，℃

Q_p——空气流量，m^3/s

γ_p——空气密度，kg/m^3，一般 $\gamma_p=1.4kg/m^3$

C_p——空气比热容，$J/kg\cdot ℃$，一般 $C_p=1005J/(kg\cdot ℃)$

空气流量 Q_p

$$Q_p=\frac{N_h}{C_p\gamma_p} \quad (m^3/s)$$

10.3.3 冷却器产品的性能和规格尺寸

(1) LQ※型列管式冷却器

型号意义：

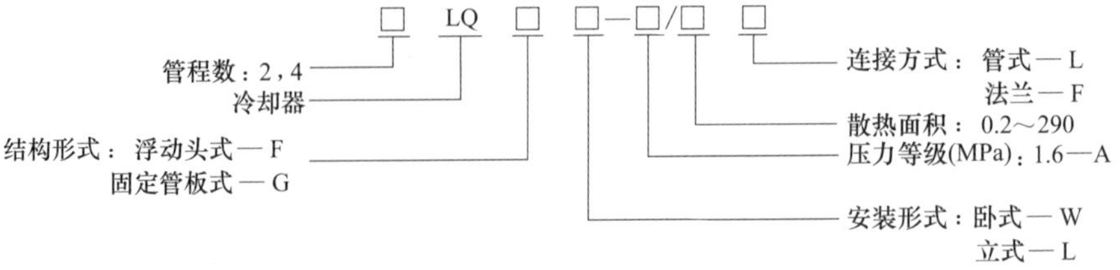

表 20-10-49　**LQ※型冷却器技术规格**

型号	散热面积/m^2	散热系数/W·$(m^2·K)^{-1}$	设计温度/℃	介质压力/MPa	冷却介质压力/MPa	油侧压降/MPa	介质黏度/$mm^2·s^{-1}$
2LQFW 2LQFL 2LQF6W	0.5～16	348～407	100	1.6	0.8	<0.1	10～326
2LQF1W	19～290		120	1.0	0.5		
2LQF4W	0.5～14	290～638	100	1.6	0.8 1.0 0.5		—
2LQGW 2LQG2W	0.22～11.45 0.2～4.25	348～407	120 100	 1.0			10～326
4LQF3W	1.3～5.3	523～580	80	1.6	0.4	<0.1	10～50

表 20-10-50　**LQ※型冷却器选用**

2LQ型

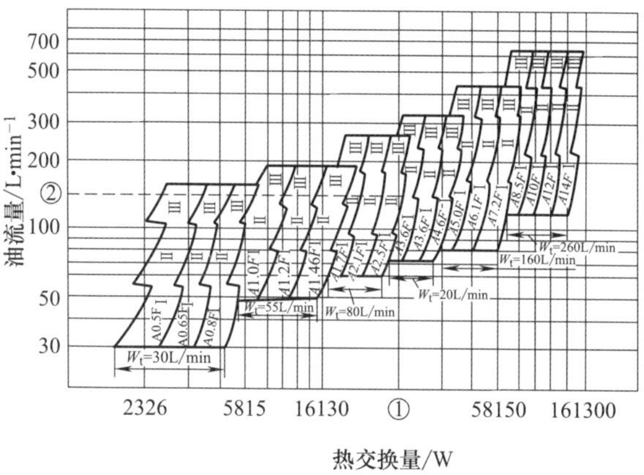

例：横轴①热交换量为 23260W，纵轴②油的流量150L/min 的交点。

选定油冷却器为：A2.5F

条件：油出口温度 $T_2 \leqslant 50℃$，冷却水入口温度 $t_1 \leqslant 28℃$

W_t为最低水流量

4LQF3 型

油流量/L·min^{-1}	热量 Q/W							油侧压力降/MPa
58	15002.7	18142.8	21515.5	24771.5	27912	31168.4	33727	≤0.1
	(12900)	(15600)	(18500)	(21300)	(24000)	(26800)	(29000)	
66	17096.1	20934	24423	28377.2	31982.5	35471.5	38379	
	(14700)	(18000)	(21000)	(24400)	(27500)	(30500)	(33000)	
75	19189.5	23260	27563.1	31749.9	35820.4	40123.5	43496.2	
	(16500)	(20000)	(23700)	(27300)	(30800)	(34500)	(37400)	
83	20817.7	26051.2	29772.8	34308.5	38960.5	43612.5	48364.5	0.11～0.15
	(17900)	(22400)	(25600)	(29500)	(33500)	(37500)	(41500)	
92	22445.9	28493.5	32564	36634.5	41868	47101.5	51753.5	
	(19300)	(24500)	(28000)	(31500)	(36000)	(40500)	(44500)	

续表

4LQF3 型								
油流量 /L·min⁻¹	热量 Q /W							油侧压力降 /MPa
100	24539.4	29075	34308.5	40123.5	45822.2	51172	56405.5	0.11～0.15
	(21100)	(25000)	(29500)	(34500)	(39400)	(44000)	(48500)	
108	25353.4	31401	36053	42216.9	48264.5	54079.5	59894.5	
	(21800)	(27000)	(31000)	(36300)	(41500)	(46500)	(51500)	
116	27330.5	31982.5	38960.5	45357	50590.5	58150	64546.5	0.15～0.20
	(23500)	(27500)	(33500)	(39000)	(43500)	(50000)	(55500)	
125	27912	33145.5	41868	47101.5	52916.5	61057.5	68035.5	
	(24000)	(28500)	(36000)	(40500)	(45500)	(52500)	(58500)	
132	28493.5	33727	42449.5	48846	56405.5	63965	70943	
	(24500)	(29000)	(36500)	(42000)	(48500)	(55000)	(61000)	
150	29656.5	36634.5	44775.5	53498	61639	69780	76758	≤0.1 0.11～0.15
	(25500)	(31500)	(38500)	(46000)	(53000)	(60000)	(66000)	
166	31401	40705	47683	56987	66291	75595	84899	
	(27000)	(35000)	(41000)	(49000)	(57000)	(65000)	(73000)	
184	34890	41868	51172	58150	68617	80247	89551	
	(30000)	(36000)	(44000)	(50000)	(59000)	(69000)	(77000)	
200	37216	44194	53198	63965	75595	87225	97692	
	(32000)	(38000)	(46000)	(55000)	(65000)	(75000)	(84000)	
换热面积/m²	1.3	1.7	2.1	2.6	3.4	4.2	5.3	

注：括号内数值单位为 kcal/h。

表 20-10-51　　LQ※型冷却器外形尺寸　　mm

2LQFW型

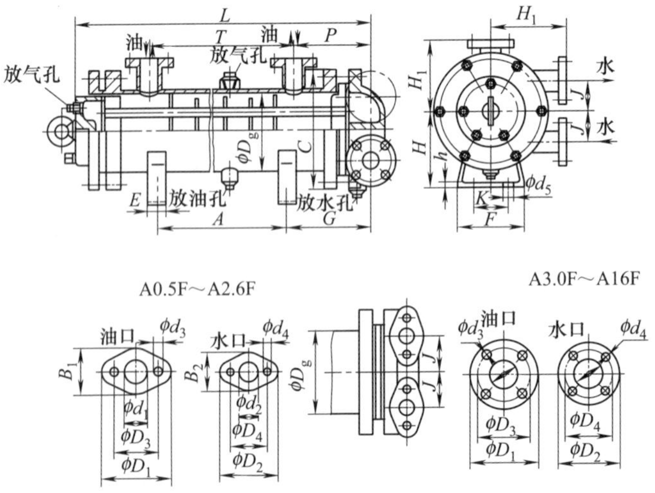

续表

型号		A0.5F	A0.65F	A0.8F	A1.0F	A1.2F	A1.46F	A1.7F	A2.1F	A2.5F	A3.0F	A3.6F	A4.3F	A5.0F	A6.0F	A7.2F	A8.5F	A10F	A12F	A14F	A16F
散热面积/m^2		0.5	0.65	0.8	1.0	1.2	1.46	1.7	2.1	2.5	3.0	3.6	4.3	5.0	6.0	7.2	8.5	10	12	14	16
底部尺寸	A	345	470	595	440	565	690	460	610	760	540	665	815	540	690	865	575	700	875		
	K	90			104			120			140			170			230				
	h	5															6				
	E	40			45			50			55			60			65				
	F	140			160			180			210			250			320				
	ϕd_5	11			14												18				
筒部尺寸	ϕD_g	114			150			186			219			245			325				
	H	115			140			165			200			240			280				
	J	42			47			52			85			95			105				
	H_1	95			115			140			200			240			280				
	L	545	670	790	680	805	930	740	890	1040	870	995	1145	920	1070	1245	1000	1125	1300		1547
	G	100			115			140			175			205			220				
	P	93			105			120			170			190			210				
	T	357	482	607	460	585	710	500	650	800	565	690	840	570	720	895	590	715	890		1038
	C	186			220			270			308			340			406				
法兰尺寸		椭圆法兰									圆形法兰										
油口	ϕd_1	25			32			40			50			65			80				
	ϕD_1	90			100			118			160			180			195				
	B_1	64			72			85			—										
	ϕD_3	65			75			90			125			145			160				
	ϕd_3	11						14			18						8×ϕ18				
水口	ϕd_2	20			25			32			40			50			65				
	ϕD_2	80			90			100			145			160			180				
	B_2	45			64			72			—										
	ϕD_4	55			65			75			110			125			145				
	ϕd_4	11									18										
质量/kg		30	33	36	47	51	54	60	70	76	110	119	130	145	161	176	215	231	250	260	270

续表

2LQFL型

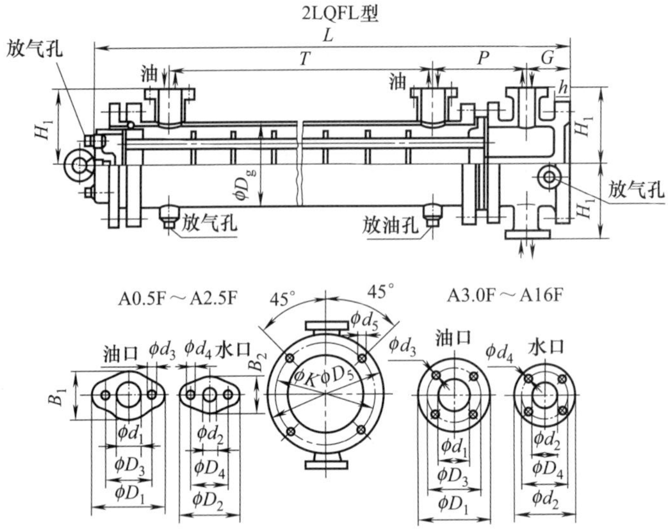

型号		A0.5F	A0.65F	A0.8F	A1.0F	A1.2F	A1.46F	A1.7F	A2.1F	A2.5F	A3.0F	A3.6F	A4.3F	A5.0F	A6.0F	A7.2F	A8.5F	A10F	A12F	A14F	A16F
散热面积/m^2		0.5	0.65	0.8	1.0	1.2	1.46	1.7	2.1	2.5	3.0	3.6	4.3	5.0	6.0	7.2	8.5	10	12	14	16
底部尺寸	D_5	186			220			270			308			340			406				
	K	164			190			240			278			310			366				
	h	16						18									20				
	G	75			80			85			90			95			100				
	ϕd_5	12			15												18				
筒部尺寸	ϕD_g	114			150			186			219			245			325				
	L	620	745	870	760	886	1010	825	975	1125	960	1085	1235	1015	1165	1340	1100	1225	1400		1547
	H_1	95			115			140			200			240			280				
	P	93			105			120			170			190			210				
	T	357	482	607	460	585	710	500	650	800	565	690	840	570	720	895	590	715	890		1038
法兰尺寸		椭圆法兰									圆形法兰										
油口	ϕd_1	25			32			40			50			65			80				
	ϕD_1	90			100			118			160			180			195				
	B_1	64			72			85			—										
	ϕD_3	65			75			90			125			145			160				
	ϕd_3	11						14			18						8×ϕ18				
法兰尺寸		椭圆法兰									圆形法兰										
水口	ϕd_2	20			25			32			40			50			65				
	ϕD_2	80			90			100			145			160			180				
	B_2	45			64			72			—										
	ϕD_4	55			65			75			110			125			145				
	ϕd_4	11									18										
质量/kg		35	38	41	51	55	58	68	77	84	118	126	137	148	163	179	227	243	265	275	285

续表

2LQF6W型

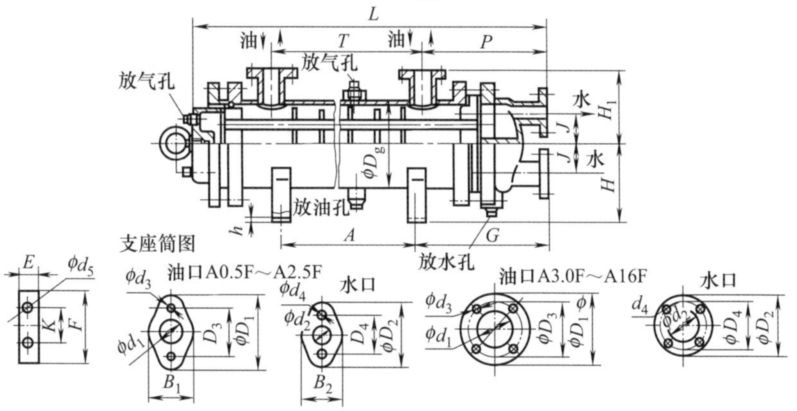

<table>
<tr><th colspan="2">型　号</th><th>A0.5F</th><th>A0.65F</th><th>A0.8F</th><th>A1.0F</th><th>A1.2F</th><th>A1.46F</th><th>A1.7F</th><th>A2.1F</th><th>A2.5F</th><th>A3.0F</th><th>A3.6F</th><th>A4.3F</th><th>A5.0F</th><th>A6.0F</th><th>A7.2F</th><th>A8.5F</th><th>A10F</th><th>A12F</th><th>A14F</th><th>A16F</th></tr>
<tr><td colspan="2">散热面积/m^2</td><td>0.5</td><td>0.65</td><td>0.8</td><td>1.0</td><td>1.2</td><td>1.46</td><td>1.7</td><td>2.1</td><td>2.5</td><td>3.0</td><td>3.6</td><td>4.3</td><td>5.0</td><td>6.0</td><td>7.2</td><td>8.5</td><td>10</td><td>12</td><td>14</td><td>16</td></tr>
<tr><td rowspan="6">底部尺寸</td><td>A</td><td>345</td><td>470</td><td>595</td><td>440</td><td>565</td><td>690</td><td>460</td><td>610</td><td>760</td><td>540</td><td>665</td><td>815</td><td>540</td><td>690</td><td>865</td><td>575</td><td>700</td><td colspan="3">875</td></tr>
<tr><td>K</td><td colspan="3">90</td><td colspan="3">104</td><td colspan="3">120</td><td colspan="3">140</td><td colspan="3">170</td><td colspan="5">230</td></tr>
<tr><td>h</td><td colspan="15">5</td><td colspan="5">6</td></tr>
<tr><td>E</td><td colspan="3">40</td><td colspan="3">45</td><td colspan="3">50</td><td colspan="3">55</td><td colspan="3">60</td><td colspan="5">65</td></tr>
<tr><td>F</td><td colspan="3">140</td><td colspan="3">160</td><td colspan="3">180</td><td colspan="3">210</td><td colspan="3">250</td><td colspan="5">320</td></tr>
<tr><td>ϕd_5</td><td colspan="3">11</td><td colspan="12">14</td><td colspan="5">18</td></tr>
<tr><td rowspan="8">筒部尺寸</td><td>ϕD_g</td><td colspan="3">114</td><td colspan="3">150</td><td colspan="3">186</td><td colspan="3">219</td><td colspan="3">245</td><td colspan="5">325</td></tr>
<tr><td>H</td><td colspan="3">115</td><td colspan="3">140</td><td colspan="3">165</td><td colspan="3">200</td><td colspan="3">240</td><td colspan="5">280</td></tr>
<tr><td>J</td><td colspan="3">42</td><td colspan="3">47</td><td colspan="3">52</td><td colspan="3">85</td><td colspan="3">95</td><td colspan="5">105</td></tr>
<tr><td>H_1</td><td colspan="3">95</td><td colspan="3">115</td><td colspan="3">140</td><td colspan="3">200</td><td colspan="3">240</td><td colspan="5">280</td></tr>
<tr><td>L</td><td>614</td><td>739</td><td>859</td><td>762</td><td>887</td><td>1012</td><td>846</td><td>996</td><td>1146</td><td>965</td><td>1090</td><td>1240</td><td>1022</td><td>1172</td><td>1348</td><td>1112</td><td>1237</td><td colspan="2">1412</td><td>1547</td></tr>
<tr><td>G</td><td colspan="3">169</td><td colspan="3">197</td><td colspan="3">246</td><td colspan="3">270</td><td colspan="3">307</td><td colspan="5">332</td></tr>
<tr><td>P</td><td colspan="3">162</td><td colspan="3">190</td><td colspan="3">226</td><td colspan="3">265</td><td colspan="3">292</td><td colspan="5">322</td></tr>
<tr><td>T</td><td>357</td><td>482</td><td>607</td><td>460</td><td>585</td><td>710</td><td>500</td><td>650</td><td>800</td><td>565</td><td>690</td><td>840</td><td>570</td><td>720</td><td>895</td><td>590</td><td>715</td><td colspan="2">890</td><td>1038</td></tr>
<tr><td colspan="2">法兰尺寸</td><td colspan="9">椭圆法兰</td><td colspan="11">圆形法兰</td></tr>
<tr><td rowspan="5">油口</td><td>ϕd_1</td><td colspan="3">25</td><td colspan="3">32</td><td colspan="3">40</td><td colspan="3">50</td><td colspan="3">65</td><td colspan="5">80</td></tr>
<tr><td>ϕD_1</td><td colspan="3">90</td><td colspan="3">100</td><td colspan="3">118</td><td colspan="3">160</td><td colspan="3">180</td><td colspan="5">195</td></tr>
<tr><td>B_1</td><td colspan="3">64</td><td colspan="3">72</td><td colspan="3">85</td><td colspan="11">—</td></tr>
<tr><td>ϕD_3</td><td colspan="3">65</td><td colspan="3">75</td><td colspan="3">90</td><td colspan="3">125</td><td colspan="3">145</td><td colspan="5">160</td></tr>
<tr><td>ϕd_3</td><td colspan="6">11</td><td colspan="3">14</td><td colspan="6">18</td><td colspan="5">8×ϕ18</td></tr>
<tr><td rowspan="5">水口</td><td>ϕd_2</td><td colspan="3">20</td><td colspan="3">25</td><td colspan="3">32</td><td colspan="3">40</td><td colspan="3">50</td><td colspan="5">65</td></tr>
<tr><td>ϕD_2</td><td colspan="3">80</td><td colspan="3">90</td><td colspan="3">100</td><td colspan="3">145</td><td colspan="3">160</td><td colspan="5">180</td></tr>
<tr><td>B_2</td><td colspan="3">45</td><td colspan="3">64</td><td colspan="3">72</td><td colspan="11">—</td></tr>
<tr><td>ϕD_4</td><td colspan="3">55</td><td colspan="3">65</td><td colspan="3">75</td><td colspan="3">110</td><td colspan="3">125</td><td colspan="5">145</td></tr>
<tr><td>ϕd_4</td><td colspan="9">11</td><td colspan="11">18</td></tr>
<tr><td colspan="2">质量/kg</td><td>30</td><td>33</td><td>36</td><td>47</td><td>51</td><td>54</td><td>60</td><td>70</td><td>76</td><td>110</td><td>119</td><td>130</td><td>145</td><td>161</td><td>176</td><td>215</td><td>231</td><td>250</td><td>260</td><td>270</td></tr>
</table>

第20篇

续表

2LQF1W型

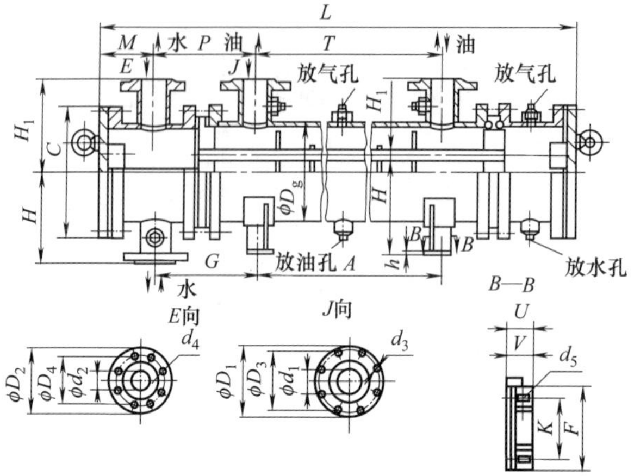

型　　号	10/19F	10/25F	10/29F	10/36F	10/45F	10/55F	10/68F	10/77F	10/100F	10/135F	10/176F	10/244F	10/290F
散热面积/m²	19	25	29	36	45	55	68	77	100	135	176	244	290
ϕD_g	273	325	345	390	426	465	500	550	650	730	650	730	
C	360	415	445	495	550	600	655	705	805	905	805	908	
H_1	248	280	298	324	350	375	405	432	490	540	489	540	
H	190	216	268	292	305	330	348	380	432	482	435	485	
V	35		50			70			100				
U	60		85			100			125				
F	200	230	250	270	300	325	400		435	480	430	480	
d_5	4×16×22	4×16×32		4×19×32					4×ϕ22				
h	10					14							
ϕd_1	150					200		250					
ϕD_1	280					335		405					
ϕD_3	240					295		355					
d_3	8×ϕ23					12×ϕ23		12×ϕ25					
ϕd_2	80		100		150				200				
ϕD_2	95		215		280				335				
ϕD_4	160		180		240				295				
d_4	8×ϕ18				8×ϕ23								
M	140	145	160	165	190	195	200	205	240	255	201	611	
P	290	292	310	320	345	385	390	395	458	475	381	404	
K	140	165	190	215	240	265	345	345	380	432	382	432	
T	2690			2680		2615	2600	2595	2525	2510	4705	4993	5905
L	3460	3470	3510	3520	3580	3630	3640	3655	2730	3770	5709	6022	1059
A	2690		2670	2640	2670	2590			2690	2620	4700	4800	5800
G	240		280	285	310	345	350	355	360	375	425	450	
质量/kg	430	551	624	811	912	1108	1362	1584	2267	3170	5200	5900	

续表

4LQF3W

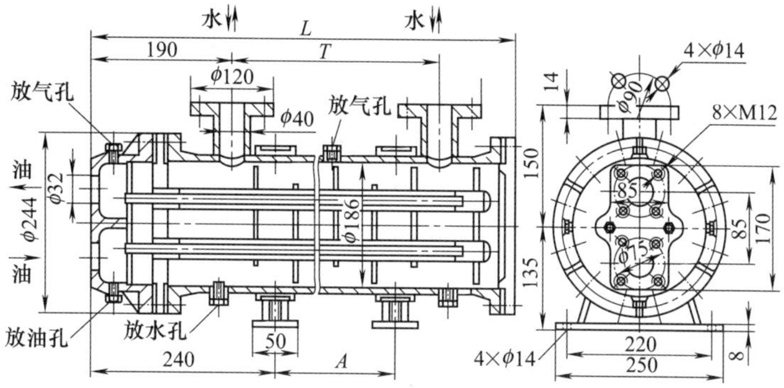

型　　号	换热面积/m^2	L	T	A	质量/kg	容　　积	
						管内/L	管间/L
4LQF3W-A1.3F	1.3	490	205	≤105	49	4.8	3.8
4LQF3W-A1.7F	1.7	575	290	≤190	53	5.6	4.8
4LQF3W-A2.1F	2.1	675	390	≤290	59	6.5	6
4LQF3W-A2.6F	2.6	805	520	≤420	66	7.7	7.6
4LQF3W-A3.4F	3.4	975	690	≤590	75	9.3	9.7
4LQF3W-A4.2F	4.2	1175	890	≤790	86	11.1	12.1
4LQF3W-A5.3F	5.3	1425	1140	≤1040	99	13.4	15.1

2LQGW

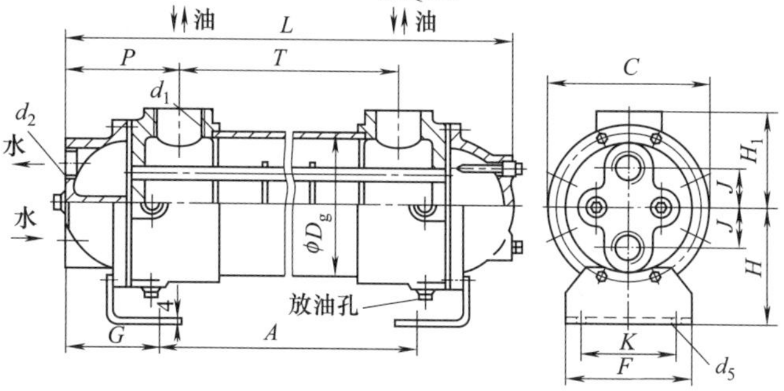

型　号	A0.22L	A0.4L	A0.66L	A1.03L	A1.36L	A0.86L	A1.46L	A2.02L	A2.91L	A2.11L	A3.18L	A4.22L	A5.27L	A3.82L	A5.76L	A7.65L	A9.55L	A11.45L
ϕD_g	80					130				155				206				
C	106					165				190				250				
L	273	433	683	993	1293	470	720	1030	1330	731	1041	1341	1646	777	1087	1387	1692	1997
T	152	312	562	872	1172	287	537	847	1147	521	831	1131	1436	483	793	1093	1398	1703
P	65					94				109				154				
H_1	62					92				108				143				
G	45					76				96				135				
A	183	343	593	903	1203	323	573	883	1183	546	856	1156	1461	520	830	1130	1435	1740
H	65					89				105				137				
F	80					130				150				210				

续表

型　号	A0.22L	A0.4L	A0.66L	A1.03L	A1.36L	A0.86L	A1.46L	A2.02L	A2.91L	A2.11L	A3.18L	A4.22L	A5.27L	A3.82L	A5.76L	A7.65L	A9.55L	A11.45L
K	60					106				125				180				
d_5	10×10					12×18								16×22				
d_2	M33×2(1in)					M48×2(11/2in)				M64×3(2in)				M80×3(21/2in)				
d_1	M33×2(1in)					M48×2(11/2in)				M64×3(2in)				M100×3(3in)				
J	25					38				40				59				
散热面积 /m^2	0.22	0.4	0.66	1.03	1.36	0.86	1.46	2.02	2.91	2.11	3.18	4.22	5.27	3.82	5.76	7.65	9.55	11.45
质量 /kg	5.4	6.4	7.7	9.4	11.1	21	25	29.5	34		43	52	61	68	84	100	115	131

注：生产厂为营口液压机械厂、营口市船舶辅机厂、福建江南冷却器厂。

(2) GL※型列管式冷却器

型号意义：

```
                 GL ×  ×-×/×  ×
列管式冷却器 ——————┘   │  │  │   └ 安装形式:L—立式; 卧式— 不标
换热管结构: C—翅片式; L—裸管 ┘  │  │  └——— 工作压力(MPa)
系列号:1,2,3,4,5,6,7 ————————┘  └——————— 公称冷却面积
```

表 20-10-52　　GL※型冷却器技术参数

冷却面积 /m^2	工作压力 /MPa	工作温度 /℃	压力降/MPa		油水流量比	介质黏度 /$mm^2 \cdot s^{-1}$	换热系数 /$W \cdot m^{-2} \cdot K^{-1}$
			油侧	水侧			
0.4～1.2	0.63 1.0 1.6	≤100	≤0.1	≤0.05	约 1∶1	20～50	≥350
1.3～3.5							
4～11							
13～27							
30～54							
55～90							

表 20-10-53　　GL※型冷却器外形尺寸　　mm

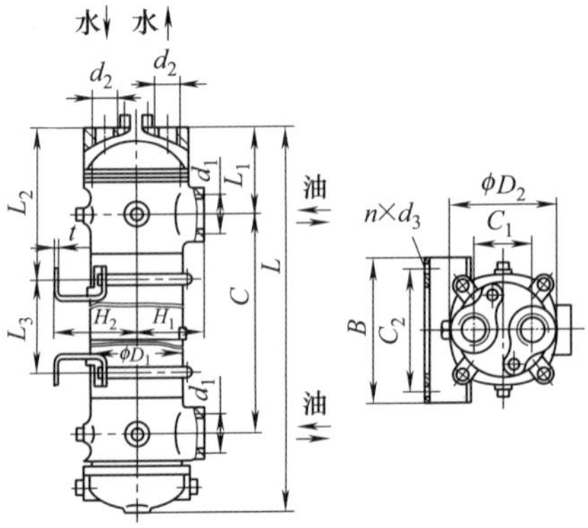

续表

型　号	L	C	L_1	H_1	H_2	ϕD_1	ϕD_2	C_1	C_2	B	L_2	L_3	t	$n\times d_3$	d_1	d_2	质量/kg
GLC1-0.4	370	240	67	60	68	78	92	52	102	132	115	145	2	4×ϕ11	G1	G3/4	8
GLC1-0.6	540	405										310					10
GLC1-0.8	660	532										435					12
GLC1-1	810	665										570					13
GLC1-1.2	940	805										715					15
GLC1-1.3	556	375	98	85	93	120	137	78	145	175	172	225	2	4×ϕ11	G1	G1	19
GLC2-1.7	690	500										350					21
GLC2-2.1	820	635										485					25
GLC2-2.6	960	775										630					29
GLC2-3	1110	925										780					32
GLC2-3.5	1270	1085										935					36
GLC3-4	840	570	152	125	158	168	238	110	170	320	245	380	10	4×ϕ15	G11/2	G11/4	74
GLC3-5	990	720										530					77
GLC3-6	1140	870										680					85
GLC3-7	1310	1040										850					90
GLC3-8	1470	1200										1010			G2	G11/2	96
GLC3-8	1630	1360										1170					105
GLC3-10	1800	1530										1340					110
GLC3-11	1980	1710										1520					118
GLC4-13	1340	985	197	160	208	219	305	140	320	270	318	745	12	4×ϕ19	G2	G2	152
GLC4-15	1500	1145										905					164
GLC4-17	1660	1305	197	160	208	219	305	140	320	270	318	1065	12	4×ϕ19	G2	G2	175
GLC4-19	1830	1475										1235					188
GLC4-21	2010	1655										1415					200
GLC4-23	2180	1825										1585					213
GLC4-25	2360	2005															225
GLC4-27	2530	2175										1935					238
GLC5-30	1932	1570	202	200	234	273	355	180	280	320	327	1320	12	4×ϕ23	G2	G21/2	
GLC5-34	2152	1790										1540					
GLC5-37	2322	1960										1710					
GLC5-41	2542	2180										1930					
GLC5-44	2712	2530										2100					
GLC5-47	2872	2510										2260					
GLC5-51	3092	2730										2480					
GLC5-54	3262	2900										2650					

续表

型　号	L	C	L_1	H_1	H_2	ϕD_1	ϕD_2	C_1	C_2	B	L_2	L_3	t	$n\times d_3$	d_1	d_2	质量/kg
GLC6-55	2272	1860	227	230	284	325	410	200	300	390	362	1590	12	4×ϕ23	G21/2	G3	
GLC6-60	2452	2040										1770					
GLC6-65	2632	2220										1950					
GLC6-70	2812	2400										2160					
GLC6-75	2992	2580										2310					
GLC6-80	3172	2760										2490					
GLC6-85	3352	2940										2670					
GLC6-90	3532	3120										2850					

注：生产厂为上海润滑设备厂、营口市船舶辅机厂。

(3) BR 型板式冷却器

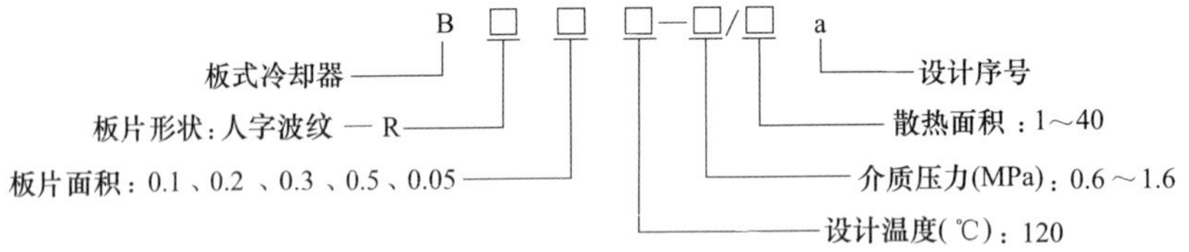

表 20-10-54　　BR 型板式冷却器技术规格

散热面积/m^2	介质压力/MPa	设计温度/℃	板片面积/m^2	板片形状	散热面积/m^2	介质压力/MPa	设计温度/℃	板片面积/m^2	板片形状
1	1.6 1	120	0.1	人字形波纹形	21	1.6	120	0.2	人字形
2					24				
3					10	1.61 0.6		0.3	
5					12				
7					14				
10					17				
4					20				
6					24				
10					27				
13					30				
15					35				
18	1.6		0.2	人字形	40				

表 20-10-55　　BR 型板式冷却器外形尺寸　　mm

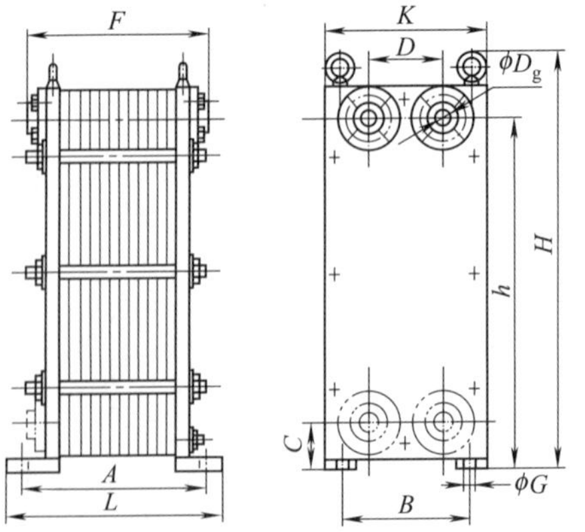

续表

型　号	H	K	L	F	A	B	C	D	H	ϕG	ϕD_g	质量/kg
BR0.1-2	768.5	315	260	238	230	250	190.5	142	636.5	18	50	160
BR0.1-4	768.5	315	344	346	332	250	190.5	142	636.5	18	50	192
BR0.1-5	768.5	315	386	390	380	250	190.5	142	636.5	18	50	208
BR0.1-6	768.5	315	428	441	433	250	190.5	142	636.5	18	50	223
BR0.1-8	768.5	315	512	543	535	250	190.5	142	636.5	18	50	255
BR0.1-10	768.5	315	596	648	640	250	190.5	142	636.5	18	50	286
BR0.2-15	1143	400	692	692	542	335	180	190	960.5	18	65	568
BR0.2-20	1143	400	827	827	677	335	180	190	960.5	18	65	658
BR0.2-25	1143	400	952	952	802	335	180	190	960.5	18	65	742
BR0.2-30	1143	400	1087	1087	937	335	180	190	960.5	18	65	833
BR0.3-35	1386	480	932	952	772	400	183	218	1163	18	100	1205
BR0.3-40	1386	480	1014	1034	854	400	183	218	1163	18	100	1262

注：生产厂为营口市船舶辅机厂、四平四环冷却器厂。

(4) FL 型空气冷却器

表 20-10-56　FL 型空气冷却器技术参数和外形尺寸　mm

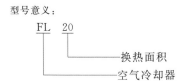

型号意义：

FL　20
- 20 — 换热面积
- FL — 空气冷却器

① 传热系数：≤55W/(m²·K)

② 设计温度：100℃

③ 工作压力：1.6MPa

④ 压力降：≤0.1MPa

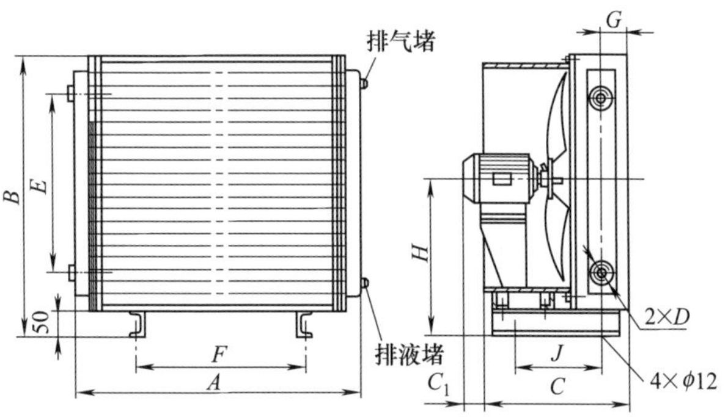

型　号	A	B	C	D	E	F	H	C_1 (max)	G	J	风量 /$m^3\cdot h^{-1}$	风机功率 /kW	质量 /kg
FL2	390	392	260	M221.5	240	242	225	95	61	170	805	0.05	46
FL3.15	340	414	260		286	245	225	95	67	170	935	0.05	49
FL4	375	440	260		310	245	225	95	67	170	1065	0.09	54
FL5	410	478	288	M272	310	295	260	97	67	208	1390	0.09	65
FL6.3	460	502	288		340	295	260	97	67	208	1610	0.09	71
FL8	480	530	318	M362	256	295	260	97	86	268	1830	0.09	92
FL10	550	596	318		415	345	290	69	89	268	2210	0.12	110
FL12.5	570	650	400		454	405	330	60	89	340	3340	0.25	131
FL16	670	650	400		454	405	330	60	89	340	3884	0.25	147
FL20	720	756	434	M422	575	500	390	35	90	374	6500	0.60	183

注：1. 质量栏包括电动机质量。

2. 推荐流速 1～3m/s。

3. 生产厂为营口市液压机械厂、营口市船舶辅机厂。

(5) ACE 型空气冷却器

冷却器由铝材制成，最大工作压力 1.4MPa，体积小，重量轻。安装容易，维修简单。

型号意义：

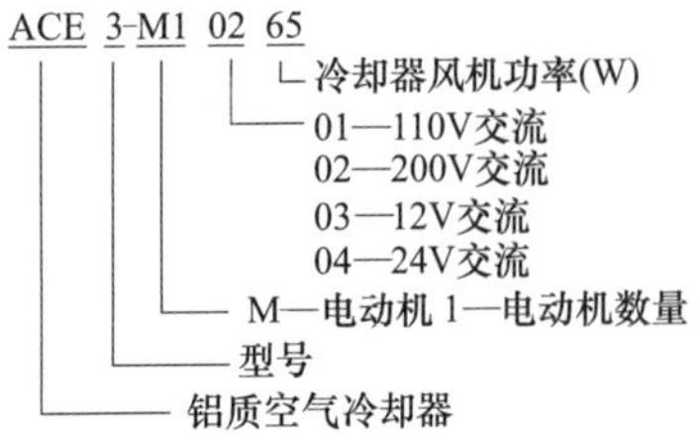

性能曲线：

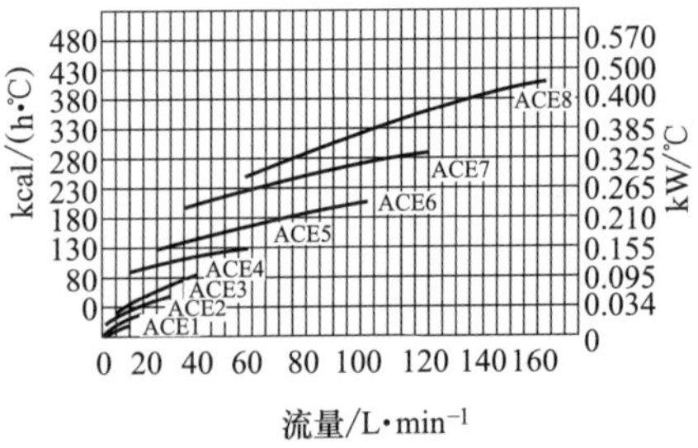

图 20-10-35 性能曲线

表 20-10-57 ACE 型空气冷却器外形尺寸 mm

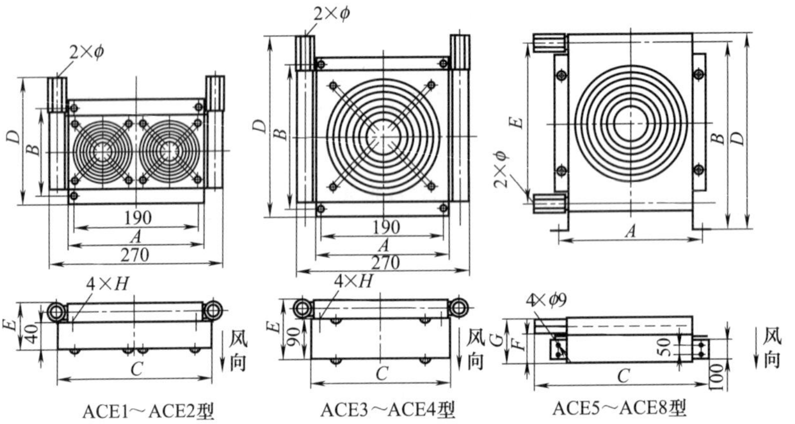

型 号	ACE1-M2	ACE2-M2	ACE3-M1	ACE4-M1
A	208	208	208	208
B	128	162	261	261
C	208	260	240	240
D	184	217	295	316
E	67	75	115	115
H	ϕ6.5	ϕ6.5	ϕ6.5	ϕ6.5
ϕ	M18×1.5	M18×1.5	M18×1.5	M18×1.5 M22×1.5

型 号	ACE5-M1	ACE6-M1	ACE7-M1	ACE8-M1
A	405	500	405	500
B	440	465	440	465
C	480	570	480	570
D	450	500	450	500
E	398	398	398	398
F	150	150	150	150
G	195	195	200	200
ϕ	M27×2 M33×2	M27×2 M33×2	M33×2	M33×2

注：生产厂为南京翰坤机电科技有限公司。

10.3.4 电磁水阀

电磁水阀是用来控制冷却器内介质的通入或断开的。通常采用常闭型电磁阀，即电磁阀通电时，阀门开启。

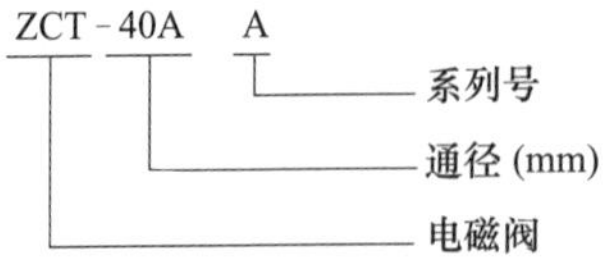

表 20-10-58 ZCT 型电磁水阀技术参数

型 号	通径 /mm	额定电压 /V	工作介质	压力范围 /MPa	介质温度 /℃
ZCT-15A	15	AC:220、110、36、24 DC:220、24	油水 空气	0.1～0.8 0.1～1.6	<65
ZCT-25A	25				
ZCT-40A	40				
ZCT-50A	50				
ZCT-80A	80				

表 20-10-59　ZCT 型电磁水阀外形尺寸　　mm

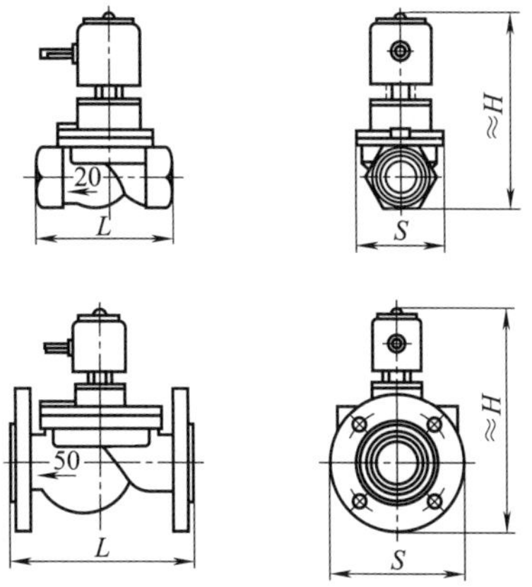

新型号	通径	L	H	S	连接方式
ZCT-15A	15	100	130	75	G½
ZCT-25A	25	120	140	75	G1
ZCT-40A	40	150	160	85	G1½
ZCT-50A	50	200	210	140	法兰四孔 $\phi13/\phi110$
ZCT-80A	80	250	260	185	法兰四孔 $\phi17/\phi150$

注：生产厂为天津市天源电磁阀有限责任公司。

10.3.5　GL 型冷却水过滤器

GL 型（Y 型）过滤器（除垢器）是用于冷却器冷却管道上的除垢产品，在工程安装时可能会有石块、砂子、机械杂物等进入，使管道和设备遭到堵塞和磨损性破坏。所以在水质不好的管道和设备前必须安装过滤器。

螺纹式：GL11H-16C（P、R）；法兰式：GL41H-16C（P、R）。

10.3.6　加热器

液压系统中的油温，一般应控制在 30～50℃范围内。最高不应高于 70℃，最低不应低于 15℃。油温过高，将使油液迅速老化变质，同时使油液的黏度降低，造成元件内泄漏量增加，系统效率降低；油温过低，使油液黏度过大，造成泵吸油困难。油温的过高或过低都会引发系统工作的不正常，为保证油液能在正常的范围内工作，需对系统的油液温度进行必要的控制，即采用加热或冷却方式。

油液的加热可采用电加热或蒸气加热等方式，为避免油液过热变质，一般加热管表面温度不允许超过 120℃，电加热管表面功率密度不允许超过 3W/cm²。

表 20-10-60　GL 型冷却水过滤器外形尺寸　　mm

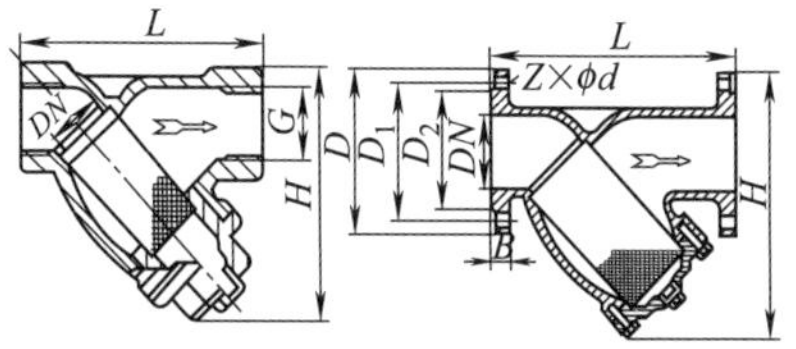

GL11H–16C (P、R)螺纹式　　GL41H–16C (P、R)法兰式

公称通径 DN	GL11H 型		
	G	L	H
10	¼	65	51
12	⅜	65	51
15	½	65	51
20	¾	80	60
25	1	90	72
32	1¼	105	77
40	1½	120	87
50	2	140	103

公称通径 DN	GL41H 型						
	L	H	D	D_1	D_2	B	$Z\times\phi d$
32	180	180	135	100	78	16	4×18
40	200	190	145	110	85	16	4×18
50	220	220	160	125	100	16	4×18
65	270	270	180	145	120	18	4×18
80	300	300	195	160	135	20	8×18
100	350	335	215	180	155	20	8×18
125	390	400	245	210	185	22	8×18
150	440	450	280	240	210	24	8×23
200	540	550	335	295	165	26	12×23
250	640	640	405	355	320	30	12×25
300	720	740	460	410	375	30	12×25
350	780	820	520	470	435	34	16×25
400	865	920	580	525	485	36	16×30
450	960	1050	640	585	545	40	20×30
500	1040	1200	705	650	608	44	20×34

表 20-10-61　　加热器的计算

加热器的发热能力	加热器的发热能力可按下式估算 $$N \geqslant \frac{C\gamma V \Delta Q}{T}$$ 式中　N——加热器发热能力，W C——油的比热容，$C=1608\sim2094$J/(kg·℃) γ——油的密度，$\gamma=900$kg/m^3 V——油箱内油液的体积，m^3 ΔQ——油加热后温度，℃ T——加热时间，s
电加热器的计算	电加热器的功率：$P=N/\eta$ 式中　η——热效率，$\eta=0.6\sim0.8$ 液压系统中装设电加热器后，可以较方便地实现液压系统油温的自动控制

表 20-10-62　　电加热器产品

型号意义

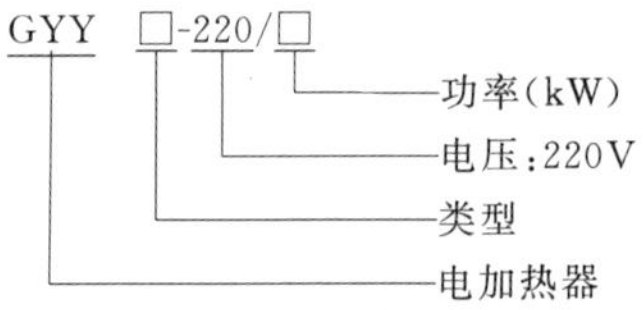

技术规格及外形尺寸

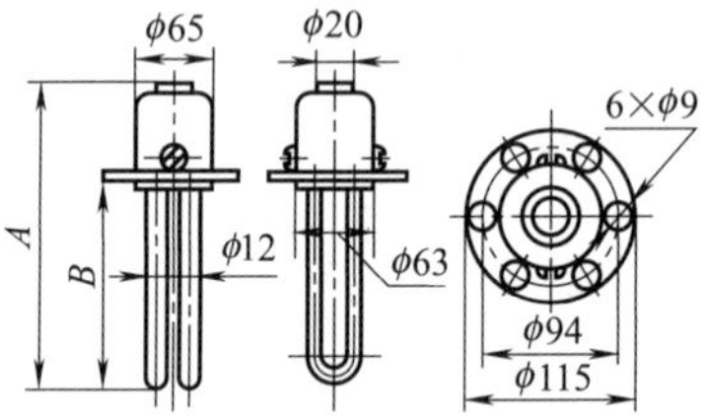

型　　号	功率/kW	A/mm	浸入油中长度 B/mm	电压/V
GYY2-220/1	1	307	230	220
GYY2-220/2	2	507	430	
GYY2-220/3	3	707	630	
GYY2-220/4	4	922	845	
GYY4-220/5	5	697	620	
GYY4-220/6	6	807	730	
GYY4-220/8	8	1007	930	

注：生产厂为上海电加热器厂、沈阳电热元件厂。

10.4　液压站

液压站又称液压泵站，主要用于主机与液压装置可分离的各种液压机械。它按主机要求供油，并控制液压油的流动方向、压力和流量，用户只需将液压站与主机上的执行机构（油缸或油马达）用油管相连，即可实现各种规定的动作和工作循环。

液压站通常由泵装置、液压阀组、油箱、电气盒等部分组合而成。其中泵装置包括电动机和油泵，它是液压站的动力源，将机械能转化为液压油的压力能。液压阀组由液压阀及集成块组装而成，它对液压油实行方向、压力流量调节。油箱是用钢板焊成的半封闭容器，上面装有滤油网、空气滤清器等，它用来储存、冷却及过滤油液。电气盒是液压站与工厂配电系统和电气控制系统的接口，可以只设置外接引线的端子板，也可以配套全套的控制电器。

传统的液压站一般采用开式的油箱，油泵可布置在油箱的旁边、上面以及油箱内部液面以下，从而形成旁置式、上置卧式、上置立式液压站。液压站的冷却方式可分为自然冷却和强制冷却。自然冷却不用附加的冷却设备，依靠空气自然对流和油箱进行热交换。一般要求油箱的体积足够大。强制冷却方式包括风冷、水冷、冷媒制冷等多种形式。一般按照液压站的工作要求合理选用，强制冷却可以有效地控制油液温度，并可以降低对油箱体积的要求。

近年来，为了适应现场设备的要求，液压站的形式不断地丰富和发展，出现了很多配置更加灵活的形式，如微型液压站、液压动力单元、液压柜等，促进了液压系统的分散化、集成化、功能化。

10.4.1　液压站的结构形式

表 20-10-63　　液压站的结构形式

旁置式液压站	将泵装置卧式安装在油箱旁单独的基础上，称为旁置式，可装备备用泵，主要用于油箱容量大于 250L，电动机功率 7.5kW 以上的中大型液压系统。电动机泵组件安装可靠，振动和噪声较小。油箱可以采用矩形油箱，也可以采用圆罐形油箱。典型结构如图(a)所示 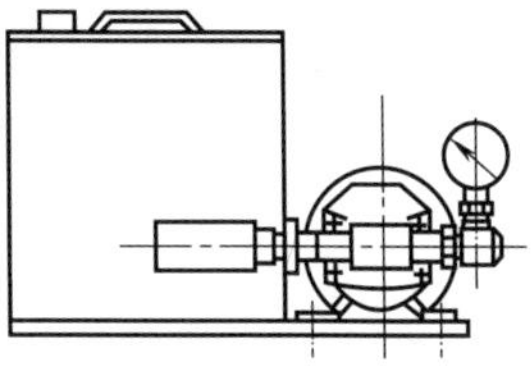 图(a)　旁置式液压站
上置卧式液压站	将泵装置卧式安装在油箱盖板上称为上置卧式，主要用于变量泵系统，以便于流量调节。典型结构如图(b)所示 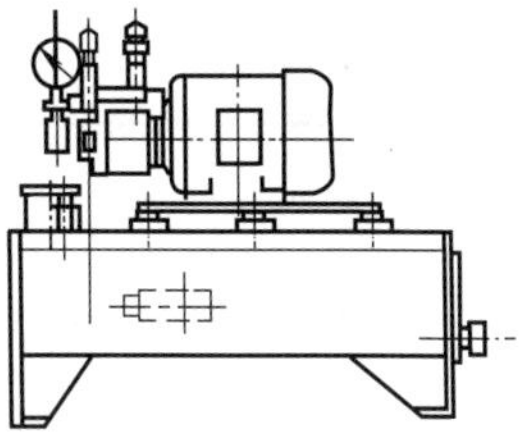 图(b)　上置卧式液压站
上置立式液压站	将泵装置立式安装在油箱盖板上称为上置立式。这种形式结构紧凑，泄漏小，并能节省空间，主要用于定量泵系统。典型结构如图(c)所示 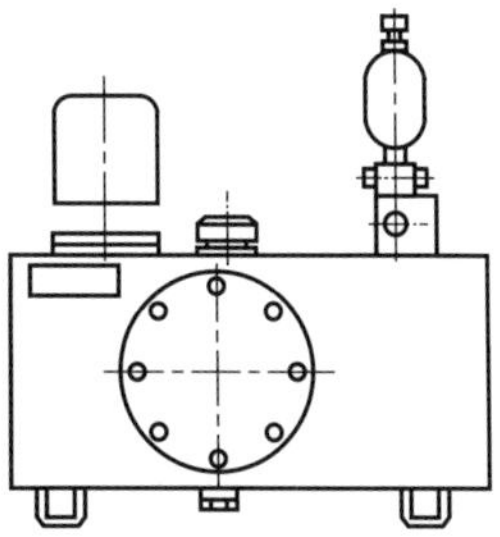 图(c)　上置立式液压站

续表

下置式液压站	将泵安装在油箱中液面以下，称为下置式，可以改善液压泵的吸油条件。油箱可以采用矩形油箱，也可以采用圆罐形油箱。典型结构如图(d)所示 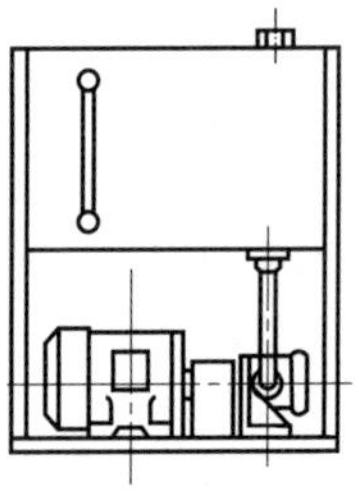 图(d) 下置式液压站
液压动力单元	液压动力单元是一种集成设计的超微型液压泵站。它的设计以阀块为中心，一端安装电动机，另一端安装液压泵和圆筒形油箱，侧面安装阀组和其他附件。有立式、卧式两种安装方式，操纵及维护方便，可用于小型油压机，搬运车，小型升降台等。典型结构如图(e)、图(f)所示 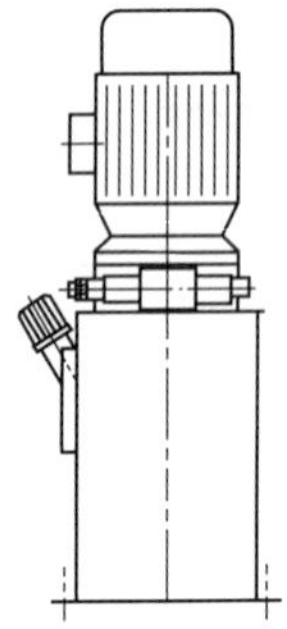 图(e) 立式液压动力单元 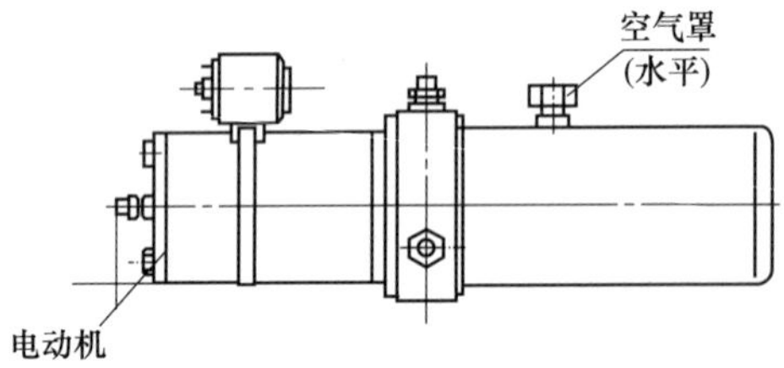 图(f) 水平安装液压动力单元

10.4.2 典型液压站产品

表 20-10-64 典型液压站产品

类型	说明
YZ 系列液压站	YZ 系列液压站，油箱容量为 25～6300L，共 18 种规格。选用不同的泵，得到各种不同的流量和压力级。外形结构有上置式(分立式及卧式)和非上置式，见图(a)～图(c) 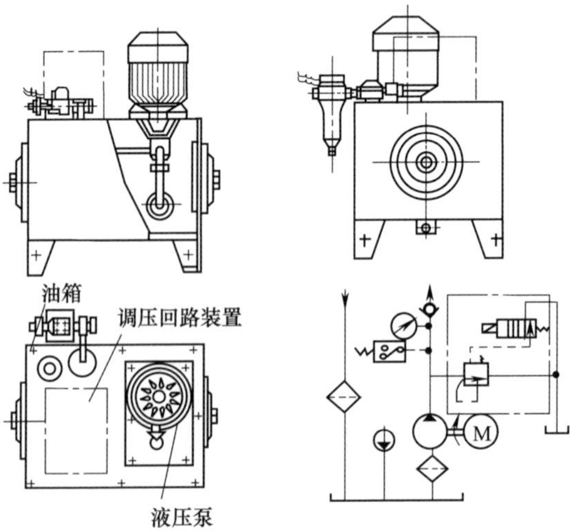 图(a) YZ液压站结构形式及调压系统图(立式)

续表

类型	说　明
YZ 系列液压站	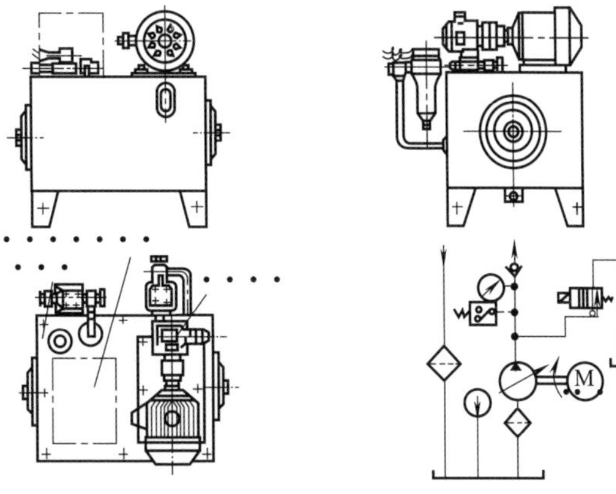 图(b)　YZ液压站结构形式及调压系统图(卧式) 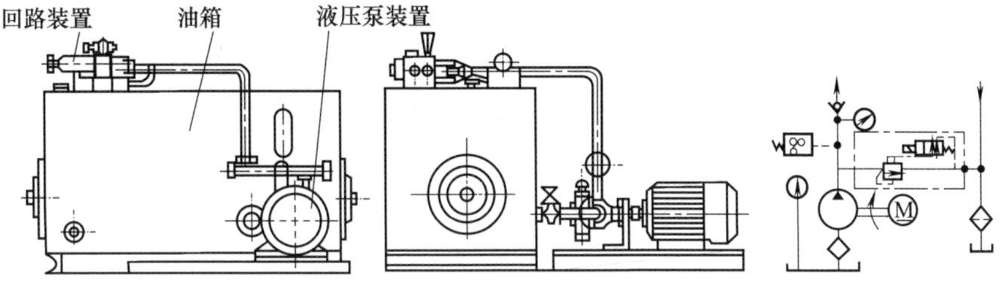 图(c)　YZ液压站结构形式及调压系统图
TND360-2 型液压站	沈阳液压件厂生产的 TND360-2 型液压站用于数控万能车床。压力 5MPa，流量 12L/min，油箱容量 100L。其外形结构与液压系统图如图(d)所示 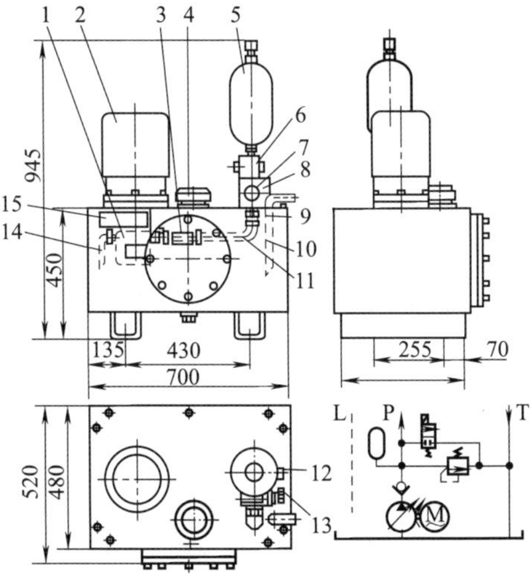 图(d)　TND360-2型液压站外形图及系统图 1—1P2V3 型变量泵；2—电动机；3—S8A1.2 型单向阀；4—空气过滤器；5—蓄能器；6—SAS6A 型手动换向阀；7—DBDS6K 型直动式溢流阀；8—集成块；9—泄漏油管；10—回油管；11—压力油管；12—进油口；13—回油口；14—吸油管；15—标牌

续表

类型	说　　明
SYZ 系列液压站	SYZ 系列液压站是为数控机床配套的液压站系列。压力 4～6.3MPa，流量 36～60L/min，油箱容量 130～250L。其外形结构与液压系统图如图(e)所示 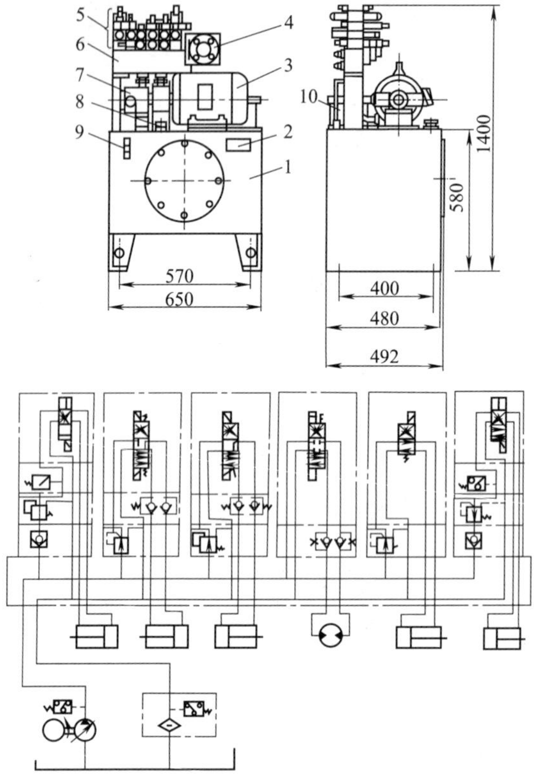 **图(e)　SYZ型液压站外形图及液压系统原理图(沈阳液压件厂)** 1—油箱；2—标牌；3—Y100L$_1$-4 型电动机；4—MS2P20 型六点压力表开关；5—叠加阀组；6—集成块；7—YBN$_1$-25B 型变量叶片泵；8—EF1-25 型空气过滤器；9—液面计；10—YLH-63 型过滤器

10.4.3　油箱

表 20-10-65　　油箱的设计

油箱的设计要点	油箱是液压系统中不可缺少的元件之一，它除了储油外，还起散热和分离油中泡沫、杂质等作用 油箱必须具有足够大的容积，以满足散热要求，停车时能容纳液压系统所有油液，而工作时又保证适当的油位要求 为保持油液清洁，吸、回油管应设置过滤器，安装位置要便于装拆和清洗 油箱应有密封的顶盖，顶盖上设有带滤油器的注油口，带空气过滤器的通气孔。有时通气口和注油口可以兼用 吸油管及回油管应插入最低油面以下，以防吸油管吸空和回油冲溅产生气泡。管口一般与箱底、箱壁的距离不小于管径的三倍。吸、回油口需斜切 45°角，并面向箱壁，这样增大了回油和吸油截面，可有效地防止回油冲击油箱底部的沉淀物。吸、回油管距离应尽量远，中间设置隔板，将吸、回油管隔开，以增加油的循环时间和距离，增大散热效果，并使油中的气泡和杂质有较长时间分离和沉淀。隔板的高度约为油面高度的 2/3，另还根据需要在隔板上安装过滤网。为便于放油，箱底应倾斜。在最低处装设放油塞或阀，以便放油和污物能顺利地从放抽孔流出 油箱的底部要距地面要 150mm 以上，以便散热、放油和搬移 为了防锈、防凝水，油箱内壁应涂耐油防锈涂料 油箱壁上需安装油面指示器以及油箱上安装温度计等 为防止油泵吸空，提高油泵转速，可设计充压油箱。特别对于自吸能力较差的油泵而又不设辅助泵时，用充压油箱能改善其自吸能力。一般充气压为 70～100kPa

续表

<table>
<tr><td rowspan="4">油箱的设计计算</td><td colspan="2">油箱容量与系统的流量有关，一般容量可取最大流量的 3～5 倍。另外，油箱容量大小可从散热角度去设计。计算出系统发热量与散热量，再考虑冷却器散热后，从热平衡角度计算出油箱容量。不设冷却器、自然环境冷却时计算油箱的方法如下</td></tr>
<tr><td>系统发热量计算</td><td>在液压系统中，凡系统中的损失都变成热能散发出来。每一个周期中，每一个工况其效率不同，因此损失也不同。一个周期发热的功率计算公式为
$$H=\frac{1}{T}\sum_{i=1}^{n}N_i\ (1-\eta_i)t_i$$
式中　H——一个周期的平均发热功率，W
T——一个周期时间，s
N_i——第 i 个工况的输入功率，W
η_i——第 i 个工况的效率
t_i——第 i 个工况的持续时间，s</td></tr>
<tr><td>散热量计算</td><td>当忽略系统中其他地方的散热，只考虑油箱散热时，显然系统的总发热功率 H 全部由油箱散热来考虑。这时油箱散热面积 A 的计算公式为
$$A=\frac{H}{K\Delta t}$$
式中　A——油箱的散热面积，m^2
H——油箱需要散热的热功率，W
Δt——油温（一般以 55℃考虑）与周围环境温度的温差，℃
K——散热系数。与油箱周围通风条件的好坏而不同，通风很差时 $K=8\sim9$；良好时 $K=15\sim17.5$；风扇强行冷却时 $K=20\sim23$；强迫水冷时 $K=110\sim175$</td></tr>
<tr><td>油箱容量的计算</td><td>设油箱长、宽、高比值为 $a:b:c$，则边长分别为 al、bl、cl 时，L 的计算公式为
$$L=\sqrt{\frac{A}{1.5ab+1.8ac+1.8bc}}$$
式中　A——散热面积，m^2
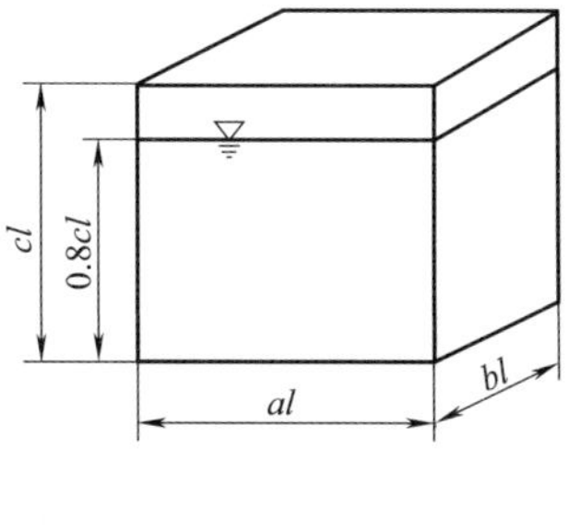
</td></tr>
</table>

10.5 温度仪表

10.5.1 温度表（计）

10.5.1.1 WS※型双金属温度计

10.5.1.2 WTZ 型温度计

10.5.2 WTYK 型压力式温度控制器

10.5.3 WZ※型温度传感器

10.5

（扫码阅读或下载）

10.6 压力仪表

10.6.1 Y 系列压力表

10.6.2 YTXG 型磁感式电接点压力表

10.6.3 Y※TZ 型远程压力表

10.6.4 BT 型压力表

10.6.5 压力表开关

10.6.5.1 KF 型压力表开关

10.6.5.2 AF6E 型压力表开关

10.6.5.3 MS 型六点压力表开关

10.6.6 测压、排气接头及测压软管

10.6.6.1 PT 型测压排气接头

10.6.6.2 HF 型测压软管

10.6

（扫码阅读或下载）

10.7 空气滤清器

10.7.1 QUQ 型空气滤清器

10.7.2 EF 型空气过滤器

10.7.3 PFB 型增压式空气滤清器

10.7

（扫码阅读或下载）

10.8 液位仪表

10.8.1 YWZ 型液位计

10.8.2 CYW 型液位液温计

10.8.3 YKZQ 型液位控制器

10.8

（扫码阅读或下载）

10.9 流量仪表

10.9.1 LC12 型椭圆齿轮流量计

10.9.2 LWGY 型涡轮流量传感器

10.9

（扫码阅读或下载）

10.10 常用阀门

10.10.1 高压球阀

10.10.1.1 YJZQ 型高压球阀

10.10.1.2 Q21N 型外螺纹球阀

10.10.2 JZFS 系列高压截止阀

10.10.3 DD71X 型开闭发信器蝶阀

10.10.4 D71X-16 对夹式手动蝶阀

10.10.5 Q11F-16 型低压内螺纹直通式球阀

10.10

（扫码阅读或下载）

10.11 E 型减震器

10.11

（扫码阅读或下载）

10.12 KXT 型可曲挠橡胶接管

10.12

（扫码阅读或下载）

10.13　NL 型内齿形弹性联轴器

10.13

（扫码阅读或下载）

10.14　管路

10.14.1　管路的计算

10.14.2　胶管的选择及注意事项

10.14

（扫码阅读或下载）

10.15　管接头

10.15.1　金属管接头 O 形圈平面密封接头

10.15.2　锥密封焊接式管接头

10.15.3　卡套式管接头规格

10.15.4　扩口式管接头规格

10.15.5　锥密封焊接式方接头

10.15.6　液压软管接头

10.15.7　快换接头

10.15.8　旋转接头

10.15.9　螺塞

10.15.10　法兰

10.15.11　管夹

10.15.11.1　钢管夹

10.15.11.2　塑料管夹

10.15

（扫码阅读或下载）

第 11 章 液压控制系统概述

11.1 液压传动系统与液压控制系统的比较

表 20-11-1 液压传动系统与液压控制系统的比较

<table>
<tr><th>项目</th><th>液压传动系统</th><th>液压控制系统</th></tr>
<tr><td colspan="3">
图(a)为典型的液压传动系统，其中图(a)中的(ⅰ)为节流调速系统，图(a)中的(ⅱ)为容积调速系统。节流调速系统中采用流量控制阀(节流阀或调速阀)调节流量，从而控制执行机构的速度，用换向阀使执行机构换向，用溢流阀进行调压和限压。容积调速系统中，利用变量泵调节流量，采用双向变量泵时，无需换向阀便可使执行机构换向。可见，传动系统的基本功能是拖动、调速和换向。换向阀或双向变量泵处于中位，可以使执行机构停止运动，但由于存在惯性，难以在任意位置准确停车，即传动系统难以精确地控制位置
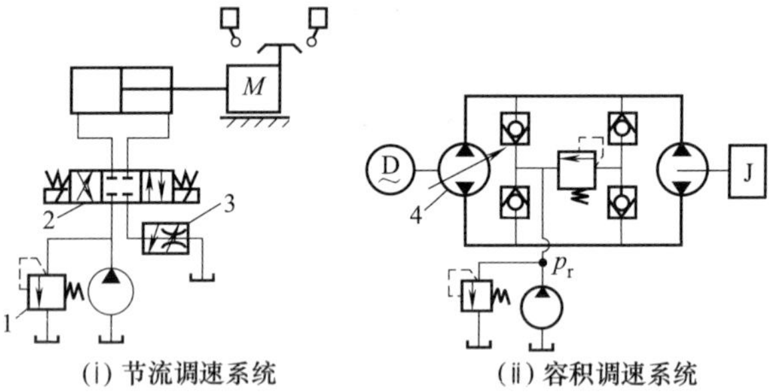

(ⅰ) 节流调速系统 (ⅱ) 容积调速系统
图(a) 液压传动调速系统
1—溢流阀；2—换向阀；3—调速阀；4—双向变量泵
采用带压力补偿和温度补偿的调速阀时，流经调速阀的流量不受负载变化和油温变化的影响，因而执行机构的速度不受负载和油温变化的影响。但它并不能补偿调速阀和执行元件的泄漏，因而，当负载变化引起泄漏量变化时，速度仍有少许变化。再者，由于调速阀的动态响应较低，当负载的变化幅值较大，频率较高时，调速阀的压力补偿作用不及时，将出现很大的速度波动。也就是说，采用调速阀的液压传动系统，其稳态的速度控制精度较高，而动态的速度控制精度可能很差
对于容积调速系统，执行机构的速度还要受变量泵内部泄漏的影响
此外，传动系统难以实现任意规律、连续的速度调节。图(b)为液压速度控制系统简图，其中图(b)中的(ⅰ)为节流式速度控制系统，图(b)中的(ⅱ)为容积式速度控制系统。图(b)与图(a)相比，有以下明显的区别：
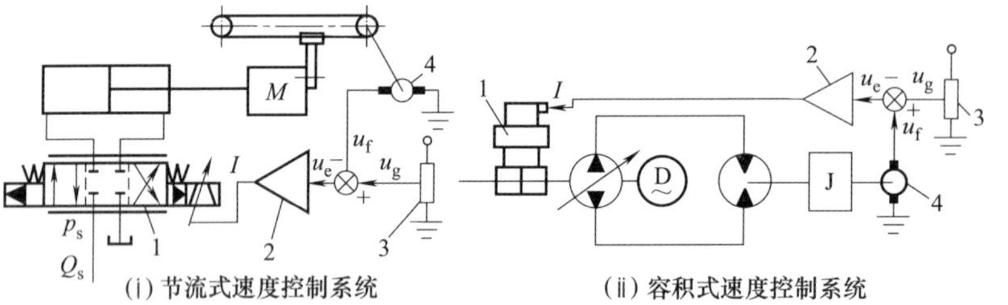

(ⅰ) 节流式速度控制系统 (ⅱ) 容积式速度控制系统
图(b) 液压速度控制系统
1—伺服阀；2—伺服放大器；3—指令电位器；4—测速机
</td></tr>
<tr><td>控制元件</td><td>采用调速阀或变量泵手动调节流量</td><td>采用伺服阀自动调节流量
通俗地讲，可以把伺服阀看成是一个零遮盖的，阀芯能在其行程内任一位置停留的、精密的比例换向阀。阀芯偏离中位的位移与伺服阀的输入电流(直流)成正比，阀芯向左或向右取决于输入电流的方向。因此，伺服阀同时起到了传动系统中的换向阀和流量控制阀的作用
在节流式速度控制系统中，利用伺服阀直接控制执行机构的速度及方向；而在容积式速度控制系统中，利用伺服阀控制变量泵变量机构的位置和方向，从而间接地控制了执行元件的速度和方向</td></tr>
</table>

续表

项目	液压传动系统	液压控制系统
控制原理	传动系统是开环系统。传动系统的指令即控制量是流量控制阀的开度或变量泵的调节参数(偏角或偏心)，被控制量是执行机构的速度。对被控制量不进行检测，即只发出命令而不检查，当控制结果与希望值不一致时，系统没有修正能力。被控制量与控制量之间无联系，故为开环系统。开环系统的控制精度取决于其元件的性能和系统整定的精度。系统的扰动量(负载、油温、泄漏)和元件参数的变化都要影响到被控制量，因而控制精度较差。开环系统无反馈，因而不存在矫枉过度问题，即不存在稳定性问题，所以传动系统的调整容易	控制系统是闭环系统。电液速度控制系统的控制量是由指令电位器给出的电压量，被控制量仍是执行机构的速度。利用测速机检测执行机构的速度(转速)并产生一个与转速成正比的电压量，此电压用作反馈信号。指令信号与反馈信号在伺服放大器中相减，并将相减后的偏差信号加以放大，再输入给伺服阀。由于对被控制量加以检测并进行反馈，从而构成了闭环系统，因而液压控制系统是按偏差调节原理工作的，即不管系统的扰动量和主路元件的参数如何变化，只要被控制量的实际值偏离希望值，系统便按偏差信号的方向和大小进行自动调整 例如，当负载突然增大，引起速度降低时，偏差信号增大，伺服阀的输入电流增大、阀口开大，从而使速度自动回升；反之，当负载突然减小，速度增大时，偏差信号减小，伺服阀的输入电流减小，阀口关小，速度便自动恢复至额定值 指令电压代表了所希望的执行机构速度。调整指令电压，便调整了速度。采用程序装置使指令电压按某一规律变化，便可实现任意规律的连续的速度控制 需要注意的是，如果偏差信号为零，则伺服阀的输入电流为零，阀芯处于零位(中位)，于是执行机构的速度为零。因此，为了维持在某一速度下工作，必须有偏差信号存在，这意味着实际速度与希望值不一致，即存在速度误差，因此采用比例放大器时只能把稳态误差限制在很小的允许范围内，而不能完全消除，要想消除稳态误差，必须采用比例积分放大器 控制系统有反馈，具有抗干扰能力，因而控制精度高；但也存在矫枉过度带来的稳定性问题。当系统设计或调整不当时，可能出现不稳定。因此控制系统要求较高的设计和调整技术
控制功能	只能实现手动调速、加载和顺序控制等功能，难以实现任意规律、连续的速度调节	可利用各种物理量的传感器对被控制量进行检测和反馈，速度、加速度、力和压力等各种物理量的自动控制
性能要求	传动系统的基本工作任务是驱动和调速，因此，对传动系统的性能要求侧重于静态特性方面，主要性能指标是：调速范围、低速平稳性、速度刚度和效率。只有特殊需要时，才研究动态特性，而且，由于工作过程中系统指令不变，所以，研究动态特性时，只需讨论外负载力变化对速度的影响	对控制系统来说，则要求被控制量能够自动、稳定、快速而准确地复现指令的变化。因此，除了要满足以一定的速度进行驱动等基本要求之外，更侧重于动态特性(稳定性、响应)和控制精度的分析和研究。性能指标则应包括稳态性能指标和动态性能指标
工作特点	①驱动力、转矩和功率大 ②易于实现直线运动 ③易于实现直线速度调节和力调节 ④运动平稳、快速 ⑤单位功率的质量小、尺寸小 ⑥过载保护简单 ⑦液压蓄能方便	液压控制系统除液压传动的特点外，还有如下特点 ①响应速度高 ②控制精度高 ③稳定性容易保证
应用范围	要求实现驱动、换向、调速及顺序控制的场合	要求实现位置、速度、加速度、力或压力等各种物理量的自动控制场合

11.2 电液伺服系统和电液比例系统的比较

从广义上观察，在应用液压传动与控制的工程系统中，凡是系统的输出量，如压力、流量、位移、转速、加速度、力、力矩等，都能随输入控制信号连续成比例的得到控制的，都可称为比例控制系统。但在工程实用上，往往根据输入信号的不同和系统构成的特点等，将广义的比例控制系统作出如表 20-11-2 所示的区分；根据输入信号方式，区分为手动（比例）控制和电液控制；根据控制系统的特点和技术特性，进一步将广义概念上的电液控制区分为一般概念上的电液伺服控制和电液比例控制。比例控制的特点及伺服、比例、开关元件性能对照分别见表 20-11-3 和表 20-11-4。

表 20-11-2 开关控制和比例控制

控制性质	输入方式	控制特性	信号模式
开关控制	手动控制		
	电磁控制		
比例控制(广义)	手动控制		
	电液控制	电液伺服控制	模拟
			数字
		电液伺服比例控制	模拟
			数字
		电液比例控制	模拟
			数字

表 20-11-3 比例控制的特点

伺服阀	微电控制	频响高	无零位死区	加工精度 2～4μm 级	过滤精度 3～10μm	1/3 供油压力损失于阀口
一般比例阀（不含伺服比例阀）	微电控制	频响中等，能满足 70% 的用户需要	有零位死区	加工精度 10μm 级	过滤精度 25μm	0.3～1.5MPa

表 20-11-4 伺服、比例、开关元件性能对照

性能	电液伺服阀	电液比例阀	早期电液比例阀	传统开关阀
滞环/%	1～3	1～3	4～7	
重复精度/%	0.5	0.5	1	
频宽/Hz	50～500	1～50	1～5	
线圈功率/W	0.05～5	10～24	10～30	
中位死区	无	有	有	有
价格因子	3	1	1	0.5

11.3 液压控制系统的组成及分类

表 20-11-5 液压控制系统的组成及分类

职能图	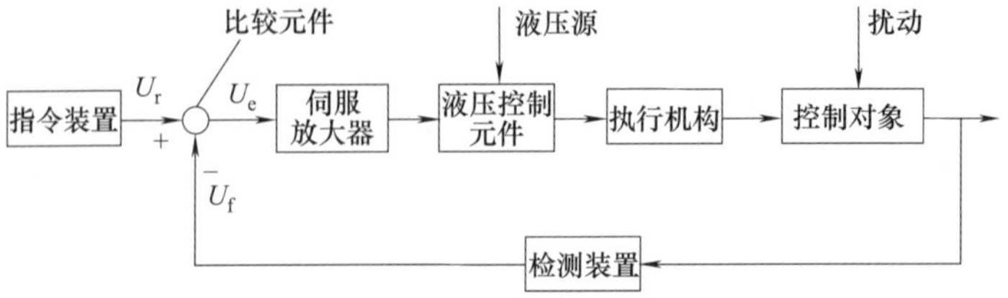

续表

	组成部分	功用	结构
组成	指令装置	给出与被调量所希望的变化规律相应的指令信号。指令信号的形式应与反馈信号相同	机械指令装置有凸轮、模板、连杆等，发出位移信号，用于机液控制系统；电气指令装置有电位计、自整角机、程序装置、计算机及其 D/A 转换器等，发出电压信号，用于电液控制系统；气动指令装置有气动调节器等，用于气液控制系统
	检测装置	检测被调量的变化并转换成电（气动）信号，经二次仪表放大与处理后作为反馈信号	检测装置包括传动机构（如齿轮齿条、连杆、钢带或钢绳等）、传感器及其二次仪表（如放大、滤波、解调、D/A 转换电路等）
	比较环节	将反馈信号与指令信号加以比较，给出偏差信号，构成闭环控制	实际系统往往并不存在单独的比较环节硬件。例如，在电液控制系统中，将指令信号 U_g 和反馈信号 U_f 分别加入到伺服放大器中的运算放大器的同相和反相输入端，便可实现比较功能。而在机液控制系统中，连杆、差动齿轮和螺丝螺母副等既作比较元件，同时又作指令装置、检测装置和比例放大之用
	伺服（比例）放大器	放大偏差信号并进行信号的处理	电液控制系统中，伺服放大器是电气信号与处理电路的总称，最基本部分是电压前置放大和功放即电流放大器两部分。根据需要可能还有限幅器（限制最大输出电流）、鉴别器、解调器和非线性补偿电路等
	液压控制元件（液压功率放大器）	起信号变换（电压-位移、气压-位移）、能量变换及功率放大（电气-液压、气动-液压）作用，实现流体动力控制、输出一个与输入电流（气压）成正比的流量或压力	液压功率放大器包括伺服阀和伺服变量泵两大类。伺服阀又有电液、机液和气液伺服阀三种，以电液伺服阀最普遍
	执行机构	接受液压功率放大器的流体动力，驱动工作机构	执行机构包括执行元件（液压缸、液压马达）和传动机构（减速齿轮箱、滚珠丝杠等）
	校正环节	除上述环节外，有时系统中还有校正环节。其功用是改善系统或某个局部环路的性能，驱动工作机构	校正环节分串联校正和并联校正两类。串联校正环节串联在主路上的伺服放大器之前，如滞后-超前网络和 PID 调节器；并联校正亦称反馈校正，如电液控制系统中的局部速度负反馈、局部加速度负反馈，深度电流负反馈和负载扰动补偿等
分类	按照输出量的物理量纲分类	位置系统	指系统的输出量是机械位移或者是机械转角，每给定一个输入量即对应一个确定的位移或转角，如机床工作台的自动控制系统便是位置系统
		速度系统	指其输出量为直线速度或者是角速度。每一个输入信号都对应一个确定的速度值
		施力系统	其输出量必然是力、力矩或者是压力。系统的输入量代表着确定的力、力矩或者压力
		此外还有加速度控制系统、温度控制系统等，但在液压控制系统中，最主要的还是上述三类系统	

续表

分类	按照传递信号的介质分类	机械-液压控制系统	机械-液压控制系统指的是信息整个传递过程都是借助机械和液压元件来完成的。例如图(a)所示的系统即是典型的机械-液压控制系统，靠模给出的是机械位移信号，经过阀芯的传递又将信息转换成液压信号，最后通过液压缸活塞的位移又变成了机械信号。机械-液压控制系统多用在环境较为恶劣，精度和快速性要求不高的场合，其优点是可靠性好、廉价。机械-液压控制系统通常简称为机液系统 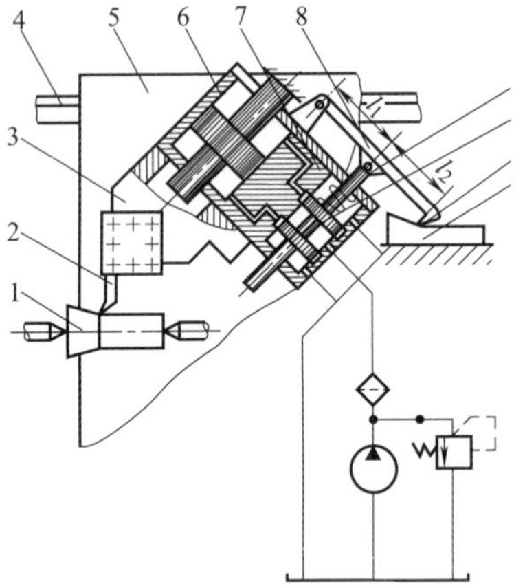 图(a) 车床上液压仿形刀架 1—工件；2—车刀；3—刀架；4—床身导轨；5—溜板；6—缸体；7—阀体；8—杠杆；9—杆；10—伺服阀芯；11—触销；12—靠模
		电气-液压控制系统	电气-液压控制系统指信息的传递不仅使用了机械和液压元部件，还大量地使用了电气元件。为了提高系统的动静态品质，通常在动力机构以前用的是电信号，包括反馈信号，这种系统精度高、动态性能好，因此多用在航天、航空、舰船、冶金等的自动控制设备上。电气-液压控制系统的缺点是结构复杂、调试难度大、造价高。电气-液压控制系统通常简称为电液控制系统或电液系统，其中包括电液伺服系统和电液比例系统
	按照给定量的数学模型分类	为了系统优化的目的也常常按照系统给定的输入函数的类型来划分液压控制系统。控制系统的输入函数是多种多样的，大体可分成阶跃、方波、斜坡、三角波、锯齿波、正弦波、脉冲和任意非直线型函数等八种。按此可将液压控制系统分成以下三种类型	
		保持型	这类控制系统的功能是自动保持某一物理量为常值，当输入信号改变后，此物理量能自动地由一个保持值变化到另一个保持值，例如航空器或舰船上的舵机系统以及某些速度系统等。这类系统应以阶跃函数为输入，称之为保持型伺服系统。此外，有些以方波为输入的伺服系统也属于保持型，因为每一个方波相当于正负两个阶跃信号。保持型控制系统的优化指标应该是阶跃过渡函数的超调量和过渡时间最小并且无静差
		正弦型	有一类控制系统的输出为正弦函数，例如振动台、万能疲劳试验机以及一部分负载模拟器等。这类系统的输入显然是正弦函数，其优化指标应该是幅频宽度最宽，对于相频没有要求，而对幅频峰值的限制也不严格。因为可以通过振幅保持系统来保证振幅不变，应该指出，由于正弦函数具有 n 阶连续导数，系统在一种频率和固定振幅的作用下，只在开始瞬间出现暂态解，因此系统的输出实际上是稳态解。方波或者三角波则不同，它们有一阶不连续的导数，因此每一个周期都要引起两次暂态过程。可见正弦型系统与一般系统是不同的，但过去都是按照一般的设计方法来设计此类系统，因此频宽不易达到最佳值

续表

分类	按照给定量的数学模型分类	跟踪型	如果控制系统的被调量能以允许的误差点跟踪某一非直线型函数曲线，则称此类系统为跟踪型控制系统。例如电液施力系统、低空火炮控制系统等。这类系统应以单位斜坡函数为输入来设计，即以偏离值和偏离时间最小及无静差作为优化指标。此外，有些以三角波、锯齿波为输入的系统也应属于跟踪型伺服系统，因为每个波形都由两个斜坡函数组成
	根据回路内的信号传递方式	直流与交流液压控制系统	
		模拟式与数字式液压控制系统	
		线性与非线性液压伺服系统	

11.4　液压控制系统的基本概念

表 20-11-6　液压控制系统的基本概念

概　念	解　释
被控制对象或对象	需要控制的工作机器、装备
输出量(被控制量)	表征这些机器装备工作状态需要加以控制的物理参量
输入量(控制量)	要求这些机器装备工作状态应保持的数值，或者说，为了保证对象的行为达到所要求的目标而输入的量
扰动量	使输出量偏离所要求的目标，或者说妨碍达到目标，所作用的物理量称为扰动量。控制的任务实际上就是形成控制作用的规律，使不管是否存在扰动，均能使被控制对象的输出量满足给定值的要求
开环控制系统	被控制量只能受控于控制量，而被控制量不能反过来影响控制量的控制系统称为开环控制 开环控制系统可以用结构示意图表示，如图(a)所示。结构图可以表示这种系统的输入量与输出量之间的关系。由图可知，输入量直接经过控制器作用于被控制对象，所以只有输入量影响输出量。当出现扰动时，没有人的干预，输出量不能按照输入量所期望的状态去工作 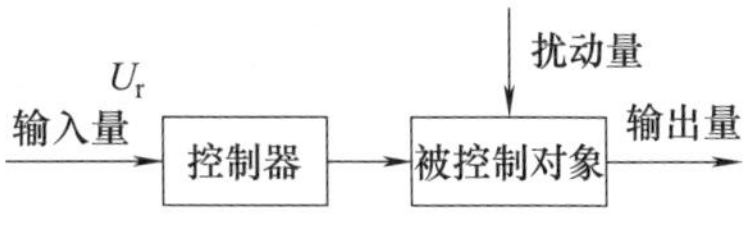 图(a)　开环控制系统结构图
闭环控制系统	为了实现闭环控制，必须对输出量进行测量，并将测量的结果反馈到输入端与输入量相减得到偏差，再由偏差产生直接控制作用去消除偏差。因此，整个控制系统形成一个闭合环路。把输出量直接或间接地反馈到输入端，形成闭环，参与控制的系统，称作闭环控制系统。由于系统是根据负反馈原理按偏差进行控制的，也叫做反馈控制系统或偏差控制系统。闭环控制系统中各元件的作用和信号的流通情况，可用结构图(b)表示 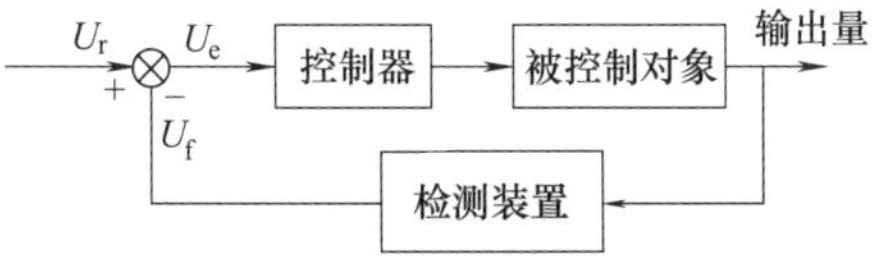 图(b)　闭环控制系统结构图 图中，符号 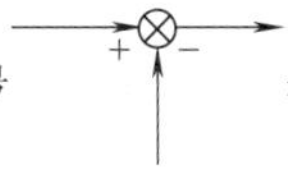 表示比较元件，负号表示负反馈

续表

概　　念	解　　释
反馈	把输入的被调量按一定比例回输给控制装置的输入端的控制方法
负反馈	反馈信号的极性与输入信号的极性相反的反馈
正反馈	反馈信号的极性与输入信号的极性相同的反馈
偏差	输入信号与被控制量的反馈信号之差
容积模量	流体的弹性是用容积模量来表征的，液体的容积模量可因渗入了空气和(或)机械的柔度的减少而大大降低。液体是可压缩的，随着压力的增加，液体的容积就减少。其实任何物体都是弹性体，只是弹性模量差异很大而已。所以液体也像弹簧，受压而缩小，失压而膨胀。液体的弹簧效应与机械部分的质量的互相作用几乎在所有液压元件中都将产生谐振现象。在大多数情况下，这种谐振是对动态性能的限制。液体中还不可避免地混有气体，这些渗入的气体又往往以小气泡或泡沫的形式悬浮于液体中。当液体受压时，气泡体积减小。气体体积变化的程度远过于液体，纯油的容积弹性模量约为 $(1.4\sim2.0)\times10^{9}\mathrm{N/m^2}$，油中混入气体而容积弹性模量将大大下降，而且和混入气体的多少还有直接关系。另外，液压管道等一切液体容器都是弹性体，油压增加，容器变大。当压力提高后就必须有一部分流量来补偿液体的压缩量及容器的膨胀量，可用液体等效容积弹性模量来表示容器中油液的容积变化率与压力增长量之间的关系 $$\beta_e=-\frac{V\Delta p}{\Delta V} \qquad (20\text{-}11\text{-}1)$$ 式中　V——受压缩液体的初始体积 　　ΔV——因压缩而产生的体积 V 的变化量 　　Δp——产生 ΔV 的压力变化量 如果液体体积 V 承受的压力增加了 Δp，则 V 将减少 ΔV，因而 $\Delta p/\Delta V$ 是负值，式(20-11-1)中带有负号是为了使等效容积弹性模量为正值
液压固有频率 ω_h	把液压缸封闭后的液体看成弹簧而形或的液压缸-质量系的固有频率，称为液压固有频率或无阻尼液压固有频率。参数 ω_h 是由惯性和所包含的油弹簧相互作用而造成的固有频率。一般来说，总希望所设计的自动控制系统的频率高些，但系统的频率又受到系统中各个元件的固有频率的限制。在液压系统中，液压缸是最接近负载的一个液压元件，液压缸与负载质量等组合在一起后的液压频率往往就是整个系统中频率最低的一个元件。所以 ω_h 很可能就是整个系统工作频率范围的上限。如果阀的输入频率超过 ω_h，液压缸因受固有频率的限制就不能响应。为了提高工作频率的范围，就应当提高 ω_h
液压弹簧刚度 k_h	把被封闭液体看成弹簧后的弹簧刚度称液压弹簧刚度。液压弹簧系数 k_h 并不是当作用一个静态负载力时油缸作静态直线运动这种一般意义上的弹簧。这种解释只有当腔室的容积完全被密封时才是准确的，然而实际上这是不可能的，因为这要求阀没有泄漏通道，而且是完全理想的，也就是其压力流量系数为零，因此从某种意义上来说，k_h 可以想象为一个"动态"弹簧。应该指出，液压弹簧刚度是当液压缸完全被封闭并在稳态工作时推导出来的。若有伺服阀和液压缸相连接，实际上阀并不能将液压缸两个工作腔完全封闭。由于有阀系数 K_c 泄漏的作用，在稳态时液压弹簧并不存在。但在动态时，在一定的频率范围内泄漏来不及起作用，液压缸对外力的响应特性中，的确表现出存在着这样一个液压弹簧。所以，对阀控液压缸来说，液压弹簧应理解为"动态弹簧"，而失去了"稳态弹簧"的定义
阻尼比	如果活塞连接一个质量为 m 的惯性负载(m 为活塞和负载的总质量)，便构成液压弹簧-质量系统这样一个二阶振荡系统，和图(c)所示的机械振动系统等效。该系统的阻尼比，称为液压阻尼比 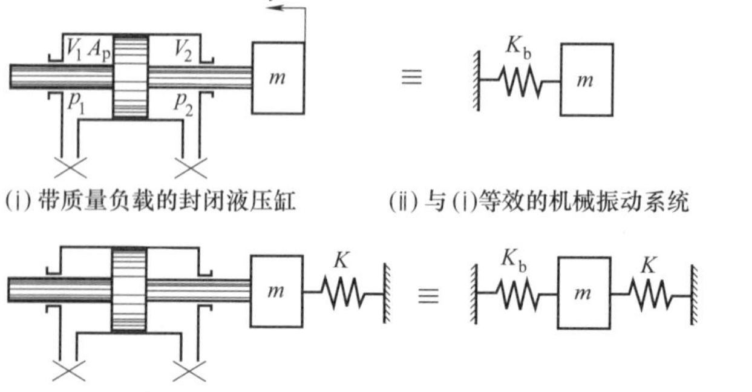 (ⅲ)带质量及弹簧负载的封闭液压缸　(ⅳ)与(ⅲ)等效的机械振动系统 图(c)　机械振动系统(液压弹簧)

续表

概　　念	解　　释
硬量	指能够精确的定义，其值相对稳定，易于识别、计算并控制的物理量。例如液压弹簧刚度 k_h，液压谐振频率 ω_h等
软量	指不易确定、计算，相对模糊，变化的量。如阀的压力-流量系数 K_c，液压阻尼比 ξ_h等
开关阀技术	开关系统使用机械可调式(手调式)压力阀、流量阀，压力继电器，行程开关等器件。其电信号的处理，由继电器技术或可编程控制器实现。在开关型电液系统中，方向的变换、液压参数压力与流量的变化通过电磁信号实现，这是一种传统的、多数为突变式的变化。伴随发生的是换向冲击和压力峰值，经常导致器件的提前磨损、损坏。过渡过程特性，例如加速过程与减速过程，主要是通过昂贵的机械凸轮曲线来实现控制
比例阀技术	模拟式开环控制系统，使用各种比例阀和配套的电子放大器。压力、流量和方向的设定值，由模拟电信号(电压)预先给出，过渡过程特性通过斜坡函数设置。预置设定值的调用由机器控制，现今，一般配置了可编程控制器。用这种技术，实现了各种高要求问题的解决，特别是加速过程与减速过程的优化控制。比例阀一般作为控制元件，运行于开环控制系统。其重要的特征是开环的工作过程，即在各个步骤(环节)与构件之间，没有反馈和校正器件。输出信号与输入信号之间的关系，由系统中各个元件的传递特性得出。这里如果出现了误差，则输出信号将受到其牵制。这种误差由油液泄漏、油液的压缩性、摩擦、零点漂移、线性误差、磨损等引起。在速度控制中，最重要的干扰量就是加在液压缸/液压马达上负载的波动，这可通过压力补偿器来调节节流阀口的压力差，而部分地给予补偿
闭环比例阀控制技术	闭环调节技术使用闭环比例阀(伺服阀)，连续检测实际值的传感器和闭环电控器。程序控制过程(设定值预置)由电子机械控制。在闭环回路中，输出值通过检测装置的在线监控，并与指令信号(设定值)进行比较。这个由设定值和实际值比较得出的调节偏差(误差)，由调节器处理成控制量后输入控制器件。因此，误差随时得到纠正。闭合的闭环回路对控制器件，即伺服阀或闭环比例阀提出的一些要求，大多数是比例阀所不能满足的
重复精度	在相同的液压和电气条件下，将一指令多次送给比例阀后所获得到一系列液压参数值之间的最大差值。重复精度以相对于被控液压参数最大值的百分率计算。在开环控制系统中，重复精度与系统的精度密切相关
泄漏量	油路关闭时，从压力口到回油口泄漏的流量，与机械机构的质量有直接关系，泄漏量也给出最小被控流量的大小
输入信号	送给电子调整装置，并使电子调整装置产生驱动比例阀所需电流的电信号
驱动电流	驱动比例阀所需的电流，以毫安计量
偏置电流(毫安)	在任一规定条件下，使阀处于零位所需的驱动电流
颤振频率	驱动电流的脉冲频率
调整增益	驱动电流值与输入信号值的关系是线性的和可调的
斜坡时间	输入信号阶跃变化后，供给阀的驱动电流随之变化所需的时间
电增益	系数，在闭环控制中与误差值相乘，其积可以校正驱动电流

11.5　液压控制系统的基本特性

基本特性是将频宽远高于执行机构及负载的其他环节（如检测环节、伺服放大器、伺服阀）看成比例环节后液压控制系统的特性。对液压控制系统的基本特性的要求可以归结为稳、准和快。按被控量处于变化状态的过程称为动态过程或暂态过程，而把被控量处于相对稳定的状态称为静态或稳态。液压控制系统的暂态品质和稳态性能可用相应的指标衡量。

对用于不同目的的液压控制系统，往往也有不同的具体要求。但就其共性，对液压控制系统的基本要求见表 20-11-7。

表 20-11-7 **液压控制系统的基本特征**

稳定性	稳定性是对系统的基本要求，不稳定的系统不能实现预定任务。稳定性，通常由系统的结构决定，与外界因素无关 系统的稳定性是指系统在受到外部作用后，其动态过程的振荡倾向和能否恢复平衡状态的能力。由于系统中存在惯性，当其各个参数匹配不好时，将会引起系统输出量的振荡。如果这种振荡是发散或等幅的，系统就是不稳定或临界稳定的，它们都没有实际意义的稳定工作状态，因而也就失去了工作能力，没有任何使用价值，如图(a)中的(ⅰ)所示。尽管系统振荡常常不可避免，但只有这种振荡随着时间的推移而逐渐减小乃至消失，系统才是稳定的，才有实际工作能力和使用价值，如图(a)中的(ⅱ)所示。由此可见，系统稳定是系统能够正常工作的首要条件，对系统稳定性的要求也就是第一要求。线性控制系统的稳定性是由系统自身的结构和参数所决定的，与外部因素无关，同时它也是可以判别的 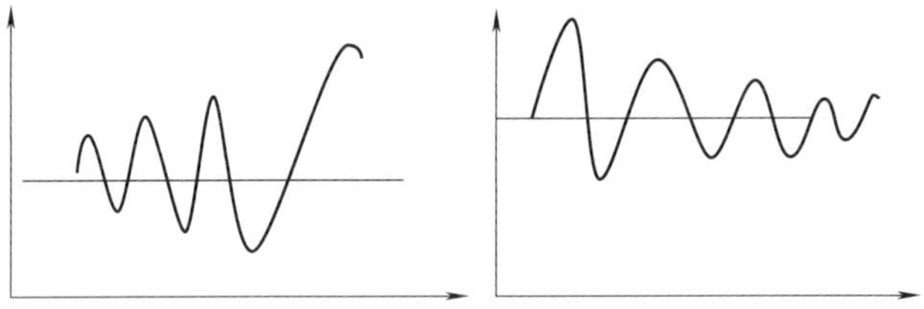 (ⅰ) (ⅱ) 图(a) 稳定系统和不稳定系统
动态性能	由于液压控制系统包含一些储能元件，所以当输入量作用于系统时，系统的输出量不能立即跟随输入量发生变化，而是需要经历一个过渡过程，才能达到稳定状态。系统在达到稳定状态之前的过渡过程，称为动态过程。表征这个过渡过程的性能指标称为动态性能指标。通常用系统对突加阶跃给定信号时的动态响应来表征其动态性能指标 图(b)为系统对突加阶跃给定信号的动态响应曲线 动态性能指标通常用相对稳定性和快速性来衡量，其中相对稳定性一般用最大超调量 $\sigma\%$ 来衡量，最大超调量是输出量 $c(t)$ 与稳态值 $c(\infty)$ 的最大偏差 Δc_{max} 与稳态值 $c(\infty)$ 之比。即 $$\sigma\%=\frac{c_{max}-c(\infty)}{c(\infty)}\times100\% \qquad (20\text{-}11\text{-}2)$$ 最大超调量反映了系统的稳定性，最大超调量越小，则说明系统过渡过程进行得越平稳 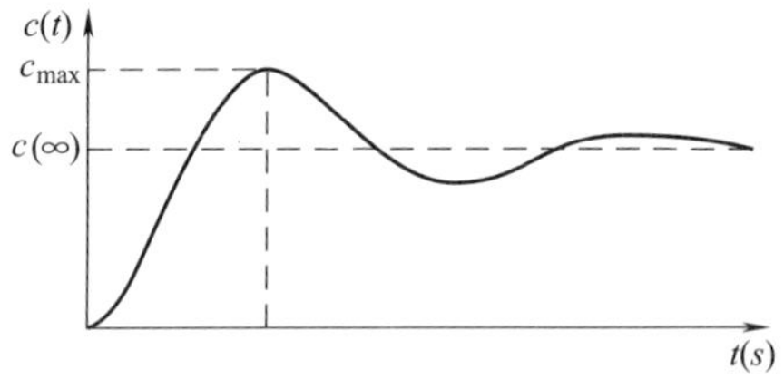 图(b) 动态响应曲线 系统响应的快速性是指在系统稳定性的前提下，通过系统的自动调节，最终消除因外作用改变而引起的输出量与给定量之间偏差的快慢程度。快速性一般用调节时间 t_s 来衡量，理论上 t_s 的大小也是可以计算的。毫无疑问，对快速性的要求当然是越快越好。但遗憾的是，它常常与系统的相对稳定性相矛盾
稳态性能	系统响应的稳态性能指标是指在系统的自动调节过程结束后，其输出量与给定量之间仍然存在的偏差大小，也称稳态精度。稳态性能指标(即准确性)一般用稳态误差 e_{ss} 来衡量，它是评价控制系统工作性能的重要指标，理论上同样可以计算。对准确性的最高要求就是稳态误差为零 由于被控对象具体情况的不同，各种系统对上述三方面性能要求的侧重点也有所不同。例如伺服系统对快速性和稳态精度的要求较高，而恒值系统一般侧重于稳定性能和抗扰动的能力。在同一个系统中，上述三方面的性能要求通常是相互制约的。例如为了提高系统的动态响应的快速性和稳态精度，就需要增大系统的放大能力，而放大能力的增强，必然促使系统动态性能变差，甚至会使系统变为不稳定。反之，若强调系统动态过程平稳性的要求，系统的放大倍数就应较小，从而导致系统稳态精度的降低和动态过程的缓慢。由此可见，系统动态响应的快速性、高精度与动态稳定性之间是矛盾的

11.5.1　电液位置控制系统的基本特性

表 20-11-8　　电液位置控制系统的基本特性

特性	说　　明	解　　释
比例积分特性	对于如图(a)所示的电液位置伺服系统，在空载及稳态的情况下，伺服阀输出的空载流量为 $Q_0=K_{sv}I$　　(20-11-3) 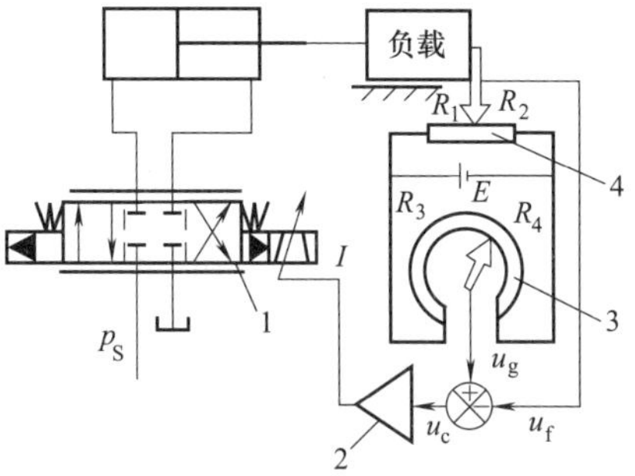 图(a)　电液位置伺服系统 1—伺服阀；2—伺服放大器；3—指令电位器；4—反馈电位器 不计缸的泄漏时，活塞的速度 $v_p=Q_0/A_p$，即 $\frac{v_p(s)}{Q_0(s)}=\frac{1}{A_p}$　　(20-11-4) 活塞的位移为速度对时间的积分，即 $x_p=\int v_p dt=\frac{1}{A_p}\int Q_0 dt$　　(20-11-5) 在初始条件为零的情况下，对上式进行拉普拉斯变换 $X_p(s)=Q_0(s)/A_p(s)$　　(20-11-6) 因此，以 Q_c为输入量，以 X_p为输出量时，缸在空载及稳态下的传递函数为 $W_h(s)=\frac{X_p(s)}{Q_0(s)}=\frac{1/A_p}{s}$　　(20-11-7) 伺服放大器和检测环节的动态很高，可看成比例环节，即 $I(s)=K_iU_c(s)=K_i[U_g(s)-U_f(s)]$　　(20-11-8) $U_f=K_{fx}X_p(s)$　　(20-11-9) 由图(a)及式(20-11-3)、式(20-11-7)～式(20-11-9)便可得图(c)中的(ⅰ)所示的方块图，由于上述诸式是在空载且稳态的情况下得到的，因此图(c)中的(ⅰ)为静态方块图。由方块图可得系统的开环传递函数 $W(s)=\frac{U_f(s)}{U_g(s)}=\frac{K_{vx}}{s}$　　(20-11-10) 同理，对于如图(b)所示的机液控制系统，滑阀的空载流量方程为 $Q_0(s)=K_qX_v(s)=K_q[X_i(s)-X_p(s)]$　　(20-11-11) 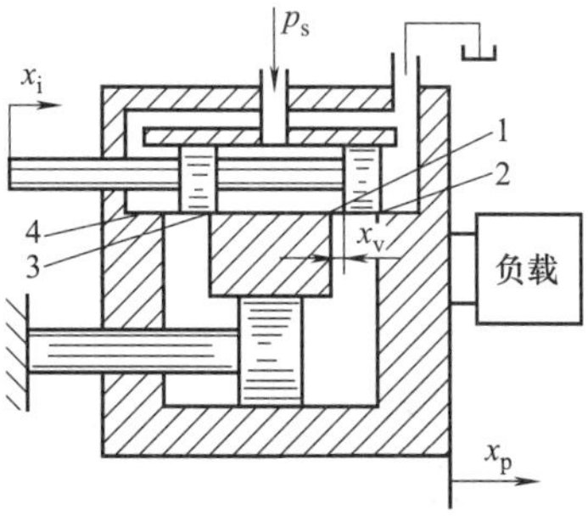 图(b)　机液位置伺服系统 由图(b)及式(20-11-7)、式(20-11-11)可得到图(c)中的(ⅱ)，由图(c)中的(ⅱ)可得机液控制系统的传递函数 $W'(s)=\frac{X_p(s)}{X_i(s)}=\frac{K'_{vx}}{s}$　　(20-11-12)	K_{sv}——伺服阀的增益，$(m^3/s)/A$ s——拉普拉斯算子 K_i——伺服放大器的增益，A/V K_{fx}——位置检测环节的增益，V/m $K_{vx}=K_fK_{sv}K_{fx}/A_p$——电液位置控制系统开环增益，$s^{-1}$ K_q——滑阀的流量增益，m^2/s $K'_{vx}=K_q/A_p$

续表

<table>
<tr>
<td>比例积分特性</td>
<td>结论</td>
<td colspan="2">①比例加积分特性是液压位置控制系统的基本特性，这是由于以流量为输入量、以位移为输出量时，缸具有积分特性的缘故
②液压位置控制系统的开环传递函数具有一个积分环节，因此液压位置控制系统属于一阶无差系统。这样，在阶跃输入作用下，系统不存在稳态误差，这是由于，如果系统存在微小的稳态误差，使有偏差信号，于是伺服阀有输入电流并有流量输出，液压执行元件便有运动速度，经过一段时间，总可以走到指令所要求的位置，从而使稳态误差为零
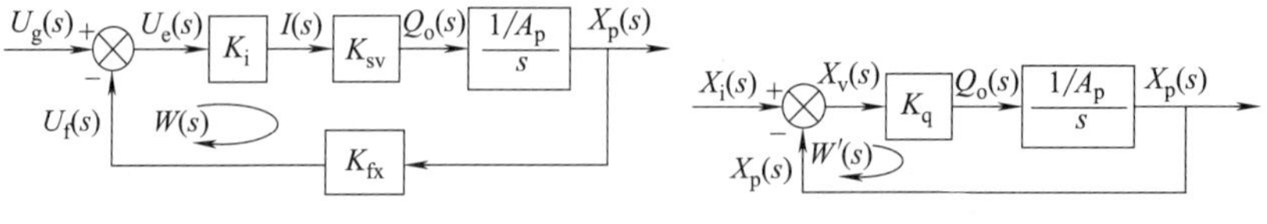

(ⅰ)电液位置控制系统的方块图　　(ⅱ)机液位置控制系统的方块图
图(c)　液压位置伺服系统的静态方块图
以上结论对泵控系统同样成立，只要把式(20-11-3)中伺服阀的流量增益 K_{sv} 换成伺服变量泵的流量增益 K_{xv}。如果执行元件是液压马达，则只需用马达排量 D_m 代替活塞面积 A_p</td>
</tr>
<tr>
<td>简单的稳定性判据</td>
<td colspan="2">①有负载时，执行元件两腔的压力不等，定义两腔的压差为负载压力 p_L
$$p_L=p_1-p_2 \tag{20-11-13}$$
负载压力取决于负载，若外负载力为 F_L，则
$$p_L=F_L/A_p \tag{20-11-14}$$
②空载即 $p_L=0$ 时，伺服阀上的总压降 p_v 等于供油压力 p_s，单个阀口上压降 $\Delta p=p_v/2=p_s/2$，这时阀的输出流量为空载流量 Q_0。存在负载，因而存在负载压力时，阀上总压降 $p_v=p_s-p_L$，单个阀口上压降，这时阀的输出流量称为负载流量 Q_L；p_L 增大时 Δp 减小，从而使 Q_L 减小，于是
$$Q_L=Q_0-K_c p_L \tag{20-11-15}$$
③存在负载时，液压弹簧及其效应便呈现出来，液压弹簧-质量-阻尼的作用结果，使执行机构的运动具有二阶振荡特性。于是，在不考虑缸的泄漏及活塞腔中压力变化引起的压缩流量的情况下，式(20-11-4)、式(20-11-7)分别变成
$$\frac{V_p(s)}{Q_L(s)}=\frac{1/A_p}{\frac{s^2}{\omega_h^2}+\frac{2\delta_h}{\omega_h}s+1} \tag{20-11-16}$$
$$W_h(s)=\frac{X_p(s)}{Q_L(s)}=\frac{1/A_p}{s\left[\frac{s^2}{\omega_h^2}+\frac{2\delta_h}{\omega_h}s+1\right]} \tag{20-11-17}$$
在图(c)中(ⅰ)的基础上，再考虑式(20-11-14)、式(20-11-15)、式(20-11-17)后，便可得到如图(d)所示的电液位置控制系统的动态方块图。作为基本的分析，这里暂未考虑液容引起的延时作用
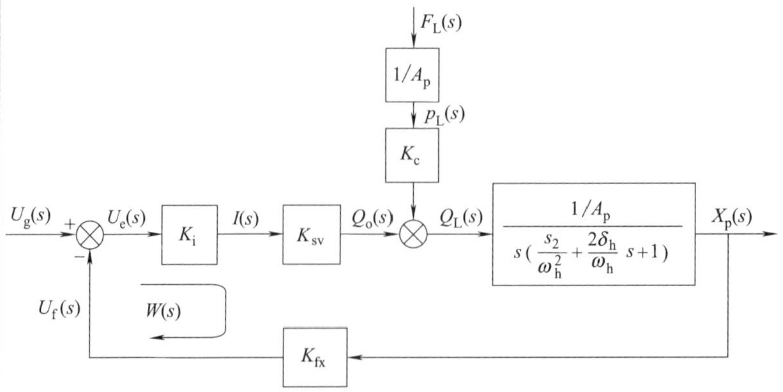

图(d)　电液位置控制系统的动态方块图</td>
<td>K_c——负载压力增大引起流量减小的系数，称为流量-压力系数，K_c 值随阀的工作点而异，变化范围大，K_c 的动态效果有助于增大系统阻尼
ω_h——执行机构与负载的谐振频率，即液压谐振频率，rad/s
δ_h——执行机构与负载环节的无因次阻尼系数；其值主要取决于 K_c，阀控系统的 δ_h 最低值约为 0.1～0.2</td>
</tr>
</table>

续表

<table>
<tr>
<td>简单的稳定性判据</td>
<td colspan="2">由图(d)可得系统开环传递函数
$$W(s)=\frac{U_f(s)}{U_g(s)}=\frac{K_{vx}}{s\left[\frac{s^2}{\omega_h^2}+\frac{2\delta_h}{\omega_h}s+1\right]} \quad (20\text{-}11\text{-}18)$$
和系统的闭环传递函数
$$\phi(s)=\frac{X_p(s)}{U_g(s)}=\frac{W(s)/K_{fx}}{1+W(s)} \quad (20\text{-}11\text{-}19)$$
考虑到开环增益 $K_v \gg 1$，则式(20-11-19)变成
$$\phi(s)=\frac{X_p(s)}{U_g(s)}=\frac{1/K_{fx}}{\frac{s^3}{\omega_h^2}+\frac{2\delta_h}{\omega_h}s^2+s+K_{vx}} \quad (20\text{-}11\text{-}20)$$
以上所述，同样适用于机液控制系统，仅开环增益 K_v不同而已。闭环系统的特征方程为
$$1+W(s)=0$$
即
$$\frac{s^3}{\omega_h^2}+\frac{2\delta_h}{\omega_h}s^2+s+K_{vx}=0 \quad (20\text{-}11\text{-}21)$$
对式(20-11-21)应用判别闭环系统稳定性的劳斯判据，得
$$K_{vx} \leqslant 2\delta_h\omega_h \quad (20\text{-}11\text{-}22)$$
当 $\delta_h=0.1 \sim 0.2$ 时
$$K_{vx} \leqslant (0.2 \sim 0.4)\omega_h \quad (20\text{-}11\text{-}23)$$
式(20-11-22)是假设检测环节、伺服放大器和伺服阀的动态很高，可简化成比例放大环节的情况下，即开环传递函数具有式(20-11-18)所示形式时，液压位置控制系统的稳定判据。由于一般情况下，上述假定常能满足，因此式(20-11-22)很常用。如果开环传递函数不具有式(20-11-18)那样的简单形式，则需根据式(20-11-19)，应用劳斯判据来确定开环增益的上限</td>
<td></td>
</tr>
<tr>
<td>动态响应</td>
<td colspan="3">由式(20-11-18)可得开环波德图(e)。由积分环节的每增加 10 倍频程幅值下降 20dB 的性质，或由图(e)中渐近线的几何关系，可得穿越频率(交轴频率)
$$\omega_c=K_{vx} \quad (20\text{-}11\text{-}24)$$
根据开环频率特性与闭环频率特性的关系，可知系统的闭环频宽 ω_b略大于 ω_c。由于执行元件-负载环节通常是系统中动态响应最低的环节，因此液压谐振频率 ω_h便成了闭环频宽的极限，于是有
$$\omega_c=K_{vx}<\omega_b<\omega_h \quad (20\text{-}11\text{-}25)$$
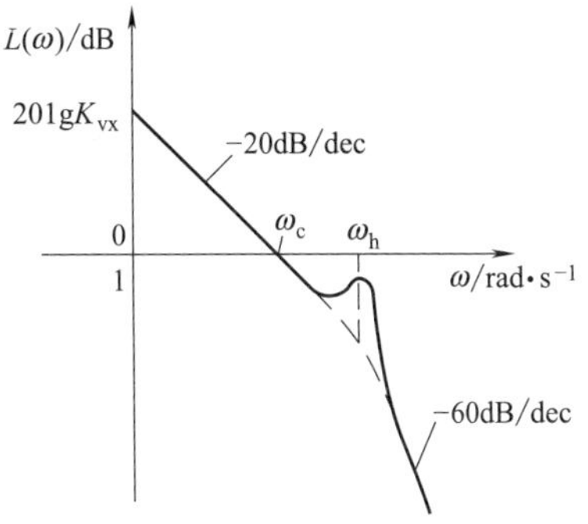

图(e)　液压位置控制波德图</td>
</tr>
<tr>
<td rowspan="2">稳态误差</td>
<td colspan="3">稳态误差表征了系统的控制精度。稳态误差不仅与系统结构有关，尚与输入的性质有关
图(d)系统中有指令输入 U_g和扰动输入 F_L两种，因此稳态误差包括以下两种</td>
</tr>
<tr>
<td>指令输入 U_g引起的稳态误差</td>
<td>指令输入作阶跃变化引起的稳态误差称为位置误差，指令输入为等速输入引起的稳态误差称为速度误差。速度误差是指瞬态过程结束后，输出(位移)以输入(电压)同样的速度变化时，存在的位置上的误差
由于液压位置控制系统属于Ⅰ型系统，因此对于阶跃输入的稳态误差为零，即位置误差
$$e_{sx}(\infty)=0 \quad (20\text{-}11\text{-}26)$$
而对于等速输入的稳态误差，即速度误差为
$$e_{sv}(\infty)=C/K_{vx} \quad (20\text{-}11\text{-}27)$$</td>
<td>C——输入信号 U_g的变化率即输入速度</td>
</tr>
</table>

续表

稳态误差	负载扰动 F_L 引起的稳态误差 $e_{sL}(\infty)$	讨论负载引起的稳态误差时，令指令输入 $U_g=0$，并令二阶振荡环节中的 $s=0$。于是由图(d)可得以 F_L 为输入、以 X_p 为输出的静态方块图(f)。图中 $W_1(s)=\dfrac{1/A_p}{s+K_{vx}}$，令 $s=0$ 得 $$\frac{X_p(s)}{F_L(s)}=-\frac{K_c}{A_p^2K_{vx}} \quad (20\text{-}11\text{-}28)$$ 负号表示负载增大时位移减小。于是 $$e_{sL}(\infty)=(K_c/A_p^2K_{vx})F_L \quad (20\text{-}11\text{-}29)$$ 可见，$e_{sL}(\infty)$ 与 K_c 成正比，由于液压伺服系统的 K_c 值很小，因而具有较大的抗负载刚度。式(20-11-27)、式(20-11-29)表明，$e_{sv}(\infty)$、$e_{sL}(\infty)$ 与 K_{vx} 成反比，由于液压控制系统的开环增益大，因此控制精度高 此外，检测环节的误差将直接影响系统控制精度，而与开环增益无关，因此提高传感器及其传动装置的精度是至关重要的 以上结果对泵控系统同样成立，不同之处仅是泵控系统的 K_c 值较小且恒定。如果执行元件是液压马达，只需用 D_m 代替 A_p 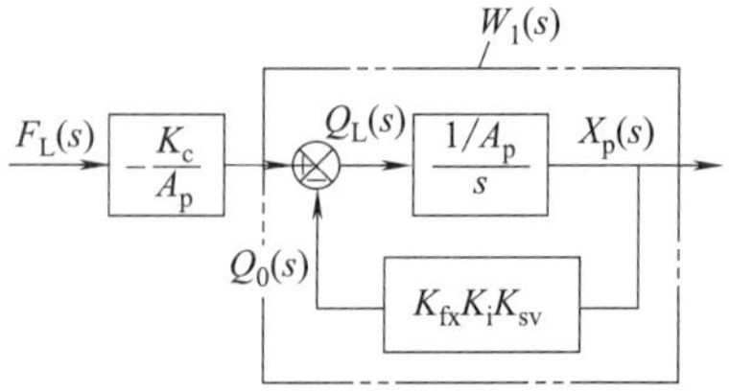 图(f) 以扰动为输入的系统方块图

11.5.2 电液速度控制系统的基本特性

表 20-11-9 电液速度控制系统的基本特性

特性	说明	解释
比例特性	以速度为输出时，液压缸不具有积分特性，因而液压速度控制系统只具有比例特性而不具有积分特性，其开环传递函数变成 $$W(s)=\frac{U_f(s)}{U_g(s)}=\frac{K_{vv}}{\dfrac{s^2}{\omega_h^2}+\dfrac{2\delta_h}{\omega_h}s+1} \quad (20\text{-}11\text{-}30)$$ 可见，没有加校正的液压控制系统为0型系统，即使对于阶跃的指令输入，也存在稳态误差，其值为 $$e_{sv}(\infty)=A/(1+K_{vv}) \quad (20\text{-}11\text{-}31)$$ 为使0型系统变成Ⅰ型系统，液压速度控制系统不能采用比例伺服放大器，而应采用比例积分放大器，即电压放大器应采用PI调节器。采用P调节器后，开环传递函数便变成式(20-11-18)的形式	$K_{vv}=K_iK_{sv}K_{fv}/A_p$——电液速度控制系统开环增益 K_{fv}——速度检测环节的增益，$V\cdot(m/s)^{-1}$ A——阶跃输入的幅值
稳定性	由式(20-11-30)可作出未加校正的液压速度控制系统的波德图。由左图可见，由于穿越频率 ω_c 处的斜率为 -40dB/dec，且因阻尼系数 δ_h 很小，因此相角储备 $\gamma(\omega_c)$ 很小；所以，尽管理论上开环传递函数为式(20-11-30)形式时，闭环系统是稳定的，实际上，如果考虑检测环节及伺服阀的动态，计及它们所产生的相位滞后后，即使在开环增益很小的情况下，系统也是不稳定的。为使穿越频率处的斜率为 -20dB/dec，也要求采用PI调节器。采用PI调节器进行校正后的波德图如图(a)中虚线所示。采用积分校正后穿越频率大为降低，即动态响应降低了 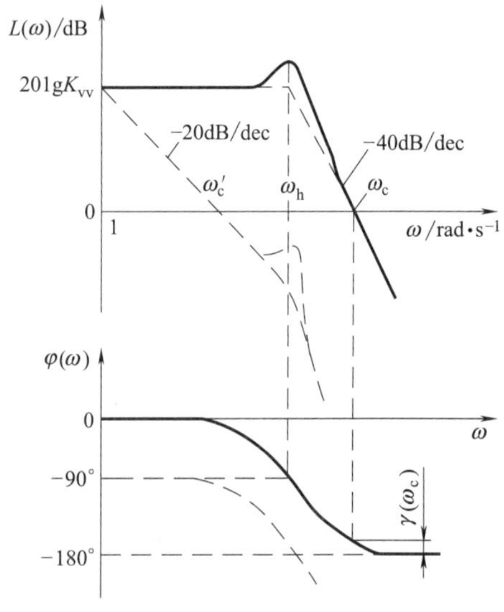 图(a) 液压速度控制系统的波德图	

11.6　液压控制系统的特点及其应用

11.6.1　液压控制系统的特点

液压控制系统以其优良的动态性能著称，尤其对于直线运动的控制对象，它的优势更加突出，因此被广泛地应用于航空、航天、武器控制、机械、冶金等部门。液压伺服系统同样由于存在一些缺点，在研制和使用过程中产生各种各样的问题，需要克服和解决。

同电气控制系统、气动控制系统相比较，液压控制系统具有表 20-11-10 所示的突出特点。

表 20-11-10　液压控制系统的特点

优点	功率-质量比大	在同样功率的控制系统中，液压系统体积小，质量轻。这是因为对电气元件，例如电动机来说，由于受到励磁性材料饱和作用的限制，单位质量的设备所能输出的功率比较小。液压系统可以通过提高系统的压力来提高输出功率，这时只受到机械强度和密封技术的限制。在典型的情况下，发电机和电动机的功率质量比仅为 16.8W/N，而液压泵和液压马达的功率-质量比为 168W/N，是机电元件的 10 倍。在航空、航天技术领域应用的液压马达是 675W/N。直线运动的动力装置更加悬殊 这个特点是在许多场合下采用液压控制而不采用其他控制系统的重要原因，也是直线运动系统控制系统中多用液压系统的重要原因。例如在航空，特别是导电、飞行器的控制中液压伺服系统得到了很广泛的应用。几乎所有的中远程导弹的控制系统都采用液压控制系统
	力矩惯量比大	一般回转式液压马达的力矩惯量比是同容量电动机的 10 倍至 20 倍。力矩惯量比大，意味着液压系统能够产生大的加速度，也意味着时间常数小，响应速度快，具有优良的动态性能。因为液压马达或者电动机消耗的功率一部分用来克服负载，另一部分消耗在加速液压马达或者电动机本身的转子。所以一个执行元件是否能够产生所希望的加速度，能否给负载以足够的实际功率，主要受到它的力矩惯量比的限制 这个特点也是许多场合下采用液压系统，而不是采用其他控制系统的重要原因。例如火箭炮武器的防空系统中，要求平台有极大的加速度，具有很高的响应频率，这个任务只有液压系统可以胜任
	液压马达的调速范围宽	所谓调速范围宽是指马达的最大转速与最小平稳转速之比。液压伺服马达的调速范围一般在 400 左右，好的上千，通过良好的回路设计，闭环系统的调速范围更宽。这个指标也是常常采用液压伺服系统的主要原因。例如跟踪导弹、卫星等飞行器的雷达、光学跟踪装置，在导弹起飞的初始阶段，视场半径很小，要求很大的跟踪角速度，进入轨道后视场半径变小，要求跟踪的角速度很小，因此要求系统的整个跟踪范围很大。所以对于液压伺服系统有着良好的调速变化性能，也是其他控制系统无法比拟的优势 液压控制系统很容易通过液压缸实现大功率的直线伺服驱动，而且结构简单。若采用以电动机为执行元件的机电系统，则需要通过齿轮齿条等装置，将旋转运动变换为直线运动，从而结构变得复杂，而且会因为传动链的间隙而带来很多问题；若采用直线式电动机，体积质量将大大增加。从力-质量比来说，支流直线式电动机的力-质量比为 130N/kg，而直线式液压马达（油缸）的力-质量比是 13000N/kg，是电机元件的 100 倍。所以在负载要求做直线运动的伺服系统中，液压系统比机电系统有着明显的优势
	液压控制系统的刚度比较大	在大的后坐力或冲击震动下，如不采用液压系统，有可能导致整体机械结构的变形或损坏。特别是在导弹发射或火箭炮发射时候，由于瞬间冲击波比较大，为了保证整个系统的稳定以及安全性，必须采用液压控制系统技术。由于液压缸可以装载溢流阀，所以在大的震动和冲击下可以有溢流作用，保证了整个系统的安全和稳定性
缺点	使用不方便，维护困难	在研制过程中，经常需要增添或者更换，甚至去掉一些元件，修改一些管路；在使用过程中，一旦出现故障，需要检测和排除故障，不可避免地要拆卸管路，更换元件，这时需要用到钳子、扳手，大动干戈，甚至弄得满地是油污。机电系统，可以方便地使用万用表和示波器等电子仪器来检查故障，需要修改线路、更换元件时，只需要一把电烙铁、一把镊子就可以解决问题，十分方便、十分干净
	泄漏	液压系统常常难以保证没有泄漏，总是或多或少的有些油液漏出，严重的甚至满地都是。这是在电子设备、医疗机械、食品加工机械、工艺品加工机械中失去市场的主要原因
	过载能力低	若液压系统的额定工作压力为 140×10^5Pa，则允许的最大工作压力不超过 210×10^5Pa；而电动机的过载能力要很强，例如无槽电动机瞬时过载功率是额定功率的 7～8 倍。这个缺点也在某些场合下限制了液压伺服系统的使用，例如在高炮武器中，为了对付飞机等高速移动的目标，跟踪装置需要调转 180°，其加速度达到 15rad/s^2，需要消耗很大的功率，但是在正常跟踪状态下，负载消耗的功率是很小的，由于液压系统的瞬时过载能力差，不得不选用大容量的电子系统
	噪声比较大	这是液压系统中又一个缺点，在许多场合也是妨碍选用液压系统的重要原因
	不适宜做远距离的传输	因为一方面由于铺设管路带来了许多不便，另一方面，控制点远距离油源还会降低系统的动态性能

11.6.2 液压控制系统的应用

液压控制系统不仅在应用较早的航空、火炮、船舶、仿形机床方面有了新的发展，而且很快便推广到工业部门的各个方面。例如，数控和电火花加工机床；动力设备中的汽轮机转速调节和自动调频；锻压设备中油压机的速度或位置同步控制，快锻机的快锻频率控制，试验设备中的多自由度转台，材料试验机，振动试验台，轮胎试验机，大型构件试验机，采煤机牵引部的恒功率控制和冶金设备的控制等。特别值得指出的是，冶金设备控制中，液压控制系统不仅应用面很广，而且用量大，其典型应用有：电炉电极自动升降控制，带钢跑偏控制，板材的厚度控制和板形控制，挤压机的速度控制等。表 20-11-11 列举了几个液压控制系统应用的实例。

表 20-11-11　　液压控制系统的应用

注塑机	图(a)为注射驱动单元，它是注塑机最重要的组成部分。这里，要控制的是注射速度、注射缸的位置以及在注射过程中的各种压力。实现各种闭环控制功能的是控制元件，是插装式 3/2 闭环比例阀。它由主阀 9 和先导阀 9.1 所组成。在闭环调节时，注射速度由位置检测系统 9.4 给出实际值信号。体积流量由插装阀 9 的阀口 P→A 控制。在“注射压力”、“背压”和“保压压力”的闭环控制中，其实际值信号由压力传感器 9.3 进行处理。这些压力由插装阀 9 的 A→T 阀口加以限制。液压泵 1 在整个工作循环中，提供由比例阀 2 和 5 控制的变化的体积流量和各种压力 模腔压力的闭环控制：对那种工件质量有特别高要求的注塑机，要进行模腔内部压力的闭环控制。此时，在设备上要安装相应的压力传感器	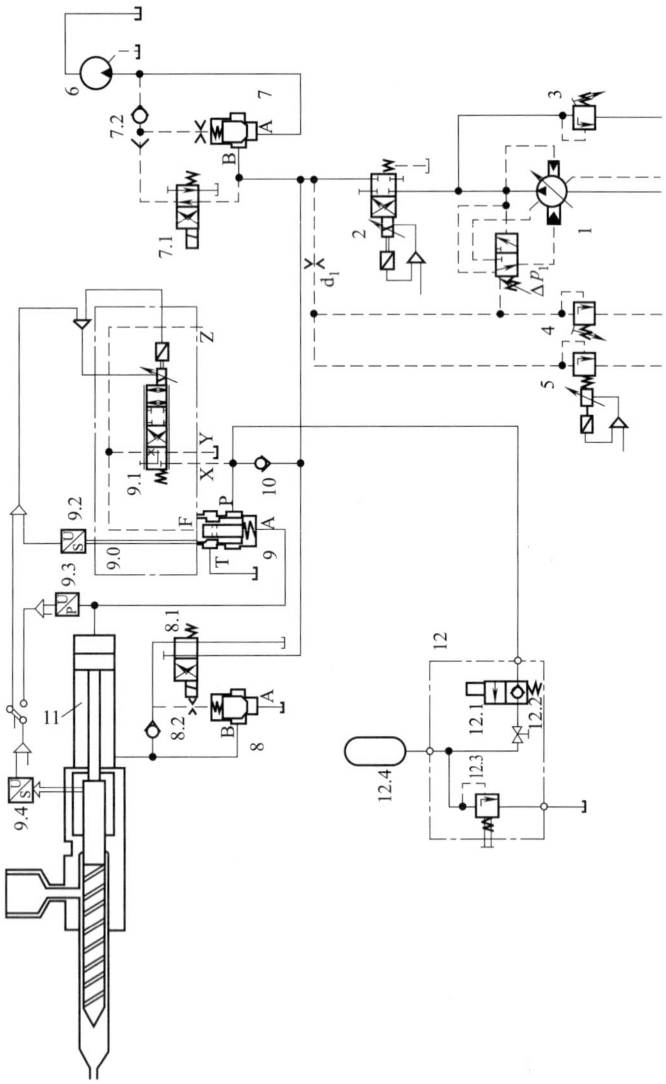 **图(a)　注塑机注射驱动单元液压控制系统原理图** 1—变量泵；2—比例流量阀；3—溢流阀；4—调压阀；5—比例压力阀；6—液压马达；7,8—插装阀组；9—插装式比例方向阀；9.0—盖板；9.1—比例方向阀；9.2,9.4—位置传感器；9.3—压力传感器；10—单向阀；11—注射缸；12—蓄能器及安全阀组

续表

<table>
<tr><td rowspan="2">机床</td><td colspan="2">对于进给传动的直线运动控制，在功率质量比和外形尺寸方面，与另一种可选择的电机传动相比，电液控制具有优势，特别是对有多个工作负载的情况。图(b)是采用闭环比例阀控制 X 和 Y 两个方向的机床进给传动电液比例位置控制系统
CNC 控制(计算机数控)传动放大器由下列组成：闭环比例阀放大器 2.1、数字速度调节器 2.2、闭环比例阀 3、检测系统 4、压力开关 6、过滤器 7、变量泵 1、电磁阀 5、蓄能器 8
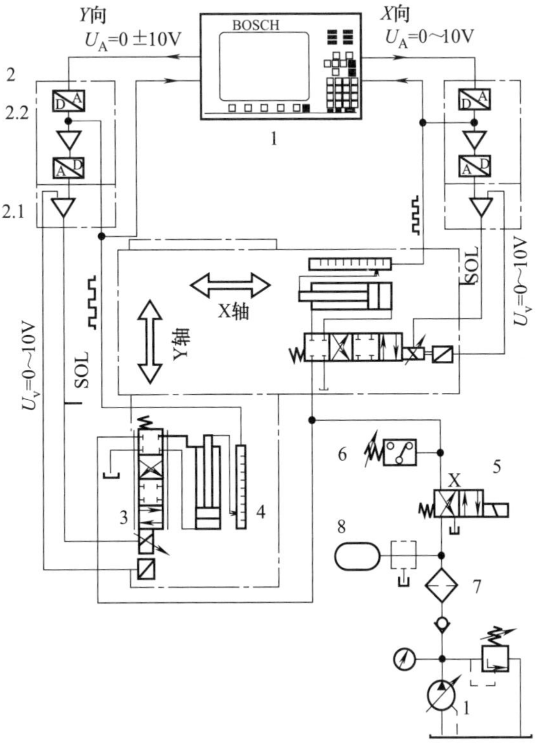

图(b)　机床进给传动直线运动液压控制系统原理</td></tr>
<tr><td>进给控制</td><td>进给传动由一阀的控制实现，见图(c)，该阀控制工作行程与快速行程相比，具有较高的分辨率(1∶1000)。这一结果由滑阀工作阀口相应的几何造型获得。相应的特性曲线为折线，见图(d)
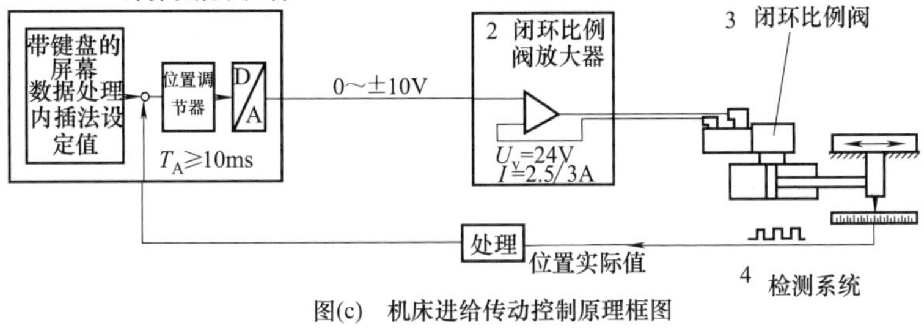

图(c)　机床进给传动控制原理框图
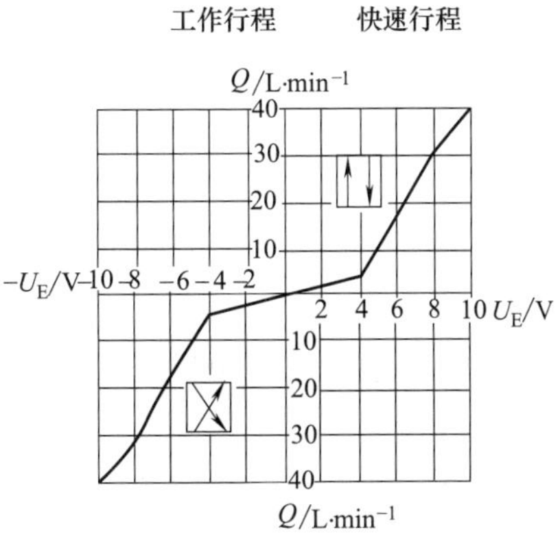

图(d)　闭环比例阀特性</td></tr>
</table>

续表

机床	进给控制	为了使这条特性曲线线性化，适应机器的控制，在阀的放大器里，配置一带相应调整电位器的附加装置。经放大器调整后折线变成了直线，实现了线性化，见图(e) 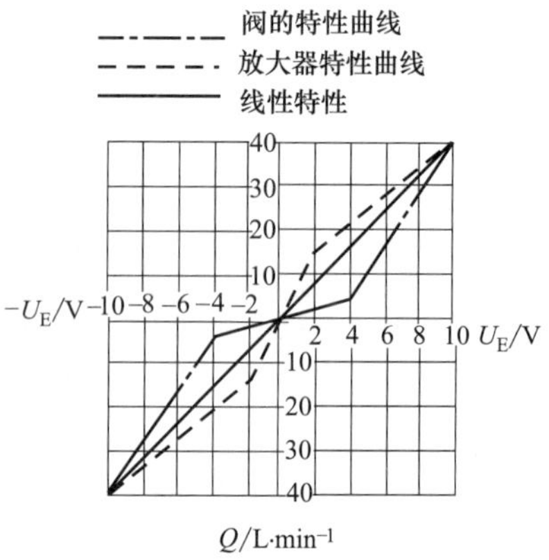 图(e)　线性化的特性曲线
	轨迹控制	在轨迹控制中，按照计算机预给的轮廓，进行尽可能高精度的跟踪 所应用的 CNC 控制的扫描时间越短，则按设定值给定的轨迹进行加工的速度越快，精度越高。为了使轨迹的精度与 CNC 的循环时间无关地得到改善，并使干扰量在 CNC 前置的位置闭环调节中进行调节，在闭环放大器 2.1 中，须补加一个“数字式速度调节器”2.2，见图(f) 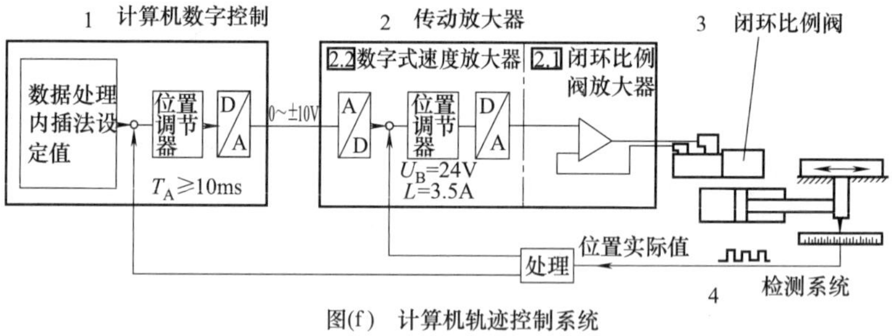 图(f)　计算机轨迹控制系统
	压力控制	图(g)为一个带体积流量开环控制的压力闭环调节油路。通过一压力补偿器，进行负载压力补偿 压力闭环调节用的放大器，作为副卡集成于阀放大器的线路板里。压力闭环调节回路，影响到置于其下的阀位置闭环的极限 压力调节器的调节参数及置于其中的压力传感器的零点和灵敏度，由副卡进行调节。由此，可按照与被控对象相配进行优化 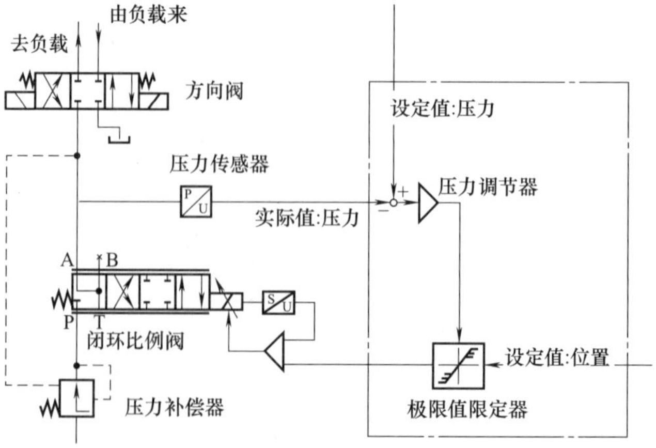 图(g)　带压力补偿器的压力控制系统

续表

机床　**薄板矫直设备**

薄钢板连续地通过矫直装置，使 3m 宽的板材的给定厚度误差达至±0.005mm，控制原理见图(h)

这里有 3 组轧辊分别用 6 个液压缸压向板材，这就是说，总共设置 18 个闭环调节的位置驱动

液压缸通过楔块传递作用力。液压缸的位置由位移传感器检测，并将此实际值引入过程计算机。设定值由屏幕终端给出。在屏幕上，用光学显示实际值也是可能的

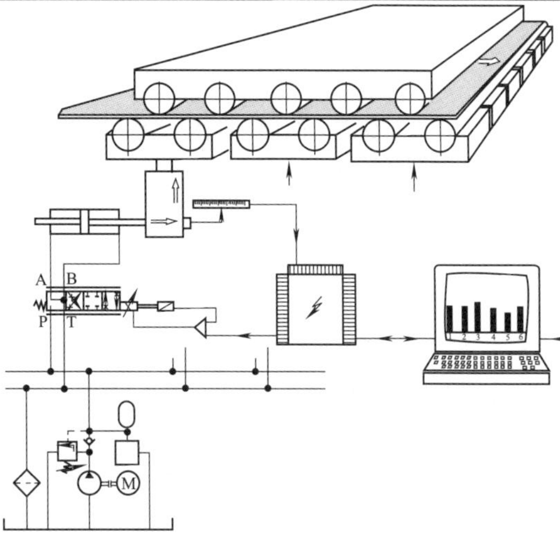

图(h)　薄板矫直设备液压控制系统

折边机

进行闭环调节的是两个液压缸的同步下降速度和终了位置。两个液压缸，用一套位移测量系统进行检测。控制量引入位置 3 处的 2 个闭环比例阀，液压控制系统原理见图(i)

两个压制缸距离在 4m 以内，行程小于 1m 情况下，同步精度与位置精度小于 0.01m。液压控制有相同的按预防事故规程要求的保安器件。通过阀 2 与阀 4 的监控，以避免在压制缸的下部，出现不希望的压力降低，在上部出现不希望的压力升高

各工况的功能如下：

各工况的功能

阀	切换位
位置 1	b
位置 2	b
位置 3	a
位置 4	a

快速下降：液压缸依靠自重下降。缸的上腔通过充液阀充油。下降运动由闭环比例阀 3 的 P→B 阀口进行控制。此时，下腔由活塞排出的油液，经差动回路流往上腔

工进下降：阀 3 通过斜坡函数缓冲进入 O 位而关闭，压制头慢慢压向工件，充液阀关闭。差动回路保持不变

加压：通过比例压力阀 7 给系统加压。同步和位置控制，继续由闭环比例阀 3 控制。差动回路保持不变

卸压：经过斜坡函数缓冲，泵压由阀 7 降低。阀 3 缓慢进入 b 位，有意在上腔建立一定压力

回程：通过阀 7 重新建立起泵压，阀 3 进入终了位置 b。液压缸的运动由阀口 P→A 控制。活塞上侧，通过充液阀卸压。此时，进入 b 位

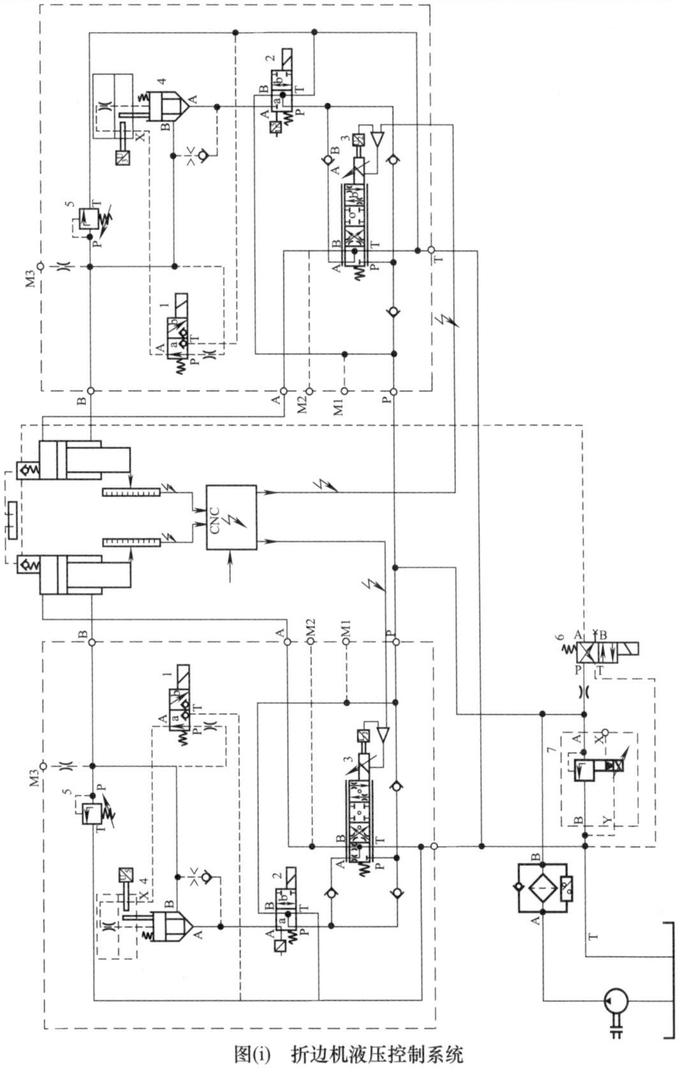

图(i)　折边机液压控制系统

续表

鼓风机的静压驱动	为了优化运行于载重汽车、建筑机械、船舶等的大型内燃机的冷却，出现了风机的静压驱动系统。该系统主要由液压泵、定量液压马达组合而成。液压马达的转速，通过由比例溢流阀实现的“旁路节流”来进行。这种油路，保证在较小设备费用下的最小功率损失 温度在热交换器处测得，并作为实际值引入电子放大器。由设定值与实际值比较所得的控制量，引入比例压力阀，进而改变风机的转速，见图(j) 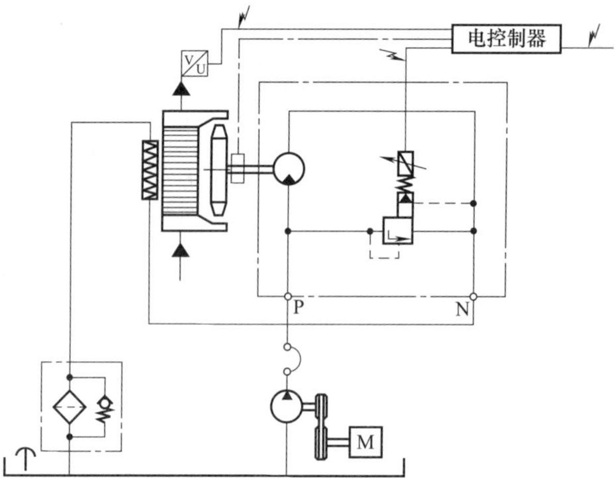 图(j) 鼓风机静压驱动液压控制系统
重载运输车的转向	如图(k)所示运输车用于船厂运载船体等。为了保证机动性的优化，必须做到每一个转向轴单独可控。带位置电反馈的液压驱动转向液压缸，与机械转向拉杆相反，允许完全自由地构成转向程序，并具有±0.5°的精度 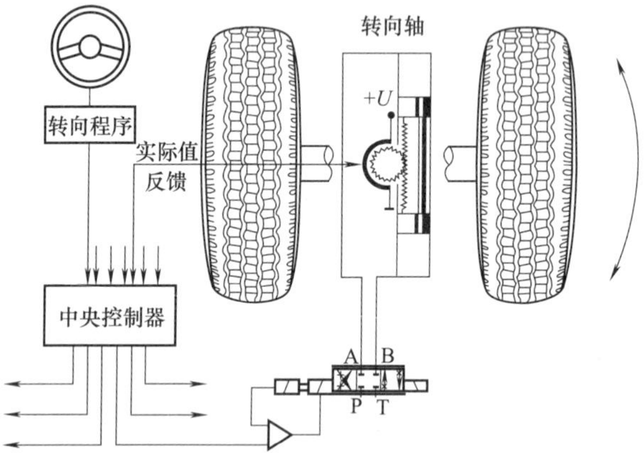 (i) 转向系统的构成 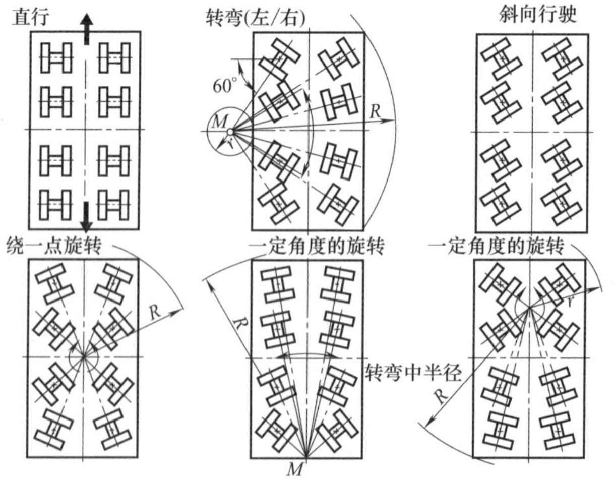 (ii) 转向程序 图(k) 重载运输车的转向液压控制系统

续表

拖拉机提升机构闭环控制

受闭环控制的是提升装置的运动，犁、施肥器等各类工作器件就安装在提升装置上。该系统可划分为以下几部分，见图(l)和图(m)

位置闭环控制：在此闭环中，控制量是提升机构的位置，也即安装其上的器件的工作高度

牵引力闭环控制：此处控制量是下臂架的作用力。如果要使作用力保持常值，就要有一个优化的满载牵引功率，例如在波浪形田野和非均质土地的情况下就是这样

比例自动调节器：此处是将位置与牵引力的实际值，在操作台上按可调的一定比例进行调制，并作为输出量进行处理

工作原理：液压泵 1 将油液输往闭环比例阀 2，对提升液压缸 3 进行控制。提升缸作用于下臂架，从而工作器件可提起、保持和下降

操作台 4 来的设定值，和从牵引力传感器 5 及位移传感器 6 来的实际值，引向闭环放大器 7。已进行预处理的由设定值与实际值比较所得调节偏差，进一步引向系统的控制元件闭环比例阀 2

有特色的一点是牵引力 5 的选择。这是一个其剪切力可制的螺栓状的器件，受力情况转变为电信号

此系统可采用雷达传感器 8 来扩展检测实际的行驶速度，并与轮子的转数(传感器 9)进行比较

如果能将滑转率提高到一个经济水平，则可使提升量再提高

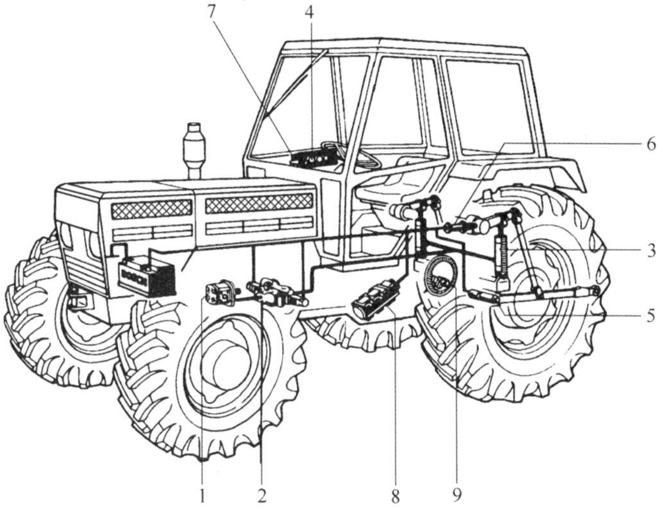

图(l)　拖拉机提升机构闭环液压控制系统

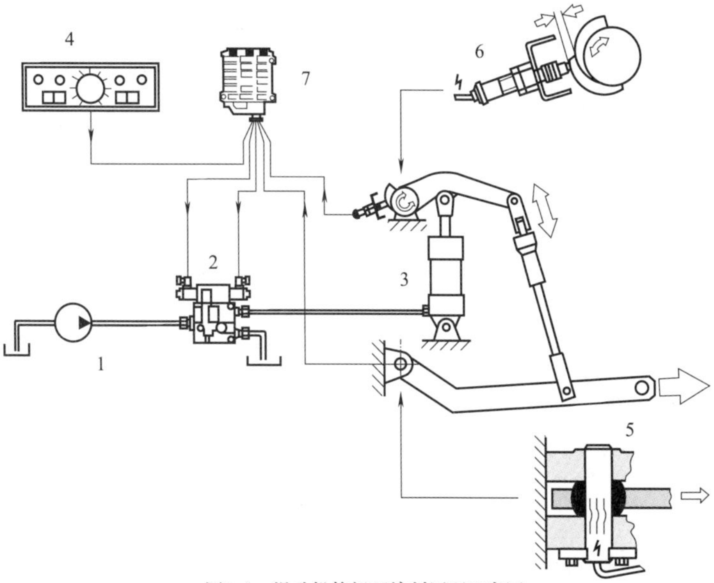

图(m)　提升机构闭环控制原理示意图

第 12 章 液压伺服控制系统

12.1 液压伺服控制系统的组成和工作原理

液压伺服控制系统是液压控制系统的重要组成部分，是在液压传动和自动控制技术基础上发展起来的一门较新的科学技术。

“伺服”一词体现了较为宽泛的功能。一般来说，“伺服”是指以较小的输入信号，产生较大输出信号，起放大器的作用。最常见的是汽车所用的伺服转向操纵系统，以很小的力去操纵方向盘，产生一较大的力去驱动车轮转向，液压伺服的道理也是如此。

液压伺服控制系统能用一个小功率的电控制信号，如 0.08W，控制高达 100kW 以上的大的液压功率输出。

对“液压伺服技术”比较认同的定义是“闭环电-液控制技术”。这一定义，就把实际应用中所有包含液压设备的闭环控制系统一并包括在内。闭环控制系统意味着不断地监测运行状况，并根据要求不断地纠正偏差。

控制参量大多为机械量，如位移或转角、速度或转速、力或转矩，或液压量，如流量、压力。

为了能够调整设定值，需要可测量实际值的相应测量仪器。

液压伺服系统并不是单个孤立的液压元件，而是控制技术的综合运用，其中液压部分进行能量的传递，而电子器件处理信息。

表 20-12-1 液压伺服控制系统的组成和工作原理

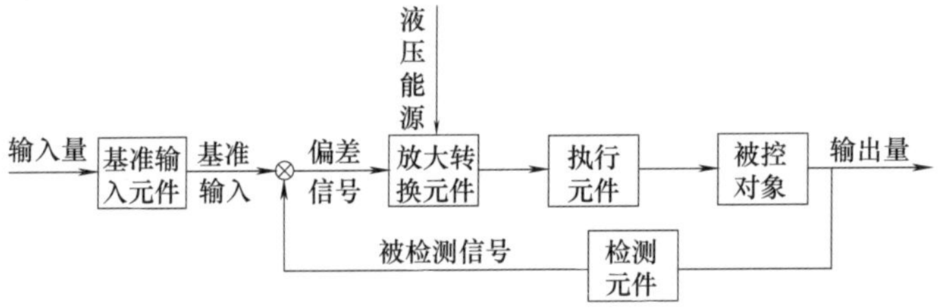

组成	输入元件	将给定值加于系统的输入端的元件。该元件可以是机械的、电气的、液压的或者是其他的组合形式
	反馈测量元件	测量系统的输出量并转换成反馈信号的元件，各种类型的传感器常用作反馈测量元件
	比较元件	将输入信号与反馈信号相比较，得出误差信号的元件
	放大、能量转换元件	将误差信号放大，并将各种形式的信号转换成大功率的液压能量的元件。电气伺服放大器、电液伺服阀均属于此类元件
	执行元件	将产生调节动作的液压能量加于控制对象上的元件，如液压缸或液压马达
	控制对象	各类生产设备，如机器工作台、刀架等
分类	按系统输入信号的变化规律分类	定值控制系统；程序控制系统；伺服控制系统
	按被控物理量的名称分类	位置伺服控制系统；速度伺服控制系统；力控制系统；其他物理量的控制系统
	按液压动力元件的控制方式或液压控制元件的形式分类	节流式控制系统（阀控制式）；容积式控制（变量泵控制和变量马达控制）系统
	按信号传递介质的形式分类	机械液压伺服系统；电气液压伺服系统；气动液压伺服系统

续表

<table>
<tr><td>工作原理</td><td>

液压伺服系统的工作原理可由图(a)来说明。如图(a)所示为一个对管道流量进行连续控制的电液伺服系统。在大口径流体管道 1 中，阀板 2 的转角 θ 变化会产生节流作用而起到调节流量 q_T 的作用。阀板转动由液压缸带动齿轮、齿条来实现。这个系统的输入量是电位器 5 的给定值 x_i。对应给定值 x_i，有一定的电压输给放大器 7，放大器将电压信号转换为电流信号加到伺服阀的电磁线圈上，使阀芯相应地产生一定的开口量 x_v。阀开口 x_v 使液压油进入液压缸上腔，推动液压缸向下移动。液压缸下腔的油液则经伺服阀流回油箱。液压缸的向下移动，使齿轮、齿条带动阀板产生偏转。同时，液压缸活塞杆也带动电位器 6 的触点下移 x_p。当 x_p 所对应的电压与 x_i 所对应的电压相等时，两电压之差为零。这时，放大器的输出电流亦为零，伺服阀关闭，液压缸带动的阀板停在相应的 q_T 位置

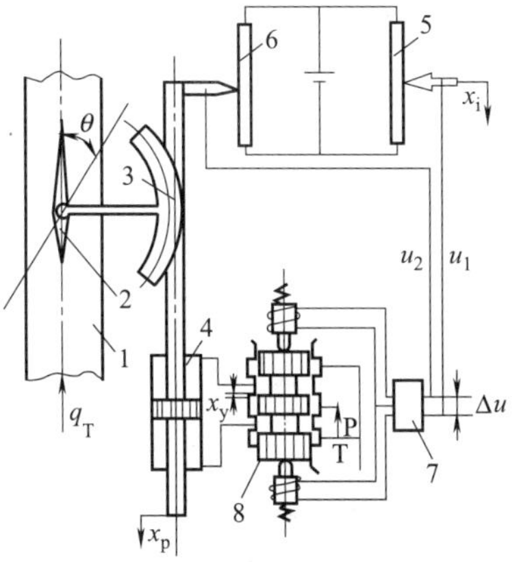

图(a)　管道流量(或静压力)的电液伺服系统

1—流体管道；2—阀板；3—齿轮、齿条；4—液压缸；5—给定电位器；6—流量传感电位器；7—放大器；8—电液伺服阀

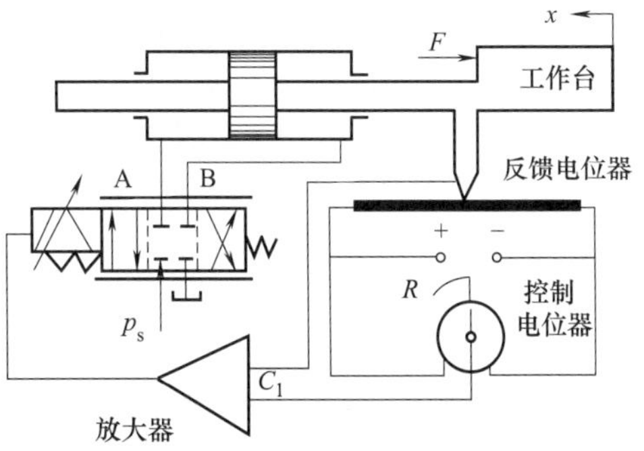

图(b)　电液伺服位置控制原理

如图(b)所示为用电液伺服阀准确控制工作台位置的控制原理图。要求工作台的位置随控制电位器触点位置的变化而变化。触点的位置由控制电位器转换成电压。工作台的位置由反馈电位器检测，并转换成电压。当工作台的位置与控制触点的相应位置有偏差时，通过桥式电路即可获得该偏差值的偏差电压。若工作台位置落后于控制触点的位置时，偏差电压为正值，送入放大器，放大器便输出一正向电流给电液伺服阀。伺服阀给液压缸一正向流量，推动工作台正向移动，减小偏差，直至工作台与控制触点相应位置吻合时，伺服阀输入电流为零，工作台停止移动。当偏差电压为负值时，工作台反向移动，直至消除偏差时为止。如果控制触点连续变化，则工作台的位置也随之连续变化

上述两例表明：

①同是一个位置跟踪系统。输出位移自动地跟随输入位移的变化规律而变化，体现为位置跟随运动

②伺服系统是一个功率放大系统。推动滑阀阀芯所需的功率很小，而系统的输出功率却可以很大，可带动较大的负载运动

③伺服系统是一个负反馈系统。输出位移之所以能够精确地复现输入位移的变化，是因为控制滑阀的阀体和液压缸体固连在一起，构成了一个负反馈控制通路。液压缸输出位移，通过这个反馈通路回输给滑阀阀体，并与输入位移相比较，从而逐渐减小和消除输出位移与输入位移之间的偏差，直到两者相同为止。因此负反馈环节是液压伺服系统中必不可少的重要环节。负反馈也是自动控制系统具有的主要特征

④液压伺服系统是一个有误差系统。液压缸位移和阀芯位移之间不存在偏差时，系统就处于静止状态。由此可见，若使液压缸克服工作阻力并以一定的速度运动，首先必须保证滑阀有一定的阀口开度，这就是液压伺服系统工作的必要条件。液压缸运动的结果总是力图减少这个误差，但在其工作的任何时刻也不可能完全消除这个误差。没有误差，伺服系统就不能工作

由此可见，液压伺服控制的基本原理是：利用反馈信号与输入信号相比较得出偏差信号，该偏差信号控制液压能源输入到系统的能量，使系统向着减小偏差的方向变化，直至偏差等于零或足够小，从而使系统的实际输出与希望值相符

</td></tr>
<tr><td>对液压伺服系统的基本要求</td><td>

由于伺服系统是反馈控制系统，它是按照偏差原理来进行工作的，因此在实际工作中，由于负载及系统各组成部分都有一定的惯性，油液有可压缩性等原因，当输入信号发生变化时，输出量并不能立刻跟着发生相应的变化，而是需要一个过程。在这个过程中，系统的输出量以及系统各组成部分的状态随时间的变化而变化，这就是通常所说的过渡过程或动态过程。如果系统的动态过程结束后，又达到新的平衡状态，则把这个平衡状态称为稳态或静态。一般来说，系统在震荡过程中，由于存在能量损失，震荡将会越来越小，很快就会达到稳态。但是，如果活塞-负载的惯性很大，油液因混入了空气而压缩较大，液压缸和导管的刚性不足，或系统的结构及其元件的参数选择不当，则震荡迟迟不得消失，甚至还会加剧，导致系统不能工作。出现这种情况时，系统被认为是不稳定的

因此，对液压伺服系统的基本要求首先是系统的稳定性。不稳定的系统根本无法工作。除此以外，还要从稳、快、准三个指标来衡量系统性能的好坏：稳和快反映了系统过渡过程的性能，既快又稳，由控制过程中输出量偏离希望值小，偏离的时间短，表明系统的动态精度高。另外系统的稳态误差必须在允许范围之内，控制系统才有实用价值，也就是所谓的准。所以说一个高质量的伺服系统在整个控制过程中应该是既稳又快又准

</td></tr>
</table>

12.2　电液伺服阀

电液伺服阀既是电液转换元件，又是功率放大元件，能把微弱的电气模拟信号转变为大功率液压能（流量、压力）。它集中了电气和液压的优点。具有快速的动态响应和良好的静态特性，已广泛应用于电液位置、速度、加速度、力伺服系统中。它的性能的优劣对系统的影响很大，因此，它是电液控制系统的核心和关键。为了能够正确设计和使用电液控制系统，必须掌握不同类型和性能的电液伺服阀。

伺服阀作为电液放大器，主要用于闭环调节回路中。这就意味着，伺服阀不仅将输入电信号转换成相应的流量，而且系统的速度或位置与设定值之间的偏差，也以电信号形式反馈至伺服阀，并进行校正。

伺服阀输入信号是由电气元件来完成的。电气元件在传输、运算和参量的转换等方面既快速又简便，而且可以把各种物理量转换成为电量。所以在自动控制系统中广泛使用电气装置作为电信号的比较、放大、反馈检测等元件；而液压元件具有体积小、结构紧凑、功率放大倍率高、线性度好、死区小、灵敏度高、动态性能好、响应速度快等优点，可作为电液转换功率放大的元件。因此，在一控制系统中常以电气为“神经”，以机械为“骨架”，以液压控制为“肌肉”最大限度地发挥机、电、液的长处。

表 20-12-2　　电液伺服阀

电液伺服阀的组成	电液伺服阀的结构和类型很多，但都是由电-机械转换器、液压放大器和反馈装置所构成，如图(a)所示。其中电-机械转换器是将电能转换为机械能的一种装置，根据输出量的不同分为力马达（输出直线位移）和力矩马达（输出转角）；液压放大器是实现控制功率的转换和放大。由前置放大级和功率放大级组成，由于电-机械转换器输出的力或力矩很小，无法直接驱动功率级，必须由前置放大级先进行放大。前置放大级可以采用滑阀、喷嘴挡板阀或射流管阀，功率级几乎都采用滑阀。反馈装置既可以解决滑阀的定位问题，又可使整个阀变成一个闭环控制系统，从而具有闭环控制的全部优点 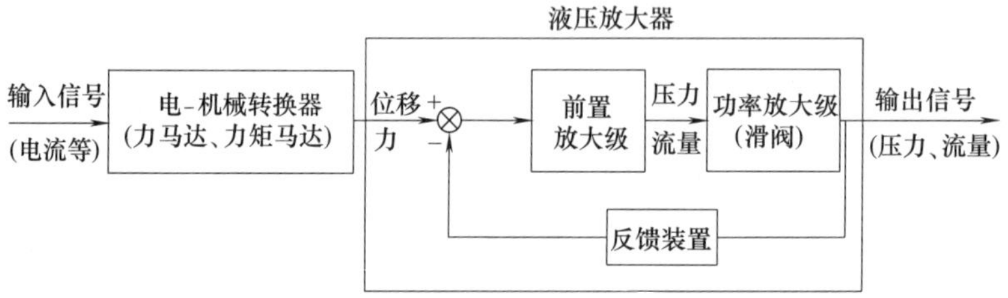 图(a)　电液伺服阀的基本组成	
电液伺服阀的分类	按液压放大级数	单级伺服阀；两级伺服阀（应用最广）；三级伺服阀
	按液压前置级的结构形式	单喷嘴挡板式；双喷嘴挡板式；滑阀式；射流管式；偏转板射流式
	按反馈形式分类	位置反馈式；流量反馈式；压力反馈式
	按电-机械转换装置分类	动铁式；动圈式
	按输出量形式分类	流量伺服阀；压力控制伺服阀
	按输入信号形式分类	连续控制式；脉宽调制式
	在电液伺服阀中，将电信号转变为旋转或直线运动的部件称为力矩马达或力马达。力矩马达浸泡在油液中的称为湿式，不浸泡在油液中的称为干式。其中以滑阀位置反馈、两级干式电液伺服阀应用最广	
力矩马达和力马达	电液伺服阀由电-机械转换器、液压放大器和反馈装置三大部分组成。除电反馈伺服阀外，转换器的性能将直接影响伺服阀的性能，而且转换器的外形尺寸可能直接影响伺服阀的外形尺寸，因此，对转换器的性能和结构尺寸有严格的要求： ①输入的电功率小，输出力（力矩）、位移较大 ②分辨率高，死区小，线性好，滞环小 ③响应速度高 ④结构紧凑，尺寸小 ⑤抗振动，耐油，性能受温度影响小 动圈式力马达和动铁式力矩马达合乎上述一系列要求，从而成了现代电液伺服阀比较理想的转换器。在电液伺服阀中力矩马达的作用是将电信号转换为机械运动，因而是一个电-机械转换器。电-机械转换器是利用电磁原理工作的。它由永久磁铁或激励线圈产生极化磁场。电气控制信号通过控制线圈产生控制磁场，两个磁场之间相互作用产生与控制信号成比例并能反应控制信号极性的力或力矩，从而使其运动部分产生直线位移或角位移的机械运动	

续表

力矩马达和力马达	分类	按可动件的运动形式分类	直线位移式（称为力马达）；角位移式（称为力矩马达）
		按可动件结构形式分类	动铁式（可动件是衔铁）；动圈式（可动件是控制线圈）
		按极化磁场产生的方式分类	非励磁式；固定电流励磁式；永磁式
	要求	①能够产生足够的输出力和行程，体积小、重量轻 ②动态性能好、响应速度快 ③直线性好、死区小、灵敏度高和磁滞小 ④在某些使用情况下，还要求它抗振、抗冲击、不受环境温度和压力等影响	
	力矩马达	力矩马达将较小的电流信号按比例地转换成机械运动量。一般电液伺服阀的力矩马达设计成独立元件，使安装和试验可以互换，因而简化了保养和检修 一般“干式力矩马达”是一永久磁铁激励的马达，用密封件与液压部分隔离，其结构如图(b)所示 软磁材料制成的衔铁 6 挠性连接于一薄壁弹簧管 2 上。弹簧管起着挡板的导向作用，也能将压力油分隔密封。因此，挡板在结构上属于力矩马达，而功能上则属于液压放大器。该管弹簧同时引导挡板 4 且使力矩马达与液压部分隔开。通过可调的“磁极螺钉”，能够调节衔铁与磁极螺钉间的气隙，以优化马达性能。用磁极螺钉 5 可调整衔铁 6 与上极板 8 的间距。当间距相同并无控制电信号时，四个间隙 9 中的磁通相等。两个绕于衔铁周围的线圈通电时使衔铁磁化，因此有一力矩施加在复位弹簧管上。如果给线圈 7 输入一控制电流，衔铁 6 发生偏转，挡板 4 随衔铁 6 偏转。该力矩与控制电流成正比，且电流切断时（$I=0$）为零。因此管子（反馈调整弹簧）使衔铁及挡板回复到零位（中位） 在这种结构形式的控制马达中，从衔铁到挡板的力矩传递具有以下优点： ①无摩擦 ②滞回小 ③力矩马达与压力油密封隔开 ④压力油中无磁场 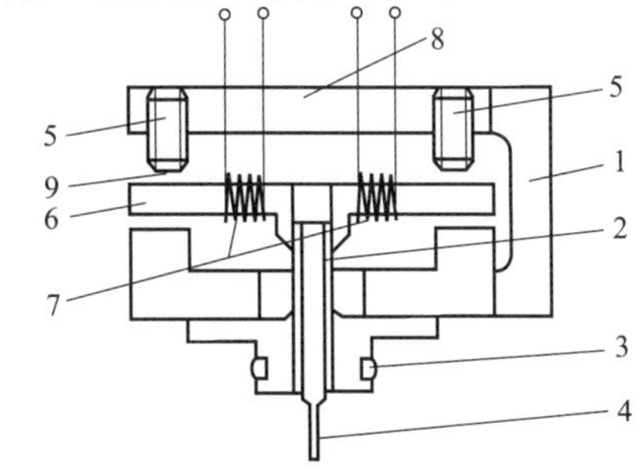 图(b) 力矩马达的结构原理 1—永久磁铁；2—复位弹簧管；3—O 形密封圈；4—挡板（红宝石涂敷）；5—可调磁极螺钉；6—衔铁；7—控制线圈；8—上极板；9—间隙	
	力马达	永磁动圈式力马达	力马达的可动线圈悬置于工作气隙中，永久磁铁在工作气隙中形成极化磁通，当控制电流加到线圈上时，线圈就会受到电磁力的作用而运动。线圈的运动方向可根据磁通方向和电流方向按左手定则判断。线圈上的电磁力克服弹簧力和负载力，使线圈产生一个与控制电流成比例的位移，见图(c) 动圈式力马达在气隙中运动时不改变气隙的长度，具有位移量大的特点，用力马达直接驱动滑阀，可以增加阀的抗污染能力。早期的动圈式力马达伺服阀，由于为了充分利用力马达的线性，阀芯行程大，对中弹簧的刚度一般较小，而动圈与先导阀芯连接在一起，运动部分质量大，致使力马达的频率低，响应速度慢。随着电子技术与传感器技术的发展，通过提高动圈式力马达的驱动电流来加大力马达的输出力已不再困难，利用先进的位移检测技术实现阀芯位置的高精度检测不仅可行而且经济，因此近年来，数百赫兹以上高频响大流量伺服阀几乎都采用动圈式力马达结构 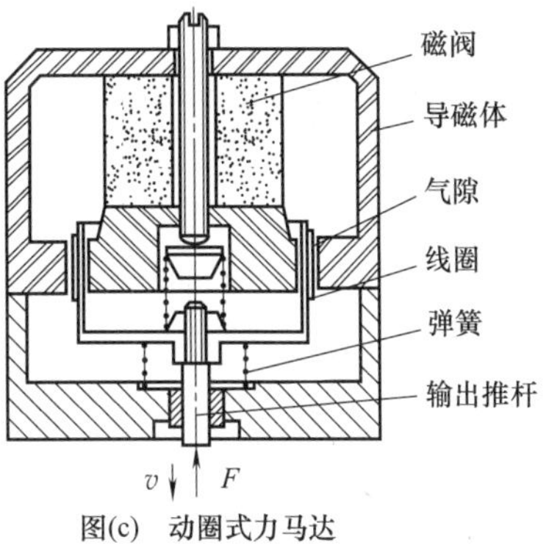 图(c) 动圈式力马达
		永磁式线性力马达	结构见图(d)，线性力马达采用永磁式差动马达，永久磁铁可为磁场提供部分所需的磁力。因此这类马达较比例电磁铁所需的电流要小。线性力马达可在中位产生左右两个方向的驱动力，推动阀芯产生两个方向的位移，驱动力及阀芯位移与输入的电流大小成正比 直线力马达由一对永久磁铁，左、右导磁体，中间导磁体，衔铁，控制线圈及弹簧片组成。在控制线圈的输入电流为零时，左右磁铁各自形成 2 个磁回路，由于一对磁铁的磁感应强度相等，导磁体材料相同，在衔铁两端的气隙磁通量相等，这样衔铁保持在中位，此时直线力马达无力输出。当控制线圈的输入电流不为零时，衔铁两端气隙的合成磁通量发生变化，使衔铁失去平衡，克服弹簧片的对中力而移动，此时直线力马达有力输出 在没有电流施加于线圈上时，磁铁和弹簧保持衔铁在中位平衡状态，见图(e)中的(ⅰ)。当电流用一个极性加到线圈时，围绕着磁铁周围的空气气隙的磁通增加，在其他处的气隙磁通减少，见图(e)中的(ⅱ)。电指令信号加到阀芯位置控制器集成块上，电子线路使直线力马达上产生一个脉宽调制(PWM)电流，振荡器就使阀芯位置传感器(LVDT)励磁，经解调后的阀芯位置信号和指令位置信号进行比较，阀芯位置控制器产生一个电流给直线力马达 这个失衡的力使衔铁朝着磁通增强的方向移动，若电流的极性改变，则衔铁朝着相反的方向移动 在弹簧对中位置，线性力马达仅需非常低的电流

续表

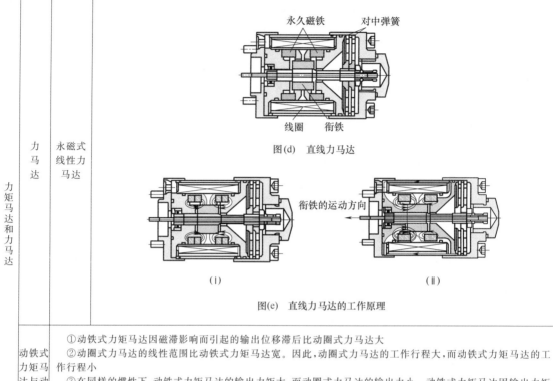

力矩马达和力马达	力马达	永磁式线性力马达	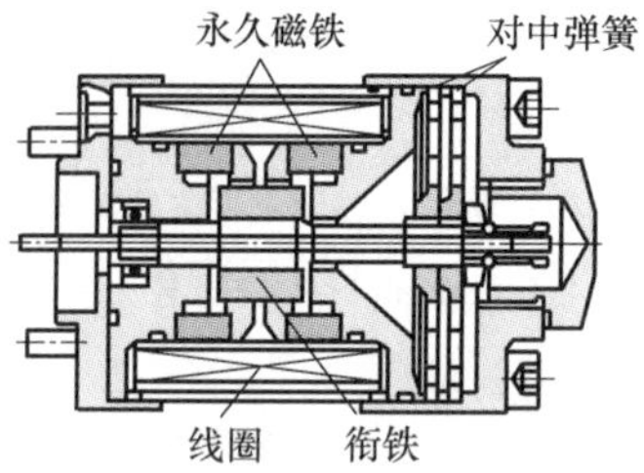 图(d) 直线力马达 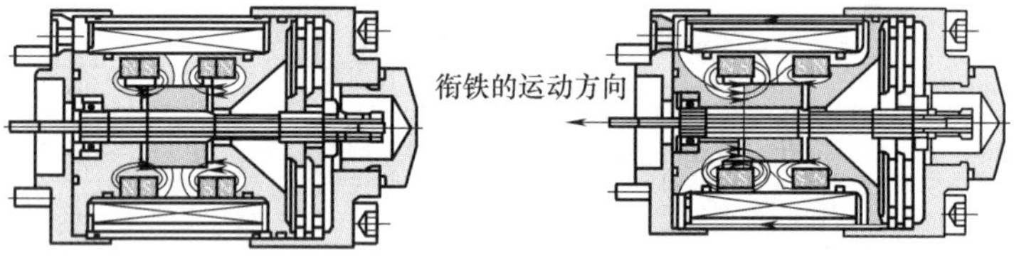 图(e) 直线力马达的工作原理
力矩马达和力马达	动铁式力矩马达与动圈式力马达的比较		①动铁式力矩马达因磁滞影响而引起的输出位移滞后比动圈式力马达大 ②动圈式力马达的线性范围比动铁式力矩马达宽。因此，动圈式力马达的工作行程大，而动铁式力矩马达的工作行程小 ③在同样的惯性下，动铁式力矩马达的输出力矩大，而动圈式力马达的输出力小。动铁式力矩马达因输出力矩大，支承弹簧刚度可以取得大，使衔铁组件的固有频率高，而力马达的弹簧刚度小，动圈组件的固有频率低 ④减小工作气隙的长度可提高动圈式力马达和动铁式力矩马达的灵敏度。但动圈式力马达受动圈尺寸的限制，而动铁式力矩马达受静不稳定的限制 ⑤在相同功率情况下，动圈式力马达比动铁式力矩马达体积大，但动圈式力马达的造价低
液压放大器	液压放大器也称为液压放大元件，主要包括液压控制阀和伺服变量泵两种类型 液压控制系统中的液压控制阀是指可实现比例控制的液压阀，按其结构有滑阀、喷嘴挡板阀和射流管阀三种；从功能上看，液压控制阀是一种液压功率放大器，输入为位移，输出为流量或压力。液压控制阀加上转换器及反馈机构组成伺服阀，伺服阀是液压伺服系统的核心元件。液压控制元件是液压伺服系统中的一种主要控制元件，它的静、动态特性对液压伺服系统的性能有很大的影响。液压控制元件具有结构简单、单位体积输出功率大、工作可靠和动态特性好等优点，所以在液压伺服系统中得到了广泛的应用 伺服变量泵也是一种液压比例及功率放大元件，输入为角位移，输出为流量		
液压放大器	先导级阀	滑阀式液压放大器(简称滑阀)	图(f)为滑阀式液压放大器的结构图，滑阀有单边、双边和四边之分。作单边控制时[图(f)的(ⅰ)]，构成单臂可变液压半桥，阀口前后各接一个不同压力的油口，即为二通阀；作双边阀控制时[图(f)的(ⅱ)]，构成双臂可变液压半桥，两个阀口前后必须与三个不同压力的油口相连，即为三通阀。此外，控制口又分为正开口、零开口及负开口，滑阀式先导级的优点是允许位移大，当阀孔为矩形或全周开口时，线性范围宽，输出流量大，流量增益及压力增益高。其缺点是相对于其他形式的先导级阀，滑阀配合副加工精度要求较高，加工较困难，装配精度较高，价格贵；阀芯运动有摩擦力，对油液的污染较敏感；运动部件惯量较大，阀芯上的作用力大，所需的驱动力也较大，阀芯固有频率低；通常与动圈式力马达或比例电磁铁直接连接。滑阀在电液伺服阀中应用较少，主要用于先导级电液比例方向阀和插装式电液比例流量阀中。滑阀式液压放大器广泛地作为功率放大器使用 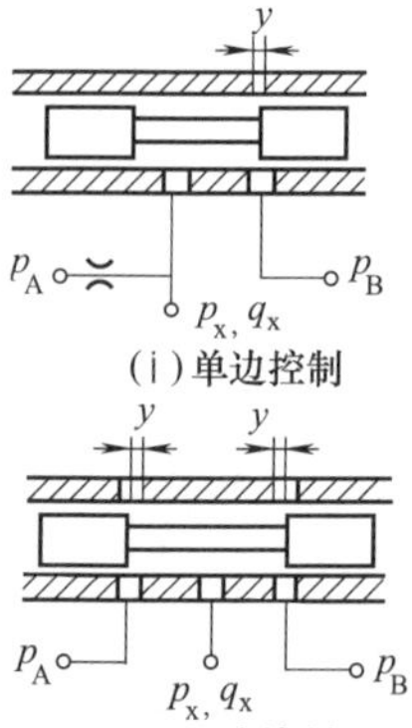 图(f) 滑阀式液压放大器

续表

液压放大器	先导级阀	射流管式放大器	射流管式先导级阀有射流管式和偏转板式两种，都是根据动量原理工作。图(g)的(ⅰ)为射流管式先导级阀，其优点是：射流管 1 的喷嘴(通常直径为 0.5～2mm)与接收器 2 之间的距离较大，不易堵塞，抗污染能力强；射流喷嘴有失效对中能力。其缺点是结构较复杂，加工与调试较难；运动零件惯量较大；射流管的引压管刚性较低，易振动；性能不易预测，特性很难预计。适用于对抗污染能力有特殊要求的场合，常用作两级伺服阀的前置放大级。图(g)的(ⅱ)为偏转板式先导级。射流偏转板阀工作原理和射流管阀相同，只不过喷口的高速射流由偏转板导流。 其优点是射流喷嘴、偏转板 4 与射流盘 3 之间的间隙大，不易堵塞，抗污染能力强；运动零件惯量小。其缺点是性能在理论上不易精确计算，特性很难预测；在低温及高温时性能不稳定。偏转板射流式常用作两级伺服阀的前置放大级，适用于对抗污染能力有特殊要求的场合 这种放大器一般应用于低压小功率场合，可作为电液伺服阀的前置级 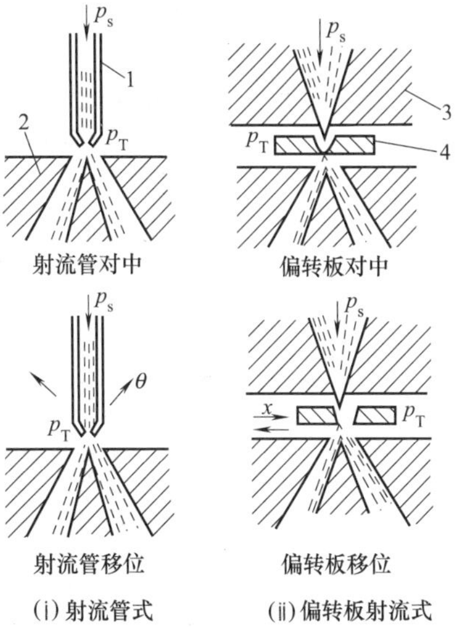 图(g)　射流管式液压放大器 MOOG(穆格)公司开发的 D660 伺服阀系列产品，在原射流管阀的基础上，采用新型的带伺服射流管(ServoJet)先导级阀，改善了整阀的动态特性。伺服射流管结构剖面见图(h)，高性能 ServoJet 先导级阀具有以下主要特点 ①高性能的伺服射流管先导级阀最小的间隙是喷嘴和接收器之间的距离，大约 300～400μm，远大于滑阀 0～6μm 的间隙和喷嘴挡板阀先导级喷嘴与挡板之间 0～65μm 的间隙，因此具有抗污染能力强的特点 ②大大改善了流量接收效率(90%以上的先导级流量被利用)，使得能耗降低，对于使用多台伺服阀的系统此优点突出 ③伺服射流管先导级具有很高的无阻尼自然频率(500Hz)，因此这种阀的动态响应较高 ④性能可靠，伺服射流管先导级具有很高的压力效率(输入满标定信号时，压力效率达 80%以上)。因此它可提供给功率级滑阀较大的驱动力，提高了阀芯的位置重复精度 ⑤最低先导级阀控制压力仅 2.5MPa，由于它的这一优点，其可用于如汽轮机控制一类的低压系统中 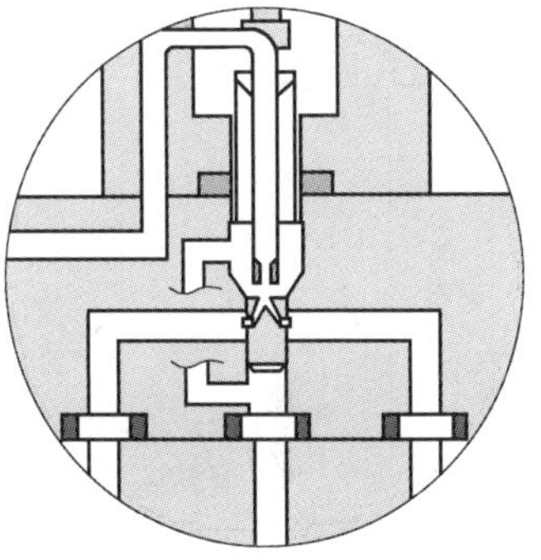 图(h)　伺服射流管结构
		喷嘴挡板式放大器	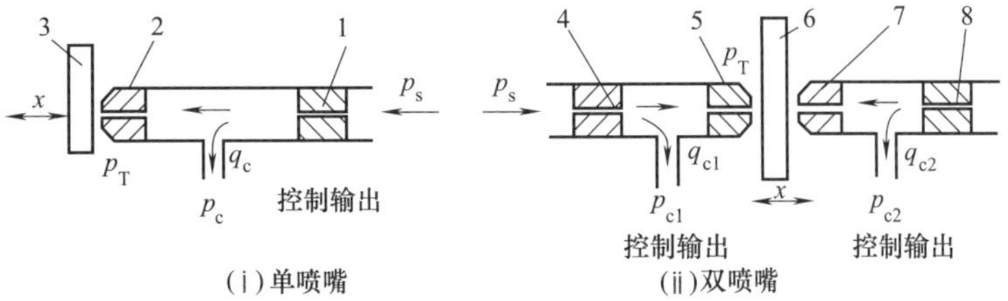 图(i)　喷嘴挡板式放大器 1，4，8—固定节流孔；2，5，7—喷嘴；3，6—挡板；p_s—输入压力； p_T—喷嘴处油液压力；p_c，q_c—控制输出压力、流量 喷嘴挡板式先导级阀的结构及组成原理如图(i)所示，它通过改变喷嘴与挡板之间的相对位移来改变液流通路开度的大小以实现控制。有单喷嘴[图(i)的(ⅰ)]和双喷嘴[图(i)的(ⅱ)]两种形式。具有体积小，运动部件惯量小，无摩擦，所需驱动力小，灵敏度高等优点。其缺点主要是中位泄漏量大，负载刚性差，输出流量小，节流孔及喷嘴的间隙小(0.02～0.06mm)而易堵塞，抗污染能力差。喷嘴挡板阀特别适用于小信号工作，因此常用作二级伺服阀的前置放大级

续表

液压放大器	功率级主阀	电液伺服阀中的功率级主阀几乎都为滑阀，阀芯和阀套的结构见图(j) 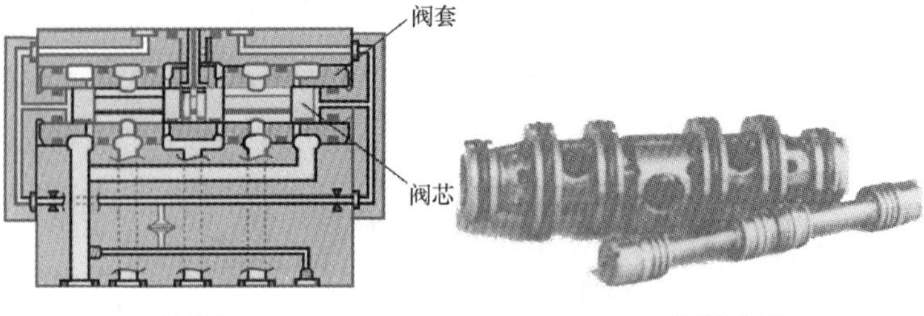 剖面图 阀芯和阀套 图(j) 主阀滑阀的结构		
		工作边数	单边控制滑阀	图(k)为单边控制式滑阀。它有一个控制边 a（可变节流口），有负载口和回油口两个通道，故又称为二通伺服阀。x 为滑阀控制边的开口量，控制着液压缸右腔的压力和流量，从而控制液压缸运动的速度和方向。压力油进入液压缸的有杆腔，通过活塞上的阻尼小孔 e 进入无杆腔，并通过滑阀上的节流边流回油箱。当阀芯向左或向右移动时，阀口的开口量增大或减小，这样就控制了液压缸无杆腔中油液的压力和流量，从而改变液压缸运动的速度和方向 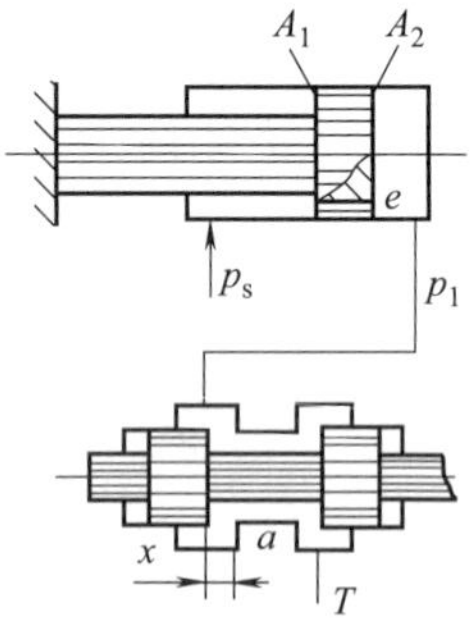 图(k) 单边(二通伺服阀)
			双边控制滑阀	图(l)为双边控制滑阀。它有两个控制边 a、b（可变节流口）。有负载口、供油口和回油口三个通道，故又称为三通伺服阀。压力油一路直接进入液压缸有杆腔；另一路经阀口进入液压缸无杆腔并经阀口流回油箱。当阀芯向右或向左移动时，x_1 增大 x_2 减小或 x_1 减小 x_2 增大，这样就控制了液压缸无杆腔中油液的压力和流量，从而改变液压缸运动的速度和方向 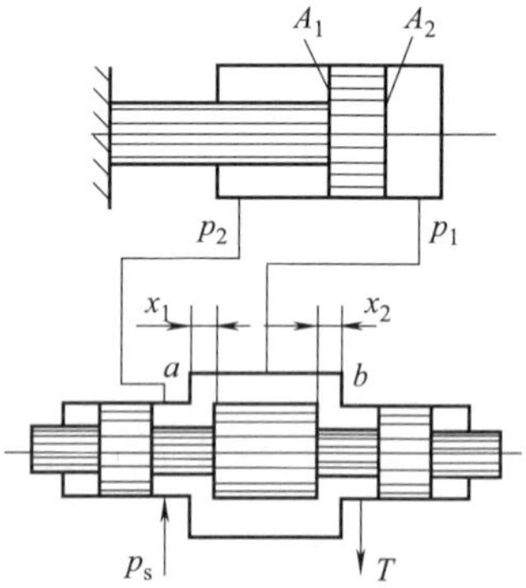 图(l) 双边(三通伺服阀)
			四边控制滑阀	图(m)为四边控制滑阀，它有四个控制边 a、b、c、d（可变节流口）。有两个负载口、供油口和回油口四个通道，故又称为四通伺服阀。其中 a 和 b 是控制压力油进入液压缸左右油腔的，c 和 d 是控制液压缸左右油腔回油的。当阀芯向左移动时，x_1、x_4 减小，x_2、x_3 增大，使 p_1 迅速减小，p_2 迅速增大，活塞快速左移。反之亦然。这样就控制了液压缸运动的速度和方向。这种滑阀的结构形式既可用来控制双杆的液压缸，也可用来控制单杆的液压缸 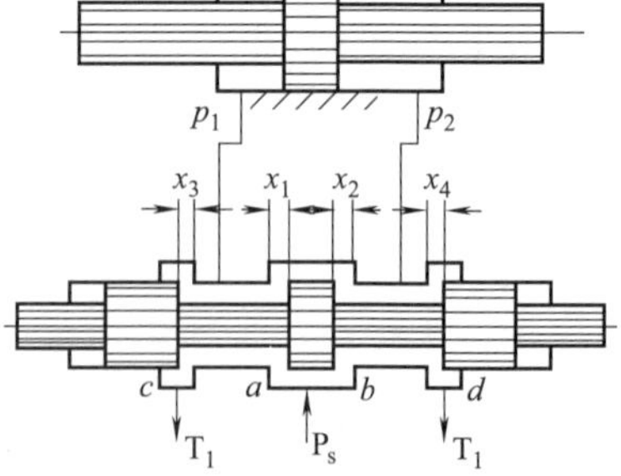 图(m) 四边(四通伺服阀)
			由以上分析可知，三种结构形式滑阀的控制作用是相同的。四边滑阀的控制性能最好，双边滑阀居中，单边滑阀最差。但是单边滑阀容易加工、成本低，双边滑阀居中，四边滑阀工艺性差加工困难，成本高。一般四边滑阀用于精度和稳定性要求较高的系统；单边和双边滑阀用于一般精度的系统。单边控制滑阀和双边控制滑阀只用于控制单杆的液压缸	

续表

<table>
<tr><td rowspan="5">液压放大器</td><td rowspan="5">功率级主阀</td><td>开口形式</td><td colspan="2">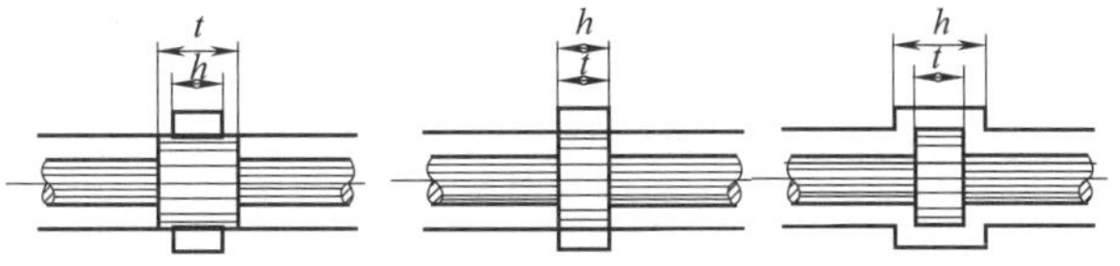(ⅰ)负开口 ($t>h$)　(ⅱ)零开口($t=h$)　(ⅲ)正开口 ($t<h$)
图(n)　滑阀在零位时的开口形式
图(n)为滑阀在零位时的几种开口形式，图(n)的(ⅰ)为负开口(正遮盖)，图(n)的(ⅱ)为零开口(零遮盖)，图(n)的(ⅲ)为正开口(负遮盖)</td></tr>
<tr><td rowspan="3">通路数</td><td>二通滑阀</td><td>又叫单边阀，见图(k)。只有一个可变节流口(可变液阻)，使用时必须和一个固定节流口配合，才能控制一腔的压力，用来控制差动液压缸</td></tr>
<tr><td>三通滑阀</td><td>见图(l)。只有一个控制口，故只能用来控制差动液压缸。为实现液压缸反向运动，需在有杆腔设置固定偏压(可由供油压力产生)</td></tr>
<tr><td>四通滑阀</td><td>见图(m)。有两个控制口，故能控制各种液压执行器</td></tr>
<tr><td>凸肩数与阀口形状</td><td colspan="2">阀芯上的凸肩数与阀的通路数、供油及回油密封、控制边的布置等因素有关。二通阀一般为两个凸肩，三通阀为两个或三个凸肩，四通阀为三个或四个凸肩，三凸肩滑阀为最常用的结构形式。凸肩数过多将加大阀的结构复杂程度、长度和摩擦力，影响阀的成本和性能
滑阀的阀口形状有矩形、圆形等多种形式。矩形阀口又有全周开口和部分开口，矩形阀口的开口面积与阀芯位移成正比，具有线性流量增益，故应用较多</td></tr>
</table>

12.2.1　典型电液伺服阀结构

电液伺服阀多为两级阀，有压力型伺服阀和流量型伺服阀之分，绝大部分伺服阀为流量型伺服阀。在流量型伺服阀中，要求主阀芯的位移 X_P 与输入电流信号 I 成比例，为了保证主阀芯的定位控制，主阀和先导阀之间设有位置负反馈，位置反馈的形式主要有直接位置反馈和位置-力反馈两种。

表 20-12-3　典型电液伺服阀结构

<table>
<tr><td>直接位置反馈型电液伺服阀</td><td>直接位置反馈型电液伺服阀的主阀芯与先导阀芯构成直接位置比较和反馈，其工作原理如图(a)所示
图(a)中，先导阀直径较小，直接由动圈式力马达的线圈驱动，力马达的输入电流约为 0～±300mA。当输入电流 $I=0$ 时，力马达线圈的驱动力 $F_i=0$，先导阀芯位于主阀零位没有运动；当输入电流逐步加大到 $I=300$mA 时，力马达线圈的驱动力也逐步加大到约为 40N，压缩力马达弹簧后，使先导阀芯产生位移约为 4mm；当输入电流改变方向，$I=300$mA 时，力马达线圈的驱动力也变成约 −40N，带动先导阀芯产生反向位移约 −4mm。上述过程说明先导阀芯的位移 x 与输入电流 I 成比例，运动方向与电流方向保持一致。先导阀芯直径小，无法控制系统中的大流量；主阀芯的阻力很大，力马达的推力又不足以驱动主阀芯。解决的办法是，先用力马达比例驱动直径小的导阀芯，再用位置随动(直接位置反馈)的办法让主阀芯等量跟随先导阀运动，最后达到用小信号比例控制系统中的大流量之目的
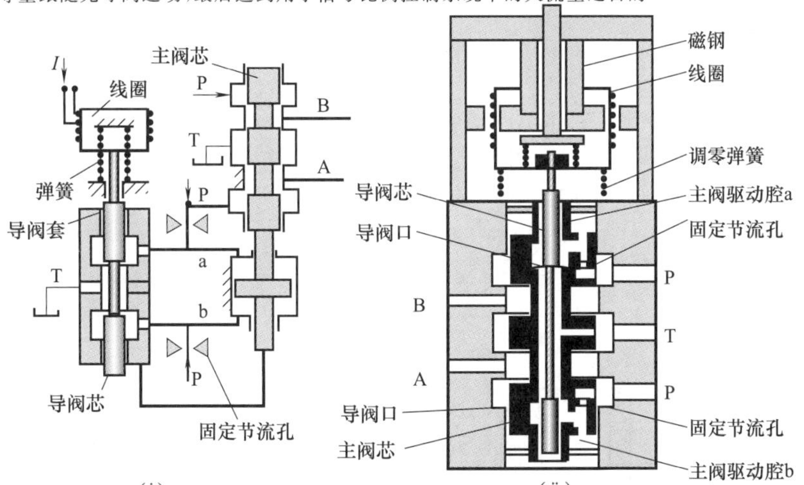(ⅰ)　(ⅱ)
图(a)　直接位置反馈型电液伺服阀的工作原理图
设计时，将主阀芯两端容腔看成为驱动主阀芯的对称双作用液压缸，该缸由先导阀供油，以控制主阀芯上下运动。由于先导阀芯直径小，加工困难，为了降低加工难度，可将先导阀上用于控制主阀芯上下两腔的进油阀口由两个固定节流孔代替，这样先导阀可看成是由两个带固定节流孔的半桥组成的全桥。为了实现直接位置反馈，将主阀芯、驱动油缸、先导阀阀套三者做成一体，因此主阀芯位移 x_P(被控位移)反馈到先导阀上，与先导阀套位移 x 相等。当先导阀芯在力马达的驱动下向上运动产生位移 $x_芯$ 时，先导阀芯与阀套之间产生开口量 $x_芯-x_套$，主阀芯上腔的回油口打开，压差驱动主阀芯自下而上运动，同时先导阀口在反馈的作用下逐步关小。当导阀口关闭时，主阀停止运动且主阀位移 $x_P=x_套=x_芯$。反向运动亦然。在这种反馈中，主阀芯等量跟随先导阀运动，故称为直接位置反馈</td></tr>
</table>

续表

直接位置反馈型电液伺服阀	图(b)中(ⅰ)是DY系列直接位置反馈型电液伺服阀的结构。上部为动圈式力马达，下部是两级滑阀装置。压力油由P口进入，A、B口接执行元件，T口回油。由动圈5带动的小滑阀4与空心主滑阀的内孔配合，动圈与先导滑阀固连，并用两个弹簧定位对中。小滑阀上的两条控制边与主滑阀上两个横向孔形成两个可变节流口8、9。P口来的压力油除经主控油路外，还经过固定节流口2、3和可变节流口8、9，先导阀的环形槽和主滑阀中部的横向孔到了回油口，形成如图(b)中(ⅱ)所示的前置液压放大器油路(桥路)。显然，前置级液压放大器是由具有两个可变节流口8、9的先导滑阀和两个固定节流口2、3组合而成的。桥路中固定节流口与可变节流口连接的节点a、b分别与主滑阀上、下两个台肩端面连通，主滑阀可在节点压力作用下运动。平衡位置时，节点a、b的压力相同，主滑阀保持不动。如果先导滑阀在动圈作用下向上运动，节流口8加大，9减小，a点压力降低，b点压力上升，主滑阀随之向上运动。由于主滑阀又兼作先导滑阀的阀套(位置反馈)，故当主滑阀向上移动的距离与先导滑阀一致时，停止运动。同样，在先导滑阀向下运动时，主滑阀也随之向下移动相同的距离，故为直接位置反馈系统。这种情况下，动圈只需带动小滑阀，力马达的结构尺寸就不至于太大 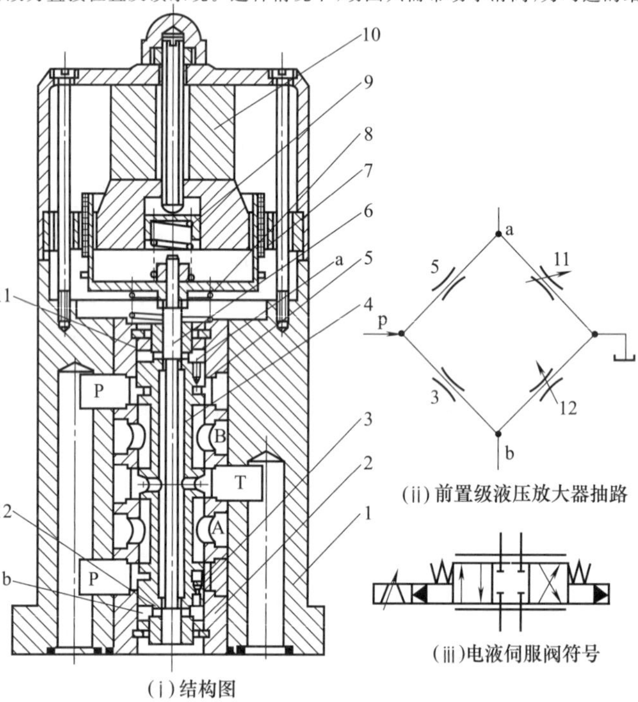 (ⅰ)结构图　(ⅱ)前置级液压放大器抽路　(ⅲ)电液伺服阀符号 图(b)　DY型电液伺服阀 1—阀体；2—阀座；3，5—固定节流口；4—主滑阀；6—先导阀；7—线圈(动圈)； 8—下弹簧；9—上弹簧；10—磁钢(永久磁铁)；11，12—可变节流口 以滑阀作前置级的优点是：功率放大系数大，适合于大流量控制。其缺点是：滑阀阀芯受力较多、较大，因此要求驱动力大；由于摩擦力大，使分辨率和滞环增大；因运动部分质量大，动态响应慢；公差要求严，制造成本高
喷嘴挡板式力反馈电液伺服阀	喷嘴挡板式电液伺服由电磁和液压两部分组成，电磁部分是一个动铁式力矩马达，液压部分为两级：第一级是双喷嘴挡板阀，称前置级(先导级)；第二级是四边滑阀，称功率放大级(主阀) 由双喷嘴挡板阀构成的前置级如图(c)所示，它由两个固定节流孔、两个喷嘴和一个挡板组成。两个对称配置的喷嘴共用一个挡板，挡板和喷嘴之间形成可变节流口，挡板一般由扭轴或弹簧支承，且可绕支点偏转，挡板由力矩马达驱动。当挡板上没有作用输入信号时，挡板处于中间位置——零位，与两喷嘴之距均为x_0，此时两喷嘴控制腔的压力p_1与p_2相等。当挡板转动时，两个控制腔的压力一边升高，另一边降低，就有负载压力p_L($p_L=p_1-p_2$)输出。双喷嘴挡板阀有四个通道(一个供油口，一个回油口和两个负载口)，有四个节流口(两个固定节流孔和两个可变节流孔)，是一种全桥结构 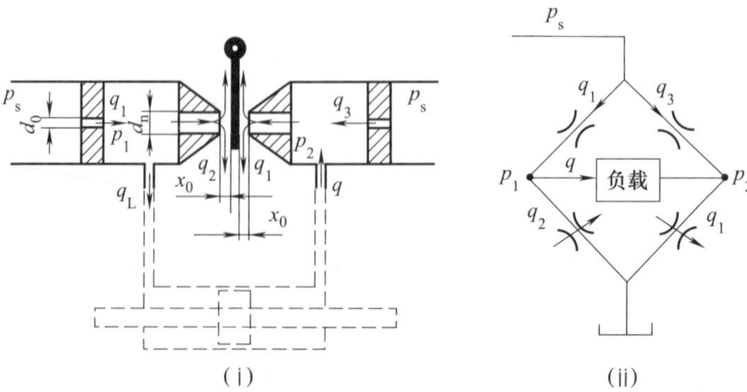 (ⅰ)　(ⅱ) 图(c)　由双喷嘴挡板阀构成的前置级

续表

<table>
<tr><td colspan="2">喷嘴挡板式力反馈电液伺服阀</td><td>喷嘴挡板式力反馈电液伺服的工作原理如图(d)所示。主阀芯两端容腔可看成是驱动主滑阀的对称油缸，由先导级的双喷嘴挡板阀控制。挡板 5 的下部延伸一个反馈弹簧杆 11，并通过一钢球与主阀芯 9 相连。主阀位移通过反馈弹簧杆转化为弹性变形力作用在挡板上与电磁力矩相平衡（即力矩比较）。当线圈 13 中没有电流通过时，力矩马达无力矩输出，挡板 5 处于两喷嘴中间位置。当线圈通入电流后，衔铁 3 因受到电磁力矩的作用偏转角度 θ，由于衔铁固定在弹簧管 12 上，这时，弹簧管上的挡板也偏转相应的 θ 角，使挡板与两喷嘴的间隙改变，如果右面间隙增加，左喷嘴腔内压力升高，右腔压力降低，主阀芯 9（滑阀芯）在此压差作用下右移。由于挡板的下端是反馈弹簧杆 11，反馈弹簧杆下端是球头，球头嵌放在滑阀 9 的凹槽内，在阀芯移动的同时，球头通过反馈弹簧杆带动上部的挡板一起向右移动，使右喷嘴与挡板的间隙逐渐减小。当作用在衔铁-挡板组件上的电磁力矩与作用在挡板下端因球头移动而产生的反馈弹簧杆变形力矩（反馈力）达到平衡时，滑阀便不再移动，并使其阀口一直保持在这一开度上。该阀通过反馈弹簧杆的变形将主阀芯位移反馈到衔铁-挡板组件上与电磁力矩进行比较而构成反馈，故称力反馈式电液伺服阀
通过线圈的控制电流越大，使衔铁偏转的转矩、挡板挠曲变形、滑阀两端的压差以及滑阀的位移量越大，伺服阀输出的流量也就越大</td><td>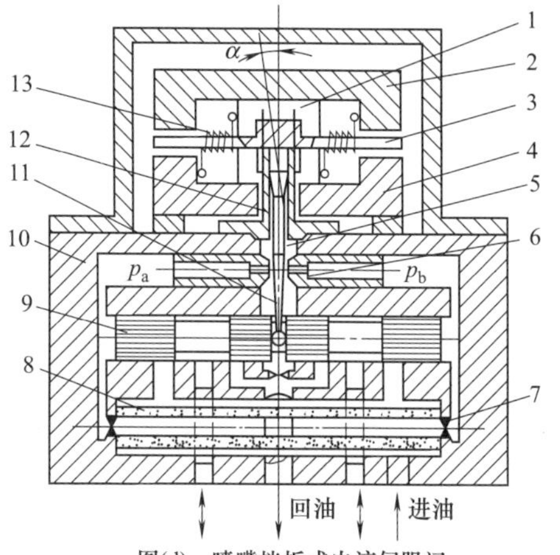
图(d)　喷嘴挡板式电液伺服阀
1—永久磁铁；2，4—导磁体；3—衔铁；5—挡板；6—喷嘴；7—固定节流孔；8—滤油器；9—滑阀芯；10—阀体；11—反馈弹簧杆；12—弹簧管；13—线圈</td></tr>
<tr><td colspan="2">射流管式伺服阀</td><td>射流管式二级电液伺服阀如图(e)所示。射流管由力矩马达带动偏转。射流管 2 焊接于衔铁 7 上，并由薄壁弹簧片 3 支承。液压油通过柔性的供油管进入射流管，从射流管喷嘴射出的液压油进入与滑阀两端控制腔分别相通的两个接收口中，推动阀芯移动。射流管的侧面装有弹簧板及反馈弹簧 9，其末端插入阀芯中间的小槽内，阀芯移动时，推动反馈弹簧构成对力矩马达的力反馈。力矩马达借助于薄壁弹簧片 3 实现对液压部分的密封隔离
射流管式伺服阀的最大优点是抗污染能力强。缺点是动态响应较慢，特性不易预测，细长的射流管及柔性供压管易出现结构谐振
该阀采用衔铁式力矩马达带动射流管，两个接收孔直接和主阀两端面连接，控制主阀运动。主阀靠一个板簧定位，其位移与主阀两端压力差成比例。这种阀的最小通流尺寸（射流管口尺寸）比喷嘴挡板的工作间隙大 4～10 倍，故对油液的清洁度要求较低。缺点是零位泄漏量大；受油液黏度变化影响显著，低温特性差；力矩马达带动射流管，负载惯量大，响应速度低于喷嘴挡板阀</td><td>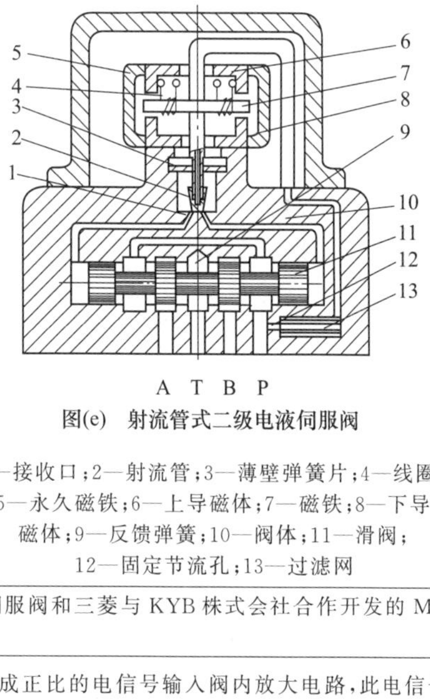
图(e)　射流管式二级电液伺服阀
1—接收口；2—射流管；3—薄壁弹簧片；4—线圈；5—永久磁铁；6—上导磁体；7—磁铁；8—下导磁体；9—反馈弹簧；10—阀体；11—滑阀；12—固定节流孔；13—过滤网</td></tr>
<tr><td rowspan="2">直接驱动式电液伺服阀</td><td colspan="3">在设计上有两种代表性方案：MOOG 公司的 D633、D644 系列直动式伺服阀和三菱与 KYB 株式会社合作开发的 MK 型伺服阀</td></tr>
<tr><td>MOOG 直动式伺服阀</td><td colspan="2">其结构如图(f)所示。其工作原理是：将与所期望的阀芯位移成正比的电信号输入阀内放大电路，此电信号将由内部集成电路转换成一个脉宽调制电流作用在线性力马达上，力马达产生推力带动阀芯运动产生一定的位移，同时阀芯位移传感器产生一个与阀芯实际位移成正比的电信号，解调后的阀芯位移信号与输入指令信号进行比较，比较后得到的偏差信号将改变输入至力马达的电流大小，直到阀芯位移达到所需值，阀芯位移偏差信号为零。其中的关键部件线性力马达为双向驱动永磁式差动马达。力马达包含一个线圈、一对永久磁铁。永久磁铁为磁场提供部分所需要的磁力。当不通电时，电磁力和弹簧力将使阀芯处于中位；当通入一种极性的电流后，内部磁场一部分通过磁场叠加得到增强，另一部分则因为磁场相抵而减弱，于是内部磁场将不再平衡，这种不平衡将驱动衔铁向磁场增强的部分移动；反之当通入电流的极性发生变化时，衔铁又会向另一个方向移动。这样，线性力马达可以产生左右两个方向的驱动力，相应推动阀芯产生两个方向的位移。阀芯在复位过程中，对中弹簧力加上力马达的输出力一起推动阀芯恢复到零位，使得阀芯对油液污染的敏感程度降低。应用线性力马达不但使得伺服阀的性能提高，而且功耗、加工精度以及成本都相应降低</td></tr>
</table>

续表

直接驱动式电液伺服阀	MOOG直动式伺服阀		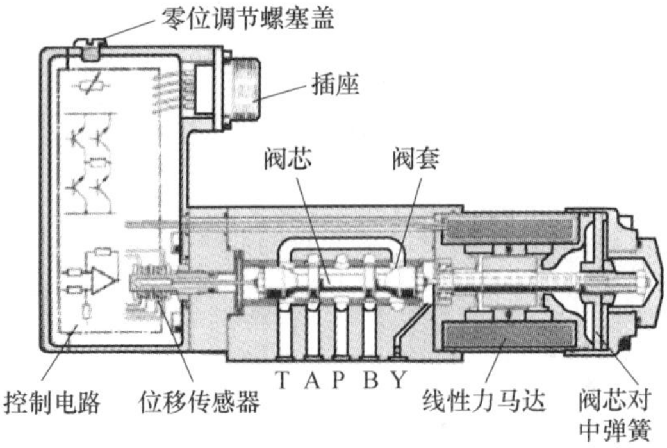 图(f) MOOG直动式电液伺服阀
	MK型伺服阀	直动式MK阀(单级阀)的结构	直动式 MK 阀的结构如图(g)所示,主要由三部分组成:力马达部分、阀体部分、位移传感器部分。电气元件部分是干式的。动圈运动时直接推动阀芯位移,阀芯的位移由位移传感器检测出并反馈回输入端,形成电气反馈。直动式的优点是结构简单,电气反馈使结构更为简单化,从而使可靠性提高 力马达是在由磁极和导磁体所构成的气隙磁场内,放置着有电流流过的线圈,载流线圈在磁场中所产生的电磁力推动线圈运动,线圈运动又直接推动阀芯运动。在载流线圈与磁铁之间填充具有冷却与润滑及增强导磁性作用的磁流体(稠性流体),以增强力马达的性能。与运动线圈直接连接的阀芯,根据输入电流的极性和强弱控制液压油流动的方向和大小。在 MK 阀的阀芯和阀套上设计了特殊的形状,这一特殊形状使因阀芯运动所产生的液流力减小。在阀芯两端有两块膜片把力马达部分及位移传感器部分与油液隔开,这样在力马达和阀芯位移检测部分分别形成全干式结构。全干式结构可以防止因油液中污染物引起的误动作,保证了阀长期工作稳定和可靠性。为了高精度的检测出阀芯位移,在检测部分使用了电涡流式位移传感器。传感器所检测出的阀芯位移信号经放大器处理,又反馈到输入端,形成电反馈。这就产生与输入信号相应的阀芯位移,此外,阀芯位移的电信号工作点可与先导阀的机械零点调整相一致。电涡流位移传感器具有温漂小、线性度好、频带宽、调节方便等特点 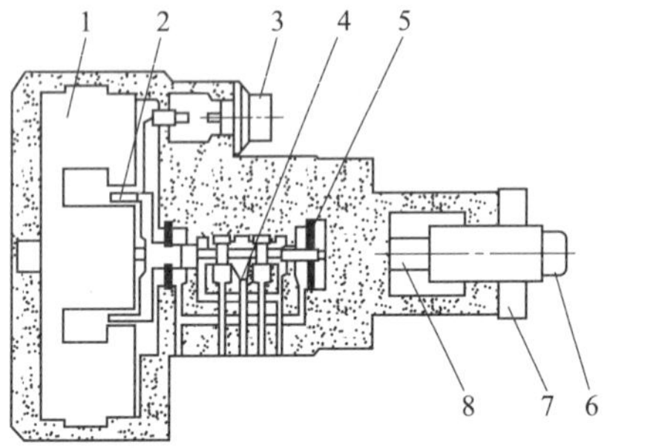 图(g) 直动式MK伺服阀结构 1—磁铁;2—动圈;3—输入接口;4—阀芯;5—膜片;6—位移传感器接口;7—位移传感器调零螺钉;8—位移传感器
		两级MK阀的结构	两级 MK 阀的结构如图(h)所示。以直动式 MK 阀为先导阀,用以控制驱动第二级主阀芯,第二级阀又称为主阀。主阀芯与差动变压器式位移传感器的铁芯连接。主阀芯的运动通过此位移传感器转换成与位移量成比例的电信号,电信号反馈回输入端形成两级电反馈。在主阀与先导阀之间设计了减压阀,减压阀可以保证给先导阀提供稳定的供油压力 与以往的喷嘴挡板式两级伺服阀相比,MK 阀为全电反馈两级阀,没有弹簧反馈杆和小球,机械结构简单,也不会产生因小球长期工作磨损而带来的阀振荡 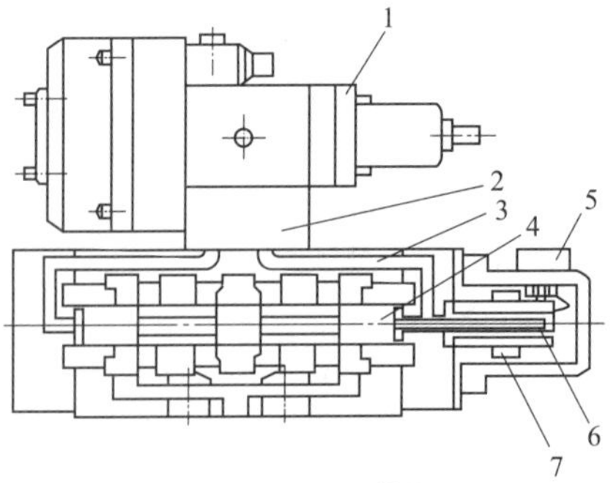 图(h) 两级MK阀结构 1—先导阀;2—减压阀;3—主阀;4—主阀芯;5—主阀位移传感器接口;6—主阀位移传感器;7—主阀位移传感器调节螺钉

续表

直接驱动式电液伺服阀	MK型伺服阀	特点	①频带宽，快速响应性好 ②阈值小，重复性好 ③可靠性、稳定性好 ④先导级因供油压力及油温变化所引起的零点漂移小 ⑤使用的传动介质可以是石油系水基系或其他难燃介质 ⑥传动油的污染等级 NAS10 级(近似于 150 标准 19/16 级)，抗污染强 ⑦主阀阀套密封圈带有挡圈，密封不易破损，寿命较长，工作可靠。用户只要具有一定技术与设备，可自行保养和维修 ⑧伺服放大器有监视回路及信号输出端子，可方便检查故障 ⑨此阀机械零位与电气零位的重合对中困难 ⑩此阀质量大且价格昂贵
		使用注意事项	①先导阀泄油口不得有背压并保持畅通，否则将影响阀正常工作 ②主阀的差动变压器式位移传感器受温度影响很大，因此在不同油温下工作或当主阀未进入热平衡状态前，主阀芯的零位有很大温漂，影响正常使用，故在液压控制系统中应注意并加以补偿或纠偏 ③当液压系统压力为零，虽然放大器正常工作，但主阀回路仍处于失控状态；启动后有可能产生误动作，此情况应在使用的液压系统中考虑加以克服

12.2.2　电液伺服阀的基本特性及其性能参数

电液伺服阀是电液伺服系统中的关键元件，与普通的开关式液压阀相比，功能完备但结构也异常复杂和精密，其性能优劣对于系统的品质具有至关重要的影响，所以阀的性能参数非常繁多且要求严格，电液伺服阀的特性及参数可以通过理论分析获得，但工程上精确的特性及参数只能通过实际测试试验获得。

表 20-12-4　　电液伺服阀的基本特性

名称			特　　性	说明
静态特性	特性方程		电液伺服阀的静态特性是指稳态工作条件下，伺服阀的各静态参数(输出流量、输入电流和负载压力)之间相互关系。主要包括负载流量特性、空载流量特性和压力特性 典型力反馈两级电液伺服阀(先导级为双喷嘴挡板阀，功率级为零开口四边滑阀)的阀芯位移与输入电流负载流量(压力-流量特性)方程为 $$q_L=C_d\omega x_v\sqrt{\frac{1}{\rho}(p_s-p_L)}=C_d\omega K_{xv}i\sqrt{\frac{1}{\rho}(p_s-p_L)}\quad(20\text{-}12\text{-}1)$$ 由式(20-12-1)可知，电液流量伺服阀的负载流量 q_L 与功率级的位移 x_v 成比例，而功率级滑阀的位移 x_v 与输入电流 i 成正比，所以电液流量伺服阀的负载流量 q_L 与输入电流 i 成比例	q_L——负载流量 C_d——流量系数 ω——滑阀的面积梯度(阀口沿圆周方向的宽度)，$\omega=\pi d$，d 为滑阀阀芯凸肩直径 x_v——滑阀位移，$x_v=K_{xv}i$ K_{xv}——伺服阀增益(取决于力矩马达结构及几何参数) i——力矩马达线圈输入电流 p_s——伺服阀供油压力 p_L——伺服阀负载压力
	特性曲线及静态特性参数	负载流量特性曲线	由特性方程可以绘出相应的特性曲线，但一般通过实测得到，制造商提供的产品类型或样本中给出的都是实测曲线，由特性曲线和相应的静态指标可以对阀的静态特性进行评定 电液伺服阀的负载流量特性曲线是输入不同电流时对应当流量与负载压力构成的抛物线簇曲线，如图(a)所示。负载流量特性曲线完全描述了伺服阀的静态特性。但要测得这组曲线非常麻烦，特别是在零位附近很难测出精确的数值，而伺服阀是正好在此处工作的。所以这些曲线主要用来确定伺服阀的类型和估计伺服阀的规格，以便与所要求的负载流量和负载压力相匹配 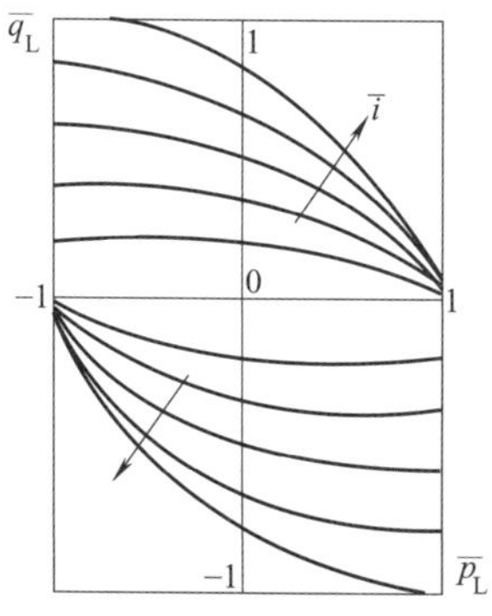 图(a)　电液伺服阀负载流量特性曲线	$\overline{p}_L$——无量纲压力，$\overline{p}_L=p_L/p_s$，p_L 为负载压力，p_s 为供油压力 $\overline{i}$——无量纲电流，$\overline{i}=i/i_m$，i 为输入电流，i_m 为额定电流 $\overline{q}_L$——无量纲流量，$\overline{q}_L=q_L/q_{Lm}$，$q_L$ 为负载流量，q_{Lm} 为最大空载流量

第20篇

续表

名称				特　　性	说明
静态特性	特性曲线及静态特性参数	空载流量特性曲线	额定流量	伺服阀的空载流量特性曲线是输出流量与输入电流呈回环状的函数曲线，见图(b)。它是在给定的伺服阀压降和零负载压力下，输入电流在正负额定电流之间作一完整的循环，输出流量点形成的完整连续变化的曲线(简称流量曲线)。通过流量曲线，可以得出伺服阀的如下一些性能参数 在额定电流和规定的阀压降(通常规定为 7MPa)下测得到流量 q_R称为额定流量。通常在空载条件下规定伺服阀的额定流量，因为这样可以采用更精确和经济的试验方法。也可以在负载压力等于 2/3 供油压力条件下规定额定流量，此时，额定流量对应于阀的最大功率输出点 空载流量特性曲线上对应于额定电流输出流量则为额定流量。通常规定额定流量的公差为±10%。额定流量表明了伺服阀的规格，可用于伺服阀的选择 电液伺服阀的流量曲线回环的中心点轨迹称为名义流量曲线，它是无滞环流量曲线，由于伺服阀的滞环通常很小，所以可把流量曲线的一侧当作名义流量曲线使用	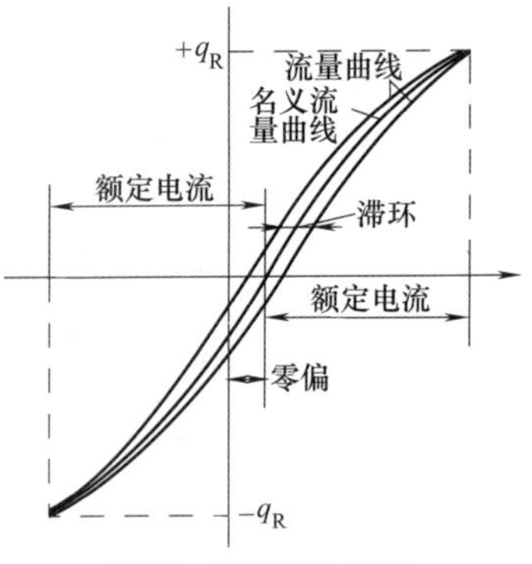 图(b)　流量曲线、额定流量、零偏、滞环
			流量增益	流量曲线上某点或某段的斜率称为该区段的流量增益。从名义流量曲线的零流量点向两极各作一条与名义流量偏差最小的直线，即为名义流量增益线，该直线的斜率称为名义流量增益。名义流量增益随输入电流动极性、负载压力大小等变化而变化。伺服阀的额定流量与额定电流之比称为额定流量增益。一般情况下，伺服阀只提供流量曲线及其名义增益指标数据 伺服阀的流量增益直接影响到伺服系统的开环放大系数，因而对系统的稳定性和品质要产生影响。在选用伺服阀时，要根据系统的实际需要来确定其流量增益的大小。在电液伺服系统中，由于系统的开环放大系数可由电子放大器的增益来调整，因此对伺服阀流量增益的要求不是很严格	
			非线性度	流量曲线的不直线性称为非线性度。它用名义流量曲线对名义流量增益线的最大电流偏差与额定电流的百分比表示，见图(c)，非线性度通常小于 7.5%	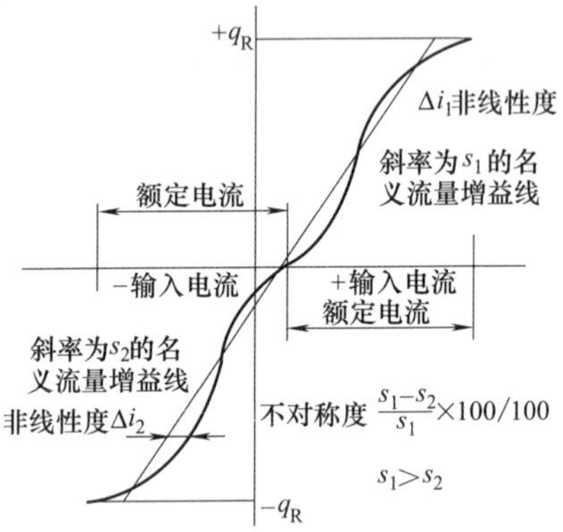 图(c)　名义流量增益、非线性度、不对称度
			不对称度	两个极性名义流量增益的不一致性称为不对称度，用两者之差较大者的百分比表示[图(c)]，一般要求不对称度小于 10%	
			滞环	伺服阀在输入电流缓慢地在正负额定电流之间变化一次，产生相同流量所对应的往返输入电流的最大差值与额定电流的百分比，称为滞环[图(b)]。伺服阀的滞环一般小于 5%，而高性能伺服阀的滞环小于 0.5% 伺服阀滞环是由于力矩马达磁路的磁滞现象和伺服阀中的游隙所造成的，滞环对伺服阀的精度有影响，其影响随着伺服放大器增益和反馈增益的增大而减小	
		分辨率		为使伺服阀输出流量发生变化所需的输入电流的最小值(它随输入电流大小和停留时间长短而变化)与额定电流的百分比，称为伺服阀的分辨率[图(d)]。伺服阀的分辨率一般小于 1%，高性能的伺服阀小于 0.4%甚至小于 0.1% 一般而言，油液污染将增大阀的黏滞而使阀的分辨率增大。在位置伺服系统中，分辨率过大则可能在零位区域引起静态误差或极限环振荡	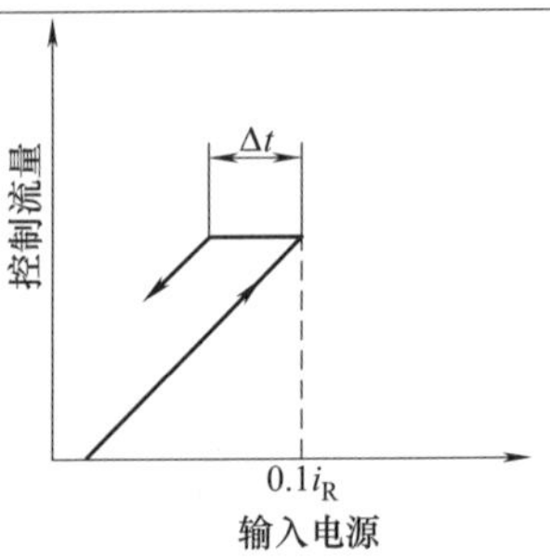 图(d)　伺服阀的分辨率

续表

<table>
<tr><th colspan="2">名称</th><th>特　　性</th><th>说明</th></tr>
<tr><td rowspan="9">零区特性</td><td colspan="3">电液流量伺服阀有零位、名义流量控制和流量饱和三个工作区域[图(e)]。在流量饱和区域，流量增益随输入电流的增大而减少，最终输出流量不再随输入电流增大而增大，这个最大流量称为流量极限。零位区域(简称零区)是伺服阀空载流量为零点的位置，此区域是功率级的重叠对流量增益起主要影响的区域，因此零区特性特别重要</td></tr>
<tr><td>重叠</td><td colspan="2">重叠式阀在零位时，阀芯与阀套(阀体)的控制边在相对运动方向的重合量。用两级名义流量曲线近似直线部分的延长线与零流量线相交的总间隔与额定电流的百分比表示，见图(e)
伺服阀的重叠分为零重叠(零开口)、正重叠(负开口)和负重叠(正开口)三种情况[见图(f)]，零区特性因重叠情况不同而异
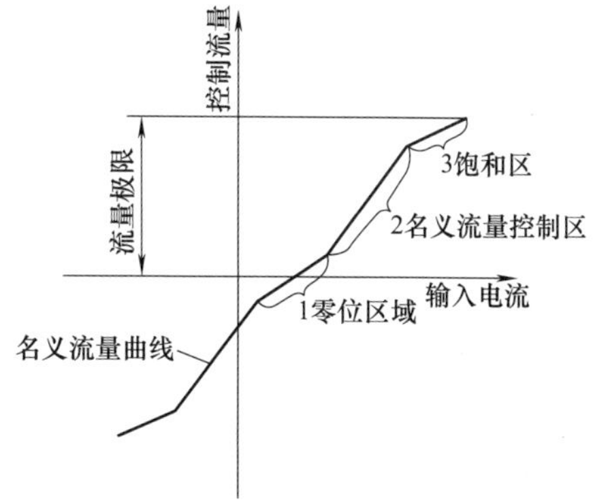
图(e)　伺服阀的工作区域
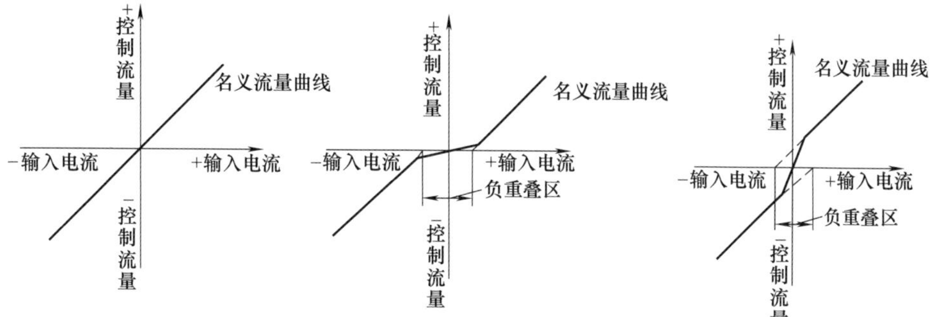
(i)零重叠　(ii)负重叠　(iii)正重叠
图(f)　伺服阀的重叠</td></tr>
<tr><td>零位偏移(零偏)</td><td colspan="2">由于组成元件的结构尺寸、电磁性能、水力特性和装配等因素的影响，伺服阀在输入电流为零时的输出流量并不为零，为了使输出流量为零，必须预加一个输入电流。使伺服阀处于零位所需的输入电流与额定电流的百分比称为零位偏移(简称零偏)。伺服阀的零偏通常小于3%</td></tr>
<tr><td rowspan="5">零位漂移(零漂)</td><td colspan="2">工作条件和环境条件发生变化时，引起零偏电流的变化，称为伺服阀的零漂，以与额定电流的百分比表示</td></tr>
<tr><td>供油压力零漂</td><td>供油压力在额定工作压力的30%～110%范围内变化引起的零漂称为供油压力零漂。该零漂值通常小于±2%</td></tr>
<tr><td>回油压力零漂</td><td>回油压力在额定工作压力的0～20%范围内变化引起的零漂称为回油压力零漂。该零漂值通常小于±2%</td></tr>
<tr><td>温度零漂</td><td>工作油液温度每变化40℃引起的零漂，称为温度零漂。该零漂应小于±2%</td></tr>
<tr><td>零值电流零漂</td><td>零值电流在额定电流的0～100%范围内变化引起的零漂，称为零值电流零漂。该零漂值应小于±2%。伺服阀的零漂会引起伺服系统的误差</td></tr>
</table>

续表

名称		特性	说明
零区特性	压力特性	压力特性曲线为输出流量为零(将两个负载口堵死)时，负载压降与输入电流呈回环状的函数曲线[图(g)] 在压力特性曲线上某点或某段的斜率称为压力增益，伺服阀的压力增益随输入电流而变化，并且在一个很小的额定电流百分比范围内达到饱和。压力增益通常规定为在最大负载压降的±40%之间，负载压降对输入电流的平均斜率 伺服阀的压力增益直接影响伺服系统的承载能力和系统刚度，压力增益大，则系统的承载能力强，系统刚度大，误差小。压力增益与阀的开口形式有关，零开口伺服阀的压力增益最大	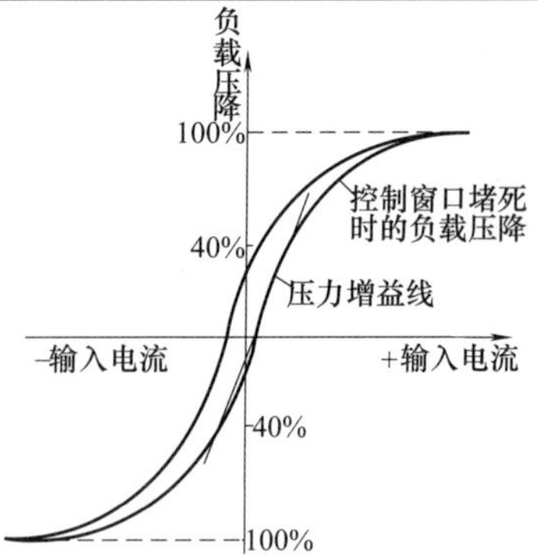 图(g)　压力特性
	静耗流量特性(内泄特性)	输出流量为零时，由回油口流出的内部泄漏量称为静耗流量。静耗流量随输入电流变化，当阀处于零位时，静耗流量最大[图(h)] 为了避免功率损失过大，必须对伺服阀的最大静耗流量加以限制。对于两级伺服阀，静耗流量由先导级的泄漏流量和功率级的泄漏流量两部分组成，减小前者将影响阀的响应速度；后者与滑阀的重叠情况有关，较大重叠可以减少泄漏，但会使阀产生死区，并可能导致阀淤塞，从而使阀的滞环与分辨率增大。零位泄漏量对新阀可以作为衡量滑阀制造质量的指标，对使用中的旧阀可以反映其磨损情况	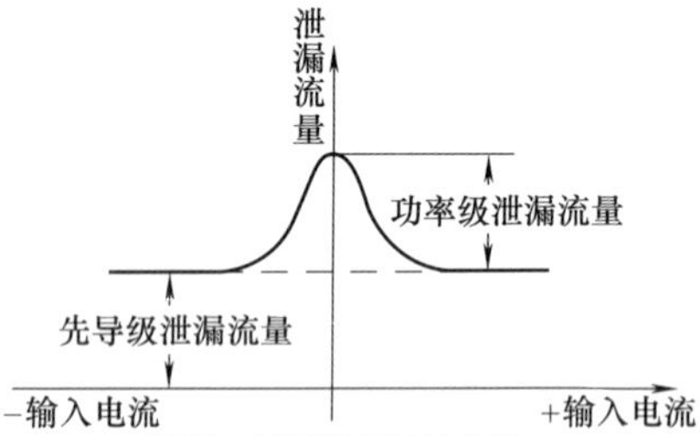 图(h)　静耗流量特性曲线
动态特性	频率响应特性(频域特性)	电液伺服阀的频率响应是指输入电流在某一频率内作等幅变频正弦变化时，空载流量与输入电流的百分比。频率响应特性用幅值比(分贝)与频率和相位滞后(度)与频率的关系曲线(波德图)表示，见图(i)。输入信号或供油压力不同，动态特性曲线也不同。所以，动态响应总是对于一定的工作条件，伺服阀的产品通常给出±10%、±100%两组输入信号试验曲线，而供油压力通常规定为 7MPa 幅值比是某一特定频率下的输入流量幅值与输入电流之比，除以一指定频率(输入电流基准频率，通常为 5 周/秒或 10 周/秒)下的输出流量与同样输入电流幅值之比。相位滞后是指某一指定频率下所测得的输入电流和与其相对应的输出流量变化之间的相位差 伺服阀的幅值比为－3dB(即输出流量为基准频率时输出流量的 70.7%)时的频率定义为幅频宽，以相位滞后达到－90°时的频率定义为相频宽。应取幅频宽和相频宽中较小者作为阀的频宽值。频宽是伺服阀动态响应速度的度量，频宽过低会影响系统的响应速度，过高会使高频传到负载上去，伺服阀的幅值比一般不允许大于 2dB 通常力矩马达喷嘴挡板式两级电液伺服阀的频宽在 100～130Hz 之间，动圈滑阀式两级电液伺服阀的频宽在 50～100Hz 之间，电反馈高频电液伺服阀的频宽可达 250Hz 甚至更高	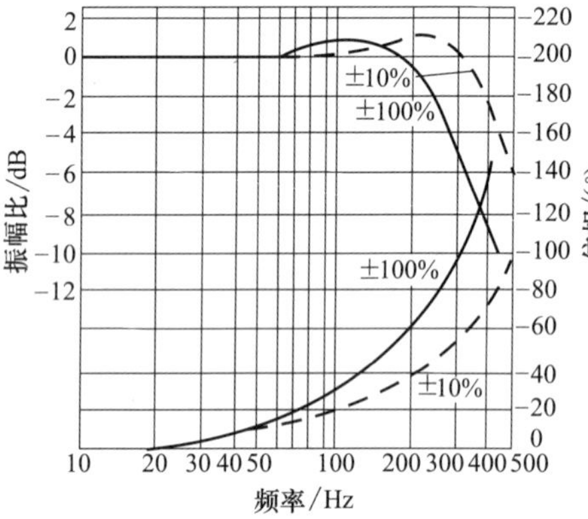 图(i)　伺服阀的频率响应特性曲线
	瞬态响应特性(时域特性)	瞬态响应是指对电液伺服阀施加一个典型输入信号(通常为阶跃信号)时，阀的输出流量对阶跃输入电流跟踪过程中表现出的振荡衰减特性[图(j)]。反映电液伺服阀瞬态响应快速性的时域性能主要指标有超调量、峰值时间、响应时间和过渡过程时间 超调量 M_p 是指响应曲线的最大峰值 $E(t_{p1})$ 与稳态值 $E(\infty)$ 的差。峰值时间 t_{p1} 是指响应曲线从零上升到第一个峰值点所需要的时间。响应时间 t_r 是指从指令值(或设定值)的 5% 到 95% 的运动时间。过渡过程时间是指输出振荡衰减到规定值(通常为指令值的 5%)所用的时间 t_s	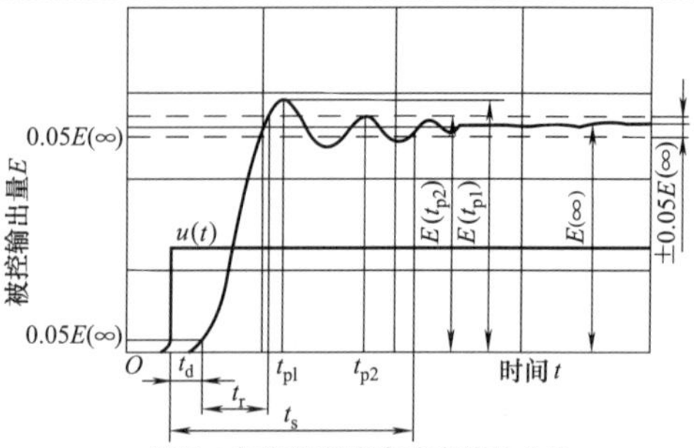 图(j)　伺服阀的瞬态响应特性曲线

续表

名称		特　　性	说明
动态特性	传递函数	在对电液伺服系统进行动态分析时，要考虑伺服阀的数学模型：微分方程或传递函数。其中传递函数应用较多。通常，伺服阀的传递函数 $G_{sv}(s)$ 可用二阶环节表示 $G_{sv}(s)=\dfrac{Q(s)}{I(s)}=\dfrac{K_q}{\dfrac{s^2}{\omega_{sv}^2}+\dfrac{2\xi_{sv}}{\omega_{sv}}s+1}$ (20-12-2) 对于频率低于 50Hz 的伺服阀，其传递函数 $G_{sv}(s)$ 可用一阶环节表示，即 $G_{sv}(s)=\dfrac{Q(s)}{I(s)}=\dfrac{K_q}{\dfrac{s}{\omega_{sv}}+1}$ (20-12-3)	s——拉普拉斯(Laplace)算子 $I(s)$——控制电流的拉氏变换式 $Q(s)$——流量的拉氏变换式 ω_{sv}——伺服阀的频宽 ξ_{sv}——阻尼比，由试验曲线求得，通常 $\xi_{sv}=0.4\sim0.7$

12.2.3　电液伺服阀线圈接法

一般伺服阀有两个线圈，表 20-12-5 中列出了五种连接形式及特点，可根据需要进行选用。

表 20-12-5　　伺服阀线圈接法

序号	连接形式名称	连　接　图	特　　点
1	单线圈		输入电阻等于单线圈电阻，线圈电流等于额定电流，可以减少电感的影响
2	单独使用两个线圈	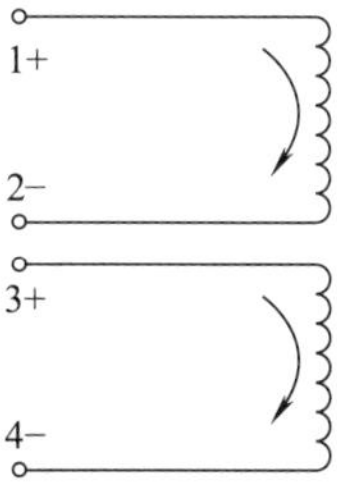	一个线圈接输入控制信号，另一个线圈可用于调偏、接反馈或接颤振信号。如果只使用一个线圈，则把颤振信号叠加在控制信号上。适合模拟计算机作为电控部分的情况
3	双线圈串联连接	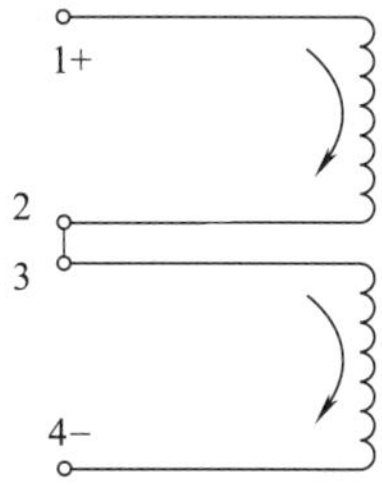	线圈匝数加倍，输入电阻为单线圈电阻的两倍，额定电流为单线圈时的一半。额定电流和电功率小，易受电源电压变动的影响
4	双线圈并联连接	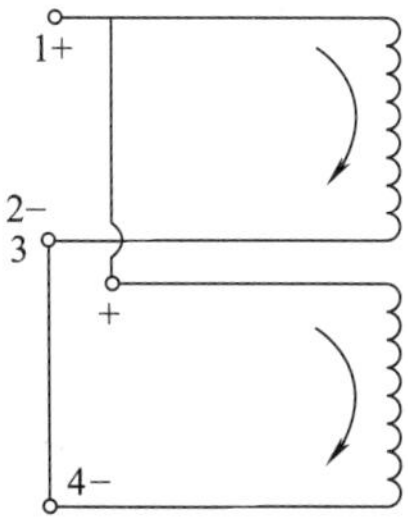	输入电阻为单线圈电阻的一半，额定电流等于单线圈时额定电流。一个线圈损坏时，仍能工作，但易受电源电压变动的影响

续表

序号	连接形式名称	连 接 图	特 点
5	双线圈差动连接	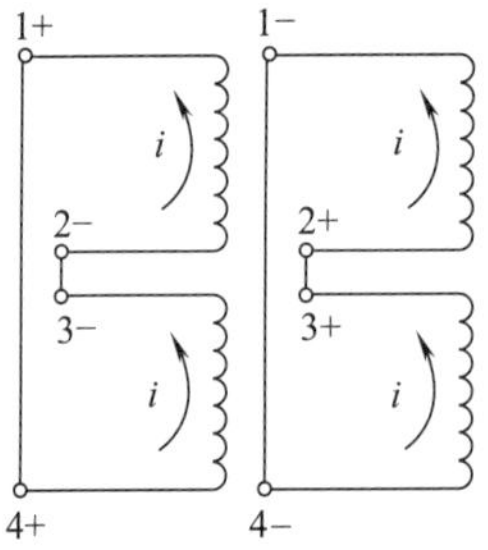	电路对称，温度和电源波动的影响可以互补

12.2.4 电液伺服阀使用注意事项

表 20-12-6 电液伺服阀使用注意事项

电液伺服阀使用注意事项	① 油路安装完毕后，伺服阀装入系统前，必须用伺服阀清洗板代替伺服阀，对系统进行循环清洗，其油液清洁度应达到ISO标准的15/12级（5μm）或NAS7级以上 伺服阀安装工作环境应保持清洁，安装面无污粒附着。清洁时应使用无绒布或专用纸张。伺服阀安装座表面粗糙度值应小于 Ra1.6μm，表面平面度不大于0.025mm；检查底面各油口的密封圈是否齐全。伺服阀的冲洗板应在安装前拆下，并保存起来，以备将来维修时使用 ② 不允许用磁性材料制造安装座，伺服阀周围也不允许有明显的磁场干扰 ③ 每个线圈的最大电流不要超过2倍额定电流 ④ 进油口和回油口不要接错，特别当供油压力达到或超过20MPa时 ⑤ 油箱应密封，并尽量选用不锈钢板材。油箱上应装有加油及空气过滤用滤清器 ⑥ 禁止使用麻线、胶黏剂和密封带作为密封材料 ⑦ 由于阀芯配合精度高、阀口开度小，伺服阀最突出的问题就是对油液的清洁度要求特别高，油液清洁度一般要求ISO标准的15/12级（5μm），航空上要求ISO标准的14/11级（3μm），否则容易因污染堵塞而使伺服阀及整个系统工作失常。系统设计时，通过控制系统的主泵出口设置高压过滤器、伺服阀前设置高压过滤器、主回油路设置低压过滤器、磁性过滤器和油箱顶盖设置空气过滤器等，并定期检查、更换和清洗过滤器滤芯，以防范污物和脏空气侵（混）入系统 ⑧ 对于长期工作的液压系统，应选较大容量的滤油器 ⑨ 动圈式伺服阀使用中要加颤振信号，有些还要求泄油直接回油箱，以及必须垂直安装 ⑩ 双喷嘴挡板式伺服阀要求先通油，后给电信号 ⑪ 每年定期取样检查，更换滤芯及工作液 ⑫ 伺服阀在未供压情况下，应尽量避免通入交变信号 ⑬ 用户在使用过程中，发现油污染，只能拆伺服阀滤油器组件，清洗或更换 ⑭ 使用中发生故障应返厂修理，用户不应自行分解 ⑮ 电液伺服阀通常采用定压液压源供油，几个伺服阀可共用一个液压油源，但必须减少相互干扰。油源应采用定量泵或压力补偿变量泵，并通过在油路中接入蓄能器以减少压力波动和负载流量变化对油源压力的影响，通过设置卸荷阀减少系统无功损耗和发热 ⑯油管采用冷拔钢管和不锈钢管，管接头处不能用胶黏剂；油管必须进行酸洗、中和及钝化处理，并用干净压缩空气吹干 ⑰ 油箱注入新油时，要先经过一个名义过滤精度为5μm的过滤器 ⑱ 伺服阀通电前，务必按说明书检查控制线圈与插头线脚的连接是否正确。闲置未用的伺服阀，投入使用前应调整其零点，且必须在伺服阀试验台上调零；如装在系统上调零，则得到的实际上是系统的零点。由于每台阀的制造及装配精度有差异，因此使用时务必调整颤振信号的频率及振幅，以使伺服阀的分辨率处于最高状态 ⑲ 由于力矩马达式伺服阀内的弹簧壁厚只有百分之几毫米，有一定的疲劳极限；反馈杆的球头与阀芯间隙配合，容易磨损；其他各部分结构也有一定的使用寿命，因此伺服阀必须定期检修或更换。工业控制系统连续工作情况下3～5年应予更换

12.2.5　电液伺服阀故障现象和原因

电液伺服阀是液压伺服系统中用于系统压力、位置、速度等物理量的控制与调整，是联系系统电信号与液压信号的桥梁，是液压伺服系统的心脏。电液伺服阀故障频度直接制约着生产的正常进行，减少和预防重复故障将获得显著的经济效益。

下面以双喷嘴挡板力反馈式两级伺服阀为例，讨论电液伺服阀经常出现的故障原因。

电液伺服阀的故障类型呈多样性，按其故障形式分电气与机械液压两大类故障。

电气类故障又可分为伺服放大器故障、阀线圈故障与传感器故障（双喷嘴挡板力反馈式两级伺服阀一般无 LVDT 传感器）。值得注意的是在生产现场使用中还经常发生因电气插头脱焊引起的故障。这类故障发生频率较高的原因是阀线圈电流过大烧断，或四芯插座因人为因素造成接线断裂等原因。

机械液压类的故障形式繁多，变化各异，其典型故障大致可分为小球磨损、主阀套密封破损、滤芯阻塞、主阀芯控制窗口棱边磨损、阀芯卡死或卡滞。其中故障频度最高的是小球磨损与主阀套密封破损。

表 20-12-7　电液伺服阀故障现象和原因

	故障现象	故障原因
伺服阀主要故障和故障原因	伺服阀无压力输出	①无信号输入。可能是信号线内部断线或焊点虚焊脱开，或是检修后忘记插上信号线 ②控制线圈烧坏。由于伺服阀控制线圈通常都会串有电流表和保险管，一般不会被烧坏，但若时间长老化了，也会出现这种情况。若控制线圈烧坏，只有更换线圈 ③与伺服阀控制线圈串联的保险管熔断。给伺服阀电波信号没有反应，电流表也无动作，查找电路，会发现保险管烧坏 ④滑动阀芯卡死。通常是液压油过脏，或是阀芯密封圈磨损掉块，致使阀芯卡住不能滑动。其他原因有：阀芯密封圈磨损严重；液压泵未能正常启动或严重损坏，不能提供液压压力；卸荷阀门被打开，液压油直接回油箱 ⑤前置级堵塞，使得阀芯正好卡在中间死区位置，阀芯卡在中间位置这种故障概率较低 ⑥马达线圈串联或并联两线圈接反了，两线圈形成的磁作用力正好抵消
	伺服阀压力输出滞后有振荡	伺服阀内部脏、液压油脏；过滤器滤网堵塞，过油不畅；控制反馈电路调整不当，可以通过反复调整至合适的值，直至各点均不振荡
	泵一旦启动伺服阀就一直有压力输出	① 开机启动液压站，伺服阀就有压力输出，反复调节没有反应，但与之串联的电流表有显示，其原因是伺服阀阀芯卡死在某一开口位置，致使压力一直输出。将伺服阀拆解后，就会发现阀芯卡死，清洗出脏物（如密封圈碎块），更换新的密封圈，可恢复正常 ② 控制反馈电路的零点调节不当，造成零点过高 ③ 与伺服阀内腔差动液压相平衡的弹性元件严重变形或损坏
	阀有一固定输出，但已失控	前置级喷嘴堵死，阀芯被脏物卡着及阀体变形引起阀芯卡死等，或内部保护滤器被脏物堵死。要更换滤芯，返厂清洗、修复
	阀反应迟钝、响应变慢等	有系统供油压力降低，保护滤器局部堵塞，某些阀调零机构松动，力矩马达零部件松动，或动圈阀的动圈跟控制阀芯间松动。系统中执行动力元件内漏过大，又是一个原因。此外油液太脏，阀分辨率变差，滞环增宽也是原因之一
	系统出现频率较高的振动及噪声	油液中混入空气量过大，油液过脏；系统增益调得过高，来自放大器方面的电源噪声，伺服阀线圈与阀外壳及地线绝缘不好，似通非通，颤振信号过大或与系统频率关系引起的谐振现象，再则相对低频的系统而选了过高频率的伺服阀
	阀输出忽正忽负，不能连续控制，成“开关”控制	伺服阀内反馈机构失效，或系统反馈断开，否则是出现某种正反馈现象
	漏油	安装座表面加工质量不好、密封不住。阀口密封圈质量问题，阀上堵头等处密封圈损坏。如果马达盖与阀体之间漏油，可能是弹簧管破裂、内部油管破裂等

续表

<table>
<tr><th></th><th>故障现象</th><th colspan="2">故 障 原 因</th></tr>
<tr><td rowspan="5">伺服阀故障的判别</td><td rowspan="5">以静、动态曲线来判断故障</td><td colspan="2">无载流量控制特性曲线表明了伺服阀的流量增益、静态滞后的宽度(滞环和游隙)、线性度、对称性等,更重要的是它反映伺服阀零位特性的类型及阀芯阀套的配合性能。零位处的流量增益也反映了阀芯阀套的对中情况。但零位处的流量增益因流量传感器的检测精度影响,一般很难判别。在实际曲线中,小球的磨损可以从无载流量控制特性曲线中很明确地反映出来
压力增益特性曲线反映了伺服阀的零位压力灵敏度,是阀芯控制窗口棱边磨损、阀芯与阀套配合间隙和摩擦因数以及对中情况的度量。在实际使用中,压力增益的下降对阀系数影响不大,但曲线所反映的滞环与零偏却有重要的实用意义。滞环反映了伺服阀力矩马达游隙大小和阀芯与阀套之间的污染情况及摩擦阻力,而零偏是阀芯阀套对中好坏的标志
内泄漏特性反映的泄漏是喷嘴挡板及滑阀泄漏量的总和,正常状态时其零位泄漏量最大,正常的泄漏量曲线呈马鞍形,它是阀液压功率损耗的度量。可以通过零位泄漏来判断阀芯控制窗口棱边磨损的情况。内泄漏曲线的畸变是判断阀套密封是否破损的主要依据
动态特性曲线实际上反映的是一个力矩马达带动一个小滑阀(轻型负载)的动态性能,因此曲线反映的信息量多为力矩马达级各参数的影响。但由于伺服阀实际存在的非线性因素以及用经典频率响应正弦分析法时带来的非线性影响,这些非线性因素是对动态特性分析造成失真的主要原因。在实际使用中,以动态性能指标来整体衡量力矩马达的状态是相当有效的,但进一步细化有实际困难</td></tr>
<tr><td>小球磨损对阀性能的影响</td><td>对于一个零开口的伺服阀来讲,小球磨损相当于阀零开口区附近力反馈回路的一个线性控制环节中加了一个非线性因素,因此在无载流量控制特性曲线上反映出一个无载流量增益的突跳,当小球磨损严重时会引起阀零开口性能的变坏。在实际测试与维修中,小球磨损程度可以用流量增益的突跳量来判断。下表是对某两种流量相同的 32 个电液伺服阀流量突跳和小球磨损量对照统计数
伺服阀的流量突跳和小球磨损<table><tr><td>流量突跳/L·min^{-1}</td><td>≤0.7</td><td>0.8～1.6</td><td>>1.6</td></tr><tr><td>小球磨损/μm</td><td>≤10</td><td>10～20</td><td>>20</td></tr><tr><td>磨损程度</td><td>轻度</td><td>中等</td><td>严重</td></tr></table>小球磨损引起的流量突跳在轻度时对压力增益几乎无影响，对动态性能的影响主要表现为系统稳定性下降。在实际使用中，流量突跳在无载流量控制特性曲线中的位置与伺服阀的使用工况有关。伺服阀工况不同，小球与阀芯小球定位槽的接触位置也不相同，所以流量突跳位置也不同，因此可以改变伺服阀使用工况来延长其使用寿命</td></tr>
<tr><td>永久磁铁的退磁对阀性能的影响</td><td>力矩马达中的永久磁铁退磁或磁性下降也是在使用中经常发生的故障之一，主要是由使用年限过长或外磁场干扰和力矩马达磁屏蔽不当引起。退磁主要影响力矩马达特性，使无载流量增益减小和伺服阀的频宽下降</td></tr>
<tr><td>阀套密封破损对阀性能的影响</td><td>阀套密封的故障频度与伺服阀的使用工况密切相关。对于使用工况比较严格的伺服阀，因长期工作在高温、高压环境下，长期受交变压力的冲击，密封受到交变挤切并进而使之破损，长期受高温影响时密封会失去弹性、硬化变脆进而断裂破损，引起故障。在此类故障中，阀套高压腔侧的密封尤为严重。阀套密封损坏会导致压力增益下降、零位偏移、内泄漏曲线严重畸变、零位泄漏明显增大，并且在零位区外其量值趋向定值。阀套密封破损对无载流量特性会引起流量不对称，但影响较轻；对阀动态特性的幅频特性无明显影响，而相频特性会明显减小，严重时影响会更大</td></tr>
<tr><td>主阀芯棱边磨损与主阀芯径向磨损对阀性能的影响</td><td>主阀芯控制窗口的工作棱边和主阀芯的径向间隙因油液的污染引起磨损，但只要油液污染度控制在规定使用的范围内，在阀的使用寿命内，这两种故障形式很少发生。这是因为小球磨损的故障较主阀芯棱边磨损早发生。但在主阀芯发生卡死而修复后，主阀芯控制窗口的棱边磨损就经常伴随发生。在实际使用中，它对阀的零位特性影响极为明显，但对其他静、动特性无显著影响</td></tr>
</table>

续表

	故障现象	故障原因	
伺服阀故障的判别	以静、动态曲线来判断故障	主阀芯卡死、卡滞对阀性能的影响	主阀芯的卡死、卡滞主要由油液的污染引起。主阀芯卡滞时，伺服阀无载流量特性曲线严重发生畸变，流量增益和压力增益明显下降，滞环增大，阀的动态性能也明显下降，阀不能正常工作。当油液污染严重时，阀产生卡死，伺服控制功能全部丧失
		喷嘴堵塞、节流孔堵塞、内部滤芯堵塞对阀性能的影响	因油液污染引起它们中间每一种情况的全部堵塞，则阀功能丧失。如果是引起每一种情况的部分堵塞，则无载流量特性曲线畸变成严重非线性、压力增益下降、零偏增大、频宽下降、稳定性变坏、阀整体性能变差。这类故障与液压系统的技术管理相关，采用先进的点检管理，使这类故障发生的频度很低
	以现代分析方法和人工智能来辨识故障	以经典的静、动态曲线分析伺服阀的故障，已在过去的若干年中得到广泛应用，但也存在着不少缺陷，例如数据判读性差、定量分析难、对人员素质要求高、判读时间长、对复合型故障判读命中率低等缺点。近年来计算机技术的迅猛发展，使人工智能进入了故障辨识领域。宝钢在进行多年探索后，以伺服阀计算机辅助测试为基础，运用人工智能技术对伺服阀故障进行离线故障辨识，该技术成功应用标志着人工智能进入了液压检测的实用领域	
		借助计算机技术对伺服阀测试数据进行状态特征信号提取、征兆提取、状态识别和精确判读　经典的静、动态测试以曲线为主要观察对象，缺乏精确定量分析能力，借助计算机技术，在 Windows 的环境下，运用动态链接库(DLL)技术，对各试验曲线进行数据提取、处理、识别与判读，使各种有用参数进行精确定量分析成为可能。表面看来，这项技术的应用并非难事，其实不然，它取决于测试方法的合理、传感器的精度与稳定性足够好以及数据处理得当。因此，这些都是应用人工智能辨识故障成败的关键	
		伺服阀故障的多重性使得运用人工智能分析与辨识故障难度增加。力矩马达或喷嘴挡板的故障将直接影响滑阀级的性能。而滑阀的阀芯卡滞等故障又会影响力矩马达和喷嘴挡板的正常工作。至于污染引起的故障更是多方面的，它导致节流孔、喷嘴的堵塞，主阀芯的异常磨损或卡滞等多种故障同时产生，这给分析故障带来了不确定因素。同样当产生某故障时，在被诊断各曲线中都有不同程度的反映，这给分析故障带来了多重因素 此外由于存在"边缘故障"问题，也使诊断带来了复杂性。所谓"边缘故障"是指不能明确判别故障是否处于已发生的状态。这些因素对运用人工智能来判断故障带来了多样性、不确定性和复杂性。在人工智能辨识故障中引入专家系统为实现故障诊断的人工智能化带来了便利	
		应用现代谱分析技术对伺服阀的动态特性进行研究和探索，以伪随机信号作为系统输入信号对电液伺服阀进行频率特性检测，实验结果表明利用谱分析法进行伺服阀动态性能检测，其测试结果与试验条件相关性很小，并且可在输入信号很小(阀额定电流的 3%左右)的情况下，获得满意的测试结果。这一特征为今后伺服阀的在线故障诊断提供了实验基础。经典的频率特性的正弦分析法在一个正弦波周期内，伺服阀的各种非线性因素随着工作点的变动而不断地交替作用。因此当供油压力变化和阀电流改变，伺服阀各种非线性因素的影响也不相同。这是导致频率响应正弦分析法依赖于试验条件的主要原因 伪随机信号的谱分析法是在伺服阀的某工作点以小信号输入进行测试，在该工作点附近可以认为伺服阀在一个线性系统中工作，所得的特性是该工作点的频率特性。而在伺服阀零位工作点以正负对称的伪随机小信号进行实验，这是阀经常工作的正常位置，因为实验条件决定了伺服阀受非线性因素的影响较小，故所测的频率特性更能反映阀的品质	

12.3　伺服放大器

伺服放大器是电液伺服控制系统的重要组成部分，它与电-机械转换器相匹配，以改善电液伺服阀或系统的稳态和动态性能。其负载通常是力矩马达、动圈式力矩马达。

表 20-12-8　　伺服放大器

性能要求	① 具有所要求的线性增益 ② 方便的零点和增益调整方式 ③ 具有所需要的频率特性 ④ 响应速度快 ⑤ 具有足够的输出功率	⑥ 要有过载保护电路 ⑦ 抗干扰能力强，有很好的稳定性和可靠性 ⑧ 控制功能强，能实现控制信号的生成、处理、综合、调节、放大 ⑨ 输入输出参数、连接端口和外形尺寸标准化、规范化

第20篇

续表

伺服放大器

伺服放大器是驱动伺服阀的直流功率放大器，一般模拟放大器的前置级为电压放大，功率级为电流放大。其作用是将输入指令信号(电压)同系统反馈信号(电压)进行比较、放大和运算后，输出一个与偏差电压信号成比例的控制电流给伺服阀力矩马达控制线圈，控制伺服阀阀芯开度大小，并起限幅保护作用

伺服放大器作为驱动电液伺服阀的一种电子设备，相应参数有一定要求：①输入电压在±10V内，方便计算机和可编程控制器等指令元件实现控制；②输出电流±10～±100mA可调，以便适应各种型号力矩马达伺服阀；③伺服放大器线性度误差小于3%FS(FS指满量程)；④具有反馈接入端，以便构成闭环控制系统；⑤为适应伺服系统高频响的特性，伺服放大器频宽大于1200Hz；⑥具有最大输出电流限制和输出短路保护功能，可限制伺服阀最大流量和防止输出线路短接导致故障

伺服放大器由指令和反馈比较处理、调零电路、限流电路、前置放大、功率放大等功能模块组成，其结构框图如图(a)所示

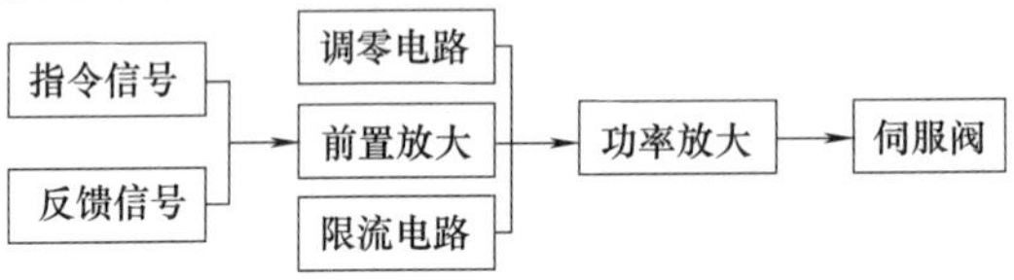

图(a) 伺服放大器的结构框图

图(b)为一伺服放大器的具体电路原理图的例子

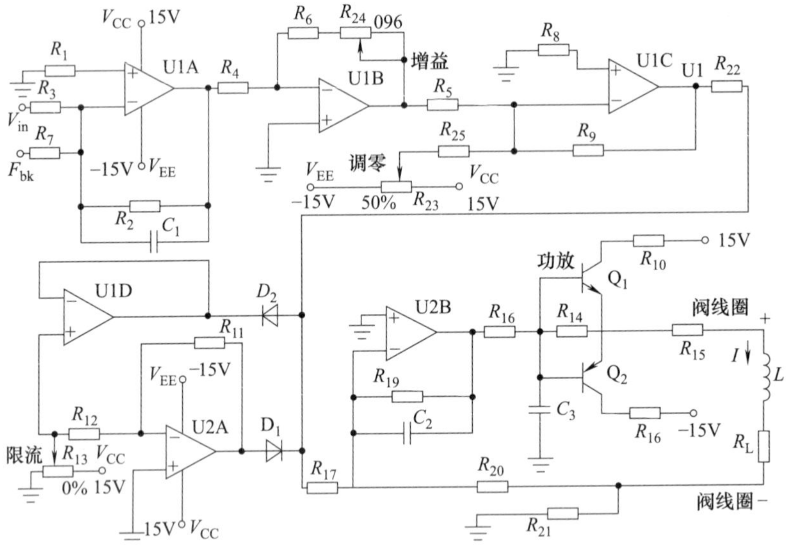

图(b) 伺服放大器原理图

前置放大电路的作用是把指令和反馈输入信号进行比较和放大，也可以是减增益放大，以适应功率放大级的工作要求，也即是电压匹配的过程。该电路V_{in}、F_{bk}分别为输入信号和反馈信号，通过电位器R_{24}调节电路增益，使其适应功率放大电路的要求，使电路电压前后级达到匹配

调零电路的作用是通过在前置放大电路叠加可调电压，调整电路基准电压。通过调节电位器R_{23}进行零偏补偿，克服伺服放大器系统偏置

限流电路的作用是限定流过伺服阀线圈的最大电流，避免线圈过载，保护伺服阀，限制液压系统最大流量。该电路由运放U1D、U2A，二极管D_1、D_2和可调电压源构成，通过电位器R_{13}调节功率放大级的输入电压的幅度，达到限定输出电流目的

功率放大电路是伺服放大器的核心单元，放大器的静态和动态性能很大程度上取决于这一部分，功率放大级必须能输出足够的功率，并有良好的抗干扰能力和静、动态性能，此外还需具备接受颤振信号等功能。颤振信号发生器的作用是生成频率和振幅可调的颤振信号，以减小伺服阀的滞环，提高伺服阀的灵敏度

功率放大电路的作用是将小功率电压信号转换放大为功率较大的电流信号，以便提供足够的伺服阀额定电流，以驱动负载。该电路利用NPN和PNP型三极管的基极和发射级相互连接在一起，信号从基极输入，发射极输出。电路可看成由2个射极输出器组合而成，构成推挽功率放大电路，分别在输入信号正负半周期内工作。另外，还可在输出电流中叠加一个由8038芯片产生的高频颤振信号，以提高伺服阀分辨率和防止由于库仑摩擦力导致的阀芯卡滞

伺服阀线圈为伺服放大器的负载，相当0.3H电感和80Ω电阻组成的感性阻抗，为了使功率级的输出控制电流正比于输入电压信号，采用了电阻R_{21}与负载线圈串联，并将其上电压经电阻R_{20}反馈到放大器的反相输入端，实现闭环控制，精确调整功率级输出电流。因为功率级反馈电压是由电流产生的，故称为电流负反馈。引入电流负反馈以后，在额定负载范围内，负载阻抗变化基本不影响功率级输出电流变化，伺服放大器相当一个恒流源

续表

伺服放大器	根据运放虚短和虚断原理，可以推出 $$V_{in}=\frac{(R_{17}+R_{22})R_{21}I}{KR_{20}} \quad (20\text{-}12\text{-}4)$$ 式中，K 为前置放大电路增益 伺服放大器输出电流和输入电压成线性，并和负载无关 控制变量的设定值与实际值的比较，是在系统控制电子放大器中进行的。换言之，系统偏差运算在这里进行。然后偏差被放大，并经一个确定的传递特性（PID 运算）处理。最后作为控制变量，输入伺服阀
数字控制放大器	放大器并非只有产生和处理模拟信号（以直流形式）一种形式，采用数字方法也行，此时，信号是以一串二进制数字表示的。价格合适的微处理机的来临，意味着这种技术已取得突飞猛进的发展 一旦采用数字技术，所有的计时步骤都必须按照严格顺序一条一条地执行。这意味着微机的时钟周期是至关重要的。尽管从严格意义上讲，它的输出信号不是连续的，而是根据数字运算结果呈阶跃式的，但在实际使用中被认为是连续的 这种技术的优点，在于它的高精度和所有的控制参数都能用软件编程得到。这允许基于万能基本通用模块方法来进行设计。人们可以相信，随着微机的使用，必然会给电液控制工程和比例技术带来更加广泛和持久的影响

12.4 电液伺服系统设计

12.4.1 全面理解设计要求

表 20-12-9 电液伺服系统设计要求

了解被控对象	液压伺服控制系统是被控对象——主机的一个组成部分，它必须满足主机在工艺上和结构上对其提出的要求。例如轧钢机液压压下位置控制系统，除了应能够承受最大轧制负载，满足轧钢机轧辊辊缝调节最大行程、调节速度和控制精度等要求外，执行机构——压下液压缸在外形尺寸上还受轧钢机窗口尺寸的约束，结构上还必须保证满足更换轧辊方便等要求。要设计一个好的控制系统，必须充分重视这些问题的解决。所以设计师应全面了解被控对象的工况，并综合运用电气、机械、液压、工艺等方面的理论知识，使设计的控制系统满足被控对象的各项要求	
明确设计系统的性能要求	被控对象的物理量	位置、速度或是力
	静态极限	最大行程、最大速度、最大力或力矩、最大功率
	要求的控制精度	由给定信号、负载力、干扰信号、伺服阀及电控系统零漂、非线性环节（如摩擦力、死区等）以及传感器引起的系统误差、定位精度、分辨率和允许的飘移量等
	动态特性	相对稳定性可用相位裕量和增益裕量、谐振峰值和超调量等来规定，响应的快速性可用截止频率或阶跃响应的上升时间和调整时间来规定
	工作环境	主机的工作温度、工作介质的冷却、振动与冲击、电气的噪声干扰以及相应的耐高温、防水防腐蚀、防振等要求
	特殊要求	设备重量、安全保护、工作的可靠性以及其他工艺要求
负载特性分析	正确确定系统的外负载是设计控制系统的一个基本问题。它直接影响系统的组成和动力元件参数的选择，所以分析负载特性应尽量反映客观实际。液压伺服系统的负载类型有惯性负载、弹性负载、黏性负载、各种摩擦负载（如静摩擦、动摩擦等）以及重力和其他不随时间、位置等参数变化的恒值负载等	

12.4.2 拟订控制方案、绘制系统原理图

在全面了解设计要求之后，可根据不同的控制对象，按表 20-12-10 所列的基本类型选定控制方案并拟订控制系统的方块图。如对直线位置控制系统一般采用阀控液压缸的方案，方块图如图 20-12-1 所示。

现代机器的运动控制很大程度上是一个轴控制的问题。当今工业设备都是多轴运动，越来越多地由伺服阀或比例阀提供电液控制。轴运动可以是开环也可以是闭环，这取决于实际应用中要求的精度。在很多应用中确定控制方案时，运动循环并不要求很高精度就可用开环，而当要求对油缸定位时，必须用闭环。

开环运动控制轴控制由向伺服阀或比例阀输入参考信号实现，没有对被调液压参数的反馈。开环控制系统的精度严格地取决于液压系统的品质尤其是伺服阀或比例阀和放大器的品质。

轴控制由向闭环控制器提供输入信号实现，控制中枢处理单元器通过油缸传感器接受被调液压参数的反馈信号并比较两信号，控制器将信号差值进行处理并传送给伺服阀或比例阀，以校正阀调整量使之符合 PID 控制环要求。

与开环控制相比，闭环控制精度要好得多，由于有反馈的存在，不易受外部环境干扰。总之，液压系统整体品质越高，轴控制精度越高。

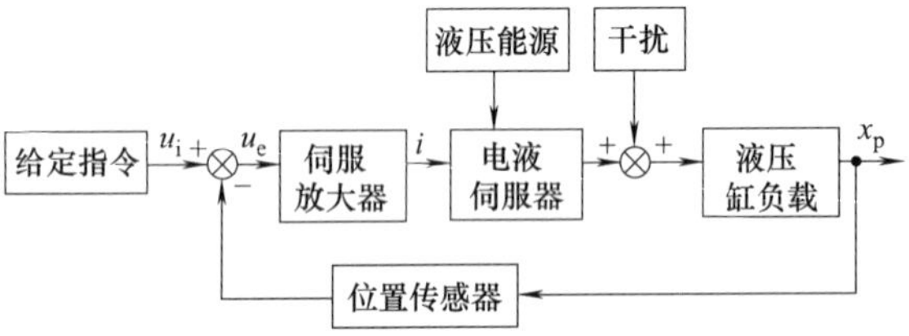

图 20-12-1　阀控液压缸位置控制系统方块图

表 20-12-10　液压伺服系统控制方式的基本类型

伺服系统	控制信号	控制参数	运动类型	元件组成
机液 电液 气液 电气液	模拟量 数字量 位移量	位置、速度、加速度、力、力矩、压力	直线运动 摆动运动 旋转运动	①阀控制：阀-液压缸，阀-液压马达 ②容积控制：变量泵-液压缸；变量泵-液压马达；阀-液压缸-变量泵-液压马达 ③其他：步进式力矩马达

12.4.3　动力元件的参数选择

动力元件是伺服系统的关键元件。它的一个主要作用是在整个工作循环中使负载按要求的速度运动。其次，它的主要性能参数能满足整个系统所要求的动态特性。此外，动力元件参数的选择还必须考虑与负载参数的最佳匹配，以保证系统的功耗最小，效率高。

动力元件的主要参数包括系统的供油压力、液压缸的有效面积（或液压马达排量）、伺服阀的流量。当选定液压马达作执行元件时，还应包括齿轮的传动比。

表 20-12-11　动力元件的参数选择

<table>
<tr><td>供油压力的选择</td><td colspan="3">选用较高的供油压力，在相同输出功率条件下，可减小执行元件——液压缸的活塞面积（或液压马达的排量），因而泵和动力元件尺寸小、质量轻，设备结构紧凑，同时油腔的容积减小，容积弹性模量增大，有利于提高系统的响应速度。但是随供油压力增加，由于受材料强度的限制，液压元件的尺寸和重量也有增加的趋势，元件的加工精度也要求提高，系统的造价也随之提高。同时，高压时，泄漏大，发热高，系统功率损失增加，噪声加大，元件寿命降低，维护也较困难。所以条件允许时，通常还是选用较低的供油压力
常用的供油压力等级为 7MPa 到 31.5MPa，可根据系统的要求和结构限制条件选择适当的供油压力</td></tr>
<tr><td rowspan="2">伺服阀流量与执行元件尺寸的确定</td><td rowspan="2">动力元件的输出特性</td><td>说　　明</td><td>解释</td></tr>
<tr><td>如上所述，动力元件参数选择除应满足拖动负载和系统性能两方面的要求外，还应考虑与负载的最佳匹配。下面着重介绍与负载最佳匹配问题
将伺服阀的流量——压力曲线经坐标变换（$F_L=p_LA_p$；$v=q_L/A_p$）绘于 v-F_L 平面上，所得的抛物线即为动力元件稳态时的输出特性，见图(a)
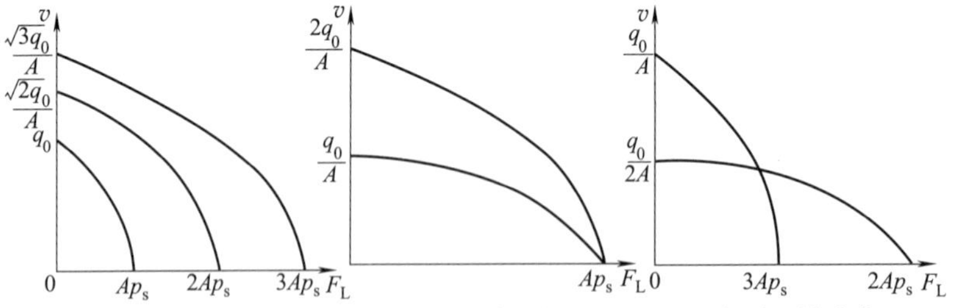(ⅰ)供油压力变化　(ⅱ)伺服阀容量变化　(ⅲ)液压缸面积变化
图(a)　参数变化对动力机构输出特性的影响
由图(a)可见，当伺服阀规格和液压缸面积不变，提高供油压力，曲线向外扩展，最大功率提高，最大功率点右移，如图(a)中(ⅰ)所示，当供油压力和液压缸面积不变，加大伺服阀规格，曲线变高，曲线的顶点 Ap_s 不变，最大功率提高，最大功率点不变，如图(a)中(ⅱ)所示。当供油压力和伺服阀规格不变，加大液压缸面积 A，曲线变低，顶点右移，最大功率不变，最大功率点右移，如图(a)中(ⅲ)所示</td><td>F_L——负载力，$F_L=p_LA_p$
p_L——伺服阀工作压力
A_p——液压缸有效面积
v——液压缸活塞速度，$v=q_L/A_p$
q_L——伺服阀的流量
q_0——伺服阀的空载流量
p_s——供油压力</td></tr>
</table>

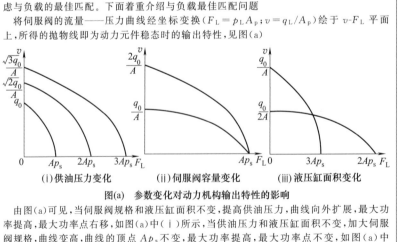

续表

<table>
<tr><td rowspan="5">伺服阀流量与执行元件尺寸的确定</td><td>负载最佳匹配图解法</td><td>在负载轨迹曲线 v-F_L 平面上，画出动力元件输出特性曲线，调整参数，使动力元件输出特性曲线从外侧完全包围负载轨迹曲线，即可保证动力元件能够拖动负载。在图(b)中，曲线 1、2、3 代表三条动力元件的输出特性曲线。曲线 2 与负载轨迹最大功率点 c 相切，符合负载最佳匹配条件，而曲线 1、3 上的工作点 a 和 b，虽能拖动负载，但效率都较低</td></tr>
<tr><td>负载最佳匹配的解析法</td><td>参见液压动力元件的负载匹配</td></tr>
<tr><td>近似计算法</td><td>在工程设计中，设计动力元件时常采用近似计算法，即按最大负载力 F_{Lmax} 选择动力元件。在动力元件输出特性曲线上，限定 $F_{Lmax} \leqslant p_L A_p = \frac{2}{3} p_s A_p$，并认为负载力、最大速度和最大加速度是同时出现的，这样液压缸的有效面积可按下式计算
$$A_p = \frac{F_{Lmax}}{p_L} = \frac{m\ddot{x}+B\dot{x}+kx+F}{\frac{2}{3}p_s} \qquad (20\text{-}12\text{-}5)$$
按式(20-12-5)求得 A 值后，可计算负载流量 q_L，即可根据阀的压降从伺服阀样本上选择合适的伺服阀。近似计算法应用简便，然而是偏于保守的计算方法。采用这种方法可以保证系统的性能，但传递效率稍低
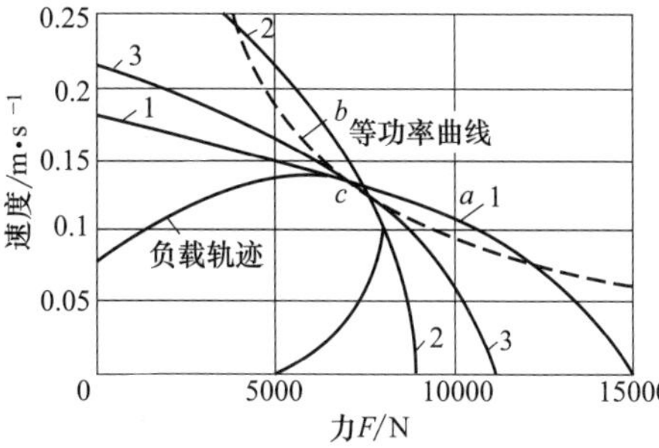

图(b)　动力元件与负载匹配图形</td></tr>
<tr><td>按液压固有频率选择动力元件</td><td>对功率和负载很小的液压伺服系统来说，功率损耗不是主要问题，可以根据系统要求的液压固有频率来确定动力元件
四边滑阀控制的液压缸，其活塞的有效面积为
$$A_p=\sqrt{\frac{V_0 m}{2\beta_e}}\,\omega_h \qquad (20\text{-}12\text{-}6)$$
二边滑阀控制的液压缸，其活塞的有效面积为
$$A_p=\sqrt{\frac{V_0 m}{\beta_e}}\,\omega_h \qquad (20\text{-}12\text{-}7)$$
液压固有频率 ω_h 可以按系统要求频宽的 5～10 倍来确定。对一些干扰力大、负载轨迹形状比较复杂的系统，不能按上述的几种方法计算动力元件，只能通过作图法来确定动力元件
计算阀控液压马达组合的动力元件时，只要将上述计算方法中液压缸的有效面积 A_p 换成液压马达的排量 D_m，负载力 F_L 换成负载力矩 T_L，负载速度换成液压马达的角速度 $\dot{\theta}_m$，就可以得到相应的计算公式。当系统采用了减速机构时，应注意把负载惯量、负载力、负载的位移、速度、加速度等参数都转换到液压马达的轴上才能作为计算的参数。减速机构传动比选择的原则是：在满足液压固有频率的要求下，传动比最小，这就是最佳传动比</td></tr>
<tr><td colspan="2">伺服阀的选择</td><td>在伺服阀选择中常常考虑的因素有：
①阀的工作性能、规格
②工作可靠、性能稳定、一定的抗污染能力
③价格合理
④工作液、油源
⑤电气性能和放大器
⑥安装结构，外形尺寸等</td></tr>
</table>

第20篇

续表

伺服阀的选择	按控制精度等要求选用伺服阀	系统控制精度要求比较低时，还有开环控制系统、动态不高的场合，都可以选用工业伺服阀甚至比例阀。只有要求比较高的控制系统才选用高性能的电液伺服阀，当然它的价格亦比较高	
	按用途选用伺服阀	电液伺服阀有许多种类，许多规格，分类的方法亦非常多，而只有按用途分类的方法对选用伺服阀是比较方便的。按用途分有通用型阀和专用型阀。专用型阀使用在特殊应用的场合，例如高温阀，防爆阀，高响应阀，裕度阀，特殊增益阀，特殊重叠阀，特殊尺寸、特殊结构阀，特殊输入、特殊反馈的伺服阀等。还有特殊的使用环境对伺服阀提出特殊的要求，例如抗冲击、震动、三防、真空等 通用型伺服阀还分通用型流量伺服阀和通用型压力伺服阀。在力(或压力)控制系统中可以用流量阀，也可以用压力阀。压力伺服阀因其带有压力负反馈，所以压力增益比较平缓、比较线性，适用于开环力控制系统，作为力闭环系统也是比较好的。但因这种阀制造、调试较为复杂，生产也比较少，选用困难些。当系统要求较大流量时，大多数系统仍选用流量控制伺服阀。在力控制系统用的流量阀，希望它的压力增益不要像位置控制系统用阀那样要求较高的压力增益，而希望降低压力增益，尽量减少压力饱和区域，改善控制性能。虽然在系统中可以通过采用电气补偿的方法，或有意增加压力缸的泄漏等方法来提高系统性能和稳定性等，在订货时仍需向伺服阀生产厂家提出低压力增益的要求。通用型流量伺服阀是用得最广泛、生产量亦最大的伺服阀，可以应用在位置、速度、加速度(力)等各种控制系统中，所以应该优先选用通用型伺服阀	
	伺服阀规格的选择	首先估计所需的作用力的大小，再来决定油缸的作用面积。满足以最大速度推拉负载的力 F_L。如果系统还可能有不确定的力，则最好将 F_L 力放大20%～40%，具体计算如下 $$F_L=F_a+F_G+F_c+F \quad (20\text{-}12\text{-}8)$$ F_a为满足加速度要求的力。需要克服的惯性力高速应用中可能非常大，并且对选择阀的尺寸来说是关键的 $$a=\frac{v_{max}}{T_a} \quad (20\text{-}12\text{-}9)$$ $$m=\frac{W_L+W_P}{g} \quad (20\text{-}12\text{-}10)$$ 由于加速度产生的力 $$F_a=ma \quad (20\text{-}12\text{-}11)$$ F_G为重力。重力的方向可能是正的，也可能是负的，可以是一个帮助做功的力也可能是一个阻碍力，取决于负载的方位和运动的方向 F_c为摩擦力。许多阀被用于某些运动设备，这些运动设备通常利用橡胶密封来分隔不同的压力腔。这些密封和移动部件的摩擦起一个反作用力。摩擦力 F_c根据油缸工况、密封机构、材料不同，大小差异很大。摩擦力一般取(1%～10%)F_G $$F_G=0.1F_{max} \quad (20\text{-}12\text{-}12)$$ F 为外干扰力，由常值的和间歇的干扰源产生，根据实际工况计算，见图(c) 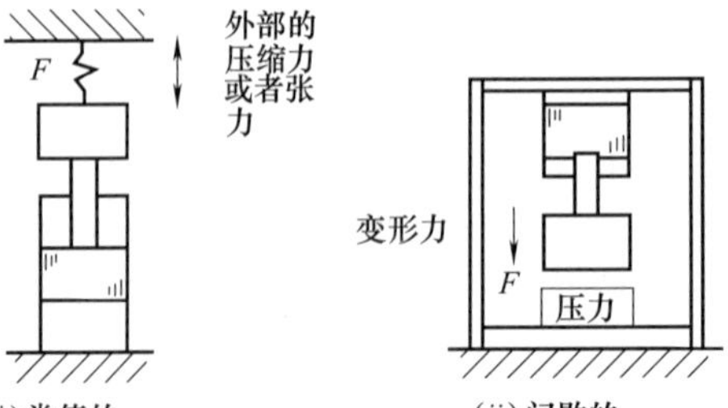 (i)常值的 (ii)间歇的 图(c) 外干扰力 油缸面积 A_p $$A_p=\frac{1.2F_L}{p_s} \quad (20\text{-}12\text{-}13)$$ 参考液压缸的缸杆直径和缸径标准，并选择最接近的以上计算的结果的值	F_L——全部所需要的力，N F_a——由于加速度产生的力，N F_G——由于重力产生的力，N F_c——由于摩擦产生的力，N F——由于外干扰产生的力，N m——质量，kg a——加速度，m/s^2 W_P——活塞重量，N v_{max}——最大速度，m/s T_a——加速时间，s W_L——负载重量，N p_s——供油压力

续表

伺服阀的选择	伺服阀规格的选择	负载运动的最大速度为 v_L $v_L=\frac{q_L}{A}$　(20-12-14) 同时知道负载压力 p_L $p_L=\frac{F_L}{A_p}$　(20-12-15) 决定伺服阀供油压力 p_s $p_s=\frac{3p_L}{2}$　(20-12-16)	q_L——负载流量，m^3/s v_L——最大所需负载速度，m/s p_L——负载压降，Pa
		伺服阀的流量规格按式(20-12-17)计算 $Q_N=Q_L\sqrt{\frac{p_N}{p_S-p_L}}$　(20-12-17) 决定伺服阀的额定流量在 7MPa 下的阀压降。为补偿一些未知因素，建议额定流量选择要大 10% 开环的控制系统用阀，伺服阀频宽，相频大于 3～4Hz 就够了 闭环系统算出系统的液压固有频率，一般选相频大于该频率 3 倍的伺服阀，该系统就可以调出最佳的性能	p_N——伺服阀额定供油压力，该压力下，额定电流条件下的空载流量就是伺服阀的额定流量 Q_N
液压固有频率的计算	概述	一个液压控制系统，例如由液压缸与负载所组成，为一弹簧-质量系统。其弹簧作用由被压缩的油液容积产生。如果这样的系统用一榔头去敲打激励，则系统将以固有频率 f_h(Hz)振动。在以后的计算中，参数 f_h(Hz)将用物理学中常规的参数“角频率”ω_h(rad/s)或(s^{-1})代替，而 $\omega_h=2\pi f_h$　(20-12-18) 从稳定性观点看一个闭环系统，若系统具有较高的固有频率，则会有一些问题。可粗略地划分为如下的 3 个频率区 低频：f_h=3～10Hz，重型机械，机械手，手动设备，注射机 中频：f_h=50～80Hz，位置控制的机床 高频：f_h>100Hz 试验机，注射机(注射装置)，压机	
	基本公式	计算弹簧质量系统固有频率的基本公式为 $\omega_h=\sqrt{\frac{k_h}{m}}$　(20-12-19) 弹簧刚度即“液压刚度”k_h，主要由受压的油液体积决定，由式(20-12-20)确定 $k_h=\beta_e\frac{A_p^2}{V}$　(20-12-20) 如基本公式已经表明的那样，一个液压传动系统的固有频率，取决于执行器液压马达或液压缸的尺寸和驱动的质量 系统中的其他元件，例如伺服阀，也有自己的固有频率。因为整个闭环系统的角频率是由系统中动态特性最低的元件决定的，因而也要注意伺服阀的极限频率。此值一般在 50～150Hz 范围 根据不同的传动方式，得出后面详细的计算固有频率的公式 机械传输件(固定的)的刚性在公式中未加考虑，这要按应用情况给予相应的扣除	ω_h——固有频率，s^{-1} m——质量，kg k_h——弹簧刚度，N/m β_e——液压油的弹性模量，$\beta_e=(1\sim1.4)\times10^9N/m^2=(1\sim1.4)\times10^9Pa$ A_p^2——活塞杆面积的平方，m^4 V——油液体积，m^3
	双出杆液压缸液压固有频率的计算	这种结构的液压缸有对称的面积，可以得出明显的关系，见图(d)。让活塞处于缸的中间位置，得到 $k_h=\beta_e\left(\frac{A_1^2}{A_1\frac{h}{2}}+\frac{A_2^2}{A_2\frac{h}{2}}\right)$　(20-12-21) 由于　$A_1=A_2=A_p$，则 $k_h=\beta_e\left(\frac{2A_p}{A_p\frac{h}{2}}\right)=\beta_e\frac{4A_p}{h}$　(20-12-22) 代入 $\omega_h=\sqrt{\frac{k_h}{m}}$，有 $\omega_h=\sqrt{\frac{4\beta_eA_p}{mh}}$　(20-12-23)	ω_h——液压固有频率，s^{-1} A_p——活塞有效面积，m^2 h——活塞行程，m，对于死容积，应预先给行程 h 增加 20%～50%的附加值

续表

液压固有频率的计算

双出杆液压缸液压固有频率的计算

活塞面积与行程之比对固有频率有着重要的影响。A/h 的系数也可表示为 λ。从提高固有频率观点考虑，较大的面积和较短的行程是比较有利的。面积的确定，还要由其他的一些因素，如规格大小、压力、体积流量等一同来考虑

在作这些考察时，管道的容积未加考虑。很显然，总要尽可能地减小死容积，这就是说，阀与缸之间的管道短些、刚性大些，有利于提高固有频率

上面计算固有频率，是按活塞处于中间位置的情况出发，从而得到一个最小的固有频率值，这是实践中处于最不利情况下必须达到的数值。如图(e)所示曲线，表明了固有频率与活塞位置的关系。当活塞离开中位时，计算固有频率必须乘上一个系数 F

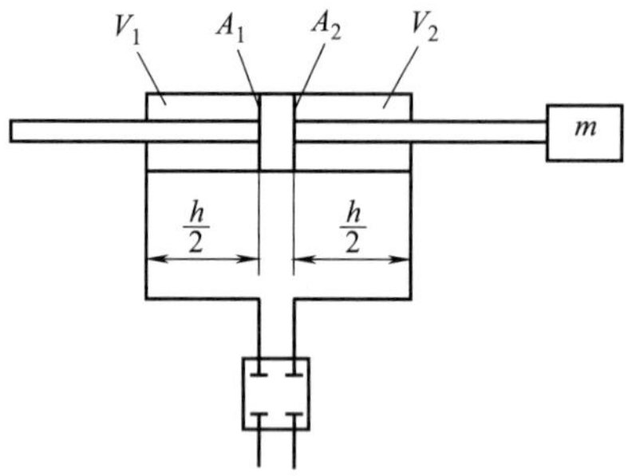

图(d)　双出杆液压缸

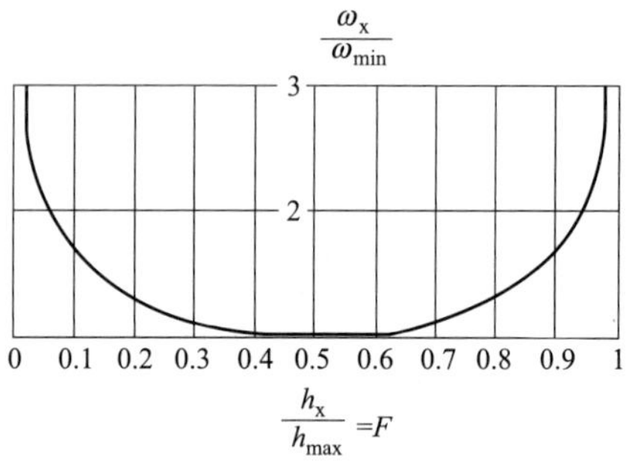

图(e)　液压固有频率和活塞位置的关系

计算实例：已知 $D=50\text{mm}$，$d=32\text{mm}$，$m=50\text{kg}$，$\beta_e=1.4\times10^9\text{N/m}^2$，求解，$\omega_h$、$f_h$。

由 $D=50\text{mm}$ 推出 $A_p=19.5\text{cm}^2$，$d=32\text{mm}$ 推出 $a=8.0\text{cm}^2$

$$A_p=11.5\text{cm}^2=11.5\times10^{-4}\text{m}^2$$

$$\omega_h=\sqrt{\frac{4\times1.4\times11.5\times10^5}{50\times0.5}}=507\text{s}^{-1}$$

$$f_h=\frac{\omega_h}{2\pi}=80.7\text{Hz}$$

单出杆液压缸固有频率的计算

这种结构形式的液压缸在实践中经常会遇到，见图(f)。在计算固有频率时，也是要注意到活塞面积与环形面积之比以及活塞位置

最小的即临界的固有频率的计算，像在双出杆液压缸一样，其结果要用系数来修正。此系数为

$$\frac{1+\sqrt{\alpha}}{2}$$

$$\alpha=\frac{A_r}{A_h}$$

从提高固有频率观点出发，较大环形面积即较小的活塞杆直径是有利的。完整的最小固有频率计算公式为式(20-12-24)，即

$$\omega_{hmin}=\sqrt{\frac{4\beta_e A_r}{hm}}\left(\frac{1+\sqrt{\alpha}}{2}\right)\tag{20-12-24}$$

A_r——环形面积

A_h——活塞面积

ω_h——液压固有频率，s^{-1}

h——活塞行程，m，对于死容积，应预先给行程 h 增加20%～50%的附加值

m——质量，kg

β_e——液压油的弹性模量，MPa

这仅适用于活塞一个确定的位置 h_x，而固有频率与面积比和活塞位置 h_x 的关系如图(g)中曲线所示。对于活塞其他位置 h_x 的计算结果，必须乘上系数 F

计算实例：已知，$D=50\text{mm}$，$d=32\text{mm}$，$m=50\text{kg}$，$\beta_e=1.4\times10^9\text{N/m}^2$，求解 ω_h、f_h

解

$$\omega_h=\sqrt{\frac{4\beta_e A_r}{hm}}\left(\frac{1+\sqrt{\alpha}}{2}\right)$$

由 $D=50\text{mm}$ 推出 $A=19.5\text{cm}^2$，$d=32\text{mm}$ 推出 $a=8.0\text{cm}^2$，$A_r=11.5\text{cm}^2=11.51\times0^{-4}\text{m}^2$

$$\alpha=\frac{A_r}{A_h}=\frac{11.5}{19.5}=0.6$$

$$\omega_h=\sqrt{\frac{4\times1.4\times10^9\times19.5\times10^{-4}}{50\times0.5}}\left(\frac{1+\sqrt{0.6}}{2}\right)=586\text{s}^{-1}$$

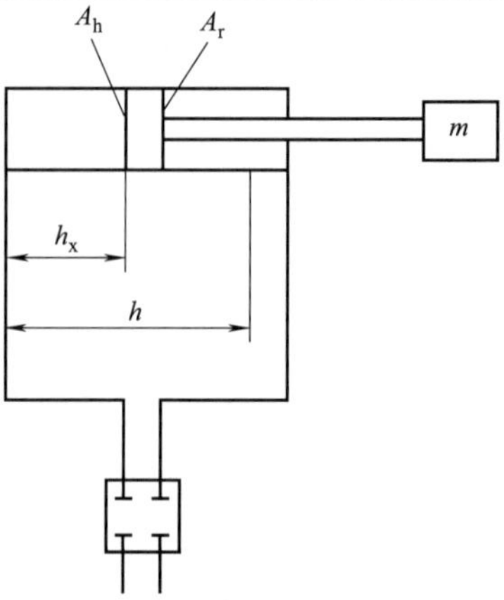

图(f)　单出杆液压缸固有频率

续表

液压固有频率的计算 — 单出杆缸液压缸固有频率的计算（续）

$$f_h=\frac{\omega_h}{2\pi}=93.3\text{Hz}$$

最小固有频率时活塞的位置（设 $h=500$mm）

$h_x=h\times0.56=500\times0.56=280$mm，0.56 从图(g)中得到

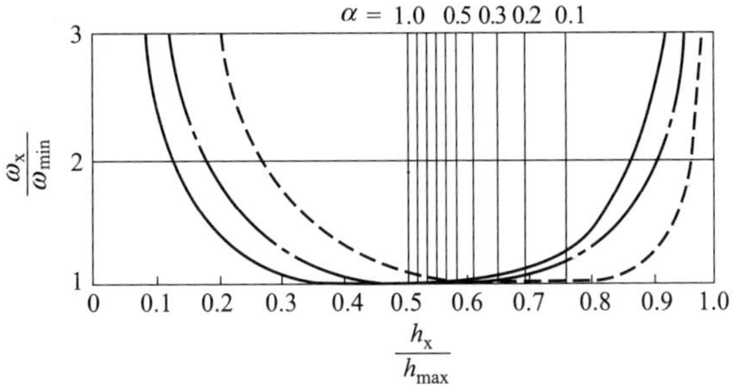

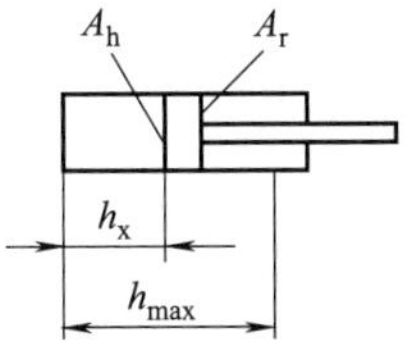

图(g)　最小固有频率时活塞的位置

液压固有频率的计算 — 液压马达

见图(h)，根据基本公式

$$\omega_h=\sqrt{\frac{k_h}{m}}$$

式中的质量 m(kg)，对于旋转运动，应该用惯性矩 I(kg·m²)代替

弹簧刚度或者"扭转刚度"k_h，在对称情况下为

$$k_h=\beta_e\left[\frac{\left(\frac{D_m}{2\pi}\right)^2}{V_0}+\frac{\left(\frac{D_m}{2\pi}\right)^2}{V_0}\right]\tag{20-12-25}$$

$$k_h=2\beta_e\frac{\left(\frac{D_m}{2\pi}\right)^2}{V_0}\tag{20-12-26}$$

代入 $\omega_h=\sqrt{\frac{k_h}{I}}$

$$\omega_h=\sqrt{\frac{2\beta_e\left(\frac{D_m}{2\pi}\right)^2}{V_0I}}\tag{20-12-27}$$

ω_h——固有频率，s^{-1}
D_m——液压马达排量，m³/r
V_0——单侧死容积，m³
I——惯性矩，kg·m²
β_e——液压油的弹性模量，$\beta_e=(1\sim1.4)\times10^9$MPa

对于液压缸而言，当死容积与液压缸的工作容积相比很小时，可以忽略不计；而对液压马达，则要很好地加以考虑，尽管马达中的死容积每侧只有$V_0=V/2$，也是相对比较小的。从固有频率角度看，相对液压缸而言，液压马达是个较好的控制元件。其缺点是泄漏损失比较大

特别是在低转速时，按不同结构，泄漏损失将产生回转不均匀和制动压力降低等影响

注意：排量 D_m(m³/r)按物理学系统应代入(m³/2π 弧度)，因为 1r=360°=2π 弧度，惯性矩 I(kg·m²)应代入$\left(\frac{N\cdot s^2}{m}\times m^2\right)=(N\cdot s^2\cdot m)$。

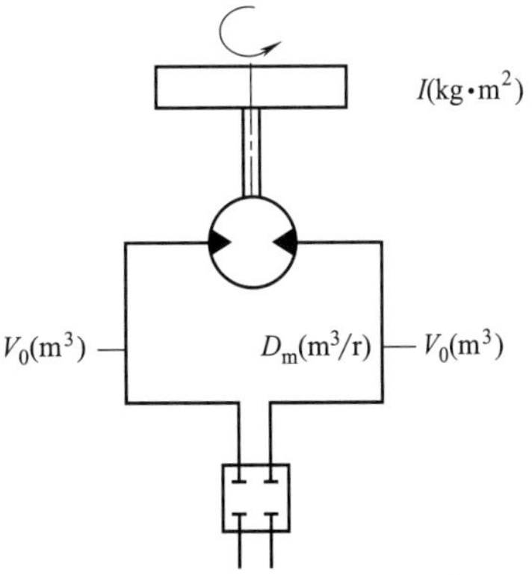

图(h)　液压马达液压固有频率的计算

第20篇

续表

液压固有频率的计算

等效质量和等效刚度的计算

计算固有频率基本公式的假设是，质量直接作用在液压缸缸杆上，惯性矩直接加在液压马达的转轴上。根据具体的传动机构，应注意相应的传动比，而降低加在液压缸或液压马达上的实际质量。通过杠杆和减速机构连接负载后的等效刚度质量的计算见图(i)

在实践上，必须注意传动的刚性，因为这往往是一个附加的弹簧-质量系统

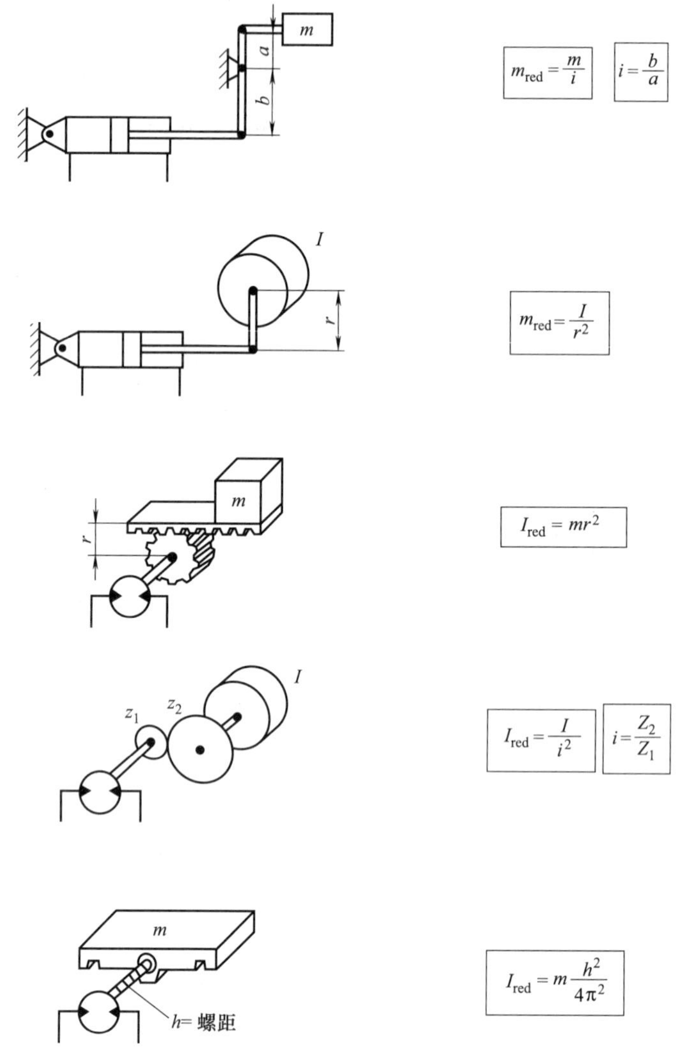

图(i)　等效质量的计算

如果机械刚度为 K_S，则等效刚度就是液压刚度与机械刚度并联的结果，即

$$K_0=\frac{K_hK_S}{K_h+K_S} \tag{20-12-28}$$

综合谐振频率

$$f_0=\frac{1}{2\pi}\sqrt{\frac{K_0}{m}} \tag{20-12-29}$$

因为 $K_0<K_h$，用 $f_h=\frac{1}{2\pi}\sqrt{\frac{4\beta_eA_p^2}{Vm}}$ 选伺服阀频宽是偏安全的。建议：机械刚度应比液压刚度高 3～10 倍

12.4.4　液压系统固有频率对加速和制动程度的限制

表 20-12-12　液压系统固有频率对加速和制动程度的限制

<table>
<tr><td>计算方法</td><td>液压伺服系统将给质量的加速与制动设置一定的极限。这个极限值，一方面由所能提供的功率或压力，另一方面由传动系统固有频率来决定
如果加速和制动过程最终由功率准则决定，则由于固有频率的影响，系统将发生振动。为了避免这种情况，则应该根据开环回路原则，使过程不低于一定的最小制动和加速时间。这个时间的计算如下
①固有频率 ω_h
②时间常数
$$T=\frac{1}{\omega_h} \tag{20-12-30}$$
③制动或加速时间
$$t=3\sim5T \tag{20-12-31}$$
④加速度/减加速度
$$a=\frac{v}{t} \tag{20-12-32}$$
⑤加速或制动距离
$$S=\frac{1}{2}v_0t \tag{20-12-33}$$
或者
$$S=\frac{v^2}{2a} \tag{20-12-34}$$</td></tr>
<tr><td>计算实例</td><td>已知固有频率 $\omega_h\approx500s^{-1}$，液压缸速度 $v=2m/s$，允许的液压缸压力 $p=200bar$，求解最大的减加速度 a 和最小的制动距离 S
解
①可使用的制动力 $F=pA$，$p=200bar$，$A=11.5cm^2$，$F=23\times10^3N$，$m=50kg$，则
$$a=\frac{F}{m}=\frac{23\times10^3}{50}=460m/s^2$$
制动距离为
$$S=\frac{v^2}{2a}=\frac{2^2}{2\times460}=0.0043m$$
②由固有频率决定的减加速度 a 和制动距离
时间常数
$$T=\frac{1}{\omega_h}$$
$$T=0.002s$$
制动时间
$$t\approx5T=0.01s$$
可实现的减加速度由公式
$$a=\frac{v}{t}$$
$v=2m/s$，代入
$$a=\frac{v}{t}=\frac{2}{0.01}=200m/s^2$$
制动距离，由公式得
$$S=\frac{v^2}{2a}=\frac{2^2}{2\times220}=0.01m$$</td></tr>
</table>

12.4.5　伺服阀选择注意事项

对于流量大又要频宽相对比较高，可以选电反馈伺服阀。电反馈伺服阀或伺服比例阀与机械反馈伺服阀相比其优点见表 20-12-13。

表 20-12-13　电反馈阀和机械反馈阀的特点

性能	电反馈阀	机械反馈阀
滞环	<0.3%	<3%
分辨率	<0.1%	<0.5%

其他线性度等指标都要好许多。但温度零漂比较大，有的阀用温度补偿来纠偏，但目前价格还比较贵。

通过测量输入电流和输出流量之间的幅值达到－3dB时的频率，可以很容易确定阀的动态响应。频率响应将随着输入信号幅值、供油压力和流体温度而改变。因此，必须使用一个一致的数据。推荐的峰信号幅值是80%的阀的额定流量。伺服阀和射流管阀将随着供油压力的提高稍微有些改善，通常在高温和低温情况下会降低。直接驱动型的阀的响应与供油压力无关。

根据系统的计算，由流量规格及频响要求来选择伺服阀，但在频率比较高的系统中一般传感器的响应至少要比系统中响应最慢的元件高3～10倍。用计算得到的阀流量和频率响应，选择伺服阀有相等的或高于额定流量和频率响应能力将是一个可以接受的选择。无论怎样，不超过伺服阀的流量能力是可取的，因为这将不至于减少系统的精度。

一般流量要求比较大，频率比较高时，建议选择三级电反馈伺服阀，这种三级阀电气线路中有校正环节，这样它的频宽有时可以比装在其上的二级阀还高。

伺服阀和射流管阀一般应工作在恒值的供油压力下，并且需要连续的先导流量用来维持液压桥路的平衡。供油压力应该设定为通过阀口的压力降等于供油压力的三分之一。流量应包括连续的先导流量用来保持液压桥路的平衡。

不管供油压力如何，直接驱动型阀的性能是固定的，因此，即使用一个波动的供油压力在系统中它们的性能也是好的。一般伺服阀能在供油压力从14～210bar工作。可选的阀可工作在4～350bar也是可能的。可参考每台阀的使用说明书。

伺服阀最有效的工作用流体其黏度在40℃应是60～450SUS。由于伺服阀工作的温度范围为－5～135℃，必须确保流体的黏度不超过6000 SUS，另外，流体的清洁度是相当重要的而且应该保持在ISO DIS 4406标准最大16/13，推荐14/11。可以咨询生产厂家的滤油器和阀系列目录获得推荐值。也应该考虑用于阀体结构材料和油的兼容性，联系制造厂可得到专门的信息。

线性度和对称性影响采用伺服阀的系统的精度，对速度控制系统影响最直接，速度控制系统要选线性度好的流量阀，此外选流量规格时，要适当大点避免阀流量的饱和段。线性度、对称性对位置控制影响较小，因为系统通常是闭环的，伺服阀工作在零位区域附近，只要系统增益调得合适，非线性度和对称性的影响可减到很小。所以一般伺服阀的线性度指标小于7.5%；对称度为10%是比较宽容的。对位置控制精度影响较大的是伺服阀零位区域的特性，即重叠情况。一般总希望伺服阀功率级滑阀是零开口的，如果有重叠、有死区，那么在位置控制系统中就会出现磁滞回环现象，这个回环很像齿轮传动中的游隙现象。伺服阀因为力矩马达中磁路剩磁影响，及阀芯阀套间的摩擦力其特性曲线有滞环现象。由磁路影响引起的滞环会随着输入信号减小，回环宽度将缩小，因此这种滞环在大多数伺服系统中都不会出现问题，而由摩擦引起的滞迟是一种游隙，它可能会引起伺服系统的不稳定。

反馈间隙也会引起游隙。

一般伺服阀都是线性方窗口，如果多窗口不共面，就破坏了零位的线性，对高精度系统亦会有所影响。

精度要求比较高的系统选阀最好选分辨率好的，分辨率好意味着摩擦影响比较小，也即阀芯阀套间加工质量比较好和前置级压力、流量增益比较高，推动阀芯力比较大。此外液压系统用油比较干净，摩擦影响会大大减小。另一种弥补的方法是用颤振来改善伺服阀的分辨率，高频颤振幅值要正好能有效地消除伺服阀中的游隙（包括结构上的和摩擦引起的游隙），会使其他液压件过度磨损或疲劳损坏。而且颤振频率要大大超过预计的信号频率和系统频率，并避免它正好是系统频率的某个整数倍。颤振信号的波形可以是正弦波、三角波也可以是方波。

对伺服阀压力增益的要求，因系统不同而不同。位置控制系统要求伺服阀的压力增益尽可能高点，那么系统的刚性就比较大，系统负载的变化对控制精度的影响就小。而力控制系统（或压力系统）则希望压力增益不要那么陡，要平坦点，线性好点，便于力控系统的调节。伺服阀的动态特性也是一个很重要的指标。在闭环系统中，为了达到较高控制精度，要求伺服阀的频宽至少是系统频宽的三倍以上。因为系统设计时，为了系统的稳定，系统的前置增益，要求其$K_V<2\delta_h\omega_h$，这里较高的伺服阀频宽可以保证系统增益足够大，这样系统精度就可以较高，快速性和稳定性也可以得到保证。

12.4.6 执行元件的选择

液压伺服系统的执行元件是整个控制系统的关键部件，直接影响系统性能的好坏。执行元件的选择与设计，除了按本节所述的方法确定液压缸有效面积A_p（或液压马达排量D_m）的最佳值外，还涉及密封、强度、摩擦阻力、安装结构等问题。

12.4.7　反馈传感器的选择

被控制量的检测，在闭环控制系统中有着重要的意义。测量点与反馈回路中比较点之间的误差，将全部影响到被控制量。因此，被控制量的准确度，永远不会比测量装置高。应根据下列要点，来选择检测方法和被测量值的转换。

① 测量值（位移，速度，压力等）。

② 测量精度（分辨率，线性，重复精度）。

③ 测量位置（直接测量或间接测量，如测力还是测压力）。

④ 动态响应（传输测量频率）。

表 20-12-14　　反馈传感器的选择

位移检测	电位器	电位器[图(a)]广泛用来进行角度和位移动测量。它价格便宜，线性好，有多种结构形式。其分辨率对绕线式电位器和薄膜电位器，分别取决于线径和滑触头的间隙。测出信号电压的精度，直接与电源电压的稳定度成比例。电位器的缺点是滑动触头的磨损，在腐蚀性环境和快速滑动情况下接触的不可靠	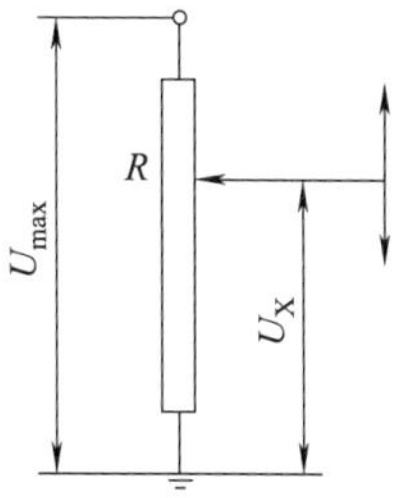 图(a)　电位器
	感应式分压器（差动电感线圈）	分压器为非接触式，无摩擦的检测装置，可用于行程小于 100mm 的场合。它主要由一个有中间抽头的线圈和在线圈中运动的纯铁棒组成，见图(b)。由交流电供电，检测信号需整流。其线性度特别受到行程的制约	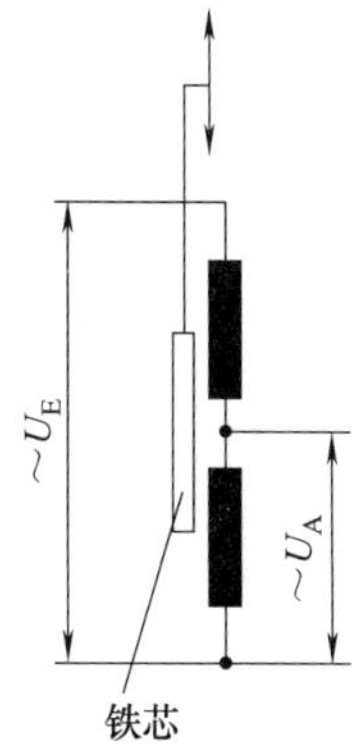 图(b)　差动电感线圈
	线性差动变压器	工作原理与感应式分压器相似，但其铁芯是在初级与次级线圈中运动，见图(c)	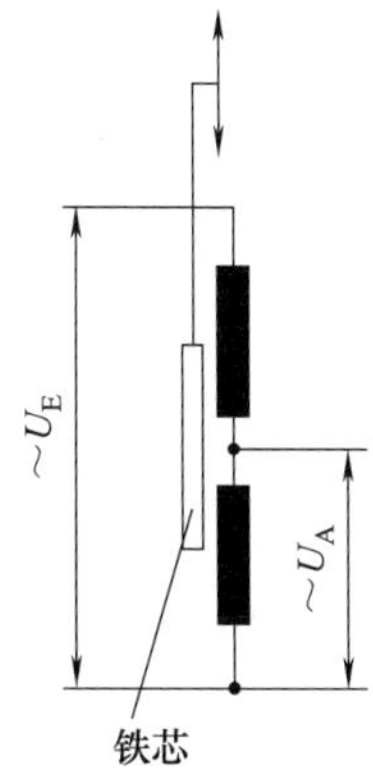 图(c)　线性差动变压器

续表

速度测量		速度，通常是通过电控器对位移与时间信号的比较而间接测量 测速发电机结构见图(d)，主要用来直接检测回转运动的速度。这里涉及永久磁铁激励的直流发电机。为了直接测量直线运动的速度，要用这样的传感器，其中棒形永久磁铁在两个线圈中产生与速度成比例的信号电压，见图(e) 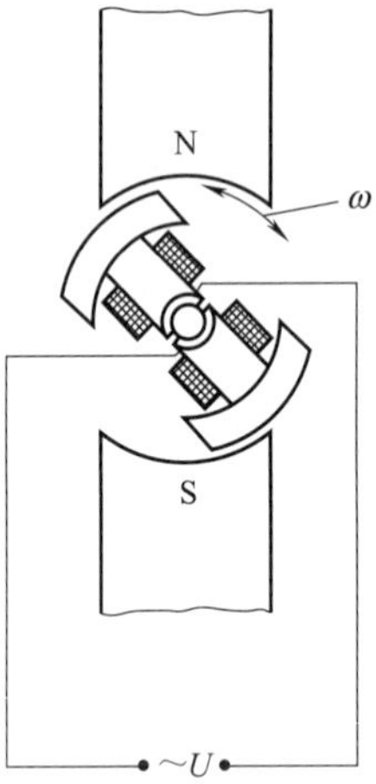 图(d) 测速发电机 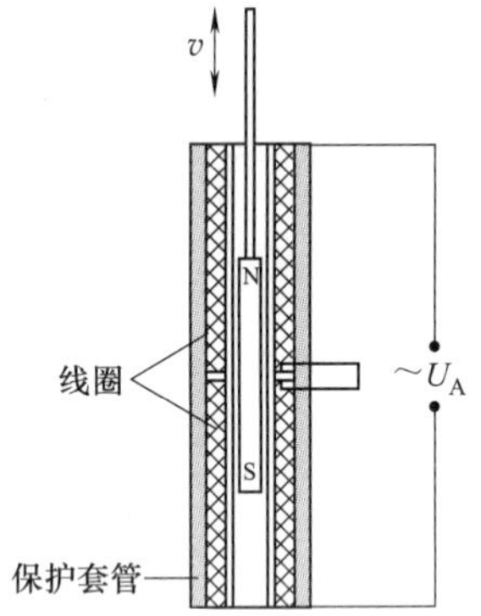 图(e) 速度传感器
压力检测、力检测		压力检测主要是用基于电阻应变原理的传感器来检测。各力也可以用受力而发生伸长变形来直接检测
其他测量装置、测量电子器件	光电数字式长度测量系统	这是一种增量式测量装置，见图(f)。用光电在一串明暗标记上(绘制在测量尺或圆盘上)进行扫描测量，其脉冲信号也称位移增量，在一个电子往复计数器里存储并处理。这种增量式测量线纹尺，需要一个参考基准点，为开始测量进行定位。这不像绝对式系统那样，进行数据处理的电子装置需要较高的费用。玻璃线纹尺上的光栅刻度，可做到 8～100μm 的分割。经过对光脉冲的多路的微电子分析处理，其分辨率可达约 1μm 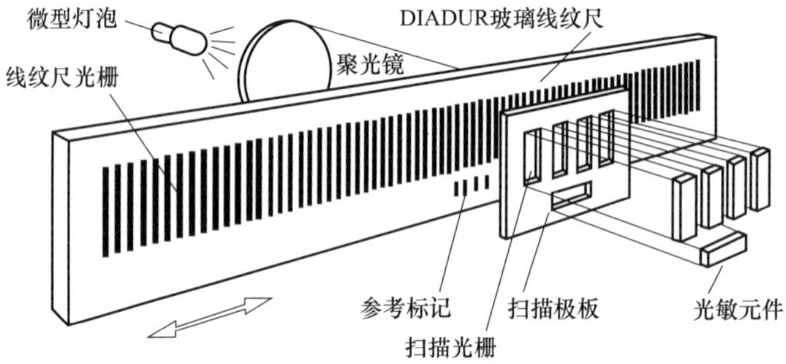 图(f) 光电数字式长度测量系统
	集成式位移测量系统	将检测装置安装到执行元件(液压缸)上去，有时是存在问题的，这主要牵涉到安装的空间情况以及环境情况 将检测装置集成到液压缸的活塞杆中见图(g)，不仅装置得到保护，而且占用的安装空间小。此外，电位器系统和感应式系统也是合适的 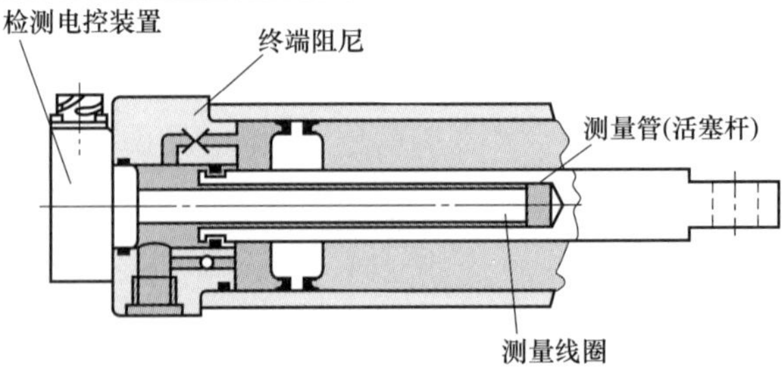 图(g) 集成式位移测量系统
	其他的位移测量系统	除了上述的各种系统外，还有声学(超声)方法和激光测量系统等可供选择

12.4.8　确定系统的方块图

根据系统原理图及系统各环节的传递函数，即可构成系统的方块图。根据系统的方块图可直接写出系统开环传递函数。阀控液压缸和阀控液压马达控制系统二者的传递函数具有相同的结构形式，只要把相应的符号变换一下即可。

系统的动态计算与分析在这里采用频率法。首先根据系统的传递函数求出波德图。在绘制波德图时，需要确定系统的开环增益 K。

改变系统的开环增益 K 时，开环波德图上幅频曲线只升高或降低一个常数，曲线的形状不变，其相频曲线也不变。波德图上幅频曲线的低频段、穿越频率以及幅值增益裕量分别反映了闭环系统的稳态精度、截止频率及系统的稳定性。所以可根据闭环系统所要求的稳态精度、频宽以及相对稳定性，在开环波德图上调整幅频曲线位置的高低，来获得与闭环系统要求相适应的 K 值。

确定系统的开环增益 K 见表 20-12-15。

表 20-12-15　　确定系统的开环增益 K

由系统的稳态精度要求确定 K	由控制原理可知，不同类型控制系统的稳态精度决定于系统的开环增益。因此，可以由系统对稳态精度的要求和系统的类型计算得到系统应具有的开环增益 K
由系统的频宽要求确定 K	分析二阶或三阶系统特性与波德图的关系可知，当 ζ_h 和 K/ω_h 都很小时，可近似认为系统的频宽等于开环对数幅值曲线的穿越频率，即 $\omega_{-3dB} \approx \omega_c$，所以可绘制对数幅频曲线，使 ω_c 在数值上等于系统要求的 ω_{-3dB} 值，如图(a)所示，由图可得 K 值 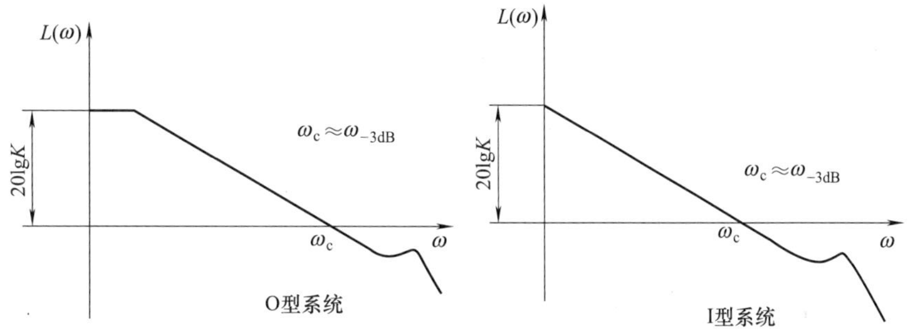 图(a)　由 ω_{-3dB} 绘制开环对数幅频特性
由系统相对稳定性确定 K	系统相对稳定性可用幅值裕量和相位裕量来表示。根据系统要求的幅值裕量和相位裕量来绘制开环波德图，同样也可以得到 K 实际上通过作图来确定系统的开环增益 K，往往要综合考虑，尽可能同时满足系统的几项主要性能指标

12.4.9　系统静动态品质分析及确定校正特性

在确定了系统传递函数的各项参数后，可通过闭环波德图或时域响应过渡过程曲线或参数计算对系统的各项静动态指标和误差进行校核。如设计的系统性能不满足要求，则应调整参数，重复上述计算或采用校正环节对系统进行补偿，改变系统的开环频率特性，直到满足系统的要求。

12.4.10　仿真分析

在系统的传递函数初步确定后，可以通过计算机对该系统进行数字仿真，以求得最佳设计。目前有关于数字仿真的商用软件如 Matlab 软件，很适合仿真分析。

液压伺服控制系统常用于动态场合，在这类场合，对指令的响应必须是可控制的，而且往往要能够遵循预定的运动-时间轨迹。对于液压系统的设计者，仅仅知道所拟用的系统能够驱动负载从一种状态运动到另一种状态是不够的，还要重视介于这两种状态之间的时域轨迹，知道系统的响应是否稳定，响应速度是否足够快或过快，以及响应是否振荡。为此，建立系统的数学模型，对液压控制系统进行动态分析是必要的。随着液压系统逐渐趋于复杂和对液压系统仿真要求的不断提高，传统的利用微分方程和差分方程建模进行动态特性仿真的方法已经不能满足需要。Matlab 作为一种面向科学与工程计算的高级语言，集科学计算、自动控制、信号处理等功能于一体，具有极高的编程效率。同时随 Matlab 所提供的 Simulink 是一个用来对动态系统进行建模、仿真和分析的软件包，利用该软件包可以方便地对液压系统的动态特性进行仿真。

Simulink 是实现动态系统建模、仿真的一个集成环境，它为用户提供了用方框进行建模的图形接口，包括了众多线性和非线性等环节，并可方便地扩展，使得系统的构建容易，适合于液压系统中普遍存在的非线性问题的求解。与传统的仿真软件包用微分方程和差分方程建模相比，具有更直观、方便、灵活的优点。用 Simulink 创建的模型可以具有递阶结构，因此可采用从上到下或从下到上的结构创建复杂系统的仿真模型。

定义模型后，可通过 Simulink 的菜单或 Matlab 的命令窗口对它进行仿真。采用 Scope 等图形模块，在仿真进行的同时，就可以观看到仿真结果，仿真结果还可以存放到 Matlab 的工作空间中做事后处理。由于 Simulink 和 Matlab 是集成在一起的，因此可以通过编程手段实现对仿真过程和仿真结果的控制与处理，具有比目前通用仿真软件更大的灵活性。表 20-12-16所示为一机液伺服系统的仿真分析实例。

表 20-12-16　　仿真分析实例

步骤	说　明	解　释
液压系统数学模型的建立	对于图(a)所示的机液伺服控制系统，以四通滑阀为研究对象，可建立其流量特性方程 $Q=K_qx_v-K_cp_L$　　(20-12-35) 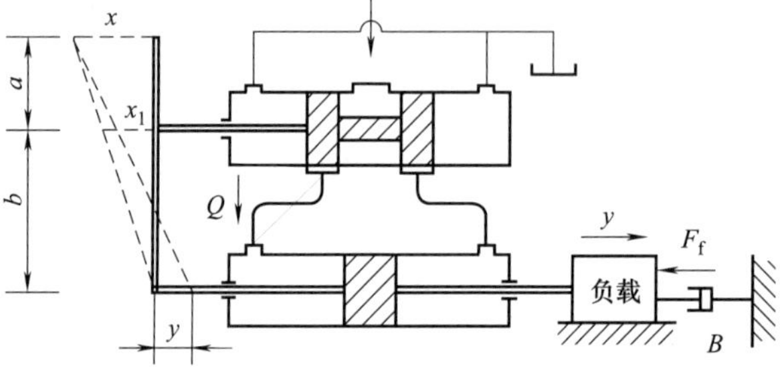 图(a)　机械阀控液压缸原理图 考察液压缸连续方程，由可压缩流体连续性方程，经推导可得 $Q=A_p\dfrac{dy}{dt}+\dfrac{V_t}{2\beta_e}\times\dfrac{dp_L}{dt}+C_{tp}p_L$　　(20-12-36) 考察液压缸和负载的力平衡方程，忽略库仑摩擦等非线性负载和油液的质量，根据牛顿第二定律有 $A_pp_L=m\dfrac{d^2y}{dt^2}+B\dfrac{dy}{dt}+F_f$　　(20-12-37) 从图(a)操纵杆位置的几何关系，可得运动中阀开口量方程 $x_v=\dfrac{b}{a+b}x-\dfrac{a}{a+b}y$　　(20-12-38) 对式(20-12-35)～式(20-12-38)进行拉氏变换得 $Q=K_qX_v\text{-}K_cP_L$　　(20-12-39) $Q=A_pYs+\left(\dfrac{V_t}{2\beta_e}s+C_{tp}\right)P_L$　　(20-12-40) $P_L=\dfrac{1}{A_p}(ms^2+Bs)Y+\dfrac{1}{A_p}F_f$　　(20-12-41) $X_v=\dfrac{b}{a+b}X-\dfrac{a}{a+b}Y$　　(20-12-42) 考虑实际模型参数 $BC_{tp}\ll A_p{}^2$，整理可得 $\dfrac{K_q}{A_p}X_v=s\left(\dfrac{s^2}{\omega_h^2}+\dfrac{2\xi_h}{\omega_h}s+1\right)Y+\dfrac{F_f}{A_p{}^2}\left(C_{tp}+\dfrac{V_t}{2\beta_e}s\right)$　　(20-12-43) $\omega_h=(2\beta_eA_p{}^2/mV_t)^{1/2}$ $\xi_h=(BV_t/\beta_e+2C_{tp})\omega_h/4A_p{}^2$　　(20-12-44)	Q——负载流量，$m^3\cdot s^{-1}$ K_q——滑阀在稳态工作点附近的流量增益，$m^2\cdot s^{-1}$ x_v——阀芯位移，m p_L——负载压降，MPa K_c——滑阀在稳态工作点附近的流量压力系数，$m^3\cdot MPa\cdot s^{-1}$ A_p——活塞有效面积，m^2 y——活塞位移，m C_{tp}——液压缸的总泄漏系数，$m^3\cdot MPa\cdot s$ V_t——两个油缸的总体积，m^3 β_e——有效液体体积弹性模量，MPa m——活塞及负载的总质量，kg B——活塞和负载的黏性阻尼系数，$N\cdot s\cdot m^{-1}$ F_f——作用在活塞上的任意外负载力，N a,b——操纵杆被支点分成的两段长度，m ω_h——液压系统固有频率 ξ_h——系统阻尼系数

续表

仿真模型的建立

据式(20-12-42)、式(20-12-43)所示的方程即可得到如图(b)所示的方框图。根据这个框图即可以得到用于 Simulink 仿真的仿真模型。图(b)中

$$F(s)=\frac{V_t}{2A_p\beta_e}s+\frac{C_{tp}}{A}$$

$$G(s)=\frac{1}{\left[\frac{1}{\omega_h^2}s^2+\frac{2\xi_h}{\omega_h}s+1\right]}$$

Matlab 所提供的 Simulink 包含很多模块，比如 Sinks(输出方式模块)、Source(输入源模块)、Linear(线性环节模块)、Nonlinear(非线性环节模块)和 Connections(连接模块)，每个模块里面又包含很多子模块。利用这些模块可以很方便地把图(b)所示的方框图转化成如图(c)所示的仿真模型，为了仿真方便，模型中各参数进行初始化，参数的选取如下表所示。图(c)中输入源子模块对应于图(b)的 X，本仿真模型输入源取为阶跃信号。5 个增益子模块分别代表图(b)中的 $b/(a+b)$、$a/(a+b)$、K_0、$V_0/2A\beta_e$和 C_{tp}/A_p。求和运算子模块与图(c)中的求和符号相对应。常量子模块对应于图(b)中的 F_f。示波器为显示子模块，用于显示仿真结果

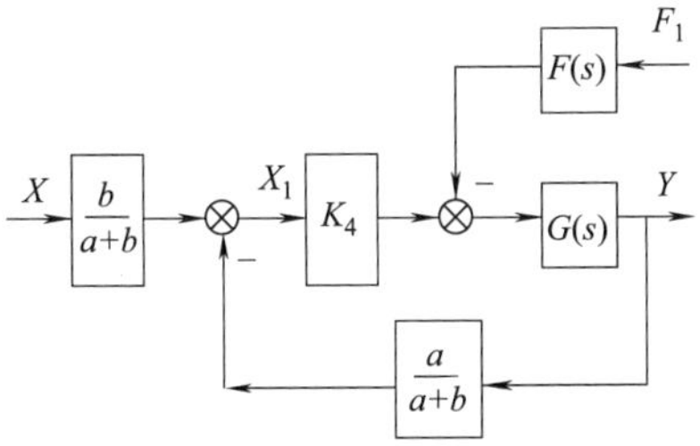

图(b)　液压系统方块图

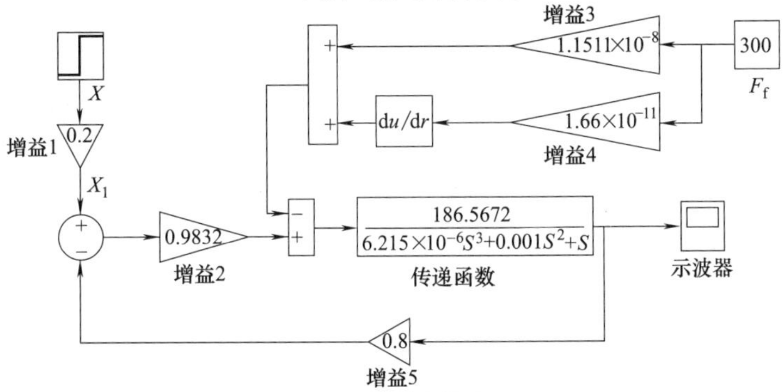

图(c)　仿真模型

仿真参数

K_q /$m^2\cdot s^{-1}$	V_t /m^3	K_c /$m^3\cdot MPa\cdot s^{-1}$	β_e /$N\cdot m^{-2}$	B /$N\cdot S\cdot m^{-1}$	M /kg	A_p /m^2	F_f /N	ξ_h	ω_h /s^{-1}
0.9832	0.0025	1.495×10^{-11}	1.4×10^9	2100	2000	0.00536	300	0.21	401

系统仿真

基于上述仿真模型，采用刚性系统的 ode23s 求解器进行仿真计算。对此机液伺服系统的工作过程进行了仿真。在 Simulink 软件界面上选择 Simulation 的 Start 选项，就可以得到图(c)所示模型的仿真结果，如图(d)所示。从图(d)中可以清晰地看出系统在阶跃输入下，最初有一个振荡。大约经历 0.6s 以后，系统的响应逐渐稳定，但是仍然有轻微的振荡，直至 0.8184s 才完全稳定

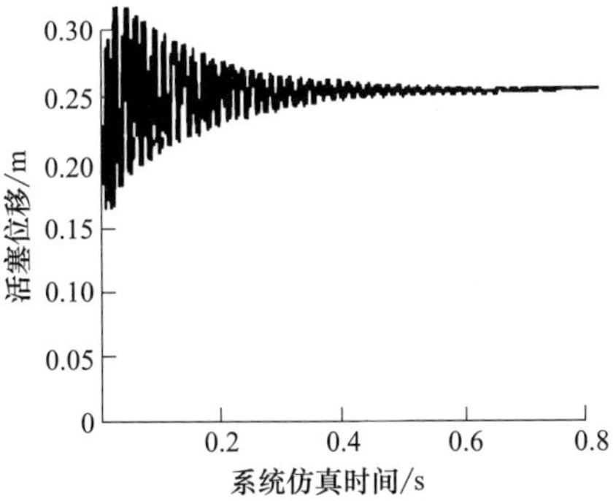

图(d)　动态仿真结果

续表

系统仿真

利用 Simulink 对液压系统进行动态仿真还可以考察系统的参数对其动态特性的影响，为液压系统的优化设计提供依据。在上表的基础上个别参数改变以后的动态仿真结果见图(e)。把图(e)的结果和图(d)进行比较，考察系统的参数变化对其动态特性的影响

①从图(e)中(ⅰ)可以看出，当阻尼系数 ξ 增大以后，系统响应明显变快，在 0.11695s 就已经完全稳定，说明系统在高阻尼情况下的动态特性要优于低阻尼时的动态特性，一般都能使阀、缸、管路的内外漏损提高，有时甚至在活塞上打孔增加内漏，但是这样做会增加能量损失，降低系统刚度，增加系统误差

②从图(e)中(ⅱ)可以看出，当 ω_h 提高以后，系统动态响应也明显变快，在 $t=0.0917$s 处系统就已经完全稳定，且振荡幅度很小，说明提高 ω_h 可以提高系统的稳定性。增加 ω_h 可有如下方法

a. 增加活塞有效作用面积 A_p。这样会使流量增加，系统功率储备要增加。系统功率不大时常用此法，并且由于 ω_h 提高，系统开环增益提高，有利于提高系统精度。但在大功率情况不合算，能量损失太多

b. 减少 V_t 尽量缩短阀至油缸间距离，作成一体更好，尽量去掉油缸没有用的行程空间，缩短缸腔长度

c. m 由负载决定，无法变动，但是，在计算 m 时，应包括管路油液的折算质量。β_e 也不太好变动，但要防止油中混入空气，避免使用软管

③从图(e)中(ⅲ)可以看出，当 K_q 减小时，系统响应也明显变快，在 $t=0.2259$s 就已经完全稳定，说明系统在低流量增益情况下的动态特性要优于高流量增益的动态特性，一般地，系数 K_q 中含有面积梯度(圆柱滑阀 $\omega=\pi d$)。可把阀口做成三角槽式、圆形式等，这样，在零位时 K_q 小，有利于系统稳定，而阀芯位移增加，有利于提高系统精度

④从图(e)中(ⅳ)可以看出，系统稳定后活塞的位移随着结构参数 a 与 b 的比值变化而变化，通过改变 a 与 b 的长度，便可满足远、近距离负载的工作要求，从而大大地扩大系统的工作范围

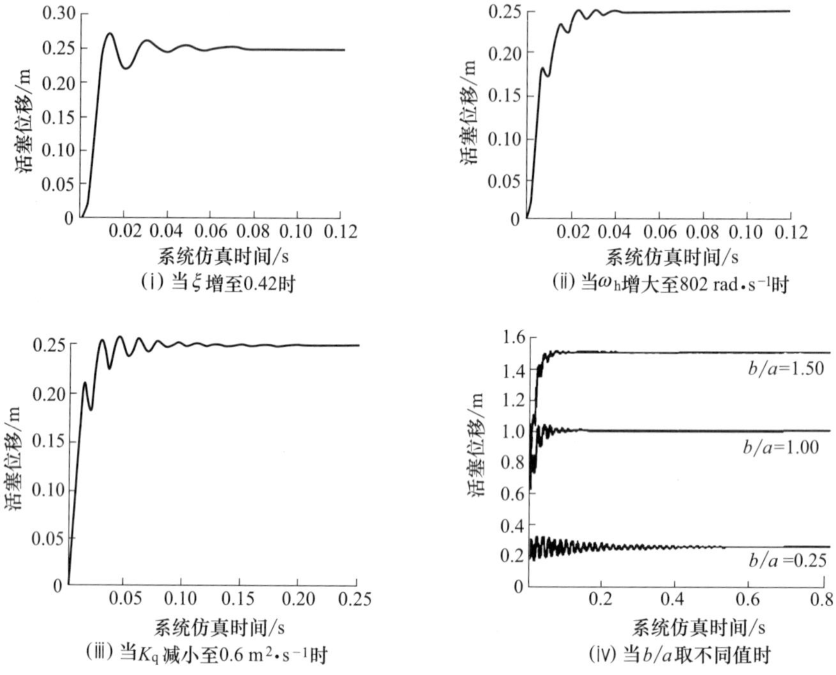

(ⅰ) 当 ξ 增至0.42时　(ⅱ) 当 ω_h 增大至802 rad·s^{-1}时　(ⅲ) 当 K_q 减小至0.6 m^2·s^{-1}时　(ⅳ) 当 b/a 取不同值时

图(e) 参数变化对系统性能的影响

总之，要想提高系统的响应速度，应从以上几个方面着手考虑。但同时也应考虑系统的精度要求及工作效率

从对液压系统进行动态仿真的过程可以看出：Simulink 可以直接根据系统的数学模型来构造仿真模型，无需编制复杂的程序，极大地提高了编程效率；直接利用数学模型进行仿真，简单而又可靠，直观而又逼真；在设计真实的系统前进行仿真，通过调整不同的参数，观察曲线的变化，可知道各参数对系统的影响，有利于选择优化参数，设计出合理的系统，降低了设计成本，大大地缩短了设计周期，提高产品性能，增强产品竞争力；通过对已有的系统进行仿真，可以评价系统的特性，找出影响系统性能的关键参数，从而提出合理的改进方案，提高产品工作性能，增强产品的市场亲和力

12.5 电液伺服系统应用举例

在闭环控制中，被控液压参数的变化是通过反馈传感器而被连续检测的。因此闭环控制不易受环境干扰。检测最终调整结果（位置、速度、力、压力、角度等）等电传感器可装在执行机构内部，也可装在机器的外部，传感器向电子控制器传送电信号，控制器

（模拟式 PID 板或数字中枢控制板）接收此反馈电信号，并将此反馈信号与输入信号进行比较，这两个信号的差值（误差）作用于 PID，改变送给伺服阀的指令信号，于是伺服阀自动控制调整量，以消除此差值。闭环控制能对被控对象进行持续不断地监视与控制，所以控制均匀稳定，性能优良，是复杂机器控制的最佳选择。下面均以闭环控制电液伺服系统为例，介绍几个电液伺服系统的应用实例。

12.5.1　力、压力伺服系统应用实例

表 20-12-17　力、压力伺服系统应用实例

汽车悬架减振器性能试验台的电液伺服控制系统	主机功能结构	汽车悬架减振器性能试验台是减振器研发、生产的必要试验设备，主要用于减振示功特性、速度特性等性能试验。该试验台由主机、液压伺服激振系统及微机测控系统等组成 采用电液伺服技术和微机测控技术，模拟减振器实际工况，实现试验过程的实时监测与自适应闭环控制 如图(a)所示为试验台主机结构示意。工作台 3、立柱 5 和横梁 6 组成试件的装夹框架。装夹框架支撑在机体总成 2 上；伺服激振装置固定在工作台下；其活塞杆穿过工作台，通过螺纹、过渡件和夹具与减振器下端相连；位移传感器 9 和速度传感器 1 与活塞杆固连在一起；力传感器 4 固定在调整螺杆 7 上，调整螺杆由螺母固定在横梁上。调整螺杆可以根据不同规格减振器所需的运动空间上下调整 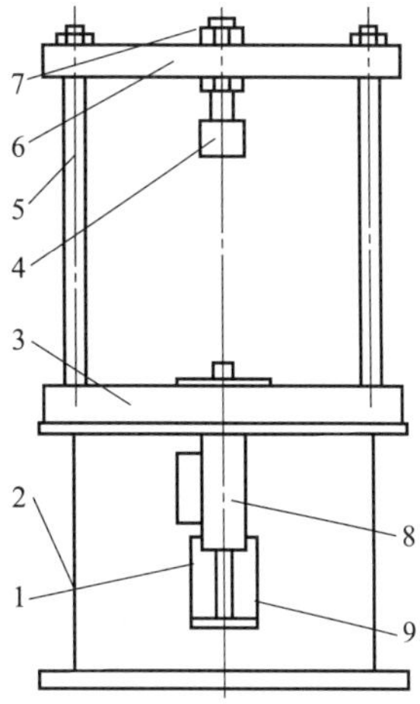 图(a)　试验台主机结构示意 1—速度传感器；2—机体总成；3—工作台；4—力传感器；5—立柱；6—横梁；7—调整螺杆；8—伺服激振装置；9—位移传感器
	电液伺服控制系统与微机测控系统及工作原理	如图(b)所示为电液伺服控制系统的液压原理图。系统的油源为 CY-C 系列电动机组合泵 5，其工作压力和卸荷由电磁溢流阀 6 设定和控制，压力由压力表 8 显示。系统的执行器为液压缸 13，通过电液伺服阀 12 的控制，液压缸的活塞杆按要求方向和速度运动并带动减振器运动；伺服阀 12 前设有带污染指示的精过滤器 10。系统还设有液位计 3、温度调节器 4、吸油和回油过滤器 1 及 2、蓄能器 7 等辅助元件。该系统与微机测控系统一起对试验台进行闭环反馈控制 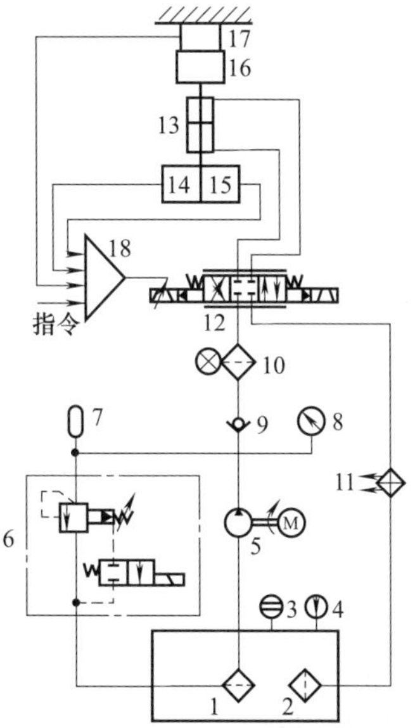 图(b)　试验台电液伺服控制系统的液压原理图 1—吸油过滤器；2—回油过滤器；3—液位计；4—温度调节器；5—电动机组合泵；6—电磁溢流阀；7—蓄能器；8—压力表；9—单向阀；10—精过滤器；11—冷却器；12—电液伺服阀；13—液压缸；14—位移传感器；15—速度传感器；16—试件；17—力传感器；18—伺服控制器

续表

汽车悬架减振器性能试验台的电液伺服控制系统	电液伺服控制系统与微机测控系统及工作原理	微机测控系统的原理如图(c)所示。主测控机为 IBM-PC 微机，通过 PIC-6042E 型数据采集卡对试验系统进行测控；试验台动作指令由微机发出，通过 D/A 接口进入伺服阀的控制器(MZK30l 型)进行信号放大和调节；输出电流信号，使液压缸活塞按要求的方向和速度运动，液压缸同时带动减振器运动，并分别通过与液压缸活塞杆固连的位移传感器(FX-81 型)和速度传感器(SD-100 型)测量位移和速度，通过主机调整螺杆上固定的力传感器(BK-2 型)测量阻尼力；检测到的位移信号、速度信号和阻尼力信号通过适当调理，分别进入数据采集卡的三路 A/D 中；计算机通过数据处理得到要求的减振器特性曲线。由于系统采用位置反馈控制，因此位移信号通过适当处理转化为调整指令发送到伺服控制器 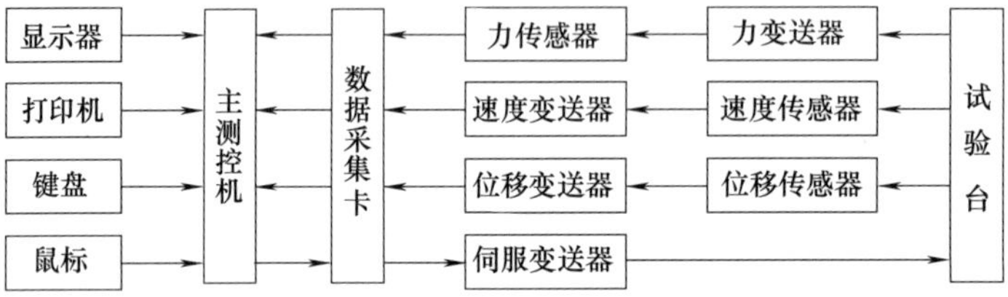 图(c) 微机测控系统原理
	技术特点	①该试验台主机结构简单，采用电液伺服控制和微机测控技术，使用方便，试验过程的测试与控制自动化，人机界面友好，测试精度和效率较高 ②液压系统中采用电动机组合泵(额定工作压力 31.5MPa，额定流量 30L/min)供油，简化了泵组结构设计；通过伺服阀前设精过滤器，回油设过滤器及设置温控调节装置，提高了系统的工作可靠性
电站锅炉蛇形管弯管机液压传动及控制系统	主机功能结构	蛇形管弯管机(小半径、顶墩)为国内首次自行设计制造的计算机数控蛇形管左右回转式顶镦弯管机，是加工大型电站锅炉的重要设备。该机采取带有轴向顶镦装置的机械冷弯方式，采用液压传动与伺服及 PC 控制技术，自动完成传送、夹紧和弯管加工 送料时，将钢管从料架上翻入料槽中，由送料电动机将管料送至挡管器处，再由直流伺服电动机完成定长送料。然后，由液压传动完成顶镦夹夹紧、收紧夹收紧和弯管模闭合，再由伺服控制的弯管缸带动弯管模旋转弯管，顶镦缸推动顶镦夹使其给管料施加轴向推力，以满足弯管和顶镦的匹配要求。一个弯头弯完后，再由直流伺服电动机进行定长送料，同时转筒旋转一定角度，进行再次弯管，直到整根管子弯完为止。在弯管过程中，钢管要始终贴紧弯管模，顶镦速度和弯管速度、顶镦力(顶镦施加钢管的轴向推力)和弯管角度之间必须满足一定的关系，以确保弯管的质量。要求弯管机的液压系统工作稳定可靠、启动平稳；能进行连续弯管轨迹控制；油路简洁、便于集中操作和实现自动化
	液压传动及控制系统工作原理	该弯管机液压传动及控制系统原理图如图(d)所示，系统由三个部分组成。液压位置伺服控制回路是完成弯管的主要工作部分，其执行器为两个并联的伺服液压缸(顶镦液压缸 4 和齿轮齿条式弯曲液压缸 5)，两缸运动相互关联，并分别由电液伺服阀 9 和 10 控制。指令脉冲输入由计算机的两个坐标给出，反馈位置检测采用光电编码器。当输入指令是一个位置斜坡函数(相当于一个速度指令)时，在不失步的情况下，该伺服控制部分能够在很大的速度变化范围内作随动运动，与电液伺服阀 9 和 10 相串联的电液换向阀 11 和 12 起安全保护作用，在系统出现重大事故的情况下，可以立即停止弯管。精过滤器 13 用于保证通过伺服阀的油液清洁，以保证工作的可靠性。液压传动辅助回路协助伺服控制回路完成弯管加工部分。其执行器为三对夹紧缸，三对夹紧缸的油路结构相似，各对缸的顺序动作由各油路中的电液换向阀控制，各油路中配置有单向减压阀、进油节流阀和液控单向阀，以实现夹紧力的调整和缸进退速度的调节，保证启动平稳、动作可靠。油源是整个系统的动力源部分，采用恒压变量泵 20 和定量液压泵 19 的组合供油方式。当辅助部分的液压缸夹紧钢管时，双泵同轴供油；当伺服控制部分工作时，定量泵通过远控顺序阀 14 实现卸荷，单独由恒压变量泵保证夹紧缸对钢管的夹紧力，并向两伺服缸供油。同时，恒压变量泵根据伺服系统所需流量而自动在恒压下变量。由三位四通电磁换向阀 21 控制的先导式溢流阀 22 及远程调压溢流阀 18 用于设定变量泵的最高工作压力、定量泵的压力和停止待命时两泵的卸荷

续表

<table>
<tr>
<td>电站锅炉蛇形管弯管机液压传动及控制系统</td>
<td>液压传动及控制系统工作原理</td>
<td>
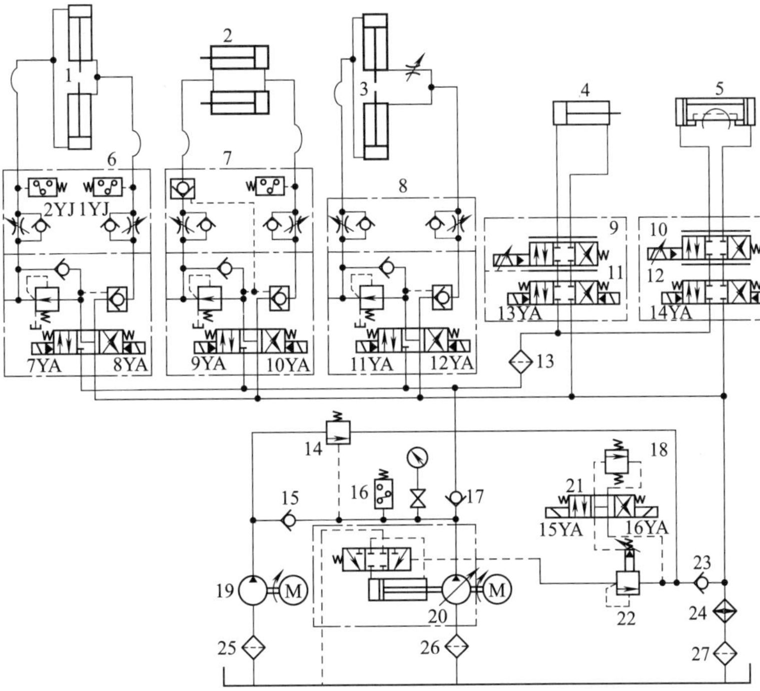

图(d)　弯管机液压传动及控制系统原理

1—顶镦夹紧液压缸；2—收紧液压缸；3—弯管模液压缸；4—顶镦液压缸；5—齿轮齿条式弯曲液压缸；
6～8—缸 1～3 的液压阀油路；9,10—电液伺服阀；11,12—三位四通电液换向阀；
13,25～27—过滤器；14—远控顺序阀；15,17,23—单向阀；16—压力继电器；
18—远程调压溢流阀；19—定量液压泵；20—恒压变量泵；21—三位四通电磁换向阀；
22—先导式溢流阀；24—冷却器

液压系统的工作原理如下。向弯管模内送入预定长度的钢管后，电磁铁 15YA 通电使换向阀 21 切换至左位，定量泵 19 升压(压力由阀 18 设定)。电磁铁 7YA 通电，油路 6 中的换向阀切换至左位，定量泵 19 的压力油经单向阀 15、17 和油路 6 中的减压阀、节流阀进入顶镦夹紧缸 1 的无杆腔并导通油路 6 中的液控单向阀，对钢管进行夹紧，而缸 1 有杆腔经油路 6 中的左路单向阀、液控单向阀和冷却器 24 及过滤器 27 向油箱排油。夹紧钢管后，油路 6 中的压力继电器 2YJ 发信号，压紧轮和测量轮复位，电磁铁 9YA 通电，油路 7 中的换向阀切换至左位，泵 19 的压力油经单向阀 15、17 和油路 7 中的减压阀、节流阀、左路液控单向阀进入收紧缸 2 的有杆腔并导通右路液控单向阀，缸 2 带动开启的弯管模使其处于钢管弯曲的中心位置。然后，电磁铁 9YA 断电，11YA 通电，油路 8 中的换向阀切换至左位，泵 19 的压力油经单向阀 15、17 和油路 8 中的减压阀、节流阀进入上下弯管模液压缸 3 的无杆腔并导通液控单向阀，缸 3 带动上下弯管模先后到位、合模，弯管模上的夹块夹紧钢管。接着，电磁铁 9YA 再次通电，收紧缸 2 收紧并锁紧，通过滑槽使钢管在其弯曲过程中始终贴紧弯管模。至此，液压辅助部分完成了对钢管的夹紧动作，等待弯管

弯管前，电磁铁 16YA 通电，系统压力升为恒压变量泵 20 设定的恒压值(由先导式溢流阀 22 设定)，远控顺序阀 14 打开，定量泵 19 经阀 14 卸荷，各夹紧缸对钢管的夹紧力，由恒压变量泵的压力油保证，泵 20 向液压伺服回路供油。在伺服回路控制下，缸 5 带动弯管模旋转弯管，顶镦缸 4 推动顶镦夹紧缸 1 使其给钢管施加轴向推力，两者协调配合，完成对钢管进行弯曲的任务[两缸的位置伺服控制原理见方框图(e)]。同时，气动注油泵连续向弯管模注入定量的润滑剂，对钢管进行防皱润滑。弯曲成形后，为避免在开模时划伤管壁，让弯管模稍稍回弹
</td>
</tr>
</table>

第 20 篇

续表

电站锅炉蛇形管弯管机液压传动及控制系统

液压传动及控制系统工作原理

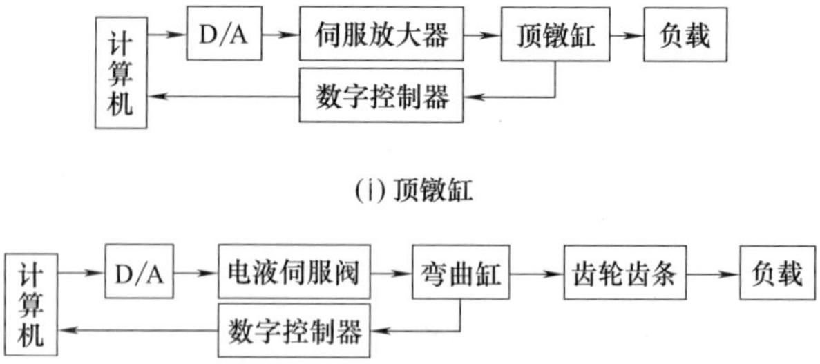

(ⅰ) 顶镦缸

(ⅱ) 弯曲缸

图(e) 顶镦缸和弯曲缸的位置伺服控制原理

当一个弯曲结束后，压紧轮和测量轮下降压紧钢管，各液压缸按顺序复位。由伺服电动机再输入一定长度的钢管，转筒旋转 180°后，液压系统又重复上述动作，进行再一次弯管。如此循环往复，整个过程由 PC 机控制

技术特点及参数

①弯管机的液压系统采用恒压变量泵和定量泵组合供油，在满足系统动力要求的同时，有利于节能。根据执行器的工作性质，辅助作用夹紧缸采用开关式液压阀组成的传动回路进行控制；而执行弯管任务的弯管缸和顶镦缸则采用电液伺服阀组成的位置伺服控制回路进行控制

②在液压夹紧回路中，采用电液换向阀、单向减压阀、单向节流阀和液控单向阀，确保了夹块对钢管的夹紧力，使系统运动平稳、启动时无冲击、工作可靠。弯管和顶镦采用电液伺服控制，控制精度高、响应速度快，实现了弯管和顶镦之间的柔性匹配，保证了产品质量

③系统设有冷却器和精过滤器，有利于系统散热和油液清洁，从而有利于机器性能的改善、控制精度和可靠性的提高。液压控制阀均采用油路块方式集成，减少了液压管件数量，减小了液压系统体积，外形结构紧凑美观、使用检修方便

弯管机及其液压系统主要技术参数

项目			参数	单位
弯管机	管料的最大公称外径		63.5	mm
	管料的公称壁厚		12	mm
	管材牌号		12Cr2MoWVTiB	
	材料屈服极限		343	MPa
	管子弯曲半径		45～120	mm
	管子弯曲角度		0～180±0.5	(°)
	弯管模弯管角速度		0～2	r/min
	最大回转角度		190±0.1	(°)
	最小弯曲半径时的工件弯曲力矩		31.445	N·m
	最小弯曲半径时的弯管机旋转力矩		36.16	N·m
液压系统	供油压力		18	MPa
	电液伺服阀(QDY10 型)	额定流量	10	L/min
	齿轮齿条式弯曲缸	缸径(活塞直径)	160	mm
		齿条(活塞杆)直径	155	mm
		最大行程	432	mm
		齿轮分度圆直径	256	mm
		推力	225～285	N·m
		活塞最大移动速度	26.81	mm/s
	顶镦缸	缸径	140	mm
		活塞杆直径	90	mm
		最大行程	416	mm
		推力	120～235	kN
		速度	16～26	mm/s

续表

石棉水泥管卷压成型机的电液控制系统	主机功能结构	该机系美国 RVA 公司生产的一种大型设备，用于油田、市政工程中污水排放用高强度石棉水泥圆管的卷压成型加工。该设备由主机、液压系统、电控系统及送料、下料装置等部分组成。主机的主要工作部件(压辊装置)及工作原理如图(f)所示。圆管卷压时，液压缸 1 驱动横梁 2 及压辊 3 下行，将管芯 5 压紧卷绕在底辊 6 的送料毛布 8 上。无级调速的直流电动机通过齿轮减速器(图中未画出)拖动底辊旋转，来自网箱的送料毛布以线速运行，管芯借助摩擦力反向旋转，从而把经水和添加剂混合后的石棉水泥物料 7 逐层黏附并由压辊压实在管芯上(随着制品壁厚增加，压辊装置缓慢升高)，直至规定壁厚，最后，压辊装置上行，下料，一个工作循环结束。成型机的整个工艺过程可简单归述为：边卷边压 工艺要求压辊装置对圆管制品成型中的加压过程分两个阶段进行，即制品在卷制之初的某一薄层壁厚(一般在 10mm 内)时，保持恒定压下力，以便形成制品“骨架”，称之为起始压下力控制，之后，随着壁厚增加，按某种规律减小压下力，称为第二压下力控制。可见压下力是机器的一个重要参数，因此，压辊装置采用了伺服变量泵的电液控制系统，通过控制变量泵的排油压力间接对压辊装置压下力实施控制 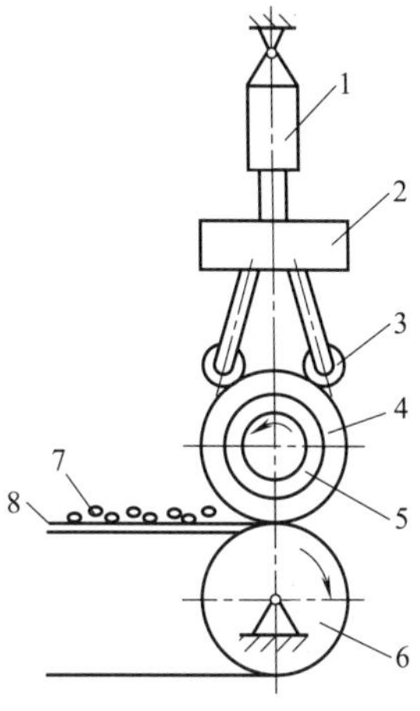 **图(f)　卷压成型机压辊装置的结构示意** 1—液压缸；2—横梁；3—压辊；4—制品；5—管芯；6—底辊；7—物料；8—送料毛布
	电液控制系统的工作原理	电液控制系统由液压系统和相应的电控系统两大部分构成。如图(g)所示为液压系统原理图，该系统由液压源、控制油路、压辊缸回路、辅助缸及平衡网路、冷却及过滤油路等部分组成 系统的液压源由 PV 型电液伺服双向变量轴向柱塞泵 1 和低压大流量齿轮泵 2 组成。泵 1 为主泵，通过改变排量控制系统压力；泵 2 为充液泵，用于向系统充液补油。泵 1 是整个控制系统的核心部件，该泵集控制盒(内装单级电液伺服阀和斜盘位置传感器)、伺服控制缸和变量泵主体为一体，泵内还附有安全溢流阀 5 和 6，控制油路溢流阀 7 和单向阀 8、9 等元件，从而使液压源结构相当紧凑 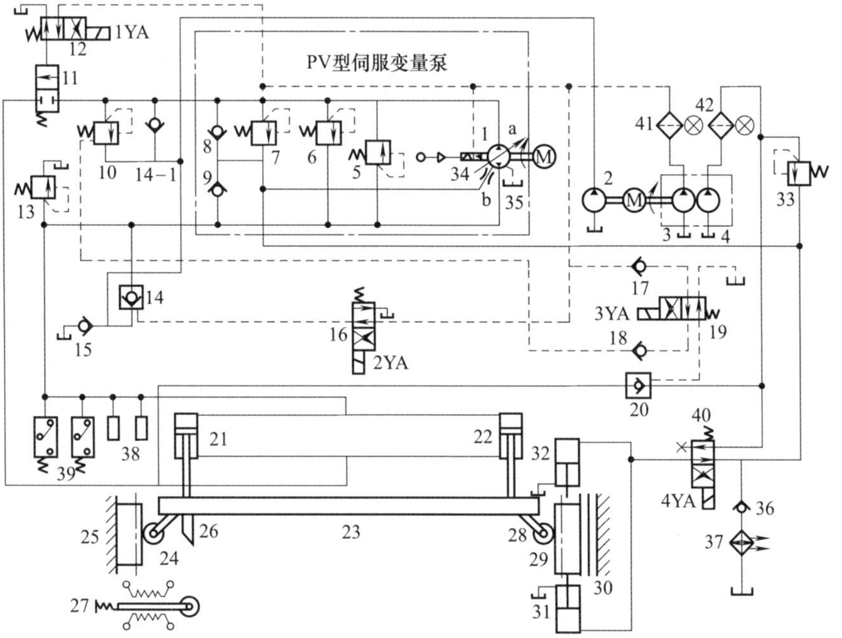 **图(g)　卷压成型机液压系统原理** 1—电液伺服双向变量轴向柱塞泵；2—低压大流量齿轮泵；3—小流量齿轮泵；4—平衡用齿轮泵；5～7，33—溢流阀；8，9，14-1，15，17，18，36—单向阀；10，13—限压溢流阀；11—二位二通液控换向阀；12，16，19，40—二位四通电磁换向阀；14，20—液控单向阀；21，22—压辊液压缸；23—横梁；24，28—齿轮；25，29—齿条；26—凸轮；27—差动变压器；30—直柱；31，32—辅助液压缸；34—节流孔；35—泄漏管；37—水冷却器；38—压力传感器；39—压力继电器；41，42—带污染指示的精过滤器

第20篇

续表

石棉水泥管卷压成型机的电液控制系统 | 电液控制系统的工作原理

控制油路中，小流量齿轮泵 3 单独供给系统控制压力油，用作泵 1 伺服控制缸和二位二通液控换向阀 11 及液控单向阀 14、20 的控制油源。二位四通电磁换向阀 12、16、19 分别控制阀 12、14、20 控制油口的启闭

压辊缸回路中，两个同规格压辊液压缸 21、22 的活塞杆与刚性横梁 23 连接，同步运动完成压辊装置的工作循环。两个压辊缸与变量泵 1 构成容积调速的闭式回路，回路两侧配有限压溢流阀 10 和 13，阀 15 为带有硬弹簧的单向阀，起背压阀作用，故泵 2 可通过阀 14 和 14-1 向该回路充液补油，压力传感器 38 用于压辊缸无杆腔油压的检测反馈；压力继电器 39 用于限定起始压力并作为时间继电器的发信器

辅助缸及平衡回路中，横梁两端的齿轮 24 和 28 分别与两侧立柱 30 上的齿条 25 和 29 啮合，完成压辊装置导向。齿条 25 与立柱用螺纹连接固定。双向对顶的同规格辅助液压缸 31 和 32 可使齿条 29 上下移动，也可夹紧该齿条。齿轮泵 4 除用作缸 31 和 32 的油源外，还可向缸 21 和 22 的下腔提供平衡压辊装置自重所需的压力油，泵 4 的供油压力按平衡压辊装置自重所需压力通过溢流阀 33 设定

冷却及过滤油路中，经节流孔 34 的油通过泵 1 与泵内的泄漏油混合在一起从泄漏管 35 排回油箱。其他油路的油液可经低压背压单向阀 36 通过水冷却器 37 强制冷却。元件 41 和 42 是带发信器的纸质精过滤器，分别对控制油路和辅助缸油路进行压油过滤，过滤精度为 10μm

伺服变量泵的闭环电控系统共有两套同样的回路，一套工作，一套备用。每一套回路均由起始、第二压力控制给定器及压力传感器，交流放大器(射随器和放大器)、伺服放大器及解调器和上升、下降速度给定器等组成

电液控制系统的工作原理如下。系统可完成停留、下降、压制和上升的工作循环，动作顺序如下所列

系统动作顺序表

工况	1YA	2YA	3YA	4YA	工况	1YA	2YA	3YA	4YA
停留				+	压制		+	+	
下降	+	+		+	上升	+			+

①停留　此时，泵 1 的所有控制信号被取消，其变量机构处于零位，电动机带动其空载运转，故无流量输出。图(g)中，电磁铁 1YA 断电使换向阀 12 处于左位，阀 11 下位工作，切断泵 1 的 a 口至压辊缸 21 和 22 有杆腔的油路。同时，泵 4 的压力油经阀 20 进入压辊缸 21 和 22 的有杆腔，以平衡压辊装置自重；电磁铁 2YA 断电，阀 14 被来自泵 3 的控制油导通，泵 1 的 b 口和压辊缸上腔接至阀 15 的背压油路。从而，压辊装置停留在上方，以等待卸下成品、装上下一管芯后转入新的工作循环。在停留阶段，电磁铁 4YA 始终通电，泵 4 的压力油同时进入缸 31 和 32 的无杆腔，两个活塞杆对顶，用以保持齿条 29 的位置

②下降　电磁铁 4YA 通电使换向阀 40 切换至下位，泵 4 的压力油进入缸 31 和 32 的无杆腔，活塞杆对顶，夹紧齿条 29，触点 J_D 闭合[见图(h)]；电磁铁 1YA、2YA 通电，阀 11 下位切入，泵 1 的 a 口吸油，b 口向压辊缸上腔供油，泵 2 经阀 14 向无杆腔补充因上、下腔面积差所需油液，从而使两压辊缸的活塞杆驱动压辊装置下降

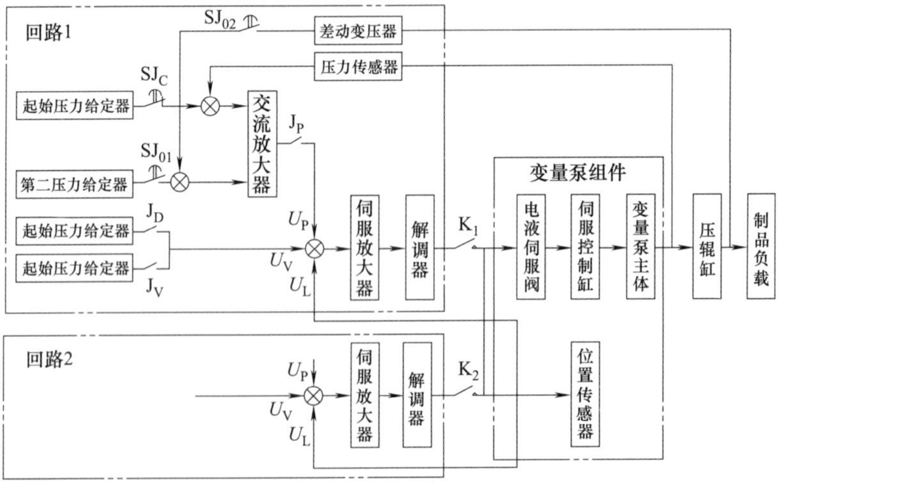

图(h)　闭环电控系统

续表

石棉水泥管卷压成型机的电液控制系统	电液控制系统的工作原理	③加压　当压辊装置下行接触送料毛布及管芯时，泵 1 的 b 口的排油压力（称负载压力）增加，使阀 14 关闭（电磁铁 2YA 断电）。负载压力继续增加直到压力继电器 39 的调定值（起始压力），其触点 J_D 闭合时，系统进入卷管加压过程 电磁铁 1YA 断电，阀 11 关闭，切断泵 1 的 a 口与压辊缸有杆腔的油路；电磁铁 3YA 通电，打开液控单向阀 20，使压辊缸下腔保持平衡压力而与压辊装置移动方向无关；电磁铁 4YA 断电，缸 31 和 32 的无杆腔接背压阀 36 油路，使齿条 29 可自动移动 起始压力经压力传感器反馈到输入端与其给定信号比较，差值经交流放大器加到泵的斜盘位置控制系统的输入端，改变泵 1 的流量，以维持起始压力恒定，使物料黏附压实在管芯上。起始压力保持时间由时间继电器按工艺需要调定，当其熔点 SJ_C 断开，SJ_{01} 和 SJ_{02} 闭合时，系统转入第二压力阶段。随着制品半径（即壁厚）增加，压辊装置升高，差动变压器 27 被图(g)中凸轮 26 逐渐压下给出一个与制品半径成比例的反馈信号，该信号与第二压力给定器所给信号相减减小第二压力指令，再与压力传感器反馈信号比较，从而给出一个逐渐减小的压力误差信号，以减小系统压力，直到要求的制品半径 ④上升　加压卷管结束后，图(h)中触点 J_V 闭合。图(g)中的电磁铁 4YA 通电，泵 4 的压力油再次进入缸 31 和 32 的无杆腔，夹紧齿条 29；电磁铁 1YA 通电，阀 11 上位切入，泵 1 的 a 口向压辊缸有杆腔供油，电磁铁 2YA 断电，控制油顶开阀 14，压辊缸无杆腔与阀 15 的背压油路接通，从而压辊装置上升，电磁铁 3YA 断电，关闭阀 20，以防止压辊缸有杆腔与泵 4 的油路串通 压辊装置上升碰到有关行程开关后，进入停止状态，一个循环结束
	技术特点及参数	①该成型机将液体压力和制品半径作机械压下力的“模拟量”，检测方法简单易行且控制精度较高，避开了直接测力难度较大的问题；总体上采用了机、电、液一体化结构，便于实现整机自动化，提高生产率和稳定产品质量 ②液压部分采用结构紧凑的泵控容积调速闭式回路，具有功率适应特征，因而节能，利用液压泵充液，使加压时升压迅速；采用辅助泵能源直接平衡压辊缸，取代了传统的平衡阀，停留可靠、运动平稳 ③电控系统采用冗余结构，两套回路可分别工作，不但提高了系统可靠性，且便于检修，特殊设计的伺服放大器推挽输出电路只接受各给定器及反馈传感器来的信号，大大提高了系统的抗干扰能力 ④高度复合的变量泵内装电液伺服阀等精密元件，对油液的清洁度要求苛刻，稍有不慎，将会因油液污染导致泵启动困难等故障；两压辊缸尽管采用了机械连接，但并非严格同步。故压辊装置有时倾斜，影响产品质量；系统运行时，液压脉动产生的流体噪声较大，有时甚至使操作者难以承受。石棉水泥管卷压成型机及其液压系统的技术参数如下表

成型机及其液压系统的技术参数

项目			参数	单位
主机	横梁	跨度	4.5	m
		行程	1.27	
		自重	45	kN
	最大压下力		385	kN
	压下力减小率		21	kN/mm
	压辊装置最大速度	下降	12	m/min
		上升		
	动态特性	响应时间	0.5	s
		压下力精度	±3.7	kN
液压系统	工作压力		4～8	MPa
	最大流量		720	L/min
	控制压力		3.5	MPa
	控制流量		20	L/min
	总功率		36	kW

12.5.2 流量伺服系统应用实例

表 20-12-18 流量伺服系统应用实例

<table>
<tr>
<td>开环变量泵控制的液压马达</td>
<td>
图(a)为开环变量泵控制的液压马达速度回路，双向变量液压泵 5、双向定量液压马达 6 及安全溢流阀组 7 和补油单向阀 8 组成闭式回路，通过改变变量泵 5 的排量对液压马达 6 进行调速。而变量泵的排量调节通过电液伺服阀 2 控制双杆液压缸 3 的位移调节来实现。执行器及负载与电液伺服阀控制的液压缸是开环的。当系统输入指令后，控制液压源的压力油经电液伺服阀 2 向双杆液压缸 3 供油，使液压缸驱动变量泵的变量机构在一定位置下工作；同时位置传感器 4 的检测反馈信号与输入指令信号经伺服放大器 1 比较，得出的误差信号控制电液伺服阀的开度，从而使变量泵的变量机构即变量泵的排量保持在设定值附近，最终保证液压马达 6 在希望的转速值附近工作

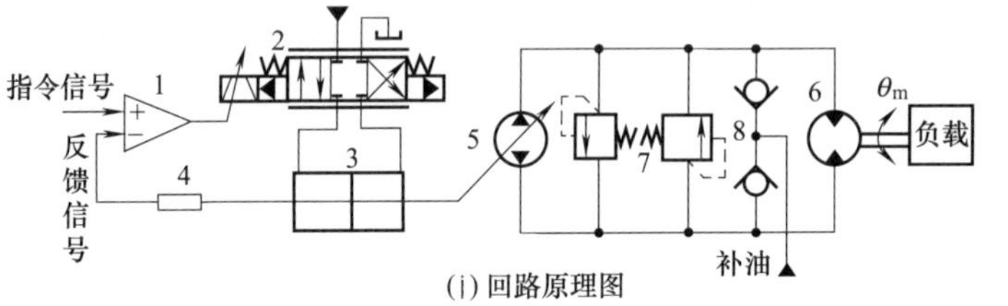

(ⅰ) 回路原理图

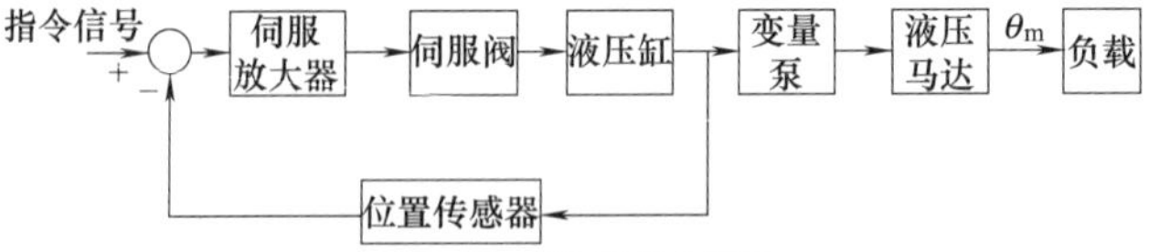

(ⅱ) 职能方框图

图(a) 开环变量泵控制的液压马达速度回路

1—伺服放大器；2—电液伺服阀；3—双杆液压缸；4—位置传感器；5—双向变量液压泵；6—双向定量液压马达；7—安全溢流阀组；8—补油单向阀
</td>
</tr>
<tr>
<td>闭环变量泵控制的液压马达</td>
<td>
图(b)为闭环变量泵控制的液压马达速度回路，其油路结构与回路基本相同，所不同的是在负载与指令间增设了测速发电机(速度传感器)9，从而构成一个闭环速度控制回路。因此其速度控制精度更高

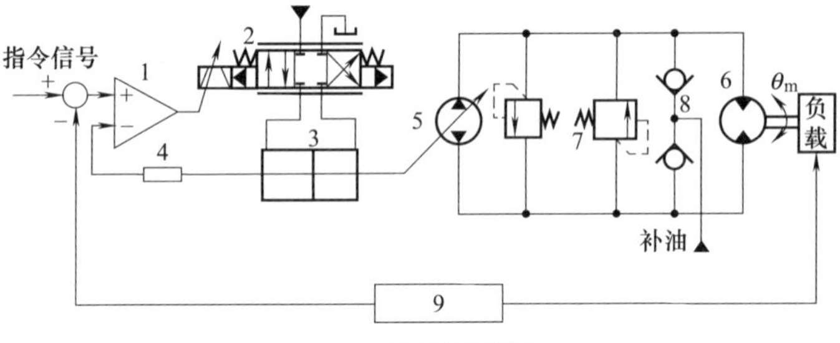

(ⅰ) 回路原理图

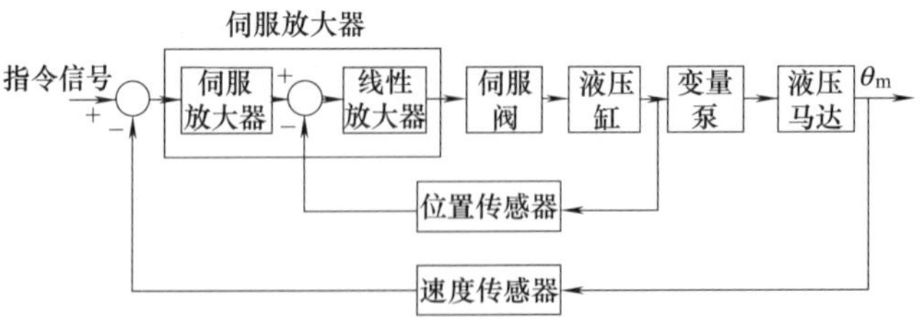

(ⅱ) 职能方框图

图(b) 闭环变量泵控制的液压马达速度回路

1—伺服放大器；2—电液伺服阀；3—双杆液压缸；4—位置传感器；5—双向变量液压泵；6—双向定量液压马达；7—安全溢流阀组；8—补油单向阀；9—速度传感器
</td>
</tr>
</table>

12.5.3　位置系统应用实例

表 20-12-19　　**位置系统应用实例**

<table>
<tr><td colspan="2">功能结构</td><td>中空挤坯吹塑是制造瓶、桶、箱等中空塑料制品的重要工艺方法之一，挤出机是实现这一工艺的重要设备，其生产过程是：由挤出机通过机头挤出半熔融的批管状型坯，当型坯达到一定的长度时，模具闭合，抱住型坯，切刀将型坯截断，吹气杆插入模具中的塑坯内吹气，使型坯紧贴模腔内壁而冷却定形，开模取出中空制品。由机头挤出的半熔融状型坯，在其自重的作用下必然会产生“下垂”现象，型坯上部壁薄，下部壁厚，大型制品尤甚。消除中空挤坯吹塑制品的壁厚不均匀的现象或人为有选择地增加制品某处的壁厚，有多种方法。本系统属于其中之一，采用了电液伺服技术和单片微型计算机控制，配以液晶显示和键盘操作，可以实现型坯壁厚的精确控制</td></tr>
<tr><td>中空挤坯吹塑挤出机型坯壁厚电液伺服控制系统</td><td>型坯壁厚电液伺服系统的工作原理</td><td>如图(a)所示为型坯壁厚电液伺服控制系统原理图，其控制对象是中空吹塑设备中制造型坯的机头(有直接挤出式和储料缸式两类)，以直接挤出式机头为例，自挤出机的半熔融塑料 1 经过口模 4 和芯头 3 形成的出口缝隙 s 挤出，形成管状型坯 2。型坯连续地被挤出，模具则交替地在机头下方取走型坯，在吹塑工位进行吹胀。机头的出口缝隙 s 可由伺服液压缸 5 通过芯头 3 控制其大小，出口缝隙 s 大时，挤出的型坯壁厚尺寸大，反之亦然。本系统就是通过对出口缝隙 s 变化的控制来实现对塑料型坯沿其纵向变化规律的控制的

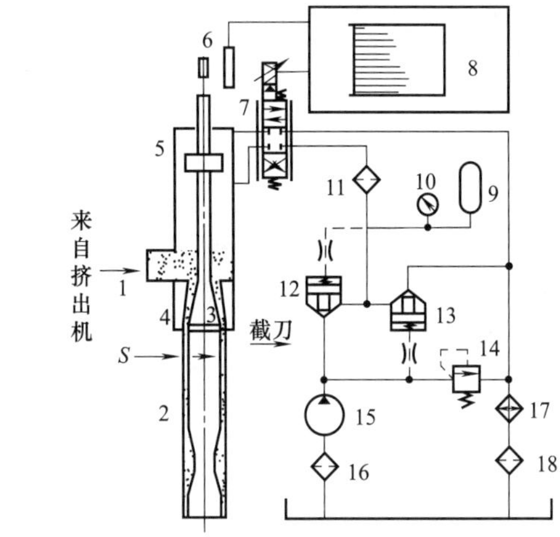

图(a)　型坯壁厚电液伺服控制系统原理
1—半熔融塑料；2—型坯；3—芯头；4—口模；5—液压缸；6—位移反馈传感器；7—电液伺服阀；8—控制器；9—蓄能器；10—压力表；11，16，18—过滤器；12，13—插装式单向阀；14—溢流阀；15—定量液压泵；17—冷却器

系统的油源为定量液压泵 15，泵的压力油经插装式单向阀 12、精过滤器 11 向伺服阀 7 供油，系统压力由溢流阀 14 设定并由压力表 10 显示。蓄能器 9 用于蓄能和吸收压力脉动以减小泵的排量和稳定工作压力。伺服阀出口油液经冷却器 17 和回油过滤器 18 回到油箱。停机时，蓄能器通过插装阀 13 释压。系统的执行器为电液伺服阀 7 控制的液压缸 5，缸的上端设有位移反馈传感器 6，伺服阀 7 接受控制器 8 的指令信号，输出流量驱动液压缸 5 带动芯头 3 按所需控制规律运动，机头出口缝隙 s 则按此规律控制型坯的厚度。位移反馈传感器 6 感受伺服液压缸活塞即芯头 3 的位移信号，送至控制器中，实现芯头运动的闭环控制。以微处理机(CPU)为核心的型坯壁厚控制器是本系统的心脏部分，其原理方框图如图(b)所示，它具有工作方式(收敛式或发散式等)设定、系统工作状态显示、工作参数预置和输入、模拟信号处理等功能

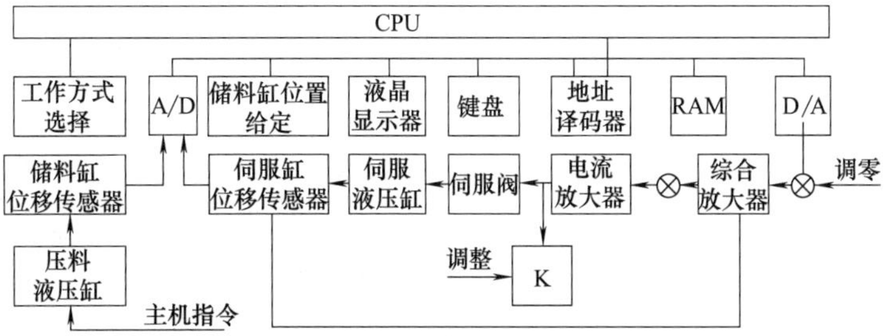

图(b)　控制器原理</td></tr>
</table>

续表

<table>
<tr><td>中空挤坯吹塑挤出机型坯壁厚电液伺服控制系统</td><td>技术特点</td><td>①液压系统采用高性能的电液伺服阀和低阻尼液压缸，配以蓄能器，使系统具有较高的快速响应能力和低速平稳性。通过设置蓄能器减小了液压泵的流量规格，具有节能作用。通过在液压泵进口安装粗过滤器、出口安装精密高压过滤器和回油路上安装回油过滤器，有效地控制了液压油液的清洁度，提高了电液伺服系统工作的可靠性和使用寿命
②采用工业单片微机作为控制器的核心，硬件电路简单、可靠性高、体积小，对工业环境有良好的适应能力。控制器可存储多达 15 个工艺文件，更换制品品种时，可缩短调整时间。采用液晶显示技术，不仅可实时地显示型坯壁厚设置值、工作周期、储料缸容量的给定值、制品累计数量，工作方式及状态等，而且还可将型坯壁厚的动态运行值实时地与设置值一起同时显示在屏幕上，便于监测系统状态及运行情况，显示屏在此起到了低频示波器的作用。以轻触薄膜键盘作为人机对话的工具，可方便地设置系统的各种参数和型坯的壁厚
③本系统不仅适用于直接挤出式，还适用于储料缸式中空吹塑机，既适用于收敛式机头，也适用于发散式机头，具有较好的通用性</td></tr>
<tr><td>四辊轧机液压压下装置的电液伺服系统</td><td>主机功能结构</td><td>轧机是轧钢及有色金属加工业生产板、带、箔产品的常用设备，其中四辊轧机最为常见，其工艺原理如图(c)所示。当厚度为 H 的板坯通过上、下两轧辊(工作辊)5 之间的缝隙时，在轧制力的作用下，板坯产生塑性变形，在出口就得到了比入口薄的板带(厚度为 h)，经过多道次的轧制，即可轧制出所需厚度的成品。由于不同道次所需辊缝值以及轧制过程中需要不断地自动修正辊缝值，就需要压下装置。随着对成品厚度的公差要求不断提高，早期的电动-机械式压下装置逐渐被响应快、精度高的液压压下装置所取代。液压压下装置的功能是使轧机在轧制过程中克服厚度及材料物理性能的不均匀，消除轧机刚度、辊系的机械精度及轧制速度变化的影响，自动迅速地调节压下液压缸的位置，使轧机工作辊辊缝恒定，从而使出口板厚恒定
如图(d)所示，轧机液压压下装置主要由液压泵站、伺服阀台、压下液压缸、电气控制装置以及各种检测装置所组成，压下液压缸安装在轧辊下支撑两侧的轴承座下(推上)，也可安装在上支撑辊轴承之上(压下)，以上两种结构习惯上都被称为压下。调节液压缸的位置即可调节两工作辊的开口度(辊缝)大小。辊缝的检测主要有两种：一是采用专门的辊缝仪直接测量出辊缝的大小；二是检测压下液压缸的位移，但它不能反映出轧机的弹跳及轧辊的弹性压扁对辊缝变化的影响，故往往需要用测压仪或油压传感器测出压力变化，构成压力补偿环，以消除轧机弹跳的影响，实现恒辊缝控制。此外，完善的液压压下系统还有预控和监控系统
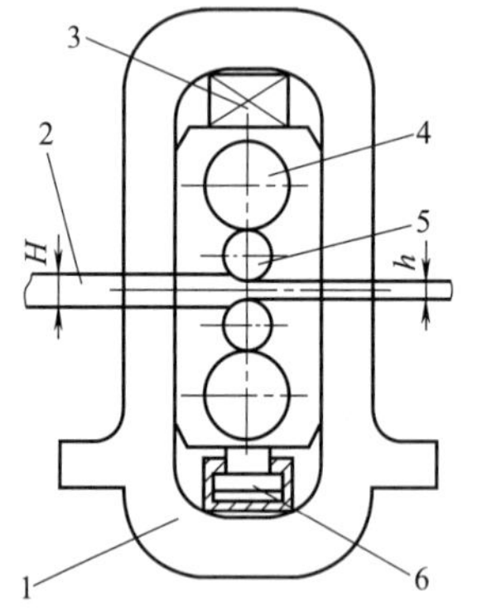

图(c)　四辊轧机轧制工艺原理
1—机架；2—带材；3—测压仪；4—支撑辊；5—工作辊；6—压下液压缸
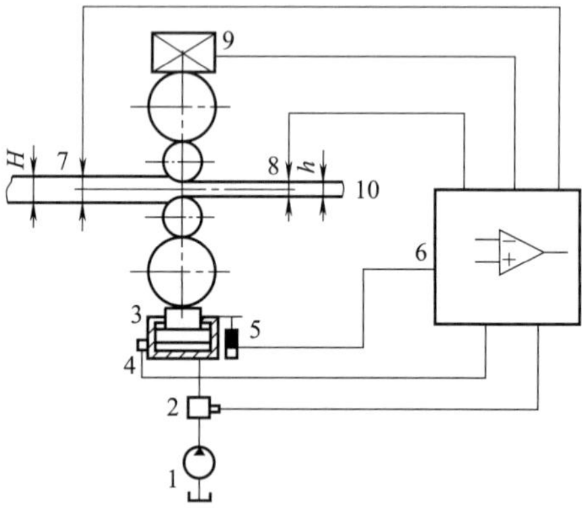

图(d)　轧机液压压下装置结构示意
1—压下泵站；2—伺服阀台；3—压下液压缸；4—油压传感器；5—位置传感器；6—电控装置；7—入口测厚仪；8—出口测厚仪；9—测压仪；10—带材
液压压下装置，由于轧制力大，辊系重，所以其液压缸负载环节的固有频率一般较低。为了提高系统的快速性就需要采用行程尽可能短的液压缸，因此液压缸在运动过程中容易产生偏摆或歪斜。为了消除此影响，在测量位移时应测液压缸的中心，或者测量液压缸的两边，取其平均值。液压缸位移的检测可采用同步感应器、差动变压器式位置传感器、磁尺、光栅等位移传感器</td></tr>
</table>

续表

<table>
<tr>
<td rowspan="2">四辊轧机液压压下装置的电液伺服系统</td>
<td>电液伺服控制系统工作原理</td>
<td>

如图(e)所示为液压压下装置的电液伺服控制系统原理图，由恒压变量泵提供压力恒定的高压油，经过滤器 2 和 5 两次精密过滤后送至两侧的伺服阀台，两侧的油路完全相同。以操作侧为例，压下液压缸 9 的位置由伺服阀 7 控制，液压缸的升降即产生了辊缝的改变。电磁溢流阀 8 起安全保护作用，并可使液压缸快速泄油；蓄能器 3 用于减少泵站的压力波动，而蓄能器 6 则是为了提高快速响应。双联泵 14 供给两个低压回路，一个为压下液压缸的背压回路；另一个是冷却和过滤循环回路，它对系统油液不断进行循环过滤，以保证油液的清洁度，当油液超温时，通过散热器 12 对油进行冷却。每个压下液压缸采用两个伺服阀控制，通过在一个阀的控制电路中设置死区，可实现小流量时一个阀参与控制，大流量时两个阀参与控制，这样对改善系统的性能有利

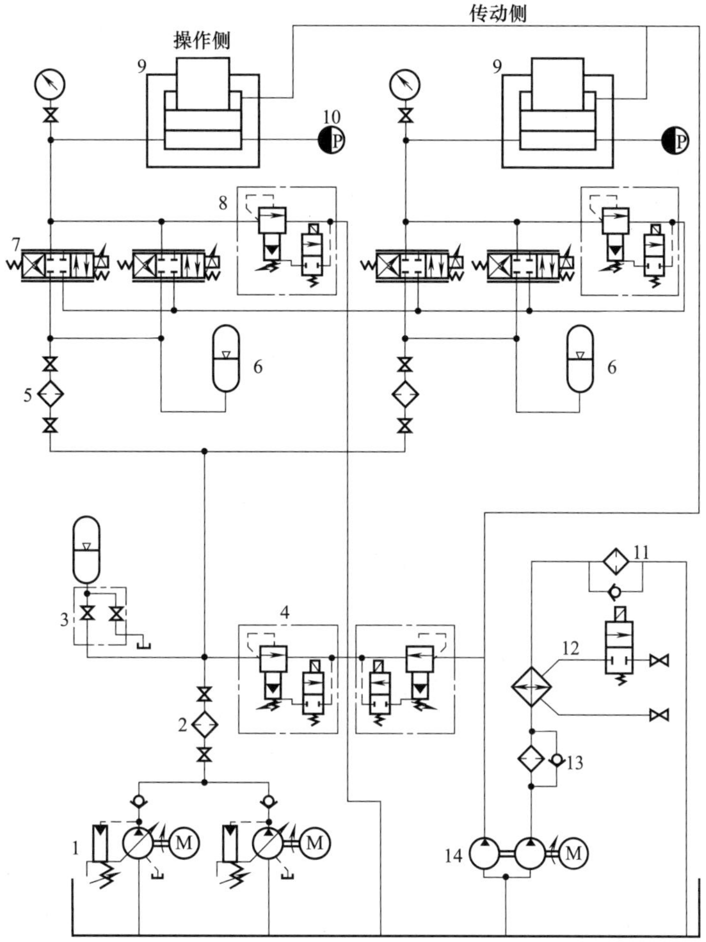

图(e)　轧机液压压下装置电液伺服系统原理

1—恒压变量泵；2，5，11—过滤器；3，6—蓄能器；4，8—电磁溢流阀；7—电液伺服阀；9—压下液压缸；10—油压传感器；12—散热器；13—离线过滤器；14—双联泵

</td>
</tr>
<tr>
<td>技术特点及参数</td>
<td>

①由于液压压下系统的压力较高，工作过程中的流量变化大，所以采用恒压变量泵蓄能器式油源，以提高其工作效率；但由于恒压变量泵结构复杂，调节不够灵敏，当系统需要的流量变化较大时，就会产生泵的流量赶不上负载需要，从而引起较大的压力变化，所以配备大容量的蓄能器(蓄能器 3)，同时应尽量采用粗而短的连接管道

②为了缩短停机维修时间，提高生产率，系统的油源采用两台主泵，即一台工作、一台备用。为了提高过滤效率，在循环过滤回路中的过滤器 11 和 13 应采用表面型和深度型相结合，在许多系统中还设有磁过滤器

③伺服阀台一般安装在靠近压下液压缸的位置，以提高液压缸——负载环节的固有频率。蓄能器 6 的体积一般较小，多为 2.5L，或 1.6L，以便为伺服阀提供瞬时的高频流量。过滤器 5 一定要安装在蓄能器 6 之前，否则可能导致在蓄能器向伺服阀排出油液时，也就是说流经过滤器 5 的液流有快速变化时，过滤器中的脏物被带出，降低过滤效果，同时过滤器 5 也会妨碍蓄能器对于某些高频流量需求的响应

</td>
</tr>
</table>

续表

<table>
<tr><td rowspan="2">四辊轧机液压压下装置的电液伺服系统</td><td>参数</td><td>
<table>
<tr><th>项目</th><th>参数</th><th>项目</th><th>参数</th></tr>
<tr><td>工作压力/MPa</td><td>20～25</td><td>系统频宽/Hz</td><td>5～20</td></tr>
<tr><td>压下速度/mm·min^{-1}</td><td>2</td><td>油液清洁度</td><td>NAS1638-5-7-级</td></tr>
<tr><td>控制精度/%</td><td>1</td><td>油液工作温度/℃</td><td>30～45</td></tr>
</table>
</td></tr>
<tr><td>使用要点</td><td>液压压下装置能否正常工作和满足现代化生产的要求，有如下几点需要特别注意：伺服阀是该装置的关键元件之一，它应具有分辨率高、滞环小、频宽高、可靠性好等优良品质
①由于伺服阀多采用喷嘴挡板阀，故对油液的清洁度要求较高，一般情况下为 NAS1638 -5-7 级，因此就需要在系统中设置高效率的过滤装置，以确保油液的清洁度。同时油箱和管道均应采用不锈钢材质
②液压缸-负载环节的摩擦力在系统中有至关重要的影响，较大的摩擦力会产生较大的死区，从而产生较大的控制误差，同时又会影响到系统的频宽和稳定性。因此。除了应尽量减少轴承座和机架(亦称牌坊)之间的摩擦力外，还应注意减少压下液压缸的摩擦力。一般认为摩擦力应小于 1%
③为了提高控制精度，首先需要有高精度的位置传感器、压力传感器及性能优良的控制装置</td></tr>
<tr><td rowspan="2">铝箔轧机电液伺服系统</td><td>主机功能结构</td><td>该铝箔粗、精轧机组是从德国 ACHENBACH 公司引进的先进铝箔轧制设备，机组采用了四辊不可逆恒轧制力、有辊缝和无辊缝两种轧制工艺，最终产品为 $B=1.55\text{m}$、$\delta=2\times6\mu\text{m}$ 的铝箔。全机组采用了多种先进的液压控制技术，以实现高精度、高质量的铝箔产品生产。尤其是轧机液压推上系统采用了美国伺服公司(SCA)的液压伺服控制技术，用电液伺服阀来控制轧机轧辊的推上，是在电动液压控制、机械伺服阀控制的基础上发展起来的全液压结构</td></tr>
<tr><td>电液伺服控制系统的工作原理</td><td>图(f)为该轧机电液伺服控制系统原理图。油源为两台径向柱塞变量液压泵 5，两泵出口设置的溢流阀 7 用来设定液压系统的最高工作压力，防止液压泵过载，系统最低压力由压力继电器 8 控制，带污染报警压差继电器的精密过滤器 9 用以防止电液伺服阀 11 因油液污染而堵塞。系统采用不锈钢油箱 1，油箱设有油温控制调节器 3 和液位控制器 4；独立于主系统的定量液压泵 2 用于系统的离线冷却循环过滤。系统有两个传动侧，A 侧和 B 侧的压下缸采用电液伺服阀控制(图中未画出)。SCA 系统的执行器装在轧机下支撑辊轴承座下面，机架窗口处的两个既有油路联系又能独立工作的活塞式液压缸 20，主要由电液伺服阀 11 控制；A、B 侧回路中各有一套囊式蓄能器 16；
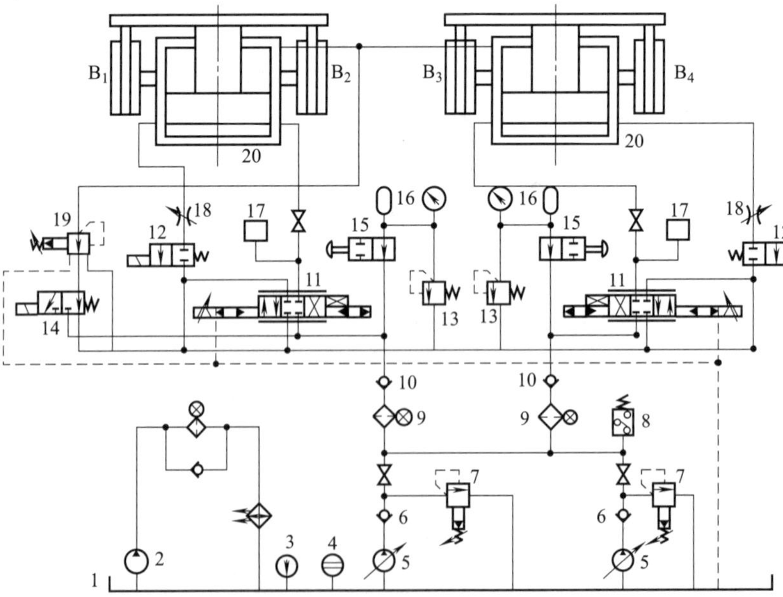
图(f) 轧机电液伺服系统原理
1—油箱；2—定量液压泵；3—油温控制调节器；4—液位控制计；5—径向柱塞变量液压泵；6，10—单向阀；7—溢流阀；8—压力继电器；9—精密过滤器；11— 电液伺服阀；12—二位二通电磁换向阀；13—溢流阀；14—二位三通电磁换向阀；15—二位二通手动换向阀；16—囊式蓄能器；17—压力传感器；18—节流阀；19—双作用三通压力阀；20—活塞式液压缸；B_1～B_4—位置传感器</td></tr>
</table>

续表

铝箔轧机电液伺服系统	电液伺服控制系统的工作原理	B_1、B_2、B_3、B_4 为 A、B 侧检测液压缸 20 带动工作辊位移的位置传感器；A、B 侧回路中的压力传感器 17 用以检测液压缸 20 在轧制工作中的工作压力。图(g)为 SCA 系统的控制原理方框图，其功能包括工作辊的位置控制、轧制力控制、两个工作辊辊缝开合调节控制及轧辊倾斜度控制 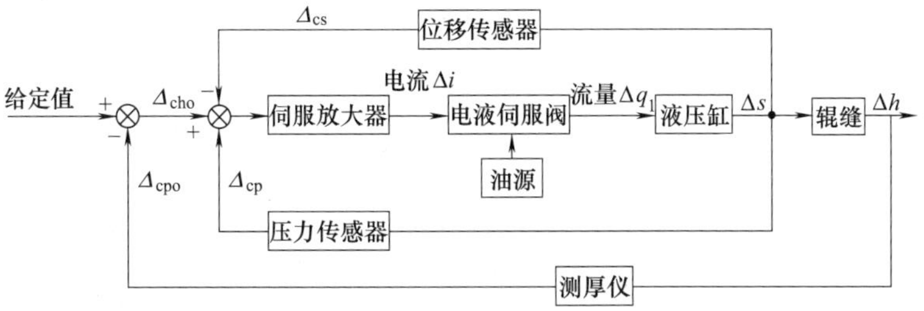 图(g)　SCA系统控制原理 根据原料厚度的不同，铝箔的轧制分为两个不同的轧制工艺：原料厚度由 0.5mm 轧制到 0.15mm 的轧制过程采用有辊缝、恒轧制力轧制；由 0.15mm 轧制到 12μm(两层)的轧制过程采用无辊缝、恒轧制力轧制。无论是有辊缝还是无辊缝轧制，在初调时，辊缝、轧制力、轧辊的倾斜度的给定值均被设定为零，并输入计算机储存	
		有辊缝轧制	工作时，首先启动冷却循环过滤泵，使油箱中的油液达到一定的温度和清洁度，然后启动工作泵 5，按要求向系统输送一定流量和压力的油液。根据轧制工艺要求，人工给定一代表初始厚度的电量 Δ_{cho}后，经伺服放大器变成输出电流 Δi，电液伺服阀中的阀芯(滑阀)运动，从而将输出流量 Δq_1 至 A 侧和 B 侧液压缸 20 的无杆腔，推动液压缸活塞向上移动，液压缸有杆腔的油液经阀 19、14 排回油箱 当空负载时，只有安装在推上缸 20 两侧的位置传感器 B_1～B_4 发出反馈信号 Δ_{es}与给定信号 Δ_{cho}进行比较，二者相平衡(相等)时，则伺服阀输入电量为零，系统输出也为零，液压缸活塞停止移动，此时，两工作辊之间保持一定的辊缝，如果辊缝的大小不满足工艺要求，还需要调整辊缝，只需增大或减少给定值即可 当辊子咬入铝带时，因轧制力变化引起轧机机体弹跳变化造成真实辊缝的改变，此时的给定值仍然不变，而反馈量发生改变，破坏了平衡。伺服放大器反向输出，自动进行纠偏调节，从而达到新的平衡。轧制力的变化由安装在伺服阀输出管路上的压力传感器发出反馈信号 Δ_{ep}与给定信号 Δ_{cho}进行比较，当二者平衡时，伺服阀的输入电量为零，液压缸 20 的活塞停止 为了克服因给定值不准确、轧辊的磨损，元件本身误差等因素对所轧制的铝箔厚度的影响，在上述位移反馈和压力反馈两个闭环基础上，SCA 系统出口还设有带材测厚仪反馈检测环节(外闭环)，用以测出厚度差，其反馈信号和初始的给定量叠加，修正出精确的辊缝，进一步提高控制精度，使产品质量达到要求
		无辊缝轧制	无辊缝轧制时，靠轧辊的弹性变形来轧制。与有辊缝轧制相同的是，辊缝和轧制力的控制调节，仍然依靠位置传感器 B_1～B_4 和压力传感器所测的实际值作为反馈，与给定值进行比较后，输给伺服阀进行调节，以满足工艺要求，但出口带材的厚度不是由 SCA 系统控制，而是靠改变卷曲机的张力和轧制速度来实现 在轧制过程中，如果发生“断带”故障，位置传感器迅速发出信号，事故程序控制系统立即使电液伺服阀 11 和电磁换向阀 12 通电换向，液压缸无杆腔流量卸载，阀 12 是伺服阀的辅助阀，起快速卸载作用。此时电磁换向阀 14 也通电换向，使液压泵的压力油经双作用三通压力阀 19 进入缸 20 的有杆腔，加速液压缸退回，以免轧辊在断带时烧损 推上缸 20 和伺服阀 11 靠安全溢流阀 13 进行压力卸载保护。由于伺服阀存在着压力零位漂移，会影响伺服阀的控制精度，甚至引起系统共振，所以为了稳定伺服阀的供油压力，在系统中装有皮囊式蓄能器，并且由阀 13 保护 如果伺服阀堵塞及油液污染，则精密过滤器 9 的进出口压差将增加，其附带的压差继电器迅速发出滤芯污染报警信号，使供油停止。更换新的滤芯后警报解除，继续向系统供油，以高清洁度的油液保证伺服阀正常工作

续表

<table>
<tr><td rowspan="3">铝箔轧机电液伺服系统</td><td rowspan="3">技术特点及参数</td><td>优点</td><td>①本铝箔轧机采用了先进的电液伺服控制技术、传感技术和计算机控制技术。其结构形式和控制方式与电动液压推上机械伺服阀控制的液压推上系统相比更简单、更稳定、更可靠、精度更高。所以被国际上公认为最理想的轧机推上控制方式。西欧各国在铝箔轧机上基本都采用了这种结构和控制方式
②采用电液伺服控制系统控制轧机轧辊的推上，由高精度的辊缝位移传感器、压力传感器和测厚仪组成闭环反馈控制，响应块、精度高，保证了铝箔产品的轧制质量
③液压系统的压力、流量、温度及油液清洁度等采用了程序控制和措施，如轧制过程断带出现时的快速卸载、系统的离线冷却循环过滤等，对系统正常运行起到了十分可靠的保证</td></tr>
<tr><td>缺点</td><td>①油源供油压力高，要选用高压泵
②对油液的清洁度要求苛刻，一般为 NAS4 级以上，油液稍有污染，就会造成阀件堵塞
③对环境要求苛刻，工作环境条件的变化会引起电液伺服阀零位漂移，使系统出现误差
④电液伺服阀的精度比较高，维护、检修等比较困难</td></tr>
<tr><td>技术参数</td><td>
<table>
<tr><th colspan="2">项目</th><th>参数</th><th>单位</th><th colspan="2">项目</th><th>参数</th><th>单位</th></tr>
<tr><td colspan="2">供油压力</td><td>23</td><td rowspan="5">MPa</td><td rowspan="3">推上液压缸</td><td>缸径</td><td>400</td><td rowspan="3">mm</td></tr>
<tr><td rowspan="3">安全保护压力</td><td>最高(溢流阀 7 设定)</td><td>23.5</td><td>杆径</td><td>360</td></tr>
<tr><td>最低(压力继电器 8 设定)</td><td>15.4</td><td>行程</td><td>60</td></tr>
<tr><td>卸载保护(溢流阀 6)</td><td></td><td rowspan="2">位置传感器</td><td>测量范围</td><td>±50</td><td>mm</td></tr>
<tr><td colspan="2">工作压力</td><td>22</td><td>测量精度</td><td>0.5%</td><td></td></tr>
<tr><td rowspan="3">电液伺服阀</td><td>空载流量</td><td>19.57</td><td rowspan="2">L/min</td><td rowspan="2">精密过滤器</td><td>过滤精度</td><td>3</td><td>μm</td></tr>
<tr><td>负载流量</td><td>11.3</td><td>压差继电器发信压差</td><td>0.25</td><td>MPa</td></tr>
<tr><td>零偏</td><td>≤3</td><td></td><td>囊式蓄能器</td><td>容量</td><td>41</td><td>L</td></tr>
<tr><td rowspan="2">响应时间</td><td>伺服阀</td><td>6</td><td rowspan="2">ms</td><td rowspan="2">A、B 侧压下缸</td><td>额定压力</td><td>21</td><td>MPa</td></tr>
<tr><td>系统最迟</td><td>30</td><td>额定流量</td><td>20</td><td>L/min</td></tr>
</table>
</td></tr>
<tr><td>带材纠偏控制装置的电液伺服控制系统</td><td colspan="2">主机功能结构</td><td>金属或非金属带材生产设备，在带材运行过程中都会产生跑偏。带材跑偏不仅使卷材不整齐，而且还会使机组无法进行正常生产，因此，在带材生产线中需要各种纠偏控制装置，以保证带材生产高速、安全和提高生产率。按控制形式不同，带材纠偏控制装置可分为机械式、电动式，气-液伺服式和电-液伺服式。其中，电-液伺服式由于响应快、精度高、可靠性好等优点，正在受到愈来愈广泛的应用。电液伺服式纠偏控制装置主要由检测器、液压推动缸、伺服阀、液压泵站、控制电路等组成。此类装置的检测器形式很多，按检测原理可分为光电式、电容式、电感式等。尤其是光电式检测器，其开口可大可小，安装比较灵活。根据纠偏控制的功能和应用部位的不同，可分为开卷定位控制、卷齐自动跟踪控制、摆动辊导正控制三种形式[如图(h)所示]。在开卷自动定位控制中，检测器的位置固定不动，开卷机的卷筒部分为浮动结构，在纠偏液压缸的推动下通过导轨可作垂直于带材方向的往复运动
当检测器检测到带材偏离要求的位置时，就通过控制电路驱动伺服阀动作，使纠偏液压缸产生一个位移，以纠正带材的偏离值，从而把开卷中心线控制在机组中心或边缘固定在某一位置。摆动辊导正控制一般安装在较长的生产线上(例如酸洗、镀层、涂层、精整等生产线)
由于这些设备的带材运行路径长，在中间部位就很容易出现跑偏，所以在一些关键的位置需要设置摆动辊导正装置，从而使带材中心不偏离机组中心线。卷取机自动卷齐伺服装置则是让卷筒自动跟踪带材的边缘，检测器安装在移动部件上同卷取机一同移动，造成直接反馈
当跟踪位移与带材的跑偏位移相等时，偏差信号为零，卷筒便处于平衡位置，从而实现边部的自动卷齐。无论哪一种形式的纠偏控制装置，其液压系统部分无太大的差别
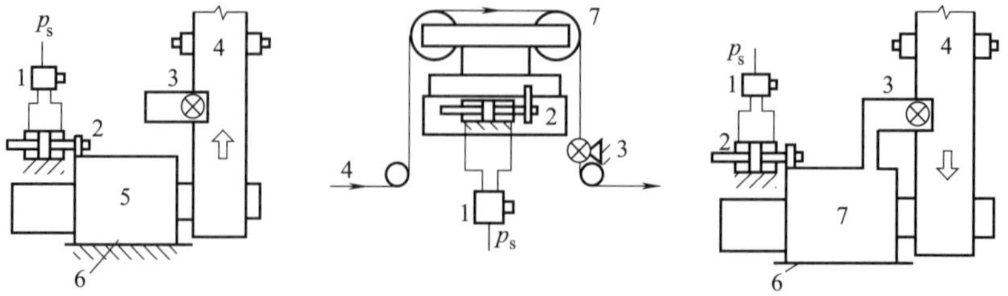
(ⅰ)开卷定位控制　(ⅱ)摆动辊导正控制　(ⅲ)卷齐控制
图(h)　三种纠偏控制装置形式的结构示意
1—电液伺服阀；2—控制液压缸；3—检测器；4—带材；5—开卷机；6—滑道；7—卷取机</td></tr>
</table>

续表

带材纠偏控制装置的电液伺服控制系统

电液控制系统工作原理

电液控制系统原理图如图(i)所示，液压泵站由恒压变量泵 1 及蓄能器 3 等元件组成，电液伺服阀 6 控制纠偏随动缸 8 的自动工作状态，三位四通电磁换向阀 9 用于手动调整。由于纠偏控制都是靠带材的反馈来构成闭环系统，所以当没有带材时，反馈作用消失，这时如果不把伺服阀的油路切断，就有可能使纠偏液压缸推至极限位置，电磁换向阀 7 的作用就是要及时切断伺服阀的油路。液压马达 13 驱动丝杠机构，安装在它上面的检测器（图中未画出）在液压马达的带动下可作方向相反的同步运动；为了能够使检测器自动进给到所需位置，由电液伺服阀 10 通过检测器自身构成闭环自动控制，同时也可以由电磁换向阀 11 进行手动控制。对于一些采用单边检测的纠偏系统，其检测器的进给采用伺服阀控制液压缸的方式，也有一些单边检测系统采用电磁阀控制液压缸进行两位式的伸缩，当带材宽度变化时用丝杠进行手动微调

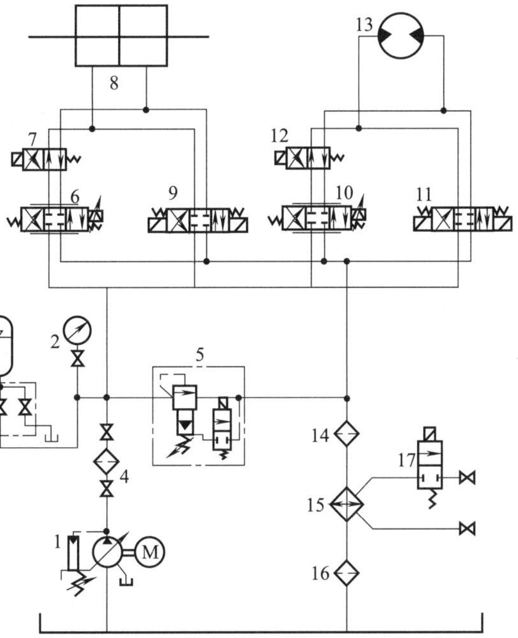

图(i)　带材纠偏装置电液控制系统原理

1—恒压变量泵；2—压力表；3—蓄能器；4，14，16—过滤器；5—电磁溢流阀；6，10—电液伺服阀；7，12—二位四通电磁换向阀；8—纠偏随动缸；9，11—三位四通电磁换向阀；13—液压马达；15—冷却器；17—二位四通电磁阀

由于纠偏控制系统所用的电液伺服阀（如动圈式或射流管式伺服阀）一般对油液的清洁度要求并不很严格，所以纠偏控制系统的油源并不设单独的循环过滤回路，而是采用供油路上的过滤器 4 和回油过滤器 14 相结合过滤，并采用冷却器 15 对系统进行冷却

技术要点

①纠偏装置的控制精度要求一般不是很高，所以在伺服阀的选型上都优选性能普通而抗污染能力强的伺服阀，这样可以降低系统对油的清洁度要求，从而降低液压泵站的成本。目前采用较多的是动圈式伺服阀

②纠偏装置的调节品质往往受到液压缸-负载环节的固有频率的限制，因此，在一些运行速度高以及控制精度要求高的场合，除了应设法提高其固有频率以外，还应在电气上采取一些措施

主要参数

项　　目	参数	单位	项　　目	参数	单位
控制精度	±1	mm	工作压力	10～20	MPa
系统频宽	3～5	Hz	油液工作温度	30～45	℃

续表

<table>
<tr>
<td rowspan="2">电液伺服水槽不规则波造波机系统</td>
<td>主机功能结构</td>
<td>
水槽不规则波造波机是一种在实验水槽中模拟波浪环境进行船舶、港口工程和海洋工程科学研究的专用实验设备。它不但可以制造出各种规则波浪，而且可以造出各种具有给定波谱密度的不规则波及给定不规则波面过程线的天然波列，是研究、设计和建造船舶、港口码头和海洋工程结构物在波浪作用下的运动、受力和安全性能等问题不可缺少的实验手段
该机的工作机构为平推式推波板，采用液压驱动、伺服控制，不规则信号产生、波谱和波列控制及数据处理均由微型计算机完成。整套设备有机械液压和电控测量两大部分，系统组成和原理如图(j)所示。系统按照信号发生装置产生的控制信号，通过伺服液压缸驱动推波板在导轨上作往复平推水运动，使水槽中的水产生波浪并传递到实验模型处。水槽中各测点处浪高和波浪规律可通过高仪测出并在计算机上进行屏幕显示、绘制和打印。控制信号有以下三种可选择方式
①输入正弦信号源产生的正弦信号，使伺服缸和推波板按正弦规律运动，造出规则波浪
②输入计算机产生的不规则波信号，经 D/A 转换后通过放大器输出，使伺服缸驱动推波板运动生成不规则波浪
③输入外部信号，驱动推波板按外部信号运动造波。图(k)为不规则波造波的控制流程图
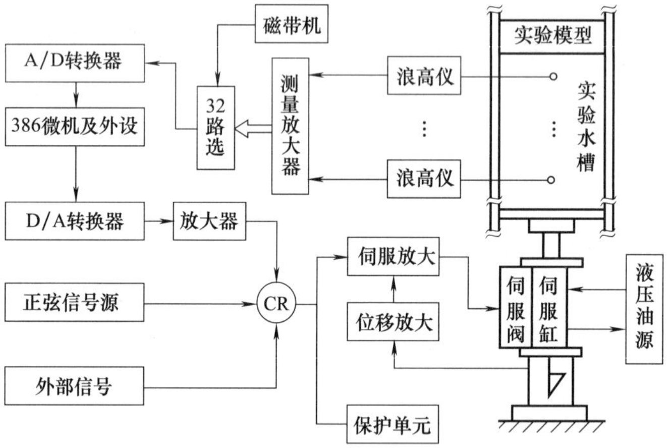

图(j) 造波机系统原理框图
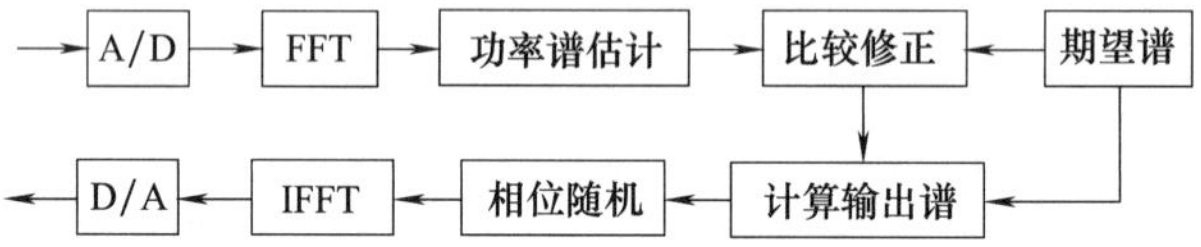

图(k) 不规则波造波的控制流程
</td>
</tr>
<tr>
<td>机械液压系统原理</td>
<td>造波机的机械液压系统原理图如图(l)所示，执行机构为伺服液压缸 14 及其驱动的推波板 16，缸的运动由喷嘴挡板式电液伺服阀 12 控制；系统的油源为变量液压泵 5，泵的最高工作压力由溢流阀 7 调定并通过压力表 11 及其开关 10 显示，泵可以通过二位二通电磁换向阀 6 控制实现卸荷；为了保证伺服阀不被污染，以提高系统的可靠性，泵 5 和伺服阀前设有带发信器的精过滤器 8；系统的冷却器 3 的冷却液通断由二位二通电磁换向阀 4 控制；蓄能器 9 用于吸收油液脉动，改善系统工作品质</td>
</tr>
</table>

续表

<table>
<tr><td rowspan="3">电液伺服水槽不规则波造波机系统</td><td>机械液压系统原理</td><td>
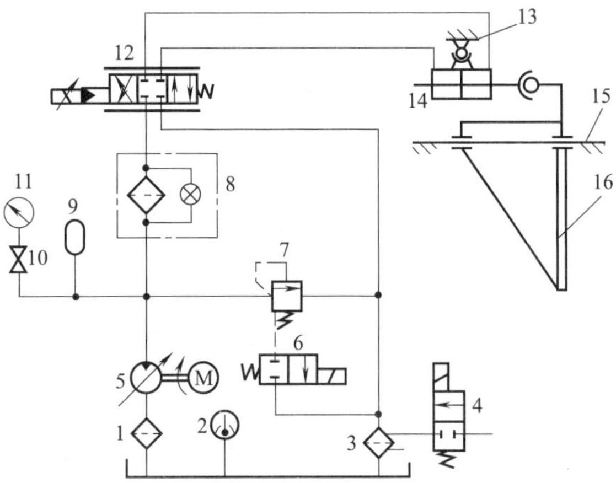

图(l)　造波机的机械液压系统原理

1—粗过滤器;2—温度计;3—冷却器;4,6—二位二通电磁换向阀;5—变量液压泵;7—溢流阀;8—精过滤器;9—蓄能器;10—压力表开关;11—压力表;12—喷嘴挡板式电液伺服阀;13—支架;14—伺服液压缸;15—导轨;16—推波板
</td></tr>
<tr><td>技术特点</td><td>①不规则波造波机采用了计算机和电液伺服控制技术,性能先进,稳定可靠
②液压系统中具有防污染、冷却和吸收脉动措施,并且采取了在活塞杆上 O 形密封圈和唇形密封圈双道密封措施,保证了高性能伺服缸的密封性能,从而提高了系统的工作可靠性</td></tr>
<tr><td>技术参数</td><td>
<table>
<tr><th colspan="3">项　目</th><th>参数</th><th>单位</th></tr>
<tr><td rowspan="6">主机</td><td colspan="2">造波周期</td><td>0.4～4</td><td>s</td></tr>
<tr><td colspan="2">水槽尺寸</td><td>50×1×1</td><td rowspan="4">m</td></tr>
<tr><td colspan="2">最大水深</td><td>1.1</td></tr>
<tr><td colspan="2">造波板尺寸</td><td>1×1.7</td></tr>
<tr><td colspan="2">最大波高</td><td>0.4</td></tr>
<tr><td colspan="2">波列模拟个数</td><td>≥100</td><td></td></tr>
<tr><td rowspan="8">液压系统</td><td rowspan="4">伺服液压缸</td><td>最大驱动力</td><td>4</td><td>kN</td></tr>
<tr><td>最大速度</td><td>1.3</td><td>m/s</td></tr>
<tr><td>冲程</td><td>600</td><td>mm</td></tr>
<tr><td>往复运动周期</td><td>0.4～4</td><td>s</td></tr>
<tr><td rowspan="2">电液伺服阀</td><td>额定工作压力</td><td>21</td><td>MPa</td></tr>
<tr><td>额定流量</td><td>100(21MPa 压差时)</td><td>L/min</td></tr>
<tr><td rowspan="2">液压泵</td><td>额定压力</td><td>21</td><td>MPa</td></tr>
<tr><td>额定流量</td><td>100</td><td>L/min</td></tr>
</table>
注:造波机的推板框采用空心型钢焊成,推板采用铝板制成。
</td></tr>
</table>

续表

<table>
<tr>
<td rowspan="2">PASBAN炮塔电液伺服控制系统</td>
<td>主机功能结构</td>
<td>PASBAN 炮塔电液控制系统是一套自动控制系统，它可根据雷达指挥仪的目标测量参数，自动拖动炮塔完成方位和高低的瞄准运动，使发射装置随时跟踪飞行目标。图(n)为炮塔总成结构示意图，系统采用单元积木式安装</td>
</tr>
<tr>
<td>电液伺服控制系统工作原理</td>
<td>该炮塔的电液伺服控制系统原理如图(m)所示。系统由液压源、方位控制液压回路和高低瞄准控制液压回路组成。方位控制和高低瞄准控制液压回路各设一个相同的两级电液伺服阀(前置级为喷嘴挡板型，放大级为四通滑阀型)27 和 21，用以接收雷达指挥仪传来的经过逐级放大了的指令信号，实现对两个回路中液压执行器(液压缸和马达)的运动方向和速度的控制
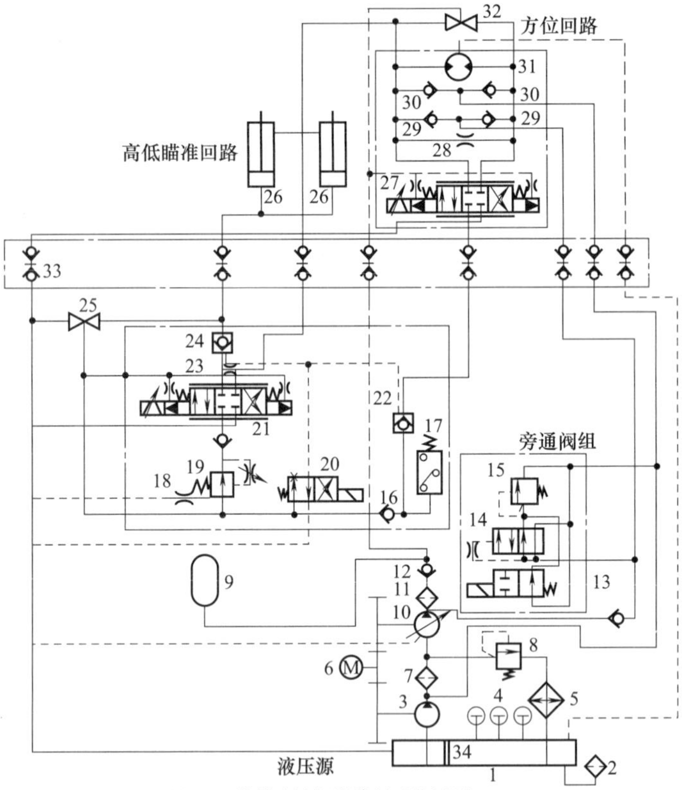

图(m) 炮塔电液伺服控制系统原理
1—油箱；2—注油过滤器；3—辅助液压泵；4—温度继电器；5—风冷式冷却器；6—液压泵驱动电动机；7—低压过滤器；8，15—溢流阀；9—蓄能器；10—主液压泵；11—高压过滤器；12，16，29，30—单向阀；13—二位二通电磁换向阀；14—二位四通液动旁通换向阀；17—压力继电器；18—节流阀；19—减压阀；20—二位四通电磁换向阀；21，27—电液伺服阀；22，24—液控单向阀；23，28—阻尼孔；25，32—截止阀；26—高低瞄准液压缸；31—方位控制双向定量液压马达；33—快速接头；34—油箱隔板
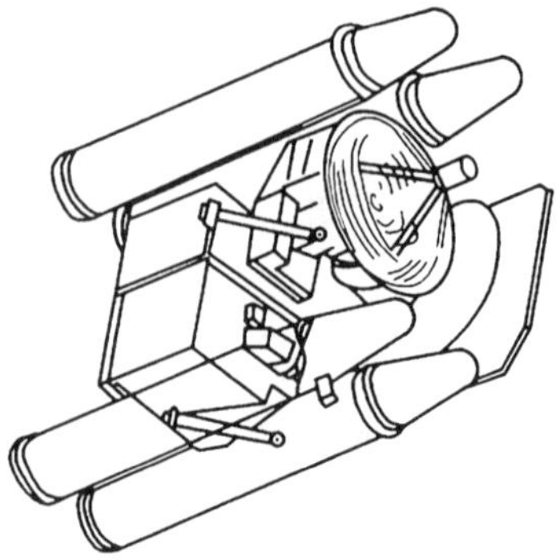
图(n) 炮塔总成结构示意</td>
</tr>
</table>

续表

<table>
<tr>
<td rowspan="5">PASBAN炮塔电液伺服控制系统</td>
<td rowspan="3">电液伺服控制系统工作原理</td>
<td>液压源</td>
<td>液压源按照各执行器的动作要求向系统提供符合一定清洁度和温度的压力油。液压源共有两台液压泵 3 和 10，由电动机经过齿轮减速机构驱动。其中单向变量泵(恒压轴向柱塞泵)10 为系统的主泵，单向定量泵(齿轮泵)3 为辅助泵。主泵 10 的最高压力设定、空载启动与升压由旁通阀组中的溢流阀 15 及旁通换向阀 14 和二位二通电磁换向阀 13 实现。辅泵 3 的压力由溢流阀 8 设定。为保证主泵 10 空载启动，正常启动电动机 6 时，二位二通电磁换向阀 13 断电处于图示右位，主泵 10 输出的油液经旁通阀 14 和换向阀 13 进入低压辅助回路(与低压过滤器 7 的入口相接)，从而实现电动机和液压泵空载启动，而后逐渐提高其转速。当启动后 10s，换向阀 13 通电切换至左位，主泵 10 的压力油进入工作系统。工作中，若负载压力超过溢流阀 15 的设定值，则在阀 14 左端液控腔的压力油的作用下切换至左位，泵 10 的压力油经阀 14 后，一路汇到辅助油路，另一路打开溢流阀 15，经此阀后也进入辅助油路。由温度继电器 4(3 个)自动控制的风冷式冷却器 5 用于液压油液的冷却；为了提高系统油液的清洁度，辅助泵 3 出口设有低压过滤器 7、主泵 10 出口设有高压过滤器 11，油箱入口设有注油过滤器 2 且油箱底部装有专门吸收金属物的磁性过滤器</td>
</tr>
<tr>
<td>方位液压控制回路</td>
<td>方位控制液压回路的执行器为液压马达(斜轴式单铰双向定量柱塞液压马达)31，它由电液伺服阀 27 控制，通过减速器拖动炮塔跟踪目标。与辅助泵 3 出口相接的单向阀组 30(两个)用以马达的双向补油，以防止马达急速换向或突然制动时造成某腔的吸空。通往马达两腔相反安装的两个单向阀 29 与主泵 10 的供油路相接，用以马达压力超过主泵 10 的供油压力时打开泄油，起到安全保护作用。马达两工作腔间设有直径为 0.1mm 的阻尼孔 28，以增加系统的阻尼，提高该欠阻尼阀控马达系统的稳定性。当控制压力消除时，通过打开截止阀 32 可以使液压马达的两腔串通，从而实现炮塔的手动转动。二位四通电磁换向阀 20 与液控单向阀 22、24 分别组成了方位和高低两个回路的液压锁，以实现在切断液压动力时，锁定炮塔位置</td>
</tr>
<tr>
<td>高低瞄准控制液压回路</td>
<td>高低控制液压回路的执行器为并联的两个液压缸 26，它由电液伺服阀 21 控制，推拉与其铰接的发射装置上下运动，实现俯仰瞄准。高低和方位回路共用主泵压力油驱动，主泵的输出压力按方位回路所需要的高压设定，而高低控制回路所需工作压力较低，为此通过减压阀 19 实现降压，它由两个节流阀 18 和一个减压阀组成。阀 19 和阀 21 之间的单向阀用于隔离负载压力波动对油源的冲击。阻尼孔 23 使发射装置稳定。当控制压力消除时，通过打开截止阀 25 使缸 26 向油箱放油，可将发射装置降下。缸 26 两端各设有阻尼节流孔和单向供油阀，用于活塞运动行程终了时的缓冲</td>
</tr>
<tr>
<td>技术特点</td>
<td colspan="2">①该炮塔采用了电液伺服阀控马达和液压缸系统，以提高系统的动态响应特性、跟踪精度与动态刚度
②采用辅助泵向主泵进油口供油(双级加压供油)，改善了主液压泵的吸油性能和可靠性。液压马达设有补油和安全单向阀组，液压马达和液压缸均设有液压锁，提高了系统的安全可靠性
③系统设有多重过滤装置，并设有风冷冷却器，提高了系统的防污染能力并保证了系统具有合适的油温，从而保证了整个武器的运行可靠性</td>
</tr>
<tr>
<td>技术参数</td>
<td colspan="2">
<table>
<tr><th>项目</th><th>参数</th><th>单位</th><th>项目</th><th>参数</th><th>单位</th></tr>
<tr><td>系统最高安全压力</td><td>23.5</td><td rowspan="3">MPa</td><td>泵吸油管距油箱底高度</td><td>30</td><td>mm</td></tr>
<tr><td>方位控制液压回路工作压力</td><td>18.4</td><td>系统控制油温</td><td>52～65</td><td>℃</td></tr>
<tr><td>高低瞄准控制液压回路工作压力</td><td>8.2</td><td rowspan="2">油箱容积</td><td rowspan="2">23</td><td rowspan="2">L</td></tr>
<tr><td>旁通阀组的电磁阀电压</td><td>28</td><td>V</td></tr>
</table>
</td>
</tr>
</table>

续表

地空导弹发射装置液压控制系统	主机功能结构		该地对空导弹发射装置为四联装置，左右配置在双联载弹发射梁上。发射梁的俯仰运动由液压控制系统驱动。其功能为：根据火控计算机的指令，使发射梁在俯仰方向精确地自动跟踪瞄准飞行目标；根据载弹情况的不同，自动平衡负载的不平衡力矩，在俯仰方向进行手动操纵。发射装置的液压控制系统，由左右双联载弹发射梁的俯仰电液伺服系统、变载液压自动平衡系统及手摇泵操纵系统等组成 图(o)是双联载弹发射梁的结构及其受力关系示意。由于发射梁的耳轴 O 远离梁和导弹重心 O_1，从而带来了很大的负载不平衡力矩，最大可达 4.4kN · m。另外，单发导弹重达 1.2kN，这样随载弹情况的不同，其不平衡力矩值差别就很大。故采用弹簧平衡机 3 平衡和液压平衡缸 1 自动平衡的共同作用来平衡负载的不平衡力矩 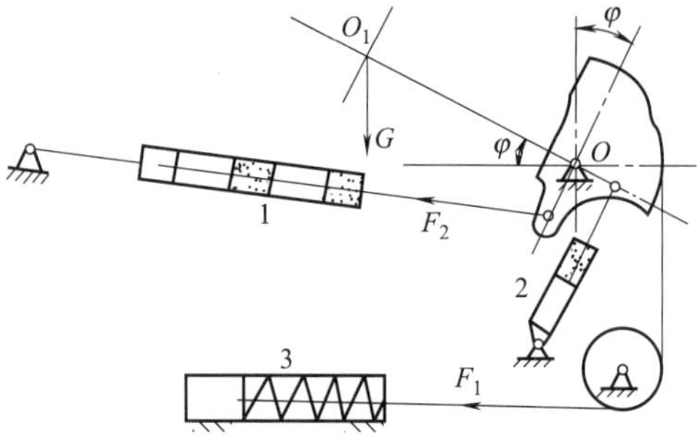 图(o)　双联载弹发射梁的结构及其受力关系示意 1—液压平衡缸；2—伺服液压缸；3—弹簧平衡机； O—耳轴；O_1—导弹和载弹发射梁中心
	液压系统及其工作原理	液压自动平衡系统	图(p)是液压自动平衡系统原理图，双缸串联式左右变载自动平衡缸 12、13 分别采用两组三位四通电磁换向阀和二位二通电磁换向阀(8、10 和 9、11)进行控制。左右缸用同一油源(液压泵 1)供油，泵 1 的压力由溢流阀 7 设定，二位四通液动换向阀 5 作旁通阀，用于液压泵的空载启动 工作时，旁通阀 5 使电动机空载启动，待电动机带动泵 1 启动后电磁铁 7YA 通电使换向阀 6 切换至右位，油路升压到溢流阀的调定值。根据不同的载弹情况，双联载弹发射梁上相应的行程开关发出使电磁铁 1YA、2YA、4YA 和 5YA 通断的电信号，对各电磁换向阀进行操纵，以提供所需的平衡力矩。一般有下列四种工况： ①发导弹时，两平衡缸供油，提供 7650N 的拉力 ②仅载上弹时，平衡缸不工作，仅弹簧平衡 ③仅载下弹时，平衡缸单缸供油，提供 3825N 拉力 ④没有载弹时，平衡缸单缸供油，提供 3825N 推力 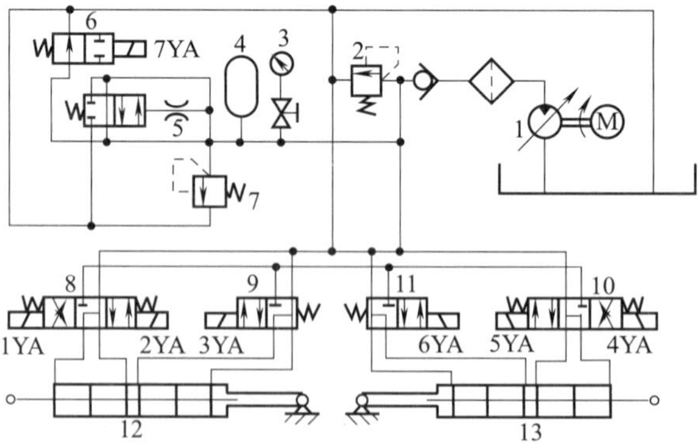 图(p)　液压自动平衡系统原理 1—液压泵；2，7—溢流阀；3—压力表及其开关；4—蓄能器； 5—二位四通液动旁通换向阀；6—二位二通电磁换向阀； 8，10—三位四通电磁换向阀；9，11—二位四通电磁换向阀； 12，13—左、右平衡液压缸

续表

地空导弹发射装置液压控制系统	液压系统及其工作原理	电液伺服系统	见下文

左右双联载弹发射梁的电液伺服系统完全相同，其原理方框图如图(q)所示。旋变接收机的转子轴与梁的耳轴相连，转角为 ϕ_0，火控计算机给出的俯仰方向指令角为 ϕ_i，其与耳轴转角差 $\Delta\phi=\phi_i-\phi_0$ 为误差角。旋变接收机的输出电压 $U_{\Delta\phi}$ 与误差角 $\Delta\phi$ 成正比，即为误差电压 $U_{\Delta\phi}$。$U_{\Delta\phi}$ 经放大器放大变换后输出直流电流 i_c 来控制电液伺服阀工作，驱动伺服缸的活塞带动耳轴向减少 $\Delta\phi$ 的方向转动，最终使 $\Delta\phi=0$，伺服系统达到协调。为保证系统的动态精度，改善系统的动态性能，采用复合控制速度、加速度反馈及伺服缸压力反馈等校正措施

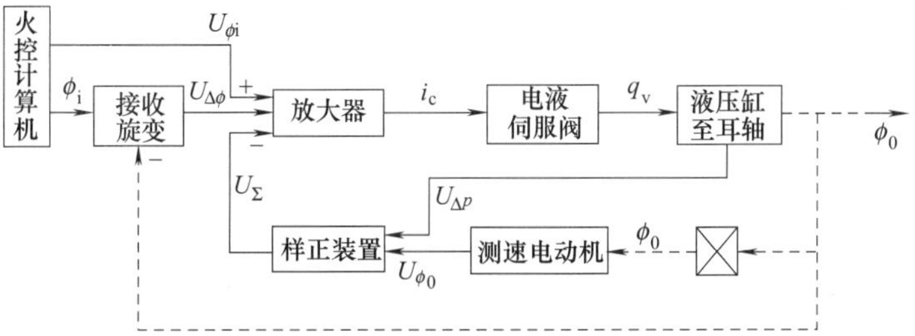

图(q)　电液伺服系统原理

图(r)为电液伺服装置的液压回路原理图。左右电液伺服装置合用液压泵 1 供油，两个液压缸 10 和 11 采用电液伺服阀 6 和 7 控制。系统压力由溢流阀 5 设定。此系统设有用于控制液压泵空载启动的旁通液动换向阀 4。系统工作时，旁通阀 4 保证电动机空载启动，之后电磁铁 1YA 通电使二位二通电磁换向阀 3 切换至右位，使油路升压到要求值。电磁铁 2YA 通电，换向阀切换至右位，反向导通液控单向阀，使液压泵的压力油通向左、右伺服阀 7 和 6；同时电磁铁 3YA、4YA 通电使换向阀 8 和 9 切换至右位，伺服阀即可根据要求驱动伺服缸 10 和 11 工作

如图(r)所示系统中，备有手摇液压泵 14 和 15 及三位四通电磁换向阀 12 和 13。在断电时，二位四通电磁换向阀 8 和 9 使伺服阀 6、7 与伺服缸 10、11 间的油路切断。用手控三位四通换向阀接通手摇泵到伺服缸的供油和排油回路，摇动手摇泵即可驱动伺服缸活塞按要求的方向带动耳轴转动，实现对载弹发射梁的手动操纵

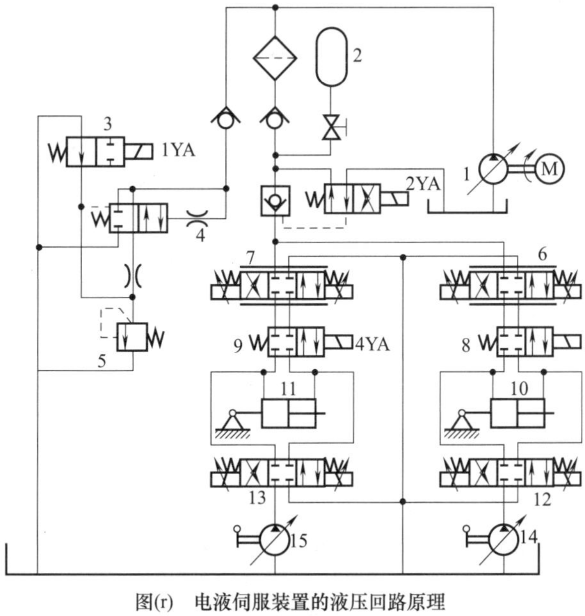

图(r)　电液伺服装置的液压回路原理

1—变量液压泵；2—蓄能器；3—二位二通电磁换向阀；4—二位四通旁通液动换向阀；
5—溢流阀；6,7—电液伺服阀；8,9—二位四通电磁换向阀；10,11—伺服液压缸；
12,13—三位四通电磁换向阀；14,15—手摇液压泵

续表

地空导弹发射装置液压控制系统

技术特点

①变载液压自动平衡系统，有效解决了不同载弹情况下不平衡力矩的平衡问题，改善了伺服系统的负载条件。同时也为系统提供了有利的外液压阻尼作用

②伺服系统的多项反馈校正措施中，压力反馈作用最为重要

③伺服系统还采用了Ⅰ型、Ⅱ型结构方案。即小误差范围系统为Ⅱ型，以提高动态精度；大误差范围系统为Ⅰ型，以提高运动平稳性

④变载液压自动平衡系统和伺服系统的油源均通过设置旁通阀实现液压泵的空载启动，通过二位二通电磁换向阀实现系统升压；伺服系统设有备用手动泵，便于断电或故障时实现对载弹发射梁的手动操纵

技术参数

项　　目				参数	单位
发射装置	最大跟踪角速度			40	(°)/s
	最大跟踪角加速度			35	(°)/s²
	工作精度	静态误差		3	mrad
		等速跟踪误差		6	
		正弦跟踪误差		8	
	动态特性	800mrad 失调协调时间		≤4	s
		允许振荡次数		≤2	次
		最大超调		≤30%	
	工作范围			−5～80	(°)
液压系统	平衡系统	油源压力		77	MPa
		液压泵	驱动电动机功率	2.2	kW
			驱动电动机转速	1420	r/min
		液压缸有效作用面积		5	cm^2
	伺服系统	油源压力		128	MPa
		液压泵	驱动电动机功率	2.2	kW
			驱动电动机转速	1420	r/min
		液压缸有效作用面积		17.58	cm^2

助卷辊踏步控制

卷取机是带钢热连轧生产线上的关键设备，其作用是控制轧机出口张力和将带钢绕成板卷。早期的卷取机采用连续压靠或连续打开方式工作，由于助卷辊不能及时避让带钢卷取过程的层差，层差部位通过助卷辊时会产生强烈的冲击和振动，对设备造成严重的危害，增大了设备的维护费用和时间，制约生产的顺利进行；振动还使助卷辊在带卷表面产生跳跃，不能压紧在卷筒上，造成带钢的表面缺陷以及带头和带尾部分次品

续表

助卷辊踏步控制

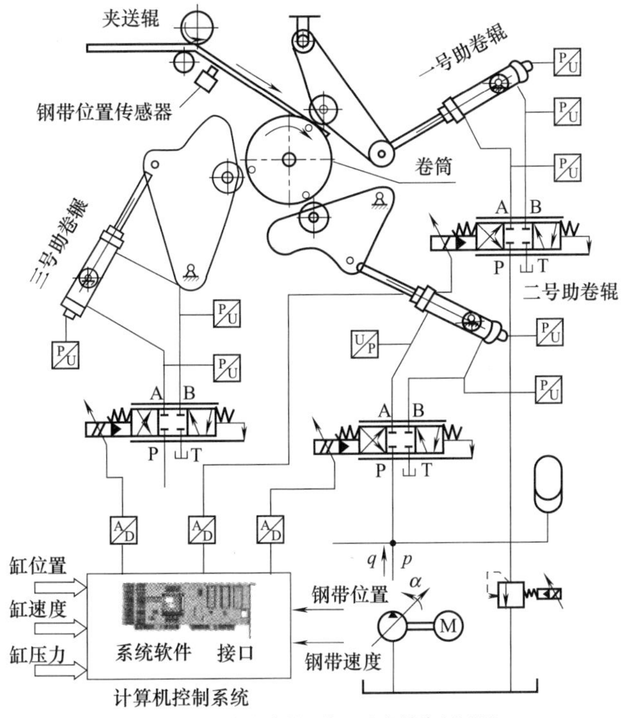

图(s) 卷取机电液控制系统及助卷辊控制原理

为了解决上述问题，现在已经开发了可避让层差的助卷辊踏步控制技术 AJC，图(s)是设计的三辊式地下卷取机电液控制系统原理。系统用 3 套电液伺服缸控制对称布置的 3 个助卷辊，每个液压缸都装有位移传感器和压力传感器，3 套系统共用 1 个动力源。踏步工作过程是，在带钢未到达时，计算机控制助卷辊排好辊缝，根据检测到的带钢速度和带头位置，计算机给出指令信号控制液压缸动作。当带头通过一号助卷辊后，该辊转为压力控制压紧钢板，当带头到达二、三号助卷辊时，也以同样的方式压紧钢板。第二圈带头将到达一号助卷辊时，计算机给出位置指令信号，液压缸回缩一个辊缝以上距离，让过层差部位，然后立刻转为压力控制压紧钢板，2、3 号助卷辊同样动作。卷完 4、5 圈以后三个助卷辊自动退回，卷筒涨径，使带钢紧紧裹于其上，当带钢脱离末架轧机进入收卷状态时，助卷辊按预置的位置合拢，压住外层带卷，避免带卷外层松散。工作过程中各助卷辊的动作规律相同，区别仅是指令信号存在时间差。对于每个助卷辊，踏步动作可分解为三个过程：一是跳离钢板表面，位移量必须大于板厚；二是迅速回到钢板表面；三是以一定的力压紧钢板。这些过程是通过指令信号施加于伺服阀来实现的，要求电液伺服系统有良好的动态特性和能够实现位置闭环和力(压力)闭环的瞬间切换

在热轧带钢卷取过程中，助卷辊与带钢之间接触力不能太大，否则将会使带钢产生压痕而影响成品质量，所以需要控制助卷辊输出力，实际工况中，输出力不能大于 160kN，输出力也不能太小，太小压不住钢板，使钢卷松脱，造成卷形不良等缺陷

助卷辊动作的控制是分别通过位置和力(压力)两个闭环来实现，对应两个不同的开环放大系数，位置闭环和力(压力)闭环放大器增益值相差 20～50 倍，显然要采用不同的控制器结构和参数。位置控制回路需采用含加速度和速度反馈的比例控制器，以保证系统的快速性和动态稳定性。在实际应用中，速度信号经位移传感器直接获得，为了降低系统成本，用压差反馈来代替加速度反馈。压力控制回路采用 PD 控制器，微分校正可提高其稳定性，提高控制器的比例增益，从而提高系统的响应特性

助卷辊装置是带有大惯量负载特性的系统，它的动态特性主要取决于阀控非对称液压缸的特性，采用非对称开口的伺服阀与液压缸面积比匹配，会改善系统的动态性能

12.5.4　伺服系统液压参数的计算实例

表 20-12-20　伺服系统液压参数的计算实例

液压系统的设计与参数计算

光整机的设计要求为：最大光整力为400t；液压缸的最大行程为70mm；光整力精度为100t时的误差不大于1t；两侧光整力差不大于光整力的3%；弯辊力大小可调，最大为20t；液压缸的最大压下速度为2.5mm/s；振幅为0.5mm时系统的幅值比频宽f_{-3dB}为5～9Hz；支撑缸能够迅速顶起上工作辊和支撑辊；当焊缝通过光整机时，能够快速抬起辊缝

根据上述的光整机设计要求以及主机参数、光整工艺参数和控制系统的要求，选用典型的阀控液压伺服闭环控制系统可满足精度和动态品质要求，所以在所设计的系统中，采用电液伺服阀，伺服液压缸，高精度、高分辨率位置传感器和压力传感器等组成系统。图(a)为所设计系统的液压原理图

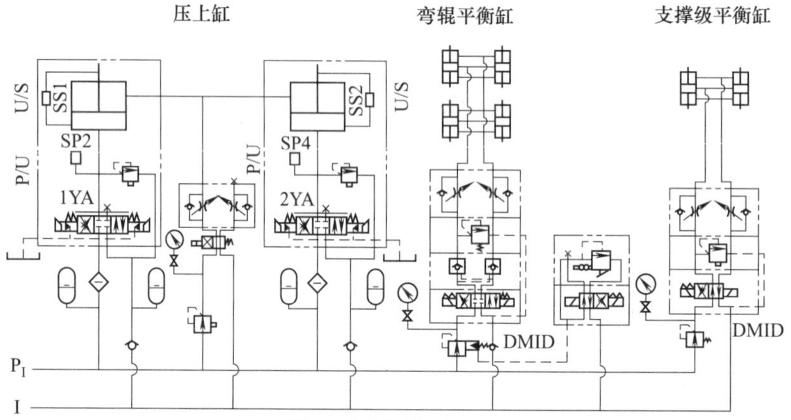

图(a)　液压系统原理

光整机的光整力大小由光整材料、来料厚度、压下量、压辊直径等因素决定。由于各种条件变化比较复杂，在压下液压缸任意速度下都可能出现最大负载力。为了保证系统可靠工作，可认为系统只承受以恒定的负载力，既由最大光整力来确定负载轨迹。因此，可得到如图(b)所示的负载轨迹图

根据设计经验，0.05mm幅值比频宽为10～15Hz，油缸以0.05mm振幅作正弦运动时，油缸的最大速度为

$$x=0.05\sin\omega t \tag{20-12-45}$$

$$v=dx/dt=0.05\omega\cos\omega t \tag{20-12-46}$$

v_c值大于设计要求的油缸最大压下速度2.5mm/s，所以取油缸最大速度$v_{max}=2.83$，负载轨迹图中v_{max}时系统负载即为最大功率点

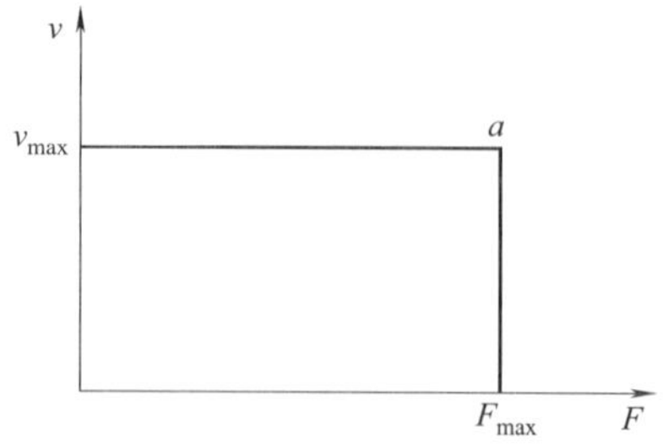

图(b)　负载轨迹

液压系统动力元件的选择，需要根据机械、工艺等要求以及控制系统的可行性等方面来考虑

首先确定油源压力。由于光整机负载力大，压上液压缸外形尺寸受牌坊窗口限制，所以油源压力不宜选择太小，参照同类光整机参数并经初步计算，确定油源压力为21MPa

x——压下油缸的位移，mm

ω——系统要求的角频率，s^{-1}，$\omega=2\pi f_{-3dB}$

v——压下油缸的速度，mm/s。油缸在ω频率下的最大速度：$v_c=0.05\times 2\pi f_{-3dB}=1.57\sim 2.83$mm/s

续表

液压系统的设计与参数计算

其次，进行油缸的设计。由于液压压上系统的负载轨迹比较简单，所以可以用式(20-12-47)来直接求取动力元件最佳匹配参数

$$F_L^* = A_P p_L \tag{20-12-47}$$

$$F_L^* = \frac{F_{max}}{2} = \frac{T_G + G + T_W}{2} \tag{20-12-48}$$

忽略机架和轴承座之间、油缸活塞和缸体之间的摩擦力，将公式 $p_L = \frac{3F_L^*}{2}$ 和式(20-12-48)代入式(20-12-47)，求得油缸的有效面积为：$A_P = 0.01542m^2$

为了提高压上缸位置检测精度和增加缸的导向长度，把位移传感器安装在油缸内部，直接检测活塞中心的位移，并采用如图(c)所示结构

根据结构安排取 $d_1 = 70mm$，则

$$D = 2\sqrt{\frac{A_P}{\pi} + \left[\frac{d_1}{2}\right]^2} = 0.488m \tag{20-12-49}$$

取整后，采用 $D = 450mm$，$A_P = 0.1551m^2$

确定液压缸外径 D_1 的主要方法就是要确定缸体的厚度。缸体壁厚一般按厚壁筒强度公式计算

$$\delta \geqslant \frac{D}{2}\left[\sqrt{\frac{[\sigma] + 0.4p}{[\sigma] - 1.3p}} - 1\right] \tag{20-12-50}$$

将数据代入式中计算得：$\delta \geqslant 0.0398m$。

根据机构安排，取 $\delta = 90mm$，则液压缸外径为 630mm，小于机架窗口尺寸，符合液压缸安装要求

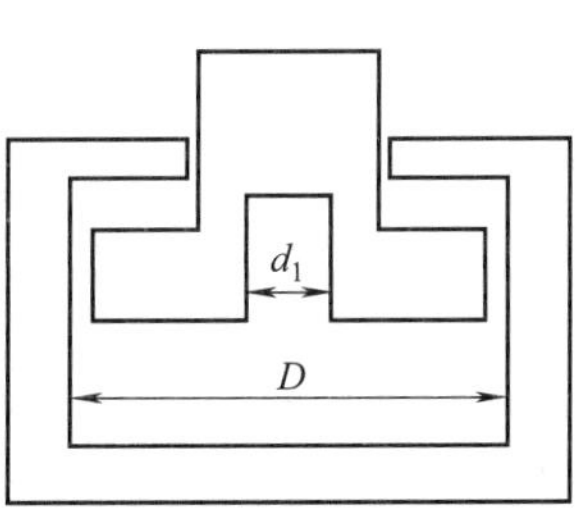

图(c)　压下缸结构示意

计算液压缸的固有频率时可按三通阀控柱塞缸来考虑，即

$$\omega_h = \sqrt{\frac{\beta_e A_P}{Mh}} \tag{20-12-51}$$

代入数据计算得：$\omega_h = 132rad/s$，系统要求的截止频率为 10Hz，计算得

$$\omega_c = 62.8rad/s$$

所以，$\omega_h \geqslant \omega_c$，满足设计要求

由于按系统频宽要求的液压缸最大工作速度 v_c 大于工艺要求的工作速度 v_1，所以伺服阀的流量应满足缸的最大工作速度 v_c 的要求。则负载流量为

$$Q_L = \frac{60 v_P A_P}{1000 \eta_V} \tag{20-12-52}$$

代入数据得

$$Q_L = \frac{60 v_P A_P}{1000 \eta_V} = \frac{60 \times 2.83 \times 154.2}{1000 \times 1} = 26.18L/min$$

折合到伺服阀的空载流量为

$$Q = \sqrt{3} Q_L$$

三通伺服阀是利用四通伺服阀堵死一负载腔作控制液压缸动作的，因此前者比后者的流量减少了$\sqrt{2}$倍，所以选用四通伺服阀的空载流量为

$$Q_0 = Q_L \frac{\sqrt{3}}{\sqrt{2}} = 26.18 \times \frac{\sqrt{3}}{\sqrt{2}} = 32.1L/min$$

根据流量要求，查取样本资料，选取秦峰伺服阀，型号 YFW-06，空载流量为 33L/min

T_G——光整力

G——支撑辊和工作辊自重，约 12t

T_W——弯辊力，取光整力的 5%，20t

δ——缸体壁厚，m

$[\sigma]$——缸体材料许用应力，Pa，$[\sigma] = \delta_b / n$

n——安全系数，一般取 $n = 5$

p——液压缸最大工作压力，Pa，取 $p = 21 \times 10^6 Pa$

β_e——油的容积弹性模量，取 $7000 \times 10^5 N/m^2$

A_P——柱塞侧的有效面积

M——折算到油缸上可移动部分的质量

h——柱塞工作时的最大行程

η_V——油缸的容积效率，取 $\eta_V = 1$

v_P——压下速度，cm/s

A_P——有效面积，cm^2

续表

<table>
<tr><td rowspan="5">液压伺服系统的设计与分析</td><td colspan="3">光整机的工作方式主要有两种：辊缝控制模式和压力控制模式。辊缝控制模式主要用于预开辊缝时准确定位和带钢过焊缝快速打开辊缝到预定位置，其精度要求不高。压力控制模式是光整机的主要工作方式，通过控制轧制压力改善镀锌板带的各项性能，其精度要求较高。从系统分类角度来讲，辊缝控制模式是液压伺服位置控制系统，而压力控制模式是液压伺服压力控制系统</td></tr>
<tr><td rowspan="4">液压伺服位置控制系统</td><td colspan="2">液压伺服位置控制系统以液压缸活塞杆的位移为被控量，其系统方框图如图(d)所示
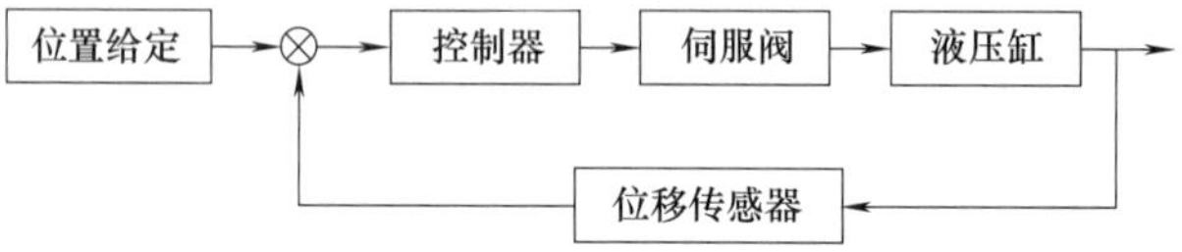

图(d)　液压伺服位置控制系统
根据图(d)列写各部分的传递函数</td></tr>
<tr><td>液压缸负载的传递函数</td><td>假定负载为质量、弹性和阻尼，则液压缸-负载的动态可用以下 3 个方程描述
$$Q_L=K_qX_V-K_cP_L \quad (20\text{-}12\text{-}53)$$
$$Q_L=A_PsX_P+C_{tP}P_L+\frac{V_t}{4\beta_e}sP_L \quad (20\text{-}12\text{-}54)$$
$$F_L=P_LA_P=M_ts^2X_P+B_PsX_P+KX_P \quad (20\text{-}12\text{-}55)$$
通常，对象的阻尼刚度 B_P 和泄漏系数 C_{tP} 都很小，可忽略不计。由式(20-12-53)～式(20-12-55)，消去中间变量 X_V 和 P_L，可得到简化的数学模型
$$\frac{\Delta X_P}{\Delta Q_L}=\frac{\frac{A_P}{KK_{ce}}}{\left[\frac{A_P^2}{KK_{ce}}+1\right]\left[\frac{S^2}{\omega_h^2}+\frac{2\xi_h}{\omega_h}S+1\right]} \quad (20\text{-}12\text{-}56)$$
式中，$A_P=0.1542\ m^2$；$K=0.65\times10^9 N/m$；ξ_h 为阻尼比，伺服缸一般取 0.1～0.2；K_{ce} 为阀的流量压力系数，忽略泄漏系数 C_{tP}，则 $K_{ce}=K_0=\pi W r_c 32\mu$；取伺服阀的阀芯直径为 $d=8.5mm$，则伺服阀的梯度 $W=\pi d=26.69\times10^{-3}m$；伺服阀阀芯与阀套间隙可取 $r_c=5\times10^{-6}m$；伺服阀用油的动力黏度 $\mu=1.8\times10^{-2}Pa\cdot s$，代入计算得 $K_{ce}=3.63\times10^{-12}m^5/(N\cdot s)$
ω_h 为二阶振荡角频率，其计算公式为
$$\omega_h=\sqrt{\frac{k_h}{m+0.25M}} \quad (20\text{-}12\text{-}57)$$
式中，$k_h=\beta_eA_P^2/V_0$；$\beta_e=7\times10^8 N/m^2$，$V_0$ 为等效体积，计算得 $4.7\times10^{-2}m^3$；$m+0.25M$ 取 3248kg。所以，$\omega_h=328.6s^{-1}$</td></tr>
<tr><td>电液伺服阀的传递函数</td><td>由于液压负载的频率较高，$\omega_h>50Hz$，故电液伺服阀的传递函数按二阶振荡环节取用，即
$$\frac{\Delta Q}{\Delta I}=\frac{K_{SV}}{\left[\frac{S^2}{\omega_{SV}^2}+\frac{2\xi_{SV}}{\omega_{SV}}S+1\right]} \quad (20\text{-}12\text{-}58)$$
式中，ω_{SV} 为伺服阀的固有频率，从样本上查得，$f_{-3dB}=50Hz$，$\xi_{SV}=0.7$，所以可以计算得到 $\omega_{SV}=2\pi f_{-3dB}=314rad/s$。$K_{SV}$ 为伺服阀流量增益：$K_{SV}=2Q_0/I_0=0.039(m^3/s)/A$</td></tr>
<tr><td>位移传感器的传递函数</td><td>差动变压器式位移传感器的相应频率远大于系统的响应频率，故传递函数可认为是比例环节，其传递函数可表示为
$$K_f=\frac{\Delta u}{\Delta X_P} \quad (20\text{-}12\text{-}59)$$
在设计系统中，$K_f=4/0.07=57.143V/m$</td></tr>
</table>

M_t——负载质量
B_P——负载阻尼系数
K——负载弹性刚度
C_{tP}——液压缸的总泄漏系数

第20篇

续表

液压伺服系统的设计与分析 | 液压伺服位置控制系统 | 控制器的传递函数

光整机电液位置控制系统的精度要求不高，因此，控制器可设计为比例控制器，其表达式为

$$K_a=\frac{\Delta u_e}{\Delta e} \tag{20-12-60}$$

式中 K_a 待定

综合式(20-12-56)、式(20-12-58)、式(20-12-59)和式(20-12-60)，可绘制系统的方框图，如图(e)所示

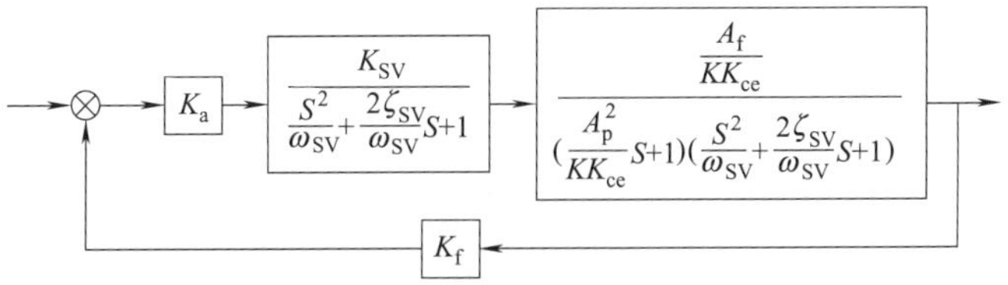

图(e)　电液位置控制系统

由图(e)可知系统为 0 型系统，除控制器外系统的开环波德图如图(f)所示

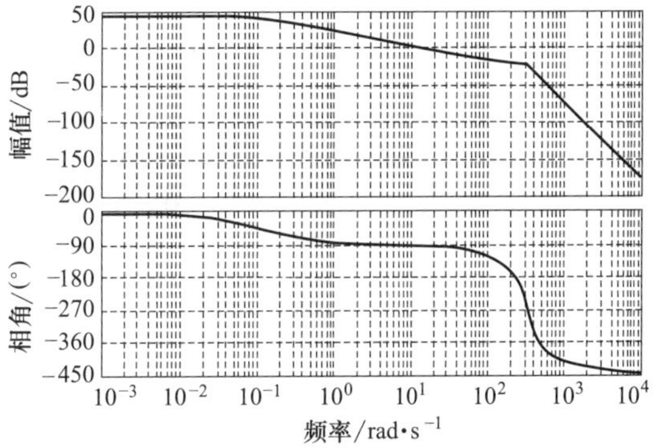

图(f)　系统开环波德图

由图(f)可得到，除控制器外系统的幅值增益裕量为 20.2387dB，相角裕量为 85.6°，基本满足稳定性条件。但是其截止频率却只有 $\omega_C=14.58$rad/s，不仅不满足设计要求而且系统的动态性能较差。所以，要设计合理的比例系数以改善系统的性能

光整机液压位置控制系统设计的要求是位移 0.1mm 的定位精度为 20μm。由于位置伺服系统是 0 型系统，所以系统由输入引起的误差为

$$\Delta e=\frac{0.1\times 10^{-3}}{1+K_V'}=0.2\times 20\times 10^{-6} \tag{20-12-61}$$

可以得到 $K_V'=24$。即在开环波德图中，$\omega=1$ 处，幅值增益为 20lg24＝27.67dB 时才能满足系统精度要求。同时，也要满足系统设计所要求的截止频率

$$\omega_C\geqslant 62.8\text{rad/s}=10\text{Hz}$$

所以，根据这两个条件，移动图(f)中的 0 分贝线至 0′，使之满足系统的各项要求，移动 0 分贝线后的系统开环波德图如图(g)所示

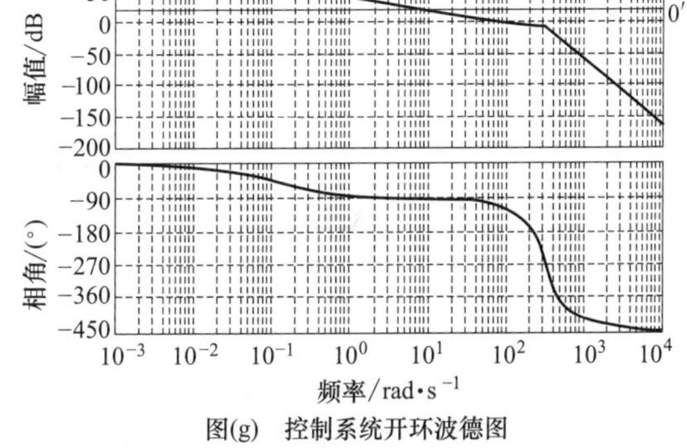

图(g)　控制系统开环波德图

续表

液压伺服系统的设计与分析

液压伺服位置控制系统

控制器的传递函数

此时，系统的幅值增益裕量为 7.8dB，相角裕量为 69°，基本满足稳定性要求。其截止频率为 $\omega_C=63.5\text{rad/s}$，也满足了设计要求。从图(g)中可以得到

$$20\lg K'_V=55.7\text{dB}$$

则 $K'_V=145.62$，$K_a=609.54$，所以 $K_a=4.2$。将 $K_a=4.2$ 代入到系统框图中，绘制系统的闭环波德图如图(h)所示

从图中可知，系统的频宽为 195rad/s=31.05Hz，满足设计要求

根据以上数据和分析，做出所设计液压位置控制系统阶跃响应曲线，如图(i)所示

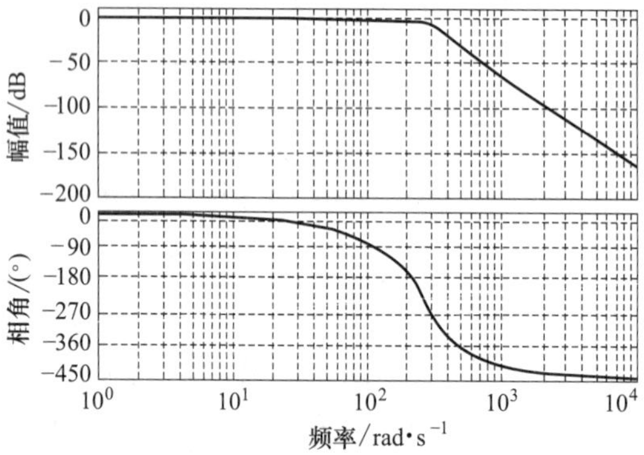

图(h)　位置控制系统闭环波德图

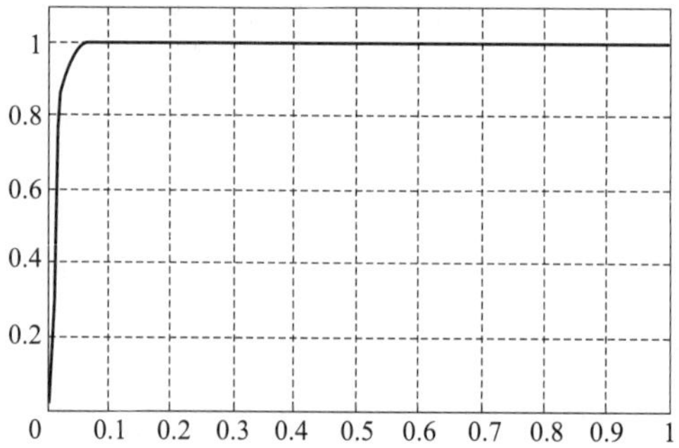

图(i)　液压位置控制系统阶跃响应曲线

由图(i)可知，系统的上升时间为 0.046s，调整时间为 0.09s，超调量为 0.17%，具有良好的动态性能

液压伺服压力控制系统

液压伺服压力控制系统以液压缸活塞杆作用在负载上的压力为被控量，其系统原理方框图如图(j)所示

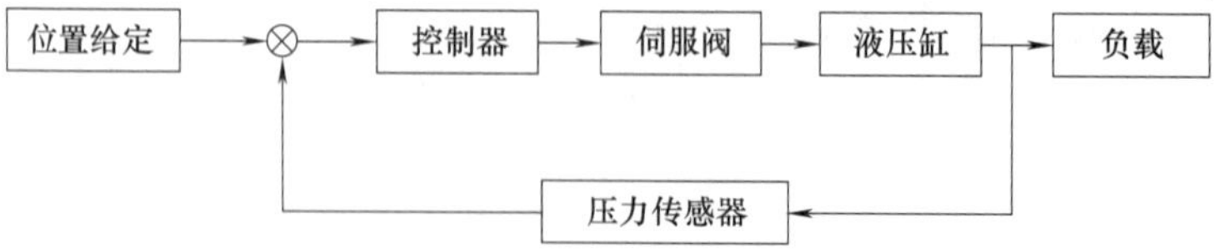

图(j)　压力控制系统原理方框图

根据式(20-12-53)～式(20-12-55)，可得到压力控制系统的方框图，如图(k)所示

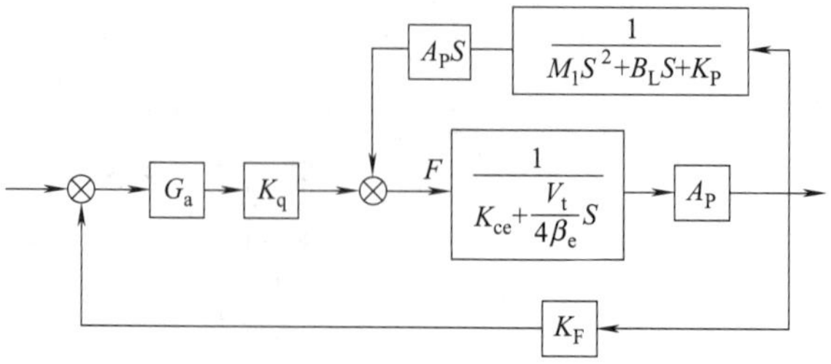

图(k)　压力控制系统原理

续表

液压伺服系统的设计与分析

液压伺服位置控制系统

对图(k)进行简化，可得到简化的力控系统液压缸负载的数学模型

$$\frac{\Delta P}{\Delta X_{\mathrm{V}}}=\frac{\frac{K_{\mathrm{q}}}{K_{\mathrm{ce}}}A_{\mathrm{P}}\left[\frac{S^2}{\omega_{\mathrm{m}}^2}+1\right]}{\left[\frac{S}{\omega_{\mathrm{r}}}+1\right]\left[\frac{S^2}{\omega_{\mathrm{h}}^2}+\frac{2\xi_{\mathrm{h}}}{\omega_{\mathrm{h}}}S+1\right]} \tag{20-12-62}$$

$$\omega_{\mathrm{m}}=\sqrt{\frac{K}{M_{\mathrm{t}}}}=\sqrt{\frac{6.5\times10^8}{3248}}=447.35$$

$$\omega_{\mathrm{r}}=\frac{K_{\mathrm{ce}}}{\frac{1}{K}+\frac{V_{\mathrm{t}}}{4\beta_{\mathrm{e}}A_{\mathrm{P}}^2}} \tag{20-12-63}$$

根据上述推导以及液压工作原理，系统简化后的方框图如图(l)所示

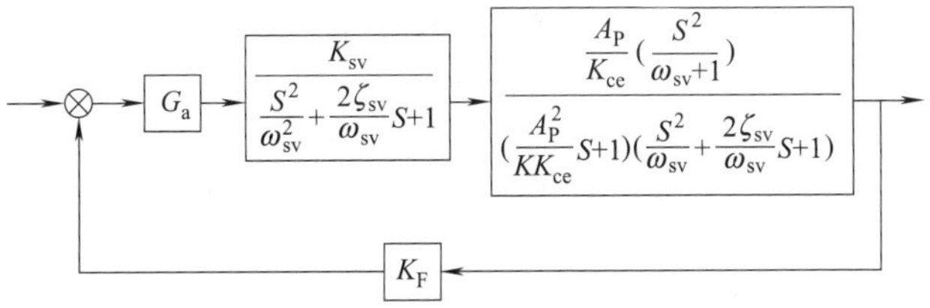

图(l)　压力控制系统简化模型

压力传感器的传递函数也可采用比例环节

$$K_{\mathrm{F}}=\frac{\Delta u}{\Delta f}=1.29\times10^{-6}(\mathrm{V/N})$$

根据上述分析和数据，作出系统除去控制器部分的开环波德图，如图(m)所示。由图(m)可得到，除控制器外系统的幅值增益裕量为 0.2985dB，相角裕量为 10.52°，截止频率 $\omega_{\mathrm{C}}=202.2\mathrm{rad/s}$，稳定性较差。又因为系统本身为 0 型系统，存在稳态误差，而光整机对压力控制有较高要求，所以需要把系统设计为Ⅰ型系统

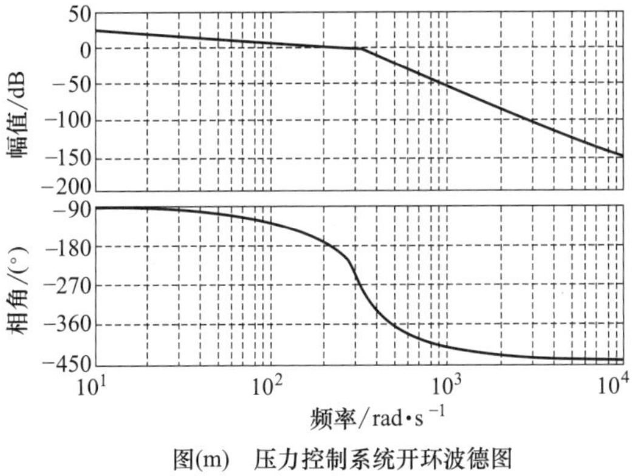

图(m)　压力控制系统开环波德图

综合开环系统的特性和控制系统的要求，控制器设计为 PⅠ控制器。这样，经过校正后的系统不仅成为无静差的Ⅰ型系统，而且利用 PⅠ控制的高频幅值衰减特性，使系统截止频率下降，获得足够的相角裕度。通过计算机辅助分析与设计，采用的 PⅠ控制器的结构和系数如下

$$G_{\mathrm{a}}=\frac{k_{\mathrm{p}}(1+\tau S)}{S}=\frac{2.7(1+0.16S)}{S} \tag{20-12-64}$$

采用 PⅠ控制器后，控制系统的开环波德图如图(n)所示。从图中可得，系统的幅值增益裕量为 7.556dB，相角裕量为 63°，满足稳定性要求。其截止频率为 $\omega_{\mathrm{C}}=65.1\mathrm{rad/s}$，也满足了设计要求。则系统的闭环波德图如图(o)所示，系统的频宽为 225rad/s=35.82Hz

ω_{m}——负载的固有频率

ω_{r}——液压弹簧与负载弹簧并联耦合的刚度与负载质量形成的固有频率

ω_{h}——液压缸固有频率

ξ_{h}——阻尼比

续表

液压伺服系统的设计与分析

液压伺服位置控制系统

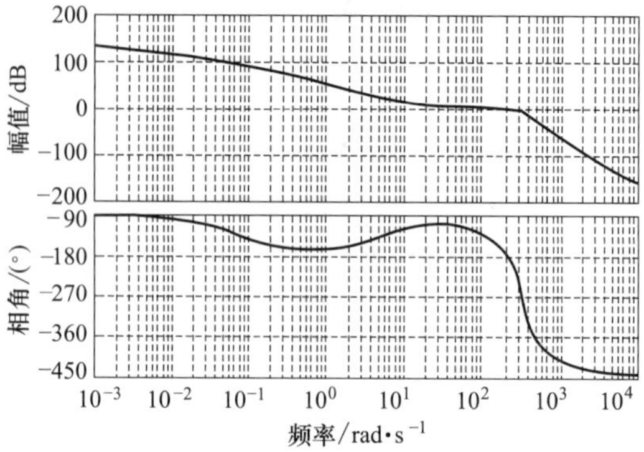

图(n)　控制系统开环波德图

图(p)为系统的阶跃响应曲线，系统的上升时间为 0.028s，调整时间为 0.272s，最大超调量为 6%，具有良好的动态性能

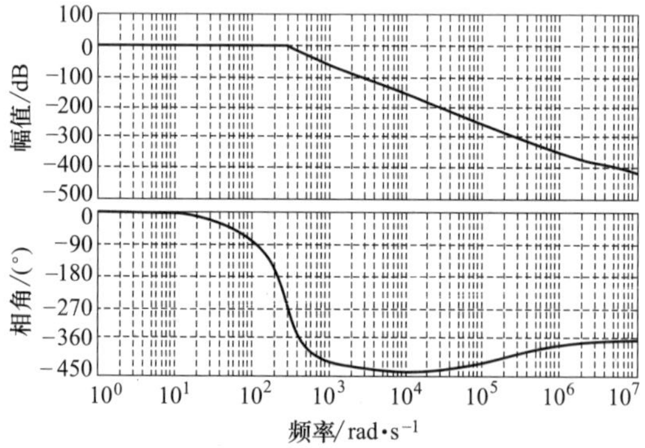

图(o)　压力控制系统闭环波德图

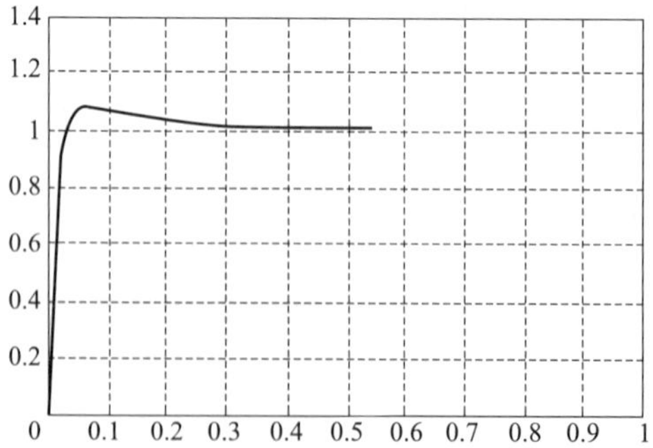

图(p)　液压压力控制系统阶跃响应曲线

通过仿真表明，设计的液压位置控制系统的上升时间为 0.046s，调整时间为 0.09s，超调量为 0.17%，频宽为31.05 Hz。设计的液压压力控制系统的上升时间为 0.028s，调整时间为 0.272s，最大超调量为 6%，频宽为35.82Hz，均具有良好的动态性能

12.6　主要电液伺服阀产品

12.6.1　国内电液伺服阀主要产品

12.6.1.1　双喷嘴挡板力反馈电液伺服阀

表 20-12-21　FF101、FF102、FF106、FF106A 型技术性能

型号		FF101	FF102	FF106-63 FF106-103	FF106A-218 FF106A-234 FF106A-100	型号意义
液压特性	额定流量 Q_n/L·min^{-1}	1,1.5,2, 4,6,8	2,5,10, 15,20,30	63	100	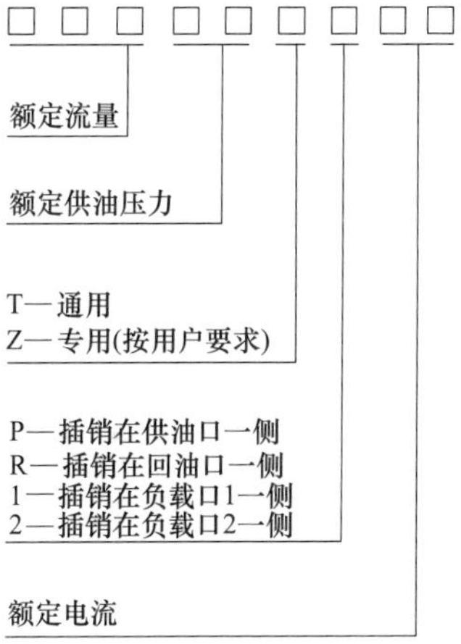
	额定供油压力 p_s/MPa	21				
	供油压力范围/MPa	2～28				
电气特性	额定电流 I_n/mA	10,40		15	40	
	线圈电阻/Ω	50,700		200	80	
	颤振电流/%	10～20				
	颤振频率/Hz	100～400				
静态特性	滞环/%	≤4				
	压力增益/%p_s,1%I_n	>30				
	分辨率/%	≤1		≤0.5		
	非线性度/%	≤±7.5				
	不对称度/%	≤±10				
	零位重叠/%	−2.5～2.5				
	零位流量/L·min^{-1}	≤0.25+5%Q_n ≤0.5+4%Q_n		≤1+3%Q_n	≤3	
	零偏/%	≤±3				
	压力零漂①/%	≤±2				
	温度零漂②/%	≤±4(−30～150℃)		≤±4(每变化 56℃)		
频率特性	幅频宽/Hz	>100		>50	>45	
	相频率/Hz	>100		>50	>45	
其他	工作介质	YH-10		YH-12		
	工作温度/℃	−55～150		～100	−30～100	
	质量/kg	0.19	0.4	1	1.2/1.43	

① 供油压力变化为（80～110）%p_s。

②FF106A-100 的温漂在（−30～150℃）内小于等于±4%。

注：生产厂商：航空工业第六〇九研究所（南京）。这几种阀主要用于航空、航天及环境恶劣、可靠性要求高的民用系统。

表 20-12-22　FF113、FF130、FF131、DYSF、YFW 型技术性能

型号		FF113	FF130	FF131	DYSF-3Q	DYSF-2Q-1	DYSF-4Q-250	YFW06	YFW10	YFW08
液压特性	额定流量 Q_n/L·min^{-1}	95,150 230①	40,50 60	6.5,16.5, 32.5,50, 65,100	40,60, 80	230	144	33,44,66, 88,100	160,250, 400	18,35, 70,105
	定额供油压力 p_s/MPa	21								
	供油压力范围 p/MPa	2～28		1.4～28				1～21		

续表

	型　　号	FF113	FF130	FF131	DYSF-3Q	DYSF-2Q-1	DYSF-4Q-250	YFW06	YFW10	YFW08
电气特性	额定电流 I_n/mA	15,40	40	15,40	40			8,10,15,20,30,40,50		100
	线圈电阻/Ω	80,200			80		100	1500,1100,500,250,130,70,40		27
	颤振电流/%I_n	10～20			<10					
	颤振频率/Hz	100～400			300～400					
静态特性	滞环/%	≤3			≤3	≤4		≤4		
	压力增益/%p_s,1%I_n	>30			30～80	>30		>30		
	分辨率/%	<1.5			<0.5	<1.0	<1.5	<0.5	<1.5	
	非线性度/%	≤±7.5								
	不对称度/%	≤±10								
	重叠/%	±2.5						±1.5		
	零位静耗流量/L·min⁻¹	≤2%Q_n			<2.5	<5	<8	≤3	≤10	≤4
	零偏/%	可外调	≤±3		≤±2	≤±3		可外调		
	压力零漂/%	≤±2			<±3	<±4		<±2		
	温度零漂/%	≤±4	≤±5	≤±4	<±3	<±4				
频率特性	幅频宽(−3dB)/Hz	≥20	≥110	≥50	>60	>40	>40	>60	>30	>13
	相频率(−90°)/Hz	≥20	≥110	≥50	>60	>40	>40	>60	>30	>15
其他	工作介质	YH-10,YH-12			YH-10,N32 液压油			YH-10,YH-12 或其他矿物油		
	工作温度/℃	−30～100			0～60			−10～80	−35～100	
	质量/kg				1			1.3	4	

① 在供油压力为 7.0MPa 下测定。

注：生产厂商：FF113——航空工业第六〇九研究所；DYSF——中国航空精密机械研究所（北京丰台）；YFW——陕西汉中秦峰机械厂。

表 20-12-23　　QDY、YF 型技术性能

型号意义

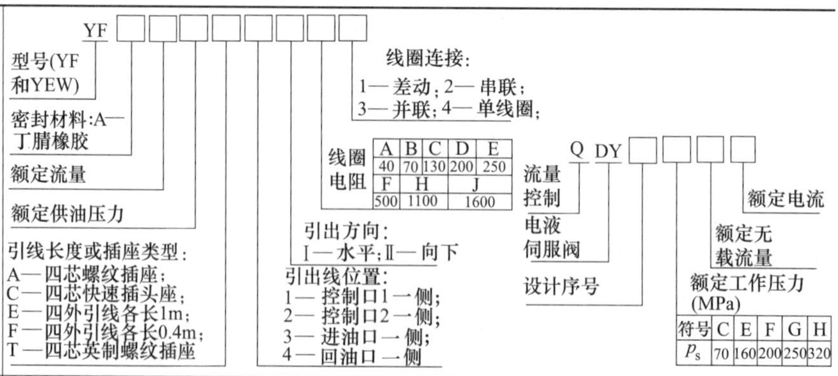

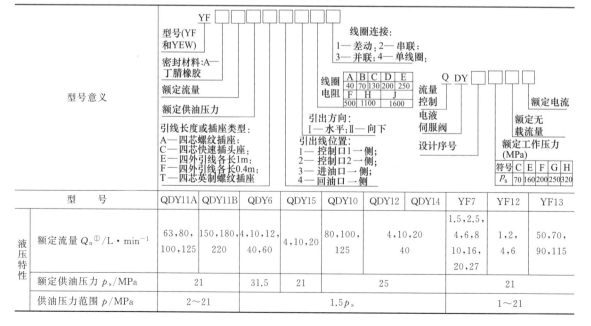

	型　　号	QDY11A	QDY11B	QDY6	QDY15	QDY10	QDY12	QDY14	YF7	YF12	YF13
液压特性	额定流量 Q_n①/L·min⁻¹	63,80,100,125	150,180,220	4,10,12,40,60	4,10,20	80,100,125	4,10,20,40		1.5,2.5,4,6,8,10,16,20,27	1,2,4,6	50,70,90,115
	额定供油压力 p_s/MPa	21		31.5	21	25			21		
	供油压力范围 p/MPa	2～21		1.5p_s					1～21		

续表

型号		QDY11A	QDY11B	QDY6	QDY15	QDY10	QDY12	QDY14	YF7	YF12	YF13
电气特性	额定电流 I_n/mA	15	40	10,15,30,40,80,120,200,350,2000,3000					8,10,15,20,30,40,50		
	线圈电阻/Ω	200	80	1000,650,220,80,22,30,4,2,2.5,5					1500,1100,500,250,130,70,40		
	颤振电流/%	10～20									
	颤振频率/Hz	100～400									
静态特性	滞环/%	≤4		<3					<4		
	压力增益/%p_s,1%I_n	30～95							>30		
	分辨率/%	<0.5							<1		<0.5
	非线性度/%	≤±7.5							<±7.5		
	不对称度/%	—		<±10					<±10		
	重叠/%	按用户要求							−2.5～+2.5		
	零位流量/L·min^{-1}	<4		<1.3	<3	<2.5	<1.2	<1.3	<0.4+5%Q_n	<0.3+5%Q_n	≤4
	零偏/%	<±3%							<±3		
	压力零漂/%	<±2							<±2		
	温度零漂/%②	<±2									
频率特性	幅频宽(−3dB)/Hz	30～150		>60～100	50～100	40～50	>120～280	>60～100	>100		>50
	相频率(−90°)/Hz								>100		>70
其他	工作介质	22 透平油,YH-10							YH-10,YK-12 或其他矿物油		
	工作温度/℃	−40～100							−55～150		−30～100
	质量/kg	1.3		1		3.4			0.4	0.2	1.1

① QDY 型阀额定流量是在阀压降为 7.0MPa 下测定的。

② 温度零漂是每变化 55℃。

注：生产厂商：QD 型为北京机床研究所；YF 型为航空工业秦峰液压机械厂。

12.6.1.2　双喷嘴挡板电反馈（FF109、QDY3、QDY8、DYSF 型）电液伺服阀

表 20-12-24　技术性能

型号		FF109P	FF109G	QDY3	QDY8	DYSF-3G-Ⅰ	DYSF-3G-Ⅱ
液压特性	额定流量 Q_n/L·min^{-1}	150,200,300	400	125,250,300,500	20,40	200	400
	额定供油压力 p_s/MPa	21		21		21	
	供油压力范围/MPa	2～21		1.5～21	2～21	7～21	
电气特性	额定电流 I_n/mA	10		10,15,30,40 80,120,200	20,350	40	
	线圈电阻/Ω	160		1000,650,220,80,22,30,4	4,2	80	
	颤振电流/%	10～20				<10	
	颤振频率/Hz	100～400				300～400	

续表

型号		FF109P	FF109G	QDY3	QDY8	DYSF-3G-Ⅰ	DYSF-3G-Ⅱ
静态特性	滞环/%	≤1		<3	<3	<3	
	压力增益/% p_s,1% I_n	6～50(% p_s,1%阀芯行程)		30～95	>30	>40	>40
	分辨率/%	≤0.5		<0.5		<0.5	1
	非线性度/%	≤±7.5			<±7.5	<±7.5	
	不对称度/%	≤±10		≤±10	<±10	<±10	
	重叠/%	−2.5～2.5		按用户要求			
	零位流量/L·min^{-1}	≤13,≤20		<4	<1.5	<8	
	零偏/%	≤±2(可调)			<±2	<±2	
	压力零漂/%	≤±2		<±2	<±2	<±3	<±5
	温度零漂/%	≤±2.5		<±3	<±2	<±3	<±5
频率特性	幅频宽/Hz	>70	>150	≥30	>300	>100	>70
	相频率/Hz	>70	>100	≥30	>300	>100	>80
其他	工作介质	YH-10,YH-12		YH-10,22# 透平油		YH-10,N32 液压油	
	工作温度/℃	−20～80		−40～100		0～60	
	质量/kg	7.8					18

注：生产厂商：FF 型为航空工业总公司第六〇九研究所；QDY 型为机械电子工业部北京机床研究所；DYSF 型为中国航空精密机械研究所。

12.6.1.3　动圈式滑阀直接反馈式（YJ、SV、QDY4 型）、滑阀直接位置反馈式（DQSF-1 型）电液伺服阀

表 20-12-25　　技术性能

型号意义

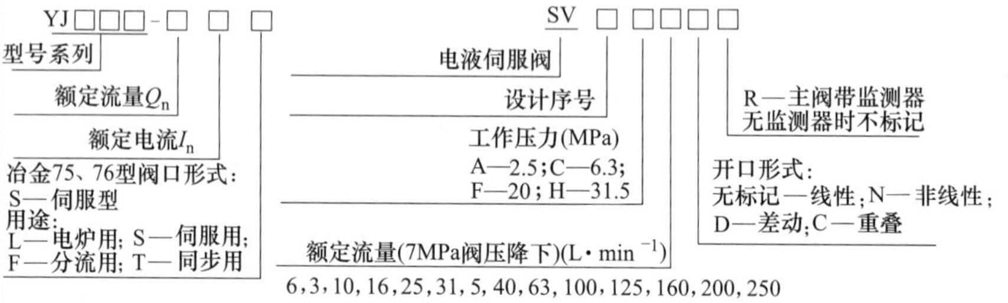

型号		YJ741	YJ742	YJ752	YJ761	YJ861	SV8	SV10	QDY4	DQSF-1
液压特性	额定流量 Q_n/L·min^{-1}	63,100,160	200,250,320	10,20,30,40,60,80,100	10,16,25,40	400,500,600	6.3,10,16,25,31.5,40,63,80	100,125,160,200,250	80,100,125,250	100
	额定供油压力 p_s/MPa			6.3			31.5	20	21	21
	供油压力范围/MPa	3.2～6.3				4.5～6.3	2.5～31.5	2.5～20	1.5～21	1～28
电气特性	额定电流 I_n/mA	100	150	300			300		10,15,30,40,80,120,200	300
	线圈电阻/Ω	80		40			30		1000,650,220,80,22,10,4	59

续表

型号		YJ741	YJ742	YJ752	YJ761	YJ861	SV8	SV10	QDY4	DQSF-1
电气特性	颤振电流/%	10～25		10～25			≤10			
	颤振频率/Hz	50		50			50～200			300～400
静态特性	滞环/%	<5		<3		<5	<3		<3	<5
	压力增益/%p_s,1%I_n								30～95	>30
	分辨率/%	<1		<1			<0.5		<0.5	<1
	非线性度/%									<±7.5
	不对称度/%	<±10		<±10					<±10	<±10
	重叠/%								按用户要求	
	零位流量/L·min^{-1}	1%Q_n		5%Q_n		1%Q_n	<3	<5	<4	<6
	零偏/%						<±3			<±3
	压力零漂/%	≤±2					<±2		<±2	<±3
	温度零漂/%	≤±2					<±2		<±2	<±3
频率特性	幅频宽/Hz	>15	>10	>16	>50	>7	>1000			>70
	相频率/Hz						>80			>70
其他	工作介质	液压油,乳化液,机械油					矿物油(20～40mm^2·s^{-1})		YH-10,N32 液压油 23 号透平油 YH-10	
	工作温度/℃						10～60		−40～+100	0～60
	质量/kg	15	25	18	4	30				

注：生产厂商：YJ 型为北京冶金液压机械厂；SV 型为北京机械工业自动化研究所，上海科星电流控制设备厂；QDY 型为北京机床研究所；DQSF 型为中国航空精密机械研究所。

12.6.1.4 动圈力综合式压力伺服阀（FF119）、双喷嘴-挡板喷嘴压力反馈式伺服阀（DYSF-3P）、P-Q 型伺服阀（FF118）、射流管力反馈伺服阀（CSDY、FSDY、DSDY、SSDY）

表 20-12-26 技术性能

型号		FF119	DYSF-3P	FF118	CSDY1	CSDY3	CSDY5	FSDY	DSDY	SSDY
液压特性	额定流量 Q_n/L·min^{-1}	2～30	80	30,50,63,100	2,4,8,10,15,20,30,40	60,80,100,120,140	140,180,200,220	2,4,8,10,15,20,30,40	2,4,8,10,15,20,30,40	80
	额定供油压力 p_s/MPa	21			21					4
	供油压力范围/MPa	2～28		8～28	1～31.5					1～4
电气特性	额定电流 I_n/mA	15,40	4	15,40	8					50
	线圈电阻/Ω	50,700	80	700	10^3±100					25±2.5
	颤振电流/%	10～20		10～20	不需要颤振电流					
	颤振频率/Hz	100～400	300～400	100～400						
静态特性	滞环/%	≤5	≤3	≤5	一般<3,最大<4%					
	压力增益/%p_s,1%I_n	>30		>30	>30					
	分辨率/%	≤2	<2	≤2	<0.25					
	非线性度/%	≤±7.5			<±7.5					
	不对称度/%	≤±10			<±10					

续表

型号		FF119	DYSF-3P	FF118	CSDY1	CSDY3	CSDY5	FSDY	DSDY	SSDY
静态特性	重叠/%	−2.5～2.5		−2.5～2.5	−2.5～2.5					
	零位流量/L·min^{-1}	≤5.5	<15	1.5+4% Q_n	≤1					
	零偏/%	≤±3	<±2	≤±3	<±2					
	压力零漂/%	≤±4	<±3	≤±4	<±2					
	温度零漂/%	≤±4 每变 56℃	<±3	≤±4 每变 56℃	<±2					
频率特性	幅频宽/Hz	>100	>90	>50	>70	37①	20①	>70	>72	27①
	相频率/Hz	>100	>90	>50	>90	>65①	>45	>90	>90	>40
其他	工作介质	YH-10，YH-12	YH-10	YH-10，YH-12	2055#，22#透平油，YH-10					
	工作温度/℃	−30～100	10～45	−30～100	−40～85					
	质量/kg	1		1	<0.4	<1.5	<3	<0.4	<0.4	<1.5

① 据样本频率特性曲线得出的数值。

注：生产厂商：CSDY、FSDY、DSDY、SSDY—上海船舶设备研究所（CSDY—船用射流管电流伺服阀，FSDY—航空射流管电流伺服阀，DSDY—三线圈电余度射流管电液伺服阀，SSDY—水轮机调速射流管伺服阀）；DYSF-3P—中国航空精密机械研究所。

第20篇

12.6.1.5　动圈力式伺服阀（SV9、SVA9）

表 20-12-27　　技术性能

型号	SV9			SVA9		
工作压力/MPa	2.5　4　6.3					
负载能力/N	≈1500　≈2400　≈3800					
零耗流量/L·min^{-1}	<1	<2	<3	<1	<2	<3
工作行程/mm	±6					
额定电流/mA	±150			6150	6250	6100
线圈电阻/Ω	60(20℃)			10(20℃)		
颤振电流/mA	0～150			0～1000		
颤振频率/Hz	50～200(正弦波)					
死区/%	≤2.5			≤1		
非线性/%	≤5					
压力漂移/%	≤2			≤1		
负载漂移/mm·N^{-1}	≤0.0005					
频宽(−3dB)/Hz	≥8			≥10	≥17	
要求油液清洁度	≤NAS10 级			≤NAS12 级		
生产厂商	北京机械工业自动化研究所					

结构示意图

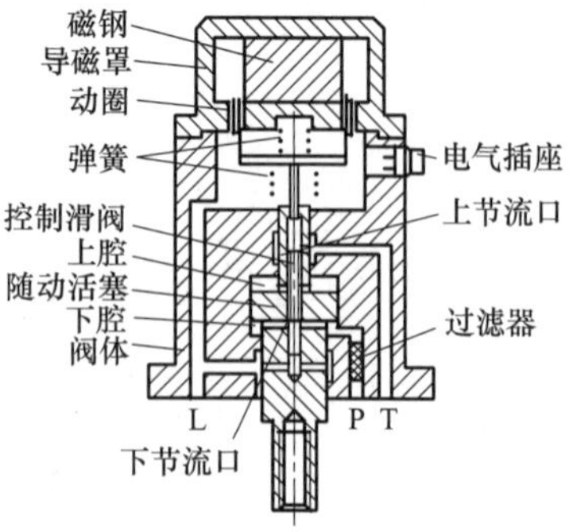

12.6.1.6　动圈力式伺服阀（SVA8、SVA10）

表 20-12-28　技术性能

结构及型号意义

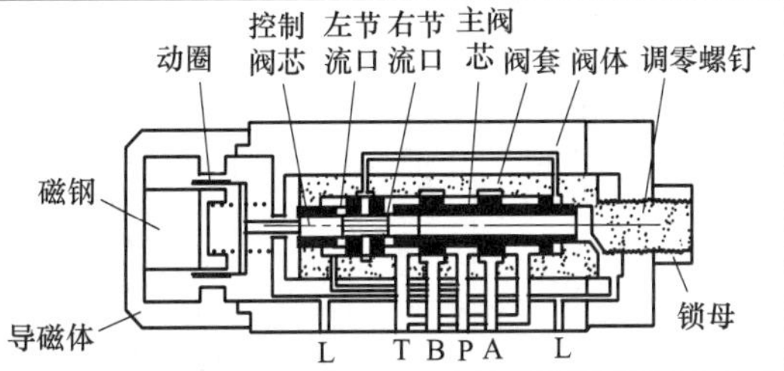

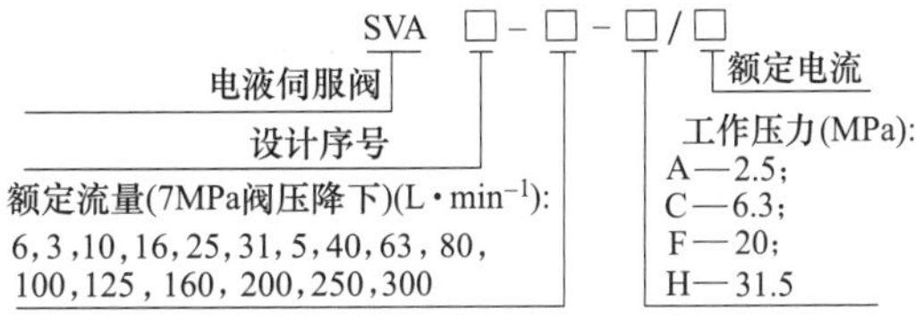

技术性能

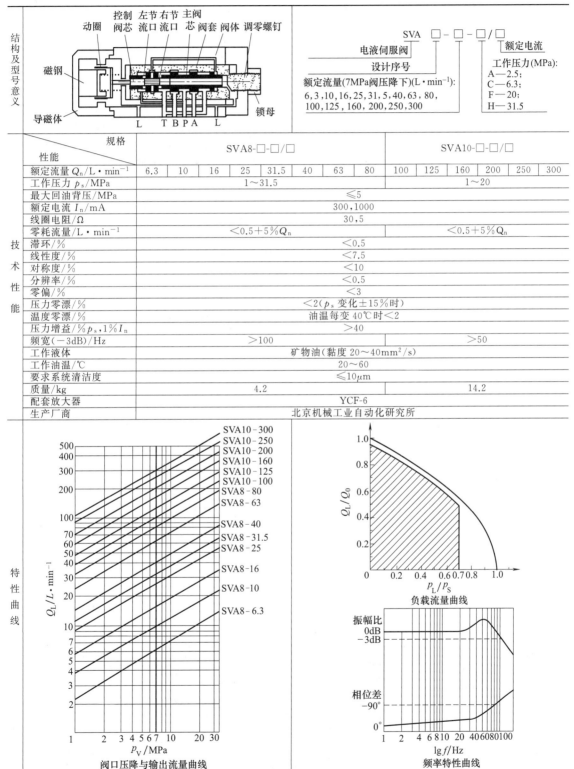

规格 性能	SVA8-□-□/□								SVA10-□-□/□					
额定流量 Q_n/L·min^{-1}	6.3	10	16	25	31.5	40	63	80	100	125	160	200	250	300
工作压力 p_s/MPa	1～31.5								1～20					
最大回油背压/MPa	≤5													
额定电流 I_n/mA	300,1000													
线圈电阻/Ω	30,5													
零耗流量/L·min^{-1}	<0.5+5%Q_n								<0.5+5%Q_n					
滞环/%	<0.5													
线性度/%	<7.5													
对称度/%	<10													
分辨率/%	<0.5													
零偏/%	<3													
压力零漂/%	<2(p_s 变化±15%时)													
温度零漂/%	油温每变 40℃时<2													
压力增益/%p_s,1%I_n	>40													
频宽(-3dB)/Hz	>100								>50					
工作液体	矿物油(黏度 20～40mm^2/s)													
工作油温/℃	20～60													
要求系统清洁度	≤10μm													
质量/kg	4.2								14.2					
配套放大器	YCF-6													
生产厂商	北京机械工业自动化研究所													

特性曲线

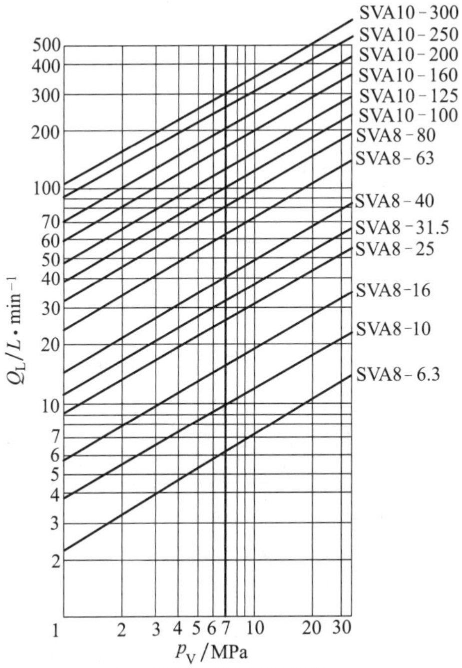

阀口压降与输出流量曲线

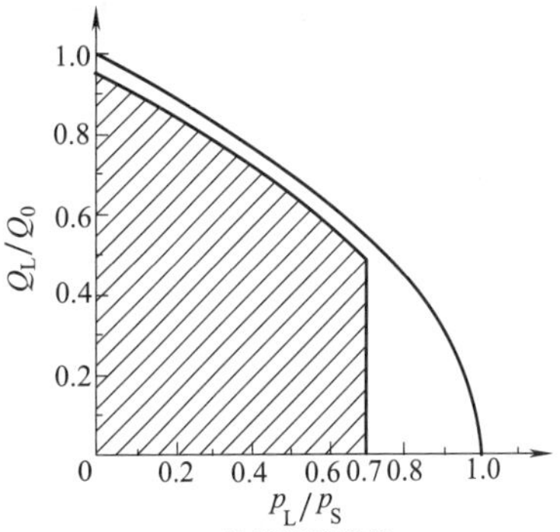

负载流量曲线

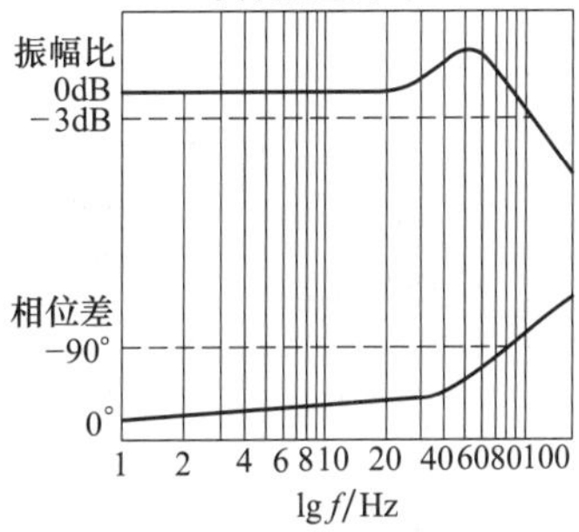

频率特性曲线

12.6.2　国外主要电液伺服阀产品

12.6.2.1　双喷嘴力反馈式电液伺服阀（MOOG）

表 20-12-29　　　　技术性能

项目		MOOG 30	MOOG 31	MOOG 32	MOOG 34	MOOG 35	MOOG 72	MOOG 78	MOOG G631	MOOG 760	MOOG G761
型号意义		□ □ □ □ □ □ □ □ □ 型号系列；额定流量；额定供油压力； 线圈连接形式：P—并联；S—串联；D—差动连接；I—线圈各自独立； 线圈电阻；插针或引线的个数； 连接形式：PC—螺纹插头座；PT—快速插头座(卡口)；CT—18in长电缆； 插座或引线位置：P—在进油口上方；R—在回油口上方；1—在控制口1上方；2—在控制口2上方； 密封圈材料：BUN—丁腈橡胶；VU—氟塑料；EPR—乙烯丙烯胶									
液压特性	额定流量 Q_n①/L·min⁻¹	1.2～12	6.7～26	27～54	49～73	73～170	96,159,230	76,114,151	5,10,20,40,60,75	3.8,9.5,19,57	4,10,19,38,63
	额定供油压力 p_s/MPa	21					21				
	供油压力范围/MPa	1～28					1～28	1.4～21	1.4～31.5	1.4～21 铝 1.4～31.5	1.4～31.5
电气特性	额定电流 I_n/mA	8,10,15,20,30,40,50					40,15,8	8,15,40,200	100,30	200,40,15,8	8,15,20,200
	线圈电阻/Ω	1500,1000,500,200,130,80,40					80,200,1000	1000,200,100	28,300	80,200,1000	80
	颤振电流/%I_n	20									
	颤振频率/Hz	100～400									
静态特性	滞环/%	<3					<4	<3	<3		
	压力增益/%p_s,%I_n	>30					按要求				
	分辨率%	<0.5					<1.5	<0.5	<1	<0.5	
	非线性度/%	<±7					<±7				
	不对称度/%	<±5					<±10				
	重叠量/%	−2.5～2.5					−2.5～2.5				
	零位静耗流量/L·min⁻¹	<0.35+4%Q_n	<0.45+4%Q_n	<0.5+3%Q_n	<0.6+3%Q_n	<0.75+3%Q_n	<2.0+4.9②	<2.5+3.5②	<2.0～3.6	<1.5～2.3	<1.2～2.4
	零偏/%	<2					可外调				
	供油压力零漂/%	<±4[供油压力为(60～100)p_s]					<±2(供油压力每变化 7MPa)				
	温度零漂/%	<2±(温度每变化 56℃)					<±4	<±2(温度每变化 38℃)			
动态特性	频率响应③ 幅频宽(−3dB)/Hz	>200		>160	>110	>60	>50	>15	>35	>50	>70
	频率响应③ 相频率(−90°)/Hz	>200		>160	>110	>80	>70	>40	>70	>110	>130
	阶跃响应(0～90%)/ms						<25	<35	<11	<16 标准 <13 高响应	<6

续表

型号			MOOG 30	MOOG 31	MOOG 32	MOOG 34	MOOG 35	MOOG 72	MOOG 78	MOOG G631	MOOG 760	MOOG G761
其他	工作介质		MH-H-5606,HIL-H-6083					石油基液压油(38℃时黏度 10～97$mm^2 \cdot s^{-1}$)符合 DIN51524 标准				
	工作温度/℃		−40～135					−40～135		−29～135		
	质量/kg		0.19	0.37	0.37	0.5	0.97	3.5	2.86	2.1	1.13 铝 1.91 钢	1.1 铝 1.8 钢
	外围尺寸/mm	长						170	146	138	96	94
		宽						129	81	80	97.3	94
		高						114	103	119	72.4	69

① MOOG72、MOOG78、MOOGG631、MOOG760、MOOG761 额定流量的阀压降为 7MPa，其他为 21MPa。

② 供油压力为 7MPa，其他静、动态性能供油压力皆为 21MPa。

③ 频率响应指标是由该系列流量最大的产品、输入幅值为±40%I_n、供油压力为 21MPa 情况下得到的。随流量减少频宽增加。

12.6.2.2 双喷嘴力反馈式电液伺服阀（DOWTY、SM4）

表 20-12-30 技术性能

型号意义

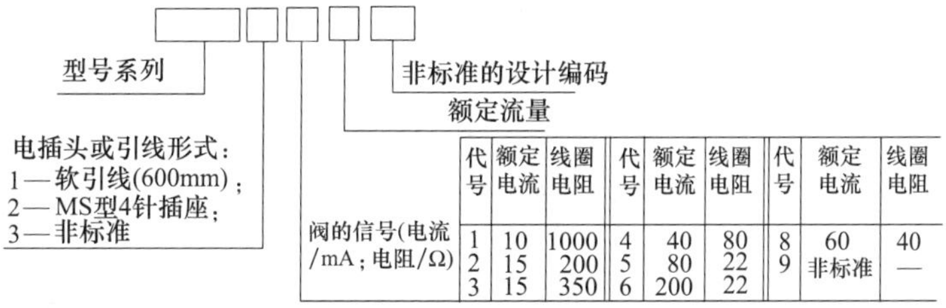

型号		DOWTY 30	DOWTY 31	DOWTY 32	DOWTY 4551 4659	DOWTY 4658	SM4-10	SM4-20	SM4-30	SM4-40
液压特性	额定流量 Q_n/L·min^{-1}	7.7	27	54	3.8,9.6,19,38,57		38	76	113	151
	额定供油压力 p_s/MPa	21			7		21		14	21
	供油压力范围/MPa	1.5～28			1.5～31.5	1.5～28	1.4～35		1.4～21	1.4～35
电气特性	额定电流 I_n/mA	8～80			10,15,40,60,80,200		200,40,100,15			
	线圈电阻/Ω	2000～30			1000,200,350,80,40,22		20,80,30,200			
	颤振电流/%									
	颤振频率/Hz									
静态特性	滞环/%	<3					<2			
	压力增益/%p_s,1%I_n	>30			30～80		>30			
	分辨率/%	<0.5								
	非线性度/%	<±7.5					5～10			
	不对称度/%	<±5			<±10		5			
	重叠/%	−2.5～2.5					±5			
	零位静耗流量/L·min^{-1}	0.25+5%Q_n			<1.6③					
	零偏/%	<±2			可外调					
	压力零漂①/%	<±2					<2%			
	温度零漂②/%	<±4(工作温度内)			<±2		<1.5			

第20篇

续表

型　　号			DOWTY 30	DOWTY 31	DOWTY 32	DOWTY 4551 4659	DOWTY 4658	SM4-10	SM4-20	SM4-30	SM4-40
动态特性	频率响应	幅频宽 (−3dB)/Hz	>200		>160	>70			>40	>12	25
		相频率 (−90°)/Hz	>200		>160	>80		90	100	40	60
其他	工作介质		石油基液压油					32～48mm²/s 抗磨液油			
	工作温度/℃		−54～177			−30～120					
	质量/kg		0.185	0.34	0.34	0.8	1.18	0.68	1.05	1.9	2.8

①表示供油压力变化（80～110）% p_s；

②表示温度每变化 50℃；

③表示供油压力为 14MPa 最大内漏。

注：生产厂商：DOWTY 型为英国道蒂公司（Dowty）；SM 型为美国威格士公司（Vickers）中国服务公司（北京）。

12.6.2.3　双喷嘴力反馈式电液伺服阀（MOOG D761）和电反馈式电液伺服阀（MOOG D765）

表 20-12-31　　技术性能

工作原理：

D761 为双喷嘴挡板力反馈二级伺服阀。阀套与阀体之间用密封圈密封，并有偏心销，可调零

D765 为双喷嘴挡板电反馈二级伺服阀。内置集成放大器、阀芯位移传感器构成闭环，改善中、小信号静、动态性能

D761原理图

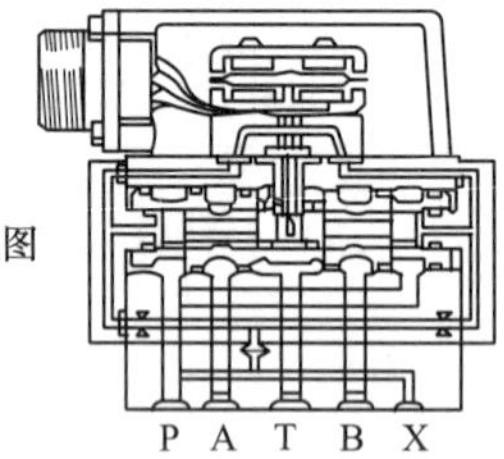

D765原理图

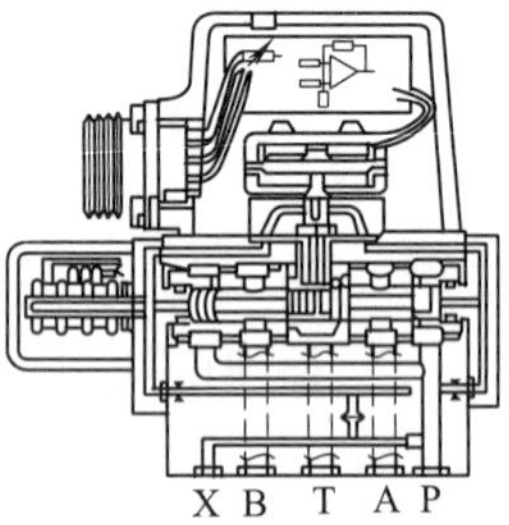

技术性能

型　　号		D761	D765
液压特性	额定流量 Q_n(±10%) /L·min⁻¹,Δp_n=7MPa	标准型 3,8,9,5,19,38,63	标准型 4,10,19,38,63
		高响应型 3,8,9,5,19,38	高响应型 4,10,19,38
	额定供油压力/MPa	21	21
	供油压力范围/MPa	31.5max	31.5max
电气特性	额定电流/mA	15,40,60	0～±10V 0～±10mA
	线圈电阻(单线圈)/Ω	200,80,60	1kΩ
	颤振电流/mA		
	颤振频率/Hz		
静态特性	滞环/%	<3	<0.3
	分辨率/%	<0.5	<0.1
	非线性度/%		
	不对称度/%		

型　　号			D761	D765
静态特性	阀芯驱动面积/cm²		标准阀 0.49;高响应阀 0.34	
	零位静耗流量/L·min⁻¹		标准阀 1.1～2.0 高响应阀 1.4～2.3	1.5～2.3
	先导级流量(100%阶跃输入)/L·min⁻¹		标准阀　0.22 高响应阀 0.3	0.4
	零偏		<2	
	温度零漂/%		<2(温度每变 38℃)	<1(温度每变 38℃)
	压力零漂(70～100 额定压力)/%		<2	
动态特性	频率响应	幅频宽/Hz① (−3dB)	标准阀>85 高响应阀>160	标准阀>180 高响应阀>310
		相频率/Hz① (−90°)	标准阀>120 高响应阀>200	标准阀>160 高响应阀>240
其他	工作介质		符合 DIN51524 标准矿物质液压油	
	油液温度/℃		−20～80	
	质量/kg		1.0	1.1

续表

D761 频率响应曲线	D765 频率响应曲线
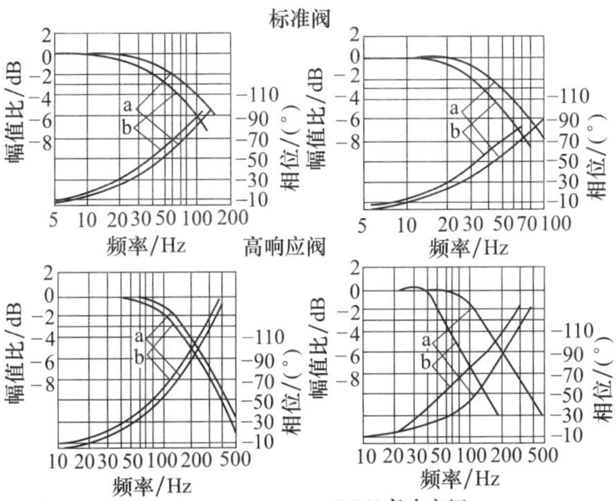	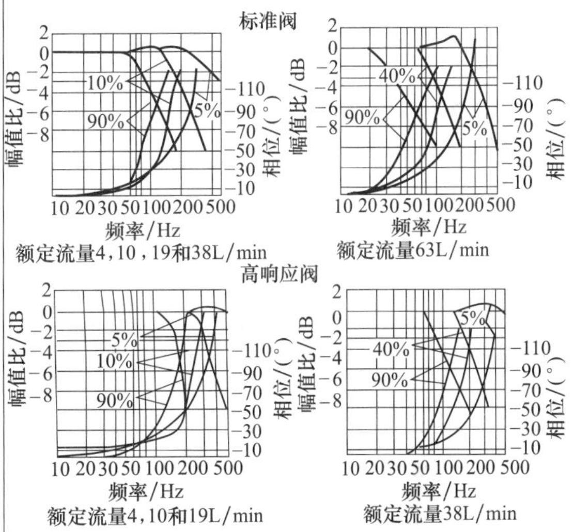

D761标准阀
曲线a：Q_n=3.8；9.5；19；38L/min
曲线b：Q_n= 63L/min

D761高响应阀
曲线a：Q_n=3.8；9.5；19L/min
曲线b：Q_n= 38L/min

① 频率响应数据是根据样本中工作压力 21MPa，油温 40℃，黏度 $32mm^2 \cdot s^{-1}$，输入信号±40%，流量 $38L \cdot min^{-1}$ 实验曲线得到的。

表 20-12-32　　MOOG D761 和 MOOG D765 外形尺寸、安装尺寸及订货明细

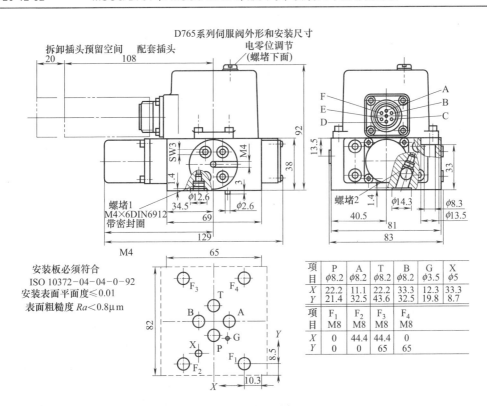

D765系列伺服阀外形和安装尺寸

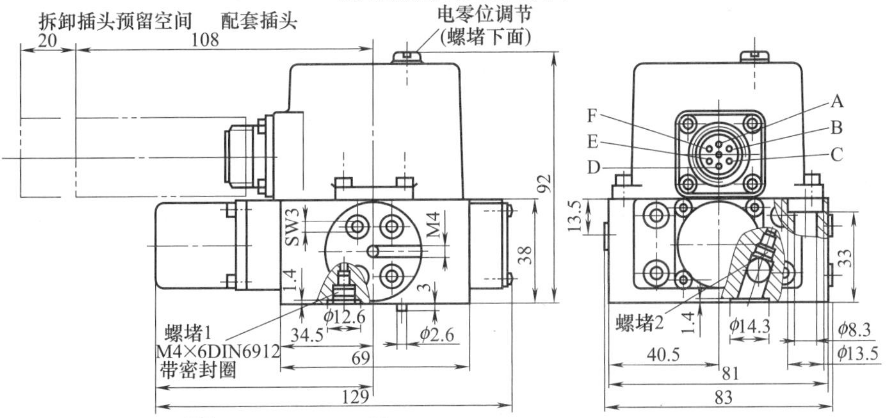

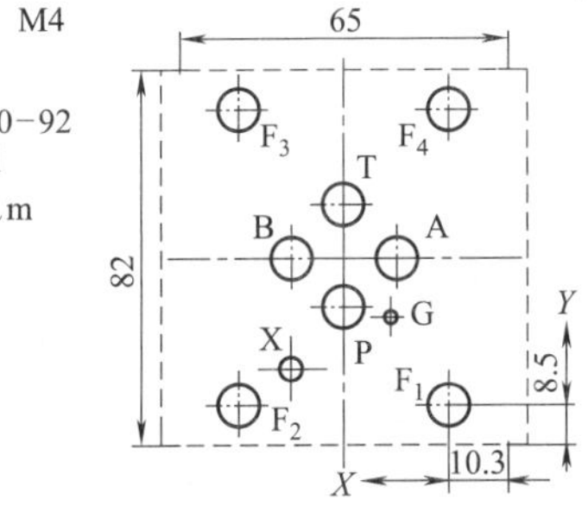

安装板必须符合
ISO 10372-04-04-0-92
安装表面平面度≤0.01
表面粗糙度 Ra<0.8μm

项目	P φ8.2	A φ8.2	T φ8.2	B φ8.2	G φ3.5	X φ5
X	22.2	11.1	22.2	33.3	12.3	33.3
Y	21.4	32.5	43.6	32.5	19.8	8.7

项目	F_1 M8	F_2 M8	F_3 M8	F_4 M8
X	0	44.4	44.4	0
Y	0	0	65	65

续表

订货明细

D761 D765

型号-序号 | * | * | * | * | * | * |

型号标识 | * | * | * | * | * | * | * | * | * | * | * | * |

技术标准类别：
——系列标准；
E—预制标准；
Z—特殊标准；
K—安全标准(仅D761)

型号标识 生产厂家制订

厂家标识

阀类型：S—标准型；H—高响应型

额定流量Q_n(L·min^{-1})（阀压降Δp_n=7MPa）

	标准	高响应
04	3.8	38
10	9.5	9.5
19	19	19
38	38	38(D765系列仅达25MPa)
63	63	–

最大工作压力p_p及阀体材料
F 21MPa 铝合金
J 31.5MPa 铝合金
K 31.5MPa 钢

滑阀类型
O 零重叠，线性特性
X 特殊要求

先导级(阀工作压力p_p，先导供油压力p_x为允许的最大值)D761系列
F S阀类标准响应
G H阀类及S阀类高响应
G 具有附加的力反馈。用于D765系列

无信号时阀芯位置
A P⇨B A⇨T
B P⇨A R⇨T
M 中位

供电电压 D765系列
0±15VDC±3%
波纹度<50mV$_{pp}$

阀芯全行程信号(D761系列)
额定输入信号
H±7.5mA系列
L±20mA系列
N±30mA系列

阀芯全行程信号(D765系列)

指令信号	输出信号
A±10V	±10V
X±10mA浮动	±10mA

电插座	插座朝向
A	朝向A孔
B	朝向B孔
P	朝向P孔
T	朝向T孔
R 6+PE插座	朝向A孔(D765)
S 6+PE插座	朝向B孔(D765)

密封材料
V 氟塑料FPM

先导级连接方式 D761系列

型码	供油方式
A A.E.J	内部
A C.G.J	外部

先导级供油方式和供油压力供油压力(MPa)	D765系列 供油方式
A 1.5~21	内部
C 1.5~21	外部
E 1.5~31.5	内部
G 1.5~31.5	外部
J 2.5~35	内部
L 2.5~35	外部

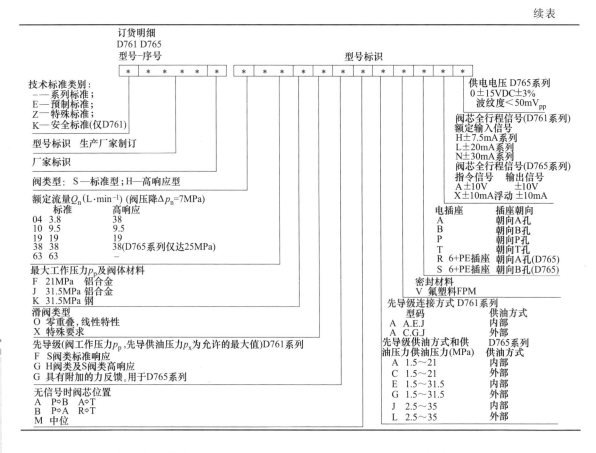

12.6.2.4 直动电反馈式伺服阀（DDV）MOOG D633 及 D634 系列

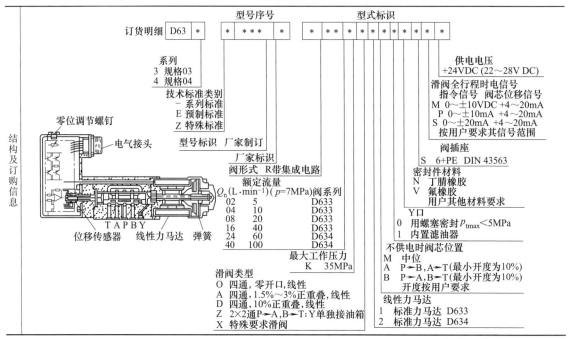

表 20-12-33　　　　技术性能

结构及订购信息

订货明细 | D63 | * |　型号序号 | * | *** | * |　型式标识 | * | ** | * | * | * | * | * | * | * | * |

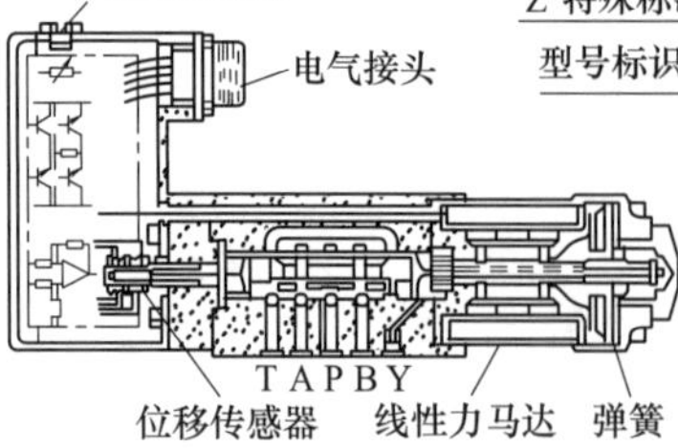

系列
3 规格03
4 规格04

技术标准类别
- 系列标准
E 预制标准
Z 特殊标准

型号标识 厂家制订

厂家标识

阀形式 R带集成电路

额定流量
Q_n(L·min^{-1})(p=7MPa)阀系列

02	5	D633
04	10	D633
08	20	D633
16	40	D633
24	60	D634
40	100	D634

最大工作压力
K 35MPa

滑阀类型
O 四通，零开口，线性
A 四通，1.5%~3%正重叠，线性
D 四通，10%正重叠，线性
Z 2×2通P➛A，B➛T：Y单独接油箱
X 特殊要求滑阀

供电电压
+24VDC (22~28V DC)

滑阀全行程时电信号

	指令信号	阀芯位移信号
M	0~±10VDC	+4~20mA
P	0~±10mA	+4~20mA
S	0~±20mA	+4~20mA

按用户要求其信号范围

阀插座
S 6+PE DIN 43563

密封件材料
N 丁腈橡胶
V 氟橡胶
用户其他材料要求

Y口
0 用螺塞密封p_{tmax}<5MPa
1 内置滤油器

不供电时阀芯位置
M 中位
A P➛B，A➛T(最小开度为10%)
B P➛A，B➛T(最小开度为10%)
开度按用户要求

线性力马达
1 标准力马达 D633
2 标准力马达 D634

续表

型号			D633	D634
技术性能	液压特性	额定流量 Q_n(Δp_n=7MPa)/L·min^{-1}	5,10,20,40,最大 75	60,100,最大 185
		额定供油压力/MPa	14	
		供油压力范围/MPa	-35	
	电气特性	额定电流 I_n/mA	0～±10,4～20	
		线圈电阻/Ω	300～500	
		颤振电流		
		颤振频率/Hz		
	静态特性	滞环/%	<0.2	<0.2
		压力增益%p_s,1%I_n		
		分辨率/%	<0.1	<0.1
		非线性度/%		
		不对称度/%		

型号			D633	D634
静态特性	重叠/%			
	零位静耗流量/L·min^{-1}		0.15,0.3,0.6,1.2	1.2,2.0
	零漂/%			
	压力零漂/%			
	温度零漂/%(ΔT=55K)		<1.5	<1.5
动态特性	频率响应据特性曲线获得	幅频宽(-3dB)/Hz	标准阀大于 37	标准阀大于 46
			高响应阀大于 60	高响应阀大于 95
		相频率(-90°)/Hz	标准阀大于 70	标准阀大于 90
			高响应阀大于 150	高响应阀大于 110
其他	工作介质		符合 DIN51524 矿物油,NAS1638-6 级	
	工作温度/℃		-20～80	
	质量/kg		2.5	6.3

表 20-12-34　　特性曲线

测试条件:p_s=14MPa,黏度 υ=32mm^2·s^{-1}

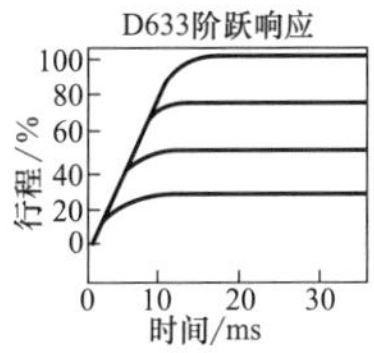

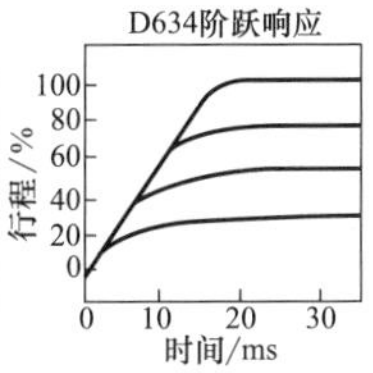

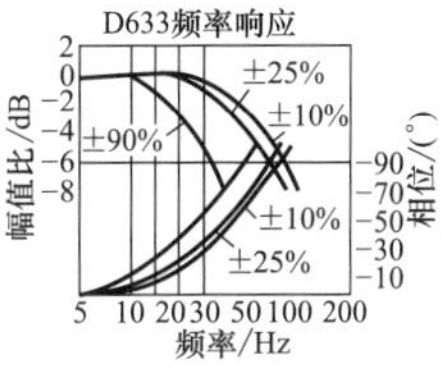

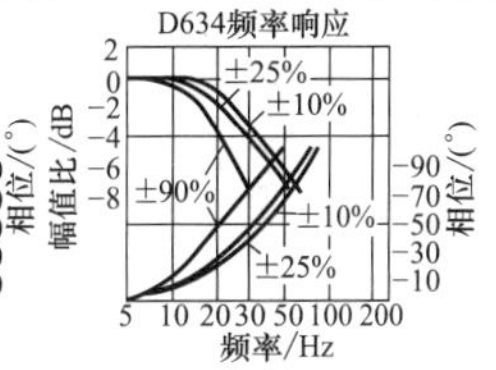

测试条件:p_s=14MPa,黏度 υ=32mm^2·s^{-1}

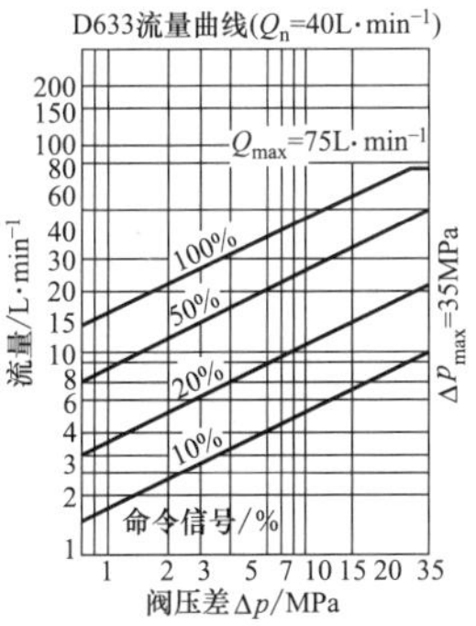

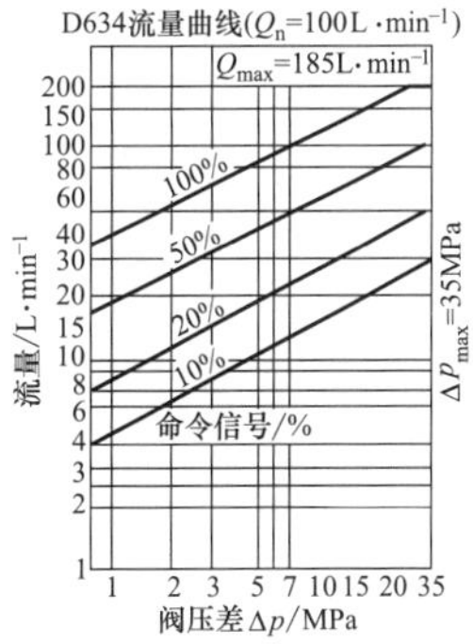

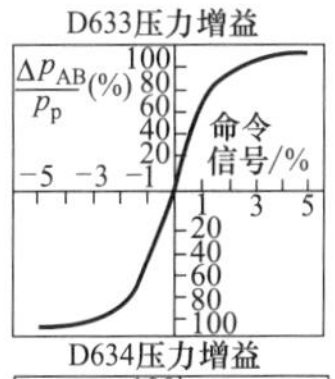

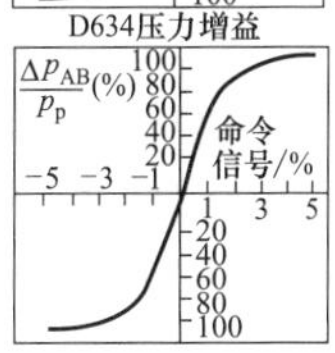

12.6.2.5　电反馈三级伺服阀 MOOG D791 和 D792 系列

表 20-12-35　　技术性能

型号		D791			D792	
液压特性	额定流量(±10%)Q_n/L·min^{-1},Δp_n=7MPa	100	160	250	400 630	800 1000
	额定供油压力/MPa	21				
	供油压力范围/MPa	31.5max				
电气特性	额定电流/额定电压/(mA/V)	0～±10/0～±10				
	线圈电阻/kΩ	1/10				
	颤振电流/%					
	颤振频率/Hz					
静态特性及参数	滞环/%	<0.5				
	分辨率/%	<0.2				
	零偏/%	可调				
	温度零漂(每 38℃)/%	<2				
	非线性度/%					
	不对称度/%					
	重叠量	按要求				

型号				D791			D792	
静态特性及参数	零位静耗流量/L·min^{-1}		总耗	5	7	10	10 14	14 14
			先导级	4～11			6～16	
	主阀芯行程/mm			1.4	1.2	2.0	1.8 1.9	2.9 4.0
	主阀芯驱动面积/cm^2			2.85			3.8 7.14	7.14 7.14
动态特性	频率响应/Hz①		S 阀	130		75	200 150	180 120
			HR 阀	180		240		
			S 阀	80		65	180 90	120 85
			HR 阀	220		140		
	阶跃响应(0～100%输入)/ms			4～11			6～12	
其他	工作介质			符合 DIN51524 矿物质液压油				
	环境温度/℃			-20～60				
	油液温度/℃			-20～80				
	质量/kg			13			17	

第 20 篇

续表

工作原理	三级伺服阀MOOGD792 先导阀为D765系列 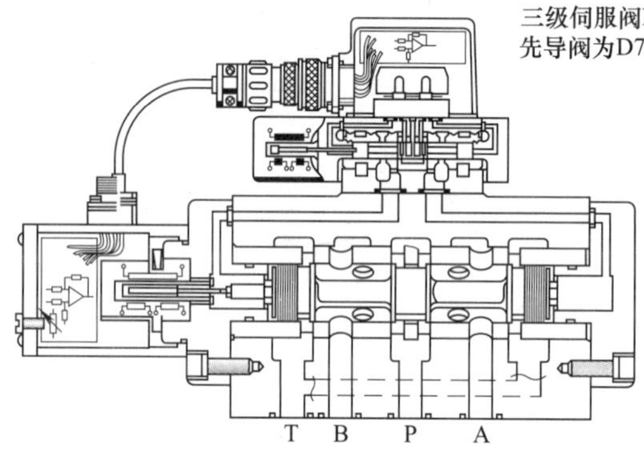

① 频率响应是由样本上得到的。测试条件是：供油压力为 21MPa，油液黏度 $32mm^2 \cdot s^{-1}$，油液温度 40℃，输入 ±40%。S 和 HR 分别代表标准阀和高响应阀。

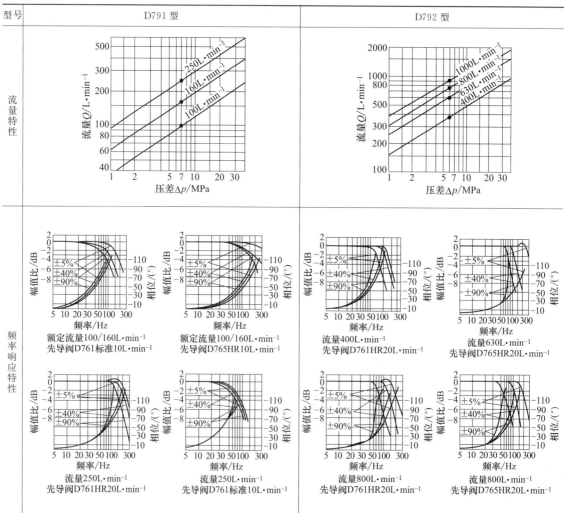

表 20-12-36　　**特性曲线**

型号	D791 型		D792 型	
流量特性	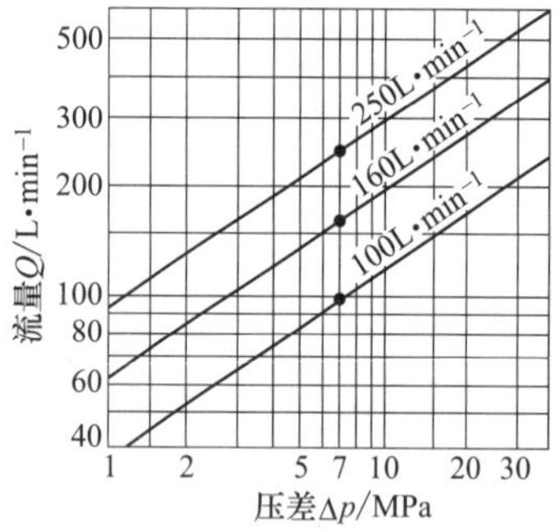		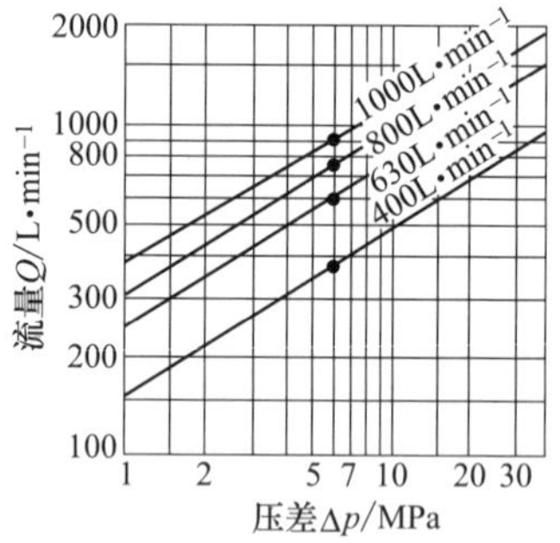	
频率响应特性	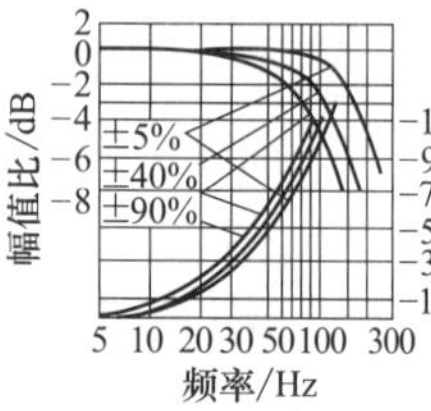额定流量100/160L·min⁻¹ 先导阀D761标准10L·min⁻¹	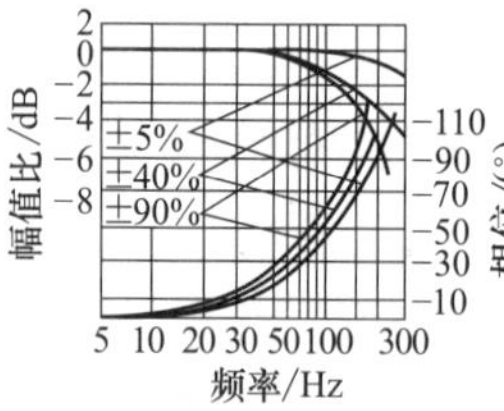额定流量100/160L·min⁻¹ 先导阀D765HR10L·min⁻¹	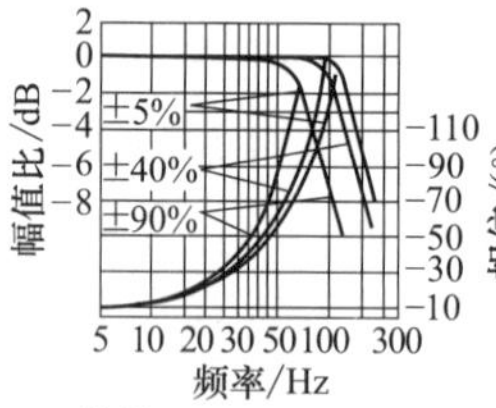流量400L·min⁻¹ 先导阀D761HR20L·min⁻¹	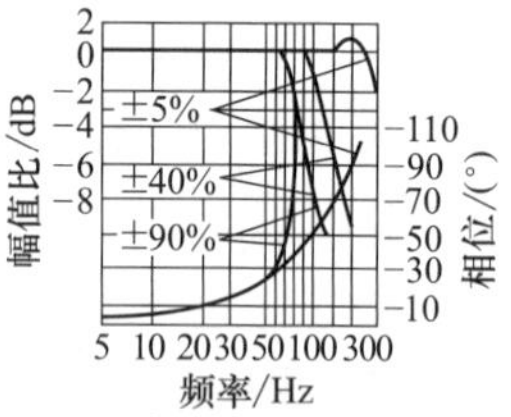流量630L·min⁻¹ 先导阀D765HR20L·min⁻¹
	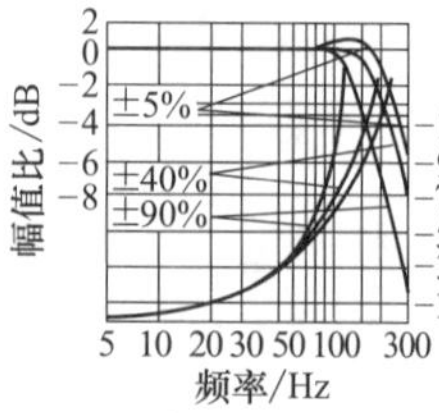流量250L·min⁻¹ 先导阀D761HR20L·min⁻¹	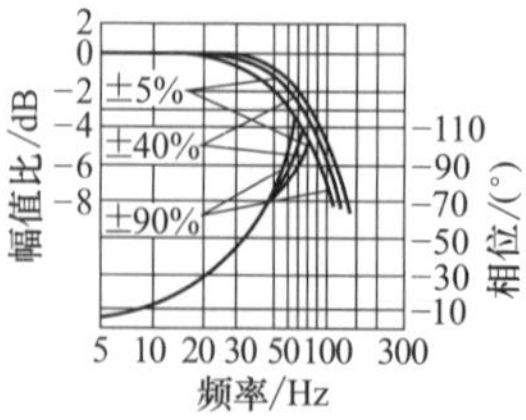流量250L·min⁻¹ 先导阀D761标准10L·min⁻¹	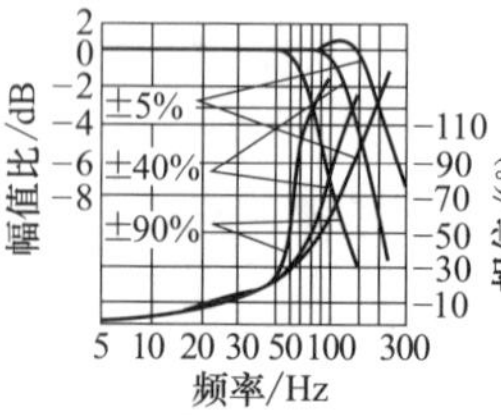流量800L·min⁻¹ 先导阀D761HR20L·min⁻¹	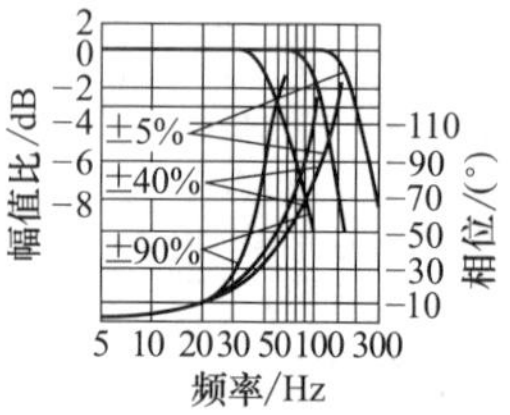流量800L·min⁻¹ 先导阀D765HR20L·min⁻¹

注：HR 为高响应阀。

表 20-12-37　**订货明细**

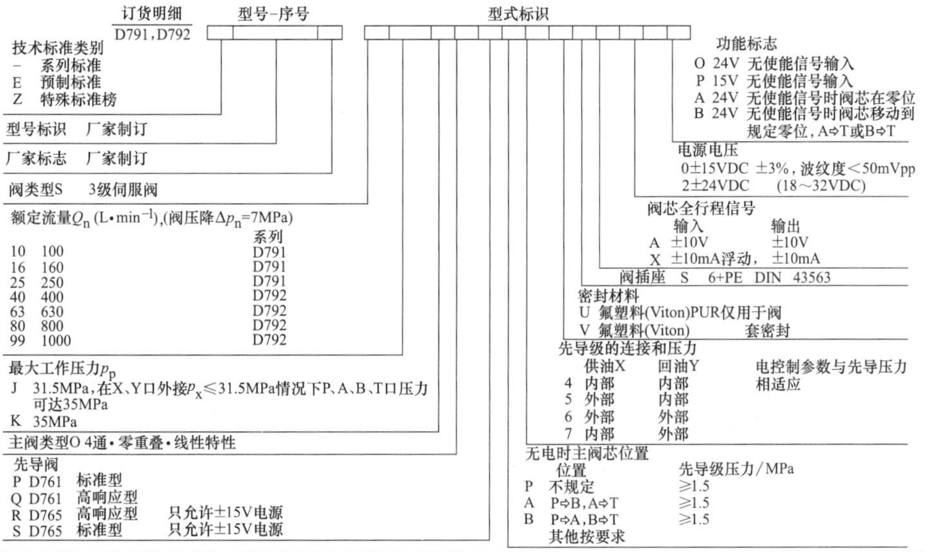

12.6.2.6　EMG 伺服阀 SV1-10

表 20-12-38　**技术性能**

型号				SV1-10/□□	4	8	16	32	48
液压特性	额定流量 Q_n(Δp=7.0MPa)/L·min^{-1}			Δp_n=2MPa 时	4	8	16	32	48
				Δp_n=7MPa 时	7	13	24	46	70
	工作压力/MPa				3.0~31.5,0.5~10.0				
	最大回油背压/MPa				3.0				
电气特性	额定电流 I_n/mA	连接方式	1-2		±300	±300	±300	±300	±1000
			1-3		±600	±600	±600	±600	—
	线圈电阻/Ω		1-2		40	40	40	44	11
			1-3		20	20	20	22	—
	颤振电流/mA		1-2	50Hz	10	10	20	20	40
				150Hz	20	20	40	40	80
			1-3	50Hz	20	20	40	40	—
				150Hz	40	40	80	80	—
静动特性	滞环/%				<2	<2	<2.5	<2.5	<2.5
	压力增益[($\Delta p_L/p_s$)/($\Delta I/I_s$)]	SV1-10□/□□/315/6			14				
		SV1-10/□□/315/1			25				
		SV1-10/□□/100/6			12				
		SV-10/□□/100/1			20				
	分辨率/%				<0.1	<0.1	<0.2	<0.2	<0.2
	非线性度/%				<2	<3	<4	<5	<6
	不对称度/%				<5	<5	<5	<5	<5
	重叠/%			SV1-10/□□/□□/1	0.5~2.5				
				4~8	SV1-10/□□/□□/6				
	零位静耗流量(p_s=10MPa,I=0mA,Q_A=Q_n=0)/L·min^{-1}			SV1-10/□□/315/6	0.15	0.25	0.4	0.7	1.0
				SV1-10/□□/315/1	0.25	0.4	0.7	1	1.5
				SV1-10/□□/100/6	0.25	0.4	0.7	1.0	1.5
				SV1-10/□□/100/1	0.4	0.6	1.0	1.5	2.2
	零偏/%								
	压力零漂/%								
	温度零漂/%				没有测量,理论上为零				

第20篇

续表

型号		SV1-10/□□	4	8	16	32	48
动态特征	幅频宽(−3dB)/Hz		130	130	140	115	130
	相频率(−90°)/Hz		75	75	85	62	72
其他	工作介质		液压油 H-L46				
	工作温度/℃		−20～80				
	质量/kg		6.5	6.5	6.5	7.5	7.5

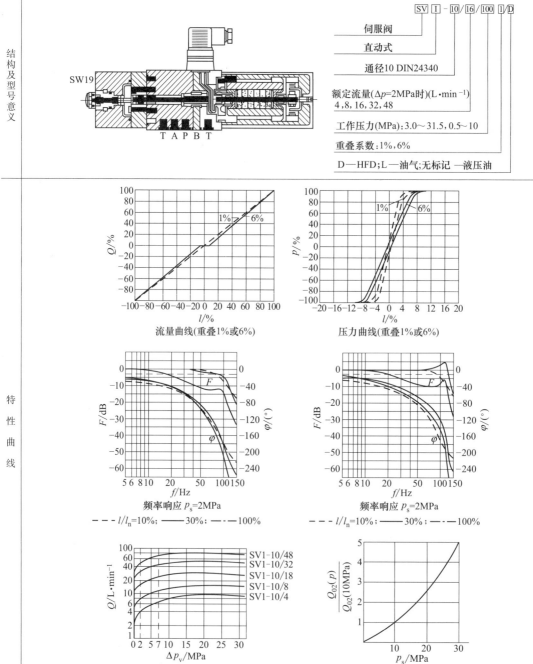

结构及型号意义

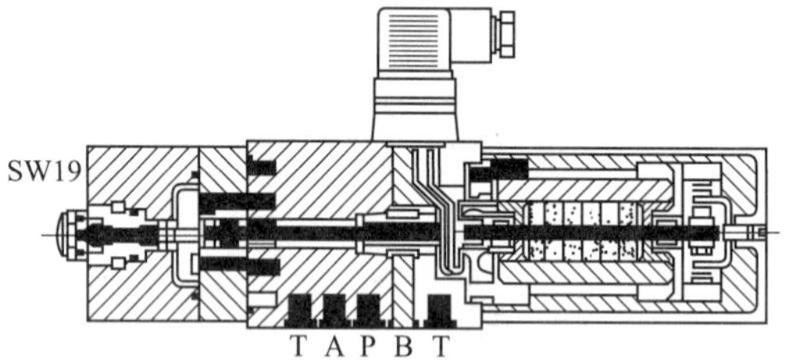

SV I - 10/16/100 1/D

- 伺服阀
- 直动式
- 通径10 DIN24340
- 额定流量(Δp=2MPa时)(L·min^{-1}) 4,8,16,32,48
- 工作压力(MPa):3.0～31.5,0.5～10
- 重叠系数:1%,6%
- D—HFD;L—油气;无标记—液压油

特性曲线

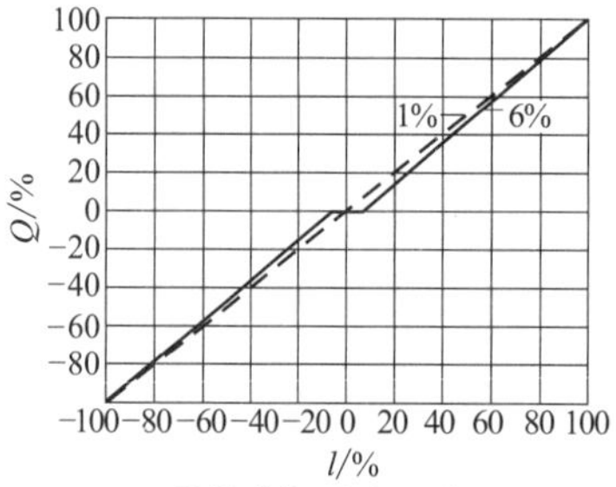

流量曲线(重叠1%或6%)

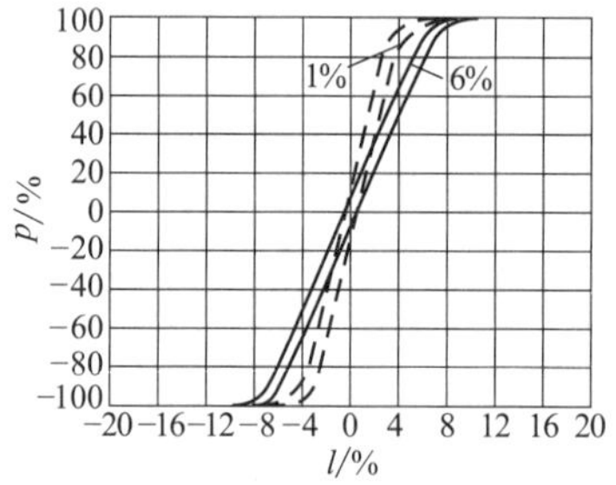

压力曲线(重叠1%或6%)

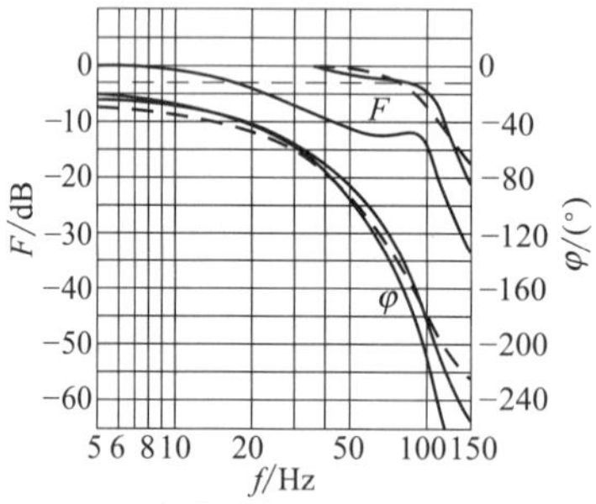

频率响应 p_s=2MPa

- - - l/l_n=10%; ——30%; —·—100%

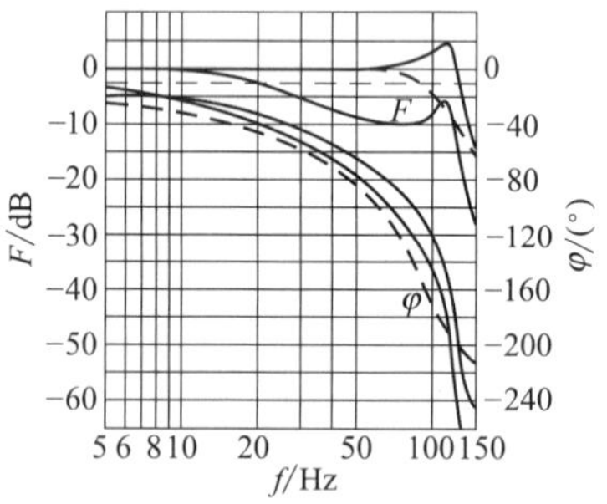

频率响应 p_s=2MPa

- - - l/l_n=10%; ——30%; —·—100%

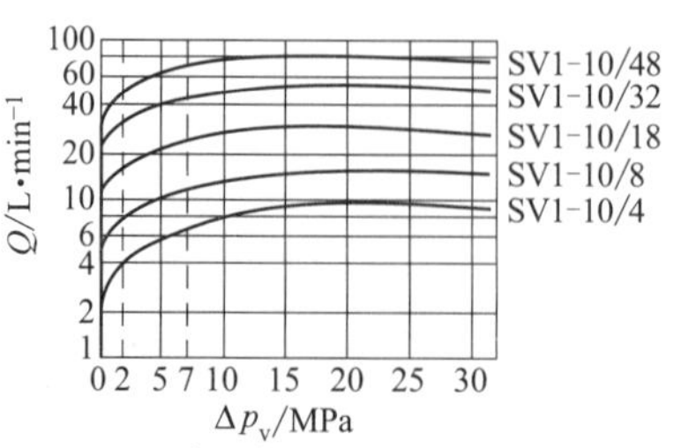

压降与流量关系曲线

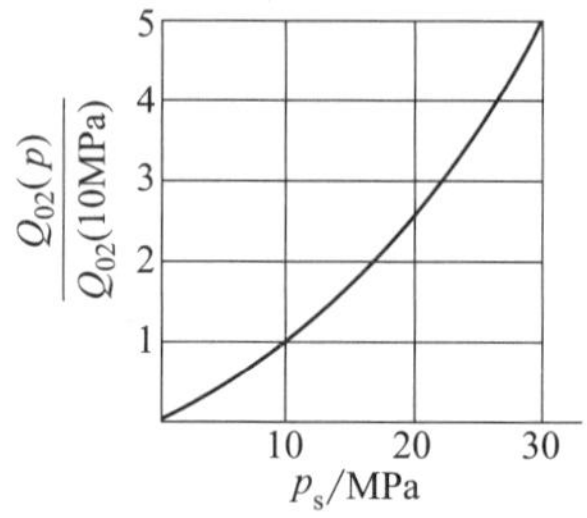

泄漏与压力关系曲线

12.6.2.7　MOOG 系列电反馈伺服阀

表 20-12-39　　MOOG D661～D665 技术性能

型号			D661—…P/B…		D662—…D…			D663—…		D664—…		D665—…	
			A	B	D. A	D. H	P. M	L…B	P…M	L…B	P…M	P…H	K…J
阀类型			二级	二级	二级	二级	三级	二级	三级	二级	三级	三级	三级
先导阀型号			一级伺服射流管阀	一级伺服射流管阀	D061 伺服射流管阀	D061 伺服射流管阀	D630 二级喷挡阀	D061 伺服射流管阀	D630 二级喷挡阀	D061 伺服射流管阀	D630 二级喷挡阀	D631 二级喷挡阀	D661 二级伺服射流管阀
液压电气特性	额定流量 Q_n(±10)%/L·min^{-1}(阀每节流边压差 0.5MPa)		20,60,80,2×80	30,60,80,2×80	150 250	150 250	150 250	350	350	550	550	1000 1500	1000 1500
	油口最大工作压力(X 外控)/MPa	P,A,B 口	35	35	35	35	35	35	35	35	35	35	35
		T(Y 外排)	35	35	35	35	35	35	35	35	35	35	35
		T(Y 内排)	21	21	14	14	21	14	21	14	21	10	10
	先导级(标准型)无节流孔		28	28	28	28	28	28	28	28	28	21	21
	额定电流/电压/(mA/V)		±10/±10										
静态特性	滞环/%		<0.3	<0.3	<0.5	<0.5	<1.0	<0.5	<1.0	<0.5	<1.0	<1.0 <0.7	<1.0 <0.7
	分辨率/%		<0.05	<0.05	<0.1	<0.1	<0.2	<0.1	<0.2	<0.1	<0.2	<0.3 <0.2	<0.3 <0.2
	温度零漂(每 38℃)/%		<1	<1	<1	<1	<1.5	<1	<1.5	<1	<1.5	<2 <1.5	<2.5 <2
	阀零位静耗流量/L·min^{-1}		≤3.5	≤4.4	≤4.2	≤5.1	≤4.5	≤5.6	≤5.0	≤5.6	≤5.0	≤10.5	≤11
	先导级静耗流量/L·min^{-1}		≤1.7	≤2.6	≤1.7	≤2.6	≤2.0	≤2.6	≤2.0	≤2.6	≤2.0	≤3.5	≤4
	先导阀流量(100%阶跃输入)/L·min^{-1}		≤1.7	≤2.6	≤1.7	≤2.6	≤2.0	≤2.6	≤30	≤2.6	≤30	≤45 ≤55	≤40 ≤50
	主阀芯行程/mm		±3	±3	±5	±5	±5	±4.5	±4.5	±6	±6	±5.8 ±8	±5.5 ±8
动态特性	频率响应	幅频宽(−3dB)/Hz	>45	>70	>26	>45	>100	>32	>75	>26	>30	>23	>90
		相频率(90°)/Hz	>60	>70	>40	>50	>80	>43	>90	>36	>60	>30	>65
	阶跃响应(0～全行程)/ms		28	18	44	28	9	37	13	48	17	30 35	10 12
其他	油液温度/℃		−20～80										
	工作介质		石油基液压油(DIN 51524,1～3 部分)。油液黏度允许 5～400mm^2·s^{-1},推荐 15～100mm^2·s^{-1}										
	质量/kg		5.6	5.6	11	11	11.5	19	19.5	19	19.5	70	73.5

工作原理

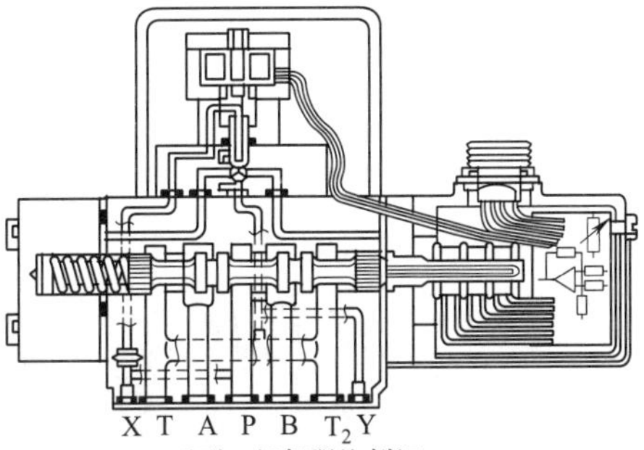

D661系列二级伺服比例阀
故障保险类型F,即A→T

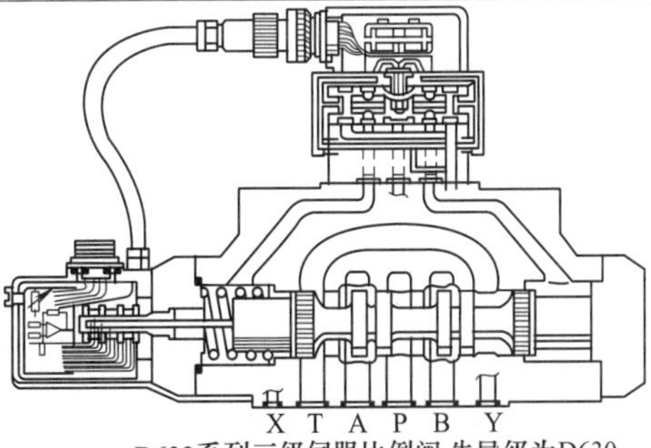

D633系列三级伺服比例阀,先导级为D630
系列伺服阀,故障保险类型F,即A→T

注：1. 静、动态性能的额定供油压力为 21MPa。频率响应取自各系列最大流量，输入幅值为 25%额定值。

2. 零偏可外调，滑阀重叠量和压力增益按用户要求。

3. D661～D665 系列伺服比例阀可用功率级对中弹簧回零、附加电磁阀切断供油或载荷腔与回油接通等方法构成故障保险类阀。

表 20-12-40　　MOOG D661～D665 伺服阀典型静、动态曲线

<table>
<tr><th>型号</th><th>特性曲线</th></tr>
<tr><td>D661</td><td>
额定供油压力(包含先导级)21MPa,油液黏度 32mm²·s⁻¹,油液温度 40℃

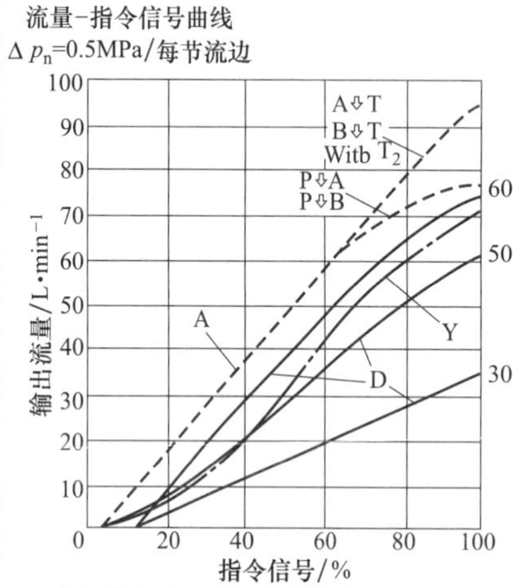

主阀芯类型A;零重叠,线性流量增益特性(80)
主阀芯类型D;10%重叠量,线性流量增益特性
主阀芯类型Y;零重叠,折线流量增益特性(80)

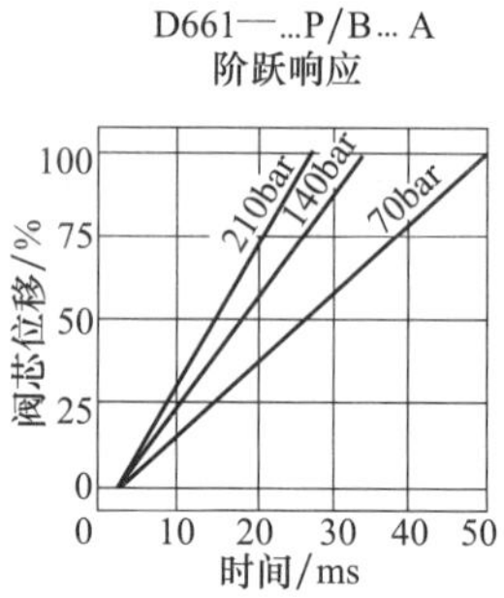

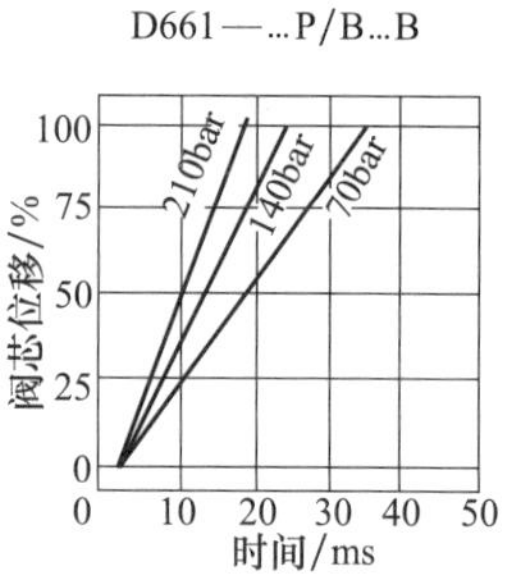

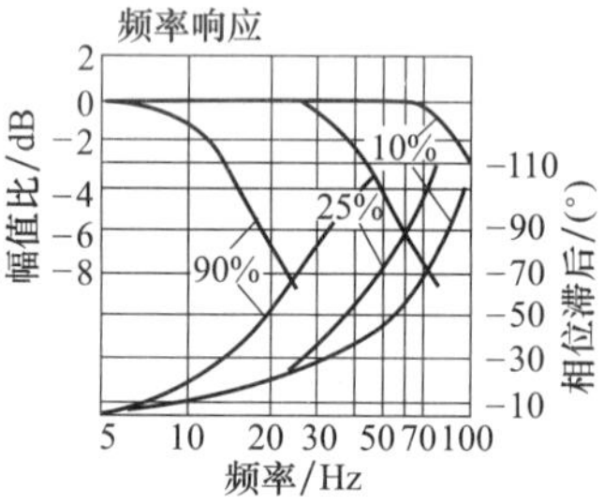

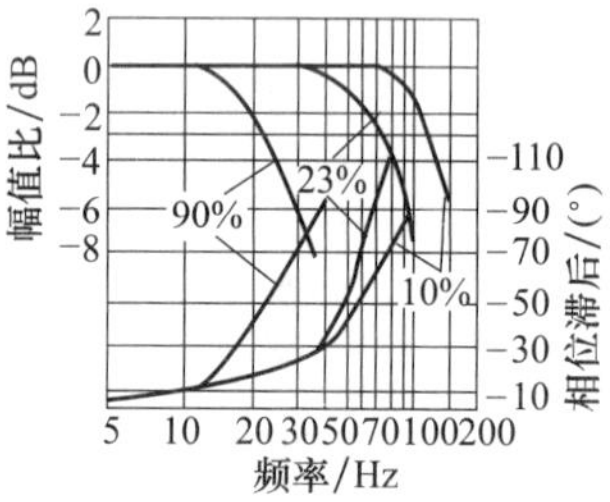

</td></tr>
<tr><td>D662</td><td>
额定供油压力(包含先导级)21MPa,油液黏度 32mm²·s⁻¹,油液温度 40℃

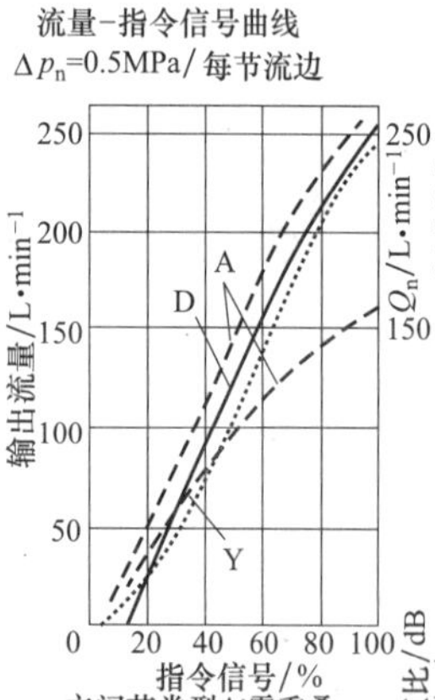

主阀芯类型A:零重叠,
线性流量增益特性
主阀芯类型D:10%重叠量,
线性流量增益特性
主阀芯类型Y:零重叠,
折线流量增益特性

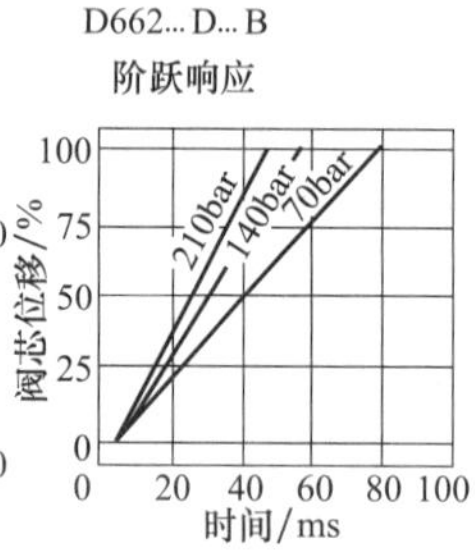

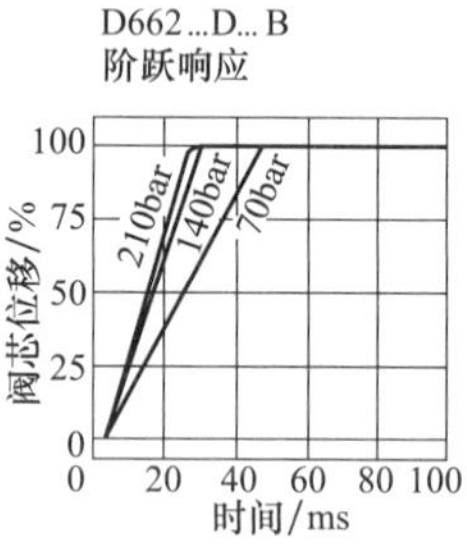

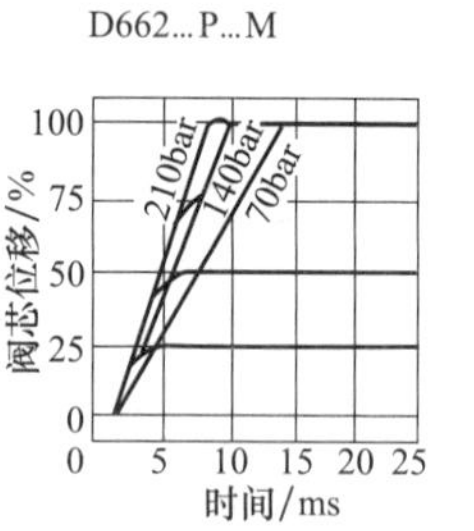

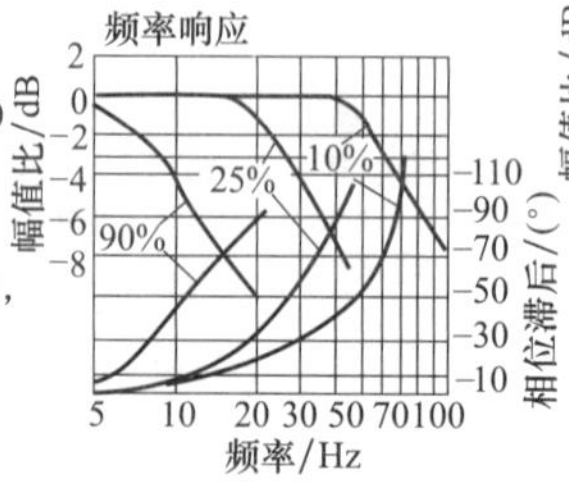

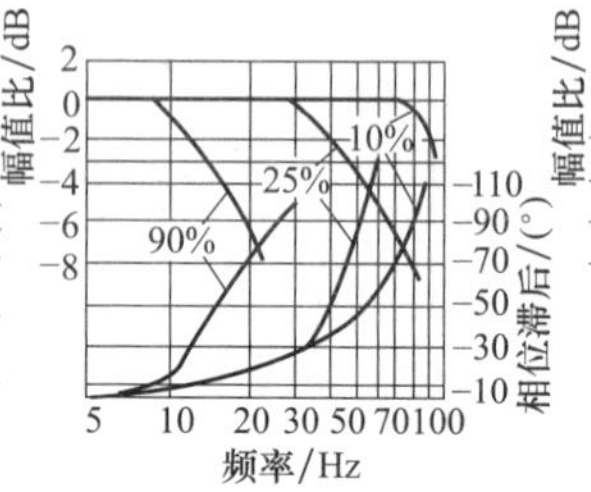

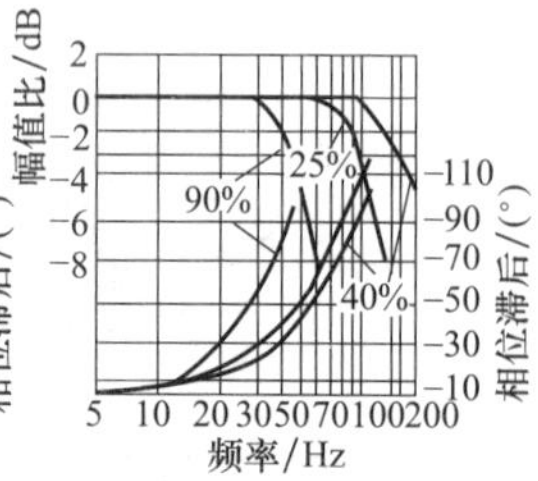

</td></tr>
</table>

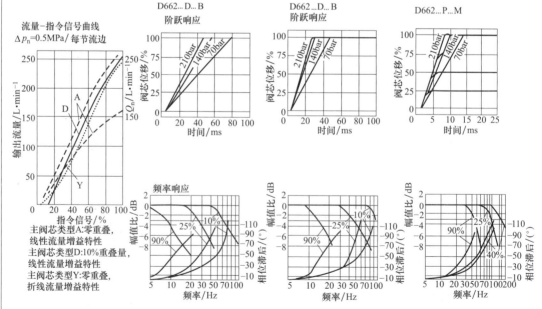

续表

<table>
<tr><th>型号</th><th>特 性 曲 线</th></tr>
<tr><td>D663</td><td>

额定供油压力(包含先导级)21MPa，油液黏度 32mm²·s⁻¹，油液温度 40℃

流量-指令信号曲线

Δp_n=0.5MPa/每节流边

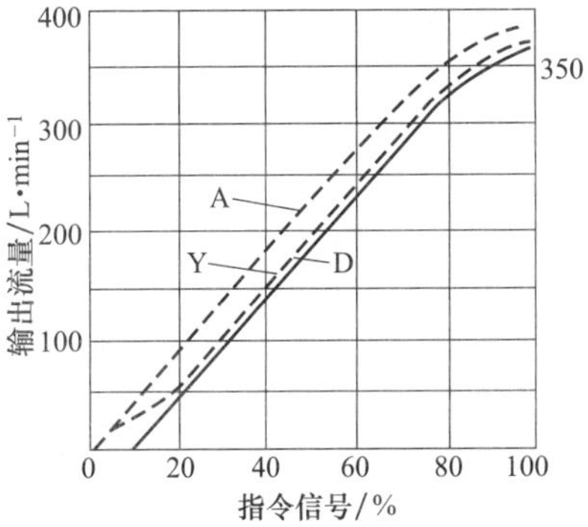

主阀芯类型A:零重叠,线性流量增益特性

主阀芯类型D:10%重叠量,线性流量增益特性

主阀芯类型Y:零重叠,折线流量增益特性

D663—…L…B

阶跃响应

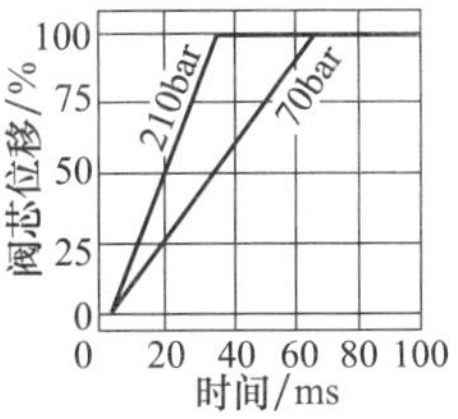

D663—…P…M

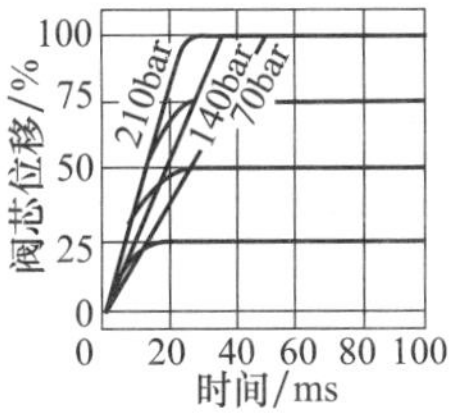

频率响应

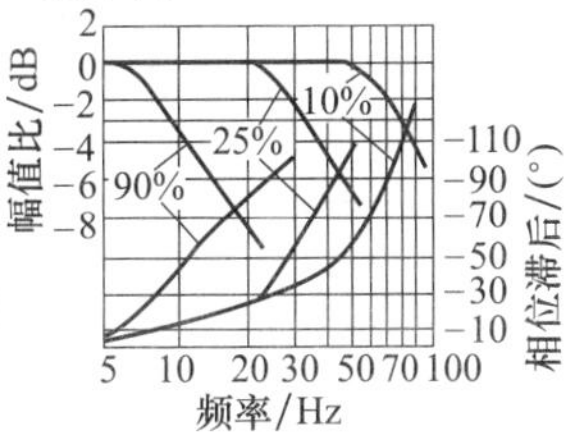

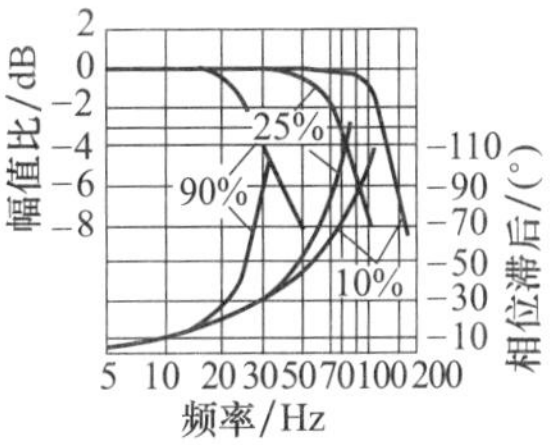

</td></tr>
<tr><td>D664</td><td>

额定供油压力(包含先导级)21MPa，油液黏度 32mm²·s⁻¹，油液温度 40℃

流量-指令信号曲线

Δp_n=0.5MPa/每节流边

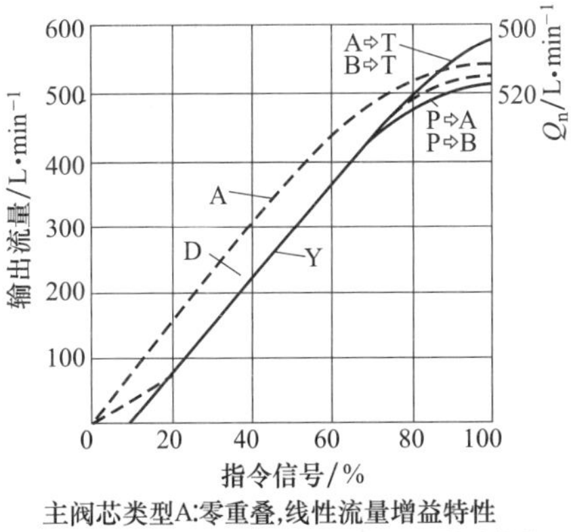

主阀芯类型A:零重叠,线性流量增益特性

主阀芯类型D:10%重叠量,线性流量增益特性

主阀芯类型Y:零重叠,折线流量增益特性

D664…L…B

阶跃响应

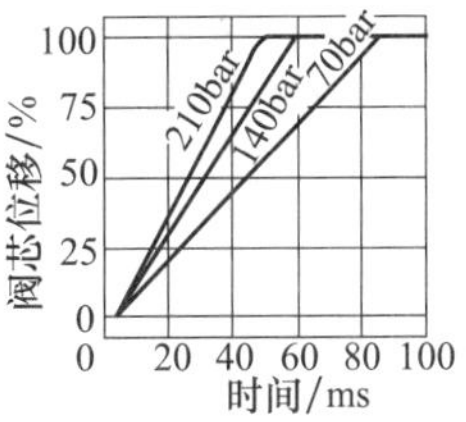

D664…P…M

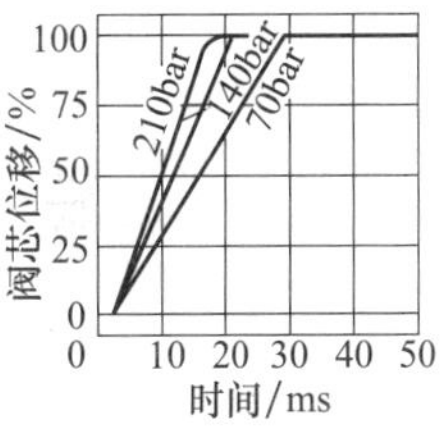

频率响应

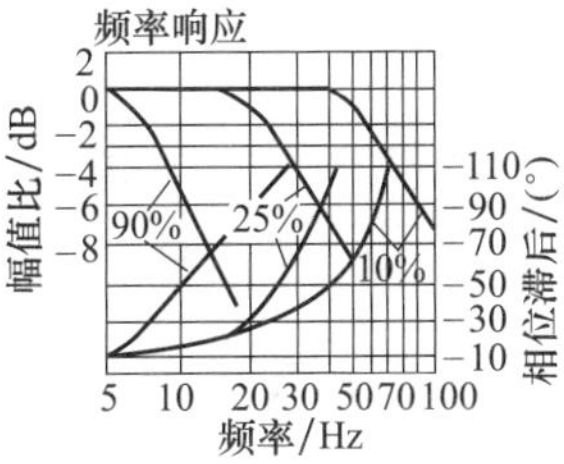

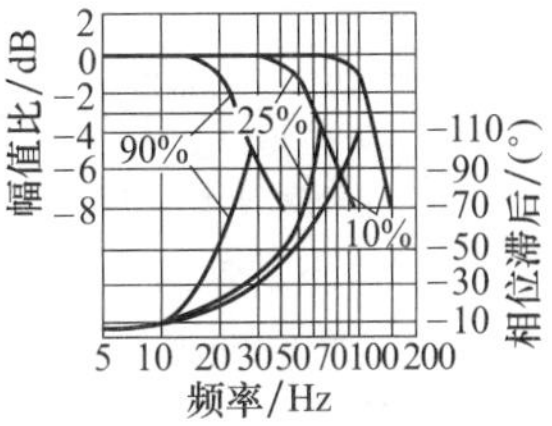

</td></tr>
</table>

续表

型号	特性曲线
D665	额定供油压力(包含先导级)21MPa,油液黏度 32mm²・s⁻¹,油液温度 40℃ 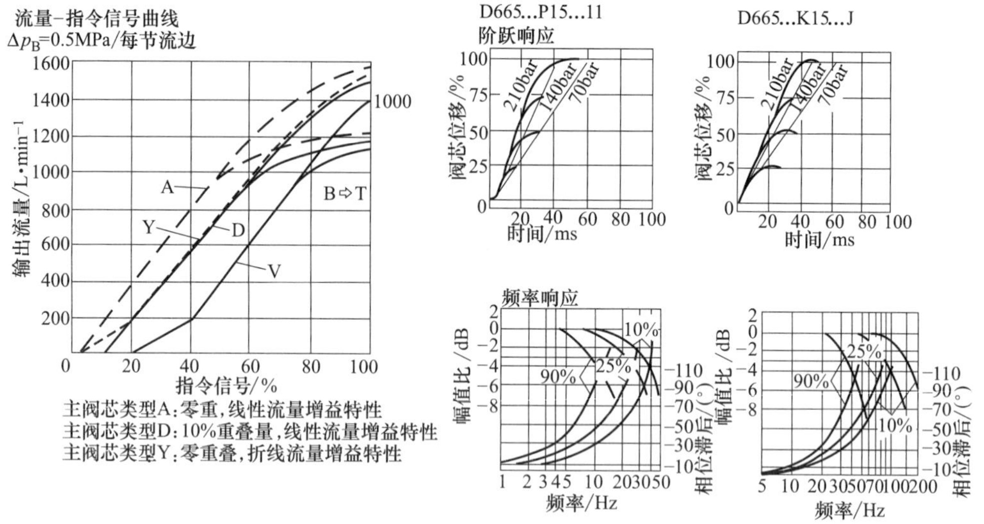

12.6.2.8　伺服射流管电反馈高响应二级伺服阀 MOOG D661 GC 系列

表 20-12-41　　　　基本特性、外形和安装尺寸

额定流量/L・min⁻¹ Δp_n=3.5MPa/每节流边	分辨率/%	滞环/%	温漂/% 每 38℃	先导阀静耗/L・min⁻¹	总静耗/L・min⁻¹	阀芯行程/mm	阀芯驱动面积/cm²	阶跃响应/ms	频率响应/Hz	
									−3dB	−90°
20/90	<0.1	<0.4	<2.0	2.6	3.9/5.4	±1.3	1.35	6.5	150	180
40/80	<0.08	<0.3	<1.5	2.6	4.7	±2	1.35	11	200	90
120/160/200	<0.05	<0.2	<1.0	2.6	5.4	±3	1.35	14	80	90

D661 GC 的其他特性和 D661 系列完全一样。高响应是通过增大先导级流量,即伺服射流管喷嘴和接受孔直径,减小阀芯驱动面积和减小阀芯行程得到的,所以该阀抗污染能力很好。油液清洁度等级推荐<19/16/13(正常使用),<17/14/11(长寿命使用)(ISO 4406:1999)

型号意义

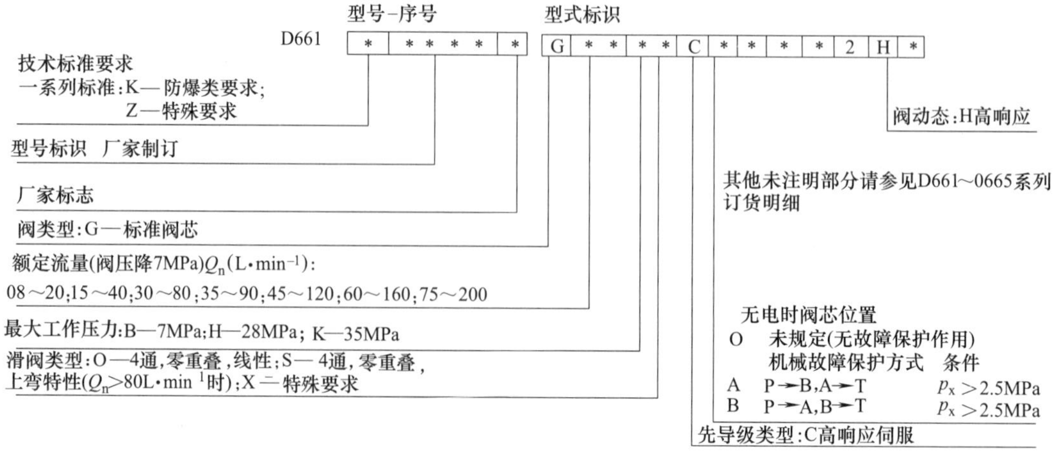

续表

外形及安装尺寸

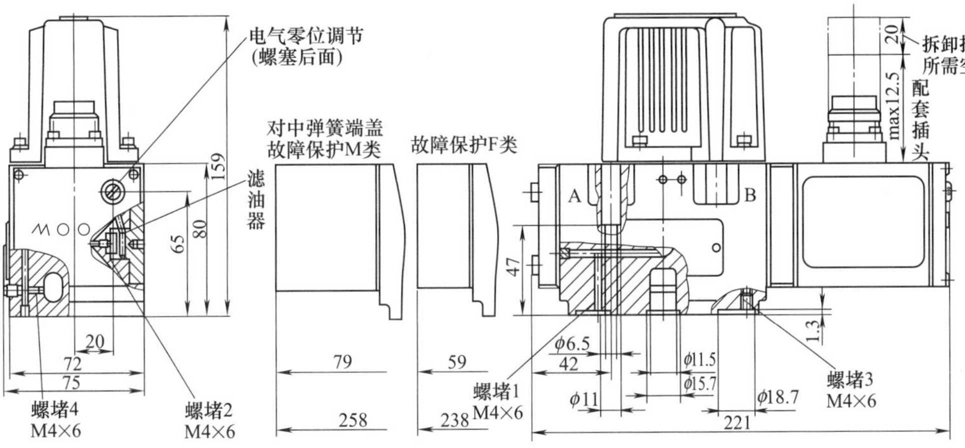

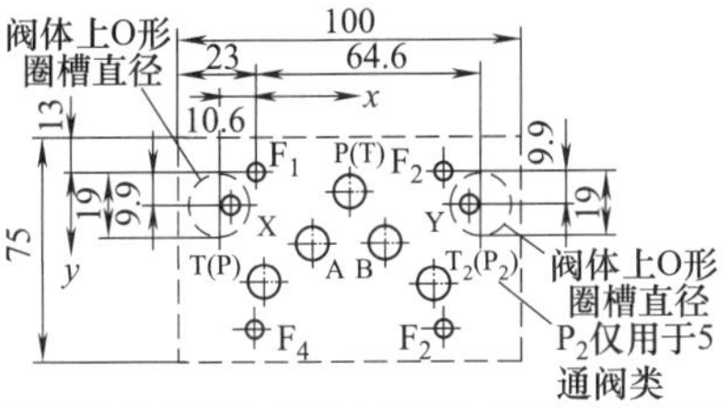

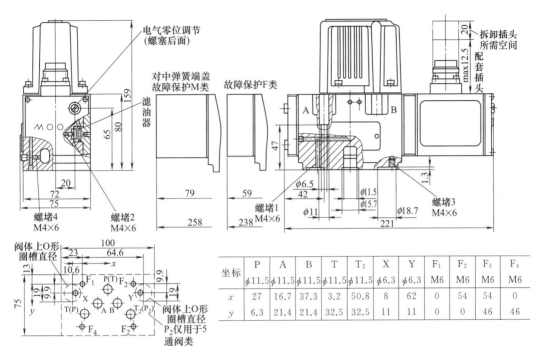

坐标	P	A	B	T	T_2	X	Y	F_1	F_2	F_3	F_4
	ϕ11.5	ϕ11.5	ϕ11.5	ϕ11.5	ϕ11.5	ϕ6.3	ϕ6.3	M6	M6	M6	M6
x	27	16.7	37.3	3.2	50.8	8	62	0	54	54	0
y	6.3	21.4	21.4	32.5	32.5	11	11	0	0	46	46

安装板必须符合 ISO 4401-05-05-0-94。对于流量 Q_n＞60L・min^{-1}的 4 通阀和 2×2 通阀类，非标准的第二回油孔 T_2 必须使用。当用于最大流量时，安装板的 P、T、A、B 孔直径必须为 11.5mm（有别于标准）。安装表面的平面度在 100mm 距离内小于等于 0.01mm。平均表面粗糙度在 0.8μm 以内

特性曲线

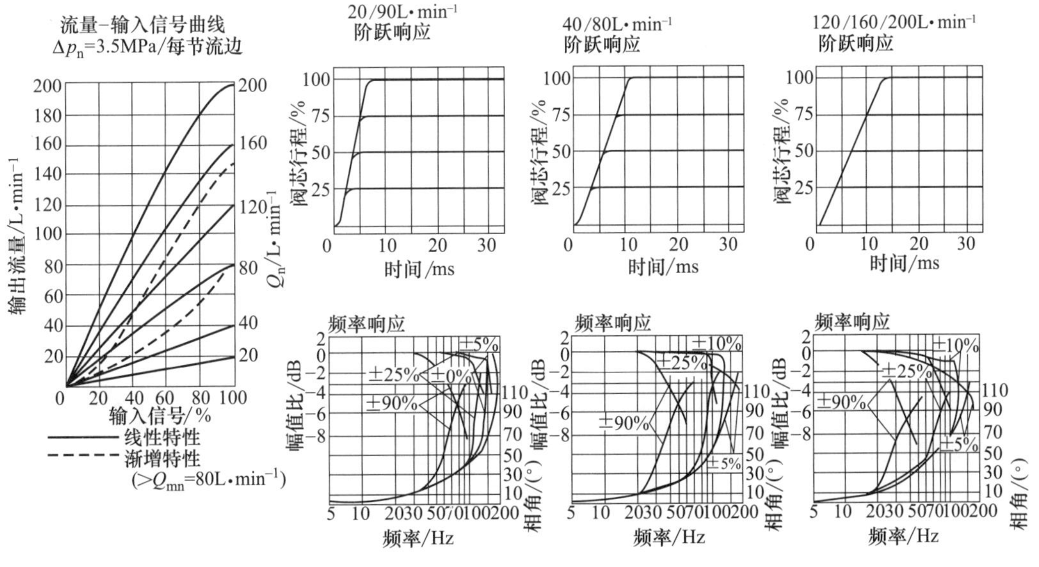

第 20 篇

表 20-12-42　　MOOG D661～D665 伺服阀订货明细

型号～序号　　形式标示

D661～D665 [·|·······|·] [·|·|·|·|·|·|·|·|·|·|·|·|2|–|·]

技术标准要求	
—	系列标准
E	预制系列标准
K	防爆标准，按要求
Z	特殊要求

型号标识	
	已在出厂时指令

生产厂家标识

功率级阀芯形式		系列号
P	标准阀芯	D661～D665
B	标准阀芯	D661(五通阀)
D	带短轴套阀芯 直径为16mm	D662
L	带短轴套阀芯 直径为19mm	D663和D664
K	带短轴套阀芯 直径为35mm	D665

额定流量		
	Q_n/L·min^{-1}(Δp_n=0.5MPa/节流边)	系列号
30	30	D661
60	60	D661
80	80	D661
01	150	D662
02	250	D662
03	350	D663
05	550	D664
10	1000	D665
15	1500	D665

最大工作压力		先导阀
F	21MPa当p_x≤21MPa(X和Y口外接)时，P、A、B和T口的工作压力可达35MPa	H
H	28MPa当p_x≤28MPa(X和Y口外接)时，P、A、B和T口的工作压力可达35MPa	A/B/J/M
K	35MPa不以D630和D631系列为先导阀时	A/B/J
X	特殊压力系列	

功率级阀芯形式	
A	四通：零开口，线性流量增益特性
D	四通：10%正重叠量，线性流量增益特性
P	四通：P→A，A→T 零开口，变流量增益特性 P→B 60%正重叠量，变流量增益特性 B→T 50%负重叠量，线性流量增益特性
U	五通：P→A，P_2→B，A→T 零开口，变流量增益特性(仅D661阀)
Y	四通：零开口，折线流量增益特性
Z	2×2通外接：A→T，B→T_2 零开口，线性流量增益特性
X	按用户要求定制的特殊规格

先导级或先导阀的类型			阀型号
A	D061-8伺服射流管阀	标准型	D661…P
B	D061-8伺服射流管阀	大流量型	D661…P D662…D D663/D664…L
M	D630	二级，MFB	D662/D663/D664…P
H	D631	二级，MFB	D665…P
J	D661伺服射流管阀	二级，EFB	D665…K

一些特殊规格阀的表示方法可能未在表中列出。若用户提出特殊要求，可定制。

某些任意的组合可能无法供货，其中阴影部分为优选组合。

功能代码		插座
O	无使能信号输入，C脚不接	S
A	无使能信号时阀芯移至可调节的中位	S
B	无使能信号时阀芯移至终位A→T或B→T	S
E	无使能信号时阀芯移至可调节的中位，可检测阀芯的位置偏差	E
F	无使能信号时阀芯移至终位A→T或B→T。可检测阀芯的位置偏差	E
G	无使能信号时阀芯移至可调节的中位，可检测滑阀芯的位置	E
H	无使能信号时阀芯移至终位A→T或B→T。可检测阀芯的位置	E

供电电源		
2	24VDC	(18～32VDC)
0	根据要求可提供特殊电源±15V	

对应主阀芯100%额定位移的信号			
	指令信号	输出信号	插座
A	±10V	±10V(差动)	E
D	±10V	2～10V(6V时为中位)	E/S
F	±10V	2.5～13.5V	S
M	±10V	4～20mA	E/S
T	±10V	±10V带死区补偿(差动)	E
X	±10mA	4～20mA	E/S
Y	根据用户要求提供其他形式		

阀插座			阀供电电源	
E	11+PE	EN175201的804部分	0	2
S	6+PE	EN175201的804部分	–	2

密封件材料		
N	丁腈橡胶	标准型
V	氟橡胶	
	其余特殊材料可根据要求定制	

先导级的控制型式和控制压力			
	供油口X	回油口Y	控制电流的大小必须与先导级的控制油压相适应，参见阀铭牌上的工作油压和相关的订货明细
4	内供	内排	
5	外供	内排	
6	外供	外排	
7	内供	外排	

无电信号或无液压供油时功率级阀芯的位置						
O	不定(无故障保险功能)					对所有类型阀
	机械式故障保险类型					
	位置	p_p或p_s外控(MPa)				先导阀的类型
F	P→B和A→T	≥2.5 <0.1				A、B A、B
D	P→A和B→T	≥2.5 <0.1				A、B A、B
M	中位 不定 中位	≥0.1 ≥0.1 ≥0.1	<0.1 ≥2.5 ≥1.5			A、B A、B H、J和M(仅2×2通外接阀)
	电控式故障保险类型					
	位置	p_p(MPa)	p_x(MPa)	WV*	VEL**	先导阀类型
W	中位 不定	≥0.1 ≥0.1	≥1.5 <0.1	断电 通电	通电 通电	所有类型 A、B
	中位	≥0.1	≥1.5	通电	断电	所有类型
S	P→A、B→T P→A、B→T	≥0.1 ≥0.1	≥1.5 ≥1.5	断电 通电	通电 断电	所有类型 所有类型
P	A→T P→B、A→T	≥0.1 <0.1	≥1.5 <0.1	断电 通电	通电 断电	A、B A、B (D661系列仅当先导级外供时)

WV*：电磁阀；VEL**：阀的电路部分

12.6.2.9　射流管力反馈 Abex 和射流偏转板力反馈伺服阀 MOOG26 系列

表 20-12-43　　技术性能

型号			Abex410	Abex415	Abex420	Abex425	Abex450	MOOG26 系列
液压特性	额定流量 Q_n/L·min^{-1} 阀压降 Δp=21MPa		1.9,3.8 10,19	38	57,76 95	95	190,265	12,29,54,73,170,260
液压特性	额定供油压力 p_n/MPa		21					21
液压特性	工作压力范围/MPa		2.1～31.5					7～28
电气特性	额定电流 I_n/mA		4,5,6.3,8,10,12.7,16,20,25,32,40,51,64,81					8,12,15,20,26,37,46
电气特性	线圈电阻 R/Ω		4000,2520,1590,1000,630,400,250,158,100,25,16,10					100,500,356,180,98,60,40
电气特性	颤振电流/%I_n							可到 20%(一般不需要)
电气特性	颤振频率/Hz							
静态特性	压力增益(电流为 1%I_n 时)/%p_s		>30					>40 电流为 1.2%I_n
静态特性	滞环/%		<3					<3
静态特性	分辨率/%		<0.25					<0.5
静态特性	非线性度/%		<±7.5					<±7
静态特性	不对称度/%		<±10					<±5
静态特性	重叠/%		±2.5					±3
静态特性	零位静耗流量/L·min^{-1}		<0.7	<0.9	<3.8	<3.8	<9.5	0.45+4%Q_n
静态特性	零偏/%		<±3					<±2 长期<±5
静态特性	零漂	供油/%	<±1.5			<±2	<±3	<±4(60%～110%p_s)
静态特性	零漂	回油/% 回油压力变化(0～20%)p_s	<±3			<±4		<±4(2%～20%p_s)
静态特性	零漂	油液温度变化/%	<±2(温度每变化 40℃)					<±4(−17～93)
静态特性	零漂	加速度/%·g^{-1}						<0.3%·g^{-1} (滑阀轴向 40g)
动态特性	幅频宽(−3dB)/Hz		>100	>60	>30	>15	>20	>85
动态特性	相频率(−90°)/Hz		>125	>90	>45	>35	>15	>60
其他	工作介质		MIL-H-5606 等石油基液压油					
其他	工作温度/℃		−54～135					
其他	质量/kg		0.35	0.4	0.8	1.2	8.6	

12.6.2.10　博世力士乐（Bosch Rexroth）双喷嘴挡板机械（力）和/或电反馈二级伺服阀 4WS（E）2EM6-2X、4WS（E）2EM（D）10-5X、4WS（E）2EM（D）16-2X 和电反馈三级伺服阀 4WSE3EE

表 20-12-44　　技术性能

型号			4WS(E)2EM6-2X	4WS(E)2EM(D)10-5X			4WS(E)2EM(D)16-2X			4WSE3EE
液压特性	额定流量 Q_n/L·min^{-1} (阀压降 Δp=7MPa)		2,5,10,15,20	20,30,45	60,75	90	100	150	200	100,150,200,300,400,500,700,1000
液压特性	工作压力/MPa	P,A,B,口	1～21 或 1～31.5	≤31.5			1～21 或 1～31.5			≤31.5
液压特性	工作压力/MPa	先导 X 口		1～21 或 1～31.5						1～21 或 1～31.5
液压特性	回油压力/MPa	T 口	静态<1,峰值<10	内排<10　外排<31.5			静态<1,峰值<10			内排<10　外排<31.5
液压特性	回油压力/MPa	Y 口		静态<1　峰值<10						峰值<10

续表

型号			4WS(E)2EM6-2X	4WS(E)2EM(D)10-5X			4WS(E)2EM(D)16-2X			4WSE3EE		
电气特性	额定电流 I_n/mA		±30	±30	10V,±10mA		±50	10V±10mA		±10V,±10mA		
	线圈电阻/Ω		85	85			85			电压控制≥50kΩ 电流控制 1kΩ		
	线圈电感/H (60Hz,100%I_n)	串联	1	1			0.96					
		并联	0.25	0.25			0.24					
	颤振信号	频率/Hz	400	400			400					
		幅值/%I_n	<±3	±5			±5					
静态特性	反馈系统		机械(M)	机械(M)	机械与电(D)		机械(M)	机械与电(D)		电(E)		
	滞环(加颤振)/%②		≤1.5(p_p=21MPa)	≤1.5	≤0.8		≤1.5	≤0.8		无颤振≤0.2		
	分辨率(加颤振)/%②		≤0.2(p_p=21MPa)	≤0.3	≤0.2		≤0.3	≤0.2		无颤振≤0.1		
	零偏(整个压力范围)/%		≤3 长期≤5	≤3	≤2		≤3	≤2		≤2		
	压力增益(阀芯行程变化 1%)/%p_p①		≥50	≥30	≥60	≥80	≥65	≥80	≥90	≥90		
	油压力零漂(工作压力 80%~120% p_p)/(%/10MPa)		≤2	≤2	≤2		≤2	≤1		≤0.7		
	油压力零漂(工作压力 0~10%p_p)/(%/0.1MPa)		≤1	≤1	≤1		≤1	≤0.5		≤0.2		
	油液温度零漂/(%/20℃)		≤1	≤1	≤1		≤1.5	≤1.2		≤0.5		
	环境温度零漂/(%/20℃)		≤1	≤2			≤1	≤0.5		≤1		
	先导阀静耗流量 q_v /L·min^{-1}②		≤0.7							≤0.9	≤1.0	≤1.4
	零位静耗流量 /L·min^{-1}②		≤1.4	≤2.1	≤2.6	≤2.9	≤6.1			≤11.3	≤18.3	≤36
频率特性及其他	幅频宽③/Hz		>50	>40	>90		>60	>100		>150		
	相频率③/Hz		>300	>110	>150	>150	>350					
	使用环境温度/℃		−20~70(不带内置放大器);−20~60(带内置放大器)							−20~60		
	油液温度/℃		−20~80(推荐 40~50)									
	油液黏度/mm^2·s^{-1}		15~380(推荐 30~45)									
	工作油液		符合 DIN51524 矿物油 ISO 4406(C)18/16/13 级									
	质量/kg		1.1	3.56	3.65		10	11		9	20	60

① p_p 为工作压力。

② 工作压力为 21MPa。

③ 频率特性是在工作压力 31.5MPa，输入信号幅值为额定值的 25%，环境温度 40℃±5℃，工作介质为 HLP，由样本中该系列流量最大的阀得到的。

表 20-12-45　**博世力士乐电液伺服阀型号意义及结构**

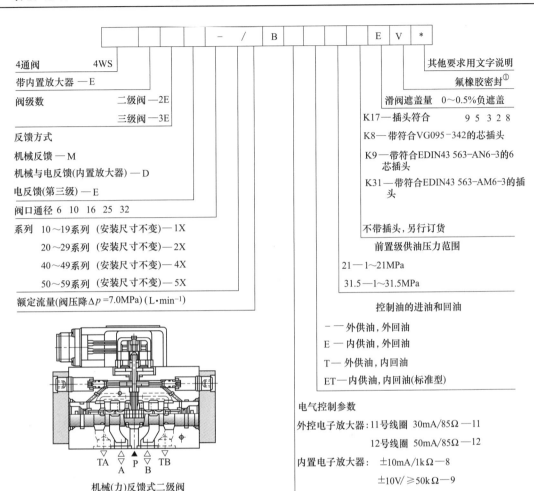

				– /	B				E	V	*

4通阀　4WS

带内置放大器 —E

阀级数　二级阀 —2E　三级阀 —3E

反馈方式

机械反馈 —M

机械与电反馈(内置放大器) —D

电反馈(第三级) —E

阀口通径 6　10　16　25　32

系列　10～19系列 (安装尺寸不变)—1X

20～29系列 (安装尺寸不变)—2X

40～49系列 (安装尺寸不变)—4X

50～59系列 (安装尺寸不变)—5X

额定流量(阀压降Δp=7.0MPa) (L·min^{-1})

其他要求用文字说明

氟橡胶密封①

滑阀遮盖量　0～0.5%负遮盖

K17—插头符合　9 5 3 2 8

K8—带符合VG095-342的芯插头

K9—带符合EDIN43 563-AN6-3的6芯插头

K31—带符合EDIN43 563-AM6-3的插头

不带插头，另行订货

前置级供油压力范围

21—1～21MPa

31.5—1～31.5MPa

控制油的进油和回油

-—外供油，外回油

E—内供油，外回油

T—外供油，内回油

ET—内供油，内回油(标准型)

电气控制参数

外控电子放大器：11号线圈　30mA/85Ω —11

12号线圈　50mA/85Ω —12

内置电子放大器：　±10mA/1kΩ—8

±10V/≥50kΩ—9

±10mA—13

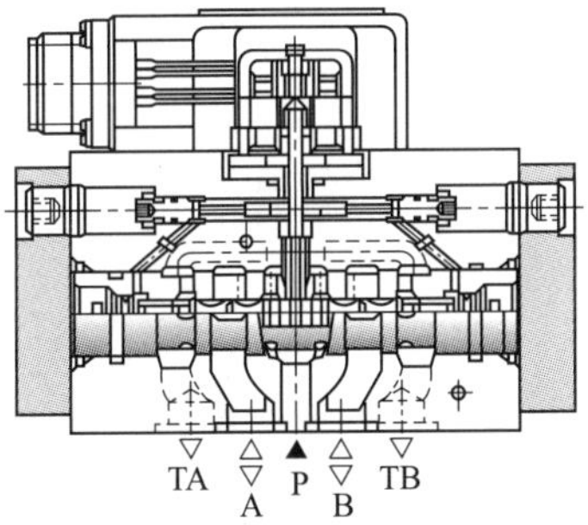

机械(力)反馈式二级阀

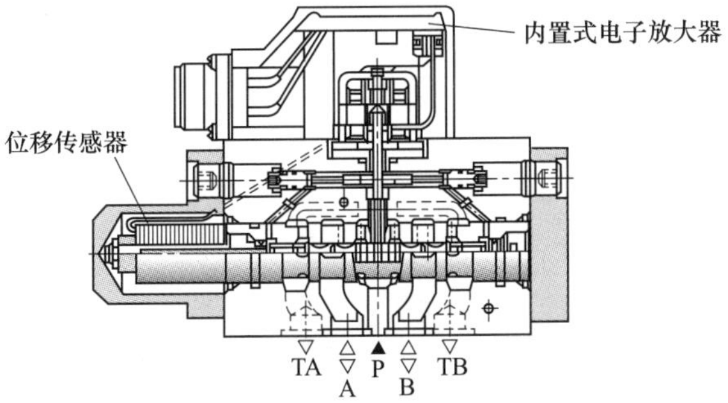

机械(力)与电反馈式二级阀

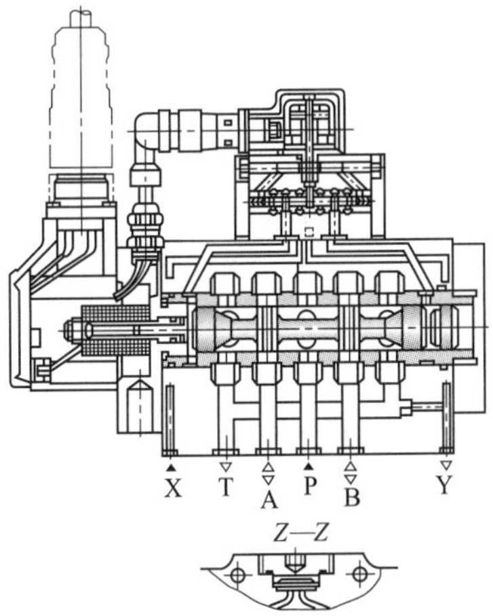

电反馈式三级阀

① 氟橡胶密封适用于符合 DIN51524 的液压油（HL，HLP）。

表 20-12-46　　博世力士乐电液伺服阀 4WS（E）2EM6-2X 结构尺寸及性能曲线

结构

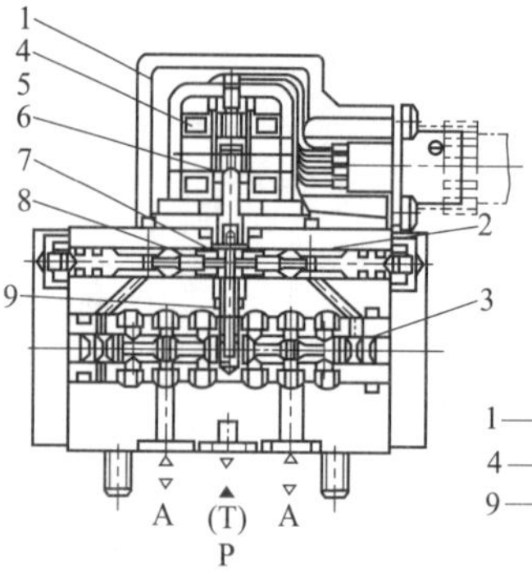

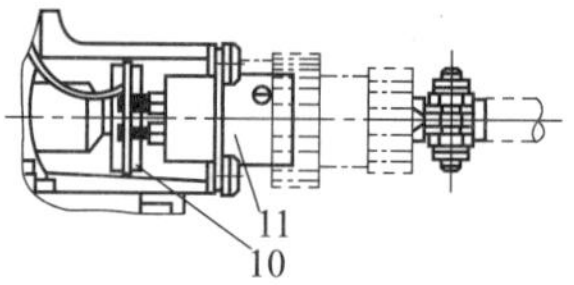

1—力矩马达；2—喷嘴-挡板液压放大器;3—阀芯;
4—线圈;5—衔铁;6—弹簧管;7—挡板;8—喷嘴;
9—反馈杆;10—内置电子放大器;11—插管

外形尺寸/mm

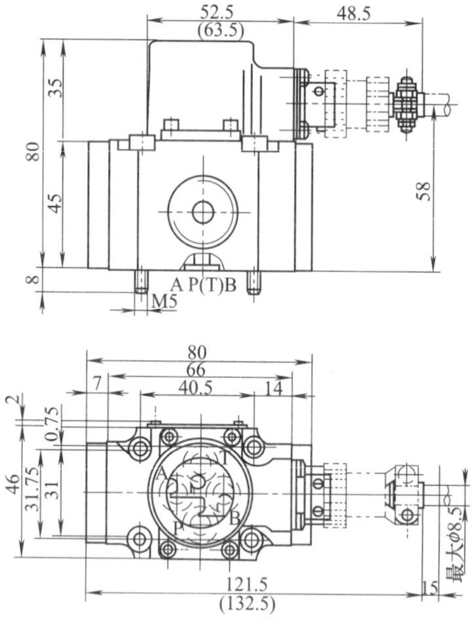

图(a)　元件尺寸

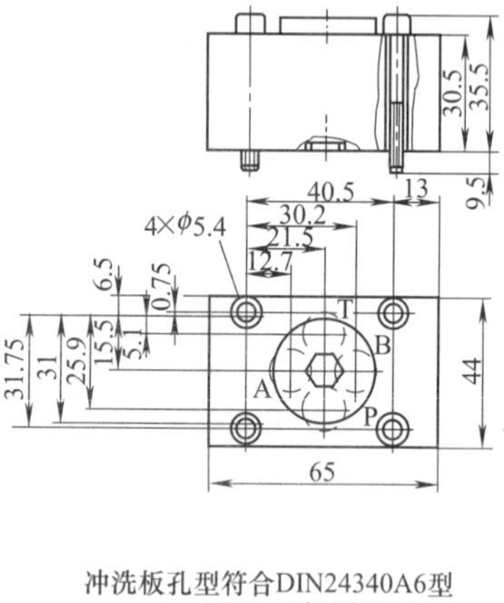

冲洗板孔型符合DIN24340A6型
图(b)　冲洗板尺寸

特性曲线

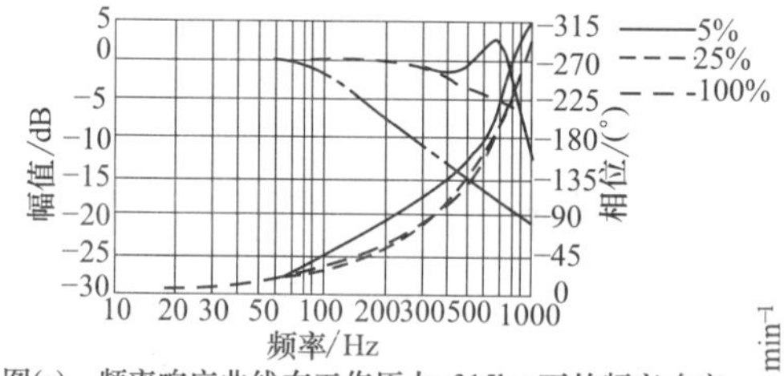

图(c)　频率响应曲线在工作压力=315bar下的频率响应

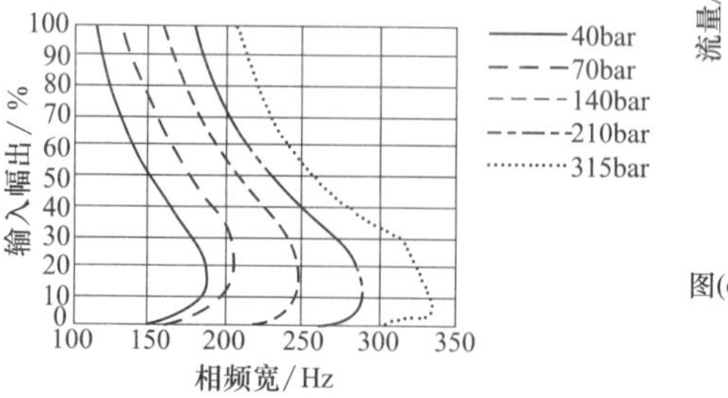

图(d)　相频宽与输入幅值及供油压力关系曲线

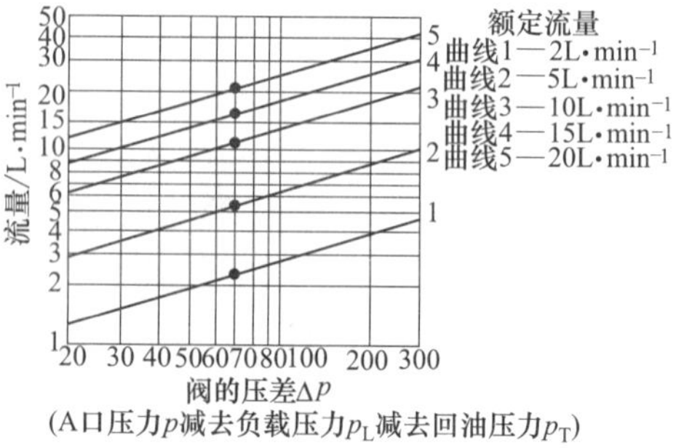

图(e)　流量-负载压力曲线(100%额定输入)

注：1bar=0.1MPa。

表 20-12-47 博世力士乐电液伺服阀 4WS（E）2EM（D）10 结构尺寸及性能曲线

外形尺寸/mm

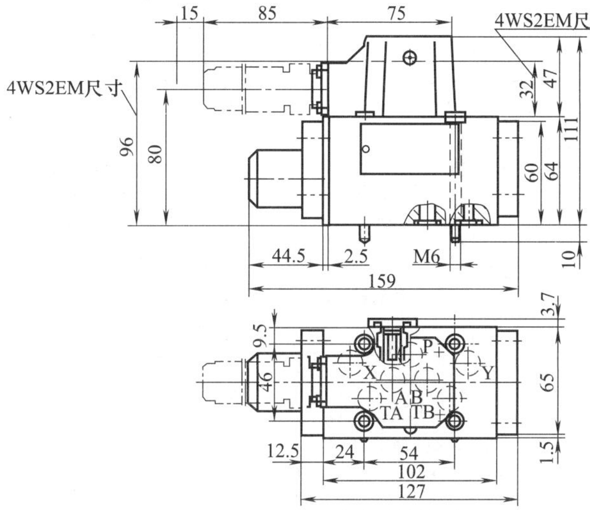

图(a) 元件尺寸

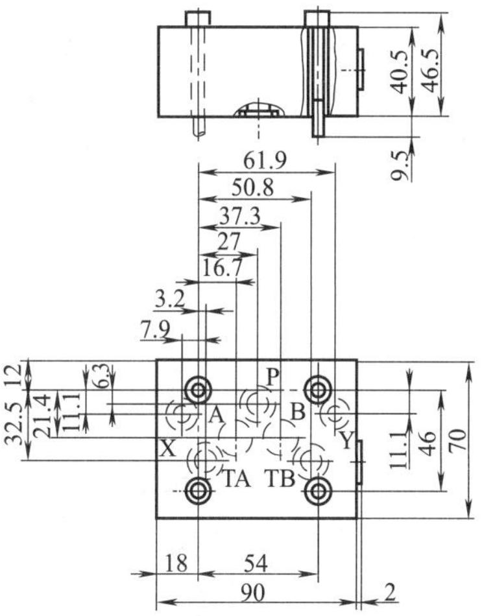

图(b) 冲洗底板尺寸

冲洗底板符合
DIN24 340 A10型

特性曲线

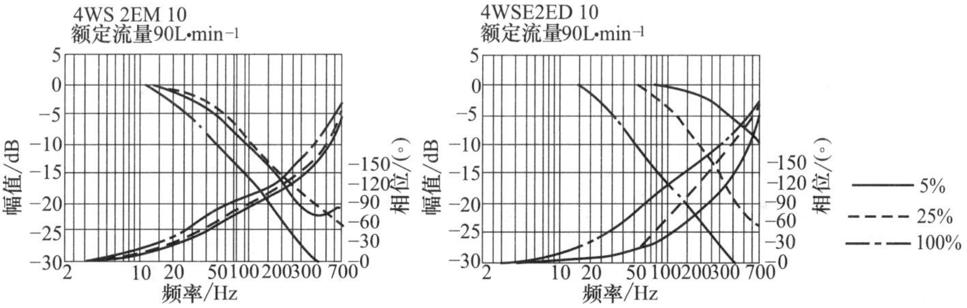

图(c) 在315bar压力、无流量行程频率响应

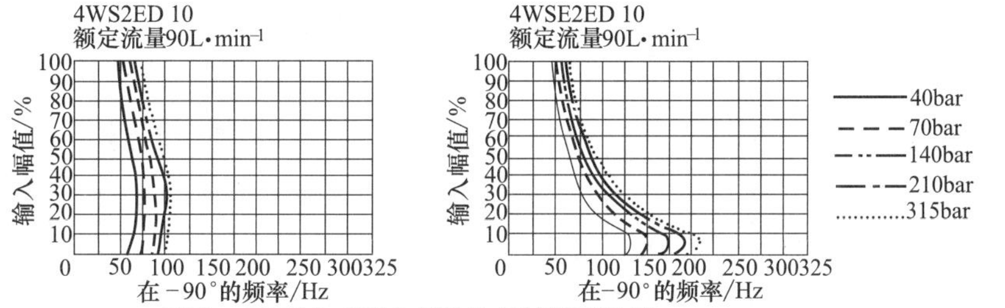

图(d) 工作压力p和输入幅值在−90°的频率关系

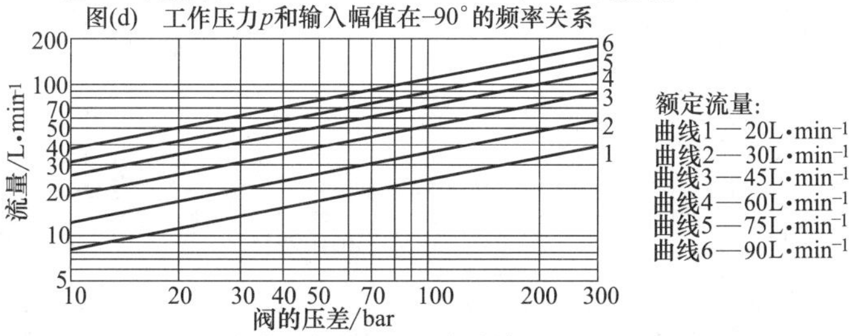

图(e) 流量-负载压力特性(100%额定输入)

注：1bar＝0.1MPa。

表 20-12-48 博世力士乐电液伺服阀 4WSE2EM16 和 4WSE2ED16 结构尺寸及性能曲线

结构及外形尺寸/mm

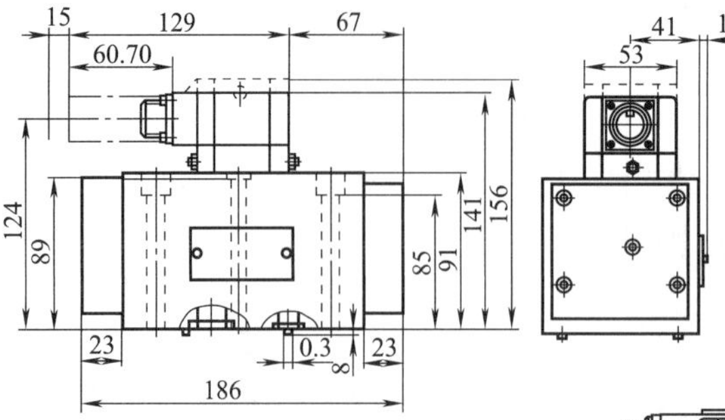

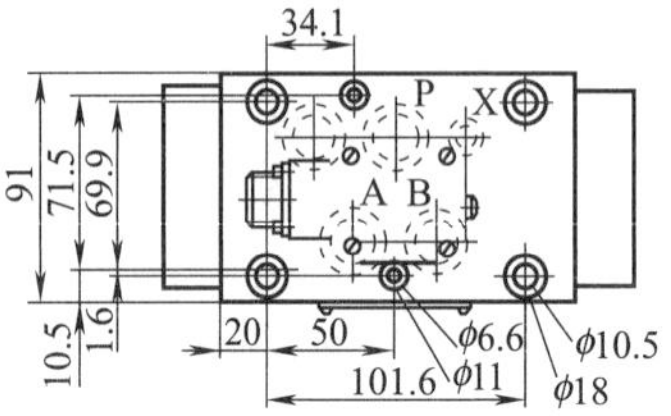

图(a) 元件尺寸

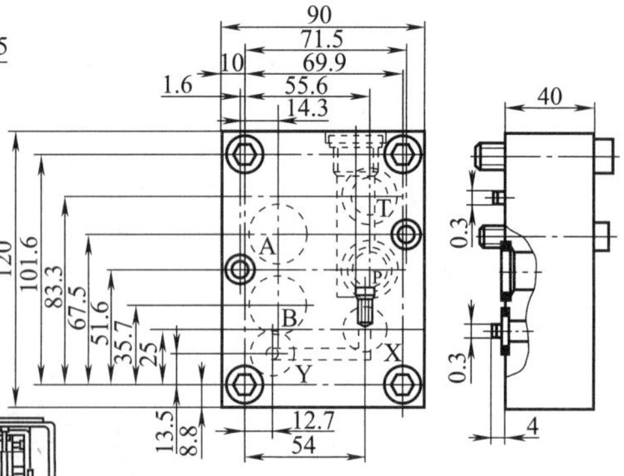

图(b) 冲洗底板

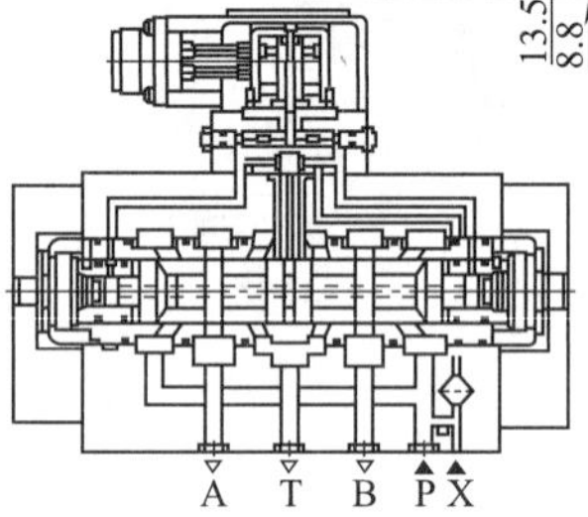

图(c) 结构图

特性曲线

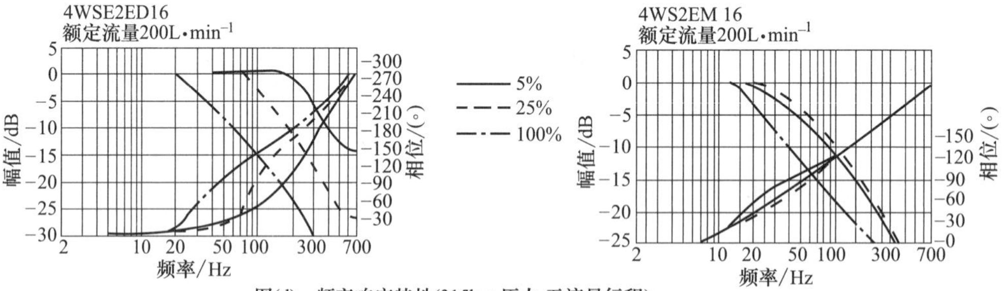

图(d) 频率响应特性(315bar 压力 无流量行程)

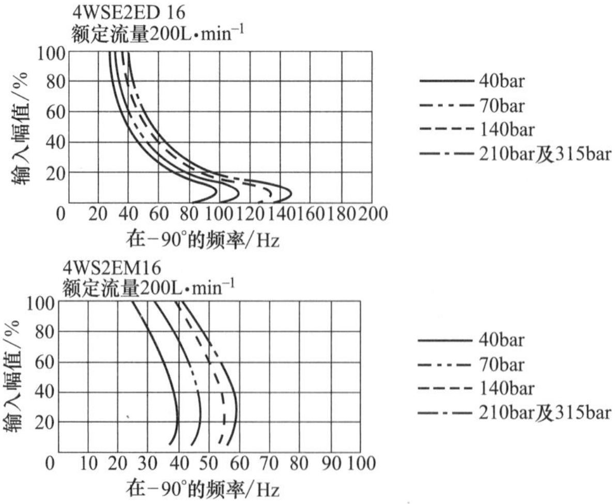

图(e) 工作压力p和输入幅值的频率关系

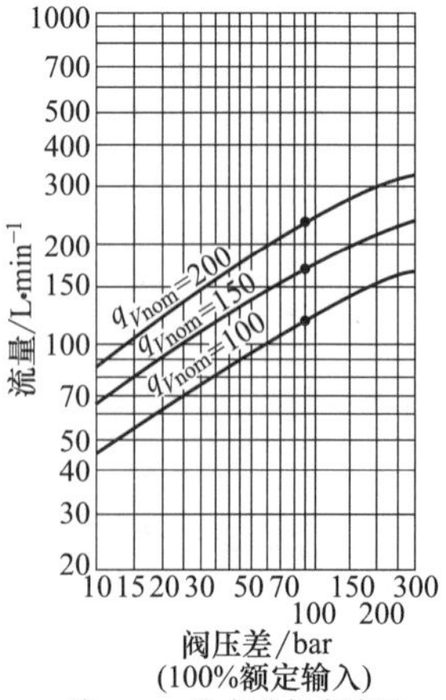

注：$q_{V\mathrm{nom}}$为名义额定流量

图(f) 流量-负载压差特性曲线

表 20-12-49　博世力士乐电反馈三级电液伺服阀 4WSE3EE（16，25，32）性能曲线

流量-负载特性（公差±10%），100%控制量	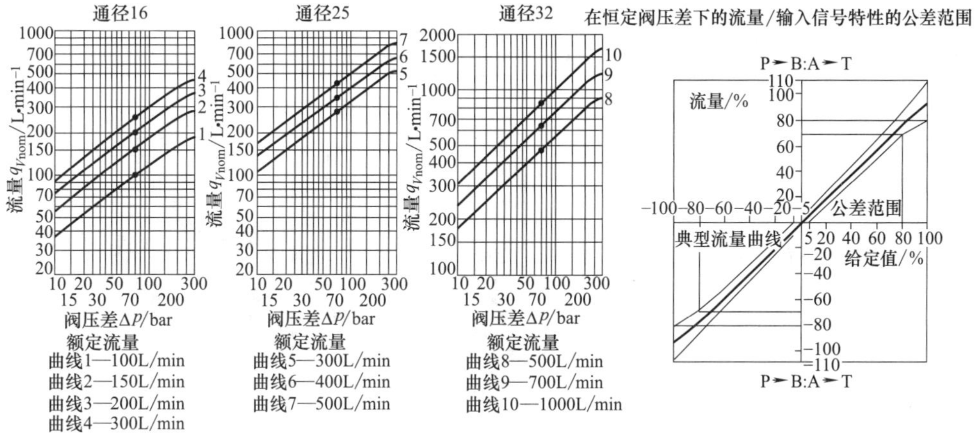
频率响应特性 p_P=315bar	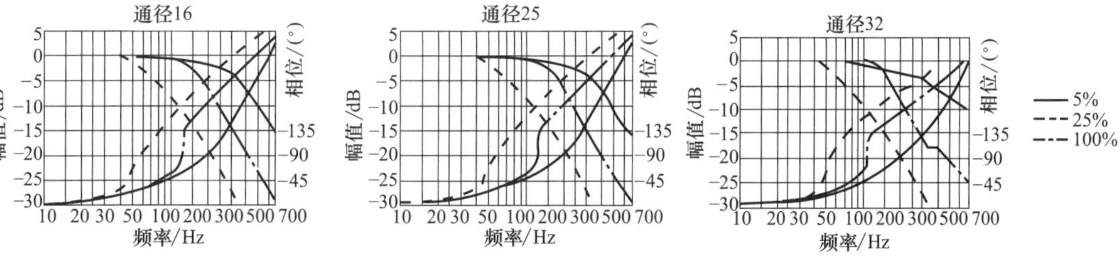
工作压力和输入幅值在−90°的频率关系	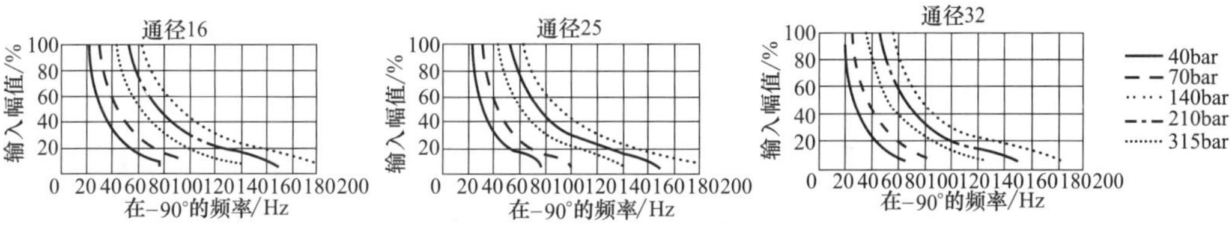
阶跃响应特性	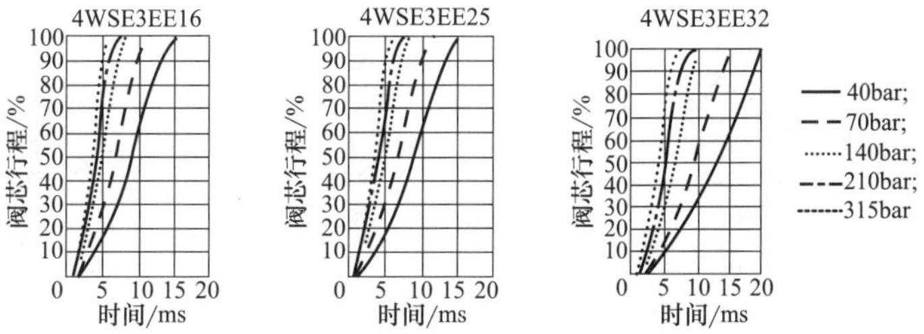

12.6.3 电液伺服阀的外形及安装尺寸

12.6.3.1 FF101、FF102、MOOG30 和 DOWTY30 型电液伺服阀外形及安装尺寸

表 20-12-50 FF101、FF102、MOOG30 和 DOWTY30 型电液伺服阀外形及安装尺寸 mm

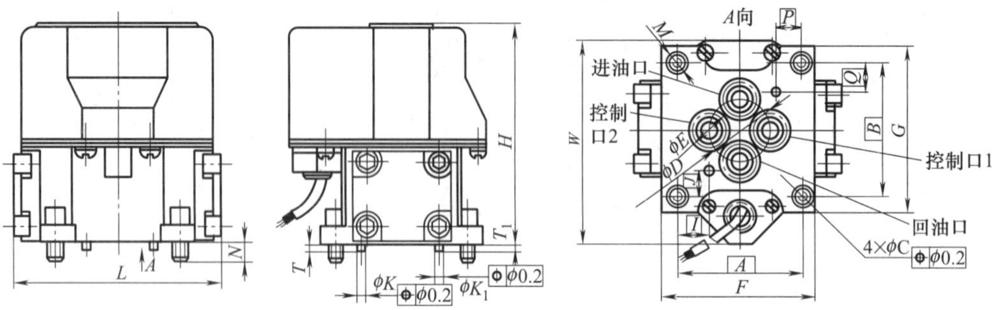

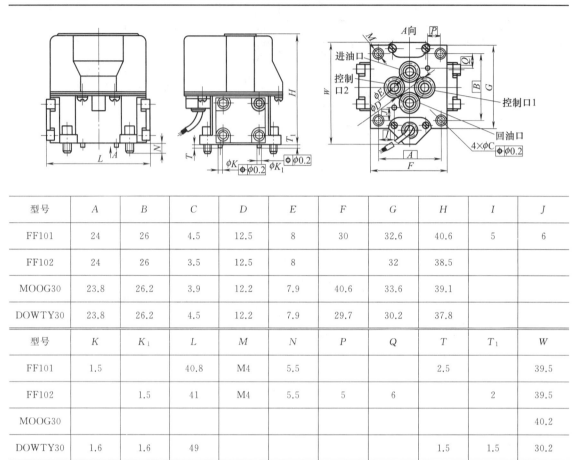

型号	A	B	C	D	E	F	G	H	I	J
FF101	24	26	4.5	12.5	8	30	32.6	40.6	5	6
FF102	24	26	3.5	12.5	8		32	38.5		
MOOG30	23.8	26.2	3.9	12.2	7.9	40.6	33.6	39.1		
DOWTY30	23.8	26.2	4.5	12.2	7.9	29.7	30.2	37.8		
型号	K	K_1	L	M	N	P	Q	T	T_1	W
FF101	1.5		40.8	M4	5.5			2.5		39.5
FF102		1.5	41	M4	5.5	5	6		2	39.5
MOOG30										40.2
DOWTY30	1.6	1.6	49					1.5	1.5	30.2

12.6.3.2 FF102、YF7、MOOG31、MOOG32、DOWTY31 和 DOWTY32 型伺服阀外形及安装尺寸

表 20-12-51 FF102、YF7、MOOG31、MOOG32、DOWTY31 和 DOWTY32 型伺服阀外形及安装尺寸

mm

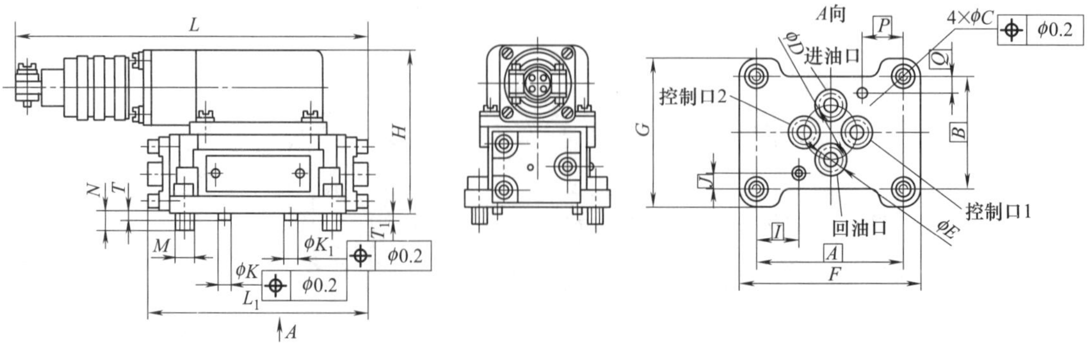

续表

型号	A	B	C	D	E	F	G	H	I	J	K	K_1	L	L_1	M	R	P	Q	T	T_1
FF102	44	34	4.5	16	10	52	43	48	12	5	2.6	—	107	66	M4	5.7	—	—	2.5	—
YF7	44	34	4.5	16	10	52	43	47.5	12	5	2.5	—	102	66	M4	5.7	—	—	1.5	—
MOOG31	42.9	34.1	5.2	15.9	10.6	51.8	45.2	46.2	—	—	—	2.5	78.2	66			11.5	4.4	—	2
MOOG32	42.9	34.1	5.2	19.8	12.7	51.8	45.2	46.2	—	—	—	2.5	78.2	66			11.5	4.4	—	2
DOWTY31	42.8	34.1	5.2	15.9	10.7	51.8	44.7	46	—	—	—	2.5	75.4	66			11.5	4.4	—	2.5
DOWTY32	42.8	34.1	5.2	19.8	12.6	51.8	44.7	46	—	—	—	2.5	75.1	66			11.5	4.4	—	2.5

12.6.3.3　FF113、YFW10 和 MOOG72 型电液伺服阀外形及安装尺寸

表 20-12-52　　FF113、YFW10 和 MOOG72 型电液伺服阀外形及安装尺寸　　mm

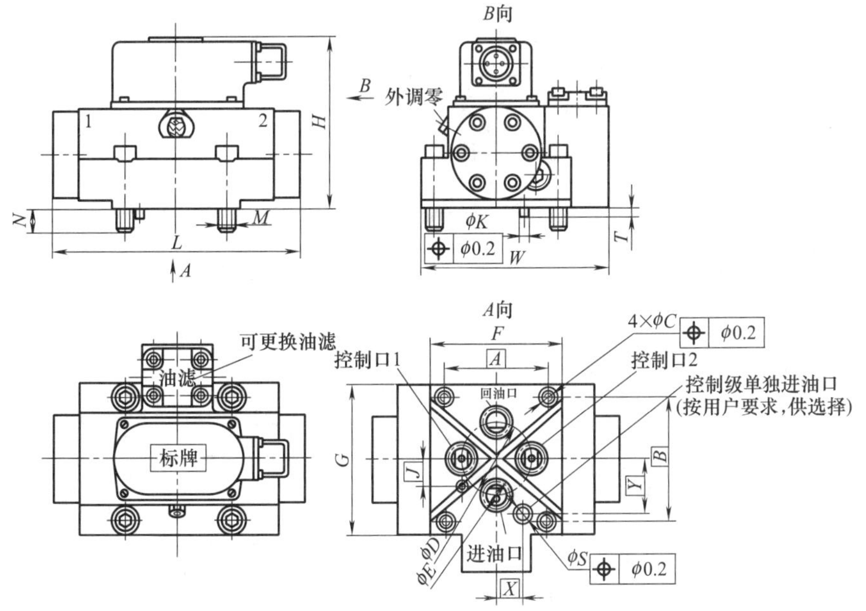

型　号	A	B	C	D	E	F	G	H	J
FF113	73	86	10.5	50.8	15.8	92	104	116	19
YFW10	73	86	10.5	50.8	16	94	104	116	19
MOOG72	72.3	85.7	10.3	50.8	18.9	90.4	103.1	114.3	19.1

续表

型　号	K	L	M	N	T	X	Y	W	S
FF113	6	175	M10	15	7	19	38	130	12.7
YFW10	6	175	M10		6	19	36	130	
MOOG72	6.3	170.7	M10		7.1	19.1	38.1	129	12.7

12.6.3.4　FF106A、FF108 和 FF119 型伺服阀外形及安装尺寸

表 20-12-53　　FF106A、FF108 和 FF119 型伺服阀外形及安装尺寸　　mm

<table>
<tr><td>FF106A 型</td><td>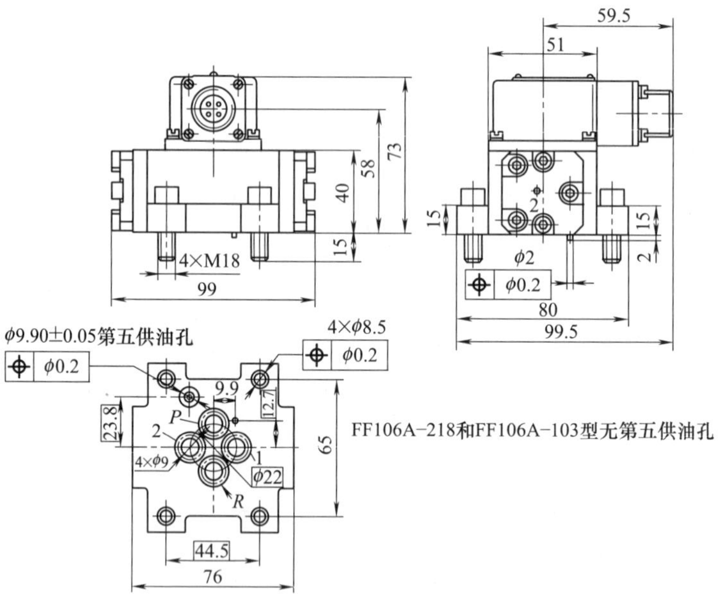
</td></tr>
<tr><td>FF108 及 FF119 型</td><td>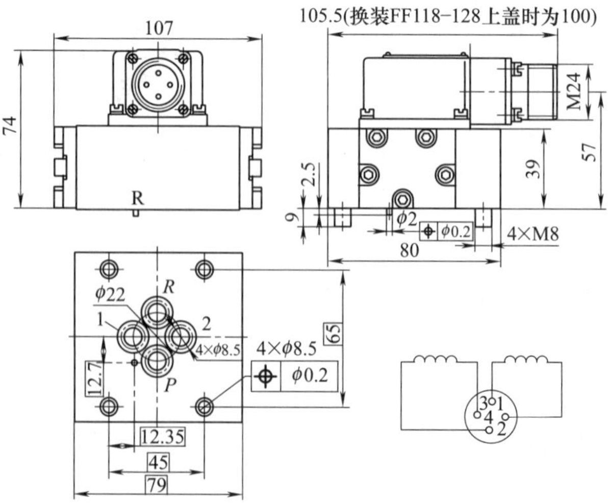
</td></tr>
</table>

12.6.3.5　FF106、FF130、YF13、MOOG35 和 MOOG34 型电液伺服阀外形及安装尺寸

表 20-12-54　FF106、FF130、YF13、MOOG35 和 MOOG34 型电液伺服阀外形及安装尺寸　mm

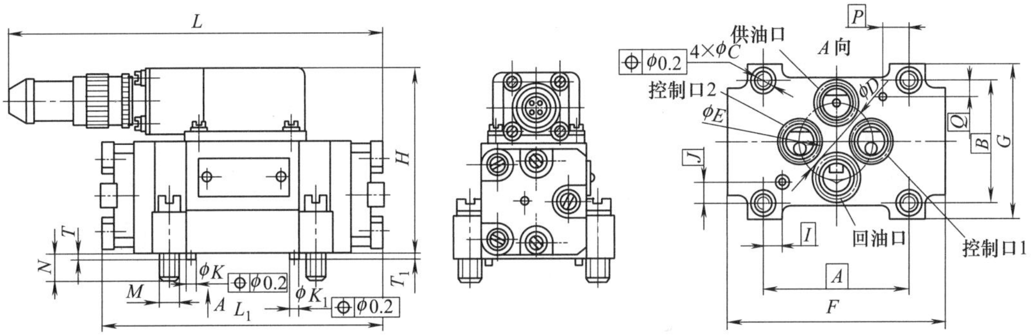

型号	A	B	C	D	E	F	G	H	I	J
FF106	50	44	6.5	25	15.8	76	56	65	7	7
FF130	42.8	34.14	4.5	19.8	12.7	64	45	50		
YF13	50	44	6.5	25	15.8	76	56	64.5	7	7
MOOG35	50.8	44.5	6.7	25.4	15.9	76.2	57.4	64		
MOOG34	42.9	34.1	5.2	19.8	12.7		45.8	48.5		
型号	K	K_1	L	L_1	M	N	P	Q	T	T_1
FF106	2.5		130	97	M6	9			2	
FF130	2.5		112.5	90	M4	10	11.53	4.37		2.5
YF13	2.5		117		M6				2	
MOOG35		2.5	96	96			6.4	9.5		2.5
MOOG34		2.5	82	76.2			11.5	4.4		2

注：MOOG35 和 MOOG34 型的 L 尺寸为不带插头的尺寸。MOOG34 型两端盖与图示不同，为四个螺栓固定。

12.6.3.6　QDY 系列电液伺服阀外形及安装尺寸

表 20-12-55　QDY 系列电液伺服阀外形及安装尺寸　mm

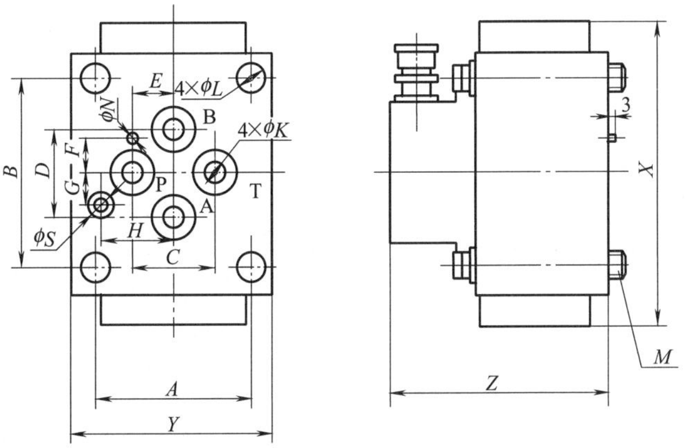

续表

型号		A	B	C	D	E	F	G	H	S	K	L	N	X	Y	Z	M
QDY3	Q_0-125	86	73	51	51						20	11		224	110	141	M10
	Q_0-250	140	148	70	50						22	17		266	166	163	M16
	Q_0-500	166	140	90	84						40	17		339			M16
QDY4	Q_0-125	86	73	51	38						14	11		238	110	190	M10
	Q_0-250	120	120	60	50						25	17		270	146	233	M16
QDY5		65	44.4	22	22	13	10				10	9	2		81		M8
QDY6		65	44.4	22	22	13	10	11	24	6	10	9	2	90	81	75	M8
QDY8		65	44.4	22	22	13	10				10	9	2	125	81	75	M8
QDY11	Q_0-125	86	73	51	51	19	25.5	19	38	8	18	11	3	139	129	11	M10
	Q_0-250	86	73	51	51	19	25.4	19	38	8	20	11	2	180	129	136	M10
QDY10		86	73	51	51			19	38	8	18	11	3	139	129	124	M10
QDY12		65	44.4	22	22	13	10	11	24	6	10	9	2	90	113	75	M8
QDY14		46	60	22	22	13	10				10	6.8	2	94	56	76	M6
QDY15		34	43	16	16	13	10				5	5.8	2	89	52	79	M5

12.6.3.7 FF131、YFW06、QYSF-3Q、DOWTY$^{4551}_{4659}$和 MOOG78 型伺服阀外形及安装尺寸

表 20-12-56 FF131、YFW06、QYSF-3Q、DOWTY$^{4551}_{4659}$和 MOOG78 型伺服阀外形及安装尺寸 mm

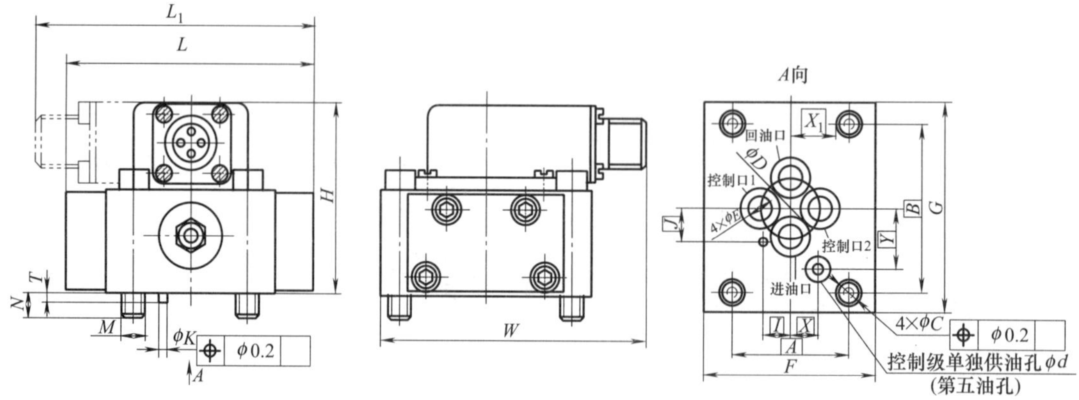

型号	A	B	ϕC	ϕD	ϕE	F	G	H	I	J
FF131	44.5	65	8.5	22.5	12.7	69	81	70	9.9	12.7
YFW06	44.5	65	8.5	22.5	14.5	66	81	65.1	10	12.7
QYSF-3Q	44.5	65	8.5	24		66	82	72		
DOWTY$^{4551}_{4659}$	44.5	65.1	8.3	22.2	14.2	64.8	81.3	67.8	9.9	12.7
MOOG78	92	60.8	8.5	44.5	16	77.2	111.8	103.4	20.6	20.6

续表

型　　号	ϕK	L	L_1	M	X	Y	ϕd	W	N	T
FF131	2.3	96	94	M8	9.9	23.8	12.7	94	9	2.5
YFW06	2.5	86		M8						23.1
QYSF-3Q		92	91							
DOWTY$^{4551}_{4659}$	2.4	97.6		M8					14.3	3.1
MOOG78	3.0	146		M8				145.9		3.1

注：表中各阀外形相差较大，外形尺寸只表示其所占安装空间。

12.6.3.8 FF109 和 DYSF-3G-$^{1}_{11}$型电反馈三级阀外形及安装尺寸

表 20-12-57　　FF109 和 DYSF-3G-$^{1}_{11}$型电反馈三级阀外形及安装尺寸　　mm

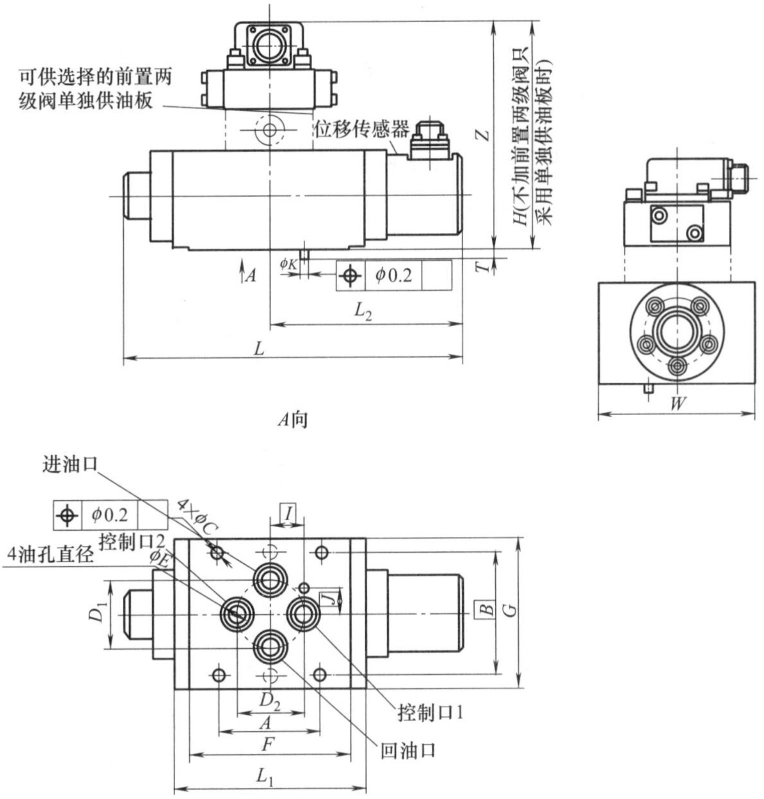

型　　号	A	B	C	D_1	D_2	E	F	G	H	先导阀
FF109	76.2	80	10.5	38	38	18	143	102	118	FF102
DYSF-3G-1	76.4	100	10.7	42	42		125	120	139	DYSF-3Q
DYSF-3G-11	90	105	10.7	50	50		130	130	77	DYSF-3Q
型　　号	I	J	K	L	L_1	L_2	T	W	Z	先导阀
FF109				218.1	143	133.5		102.8		FF102
DYSF-3G-1				250	125			120		DYSF-3Q
DYSF-3G-11				2268	170	168		130		SYDF-3Q

注：1. 表中所列各阀外形相差极大，外廓尺寸只提供该阀所占安装空间。
2. 尺寸 Z 随先导阀和先导级是否单独供油而变。

12.6.3.9　SV（CSV）和 SVA 型电液伺服阀外形及安装尺寸

表 20-12-58　　SV（CSV）和 SVA 型电液伺服阀外形及安装尺寸　　mm

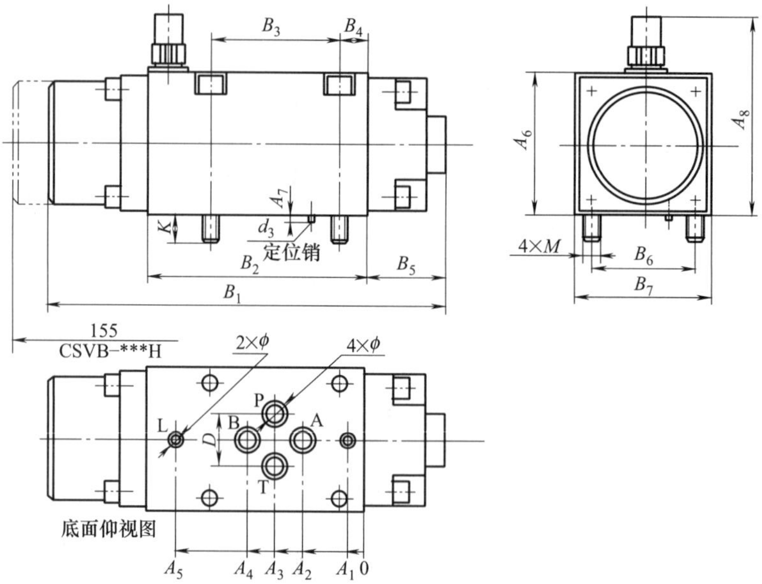

型号	A_1	A_2	A_3	A_4	A_5	A_6	A_7	A_8	B_1	B_2	B_3
SV8	10.5	27.5	40	52.5	87	65	2.5		170	102	52
SV10	20	44.5	70	95.5	120	90	2.5		258	161	73
SVA8	15.5	32.5	45	57.5	92	65	2.5	100	175	107	52
SVA10	30	54.5	80	105.5	130	95	2.5	130	270	169	73

型号	B_4	B_5	B_6	B_7	D	d_3	$2\times\phi$	$4\times\phi$	K	M
SV8	14	30	52	65	25	$\phi2.5$	4	10	12	M8
SV10	33.5	37	86	108	51	$\phi3$	5	18	14.5	M10
SVA8	19	30	52	65	25	$\phi2.5$	4	10	14	M8
SVA10	43.5	41	86	108	51	$\phi2.5$	5	19	14.5	M10

12.6.3.10　YJ741、YJ742 和 YJ861 型电液伺服阀外形及安装尺寸

表 20-12-59　　YJ741、YJ742 和 YJ861 型电液伺服阀外形及安装尺寸　　mm

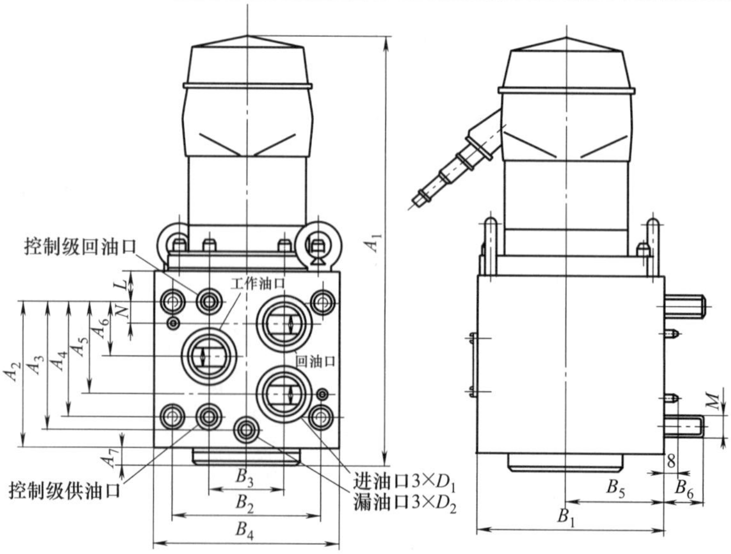

续表

型号	A_1	A_2	A_3	A_4	A_5	A_6	A_7	N	L
YJ741	290	115	75	70	55	35	14	15	20
YJ742	309	143	104	104	74	46	12	18	23
YJ861	344	175	139	127	103	64	12	27	21
型号	B_1	B_2	B_3	B_4	B_5	B_6	$3\times D_1$	$3\times D_2$	M
YJ741	120	96	50	115	60	17	ϕ24	ϕ10	M12
YJ742	152	120	60	150	78	25	ϕ32	ϕ10	M16
YJ861	178	144	64	166		25	ϕ45	ϕ10	M18

12.6.3.11 CSDY 和 Abex 型电液伺服阀外形及安装尺寸

表 20-12-60 CSDY 和 Abex 型电液伺服阀外形及安装尺寸 mm

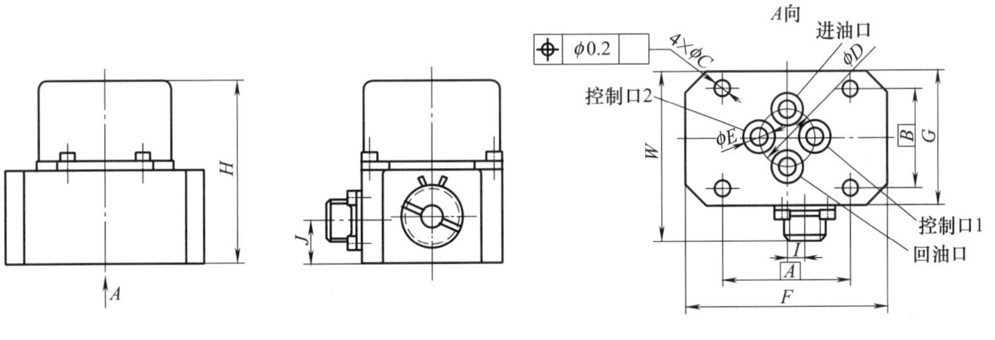

型号	A	B	C	D	E	F	G	H	I	J	L	W	备注(实际外形与图示的差异)
CSDY 1	43	34	5.5	16	4.5	60	44				—		
CSDY 3	51	44	6.5	25	10	82	64				—		
CSDY 5	86	73	8.5	35	12	110	85				—		
Abex 410	42.8	34.1	5.1	15.9		60.7	44.8	61.7	6.1	15.2	—	59.3	
Abex 415	42.9	34.1	5.1	19.8		70.3	44.8	61.7	6.1	15.2	—	59.3	
Abex 420	50.8	44.5	6.9	25.4			60.2	71.1	7.6	18.3	100.1	70.2	两端盖突出壳体,总外形长为 L
Abex 425	88.9	44.5	8.3	34.9		108	57.7	80.8	17.5	27.8	131.3	72.9	两端盖为平板,三螺钉固定,总外形长为 L

12.6.3.12 MOOG760、MOOGG761 和 MOOGG631 型电液伺服阀外形及安装尺寸

表 20-12-61 MOOG760、MOOGG761 和 MOOGG631 型电液伺服阀外形及安装尺寸 mm

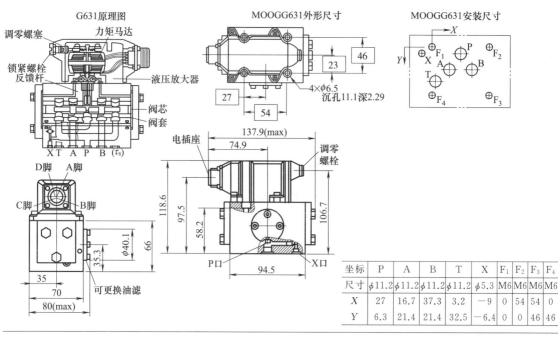

G631原理图

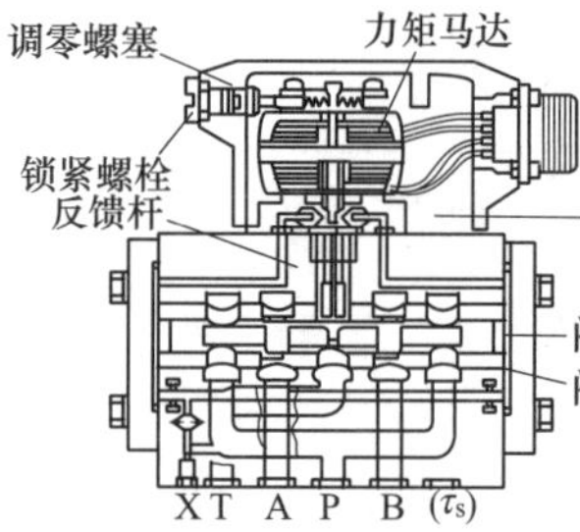

MOOGG631外形尺寸

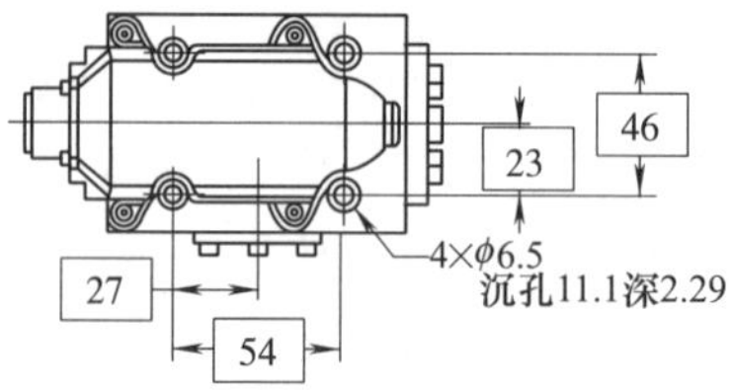

MOOGG631安装尺寸

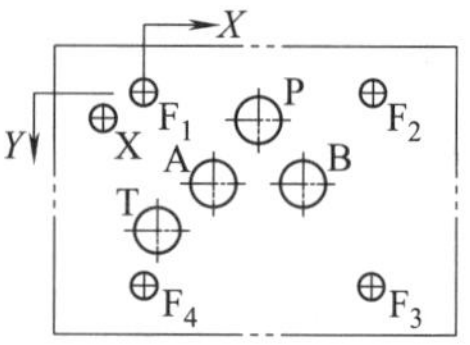

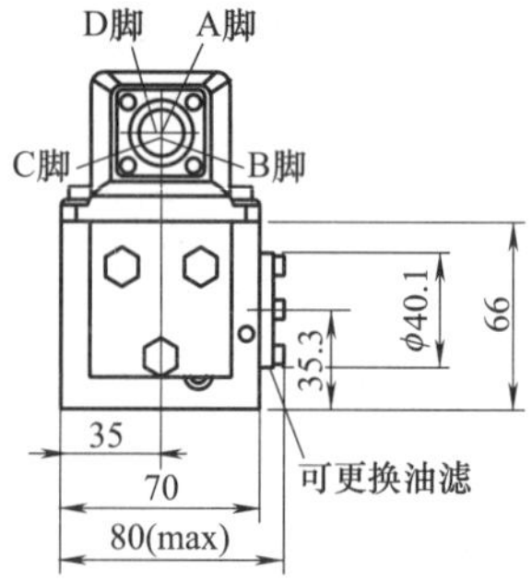

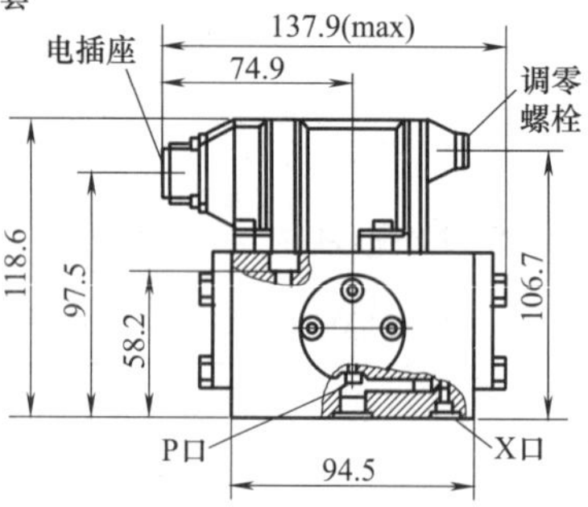

坐标	P	A	B	T	X	F_1	F_2	F_3	F_4
尺寸	ϕ11.2	ϕ11.2	ϕ11.2	ϕ11.2	ϕ5.3	M6	M6	M6	M6
X	27	16.7	37.3	3.2	−9	0	54	54	0
Y	6.3	21.4	21.4	32.5	−6.4	0	0	46	46

MOOGG761及MOOG760外形尺寸

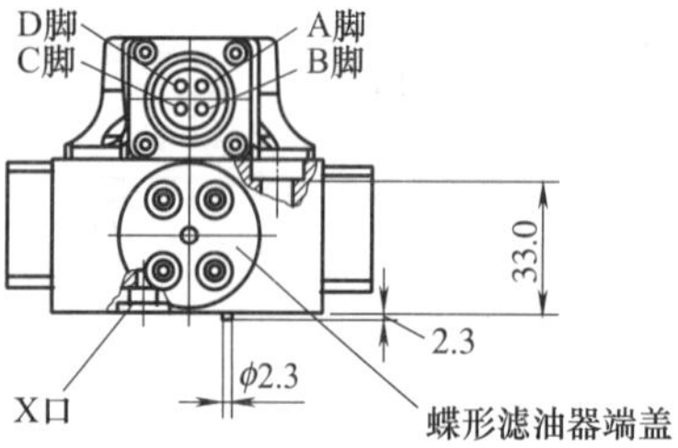

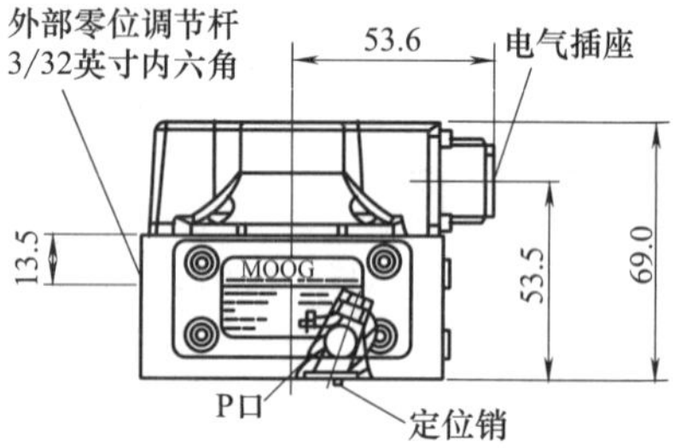

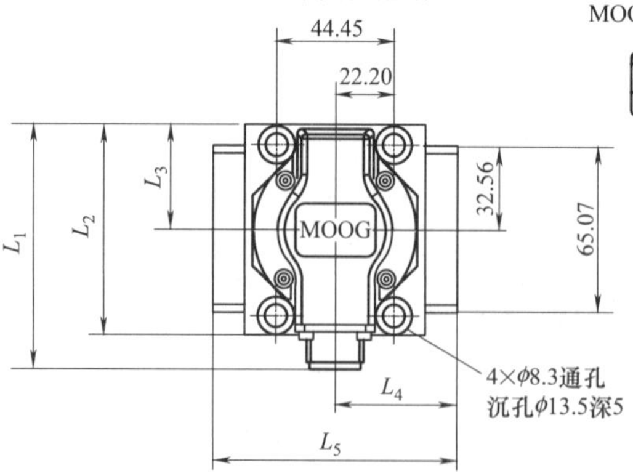

MOOG760及MOOGG761原理图

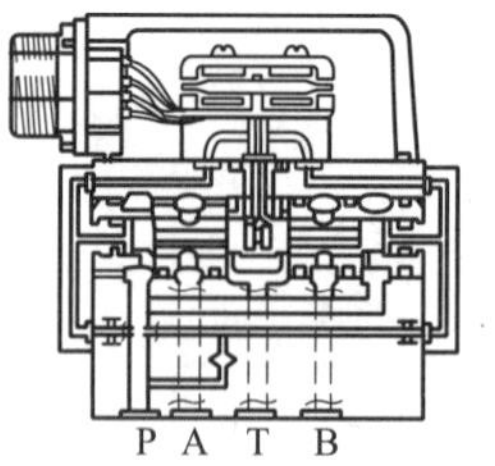

MOOGG761安装尺寸

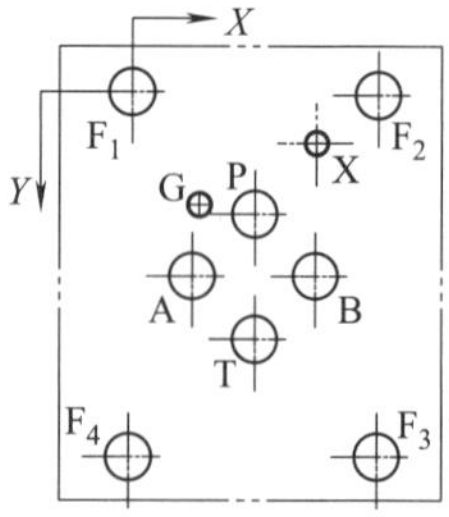

MOOG760安装尺寸
除X口(ϕ4.0)
X=39.2，Y=49.5之外
其余尺寸完全相同

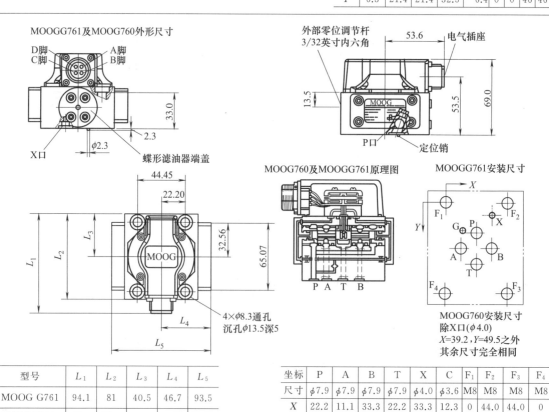

型号	L_1	L_2	L_3	L_4	L_5
MOOG G761	94.1	81	40.5	46.7	93.5
MOOG760	97.3	87.4	43.7	48	96

坐标	P	A	B	T	X	C	F_1	F_2	F_3	F_4
尺寸	ϕ7.9	ϕ7.9	ϕ7.9	ϕ7.9	ϕ4.0	ϕ3.6	M8	M8	M8	M8
X	22.2	11.1	33.3	22.2	33.3	12.3	0	44.0	44.0	0
Y	21.4	32.5	32.5	43.6	8.7	19.8	0	0	65.0	65.0

12.6.3.13 MOOGD633、D634 系列直动式电液伺服阀外形及安装尺寸

表 20-12-62　　MOOGD633、D634 系列直动式电液伺服阀外形及安装尺寸　　mm

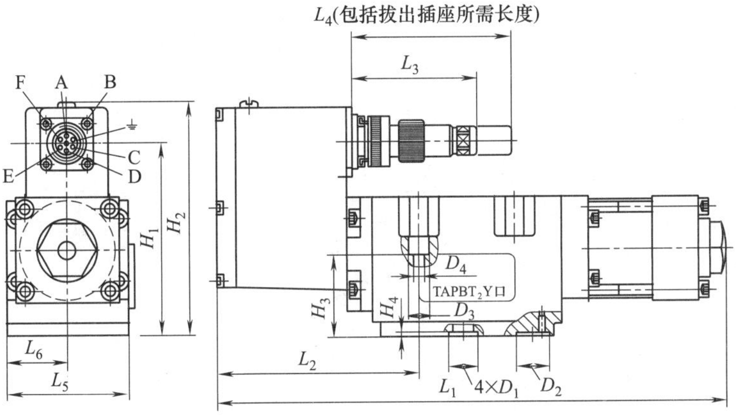

注意：

1. 符合 ISO 4401-05-05-0-94 标准。若阀工作在以下状态时，必须使用阀口 Y：
   - 三通或四通阀，且 $p_T>0.5$MPa 时；
   - 阀以 2×2 开式外接时
2. 安装螺钉时的扭矩为 13N·m
3. 阀安装面的平面度小于 0.025mm，表面粗糙度优于 $Ra0.8\mu m$

D633系列安装面

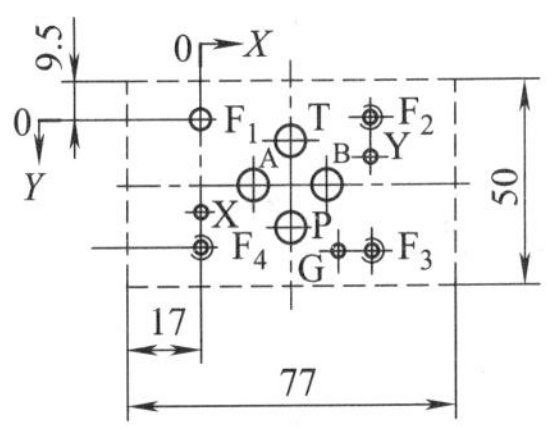

D634系列安装面

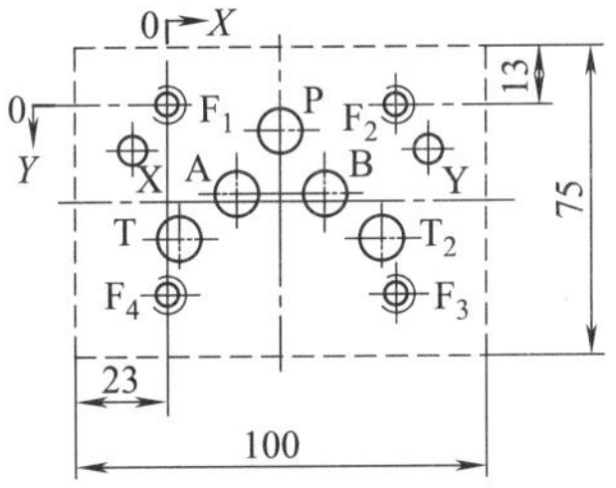

型号	坐标	P	A	B	T	T_2	X	Y	F_1	F_2	F_3	F_4	G
D633	尺寸	$\phi7.5$	$\phi7.5$	$\phi7.5$	$\phi7.5$	$\phi7.5$		$\phi3.3$	M5	M5	M5	M5	4
	X	21.5	12.7	30.2	21.5			40.5	0	40.5	40.5	0	33
	Y	25.9	15.5	15.5	5.1			9	0	−0.75	31.75	31	31.75
D634	尺寸	$\phi11.2$	$\phi11.2$	$\phi11.2$	$\phi11.2$	$\phi11.2$		$\phi11.2$	M6	M6	M6	M6	
	X	27	16.7	37.3	3.2	50.8		62	0	54	54	0	
	Y	6.3	21.4	21.4	32.5	32.5		11	0	0	46	46	

型号	L_1	L_2	L_3	L_4	L_5	L_6	H_1	H_2	H_3	H_4	D_1	D_2	D_3	D_4
D633	259	116	71	91	49	36	87	113	47	1.3	$\phi12.4$	$\phi11$	$\phi9.5$	$\phi5.4$
D634	290	116	71	91	72	36	122	148	47	1.3	$\phi15.7$	$\phi18.7$	$\phi11$	$\phi6.5$

12.6.3.14 MOOGD791 和 D792 型电反馈三级阀外形及安装尺寸

表 20-12-63 MOOGD791 和 D792 型电反馈三级阀外形及安装尺寸 mm

D791 型

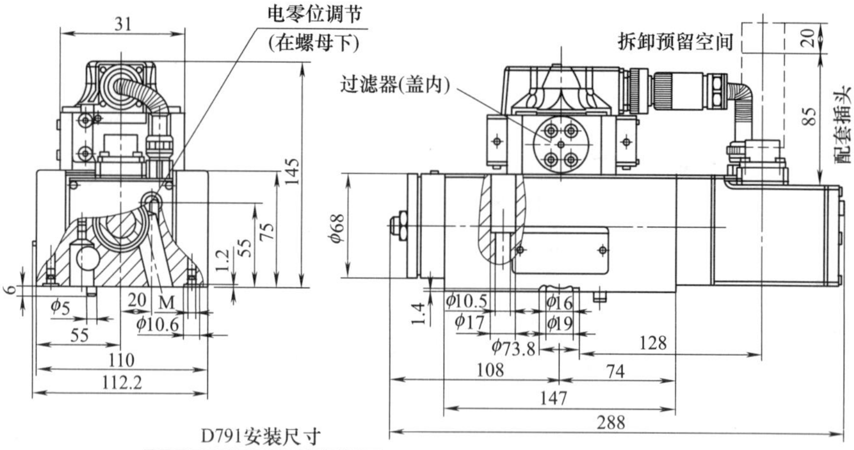

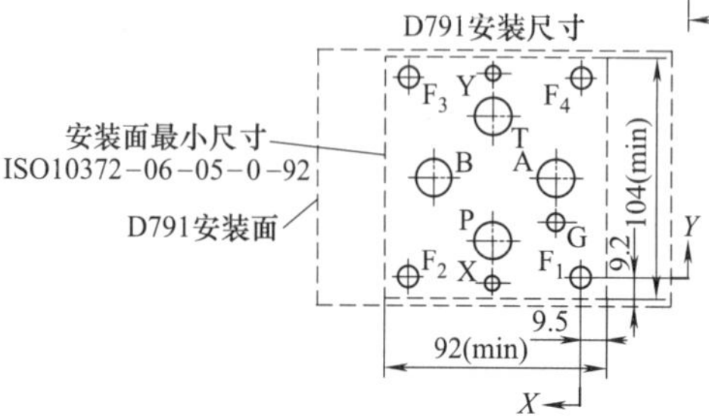

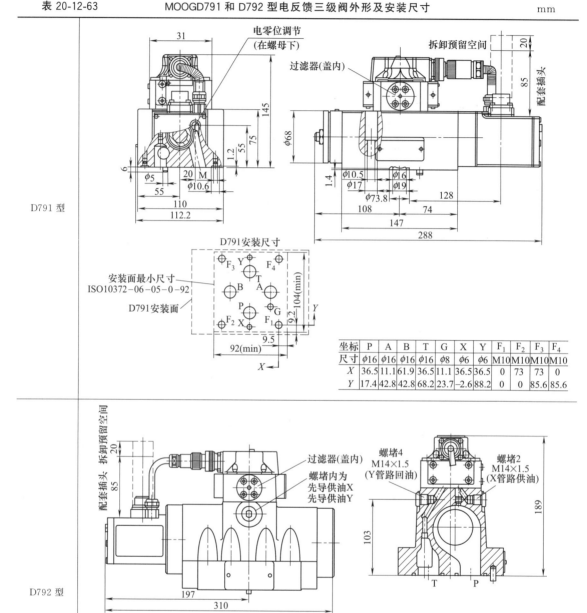

坐标	P	A	B	T	G	X	Y	F_1	F_2	F_3	F_4
尺寸	φ16	φ16	φ16	φ16	φ8	φ6	φ6	M10	M10	M10	M10
X	36.5	11.1	61.9	36.5	11.1	36.5	36.5	0	73	73	0
Y	17.4	42.8	42.8	68.2	23.7	−2.6	88.2	0	0	85.6	85.6

D792 型

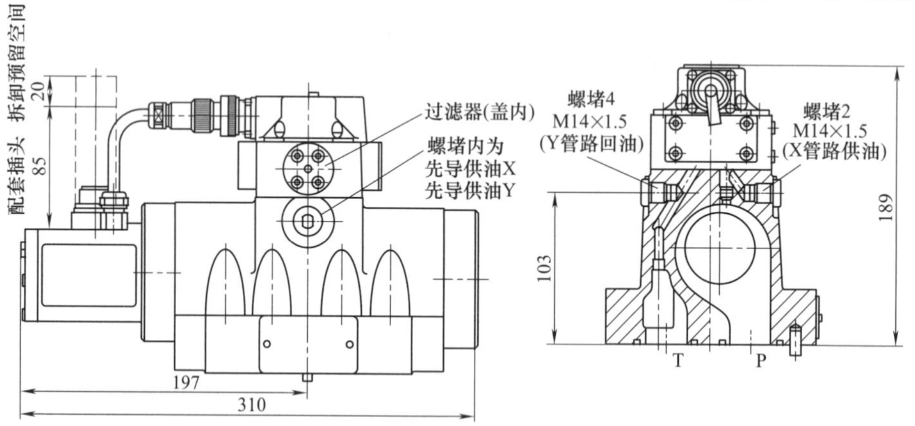

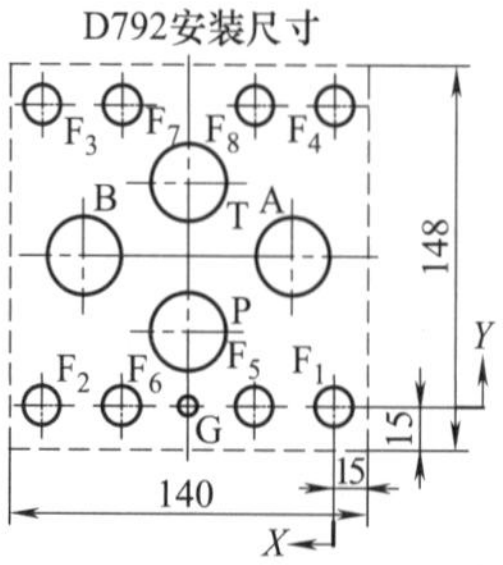

坐标	P	A	B	T	G	F_1	F_2	F_3	F_4	F_5	F_6	F_7	F_8
尺寸	φ28	φ28	φ28	φ28	φ8	M16	M16	M16	M16	M16	M16	M16	M16
X	55.4	15.8	95.0	55.4	55.4	0	110.8	110.8	0	31.5	79.3	79.3	31.5
Y	30.1	58.7	58.7	87.3	0	0	0	117.4	117.4	0	0	117.4	117.4

12.6.3.15　MOOGD662～D665 系列电液伺服阀外形及安装尺寸

表 20-12-64　　MOOGD662～D665 系列电液伺服阀外形及安装尺寸　　mm

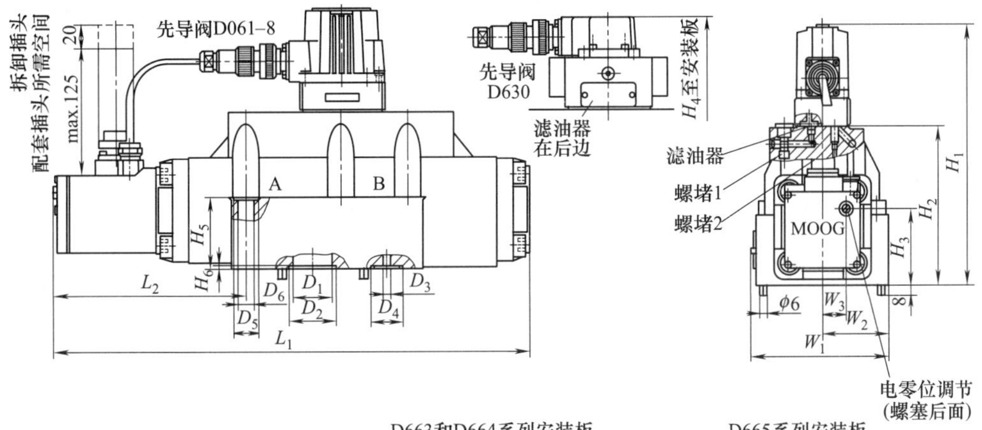

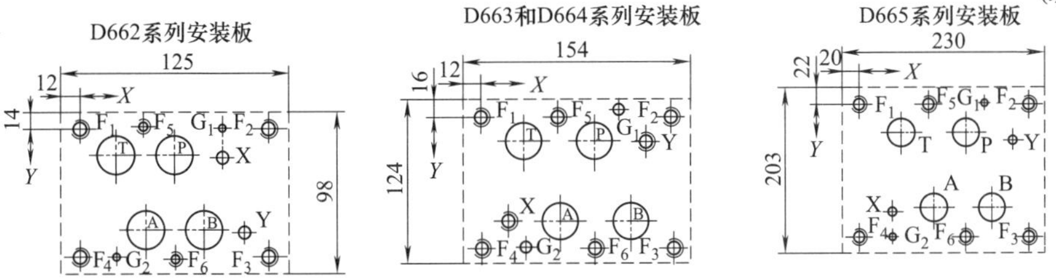

安装面须符合 ISO 4401-08-07-0-94 标准。对最大流量,安装板的 P、T、A 和 B 口直径必须分别为 20mm(D662 系列),28mm(D663 系列),32mm(664 系列),50mm(665 系列)。安装面平面度在 100mm 距离内小于等于 0.01mm,表面粗糙度 Ra＜0.8μm

D662	P	A	T	B	X	Y	G_1	G_2	F_1	F_2	F_3	F_4	F_5	F_6
尺寸	ϕ20	ϕ20	ϕ20	ϕ20	ϕ6.3	ϕ6.3	ϕ4	ϕ4	M10	M10	M10	M10	M6	M6
X	50	34.1	18.3	65.9	76.6	88.1	76.6	18.3	0	101.6	101.6	0	34.1	50
Y	14.3	55.6	14.3	55.6	15.9	57.2	0	69.9	0	0	69.9	69.9	−1.6	72.5
D663	P	A	T	B	X	Y	G_1	G_2	F_1	F_2	F_3	F_4	F_5	F_6
尺寸	ϕ28	ϕ28	ϕ28	ϕ28	ϕ11.2	ϕ11.2	ϕ7.5	ϕ7.5	M12	M12	M12	M12	M12	M12
X	77	53.2	29.4	100.8	17.5	112.7	94.5	29.4	0	130.2	130.2	0	53.2	77
Y	17.5	74.6	17.5	74.6	73	19	−4.8	92.1	0	0	92.1	92.1	0	92.1
D664	P	A	T	B	X	Y	G_1	G_2	F_1	F_2	F_3	F_4	F_5	F_6
尺寸	ϕ32	ϕ32	ϕ32	ϕ32	ϕ11.2	ϕ11.2	ϕ7.5	ϕ7.5	M12	M12	M12	M12	M12	M12
X	77	53.2	29.4	100.8	17.5	112.7	94.5	29.4	0	130.2	130.2	0	53.2	77
Y	17.5	74.6	17.5	74.5	73	19	−4.8	92.1	0	0	92.1	92.1	0	92.1
D665	P	A	T	B	X	Y	G_1	G_2	F_1	F_2	F_3	F_4	F_5	F_6
尺寸	ϕ50	ϕ50	ϕ50	ϕ50	ϕ11.2	ϕ11.2	ϕ7.5	ϕ7.5	M20	M20	M20	M20	M20	M20
X	114.3	82.5	41.3	147.6	41.3	168.3	147.6	41.3	0	190.5	190.5	0	76.2	114.3
Y	35	123.8	35	123.8	130.2	44.5	0	158.8	0	0	158.8	158.8	0	158.8

型号	L_1	L_2	W_1	W_2	W_3	H_1	H_2	H_3	H_4	H_5	H_6	D_1	D_2	D_3	D_4	D_5	D_6
D662	317	154	95	49	20	190	107	51	181	45	2	ϕ20	ϕ26.5	ϕ7	ϕ13.9	ϕ18	ϕ18
D663	385	157	118	58	20	213	130	63	204	57	2	ϕ32	ϕ39	ϕ6.3	ϕ25	ϕ20	ϕ13.5
D664	385	157	118	58	20	213	130	63	204	57	2	ϕ32	ϕ39	ϕ6.3	ϕ25	ϕ20	ϕ13.5
D665	497	171	200	99	20	349	229	112	388	59	2.8	ϕ50	ϕ60	ϕ3.2	ϕ17	ϕ33	ϕ22

12.6.3.16　博世力士乐电反馈三级阀 4WSE3EE（16、25、32）外形及安装尺寸

表 20-12-65　　博世力士乐电反馈三级阀 4WSE3EE（16、25、32）外形及安装尺寸　　mm

4WSE3EE16	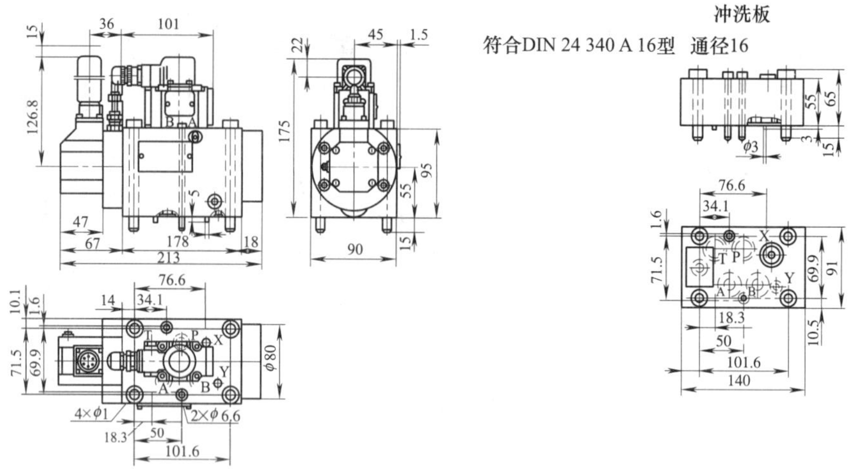
4WSE3EE25	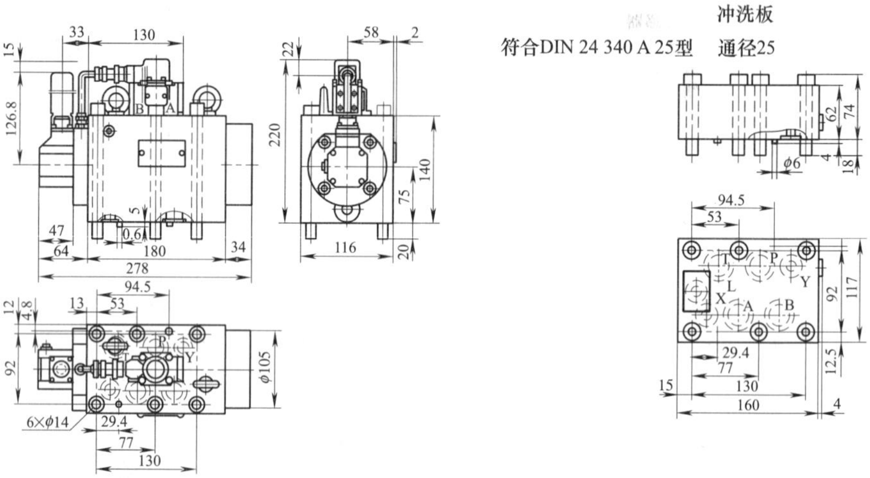
4WSE3EE32	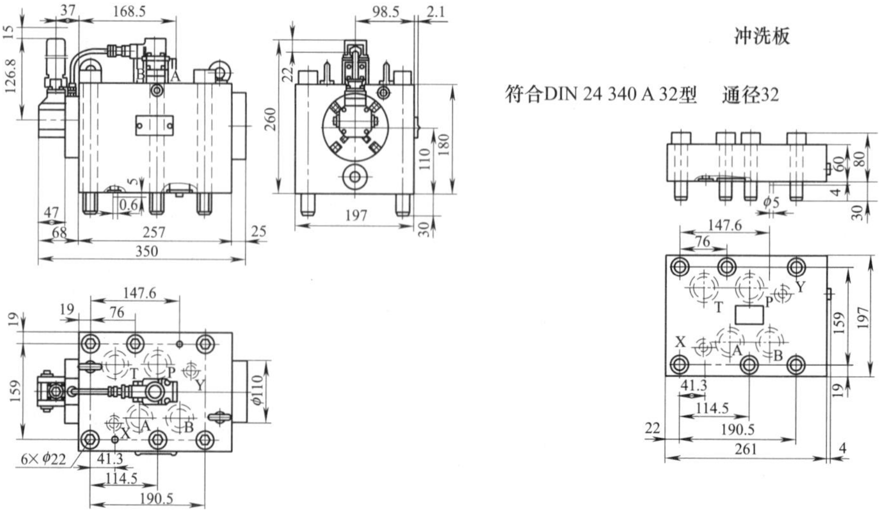

12.7　伺服液压缸产品

12.7.1　US 系列伺服液压缸

表 20-12-66　US 系列伺服液压缸

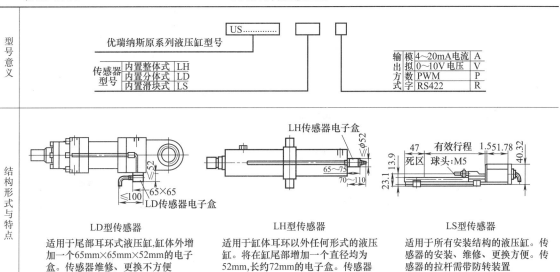

型号意义	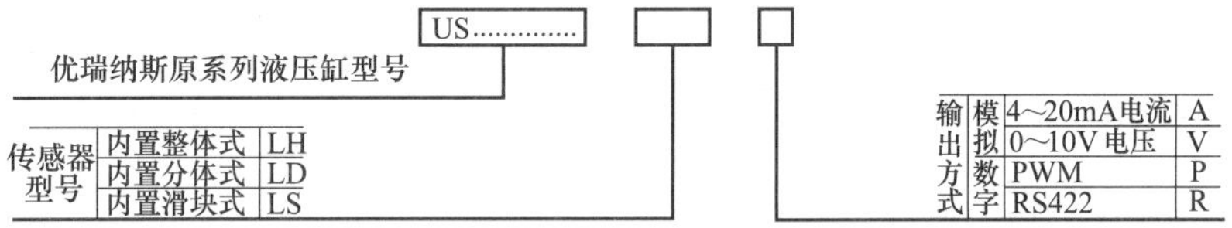		
结构形式与特点	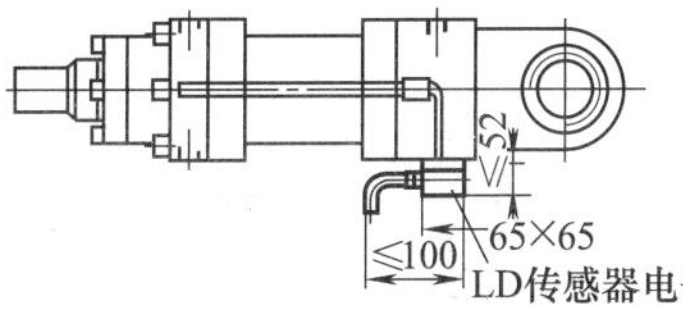 LD型传感器 适用于尾部耳环式液压缸,缸体外增加一个65mm×65mm×52mm的电子盒。传感器维修、更换不方便	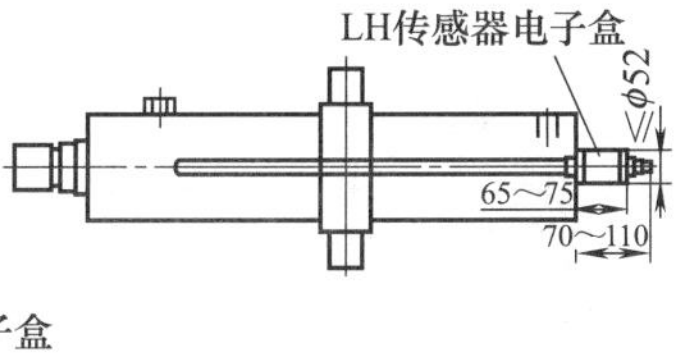 LH型传感器 适用于缸体耳环以外任何形式的液压缸。将在缸尾部增加一个直径均为52mm,长约72mm的电子盒。传感器维修、安装、更换方便	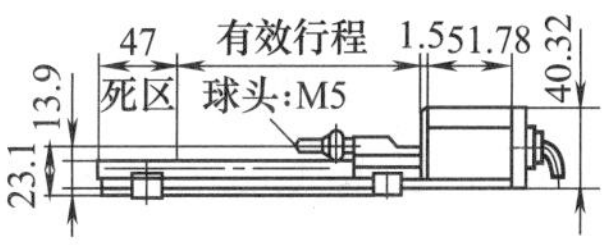 LS型传感器 适用于所有安装结构的液压缸。传感器的安装、维修、更换方便。传感器的拉杆需带防转装置

表 20-12-67　传感器技术参数

类型	LH、LD、LS	
输出形式	模拟输出	数字输出
测量范围	最小 25mm,最长十几米;LS 型模拟:25～2540mm;LS 型数字:25～3650mm	
分辨率	无限(取决于控制器 D/A 与电源波动)	一般为 0.1mm(最高达 0.005mm,需加配 MK292 界面卡)
非线性度	满量程的±0.02%或±0.05%(以较高者为准)	
滞后	<0.02mm	
位置输出	0～10V 4～20mA	开始/停止脉冲(RS422 标准) PWM 脉宽调制
供应电源	+24(1±10%)V DC	
耗电量	120mA	100mA;LS 型模拟/数字均为 100mA
工作温度	电子头:−40～70℃(LH);−40～80℃(LD) 敏感元件:−40～105℃	
温度系数	$<15\times10^{-6}$℃$^{-1}$	
可调范围	5%可调零点及满量程	
更新时间	一般≤3ms	最快每秒 10000 次(按量程而变化) 最慢=[量程(in)+3]×9.1μs
工作压力	静态:34.5MPa(5000psi);峰值:69MPa(10000psi);LS 型无此项	
外壳	耐压不锈钢;LS 型为铝合金外壳,防尘,防污,防洒水,符合美国 IP67 标准	
输送电缆	带屏蔽七芯 2m 长电缆	

表 20-12-68 **磁致传感器接线**

输出形式	LH、LD、LS 型传感器模拟输出	LH、LD、LS 型传感器数字输出
红或棕色	+24V DC 电源输入	+24V DC 电源输入
白色	0V DC 电源输入	0V DC 电源输入
灰或橙色	4～20mA 或 0～10V 信号输出	PWM 输出(－),RS422 停止(－)
粉或蓝色	4～20mA 或 0～10V 信号回路	PWM 输出(+),RS422 停止(+)
黄色		PWM 询问脉冲(+),RS422 开始(+)
绿色		PWM 询问脉冲(－),RS422 开始(－)

12.7.2 海特公司伺服液压缸

表 20-12-69 **海特公司伺服液压缸**

结构图

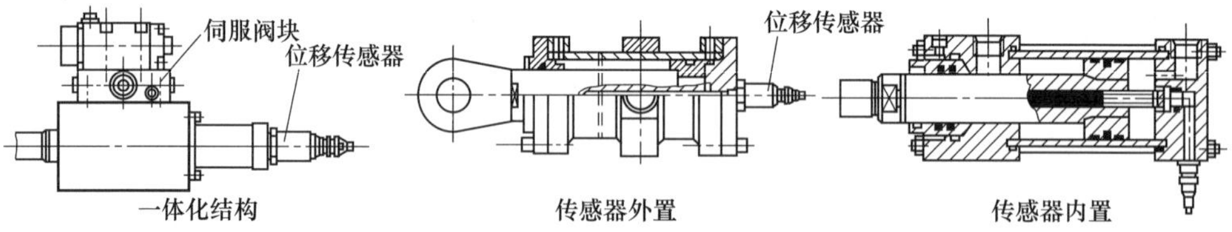

型号意义

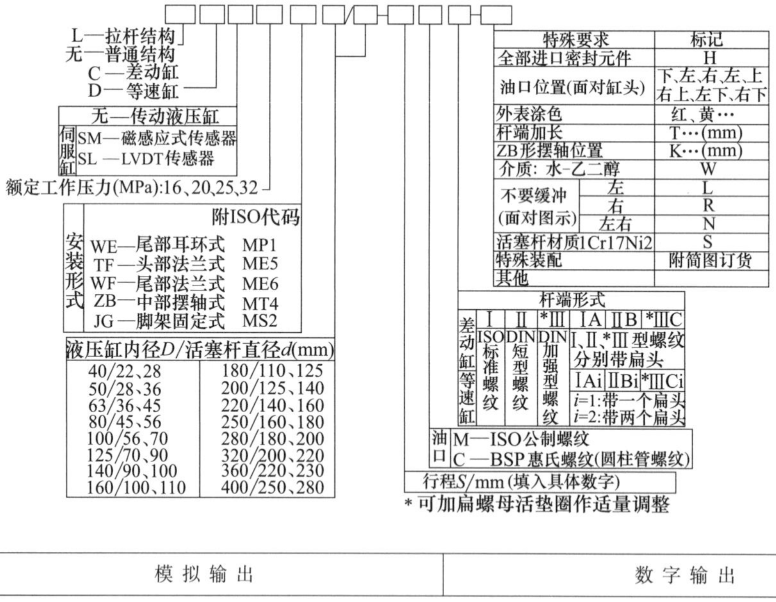

位移传感器技术性能

输出形式	模拟输出	数字输出
测量范围	最小 25mm,最长十几米;LS 型模拟:25～2540mm,LS 型数字:25～3650mm	
分辨率	无限(取决于控制器 D/A 与电源波动)	一般为 0.1mm(最高达 0.005mm,需加配 MK292 界面卡)
非线性度	满量程的±0.02%或±0.05%(以较高者为准)	
滞后	<0.02mm	
位置输出	0～10V 4～20mA	开始/停止脉冲(RS422 标准) PWM 脉宽调制

续表

	输出形式	模拟输出	数字输出
位移传感器技术性能	供应电源	+24(1±10%)V DC	
	耗电量	120mA	100mA;LS 型模拟/数字均为 100mA
	工作温度	电子头:−40～70℃(LH);−40～80℃(LD) 敏感元件:−40～105℃	
	温度系数	<15×10⁻⁶℃⁻¹	
	可调范围	5%可调零点及满量程	
	更新时间	一般≤3ms	最快每秒 10000 次(按量程而变化) 最慢=[量程(in)+3]×9.1μs
	工作压力	静态:34.5MPa(5000psi);峰值:69MPa(10000psi);LS 型无此项	
	外壳	耐压不锈钢;LS 型为铝合金外壳,防尘、防污、防洒水,符合美国 IP67 标准	
	输送电缆	带屏蔽七芯 2m 长电缆	

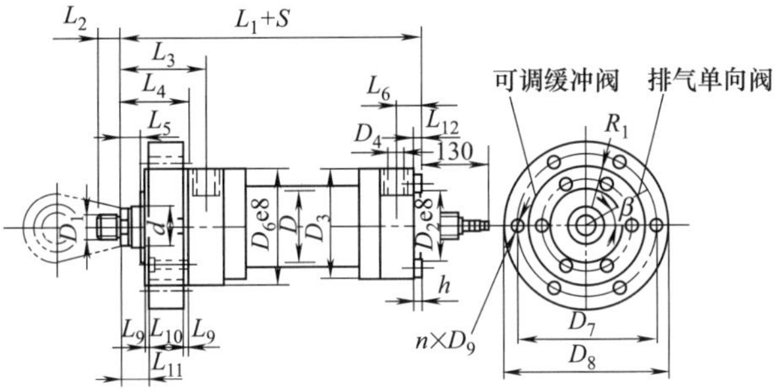

外形尺寸/mm											
	D		40	50	63	80	100	125	160	180	200
	d		22/28	28/36	36/45	45/56	56/70	70/90	100/110	110/125	125/140
	L(缓冲长度)		20	20	25	30	35	50	55	65	70
	D_1	Ⅰ型	M16×1.5	M22×1.5	M30×2	M36×2	M48×2	M56×2	M80×3	M100×3	M110×3
		Ⅱ型	M16×1.5	M22×1.5	M28×1.5	M35×1.5	M45×1.5	M58×1.5	M80×2	M100×2	M110×2
		Ⅲ型	M18×2	M24×2	M30×2	M39×3	M50×3	M64×3	M90×3	M100×3	M110×4
	D_2		50	64	75	95	115	135	180	200	215
	D_3		80	100	120	140	170	205	265	290	315
	D_4	公制	M18×1.5	M22×1.5	M27×2	M27×2	M33×2	M42×2	M42×2	M150×2	M50×2
		英制	G⅜	G½	G¾	G¾	G1	G1¼	G1¼	G1½	G1½
	D_6		90	110	130	145	175	210	275	300	320
	D_7		108	130	155	170	205	245	325	360	375
	D_8		130	160	185	200	245	295	385	420	445
	D_9		9.5	11.5	14	14	18	22	26	26	33
	L_1		226	234	262	275	325	382	475	515	540
	L_2	Ⅰ型	22	30	40	50	63	75	95	112	112
		Ⅱ型	16	22	28	35	45	58	80	100	110
		Ⅲ型	30	35	45	55	75	95	120	140	150

续表

外形尺寸/mm	L_3	76	80	89.5	87.5	112.5	129.5	160	175	180
	L_4	54	58	67	65	85	97	120	130	135
	L_5	17	20	20	20	30	30	35	35	40
	L_6	32	32	27.5	37.5	32.5	37.5	50	50	50
	L_9	5	5	5	5	5	5	10	10	10
	L_{10}	30	30	35	35	45	50	60	70	75
	L_{11}	19	23	27	25	35	42	50	50	50
	L_{12}	5	5	5	5	5	5	10	10	10
	R_1	53	57.5	70.5	76.5	81	107	139	158.5	168.5
	β	30°	30°	30°	30°	30°	30°	45°	45°	45°
	n	6	6	6	6	6	6	8	8	8
	h	10	12.5	15	15	20	25	30	30	37.5

注：位移传感器内置式和一体化结构的部分尺寸未列出，不在表中的尺寸可另咨询。

12.7.3　REXROTH 公司伺服液压缸

表 20-12-70　　REXROTH 公司伺服液压缸

技术性能	推力/kN	行程/mm	额定压力/MPa	回油槽压力/MPa	安装位置	工作介质	介质温度/℃	黏度/mm^2·$^{-1}$	工作液清洁度
	10～1000	50～500 每 50 增减	28	≥0.2	任意	矿物油 DIN51524	35～50	35～55	NAS1638 －7 级

位移传感器技术性能	类　型	位移传感器	超声波位移传感器
	测量长度/mm	100～550，每 50mm 增减	
	速度	任选(响应时间与测量长度有关)	
	电源电压/V	1～5	±12～±15(150mA)
	输出	模拟	RS422(脉冲周期)
	电缆长度/m	≤25	≤25
	分辨率/mm	无限的	0.1(与测量长度有关)
	线性度/%	±0.25(与测量长度有关)	±0.05(与测量长度有关)
	重复性/%		±0.001(与测量长度有关)
	滞环/mm		0.02
	温漂/(mm/10K)		0.05
	工作温度/℃	－40～80	传感器：－40～66；传感器杆：－40～85

结构形式

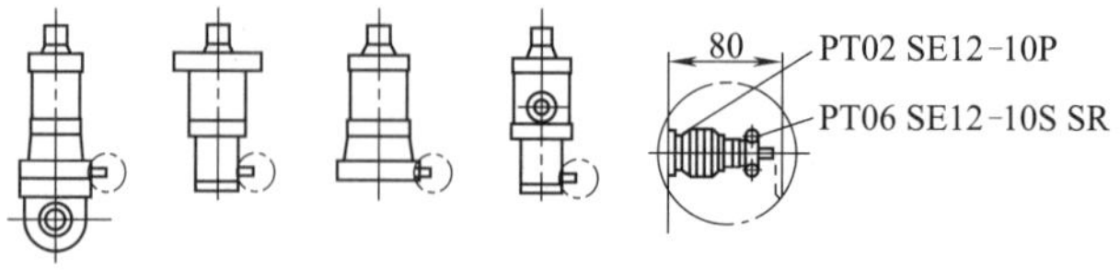

续表

偏载曲线

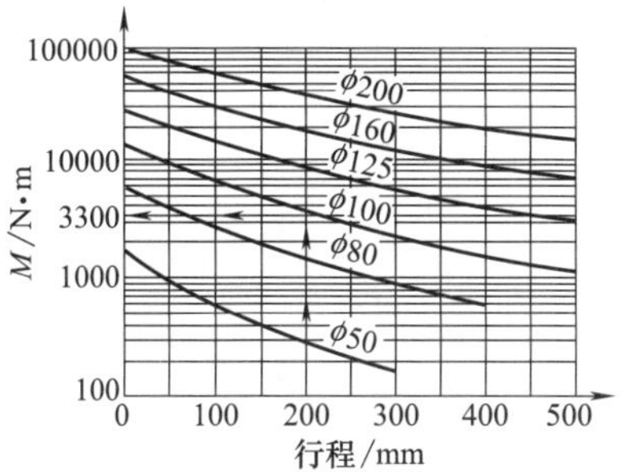

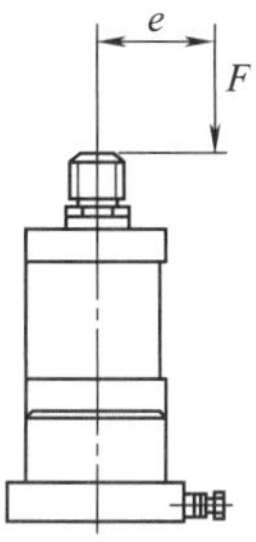

能承受的最大偏心扭矩 M

$$M=Fe$$

M——扭矩，N·m

F——作用力，kN

e——偏心距，mm

例如：

行程为 200mm

杆径为 100mm

作用力 $F=63$kN

$$e=\frac{M}{F}=\frac{3300}{63}$$

$$e=52.38\text{mm}$$

型号意义

CGS 280 □ □ / □ - □ T 1X / □ □ □ □ □ □

CGS伺服缸，双伸杆

额定压力：28MPa

安装形式：
B—底部耳环；
C—前端法兰；
D—底部法兰；
E—中间耳轴

公称推力(kN)	杆径(mm)	缸径(mm)
10	50	55
16	50	57
25	50	61
40	50 80	66 91
63	50 80 100	74 97 114
100	80 100 125	106 133 143
160	80 100 125	118 133 152
250	100 125 160	148 166 194
400	125 160	186 211
600	160 200	235 264
1000	200	295

行程：500—行程为500mm

杆端轴承：T—球轴承

系列：1X—10至19外部结构不变

规格(辅板或带铜伺服阀块安装)：06-6，10-10，16-16，25-25，32-32，

连接形式：
A—辅板；
Z—带伺服阀块

杆端：
A—外螺纹；
B—内螺纹；

油液：
M—密封，适用于矿物油 DIN51524(HL，HLP)；
A—氟橡胶密封，适用于磷酸酯(HFD-R)

密封形式：
D—标准；
A—无密封

位置传感器：
L—LVDT，电源式；
T—超声波

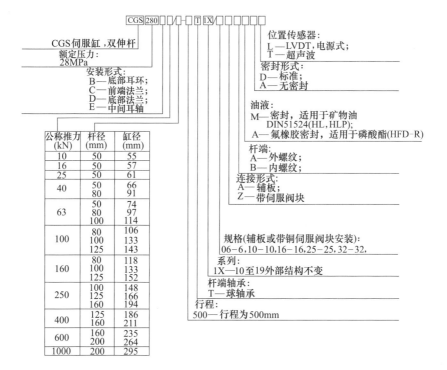

12.7.4　MOOG 公司伺服液压缸

表 20-12-71　　MOOG 公司伺服液压缸

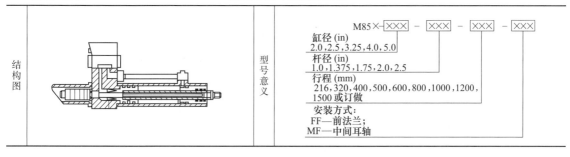

结构图

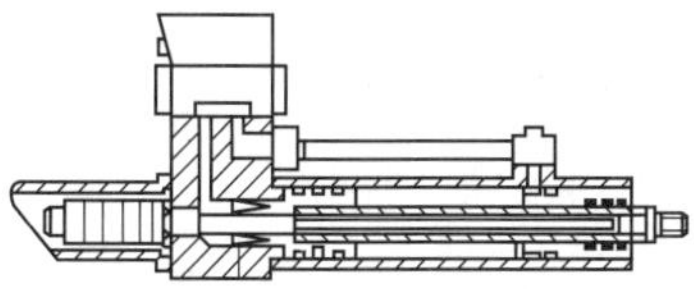

型号意义

M85×-XXX - XXX - XXX - XXX

缸径 (in)
2.0，2.5，3.25，4.0，5.0

杆径 (in)
1.0，1.375，1.75，2.0，2.5

行程 (mm)
216，320，400，500，600，800，1000，1200，1500 或订做

安装方式：
FF—前法兰；
MF—中间耳轴

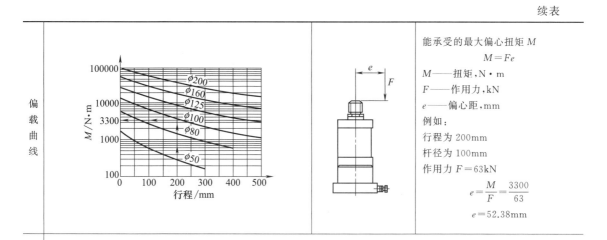

第 20 篇

续表

技术性能	压力/MPa	最大 21
	工作温度/℃	−5～65
	工作介质	矿物油
	缸径/in	2.0，2.5，3.25，4.0，5.0
	杆径/in	1.0，1.375，1.75，2.0，2.5
	行程/mm	216，320，400，500，600，800，1000，1200，1500 或订作
	安装方式	前端法兰/中间耳轴
	线性度/%	<0.05F.S.
	分辨率/%	<0.01F.S.
	重复性/%	<0.01F.S.
	温漂/(mm/10K)	Probe：0.005F.S./℃
		控制器：0.005F.S./℃
	频率响应/Hz	约 100
	输出信号	0～10V，0～20mA(或其他要求输出值)
	电源电压/V	+15V(105/185mA)(冲击)，−15V(23mA)
	零调整/%	±5F.S.

表 20-12-72 M085 系列伺服液压缸

型号意义

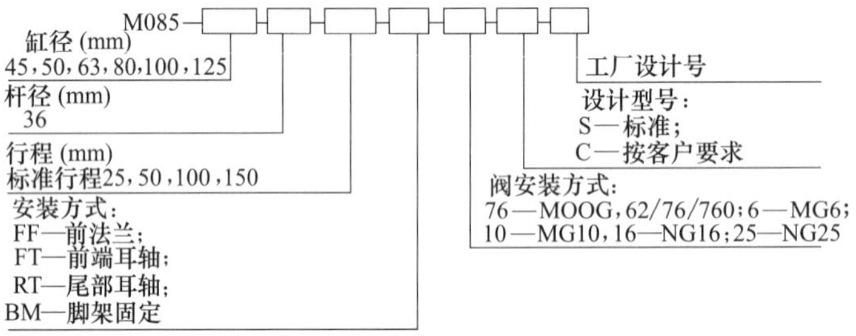

外形尺寸/mm

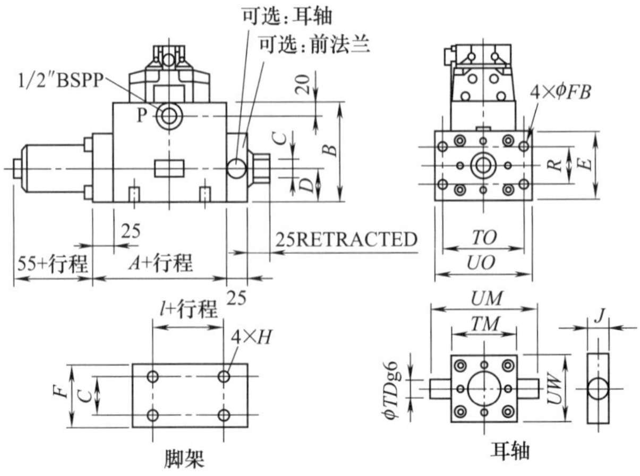

续表

外形尺寸/mm	型号	A	B	C	D	F	G	H	l	J	法兰					耳轴			
											R	E	TO	UO	ϕFB	UM	TM	UW	ϕTD
	M085-50-36-***	132	110	M24*2*45	46	90	60	M10×15	27	32	65	90	117	145	14	144	94	90	32
	M085-63-36-***	140	125	M24*2*45	46	90	70	M10×15	35	32	65	90	117	145	14	144	94	90	32
	M085-80-36-***	140	145	M24*2*45	58	106	80	M12×18	35	40	83	115	149	180	18	164	110	115	40

12.7.5　ATOS 公司伺服液压缸

表 20-12-73　ATOS 公司伺服液压缸

结构图

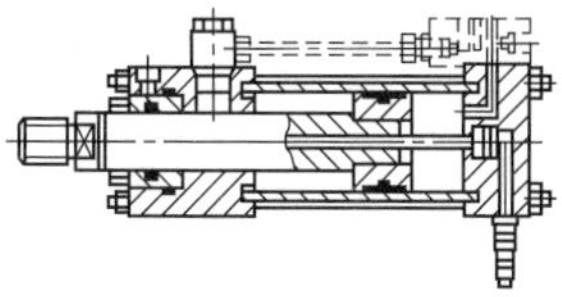

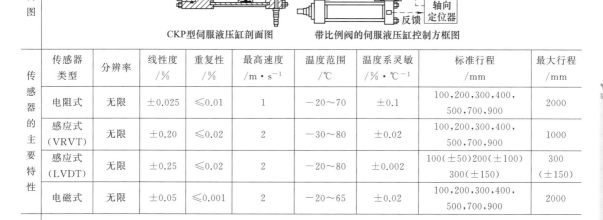

CKP型伺服液压缸剖面图

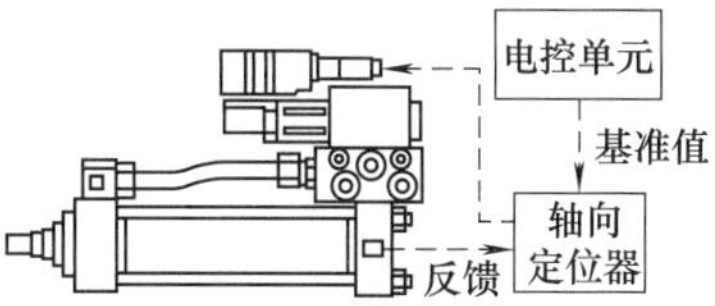

带比例阀的伺服液压缸控制方框图

传感器的主要特性

传感器类型	分辨率	线性度/%	重复性/%	最高速度/m·s^{-1}	温度范围/℃	温度系灵敏/%·℃$^{-1}$	标准行程/mm	最大行程/mm
电阻式	无限	±0.025	≤0.01	1	−20～70	±0.1	100,200,300,400,500,700,900	2000
感应式(VRVT)	无限	±0.20	≤0.02	2	−30～80	±0.02	100,200,300,400,500,700,900	1000
感应式(LVDT)	无限	±0.25	≤0.02	2	−20～80	±0.002	100(±50)200(±100)300(±150)	300(±150)
电磁式	无限	±0.05	≤0.001	2	−20～65	±0.02	100,200,300,400,500,700,900	2000

型号意义

CK P / 10 50 / 36 * 0500 - S 2 0 8 K Q 20

液压缸系列:
CK—符号，ISO 6020-2和DIN24554标准:
CH—用相对法兰装配的系列缸(对ϕ63～200mm)

内置传感器:
P—电阻式；M—电磁式；
V—VRVT感应式；
W—LVDT感应式

底板:
00—没有底板；
10—CETOP03底板(CK※40～200)；
20—CETOP05R底板(CK※40～200)；
W—LVDT感应式

缸径(mm)

活塞杆径(mm)

行程(mm) 选用以下标准行程:
CKP，CKM，CKV—100，200，300，400，500，700，900
CKW:100，200，300
其他尺寸请订做

安装方式

	参照ISO		参照ISO
X—基本型	—	L—中间耳轴	M14
C—双耳型	MP1	N—前法兰	ME5
D—单耳型	MP3	P—后法兰	ME6
E—底座	MS2	S—关节轴承	MP5
G—前耳轴	MT1		

设计号，
在订购备件时需标明

使用特别传感器行程时注明

H—活塞杆螺母符号DIN24554；
K—NIKROM提供的活塞杆在符合ISO 2768的盐雾环境下可保持350h；
T—淬火后镀铬(仅对CKM类缸)；
A—输出信号电流4～20mA；
V—输出信号电压0～10V

密封圈:
8—腈橡胶+PTFE和聚亚氨酯，可达1m/s；
2—氟橡胶+PTFE适用于高油温，速度可达1m/s；
4—腈橡胶+PTFE，速度可达1m/s；
0—用于高频率，微小行程，特殊油液的场合
CKP型伺服液压缸，不采用密封方式0、2、4

支承环:
2—50mm；4—100mm；6—150mm；8—200mm

缓冲器:对于CK※63～200仅前端有
0—无缓冲器；2—前端缓冲

续表

结构类型	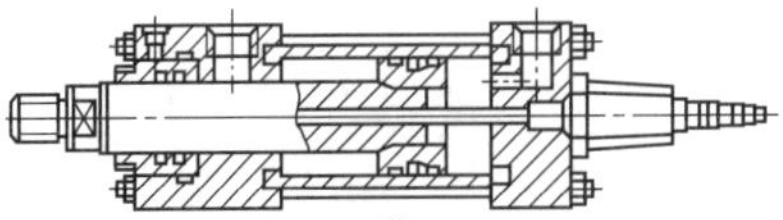 CKM型	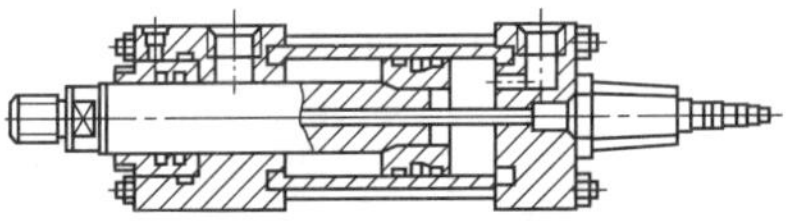 CKP(电位计式)型CKV和CKW型(感应式)

12.8 液压伺服系统设计禁忌

表 20-12-74 液压伺服系统设计禁忌

液压部分	忌不按要求进行油箱及管路的清洗	油箱必须彻底清洗，清除所有污物和杂质；油管必须冷弯、去毛刺、酸洗去锈。全部管道安装完毕后，需再对管路进行彻底冲洗，拆下伺服阀，用旁路管或开关阀、或冲洗阀板代替清洗
	忌管路的选择和连接不正确	伺服阀与泵站之间的压力管路，以及伺服阀回油管路上必须使用钢丝缠绕的软管进行连接。若它们潜在的断裂危险可能对设备、系统和操作人员等造成伤害，应采取适当的固定方式 伺服阀必须尽可能地靠近执行机构进行安装，以保证系统最大刚性值及最佳的动态特性
	忌液压油不合乎要求	必须根据 DIN 51524-535 标准使用具有高黏度的优质液压油。建议其黏度在 40℃ 时为 $15\sim100mm^2/s$，油温超过 60℃ 时，元件的密封件应当采用氟橡胶制品。任何时候油温都不得超过 80℃
	忌不按要求进行液压油的过滤	介质的过滤避免介质中存在的颗粒对液压元件的磨损 液压油的污染等级必须符合到 ISO 标准的 15/12 级以上。为此必须在供油管路中安装过滤精度为 $5\mu m$ 和 $\beta_{10}=75$ 的高压滤油器 如有可能，管式过滤器应紧靠在伺服阀的前面安装，滤油器应带有堵塞指示器，但不能带旁通阀 在系统调试过程中，必须对管路进行冲洗（至少 15min），以去除整个回路中的颗粒物。冲洗后所使用过的附件及滤芯件，如堵塞，均不得再使用。还应注意以下事项： ①选择大小、精度合适的滤油器，以保证高效率 ②液压系统的主要污染源是油箱内的空气与外界空气的交换。故必须安装空气滤清器 ③注入油箱的新液压油（新油一般被污染）要过滤
	忌液压系统的泄油管不直接回油箱	在所有的液压系统中，泄油装置是不可缺少的，因为它决定系统的基准油压。泄油口必须直接与油箱连接，这样才不致产生背压
	忌不注意排除系统中的空气	液压管路内的空气将降低系统的刚度，并且是导致故障的原因。伺服阀及伺服缸上均有排空气装置。必须在液压系统管路中可能积聚空气的地方加装排气阀 另需注意下列事项： ①系统启动时，打开所有排气装置排尽空气。对于伺服缸要特别注意排尽传感器腔内的空气，为此要打开活塞杆端的排气阀 ②拧紧管道上松动的连接零件 ③系统第一次启动或维修后排尽空气 ④在总回油管道油箱之间加装一产生背压（例如背压加到 4bar）的单向阀，以防止系统长期不用时管路内的油漏空
电子部分	忌电源电压不稳	电压的变化应限制在下列范围内（取决于电源装置的类型）： 稳压电源：$V=24V$（直流） 整流和滤波后电压：$V_{rms}=21\sim33V$（最大脉动＝2V 峰值） 电源装置应有足够的容量，全部用电设备在同一时间内都需要最大电流时，电源设备应能保持正常电压。在一般情况下，每个阀的最大输入电功率可考虑为 50W。 参看图(a)并注意下列事项： ①用蓄电池供电，电压过高（大于 34V）时将损坏电子器件。建议采用合适的滤波器和限压器

续表

电子部分	忌电源电压不稳	②交流整流电压，电压平均值限制在 $V_{rms}=21\sim28V$ 之内。单相整流时，每 3A 负荷加装 10000μF 电容器，三相整流时，每 3A 负荷加装 4700μF 电容器 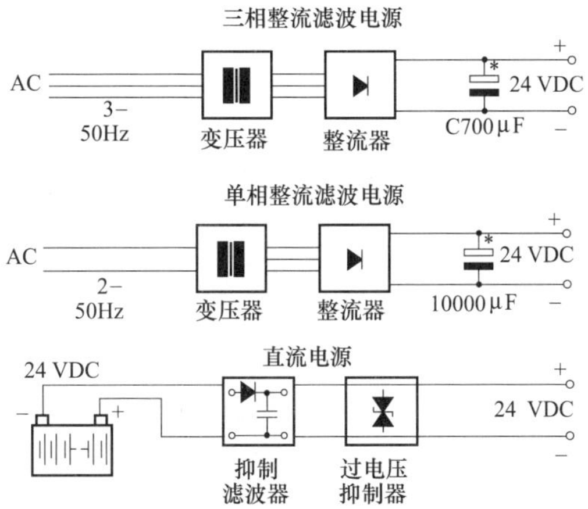 图(a)　液压伺服放大器的电源
	忌电缆连接不当	电源电缆(接到电磁铁，电子调整装置或其他负荷)应与控制信号电缆(输入信号、反馈、信号地线)分开以避免干扰 信号线要用屏蔽电线 电缆芯线截面积推荐用下列规格： 电源线及地线：0.75mm^2 作为线圈连线：屏蔽型 1mm^2($L_{max}=20m$)或 1.5mm^2(远距离) 作为输入电压及(LVDT)反馈：0.25mm^2($L_{max}=20m$)屏蔽型 注：当传送输入电压信号及反馈信号的连线过长时，必须以电流信号代替电压信号，对此应有所预见，以便选用合适的电子器件，或选用电压电流变换器 辅助信号：0.25mm^2($L_{max}=20m$)屏蔽型 电子传感器：0.25mm^2($L_{max}=20m$)屏蔽型
	忌不注意电干扰的抑制	系统启动后，要经常检查反馈、输入信号及信号接地等线路中是否有可能影响信号特征并使系统产生不稳定的电干扰 电子干扰是一种在信号平均幅值附近期频率和振幅均极不规则的振荡。使用屏蔽线并将屏蔽层接地可以抑制电干扰 绝大多数电干扰是由变压器、电动机等激发的外部磁场产生的
	忌工作温度和环境不良	应经常检查工作环境是否符合产品规定的要求。如有必要可在电控柜内安装调温装置，或用特殊树脂封装，或专设保护装置 应特别注意，环境温度超过 60℃或低于−20℃时，伺服阀上不得安装集成电子器件，建议采用分离安装，读数字型集成式电子放大器，环境温度为−20～50℃

12.9　液压伺服系统故障排除

为了迅速准确判断和找出故障器件，液压和电气工程师必须良好配合。为了对系统进行正确的分析，除了要熟悉每个器件的技术特征外，还必须能够分析有关工作循环液压原理图和电器接线图的能力。

由于液压系统的多样性，因此没有什么能快速准确查找并排除故障的通用诀窍。表 20-12-75 提供了排除故障的一般要点。

表 20-12-75　　**液压伺服系统故障排除**

	问　题	机械/液压部分	电气/电子部分
开环控制	轴向运动不稳定 压力或流量波动	油泵故障 管道中有空气 液体脏污 两级阀先导控制油压不足 油缸密封摩擦力过大引起忽停忽动现象 液压马达速度低于最低许用速度	电功率不足 信号接地屏蔽不良，产生电干扰 电磁铁通断电引起电或电磁干扰
开环控制	执行机构动作超限	软管弹性过大 遥控单向阀不能即时关闭 执行机构内空气未排尽 执行机构内部漏油	偏流设定值太高 斜坡时间太长 限位开关超限 电气切换时间太长
开环控制	停顿或不可控制的轴向运动	油泵故障 控制阀卡死(由于污染) 手动阀及调整装置不在正确位置	接线错误 控制回路开路 信号装置整定不当或损坏 断电或无输入信号 传感器机构校准不良
开环控制	执行机构运行太慢	由于磨损致使油泵内部漏油 流量控制阀整定太低	输入信号不正确，增益值调整不正确
开环控制	输出的力或力矩不够	供油及回油管路阻力过大 控制阀设定压力值太低 控制阀两端压降过大 泵和阀由于磨损而内部漏油	输入信号不正确，增益值调整不正确
开环控制	工作时系统内有撞击	阀切换时间太短 节流口或阻尼损坏 蓄能系统前未加节流 机构质量或驱动力过大	斜坡时间太短
开环控制	工作温度太高	管道截面不够 连续的大量溢流消耗 压力设定值太高 冷却系统不工作 工作中断期间零压力卸荷不工作	
开环控制	噪声过大	滤油器堵塞 液压油起泡沫 泵或马达安装松动 吸油管阻力过大 控制阀振动 阀电磁铁腔内有空气	高频脉冲调整不正确

	问　题		故障原因	
			机械/液压部分	电气/电子部分
闭环控制——静态工况	低频振荡	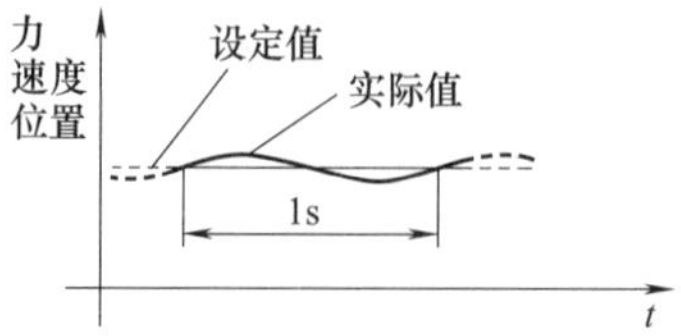	液压功率不足 先导控制压力不足 阀因磨损或脏污有故障	轴卡比例增益设定值太低 轴卡积分增益设定值太低 轴卡采样时间太长

续表

	问题		故障原因	
			机械/液压部分	电气/电子部分
闭环控制——静态工况	高频振荡	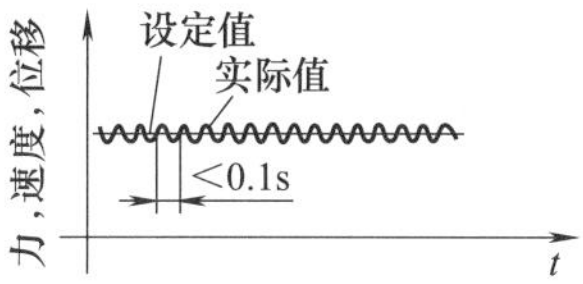	液体起泡沫 阀因磨损或污脏有故障 阀两端 Δp 太高 阀电磁铁室内有空气	轴卡比例增益设定值太高 电干扰
闭环控制——静态工况	短时间内出现一个或两个方向大高峰（随机性的）	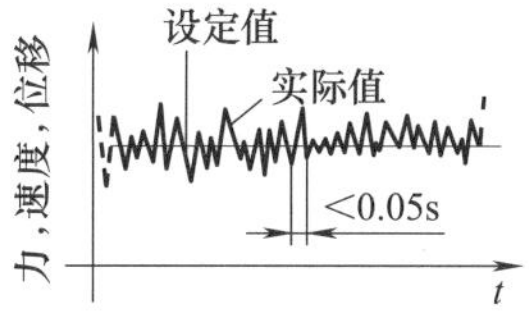	机械连接不牢靠 阀电磁铁室内有空气 阀因磨损或污脏有故障	放大器偏流不正确 电磁干扰
闭环控制——静态工况	自激放大振荡	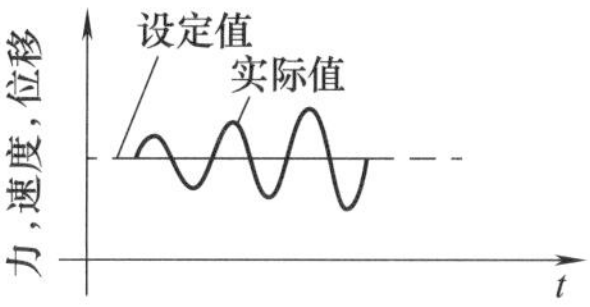	液压软管弹性过大 机械非刚性连接 阀两端 Δp 过大 液压阀增益过大	轴卡比例增益太高 轴卡积分增益值太高
闭环控制——动态工况	一个方向的超调	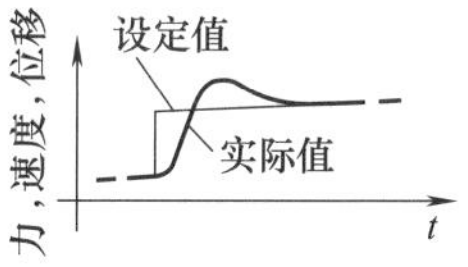	阀两端 Δp 太高	轴卡微分增益值太低 插入了斜坡时间
闭环控制——动态工况	两个方向的超调	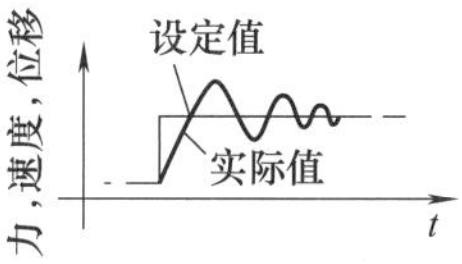	机械连接不牢固、刚性过小 软管弹性过大 伺服阀安装得离驱动机构太远	轴卡比例增益设定值太高 轴卡积分增益设定值太低
闭环控制——动态工况	逼近设定值的时间长	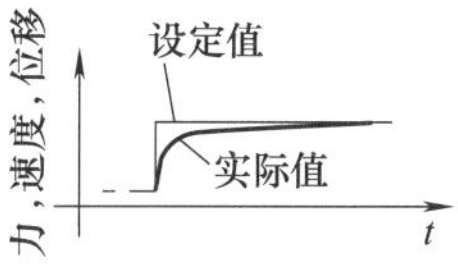	伺服阀压力增益过低	轴卡比例增益设定值太低 放大器偏流不正确
闭环控制——动态工况	驱动达不到设定值	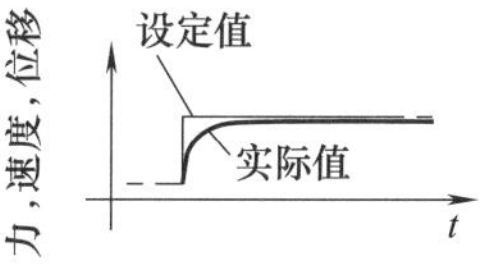	压力或流量不足	轴卡积分增益设定值太高 放大器偏流不正确 轴卡比例及微分增益设定值太低

第20篇

续表

	问　题		故障原因	
			机械/液压部分	电气/电子部分
闭环控制——动态工况	不稳定控制	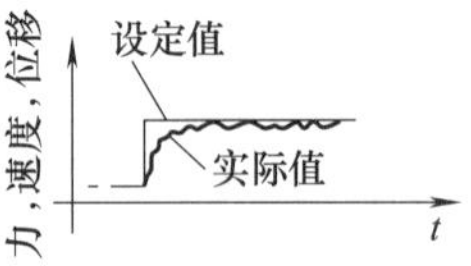	执行器反馈传感器接线时断时续 软管弹性过大 阀电磁铁室内有空气	比例增益设定值太高 积分增益设定值太低 电噪声
	抑制控制	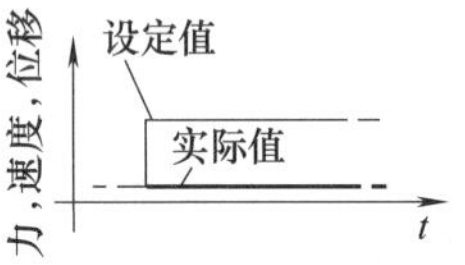	执行器反馈传感器机械方面未校准 液压功率不足	电功率不足 没有输入信号和反馈信号 接线错误
	重复精度低及滞后时间长	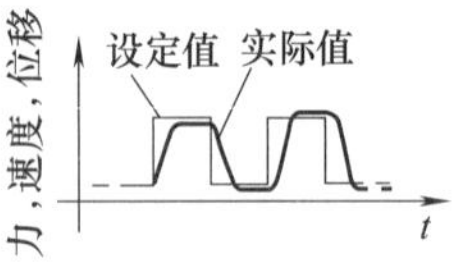	执行器反馈传感器接线时断时续	轴卡比例增益设定值太高 积分增益设定值太低
闭环控制——动态工况：频率响应	幅值降低	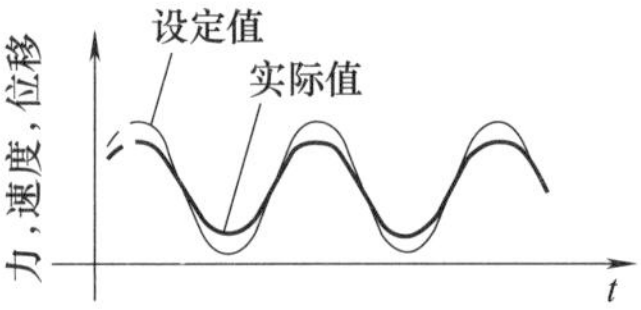	压力及流量不足	轴卡比例增益设定值太低 放大器增益值太低
	波形放大	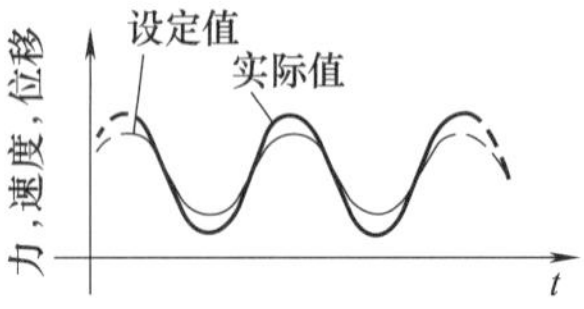	软管弹性过大 伺服阀离驱动机构太远	放大器增益值调整不正确
	时间滞后	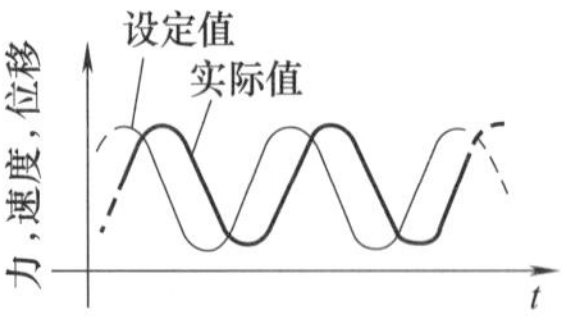	压力及流量不足	插入了斜坡时间 轴卡微分增益设定值太低
	振动型的控制	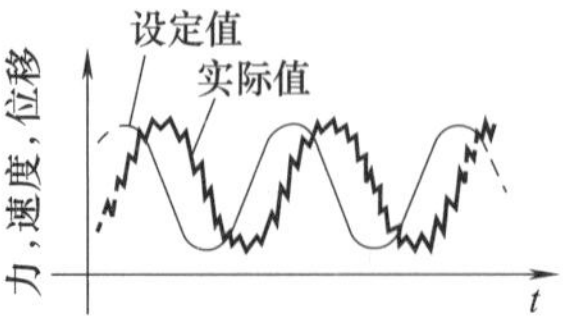	阀电磁铁室内有空气	轴卡比例增益设定值太高 电干扰 微分增益设定值太高

注：绝大多数故障都是以在现场更换损坏的器件而排除的，损坏了的元器件可请制造厂修复。

第13章　电液比例控制系统

13.1　电液比例控制系统的组成和工作原理

表 20-13-1　　电液比例控制系统的组成和工作原理

<table>
<tr><td>功能</td><td colspan="2">

电液比例技术是介于普通断通控制与电液伺服控制之间的新型电液控制技术，它既可以根据输入电信号的大小连续地、成比例地对液压系统的流量、压力、方向实现远距离控制、计算机控制，又在制造成本、抗污染等方面优于伺服控制。它结合了液压能传递较大功率的优越性与电子控制、计算机控制的灵活性，填补了传统开关式液压控制技术与伺服控制之间的空白，已成为流体传动与控制技术中最富生命力的一个分支，在最近十年中获得迅猛的发展

电液比例控制的核心是比例阀。比例阀介于常规开关阀和闭环伺服阀之间，已成为现今液压系统的常用组件

图(a)说明了电液比例控制系统信号流程：输入电信号为电压，多数为 0～±9V，由信号放大器成比例地转化为电流，即输出变量如 1mV 相当于 1mA；比例电磁铁产生一个与输入变量成比例的力或位移输出；液压阀以这些输出变量力或位移作为输入信号就可成比例地输出流量或压力；这些成比例输出的流量或压力输出对于液压执行机构或机器动作单元而言，意味着不仅可进行方向控制而且可进行速度和压力的无级调控；同时执行机构运行的加速或减速也实现了无级可调，如流量在某一时间段内的连续性变化等

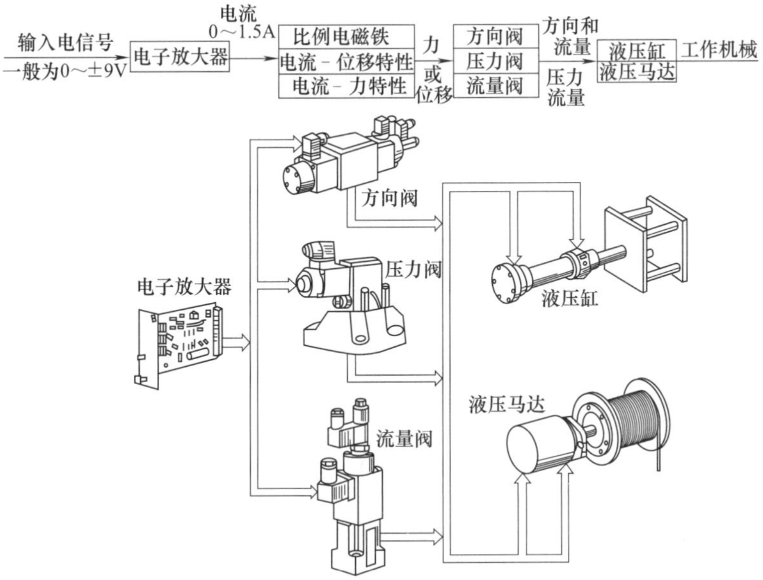

图(a)　信号流程图

</td></tr>
<tr><td rowspan="4">组成分类</td><td>分类依据</td><td>类　　别</td></tr>
<tr><td>按系统控制回路</td><td>①开环控制系统；②闭环控制系统</td></tr>
<tr><td>按系统输入信号的方式</td><td>①手调输入式系统：以手调电位器输入，调节电位器，以调整其输出量，实现遥控。②程序输入式系统：可按时间或行程等物理量定值编程输入，实现程序控制。③模拟输入式系统：将生产工艺过程中某参变量变换为直流电压模拟量，按设定规律连续输入，实现自动控制</td></tr>
<tr><td>按控制类型</td><td>①压力控制系统；②速度控制系统；③加速度控制系统；④力控制系统；⑤位置控制系统</td></tr>
</table>

续表

	分类依据	类　别
组成分类	按控制参数	①单参数控制系统：液压系统的基本工作参数是液流动压力、流量等，通过控制一个液压参数，以实现对系统输出量的比例控制。如采用电液比例压力阀控制系统压力，以实现对系统输出压力或力的比例控制；用电液比例调速阀控制系统流量，以实现对系统输出速度的比例控制等，都是单参数控制系统。②多参数控制系统：如用电液比例方向流量阀或复合阀、电液比例变量泵或液压马达等，既控制流量、液流方向，又控制压力等多个参数，以实现对系统输出量比例控制
	按电液比例控制元件	①阀控制系统：采用电液比例压力阀、电液比例调速阀、电液比例插装阀、电液比例方向流量阀、电液比例复合阀等控制系统参数。②泵、液压马达控制系统：采用电液比例变量泵、液压马达等控制系统参数

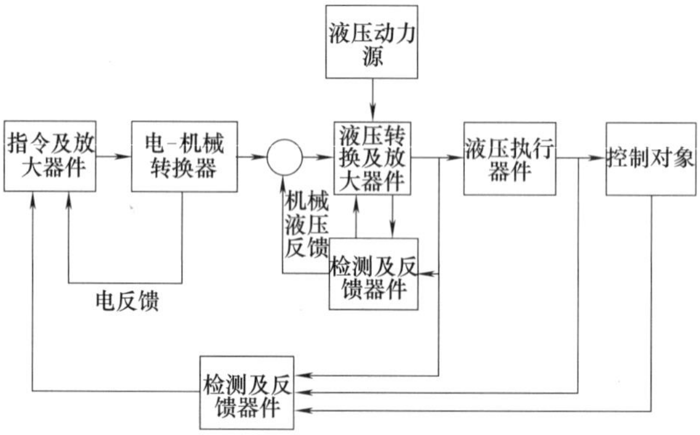

图(b)　电液比例控制系统技术构成

比例阀的功能、结构组成

电液比例控制的核心是比例阀，电子放大器根据输入信号调节压力 p 或流量 Q，比例阀必须和电子放大器配合使用，放大器根据输入信号向比例阀电磁铁提供一适当电流，比例电磁铁将电流转换成作用在阀芯上的机械力并压缩弹簧。这样随着电流增大，电磁铁输出力增大，弹簧被压缩，阀芯开始移动

对先导结构的比例阀，先导阀调整作用在主阀上的压力和流量

电液比例阀的结构形式很多，与电液伺服阀类似，通常是由电气-机械转换器、液压放大器（先导级阀和功率级主阀）和反馈检测机构组成[图(c)]。若是单级阀，则无先导级阀。比例电磁铁、力马达或力矩马达等电气-机械转换器用于将输入电信号通过比例放大器放大后转换为力或力矩，以产生驱动先导级阀运动的位移或转角。先导级阀（又称前置级）可以是锥阀式、滑阀式、喷嘴挡板阀式或插装式，用于接受小功率的电气-机械转换器输入的位移和转角信号，将机械量转换为液压力驱动主阀；主阀通常是滑阀式、锥阀式或插装式，用于将先导级阀的液压力转换为流量或压力输出；设在阀内部的机械、液压及电气式检测反馈机构将主阀控制口或先导级阀口的压力、流量或阀芯的位移反馈到先导级阀的输入端或比例放大器，实现输入输出的平衡

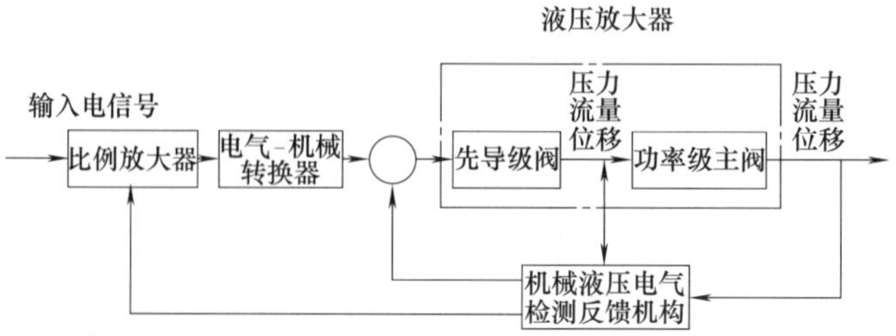

图(c)　电液比例阀的组成

续表

比例阀的功能、结构组成	按被控对象分类	压力控制阀	包括溢流阀、减压阀，分别有直动和先导两种结构，可连续地或按比例地远程控制其输出油液压力
		流量控制阀	有比例调速阀和比例溢流流量控制阀，节流口的开度便可由输入信号的电压大小决定
		方向控制阀	有直动和先导两种结构，直动阀有带位移传感器和不带位移传感器两类。由于使用了比例电磁铁，阀芯不仅可以换位，而且换位的行程可以连续地或按比例地变化。因而连通油口间的通流面积也可以连续或按比例地变化。所以比例换向阀不仅能够控制执行元件的方向，而且能够控制其速度。因为这个原因比例阀中的比例换向阀应用也最为普遍
	按结构形式分类	螺旋插装式比例阀	是通过螺纹将电磁比例插装件固定在油路集成块上的元件，螺旋插装阀具有应用灵活、节省管路和成本低廉等特点。常用的螺旋插装式比例阀有二通、三通、四通和多通等形式，二通式比例阀主要是比例节流阀，它常与其他元件一起构成复合阀，对流量、压力进行控制；三通式比例阀主要是比例减压阀，它主要是对液动操作多路阀的先导油路进行操作。利用三通式比例减压阀可以代替传统的手动减压式先导阀，它比手动减压式先导阀具有更多的灵活性和更高的控制精度。根据不同的输入信号，减压阀使输出活塞具有不同的压力或流量进而实现对比例方向阀阀芯的位移进行比例控制
		滑阀式比例阀	是能实现方向与流量调节的复合阀。电液滑阀式比例阀是比较理想的电液转换控制元件，它不仅保留了手动多路阀的基本功能，还增加了位置电反馈的比例伺服操作和负载传感等先进的控制手段
比例阀的特点	①利用电信号便于实现远距离控制或遥控。将阀布置在最合适的位置，提高主机的设计柔性 ②能把电的快速灵活等优点与液压传动功率大等特点结合起来 ③能按比例控制液流的流量、压力，从而对执行器件实现方向、速度和力的连续控制，并易实现自动无级调速。还能防止压力或速度变化及换向时的冲击现象 ④可明显地简化液压系统，实现复杂程序控制，降低费用，提高了可靠性，可在电控制器中预设斜坡函数，实现精确而无冲击的加速或减速，不但改善了控制过程品质，还可缩短工作循环时间，减少了元件的使用量 ⑤利用反馈提高控制精度或实现特定的控制目标 ⑥制造简便，价格比伺服阀低廉，但比普通液压阀高。由于在输入信号与比例阀之间需设置直流比例放大器，相应增加了投资费用 ⑦使用条件、保养和维护与普通液压阀相同，抗污染性能好 ⑧具有优良的静态性能和适当的动态性能，动态性能虽比伺服阀低，但已经可以满足一般工业控制的要求。主要用于开环系统，也可组成闭环系统		
液压放大器	先导级阀	电液比例阀的先导级主要有锥阀式、滑阀式、喷嘴挡板阀式或插装阀式等结构形式，而大多采用锥阀及滑阀。滑阀式及喷嘴挡板阀式的结构特点参见第 12 章，插装式结构及特点参见插装阀部分。锥阀式先导级的结构特点简要说明如下 在现有的比例压力控制阀中，采用锥阀作为先导级的占大多数。传统的锥阀如图(d)中(ⅰ)所示，其优点是加工方便，关闭时密封性好，效率高，抗污染能力强。为了改善锥阀阀芯的导向性和阻尼特性或降低噪声等，有时增加圆柱导向阻尼[图(d)中(ⅱ)]或减振活塞[图(d)中(ⅲ)]部分，但往往又增加了阀芯尺寸和重量 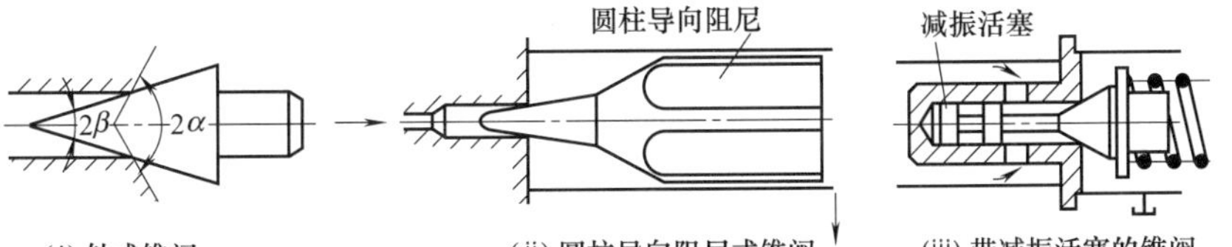 (ⅰ) 针式锥阀　(ⅱ) 圆柱导向阻尼式锥阀　(ⅲ) 带减振活塞的锥阀 图(d)　锥阀式先导级	
	功率级主阀	电液比例阀的功率级主阀通常是滑阀式、锥阀式或插装式，其结构与普通液压阀的滑阀、锥阀或插装阀结构类同	

续表

	电液控制阀		电子或继电控制	电-机械转换器	动态响应/Hz	零位死区	加工精度要求	过滤精度要求	阀口压降
开关控制、电液比例控制、电液伺服控制的对比	伺服阀		电子控制	力马达 力矩马达	高，>100	无	1μm	3～10μm	1/3 油源总压力
	比例阀	伺服比例阀	电子控制	比例电磁铁	中，30～100	无	1μm	3～10μm	单级或首级，1/3 油源总压力 主级：0.3～1MPa
		一般比例阀	电子控制	比例电磁铁	一般，1～50	有	10μm	25μm	0.3～1MPa
	传统开关阀		继电控制	开关电磁铁		有	10μm	25μm	0.3～1MPa

13.2 比例电磁铁

比例电磁铁是一种直流电磁铁，与普通换向阀用电磁铁的不同主要在于，比例电磁铁的输出推力与输入的线圈电流基本成比例。这一特性使比例电磁铁可作为液压阀中的信号给定元件。

普通电磁换向阀所用的电磁铁只要求有吸合和断开两个位置，并且为了增加吸力，在吸合时磁路中几乎没有气隙。而比例电磁铁则要求吸力（或位移）和输入电流成比例，并在衔铁的全部工作位置上，磁路中保持一定的气隙。

表 20-13-2 比例电磁铁的类型及工作原理

<table>
<tr><th>类型</th><th>工 作 原 理</th></tr>
<tr><td>力调节型电磁铁</td><td>这类电磁铁的行程短，只有 1.5mm，输出力与输入电流成正比，常用在比例阀的先导控制级上；在力控制型比例电磁铁中，用改变电流 I 来调节电磁力，并不要求电磁铁的动铁有明显的位移。借助于电放大器的电流反馈，即使电磁铁的阻抗有变化，电磁铁的电流及电磁力也能维持不变。电磁铁见图(a)中的(ⅰ)，其力-行程曲线见图(a)中的(ⅱ)

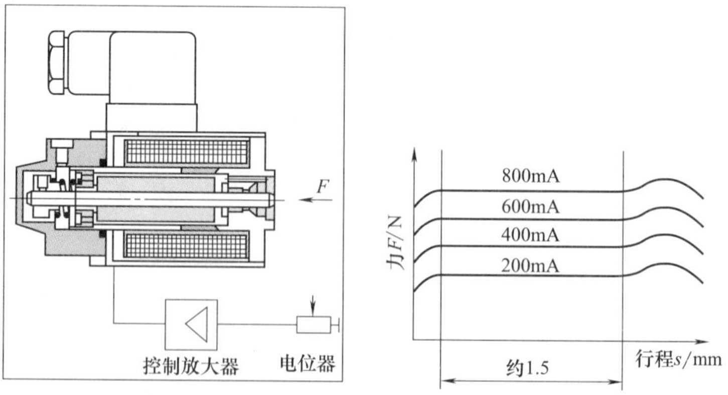

(ⅰ) 电磁铁 (ⅱ) 力-行程特性曲线

图(a) 力调节型比例电磁铁</td></tr>
<tr><td>行程调节型电磁铁</td><td>由力控制型加负载弹簧共同组成，电磁铁输出的力通过弹簧转换成输出位移，输出位移与输入电流成正比，工作行程达 3mm，线性好，可以用在直控式比例阀上</td></tr>
</table>

续表

位置调节型	对电磁铁动铁的位置进行闭环控制。只要作用在电磁铁的力在其允许的运行范围内，动铁的位置与承载力无关。由于采用了电反馈，滞环和重复误差很小。衔铁的位置由传感器检测后，发出一个阀内反馈信号，在阀内进行比较后重新调节衔铁的位置。阀内形成闭环控制，精度高，衔铁的位置与力无关，精度高的比例阀如德国的博世、意大利的阿托斯等都采用这种结构。电磁铁见图(b)中的(ⅰ)，其力-行程曲线见图(b)中的(ⅱ) 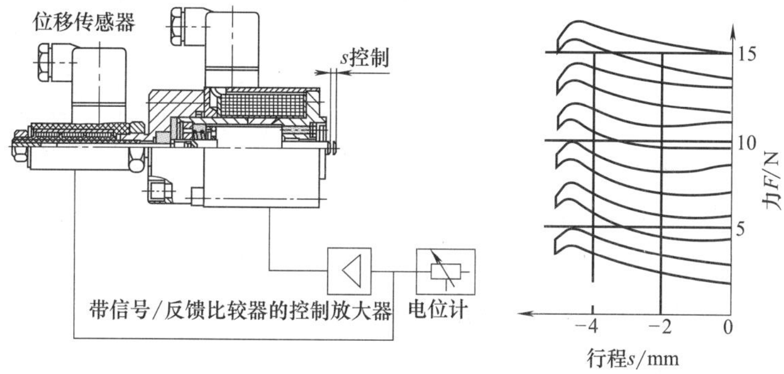 (ⅰ)电磁铁　(ⅱ)力-行程特性曲线 图(b)　位置调节型比例电磁铁

13.3　比例放大器

比例阀与放大器配套使用，放大器采用电流负反馈，设置斜坡信号发生器、阶跃函数发生器、PID 调节器、反向器等，控制升压、降压时间或运动加速度及减速度。断电时，能使阀芯处于安全位置。

对比例放大器的基本要求是能及时地产生正确有效的控制信号。及时地产生控制信号意味着除了有产生信号的装置外，还必须有正确无误的逻辑控制与信号处理装置。正确有效的控制信号意味着信号的幅值和波形都应该满足比例阀的要求，与电-机械转换装置（比例电磁铁）相匹配。为了减小比例元件零位死区的影响，放大器应具有幅值可调的初始电流功能；为减小滞环的影响，放大器的输出电流中应含有一定频率和幅值的颤振电流；为减小系统启动和制动时的冲击，对阶跃输入信号能自动生成可调的斜坡输入信号。同时，由于控制系统中用于处理的电信号为弱电信号，而比例电磁铁的控制功率相对较高，所以必须用功率放大器进行放大。

表 20-13-3　　比例放大器

种类	根据比例电磁铁的特点，比例放大器大致可分为两类：不带电反馈的和带阀芯位移电反馈的比例放大器。前者配用力控制型比例电磁铁，主要包括比例压力阀和比例方向阀；后者配用位移控制型比例电磁铁，主要有比例流量阀等 根据动作与功能的不同要求，放大器又细分为以下几类。 1)插头式放大器　不带位移控制的简单放大器。它做成插头形式，能直接插到电磁铁上 2)盒式放大器　放大器安装在一个带连接插头的盒子中。它结构紧凑，抗振动，防水。这种形式的放大器，主要用于行走机械控制中 3)印刷电路板式放大器　采用 100mm×160mm 电路板形式，带一个 DIN6161 2-FG32 插入式接口。在每一个引脚的对应接线端子位置上，都用个英文字母“b”和“z”带一个数字 1～32 来表示，如 b10，z28。这种类型的放大器，主要应用于工业领域。放大器能够安装在一个离它所连接的比例阀较远的电气柜中 因为比例阀存在多种型号及附加功能，导致了市面上有多种形式的比例阀放大器
基本功能	用一个 BOSCH-REXROTH 公司生产的带有位移控制型比例电磁铁的比例阀印刷电路板式放大器作为例子，来说明它的基本功能。放大器为印刷电路板式结构，可以从框图中看到实现其控制功能的方法。这个图也能用于接线目的。见图(a)

续表

基本功能		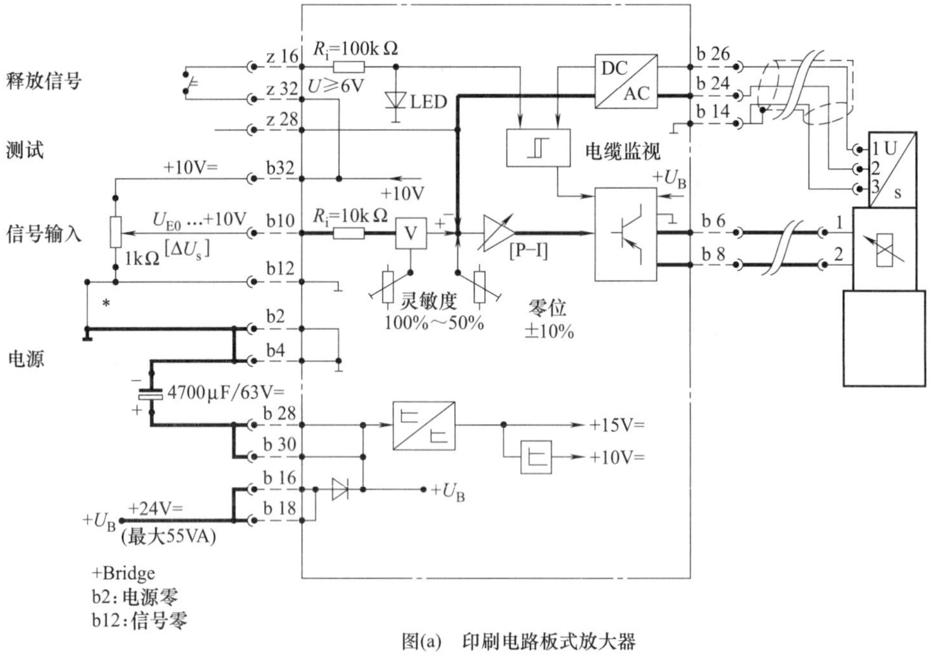 图(a) 印刷电路板式放大器
	供电电压	通常情况下,印刷电路板式放大器的电源为 24V DC,对于插头式及盒式放大器用 12V 或 24V DC 放大器的电源电压是通过 b16/b18 脚供给的,可用稳定的电池电压,在工业控制中也可用经整流后的交流电压。电源电压输出端子为 b2/b4。电源电压允许范围,取决于电压的波动性。比例放大器的输入功率,取决于电磁铁的功率 电源电流可用下式计算 $$P=UI \quad (20\text{-}13\text{-}1)$$ 取 $U=24$V,对于 $P=25$W,I 大约 1A;对于 $P=50$W,I 大约 2A 在实践中,注意应有大约 20%的安全裕量。根据通过电流大小来选择导线截面积。电源输入及输出用了两个接线端。为了防止电源极性接反时造成的损失,在电源端子 b16/b18 后,直接接一个反向保护二极管
	稳压电容	稳压电容用于稳定经滤波的电源电压,也能用于抑制干扰脉冲,以及储存电磁铁切断时的电磁能量(快速断开) 在有些放大器中,如果采用电池作为供电电源(残波<10%),不需要滤波电容,参见相关样本 由于物理尺寸的原因,稳压二极管口可不直接装在放大器上 推荐电容:4700μF,63V 注意:当电源电压是在稳压电容上直接测量时,会测量到直流脉动尖峰值
	稳压器	在电源电压输入后,直接接稳压器。它产生一个稳定的 15V 直流电压,作为内部电子器件电源。10V 电压是由 15V 稳定电压降压而来的,并通过 b32 引脚引出,作为给定电位器的电源电压
	给定输入	输入信号(U_E=0～10V)通过 b10 端子输入。参考点是 b12"控制零",它必须与地相连。当比例放大器与供电电源相距较远(>1m)时,应单独设置信号零线,而不能直接连到放大器的"电源零"上。这是因为在"电源零"导线上的 1～2A 的电流会产生电压降,从而提高了控制信号低电位的电平
	位移传感器	电源位移传感器采用差动变压器(电感分压)原理。它需用一个频率相对较高的交流电压作为电源。交流电压由一个振荡器产生,通过 b26/b14 端子输入传感器。实际信号,即中心抽头的电压,为振荡电压的 50%,并随铁芯位移成比例地变化,变化值为±10%。为了与给定值比较,位移信号通过 b24 端子返回放大器,经解调转变为直流电压信号。放大器与传感器之间,用一个三芯屏蔽电缆连接。采用一个 100pF/m 的电容,最大电缆长度可达 60m 注意:最好是通过测量点 z28,来测量电磁铁衔铁位移,它是通过整流的

续表

基本功能	控制与输出级	设定值与实际值在控制器，即比例放大器的心脏进行比较。系统的结果误差，通过一个 PI 环节处理，以得到控制变量，见图(b)。控制变量的功率放大，是在输出级中完成的，然后传输给电磁铁。为了减小输出级的功率损失，输出电压为脉宽调制型，这可使印刷电路板的发热最小。输入电磁铁的能量随着开/关率变化，当电磁铁输入为 100%时，方波电压以电源电压为基础，开/关比为 1∶1，时钟频率大约为 0.3～1kHz
	控制与输出级	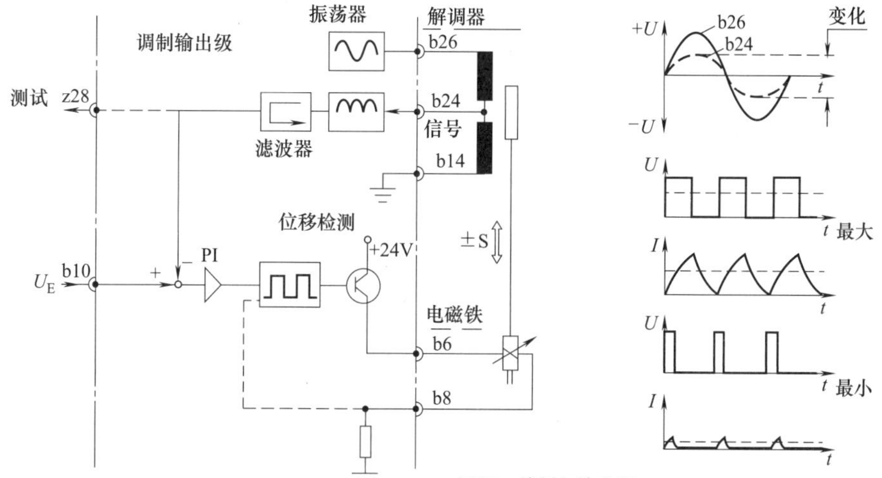 图(b) 控制与输出级 在 b6/b8 端子上测到的输出级的方波电压峰值，与 24V 电源电压基本相同。当开/关频率为最大值 1∶1 时，电磁铁平均电压为 U_{rms}大约 12V。这与 100%工作时间的电磁铁额定电压一致 电磁头有效电流及由它产生的电磁力，随着电压变化。电磁铁线圈的感抗，使电流相对电压产生变形 注意：电磁铁电压及电流的测量都要用示波器来进行
	切断信号和电缆断路监视	仅简单地切断电流，是不能保证可靠的紧急停止的。这是因为电容中还储存有能量，它能使系统继续动作一段时间。因为这个原因，一个 36V 的信号通过个特殊端子(z16)输入，去直接切断输出级，并提供了一个 LED 显示来监视输出级的切断 在带位移闭环控制的比例阀中，如果传输电缆断路，那么控制器将给输出级输出最大信号(设定/实际值偏差)。为了避免产生这种危险情况，位移传输电缆应加以监视。如果信号超出所允许的工作范围，输出级将被切断
	比例方向阀的死区补偿	在比例方向阀中位，有±20%阀芯位移(总量)的正遮盖量。大多数情况下，这种"死区"影响，是通过所谓的死区补偿电路来减小到最低程度，而它原始位置的密封性又得以保证。0～0.3V 的小幅值给定信号，将被放大为大约 0～1.3V，这意味着即使一个很小的给定信号，也能使阀芯移动到阀口即将开启的位置。补偿区的大小与滑阀的正遮盖范围相匹配。见图(c) 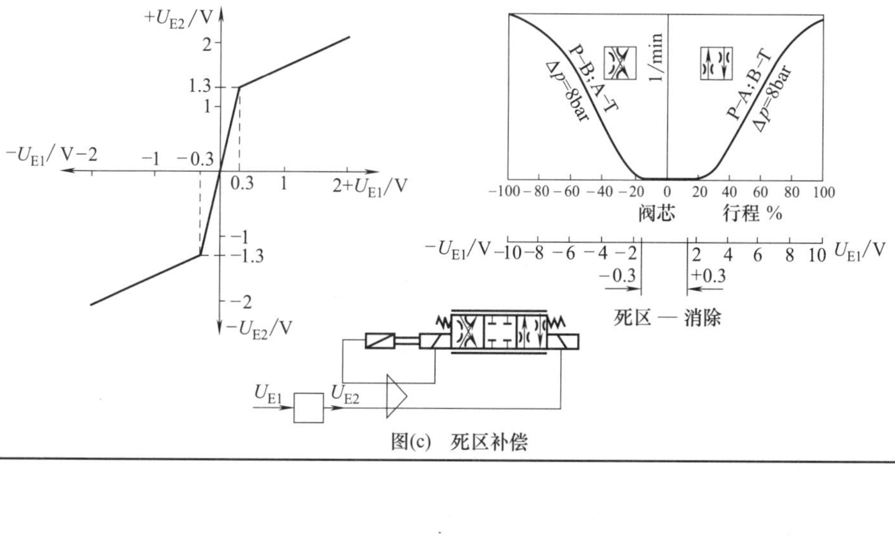 图(c) 死区补偿

续表

<table>
<tr><td rowspan="4">调整</td><td colspan="2">由于制造公差的原因，就要使阀与放大器彼此协调一致，即进行调整。为了保证单个元件的可互换性，当一个阀或放大器投入使用或更换时，通过调节放大器上的电位器来完成这种调整
一边改变设定值，一边观测液压输出信号，即压力或流量，被证明是一种最实用的调整方法。流量也可通过测量负载的速度来得到。调整电位器位于印刷电路板的尾部，在插头式和盒式放大器中，要打开盖板才能调整。参考下列几点来进行详细的调整</td></tr>
<tr><td>比例压力阀</td><td>零点：由于压力阀特性曲线起始段平坦，比例压力阀压力不可能减小到 $p=0$。因此，规定设定电压为 2V 时，输出压力 $p=10\% p_{max}$
灵敏度：当给定信号为 10V 时，输出压力达到最大压力值
增益：在零点调整好后，调节增益电位器，特性曲线的斜率变化，当给定信号为 10V 时，液压输出信号达到最大值，参见图(d)
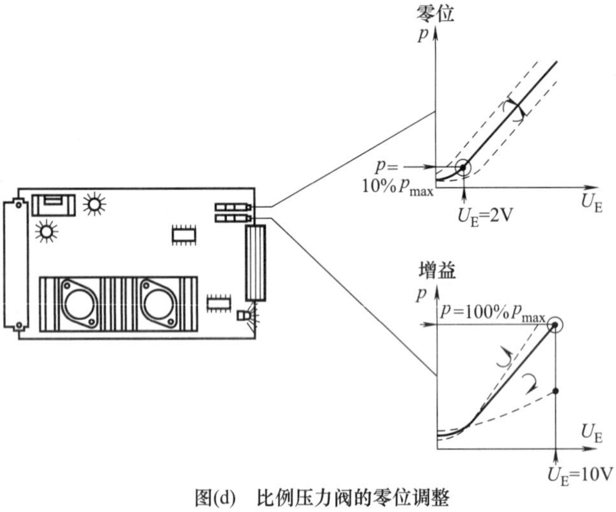
图(d)　比例压力阀的零位调整</td></tr>
<tr><td>比例节流阀</td><td>零点：给定信号为 0V 时，负载必须不动或将要开始运动。一旦释放信号去除，滑阀越过死区，阀口完全关闭(安全因素)
增益：给定信号为 10V 时，阀口完全打开，这一点最好用负载速度来确认。见图(e)
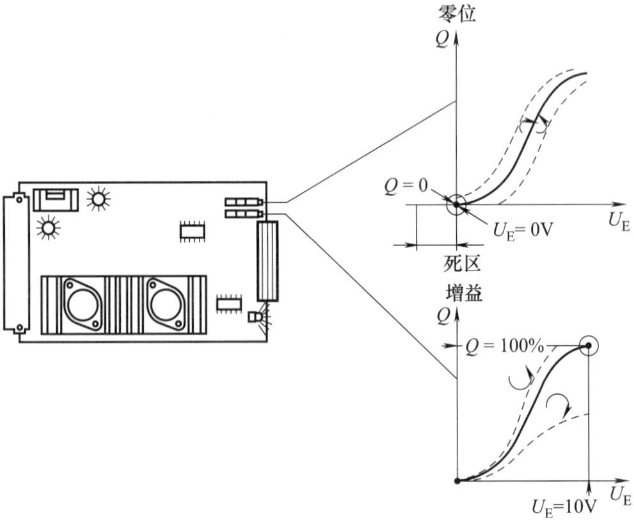
图(e)　比例节流阀零位的调整</td></tr>
<tr><td>比例方向阀</td><td>零点：调节调零电位器，使曲线轴对称，即死区被两个控制区域平分。在两个运动方向上加大给定值，同时观测负载开始运动的点，是一种最实用的方法
增益：在两个不同象限分别调节增益，给定信号取为＋10V 和－10V，方向阀芯行程应设定在 25%～110%范围内。这可以用来补偿非对称液压缸的不对称性。见图(f)</td></tr>
</table>

续表

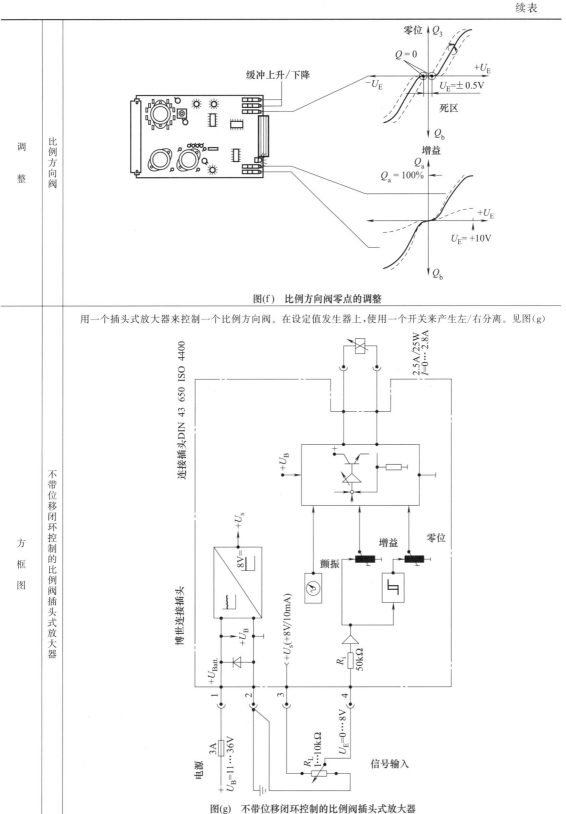

调整	比例方向阀	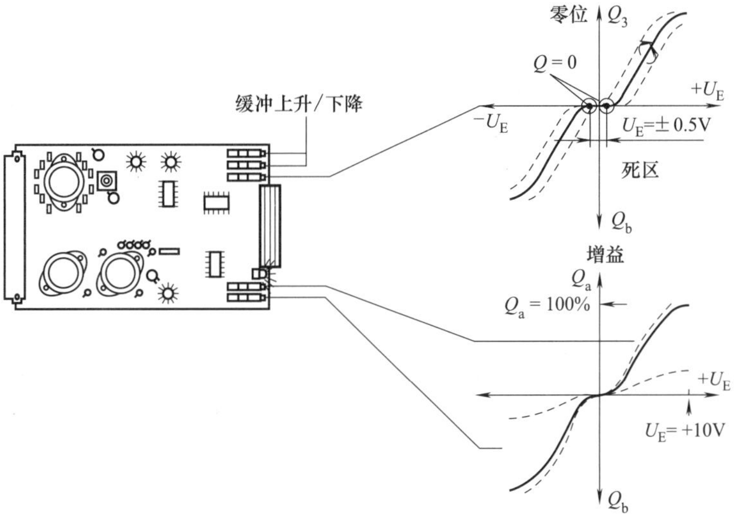 图(f)　比例方向阀零点的调整
方框图	不带位移闭环控制的比例阀插头式放大器	用一个插头式放大器来控制一个比例方向阀。在设定值发生器上,使用一个开关来产生左/右分离。见图(g) 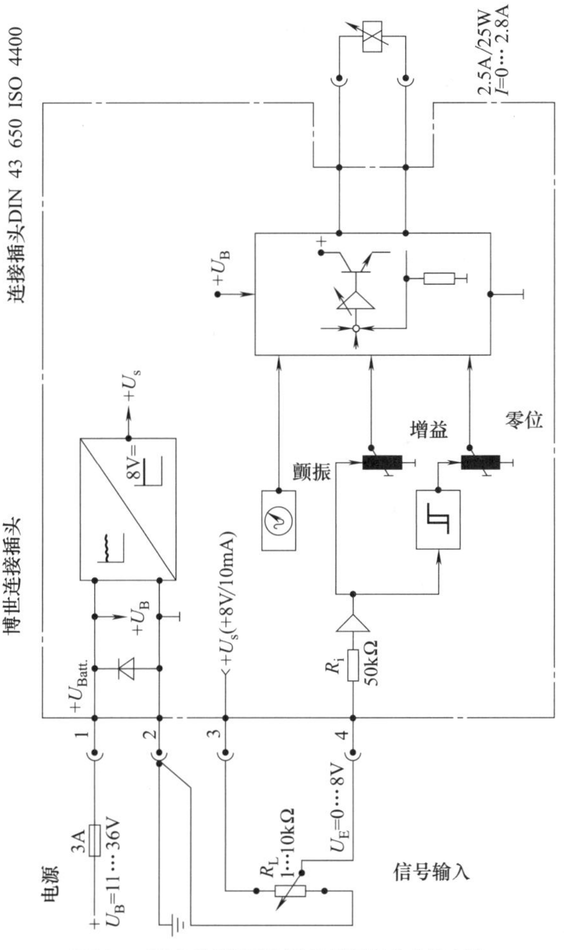 图(g)　不带位移闭环控制的比例阀插头式放大器

续表

双通道带缓冲放大器

方框图

用于带位移闭环控制的比例方向阀，参见图(h)。放大器提供了多个给定信号输入相加点 b10、z8、z10、z12、z14。通过短接 b20＋b22 能把缓冲切除

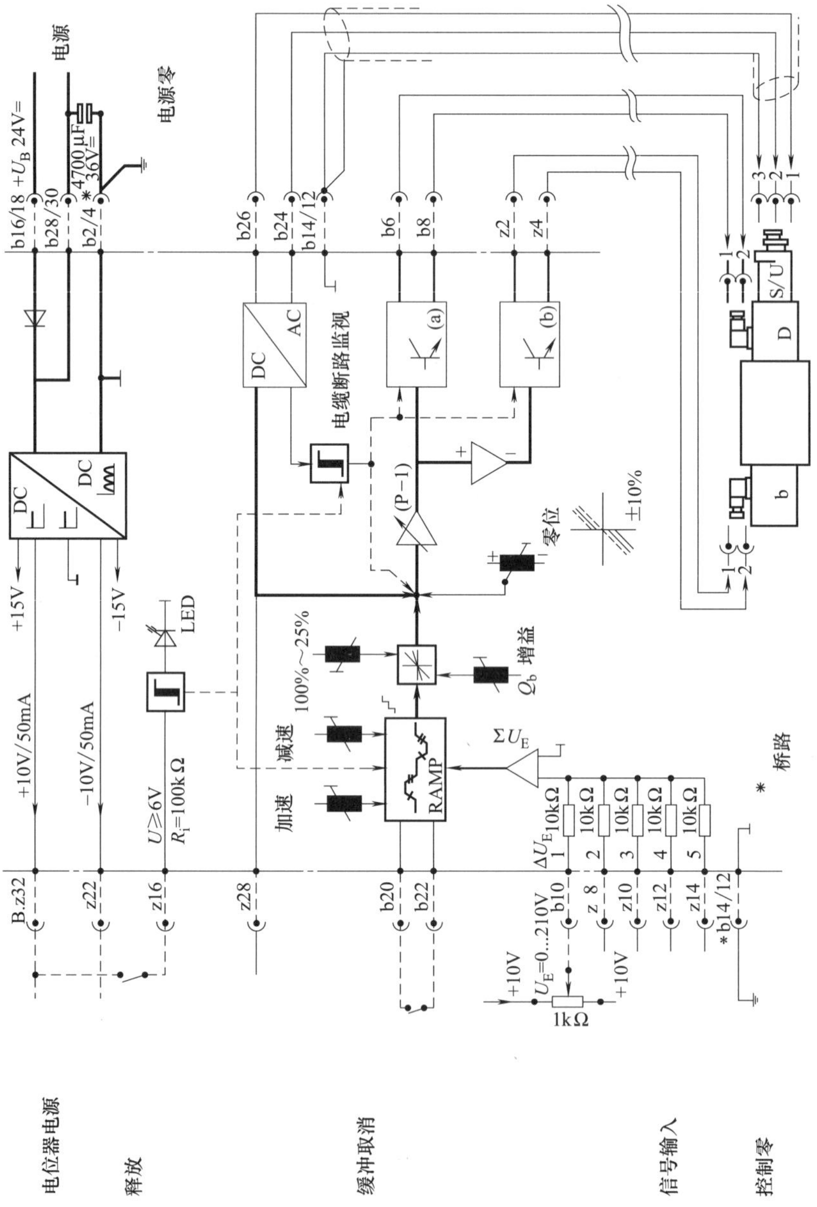

图(h) 双通道带缓冲放大器，用于带位移闭环控制的比例方向阀

续表

方框图	双通道带缓冲放大器	用于先导控制式比例阀见图(i)。这些放大器有两个位移控制回路，分别用于先导级和主级，两个位移控制回路是相互层叠的。位移传感器按差动变压器原理工作。振荡器及解调器集成在传感器中。电源及信号采用直流电压

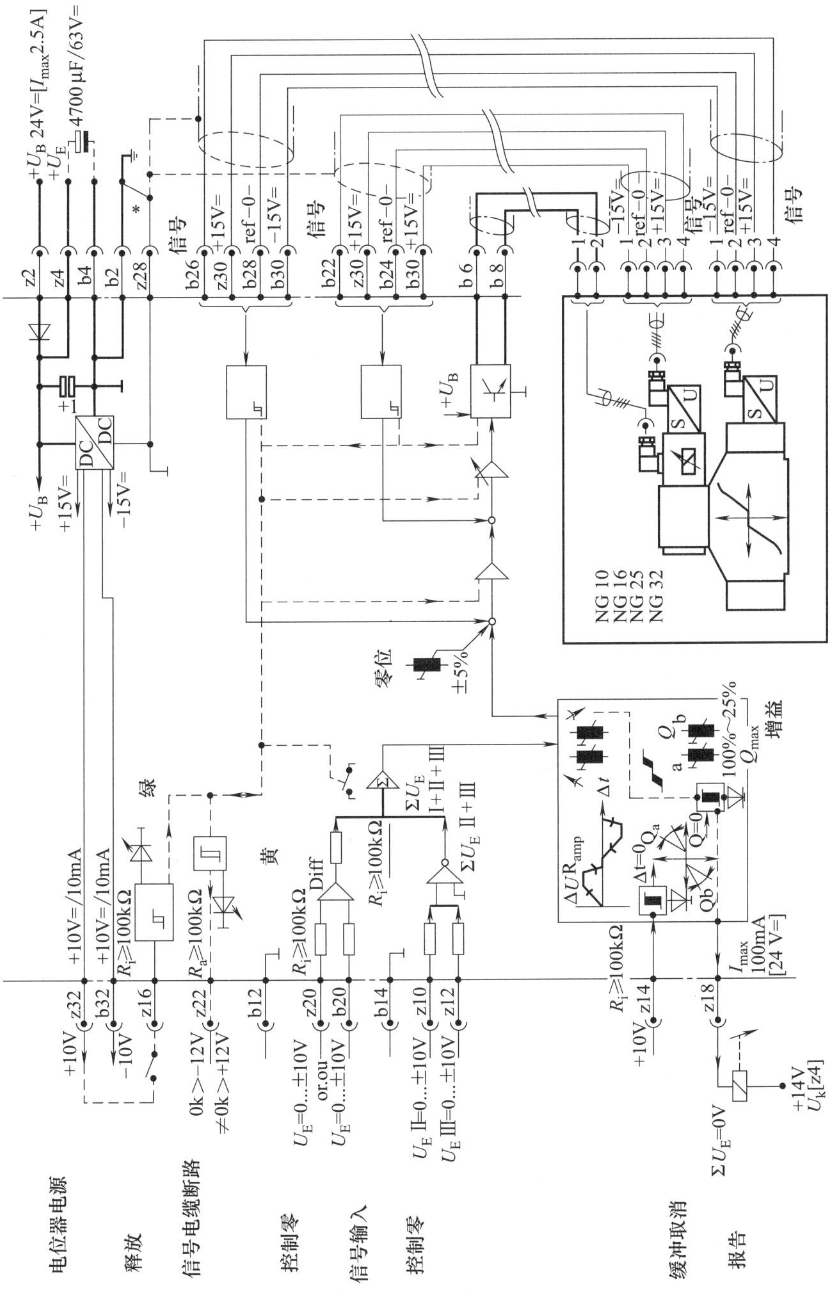

图(i)　双通道带缓冲放大器(用于先导控制式比例阀)

续表

设定电位器	对于单向控制比例阀，设定值是 0～+10V 电压信号。对于双向控制比例阀，它是双极性信号 $U_E=0\sim\pm10V$。最简单的方法，是通过一个电位器分压，再加到输入信号端(b10 端子) 电位器是一个带可变分压抽头的电阻器，参见图(j)。根据分压原理，若在电位器两端加上 10V 电压，那么 0～10V 之间的任何值，都能从分压抽头得到。必须给电位器提供一个稳定的 10V 电压。它通常来自放大器，如有必要，也可用外加的电压源 电位器的阻值，一定要与设定信号输入端的内部阻抗相匹配，通常取为内部阻抗的 10%。如内部阻抗为 10kΩ，电位器推荐阻值为 1kΩ 根据 $$I=\frac{U}{R} \tag{20-13-2}$$ 取 $U=10V$ 和 $R=1k\Omega$，产生一个电流为 $I=10mA$。根据放大器的型号不同，10V 稳压器的负载能力为 10～60mA 电液比例方向阀所需的信号电压 $U_E=0\sim\pm10V$，可以从一个两端接着 -10V 和 +10V 的电位器上分压得到。当然，也可以每个方向分别用一个电位器。参见图(k) 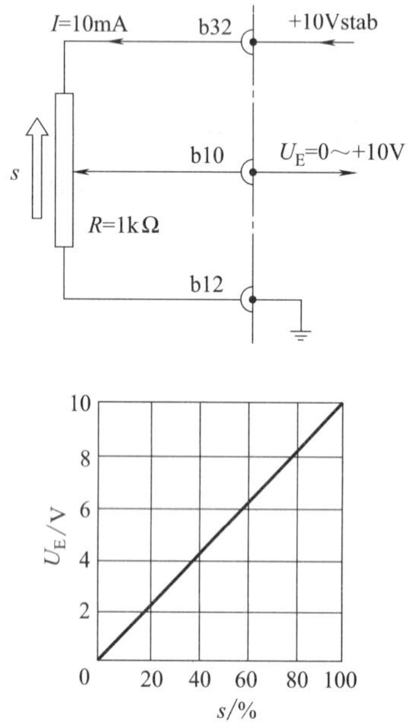 图(j)　可变分压抽头的电阻器 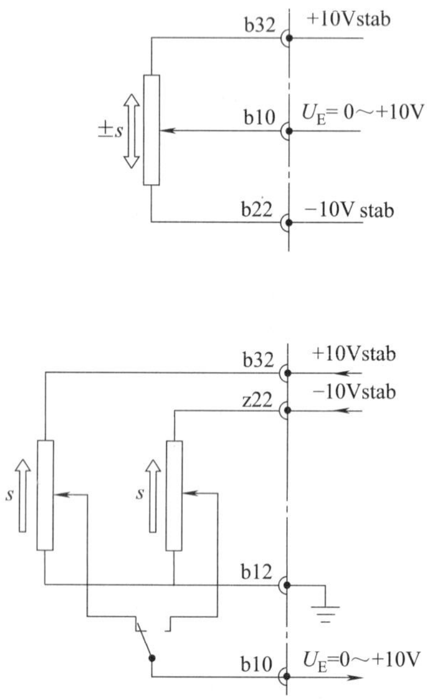 图(k)　一个和两个电位器分压
由设定器负载产生的线性误差	如果与放大器内部阻抗并联安装的电位器电阻过大，将引起分压的变形，这种误差随着设定电位器的阻值增大而增大，并且当分压抽头在中位时，这种影响达到最大。举例说明如下：设内部阻抗 $R_i=10k\Omega$，电位器阻值 $R_A=10k\Omega$，给定 50% 当量电阻 $$\frac{1}{R_E}=\frac{1}{5k\Omega}+\frac{1}{10k\Omega}$$ $$R_E=3.333k\Omega$$ 抽头电压 $$U_E=10\times\frac{3.333}{5+3.333}=3.99V$$

续表

<table>
<tr>
<td>由设定器负载产生的线性误差</td>
<td>

当抽头在 50%时，电刷上的电压是 3.99V 而非 5V，产生了大约 20%的误差，见图(l)

当给定电位器的内部阻抗为 1kΩ 时，产生的误差仅大约为 2.5%。主动电压源的给定信号(如 DA 转换器/阻抗变换器)的内部阻抗非常低，这在很大程度上能避免线性误差

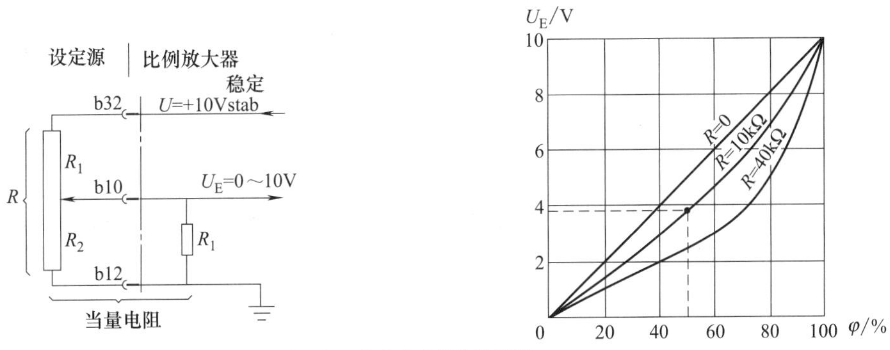

图(l)　由设定器负载产生的线性误差

</td>
</tr>
<tr>
<td>多个设定电位器的选择</td>
<td>

应用继电器或可编程控制器(PLC)，能对一组可调节的给定电位器进行逐个选择。当然单个电位器之间的切换是突然的，图(m)给出一些推荐的电路

①在切换电位器时，推荐应同时将供电电源切换掉。在这里，只有一只继电器通电，否则两个并联的电阻将使印刷电路板上的 10V 电源过载。最不利的情况，即当 $P_1=100\%$，而 $P_2=0\%$时，此时将产生短路

②采用切换继电器来保证互锁。这就是说，当几个继电器同时通电时，只有从右边开始的第一个继电器有响应

③采用二极管的电路也能保证互锁，尽管由于各个二极管的门槛电压不同，会产生微小的误差

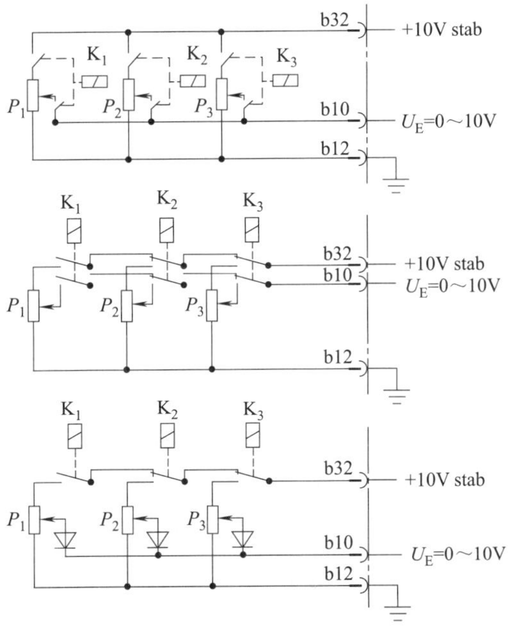

图(m)　多个设定电位器的选择

有些印刷电路板，有多个可同时使用的输入信号相加点。根据接触器切换时间的不同，当一个信号电压切换到另一个时，可能会产生正或负信号重叠。为了避免这种现象，当信号变化时，最好是保持第一个信号不变，然后再通过相加或相减去产生所需的信号，见图(n)

</td>
</tr>
</table>

续表

多个设定电位器的选择	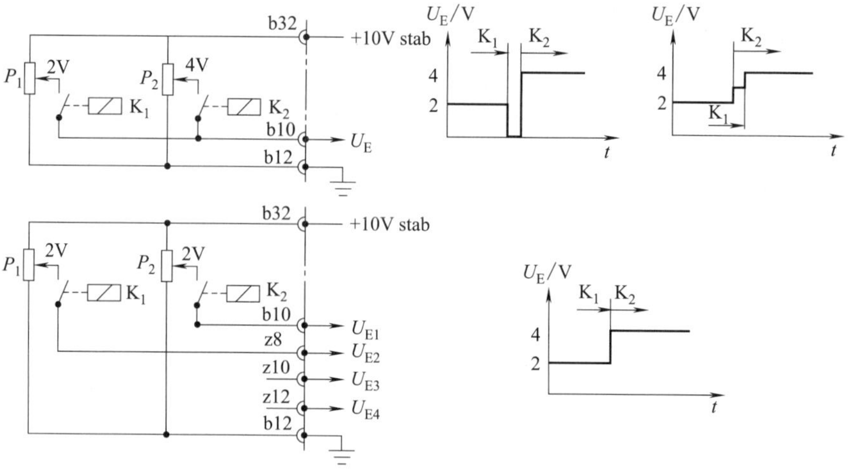 图(n)　信号的叠加
信号电流转换为电压信号	一种常见的信号形式是 $I_E=0\sim20$mA 电流信号。对于比例放大器来讲，它必须转换为相应的电压 $U_E=0\sim10$V。这种转换在分流器产生，它按欧姆定律工作，见图(o) 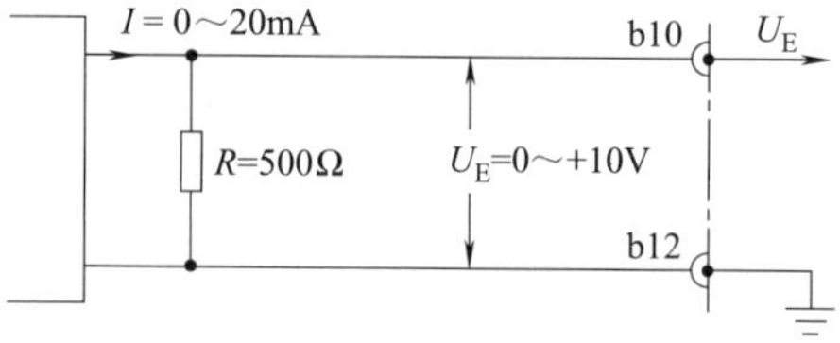 图(o)　电流信号
来自随机存储式可编程控制器(PLC)或微机的模拟电压	在比较高档的可编程控制器中，不仅是单个动作顺序能控制，它也能产生模拟电压信号。这些信号能直接进入比例放大器，而不必再通过电位器来“拐个弯”。采用一个 DA 转换器，基于微处理器的特定机械的控制器，也能给比例放大器提供电压信号
拨码开关	与电位器相比，它们能确保更精密的调节及更好的重复性。按照 BCD 码，将几部分电压组合起来，并通过 DA 转换器转换为一个 0～±10V 的模拟信号，见图(p) 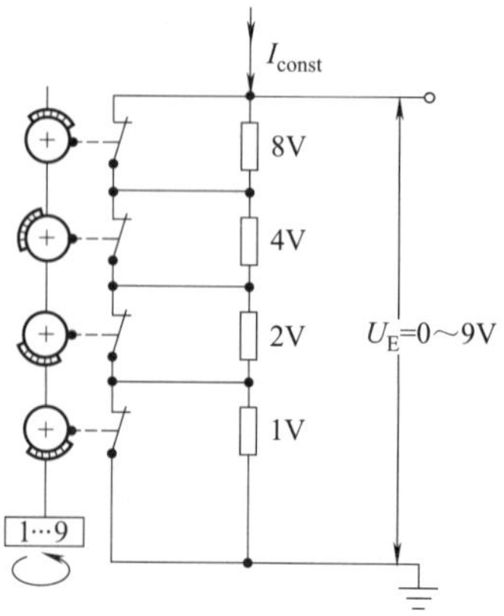 图(p)　拨码开关

续表

缓冲器

缓冲器能够对切换函数进行精确控制，是比例阀相对于传统开关阀的重要优点之一。例如，这一点在加速、减速过程，压力机和塑料机械的压力上升过程中，都是至关重要的。在这里，设定电压按斜坡形曲线慢慢改变，而不是突然改变。用来产生作为时间函数的设定电压的电子函数组，称为“缓冲器”，见图(q)

缓冲器是建立在对电容充电，电压缓慢上升这一原理上的。电容的电荷变化率及与它相应的缓冲斜率，可通过一个可调电阻来改变

在一个简单的 RC 网络中的电压，根据指数函数变化，缓冲器等同于一充电电流恒定的线性积分器

缓冲时间取决于缓冲斜率及初始值与终值之间的差值。在这里，调节的是倾角，而不是缓冲时间本身。当用比例节流阀时，这对应于负载的加速、减速。尽管在通常情况下，上升及下降斜率可分开调整，但也可以是一致的

初始值和终值是由设定值的电位所决定的

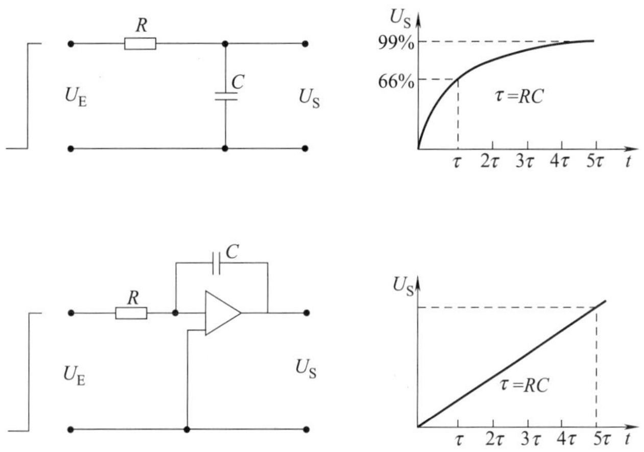

图(q)　缓冲器

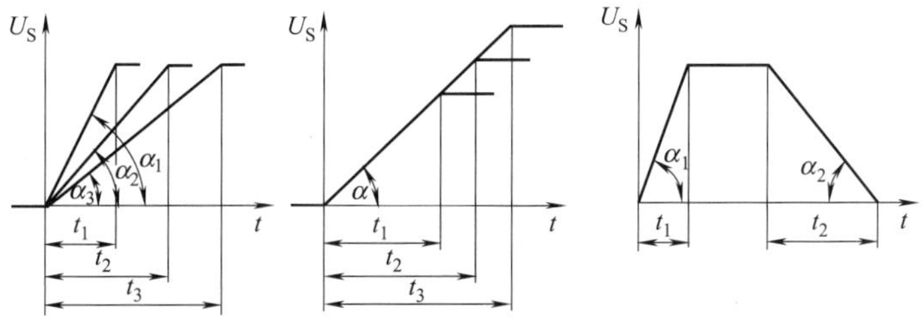

图(r)　上升和下降斜率的调整

缓冲器位于比例放大器设定输入中。它或者集成在比例放大器印刷板上，或者(作为一个单独的电子器件)包含在设定输入中，见图(s)

根据不同的型号规格，缓冲器用一个电位器来调节，电位器在电路板上或者是单独的，见图(r)

缓冲器象限识别：当带有缓冲功能的比例方向阀通过它们的零位时，尽管阀芯运动方向保持不变，但液压缸活塞运动方向却改变了。一个方向的减速，变成了另一个方向的加速。这意味着，为了保持两个运动方向上的加速度一致，当比例阀切换时，也应将缓冲器从一个象限切换到另一个象限，带象限识别功能的缓冲器，这个过程是自动完成的，见图(t)

续表

缓冲器	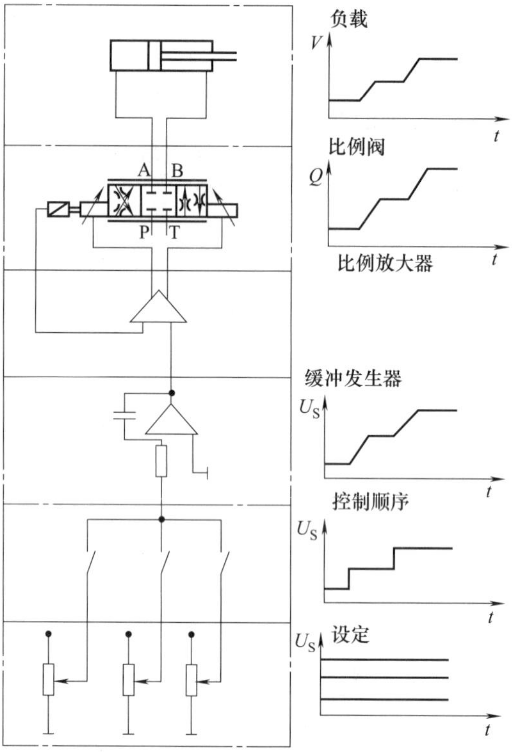 图(s)　缓冲器的设定 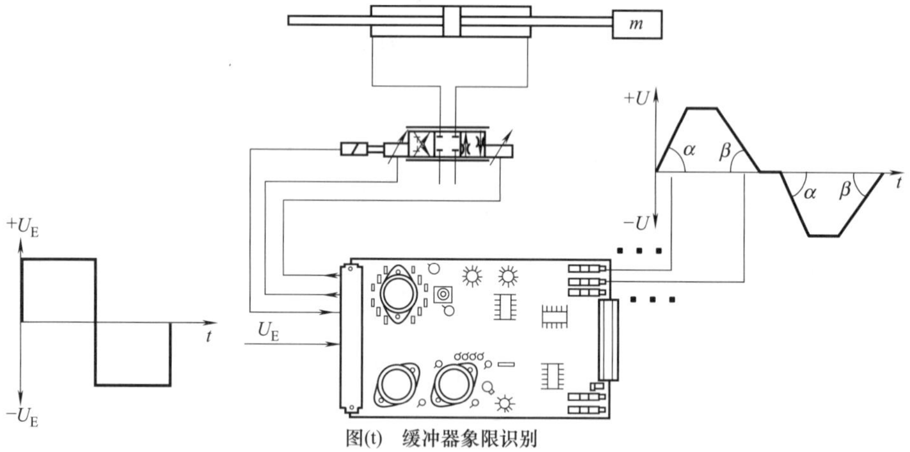 图(t)　缓冲器象限识别 可编程缓冲:在高性能 PLC 系统中,可通过编程产生一个积分器。它实际上是对突变信号的缓冲。合适的微处理器时钟周期,是防止产生小阶跃电压的先决条件 带有设定信号及缓冲的印刷电路板(PCB): 如图(u)所示 PCB 内含了一个具有缓冲目的的信号设定级。它位于比例阀放大器的设定输入之前。各功能描述如下 2 个固定设定信号+10V 和−10V(快速返回) 4 个可调设定信号 0～±10V,采用电位器 P_1～P_4 调节,(b32)和(z22)提供了+10V 电压源 6 个设定信号的选择输入,它是通过电子继电器实现的,当端子(z24)～(b26)与地相连时,继电器闭合 两个缓冲时间,分别用于加速及减速 通过电位器 P5～P8 及开关 1 和 2,缓冲时间在 t=0.05～20s 可调。用(b30)选择斜率 $a1$ 和 $b1$ 根据不同需要,通过开关 3 和 4,选择在低速 P_2 和 P_3 到停止时是否加缓冲 缓冲,带有象限识别 (b28)与地连接时,缓冲切除

续表

缓冲器	外加设定信号的附加输入器(b10)或位于旁路上的差动输入(z16/z14)，主输出端(z20)，位于缓冲器之前附加输出端(z10)和(z12) 用 LED 显示设定信号的选择输入和缓冲模式，见图(v) 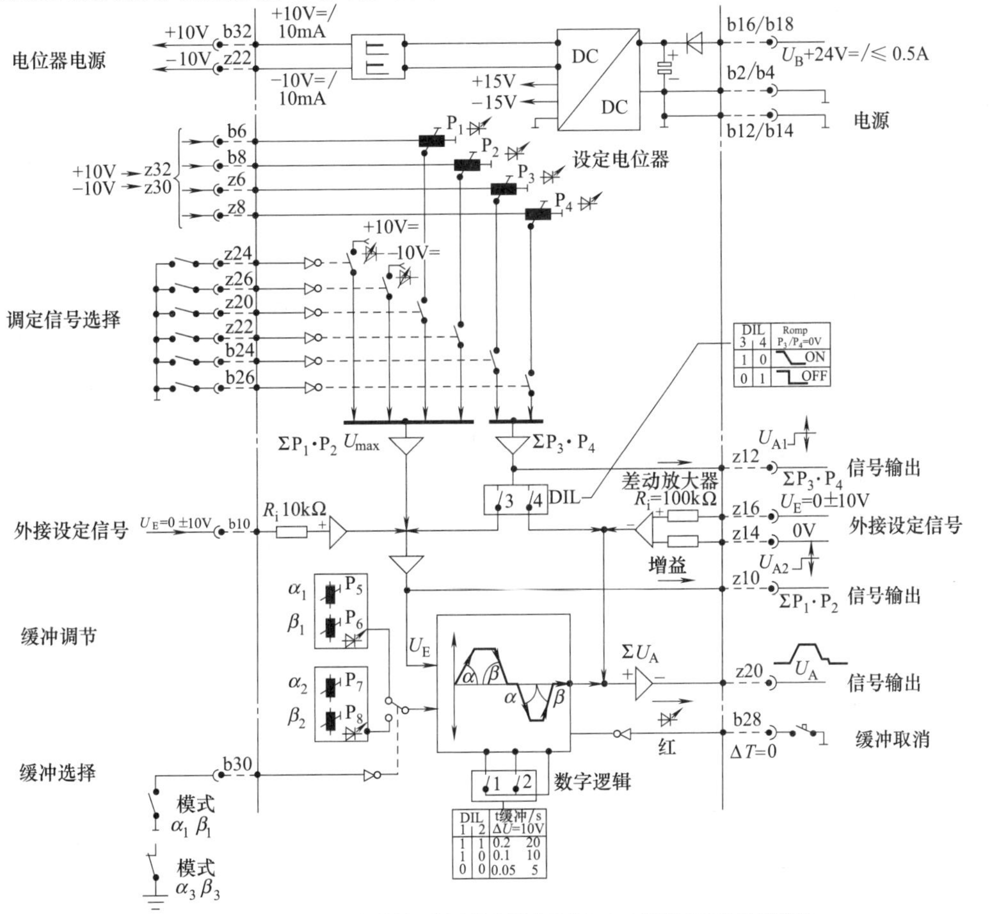 图(u)　带有设定信号及缓冲的印刷电路板(PCB)带端子标识的方框图 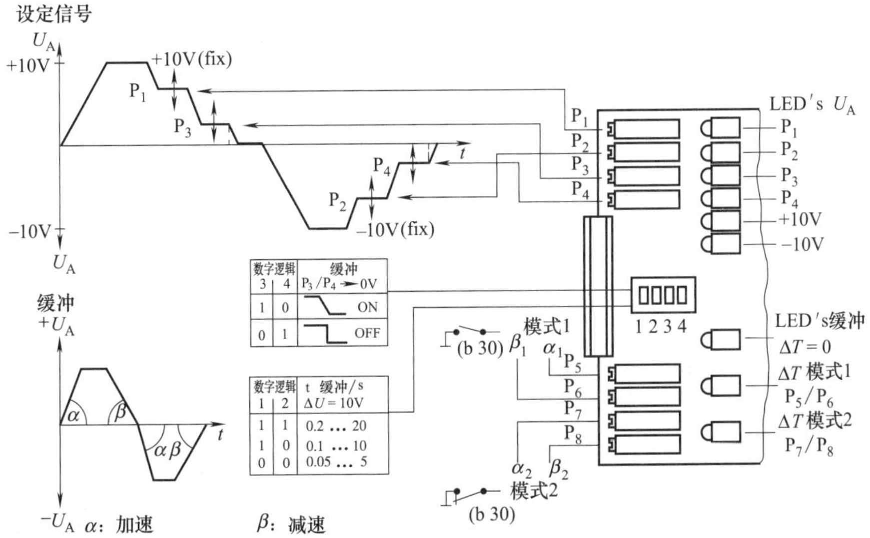 图(v)　用LED显示设定信号的选择输入和缓冲模式

续表

VT2000比例放大器——比例压力阀用的放大器

如图(w)所示为 VT2000 比例放大器的结构框图，它主要由差动放大器 1、斜坡函数发生器 2、电流调节器 3、振荡器 4、脉宽调制输出级 5、电压单元 6 和解调器 7 等组成，图中 8 为比例电磁铁

用方框图来解释比例放大器的功能。电源电压加到端子 24ac(＋)和 18ac(0V)上。电源电压在放大板上进行处理，并由此平稳的电压 6 产生一个±9V 的电压，此稳定的±9V 的电压用于：

①供给外部或内部指令值电位器；

②供给内部运行的放大器

VT2000 放大器，通过指令值输入 12ac 进行控制。此输入电压相当于测量零点(M0)的电位，最大电压为＋9V(端子 10ac)

指令值输入，可直接连接到电源 6 的＋9V 测量电压上，也可连接到外部指令值电位器上。假如指令值输入直接连接到测量电压上，则输入电压的值，因而电磁铁的电流可由电位器 R_2 来决定，如用外部指令值电位器，则 R_2 的作用为限制器。

VT2000 的指令值，也能通过差动放大器(端子 28c 和 30ac)输入，此时，端子 28c 对端子 30ac 的电位应是 0～＋10V。如果采用差动放大器输入，则必须仔细地将指令电压切入或切出，使两信号线与输入连接或断开

斜坡发生器 2，根据阶跃输入信号产生缓慢的上升或下降的输出信号。输出信号的斜率，可由电位器 R_3(对向上斜坡)和 R_4(对向下斜坡)进行调节。规定的最大斜坡时间 5s，只能在整个电压范围为＋9V 时才能达到。假如小的指令值阶跃加到斜坡发生器的输入，则斜坡时间会相应缩短

在电流调节器 3 上，斜坡发生器 2 的输出信号和电位器 R_1 的值相加，借助于振荡器 4 的调节，产生导通输出级的大功率晶体管的脉宽信号，此脉冲电流作用在电磁铁上，就像一恒定电流叠加了颤振信号

电流调节器 3 的输出信号，输到输出级 5，输出级 5 控制电磁铁输出级 8，其最大电流为 800mA。通过电磁铁的电流，可在测量插座 X2 处测得，斜坡发生器的输出，可在测量插座 X1 处测得

外部控制：

①通过电位器遥控及用继电器激活；

②通过差动放大器的输入进行遥控；

③斜坡切除(Ramp off)用于上升和下降

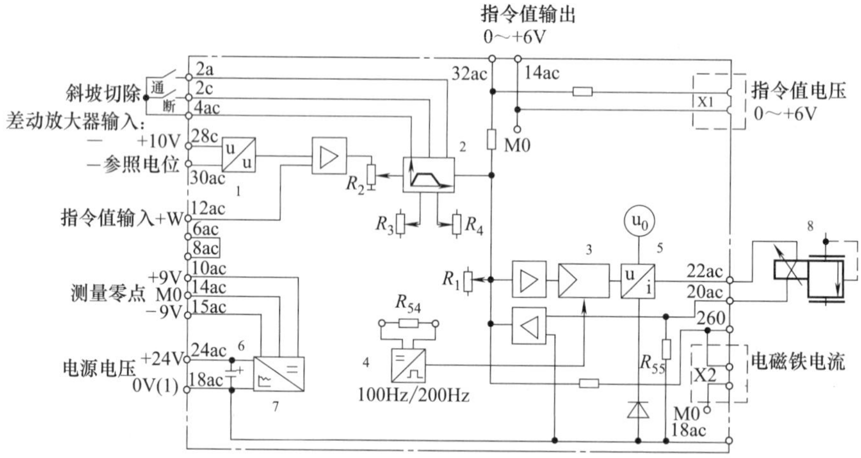

图(w)　VT2000比例放大器

VT3000比例放大器——无阀芯位置反馈比例方向阀的比例放大器

见图(x)，下面用方框图来解释比例放大器的功能。电源电压加到端子 32ac(＋)和 26ac(0V)，加到比例放大器上，电源电压在放大板上进行稳压处理，并由此平稳的电压产生一个稳定的±9V 电压。此稳定的±9V 的电压用于：

①供给外部或内部指令值电位器；

②供给内部运行的放大器

VT3000 放大器有 4 个对于 M0 单位的指令值输入和一个差动放大器输入(端子 16a 和 16c)。为了设定指令值电压，四个端子 12a、8a、10a 和 10c，必须连接到稳定的＋9V 电压(端子 20c)或－9V(端子 26ac)。此四个指令值输入，可直接连到电源单元 8 的±9V 电压上，也可连到外部指令值电位器上。假如四个指令值输入直接连到±9V 电压上，四个不同的指令值可由电位器 R_1 到 R_4 来设定。当使用外部指令值电位器时，内部电位器 R_1 到 R_4 的作用为限制器。指令值通过继电器触头 K1 到 K4 来取值

续表

<table>
<tr>
<td colspan="2">VT3000
比例放
大器——
无阀芯
位置反
馈比例
方向阀
的比例
放大器</td>
<td>

假如指令值电压不是由内部电路而是由外部电路来提供，则必须利用差动放大器输入。如果采用差动放大器 2 输入，则必须仔细将指令电压切入或切出，使两信号线与输入连接或断开，斜坡发生器 4，根据阶跃的上升输入信号产生缓慢上升的输出信号。输出信号的上升时间（斜率），可由电位器 R_8 进行调节。规定的最大斜坡时间（1s 或 5s），只能在全电压范围（为 0～±6V，在指令值测量插脚处测得）时达到

在输入端±9V 的指令值电压，在指令值测量插脚处产生±6V 的电压。假如小于±9V 的指令值输到斜坡发生器 4 的输入端，则最大斜坡时间会缩短

斜坡发生器 4 的输出信号，输到加法器 6 和阶跃函数发生器 5。阶跃函数发生器 5 在其输出端产生一阶跃函数，并和斜坡发生器 4 的输出信号在加法器 6 中相加。此阶跃函数，用于使滑阀快速通过比例方向阀的正遮盖区域

此快速跳跃只在指令值电压高于 100mV 时才起作用。如果指令值电压增高到高于此值，此阶跃函数发生器 5 输出一个恒定的信号

加法器 6 的输出信号输出到电流调节器 7 的两个输出级，振荡器 9 和功率放大器 10。对放大器输入端的正的指令电压，电磁铁 B 的输出级受控制，对放大器输入端的负的指令值电压，电磁铁 A 的输出级受控制

差动放大器的输入从 0～±10V。为了达到放大器和外部控制电路高阻抗的隔离，需要这样的输入

继电器 K6 可用于给出电压的摆动，即通过继电器触头 K6，可将电压从－9V 转换到＋9V。当输出端 2a 连接到某一指令值输入端时，通过动作相关的电磁铁和电磁铁 K6（触头 4c）能使方向相反

为动作电磁铁 K5，斜坡发生器应被跨接，即不让其起作用

电磁铁的动作电压必须从 28c 获取，并通过无反冲电位触头输到电磁铁的输入端 8c，4a，6a 和 6c

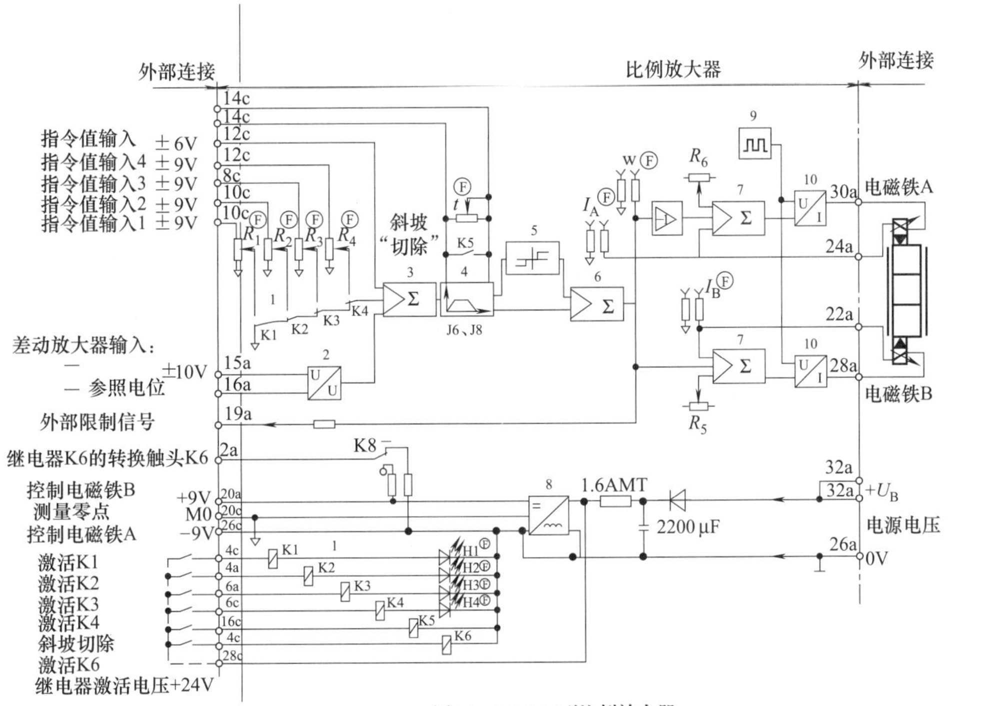

图(x)　VT3000型比例放大器

</td>
</tr>
<tr>
<td>VT5005
比例
放大器</td>
<td>指令值
预选</td>
<td>VT5005 比例放大器是用于带阀芯位置反馈比例方向阀的比例放大器。见图(y)。进行指令值预选以获得可变电压的最简单的方法，是将输出端 30a（K6 的转换触头）连到一个或几个指令值输入（14c，14a，20a，20c）上。见图(z)。4 个指令值输入处的电压为 9V，可用电压分配器 P1 到 P4 将指令值电压调节到所需的负指令值，并能由继电器 K1 到 K4 来启动（继电器的激活的 d1～d4）。转换触头 K1 到 K4 的串联，确保每一次只能预选一个指令电压（指令值输入 20c 具有最高的优先权）</td>
</tr>
</table>

续表

VT5005比例放大器	指令值预选	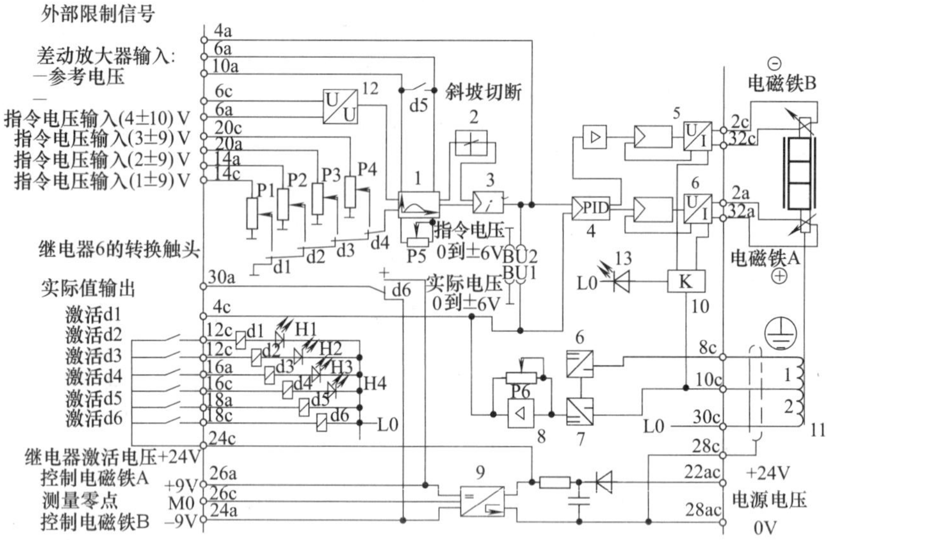 对0V供给电压,测量零点(M0)上升9V交流 P1～P4=指令值 P5 =斜坡时间 P6 =增益 H1～H4=指令值激活的辉光二极管 d1～d6=继电器的激活 1—斜坡发生器; 2—阶跃函数发生器; 3—加法器; 4—PID控制器; 5—输出级; 6—振荡器; 7—解调器; 8—匹配放大器; 9—电源单元; 10—断线检测; 11—位移传感器; 12—差动放大器; 13—断线指示辉光二极管 图(y) VT5005比例放大器的方框图和插脚配置 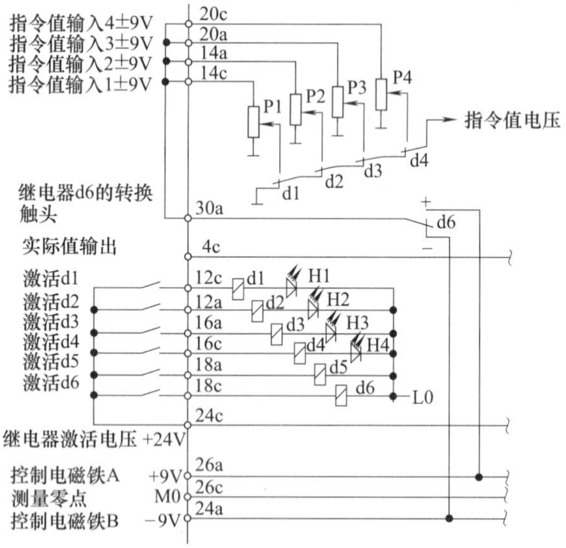 图(z) 内部指令值预选 指令值输入的极性(正指令值电压),能用转换触头 K6 转换,和继电器 K1 到 K4 不同,继电器 K6 的状态没有显示,所需转换的指令值电压的极性,也可以是负的。更好的办法是,指令值电压能从正值连续变为负值。这可用外部指令值电位器来达到。见图(a′) +9V(26a)和-9V(24a)的电压加到电压分配器上,因而它能提供从-9V 到+9V 的连续变化的电压,此电压可作为指令值的输入信号

续表

VT5005 比例放大器

指令值预选

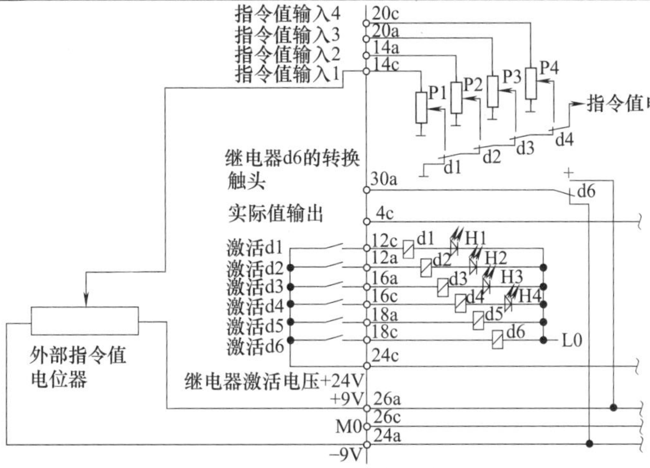

图(a′)　外部指令值预选

为了避免在指令值阶跃变化时液压系统的冲击(例如指令值输入从某一值变到另一值),放大电路板配有斜坡发生器 1。在设定时间内,它将从上一个指令值开始,到现时要加的指令值进行积分。故斜坡发生器是将新的指令值电压加于平滑,见图(b′)

通常,积分时间(斜坡时间)能在 0.03s 到 5s 之间变化。此变化可用调节多圈电位器 P5(放大器面板上的斜坡时间按钮)来达到。如果需要,通过继电器 K5(激活 d5)或将触头 8a 和 10a 跨接的方法,来切除斜坡发生器。用匹配的 VT5005 比例放大器进行斜坡时间的调节

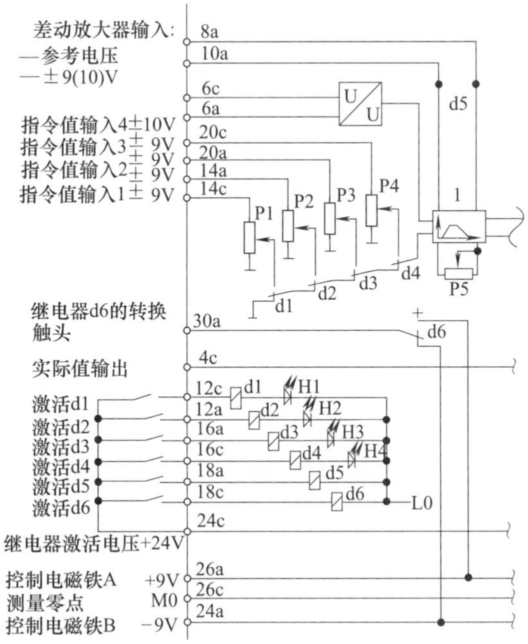

图(b′)　斜坡发生器

简要说明

用于设定斜坡时间的匹配器,使 VT5005 比例放大器有可能精确地调节斜坡时间,以满足要求的数值

原理:在 VT5005 比例放大器连接器的插脚 6a 和 10a 处,测量斜坡电位器的电阻。在此电阻和斜坡积分器阻值的基础上,能精确地决定斜坡时间。反过来,对于一定的斜坡时间,斜坡电位器的电阻,也能进行计算和设定。采用下列公式,精确计算在给定斜坡时间应有的电阻值

$$R = 100t + 2.7 \tag{20-13-3}$$

式中　R——斜坡电位器的电阻,kΩ;

t——斜坡时间

一般,对于大多数应用场合,下面的简化公式就足够了

$$R = 100t \tag{20-13-4}$$

续表

<table>
<tr><td rowspan="3">VT5005
比例
放大器</td><td>简要
说明</td><td>对于很小的斜坡时间(0.03～0.1s),此简化公式还不够精确。在此情况下,可采用精确公式。注意,此关系式仅能用于调节从 0.03～5s 的 VT5005 比例放大器
①利用相应的公式,决定所需斜坡时间必要的电阻
②切断电源,小心地将 VT5005 比例放大器从机架上取下
③将数字万用表转换到电阻测量挡(量程为 2000kΩ),并和运行板(8a,10a)连接
④用斜坡电位器设定所算得的电阻值(对于小的电阻值,用最合适的量程)
⑤合上电源,继续工作</td></tr>
<tr><td>实际
值的
采集</td><td>见图(c′)。闭环系统需要将实际点信号值和电指令值进行比较。此实际值必须正比于阀芯的行程,并应较好地、信号无损失地被检测到,为此,可采用电感式位移传感器 7
在此类阀中,位移传感器集成在阀内。其工作原理是差动变压器形式的位移传感器。它由三个线圈和一个铁芯组成,其铁芯和移动的阀芯连在一起。根据滑阀阀芯的位置变化,能在固定不动的线圈绕组 1 和 2 上感应出变化的电压,振荡器 4 向电感式位移传感器 7 提供交流电压,解调器 5 使传感器的有效信号和实际值 6 的形式相适应
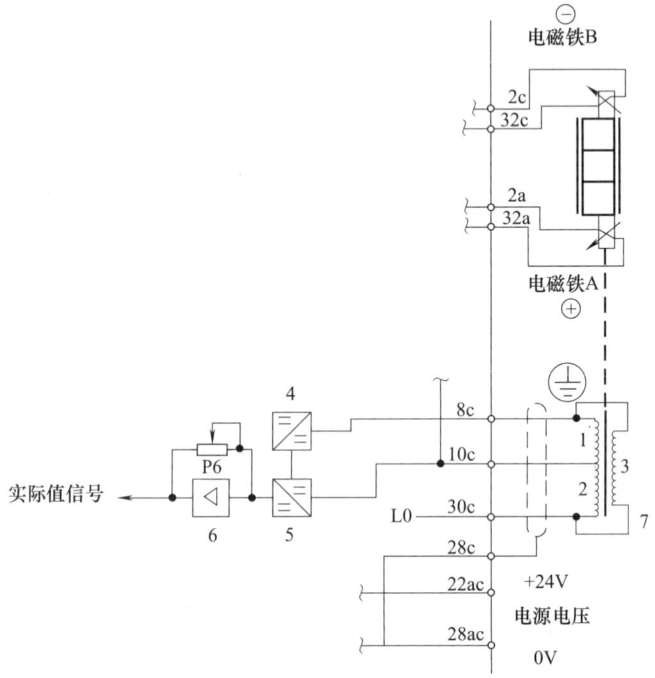

图(c′) 实际值的采集</td></tr>
<tr><td>阶跃
函数
发生器</td><td>从设计的角度出发,在控制阀口打开让油液流过之前,滑阀应有一定的行程(遮盖量)。假如在遮盖量范围内,滑阀阀芯的位移精确地跟随指令值的变化,则在过了遮盖量之后的行程中,控制变量(阀口轴向开度)就不会跟随指令值呈比例的变化(阀口轴向开度等于阀芯位移减去固定的遮盖量)
此情况可由阶跃函数发生器来弥补,阶跃函数发生器产生的阶跃信号,叠加到指令值上,能使滑阀阀芯迅速地越过中位的遮盖量。见图(d′)
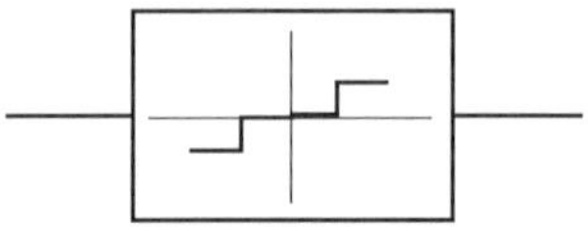
图(d′) 阶跃函数发生器</td></tr>
</table>

续表

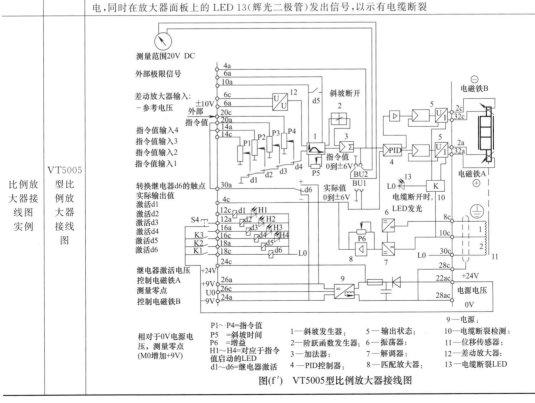

VT5005比例放大器	PID控制器	见图(e′)。PID控制器(比例-积分-微分作用)是一个电子回路，它把用斜坡和阶跃函数发生器校正过的指令值和实际信号值相加，实际值和指令值的正负号不同，因此，只将指令值和实际值的绝对值差值，即误差信号，用来作为控制器的信号 根据上述的误差信号，控制器得出控制信号，并通过两个输出功率级 5 中的一个，控制阀动作以纠正误差，直至误差信号为 0(指令值＝实际值)。在指令信号为正时，电子回路控制电磁铁 B；在指令信号为负时，电子回路控制电磁铁 A 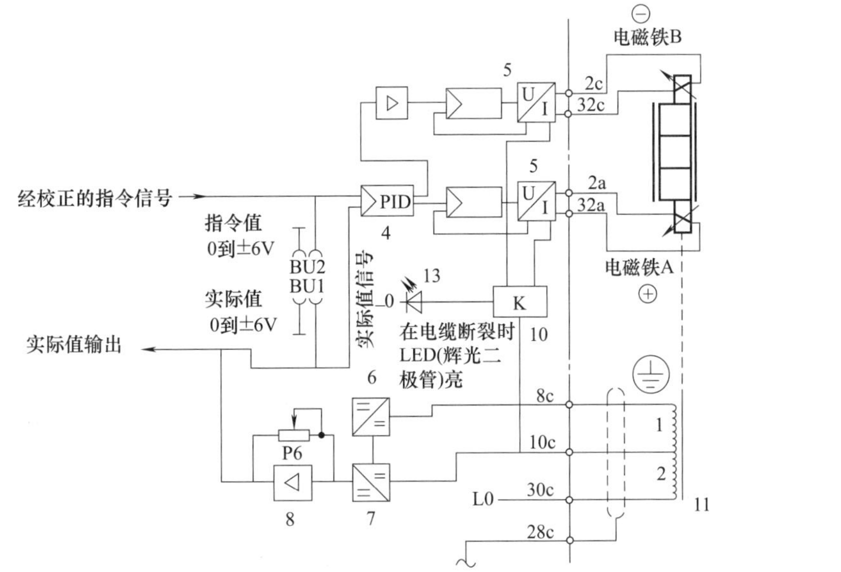 图(e′)　PID控制器 电缆断裂检测，监控电感式位移传感器 11 的电源电缆，在此电缆断裂时，它使两个电磁铁(A 和 B)均失电，同时在放大器面板上的 LED 13(辉光二极管)发出信号，以示有电缆断裂
比例放大器接线图实例	VT5005型比例放大器接线图	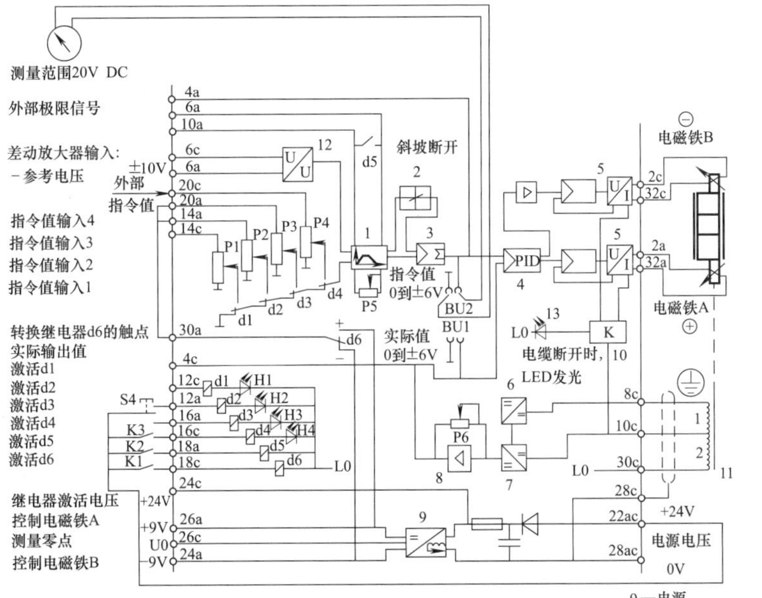 P1～P4=指令值 P5　=斜坡时间 P6　=增益 H1～H4=对应于指令值启动的LED d1～d6=继电器激活 1—斜坡发生器；　2—阶跃函数发生器；　3—加法器；　4—PID控制器； 5—输出状态；　6—振荡器；　7—解调器；　8—匹配放大器； 9—电源；　10—电缆断裂检测；　11—位移传感器；　12—差动放大器；　13—电缆断裂LED 图(f′)　VT5005型比例放大器接线图

续表

<table>
<tr>
<td rowspan="2">比例放大器接线图实例</td>
<td>VT2000先导式比例溢流阀接线图</td>
<td>
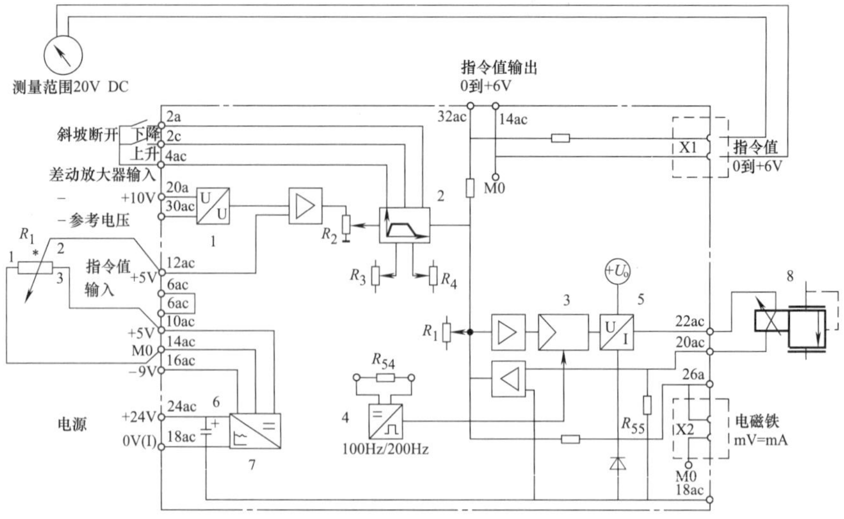

相对于0V电源电压，测量零点(M0)增加+9V

R_1= 最大电流
R_2= 偏量电流
R_3= 斜坡时间“上升”
R_4= 斜坡时间“下降”

1— 斜坡发生器；
2— 电流调节器；
3— 输出状态；
4 —振荡器；
5 — 电源；
6 — 电磁铁；
7 — 差动放大器；
8 — 特性曲线生成器

图(g′) VT2000先导式比例溢流阀接线图
</td>
</tr>
<tr>
<td>VT5005三位四通比例阀控制液压缸接线图</td>
<td>
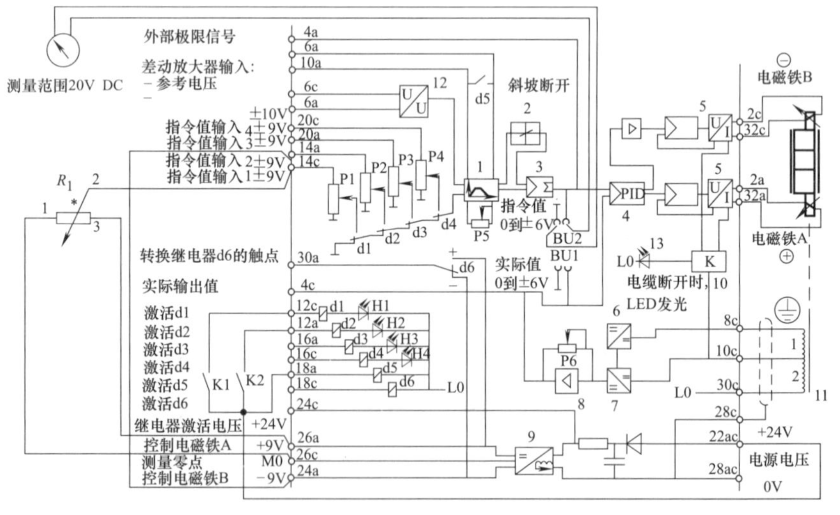

相对于0V电源电压，测量零点M0增加+9V

P1～P4=指令值
P5 =斜坡时间
P6 =增益
H1～H4=对应于指令值启动的LED
d1～d6=继电器激活

1—斜坡发生器；
2—阶跃函数发生器；
3—加法器；
4—PID控制器；
5— 输出状态；
6 —振荡器；
7—解调器；
8— 匹配放大器；
9— 电源；
10—电缆断裂检测；
11— 位移传感器；
12— 差动放大器；
13—电缆断裂LED

图(h′) VT5005三位四通比例阀控制液压缸接线图
</td>
</tr>
</table>

续表

比例放大器接线图实例	VT5010速度控制接线阀	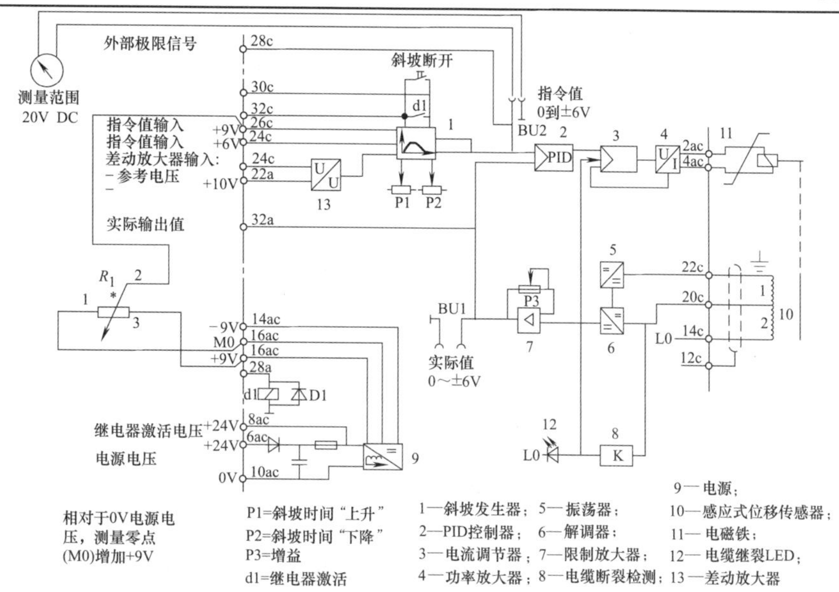 图(i′)　VT5010速度控制接线图

13.4　电液比例压力阀

电液比例压力控制阀（简称电液比例压力阀），其功用是对液压系统中的油液压力进行比例控制，进而实现对执行器输出力或输出转矩的比例控制。可以按照不同的方式对电液比例压力阀进行分类：按照控制功能不同，电液比例压力阀分为电液比例溢流阀和电液比例减压阀；按照控制功率大小不同，分为直接控制式（直动式）和先导控制式（先导式），直动式的控制功率较小；按照阀芯结构形式不同，可分为滑阀式、锥阀式、插装式等。

电液比例溢流阀中的直动式比例溢流阀，由于它可以作先导式比例溢流阀或先导式比例减压阀的先导级阀，并且根据它是否带电反馈，决定先导式比例压力阀是否带电反馈，所以经常直接称直动式比例溢流阀为电液比例压力阀。先导式比例溢流阀多配置直动式压力阀作为安全阀；当输入电信号为零时，还可作卸荷阀用。

电液比例减压阀中，根据通口数目有二通和三通之分。直动式二通减压阀不常见；新型结构的先导式二通减压阀，其先导控制油引自减压阀的进口。直动式三通减压阀常以双联形式作为比例方向节流阀的先导级阀；新型结构的先导式三通减压阀，其先导控制油引自减压阀的进口。

比例压力阀可实现压力遥控，压力的升降可通过电信号随时加以改变。工作系统的压力可根据生产过程的需要，通过电信号的设定值来加以变化，这种控制方式常称为负载适应型控制。这类阀的液压构件，沿用传统的压力阀，只是用带或不带位置调节闭环的比例电磁铁，替代用来调节弹簧预压缩量的调节螺钉或调节手轮。

表 20-13-4　比例压力阀典型结构与工作原理

类型	结构与工作原理
直动式比例溢流阀	这种比例溢流阀采用座阀式结构，它由如下几部分构成：壳体 1，带电感式位移传感器 3 的比例电磁铁 2，阀座 4，阀芯 5，压力弹簧 6，见图(a) 这里采用的比例电磁铁是位置调节型电磁铁，用它代替手动机构进行调压 给出的设定值，经放大器产生一个与设定值成比例的电磁铁位移。它通过弹簧座 7 对压力弹簧 6 预加压缩力，并把阀芯压在阀座上。弹簧座的位置，即电磁铁衔铁的位置(亦即压力的调节值)，由电感式位移传感器检测，并与电控器配合，在位置闭环中进行调节。与设定值相比出现的调节偏差，由反馈加以修正。按照这个原理，消除了电磁铁衔铁等的摩擦力影响。由此得到了精度高、重复性好的调节特性：最大调定压力时，滞环＜1%，重复精度＜0.5%

续表

类型	结构与工作原理
直动式比例溢流阀	最高调定压力，以压力等级为准（25bar，180bar，315bar）。不同的压力等级，通过不同的阀座直径来达到。因电磁力保持不变，当阀座直径最小时压力最高 图(b)为 25bar 压力等级的特性曲线，表明最大调定压力还与通过溢流阀的流量有关 在设定值为零，比例电磁铁及位移传感器电路中无电流时，得到最低调节压力（此值取决于压力等级及流量） 弹簧 6 是用来在信号为零时，将衔铁等运动件反推回去，以得到尽可能低的 p_{min}。如阀是垂直安装，弹簧 6 还要平衡衔铁的重量 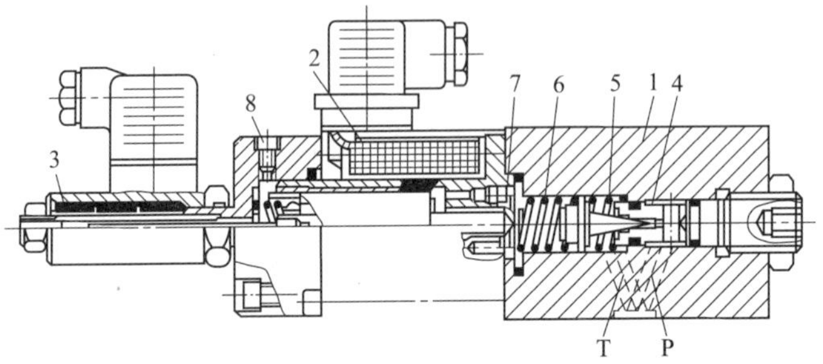 图(a) DBETR直动式比例溢流阀(带闭环位置反馈和弹簧预压缩) 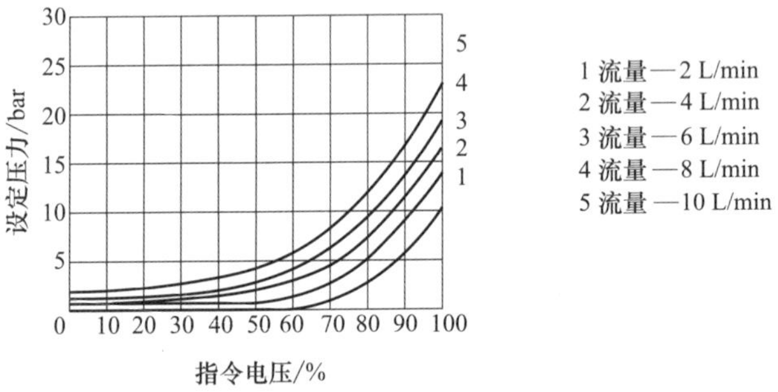 图(b) 设定压力与指令电压的关系
先导式比例溢流阀	大流量阀一般采用先导式结构。这种阀由下面几个主要部分组成：带有比例电磁铁 2 的先导级 1，最高压力限制阀 3（供选择），带主阀芯 5 的主阀 4[见图(c)] 先导式比例溢流阀的基本功能与一般先导式溢流阀相似，其区别在于，先导阀由比例电磁铁代替调压弹簧，它是一个力调节型比例电磁铁。如在电控器中预调一个给定的电流，对应地就有一个与之成比例的电磁力作用在先导锥阀芯 6 上。较大的输入电流，意味着较大的电磁力，相应产生较大的调节压力；较小输入电流，意味着较小的电磁力，相应产生较低的调节压力。由系统（油口 A）来的压力，作用于主阀芯 5 上。同时系统压力通过液阻 7、8、9 及其控制回路 10，作用在主阀芯的弹簧腔 11 上。通过液阻 12，系统压力作用在先导锥阀 6 上，并与电磁铁 2 的电磁力相比较。当系统压力超过相应电磁力的设定值时，先导阀打开，控制油流经 Y 通道回油箱。注意，油口 Y 处应始终处于卸压状态 由于控制回路中液阻的作用，主阀芯 5 上下两端产生压力差，使主阀芯抬起，打开 A 到 B 的阀口（泵-油箱） 为了在电气或液压系统发生意外故障时，例如过大的电流输入电磁铁，液压系统出现尖峰压力等情况下，能保证液压系统的安全，可选配一个弹簧式限压阀 3 作为安全阀。它同时也可作为泵的安全阀 在调节安全阀的压力时，必须注意它与电磁铁可调的最大压力的差值，此安全阀应仅对压力峰值产生响应 作为参考，这个差值可取为最大工作压力的 10% 左右。例如：最大工作压力为 100bar，则安全阀调定压力为 110bar 不同的压力等级（50bar，100bar，200bar，315bar），也是通过不同的阀座直径来实现。除了一般的特性曲线，如“流量-压力特性”，“流量-最低调节压力特性”之外，另一条重要的特性曲线是“控制电流-进口压力特性”

续表

类型	结构与工作原理
先导式比例溢流阀	作为例子,图(d)给出了压力级别为 200bar 的阀的特性曲线。对每一个压力等级,阀的最大压力总是对应于最大电流 800mA。实际上,人们只选择必要的压力等级,而不选较高的等级,以便得到尽可能好的分辨率 从特性曲线可知,当不配用 VT2000,而是用不带颤振信号的放大器时,会产生较大的滞环 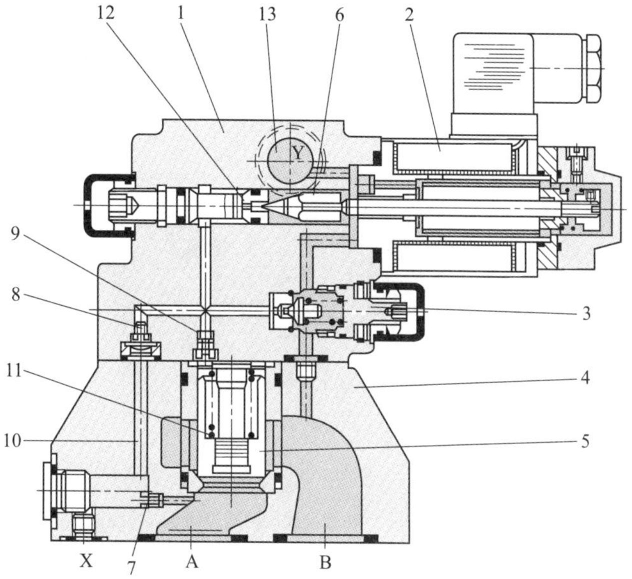 图(c)　DBEM 先导式比例溢液图(带限压阀) 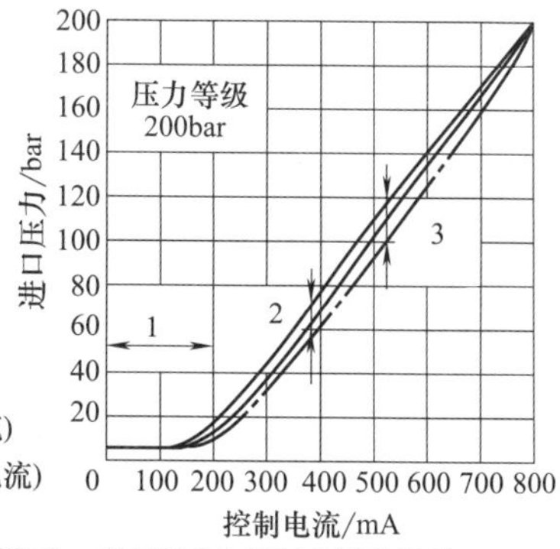 1—死区 2—滞环(加颤振电流) 3—滞环(不加颤振电流) 图(d)　进口压力和控制电流的关系
先导控制式比例减压阀(DRE 10、25 型)	与前述的溢流阀一样,电磁力直接作用于先导锥阀,见图(e)。通过调节比例电磁铁 2 的电流来调整 A 通道中的压力。在调定值为零的原始位置(在 B 通道中没有压力或流量),弹簧使主阀芯组件处于其输出口位置,A 与 B 之间的通道关闭,由此抑制了启动阶跃效应 A 通道的压力通过控制通道 6,作用到主阀芯 7 的端面上。B 中的油经通道 8,通过主阀芯引到小流量调节器 9。小流量调节器使从 B 通道来的控制油流量保持为常数,而与 A、B 通道间的压力差无关 从小流量调节器 9 流出的控制油进入弹簧腔 10,通过孔道 11 和 12,并经阀座 3,由 Y 通道 14、15、16 流回油箱 A 通道中希望达到的压力,由配套的放大器预调。比例电磁铁把锥阀芯 20 压向阀座 13,并把弹簧腔 10 中的压力限制在调定值上。如果 A 通道中的压力低于预调的设定值,则弹簧腔中较高的压力驱使主阀芯向右移动,打开 A 与 B 之间的通道 当 A 通道的压力达到调定值时,主阀芯上的力也达到平衡 A 通道中的压力×主阀芯 7 面积=弹簧 10 腔中的压力×阀芯面积+弹簧力 17 的弹力 如果 A 通道中压力上升,则阀芯向着使 B 到 A 的阀口关闭的方向移动

续表

<table>
<tr><th>类型</th><th>结构与工作原理</th></tr>
<tr><td>先导控制式比例减压阀（DRE 10、25 型）</td><td>

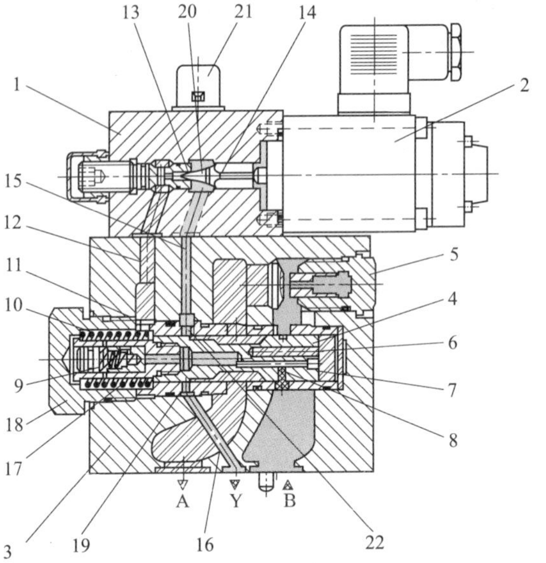

图(e)　DRE先导式比例减压阀及其电控器

如果要使 A 腔（例如缸被制动）降压，则可对设定值电位器预调一个较低的压力值。通过电磁铁的作用，这个低压值即刻就反映到弹簧 10 腔中

作用在主阀芯面积上的 A 腔的较高压力，把主阀芯压在螺堵 18 上，使 A 到 B 的通道关闭，打开 A 到 Y 通道。弹簧 17 的弹簧力，与主阀芯端面 7 上的液压力相平衡。主阀芯在这个位置时，A 通道的油经控制阀口 19 经 Y 流回油箱

当 A 腔压力，降到弹簧腔 10 中的压力加上与弹簧力相应的压差 Δp 时，主阀芯移动并关闭从 A 到 Y 的控制阀口（开在阀套中的很大的控制口），A 腔中与新的设定值相比高出约 10bar 的剩余压差，将通过小孔 22 卸除。通过这一措施，得到一个较好的没有压力分谐波的瞬态响应过程。为了使油能从 A 通道自由流向 B 通道，可选配单向阀 5。与此同时，A 通道中另一部分油液，通过主阀芯打开的控制阀口，由 A 经 Y 流回油箱

为了保证液压系统在电磁铁的电流超过允许值、A 通道产生高压时能安全运行，DREM 型先导比例溢流阀安装了弹簧式最高压力限制阀 21

对于在 B 通道中使用一个节流阀（例如比例方向阀）进行节流制动的系统，在油液经单向阀 5 由 A 流到 B 的同时，通过并联的 Y 通道进入油箱的那一部分油液，将影响 A 通道中负载的制动过程

对于通道 A 的溢流控制来说，这个 A 到 Y 的第三个通道也是不合适的
</td></tr>
<tr><td>先导式比例减压阀（DRE30 型）</td><td>

见图(f)，A 通道中压力的调节，是通过改变比例电磁铁的控制电流来实现的

主阀在初始位置时，B 通道中没有压力，主阀阀芯组件 4 处于 B 到 A 打开的位置。A 通道中的压力作用在使阀口关闭的主阀芯底端。先导压力作用在使阀从 B 到 A 打开的主阀芯弹簧腔

从 B 通道来的控制油，经过孔 6、流量稳定器 9、孔 7，流到与锥阀 8 相配的阀座 10，然后由 Y 通道流回油箱

通过调节电磁铁 2 的电信号，先导阀 1 得到一个作用于主阀芯弹簧腔的压力。在主阀 4 的调节位置上，油液从通道 B 流向 A，A 通道中的压力不会超调（A 通道的压力取决于先导级压力和主阀弹簧）

当与 A 通道相连的执行器不运动时（例如缸被制动），如果通过比例电磁铁 2 在 A 通道中调定一个很低的压力，则主阀芯移动，关闭从 B 到 A 的通道。同时打开从 A 到主阀弹簧腔的通道。在这种情况下，A 通道中的压缩流体可经由先导阀 1 和 Y 通道，实现卸荷

为使油能从 A 自由回流到 B 通道，可安装一个单向阀 11
</td></tr>
</table>

续表

<table>
<tr><th>类型</th><th>结构与工作原理</th></tr>
<tr><td>先导式比例减压阀(DRE30 型)</td><td>
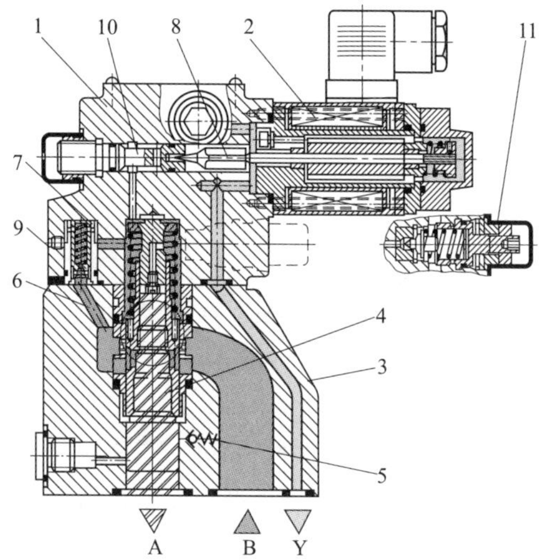

图(f)　DRE30/DREM30型先导式比例减压阀
</td></tr>
<tr><td rowspan="2">其他结构形式的比例压力阀</td><td>
NG6 先导式压力阀,不带位置调节闭环。这种溢流阀适用于小流量,仅用作与各种主级或变量泵相配的先导阀。各种不同压力等级,通过不同的阀座直径 ϕ 来形成。阀座位置已调整,不许改变。第一次运作时,可在放大器里进行精细调整,见图(g)
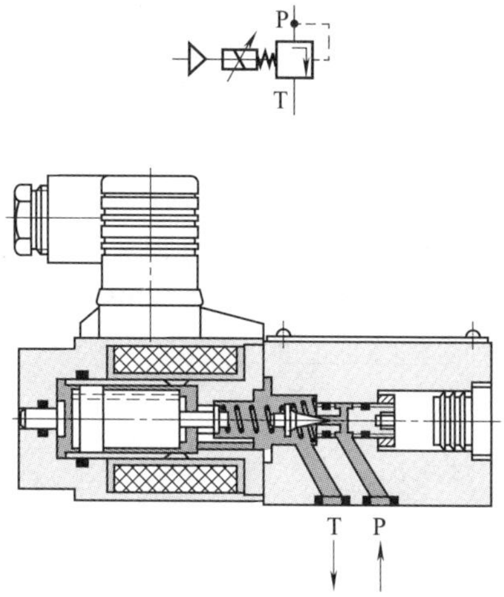

图(g)　不带位置调节闭环的NG6先导式压力阀
</td></tr>
<tr><td>
NG6 先导式压力阀,带位置调节闭环。在对重复精度、滞环等有较高要求时,采用带位置反馈闭环系列,见图(h)
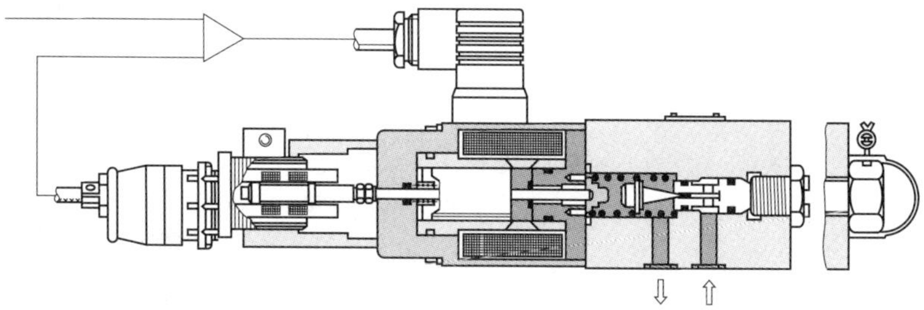
图(h)　带位置调节闭环先导式压力阀
</td></tr>
</table>

续表

类型	结构与工作原理
其他结构形式的比例压力阀	NG6 先导式溢流阀，不带位置调节闭环，主级滑阀式，带单侧法兰连接的先导阀，见图(i) 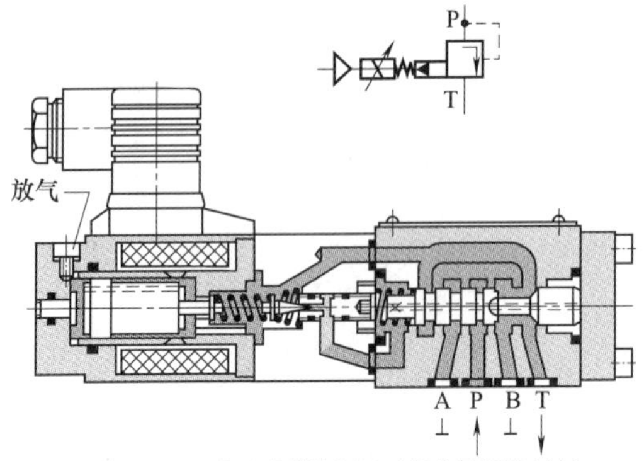 图(i) NG6先导式溢流阀，不带位置调节闭环
	NG6 先导式减压阀，带位置调节闭环。主级滑阀式，带使控制油流量保持为常数的小流量阀。先导阀带位置调节闭环，允许精密调节压力在 p_{min}时到 0bar(相对的)，见图(j) 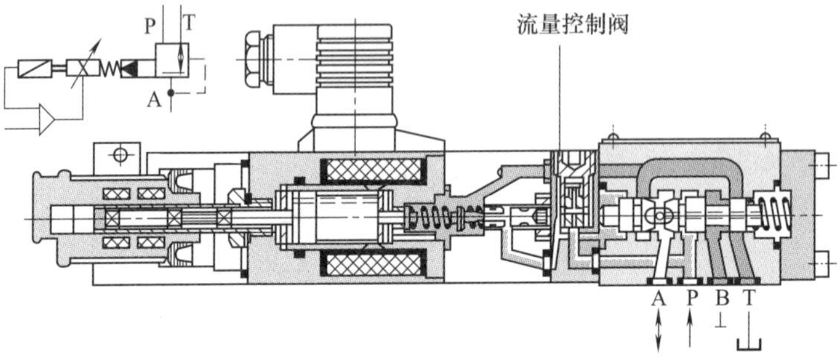 图(j) 带位置调节闭环的先导式减压阀
	NG10 先导式溢流阀。这种阀用一个插装阀作为主级，可以通过随意大小的流量。先导阀可以单独与主阀分开，主阀也可单独作为一个部件，在用一个原始位置为常开的插装阀作为主级时，就形成减压阀的功能，见图(k) 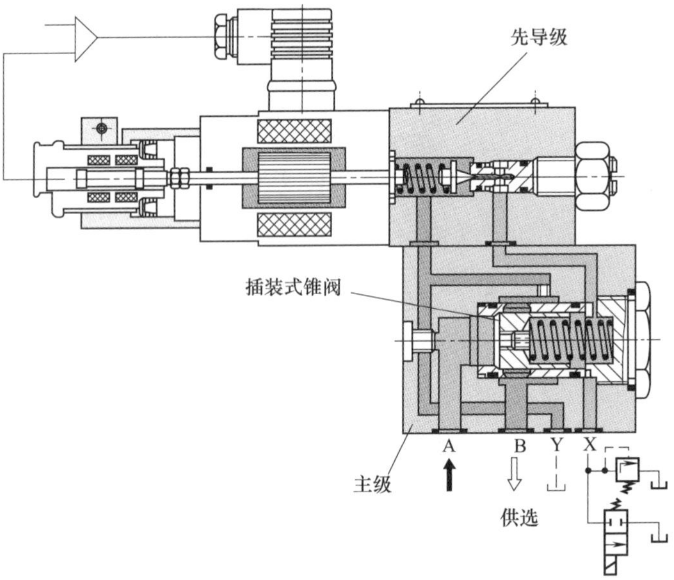 图(k) NG10先导式溢流阀

第20篇

13.5　电液比例流量阀

电液比例流量控制阀（简称电液比例流量阀），其功用是对液压系统中的流量进行比例控制，进而实现对执行器输出速度或输出转速的比例控制。按照功能不同，电液比例流量阀可以分为电液比例节流阀和电液比例流量阀（调速阀）两大类。按照控制功率大小不同，电液比例流量阀又可分为直接控制式（直动式）和先导控制式（先导式），直动式的控制功率及流量较小。

电液比例节流阀属于节流控制功能阀类，其通过流量与节流口开度大小有关，同时受到节流口前后压差的影响。电液比例流量阀（调速阀）属于流量控制功能阀类，它通常由电液比例节流阀加压力补偿器或流量反馈元件组成，其中，电液比例节流阀用于流量的比例调节，压力补偿器则可以使节流口前后压差基本保持为定值，从而使阀的通过流量仅取决于节流口的开度大小。

直动式电液比例流量阀是利用比例电磁铁直接驱动接力阀芯，从而调节节流口的开度和流量，根据阀内是否含有反馈，直动式又有普通型和位移电反馈型两类。先导式电液比例流量阀是利用小功率先导级阀对功率级主阀实施控制，根据反馈形式，先导式比例节流阀有位移力反馈、位移电反馈等形式，先导式比例调速阀有流量位移电反馈、流量电反馈等形式。

表 20-13-5　　电液比例流量阀的典型结构与工作原理

类型	结构与工作原理
压力补偿器串联在检测节流阀口之后的电液比例二通流量调节阀（NG6）	电液比例二通流量调节阀，可通过给定的电信号，在较大范围内与压力及温度无关地控制流量。最重要的组成部分为：壳体 1，带有电感式位移传感器的比例电磁铁 2，控制阀口 3，压力补偿器 4 和可供取舍的单向阀 5，见图(a) 流量的调节，是由电位器给定的电信号来确定。这个设定的电信号，在电控器（放大器型号如为 VT5010）中产生相应的电流，并在比例电磁铁中产生一个与之成比例的行程（行程调节型电磁铁）。与此相应，控制口 3 向下移动，形成一个通流截面。控制窗口的位置，由电感式位移传感器测出。与设定值间的偏差，由闭环调节加以修正。压力补偿器保证控制窗口上的压降始终为定值。因此，流量与负载变化无关。选用合适的控制窗口结构可使温漂较小 在 0% 控制信号额定值时，控制窗口关闭。当控制电流出现故障，或位移传感器接线断开时，控制窗口也关闭 从 0% 额定值起增大电流，可得到一个无超调的起始过程。通过电控器中的两个斜坡发生器，可实现控制窗口的延时打开和关闭 反向液流可经单向阀 5 由 B 流向 A 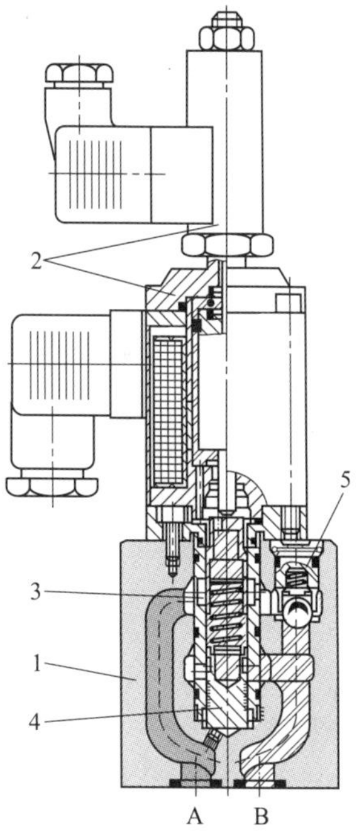 图(a)　2FRE6比例调速阀
带外控关闭型压力补偿器的二通流量调节阀	其控制机理和基本功能，与前述电液比例二通流量调节阀相同。其附加功能是，在打开控制窗口 1（设定值 >0）时，为了抑制启动流量阶跃效应，设计了从外接油口 P 经 3 引来压力油 p，使压力补偿器 2 关闭[图(b)]。油口 A 和压力补偿器 2 作用面积之间的内部通道被切断。由此引自方向阀[见图(b)左系统图]之前的压力 p 经外控油口 P3，作用在补偿器 2 上，克服弹簧力使压力补偿器处于关闭位置。当方向阀切换成左位（P 与 B 相通）时，压力补偿器 2 从关闭位置运动到调节位置，从而防止了启动阶跃。采用不同形式的控制窗口，可得到相当于 100% 控制电流额定值的最大流量值

续表

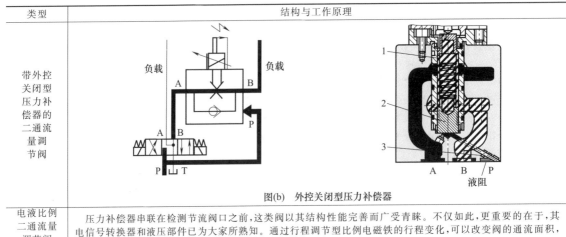

类型	结构与工作原理
带外控关闭型压力补偿器的二通流量调节阀	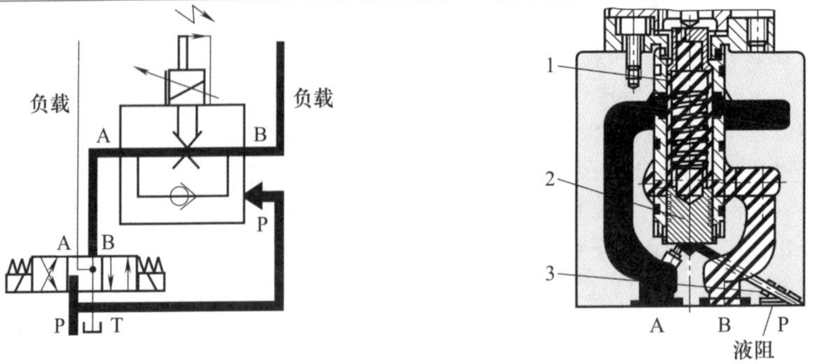 图(b) 外控关闭型压力补偿器
电液比例二通流量调节阀（NG10、NG16）	压力补偿器串联在检测节流阀口之前，这类阀以其结构性能完善而广受青睐。不仅如此，更重要的在于，其电信号转换器和液压部件已为大家所熟知。通过行程调节型比例电磁铁的行程变化，可以改变阀的通流面积，由节流窗口与压力补偿器的共同作用，得到流量调节功能 阀的输入信号-输出流量特性曲线，根据阀口造型，可以是线性的，也可以是近似双曲线的
二通比例节流阀（插装阀）	这种大流量组件，可用作节流阀，或与压力补偿器组成流量控制阀。其使用场合包括压机或注塑机的控制系统。通过的流量尽管很大，但具有较好的动态特性和较短的响应时间，见图(c) 二通节流阀所控制的，是由给定电信号确定的阀口开度。这种节流阀，是一种按 DIN24342 配置插孔尺寸的插装组件。在盖子 1 里有一个带控制阀芯 3 的阀套 2，位移传感器 4，和包括比例电磁铁 6 的先导控制级 5 流动方向是从 A 到 B。控制油口 X 与油口 A 相连，控制油出油口 Y 应尽可能与油箱相连 无信号（即电磁铁 6 无电流）时，A 口压力通过先导口 X 作用于阀芯 7，加上弹簧力，阀芯 7 闭合。A 当给定一个设定值后，在放大器中将设定值（外加信号）和实际值（来自位移传感器）进行比较，此差值产生的电流信号用以控制比例电磁铁 电磁铁克服弹簧力 8，使阀芯 7 移动。通过节流口 9、10 的共同作用，弹簧腔中的压力得到如下的调节：被弹簧压着的阀芯 3 到达给定值相应的位置，同时也确定了相应的流量 在失电或电缆线路断开时，控制阀芯自行关闭以保护油路。位置调节回路各部分的协调原理是：使设定值和阀芯 3 的位移成正比。这样，当节流口前后压差恒定时，从 A 到 B 的流量，只取决于阀口的开度和控制窗口 9 的几何形状 对于线性开度特性的系统（FE..C1X/L），流量和设定值成正比。平方关系的开度特征（FE..C1X/Q 结构），说明流量随给定值的平方而增大 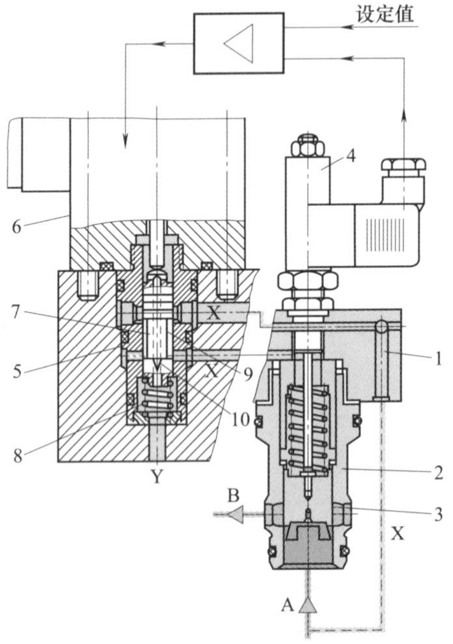 图(c) FE..C型二通比例节流阀(插装阀)

第20篇

续表

<table>
<tr><th>类型</th><th colspan="2">结构与工作原理</th></tr>
<tr><td rowspan="3">其他类型的比例流量阀</td><td>NG6 比例节流阀（不带位置闭环反馈）</td><td>如图(d)所示比例阀，由传统方向阀 NG6 和 NG10 发展而来。比例电磁铁直接作用在阀芯和复位弹簧上。与阀芯的偏移相应，得到阀芯控制边处的过流截面，从而得到相应的流量变化
所有的阀都有 4 个 T 作阀口和 2 条通道。因此，就有两种通流油道方式：
单通道：小流量时，利用 P 到 B 的油道，A 口与 T 口保持封闭
双通道：如果将 4 通阀的两个通道并联运行，则得到双倍的通流能力。考虑其流动方向，则是 P—B 和 A—T
要特别提到的是，此时最大的负载压力将作用到 T 口，应注意连接附加的泄漏油口 L
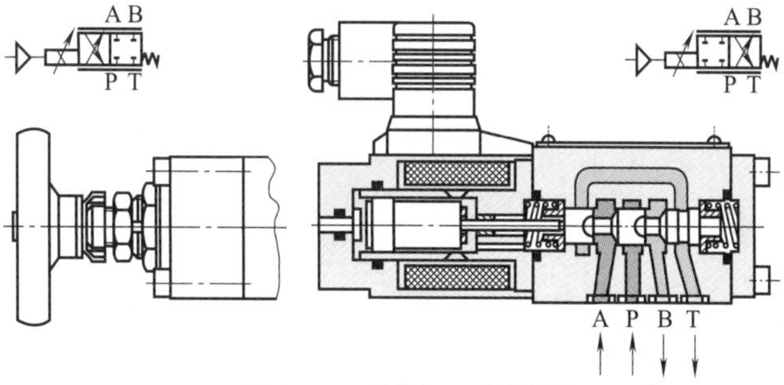

图(d)　NG6节流阀，不带位置闭环反馈</td></tr>
<tr><td>NG6 节流阀（带位置调节闭环）</td><td>见图(e)。技术参数：$Q_{\mathrm{nom}}=10,25,35$(L/m)每个通道，对应 $\Delta p=8$bar；$p_{\max}=315$bar；滞环<3%；电磁铁：$P=25$W，$I=2.5$A；位移传感器：抗压力最大至 250bar
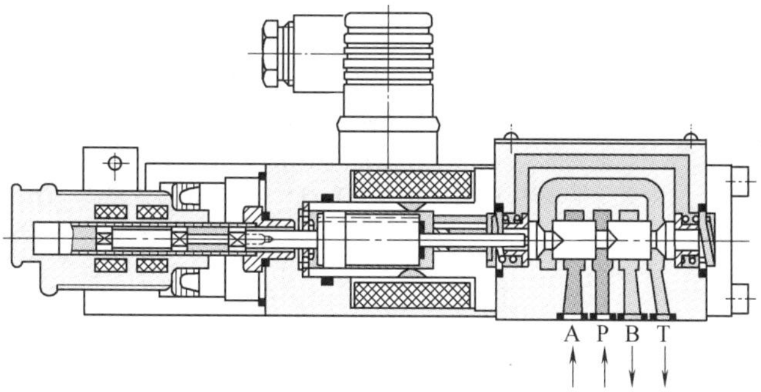

图(e)　NG6节流阀,带位置调节闭环</td></tr>
<tr><td>NG 10 节流阀，（带位置调节闭环）</td><td>见图(f)。技术参数：(T 口 = 280bar)；滞环<3%；电磁铁：$P=25$W，$I=3.7$A；位移传感器：干式；附加泄漏口 $p_{\mathrm{Lmax}}=2$bar；$Q_{\mathrm{nom}}=20,40,80$(L/min)，每个通道对应 $\Delta p=8$bar；$p_{\max}=315$bar
注意：即使当 T 口无压时，附加泄漏口也要单独连回油箱
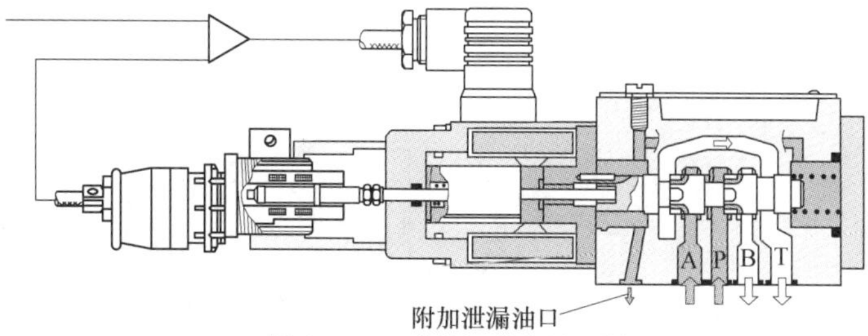

图(f)　NG10节流阀,带位置调节闭环</td></tr>
</table>

续表

<table>
<tr><th>类型</th><th colspan="2">结构与工作原理</th></tr>
<tr><td rowspan="2">其他类型的比例流量阀</td><td>NG 6
比例流量阀</td><td>流量阀是一种所控制的流量与阀进口压力和负载压力变化无关的液压阀。众所周知，它由检测节流器和压力补偿器组合而成。在如图(g)所示结构中，检测节流器由比例电磁铁直接调节。压力补偿器位于同一阀芯轴线上，并构成第 2 个节流口
这种阀在功能构成上，可以选择为二通流量阀或三通流量阀。根据使用要求，供给用户的阀，可以带或不带位置反馈闭环和手动应急机构
技术参数：NG6：Q_{max}＝2.6，7.5，10，35(L/min)；p_{max}＝250bar；滞环＜1%带位置反馈闭环；＜5%不带位置反馈闭环；电磁铁：P＝25W，I＝2.7A，位移传感器：耐压式
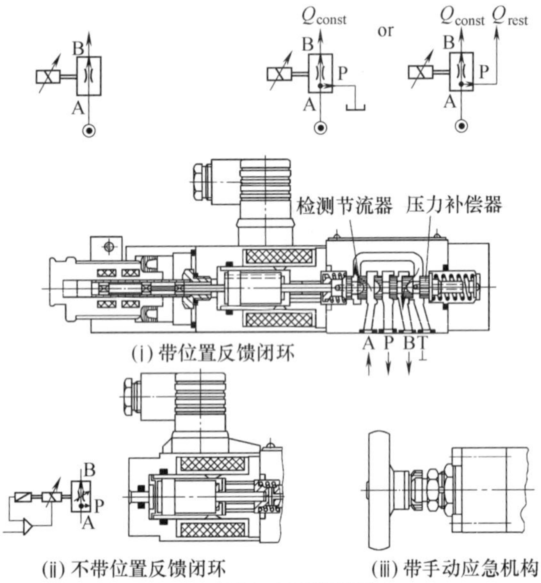

图(g) NG6流量阀</td></tr>
<tr><td>NG10
比例流量阀</td><td>见图(h)。技术参数：Q_{max}＝80L/min；p_{max}＝250bar；滞环＜1%带位置反馈闭环；＜5%不带位置反馈闭环；电磁铁：P＝25W，I＝2.7A；位移传感器：耐压式
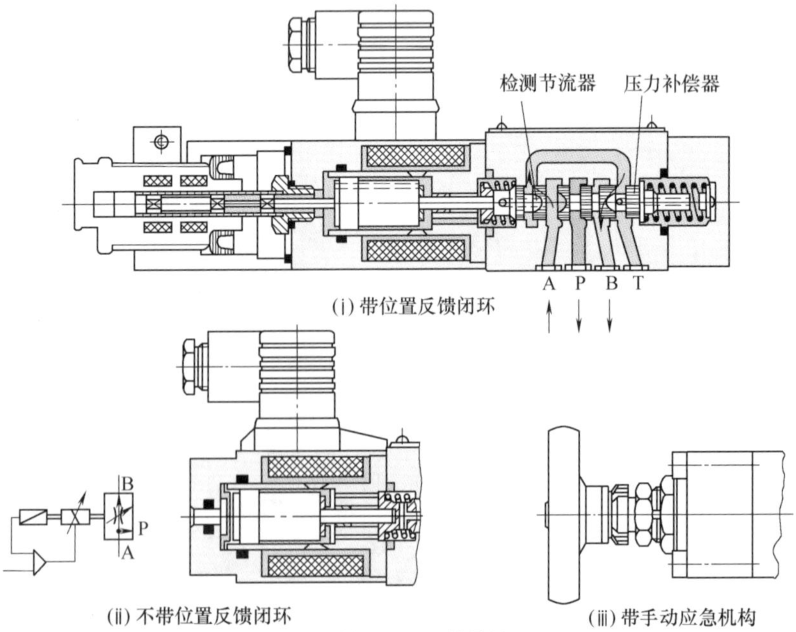

图(h) NG10流量阀</td></tr>
</table>

13.6　电液比例方向阀

电液比例方向控制阀（简称电液比例方向阀）能按输入电信号的极性和幅值大小，同时对液压系统液流方向和流量进行控制，从而实现对执行器运动方向和速度的控制。在压差恒定条件下，通过电液比例方向阀的流量与输入电信号的幅值成比例，而流动方向取决于比例电磁铁是否受到激励。就结构而言，电液比例方向阀与开关式方向阀类似，其阀芯与阀体（或阀套）的配合间隙不像伺服阀那样小（比例阀为3～4μm，伺服阀约为 0.5μm），故抗污染能力远强于伺服阀；就控制特点与性能而言，电液比例方向阀又与电液伺服阀类似，既可用于开环控制，也可用于闭环控制，但比例方向阀工作中存在死区（一般为控制电流的 10％～15％），阀口压降较伺服阀低（约低一个数量级），比例电磁铁控制功率较高（约为伺服阀的 10 倍以上）。现代电液比例方向阀中一般引入了各种内部反馈控制和采用零搭接，所以在滞环、线性度、重复精度即分辨率等方面的性能与电液伺服阀几乎相当，但动态响应性能还是不及较高性能的伺服阀。

按照对流量的控制方式不同，电液比例方向阀可分为电液比例方向节流阀和电液比例方向流量阀（调速阀）两大类。前者与比例节流阀相当，其受控参量是功率级阀芯的位移或阀口开度，输出流量受阀口前后压差的影响；后者与比例调速阀相当，它由比例方向阀和定差减压阀或定差溢流阀组成压力补偿型比例方向流量阀。

按照控制功率大小不同，电液比例方向阀又可分为直接控制式（直动式）和先导控制式（先导式）。前者控制功率及流量较小，由比例电磁铁直接驱动阀芯轴向移动实现控制。后者阀的功率及流量较大，通常为二级甚至三级阀，级间有位移力反馈、位移电反馈等多种耦合方式，而先导级通常是一个小型直动三通比例减压阀或其他压力控制阀，电信号经先导级转换放大后驱动功率级工作。

按照主阀芯的结构形式不同，电液比例方向阀还可分为滑阀式和插装式两类，其中滑阀式居多。

表 20-13-6　电液比例方向阀的典型结构与工作原理

类型	结构与工作原理
直动式比例方向阀	和普通方向阀以电磁铁直接驱动一样，比例电磁铁也是直接驱动直动式比例方向阀的控制阀芯，见图(a) 阀的基本组成部分有：阀体 1，一个或两个具有相近位移-电流特性的比例电磁铁 2，图(a)所示结构的电磁铁还带电感式位移传感器 3，控制阀芯 4，还有一个或两个复位弹簧 电磁铁不通电时，控制阀芯 4 由复位弹簧 5 保持在中位。比例电磁铁直接驱动阀芯运动 阀芯处在如图(a)所示位置时，P、A、B 和 T 之间互不相通。如电磁铁 A(左)通电，阀芯右移，则 P 与 B，A 与 T 分别连通。来自控制器的控制信号值越高，控制阀芯向右的位移也越大。这样，阀芯行程就与电信号成正比。阀芯行程越大，阀口通流面积和通过的流量也越大。图(a)左侧的电磁铁配有电感式位移传感器，它检测出阀芯实际位置，并把与之成正比的电信号(电压)反馈至电放大器。由于位移传感器的量程按照两倍的阀芯行程设计，所以阀芯在两个方向上的实际位置都可检测 此外，由于采用密闭式结构，这种位移传感器没有泄油口，也不需要附加的密封。因此，该结构形式不存在对阀的控制精度产生不利影响的附加摩擦力 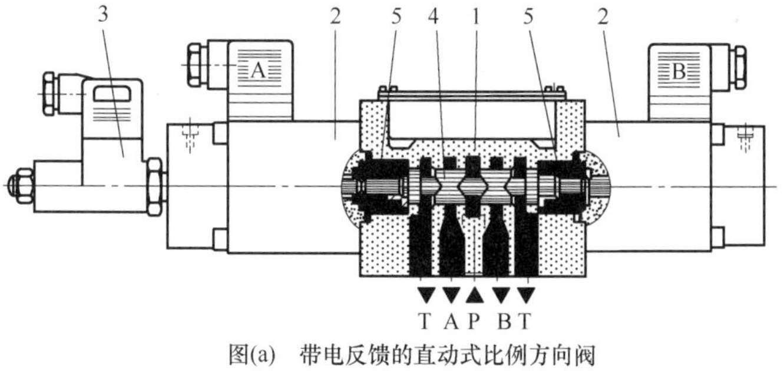 图(a)　带电反馈的直动式比例方向阀
先导式比例方向阀	与开关式阀一样，大通径的比例阀也是采用先导控制型结构。其根本原因，还是在于推动主阀芯运动所需的操纵力较大 通常，10 通径及其更小通径的阀用直动式控制，大于 10 通径则采用先导式控制。先导式比例方向阀[图(c)]由带比例电磁铁 1、2 的先导阀 3，带主阀芯 5 的主阀 4，对中和调节弹簧 6 组成。先导阀配备的是具有力-电流特性的力调节型比例电磁铁 工作原理：来自控制器的电信号，在比例电磁铁 1 或 2 中，按比例地转化为作用在先导阀芯上的力。与此作用力相对应，在先导阀 3 的出口 A 或 B，得到一个压力。此压力作用于主阀芯 5 的端面上，克服弹簧 6 推动主阀芯位移，直到液压力和弹簧力平衡为止 主阀芯位移的大小，即相应的阀口开度的大小，取决于作用在主阀端面先导控制油压的高低。一般可用溢流阀或减压阀来得到这个先导控制油压

续表

<table>
<tr><th>类型</th><th>结构与工作原理</th></tr>
<tr><td>先导式比例方向阀</td><td>这里所讨论的比例方向阀，以减压阀为先导级，其优点在于，不必持续不断地耗费先导控制油
如图(b)所示的三通减压阀，主要由两个比例电磁铁 1 和 2，壳体 3，控制阀芯 4 和两个测压活塞 5 和 6 组成
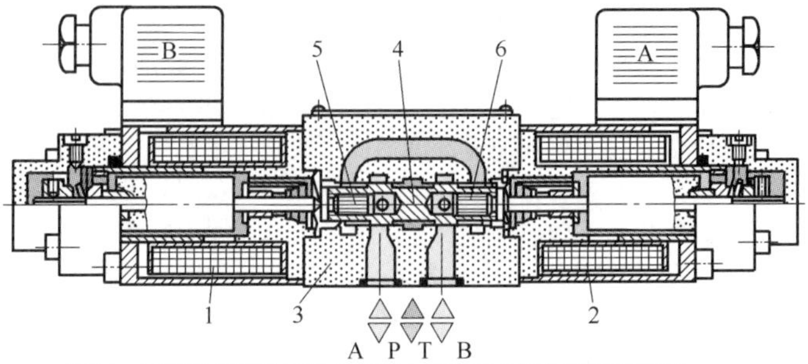

图(b)　用作先导阀的三通比例压力阀的剖面图(型号3DREP6)</td></tr>
<tr><td>直动式比例方向阀</td><td>主阀芯的控制作用：当电磁铁 B 通电时，先导压力油或由内部 P 口或经外部 X 口经过先导阀进入腔体 7，控制腔中建立起的压力与输入电信号成正比。由此产生的液压力克服弹簧 6[图(c)]，使主阀芯 5 移动，直至弹簧力和液压力平衡为止。控制油压力的高低，决定了主阀芯的位置，也就决定了节流阀口的开度，以及相应的流量
主阀阀芯的结构，与直动式比例方向阀的阀芯相似
当 A 电磁铁 2 通入控制信号时，则在腔体 8 内产生与输入信号相对应的液压力。这个液压力，通过固定在阀芯上的连杆 9，克服弹簧 6 使主阀阀芯[图(c)]移动
弹簧 6 连同两个弹簧座无间隙地安装于阀体与阀盖之间，它有一定的预压缩量。采用一根弹簧与阀芯两个运动方向上的液压力相平衡的结构，经过适当的调整，可保证在相同输入信号时，左右两个方向上阀芯移动相等。另外，弹簧座的悬置方式有利于滞环的减小
当主阀压力腔卸荷后，弹簧力使控制阀芯重新回到中位。先导控制油供油的内供或外供，先导控制油回油的内泄或外泄等，可能有各种组合，按先导控制式开关型方向阀一样的原则处理
要求的控制压力在 $p_{min}=30\text{bar}$ 和 $p_{max}=100\text{bar}$，滞环为 6%，重复精度为 3%
这里还给出了输入电信号阶跃时的过渡过程曲线，控制阀芯在到达新位置过程中没有超调[图(d)]，这是因为配置了大刚度的复位弹簧的缘故。另外，液动力对阀芯的双向位置没有影响
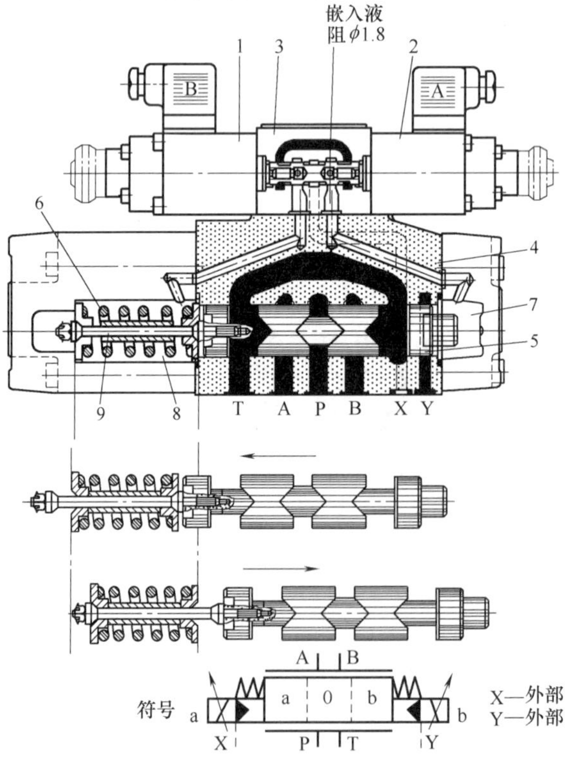

图(c)　WRE单边弹簧对中型直动式比例方向阀
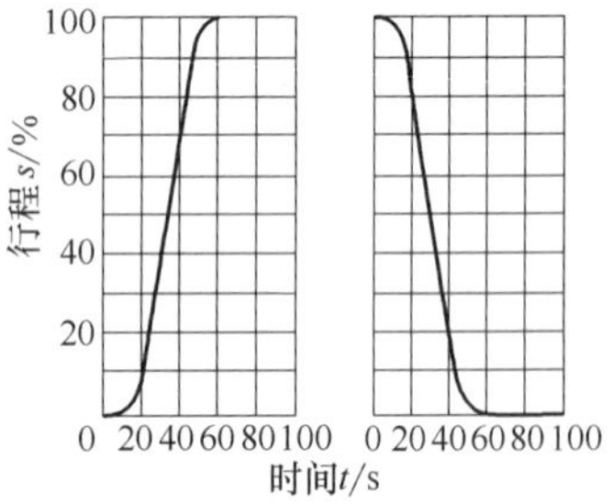

图(d)　输入阶跃电信号的过渡过程曲线</td></tr>
</table>

续表

<table>
<tr><th>类型</th><th colspan="2">结构与工作原理</th></tr>
<tr><td>不带位置反馈闭环的直控式比例方向阀</td><td colspan="2">

图(e)所示方向阀，由传统的 NG6 和 NG10 方向阀发展而来。两个比例电磁铁，直接作用在阀芯和复位弹簧上。对应于两个控制范围的精细控制切口，对称地布置在两边

NG6 方向阀可提供两种不同图形符号的方向阀：中位各油口关闭；中位各油口关闭，但引出泄漏油，以避免液压缸漂移

技术参数：Q_{max}＝18，35(L/m)，在 Δp＝8bar 时，每一个控制边 p_{max}＝315bar，滞环＜4%，电磁铁：P＝25W，I＝2.5A，耐压 p_T 最大为 250bar

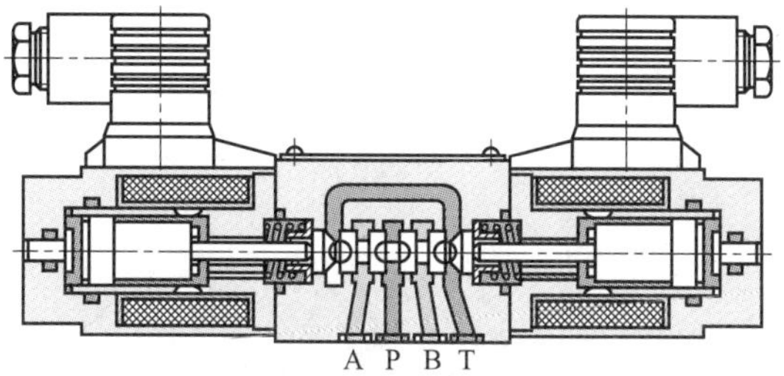

图(e)　不带位置反馈的直控式比例方向阀

</td></tr>
<tr><td rowspan="2">带故障自动保险位的先导式比例方向阀</td><td>基本功能</td><td>

见图(f)。为了实现对较大流量的控制，可应用在开关阀中的先导控制的原理。修改过的方向阀 NG10，16，25 或 32 配上相应的控制边，作为比例方向阀的主级；先导阀 NG6，由一个电磁铁控制，在全行程上，有 4 个切换位置。主阀芯的位置，由另一个位移传感器检测。主级和先导级的两个调节回路相互叠加。在驱动过程中，先导阀芯运动在 3 个工作位置之间时，就有受控的先导控制油进到主阀芯一侧端面的油腔。如果电磁铁失电，主阀芯也失压，在复位弹簧作用下回到中位(应急时在"故障自动保险"位)

通过主阀芯的防回转结构，获得很好的可重复性和大的切换功率

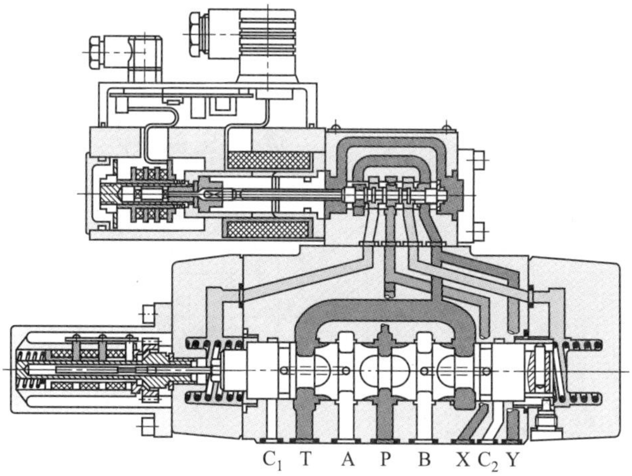

图(f)　先导式比例方向阀

</td></tr>
<tr><td>先导油的供油与回油</td><td>

先导油的供油与回油，可选择从内部或从外部的不同方案。基本结构的情况如下：

先导阀的内部和外部供油

<table>
<tr><th>项　　目</th><th>NG10</th><th>NG16/25</th></tr>
<tr><td>供油</td><td>外部 X</td><td>外部 X</td></tr>
<tr><td>回油</td><td>内部①T</td><td>外部 Y</td></tr>
</table>

① 没有改装的可能。

取下先导阀，卸下螺堵 1 与 2，就可改装成控制油从 P 口内部供油，从 T 口内部回油。注意：P 口与 X 口的最大控制油压力为 250bar，T 口与 Y 口的最大回油压力为 210 bar，在控制油内供与内回时，油口 X 与 Y 应堵死，控制油供油与回油方式改变，订货号也必须改变，见图(g)。下表为不同通径的电液比例方向阀的额定流量、滞环和最大工作压力值

不同通径的电液比例方向阀的额定流量、滞环和最大工作压力

<table>
<tr><th>项　　目</th><th>NG10</th><th>NG16</th><th>NG25</th><th>NG32</th></tr>
<tr><td>Q_{nom}/L·min^{-1}
(每个控制边，Δp＝8 bar)</td><td>70</td><td>180</td><td>350</td><td>1000</td></tr>
<tr><td>p_{max}/bar</td><td colspan="4">350</td></tr>
<tr><td>滞环</td><td colspan="4">＜0.1%</td></tr>
</table>

</td></tr>
</table>

第 20 篇

续表

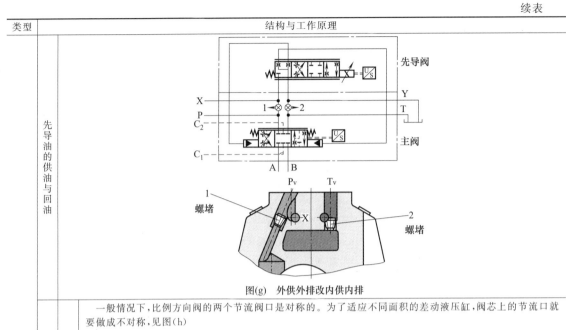

类型			结构与工作原理
带故障自动保险位的先导式比例方向阀	先导油的供油与回油		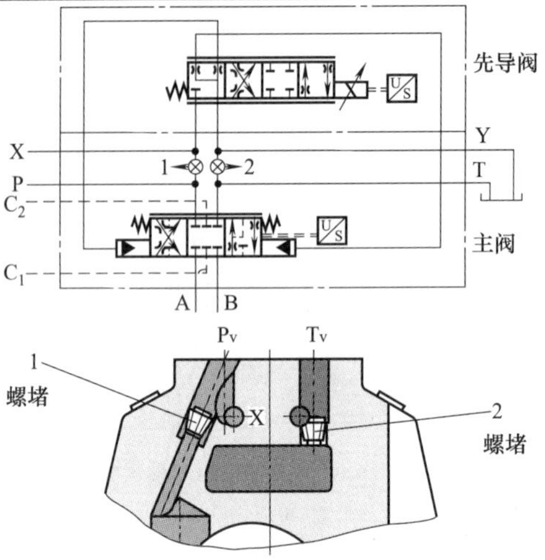 图(g)　外供外排改内供内排
	各种类型的滑阀机能与阀口结构	不对称型节流阀口	一般情况下，比例方向阀的两个节流阀口是对称的。为了适应不同面积的差动液压缸，阀芯上的节流口就要做成不对称，见图(h) 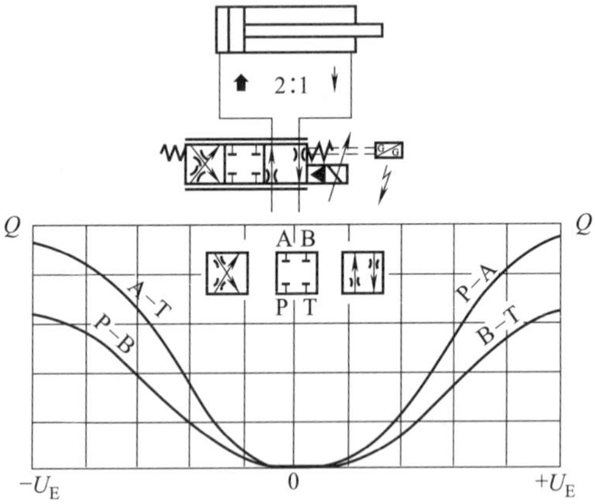 图(h)　不对称型节流阀口
		中位泄漏油回油的机能	为了避免差动缸在中位闭锁时，由泄漏引起的偏移，阀芯上开有泄漏油的内部回油通路，见图(i) 注意：不能保证在外负载作用下无泄漏地停留，可加装闭锁阀(单向阀)来补救 标准结构　　带内部泄漏油回油结构 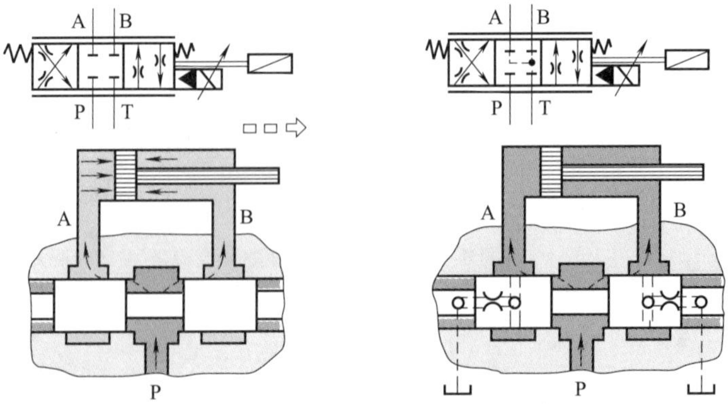 图(i)　中位泄漏油回油的机能

续表

类型	结构与工作原理

带故障自动保险位的先导式比例方向阀 — 各种类型的滑阀机能与阀口结构 — 用于差动油路的阀芯结构

为了实现差动油路，阀芯设有一个附加工位。在负载油路 B 上单独装有单向阀。在由正常的前进转变到快进的过程中，实现速度的无级变化，见图(j)

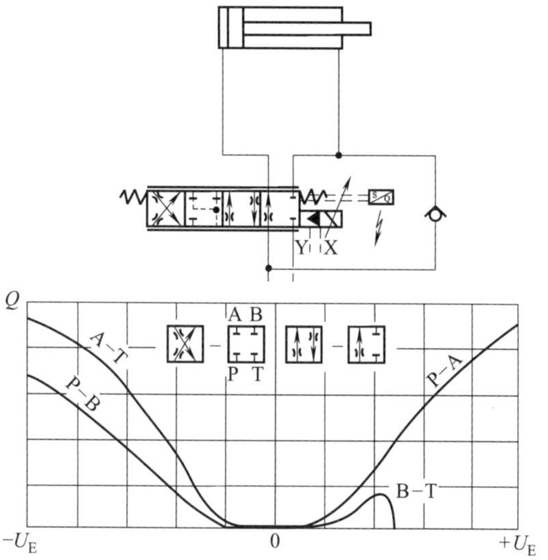

图(j)　用于差动油路的阀芯结构

带故障自动保险位的先导式比例方向阀 — 各种类型的滑阀机能与阀口结构 — 负载压力取压口 C_1/C_2

先导式方向阀 NG16 到 25 的另一特点，是备有附加油口 C_1 和 C_2。通过它们将 A 与 B 油口的负载压力取出，引到压力补偿器。见图(k)

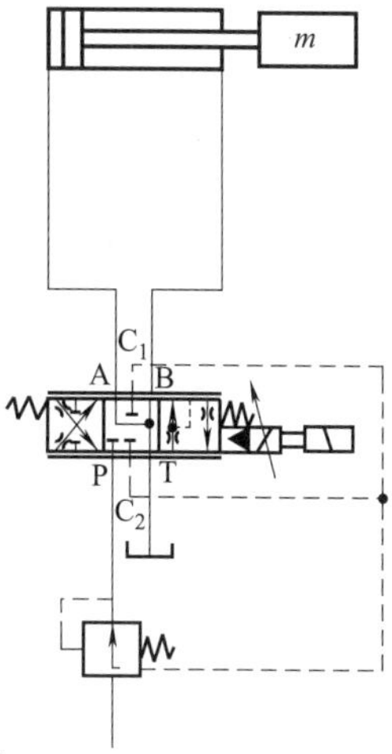

图(k)　备有负载压力取压口C_1/C_2比例方向阀

闭环比例阀

从阀的技术角度看，闭环比例阀是由比例阀发展而来。通过不断的开发研究，达到几乎不差于部分超过伺服阀的稳态和动态性能。与比例方向阀相比，闭环比例阀的最重要特征，是在阀中位时为零遮盖。这是作为控制元件，用于闭环调节回路的前提条件

闭环比例阀原则上配有位置闭环调节的比例电磁铁。这里所用的位移传感器，是按差动变压器原理工作的。测量控制器(振荡器和解调器)，总是集成于位移传感器中。其供电电压为±15V，其输出信号与阀的规格无关，总是0～±10V。闭环比例阀控制接线图见图(l)

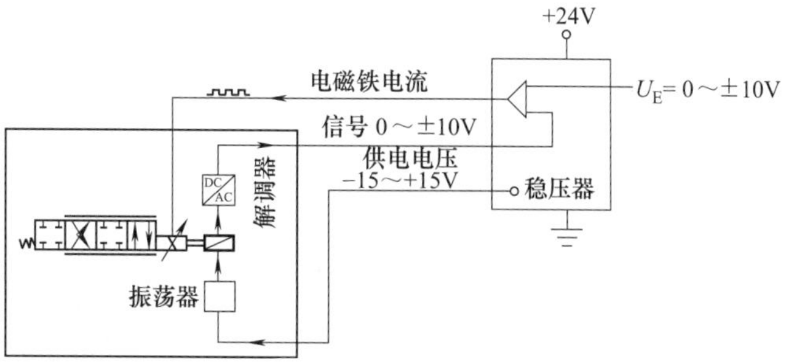

图(l)　闭环比例阀控制接线图

续表

类型		结构与工作原理

闭环比例阀

4/4 闭环比例阀，6 通径，直控式

见图(m)。此系列的核心件是 6 通径闭环比例阀，它可单独作为控制器件外供，也可以作为所有先导式闭环比例阀(含插装阀)的先导阀使用。阀的特点如下：

①阀体配置钢质阀套，确保耐磨和精确的零遮盖；

②控制用比例电磁铁，直接作用于阀芯及复位弹簧。配上位置调节闭环的比例电磁铁，可以无级地在所有中间点达到很小的滞环；

③耐压的位移传感器与电磁铁一起组合在一壳件里，位移传感器的电子控制器，也集成在其中；

④电磁铁失电时，阀处于附加的第四切换位，即安全位

技术参数：$Q_{nom}=4,12,24,40$(L/min)，对应于每一个控制口，$\Delta p=35$bar，$p=315$bar，滞环：0.2%，频响：约 120Hz，±5%信号幅值，压力增益：约 2%

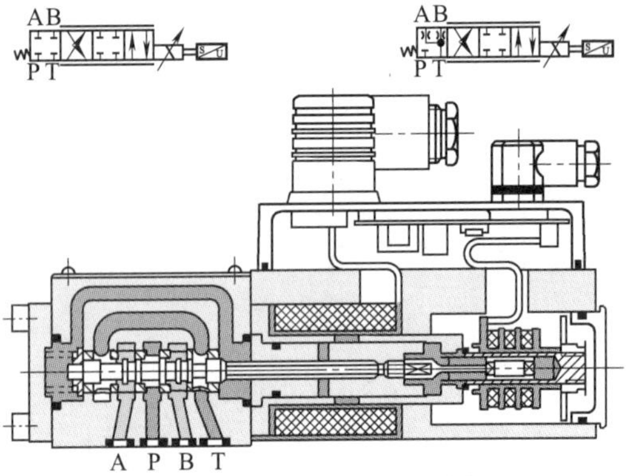

图(m)　闭环比例阀，6通径，直接式

4/4 闭环比例阀，10 通径，直控式

见图(n)，这类阀是按 6 通径闭环比例阀的形式进行系列拓展而来

技术参数：$Q_{nom}=50,100$(L/min)，对应于每一个控制口，$\Delta p=35$bar，$p=315$bar，滞环：0.2%，频响：约 60Hz，±5%信号幅值，压力增益：约 2%

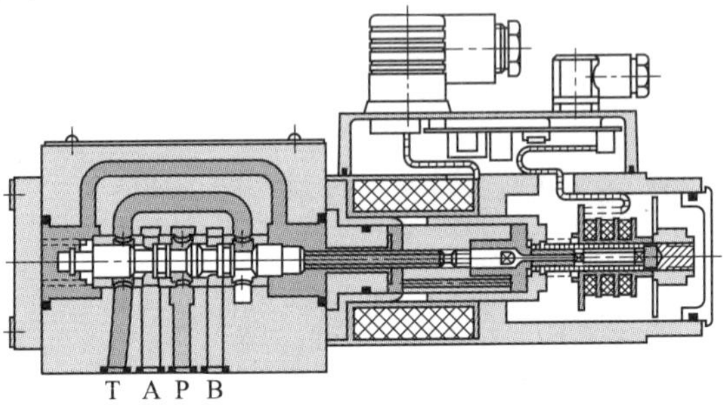

图(n)　4/4闭环比例阀，10通径，直控式

4/3 闭环比例阀，10、16、25、32 通径，先导式

见图(o)和图(p)，这一系列的阀，结构与先导式比例阀相似。先导级采用 6 通径闭环比例阀。主级阀芯位置，用另一个位移传感器检测，主级与先导级两个闭环回路相互叠加

与比例阀相反，主级在中位时为零遮盖，并通过耐磨的控制阀口(壳体用球墨铸铁)来保证

闭环比例阀，10、16、25、32 通径，先导式的技术参数

项　　目	NG10	NG16	NG25	NG32
$Q_{nom}/L\cdot min^{-1}$ 相应每个阀口 $\Delta p=5$bar	50,75	120,200	370	1000
p/bar	350bar			
滞环	<0.1%			
压力增益	<1.5%			
频响/Hz	70	60	50	30

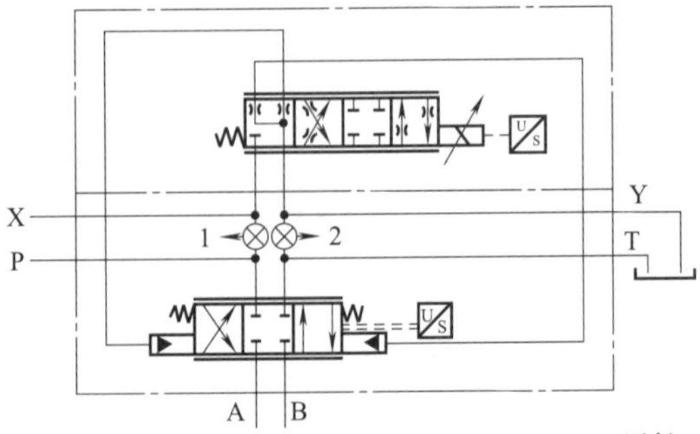

图(o)　4/3先导式闭环比例阀液压原理图(10,16,25,32通径)

续表

<table>
<tr><th>类型</th><th colspan="2">结构与工作原理</th></tr>
<tr><td rowspan="2">闭环比例阀</td><td>4/3闭环比例阀，10、16、25、32通径，先导式</td><td>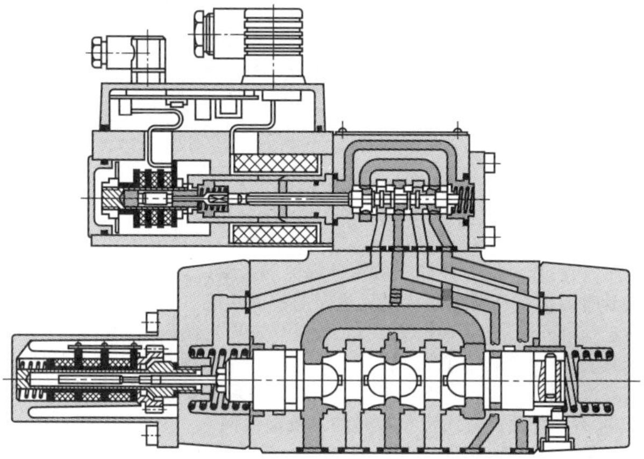

图(p)　4/3闭环比例阀,10、16、25、32通径,先导式</td></tr>
<tr><td>3/2插装式闭环比例阀，25、32、50通径</td><td>这种阀将安装于朝着负载运动方向上的力和位置调节闭环上。主阀为插装式结构，用分离的6通径闭环比例阀进行先导控制。主阀芯位置由耐压位移传感器检测，主阀与先导阀两个闭环回路相互叠加，见图(q)。主要技术参数如下。

3/2插装式闭环比例阀，25、32、50通径技术参数

<table>
<tr><th>项　　目</th><th>NG25</th><th>NG32</th><th>NG50</th></tr>
<tr><td>Q_{nom}/L·min^{-1}
相应每个阀口 Δp=5bar</td><td>65
150</td><td>300</td><td>600</td></tr>
<tr><td>p_{max}/bar</td><td colspan="3">315bar</td></tr>
<tr><td>滞环</td><td colspan="3">0.1%</td></tr>
<tr><td>压力增益</td><td colspan="3">1%</td></tr>
<tr><td>频响/Hz</td><td>80</td><td>70</td><td>45</td></tr>
</table>

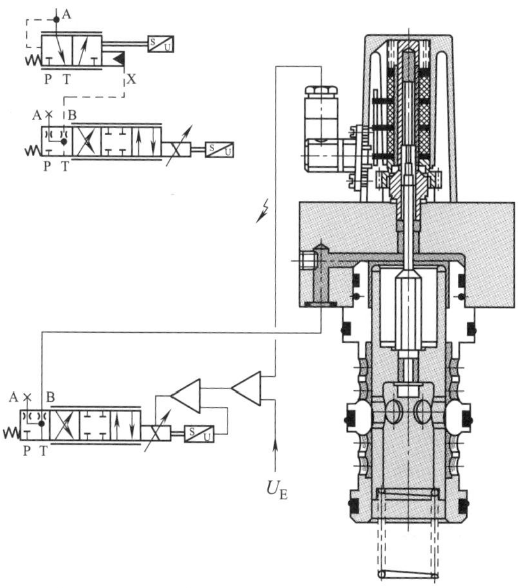

图(q)　3/2插装式闭环比例阀,25,32,50通径</td></tr>
</table>

第20篇

13.7　电液比例压力流量复合阀

表 20-13-7　　电液比例压力流量复合阀典型结构与工作原理

功用与分类	电液比例压力流量复合阀是根据塑料机械、压铸机械液压控制系统需要，在三通调速阀基础上发展起来的一种精密比例控制阀。这种阀是将电液比例压力控制功能与电液比例流量控制功能复合到一个阀中，简称 PQ 阀。它可以简化大型复杂液压系统及其油路块的设计、安装与调试
典型结构与工作原理	图(a)为一种 PQ 阀的结构原理，它是在一个定差溢流节流型电液比例三通流量阀（调速阀）的基础上，增设一个电液比例压力先导控制级而成。当系统处于流量调节工况时，首先给比例压力先导阀 1 输入一个恒定的电信号，只要系统压力在小于压力先导阀的调节压力范围内变动，先导压力阀总是可靠关闭，此时先导压力阀仅起安全阀作用。比例节流阀 2 阀口的恒定压差，由作为压力补偿器的定差溢流阀来保证，通过比例节流阀 2 阀口的流量与给定电信号成比例。在此工况下，PQ 阀具有溢流节流型三通比例流量阀的控制功能。当系统进行压力调节时，一方面给比例节流阀 2 输入一个保证它有一固定阀口开度的电信号；另一方面，调节先导比例压力阀的输入电信号，就可得到与之成比例的压力。在此工况下，PQ 阀具有比例溢流阀的控制功能。手调压力先导阀 3 可使系统压力达到限压压力时，与定差溢流阀主阀芯一起组成先导式溢流阀，限制系统的最高压力，起到保护系统安全作用。在 PQ 中通常设有手调先导限压阀，故采用了 PQ 阀的系统中，可不必单独设置大流量规格的系统溢流阀 事实上，PQ 阀的结构形式多种多样。例如，在流量力反馈的三通比例流量阀的基础上，增加一比例压力先导阀，即构成另一种结构形式的 PQ 阀；再如，以手调压力先导阀取代电液比例压力先导阀，就可构成带手调压力先导阀的 PQ 阀 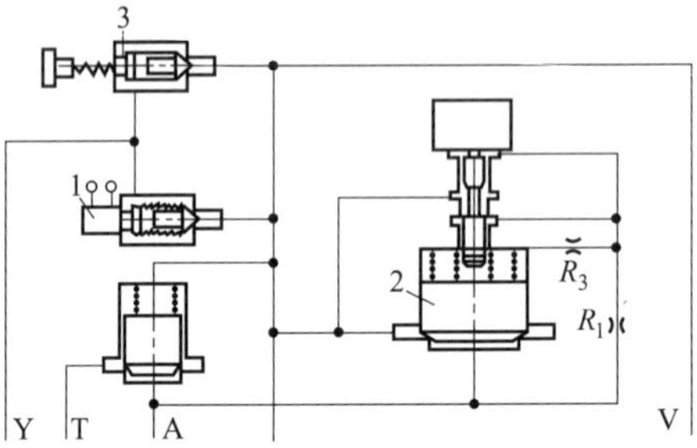 图(a)　电液比例压力流量复合控制阀的结构原理 1—比例压力先导阀；2—比例节流阀；3—手调压力先导阀

13.8　负载压力补偿用压力补偿器

表 20-13-8　　负载压力补偿用压力补偿器

基本原理和结构	比例节流阀和比例方向阀的流量 Q，和所有节流器一样，与阀口两端的压差 Δp 相关，其关系为 $$Q\propto\sqrt{\Delta p} \qquad (20\text{-}13\text{-}5)$$ 供油压力特别是负载压力的变化，形成了压差 Δp 的干扰。这就需要为保持确定的体积流量，而进行校正。流量阀的压力流量关系曲线见图(a) 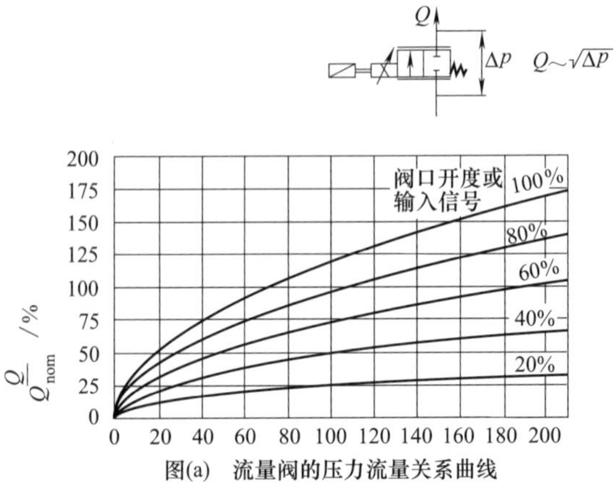 图(a)　流量阀的压力流量关系曲线

续表

基本原理和结构	一个具有负载补偿功能的比例流量阀，是通过将比例节流阀与压力补偿器组合来达到 标准结构的(传统的)比例节流阀和比例方向阀(一般称为比例方向节流阀)，可以通过组合中间垫块式或插装阀式压力补偿器，拓展为单向或双向的比例流量阀(单向的比例流量阀一般称为比例流量阀，双向的比例流量阀一般称为比例方向流量阀)。见图(b) 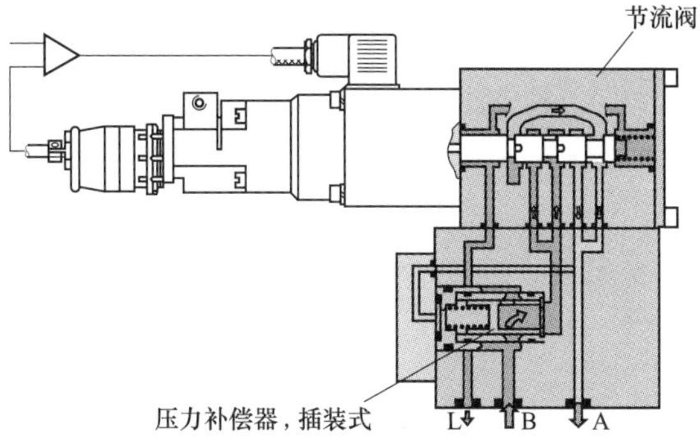 图(b)　比例节流阀与压力补偿器组合

类型	工作原理
二通压力补偿器(用于节流阀)	压力补偿器串联于比例节流阀的节流口之前，它引入了节流器前后的压差。弹簧力决定于此压差值，一般为 $\Delta p=4\mathrm{bar}$ 或 8bar。见图(c) 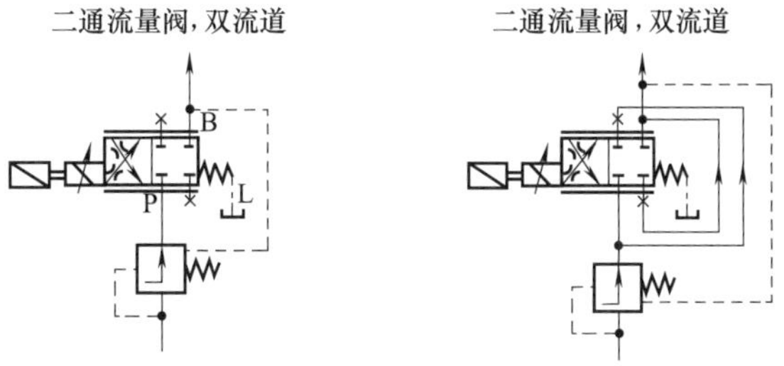 图(c)　串联式二通压力补偿器
三通压力补偿器(用于节流阀)	三通压力补偿器，与节流器并联。这种组合一般仅与定量泵相配置。见图(d) 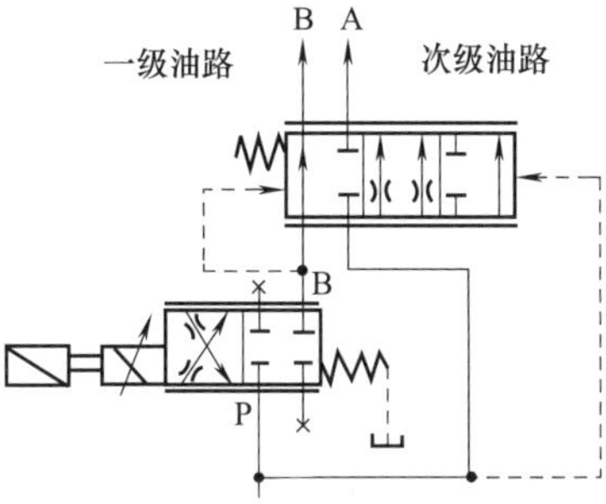 图(d)　三通压力补偿器
进口压力补偿器(用于方向阀)	由梭阀取压，见图(e)。与液压缸运动方向相对应，由梭阀选择从 A 口或 B 口取出负载压力，并引到压力补偿器的弹簧腔 注意：在制动一个质量而形成拉负载时，压力补偿器获取到错误信号，这就是说，不再存在负载补偿的流量调节 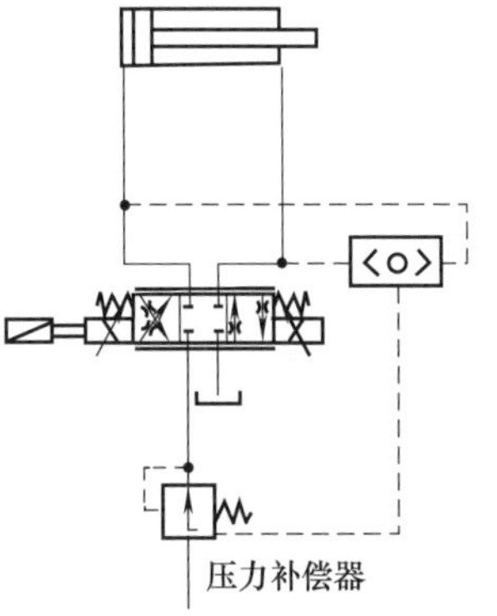 图(e)　用于方向阀的进口压力补偿器

续表

<table>
<tr><th>类型</th><th>工作原理</th></tr>
<tr><td>出口压力补偿器</td><td>

用于方向阀，见图(f)，流量调节，仅存在于缸杆缩回的行程。缸杆伸出行程，虽然实现了节流控制，但没有负载补偿。这种配置，确保了缸杆缩回行程对质量力的平衡与补偿

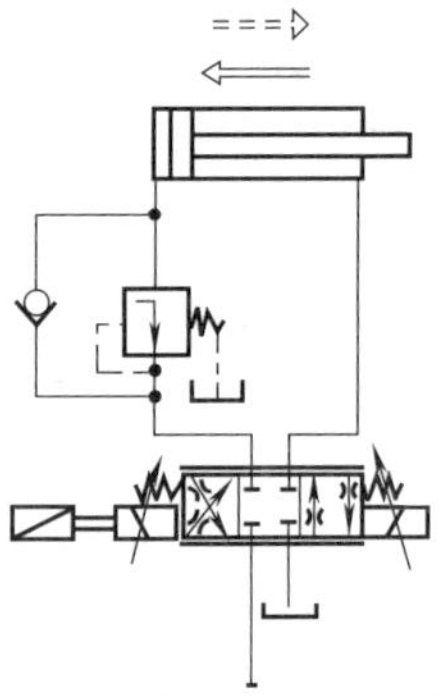

图(f) 用于方向阀的出口压力补偿器

</td></tr>
<tr><td>进口压力补偿器</td><td>

用于方向阀，由附加油口 C_1/C_2 取出负载压力，见图(g)

较大型的先导式方向阀 NG16，25，配置附加的控制油口 C_1 与 C_2。通过阀芯上的附加通道，取出 A 口和 B 口的负载压力，并经 C_1 和 C_2 引到压力补偿器。这种方案确保了在拉负载情况下，例如在制动过程中，考虑到的始终是液压缸的正确压力。在用梭阀提取信号时，则不是这样

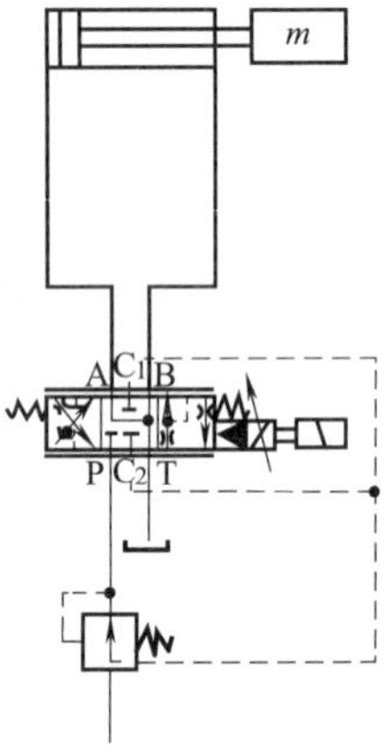

图(g) 用于方向阀的进口压力补偿器

</td></tr>
</table>

13.9 比例控制装置的典型曲线

特性曲线表征了输入电信号 U_E 与输出液压信号 p 或 Q 之间的关系。理想的特性，应该是严格的线性关系，即有一条绝对直线的特性曲线。而实际的特性曲线，大多数有所弯曲，使小信号范围有较好的分辨率。

注意：输入电信号 U_E，指放大器的输入端的信号，而不是电磁铁的输入信号。

表 20-13-9　　比例控制装置的典型曲线

<table>
<tr><td>压力阀(输入电信号与输出压力关系)</td><td>

特性曲线的下部弯曲，而且并没有完全到 0bar，这是由流动阻力造成的，对于先导控制阀而言，还要加上主级弹簧力的影响，见图(a)。压力阀被调压力与流量的关系曲线见图(b)

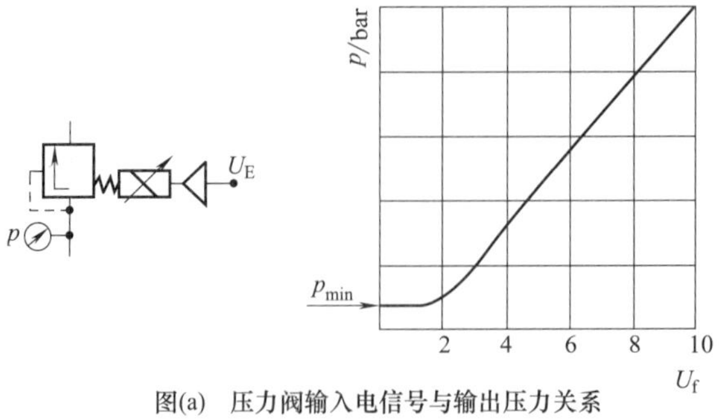

图(a) 压力阀输入电信号与输出压力关系

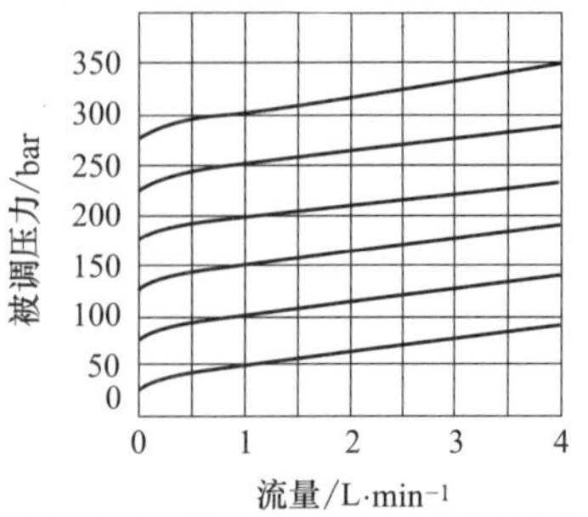

图(b) 压力阀被调压力与流量的关系曲线

</td></tr>
</table>

续表

节流阀(输入电信号与输出体积流量的关系)	特性曲线同样也是弯曲的,下部表明阀口缓慢打开,上部出现明显的饱和。注意:像所有的节流阀一样,通过阀的体积流量与阀口两端的压差相关。因而,阀的名义流量,一般是从 $\Delta p=8\text{bar}$ 时获得的。但这不意味着阀仅能在 $\Delta p=8\text{bar}$ 下工作。在其他压差下流量的计算,是基于与压差的根方关系 $Q\propto\sqrt{p}$ 用下式计算 $Q_X=Q_{nom}\sqrt{\dfrac{\Delta p_X}{\Delta p_{nom}}}$ (20-13-6) 在实际应用中,阀口的压差通常用压力补偿器保持为常数 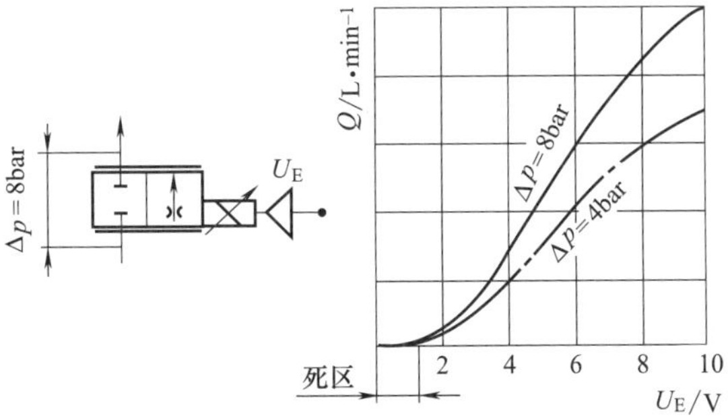 图(c) 节流阀输入电信号与输出体积流量的关系 特性曲线下部的弯曲情况,与节流阀口处各种不同的几何形状的切槽相关联。这些切槽,可以是开在控制阀芯上的切口,或是开在阀壳或阀套上的控制窗口。阀口刚打开时是一个平缓的曲线区段,是受欢迎的(提高分辨率)。特性曲线上部的弯曲,是流量饱和在起作用,这就是说,在接近节流断面最大值时,引人注目的是,最终阀的节流面积不可能再变大。阀口打开的起始值,取决于闷芯上节流切槽的遮盖量。此遮盖量,约为整个阀芯行程的 20%,以保证原始位置一定的密封性。通过调整电放大器的零位,可以移动开口起始值。最大输入信号时被调流量与阀压降的关系曲线见图(d) 方向阀的压力增益曲线见图(e)。曲线是在使用口被堵住,阀芯在静止位置为零遮盖的条件下,测得的出口压力与阀芯行程之间的关系曲线。阀芯行程以全行程的百分数表示 X 轴上,阀芯行程以全行程的百分数表示 Y 轴上,A 口与 B 口之间的 Δp 以入口压力的百分数表示 压力增益为阀芯行程,此处 A 口与 B 口之间的 Δp 相当于入口压力的 80% 最大输入信号时调整特性曲线性能 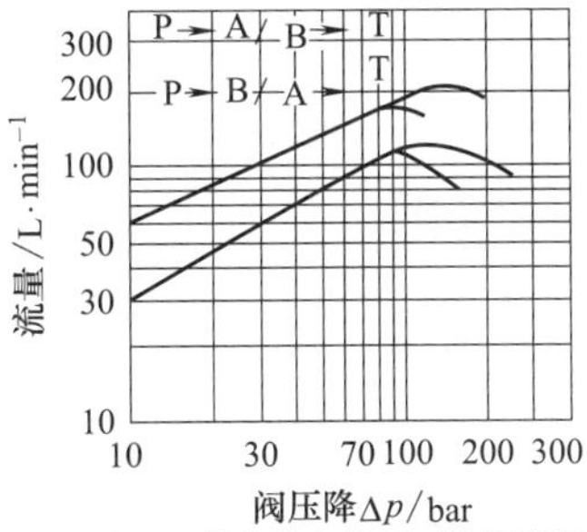 图(d) 最大输入信号时被调流量与阀压降的关系曲线 压力增益曲线 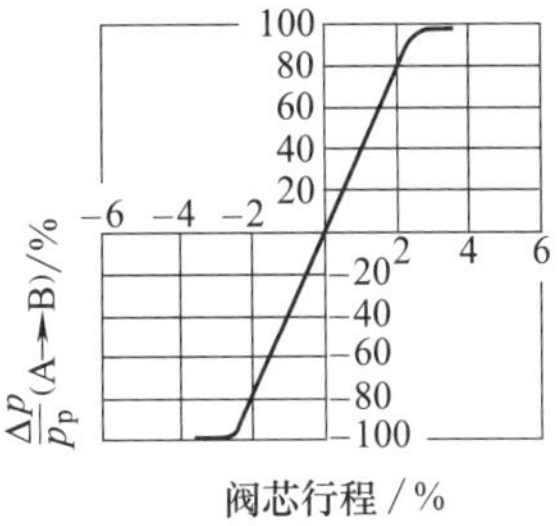 图(e) 方向阀的压力增益曲线
方向阀(输入电信号与输出体积流量的关系)	对应于两个调节区,特性曲线包括了两个相邻的或对角的象限。其弯曲情况很像节流阀的特性曲线,并按每个控制边 $\Delta p=8\text{bar}$ 得到。如果 PA 和 BT 与 PB 和 AT 通道的过流截面相同,则用一条曲线就够了;否则,就要用不同的曲线来表示 阀的中位,大多数有占阀芯行程±20%的正遮盖。这个机械"死区"保证了一定的密封性,但经常通过电放大器的补偿电路加以减少。由此,就可以解释为什么阀芯行程与输入电信号,采用不同的坐标标尺,见图(g)

第20篇

续表

<table>
<tr><td>方向阀（输入电信号与输出体积流量的关系）</td><td colspan="2">
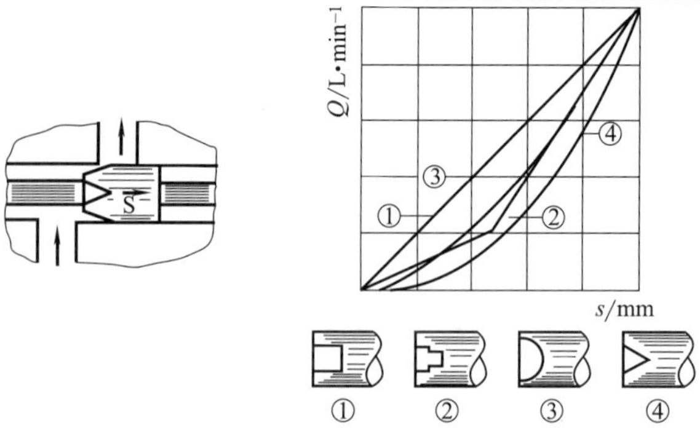

图(f) 方向阀输入电信号与输出体积流量的关系

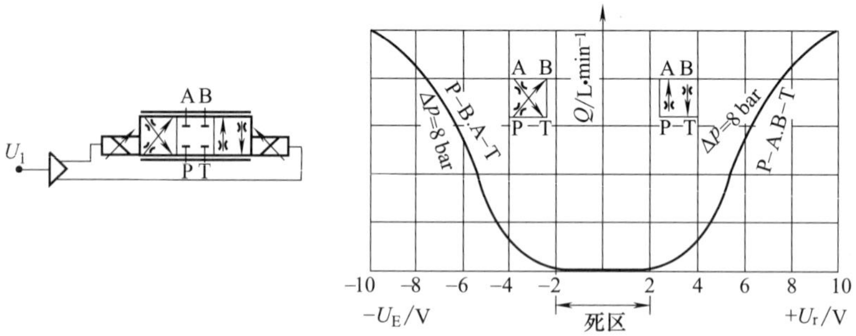

图(g) 比例方向阀中位时的死区特性
</td></tr>
<tr><td rowspan="2">功率域（运行范围限制）</td><td>压力阀</td><td>
通过压力阀的体积流量将被限制，并以 Q_{min} 来标明，见图(h)。调节压力的稳定性，与通过阀的流量相关，像传统溢流阀和减压阀那样

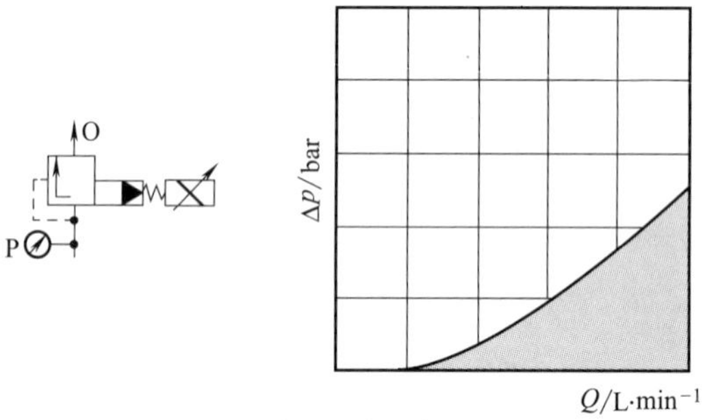

图(h) 压力阀的功率域
</td></tr>
<tr><td>节流阀与方向阀</td><td>
如果这类阀没有配置压力补偿器，则在较小的负载和较高的进口压力下，按 $Q\propto\sqrt{p}$ 将生成较大的体积流量，其允许值在 $\Delta p/Q$ 曲线图中标明。如果流量超过了允许值，则作用在阀芯上的液动力，将超过阀的驱动力，阀就进入不可控状态，见图(i)

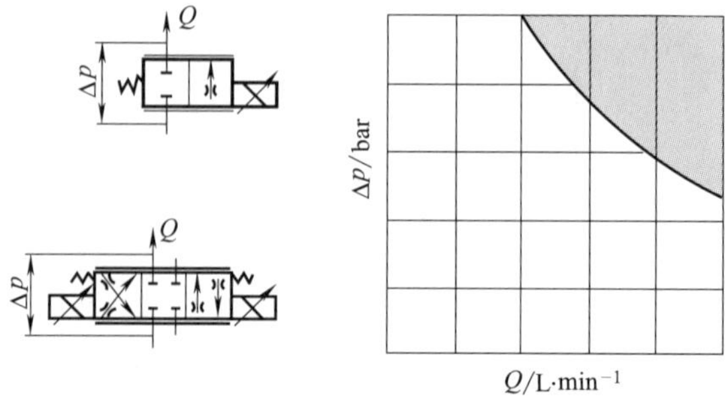

图(i) 节流阀与方向阀的功率域
</td></tr>
</table>

续表

调节时间		比例阀动态特性的一种简单表达方式，是阀的调节时间。调节时间定义为阀对阶跃输入信号的响应，它与电磁铁动铁和阀芯质量有关。多数情况是在示波器所得曲线上，测量调节过程开始与终了时间，相关值为 25～60ms。见图(j) 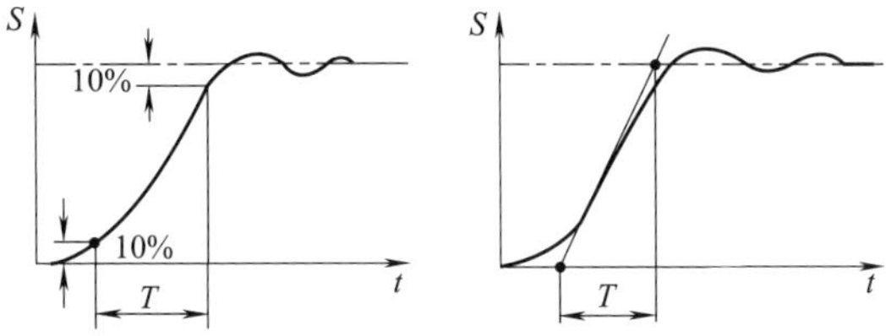 图(j)　调节时间的两种表示方法
滞环、灵敏度、回差		这三个特性是紧密相关的。它们与电磁信号转换器(磁滞环)、机械摩擦、传输元件的游隙相关，而首要的是与比例电磁铁是否配位置反馈闭环有关。对阀而言，其数值为：带位置反馈闭环时<1%，不带位置反馈闭环时约 5%
	滞环	在整个控制信号范围内，对应相同输出信号时，输入信号的最大差值。见图(k) 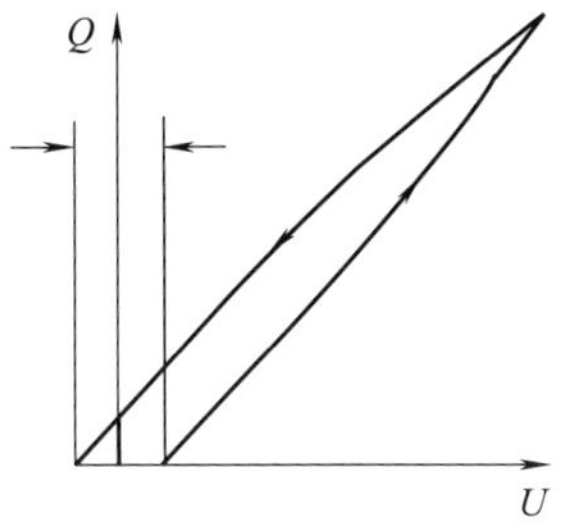 图(k)　滞环定义
	反向误差(回差)	从一个停留点出发，使输出量在与原来相反的方向上产生可测量的变化时，所需要的输入量的变化值。见图(l) 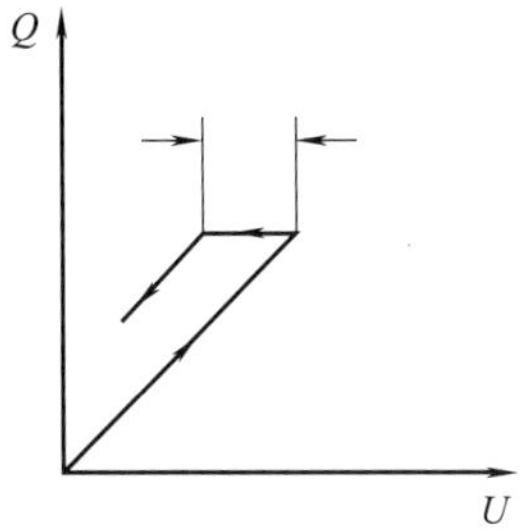 图(l)　回差
	动作灵敏度(分辨率)	在一个停留点上，使输出量在相同的方向上产生可测量的变化时，所需要的输入量的变化值。见图(m) 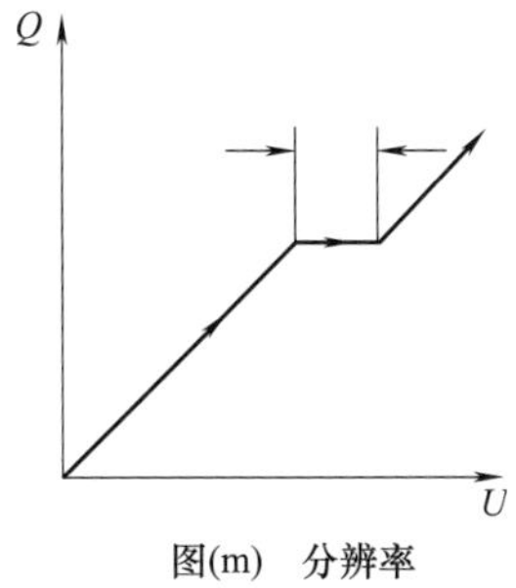 图(m)　分辨率

续表

方向阀的闭环频率特性	曲线见图(n)。曲线显示有代表性的调整范围±5%及±90% ①幅值比(输入信号幅值与阀芯实际行程幅值之比)与正弦输入信号频率的关系曲线 ②相位(正弦输入信号与阀芯实际行程之间的相角)与输入信号频率的关系曲线 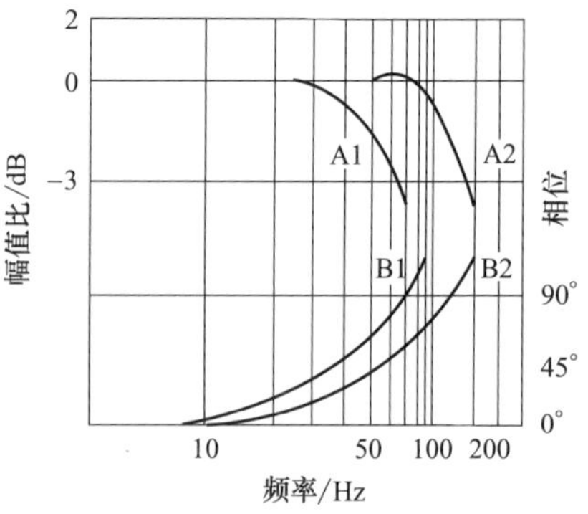 图(n) 频率特性曲线

13.10 比例控制系统典型原理图

电液比例控制系统由电子放大和校正单元、电液比例控制元件、执行元件及动力源、工作负载及信号检测处理装置等组成。按执行元件的输出参数有无反馈分为开环控制系统和闭环控制系统。比例阀控制液压缸或马达系统可以实现速度、位移、转速和转矩等的控制。

表 20-13-10 比例控制系统典型原理

开环控制	开环控制系统方框图如图(a)所示。由于开环控制系统的精度比较低,无级调节系统输入量就可以无级调节系统输出量力、速度以及加减速度等。这种控制系统的结构组成简单,系统的输出端和输入端不存在反馈回路,系统输出量对系统输入控制作用没有影响,没有自动纠正偏差的能力,其控制精度主要取决于关键元器件的特性和系统调整精度,所以只能应用在精度要求不高并且不存在内外干扰的场合。开环控制系统一般不存在所谓稳定性问题 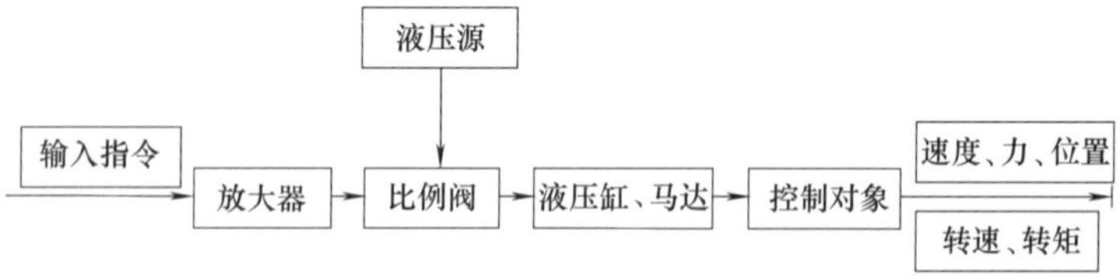 图(a) 电液比例控制系统原理图(开环)
闭环控制	闭环控制系统(即反馈控制系统)的优点是对内部和外部干扰不敏感,系统工作原理是反馈控制原理或按偏差调整原理。这种控制系统有通过负反馈控制自动纠正偏差的能力。但反馈带来了系统的稳定性问题,只要系统稳定,闭环控制系统可以保持较高的精度。因此,目前普遍采用闭环控制系统,见图(b) 简单的电液比例控制系统是采用比例压力阀、比例流量阀来代替普通液压系统中的多级调压回路或多级调速回路。这样既简化了系统,又可实现复杂的程序控制及远距离信号传输,便于计算机控制 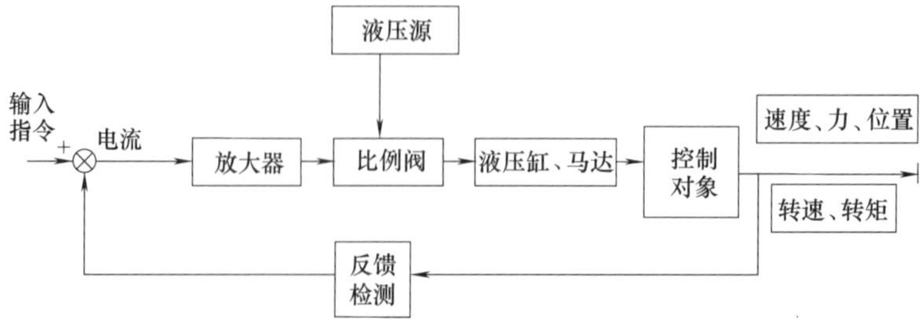 图(b) 电液比例控制系统原理图(闭环)

续表

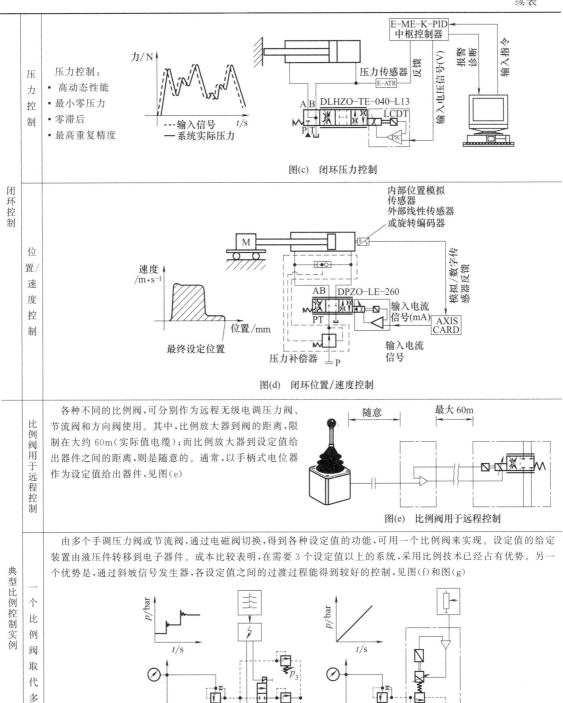

<table>
<tr><td rowspan="2">闭环控制</td><td>压力控制</td><td>压力控制：
• 高动态性能
• 最小零压力
• 零滞后
• 最高重复精度
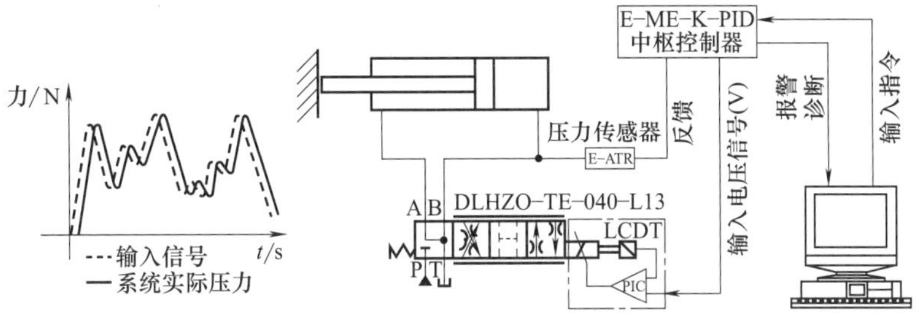

图(c)　闭环压力控制</td></tr>
<tr><td>位置/速度控制</td><td>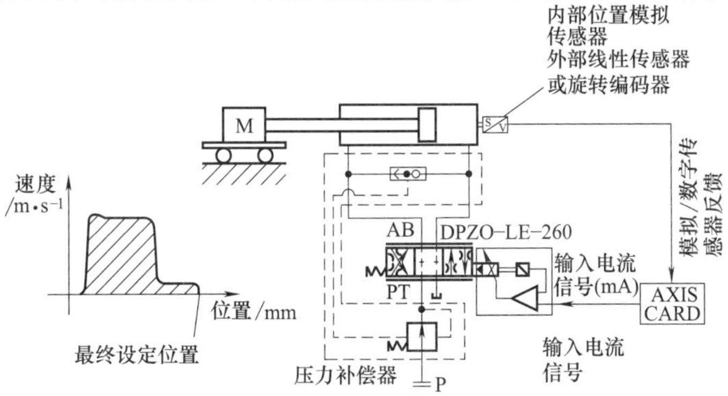

图(d)　闭环位置/速度控制</td></tr>
<tr><td rowspan="2">典型比例控制实例</td><td>比例阀用于远程控制</td><td>各种不同的比例阀，可分别作为远程无级电调压力阀、节流阀和方向阀使用。其中，比例放大器到阀的距离，限制在大约 60m(实际值电缆)；而比例放大器到设定值给出器件之间的距离，则是随意的。通常，以手柄式电位器作为设定值给出器件，见图(e)
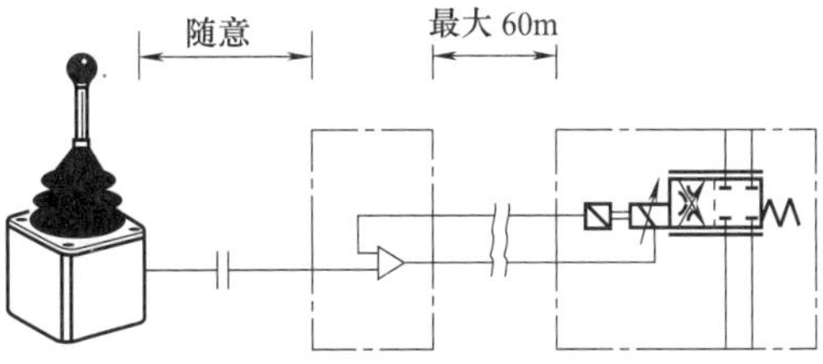

图(e)　比例阀用于远程控制</td></tr>
<tr><td>一个比例阀取代多个手调阀</td><td>由多个手调压力阀或节流阀，通过电磁阀切换，得到各种设定值的功能，可用一个比例阀来实现。设定值的给定装置由液压件转移到电子器件。成本比较表明，在需要 3 个设定值以上的系统，采用比例技术已经占有优势。另一个优势是，通过斜坡信号发生器，各设定值之间的过渡过程能得到较好的控制，见图(f)和图(g)
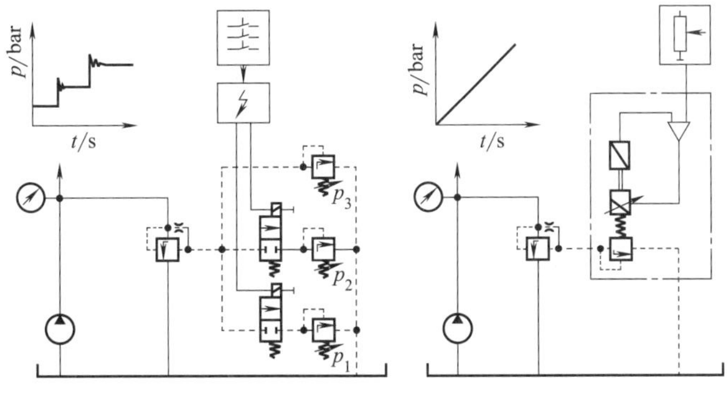

图(f)　一个比例阀取代多个手调阀压力调节
由比例阀电信号有目的选定的液压参数，可以根据生产设备的需要，很快地重新调整，同时具有很好的重复性。比例方向阀，将速度控制与方向控制集于一身，还减低了设备费用</td></tr>
</table>

第20篇

续表

<table>
<tr>
<td rowspan="4">典型比例控制实例</td>
<td>一个比例阀取代多个手调阀</td>
<td colspan="3">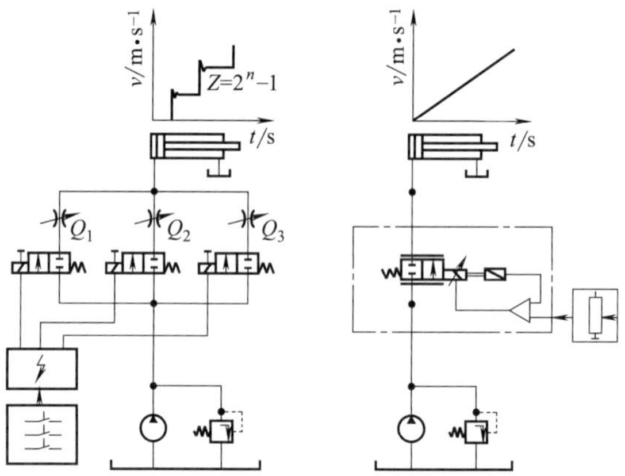

图(g) 一个比例阀取代多个手调阀速度调节</td>
</tr>
<tr>
<td>用于变量泵的控制</td>
<td colspan="3">恒压变量泵、恒流变量泵或压力流量复合控制变量泵，都可以通过比例阀，用电信号进行控制。由此，泵可运行于 p/Q 图的任意点上。各种控制特性曲线，例如功率特性，可以用电信号预先设定
如图(h)所示为一压力流量复合控制变量泵，其中的比例阀通过一控制块直接贴在泵体上
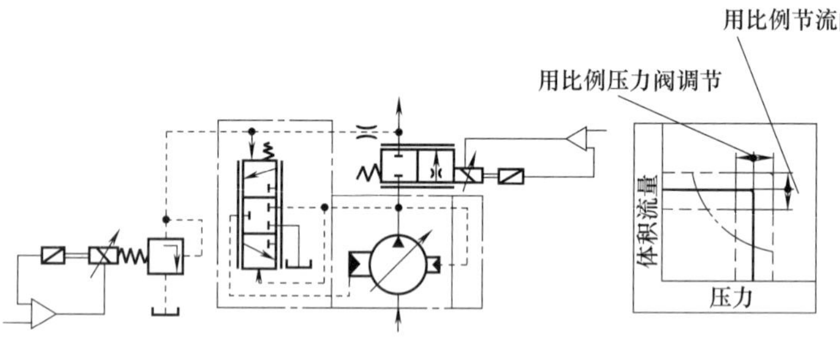

图(h) 用于变量泵的控制</td>
</tr>
<tr>
<td rowspan="2">质量的加速与制动控制</td>
<td colspan="3">对比例方向阀而言，这是一个重要的工作领域。如果要将以加速力和压力峰值为考虑问题的一方面，以缩短工作循环时间为考虑问题的另一方面协调起来，则用预先形成的信号曲线去控制比例阀，是理想的解决办法</td>
</tr>
<tr>
<td>由固定压力确定的相同形式的加速与减速</td>
<td>一个质量在加速与制动时，可根据牛顿定律得出其作用力
$$F=ma \tag{20-13-7}$$
这个力与一定的压力相对应。加速时，为泵的压力；制动时，为液压缸的允许压力，或其他受载元件的允许压力
对一个定压系统，得到一个相同的加速或减速运动曲线。其制动距离、加速距离、时间和速度之间的关系，见图(i)
$$a=\frac{v}{t} \tag{20-13-8}$$
$$s=\frac{1}{2}vt \tag{20-13-9}$$
$$t=\frac{2s}{v} \tag{20-13-10}$$
$$s=\frac{v^2}{2a} \tag{20-13-11}$$</td>
<td>F——加速力或制动力，N
m——质量，kg
a——加速度，m/s^2
v——终了或起始速度，m/s
t——加速或减速时间，s
s——加速或减速距离，m</td>
</tr>
</table>

续表

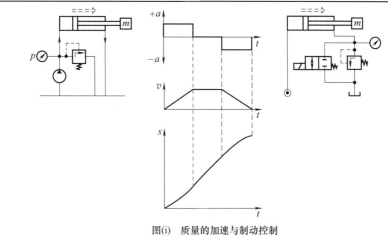

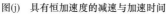

典型比例控制实例	质量的加速与制动控制	由固定压力确定的相同形式的加速与减速	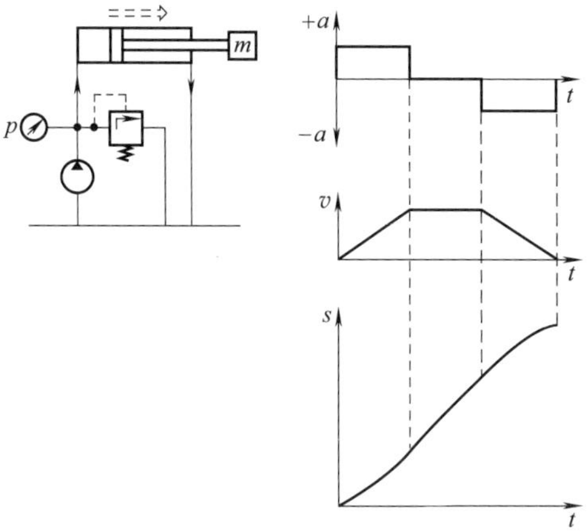 图(i)　质量的加速与制动控制 借助典型液压缸速度和加速度基础图线，见图(j)和图(k)(诺莫图)，可以估算时间和位移 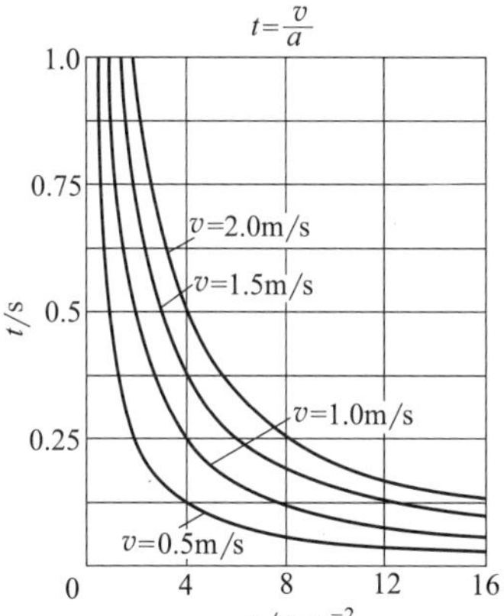 图(j)　具有恒加速度的减速与加速时间 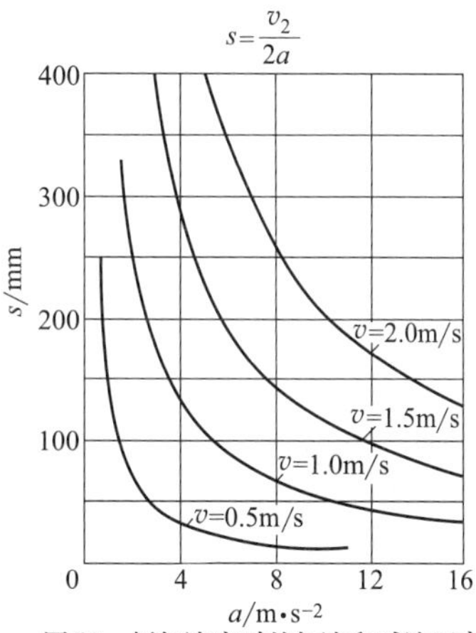 图(k)　恒加速度时的加速和减速距离
		用斜坡信号发生器控制的加速与制动(与时间相关)	如果使比例节流阀与比例方向阀的控制阀口，与时间相关地打开与关闭，那么理论上可以得到相同的加速与减速过程。然而，这是以电信号与体积流量之间，存在严格的线性关系为前提条件。实际上，由于：阀特性 $U_E=f(Q)$ 的线性误差；体积流量 Q 与控制阀口压降 Δp 的非线性关系而出现误差 实际的速度曲线，在加速区为软特性；与此相反，在制动过程以比较硬的特性结束。压力补偿器用来补偿变化的制动力，并使制动过程线性化

续表

典型比例控制实例 — 质量的加速与制动控制

应用方根函数发生器

可以用一种称为“方根函数发生器”的电子附件，来优化制动过程。这种电子函数发生器，能控制一个与二次幂函数相对应的不断变化的信号。将它附加到斜坡函数上去，就形成具备软特性的制动过程，见图(l)

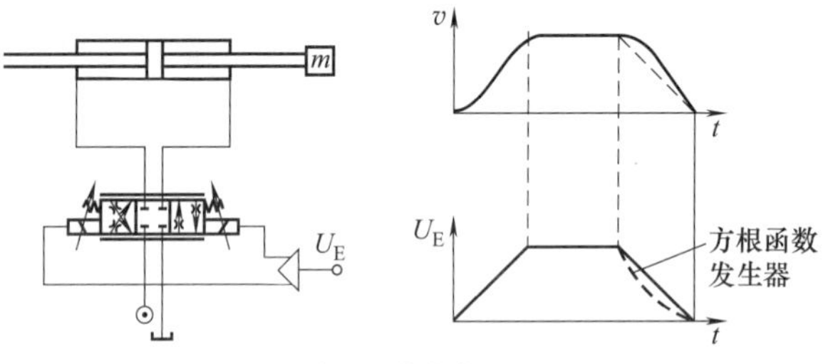

图(l) 方根函数发生器

当采用对称控制阀口的比例方向阀，对双出杆相同作用面积的液压缸进行控制时，其流进与流出阀口时节流作用是相同的。拉负载一直保持到制动压力不超过泵源压力。如果制动压力大于泵源压力，Δp_{BT} 就要超过 Δp_{PA}，这就是说，通过控制阀口 PA 的流量要小于通过控制阀口 BT 的流量。这就使缸的进油侧产生负压，严重时产生汽蚀，见图(m)。为避免出现这种情况，如满足

$$\Delta p_{PA} \leqslant \Delta p_{BT} \tag{20-13-12}$$

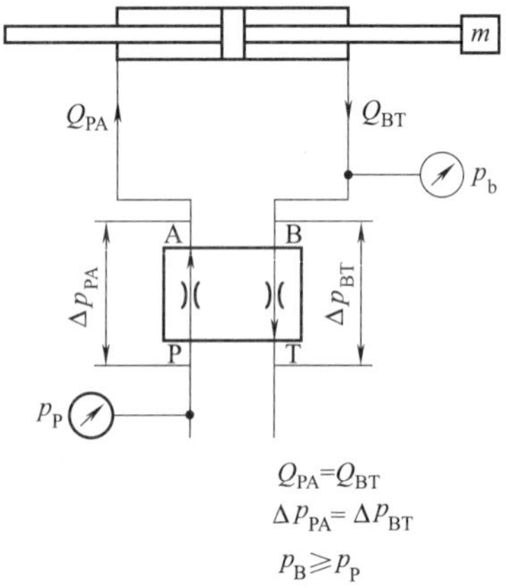

图(m) 汽蚀的产生

制动过程的拉负载

当采用对称控制阀口的比例方向阀，对单出杆作用面积不同的液压缸进行控制，在制动过程中，前面提到的汽蚀问题就会发生。对于面积比为 φ 的液压缸，流经控制阀口 PA 的体积流量，大于流经控制阀口 BT 的

$$Q_{PA}=\varphi Q_{BT} \tag{20-13-13}$$

根据流量公式知 $Q \propto \sqrt{\Delta p}$ 或 $Q^2 \propto \Delta p$，则控制阀口 PA 需要一个比控制阀口 BT 较大的压降

$$\Delta p_{PA}=\varphi^2 \Delta p_{BT} \tag{20-13-14}$$

为避免汽蚀，应满足

$$\Delta p_{BT} \leqslant \frac{\Delta p_{PA}}{\varphi^2} \tag{20-13-15}$$

$$p_B \leqslant \frac{p_P}{\varphi^2} \tag{20-13-16}$$

如果作用在有杆腔的质量力所需要的压力，大于式(20-13-16)的 p_B，则在缸的进油侧将发生汽蚀

下面看一例子，见图(n)

已知：液压缸数据 63/40-1000，质量 $m=1000$kg，液压缸速度 $v_0=0.5$m/s，泵压力 $p=100$bar。

求解：求避免发生汽蚀条件下，到停止状态的最短制动时间和制动距离

解：液压缸面积

$A_K=31\text{cm}^2$，$A_S=12.5\text{cm}^2$，$A_R=18.5\text{cm}^2$

1）面积比

$$\varphi=\frac{A_K}{A_R}=\frac{31}{18.5}\approx 1.7$$

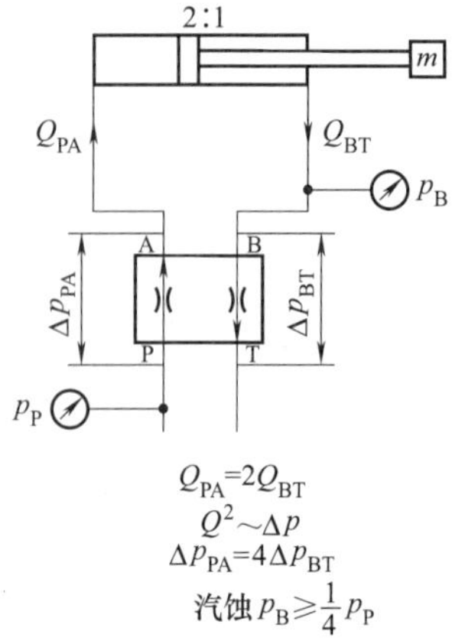

图(n) 油缸面积比为2:1时的计算结果

续表

<table>
<tr>
<td rowspan="2">典型比例控制实例</td>
<td rowspan="2">质量的加速与制动控制</td>
<td>制动过程的拉负载</td>
<td>
2)允许 Δp_{BT}

$$Q_{PA}=\varphi Q_{BT}$$

因为 $Q\propto\sqrt{\Delta p}$ 以及 $Q^2\propto\Delta p$

$$\Delta p_{PA}=\varphi^2\Delta p_{BT}$$

Δp_{PA}的最大值为 100bar，则有

$$\Delta p_{BT}=\frac{100}{1.7^2}=\frac{100}{2.9}\approx 34\text{bar}$$

3)制动力

$$F=\Delta p_{BT}A_R$$

$$F=3.4\text{bar}\times 18.5\text{cm}^2=6.2\text{kN}$$

4)制动过程
根据牛顿定理

$$a=\frac{F}{m}$$

$$a=\frac{6.2\times 10^3}{1000}\approx 6.2\text{m/s}^2$$

5)制动时间

$$t=\frac{v_0^2}{2a}$$

$$t=80\text{ms}$$

6)制动距离

$$Q_{PA}=\varphi Q_{BT}$$

$$t=\frac{0.5^2}{2\times 6.2}$$
</td>
</tr>
<tr>
<td>拉负载时避免汽蚀的措施</td>
<td>
选用节流阀口不对称(不相等)的比例方向阀。需要时，可选用控制阀芯节流阀口不对称的比例方向阀。这样，就抵消了差动缸两个油腔面积不等的影响，提高了流出阀口的节流效果，见图(o)

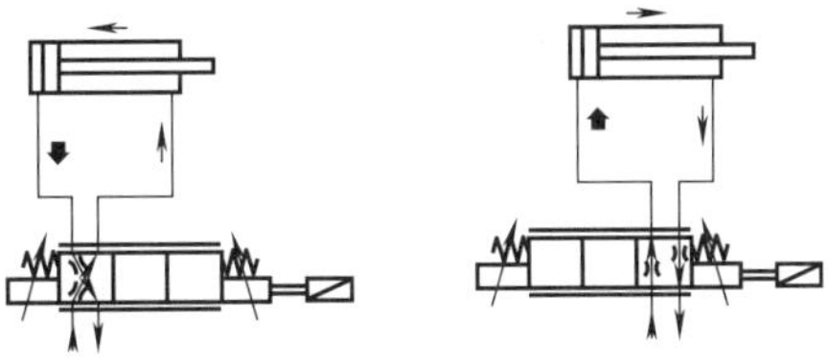

图(o)　选用节流阀口不对称(不相等)的比例方向阀

配置支承阀。为了将负载方向交变的液压缸固定在一定位置上，可在液压缸管线上配置支承阀，见图(p)。通过在比例阀处和压力补偿器处变化的节流阀口的相互影响，有可能出现振动问题

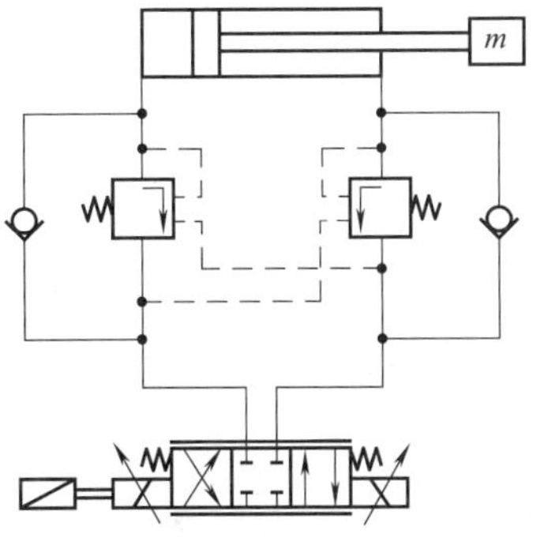

图(p)　配置支承阀
</td>
</tr>
</table>

续表

<table>
<tr>
<td rowspan="3">典型比例控制实例</td>
<td rowspan="3">质量的加速与制动控制</td>
<td>受驱动系统固有频率制约的加速与制动的极限值</td>
<td>
对于加速和制动过程，不论是与时间相关的控制，还是与距离相关的控制，都受到加(减)速度极限值的制约。不仅有效压力，而且由驱动系统弹性和质量决定的系统固有频率，都决定性地影响到可能达到的加(减)速度的最大值
假如过快地加速或制动，则会发生振动，使终了位置不准确。特别是在重载大行程，从而出现较低的固有频率时，情况特别危险，见图(q)
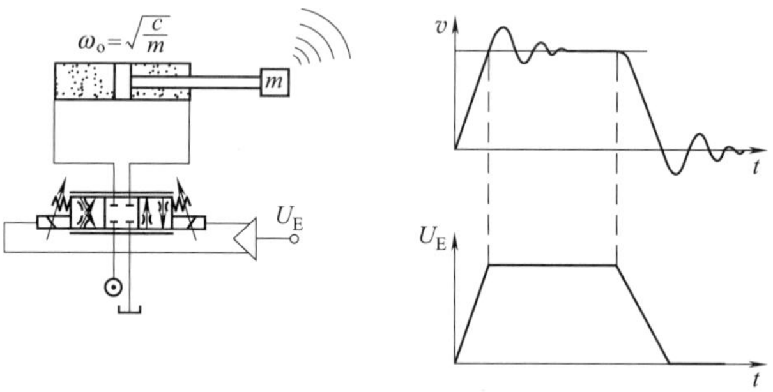

图(q)　受驱动系统固有频率制约的加速与制动的极限值
</td>
</tr>
<tr>
<td>与距离相关的制动</td>
<td>
理想的制动过程，不是与时间相关的控制，而是与距离相关的控制。这就是说，随着目标位置的接近，比例阀阀口过流面积，随液压缸的速度成比例地减小
这种解决方案，需要一个位置检测系统，所检测信号与设定值一起进入一调节放大器，并与目标值进行比较。这样的格局，为一个位置调节闭环
在如图(r)所示的实例中，虽然加速过程用斜坡发生器来控制，但其制动时间还是受到闭环回路放大器的影响
方根发生器在此用来进一步优化特性。在这种情况下，系用来缩短制动过程
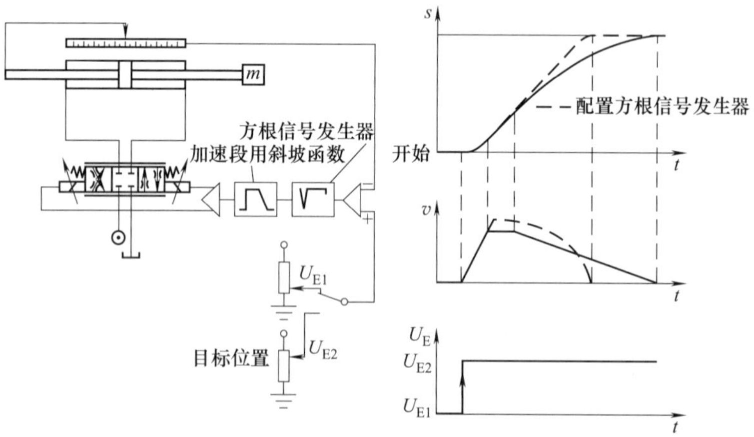

图(r)　配置方根信号发生器
</td>
</tr>
<tr>
<td>用斜坡函数的定位</td>
<td>
如果一个制动过程用行程开关来触发，并用斜坡函数来控制，则可得到按速度或按斜坡时间的不同的终了位置
为了实现以不同的速度，到达一个始终相同的终了位置，一种可能的方案是，首先制动到微动速度，再由此开始不配斜坡函数到达第 2 个行程开关而停止运动，见图(s)
</td>
</tr>
</table>

续表

<table>
<tr><td rowspan="2">质量的加速与制动控制</td><td>用斜坡函数的定位</td><td>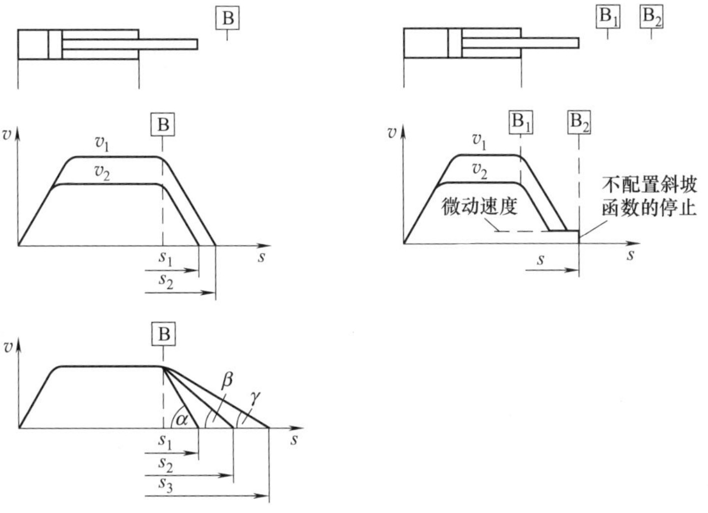

图(s)　用斜坡函数的定位</td></tr>
<tr><td>典型比例控制实例</td><td>撒盐车</td><td>比例阀在恶劣环境的行走机械中的一个应用实例，是如图(t)所示的撒盐车。撒盐车的任务是，在路面宽度和行车速度变化的情况下，将准确的单位面积盐量(盐量 g/路面面积 m^2)撒到路面上去。在撒盐车上，通过螺旋输送器和输送带，将储盐箱里的盐送到撒盐转盘。当撒播宽度仅仅与撒盐转盘转速相关时，则撒盐量，进而螺旋输送器的转速就受行车速度和撒盐宽度的影响
输送器与转盘，由相应的液压马达驱动，而液压马达又分别由比例节流阀予以控制
撒盐宽度与撒盐量的设定值，在驾驶室里用旋转电位器给出相应的电信号。这些信号相互间，以及与速度值(来自测速发电机)间的联系，在中央电控器实现，从而重新去控制比例节流阀
在转盘控制系统中，比例节流阀与并联的压力补偿器，构成三通流量控制阀，由定量泵供油。而输送器马达，由变量泵和压力-流量调节器组合(实际上为一比例恒流泵)进行控制
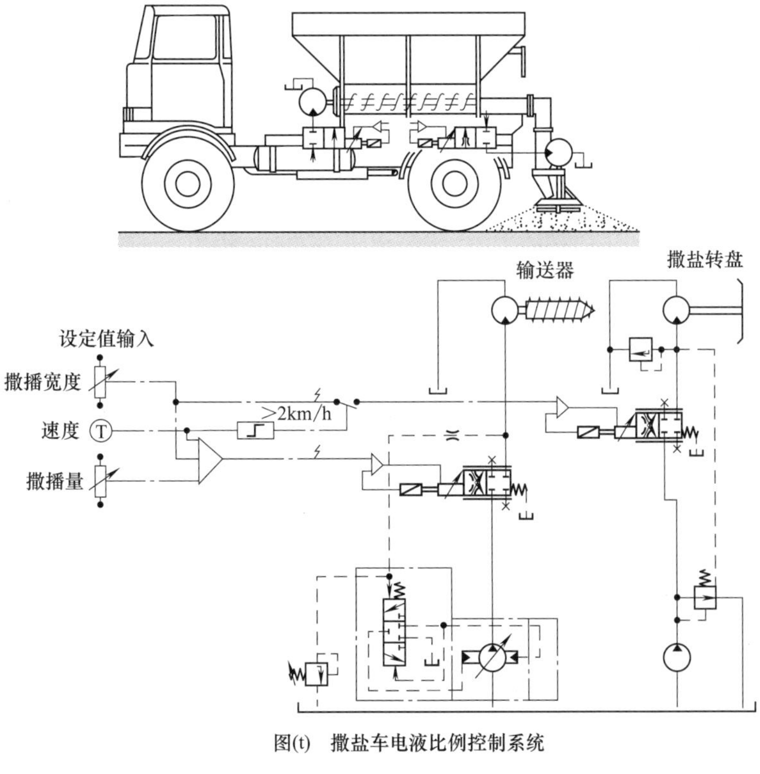

图(t)　撒盐车电液比例控制系统</td></tr>
</table>

续表

<table>
<tr>
<td rowspan="2">典型比例控制实例</td>
<td>注塑机</td>
<td>图(u)是一个带塑化成型螺旋输送器(蜗杆)的塑料注射成型机电液比例控制系统原理图,系统采用变量液压泵 1 供油,最大压力由溢流阀 2 设定,单向阀 3 用于防止压力油倒灌,系统的执行器为注射液压缸 12 和塑化液压马达 11。系统采用直动式电液比例压力阀 7 和电液比例节流阀 6 进行控制,以保证注射力和注射速度精确可控。阀 7 与传统先导式溢流阀 9 和传统先导式减压阀 4 的先导遥控口相连接,电液比例节流阀 6 串联在系统的进油路上
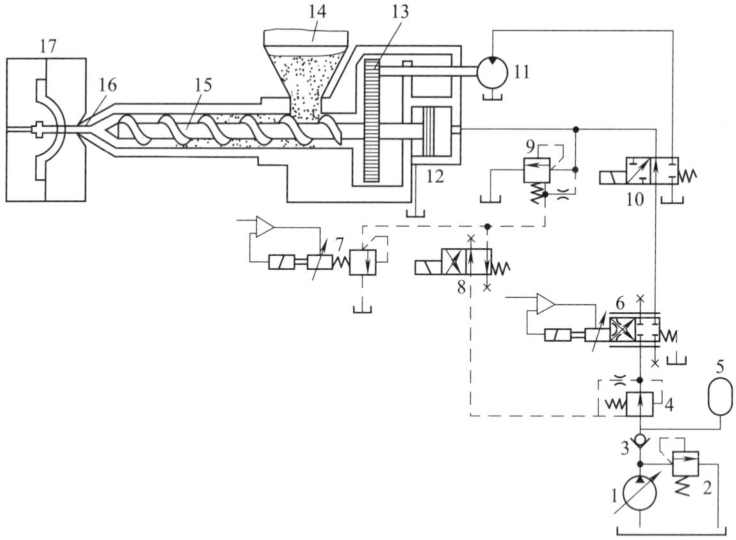

图(u)　直动式电液比例压力阀的注塑机电液比例控制系统原理
1—变量液压泵;2—溢流阀;3—单向阀;4—传统先导式减压阀;5—蓄能器;6—电液比例节流阀;7—直动式电液比例压力阀;8,10—二位四通电磁换向阀;9—传统先导式溢流阀;11—塑化液压马达;12—注射液压缸;13—齿轮减速器;14—料斗;15—螺杆;16—注射喷嘴;17—模具
料斗 14 中的塑料粒料进入料桶后在回转的螺杆区受热而塑化。通过塑化液压马达 11 和齿轮减速器 13 驱动的螺杆转动,由电液比例节流阀 6 确定二位四通电磁换向阀 10 切换至左位。螺杆 15 向右移动,注射液压缸 12 经过由直动式电液比例压力阀 7 和传统先导式溢流阀 9 组成的电液比例先导溢流阀排出压力油,支撑压力由直流式电液比例压力阀 7 确定,此时二位四通电磁换向阀 8 处于右位。塑化的原料由螺杆的向前推进经注射喷嘴 16 射入模具 17。注射液压缸 12 的注射压力通过由阀 4 和阀 7 组成的电液比例先导减压阀确定,此时换向阀 8 切换至左位。注射速度由电液比例节流阀 6 来精细调节,此时,阀 6 处于右位。注射过程结束时,阀 7 的压力在极短的时间里提高到保压压力</td>
</tr>
<tr>
<td>进给控制</td>
<td>在如图(v)所示的进给回路中,比例方向阀承担了方向控制与速度控制的功能。为了实现负载补偿,方向阀前串接了压力补偿器,负载压力从方向阀芯中的附加通道取出。进给的节流控制作用,在进油侧实现。支承阀给予液压缸一定的背压,而使进给运动平稳。快退应用了差动油路
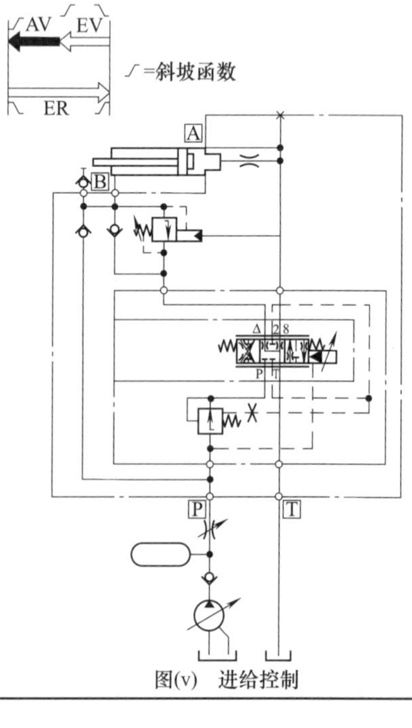

图(v)　进给控制</td>
</tr>
</table>

续表

典型比例控制实例	带材卷取设备恒张力控制	图(w)为带材卷取设备恒张力控制的闭环电液比例控制系统原理，系统的油源为定量液压泵 1，执行器为单向定量液压马达 3，为了使带材的卷取恒张力控制满足式(20-13-17)，系统采用了电液比例溢流阀 2 $$p_s=20\pi FR/q \qquad (20\text{-}13\text{-}17)$$ 图(w)中检测反馈量为 F，在工作压力一定而不及时调整时，张力 F 将随着卷取半径 R 的变化而变化。设置张力计 4 随时检测实际的张力，经反馈与给定值相比较，按偏差通过比例放大器 7 调节比例溢流阀的输入控制电流，从而实现连续地、成比例地控制液压马达的工作压力 p_s、输出转矩 T，以适应卷取半径 R 的变化，保持张力恒定 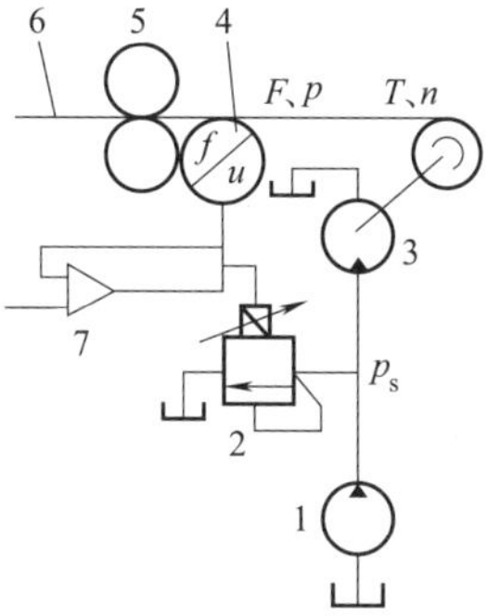 **图(w)　带材卷取设备恒张力控制闭环电液比例控制系统原理** 1—定量液压泵；2—电液比例溢流阀；3—单向定量液压马达；4—张力计；5—卷取辊；6—带材；7—比例放大器	p_s——液压马达的入口工作压力 F——张力 R——卷取半径 q——液压马达的排量
	压力容器疲劳寿命试验的电液比例压力控制系统	图(x)为压力容器疲劳寿命试验的电液比例压力控制系统原理，系统的油源为定量液压泵 1，其最大工作压力由溢流阀 2 设定，提高了压力控制精度。系统中采用了三通电液比例减压阀 3，并通过压力传感器 5 构成系统试验负载压力的闭环控制，通过调节输入电控制信号，可按试验要求得到不同的试验负载压力 p 的波形，以满足试件 4 疲劳试验的要求 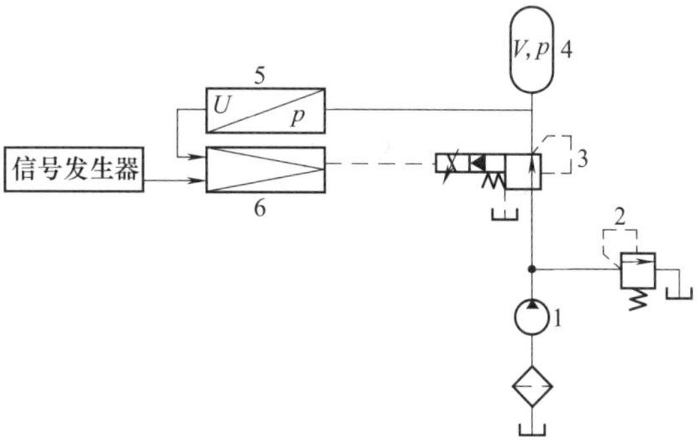 **图(x)　压力容器疲劳寿命试验的电液比例压力控制系统原理** 1—定量液压泵；2—溢流阀；3—三通电液比例减压阀；4—试件；5—压力传感器；6—比例放大器	
	机床微进给电液比例控制	图(y)为机床微进给电液比例控制回路原理，其采用了传统调速阀 1 和电液比例调速阀 3，以实现液压缸 2 驱动机床工作台的微进给。液压缸的运动速度由其流量 q_2($q_2=q_1-q_3$)决定。当 $q_1>q_3$时，活塞左移；而当 $q_1<q_3$时，活塞右移，故无换向阀即可实现活塞运动换向。此控制方式的优点是，用流量增益较小的比例调速阀即可获得微小进给量，而不必采用微小流量调速阀；两个调速阀均可在较大开度(流量)下工作，不易堵塞；既可开环控制也可以闭环控制，可以保证液压缸输出速度恒定或按设定的规律变化。如将传统调速阀 1 用比例调速阀取代，还可以扩大调节范围 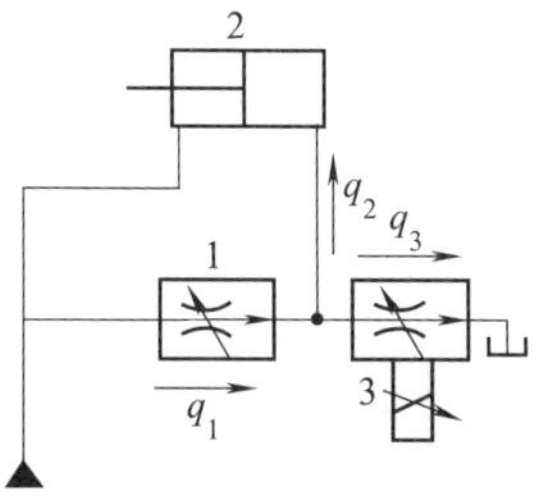 **图(y)　机床微进给电液比例控制回路原理** 1—传统调速阀；2—液压缸；3—电液比例调速阀	

续表

典型比例控制实例

双缸直顶式液压电梯的电液比例系统

液压电梯是多层建筑中安全、舒适的垂直运输设备，也是厂房、仓库、车库中最廉价的重型垂直运输设备。在液压电梯速度控制系统中，对其运行性能（包括轿厢启动、加减速运行平稳性、平层准确性以及运行快速性等方面）有较高的要求，并对液压电梯的速度、加速度以及加速度的最大值都有严格的限制，图(z)是液压电梯的速度理想曲线。目前电梯的液压系统广泛采用电液比例节流调速方式，以满足上述要求

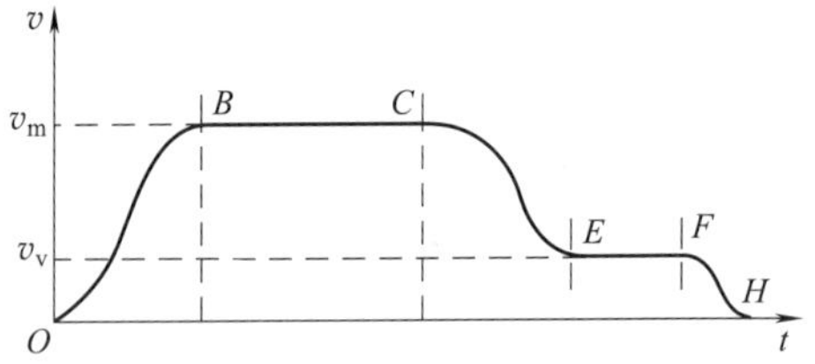

图(z)　液压电梯的速度理想曲线

O—B—加速阶段；B—C—匀速阶段；C—E—减速阶段；E—F—平层阶段；F—H—结束阶段

图(a′)为液压电梯的一种电液比例旁路节流调速液压系统原理，系统由定量液压泵 1 供油，系统最高压力设定和卸荷控制由电磁溢流阀 6 实现，工作压力由压力表 4 显示；精过滤器 2 用于压力油过滤，以保证进入系统的油液清洁；单向阀 5 用于防止液压油倒灌；电磁比例调速阀 7 用于并联的液压缸 16、17 带动电梯上升时旁路节流调速，下降时回油节流调速；比例节流阀 9 和 10，作双缸同步控制用，一个主控制阀，另一个用于跟随同步控制。由于节流阀只能沿一个方向通油，故加设了四个单向阀组成的液压桥路 11 和 12，使得电梯上下运行时比例节流阀都能够正常工作；手动节流阀 8 为系统调试时的备用阀；电控单向阀 13 和 14 用于防止轿厢断电锁停；双缸联动的手动下降阀 15（又叫应急阀），用于突然断电，液压系统因故障无法运行时，通过手动操纵使电梯以较低的速度 0.1m/s 下降

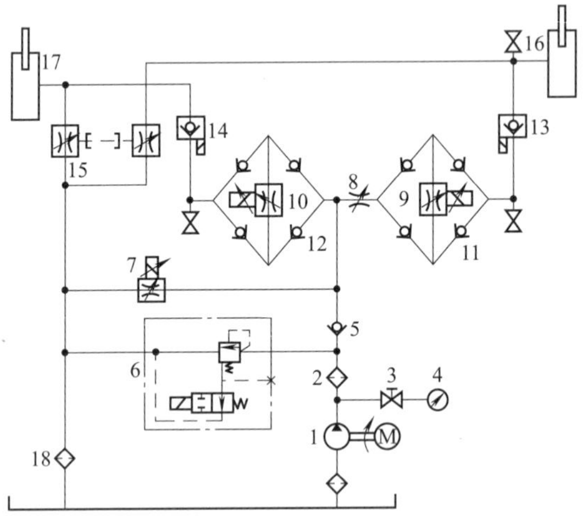

图(a′)　液压电梯电液比例旁路节流调速液压系统原理

1—定量液压泵；2—精过滤器；3—压力表开关；4—压力表；5—单向阀；6—电液溢流阀；7—电液比例调速阀；8—手动节流阀；9，10—电液比例节流阀；11，12—液压桥路；13，14—电控单向阀；15—手动下降阀；16，17—液压缸；18—回油过滤器

系统的工作原理为：电梯上升时，系统接到上行指令后，电液溢流阀 6 中的二位二通电液换向阀通电，系统升压。电梯启动阶段，由计算机控制比例调速阀 7，使它的开度由最大逐渐减小，电梯的速度逐渐上升，减速阶段与之类似。通过控制比例调速阀的流量来使电梯依据理想曲线运行，最后平层停站，电液溢流阀 6 断电，液压泵卸荷。通过调节两个比例节流阀 9 和 10 来保证进入双缸的流量相等，从而使双缸的运动同步。电梯下行时，在系统接到下行指令后，首先关闭比例调速阀 7，两个电控单向阀 13 和 14 通电后打开，控制比例调速阀的开度逐渐增大，液压缸中的油液经比例节流阀 9 和 10，再流经比例调速阀排回油箱。通过控制经比例调速阀的流量来使电梯依据理想曲线下降

焊接自动线提升装置

焊接自动线提升装置的电液比例控制回路见图(b′)。图(b′)中(ⅰ)为焊接自动线提升装置的运行速度循环图，要求升、降最高速度达 0.5m/s，提升行程中点的速度不得超过 0.15m/s，为此采用了电液比例方向节流阀 1 和电子接近开关 2（所谓模拟式触发器）组成的提升装置电液比例控制回路[图(b′)中(ⅱ)]。工作时，随着活动挡铁 4 逐步接近开关 2，接近开关输出的模拟电压相应降低直到 0V，通过比例放大器去控制电液比例方向节流阀，使液压缸 5 按运行速度循环图的要求通过四杆机械转换器将水平位移转换为垂直升降运动。此回路，对于控制位置重复精度较高的大惯量负载是相当有效的

续表

典型比例控制实例	焊接自动线提升装置	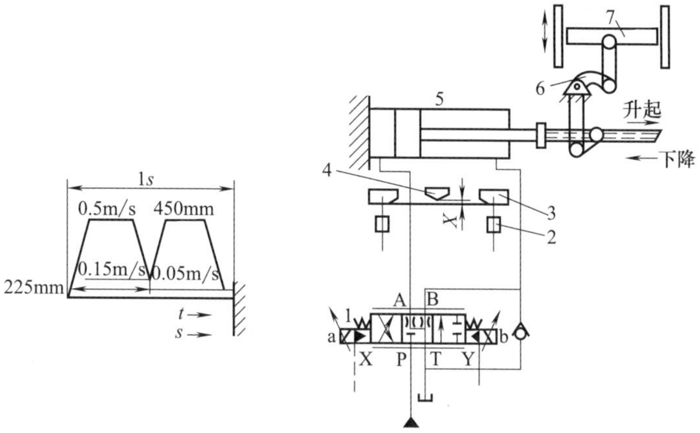(ⅰ) 运行速度循环图　(ⅱ) 回路原理图 图(b′)　焊接自动线提升装置的电液比例方向速度控制回路 1—电液比例方向节流阀；2—电子接近开关(模拟起始器)；3—制动挡块；4—活动挡铁；5—液压缸；6—四杆机械转换器；7—工作机构
	液压蛙跳游艺机电液比例控制系统	液压蛙跳游艺机是为儿童乘客提供失重感受的游艺机械，图(c′)是其结构和电液比例控制系统示意图。该机采用高性能电液比例方向阀 7 和液压缸 2 组成的开环电液伺服系统驱动。液压缸 2 的活塞杆连接倍率为 m 的双联增速滑轮组(动滑轮 3、定滑轮 4 和导向轮 6)，钢丝绳 5 的自由端悬挂一个可乘坐六人的单排座椅 1。该机的运行过程及原理如下：启动液压站，阀控缸 2 将载有乘客的座椅 1 缓慢提升到 4.5m 高度，此时预置程序电信号操纵阀控缸模拟蛙跳，增速滑轮组随即将此蛙跳行程和速度增大到 m 倍，为了避免冲击过大伤及乘客，采用自上而下多级蛙跳模式，每级蛙跳坠程小于 0.5m，最后一次蛙跳结束时座椅离地面 1.5m 以上。上述蛙跳动作重复 3 次以后阀控缸将座椅平稳落地 为了保证整机性能及安全运行，系统中高性能电液比例方向阀(DLKZO-TE-140-L71)配有内置式位移传感器和集成电子放大器，以闭环方式实现阀的调节和可靠控制，是优化了的集成电液系统，其动态和静态特性可与伺服阀媲美，能够根据输入电信号提供方向控制和压力补偿的流量控制，亦即方向和速度控制，并具有性能可靠、过滤要求低等优点。采用该阀的液压蛙跳机能够准确控制座椅的坠落行程、速度和加速度，既能避免座椅失控坠地，也能避免液压缸和滑轮组钢丝绳承受过大的冲击而损伤，还能让乘客最大限度地体验失重的感觉。下表为液压蛙跳游艺机系统的技术参数 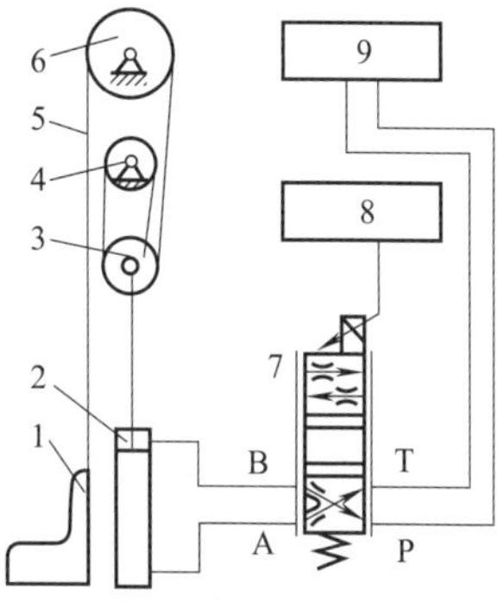图(c′)　液压蛙跳游艺机 1—座椅；2—液压缸；3—动滑轮；4—定滑轮；5—钢丝绳；6—导向轮；7—电液比例方向阀；8—信号源；9—液压站

第 20 篇

续表

典型比例控制实例

液压蛙跳游艺机电液比例控制系统

液压蛙跳游艺机系统的技术参数

项目			参数	单位
座椅静负载	座椅自重 G_1		2.60	kN
	6 名儿童的总重量 G_2		$0.40\times6=2.40$	
	总重量 G		5.00	
座椅加速度			2.47	m^2/s
座椅最大惯性力	N_{max}		1.26	kN
座椅最大动负载	$P_{max}=N_{max}+G$		6.26	kN
液压缸	最大牵引力 $F_{max}=3P_{max}$		18.78	kN
	最高坠落速度 v_{max}		0.785	m/s
	最大外伸速度 $v_{1max}=v_{max}/3$		0.262	
	缸筒内径		80	mm
	活塞杆直径		50	
	最大负载流量		79	L/min
液压源	控制阀最大供油流量		136	
	供油压力		10.5	MPa
	蓄能器(2 个)容积		$25\times2=50$	L
	液压泵（25MCY14-1B 型轴向柱塞泵）	转速	1500	r/min
		功率	7.5	kW

深潜救生艇对接机械手的电液比例控制系统

在救援失事潜艇的过程中，需要深潜救生艇与失事艇对接，建立一个生命通道，将失事艇内的人员输送到救生艇内，完成救援任务。救生艇共有两对对接机械手，是救生艇的重要执行装置，具有局部自主功能，图(d′)是其对接原理(仅给出一对机械手)。当深潜救生艇 1 按一定要求停留在失事艇 9 上方后，通过对称分布的四只液压缸驱动的对接机械手的局部自主控制，完成机械手与失事艇对接裙 7 初连接、救生艇对接裙 7 与失事艇对接裙自动对中、收紧机构手使两对接裙正确对接等三步对接作业过程，以解决由于风浪流、失事艇倾斜等因素，难于直接靠救生艇的动力定位系统实现救生艇与失事艇的对接问题。为了避免因重达 50t 的救生艇的惯性冲击力损坏机械手，在伸缩臂与手爪之间设有压缩弹簧式缓冲装置 4，并通过计算机反馈控制手臂液压缸，减小手爪 5 与甲板间的接触力；同时采用电液比例系统对机械手进行控制，使其具有柔顺功能

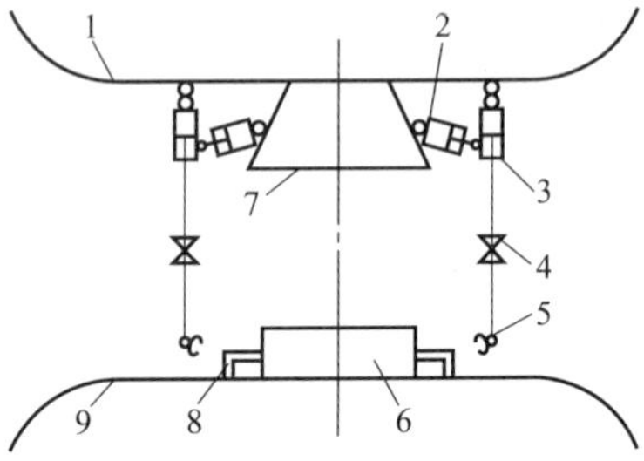

图(d′)　深潜救生艇与失事艇的对接原理

1—深潜救生艇；2—摆动臂；3—伸缩臂；4—缓冲装置；5—手爪；6—对接裙平台；7—对接裙；8—目标环；9—失事艇

图(e′)是机械手的电液比例控制系统原理(图中只画出了一只机械手的控制回路，其他三只机械手的控制回路与其相同)。系统的执行器为实现对接机械手摆动和伸缩两个自由度的液压缸 10 和液压缸 11 及驱动手爪开合的液压缸 12，其中摆动和伸缩两个自由度采用具有流量调节功能的电液比例换向阀 5 和 6 实现闭环位置控制，与二位四通电磁换向阀 8 和 9 结合实现手臂的柔顺控制。手爪缸 12 的运动由电液比例换向阀 7 控制。系统的油源为定量液压泵 1，其供油压力由溢流阀 3 设定，单向阀 2 用于防止油液向液压泵倒灌，单向阀 4 用于隔离手爪缸 12 与另外两缸的油路，防止动作相互产生干扰

以伸缩液压缸 11 为例说明系统的控制原理：当电磁铁 6YA 通电使换向阀 9 切换至左位时，伸缩液压缸便与比例阀 6 接通，此时，通过阀 6 的比例控制器控制比例电磁铁 3YA 和 4YA 的输入电信号规律，可以实现液压缸活塞的位置控制，系统工作在位置随动状态。当 6YA 断电并且 3YA 和 4YA 之一通电时，伸缩液压缸 11 的无杆腔与有杆腔通过换向阀 9 的 Y 型机能连通并接系统的回油，使缸的两腔卸荷，活塞杆可以随负载的运动而自由运动，实现伸缩的柔顺功能。这样既能保证该机械手与失事艇上的目标环初连接，同时也为其他三只机械手对接创造了条件，又可以缓冲因救生艇运动而带来的惯性力，避免损坏机械手。摆动液压缸回路的控制原理与伸缩缸类同

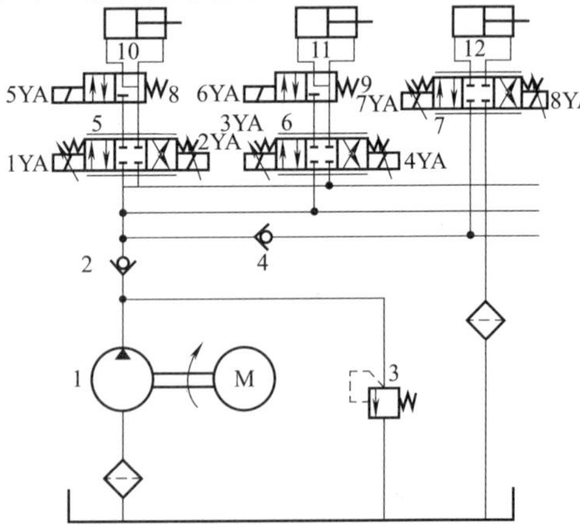

图(e′)　机械手的电液比例控制系统原理

1—定量液压泵；2，4—单向阀；3—溢流阀；5～7—电液比例换向阀；8，9—二位四通电磁换向阀；10—摆动液压缸；11—伸缩液压缸；12—手爪开合液压缸

本系统的特点为：通过电液比例方向阀与电磁换向阀的配合控制，实现机械手的柔顺功能；通过设置缓冲装置和电液比例闭环控制，使深潜救生艇的对接机械手不致因惯性冲击的因素而损坏，并提高了对接的成功率

续表

典型比例控制实例	无缝钢管生产线穿孔机芯棒送入机构的电液比例控制系统	图(f′)为无缝钢管生产线穿孔机芯棒送入机构的电液比例控制系统原理，芯棒送入液压缸行程 1.59m，最大运行速度 1.987m/s，启动和制动时的最大加(减)速度均为 $30m^2/s$，在两个运行方向运行所需流量分别为 937L/min 和 168L/min。系统采用公称通径 10 的比例方向节流阀为先导控制级，通径 50 的二通插装阀为功率输出级，组合成电液比例方向节流控制插装阀。采用通径 10 的定值控制压力阀作为先导控制级，通径 50 的二通插装阀为功率输出级，组合成先导控制式定值压力阀，以满足大流量和快速动作的控制要求。采用进油节流调节速度和加(减)速度，以适应阻力负载；采用液控插装式锥阀锁定液压缸活塞，采用接近开关、比例放大器、电液比例方向节流阀等的配合控制，控制加(减)速度或斜坡时间，控制工作速度 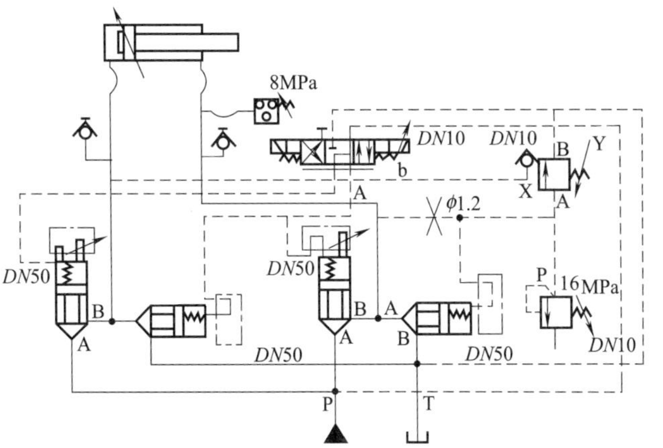 图(f′)　无缝钢管生产线穿孔机芯棒送入机构的电液比例控制系统原理
	全功能流程的继电器控制	如图(g′)所示的简明例子，是一个液压缸在整个工作过程中的控制情况。信号元件，手动按钮 S1、S2，和沿液压缸行程的极限位置开关(行程开关)B1、B2、B3，构成了继电器控制系统，见图(h′)。这是按步进链原理编制，从电位器 V1～V4 调出设定的电压。这些与运动速度和运动方向相应的比例控制信号，输入到比例放大器。信号转变过程中的加速与制动值，在放大器里用斜坡函数来设置，见图(i′) 为了得到准确的终端位置，位于终端位置起始点的 B1、B3，总是将斜坡函数切除 现今，继电器控制通常为可编程控制器 SPS 所代替。其工作过程与步进链的相似 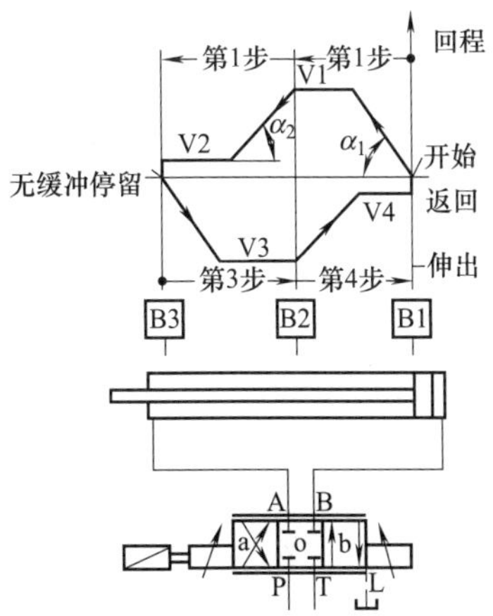 图(g′)　继电器控制系统 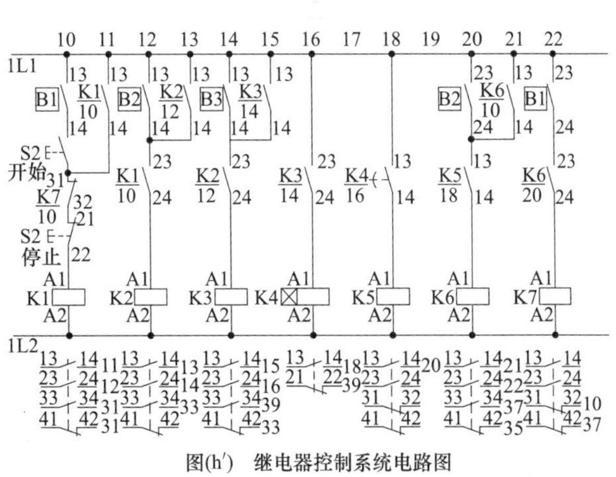 图(h′)　继电器控制系统电路图

续表

典型比例控制实例	全功能流程的继电器控制	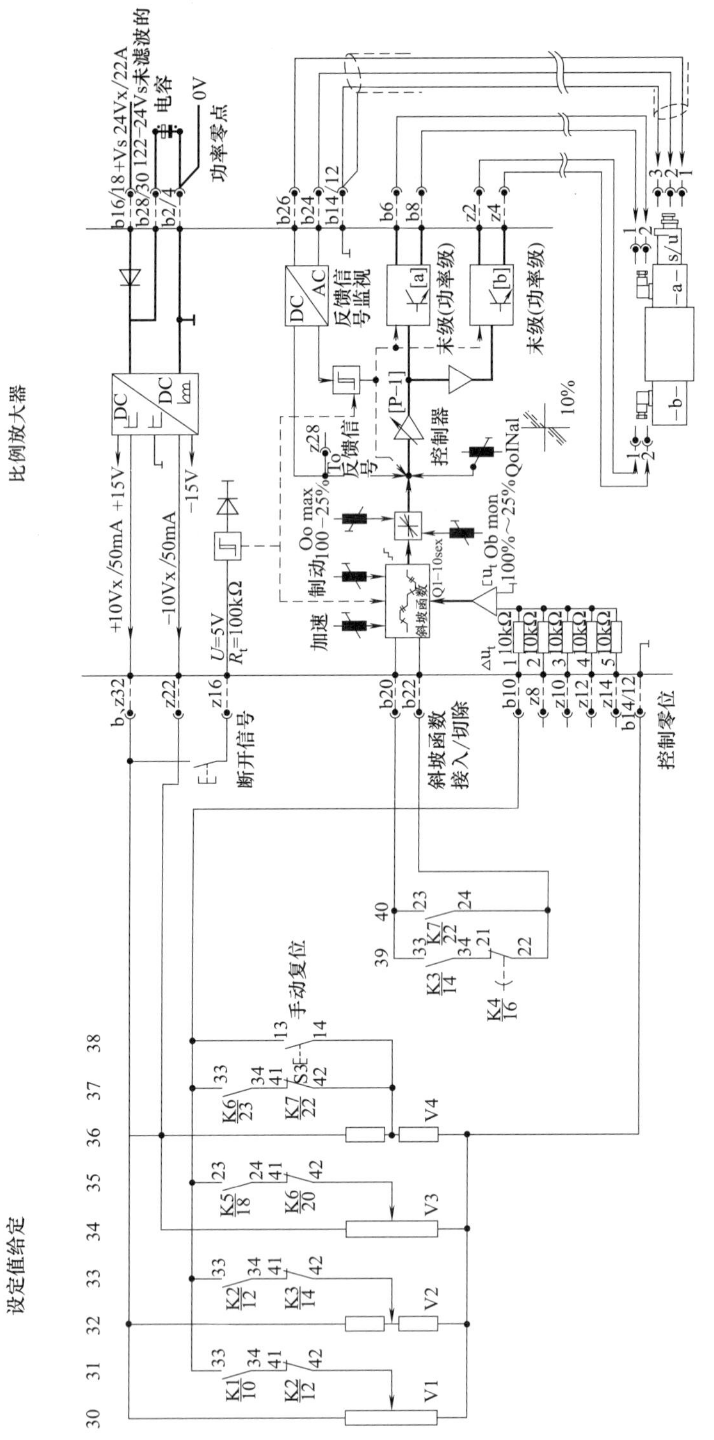图(i′)　设定值给定

续表

典型的开环控制应用实例	开环控制适用于在两个不等同的液压参数之间提供一个平滑渐进而无突变的变换控制过程。此时操作者必须不停地目测被控对象的运动过程并连续手动控制。例如人工遥控就是典型的开环控制 通常在不需要很精密的控制时使用开环控制。开环控制装置易受环境的干扰，例如温度变化，液压油黏度的变化，以及由于物体运动产生的惯性作用等均对开环装置的控制产生影响 压力控制 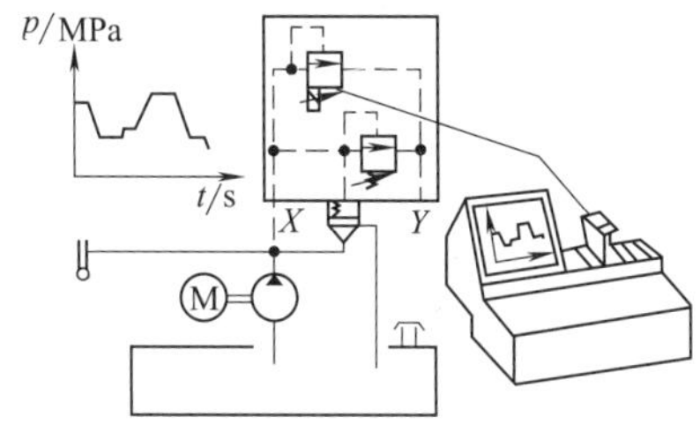 图(j′)　压力控制 用操纵杆控制行程 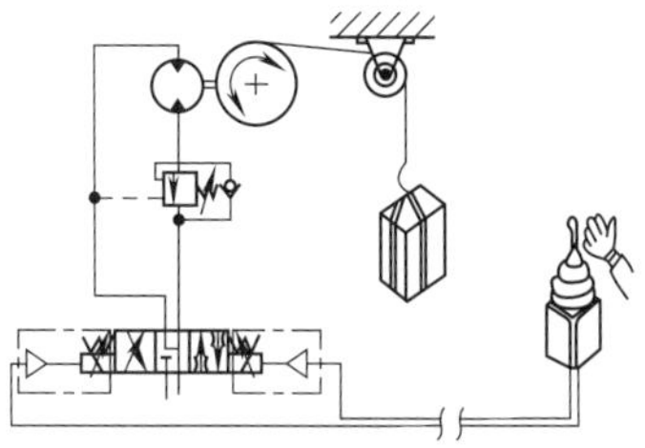 图(k′)　行程控制 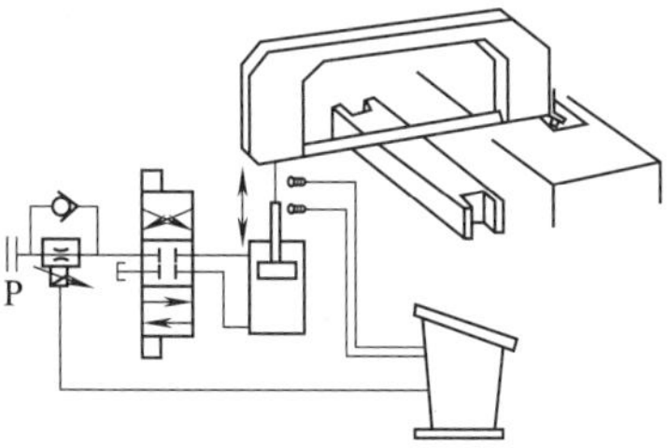 图(l′)　切削速度控制 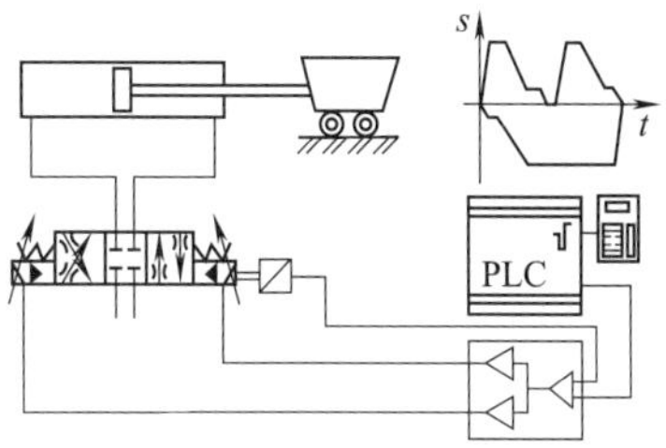 图(m′)　快慢自动横移控制

13.11　闭环控制系统的分析方法

下面描述的基本概念是与先进的仿真编程工具联系在一起的。利用这些概念就有可能在确定了各个单元输出特性之后，建立起复杂的由不同功能模块组成的油路系统，并可进一步模拟复杂系统的性能和分析它们的动态特性，从而更容易地进行参数研究（如变刚度、质量、比例阀类型和规格的选择等）。

表 20-13-11　　闭环控制系统的分析方法

闭环系统分析方法	电液控制系统主要可分为：动态应用系统，载荷高速或高频运动；力应用系统，低速传递高负载 动态系统中遇到的最主要问题是估值困难，但这又很重要。大部分故障来自忽略了接近系统固有频率的那个频率。因此需要考虑以下两个方面：系统的液压刚度，负荷惯性 在很多液压系统中，液体被认为是不可压缩的，但实际上是不完全正确的，因为当系统有压力时，流体会像弹簧一样被压缩[见图(a)] 在动态载荷作用的快速动作的伺服系统中，尤其是在高压系统中，甚至管路也应被看作弹性的。更应注意的是有蓄能器的情况，虽然蓄能器改善了系统的部分性能，但从动力学观点分析，它也使系统变得更易发生共振 将元件（或元件组）看作一个模块[如图(b)所示]能使闭环控制系统的分析加以简化。模块的输入与输出之间的关系即为传递函数 $G(s)$ 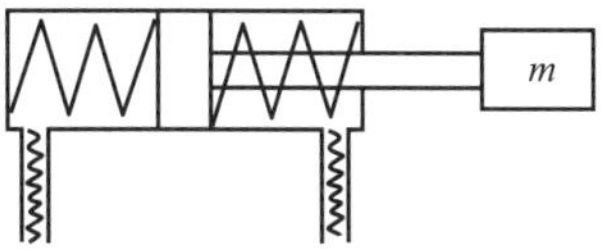 图(a)　质量/弹簧系统 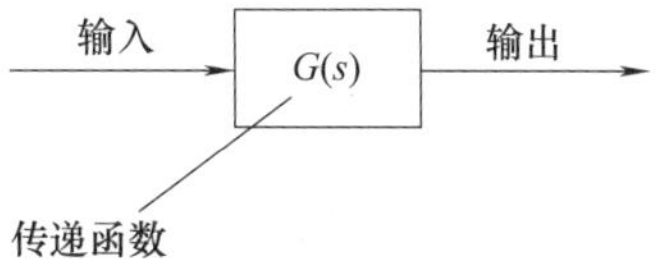 图(b)　传递函数方框图 系统控制环增益 K_V[图(c)]为各单个控制环模块增益（放大器 G_D，比例阀 G_V，油缸 G_C 以及反馈 H）之积，系统的开环增益越大，系统的控制精度越高，反应越快

续表

然而，过大的增益有可能引起系统不稳定[见图(d)]。在这种情况下，上下两个方向上的振荡变得发散。保持系统稳定时，增益的最大值由下列条件确定

负载质量(M)：质量越大，惯性越大，振荡的倾向越大

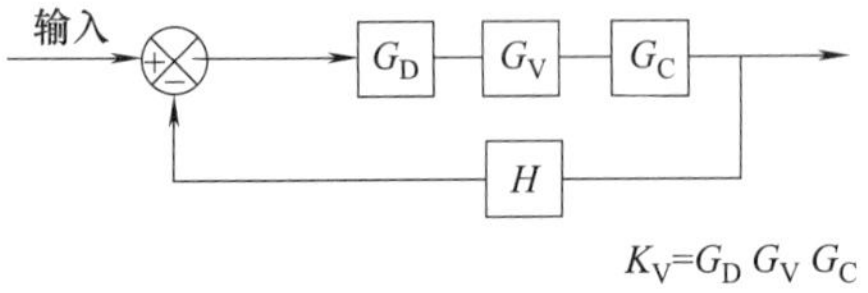

图(c)　系统控制环增益

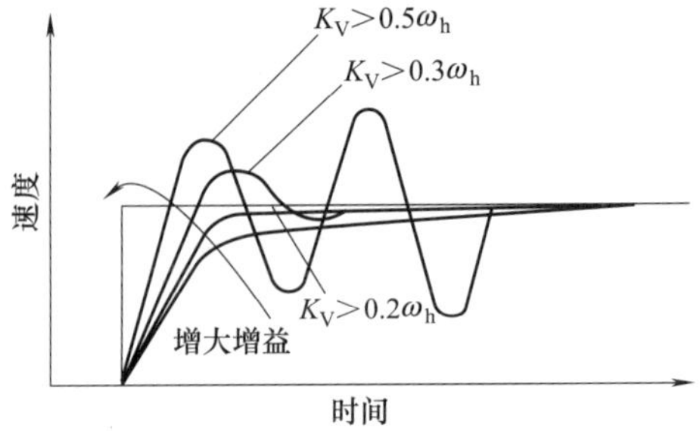

图(d)　增益增大时阶跃输入的响应

执行机构的刚度(K)，低刚度意味着振荡的倾向大，因此刚度应尽可能大

系统阻尼系数 ξ(典型情况 $\xi=0.05\sim0.3$)。该参数受阀的特性(如非线性特性等)和系统摩擦影响

为了确保系统稳定，应有：

$$K_V\leqslant 2\xi\omega_h$$

式中　ω_h——整个闭环系统的固有频率。在下列各个频率中，ω_h 为最小值

ω_{sv}——阀固有频率(一般假设为 90°相位差时的频率)

ω_0——机械系统的固有频率，一般为 10～100Hz，$\omega_0=\sqrt{\dfrac{K}{M}}$

ω_{at}——放大器和反馈传感器的固有频率(通常可以不考虑，因其值至少比 ω_{sv} 和 ω_0 高 10 倍)

在电液中枢控制的工业应用系统中，临界频率总是 ω_h，见图(e)

对直线型执行机构，ω_h 用下列方程计算

$$\omega_h=\sqrt{\frac{40\beta_e A_1}{CM}}\times\frac{1+\sqrt{\alpha}}{2}(\text{rad/s}) \tag{20-13-18}$$

式中　β_e——油弹性模量 $\beta_e=1.4\times10^9$Pa

C——行程，mm

M——质量，kg

α——A_2/A_1，环形腔面积/活塞面积之比

A_1——活塞面积，cm^2

A_2——环形腔面积，cm^2

对油缸-质量系统，其固有频率 ω_h 直接与保持系统稳定的最小加速度/减速度时间有关(Route Hurwitz 准则判定)

$$t_{min}=35/\omega_h \tag{20-13-19}$$

经验表明：如果计算出的保持系统稳定的最小斜坡时间大于 0.1s，就应该对系统重新进行调整[见图(f)]

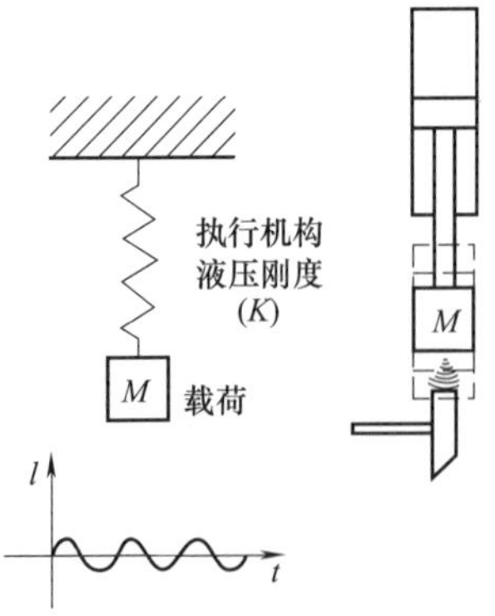

图(e)　质量/弹簧系统

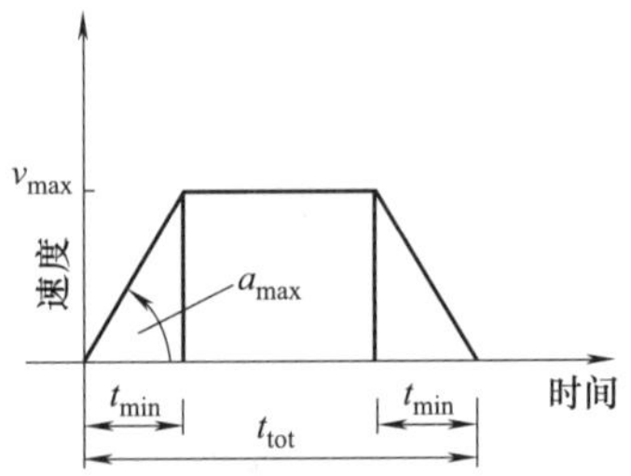

图(f)　循环图

闭环系统分析方法

续表

闭环系统分析方法	一旦确定了总的循环时间和行程，就可获得最大速度 $$v_{max}=S_{tot}/(t_{tot}-t_{min}) \qquad (20\text{-}13\text{-}20)$$ 式中　S_{tot}——总行程，mm 　　　t_{tot}——总循环时间，s 从而可得最大加速度 $$a_{max}=v_{max}/t_{min} \qquad (20\text{-}13\text{-}21)$$ 在利用电液控制器获得和保持要求的高的位置精度时，整体刚度也是非常重要的。位置精度受到的外部干扰较大，这些干扰包括：轴向机构上的外部作用载荷（工作载荷，冲击载荷），负载重量（对垂直安装油缸），摩擦力，连接间隙等 需要进一步监控的其他参数是：由于温度或压力变化造成的阀的零漂、反馈传感器的精度或分辨率
闭环系统分析实例	下面的例子显示闭环系统中动态性能的巨大影响。考虑如图(g)所示的简单原理图，油缸与比例阀相连。原理图显示，油缸必须在 2s 内完成前进行程 通过上述关系式计算，可得 $\omega_h=69.12\text{rad/s}$，$T_{min}=0.51\text{s}$，$v_{max}=0.67\text{m/s}$，$a_{max}=1.31\text{m/s}$，$Q_{max}=v_{max}\times A_1=0.67\times19.6\times60/10=78.9\text{L/min}$，$F=Ma=2620\text{N}$，$p_{min}=(F+Mg/A_1)=(2620+19620/19.6\times10^4)=113.5\text{bar}$ $$p_{需}=p_{min}+\Delta p_{阀}+\Delta p_{管路}=113.5+70+16=199.5\text{bar}$$ 根据计算结果，选择样本中 $\Delta p_{阀}$ 范围内的比例阀。在上面的例子中，可以选择 $Q=90\text{L/min}$、$\Delta p_{阀}=70\text{bar}$ 的阀 上面的计算完成并确定了具有动态性能循环的压力 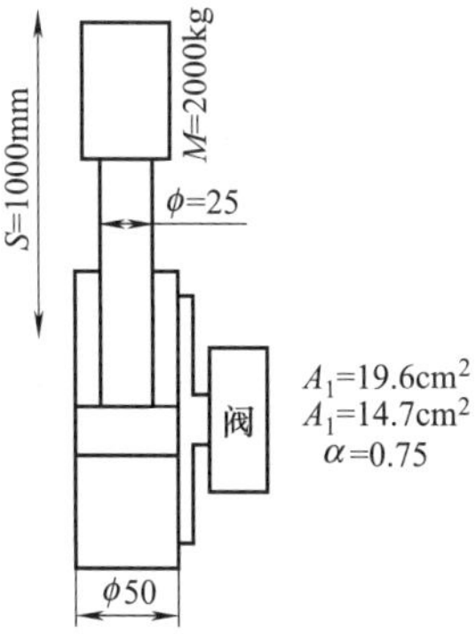 图(g)　实例中分析的系统

13.12 比例阀的选用

表 20-13-12　　比例阀的选用原则及使用注意事项

选用原则	①根据用途和被控对象选择比例阀的类型：比例阀可分为两种不同的基本类型：配用不带位置电反馈电磁铁的比例阀，其特点是廉价，但其功率参数、重复精度、滞环等将受到限制，在工程机械应用领域，这种类型的比例阀获得了特别好的效果；配用带位置电反馈电磁铁的比例阀则与此相反，它能满足特别高精度的要求，这一特点特别适用于各种工业中。将精密的比例阀应用于开环控制回路时，通常可以得到一般只在闭环调节回路才能达到的效果。但价格较贵，用户可根据被控对象的具体要求来选择 ②正确了解比例阀的动、静态指标，主要有额定输出流量、起始电流、滞环、重复精度、额定压力损失、温漂、响应特性、频率特性等 ③根据执行器的工作精度要求选择比例阀的精度，内含反馈闭环阀的稳态性、动态品质好。如果比例阀的固有特性如滞环、非线性等无法使被控系统达到理想的效果时，可以使用软件程序改善系统的性能 ④如果选择带先导阀的比例阀，要注意先导阀对油液污染度的要求。一般应符合 ISO 185 标准，并在油路上加装过滤精度为 10μm 以下的进油过滤器 ⑤比例阀的通径应按执行器在最高速度时通过的流量来确定，通径选得过大，会使系统的分辨率降低 ⑥比例阀必须使用与之配套的放大器，阀与放大器的距离应尽可能地短 ⑦比例阀的额定流量值取决于阀芯位置和阀压降这两个参数。因此，在选用比例阀时，要正确选择比例阀的通径，以达到有良好的分辨率。选择过大的额定流量值，结果会造成在速度和分辨率方面降低执行器的控制精度。较理想的阀通径是刚好能通过执行器最大速度时的流量 在选择比例阀时，如果像选择普通换向阀那样，通常不能获得满意的结果。例如某液压设备的工作数据为供油压力 120bar，工进时负载压力 110bar，快进时负载压力 70bar，工进时所需流量范围 5～20L/min，快进时所需流量范围 60～150L/min，若按普通换向阀那样选择，则应选择公称流量为 150L/min 的比例阀，如选择力士乐 4WRE16E150 型比例方向阀，其工作曲线如图(a)所示。对于本例，从图(a)中可知，快进工况时，阀压降为 50bar，当流量为 150L/min 时仅利用了额定电流的 67%，当流量为 60L/min 时仅利用了额定电流的 48%，调节范围仅达额定电流的 19%；工进工况时，阀压降为 10bar，当流量为 20L/min 时利用了额定电流 47%，当流量为 5L/min 时利用了额定电流 37%，调节范围也只达到总调节范围的 10%。在这种情况下假定阀的滞环为 3%额定电流，对应于调节范围为 10%，则其滞环相当于 30%，显然很难用如此差的分辨率来进行控制

续表

<table>
<tr><td>选用原则</td><td colspan="2">为了能够充分利用比例方向阀阀芯的最大位移，对不同公称流量的阀应准确确定其相应的节流断面面积。正确的选择原则是：最大流量尽量接近对应于 100% 的额定电流
按此原则可选用公称流量 64L/min（阀压降 10bar）的比例方向阀。其工作曲线如图(b)所示。从图(b)可知，快进工况时，额定电流在 66%～98% 范围内，调节范围达 32%；工进工况时，额定电流在 36%～63% 范围内，调节范围达 27%。可见调节范围增大，分辨率较高。故重复精度造成的误差也相应减少
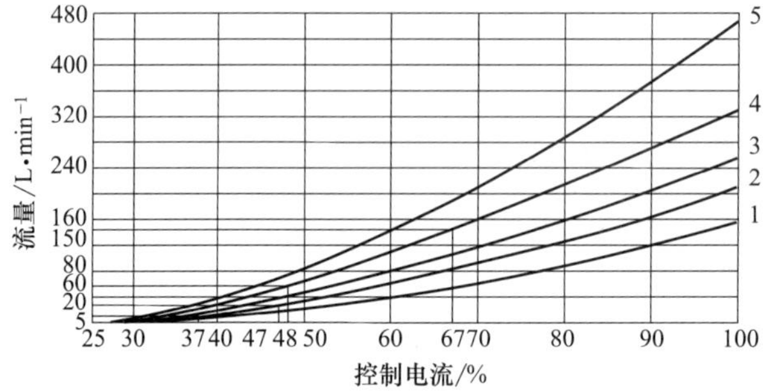

图(a)　4WRE16E150型比例阀工作曲线
1，2，3，4，5—阀压降分别为 10bar，20bar，30bar，50bar，100bar
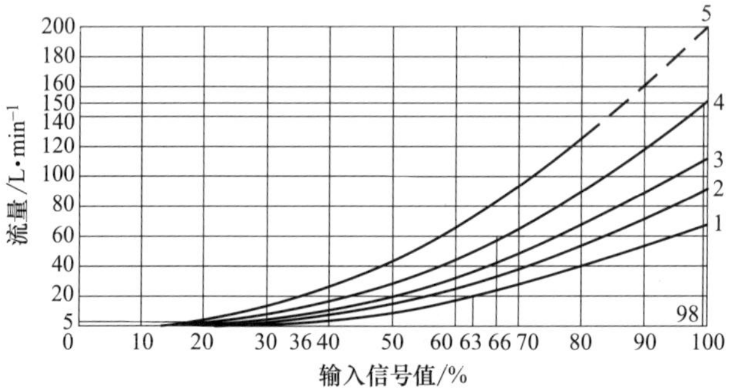

图(b)　4WRE16E64型比例阀工作曲线
1，2，3，4，5—阀压降分别为 10bar，20bar，30bar，50bar，100bar</td></tr>
<tr><td>使用注意事项</td><td>比例阀的功率域（工作极限）问题</td><td>对于直动式电液比例节流阀，由于作用在阀芯上的液动力与通过阀口的流量及流速（压力）成正比，因此，当电液比例节流阀的工况超出其压降与流量的乘积即功率表示的面积范围（称功率域或工作极限）时，如图(c)中(ⅰ)所示，作用在阀芯上的液动力可增大到与电磁力相当的程度，使阀芯不可控。类似地，对于直动式电液比例方向阀也有功率域问题。当电液比例方向阀的阀口上的压降增加时，流过阀口的流量增加，与比例电磁铁的电磁力作用方向相反的液动力也相应增加。当阀口的开度及压降达到一定值后，随着阀口压降的增加，液动力的影响将超过电磁力，从而造成阀口的开度减小，最终使得阀口的流量不但没有增加反而减少，最后稳定在一定的数值上，此即为电液比例方向阀功率域的概念，见图(c)中(ⅱ)
综上所述，在选择比例节流阀或比例方向阀时，一定要注意，不能超过电液比例节流阀或方向阀的功率域
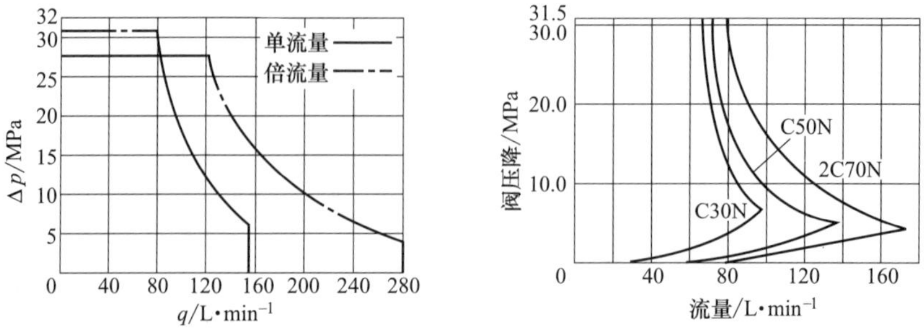

(ⅰ) 比例节流阀　　(ⅱ) 电液比例方向阀
图(c)　电液比例阀的功率域(工作极限)</td></tr>
</table>

续表

<table>
<tr><td rowspan="10">使用注意事项</td><td>污染控制</td><td>比例阀对油液的污染度通常要求为 NAS1638 的 7～9 级(ISO 的 16/13,17/14,18/15 级),决定这一指标的主要环节是先导级。虽然电液比例阀较伺服阀的抗污染能力强,但也不能因此对油液污染掉以轻心,因为电液比例控制系统的很多故障也是由油液污染所引起的</td></tr>
<tr><td>比例阀与比例放大器的配套及安置</td><td>比例阀与放大器必须配套。通常比例放大器能随比例阀配套供应,放大器一般有深度电流负反馈,并在信号电流中叠加着颤振电流。放大器设计成断电时或差动变压器断线时使阀芯处于原始位置或使系统压力最低,以保证安全。放大器中有时设置斜坡信号发生器,以便控制升压、降压时间或运动加速度或减速度。驱动比例方向阀放大器往往还有函数发生器以便补偿比较大的死区特性
比例阀与比例放大器安置距离可达 60m,信号源与放大器的距离可以是任意的</td></tr>
<tr><td>控制加速度或减速度的传统方法</td><td>控制加速度和减速度的传统方法有:换向阀切换时间迟延、电子控制流量阀和变量泵等。用比例方向阀和斜坡信号发生器可以通过很好的解决方案,这样就可以提高机器的循环速度并防止惯性冲击</td></tr>
<tr><td>使用油</td><td>使用下表中的工作介质,使用任何一种工作油元件规格不变:
比例阀使用的工作介质
<table>
<tr><td>石油基工作油</td><td>使用与 ISO VG32 或 46 相应的工作油</td></tr>
<tr><td>合成工作油</td><td>使用磷酸酯基或脂肪酸使用磷酸酯基工作油,但要在设计号后面标注“05”。使用磷酸酯基工作油时要使用专用密封件(氟橡胶),在设计号前面加注“F-”</td></tr>
<tr><td>水基工作液</td><td>使用水-乙二醇工作液体</td></tr>
</table></td></tr>
<tr><td>黏度与油温</td><td>比例阀适用的黏度和油温范围
<table>
<tr><th>名称</th><th>黏度</th><th>油温</th></tr>
<tr><td>遥控溢流阀
溢流阀
溢流减压阀</td><td>$15\sim400mm^2/s$</td><td rowspan="2">$-15\sim70$℃</td></tr>
<tr><td>流量控制阀
带单向阀的流量控制阀
溢流节流阀
(带溢流阀的流量控制阀)</td><td>$20\sim200mm^2/s$</td></tr>
</table></td></tr>
<tr><td>安装位置</td><td>排气塞务必装在上方。排气孔位置可任意改变</td></tr>
<tr><td>排气</td><td>为进行稳定的控制,应排净空气,使电磁铁罩内充满油。排气时,应缓缓松开电磁铁端部的排气塞,排气孔的位置可以改变,以易于排出阀内的空气,改变位置时,应转动电磁铁的连接罩,把排气孔对到希望的位置</td></tr>
<tr><td>手动调整螺钉</td><td>在初期调整或因电气故障使用没有输入电流时,可转动手动调整螺钉,临时设定阀的压力或流量,通常务必使手动调整螺钉返回原位</td></tr>
<tr><td>油箱配管及泄油配管</td><td>油箱背压及泄油背压直接影响最低调整压力或流量调整阀的主滑阀操作力,所以上述配管不能与其他配管连接,使油箱背压尽可能低,同时管路的末端务必浸入油中</td></tr>
<tr><td>滞环及重复性的值</td><td>各控制阀规格内表示的滞后及重复性的值基于下述条件:
①滞环:使用配套的专用功率放大器时的值
②重复性:使用配套的专用功率放大器的相同条件下阀本身的值</td></tr>
</table>

13.13　国内主要比例阀产品

13.13.1　BQY-G 型电液比例三通调速阀

表 20-13-13　　技术性能

	型号	公称通径/mm	工作压力/MPa			工作流量/L·min⁻¹			线性度/%	滞环/%	阶跃响应/%	生产厂商
			额定	最高	最低	额定	最大	最小				
技术性能	BQY-G16	16	25	31.5	1.5	63	80	6.3	5	3	0.25	上海液压件二厂
	BQY-G25	25	25	31.5	1.5	160	200	16	5	3	0.25	
	BQY-G32	32	25	31.5	1.5	250	320	25	5	3	0.25	

特性曲线

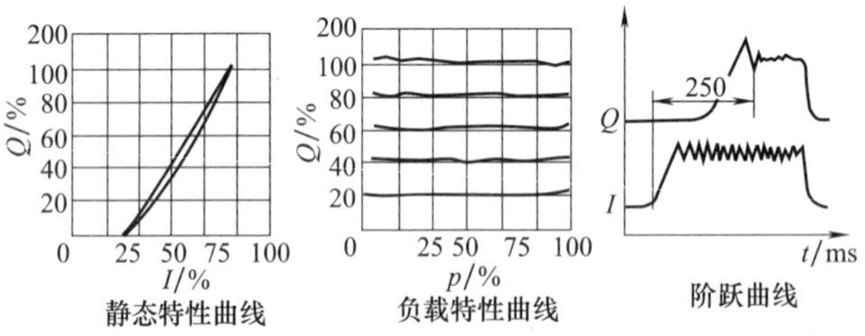

静态特性曲线　　负载特性曲线　　阶跃曲线

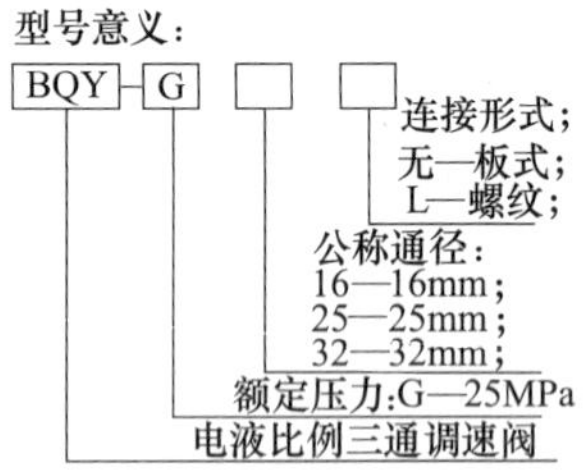

13.13.2　BFS 和 BFL 比例方向流量阀

表 20-13-14　　技术性能及型号意义

型号	通径/mm	压力/MPa		公称流量	最小额定流量	滞环/%	重复精度/%	线圈	
		额定	最低	/L·min⁻¹				额定电流/mA	直流电阻/Ω
34BFS O/Y-G20L	20	25	1.5	100	10	<7	1	800	18
34BFL O/Y-C16L	16	25	1.5	60	6	<7	1	800	18
生产厂	上海液压件二厂								

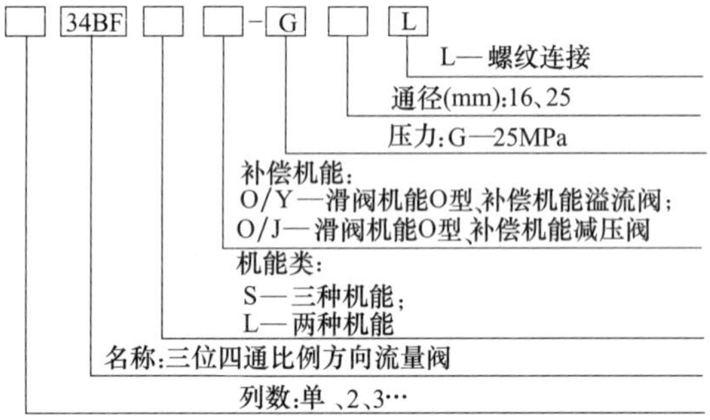

13.13.3　BY※型比例溢流阀

表 20-13-15　　技术性能及型号意义

结构及型号意义

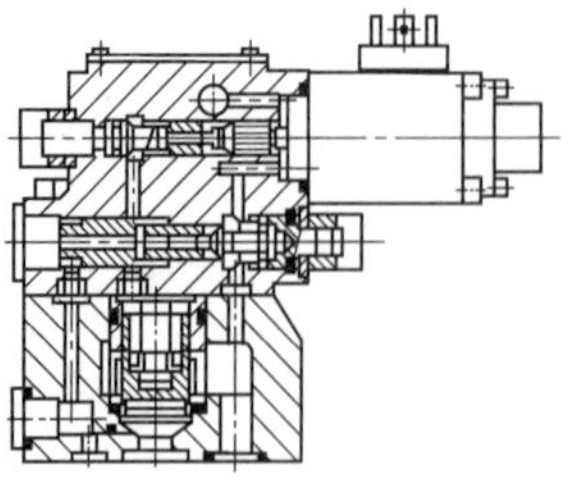

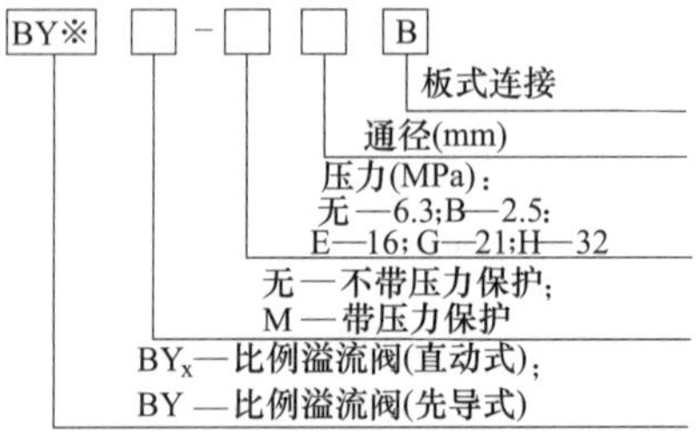

续表

技术性能	型号	公称通径/mm	流量/L·min^{-1}	压力/MPa	线性度/%	滞环/%	重复精度/%	频宽/Hz	放大器		控制电流/mA		线圈电阻/Ω	生产厂商
									直流	交流	最大	最小		
技术性能	BY-※4	4	0.7～3	无—6.3 B—2.5 E—16 G—21 H—32	5	＜5	1	8 (−3dB)	MD-1型	BM-1型	800	200	19.5	杭州精工液压机电有限公司
	BY※-※10	10	85											
	BY※-※20	20	160											
	BY※-※30	32	300											

13.13.4　3BYL 型比例压力流量复合阀

表 20-13-16　技术性能及型号意义

型号			3BYL-※63B	3BYL-※125B	3BYL-※250B	3BYL-※500B	型号意义
最高使用压力/MPa			25	25	25	25	
额定流量/L·min^{-1}			63	125	250	500	
流量调整范围/L·min^{-1}			1～125	1～125	2.5～250	5～500	
流量系统	压差/MPa		≤1	≤1	≤1	≤1	
	滞环/%		≤5	≤5	≤5	≤5	
	线性度误差/%		≤5	≤5	≤5	≤5	
	控制电流/mA		200～700	200～700	200～700		
压力系统	调压范围/MPa	E	1.3～16	1.3～16	1.4～16	1.5～16	
		C	1.3～21	1.3～21	1.4～21	1.5～21	
	滞环/%		≤5	≤5	≤5	≤5	
	线性度误差/%		≤5	≤5	≤5	≤5	
	控制电流/mA		200～800	200～800	200～800	200～800	
生产厂商			杭州精工液压机电有限公司				

型号意义：

3BYL - □ □ B

- B：板式连接
- 流量(L·min^{-1})：125,250,500
- 压力(MPa)：E—16；G—21
- 3BYL：三通比例压力-流量复合阀

13.13.5　4BEY 型比例方向阀

表 20-13-17　技术性能及型号意义

型号	公称通径/mm	流量/L·min^{-1}	压差/MPa	滞环/%	对称度/%	重复精度/%	油温/℃	放大器		控制电流/mA		线圈电阻/Ω
								直流	交流	最大	最小	
4BEY※-※10	10	85	≤1	4	12	1	−10～60	MD-1型	BM-1型	800	200	19.5
4BEY※-※16	16	150										
生产厂商	杭州精工液压机电有限公司											

型号意义：

4BE Y □ - □ □ B

- B：板式连接
- 通径
- 压力(MPa)：无—6.3；G—21；E—16；H—32
- 型式：A—A型；C—C型
- Y：先导阀外部回油
- 4BE：四通比例方向阀

13.13.6 BYY 型比例溢流阀

表 20-13-18 技术性能及型号意义

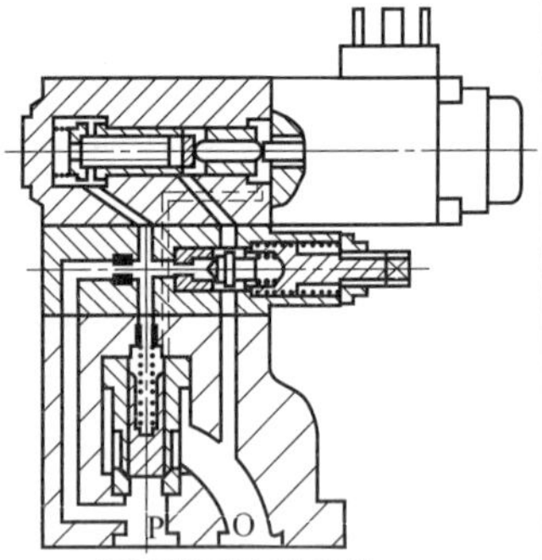

BY型比例溢流阀结构图

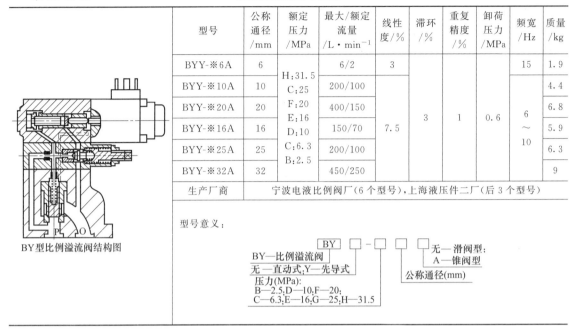

型号	公称通径 /mm	额定压力 /MPa	最大/额定流量 /L·min^{-1}	线性度/%	滞环 /%	重复精度 /%	卸荷压力 /MPa	频宽 /Hz	质量 /kg
BYY-※6A	6	H:31.5 C:25 F:20 E:16 D:10 C:6.3 B:2.5	6/2	3	3	1	0.6	15	1.9
BYY-※10A	10		200/100	7.5				6～10	4.4
BYY-※20A	20		400/150						6.8
BYY-※16A	16		150/70						5.9
BYY-※25A	25		200/100						6.3
BYY-※32A	32		450/250						9
生产厂商	宁波电液比例阀厂(6 个型号),上海液压件二厂(后 3 个型号)								

型号意义:

BY □ □-□ □ □

BY—比例溢流阀

无—直动式;Y—先导式

压力(MPa):
B—2.5;D—10;F—20;
C—6.3;E—16;G—25;H—31.5

公称通径(mm)

无—滑阀型;
A—锥阀型

13.13.7 BJY 型比例减压阀

表 20-13-19 技术性能及型号意义

型号	公称通径 /mm	出口额定压力 /MPa	额定流量/L·min^{-1}	线性度/%	滞环 /%	重复精度 /%	最低控制压力 /MPa	频宽 /Hz	质量 /kg	生产厂商
BJY-※16A	16	G:25 F:20 E:16 D:10	100	8	3	1	0.8	6～10	5.9	宁波电液比例阀厂
BJY-※32A	32		300						9.7	

型号意义:

BJY - □ □ □

先导式比例减压阀

压力等级(MPa)

公称通径

A—锥阀式;
无—滑阀式

13.13.8 DYBL 和 DYBQ 型比例节流阀

表 20-13-20 技术性能及型号意义

型号	公称通径 /mm	额定流量 /L·min^{-1}	压力等级 /MPa	最低工作压差 /MPa	线性度 /%	滞环 /%	重复精度 /%	频宽 /Hz	质量 /kg	生产厂商
DYBQ-※16	16	63 30 15	H:31.5 C:25 F:20 E:16 D:10	1.0	4	3	1	10	6.6	宁波电液比例阀厂、上海液压件二厂
DYBQ-※25	25	200/100		1.2				8	12.5	
DYBQ-※32	32	400/150							20.3	
DYBL-※16	16	150/70		1.0					6	
DYBL-※32	32	200/100		1.2					7.5	

型号意义:

□ - □ □

公称通径(mm)

压力(MPa)

DYBQ—电液比例流量阀;
BL—比例节流阀

13.13.9　BPQ 型比例压力流量复合阀

表 20-13-21　技术性能及型号意义

<table>
<tr><td>型号意义</td><td colspan="12">BPQ - □ □
比例压力流量复合阀
公称通径(mm)
压力级(MPa): E—16; P—20</td></tr>
<tr><td rowspan="3">型号</td><td rowspan="3">公称通径
/mm</td><td rowspan="3">最高工作
压力/MPa</td><td colspan="4">压力控制</td><td colspan="4">流量控制</td><td rowspan="3">流量调
节范围
/L・min⁻¹</td><td rowspan="3">频宽
/Hz</td><td rowspan="3">质量
/kg</td></tr>
<tr><td rowspan="2">压力调
节范围
/MPa</td><td rowspan="2">额定
流量
/L・min⁻¹</td><td>滞环</td><td>重复精度</td><td rowspan="2">额定
流量
/L・min⁻¹</td><td rowspan="2">压差
/MPa</td><td>滞环</td><td>重复精度</td></tr>
<tr><td colspan="2">/%</td><td colspan="2">/%</td></tr>
<tr><td>BPQ-※16</td><td>16</td><td>E=16
F=20</td><td>1.0～16
1.0～20</td><td>810</td><td><1</td><td>1</td><td>810</td><td>0.6</td><td><1</td><td>1</td><td>1～125</td><td>8</td><td>15.5</td></tr>
</table>

注：1. 泄油背压不得大于 0.2MPa。
2. 为使预先设定的压力稳定，阀通过的流量不小于 10L/min。
3. 安全阀设定压力比最高压力高 2MPa。
4. 生产厂为宁波电液比例阀厂。

13.13.10　4B 型比例方向阀

表 20-13-22　技术性能及型号意义

<table>
<tr><td></td><td>名　称</td><td>型号</td><td>额定
流量
/L・min⁻¹</td><td>公称
通径
/mm</td><td>主阀最高
工作压力
/MPa</td><td>主阀最低
工作压差
/MPa</td><td>滞环
/%</td><td>重复
精度
/%</td><td>响应
时间
/ms</td><td>频宽
/Hz</td><td>质量
/kg</td><td>生产厂商</td></tr>
<tr><td rowspan="9">技术性能</td><td>直动式比例方向阀</td><td>34B-※6</td><td>16</td><td>6</td><td rowspan="9">31.5</td><td rowspan="3">1.0</td><td rowspan="2"><5</td><td rowspan="2"><2</td><td rowspan="8"><100</td><td rowspan="5"><10</td><td>2.5</td><td rowspan="9">宁波电液比例阀厂</td></tr>
<tr><td>直动式比例方向阀</td><td>34B-※10</td><td>32</td><td>10</td><td>7.5</td></tr>
<tr><td>先导式比例方向阀</td><td>34BY-※10</td><td>85</td><td>10</td><td rowspan="3"><6</td><td rowspan="3"><3</td><td>7.8</td></tr>
<tr><td>先导式比例方向阀</td><td>34BY-※16</td><td>150</td><td>16</td><td rowspan="2">1.3</td><td>12.2</td></tr>
<tr><td>先导式比例方向阀</td><td>34BY-※25</td><td>250</td><td>25</td><td>18.2</td></tr>
<tr><td>电反馈直动式比例方向阀</td><td>34BD-※6</td><td>16</td><td>6</td><td rowspan="3">1.0</td><td rowspan="4"><1</td><td rowspan="4"><1</td><td rowspan="2"><15</td><td>2.7</td></tr>
<tr><td>电反馈直动式比例方向阀</td><td>34BD-※10</td><td>32</td><td>10</td><td>7.7</td></tr>
<tr><td>电反馈先导式比例方向阀</td><td>34BDY-※10</td><td>80</td><td>10</td><td rowspan="2"><10</td><td>8.0</td></tr>
<tr><td>电反馈先导式比例方向阀</td><td>34BDY-※16</td><td>150</td><td>16</td><td>1.3</td><td><150</td><td>11.0</td></tr>
<tr><td>型号意义</td><td colspan="12">□4B□□□ □□□□□
2—2位;
3—3位
4通比例方向阀
无标记—不带电反馈;
D—带电反馈
无标记—直动式;
Y—先导式
滑阀机能
附加功能
先导供油方式:
无标记—内供内排;X—外供内排;
Y—内供外排;XY—外供外排
1MPa压差下名义流量(L・min⁻¹)
公称通径(mm)
压力等级(MPa):
D—10; E—16;
F—20; G—25; H—31.5
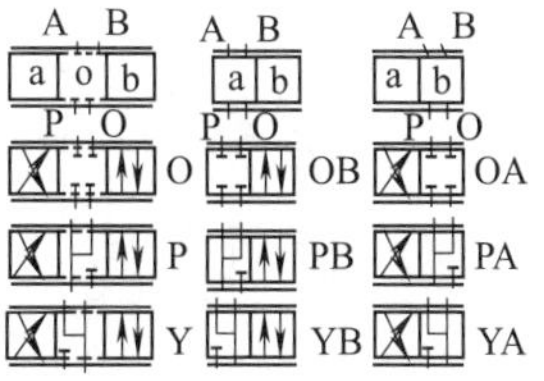</td></tr>
</table>

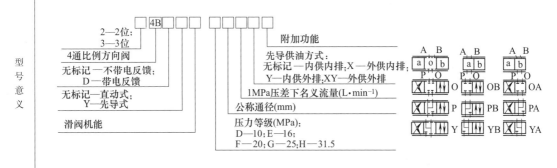

13.13.11　4WRA 型电磁比例方向阀

表 20-13-23　　技术性能及型号意义

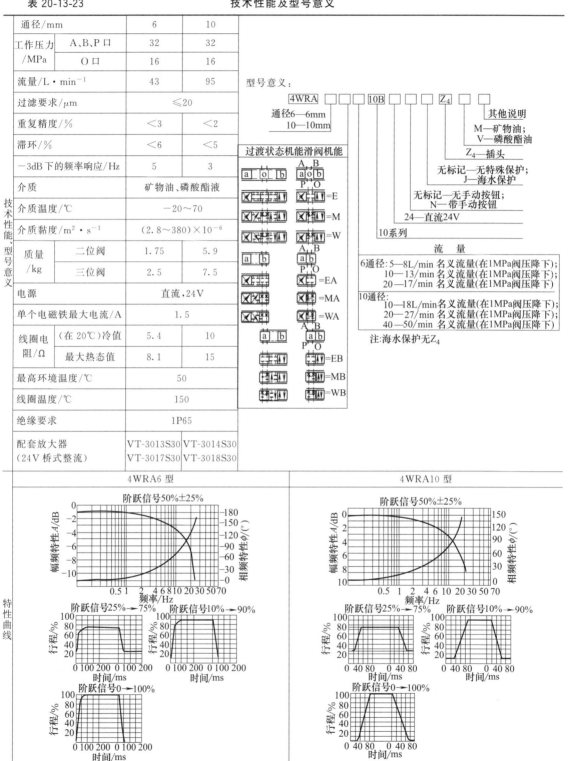

技术性能、型号意义				
通径/mm		6	10
工作压力/MPa	A、B、P 口	32	32
	O 口	16	16
流量/L·min^{-1}		43	95
过滤要求/μm		≤20	
重复精度/%		<3	<2
滞环/%		<6	<5
-3dB 下的频率响应/Hz		5	3
介质		矿物油、磷酸酯液	
介质温度/℃		-20～70	
介质黏度/$m^2 \cdot s^{-1}$		$(2.8 \sim 380) \times 10^{-6}$	
质量/kg	二位阀	1.75	5.9
	三位阀	2.5	7.5
电源		直流，24V	
单个电磁铁最大电流/A		1.5	
线圈电阻/Ω	(在 20℃)冷值	5.4	10
	最大热态值	8.1	15
最高环境温度/℃		50	
线圈温度/℃		150	
绝缘要求		1P65	
配套放大器(24V 桥式整流)		VT-3013S30 VT-3017S30	VT-3014S30 VT-3018S30

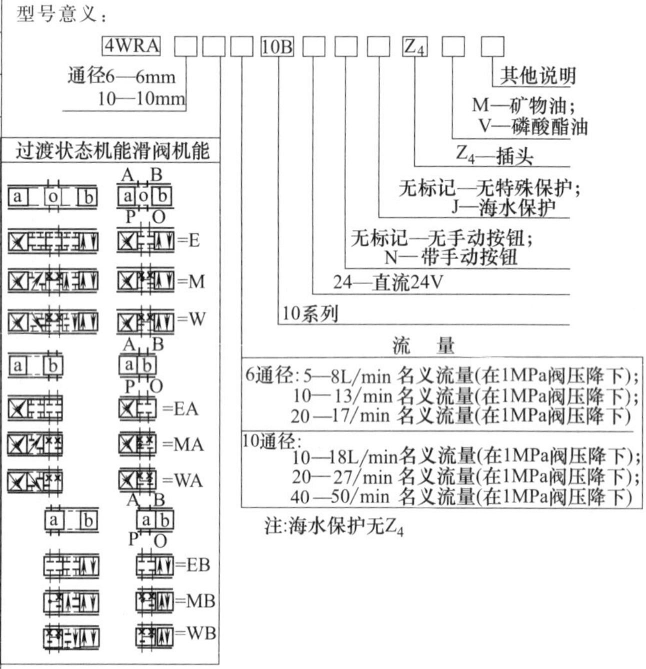

特性曲线

4WRA6 型

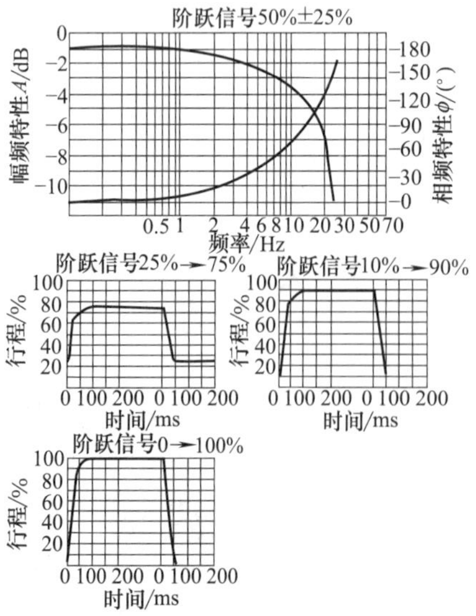

4WRA10 型

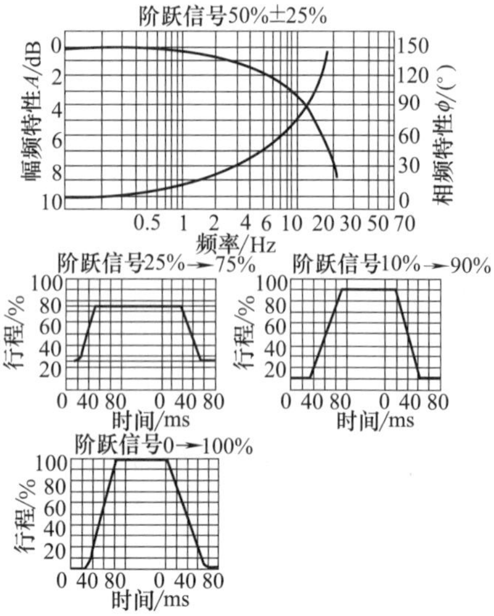

注：生产厂为北京华德液压集团液压阀分公司。

13.13.12　4WRE 型电磁比例方向阀

表 20-13-24　**技术性能及型号意义**

	项目		6	10
技术性能	通径/mm		6	10
	工作压力/MPa	A、B、P 口	32	32
		O 口	16	<16
	最大流量/L·min^{-1}		65	260
	过滤要求/μm		≤20	
	重复精度/%		<1	<1
	滞环/%		<1	<1
	响应灵敏度/%		≤0.5	≤0.5
	−3dB 下的频率响应/Hz		6	4
	介质		矿物油、磷酸酯液	
	介质温度/℃		−20～70	
	介质黏度/m^2·s^{-1}		(2.8～380)×10^{-6}	
	质量/kg	二位阀	1.91	5.65
		三位阀	2.66	7.65
	电源		直流，24V(或 12V)	
	电磁铁最大电流/A		1.5	
	线圈电阻/Ω	(在 20℃)冷值	5.4	10
		最大热态值	8.1	15
	最高环境温度/℃		50	
	线圈温度/℃		150	
	绝缘要求		1P65	
	配套放大器	有两个斜坡时间	VT-5001S20 VT-5002S20	
			(二位四通阀用)	
		有一个斜坡时间	VT-5005S10 VT-5005S10	
			(三位四通阀用)	
	位移传感器			
	电气测量系统		差动变压器	
	工作行程/mm		±4.5 直线	
	线性度/%		1	
	线圈电阻/Ω	ⅠR20	56	
		ⅡR20	112	
		ⅢR20	112	
	电感/mH		6～8	
	频率/kHz		2.5	

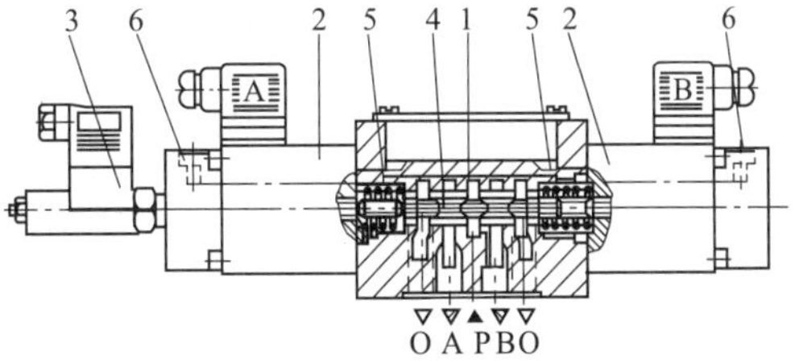

1—阀体；2—比例电磁铁；3—位置传感器；4—阀芯；5—复位弹簧；6—放气螺钉

型号意义：

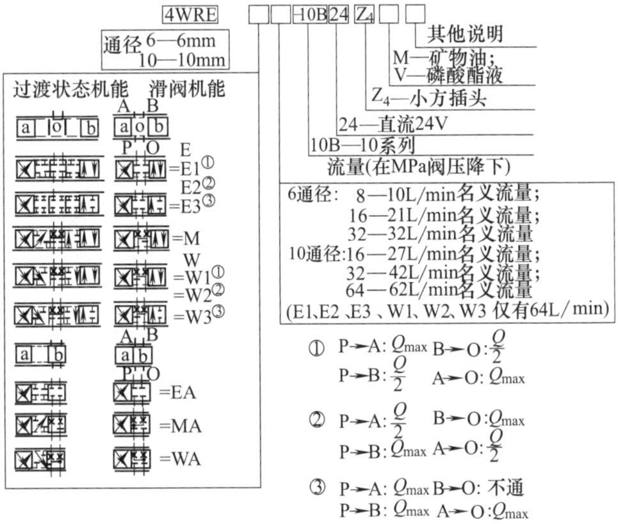

注意：4WRE6…10131…型无 E1、E2、E3(对于再生控制，液压缸无杆端与 A 口全通)、W1、W2、W3 机能

注：生产厂为北京华德液压集团液压阀分公司。

13.13.13 $4WR_{H}^{Z}$ 型电液比例方向阀

表 20-13-25 技术性能及型号意义

技术性能	通径/mm		10	16	25	32
	先导阀压力/MPa	控制油外供	3～10			
		控制油内供	<10(大于 10 时须加减压阀 ZDR60P_2～30/75YM)			
	主阀工作压力/MPa		32	35		
	回油压力/MPa	T 腔(控制油外排)	32	25		15
		T 腔(控制油内排)	3			
	油口 Y		3			
	先导控制油体积(当阀芯运动 0～100%)/cm^3		1.7	4.6	10	26.5
	控制油流量(X 或 Y,输入信号 0～100%)/L·min^{-1}		3.5	5.5	7	15.9
	主阀流量 Q_{max}/L·min^{-1}		270	460	877	1600
	过滤精度/μm		≤20			
	重复精度/%		3			
	滞环/%		6			
	介质		矿物油、磷酸酯液			
	介质温度/℃		-20～70			
	介质黏度/$m^2 \cdot s^{-1}$		$(2.8 \sim 380) \times 10^{-6}$			
	质量/kg	二位阀	7.4	12.7	17.5	41.8
		三位阀	7.8	13.4	18.2	42.2
	电源		直流,24V			
	电磁铁名义电流/A		0.8			
	线圈电阻/Ω		在(20℃)冷值下 19.5,最大热态值 28.8			
	环境温度/℃		50			
	线圈温度/℃		150			
	先导电流/A		≤0.02			

续表

型号意义

4WR□□□□□□□□□□□□□□

H—液动阀;
Z—电液阀

通径:10—10mm;
16—16mm;
25—25mm;
32—32mm

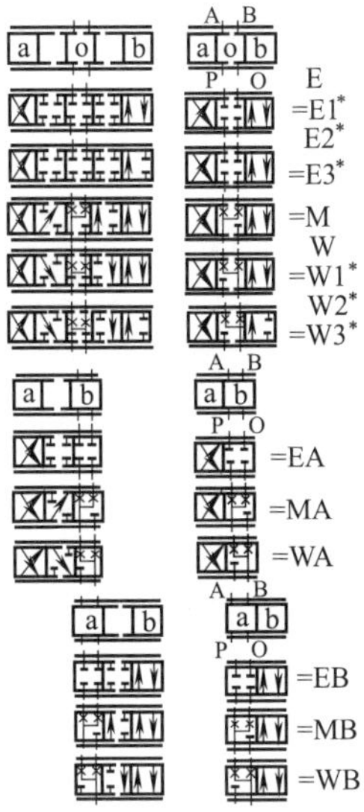

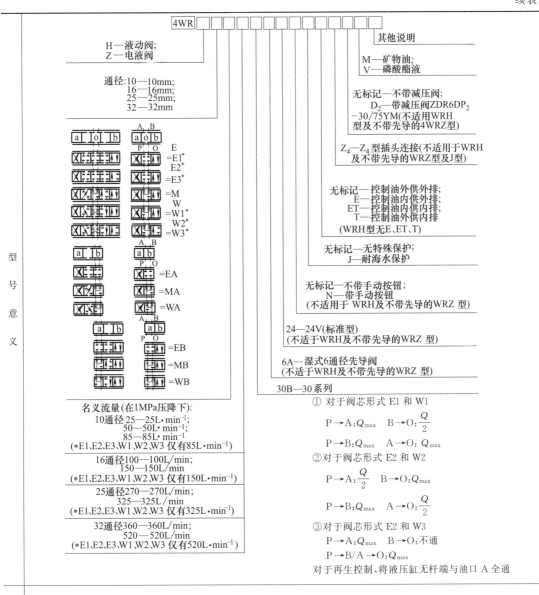

名义流量(在1MPa压降下):

10通径 25—25L·min^{-1};
50—50L·min^{-1};
85—85L·min^{-1}
(*E1、E2、E3、W1、W2、W3 仅有85L·min^{-1})

16通径100—100L/min;
150—150L/min
(*E1、E2、E3、W1、W2、W3 仅有150L·min^{-1})

25通径270—270L/min;
325—325L/min
(*E1、E2、E3、W1、W2、W3 仅有325L·min^{-1})

32通径360—360L/min;
520—520L/min
(*E1、E2、E3、W1、W2、W3 仅有520L·min^{-1})

30B—30系列

6A—湿式6通径先导阀
(不适于WRH及不带先导的WRZ 型)

24—24V(标准型)
(不适于WRH及不带先导的WRZ 型)

无标记—不带手动按钮;
N—带手动按钮
(不适用于 WRH及不带先导的WRZ 型)

无标记—无特殊保护;
J—耐海水保护

无标记—控制油外供外排;
E—控制油内供外排;
ET—控制油内供内排;
T—控制油外供内排
(WRH型无E、ET、T)

Z_4—Z_4型插头连接(不适用于WRH及不带先导的WRZ型及J型)

无标记—不带减压阀;
D_2—带减压阀ZDR6DP$_2$-30/75YM(不适用WRH型及不带先导的4WRZ型)

M—矿物油;
V—磷酸酯液

其他说明

① 对于阀芯形式 E1 和 W1

$P \to A: Q_{max}$　$B \to O: \dfrac{Q}{2}$

$P \to B: Q_{max}$　$A \to O: Q_{max}$

②对于阀芯形式 E2 和 W2

$P \to A: \dfrac{Q}{2}$　$B \to O: Q_{max}$

$P \to B: Q_{max}$　$A \to O: \dfrac{Q}{2}$

③对于阀芯形式 E2 和 W3

$P \to A: Q_{max}$　$B \to O$:不通

$P \to B/A \to O: Q_{max}$

对于再生控制,将液压缸无杆端与油口 A 全通

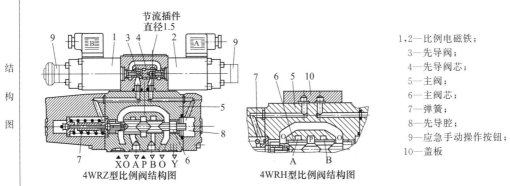

结构图

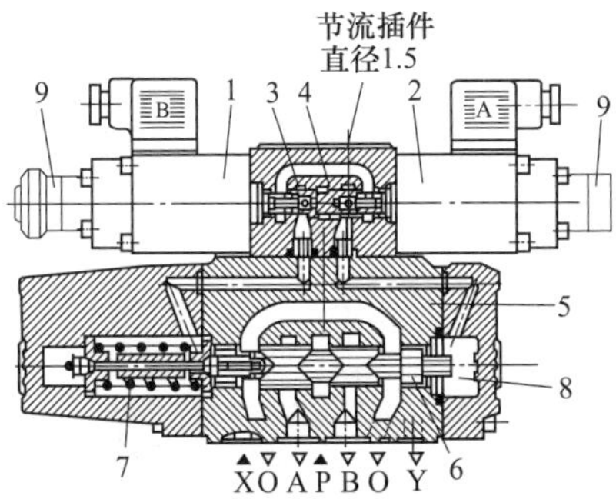

4WRZ型比例阀结构图

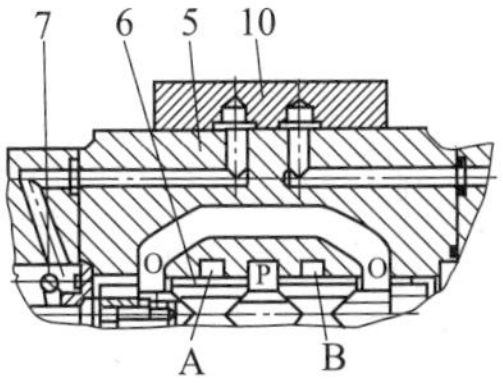

4WRH型比例阀结构图

1,2—比例电磁铁;
3—先导阀;
4—先导阀芯;
5—主阀;
6—主阀芯;
7—弹簧;
8—先导腔;
9—应急手动操作按钮;
10—盖板

注:生产厂为北京华德液压集团液压阀分公司、天津液压件一厂、天津液压件工厂、上海立新液压件厂。

13.13.14　DBETR 型比例压力溢流阀

表 20-13-26　　技术性能及型号意义

型号意义

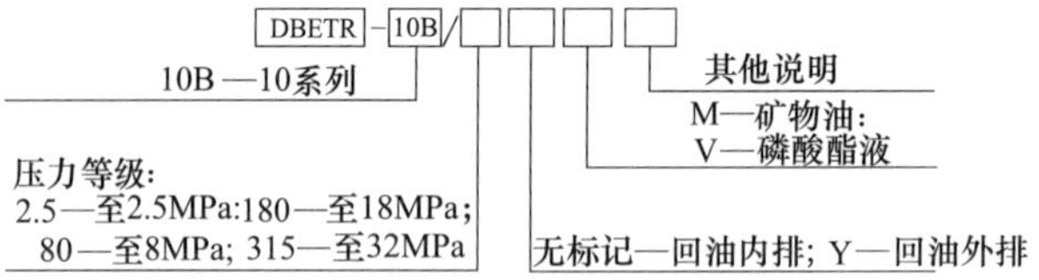

技术性能

项目		数值
最高设定压力/MPa	压力级 25	2.5
	压力级 80	8
	压力级 180	18
	压力级 315	31.5
最低设定压力		见特性曲线
最高工作压力/MPa	O 口带压力调节	0.2
	O 口	10
	P 口	312
最大流量/L·min^{-1}	压力级 25	10
	压力级 80	3
	压力级 180	3
	压力级 315	2
过滤精度/μm		≤20(为保证性能和延长寿命，建议≤10)

项目		数值
重复精度/%		≤0.5
滞环/%		≤1
线性度/%(压力等级在 3～32MPa)		≤1.5 的最高设定压力
介质		矿物油，磷酸酯
介质温度/℃		−20～70
电源		直流，24V
配套放大器		VT-5003S30(与阀配套供应)
振荡频率(传感器)/kHz		2.5
线圈电阻/Ω	(在 20℃)冷值	10
	最大热态值	13.9
环境温度/℃		±50
生产厂商		北京华德液压集团液压阀分公司

特性曲线

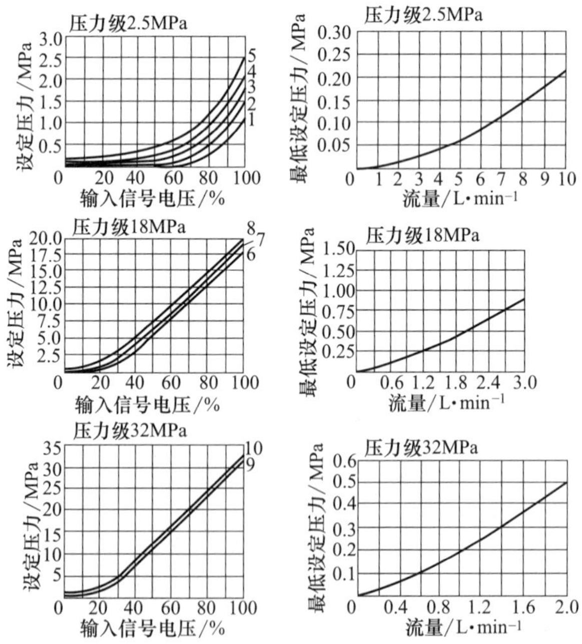

1—流量 2L·min^{-1}；2—流量 4L·min^{-1}；3—流量 6L·min^{-1}；4—流量 8L·min^{-1}；
5—流量 10L·min^{-1}；6—流量 0.5L·min^{-1}；7—流量 1.5L·min^{-1}；8—流量 1.5L·min^{-1}；
9—流量 1L·min^{-1}；10—流量 2L·min^{-1}

13.13.15　DBE/DBEM 型比例溢流阀

表 20-13-27　**技术性能及型号意义**

型号意义

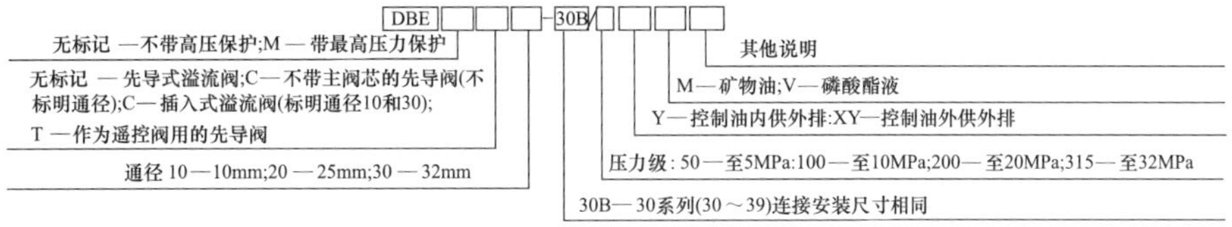

技术性能

最高工作压力/MPa	油口 A、B、X	32		
回油压力/MPa	Y 口	无压回油箱		
最高设定压力/MPa	5,10,20,32(与压力级相同)			
最低设定压力/MPa	与 Q 有关,见特性曲线			
最高设定压力保护装置设定压力范围/MPa	设定压力/MPa			
	5	10	20	32
	1～6	1～17	1～22	1～34
阀的最高压力保护设定压力范围/MPa	额定压力/MPa			
	5	10	20	32
	6～8	12～14	22～24	34～36
介质温度/℃	−20～70			
电源	直流,24V			
配套放大器	VT-2000 S/K 40(与阀配套供应)			
控制电流/A	0.1～0.8			

最大流量/L·min^{-1}	规格 10	规格 20	规格 30
	200	400	600
先导阀流量/L·min^{-1}	0.7～2		
过滤精度/μm	≤20(为保证性能和延长寿命建议≤10)		
重复精度/%	<±2		
滞环/%	有颤振±1.5p_{max},无颤振±4.5p_{max}		
线性度/%	±3.5		
切换时间/ms	30～150		
典型的总变动/%	±2(最高压力 p_{max}下)		
介质	矿物油,磷酸酯		
线圈电阻/Ω	在(20℃)冷值	19.5	
	最大热态值	28.8	
环境温度/℃	50		
生产厂商	北京华德液压集团液压阀分公司、上海立新液压件厂		

特性曲线

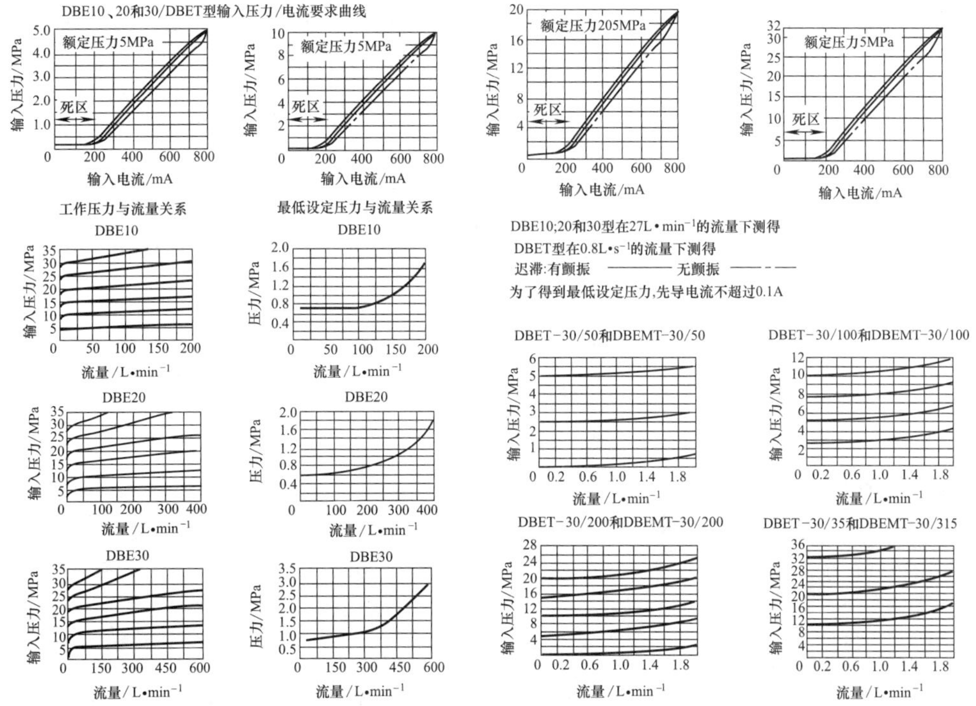

13.13.16　3DREP6 三通比例压力控制阀

表 20-13-28　　　　技术性能及型号意义

型号意义

3DREP6 □ 10B / □ A □ □ □ □ □ □

- 控制形式：A—A腔；B—B腔；C—A和B腔
- 10B—10系列(10～19)安装尺寸相同
- 压力等级：16—压力2～10MPa；25—压力3～10MPa；45—压力5～10MPa
- 24—直流24V
- 无标记—无手动按钮；N—带手动按钮
- 无标记—标准保护；J—耐海水
- Z4—小方直角；插头
- M—矿物油；V—磷酸酯液
- 其他说明

技术性能

项目		数值
工作压力/MPa	A、B、P 口	10(若超过 10 则在进口装 ZDR6DP$_2$-30/…型减压阀)
	T 口	3
最大流量/L·min^{-1}		15(Δp=5MPa)
过滤精度/μm		≤20(为保证性能和延长寿命建议≤10)
重复精度/%		≤1
滞环/%		≤3
灵敏度(分辨率)/%		≤1
灵敏度/%		≤1
介质		
介质温度/℃		－20～70

项目		数值
介质黏度/m^2·s^{-1}		(2.8～380)×10^{-6}
质量/kg		C 型为 2.6，A 和 B 型为 1
电源		直流，24V
每个电磁铁名义电流/A		0.8
先导电流/A		≤0.02
线圈电阻/Ω	(在 20℃)冷值	19.5
	最大热态值	28.8
环境温度/℃		50
线圈温度/℃		150

注：生产厂商：北京华德液压集团液压阀分公司、宁波电液比例阀厂。

13.13.17　DRE/DREM 型比例减压阀

表 20-13-29　　　　技术性能及型号意义

型号意义

DRE □ □ □ - 30B / □ Y □ □ □

- 无标记—无最高压力保护；M—带最高压力保护
- 无标记—先导比例减压阀；CN—10通径先导阀(不标通径)；CN—10通径插入式比例减压阀(标通径10)；CH—20、30通径先导阀(不标通径)；CH—20、30通径插入式比例减压阀(标通径20或30)
- 通径10—10mm，20—25mm，30—32mm
- 30B—30系列(30～39)安装连接尺寸相同
- 压力级：50—5MPa；200—20MPa；100—10MPa；315—32MPa
- Y—先导油外排回油箱
- 无标记—带单向阀；M—不带单向阀
- 无标记—矿物油；V—磷酸酯液
- 其他说明

技术性能

项目		数值			
最高工作压力/MPa		A、B腔 32			
		Y 口　无压回油箱			
A 腔最高	设定压力/MPa	分别与压力级相同			
A 腔最低		与流量有关(详见特性曲线)			
最高压力保护					
在最高压力保护下的设定压力范围/MPa		压力级/MPa			
		5	10	20	31.5
		1～6	1～12	1～22	1～34
装配时最高压力保护设定值/MPa		6～8	12～14	22～24	34～36

项目	数值		
最大流量/L·min^{-1}	规格 10	20	30
	流量 80	200	300
先导油	详见特性曲线		
线性度/%	±3.5		
重复精度/%	<±2		
滞环	有颤振±2.5%p_{max}，无颤振±4.5%p_{max}		
典型总变动	±2%p_{max}见特性曲线		
切换时间/ms	100～300		
介质	矿物油、磷酸酯液		
温度/℃	－20～70		

续表

技术性能	过滤要求/μm	≤20	技术性能	最高环境温度/℃	50
	电源	直流		绝缘要求	IP65
	最小控制电流/A	0.1		生产厂商	北京华德液压集团液压阀分公司、上海立新液压件厂
	最大控制电流/A	0.8			
	线圈电阻/Ω	20℃下 19.5，最大热态值 28.8			
特性曲线	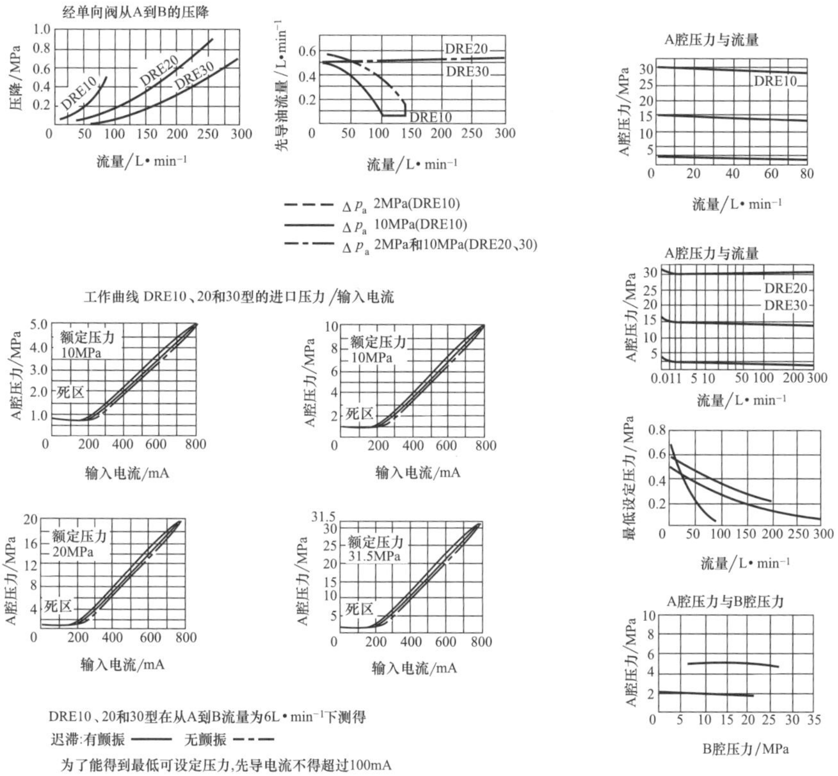				

13.13.18　ZFRE6 型二通比例调速阀

表 20-13-30　　技术性能及型号意义

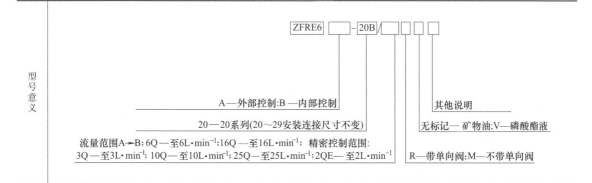

型号意义

ZFRE6 □ - 20B / □ □ □ □

流量范围A→B：6Q—至6L·min⁻¹；16Q—至16L·min⁻¹；精密控制范围：3Q—至3L·min⁻¹；10Q—至10L·min⁻¹；25Q—至25L·min⁻¹；2QE—至2L·min⁻¹

20—20系列(20～29安装连接尺寸不变)

A—外部控制；B—内部控制

R—带单向阀；M—不带单向阀

无标记—矿物油；V—磷酸酯液

其他说明

续表

类别	项目							
技术性能	最高工作压力/MPa		21(A 腔)					
	最大流量/L·min^{-1}	形式	2QE	3Q	6Q	10Q	16Q	25Q
		流量	25	3	6	10	16	25
	最小流量/L·min^{-1}	至 10MPa	0.015	0.015	0.025	0.05	0.07	0.1
		至 21MPa	0.025	0.025	0.025	0.05	0.07	0.1
	最大泄漏量/L·min^{-1}	Δp(A→B)输入信号为 0 时						
		5MPa	0.004	0.004	0.004	0.006	0.007	0.01
		10MPa	0.005	0.005	0.005	0.008	0.01	0.015
		21MPa	0.007	0.007	0.007	0.012	0.015	0.022
	最小压差/MPa		0.6～1					
	压降(B→A)	详见特性曲线		滞环			<±1%Q_{max}	
	流量调节	详见特性曲线		介质			矿物油、磷酸酯液	
	流量稳定性	详见特性曲线		温度/℃			−20～70	
	重复精度/%	<1%Q_{max}		过滤要求/μm			≤20	
	生产厂商	北京华德液压集团液压阀分公司、上海立新液压件厂、天津液压件一厂、天津液压件二厂						
特性曲线和外形尺寸/mm								

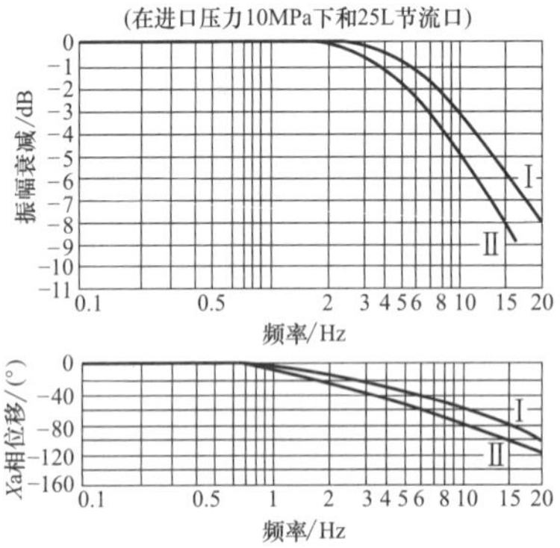

图(a) 频率响应曲线

曲线Ⅰ输入振幅0～100%;曲线Ⅱ输入振幅45%～55%

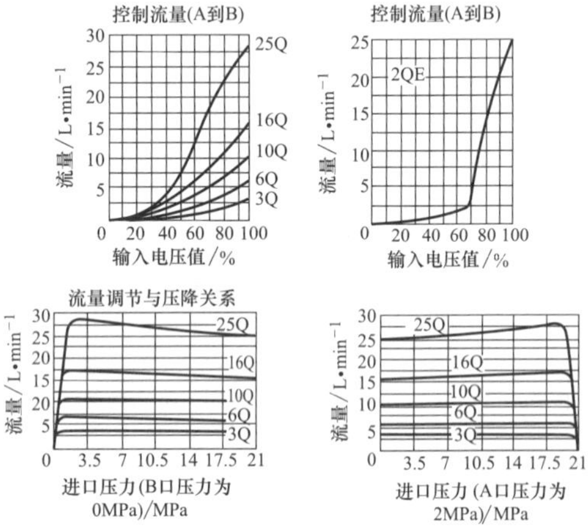

图(b) 工作曲线

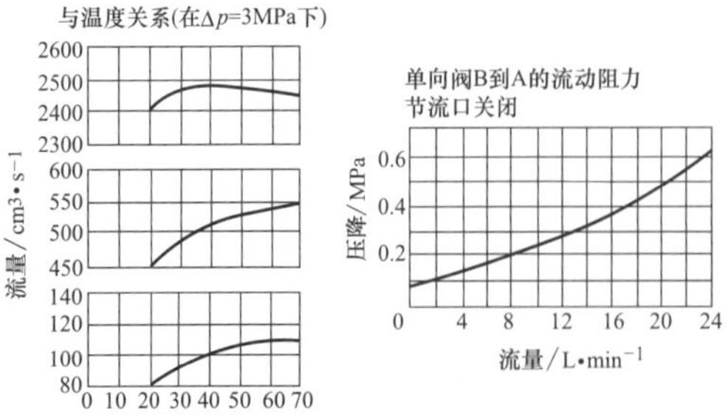

图(c) 流量温度关系

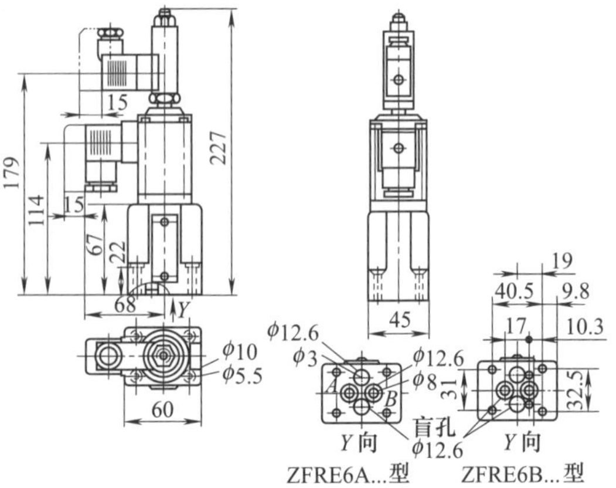

图(d) 外形尺寸

13.13.19 ZERE※型二通比例调速阀

表 20-13-31 技术性能及型号意义

结构及型号意义

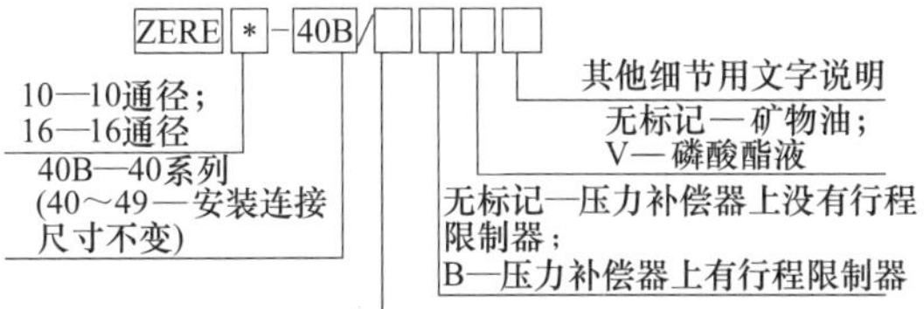

A到B流量			
10通径			16通径
线性	递增	两级递增	线性
5L—至5L·min⁻¹	5Q—至5L·min⁻¹	2QE—至2L·min⁻¹	80L—至80L·min⁻¹
10L—至10L·min⁻¹	10Q—至10L·min⁻¹	50QE—至5L·min⁻¹	100L—至100L·min⁻¹
16L—至16L·min⁻¹	16Q—至16L·min⁻¹		125L—至125L·min⁻¹
25L—至25L·min⁻¹	25Q—至25L·min⁻¹		160L—至160L·min⁻¹
50L—至50L·min⁻¹			
60L—至60L·min⁻¹			

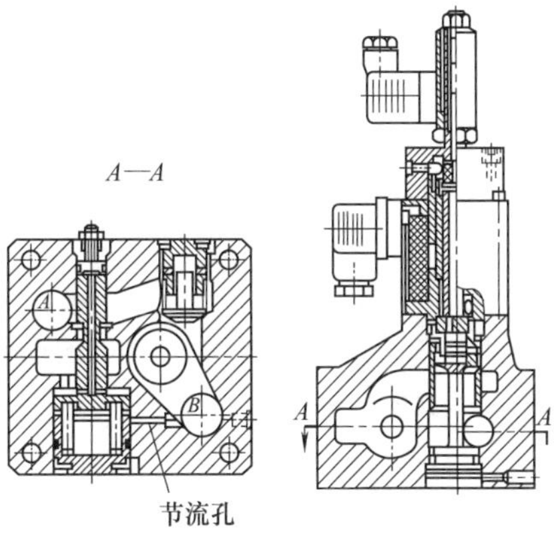

技术性能

项目											
最高工作压力/MPa		32									
最小压差/MPa		10 通径					16 通径				
		0.3～0.8					0.6～1				
A 到 B 压差/MPa	节流口打开	0.1	0.12	0.15	0.2	0.3	0.35	0.16	0.19	0.24	0.31
	节流口关闭	0.17	0.2	0.25	0.3	0.5	0.6	0.3	0.36	0.45	0.6
流量 Q_{max}/L·min^{-1}	线性+递增	5	10	16	25	50	60	80	100	125	160
	2 级递增	40									
滞环/%		<±Q_{max}									
重复精度/%		<Q_{max}									
介质		矿物油、磷酸酯液									
温度/℃		－20～70									
过滤要求/μm		≤20									
质量/kg		10 通径为 6,16 通径为 8.3									
电源		直流 24V									
线圈电阻/Ω		20℃冷态 10,最大热态值 13.9									
最高环境温度/℃		50									
最大功率/V·A		50									
传感器电阻/Ω		20℃下：Ⅰ—56；Ⅱ—56；Ⅲ—112									
传感器阻抗/mH		6～8									
传感器振荡频率/kHz		2.5									

注：生产厂为北京华德液压集团液压阀分公司、上海立新液压件厂。

13.13.20　ED 型比例遥控溢流阀

表 20-13-32　　技术性能及型号意义

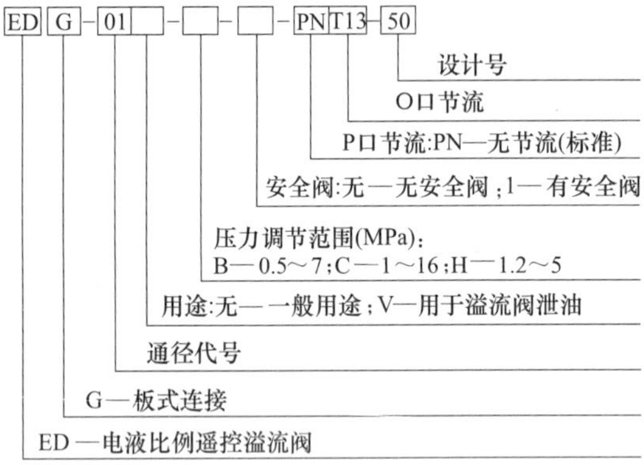

型　　号	EDG-01※-※-※-P※T※-50
最高工作压力/MPa	25
最大流量/L·min^{-1}	2
最小流量/L·min^{-1}	0.3
二次压力调整范围/MPa	B:0.5～7 C:1～16 H:1.2～25
额定电流/mA	EDG-01※-B:800 EDG-01※-C:800 EDG-01※-H:950
线圈电阻/Ω	10
重复精度/%	1
滞环/%	<3
质量/kg	2
生产厂商	榆次油研液压公司

13.13.21　EB 型比例溢流阀

表 20-13-33　　技术性能及型号意义

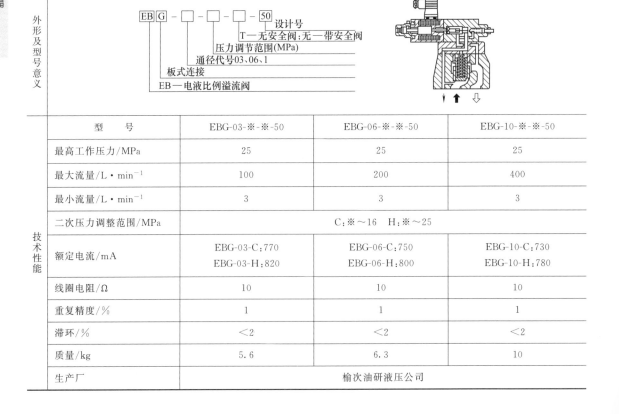

外形及型号意义

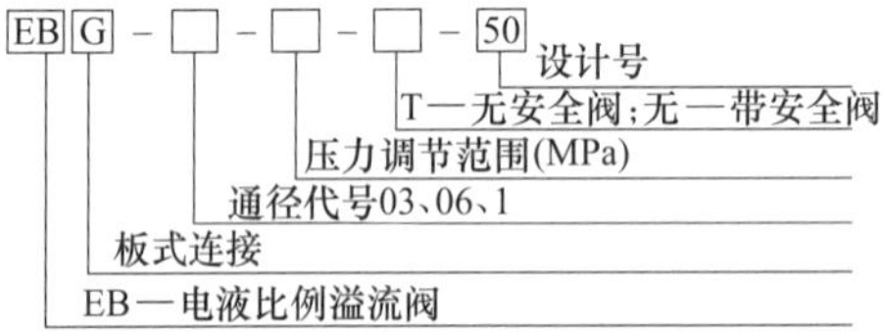

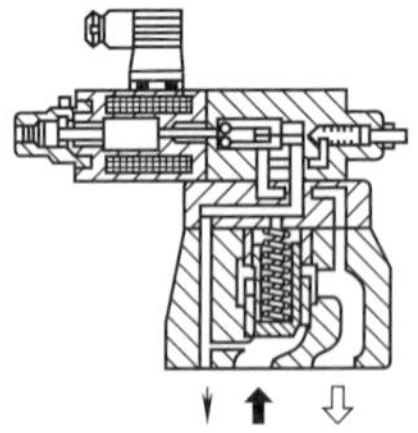

技术性能

型　　号	EBG-03-※-※-50	EBG-06-※-※-50	EBG-10-※-※-50
最高工作压力/MPa	25	25	25
最大流量/L·min^{-1}	100	200	400
最小流量/L·min^{-1}	3	3	3
二次压力调整范围/MPa	C:※～16　H:※～25		
额定电流/mA	EBG-03-C:770 EBG-03-H:820	EBG-06-C:750 EBG-06-H:800	EBG-10-C:730 EBG-10-H:780
线圈电阻/Ω	10	10	10
重复精度/%	1	1	1
滞环/%	<2	<2	<2
质量/kg	5.6	6.3	10
生产厂	榆次油研液压公司		

续表

最低压力调整特性	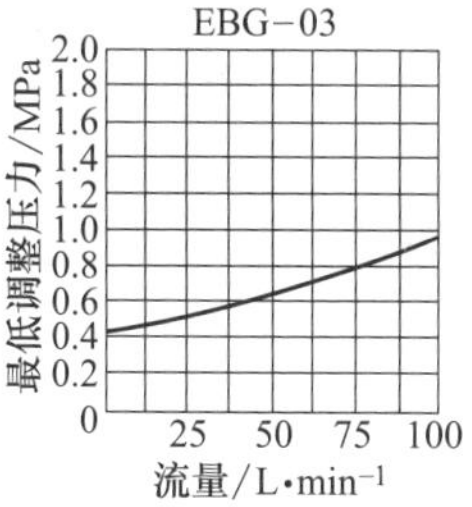 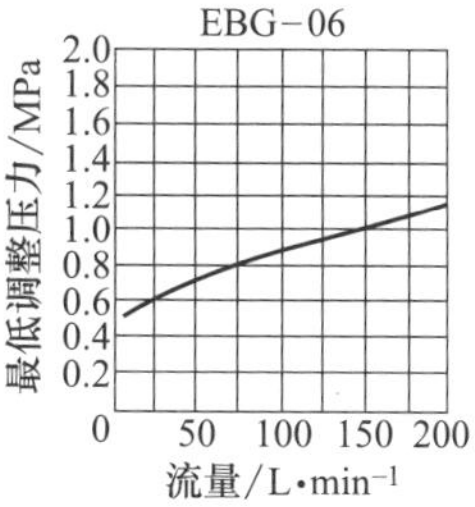 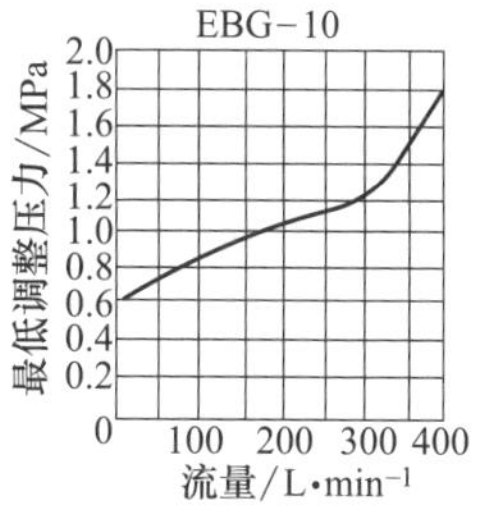

13.13.22 ERB 型比例溢流减压阀

表 20-13-34　　技术性能及型号意义

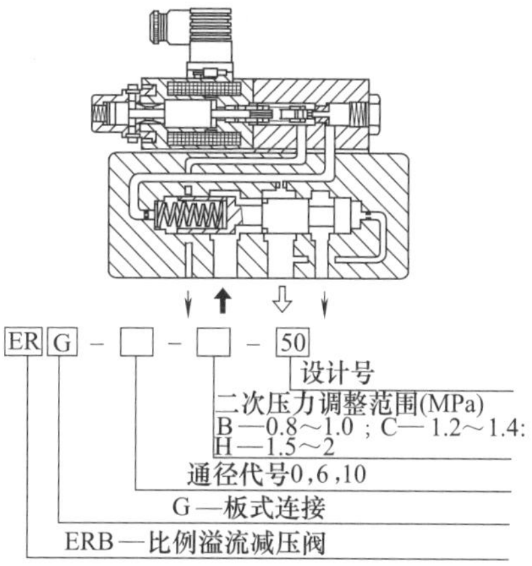

型　号	ERBG-06-※-50	ERBG-10-※-50
最高工作压力/MPa	25	25
最大流量/L·min⁻¹	100	250
最大溢流流量/L·min⁻¹	35	15
二次压力调整范围/MPa	B:0.8～7　C:1.214　H:1.5～21	
额定电流/mA	ERBG-06-B:800 ERBG-06-C:800 ERBG-06-H:950	ERBG-10-B:800 ERBG-10-C:800 ERBG-10-H:950
线圈电阻/Ω	10	10
重复精度/%	1	1
滞环/%	<3	<3
质量/kg	12	13.5

注：生产厂为榆次油研液压公司。

13.13.23 EF（C）G 型比例（带单向阀）流量阀

表 20-13-35　　技术性能及型号意义

外形及型号意义

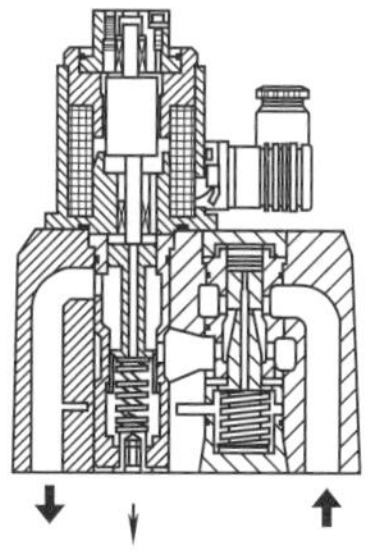

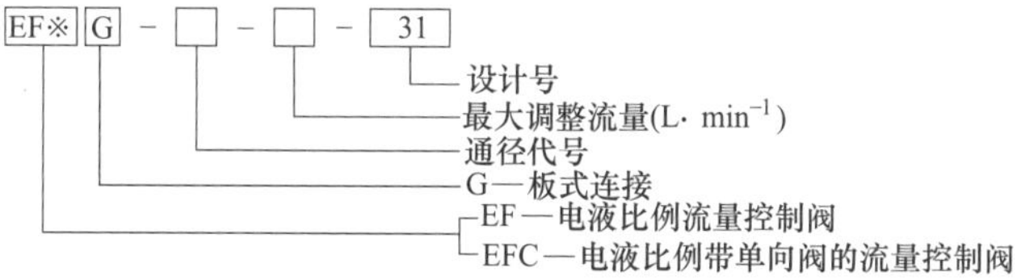

	型　号	最高使用压力/MPa	流量调整范围/L·min⁻¹	最低工作压差/MPa	自由流量(仅 EFC)/L·min⁻¹	额定电流/mA	线圈电阻/Ω	滞环/%	重复精度/%	质量/kg
技术性能	EFG/EFCG-02-10/30-31	21	10:0.3～10 30:0.3～30	0.5	40	600	45	<5	1	8.2
	EFG/EFCG-03-60/125-26	21	60:2～60 125:2～125	1	130	600	45	<7	1	12.5

续表

	型号	最高使用压力/MPa	流量调整范围/L·min^{-1}	最低工作压差/MPa	自由流量(仅 EFC)/L·min^{-1}	额定电流/mA	线圈电阻/Ω	滞环/%	重复精度/%	质量/kg
技术性能	EFG/EFCG-06-250-22	21	3～250	1.3	280	600	45	<7	1	25
	EFG/EFCG-10-500-11	21	5～500	2	550	700	45	<7	1	51
输入电流-流量特性曲线	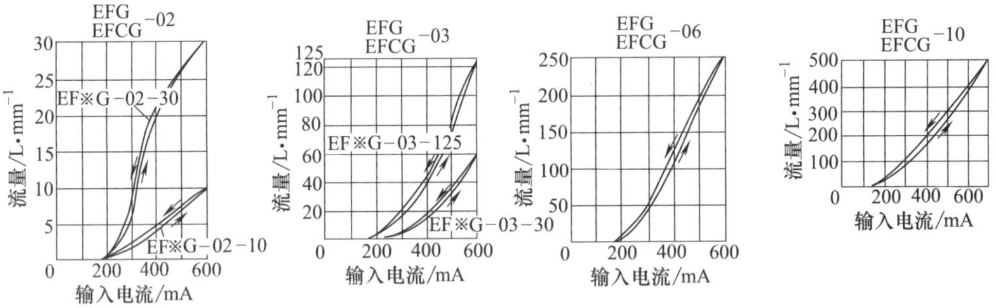									

注：生产厂为榆次油研液压公司。

13.14 国外主要比例阀产品概览

13.14.1 BOSCH 比例溢流阀（不带位移控制）

表 20-13-36 **技术性能**

	NC6(直动式)	NG6(先导式)	NG10(先导式)
结构图	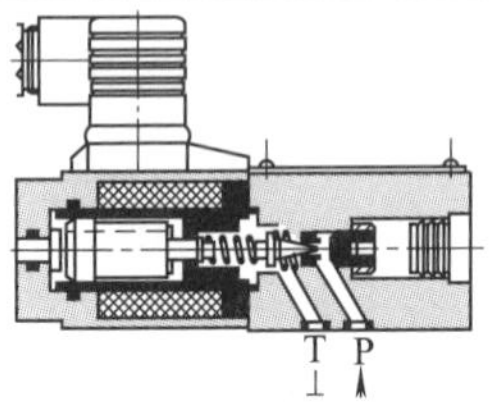	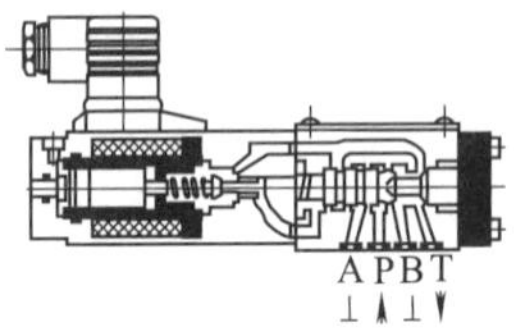	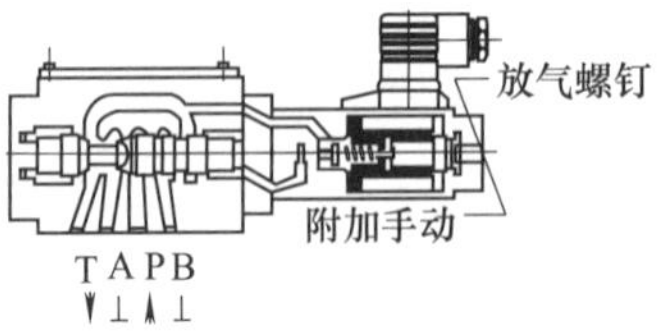

	型号	板式,NG6(ISO 4401)直动				板式,NG6(ISO 4401)先导			板式,NG10(ISO 4401)先导			
技术性能	额定流量/L·min^{-1}	1.0(最大 1.5)				40			120			
	额定压力/MPa	8	18	25	31.5	8	18	31.5	8	18	25	31.5
	最低压力/MPa	0.3	0.4	0.6	0.8	0.7	0.8	1.0	0.9	1.0	1.1	1.2
	最高工作压力/MPa	P 口:31.5										
		T 口:25(静态)										
	暂载率	100%										
	电磁铁连接型式	DIN 43 650/ISO 4400 连接件										
	电磁铁电流/A	0.8		2.5		0.8		2.5		0.8		2.5
	线圈阻抗/Ω	22		2.5		22		2.5		22		2.5
	功率/V·A	18		25		18		25		18		25

续表

	型　　号	板式，NG6(ISO 4401)直动		板式，NG6(ISO 4401)先导	板式，NG10(ISO 4401)先导
技术性能	配套放大器	0.8A/18V·A	K:1M45-08A　M:1M08-12GC1　P:AS0.8-V		
		2.5A/25V·A	K:1M45-2.5A　M:1M25-12GC1　P:AS2.5-V　B		
	滞环	≤±2%			
	分辨率	≤±1.5%			
	响应时间 100%指令信号	上升:<30ms 下降:<70ms		上升:<30ms 下降:<70ms	上升:<30ms 下降:<300ms
	工作介质	符合 DIN 51524…535 液压油，使用其他液压油时，先向厂家咨询			
	黏度范围/mm²·s⁻¹	20～100(推荐)，最大范围(10～800)			
	油液温度/℃	−20～80			
	介质清洁度	NAS1638-8 或 ISO 4406-17/14			

特性曲线

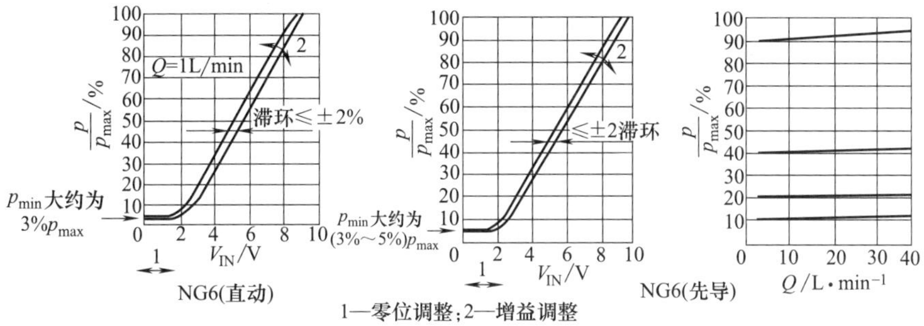

1—零位调整；2—增益调整

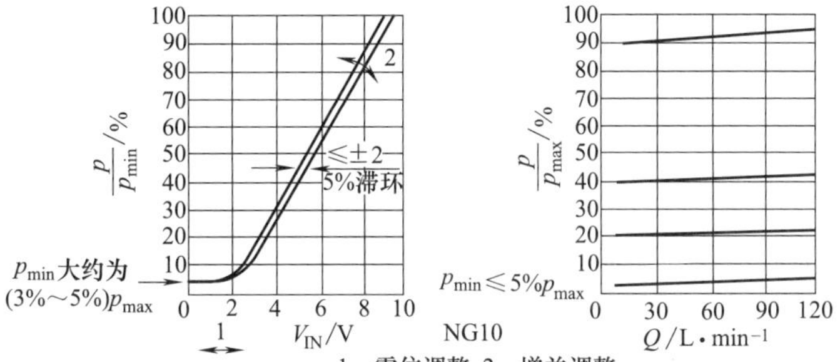

1—零位调整；2—增益调整

13.14.2　BOSCH 比例溢流阀和线性比例溢流阀（带位移控制）

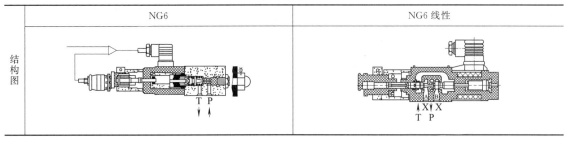

表 20-13-37　　技术性能

	NG6	NG6 线性
结构图	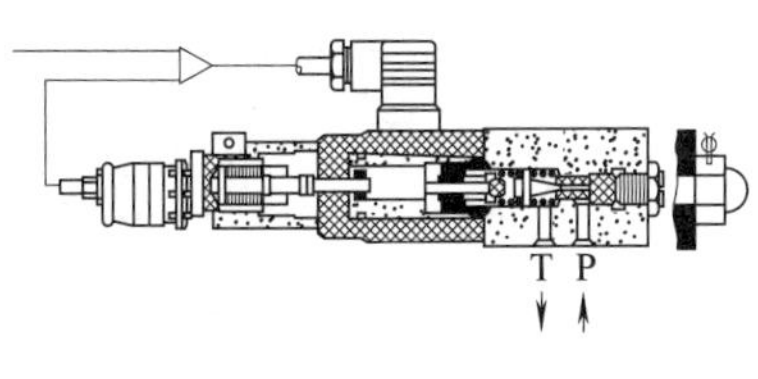	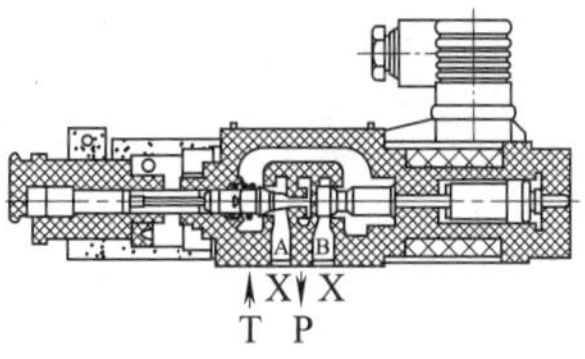

续表

	型　　号		NG6(带位移反馈)					NG6 线性			
技术性能	额定流量/L·min^{-1}		1.0(3.0)								
	工作压力范围/MPa		0.1～2.5		0.3～8,0.4～18,0.5～25,0.6～31.5						
	最低压力/MPa		0.1	0.3	0.4	0.5	0.6	0.3	0.4	0.5	0.6
	最高工作压力/MPa	P	31.5					31.5			
		T	0.2					≤20			
	工作介质		符合 DIN 51524…535 液压油,使用其他液压油时,先向厂家咨询								
	黏度范围/mm^2·s^{-1}		20～100(推荐),最大范围(10～800)								
	油液温度/℃		−20～80								
	介质清洁度		NAS1638-8 或 ISO 4406-17/14,通过采用 $\beta_x=75$ 过滤器达到 $x=10$								
	滞环/%		≤±0.3					≤±1			
	分辨率/%		≤±0.2					≤±0.8			
	响应时间/ms 100%指令信号		45 25ms(特征参数对应 PV60)					45 25ms(特征参数对应放大器 PDLI)			
	传感器连接形式		特殊连接件								
	电磁铁电流/A		最大 3.7					最大 2.7			
	线圈阻抗/Ω		2.5(20℃)								
	功率/V·A		50					25			
	配套放大器		PV60,PV60-RGC1,PV60-RGC3					PDL1,PDL1-RFC1,PDL1-RGC3			

特性曲线

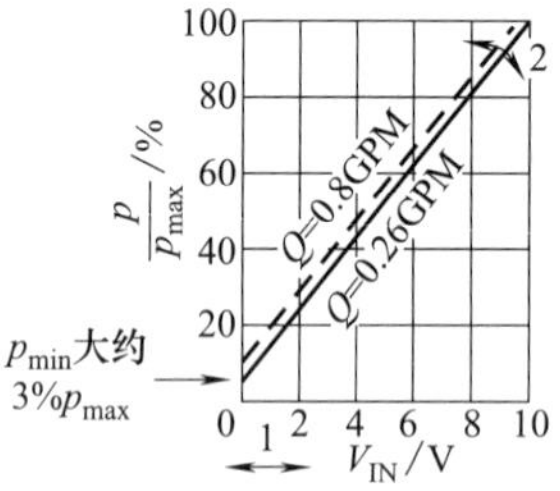

NG6线性

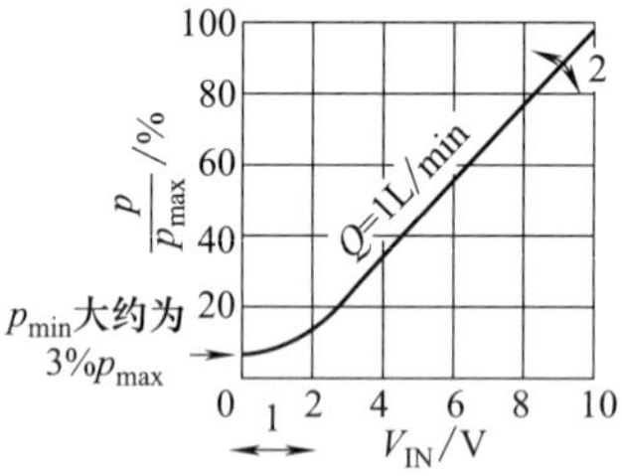

NG6带位移反馈

注:流量单位1GPM=3.791L/min 1—零位调整;2—增益调整

13.14.3 BOSCH NG6 带集成放大器比例溢流阀

表 20-13-38　　技术性能

结构外形及性能曲线

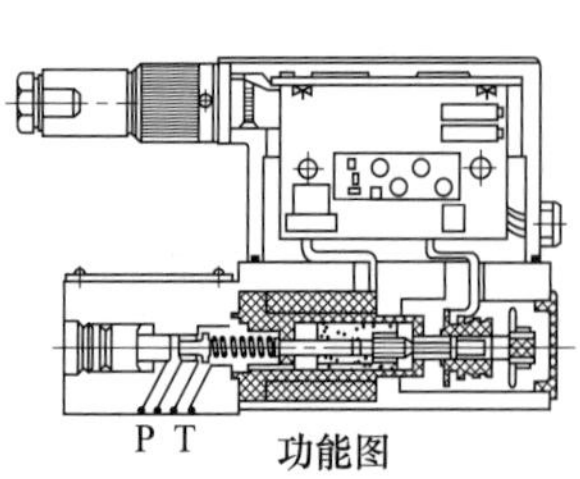

功能图

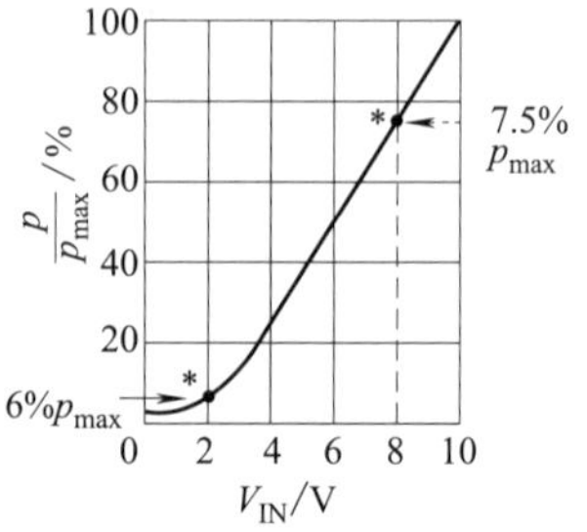

*工厂设定±制造公差15%

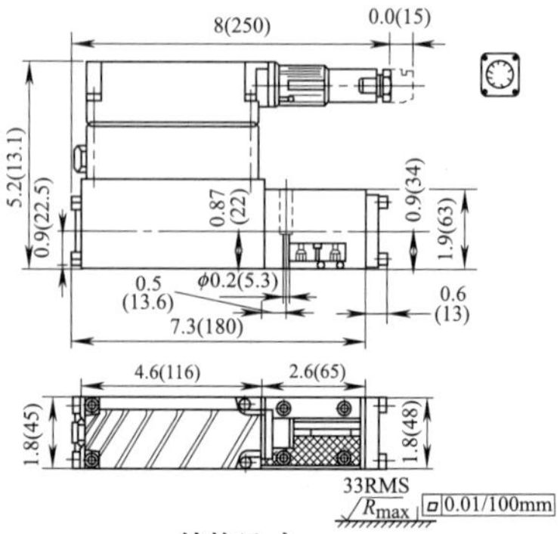

结构尺寸

续表

技术性能	安装形式	板式、连接尺寸符合 NG6(ISO 4401)		安装位置	任意	
	温度/℃	−20～50		油液温度/℃	−20～80	
	工作介质	符合 DIN 51524-535 液压油，使用其他油液时，先向厂家咨询		黏度范围/$mm^2 \cdot s^{-1}$	20～100(推荐) 10～800(最大)	
	清洁度	通过采用 $\beta_x=75$ 过滤器达到 $x=10$，允许污染等级 NAS 1638-8，ISO 4406-17/14				
	额定流量/$L \cdot min^{-1}$	10(最大 1.5)		工作压力范围/MPa(当 $Q=1L \cdot min^{-1}$)	0.3～8.0，0.4～18，0.5～25，0.8～31.5	
	最高工作压力/MPa			P 口：31.5　T 口：≤0.2(静态 25)		
	滞环	≤0.2%	分辨率	≤0.1%	制造公差	≤±5%
	响应 100%指令信号 响应 10%指令信号	30ms 10ms	温漂	<1%，当 $\Delta T=72$℉(22℃)		
	暂载率	100%	防护等级	IP 65DIN 40050 和 IEC 14434/5		
	连接	7 芯插头 Pg11	电源：端子 A：B：0V	额定 24V　DC 最大 21V DC/最大 40V DC，最在波纹 2V DC		

13.14.4　BOSCH NG10 比例溢流阀和比例减压阀（带位移控制）

表 20-13-39　技术性能

功能图

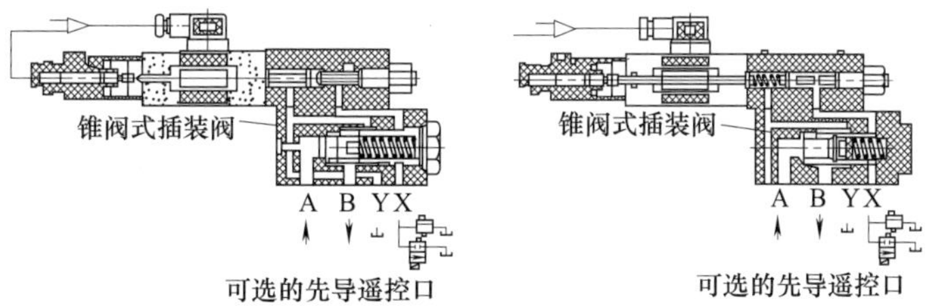

技术性能	型　号		比例溢流阀 比例减压阀	型　号	比例溢流阀 比例减压阀
	额定流量/$L \cdot min^{-1}$		120	介质清洁度	NAS 1638-8 或 ISO 4406-17/14，通过采用 $\beta_x=75$ 过滤器达到 $x=10$
	公称压力/MPa		18，31.5		
	最低压力/MPa		0.6，0.8	滞环/%	≤±0.1
	最高工作压力/MPa	A，B	31.5	分辨率/%	≤±0.5
		Y	0.2 控制油外排	响应时间(100%指令信号)	80ms
		X	31.5 先导遥控	位移传感器连接形式	特殊连接件
	工作介质		符合 DIN 51524…535 液压油，使用其他液压油时，先向厂家咨询	电磁铁电流/A	最大 3.7
				线圈阻抗 R_{20}/Ω	2.5
				功率/W	50
	黏度范围/$mm^2 \cdot s^{-1}$		20～100(推荐)，最大范围(10～800)	配套放大器	PV60，PV60-RGC1，PV60-RGC3
	油液温度/℃		−20～80	质量/kg	9.5

续表

特性曲线

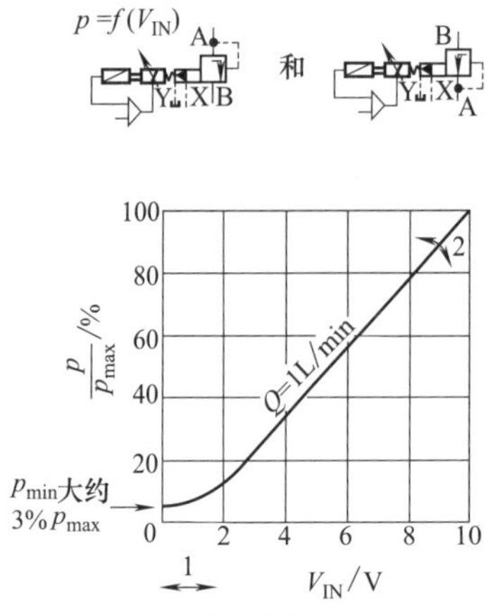

1—零位调整;2—增益调整;

溢流阀流量曲线 Q_{nom}

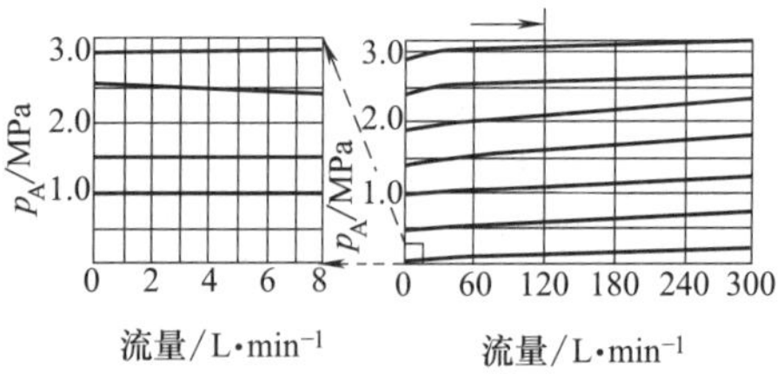

减压阀流量曲线

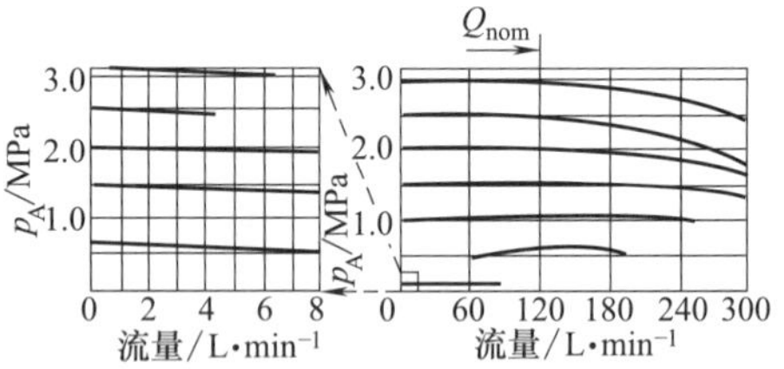

13.14.5 BOSCH NG6 三通比例减压阀（不带/带位移控制）

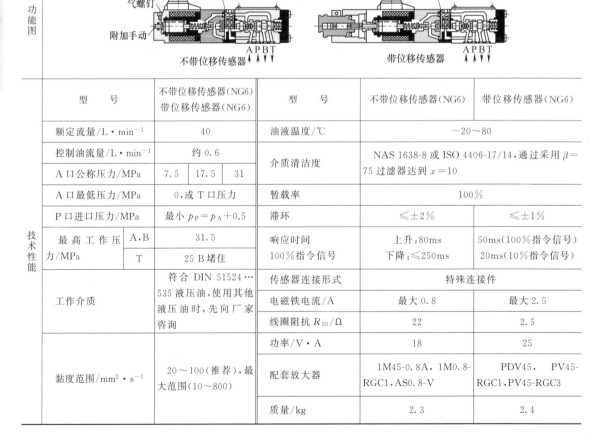

表 20-13-40 技术性能

功能图

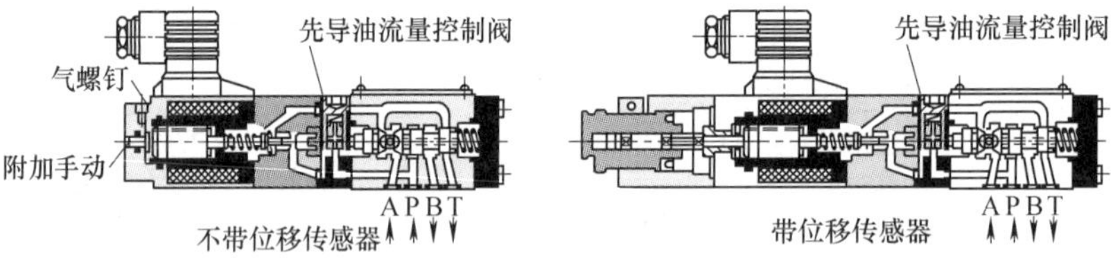

技术性能

型号		不带位移传感器(NG6) 带位移传感器(NG6)		
额定流量/L·min⁻¹		40		
控制油流量/L·min⁻¹		约 0.6		
A 口公称压力/MPa		7.5	17.5	31
A 口最低压力/MPa		0,或 T 口压力		
P 口进口压力/MPa		最小 $p_P=p_A+0.5$		
最高工作压力/MPa	A,B	31.5		
	T	25 B 堵住		
工作介质		符合 DIN 51524…535 液压油,使用其他液压油时,先向厂家咨询		
黏度范围/mm²·s⁻¹		20～100(推荐),最大范围(10～800)		

型号	不带位移传感器(NG6)	带位移传感器(NG6)
油液温度/℃	−20～80	
介质清洁度	NAS 1638-8 或 ISO 4406-17/14,通过采用 $\beta=75$ 过滤器达到 $x=10$	
暂载率	100%	
滞环	≤±2%	≤±1%
响应时间 100%指令信号	上升:80ms 下降:≤250ms	50ms(100%指令信号) 20ms(10%指令信号)
传感器连接形式	特殊连接件	
电磁铁电流/A	最大 0.8	最大 2.5
线圈阻抗 R_{20}/Ω	22	2.5
功率/V·A	18	25
配套放大器	1M45-0.8A，1M0.8-RGC1,AS0.8-V	PDV45， PV45-RGC1,PV45-RGC3
质量/kg	2.3	2.4

续表

特性曲线	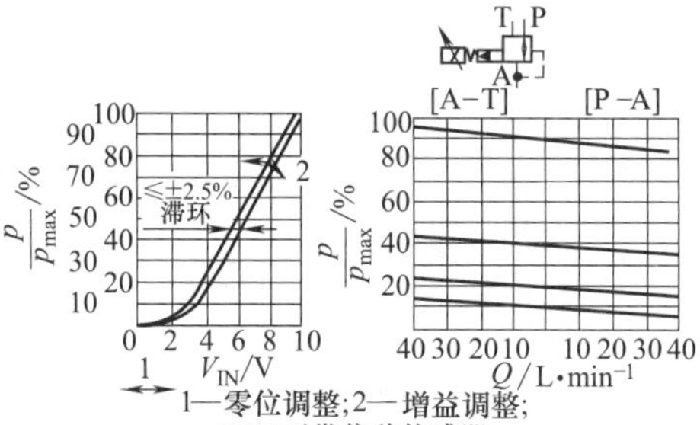 1—零位调整;2—增益调整; NG6不带位移传感器	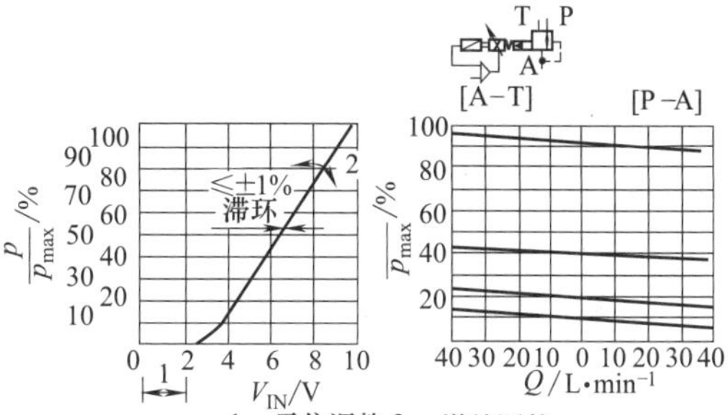 1—零位调整;2—增益调整; NG6带位移传感器

13.14.6　BOSCH NG6 NG10 比例节流阀（不带位移控制）

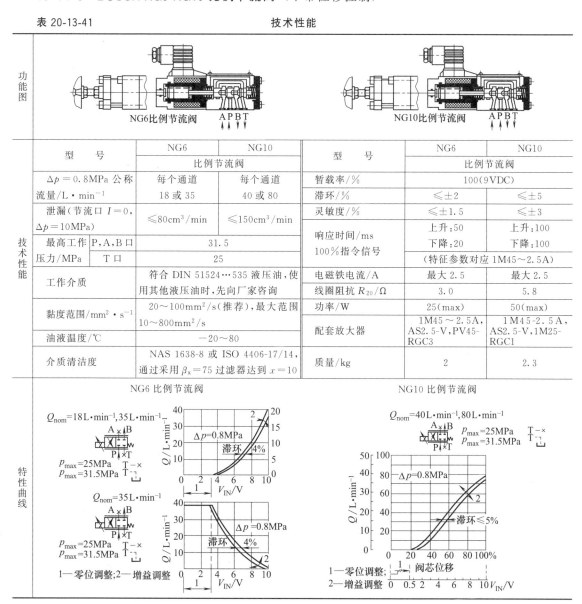

表 20-13-41　　技术性能

功能图

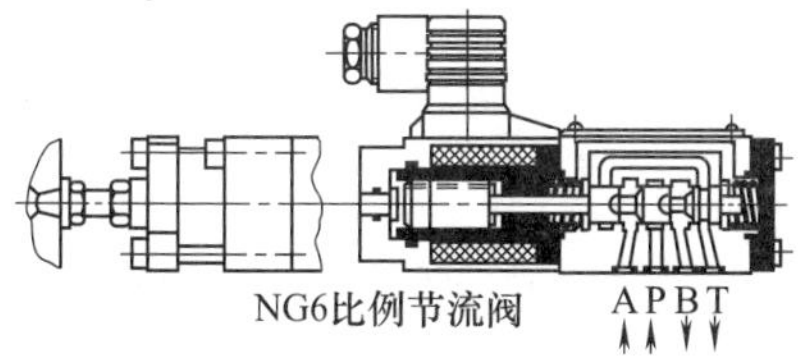

NG6比例节流阀

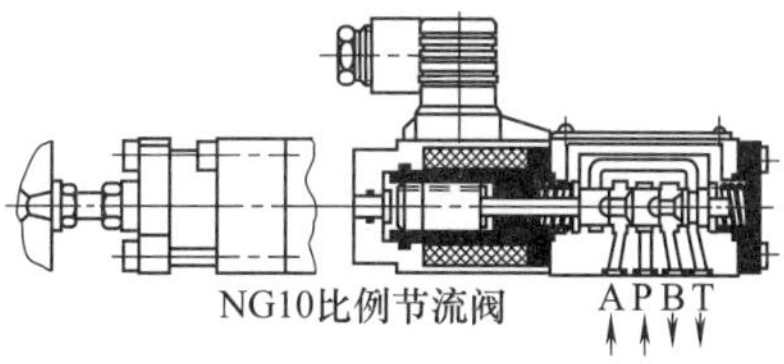

NG10比例节流阀

技术性能

型　号		NG6	NG10
		比例节流阀	
Δp＝0.8MPa 公称流量/L·min⁻¹		每个通道 18 或 35	每个通道 40 或 80
泄漏(节流口 I＝0,Δp＝10MPa)		≤80cm³/min	≤150cm³/min
最高工作压力/MPa	P,A,B 口	31.5	
	T 口	25	
工作介质		符合 DIN 51524…535 液压油，使用其他液压油时，先向厂家咨询	
黏度范围/mm²·s⁻¹		20～100mm²/s(推荐)，最大范围 10～800mm²/s	
油液温度/℃		−20～80	
介质清洁度		NAS 1638-8 或 ISO 4406-17/14，通过采用 β_x＝75 过滤器达到 x＝10	

型　号	NG6	NG10
	比例节流阀	
暂载率/%	100(9VDC)	
滞环/%	≤±2	≤±5
灵敏度/%	≤±1.5	≤±3
响应时间/ms 100%指令信号	上升:50 下降:20	上升:100 下降:100
	(特征参数对应 1M45～2.5A)	
电磁铁电流/A	最大 2.5	最大 2.5
线圈阻抗 R_{20}/Ω	3.0	5.8
功率/W	25(max)	50(max)
配套放大器	1M45～2.5A, AS2.5-V, PV45-RGC3	1M45-2.5A, AS2.5-V, 1M25-RGC1
质量/kg	2	2.3

特性曲线

NG6 比例节流阀

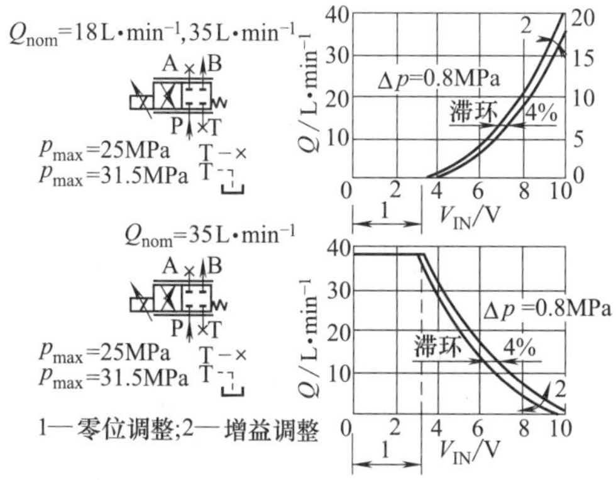

1—零位调整;2—增益调整

NG10 比例节流阀

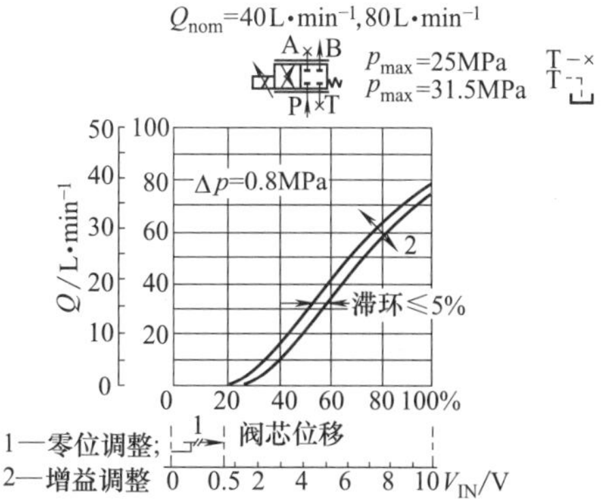

13.14.7 BOSCH NG6 NG10 比例节流阀（带位移控制）

表 20-13-42 技术性能

结构图

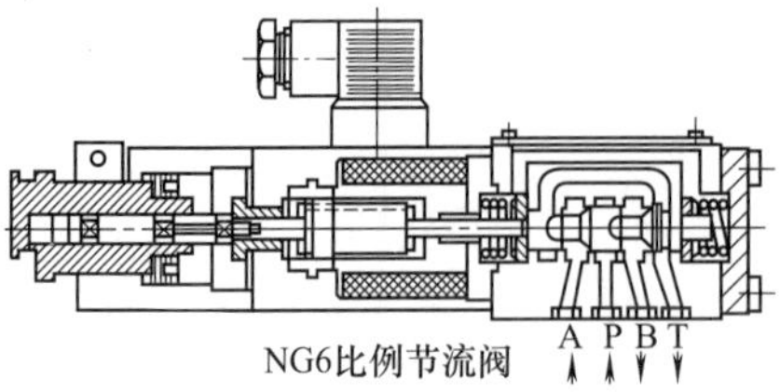

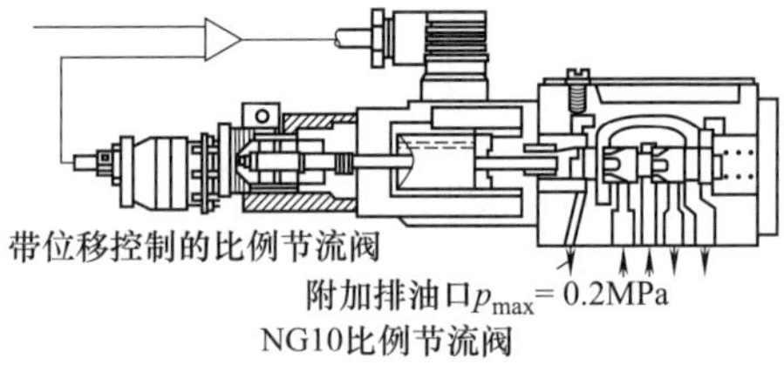

技术性能

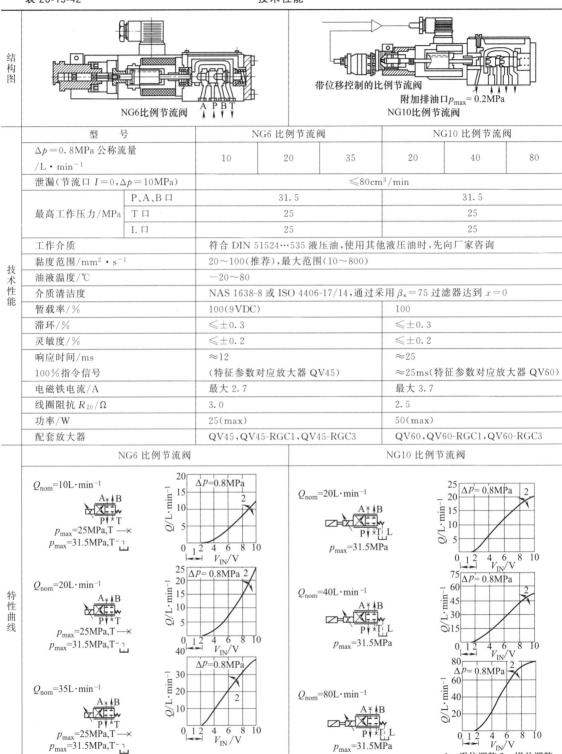

型号		NG6 比例节流阀			NG10 比例节流阀		
Δp=0.8MPa 公称流量 /L·min^{-1}		10	20	35	20	40	80
泄漏(节流口 I=0,Δp=10MPa)		≤80cm^3/min					
最高工作压力/MPa	P、A、B 口	31.5			31.5		
	T 口	25			25		
	L 口	25			25		
工作介质		符合 DIN 51524…535 液压油，使用其他液压油时，先向厂家咨询					
黏度范围/mm^2·s^{-1}		20～100(推荐)，最大范围(10～800)					
油液温度/℃		−20～80					
介质清洁度		NAS 1638-8 或 ISO 4406-17/14，通过采用 β_x=75 过滤器达到 x=0					
暂载率/%		100(9VDC)			100		
滞环/%		≤±0.3			≤±0.3		
灵敏度/%		≤±0.2			≤±0.2		
响应时间/ms 100%指令信号		≈12 (特征参数对应放大器 QV45)			≈25 ≈25ms(特征参数对应放大器 QV60)		
电磁铁电流/A		最大 2.7			最大 3.7		
线圈阻抗 R_{20}/Ω		3.0			2.5		
功率/W		25(max)			50(max)		
配套放大器		QV45，QV45-RGC1，QV45-RGC3			QV60，QV60-RGC1，QV60-RGC3		

特性曲线

NG6 比例节流阀

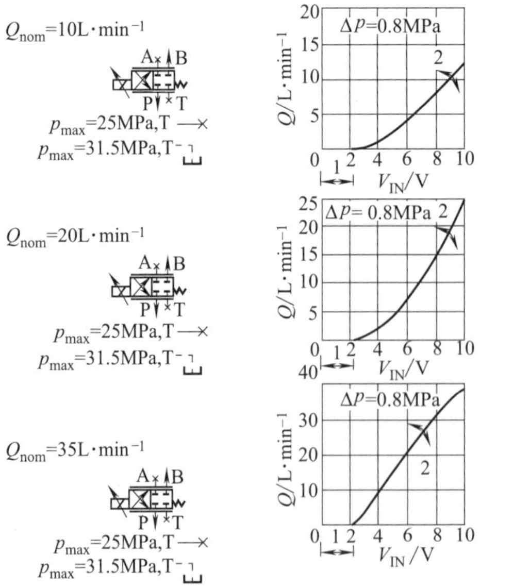

1—零位调整；2—增益调整

NG10 比例节流阀

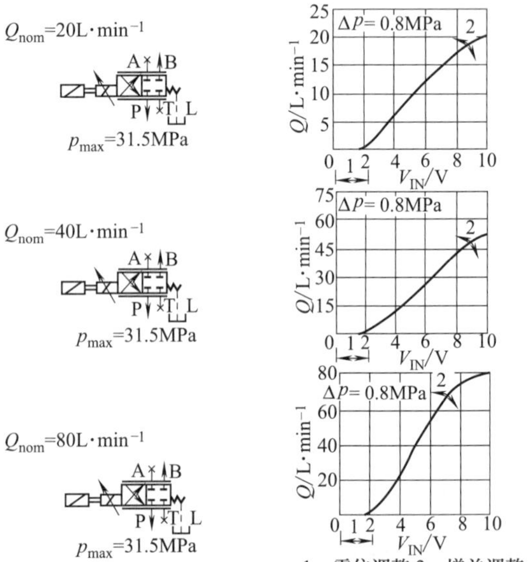

1—零位调整；2—增益调整

13.14.8　BOSCH NG10 带集成放大器比例节流阀（带位移控制）

表 20-13-43　　技术性能

技术性能	公称流量($\Delta p=0.5$MPa)/L·min^{-1}		50	80
	泄漏(节流口 $\Delta p=10$MPa,$I=0$)		≤80cm^3/min	
	最高工作压力/MPa	P、A、B口	31.5	
		T口	20	
	工作介质		符合 DIN 51524…535 液压油,使用其他液压油时,先向厂家咨询	
	黏度范围/mm^2·s^{-1}		20～100(推荐),最大范围(10～800)	
	油液温度/℃		−20～80	
	介质清洁度		NAS 1638-8 或 ISO 4406-17/14,通过采用 $\beta_x=75$ 过滤器达到 $x=10$	
	电磁铁连接型式		7芯插头,PG11	
	电源　端子 A:,B:		额定 24V DC,最小 21V DC/最大 40V DC,最小波动 2V DC	
	功率		最大 30V·A	
	外接保险丝		2.5A_F	
	输入信号 端子 D:V_{in} E:0V		0～10V	
			差动放大器	
			$R_i=100$kΩ	
	相对于0V最高差动输入电压		D→B,最大 18V DC	
			E→B	
	测试信号		0～10V,与主阀芯位移成比例	
	接地安全引线		只有当电源变压器不符合 VDE0551 时才需要	
	推荐电缆		7芯屏蔽电缆　用 18AWG,最大距离:19.8m;用 16AWG,最大距离:38m	
	调整		工厂设定	
	滞环/%		≤±0.3	
	灵敏度/%		≤±0.2	
	响应时间/ms	100%指令信号	≈25	
		10%指令信号	≈10	
	温漂		<1%,当 $\Delta T=40$℃	
	质量		7.1kg	
特性曲线	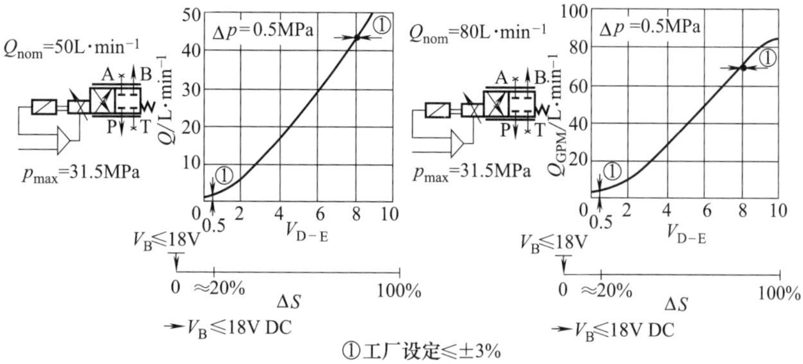			

①工厂设定≤±3%

13.14.9 BOSCH 比例流量阀（带位移控制及不带位移控制）

表 20-13-44 **技术性能**

<table>
<tr><td>结构图</td><td colspan="8">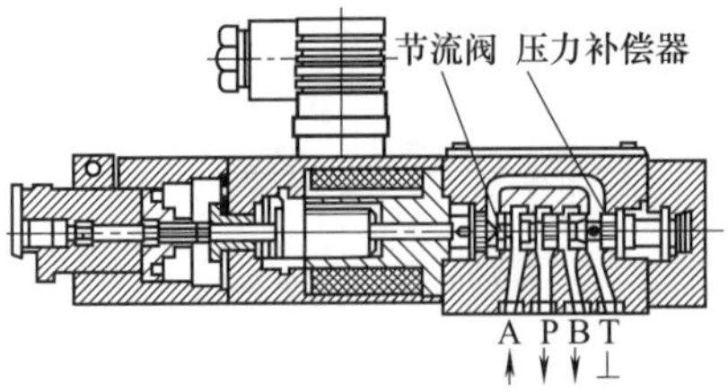

图(a) 带位移控制
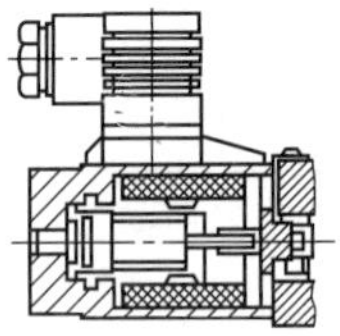
图(b) 不带位移控制
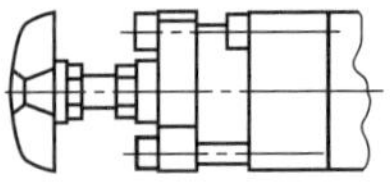
图(c) 带附加手动</td></tr>
<tr><td rowspan="22">技术性能</td><td colspan="2">型 号</td><td colspan="4">NG6(ISO 4401)比例流量阀</td><td colspan="2">NG10(ISO 4401)比例流量阀</td></tr>
<tr><td rowspan="2">公称流量/$L \cdot min^{-1}$</td><td>进油</td><td>—</td><td>30</td><td>30</td><td>35</td><td>65</td><td>80</td></tr>
<tr><td>控制</td><td>2.6</td><td>7.5</td><td>10</td><td>35</td><td></td><td></td></tr>
<tr><td colspan="2">可控 $Q_{min}/L \cdot min^{-1}$</td><td>10</td><td>—</td><td>40</td><td>50</td><td colspan="2"></td></tr>
<tr><td rowspan="3">最高工作压力/MPa</td><td>A,B 口</td><td colspan="6">25 或 10</td></tr>
<tr><td>T 口</td><td colspan="6">堵住</td></tr>
<tr><td>P 口</td><td colspan="6">堵住或 25 残油口</td></tr>
<tr><td colspan="2" rowspan="2">最低压差 A→B/MPa</td><td colspan="4">$Q_{nom}=2.6L \cdot min^{-1}$
及 $7.5L \cdot min^{-1}$, 0.4～0.6MPa</td><td colspan="2">0.8</td></tr>
<tr><td colspan="4">$Q_{nom}=10L \cdot min^{-1}$
及 $35L \cdot min^{-1}$, 1～1.4MPa</td><td colspan="2"></td></tr>
<tr><td colspan="2">工作介质</td><td colspan="6">符合 DIN 51524～535 液压油，使用其他液压油时，先向厂家咨询</td></tr>
<tr><td colspan="2">黏度范围</td><td colspan="6">20～100$mm^2 \cdot s^{-1}$（推荐），最大范围（10～800$mm^2 \cdot s^{-1}$）</td></tr>
<tr><td colspan="2">油液温度/℃</td><td colspan="6">−20～80</td></tr>
<tr><td colspan="2">介质清洁度</td><td colspan="6">NAS1638-8 或 ISO 4406-17/14，通过采用 $\beta_x=75$ 过滤器达到 $x=10$</td></tr>
<tr><td colspan="2" rowspan="2">位移传感器连接型式</td><td colspan="6">特殊连接件</td></tr>
<tr><td colspan="2">带位移控制</td><td colspan="2">不带位移控制</td><td>不带位移控制</td><td>带位移控制</td></tr>
<tr><td colspan="2">电磁铁电流/A</td><td colspan="2">最大 2.7</td><td colspan="2">最大 2.5</td><td>最大 2.5</td><td>最大 2.7</td></tr>
<tr><td colspan="2">线圈阻抗 R_{20}/Ω</td><td colspan="2">2.7</td><td colspan="2">2.5</td><td>2.5</td><td>2.7</td></tr>
<tr><td colspan="2">功率/W</td><td colspan="4">25</td><td colspan="2">25</td></tr>
<tr><td colspan="2">配套放大器</td><td colspan="2">QV45</td><td colspan="2">1M45-2.5A</td><td>1M45-2.5A</td><td>QV45</td></tr>
<tr><td colspan="2">滞环</td><td colspan="2">≤1%</td><td colspan="2">≤±2.5%</td><td>≤±2.5%</td><td>≤1%</td></tr>
<tr><td colspan="2">分辨率</td><td colspan="2">≤0.5%</td><td colspan="2">≤±1.5%</td><td>≤±1.5%</td><td>≤0.5%</td></tr>
<tr><td colspan="2">响应时间（100%指令信号）</td><td colspan="2">35/25ms</td><td colspan="2">70ms</td><td>35/25ms</td><td>70ms</td></tr>
<tr><td colspan="2">最大负载变化时响应时间</td><td colspan="2">≤30ms</td><td colspan="2">≤30ms</td><td>≤45ms</td><td>≤45ms</td></tr>
</table>

续表

NG6 比例流量阀特性曲线

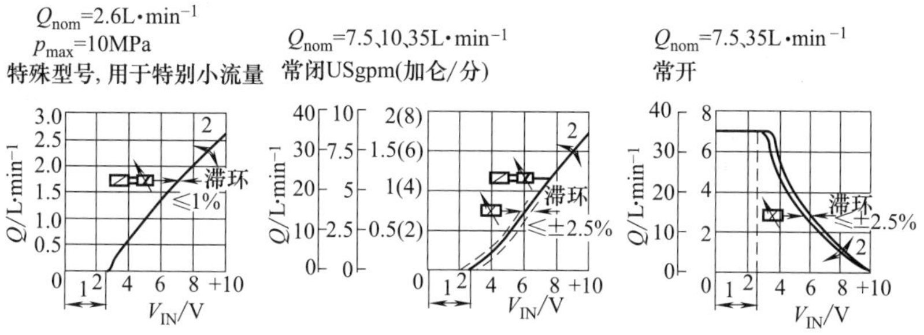

1—零位调整;2—增益调整

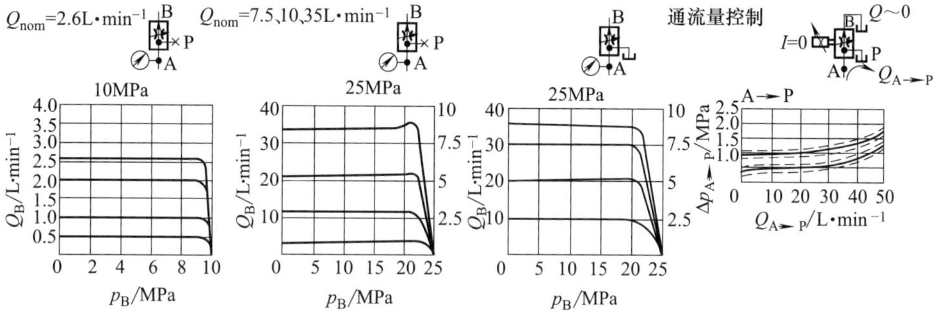

NG10 比例流量阀特性曲线

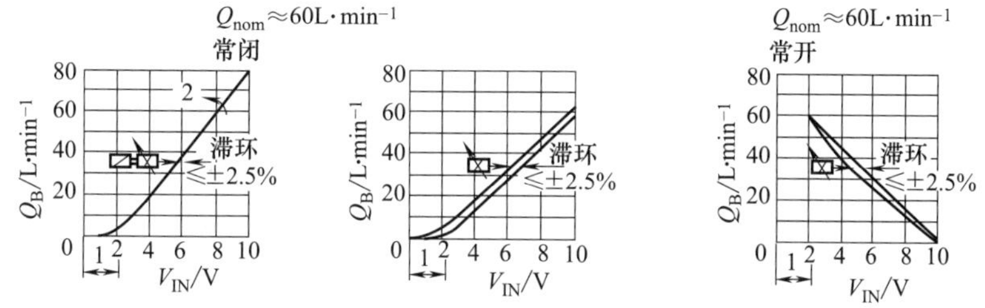

1—零位调整;2—增益调整

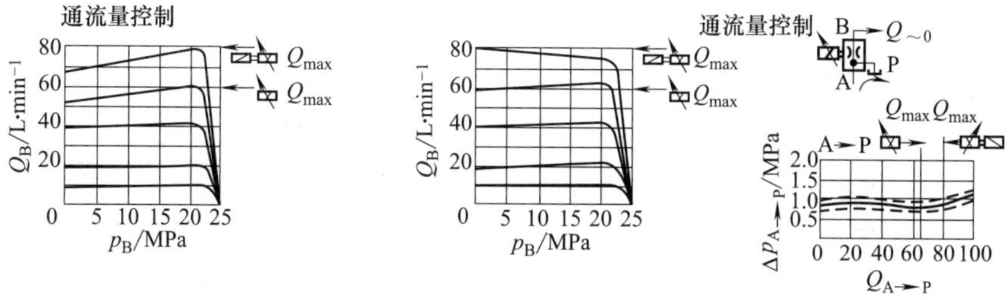

13.14.10 BOSCH 不带位移传感器比例方向阀

表 20-13-45 **技术性能**

结构图

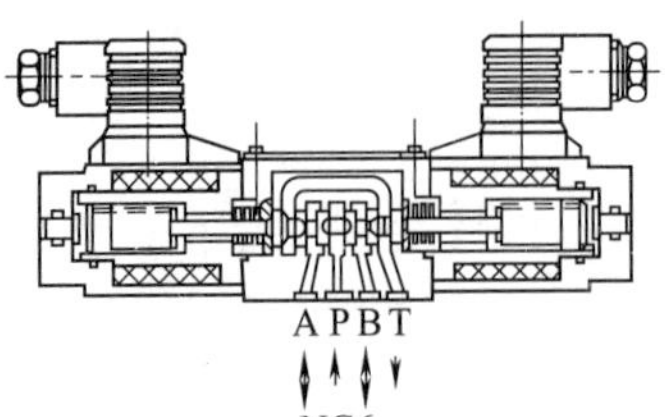

NG6

NG10

技术性能

型号		NG6	NG10
公称流量/L·min^{-1}		7.5、18 或 35(Δp=0.8MPa)	40、80、80:45(Δp=0.8MPa)
最高工作压力/MPa	P、A、B 口		31.5
	T 口	25	25(L 口:0.2)
工作介质		符合 DIN 51524～535 液压油，使用其他液压油时，先向厂家咨询	
黏度范围/mm^2·s^{-1}		20～100(推荐)，最大范围 10～800	
油液温度/℃		-20～80	
介质清洁度		NAS1638-8 或 ISO 4406-17/14，通过采用 β_x=75 过滤器达到 x=10	
暂载率/%		100	
电磁铁电流/A		最大 2.5	最大 2.5
线圈阻抗 R_{20}/Ω		3.0	5.8
功率/W		最大 25	最大 50
配套放大器		2M45-2.5A，2M2.5-RGC2，2CH./2.5A，25P	
滞环/%		≤4	≤6
分辨率/%		≤3	≤4
响应时间/ms(100%指令信号)		70	100
质量/kg		2.6	7.7

特性曲线

NG6 比例方向阀

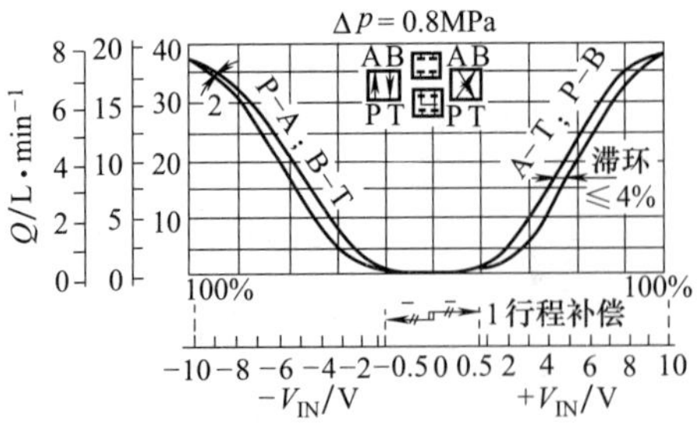

1—零位调整；2—增益调整

NG10 比例方向阀

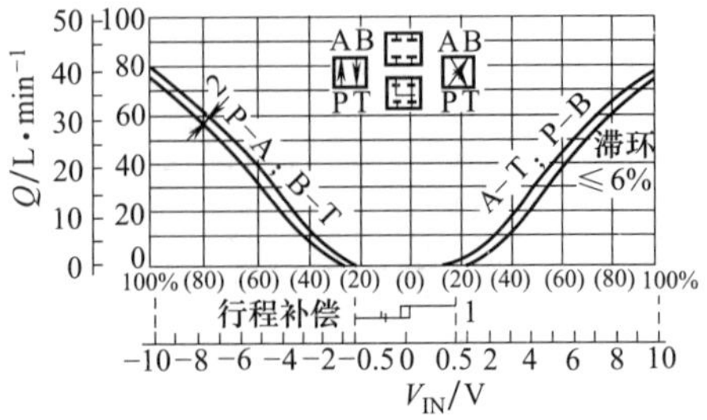

1—零位调整；2—增益调整

13.14.11　BOSCH 比例方向阀（带位移控制）

表 20-13-46　技术性能

结构图

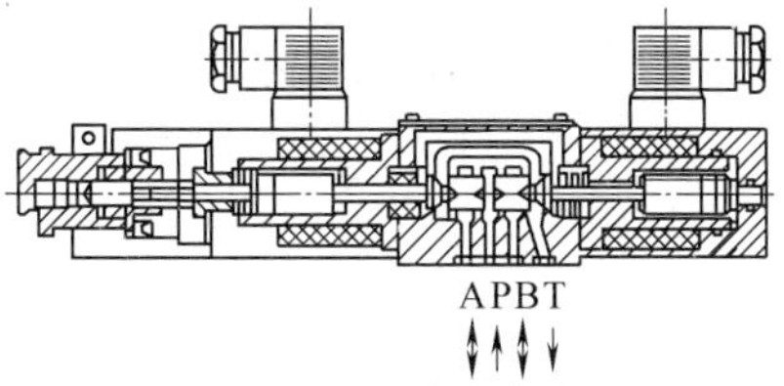

NG6(带位移控制)

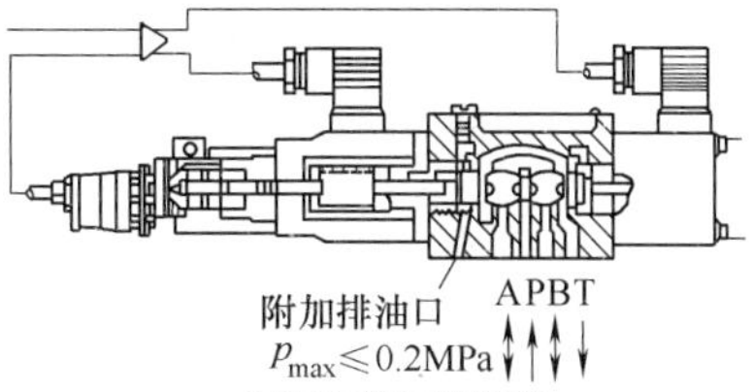

NG10(带位移控制)

技术性能

型　号		NG6				NG10			
公称流量/L·min^{-1} Δp=0.8MPa 时		7.5	10	20	35	40	80	80:45	
最高工作压力/MPa	P、A、B 口	31.5				31.5			
	T 口	25							
	L 口					0.2			
工作介质		符合 DIN 51524～535 液压油，使用其他液压油时，先向厂家咨询							
黏度范围/mm^2·s^{-1}		20～100(推荐)，最大范围(10～800)							
油液温度/℃		−20～80							
介质清洁度		NAS1638-8 或 ISO 4406-17/14，通过采用 β_x=75 过滤器达到 x=10							
暂载率/%		100							
电磁铁电流/A		最大 2.7				最大 3.7			
线圈阻抗 R_{20}/Ω		3.0				2.5			
功率/W		最大 25				最大 50			
配套放大器		WV45-RGC2				WC60-RGC2			
滞环/%		≤0.3				≤0.75			
灵敏度/%		≤0.2				≤0.5			
制造公差 p_{max}		≈5%				≈10%			
响应时间/ms	100%指令信号	30				50			
	10%指令信号	15				20			

特性曲线

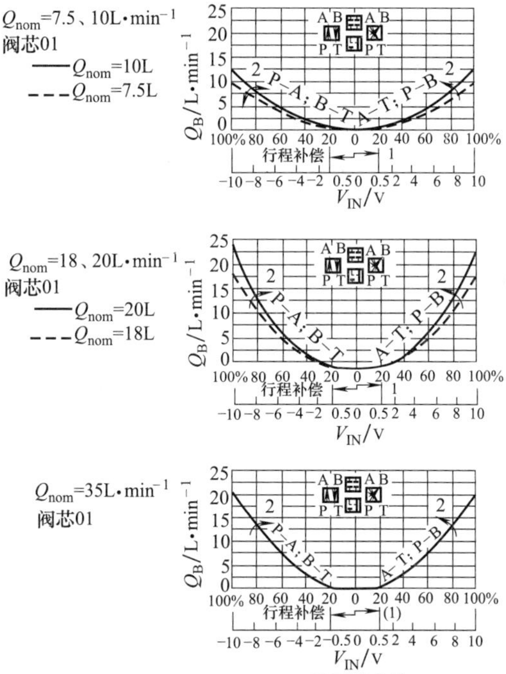

NG6的曲线

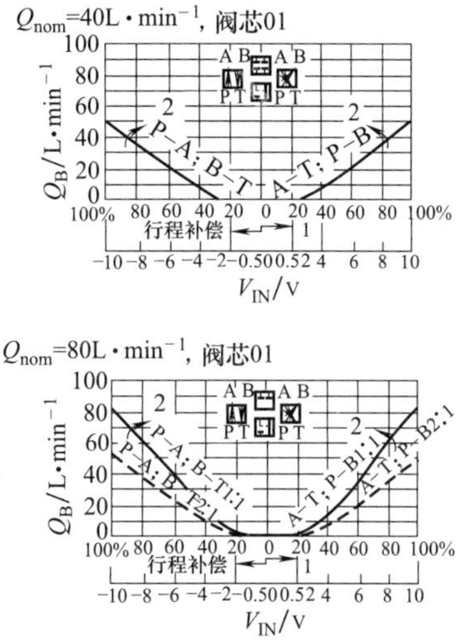

NG10的曲线

1—零位调整；2—增加调整

13.14.12 BOSCH 带集成放大器比例方向阀

表 20-13-47 **技术性能**

结构图	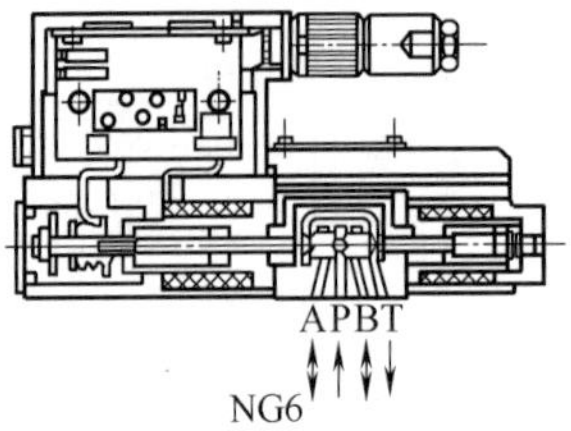 NG6			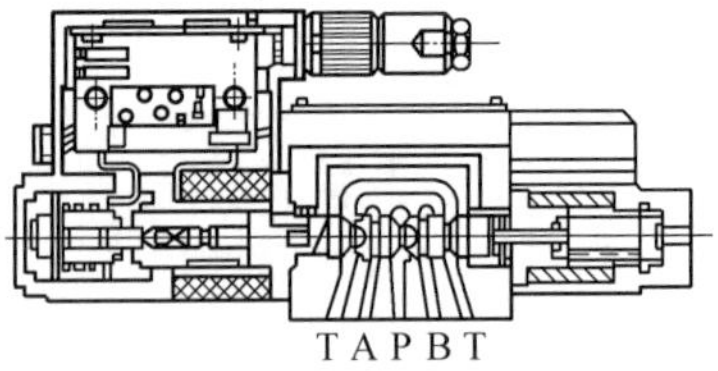 NG10		
技术性能	型号		NG6(ISO 4401)		NG10(ISO 4401)	
	Δp=0.5MPa/台肩		4.7 18	8.5 32	50	80
	公称流量(8V 时)Q_A/L·min^{-1}		14(+/-3%)	25(+/-3%)	35(+/-3%)	70(+/-3%)
	泄漏		A B P T ≤80cm^3/min		80cm^3/min	
	最高工作压力/MPa	P,A,B 口	31.5			
		T 口	20			
	工作介质		符合 DIN 51524~535 液压油,使用其他液压油时,先向厂家咨询			
	黏度范围/mm^2·s^{-1}		20~100(推荐),最大范围(10~800)			
	油液温度/℃		-20~80			
	介质清洁度		NAS1638-8 或 ISO 4406-17/14,通过采用 β_x=75 过滤器达到 x=10			
	暂载率/%		100			
	电磁铁连接形式		7 芯插头,PG11			
	电源:端子 A、B		额定 24V DC,最小 21V DC/最大 40V DC,最大波动 2V DC			
	功率/W		30		50	
	外接保险丝		2.5A_F			
	输入信号:端子 D、E		0~10V,差动放大器,R_i=100kΩ			
	相对于 0V 最高差动输入电压		D→B, E→B } 最大 18V DC			
	测试信号		0~10V,与主阀芯位移成比例			
	端子	F:V_{test}	Ra=10kΩ			
		C:0V				
	接地安全线		只有电源变压器不符合 VDE0551 时才需连接			
	推荐电缆		7 芯屏蔽电缆 18AWG,最大距离:19.8m;16AWG,最大距离:38m			
	调整 U_{D-E}+8V=(工厂设定)±3%,额定 $Q(\Delta p=0.5MPa)$/L·min^{-1}		14	25	35	70
	典型 Q_n/L·min^{-1}		18	32	50	80
	配套放大器		QV45			
	滞环/%		≤0.3			
	分辨率/%		≤0.2			
	响应时间/ms	100%指令信号	30		50	
		10%指令信号	5		15	
	温漂/%		<1(当 ΔT=40℃)			
	质量/kg		3.9		8.8	

续表

特性曲线	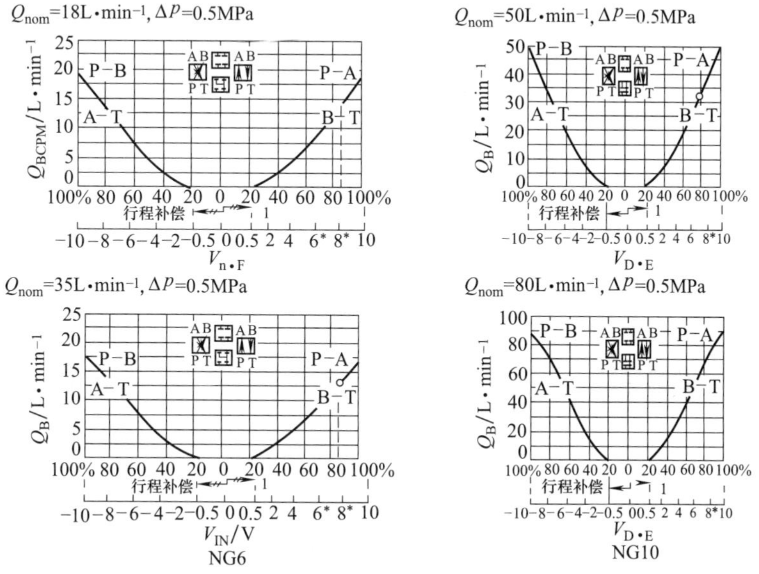

1—零位调整

13.14.13 BOSCH 比例控制阀

表 20-13-48 **技术性能**

	型号		NG10	NG16	NG25	NG32
技术性能	公称流量(Δp=0.5MPa)/L·min^{-1}		80	180	350	1000
	最大流量/L·min^{-1}		170	450	900	2000
	最高工作压力/MPa	P,A,B 口	35			
		T 口	25			
	先导级控制压力/MPa		(X 口及 P 口)最低 0.8,最高 25			
	零位泄漏 p=10MPa	主级/L·min^{-1}	0.25	0.4	0.6	1.2
		先导级 /L·min^{-1}	0.15	0.15	0.35	1.1
	先导阀 Q_n/L·min^{-1}		2	4	12	40
	工作介质		符合 DIN 51524～535 液压油,使用其他液压油时,先向厂家咨询			
	黏度范围/mm^2·s^{-1}		20～100(推荐),最大范围(10～800)			
	油液温度/℃		−20～80			
	介质清洁度		NAS1638-8 或 ISO 4406-17/14,通过采用 β_x=75 过滤器达到 x=10			
	中位正遮盖量		18%～22%阀芯行程			
	滞环/%		<0.1(不可测)			
	温漂/%		<1(当 ΔT=20～50℃)			
	响应时间/ms 100%信号变化	p_x=10MPa	40	80	80	130
		p_x=1MPa	150	250	250	500

续表

	型　号	NG10	NG16	NG25	NG32
技术性能	暂载率/%	100			
	电磁铁电流/A	最大 2.7			
	线圈阻抗 R_{20}/Ω	2.4			
	功率/V·A	最大 25			
	配套放大器	2STV,2STV-RGC2			

型号及标记

符号　1∶1+2∶1	NG	$Q_{nom}(\Delta p=0.5MPa)$ $Q_A:Q_B$	控制油 P/X	控制油 T/Y	质量/kg	型号标记
	10	80∶80	外部	外部	8.35	0 811 404 180
			内部	内部		
		80∶50	外部	外部		0 811 404 181
			内部	内部		0 811 404 182
		80∶80	外部	外部		0 811 404 183
			内部	内部		0 811 404 188
		80∶50	外部	外部		0 811 404 184
			内部	内部		0 811 404 185
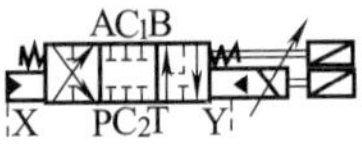	16	180∶180	外部	外部	10.2	0 811 404 210
			内部	内部		
		180∶120	外部	外部		0 811 404 212
			内部	内部		
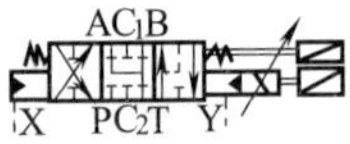		180∶180	外部	外部		0 811 404 209
			内部	内部		
		80∶120	外部	外部		0 811 404 213
			内部	内部		
	25	350∶350	外部	外部	18	0 811 404 407
			内部	内部		
		350∶230	外部	外部		0 811 404 408
			内部	内部		
		350∶350	外部	外部		0 811 404 406
			内部	内部		
		350∶230	外部	外部		0 811 404 409
			内部	内部		
	10	80∶50∶10	外部	外部	8.35	0 811 404 186
			内部	内部		
	16	180∶120∶30	外部	外部	10.2	0 811 404 214
			内部	内部		
	25	350∶230∶60	外部	外部	18	0 811 404 420
			内部	内部		
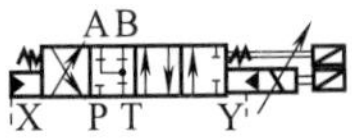	10	80∶50∶10	外部	外部	8.35	0 811 404 187
			内部	内部		
	16	180∶120∶30	外部	外部	10.2	0 811 404 211
			内部	内部		
	25	350∶230∶60	外部	外部	18	0 811 404 421
			内部	内部		
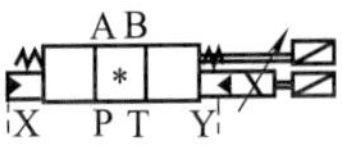	32	按需要确定,$Q=1000L/min$			80	0 811 404…
		1000∶1000L/min 中位机能 01 X/Y 外部 				0 811 404 500

续表

NG10、NG16、NG25和NG32的特性曲线

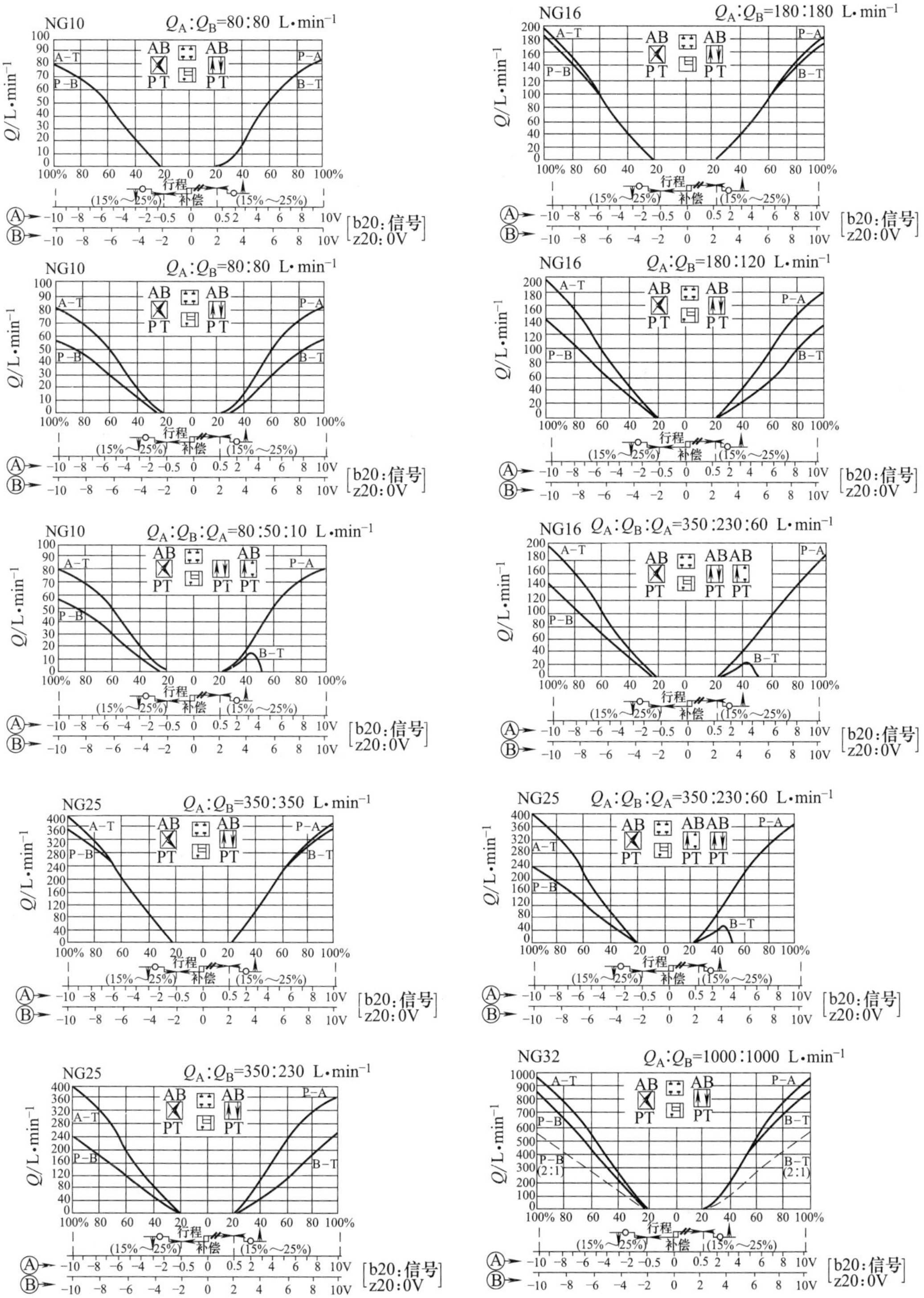

(Δp=0.5MPa; ν=36mm²·s⁻¹) 放大器: Ⓐ带缓冲, 0811405073; Ⓑ不带缓冲, 0811405063

13.14.14 BOSCH 插装式比例节流阀

表 20-13-49 **技术性能**

结构图

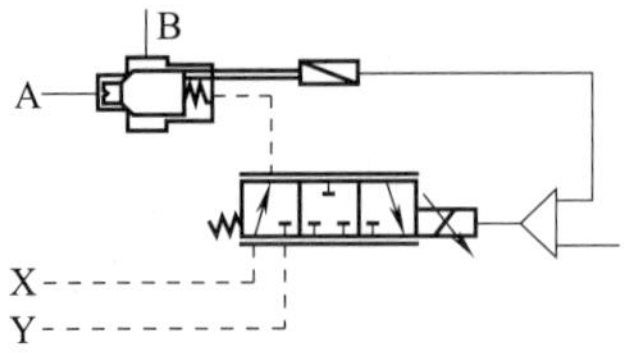

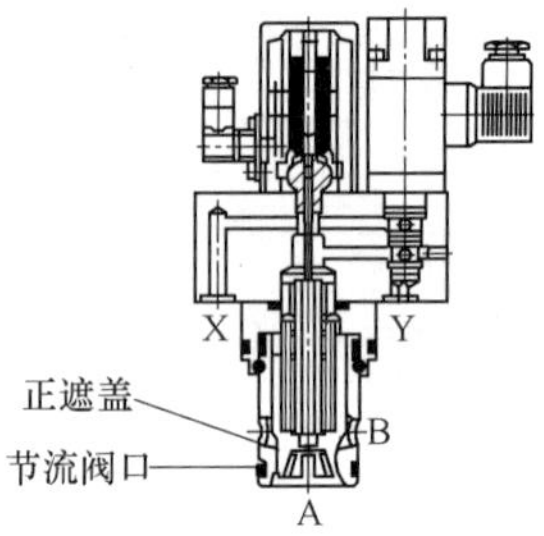

技术性能	型号		NG25	NG32	NG40	NG50
	公称流量(p=0.5MPa)/L·min^{-1}		7.5	18	40	
	最高工作压力/MPa	A,B,X 口	31.5			
		T 口	25		25	
	最低进口压力/MPa		A→B:1.2,B→A:2.0			
	先导阀泄漏(p=10MPa 时)		X→Y:大约<0.4L·min^{-1},X→A 插装阀中,无泄漏			
	控制油回油		有可能情况下零压,最高 10MPa			
	控制油流量(当 p=10MPa,并具有最高动态响应时)/L·min^{-1}		5	5	10	23
	工作介质		符合 DIN 51524~535 液压油,使用其他液压油时,先向厂家咨询			
	黏度范围/mm^2·s^{-1}		20~100(推荐),最大范围(10~800)			
	油液温度/℃		−20~80			
	介质清洁度		NAS1638-8 或 ISO 4406-17/14,通过采用 β_x=75 过滤器达到 x=10			
	暂载率/%		100			
	电磁铁电流/A		最大 2.7			
	线圈阻抗 R_{20}/Ω		2.4			
	功率/W		最大 25			
	配套放大器		2/2V,2/2-RGC1			
	滞环/%		<0.2			
	响应时间/ms	100%指令信号	50	90	100	120
		10%指令信号	20	30	40	45
	质量/kg		3.9	5	7.1	11.2

续表

特性曲线	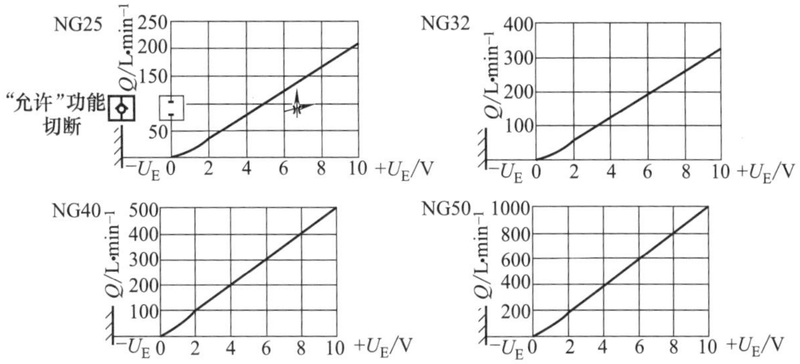 Δp=0.5MPa, ν=36mm^2·s^{-1}

13.14.15　Atos 主要比例阀

表 20-13-50　　Atos 比例阀型号与名称

比　例　阀		尺寸/mm	最大流量 /L·min^{-1}
比例压力阀		ISO 4401	
RZMO-010	比例溢流阀，直动式，可带或不带集成压力传感器和电子放大器	06	6
RZGO-010	比例减压阀，直动式，可带或不带集成压力传感器和电子放大器	06	12
RZMO-030	比例溢流阀，先导式，板式安装，可带或不带集成压力传感器和电子放大器	06	40
HZMO-030	与 RZMO-30 相同，但用于叠加式安装		
RZGO-033	比例减压阀，先导阀，板式安装，可带或不带集成压力传感器和电子放大器	06	40
HZGO KZGO-33	与 RZGO-33 相同，但用于叠加式安装	06，10	40～100
AGMZO	比例溢流阀，两级，带或不带集成压力传感器和电子放大器	10，20，32	200～400～600
AGRCZO	比例减压阀，两级，带或不带集成压力传感器和电子放大器	10，20	160～300
比例方向阀		ISO 4401，Δp=70bar	
DHZO-A DKZOR-A	比例方向阀，直动式，不带集成位置传感器，带或不带集成电子放大器	06，10	70～160
DHZO-T DKZOR-T	与 DHZO-A、DKZOR-A 相同，但是带集成位置传感器	06，10	70～170
DLHZO-T DLKZOR-T	伺服比例，直流，线轴-精确操作，闭环，反馈及可知选择内置电子，高反应	06，10	40～100

续表

<table>
<tr><th colspan="3">比 例 阀</th><th>尺寸/mm</th><th>最大流量 /L·min^{-1}</th></tr>
<tr><td colspan="3">比例方向阀</td><td colspan="2">ISO 4401，$\Delta p=70$bar</td></tr>
<tr><td>DPZO-A-1，-2，-3</td><td colspan="2">两级比例阀不带集成传感器，带可集成电子放大器</td><td rowspan="3">10，16，25</td><td rowspan="3">$\Delta p=10$bar
80～200～390</td></tr>
<tr><td>DPZO-T-1，-2，-3</td><td colspan="2">与 DPZO-A-1，-2，-3 相同，但主阀芯带集成位置传感器</td></tr>
<tr><td>DPZO-L-1，-2，-3</td><td colspan="2">与 DPZO-A-1，-2，-3 相同，但性能更高，主阀芯和先导阀芯均带集成位置传感器</td></tr>
<tr><td colspan="3">比例插装阀</td><td colspan="2">ISO 7368，$\Delta p=5$bar</td></tr>
<tr><td>LICZO</td><td>压力补偿</td><td rowspan="3">比例压力插装阀，带或不带集成压力传感器和可选集成电子放大器</td><td>16，25，32，40，50</td><td>200～2000</td></tr>
<tr><td>LIMZO</td><td>溢流</td><td>16～63</td><td>200～3000</td></tr>
<tr><td>LIRZO</td><td>减压</td><td>16，25，32</td><td>160～600</td></tr>
<tr><td>LEQZO-A</td><td colspan="2">比例插装阀，2 通，不带集成传感器，带可选集成电子放大器</td><td>16，25，32
非标准</td><td>140～230～350</td></tr>
<tr><td>LIQZO-T</td><td colspan="2">比例插装阀，2 通，带集成主阀芯位置传感器和可选电子放大器</td><td>16，25，32，40，50</td><td>250～2000</td></tr>
<tr><td>LIQZO-L-※※2</td><td colspan="2">高动态性能，2 通比例流量插装阀，带 2 个集成位置传感器和可选电子放大器</td><td>16～80</td><td>250～4500</td></tr>
<tr><td>LIQZO-L-※※3</td><td colspan="2">高动态性能，3 通比例流量插装阀，带 2 个集成位置传感器和可选电子放大器</td><td>25～80</td><td>135～2100</td></tr>
<tr><td colspan="3">比例流量阀</td><td colspan="2"></td></tr>
<tr><td>QVHZO
QVKZOR</td><td colspan="2">比例流量控制阀，2 通或 3 通，压力补偿，ISO 4401</td><td>06
10</td><td>45
90</td></tr>
<tr><td>QVHMZO
QVKMZOR</td><td colspan="2">比例压力流量阀，3 通，压力补偿，ISO 4401</td><td>06
10</td><td>45
90</td></tr>
<tr><td>QVMZO</td><td colspan="2">比例压力流量阀，2 级，3 通，压力补偿</td><td>20，25 ISO 标准
1″，1/4″
SAE 标准</td><td>170～280
500</td></tr>
</table>

13.14.16 Vickers 主要比例阀

13.14.16.1 KDG3V、KDG4V 比例方向阀

KDG3V、KDG4V 型阀经常用于控制工业设备位置和速度的场合，例如空中工作平台、游艺机、联合收割机控制、物料搬运设备和过程控制。

表 20-13-51 典型阀（KTG4V-3S）的剖视图和图形符号

剖视图

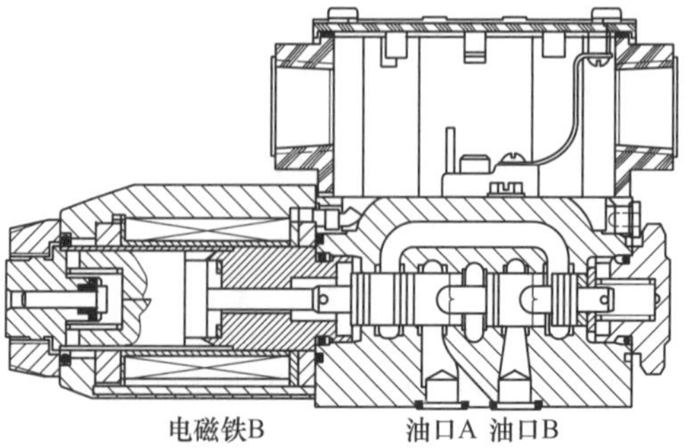

第20篇

续表

图形符号	KTG4V	KTG4V-3S-2B※※N　KTG4V-3S-2F※※N　KTG4V-3S-33B※※A　KTG4V-3-2B　KTG4V-3-33B 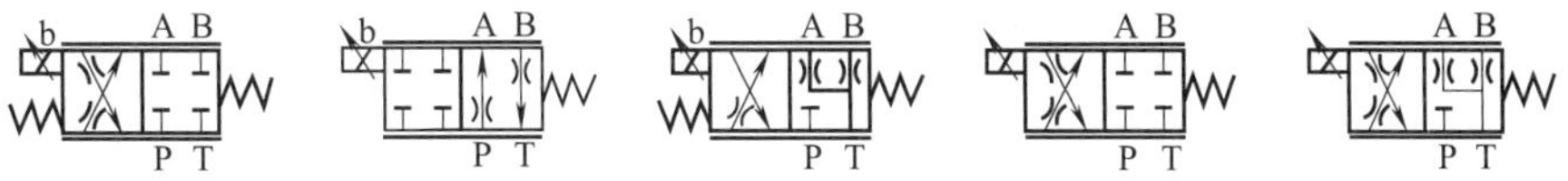
	KDG4V	KDG4V-3(S)-2C※※N　KDG4V-3(S)-2C※※S　KDG4V-3S-33C※※A　KDG4V-3-33C※※N 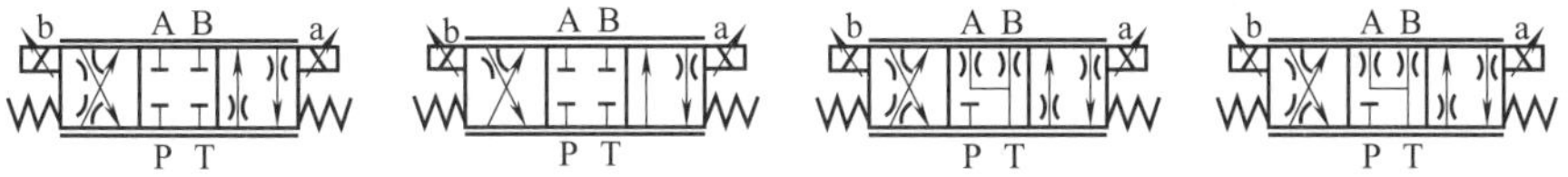

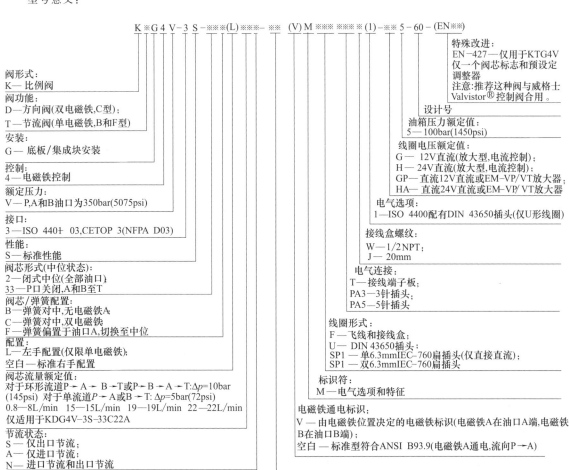

注：所有型号中，当电磁铁“a”通电时，流向总是“P”至“A”。当电磁铁“b”通电时，流向总是“P”至“B”。这与 ANSI-B93.9 标准一致。电磁铁牌号“a”和“b”在阀体一侧的图形牌上注明。

型号意义：

K※G 4 V-3 S-※※※(L)※※※-※※ (V) M※※※ ※※※ ※ (1)-※※ 5-60-(EN※※)

- 阀形式：K—比例阀
- 阀功能：D—方向阀(双电磁铁,C型)；T—节流阀(单电磁铁,B和F型)
- 安装：G—底板/集成块安装
- 控制：4—电磁铁控制
- 额定压力：V—P,A和B油口为350bar(5075psi)
- 接口：3—ISO 4401-03,CETOP 3(NFPA D03)
- 性能：S—标准性能
- 阀芯形式(中位状态)：2—闭式中位(全部油口)；33—P口关闭,A和B至T
- 阀芯/弹簧配置：B—弹簧对中,无电磁铁A；C—弹簧对中,双电磁铁；F—弹簧偏置于油口A,切换至中位
- 配置：L—左手配置(仅限单电磁铁)；空白—标准右手配置
- 阀芯流量额定值：对于环形流道P→A→B→T或P→B→A→T：Δp=10bar(145psi) 对于单流道P→A或B→T：Δp=5bar(72psi)　0.8—8L/min　15—15L/min　19—19L/min　22—22L/min 仅适用于KDG4V-3S-33C22A
- 节流状态：S—仅出口节流；A—仅进口节流；N—进口节流和出口节流
- 手动操作器：P2—单电磁铁型两端的普通手动操作器；H—仅电磁铁端的防水手动操作器；空白—仅电磁铁端的普通手动操作器
- 电磁铁通电标识：V—由电磁铁位置决定的电磁铁标识(电磁铁A在油口A端,电磁铁B在油口B端)；空白—标准型符合ANSI B93.9(电磁铁A通电,流向P→A)
- 标识符：M—电气选项和特征
- 线圈形式：F—飞线和接线盒；U—DIN 43650插头；SP1—单6.3mmIEC-760扁插头(仅直接直流)；SP1—双6.3mmIEC-760扁插头
- 电气连接：T—接线端子板；PA3—3针插头；PA5—5针插头
- 接线盒螺纹：W—1/2NPT；J—20mm
- 电气选项：1—ISO 4400配有DIN 43650插头(仅U形线圈)
- 线圈电压额定值：G—12V直流(放大型,电流控制)；H—24V直流(放大型,电流控制)；GP—直流12V直流或EM-VP/VT放大器；HA—直流24V直流或EM-VP/VT放大器
- 油箱压力额定值：5—100bar(1450psi)
- 设计号
- 特殊改进：EN-427—仅用于KTG4V仅一个阀芯标志和预设定调整器　注意:推荐这种阀与威格士Valvistor®控制阀合用。

注：1bar=0.1MPa；1psi=6894.76Pa。

第20篇

表 20-13-52　**KDG4V-3S 和 KTG4V-3S 技术参数**

技术规格

技术规格		
最高工作压力（A,B 和 P 油口）	350bar(5000psi)	
最高油箱管路压力（T 油口）	K* G4V-3S：100bar (1450psi)	
推荐最大压降	（最大流量下的四通型） 210bar(30000psi)*	
安装形式	ISO-4401-AB-03-4-A，NFPA D03，CETOP3	
工作温度	20～82℃ (－4～180℉)	
油液黏度	16～54cSt (75～250SUS)	
质量≈	KDG4V-3S-*-60　2.3kg(5.06lb) KTG4V-3S-*-60　1.75kg(3.85lb)	
频率响应	－3dB 时为 18Hz（45°相位滞后时为 10Hz） 振幅为最大行程（中位至偏置）的 25%，围绕 50%位置，Δp(P-A-B-T)＝10bar(145psi)	
迟滞	脉宽调制	4%
	直接直流电压（GP 和 HA）	8%
重复精度	1%	
死区	15%～35% 全电磁铁输入。威格士的电子控制器用一个死区消除器来减小这个值，使其接近零	

电磁铁技术规格

电磁铁技术规格		
最大电流	在 50℃(122℉)环境温度	
	G	3.2A
	H	1.6A
功率损耗	在 20℃(68℉)	
	G	18W
	H	18W
	GP	30W
	HA	30W
线圈电阻	在 20℃(68℉)	
	G	1.8Ω
	H	7.3Ω
	GP	4.9Ω
	HA	19.6Ω
线圈电感	在 1000Hz	
	G	7.5mH
	H	29mH
	GP	16mH
	HA	67mH

阶跃响应的时间

以下响应时间是从通电/断电点至进口压力变化最初指示点测得的。整个系统压力的响应取决于系统的受压缩体积，并随应用场合变化

0～100%（中位至阀芯全行程）：100ms

100%～0（阀芯全行程至中位-迅速降低）：15ms

10%～90%（10%全流量至 90%全流量）：100ms

90%～10%（90%全流量至 10%全流量）：25ms

100%～100%（沿一个方向的 100%全流量至相反方向的 100%全流量）：80ms

阀芯，阀芯/弹簧，节流

可选的阀芯，阀芯/弹簧配置和节流状态参数下表。

例如，如果 KD 阀选“33”阀芯，则阀芯/弹簧配置是“C”，节流状态可以是“A”。参考“型号编法”中对这些代号的定义。

型号	阀芯	阀芯/弹簧配置	节流状态
KD	2	C	N 或 S
	33	C	A
KT	2	B 或 F	N
	33	B	A

放大器

线圈电压标识字母	放大器
H	EEA-PAM-523-A-32 EEA-PAM-523-B-32 EEA-PAM-523-C-32 EEA-PAM-523-D-32 EEA-PAM-523-E-32 EEA-PAM-523-F-32
H	EEA-PAM-520-A-14 （与 EN427 型共同使用）
GP	EM-VT-12-10 EM-VP-12-10
HA	EM-VT-24-10 EM-VP-24-10
插头放大器	
G	EHH-AMP-712-D/G-20
H	EHH-AMP-702-C-20 EHH-AMP-702-D-20 EHH-AMP-702-E-20 EHH-AMP-702-F-20

泄油

在两通阀中，“T”是泄油口，并且经一个无冲击管路接至油管，所以这个油口无背压

表 20-13-53　　KDG4V-3S 流量增益曲线

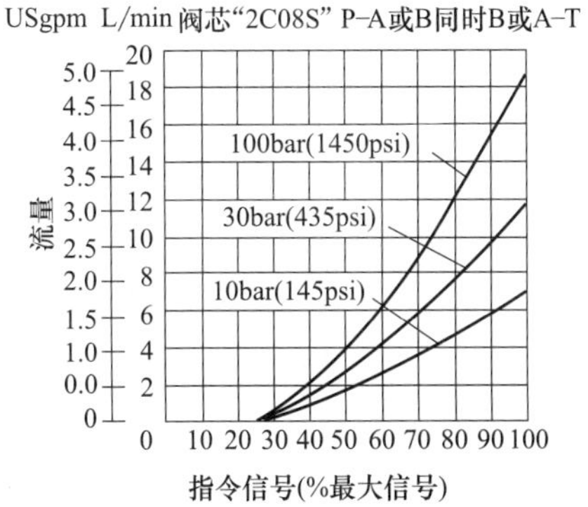

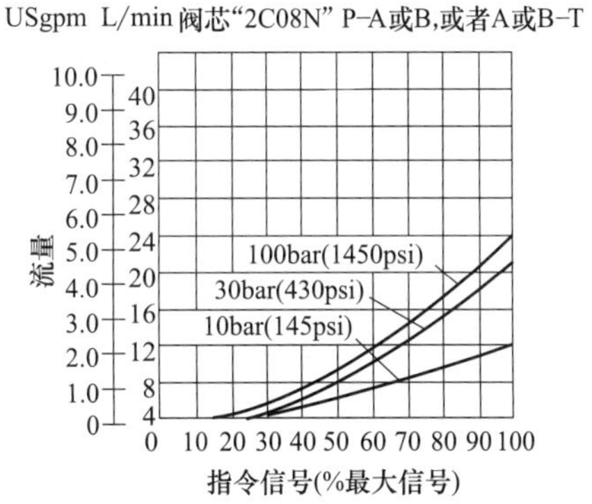

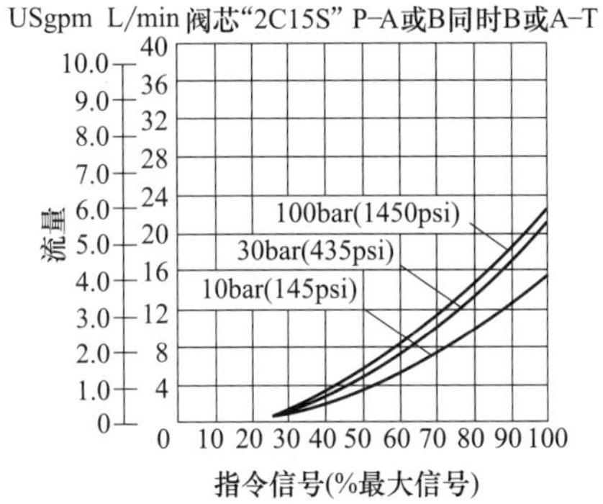

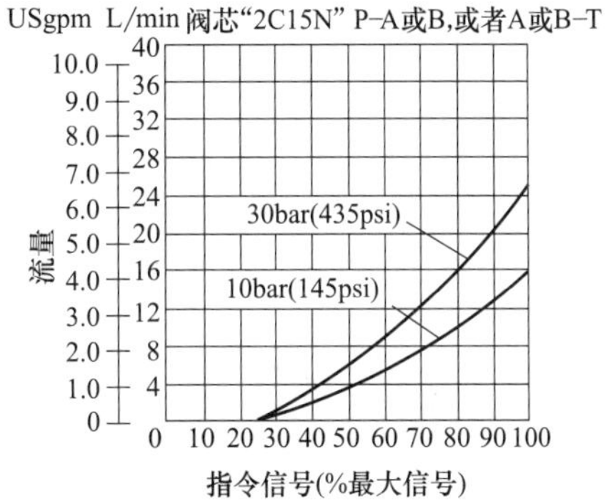

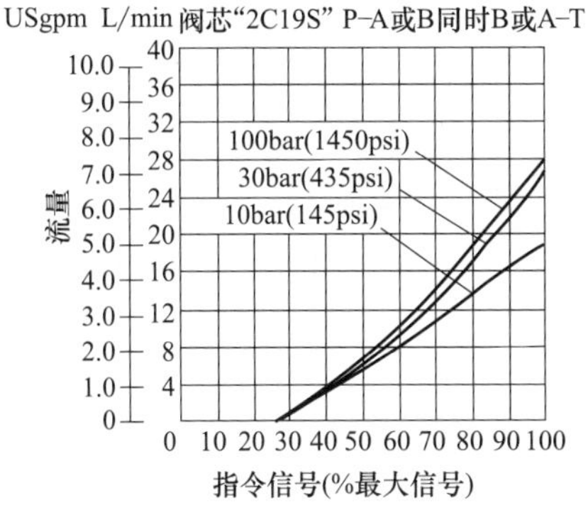

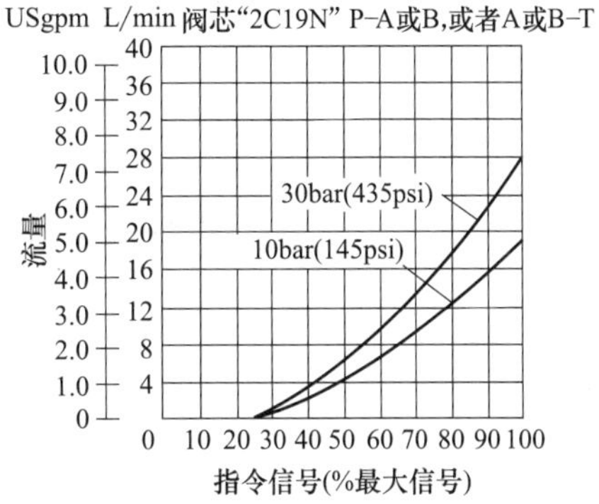

续表

环形流道	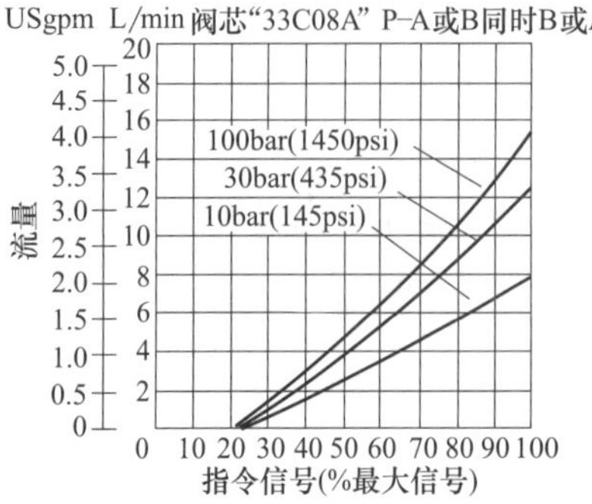USgpm L/min 阀芯“33C08A” P–A或B同时B或A–T 100bar(1450psi) 30bar(435psi) 10bar(145psi) 流量 指令信号(%最大信号)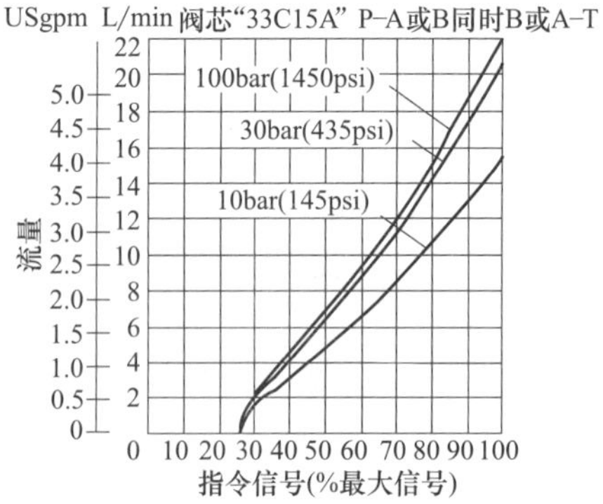USgpm L/min 阀芯“33C15A” P–A或B同时B或A–T 100bar(1450psi) 30bar(435psi) 10bar(145psi) 流量 指令信号(%最大信号)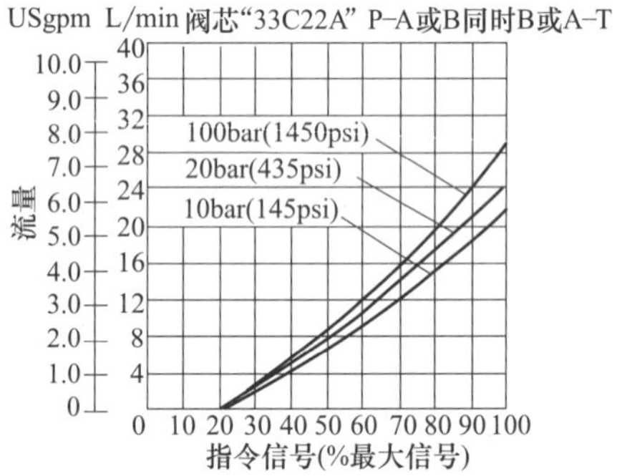USgpm L/min 阀芯“33C22A” P–A或B同时B或A–T 100bar(1450psi) 20bar(435psi) 10bar(145psi) 流量 指令信号(%最大信号)
单流道	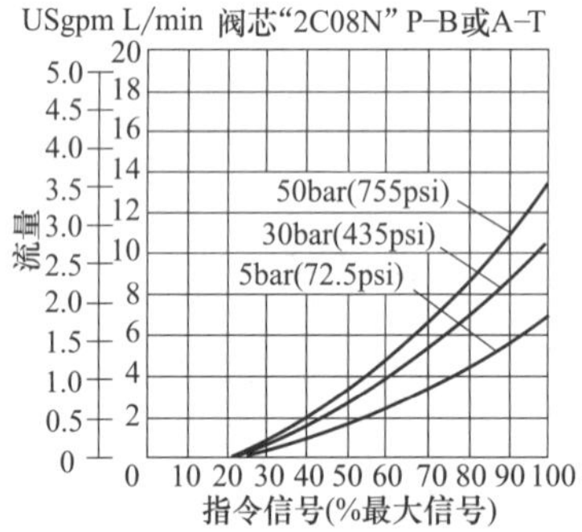USgpm L/min 阀芯“2C08N” P–B或A–T 50bar(755psi) 30bar(435psi) 5bar(72.5psi) 流量 指令信号(%最大信号)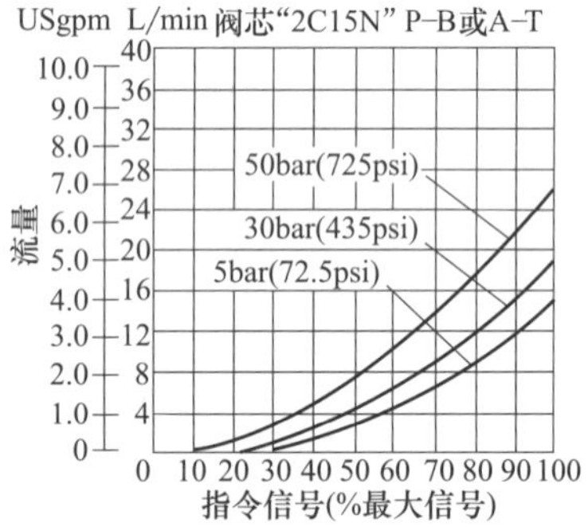USgpm L/min 阀芯“2C15N” P–B或A–T 50bar(725psi) 30bar(435psi) 5bar(72.5psi) 流量 指令信号(%最大信号)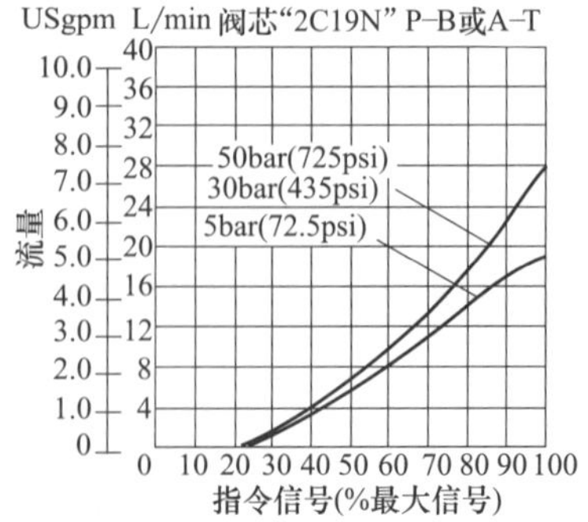USgpm L/min 阀芯“2C19N” P–B或A–T 50bar(725psi) 30bar(435psi) 5bar(72.5psi) 流量 指令信号(%最大信号)

表 20-13-54　　**KDG4V-3S 和 KTG4V-3S 功率容量轮廓**

KDG4V-3S 型	KTG4V-3S 型
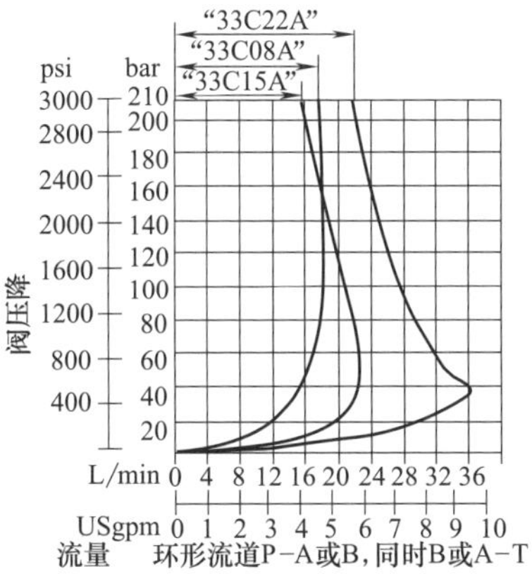	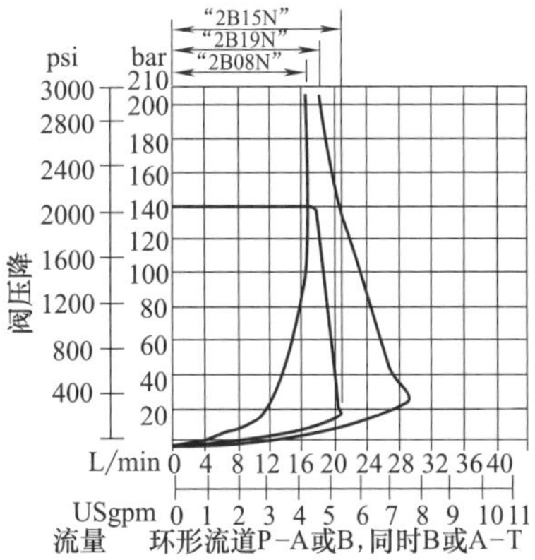
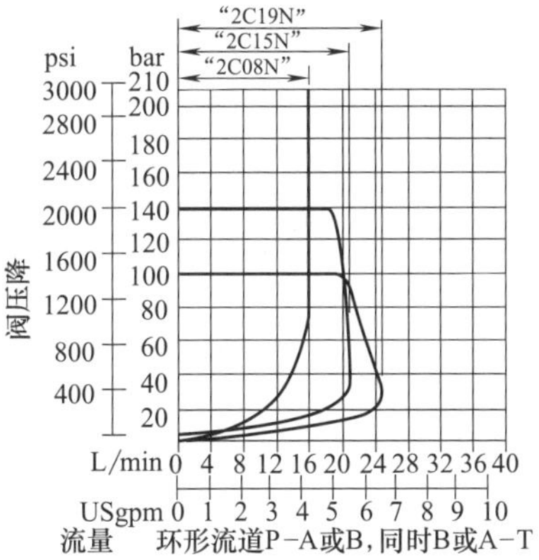	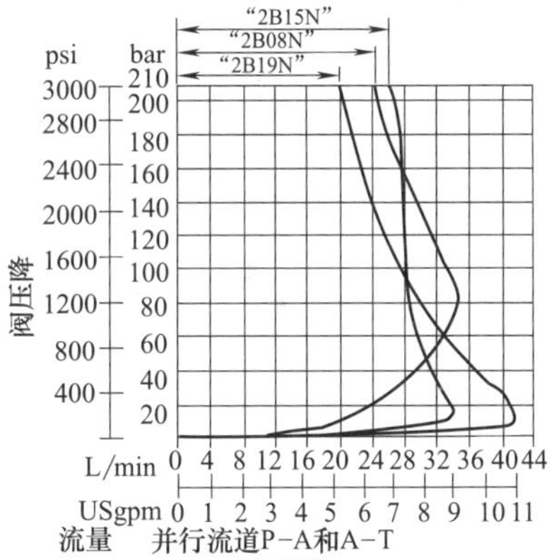
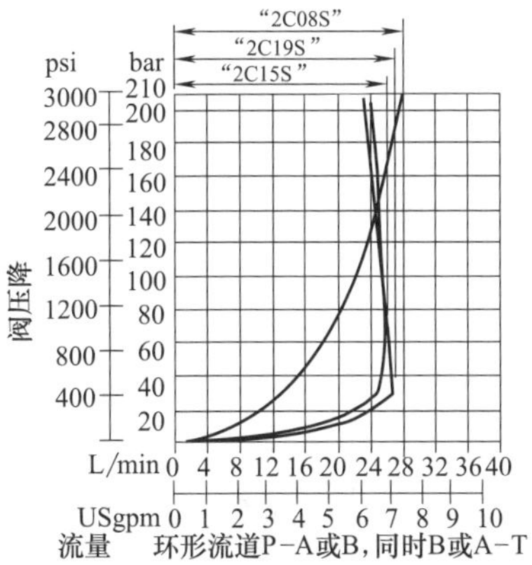	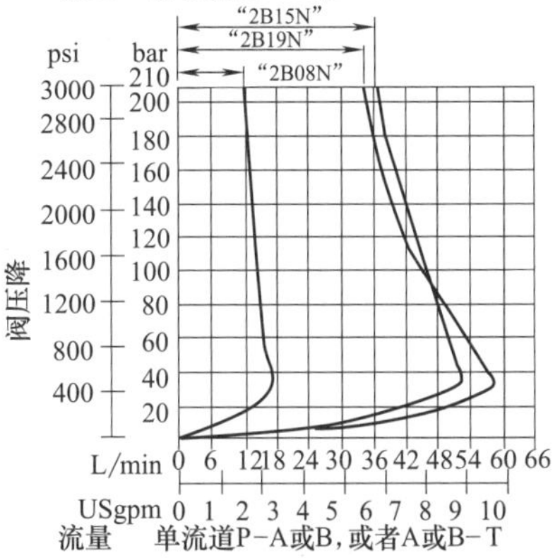

表 20-13-55　　KDG4V-3S 和 KTG4V-3S 安装尺寸　　mm（in）

KDG4V-2S 和 KTG4V-3S 带接线盒	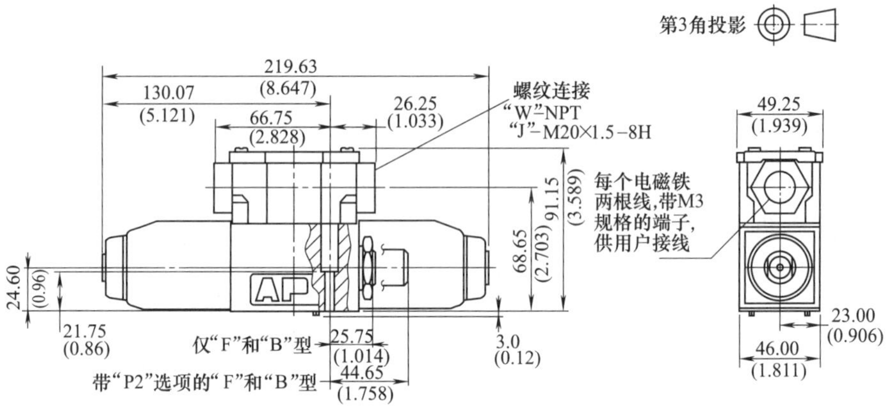
KDG4V-2S 和 KTG4V-3S 带 DIN 插头	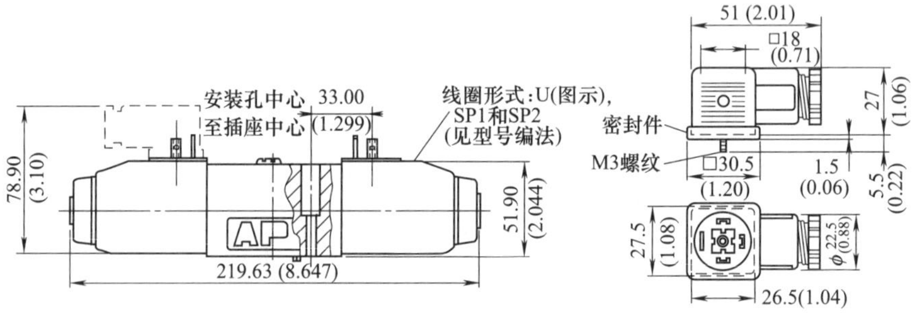 连接方式:螺纹端子 导线截面积:0.5～1.5mm²(0.0008～0.0023in²) 电缆直径:6～10mm(0.24～0.40in)
电磁铁上的防水手动操作器	用于需要手指操作的场合(如不使用小工具无法操作标准手动操作器) 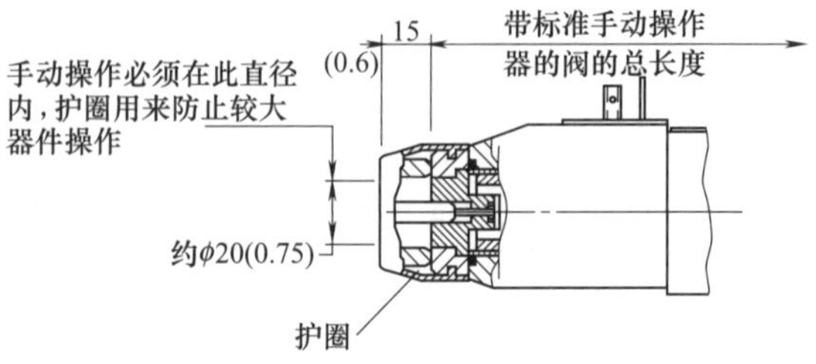

13.14.16.2　K(A) DG4V-3，K(A) TDG4V-3 比例方向阀

型号意义：

K(A)　※　G　4　V - 3 - ※※　※　※※※※※ - (※) - (V)　M - U - ※※※ - ※※　7 - 60

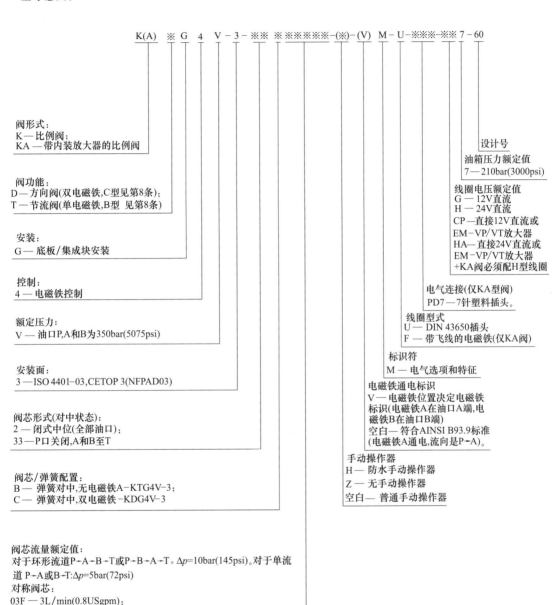

阀形式：
K—比例阀；
KA—带内装放大器的比例阀

阀功能：
D—方向阀(双电磁铁,C型见第8条)；
T—节流阀(单电磁铁,B型 见第8条)

安装：
G—底板/集成块安装

控制：
4—电磁铁控制

额定压力：
V—油口P,A和B为350bar(5075psi)

安装面：
3—ISO 4401-03,CETOP 3(NFPAD03)

阀芯形式(对中状态)：
2—闭式中位(全部油口)；
33—P口关闭,A和B至T

阀芯/弹簧配置：
B— 弹簧对中,无电磁铁A-KTG4V-3；
C— 弹簧对中,双电磁铁-KDG4V-3

阀芯流量额定值：
对于环形流道P→A→B→T或P→B→A→T。Δp=10bar(145psi)。对于单流道 P→A或B→T:Δp=5bar(72psi)
对称阀芯：
03F — 3L/min(0.8USgpm)；
07N— 7L/min(1.8USgpm)；
13N— 13L/min(3.4USgpm)；
20N— 20L/min(5.3USgpm)；
28F — 28L/min(7.4USgpm)
对称阀芯—仅适用于2型阀芯
不对称阀芯 — 仅KDG4V
第一个数字(20N)是P→A或A→T的额定流量；最后一个数字(N10)是P→B或B→T的额定流量
20N10—“A”油口流量为20L/min(5.3USgpm)，“B”油口流量为10L/min(2.65USgpm)

手动操作器
H— 防水手动操作器
Z— 无手动操作器
空白— 普通手动操作器

电磁铁通电标识
V—电磁铁位置决定电磁铁标识(电磁铁A在油口A端,电磁铁B在油口B端)
空白—符合AINSI B93.9标准(电磁铁A通电,流向是P→A)。

标识符
M—电气选项和特征

线圈型式
U— DIN 43650插头
F—带飞线的电磁铁(仅KA阀)

电气连接(仅KA型阀)
PD7—7针塑料插头。

线圈电压额定值
G—12V直流
H—24V直流
CP—直接12V直流或EM-VP/VT放大器
HA—直接24V直流或EM-VP/VT放大器
+KA阀必须配H型线圈

油箱压力额定值
7—210bar(3000psi)

设计号

表 20-13-56 **K(A)DG4V-3，K(A)TDG4V-3 技术参数**

技术规格	
最高工作压力（油口A、B和P）	350bar(5000psi)
最高油箱管压力(油口T)	210bar(3000psi)
最高推荐压降	(最大流量时四通型) 210bar(3000psi)*
最小推荐流量	K(A)DG4V-3 阀 阀芯型号 | L/min | in³/min * * C03F | 0.2 | 12 * * C07F | 0.4 | 24 * * C13F | 0.6 | 36 * * C20F | 1.0 | 60 * * C28S | 1.4 | 85
安装形式	ISO-4401-AB-03-A，NFPA D03，CETOP 3
工作温度	20～82℃ (－4～180℉)
油液黏度	16～54cSt (75～250SUS)
质量≈	KDG4V-3-*-60： 2.4kg(5.30lb) KTG4V-3-*-60： 1.7kg(3.75lb) KADG4V-3-*-60： 2.8kg(6.20lb) KATGV-3-*-60： 2.1kg(4.65lb)

电磁铁技术规格		
最大电流	在50℃(122℉)环境温度	
	G	3.5A
	H	1.6A
	GP	3.0A
	HA	0.94A
线圈电阻	在20℃(68℉)	
	G	1.55Ω
	H	7.3Ω
	GP	2.0Ω
	HA	22.1Ω
线圈电感	在1000Hz	
	G	4H
	H	20mH
	GP	6mH
	HA	55mH
暂载率	连续额定值 ED=100% 保护类型，带正确安装的电气插头 IEC 144 等级 IP65	
阶跃响应		
当 Δp=5bar(72psi)每条节流通道		
所需阶跃	达到所需阶跃90%的时间	
0～100%	25ms	
100%～0	30ms	
+90%～-90%	35ms	

放大器	
线圈电压标识字母	放大器
H	EEA-PAM-523-A-30 EEA-PAM-523-B-30 EEA-PAM-523-C-30 EEA-PAM-523-D-30 EEA-PAM-523-E-30 EEA-PAM-523-F-30
GP	EM-VT-12-10 EM-VP-12-10
HA	EM-VT-24-10+ EM-VP-24-10+
插头放大器	
G	EHH-AMP-712-D/G-20
H	EHH-AMP-702-C-10 EHH-AMP-702-D-10 EHH-AMP-702-E-10 EHH-AMP-702-F-10
泄油	
在二通阀中，“T”是泄油口，并且经过一个无冲击管路接至油箱，所以这个油口处无背压	

表 20-13-57　　**K(A)DG4V-3 流量增益曲线**

环形流道

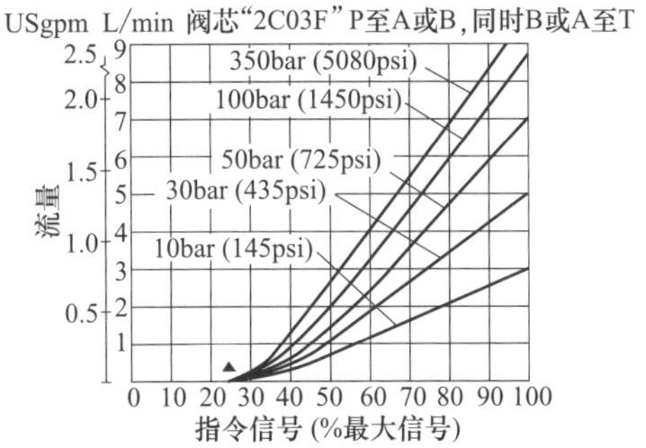

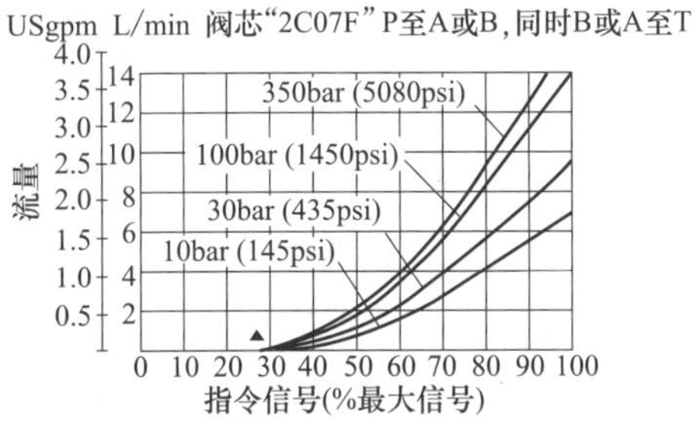

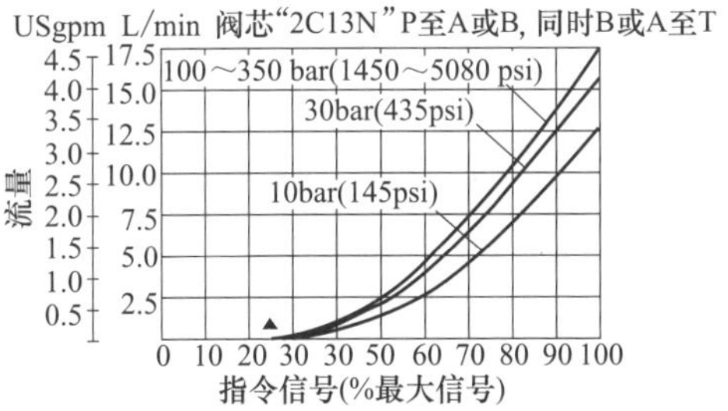

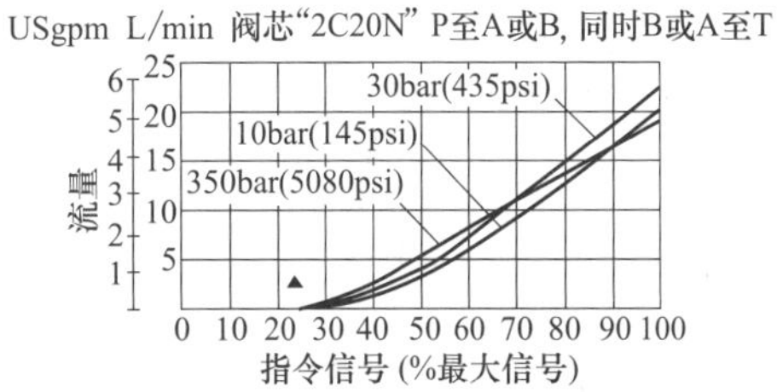

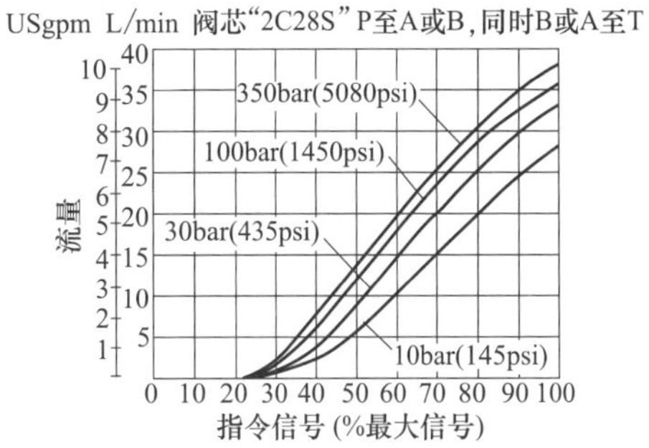

单流道

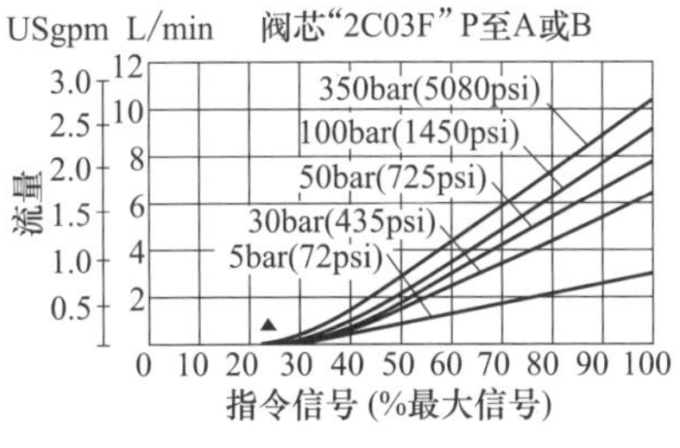

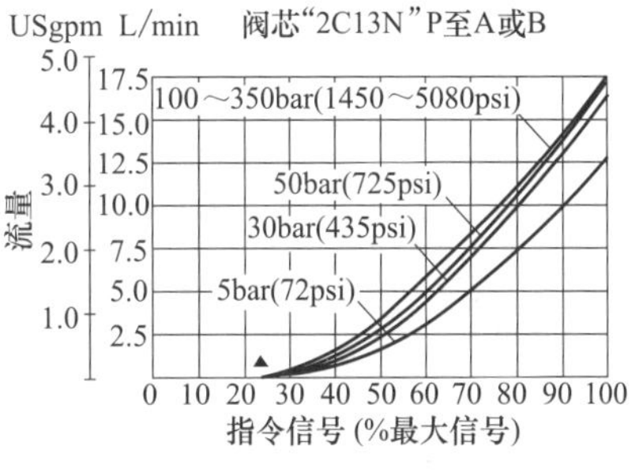

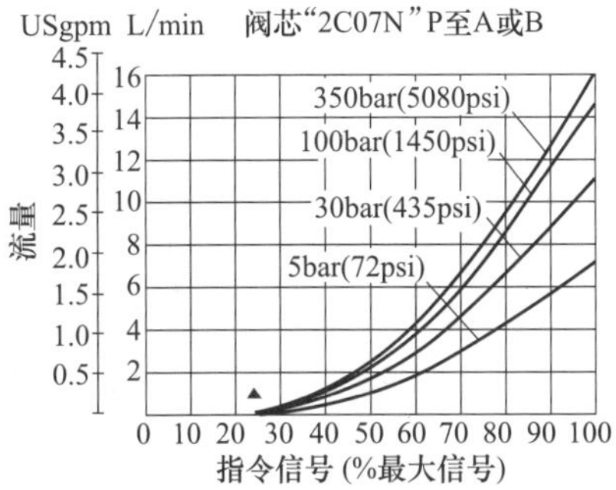

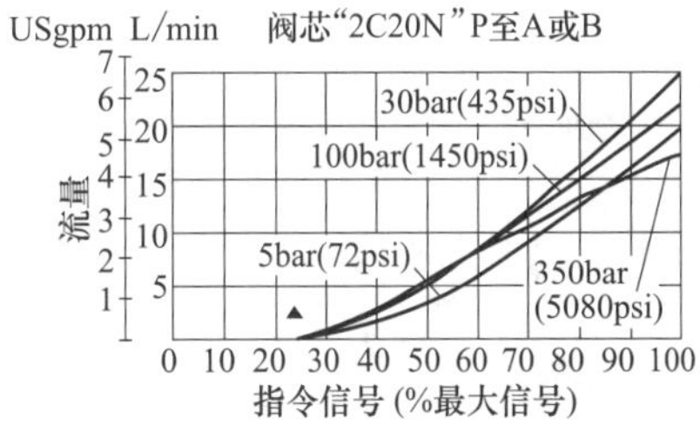

续表

单流道

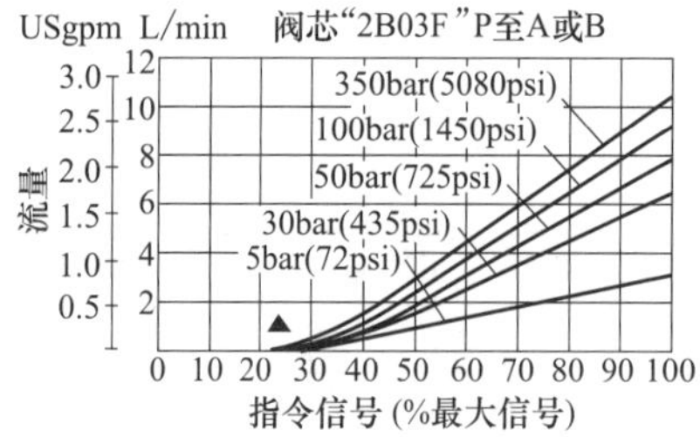

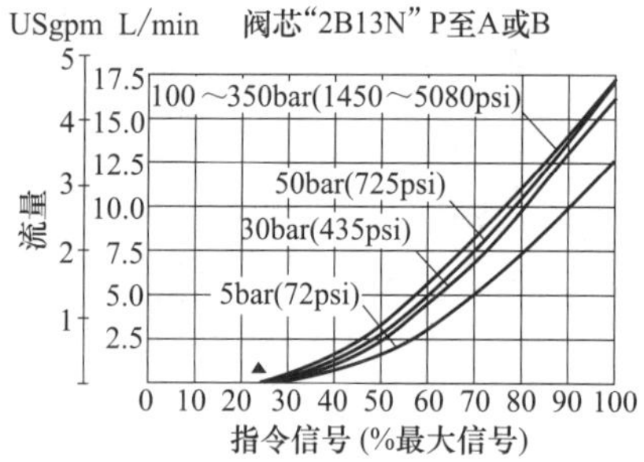

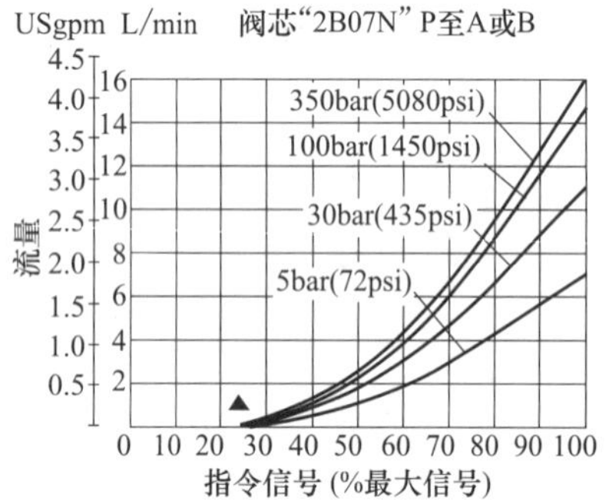

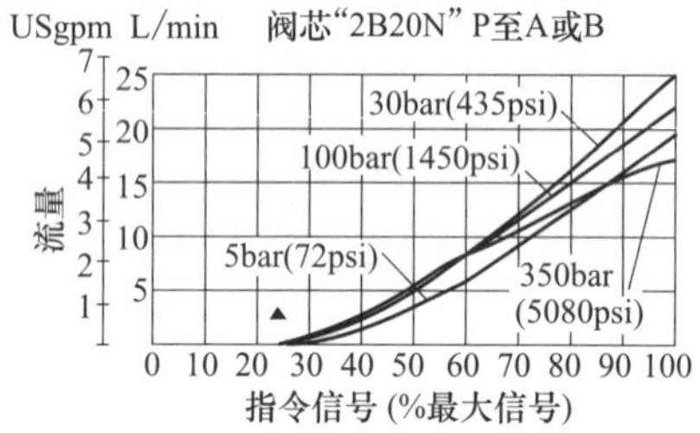

并行流道

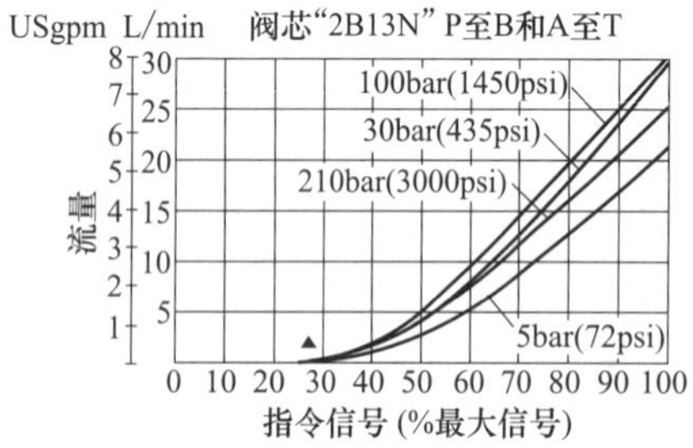

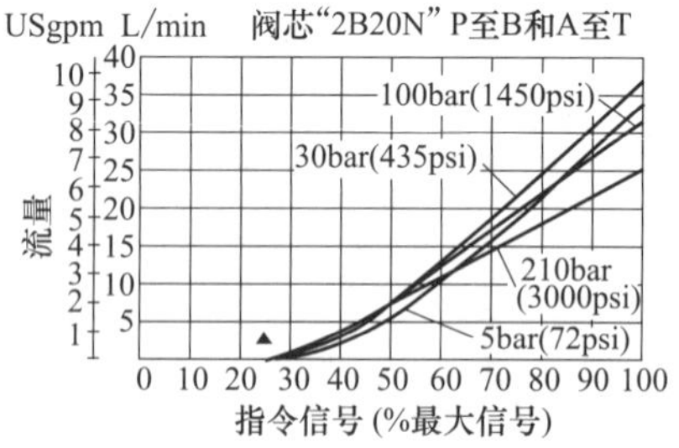

注：1. 在所注阀压降下，百分比指令信号加于通电的电磁铁。

2. ▲图示曲线为“2”型阀芯。这些曲线将随阀的不同而改变，但能利用驱动放大器的死区补偿特性进行调整。对于阀芯型号“33”，曲线相似，但流量在稍大的指令信号下开始。

表 20-13-58 功率容量轮廓

K(A) DG4V-3 和 K(A) TG4V-3 环形流道

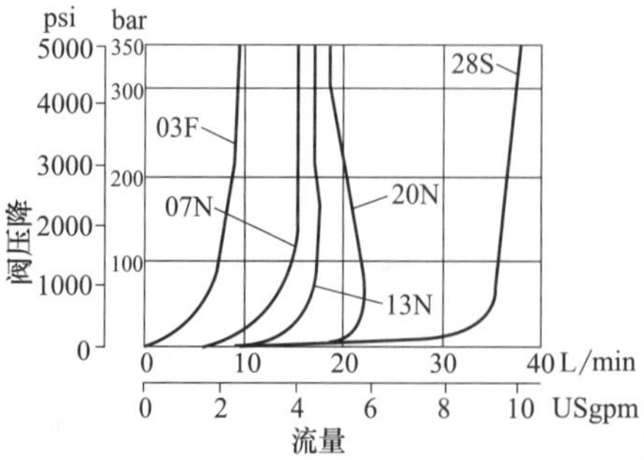

K(A) TG4V-3 单流道

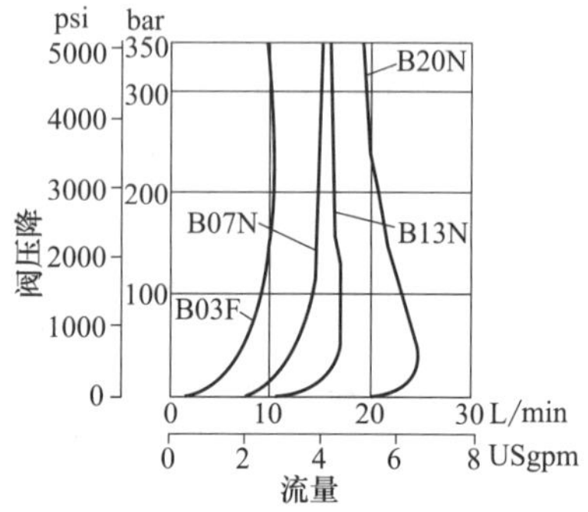

续表

<table>
<tr><td>K(A)
DG4V-3
单流道</td><td>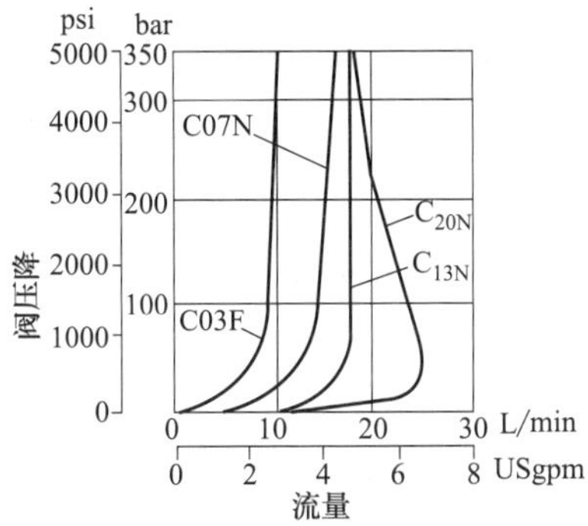</td><td>K(A)
TG4V-3
并行流道</td><td>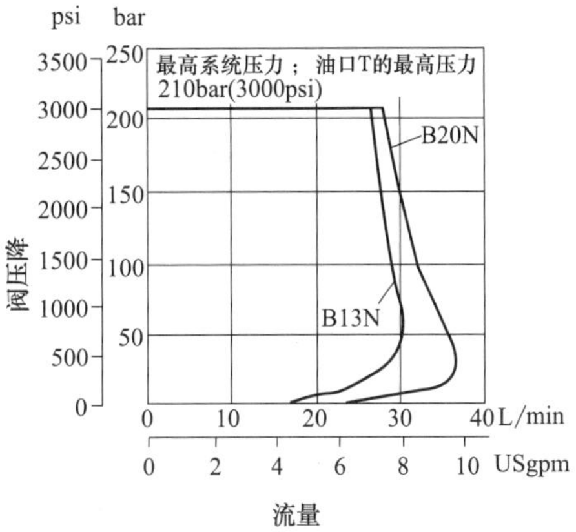</td></tr>
</table>

表 20-13-59　　KDG4V-3，KTG4V-3 安装尺寸　　mm（in）

<table>
<tr><td>KDG4V-3</td><td>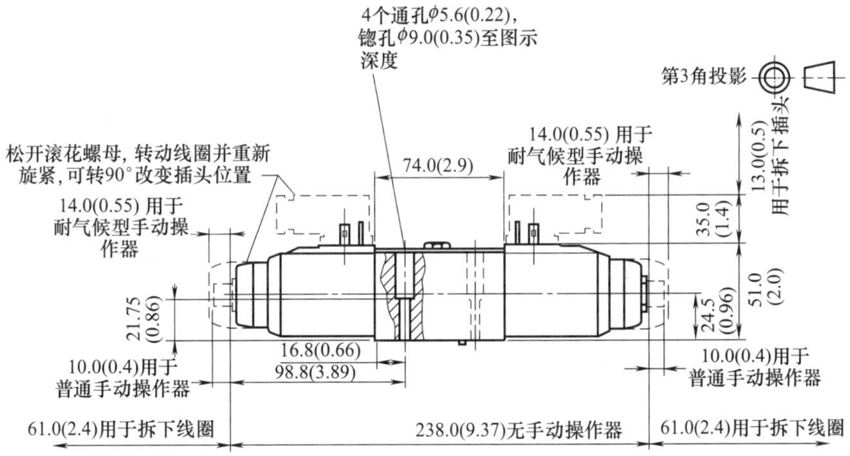</td></tr>
<tr><td>KTG4V-3</td><td>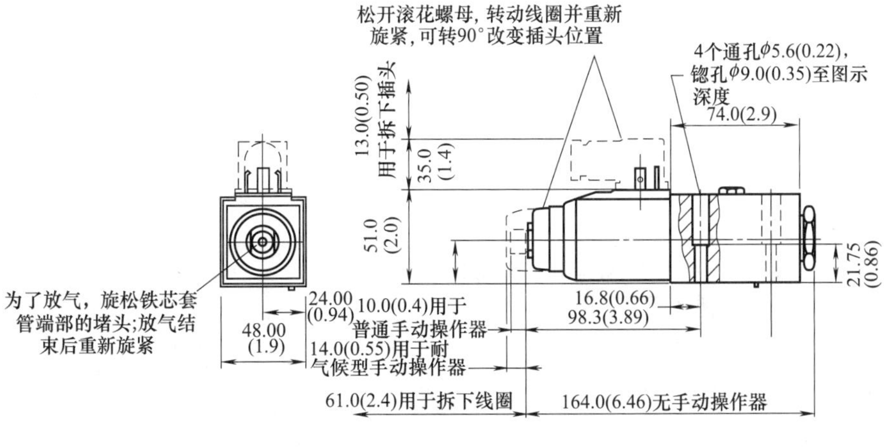</td></tr>
</table>

续表

电磁铁接头

导线截面积：0.5～1.5mm²（0.0008～0.0023in²）

电缆直径：6～10mm（0.24～0.40in）

接线方式：螺纹端子

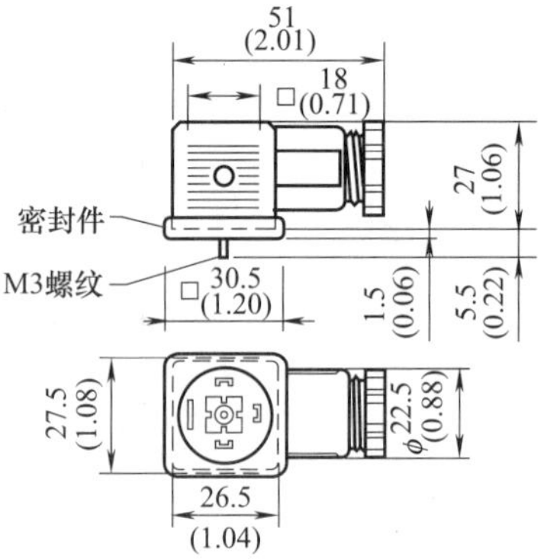

表 20-13-60 KADG4V-3、KATG4V-3 安装尺寸 mm（in）

KADG4V-3

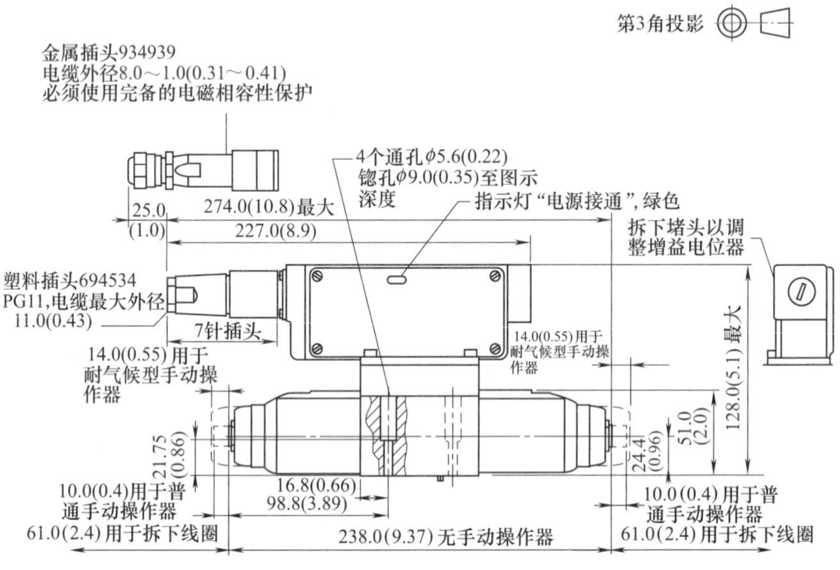

KATG4V-3

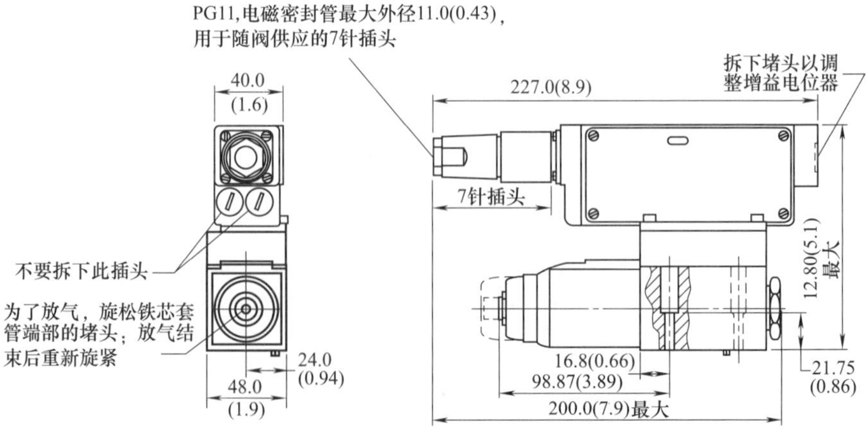

参考文献

[1] 关肇勋，黄奕振编. 实用液压回路. 上海：上海科学技术文献出版社，1982.

[2] 雷天觉主编. 新编液压工程手册. 北京：北京理工大学出版社，1998.

[3] 陈奎生主编. 液压与气压传动. 武汉：武汉理工大学出版社，2001.

[4] 雷秀主编. 液压与气压传动. 北京：机械工业出版社，2005.

[5] 何存兴主编. 液压传动与气压传动. 武汉：华中科技大学出版社，2006.

[6] 吴根茂主编. 新编实用电液比例技术. 杭州：浙江大学出版社，2006.

[7] 机械设计手册编委会主编. 机械设计手册. 液压传动与控制. 单行本. 北京：机械工业出版社，2007.

[8] 赵月静主编. 液压实用回路 360 例. 北京：化学工业出版社，2008.

[9] 钟平，鲁晓丽，王昕煜. 液压与气压传动. 哈尔滨：哈尔滨工业大学出版社，2008.

[10] 赵静一，曾辉，李侃. 液压气动系统常见故障分析与处理. 北京：化学工业出版社，2009.

[11] 刘延俊编著. 液压元件使用指南. 北京：化学工业出版社，2007.

[12] 张利平主编. 液压阀原理、使用与维护. 北京：化学工业出版社，2005.

[13] 张利平编著. 液压控制系统及设计. 北京：化学工业出版社，2005.

[14] 张利平编著. 液压传动系统及设计：北京：化学工业出版社，2005.

[15] 张应龙主编. 液压识图. 北京：化学工业出版社，2007.

[16] 周士昌主编. 液压气动系统设计禁忌. 北京：机械工业出版社，2002.

[17] REXROTH. 液压传动教程第 2 册. RC01303/10. 87.

[18] 成大先主编. 机械设计手册. 第六版. 第 5 卷. 北京：化学工业出版社，2016.

[19] 机械设计手册编委会编. 机械设计手册. 新版第 4 卷. 北京：机械工业出版社，2004.

[20] 路甬祥主编. 液压气动技术手册. 北京：机械工业出版社，2002.

[21] 何存兴编. 液压元件. 北京：机械工业出版社，1982.

[22] 王守成，段俊勇主编. 液压元件及选用. 北京：化学工业出版社，2007.

[23] 黎啟柏编著. 电液比例控制与数字控制系统. 北京：机械工业出版社，1997.

[24] 宋学义. 袖珍液压气动手册. 北京：机械工业出版社，1998.

[25] [美] 海恩 (Hehn A H) 著. 流体动力系统的故障诊断及排除. 易孟林等译. 北京：机械工业出版社，2000.

[26] 张利平. 现代液压技术应用 220 例. 北京：化学工业出版社，2004.

[27] 虞和济，韩庆大，李沈等. 设备故障诊断工程. 北京：冶金工业出版社，2001.

[28] 邵俊鹏，周德繁，韩桂华，刘家春. 液压系统设计禁忌. 北京：机械工业出版社，2008.

第 21 篇
气压传动与控制

篇主编：吴晓明
撰　稿：吴晓明　包　钢　杨庆俊　向　东
审　稿：姚晓先

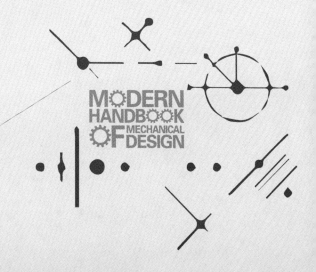

MODERN HANDBOOK OF MECHANICAL DESIGN

第1章　气压传动技术基础

1.1　气动系统的特点及构成

气压传动与控制技术简称气动技术，是指以压缩空气为工作介质来进行能量与信号的传递，实现生产过程机械化、自动化的一门技术，它是流体传动与控制学科的一个重要组成部分。从广义上看，气动技术范畴，除空气压缩机、空气净化器、气动马达、各类控制阀及辅助装置以外，还包括真空发生装置、真空执行元件以及各种气动工具等。

由于气动技术相对于机械传动、电传动及液压传动而言有许多突出优点，因而近年来发展十分迅速，现代气动技术结合了液压、机械、电气和电子技术的众多优点，并与它们相互补充，成为实现生产过程自动化的一个重要手段，在机械、冶金、纺织、食品、化工、交通运输、航空航天、国防建设等各个部门已得到广泛的应用。

表 21-1-1　气动技术的优缺点

优点	(1)无论从技术角度还是成本角度来看，气缸作为执行元件是完成直线运动的最佳形式。如同用电动机来完成旋转运动一样，气缸作为线性驱动可在空间的任意位置组建它所需要的运动轨迹，运动速度可无级调节 (2)工作介质是取之不尽、用之不竭的空气，空气本身不需花钱(但与电气和液压动力相比产生气动能量的成本最高)，排气处理简单，不污染环境，处理成本低 (3)空气的黏性小，流动阻力损失小，便于集中供气和远距离输送(空压机房到车间各使用点)；利用空气的可压缩性可储存能量；短时间释放以获得瞬时高速运动 (4)气动系统的环境适应能力强，可在－40～＋50℃的温度范围、潮湿、溅水和有灰尘的环境下可靠工作。纯气动控制具有防火、防爆的特点 (5)对冲击载荷和过载载荷有较强的适应能力 (6)气缸的推力在 1.7～48230N，常规速度在 50～500mm/s 范围之内，标准气缸活塞可达到 1500mm/s，冲击气缸达到 10m/s，特殊状况的高速甚至可达 32m/s。气缸的平稳低速目前可达 3mm/s，如与液压阻尼缸组合使用，气缸的最低速度可达 0.5mm/s (7)气动元件可靠性高、使用寿命长。阀的寿命大于 3000 万次，高的可达 1 亿次以上；气缸的寿命在 5000km 以上，高的可超过 10000km (8)气动技术在与其他学科技术(计算机、电子、通信、仿生、传感、机械等)结合时有良好的相容性和互补性，如工控机、气动伺服定位系统、现场总线、以太网 AS-i、仿生气动肌腱、模块化的气动机械手等
缺点	(1)由于空气具有压缩性，气缸的动作速度易受载荷的变化而变化。采用气液联动方式可以克服这一缺陷 (2)气缸在低速运动时，由于摩擦力占推力的比例较大，气缸的低速稳定性不如液压缸 (3)虽然在许多应用场合，气缸的输出力能满足工作要求，但其输出力比液压缸小

表 21-1-2　气动、液压、电气和机械四种传动与控制的比较

传动方式	气　动	液　压	电　气	机　械
能量的产生和取用	(1)有静止的空压机房(站)或可移动的空压机 (2)可根据所需压力和容量来选择压缩机的类型 (3)用于压缩机的空气取之不尽	(1)有静止的液压泵站或可移动的液压泵站 (2)可根据所需压力和容量来选择泵的类型	主要是水力、火力和核能发电站	靠其他原动机实现
能量的储存	(1)可储存大量的能量，而且是相对经济的储存方式 (2)储存的能量可以作驱动甚至作高速驱动的补充能源	(1)能量的储存能力有限，需要压缩气体作为辅助介质，储存少量能量时比较经济 (2)储存的能量可以作驱动甚至作高速驱动的补充能源	(1)能量储存很困难，而且很复杂 (2)电池、蓄电池能量很小，但携带方便	靠飞轮等可以存储部分能量
能量的输送	通过管道输送较容易，输送距离可达 1000m，但有压力损失	可通过管道输送，输送距离可达 1000m，但有压力损失	很容易实现远距离的能量传送	近距离、当地实现能量传送
能量的成本	与液压、电气相比，产生气动能量的成本最高(空压机效率低)	介于气动和电气之间	成本最低	视原动机而定

续表

传动方式	气　动	液　压	电　气	机　械
泄漏	（1）能量的损失 （2）压缩空气可以排放在空气中，一般无危害	（1）能量的损失 （2）液压油的泄漏会造成危险事故并污染环境	与其他导电体接触时，会有能量损失，此时碰到高压有致命危险并可能造成重大事故	无
环境的影响	（1）压缩空气对温度变化不敏感，一般无隔离保护措施，－40～＋80℃（高温气缸＋150℃） （2）无着火和爆炸的危险 （3）湿度大时，空气中含水量较大，需过滤排水 （4）对环境有腐蚀作用的环境下气缸或阀应采取保护措施，或用耐蚀材料制成气缸或阀 （5）有扰人的排气噪声，但可通过安装消声器大大降低排气噪声	（1）油液对温度敏感，油温升高时，黏度变小，易产生泄漏，－20～＋80℃（高温油缸＋220℃） （2）泄漏的油易燃 （3）液压的介质是油，不受温度变化的影响 （4）对环境有腐蚀作用的环境下液压缸和阀应采取保护措施或采用耐蚀材料制成液压缸或阀 （5）高压泵的噪声很大，且通过硬管传播	（1）当绝缘性能良好时，对温度变化不敏感 （2）在易燃、易爆区域应采取保护措施 （3）电子元件不能受潮 （4）在对环境有腐蚀作用的环境下，电气元件应采取隔离保护措施。就总体而言，电子元件的抗腐蚀性最差 （5）在较多电流线圈和接触电气频繁的开关中，有噪声和激励噪声，但可控制在车间范围内	有一定的噪声
防振	稍加措施，便能防振	稍加措施，便能防振	电气的抗振性能较弱，防振也较麻烦	可防振
元件的结构	气动元件结构最简单	液压元件结构比气动稍复杂（表现在制造加工精度）	电气元件最为复杂（主要表现在更新换代）	稍复杂
与其他技术的相容性	气动能与其他相关技术相容，如电子计算机、通信、传感、仿生、机械等	能与相关技术相容，比气动稍差一些	与许多相关技术相容	与许多相关技术相容
操作难易性	不需很多专业知识就能很好地操作	与气动相比，液压系统更复杂，高压时必须要考虑安全性，应严格控制泄漏和密封问题	（1）需要专业知识，有偶然事故和短路的危险 （2）错误的连接很容易损坏设备和控制系统	易于操作
推力	（1）由于工作压力低，所以推力范围窄，推力取决于工作压力和气缸缸径，当推力为1N～50kN时，采用气动技术最经济 （2）保持力（气缸停止不动时），无能量消耗	（1）因工作压力高，所以推力范围宽 （2）超载时的压力由溢流阀设定，因此保持力时也有能量消耗	（1）推力需通过机械传动转换来传递，因此效率低 （2）超载能力差，空载时能量消耗大	由小到大均可
力矩	（1）力矩范围小 （2）超载时可以达到停止不动，无危害 （3）空载时也消耗能量	（1）力矩范围大 （2）超载能力由溢流阀限定 （3）空载时也消耗能量	（1）力矩范围窄 （2）过载能力差	由小到大均可
无级调速	容易达到无级调速，但低速平稳调节不及液压	容易达到无级调速，低速也很容易控制	稍困难	困难
维护	气动维护简单方便	液压维护简单方便	比气动、液压要复杂，电气工程师要有一定技术背景	中等

续表

传动方式	气　动	液　压	电　气	机　械
驱动的控制（直线、摆动和旋转运动）	（1）采用气缸可以很方便地实现直线运动，工作行程可达 2000mm，具有较好的加速度和减速特性，速度为 10 ~ 1500mm/s，最高可达 30m/s （2）使用叶片、齿轮齿条制成的气缸很容易实现摆动运动。摆动角度最大可达 360° （3）采用各种类型气马达可很容易实现旋转运动，实现反转方便	（1）采用液压缸可以很方便地实现直线运动，低速也很容易控制 （2）采用液压缸或摆动执行元件可很容易地实现摆动运动。摆动角度可达 360°或更大 （3）采用各种类型的液压马达可很容易地实现旋转运动。与气动马达相比，液压马达转速范围窄，但在低速运行时很容易控制	（1）采用电流线圈或直线电动机仅做短距离直线移动，但通过机械机构可将旋转运动变为直线运动 （2）需通过机械机构将旋转运动转化为摆动运动 （3）对旋转运动而言，其效率最高	可实现摆动、直线、旋转等运动

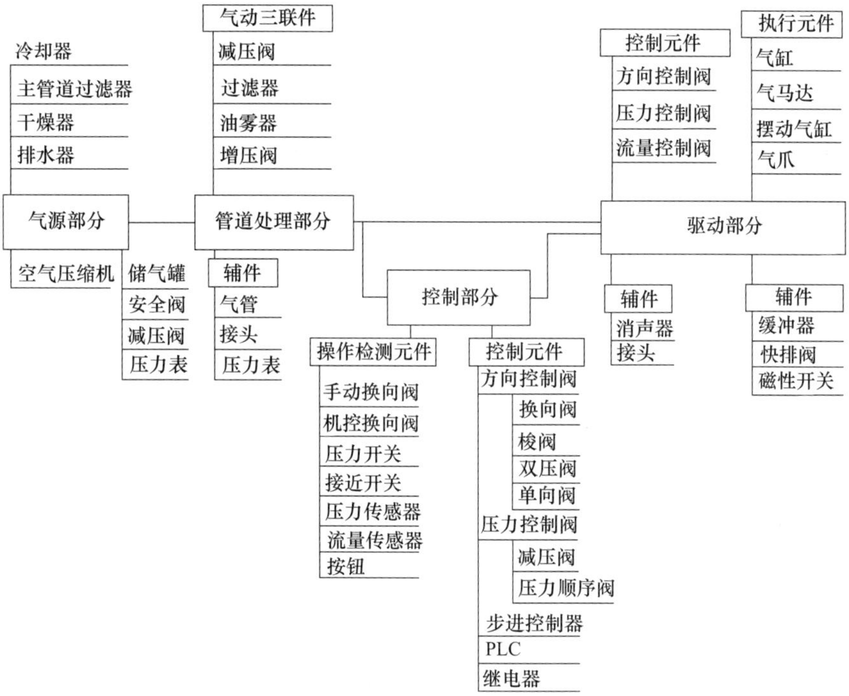

图 21-1-1　气动系统的构成

表 21-1-3　**气动系统的构成**

气动系统按功能可分为气源部分、管道处理部分、驱动部分及控制部分四个部分	
气源部分	气源部分是产生气动系统所需要的清洁压缩空气的设备。主要以空气压缩机产生的压缩空气存入储气罐为开始，安全阀、减压阀和压力表为安全保障，经过冷却、过滤、干燥和排水等过程为气动系统提供相对纯净的压缩空气
管道处理部分	管道处理部分完成设备级压缩气体的过滤、减压、增压及增加油雾以供润滑等功能。主要由气动三联件、增压阀及接头、压力表等组成
驱动部分	驱动部分作为气动系统的核心部分，实现气动系统中执行机构的操作。主要包含控制元件、执行元件及其相应辅件。控制元件由方向控制阀、压力控制阀和流量控制阀等组成；执行元件包含气缸、气马达、摆动气缸和气爪等
控制部分	控制部分完成气动系统的逻辑功能及信号的检测、输入及输出。可由电气系统构成，如 PLC 和继电器等；也可由方向控制阀、压力控制阀及气动步进控制器等气动元件构成。由手动换向阀、机控换向阀、接近开关及传感器等实现信号的检测和输入

1.2 空气的性质

1.2.1 空气在不同压力和温度下的密度

表 21-1-4 空气在不同压力和温度下的密度

压力		0.01atm=1.01325×10⁻³MPa	0.1atm=1.01325×10⁻²MPa	0.4atm=4.053×10⁻²MPa	0.7atm=7.09275×10⁻²MPa	1atm=0.101325MPa	4atm=0.4053MPa	7atm=0.709275MPa	10atm=1.01325MPa	40atm=4.053MPa	70atm=7.09275MPa	100atm=10.1325MPa
温度		密度 ρ /kg·m⁻³										
T/K	t/℃											
50	−223.15	0.070688	—	—	—	—	—	—	—	—	—	—
60	−213.15	0.058876	—	—	—	—	—	—	—	—	—	—
70	−203.15	0.050452	—	—	—	—	—	—	—	—	—	—
80	−193.15	0.044138	0.44275	—	—	—	—	—	—	—	—	—
90	−183.15	0.039231	0.39319	1.58479	2.7952	—	—	—	—	—	—	—
100	−173.15	0.035305	0.35366	1.42264	2.5041	3.5985	—	—	—	—	—	—
110	−163.15	0.032094	0.32136	1.29102	2.2693	3.2564	13.68	25.367	38.971	—	—	—
120	−153.15	0.029419	0.29449	1.18195	2.0756	2.9754	12.35	22.539	33.797	—	—	—
130	−143.15	0.027155	0.27177	1.09003	1.9128	2.7401	11.28	20.373	30.137	—	—	—
140	−133.15	0.025216	0.25231	1.01147	1.7739	2.5398	10.39	18.643	27.343	—	—	—
150	−123.15	0.023533	0.23546	0.94353	1.6542	2.3673	9.645	17.210	25.093	137.8	—	—
160	−113.15	0.022063	0.22072	0.88418	1.5496	2.2169	9.001	16.001	23.232	114.8	—	—
170	−103.15	0.020765	0.20773	0.83189	1.4576	2.0848	8.442	14.963	21.656	101.1	—	—
180	−93.15	0.019612	0.19617	0.78546	1.3759	1.9676	7.951	14.059	20.299	91.33	181.8	282.3
190	−83.15	0.018578	0.18587	0.74396	1.3080	1.8630	7.515	13.265	19.115	83.81	160.81	244.4
200	−73.15	0.017650	0.17654	0.70662	1.2374	1.7690	7.126	12.559	18.071	77.75	145.67	217.75
210	−63.15	0.016810	0.16812	0.67287	1.1782	1.6842	6.776	11.930	17.142	72.69	133.97	197.90
220	−53.15	0.016043	0.16048	0.64220	1.1244	1.6071	6.460	11.361	16.309	68.38	124.5	182.31
230	−43.15	0.015347	0.15350	0.61422	1.0753	1.5368	6.172	10.846	15.556	64.64	116.6	169.62
240	−33.15	0.014708	0.14710	0.58858	1.0303	1.4728	5.909	10.378	14.874	61.34	109.9	159.01
250	−23.15	0.014120	0.14121	0.56499	0.9890	1.4133	5.669	9.949	14.251	58.42	104.1	149.93
260	−13.15	0.013577	0.13577	0.54322	0.9509	1.3587	5.446	9.554	13.679	55.79	98.93	142.05
270	−3.15	0.013074	0.13074	0.52307	0.9156	1.3082	5.242	9.191	13.153	53.41	94.37	135.14
280	6.85	0.012607	0.12607	0.50436	0.8828	1.2614	5.052	8.855	12.668	51.26	90.27	128.97
290	16.85	0.012171	0.12173	0.48696	0.8522	1.2177	4.876	8.543	12.218	49.29	86.57	123.45
300	26.85	0.011767	0.11767	0.47071	0.8238	1.1769	4.712	8.253	11.799	47.48	83.19	118.45
310	36.85	0.011386	0.11336	0.45550	0.7972	1.1389	4.558	7.982	11.410	45.80	80.12	113.90
320	46.85	0.011031	0.11031	0.44126	0.7722	1.1032	4.414	7.728	11.045	44.25	77.28	109.75
330	56.85	0.010696	0.10696	0.42787	0.7488	1.0697	4.280	7.492	10.704	42.81	74.66	105.92
340	66.85	0.010382	0.10382	0.41529	0.7268	1.0382	4.153	7.268	10.383	41.47	72.23	102.38
350	76.85	0.010086	0.10086	0.40340	0.7060	1.0086	4.0338	7.059	10.082	40.210	69.97	99.11
360	86.85	0.009805	0.09805	0.39219	0.6863	0.9805	3.9210	6.860	9.797	39.032	67.86	96.06
370	96.85	0.009540	0.09540	0.38159	0.6677	0.9539	3.8145	6.673	9.530	37.925	65.88	93.21

续表

压力		0.01atm=1.01325×10^{-3}MPa	0.1atm=1.01325×10^{-2}MPa	0.4atm=4.053×10^{-2}MPa	0.7atm=7.09275×10^{-2}MPa	1atm=0.101325 MPa	4atm=0.4053 MPa	7atm=0.709275 MPa	10atm=1.01325 MPa	40atm=4.053 MPa	70atm=7.09275 MPa	100atm=10.1325 MPa
温度		密度 ρ /kg·m^{-3}										
T/K	t/℃											
380	106.85	0.009289	0.09289	0.37154	0.6501	0.9288	3.7135	6.496	9.275	36.881	64.03	90.55
390	116.85	0.009051	0.09051	0.36201	0.6335	0.9050	3.6178	6.328	9.034	35.899	62.29	88.04
400	126.85	0.008825	0.08825	0.35296	0.6177	0.8822	3.5270	6.169	8.807	34.968	60.63	85.69
410	136.85	0.008609	0.08609	0.34434	0.6026	0.8608	3.4406	6.017	8.590	34.086	59.08	83.47
420	146.85	0.008405	0.08405	0.33614	0.5882	0.8402	3.3584	5.873	8.384	33.251	57.60	81.37
430	156.85	0.008209	0.08208	0.32833	0.5745	0.8207	3.2801	5.736	8.187	32.457	56.21	79.38
440	166.85	0.008022	0.08022	0.32085	0.5614	0.8021	3.2053	5.604	8.000	31.700	54.89	77.49
450	176.85	0.007844	0.07844	0.31373	0.5490	0.7842	3.1339	5.480	7.820	30.980	53.62	75.71
460	186.85	0.007674	0.07673	0.30690	0.5370	0.7672	3.0657	5.360	7.650	30.293	52.43	74.00
470	196.85	0.007510	0.07510	0.30037	0.5266	0.7509	3.0002	5.246	7.487	29.638	51.28	72.37
480	206.85	0.007353	0.07354	0.29411	0.5146	0.7351	2.9377	5.136	7.329	29.009	50.18	70.82
490	216.85	0.007203	0.07203	0.28811	0.5042	0.7201	2.8775	5.031	7.179	28.409	49.15	69.35
500	226.85	0.007060	0.07060	0.28235	0.4941	0.7057	2.8191	4.930	7.035	27.834	48.14	67.92
510	236.85	0.006922	0.06922	0.27681	0.4844	0.6919	2.7645	4.833	6.897	27.282	47.18	66.58
520	246.85	0.006788	0.06788	0.27149	0.4751	0.6786	2.7114	4.740	6.764	26.752	46.26	65.27
530	256.85	0.006660	0.06660	0.26637	0.4661	0.6658	2.6602	4.650	6.636	26.242	45.37	64.03
540	266.85	0.006536	0.06536	0.26143	0.4575	0.6535	2.6108	4.564	6.513	25.753	44.53	62.83
550	276.85	0.006417	0.06417	0.25668	0.4492	0.6416	2.5633	4.480	6.394	25.281	43.72	61.68
560	286.85	0.006304	0.06304	0.25209	0.4412	0.6301	2.5174	4.400	6.279	24.828	42.93	60.57
570	296.85	0.006192	0.06192	0.24767	0.4334	0.6190	2.4733	4.324	6.169	24.391	42.17	59.51
580	306.85	0.006086	0.06085	0.24340	0.4259	0.6084	2.4307	4.249	6.063	23.969	41.44	58.47
590	316.85	0.005983	0.05983	0.23928	0.4187	0.5980	2.3894	4.176	5.960	23.562	40.73	57.47
600	326.85	0.005883	0.05983	0.23528	0.4117	0.5881	2.3496	4.107	5.860	23.167	40.054	56.52
610	336.85	0.005786	0.05786	0.23143	0.4050	0.5785	2.3110	4.039	5.764	22.787	39.398	55.60
620	346.85	0.005693	0.05693	0.22769	0.3984	0.5691	2.2738	3.975	5.671	22.420	38.764	54.71
630	356.85	0.005603	0.05603	0.22408	0.3920	0.5601	2.2376	3.911	5.581	22.063	35.150	53.84
640	366.85	0.005515	0.05515	0.22058	0.38597	0.5514	2.2027	3.8504	5.494	21.719	37.555	53.00
650	376.85	0.005431	0.05431	0.21719	0.38004	0.5428	2.1688	3.7912	5.410	21.386	36.980	52.19
660	386.85	0.005348	0.05348	0.21389	0.37427	0.5347	2.1360	3.7336	5.327	21.062	36.421	51.41
670	396.85	0.005268	0.05268	0.21070	0.36868	0.5267	2.1040	3.6779	5.248	20.748	35.881	50.65
680	406.85	0.005190	0.05190	0.20761	0.36327	0.5189	2.0731	3.6239	5.171	20.443	35.357	49.91
690	416.85	0.005115	0.05115	0.20460	0.35800	0.5114	2.0431	3.5714	5.096	20.148	34.847	49.20
700	426.85	0.005043	0.05043	0.20167	0.35288	0.5040	2.0139	3.5204	5.023	19.861	34.352	48.50
710	436.85	0.004972	0.04972	0.19883	0.34793	0.4969	1.9856	3.4703	4.952	19.582	33.872	47.83
720	446.85	0.004902	0.04902	0.19608	0.34308	0.4901	1.9580	3.4227	4.884	19.311	33.404	47.17
730	456.85	0.004836	0.04835	0.19339	0.33839	0.4833	1.9312	3.3759	4.817	19.048	32.950	46.52
740	466.85	0.004770	0.04770	0.19077	0.33381	0.4769	1.9050	3.3302	4.752	18.792	32.510	45.85

续表

压力		0.01atm=1.01325×10⁻³MPa	0.1atm=1.01325×10⁻²MPa	0.4atm=4.053×10⁻²MPa	0.7atm=7.09275×10⁻²MPa	1atm=0.101325MPa	4atm=0.4053MPa	7atm=0.709275MPa	10atm=1.01325MPa	40atm=4.053MPa	70atm=7.09275MPa	100atm=10.1325MPa
温度		密度 ρ /$kg\cdot m^{-3}$										
T/K	t/℃											
750	476.85	0.004707	0.04707	0.18823	0.32936	0.4705	1.8797	3.2859	4.689	18.542	32.079	45.31
760	486.85	0.004645	0.04645	0.18576	0.32503	0.4643	1.8550	3.2427	4.626	18.300	31.661	44.71
770	496.85	0.004584	0.04584	0.18334	0.32082	0.4582	1.8309	3.2005	4.567	18.064	31.254	44.14
780	506.85	0.004562	0.04526	0.18099	0.31670	0.4524	1.8074	3.1595	4.509	17.832	30.857	43.59
790	516.85	0.004469	0.04469	0.17870	0.31268	0.4466	1.7849	3.1196	4.452	17.609	30.470	43.04
800	526.85	0.004412	0.044121	0.17646	0.30878	0.4411	1.7623	3.0807	4.396	17.390	30.094	42.514
850	576.85	0.004153	0.041526	0.16609	0.29062	0.4152	1.6587	2.8996	4.188	16.374	28.345	40.057
900	626.85	0.003922	0.039219	0.15686	0.27447	0.3920	1.5665	2.7387	3.909	15.470	26.792	37.873
950	676.85	0.003716	0.037155	0.14861	0.26003	0.37144	1.4842	2.5947	3.703	14.662	25.399	35.919
1000	726.85	0.003530	0.035297	0.14117	0.24703	0.35287	1.4101	2.4652	3.518	13.935	24.147	34.161
1050	776.85	0.003362	0.033616	0.13445	0.23527	0.33607	1.3429	2.3479	3.352	13.277	23.013	32.568
1100	826.85	0.003209	0.032088	0.12835	0.22456	0.32079	1.2819	2.2414	3.199	12.678	21.983	31.118
1150	876.85	0.003070	0.030693	0.12276	0.21481	0.30685	1.2262	2.1441	3.061	12.131	21.042	29.794
1200	926.85	0.002942	0.029414	0.11765	0.20586	0.29406	1.1752	2.0549	2.933	11.630	20.178	28.580
1250	976.85	0.002824	0.028237	0.11295	0.19763	0.28102	1.1282	1.9728	2.816	11.169	19.383	27.460
1300	1026.85	0.002715	0.027151	0.10860	0.19004	0.27145	1.0849	1.8970	2.708	10.742	18.648	26.427
1350	1076.85	0.002615	0.026147	0.10458	0.18299	0.26140	1.0446	1.8269	2.608	10.348	17.967	25.468
1400	1126.85	0.002521	0.025213	0.10084	0.17646	0.25206	1.0074	1.7618	2.515	9.982	17.334	24.577
1450	1176.85	0.002435	0.024343	0.09737	0.17037	0.24338	0.9729	1.7011	2.428	9.611	16.746	23.747
1500	1226.85	0.002353	0.023532	0.09412	0.16469	0.23527	0.9403	1.6445	2.347	9.321	16.195	22.972
1550	1276.85	0.002277	0.022776	0.09108	0.15938	0.22768	0.9100	1.5915	2.263	9.024	15.681	22.244
1600	1326.85	0.002206	0.022064	0.08824	0.15440	0.22057	0.8816	1.5418	2.201	8.743	15.197	21.561
1650	1376.85	0.002139	0.021395	0.08556	0.14972	0.21388	0.8548	1.4951	2.133	8.480	14.742	20.920
1700	1426.85	0.002077	0.020764	0.08305	0.14532	0.20758	0.8297	1.4512	2.071	8.233	14.314	20.316
1750	1476.85	0.002017	0.020169	0.08067	0.14117	0.20166	0.8061	1.4098	2.013	8.000	13.910	19.747
1800	1526.85	0.001960	0.019608	0.07844	0.13724	0.19605	0.7837	1.3706	1.956	7.779	13.529	19.211
1850	1576.85	0.001907	0.019078	0.07631	0.13353	0.19075	0.7625	1.3336	1.905	7.571	13.170	18.701
1900	1626.85	0.001857	0.018573	0.07430	0.13001	0.18573	0.7425	1.2986	1.854	7.373	12.83	18.218
1950	1676.85	0.001808	0.018095	0.07238	0.12668	0.18096	0.7235	1.2654	1.806	7.185	12.50	17.759
2000	1726.85	0.001762	0.017640	0.07057	0.12350	0.17644	0.7053	1.2337	1.761	7.007	12.19	17.324
2050	1776.85	0.001717	0.017205	0.06884	0.12047	0.17210	0.6880	1.2037	1.718	6.836	11.90	16.908
2100	1826.85	0.001676	0.016790	0.06719	0.11759	0.16799	0.6716	1.1750	1.677	6.675	11.62	16.512
2150	1876.85	0.001634	0.016392	0.06561	0.11485	0.16406	0.6560	1.1477	1.638	6.521	11.35	16.134
2200	1926.85	0.001594	0.016010	0.06411	0.11221	0.16032	0.6411	1.1216	1.602	6.373	11.10	15.774
2250	1976.85	0.001555	0.015644	0.06266	0.10969	0.15670	0.6267	1.0965	1.566	6.232	10.85	15.427
2300	2026.85	0.01517	0.015290	0.06126	0.10726	0.15325	0.6130	1.0726	1.532	6.098	10.62	15.097
2350	2076.85	—	0.014946	0.05993	0.10493	0.14994	0.5998	1.0496	1.499	5.969	10.39	14.779
2400	2126.85	—	0.014613	0.05864	0.10268	0.14673	0.5873	1.0276	1.468	5.844	10.18	14.475

续表

压力		0.01atm=1.01325×10^{-3}MPa	0.1atm=1.01325×10^{-2}MPa	0.4atm=4.053×10^{-2}MPa	0.7atm=7.09275×10^{-2}MPa	1atm=0.101325 MPa	4atm=0.4053 MPa	7atm=0.709275 MPa	10atm=1.01325 MPa	40atm=4.053 MPa	70atm=7.09275 MPa	100atm=10.1325 MPa
温度		密度 ρ /kg·m^{-3}										
T/K	t/℃											
2450	2176.85	—	0.014287	0.05738	0.10052	0.14366	0.5753	1.0064	1.438	5.725	9.975	14.185
2500	2226.85	—	0.013969	0.05617	0.09843	0.14068	0.5634	0.9859	1.408	5.610	9.775	13.904
2550	2276.85	—	0.013657	0.05499	0.09638	0.13780	0.5521	0.9664	1.380	5.501	9.585	13.634
2600	2326.85	—	0.013351	0.05384	0.09440	0.13501	0.5411	0.9474	1.354	5.395	9.402	13.374
2650	2376.85	—	0.013047	0.05272	0.09248	0.13228	0.5305	0.9290	1.327	5.292	9.226	13.124
2700	2426.85	—	0.012745	0.05162	0.09060	0.12961	0.5203	0.9113	1.302	5.194	9.055	12.882
2750		—	0.012448	0.05054	0.08877	0.12704	0.5104	0.9341	1.277	5.100	8.890	12.651
2800	2526.85	—	0.012152	0.04948	0.08697	0.12452	0.5008	0.8774	1.254	5.007	8.731	12.426
2850	2576.85	—	0.011858	0.04844	0.08520	0.12204	0.4914	0.8612	1.231	4.917	8.577	12.207
2900	2626.85	—	0.011567	0.04740	0.08347	0.11959	0.4822	0.8454	1.209	4.831	8.427	11.995
2950	2676.85	—	0.011279	0.04638	0.08173	0.11718	0.4732	0.8300	1.187	4.745	8.281	11.790
3000	2726.85	—	0.010996	0.04537	0.08003	0.11477	0.4645	0.8149	1.165	4.664	8.140	11.591

1.2.2　干空气的物理特性参数

实际计算时，空气可以被看作是理想的气体，在标准状态下具有以下的数据。

表 21-1-5　**空气的一些基本参数**

气体状态常数	R=287J/(kg·K)
摩尔质量	M=29kg/kmol
比定压热容	c_p=1005J/(kg·K)
比定容热容	c_V=718J/(kg·K)
等熵指数	κ=1.4(=c_p/c_V)
在+20℃和101kPa(NPT)的密度	ρ=1.2kg/m^3
在标准状态下(NPT)的动力黏度	μ=1.85×10^{-5}Pa·s
在标准状态下(NPT)的运动黏度	ν=15.1×$10^{-6}$$m^2$/s
在+20℃时的声速	C=342m/s

当温度不同时，气体的一些参数将发生改变，表 21-1-6 给出了空气参数的变化情况。

表 21-1-6　**空气参数随温度的变化**

温度 t /℃	密度 ρ /kg·m^{-3}	比热容 c /kJ·kg^{-1}·$℃^{-1}$	热导率 λ /10^2W·m^{-1}·$℃^{-1}$	黏度 μ /10^5Pa·s	普朗特数 Pr
−50	1.584	1.013	2.035	1.46	0.728
−40	1.515	1.013	2.117	1.52	0.728
−30	1.453	1.013	2.198	1.57	0.723
−20	1.395	1.009	2.279	1.62	0.716
−10	1.342	1.009	2.36	1.67	0.712
0	1.293	1.009	2.442	1.72	0.707
10	1.247	1.009	2.512	1.77	0.705
20	1.205	1.013	2.593	1.81	0.703
30	1.165	1.013	2.675	1.86	0.701
40	1.128	1.013	2.756	1.91	0.699
50	1.093	1.017	2.826	1.96	0.698
60	1.06	1.017	2.896	2.01	0.696

续表

温度 t /℃	密度 ρ /kg·m^{-3}	比热容 c /kJ·kg^{-1}·℃$^{-1}$	热导率 λ /10^2W·m^{-1}·℃$^{-1}$	黏度 μ /10^5Pa·s	普朗特数 Pr
70	1.029	1.017	2.966	2.06	0.694
80	1	1.022	3.047	2.11	0.692
90	0.972	1.022	3.128	2.15	0.69
100	0.946	1.022	3.21	2.19	0.688
120	0.898	1.026	3.338	2.29	0.686
140	0.854	1.026	3.489	2.37	0.684
160	0.815	1.026	3.64	2.45	0.682
180	0.779	1.034	3.78	2.53	0.681
200	0.746	1.034	3.931	2.6	0.68
250	0.674	1.043	4.268	2.74	0.677
300	0.615	1.047	4.605	2.97	0.674
350	0.566	1.055	4.908	3.14	0.676
400	0.524	1.068	5.21	3.31	0.678
500	0.456	1.072	5.745	3.62	0.687
600	0.404	1.089	6.222	3.91	0.699
700	0.362	1.102	6.711	4.18	0.706
800	0.329	1.114	7.176	4.43	0.713
900	0.301	1.127	7.63	4.67	0.717
1000	0.277	1.139	8.071	4.9	0.719
1100	0.257	1.152	8.502	5.12	0.722
1200	0.239	1.164	9.153	5.35	0.724

注：Pr 普朗特数（Prandtl number）表示速度边界层和热边界层相对厚度的一个参数，反映与传热有关的流体物性。

$$Pr=\frac{\nu}{\alpha}=\frac{\text{viscous diffusion rate}}{\text{thermal diffusion rate}}=\frac{\mu/\rho}{\lambda/(c_p\rho)}=\frac{c_p\mu}{\lambda}$$

式中，ν 为运动粘度，m^2/s；α 为热扩散系数，m^2/s；μ 为动力黏度，$N\cdot s/m^2$；λ 为热导率，W/(m·K)；c_p 为比热容，J/(kg·K)；ρ 为密度，kg/m^3。

1.2.3 加在十次方倍数前面的序数

表 21-1-7 加在十次方倍数前面的序数

倍增因子	前缀	符号
10^{12}=1 000 000 000 000	Tera	T
10^{9}=1 000 000 000	Giga	G
10^{6}=1 000 000	Mega	M
10^{3}=1 000	Kilo	k
10^{2}=100	Hecto	h
10^{1}=10	Deca	da
10^{0}=1		
10^{-1}=0.1	Deci	d
10^{-2}=0.01	Centi	c
10^{-3}=0.001	Milli	m
10^{-6}=0.000001	Micro	μ
10^{-9}=0.000000001	Nano	n
10^{-12}=0.000000000001	Pico	p
10^{-15}=0.000000000000001	Femto	f
10^{-18}=0.000000000000000001	Atto	a

1.2.4　不同应用技术所使用的压力（物理、气象、气动、真空）

图 21-1-2 说明了各种压力指示方法，使用 101325Pa 的标准大气压作为参考。注意这不是 1bar，但是对于正常的气动计算，其值可以按 1bar 计算。

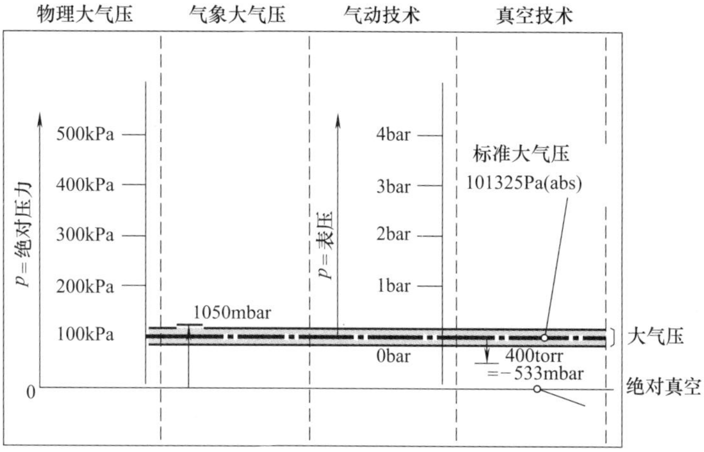

图 21-1-2　不同应用技术所使用的压力

1.2.5　气动常用单位之间的换算关系

表 21-1-8　　气动常用单位之间的换算关系

其他单位	SI 单位	近似转换	精度	精确转换
		长度		
英寸(in)	毫米(mm)	÷4 然后×100	1.6%	×25.4
英尺(ft)	米(m)	÷3	1.6%	×0.305
码(yd)	米(m)	×1	9%	×12 然后÷13
n/16 英寸	毫米(mm)	“*n*”×3 然后÷2	5.5%	×1.6
n/1000 英寸	毫米(mm)	“*n*”÷4 然后÷10	1.6%	×0.0254
英里(mi)	公里(km)	×1.5	6.8%	×1.609
		质量		
磅(1b)	千克(kg)	÷2	1.0%	×0.45
磅(1b)	克(g)	×1000 然后÷2	1.0%	×454
盎司(oz)	克(g)	×30	6%	×28.4
英吨，长吨(UK)	吨(t)	×1 然后÷2	1.6%	×1.02
美吨，短吨(USA)	吨(t)	×9 然后－10	0.8%	×0.91
		力(重量)		
磅力(1bf)	牛顿(N)	×4	10%	×9 然后÷2
千磅(kp)	牛顿(N)	×10	2%	×9.8
		扭矩		
磅-力英尺(1bf ft)	牛顿·米(N·m)	×3 然后÷2	10%	×1.36
磅-力英寸(1bf in)	牛顿·米(N·m)	÷10	11%	×0.11
		压力		
1bf/in^2(psig)	巴(bar)	×7 然后÷100	1.5%	÷14.5
1bf/in^2(psig)	千帕(kPa)	×7	1.5%	×6.9
1bf/in^2(psig)	兆帕(MPa)	×7 然后÷1000	1.5%	×6.9 然后÷100
kgf/cm^{2}①	巴(bar)	×1	2.0%	×0.98
kgf/cm^{2}①	N/m^2	×100000	2.0%	×98070

续表

其他单位	SI单位	近似转换	精度	精确转换
压力				
$kgf/cm^2$①	千帕(kPa)	×100	2.0%	×98
$kgf/cm^2$①	兆帕(MPa)	÷10	2.0%	×0.098
大气压(标准)	巴(bar)	×1	1.3%	×1.013
大气压(标准)	N/m^2	×100000	1.3%	×101300
大气压(标准)	千帕(kPa)	×100	1.3%	×101.3
大气压(标准)	兆帕(MPa)	÷10	1.3%	×0.101
英寸水柱(inH_2O)	毫巴(mbar)	×10然后÷4	0.6%	×2.49
毫米水柱(mmH_2O)	毫巴(mbar)	÷10	2.0%	×0.098
毫米汞柱(mmHg)	毫巴(mbar)	×9然后÷7	0.04%	×1.33
托	毫巴(mbar)	×9然后÷7	0.04%	×1.33
$Tons/in^2$	巴(bar)	×1000然后÷7	7.5%	×154
$Tons/ft^2$	巴(bar)	×1	1.5%	×1.07
体积				
加仑(英制)(gal)	升(L)	×5	10%	×4.54
加仑(美制)(gal)	升(L)	×4	5.7%	×3.79
品脱(英制)(pt)	升(L)	×6然后÷10	5.6%	×0.57
品脱(美制)(pt)	升(L)	÷2	5.7%	×0.47
液盎司(英制)(floz)	立方厘米(cm^3)	×30	5.6%	×28.4
液盎司(美制)(floz)	立方厘米(cm^3)	×30	1.4%	×29.6
流量				
每分钟立方英尺(cfm)	每秒立方分米(dm^3/s)②	÷2	5.9%	×0.472
每分钟立方英尺(cfm)	每秒立方米(m^3/s)	÷2然后÷1000	5.9%	×0.472然后÷1000
每小时立方英尺	每秒立方分米(dm^3/s)②	×8然后÷1000	1.7%	×7.9然后÷1000
每分钟升(L/m)	每秒立方分米(dm^3/s)②	×2然后÷100	20%	÷60
每小时立方米(m^3/h)	每秒立方分米(dm^3/s)②	÷4	10%	×0.28
功率				
马力(hp)	瓦特(W)	×3然后÷4然后×1000	0.6%	×746
马力(hp)	千瓦(kW)	×3然后÷4	0.6%	×0.746
能,功				
英尺-磅力(ft·lbf)	焦耳(J)	×9÷7	5.5%	×1.35
千克力-米(kgf·m)	焦耳(J)	×10	1.3%	×9.807
英制热量单位(Btu)	焦耳(J)	×1000	5.5%	×1055
温度				
华氏度(℉)	摄氏度(℃)	−32÷2	10%(在0～400℉之间)	+40×5÷9−40

① 也称作工业大气压。

② 在百万分之28范围内1L等于$1dm^3$并且对于大多数实际用途可以认为是相等的。

1.2.6 不同海拔高度气体的压力和温度

根据大气压力和空气密度计算公式，以及空气湿度经验公式，可得出大气压、空气密度、湿度与海拔高度的关系。

绝对湿度是指每单位容积的气体所含水分的质量，用mg/L或g/m^3表示；相对湿度是指绝对湿度与该温度饱和状态水蒸气含量之比，用百分数表达。

从表中可以看出：海拔高度每升高1000m，相对大气压力大约降低12%，相对空气密度降低约10%，绝对湿度随海拔高度的升高而降低。最高温度会降低5℃，平均温度也会降低5℃。

表21-1-9　不同海拔高度气体的压力和温度

海拔高度/m	0	1000	2000	2500	3000	4000	5000
相对大气压力	1.000	0.881	0.774	0.724	0.677	0.591	0.514
相对空气密度	1.000	0.903	0.813	0.770	0.730	0.653	0.583

续表

绝对湿度/g·m^{-3}	11.00	7.64	5.30	4.42	3.68	2.54	1.77
最高气温/℃	40.0	37.5	35.0	32.5	30.0	27.5	25.0
平均气温/℃	20.0	17.5	15.0	12.5	10.0	7.5	5.0

注：标准状态下大气压力为 1，相对空气密度为 1，绝对湿度为 11g/m^3。

1.2.7　空气含湿量、温度与密度的关系

表 21-1-10　　不同含湿量、温度下的空气密度　　kg/m^3

H \ T/℃	−60	−55	−50	−45	−40	−35	−30	−25	−20	−15	−10	−5
0.000	1.6573	1.6193	1.5830	1.5482	1.5150	1.4832	1.4527	1.4234	1.3953	1.3682	1.3422	1.3172
0.001										1.3674	1.3414	1.3164
0.002												1.3156

H \ T/℃	0	5	10	15	20	25	30	35	40	45	50	55
0.000	1.2930	1.2698	1.2473	1.2257	1.2048	1.1846	1.1650	1.1461	1.1278	1.1101	1.0929	1.0762
0.005		1.2660	1.2436	1.2220	1.2012	1.1810	1.1615	1.1427	1.1244	1.1068	1.0896	1.0730
0.007			1.2422	1.2206	1.1998	1.1796	1.1602	1.1413	1.1231	1.1055	1.0883	1.0717
0.010				1.2185	1.1977	1.1776	1.1581	1.1393	1.1211	1.1035	1.0864	1.0699
0.015						1.1742	1.1548	1.1360	1.1179	1.1003	1.0833	1.0668
0.020							1.1515	1.1328	1.1147	1.0972	1.0802	1.0637
0.025							1.1482	1.1296	1.1115	1.0941	1.0771	1.0607
0.030								1.1264	1.1084	1.0910	1.0741	1.0577
0.035								1.1233	1.1054	1.0880	1.0711	1.0548
0.040									1.1024	1.0850	1.0682	1.0519
0.045									1.0994	1.0821	1.0654	1.0491
0.050										1.0792	1.0625	1.0463
0.055										1.0764	1.0597	1.0436
0.060										1.0736	1.0570	1.0409

H \ T/℃	60	65	70	75	80	85	90	95	100	105	110	115	120	125
0.000	1.0601	1.0444	1.0292	1.0144	1.0000	0.9860	0.9725	0.9592	0.9464	0.9339	0.9217	0.9098	0.8982	0.8869
0.007	1.0557	1.0400	1.0249	1.0102	0.9958	0.9819	0.9684	0.9553	0.9424	0.9300	0.9178	0.9060	0.8945	0.8833
0.010	1.0538	1.0382	1.0231	1.0084	0.9941	0.9802	0.9667	0.9536	0.9408	0.9283	0.9162	0.9044	0.8929	0.8817
0.020	1.0477	1.0322	1.0172	1.0026	0.9884	0.9746	0.9611	0.9481	0.9354	0.9230	0.9110	0.8992	0.8878	0.8766
0.030	1.0419	1.0264	1.0115	0.9969	0.9828	0.9691	0.9557	0.9428	0.9301	0.9178	0.9058	0.8942	0.8828	0.8717
0.040	1.0361	1.0208	1.0059	0.9915	0.9774	0.9638	0.9505	0.9376	0.9250	0.9128	0.9009	0.8893	0.8780	0.8669
0.050	1.0306	1.0154	1.0006	0.9862	0.9722	0.9586	0.9454	0.9326	0.9201	0.9079	0.8961	0.8845	0.8733	0.8623
0.060	1.0252	1.0101	0.9954	0.9810	0.9672	0.9536	0.9405	0.9277	0.9153	0.9032	0.8914	0.8799	0.8687	0.8578
0.070	1.0200	1.0049	0.9903	0.9761	0.9622	0.9488	0.9357	0.9230	0.9106	0.8986	0.8869	0.8754	0.8643	0.8534
0.080	1.0150	0.9999	0.9854	0.9712	0.9574	0.9441	0.9311	0.9184	0.9061	0.8941	0.8825	0.8711	0.8600	0.8492
0.090	1.0100	0.9951	0.9806	0.9665	0.9528	0.9395	0.9265	0.9140	0.9017	0.8898	0.8782	0.8668	0.8558	0.8451
0.100	1.0052	0.9904	0.9759	0.9619	0.9483	0.9350	0.9222	0.9096	0.8974	0.8856	0.8740	0.8627	0.8518	0.8411
0.110	1.0006	0.9858	0.9714	0.9574	0.9439	0.9307	0.9179	0.9054	0.8933	0.8815	0.8699	0.8587	0.8478	0.8372
0.120	0.9960	0.9813	0.9670	0.9531	0.9396	0.9265	0.9137	0.9013	0.8892	0.8775	0.8660	0.8548	0.8440	0.8334
0.130	0.9916	0.9769	0.9627	0.9489	0.9354	0.9224	0.9097	0.8973	0.8853	0.8736	0.8622	0.8510	0.8402	0.8297
0.140	0.9873	0.9727	0.9585	0.9448	0.9314	0.9184	0.9057	0.8934	0.8814	0.8698	0.8548	0.8474	0.8366	0.8261
0.150	0.9831	0.9686	0.9545	0.9407	0.9274	0.9145	0.9019	0.8896	0.8777	0.8661	0.8548	0.8438	0.8330	0.8226
0.160		0.9646	0.9505	0.9368	0.9236	0.9107	0.8981	0.8859	0.8740	0.8625	0.8512	0.8403	0.8296	0.8191

续表

H \ T/℃	60	65	70	75	80	85	90	95	100	105	110	115	120	125
0.170		0.9606	0.9466	0.9330	0.9138	0.9070	0.8945	0.8823	0.8705	0.8590	0.8478	0.8368	08262	0.8158
0.180		0.9568	0.9429	0.9293	0.9161	0.9034	0.8909	0.8788	0.8670	0.8556	0.8444	0.8335	0.8229	0.8126
0.190		0.9531	0.9392	0.9257	0.9126	0.8998	0.8874	0.8754	0.8636	0.8522	0.8411	0.8303	0.8197	0.8094
0.200		0.9494	0.9356	0.9222	0.9091	0.8964	0.8840	0.8720	0.8603	0.8490	0.8379	0.8271	0.8166	0.8063
0.210			0.9321	0.9187	0.9057	0.8930	0.8807	0.8688	0.8571	0.8458	0.8347	0.8240	0.8135	0.8033
0.220			0.9287	0.9153	0.9024	0.8898	0.8775	0.8656	0.8540	0.8427	0.8317	0.8210	0.8105	0.8003
0.230			0.9253	0.9120	0.8991	0.8866	0.8744	0.8625	0.8509	0.8397	0.8287	0.8180	0.8076	0.7975
0.240			0.9221	0.9088	0.8960	0.8834	0.8713	0.8594	0.8479	0.8367	0.8258	0.8151	0.8048	0.7947
0.250			0.9189	0.9057	0.8929	0.8804	0.8683	0.8565	0.8450	0.8338	0.8229	0.8123	0.8020	0.7919
0.260			0.9158	0.9026	0.8898	0.8774	0.8653	0.8536	0.8421	0.8310	0.8201	0.8196	0.7993	0.7892
0.270			0.9127	0.8996	0.8869	0.8745	0.8624	0.8507	0.8393	0.8282	0.8174	0.8069	0.7966	0.7866
0.280			0.9097	0.8967	0.8840	0.8716	0.8596	0.8479	0.8366	0.8255	0.8147	0.8042	0.7940	0.7840
0.290				0.8938	0.8811	0.8688	0.8569	0.8452	0.8339	0.8229	0.8121	0.8017	0.7915	0.7815
0.300				0.8910	0.8784	0.8661	0.8542	0.8426	0.8313	0.8203	0.8096	0.7991	0.7890	0.7791
0.325				0.8842	0.8717	0.8595	0.8477	0.8362	0.8250	0.8141	0.8034	0.7931	0.7830	0.7732
0.350				0.8778	0.8654	0.8535	0.8415	0.8301	0.8190	0.8082	0.7976	0.7873	0.7773	0.7675
0.375				0.8717	0.8594	0.8474	0.8357	0.8243	0.8133	0.8025	0.7921	0.7819	0.7719	0.7622
0.400					0.8537	0.8417	0.8301	0.8189	0.8079	0.7972	0.7868	0.7767	0.7668	0.7571

H \ T/℃	130	135	140	145	150	155	160	165	170	175	180	185	190	195
0.000	0.8759	0.8652	0.8547	0.8445	0.8345	0.8248	0.8152	0.8059	0.7968	0.7879	0.7792	0.7707	0.7624	0.7543
0.007	0.8723	0.8616	0.8512	0.8410	0.8310	0.8213	0.8119	0.8026	0.7935	0.7847	0.7760	0.7675	0.7593	0.7511
0.010	0.8708	0.8601	0.8497	0.8395	0.8296	0.8199	0.8104	0.8012	0.7921	0.7833	0.7746	0.7662	0.7579	0.7498
0.020	0.8657	0.8551	0.8448	0.8347	0.8248	0.8152	0.8058	0.7966	0.7876	0.7788	0.7702	0.7618	0.7536	0.7455
0.030	0.8609	0.8503	0.8400	0.8300	0.8202	0.8106	0.8012	0.7921	0.7832	0.7744	0.7659	0.7575	0.7493	0.7413
0.040	0.8652	0.8457	0.8354	0.8254	0.8157	0.8062	0.7969	0.7878	0.7789	0.7702	0.7617	0.7534	0.7452	0.7373
0.050	0.8516	0.8412	0.8310	0.8210	0.8113	0.8019	0.7926	0.7835	0.7747	0.7661	0.7576	0.7493	0.7412	0.7333
0.060	0.8472	0.8368	0.8266	0.8168	0.8071	0.7977	0.7885	0.7795	0.7707	0.7621	0.7537	0.7454	0.7374	0.7295
0.070	0.8428	0.8325	0.8224	0.8126	0.8030	0.7936	0.7845	0.7755	0.7667	0.7582	0.7498	0.7416	0.7336	0.7258
0.080	0.8387	0.8284	0.8184	0.8086	0.7990	0.7897	0.7806	0.7716	0.7629	0.7544	0.7461	0.7379	0.7300	0.7222
0.090	0.8346	0.8244	0.8144	0.8046	0.7951	0.7858	0.7768	0.7679	0.7592	0.7508	0.7425	0.7344	0.7264	0.7187
0.100	0.8306	0.8204	0.8105	0.8008	0.7914	0.7821	0.7731	0.7642	0.7556	0.7472	0.7398	0.7309	0.7230	0.7153
0.110	0.8268	0.8166	0.8068	0.7971	0.7877	0.7785	0.7695	0.7607	0.7521	0.7437	0.7355	0.7275	0.7196	0.7119
0.120	0.8230	0.8129	0.8031	0.7935	0.7841	0.7749	0.7660	0.7573	0.7487	0.7404	0.7322	0.7242	0.7164	0.7087
0.130	0.8194	0.8093	0.7995	0.7900	0.7806	0.7715	0.7626	0.7539	0.7454	0.7371	0.7289	0.7210	0.7132	0.7056
0.140	0.8158	0.8058	0.7961	0.7865	0.7772	0.7682	0.7593	0.7506	0.7422	0.7339	0.7258	0.7178	0.7101	0.7025
0.150	0.8124	0.8024	0.7927	0.7832	0.7739	0.7649	0.7561	0.7474	0.7390	0.7308	0.7227	0.7148	0.7071	0.6995
0.160	0.8090	0.7991	0.7894	0.7800	0.7707	0.7617	0.7529	0.7443	0.7359	0.7227	0.7197	0.7118	0.7041	0.6966
0.170	0.8057	0.7958	0.7862	0.7768	0.7676	0.7586	0.7499	0.7413	0.7329	0.7248	0.7168	0.7089	0.7013	0.6938
0.180	0.8025	0.7926	0.7831	0.7737	0.7645	0.7556	0.7469	0.7384	0.7300	0.7219	0.7139	0.7061	0.6985	0.6910
0.190	0.7994	0.7896	0.7800	0.7707	0.7616	0.7527	0.7440	0.7355	0.7272	0.7191	0.7111	0.7034	0.6958	0.6883
0.200	0.7963	0.7865	0.7770	0.7677	0.7587	0.7498	0.7411	0.7327	0.7244	0.7163	0.7084	0.7007	0.6931	0.6857
0.210	0.7933	0.7836	0.7741	0.7649	0.7558	0.7470	0.7384	0.7299	0.7217	0.7136	0.7058	0.6981	0.6905	0.6831
0.220	0.7904	0.7807	0.7713	0.7620	0.7530	0.7442	0.7356	0.7273	0.7190	0.7110	0.7032	0.6955	0.6880	0.6806
0.230	0.7876	0.7779	0.7685	0.7593	0.7503	0.7416	0.7330	0.7246	0.7165	0.7085	0.7006	0.6930	0.6855	0.6782
0.240	0.7848	0.7752	0.7658	0.7566	0.7477	0.7320	0.7304	0.7221	0.7139	0.7060	0.6982	0.6905	0.6831	0.6758

续表

T/℃ H	130	135	140	145	150	155	160	165	170	175	180	185	190	195
0.250	0.7821	0.7725	0.7631	0.7540	0.7451	0.7364	0.7279	0.7196	0.7115	0.7035	0.6958	0.6882	0.6807	0.6735
0.260	0.7794	0.7699	0.7606	0.7515	0.7426	0.7339	0.7254	0.7171	0.7091	0.7011	0.6934	0.6858	0.6784	0.6712
0.270	0.7768	0.7673	0.7580	0.7490	0.7401	0.7315	0.7230	0.7148	0.7067	0.6988	0.6911	0.6835	0.6762	0.6689
0.280	0.7743	0.7648	0.7556	0.7465	0.7377	0.7291	0.7207	0.7124	0.7044	0.6965	0.6888	0.6813	0.6740	0.6668
0.290	0.7718	0.7624	0.7531	0.7441	0.7353	0.7267	0.7183	0.7101	0.7021	0.6963	0.6866	0.6791	0.6718	0.6646
0.300	0.7694	0.7600	0.7508	0.7418	0.7330	0.7245	0.7131	0.7079	0.6999	0.6921	0.6845	0.6770	0.6697	0.6625
0.325	0.7636	0.7542	0.7451	0.7362	0.7257	0.7190	0.7107	0.7025	0.6946	0.6869	0.6793	0.6719	0.6646	0.6575
0.350	0.7580	0.7487	0.7397	0.7308	0.7222	0.7137	0.7055	0.6974	0.6896	0.6819	0.6744	0.6670	0.6598	0.6527
0.375	0.7528	0.7435	0.7345	0.7257	0.7172	0.7088	0.7006	0.6926	0.6848	0.6771	0.6697	0.6624	0.6552	0.6482
0.400	0.7477	0.7386	0.7296	0.7209	0.7124	0.7041	0.6959	0.6880	0.6802	0.6726	0.6652	0.6580	0.6508	0.6439

T/℃ H	200	210	225	250	275	300	325	350	375	400
0.000	0.7463	0.7308	0.7088	0.6750	0.6442	0.6161	0.5903	0.5666	0.5447	0.5245
0.007	0.7432	0.7278	0.7059	0.6721	0.6415	0.6135	0.5878	0.5643	0.5425	0.5243
0.010	0.7419	0.7265	0.7046	0.6710	0.6404	0.6124	0.5868	0.5633	0.5415	0.5242
0.020	0.7376	0.7224	0.7006	0.6671	0.6367	0.6089	0.5834	0.5600	0.5384	0.5239
0.030	0.7335	0.7183	0.6967	0.6634	0.6331	0.6055	0.5802	0.5569	0.5354	0.5236
0.040	0.7295	0.7144	0.6928	0.6597	0.6296	0.6022	0.5770	0.5538	0.5325	0.5232
0.050	0.7256	0.7105	0.6891	0.6562	0.6263	0.5989	0.5739	0.5509	0.5296	0.5230
0.060	0.7218	0.7068	0.6856	0.6528	0.6230	0.5958	0.5709	0.5480	0.5269	0.5227
0.070	0.7181	0.7032	0.6821	0.6495	0.6198	0.5928	0.5680	0.5452	0.5242	0.5223
0.080	0.7145	0.6997	0.6787	0.6462	0.6167	0.5898	0.5652	0.5425	0.5216	0.5222
0.090	0.7111	0.6964	0.6754	0.6431	0.6138	0.5870	0.5624	0.5399	0.5190	0.5220
0.100	0.7077	0.6930	0.6722	0.6400	0.6108	0.5842	0.5598	0.5373	0.5166	0.5218
0.110	0.7044	0.6898	0.6691	0.6371	0.6080	0.5815	0.5572	0.5348	0.5142	0.5215
0.120	0.7012	0.6867	0.6660	0.6342	0.6053	0.5788	0.5546	0.5324	0.5118	0.5213
0.130	0.6981	0.6837	0.6631	0.6314	0.6026	0.5763	0.5522	0.5300	0.5096	0.5211
0.140	0.6951	0.6807	0.6602	0.6286	0.6000	0.5738	0.5498	0.5277	0.5074	0.5208
0.150	0.6921	0.6778	0.6574	0.6260	0.5974	0.5713	0.5475	0.5255	0.5052	0.5206
0.160	0.6893	0.6750	0.6547	0.6234	0.5949	0.5690	0.5452	0.5233	0.5031	0.5204

注：1. H 为含湿量，kg（水）/kg（干空气）；t 为空气平均温度，℃。

2. 表中数据是在气压 $p=0.1$MPa 下测得的，如果当地气压有变，可换算，如：$H=0.03$kg（水）/kg（干空气），温度为 $t=35$℃，$p=0.1$MPa，计算 ρ'_a。

解：表中查得，$\rho_a=1.1264$，则 $\rho'_a=1.1264\times720/760=1.067$（kg/m^3）

在温度范围为－40～40℃时 1atm 下空气的最大含水量见表 21-1-11。

表 21-1-11　－40～40℃时 1atm 下空气的最大含水量

温度/℃	0	+5	+10	+15	+20	+25	+30	+35	+40
最大含水量/g·m^{-3}	4.98	6.86	9.51	13.04	17.69	23.76	31.64	41.83	54.11
温度/℃	0	−5	−10	−15	−20	−25	−30	−35	−40
最大含水量/g·m^{-3}	4.98	3.42	2.37	1.61	1.08	0.7	0.45	0.29	0.18

1.2.8　空气中水饱和值——露点

空气中含有的水蒸气量与其温度成正比，而不是通常所认为的与其压力成正比。

当空气冷却时，其中的水蒸气冷凝，达到空气饱和的温度，称为露点。如果温度下降，额外的水分则会以微小液滴或冷凝的形式释放出。可以看到大气露点（ADP℃）的自然例子，其中暖空气与冷表面接触，通常在窗玻璃或清晨露水形成冷凝。

大气露点与天气条件最相关。在压缩空气装置和气动系统中，压力露点更合适。

压力露点（PDP℃）是在高压下发生冷凝的温

度，压力通常使用 7bar。

空气能够保持悬浮的实际水量取决于温度，因此 7bar 的 $1m^3$ 空气将保持与 1bar 下 $1m^3$ 相同的水量。

露点温度指空气在水蒸气含量和气压都不改变的条件下，冷却到饱和时的温度。露点温度与气温的差值可以表示空气中的水蒸气距离饱和的程度。气温降到露点温度以下是水蒸气凝结的必要条件。

压力露点是：同样的气体，其在相同温度下，因为压力改变，湿度产生变化。温度为 20℃ 时，一个大气压下露点为 −50℃。当压力变为 10bar 时，压力露点为 −27.5℃。

在 101.32kPa 下露点和水分含量的关系见表 21-1-12。

表 21-1-12　在 101.32kPa 下露点和水分含量的关系

露点/℃	水分含量/g·m⁻³	露点/℃	水分含量/g·m⁻³	露点/℃	水分含量/g·m⁻³	露点/℃	水分含量/g·m⁻³	露点/℃	水分含量/g·m⁻³
64	153.8	39	48.67	14	12.07	−11	2.186	−36	0.2597
63	147.3	38	46.26	13	11.35	−12	2.026	−37	0.2359
62	141.2	37	43.96	12	10.66	−13	1.876	−38	0.2141
61	135.3	36	41.75	11	10.01	−14	1.736	−39	0.194
60	130.3	35	39.63	10	9.309	−15	1.605	−40	0.1757
59	124.7	34	37.61	9	8.819	−16	1.483	−41	0.159
58	119.4	33	35.68	8	8.27	−17	1.369	−42	0.1438
57	114.2	32	33.83	7	7.75	−18	1.261	−43	0.1298
56	109.2	31	32.07	6	7.26	−19	1.165	−44	0.1172
55	104.4	30	30.38	5	6.797	−20	1.074	−45	0.1055
54	99.83	29	28.78	4	6.36	−21	0.9884	−46	0.09501
53	95.39	28	27.24	3	5.947	−22	0.9093	−47	0.08544
52	91.12	27	25.78	4	5.559	−23	0.8359	−48	0.07675
51	87.01	26	24.38	1	5.192	−24	0.7678	−49	0.06886
50	83.06	25	23.05	0	4.523	−25	0.7047	−50	0.06171
49	79.26	24	21.78	−1	4.487	−26	0.6463	−51.1	0.054
48	75.61	23	20.58	−2	4.217	−27	0.5922	−53.9	0.04
47	72.1	22	19.43	−3	3.93	−28	0.5422	−56.7	0.029
46	68.73	21	18.34	−4	3.66	−29	0.496	−59.4	0.021
45	65.5	20	17.3	−5	3.407	−30	0.4534	−62.2	0.014
44	62.39	19	16.31	−6	3.169	−31	0.4141	65	0.011
43	59.41	18	15.37	−7	2.946	−32	0.3779	−67.8	0.008
42	56.56	17	14.48	−8	2.737	−33	0.3445	−70.6	0.005
41	53.82	16	13.63	−9	2.541	−34	0.3138	−73.3	0.003
40	51.19	15	12.83	−10	2.358	−35	0.2856		

表 21-1-13　不同压力、温度下饱和湿空气含水量　g（水）/kg（干空气）

空气温度/℃	压缩空气工作压力/MPa						
	0.2	0.3	0.4	0.5	0.6	0.7	0.8
−100	2.91×10^{-6}	2.18×10^{-6}	1.75×10^{-6}	1.45×10^{-6}	1.25×10^{-6}	1.09×10^{-6}	9.70×10^{-7}
−90	2.01×10^{-5}	1.50×10^{-5}	1.20×10^{-5}	1.00×10^{-5}	8.59×10^{-6}	7.52×10^{-6}	6.68×10^{-6}
−80	1.13×10^{-4}	8.51×10^{-5}	6.81×10^{-5}	5.67×10^{-5}	4.86×10^{-5}	4.26×10^{-5}	3.78×10^{-5}
−70	5.42×10^{-4}	4.07×10^{-4}	3.25×10^{-4}	2.71×10^{-4}	2.32×10^{-4}	2.03×10^{-4}	1.81×10^{-4}
−60	2.24×10^{-3}	1.68×10^{-3}	1.34×10^{-3}	1.12×10^{-3}	9.60×10^{-4}	8.40×10^{-4}	7.46×10^{-4}
−50	0.00816	0.00612	0.0049	0.00408	0.0035	0.0031	0.0027
−40	0.0266	0.02	0.016	0.0133	0.0114	0.01	0.0089
−35	0.0463	0.0347	0.0278	0.0231	0.0198	0.0174	0.0154
−30	0.079	0.059	0.047	0.039	0.034	0.03	0.026
−29	0.087	0.066	0.052	0.044	0.037	0.033	0.029
−28	0.097	0.073	0.058	0.048	0.041	0.036	0.032
−27	0.107	0.08	0.064	0.054	0.046	0.04	0.036
−26	0.119	0.089	0.071	0.059	0.051	0.044	0.04
−25	0.131	0.098	0.079	0.066	0.056	0.049	0.044
−24	0.145	0.109	0.087	0.072	0.062	0.054	0.048
−23	0.16	0.12	0.096	0.08	0.069	0.06	0.053

续表

空气温度/℃	压缩空气工作压力/MPa						
	0.2	0.3	0.4	0.5	0.6	0.7	0.8
−22	0.176	0.132	0.106	0.088	0.076	0.066	0.059
−21	0.194	0.146	0.117	0.097	0.083	0.073	0.065
−20	0.214	0.161	0.128	0.107	0.092	0.08	0.071
−19	0.235	0.177	0.141	0.118	0.101	0.088	0.078
−18	0.259	0.194	0.155	0.129	0.111	0.097	0.086
−17	0.284	0.213	0.171	0.142	0.122	0.107	0.095
−16	0.312	0.234	0.187	0.156	0.134	0.117	0.104
−15	0.343	0.257	0.206	0.171	0.147	0.128	0.114
−14	0.376	0.282	0.225	0.188	0.161	0.141	0.125
−13	0.412	0.309	0.247	0.206	0.176	0.154	0.137
−12	0.451	0.338	0.27	0.225	0.193	0.169	0.15
−11	0.493	0.37	0.296	0.246	0.211	0.185	0.164
−10	0.539	0.404	0.323	0.269	0.231	0.202	0.18
−9	0.589	0.441	0.353	0.294	0.252	0.221	0.196
−8	0.624	0.468	0.374	0.312	0.267	0.234	0.208
−7	0.701	0.526	0.421	0.35	0.3	0.263	0.234
−6	0.752	0.564	0.451	0.376	0.322	0.282	0.251
−5	0.834	0.625	0.5	0.417	0.357	0.312	0.278
−4	0.908	0.681	0.544	0.454	0.389	0.34	0.302
−3	0.988	0.741	0.592	0.494	0.423	0.37	0.329
−2	1.074	0.805	0.644	0.537	0.46	0.402	0.358
−1	1.168	0.876	0.7	0.583	0.5	0.437	0.389
0	1.269	0.951	0.761	0.634	0.543	0.475	0.422
1	1.366	1.024	0.819	0.682	0.585	0.511	0.455
2	1.455	1.091	0.872	0.727	0.623	0.545	0.484
3	1.576	1.181	0.945	0.787	0.674	0.59	0.524
4	1.691	1.268	1.014	0.845	0.724	0.633	0.563
5	1.814	1.36	1.087	0.906	0.776	0.679	0.604
6	1.945	1.458	1.166	0.971	0.832	0.728	0.647
7	2.084	1.562	1.249	1.04	0.892	0.78	0.693
8	2.233	1.673	1.338	1.114	0.955	0.835	0.742
9	2.389	1.79	1.431	1.192	1.022	0.894	0.794
10	2.557	1.915	1.531	1.276	1.093	0.956	0.85
11	2.734	2.048	1.638	1.364	1.169	1.023	0.909
12	2.923	2.189	1.75	1.458	1.249	1.093	0.971
13	3.121	2.338	1.869	1.557	1.334	1.167	1.037
14	3.333	2.496	1.996	1.662	1.424	1.246	1.107
15	3.557	2.664	2.13	1.774	1.52	1.329	1.181
16	3.794	2.841	2.271	1.891	1.621	1.417	1.26
17	4.044	3.028	2.42	2.016	1.727	1.51	1.342
18	4.309	3.226	2.578	2.147	1.839	1.609	1.43
19	4.591	3.437	2.746	2.287	1.959	1.714	1.523
20	4.888	3.659	2.923	2.434	2.085	1.824	1.621
21	5.202	3.893	3.111	2.59	2.219	1.94	1.724
22	5.533	4.14	3.308	2.754	2.359	2.063	1.833
23	5.881	4.4	3.515	2.927	2.507	2.192	1.948
24	6.251	4.677	3.736	3.11	2.664	2.33	2.07
25	6.641	4.967	3.967	3.303	2.829	2.474	2.198
26	7.052	5.274	4.212	3.506	3.003	2.626	2.333
27	7.485	5.597	4.469	3.72	3.186	2.786	2.475
28	7.941	5.937	4.741	3.946	3.379	2.954	2.625
29	8.422	6.296	5.026	4.183	3.582	3.132	2.782
30	8.93	6.673	5.327	4.433	3.796	3.319	2.948
31	9.461	7.069	5.643	4.695	4.02	3.515	3.122
32	10.024	7.488	5.976	4.972	4.257	3.721	3.306

续表

空气温度/℃	压缩空气工作压力/MPa						
	0.2	0.3	0.4	0.5	0.6	0.7	0.8
33	10.615	7.928	6.326	5.263	4.505	3.939	3.499
34	11.236	8.389	6.693	5.568	4.766	4.166	3.701
35	11.89	8.875	7.08	5.889	5.041	4.406	3.913
36	12.575	9.384	7.485	6.225	5.328	4.657	4.136
37	13.299	9.921	7.912	6.579	5.631	4.921	4.371
38	14.057	10.483	8.359	6.95	5.948	5.198	4.616
39	14.854	11.074	8.828	7.339	6.28	5.488	4.874
40	15.689	11.693	9.32	7.747	6.628	5.792	5.143
41	16.569	12.344	9.836	8.175	6.994	6.112	5.427
42	17.49	13.026	10.377	8.624	7.377	6.445	5.723
43	18.898	14.067	11.203	9.308	7.961	6.955	6.174
44	19.475	14.493	11.541	9.587	8.2	7.163	6.359
45	20.54	15.279	12.163	10.103	8.64	7.547	6.699
46	21.648	16.096	12.81	10.639	9.097	7.945	7.052
48	24.055	17.868	14.213	11.799	10.086	8.808	7.817
50	26.682	19.8	15.739	13.061	11.162	9.745	8.647
51	28.106	20.844	16.564	13.743	11.742	10.25	9.095
52	29.582	21.926	17.418	14.447	12.342	10.773	9.558
53	31.133	23.061	18.313	15.186	12.972	11.321	10.042
54	32.76	24.251	19.25	15.96	13.63	11.893	10.55
55	34.464	25.495	20.23	16.768	14.317	12.492	11.079

表 21-1-14 **露点转换表**

露点		湿度	露点		湿度	露点		湿度
℉	℃	(体积分数)/10^{-6}	℉	℃	(体积分数)/10^{-6}	℉	℃	(体积分数)/10^{-6}
−130	−90	0.1	−74	−59	12.3	−40	−40	128
−120	−84	0.25	−73	−58	13.3	−39	−39	136
−110	−79	0.63	−72	−58	14.3	−38	−39	144
−105	−76	1.00	−71	−57	15.4	−37	−38	153
−104	−76	1.08	−70	−57	16.6	−36	−38	164
−103	−75	1.18	−69	−56	17.9	−35	−37	174
−102	−74	1.29	−68	−56	19.2	−34	−37	185
−101	−74	1.40	−67	−55	20.6	−33	−36	196
−100	−73	1.53	−66	−54	22.1	−32	−36	210
−99	−73	1.66	−65	−54	23.6	−31	−35	222
−98	−72	1.81	−64	−53	25.6	−30	−34	235
−97	−72	1.96	−63	−53	27.5	−29	−34	250
−96	−71	2.15	−62	−52	29.4	−28	−33	265
−95	−71	2.35	−61	−52	31.7	−27	−33	283
−94	−70	2.54	−60	−51	34.0	−26	−32	300
−93	−69	2.76	−59	−51	36.5	−25	−32	317
−92	−69	3.00	−58	−50	39.0	−24	−31	338
−91	−68	3.28	−57	−49	41.8	−23	−31	358
−90	−68	3.53	−56	−49	44.6	−22	−30	378
−89	−67	3.84	−55	−48	48.0	−21	−29	400
−88	−67	4.15	−54	−48	51	−20	−29	422
−87	−66	4.50	−53	−47	55	−19	−28	448
−86	−66	4.78	−52	−47	59	−18	−28	475
−85	−65	5.30	−51	−46	62	−17	−27	500
−84	−64	5.70	−50	−46	67	−16	−27	530
−83	−64	6.20	−49	−45	72	−15	−26	560
−82	−63	6.60	−48	−44	76	−14	−26	590
−81	−63	7.20	−47	−44	82	−13	−25	630
−80	−62	7.80	−46	−43	87	−12	−24	660
−79	−62	8.40	−45	−43	92	−11	−24	700
−78	−61	9.10	−44	−42	98	−10	−23	740
−77	−61	9.80	−43	−42	105	−9	−23	780
−76	−60	10.5	−42	−41	113	−8	−22	820
−75	−59	11.4	−41	−41	119	−7	−22	870

1.3　气体的基本热力学与动力学规律

1.3.1　气体的状态变化及其热力学过程

表 21-1-15　　气体的状态变化及其热力学过程

<table>
<tr><td rowspan="6">气体的状态变化</td><td colspan="2">用以表示气体在某一瞬间物理特性的总标志称为气体的状态。在给定状态下表示物理特性所用的参数称为状态参数。常用温度、绝对压力和比容(或密度)作为气体的基本状态参数。此外,还有内能、焓和熵也是气体的状态参数</td></tr>
<tr><td>基本状态和标准状态</td><td>在温度为 273K,绝对压力在标准大气压条件下,干空气的状态称为基准状态
在温度为 293K,绝对压力在 1bar,相对湿度为 65%条件下,空气的状态称为标准状态</td></tr>
<tr><td>完全气体和完全气体的状态方程</td><td>假想一种气体,它的分子是一些弹性的、不占据体积的质点,各分子之间无相互作用力,这样一种气体称为完全气体。完全气体在任一平衡状态时,各基本状态参数之间的关系为
$$pV=RT$$
或 $pV=mRT$(称为完全气体的状态方程式)</td></tr>
<tr><td>实际气体与完全气体的差别</td><td>上述完全气体实际上是不存在的。任何实际气体,各分子间有相互作用力,且分子占有一定体积,因而具有内摩擦力和黏性,实际气体的密度越大,与完全气体的差别也越大。实际气体不遵循完全气体的状态方程式,它只在温度不太低、压力不太高的条件下近似地符合完全气体的状态方程式
在工程计算中,为考虑实际气体与完全气体的差别,常引入修正系数 Z(称为压缩率),这时实际气体的状态方程式可写成
$$pV=ZRT$$</td></tr>
<tr><td colspan="2">下表为奥托(Otto)等测定的空气的压缩率值。由该表可知,在气动技术所使用的压力范围(≤2MPa)内,压缩率值几乎等于 1。因此,在气动系统的计算中,可以把压缩空气看作完全气体
空气的压缩率 $Z=pV/RT$</td></tr>
<tr><td colspan="2"><table>
<tr><td rowspan="2">温度 t/℃</td><td colspan="6">压力 p/MPa</td></tr>
<tr><td>0</td><td>1</td><td>2</td><td>3</td><td>5</td><td>10</td></tr>
<tr><td>0</td><td>1</td><td>0.9945</td><td>0.9895</td><td>0.9851</td><td>0.9779</td><td>0.9699</td></tr>
<tr><td>50</td><td>1</td><td>0.9990</td><td>0.9984</td><td>0.9981</td><td>0.9986</td><td>1.0057</td></tr>
<tr><td>100</td><td>1</td><td>1.0012</td><td>1.0027</td><td>1.0045</td><td>1.0087</td><td>1.0235</td></tr>
<tr><td>200</td><td>1</td><td>1.0031</td><td>1.0064</td><td>1.0097</td><td>1.0168</td><td>1.0364</td></tr>
</table></td></tr>
<tr><td rowspan="6">完全气体状态变化的热力学过程</td><td colspan="2">在气动技术中,为简化分析,假定压缩空气为完全气体,实际过程为准平衡过程或近似可逆过程,且在过程中工质的比热容保持不变,根据环境条件和过程延续时间不同,将过程简化为参数变化,具有简单规律的一些典型过程,即定容过程、定压过程、等温过程、绝热过程和多变过程,这些典型过程称为基本热力过程</td></tr>
<tr><td>定容过程</td><td>一定质量的气体,若其状态变化是在体积不变的条件下进行的,则称为定容过程。由完全气体的状态方程式 $pV=MRT$,可得定容过程的方程为
$$\frac{p_1}{T_1}=\frac{p_2}{T_2}$$</td></tr>
<tr><td>定压过程</td><td>一定质量的气体,若其状态变化是在压力不变的条件下进行的,则称为定压过程。由 $pV=MRT$,可得定压过程的方程为
$$\frac{V_1}{V_2}=\frac{T_1}{T_2}$$</td></tr>
<tr><td>等温过程</td><td>一定质量的气体,若其状态变化是在温度不变的条件下进行的,则称为等温过程。由式 $pV=MRT$,可得等温过程的方程为
$$p_1V_1=p_2V_2$$</td></tr>
<tr><td>绝热过程</td><td>一定质量的气体,若其状态变化是在与外界无热交换的条件下进行的,则称为绝热过程。由热力学第一定律式 $dq=du+pdV$ 和完全气体的状态方程 $pV=RT$ 整理可得绝热过程的方程为
$$pV^{\gamma}=常数$$
或 $p/\rho^{\gamma}=常数$,$p/T^{\frac{\gamma}{\gamma-1}}=常数$,其中 γ 为比热容比</td></tr>
<tr><td>多变过程</td><td>一定质量的气体,若基本状态参数 p、V 和 T 都在变化,与外界也不是绝热的,这种变化过程为多变过程。由热力学第一定律式 $dq=du+pdV$ 和完全气体的状态方程 $pV=RT$ 整理可得多变过程的方程为
$$pV^{n}=常数$$
式中,n 为多变指数
当多变指数值 n 为 ±∞、0、1、k 时,则多变过程分别为定容、定压、定温和绝热过程。将这些过程曲线作在右图所示同一 p-V 和 T-s 图上,由图可以看出 n 值的变化趋势
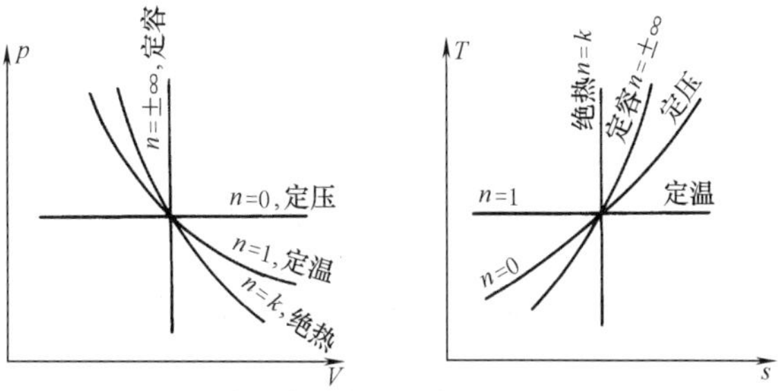

各基本热力过程曲线对比</td></tr>
</table>

1.3.2 气体的基本动力学规律

表 21-1-16 气体的基本动力学规律

名称	方程、参数
连续性方程	连续性方程是质量守恒定律在流体流动中的应用，即 $$\left.\begin{array}{l} q_m=\rho uA=常数 \\ d(\rho uA)=0 \end{array}\right\}$$ 式中 q_m——流动每个截面的气体质量流量 ρ,u——气体的密度和平均流速 A——管道的截面积 对于截面 1、2，可写成 $$q_m=\rho_1 u_1 A_1=\rho_2 u_2 A_2$$
能量方程	(1)理想流体的能量方程(不计黏性) $$Q-W=\frac{u_2^2-u_1^2}{2}+\left(\frac{p_2}{\rho_2}-\frac{p_1}{\rho_1}\right)+g(z_2-z_1)+(e_2-e_1)$$ 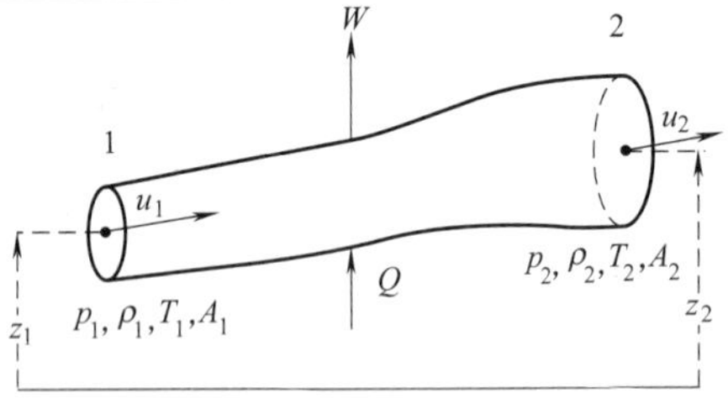 式中 Q——单位质量流体的热交换，J/kg W——单位质量流体对外做功，J/kg p_1,p_2——1、2 两截面的压力，Pa z_1,z_2——1、2 两截面中心的位置，m e_1,e_2——1、2 两截面单位质量的内能，J/kg g——重力加速度，m/s² (2)可压缩理想流体的连续性方程(不考虑热交换和做功) 上式中 $Q=W=0$，$e_2-e_1=c_V(T_2-T_1)$，$z_1=z_2$ 得 $$\frac{u_2^2-u_1^2}{2}+\left(\frac{p_2}{\rho_2}-\frac{p_1}{\rho_1}\right)+c_V(T_2-T_1)=0$$ 将 $c_V=R/(\gamma-1)$ 代入，得 $$\frac{u_2^2-u_1^2}{2}+\frac{\gamma}{\gamma-1}\left(\frac{p_2}{\rho_2}-\frac{p_1}{\rho_1}\right)=0$$ 即 $$\frac{u^2}{2}+\frac{\gamma}{\gamma-1}\times\frac{p}{\rho}=常数$$ 等熵时，有 $$\frac{u_2^2-u_1^2}{2}=\frac{\gamma}{\gamma-1}\times\frac{p_1}{\rho_1}\left[1-\left(\frac{p_2}{\rho_1}\right)^{\frac{\gamma-1}{\gamma}}\right]$$ (3)不可压缩且考虑黏性损失时，有 $$\frac{u^2}{2}+\frac{p}{\rho}+\lambda\frac{L}{d}\times\frac{u^2}{2}=常数$$ 式中 λ——管道的沿程损失系数 L,d——管道的长度和内径，m

1.3.3 气体通过收缩喷嘴或小孔的流动

在气动技术中，往往将气流所通过的各种气动元件抽象成一个收缩喷嘴或节流小孔来计算，然后再作修正。

在计算时，假定气体为完全气体，收缩喷嘴中气流的速度远大于与外界进行热交换的速度，且可忽略摩擦损失，因此，可将喷嘴中的流动视为等熵流动。

图 21-1-3 为空气从大容器（或大截面管道）Ⅰ经收缩喷嘴流向腔室Ⅱ。相比之下容器Ⅰ中的流速远小于喷嘴中的流速，可视容器Ⅰ中的流速 $u_0=0$。设容器Ⅰ中气体的滞止参数 p_0、ρ_0、T_0 保持不变，腔室Ⅱ中参数为 p、ρ、T，喷嘴出口截面积为 A，出口截面的气体参数为 p_e、ρ_e、T_e。改变 p 时，喷嘴中的流动状态将发生变化。

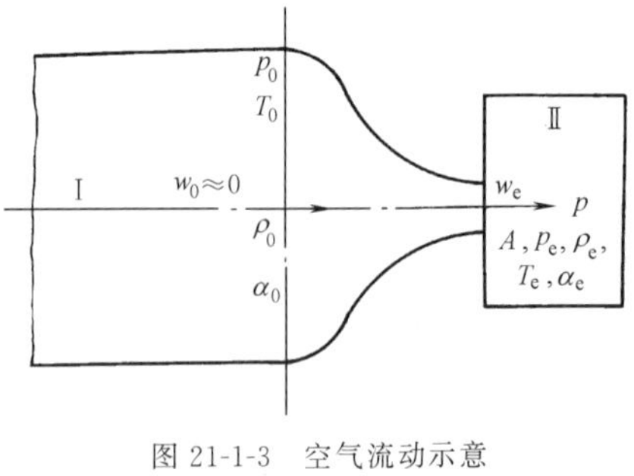

图 21-1-3 空气流动示意

当 $p=p_0$ 时，喷嘴中气体不流动。

当 $p/p_0>0.528$ 时，喷嘴中气流为亚声速流，这种流动状态称为亚临界状态。这时腔室Ⅱ中的压力扰动波将以声速传到喷嘴出口，使出口截面的压力 $p_e=p$，这

时改变压力 p 即改变了 p_e，影响整个喷嘴中的流动。在这种情况下，由能量方程式得出口截面的流速为

$$u_e=\sqrt{\frac{2\gamma}{\gamma-1}R(T_0-T)}=\sqrt{\frac{2\gamma}{\gamma-1}RT_0\left[1-\left(\frac{p}{p_0}\right)^{\frac{\gamma-1}{\gamma}}\right]}\quad(\mathrm{m/s})\tag{21-1-1}$$

由连续性方程和关系式 $\rho_e=\rho_0\left(\frac{p_e}{p_0}\right)^{\frac{1}{\gamma}}$ 可得流过喷嘴的质量流量计算公式

$$Q_m=SP_0\sqrt{\frac{2\gamma}{RT_0(\gamma-1)}\left[\left(\frac{p}{p_0}\right)^{\frac{2}{\gamma}}-\left(\frac{p}{p_0}\right)^{\frac{\gamma+1}{\gamma}}\right]}\ (\mathrm{kg/s})\tag{21-1-2}$$

式中　S——喷嘴有效面积，m^2，$S=\mu A$；
μ——流量系数，$\mu<1$，由实验确定；
p_0，p_e，p——喷嘴前、喷嘴出口截面和室Ⅱ中的绝对压力，Pa，对于亚声速流，$p_e=p$；
T_0——喷嘴前的滞止温度，K。

式（21-1-2）中可变部分

$$\varphi\left(\frac{p}{p_0}\right)=\sqrt{\left(\frac{p}{p_0}\right)^{\frac{2}{\gamma}}-\left(\frac{p}{p_0}\right)^{\frac{\gamma+1}{\gamma}}}$$

称为流量函数。它与压力比（p/p_0）的关系曲线如图 21-1-4 所示，其中 p/p_0 在 0～1 范围内变化，当流量达到最大值时，记为 Q_{m*}，此时临界压力比为 σ_*

$$\sigma_*=\frac{p_*}{p_0}=\left(\frac{2}{\gamma+1}\right)^{\frac{\gamma}{\gamma+1}}\tag{21-1-3}$$

对于空气，$\gamma=1.4$，$\sigma_*=0.528$。

当 $p/p_0\leqslant\sigma_*$ 时，由于 p 减小产生的扰动是以声速传播的，但出口截面上的流速也是以声速向外流动，故扰动无法影响到喷嘴内。这就是说，p 不断下降，但喷嘴内流动并不发生变化，则 Q_{m*} 也不变，这时的流量也称为临界流量 Q_{m*}。当 $p/p_0=\sigma_*$ 时的流动状态为临界状态。临界流量 Q_{m*} 为

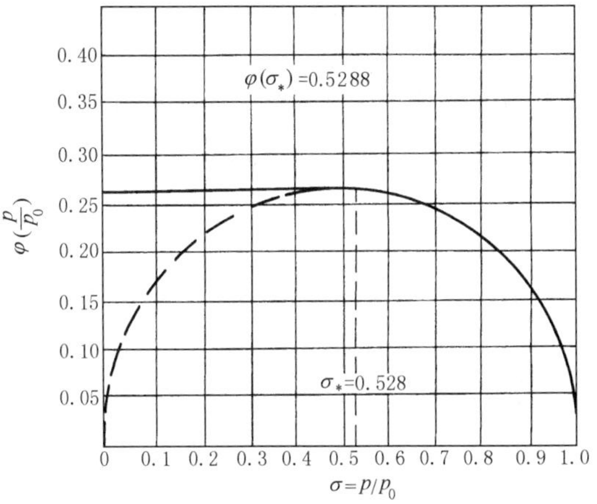

图 21-1-4　流量函数与压力比关系曲线

$$Q_{m*}=Sp_0\sqrt{\frac{\gamma}{RT_0}}\left(\frac{2}{\gamma+1}\right)^{\frac{\gamma+1}{2(\gamma-1)}}\quad(\mathrm{kg/s})\tag{21-1-4}$$

声速流的临界流量 Q_{m*} 只与进口参数有关。

若考虑空气的 $\gamma=1.4$，$R=287.1\mathrm{J/(kg\cdot K)}$，则在亚声速流（$p/p_0>0.528$）时的质量流量为

$$Q_m=0.156Sp_0\varphi(p/p_0)/\sqrt{T}\quad(\mathrm{kg/s})$$

在 $p/p_0\leqslant0.528$，即声速流的质量流量为

$$Q_m=4.04\times10^{-2}Sp_0/\sqrt{T}\quad(\mathrm{kg/s})$$

在工程计算中，有时用体积流量，其值因状态不同而异。为此，均应转化成标准状态下的体积流量。

当 $p/p_0>0.528$ 时，标准状态下的体积流量为

$$Q_V=454Sp_0\varphi\left(\frac{p}{p_0}\right)\sqrt{\frac{293}{T_0}}\quad(\mathrm{L/min})$$

当 $p/p_0\leqslant0.528$ 时，标准状态下的体积流量为

$$Q_{V*}=454Sp_0\sqrt{\frac{293}{T_0}}\quad(\mathrm{L/min})$$

各式中符号的意义和单位与式（21-1-2）相同。

1.3.4　容器的充气和放气特性

表 21-1-17　　容器的充气和放气特性

充放气系统模型	图(a)为充放气系统模型，设从具有恒定参数的气源向腔室充气，同时又有气体从腔室排出，腔室中参数为 p、ρ、T，由热力学第一定律可写出 $$\mathrm{d}Q+h_s\mathrm{d}M_s=\mathrm{d}U+\mathrm{d}W+h\mathrm{d}M\quad(21\text{-}1\text{-}5)$$ 式中　h_s，h——流进、流出腔室 1kg 气体所带进、带出的能量（即比焓） $\mathrm{d}M_s$——气源流进腔室的气体质量 $\mathrm{d}M$——从腔室流出的气体质量 $\mathrm{d}U$——室内气体内能增量 $\mathrm{d}W$——室内气体所做的膨胀功 $\mathrm{d}Q$——室内气体与外界交换的热量	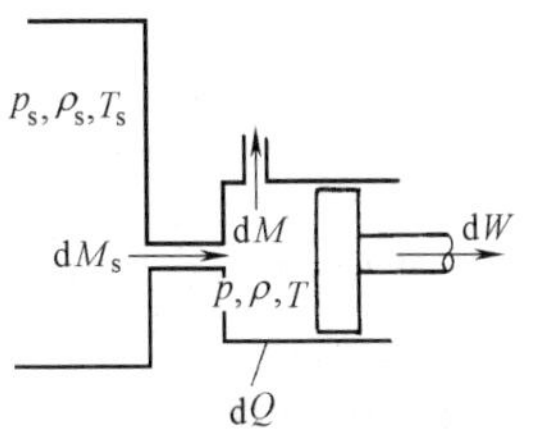 图(a)　变质量系统模型

续表

气容的放气过程

在气动系统中，有容积可变的变积气容，如活塞运动时的气缸腔室、波纹管腔室等；也有容积不变的定积气容，如储气罐、活塞不动时的气缸腔室等

图(b)所示为容积 $V(m^3)$ 的容器向大气放气过程。设放气开始前容器已充满，其初始气体参数 p_s、ρ_s、T_s，放气孔口的有效面积 $S=\mu A(m^2)$，放气过程中容器内气体状态参数用 p、ρ、T 表示

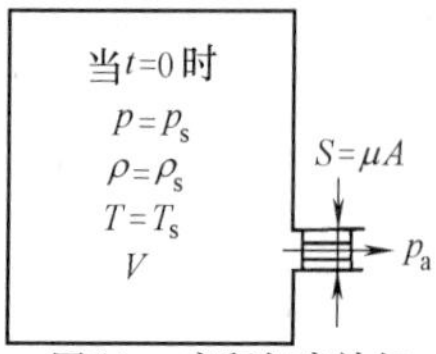

图(b)　定积气容放气

气容的绝热放气过程

绝热放气的能量方程

若放气时间很短，室内气体来不及与外界进行热交换，这种放气过程称为绝热放气。对于绝热放气，$dQ=0$，若只放气无充气，则 $dM_s=0$，由式(21-1-5)可得

$$-\gamma RT dM=\gamma p dV+V dp \tag{21-1-6}$$

式(21-1-6)即为有限容积(包括定积和变积)气容的绝热放气能量方程式

在放气过程中，气体流经放气孔口的时间很短，且不计其中的摩擦损失，可认为放气孔口中的流动为等熵流动，故容器内气体温度为

$$T=T_s\left(\frac{p}{p_s}\right)^{\frac{\gamma-1}{\gamma}} \tag{21-1-7}$$

定积气容绝热放气时间计算

从压力 p_1 开始，到压力 p_2 为止的放气时间

$$t=\frac{0.431V}{S\sqrt{T_s}\left(\frac{p_a}{p_s}\right)^{\frac{\gamma-1}{2\gamma}}}\left[\varphi_1\left(\frac{p_a}{p_2}\right)-\varphi_1\left(\frac{p_a}{p_1}\right)\right]\ (s) \tag{21-1-8}$$

式中　S——放气孔口有效面积，m^2

T_s——容器中空气的初始温度，K

V——定积气容的容积，m^3

p_a/p——孔口下游与上游的绝对压力比

当 $0<p_a/p\leqslant 0.528$ 时　$\varphi_1(p_a/p)=(p_a/p)^{\frac{\gamma-1}{2\gamma}}$

当 $0.528<p_a/p<1$ 时

$$\varphi_1\left(\frac{p_a}{p}\right)=\sigma_*^{\frac{\gamma-1}{2\gamma}}+0.037\int_{p_a/p_*}^{p_a/p}\frac{d(p_a/p)}{(p_a/p)^{\frac{\gamma+1}{2\gamma}}\varphi(p_a/p)}$$

与计时起点和终点压力比对应的值，均可由图(c)直接得出。若 $p_a/p_s<0.528$，式中分母 $(p_a/p_s)^{\frac{\gamma-1}{2\gamma}}=\varphi_1(p_a/p_s)$ 亦可由图(c)确定

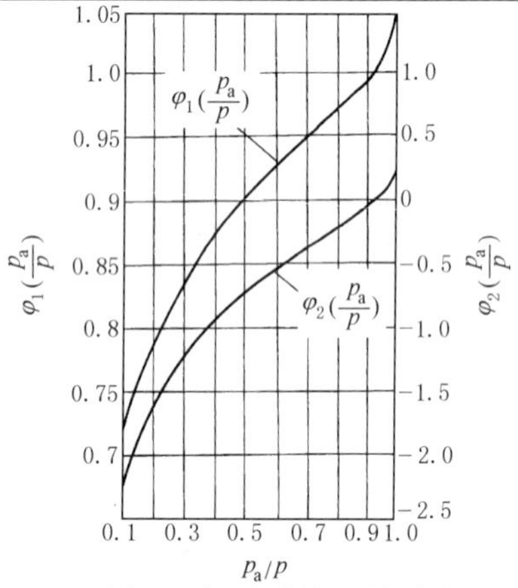

图(c)　定积气容放气时间计算用曲线 $\varphi_1(p_a/p)$ 和 $\varphi_2(p_a/p)$

定积气容等温放气时间计算

当气容放气很缓慢，持续时间很长，室内气体通过器壁能与外界进行充分的热交换，使得容器内气体温度保持不变，即 $T=T_s$，这种放气过程称为等温放气过程。在等温放气条件下，气流通过放气孔口的时间很短，来不及热交换，且不计摩擦损失，仍可视为等熵流动

在等温条件下，从压力 p_1 到压力 p_2 为止的等温放气时间为

$$t=\frac{0.08619V}{S\sqrt{T_s}}\left[\varphi_2\left(\frac{p_a}{p_2}\right)-\varphi_2\left(\frac{p_a}{p_1}\right)\right]\ (s) \tag{21-1-9}$$

式中，V、S、T_s、p_a/p 的意义和单位同式(21-1-8)

当 $0<p_a/p<0.528$ 时 $\varphi_2(p_a/p)=\ln(p_a/p)$

当 $0.528<p_a/p<1$ 时

$$\varphi_2\left(\frac{p_a}{p}\right)=\ln\frac{p_a}{p_*}+0.2588\int_{p_a/p_*}^{p_a/p}\frac{d(p_a/p)}{(p_a/p)\varphi(p_a/p)}$$

与计时起点和终点压力比对应的 $\varphi_2(p_a/p)$ 值均可由图(c)直接确定

气容绝热的充气过程

如图(d)所示容积的容器，由具有恒定参数 p_s、ρ_s、T_s 的气源，经过有效面积 S 的进气孔口向容器充气，充气过程中容器内气体状态参数用 p、ρ、T 表示

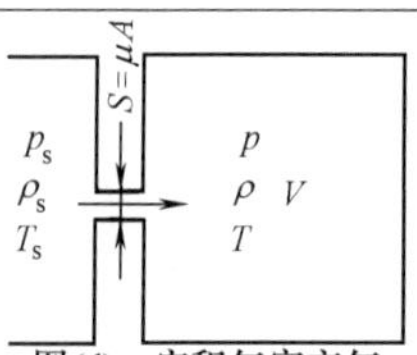

图(d)　定积气容充气

绝热充气的能量方程

假定容器的充气过程进行得很快，室内气体来不及与外界进行热交换，这样的充气过程称为绝热充气过程

对绝热充气，$dQ=0$，若只充气无放气，则 $dM=0$，由式(21-1-5)可得

$$\gamma RT_s dM_s=V dp+\gamma p dV \tag{21-1-10}$$

此式即为恒定气源向有限容积(包括定积和变积)气容绝热充气的能量方程。此式与式(21-1-6)有很大区别，由此式不能得出充气过程为等熵过程的结论

绝热充气过程中，多变指数 $n=\gamma T_s/T$。当充气开始时，容器内气体和气源温度均为 T_s，多变指数 $n=\gamma$，接近于等熵过程；随着充气的继续进行，容器内压力和温度升高，n 减小，当压力和温度足够高时，$n\to 1$，接近等温过程

对于定积过程，若容器内初始压力 p_0，初始温度 T_s，则绝热充气至压力 p 时容器内的温度为

$$T=\gamma T_s\Big/\left[1+\frac{p_0}{p}(\gamma-1)\right] \tag{21-1-11}$$

第21篇

续表

<table>
<tr><td rowspan="2">气容绝热的充气过程</td><td>定积气容绝热充气时间计算</td><td>对于定积气容，在充气过程中，气体流经气孔口的时间很短，且不计摩擦影响，可认为气体在进气孔口中的流动为等熵流动，可得从压力 p_1 开始，到压力 p_2 为止的绝热充气时间为
$$t=\frac{6.156\times10^{-2}V}{\sqrt{T_s}S}\left[\varphi_1\left(\frac{p_2}{p_s}\right)-\varphi_1\left(\frac{p_1}{p_s}\right)\right]\quad(\mathrm{s})\qquad(21\text{-}1\text{-}12)$$
当 $0<p/p_s<0.528$ 时　$\varphi_1(p/p_s)=p/p_s$
当 $0.528<p/p_s<1$ 时
$$\varphi_1\left(\frac{p}{p_s}\right)=0.528+1.8116\left[\sqrt{1-\left(\frac{p_*}{p_s}\right)^{\frac{\gamma-1}{\gamma}}}-\sqrt{1-\left(\frac{p}{p_s}\right)^{\frac{\gamma-1}{\gamma}}}\right]$$
函数 $\varphi_1(p/p_s)$ 的值可由图(e)直接确定
式中　V——定积气容的容积，m^3
S——进气孔口有效面积，m^2
T_s——充气气源的温度，K
p/p_s——进气孔口下游与上游的绝对压力比
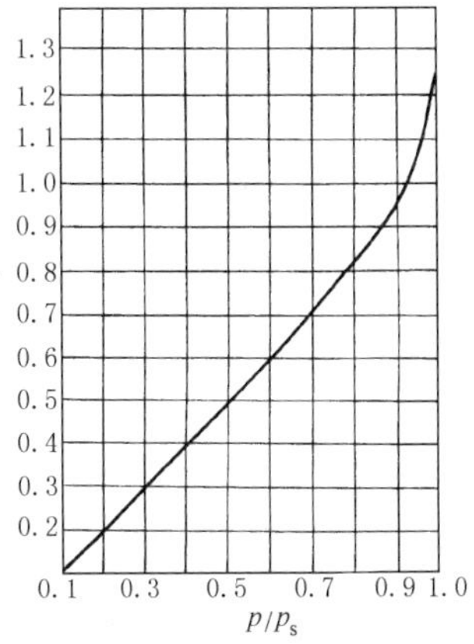

图(e)　定积气容充气时间计算用曲线 $\varphi_1(p/p_s)$</td></tr>
<tr><td>容积气容等温充气时间计算</td><td>当充气过程持续时间很长，腔内气体可与外界进行充分的热交换，使腔内气体温度保持不变，$T=T_s$ 时，这种充气过程称为等温充气过程。在等温充气过程中，气流通过进气孔口时间很短，来不及热交换，且不计摩擦影响，仍可视为等熵流动
定积气容等温充气过程从压力 p_1 开始至压力 p_2 为止的等温充气时间
$$t=\frac{0.08619V}{\sqrt{T_s}S}\left[\varphi_1\left(\frac{p_2}{p_s}\right)-\varphi_1\left(\frac{p_1}{p_s}\right)\right]\quad(\mathrm{s})\qquad(21\text{-}1\text{-}13)$$
式中各符号的意义和单位与式(21-1-12)同，函数值 $\varphi_1(p/p_s)$ 亦可由图(e)直接确定</td></tr>
</table>

1.3.5　气阻和气容的特性及计算

表 21-1-18　　气阻和气容的特性及计算

<table>
<tr><td colspan="4">分类</td><td colspan="2">特性及计算公式</td><td>符号意义</td></tr>
<tr><td rowspan="6">气阻</td><td rowspan="5">气阻结构形式</td><td rowspan="3">按工作特征</td><td>恒定</td><td rowspan="5">气阻</td><td>如毛细管、薄壁孔</td><td rowspan="5">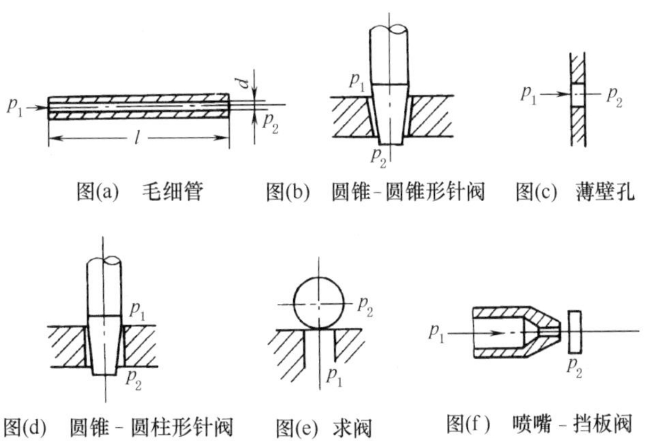

图(a)　毛细管　图(b)　圆锥-圆锥形针阀　图(c)　薄壁孔
图(d)　圆锥-圆柱形针阀　图(e)　求阀　图(f)　喷嘴-挡板阀
常用气阻形式</td></tr>
<tr><td>可变</td><td>喷嘴-挡板阀、球阀</td></tr>
<tr><td>可调</td><td>针阀</td></tr>
<tr><td rowspan="2">按流量特征</td><td>线性</td><td>流动状态为层流，其流量与压力降成正比，因而气阻 $R=\Delta p/Q_m$ 为常数</td></tr>
<tr><td>非线性</td><td>流动状态为紊流，其流量与压力降的关系是非线性的</td></tr>
<tr><td colspan="2">毛细管恒节流孔线性气阻</td><td colspan="2">压缩空气流经毛细管时为层流流动，其质量流量 Q_m、体积气阻 R_V 和质量气阻 R_m 为
$$Q_m=\frac{\pi d^4\rho}{128\mu l\varepsilon}\Delta p\quad(\mathrm{kg/s})$$
$$R_V=\frac{128\varepsilon\mu l}{\pi d^4}\quad(\mathrm{N\cdot s/m^5})\qquad R_m=\frac{128\varepsilon\mu l}{\pi d^4\rho}\quad(\mathrm{Pa\cdot s/kg})$$</td><td>Δp——气阻前后压力降，Pa
$\Delta p=p_1-p_2$
d，l——气阻直径和长度，m
ε——修正系数，其值见下表</td></tr>
</table>

续表

<table>
<tr><th colspan="2">分类</th><th colspan="9">特 性 及 计 算 公 式</th><th colspan="5">符 号 意 义</th></tr>
<tr><td rowspan="5">气
阻</td><td rowspan="3"></td><td colspan="14">毛细管气阻修正系数 ε</td></tr>
<tr><td>l/d</td><td></td><td>500</td><td>400</td><td>300</td><td>200</td><td>100</td><td>80</td><td>60</td><td>40</td><td>30</td><td>20</td><td>15</td><td>10</td></tr>
<tr><td>ε</td><td>1</td><td>1.03</td><td>1.05</td><td>1.06</td><td>1.09</td><td>1.16</td><td>1.25</td><td>1.31</td><td>1.47</td><td>1.59</td><td>1.86</td><td>2.13</td><td>2.73</td></tr>
<tr><td>薄壁孔
恒节流孔
非线性气阻</td><td colspan="9">长径比 l/d 很小的恒节流孔称为薄壁孔，压缩空气流过薄壁孔时为紊流流动，其质量流量 Q_m、体积气阻 R_V 和质量气阻 R_m 为
$$Q_m = \mu A\sqrt{2\rho\Delta p}\quad (\mathrm{kg/s})$$
$$R_V = \rho\omega/(2\mu A)\quad (\mathrm{N \cdot s/m^5})$$
$$R_m = \omega/(2\mu A)\quad (\mathrm{Pa \cdot s/kg})$$</td><td colspan="5">ω ——薄壁孔中的平均流速，m/s
A ——薄壁孔流通面积，m^2
μ ——流量系数，由实验确定，一般估算时，若取 p_1 为上游压力，p_2 为节流孔下游较远处的压力，可取 μ＝0.6</td></tr>
<tr><td>环形缝隙式
可调线性
气阻</td><td colspan="9">图(b)所示圆锥-圆锥形针阀的流通通道为一环形缝隙，流体在其中的流动状态为层流，其质量流量、体积气阻和质量气阻为
$$Q_m = \frac{\pi d\delta^3\rho\varepsilon}{12\mu l}\Delta p\quad (\mathrm{kg/s})$$
$$R_V = \frac{128\mu l}{\pi d\delta^3\varepsilon}\quad (\mathrm{N \cdot s/m^5})$$
$$R_m = \frac{128\mu l}{\pi d\delta^3\rho\varepsilon}\quad (\mathrm{Pa \cdot s/kg})$$
质量流量 Q_m 计算式也适用于气缸与活塞、滑阀等环形缝隙的泄漏量计算</td><td colspan="5">ε ——偏心修正系数，$\varepsilon = l + 1.5e/\delta$
e ——阀芯与阀孔的偏心量，m
δ ——缝隙的平均径向间隙，m
d,l ——缝隙的平均直径和长度，m
μ ——空气的动力黏度，Pa·s</td></tr>
<tr><td>气
容</td><td colspan="10">由于气体可压缩，在一定容积腔室中所容的气体量将因压力不同而异。因而在气动系统中，凡能储存或放出气体的空间(各种腔室、容器和管道)均有气容的性质，有定积气容和可调气容之分。而可调气容在调定后的工作过程中，其容积也是不变的
一气室的气容在数量上就等于气室内发生单位压力变化所允许的气量变化值
$$C_m = \frac{\int Q_m \mathrm{d}t}{\Delta p} = \frac{\mathrm{d}M}{\mathrm{d}p}$$
工作过程中容积不变的多变质量气容和体积气容为
$$C_m = \frac{V}{nRT}\quad (\mathrm{s^2 \cdot m})$$
$$C_V = \frac{V}{\rho nRT}\quad (\mathrm{m^5/N})$$</td><td colspan="5">V ——气室的容积，m^3
n ——多变指数。多变指数依压力变化快慢而定。如变化很慢，能充分热交换时，视为等温过程 $n=1$；当变化很快，来不及进行热交换时，视为绝热过程 $n=\gamma=1.4$。实际气容在 1～1.4 之间，低频信号可取 $n=1$，高频信号可取 $n=1.4$</td></tr>
</table>

1.3.6 管路的压力损失

表 21-1-19 是空气压力损失的系数值，根据管道尺寸和标准立方英尺每分钟（SCFM，英制流量单位），从表中查找系数。将系数除以压缩比。然后将得到的数字乘以管道的实际长度（以英尺为单位），然后除以 1000。此结果是以 psi 为单位的压力损失。读者可通过公式将 psi 单位换算为 MPa。

压缩比为：

压缩比＝(表压＋14.7)/ 14.7(psi 单位)

压力损失为：

压力损失(psi)＝因子/压缩比×管道长度(ft)/ 1000

表 21-1-19　压力损失系数表

流量/SCFM	管路尺寸(美国标准 60°锥管螺纹，NPT)/in							
	½	¾	1	1¼	1½	1¾	2	2½
5	12.7	1.2	0.5					
10	50.7	7.8	2.2	0.5				
15	114	17.6	4.9	1.1				
20	202	30.4	8.7	2.0				
25	316	50.0	13.6	3.2	1.4	0.7		

续表

流量/SCFM	管路尺寸(美国标准 60°锥管螺纹,NPT)/in						
	½	¾	1	1¼	1½	1¾	2	2½
30	456	70.4	19.6	4.5	2.0	1.1		
35	621	95.9	26.6	6.2	2.7	1.4		
40	811	125	34.8	8.1	3.6	1.9		
45		159	44.0	10.2	4.5	2.4	1.2	
50		196	54.4	12.6	5.6	2.9	1.5	
60		282	78.3	18.2	8.0	4.2	2.2	
70		385	106	24.7	10.9	5.7	2.9	1.1
80		503	139	32.3	14.3	7.5	3.8	1.5
90		646	176	40.9	18.1	9.5	4.8	1.9
100		785	217	50.5	22.3	11.7	6.0	2.3
110		950	263	61.1	27.0	14.1	7.2	2.8
120			318	72.7	32.2	16.8	8.6	3.3
130			369	85.3	37.6	19.7	10.1	3.9
140			426	98.9	43.8	22.9	11.7	1.4
150			490	113	50.3	26.3	13.4	5.2
160			570	129	57.2	29.9	15.3	5.9
170			628	146	64.6	33.7	17.6	6.7
180			705	163	72.6	37.9	19.4	7.5
190			785	177	80.7	42.2	21.5	8.4
200			870	202	89.4	46.7	23.9	9.3
220				244	108	56.5	28.9	11.3
240				291	128	67.3	34.4	13.4
260				341	151	79.0	40.3	15.7
280				395	175	91.6	46.8	18.2
300				454	201	105	53.7	20.9

另外，知道管路的内径、通过管路的流量和空气压力，也可以通过绘图法近似计算出管路的压力损失，见图 21-1-5。

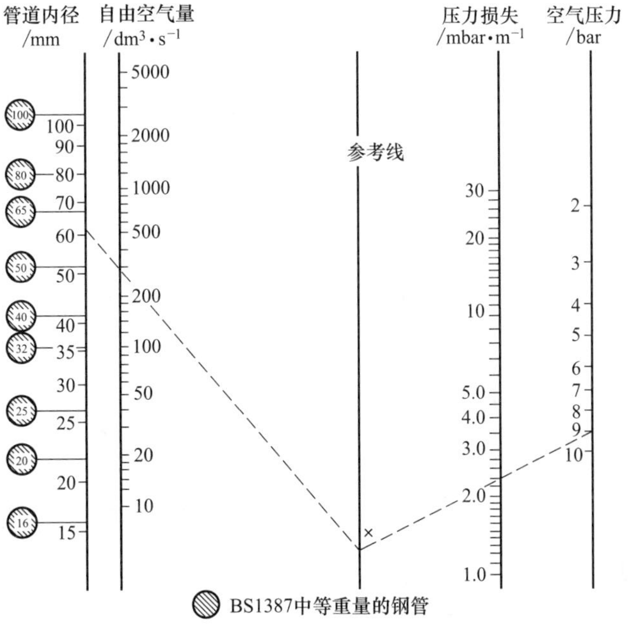

图 21-1-5　作图法求压力损失

1.3.7 由于管路配件引起的压力损失

通过螺纹连接的接头的压力损失以相同直径的等效直管的长度来表示，见表 21-1-20。例如，15mm 闸阀流动阻力与 0.107m 的直管相同。

表 21-1-21 为每 30m 直管由于弯头引起的压力损失。

表 21-1-20 通过管路配件的压力损失（等效为直管管路长度） m

配件类型	公称管路尺寸/mm									
	15	20	25	32	40	50	65	80	100	125
弯头	0.26	0.37	0.49	0.67	0.76	1.07	1.37	1.83	2.44	3.20
90°弯管(长)	0.15	0.18	0.24	0.38	0.46	0.61	0.76	0.91	1.20	1.52
U 形弯头	0.46	0.61	0.76	1.07	1.20	1.68	1.98	2.60	3.66	4.88
截止阀	0.76	1.07	1.37	1.98	2.44	3.36	3.96	5.18	7.32	9.45
闸阀	0.107	0.14	0.18	0.27	0.32	0.40	0.49	0.64	0.91	1.20
标准三通	0.12	0.18	0.24	0.38	0.40	0.52	0.67	0.85	1.20	1.52
贯穿式出口三通	0.52	0.70	0.91	1.37	1.58	2.14	2.74	3.66	4.88	6.40

表 21-1-21 每 30m 直管由于弯头引起的压力损失 bar

弯头角度	公称管径,内径/mm					
	12.7	19.1	25.4	31.8	38.1	50.8
90°	0.48	0.60	0.75	1.02	1.20	1.53
45°	0.22	0.28	0.35	0.47	0.56	0.71

1.3.8 由于管道摩擦引起的压力损失

对于每 30m 管路和初始 0.7MPa 压力下，由于管路摩擦所引起的压力损失见表 21-2-22。

表 21-1-22 由于管道摩擦引起的压力损失 bar

自由空气耗量/L·min^{-1}	等效压力空气耗量/L·min^{-1}	公称管道内径/mm					
		12.7	19.1	25.4	31.8	38.1	50.8
300	37	0.027	0.006	0.002	0.0005		
600	75	0.100	0.024	0.007	0.0018	0.0008	
850	110	0.220	0.053	0.016	0.0039	0.0018	
1150	150	0.390	0.090	0.027	0.0067	0.0031	0.0009
1400	180	0.608	0.140	0.042	0.010	0.0047	0.0014
1700	218		0.200	0.059	0.015	0.0067	0.0019
2000	255		0.270	0.079	0.020	0.0091	0.0025
2300	290		0.350	0.100	0.025	0.0110	0.0032
2550	330		0.450	0.130	0.032	0.0140	0.0041
3000	364		0.550	0.155	0.038	0.0160	0.0049
3500	455		0.870	0.240	0.060	0.0270	0.0075
4250	540		1.270	0.346	0.065	0.0380	0.0105
5000	640			0.480	0.115	0.0510	0.0140
5700	730			0.615	0.150	0.0670	0.0180
7000	900				0.232	0.1040	0.0280
8500	1100				0.332	0.1480	0.0400
10000	1300				0.455	0.2000	0.0540
11000	1500				0.585	0.2600	0.0700
13000	1700					0.3260	0.0890
14000	1855					0.4100	0.1090
17000	2250					0.5950	0.1560
20000	2620						0.2100
23000	3000						0.2800
25000	3400						0.3550
30000	3760						0.4350

1.3.9 通过孔口的流量

若孔口直径（英寸）和供气压力（表压力）已知，当排放压力 1bar，温度为 20℃，通过孔口的流量（L/min）见表 21-1-23。

表 21-1-23　　通过孔口的流量　　L/min

供气压力/MPa（表压力）	孔口直径/in									
	1/32	1/16	3/32	1/8	5/32	3/16	7/32	1/4	9/32	5/16
0.031	32.4	127.2	283.2	507.0	798.0	1146.0	1560.0	2028.0	2541.0	3156.0
0.034	34.2	135.6	306.0	540.0	840.0	1230.0	1662.0	2160.0	2736.0	3360.0
0.036	36.6	143.4	322.8	571.2	891.0	1284.0	1761.0	2292.0	2976.0	3570.0
0.039	39.0	151.8	342.0	597.0	942.0	1356.0	1860.0	2418.0	3036.0	3768.0
0.041	40.8	159.6	360.0	636.0	993.0	1431.0	1962.0	2556.0	3204.0	3978.0
0.042	43.2	167.4	379.8	678.0	1044.0	1518.0	2061.0	2676.0	3372.0	4170.0
0.046	45.0	176.4	396.0	702.0	1095.0	1573.2	2163.0	2808.0	3528.0	4374.0
0.048	46.8	183.6	416.4	741.0	1146.0	1650.0	2142.0	2958.0	3690.0	4575.0
0.065	57.6	225.0	507.0	897.0	1401.0	2016.0	2760.0	3600.0	4518.0	5580.0
0.073	67.8	262.8	600.00	1062.0	1650.0	2385.0	3264.0	4251.0	534.0	6600.0

计算气体的流量是困难的，因为由于其可压缩性，其流量涉及许多参数。图 21-1-6 显示了通过 $1mm^2$ 孔口截面时压力和流量之间的关系。

由虚线以下的区域突出显示空气达到非常高速的区域，即接近声速（声波流）的速度，即使压差增加速度也不会再增加。在该区域内，曲线为一垂直线。

左侧的压力刻度表示输入和输出压力。在左边的第一条垂直线上表示零流量，输入和输出压力相同。对于 1 至 10bar 的输入压力，每条曲线表示输出压力如何随着流量的增加而减小。

若输入压力 6bar，压降为 1bar，输出压力 5bar，则按照 6bar 对应曲线找到它切割为 5bar 水平线的点。从该点垂直向下引线即可得到流量大约为 55.44L/min。这些输入和输出压力定义了标准体积流量 Q_n，可用于快速比较阀门的流量。

如果孔口的截面等于 5 mm^2，则将结果值乘以 5，即可得到通过该截面的流量。

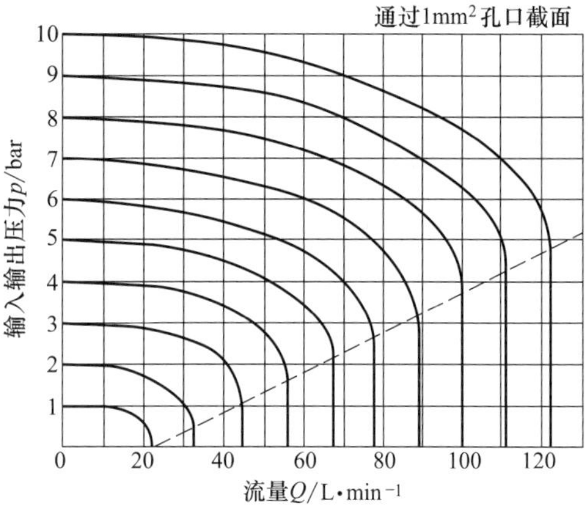

图 21-1-6　通过孔口的流量

1.3.10　气动元件的简化计算模型

表 21-1-24　　气动元件的简化计算模型

在气动系统中的所有元件，若没有明显的能量存储，都有一个从输入到输出的空气流量，其气流所有部件原则上可以被视为孔口（限流器）。阀门、管道、接头、过滤器等的质量流量可根据公式计算

$$\dot{m}=\frac{p_1C_dA_0KN}{\sqrt{T_1}}$$

其中

$$K=\sqrt{\frac{\kappa}{R}\left(\frac{2}{\kappa+1}\right)^{\frac{\kappa+1}{\kappa-1}}},\quad N=\begin{cases}1 & \left[\dfrac{p_2}{p_1}\leqslant\left(\dfrac{p_2}{p_1}\right)^*\text{时}\right]\\ \sqrt{\dfrac{\left(\dfrac{p_2}{p_1}\right)^{\frac{2}{\kappa}}-\left(\dfrac{p_2}{p_1}\right)^{\frac{\kappa+1}{\kappa}}}{\dfrac{\kappa-1}{2}\left(\dfrac{2}{\kappa+1}\right)^{\frac{\kappa+1}{\kappa-1}}}} & \left[\dfrac{p_2}{p_1}>\left(\dfrac{p_2}{p_1}\right)^*\text{时}\right]\end{cases}$$

其中临界压力比 b 等于

$$b=\left(\frac{p_2}{p_1}\right)^*=\left(\frac{2}{\kappa+1}\right)^{\frac{\kappa}{\kappa-1}}$$

式中　C_d——流量系数

　　　A_0——孔口的截面积

这个表达式不容易处理，特别是如果需要计算串联组件连接回路的流量特性时

为了能够以合理的方式计算气动元件的特性，人们已经开发了一个标准概念（CETOP RP 50P 标准）。根据标准公式，无源元件的体积流量（与 101kPa 和 +20℃ 的空气相关，NTP）可表示为：

$$q=Cp_1K_t\omega$$

$$\omega=\begin{cases}1 & (p_2/p_1\leqslant b)\\ \sqrt{1-\left(\dfrac{p_2/p_1-b}{1-b}\right)^2} & (1\geqslant p_2/p_1>b)\end{cases}$$

式中　b——临界压力比

　　　C——在 NTP 状态时的气动导纳，$C=q_c/p_1$

　　　q_c——临界压力比下的体积流量（NTP）

　　　p_1——上游绝对压力，bar

　　　p_2——下游绝对压力，bar

　　　K_t——温度校正因子，$K_t=\sqrt{T_0/T_1}$

　　　T_0——参考温度，293K

第 21 篇

续表

如果使用其他单位的压力和流量，则必须针对这些单位修正 C 值。对于压降可写为 $$p_1-p_2=(1-b)\left[p_1-\sqrt{p_1^2-\left(\frac{q}{K_tC}\right)^2}\right]$$

1.3.11　测定 b 和 C 值

表 21-1-25　　测定 b 和 C 值

<table>
<tr><td colspan="3">C 定义为一个组件的气导，或者说，它是控制流动能力。临界流量为 $q_c=Cp_1$，在右图中用作参考流量
系数 b 指定了组件的临界压力比。用于锋利的孔口
b 的理论值是 0.528。在真实的气动元件中无法达到此值，例如阀门可视为多个串联的孔口，阀门上的主孔口与阀壳体上的入口通道表示的一个孔口连接，代表出口通道的另一个孔口串联连接的孔口降低了整个线路的临界压力比。因此，气动元件总是有一个 b 值小于 0.528，典型值可以是 $b=0.25$，如右图所示</td><td colspan="2">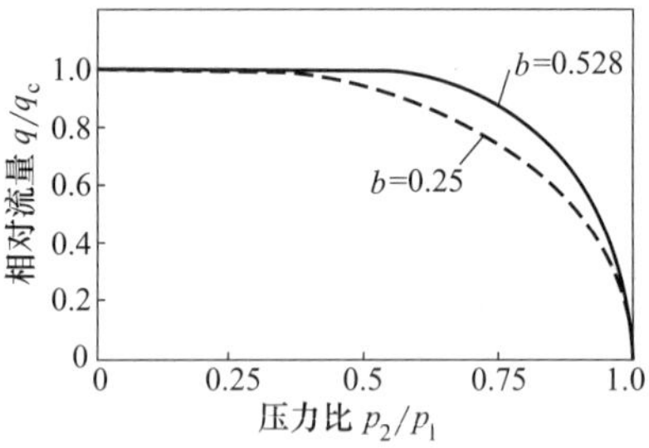

不同 b 值时相对流量 q/q_c 与压力比 p_2/p_1 的关系</td></tr>
<tr><td rowspan="3">b 值和 C 值的测量</td><td colspan="3">通过阀或其他气动元件的实际流量计算起来很复杂。实际上，两个参数 b 和 C 必须通过测量特定部件的特性的实验来确定。右图显示了这种测试装置的一个例子
除流量外，测量结果还包括上游压力（p_1）和下游压力（p_2）以及温度修正的入口温度（T_1）。右图显示了流量计的两种可能的放置位置。在这两种情况下，流量都应该在 NTP 时修正为体积流量</td><td>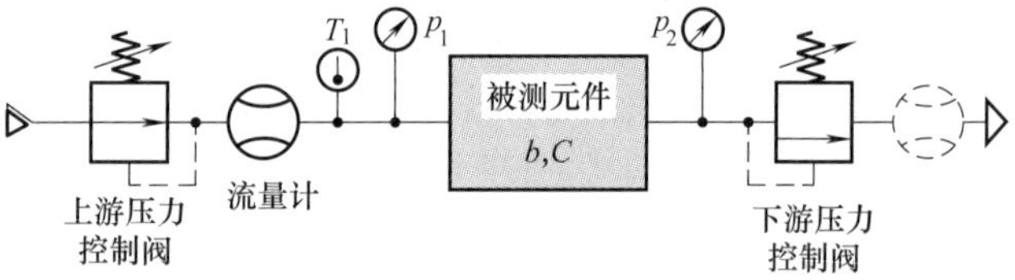

b 值和 C 值的测量装置</td></tr>
<tr><td rowspan="2">测量可以两种不同的方式进行。上游压力或下游压力可以保持恒定，而其他压力可以变化</td><td>恒定的上游压力</td><td>对于这种测量，上游压力 p_1 是恒定的（处于高压水平）并且下游压力 p_2 从 p_1 变化到尽可能低，大约为大气压力。得到的流量曲线如图所示。在此，可以在最大流量下识别 C 值（其中 $C=q_{max}/p_1$），以及 p_2 值，其中流量刚降低时临界压力比率为 $b=p_2/p_1$</td><td>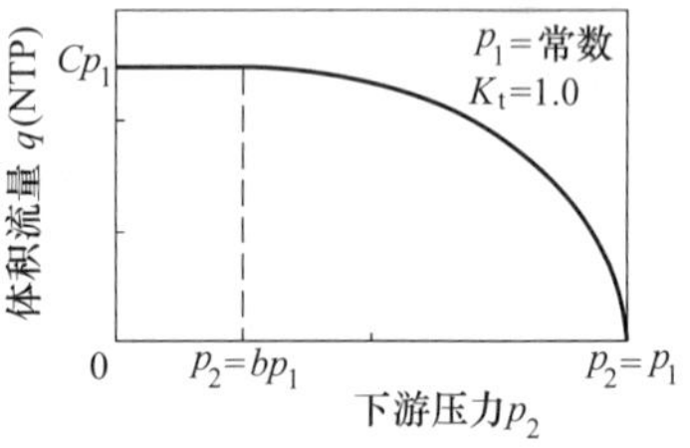
</td></tr>
<tr><td>恒定的下游压力</td><td>考虑下游压力 p_2 恒定在低水平并且上游压力 p_1 从 p_2 变化到高于 p_2/b 的水平。该测量给出了图中所示的流量曲线。C 表示临界流量时曲线的斜率，b 值可以从流量曲线开始沿临界流量的直线时的压力轴确定</td><td>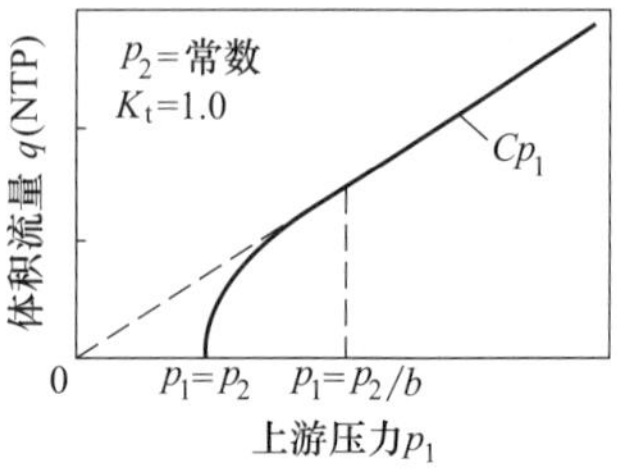
</td></tr>
</table>

续表

对于市场上的气动元件，可以（大多数情况下）从制造商处获得 b 值和 C 值。一个系统与另一个系统不同的部件是管道（或软管），此部件的 b 值和 C 值可能很难找到

因此，经验公式给出

$$C=\frac{0.029d^2}{\sqrt{\frac{L}{d^{1.25}}+510}};b=474\times\frac{C}{d^2}$$

式中，d 为管道内径，m；L 为管道长度，m。此时的 C 值单位为 $m^3/(s\cdot Pa)$

1.3.12 气动组件的连接

表 21-1-26　　气动组件的连接

<table>
<tr><td rowspan="3">串联连接</td><td colspan="3">在所有气动系统中，都可以找到串联连接的组件。图(a)给出整个系统(b_s,C_s)的 b 值和 C 值的计算方法
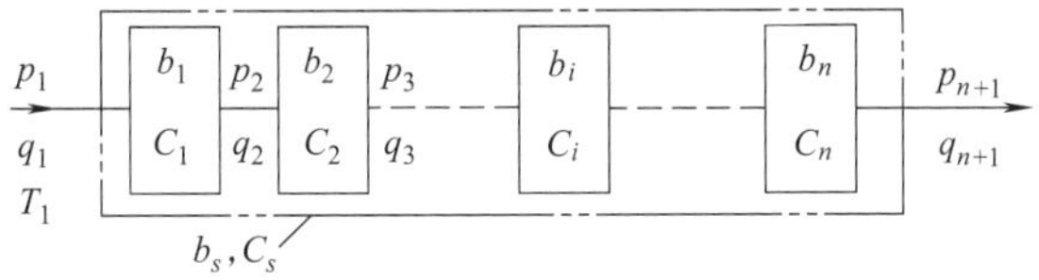
图(a)　具有 b 值和 C 值的气动元件串联连接</td></tr>
<tr><td rowspan="2">如果给出每个组分的 b 值和 C 值，有两种方法可以计算系统参数 b_s 和 C_s</td><td>可加性方法（易于使用，并提供系统的流量特性，误差低于 10%）</td><td>如果每个串联连接组件具有大致相同的流量，或者说，具有类似的 b 值和 C 值，则此方法可用。首先计算串联连接组件系统（上图中的 C_s）的气导
$$\frac{1}{C_s^3}=\sum_{i=1}^{n}\left(\frac{1}{C_i^3}\right) \quad (1)$$
然后计算临界压力比(b_s)
$$b_s=1-C_s^2\sum_{i=1}^{n}\left(\frac{1-b_i}{C_i^2}\right) \quad (2)$$
通过系统的体积流量
$$q_1=q_s=C_s p_1 K_t \omega_s \quad \text{(NTP)} \quad (3)$$
这里
$$\omega_s=\begin{cases}1 & (p_{n+1}/p_1\leqslant b_s)\\ \sqrt{1-\left(\frac{p_{n+1}/p_1-b_s}{1-b_s}\right)^2} & (b_s<p_{n+1}/p_1\leqslant 1)\end{cases}$$</td></tr>
<tr><td>连续加方法（考虑组件的顺序并更精确地提供系统的特性，误差在 5%以下）</td><td>使用这种方法，计算以 n 次停止执行，如图(b)所示。首先考虑两个元件 1 和 2。这两个元件相加得到表示具有流量参数 b_{12} 和 C_{12} 的一个新的复合元件。之后，将 b_{12}，C_{12} 与参数 b_{13} 和 C_{13} 组合。在线路的末端，来自前述连续相加的元件 $b_{1(n-1)}$ 和 $C_{1(n-1)}$ 与 b_n 和 C_n 组合，最终得到复合元件的 b_s 和 C_s
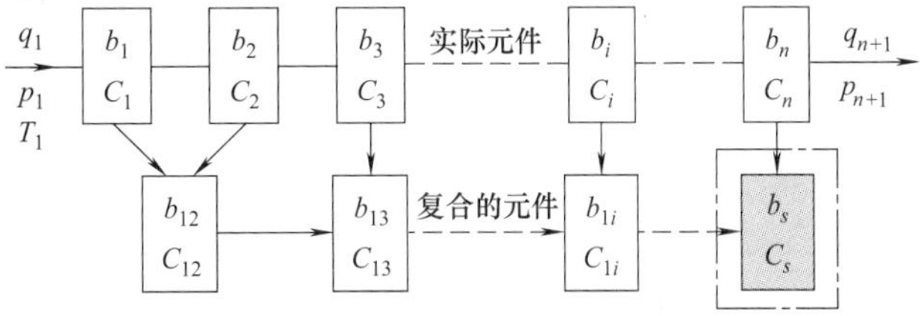
图(b)　按照连续加法逐步减少串联连接
每个复合组分的计算取决于流动条件。对于一对部件，当入口压力恒定时，可能出现四种不同的流动状态。这些条件是：
· 在第一组件是临界流量，在第二组件的临界流量以下
· 在第一组件是临界流量以下，第二组件是临界流量
· 在这两个组件都是临界流量
· 两个组件都是临界流量之下
引入参数 a，对于第一对组件 1 和 2，a 表示为</td></tr>
</table>

续表

<table>
<tr>
<td>串联连接</td>
<td>如果给出每个组分的 b 值和 C 值，有两种方法可以计算系统参数 b_s 和 C_s</td>
<td>连续加方法（考虑组件的顺序并更精确地提供系统的特性，误差在5%以下）</td>
<td>

$$a_{12}=\frac{C_1}{b_1C_2} \tag{4}$$

a_{12} 的不同值表示这两个组件中的流量情况如下：
• $a_{12}<1$，临界流量将首先发生在组分 1 中，并且在总压降额外增加时，即使通过组分 2 的流量将是关键的
• $a_{12}=1$，两个组件都有关键流量
• $a_{12}>1$，仅在组件 2 中有临界流量
从方程(4)可以观察到，如果两个部件具有几乎相同的流量，a_{12} 将会大于一个，而临界流量只会出现在组件 2 中
复合分量的 C_{12} 为
$a_{12}\leqslant 1$ 时，$C_{12}=C_1$

$$a_{12}>1 \text{ 时，} C_{12}=C_2a_{12}\frac{a_{12}b_1+(1-b_1)\sqrt{a_{12}^2+\left(\frac{1-b_1}{b_1}\right)^2-1}}{a_{12}^2+\left(\frac{1-b_1}{b_1}\right)^2} \tag{5}$$

在计算 C_{12} 之后，临界压力比 b_{12} 为

$$b_{12}=1-C_{12}^2\left(\frac{1-b_1}{C_1^2}+\frac{1-b_2}{C_2^2}\right) \tag{6}$$

$$a_{13}=\frac{C_{12}}{b_{12}C_3}$$

然后根据等式(5)和(6)计算 C_{13} 和 b_{13} 的新值。继续该过程直到包含所有组分。利用 C_s 和 b_s 的计算值，求出系统的体积流量[方程式(3)]
</td>
</tr>
<tr>
<td>并联连接</td>
<td colspan="3">

并联连接时，在初级侧，各支路连接到相同的压力源，并且流量被分配给具有单独出口的不同元件。这种类型的系统可以用与串联连接相同的方式处理：总流量等于每个支路的流量之和。另外，还有每个组件的下游都连接到同一出口的类型，如图(c)所示。
对于并联的组件，可以使用与串联连接中的加法相同的理论处理。但是，与串联连接相比，公式更易于处理
系统的气导(C_s)为

$$C_s=\sum_{i=1}^{n}C_i \tag{7}$$

系统临界压力(b_s)为

$$b_s=1-\frac{C_s^2}{\left[\sum_{i=1}^{n}\left(\frac{C_i}{\sqrt{1-b_i}}\right)\right]^2} \tag{8}$$

然后使用式(3)计算系统的体积流量

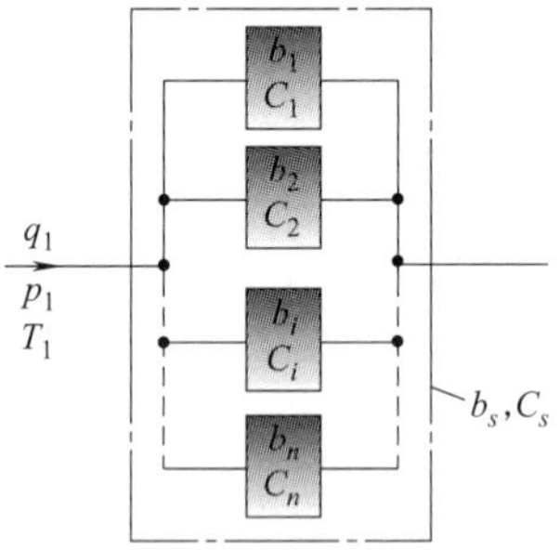

图(c)　并联连接的组件
</td>
</tr>
</table>

1.3.13　日本管道 JIS 和美国管道 NPT 尺寸的转换

表 21-1-27　　日本 JIS 管路尺寸（R. Rc）与美国管路尺寸（NPT）的转换

公称尺寸 /in	25.4mm 内包含的牙数 /牙		有效直径(D_2 或 E_1) /mm		螺纹的螺距 /mm		螺距的差别 /mm	管路的外径（参考值）/mm	
	R. R_c	NPT	R. R_c	NPT	R. R_c	NPT		JIS	NPT
1/16	28	27	7.142	7.142	0.9071	0.9408	0.0337	—	7.94
1/8	28	27	9.147	9.489	0.9071	0.9408	0.0337	10.5	10.29

续表

公称尺寸 /in	25.4mm 内包含的牙数 /牙		有效直径（D_2 或 E_1） /mm		螺纹的螺距 /mm		螺距的差别 /mm	管路的外径 （参考值）/mm	
	R. R_c	NPT	R. R_c	NPT	R. R_c	NPT		JIS	NPT
1/4	19	18	12.301	12.487	1.3368	1.4112	0.0744	13.8	13.72
3/8	19	18	15.806	15.926	1.3368	1.4112	0.0744	17.3	17.15
1/2	14	14	19.793	19.772	1.8143	1.8143	0	21.7	21.34
3/4	14	14	25.279	25.117	1.8143	1.8143	0	27.2	26.67
1	11	11.5	31.770	31.461	2.3091	2.2088	0.1003	34.0	33.40
1¼	11	11.5	40.431	40.218	2.3091	2.2088	0.1003	42.7	42.16
1½	11	11.5	46.324	46.287	2.3091	2.2088	0.1003	48.6	48.26
2	11	11.5	58.135	58.325	2.3091	2.2088	0.1003	60.5	60.33
2½	11	8	73.705	70.159	2.3091	3.1750	0.8659	76.3	73.03
3	11	8	86.405	86.068	2.3091	3.1750	0.8659	89.1	88.90

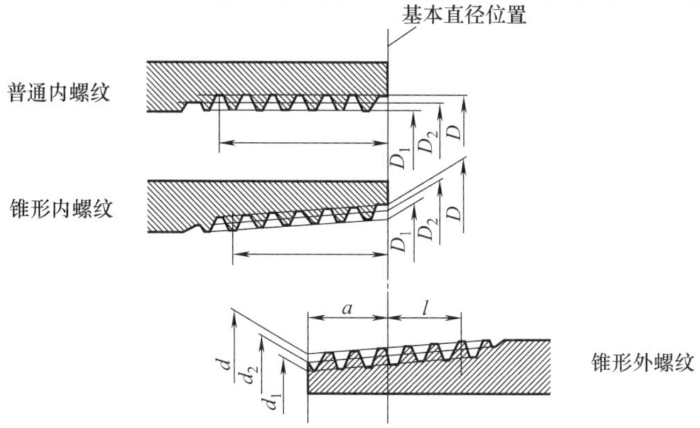

JIS管螺纹($R.R_c$)

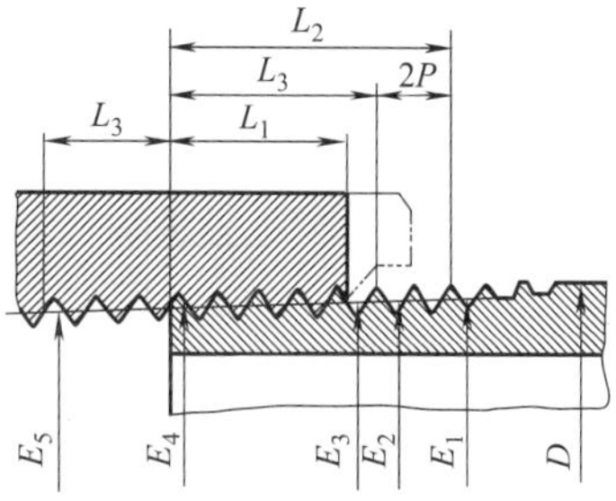

通用美国管螺纹(NPT)

1.4 气动技术常用术语及图形符号

流体传动系统及元件 词汇
（扫码阅读或下载）

1.4.1 气动技术常用术语

详见 GB/T 17446—2012。

1.4.2 气动技术图形符号

表 21-1-28 气动元件符号（ISO：1219-1：2012）

基本形状

续表

基本符号			
圆		能量转换元件（泵，马达，压缩机）	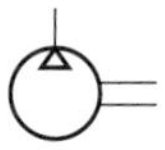
	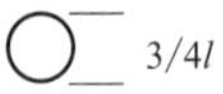	测量仪表	
		机械杠杆，单向阀，回转接头	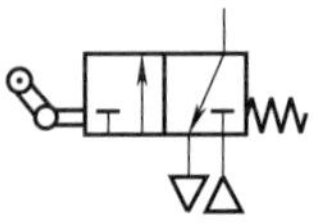
		滚子	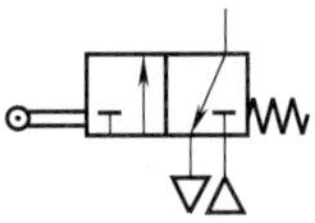
正方形	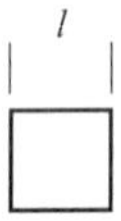	控制元件	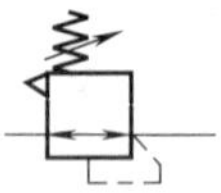
菱形	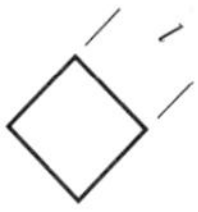	调节器件（过滤器，油水分离器，油雾器和热交换器）	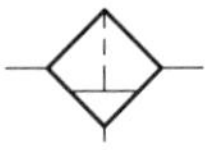
	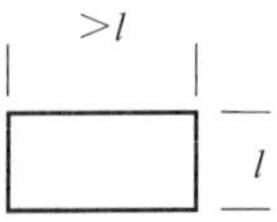	气缸和阀	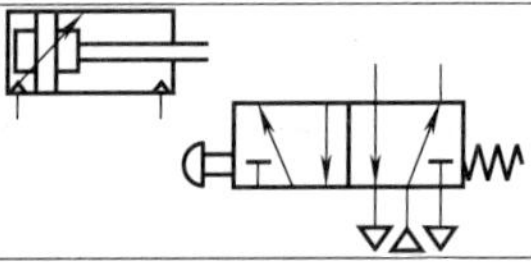
长方形		活塞	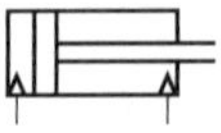
	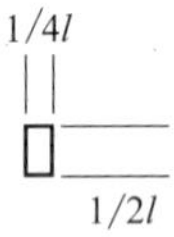	缓冲器	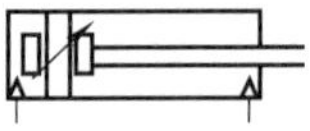
	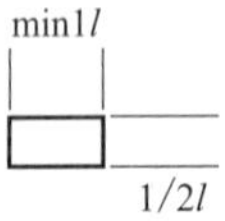 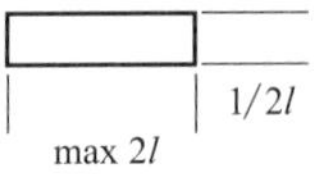	某些控制元件	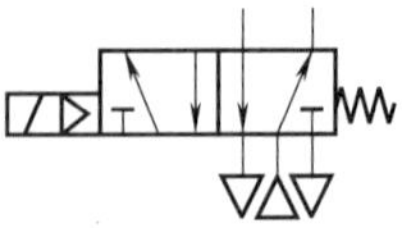
半圆	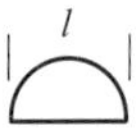	旋转气缸，气马达或者具有角度受限的气泵	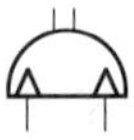
胶囊形	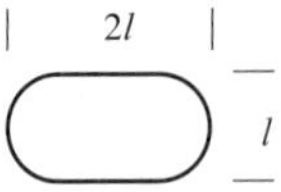	有压储气罐，储气罐，辅助气瓶	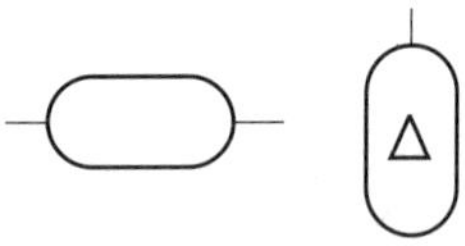

续表

基本符号			
双线	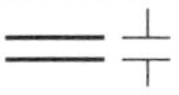 1/5l	机械连接件，活塞杆，杠杠，轴	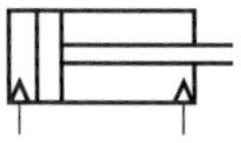
实线		工作管路，先导气源管路，排气管路，电气线路	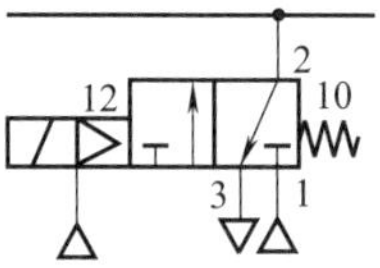
虚线		先导控制管路，放气管路，过滤器	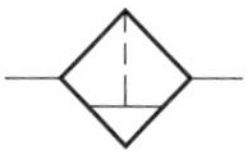
点划线		将 2 个或更多功能元件围成一个组件，组合元件线	
实线（电气符号）	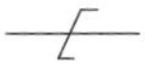	电气线路	
功能元件			
三角形	1/2 l　1/4 l 	方向和流体的类型，中空是气动，填充的是液压	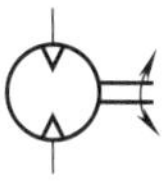
弹簧		适宜尺寸	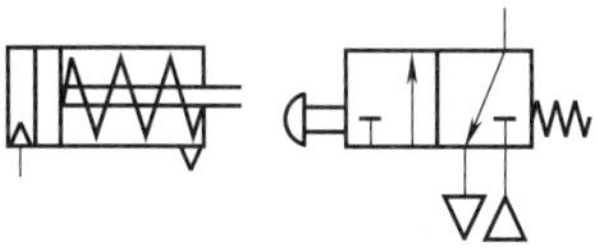
箭头	 1/3l	长斜的表示可调节	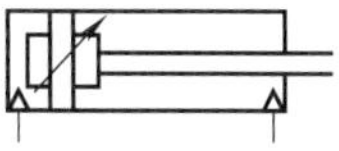
箭头		直的或斜的，表示直线运动，流体流过阀的通路和方向，热流方向	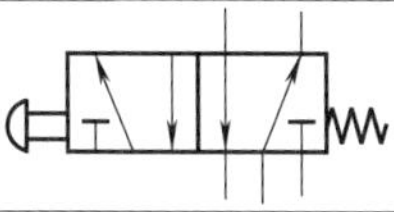
T 形	T	封闭的通路或气口	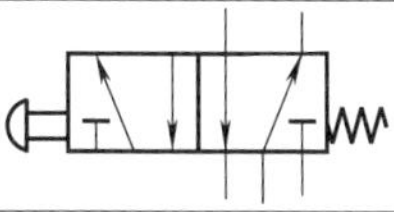
节流符号		适宜尺寸	
弧线箭头		旋转运动	
轴旋转方向	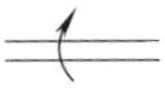	从右手端看顺时针旋转	
	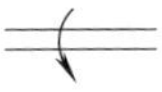	从右手端看顺逆时针旋转	
	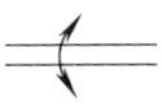	双向旋转	

续表

功能元件			
密封基座，单向阀简化符号的基座		90°角	
温度计		指示或控制，适宜尺寸	
电磁操作器		电磁线圈，绕组	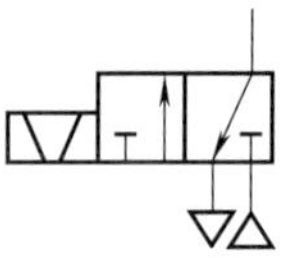
原动机	M	电机	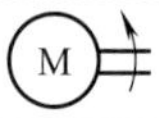
管线和连接件			
连接点，连接管路		单独连接	
连接点	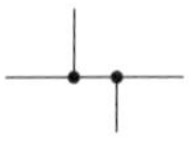	四通道连接	
交叉		不连接	
柔性管路		软管，通常连接有相对移动的零件	
放气口	▽	连续放气	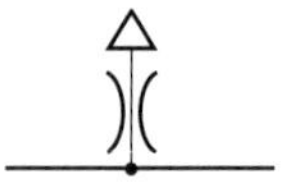
		靠探针暂时的放气	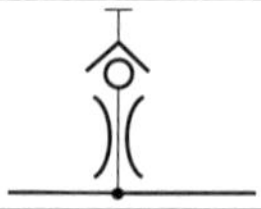
排气口		直接排气	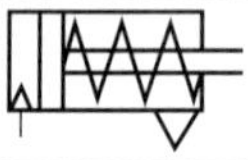
		带连接措施排气	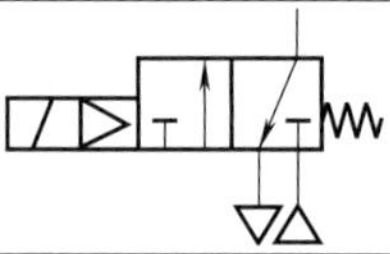
不带单向阀的快换接头（断开和连接状态）	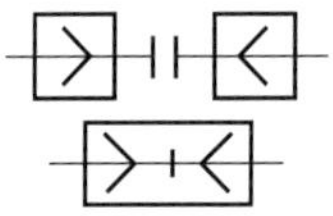	两端都接气路	
一端带单向阀的快换接头（断开和连接状态）	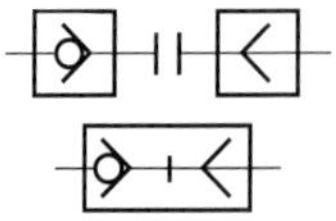	气源端被密封	
带向阀的快换接头（断开和连接状态）	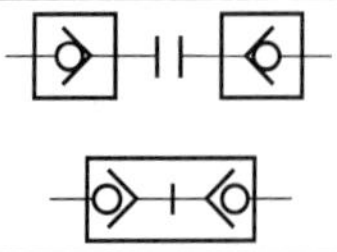	两端都被密封	

续表

管线和连接件			
单通路旋转接头	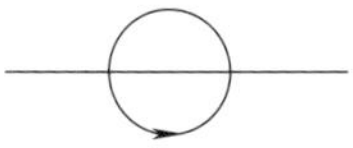		
双通路旋转接头	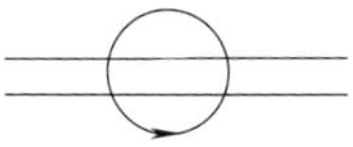		
三通路旋转接头	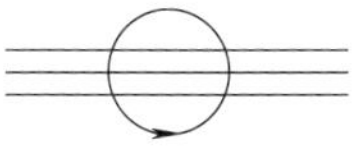		
调节器和压力产生设备			
调节器			
带手动排水器的油水分离器	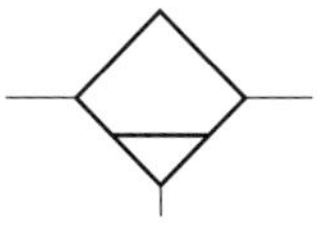	带自动排水器的油水分离器	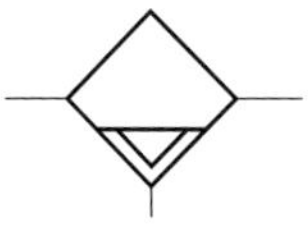
带手动排水器的空气过滤器	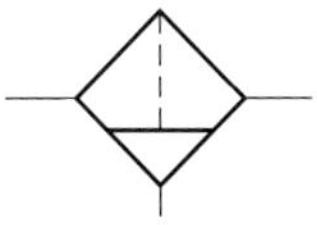	带自动排水器的空气过滤器	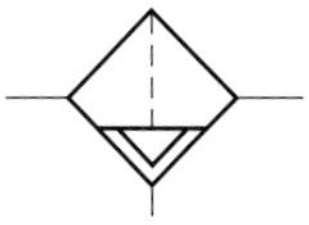
油雾器	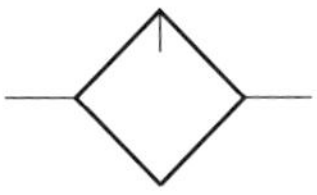	干燥器(冷干机)	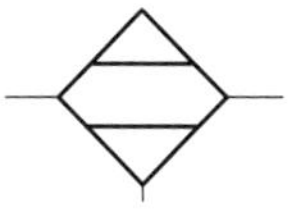
带和不带冷却管线的冷却器	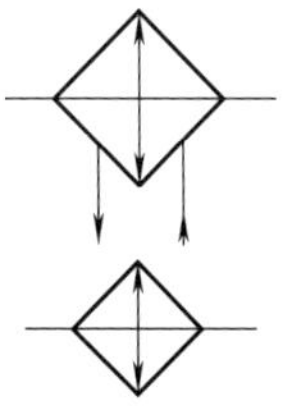	加热器	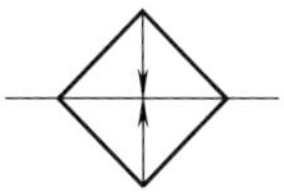
加热器和冷却器的组合	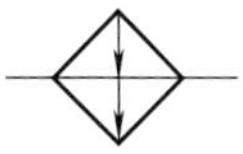		
设备			
压缩机和电机	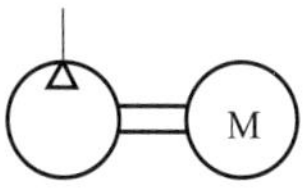	空气储气罐	
截止阀		空气入口过滤器	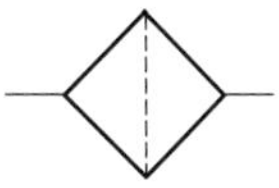
压力控制器			
可调减压阀简化画法	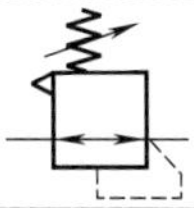	带有压力表的可调减压阀简化画法	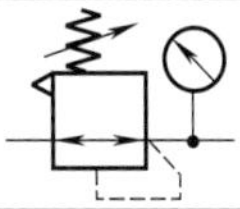
气动三联件(FRL)	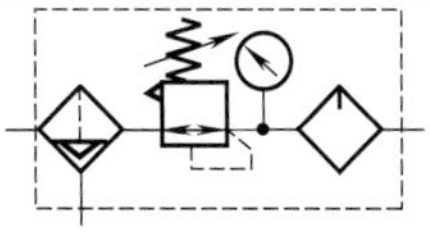	三联件简化符号	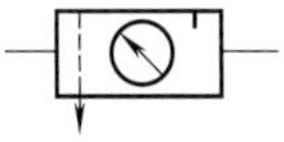

第21篇

续表

压力控制器			
可调节溢流阀简化画法	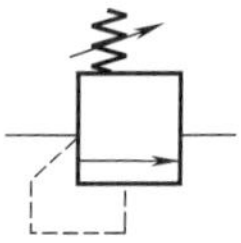	预设定压力溢流阀简化画法	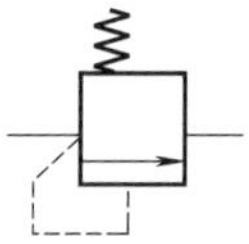
气缸和气马达			
气缸符号可以是任意长度可以超过“l”	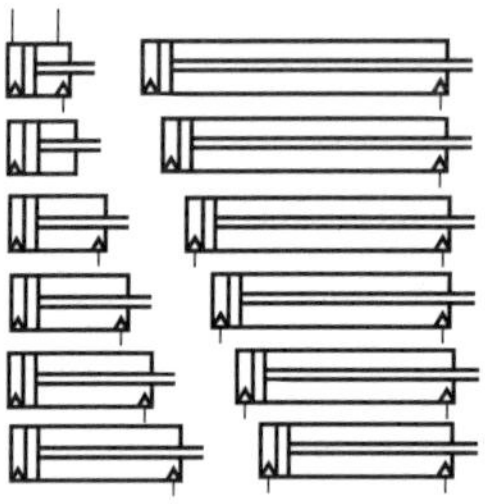	活塞和活塞杆可以表示为缩回、伸出或者任意中间位置	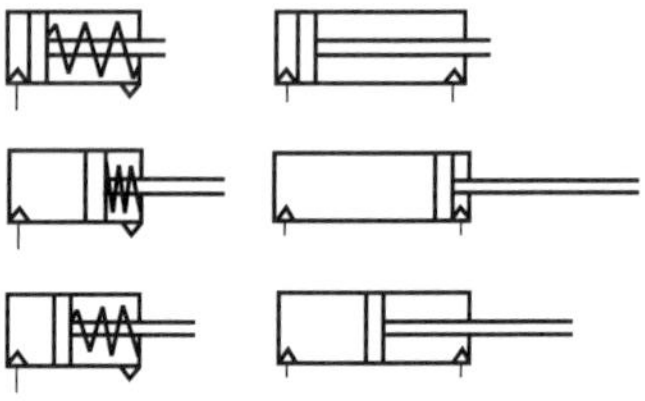
单作用弹簧向内冲程(弹簧复位)气缸	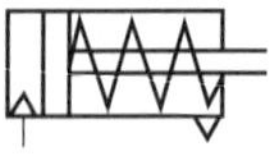	单作用弹簧向外冲程(弹簧复位)气缸	
单作用弹簧向内冲程(弹簧复位)磁性气缸	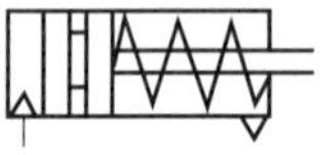	单作用弹簧向外冲程(弹簧复位)磁性气缸	
单作用通常向外冲程，负载回程气缸(进气口在无杆腔)	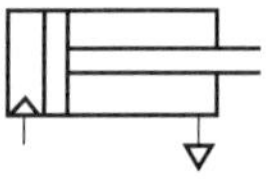	单作用通常向内冲程，负载回程气缸(进气口在有杆腔)	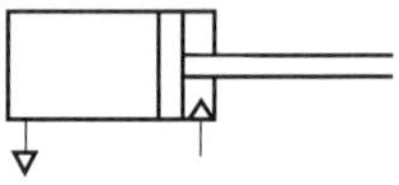
单作用通常向外冲程，负载回程磁性气缸(进气口在无杆腔)	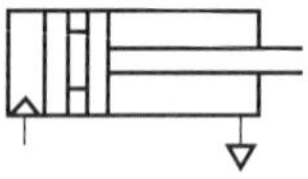	单作用通常向内冲程，负载回程磁性气缸(进气口在有杆腔)	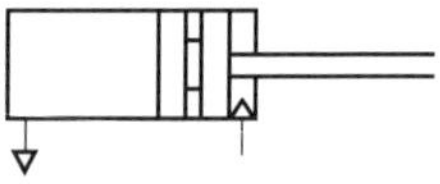
双作用可调缓冲气缸	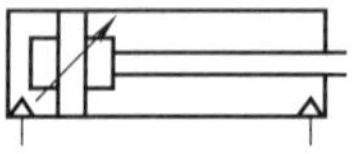	双作用双出杆可调缓冲气缸	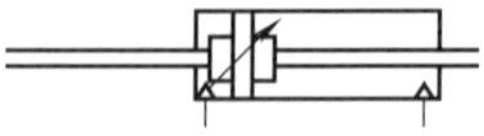
双作用可调缓冲磁性气缸	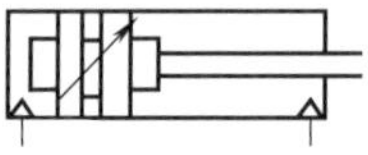	双作用无杆可调缓冲气缸	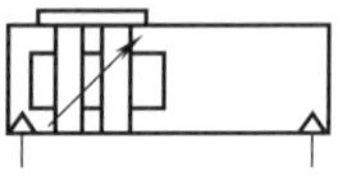
摆动双作用气缸		单向旋转气马达	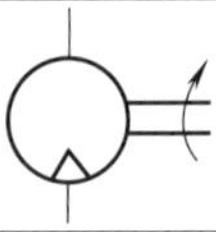
双向旋转气马达	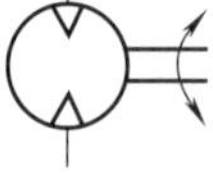		
简化的气缸符号			
单作用负载回程气缸	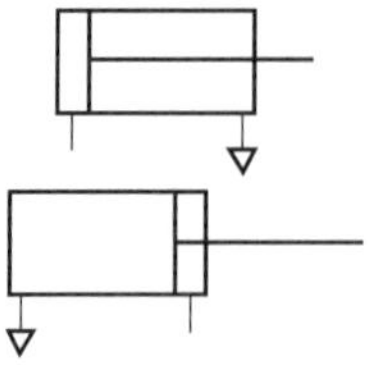	单作用弹簧回程气缸	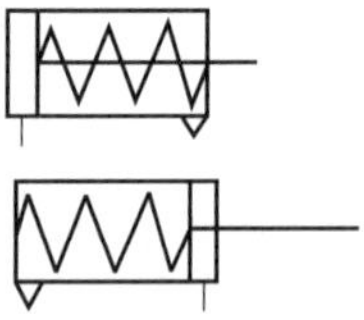

续表

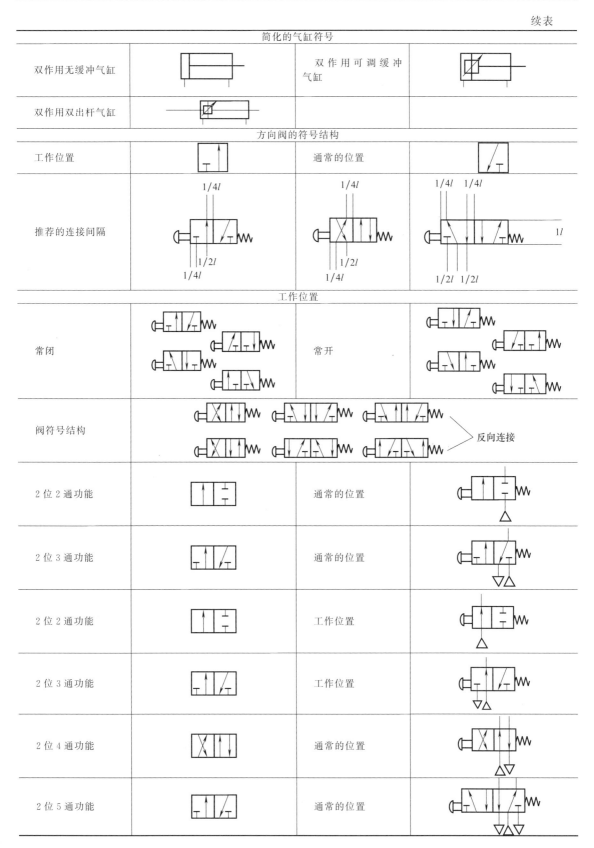

简化的气缸符号			
双作用无缓冲气缸	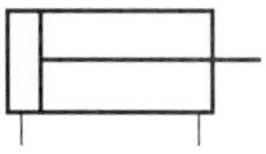	双作用可调缓冲气缸	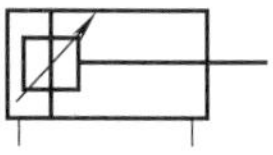
双作用双出杆气缸	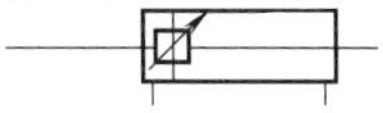		
方向阀的符号结构			
工作位置	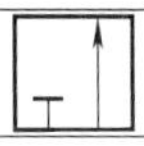	通常的位置	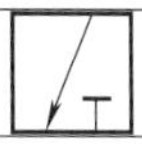
推荐的连接间隔	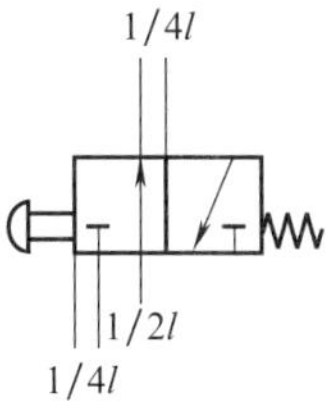	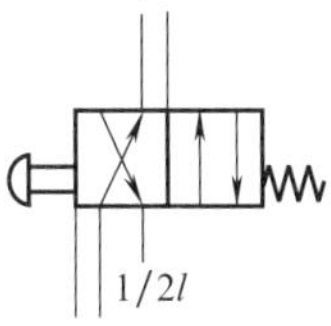	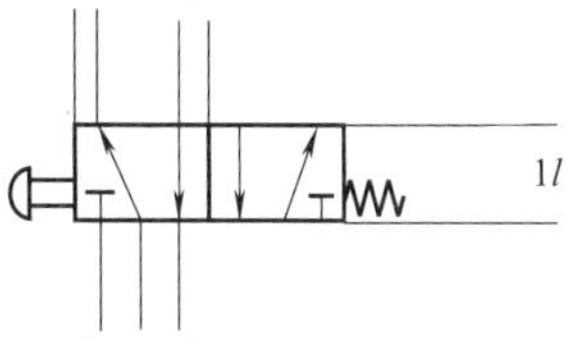
工作位置			
常闭	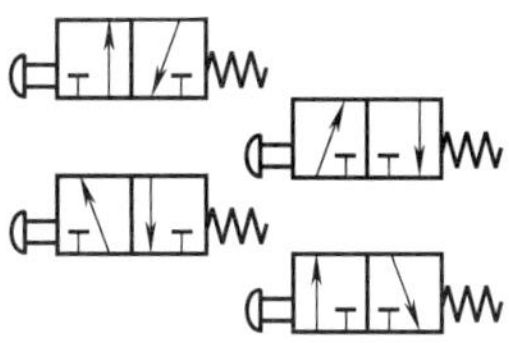	常开	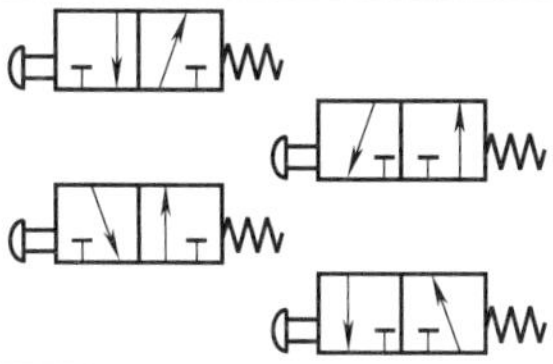
阀符号结构	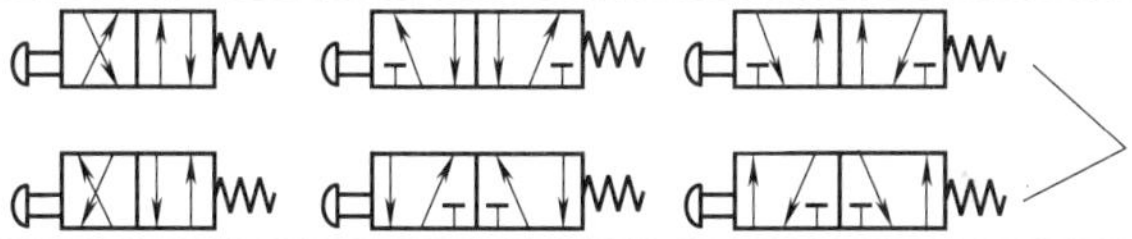		
2 位 2 通功能	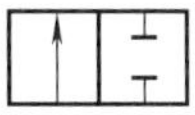	通常的位置	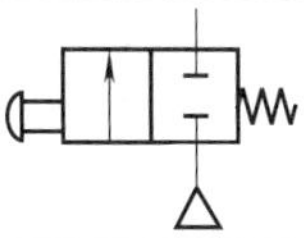
2 位 3 通功能		通常的位置	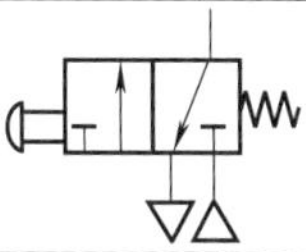
2 位 2 通功能	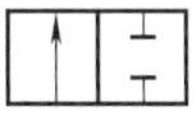	工作位置	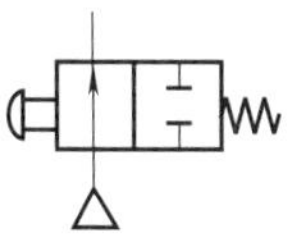
2 位 3 通功能		工作位置	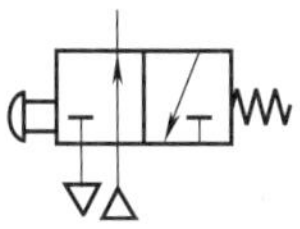
2 位 4 通功能		通常的位置	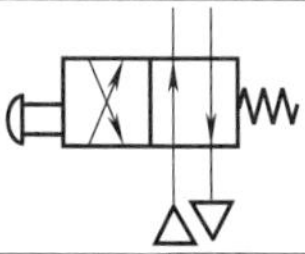
2 位 5 通功能		通常的位置	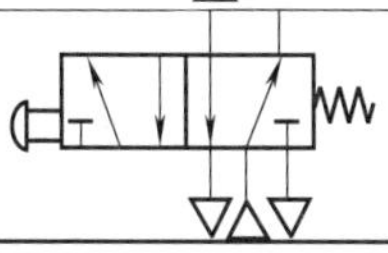

续表

工作位置			
2 位 4 通功能	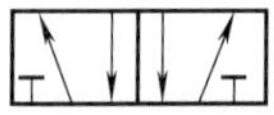	工作位置	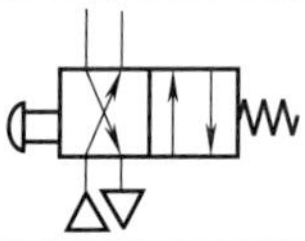
2 位 5 通功能	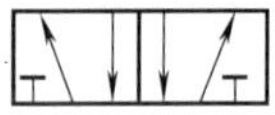	工作位置	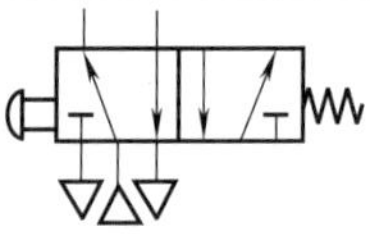
中位机能			
中位封闭性	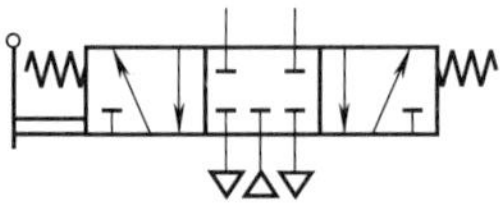		
中位卸压型	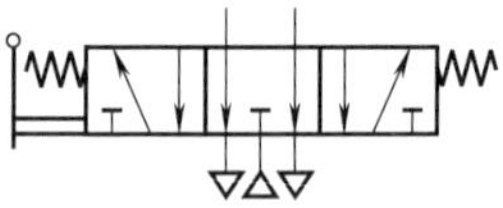		
中位加压型	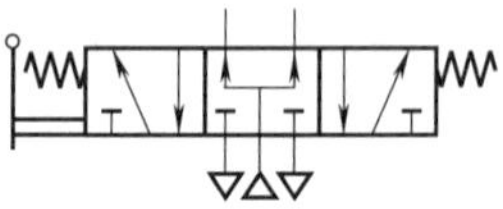		
控制器 人力控制			
一般的手动控制		按钮式手动控制	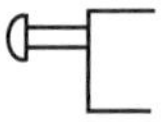
拉纽式手动控制	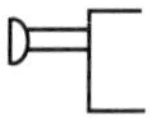	按/拉式手动控制	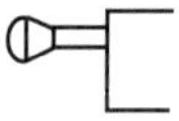
手柄式	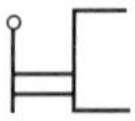	踏板式(单向控制)	
踩踏板式(双向控制)	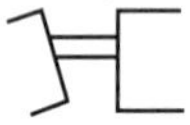	旋转旋钮式	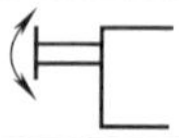
机械控制			
挺杆式机械控制	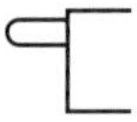	弹簧控制式,弹簧通常用作复位	
滚轮式机械控制(两个方向操纵)	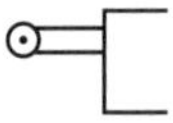	单向滚轮式机械控制(单向操纵)	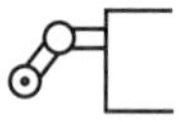
压力控制	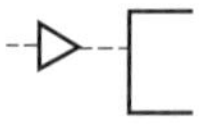	先导压力控制	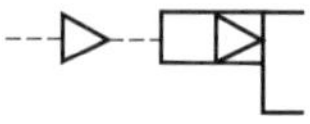
差压控制	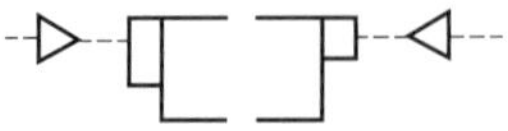	三位锁定控制	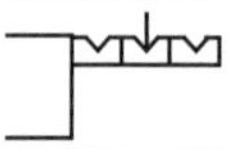
电气控制			
直动式电磁控制	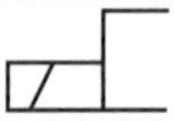	先导式电磁控制	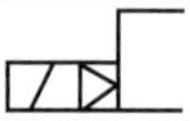
带手动应急和内控先导气源的先导电磁控制	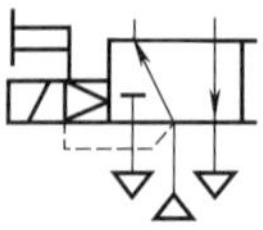	带手动应急和外控先导气源的先导电磁控制	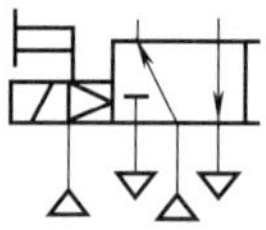

续表

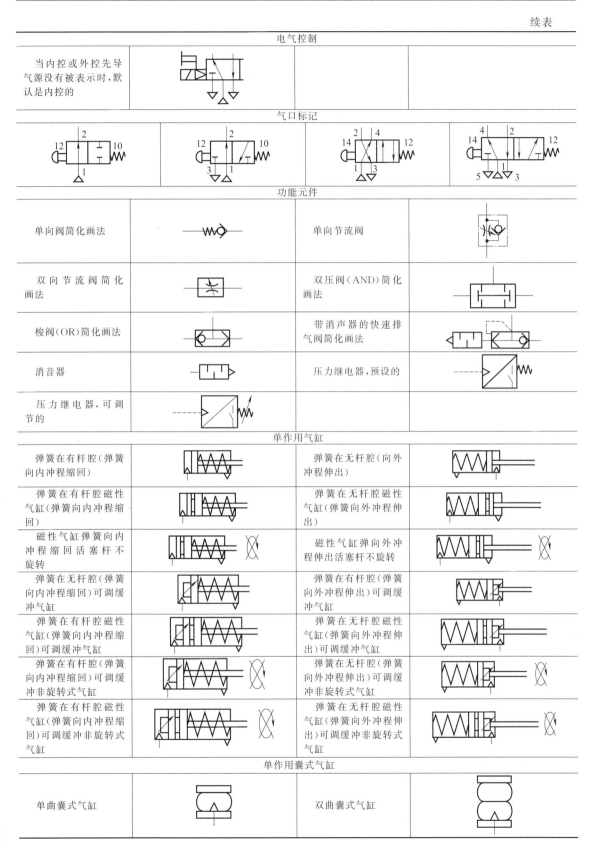

电气控制			
当内控或外控先导气源没有被表示时，默认是内控的	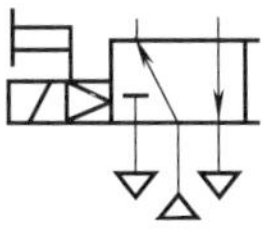		
气口标记			
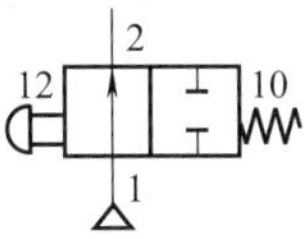	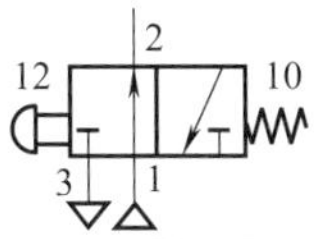	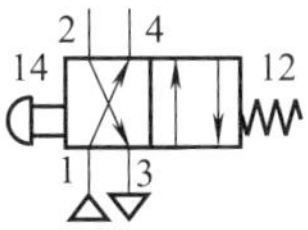	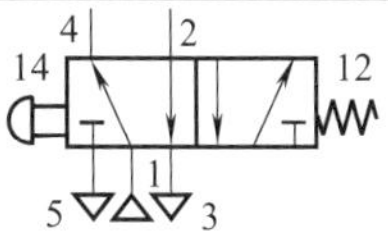
功能元件			
单向阀简化画法		单向节流阀	
双向节流阀简化画法		双压阀（AND）简化画法	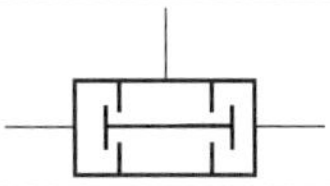
梭阀（OR）简化画法	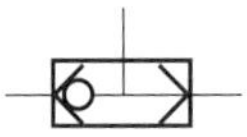	带消声器的快速排气阀简化画法	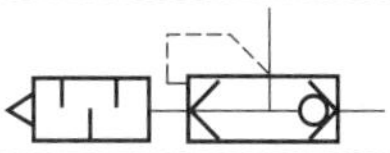
消音器	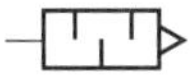	压力继电器，预设的	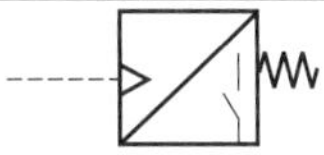
压力继电器，可调节的	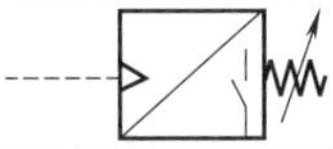		
单作用气缸			
弹簧在有杆腔（弹簧向内冲程缩回）	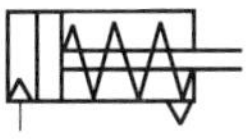	弹簧在无杆腔（向外冲程伸出）	
弹簧在有杆腔磁性气缸（弹簧向内冲程缩回）		弹簧在无杆腔磁性气缸（弹簧向外冲程伸出）	
磁性气缸弹簧向内冲程缩回活塞杆不旋转	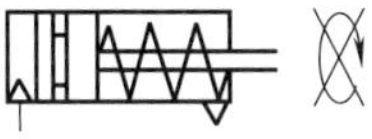	磁性气缸弹向外冲程伸出活塞杆不旋转	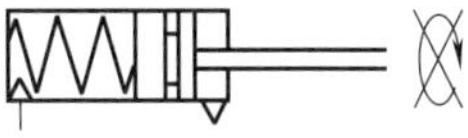
弹簧在无杆腔（弹簧向内冲程缩回）可调缓冲气缸		弹簧在有杆腔（弹簧向外冲程伸出）可调缓冲气缸	
弹簧在有杆腔磁性气缸（弹簧向内冲程缩回）可调缓冲气缸	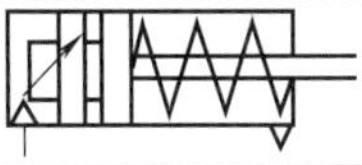	弹簧在无杆腔磁性气缸（弹簧向外冲程伸出）可调缓冲气缸	
弹簧在有杆腔（弹簧向内冲程缩回）可调缓冲非旋转式气缸	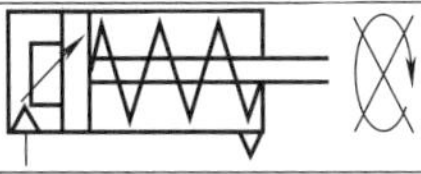	弹簧在无杆腔（弹簧向外冲程伸出）可调缓冲非旋转式气缸	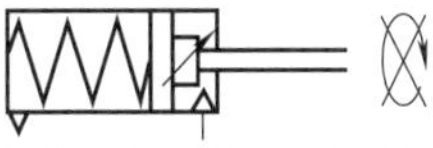
弹簧在有杆腔磁性气缸（弹簧向内冲程缩回）可调缓冲非旋转式气缸	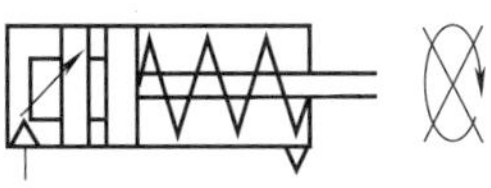	弹簧在无杆腔磁性气缸（弹簧向外冲程伸出）可调缓冲非旋转式气缸	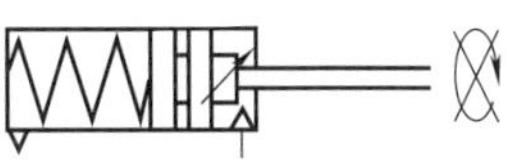
单作用囊式气缸			
单曲囊式气缸		双曲囊式气缸	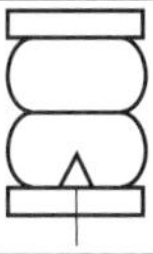

续表

单作用囊式气缸			
三曲囊式气缸	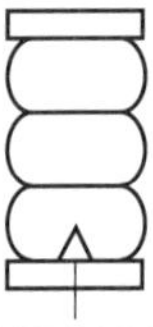		
双作用气缸			
无磁性气缸	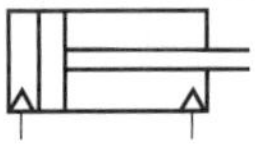	磁性液缸	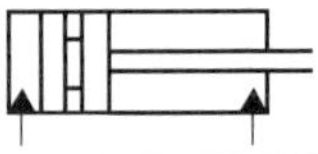
无磁性可调缓冲气缸	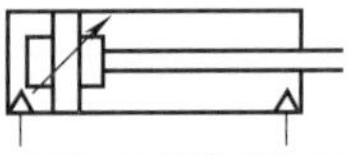	磁性带可调缓冲气缸	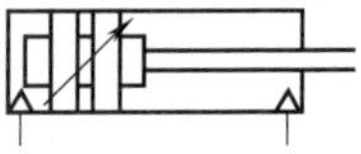
无磁性杆端有可伸缩保护套气缸	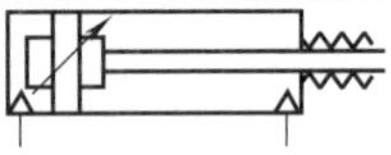	磁性带可调缓冲杆端有可伸缩保护套气缸	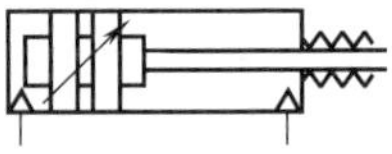
磁性气缸	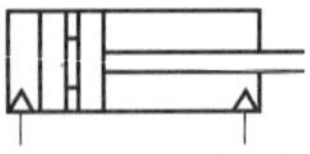		
非旋转式可调缓冲气缸	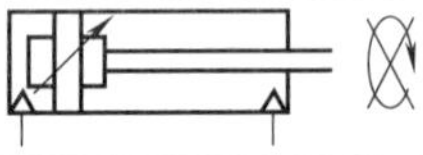	磁性非旋转式可调缓冲气缸	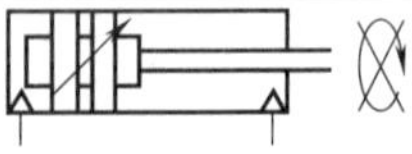
主动制动可调缓冲气缸	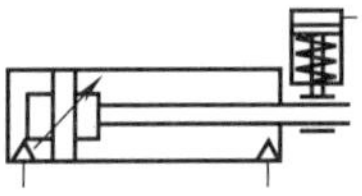	磁性主动制动可调缓冲气缸	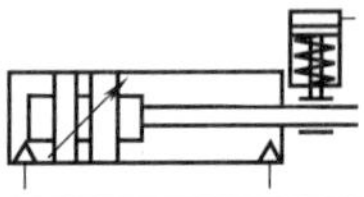
被动制动可调缓冲气缸	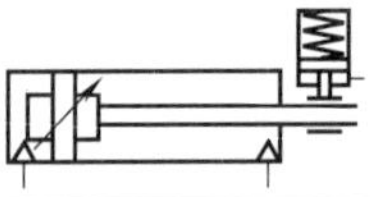	磁性被动制动可调缓冲气缸	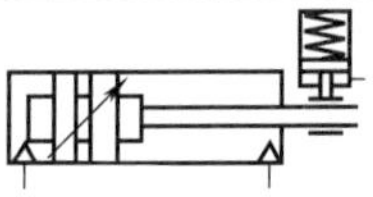
带导向杆磁性气缸			
无磁性双出杆气缸		无磁性可调缓冲双出杆气缸	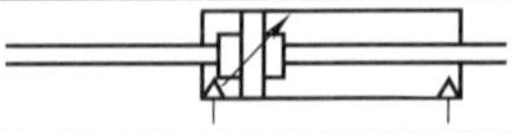
磁性双出杆气缸		磁性可调缓冲双出杆气缸	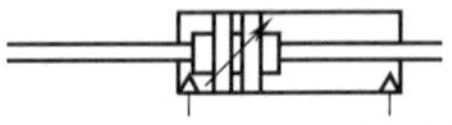
三位可调缓冲(等行程)多位气缸	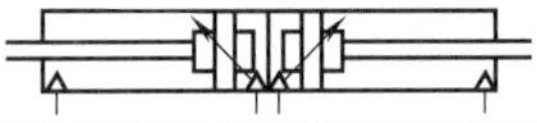	三位可调缓冲磁性(等行程)多位气缸	
四位可调缓冲(不等行程)多位气缸	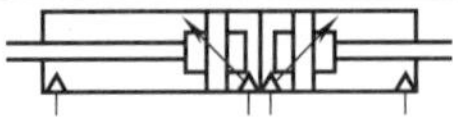	四位可调缓冲磁性(等行程)多位气缸	
其他气缸			
带活塞位置模拟电量输出的气缸	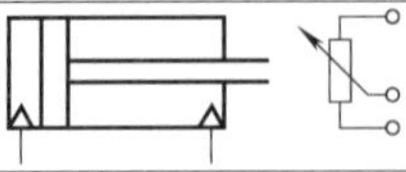	滑台气缸	
摆动气缸		双向气马达和单向气马达	
伸缩气缸	**单作用式** 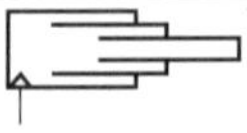 **双作用式** 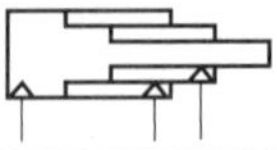		

续表

无杆气缸			
带缓冲无杆气缸	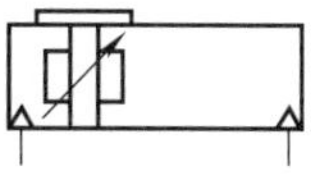	带缓冲磁性无杆气缸	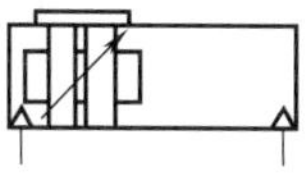
带缓冲主动制动无杆气缸	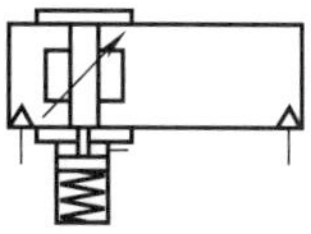	带缓冲带磁性主动制动无杆气缸	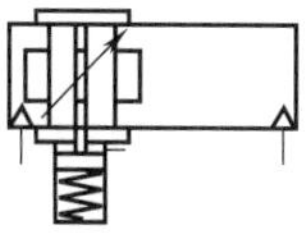
带缓冲被动制动无杆气缸	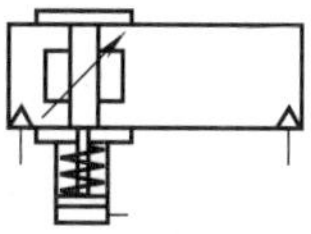	缓冲带磁性被动制动无杆气缸	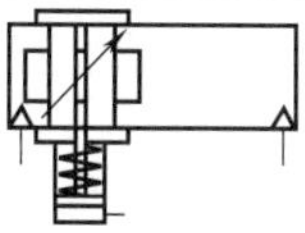
双倍行程带缓冲无杆气缸	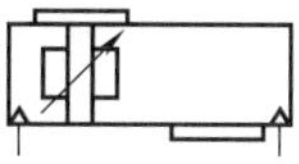	双倍行程压缩空气通过活塞滑块的无杆气缸	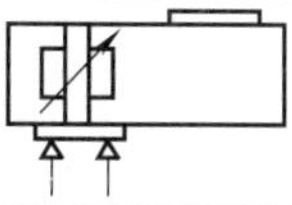
双倍行程带缓冲磁性无杆气缸	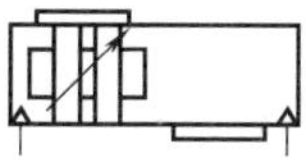	双倍行程带缓冲压缩空气通过活塞滑块的无杆气缸	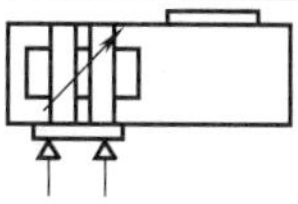
油压缓冲器			
自调节型	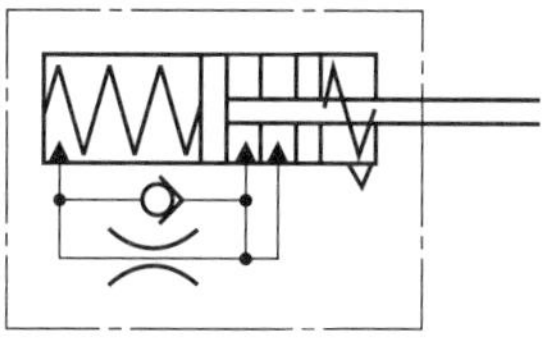	可调型	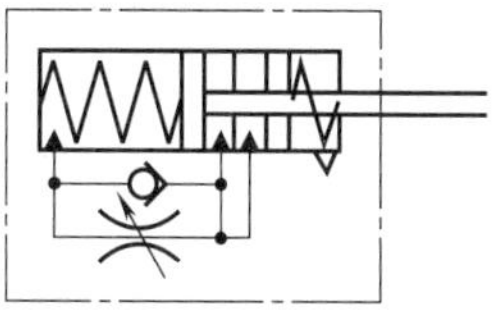
组合元件			
带有截止关闭阀和压力表的三联件(FRL)	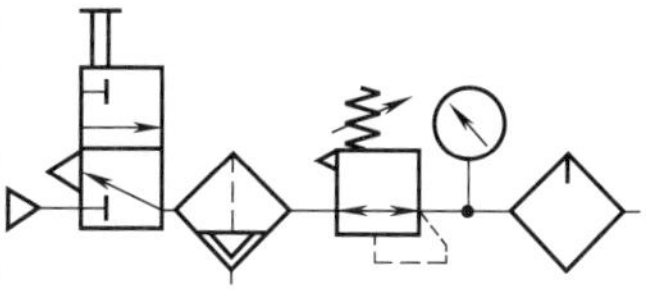	气动三联件	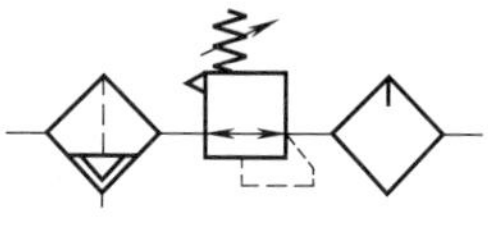
过滤器和油雾器		带自动排水器的空气过滤器和油水分离器组件	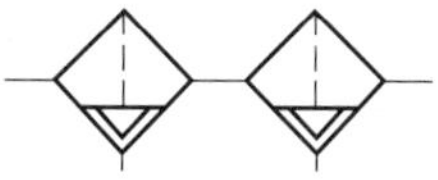
空气过滤器和调压装置	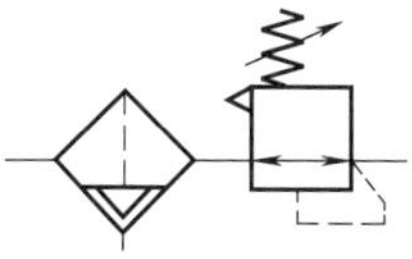	带压力表的空气过滤器和调压装置	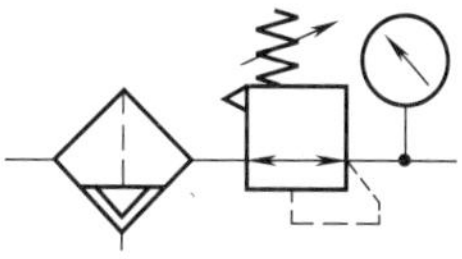
带手动排水器的空气过滤器	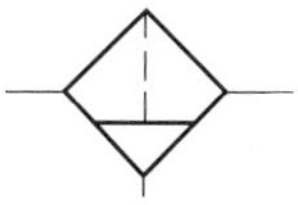	带自动排水器的空气过滤器	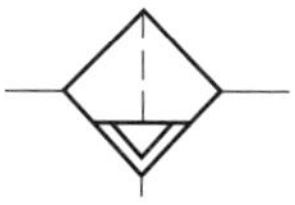
带手自动排水器和压降指示器的空气过滤器	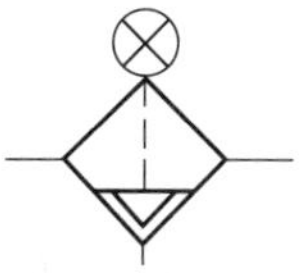	油雾器	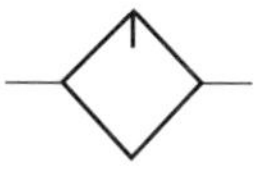

第21篇

续表

压力调节器			
预设定减压阀	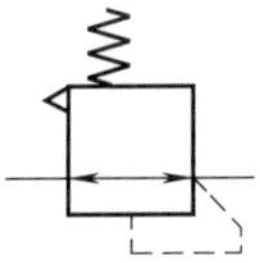	带压力表的预设定减压阀	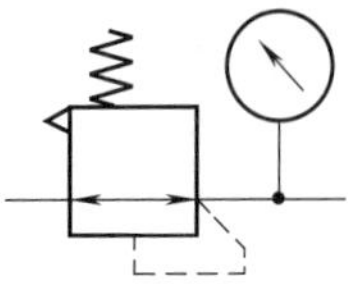
可调减压阀	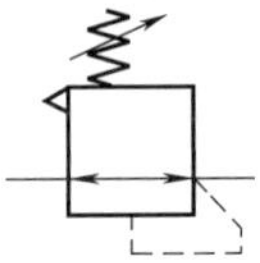	带压力表的可调减压阀	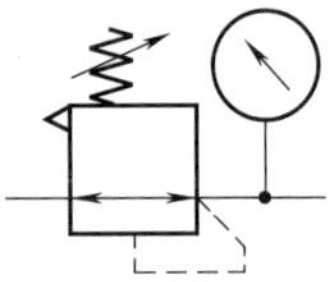
先导(外控)控制式减压阀	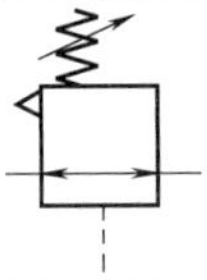	带有独立反馈的先导(外控)式减压阀	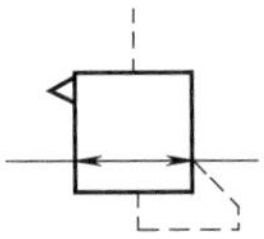
控制气体来自于先导减压阀的先导减压阀	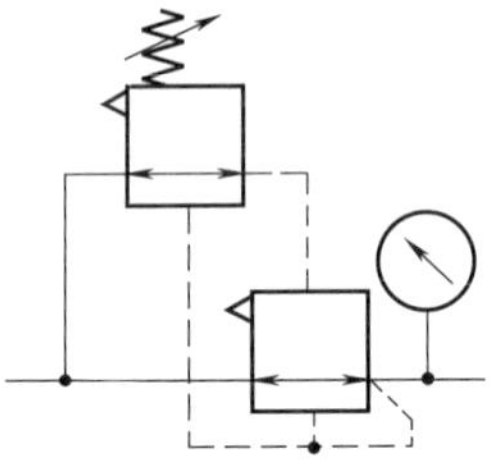	2级精密调压阀(11-818)	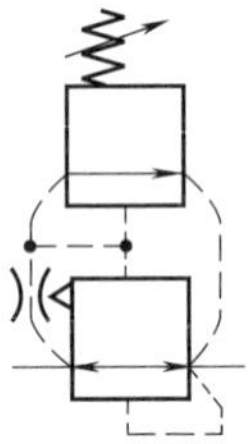
比例压力阀	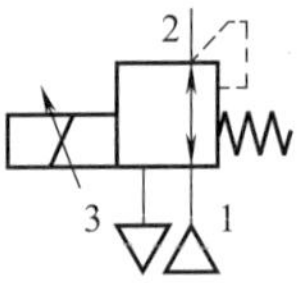		
压力溢流阀			
安全阀(预设定,不连接排气设施)	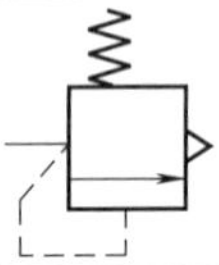	顺序阀(预设定,连接至工作气路)	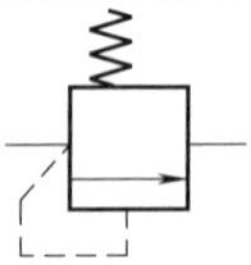
安全阀(可调节,不连接排气设施)	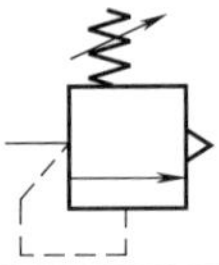	可调节顺序阀(连接至工作气路)	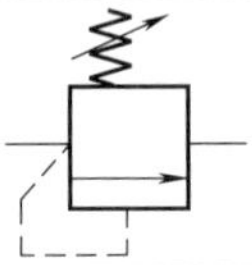
先导控制式顺序阀(连接至工作气路)	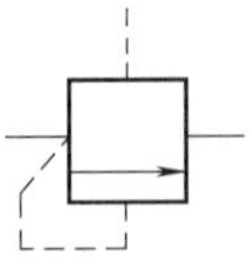		
其他元件			
消声器	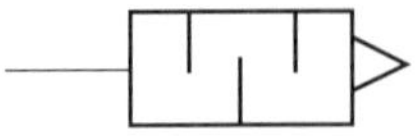	过滤器消声器组合	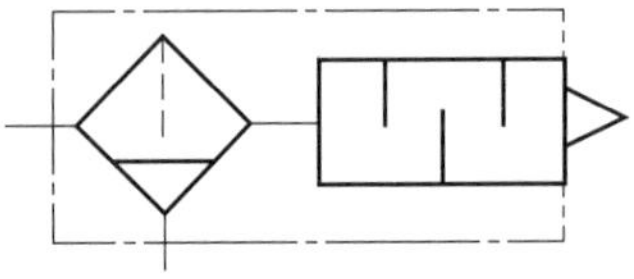
自动排水油水分离器	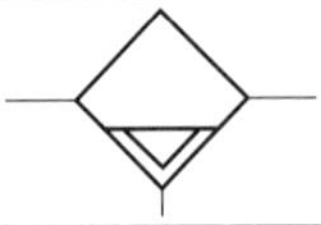	气液转换器	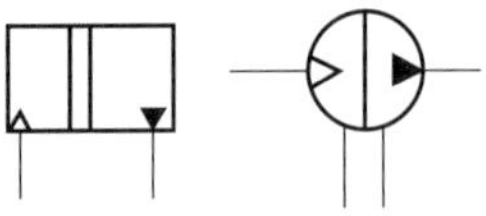

续表

传感器(负载必须额外地进行电压抑制)			
2 线干簧管开关	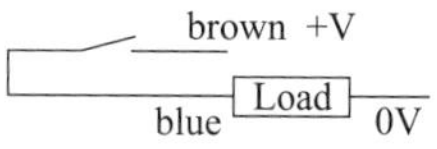	干簧管转换开关	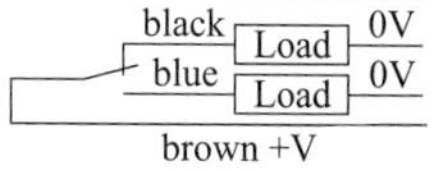
3 线带发光二极管的干簧管开关(模拟拉电流 pnp 器件)	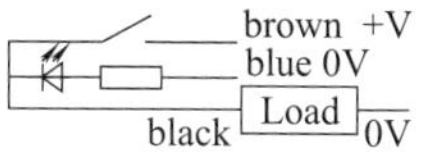	3 线带发光二极管的干簧管开关(模拟灌电流 npn 器件)	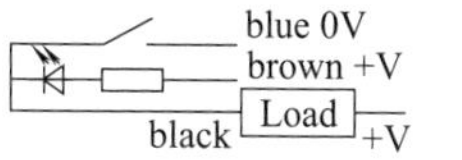
2 线带发光二极管的干簧管开关	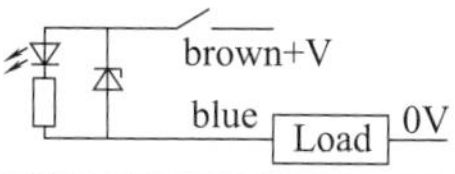		
固态磁性传感器 pnp(拉电流)	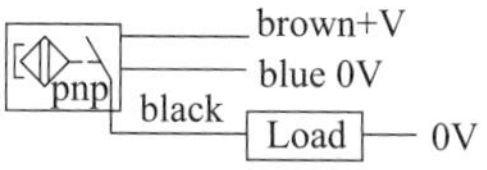	固态磁性传感器带电缆插头 pnp(拉电流)	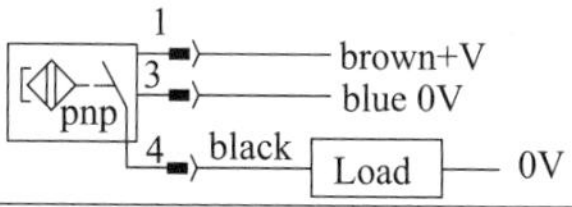
固态磁性传感器 npn(灌电流)	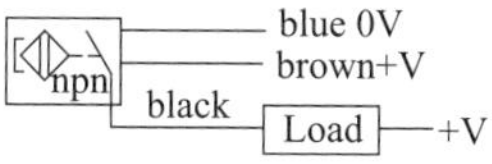	固态磁性传感器带电缆插头 npn(灌电流)	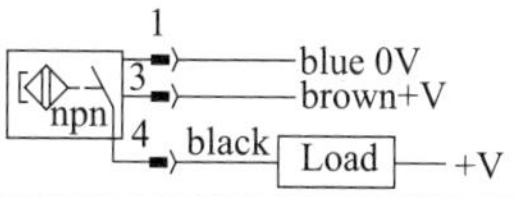
固态磁性传感器带脉冲扩展	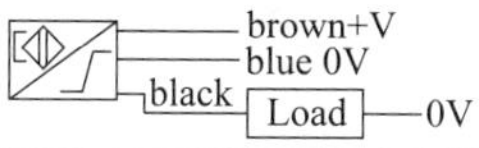		
2 线带发光二极管干簧管开关和带插拔电缆	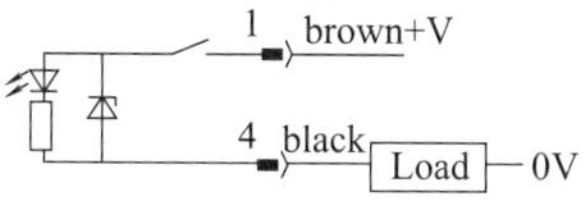	2 线带发光二极管干簧管开关和带插拔电缆(稳压管稳压值 2.1 伏)	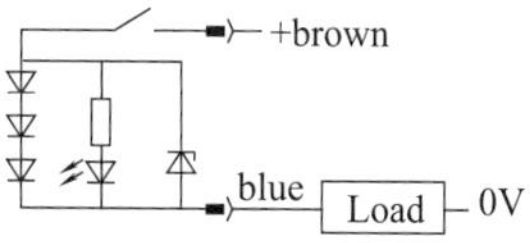
功能配件			
阻断配件	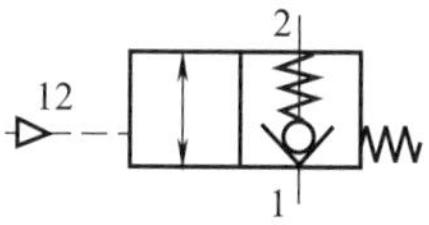	减压配件	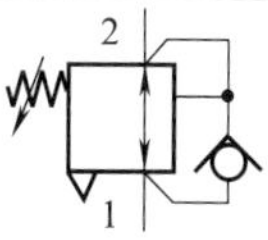
气动传感器配件	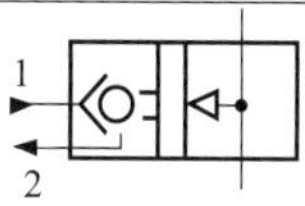		
功能元件			
空气保险丝		单向阀	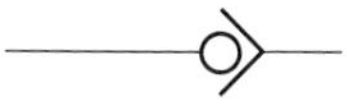
单向阀		双向流量调节阀	
带和不带消声器的排气节流阀	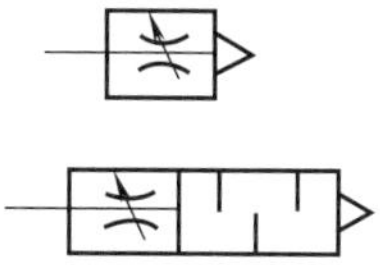	双压阀	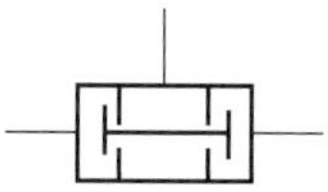
梭阀	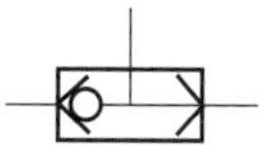		
单向节流阀		带与不带消声器的快速排气阀	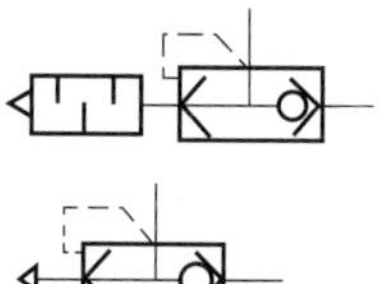

续表

功能元件			
单通路旋转接头	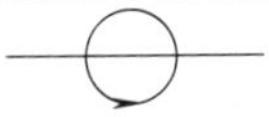	压力表	
压降指示器	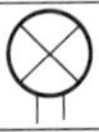		

快换接头		
	已连接	卸开
两端都接工作管路	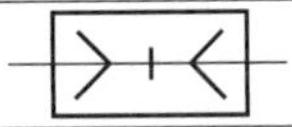	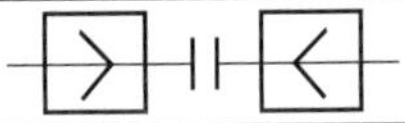
气源一端密封	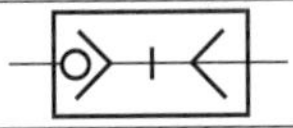	
两端都密封	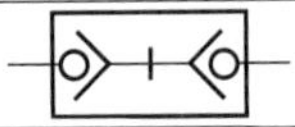	

电磁阀		
	无手动应急控制	在电磁铁一端带有手动应急控制装置
直动式电磁控制弹簧复位 2 位 2 通长闭电磁阀	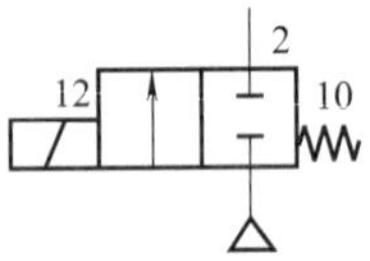	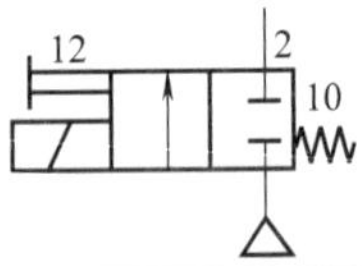
直动式电磁控制弹簧复位 2 位 3 通长闭电磁阀	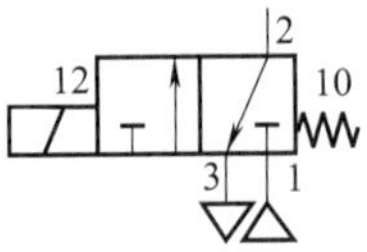	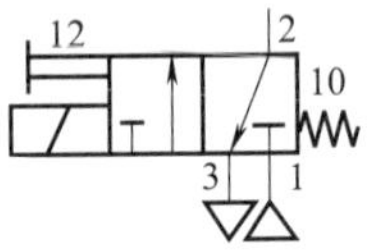
直动式电磁控制弹簧复位 2 位 3 通长开电磁阀	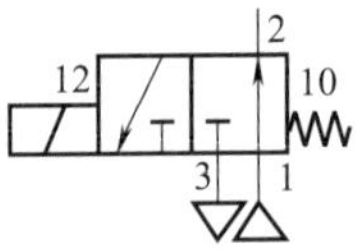	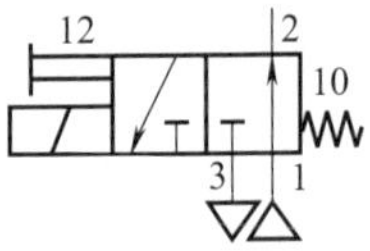
先导式电磁控制弹簧复位 2 位 3 通长闭电磁阀	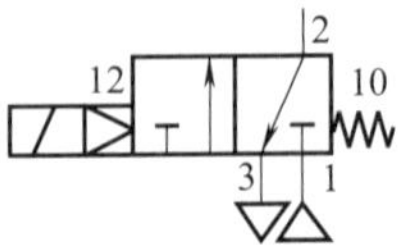	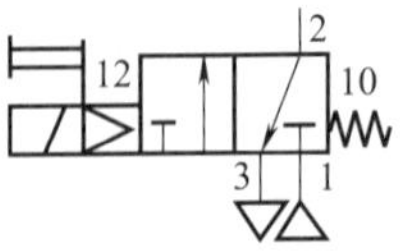
先导式电磁控制弹簧复位 2 位 3 通长开电磁阀	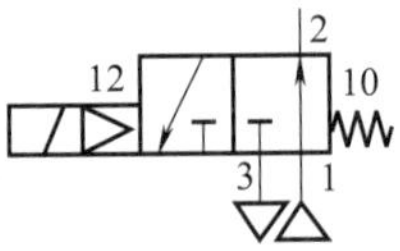	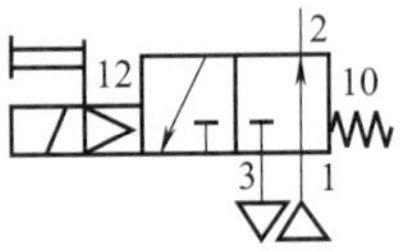
先导式电磁控制先导电磁控制复位电磁阀	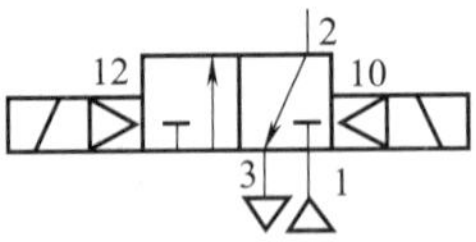	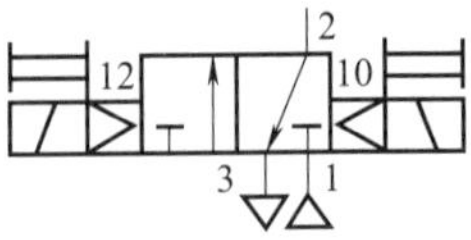
先导式电磁控制弹簧复位 2 位 5 通电磁阀	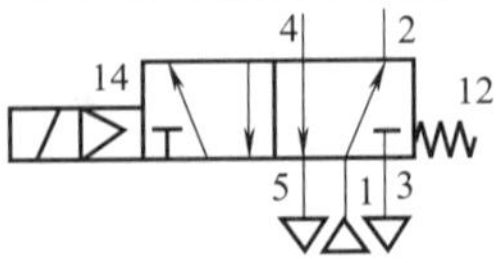	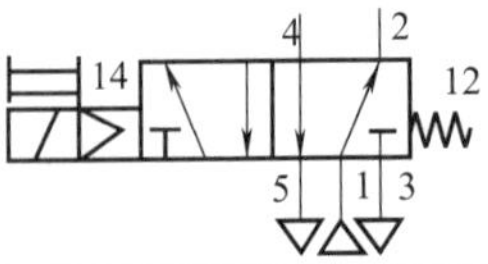
先导式电磁控制先导电磁控制复位 2 位 5 通电磁阀	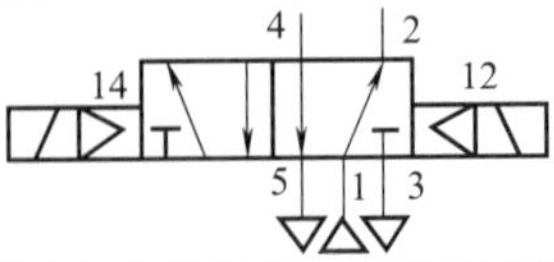	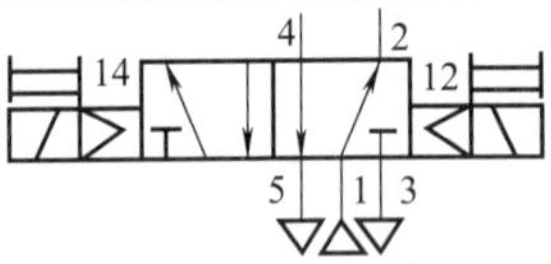

续表

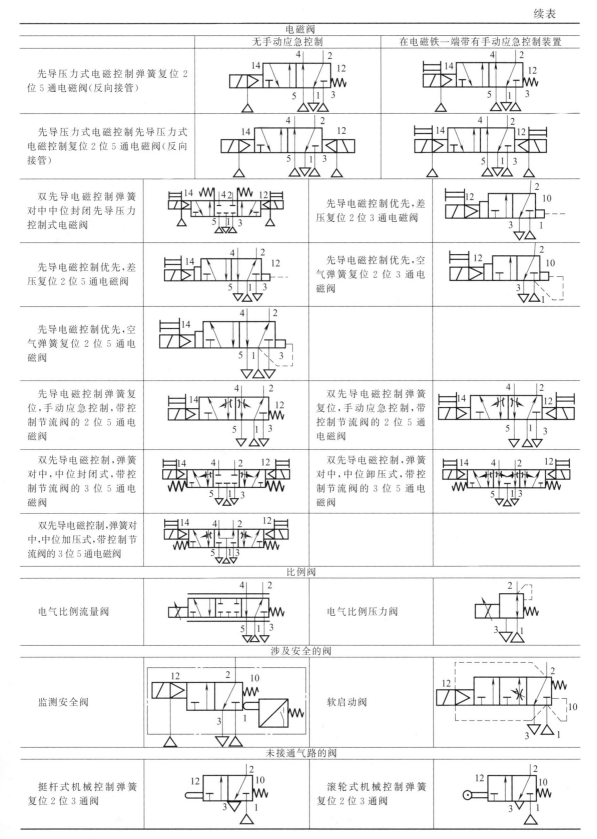

电磁阀		
	无手动应急控制	在电磁铁一端带有手动应急控制装置
先导压力式电磁控制弹簧复位 2 位 5 通电磁阀(反向接管)	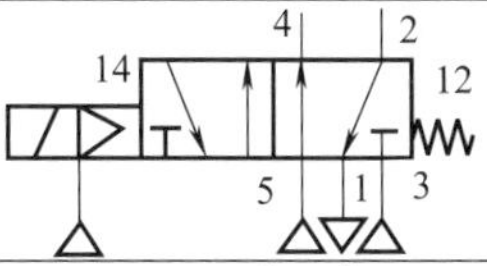	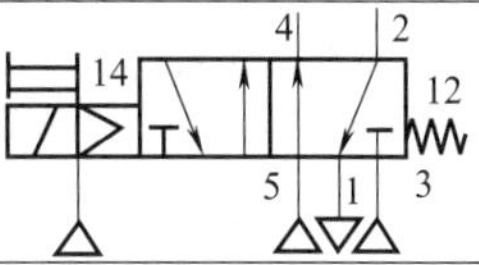
先导压力式电磁控制先导压力式电磁控制复位 2 位 5 通电磁阀(反向接管)	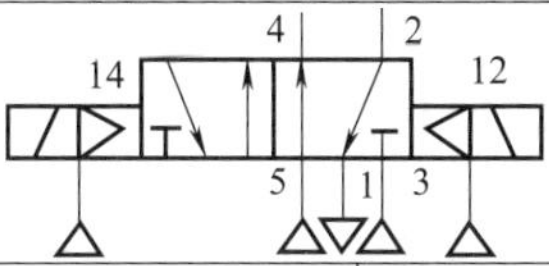	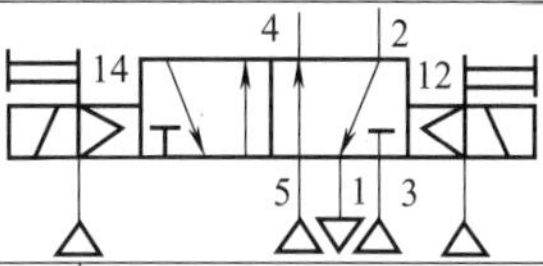

双先导电磁控制弹簧对中中位封闭先导压力控制式电磁阀	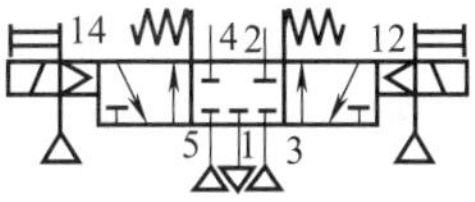	先导电磁控制优先，差压复位 2 位 3 通电磁阀	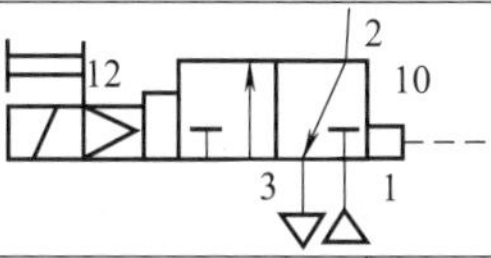
先导电磁控制优先，差压复位 2 位 5 通电磁阀	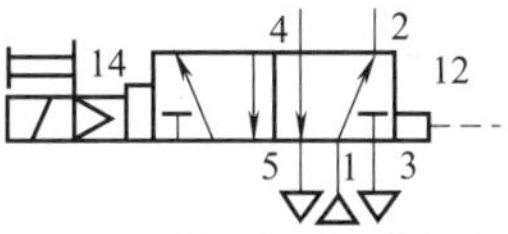	先导电磁控制优先，空气弹簧复位 2 位 3 通电磁阀	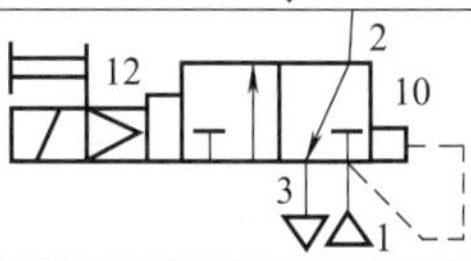
先导电磁控制优先，空气弹簧复位 2 位 5 通电磁阀	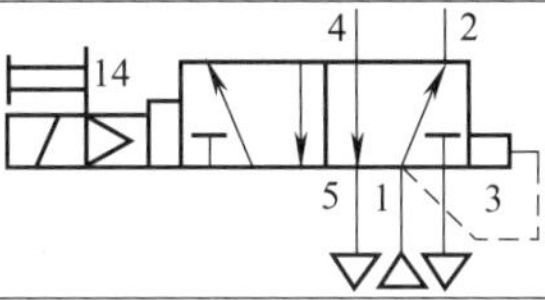		
先导电磁控制弹簧复位，手动应急控制，带控制节流阀的 2 位 5 通电磁阀	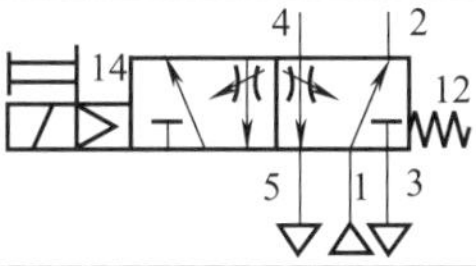	双先导电磁控制弹簧复位，手动应急控制，带控制节流阀的 2 位 5 通电磁阀	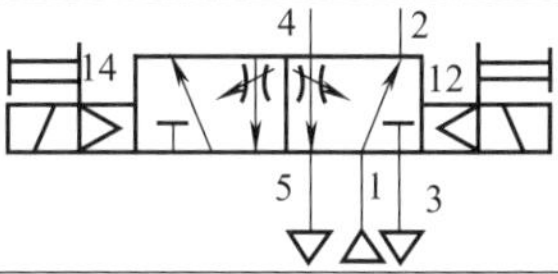
双先导电磁控制，弹簧对中，中位封闭式，带控制节流阀的 3 位 5 通电磁阀	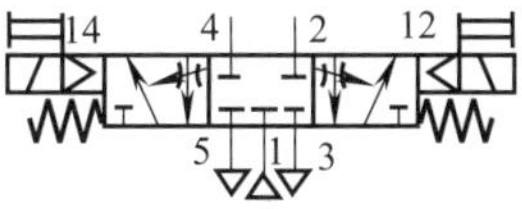	双先导电磁控制，弹簧对中，中位卸压式，带控制节流阀的 3 位 5 通电磁阀	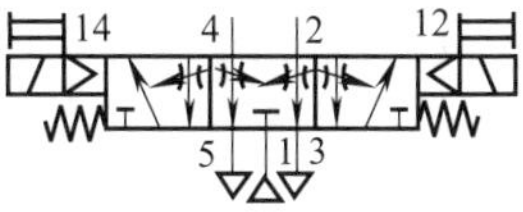
双先导电磁控制，弹簧对中，中位加压式，带控制节流阀的 3 位 5 通电磁阀	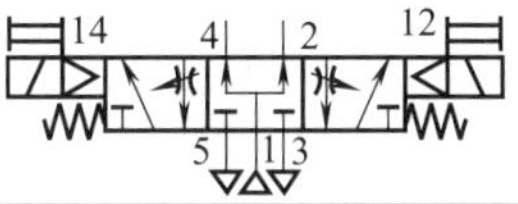		
比例阀			
电气比例流量阀	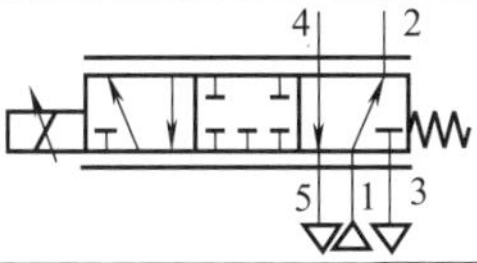	电气比例压力阀	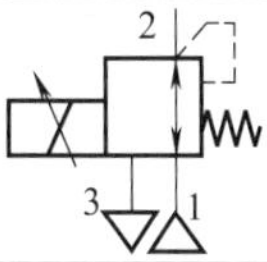
涉及安全的阀			
监测安全阀	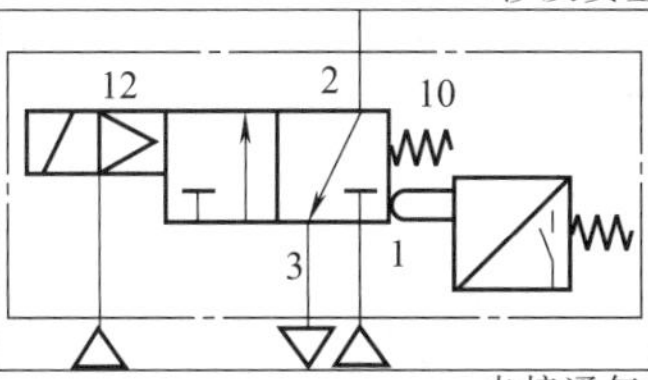	软启动阀	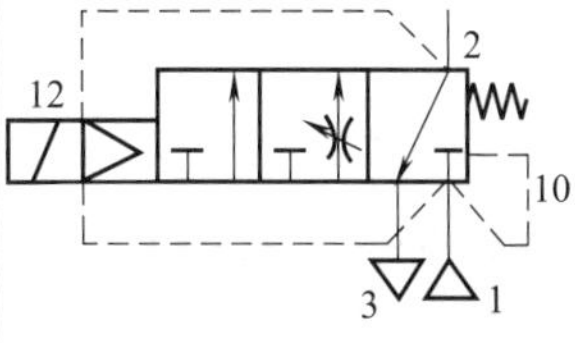
未接通气路的阀			
挺杆式机械控制弹簧复位 2 位 3 通阀	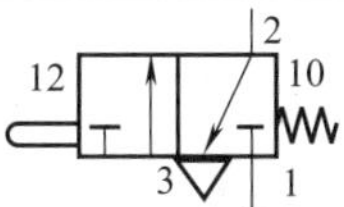	滚轮式机械控制弹簧复位 2 位 3 通阀	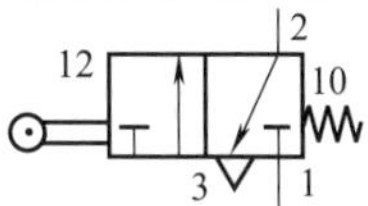

第 21 篇

续表

未接通气路的阀			
按钮式人力控制弹簧复位2位3通阀	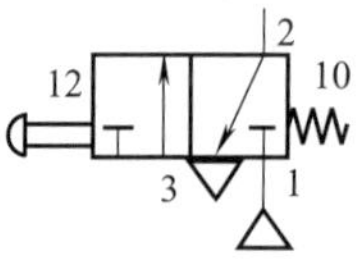	推拉式人力控制定位销式2位3通阀	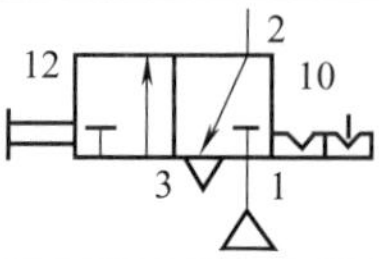
旋钮式人力控制定位销式2位3通阀	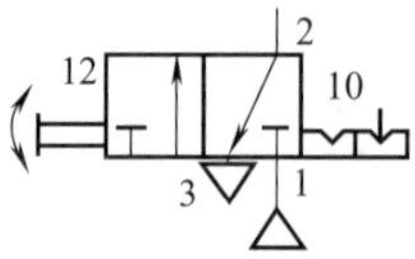	钥匙式人力控制定位销式2位3通阀	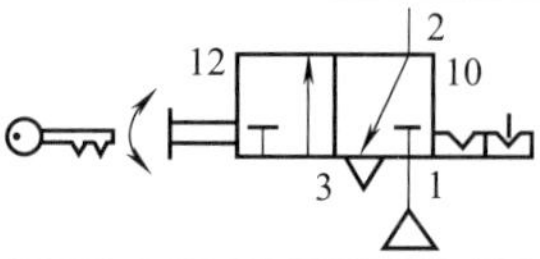
内控的放掉供气的阀			
挺杆式机械控制/放气,气压复位2位3通阀	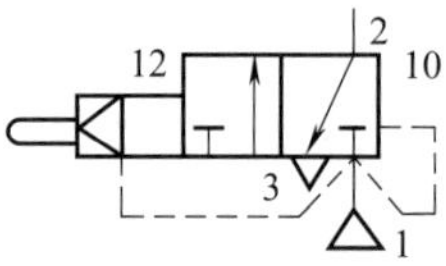	滚轮式机械控制/放气,气压复位2位3通阀	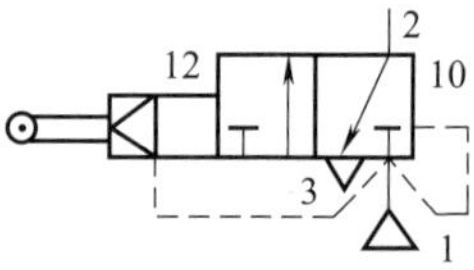
单向滚轮式机械控制/放气,气压复位2位3通阀	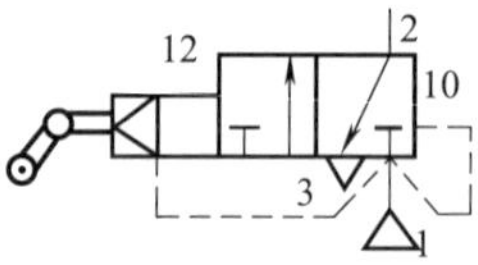	低压气控式/放气,气压复位2位3通阀	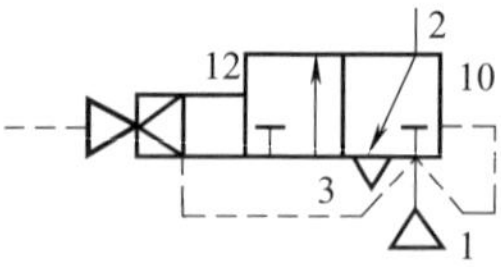
无线遥控气动控制式/放气,气压复位2位3通阀	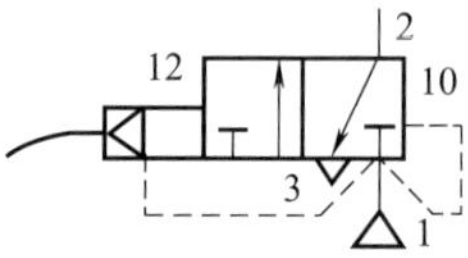		
外控放掉供气的阀			
挺杆机械控制式/放气,气压复位2位3通阀	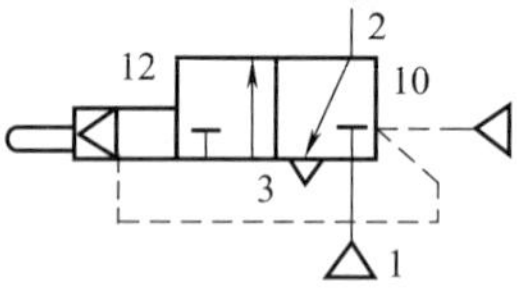	滚轮机械控制式/放气,气压复位2位3通阀	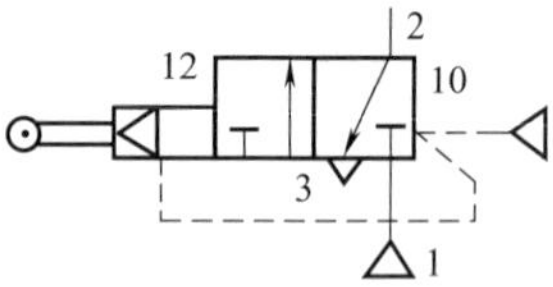
单向滚轮机械控制式/放气,气压复位2位3通阀	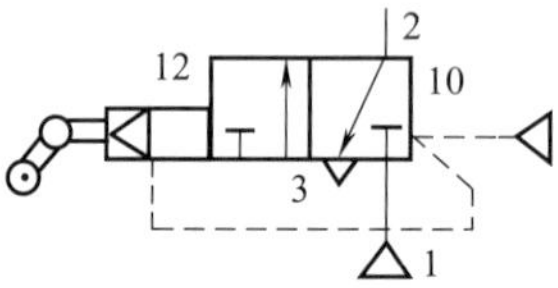	低压气控式/放气,气压复位2位3通阀	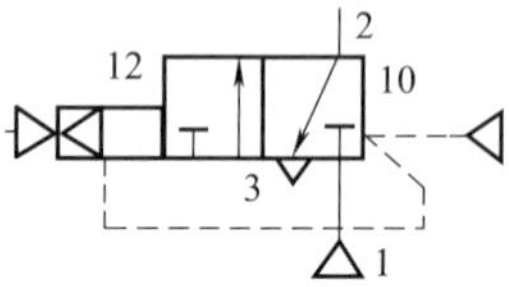
无线遥控气动控制式/放气,气压复位2位3通阀	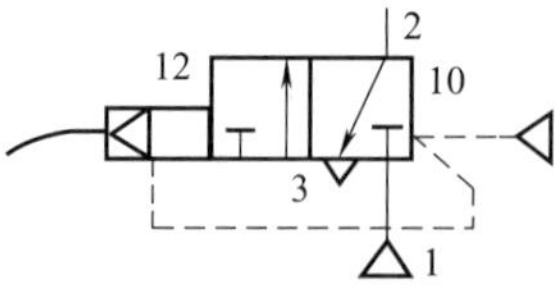		
先导阀			
	常闭	常开	
先导压力控制弹簧复位2位2通阀	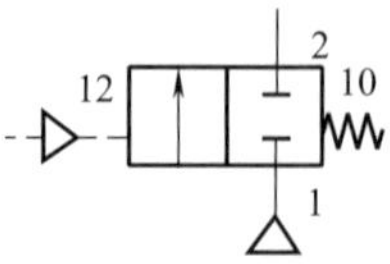	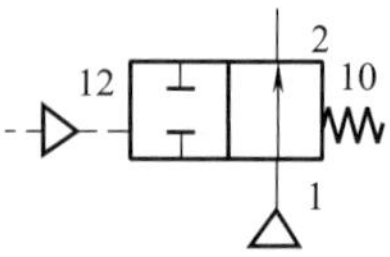	
先导压力控制弹簧复位2位3通阀	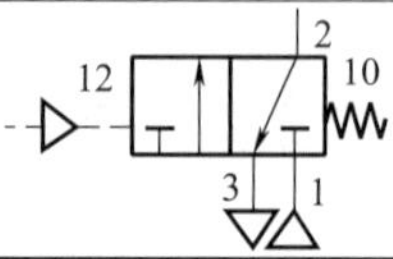	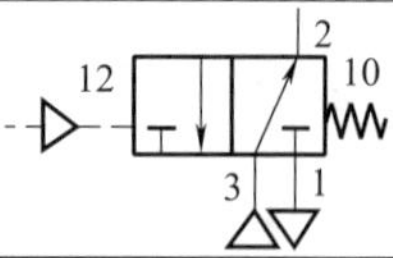	

续表

先导阀		
	常闭	常开
双先导压力控制 2 位 3 通阀	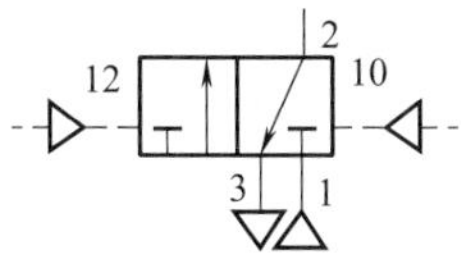	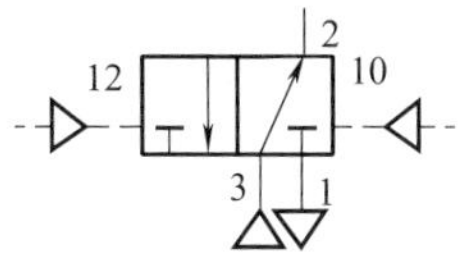
先导差压控制 2 位 3 通阀	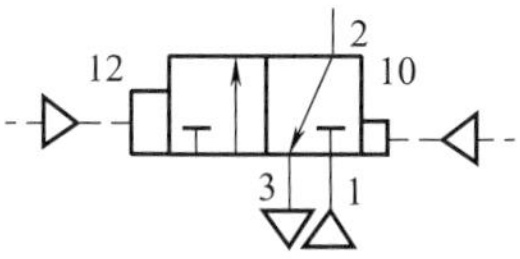	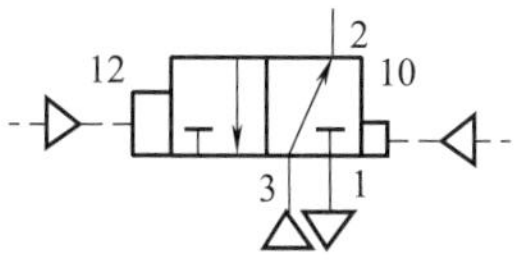

遥控压力释放控制弹簧复位，长闭，2 位 3 通阀	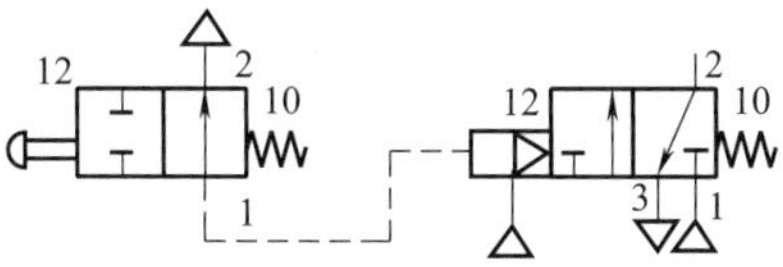	遥控压力释放控制弹簧复位，长开，2 位 3 通阀	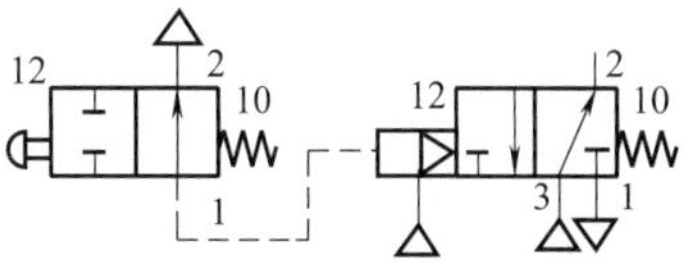
遥控压力释放控制弹簧复位，长闭，2 位 5 通阀	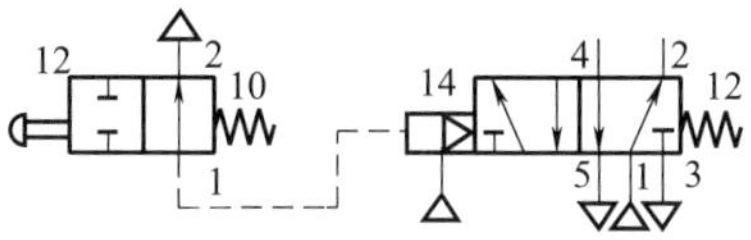	先导压力控制弹簧复位，2 位 4 通阀	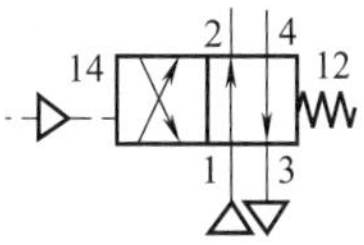
先导压力控制弹簧复位，2 位 5 通阀	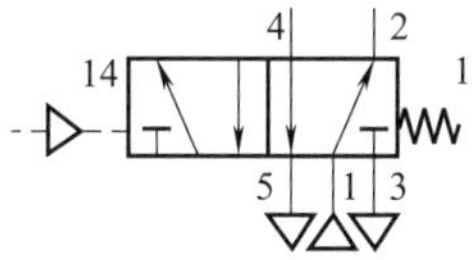	双先导压力控制，2 位 5 通阀	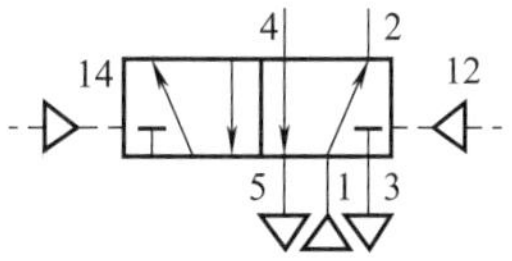
差压先导控制，2 位 5 通阀	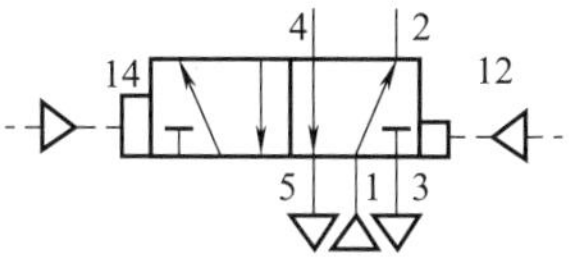	压力或真空控制，弹簧复位，2 位 5 通阀（膜片阀）	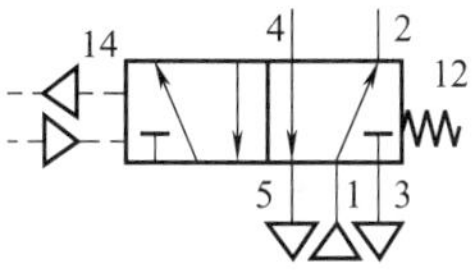
低压先导压力控制，弹簧复位，2 位 5 通阀	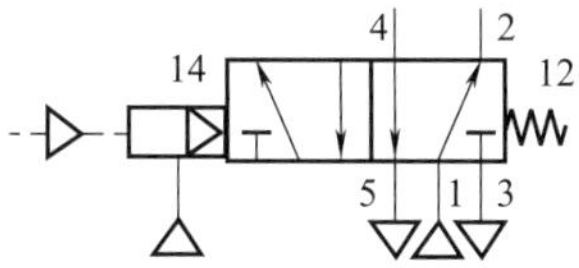	低压先导压力控制，先导压力复位，2 位 5 通阀	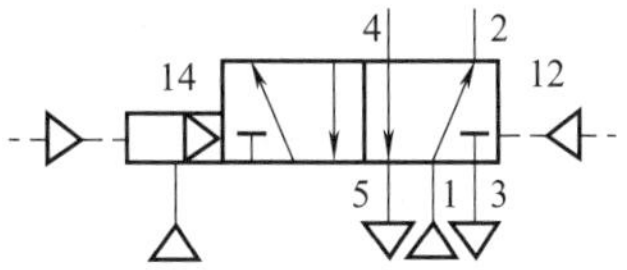
低压先导压力控制和复位，2 位 5 通阀	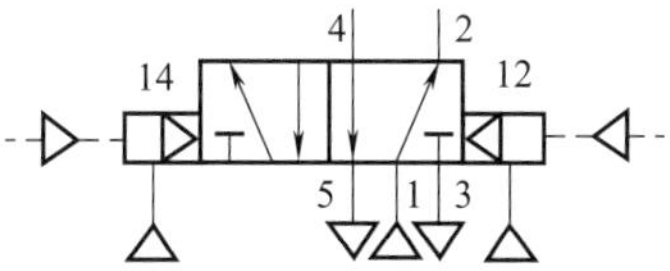	双先导压力控制，弹簧对中，中位封闭式	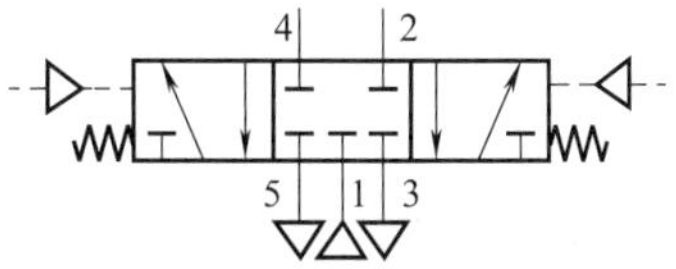
双先导压力控制，弹簧对中，中位卸压式	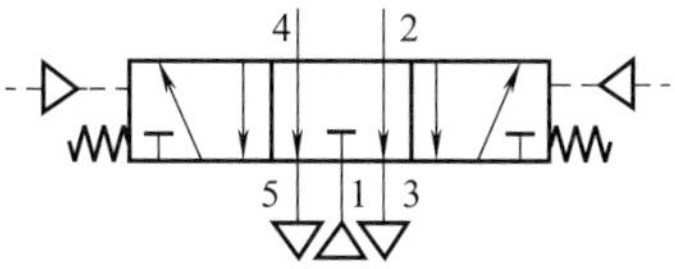	双先导压力控制，弹簧对中，中位加压式	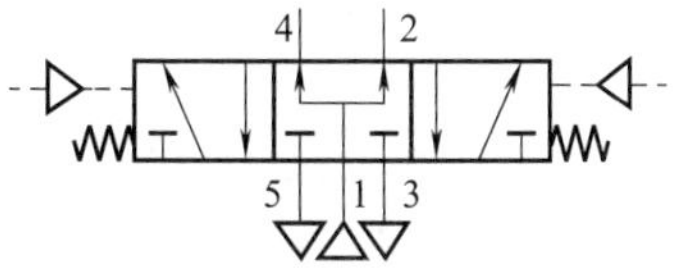

续表

机控阀		
	常闭	常开
挺杆式机械控制弹簧复位 2 位 2 通阀	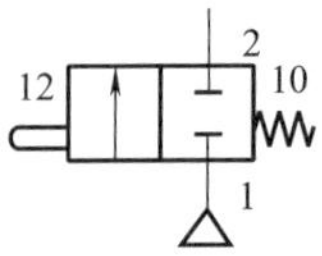	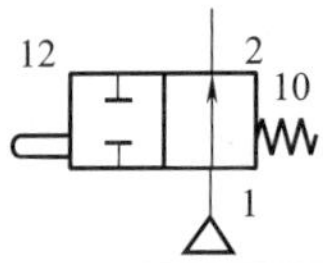
挺杆式机械控制弹簧复位 2 位 3 通阀	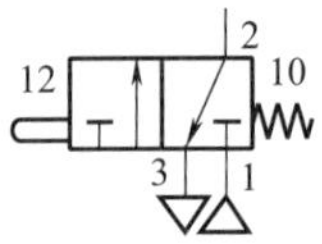	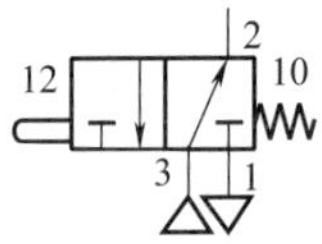
挺杆式机械控制气压回复位 2 位 3 通阀	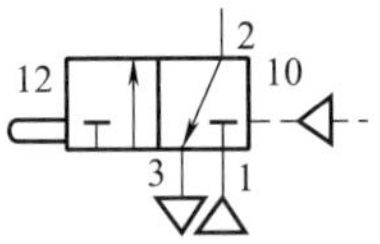	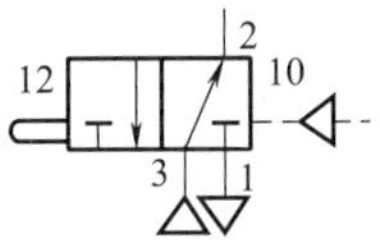
滚轮式机械控制弹簧复位 2 位 2 通阀	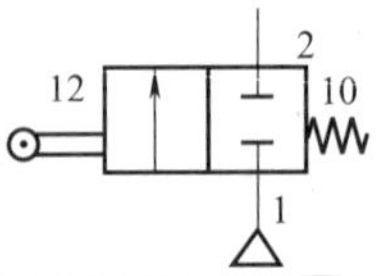	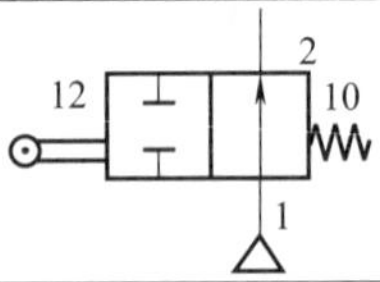
挺杆滚轮式机械控制弹簧复位 2 位 3 通阀	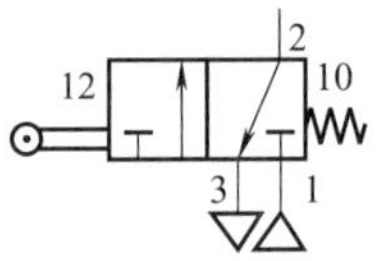	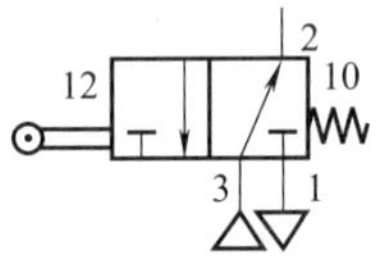
滚轮式机械控制气动复位 2 位 3 通阀	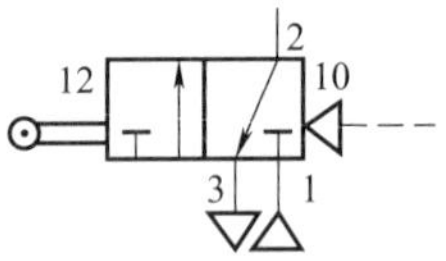	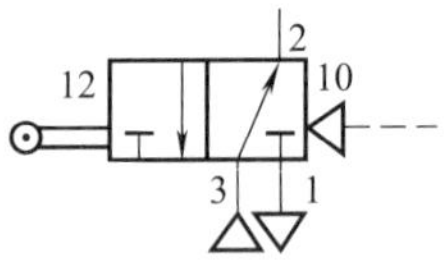
单向滚轮式机械控制弹簧复位 2 位 2 通阀	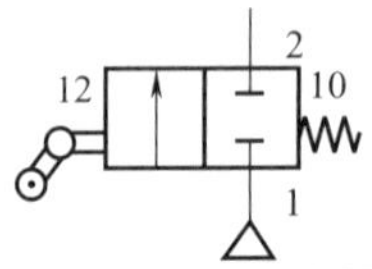	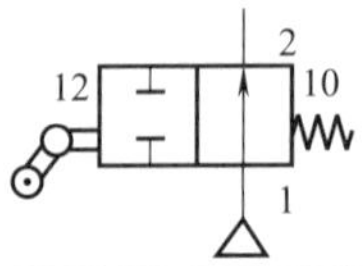
单向滚轮式机械控制弹簧复位 2 位 3 通阀	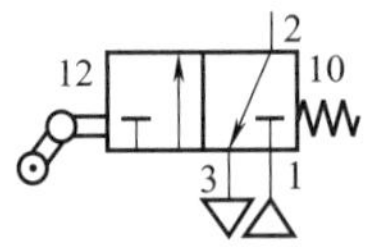	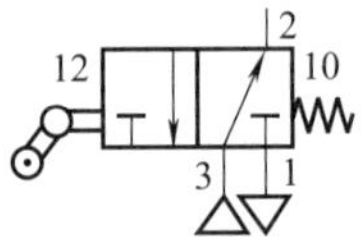
单向滚轮式机械控制气动复位 2 位 3 通阀	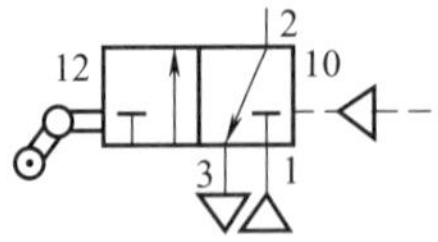	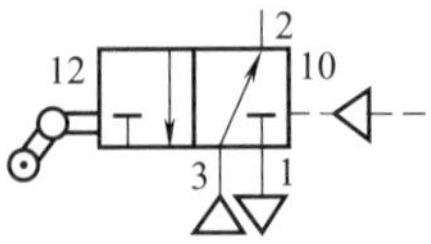
按钮式机械控制弹簧复位 2 位 2 通阀	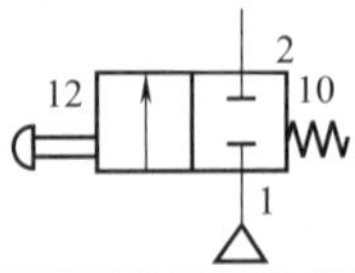	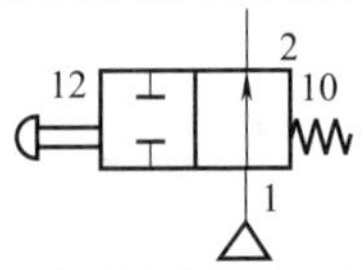
按钮式机械控制弹簧复位 2 位 3 通阀	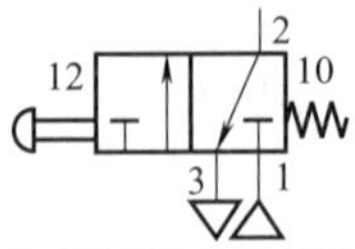	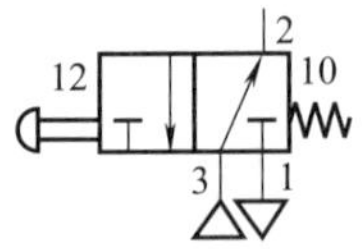

续表

机控阀		
	常闭	常开
按钮式机械控制气动复位 2 位 3 通阀	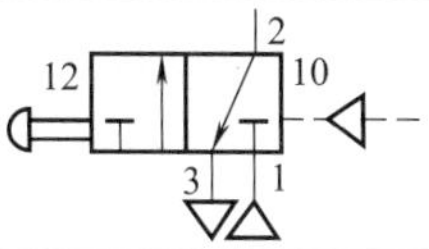	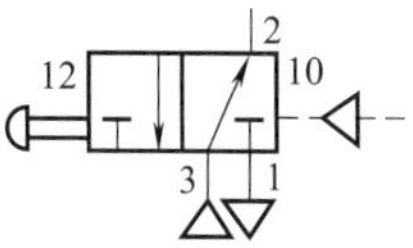
手柄式人力控制弹簧复位 2 位 2 通阀	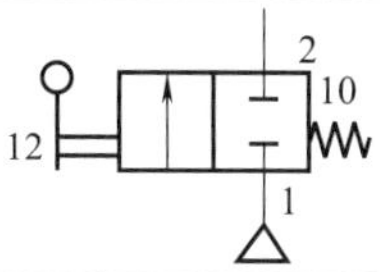	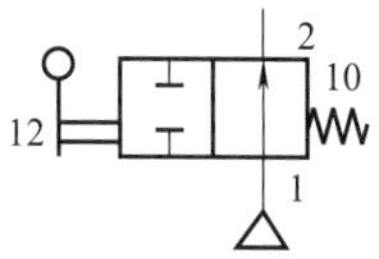
手柄式人力控制弹簧复位 2 位 3 通阀	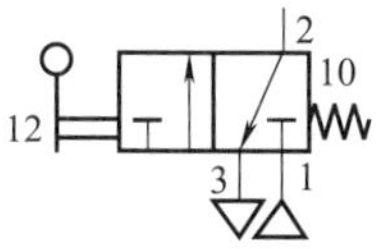	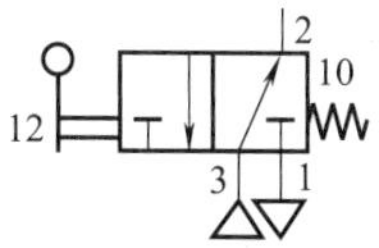
手柄式人力控制气动复位 2 位 3 通阀	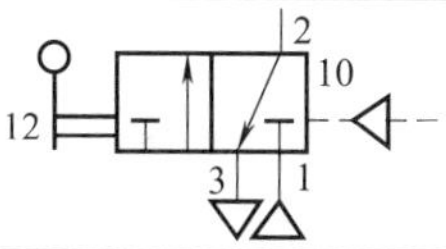	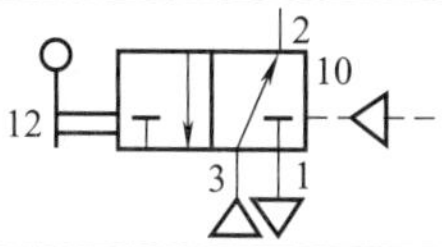
踏板式人力控制(单向),弹簧复位,2 位 3 通阀	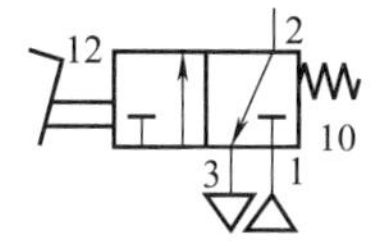	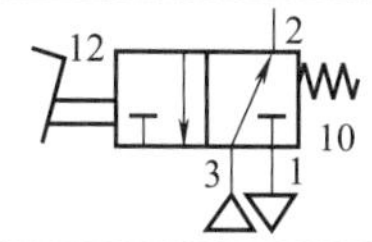
踩踏式人力控制(双向),2 位锁定,2 位 3 通阀	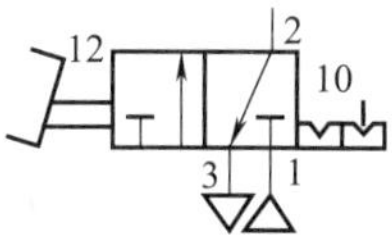	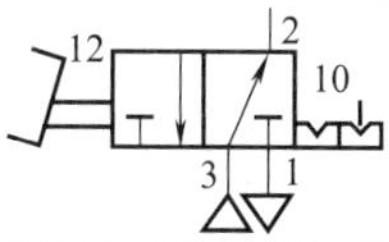

挺杆式机械控制弹簧复位 2 位 4 通阀	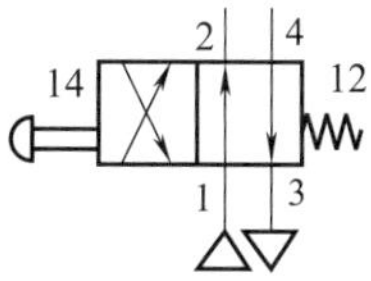	挺杆式机械控制弹簧复位 2 位 5 通阀	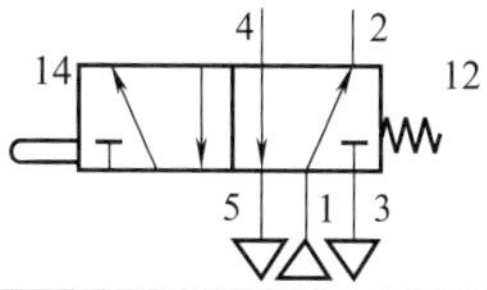
挺杆式机械控制气动回复位 2 位 5 通阀	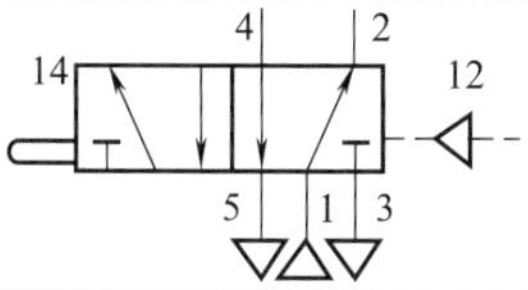	滚轮式机械控制弹簧复位 2 位 4 通阀	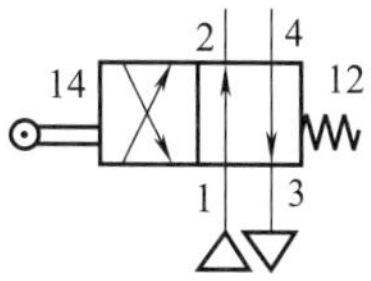
滚轮式机械控制弹簧复位 2 位 5 通阀	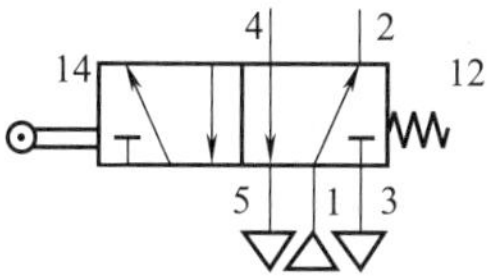	滚轮式机械控制气动复位 2 位 5 通阀	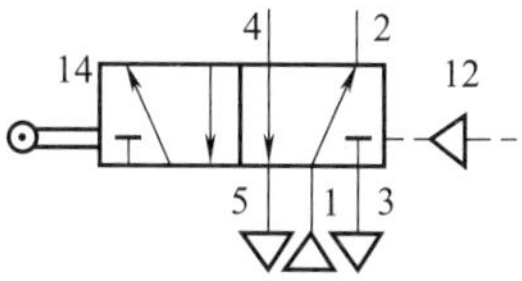
单向滚轮式机械控制弹簧复位 2 位 4 通阀	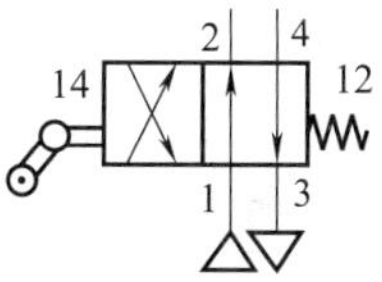	单向滚轮式机械控制弹簧复位 2 位 5 通阀	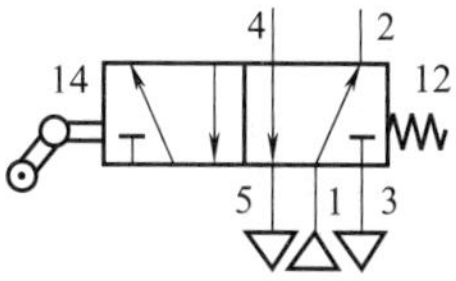
单向滚轮式机械控制气动复位 2 位 5 通阀	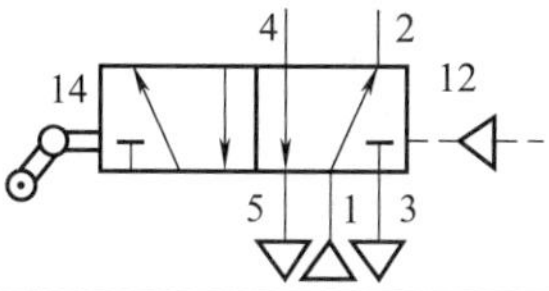	按钮式机械控制弹簧复位 2 位 4 通阀	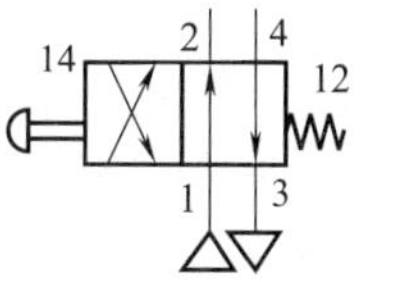

续表

机控阀			
常闭		常开	
按钮式机械控制弹簧复位 2 位 5 通阀	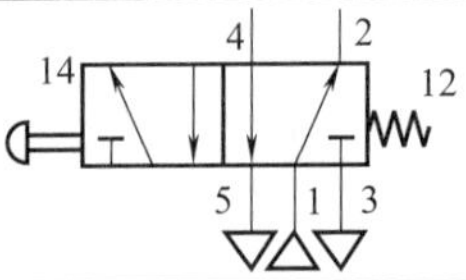	按钮式机械控制气动复位 2 位 5 通阀	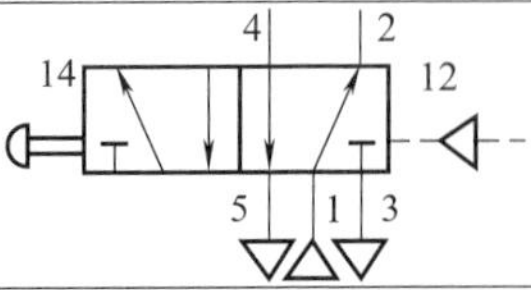
手柄式人力控制弹簧复位 2 位 4 通阀	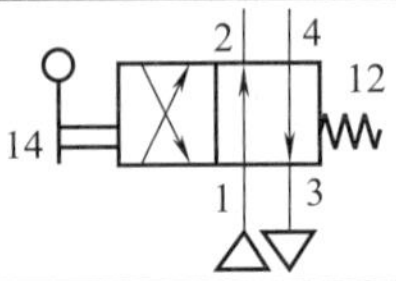	手柄式人力控制弹簧复位 2 位 5 通阀	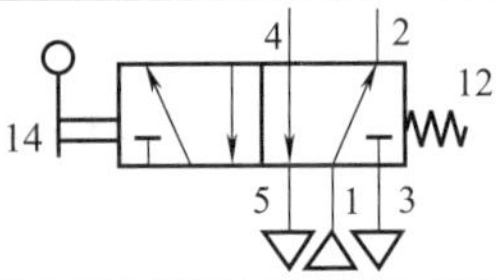
手柄式人力控制气动复位 2 位 5 通阀	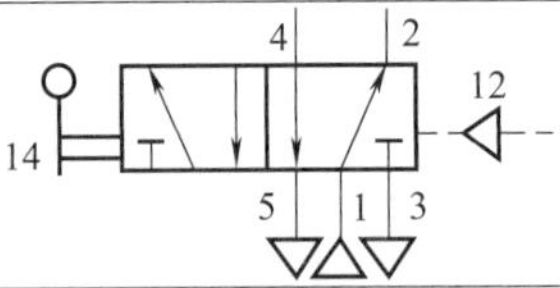	手柄式人力控制手柄复位变节流，2 位 4 通阀	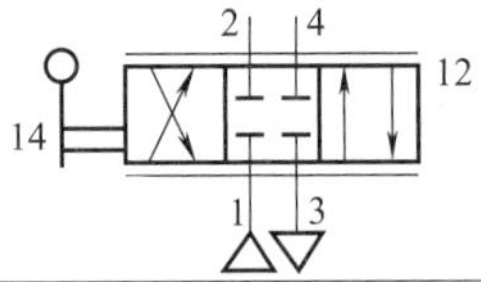
手柄式人力控制手柄复位变节流 3 位锁定，2 位 4 通阀	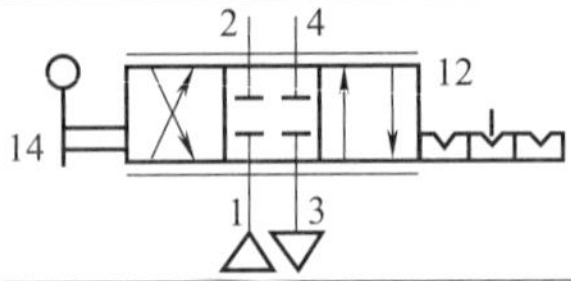	旋钮式人力控制旋钮复位变节流，2 位 4 通阀	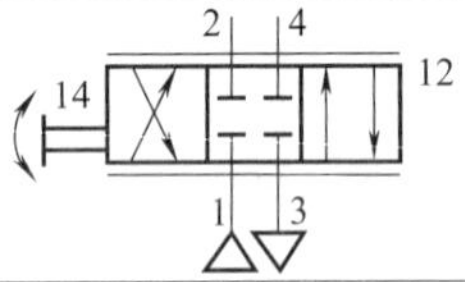
手柄式人力控制，弹簧对中，中位封闭式	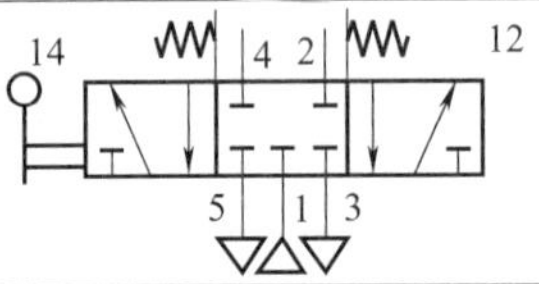	手柄式人力控制，弹簧对中，中位卸压式	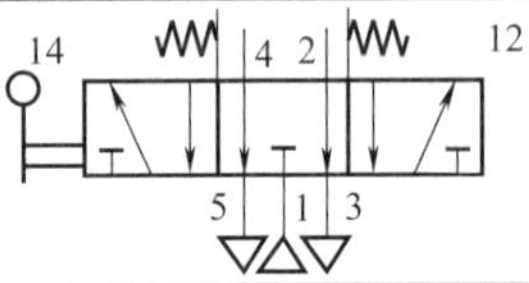
手柄式人力控制，弹簧对中，中位加压式	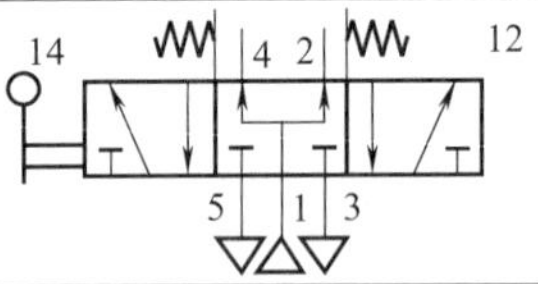	手柄式人力控制，3 位锁定，中位封闭式	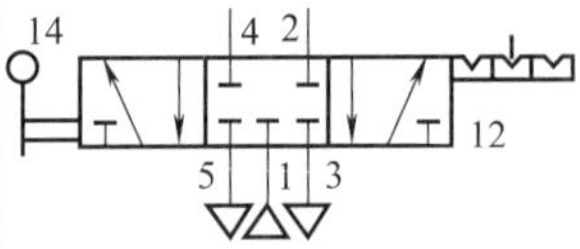
手柄式人力控制，3 位锁定，中位卸压式	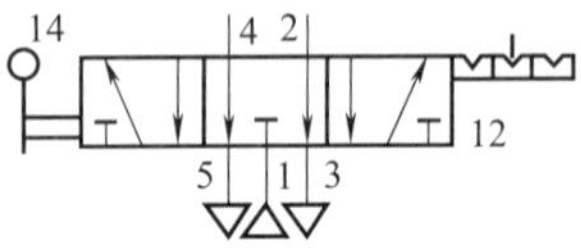	手柄式人力控制，3 位锁定，中位加压式	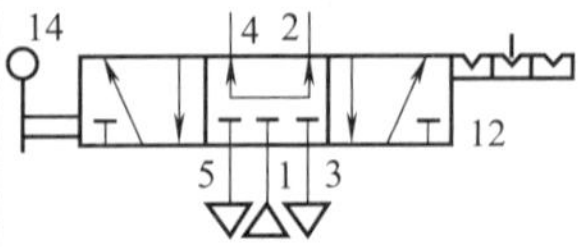
踏板式人力控制（单向），弹簧复位，2 位 4 通阀	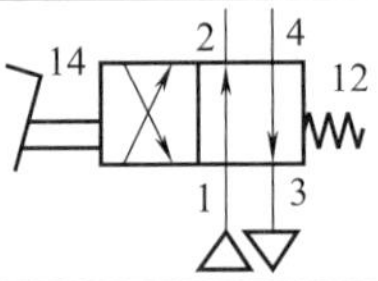	踏板式人力控制（单向），弹簧复位，2 位 5 通阀	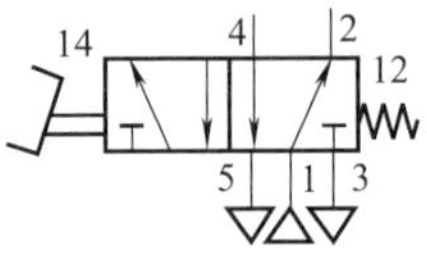
踩踏式人力控制（双向），2 位锁定，2 位 5 通阀	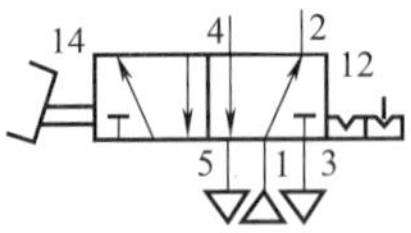	踩踏式人力控制（双向），弹簧对中，中位封闭式	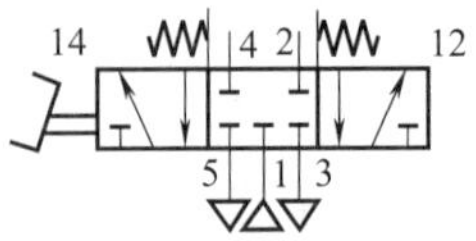
踩踏式人力控制（双向），弹簧对中，中位卸压式	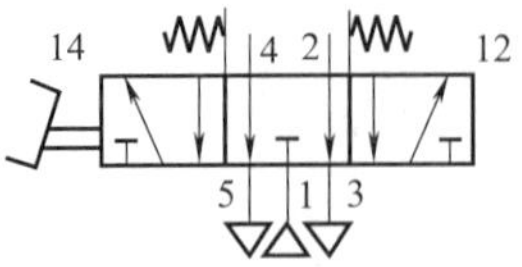	踩踏式人力控制（双向），3 位锁定，中位封闭式	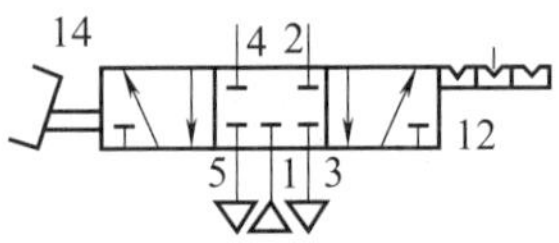
踩踏式人力控制（双向），3 位锁定，中位卸压式	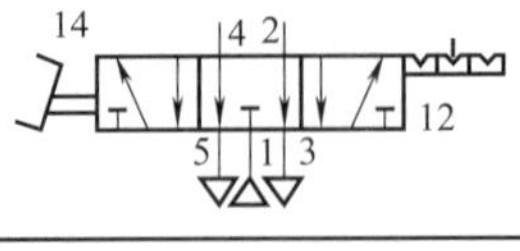		

第 21 篇

续表

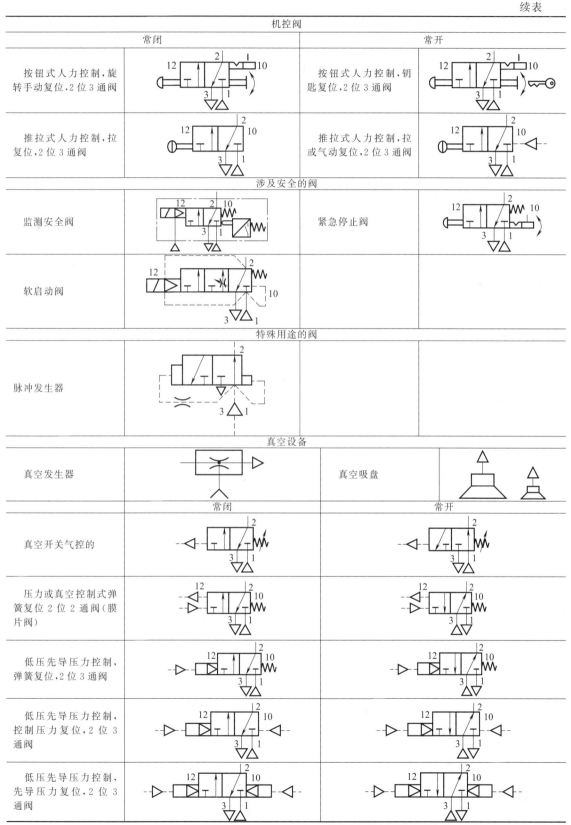

机控阀			
常闭		常开	
按钮式人力控制，旋转手动复位，2 位 3 通阀	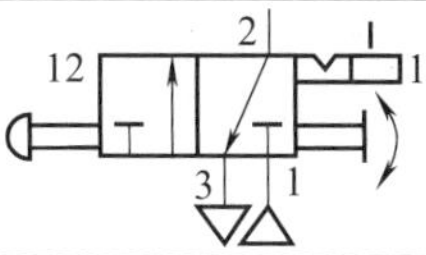	按钮式人力控制，钥匙复位，2 位 3 通阀	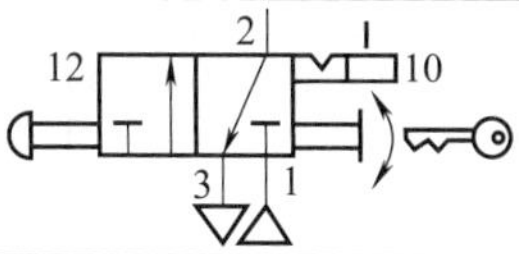
推拉式人力控制，拉复位，2 位 3 通阀	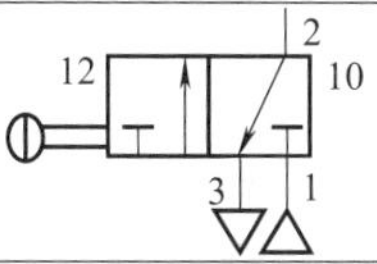	推拉式人力控制，拉或气动复位，2 位 3 通阀	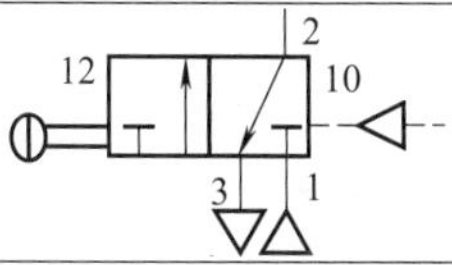
涉及安全的阀			
监测安全阀	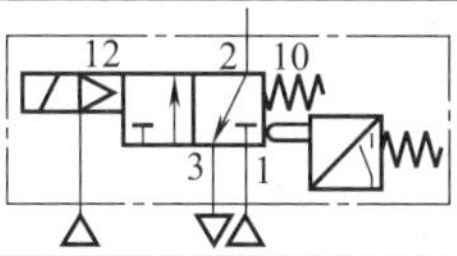	紧急停止阀	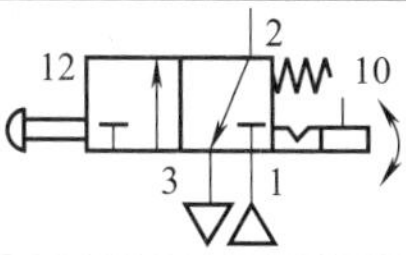
软启动阀	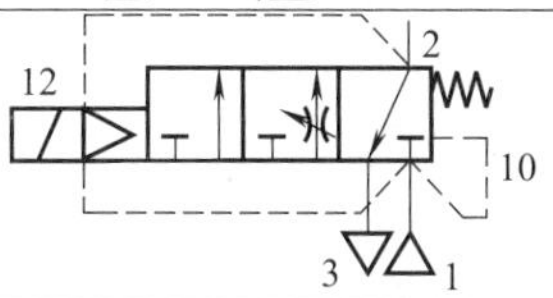		
特殊用途的阀			
脉冲发生器	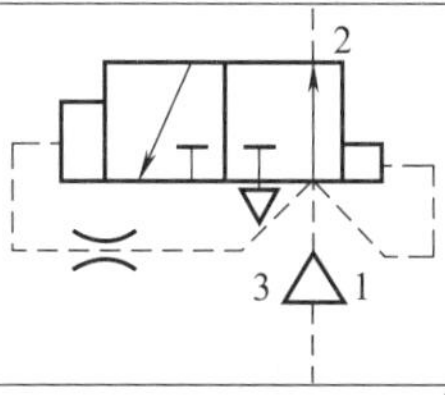		
真空设备			
真空发生器	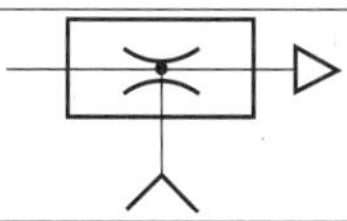	真空吸盘	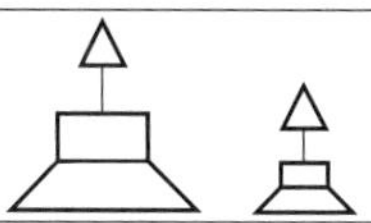
	常闭	常开	
真空开关气控的	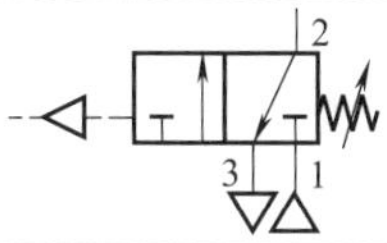	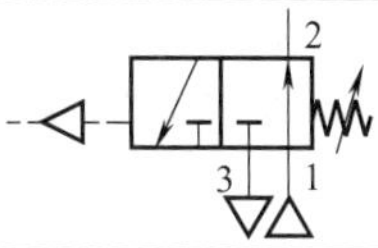	
压力或真空控制式弹簧复位 2 位 2 通阀（膜片阀）	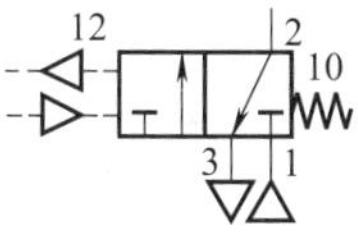	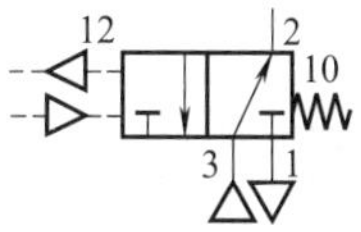	
低压先导压力控制，弹簧复位，2 位 3 通阀	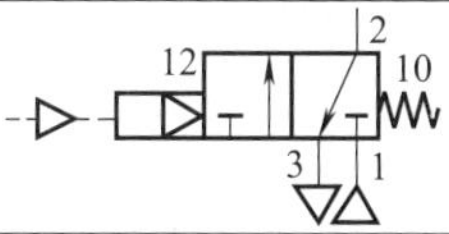	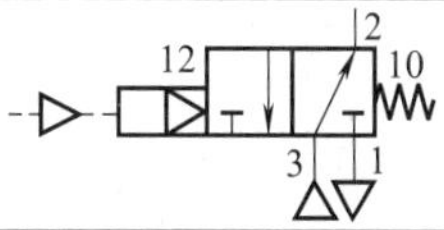	
低压先导压力控制，控制压力复位，2 位 3 通阀	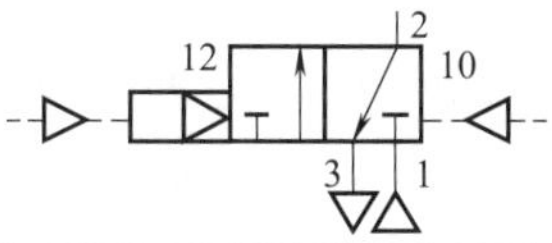	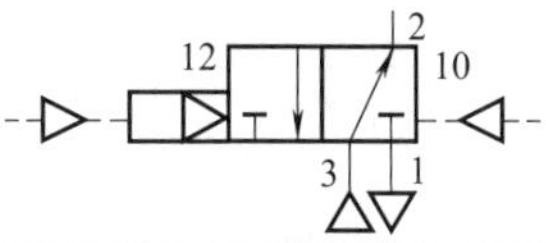	
低压先导压力控制，先导压力复位，2 位 3 通阀	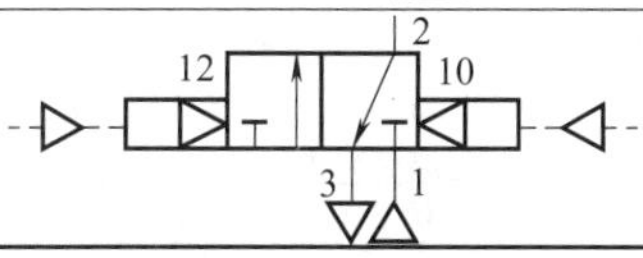	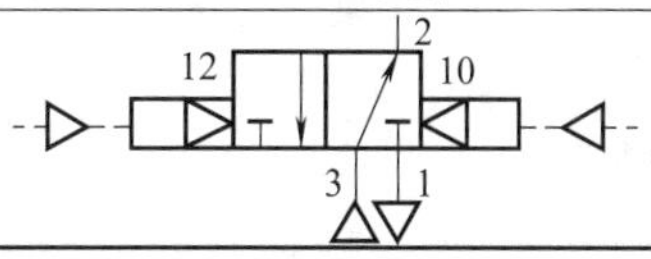	

续表

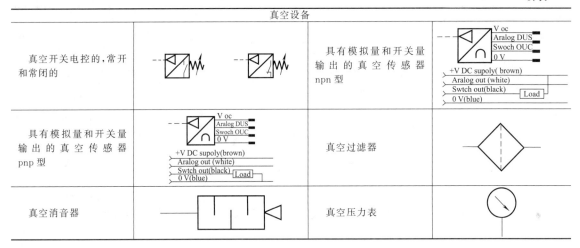

<table>
<tr><th colspan="4">真空设备</th></tr>
<tr><td>真空开关电控的，常开和常闭的</td><td></td><td>具有模拟量和开关量输出的真空传感器npn 型</td><td>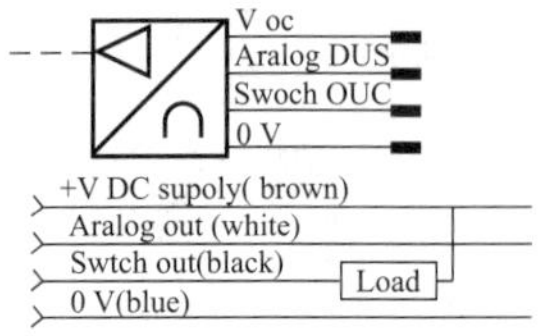</td></tr>
<tr><td>具有模拟量和开关量输出的真空传感器pnp 型</td><td>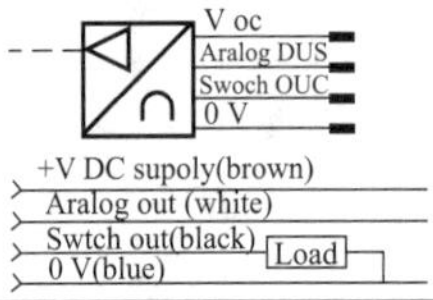</td><td>真空过滤器</td><td>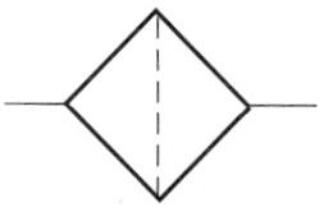</td></tr>
<tr><td>真空消音器</td><td>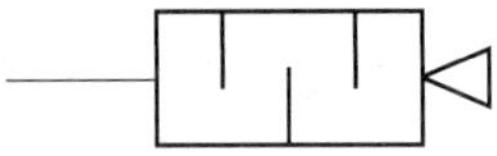</td><td>真空压力表</td><td></td></tr>
</table>

1.5 气动技术基础事项

1.5.1 气动元件及系统公称压力系列

表 21-1-29 气动元件及系统的公称压力值（GB/T 2346—2003） MPa

0.010		0.10		1.0		10.0	31.5	100
	0.040		0.40		4.0	12.5	40.0	
0.016		0.16		1.6		16.0	50.0	
	0.063	(0.20)	0.63		6.3	20.0	63.0	
0.025		0.25	(0.80)	2.5	(8.0)	25.0	80.0	

注：1. 括号内的公称压力值为非优先选用值。
2. 公称压力超出 100MPa 时，应按 GB/T 321—2005《优先数和优先数系》中 R10 数系选用。

目前气动系统和元件常用的公称压力为：0.63MPa、(0.8MPa)、1.0MPa、1.6MPa、2.5MPa。

1.5.2 气动元件的流通能力的表示方法

1.5.2.1 气动元件流量特性的测定（GB/T 14513）

表 21-1-30 气动元件流量特性的测定（GB/T 14513）

<table>
<tr><td>适用范围</td><td colspan="2">本标准规定了气动元件流量特性的测定——串接声速排气法
本标准适用于以压缩空气为工作介质并在试验期间其内部流道保持不变的气动元件，例如方向控制阀、流量控制阀、快速排气阀和气动逻辑元件等
本标准不适用于与压缩空气进行能量交换的元件，例如气缸等</td></tr>
<tr><td rowspan="6">(1)术语</td><td>总压 p_s</td><td>当气流速度被等熵滞止为零时的压力</td></tr>
<tr><td>总温 T_s</td><td>当气流速度被绝热滞止为零时的温度</td></tr>
<tr><td>壅塞流动</td><td>当元件上游总压比下游静压高到使元件内某处的流速等于该处声速时，流过元件的质量流量与上游总压成正比，而与下游静压无关的流动</td></tr>
<tr><td>临界压力比 b</td><td>根据在亚声速流动下元件的流量特性曲线是 1/4 椭圆的假设，由实测数据推算出的流动变成壅塞流动时，元件下游静压与上游总压之比</td></tr>
<tr><td>声速流导 C</td><td>元件内处于壅塞流动时，通过元件的质量流量除以上游总压与标准状态下的密度的乘积，即
$$C=\frac{q_m^*}{\rho_0 p_{s1}^*}\text{（当 }T_{s1}^*=T_0=293.15\text{K 时）}$$</td></tr>
<tr><td>壅塞流动下的有效面积 S</td><td>元件内处于壅塞流动时，通过元件的质量流量乘以上游总温的开方，再除以 0.0404 倍的上游总压，即
$$S=\frac{q_m^*\sqrt{T_{s1}^*}}{0.0404p_{s1}^*}$$</td></tr>
</table>

续表

	名　称	符号	本标准所用上标和下标		
(2)符号、代号	绝对总压力(等于总压表压力加大气压力)	p_s/MPa	上标	下标	含　义
	绝对总温度	T_s/K		0	标准状态
	绝对静压力(等于表压力加大气压力)	p/MPa		1	上游状态或元件 1
	质量流量	q_m/kg·s^{-1}		2	下游状态或元件 2
	临界压力比	b		10	气容内的初始状态
	绝对静温度	T/K		12	元件 1 在先、元件 2 在后的串联回路
	气体密度	ρ/kg·m^{-3}		21	元件 2 在先、元件 1 在后的串联回路
	声速流导	$C/m^3 \cdot s^{-1} \cdot MPa$		s	滞止状态
	壅塞流动下的有效面积	S/mm^2		∞	排气完毕,停放一段时间,待气容内热力参数稳定时的状态
	连接管的内径	d/mm			
	连接管的长度	L/mm		a	大气状态
	排气时间	t/s	*		壅塞状态
	气容容积	V/dm^3			
	连接管的几何面积	A/mm^2			
	连接管的修正系数	a			

(3)试验装置

1)试验回路原理图

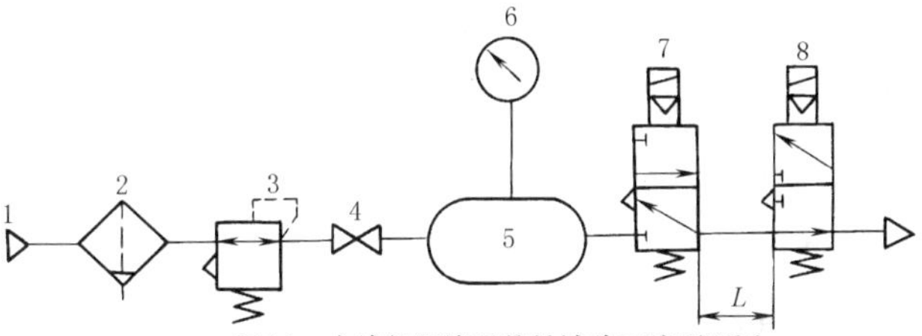

图(a)　电控气阀流量特性试验回路原理图

1—气源;2—空气过滤器;3—减压阀;4—截止阀;5—气容;
6—标准压力表;7—被测元件 1;8—被测元件 2

2)被测元件的连接管

连接管的内径应等于或大于下表的规定

连接螺纹	M5×0.8	M10×1	M14×1.5	M16×1.5	M22×1.5	M27×2	M33×2	M42×2	M48×2	M60×2
连接管的内径 d/mm	2	6	9	13	16	22				

连接管的长度 L 应是内径 d 的 6 倍。连接管应平直,具有光滑的圆形内表面,在全长内内径不变。采用软管连接时,不得使用使软管流通面积缩小 4%以上的管接头。当被测元件具有不同尺寸的气口时,应使用合适的连接管

3)气容

根据对被测元件预估的 S 值和排气时间 t,按下列公式选用气容的容积

$$\begin{cases} V=0.42St, 当\ p_{10}=0.63\text{MPa} \\ V=0.28St, 当\ p_{10}=0.80\text{MPa} \end{cases}$$

气容应通入 0.80MPa 的试验压力进行气密试验,保压 5min,压力降不得大于 0.002MPa

4)空气过滤器

空气过滤器的过滤精度应符合被测元件的要求

5)测试仪表

标定时所确定的测试仪表的允许系统误差按下表规定

仪器类别	压力/%	时间/%	温度/K
允许系统误差	±1.0	±0.1	±0.2

第21篇

续表

<table>
<tr><td rowspan="4">(4)试验程序</td><td colspan="2">1)试验条件</td><td>气源质量应符合被测元件的使用要求。电源电压为气动元件的额定电压。精密仪器仪表用电源按使用说明书规定</td></tr>
<tr><td colspan="2">2)试验程序</td><td>①选择两个同型号的被测元件,或选择一个被测元件和另一个与被测元件 S 值相近的不同型号的元件,一个作为元件 1,另一个作为元件 2
②根据被测元件 1 的通径估计 S 值,按本表(3)之 3)的公式选择气容的容积
③将被测元件 1 安装在容积为 V 的气容上。让气容内通入高于 0.63MPa 压力的空气后,关闭图(a)中的截止阀,待气容内压力稳定在 0.63MPa 后,记录压力值 p_{10}。然后迅速开启被测元件,使气容中的空气通过被测元件向大气排放 t(4～6s)后,立即关闭被测元件。排气毕,观察并记录气容内的瞬时压力 p_1。待气容内压力回升至稳定值后,记录压力值 $p_{1\infty}$。测定环境温度 T_a 和大气压力 p_a
④用连接管将元件 2 接在元件 1 之后,重复上述步骤③,测定元件 1 在先、元件 2 在后的两元件串接回路的 p_{10}、t、p_1、$p_{1\infty}$、T_a 和 p_a
⑤重复上述步骤③,测定元件 2 的 p_{10}、t、p_1、$p_{1\infty}$、T_a 和 p_a
⑥重复上述步骤③,测定元件 2 在先、元件 1 在后的两元件串接回路的 p_{10}、t、p_1、$p_{1\infty}$、T_a 和 p_a
⑦按后述特性参数的计算方法求出元件 b 值后,检验步骤③～⑥中的 p_1 应满足 $p_1 \geqslant p_a/b$。若不满足,应更换更大容积的气容或令 $p_{10}=0.80$MPa 重新测试
⑧若元件 2 的 S_2 值为已知,则可省略步骤⑤和⑥,便可求得被测元件的 S 值和 b 值
⑨初始压力 p_{10} 可在 0.63MPa 和 0.80MPa 中选择,排气时间 t 可在 4～6s 中选择。测定某个被测元件时,在步骤③、④、⑤和⑥中的 p_{10} 和 t 的变化范围按下表规定:
p_{10} 和 t 的指示值的允许变化范围<table><tr><th>被测量</th><th>p_{10}</th><th>T</th></tr><tr><td>指示值的允许变化/%</td><td>±2</td><td>±2</td></tr></table></td></tr>
<tr><td rowspan="2">3)特征参数的计算</td><td>S 值</td><td>根据试验程序中步骤③～⑥测定的数据,按下式依次计算壅塞流动下的四个有效面积 S_1、S_{12}、S_2 和 S_{21}
$$S=26.1\frac{V}{t}\sqrt{\frac{273}{T_0}}\left[\left(\frac{p_{10}}{p_{1\infty}}\right)^{\frac{1}{5}}-1\right]$$</td></tr>
<tr><td>b 值</td><td>元件 1 和元件 2 的临界压力比 b_1 和 b_2 的计算公式:
$$b_1=\frac{\frac{\alpha_2 S_{12}}{S_2}-\sqrt{1-\left(\frac{S_{12}}{S_1}\right)^2}}{1-\sqrt{1-\left(\frac{S_{12}}{S_1}\right)^2}} \qquad b_2=\frac{\frac{\alpha_1 S_{21}}{S_1}-\sqrt{1-\left(\frac{S_{21}}{S_2}\right)^2}}{1-\sqrt{1-\left(\frac{S_{21}}{S_2}\right)^2}}$$
$$\alpha_1=1-\left(\frac{S_1}{2A_1}\right)^2 \qquad \alpha_2=1-\left(\frac{S_2}{2A_2}\right)^2$$
两元件串接时的临界压力比计算公式:
$$b_{12}=\frac{b_2 S_{12}}{S_2} \qquad b_{21}=\frac{b_1 S_{21}}{S_1}$$</td></tr>
<tr><td>(5)试验结果的表达</td><td colspan="3">被测元件的流量特性可用公式表达:
当 $\frac{p_2}{p_{s1}} \leqslant b$ 时, $q_m^*=0.0404\frac{p_{s1}}{\sqrt{T_{s1}}}S$
当 $b<\frac{p_2}{p_{s1}} \leqslant 1$ 时, $q_m=q_m^*\sqrt{1-\left(\frac{\frac{p_2}{p_{s1}}-b}{1-b}\right)^2}$
被测元件的流量特性可用图(b)表达,被测元件的流量特性可用声速流导 C 值和临界压力比 b 值来表达,C 值和 S 值的换算式为 $C=199\times10^{-3}S$
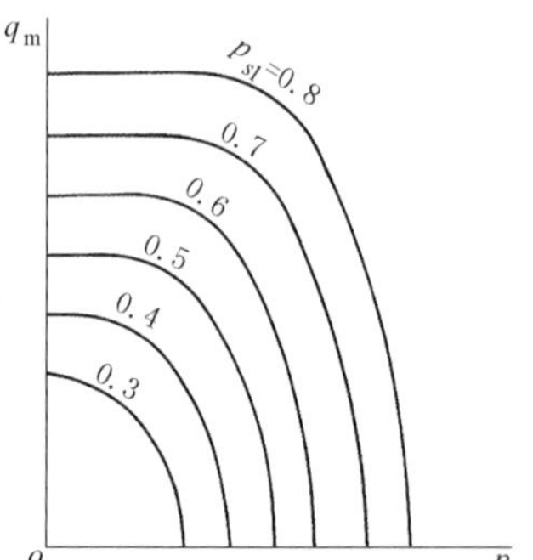
图(b) 气动元件流量特性曲线</td></tr>
</table>

1.5.2.2　气动元件流通能力的其他表示方法

以下流通能力表示方法已逐渐被1.5.2.1所述GB/T 14513所取代，但由于旧样本中仍有使用，故列出以供参考。

表21-1-31　气动元件流通能力的其他表示方法

表示方法	流　通　能　力
有效断面积测定法	(1)计算公式 $$S=12.9V\frac{1}{t}\times\lg\frac{p_0+0.101}{p+0.101}\sqrt{\frac{273}{T}}$$ 式中　S——气动元件的有效断面积,mm^2 V——容器体积,L t——放气时间,s p_0——容器内初始表压力,MPa p——停放气一段时间后的表压力,MPa T——环境温度,K (2)测试方法 如图(b)所示,连接被试阀门,初始压力0.5MPa开始放气至0.2MPa停止放气,测量从开始放气到停止放气的时间t,由上式算出有效断面积S (3)有效断面积的合成 ①n个气阻串联时 $$\frac{1}{S^2}=\frac{1}{S_1^2}+\frac{1}{S_2^2}+\frac{1}{S_3^2}+\cdots+\frac{1}{S_n^2}$$ ②n个气阻并联时 $$S=S_1+S_2+S_3+\cdots+S_n$$ 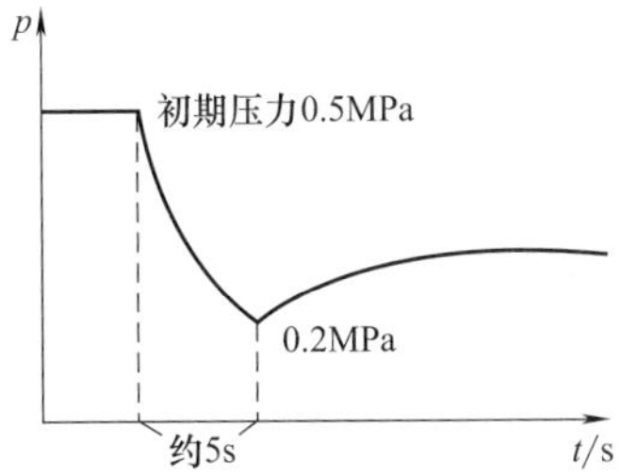 图(a)　压力波形 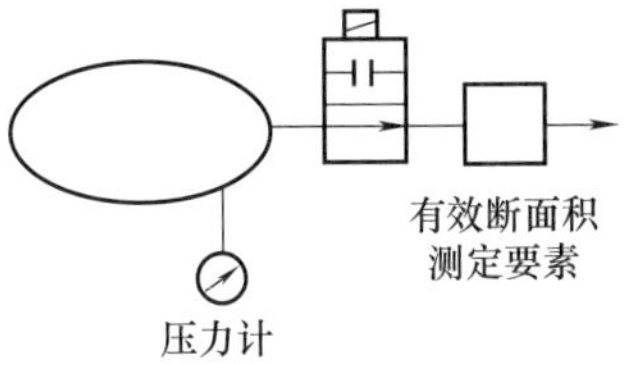 图(b)　有效断面积测定回路
C_V值、K_V值的表示方法	(1)C_V值:被测元件全开,元件两端压差$\Delta p_0=1lbf/in^2(1lbf/in^2=6.89kPa)$,温度为60℉(15.5℃)的水,通过元件的流量为q_V,gal(美)/min[1gal(美)/min=3.785L/min],则流通能力C_V值为 $$C_V=q_V\sqrt{\frac{\rho\Delta p_0}{\rho_0\Delta p}}$$ $$\Delta p=p_1-p_2$$ 式中　C_V——流通能力,gal(美)/min q_V——实测水的流量,gal(美)/min ρ——实测水的密度,g/cm^3 ρ_0——60℉温度下水的密度,$\rho_0=1g/cm^3$ p_1,p_2——被测元件上、下游的压力,lbf/in^2 (2)K_V值:被测元件全开,元件两端压差$\Delta p_0=0.1MPa$,流体密度$\rho_0=1g/cm^3$时,通过元件的流量为$q_V(m^3/h)$,则流通能力K_V值为 $$K_V=q_V\sqrt{\frac{\rho\Delta p_0}{\rho_0\Delta p}}$$ $$\Delta p=p_1-p_2$$ 式中　K_V——流通能力,m^3/h ρ——实测流体的密度,g/m^3 p_1,p_2——被测元件上、下游的压力差,MPa 测定C_V值或K_V值是以水为工作介质,可能对气动元件带来不利的影响(如生锈)。而且,它是测定特定压力降下的流量,只表示流量特性曲线的不可压缩流动范围上的一个点,故用于计算不可压缩流动时的流量与压力降之间的关系比较合理 (3)C_V、K_V及S的关系: $$C_V=1.167K_V$$ $$S=17.0C_V$$ $$S=19.8K_V$$

1.5.3　空气的品质

1.5.3.1　压缩空气的品质分级与应用场合

压缩空气根据其过滤程度不同可分为八个等级，如图 21-1-7 所示。各等级的压缩空气可应用于不同的场合，具体情况如表 21-1-32 所示。

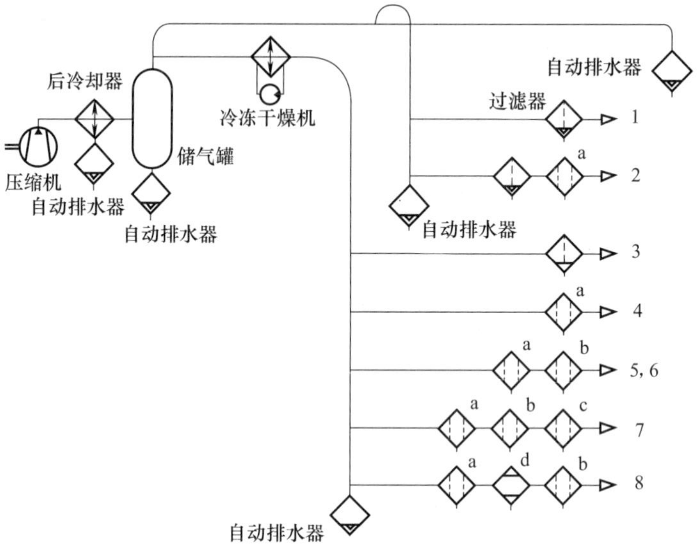

图 21-1-7　压缩空气过滤程度示意图

a—油雾分离器；b—微雾分离器；c—除臭过滤器；d—无热再生式干燥机

表 21-1-32　空气的品质定义和应用

等级	组　合	去除程度	应用	应用实例
1	过滤器	尘埃粒子＞5μm 油雾＞99％ 饱和状态的湿度＞96％	允许有一点固态的杂质、湿度和油的地方	用于车间的气动夹具、夹盘，吹扫压缩空气和简单的气动设备
2	油雾分离器	尘埃粒子＞0.3μm， 油雾＞99.9％ 饱和状态的湿度 99％	要去除灰尘、油，但可存在一定量冷凝水	一般工业用的气动元件和气动控制装置，驱动气动工具和气马达
3	冷干机＋过滤器	湿度到大气露点 －17℃，其他同 1	一定要除去空气中的水分，但可允许少量细颗粒和油的地方	用途同 1，但空气是干燥的，也可用于一般的喷涂
4	冷干机＋油雾分离器	尘埃粒子＞0.3μm 油雾＞99.9％ 湿度到大气压露点，－17℃	无水分、允许有细小的灰尘和油的地方	过程控制，仪表设备，高质量的喷涂，冷铸压铸模
5	冷干机＋油雾分离器	尘埃粒子＞0.01μm 油雾＞99.9999％ 湿度同 4	清洁空气，需要去除任何杂质	气动精密仪表装置，静电喷涂，清洁和干燥电子组件
6	冷干机＋微雾分离器	同 5	绝对纯净的空气，同 5，但需要无气味的空气	制药、食品工业用于包装，气动传送和酿造，呼吸用空气
7	冷干机＋油雾分离器 微雾分离器 除臭过滤器	同 5，并除臭	绝对清洁空气，同 5，且用于需要完全没有臭气的地方	制药，食品工业包装，输送机和啤酒制造设备，呼吸用空气
8	冷干机＋油霜分离器 无热再生式干燥机 微雾分离器	所有的杂质如 6，且大气露点＜－30℃	必须避免膨胀和降低温度时出现冷凝水的地方	干燥电子组件，储存药品，船舶用仪表装置，使用真空输送粉末

1.5.3.2 各种应用场合对空气品质的要求

表 21-1-33　　各种应用场合对空气品质的要求

应用场合	固态颗粒		露点		最大含油量	
	分类	μm	分类	℃	分类	mg/m³
采矿	5	40	7	—	5	25
清洗	5	40	6	+10	4	5
焊接	5	40	6	+10	5	25
机车	5	40	4	+3	5	25
气缸	5	40	4	+3	2	0.1
气阀	3～5	5～40	4	+3	2	0.1
包装	5	40	4	+3	3	1
精密减压阀	3	5	4	+3	3	1
测量	2	1	4	+3	3	1
大气存储	2	1	3	−20	3	1
传感器	2	1	2～3	−40～−20	2	0.1
食品	2	1	4	+3	1	0.01
照片冲印	1	0.01～0.1	2	−40	1	0.01

表 21-1-34　　某些典型应用推荐的空气质量等级

应用	固体粒子 /μm	水分 /g·m⁻³	油分 /mg·m⁻³	应用	固体粒子 /μm	水分 /g·m⁻³	油分 /mg·m⁻³
空气搅拌	3	5	3	喷砂	—	3	3
制鞋机	4	6	5	喷涂(漆)	3	2-3	1
制砖/玻璃机	4	6	5	焊机	4	3	5
零件清洗	4	6	4	轻型气马达	3	3-1	3
颗粒产品输送	2	6	3	气缸	3	3	5
粉状产品输送	2	3	3	空气涡流机	2	2	3
铸造机械	4	6	5	气动传感器	2	2-1	2
食品饮料机械	2	6	1	逻辑元件	4	6	4
采矿	4	5	5	射流元件	2	2-1	2
包装服装机械	4	3	2-3	间隙密封滑阀	1-2	2-3	2-3
胶片生产	1	1	1	弹性密封滑阀	2-3	2-3	2-3
土木机械	4	5	5	截止阀	3	3	5

1.5.3.3 空气中的杂质对气动元件的影响

表 21-1-35　　空气中的水分、油雾、碳、焦油和铁锈对气动元件的影响

气动元件	水分	油雾	碳	焦油	铁锈
电磁阀	破坏线圈绝缘 阀芯黏着 阀的橡胶密封圈膨胀 缩短寿命	阀的橡胶密封圈膨胀 缩短寿命	阀芯黏着	阀芯黏着	阀芯黏着

续表

气动元件	水分	油雾	碳	焦油	铁锈
气缸 旋转气缸	活塞黏着 缩短寿命	缩短寿命	令活塞杆变坏 缩短寿命	活塞黏着	破坏密封圈
调压阀 气动继电器	破坏功能 缩短寿命	功能失效	阀芯黏着	阀芯黏着	阀芯黏着
气动仪表	故障，失灵				
气马达 气动工具	转速降低 缩短寿命	转速降低 黏着	黏着		
喷涂	喷涂表面光滑度降低				
气动测微仪	量度失误、失灵				
气动搅拌	流体被污染				

1.5.3.4 ISO 8573-1：2010 空气质量标准

表 21-1-36 ISO 8573-1：2010 空气质量标准

ISO 8573-1:2010 等级	固体颗粒				水		油
	每 m^3 最大颗粒数量			质量浓度 /mg·m^{-3}	压力露点 /℃	液体 /g·m^{-3}	全部的油（气溶胶和油蒸气）/mg·m^{-3}
	0.4～0.5μm	0.5～1μm	1～5μm				
0	由设备用户或供应商指定，比第 1 级更严格						
1	≤20000	≤400	≤10		≤−70		0.01
2	≤400000	≤6000	≤100		≤−40		0.1
3	—	≤9000	≤1000		≤−20		1
4	—	—	≤10000		≤+3		5
5	—	—	≤100000		≤+7		—
6	—	—	—	≤5	≤+10		—
7	—	—	—	5～10		≤0.5	—
8	—	—	—	—		0.5～5	—
9	—	—	—	—		5～10	—
X	—	—	—	>10		>10	>10

1.5.4 密封

表 21-1-37 密封用橡胶特性

密封用橡胶材质

（1）密封用合成橡胶材质特性

密封用合成橡胶材质特性

ASTMD1418 名称	乙丙橡胶 EPM. EPDM	丁腈橡胶 NBR			氯丁橡胶 CR	硅橡胶 VMQ	氟橡胶 FKM	聚氨酯 AU/EU	聚四氟乙烯（参考）（PTFE）
		高	中	低					
硬度	30～90	30～95			40～95	30～80	60～90	35～99	50～65
耐气渗漏性	△	○			○	×	○	○	○
拉伸强度(MAX)/MPa	20.6	24.5	19.6	17.6	27.4	9.8	17.6	53.9	34.3
耐磨性	△	◎	○	△	○	×	△	◎	×
耐弯折性	△	◎	○	△	○	×	○	◎	—
耐塑性变形	○	○	○	○	○	◎	○	△	—

续表

密封用橡胶材质

ASTMD1418 名称	乙丙橡胶 EPM. EPDM	丁腈橡胶 NBR 高	丁腈橡胶 NBR 中	丁腈橡胶 NBR 低	氯丁橡胶 CR	硅橡胶 VMQ	氟橡胶 FKM	聚氨酯 AU/EU	聚四氟乙烯（参考）（PTFE）
弹性	○	△	○	◎	○	◎	○	△～◎	—
蠕变性	○	△	○	◎	○	◎	△～○	△～○	×
使用温度范围/℃	−40～+130	−50～+120			−40～+110	−45～+200	−15～+230	−40～+100	−100～+200
环境适用性	◎	△			○	◎	◎	◎	◎
耐化学性	◎	×			○	◎	◎	◎	◎
耐水耐热性	◎	○	○	○	○	○	○～×	△～×	◎
耐油性	×	◎	○	△	×	△～×	◎	◎	◎
耐脂性：矿物脂	×	○			△	△	○	○	◎
硅脂	○	○	○	○	○	△～×	○	○	◎
用途	特殊用途固定用 O 形圈	一般及耐寒用，固定及运动用，O 形、U 形等密封圈			特殊用途膜片	耐热耐寒用固定用 O 形圈	耐热用固定及运动用 O、U 形圈	特殊用途运动用膜片、缓冲垫	低摩擦用，运动用，滑动摩擦

（2）橡胶的劣化特性

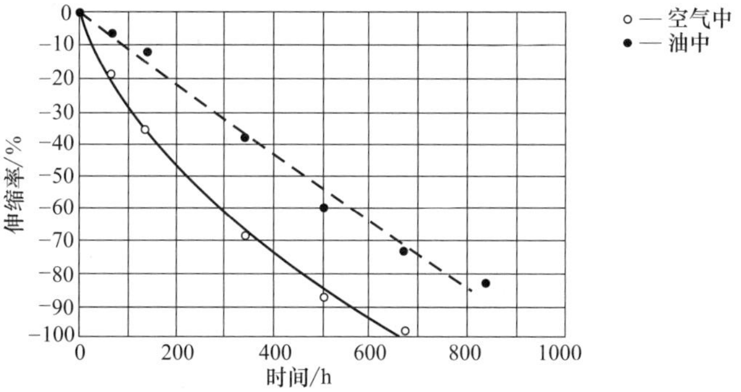

图(a)　NBR橡胶在空气、油中的劣化特性

密封用密封圈常用断面

气动密封圈常用断面

种类		外径用				内径用			外内径共用		除尘圈		缓冲密封
		大断面	小断面	双压用(2)		大断面	小断面	附除尘	大断面	小断面	两圈	单圈	附金属芯
形状(例)		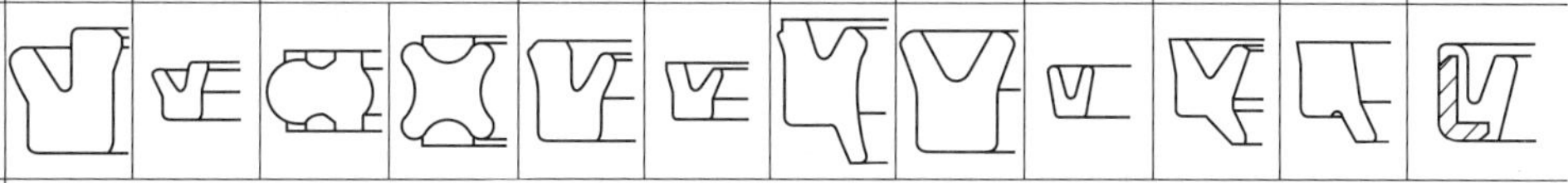											
标准材料		NBR ［硬度 70～90(JIS A)］											
使用条件	常用压力	MAX.　1MPa											
	最高速度	MAX.　1m/s											
	温度范围	−25～70℃											
主用途		·中～大口径气缸	·小口径气缸 ·电磁阀	·小～大口径气缸	·小～大口径气缸	·中～大口径气缸	·小口径气缸 ·电磁阀	·小～大口径气缸	·中～大口径气缸	·小口径气缸 ·电磁阀	·中～大口径气缸	·中～大口径气缸	·中～大口径气缸

注：◎—优；○—良；△—可；×—不可。

第 21 篇

1.5.5 气动元件气口螺纹

表 21-1-38　　气动元件气口螺纹

项目		内　　容
公制螺纹	标准	JB/T 6377—1992 气口连接螺纹型式和尺寸
	密封	公制螺纹本身不能密封，要靠端面加密封垫（圈）来密封，因此公制气口螺纹对螺纹孔外端面型式和尺寸有特殊要求
	螺孔型式及尺寸	适用于工作压力不大于 2.5MPa 的气口螺纹

气动元件气口型式

A 型

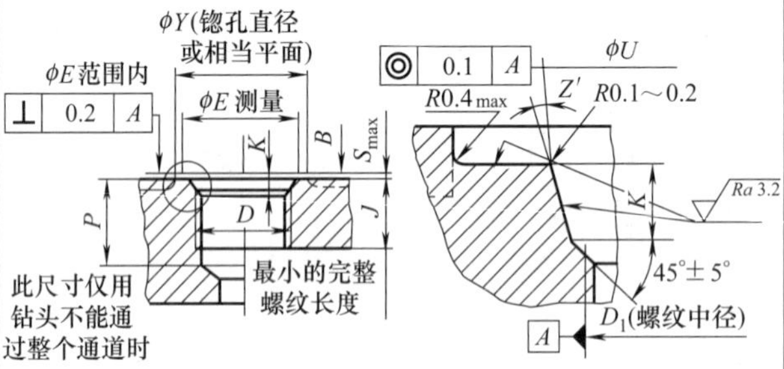

注：锥面不能有纵向的和螺旋形的刀痕，小于1.6μm环形刀痕是允许的

B 型

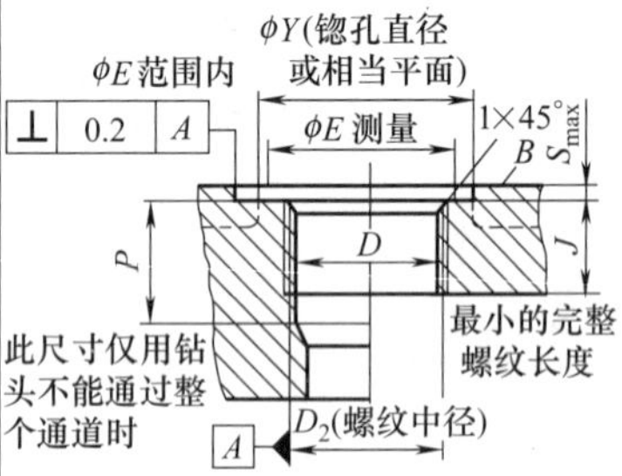

气动元件气口螺纹尺寸/mm

D 螺纹精度 6H	J 不小于	K +0.4 0	φE	P 不小于	S 不大于	φU +0.1 0	φY 不小于	Z ±1°
M3	4.5	1.6	6.0	5.5	1.0	5.35	12.0	12°
M5	5.5		8.0	6.5		6.35	14.0	
M6	6.5		9.0	7.5		7.25	15.0	
M8×1	8.0		11.0	9.0		9.1	17.0	
M10×1			13.0			11.1	20.0	
(M12×1.25)	9.5	2.4	16.0	11.0	1.5	13.8	22.0	15°
M12×1.5								
M14×1.5			18.0			15.8	25.0	
M16×1.5	10.5		20.0	12.0		17.8	27.0	
M18×1.5	11.0		22.0	12.5	2.0	19.8	29.0	
M20×1.5			24.0			21.8	32.0	
M22×1.5	11.5		26.0	13.0		23.8	34.0	
M27×2	14.0	3.1	32.0	15.5		29.4	40.0	
M33×2			38.0		2.5	35.4	46.0	
M42×2	14.5		47.0	16.5		44.4	56.0	
(M48×2)	16.0		55.0	18.0		52.4	66.0	
M50×2								
M60×2	18.0		65.0	20.0		62.4	76.0	

备注：

1. 推荐的最大钻孔深度应保证扳手能夹紧所要拧紧的管接头或紧定螺母
2. 若 B 平面是机加工表面，则不需要加工尺寸 Y 和 S
3. 表中给出的螺纹底孔深度要求使用平顶丝锥攻出规定的螺纹长度，当使用标准丝锥时应适当增加螺纹底孔深度
4. 当设计新产品时，括号内螺纹尺寸不推荐使用

项目		内　　容
新标准气口螺纹	标准	GB/T 14038—2008(ISO 16030:2001)气动连接气口和螺柱端
	应用范围	适用于额定工作压力为－90kPa～1.6MPa，工作温度为－20～＋80℃的气口螺纹。本标准中 M3、M5、M7 为公制螺纹(GB/T 193—2003)，G1/8～G2 为 55°非密封管螺纹(GB/T 7307—2001)
	密封	本标准中螺纹本身不能密封，需要加装密封装置。密封装置是螺柱端的组成部分。常用密封结构见图(a)

第21篇

续表

项目		内容
	密封	见图(a)
新标准气口螺纹	螺孔及螺柱端尺寸/mm	见下

密封

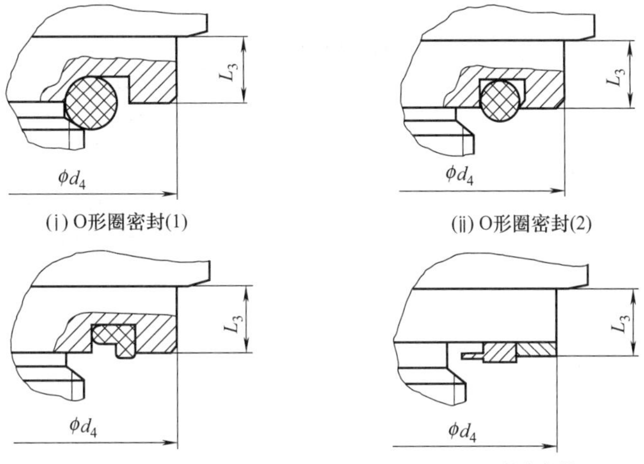

(i) O形圈密封(1)　(ii) O形圈密封(2)　(iii) 成形密封　(iv) 复合密封

图(a)　密封方法示例

新标准气口螺纹 — 螺孔及螺柱端尺寸/mm

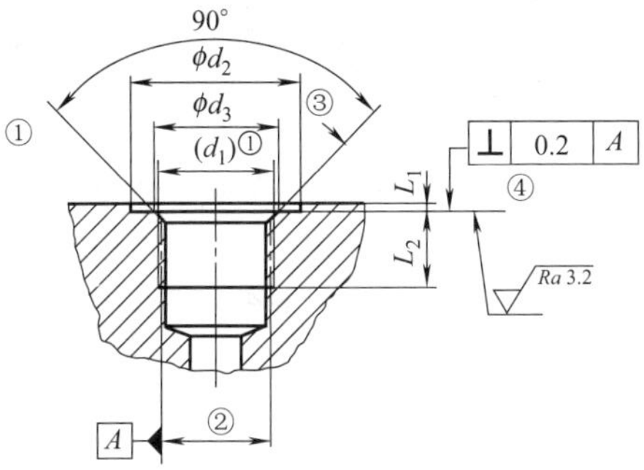

①螺纹；

②中径；

③此表面上不得有毛刺或径向划痕；

④此值适用于表面呈同心环槽的场合，否则 *Ra* 应为 2.4μm。

螺纹(d_1)	d_2 min	d_3 公称尺寸	d_3 公差	L_1 max	L_2 min
M3	7	3.1	+0.3 0	0.5	3.5
M5	9	5.1		0.5	4.5
M7	12	7.1		0.5	6
G1/8	15	9.8	+0.4 0	0.5	6
G1/4	19	13.3		1	7
G3/8	23	16.8		1	8
G1/2	27	21		1	9.5
G3/4	33	26.5		1	11
G1	40	33.4		1	12
G1¼	50	42.1		2	17
G1½	56	48	+0.5 0	2	18
G2	69	60		2	20

注：普通螺纹 M3～M7 应符合 GB/T 193，而管螺纹 G1/8～G2 应符合 GB/T 7307。

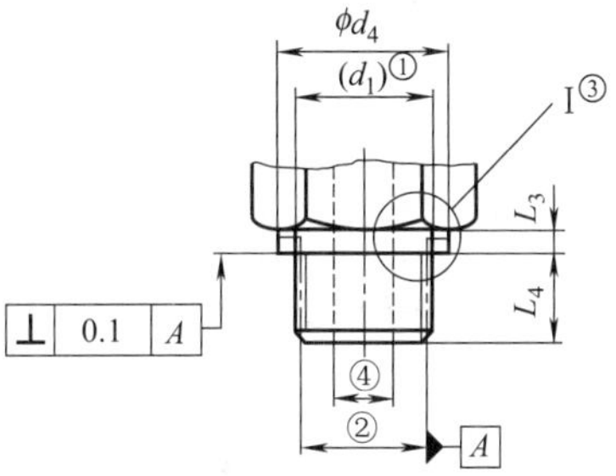

①螺纹；

②中径；

③由制造商选用。密封示例见图(a)；

④通孔的尺寸与形状取决于材料和设计。

螺纹(d_1)	d_4 max	L_3 min	L_4 公称尺寸	L_4 公差
M3	6.5	1	3	0 −0.5
M5	8.5	1	4	0 −0.8
M7	11.5	1	5.5	0 −1
G1/8B	14.5	1	5.5	0 −0.9
G1/4B	18.5	1.5	6.5	0 −1.3
G3/8B	22.5	1.5	7.5	
G1/2B	26.5	1.5	9	0 −1.8
G3/4B	32.5	1.5	10.5	
G1B	39	1.5	11.5	0 −2.3
G1¼B	49	2.5	16.5	
G1½B	55	2.5	17.5	
G2B	68	2.5	19.5	

注：普通螺纹 M3～M7 应符合 GB/T 193，而管螺纹 G1/8～G2 应符合 GB/T 7307。

续表

项目		内容
55°密封管螺纹	标准	GB/T 7306.1—2000,GB/T 7306.2—2000
	密封	在螺纹副内添加密封介质(如螺纹表面缠胶带、涂密封胶等)来密封
	特征代号	R_p——圆柱内螺纹 R_c——圆锥内螺纹 R——圆锥外螺纹
	牙型与尺寸/mm	见下

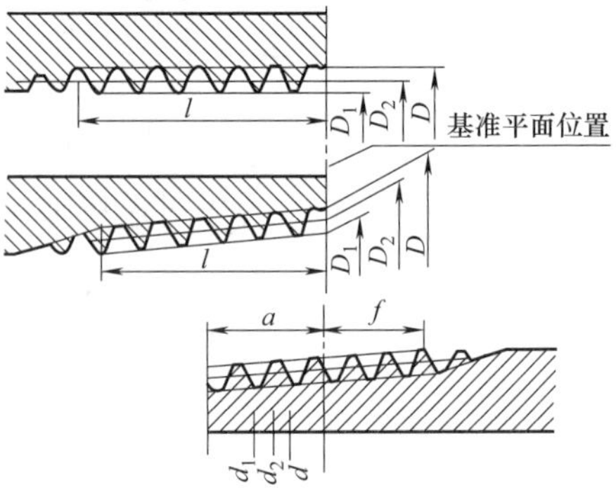

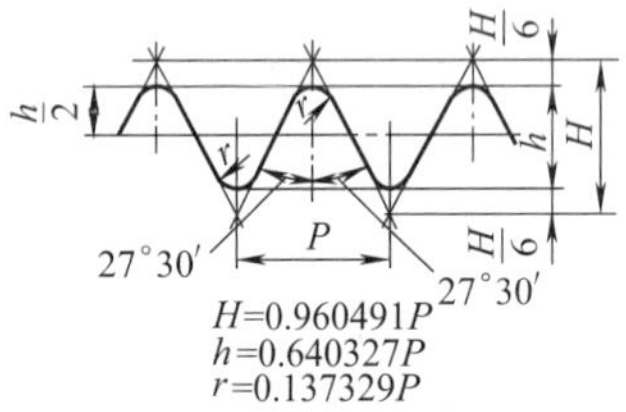

圆柱内螺纹的设计牙型

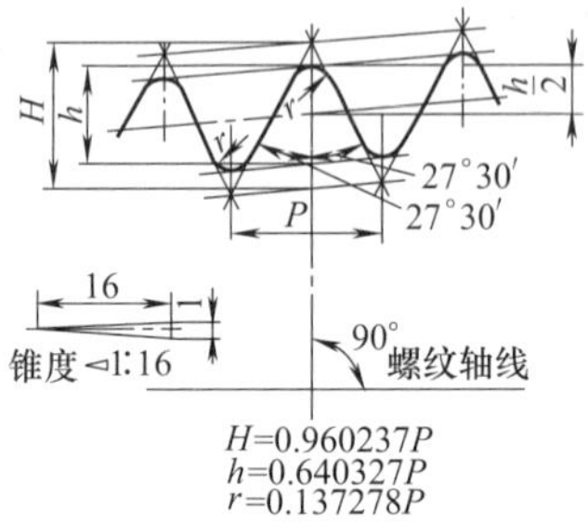

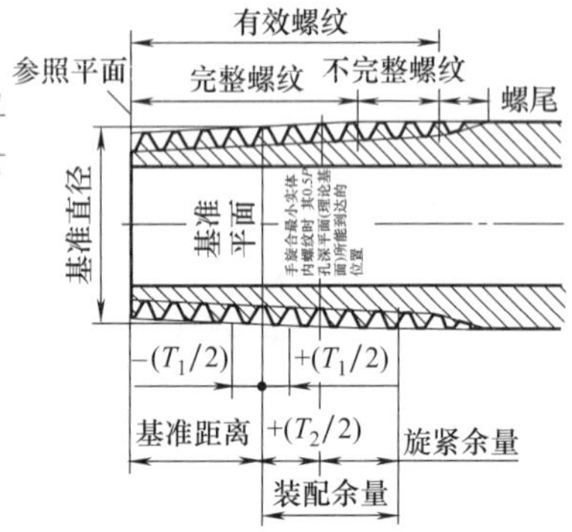

圆锥内、外螺纹的设计牙型(GB/T 7306.1、GB/T 7306.2)

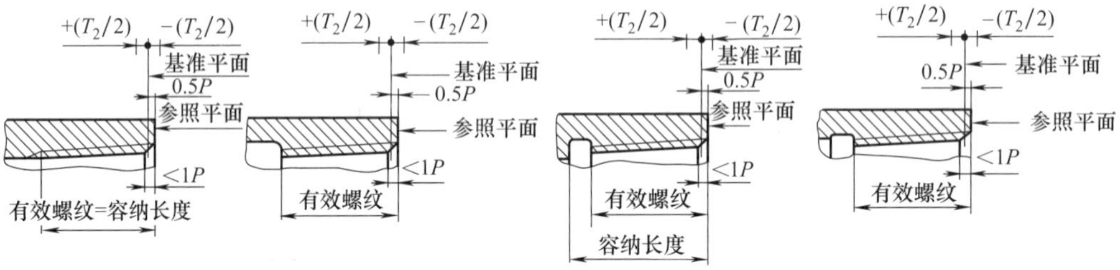

图(a)　　图(b)　　图(c)　　图(d)

基本尺寸及公差

尺寸代号	每25.4mm内的螺纹牙数 n	螺距 P	牙高 h	圆弧半径 r ≈	基面上的基本直径			基准距离					装配余量		外螺纹的有效螺纹长度≥			圆柱内螺纹直径的极限偏差±		圆锥内螺纹基面轴向位移的极限偏差 $\pm T_2/2$	
					大径(基准直径) $d=D$	中径 $d_2=D_2$	小径 $d_1=D_1$	基本	极限偏差 $\pm T_1/2$		最大	最小	长度 ≈	圈数	基准距离			径向	轴向圈数 $T_2/2$	≈	圈数
									≈	圈数					基本	最大	最小				
1/16	28	0.907	0.581	0.125	7.723	7.142	6.561	4.0	0.9	1	4.9	3.1	2.5	2¾	6.5	7.4	5.6	0.071	1¼	1.1	1¼
1/8	28	0.907	0.581	0.125	9.728	9.147	8.566	4.0	0.9	1	4.9	3.1	2.5	2¾	6.5	7.4	5.6	0.071	1¼	1.1	1¼
1/4	19	1.337	0.856	0.184	13.157	12.301	11.445	6.0	1.3	1	7.3	4.7	3.7	2¾	9.7	11.0	8.4	0.104	1¼	1.7	1¼
3/8	19	1.337	0.856	0.184	16.662	15.806	14.950	6.4	1.3	1	7.7	5.1	3.7	2¾	10.1	11.4	8.8	0.104	1¼	1.7	1¼
1/2	14	1.814	1.162	0.249	20.955	19.793	18.631	8.2	1.8	1	10.0	6.4	5.0	2¾	13.2	15.0	11.4	0.142	1¼	2.3	1¼
3/4	14	1.814	1.162	0.249	26.441	25.279	24.117	9.5	1.8	1	11.3	7.7	5.0	2¾	14.5	16.3	12.7	0.142	1¼	2.3	1¼
1	11	2.309	1.479	0.317	33.249	31.770	30.291	10.4	2.3	1	12.7	8.1	6.4	2¾	16.8	19.1	14.5	0.180	1¼	2.9	1¼
1¼	11	2.309	1.479	0.317	41.910	40.431	38.952	12.7	2.3	1	15.0	10.4	6.4	2¾	19.1	21.4	16.8	0.180	1¼	2.9	1¼
1½	11	2.309	1.479	0.317	47.803	46.324	44.845	12.7	2.3	1	15.0	10.4	6.4	2¾	19.1	21.4	16.8	0.180	1¼	2.9	1¼

续表

项目		内容																					
		尺寸代号	每 25.4mm 内的螺纹牙数 n	螺距 P	牙高 h	圆弧半径 r ≈	基面上的基本直径			基准距离					装配余量		外螺纹的有效螺纹长度≥			圆柱内螺纹直径的极限偏差±		圆锥内螺纹基面轴向位移的极限偏差 $\pm T_2/2$	
							大径（基准直径）$d=D$	中径 $d_2=D_2$	小径 $d_1=D_1$	基本	极限偏差 $\pm T_1/2$		最大	最小	长度 ≈	圈数	基准距离			径向	轴向圈数 $T_2/2$	≈	圈数
											≈	圈数					基本	最大	最小				
55°密封管螺纹	牙型与尺寸/mm	2	11	2.309	1.479	0.317	59.614	58.135	56.656	15.9	2.3	1	18.2	13.6	7.5	3¼	23.4	25.7	21.1	0.180	1¼	2.9	1¼
		2½	11	2.309	1.479	0.317	75.184	73.705	72.226	17.5	3.5	1½	21.0	14.0	9.2	4	26.7	30.2	23.2	0.216	1½	3.5	1½
		3	11	2.309	1.479	0.317	87.884	86.405	84.926	20.6	3.5	1½	24.1	17.1	9.2	4	29.8	33.3	26.3	0.216	1½	3.5	1½
		4	11	2.309	1.479	0.317	113.030	111.551	110.072	25.4	3.5	1½	28.9	21.9	10.4	4½	35.8	39.3	32.3	0.216	1½	3.5	1½
		5	11	2.309	1.479	0.317	138.430	136.951	135.472	28.6	3.5	1½	32.1	25.1	11.5	5	40.1	43.6	36.6	0.216	1½	3.5	1½
		6	11	2.309	1.479	0.317	163.830	162.351	160.872	28.6	3.5	1½	32.1	25.1	11.5	5	40.1	43.6	36.6	0.216	1½	3.5	1½

项目	管螺纹气口与普通螺纹气口尺寸的对照			
	普通螺纹 D 螺纹精度 6H	管螺纹 D		
		非螺纹密封的管螺纹	用螺纹密封的管螺纹	
			圆锥内螺纹	圆柱内螺纹
公制螺纹与管螺纹的当量通径	M10×1	G1/8	$R_c1/8$	$R_p1/8$
	M12×1.5	G1/4	$R_c1/4$	$R_p1/4$
	M16×1.5	G3/8	$R_c3/8$	$R_p3/8$
	M20×1.5	G1/2	$R_c1/2$	$R_p1/2$
	M27×2	G3/4	$R_c3/4$	$R_p3/4$
	M33×2	G1	R_c1	R_p1
	M42×2	G1¼	R_c1¼	R_p1¼
	M50×2	G1½	R_c1½	R_p1½
	M60×2	G2	R_c2	R_p2

项目	G(BSP) 英制标准管牙	M 公制螺纹	UNF 美国、英国、加拿大常用英制标准细牙螺纹	NPT 美国国家管用螺纹(斜牙，主要用于美国)	内径	外径	螺距和每英寸螺纹数
国外常用气口螺纹		M3			2.4～2.5	2.8～2.9	0.5
			10/32		4.0～4.2	4.6～4.8	32
		M5			4.1～4.3	4.8～4.9	0.8
	G1/8				8.5～8.9	9.3～9.7	28TPI
				1/8	8.5～8.9	9.3～9.7	29TPI
		M10×1			8.9～9.2	9.7～9.9	1.0
		M10×1.25			8.6～8.9	9.7～9.9	1.25
		M10			8.4～8.7	9.7～9.9	1.5
			7/16-20		9.7～10.0	10.9～11.1	20TPI
		M12×1.25			10.6～	11.7～11.9	1.25
		M12×1.5			10.4～	11.7～11.9	1.5
		M12			10.1～10.4	11.6～11.9	1.75
			1/2-20		11.3～11.6	12.4～12.7	20TPI
	G1/4				11.4～11.9	12.9～13.1	19TPI
				1/4	11.4～11.9	12.9～13.1	18TPI
		M14×1.5			12.2～12.6	13.6～13.9	1.5
			9/16-18		12.7～13.0	14.0～14.2	18TPI
		M16×1.5			14.4～14.7	15.7～15.9	1.5
		M16			13.8～14.2	15.6～15.9	2.0

续表

项目：国外常用气口螺纹

G(BSP)英制标准管牙	M公制螺纹	UNF美国、英国、加拿大常用英制标准细牙螺纹	NPT美国国家管用螺纹(斜牙，主要用于美国)	内径	外径	螺距和每英寸螺纹数
G3/8				14.9～15.4	16.3～16.6	19TPI
			3/8	14.9～15.4	16.3～16.6	18TPI
	M18×1.5			16.2～16.6	17.6～17.9	1.5
	M20			17.3～17.7	19.6～19.9	2.5
G1/2			1/2	18.6～19.0	20.5～20.9	14TPI
	M22×1.5			20.2～20.6	21.6～21.9	1.5
		7/8-14		20.2～20.5	22.0～22.2	14TPI
		13/16-12		27.6～27.9	29.8～30.1	12TPI
		3/4-16		17.3～17.6	18.7～19.0	16TPI
	M24			20.8～21.3	23.6～23.9	3.0
	M26×1.5			24.2～24.6	25.6～25.9	1.5
G3/4			3/4	24.1～24.5	26.1～26.4	14TPI
		$1^{1}/_{16}$-12		24.3～24.7	26.6～26.9	12TPI
	M30×1.5			28.2～28.6	29.6～29.9	1.5
	M30×2			27.4～27.8	29.6～29.9	2
	M32×2			29.4～29.9	31.6～31.9	2
G1				30.3～30.8	33.0～33.2	11TPI
		$1^{5}/_{16}$-12		30.8～31.2	33.0～33.3	12TPI
			1	30.3～30.8	32.9～33.4	11.5TPI
	M36×2			33.4～33.8	35.6～35.9	2
	M38×1.5			36.2～36.6	37.6～37.9	1.5
		1⅝-12		38.7～39.1	40.9～41.2	12TPI
	M42×2			39.4～39.8	41.6～41.9	2
G1¼				39.0～39.5	41.5～41.9	11TPI
			1¼	39.2～39.6	41.4～42.0	11.5TPI
	M45×1.5			43.2～43.6	44.6～44.9	1.5
	M45×2			42.4～42.8	44.6～44.9	2
		1⅞-14		45.1～45.5	47.3～47.6	12TPI
G1½				44.8～45.3	47.4～47.8	11TPI
			1½	45.1～45.5	47.3～47.9	11.5TPI
	M52×1.5			50.2～50.6	51.6～51.9	1.5
	M52×2			49.4～49.6	51.6～51.9	2
G2				56.7～	59.3～59.6	11TPI

项目：各种内、外螺纹的匹配

内螺纹＼外螺纹	M	R	G	UNF	NPT
M	○	×	×	×	×
R_p	×	○	×	×	×
R_c	×	○	×	×	×
G	×	○	○	×	×
UNF	×	×	×	○	×
NPT	×	×	×	×	○

注：○—可以连接；×—不可连接。

1.6　气动技术常用计算公式和图表

表 21-1-39　　气动技术常用计算公式和图表

名　　称	公　　式	符号说明
等价自由空气量计算	设压力 p 下的空气量为 V_c，则在标准状态下该气体的体积(设为等温变化)： $\overline{V}=\overline{V}_c\dfrac{p+0.1013}{0.1013}$	$\overline{V}$——等价自由空气量，m^3 $\overline{V}_c$——压缩空气的体积，m^3 p——压缩状态时的压力，MPa
等熵变化时的状态参数关系	气动元件中诸如阀口、喷嘴等多处流动的热力学过程可视为等熵过程 温度与体积的关系：$\dfrac{T_1}{T_2}=\left(\dfrac{\overline{V}_2}{\overline{V}_1}\right)^{\gamma-1}$ 体积与压力的关系：$\dfrac{\overline{V}_1}{\overline{V}_2}=\left(\dfrac{p_2+0.1013}{p_1+0.1013}\right)^{1/\gamma}$	T_1——初始温度，K T_2——终了温度，K $\overline{V}_1$——初始体积，m^3 $\overline{V}_2$——终了体积，m^3 p_1——初始的表压力，MPa p_2——终了的表压力，MPa γ——绝热指数
空压机间歇运转时间的计算公式	设容积为 $\overline{V}$ 的储气罐内允许压力降 Δp，则空压机运行时间为 $t=60\times\dfrac{\overline{V}\Delta p}{0.1013Q_c}$ 实际计算时，上述值还要除以空压机的容积效率	t——空压机运行时间，s $\overline{V}$——储气罐容积，L Q_c——空压机的输出流量，L/min Δp——储气罐允许压力降，MPa
防止往复式空压机压力脉动的气罐容积计算公式	$\overline{V}=2\times10^{-4}\times\dfrac{\pi}{4}d^2l\dfrac{p_0+0.1013}{p+0.1013}$	$\overline{V}$——气罐容积 d——空压机最终段的活塞直径，mm l——空压机最终段的活塞行程，mm p——空压机最终段的输出压力，MPa p_0——空压机最终段前的压力，MPa
气缸输出力计算公式	气缸伸出： $F_1=\mu_1p\dfrac{\pi}{4}D^2$ 气缸缩回： $F_2=\mu_2p\dfrac{\pi}{4}(D^2-d^2)$ 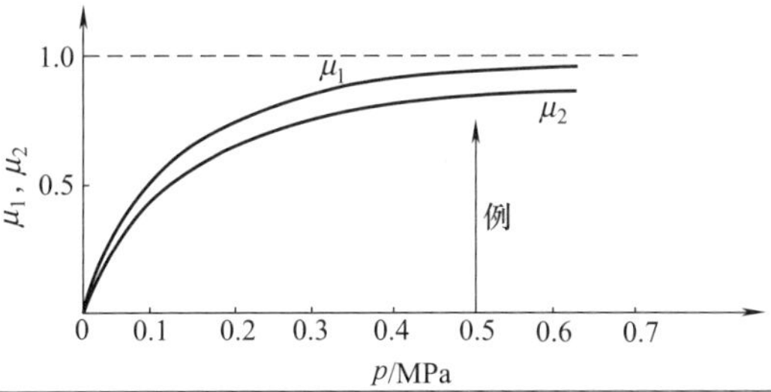 	F_1——气缸伸出时出力，N F_2——气缸缩回时出力，N μ_1——伸出推力系数 μ_2——缩回推力系数 p——工作压力，MPa D——活塞直径，mm d——活塞杆直径，mm
气缸动作时的空气消耗量计算公式 — 按一个行程计算	气缸伸出： $\overline{V}_1=\dfrac{\pi}{4}D^2l\times10^{-6}\left(\dfrac{p+0.1013}{0.1013}\right)$ 气缸缩回： $\overline{V}_2=\dfrac{\pi}{4}(D^2-d^2)l\times10^{-6}\left(\dfrac{p+0.1013}{0.1013}\right)$	$\overline{V}_1$——伸出时空气消耗量，L $\overline{V}_2$——缩回时空气消耗量，L D——气缸内径，mm d——活塞杆直径，mm l——气缸全行程，mm p——工作压力，MPa $\overline{V}$——空气消耗量，L/min t——全行程所用时间，s $\overline{V}_p$——管路内容腔，L

第21篇

续表

<table>
<tr><th colspan="2">名 称</th><th>公 式</th><th>符号说明</th></tr>
<tr><td>气缸动作时的空气消耗量计算公式</td><td>按时间计算</td><td>$$\overline{V}=\frac{\pi}{4}D^2l\times10^{-6}\left(\frac{p+0.1013}{0.1013}\right)\frac{60}{t}$$
如前式,有
伸出:$\overline{V}_A=\overline{V}_1\frac{60}{t}$
缩回:$\overline{V}_B=\overline{V}_2\frac{60}{t}$
管路:$\overline{V}_C=\overline{V}_p\frac{60}{t}$
则伸出时,空气消耗量 $\overline{V}_A+\overline{V}_C$,缩回时,空气消耗量 $\overline{V}_B+\overline{V}_C$</td><td>$\overline{V}_1$——伸出时空气消耗量,L
$\overline{V}_2$——缩回时空气消耗量,L
D——气缸内径,mm
d——活塞杆直径,mm
l——气缸全行程,mm
p——工作压力,MPa
$\overline{V}$——空气消耗量,L/min
t——全行程所用时间,s
$\overline{V}_p$——管路内容腔,L</td></tr>
<tr><td rowspan="2">气缸速度的计算公式</td><td>无负荷时</td><td>$$U_n=2S/\left(\frac{\pi}{4}D^2\times10^{-2}\right)$$
式中:$$\frac{1}{S^2}=\frac{1}{S_v^2}+\frac{1}{S_p^2}$$
$$S_p=\frac{\pi}{4}d^2/\left(\lambda\frac{l}{d}+1\right)^{1/2}$$
低压(<0.2MPa)时上式不适用,用下式
$$t_n=\frac{L}{2S}\left(\frac{\pi}{4}D^2\times10^{-2}\right)\times10^{-3}$$</td><td>U_n——气缸速度,m/s
S——阀、管等总的有效断面积,mm²
D——气缸内径,mm
S_v——阀的有效断面积,mm²
S_p——管道的有效断面积,mm²
d——管道内径,mm
l——管道长度,mm
λ——管道摩擦系数:尼龙管 $\lambda=0.013$,钢管 $\lambda=0.02$
t_n——全行程时间,s
L——全行程,mm</td></tr>
<tr><td>惯性力大时</td><td>$$U_L=2S\Big/\left[\frac{\pi}{4}D^2(1+2a)\times10^{-2}\right]$$
<table><tr><th>使 用 压 力</th><th>负荷率 a</th></tr><tr><td>0.2~0.3MPa(2~3kgf/cm²)</td><td>$a\leqslant0.4$</td></tr><tr><td>0.3~0.6MPa(3~6kgf/cm²)</td><td>$a\leqslant0.6$</td></tr><tr><td>>0.6MPa(6kgf/cm²)</td><td>$a\leqslant0.7$</td></tr></table>全行程时间:
$$t_L=\frac{L}{2S}\left[\frac{\pi}{4}D^2(1+2a)\times10^{-2}\right]\times10^{-3}$$</td><td>U_L——气缸速度,m/s
a——负荷率,$a=\dfrac{F}{p\times\frac{\pi}{4}D^2\times10^{-2}}$
F——气缸实际荷重,N
p——工作压力,MPa
t_L——全行程时间,s</td></tr>
</table>

第2章　气动系统

2.1　气动基本回路

2.1.1　换向回路

表 21-2-1　换向回路

单作用气缸控制回路	气缸活塞杆运动的一个方向靠压缩空气驱动，另一个方向则靠其他外力，如重力、弹簧力等驱动。回路简单，可选用简单结构的二位三通阀来控制			
	常断二位三通电磁阀控制回路	常通二位三通电磁阀控制回路	三位三通电磁阀控制回路	两个二位二通电磁阀代替一个二位三通阀的控制回路
	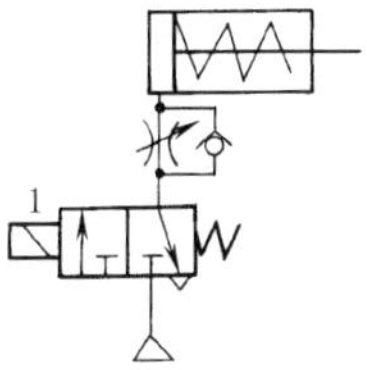	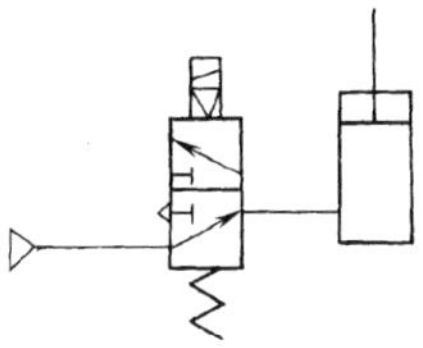	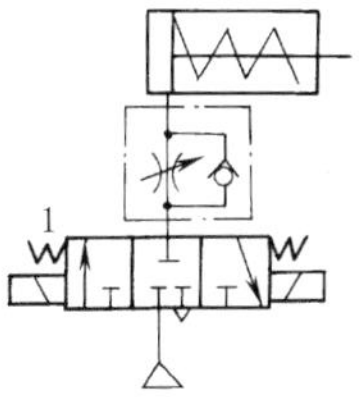	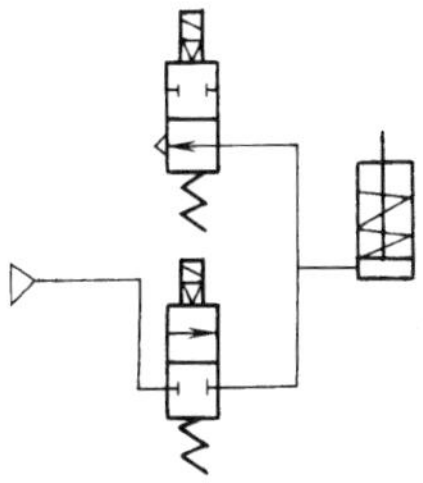
	通电时活塞杆伸出，断电时靠弹簧力返回	断电时活塞杆上升，通电时靠外力返回	控制气缸的换向阀带有全封闭形中间位置，可使气缸活塞停止在任意位置，但定位精度不高	两个二位二通阀同时通电换向，可使活塞杆伸出。断电后，靠外力返回
双作用气缸控制回路	气缸活塞杆伸出或缩回两个方向的运动都靠压缩空气驱动，通常选用二位五通阀来控制			
	采用单电控二位五通阀的控制回路	双电控阀控制回路	中间封闭型三位五通阀控制回路	中间排气型三位五通阀控制回路
	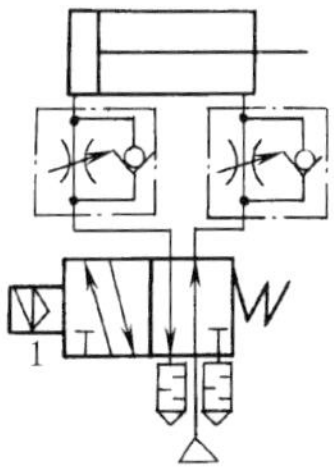	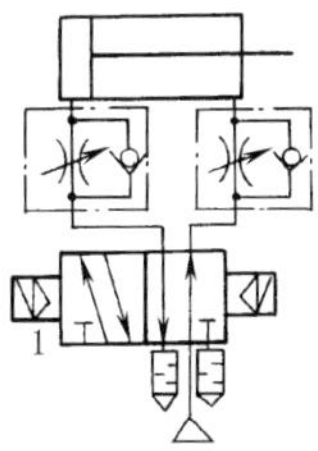	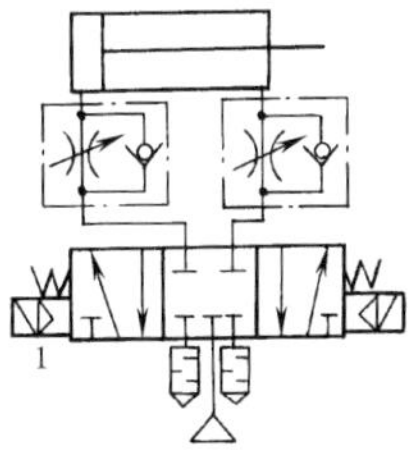	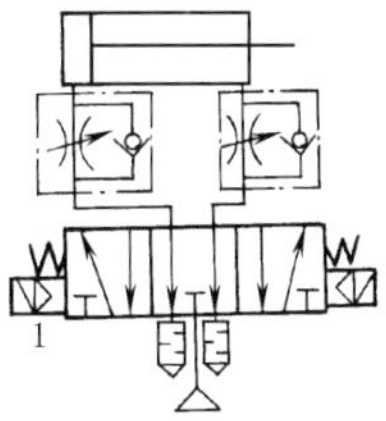
	通电时活塞杆伸出，断电时活塞杆返回	采用双电控电磁阀，换向电信号可为短脉冲信号，因此电磁铁发热少，并具有断电保持功能	左侧电磁铁通电时，活塞杆伸出。右侧电磁铁通电时，活塞杆缩回。左、右侧电磁铁同时断电时，活塞可停止在任意位置，但定位精度不高	当电磁阀处于中间位置时活塞杆处于自由状态，可由其他机构驱动

续表

<table>
<tr><td rowspan="7">双作用气缸控制回路</td><td>中间加压型三位阀控制回路</td><td>中间加压型三位阀控制回路</td><td rowspan="4">电磁远程控制
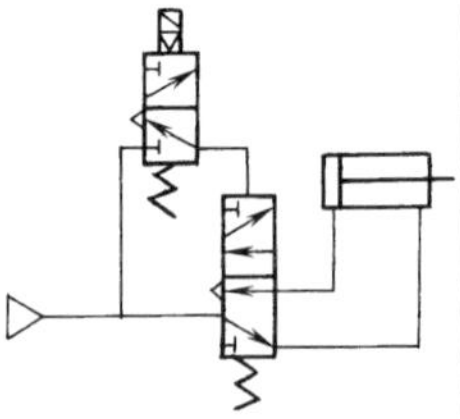
采用二位五通气控阀作为主控阀，其先导控制压力用一个二位三通电磁阀进行远程控制。该回路可应用于有防爆等要求的特殊场合</td><td rowspan="4">双气控阀控制回路
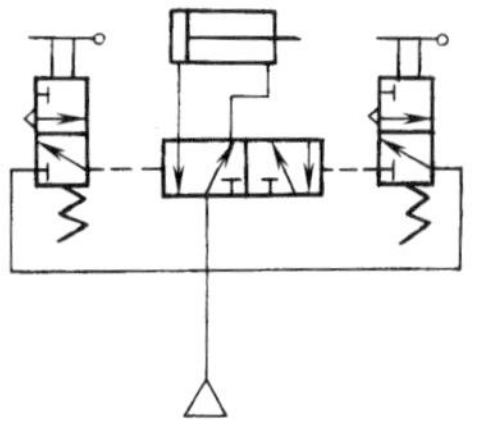
主控阀为双气控二位五通阀，用两个二位三通阀作为主控阀的先导阀，可进行遥控操作</td></tr>
<tr><td>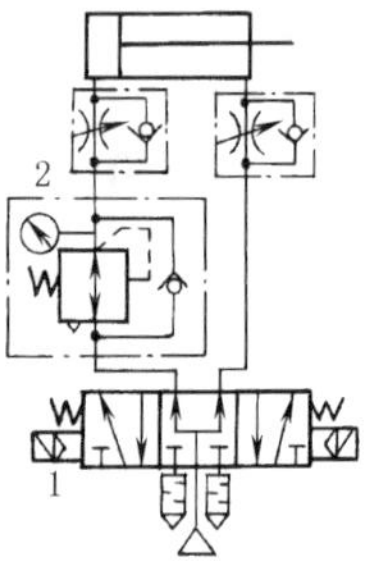
</td><td>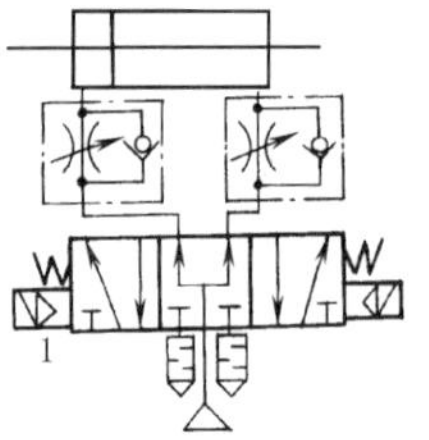
</td></tr>
<tr><td>当左、右侧电磁铁同时断电时，活塞可停止在任意位置，但定位精度不高。采用一个压力控制阀，调节无杆腔的压力，使得在活塞双向加压时，保持力的平衡</td><td>采用带有双活塞杆的气缸，使活塞两端受压面积相等，当双向加压时，也可保持力的平衡</td></tr>
<tr><td colspan="2">两种回路均可使活塞停止在任意位置</td></tr>
<tr><td>采用两个二位三通阀的控制回路</td><td>采用一个二位三通阀的差动回路</td><td>带有自保回路的气动控制回路</td><td>二位四(五)通阀和二位二通阀串接的控制回路</td></tr>
<tr><td>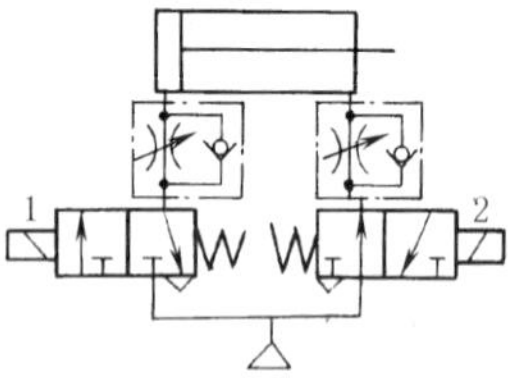
</td><td>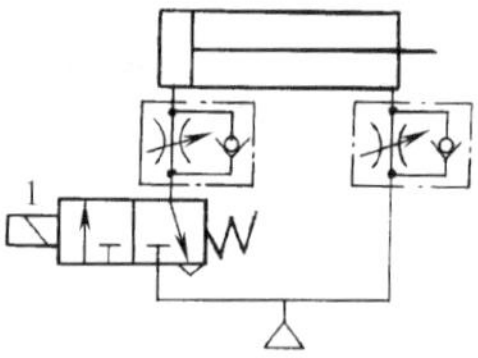
</td><td>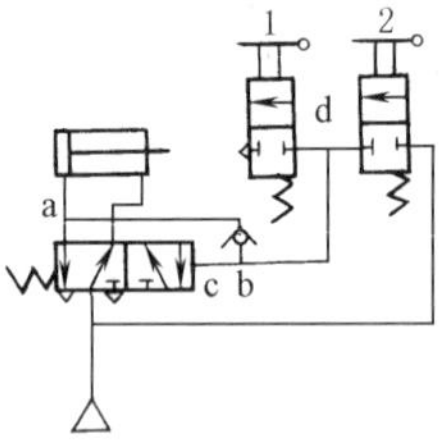
</td><td>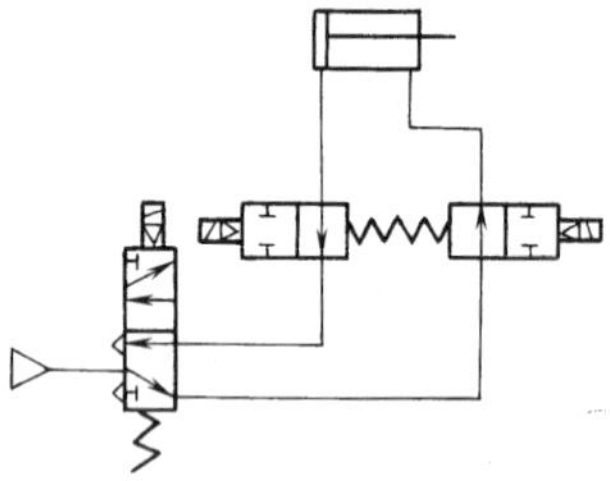</td></tr>
<tr><td>两个二位三通阀中，一个为常通阀，另一个为常断阀，两个电磁阀同时动作可实现气缸换向</td><td>气缸右腔始终充满压缩空气，接通电磁阀后，左腔进气，靠压差推动活塞杆伸出，动作比较平稳，断电后，活塞自动复位</td><td>两个二位二通阀分别控制气缸运动的两个方向。图示位置为气缸右腔进气。如将阀 2 按下，由气控管路向阀右端供气，使二位五通阀切换，则气缸左腔进气，右腔排气，同时由自保回路 a、b、c 也从阀的右端增加压气，以防中途气阀 2 失灵，阀芯被弹簧弹回，自动换向，造成误动作（即自保作用）。再将阀 2 复位，按下阀 1，二位五通阀右端压气排出，则阀芯靠弹簧复位，进行切换，开始下一次循环</td><td>二位五通阀起换向作用，两个二位二通阀同时动作，可保证活塞停止在任意位置。当没有合适的三位阀时，可用此回路代替</td></tr>
</table>

2.1.2　速度控制回路

表 21-2-2　　速度控制回路

单作用气缸的速度控制回路	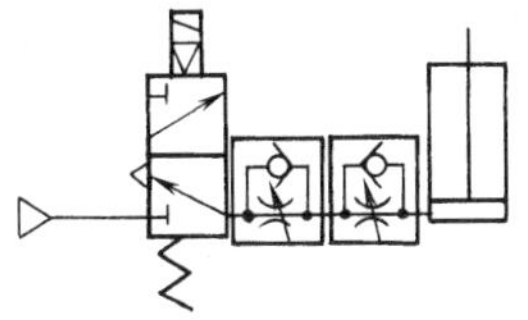 采用两个速度控制阀串联，用进气节流和排气节流分别控制活塞两个方向运动的速度	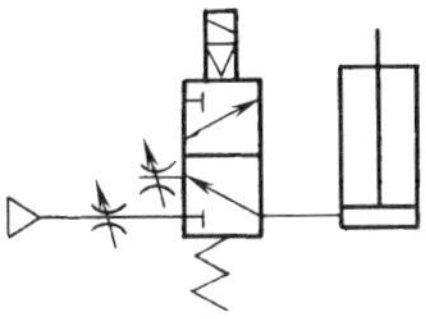 直接将节流阀安装在换向阀的进气口与排气口，可分别控制活塞两个方向运动的速度	利用快速排气阀的双速驱动回路 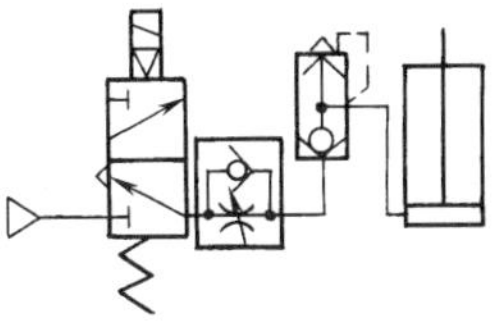 为快速返回回路。活塞伸出时为进气节流速度控制，返回时空气通过快速排气阀直接排至大气中，实现快速返回
	利用多功能阀的双速驱动回路 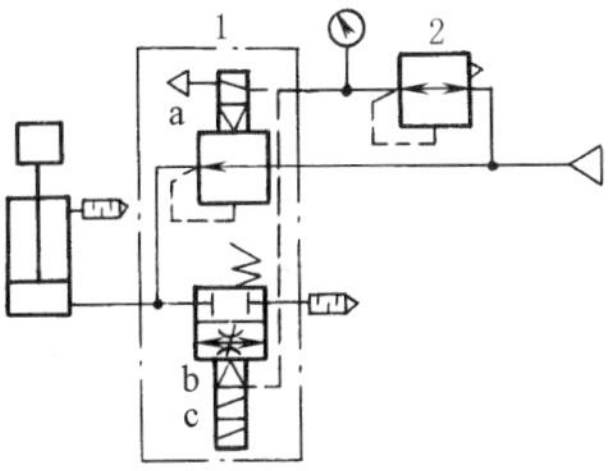 	多功能阀 1（SMC 产品 VEX5 系列）具有调压、调速和换向三种功能。当多功能阀 1 的电磁铁 a、b、c 都不通电时，多功能阀 1 可输出由小型减压阀设定的压力气体，驱动气缸前进。当电磁铁 a 断电，b 通电时，进行高速排气；当电磁铁 c 通电时，进行节流排气	
双作用气缸的速度控制回路	采用单向节流阀的速度控制回路 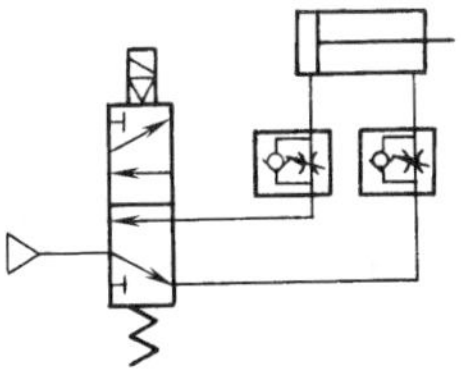 在气缸两个气口分别安装一个单向节流阀，活塞两个方向的运动分别通过每个单向节流阀调节。常采用排气节流型单向节流阀	采用排气节流阀的速度控制回路 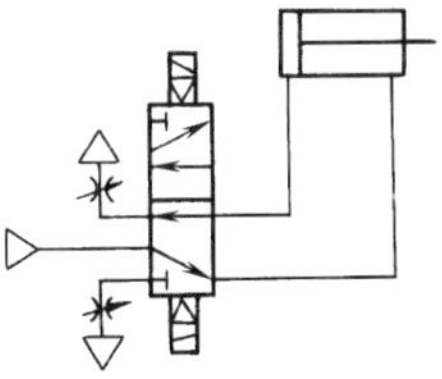 采用二位四通（五通）阀，在阀的两个排气口分别安装节流阀，实现排气节流速度控制，方法比较简单	快速返回回路 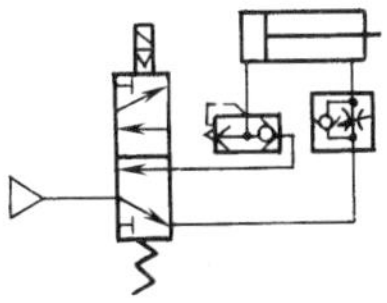 活塞杆伸出时，利用单向节流阀调节速度，返回时通过快速排气阀排气，实现快速返回
	高速动作回路 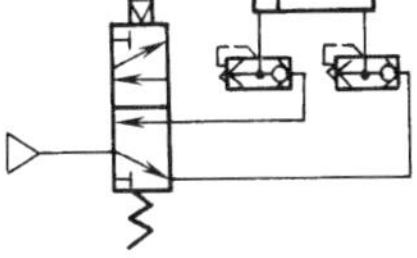 在气缸的进（排）气口附近两个管路中均装有快速排气阀，使气缸活塞运动速度加速	双速回路 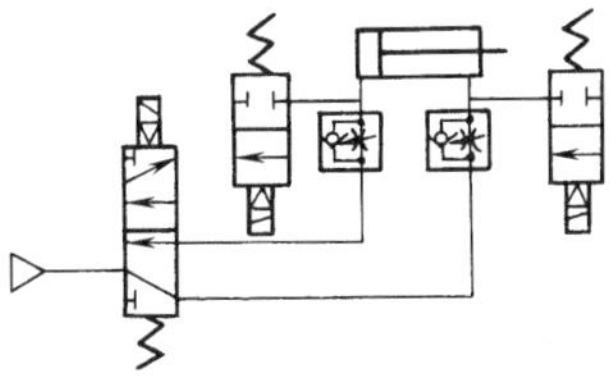 用两个二位二通阀与速度控制阀并联，可以控制活塞在运动中任意位置发出信号，使背压腔气体通过二位二通阀直接排到大气中，改变气缸的运动速度	利用电/气比例节流阀的速度控制回路 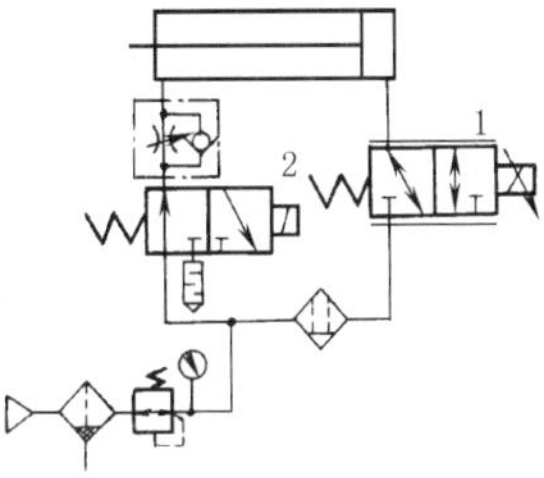 可实现气缸的无级调速。当三通电磁阀 2 通电时，给电气比例节流阀 1 输入电信号，使气缸前进。当三通电磁阀 2 断电时，利用电信号设定电气比例阀 1 的节流阀开度，使气缸以设定的速度后退。阀 1 和阀 2 应同时动作，以防止气缸启动“冲出”

2.1.3　压力与力控制回路

表 21-2-3　**压力与力控制回路**

<table>
<tr><td rowspan="7">压力控制回路</td><td colspan="3">气动系统中，压力控制不仅是维持系统正常工作所必需的，而且也关系到系统总的经济性、安全性及可靠性。作为压力控制方法，可分为一次压力（气源压力）控制、二次压力（系统工作压力）控制、双压驱动、多级压力控制、增压控制等</td></tr>
<tr><td>一次压控制回路</td><td>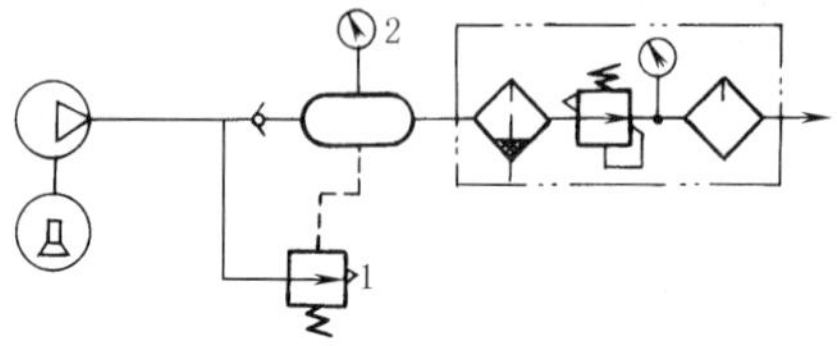</td><td>控制气罐使其压力不超过规定压力。常采用外控制式溢流阀 1 来控制，也可用带电触点的压力表 2 代替溢流阀 1 来控制压缩机电机的动、停，从而使气罐内压力保持在规定压力范围内。采用安全阀结构简单，工作可靠，但无功耗气量大；而后者对电机及其控制有要求</td></tr>
<tr><td>二次压控制回路</td><td>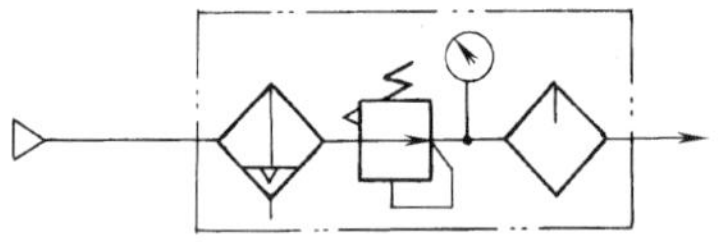</td><td>利用溢流式减压阀控制气动系统的工作压力</td></tr>
<tr><td rowspan="3">差压回路</td><td colspan="2">采用差压操作，可以减少空气消耗量，并减少冲击</td></tr>
<tr><td>采用单向减压阀的差压回路
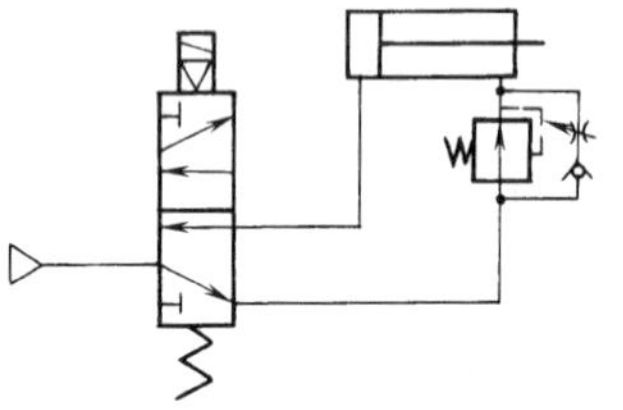
图(a)
当活塞杆伸出时为高压，返回时空气通过减压阀减压</td><td>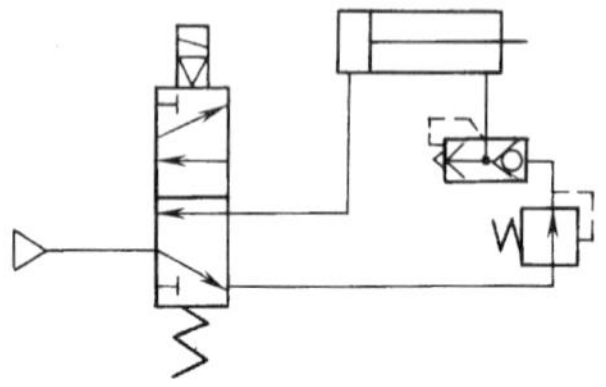
图(b)
与图(a)原理一样，只是用快速排气阀代替单向节流阀</td></tr>
<tr><td>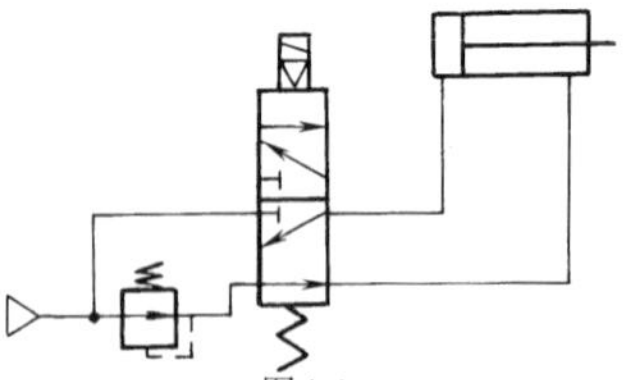
图(c)
与图(a)比较，只是减压阀安装在换向阀之前，减压阀的工作要求较高，而省去单向节流阀</td><td>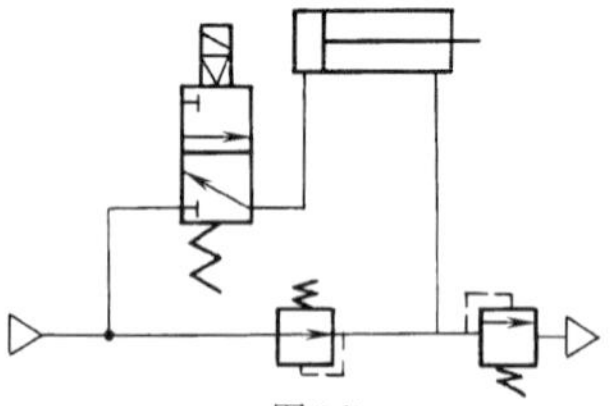
图(d)
气缸活塞一端通过减压阀供给一定的压力，另外安装卸荷阀作排气用</td></tr>
<tr><td rowspan="1">限压回路</td><td>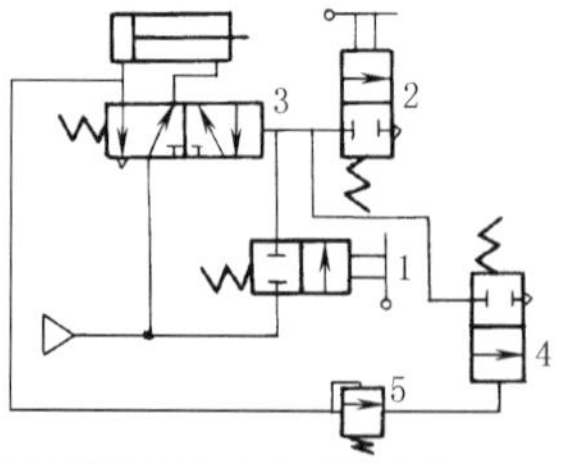</td><td>启动按钮 1 作用后，活塞开始伸出，挡块遇行程阀 2 后，换向阀 3 使活塞返回。但如果在前进中遇到大的阻碍，气缸左腔压力增高，顺序阀 5 动作，打开二位二通阀 4 排气，活塞自动返回</td></tr>
<tr><td></td><td>高、低压转换回路
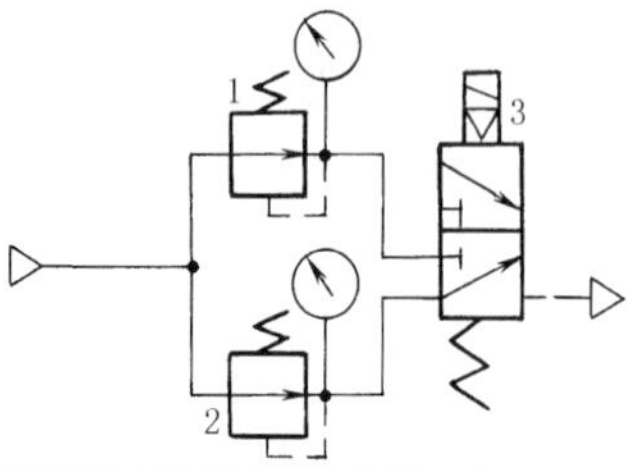</td><td>气源经过调压阀 1 与 2 可调至两种不同的压力，通过换向阀 3 可得两种不同的压力输出</td></tr>
</table>

续表

压力控制回路	多级压力控制回路	采用远程调压阀的多级压力控制回路 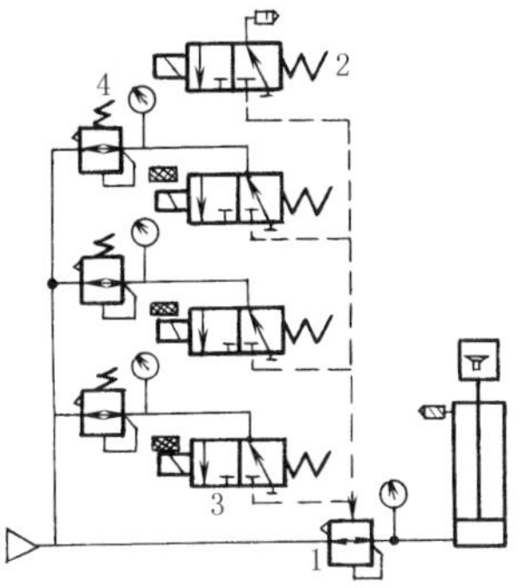 远程调压阀的先导压力通过三通电磁阀3的切换来控制，可根据需要设定低、中、高三种先导压力。在进行压力切换时，若阀4无溢流功能，必须用电磁阀2先将先导压力泄压，然后再选择新的先导压力	采用比例调压阀的无级压力控制回路 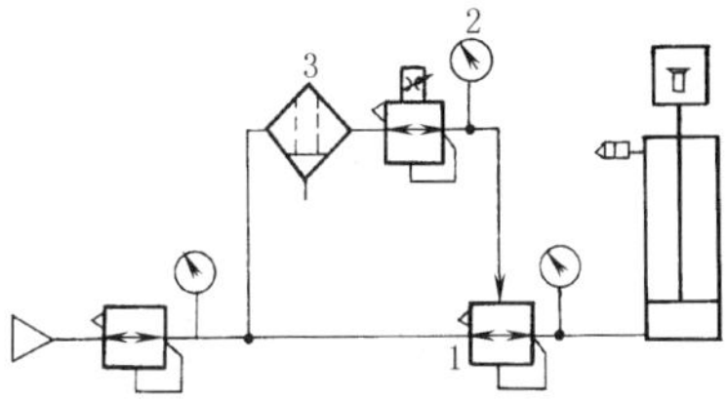 采用一个小型的比例压力阀作为先导压力控制阀可实现压力的无级控制。比例压力阀的入口应使用一个微雾分离器，防止油雾和杂质进入比例阀，影响阀的性能和使用寿命
	增压回路	使用增压阀的增压回路(1) 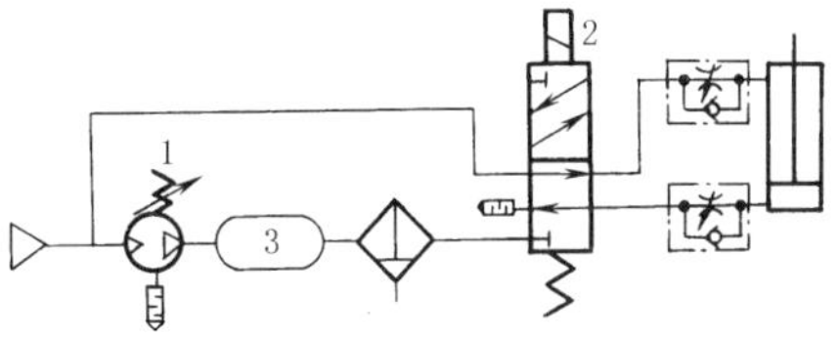 当二位五通电磁阀2通电时，气缸实现增压驱动；当电磁阀2断电时，气缸在正常压力作用下返回	使用增压阀的增压回路(2) 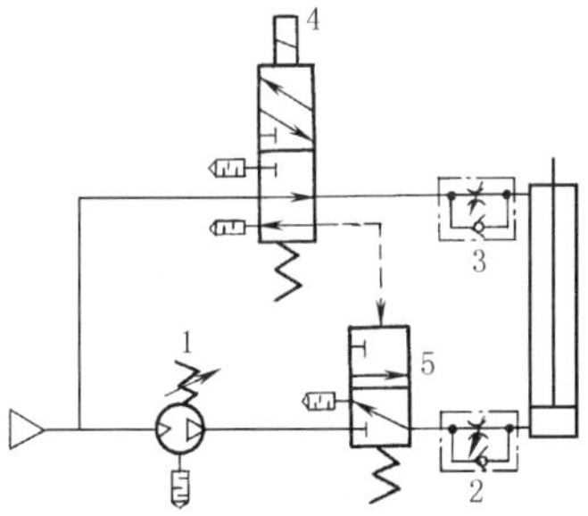 当二位五通电磁阀4通电时，利用气控信号使换向阀5切换，进行增压驱动；电磁阀4断电时，气缸在正常压力作用下返回
	使用气/液增压缸的增压回路	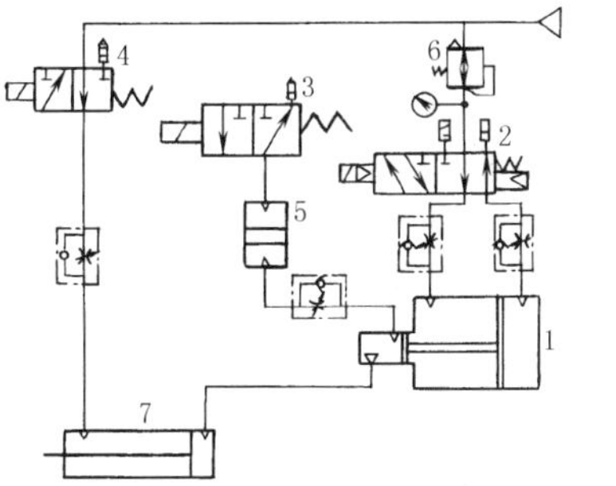 	当三通电磁阀3、4通电时，气/液缸7在与气压相同的油压作用下伸出；当需要大输出力时，则使五通电磁阀2通电，让气/液增压缸1动作，实现气/液缸的增压驱动。让五通电磁阀2和三通电磁阀3、4断电，则可使气/液缸返回。气/液增压缸1的输出可通过减压阀6来进行设定
	串联气缸增力回路	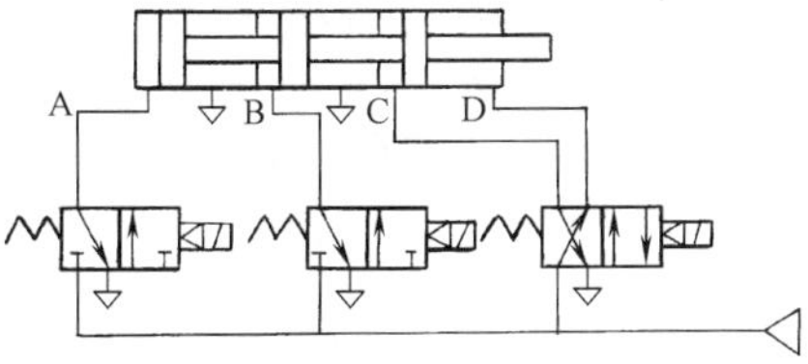 	三段活塞缸串联，工作行程时，电磁换向阀通电，ABC进气，使活塞杆增力推出。复位时，电磁阀断电，气缸右端口D进气，把杆拉回

续表

压力控制顺序回路		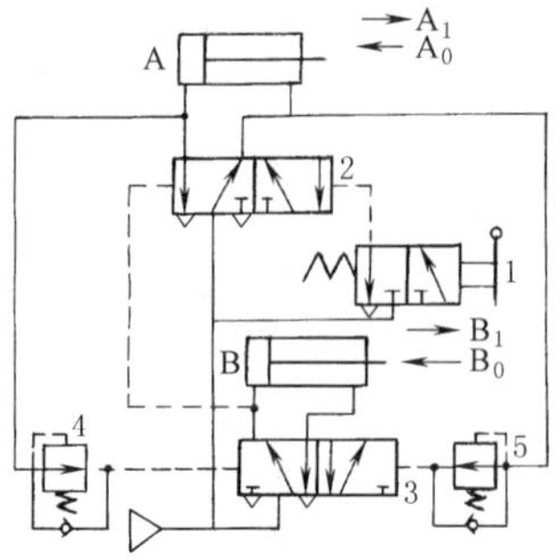	为完成 $A_1B_1A_0B_0$ 顺序动作的回路。启动按钮 1 动作后，换向阀 2 换向，A 缸活塞杆伸出完成 A_1 动作；A 缸左腔压力增高，顺序阀 4 动作，推动阀 3 换向，B 缸活塞杆伸出完成 B_1 动作，同时使阀 2 换向完成 A_0 动作。最后 A 缸右腔压力增高，顺序阀 5 动作，使阀 3 换向完成 B_0 动作。此处顺序阀 4 及 5 调整至一定压力后动作
比例压力阀控制回路		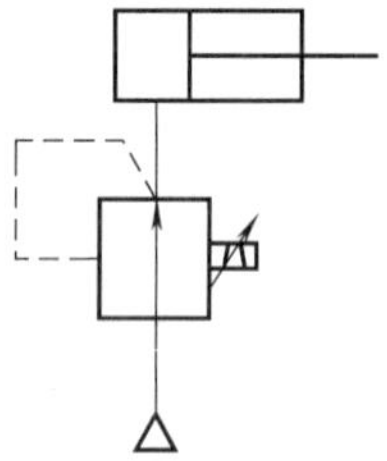	采用电气比例压力阀控气缸出力。压力连续精确可调，精度优于 1%
高速开关阀 PWM 控制压力回路		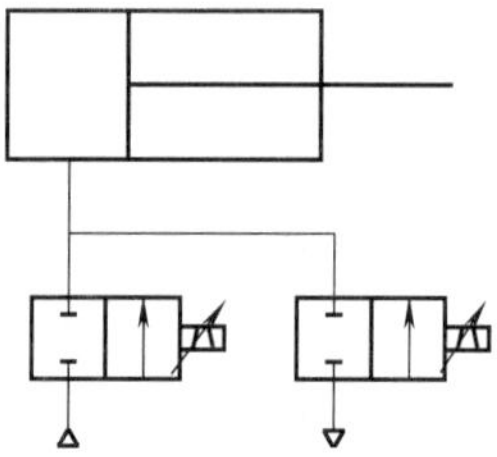	两个高速开关阀，工作方式为 PWM（脉宽调制），控制气缸出力 一般需配合压力传感器或力传感器。当阀通径较大而气缸较小时，会产生较大的纹波
力矩控制回路	气马达是产生力矩的气动执行元件。叶片式气马达是依靠叶片使转子高速旋转，经齿轮减速而输出力矩，借助于速度控制改变离心力而控制力矩，其回路就是一般的速度控制回路。活塞式气马达和摆动马达则是通过改变压力来控制扭矩的。下面介绍活塞式气马达的力矩控制回路		
	气马达的力矩控制回路	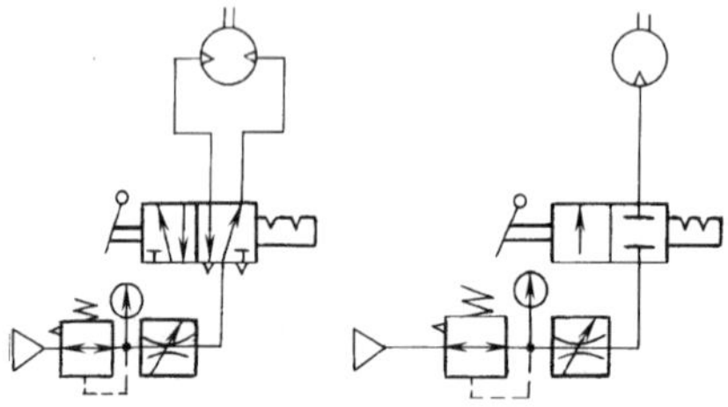 活塞式气马达经马达内装的分配器向大气排气，转速一高则排气受节流而力矩下降。力矩控制一般通过控制供气压力实现	摆动马达的力矩控制回路：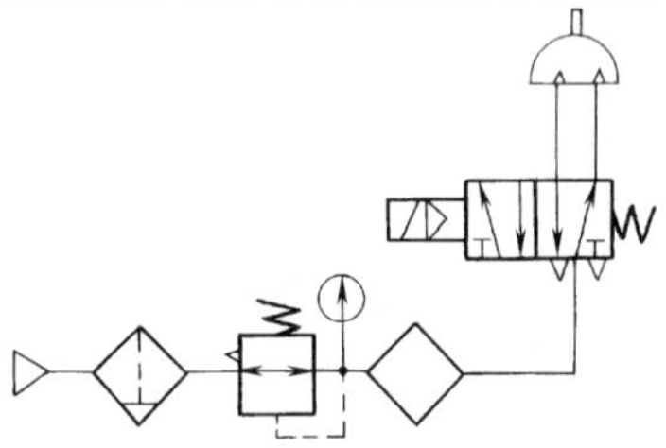 应该注意的是，若在停止过程中负载具有较大的惯性力矩，则摆动马达还必须使用挡块定位
冲击力控制回路	冲击气缸的典型控制回路	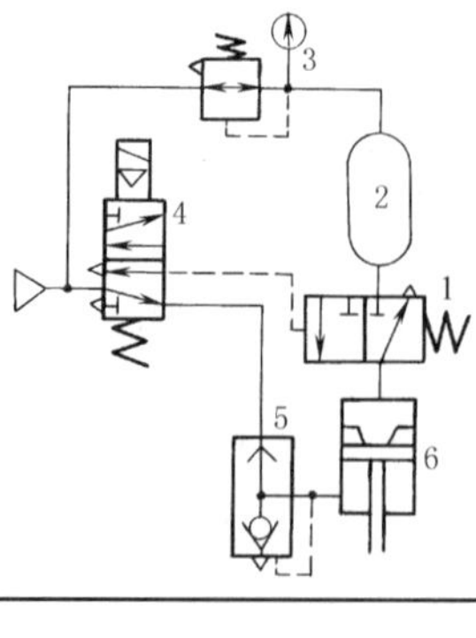	该回路由冲击气缸 6、快速供给气压的气罐 2、把气缸背压快速排入大气的快速排气阀 5 及控制气缸换向的二位五通阀 4 组成。当电磁阀得电时，冲击气缸的排气侧快速排出大气，同时使二位三通阀换向，气罐内的压缩空气直接流入冲击气缸，使活塞以极高的速度向下运动，该活塞所具有的动能给出很大的冲击力。冲击力与活塞的速度平方成正比，而活塞的速度取决于从气罐流入冲击气缸的空气流量。为此，调节速度必须调节气罐的压力

2.1.4 位置控制回路

表 21-2-4 **位置控制回路**

<table>
<tr><td>说明</td><td colspan="2">气缸通常只能保持在伸出和缩回两个位置。如果要求气缸在运动过程中的某个中间位置停下来，则要求气动系统具有位置控制功能。由于气体具有压缩性，因此只利用三位五通电磁阀对气缸两腔进行给、排气控制的纯气动方法，难以得到高精度的位置控制。对于定位精度要求较高的场合，应采用机械辅助定位或气/液转换器等控制方法，亦可采用比例阀闭环控制、开关阀 PWM 闭环控制等方式</td></tr>
<tr><td rowspan="3">位置控制回路</td><td>利用外部挡块的定位方法
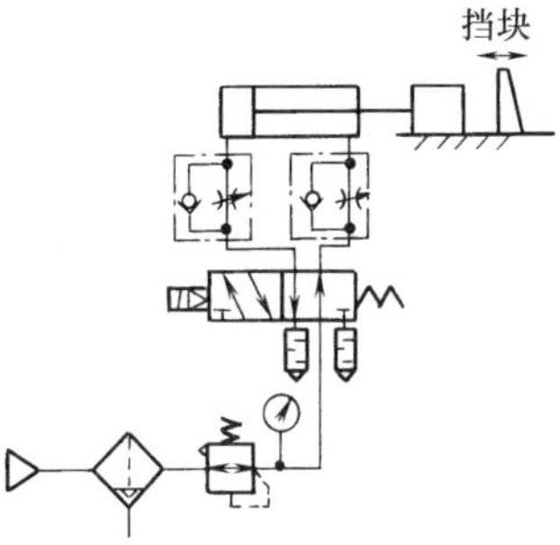

在定位点设置机械挡块，是使气缸在行程中间定位的最可靠方法，定位精度取决于机械挡块的设置精度。这种方法的缺点是定位点的调整比较困难，挡块与气缸之间应考虑缓冲的问题</td><td>采用三位五通阀的位置控制回路
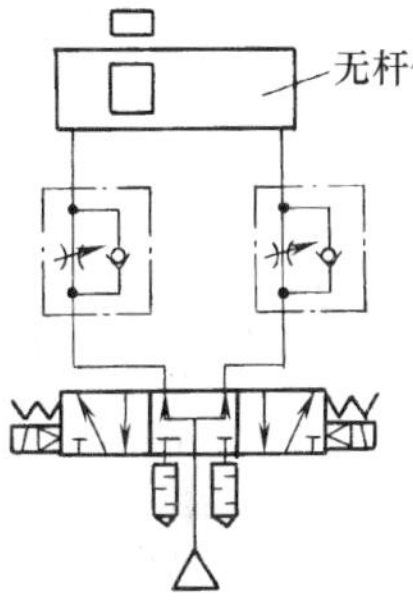

采用中位加压型三位五通阀可实现气缸的位置控制，但位置控制精度不高，容易受负载变化的影响</td></tr>
<tr><td>使用串联气缸的三位置控制回路
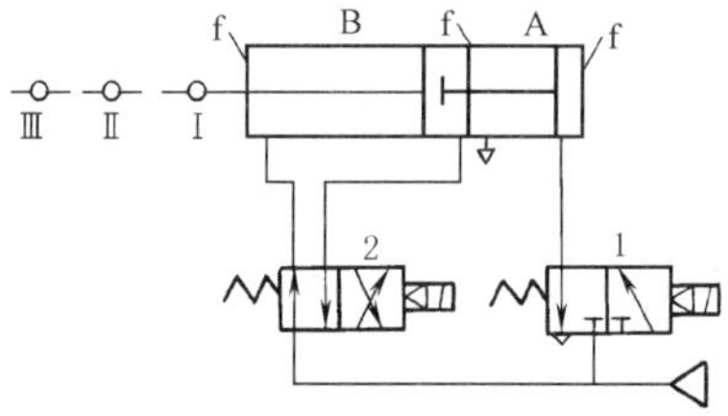

图示位置为两缸的活塞杆均处于缩进状态，当阀 2 如图示位置，而阀 1 通电换向时，A 缸活塞杆向左推动 B 缸活塞杆，其行程为Ⅰ—Ⅱ。反之，当阀 1 如图示状态而阀 2 通电切换时，缸 B 活塞杆杆端由位置Ⅱ继续前进到Ⅲ（因缸 B 行程为Ⅰ—Ⅲ）。此外，可在两缸端盖上 f 处与活塞杆平行安装调节螺钉，以相应地控制行程位置，使缸 B 活塞杆端可停留在Ⅰ—Ⅱ、Ⅱ—Ⅲ之间的所需位置</td><td>采用全气控方式的四位置控制回路
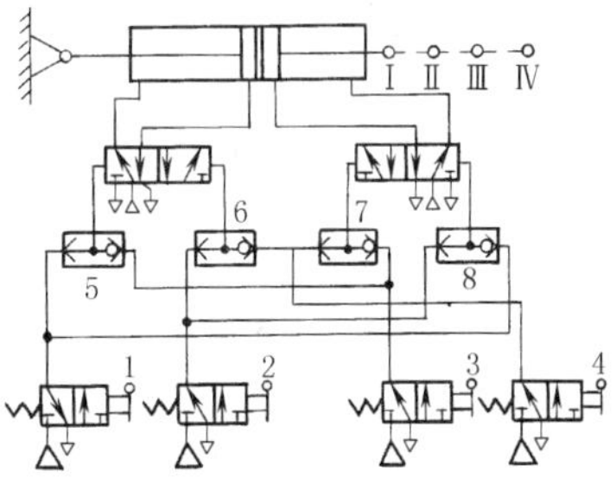

图示位置为按动手控阀 1 时，压缩空气通过手控阀 1，分两路由梭阀 5、8 控制两个二位五通阀，使主气源进入多位缸而得到位置Ⅰ。此外，当按动手动阀 2、3 或 4 时，同上可相应得到位置Ⅱ、Ⅲ或Ⅳ</td></tr>
<tr><td>利用制动气缸的位置控制回路(1)
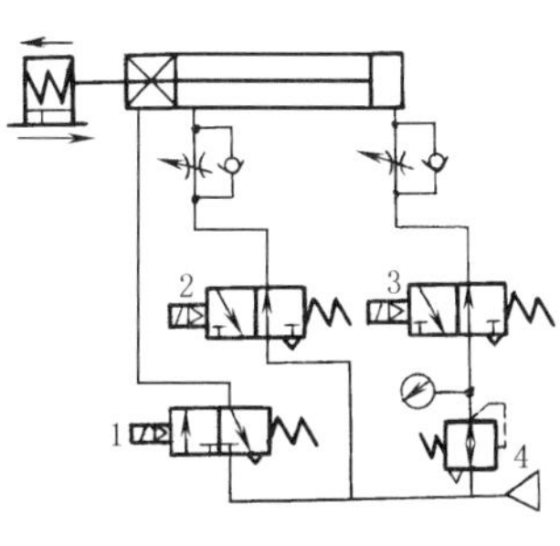

如果制动装置为气压制动型，气源压力应在 0.1MPa 以上，如果为弹簧＋气压制动型，气源压力应在 0.35MPa 以上。气缸制动后，活塞两侧应处于力平衡状态，防止制动解除时活塞杆飞出，为此设置了减压阀 4。解除制动信号应超前于气缸的往复信号或同时出现</td><td>利用制动气缸的位置控制回路(2)
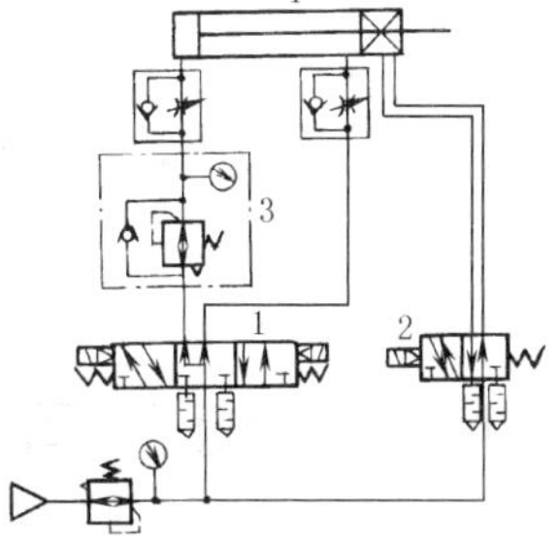

制动装置为双作用型，即卡紧和松开都通过气压来驱动。采用中位加压型三位五通阀控制气缸的伸出与缩回</td></tr>
</table>

续表

位置控制回路	带垂直负载的制动气缸位置控制回路(1) 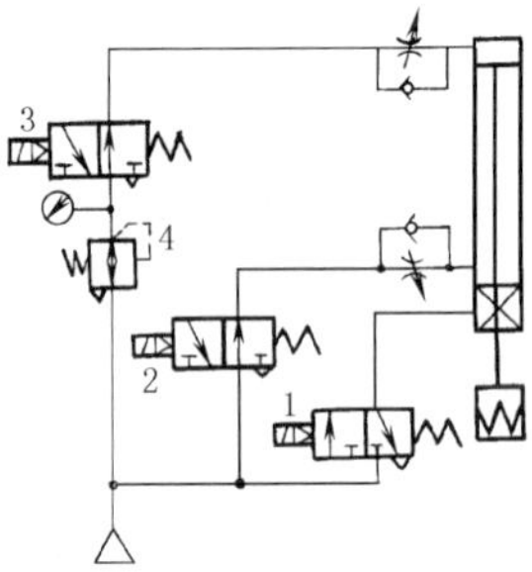 带垂直负载时，为防止突然断气时工件掉下，应采用弹簧＋气压制动型或弹簧制动型制动装置	带垂直负载的制动气缸位置控制回路(2) 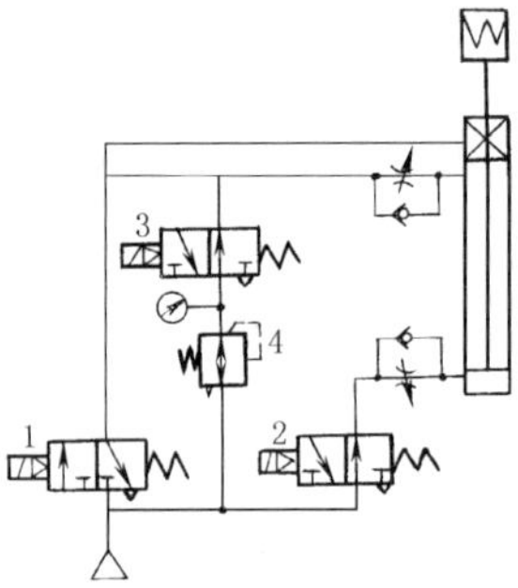 垂直负载向上时，为了使制动后活塞两侧处于力平衡状态，减压阀 4 应设置在气缸有杆腔侧
	使用气/液转换器的位置控制回路 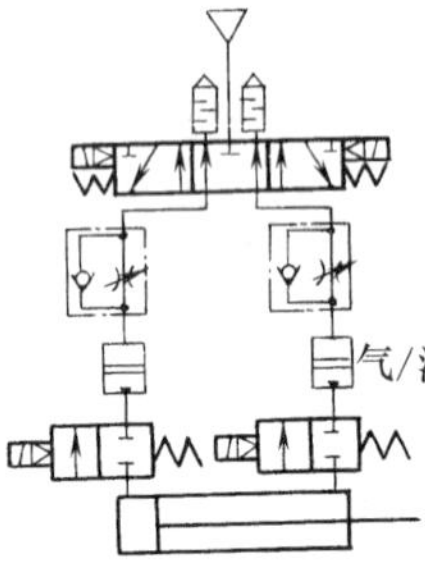 通过气/液转换器，利用气体压力推动液压缸运动，可以获得较高的定位精度，但在一定程度上要牺牲运动速度	使用气/液转换器的摆缸位置控制回路 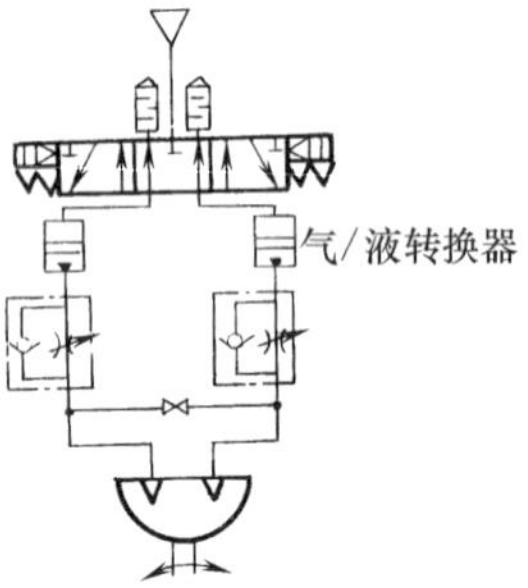 通过气/液转换器，利用气体压力推动摆动液压缸运动，可以获得较高的中间定位精度
	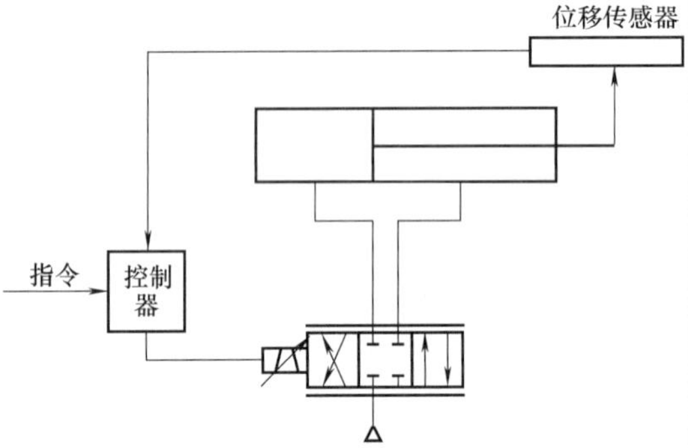 采用比例方向阀/伺服阀控制气缸，由位移传感器采集气缸活塞位置并反馈至控制器	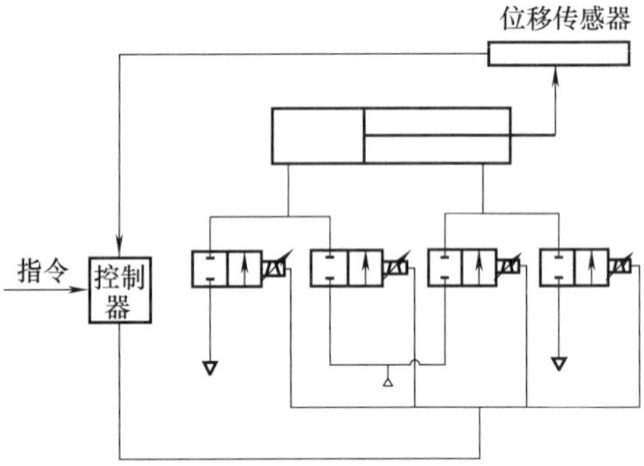 采用 4 只高速开关阀控制双作用气缸，常见于阀门定位器
	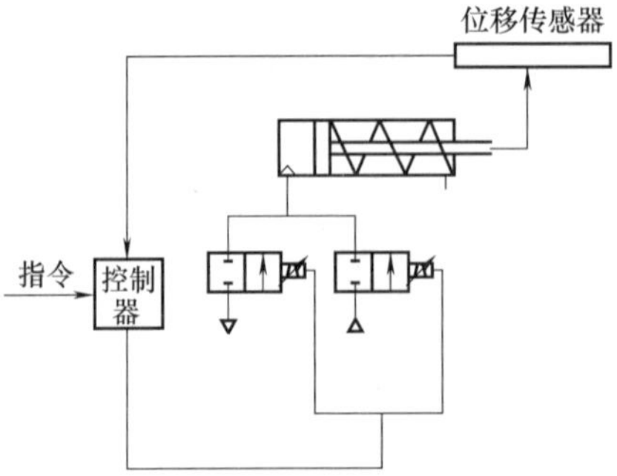 采用两只高速开关阀控制单作用气缸，常见于阀门定位器	

2.2　典型应用回路

2.2.1　同步回路

表 21-2-5　　同步回路

同步回路	同步控制是指驱动两个或多个执行元件时，使它们在运动过程中位置保持同步。同步控制实际是速度控制的一种特例。当各执行机构的负载发生变动时，为了实现同步，通常采用以下方法 ①使用机械连接使各执行机构同步动作 ②使流入和流出执行机构的流量保持一定 ③测量执行机构的实际运动速度，并对流入和流出执行机构的流量进行连续控制	
	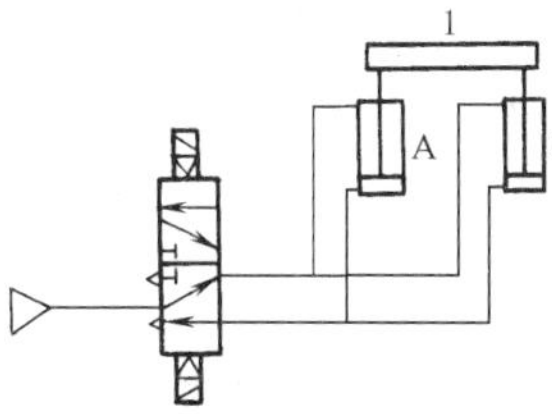 采用刚性零件 1 连接，使 A、B 两缸同步运动	使用连杆机构的同步控制回路 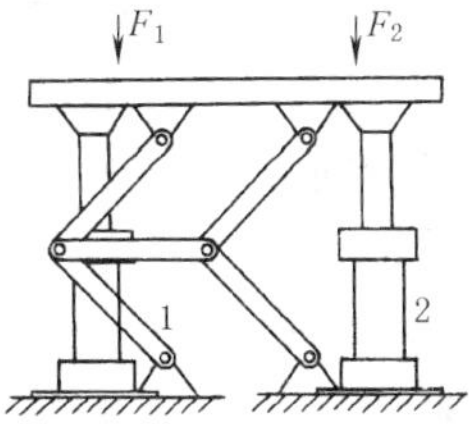
	利用出口节流阀的简单同步控制回路 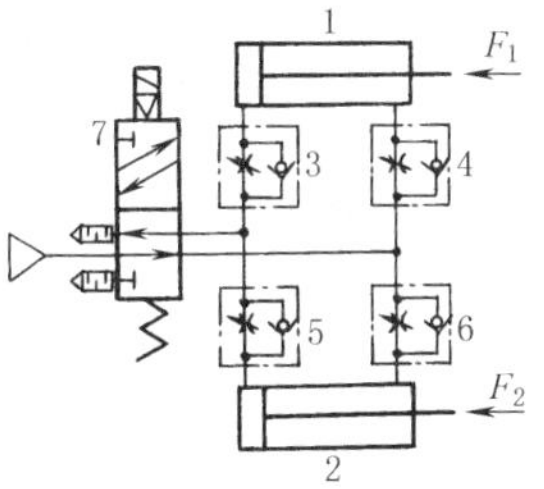 这种同步回路的同步精度较差，易受负载变化的影响，如果气缸的缸径相对于负载来说足够大，若工作压力足够高，可以取得一定的同步效果。此外，如果使用两只电磁阀，使两只气缸的进、排气独立，相互之间不受影响，同步精度会好些	使用气/液联动缸的交叉耦连同步控制回路 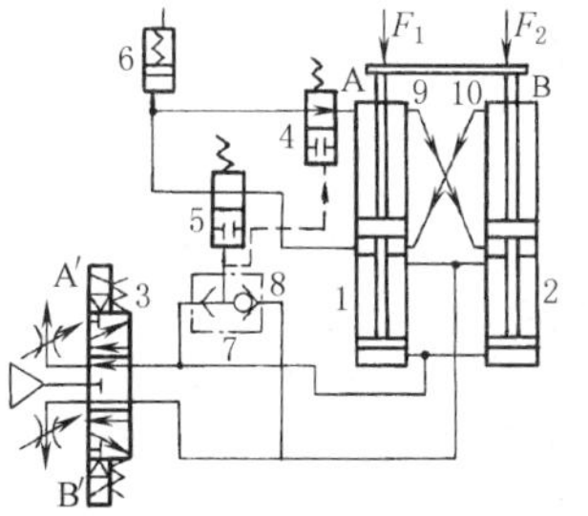 当三位五通电磁阀的 A′侧通电时，压力气体经过管路流入气/液联动缸 A、B 的气缸中，克服负载推动活塞上升。此时，在先导压力的作用下，常开型两位两通阀关闭，使气/液联动缸 A 的液压缸上腔的油压入气/液联动缸 B 的液压缸下腔，从而使它们同步上升。三位五通电磁阀的 B′侧通电时，可使气/液联动缸向下的运动保持同步。为补偿液压缸的漏油设贮油缸 6，在不工作时可进行补油
	使用气/液转换缸的串联同步控制回路(1) 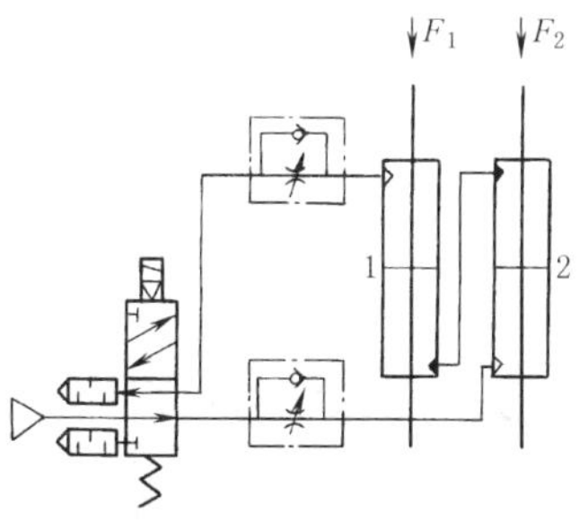 使用两只双出杆气/液转换缸，缸 1 的下侧和缸 2 的上侧通过配管连接，其中封入液压油。如果缸 1 和缸 2 的活塞及活塞杆面积相等，则两者的速度可以一致。但是，如果气/液转换缸有内泄漏和外泄漏，因为油量不能自动补充，所以两缸的位置会产生累积误差	使用气/液转换缸的串联同步控制回路(2) 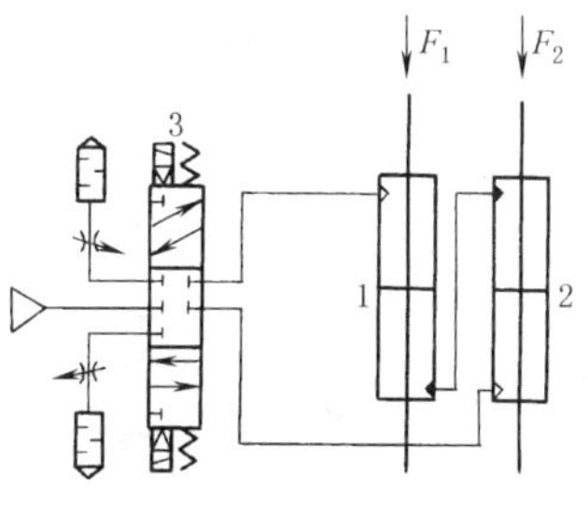 气/液转换缸 1 和 2 利用具有中位封闭机能的三位五通电磁阀驱动，可实现两缸同步控制和中位停止。该回路中，调速阀不是设置在电磁阀和气缸之间，而是连接在电磁阀的排气口，这样可以改善中间停止精度

续表

同步回路	闭环同步控制方法 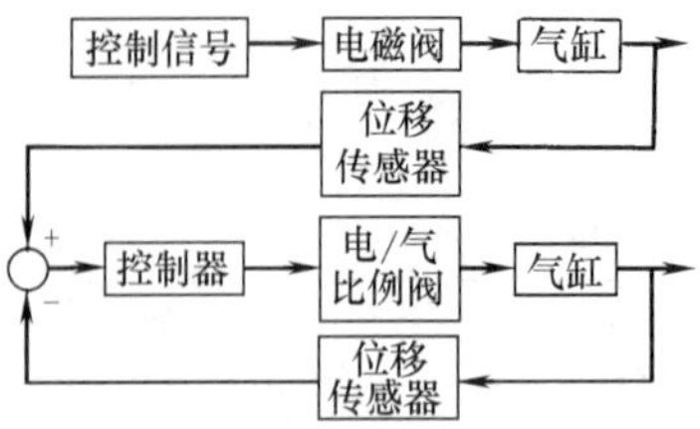 图(a)　框图 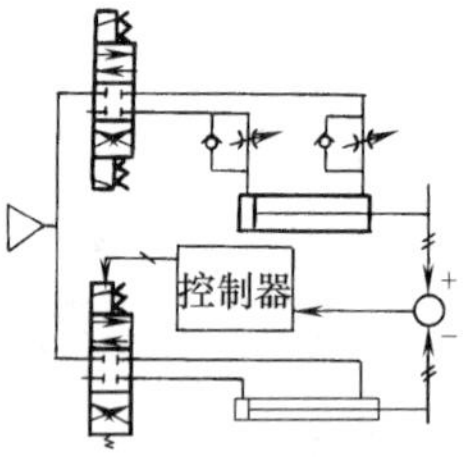 图(b)　气动回路图 在开环同步控制方法中，所产生的同步误差虽然可以在气缸的行程端点等特殊位置进行修正，但为了实现高精度的同步控制，应采用闭环同步控制方法，在同步动作中连续地对同步误差进行修正。闭环同步控制系统主要由电/气比例阀、位移传感器、同步控制器等组成

2.2.2　延时回路

表 21-2-6　　　　**延时回路**

延时回路	延时给气回路 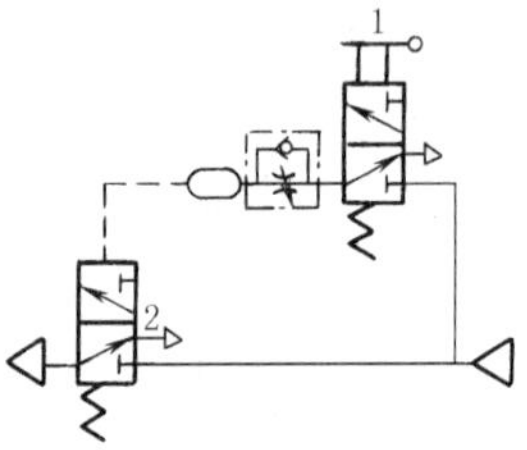 按钮 1 必须按下一段时间后，阀 2 才能动作	延时排气回路 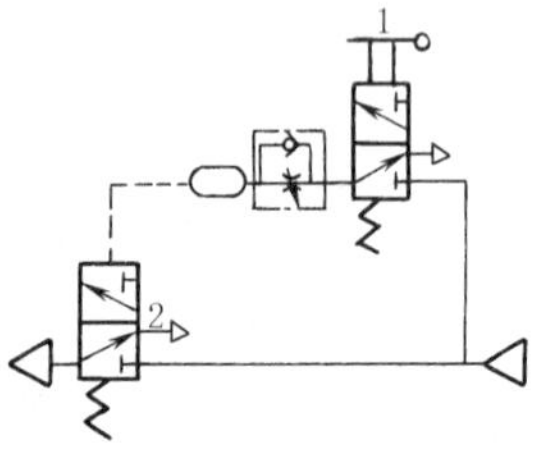 按钮 1 松开一段时间后，阀 2 才切断
	延时返回回路 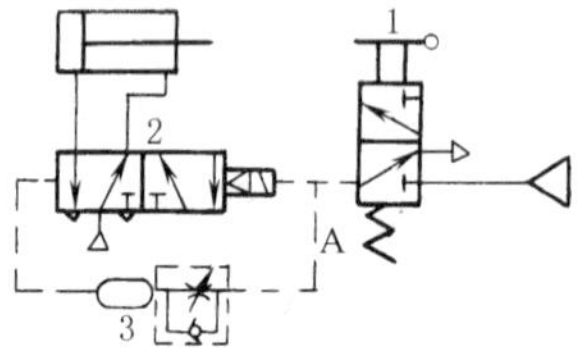	当手动阀 1 按下后，阀 2 立即切换至右边工作。活塞杆伸出，同时压缩空气经管路 A 流向气室 3，待气室 3 中的压力增高后，差压阀 2 又换向，活塞杆收回。延时长短根据需要选用不同大小气室及调节进气快慢而定

2.2.3　自动往复回路

表 21-2-7　　　　**自动往复回路**

一次自动往复回路	加压控制回路 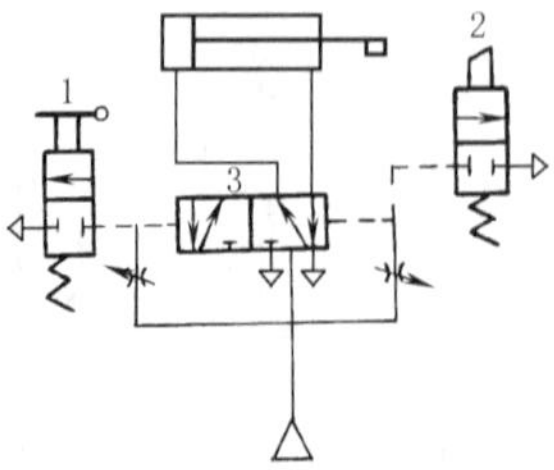 手动阀 1 动作后，换向阀左端压力下降，右端压力大于左端，使阀 3 换向。活塞杆伸出至压下行程阀 2，阀 3 右端压力下降，又使换向阀 3 切换，活塞杆收回，完成一次往复	卸压控制回路 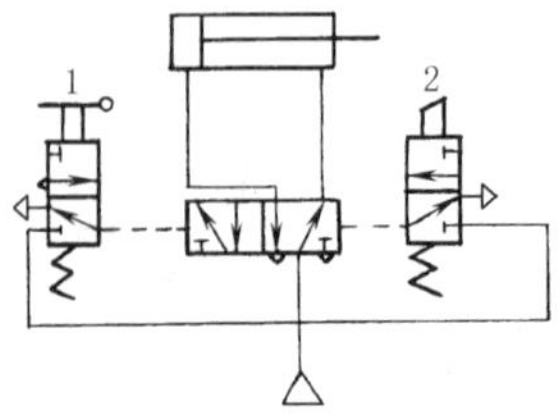 手动阀 1 动作后，换向阀换向，活塞杆伸出。当撞块压下行程阀 2 后，接通压缩空气使换向阀换向，活塞杆缩回，一次行程完毕

续表

<table>
<tr><td rowspan="2">连续自动往复回路</td><td>利用行程阀的自动往复回路</td><td>利用时间控制的连续自动往复回路</td></tr>
<tr><td>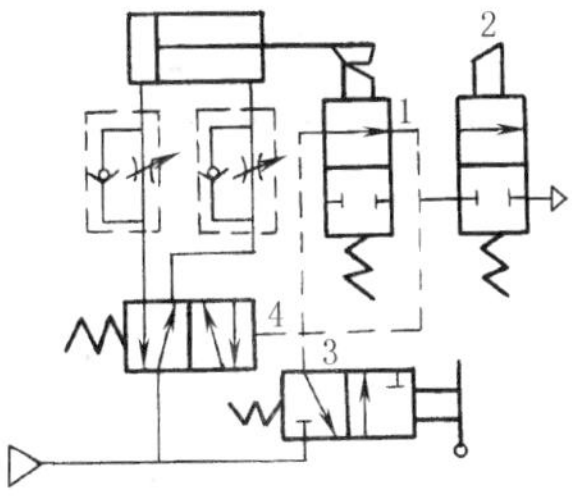
当启动阀 3 后，压缩空气通过行程阀 1 使阀 4 换向，活塞杆伸出。当压住行程阀 2 后，换向阀 4 在弹簧作用下换向，使活塞杆返回。这样使活塞进行连续自动往复运动，一直到关闭阀 3 后，运动停止</td><td>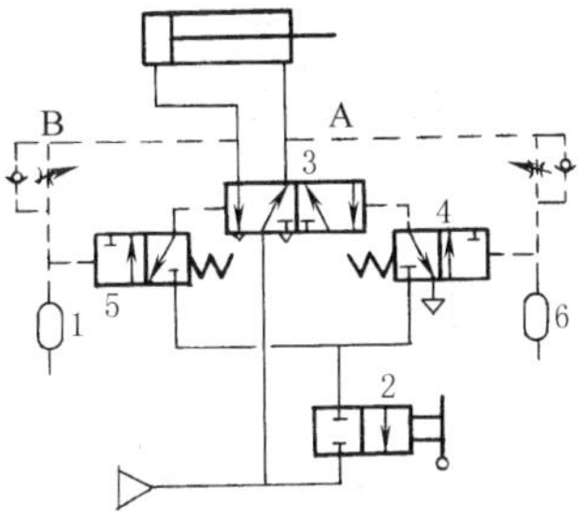
当换向阀 3 处于图中所示位置时，压缩空气沿管路 A 经节流阀向气室 6 充气，过一段时间后，气室 6 内压力增高，切换二位三通阀 4，压缩空气通过 4 使阀 3 换向，活塞杆伸出，同时压缩空气经管路 B 及节流阀又向气室 1 充气，待压力增高后切换阀 5，从而使阀 3 换向。这样活塞杆进行连续自动往复运动。手动阀 2 为启动、停止用</td></tr>
</table>

2.2.4　防止启动飞出回路

表 21-2-8　防止启动飞出回路

<table>
<tr><td rowspan="4">防止启动飞出回路</td><td colspan="2">气缸在启动时，如果排气侧没有背压，活塞杆将以很快的速度冲出，若操作人员不注意，有可能发生伤害事故。避免这种情况发生的方法有两种：
①在气缸启动前使排气侧产生背压
②采用进气节流调速方法</td></tr>
<tr><td>采用中位加压式电磁阀防止启动飞出</td><td>采用进气节流调速阀防止启动飞出</td></tr>
<tr><td>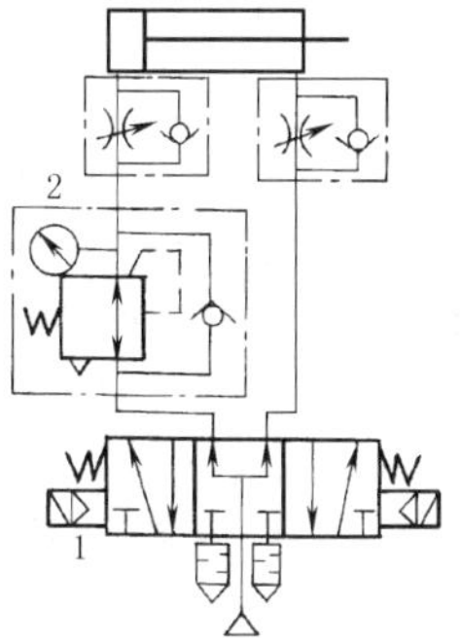
采用具有中间加压机能的三位五通电磁阀 1 在气缸启动前使排气侧产生背压。当气缸为单活塞杆气缸时，由于气缸有杆腔和无杆腔的压力作用面积不同，因此考虑电磁阀处于中位时，在左腔进气路上增设减压阀 2，使气缸两侧的压力保持平衡</td><td>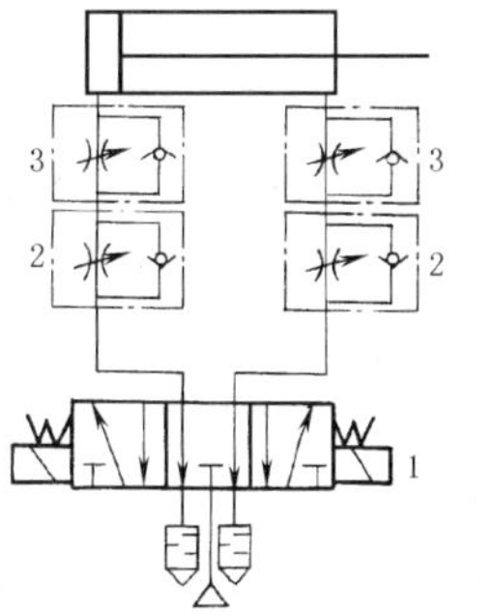
当五通电磁阀断电时，气缸两腔都泄压；启动时，利用调速阀 3 的进气节流调速防止启动飞出。由于进气节流调速的调速性能较差，因此在气缸的出口侧还串联了一个排气节流调速阀 2，用来改善启动后的调速特性。需要注意进气节流调速阀 3 和排气节流调速阀 2 的安装顺序，进气节流调速阀 3 应靠近气缸</td></tr>
<tr><td colspan="2">利用 SSC 阀防止启动飞出（排气节流控制）
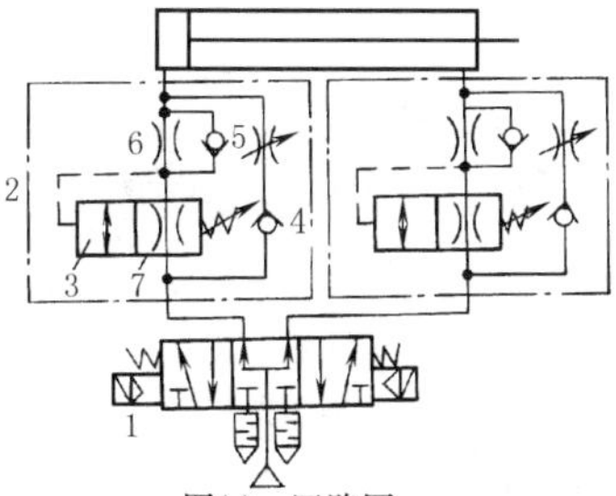
图(a)　回路图
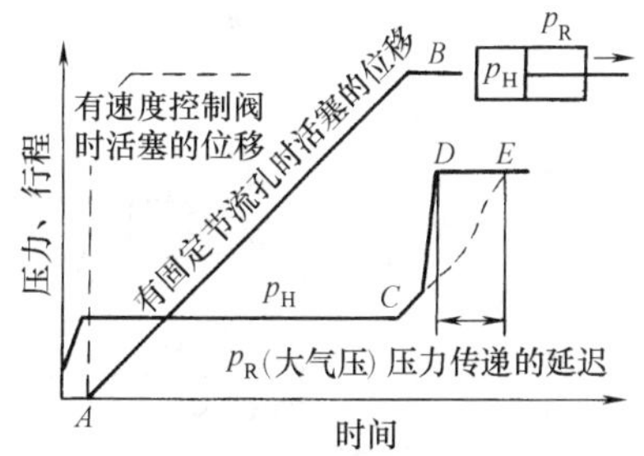

图(b)　初期动作时的工作行程</td></tr>
</table>

续表

防止启动飞出回路	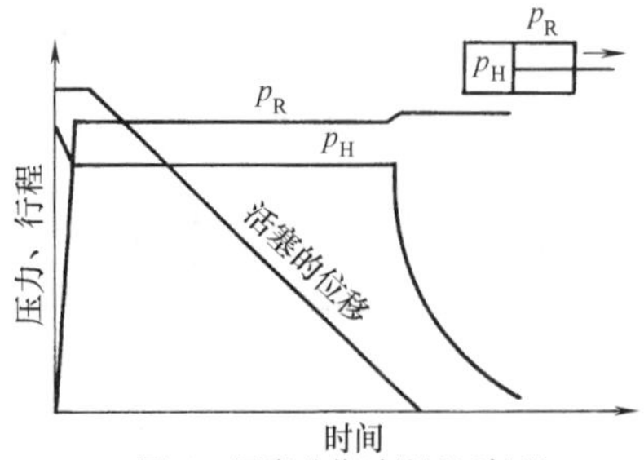 图(c) 通常动作时的返回行程	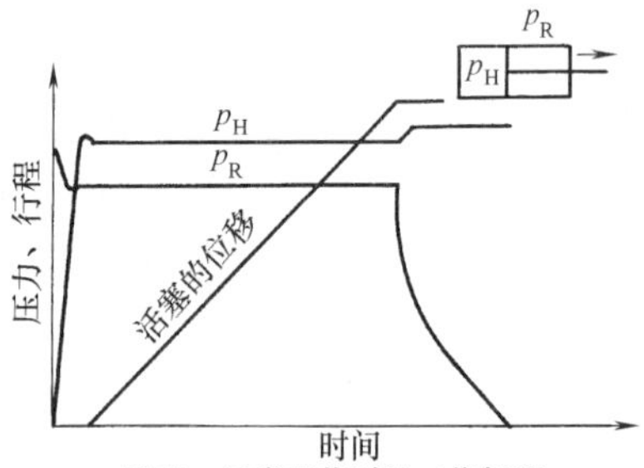 图(d) 通常动作时的工作行程
	当换向阀由中间位置切换到左位时，有压气体经 SSC 阀的固定节流孔 7 和 6 充入无杆腔，压力 p_H 逐渐上升，有杆腔仍维持为大气压力。当 p_H 升至一定值，活塞便开始做低速右移，从图中的 A 位移至行程末端 B，p_H 压力上升。当 p_H 大于急速供气阀 3 的设定压力时，阀切换至全开，并打开单向阀 5，急速向无杆腔供气，p_H 由 C 点压力急速升至 D 点压力(气源压力)。CE 虚线表示只用进气节流的情况。当初期动作已使 p_H 变成气源压力后，换向阀再切换至左位和右位，气缸的动作、压力 p_H、p_R 和速度的变化，便与用一般排气节流式速度控制阀时的特性相同了	

2.2.5 防止落下回路

表 21-2-9 防止落下回路

	利用制动气缸的防止落下回路	利用端点锁定气缸的防止落下回路
防止落下回路	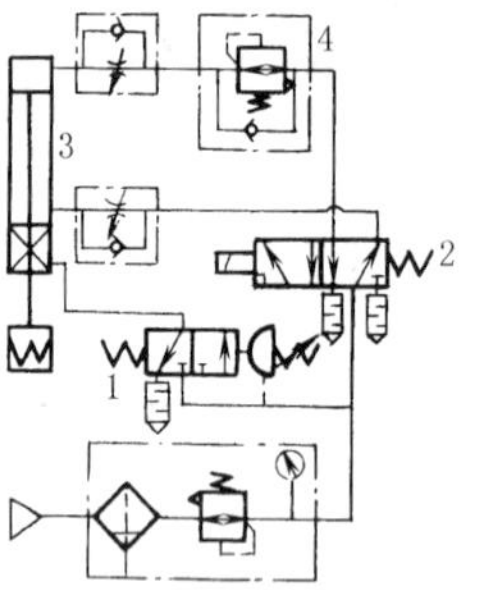	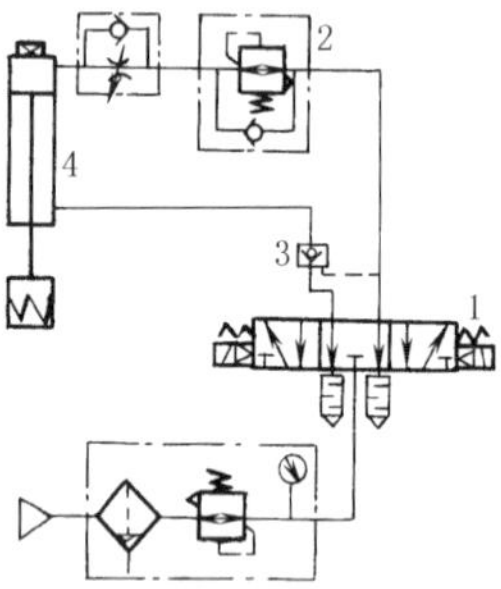
	利用三通锁定阀 1 的调压弹簧可以设定一个安全压力。当气源压力正常，即高于所设定的安全压力时，三通锁定阀 1 在气源压力的作用下切换，使制动气缸的制动机构松开。当气源压力低于所设定的安全压力时，三通锁定阀 1 在复位弹簧的作用下复位，使其出口和排气口相通，制动机构锁紧，从而防止气缸落下。为了提高制动机构的响应速度，三通锁定阀 1 应尽可能靠近制动机构的气控口	利用单向减压阀 2 调节负载平衡压力。在上端点使五通电磁阀 1 断电，控制端点锁定气缸 4 的锁定机构，可防止气缸落下。此外，当气缸在行程中间，由于非正常情况使五通电磁阀断电时，利用气控单向阀 3 使气缸在行程中间停止。该回路使用控制阀较少，回路较简单

2.2.6 缓冲回路

表 21-2-10 缓冲回路

	采用溢流阀的缓冲回路	采用缓冲阀的缓冲回路
缓冲回路	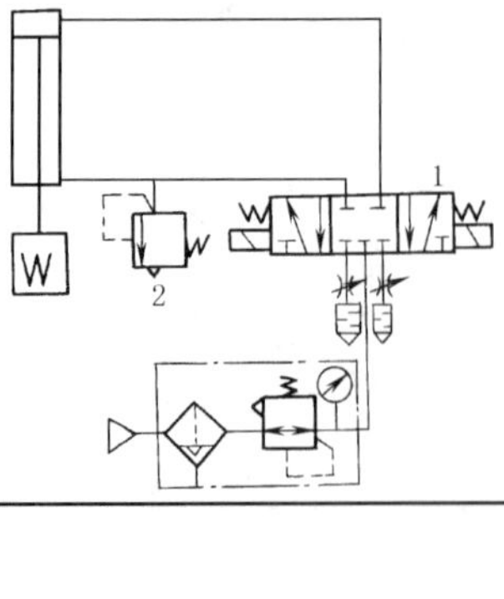	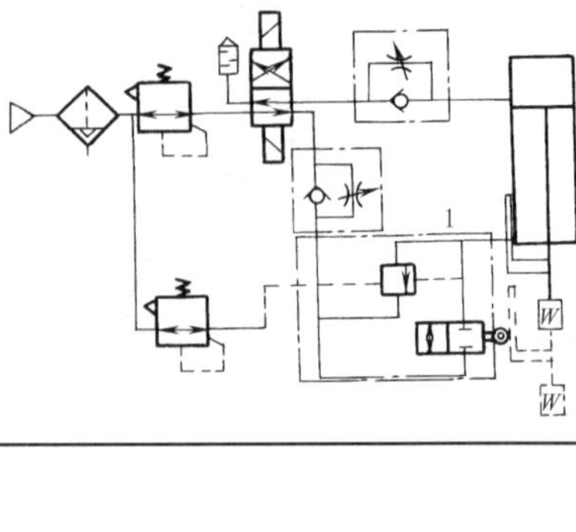

续表

缓冲回路	该回路采用具有中位封闭机能的三位五通电磁阀 1 控制气缸的动作，电磁阀 1 和气缸有杆腔之间设置有一个溢流阀 2。当气缸接近停止位置时，使电磁阀 1 断电。由于电磁阀的中位封闭机能，背压侧的气体只能通过溢流阀 2 流出，从而在有杆腔形成一个由溢流阀所调定的背压，起到缓冲作用。该回路的缓冲效果较好，但停止位置的控制较困难，最好能和气缸内置的缓冲机构并用	该回路为采用缓冲阀 1 的高速气缸缓冲回路。在缓冲阀 1 中内置一个气控溢流阀和一个机控两位两通换向阀。气控溢流阀的开启压力，即气缸排气侧的缓冲压力，它由一个小型减压阀设定。在气缸进入缓冲行程之前，有杆气缸气体经机控换向阀流出。气缸进入缓冲行程时，连接在活塞杆前端的机构使机控换向阀切换，排气侧气体只能经溢流阀流出，并形成缓冲背压。使用该回路时，通常不需气缸内置缓冲机构

2.2.7　真空回路

表 21-2-11　　**真空回路**

<table>
<tr><td rowspan="5">真空回路</td><td colspan="3">根据真空是由真空发生器产生还是由真空泵产生，真空控制回路分为两大类</td></tr>
<tr><td rowspan="2">利用真空发生器构成的真空吸盘控制回路</td><td>利用真空发生器组件构成的真空回路</td><td>用一个真空发生器带多个真空吸盘的回路</td></tr>
<tr><td>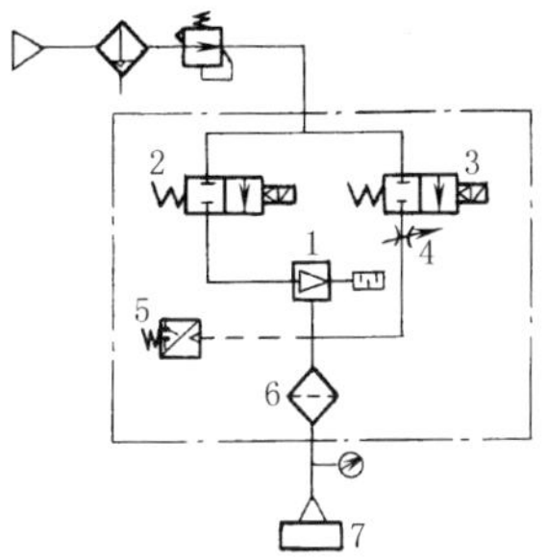

由真空供给阀 2、真空破坏阀 3、节流阀 4、真空开关 5、真空过滤器 6 和真空发生器 1 构成真空吸盘控制回路。当需要产生真空时，电磁阀 2 通电；当需要破坏真空时，电磁阀 2 断电，电磁阀 3 通电。上述真空控制元件可组合成一体，成为一个真空发生器组件</td><td>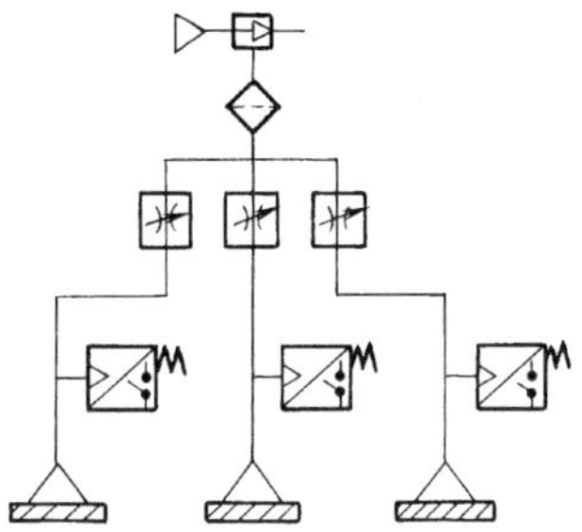
一个真空发生器带一个吸盘最理想。若带多个吸盘，其中一个吸盘有泄漏，会减小其他吸盘的吸力。为克服此缺点，可将每个吸盘都配有真空压力开关。一个吸盘泄漏导致真空度不合要求时，便不能起吊工件。另外，每个吸盘与真空发生器之间的节流阀也能减少由于一个吸盘的泄漏对其他吸盘的影响</td></tr>
<tr><td rowspan="2">利用真空泵构成的真空吸盘控制回路</td><td>利用真空控制单元构成的真空吸盘控制回路</td><td>用一个真空泵控制多个真空吸盘的回路</td></tr>
<tr><td>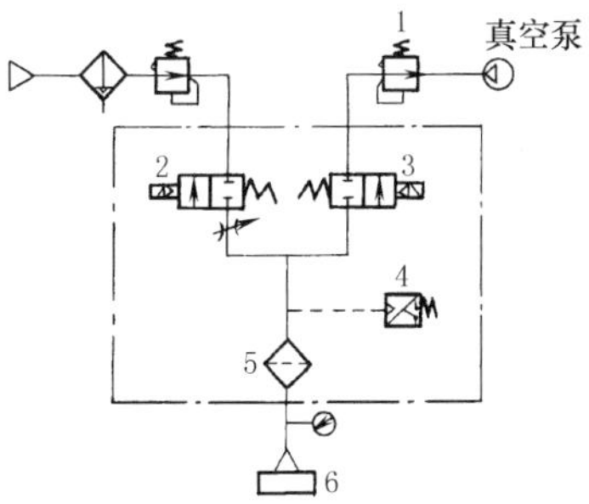

当电磁阀 3 通电时吸盘抽真空。当电磁阀 3 断电、电磁阀 2 通电时，吸盘内的真空状态被破坏，将工件放下。上述真空控制元件以及真空开关、吸入过滤器等可组合成一体，成为一个真空控制组件</td><td>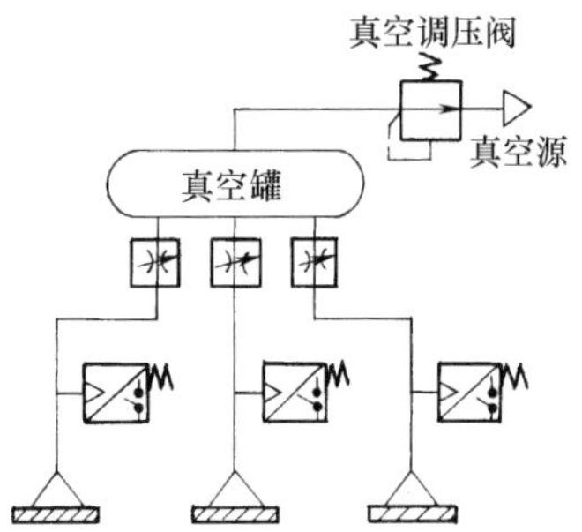

若真空管路上要安装多个吸盘，其中一个吸盘有泄漏，会引起真空压力源的压力变动，使真空度达不到设计要求，特别对小孔口吸着的场合影响更大。使用真空罐和真空调压阀可提高真空压力的稳定性。必要时可在每条支路上安装真空切换阀</td></tr>
</table>

2.2.8 基本逻辑回路

表 21-2-12 基本逻辑回路

逻辑与（Logic AND）	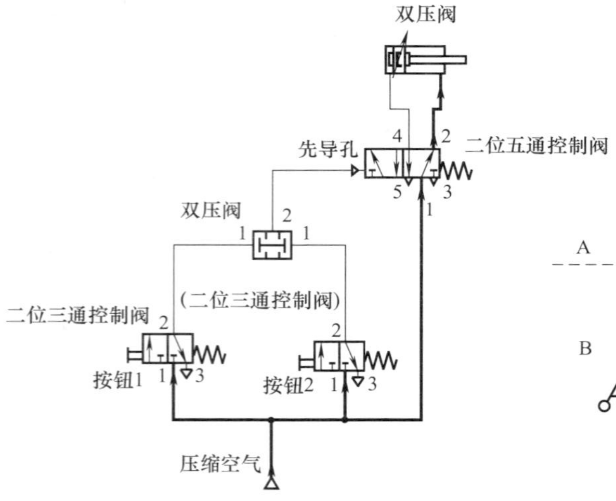 图(a) 使用双压阀 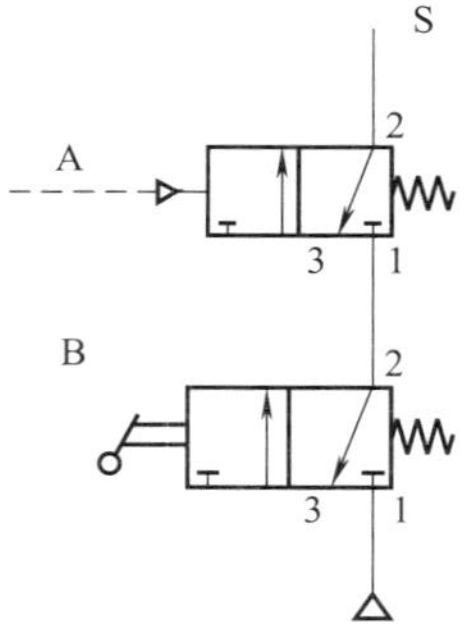 图(b) 使用二位三通控制阀	双压阀是基于进入两个输入端口（端口 1）并经由端口 2 排出的压缩空气。这时如果两个端口接收压缩空气，那么具有较低压力的连接先行输出（AND 功能）。梭阀和双压阀的外形是相同的，可通过壳体上的符号标记来识别 图（a）中，如果按下按钮 1，则信号被阻断。由于双压阀的另一侧通过二位三通控制阀排空，所以主阀（二位五通控制阀）无动作（没有信号压力来操作二位五通控制阀的先导控制口）。在按下按钮 2 时，存在类似的情况，再次没有任何反应（见图）。现在，如果同时按下按钮 1 和按钮 2，首先获得信号的阀的一侧被阻断，但是这次在阀的另一侧存在信号压力。该信号压力进入二位五通控制阀的先导气口使该阀左位工作并启动执行器，执行器活塞杆伸出。当二位三通控制阀中的任何一个被释放时，双压阀释放其先导压力信号，先导压力将通过双压阀和二位三通控制阀排出，主阀在弹簧的作用下，使执行器返回，回路返回到其初始位置 使用 2 台二位三通控制阀的回路也可以实现逻辑与功能，见图（b）
逻辑或（Logic OR）	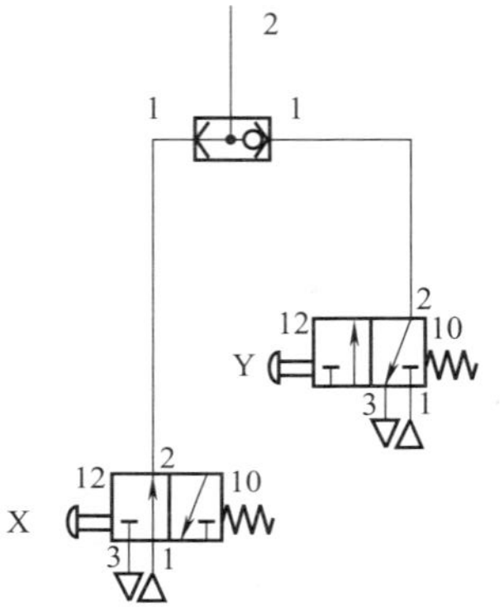 图(a) 使用梭阀 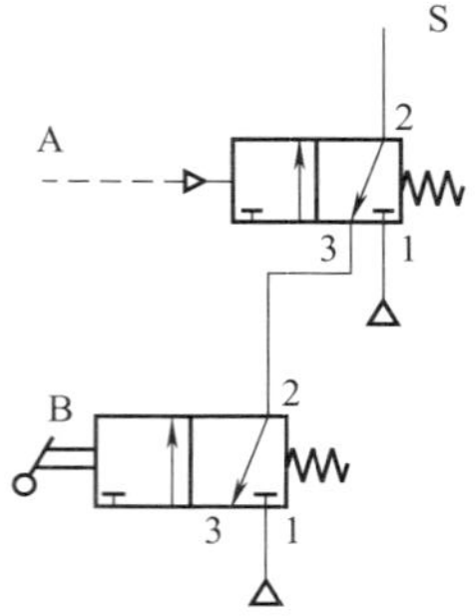 图(b) 使用二位三通控制阀	图（a）中，梭阀根据进入输入端口（端口 1）和端口 2 的压力进行切换。如果两个输入端口 1 开始接收压缩空气，则优先使用较高压力的连接，并输出到端口 2（OR 功能） 常见的梭阀回路所需的部件是：气缸，2 台二位三通控制阀，1 台二位五通控制阀，1 台梭阀和压缩空气气源。使用 2 台二位三通控制阀也可以实现逻辑或功能。该回路如图（d）所示。两个二位三通控制阀连接至梭阀的输入口端口 1。梭阀的出口连接到二位五通控制阀先导端口，然后连接到执行器端口。按压按钮 1 或 2 时，压缩空气通过梭阀输送到二位五通控制阀先导端口。这使二位五通控制阀左位工作将空气输送到执行器端口，并使执行器活塞和活塞杆伸出。上面显示了两个按钮电路。当二位三通控制阀在弹簧压力下返回时，从二位五通控制阀上先导压力释放，在弹簧压力下二位五通控制阀返回其初始位置。必要时可以使用二位四通控制阀代替二位五通控制阀 同样使用 2 台二位三通控制阀也可以实现组成逻辑或功能，参见图（b）

续表

逻辑或 (Logic OR)	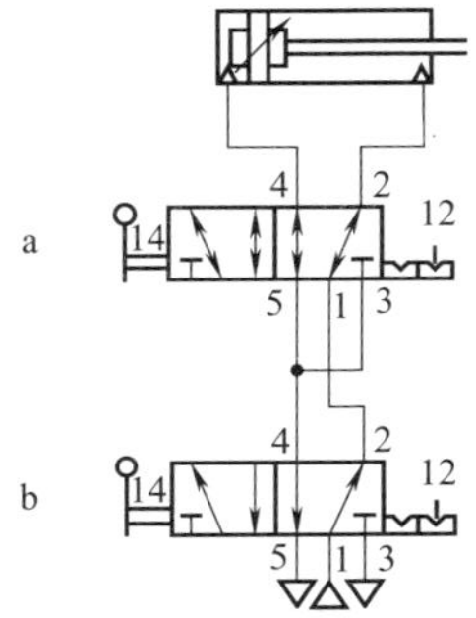 图(c)　应用实例1 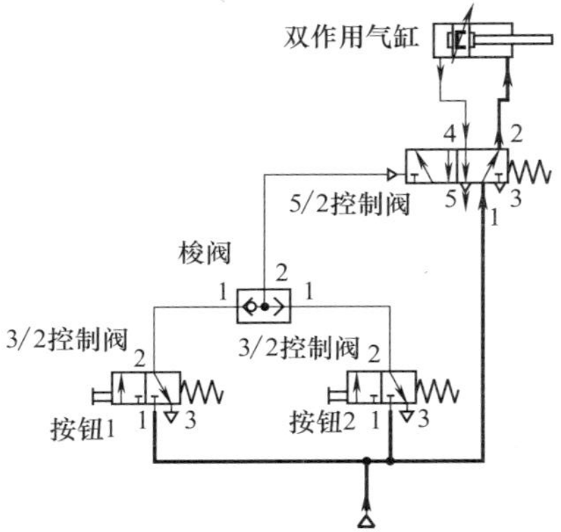 图(d)　应用实例2	图(c)是实现逻辑或控制的又一应用实例。在位置“a”处的阀反向连接并通过正常连接在位置“b”处的阀接通气源。气缸可以从“a”或“b”位置任一进行控制 图(d)则是使用梭阀的实际应用实例
逻辑非 (Logic NOT)	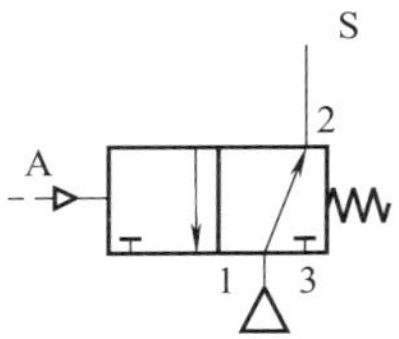 图(a)　使用二位三通阀 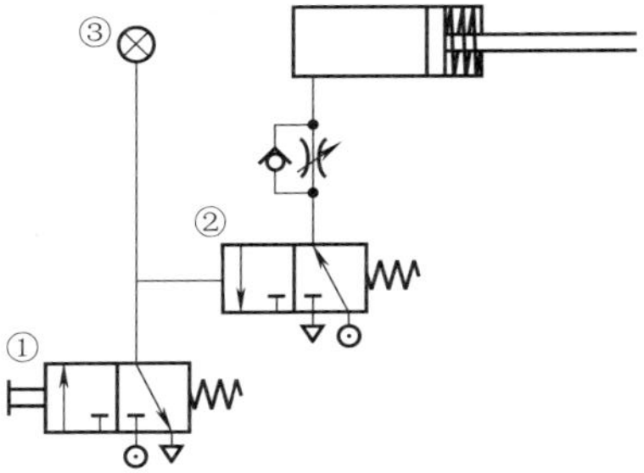 图(b)　应用实例	在逻辑非的情况下，控制信号被转换成其互补信号，如果入口是0，出口是1；如果入口是1，则出口是0。控制信号A的非导致输出S，见图(a) 非(NOT)功能又称为转换操作。为了使输送机和其他机械在操作时起制动和锁紧功能，则要使气缸锁紧，直至给予另一解除锁紧信号为止。因此，解除锁紧信号应用一个常通的控制阀来操作。但是，如果要解除锁紧，同一信号也必须使其他装置解除锁紧。图(b)显示如何利用一个常闭控制阀操作切断常通控制阀，达到信号变换的目的
逻辑是 (Logic YES)	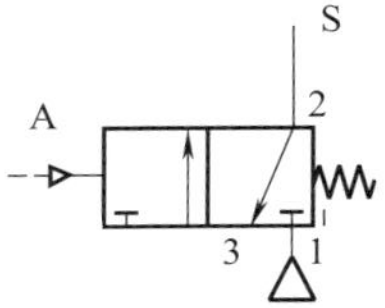	确认是以相同的方式重复信号的操作。如果控制信号为0，输出为0；如果控制信号为1，则输出为1。一般来说，出口信号相对于控制信号或入口信号被放大

续表

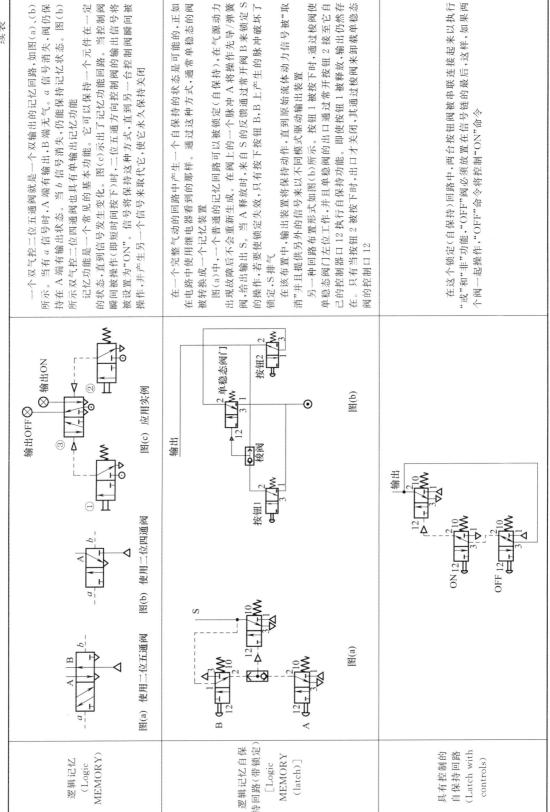

逻辑记忆（Logic MEMORY）	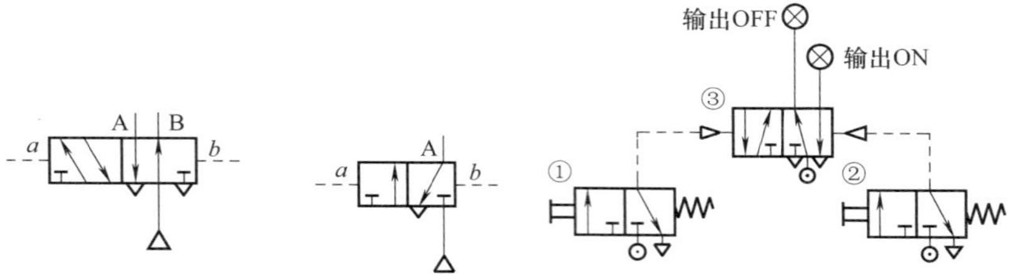 图(a) 使用二位五通阀 图(b) 使用二位四通阀 图(c) 应用实例	一个双气控二位五通阀就是一个双输出的记忆回路，如图(a)、(b)所示。当有 a 信号时，A端有输出，B端无气。a 信号消失，阀仍保持在A端有输出状态。当 b 信号消失，仍能保持记忆状态。图(b)所示双气控二位四通阀也具有单输出记忆功能 记忆功能是一个常见的基本功能。它可以保持一个元件在一定的状态，直到信号发生变化。图(c)示出了记忆功能回路。当控制阀瞬间被操作（即短时间按下）时，二位五通方向控制阀的输出信号将被设置为"ON"。信号将保持这种方式，直到另一台控制阀瞬间被操作，并产生另一个信号来取代它，使它永久保持关闭
逻辑记忆自保持回路（带锁定）[Logic MEMORY（latch）]	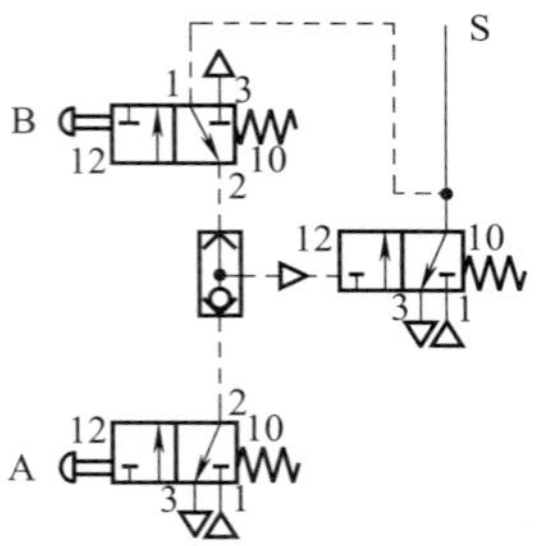 图(a) 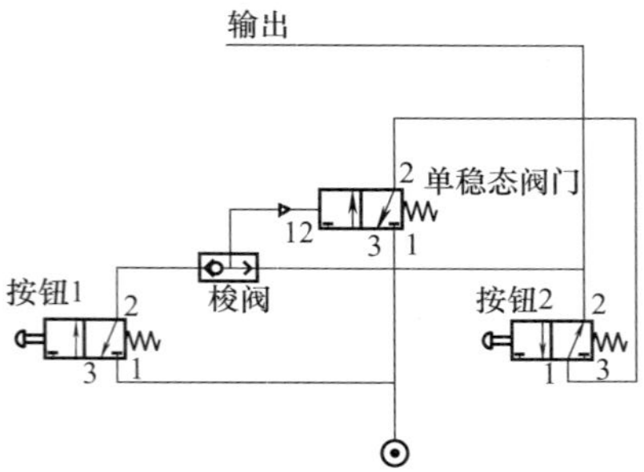 图(b)	在一个完整气动的回路中产生一个自保持的状态是可能的，正如在电路中使用继电器看到的那样。通过这种方式，通常单稳态的阀被转换成一个记忆装置 图(a)中，一个普通的记忆回路可以被锁定（自保持），在气源动力出现故障后不会重新生成。在阀上的一个脉冲A将操作先导/弹簧阀，给出输出S。当A释放时，来自S的反馈通过常开阀B来锁定S的操作，若要使锁定失效，只有按下按钮B，B上产生的脉冲破坏了锁定，S排气 在该布置中，输出装置将保持动作，直到原始流体动力信号被"取消"并且提供另外的信号来以不同模式驱动输出装置 另一种回路布置形式如图(b)所示。按钮1被按下时，通过梭阀使单稳态阀门左位工作，并且单稳阀的出口通过常开按钮2接至它自己的控制器口12执行自保持功能。即使按钮1被释放，输出仍然存在。只有当按钮2被按下时，出口才关闭，其通过梭阀来卸载单稳态阀的控制口12
具有控制的自保持回路（Latch with controls）	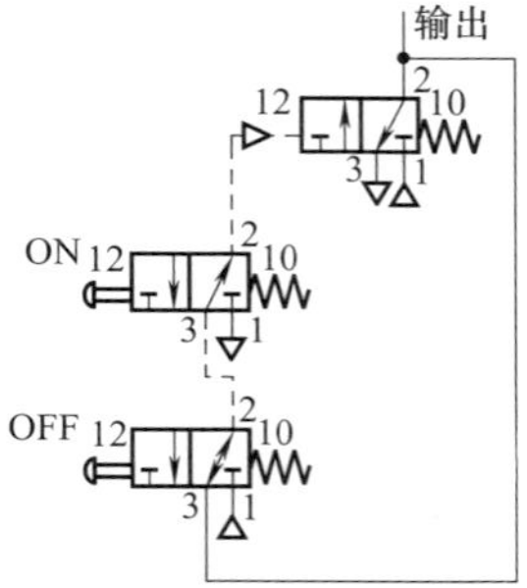	在这个锁定（自保持）回路中，两台按钮阀被串联连接起来以执行"或"和"非"功能，"OFF"阀必须放置在信号链的最后，这样，如果两个阀一起操作，"OFF"命令将控制"ON"命令

续表

单脉冲发生器 (Single pulse maker)	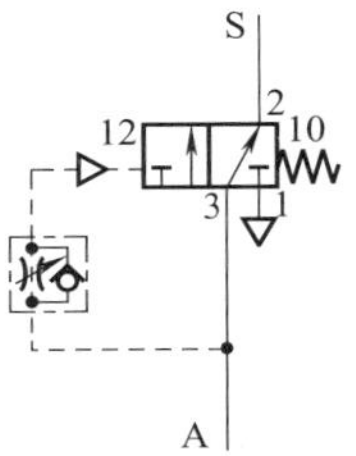 图(a)　采用单向节流阀 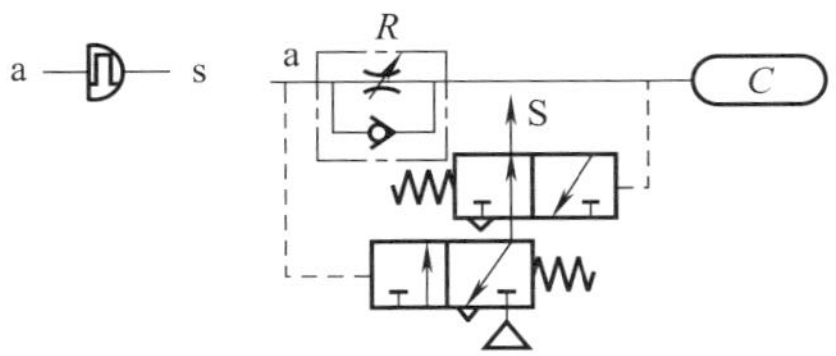 图(b)　采用延时阀	图(a)是采用单向节流阀的单脉冲发生回路，该回路可将长信号A转换为单个脉冲S，若使换向阀复位必须移除信号A，然后再次施加信号A，脉冲的持续时间可以通过节流阀进行调节 类似的回路如图(b)所示，回路可把长信号a变为一个脉冲信号s的输出。脉冲宽度可由气阻R、气容C调节。回路要求信号a的持续时间大于脉冲宽度
缓慢初始压力建立 (Slow initial pressure build up)	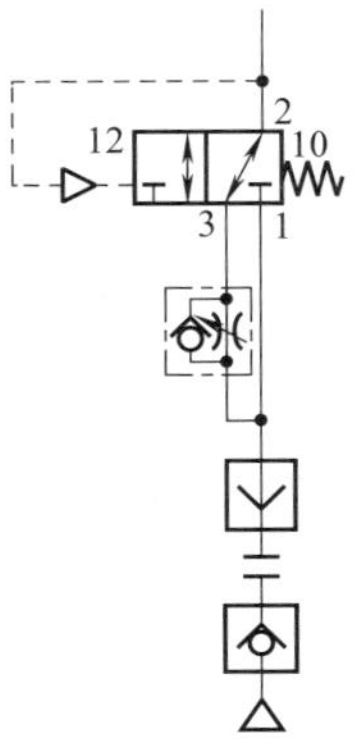	选择一台具有较高弹簧刚度的3/2先导式换向阀，例如设定换向压力为3～4bar，当连接快速接头时，端口2的输出以节流阀调定的速度进行控制，当压力高到足以操作该换向阀时，系统将输出全流量
预设定 (Pre-select)	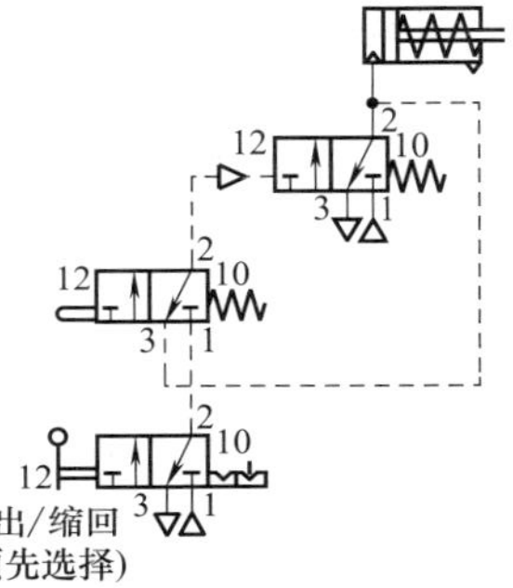	执行元件为单作用气缸，手动阀可以预先选择气缸的“伸出(OUT)”或“缩回(IN)”的位置，当机控阀被触发压下工作时将发生相应的动作，机控阀可以被立即释放，随后可以操作手动阀和释放机控阀任何次数

续表

节省空气回路（Air conservation）	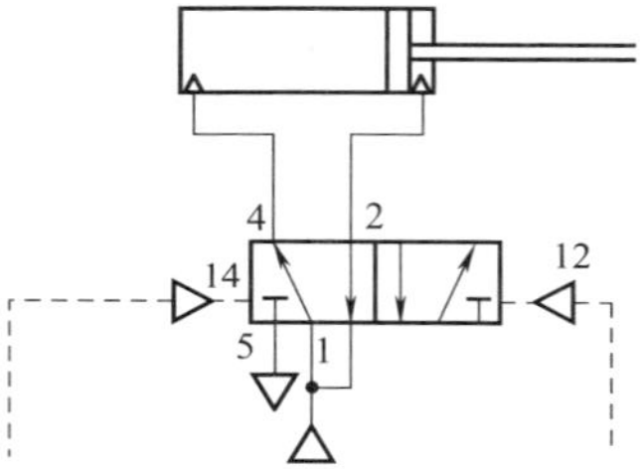	图所示回路要求仅在缩回行程方向上是做功行程，主控阀右位工作，气缸缩回。主控阀左位工作时，气缸差动连接，当压力平衡时，活塞的差动面积会产生伸出行程的外力，用于外伸行程的空气仅等于只有与杆直径相同的内径的气缸所需要的空气量，假设气缸在伸出冲程不加载和具有较低的摩擦力
双倍流量回路（Double flow）	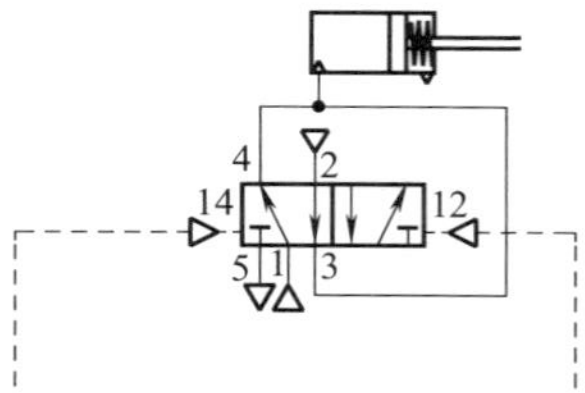	如果没有更大的二位三通换向阀，可以用一只二位五通换向阀中的两个流道，每一个都由一个单独的气源供气，这样可以为气缸提供双倍流量或者可以给另一只阀提供气源。确保连接气缸的管道尺寸足够大，保证管道尺寸可以承受双倍流量的流动，回路原理见图

2.2.9 其他回路

表 21-2-13 其他回路

终端瞬时加压回路	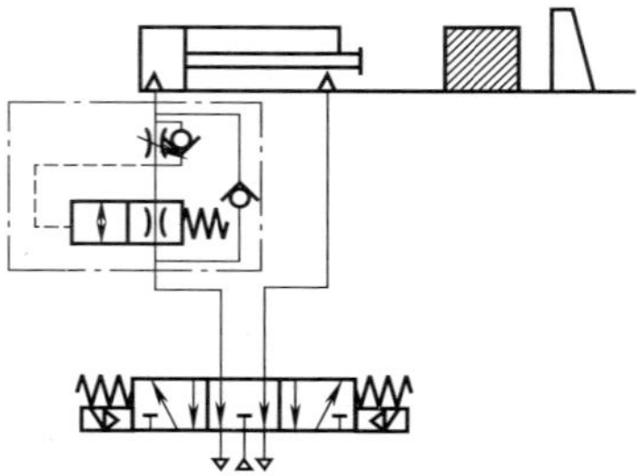	采用 SSC 阀，同样可以实现防止活塞杆高速伸出。采用 SSC 阀，控制气缸启动时低速伸出，接触到工件后无杆腔压力升高，SSC 阀换向，高压驱动工件瞬时加压。SSC 阀工作原理见 SMC 产品样本。终端瞬时加压回路的工作原理见图

续表

双手安全控制回路	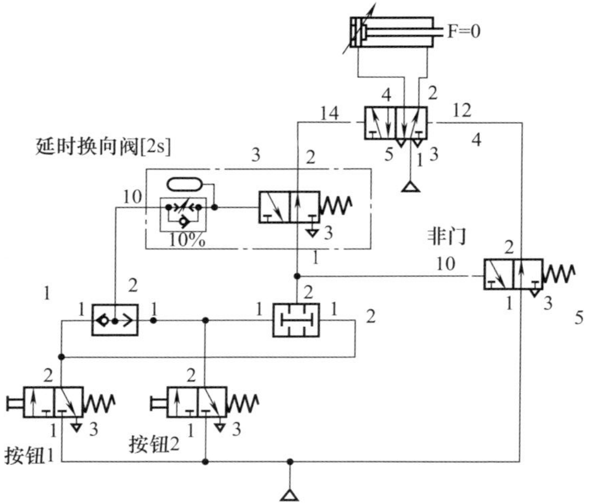	双手安全控制用于有可能发生工伤事故的场合。它的目的是防止操作者将手放置于工作区域内,操作者需要用双手发出周期的启动信号。因此为了安全,双手启动器必须遵守特定的要求,即不可重复性和同时性。 首先,必须设置两个启动按钮换向阀,而且不能仅用一只手同时启动两个按钮,两个信号必须在间隔约 0.5s 内并行发出,并且两个按钮中的任一个被释放则气缸应该退回。如果再次按下释放了的按钮,则不应退回。为了产生新的退回信号,须将两个按钮同时释放,然后再同时按下两个按钮。 两个按钮换向阀输出的气动信号被传送到梭阀 1 和双压阀 2 的入口。如果这两个信号在时间上有间隔,则梭阀 1 的出口立即会被送至延时阀 3 的控制口,如果该信号首先出现,则其将进入主控阀 4 控制口的气路切断。气缸不会伸出。如果这两个信号同时发生,则双压阀 2 的出口有信号输出,控制主控阀 4 换向是气缸伸出。 如果两个按钮中其中一个被释放,那么双压阀 2 的出口信号就会消失,并且梭阀 1 的出口立即优先加在阀 3 的控制侧,阀 3 将切断主控阀 4 的控制信号。即使再立即按下被释放的按钮,阀门 3 的情况也不会改变,主控阀不会换向,气缸不会伸出。两个按钮必须同时释放并再次同时按下才能获得新的启动信号。
振荡回路	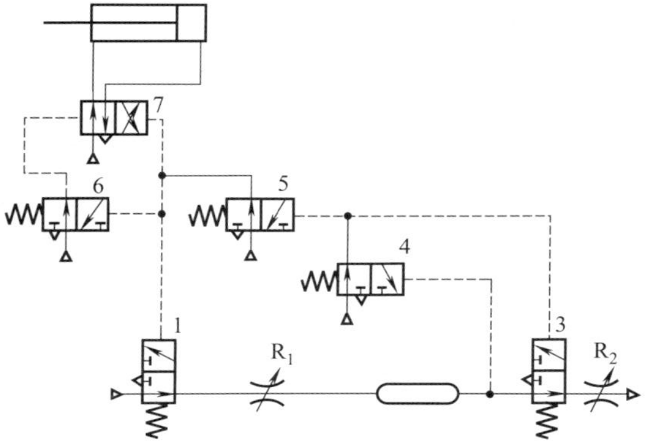 图(a)	图(a)中,振荡频率的高低可由节流阀 R_1、R_2 和气容来调节,气容、气阻越大,振荡频率越低 另一种能实现振荡的回路如图(b)所示,功能允许将装置直接连接到气缸,一旦压缩空气全部进入,气缸开始执行前进和后退冲程,直到断开进给。而且,在这种情况下,回路可以是专用的复合回路,或者可以由彼此连接的元件组成,这种振荡是在虚拟行程限制器的支持下执行的,具有双非门功能

续表

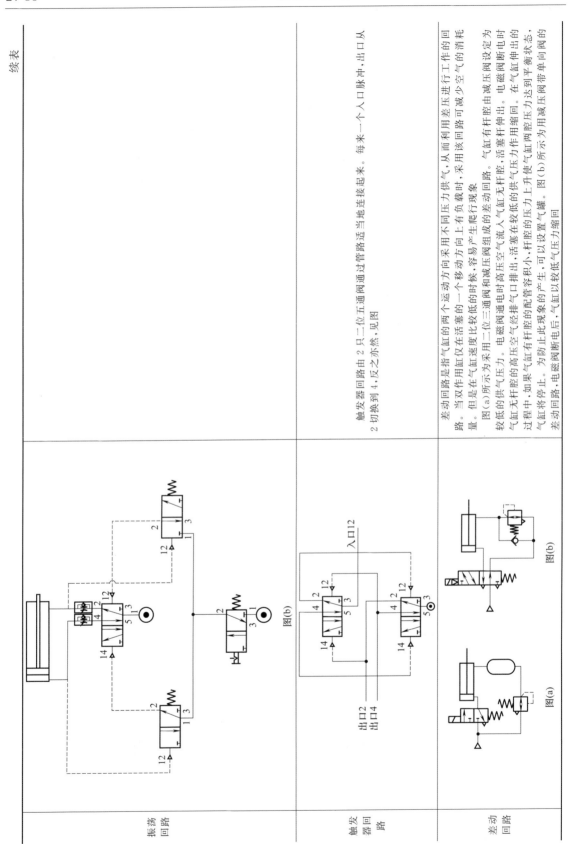

振荡回路	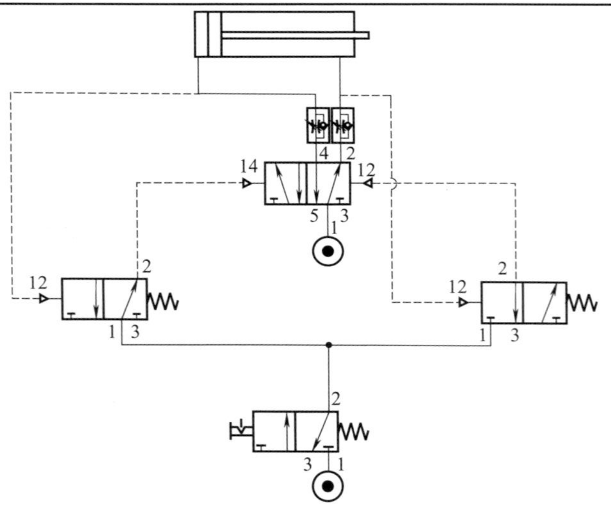 图(b)	
触发器回路	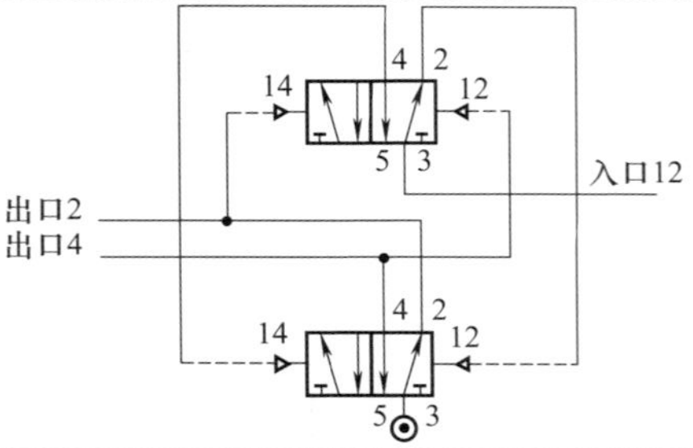	触发器回路由 2 只二位五通阀通过管路适当地连接起来。每来一个入口脉冲,出口从 2 切换到 4,反之亦然,见图
差动回路	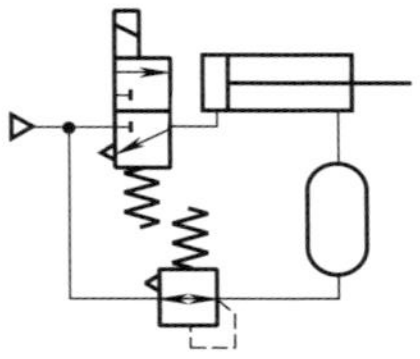 图(a) 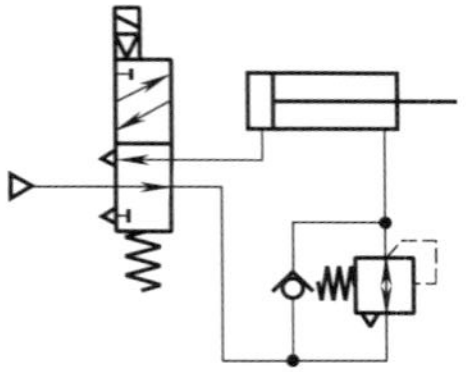 图(b)	差动回路是指气缸的两个运动方向采用不同压力供气,从而利用差压进行工作的回路。当双作用缸仅在活塞的一个移动方向上有负载时,采用该回路可减少空气的消耗量。但是在气缸速度比较低的时候,容易产生爬行现象 图(a)所示为采用二位三通阀和减压阀组成的差动回路。气缸有杆腔由减压阀设定为较低的供气压力。电磁阀通电时高压空气流入气缸无杆腔,活塞杆伸出。电磁阀断电时气缸无杆腔的高压空气经排气口排出,活塞在较低的供气压力作用缩回。在气缸伸出的过程中,如果气缸有杆腔的配管容积小,杆腔的压力上升使气缸两腔压力达到平衡状态,气缸将停止。为防止此现象的产生,可以设置气罐。图(b)所示为用减压阀带单向阀的差动回路,电磁阀断电后,气缸以较低气压力缩回

续表

流量放大回路	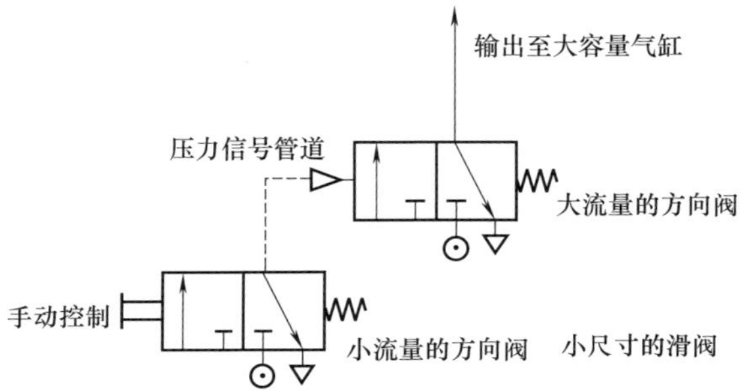	大容量的气缸需要较大的空气流量，这对使用者来说存在危险。手动操作流量大的气动方向控制阀是不安全的。我们应该先手动操作一个小型控制阀，并用它来操作大流量的气动控制系统。这就是流量放大，可以极大地保证操作人员的安全。在操作过程中，流量大的阀应放在气缸附近，流量小的阀应放在控制板上。左图显示了一个基本的流量放大回路。注意：不同的元件放置在不同的位置上
信号切换回路	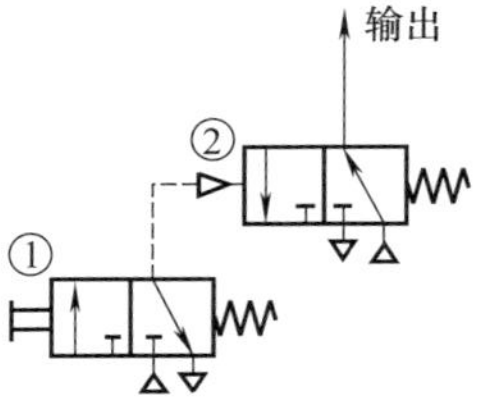	图中的气动图显示了方向控制阀如何切换 操作控制阀①时，控制阀②将停止产生压力输出。当控制阀①停止运行并恢复原位时，控制阀①将恢复输出。因此，在任何时候，控制阀①的压力输出与控制阀②的压力输出完全相反
安全启动回路	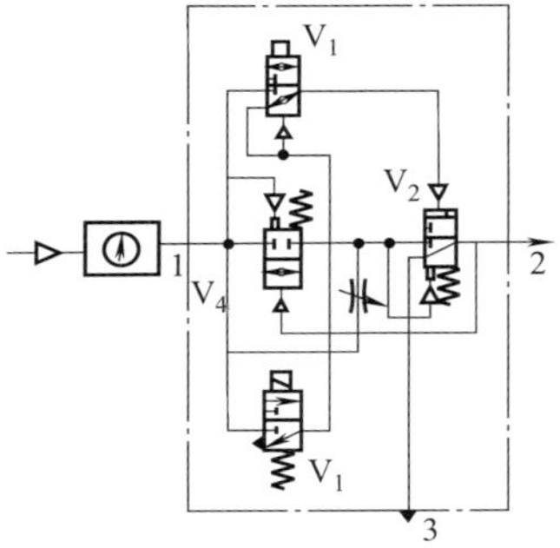 图(a)　安全启动阀为电磁阀 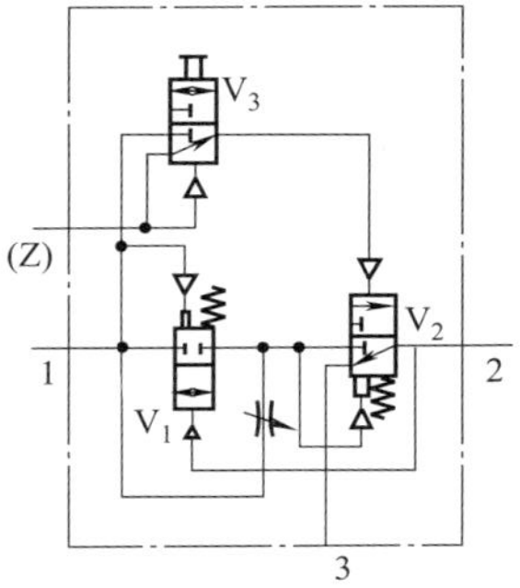 图(b)　单气控阀	以左图说明安全启动回路的动作原理。若电磁阀 V_1 得电，阀换向，其输出经手动阀 V_3 通路加在阀 V_2 控制口，使阀 V_2 换向。此时，气源处理装置输出的空气通过节流阀，从阀 V_2 输出口2流入系统的流量很小，从而使系统的压力缓慢地建立起来，控制气缸和其他执行元件缓慢地回到初始位置 当阀 V_2 输出压力达到工作压力一半时，阀 V_4 全部打开。手动阀的手动按钮具有锁定功能。按下手动按钮，阀自动复位。同时，安全启动阀重新启动 使用时应注意，只有在系统压力建立后，安全启动阀才可动作

续表

启动及停车回路	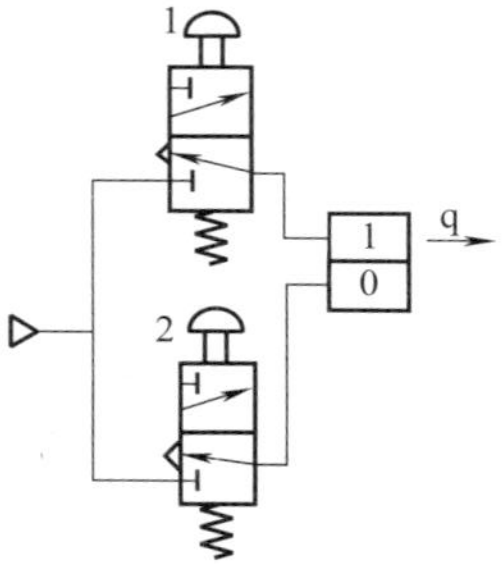 图(a) 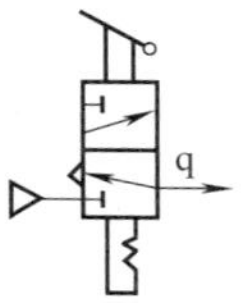 图(b)	在自动程序回路中，常常需要用手动阀启动或停车。只有给出启动信号后，系统才能自动工作。通常，程序的第一个动作是在启动信号和控制信号进行逻辑“与”运算后才能实现，如图(a)所示。只要按动手动阀接通气源，程序就开始不停地循环工作；若再按动手动阀切断气源，如图(b)所示位置，则一直到程序的最后节拍停车
手动/自动操作回路	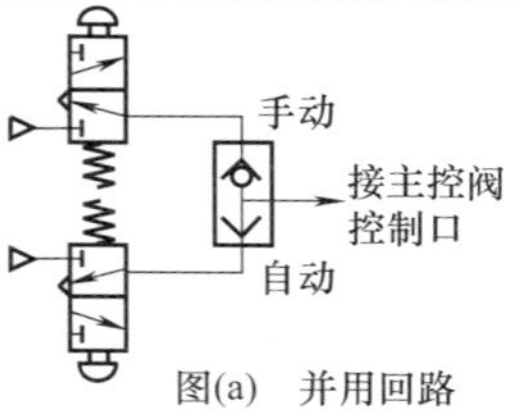 图(a)　并用回路 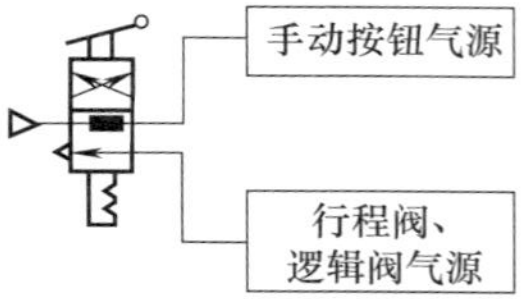 图(b)　互馈回路	在自动顺序控制回路中，有时为了维护、检查及采用手动转阀进行手动/自动动作转换，分别向行程阀、逻辑控制回路及手动按钮阀供气，实现回路的自动控制和手动操作之间的联锁，保证气缸动作和安全工作
急停回路	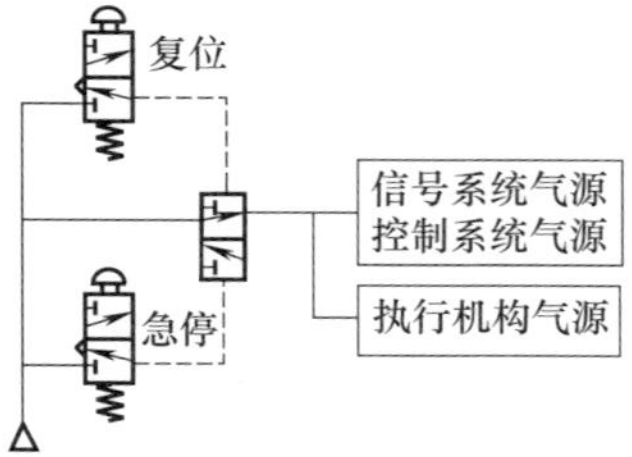 图(a)　切断系统全部气源 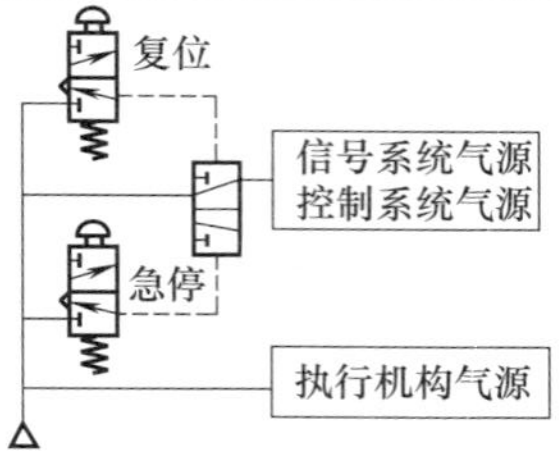 图(b)　切断信号、控制系统气源 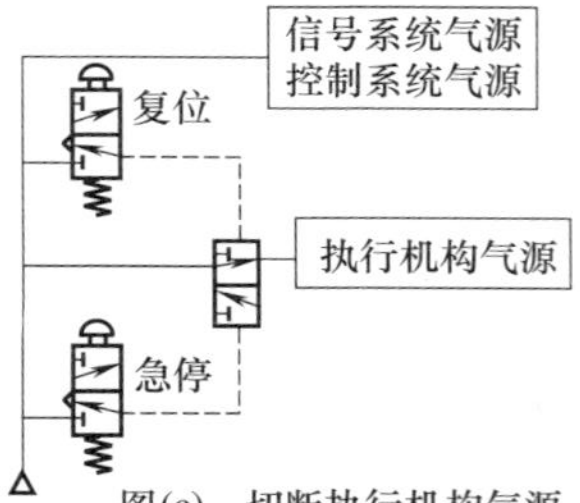 图(c)　切断执行机构气源	急停回路是气动控制系统中重要的安全保护措施，在工作过程中出现意外事故时，按动急停按钮立即停车。应该注意，急停信号除了手动信号外，还有各种自动急停信号，如失压、失电信号和故障信号等。急停方法如图所示有三种 ①切断信号系统、控制系统和执行机构的全部气源，如图(a)所示，回路处于排气状态，便于检修、维护 ②切断信号系统和控制系统的气源，执行机构仍然处于供气状态，如图(b)所示，气缸运动到终点才能停车 ③切断执行机构气源，控制系统仍保持供气状态，如图(c)所示，信号系统和控制执行机构处于浮动状态 急停后重新开车，只要按图中的急停复位阀，系统继续按程序进行工作

续表

清零信号回路	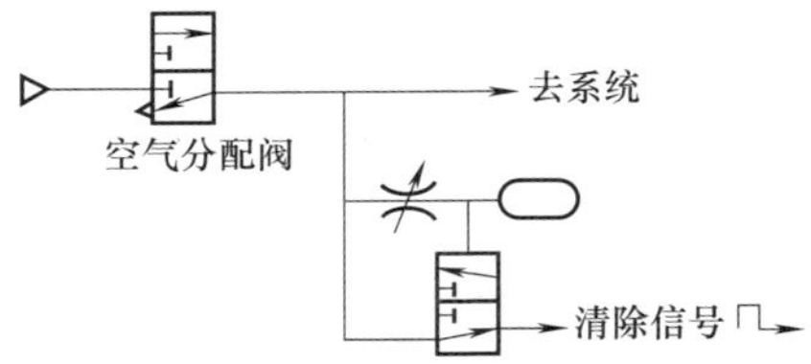	设备启动前，各执行元件应处在原始位置，常采用图示回路，在接通气源的同时产生清零信号，控制各执行元件自动复位，做好启动前的准备工作 通常对于有记忆功能的阀（5/2 双控阀），可以设置清零回路，也可以不设置清零信号回路；对于无记忆功能的元件（5/2 单控阀），其输出状态是始终在弹簧控制的一边，所以可不设置清零回路
气压降低保护回路	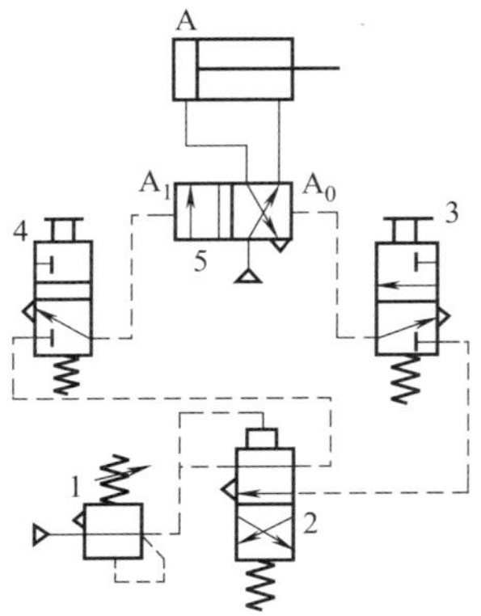	左图所示的是一种气压突然降低时的保护回路，其作用是当系统的压力突然降低至工作安全范围以下时，保护人员和设备的安全 如图示位置，管路内的工作气压在正常工作压力范围内，顺序阀1打开，气控阀2切换，气缸处于退回的状态，操作手动阀4，气缸前进；操作手动阀3，气缸退回。若在气缸前进途中工作气压突然降低到正常工作压力以下，则顺序阀关闭，气控阀2复位，手动阀4的气源失压，主控阀5的气压经阀4排气，气缸立刻退回
计数回路	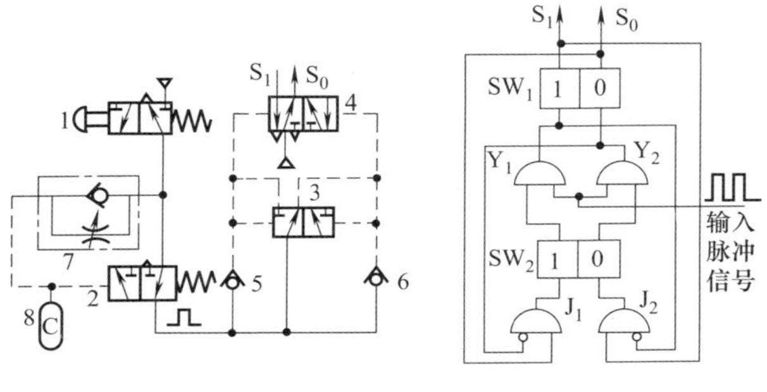图(a) 图(b) 气动计数回路	当计数位数较多时，可用专门的计数器计数。而计数位数较少时，可采用气动计数回路 图(a)是用方向控制阀组成的二进制计数回路。其中手动阀1、气控阀2、调速阀7和气容8用于产生脉冲信号。每按一次阀1，气控阀4输出口就交替出现 S_1 和 S_0 的输出状态，以此完成二进制计数功能 计数动作原理：图示状态是 S_0 有输出的状态。按动阀1，阀2产生一个脉冲信号，经气控阀3输给阀3和阀4右侧控制口，阀3、阀4均换向至右位，S_1 变成有输出，完成一次翻转。阀3换向至右位时，脉冲信号已消失，为下次配气至左侧作好准备。当脉冲消失后，阀3、阀4两侧控制口的压缩空气均经单向阀6(5)、再经阀1排空。当第2次按动阀1，阀2又出现一次脉冲，阀4、阀3都换向至左位，阀4完成第二次翻转，S_0 又变成有输出……阀1每按2次，S_0（或 S_1）才有一次输出，故此回路为二进制计数回路 图(b)为由气动逻辑元件组成的二进制计数回路。设初始状态下双稳元件 SW_1 的“0”位 S_0 有输出（$S_0=1$）。此时，与门 Y_1 与 Y_2 均无输出，因此 $S_0=1$ 反馈给禁门元件 J_1，使 J_1 有输出，导致 SW_2 的“1”位有输出，为与门元件 Y_1 提供了一个输入信号。当输入脉冲

续表

计数回路	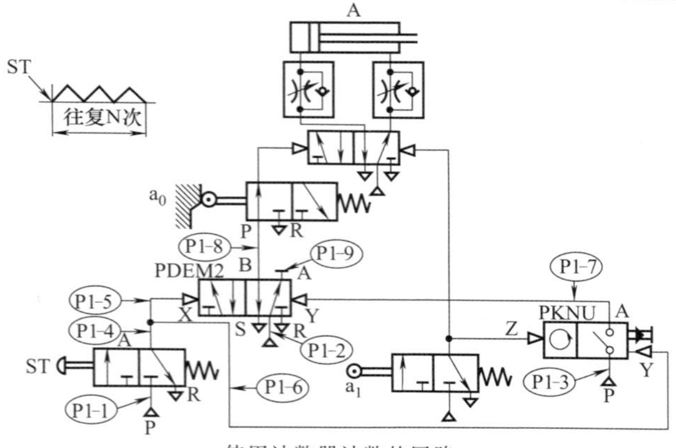 使用计数器计数的回路	时，与门 Y_1 有输出，并使 SW_1 元件切换至“1”位，S_1 有输出($S_1=1$)，完成一次翻转。脉冲消失，Y_1 与 Y_2 均无输出，此时 $S_1=1$ 反馈到 J_2 输入口，J_2 有输出，使 SW_2 换向到“0”位，给 Y_2 提供一个输入信号；当第二次来脉冲时，Y_2 有输出($Y_2=1$)，使 SW_1 切换至“0”位，S_0 又有输出($S_0=1$)，完成第二次翻转。脉冲消失，又回到初始状态。此后依次重复上述过程。此回路，来两次脉冲信号，S_1(或 S_0)才出现一次输入信号(S_1 与 S_0 交替出现)，故为二进制计数回路 在采用计数器计数的气动回路中，按下 ST1 按钮，A 气缸前进，碰到极限开关开始计数，计时到 A 气缸后退

2.2.10 应用举例

表 21-2-14 应用举例

名称	系统图	说明
压力机气路系统	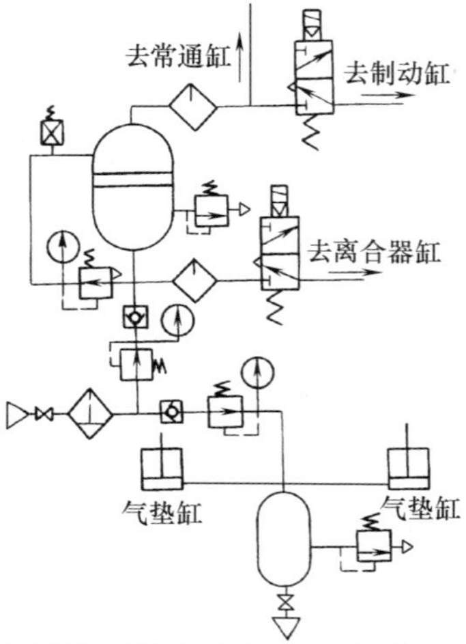	气源经过过滤器后分成两路，一路用来控制气垫缸，另一路经过一个减压阀后再分成两个支路，分别控制离合器缸和制动缸。上述三路气体的压力分别通过三个减压阀来调节。为了保证压力稳定，三路气体还分别采用了两个压力罐进行稳压。为了防止压力罐中的压力过高出现危险，压力罐上还安装了一个溢流阀泄压。气垫缸无杆腔始终有压力作用，制动缸和离合器缸采用两位三通阀控制 特点：压力稳定，安全可靠

续表

名称	系统图	说明
车门开关控制系统	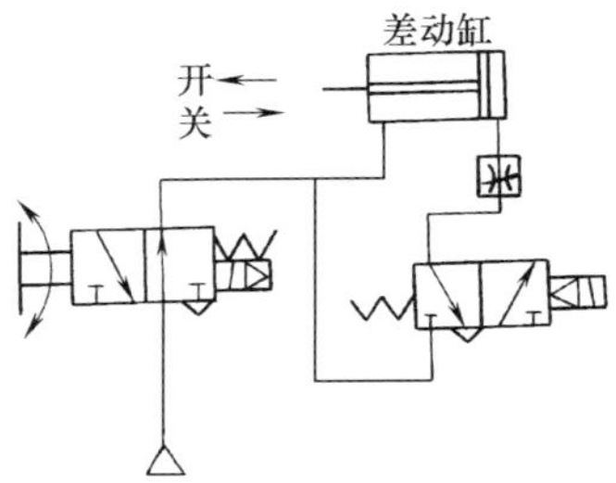	气源经手动操作阀进入差动缸的有杆腔，使活塞杆缩回，车门关闭。如果电磁阀通电，则使气体进入差动缸的无杆腔，推动差动缸的活塞杆伸出，将门打开。为了防止车门关闭和打开速度过快，在差动缸的无杆腔入口处安装了一个节流阀。当按下手动换向阀时，差动缸两侧都通大气，车门处于自由状态 特点：安全可靠，差动回路节省空气消耗量
液面自动控制装置气动系统	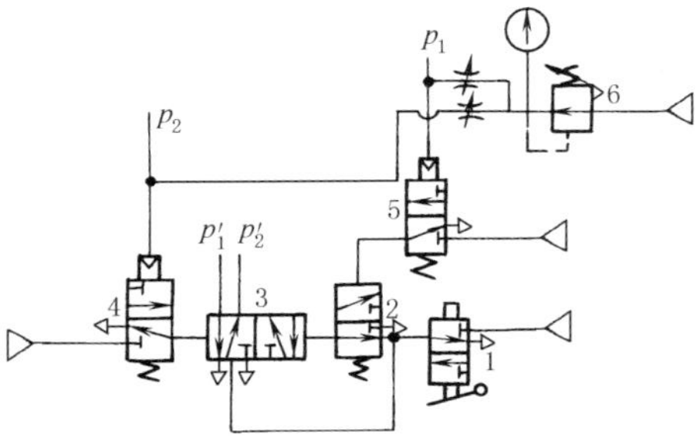图(a) 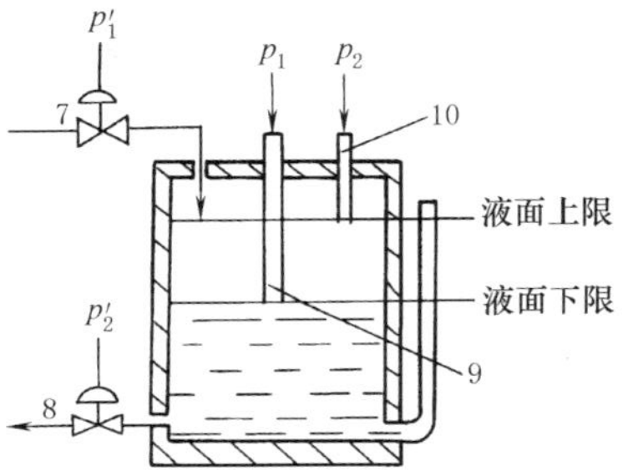图(b)	该装置用于容器中的液体保持在一定的高度范围内。打开阀1，经阀2使主阀3换向，输出压力p_1'，打开注水阀7，对容器加水。当水低于液面下限时，下限检测传感器9产生p_1信号，经先导阀5放大后关闭阀2，使阀3右侧泄压，为换向做准备，此时仍保持记忆状态，使阀7继续向容器内注水。当水超过液面上限时，产生p_2信号，打开阀4使阀3换向，从而压力p_1'消失，即关闭阀7而产生压力p_2'，打开放水阀8。随着液体的流出，液面下降，p_2信号消失，阀4复位，但阀3仍记忆在放水位置，直到液面下降至下限以下，p_1信号消失，阀5、阀2复位，使阀3换向，再重复上述过程 特点： ①由于使用空气介质来检测液面高度，故能适应恶劣的工作环境 ②液面位置精度较低 ③液面变化速度极慢时，动作不大稳定 ④成本低，维修简便
带材移动中气动纠偏控制系统	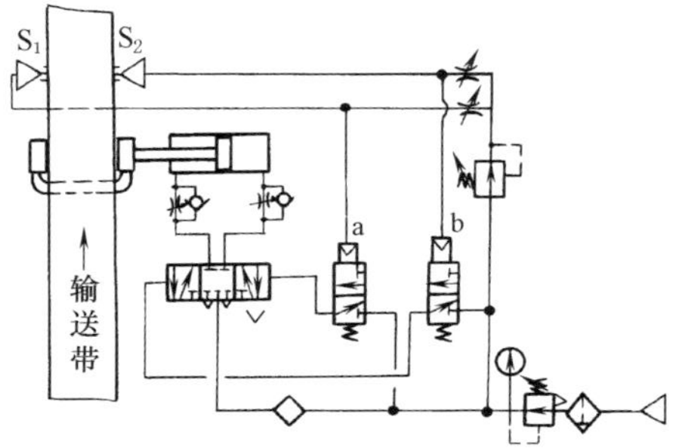	带状材料只有一定的宽度，在长距离输送时很容易产生跑偏现象，对材料的加工不利。采用如图所示的气动纠偏控制系统，能有效地控制偏差 当输送带向左偏时，气动传感器S_1发出信号，打开阀a使主阀V切换到右侧位置，从而使气缸向右运动，带动输送块纠正偏差。气缸右移至S_1，信号消失，阀a复位，使主阀V恢复至中位，从而锁住气缸动作。同样，输送带向右偏时，负责该侧的传感器和阀动作，使气缸带动输送带向左运动而纠正右偏差 特点： ①系统的纠偏检测采用了空气喷嘴式传感器，比用电子方法检测成本低得多 ②适用于灰尘多，温度、湿度高等恶劣环境

第21篇

续表

名称	系统图	说明
尺寸自动分选机气动系统	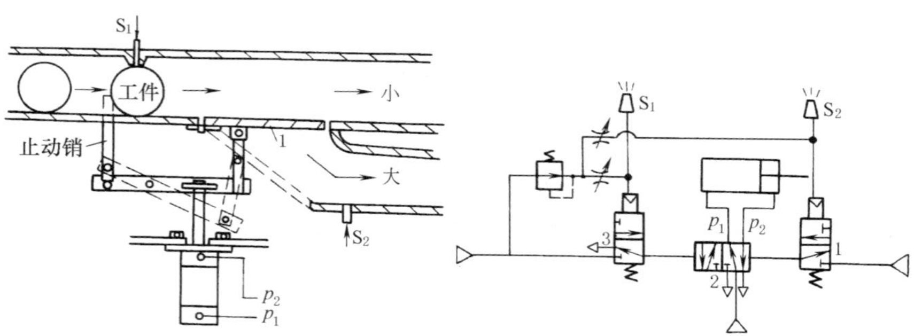	为了高效地区分出不同尺寸的工件,常采用自动分选机。如图所示,当工件通过通道时,尺寸大到某一范围内的工件通过空气喷嘴传感器 S_1 时产生信号,经阀 1 使主阀切换至左位,使气缸的活塞杆做缩回运动,一方面打开门使该工件流入下通道,另一方面使止动销上升,防止后面工件继续流过去而产生误动作。当落入下通道的工件经过传感器 S_2 时发出复位信号,经阀 3 使主阀复位,以使气缸伸出,门关闭,止动销退下,工件继续流动 尺寸小的工件通过 S_1 时,则不产生信号。设计该装置时应注意工件的运动速度和从传感器到阀之间气管的长度,以防止响应跟不上。实验证明当气管内径为 3mm、长度为 3m、空气压力为 0.03MPa 时,信号传递的时间为 0.01s 特点: ①结构简单,成本低 ②适用于不需要用空气测微计来测工件的一般精度的地方
气动振动装置气动系统	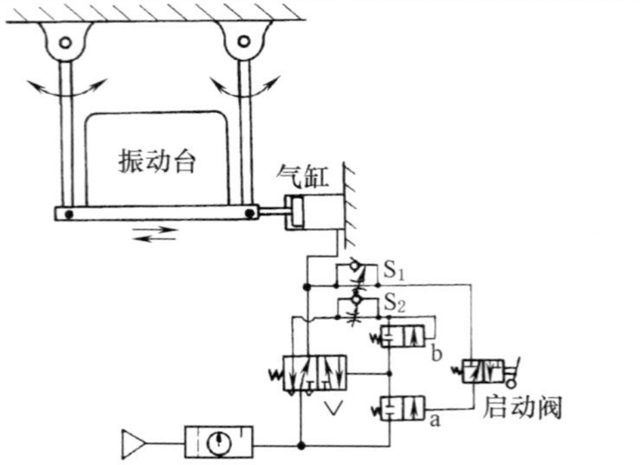	打开启动阀,流过单向节流阀 S_1 的压缩空气打开阀 a,使压缩空气进入主阀 V 的右侧,使之换向,气缸向右运动。此时从主阀 V 流出的压缩空气的一部分流过单向节流阀 S_2,因而阀 b 打开,而阀 a 此时的控制信号因主阀 V 换向而排入大气中,所以阀 a 复位关闭,主阀 V 的控制信号经阀 b 排向大气中,从而主阀 V 复位,气缸向左运动。同时从主阀 V 流出的压缩空气一部分又经单向节流阀 S_1 打开阀 a,而阀 b 因信号消失而关闭,从而又使主阀 V 换向,气缸向右运动。如此循环运动,形成振动回路。调节单向节流阀 S_1 和 S_2 可调节振动频率 特点: ①该装置的振动频率为每秒一个往复(1Hz) ②在振动回路中,各换向阀尽量采用膜片式阀以提高响应 ③可用于恶劣环境,不会发生电磁振荡引起的故障 ④振动装置的输出力可调
自动定尺切断机气动系统(轧钢、制管)	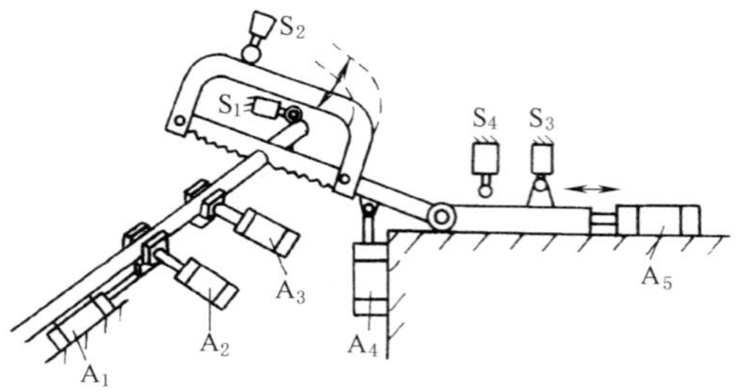	如图所示,打开气源阀,压缩空气流入各气缸,各缸初始状态为:送料缸 A_1 后退,夹持缸 A_2 后退,夹紧缸 A_3 前进;锯条进给气液缸 A_4 前进,锯条往复缸 A_5 后退。 按下启动阀,压力信号 p_3 使阀 V_1 切换到右位,使气缸 A_1、A_2、A_3 动作,夹紧缸 A_3 退后,为夹紧下一段工件做准备,夹持缸 A_2 前进,夹住工件,并随同送料缸 A_1 一起前进,把工件向前送进,待工件碰到行程阀 S_1 时换向,使信号 p_2 消失,而 p_1 信号发生。p_2 信号消失,也使 p_3 信号随之消失,于是阀 V_1 复位,使夹紧缸 A_3 夹住工件,为切断做准备,而夹持缸 A_2 松开,与送料缸 A_1 同时退回到初始位置,p_1 信号的产生使阀 V_2、V_3 和 V_4 相继换向。阀 V_2 的换向使气液缸 A_4 开始缓慢向下做锯切的进给运动,阀 V_3 的换向使气缸 A_5 在行程阀 S_3 与 S_4 的控制下做往复锯切运动。当工件锯切后掉下,行程阀 S_1 复位,信号 p_1 消失,使阀 V_2、V_3 和 V_4 复位,从而使气缸 A_5 停止在后退位置上,气缸 A_4 向上,

续表

名称	系统图	说明
自动定尺切断机气动系统(轧钢、制管)	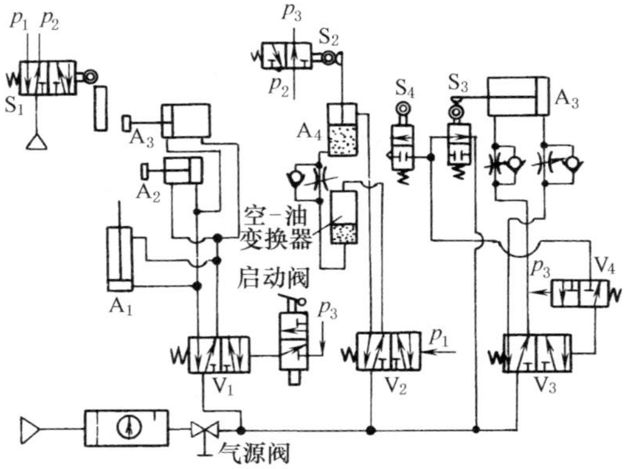	直至压下行程阀 S_2 后停止。S_2 阀的信号 p_3 又打开阀 V_1,重复上述过程 特点: ①使用了全气控气动系统,使结构简单、有效 ②锯条的进给运动采用了气液缸,进给速度最低可达 1mm/s,而不产生爬行
液体自动定量灌装机气动系统	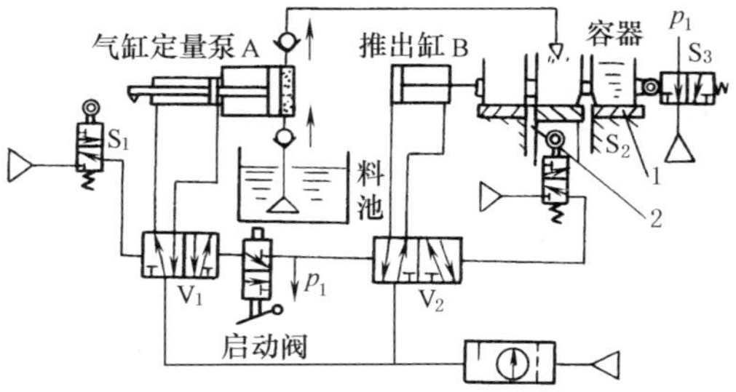全气控液体定量灌装系统	如图所示,打开启动阀,使阀 V_1 换至右位,因而气缸定量泵 A 向左移动,吸入定量液体。当泵 A 移至左端碰到行程阀 S_1 时,阀 V_1 发生复位信号(此时下料工作台 1 上灌装好的容器已取走,行程阀 S_3 复位,p_1 信号消失),阀 V_1 复位使气缸定量泵右移,将液体打入待灌装的容器中。当灌装的液体重力使灌装台 2 碰到行程阀 S_2 时产生信号,使阀 V_2 切换至右位,气缸 B 前进,将装满的容器推入下料工作台,而将空容器推入灌装台,被推出的容器碰到行程阀 S_3 时,又产生 p_1 信号,使阀 V_2 换向,推出缸 B 后退至原位,同时阀 V_1 换向,重复上述动作。下料工作台上灌装好的容器被输送机构取走,而由输送机构将空容器运至上料工作台,为下次循环做好准备 特点: ①使用气缸定量泵能快速地提供大量液体,效率高 ②空气能防火,故系统运行安全 ③结构简单,维修简便
冲压印字机	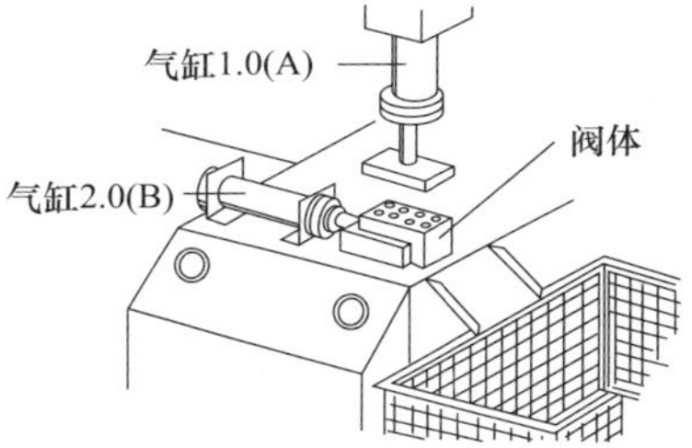图(a) 冲压印字机 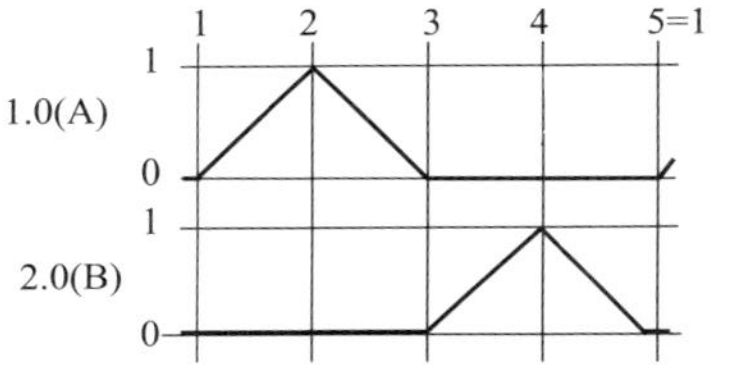图(b) 冲压印字机位移-步骤图	如图(a)所示,阀体成品上需要冲印 P、A、B 及 R 等字母标志。将阀体放置在一握器内。气缸 1.0(A)冲印阀体上的字母。气缸 2.0(B)推送阀体自握器落入一筐篮内 其位移-步骤图见图(b),根据图(b)可设计得到冲压印字机气动线路图,如图(c)所示

续表

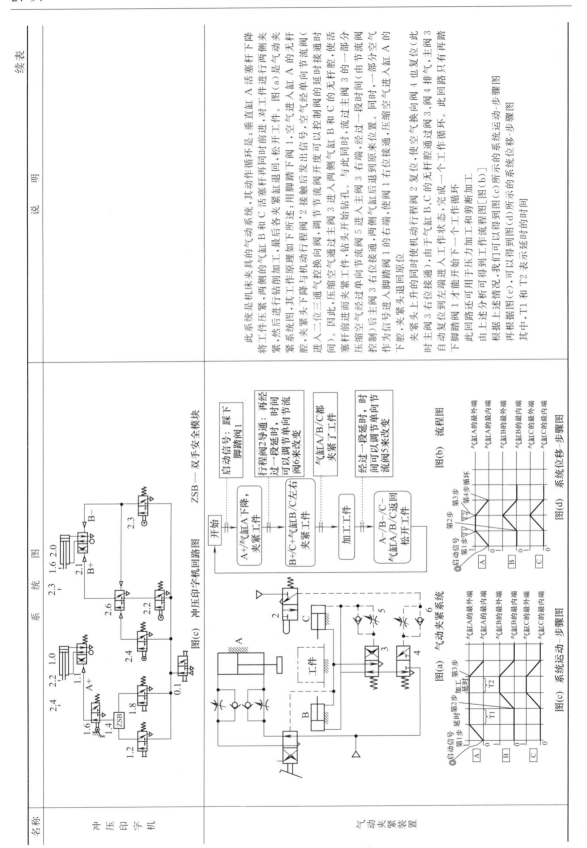

名称	系统图	说明
冲压印字机	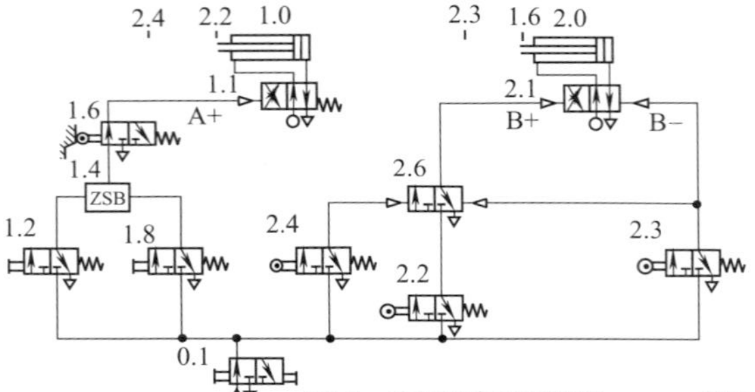 图(c)　冲压印字机回路图　　ZSB— 双手安全模块	
气动夹紧装置	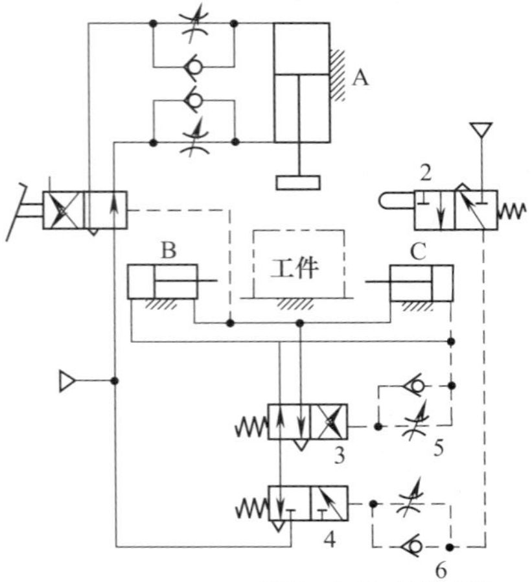 图(a)　气动夹紧系统 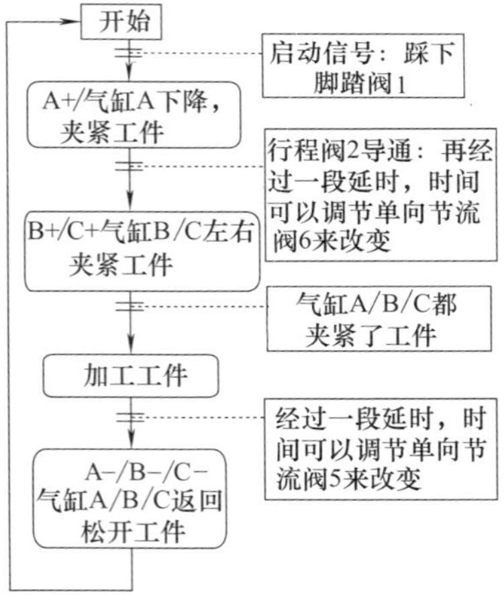 图(b)　流程图 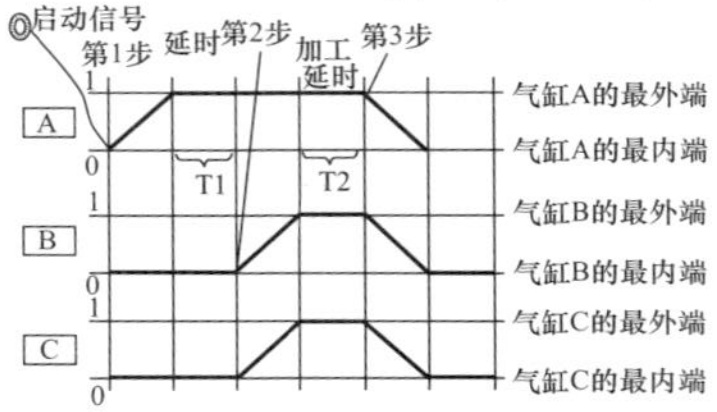 图(c)　系统运动-步骤图 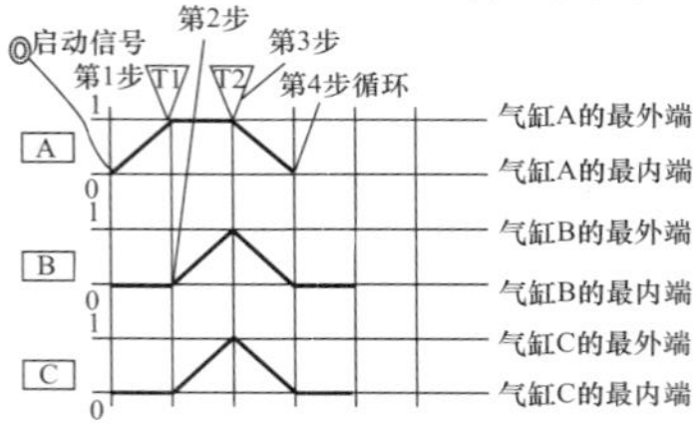 图(d)　系统位移-步骤图	此系统是机床夹具的气动系统，其动作循环是：垂直缸 A 活塞杆下降将工件压紧，两侧的气缸 B 和 C 活塞杆再同时前进，对工件进行两侧夹紧，然后进行钻削加工，最后各夹紧缸退回，松开工件。图(a)是气动夹紧系统图，其工作原理如下所述：用脚踏下阀 1，空气进入缸 A 的无杆腔，夹紧头下降与机动行程阀'2 接触后发出信号，空气经单向节流阀(进入二位三通气控换向阀，调节节流阀开度可以控制阀的延时接通时间)。因此，压缩空气通过主阀 3 进入两侧气缸 B 和 C 的无杆腔，使活塞杆前进而夹紧工件，钻头开始钻孔。与此同时，流过主阀 3 的一部分压缩空气经过单向节流阀 5 进入主阀 3 右端，经过一段时间(由节流阀控制)后主阀 3 右位接通，两侧气缸后退到原来位置。同时，一部分空气作为信号进入脚踏阀 1 的右端，使阀 1 右位接通，压缩空气进入缸 A 的下腔，夹紧头退回原位 夹紧头上升的同时使机动行程阀 2 复位，使空气换向阀 4 也复位(此时主阀 3 右位接通)，由于气缸 B、C 的无杆腔通过阀 3、阀 4 排气，主阀 3 自动复位到左端进入工作状态，完成一个工作循环。此回路只有再踏下脚踏阀 1 才能开始下一个工作循环 此回路还可用于压力加工和剪断加工 由上述分析可得到工作流程图[图(b)] 根据上述情况，我们可以得到图(c)所示的系统运动-步骤图 再根据图(c)，可以得到图(d)所示的系统位移-步骤图 其中，T1 和 T2 表示延时的时间

续表

名称	系统图	说明
拉门自动开闭系统	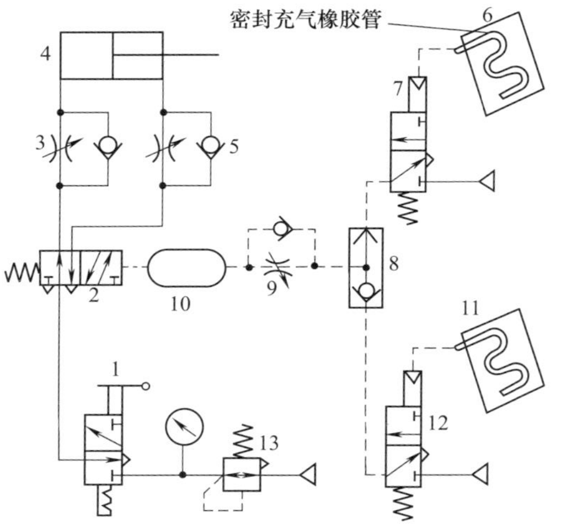	如图所示，该装置是通过连杆机构将气缸 4 活塞杆的直线运动转换成拉门的开闭运动，利用超低压气动阀来检测行人的踏板（6 和 11）动作。在拉门内、外装踏板 6 和 11，踏板下方装有完全封闭的橡胶管，管的一端与超低压气动阀 7 和 12 的控制口连接。当人站在踏板上时，橡胶管里压力上升，超低压气动阀动作 首先使手动阀 1 上位接入工作状态，空气通过气动换向阀 2、单向节流阀 3 进入气缸 4 的无杆腔，将活塞杆推出（门关闭）。当人站在踏板 6 上后，气动控制阀 7 动作，空气通过梭阀 8、单向节流阀 9 和气罐 10 使气动换向阀 2 换向，压缩空气进入气缸 4 的有杆腔，活塞杆退回（门打开） 当行人经过门后踏上踏板 11 时，气动控制阀 12 动作，使梭阀 8 上面的通口关闭，下面的通口接通（此时由于人已离开踏板 6，阀 7 已复位），气罐 10 中的空气经单向节流阀 9、梭阀 8 和阀 12 放气（人离开踏板 11 后，阀 12 已复位），经过延时（由节流阀控制）后阀 2 复位，气缸 4 的无杆腔进气，活塞杆伸出（关闭拉门） 该回路利用逻辑“或”的功能，回路比较简单，很少产生误动作。行人从门的哪一边进出均可。减压阀 13 可使关门的力自由调节，十分便利。如将手动阀复位，则可变为手动门
液位的气动控制系统	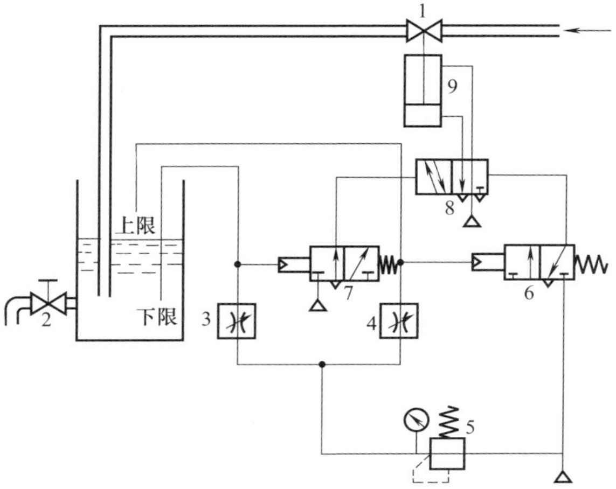	为了使敞口容器液位的变化不超过规定的范围，并考虑到工作环境是有爆炸危险和有腐蚀性的恶劣环境，故采用全气动控制。其气动控制系统如图所示 液体经截止阀 1 流入容器，由截止阀 2 输出。当液面处于上、下限之间时，上限吹气式探测管的管口离开液面，所以管内压力近似为零；而下限探测管管口浸入液内，所以管内有压力，压力的大小由管口浸入液体内深度决定 当液位升高到达上限时，上限探测管因管口浸入液体而使管内压力升高，此信号经放大器 6 放大后，送到主控阀 8，使气缸 9 运动（缩回），关闭阀 1；当液位低于下限时，下限探测管内压力降低，此信号经放大器 7 送入主控面，使气缸运动（伸出）打开阀 1 图中调速阀 3、4 分别调节两探测管的气流量以达到调节两放大器启动压力的目的

续表

名称	系统图	说明
气动计量系统	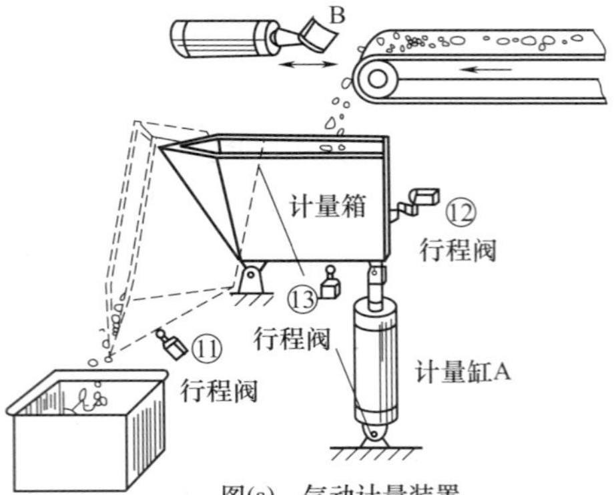图(a) 气动计量装置 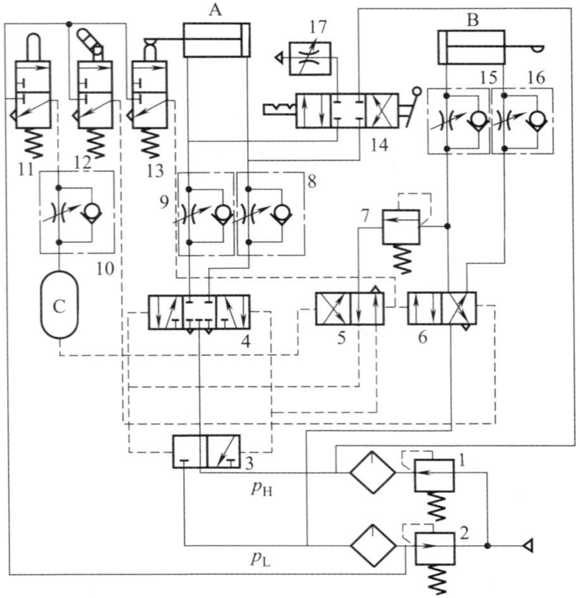图(b) 气动计量系统回路图	在工业生产中,经常会碰到要对传送带上连续供给的粒状物料进行计量,并按一定质量进行分装的任务。图(a)所示就是这样一套气动计量装置。当计量箱中的物料质量达到设定值时,要求暂停传送带上物料的供给,然后把计量好的物料卸到包装容器中。当计量箱返回到图示位置后,物料再次落入计量箱中,开始下一次的计量 装置的动作原理如下:气动装置在停止工作一段时间后,因泄漏气缸活塞会在计量箱重力的作用下缩回。因此首先要有计量准备动作使计量箱到达图示位置。随着物料落入计量箱中,计量箱的质量不断增加,气缸A慢慢被压缩。计量的质量达到设定值时,气缸B伸出,暂时停止物料的供给。计量缸换接高压气源后伸出把物料卸掉,经过一段时间的延时后,计量缸缩回,为下次计量做好准备 (1)气动系统动作原理 气动计量装置启动时[见图(b)],先切换手动换向阀14至左位,减压阀1调节的高压气体使计量缸A外伸,当计量箱上的凸块通过设置于行程中间的行程阀12的位置时;手动阀切换到右位,计量缸A以排气节流阀17所调节的速度下降。当计量箱侧面的凸块切换行程阀12后,行程阀12发出的信号使阀6换至图示位置,使止动缸B缩回。然后把手动阀换至中位,计量准备工作结束 随着来自传送带的被计量物落入计量箱中,计量箱的质量逐渐增加,此时A缸的主控阀4处于中间位置,缸内气体被封闭住而呈现等温压缩过程,即A缸活塞杆慢慢缩回 当质量达到设定值时,切换行程阀13。行程阀13发出的气压信号切换气控阀6,使止动缸B外伸,暂停被计量物的供给。同时切换气阀5至图示位置。止动缸外伸至行程终点时无杆腔压力升高,顺序阀7打开。A缸主控阀4和高低压切换阀3被切换,6bar的高压空气使计量缸A外伸。当A缸行至终点时,行程阀11动作,经过由单向节流阀10和气容C组成的延时回路延时后,切换换向阀5,其输出信号使阀4和阀3换向,3bar的压缩空气进入气缸A的有杆腔,A缸活塞杆以单向节流阀8调节的速度内缩。单方向作用的行程阀12动作后,发出的信号切换气控阀6,使止动缸B内缩,来自传送带上的粒状物料再次落入计量箱中 (2)回路的特点 1)止动缸安装行程阀有困难,所以采用了顺序阀控制的方式 2)在整个动作过程中,计量和倾倒物料都是由计量缸A完成的,所以回路采用了高低压切换回路,计量时用低压,计量结束倾倒物料时用高压。计量质量的大小可以通过调节低压调压阀2的调定压力或调节行程阀13的位置来进行调节 3)回路中采用了由单向节流阀10和气容C组成的延时回路

续表

名称	系统图	说明
滚珠轴承的装配夹持器	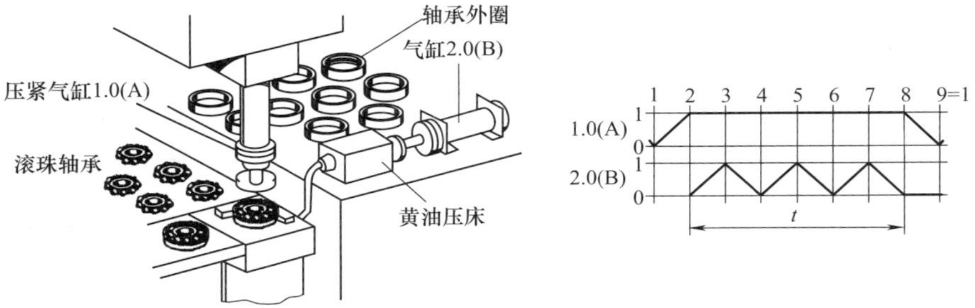 图(a)　滚珠轴承的装配夹定器位移-步骤图 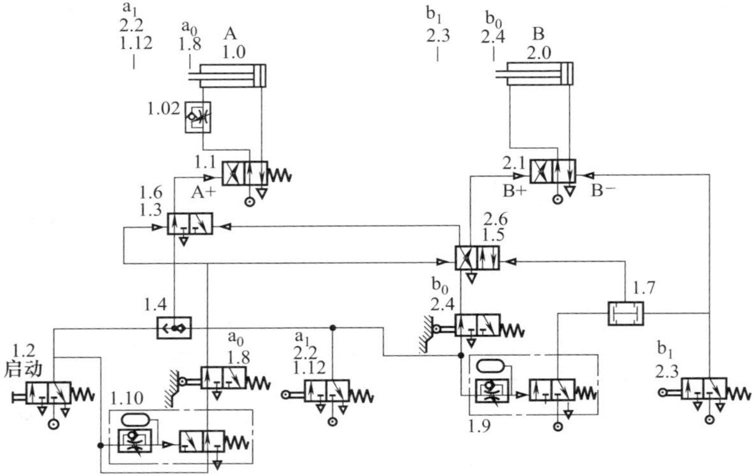 图(b)　滚珠轴承装配夹定器纯气控回路图	在一装配在线上装配滚珠轴承。滚珠轴承经零件装配后，利用一气压气缸1.0固定握住。气缸2.0(B)操作黄油压床使滚珠轴承充满黄油。因为在此装配在线需要装配不同尺寸的滚珠轴承，黄油压床的冲程速度须为可以调整。见图(a) 控制顺序[见图(b)]：操作阀1.2(启动)使阀1.1在A^{+}进气左位工作接转。气缸1.0(A)外伸，压紧滚珠轴承。在气缸的外端点位置，操作阀1.12/2.2及因此通过梭动阀1.4使控制链1.1被自动保持。在同时一个信号送入阀2.1的B^{+}。使气缸2.0(B)外伸至前端点位置。操作阀2.3后开始回行运动。在阀1.9、阀2.3及1.7使回动阀1.5/2.6接转前，气缸2.0(B)继续产生直线运动。压缩空气进入作动组件2.1的B^{-}。气缸2.0(B)回行至后端点位置。空气进入阀1.5/2.6及阀1.3/1.6的Z，使阀1.1排放。气缸1.0(A)再度回到后端点位置。阀1.8及1.10联合成为一安全措施。当气缸1.0(A)完全缩回时才能开始新的循环

续表

名称	系统图	说明

冲口器

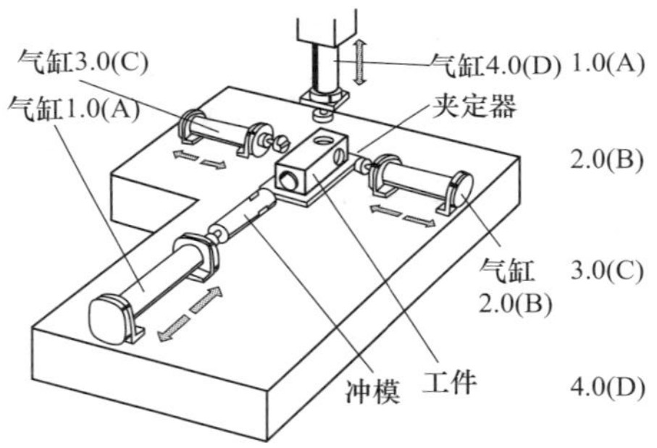

图(a) 工作原理图

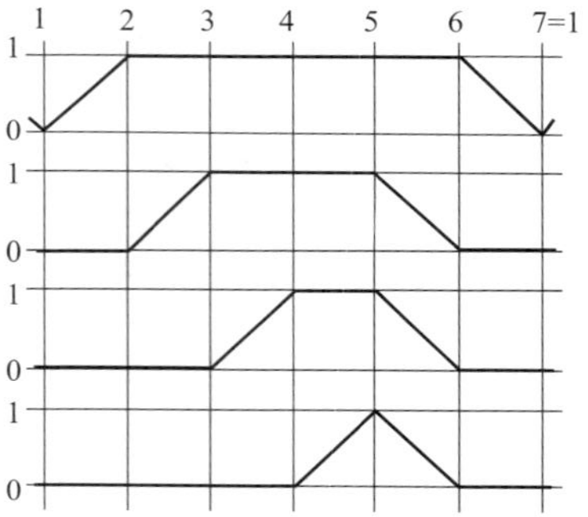

图(b) 位移-步骤图

利用回动阀控制的顺序表

步骤	阀的代号	操作方式	阀的接转	压缩空气进入管路	气缸的控制	工作组件行进至		附注
						前端点位置	后端点位置	
1	1.2	手动	0.1(Y)	1	1.1(Z)	1.0		
	1.4	1.0						
2	2.2	1.0		1	2.1(Z)	1.0		
3	3.2	2.0		1	3.1(Z)	3.0		
4	2.3	3.0		1	4.1(Z)	4.0		迟延 1.02
5	3.3				2.1(Y)		2.0	
	4.3	4.0	0.1(Z)	2	3.1(Y)		3.0	
	1.7				4.1(Y)		4.0	
6		2.0		2	1.1(Y)			

夹持器在工件的孔端冲三个开口。该设备的工作原理如图(a)所示。用手将工件放在夹持器内。启动信号使气缸 1.0(A)移送冲模进入长方形工件内。自此以后，气缸 2.0(D)、3.0(C)及 4.0(D)一个接一个推动冲头在工件孔内冲开口。在气缸 4.0(D)的最后冲口操作完成后，气缸 2.0(B)、3.0(C)及 4.0(D)返回至它们的起始位置。气缸 1.0(A)从工件抽回冲模，完成最后的运动。用手将已冲口工件从夹持器上拿出。该设备的位移-步骤图如图(b)所示，动作顺序如表所示

续表

名称	系统图	说明
冲口器	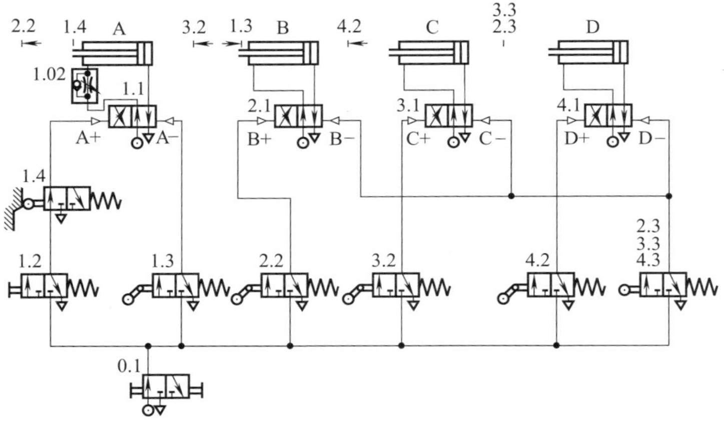 图(c)　三方向冲口器纯气动回路图(单向辊轮式) 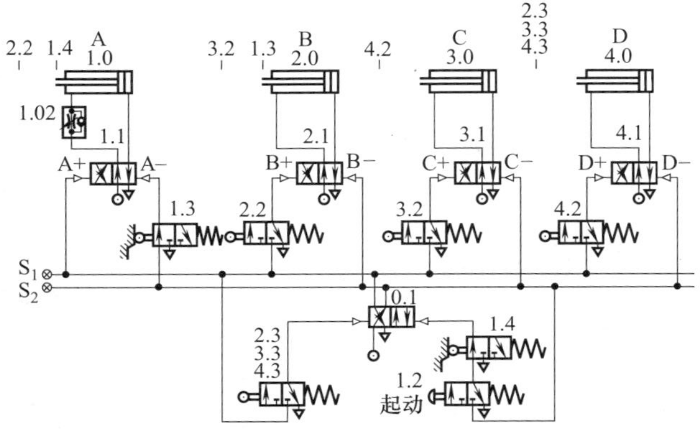 图(d)　三方向冲口器纯气动回路图	冲口器的气动回路图如图(c)、图(d)所示

续表

名称	系统图	说明
冰淇淋喷巧克力机	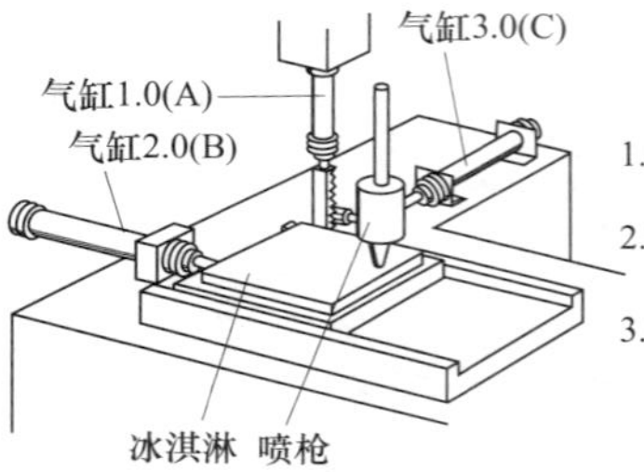 图(a) 工作原理图 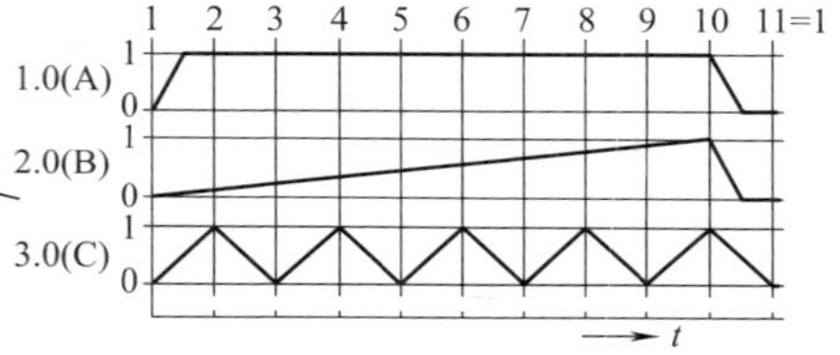 图(b) 位移-步骤图 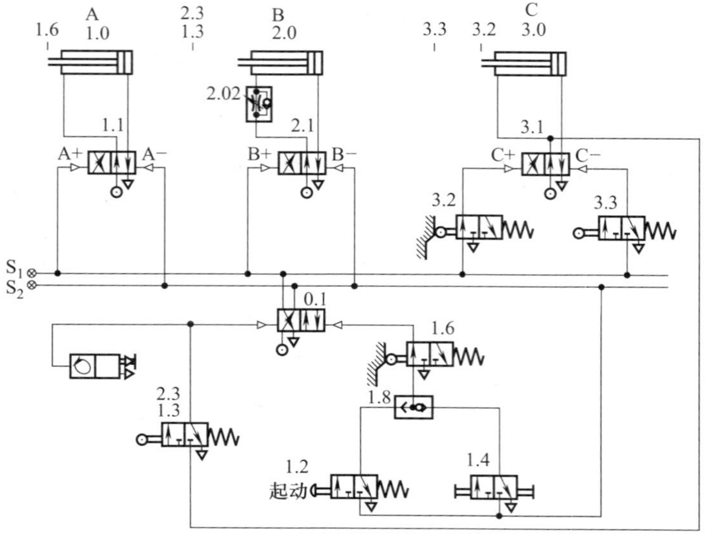 图(c) 冰淇淋涂巧克力机纯气动回路图	在冰淇淋表面喷涂一层巧克力作装饰。气缸 1.0(A)启喷枪阀。在同时启动气缸 2.0(B)及 3.0(C)。气缸 2.0(B)推动冰淇淋块缓缓前进，气缸 3.0(C)在与纵向冲程成直角方向导引喷枪的摆转运动。当气缸 2.0(B)到达前端点位置时，气缸 1.0(A)关闭喷枪阀以及气缸 2.0(B)及 3.0(C)，返回至它们的起始位置。该气动系统应具有自动及手动操作功能，并且能对冰淇淋块进行计数，参见图(a)。其位移-步骤图见图(b) 冰淇淋喷涂机控制顺序如下：按下气动阀 1.2，使阀 0.1 在右位工作。因为压缩空气进入管路 S_1，组件 1.1、2.1 及 3.1。气缸 1.0(A)开启喷枪，气缸 2.0(B)推动冰淇淋缓缓向前以及气缸 3.0(c)前后摆动喷枪。当气缸 2.0(B)到达前端点位置时，操作阀 1.3/2.3，使回动阀 0.1 换向以及压缩空气进入管路 2，同时使管路 1 排放。所有三个气缸皆回行到它们的端点位置，参见图(c) 此系统可以通过阀 1.4 从手动(MAN)接转至自动(AUT)。一个计数器记录已经喷涂巧克力的冰淇淋块

续表

名称	系统图	说明
螺塞的装配夹持器	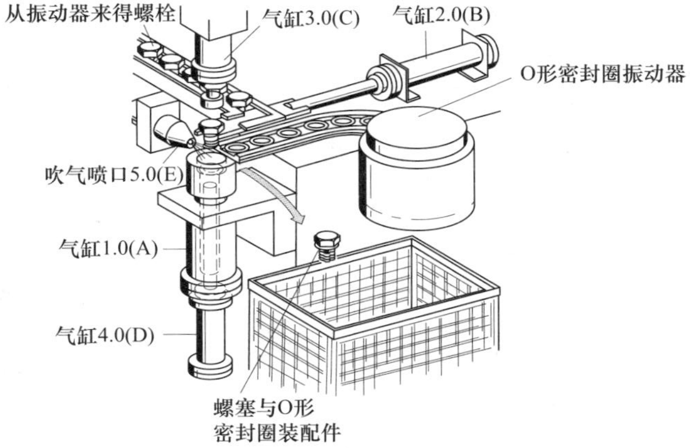 图(a)　螺塞的装配夹持器 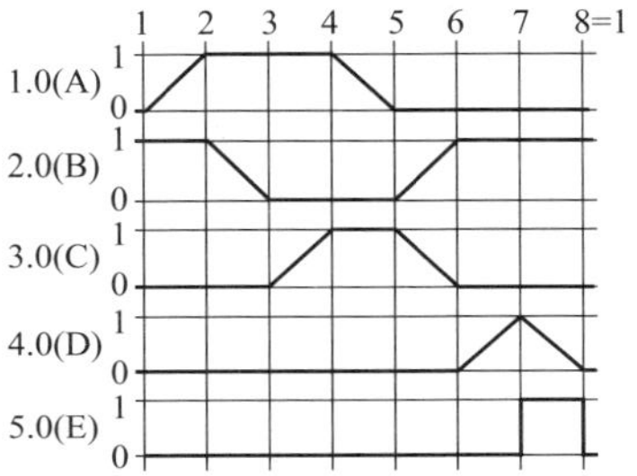 图(b)　螺塞装配夹持器位移-步骤图	将O形密封圈配装在阀的螺塞上。螺塞系通过一振动器进给到夹持器来。安装在气缸2.0(B)上的一个叉检起一个螺塞。当启动信号加入时，气缸(A)提升O形密封圈向上，同时气缸2.0(B)连叉返回。此时螺塞位于O形密封圈上面。气缸3.0(C)压螺塞入O形密封圈。然后气缸1.0(A)、2.0(B)及3.0(C)返回至它们的起始位置。气缸4.0(D)从夹持器提升工件。由一吹气喷口5.0(E)吹入箱内，见图(a) 螺塞的装配夹持器位移-步骤图如图(b)所示。其动作顺序如表所示，回路图如图(c)所示

续表

名称	系统图	说明
螺塞的装配夹持器	见下	将O形密封圈配装在阀的螺塞上。螺塞系通过一振动器进给到夹持器来。安装在气缸2.0(B)上的一个叉检起一个螺塞。当启动信号加入时，气缸(A)提升O形密封圈向上，同时气缸2.0(B)连叉返回。此时螺塞位于O形密封圈上面。气缸3.0(C)压螺塞入O形密封圈。然后气缸1.0(A)、2.0(B)及3.0(C)返回至它们的起始位置。气缸4.0(D)从夹持器提升工件。由一吹气喷口5.0(E)吹入箱内，见图(a) 螺塞的装配夹持器位移-步骤图如图(b)所示。其动作顺序如表所示，回路图如图(c)所示

螺塞的装配夹持器动作顺序表

步骤	阀的代号	操作方式	阀的接转	压缩空气进入管路	气缸的控制	工作组件行进至	
						前端点位置	后端点位置
1	1.2	手动		2	1.1(Z)	1.0	
	1.4	4.0					2.0
2	2.3	1.0		2	2.1(Z)		
3	3.2	2.0		2	3.1(Z)	3.0	
4	1.3	3.0	0.1(Y)	1	1.1(Z)		1.0
5	2.3	1.0		1	2.1(Y)	2.0	
	3.3				3.1(Y)		3.0
6	4.2	2.0		1	4.1(Z)	4.0	
7	4.3/5.2	4.0	0.1(Z)	2	4.1(Y)		4.0

注：吹气喷口5.0(E)随同步骤7同时间吹气

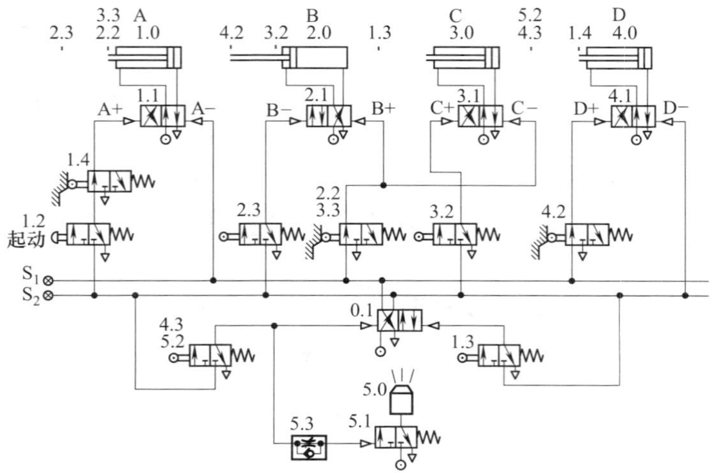

图(c)　螺塞的装配夹持器回路图

2.3　气动系统的控制

2.3.1　DIN 19226 标准给出的控制系统类型

表 21-2-15　DIN 19226 标准给出的控制系统类型

类型		说　　明
先导控制系统		假如干扰变量不会造成任何偏差，指令或参考值与输出值之间始终存在明确的关系。先导控制器没有记忆功能
记忆控制系统		当命令或参考值被移除或取消时，特别是在完成输入信号后，所获得的输出值被保留（存储）。需要不同的命令值或反向输入信号才能将输出值返回到初始值。记忆控制系统始终具有存储功能
程序控制	步骤图控制	在步骤图控制的情况下，参考变量由程序生成器（程序存储器）提供，其输出变量取决于行进的路径或受控系统的运动部分的位置
	顺序控制系统	顺序程序存储在程序生成器中，该程序生成器根据受控系统获得的状态逐步执行程序。该程序可以永久安装，也可以从穿孔卡、磁带或其他合适的存储器读取
	时间（程序）控制	在时间（程序）控制系统中，命令值由依赖时间的程序生成器提供。因此，时间控制系统的特征是存在程序生成器和取决于时间程序序列。程序生成器可能是：凸轮轴、凸轮、穿孔卡、穿孔磁带或在电子存储器中的程序

2.3.2　根据信息的表示形式和信号处理形式的不同来分类的控制系统

表 21-2-16　根据信息表示形式和信号处理形式的不同来分类

类型	信号图示	说　　明
模拟控制系统	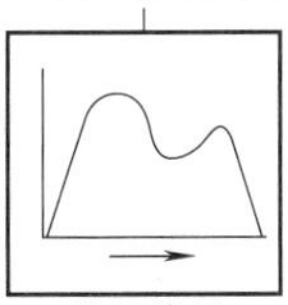 模拟信号	主要在信号处理部分内用模拟信号操作的控制系统。信号处理主要通过连续作用的功能元件来实现
数字控制系统	 数字信号	主要在信号处理部分内使用数字信号进行操作的控制系统。信息以数字表示。功能单元有：计数器、寄存器、存储器、算术单元
二进制控制系统	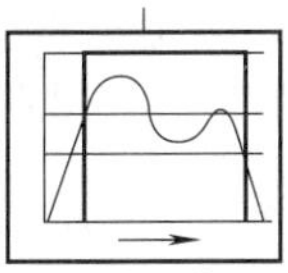 二进制信号	主要在信号处理部分内以二进制信号操作并且信号不是数字表示的数据的控制系统

2.3.3　根据信号处理形式的不同来分类的控制系统

表 21-2-17　根据信号处理形式的不同来分类

类　　型		说　　明
同步控制系统		信号处理与时钟脉冲同步的控制系统
异步控制系统		一个控制系统，在没有时钟脉冲的情况下工作，其中信号修改只是由输入信号的变化触发
逻辑控制系统		一种控制系统，其中通过布尔代数逻辑关系（例如 AND，OR，NOT），特定的输出信号的状态由输入信号的状态所指定
顺序控制系统（具有强制步进操作的控制系统，在程序中从一步切换到下一步取决于满足某些条件。特别是跳转、循环、分支等的编程是可能的）	时间顺序控制系统	一种顺序控制系统，其切换条件仅取决于时间。步进使能条件通过定时器或具有恒定速度的凸轮轴控制器生成。根据 DIN 19226，目前的定时控制术语是受依赖时间的参考变量的技术要求支配的
	过程顺序控制	一个顺序控制系统，其切换条件仅取决于受控系统的信号。DIN 19226 中定义的步进控制是一种依赖于过程的顺序控制的形式，其步进使能条件完全取决于受控系统的行程相关信号

2.3.4　根据有否反馈来分类的控制系统

（1）开环控制（open-loop control）　在开环控制中，当外力干扰由比例阀出口信号管理的最终设备的性能时，系统不允许修正，并且该偏差是蠕动的，直到干扰消失。

气缸和典型的步进分度器是开环系统。系统被命令启动，并且必须具有实际发生致动的附加电气验证。位置/时间动作将是未知的。不会对气压、摩擦、热量或障碍物的变化进行补偿。气缸的最终位置通常由一个可调机械止动器完成。一个可调机械或霍尔效应开关通常位于机械停止附近，这是对最终状态的验证。气动系统开环控制见图 21-2-1。

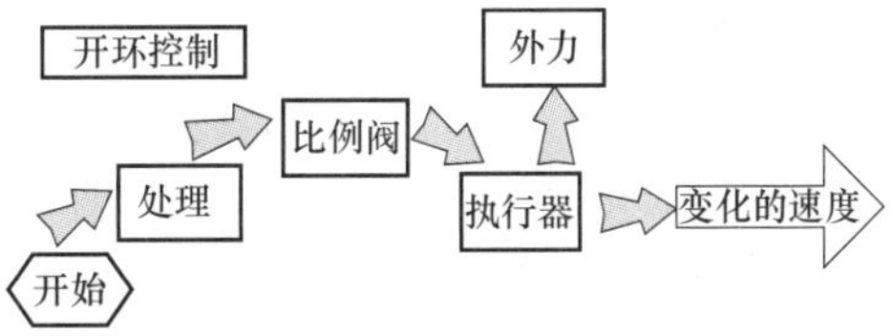

图 21-2-1　气动系统开环控制

图 21-2-2 为气动开环压力控制的两个实例。

（2）闭环控制（closed-loop control）　闭环控制以反馈信号为特征，反馈信号连续地将出口值与参考值进行比较，并且在发生误差的情况下连续对其进行修正。图 21-2-3 显示了比例电子调节器的操作图。反

第 21 篇

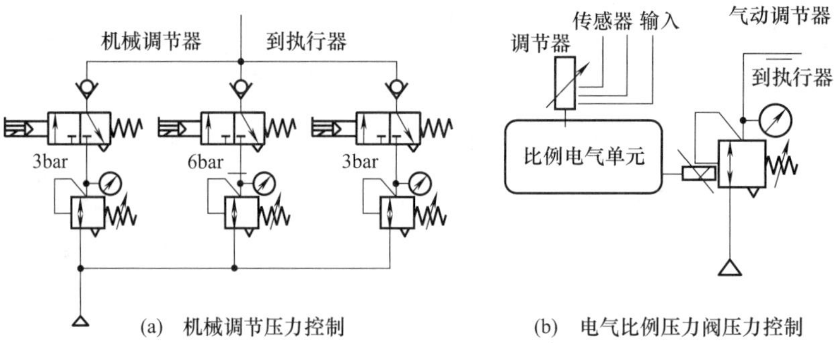

图 21-2-2 气动开环压力控制的实例

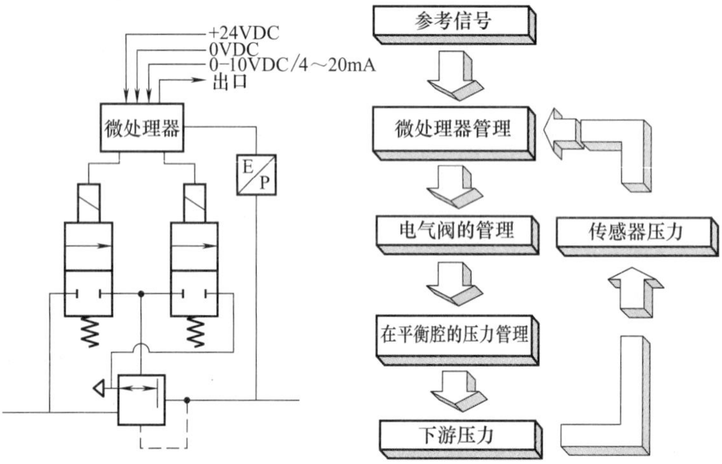

图 21-2-3 气动闭环压力控制

馈信息交给 E/P 型电-气动转换器，该转换器接收出口压力值并将其转换为电信号。产生的信号被发送到微处理器，并将其与入口处调制的信号进行比较。

伺服系统以及一些步进系统可以在闭环配置下运行。闭环是一种控制方法，系统被控制、监视和调整以取得最终值。监视时间称为采样率，以毫秒或微秒为单位进行测量。称为轨迹命令或轮廓命令的位置时间参考值被发送到驱动器。系统允许“滞后”的偏差值称为跟随误差。将系统与每个采样周期中的指令位置进行比较，并相应地进行调整以补偿并最小化偏差。

2.3.5 监控（monitoring）

监测车间压缩空气的消耗可以有效地降低运营成本，提高能源使用效率，增加系统的可靠性和延长机器使用寿命，并有助于生产优质的产品和增加生产企业的经济效益。

无论设计者具有多么高的技术水平，都不能消除气动系统压缩空气泄漏消耗的增加。由于日常工作磨损，尤其是密封件的磨损，最终都会导致气动系统发生泄漏，这将会引起能源的浪费并损害系统性能。当气动系统开始泄漏时，气动执行元件会减速运行。因此，用户倾向于增加系统压力来解决此问题。但增加压缩机容量意味着会泄漏更多的压缩空气，从而导致效率低下和能量损失。除了浪费能量外，由于泄漏导致的压力下降也会使气动元件的性能低于标准要求。提高压力在短期内可解决动力不足问题，但仍不可避免地产生更严重的部件问题，最终导致气动元件过早失效。许多用户往往继续运行气动系统，直到它们发生故障，原因通常是难以隔离耗气量高的控制进程和气动元件。

为了查明泄漏和损失，监测系统压缩空气的消耗应当是一项持续的工作。这可以通过制定人工的泄漏检测管理程序来实现，因此需要对所有空气管路进行完整的手动检查。技术人员可通过倾听空气泄漏的声音、检查管道和拧紧管接头等来诊断泄漏。

但是泄漏检测管理程序的缺点在于，由于检查频率的限制，泄漏可能长时间未被检测到。在嘈杂的工业环境中检查有时也会漏掉泄漏点。检查者往往也会漏掉危险的泄漏点，从而错过对它们进行早期修复的机会。

气动系统的连续寿命监控被证明是一种更好的解决方案，其可实现高效、经济的运行并获得更长的设备寿命。针对特定行业细分的、受限的监控和故障诊断程序已经可用，但直到今天，还没有哪家公司能提供整体系统监控、诊断和全面节能的通用工具。即使用户可以通过购买一系列传感器、控制器和显示器，编写相应的软件，组装、配置相应的故障监视系统，但是由于耗费的时间长，增加的工作量大和费用高等，很少有企业愿意这样做。

更好的解决方案是使用智能的流量和压力传感器、诊断控制器和图形显示器监控系统流量、压力和空气消耗。图形显示器可与外部监控和数据采集系统相结合，允许远程数据评估。能源监控软件可提供实时检测的数据，并进行深入的数据分析。

尺寸合适的流量传感器安装在空气传输网络中的重要位置，可用于突出显示偏差、发送信息，并在流量超过允许的阈值时发出警报。技术人员可以通过流量传感器轻松查明泄漏、故障和其他问题，并立即采取措施解决问题。此外，设备上的传感器可以跟踪气动系统的空气消耗，甚至可以追踪到特定组件，有助于计算真实的运营成本。

传感器可用于整个空气传输系统，但数量和确切位置取决于客户要求。通常，一些传感器集成在重要点处并监控流至机组的流量。任何增加的空气消耗都表明系统存在问题，并可让使用者注意这一区域。

其他用户对监视单个机器或子系统的流量更感兴趣。在这种情况下，传感器可以迅速缩小空气消耗量增加的来源。

有时，单个组件对制造过程或操作整个装配线至关重要。在这种情况下，安装传感器以密切监控该组件是一个好方法。一般的经验法则是在每台机器具有平均气动系统的主供应管路中安装至少一个流量传感器，可长期跟踪空气消耗量，并能识别需求的突然增长。如果当设备从一个过程变为另一个过程时，空气消耗量发生变化，则机器的 PLC 控制器会使用新的操作规程更新能量监控控制器。

2.3.6 气动顺序控制系统

表 21-2-18 气动顺序控制系统

<table>
<tr><td>定义</td><td colspan="2">顺序控制系统是工业生产领域，尤其是气动装置中广泛应用的一种控制系统。按照预先确定的顺序或条件，控制动作逐渐进行的系统叫做顺序控制系统。即在一个顺序控制系统中，下一步执行什么动作是预先确定好的。前一步的动作执行结束后，马上或经过一定的时间间隔再执行下一步动作，或者根据控制结果选择下一步应执行的动作
下图列出了顺序控制系统几种动作进行方式的例子。其中图(a)的动作是按 A、B、C、D 的顺序朝一个方向进行的单往复程序；图(b)的动作是 A、B、C 完成后，返回去重复执行一遍 C 动作，然后再执行 D 动作的多往复程序；图(c)为 A、B 动作执行完成后，根据条件执行 C、D 或 C′、D′的分支程序例子
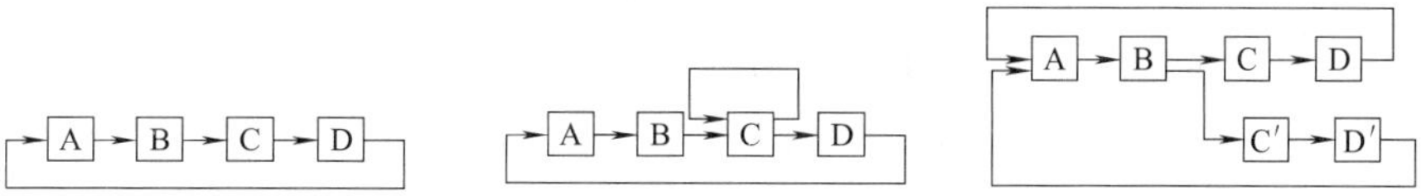

图 (a) 图 (b) 图 (c)
动作进行方式举例</td></tr>
<tr><td rowspan="7">组成</td><td colspan="2">一个典型的气动顺序控制系统主要由 6 部分组成，如图所示
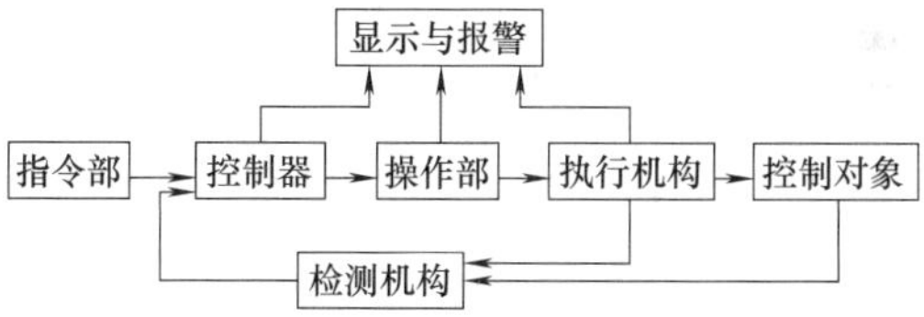

气动顺序控制系统的组成</td></tr>
<tr><td>指令部</td><td>这是顺序控制系统的人机接口部分，该部分使用各种按钮开关、选择开关来进行装置的启动、运行模式的选择等操作</td></tr>
<tr><td>控制器</td><td>这是顺序控制系统的核心部分。它接受输入控制信号，并对输入信号进行处理，产生完成各种控制作用的输出控制信号。控制器使用的元件有继电器、IC、定时器、计数器、可编程控制器等</td></tr>
<tr><td>操作部</td><td>接受控制器的微小信号，并将其转换成具有一定压力和流量的气动信号，驱动后面的执行机构动作。常用的元件有电磁换向阀、机械换向阀、气控换向阀和各类压力、流量控制阀等</td></tr>
<tr><td>执行机构</td><td>将操作部的输出转换成各种机械动作。常用的元件有气缸、摆缸、气马达等</td></tr>
<tr><td>检测机构</td><td>检测执行机构、控制对象的实际工作情况，并将测量信号送回控制器。常用的元件有行程开关、接近开关、压力开关、流量开关等</td></tr>
<tr><td>显示与报警</td><td>监视系统的运行情况，出现故障时发出故障报警。常用的元件有压力表、显示面板、报警灯等</td></tr>
</table>

续表

种类	顺序控制系统对控制器提出的基本功能要求是 ①禁止约束功能，即动作次序是一定的，互相制约，不得随意变动 ②记忆功能，即要记住过去的动作，后面的动作由前面的动作情况而定 根据控制信号的种类以及所使用的控制元件，在工业生产领域应用的气动顺序控制系统中，控制器可分为如下图所示的几种控制方式 全气动控制方式是一种从控制到操作全部采用气动元件来实现的一种控制方式。使用的气动元件主要有中继阀、梭阀、延时阀、主换向阀等。由于系统构成较复杂，目前仅限于在要求防爆等特殊场合使用 目前常用的控制器都为电气控制方式，其中又以继电器控制回路和可编程控制器应用最普及 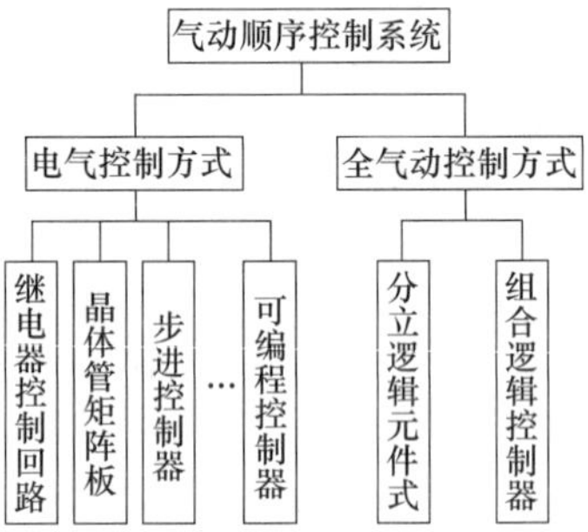 顺序控制器的种类

2.3.7 继电器控制系统

用继电器、行程开关、转换开关等有触点低压电器构成的电器控制系统，称为继电器控制系统或触点控制系统。继电器控制系统的特点是动作状态一目了然，但系统接线比较复杂，变更控制过程以及扩展比较困难，灵活通用性较差，主要适合于小规模的气动顺序控制系统。

继电器控制电路中使用的主要元件为继电器。继电器有很多种，如电磁继电器、时间继电器、干簧继电器和热继电器等。时间继电器的结构与电磁继电器类似，只是使用各种办法使线圈中的电流变化减慢，使衔铁在线圈通电或断电的瞬间不能立即吸合或不能立即释放，以达到使衔铁动作延时的目的。

梯形图是利用电器元件符号进行顺序控制系统设计的最常用的一种方法。其特点是与电/气操作原理图相呼应，形象、直观、实用。图 21-2-4 为梯形图的一个例子。梯形图的设计规则及特点如下。

① 一个梯形图网络由多个梯级组成，每个输出元素（继电器线圈等）可构成一个梯级；

② 每个梯级可由多个支路组成，每个支路最右边的元素通常是输出元素；

③ 梯形图从上至下按行绘制，两侧的竖线类似电器控制图的电源线，称作母线；

④ 每一行从左至右，左侧总是安排输入触点，并且把并联触点多的支路靠近左端；

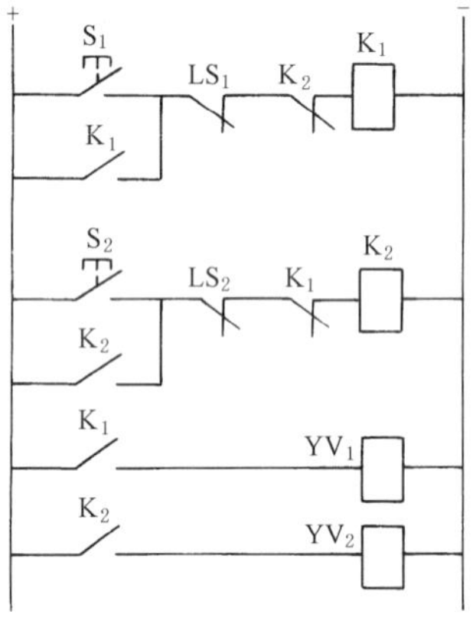

图 21-2-4 梯形图举例

⑤ 各元件均用图形符号表示，并按动作顺序画出；

⑥ 各元件的图形符号均表示未操作的状态；

⑦ 在元件的图形符号旁要注上文字符号；

⑧ 没有必要将端头和接线关系忠实地表示出来。

2.3.7.1 常用继电器控制电路

在气动顺序控制系统中，利用上述电器元件构成的控制电路是多种多样的。但不管系统多么复杂，其电路都是由一些基本的控制电路组成，见表 21-2-19。

表 21-2-19　　基本的控制电路

<table>
<tr><td rowspan="1">串联/并联电路</td><td>串联电路
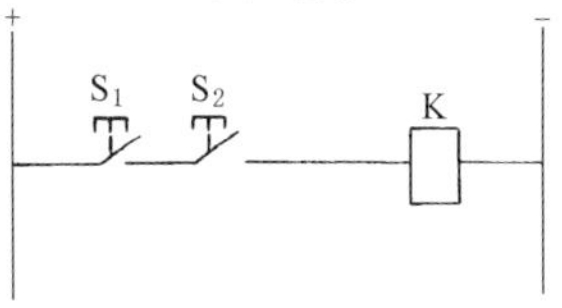
串联电路也就是逻辑“与”电路。例如，一台设备为了防止误操作，保证生产安全，安装了两个启动按钮。只有操作者将两个启动按钮同时按下时，设备才能开始运行。上述功能可用串联电路来实现</td><td>并联电路
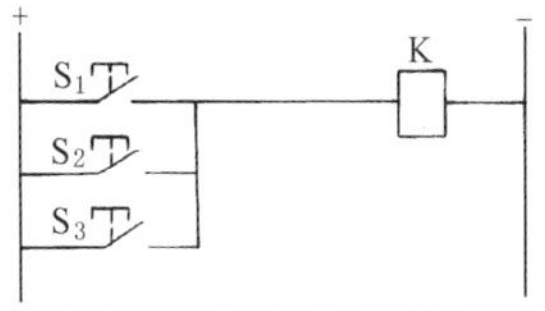
并联电路也称为逻辑“或”电路。例如，本地操作和远程操作均可以对同一装置实施控制，就可以使用并联电路实现</td></tr>
<tr><td>自保持电路</td><td>停止优先自保持电路
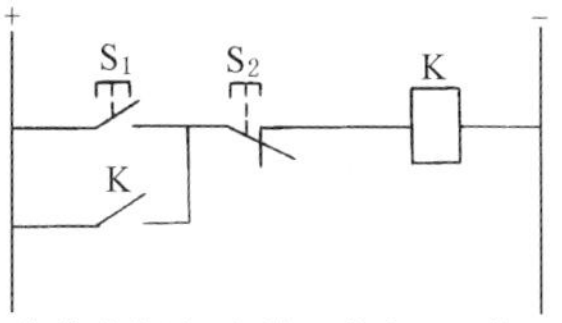
自保持电路也称为记忆电路。按钮 S_1 按一下即放开，是一个短信号。但当将继电器 K 的常开触点 K 和开关 S_1 并联后，即使松开按钮 S_1，继电器 K 也将通过常开触点 K 继续保持得电状态，使继电器 K 获得记忆。图中的 S_2 是用来解除自保持的按钮，并且因为当 S_1 和 S_2 同时按下时，S_2 先切断电路，S_1 按下是无效的，因此，这种电路也称为停止优先自保持电路</td><td>启动优先自保持电路
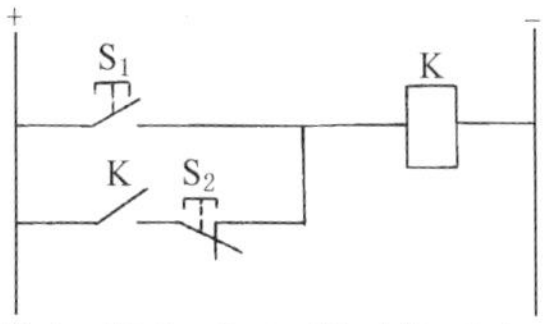
在这种电路中，当 S_1 和 S_2 同时按下时，S_1 使继电器 K 动作，S_2 无效，这种电路也称为启动优先自保持电路</td></tr>
<tr><td rowspan="2">延时电路</td><td colspan="2">随着自动化设备的功能和工序越来越复杂，各工序之间需要按一定时间紧密配合，各工序时间要求可在一定范围内调节，这需要利用延时电路来实现。延时控制分为两种，即延时闭合和延时断开</td></tr>
<tr><td>延时闭合电路
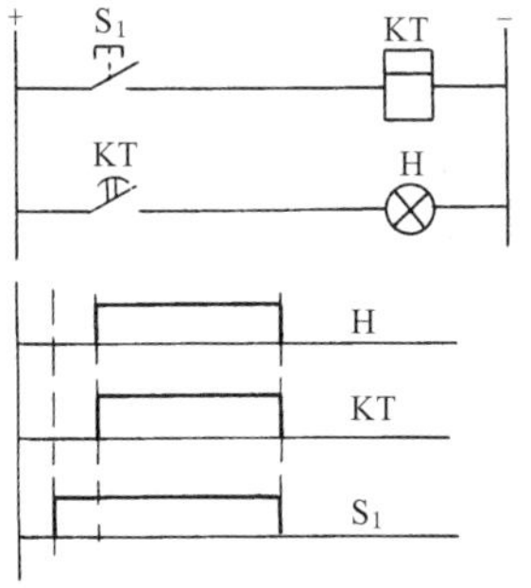
当按下启动开关 S_1 后，时间继电器 KT 开始计数，经过设定的时间后，时间继电器触点接通，电灯 H 亮。放开 S_1，时间继电器触点 KT 立刻断开，电灯 H 熄灭</td><td>延时断开电路
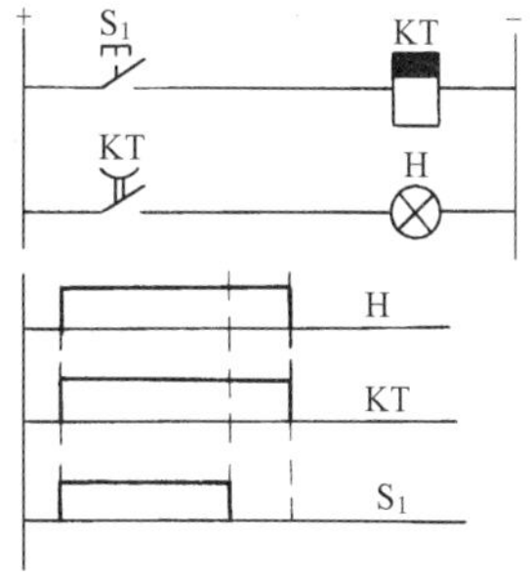
当按下启动按钮 S_1 时，时间继电器触点 KT 也同时接通，电灯 H 点亮。当放开 S_1 时，时间继电器开始计数，到规定时间后，时间继电器触点 KT 才断开，电灯 H 熄灭</td></tr>
<tr><td>联锁电路</td><td>当设备中存在相互矛盾动作，如气缸的伸出与缩回，为了防止同时输入相互矛盾的动作信号，使电路短路或线圈烧坏，或产生不确定的控制结果，控制电路应具有联锁的功能，即气缸伸出时不能使控制气缸缩回的电磁铁通电。图中，将继电器 K_1 的常闭触点加到行 3 上，将继电器 K_2 的常闭触点加到行 1 上，这样就保证了继电器 K_1 被励磁时继电器 K_2 不会被励磁，反之，K_2 被励磁时 K_1 不会被励磁</td><td>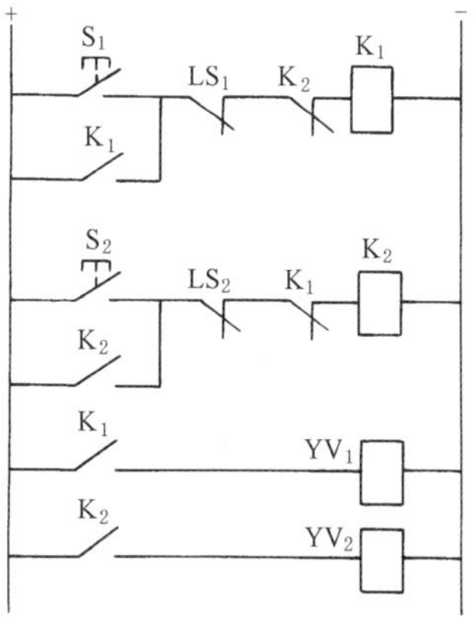</td></tr>
</table>

第 21 篇

2.3.7.2 典型的继电器控制气动回路

采用继电器控制的气动系统设计时，应将电气控制梯形图和气动回路图分开画，两张图上的文字符号应一致。

表 21-2-20　　单气缸的继电器控制回路

操作回路	双手操作(串联)回路 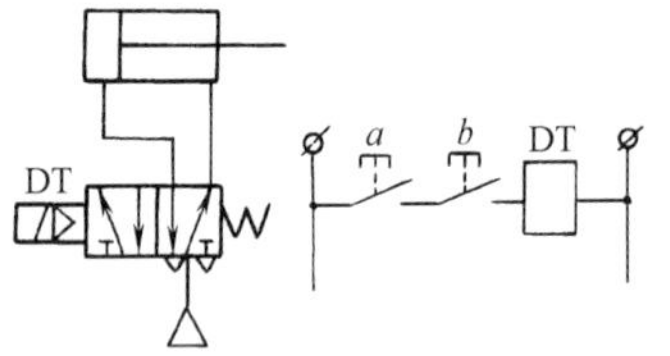 采用串联电路和单电控电磁阀构成双手同时操作回路，可确保安全	“两地”操作(并联)回路 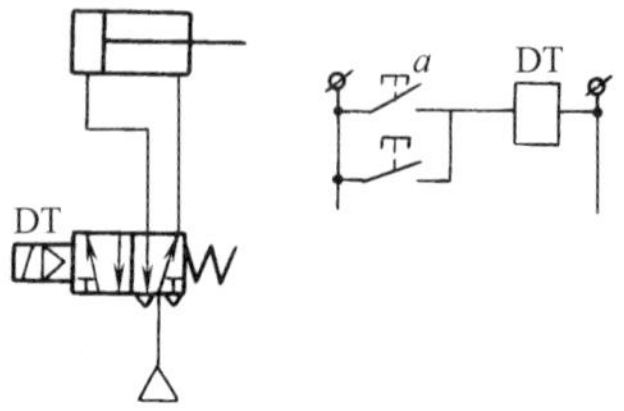 采用并联电路和电磁阀构成“两地”操作回路，两个按钮只要其中之一按下，气缸就伸出。此回路也可用于手动和自动等
	具有互锁的“两地”单独操作回路 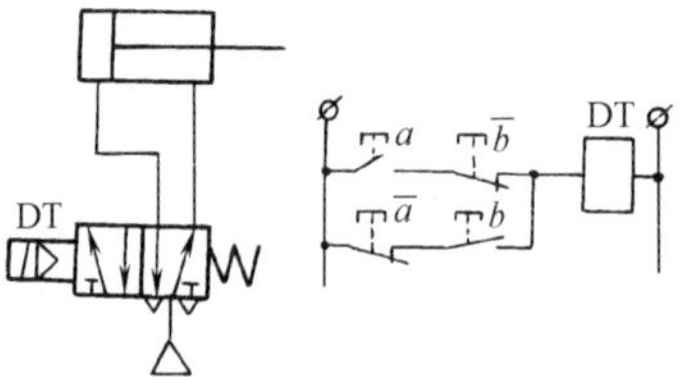 两个按钮只有其中之一按下气缸才伸出，而同时不按下或同时按下时气缸不动作	带有记忆的单独操作回路 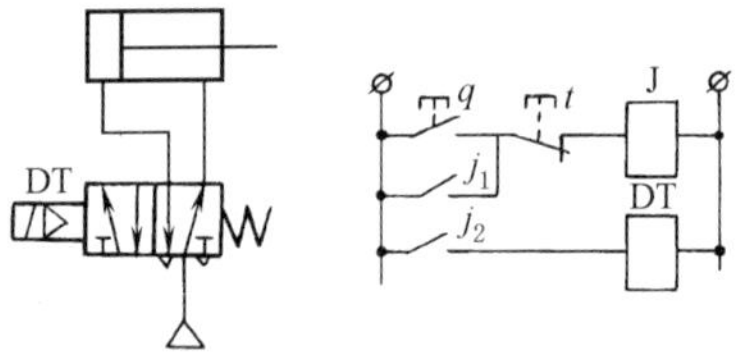 采用保持电路分别实现气缸伸出、缩回的单独操作回路。该回路在电气-气动控制系统中很常用，其中启动信号 q、停止信号 t 也可以是行程开关或外部继电路，以及它们的组合等
	采用双电控电磁阀的单独操作回路 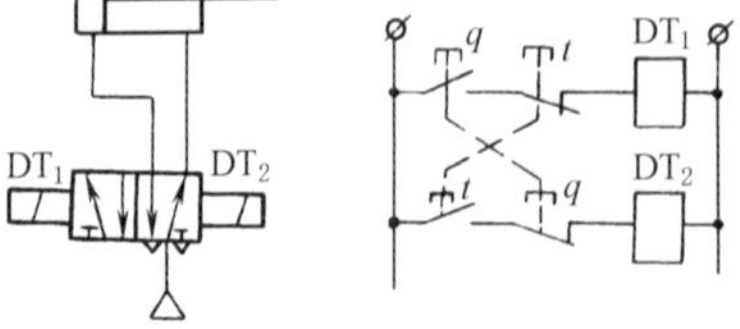 该回路的电气线路必须互锁，特别是采用直动式电磁阀时，否则电磁阀容易烧坏	单按钮操作回路 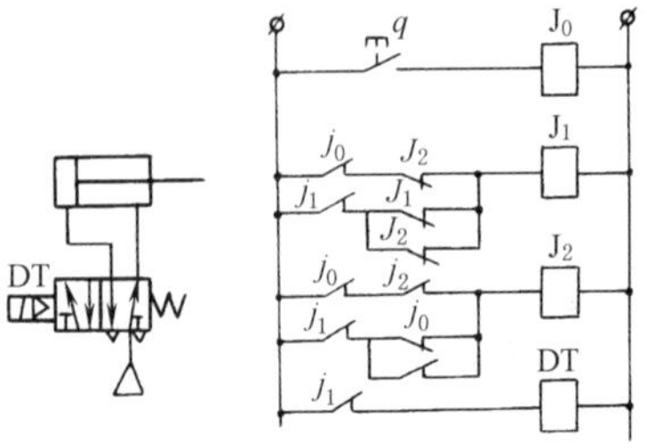 每按一次按钮，气缸不是伸出就是缩回。该回路实际是一位二进制计数回路

续表

往复回路

采用行程开关的单往复回路

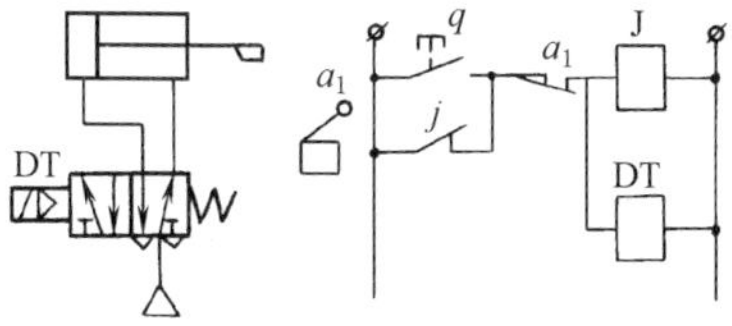

当按钮按下时，电磁阀换向，气缸伸出。当气缸碰到行程开关时，使电磁阀掉电，气缸缩回

采用压力开关的单往复回路

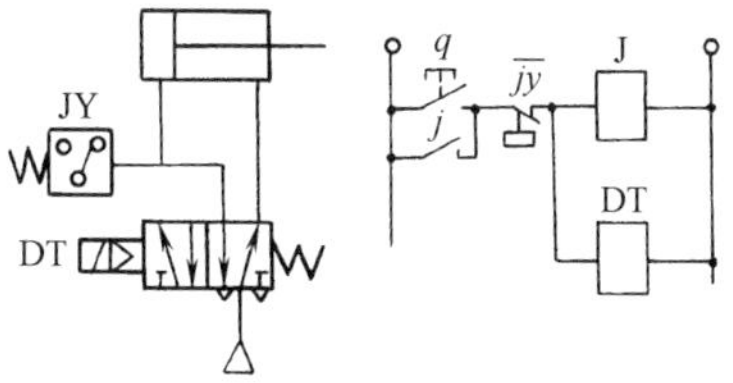

当按钮按下时，电磁阀换向，气缸伸出。当气缸碰到工件，无杆腔的压力上升到压力继电器JY的设定值时，压力继电器动作，使电磁阀掉电，气缸缩回

时间控制式单往复回路

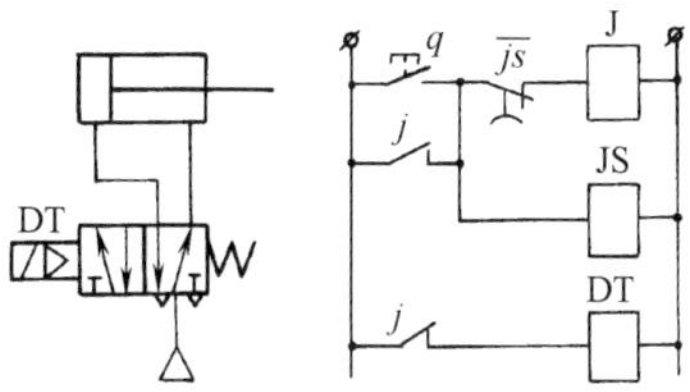

当按钮按下时，电磁阀得电，气缸伸出。同时延时继电器开始计时，当延时时间到时，使电磁阀掉电，气缸缩回

延时返回的单往复回路

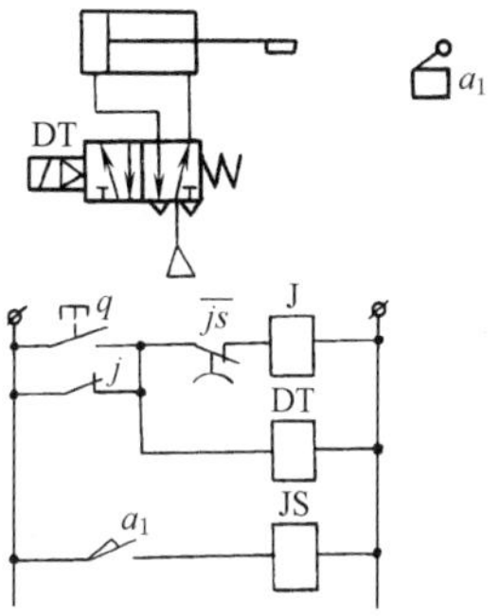

该回路可实现气缸伸出至行程端点后停留一定时间后返回

位置控制式二次往复回路

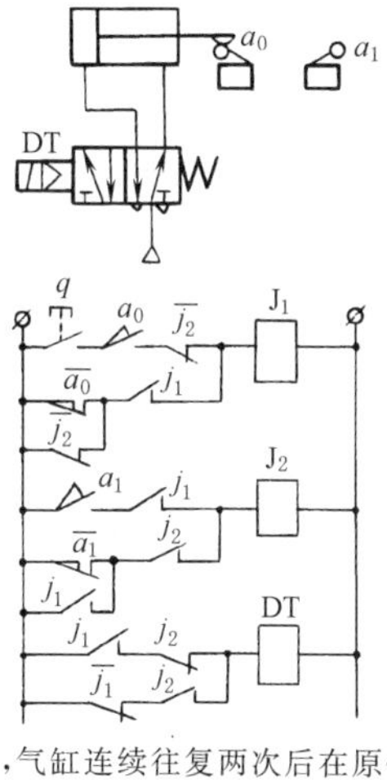

按一次按钮 q，气缸连续往复两次后在原位置停止

采用双电控电磁阀的连续往复回路

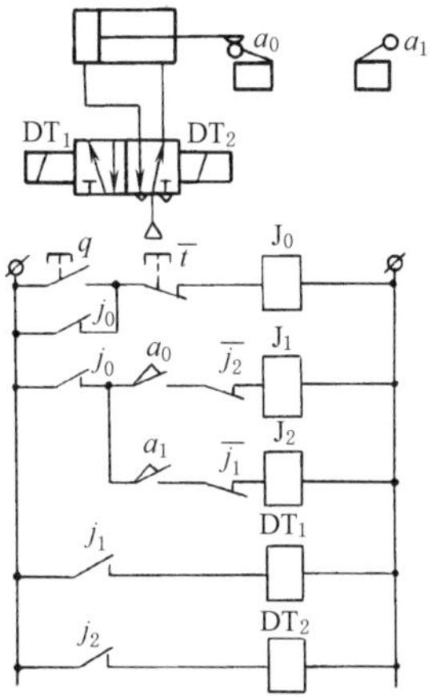

按下启动按钮 q，气缸连续前进和后退，直到按下停止按钮 t，气缸停止动作。如果在气缸前进（或后退）的途中按下停止按钮 t，气缸则在前进（或后退）终端位置停止。为了增加行程开关的触点以进行联锁，和减少行程开关的电流负载以延长使用寿命，在电气线路中增加了继电器 J_1 和 J_2

续表

往复回路

采用单电控电磁阀的连续往复回路

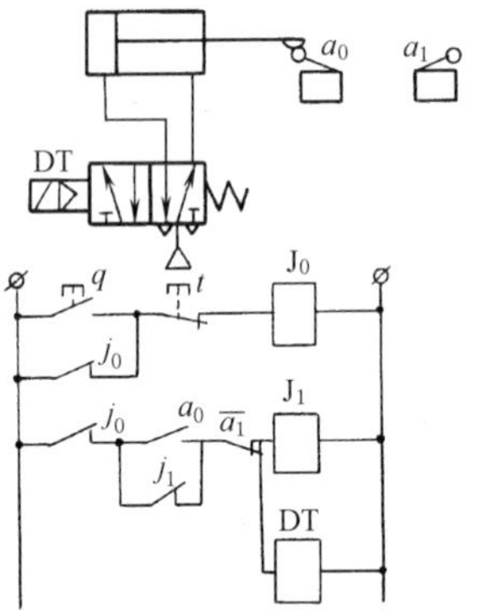

按下启动按钮 q，气缸连续前进和后退，直到按下停止按钮 t，气缸停止动作。如果在气缸前进(或后退)的途中按下停止按钮 t，气缸则在缩回位置停止。为了增加行程开关的触点以进行联锁，和减少行程开关的电流负载以延长使用寿命，在电气线路中增加了继电器 J_0 和 J_1

表 21-2-21　多气缸的电-气联合顺序控制回路

程序 $A_1A_0B_1B_0$ 的电气控制回路

X-D 线图

X/D	1 A_1	2 A_0	3 B_1	4 B_0	双控执行信号	单控执行信号
$b_0(A_1)$ A_1	○	×			$A_1^*=qb_0K_{a_1}^{b_1}$	$qb_0K_{a_1}^{b_1}$
$a_1(A_0)$ A_0		⊗			$A_0^*=a_1$	
$a_0(B_1)$ B_1			○	×	$B_1^*=a_0K_{b_1}^{a_1}$	$a_0K_{b_1}^{a_1}$
$b_1(B_0)$ B_0				⊗	$B_0^*=b_1$	

电-气控制回路

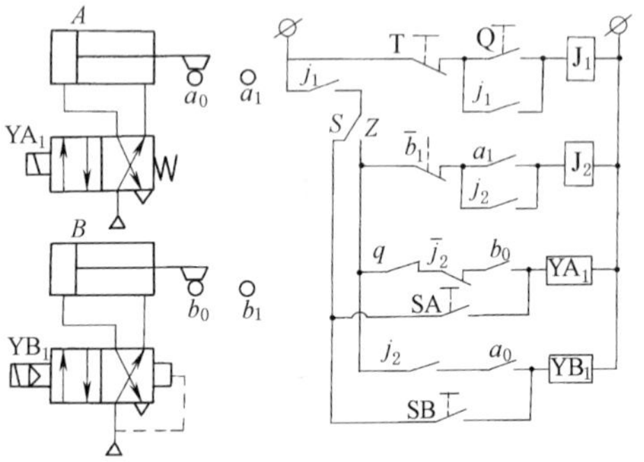

SZ 为手动/自动转换开关，S 是手动位置，Z 是自动位置，SA、SB 是手动开关

续表

程序 $A_1B_1C_0B_0A_0C_1$ 的电-气联合控制回路

X-D 线图

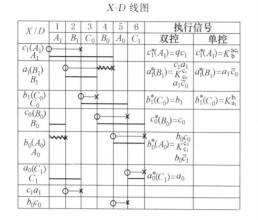

X/D	1 A_1	2 B_1	3 C_0	4 B_0	5 A_0	6 C_1	执行信号 双控	执行信号 单控
$c_1(A_1)$ A_1							$c_1^*(A_1)=qc_1$	$c_1^*(A_1)=K_{b}^{ac_1}$
$a_1(B_1)$ B_1							$a_1^*(B_1)=\frac{c_1a_1}{K_{c_0}^{c_1}}$ $a_1\bar{c}_0$	$a_1^*(B_1)=a_1\bar{c}_0$
$b_1(C_0)$ C_0							$b_1^*(C_0)=b_1$	$b_1^*(C_0)=K_{a_1}^{b_1}$
$c_0(B_0)$ B_0							$c_0^*(B_0)=c_0$	
$b_0(A_0)$ A_0							$b_0^*(A_0)=\frac{b_0c_0}{K_{c_1}^{c_0}}$ $b_0\bar{c}_1$	
$a_0(C_1)$ C_1							$a_0^*(C_1)=a_0$	
c_1a_1								
b_0c_0								

主控阀为单电控电磁阀的电-气控制回路

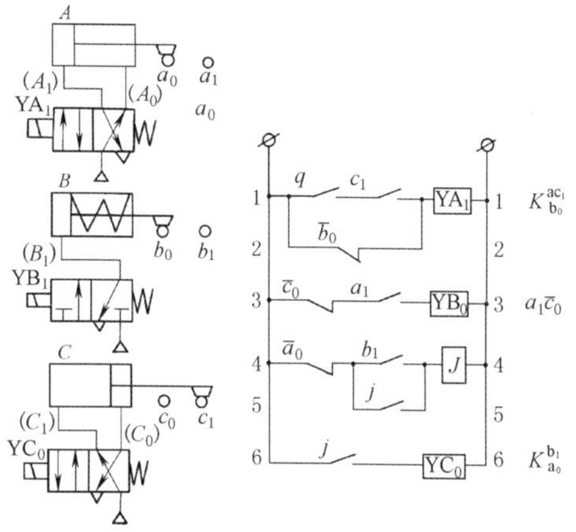

主控阀为双电控电磁阀的电-气控制回路

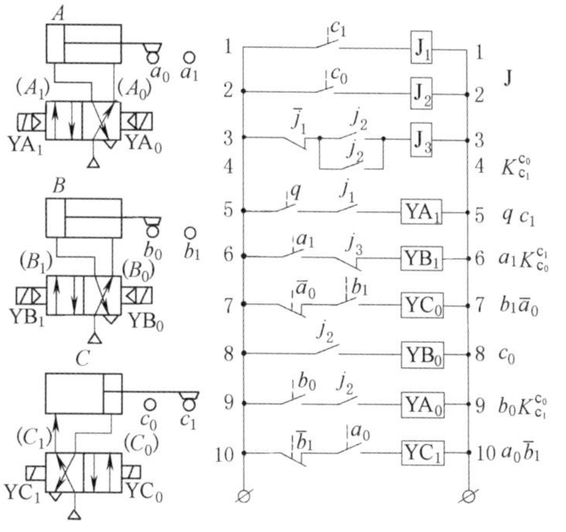

程序 $A_1B_1C_1$（延时 t）$C_0B_0A_0$ 的电-气联合控制回路

X-D 线图

No 顺序	1 A_1	2 B_1	3 C_1	4 JS_1	5 JS_0 C_0	6 B_0	7 A_0	主控信号	电磁阀控制信号
$a_0(A_1)$ A_1								$A_1^*=\bar{j}q$	DTA1$=\bar{j}j_0$
$a_1(B_1)$ B_1								$B_1^*=a_1\bar{j}$	DTB1$=a_1\overline{c_0j}$
$b_1(C_1)$ C_1								$C_1^*=b_1\bar{j}$	DTC1$=b_1\bar{j}$
$c_1(JS)$ JS								$JS=c_1$	$JS=c_1$
$js(C_0)$ c_0								$C_0^*=j$	
$c_0(B_0)$ B_0								$B_0^*=c_0j$	
$b_0(A_0)$ A_0								$A_0^*=b_0j$	DTA0$=b_0j$
J								$S=ja$ $R=a_0$	$j=(js+j)\bar{a}_0$ $J_0=(q+j_0)\bar{j}$

电-气控制回路

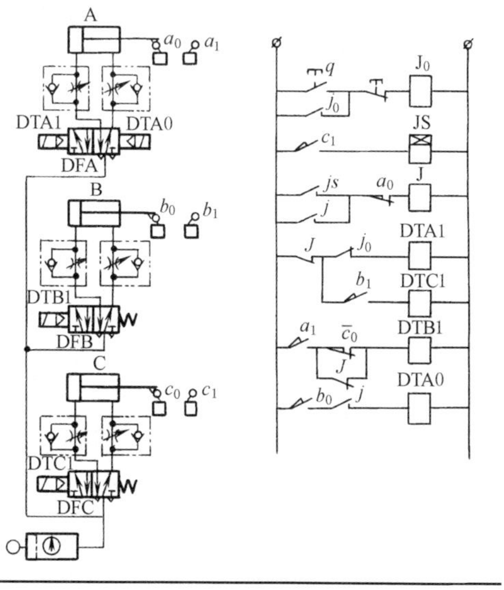

续表

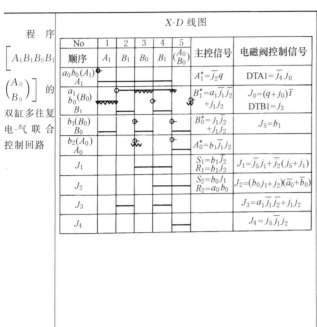

<table>
<tr><th>程序</th><th>X-D 线图</th><th>电-气控制回路</th></tr>
<tr><td>[$A_1B_1B_0B_1$ $\binom{A_0}{B_0}$] 的双缸多往复电-气联合控制回路</td><td>

No	1	2	3	4	5	主控信号	电磁阀控制信号
顺序	A_1	B_1	B_0	B_1	$\binom{A_0}{B_0}$		
$a_0b_0(A_1)$ A_1						$A_1^*=\bar{j}_2q$	$DTA1=\bar{j}_4j_0$
a_1 $b_0(B_0)$ B_1						$B_1^*=a_1\bar{j}_1\bar{j}_2+j_1j_2$	$J_0=(q+j_0)\bar{t}$ $DTB1=j_3$
$b_1(B_0)$ B_0						$B_0^*=j_1\bar{j}_2+j_1j_2$	$J_5=b_1$
$b_2(A_0)$ A_0						$A_0^*=b_1\bar{j}_1j_2$	
J_1						$S_1=b_1\bar{j}_2$ $R_1=b_1j_2$	$J_1=\bar{j}_5j_1+\bar{j}_2(j_5+j_1)$
J_2						$S_2=b_0j_1$ $R_2=a_0b_0$	$J_2=(b_0j_1+j_2)(\bar{a}_0+\bar{b}_0)$
J_3							$J_3=a_1\bar{j}_1\bar{j}_2+j_1j_2$
J_4							$J_4=j_5\bar{j}_1j_2$

</td><td>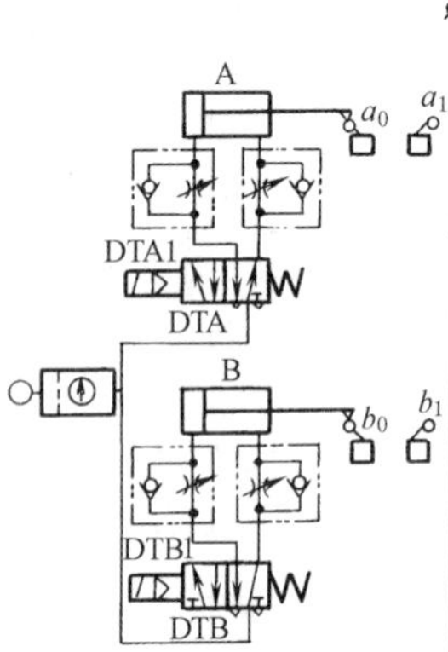

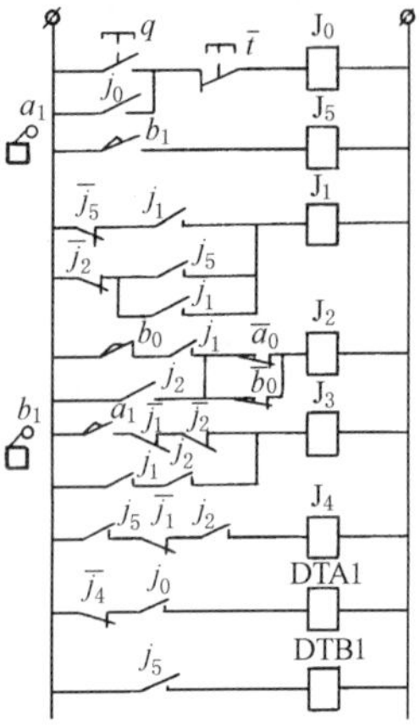

电磁阀为单电控电磁阀，J_0 为全程继电器，由启动按钮 q 和停止按钮 t 控制。J_1、J_2 是中间记忆元件。J_5 是用于扩展行程开关 b_1 的触点(假定行程开关只有一对常开-常闭触点)。为了满足电磁阀 DTA 的零位要求，引进了 J_4 继电器，继电器 J_1 的触点最多，应选用至少有四常开二常闭的型号</td></tr>
</table>

2.3.8　可编程控制器控制系统

随着工业自动化的飞速发展，各种生产设备装置的功能越来越强，自动化程度越来越高，控制系统越来越复杂，因此，人们对控制系统提出了更灵活通用、易于维护、可靠经济等要求，固定接线式的继电器已不能适应这种要求，于是可编程控制器（PLC）应运而生。

由于可编程控制器的显著优点，在短时间内，可编程控制器的应用就迅速扩展到工业的各个领域。并且，随着可编程控制器的应用领域不断扩大，其自身也经历了很大的发展变化，其硬件和软件得到了不断改进和提高，使得可编程控制器的性能越来越好，功能越来越强。

2.3.8.1　可编程控制器的组成

表 21-2-22　　可编程控制器的组成

可编程控制器(PLC)是微机技术和继电器常规控制概念相结合的产物，是一种以微处理器为核心的用作数字控制的特殊计算机。其硬件配置与一般微机装置类似，主要由中央处理单元(CPU)、存储器、输入/输出接口电路、编程单元、电源及一些其他电路组成。其基本构成如图(a)所示
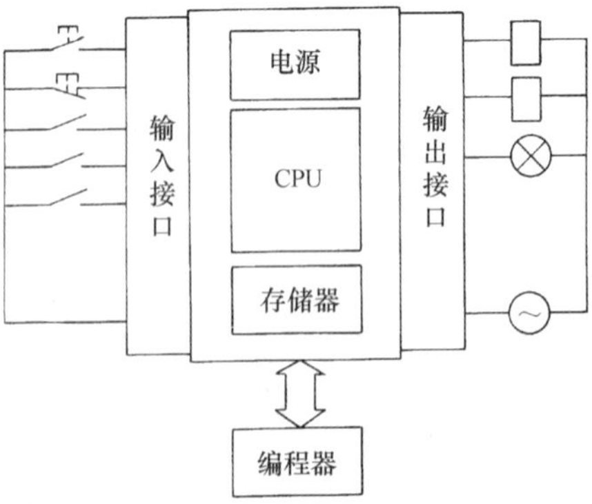 图(a)　PLC硬件基本配置示意图
PLC 在结构上分为两种：一种为固定式，一种为模块式，如图(b)所示。固定式通常为微型或小型 PLC，其 CPU、输入/输出接口和电源等做成一体形，输入/输出点数是固定的[图(b)中(ⅰ)]。模块式则将 CPU、电源、输入输出接口分别做成各种模

续表

	块,使用时根据需要配置,所选用的模块安装在框架中[图(b)中(ⅱ)]。装有 CPU 模块的框架称之为基本框架,其他为扩充框架。每个框架可插放的模块数一般为 3～10 块,可扩展的框架数一般为 2～5 个基架,基本框架与扩展框架之间的距离不宜太大,一般为 10cm 左右。一些中型及大型可编程序控制器系统具有远程 I/O 单元,可以联网应用,主站与从站之间的通信连接多用光纤电缆来完成 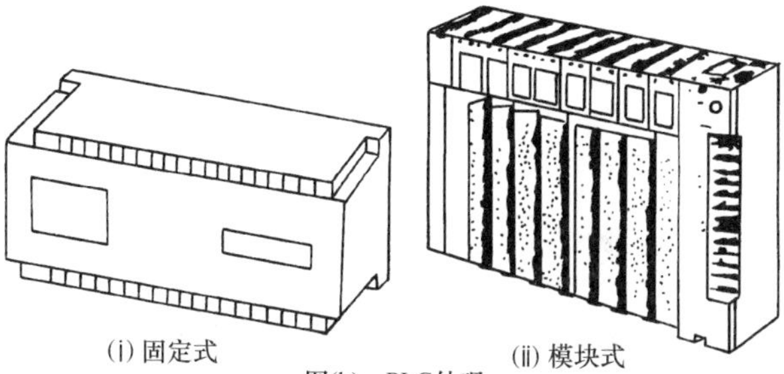 (ⅰ) 固定式　(ⅱ) 模块式 图(b)　PLC外观
中央处理单元(CPU)	中央处理单元是可编程控制器的核心,是由处理器、存储器、系统电源三个部件组成的控制单元。处理器的主要功能在于控制整个系统的运行,它解释并执行系统程序,完成所有控制、处理、通信和其他功能。PLC 的存储器包括两大部分,第一部分为系统存储器,第二部分为用户存储器。系统存储器用来存放系统监控程序和系统数据表,由制造厂用 PROM 做成,用户不能访问修改其中的内容。用户存储器为用户输入的应用程序和应用数据表提供存储区,应用程序一般存放在 EPROM 存储器中,数据表存储区存放与应用程序相关的数据,用 RAM 进行存储,以适应随机存储的要求。在考虑 PLC 应用时,存储容量是一个重要的因素。一般小型 PLC(少于 64 个 I/O 点)的存储能力低于 6KB,存储容量一般不可扩充。中型 PLC 的最大存储能力约 50KB,而大型 PLC 的存储能力大都在 50KB 以上,且可扩充容量
输入/输出单元(I/O单元)	可编程控制器是一种工业计算机控制系统,它的控制对象是工业生产设备和工业生产过程,PLC 与其控制对象之间的联系是通过 I/O 模板实现的。PC 输入输出信号的种类分为数字信号和模拟信号。按电气性能分,有交流信号和直流信号。PLC 与其他计算机系统不同之处就在于通过大量的各种模板与工业生产过程、各种外设、其他系统相连。PLC 的 I/O 单元的种类很多,主要有:数字量输入模板、数字量输出模板、模拟量输入模板、模拟量输出模板、智能 I/O 模板、特殊 I/O 模板、通信 I/O 模板等 虽然 PLC 的种类繁多,各种类型 PLC 特性也不一样,但其 I/O 接口模板的工作原理和功能基本一样

2.3.8.2　可编程控制器工作原理

表 21-2-23　　可编程控制器工作原理

巡回扫描原理	PLC 的基本工作原理是建立在计算机工作原理基础上的,即在硬件的支持下,通过执行反映控制要求的用户程序来实现现场控制任务。但是,PLC 主要是用于顺序控制,这种控制是通过各种变量的逻辑组合来完成的,即控制的实现是有关逻辑关系的实现,因此,如果单纯像计算机那样,把用户程序从头到尾顺序执行一遍,并不能完全体现控制要求,而必须采取对整个程序巡回执行的工作方式,即巡回扫描方式。实际上,PLC 可看成是在系统软件支持下的一种扫描设备,它一直在周而复始地循环扫描并执行由系统软件规定好的任务。用户程序只是整个扫描周期的一个组成部分,用户程序不运行时,PLC 也在扫描,只不过在一个周期中删除了用户程序和输入输出服务这两部分任务。典型 PLC 的扫描过程如图所示 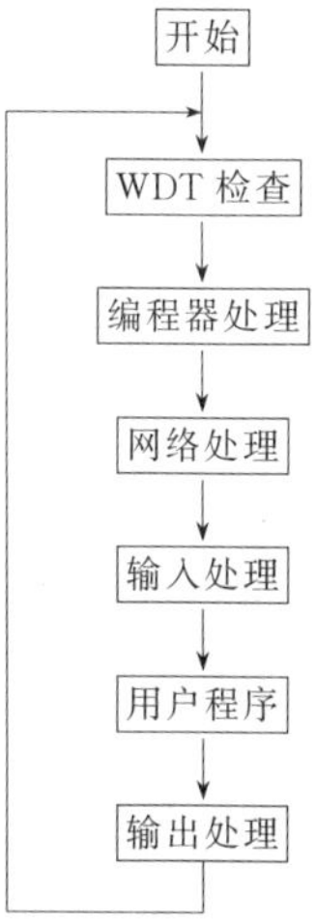 PLC 的扫描过程

续表

I/O 管理	各种 I/O 模板的管理一般采用流行的存储映像方式，即每个 I/O 点都对应内存的一个位(bit)，具有字节属性的 I/O 则对应内存中的一个字。CPU 在处理用户程序时，使用的输入值不是直接从实际输入点读取的，运算结果也不是直接送到实际输出点，而是在内存中设置了两个暂存区，即一个输入暂存区，一个输出暂存区。在输入服务扫描过程中，CPU 把实际输入点的状态读入输入状态暂存区。在输出服务扫描过程中，CPU 把输出状态暂存区的值传送到实际输出点 由于设置了输入、输出状态暂存区，用户程序具有以下特点 ①在同一扫描周期内，某个输入点的状态对整个用户程序是一致的，不会造成运算结果的混乱 ②在用户程序中，只应对输出赋值一次，如果多次，则最后一次有效 ③在同一扫描周期内，输出值保留在输出状态暂存区，因此，输出点的值在用户程序中也可当成逻辑运算的条件使用 ④I/O 映像区的建立，使系统变为一个数字采样控制系统，只要采样周期 T 足够小，采样频率足够高，就可以认为这样的采样系统符合实际系统的工作状态 ⑤由于输入信息是从现场瞬时采集来的，输出信息又是在程序执行后瞬时输出去控制外设，因此可以认为实际上恢复了系统控制作用的并行性 ⑥周期性输入输出操作对要求快速响应的闭环控制及中断控制的实现带来了一定的困难
中断输入处理	在 PLC 中，中断处理的概念和思路与一般微机系统基本是一样的，即当有中断申请信号输入后，系统中断正在执行的程序而转向执行相关的中断子程序；多个中断之间有优先级排队，系统可由程序设定允许中断或禁止中断等。此外，PLC 中断还有以下特殊之处 ①中断响应是在系统巡回扫描的各个阶段，不限于用户程序执行阶段 ②PLC 与一般微机系统不一样，中断查询不是在每条指令执行后进行，而是在相应程序块结束后进行 ③用户程序是巡回扫描反复执行的，而中断程序却只在中断申请后被执行一次，因此，要多运行几次中断子程序，则必须多进行几次中断申请 ④中断源的信息是通过输入点进入系统的，PLC 扫描输入点是按顺序进行的，因此，根据它们占用输入点的编号的顺序就自动进行了优先级的排队 ⑤多中断源有优先顺序但无嵌套关系

2.3.8.3　可编程控制器常用编程指令

虽然不同厂家生产的可编程控制器的硬件结构和指令系统各不相同，但基本思想和编程方法是类似的。下面以 A-B 公司的微型可编程控制器 Micrologix 1000 为例，介绍基本的编程指令和编程方法。

（1）存储器构成及编址方法

由前所述，存储器中存储的文件分为程序文件和数据文件两大类。程序文件包括系统程序和用户程序，数据文件则包括输入/输出映像表（或称为缓冲区）、位数据文件（类似于内部继电器触点和线圈）、计时器/计数器数据文件等。为了编址的目的，每个文件均由一个字母（标识符）及一个文件号来表示，如表 21-2-24 所示。

上述文件编号为已经定义好的缺省编号，此外，用户可根据需要定义其他的位文件、计时器/计数器文件、控制文件和整数文件，文件编号可从 10～255。一个数据文件可含有多个元素。对计时器/计数器文件来说，元素为 3 字节元素，其他数据文件的元素则为单字节元素。

存储器的地址是由定界符分隔开的字母、数字、符号组成。定界符有三种，分别为：

“:”——后面的数字或符号为元素；

“。”——后面的数字或符号为字节；

“/”——后面的数字或符号为位。

典型的元素、字及位的地址表示方法如图 21-2-5 所示。

表 21-2-24　　数据文件的类型及标识

文件类型	标 识 符	文件编号	文件类型	标 识 符	文件编号
输出文件	O	0	计时器文件	T	4
输入文件	I	1	计数器文件	C	5
状态文件	S	2	控制字文件	R	6
位文件	B	3	整数文件	N	7

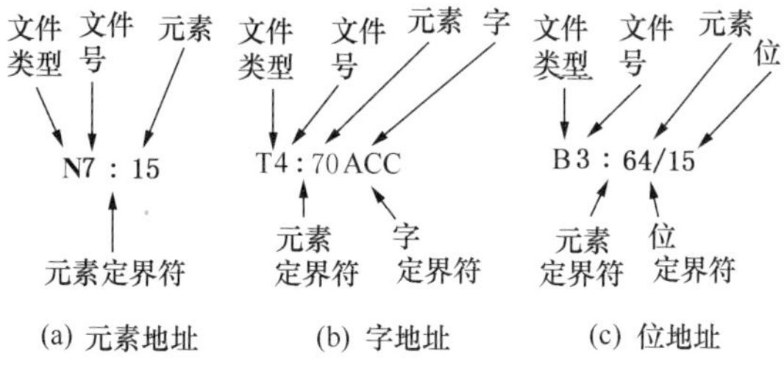

图 21-2-5 地址的表示方法

（2）指令系统

Micrologix 1000 采用梯形图和语句两种指令形式，表 21-2-25 列出了其指令系统。

表 21-2-25 Micrologix 1000 指令系统

No	名 称	助 记 符	图形符号	意 义
				继电器逻辑控制指令
1	检查是否闭合	XIC	-| |-	检查某一位是否闭合，类似于继电器常开触点
2	检查是否断开	XIO	-|/|-	检查某一位是否断开，类似于继电器常闭触点
3	输出激励	OTE	-( )-	使某一位的状态为 ON 或 OFF，类似于继电器线圈
4	输出锁存 输出解锁	OTL OTU	-(L)- -(U)-	OTL 使某一位的状态为 ON，该位的状态保持为 ON，直到使用一条 OUT 指令使其复位
				计时器/计数器指令
5	通延时计时器	TON		利用 TON 指令，在预置时间内计时完成，可以去控制输出的接通或断开
6	断延时计时器	TOF		利用 TOF 指令，在预置时间间隔阶梯变成假时，去控制输出的接通或断开
7	保持型计时器	RTO		在预置时间内计时器工作以后，RTO 指令控制输出使能与否
8	加计数器	CTU		每一次阶梯由假变真，CTU 指令以 1 个单位增加累加值
9	减计数器	CTD		每一次阶梯由假变真，CTD 指令以 1 个单位把累加值减少 1
10	高速计数器	HSC		高速计数，累加值为真时控制输出的接通或断开
11	复位指令	RES		使计时器和计数器复位
				比较指令
12	等于	EQU		检测两个数是否相等
13	不等于	NEQ		检测一个数是否不等于另一个数
14	小于	LES		检测一个数是否小于另一个数
15	小于等于	LEQ		检测一个数是否小于或等于另一个数
16	大于	GRT		检测一个数是否大于另一个数
17	大于等于	GRQ		检测一个数是否大于或等于另一个数
18	屏蔽等于	MEQ		检测两个数的某几位是否相等
19	范围检测	LIM		检测一个数是否在由另外的两个数所确定的范围内

续表

No	名　　称	助记符	图形符号	意　　义
运算指令				
20	加法	ADD		将源 A 和源 B 两个数相加，并将结果存入目的地址内
21	减法	SUB		将源 A 减去源 B，并将结果存入目的地址内
22	乘法	MUL		将源 A 乘以源 B，并将结果存入目的地址内
23	除法	DIV		将源 A 除以源 B，并将结果存入目的地址和算术寄存器内
24	双除法	DDV		将算术寄存器中的内容除以源，并将结果存入目的地址和算术寄存器中
25	清零	CLR		将一个字的所有位全部清零
26	平方根	SQR		将源进行平方根运算，并将整数结果存入目的地址内
27	数据定标	SCL		将源乘以一个比例系数，加上一个偏移值，并将结果存入目的地址中
程序流程控制指令				
28	转移到标号 标号	JMP LBL		向前或向后跳转到标号指令
29	跳转到子程序 子程序 从子程序返回	JSR SBR RET		跳转到指定的子程序并返回
30	主控继电器	MCR		使一段梯形图程序有效或无效
31	暂停	TND		使程序暂停执行
32	带屏蔽立即输入	IIM		立即进行输入操作并将输入结果进行屏蔽处理
33	带屏蔽立即输出	IOM		将输出结果进行屏蔽处理并立即进行输出操作

2.3.8.4 控制系统设计步骤

表 21-2-26　控制系统设计步骤

1. 系统分析	对控制系统的工艺要求和机械动作进行分析，对控制对象要求进行粗估，如有多少开关量输入，多少开关量输出，功率要求为多少，模拟量输入输出点数为多少，有无特殊控制功能要求，如高速计数器等，在此基础上确定总的控制方案：是采用继电器控制线路还是采用 PLC 作为控制器
2. 选择机型	当选定用可编程控制器的控制方案后，接下来就要选择可编程控制器的机型。目前，可编程控制器的生产厂家很多，同一厂家也有许多系列产品，例如美国 A-B 公司生产的可编程控制器就有微型可编程控制器 Micrologix 1000 系列、小型可编程控制器 SLC500 系列、大中型可编程控制器 PLC5 系列等，而每一个系列中又有许多不同规格的产品，这就要求用户在分析控制系统类型的基础上，根据需要选择最适合自己要求的产品
3. I/O 地址分配	输入输出定义就是对所有的输入输出设备进行编号，也就是赋予传感器、开关、按钮等输入设备和继电器、接触器、电磁阀等被控设备一个确定的 PLC 能够识别的内部地址编号，这个编号对后面的程序编制、程序调试和修改都是重要依据，也是现场接线的依据
4. 编写程序	根据工艺要求、机械动作，利用卡诺图法或信号-动作线图法求取基本逻辑函数，或根据经验和技巧，来确定各种控制动作的逻辑关系、计数关系、互锁关系等，绘制梯形图 梯形图画出来之后，通过编程器将梯形图输入可编程序控制器 CPU

续表

5. 程序调试	检查所编写的程序是否全部输入、是否正确，对错误之处进行编辑、修改。然后，将 PLC 从编辑状态拨至监控状态，监视程序的运行情况。如果程序不能满足所希望的工艺要求，就要进一步修改程序，直到完全满足工艺要求为止。在程序调试完毕之后，还应把程序存储起来，以防丢失或破坏

2.3.8.5　控制系统设计举例

表 21-2-27　　控制系统设计举例

以下图所示的系统为例说明可编程序控制器的控制程序设计方法

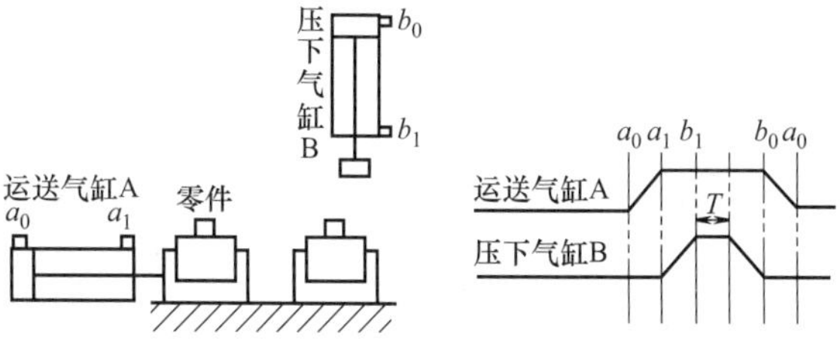

图(a)　图(b)

压入装置及气缸动作顺序图

系统分析	本系统控制器的输入信号有：气缸行程开关输入信号 4 个，启动/停止按钮输入信号 2 个，即总共有 6 个输入信号。控制器的输出为两只气缸的 3 个电磁铁的控制信号。此外，需要内部定时器一个
选择可编程控制器	对于这类小型气动顺序控制系统，采用微型固定式可编程控制器就足以满足控制要求。本例选取 A-B 公司的 I/O 点数为 16 的微型可编程序控制器 Micrologix 1000 系列。其中，输入点数为 10 点，输出点数为 6 点
输入/输出分配	见下表

输入/输出分配

输入分配表

输入信号	行程开关				按钮	
符号	a_0	a_1	b_0	b_1	q	t
连接端子号	1	2	3	4	5	6
内部地址	I1/1	I1/2	I1/3	I1/4	I1/5	I1/6

输出分配表

输出信号	电磁铁		
符号	YVA_0	YVA_1	YVB_0
连接端子号	1	2	3
内部地址	0/1	0/2	0/3

编写程序

如下图所示，该程序采用梯形图编程语言，这种编程语言为广大电器工作人员所熟知，每个阶梯的意义见程序右说明

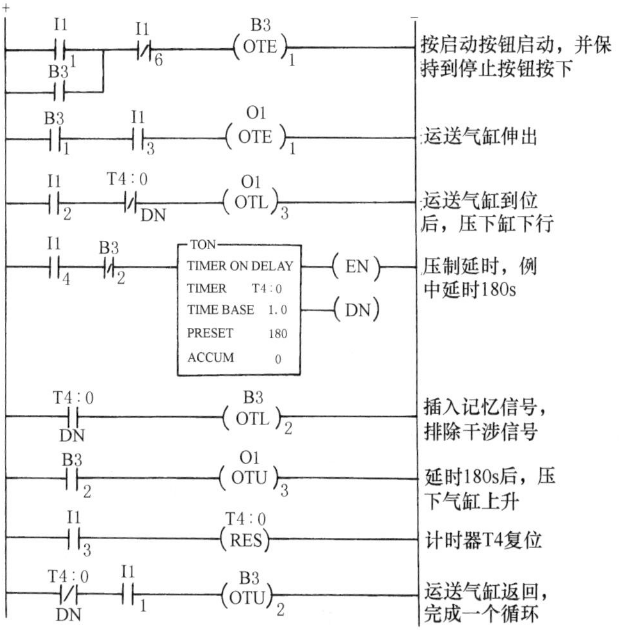

可编程序控制器梯形图

2.3.9 全气动控制系统

全气动系统包括气源、驱动回路和控制回路。控制回路又是由检测部分、控制部分、显示部分和运算部分构成的。气源由压气机、储气罐、空气处理单元等组成。驱动回路由气动执行元件、节流调速元件和主控换向阀组成。

检测部分：位置、压力、流量。

控制部分：按钮。

显示部分：位置、压力。

运算部分：实现给定的逻辑操作（状态、逻辑、顺序、延时）。

只有在易燃、易爆的特殊场合，全气动回路才是值得考虑的方案之一。

本节介绍梯形图法设计全气动控制系统。

2.3.9.1 梯形图符号集

表 21-2-28 基本符号集

名称		符号
管路		
连接点		
相交管路		
非相交管路		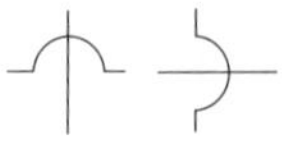
按钮	弹簧复位常开	
	自锁式	
足踏开关	弹簧复位常开	
	自锁式	
机械式	弹簧复位常开	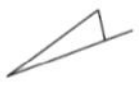
气控方式	气控式	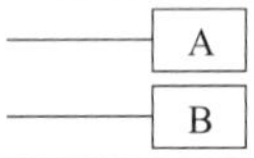
	弹簧复位气控	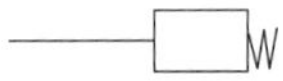
	差动式	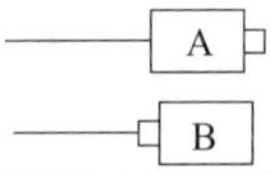
2 通口	手控式 主控阀 常通 常断	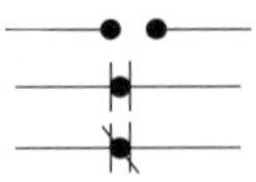

名称			符号
3 通口	手控式 主控阀 常通 常断		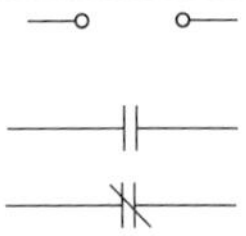
4/5 通口	手控式 主控阀		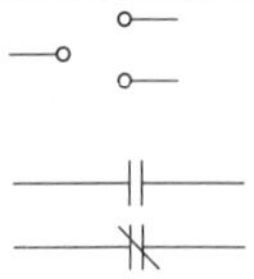
6 通口	手控式		
手动按钮	常开 常闭		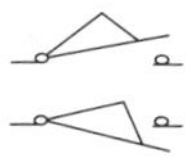
3 位阀中位方式	中位封闭式	手控式	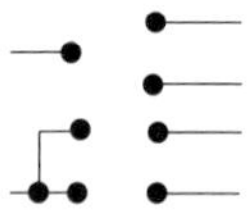
		主控阀	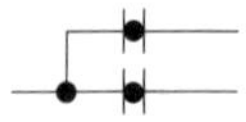
	中位排气式	手控式	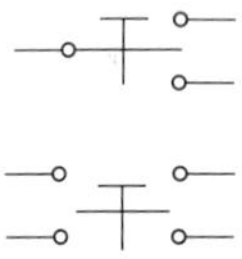
		主控阀	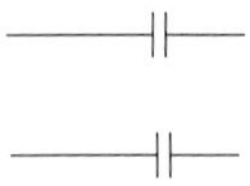

表 21-2-29 控制元件梯形图助记符

名称	原理图符号	梯形图符号	名称	原理图符号	梯形图符号
手动-常开-无排气口-按钮	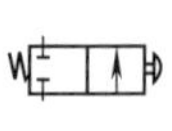		手动-常开-有排气口-按钮	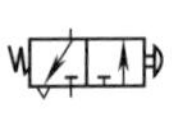	
手动-常闭-无排气口-按钮	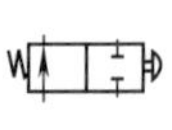	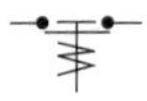	手动-常闭-有排气口-按钮	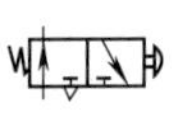	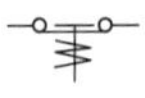

续表

名称	原理图符号	梯形图符号
机动-常开-无排气口-按钮		
机动-常闭-无排气口-按钮		
机动-常开-有排气口-按钮		
机动-常闭-有排气口-按钮	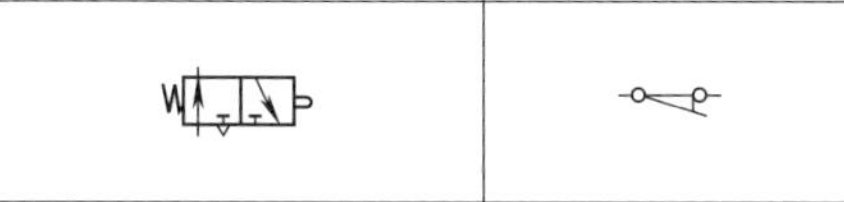	
手动-常开-无排气口-按钮		
手动-常闭-无排气口-按钮		
手动-常开-有排气口-按钮		
手动-常闭-有排气口-按钮		
手动-有排气口-2 位 3 通按钮		
手动-有排气口-2 位 3 通按钮		
手动-有排气-3 位 3 通按钮		
手动-有排气-3 位 3 通按钮		
脚踏-常开-无排气按钮		
脚踏-常闭-无排气按钮		
脚踏-常开-有排气按钮		
脚踏-常闭-有排气按钮		
脚踏-常开-有排气 3 通按钮	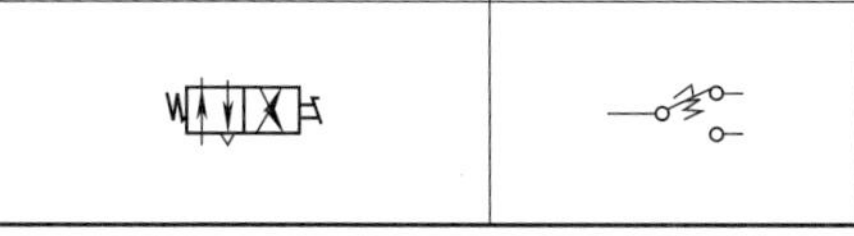	

名称		原理图符号	梯形图符号
手动-常开-无排气开关		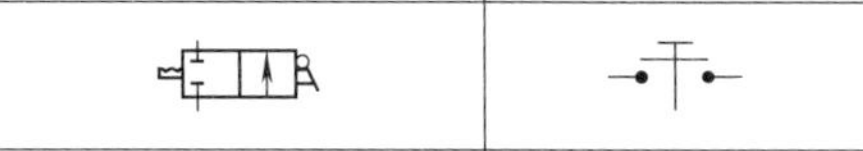	
手动-常闭-无排气开关		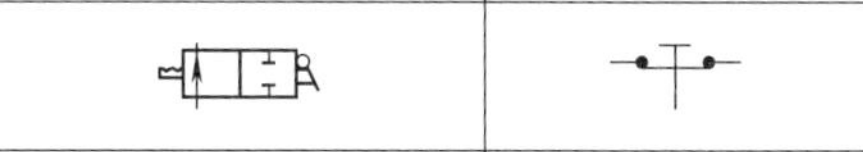	
手动-常开-有排气开关		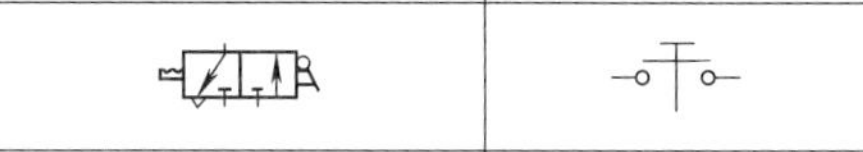	
手动-常闭-有排气开关			
手动-有排气-3 通开关		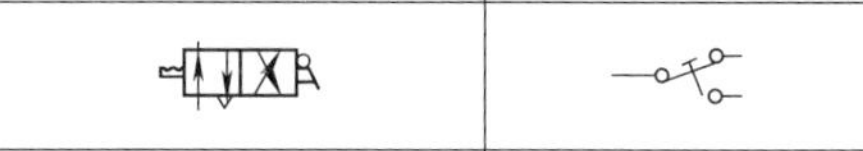	
手动-有排气-3 位 3 通开关		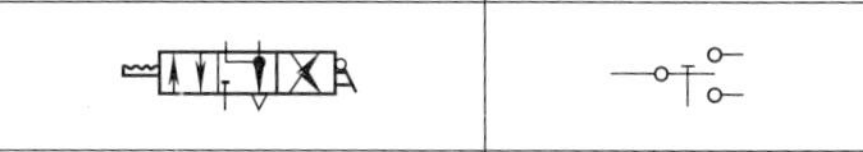	
双排气口-3 位 3 通开关		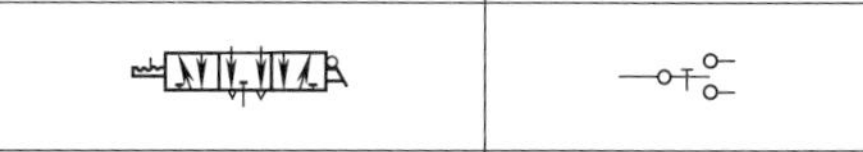	
单排气口-3 位 3 通开关		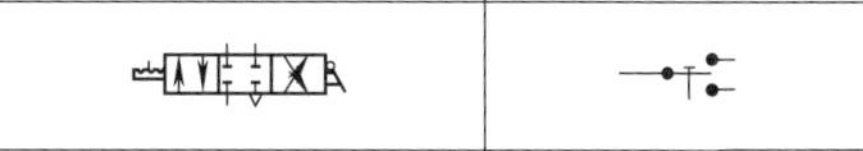	
单排气口-3 位 3 通开关		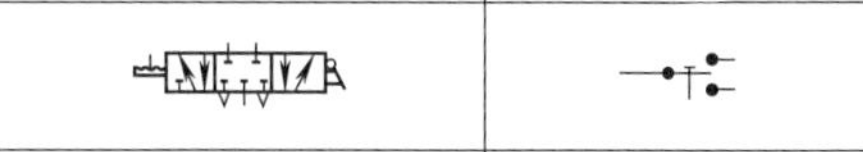	
双排气口-3 位 4 通开关			
常开-延时阀		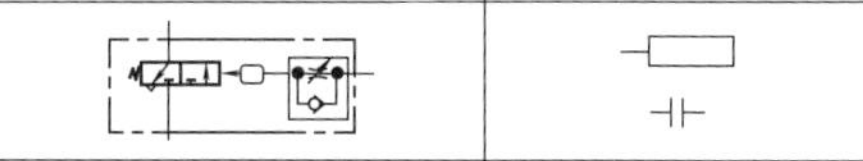	
常闭-延时阀		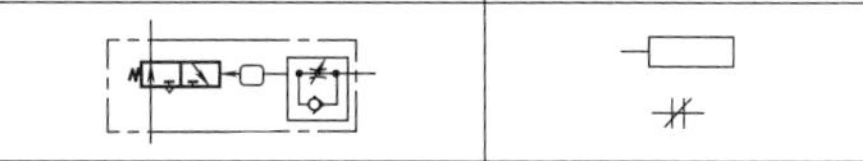	
2 位 3 通延时阀		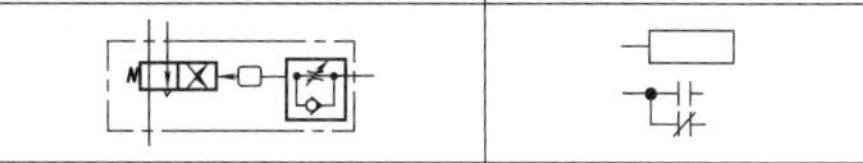	
梭阀		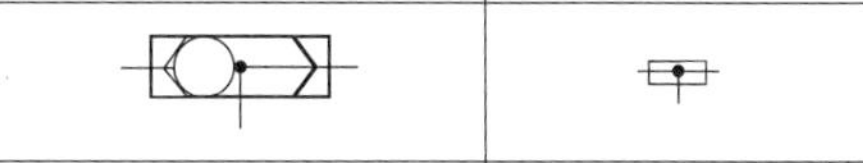	
单稳阀	常开		
	常闭		
双稳阀	常开	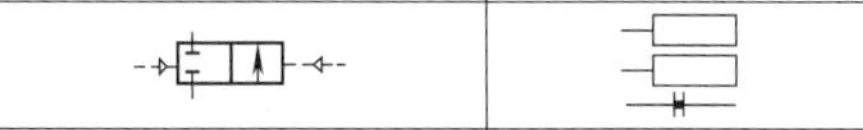	
	常闭	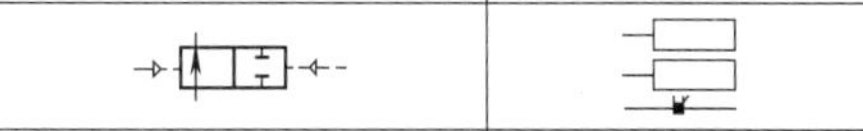	
差动型-双稳阀	常开	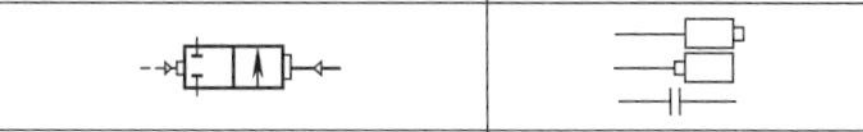	
	常闭		
有排气口-单稳阀	常开	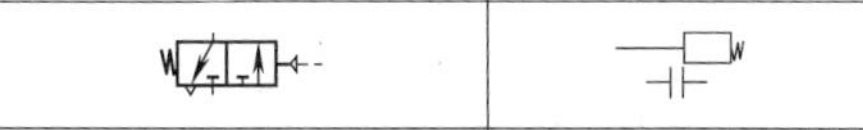	
	常闭	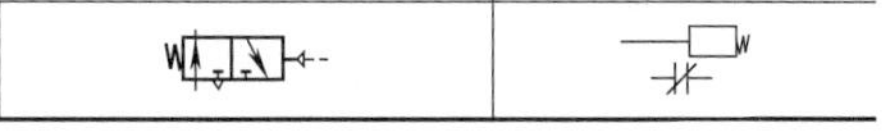	

续表

名称		原理图符号	梯形图符号	名称	原理图符号	梯形图符号
有排气口-双稳阀	常开		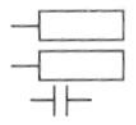	差动型-2 位 4 通-单稳阀		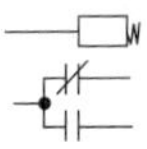
	常闭		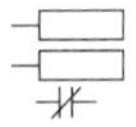	2 位 5 通-双稳阀		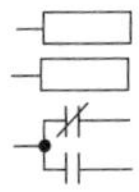
差动型-有排气口-双稳阀	常开		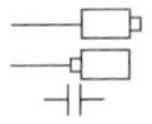	差动型-2 位 5 通-双稳阀		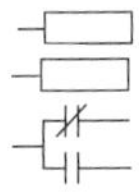
	常闭		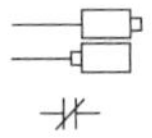	单排气口-3 位 5 通-双稳阀	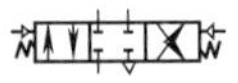	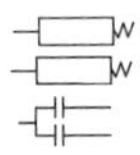
2 位 3 通阀	单稳		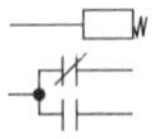	无排气口-3 位 5 通-双稳阀		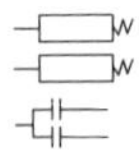
	双稳		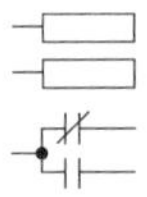	双排气口-3 位 5 通-双稳阀		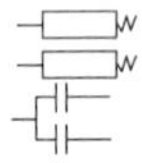
差动型-2 位 5 通-双稳阀			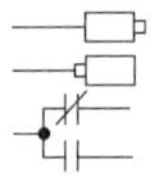	单排气口-3 位 5 通双稳阀		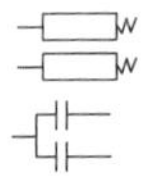

表 21-2-30　梯形图标注符号表

名　称	符号	备注
机械方式行程开关	LS	添脚注 ①如果只用到 M、LS、SH 等元件，不需要添加脚注 ②如果用到多个，则要添加脚注，如：M_1、M_2、M_3、LS_1、LS_2、LS_3 等来表示区别
手动按钮开关	PB	
手动切换开关	SL	
主动阀	M	
控制阀	R	
“或”功能阀	SH	
延时阀	TD	
气-电转换	A-E	
电-气转换	E-A	
指示灯	AL	
气动计数器	COUNT	
逆止阀	CH	
速度控制阀	SP	
快速排气阀	QE	
气缸	C	
空气处理元件	OL	
停止阀	ST	

2.3.9.2　设计流程

设有两只气缸 C_1 和 C_2，初始位于左端，其左端行程终点分别为 LS_1 和 LS_3，右端行程端点分别为 LS_2 和 LS_4。其动作要求：按下 PB 按钮，C_1 伸出；C_1 至伸出行程端点 LS_2 后，C_2 伸出；C_2 伸出至 LS_4 后，C_1 缩回；C_1 缩回至 LS_1 后，C_2 缩回；C_2 缩回至 LS_3 后停止。

设计按以下步骤进行。

① 画驱动回路。

② 画一个周期的时序图，见图 21-2-6。

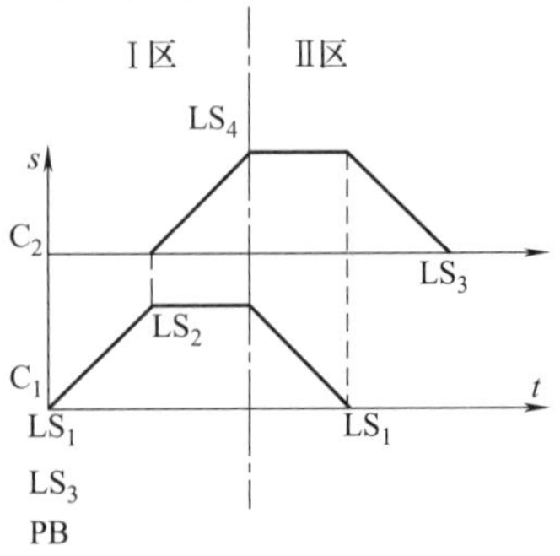

图 21-2-6　一个周期的时序图

③ 分区，$n=2$。原则：同一个执行元件的不同动作不能位于同一区内。

④ 选中继阀：$r=n-1=1$ 个。

中继阀的作用就是将 2 个分区分开，方便于设计。

⑤ 画主动作。

⑥ 补全换区条件。

⑦ 整理（行号，线号）。梯形图如图 21-2-7 所示。

⑧ 绘制气动原理图，见图 21-2-8。

2.3.9.3　基本回路

基本回路见表 21-2-31。

2.3.9.4　应用回路

在上述基本回路的基础上，增加手动、复位、急停等功能，即构成实际应用回路，增加的功能需通过相应的中继阀实现。

应用回路见表 21-2-32。

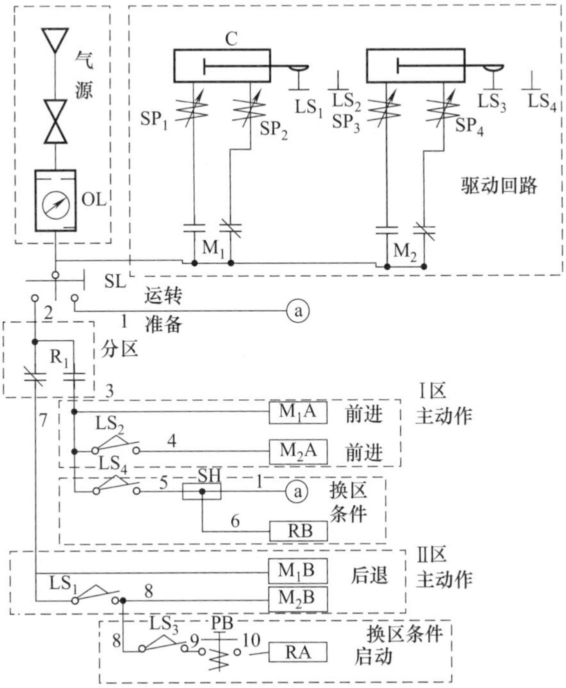

图 21-2-7　梯形图

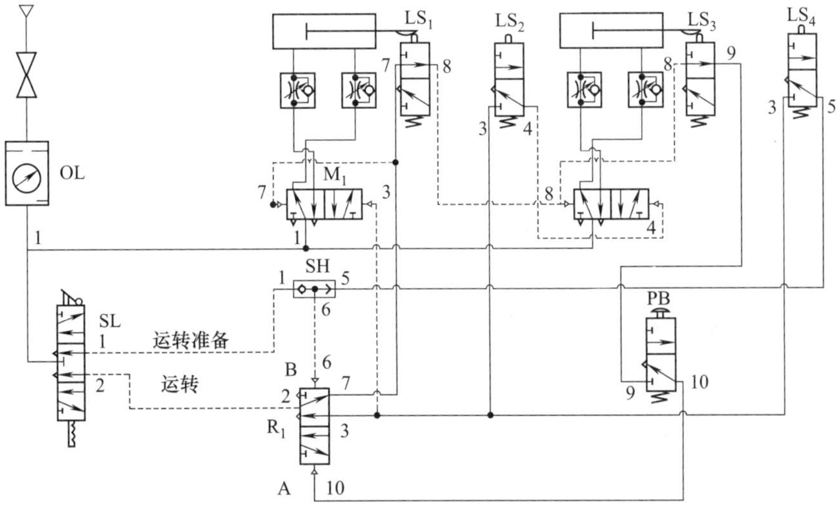

图 21-2-8　气动原理图

表 21-2-31　　基本回路

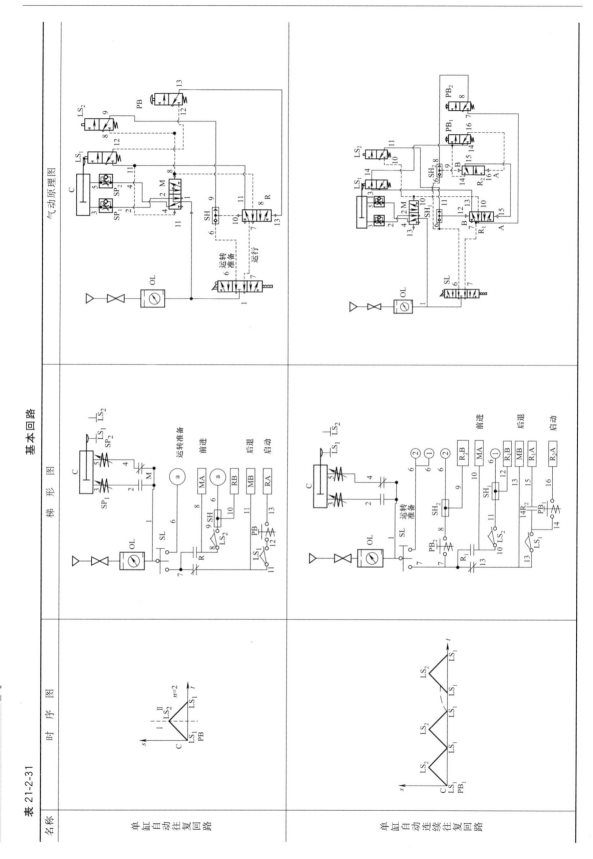

名称	时序图	梯形图	气动原理图
单缸自动往复回路	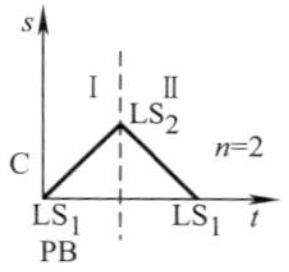	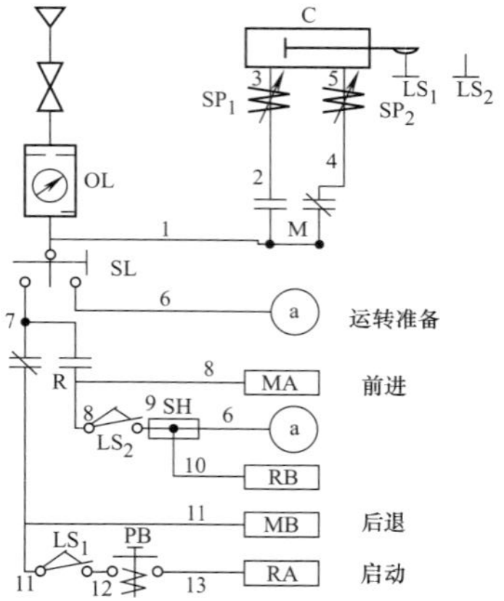	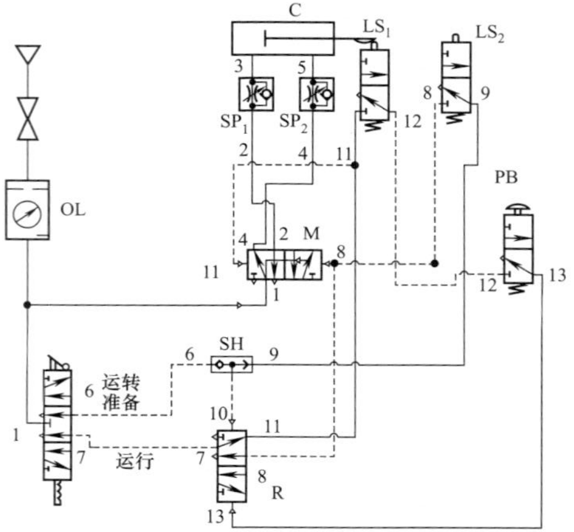
单缸自动连续往复回路	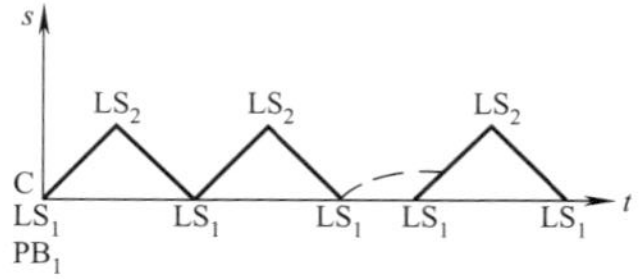	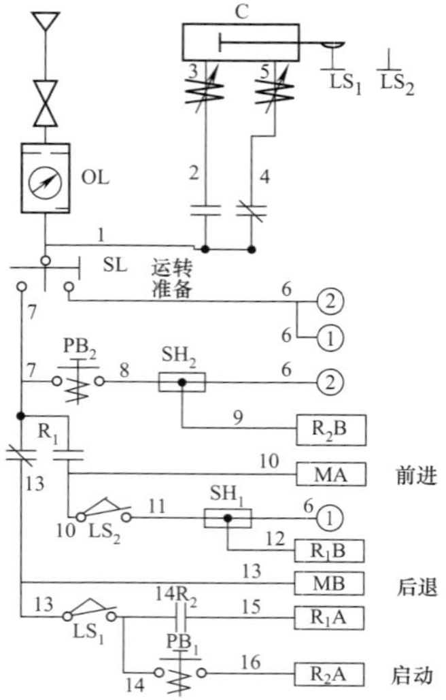	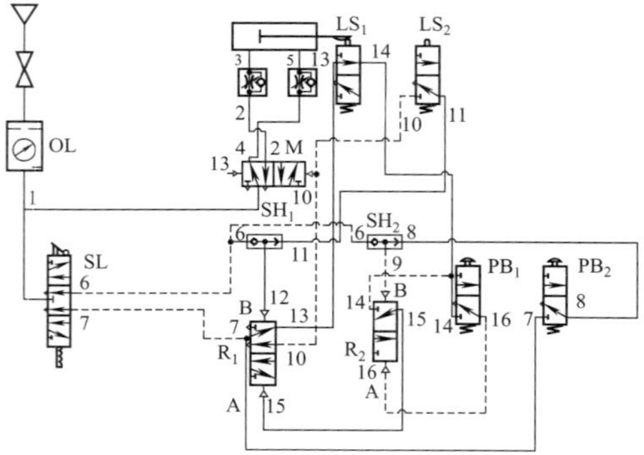

续表

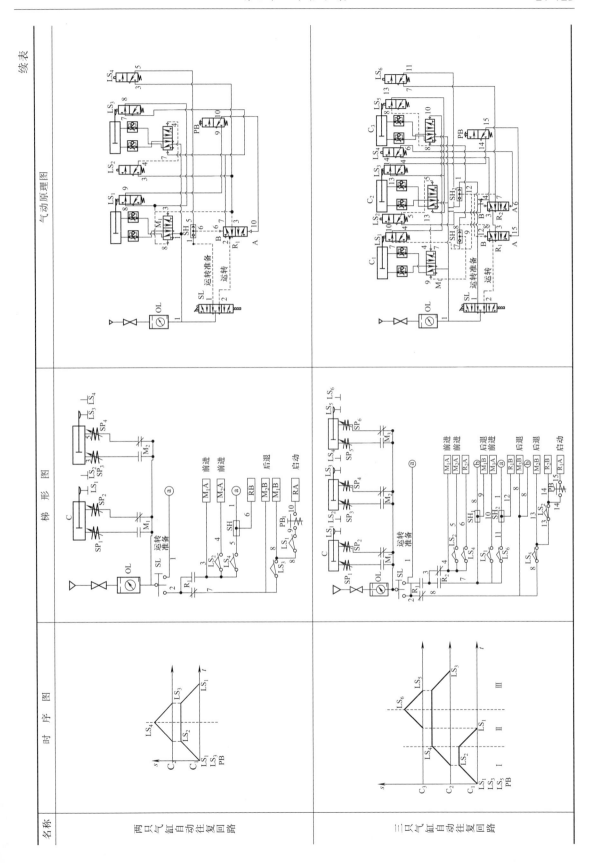

名称	时序图	梯形图	气动原理图
两只气缸自动往复回路	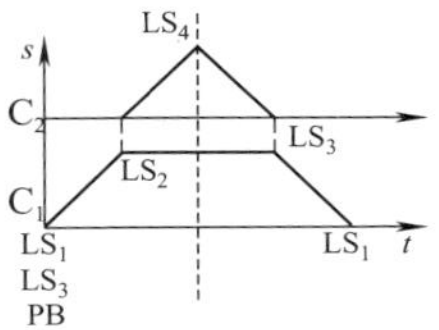	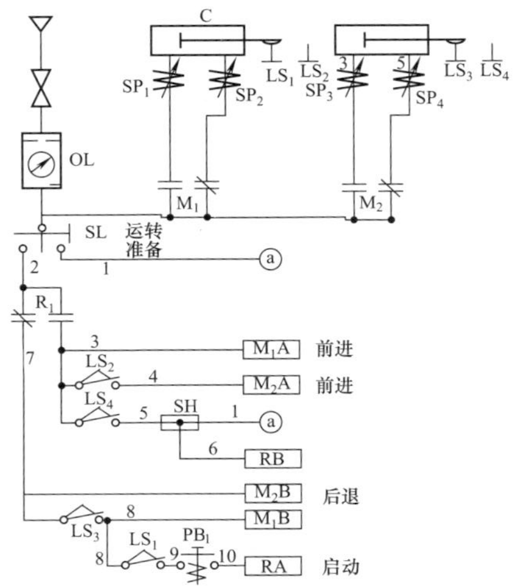	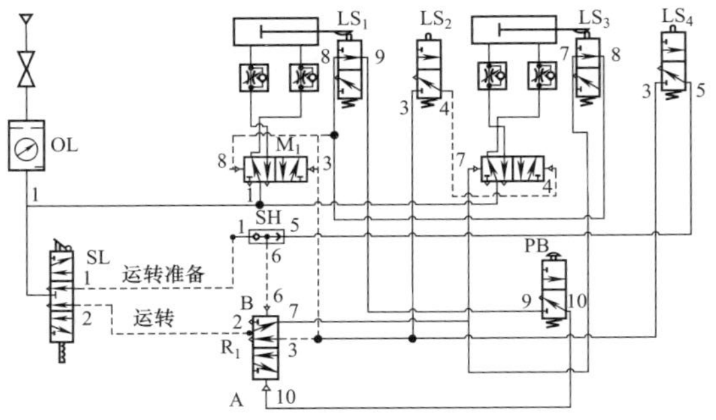
三只气缸自动往复回路	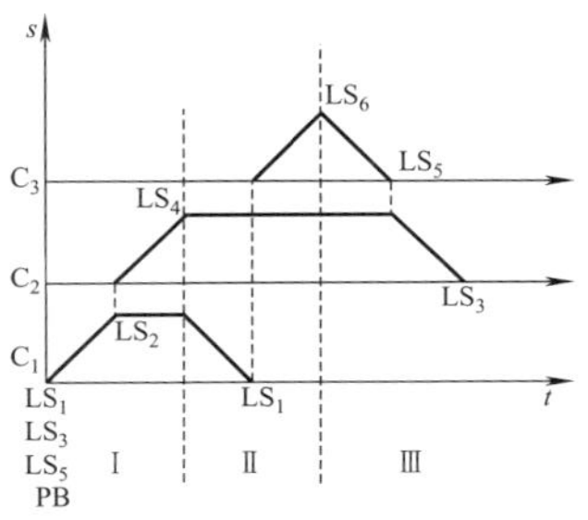	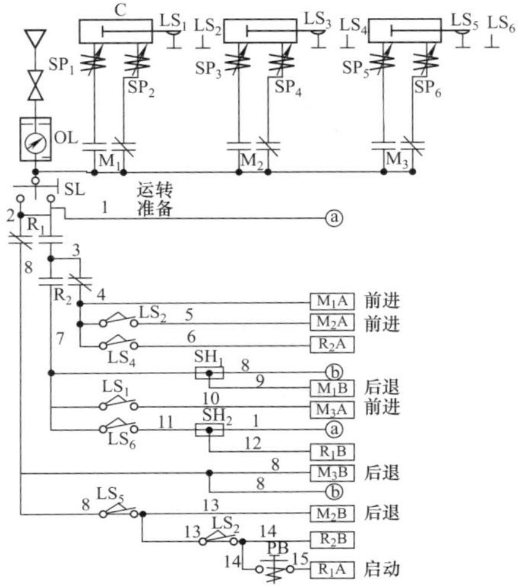	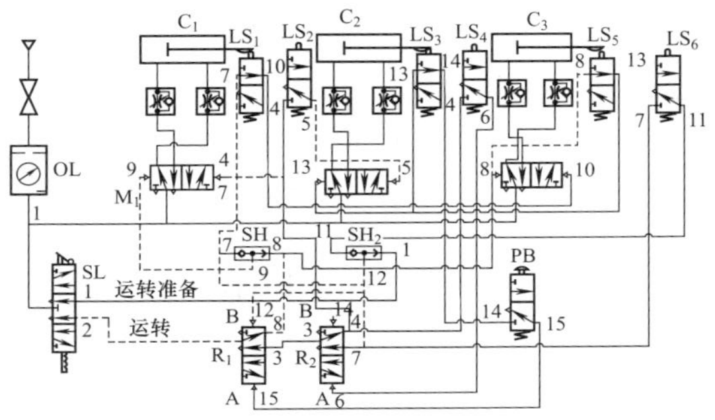

续表

名称	时序图	梯形图	气动原理图
单只气缸带延时自动往复回路	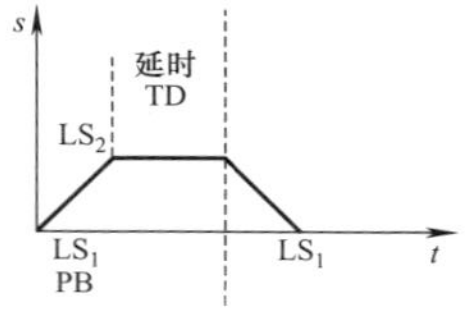	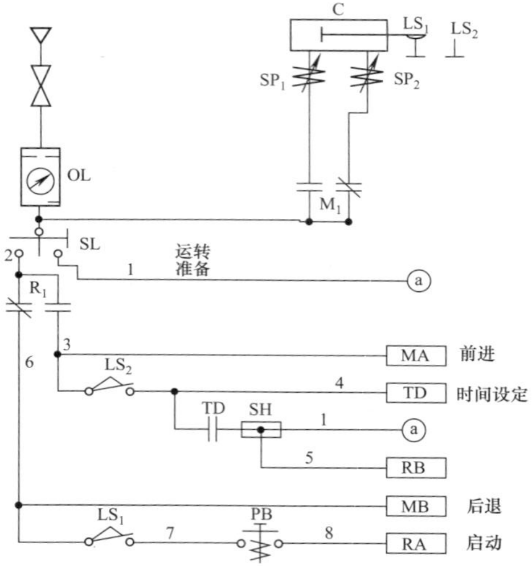	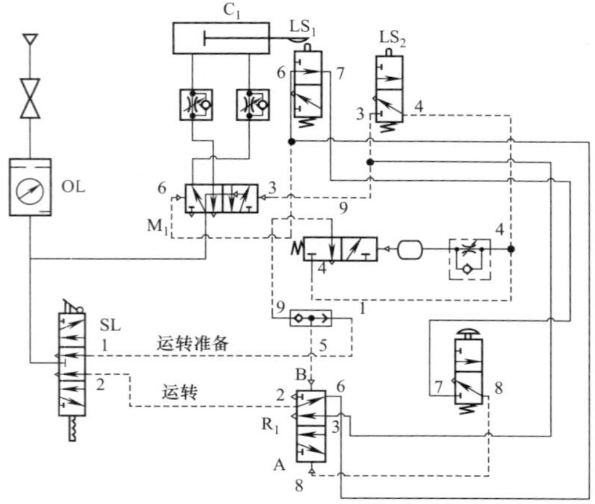
两只气缸延时自动往复回路(Ⅰ)	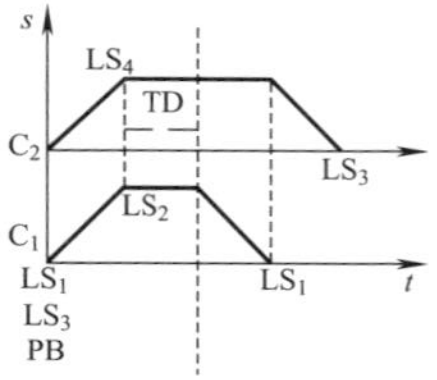	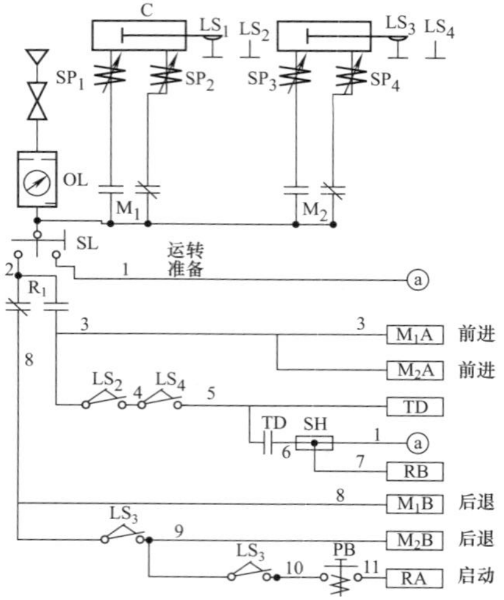	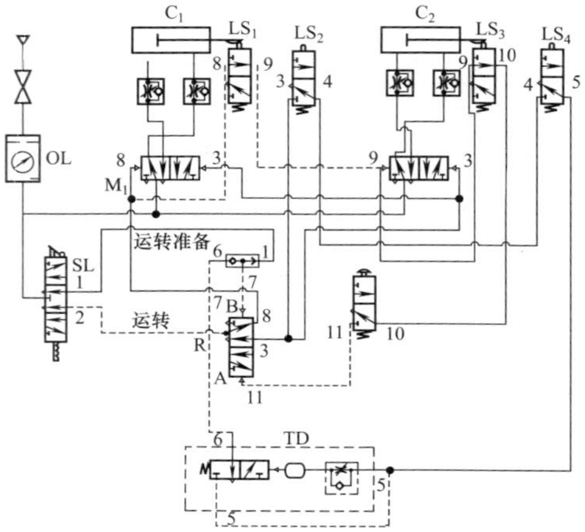

续表

名称	时序图	梯形图	气动原理图
两只气缸延时自动往复回路(Ⅱ)	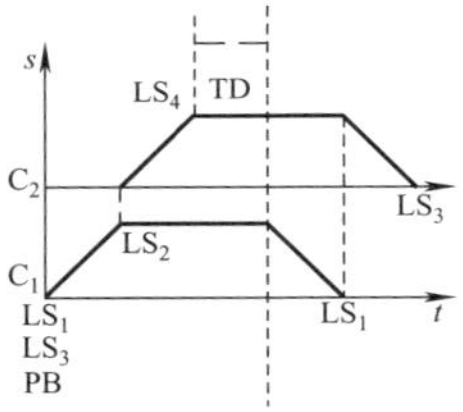	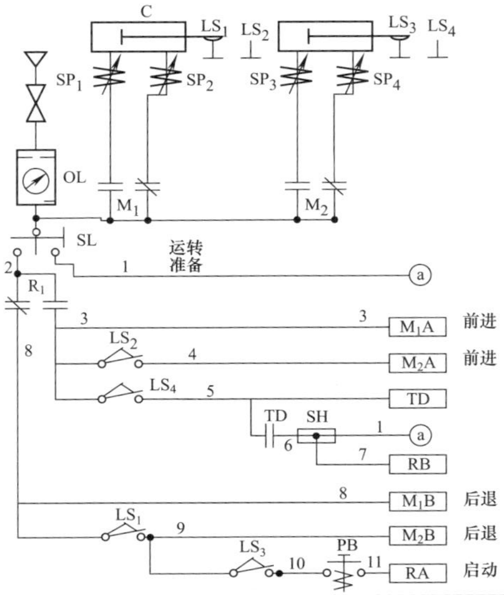	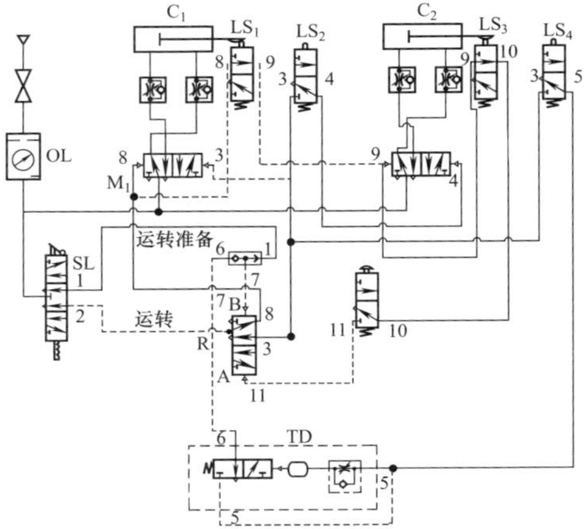
三只气缸延时自动往复回路	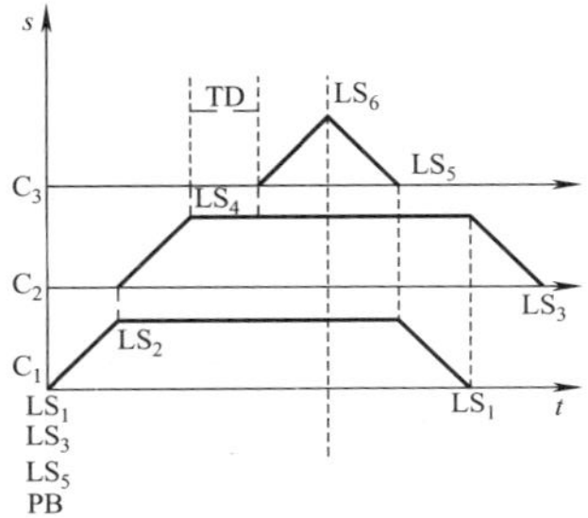	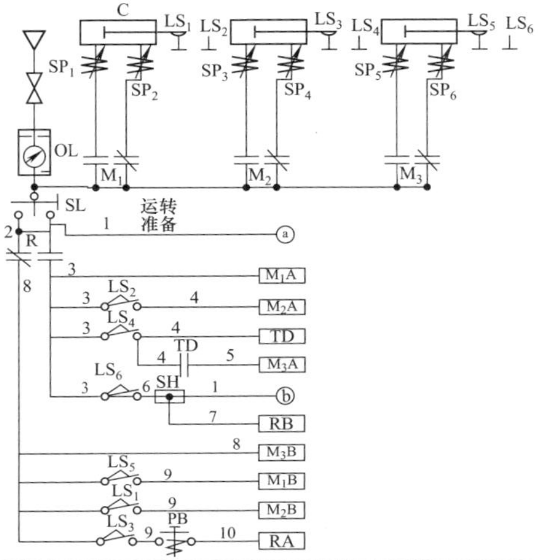	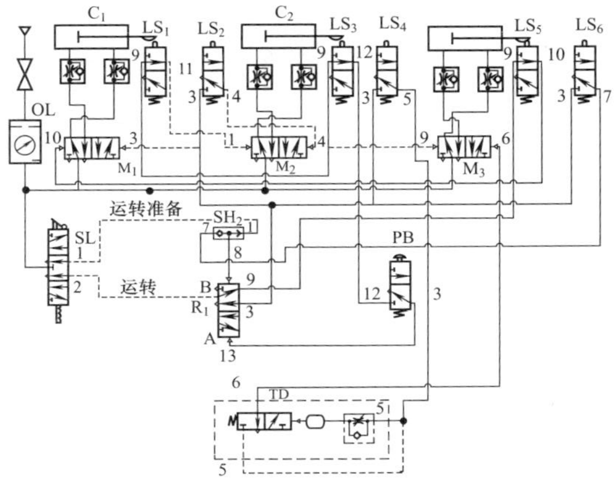

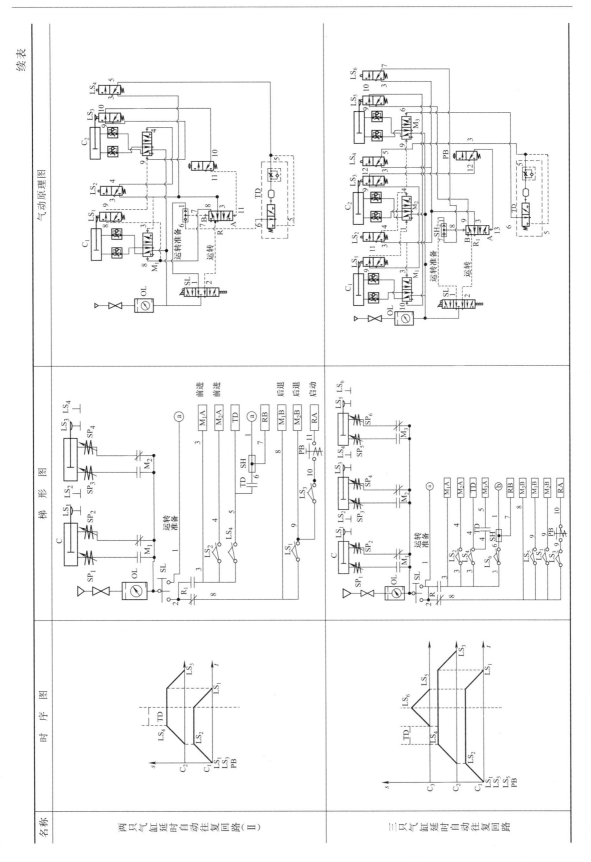

表 21-2-32 **应用回路**

名称	时序图	梯形图	气动原理图
手动回路	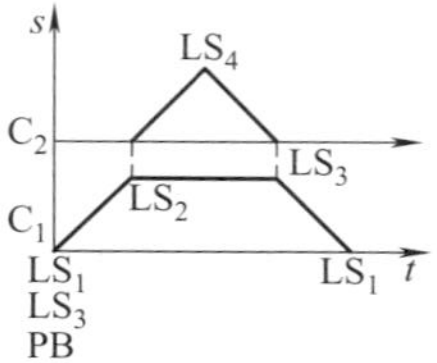 手动限制条件。必须 LS_2 压下时，才能使 C_2 前进	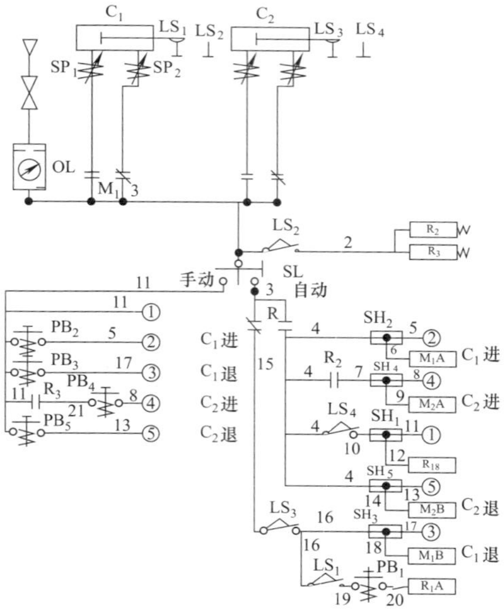 ①加手动自动切换开关 ②加 OR 阀，使对 M_1A、M_1B、M_2A、M_2B 的控制统一 ③由于有两处使用 LS_2，因此必须用扩展的办法将 LS_2 扩展成两个 R_2、R_3 ④添加运行准备	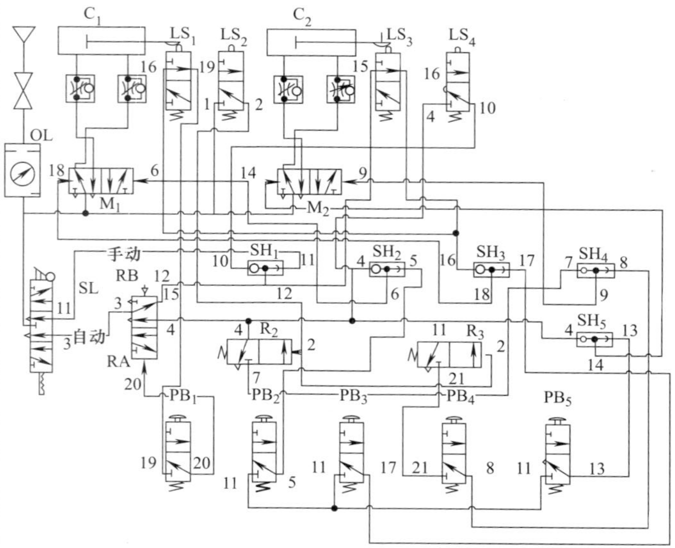

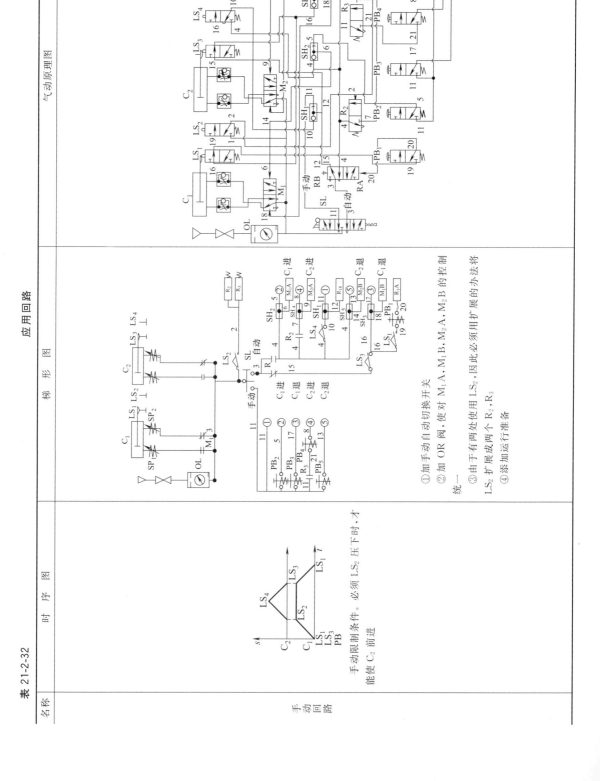

续表

名称	时序图	梯形图	气动原理图
紧急复位回路	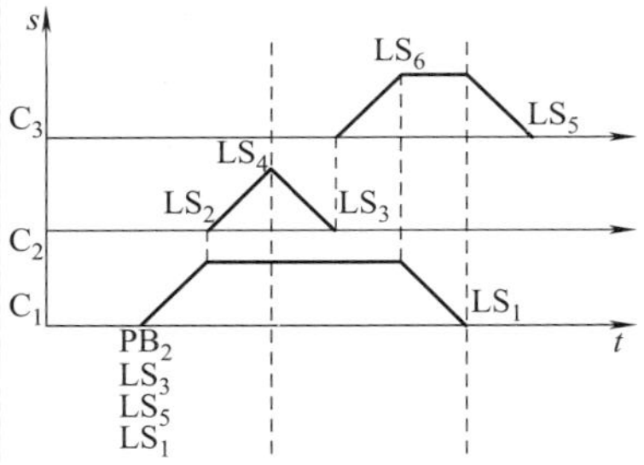	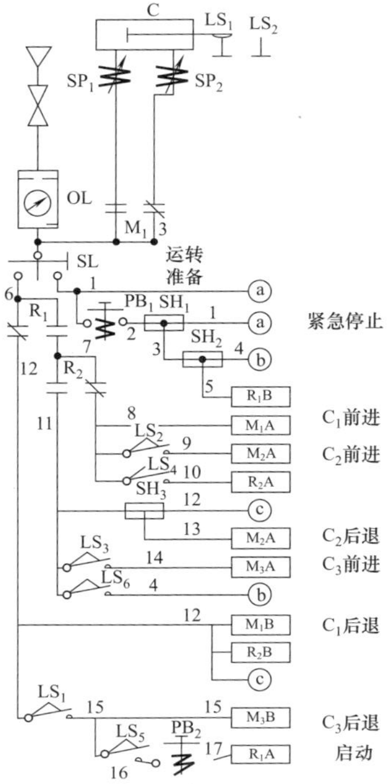	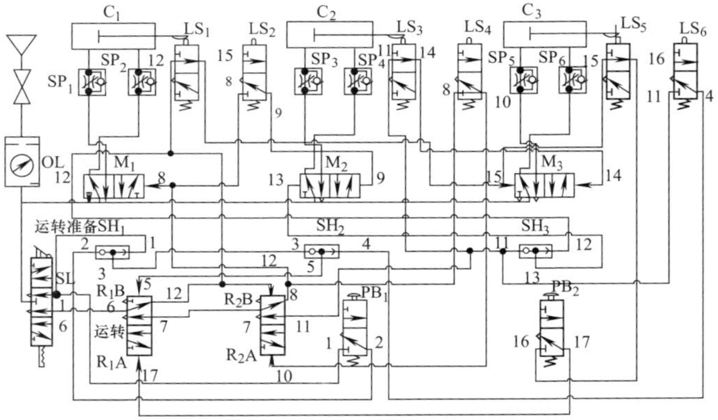

续表

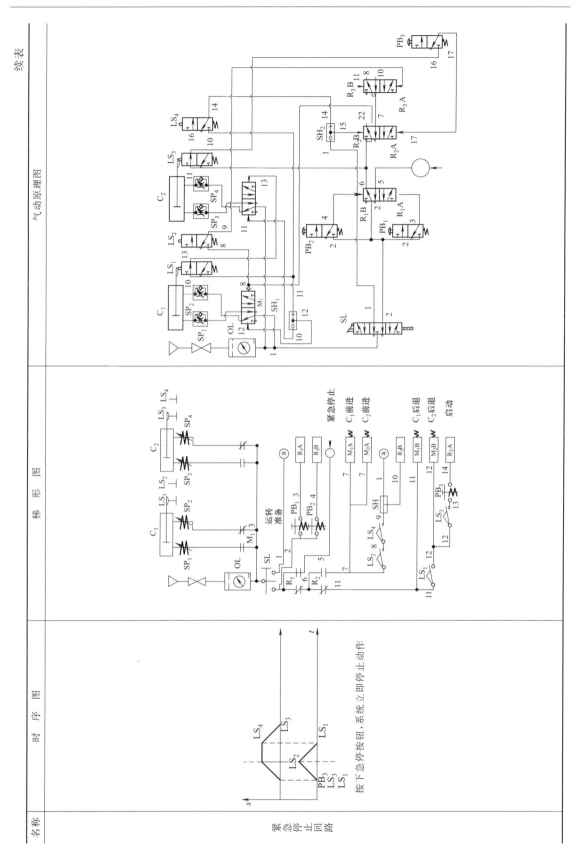

名称	时序图	梯形图	气动原理图
紧急停止回路	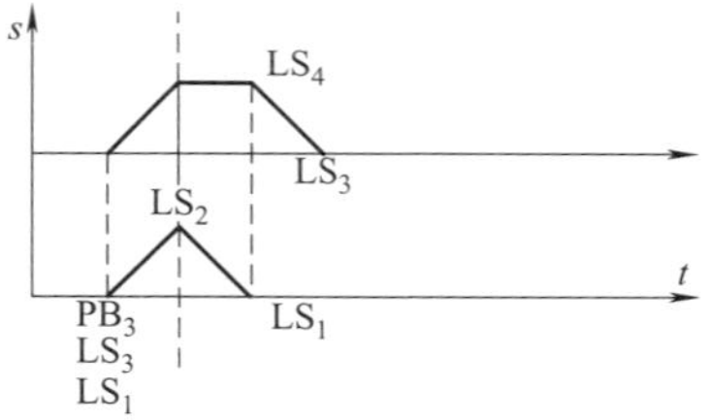 按下急停按钮，系统立即停止动作	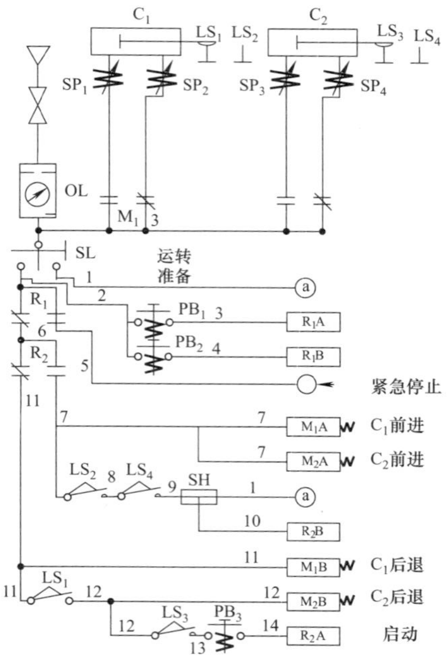	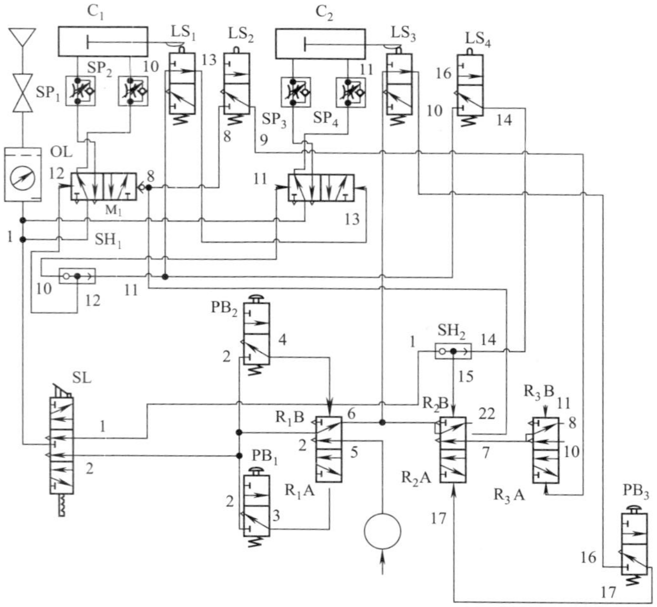

2.3.9.5 应用实例

某全气动清洗机如图 21-2-9 所示。其动作时序如图 21-2-10 所示。PB 按下，实现规定时序动作；PB_2 按下紧急复位。清洗机梯形图见图 21-2-11，气动系统原理如图 21-2-12 所示。

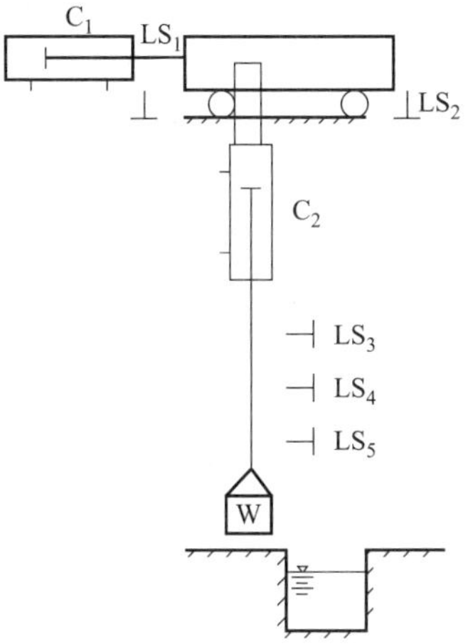

图 21-2-9 清洗机

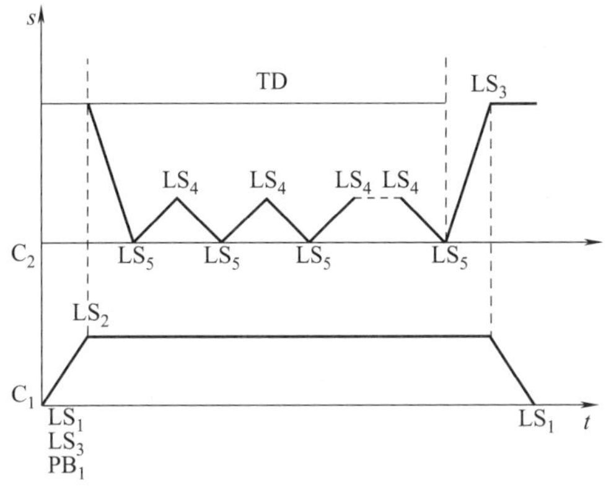

图 21-2-10 清洗机动作时序

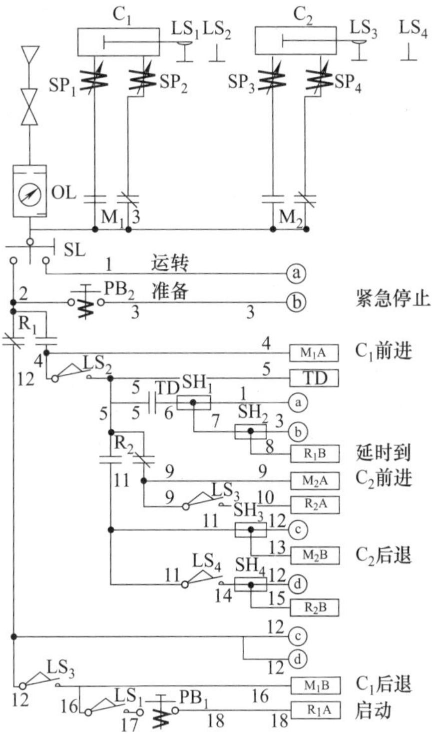

注：分成 2 级，(1) 是 2 气缸的顺序动作回路，(2) 是一个气缸的循环回路（延时决定）循环次数。

图 21-2-11 清洗机梯形图

2.3.10 计算机数字控制系统 CNC

计算机数字控制器 CNC 用于控制机床，如钻孔、切割和车床等。第一台自动化机床使用木制图案进行测量，将其形状转移到工件上，然后用一个数字模型替换木制图案，其中工件坐标以大多数二进制数字代码的形式存储。CNC 控制器的主要目的是将使用软件创建的工件的计算机模型转换为工具的运动序列。

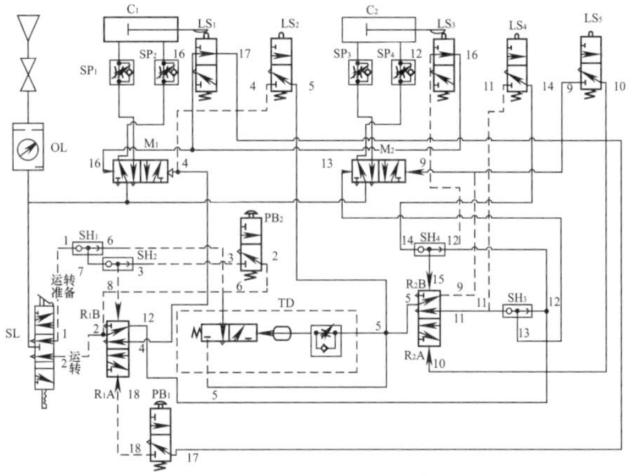

图 21-2-12 气动系统原理图

2.3.11 机器人控制系统 RC

机器人控制器 RC 专门用于控制工业机器人，其结构与 CNC 控制器类似。

2.3.12 气动非时序逻辑系统设计

由与、或、非三种基本逻辑门组成的无反馈连接的线路称为逻辑线路。非时序逻辑问题的特点是：输入变量取值是随机的，没有时间顺序。系统输出只与输入变量的组合有关，与输入变量取值的先后顺序无关。

逻辑线路的设计方法有两种，代数法和图解法(卡诺图法)。因图解法是建立在代数的理论基础上，所以两种方法实质是相同的。

代数法的设计步骤如下。

(1) 数学化实际问题，列出动作顺序表。

(2) 由动作顺序表列出输入、输出真值表，并写出逻辑函数式。

(3) 将逻辑函数式化简为最简逻辑函数式。

(4) 根据化简后的逻辑函数选取基本逻辑回路

(5) 作出气动逻辑原理图和气动回路原理图。

气动逻辑原理图的基本组成及符号以及绘制方法如下。

(1) 在逻辑原理图中，主要用“是”“与”“或”“非”和“双稳”等逻辑符号表示。注意，其中任一逻辑符号可理解为逻辑运算符号，不一定总代表某一确定的元件，这是因为逻辑图上的某逻辑符号，在气动回路原理图上可用多种方案表示。

(2) 执行元件动作的两种输出状态，如：伸出/缩回、正转/反转，由主控阀及其输出表示，而主控阀常用双控阀，具有记忆功能，可以用“双稳”逻辑符号来表示。

(3) 行程发信装置主要是行程阀，也包括外部信号输入装置，如启动阀、复位阀等。这些原始控制信号用小方框加相应的内部标注表示。

气动回路原理图是根据逻辑原理图绘制的，绘制时应注意以下几点。

(1) 要根据具体情况而选用气阀或逻辑元件。通常气阀及执行元件图形符号必须按《液压及气动图形符号》国家标准绘制。

(2) 一般规定工作程序图的最后程序终了时作为气动回路的初始位置(或静止位置)，因此，气动回路原理图上气阀的供气及进出口连接位置，应按回路初始位置的状态连接。

(3) 控制回路的连接一般用虚线表示，但对复杂的气动系统，为防止连线过乱，亦可用细实线代替虚线。

(4) “与”“或”“非”“双稳”等逻辑关系可用逻辑元件或二位换向阀来实现。行程阀与启动阀常采用二位三通阀。

(5) 在回路原理图上应写出工作程序或对操作要求的文字说明。

(6) 气动回路原理图的习惯画法：把系统中全部执行元件(如气缸、气马达等)水平排列，在执行元件的下面画上相对应的主控阀，而把行程阀直观地画在各气缸活塞杆伸缩状态对应的水平位置上。

在画气动回路原理图时要注意，无障碍的原始信号，直接与气源相接(有源元件)。有障碍的原始信号，不能直接与气源相接(无源元件)；若用辅助阀消障，则只需使它们通过辅助阀与气源串接。

最后还必须指出，以上的气动回路原理图仅是为了执行元件完成所需要的动作设计，它只是整个气动控制系统的一部分。一个完整的气动系统还应有气源装置、调速线路、手动及自动转换装置及显示装置等部分。

2.3.13 设计举例

2.3.13.1 用公式法化简逻辑函数

逻辑函数是逻辑线路的代数表示形式，可由反映实际问题的真值表得到。一般来讲逻辑表达式愈简单逻辑线路就愈简单，所需要的器件也就愈少，这样既节省了元件同时也提高了线路的可靠性。通常从逻辑问题概括出来的逻辑函数不一定是最简的，所以要求对逻辑函数进行化简，找出最简的表达式，这是逻辑设计的必需步骤，但随着计算机辅助设计软件的使用，其手工进行化简的机会正在下降，但这是一个基础。

最简的函数表达式的标准是：表达式中所含项数量最少；每项中所含变量个数最少。

公式法化简是利用逻辑函数的基本公式、定律及常用公式来对函数进行的化简方法。

对于逻辑函数的化简，除了前面介绍的应用逻辑函数代数的公式进行化简以外，还有一种通过表格的形式表示逻辑函数进而化简逻辑函数的方法——卡诺图法。它是1953年由美国工程师卡诺首先提出的。用卡诺图法不仅可以把逻辑函数表示出来，更重要的是为化简逻辑函数提供了新的途径。卡诺图是真值表的变换，它比真值表更明确地表示出逻辑函数的内在联系。使用真值表可以直接写出最简函数，避免了复杂的逻辑代数函数运算。

卡诺图：把变量的最小项按照一定的规则将其排列在方格图内所得到的图形。每一个方格填入一个最小项。n 个变量有 2^n 个最小项，对应就有 2^n 个小方格。卡诺图是一个如同救生圈状的立体图形，为了便于观察和研究，将它沿内圈剖开，然后横向切断并展开得到一个矩形图形。图21-2-13所示为自变量为2～4个的卡诺图。

这种排列方式能够让任意两个相邻小方格之间只有一个变量改变。

$B\backslash A$	$\bar{A}$	A
$\bar{B}$	$\bar{A}\bar{B}$	$A\bar{B}$
B	$\bar{A}B$	AB

(a) 2个变量

$C\backslash AB$	$\bar{A}\bar{B}$	$\bar{A}B$	AB	$A\bar{B}$
$\bar{C}$	$\bar{A}\bar{B}\bar{C}$	$\bar{A}B\bar{C}$	$AB\bar{C}$	$A\bar{B}\bar{C}$
C	$\bar{A}\bar{B}C$	$\bar{A}BC$	ABC	$A\bar{B}C$

(b) 3个变量

$CD\backslash AB$	$\bar{A}\bar{B}$	$\bar{A}B$	AB	$A\bar{B}$
$\bar{C}\bar{D}$	$\bar{A}\bar{B}\bar{C}\bar{D}$	$\bar{A}B\bar{C}\bar{D}$	$AB\bar{C}\bar{D}$	$A\bar{B}\bar{C}\bar{D}$
$\bar{C}D$	$\bar{A}\bar{B}\bar{C}D$	$\bar{A}B\bar{C}D$	$AB\bar{C}D$	$A\bar{B}\bar{C}D$
CD	$\bar{A}\bar{B}CD$	$\bar{A}BCD$	$ABCD$	$A\bar{B}CD$
$C\bar{D}$	$\bar{A}\bar{B}C\bar{D}$	$\bar{A}BC\bar{D}$	$ABC\bar{D}$	$A\bar{B}C\bar{D}$

(c) 4个变量

图 21-2-13　卡诺图

2.3.13.2　应用卡诺图化简逻辑函数

应用卡诺图化简逻辑函数时，先将逻辑式中的最小项（或逻辑真值表中取值为 1 的最小项）分别用“1”填入相应的小方格内。如果逻辑式中的最小项不全，则填写“0”或者空着不填。如果逻辑不是由最小项构成，一般应先化为最小项形式。卡诺图填写完成之后就可以进行化简进而写出最简逻辑函数式，有两种形式的最简逻辑函数，即“与-或式”和“或-与式”。

用卡诺图写最简“与-或式”的步骤如下。

① 将逻辑函数写成最小项表达式。

② 按最小项表达式填卡诺图，凡式中包含了的最小项，其对应方格填“1”，其余方格填“0”。

③ 将卡诺图上数值为“1”的相邻小格子圈在一起，相邻小方格包括同列中的最上行与最下行及同行中最左列和最右列的两个小方格。所圈取值为“1”的相邻小方格的个数应为 2 的整数倍。

④ 圈的个数应尽可能少，圈内小方格的个数应尽可能多。每圈必须包含至少一个未被圈过的取值为“1”的小方格；每个取值为“1”的小方格可被圈多次，但不能遗漏。

⑤ 相邻的两项可以消去一个因子合并为一项，相邻的四项可以消去两个因子合并为一项，以此类推，每一个圈都可以合并为一项，最小的圈可以只含一个小方格，但是不能化简。

将每一个圈化简得到的式子相加，即为所求的最简“与-或式”。卡诺图化简就是保留一个圈内的相同变量，除去不同变量。

例：设某逻辑控制系统，它由两个气动缸 A，B 及四个按钮 a，b，c，d 组成，其动作要求如下。

（1）按钮 a 接通，A 缸进，B 缸退；

（2）按钮 b 接通，B 缸进，A 缸退；

（3）按钮 c 接通，A 缸进，B 缸进；

（4）按钮 d 接通，A 缸退，B 缸退；

（5）按钮 a，b 都接通，A、B 缸都退；

（6）按钮 a，b，c，d 都不通，A、B 两缸保持原状态。

按照上述设计要求，可列出他们相互关系的真值表，如表 21-2-33 所示。

表 21-2-33　　真值表

输入				输出			
a	b	c	d	A_0	A_1	B_0	B_1
1	0	0	0	0	1	1	0
0	1	0	0	1	0	0	1
0	0	1	0	0	1	0	1
0	0	0	1	1	0	1	0
1	1	0	0	1	0	1	0
0	0	0	0	0	0	0	0

注：A_0—A 缸退；A_1—A 缸进；B_0—B 缸退；B_1—B 缸进。

由真值表可知，四个逻辑函数 A_0，A_1，B_0，B_1 都包含有四个自变量 a，b，c，d，即

$A_1=f_1$（a，b，c，d），$A_0=f_2$（a，b，c，d），$B_1=f_3$（a，b，c，d），$B_0=f_4$（a，b，c，d）。

为了利用卡诺图设计逻辑线路，先根据真值表作出卡诺图，将上表画圈分组，如图 21-2-14 所示。

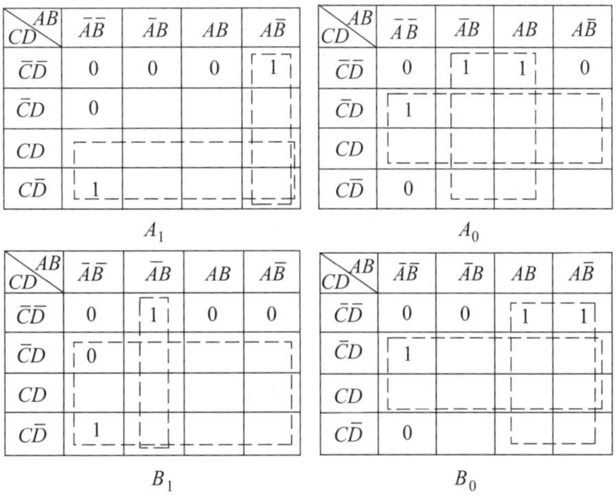

图 21-2-14　卡诺图

用“与-或”法，由卡诺图写出最简逻辑函数为

$$A_1=a\bar{b}+c$$

$$A_0=b+d$$

$$B_1=c+\bar{a}b$$

$$B_0=a+d$$

卡诺图中没有确定值的空格是生产中不出现的情况，可以任意假定。根据写出来的四个逻辑函数，可画出气动逻辑线路图，如图 21-2-15 所示。除了用气动元件组成逻辑线路外，还可用逻辑元件组成控制图如图 21-2-16 所示。

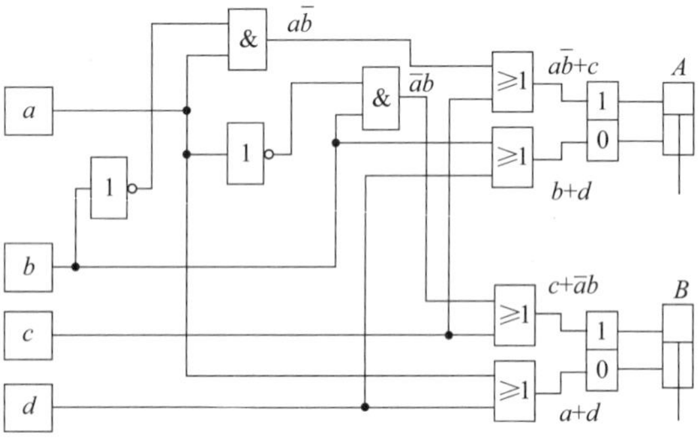

图 21-2-15　气动逻辑原理图

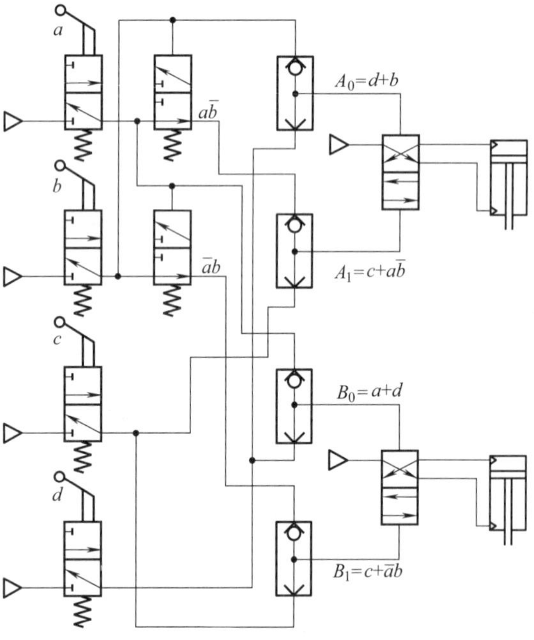

图 21-2-16　气动回路原理图

2.4　气动系统自动化

2.4.1　快速步进器

快速步进器的功能：其具有加 1 计数功能的步数指示器，指示 1～12 步。白色压力指示器用于指示输出口 Pn 是否有输出。蓝色压力指示器用于检测最后一步（输入）是否已完成。

拨动开关输出：当开关置“0”时，无输出。各控制步进动作可手动完成，且只有所选择的那步动作。当开关置“1”时，动作的输出口供有压力。

按钮 MAN. STEP（微动开关）：前进到下一步或选择步进动作。

MAN/P 口：当无辅助操作器时，此口用作控制口“P”。控制信号也可来自外部预置的 MAN。

安全性：当 L（复位）被驱动时，步数指示器跳至最后一步（12）。对于控制受阻时，这点十分重要。快速步进器还具有保护功能，只有当“AUTO”口有一持续的信号时，它才会动作。当“AUTO”有信号时，手动单步控制被锁住，输出不能预选，这样确保自动操作时没有手动干涉。同一时间内只有一个输出口供有压缩空气，其他输出口都处于排气状态。

0 位：指示器直接显示系统的信号发生器的初始位置。

复位：在手动复位时，设定快速步进器的第 12 步为初始位置。

启动按钮：用于启动步进器。

自动/手动选择开关：在手动模式下，启动步进模块。

停止按钮：用于停止循环动作，下一步不再执行。

连续/单循环选择开关：控制器工作时，如果选择开关从连续循环拨至单循环，或从连续循环拨至单循环再拨回连续循环，那么执行完最后一步后，将结束该循环（循环结束后停止）。

控制应用举例：图 21-2-17 所示为初始位置。

2.4.1.1　双手控制模块

功能参见图 21-2-18。该双手启动 ZSB 气动控制模块用于手动启动操作（例如触发气缸），否则将会对机器操作员或其他设备造成危险，当启动一台机器时机器操作员必须双手一起使用使双手离开危险区域。即，如果通过三位两通按钮换向阀同时产生气动压力到 ZSB 的两个入口端口 I_1 和 I_2，两个输入信号发出的时间间隔最大应该在 0.5s 范围内，ZSB 才会切换。如果两个按钮阀同时启动，在 ZSB 端口 2 就会有输出信号。释放一个或两个按钮则立即中断压缩空气流动，并且 ZSB 的出口 2 变为非加压的端口，系统会从端口 2 经端口 3 排气。

注意：安装用双手控制模块的两个按钮换向阀时，应确保其不能用一只手同时按下两个启动按钮，例如不能用一只胳膊的手和手肘同时按下 2 个按钮阀。如有必要，按钮阀应该安装附加的护板。

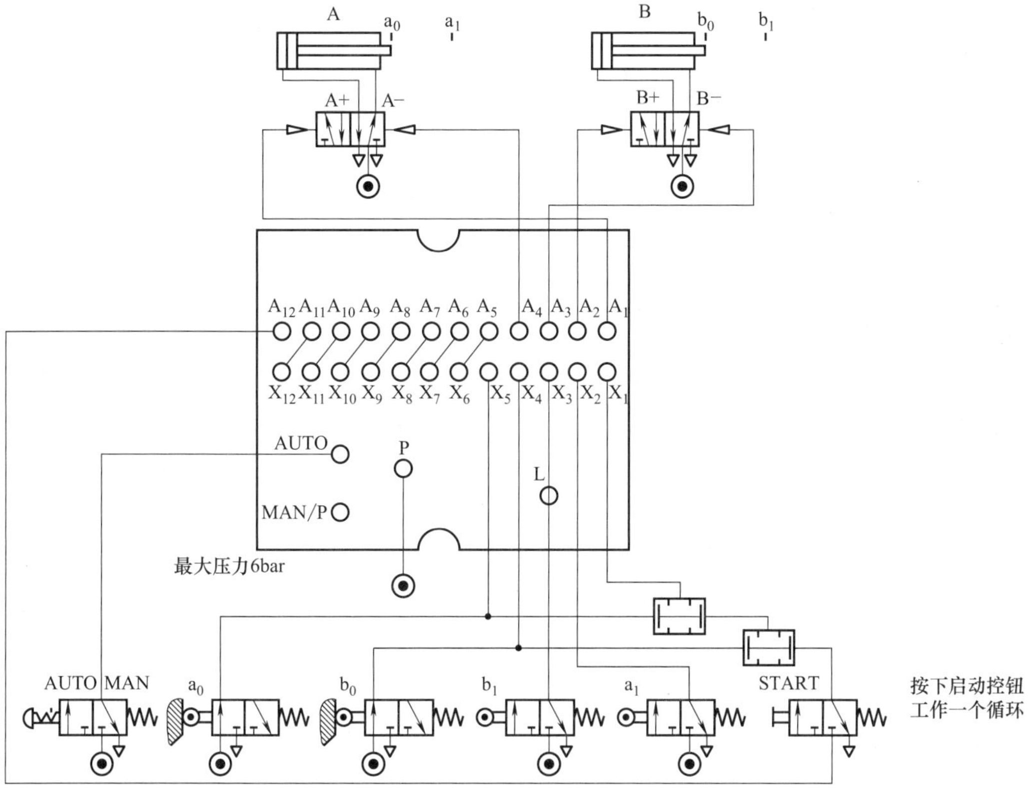

图 21-2-17　快速步进器应用

P—进气口；AUTO—启动信号；L—复位信号；MAN/P—控制口（不用辅助操作器时）；

X_1～X_2—输入口；A_1～A_{12}—输出口

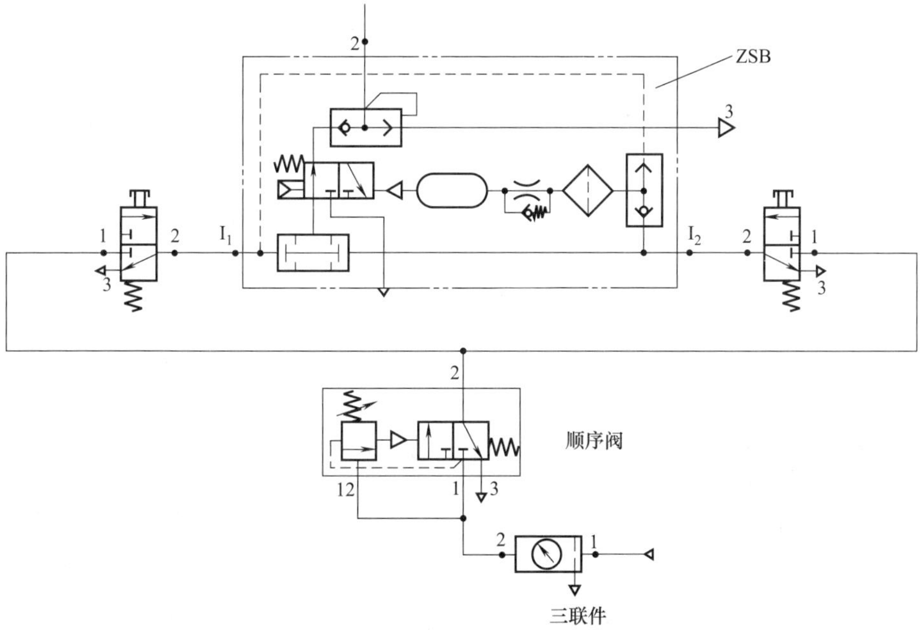

图 21-2-18　双手控制模块应用

2.4.1.2　气动计数器

计数器是进行计数控制的电气组件，其作动方式有电磁式或电子式，但如依其功能可区分为积算式计数器与预设式计数器。

(1) 积算式计数器（MC计数器）　如图21-2-19所示，当线圈流过电流时产生电磁力，吸引电枢的衔铁，使数字车作一个回转，并将数字以累计方式表现出来。

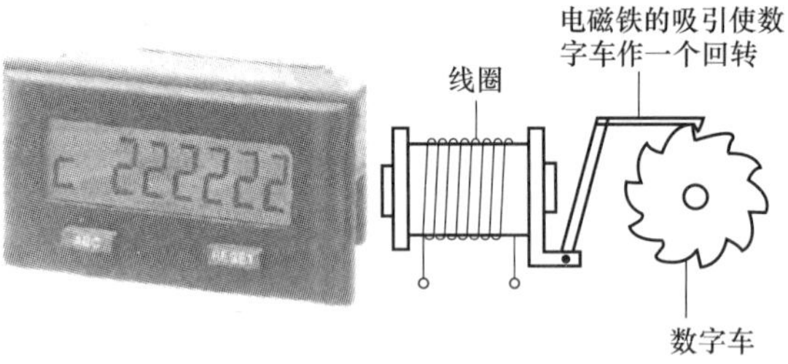

图21-2-19　积算式计数器的外观及内部结构

(2) 预设式计数器（PMC计数器）　如图21-2-20所示，此种计数器由计数线圈、复置线圈及微动开关所构成。依技术方式的不同可区分为两种：减法式PMC计数器；加法式PMC计数器。

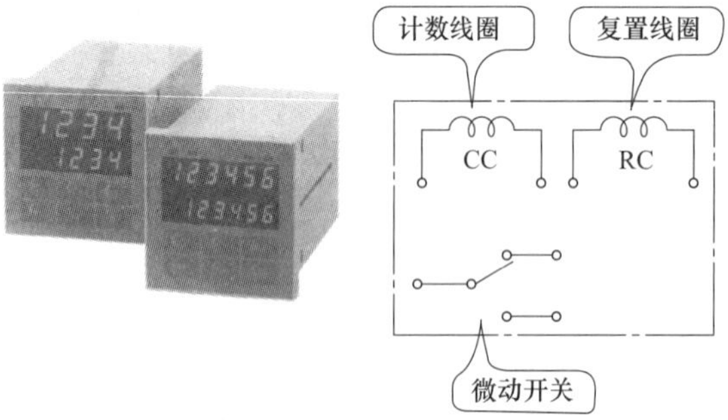

图21-2-20　预设式计数器

加法计数器有6位数字显示和计数功能，即把输入信号累加。当计数器复位时，显示数字“000 000”。每个气动信号先使计数器增加半步，显示一半数字，当信号完成时，显示另一半数字（数字显示完整）。

计数器可通过手控按钮复位，也可通过气动信号复位，在复位过程中，停止计数和显示。

加法计数器的计数频率如图21-2-21所示。

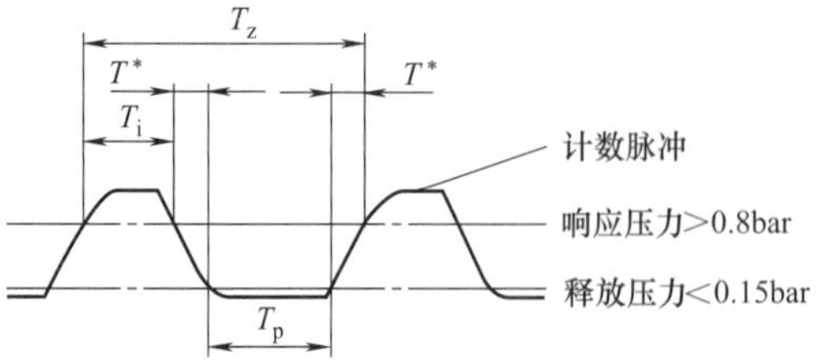

图21-2-21　加法计数器的计数频率

图中，最大脉冲频率$=1/T_z$

$$T_z=T_i+T_p+T^*$$

式中　T_i——最小脉冲长度；

T_p——最小脉冲间隔；

T_z——计数器脉冲周期；

T^*——与压力和气管长度有关（具体数据由经验确定）。

• 间歇工作方式：计数器采用非连续工作方式。计数频率恒定（可为高频），计数到零后复位。

• 连续工作方式：计数器以恒定频率连续工作。计数脉冲间距离大于所需的复位时间。

2.4.1.3　气动定时器

① 数字计时器。将一个气动时间脉冲发生器和一个具有固定预选值的可调式计数器集成在一起的装置。其可以将精确的时间延迟设置为1～999s或1～99999min。

所经过的秒数或分钟数显示在计数器窗口中（加法计数模式）。预选时间在预选窗口中不断显示。

当达到预选时间时，如果在P处有压缩空气，则在A处产生输出信号。输出信号一直保持到定时器由Y处的信号复位，其原理参见图21-2-22。

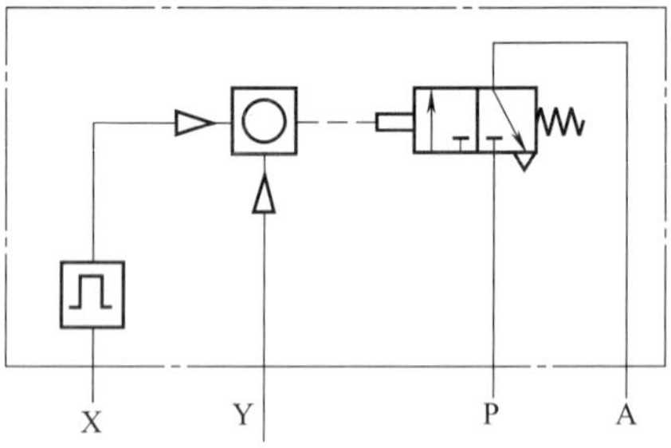

图21-2-22　气动定时器

P—气源；A—输出；X—先导信号；Y—复位信号

键入期望值时按下锁定按钮可预选时间。定时器重置时，预定时间设置将被保留。在定时器运行时可以更改设置。

脉冲发生器由X处的气动信号启动。一台气缸卷绕一台机械计时器，时间为1s或1min，可以通过复位按钮或Y口的气动信号进行复位。

定时器也可以通过复位模块上的手动按钮复位。复位模块使自动重复延时控制变得容易。定时器符号见图21-2-23。

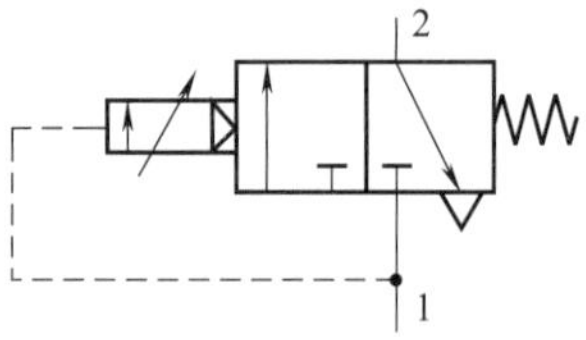

图21-2-23　气动定时器符号

复位器符号见图 21-2-24。

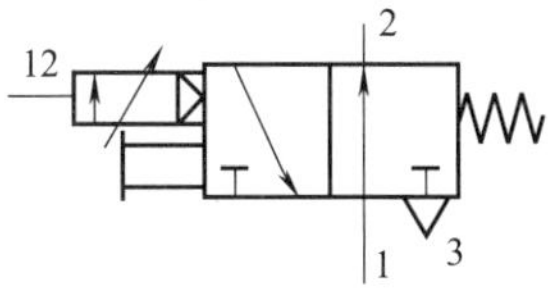

图 21-2-24　气动复位器符号

应用举例见图 21-2-25。

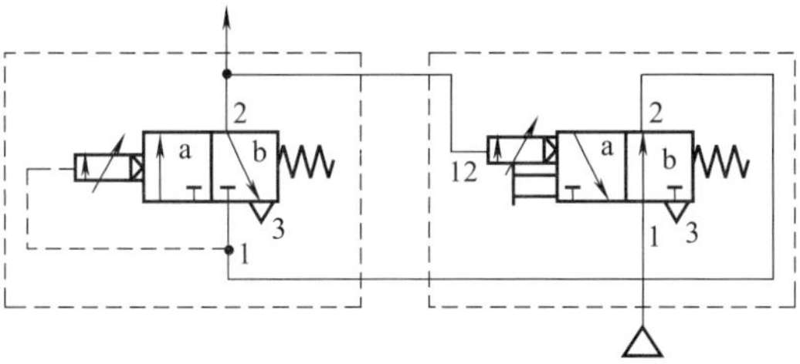

图 21-2-25　气动定时器应用举例
1—进气口；2—工作或输出口；3—排气口；12—先导气口

② 电子式定时器。定时器与继电器同样是由驱动部（线圈）和接点部所构成，所不同的是它的接点具有时间差的关闭动作。

当电源输入定时器时，依其输出接点动作形式不同，可分为下列两种。

• 限时动作型（又称通路延迟定时器）。当接通电源后经过一段设定时间 t，接点才产生开闭之动作，而当切断电源瞬间接点又复归原状，其符号及时序图如图 21-2-26 所示。

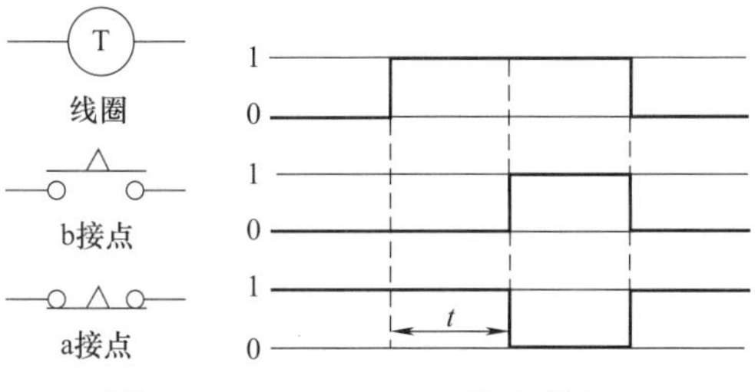

(a) 符号　(b) 时序图

图 21-2-26　电子定时器

• 限时复归型（又称断路延迟定时器）。当切断电源后经过一段设定时间，接点才复归原状，其符号及时序图如图 21-2-27 所示。

2.4.1.4　电气计数器

电气计数器 CCES 可以与接近传感器结合，用来计算气缸执行的开关周期的数值。推荐的接近传感器为 SME/SMT2。

特征：8 位 LCD 显示屏，自备电源，用于前面

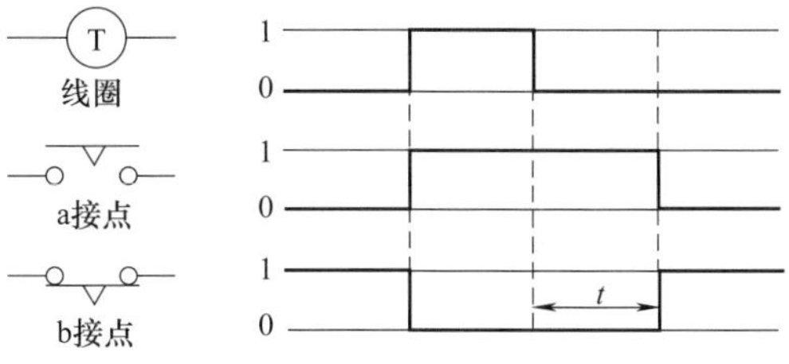

(a) 符号　(b) 时序图

图 21-2-27　断路延时定时器

板安装设计，通过端子排连接，复位按钮，8 位数显示。

复位方法：按钮或电信号；最小驱动器的脉冲宽度：15ms；最小脉冲复位长度：15ms。使用时应注意以下：接近传感器 SME 可以作为 2 线开关连接到加法计数器，不需额外的电源；如果使用其他接近传感器，则需要额外的电源，加法计数器的时钟脉冲输入必须从 NPN 重新编程为 PNP；长于 3m 的电缆必须使用屏蔽电缆；最大允许电缆长度为 30m。

2.4.1.5　差压调节器

差压调节器是由两个膜盒腔组成，两个腔体分别由两片密封膜片和一片感差压膜片密封。高压和低压分别进入差压控制器的高压腔和低压腔，让差压控制器本身感受到的差值，导致膜片形变，通过顶杆弹簧等机械结构，最终启动最上端的微动开关，使电信号输出。纯触点的形式的直接通过顶杆或者弹簧并使开关接通或闭合，这种结构精度误差较大，需要长期调试维护。差压控制器的感压元件不同分为膜片和波纹管式，性能特点亦不同。微差压控制器可做到最低 300Pa 的测量范围。差压控制器可采用多种传感器，如波纹管式的传感器、膜片式传感器，可用于气体、液体等介质。调节器的设定值可调，工作压力范围和调节范围依产品不同而定。差压调节器灵敏度高，控制值低，切换差小。

2.4.1.6　气动继电器

喷嘴挡板放大器的主要限制是空气处理能力有限。所获得的空气压力的变化应用有限，除非空气处理能力增加。空气继电器在挡板喷嘴放大器之后使用，以增加待处理的空气量。空气继电器的工作原理可以用图 21-2-28 所示的原理图来解释。由图可以看出，空气继电器直接连接到气源（中间没有阻尼孔口）。喷嘴挡板放大器（p_2）的输出压力连接到空气继电器的下部腔室，其顶部具有膜片。压力 p_2 的变化引起膜片的运动（y）。膜片顶部固定有一个双座

阀。当喷嘴压力 p_2 由于 x_i 的减少而增加时，膜片向上移动，阻塞排气管路，并在输出压力管路和供气压力管路之间形成一个管口，更多的空气流向输出管路，空气压力增加。当 p_2 减小时，膜片向下移动，从而阻塞空气气源管路并将输出端口连接到排气口，气压会下降。

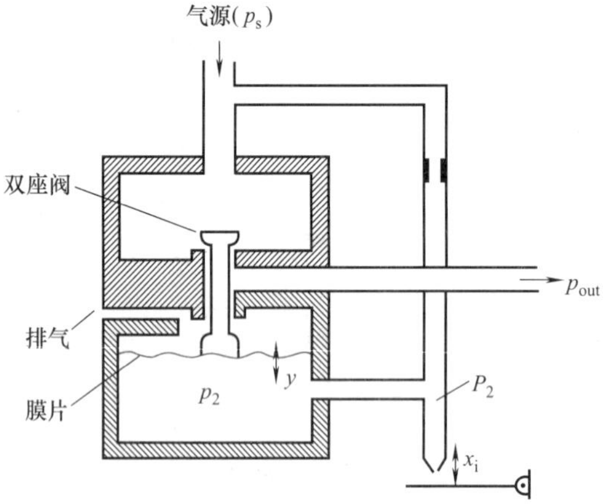

图 21-2-28 空气继电器

2.4.1.7 单喷嘴挡板放大器

气动控制系统使用空气。信号以可变气压（通常在 0.2～1.0bar 范围内）的形式传输，从而启动控制动作。挡板喷嘴放大器是气动控制系统的基本组成部分。它将非常小的位移信号（微米级）转换为空气压力的变化。喷嘴挡板气动放大器的基本结构如图 21-2-29所示

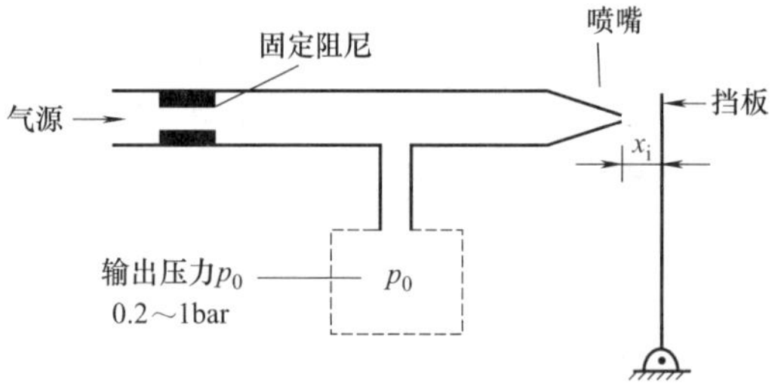

图 21-2-29 喷嘴挡板气动放大器的基本结构

2.4.2 伺服定位系统

2.4.2.1 带有位移传感器的驱动器

直线驱动器用于驱动过程阀，例如过程自动化系统中的闸板阀和开关阀。直线驱动器通常带有集成位移编码器（电位计），带集成定位控制器和阀模块的产品已上市。该产品所集成的定位控制器可检测活塞杆在有效行程范围内的位置。该驱动器出厂时设置了安全位置，以防止工作电压或模拟量设定值超出而出现故障。通过模拟量设定点的信号（4～20 mA）来设定位置，例如通过 PLC/IPC 主站设定或通过外部设定点发生器进行现场手动设定。使用集成的流量调节螺钉可调整行程速度。

对于 P 接口类型，电接口和气接口都有坚固的法兰式插座保护，以免受到外部机械影响，对于 ND2P-E-P 派生型，位移编码器以电压形式（分压器）产生一个与位移量成正比的模拟量信号，这个模拟量信号可以传送到外部的位置控制器作进一步处理。

该驱动器适用于：水处理系统、污水处理系统、工业用水系统、工艺用水系统、筒仓和散货系统等。

2.4.2.2 轴控制器

定位和软停止应用，可作为阀岛的集成功能部件——针对分散式自动化任务的模块化外围系统。其模块化的设计结构意味着阀、数字式输入和输出、定位模块以及端位控制器都能按照实际的应用需求以任何方式组合在阀岛终端上。

优点：

- 气和电的组合——控制和定位在同一个平台上；
- 创新的定位技术——带活塞杆的驱动器、无活塞杆的驱动器以及摆动驱动器；
- 通过现场总线进行驱动；
- 远程维护，远程诊断，网络服务器，SMS 和 e-mail 报警都可以通过 TCP/IP 来实现；
- 不需更换线路，就可进行模块的快速更换和扩充。

2.4.3 抓取系统

2.4.3.1 抓取模块

抓取系统主要由抓取模块构成，抓取模块是新一代功能模块，用于在极其有限的空间内实现自动输、进料和移料，这些功能通过导向摆动和直线运动顺序来实现。无回转间隙的导轨带有循环滚珠轴承元件，确保了高精度和高刚性。与摆动气缸和沟槽导向系统可组合成紧凑的单元，用于工作角度为 90°的完整的抓放循环，用于有效负载，最高可达 1.6kgf。具有结构紧凑、循环时间短、成本优化、调试简单、角度和行程调节、可有等待位置、无设计规划费用等特点。图 21-2-30 为一使用抓取系统从选抓分度台抓取工件至传送带的实例。

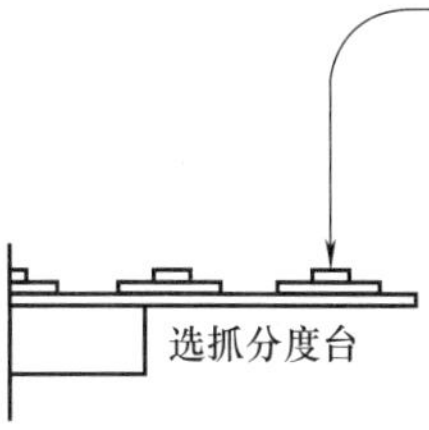

图 21-2-30 抓取系统

2.4.3.2 笛卡儿系统

单轴系统是用于任意单轴运动的单轴模块，适用于长门架行程和重负载，具有机械刚性高、结构坚固的特点，采用可靠的驱动器/直线轴。

直线门架由多个轴模块组合而成，用于二维空间运动，适用于长门架行程和重负载，机械刚性高，结构坚固，经常用于进给或加载应用。

三维门架由多个轴模块构成，用于三位空间运动，可通用于抓取从轻到重的工件或有效负载，特别适用于非常长的行程。其机械刚性高，结构坚固，气动和电驱动元件可自由组合，可用作电驱动解决方案，可自由定位/任意中间位置。应用范围：三维空间内的任意运动以及对于精度有高要求和/或工件重且行程长的任务。三维门架结构图参见图 21-2-31。

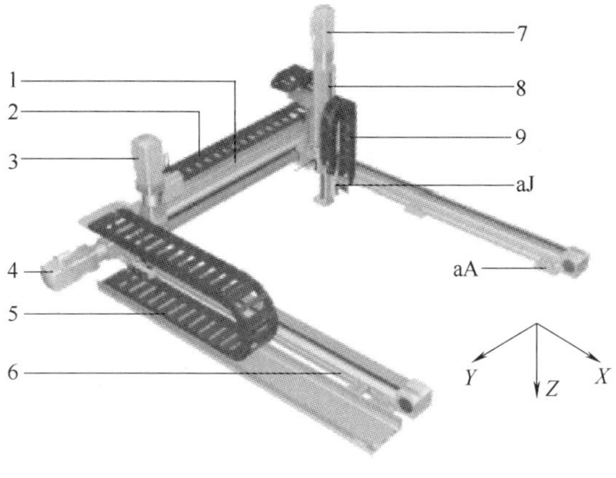

图 21-2-31 三维门架结构图

1—Y 轴；2—拖链（用于 Y 模块）；3—伺服电机（用于 Y 模块）；4—伺服电机（用于 X 模块）；5—拖链（用于 X 模块）；6—X 轴；7—伺服电机（用于 Z 模块）；8—Z 轴；9—拖链（用于 Y 模块）；aJ—多针插头分配器（统一传输电信号，如终端位置感测）；aA—型材安装/调节组件

X 模块由两条平行的齿型带式电缸组成，通过连接轴连接由伺服电机驱动。连接件安装在 X 轴上，来连接 Y 模块。Y 模块由直线轴构成，通过伺服电机驱动。连接件安装在 Y 轴滑块上，用于连接 Z 模块。Z 模块由电缸组成，拖链安装作为电缆导向。

2.4.3.3 平行运动系统

平行运动系统主要由三角运动装置组成，是一高速抓取装置，可在三维空间内自由运动，运动和定位的精度高，动态响应性能优异，最大抓取速度可达 150 次/分。该装置机械结构刚性高，移动负载轻，所以这种金字塔结构平行运动机器人的速度最多可达到笛卡儿系统的 3 倍。三组双连杆让前端单元总是保持水平。电缸和伺服电机不会跟着前端单元移动。三角运动装置最大抓取负载可达 5kgf。典型的应用场合包括：小零件抓放、涂胶、贴标、堆码、分拣、分组、重置和分离。

平行运动结构和笛卡儿系统相比较：平行运动机器人移动负载轻，非常适用于对三维空间内动态响应有高要求的场合；路径精度高，具有一系列路径曲线程序，甚至可用于动态要求非常高的工作，工作空间直径最大可达 1200mm，参见图 21-2-32。

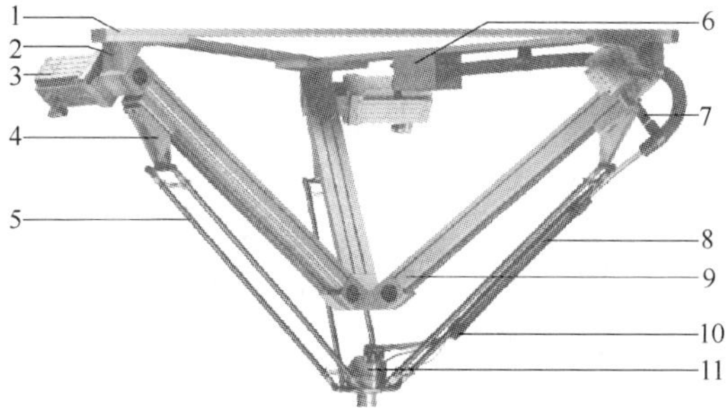

图 21-2-32 平行运动系统

1—安装框架；2—安装支架（用于齿形带式电缸）；3—电机；4—连接模块；5—杆组；6—接口壳体；7—角度组件；8—保护管；9—齿形带；10—气管支架；11—前端单元（用于连接爪手等）

2.4.3.4 控制器

模块化控制器功能多样，控制器设计用作主控制器和运动控制器，是一款强大的控制单元，不仅可以执行复杂的 PLC 指令，同时还能执行带插值的多轴运动。模块化的结构可以满足各种应用要求。模块化结构具有高密度的元件，易于使用，且可以安装在 H 型导轨上。控制电缸灵活调试、编程和检修简单，通过 SoftMotion 模块，CoDeSys 软件提供了强大的编程环境，通过 CANopen 现场总线来控制电缸。同时，还可提供模块库、配置工具以及驱动程序。编程符合 IEC 61131-3 标准，这意味着 CECX 具有一定灵活性，对所有类型控制任务开放。多种通信模块（Profibus，CANopen，Ethernet）确保了与其他系统

的兼容性。可靠产品特性，采用标准硬件和 CoDeSys 标准软件。有两种类型：模块化主控器，带 CoDeSys；运动控制器，带 CoDeSys 和 SoftMotion。配置方便，自动模块检测、搜索功能，用于搜寻网络中的控制器，DHCP 兼容，项目通信设置自动传输模块选择，CPU 单元可选模块输入/输出模块通信模块：Power PC 400 MHz，Ethernet 接口，CAN 总线接口，RS485 接口，USB 接口，便携式闪存卡存储。可选模块预留安装槽，控制器 CECX-X 可用以下可选模块进行扩充：

- Ethernet 接口
- CAN 接口
- RS232 串行接口
- 数字量模块
- 模拟量模块，用于电流和电压
- 编码器计数模块
- Profibus 从站 DP V0 通过 CANopen 接口驱动的电缸，马达控制器用于伺服马达

2.4.4 气动自动化辅件

表 21-2-34 **气动自动化辅件**

延时继电器	用于安装在任何 2 或 3 端口底座上，使用压缩空气进行控制，多圈调整，分接通延时和切断延时，延时时间在 0.1～25s 之间。注意：延时继电器的符号并不是标准的符号 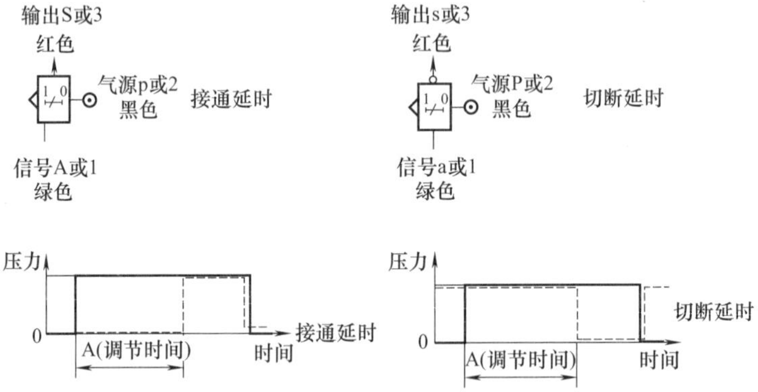 (a) 接通延时 (b) 切断延时 A—控制信号；S—输出信号；P—气源
存储继电器	结构类似 3 通双作用气控先导式阀。其有 4 气口，符号如下图。复位信号 Y(去存储压力)总是优先于设定信号 X(存储压力)，手动优先。 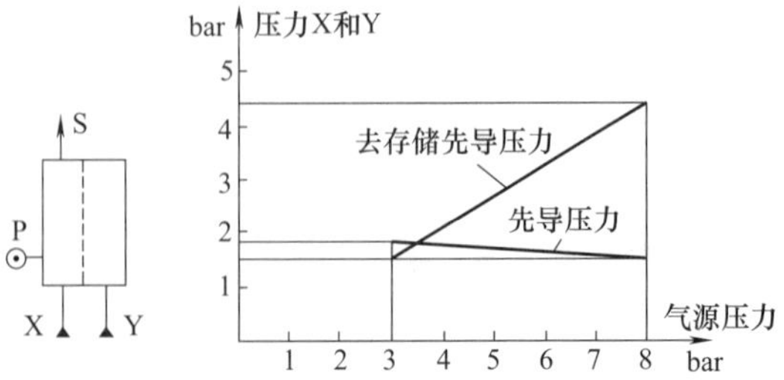 (a) 符号 (b) 存储压力和去存储压力与气源压力的关系

第21篇

续表

排气传感器继电器	为排气式传感器提供气源，并在运行时产生输出信号，其符号如图所示。三通常闭功能。喷嘴直径 3mm，工作压力 3～8bar，响应时间 2～3ms 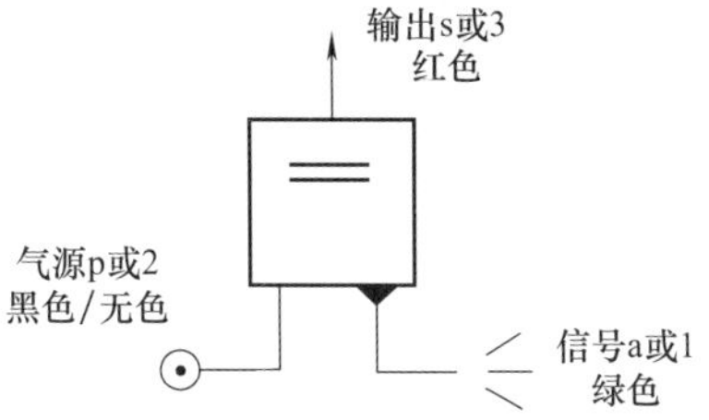 图(a)　排气传感器继电器符号 排气传感器用于感测较小的力和短行程。因为只需要一个连接气管，所以易于安装和连接。被检测到的物体阻挡了低流量的排气，管(T)内的压力增加会在继电器上产生一个与供给压力(P)相等的气动信号(S)。其工作原理见图(b) 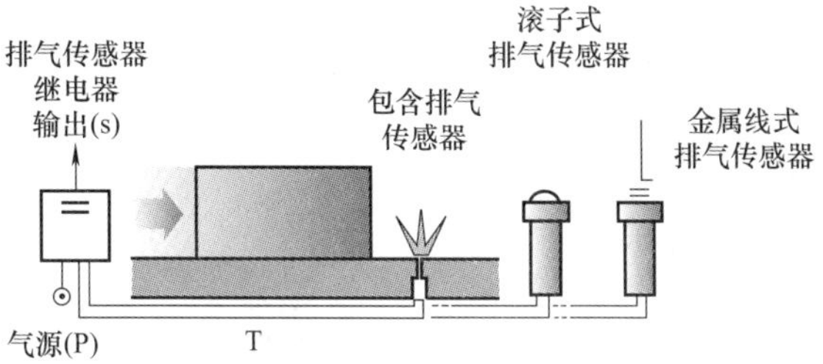 图(b)　工作原理 注意：如果需要快速的响应时间，连接管道的长度必须保持越短越好。图(c)给出了应用实例 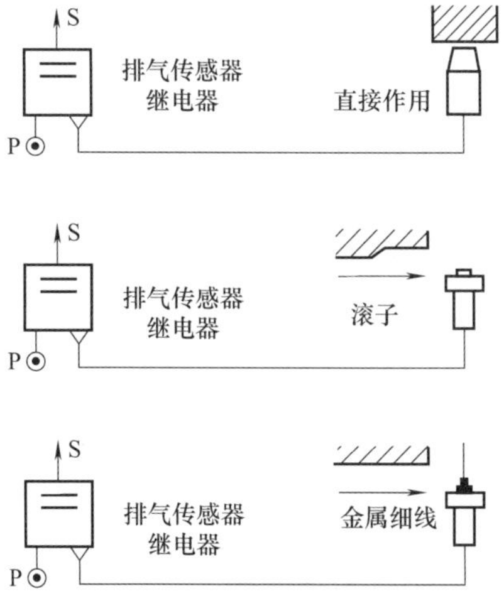 图(c)　排气式传感器继电器的应用
信号放大器继电器	将来自流体接近传感器的低压信号放大到可用水平，一个在端口 1 的低压信号允许较高的标准放大器压力信号从端口 2 通过至端口 3，其符号见下图 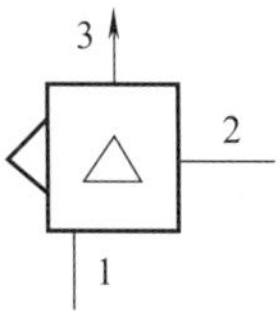 标准放大器符号

续表

电磁继电器	又称电气转换器,手动优先,工作压力 3～8bar,响应时间 8～12ms,标准电压 24V,防护等级:IP65。当A、B之间接通电源时,3 就有输出。其符号见图 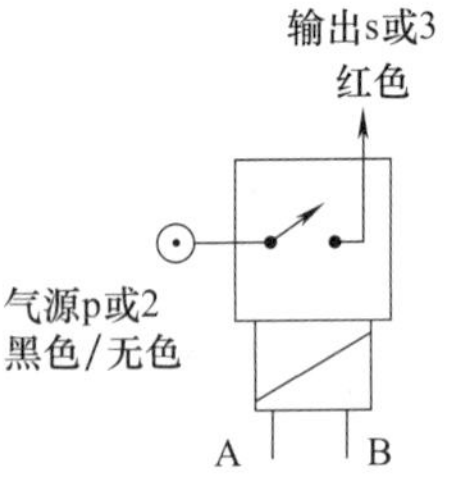
压力开关和真空开关	这些设备监视流体(空气,水,油或真空)的压力。从－30inHg(－0.04bar)(真空开关)到 0.9bar(压力开关)范围内的压力,可以在几个范围内根据所选型号检测到压力开关有两种结构形式:①从一可调节水准压力感应压力升高的变化并提供气动输出;②从一可调节水准压力感应压力下降的变化并提供气动输出。其符号见图 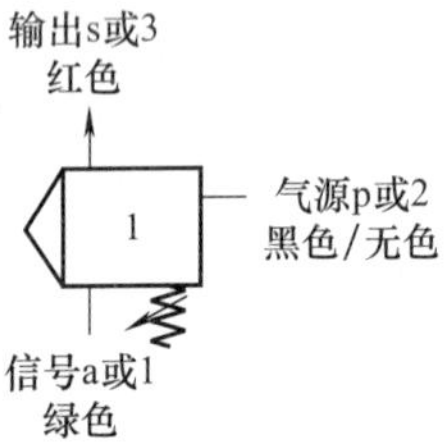 工作压力最大 8bar,可调节先导压力 0.5～8bar,开关压差＜0.34bar
人/机对话旋转选择开关	这些旋转开关可在任一方向上工作。它们通常都装配有长通型开关。所有开关都保持在未动作的不通位置,除了与给定转盘位置相关的那个开关之外,其处于未动作的接通位置 操作示例: 从位置 1 旋转到位置 2:开关 1 从未动作的接通变为动作的断开状态;开关 2 从动作的断开状态变为未动作的接通状态 有多种位置输出,参见图 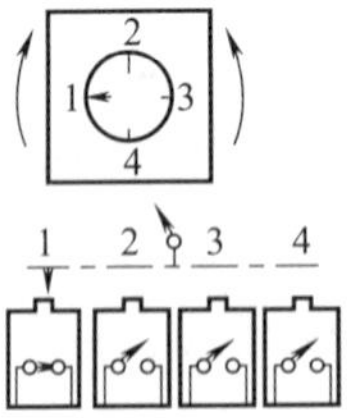 图(a) 4位置4输出型 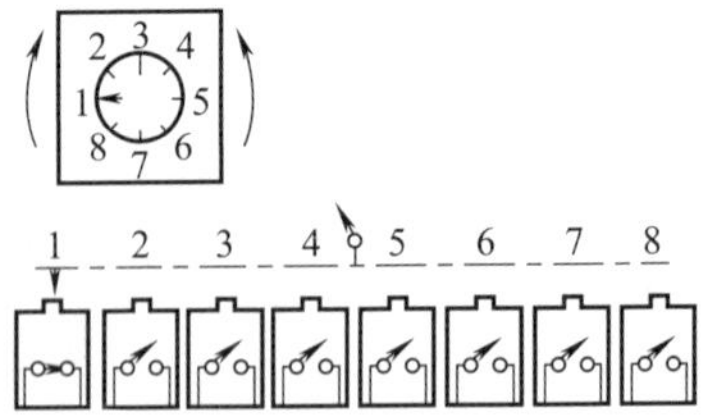 图(b) 8位置4输出 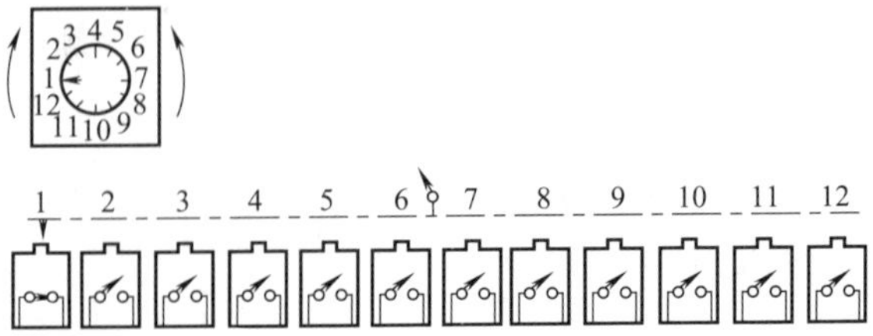 图(c) 12位置12输出

第21篇

续表

脉冲单元	①固定脉冲单元。当一气动信号被施加时，提供短时间的气动脉冲。每 0.5s 或 1.0s 输出一个脉冲。其符号见图(a) 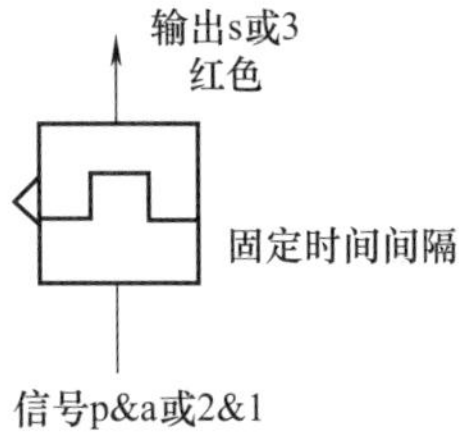 图(a)　固定的时间间隔脉冲单元符号 ②变脉冲单元。有两种型号：每 1s 输出 1～10 个脉冲，可为用户提供设定频率的连续脉冲；每 1～10s 输出一个脉冲，可为用户提供设定频率的连续脉冲。其符号见图(b) 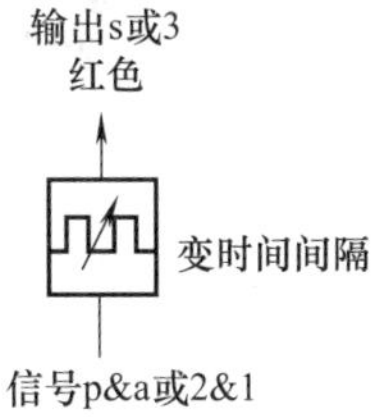 图(b)　变时间间隔脉冲发生器符号
按钮组合	人机对话需要诸如按钮和选择器开关之类的设备来提供命令输入，这些设备种类繁多，可用于满足大多数应用需求。所有这些设备都使用 22mm 安装标准
气动指示器	能显示气信号的元件称为气动显示器。气动指示器在一个位置是黑色的，在另一个位置是彩色的。颜色位置对应于压力(“ON”指示灯)或无压力(“OFF”指示灯)。在气控回路中，若用灯泡来显示系统的工作情况，则需设置气-电转换器。使用气动显示器，可避免这种转换。显示器可直观反映阀的切换位置，不需其他检测方式便可及时发现故障 图(a)、图(b)是两种气动显示器。有气压时，带色活塞头部被推出；无气压时，弹簧使活塞复位 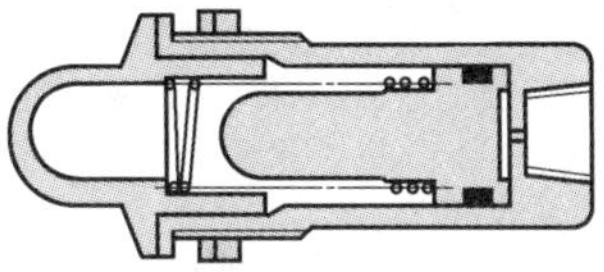 图(a) 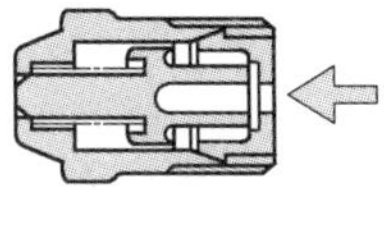 图(b)
脚踏踏板开关	当应用程序需要使用脚踏板时，可以使用踏板在一个周期内启动一个循环或一个步骤。金属(塑料)脚踏板配有防护装置。踏板开关装备有高阻力防护罩，配有联锁机构，防止坠落物体意外操作，其外形见图  这些脚踏板操作器与开关(长通)组装在一起。当踏板处于未操作位置时，开关处于被启动的非通过位置。踏板启动后，开关处于未启动的正常通过位置。弹簧回位，开关通常是不通的

续表

<table>
<tr><td>限位开关</td><td>气动限位开关在移动部件启动时是常闭(NNP)或常通(NP)的。下图给出了各种操作杆、孔的外形和功能
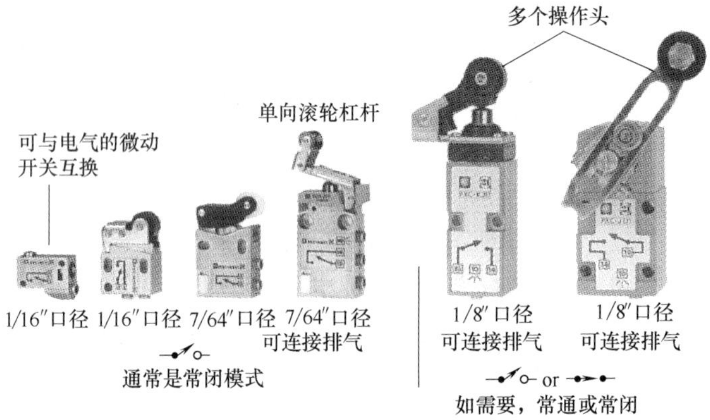

限位开关</td></tr>
<tr><td>双手控制模块</td><td>双手控制模块,带有两个蘑菇头按钮。双手控制模块只有在几乎同时操作两个按钮时才提供输出信号,见图(a)、图(b)
其不能用于任何涉及旋转式离合器压力机的应用中。双手控制模块本身不保证任何机器的安全。用户和原始设备制造商有责任确保安装符合所有相关的安全规定
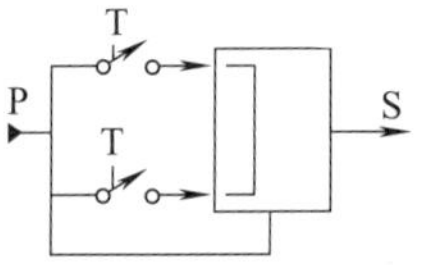

图(a) 双手控制模块符号
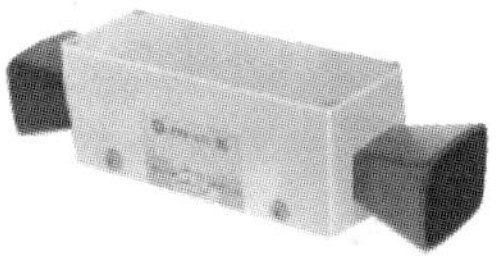
图(b) 双手控制模块外形</td></tr>
<tr><td>阈值传感器</td><td>阈值传感器提供关于气缸状态电气或气动的反馈信息。这些装置监测气缸排气腔的背压。当气缸停止时,背压下降,阈值传感器提供所需要的输出。对可变行程应用这是非常理想的。对接管接头和反馈元件是两个独立的组件,可为用户提供在电气、电子和气动输出之间反馈的灵活性
10～32mm 到 1/2in 的对接管接头被设计成直接安装到执行器气口(最多 5in 内径气缸)。对接管接头可以适应其他功能配件和组件,例如直角流量控制阀或截止阀。使用内六角扳手或 5/16in 六角头扳手将尺寸为 10～32mm 对接管接头拧入执行机构。
电气或气动反馈元件使用锁箍卡入到位
气动传感器有一个连续的压力信号施加到传感装置上。电传感器具有连续电信号施加到传感装置上
直接安装在气缸气口中的阈值传感器组件提供输出信号 S,当气缸的排气室中的回落压力达到操作阈值(0.4～0.62bar)时,才有输出信号 S 输出,输出信号可以是气动或电气的。该装置是一个长通装置,只有当气缸压力接近零时才输出,其工作原理见下图
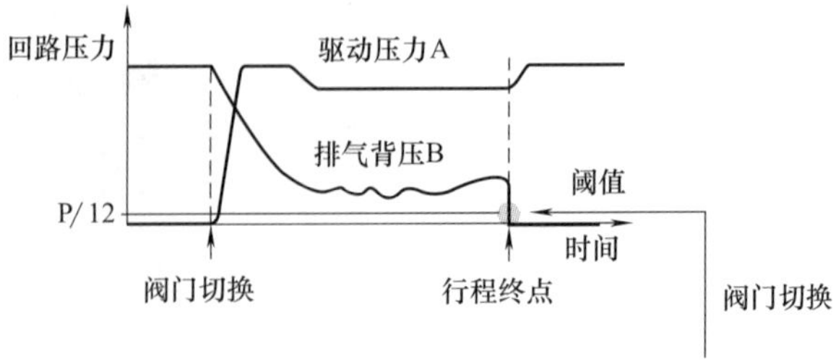

阈值传感器工作原理</td></tr>
</table>

续表

<table>
<tr>
<td>流体接近传感器</td>
<td>
流体接近传感器与放大器继电器配合使用。传感器和继电器连接一个低压气源，“Px”口压力 0.1～0.2 bar，其符号见图(a)

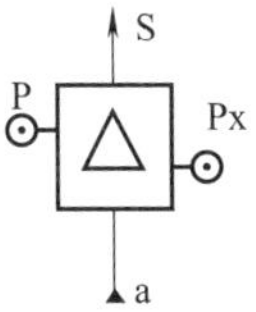

图(a)　流量接近传感器符号

来自传感器的持续的环状排气，创造了一个敏感的区域。当一个物体进入这个区域时，它会向传感器反射一个低压信号，然后反射到放大器继电器，将低压信号放大至系统压力水平：2.8～8.3bar，并在输出端 S 出现

低压气源“Px”最小压力随传感器到放大器继电器的感应距离“D”和信号行进距离“L”而变化。无论怎样，空气消耗可以忽略不计，实际上听不到排气声音。其工作原理见图(b)，应用实例见图(c)

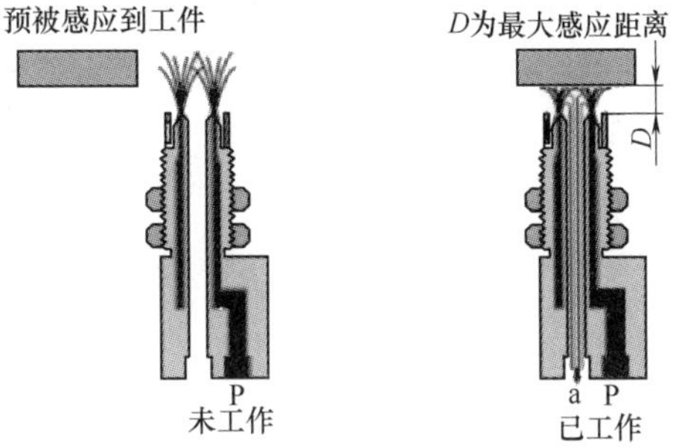

图(b)　流量接近传感器工作原理

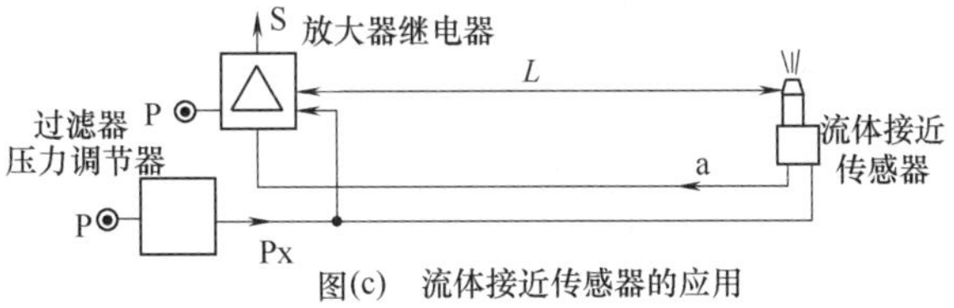

图(c)　流体接近传感器的应用
</td>
</tr>
</table>

第3章 气动元件的选型及计算

3.1 气源设备

产生、处理和储存压缩空气的设备称为气源设备，由气源设备组成的系统称为气源系统。典型的气源系统如图21-3-1所示。

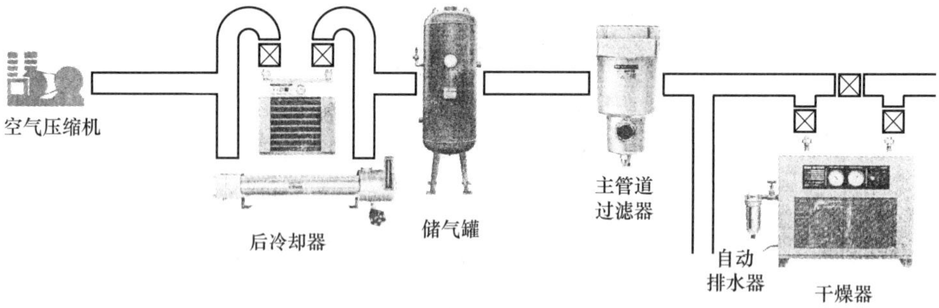

图21-3-1 气源系统的组成

3.1.1 空气压缩机

在选择空气压缩机时，首先要确定所需的工作压力和空气流量，应能满足特定的应用需求，还必须确定压缩机的驱动功率。其他考虑因素还包括成本、安装空间、重量限制以及是否需要无油或无脉动空气要求等。只有当以上数据都已知，设计者才有足够的信息来选择压缩机的类型和尺寸，以及正确选择系统所需的其他部件。

（1）最大工作压力

评估压缩机性能的主要标准是其最大工作压力值。最大工作压力定义是：在商业运行中压缩机可以将空气输送到系统的最大压力。

对于任何压缩机，在设计时对最高工作压力都设置了限制（如空气泄漏和驱动功率限制等）。但在许多情况下，热量的积聚也决定了实际工作压力受限。压缩机越容易被冷却，允许的工作压力值就越高。这也是许多压缩机的连续工作额定值远远低于其间歇工作额定值的原因。选择合适的压缩机类型是通过将使用的最大工作压力要求与可用压缩机类型的最大压力值进行比较来确定的。

如表21-3-1所示，系统压力要求相对较低的应用需求将为设计者提供更多种类型的压缩机。随着系统压力需求的增加，有时会出现只有一种压缩机可用的情况。

对给定应用所需的最大系统压力取决于操作条件，这个要求并不像听起来那么简单，因为有许多因素可能参与影响使用压力的大小。

表21-3-1 压力等级和可用的压缩机

所需的系统压力（MPa表压力）		可用的压缩机	
连续工作	间歇工作①	合适的类型	可选的类型
0.7～1.2	1.2～1.4	2级活塞式 1级活塞式	—
0.35～0.7	—	摇摆活塞式（1级）	—
0.2～0.4	—	膜片式	摇摆活塞式（1级）
0.17～0.2	0.17～0.2	旋转滑片式（油润滑）	以上任意
0.07～0.1	0.1～0.14	旋转滑片式（无油式）	以上任意
0.07	0.07	旋转滑片式（油润滑或无油润滑）	以上任意
0.025	—	再生鼓风式	—

① 压力等级值基于10min开与10min关闭的周期

例如，如果系统压力是由一台通过压力泄放的溢流阀来控制，通常溢流阀设置的系统压力等于任何操作设备所需的最大压力。然而，使用这种类型的控制，与其他控制技术相比，需要压缩机在最大压力下工作更久、时间更长。

但是如果系统压力是由自动开/关或加载/卸载循环控制，最大系统压力将是循环开关的切断压力。其比任何单个操作装置所需的最高工作压力还要高1～1.4bar（表压力）。

单个设备的工作压力可以从手册中的公式、性能曲线、目录数据或用原型机进行的实际测试系统来确定。通常，所需的工作压力取决于使用的执行机构的大小（工作设备）。当使用较大面积的执行器时系统压力需求可以降低。

（2）空气流量

在选择给定尺寸压缩机方面虽然流量是主要因素，但在选择压缩机类型时也要考虑。这是因为不同类型的压缩机提供的压力和流量范围是不同的，选择时应考虑不同类型的空压机所提供空气流量和压力之间的平衡。高性能的速度式压缩机比容积式压缩机能提供更高的流量但输出更低的压力，旋转叶片压缩机可提供比相同尺寸的活塞式压缩机更多的空气但提供的压力也通常较低。

因此，在确定所需的空气压力之后，通常的程序是选择在该压力下提供最大空气流量的压缩机的类型，并服从其他限制，至少，必须确保提供所需流量的压缩机在所选择的压缩机类型中是可用的。表21-3-2列出了各种压缩机的典型流量范围。

表 21-3-2　压缩机流量和压力

可用的压缩机类型	最大压力/MPa		流量范围(在0MPa时的自由空气量)/L·min^{-1}	
	连续的	间隔的	最小	最大
柱塞式(1级)	0.3445～0.689	0.3445～0.689	36.80	311.42
摇摆活塞式(1级)	0.0689～0.689	0.0689～0.689	16.99	92.01
膜片式(1级)	0.3445～0.4134	0.3445～0.4134	14.44	107.58
旋转叶片式(油润滑)	0.0689～0.17225	0.0689～0.2067	36.80	1557.11
旋转叶片式(无油润滑)	0.0689～0.10335	0.0689～0.1378	9.91	1557.11

如果流量是一个问题，有时可以通过改变压力与流量的要求来解决，允许使用不同的和较便宜的空气压缩机类型。

（3）驱动的类型

空气压缩机常配有或不配有与之集成安装的电机。这允许压缩机利用任何可用的动力。例如，在距离远的室外场地，在没有电力的场合时需要单独用发动机驱动。

① 分离驱动压缩机。这些压缩机可通过带传动系统，或通过取力器、汽油发动机或特殊电动机获得动力。驱动装置和压缩机通常通过柔性联轴器或通过包含内置冷却风扇的皮带轮来连接。

分离驱动模式的最大优势是在现有电源可用时实现成本节约。另外，带传动有时会形成更高的运行速度。

如果选择一个分离的驱动系统，设计者必须确保它可以同时提供在最大工作压力下所需的额定转速和功率。表21-3-3列出了分离驱动活塞式和叶片式压缩机的功率和转速范围。通过改变驱动带轮的尺寸，活塞式压缩机的速度可以在1000～2000r/min之间变化。

表 21-3-3　一些分离驱动压缩机的可用性

压缩机类型	容量范围(0MPa)/L·min^{-1}	驱动需求	
		功率/kW	速度/r·min^{-1}
活塞式(1级)	36.8～136	0.223～0.82	最普通的1725(最小1000)
旋转叶片式(油润滑或无油润滑)	9.9～1557.43	0.018～3.728	2000(范围880～3450)

驱动速度决定了送风量。如果压缩机运行速度低于制造商目录中给出的额定速度，空气流量和输送空气流量所需的功率将按相同的比例减少。

② 集成安装电机的压缩机。集成安装电机的压缩机就是将驱动电机和压缩机组装成一体。压缩机的固定元件牢固地将压缩机固定在电机框架上，产生泵送作用的转子（或偏心轮）安装在电机轴上，因此不需要底板安装和动力传输部件。这种方法提供了一个非常紧凑、低成本的电机/压缩机机组，以适应各种流量范围。

表21-3-4总结了一些可用的电机直接驱动压缩机，包括功率值以及功率的范围。

表 21-3-4　电机直接驱动压缩机的可用性

压缩机类型	流量范围(0MPa时的自由空气量)/L·min^{-1}	电机功率需求/kW
活塞式(1级或2级)	36.8～311.49	0.125～1.5
摇摆活塞式	17～92	0.093～0.372
膜片式	22.65～110.44	0.046～0.372
旋转滑片式(油润滑或无油润滑)	9.9～1557.43	0.049～0.559

（4）驱动功率的选择

下面的公式可以用来确定驱动空气压缩机所需的理论功率

$$理论功率(kW)=\frac{p_{in}Q}{17.1}\left[\left(\frac{p_{out}}{p_{in}}\right)^{0.286}-1\right]$$

式中 p_{in}——进口大气压力，kPa（绝对压力）；

p_{out}——出口大气压力，kPa（绝对压力）；

Q——流量，m^3/min。

（5）驱动电机的选择

选定压缩机后，需要选择相适应的驱动电机。

1）电机类型 有多种不同类型的电机可供选择，每种电机都有各自的优点和缺点。

① 罩极电机。又叫罩极式电动机（shaded pole motor），是单相交流电动机中的一种，通常采用笼型斜槽铸铝转子。根据定子外形结构的不同，又分为凸极式罩极电动机和隐极式罩极电动机。其特点是以低成本提供低启动转矩。通常用于小型压缩机直接驱动。

② 永久分相电容电动机（PSC）。性能和应用类似于罩极式电动机，但是 PSC 效率更高，线路电流更低，有较高的输出功率能力。

③ 分相异步电动机。具有适度的启动转矩，但具有较高的停转转矩，用于易于启动的应用场合。

④ 电容启动电动机。在许多方面，电容启动电机与分相式电机相似。主要区别在于在启动时在启动绕组上串联一个电容器提供更高的启动转矩。

⑤ 三相异步电动机。这种电机仅使用三相电源，它提供高启动转矩和停转转矩，效率高，启动电流中等，简单、坚固，寿命长。

⑥ 直流电动机（DC）。只在有直流电源时才使用，通常与电池一起使用。

2）频率 有些电机是双频的，60Hz 或是 50Hz 下但要注意：这类电机若工作在 50Hz 下，其速度和驱动的压缩机的气动输出都比 60Hz 时低 17%。

3）电机外壳 一般来说，电机外壳有两种分类：开放式电机和全封闭电机。这两个类别进一步细分如下。

① 防滴型。防止液滴和固体颗粒与垂直方向成 15°的角度进入电机。

② 防溅型。防止液滴和固体颗粒从垂直角度到 100°进入电机。

③ 完全封闭式（TE）。电机壳体中没有通风口，但不是不透气的。完全封闭的电机用于脏、潮湿或有油污地点 。

④ 完全封闭，非通风（TENV）。与普通 TE 电机不同，这里没有配备外部冷却风扇。冷却取决于对流或者一个分离的驱动设备。

⑤ 防爆。这是一个完全封闭的电机设计来承受内部指定的气体或蒸汽爆炸，而不允许火苗通过壳体。有不同种类的防爆电机。最常见的是 1 类 D 组

4）服务系数 服务系数 SF 是电机可以在不损坏的情况下运行的周期性过载能力的度量。分马力电机服务系数在 1.0～1.35 之间。也就是说，有些电机可以承受高达 35% 的过载。服务系数通常在电机铭牌上标记出。

只有开式的电机具有服务系数。对于完全封闭和防爆电机，隐含的服务系数是 1.0。用全封闭的电机代替一个开式的，服务系数的差异可能需要选择使用下一个较大的尺寸型号。

5）温升 采用 A 级绝缘的绝大多数电机最高温度（在绕组中测量）为 105℃。壳温通常应低于 82℃。B 级绝缘绕组的最高温度为 130℃。如果电机的温度始终超过其绝缘等级所推荐的最大寿命（通常为 20000h）每增加 10℃将减半。

电机设计时通常预期最高环境温度为 40℃。在低于最大负载的情况下，稍高的温度是可以忍受的。随着电机内部温度的变化，即使负载保持不变速度也会改变。这是因为较高的温度会增加电机的绕组阻抗。这会降低电机电流，进而降低在电机里的磁场强度，结果，会造成转矩下降，转速下降，与电机转速-转矩曲线一致。

如果总绕组温度不超过设计限制，并且设备正在输出额定值，则分马力电机通常在其额定速度附近运行。但是，如果环境温度较高，要求绝缘等级达到 130℃（B 级绝缘），则会导致较低的运行速度。

当电机在大于 1 的服务系数下运行时，由于负载超出了满载点，所以运行速度很慢。如果这些因素与较低的线电压进一步复合，因为速度几乎与电压的平方变化成正比，则电机可能会失速。这种情况下，需要更高功率的电机。

6）热过载保护 由于环境温度高，连续失速，电压异常，通风受限或过载，电动机可能会过热。

为了最大限度地减少电机故障，使用了一个热过载切断装置。有两种基本类型可用。一种类型只对温度敏感，另一种对温度和电流都敏感。

一些过载保护器提供运行以及锁定转子保护，另一些如永久分相电容电动机和罩极电机，只能提供锁定转子保护。所有这些都提供了一定程度的保护。但是，保护并不总足够严格地能确保正常的电机寿命，特别是电机接近极限运行时。但是，更严格的限制又可能会导致过多的不当跳电。

一些热过载设备具有自动复位功能。也就是说，它们在冷却后会自动重置，不需要人为干预。这个功能特别适用于压缩机或泵必须无人看管运行时。但当一个不期望的重启可能导致危险的时候，则不应使用

自动重启的设备。在自动重启时如果故障仍然存在，电机将循环启动和关闭，直到故障得到纠正。

（6）其他因素

① 污染。如前所述，在某些应用中油蒸气可能会导致污染或恶化产品与材料。在这种情况下通常需要无油压缩机。因为不用定期向润滑器充油，从而可降低维护成本。

可用的无油压缩机包括大部分活塞式和隔膜式、再生式风机和一些旋转叶片的设计。

② 无脉冲输送。用于需要连续的无脉冲空气输送的场合中。不需储气罐的额外成本和空间要求，通常是指使用旋转叶片泵送机构的压缩机。这种压缩机的另一个优点是噪声和振动低于往复式压缩机。再生式风机也具有无脉冲输送和低振动的特点，但高叶轮速度会产生较高噪声。

③ 安装空间。压缩机的选择通常受到可用空间的限制。在安装现场。对于低压系统，紧凑型叶片式压缩机通常比活塞或隔膜式设计对于给定的自由空气流量需要更少的空间。

（7）压缩机尺寸选择

对于压缩空气设备的有效和高效运行来说至关重要的是选择合适的压缩机来满足系统需要。大型压缩机装置可能是昂贵且复杂的。但是无论怎样，应该考虑以下几点。

• 系统流量需求：这应该包括预估的初始负荷和短期负荷。

• 应急情况下的备用能力：这可以是连接到主管路的第二台压缩机。

• 未来压缩空气要求：由于更换压缩机的成本，在选择压缩机时应考虑到这个问题。

压缩机尺寸选择应从应用需要开始。每个应用都需要在特定的时间、特定的压力下的特定容积的空气，因此，选择压缩机尺寸基本上就是将这些特性与可用空气压缩机的流量（L/min）和压力等级（bar）相匹配。

1）确定自由空气消耗　自由空气是大气压力下的空气。通过使用气体定律将实际工作压力和温度下的体积转换为大气压和环境温度下的体积，从而获得自由空气体积。

需要三个步骤来确定系统的空气消耗量。

① 确定每个操作设备在工作周期内所需的自由空气消耗量。

这可以通过基于手册公式的计算或从自由空气曲线、目录数据或用原型系统进行测试获得。

② 乘以每分钟的工作周期数。

空气压缩机通常按照自由空气消耗量（m^3/min）来定级，定义为在实际大气条件下的空气流量，其计算方程式是

$$V_1 = V_2\ \frac{p_2}{p_1} \times \frac{T_1}{T_2}$$

式中，下标1表示压缩机入口大气条件（标准或实际的），下标2表示压缩机排放条件。

用时间 t 除等式两边得到：

$$Q_1 = Q_2\ \frac{p_2}{p_1} \times \frac{T_1}{T_2}$$

③ 总计系统中所有工作设备的结果。如果没有使用储气罐，则还需要检查可能的高峰需求不要超过所计算的平均需求。如果超过了，支配容量需求的将是这些高峰需求。

a. 储气罐充气的影响。如果储气罐用于某一应用时需要快速地开/关或加载/卸载循环操作，压缩机必须增加额外的容量，因此储气罐可以在不中断正常系统操作的情况下进行充气。

确定储气罐充气所需的自由空气量的经验法则是将储气罐体积乘以接通和断开压力之间的压力差（在大气中），然后将结果除以允许的充气时间，并选择将在断开压力下输送该流量的压缩机。

b. 初始储气罐充气的影响。在一些间歇性工作的系统中，配备较大储气罐可使系统具有较长的停歇时间。尽管这减少了在给定的时间间隔内的占空系数，但大型储气罐初始充气所需的时间可能太长因而使系统不能正常操作。

一个实际的解决方案是选择一个比其他方式容量更大的压缩机，只是为了减少初始充气时间，增加的容量也将减小压缩机工作的占空系数。

初始储气罐充气所需的时间可以通过将要被泵入接收机的自由空气量除以平均传输速率（低压力下的速率加上高压下的速率除以2）来估计。

2）确定可用的压缩机容量　在确定空气压缩机满足特定系统需求的能力时，额定容量通常由曲线或性能表确定。这些图显示了在0MPa到最大额定压力范围内的在额定速度下的实际自由空气输送量。表21-3-2列出了各种压缩机的典型流量范围。

但切记，功率和排量不是合适的选择压缩机尺寸的标准。这些因素不能提供压缩机实际输送能力的准确度量，因此可能导致较大的尺寸误差。

为了防止由于泄漏、异常操作条件或维护不善等问题，尺寸选择应提供一些额外的容量。一般来说，实际选用的压缩机的额定自由空气容量应比系统的实际自由空气消耗率大10%～25%。这种预防措施还可用于将来可能的系统扩展或现场修改。

占空比的影响：当使用间歇性压力选择压缩机时，必须严格遵守由压缩机制造商确定的占空比限制。例如，压缩机的间歇压力等级基于 50/50（10min 开/10min 关闭）工作周期。这 10min 时间是使压缩机冷却所需的最小时间。更长的休息时间可以通过增加储气罐容量或通过增加压力开关接通和断开之间的压差来获得。

10min 是基于温度上升的最大值。增加压缩机的容量会缩短开机工作时间，但是，当通过启动和停止压缩机的驱动电机来控制压力时，过短的接通周期会造成问题。

这是因为过于频繁的启动可能会启动电机的热过载机构，导致暂时中断电力。最好的解决方法是通过让泵接通电源工作和使用电磁阀。

（8）选择压缩机时的其他注意事项

① 容积效率。容积式泵的理论泵送能力是其排量（泵的元件一转传输的总体积）乘以每分钟的转速，排量由泵送元件（活塞腔室、叶片隔间等）的尺寸和数量决定。排量本身不应该被用作尺寸参数，因为它是一个没有考虑泵送损失的理论值。

泵送装置的容积效率描述的是它实际输送容积与计算的流体容积的接近程度。容积效率随着速度、压力和泵的类型而变化。可通过以下公式来计算。

$$容积效率(\%)=\frac{自由空气输送量(L/min)}{理论的能力(L/min)}\times 100$$

空气压缩机的容积效率在 0MPa 时是最高的，也就是排气到大气。容积效率随着压力降低逐渐增加。

这个值下降反映了在较高压力下额定容量的损失，主要是因为被困在“间隙容积”有压气体增加以及内部泄漏或动力传递损耗增加。进入的空气的温度和密度也会影响容积效率。

② 驱动器功率要求。对于给定的压缩机，压缩所需的功率取决于压缩机的容量、运行压力和冷却方法的效率。需要一些额外的功率用于克服惯性和启动时的摩擦效应，以及在额定速度下驱动压缩机时的机械阻力。

制造商通常会给出驱动速度和功率需求的建议。驱动速度即在此速度下会形成额定的流量。功率需求是指所需的最大功率，这通常是最大额定压力下所需的功率但偶尔也可能会反映出启动要求。

压缩机制造商常提供性能曲线来表示在整个压力范围内在额定速度下的功率需求。在某些情况下，曲线可用于表示在给定的压力下、不同速度下时的功率需求。

③ 功率效率。评估压缩机使用功率效率的技术已被广泛采用。这需要同时测量气缸容积和压力、自由空气流量、温度和输入功率，根据这些测量结果计算的实际输出值与理论值进行对比，这样就可以确定压缩机的效率、压缩过程和整套设备。

这里给出一个简单又相对准确的比较不同压缩机性能的方法：首先，在要求的压力下找到输送的流量，用这个流量值除以在该压力下功率的值。注意：目录数据要是基于流量在实际压力水平或在大气压力下。相同的参考水平必须用于所有压缩机进行比较。

由于输送的功率与表压和流量的乘积成正比，因此在给定的每个输入功率的压力下，流量表示功率效率。

④ 温度对性能的影响。高温对空气压缩机的性能影响很大，它会限制压力能力、降低传输效率并增加电力需求。

在高温下持续运转会加速机器磨损并降低润滑剂的性能，导致轴承故障。

为了避免高温，压缩机的工作压力应该保持在制造商规定的最大压力等级和工作周期限制内。

如果压缩机必须在高压或高温下连续运行，可能需要重型水冷装置。

只要有可能，压缩机应该安装在其风扇可以吸入冷的、清新的空气的地方。在环境温度高于 40℃ 的环境中，不应安装由电机驱动的压缩机装置。

除了压缩机过热的影响，高温的排放空气也会对气动系统产生许多不利影响：减少了储气罐的存储容量；从润滑油中被移走的挥发性成分带到储气罐和空气管路；增加水分进入压缩空气系统。

（9）储气罐的尺寸

储气罐的尺寸需要考虑系统压力和流量要求、压缩机输出能力以及操作类型等参数。

储气罐配有安全阀，以防止储气罐爆炸。

下式可以用来确定储气罐的尺寸

$$V_r=\frac{101t(Q_r-Q_c)}{p_{max}-p_{min}}$$

式中 t——储气罐能够提供所需空气量的时间，min；
Q_r——气动系统消耗流量，m^3/min；
Q_c——压缩机输出流量，m^3/min；
p_{max}——储气罐最大压力，kPa；
p_{min}——储气罐中的最小压力，kPa；
V_r——储气罐大小，m^3。

（10）空压机特点和性能参数

表 21-3-5 给出了不同类型的空压机的特性，可供选择空压机时作为参考。

表 21-3-5　**不同类型空压机的特性**

项目	容积式					速度式	
	往复式		旋转式			离心式	轴向式
	单作用	双作用	罗茨式	叶片式	螺杆式		
	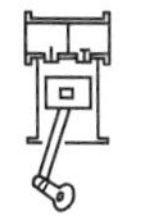	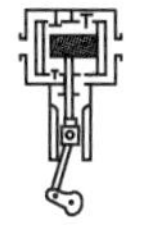	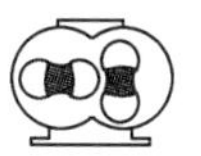	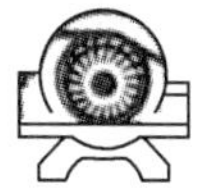	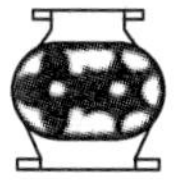	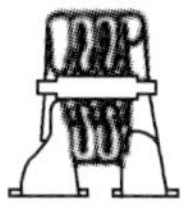	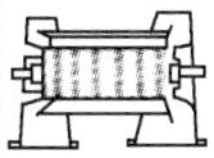
流量	除了罗茨泵，排量与压力无关，随轴速增加而增加					随着压力增加而下降，随轴速增加而增加	
压力	与轴速无关					随着轴速增加而增加	
流量范围 /L·s⁻¹	0～150	150～1500	(0～2)×10⁴	(0～3)×10⁴	油润滑：30～1000；干式：30～10000	500～10000	(0.1～3)×10⁵
流量调节(除了旁通和速度改变)	阀卸荷	阀卸荷；余隙空间；入口节流	无	入口节流；调节输出油口		可移动的导向叶片；入口节流	
流量类型	稳定的脉动	稳定的较小脉动	稳定的强脉动	稳定的非常小的高频脉动		稳定在浪涌限制以上，没有脉动	
级数	1～4	1～6	1～2	1～2(3)		1～6	10～25
压力范围/MPa	0.1～50 1 级到 0.7 2 级到 3.0 3 级到 10 4 级到 30	0.1～100 1 级到 0.45 1 级到 2.1 1 级到 3.5	1 级到 0.11 1 级到 0.25	1 级到 0.4 1 级到 1.0	油润滑： 1 级到 0.9； 干式： 1 级到 0.35 2 级到 1.0	0～3	0～0.6
冷却	空冷(水冷)	水冷(空冷)	无	液体喷射；空冷或水冷	空冷或液体冷却或液体喷射	水冷，但是壳体一般不冷却	
压缩空间的润滑	从曲轴箱飞溅(无润滑的类型可获得)	润滑物(无润滑的类型可获得)	无	除了干式类型，油喷射或水喷射	无，除了使用油喷射时	无	
柱塞或缸的数量	1～4	1～3	1(～2)	1～2		1～2	1～4
轴速范围 /r·min⁻¹	600～1800	300～1000	600～3600	400～3600	1000～20000	5000～80000	6000～20000
工作空间的密封	活塞环	活塞环和活塞杆填料	转子：层流间隙 轴：唇环	转子端：层流间隙(单边迷宫) 轴：碳环或迷宫			
在工作空间移动零件的速度 /m·s⁻¹	平均柱塞速度：2.5～5.0		转子端部速度			圆周速度	
			30～50	10～20	80～100	150～320	
输入转矩的变化	取决于柱塞的数量及其布置情况		某些产品(通过扭曲转子可能被减小)	非常小		无	
驱动方法	直接连接或使用 V 带或平带连接		直接连接或使用 V 带连接		直接连接或使用增速齿轮连接	直接连接涡轮机或使用增速齿轮连接	

3.1.2　后冷却器

表 21-3-6　　后冷却器的分类、原理及选用

项目	简　图　及　说　明	
作用	空压机输出的压缩空气温度可达 120℃以上，在此温度下，空气中的水分完全呈气态。后冷却器的作用就是将空压机出口的高温空气冷却至 40℃以下，将大量水蒸气和变质油雾冷凝成液态水滴和油滴，以便将它们去除	
分类	风冷式	不需冷却水设备，不用担心断水或水冻结。占地面积小、重量轻、紧凑、运转成本低，易维修，但只适用于入口空气温度低于 100℃且处理空气量较少的场合
分类	水冷式	散热面积是风冷式的 25 倍，热交换均匀，分水效率高，故适用于入口空气温度低于 200℃，且处理空气量较大、湿度大、尘埃多的场合
工作原理	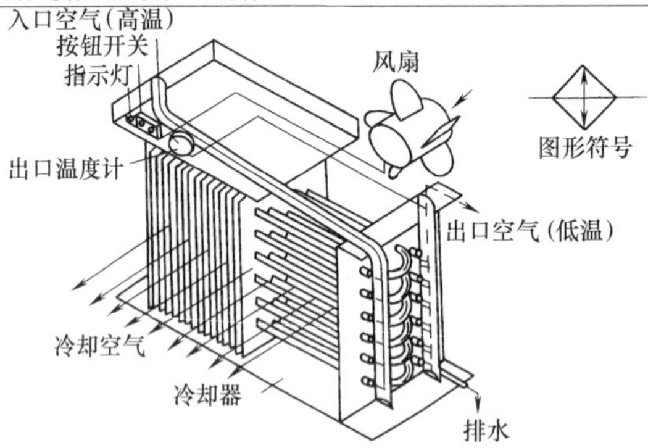 图(a)　风冷式后冷却器的工作原理 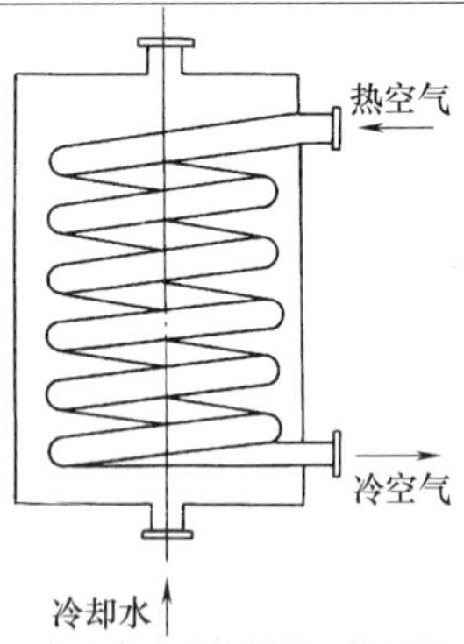 图(b)　水冷式后冷却器的工作原理 图(a)所示风冷式后冷却器是靠风扇产生的冷空气吹向带散热片的热气管道来降低压缩空气温度的 图(b)所示水冷式后冷却器是靠强迫输入冷却水沿热空气(热气管道)的反向流动，以降低压缩空气的温度。水冷式后冷却器出口空气温度约比冷却水的温度高 10℃ 后冷却器最低处应设置自动或手动排水器，以排除冷凝水和油滴等杂质	
选用	根据系统的使用压力、后冷却器入口空气温度、环境温度、后冷却器出口空气温度及需要处理的空气量，选择后冷却器的型号 当入口空气温度超过 100℃或处理空气量很大时，只能选用水冷式后冷却器	

3.1.3　主管道过滤器

表 21-3-7　　主管道过滤器的结构原理和选用

项目	说　　明
作用	安装在主管路中。清除压缩空气中的油污、水分和粉尘等，以提高下游干燥器的工作效率，延长精密过滤器的使用时间
结构原理图	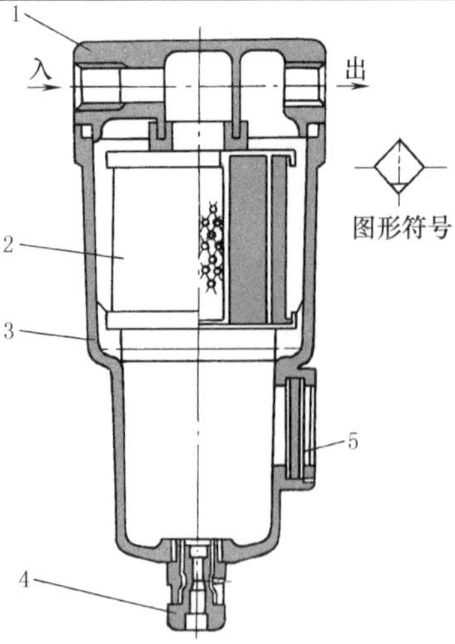 图(a)　螺纹连接型 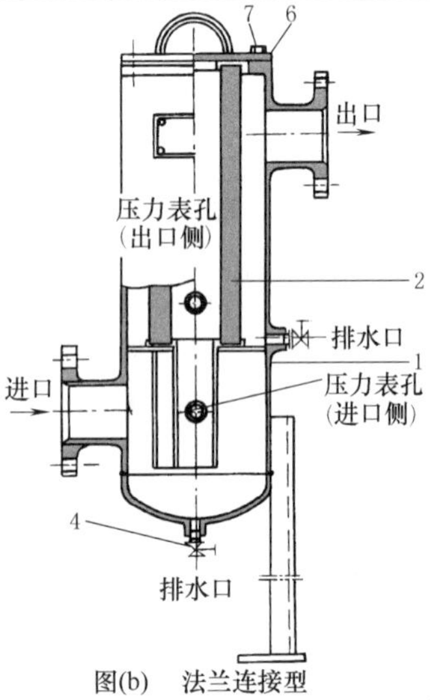 图(b)　法兰连接型 主管路过滤器 AFF 系列的结构原理图 1—主体；2—过滤元件；3—外罩；4—手动排水器；5—观察窗；6—上盖；7—密封垫

续表

项目	说 明
结构原理图	上图是主管路过滤器的结构原理图。通过过滤元件分离出来的油、水和粉尘等，流入过滤器下部，由手动(或自动)排水器排出 滤芯的过滤面积比普通过滤器大 10 倍，配管口径 2in 以下的过滤元件还带有金属骨架，故本过滤器使用寿命长。法兰连接过滤器的上盖可直接固定滤芯，故滤芯更换容易
选用	应根据通过主管路过滤器的最大流量不得超过其额定流量，来选择主管路过滤器的规格，并检查其他技术参数也要满足使用要求

3.1.4 储气罐

表 21-3-8 储气罐的组成及选用

项目	简 图 及 说 明	
作用	可消除活塞式空气压缩机排出气流的脉动；同时稳定压缩空气气源系统管道中的压力。缓解供需压缩空气流量。此外，还可进一步冷却压缩空气的温度，分离压缩空气中所含油分和水分的效果	
类别及组成	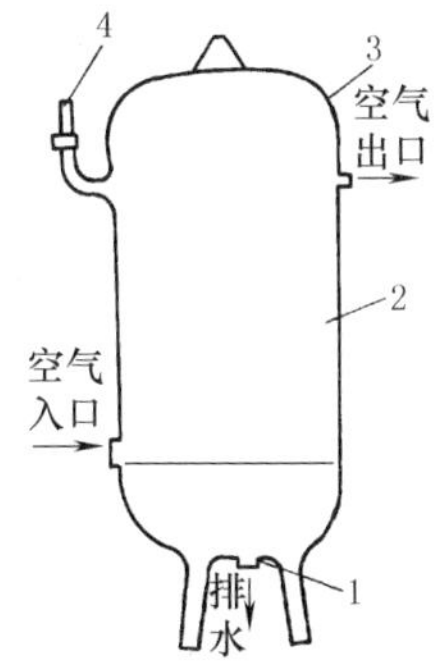 1—排水阀；2—气罐主体； 3—压力表；4—安全阀	左图是储气罐的外形图。气管直径在 1½in 以下为螺纹连接，在 2in 以上为法兰连接。排水阀可改装为自动排水器。对容积较大的气罐，应设人孔或清洁孔，以便检查或清洗 储气罐与冷却器、油水分离器等，都属于受压容器，在每台储气罐上必须配套有以下装置 ①安全阀是一种安全保护装置，使用时可调整其极限压力比正常工作压力高约 10% ②储气罐空气进出口应装有闸阀，在储气罐上应有指示管内空气的压力表 ③储气罐结构上应有检查用人孔或手孔 ④储气罐底端应有排放油、水的接管和阀门 储气罐有立式和卧式两种形式，使用时，数台空压机可合用一个储气罐，也可每台单独配用，储气罐应安装在基础上。通常，储气罐可由压缩机制造厂配套供应
选用计算	①当空压机或外部管网突然停止供气(如停电)，仅靠气罐中储存的压缩空气维持气动系统工作一定时间，则气罐容积 V 的计算式为 $V \geqslant \frac{p_a q_{max} t}{60(p_1 - p_2)}$ (L) ②若空压机的吸入流量是按气动系统的平均耗气量选定的，当气动系统在最大耗气量下工作时，应按下式确定气罐容积 $V \geqslant \frac{(q_{max} - q_{sa}) p_a}{p} \times \frac{t'}{60}$ (L)	p_1——突然停电时气罐内的压力，MPa p_2——气动系统允许的最低工作压力，MPa p_a——大气压力，$p_a = 0.1$MPa q_{max}——气动系统的最大耗气量，L/min(标准状态) t——停电后，应维持气动系统正常工作的时间，s q_{sa}——气动系统的平均耗气量，L/min(标准状态) p——气动系统的使用压力，MPa(绝对压力) t'——气动系统在最大耗气量下的工作时间，s

3.1.5 干燥器

压缩空气经后冷却器、油水分离器、气罐、主管路过滤器后得到初步净化后，仍含有一定的水蒸气。其含量的多少取决于空气的温度、压力和相对湿度的大小。对于某些要求提供更高质量的压缩空气气动系统来说，还必须在气源系统设置压缩空气的干燥装置。

在工业上，压缩空气常用的干燥方法有：吸附法、冷冻法和膜析出法。

表 21-3-9　　干燥器的分类、工作原理和选用

<table>
<tr><th colspan="2">分类</th><th>简图及说明</th></tr>
<tr><td rowspan="2">吸附式干燥器</td><td>工作原理</td><td>
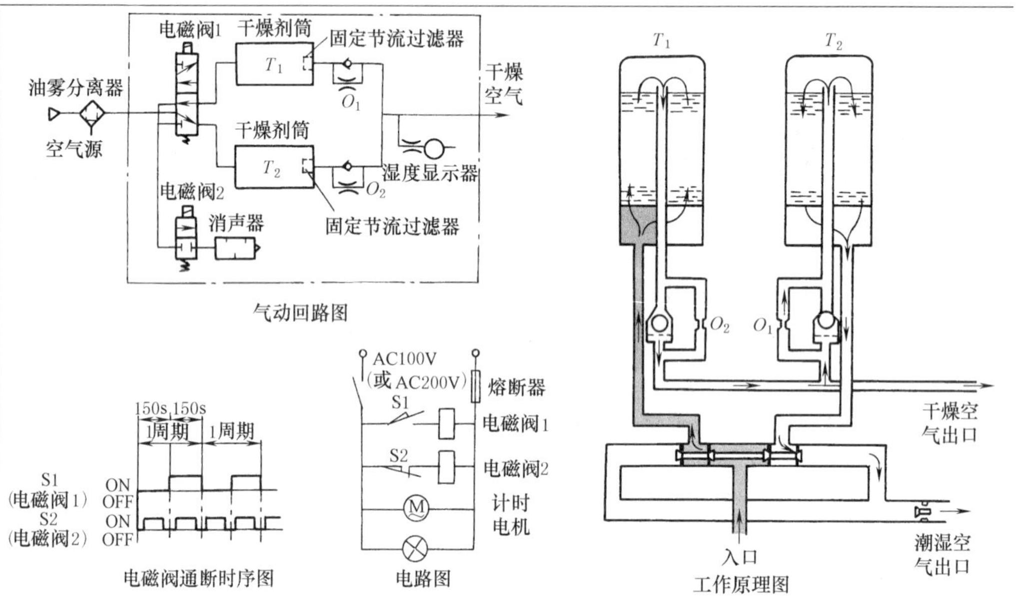

图(a)　无热再生吸附式干燥器
图(a)所示的无热再生吸附式干燥器是利用具有吸附性能的吸附剂(如硅胶、铝胶和分子胶)来吸附压缩空气中的水分，达到使压缩空气干燥的目的。按这种吸附法原理制成的干燥器是气源系统中使用最多的一种</td></tr>
<tr><td>选用</td><td>吸附式干燥器体积小、重量轻、易维护，大气压露点可达－30～－50℃。但处理流量小，故适合于处理空气量小但干燥程度要求高的场合</td></tr>
<tr><td>冷冻式干燥器</td><td>工作原理</td><td>
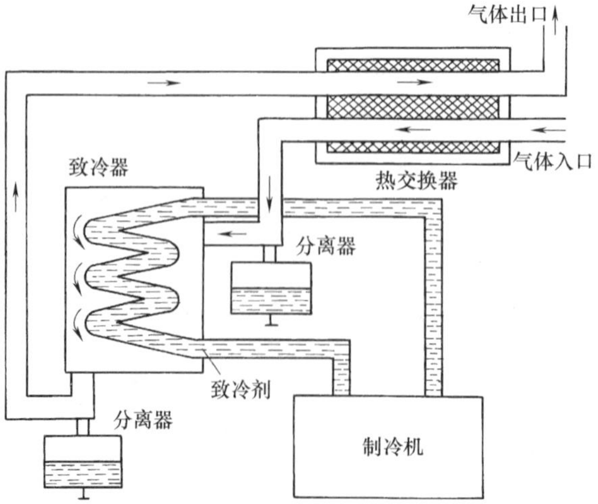

图(b)　冷冻式空气干燥器工作原理
如图(b)所示，潮湿的热压缩空气，进入热交换器的外筒被预冷，再流入内筒被空气冷却器冷却到压力露点(2～10℃)。在此过程中，水蒸气冷凝成水滴，经自动排水器排出</td></tr>
</table>

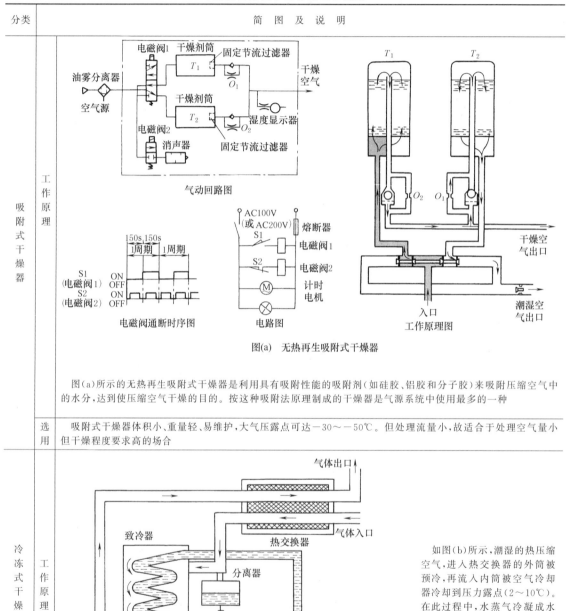

续表

分类		简图及说明
冷冻式干燥器	选用	见下文

修正后的处理空气量不得超过冷冻式干燥器产品所给定的额定处理空气量，依此来选择干燥器的规格

修正后的处理空气量由下式确定

$$q=q_c/(C_1C_2) \quad [\text{L/min(标准状态)}]$$

式中　q_c——干燥器的实际处理空气量，L/min（标准状态）

C_1——温度修正系数，见下表

C_2——入口空气压力修正系数，见下表

冷冻式干燥器适用于处理空气量大，压力露点温度（2～10℃）的场合。具有结构紧凑、占用空间较小、噪声小、使用维护方便和维护费用低等优点

温度修正系数 C_1：

入口空气温度/℃		45			50			55			65			75		
出口空气压力露点/℃		5	10	15	5	10	15	5	10	15	5	10	15	5	10	15
环境温度/℃	25	0.6	1.35	1.35	0.6	1.35	1.35	0.6	1.35	1.35	0.6	1.35	1.35	0.6	1.35	1.35
	30	0.6	1.25	1.35	0.55	1.20	1.35	0.5	1.05	1.35	0.5	1.05	1.35	0.5	1.05	1.35
	32	0.6	1.25	1.35	0.55	1.15	1.35	0.45	0.95	1.25	0.45	0.95	1.25	0.45	0.95	1.25
	35	0.5	0.95	1.25	0.45	0.85	1.15	0.3	0.7	1.0	0.3	0.7	1.0	0.3	0.7	1
	40	0.25	0.70	1.0	0.2	0.65	0.9	0.1	0.5	0.8	0.1	0.5	0.8	0.1	0.5	0.8

入口空气压力修正系数 C_2：

入口空气压力/MPa	0.15	0.2	0.3	0.4	0.5	0.6	0.7	0.8	0.9	1.0
修正系数 C_2	0.65	0.68	0.77	0.84	0.9	0.95	1	1.03	1.06	1.08

膜式干燥器 — 工作原理

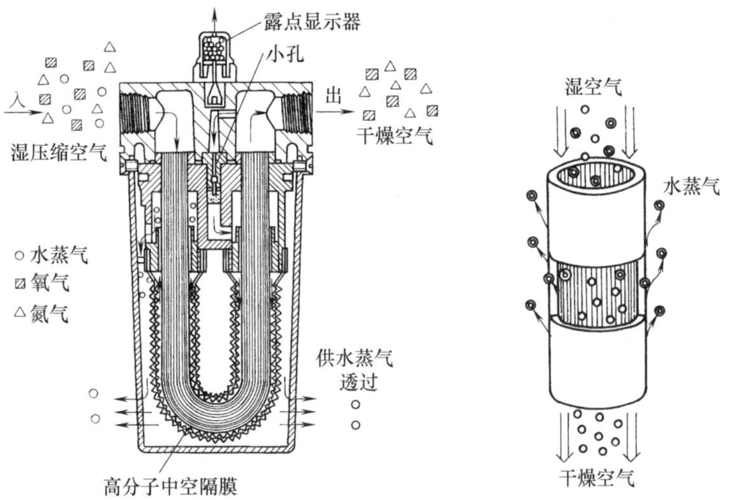

湿空气从中空的分子纤维膜内部流过时，空气中的水分透过分子膜向外壁析出。由此排除了水分的干燥空气得以输出。同时，部分干燥空气与透过分子膜外壁的水分一起排向大气，使分子膜能连续地排除湿空气中的水分

图(c)　高分子膜式干燥器的工作原理

膜式干燥器 — 选用

采用高分子膜作为分离空气中水分的膜式空气干燥器，其优点是：无机械可动件，不用电源，无须更换吸附材料，重量轻，使用简便，可在高温、低温、腐蚀性和易燃易爆等恶劣环境中使用，工作压力范围广（0.4～2MPa），大气压露点温度可达－70℃。但膜式空气干燥器的耗气量较大，达 20%～40%。目前膜式干燥器输出流量较小。当需要大流量输出时，可将若干个干燥器并联使用

3.1.6　自动排水器

表 21-3-10　　自动排水器结构原理和选用

<table>
<tr><th>型式</th><th>结构原理及技术参数</th></tr>
<tr><td>气动高负载型</td><td>
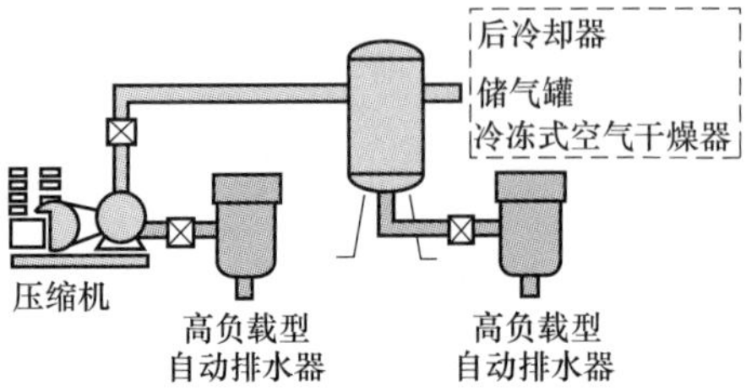

图(a)　单个使用
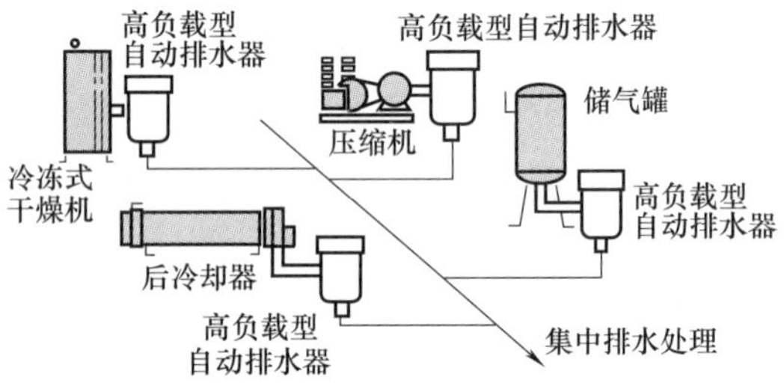

图(b)　集中排水
①高负载型自动排水器为浮子式设计，不需要电源，不会浪费压缩空气
②可靠、耐用，适合水质带污垢的情况下操作
③不会受背压影响，适合集中排水
④内置手动开关，操作及维修方便
<table>
<tr><td>使用流体</td><td>压缩空气</td><td>最高使用压力/MPa</td><td>1.6</td></tr>
<tr><td>接管口径</td><td>R_c(PT)1/2</td><td>最低使用压力/MPa</td><td>0.05</td></tr>
<tr><td>排水形式</td><td>浮子式</td><td>环境及流体温度/℃</td><td>5～60</td></tr>
<tr><td>自动排水阀形式</td><td>常开(在无压力下阀门打开)</td><td>最大排水量/L·min^{-1}</td><td>400(水在压力 0.7MPa 的情况下)</td></tr>
<tr><td>保证耐压力/MPa</td><td>2.5</td><td>质量/kg</td><td>1.2</td></tr>
</table>
</td></tr>
<tr><td>电动式</td><td>
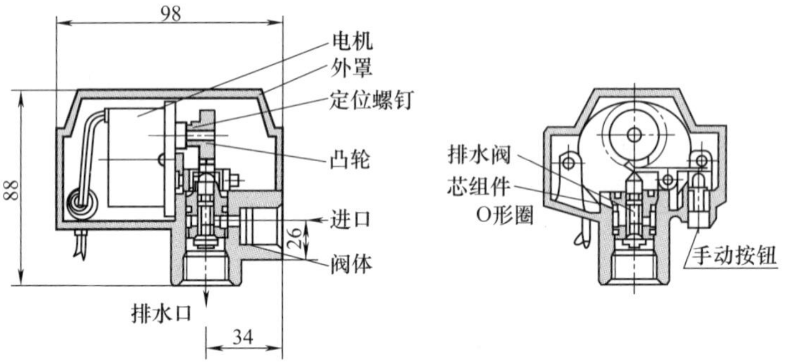

电机带动凸轮旋转，压下排水阀芯组件，冷凝水从排水口排出。它的入口为 R_c1/2(便于与压缩机输气管连接)，排水口为 R_c3/8，动作频率和排水的时间应与压缩机相匹配(每分钟 1 次，排水 2s；每分钟 2 次，排水 2s；每分钟 3 次，排水 2s；每分钟 4 次，排水 2s)
<table>
<tr><td>使用流体</td><td>空　气</td></tr>
<tr><td>最高使用压力/MPa</td><td>1.0</td></tr>
<tr><td>保证耐压力/MPa</td><td>1.5</td></tr>
<tr><td>环境及流体温度/℃</td><td>5～60</td></tr>
<tr><td>电源/V</td><td>AC 220,50Hz</td></tr>
<tr><td>耗电量/W</td><td>4</td></tr>
<tr><td>质量/kg</td><td>0.55</td></tr>
</table>
①可靠性高，高黏度流体亦可排出
②耐污尘及高黏度冷凝水，可准确开闭阀门排水
③排水能力大，一次动作可排出大量水
④防止末端机器发生故障
⑤储气罐及配管内部无残留污水，因此可防止锈及污水干后产生的异物损害后面的机器，排水口可装长配管
⑥可直接安装在压缩机上
</td></tr>
</table>

注：参考 SMC 样本资料。

3.2　气动执行元件

3.2.1　气动执行元件的分类

在气动系统中，将压缩空气的压力能转化为机械能的一种传动装置，称为气动执行元件。它能驱动机构实现直线往复运动、摆动、旋转运动或夹持动作。

由于气动的工作介质是气体，具有可压缩性，因此，用气动执行元件来实现气动伺服定位。它的重复精度可控制在 0.2mm 之内，此时它的低速运行特性（10mm/s 左右时）不如常规的气动控制的低速平稳。对于采用低速气缸而言，它的低速运行可控制在 3～5mm/s，平稳运行。当要求更慢的速度或高速位置控制时，建议采用液压-气动联合装置来实现。

气动执行元件与液压执行元件相比，气动执行元件运动速度快，工作压力低，适用于低输出力的场合。

表 21-3-11　气动执行元件分类方法

<table>
<tr><th>方法</th><th colspan="7">名称及特征</th></tr>
<tr><td rowspan="4">按润滑的形式分</td><td colspan="2">给油气动执行元件</td><td colspan="5">执行元件的润滑是由润滑装置(如油雾器等)提供,应用于给油润滑气动系统</td></tr>
<tr><td colspan="2">无给油气动执行元件</td><td colspan="5">执行元件预先封入润滑脂等,并定期给予补充达到润滑,不需要润滑装置,应用于无给油润滑气动系统</td></tr>
<tr><td colspan="2">无油润滑气动执行元件</td><td colspan="5">执行元件由含油润滑材料和含油密封圈等组成,不需要润滑装置或预先封入润滑脂等,应用于无油润滑气动系统</td></tr>
<tr><td colspan="7">在无给油与无油润滑气动系统中,无废油排出,具有对周围环境无污染的优点,广泛适用于纺织、医药、食品加工等行业</td></tr>
<tr><td rowspan="19">按运动和功能分</td><td rowspan="19">气缸</td><td rowspan="19">用压缩空气作动力源</td><td rowspan="19">产生直线往复运动,输出力或动能</td><td rowspan="5">单作用式</td><td>柱塞式</td><td></td><td rowspan="19">无导向机构,根据力和速度等要素选用气缸,并需另行设计导向的运动机构</td></tr>
<tr><td>活塞式</td><td>单活塞杆缩进
单活塞杆伸出
双活塞杆缩进
双活塞杆伸出</td></tr>
<tr><td>膜片式</td><td>膜片气缸
膜片夹紧气缸</td></tr>
<tr><td>气囊式</td><td></td></tr>
<tr><td>气动肌腱</td><td></td></tr>
<tr><td rowspan="14">双作用式</td><td>单出杆气缸</td><td></td></tr>
<tr><td>双出杆气缸</td><td>不可调行程
可调行程</td></tr>
<tr><td>活塞杆防回转气缸</td><td>方形、六角形活塞杆
活塞杆导向
活塞导向
椭圆活塞气缸</td></tr>
<tr><td>活塞杆防下落气缸</td><td></td></tr>
<tr><td>锁紧活塞杆气缸</td><td></td></tr>
<tr><td>无活塞气缸</td><td>磁耦合
滑块型</td></tr>
<tr><td>绳索气缸</td><td></td></tr>
<tr><td>倍力气缸</td><td>倍力气缸
增压气缸</td></tr>
<tr><td>多位气缸</td><td></td></tr>
<tr><td>伸端气缸</td><td></td></tr>
<tr><td>振荡气缸</td><td></td></tr>
<tr><td>冲击气缸</td><td></td></tr>
<tr><td>气液阻尼缸</td><td></td></tr>
<tr><td>带阀气缸</td><td></td></tr>
</table>

续表

方法	名称及特征							
按运动和功能分	气缸	用压缩空气作动力源	产生直线往复运动，输出力或动能	导向驱动装置	直线驱动单元	高精度导杆气缸 中型短行程导向驱动器	—	不仅传递力，并且内部装有导向的导轨，以保证在其运行中能承受各种分力、扭矩和力矩。无须另设计导向的运动机构
						带导轨无杆气缸	带止动刹车无杆气缸 内置位移传感器无杆气缸	
					模块化驱动单元	导向驱动器（活塞杆运动） 滑块式驱动器（缸体运动） 超长行程滑块式驱动器 双活塞式导向单元		
	摆动气缸		产生＜360°范围摆动，输出力矩	叶片式		单叶片：摆动角度＜360°；双叶片：摆动角度＜180°		
				齿轮齿条式		用齿轮齿条传动，使活塞杆的往复运动变为输出轴的摆动		
				直线摆动组合式		摆动和直线运动可分别或同时进行，摆角≤270°		
	气动马达		产生旋转运动，输出力矩	容积式	叶片式	单向回转式 双向回转式（最常用） 双作用双向式		
					活塞式	轴心活塞式 径向活塞式（最常用）	有连接杆式 无连接杆式 滑杆式	
					齿轮式	双齿轮式 多齿轮式		
					摆动式	单叶片式 双叶片式 齿轮齿条式		
				蜗轮式				
	气爪		产生模拟手指的开闭动作，输出力	驱动部件		直线坐标气缸 带导轨无杆气缸 小型短行程滑块式驱动器 齿轮齿条摆动气缸 气爪 真空吸盘		
				框架构件		立柱 重载导轨 角度转接板 辅件		

3.2.2　气缸

3.2.2.1　气缸的分类

表 21-3-12　　气缸的分类

(1)按功能分

分　类	原　理　及　特　点
普通气缸	用于通常工作环境,使用量最大的气缸
耐热气缸	用于环境温度 120～150℃,其密封圈、活塞上导向环和缓冲垫等均需用耐热材料,如密封圈和缓冲垫用氟橡胶,导向环用聚四氟乙烯
耐腐蚀性气缸	用于有腐蚀性环境下工作。气缸外露表面的零件均需用防腐性材料,如缸筒、活塞杆、端盖和拉杆等选用不锈钢等制作,根据腐蚀情况选用不同牌号
低摩擦气缸	气缸内系统摩擦力的大小会直接影响气缸运动的稳定性。减小摩擦力的措施一般有:降低缸筒内表面和活塞杆外表面的粗糙度值,减小密封圈的接触面积,采用低摩擦因数的材料等
高速气缸	通常指活塞运行速度超过 1m/s 的气缸,目前最高可达 17m/s

(2)按缓冲方式分

<table>
<tr><th colspan="2">分　类</th></tr>
<tr><th>名　称</th><th>设置位置及方式</th></tr>
<tr><td>外部缓冲</td><td>在气缸终端位置设置液压缓冲器。对于高速运动的气缸如无杆气缸两端,经常安装有液压缓冲器</td></tr>
<tr><td>内部缓冲　单侧</td><td>杆侧或无杆侧</td></tr>
<tr><td>内部缓冲　双侧</td><td>—</td></tr>
<tr><td>内部缓冲　固定缓冲</td><td>如垫缓冲、固定节流口</td></tr>
<tr><td>内部缓冲　可调缓冲</td><td>缓冲节流阀</td></tr>
</table>

缓冲方式	原　理	应　用
无缓冲	—	适合微型缸、小型作用缸和中小型薄型缸(气缸直径不超过 ϕ25mm)
垫缓冲	在活塞两侧设置聚氨酯橡胶垫,吸收动能	适合速度不大于 350mm/s 的中小型缸(缸径≤25mm)和速度不大于 500mm/s 的单作用缸
气缓冲	将活塞运动的动能转化成封闭气室的压力能,以吸收动能	适合速度不大于 500mm/s 的大中型缸和速度不大于 1000mm/s 的中小型缸
液压缓冲器	将活塞运动的动能经液压缓冲器转化成热能和油液的弹性能	适合速度不大于 1000mm/s 的气缸和速度不大的高精度气缸

(3)按润滑方式分

分　类	原　理　及　应　用
给油气缸	由压缩空气带入油雾,对气缸内相对运动件进行润滑。运动速度 1000mm/s 时,应采用给油气缸,而且油雾不应中断
不给油气缸	压缩空气中不含油雾,靠预先在密封圈内添加的润滑脂润滑,且缸内零件要使用不易生锈的材料。采用不给油气缸需防止供气系统含有油雾。时续供油、时续又断油的压缩空气将加剧气缸活塞自润滑密封圈的磨损

(4)按位置检测方式分

分　类	原　理　及　应　用
限位开关式	在活塞杆上装有撞块,其运动行程两端装限位开关(如行程开关、机械控制换向阀),以检测出活塞的运动行程
磁性开关式	是将两个磁性开关直接安装在气缸缸身的不同位置,以检测出气缸的运动行程

表 21-3-13　　常用气缸的原理特点及其表示符号

分类			图形符号	原理及特点
双作用单出杆			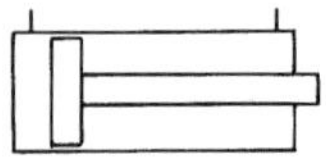	压缩空气驱动活塞向两个方向运动，活塞行程可根据实际情况选定。双向作用力和速度不等
单作用单出杆（弹簧缩进）			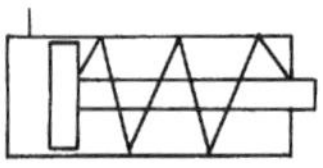	压缩空气驱动活塞向一个方向运动，复位靠弹簧力，输出力随行程而变化
单作用单出杆（弹簧伸出）			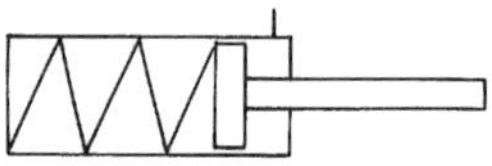	
双作用双出杆			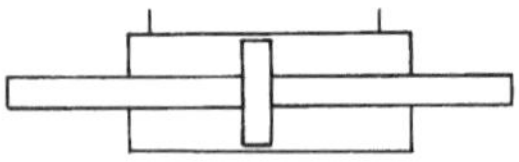	压缩空气驱动活塞向两个方向运动，活塞两侧作用面积相同。双向作用力和速度相等
带缓冲气缸	不可调缓冲气缸	无杆侧缓冲	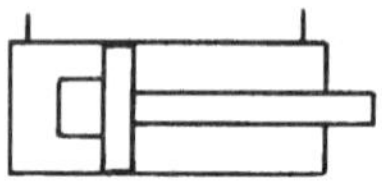	根据需要可在活塞任一侧或两侧设置缓冲装置，以使活塞临近行程终点时减速，防止活塞撞击缸端盖，减速值不可调整
		有杆侧缓冲	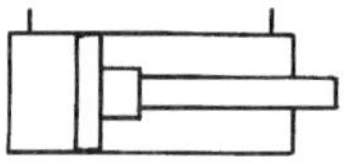	
		双侧缓冲	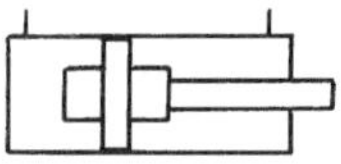	
	可调缓冲气缸	无杆侧缓冲	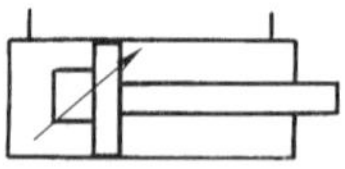	设有可调缓冲装置，使活塞接近行程终点时减速，其减速值可根据需要进行调整
		有杆侧缓冲	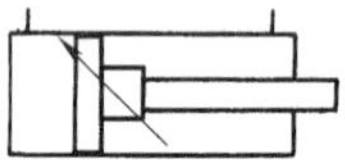	
		双侧缓冲	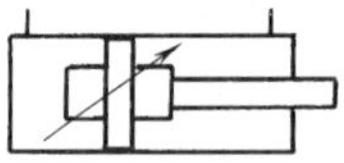	
无出杆气缸	磁性无活塞杆气缸		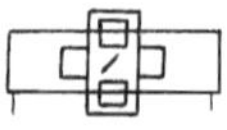	无外伸活塞杆。利用气缸内部活塞的强大磁性和外部磁性滑动部件的磁耦合功能作同步移动，适用于小缸径、长行程
	无杆气缸		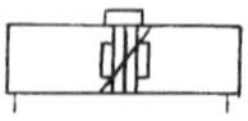	无外伸活塞杆。气缸是通过一个活塞-滑块组合装置传递气缸作用力
	绳索气缸		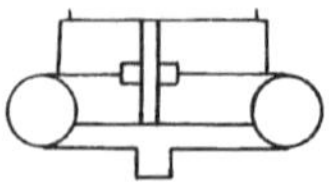	活塞杆是由钢索构成，当活塞靠气压左右推动时，钢索跟随活塞往复移动，可制作小缸径、长行程气缸
	钢带气缸		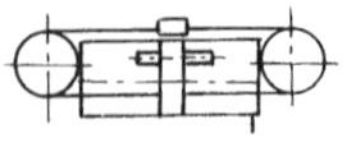	活塞杆是由钢带制成，适用于长行程气缸

续表

分类		图形符号	原理及特点
柱塞式气缸		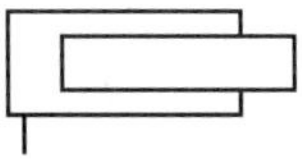	以柱塞代替活塞。压缩空气驱动柱塞向一个方向运动，复位靠外力。对负载的稳定性较好，输出力小，适用于小缸
膜片气缸	平膜片	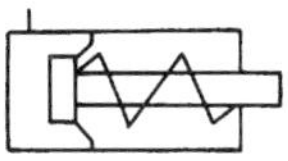	以膜片代替活塞，密封性能好，复位靠弹簧力，缸体不需加工，结构简单，适用于短行程
	滚动膜片	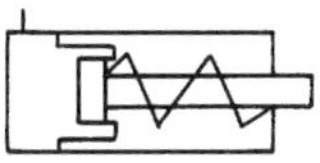	
	膜片夹紧气缸	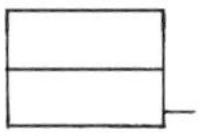	膜片夹紧气缸的夹紧是靠膜片来完成。它的复位也是靠膜片的预张力。无终端缓冲结构，行程一般在 2～5mm 左右
气囊	波纹型	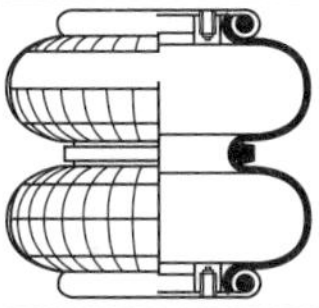	能作驱动和吸振功能，无须昂贵的连接元件和复杂结构，压缩空气使气缸伸展。复位主要靠所支撑物体的重量。气缸的行程终点安装有行程限位挡板，否则气缸外壁会急剧变形
	旋凸型	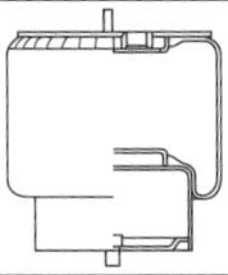	
柔性气缸	气动肌腱		由特殊编织物与橡胶所组成的圆筒形气动肌腱通入压缩空气后，气动肌腱径向膨胀并缩短，产生巨大拉力。断气后，气动肌腱靠弹性力自动恢复
伸缩气缸		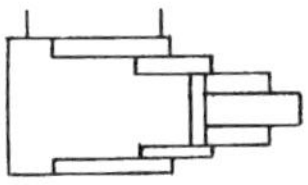	活塞杆为多段短套筒形状组成的气缸，可获得很长的行程，推力和速度随行程而变化
行程可调气缸	伸出位置可调	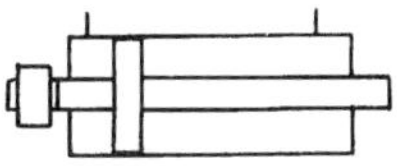	活塞杆的行程，根据实际使用情况可进行适当的调节
	缩进位置可调	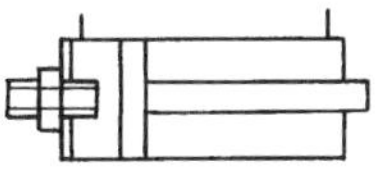	
		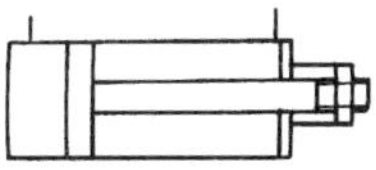	
防回转气缸	方形、六角形活塞杆	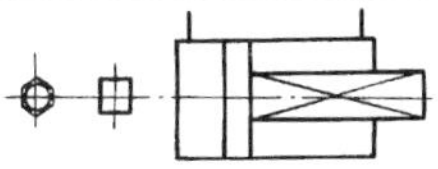	活塞杆呈方形或六角形等，防止活塞杆运动产生旋转
	活塞杆导向	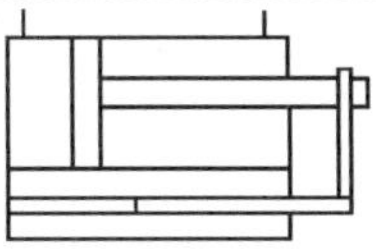	活塞杆带导向
	活塞导向	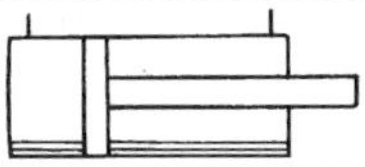	活塞带导向

续表

<table>
<tr><th colspan="3">分类</th><th>图形符号</th><th>原理及特点</th></tr>
<tr><td rowspan="2">防落下气缸</td><td colspan="2">前端防落下</td><td>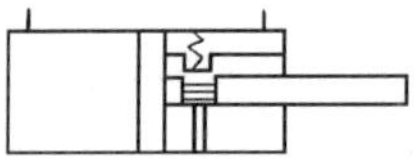</td><td rowspan="2">设有防止活塞杆落下机构的气缸，增加安全可靠性</td></tr>
<tr><td colspan="2">后端防落下</td><td>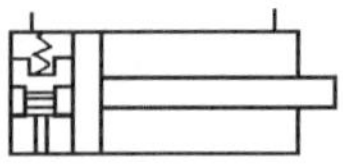</td></tr>
<tr><td colspan="3">锁紧气缸</td><td>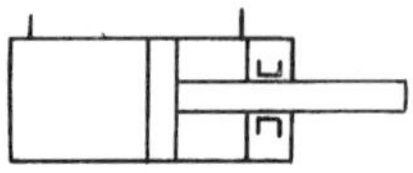</td><td>设有锁紧机构，可提高气缸的定位精度</td></tr>
<tr><td rowspan="7">多气缸组合式</td><td colspan="2">三位气缸</td><td>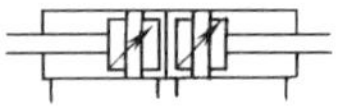</td><td rowspan="3">一种方法是通过将两个缸径相同、行程不同的同类气缸按串接形式排列，后动气缸的行程必须大于先动气缸的行程。另一种方法，气缸背靠背排列，活塞杆伸出方向相反，一端活塞杆固定。当两个气缸行程相同时，可获得三种工作位置</td></tr>
<tr><td colspan="2">双活塞杆伸出</td><td>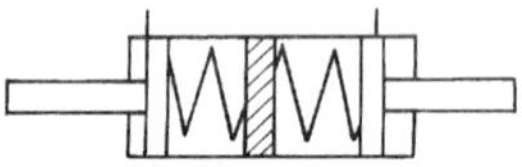</td></tr>
<tr><td colspan="2">双活塞杆缩进</td><td>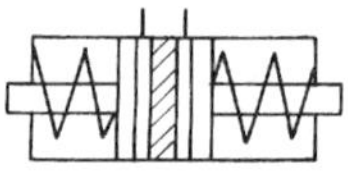</td></tr>
<tr><td colspan="2">活塞直径相同
倍力气缸</td><td>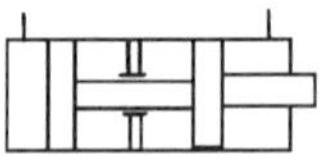</td><td>在一根活塞杆上串联 n 个活塞，活塞杆的输出力可增大近 n 倍</td></tr>
<tr><td colspan="2">活塞直径不同
（增压气缸）</td><td>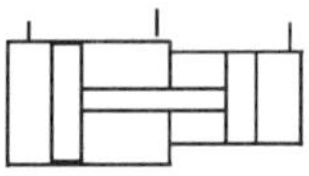</td><td>活塞杆两端面积不相等，利用压力和面积乘积不变原理，可使小活塞端输出单位压力增大</td></tr>
<tr><td rowspan="2">气液结合式</td><td>气液阻尼缸</td><td>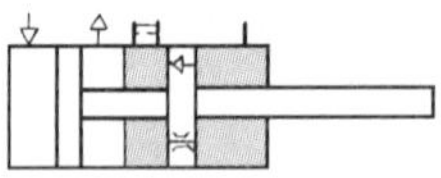</td><td>利用液体的不可压缩性和流量易控制的优点，获得活塞杆的稳速运动</td></tr>
<tr><td>气液增压缸</td><td>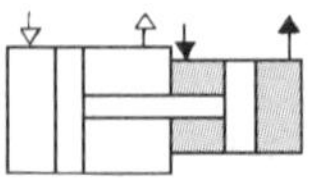</td><td>根据液体不可压缩和力的平衡原理，利用两个相连活塞面积的不等，压缩空气驱动大活塞，使小活塞输出单位压力增大</td></tr>
<tr><td colspan="3">冲击气缸</td><td>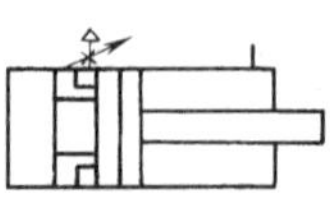</td><td>利用突然大量供气和快速排气相结合的方法使活塞杆得到快速冲击运动。用于切断冲孔、铆合、打入工件等</td></tr>
</table>

3.2.2.2　气缸的常用安装方式

表 21-3-14　气缸的常用安装方式

分类			简图	特点
固定式	基本式	S	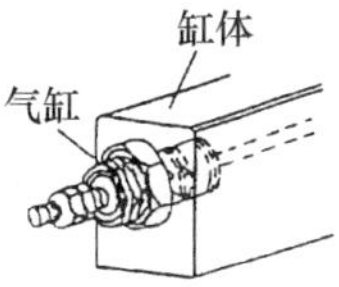	不带安装件的气缸 利用缸体体内螺纹拧入机体内固定(S)，利用缸体体外螺纹用螺母固定在面板上(B)或利用缸体的通孔(B)或端盖上的螺钉孔(A、B)用螺钉固定在台面上
		B	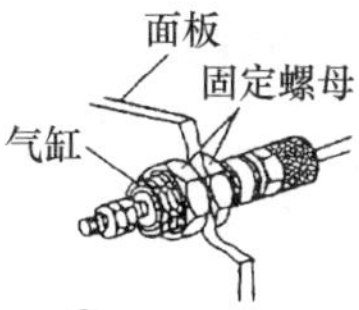 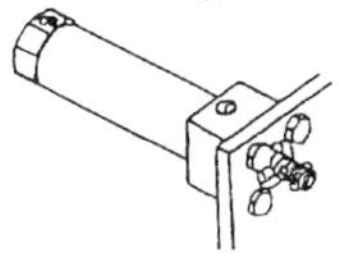 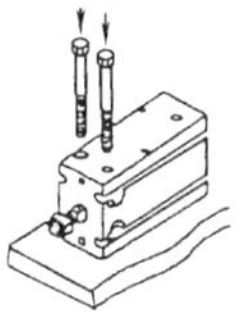	
		A	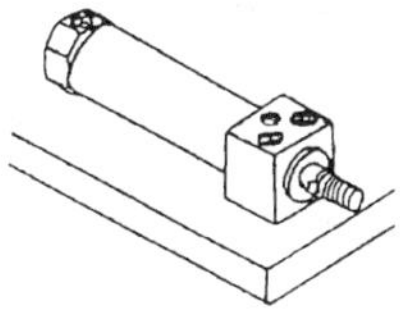	
	脚座式	L	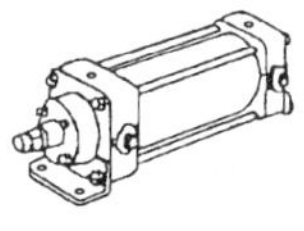	脚座上可承受大的倾覆力矩。用于负载运动方向与活塞杆轴线一致的场合
	法兰型 有杆侧法兰	F	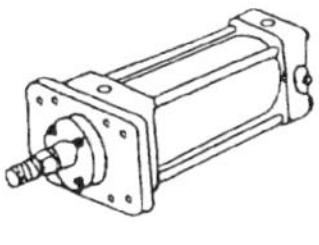	法兰上安装螺钉受拉力。用于负载运动方向与活塞杆轴线一致的场合
	法兰型 无杆侧法兰	G	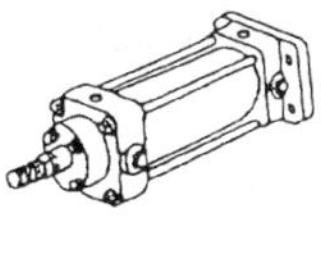	

分类				简图	特点
摆动式	耳环型(悬耳型)	单耳环	C	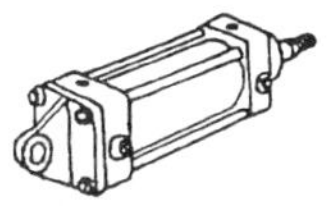	活塞杆轴线的垂直方向带有销轴孔的气缸，负载和气缸可绕销轴摆动。一体耳环型是指无杆侧端盖上直接带销轴的形式 快速动作时，摆动角越大，活塞杆承受的横向负载越大
		双耳环	D	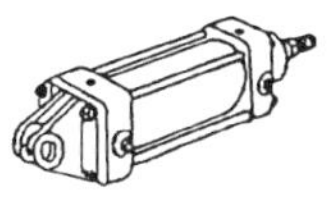	
		一体耳环	E	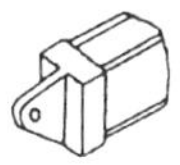	
	耳轴型(销轴型)	无杆侧耳轴	T	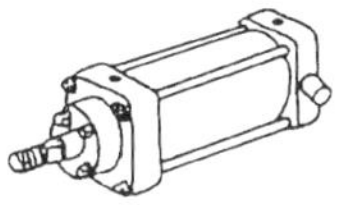	气缸可绕无杆侧端盖上的耳轴摆动
		有杆侧耳轴	U	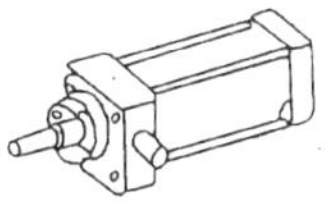	气缸可绕杆侧端盖上的耳轴摆动
		中间耳轴	T	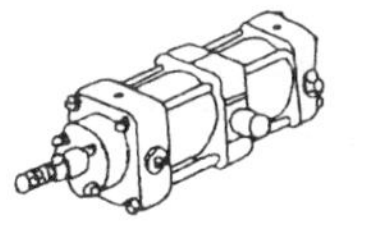	气缸可绕中间耳轴摆动，用于长缸

3.2.2.3 气缸的结构

表 21-3-15 气缸的结构

名称	结构及原理
气缸的典型结构（双作用气缸）	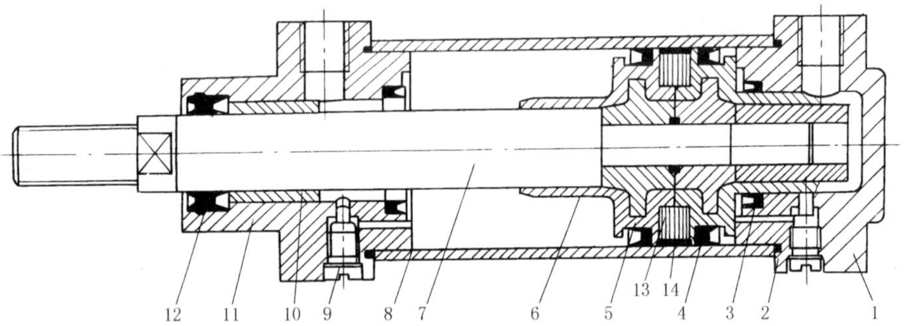 1—后端盖；2—密封圈；3—缓冲密封圈；4—活塞密封圈；5—活塞；6—缓冲柱塞； 7—活塞杆；8—缸筒；9—缓冲节流阀；10—导向套；11—前缸盖；12—防尘密封圈； 13—磁铁；14—导向环 气缸一般由缸筒、前后缸盖、活塞、活塞杆、密封件和紧固件等零件组成。气缸被活塞分成有杆腔（有活塞杆的腔，简称头腔或前腔）和无杆腔（无活塞杆的腔，简称尾腔或后腔） 当从无杆腔输入压缩空气时，有杆腔排气，压缩空气作用在活塞右端面上的力克服各种反作用力，推动活塞前进，使活塞杆伸出；当无杆腔排气，有杆腔进气时，活塞杆缩回至初始位置。两腔交替进气、排气，活塞杆实现往复直线运动 缸盖上未设缓冲装置的气缸称为无缓冲气缸；缸盖上设有缓冲装置的气缸称为缓冲气缸。缓冲装置由节流阀、缓冲柱塞、缓冲腔和缓冲密封圈等组成。其中缓冲密封圈可安装在缸盖上，如图所示，也可安装在缓冲柱塞上，前者工艺性好，缓冲性能好，基本上已替代后者 缓冲气缸工作原理：当缓冲柱塞进入缓冲行程前、缓冲行程中直至缓冲结束，活塞杆换向，其气流流动全过程见下图 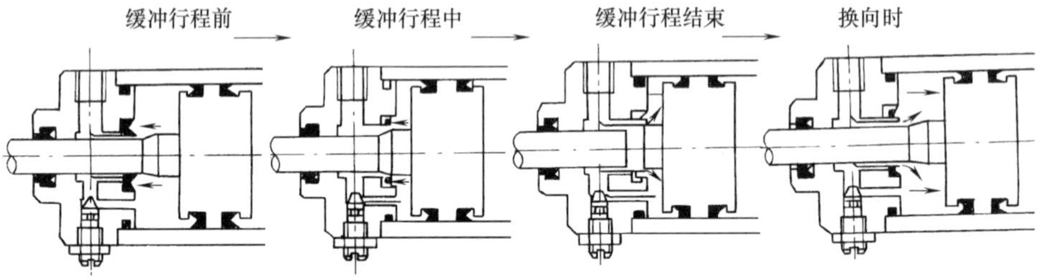 当压缩空气从后腔进气使活塞杆伸出时，前腔的气体经缓冲腔孔、前缸盖排气孔排出。活塞杆伸出接近行程末端，活塞左侧缓冲柱塞将缓冲腔孔封闭，缓冲开始，活塞杆再继续伸出时，前腔内的剩余气体只能经过节流阀才能排出，气体排出受到阻力，活塞杆伸出运动速度逐渐减慢，起到缓冲作用。这样可防止活塞与缸盖的撞击，活塞可缓慢停止 为了缩短气缸开始运动时的启动时间，在前后缸盖上可安装单向阀
单作用气缸	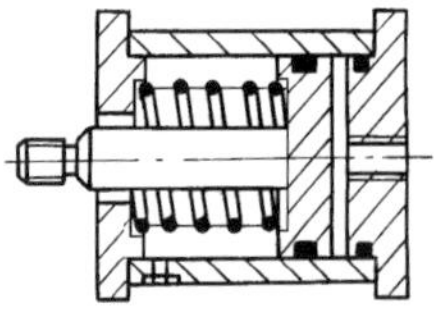 图(a) 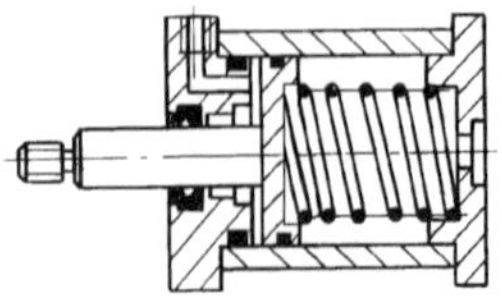 图(b) 图(a)为活塞杆缩进型，图(b)为活塞杆伸出型。根据力平衡原理，单作用气缸输出推力必须克服弹簧的反作用力和活塞杆工作时的总阻力

续表

名称	结构及原理
摆动气缸	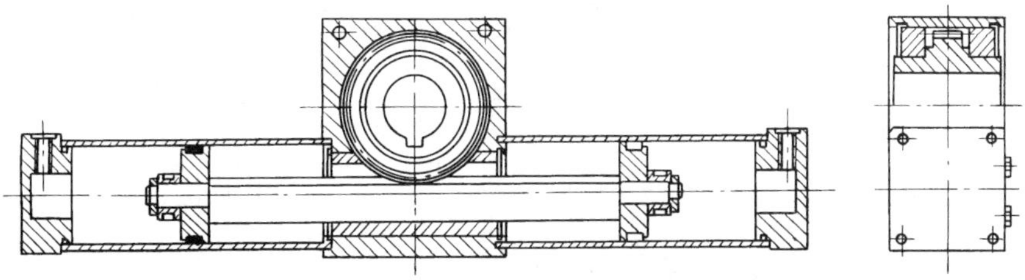 图(a)　齿轮齿条式摆动气缸 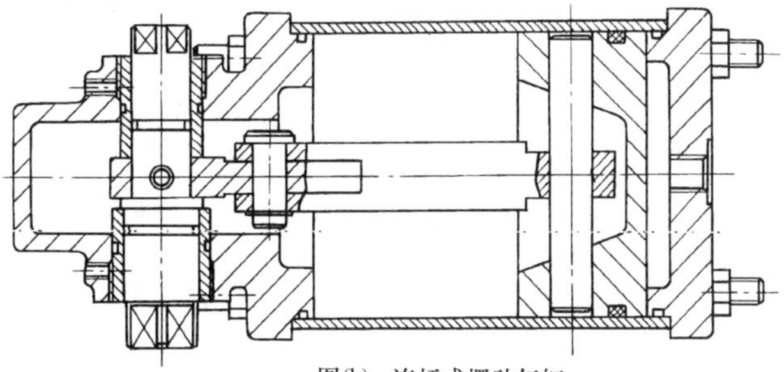 图(b)　连杆式摆动气缸 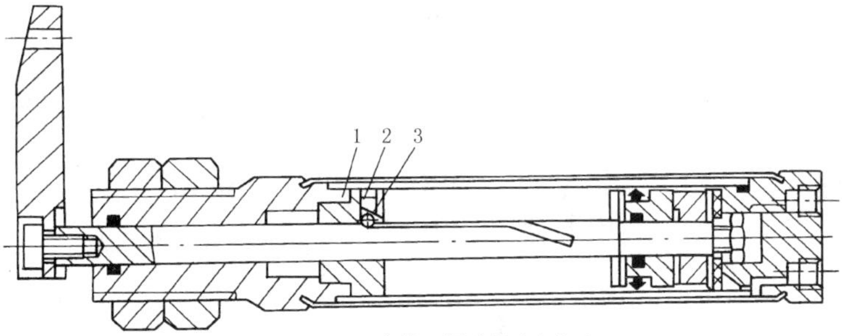 图(c)　直线－摆动复合气缸之一 1—前端盖；2—黄铜轴承；3—定位钢球 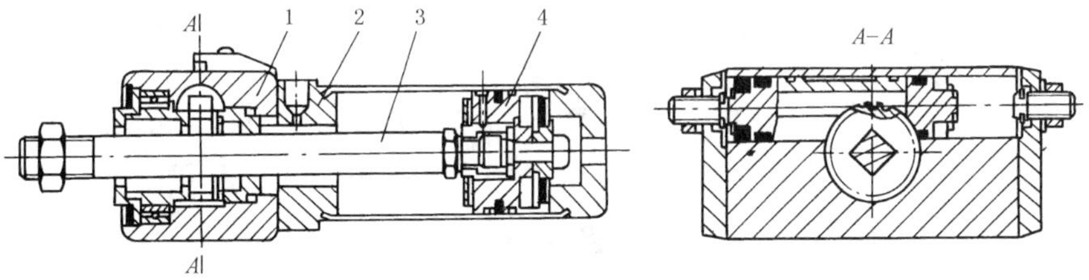 图(d)　直线－摆动复合气缸之二 1—齿轮齿条摆动气缸；2—气缸盖；3—方形活塞杆；4—主活塞 摆动气缸输出往复的摆动运动和转矩。图(a)为齿轮齿条式摆动气缸，图(b)为连杆式摆动气缸，图(c)和图(d)是两种直线-摆动复合气缸。直线-摆动复合气缸是指气缸能同时完成直线运动及转动一固定角度的结构 图(c)所示为在气缸活塞杆上有一个螺旋槽，在气缸前端盖的里边安装一黄铜轴承，在轴承上装有一个定位钢球，当活塞杆运动时，定位钢球在螺旋槽中迫使活塞杆旋转，当活塞杆退回时，活塞杆反向旋转至原始位置 图(d)为另一种直线-摆动复合气缸，在直线运动气缸的基础上，将活塞杆的截面做成正方形，在气缸盖上设计一个齿轮-齿条摆动缸，可带动活塞杆旋转，因此活塞杆输出一个旋转-直线复合运动。直线运动的主活塞与方截面活塞杆为铰接，因此主活塞本身不旋转

续表

<table>
<tr><th>名称</th><th>结构及原理</th></tr>
<tr><td>回转气缸</td><td>
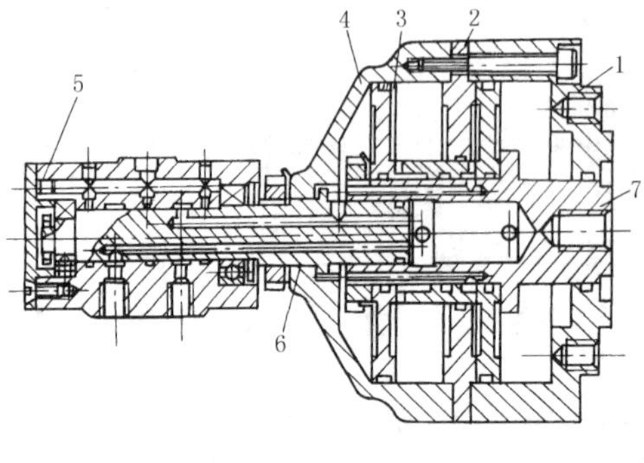

图(a) 回转气缸

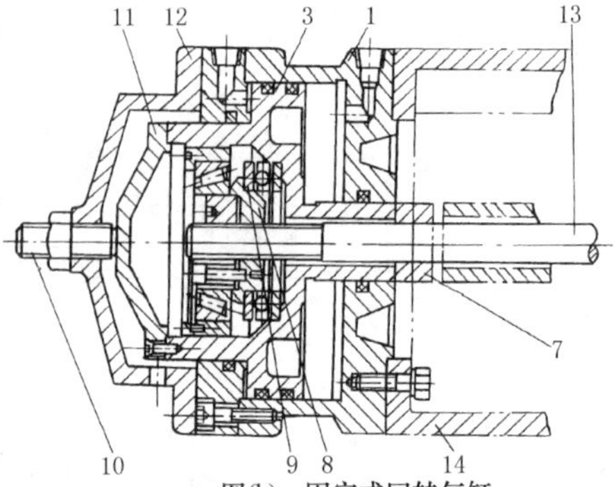

图(b) 固定式回转气缸

1—缸体;2—中盖;3—活塞;4—缸盖;5—导气套;6—导气轴;7—活塞杆;8—固定螺母;9—轴向止推轴承;10—调整螺钉;11—活塞盖;12—顶盖;13—拉杆;14—机床床头箱

图(a)为回转气缸,一般都与机床气动卡盘配合使用,由活塞进退控制工件的松卡。缸体和导气轴随卡盘回转,导气套固定,活塞作往复运动。体积较大,加大了机床主轴的转动惯量。为了克服这种回转气缸由缸体转动产生的离心力和振动,以及不安全因素,可采用图(b)所示固定式回转气缸。其拉杆通过轴承可在空心活塞中自由转动,并可随活塞往复运动
</td></tr>
<tr><td>膜片气缸</td><td>
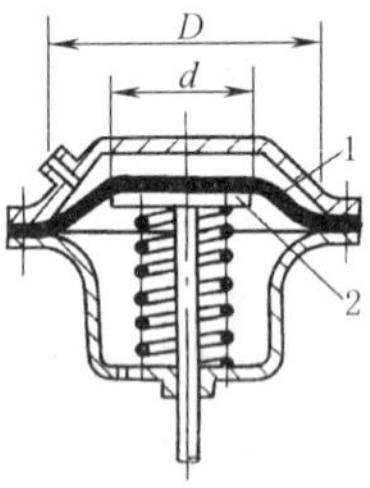

图(a) 膜片气缸

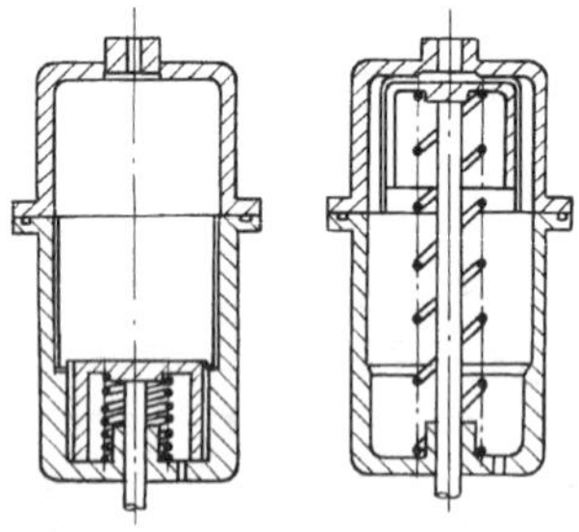
图(b) 滚动膜片式气缸

它是利用膜片 1 和压盘 2 代替活塞,在气体压力作用下产生变形,推动活塞杆运动,结构简单紧凑,重量轻,无泄漏,寿命长,可用作刹车和夹紧机构,安全可靠。但行程较短,一般不超过 40mm,平膜片更短,仅是其有效直径的 1/10。图(b)为滚动膜片式气缸,具有图(a)所示膜片气缸的优点,并在有效直径不变的情况下获得较大行程
</td></tr>
<tr><td>多位气缸</td><td>
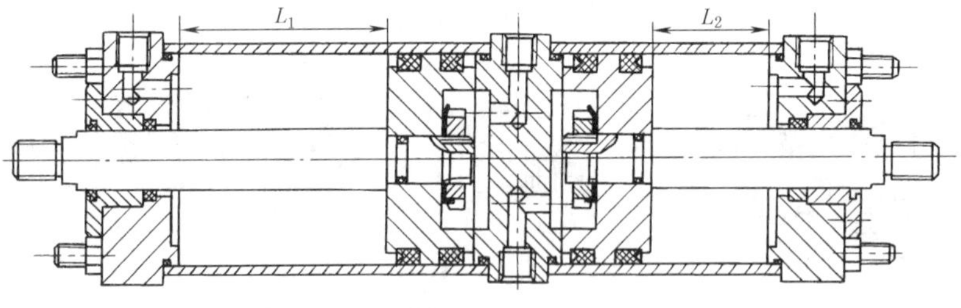

图(a)

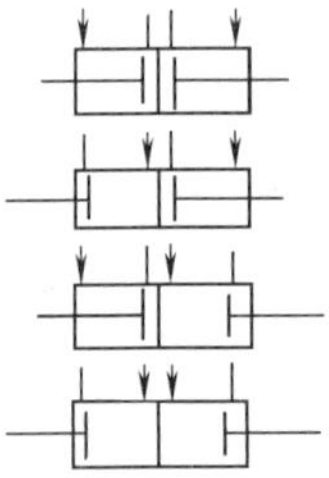
图(b)

多位气缸是一种利用改变进排气口通道,获得不同位置的气缸。图(a)是多位气缸的一种——四位气缸,改变其进排气口通道可获得图(b)所示四个位置。图(c)是三位气缸,可得到的三个位置。在工作需要气缸沿其行程长度占有几个位置的场合就可选用这种气缸

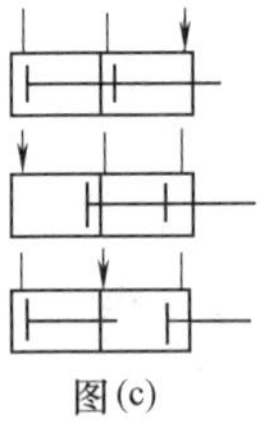
图(c)
</td></tr>
</table>

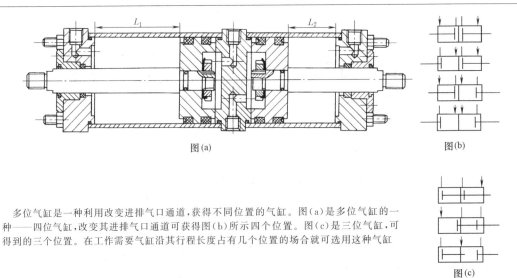

续表

名称	结构及原理
串联气缸	图为串联气缸。两个活塞串联，可以增加气缸的推力，适用于行程短、出力大的场合 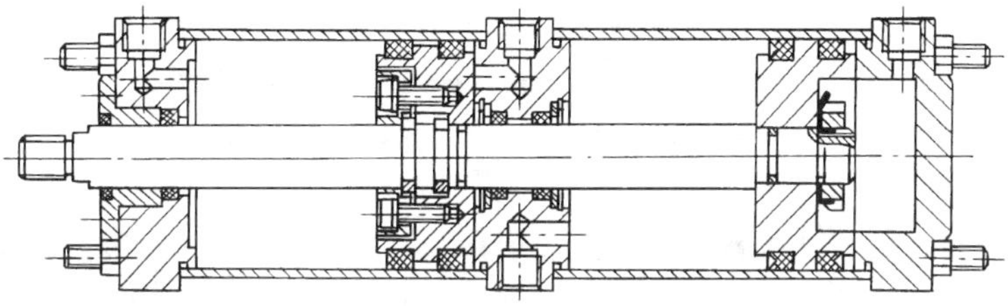
伸缩气缸	图为多层套筒式单作用伸缩缸。由导套 1、活塞杆 2、套筒 3、缸筒 4、半环 5 等组成。其特点是体积小，但行程较大 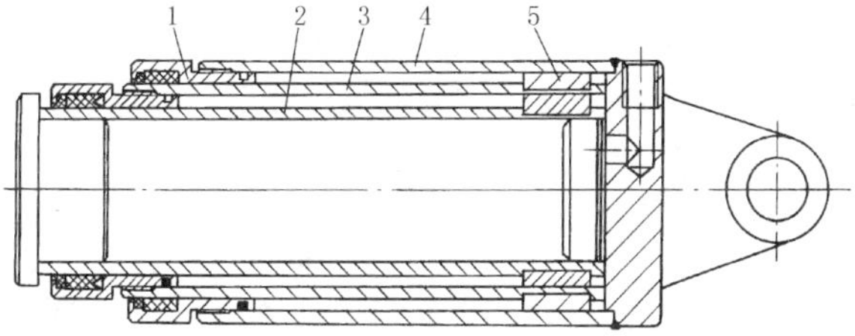
差动气缸	图为单活塞杆差动气缸。活塞杆的直径与活塞直径接近，因此在一个方向上可得到较大出力而速度较慢，另一方向上则速度较大，出力较小。在系统设计时，有杆腔往往处于一直有气状态 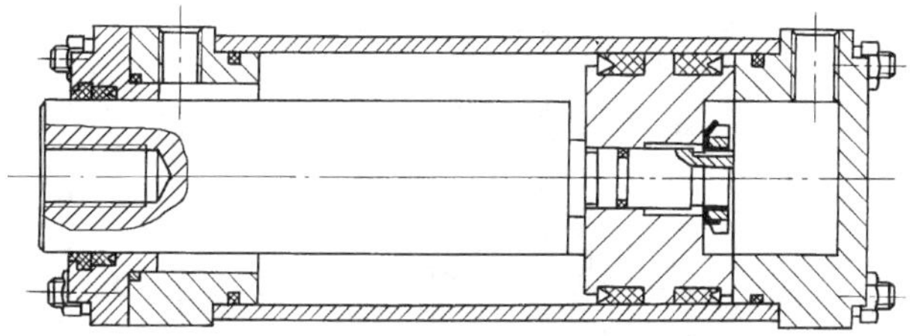
行程可调气缸	行程可调气缸是指活塞杆在伸出或缩进位置可进行适当调节的一种气缸。其调节结构有两种形式：图(a)为伸出位置可调；图(b)为缩进位置可调。它们分别由缓冲垫 1、调节螺母 2、锁紧螺母 3 和调节杆 6 或调节螺杆 4 和调节螺母 5 组成，调节螺杆 4 接工作机构 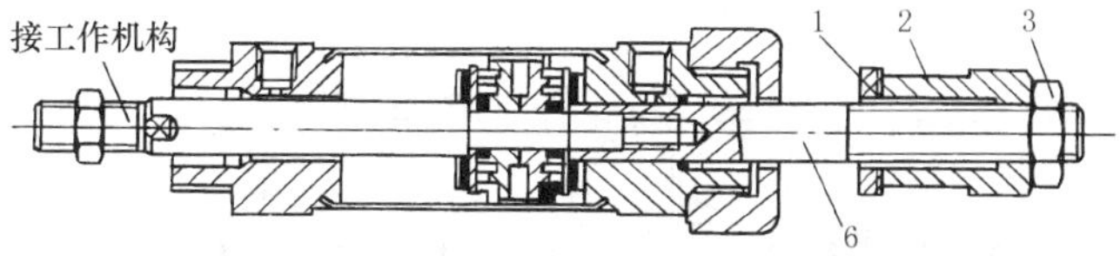 图(a) 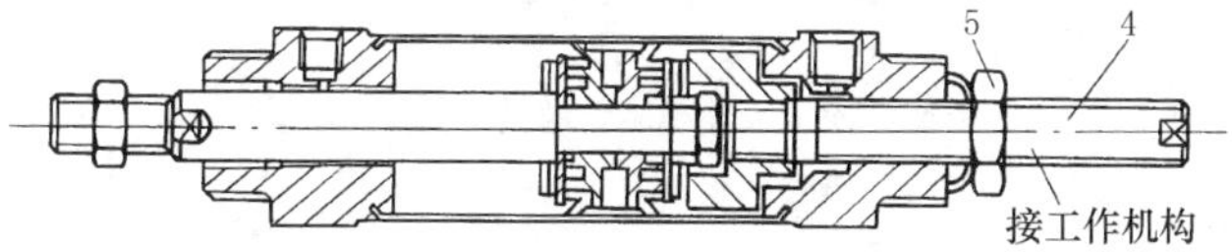 图(b)

续表

名称	结构及原理
带阀及行程开关的气缸	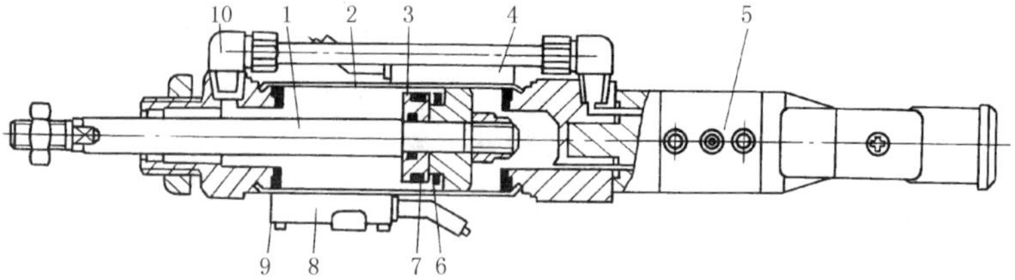 1—活塞杆；2—缸筒；3—活塞；4，8—行程开关；5—电磁换向阀；6—磁铁环；7—密封圈；9—缓冲垫；10—管路 图为带阀及行程开关的气缸，尾部装有电磁换向阀，通过管路与气缸的前腔及后腔相连，活塞上安装有一个永久磁铁制成的发信号环(磁铁环 6)，以便在活塞运动时，使固定在缸筒上的装有干簧继电器的行程开关动作，以发出信号指示活塞的行程位置。如图所示当活塞位于尾端时，行程开关 4 闭合，位于前端时，行程开关 8 闭合
防回转气缸	该气缸是将活塞杆截面做成方形、六角形或其他形状，本图为圆弧直线形，给活塞杆或活塞另设导向杆，以防止活塞杆在行程过程中回转 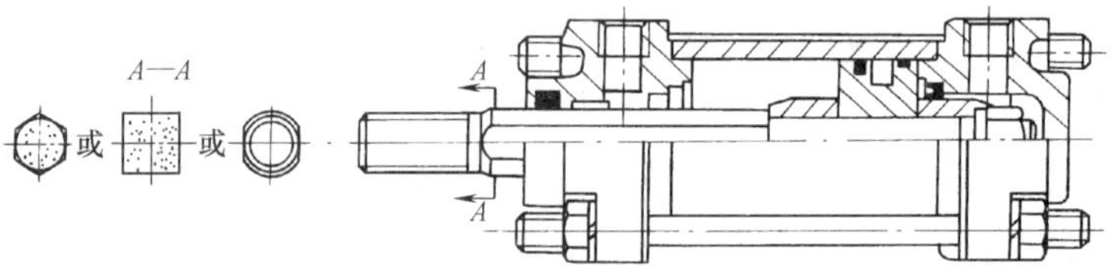
防落下气缸	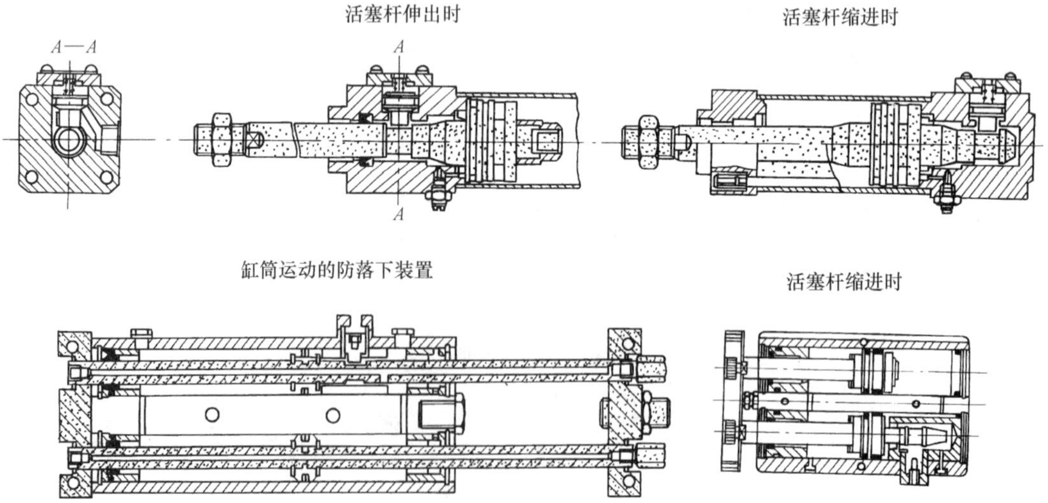 活塞杆伸出或缩进时，设有防止活塞杆缩进或伸出装置的气缸，称为防落下气缸。防落下装置如图中 A—A 所示，活塞杆到位时靠弹簧力推动定位销定位，工作时靠气压力达到一定压力压缩弹簧，使定位脱开，开始运行。可防止停电时发生故障，保障安全

续表

名称	结构及原理
锁紧气缸	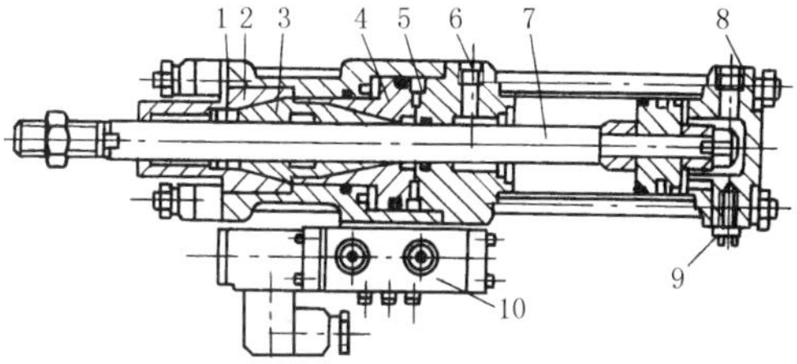 图(a)　弹簧卡套式锁紧气缸 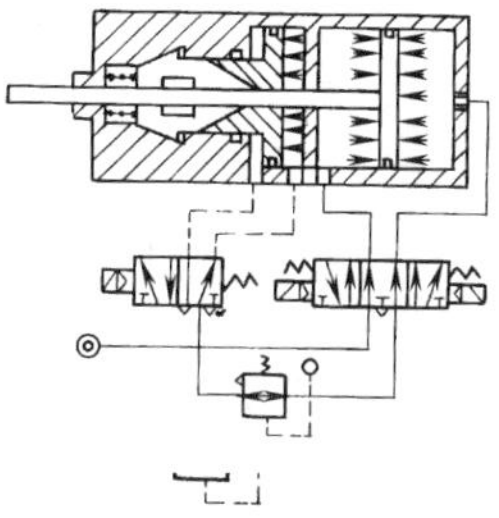 图(b)　活塞杆被锁紧停止 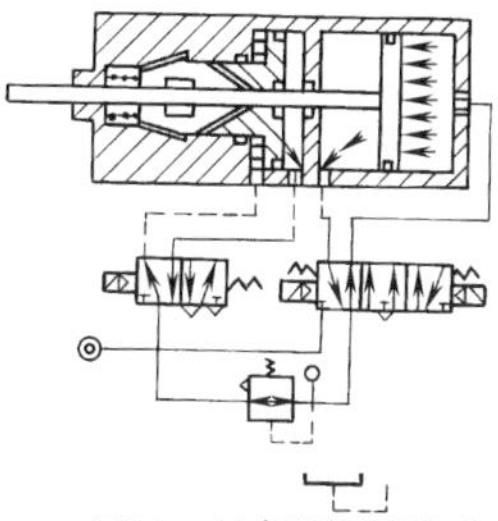 图(c)　活塞杆锁紧松开 1—弹簧；2—锁紧锥套；3—弹性卡套；4—锁紧活塞；5—中盖；6—进排气口；7—活塞杆；8—后缸盖；9—节流阀；10—电磁阀 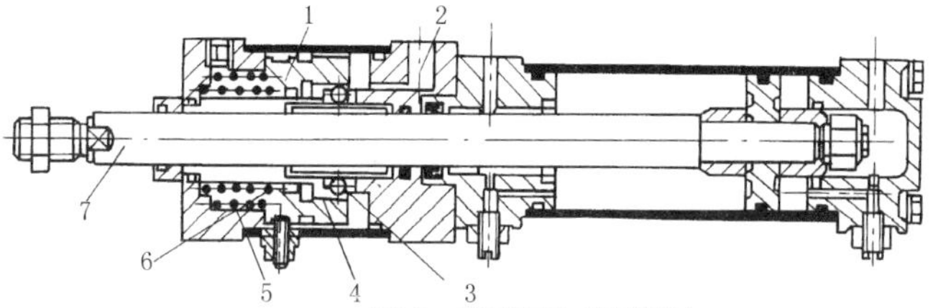 图(d)　锥面钢球式锁紧气缸 1—锁紧活塞；2—通气口；3—钢球；4—锥形面；5—弹簧；6—锁紧套；7—活塞杆 图(a)的锁紧原理见图(b)、图(c) 图(d)：当压气从通气口2进入，锁紧活塞1左移，使钢球放松锁紧套6，活塞处于自由状态。当通气口2与排气腔相连时，活塞1在弹簧5作用下向右移动，锥形面4迫使钢球3径向移动，压紧锁紧套6，锁紧活塞杆 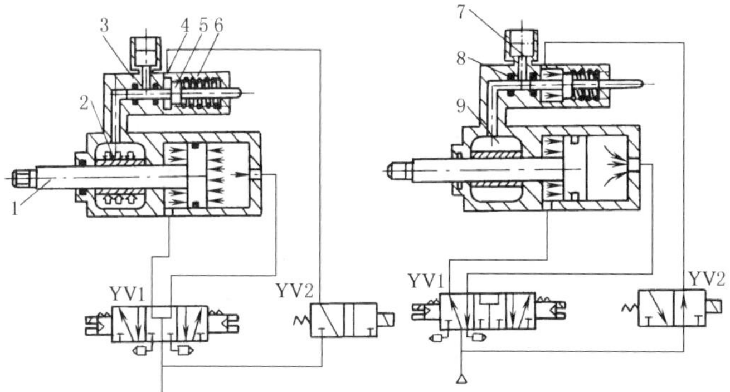 锁紧状态　放松状态 图(e)　气液增压式锁紧气缸 1—活塞杆；2—锁紧套；3—增压柱塞；4—通气口；5—活塞；6—弹簧；7—补油器；8—增压腔密封；9—油室 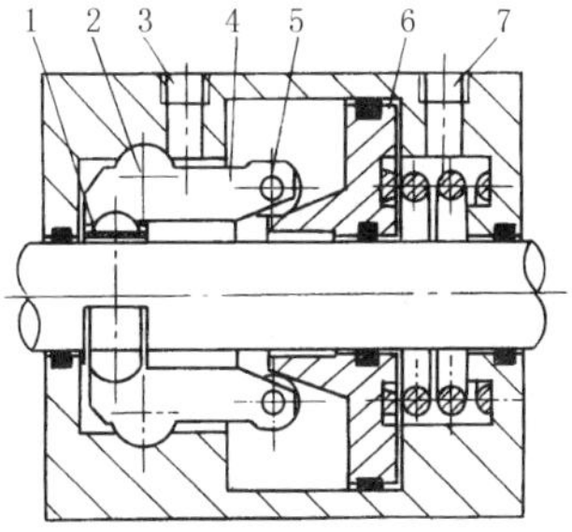 图(f)　锥面凸轮－杠杆式锁紧气缸 1—夹紧套；2—支点；3,7—通气口；4—杠杆；5—滚轮；6—锥面活塞 图(e)：活塞5在弹簧6作用下向左移动，增压柱塞3将高压油打入锁紧套2的外围，从而使活塞杆1锁紧。当二位三通电磁阀接通时，活塞5克服弹簧力向右移动，增压柱塞3使锁紧套2外围压力下降，放松活塞杆 图(f)：锥面活塞在弹簧的作用下通过锥面将力传到杠杆4上，杠杆通过旋转支点2使力增大，并作用在夹紧套1上，从而夹紧活塞杆。通气口3通气，活塞右移，松闸 锁紧气缸提高了气缸的定位精度，一般情况下当活塞运动速度为300mm/s时，其定位精度为±(1～1.5)mm。定位精度与气缸运动速度和气动回路设计及锁紧机构的形式有关

续表

名称	结构及原理
低摩擦气缸	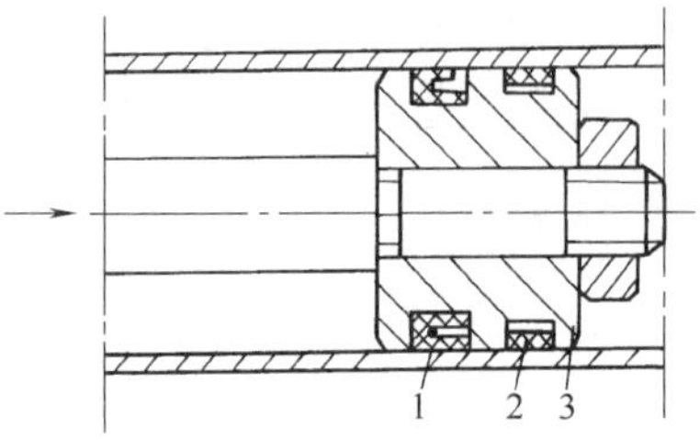 图(a)　低摩擦气缸结构原理 1—带 O 形圈的 U 形密封组件；2—支撑圈；3—活塞 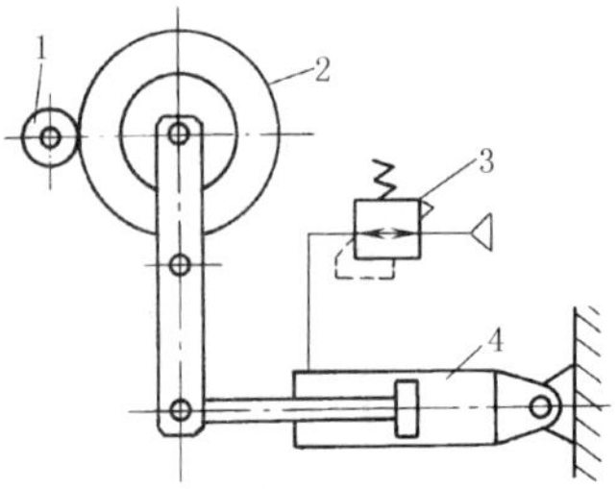 图(b)　低摩擦气缸应用举例 1—驱动轮；2—卷取轮；3—精密减压阀；4—低摩擦气缸 在保证不产生泄漏的条件下，应尽量减小气缸的启动压力。措施是：除气缸内表面有较高精度及较低粗糙度外，活塞上只安装一个密封圈，保证活塞在一个方向上有低摩擦力，图(a)中箭头指向为低摩擦运动方向。当缸径小于 ϕ40mm 时最低工作压力为 25kPa；当缸径大于 ϕ40mm 时，最低工作压力为 10kPa，远远小于普通气缸。目前这种气缸的最大缸径为 ϕ100mm，最小缸径为 ϕ20mm。标准状态下允许泄漏量为 0.5L/min 图(b)为应用低摩擦气缸的例子。为保证在卷带过程中卷取轮的外径变化时，驱动轮与卷取轮之间的压紧力变化很小，采用如图所示的机构，此时精密减压阀调定的压力输送至低摩擦气缸。由于气缸的摩擦力极小，在行程过程中变化甚微，故能保证在卷取轮直径变化时，压紧力基本保持恒定。这种气缸由于密封圈的安装方向不同，活塞杆的低摩擦方向也不同，在使用时应当注意
薄型气缸（又称短行程气缸）	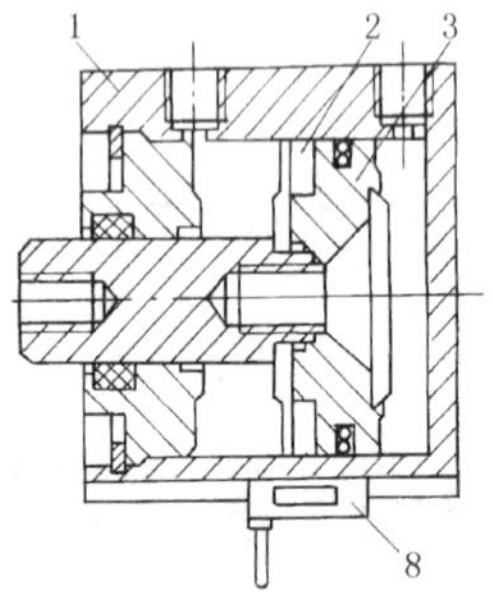 图(a)　双作用单活塞杆气缸 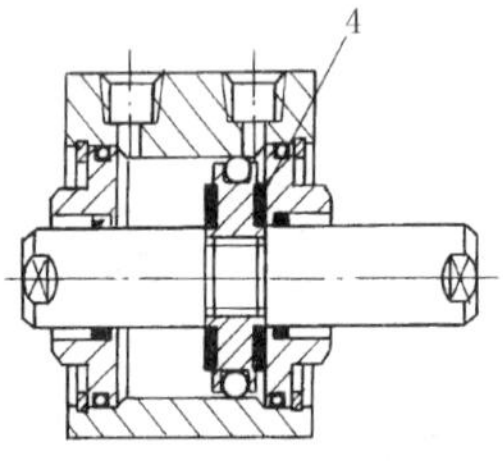 图(b)　双作用双活塞杆气缸 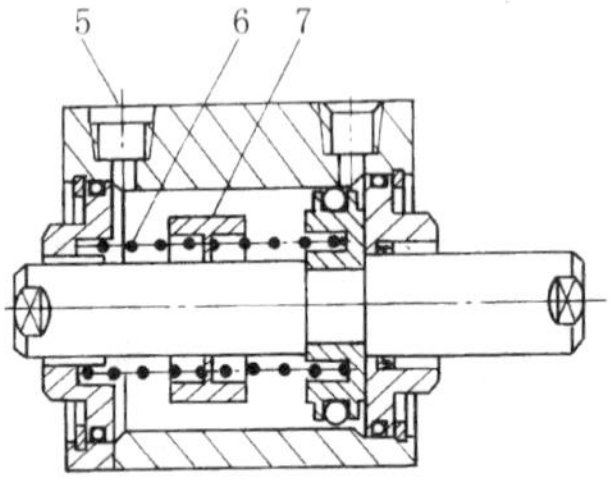 图(c)　单作用双活塞杆气缸 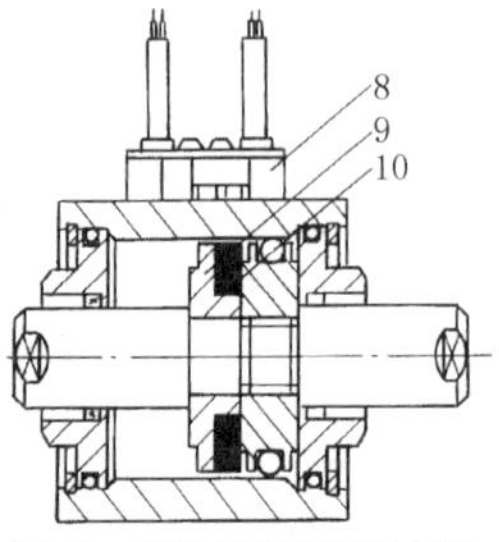 图(d)　双作用双活塞杆气缸 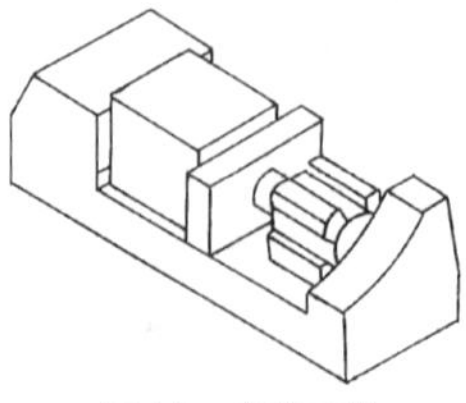 图(e)　夹紧工件 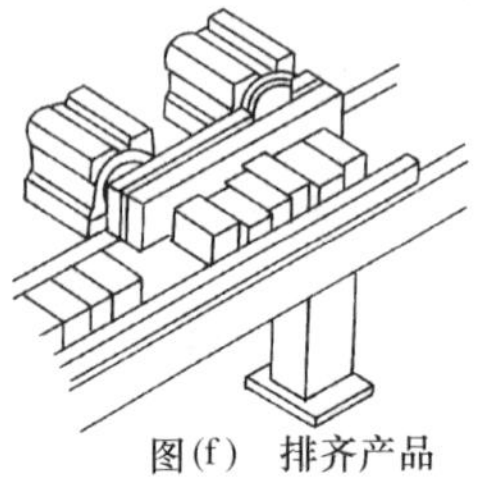 图(f)　排齐产品 1—缸筒；2,10—磁铁环；3—活塞；4—缓冲垫；5—过滤片；6—弹簧；7—隔套；8—开关；9—垫片 特点是行程短，一般为 5～20mm，最大至 40mm；外部轴向尺寸也短，缸径一般为 12～100mm。由于外形尺寸紧凑，输出力大，广泛用于机械手和各种夹紧装置中，亦可安装行程开关，以指示活塞的位置。多数为不供油型，使用维修方便

续表

名称	结构及原理

磁性无活塞杆气缸

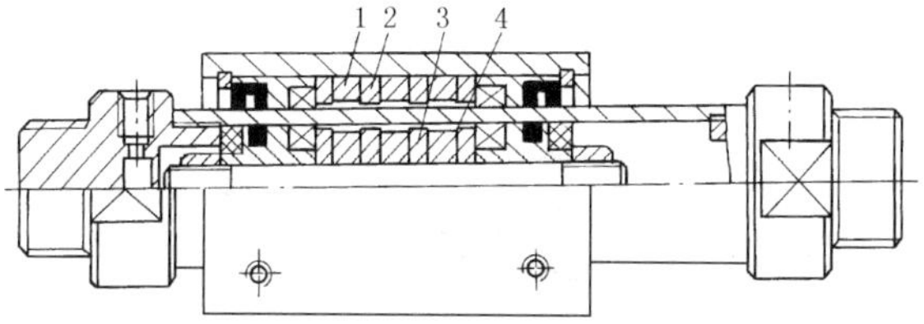

图(a)　结构
1—外磁环；2—外隔圈；3—内隔圈；4—内磁环

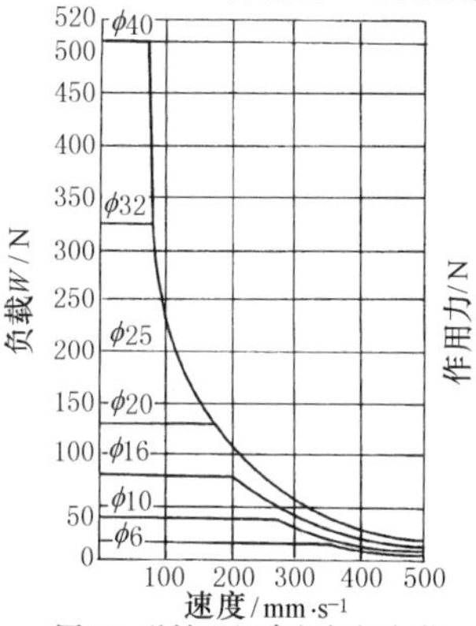

图(b)　磁性无活塞杆气缸负载与速度的关系

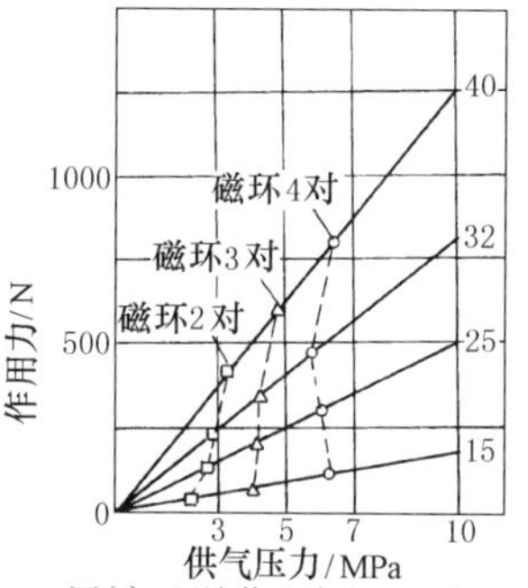

图(c)　理论作用力与磁环数目、供气压力的关系

主要技术参数

气缸直径/mm			$\phi15$	$\phi25$	$\phi32$	$\phi40$
磁铁吸力/N	磁铁数目	4	112	300	470	800
		3	69	210	340	600
		2	20	130	230	400
行程长度/mm			5～1000	5～2000	5～2000	5～2000

它是在活塞上安装一组强磁性的永久磁环，一般为稀土磁性材料。磁力线通过薄壁缸筒(不锈钢或铝合金无导磁材料等)与套在外面的另一组磁环作用，由于两组磁环极性相反，具有很强的吸力。当活塞在缸筒内被气压推动时，则在磁力作用下，带动缸筒外的磁环套一起移动。因此，气缸活塞的推力必须与磁环的吸力相适应。为增加吸力可以增加相应的磁环数目，磁力气缸中间不可能增加支撑点，当缸径≥25mm时，最大行程只能≤2m；当速度快、负载重时，内外磁环易脱开，因此必须按图(b)所示的负载和速度关系选用。这种气缸重量轻、体积小、无外部泄漏，适用于无泄漏的场合；维修保养方便。但只限用于小缸径(6～40mm)的规格。可用于开闭门(如汽车车门，数控机床门)、机械手坐标移动定位、组合机床进给装置、无心磨床的零件传送，自动线输送料、切割布匹和纸张等

缸筒带槽式无活塞杆气缸

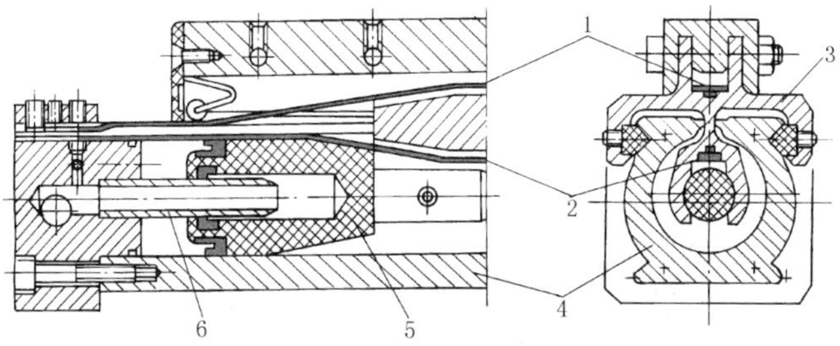

1—密封、防尘带；2—密封带；3—滑块；4—缸筒；5—活塞；6—缓冲柱塞

在气缸缸管轴向开有一条槽，活塞与滑块在槽上部移动。为了防止泄漏及防尘需要，在开口部采用聚氨酯密封带和防尘不锈钢带固定在两端缸盖上，活塞与滑块连接为一体，带动固定在滑块上的执行机构实现往复运动。无活塞杆气缸缸径最小为 $\phi8$mm，最大为 $\phi80$mm，工作压力在1MPa以下，行程小于10m。其输出力比磁性无活塞杆气缸要大，标准型速度可达0.1～1.5m/s；高速型可达到0.3～3.0m/s。但因结构复杂，必须有特殊的设备才能制造，密封、防尘带1与2的材料及安装都有严格的要求，否则不能保证密封和寿命。受负载力小，为了增加负载能力，必须增加导向机构

续表

名称	结构及原理

绳索气缸

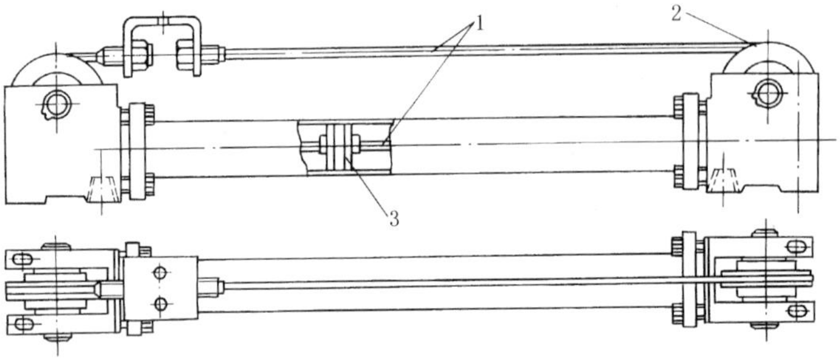

1—钢绳；2—滑轮；3—活塞

普通气缸与绳索气缸安装长度比较 mm

行程	必要安装长度	
	绳索气缸	带活塞杆气缸
500	627	1100
1300	1529	2700
1800	2029	3700
3500	3829	7100
5000	5329	10100

绳索气缸是一种柔性活塞杆气缸，采用钢丝绳代替活塞杆，可以实现各种形式的传动。其外形如图，气缸两端有两个滑轮，绳索通过两端的滑轮在气缸上方连接

从表中可看出，采用绳索缸时，安装尺寸可减小约等于一个行程的长度，这对大行程气缸无疑很重要。另外一个优点是可以延长绳索，实现远距离传动

绳索气缸的摩擦力较大，启动压力比普通气缸稍高，另外绳索是特制的，在钢丝绳外包一层尼龙，以保证与缸盖孔的密封

钢带气缸

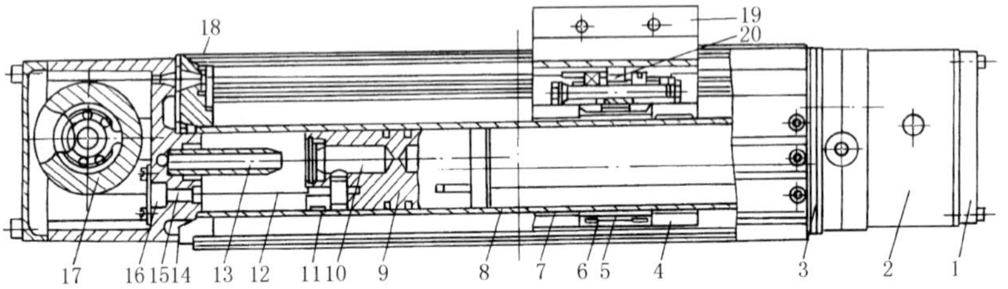

1，2—气缸端盖；3—法兰；4，7—导向键；5，6—锁紧套；8—缸筒；9—活塞；10—缓冲孔；11—导向环；12—钢带；13—缓冲柱塞；14—密封；15，16—钢带轴承与密封；17—钢带导轮；18—钢带防尘圈；19—滑块；20—钢带张紧螺栓

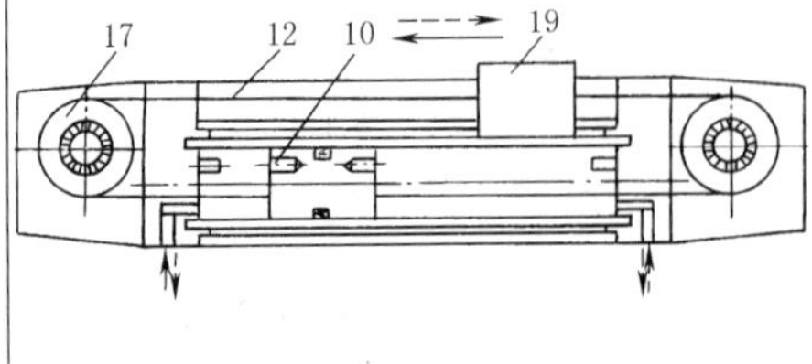

该气缸是采用钢带代替活塞杆的气缸。它克服了绳索气缸密封困难、结构尺寸大的缺点，具有密封和连接容易，运动平稳，与测量装置结合，易实现自动控制。如图所示，锁紧套 5 和 6 可保证滑块 19 的定位和锁紧。它和绳索气缸与阀及开关连接，即可成为带开关、带阀绳索气缸和钢带气缸，是较理想的长行程气缸

续表

名称	结构及原理
双活塞杆气缸	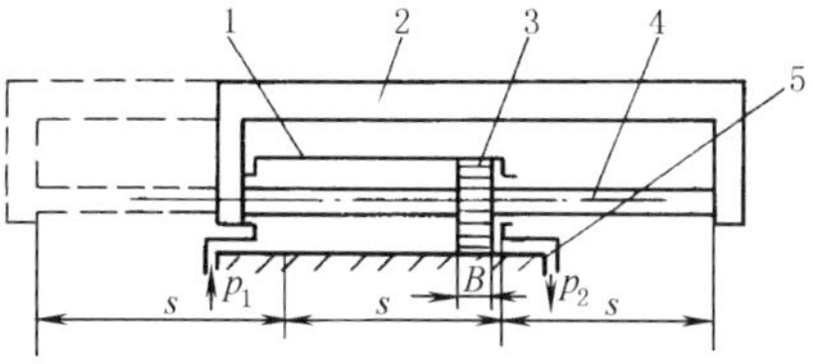 图(a)　**缸体固定** 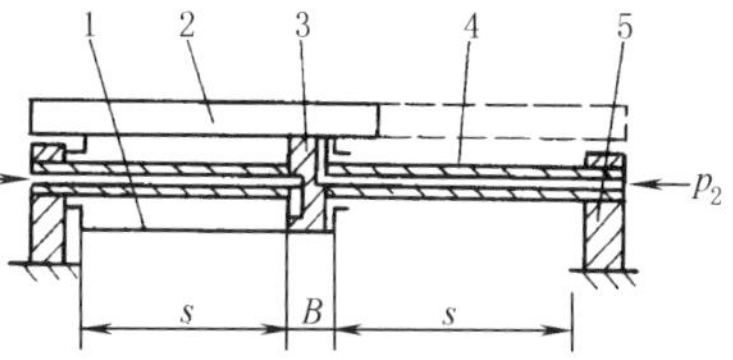 图(b)　**活塞杆固定** 1—缸体；2—工作台；3—活塞；4—活塞杆；5—机架 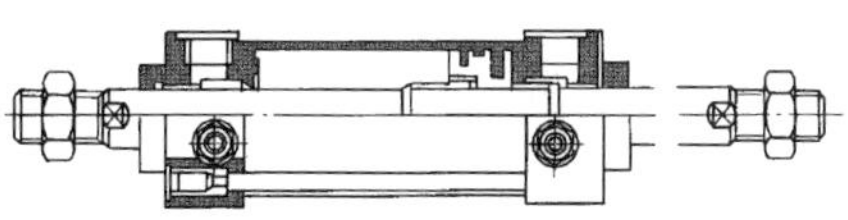 图(c)　**整体式** 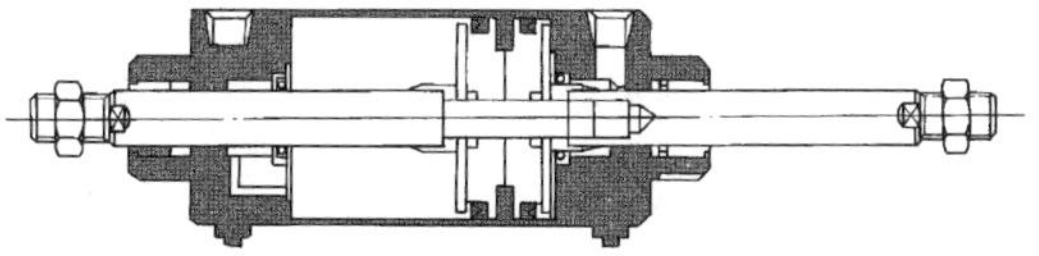 图(d)　**分离式** 缸体固定双活塞杆气缸如图(a)所示，缸体固定在支承架上，而工作台与气缸两端活塞杆连接成一整体，压缩空气依次进入气缸两腔，活塞杆带动工作台左右移动，工作台运动的范围等于其有效行程 s 的 3 倍。安装空间较大，一般用于小型设备上 活塞杆固定双活塞杆气缸如图(b)所示，活塞杆为空心且固定在不动支架上，缸体与工作台连接成一整体，压缩空气从空心活塞杆的左端或右端进入气缸两腔，使缸体带动工作台左右运动，工作台运动的范围为其有效行程 s 的 2 倍。适用于大、中型设备上 双活塞杆可做成整体式[图(c)]或分离式[图(d)]
步进气缸	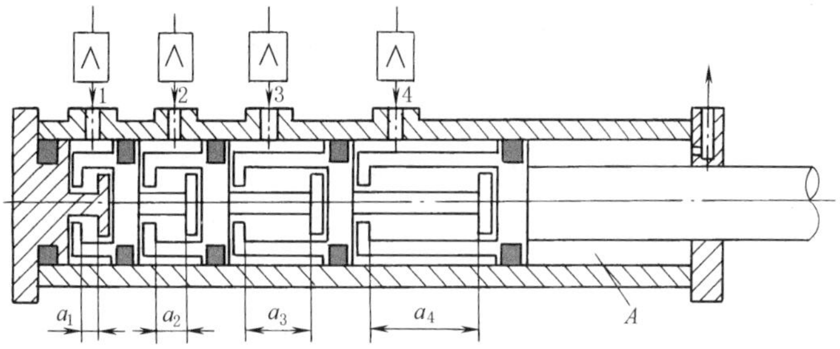 在气动自动控制系统中，若要求执行机构在某一定行程范围内每次可移动任意距离，而且要有较高的重复精度，则可采用步进气缸。步进气缸中有若干个活塞。活塞的形状是：右端有 T 形头部伸出，左端有环形拉钩，这样一个活塞与另一活塞顺序联锁在一起。最左面的活塞是以气缸盖内端的 T 形头为基准，最右面的活塞则与输出杆连成一体 每一个活塞均由一个气阀控制，而每一个活塞移动时，都使输出杆相应移动一个距离 a_n，因此可以用打开不同组合控制阀的办法，使输出杆移动程序所要求的距离。若有 n 个活塞，则有 2^n 个不同的输出位置。例如，有 4 个活塞就可以有 16 个位置输出 当控制阀与排气孔相连时，由于 A 腔经常与低压气源相接，活塞会自动退回原位

续表

名称	结构及原理
气液阻尼缸	见下

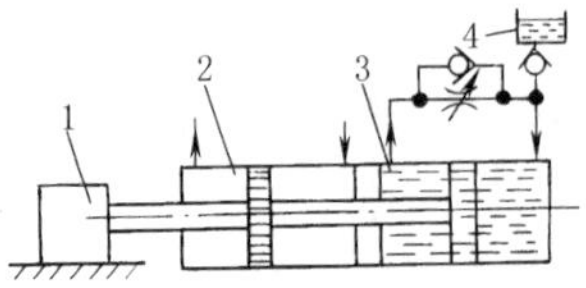

图(a) 串联式气液阻尼缸

1—负载；2—气缸；3—液压缸；4—信号油杯

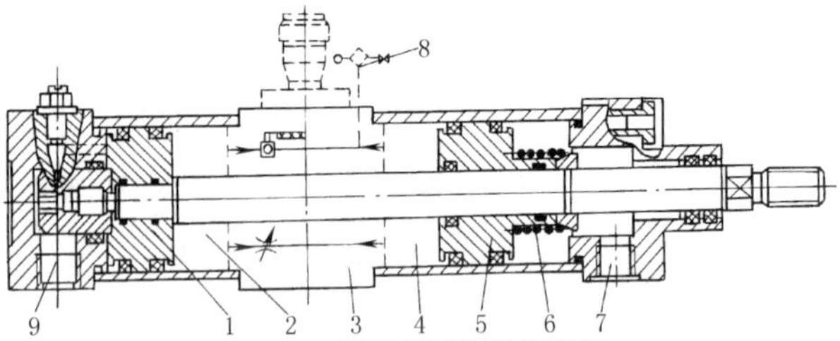

图(b) QGDa气液精密调速缸结构图

1，5—活塞；2，4—液压腔；3—控制装置；6—补偿弹簧；7，9—进排气口；8—压力容器

气缸的工作介质通常是可压缩的空气，动作快，但速度较难控制，当负载变化较大时，容易产生“爬行”或“自走”现象。液压缸的工作介质通常是不可压缩的液压油，动作不如气缸快，但速度易于控制，当负载变化较大时，不易产生“爬行”或“自走”现象。充分利用气动和液压的优点用气缸产生驱动力，用液压缸进行阻尼，可调节运动速度。工作原理是：当气缸活塞左行时，带动液压缸活塞一起运动，液压缸左腔排油，单向阀关闭，液压油只能通过节流阀排入液压缸的右腔内，调节节流阀开度，控制排油速度，达到调节气-液阻尼气缸活塞的运动速度。液压单向节流阀可以实现慢速前进及快速退回。气控开关阀可在前进过程中的任意段实现快速运动

调速特性类型

类型	作用原理	结构示意图	特性曲线	应用	结构图例
双向节流	在阻尼缸油路上装节流阀，使活塞往复运动的速度相同 采用节流阀调速	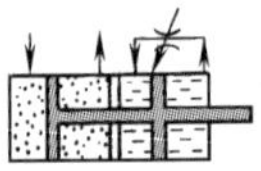	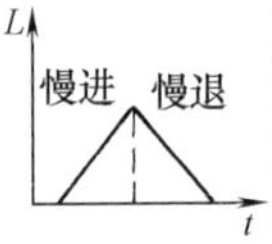	适用于空行程及工作行程都较短的场合（$L<20$mm）	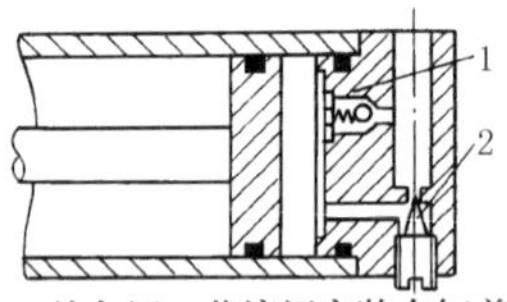 图(c) 单向阀，节流阀安装在缸盖上 1—单向阀；2— 节流阀
单向节流	在调速油路中又并联了一只单向阀；慢进时单向阀关闭，快退时则打开，实现快速退回 采用单向阀与节流阀并联而成的速度控制阀调速	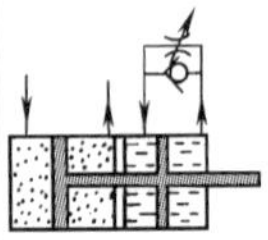	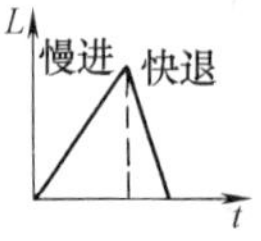	适用于空行程较短而工作行程较长的场合。图(c)，缸径大于60mm，图(d)小径	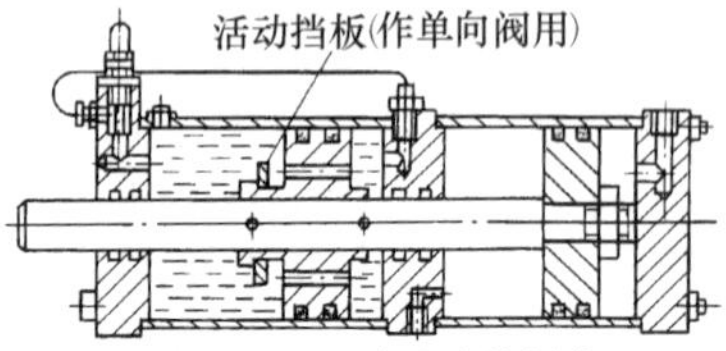 图(d) 活塞上有挡板式单向阀的气液阻尼气缸
快速趋进	在液压缸 f 点开小孔，开始时，右腔油从 $fgea$ 回路流入 a 端，快速趋近。活塞移过 f 点后，油液只能经节流阀流入 a 端，实现慢进。退回时，单向阀打开，实现快退 采用快速趋近式线路连接调速	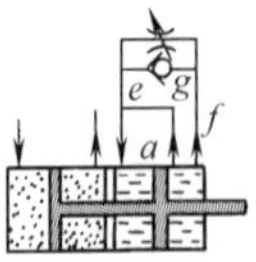	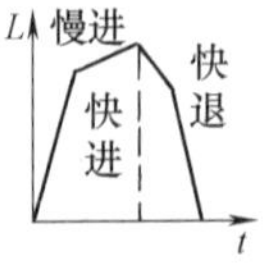	是常用的一种类型。快速趋近节省了空程时间，提高了生产率。见图(e)、图(f)	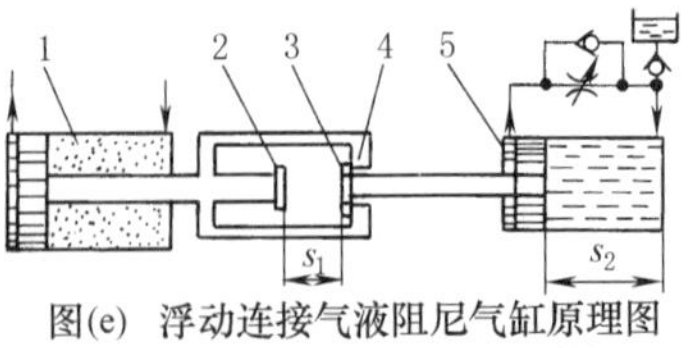 图(e) 浮动连接气液阻尼气缸原理图 1—气缸；2—顶丝；3—T形顶块；4—拉钩；5—液压缸 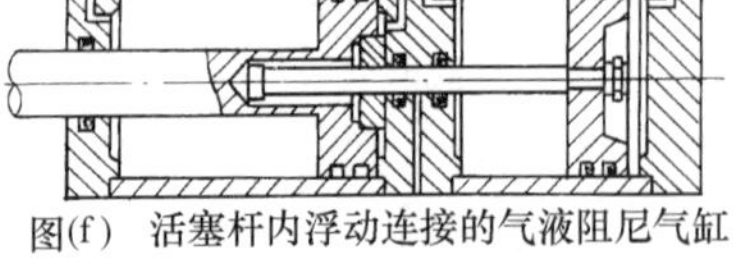 图(f) 活塞杆内浮动连接的气液阻尼气缸
需要匀速或低速（<20mm/s）运动时，可采用气动-液压阻尼缸					

续表

<table>
<tr><th>名称</th><th>结构及原理</th></tr>
<tr><td>气液增压缸</td><td>

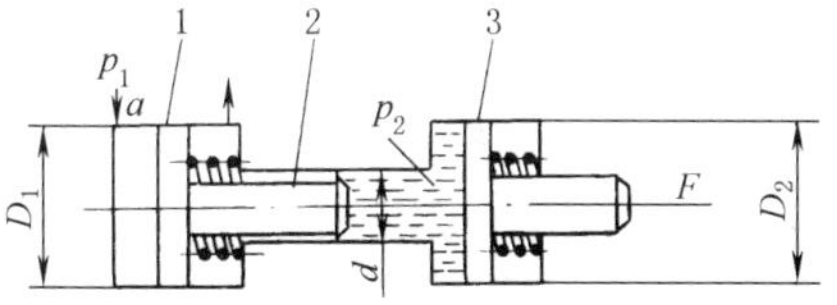

图(a)　气液增压缸工作原理

1—气缸；2—柱塞；3—液压缸

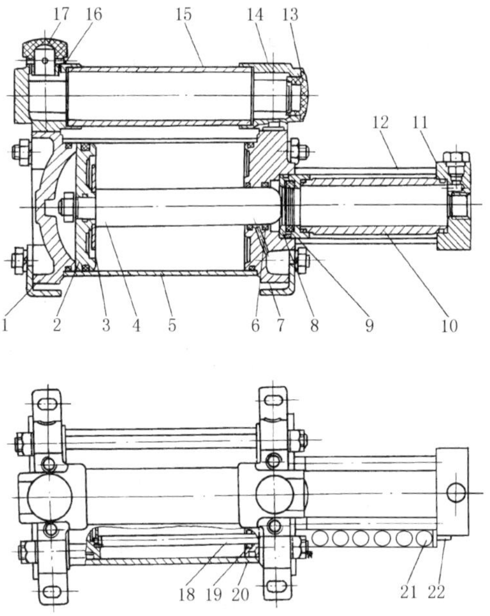

图(b)　直动式气液增压缸结构

1—气缸体后盖；2—活塞；3—显示杆支承板；4—活塞杆；5—气缸体；6—防尘密封圈；7—气缸体前盖；8—液压缸端套；9—Y 形密封圈；10—液压缸体；11—液压缸端盖；12—螺栓；13—圆形油标；14—液压缸前座；15—油筒；16—油筒后座；17—加油口盖；18—行程显示杆；19—O 形密封圈；20—压板；21—行程显示管；22—显示管支架

气液增压缸是以低压压缩空气为动力，按增压比转换为高压油的装置。其工作原理如图(a)所示。压缩空气从气缸 a 口输入，推动活塞带动柱塞向前移动，当与负载平衡时，根据帕斯卡原理："封闭的液体能把外加的压强大小不变地向各个方向传递"，如不计摩擦阻力及弹簧反力，则由气缸活塞受力平衡求得输出的油压 p_2

$$\frac{\pi}{4}D_1^2 p_1 \times 10^6 = \frac{\pi}{4}d^2 p_2 \times 10^6$$

$$p_2 = \frac{D^2}{d^2}p_1$$

式中　p_1——输入气缸的空气压力，MPa

p_2——缸内的油压力，MPa

D——气缸活塞直径，m

d——气缸柱塞直径，m

D^2/d^2 称为增压比，由此可见液压缸的油压为气压的 D^2/d^2 倍，D/d 越大，则增压比也越大。但由于刚度和强度的影响，液压缸直径不可能太小。因此通常取 $D/d=3.0\sim5.5$，一般取 $d=30\sim50$mm。机械效率为 80%～85%

气液增压缸的优点如下

①能将 0.4～0.6MPa 低压空气的能量很方便地转换成高压油压能量，压力可达 8～15MPa，从而使夹具外形尺寸小，结构紧凑，传递总力可达 $(1\sim8)\times10^4$N，可取代用液压泵等复杂的机械液压装置

②由于一般夹具的动作时间短，夹紧工作时间长，采用气液增压装置的夹具，在夹紧工作时间内，只需要保持压力而不需消耗流量，在理论上是不消耗功率的，这一点是一般液压传动夹具所不能达到的

③油液只在装卸工件的短时间内流动一次，所以油温与室温接近，且漏油很少

图(b)是直动式气液增压缸。由气缸和液压缸两部分组成，气缸由气动换向阀控制前后往复直线运动，气缸活塞杆就是液压缸活塞。气缸活塞处于初始位置(卸压位置)时，液压缸活塞处液压缸脱开状态，此时增加缸上部的油筒内油液与夹具油路沟通，使夹具充满压力油，电磁阀通电后，压缩空气进入增压腔内，使气缸活塞 2 前进，先将油筒与夹具的油路封闭，活塞继续前进，就使夹具体内的油压逐步升高，起到增压、夹紧工件的作用。电磁阀失电后，增压缸活塞返回到初始位置，油压下降，气液增压夹具在弹簧力作用下使液压油回到油筒内

</td></tr>
</table>

续表

<table>
<tr><th>名称</th><th>结构及原理</th></tr>
<tr><td>冲击气缸</td><td>

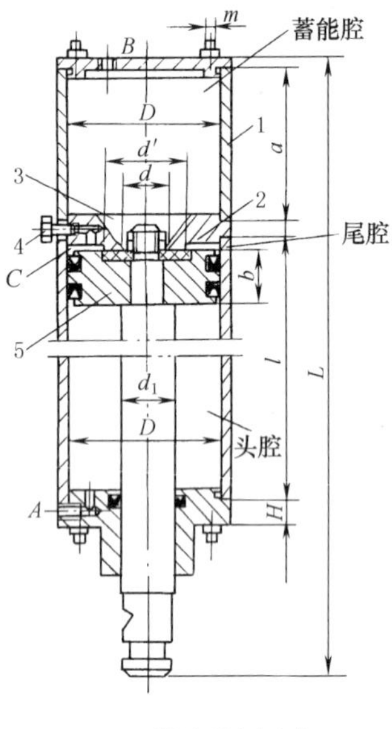

图(a) 普通型冲击气缸

1—蓄能气缸；2—中盖；3—中盖喷气口；4—排气小孔；5—活塞；A，B—进排气孔；C—环形空间

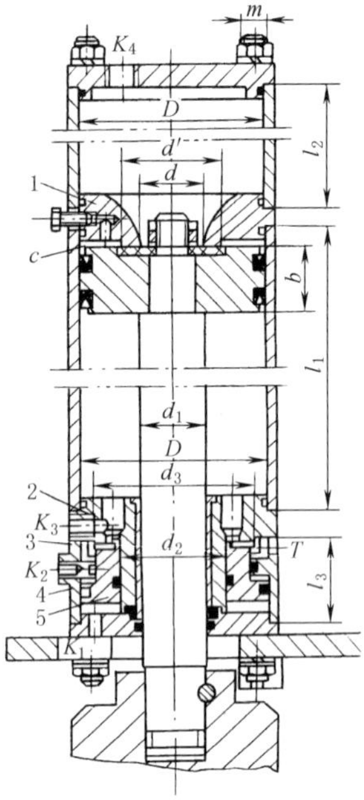

图(b) 快排型冲击气缸的结构

1—中盖；2—快排导向盖；3—快排密封垫；4—快排缸体；5—快排活塞

冲击气缸是一种结构简单、体积小、耗气功率较小，但能产生相当大的冲击力，能完成多种冲压和锻造作业的气动执行元件

图(a)为普通型冲击气缸。其中盖和活塞把气缸分成三个腔：蓄能腔、尾腔和前腔。前盖和后盖有气口以便进气和排气；中盖下面有一个喷嘴，其面积为活塞面积的 1/9 左右。原始状态时，活塞上面的密封垫把喷嘴堵住，尾腔和蓄能腔互不窜气。其工作过程分以下三个阶段

①第一阶段见图(c)的(ⅰ)，控制阀处于原始状态，压缩空气由 A 孔输入前腔，蓄能腔经 B 孔排气，活塞上移，封住喷嘴，尾腔经排气小孔与大气相通

②第二阶段见图(c)的(ⅱ)，气控信号使换向阀动作，压缩空气经 B 孔进入蓄能腔，前腔经 A 孔排气，由于活塞上端受力面积只有喷嘴口这一小面积，一般为活塞面积的1/9，故在一段时间内，活塞下端向上的作用力仍大于活塞上端向下的作用力，此时为蓄能腔充气过程

③第三阶段见图(c)的(ⅲ)，蓄能腔压力逐渐增加，前腔压力逐渐减小，当蓄能腔压力高于活塞前腔压力 9 倍时，活塞开始向下移动。活塞一旦离开喷嘴，蓄能腔内的高压气体迅速充满尾腔，活塞上端受力面积突然增加近 9 倍，于是活塞在很大压差作用下迅速加速，在冲程达到一定值(例如 50～75mm)时，获得最大冲击速度和能量。冲击速度可达到普通气缸的 5～10 倍，冲击能量很大，如内径 200mm、行程 400mm 的冲击气缸，能实现 400～500kN的机械冲床完成的工作，因此是一种节能且体积小的产品

经以上三个阶段，冲击缸完成冲击工作，控制阀复位，准备下一个循环

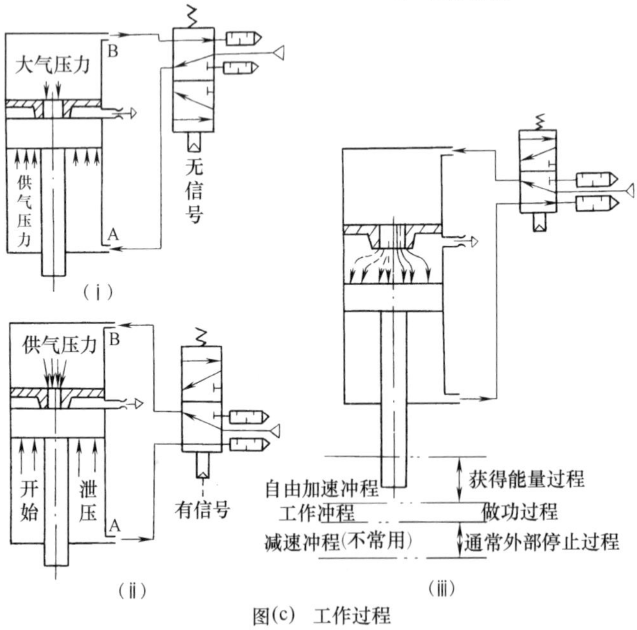

图(c) 工作过程

图(b)是快排型冲击气缸，是在气缸的前腔增加了“快排机构”。它由开有多个排气孔的快排导向盖 2、快排缸体 4、快排活塞 5 等零件组成。快排机构的作用是当活塞需要向下冲时，能够使活塞下腔从流通面积足够大的通道迅速与大气相通，使活塞下腔的背压尽可能小。加速行程长，故其冲击力及工作行程都远远大于普通型冲击气缸。其工作过程是：a. 先使 K_1 孔充气，K_2 孔通大气，快排活塞被推到上面，由快排密封垫 3 切断从活塞下腔到快排口 T 的通道。然后 K_3 孔充气，K_4 孔排气，活塞上移。当活塞封住中盖 1 的喷气孔后，K_4 孔开始充气，一直充到气源压力。b. 先使 K_2 孔进气，K_1 孔排气，快排活塞 5 下移，这时活塞下腔的压缩空气通过快排导向盖 2 上的八个圆孔，再经过快排缸体 4 上的八个方孔 T 直接排到大气中。因为这个排气通道的流通面积较大(缸径为 200mm 的快排型冲击气缸快排通道面积是 36cm^2，大于活塞面积的 1/10)，所以活塞下腔的压力可以在较短的时间内降低，当降到低于蓄气孔压力的 1/9 时，活塞开始下降。喷气孔突然打开，蓄能气缸内压缩空气迅速充满整个活塞上腔，活塞便在最短压差作用下以极高的速度向下冲击

这种气缸活塞下腔气体已经不像非快排型冲击气缸那样被急剧压缩，使有效工作行程可以加长十几倍甚至几十倍，加速行程很大，故冲击能量远远大于非快排型冲击气缸，冲击频率比非快排型提高约一倍

</td></tr>
</table>

续表

名称	结构及原理
冲击气缸	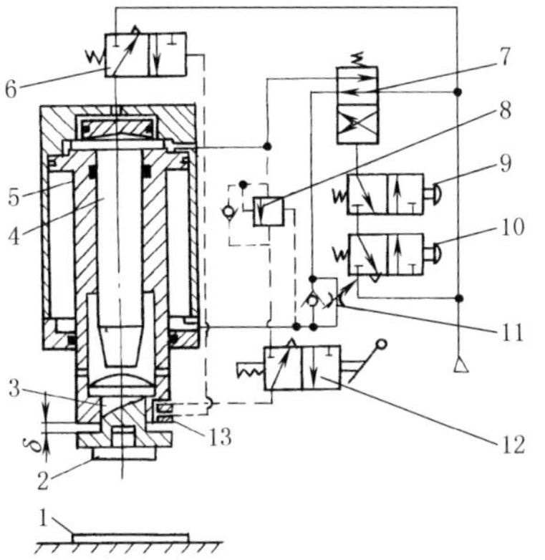 图(d)　压紧活塞式冲击气缸结构原理图及控制回路 1—工件；2—模具；3—模具座；4—打击柱塞；5—压紧活塞；6，7—气控阀；8—压力顺序阀；9，10—按钮阀；11—单向节流阀；12—手动选择阀；13—背压传感器 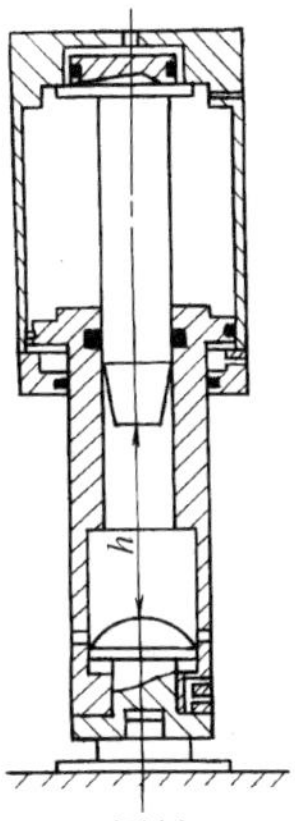 图(e) 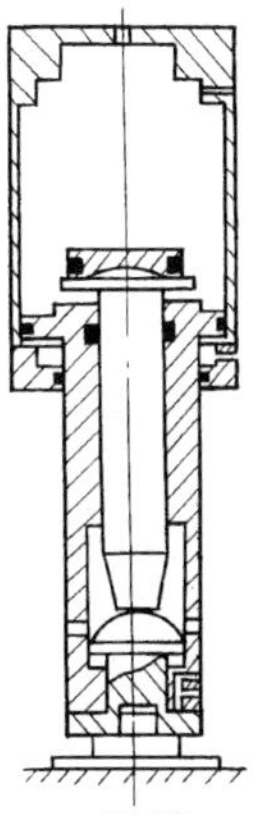 图(f) 图(d)是压紧活塞式冲击气缸，它有一个压紧工件用的压紧活塞和一个施加打击力的打击柱塞。压紧活塞先将模具压紧在工件上，然后打击柱塞以很大的能量打击模具进行加工。由于它有压紧工件的功能，打击时可避免工件弹跳，故工作更加安全可靠 其工作原理为：图示状态压紧活塞处于上止点位置，打击柱塞被压紧活塞弹起。若同时操作按钮阀 9 和 10，使其换向，则气控阀 7 换向，使压紧活塞下降，下降速度可用单向节流阀 11 适当调节 打击柱塞的上端是一个直径较大的头部，插入气缸上端盖的凹室内，凹室内此时为大气压力。当压紧活塞的上腔充气时，气压也作用在打击柱塞头部的下端面上，使它仍保持在上止点。这样打击柱塞保持不动，压紧活塞下降直到模具 2 压紧工件为止，如图(e)所示 当压紧活塞上腔压力急剧上升，下腔压力急剧下降，压紧力达到一定值时，差压式压力顺序阀 8 接通，如果事先已将手动选择阀 12 置于接通位置，则差压顺序阀的输出压力就加到背压传感器 13 上，如工件已被压紧，背压传感器的排气孔被工具座封住，传感器的输出压力使气控阀 6 换向，这时，压缩空气充入气缸上端盖的凹室，使打击柱塞启动，打击柱塞的头部一脱离凹室，预先已充入压紧活塞上腔的压缩空气就作用在它的上端面上，而打击柱塞的下部，即压紧活塞的内部为大气压力，在很大的压差力作用下，打击柱塞便高速运动，获得很大的动能来打击模具而做功，如图(f)所示 打击完毕，松开阀 9、10、12，则气控阀 6、7 复位，压紧活塞就托着打击柱塞一起向上，恢复到图(d)所示状态 若在压紧活塞下降和压紧过程中，放开任一个按钮阀，压紧活塞能立即返回到起始状态，如果手动选择阀 12 置于断开位置，则只有压紧动作，而无打击动作。特别是设置了判别工件是否已被压紧用的背压传感器，当模具与工件不接触时，阀 6 不能换向，故没有空打的危险
伺服气缸	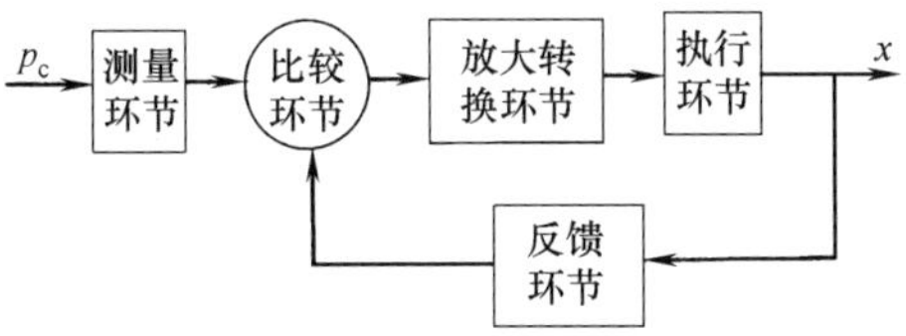 图(a)　伺服气缸的组成 伺服气缸由测量环节、比较环节、放大转换环节、执行环节及反馈环节五个基本环节组成，如图(a)所示。输入信号 p_c 是控制气信号压力，输出量 x 是活塞杆的位移，x 随 p_c 值成比例变化，即它能把输入的气压信号成比例地转换为活塞杆的机械位移。在自动调节系统中有广泛的用途。其特点是动作可靠、性能稳定、灵敏度高 图(b)为 QGS80×15 型伺服气缸的结构图。其测量环节是膜片 4、磁钢 5、支架 6 等零件构成的膜片组件；比较环节是带有弹性支点的反馈杆 15；放大转换环节是锥阀 14；执行环节是活塞式单作用气缸；反馈环节是一个拉伸弹簧——反馈弹簧 16。减压阀 18 调节气缸下腔压力，下腔压力相当于一个预加负载，起弹簧作用，单向阀 17 的作用是当气源突然切断时保持气缸下腔压力，使气缸活塞迅速复位

续表

名称	结构及原理
伺服气缸	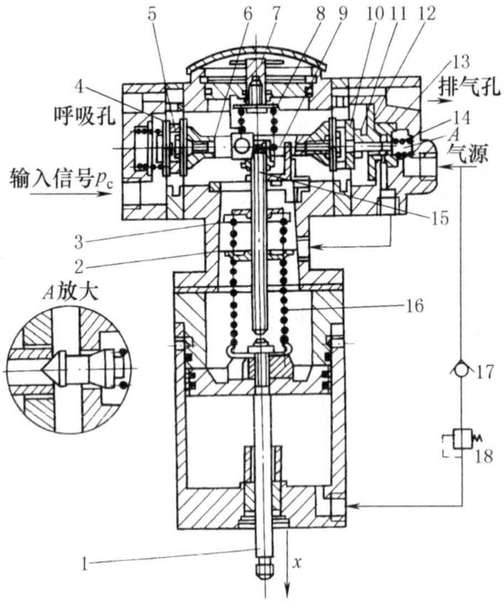 图(b)　QGS80×15伺服气缸的结构 1—活塞杆；2—调整螺母；3—锁紧螺母；4—膜片；5，10—磁钢；6—支架；7—调零螺母；8—调零弹簧；9—拨销；11—柱塞；12—保持架；13—阀座；14—锥阀；15—反馈杆；16—反馈弹簧；17—单向阀；18—减压阀 工作原理：当控制压力 p_c 输入膜片室时，作用在膜片 4 上的力使支架 6 右移，拨销 9 使反馈杆 15 顺时针回转，同时由于支架 6 右移，与之相连的磁钢 10 及柱塞 11 也同时右移，柱塞 11 上有孔口使气缸上腔与排气孔相通，这时柱塞 11 右移，其上的孔口被锥阀 14 左端锥面堵住，从而使气缸上腔与排气孔之间的通路关闭，与此同时，柱塞 11 右移，并使锥阀 14 也右移，锥阀 14 右端锥面离开阀座 13，从而使进气孔与气缸上腔连通。来自气源的压缩空气通过锥阀开口进入气缸上腔，克服外界负载、气缸下腔气压的作用力和摩擦力等，使气缸连同活塞杆 1 下移，输出位移 x。同时，反馈弹簧 16 伸长牵动反馈杆 15 逆时针回转，直到作用在反馈杆上的诸力平衡为止，此时活塞及活塞杆处于一个新的位置。控制压力 p_c 升高时，支架 6 右移加大，锥阀右锥面与阀座间的开口加大，活塞上腔压力升高，活塞杆向下输出位移 x 加大。控制压力 p_c 降低时，支架左移，锥阀在弹簧作用下左移，锥阀右端锥面与阀座间的开口关小，活塞上腔压力降低，活塞在气缸下腔气压力作用下上移，使活塞、杆输出位移 x 减小。当控制压力 p_c 为零时，支架回到原始位置，锥阀复位，气缸上腔进气孔被关闭，排气孔被打开，气缸上腔通大气，活塞在下腔压力及反馈弹簧力的作用下，移至上端原始位置，活塞杆输出位移 x 为零 调整螺母 2 和锁紧螺母 3 可改变反馈弹簧 16 的工作圈数，即可调整反馈弹簧刚度 伺服气缸又称定位气缸，其活塞杆能停留在整个行程中的任意位置上，定位迅速准确。在许多机械中广泛采用，如发动机调速、带材跑偏控制等，且可实现远距离控制
数字控制气缸（NC气缸）	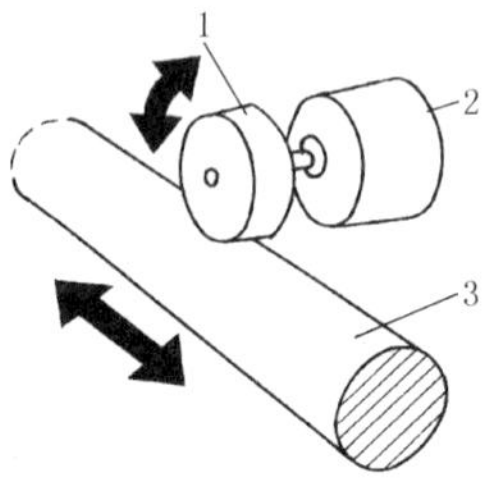 图(a)　NC气缸位移测量原理 1—滚轮；2—旋转码盘；3—活塞杆 数字控制气缸是指气缸的位移量可以用数字方式进行控制的气缸，即气缸活塞的位移通过附加的直线运动测量机构，变成一系列的数字脉冲，再将这些脉冲输送到控制器中，与设定的原始数据进行比较，并发出一系列的指令，改变活塞运动的方向、速度或对活塞杆进行锁紧。数字控制气缸是一种新型机电一体化元件，它将气动控制阀、位移测量机构、锁紧机构等与气缸连成一体，作为一个单独的部件，可用于机械手臂或其他传动装置中 图(a)为 NC 气缸位移测量的原理图。在气缸的前端安装带有旋转码盘的位移测量器。当活塞杆运动时带动与其接触的滚轮 1 转动，为了减少相对滑动，滚轮带有磁性且有弹簧压紧，与滚轮相连的是一个旋转码盘，当活塞杆运动时，便可不断地得到位移的脉冲信号，经电气处理可变为速度或加速度信号 气缸的控制回路如图(b)，气缸 12 带有偏心锁紧机构及滚轮码盘式位移测量机构。活塞的运动由两个三位五通换向阀 4 及 5 及四个单向节流阀 6、7、8、9 控制。调压阀 2 控制活塞杆腔的工作压力，调压阀 3 控制活塞后腔压力，以使气缸活塞在停止位置时，前后腔的力保持平衡，此时调压阀 3 的输出压力应低于调压阀 2 的输出压力。当活塞杆需要快速伸出时，应接通电磁铁 YV3 并使节流阀 7 工作。快速收回时，则应接通电磁铁 YV4 及使节流阀 9 工作。因此三位五通阀 4 控制活塞的快速移动。当活塞杆需要慢速移动时，则三位五通阀 5 和节流阀 6 与 8 控制活塞杆的慢速伸出与收回。气缸的锁紧机构由二位三通阀 10 及快排阀 11 控制。图中用点画线圈出的部分(10、11、12)组成一个单独的部件，即为数字控制气缸

续表

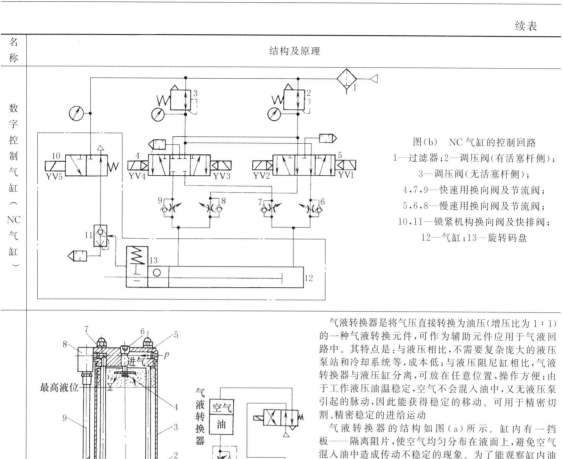

名称	结构及原理
数字控制气缸（NC气缸）	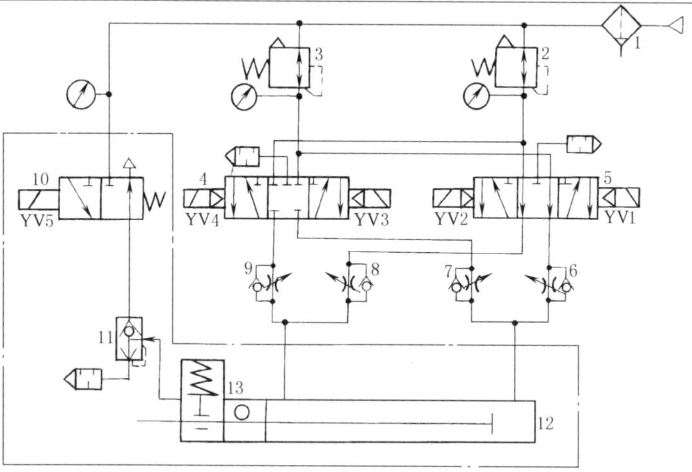 图(b)　NC气缸的控制回路 1—过滤器；2—调压阀（有活塞杆侧）； 3—调压阀（无活塞杆侧）； 4，7，9—快速用换向阀及节流阀； 5，6，8—慢速用换向阀及节流阀； 10，11—锁紧机构换向阀及快排阀； 12—气缸；13—旋转码盘
气液转换器	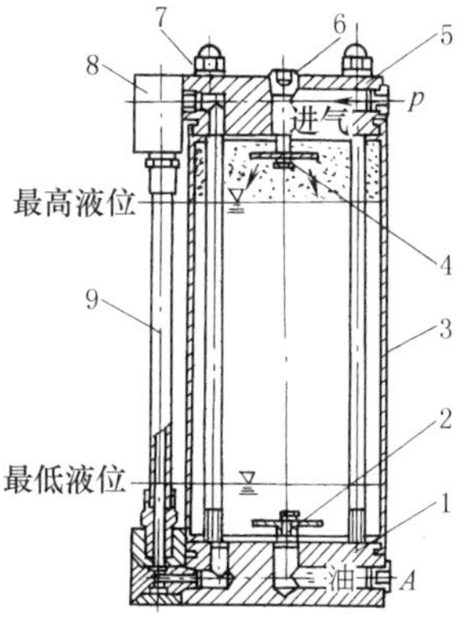 图(a)　气液转换器结构 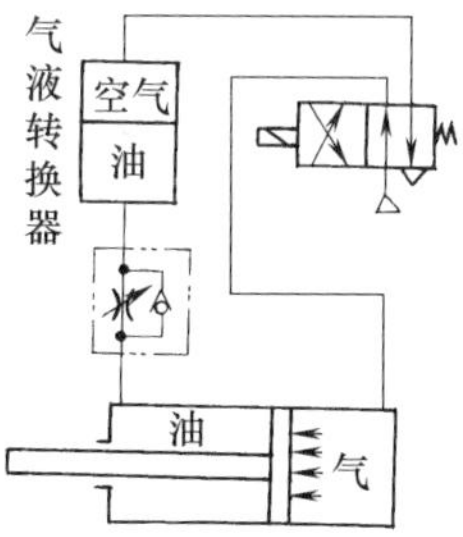 图(b)　气液转换器工作原理 1—底座；2—缓冲板；3—缸筒；4—隔离阻片； 5—上盖；6—加油口螺塞；7—螺栓；8—接头； 9—透明油位管 气液转换器是将气压直接转换为油压（增压比为1∶1）的一种气液转换元件，可作为辅助元件应用于气液回路中。其特点是：与液压相比，不需要复杂庞大的液压泵站和冷却系统等，成本低；与液压阻尼缸相比，气液转换器与液压缸分离，可放在任意位置，操作方便；由于工作液压油温稳定，空气不会混入油中，又无液压泵引起的脉动，因此能获得稳定的移动。可用于精密切割、精密稳定的进给运动 气液转换器的结构如图(a)所示。缸内有一挡板——隔离阻片，使空气均匀分布在液面上，避免空气混入油中造成传动不稳定的现象。为了能观察缸内油面高度变化，缸筒侧面装有透明尼龙管。工作原理如图(b)所示。在垂直安放的缸筒内装有液压油，因气比油轻，油在下面。缸筒上部是压缩空气输入口，下部是液压油的进出口。接通气源，压缩空气经二位四通换向阀进入气缸，推动活塞杆前进，缸内液压油被压至气液转换器。压出的油量可通过液压单向节流阀调节，实现稳定低速无级变速（如缸的直径40mm，可达到0.3～300mm/s的速度）。当换向阀换向时，压缩空气经二位四通阀进入气液转换器作用在油面上，则缸内液体以同样的压力进入气缸左腔，使活塞杆退回

气液转换器的应用举例

同步回路	联锁回路	防冲击回路	稳定低速回路	二级变速回路
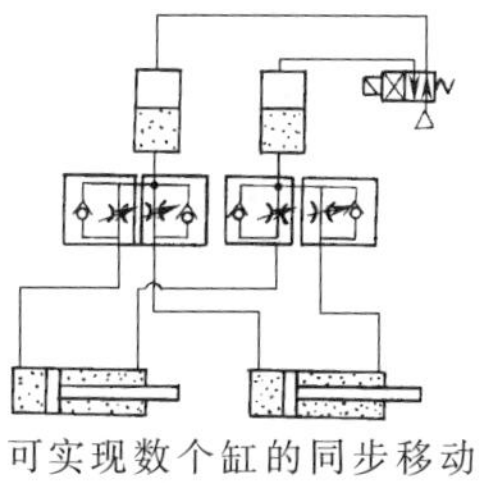 可实现数个缸的同步移动。缸杆连接的场合，同步精度高；缸杆分离场合，电磁气阀切换后也能同步移动。采用本回路要取出缸的缓冲垫。用于工作台上下臂的同步	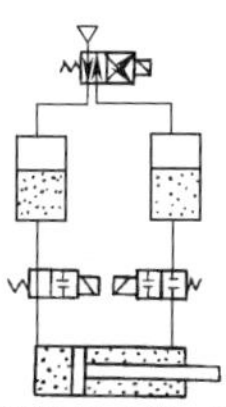 可实现前进、后退、中间停止	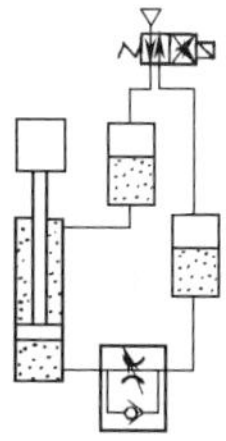 用于起重提升、包装机等	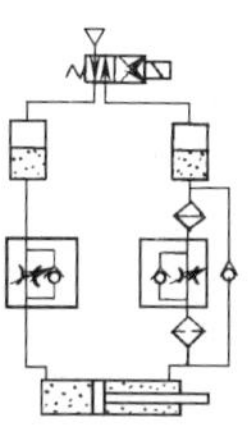 用于机床切削进给等	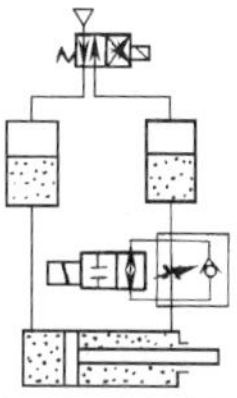 用于机床切削进给、蝶阀的开闭、缓冲装置

第21篇

3.2.2.4 气缸特性

表 21-3-16　　气缸特性

<table>
<tr><th>项目</th><th>特 性 及 参 数</th></tr>
<tr><td>瞬态特性</td><td>

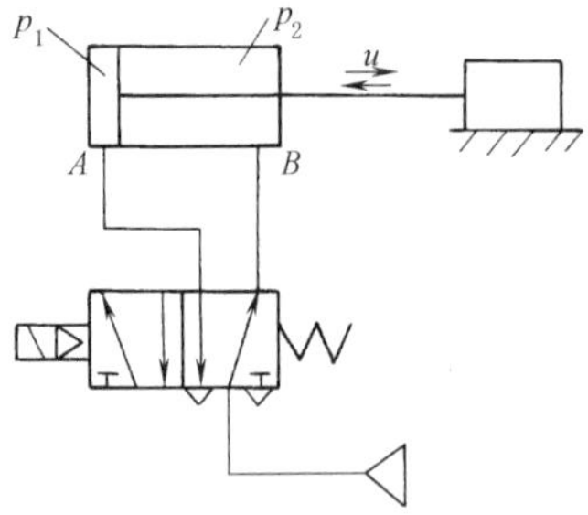

图(a)　单杆双作用气缸的运动状态示意图

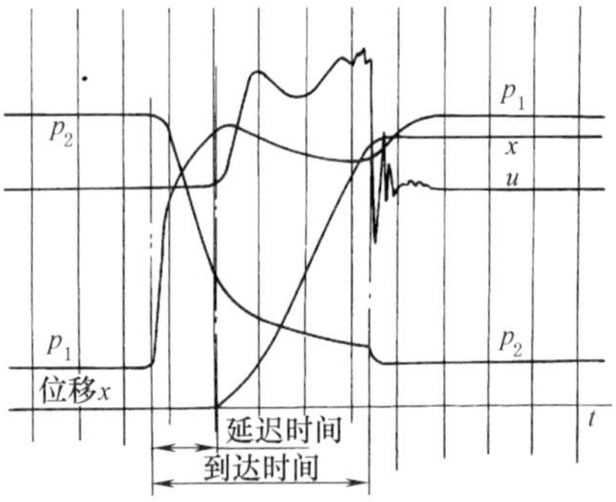

图(b)　气缸的瞬态特性曲线示意图

电磁换向阀换向，气源经 A 口向气缸无杆腔充气，压力 p_1 上升。有杆腔内气体经 B 口通过换向阀的排气口排气，压力 p_2 下降。当活塞的无杆侧与有杆侧的压力差达到气缸的最低动作压力以上时，活塞开始移动。活塞一旦启动，活塞等处的摩擦力即从静摩擦力突降至动摩擦力，活塞稍有抖动。活塞启动后，无杆腔为容积增大的充气状态，有杆腔为容积减小的排气状态。由于外负载大小和充排气回路的阻抗大小等因素的不同，活塞两侧压力 p_1 和 p_2 的变化规律也不同，因而导致活塞的运动速度及气缸的有效输出力的变化规律也不同。图(b)是气缸的瞬态特性曲线示意图。从电磁阀通电开始到活塞刚开始运动的时间称为延迟时间。从电磁阀通电开始到活塞到达行程末端的时间称为到达时间

从图(b)可以看出，在活塞的整个运动过程中，活塞两侧腔室内的压力 p_1 和 p_2 以及活塞的运动速度 u 都在变化。这是因为有杆腔虽排气，但容积在减小，故 p_2 下降趋势变缓。若排气不畅，p_2 还可能上升。无杆腔虽充气，但容积在增大，若供气不足或活塞运动速度过快，p_1 也可能下降。由于活塞两侧腔内的压差力在变化，又影响到有效输出力及活塞运动速度的变化。假如外负载力及摩擦力也不稳定的话，则气缸两腔的压力和活塞运动速度的变化更复杂

</td></tr>
<tr><td>速度特性</td><td>

活塞在整个运动过程中，其速度是变化的。速度的最大值称为最大速度 u_m。对非缓冲气缸，最大速度通常在行程的末端；对缓冲气缸，最大速度通常在进入缓冲前的行程位置

气缸在没有外负载力，并假定气缸排气侧以声速排气，且气源压力不太低的情况下，求出的气缸速度 u_0 称为理论基准速度

$$u_0=1920\frac{S}{A}\quad(\mathrm{mm/s})$$

式中　S——排气回路的合成有效截面积，mm^2
　　　A——排气侧活塞的有效面积，cm^2

理论基准速度 u_0 与无负载时气缸的最大速度非常接近，故令无负载时气缸的最大速度等于 u_0。随着负载的加大，气缸的最大速度 u_m 将减小

气缸的平均速度是气缸的运动行程 L 除以气缸的动作时间(通常按到达时间计算)t。通常所指气缸使用速度都是指平均速度

标准气缸的使用速度范围大多是 50～500mm/s。当速度小于 50mm/s 时，由于气缸摩擦阻力的影响增大，加上气体的可压缩性，不能保证活塞作平稳移动，会出现时走时停的现象，称为“爬行”。当速度高于 1000mm/s 时，气缸密封圈的摩擦生热加剧，加速密封件磨损，造成漏气，寿命缩短，还会加大行程末端的冲击力，影响机械寿命。要想气缸在很低速度下工作，可采用低速气缸。缸径越小，低速性能越难保证，这是因为摩擦阻力相对气压推力影响较大的缘故，通常 ϕ32mm 气缸可在低速 5mm/s 无爬行运行。如需更低的速度或在外力变载的情况下，要求气缸平稳运动，则可使用气液阻尼缸，或通过气液转换器，利用液压缸进行低速控制。要想气缸在更高速度下工作，需加长缸筒长度、提高气缸筒的加工精度，改善密封圈材质以减小摩擦阻力，改善缓冲性能等，同时要注意气缸在高速运动终点时，确保缓冲来减小冲击

</td></tr>
</table>

续表

项目	特 性 及 参 数
理论输出力	是指气缸的使用压力作用在活塞有效面积上产生的推力或拉力

	弹簧压回型气缸的理论		弹簧压出型气缸的理论	
单作用单杆气缸	输出推力	返回拉力	输出拉力	返回推力
	$F_0=\frac{\pi}{4}D^2p-f_2$ (N)	$F_0=f_1$ (N)	$F_0=\frac{\pi}{4}(D^2-d^2)p-f_2$ (N)	$F_0=f_1$ (N)

	理论输出推力(活塞杆伸出)	理论输出拉力(活塞杆返回)
单杆双作用气缸	$F_0=\frac{\pi}{4}D^2p$ (N)	$F_0=\frac{\pi}{4}(D^2-d^2)p$ (N)

	理论输出力	式中符号意义
双杆双作用气缸	$F_0=\frac{\pi}{4}(D^2-d^2)p$ (N)	D——缸径,mm d——活塞杆直径,mm p——使用压力,MPa f_1——安装状态时的弹簧力,N,f_1 是弹簧预压缩量产生的弹簧反力 f_2——压缩空气进入气缸后,弹簧处于被压缩状态时的弹簧力,N,f_2 是弹簧预压缩量加上活塞运动行程后产生的弹簧反力

负载率

是气缸活塞杆受到的轴向负载力 F 与气缸的理论输出力 F_0 之比

气缸的负载率 $\eta=\frac{F}{F_0}\times100\%$

负载率是选择气缸时的重要因素。负载状况不同,作用在活塞杆轴向的负载力也不同。负载率的选取与负载的运动状态有关。可参考下表选取

负载状态与负载力的几个实例	负载状态	提　升	夹　紧	水平滚动	水平滑动
	负载力	$F=W$	$F=K$(夹紧力)	$F+\mu W$ 取摩擦因数 $\mu=0.1\sim0.4$	$F+\mu W$ 取摩擦因数 $\mu=0.2\sim0.8$

负载率与负载的运动状态	负载的运动状态	静载荷(夹紧、低速区)	动载荷	
			气缸速度 50～500mm/s	气缸速度>500mm/s
	负载率	$\eta\leqslant70\%$	$\eta\leqslant50\%$	$\eta\leqslant30\%$

使用压力范围

是指气缸的最低使用压力至最高使用压力的范围

最低使用压力是指保证气缸正常工作的最低供给压力。正常工作是指气缸能平稳运动且泄漏量在允许指标范围内。双作用气缸的最低工作压力一般为 0.05～0.1MPa,而单作用气缸一般为 0.15～0.25MPa。在确定气压最低工作压力时,应考虑换向阀的最低工作压力特性,一般换向阀工作压力范围为 0.15～0.8MPa 或 0.25～1MPa(也有硬配阀为 0～1MPa)

最高使用压力是指气缸长时间在此压力作用下能正常工作而不损坏的压力

耐压性能

耐压力规定为气缸最高使用压力的 1.5 倍。在耐压力作用下,保压 1min,应保证气缸各连接部位没有松动、零件没有永久变形或其他异常现象

环境温度、介质温度

流入气缸内的气体温度称为介质温度。气缸所处工作场所的温度称为环境温度

一般情况下,对非磁性开关气缸,其环境温度和介质温度为 5～70℃;对磁性开关气缸,其环境温度和介质温度为5～60℃

缸内密封材料在高温下会软化,低温下会硬化脆裂,都会影响密封性能。虽然气源经冷冻式干燥器清除了水分,但温度太低,空气中仍会有少量水蒸气冷凝成水以致结冰,导致缸、阀动作不良,故对温度必须有所限制

续表

项目	特性及参数	
泄漏量	气缸处于静止状态，从无杆侧和有杆侧交替输入最低使用压力和最高使用压力时，从活塞处（称为内泄漏）及活塞杆和管接头等处（称为外泄漏）的泄漏流量称为泄漏量 合格气缸的泄漏量都应小于 JISB 8377 标准规定的指标。外泄漏不得大于 $3+0.15d$ mL/min（标准状态），内泄漏不得大于 $3+0.15D$ mL/min（标准状态），其中，缸径 D 和杆径 d 都以 mm 计	
耐久性	在活塞杆的轴向施加负载率为 50% 的负载，向气缸的两腔交替通入最高使用压力，调节速度控制阀，使活塞运动速度达到 200mm/s，活塞沿全行程作往复运动，气缸仍保证合格的累计行程称为耐久性。即在耐久性行程范围内，气缸的最低使用压力、耐压性能、泄漏量仍符合要求 一般情况下，气缸的耐久性指标不低于 3000km。实际气缸的耐久性与气缸的使用状态、活塞速度、压缩空气过滤等级、润滑状况等许多因素有关	
耗气量	气缸的耗气量可分成最大耗气量和平均耗气量 最大耗气量是气缸以最大速度运动时所需要的空气流量，可表示为 $q_r=0.0462D^2u_m(p+0.102)$ （L/min）（标准状态） 平均耗气量是气缸在气动系统的一个工作循环周期内所消耗的空气流量。可表示为 $q_{ca}=0.0157(D^2L+d^2l_d)N(p+0.102)$ （L/min）（标准状态） 平均耗气量用于选用空压机、计算运转成本。最大耗气量用于选定空气处理元件配管尺寸等。最大耗气量与平均耗气量之差用于选定气罐的容积	D——缸径，cm u_m——气缸的最大速度，mm/s p——使用压力，MPa N——气缸的工作频度，即每分钟内气缸的往复周数，一个往复为一周，周/min L——气缸的行程，cm d——换向阀与气缸之间的配管的内径，cm l_d——配管的长度，cm

3.2.2.5 理论出力表

表 21-3-17 气缸理论出力表 N

缸径/mm	工作压力/MPa			0.10	0.15	0.30	0.40	0.50	0.63	0.70	0.80
$\phi6$	推力			2.8	4.2	8.4	11.2	14.0	17.6	19.6	22.4
	拉力（活塞杆 $\phi3$）			2.1	3.2	6.3	8.4	10.5	13.2	14.7	16.8
$\phi8$	推力			5.0	7.5	15.0	20.0	25.0	31.5	35.0	40.0
	拉力（活塞杆 $\phi4$）			3.8	5.7	11.4	15.2	19.0	23.9	26.6	30.4
$\phi10$	推力			7.9	11.6	23.7	31.6	39.5	49.8	55.3	63.2
	拉力	活塞杆	$\phi4$	6.6	9.9	19.8	26.4	33.0	41.6	46.2	52.8
			$\phi5$	5.9	8.9	17.7	23.6	29.5	37.2	41.3	47.2
$\phi12$	推力			11.3	17.0	33.9	45.2	56.5	71.2	79.1	90.4
	拉力	活塞杆	$\phi4$	10.1	15.2	30.3	40.4	50.5	63.6	70.7	80.8
			$\phi6$	8.5	12.8	25.5	34.0	42.5	53.6	59.5	68.0
$\phi15$	推力			17.7	26.6	53.1	70.8	88.5	111.5	123.9	141.6
	拉力（活塞杆 $\phi6$）			14.8	22.2	44.4	59.2	74.0	93.2	103.6	118.4
$\phi16$	推力			20.1	30.2	60.3	80.4	100.5	126.6	140.7	160.8
	拉力	活塞杆	$\phi5$	18.2	27.3	54.3	72.8	91.0	114.7	127.4	145.6
			$\phi6$	17.3	26.0	51.9	69.2	86.5	109.0	121.1	138.4
			$\phi8$	15.1	22.7	45.3	60.4	75.5	95.1	105.7	120.8
$\phi20$	推力			31.4	47.1	94.2	125.6	157.0	197.8	219.8	251.2
	拉力	活塞杆	$\phi8$	26.4	39.6	79.2	105.6	132.0	166.3	184.8	211.2
			$\phi10$	23.6	35.3	70.5	94.0	117.5	148.1	164.5	188.0
$\phi25$	推力			49.1	73.7	147.3	196.4	245.5	309.3	343.7	392.8
	拉力	活塞杆	$\phi10$	41.2	61.8	123.6	164.8	206.0	259.6	288.4	329.6
			$\phi12$	37.8	56.7	113.4	151.2	189.0	238.1	264.6	302.4

续表

缸径/mm	工作压力/MPa			0.10	0.15	0.30	0.40	0.50	0.63	0.70	0.80
ϕ32	推力			80.4	120.6	241.2	321.6	402.0	506.5	562.8	643.2
	拉力	活塞杆	ϕ10	72.6	108.9	217.8	290.4	363.0	457.4	508.2	580.8
			ϕ12	69.1	103.7	207.3	276.4	345.5	435.3	483.7	552.8
			ϕ14	65.0	97.5	195.0	260.0	325.0	409.5	455.0	520.0
			ϕ16	60.3	90.5	180.9	241.2	301.5	379.9	422.1	482.4
ϕ40	推力			125.7	188.6	377.1	502.8	628.5	791.9	879.9	1005.6
	拉力	活塞杆	ϕ12	114.4	171.6	343.2	457.6	572.0	720.7	800.8	915.2
			ϕ14	110.3	165.5	330.9	441.2	551.5	694.9	772.1	882.4
			ϕ16	105.6	158.4	316.8	422.4	528.0	665.3	739.2	844.8
			ϕ18	100.2	150.3	300.6	400.8	501.0	631.3	701.4	801.6
ϕ50	推力			196.4	294.6	589.2	785.6	982.0	1237.3	1374.8	1571.2
	拉力	活塞杆	ϕ16	176.2	264.3	528.6	704.8	881.0	1110.1	1233.4	1409.6
			ϕ20	164.9	247.4	494.7	659.6	824.5	1038.9	1154.3	1319.2
			ϕ22	158.3	237.5	474.9	633.2	791.5	997.3	1108.1	1266.4
ϕ63	推力			311.7	467.6	935.1	1246.8	1558.5	1963.7	2181.9	2493.6
	拉力	活塞杆	ϕ20	280.3	420.5	840.9	1121.2	1401.5	1765.9	1962.1	2242.4
			ϕ22	273.7	410.6	821.1	1094.8	1368.5	1724.3	1915.9	2189.6
ϕ80	推力			502.7	754.1	1508.1	2010.8	2513.5	3167.0	3518.9	4021.6
	拉力	活塞杆	ϕ20	471.2	706.8	1413.6	1884.8	2356.0	2968.6	3298.4	3769.6
			ϕ25	453.6	680.4	1360.8	1814.4	2268.0	2857.7	3175.2	3628.8
ϕ100	推力			785.4	1178.1	2356.2	3141.6	3927.0	4948.0	5497.8	6283.2
	拉力	活塞杆	ϕ25	736.3	1104.5	2208.9	2945.2	3681.5	4638.7	5154.1	5890.4
			ϕ30	714.7	1072.1	2144.1	2858.8	3573.5	4502.6	5002.9	5717.6
			ϕ32	705.0	1057.5	2115.0	2820.0	3525.0	4441.5	4935.0	5640.0
ϕ125	推力			1227.2	1840.8	3681.6	4908.8	6136.0	7731.4	8590.4	9817.6
	拉力	活塞杆	ϕ25	1178.1	1767.2	3534.3	4712.4	5890.5	7422.0	8246.7	9424.8
			ϕ28	1165.6	1748.4	3496.8	4662.4	5828.0	7343.3	8159.2	9324.8
			ϕ30	1156.5	1734.8	3469.5	4626.0	5782.5	7286.0	8095.5	9252.0
			ϕ32	1146.8	1720.2	3440.4	4587.2	5734.0	7224.8	8027.6	9174.4
ϕ160	推力			2010.6	3015.9	6013.8	8042.4	10053.0	12666.8	14074.2	16084.8
	拉力	活塞杆	ϕ30	1939.9	2909.9	5819.7	7759.6	9699.5	12221.4	13579.3	15519.2
			ϕ32	1930.2	2895.3	5790.6	7720.8	9651.0	12160.3	13511.4	15441.6
			ϕ40	1885.0	2827.5	5655.0	7540.0	9425.0	11875.5	13195.0	15080.0
			ϕ45	1851.6	2777.4	5554.8	7406.4	9258.0	11665.1	12961.2	14812.8

续表

缸径/mm	工作压力/MPa			0.10	0.15	0.30	0.40	0.50	0.63	0.70	0.80
ϕ200	推力			3141.6	4712.4	9428.8	12566.4	15708.0	19792.1	21991.2	25132.8
	拉力	活塞杆	ϕ32	3061.2	4591.8	9183.6	12244.8	15306.0	19285.6	21428.4	24489.6
			ϕ40	3015.9	4523.9	9047.7	12063.6	15079.5	19000.2	21111.3	24127.2
			ϕ45	2982.6	4473.9	8947.8	11930.4	14913.0	18790.4	20878.2	23860.8
			ϕ50	2945.2	4417.8	8835.6	11780.8	14726.0	18554.8	20616.4	23561.6
ϕ250	推力			4908.8	7363.2	14726.4	19635.2	24544.0	30952.4	34361.6	39270.4
	拉力	活塞杆	ϕ40	4783.1	7174.7	14349.3	19132.4	23915.5	30133.5	33481.7	38264.8
			ϕ45	4749.7	7124.6	14249.1	18998.8	23748.5	29923.1	33247.9	37997.6
			ϕ50	4712.4	7068.6	14137.2	18849.6	23562.0	29688.1	32986.8	37699.2
			ϕ63	4597.0	6895.5	13791.0	18388.0	22985.0	28961.1	32179.0	36776.0
			ϕ70	4523.9	6785.9	13571.7	18095.6	22619.5	28500.6	31667.3	36191.2
ϕ280	推力			6157.5	9236.3	18472.5	24630.0	30787.5	38792.3	43102.5	49260.0
	拉力(活塞杆 ϕ70)			5772.7	8659.1	17318.1	23090.8	28863.5	36368.0	40408.9	46181.6
ϕ300	推力			7068.6	10602.9	21205.8	28274.4	35343.0	44532.2	49480.2	56548.8
	拉力(活塞杆 ϕ70)			6683.8	10025.7	20051.4	26735.2	33419.0	42107.9	46786.6	53470.4
ϕ320	推力			8042.5	12063.8	24127.5	32170.0	40212.5	50667.8	56297.5	64340.0
	拉力	活塞杆	ϕ63	7730.8	11596.2	23192.4	30923.2	38654.0	48704.0	54115.6	61846.4
			ϕ65	7710.1	11566.1	23132.1	30842.8	38553.5	48577.4	53974.9	61685.6
			ϕ70	7657.7	11485.6	22973.1	30630.8	38288.5	48243.5	53603.9	61261.6
			ϕ80	7539.8	11309.7	22619.4	30159.2	37699.0	47500.7	52778.5	60318.4
			ϕ90	7406.3	11109.5	22218.9	29625.2	37031.5	46659.7	51844.1	59250.4
ϕ350	推力			9621.2	14431.8	28863.6	38484.8	48106.0	60613.6	67348.4	76969.6
	拉力(活塞杆 ϕ90)			8985.0	13477.5	26955.0	35940.0	44925.0	56605.5	62895.0	71880.0
ϕ400	推力			12566.4	18849.6	37699.2	50265.6	62832.0	79168.3	87964.8	100531.2
	拉力	活塞杆	ϕ80	12063.7	18095.6	36191.1	48254.8	60318.5	76001.3	84445.9	96509.6
			ϕ90	11930.2	17895.3	35790.6	47720.8	59651.0	75160.3	83511.4	95441.6
ϕ450	推力			15904.4	23856.6	47713.2	63617.6	79522.0	100197.7	111330.8	127235.2
	拉力(活塞杆 ϕ90)			15268.2	22902.3	45804.6	61072.8	76341.0	96189.7	106877.4	122145.6
ϕ500	推力			19635.0	29452.5	58905.0	78540.0	98175.0	123700.5	137445.0	157080.0
	拉力(活塞杆 ϕ90)			18998.8	28498.2	56996.4	75995.2	94994.0	119692.4	132991.6	151990.4

3.2.2.6　无杆气缸的转矩限制

在设计无杆气缸系统时，必须特别注意气缸运动所产生的动能，因为无杆气缸可以达到比较快的传输速度（2～3m/s）和较大的行程（最长 6m）。此外，负载可以将其自身的重心定位在滑架的重心之外，这样就会产生弯矩，参见图 21-3-2。一旦确定了具有足够推力的气缸，必须评估负载在滑块上的位置，并确定可能产生的力矩。表 21-3-18 列出了静态条件下允许的最大载荷和弯矩。

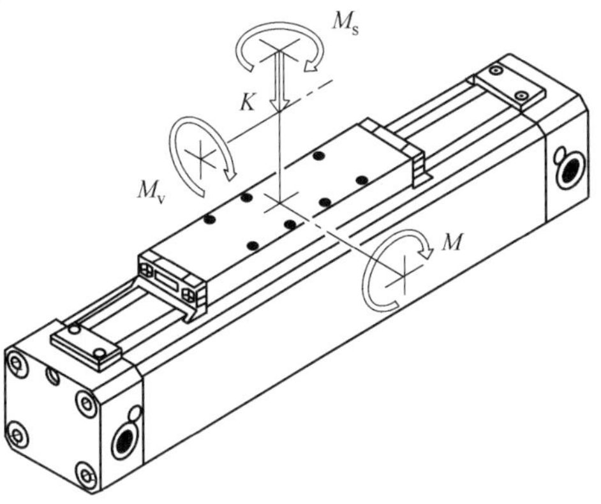

图 21-3-2　无杆气缸所受到载荷和弯矩

表 21-3-18　无杆气缸静态条件下允许的最大载荷和弯矩

直径/mm	最大载荷/kN	M/N·m	M_s/N·m	M_v/N·m
25	300	20	1	4
32	450	35	3	6
40	750	70	5	9
50	1200	120	8	15
63	1600	150	9	25

现在必须考虑滑块的速度，最好等于 1m/s，并查看图 21-3-2 以了解动态条件下的最大载荷 K。在速度较小例如 0.2m/s 的传输中，应该没有问题，但如果速度增加，则必须减小施加的负荷或者增加气缸的尺寸。

允许的动态负载取决于速度，动态载荷等于

$$K_d = KC_v$$

式中，K_d为动态载荷；C_v为速度比。如果在静态条件下无杆气缸的允许载荷是 750N，若运行速度等于 0.5m/s，查图 21-3-3 得到速度比为 $C_v=0.4$，则负载必须减小到 750×0.4＝375N。

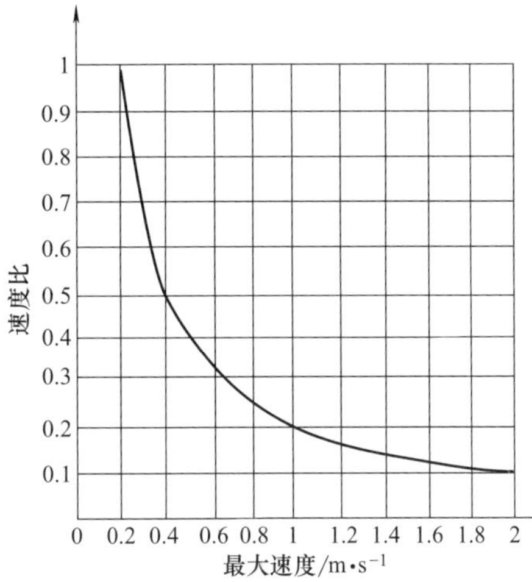

图 21-3-3　内部导向无杆气缸速度比

在组合应力的情况下，或者更确切地说是同时作用力矩的情况下，以下等式是有用的：

$$\left(\frac{2M_s}{M_{s\,max}}+\frac{1.5M_v}{M_{v\,max}}+\frac{M}{M_{max}}+\frac{K}{K_{max}}\right)\frac{100}{K_v}\leqslant 100$$

3.2.2.7　负载比（工作压力 5bar，摩擦因数 0.01、0.2）

表 21-3-19　在工作压力＝5bar，摩擦因数在 0.01、0.2 时的气缸负载比

气缸直径/mm	质量/kg	气缸垂直运动	60°		45°		30°		气缸水平运动	
			μ=0.01	μ=0.2	μ=0.01	μ=0.2	μ=0.01	μ=0.2	μ=0.01	μ=0.2
25	100	—	—	—	—	—	—	—	4	80
	50	—	—	—	—	—	—	—	2.2	40
	25	—	(87.2)	(96.7)	71.5	84.9	50.9	67.4	1	20
	12.5	51.8	43.6	48.3	35.7	342.5	25.4	33.7	0.5	10
32	180	—		—		—	—	—	4.4	—
	90	—		—		—	—	—	2.2	43.9
	45	—	(95.6)	—	78.4	(93.1)	55.8	73.9	1.1	22
	22.5	54.9	47.8	53	39.2	46.6	27.9	37	0.55	11

续表

气缸直径/mm	质量/kg	气缸垂直运动	60°		45°		30°		气缸水平运动	
			μ=0.01	μ=0.2	μ=0.01	μ=0.2	μ=0.01	μ=0.2	μ=0.01	μ=0.2
40	250	—	—	—	—	—	—	—	3.9	78
	125	—	—	—	—	—	(99.2)	—	2	39
	65	—	—	—	72.4	(86)	51.6	68.3	1	20.3
	35	54.6	47.6	52.8	39	46.3	27.8	36.8	0.5	10.9
50	400	—		—		—		—	4	79.9
	200	—		—		—	—	—	2	40
	100	—	(87)	(96.5)	71.3	84.8	50.8	67.3	1	20
	50	50	43.5)	48.3	35.7	42.4	25.4	33.6	0.5	0
63	650	—		—		—		—	4.1	81.8
	300	—		—		—		—	1.9	37.8
	150	(94.4)	82.3	(91.2)	67.4	80.1	48	63.6	0.9	18.9
	75	47.2	41.1	45.6	33.7	40.1	24	31.8	0.5	9.4
80	1000	—		—		—		—	3.9	78.1
	500	—		—		—		—	2	39
	250	(97.6)	85	(94.3)	69.7	82.8	49.6	65.7	1	19.5
	125	48.8	42.5	47.1	34.8	41.4	24.8	32.8	0.5	9.8
100	1600	—		—		—		—	4	79.9
	800	—		—		—		—	2	40
	400	—	(87)	(96.5)	71.4	84.4	50.8	67.3	1	20
	200	50	43.5	48.3	35.7	42.2	25.4	33.6	0.5	10

3.2.2.8 气缸质量（工作压力 5bar，负载比 85%，气缸直径 25～100mm）

表 21-3-20 气缸质量（工作压力 5bar，负载比 85%，气缸直径 25～100mm） kg

气缸直径/mm	气缸垂直运动	60°		45°		30°		气缸水平运动	
		μ=0.01	μ=0.2	μ=0.01	μ=0.2	μ=0.01	μ=0.2	μ=0.01	μ=0.2
25	21.2	24.5	22	30	25	42.5	31.5	2123	106
32	39.2	45	40.5	54.8	46.2	77	58.2	3920	196
40	54.5	62.5	56.4	76.3	64.2	107	80.9	5450	272.5
50	85	97.7	88	119	100.2	167.3	126.4	8500	425
63	135	155	139.8	189	159.2	265.5	200.5	13500	675
80	217.7	250	225.5	305	256.7	428	323.5	21775	1089
100	340.2	390.5	390.8	352	476.2	669.2	505.5	34020	1701

3.2.2.9 每 100mm 行程双作用气缸的空气消耗量（修正了绝热过程的损失）

表 21-3-21 每 100mm 行程双作用气缸的空气消耗量（修正了绝热过程的损失） L/min

活塞直径/mm	工作压力/bar				
	3	4	5	6	7
20	0.174	0.217	0.260	0.304	0.347
25	0.272	0.340	0.408	0.476	0.543
32	0.446	0.557	0.668	0.779	0.890
40	0.697	0.870	1.044	1.218	1.391
50	1.088	1.360	1.631	1.903	2.174
63	1.729	2.159	2.590	3.021	3.451
80	2.790	3.482	4.176	4.870	5.565
100	4.355	5.440	6.525	7.611	8.696

3.2.2.10　双作用气缸从 20～100mm 缸径的理论耗气量（100mm 行程时）

表 21-3-22　双作用气缸 20～100mm 缸径时的理论耗气量（100mm 行程时）　L/min

缸径/mm	工作压力/bar					
	2	3	4	5	6	7
20	0.09	0.13	0.16	0.19	0.22	0.25
25	0.15	0.20	0.25	0.30	0.35	0.40
32	0.24	0.33	0.40	0.48	0.56	0.64
40	0.38	0.51	0.64	0.75	0.88	1.00
50	0.60	0.80	1.00	1.20	1.40	1.60
63	0.95	1.25	1.55	1.87	2.20	2.50
80	1.50	2.00	2.55	3.00	3.50	4.00
100	2.40	3.20	4.00	4.80	5.60	6.40

3.2.2.11　双作用气缸 20～100mm 缸径时的实际流量

表 21-3-23　双作用气缸 20～100mm 缸径时的实际流量　L/min

缸径/mm	气缸平均速度/mm·s^{-1}									
	100	200	300	400	500	600	700	800	900	1000
20	16	32	49	66	84	112	120	139	159	180
25	25	50	76	103	131	175	188	217	248	279
32	40	82	125	169	214	286	308	357	406	457
40	63	128	195	266	334	447	481	557	635	714
50	99	201	305	413	523	699	752	870	992	1116
63	157	318	487	658	830	1110	1193	1382	1575	1772
80	253	511	782	1057	1340	1792	1926	2230	2541	2860
100	395	804	1223	1653	2094	2801	3011	3487	3973	4471

3.2.2.12　气缸的压杆稳定计算

表 21-3-24　不同类负载情况下所允许的气缸活塞杆长度　mm

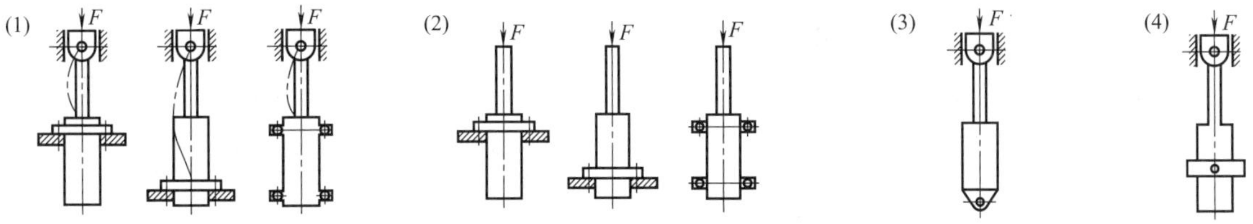

续表

缸径/mm(in)	活塞杆径/mm(in)	第1类负载 压力/bar				第2类负载 压力/bar				第3类负载 压力/bar				第4类负载 压力/bar			
		4	6	10	16	4	6	10	16	4	6	10	16	4	6	10	16
8	3	270	220	170	130	130	100	80	60	170	130	100	80	190	160	120	90
10	4	380	300	230	170	170	140	100	70	230	180	130	100	260	210	160	120
12	4	310	250	180	140	140	110	80	50	180	140	100	80	220	170	120	90
	6	730	590	450	350	350	280	210	160	450	360	270	210	520	420	320	240
16	6	540	440	330	250	250	200	150	110	330	260	190	150	380	300	230	240
	8	980	790	600	470	470	370	280	210	600	480	360	280	700	560	430	330
20	8	780	620	470	370	370	5290	220	160	470	380	280	210	550	440	330	250
	10	1200	1000	760	590	590	470	350	270	760	610	460	350	880	710	540	410
25	10	970	790	600	460	460	370	270	200	600	480	360	270	690	560	420	320
	12	1400	1100	880	680	680	550	410	310	870	700	530	410	1000	820	620	480
31.75(1.25)	12	1100	890	680	520	520	420	310	230	680	540	410	310	790	630	480	360
32	12	1100	860	650	500	500	390	290	210	650	520	380	290	760	600	450	340
	16	2000	1600	1200	960	960	770	580	450	1200	990	750	580	1400	1100	870	680
40	14	1200	960	730	570	570	450	340	250	730	580	440	330	850	680	510	390
	16	1600	1200	950	730	730	580	430	320	940	750	560	430	1100	880	660	500
44.45(1.75)	16	1400	1100	870	670	670	540	400	300	860	690	520	400	1000	810	610	470
50	20	2000	1600	1200	930	930	740	550	420	1200	960	720	550	1400	1100	840	640
50.8(2)	20	1900	1600	1200	930	930	740	550	420	1200	960	7520	550	17400	1100	840	640
63	20	1500	1200	930	720	720	570	420	310	930	740	550	420	1100	860	650	490
63.5(2.5)	25	2400	2000	1500	1200	1200	930	700	530	1500	1200	900	690	1700	1400	1100	810
76.2(3)	25	2000	1600	1200	950	950	760	560	420	1200	980	740	560	1400	1100	860	660
80	25	1900	1500	1100	880	880	700	510	380	1100	910	680	510	1300	1100	800	600
100	25	1500	1200	880	670	670	520	380	270	880	690	510	370	1000	820	600	450
101.6(4)	32	2400	2000	1500	1100	1100	910	670	500	1500	1200	890	670	1700	1400	1000	790
125	32	2000	1600	1200	910	910	710	520	380	1200	940	690	520	1400	1100	820	620
127(5′)	38.1(1.5)	2800	2200	1700	1300	1300	1000	760	570	1700	1300	1000	760	2000	1600	1200	900
152.4(6)	38.1(1.5)	2300	1800	1400	1100	1100	830	610	440	1400	1100	810	600	1600	1300	950	720
160	40	2400	1900	1500	1100	1100	880	640	480	1400	1200	860	640	1700	1400	1000	760
200	40	1900	1500	1100	860	860	670	480	350	1100	890	650	480	1300	1000	770	580
203.2(8)	44.45(1.75)	2300	1900	1400	1100	1100	840	610	440	1400	1100	810	600	1600	1300	960	720
250	50	2400	1900	1400	1100	1100	850	620	440	1400	1100	830	610	1700	1300	980	730
254(10)	57.15(2.25)	3100	2500	1900	1400	1400	1100	840	620	1900	1500	1100	830	2200	1700	1300	990
304.8(12)	57.15(2.25)	2500	2000	1500	1200	1200	920	660	480	1500	1200	890	660	1800	1400	1100	790
320	63	3000	2400	1800	1400	1400	1100	780	570	1800	1400	1000	780	2100	1700	1200	930
355.6(14)	57.15(2.25)	2100	1700	1300	970	970	760	540	380	1300	1000	730	540	1500	1200	870	650

3.2.2.13　气缸相关标准选摘

表 21-3-25　气缸内径、活塞杆外径、活塞行程、活塞杆螺纹、气口螺纹及其公称压力标准　mm

缸内径及活塞杆外径(GB/T 2348—1993)

本标准适用于气动系统及元件用气缸。规定了气动系统及元件用气缸的缸内径及活塞杆外径

气缸的缸内径				气缸的活塞杆外径					备　注
8	40	125	(280)	4	16	36	80	180	括号内尺寸为非优先选用者
10	50	(140)	320	5	18	40	90	200	
12	63	160	(360)	6	20	45	100	220	
16	80	(180)	400	8	22	50	110	250	
20	(90)	200	(450)	10	25	56	125	280	
25	100	(220)	500	12	28	63	140	320	
32	(110)	250	—	14	32	70	160	360	

缸活塞行程系列(GB/T 2349—1980)

本标准适用于气缸的活塞行程。气缸的活塞行程参数依优先次序按下表

25	50	80	100	125	160	200	250	320	400
500	630	800	1000	1250	1600	2000	2500	3200	4000
	40			63		90	110	140	180
220	280	360	450	550	700	900	1100	1400	1800
2200	2800	3600							
240	260	300	340	380	420	480	530	600	650
750	850	950	1050	1200	1300	1500	1700	1900	2100
2400	2600	3000	3400	3800					

备注：缸活塞行程>4000mm 时，按 GB/T 321—2005《优先数和优先数系》中 R10 数系选用；不能满足要求时，允许按 R40 数系选用

活塞杆螺纹型式和尺寸系列(GB 2350—1980)

本标准适用于气缸的活塞杆螺纹。活塞杆螺纹系指气缸活塞杆的外部连接螺纹

活塞杆螺纹型式

内螺纹

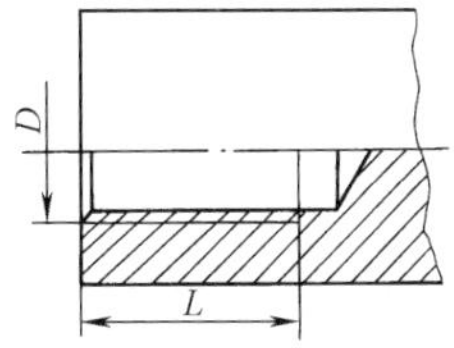

外螺纹(带肩)

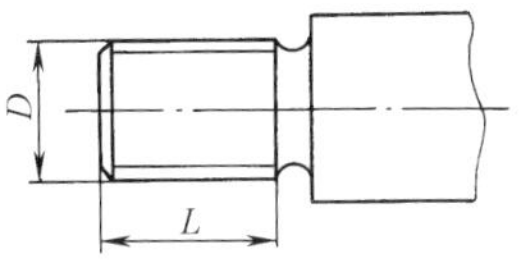

外螺纹(无肩)

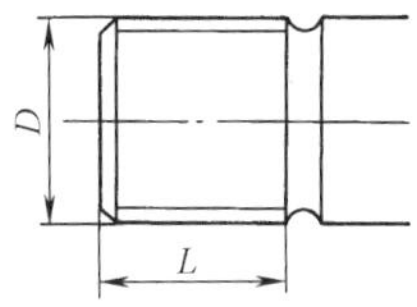

活塞杆螺纹尺寸

螺纹直径与螺距 $D \times p$	螺纹长度 L 短型	螺纹长度 L 长型	螺纹直径与螺距 $D \times p$	螺纹长度 L 短型	螺纹长度 L 长型	螺纹直径与螺距 $D \times p$	螺纹长度 L 短型	螺纹长度 L 长型
M3×0.35	6	9	M20×1.5	28	40	M90×3	106	140
M4×0.5	8	12	M22×1.5	30	44	M100×3	112	—
M4×0.7*	8	12	M24×2	32	48	M110×3	112	—
M5×0.5	10	15	M27×2	36	54	M125×4	125	—
M6×0.75	12	16	M30×2	40	60	M140×4	140	—
M6×1*	12	16	M33×2	45	66	M160×4	160	—
M8×1	12	20	M36×2	50	72	M180×4	180	—
M8×1.25*	12	20	M42×2	56	84	M200×4	200	—
M10×1.25	14	22	M48×2	63	96	M220×4	220	—
M12×1.25	16	24	M56×2	75	112	M250×6	250	—
M14×1.5	18	28	M64×3	85	128	M280×6	280	—
M16×1.5	22	32	M72×3	85	128			
M18×1.5	25	36	M80×3	95	140			

①螺纹长度 L 对内螺纹是指最小尺寸；对外螺纹是指最大尺寸

②当需要用锁紧螺母时，采用长型螺纹长度

③带*号的螺纹尺寸为气缸专用

第21篇

续表

<table>
<tr><td>气缸公称压力系列（GB 7938—1987）</td><td colspan="6">本标准规定了气缸公称压力。气缸的常用的公称压力系列为：0.63MPa、1.0MPa、1.6MPa</td></tr>
<tr><td rowspan="9">气缸气口螺纹（GB/T 14038—2008）</td><td colspan="6">本标准规定了气动系统的气缸气口螺纹。适用于缸内径为 8～400mm 一般用途的气缸</td></tr>
<tr><td>气缸内径</td><td>气缸最小气口螺纹
（螺纹精度 6H）</td><td>气缸内径</td><td>气缸最小气口螺纹
（螺纹精度 6H）</td><td>气缸内径</td><td>气缸最小气口螺纹
（螺纹精度 6H）</td></tr>
<tr><td>8
10
12
16</td><td>M5×0.8</td><td>40
50</td><td>M14×1.5</td><td>160
200</td><td>M27×2</td></tr>
<tr><td rowspan="2">20
25
32</td><td rowspan="2">M10×1</td><td>63
80</td><td>M18×1.5</td><td rowspan="2">250
320
400</td><td rowspan="2">M33×2</td></tr>
<tr><td>100
125</td><td>M22×1.5</td></tr>
</table>

表 21-3-26　气动气缸技术条件（JB/T 5923—2013）

<table>
<tr><td colspan="3">适用范围</td><td colspan="7">本标准规定了气缸技术要求、检验方法、检验规则及标志、包装、运输、储存等
本标准适用于以压缩空气为工作介质，在气压传动系统中使用的双作用、缸径 6～320mm 的活塞式普通气缸</td></tr>
<tr><td colspan="3" rowspan="5">（1）定义</td><td>最低工作压力</td><td colspan="6">能保证气缸正常工作所需要的最低压力</td></tr>
<tr><td>空载状态</td><td colspan="6">气缸不带任何外加负载时的工作状态</td></tr>
<tr><td>内泄漏</td><td colspan="6">气缸内腔间的泄漏</td></tr>
<tr><td>活塞杆部外泄漏</td><td colspan="6">活塞杆外径表面与气缸端盖密封件之间的泄漏</td></tr>
<tr><td>稳态条件</td><td colspan="6">测量数值达到允许记录时应有的试验参数变化范围</td></tr>
<tr><td rowspan="15">（2）技术要求</td><td rowspan="6">1）工作条件</td><td colspan="2">公称压力/MPa</td><td colspan="6">0.63、（0.8）、1.0</td></tr>
<tr><td colspan="2" rowspan="2">最低工作压力</td><td colspan="2">缸径/mm</td><td colspan="2">6～100</td><td colspan="2">125～320</td></tr>
<tr><td colspan="2">最低工作压力/MPa</td><td colspan="2">0.15</td><td colspan="2">0.1</td></tr>
<tr><td colspan="2">工作介质</td><td colspan="6">经过除水过滤的压缩空气（供油型可含有油雾）</td></tr>
<tr><td colspan="2">环境温度和介质温度</td><td colspan="6">5～60℃，低于 5℃时，介质中的水分需特殊处理</td></tr>
<tr><td colspan="2">活塞运动速度</td><td colspan="6">≤500mm/s</td></tr>
<tr><td rowspan="9">2）技术性能</td><td rowspan="3">启动压力</td><td colspan="7">气缸空载状态下，其启动压力应不高于下表规定</td></tr>
<tr><td>缸径/mm</td><td>6～16</td><td colspan="2">20～25</td><td colspan="2">32～100</td><td>125～320</td></tr>
<tr><td>启动压力/MPa</td><td>0.1</td><td colspan="2">0.08</td><td colspan="2">0.06</td><td>0.05</td></tr>
<tr><td rowspan="6">负载性能</td><td colspan="7">在气缸活塞杆轴向加入相应的阻力负载，其值相当于下表规定的气缸最大理论输出力的百分值，活塞双向运行均应平稳且活塞运行速度≥150mm/s 时，各部件应无异常情况</td></tr>
<tr><td rowspan="3">最大理论输出力的百分值</td><td>缸径/mm</td><td colspan="5">最大理论输出力的百分值/%</td></tr>
<tr><td>6～25</td><td colspan="5">70</td></tr>
<tr><td>32～320</td><td colspan="5">80</td></tr>
<tr><td colspan="7">气缸最大理论输出力计算式
$F_1=\frac{p\pi}{4}D^2$
$F_2=\frac{p\pi}{4}(D^2-d^2)$
式中　F_1——无活塞杆端的最大理论输出力，N
F_2——有活塞杆端的最大理论输出力，N
p——公称压力，MPa
D——气缸内径，mm
d——活塞杆直径，mm</td></tr>
</table>

续表

<table>
<tr><td rowspan="4">(2)技术要求</td><td rowspan="4">2)技术性能</td><td>耐压性能</td><td>气缸通入 1.5 倍公称压力，保压 1min，各部件不得有松动、永久变形及其他异常现象</td></tr>
<tr><td>密封性能</td><td>气缸分别通入最低工作压力和 630kPa 的试验压力时，其活塞部的内泄漏量不得大于$(3+0.10D)cm^3/min$，活塞杆部的外泄漏量不得大于$(3+0.10d)cm^3/min$，其他部位不允许有泄漏现象</td></tr>
<tr><td>耐久性</td><td>气缸的耐久性应符合
商务文件或合同中对客户的承诺，但累计行程应≥600km，商务文件或合同中无明确规定者为累计行程 600km</td></tr>
<tr><td>外观</td><td>气缸外观应光滑、平整，色泽均匀，表面应无剥落、划痕、碰伤等缺陷。气缸的裸露表面应进行防腐蚀处理(耐腐蚀材料除外)。气缸的油漆表面应色泽均匀一致，无气泡、流挂现象</td></tr>
<tr><td rowspan="9">(3)试验</td><td rowspan="3">1)试验条件</td><td>介质</td><td>经过过滤、除水、除油的干燥压缩空气，应达到 JB/T 5967 规定的空气质量为 465 的要求</td></tr>
<tr><td>环境条件</td><td>环境温度 25℃±10℃；环境相对湿度≤85%</td></tr>
<tr><td>测量仪器和稳态条件</td><td>测量仪器：型式试验和出厂检验所用测量仪器的允许误差应不超出表 1 的规定范围。
稳态条件：被测参数平均指示值在表 2 规定的范围内变化时，允许记录参数测量值。
表 1 测量仪器的允许误差
<table>
<tr><td rowspan="2">测量仪器参数</td><td colspan="2">测量仪器的允许误差</td></tr>
<tr><td>型式试验</td><td>出厂检验</td></tr>
<tr><td>力/%</td><td>±1</td><td>±2</td></tr>
<tr><td>压力/%</td><td>±1.5</td><td>±4</td></tr>
<tr><td>温度/℃</td><td>±2</td><td>±3</td></tr>
</table>
表 2 温度、压力平均指示值范围
<table>
<tr><td>被测参数</td><td>型式试验</td><td>出厂检验</td></tr>
<tr><td>温度/℃</td><td>±2</td><td>±3</td></tr>
<tr><td>压力/%</td><td>±1.5</td><td>±4</td></tr>
</table>
</td></tr>
<tr><td rowspan="6">2)试验方法</td><td>启动压力</td><td>试验回路可参照图(a)。节流阀全开，气缸水平放置，经往复运动数次后，在空载状态，从零气压开始慢慢加压，直到活塞开始运动，并能运行至全行程。这样往复试验三次，其最小加压值即为启动压力，其值应满足表中(2)之 2)的规定</td></tr>
<tr><td>负载性能</td><td>试验回路可参照图(b)。在活塞杆的轴向施加表中(2)之 2)规定的负载。在气缸两端气口交替通入公称压力的压缩空气，调节排气量，沿全行程往复运动三次以上，检查气缸的动作情况应符合表中(2)之 2)规定</td></tr>
<tr><td>耐压性能</td><td>试验在空载条件下进行。在气缸两端气口交替通入 1.5 倍公称压力的气压，分别保压 1min，检查气缸各部位情况，应符合耐压性能技术要求</td></tr>
<tr><td>密封性能</td><td>在耐压试验后空载状态下进行。试验时保持气缸的静止状态，向气缸两端气口交替通入最低工作压力和公称压力，分别检查活塞部位的内泄漏和活塞杆部位、其他部位的外泄漏，泄漏情况应符合密封性能技术要求</td></tr>
<tr><td>耐久性</td><td>试验回路可参考图(b)。在活塞杆的轴向方向施加相当于气缸最大理论输出力的 50%的负载。在被试气缸两端气口交替通入公称压力的压缩空气，调节排气口流量，使活塞平均速度达到 200mm/s 左右，活塞沿全行程作往复运动，试验可连续或持续进行，其累计行程达到表中(2)之 2)的规定后，重复上述启动压力、负载性能、耐压性能及密封性能试验，并仍应符合要求</td></tr>
<tr><td>外观</td><td>气缸外观的检查方法，采用目测法和手感法进行，应符合外观技术要求</td></tr>
</table>

续表

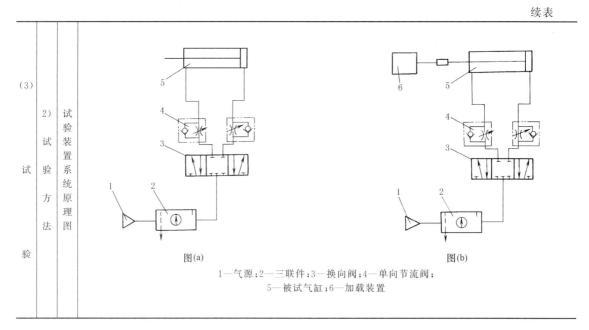

(3)试验	2)试验方法	试验装置系统原理图	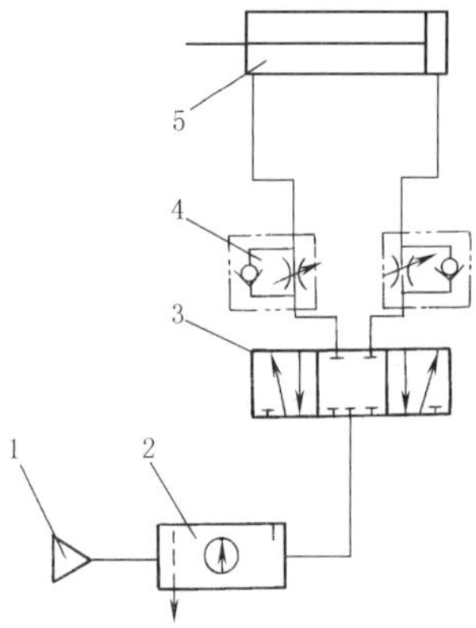 图(a) 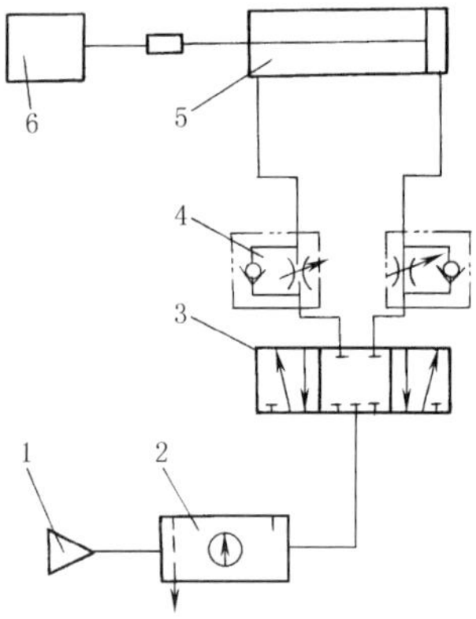 图(b) 1—气源;2—三联件;3—换向阀;4—单向节流阀; 5—被试气缸;6—加载装置

3.2.2.14 气缸的选择

首先应选择标准气缸，其次才考虑自行设计。选择一般遵循表 21-3-27。

表 21-3-27 气缸的选择

考虑因素	内 容
类型	根据工作要求和条件,正确选择气缸的类型。高温环境下需选用耐热气缸。在有腐蚀环境下,需选用耐腐蚀气缸。在有灰尘等恶劣环境下,需在活塞杆伸出端安装防尘罩。要求无污染时需选用无给油或无油润滑气缸等
安装形式	根据安装位置、使用目的等因素决定。在一般情况下,采用固定式气缸。在需要随工作机构连续回转时(如车床、磨床等),应选用回转气缸。在要求活塞杆除直线运功外,还需作圆弧摆动时,则选用轴销式气缸。有特殊要求时,应选择相应的特种气缸
作用力的大小	根据负载力的大小来确定气缸输出的推力和拉力。一般均按外载荷理论平衡条件所需气缸作用力,参照表21-3-16 负载率,乘以系数 1.5～2,使气缸输出力稍有余量。缸径过小,输出力不够,但缸径过大,使设备笨重,成本提高,又增加耗气量,浪费能源。在夹具设计时,应尽量采用扩力机构,以减小气缸的外形尺寸
活塞行程	与使用的场合和机构的行程有关,但一般不选用满行程,防止活塞和缸盖相碰。如用于夹紧机构等,应按计算所需的行程增加 10～20mm 的余量
活塞的运动速度	主要取决于气缸输入压缩空气流量、气缸进排气口大小及导管内径的大小。要求高速运动应取大值。气缸运动速度一般为 50～700mm/s。对高速运动的气缸,应选择大内径的进气管道;对于负载有变化的情况,为了得到缓慢而平稳的运动速度,可选用带节流装置或气-液阻尼缸,则较易实现速度控制。选用节流阀控制气缸速度需注意:水平安装的气缸推动负载时,推荐用排气节流调速;垂直安装的气缸举升负载时,推荐用进气节流调速;要求行程末端运动平稳避免冲击时,应选用带缓冲装置的气缸

3.2.3 气马达

3.2.3.1 气马达与液压马达和电动机的比较

气马达、液压马达与电动机的性能比较参见表 21-3-28。

表 21-3-28　　气马达与液压马达和电机的性能比较

特　　性	气马达	液压马达	电机
过载安全	* * *	* * *	*
带载启动能力	* * *	* *	*
易于限制转矩	* * *	* * *	*
易于改变速度	* * *	* * *	*
易于限制功率	* * *	* * *	*
可靠性	* * *	* * *	* * *
鲁棒性(刚性)	* * *	* * *	*
设备成本	* * *	*	* *
维护便利	* * *	* *	*
潮湿环境中的安全	* * *	* * *	*
爆炸性环境中的安全	* * *	* * *	*
电气设备的安全风险	* * *	* * *	*
漏油风险	* * *	*	* * *
需要液压系统	* * *	*	* * *
重量	* *	* * *	*
功率密度	* *	* * *	*
相同尺寸规格输出的转矩	* *	* * *	*
运行中的噪声等级	*	* * *	* *
总能源消耗	*	* *	* * *
维护间隔	*	* *	* * *
压缩机容量要求	*	* * *	* * *
购买价格	*	*	* * *

注：* =好，* * =平均，* * * =优秀。

一般气马达的性能特征可用图 21-3-4 中的曲线显示，当工作压力不变时，其转速、转矩及功率均随外加载荷的变化而变化。从图中可以读出作为速度函数的转矩、功率和耗气量。在马达静止时的功率为零，在无负载情况下以自由速度（100%）运行时，功率也为零。当气马达以大约一半的自由速度（50%）驱动负载时，通常会输出最大功率（100%）。

从图中还可以看出，在自由速度下的气马达的转矩为零，但在施加负载后立即增加，直线上升，直到马达失速（最大速度）。由于马达停止时其柱塞或叶片可以在各种不同位置，因此不能指定精确的转矩，图中显示的是最小启动转矩。

如图 21-3-4 所示，空载转速（自由速度）下耗气量最大，随着转速的下降而减小。

如果供气压力下降，气马达输出功率也会下降。空气必须通过合适尺寸的管子供给，以减少控制回路中的任何潜在压降。

降低气马达速度的方法是在进气口安装流量调节阀。双向马达用进气口也可用于排气口。流量调节也用于主要进气口上，但要注意调速应是适量的，无限制的调速会影响马达的功率和效率。

通过在上游供气处安装一只减压阀，也可以调节速度和转矩。当连续供给马达低压空气并且马达减速时，会在输出轴上产生很低的转矩。

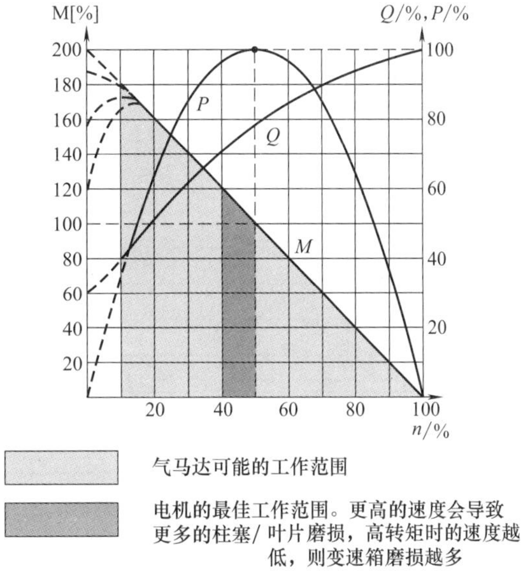

图 21-3-4　当工作压力不变时，其转速、转矩及功率、耗气量

P—功率；M—转矩；Q—耗气量；n—旋转速度

图 21-3-4 中曲线当负荷不断增加，气马达会停止，这就是停止转矩。当负荷减少时马达恢复工作，马达不会烧毁，这就是气马达的最大特点。由于受润

滑和摩擦的影响，启动转矩一般是停止转矩的75%～80%，从图中可看出马达功率达到最大的旋转速度时。因此，在适当范围内可以通过降低马达速度获得马达最大功率和扭矩，并可以节约气源消耗，如需扭矩比较大还是要选择相对应功率的马达。

要供给马达的空气必须是经过过滤和减压而且有油雾处理的。最简单的方法是在马达的进气端加上气源三联件。压缩空气供给必须有足够通径的管道和控制阀，以保证马达的最大转矩。在任何时候，马达都需要6～7bar的供气压力，压力减小到5bar，功率就减小到77%，而在4bar时，功率为55%。

若供气压力为0.6MPa，表21-3-29给出了非调节的气马达在不超过0.6MPa压力下的性能特征随着空气压力的变化情况。性能特征将按下面给出的百分比变化。

表21-3-30是一个计算实例，在620kPa下了解某型号可逆不可控的气马达的性能特性，确定其在另一个空气压力下的特性是一件简单的事情。使用表中414 kPa的百分比，见表21-3-30。

图21-3-5表示了在不同气压下的典型气马达转矩和功率曲线，请注意，随着供气空气压力的降低，速度、转矩和功率会下降。

供气或排气调节：减少或限制供给马达的空气量与降低空气压力具有类似的效果。憋住或限制排气有不同的效果，速度下降远远超过转矩下降。压力、供气和排气调节变化的影响见表21-3-31。

表21-3-29 非调节的气马达在不超过0.6MPa压力下的性能特征

空气压力/MPa	自由速度/r·min^{-1}	在自由速度时的耗气量/L·min^{-1}	最大功率/kW	在最大功率时的速度/r·min^{-1}	在最大马力时的转矩/N·m	在最大功率时的耗气量/L·min^{-1}	堵转或启动转矩/N·m
0.28	80%	45%	30%	80%	37.5%	45%	45%
0.34	84%	56%	44%	84%	52.4%	56%	56%
0.41	88%	67%	58%	88%	65.9%	67%	67%
0.48	92%	78%	72%	92%	78.3%	78%	78%
0.55	96%	89%	86%	96%	89.6%	89%	89%
0.62	100%	100%	100%	100%	100%	100%	100%
0.69	104%	111%	114%	104%	109.6%	111%	111%

表21-3-30 计算实例

特　性	在620kPa时的特性	在414 kPa时的特性
最大功率/kW	1.00	0.58
自由速度/r·min^{-1}	440	387
在最大功率时的速度/r·min^{-1}	215	189
最大(堵转)转矩/N·m	72.50	48.58
在最大功率时的转矩/N·m	44.72	29.47
启动转矩/N·m	54.20	36.31
在自由速度下的耗气量/L·min^{-1}	1528.80	1024.30
在最大功率时的耗气量/L·min^{-1}	1245.68	834.61

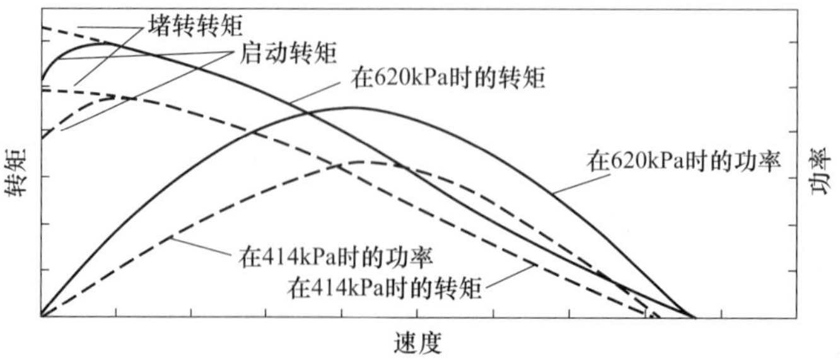

图21-3-5 在两种不同气压下的典型气马达转矩和功率曲线

表 21-3-31　**压力、供气和排气调节变化对气马达的影响**

空气调节	速　　度	转　　矩
减少空气压力,或者限制到气马达的流量	减小	显著减小
阻塞或限制排气	显著减小	减小

3.2.3.2　气马达、液压马达和电机的功率质量比与功率体积比

表 21-3-32　**气马达、液压马达和电机的功率质量比与功率体积比**

马达	功率/质量		功率/体积	
	W/kg	比较系数	W/dm^3	比较系数
叶片式气马达	300	1	1000～1200	1
柱塞式气马达	70～150	2.7	70～300	6
液压马达	600～800	0.4	2000	0.6
电动机	20～100	5	70～150	10
内燃机	70～150	2.7	20～70	40

3.2.3.3　各种形状物体的转动惯量计算公式

表 21-3-33　**各种形状物体的转动惯量计算公式**

圆筒的惯量	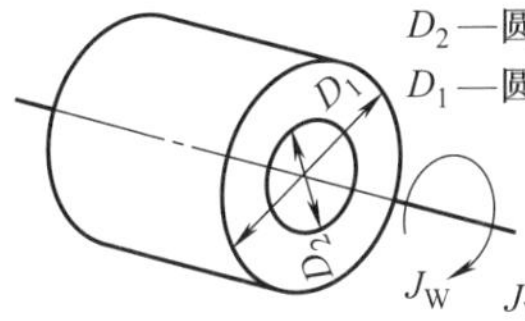 D_2—圆筒的内径,mm D_1—圆筒的外径,mm J_W—圆筒的惯量,$kg \cdot m^2$ M—圆筒的质量,kg	$J_W=\frac{M(D_1^2+D_2^2)}{8}\times10^{-6}$　$(kg \cdot m^2)$
偏心圆筒的惯量(旋转中心偏移时的圆筒)	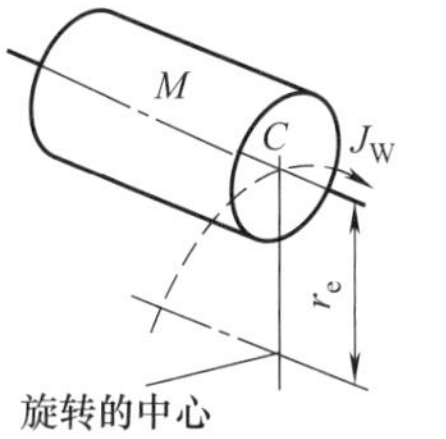 旋转的中心 M—圆筒的质量,kg J_W—惯量,$kg \cdot m^2$ r_e—旋转半径,mm J_C—围绕圆柱的中心C旋转的惯量	$J_W=J_C+Mr_e^2\times10^{-6}(kg \cdot m^2)$
旋转棱柱的惯量	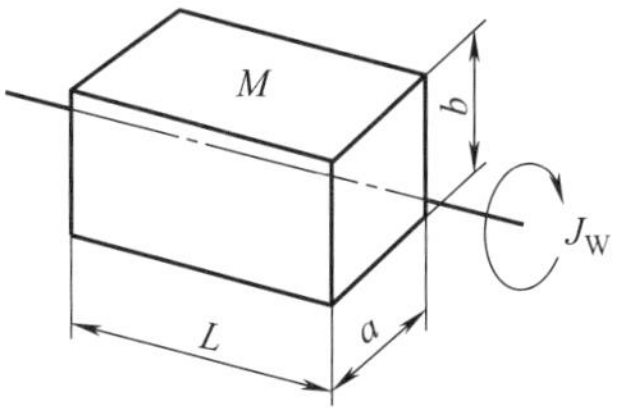 M—棱柱的质量,kg b—高度,mm J_W—惯量,$kg \cdot m^2$ a—宽,mm L—长,mm	$J_W=\frac{M(a^2+b^2)}{12}\times10^{-6}$　$(kg \cdot m^2)$
直线运动物体的惯量	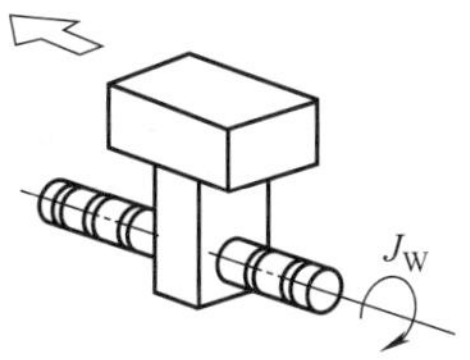 M—负载质量,kg J_B—滚珠丝杠的惯量,$kg \cdot m^2$ J_W—惯量,$kg \cdot m^2$ P—滚珠丝杠的节距,mm	$J_W=M\left(\frac{P}{2\pi}\right)^2\times10^{-6}+J_B$　$(kg \cdot m^2)$

续表

将物体用滑轮提升时的惯量	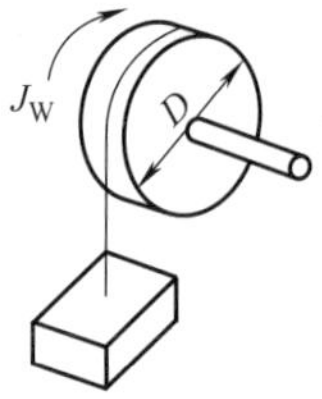 D—直径，mm M_1—圆筒的质量，kg J_1—圆筒的惯量，kg·m² J_2—物体决定的惯量，kg·m² M_2—物体的质量，kg J_W—惯量，kg·m²	$J_W=J_1+J_2=\left(\frac{M_1D^2}{8}+\frac{M_2D^2}{4}\right)\times10^{-6}$　(kg·m²)
用齿轮/齿条传动时的惯量	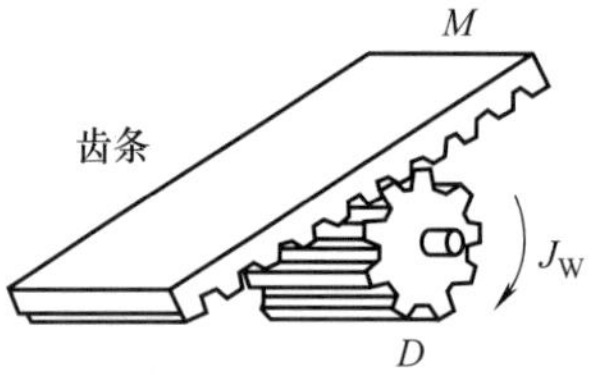 J_W—惯量，kg·m² M—质量，kg D—齿轮直径，mm	$J_W=\frac{MD^2}{4}\times10^{-6}$　(kg·m²)
带配重时的惯量	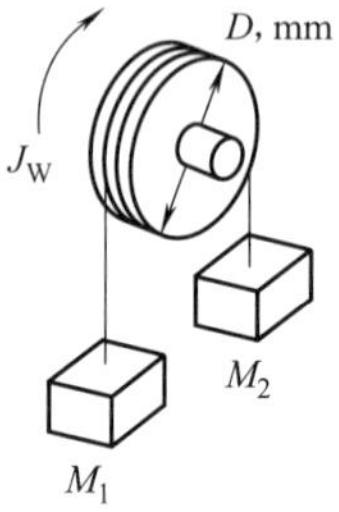 J_W—惯量，kg·m² M_1—质量，kg M_2—质量，kg	$J_W=\frac{D^2(M_1+M_2)}{4}\times10^{-6}$　(kg·m²)
用传送带运送物体时的惯量	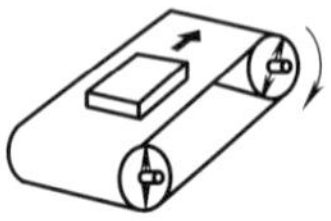 M_3—物体的质量，kg M_4—传送带的质量，kg D_1—圆筒1的直径，mm J_W—惯量，kg·m² M_1—圆筒1的质量，kg D_2—圆筒2的直径，mm M_2—圆筒2的质量，kg J_W—惯量，kg·m² J_1—圆筒1的惯量，kg·m² J_2—圆筒2所产生的惯量，kg·m² J_3—物体所产生的惯量，kg·m² J_4—传送带所产生的惯量，kg·m²	$J_W=J_1+J_2+J_3+J_4=\left(\frac{M_1\cdot D_1^2}{8}+\frac{M_2\cdot D_2^2}{8}\cdot\frac{D_1^2}{D_2^2}+\frac{M_3\cdot D_1^2}{4}+\frac{M_4\cdot D_1^2}{4}\right)\times10^{-6}$(kg·m²)
工件处于被滚轴夹入状态时的惯量	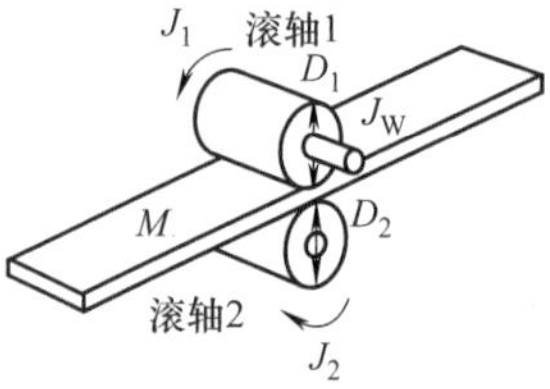 J_W—系统整体的惯量，kg·m² J_1—滚轴1的惯量，kg·m² J_2—滚轴2的惯量，kg·m² D_1—滚轴1的直径，mm D_2—滚轴2的直径，mm M—工件的等效质量，kg	$J_W=J_1+\left(\frac{D_1}{D_2}\right)^2J_2+\frac{MD_1^2}{4}\times10^{-6}$(kg·m²)
换算到马达轴的负载惯量	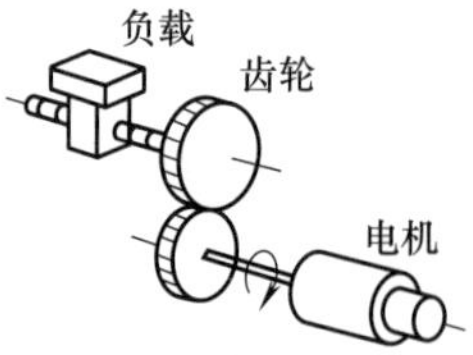 Z_2—负载侧齿轮齿数 J_2—负载侧齿轮惯量，kg·m² J_W—负载惯量，kg·m² Z_1—电机侧齿轮齿数 J_1—电机侧齿轮惯量，kg·m² J_L—换算到电机轴的负载惯量，kg·m² 变速传动比$G=Z_1/Z_2$	$J_L=J_1+G^2(J_2+J_W)$　(kg·m²)

第21篇

3.2.3.4　计算换算到马达轴的负载转矩

摩擦转矩的计算：对于各要素，如有必要，可计算摩擦力并换算为马达轴上的摩擦转矩。外力转矩的计算：对于各要素，如有必要，可计算外力并换算为马达轴上的外力转矩。计算换算到马达轴的全负载转矩。负载转矩的计算公式参见表 21-3-34。

表 21-3-34　负载转矩的计算公式

对外力的转矩	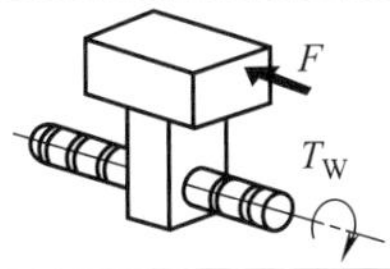	F— 外力，N T_W—外力产生的转矩，N·m P — 滚珠丝杠节距，mm	$T_W=\frac{FP}{2\pi}\times10^{-3}$　(N·m)
对摩擦力的转矩	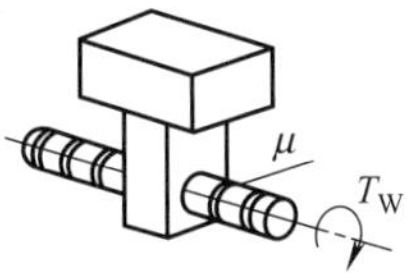	M—负载质量，kg μ—滚珠丝杠摩擦因数 T_W—摩擦力产生的转矩，N·m P—滚珠丝杠节距，mm g —重力加速度，9.8m/s^2	$T_W=\mu Mg\,\frac{P}{2\pi}\times10^{-3}$　(N·m)
在旋转体上施加外力时的转矩	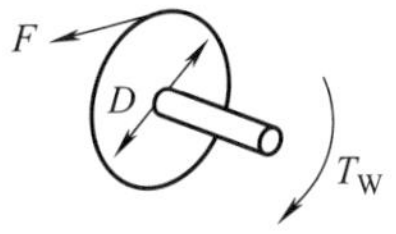	D—直径，mm F—外力，N T_W— 外力产生的转矩，N·m	$T_W=F\,\frac{D}{2}\times10^{-3}$　(N·m)
对传送带上的物体施加外力时的转矩	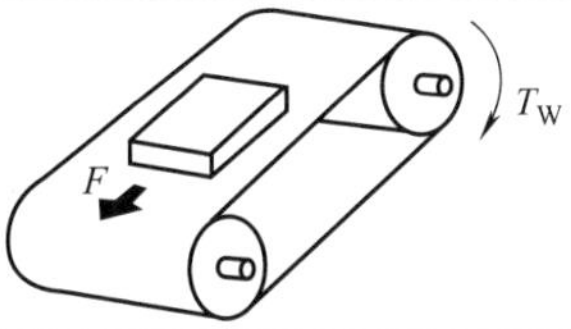	D —直径，mm T_W—外力产生的转矩，N·m F — 外力，N	$T_W=F\,\frac{D}{2}\times10^{-3}$　(N·m)
用齿轮/齿条对物体施加外力时的转矩	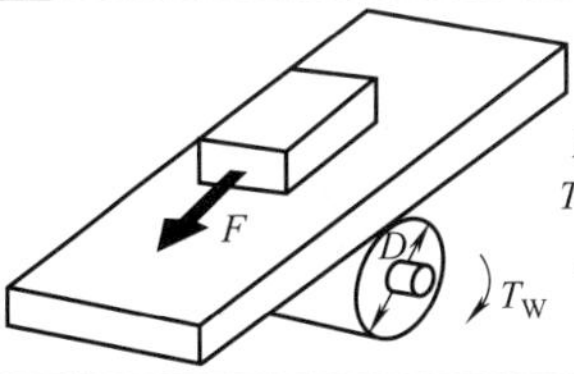	D—直径，mm T_W—外力产生的转矩，N·m F—外力，N	$T_W=F\cdot\frac{D}{2}\times10^{-3}$　(N·m)
使工件倾斜上升时的转矩	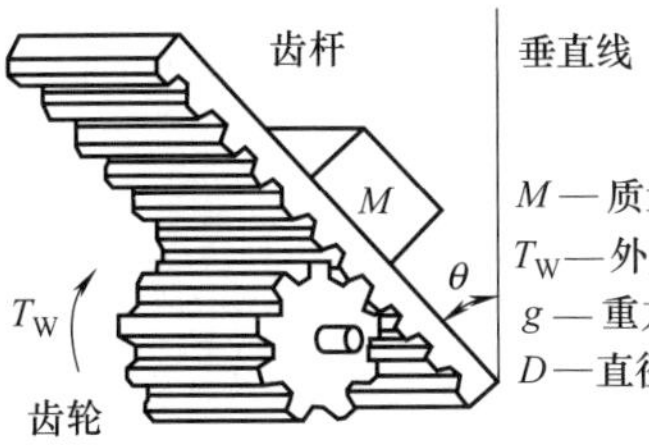	M — 质量，kg T_W—外力产生的转矩，N·m g — 重力加速度，9.8m/s^2 D—直径，mm	$T_W=Mg\cos\theta\times\frac{D}{2}\times10^{-3}$(N·m)
转换到电机轴的负载转矩	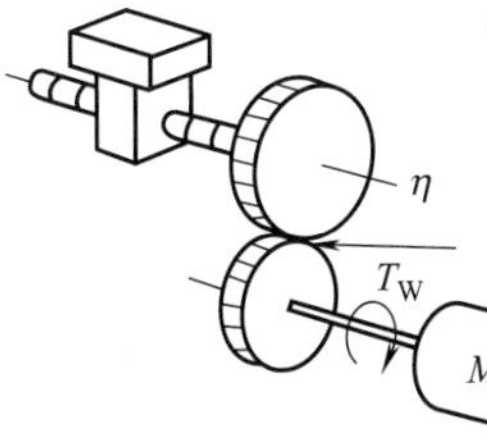	Z_2 — 负载侧齿轮齿数 η —齿轮传输效率 T_L—换算到电机轴的负载转矩，N·m T_W—负载转矩，N·m Z_1—电机侧齿轮齿数传动(减速)比$G=Z_1/Z_2$	$T_L=T_W\,\frac{G}{\eta}$　(N·m)

3.2.3.5　气马达的结构原理及特性

气马达是把压缩空气的压力能转换成机械能的又一能量转换装置，输出的是力矩和转速，驱动机构实现旋转运动。

气马达按工作原理分为容积式和蜗轮式两大类。容积式气马达都是靠改变空气容积的大小和位置来工作的，按结构形式分类见表 21-3-35。

表 21-3-35　　**气马达的结构、原理和特性**

名称	结构和工作原理	特性和特性曲线
叶片式气马达	见下文	见下文

叶片式气马达——结构和工作原理

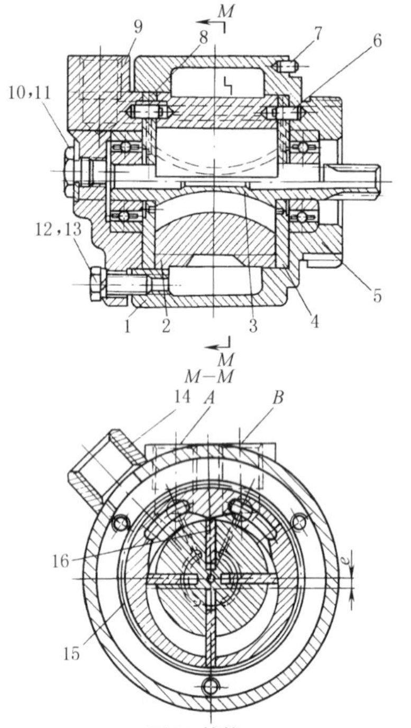

图(a) 结构

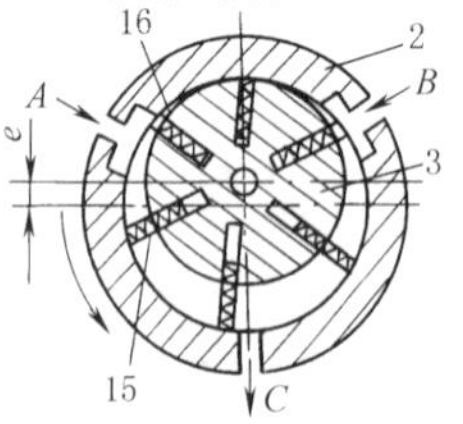

图(b) 工作原理

1—机体；2—定子；3—转子；4,8—前、后密封圈；5—轴承；6,7—圆柱销；9—机盖；10～13—螺塞；14—排气管；15,16—叶片

①结构。叶片式气马达主要由定子 2、转子 3、叶片 15 及 16 等零件组成。定子上有进、排气用的配气槽孔，转子上铣有长槽，槽内装有叶片。定子两端有密封盖，密封盖上有弧槽与两个进排气孔 *A*、*B* 及各叶片底部相通转子与定子偏心安装，偏心距为 *e*。这样由转子的外表面、定子的内表面、叶片及两端密封盖就形成了若干个密封工作空间

②工作原理。叶片式气马达与叶片式液压马达的原理相似。压缩空气由 *A* 孔输入时，分成两路：一路经定子两端密封盖的弧形槽进入叶片底部，将叶片推出，叶片就是靠此气压推力及转子转动时的离心力的综合作用而紧密地抵在定子内壁上。压缩空气另一路经 *A* 孔进入相应的密封工作空间，在叶片 15 和 16 上，产生相反方向的转矩，但由于叶片 15 伸出长，作用面积大，产生的转矩大于叶片 16 产生的转矩，因此转子在两叶片上产生的转矩差作用下按逆时针方向旋转。做功后的气体由定子的孔 *C* 排出，剩余残气经孔 *B* 排出。若改变压缩空气输入方向，即改变转子的转向

叶片式气马达——特性和特性曲线

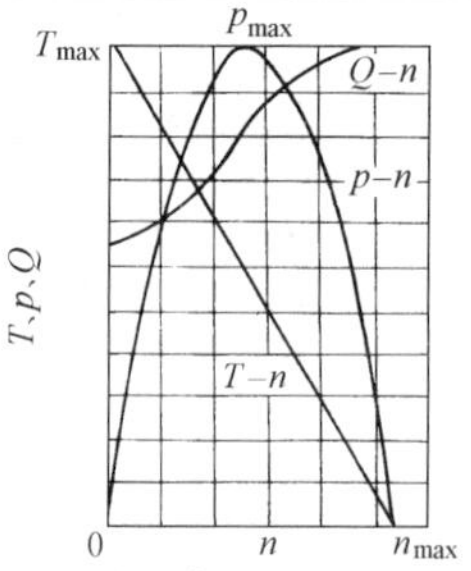

图(c) 叶片式气马达特性曲线

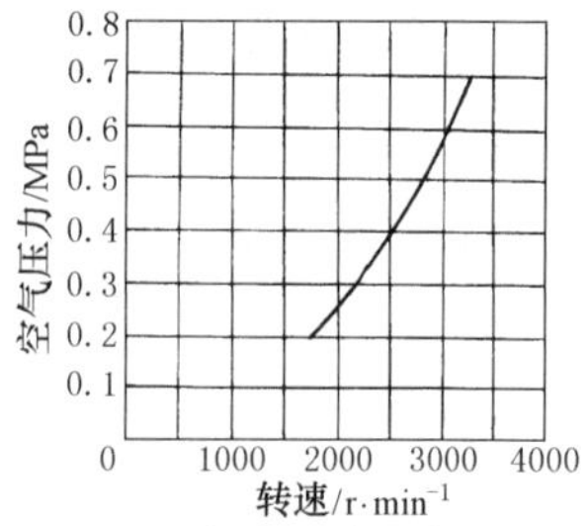

图(d) 转速-空气压力曲线

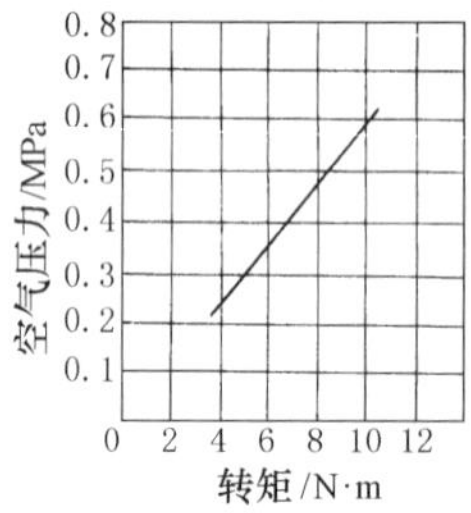

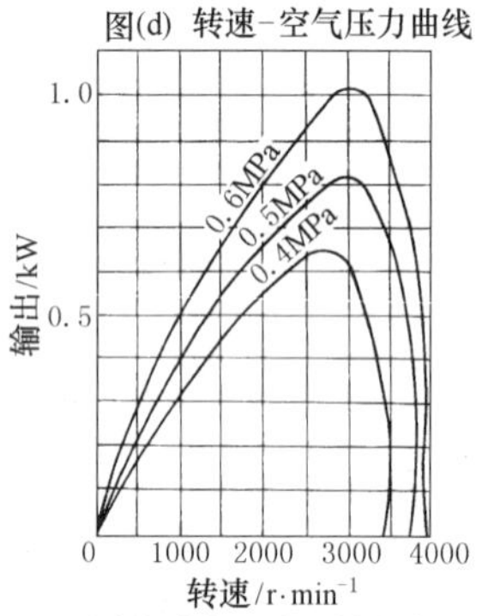

图(e) 转矩-空气压力曲线　图(f) 功率与空气压力、转速关系曲线

图(c)曲线是在一定工作压力(例如 0.5MPa)下作出的。在工作压力不变时，它的转速、转矩及功率均依外加负载的变化而变化。当外加负载转矩为零时，即为空转，此时转速达最大值，此时气马达的输出功率为零。当外加负载转矩等于气马达的最大转矩时，气马达停转，转速为零，此时输出功率也为零。当外加负载转矩约等于气马达最大转矩的一半 $\left(\frac{1}{2}T_{max}\right)$ 时，其转速为最大转速的一半 $\left(\frac{1}{2}n_{max}\right)$。此时气马达输出功率达最大值。一般说来，这就是所要求的气马达额定功率

在工作压力变化时，特性曲线的各值将随压力的变化而有较大的变化

由以上可知，叶片式气马达具有软特性的特点

①转速与空气压力的关系。单纯就转速而言，气马达的转速只跟空气流量直接发生关系，但是流量-压力之间有着有机的联系，尤其对可压缩性的空气而言，气马达的转速可以转化为跟空气压力的关系，其关系曲线如图(d)所示。当空气压力降低时，转速也降低，可用下式进行概算：

$$n=n_x\sqrt{\frac{p}{p_x}}\quad (r/min)$$

式中　n——实际供给空气压力下的转速，r/min
n_x——设计空气压力下的转速，r/min
p——实际供给的气源压力，MPa
p_x——设计供给的空气压力，MPa

②转矩与空气压力的关系。气马达的转矩，大体上是随空气压力的升降成比例的升降。可用下式进行概算：

$$T=T_x\frac{p}{p_x}\quad (N\cdot m)$$

式中　T——实际供给空气压力下的转矩，N·m
T_x——标准空气压力下的转矩，N·m
p——实际供给的空气压力，MPa
p_x——设计规定的标准空气压力，MPa

转矩与空气压力的关系曲线如图(e)所示

③功率与空气压力的关系。从上述分析中，可以求出气马达的功率：

$$N=\frac{Tn}{9.54}\quad (W)$$

式中　T——转矩，N·m
n——转速，r/min

由于空气压力的变化，转矩、转速的变动而导致功率的变化如图(f)所示。气马达的效率：

$$\eta=\frac{N_{实}}{N_{理}}\times 100\%$$

式中　$N_{实}$——输出的有效功率，即实际输出功率，W
$N_{理}$——理论输出功率，W

续表

名称	结构和工作原理
活塞式气马达	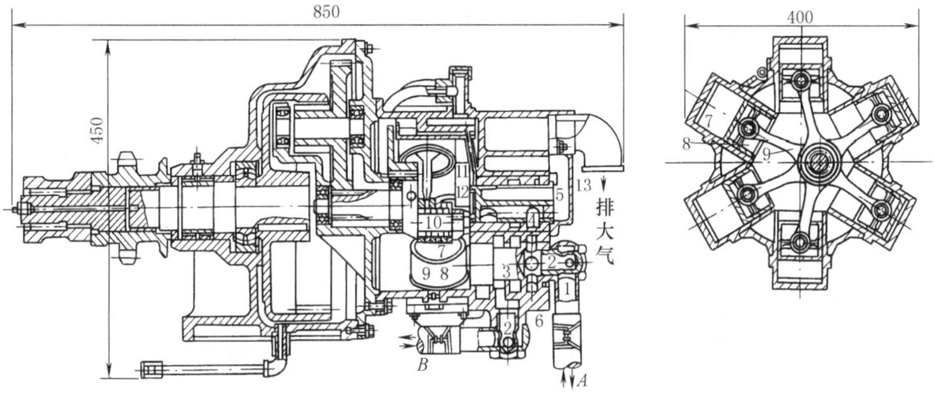 图(a)　结构 1—气管接头；2—空心螺栓；3—进、排气阻塞；4—配气阀套；5—配气阀；6—壳体；7—气缸；8—活塞；9—连杆；10—曲轴；11—平衡铁；12—连接盘；13—排气孔盖 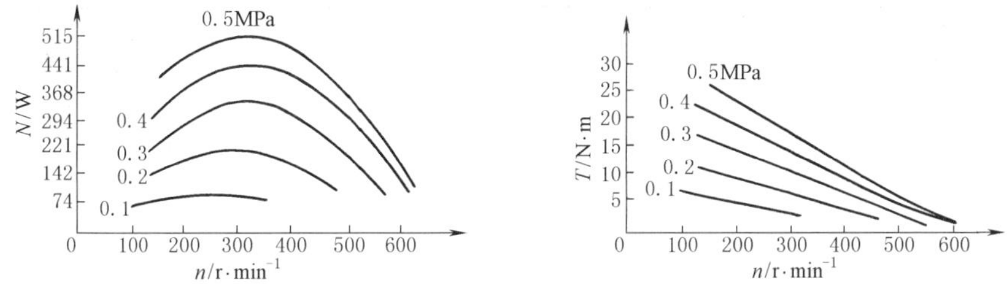 *N*-*n* 功率曲线　　*T*-*n* 转矩曲线 图(b)　活塞式气马达特性曲线 ①结构和工作原理。活塞式气马达是依靠作用于气缸底部的气压推动气缸动作来实现气马达功能的。活塞式气马达一般有4～6个气缸，为达到力的平衡，气缸数目大多数为双数。气缸可配置在径向和轴向位置上，构成径向活塞式气马达和轴向活塞式气马达两种。图(a)是六缸径向活塞带连杆式气马达结构原理。六个气缸均匀分布在气马达壳体的圆周上，六个连杆同装在曲轴的一个曲拐上。压缩空气顺序推动各活塞，从而带动曲轴连续旋转。但是这种气缸无论如何设计都存在一定量的力矩输出脉动和速度输出脉动 如果使气马达输出轴按顺时针方向旋转时，压缩空气自 *A* 端经气管接头 1、空心螺栓 2、进、排气阻塞 3、配气阀套 4 的第一排气孔进入配气阀 5，经壳体 6 上的进气斜孔进入气缸 7，推动活塞 8 运动，通过连杆 9 带动曲轴 10 旋转。此时，相对应的活塞作非工作行程或处于非工作行程末端位置，准备做功。缸内废气经壳体的斜孔回到配气阀，经配气阀套的第二排孔进入壳体，经空心螺栓及进气管接头，由 *B* 端排至操纵阀的排气孔而进入大气 平衡铁 11 固定在曲轴上，与连接盘 12 衔接，带动气阀转动，这样曲轴与配气阀同步旋转，使压缩空气进入不同的气缸内顺序推动各活塞工作 气马达反转时，压缩空气从 *B* 端进入壳体，与上述的通气路线相反。废气自 *A* 端排至操纵阀的排气孔而进入大气中 配气阀转到某一角度时，配气阀的排气口被关闭，缸内还未排净的废气由配气阀的通孔经排气孔盖 13，再经排气弯头而直接排到大气中 输出前必须减速，这样在结构上的安排是使气马达曲轴带动齿轮，经两级减速后带动气马达输出轴旋转，进行工作 ②工作特性。活塞式气马达的特性如图(b)所示。最大输出功率即额定功率，在功率输出最大的工况下，气马达的输出转矩为额定输出转矩，速度为额定转速。 活塞式气马达主要用于低速、大转矩的场合。其启动转矩和功率都比较大，但是结构复杂、成本高、价格贵 活塞式气马达一般转速为 250～1500r/min，功率为 0.1～50kW
齿轮式气马达	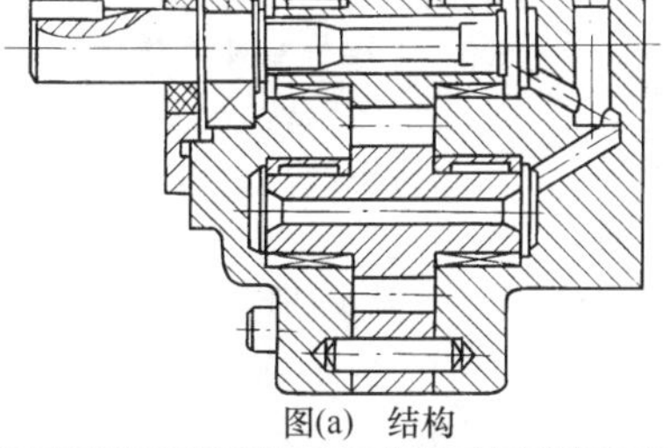 图(a)　结构 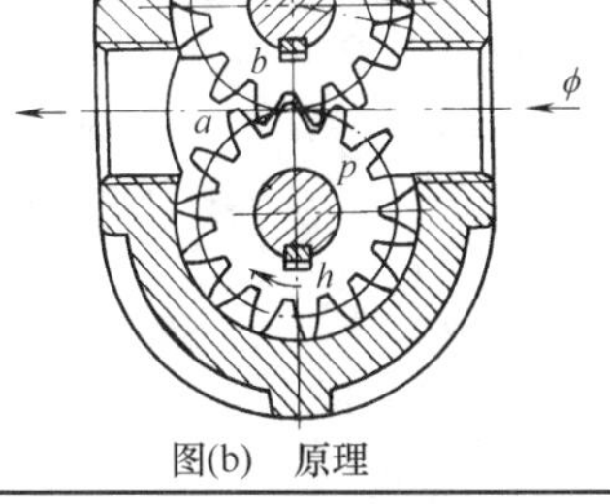 图(b)　原理

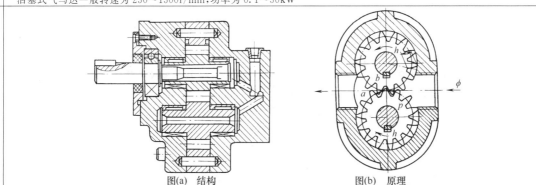

续表

名称	结构和工作原理
齿轮式气马达	①工作原理。齿轮式气马达结构原理如图(a)、(b)所示，p 为齿轮啮合点，h 为齿高，啮合点 p 到齿根距离分别为 a 和 b，由于 a 和 b 都小于 h，所以压缩空气作用在齿面上时，两齿轮上就分别产生了作用力 $pB(h-a)$ 和 $pB(h-b)$（p 为输入空气压力，B 为齿宽），使两齿轮按图示方向旋转，并将空气排到低压腔。齿轮式气马达的结构与齿轮泵基本相同，区别在于气马达要正反转，进排气口相同，内泄漏单独引出。同时，为减少启动静摩擦力，提高启动转矩，常做成固定间隙结构，但也有间隙补偿结构 ②特点。齿轮式气马达与其他类型的气马达相比，具有体积小、重量轻、结构简单、工艺性能好、对气源要求低、耐冲击惯性小等优点。但转矩脉动较大，效率较低、启动转矩较小和低速稳定性差，在要求不高的场合应用 如果采用直齿轮，则供给的压缩空气通过齿轮时不膨胀，因此效率低。当采用人字齿轮或斜齿轮时，压缩空气膨胀60%～70%，为提高效率，要使压缩空气在气马达体内充分膨胀，气马达的容积就要大 小型气马达转速能达到10000r/min左右，大型气马达转速能达到1000r/min左右。功率能达到几十千瓦。断流率小的气马达的空气消耗量每千瓦为40～45m³/min 直齿轮气马达大都可以正反转动，采用人字齿轮的气马达则不能反转

3.2.3.6 气马达的特点

表21-3-36　气马达的特点

特　点	说　明
可以无级调速	只要控制进气阀或排气阀的开闭程序，控制压缩空气流量，就能调节气马达的输出功率和转速
可实现瞬时换向	操纵气阀改变进排气方向，即能实现气马达输出轴的正反转，且可瞬时换向，几乎瞬时升到全速的能力，如叶片式气马达可在1.5转的时间内升到全速；活塞式气马达可以在不到1s的时间内升至全速。这是气马达的突出优点。由于气马达转动部分的惯性矩只相当于同功率输出电机的几十分之一，且空气本身重量轻、惯性小，因此，即使回转中负载急剧增加，也不会对各部分产生太大的作用力，能安全地停下来。在正反转换向时，冲击也很小
工作安全	在易燃、高温、振动、潮湿、粉尘等不利条件下均能正常工作
有过载保护作用	不会因过载而发生故障。过载时气马达只会降低转速或停车，当过载解除后即能重新正常运转，并不产生故障
具有较高的启动转矩	可带负载启动。启动、停止迅速
功率范围及转速范围较宽	功率小到几百瓦，大到几万瓦；转速可以从0到25000r/min或更高
长时间满载连续运转，温升较小	
操纵方便，维修简便	一般使用0.4～0.8MPa的低压空气，所以使用输气管要求较低，价格低廉

3.2.3.7 气马达的选择和特性

气马达选型取决于四大因素：功率；转矩；转速；耗气量。根据工况要求和用处可先简单估算下马达所需的功率、转矩、转速。再根据功率、转矩、转速和具体使用用途要求选择最适合的气马达。

（1）气马达驱动原理的选择

① 叶片式气马达适用于正常的操作循环，速度非常小，例如16r/min；比输出相同功率的活塞式气马达更小、更轻、更便宜。设计和施工简单，可以在任何位置进行操作。叶片式气马达有多种速度、转矩和功率，是使用最广泛的气马达。

② 齿轮式气马达或涡轮式气马达更适合连续运转，可24h不间断，速度范围高达140000r/min。这三种气马达常常可以无油操作。但要注意，无油操作性能会降低10%～20%。

③ 柱塞式气马达在低速情况下有较大的输出功率，低速性能好，适于载荷较大和要求低速转矩的机械。其中径向柱塞式气马达以低于叶片式气马达的速度运转。具有出色的启动和速度控制性能。特别适合以低速“拖拉”重物。标准操作位置是水平的。

④ 不可逆气马达的额定速度、转矩和马力比相同系列的可逆气马达稍高。

（2）考虑气马达工作环境

① 气马达是否在正常生产区域工作？

② 在造纸行业？

③ 在食品加工业中，与食品接触或不接触？

④ 在水下使用？

⑤ 在医疗、制药行业？

⑥ 在潜在的爆炸区域？

⑦ 其他的，请描述环境条件。

(3) 考虑气马达功率

① 哪个旋转方向？顺时针，逆时针，可逆？

② 气压工作范围？哪种空气质量可用？

一旦选择了气马达，在马达运转时确保马达可获得所需的气压是很重要的。压缩机上的压力读数并不意味着可用于工作的气马达，这是由于空气系统中可能存在的限制和摩擦损失。排气限制也会影响气马达的运行，并且通常是影响性能问题的原因。

选择气马达时，请记住气马达规格表仅显示一组性能数据，即在特定压力如 6bar 下。气马达的设计可在此压力下产生最佳性能。通过调节压力、空气供应或排气，可以通过同一台马达获得许多其他的速度、转矩和功率。若马达在低于 2.756br 的压力下运行，其性能可能不一致。马达也可以在 6.89bar 以上运行，但通常会增加维护费用。通常根据最低可用空气压力的大约 70% 来确定气马达的尺寸。这将允许额外的动力启动和可能的超载。

③ 期望获得哪种转矩和负载下的哪种速度？

转速的使用范围从最大输出时的转速至低速极限转速。需要比使用范围更低的转速时，要安装减速机构（若转速超过最大输出时的转速，寿命会缩短。若转速小于低速极限，旋转会不稳定）。

• 转矩-转速。转矩与转速成正比。复合转矩增加时转速下降。若负荷继续增加，气马达会停止，此时的转矩称为停止转矩。一般来说，受润滑及摩擦的影响，启动转矩为停止转矩的 80%～85%。

• 输出-转速。输出在无负荷转速的约 1/2 位置时达到最大值。因此，以最大输出时的转速为中心，输出相同的点在低速侧和高速侧各有一个，应使用低速侧的点，这样，可以节省空气消耗量。

• 空气消耗量-转速。空气消耗量与转速大致成正比。随着转速的升高，空气消耗量几乎呈直线增加。因此，压力一定时，在无负荷旋转（最高旋转）的状态下，空气消耗量达到最大。另外，空气消耗率（空气消耗量/输出）在转速约为最大输出时转速的 80%时达到最小值，在该点使用最经济。

与气马达运行的速度同样重要的是转矩。速度和转矩这两个因素的组合决定了马达的功率。当选择气马达时应注意区分失速（最大）和运转转矩。启动转矩约为失速转矩的 75%。一般按下式计算运转转矩。

$$M=\frac{P\times 9550}{n}(\mathrm{N\cdot m})$$

所需的运行速度：选择气马达时应考虑期望的运行速度，而不是自由和未加载的速度。

不能调节的气马达不应该在无载荷的情况下运行。马达样本中的性能曲线显示了马达运行的最大速度。

④ 用公式计算基本功率

$$P=Mn/95550$$

式中　P——功率输出 kW；

M——额定转矩，N • m；

n——额定转速，r/min。

注意：不受调节的气马达在大约 50% 自由（空载）速度时产生最大功率，而受调节马达在大约 80%空转速度时达到其峰值功率。

图 21-3-6 为典型气马达的转矩和功率曲线。注意：转矩在零速时最大，在自由（空载）速度时为零。任何负载都会减慢马达，随着负载的增加，马达转速降低，转矩增加，直到电机停转。如果负载降低，马达转速增加，转矩输出降低以适应负载。

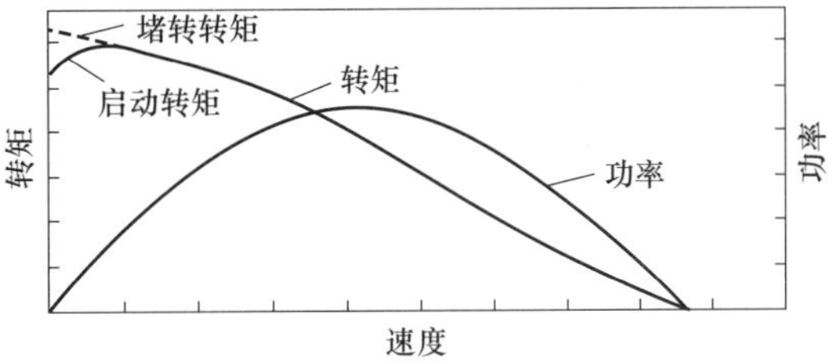

图 21-3-6　典型气马达的转矩和功率曲线

⑤ 检查马达目录中气马达的性能数据。请注意，气马达入口处的所有数据均为 6bar，管道和油润滑作业最长 3m。

⑥ 为了适应气压与操作条件的不同，应查看马达样本中的图表以及操作说明。

⑦ 可以通过调节气马达的出口流量来适应空气需求以适应操作条件，从而降低转速而不会损失转矩。

⑧ 检查是否需要无油或不工作。需要每立方米 1～2 滴油来优化气马达的性能和使用寿命。无油操作将使气马达的性能下降 10%～20%。

⑨ 将气马达整合到系统中

a. 在哪个位置使用气马达？

b. 是否需要使用刹车？

c. 你想使用自己的变速箱，并把它放在机器的其他地方吗？为了在极低速旋转状态下获得稳定的转速和高转矩输出，气马达可以带减速器。通过减速器降低转速可以在保持功率的同时提高转矩。减速器通常用于降低速度并增加气马达的转矩。减速器减速比越大，转矩曲线越陡，因此，与具有附加传动装置的低速马达相比，在施加负载时，高速马达将更容易受到速度下降的影响。使用减速器后，马达的性能曲线将发生变化，见图 21-3-7。

d. 是否需要配件、管道、阀门和 FRL（气动三联件）等额外部件？

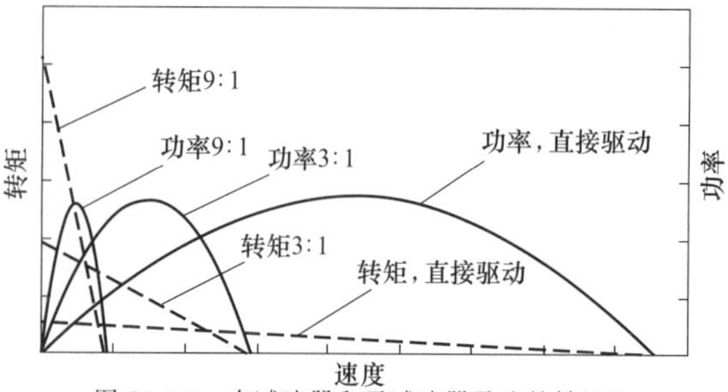

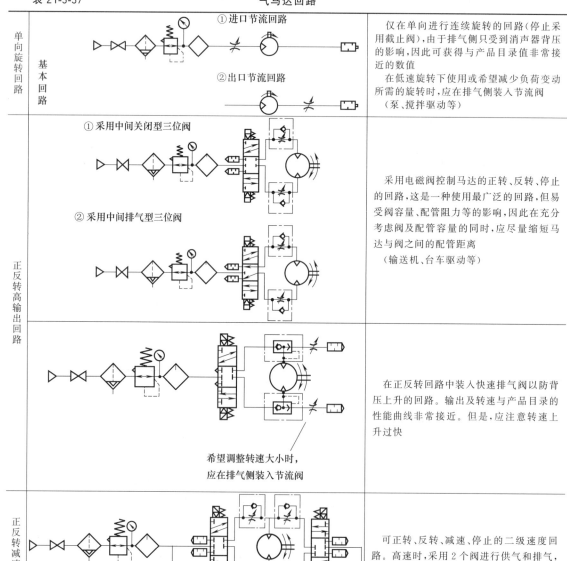

图 21-3-7 有减速器和无减速器马达的转矩和功率曲线（减速比 1∶1，3∶1 和 9∶1）

⑩ 如何确保气动马达的长寿命和高性能？

a. 确保空气质量符合要求，有油润滑或者是无油润滑操作。

b. 保持推荐的维护间隔

c. 当气马达与轴上的滑轮、链轮或齿轮一起使用时，必须考虑悬臂负载（垂直于轴），通常称为“轴径向负载”。它被显示在性能曲线上，通常假定作用在轴的键槽的中点处。

⑪ 确定气马达安装后的采购和运行成本。

3.2.3.8 气马达回路

常用的几种气马达回路参见表 21-3-37。

表 21-3-37 气马达回路

单向旋转回路	基本回路	①进口节流回路 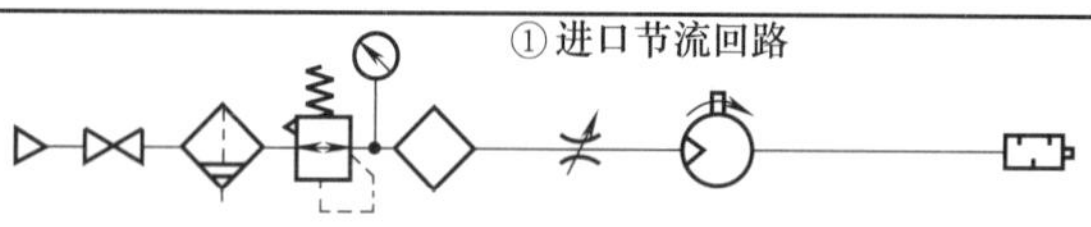 ②出口节流回路 	仅在单向进行连续旋转的回路（停止采用截止阀），由于排气侧只受到消声器背压的影响，因此可获得与产品目录值非常接近的数值 在低速旋转下使用或希望减少负荷变动所需的旋转时，应在排气侧装入节流阀（泵、搅拌驱动等）
正反转高输出回路		①采用中间关闭型三位阀 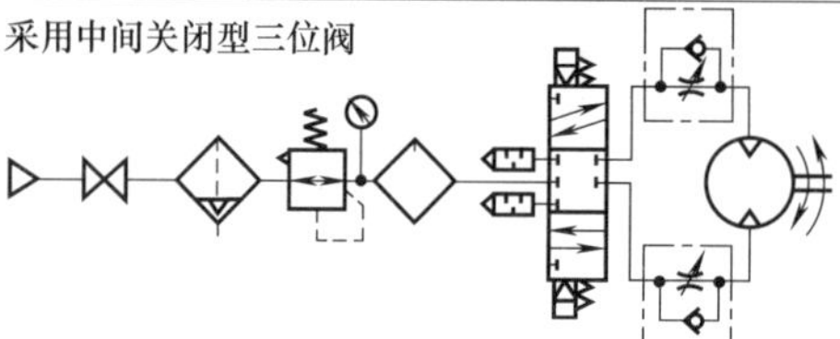 ②采用中间排气型三位阀 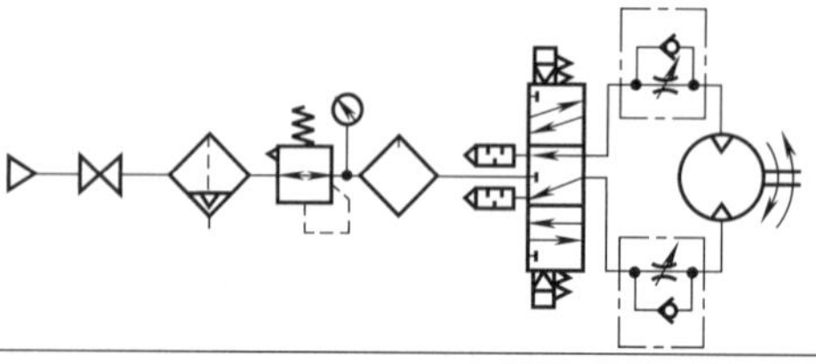	采用电磁阀控制马达的正转、反转、停止的回路，这是一种使用最广泛的回路，但易受阀容量、配管阻力等的影响，因此在充分考虑阀及配管容量的同时，应尽量缩短马达与阀之间的配管距离（输送机、台车驱动等）
		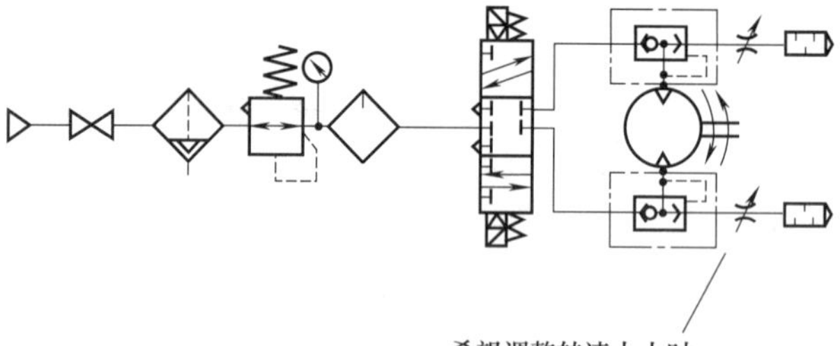	在正反转回路中装入快速排气阀以防背压上升的回路。输出及转速与产品目录的性能曲线非常接近。但是，应注意转速上升过快
正反转减速回路		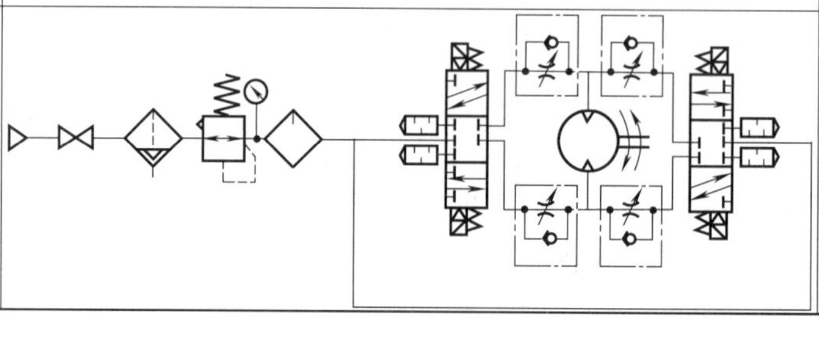	可正转、反转、减速、停止的二级速度回路。高速时，采用 2 个阀进行供气和排气，可减少压力损失

表 21-3-38　摆动气缸的结构和工作原理

类别	结　　构	工作原理和转矩计算
叶片式摆动气缸	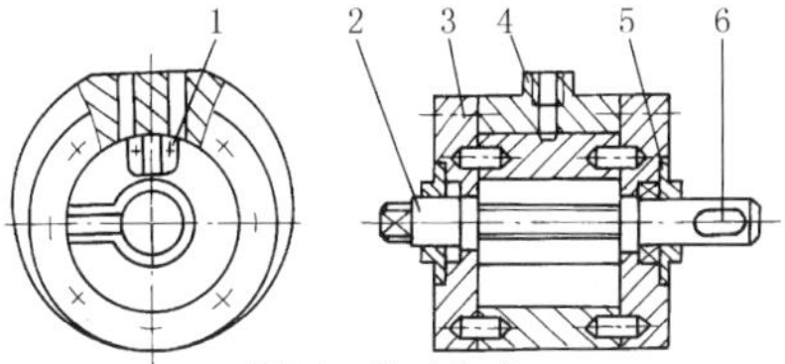 图(a)　单叶片式 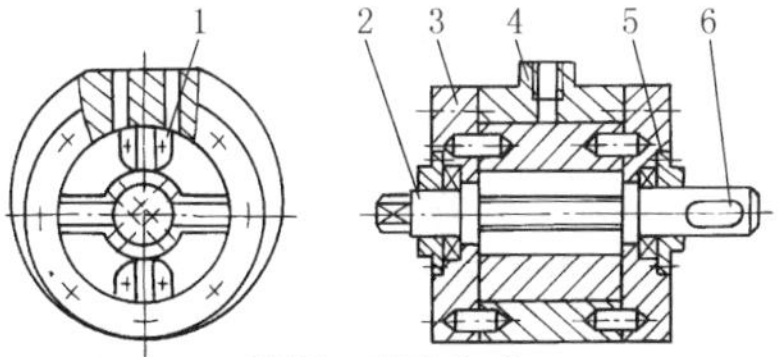 图(b)　双叶片式 叶片式摆动气缸 1—定块;2—叶片轴;3—端盖; 4—缸体;5—轴承盖;6—键 叶片式摆动气缸分为单叶片式和双叶片式两种。单叶片输出轴摆动角度大,小于 360°,双叶片输出轴摆动角小于 180° 它是由叶片轴转子(输出轴)、定子、缸体和前后端盖等组成。定子和缸体固定在一起,叶片和转子连在一起,叶片轴密封圈整体硫化在叶片轴上,前、后端盖装有滑动轴承。这种摆动气缸输出效率 η 较低,因此,在应用上受到限制,一般只用在安装受到限制的场合,如夹具的回转、阀门开闭及工作转位等	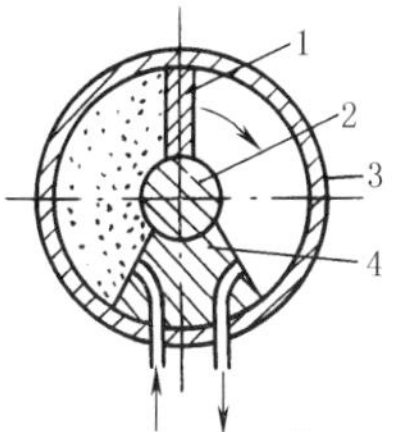 图(c)　单叶片工作原理 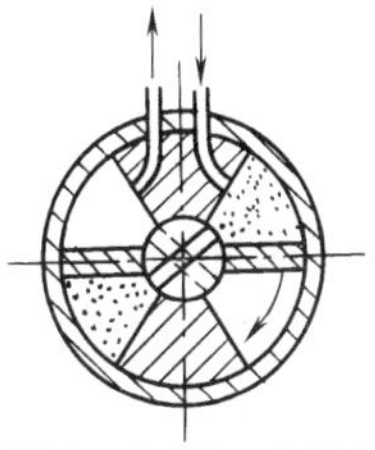 图(d)　双叶片工作原理 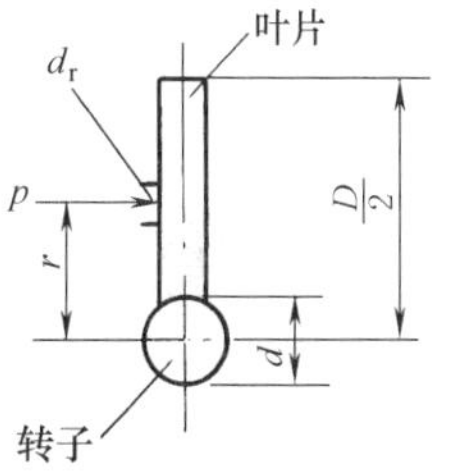 图(e)　单叶片摆动气缸输出转矩计算图 在定子上有两条气路,单叶片左路进气时,右路排气,双叶片右路进气时,左路排气,压缩空气推动叶片带动转子顺时针摆动,反之,作逆时针摆动。通过换向阀改变进、排气。因为单叶片式摆动气缸的气压力 p 是均匀分布作用在叶片上[图(e)],产生的转矩即理论输出转矩 T: $T=\frac{p\times10^6 b}{8}(D^2-d^2)$　(N·m) 式中　p——供气压力,MPa b——叶片轴向长度,m d——输出轴直径,m D——缸体内径,m 在输出转矩相同的摆动气缸中,叶片式体积最小,重量最轻,但制造精度要求高,较难实现理想的密封,防止叶片棱角部分泄漏是困难的,而且动密封接触面积大,阻力损失较大,故输出效率 η 低,小于 80% 实际输出转矩: $T_{实}=\eta(T)$　　(N·m)
齿轮齿条式摆动气缸	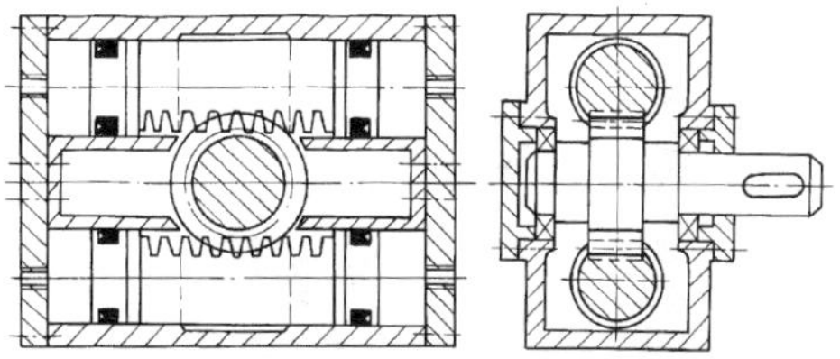 齿轮齿条摆动气缸是通过连接在活塞上的齿条使齿轮回转的一种摆动气缸。摆动角度可超过 360°,但摆角太大、齿条太长,不合适,因此,一般摆角<360°。分单输出轴和双输出轴	活塞仅作往复直线运动,摩擦损失少,齿轮的效率虽然较高,但由于齿轮对齿条的压力角不同,使其受到侧压力,效率受到影响。若制造质量好,效率 η 可达到 95%左右 输出轴的转矩即理论输出转矩 T: $T=\frac{\pi}{4}D^2(p_1-p_2)\times10^6\frac{d_f}{2}$　(N·m) 式中　p_1——进气腔的工作压力,MPa p_2——排气腔的背压力,MPa D——缸筒内径,m d_f——齿轮的节圆直径,m 实际输出转矩: $T_{实}=\eta T$

3.2.4　摆动气缸

摆动气缸是一种在小于 360°角度范围内做往复摆动的气缸，它是将压缩空气的压力能转成机械能的装置，输出力矩使机构实现往复摆动。常用的摆动气缸的最大摆动角度有 90°、180°、270°三种规格。

摆动气缸输出轴承受转矩，对冲击的耐力小，因此，如摆动气缸速度过快或受到驱动物体时的冲击作用，将容易损坏，故需要采用缓冲机构或安装制动器。

摆动气缸按结构特点可分为叶片式和活塞式两种。其分类见表 21-3-38。

3.2.5　气爪

气爪能实现各种抓取功能，是现代气动机械手的关键部件。气爪具有如下特点。

① 所有的结构都是双作用的，能实现双向抓取，可自动对中，重复精度高；

② 抓取力矩恒定；

③ 在气缸两侧可安装非接触式检测开关；

④ 有多种安装、连接方式。

图 21-3-8（a）所示为平行气爪，平行气爪通过两个活塞工作，两个气爪对心移动。这种气爪可以输出很大的抓取力，既可用于内抓取，也可用于外抓取。

图 21-3-8（b）所示为摆动气爪，内、外抓取 40°摆角，抓取力大，并确保抓取力矩始终恒定。

图 21-3-8（c）所示为旋转气爪，其动作和齿轮齿条的啮合原理相似。两个气爪可同时移动并自动对中，其齿轮齿条原理确保了抓取力矩始终恒定。

图 21-3-8（d）所示为三点气爪，三个气爪同时开闭，适合夹持圆柱体工件及工件的压入工作。

图 21-3-9 显示了夹具气爪上的夹具手指（在这种情况下用于圆柱形工件）和接近传感器。夹具类型、尺寸和夹爪的选择取决于工件的形状和重量。

气爪设计的发展方向：

① 标准气爪设计。

② 袋状气爪设计。主要用于抓取饲料、肥料、粮食、种子、面粉、添加剂等 1～15kg 大颗粒或者粉料包装袋的专用气爪。

③ 纸箱气爪设计。用于物流行业纸箱类产品的抓取。

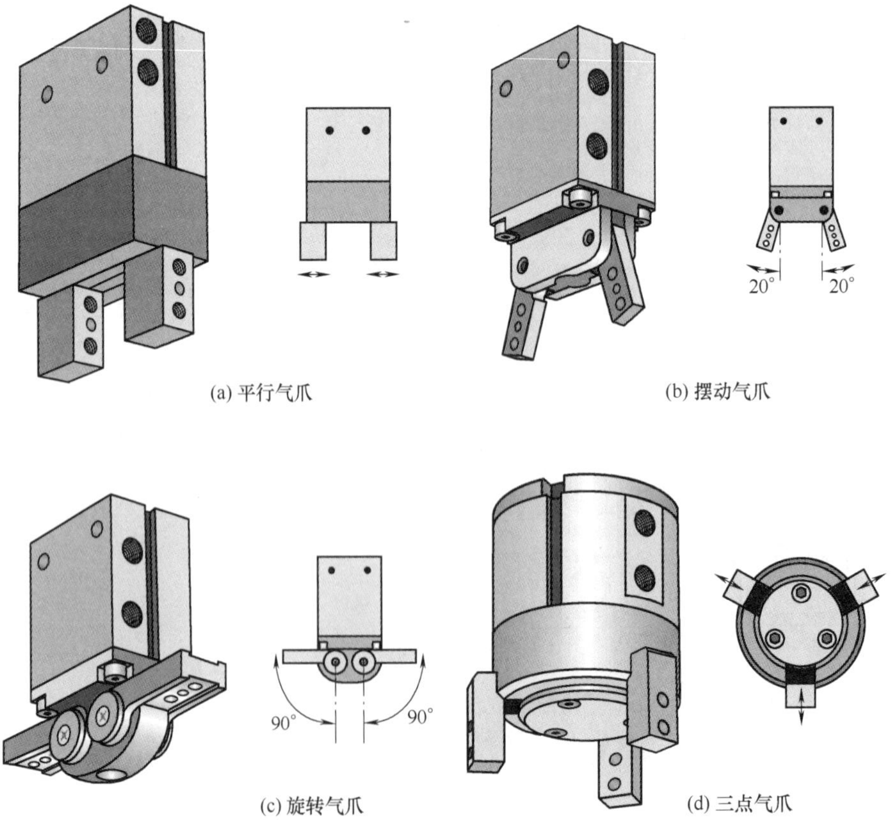

(a) 平行气爪　(b) 摆动气爪

(c) 旋转气爪　(d) 三点气爪

图 21-3-8　气爪

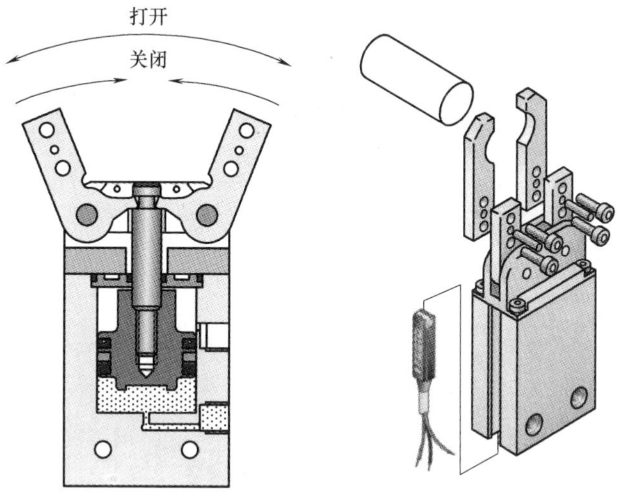

(a)　　(b)

图 21-3-9　气爪夹具手指和用于摆动气爪的接近传感器

④ 研磨抛光气爪设计。对某一工件进行研磨抛光时，往往有特殊的工艺要求，这需要气爪的设计不仅要满足研磨抛光工件的精度要求，而且还要提高工效，保证质量。

3.2.5.1　气爪分类

表 21-3-39　　气爪分类

平行开闭式	十字滚柱平移	标准型——采用一体化直线导轨，刚性强，精度高的通用型。分单作用和双作用 防尘型——防尘、防滴构造，与标准型有互换尺寸。根据用途，可选用不同的防尘罩材质。分单作用和双作用 长行程型——手指行程约为标准型的 2 倍，对应多种工件。分单作用和双作用
	宽型	宽度方向开闭行程大。最适合夹持有尺寸差别的大型工件。由于是双活塞结构，夹持力大。双作用
	回转驱动型	2 爪型——采用回转驱动机构，可实现高度小且精度高。可用于 10 级清洁室。双作用 3 爪型——采用回转驱动机构，可实现高度小且精度高。最适合夹持圆形工件的轴向，可用于 10 级清洁室。双作用
	滑动导轨方式	①方形主体，2 爪型——能在防尘、防滴、承受外力和多种环境下使用。根据环境不同，可选择不同的防尘罩材质和不锈钢手指。分双作用个单作用 ②圆形主体，3 爪型 i. 标准型——由于采用楔形凸轮机构，高度减小。最适合向机床上装卸圆筒形工件和压入等加外力的作业。双作用 ii. 带防尘罩型——防尘、防滴构造，结合用途可选择防尘罩材质。双作用 iii. 通孔型——防尘罩和中心推杆的组合可能。双作用 iv. 长行程型——手指行程约为标准型的 2 倍，与标准型的安装有互换性。双作用 ③ 4 爪型——由于采用楔形凸轮机构，高度减小。适合于方形工件的定位夹持。双作用
支点开闭型		标准型——采用双活塞结构，夹持力矩大。分单作用和双作用 肘节型——采用肘节结构，支点附近的夹持力矩大。气压释放时，夹持工件能保持 凸轮式，180°开闭型——由于采用凸轮机构，轻，小型。双作用 齿条式，180°开闭型——由于采用独有的密封结构，总长缩短。由于有防尘措施，可用于从机床上取下工件或保持工件。双作用
摆动气爪		气爪功能与摆动功能紧凑地一体化。单作用和双作用

3.2.5.2　气爪受力计算

基本原则：用于确定夹紧力的计算。

夹紧力 F_G 是指每个夹爪的夹紧力。选择夹具时，需要确定夹持质量为 m(kg) 的工件所需的夹紧力，并以 a(m/s²) 的加速度移动该工件。

表 21-3-40　　气爪夹持力计算

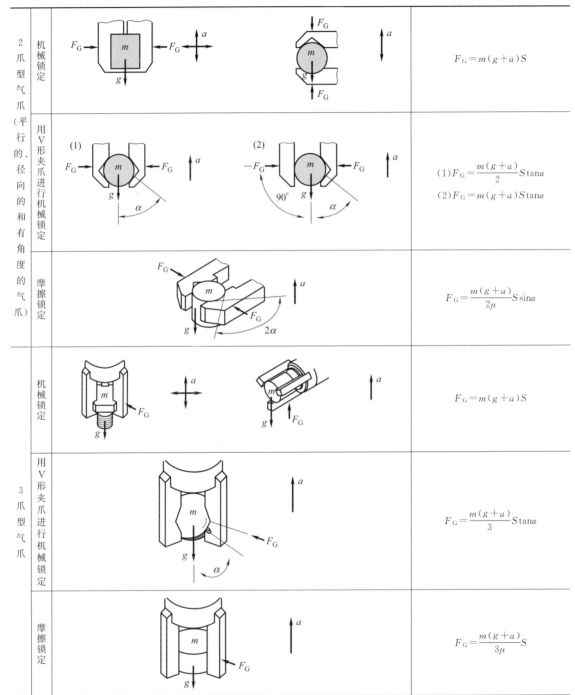

<table>
<tr><td rowspan="3">2爪型气爪(平行的、径向的和有角度的气爪)</td><td>机械锁定</td><td>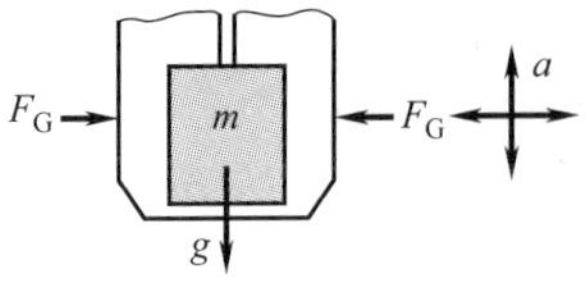

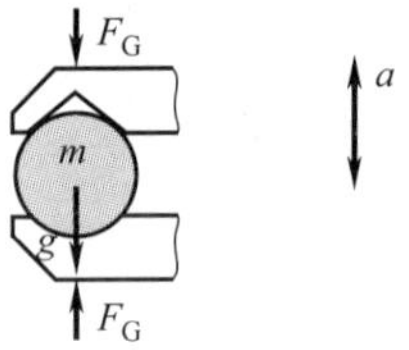
</td><td>$F_G=m(g+a)S$</td></tr>
<tr><td>用V形夹爪进行机械锁定</td><td>(1)
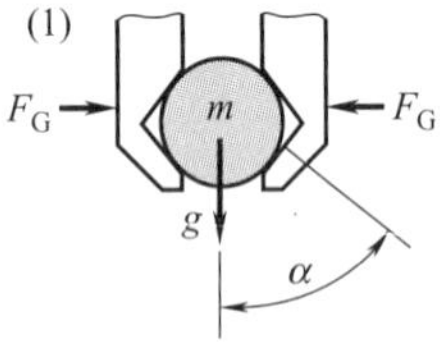

(2)
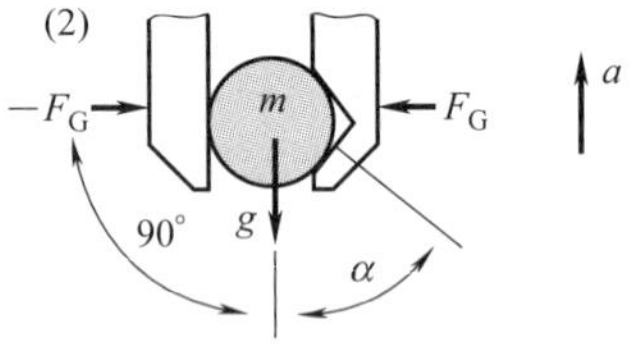
</td><td>(1)$F_G=\dfrac{m(g+a)}{2}S\tan\alpha$
(2)$F_G=m(g+a)S\tan\alpha$</td></tr>
<tr><td>摩擦锁定</td><td>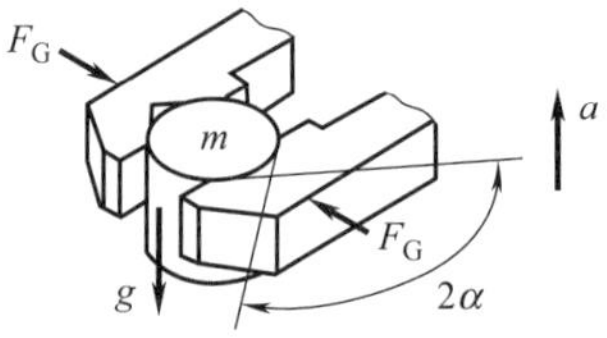
</td><td>$F_G=\dfrac{m(g+a)}{2\mu}S\sin\alpha$</td></tr>
<tr><td rowspan="3">3爪型气爪</td><td>机械锁定</td><td>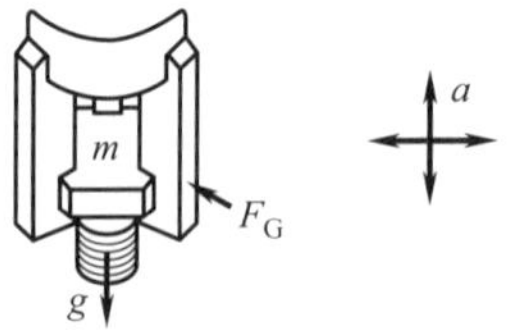

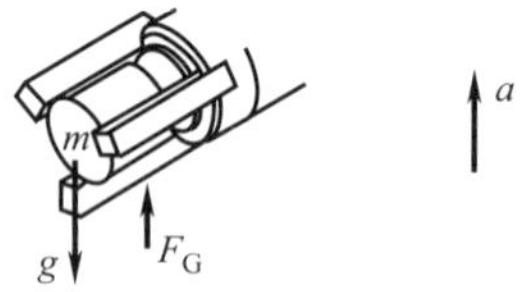
</td><td>$F_G=m(g+a)S$</td></tr>
<tr><td>用V形夹爪进行机械锁定</td><td>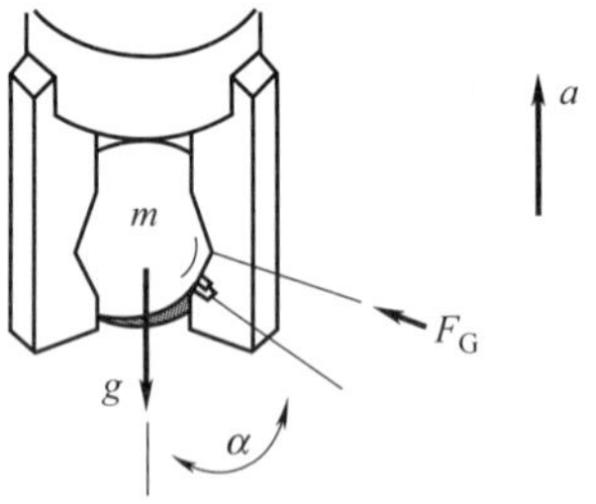
</td><td>$F_G=\dfrac{m(g+a)}{3}S\tan\alpha$</td></tr>
<tr><td>摩擦锁定</td><td>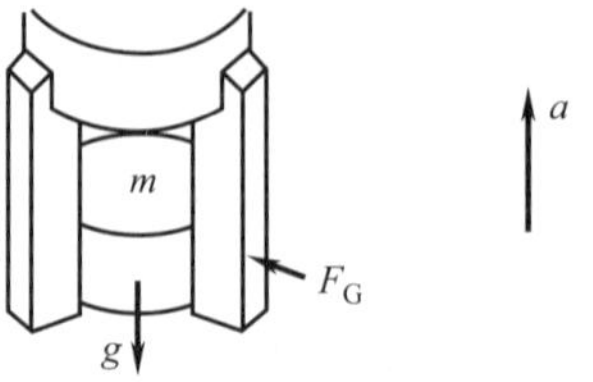
</td><td>$F_G=\dfrac{m(g+a)}{3\mu}S$</td></tr>
</table>

表中：F_G—每个夹爪的夹紧力，N；m—工件质量，kg；g—对于加速度 a 而言，要求重力加速≈10m/s²；a—由动态运动引起的加速度，m/s²；S—安全系数；α—V 型手指的角度；μ—手指与工件之间的摩擦因数。

加速度值峰值发生在紧急停止和到达结束位置之前不久时。最大加速度值见表 21-3-41。

表 21-3-41　**最大加速度值**

驱动功能	气动			伺服气动	电动		
	带有固定的缓冲	带有可调的缓冲	带减振器		带有齿形带的轴	带万向节的轴	带有直线电机
最大加速度 $/m\cdot s^{-2}$	50～300	10～300	10～300	5～15	0～15	0～6	0～30

推荐的安全系数见图 21-3-10。摩擦因数参见表 21-3-42。

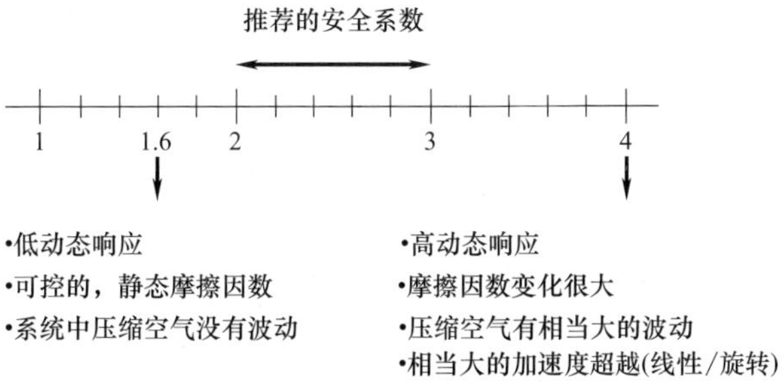

图 21-3-10　推荐的安全系数

表 21-3-42　**摩擦因数**

摩擦因数 μ		工件表面				
		钢	加油润滑的钢	铝	加油润滑的铝	橡胶
气爪表面	钢	0.25	0.15	0.35	0.20	0.50
	加油润滑的钢	0.15	0.09	0.21	0.12	0.30
	铝	0.35	0.21	0.49	0.28	0.70
	加油润滑的铝	0.20	0.12	0.28	0.16	0.40
	橡胶	0.5	0.30	0.70	0.40	1.00

3.2.5.3　气爪使用注意事项

表 21-3-43　**气爪使用注意事项**

设计方面	①担心运动的工件碰到人身或担心气爪夹住手指的场合，应安装防护罩。当气动夹具的施加载荷或移动部件有可能危及人体时，应设计系统使人体不能直接接触这些部件 ②遇到停电或气源出现故障，回路压力下降，造成夹持力减小，使工件脱落的情况，应采取防止落下的措施，以避免人体或装置受损伤。在设计回路时，要考虑防止气动夹爪突然动作 如果提供的压缩空气在气动夹爪的驱动中没有背压，则气动夹持器将突然启动，造成危险。还应考虑紧急情况下气动夹具的动作，当机器在紧急情况下被某人停止或由于停电、系统故障等而被安全装置停止时，气动夹具可能会根据情况抓住人体或损坏机器 为避免此类事故发生，在设计系统时要考虑气动夹爪的动作，以免造成人身伤害和机器损坏。在紧急情况或异常状态下重新启动时，应考虑气动夹爪的动作 气动夹爪重新启动时，要进行防止人体伤害和机器损坏的设计。当需要将气动夹爪复位到起始位置时，应设计一个安全手动控制单元 使用气动夹爪，使其夹点在有限的范围内 当夹点超过极限时，过大的力矩作用在手指滑动部件上，会对气动夹具的使用寿命产生不利影响

续表

<table>
<tr><td>气爪的选择</td><td>
气动夹具是为压缩空气设计的。使用压缩空气以外的液体时，请事先联系供应商。在规定的压力和温度范围之外使用气动夹爪，可能会导致故障或错误的操作。选择一个夹持力有余量的夹爪型号。选择不合适的型号可能会导致工作量下降或其他麻烦。选择一个手指开口有余量的型号。在没有余量的时候，由于手指开口或工件直径的差异，夹持可能不稳定
①夹持点应在限制范围内使用。在超过限制范围的场合，手指夹持部位会受到过大的力矩作用，使气爪寿命下降，应参考各系列的限制范围。参见图(a)
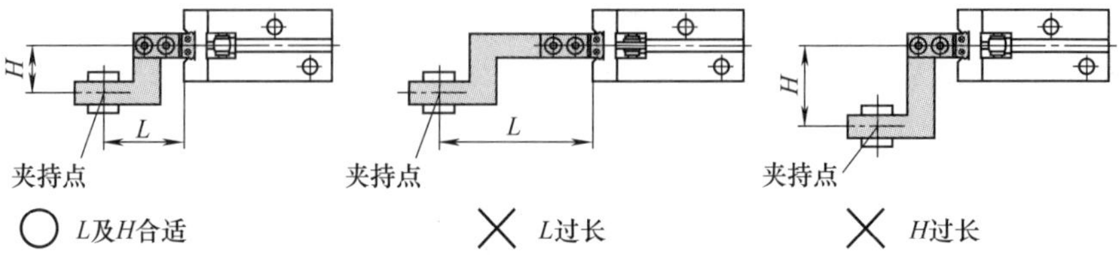

图(a)　夹持点的选择
②附件应轻且短，参见图(b)
a. 附件又长又重，开闭时的惯性力大，手指可能夹不住工件或影响气爪寿命
b. 即使夹持点在限制范围内，附件也应轻且短
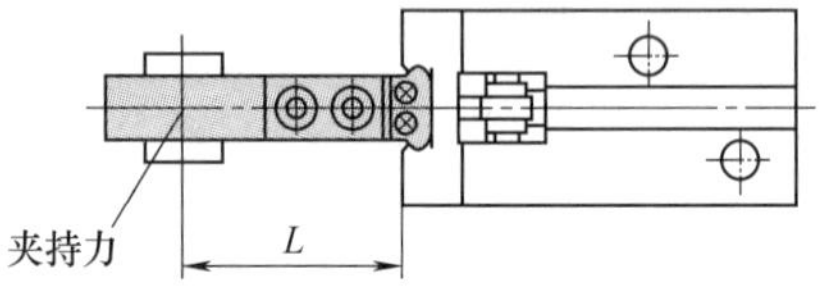

图(b)　附件的长度限制
c. 对长工件及大型工件，应选尺寸大的气爪或使用多个气爪
③对极细、极薄的工件，应在附件上设置退让空间，否则，会出现夹持不稳、位置偏移或夹持不良的情况，参见图(c)
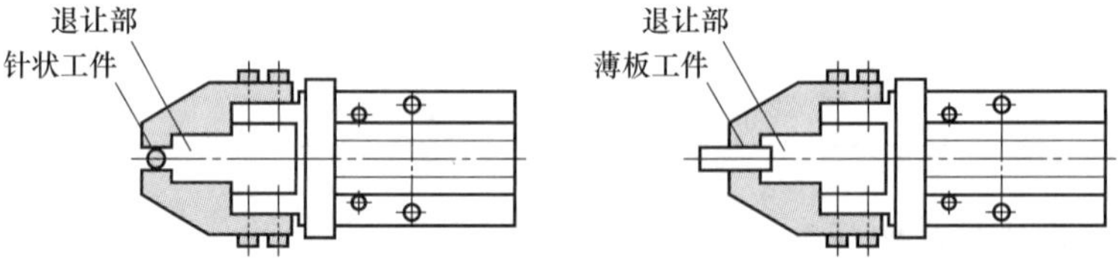

图(c)　夹持极细、极薄工件
④根据工件质量，选择夹持力有一定余量的型号
型号选定失误，是造成工件脱落的原因。应根据各系列的有效夹持力及工件质量大致选定型号
⑤气爪不得在受过大的外力及冲击力作用下使用
⑥气爪夹工件时，应具有一定的开闭行程余量
没有余量时，由于气爪的开闭尺寸误差或工件尺寸误差，会使夹持不稳定；使用磁性开关的场合，会导致检测不良，因各系列磁性开关都存在迟滞，含迟滞的行程必须确保有余量
特别是使用防水性提供的2色显示磁性开关时，由于根据检测时显示灯颜色的设定，行程会被限制，所以应参见磁性开关的迟滞
⑦对单作用式，仅靠弹簧力夹持的场合应与供应商商谈，以免出现夹持不稳定和复位不良等情况。
</td></tr>
<tr><td>安装</td><td>
①确保设备正常运行之前，不得启动系统。安装气动夹爪后再连接压缩空气和电源。正确进行功能测试和泄漏测试，检查系统安全运行是否正常。然后才启动系统
②安装时，注意气爪不得跌落或碰撞，以免造成伤痕。稍许变形，会导致精度下降或动作不良
③安装气爪或附件时，应牢固地拧紧固定部分和接头。当气动夹爪用于连续作业或振动场所等重载作业时，应采用可靠的拧紧方法，小心防止切屑、密封剂进入管道和接头。螺纹紧固力矩要在允许范围内。力矩过大，会造成动作不良；力矩不足，会发生位置偏离或掉落。在连接管道之前彻底冲洗管道内部，清除管道前的碎屑、冷却液、灰尘等
④用油漆涂层，当用涂料涂覆树脂部分时，它可能受到涂料和溶剂的不利影响
⑤勿撕下夹在气动夹爪上的铭牌，也不要抹去其上的字母
</td></tr>
</table>

续表

安全操作

气爪的手指辅件：如果辅件长而重，在开合时惯性力会增加，引起手指剧烈振动，会对使用寿命产生不利影响。即使抓握点在极限范围内，也应尽可能将连接件设计得短而轻。对于长工件和大工件，建议增加气动夹具的尺寸或使用 2 个或更多个气动夹具。当工件非常窄和薄弱时，在附件中应提供一个退让空间，以免气爪不稳定，导致提升或抓握不良

①在手指上安装附件时，不得撬手指，以免造成松动和精度变差

②应在气爪手指不受外力作用的情况下，进行调整、确认。往返动作的手指一旦受到横向负载或冲击负载的作用，会导致手指松动或破损。在气爪移动的行程末端，工件和附件不要碰上其他物体，应留有间隙

在实际安装时，应考虑留有足够间隙，以确保气爪正常工作。例如：

• 气爪开启的行程端部

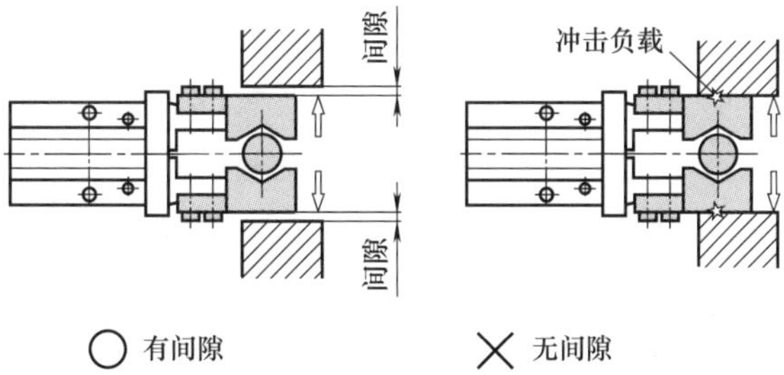

图(a)　气爪开启的行程端部的间隙

• 气爪移动的行程端部

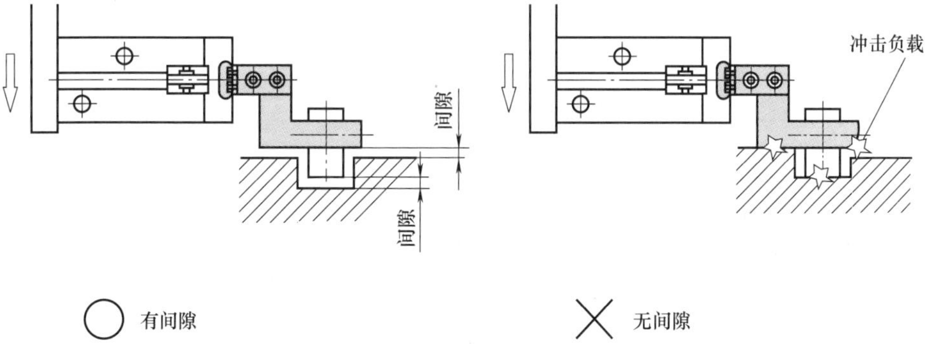

图(b)　气爪移动的行程端部的间隙

• 反转动作时

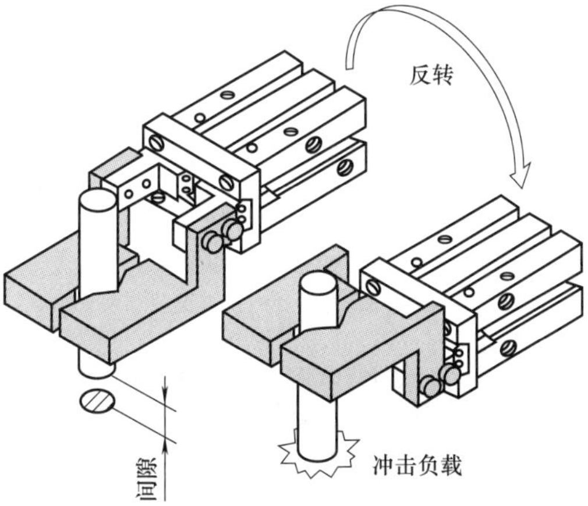

图(c)　反转动作时应留有的间隙

③在进行工件插入动作时，要对准中心[见图(d)]，气爪手指上不得受到额外的力。特别是在试运转时，靠手动或在低压作用下让气缸低速运动时，应确认安全、无冲击等

续表

安全操作	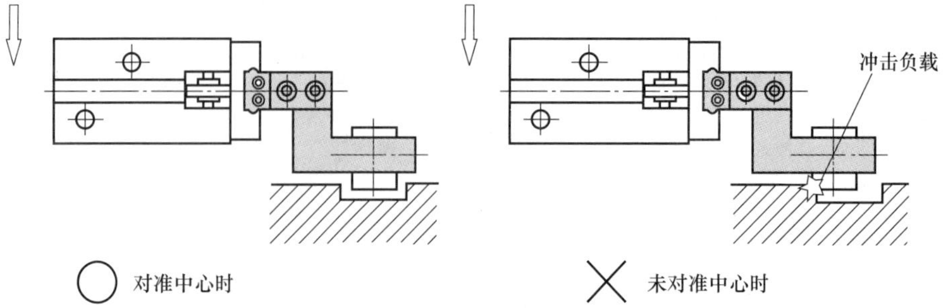 图(d) 对准中心要求 ④当控制气动手爪的手指开合速度时，应安装适当的速度控制器。从低速即开始控制速度，直到达到预期的速度 应用节流阀等调整气爪手指的开闭速度，使速度不能过快。如果手指开闭速度太快，手指会受过大的冲击力，使夹持工件的重复精度变差，影响寿命。手指开闭速度的调整方法，可使用速度控制阀进行调整，一般对于双作用气爪，若装备有内置可调节流阀，可用内置针阀进行调节。当内径为 ϕ6mm 和 ϕ10mm，可接 2 台速度控制阀，采取进气节流方式调节或采用双作用速度控制阀。对内径为 ϕ16mm 以上系列，接 2 台速度控制阀，采取排气节流方式进行速度调节。对单作用气爪，接一个速度控制阀，采用进气节流方式，或采用双作用速度控制阀。夹持外径时，关闭通口，夹持内径时节开通口 支点开闭型气爪，为避免手指根部的惯性冲击，根据附件的长度，开闭速度应调节得更慢些
安全检查	①请勿将磁铁从外部靠近气动夹具。具有开关的气动夹具设计成使得开关感测磁性。如果磁力从外面靠近，会发生故障，造成人身伤害或机器损坏 ②当将附件安装到手指上时，小心不要扭曲手指。扭曲导致间隙或准确性差。进行调整并检查，以免外力施加在手指上。如果横向载荷作用或脉冲载荷反复作用在手指上，则会引起手指的间隙或故障 ③在气爪的运行路线上，人不得进入或放置物品，否则会造成伤亡或事故 ④提供维护和检查的空间。手不得进入气爪的手指和附件之间，以免造成伤亡或事故 ⑤卸气爪时，要确认没有夹持工件之后，并释放掉压缩空气再进行。如果在工件残留的情况下进行，有工件落下的危险 ⑥当有过度的外力和冲击力作用在气爪上时不要使用气爪。气动夹爪会折断，有时会造成伤害或损坏机器
操作环境	①在爆炸性环境中不要使用气动夹爪 ②在含有腐蚀性气体、化学物质、海水、水和蒸气的环境中以及电磁阀有可能接触这些物质的地方不要使用气动夹爪 ③勿在气压震动直接作用的地方使用气动夹爪 ④当气动夹爪暴露在阳光直射下时，应在气动夹具上安装防护罩 ⑤当气动夹爪位于热源周围时，应关闭辐射热。在控制面板上安装气动夹爪时，应采取适当的散热措施，使内部保持在规定的温度范围内 ⑥在暴露于焊接飞溅物的地方使用气动夹爪时，应提供防护罩或其他适当的防护措施。焊枪可能会烧毁气动夹爪的塑料部件，造成火灾

3.2.5.4 SMC公司气爪的选定

气爪选定流程见图 21-3-11。SMC 气爪的性能参数见表 21-3-44 和表 21-3-45。

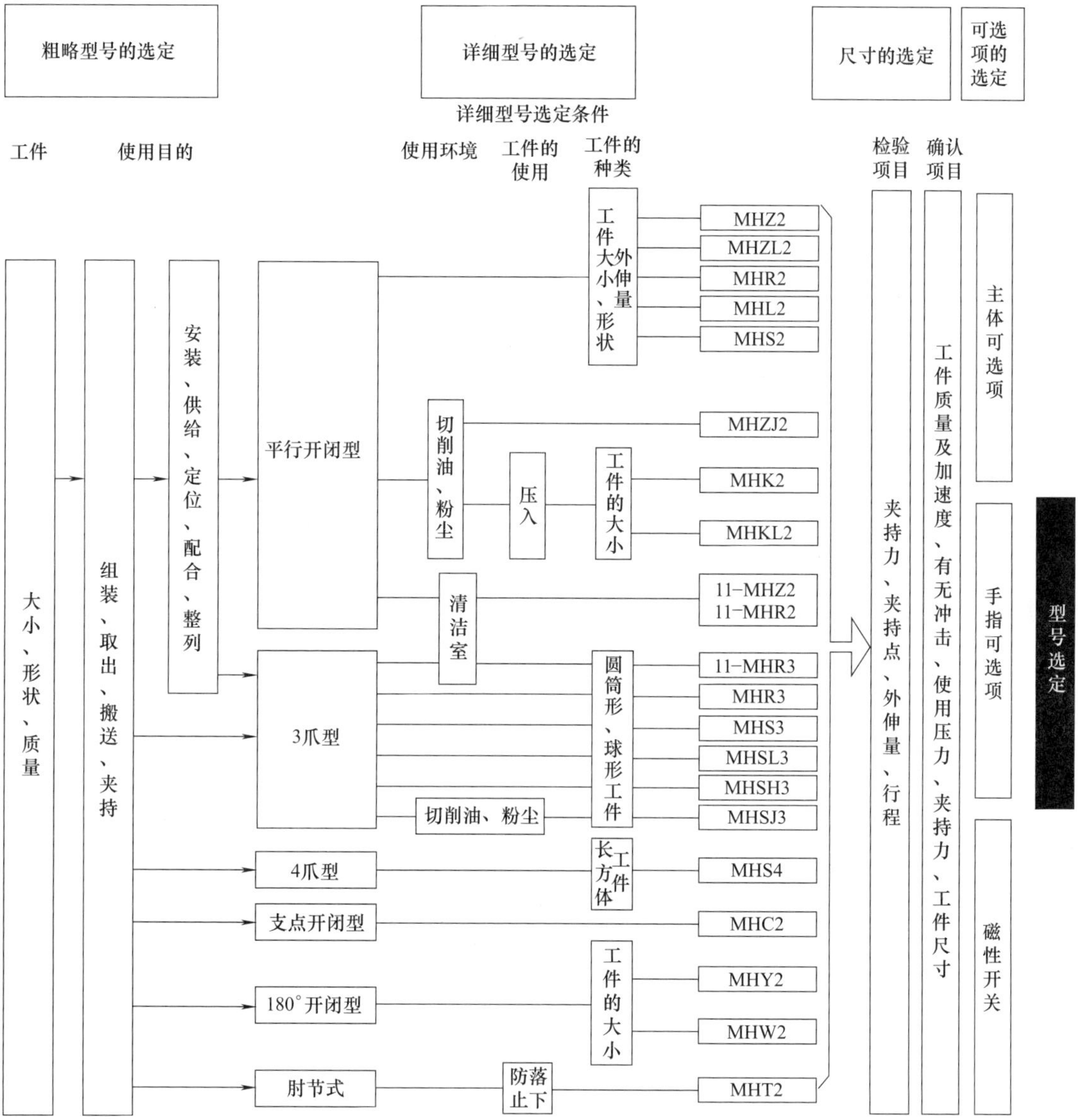

图 21-3-11　SMC 气爪选定流程

表 21-3-44　**气爪的性能参数**

系列名称	系列型号	缸径/mm	夹持力①/N 双作用 外径夹持力	夹持力①/N 双作用 内径夹持力	夹持力①/N 单作用 N. O. 外径夹持力	夹持力①/N 双作用 N. C. 内径夹持力	手指闭宽/mm	手指开度/mm	行程/mm	质量④(×4)/g	尺寸⑤/mm	内部容积/cm³ O通口	内部容积/cm³ S通口
平行开闭型 滑动导轨方式 圆形主体 2爪型	MHS2	16	21	23	—	—	10	14	4	58	32	0.9	0.7
		20	37	42	—	—	12	16	4	96	35	1.4	1.1
		25	63	71	—	—	14	20	6	134	37	2.8	2.4
		32	111	123	—	—	16	24	8	265	41	5.5	5.0
		40	177	195	—	—	20	28	8	345	44	9.0	8.0
		50	280	306	—	—	22	34	12	515	52	18.3	16.6
		63	502	537	—	—	30	46	16	952	62	37.1	33.0

续表

系列名称	系列型号	缸径/mm	夹持力①/N 双作用 外径夹持力	双作用 内径夹持力	单作用N.O. 外径夹持力	双作用N.C. 内径夹持力	手指闭宽/mm	手指开度/mm	行程/mm	质量④(×4)/g	尺寸⑤/mm	内部容积/cm³ O通口	S通口
平行开闭型 滑动导轨方式 圆形主体 3爪型 标准型	MHS3	16	14	16	—	—	5②	7②	4③	60	32	0.8	0.7
		20	25	28	—	—	6②	8②	4③	100	35	1.4	1.1
		25	42	47	—	—	7②	10②	6③	140	37	2.8	2.4
		32	74	82	—	—	8②	12②	8③	237	41	5.5	5.0
		40	118	130	—	—	10②	14②	8③	351	44	9.0	8.0
		50	187	204	—	—	11②	17②	12③	541	52	18.3	16.6
		63	335	359	—	—	15②	23②	16③	992	62	37.1	33.0
		80	500	525	—	—	21.5②	31.5②	20③	1850	77	70.7	65.7
		100	750	780	—	—	28②	40②	24③	3340	90	133.7	121.3
		125	1270	1320	—	—	30②	46②	32③	6460	114	278.0	247.3
防尘型	MHSJ3	16	9	16	—	—	7.5②	9.5②	4③	95	43	0.8	0.4
		20	21	28	—	—	8②	10②	4③	150	46	1.3	0.9
		25	36	47	—	—	9.5②	12.5②	6③	230	52	2.5	1.9
		32	62	82	—	—	11.5②	15.5②	8③	440	60	5.3	3.8
		40	97	130	—	—	15②	19②	8③	620	63	8.1	5.9
		50	155	204	—	—	18②	24②	12③	1050	77	17.9	12.7
		63	280	359	—	—	23②	31②	16③	1800	87	32.4	27.7
		80	400	525	—	—	31②	41②	20③	3200	103	68.2	52.1
通孔型	MHSH3	16	9	15	—	—	7.5②	9.5②	4②	90	39	0.8	0.4
		20	21	26	—	—	8②	10②	4③	140	42	1.2	0.9
		25	36	45	—	—	9.5②	12.5②	6③	220	47	2.4	1.9
		32	62	77	—	—	11.5②	15.5②	8③	410	54	5.0	3.8
		40	97	118	—	—	15②	19②	8③	570	57	7.3	5.9
		50	155	187	—	—	18②	24②	12③	970	70	16.4	12.7
		63	280	329	—	—	23②	31②	16③	1650	79	32.4	27.7
		80	400	490	—	—	31②	41②	20③	2920	93	68.2	52.1
长行程型	MHSL3	16	14	16	—	—	8.5②	13.5②	10③	80	40.5	1.4	1.2
		20	25	28	—	—	9②	14②	10③	135	43	2.3	1.9
		25	42	47	—	—	10②	16②	12③	180	46	4.1	3.7
		32	74	82	—	—	14②	22②	16③	370	55	9.2	8.0
		40	118	130	—	—	16.5②	26.5②	20③	550	61	16.7	15.2
		50	187	204	—	—	22②	36②	28③	930	74.5	36.1	31.6
		63	335	359	—	—	26②	42②	32③	1550	85	64.5	58.8
		80	500	525	—	—	28.5②	48.5②	40③	2850	111	129.5	118.9
		100	750	780	—	—	41②	65②	48③	5500	129	249.2	225.5
		125	1270	1320	—	—	48②	80②	64③	11300	167	506.2	465.9
4爪型	MHS4	16	10	12	—	—	13	17	4	66	32	0.8	0.7
		20	19	21	—	—	15	19	4	110	35	1.4	1.1
		25	31	35	—	—	20	26	6	154	37	2.8	2.4
		32	55	61	—	—	20	28	8	300	41	5.5	5.0
		40	88	97	—	—	24	32	8	390	44	9.0	8.0
		50	140	153	—	—	26	38	12	590	52	18.3	16.6
		63	251	268	—	—	35	51	16	1095	62	37.1	32.9

系列名称	系列型号	缸径/mm	夹持力矩①/N·m 双作用	单作用 N.O.	手指闭角度	手指开角度	手指开闭角度	质量④/g	尺寸⑤/mm	内部容积/cm³ O通口	S通口
支点开闭型 标准型	MHC2	10	0.10	0.07	−10°	30°	40°	39	38.6	0.4	0.4
		16	0.39	0.31				91	44.6	1.3	1.4
		20	0.70	0.54				180	55.2	3.1	2.1
		25	1.36	1.08				311	60.4	5.2	2.8

续表

系列名称			系列型号	缸径/mm	夹持力矩[①]/N·m 双作用	夹持力矩[①]/N·m 单作用 N.O.	手指闭角度	手指开角度	手指开闭角度	质量[④]/g	尺寸[⑤]/mm	内部容积/cm³ O通口	内部容积/cm³ S通口
支点开闭型	肘节型		MHT2	32	12.4	—	−3°	28°	31°	800	89.6	12.4	9.2
				40	36	—	−3°	27°	30°	1090	96.5	20.8	17.5
				50	63	—	−2°	23°	25°	1930	113	41.7	35.0
				63	106	—	−2°	23°	25°	2800	119.2	65.5	58.9
	凸轮式	180°开闭型	MHY2	10	0.16	—	−3°	180°	183°	70	58	1.2	0.6
				16	0.54	—	−3°			150	69	3.3	2.1
				20	1.10	—	−3°			320	86	6.9	4.1
				25	2.28	—	−3°			560	107	13.8	8.5
	齿轮式	180°开闭型	MHW2	20	0.30	—	−5°		185°	300	60	3.1	4.0
				25	0.73	—	−6°		186°	510	69	6.6	7.6
				32	1.61	—	−5°		185°	910	83.5	14.8	15.7
				40	3.70	—	−5°		185°	2140	104.5	32.3	36.7
				50	8.27	—	−4°		184°	5100	136	71.6	82.3

① 夹持力，夹持力矩都是压力为 0.5MPa 时的值。

② M（D）HR3，MHS×3 的手指开闭宽度是指一个爪的值。

③ M（D）HR3，MHS×3 的行程用直径表示。

④ 双作用型的质量。

⑤ 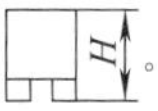

。

表 21-3-45　　平行开闭型扩展和支点开闭型气爪型号选定性能数据

平行开闭型系列扩展品种

系列				特长	动作方式	可选项 手指可选品种	可选项 主体可选品种	可选项 磁性开关	缸径/mm
平行开闭型	十字滚柱平移	标准型	MHZA2·MHZAJ2系列 MHZ2系列 	采用一体化直线导轨、刚性强、精度高的通用型	双作用	●	●	●	6, 10,16 20,25 32,40
					单作用	●	●	●	
		防尘型	MHZJ2系列 	防尘、防滴构造，与标准型有互换尺寸。根据用途，可选用不同的防尘罩材质	双作用	●	●	●	6, 10,16 20,25
					单作用	●	●	●	
		长行程型	MHZL2系列 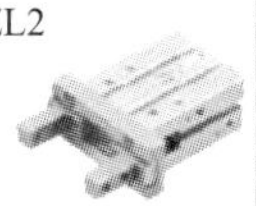	手指行程约MHZ的2倍，对应多种工件	双作用	●	●	●	10,16 20,25
					单作用	●	●	●	
	宽型		MHL2系列 	宽度方向开闭行程大，最适合夹持有尺寸差别的大型工件。由于是双活塞结构，夹持力大	双作用			●	10,16 20,25 32,40
	回转驱动型	2爪型	MHR2·MDHR2系列 	采用旋转驱动机构，可实现高度小且精度高，可用于10级清洁室	双作用			●	名义 10,15 20,30
		3爪型	MHR3·MDHR3系列 	采用旋转驱动机构，可实现高度小且精度高，最适合夹持圆形工件的轴向。可用于10级清洁室	双作用			●	名义 10,15

续表

平行开闭型	滑动导轨方式	方形主体	2爪型	MHK2系列 	能在防尘、防滴、承受外力和多种环境下使用。根据环境不同，可选择不同的防尘罩材质和不锈钢(SUS304)手指	双作用 单作用		● ●	12,16 20,25
平行开闭型	滑动导轨方式	圆形主体	2爪型	MHS2系列 	由于采用楔形凸轮机构，高度减小。最适合于压入等加外力的作业	双作用		●	16,20 25,32 40,50 63
平行开闭型	滑动导轨方式	圆形主体	3爪型 标准型	MHS3系列 	由于采用楔形凸轮机构，高度减小。最适合向机床上装卸圆筒形工件和压入等加外力的作业	双作用		●	16,20 25,32 40,50 63,80 100,125
平行开闭型	滑动导轨方式	圆形主体	3爪型 带防尘罩型	MHSJ3系列 	防尘、防滴构造，结合用途可选择防尘罩材质	双作用		●	16,20 25,32 40,50 63,80
平行开闭型	滑动导轨方式	圆形主体	3爪型 通孔型	MHSH3系列 	防尘罩和中心推杆的组合可能	双作用		●	16,20 25,32 40,50 63,80
平行开闭型	滑动导轨方式	圆形主体	3爪型 长行程型	MHSL3系列 	手指行程约为MHS的2倍，与MHS的安装有互换性	双作用		●	16,20 25,32 40,50 63,80 100,125
平行开闭型	滑动导轨方式	圆形主体	4爪型	MHS4系列 	由于采用楔形凸轮机构，高度减小。最适合于方形工件的定位夹持	双作用		●	16,20 25,32 40,50 63

支点开闭型系列扩展品种

系列			特长	动作方式	可选项 手指可选品种	可选项 主体可选品种	可选项 磁性开关	缸径/mm
支点开闭型	标准型	MHC2系列 	采用双活塞结构，夹持力矩大（ϕ10～25mm）	双作用 单作用			● ●	10,16 20,25
支点开闭型	肘节型	MHT2系列 	采用肘节结构，支点附近的夹持力矩大。气压释放时，夹持工件能保持	双作用			●	32,40 50,63
支点开闭型	凸轮式 180°开闭型	MHY2系列 	由于采用凸轮机构，轻、小型	双作用	●		●	10,16 20,25
支点开闭型	齿条式 180°开闭型	MHW2系列 	由于采用独有的密封结构，总长缩短由于有防尘措施，可用于从机床上取下工件或保持工件	双作用	●		●	20,25 32,40 50
摆动气爪		MRHQ系列 	气爪功能与摆动功能紧凑地一体化	双作用 单作用			● ●	10,16 20,25

3.2.6　气动人工肌肉

气动人工肌肉是一种新型的气动执行元件。

3.2.6.1　气动人工肌肉的分类

按结构形式可将气动人工肌肉（pneumatic artificial muscles，PAM）分为三类：编织型人工肌肉、网孔型人工肌肉和嵌入型人工肌肉，参见图21-3-12。

气动人工肌肉
- 编织型气动人工肌肉
  - McKibben 型气动人工肌肉
  - 套囊式气动人工肌肉
- 网孔型气动人工肌肉
  - Yarlott 型气动人工肌肉
  - Romac 型气动人工肌肉
  - Kukolj 型气动人工肌肉
- 嵌入型气动人工肌肉
  - Morin 型气动人工肌肉
  - Baldwin 型气动人工肌肉
  - UPAM 型气动人工肌肉
  - Paynter 型气动人工肌肉

另外，还有特种气动人工肌肉，包括旋转气动人工肌肉、三自由度气动人工肌肉、单动作弹性管及其组合。

图 21-3-12　气动人工肌肉的分类

表 21-3-46　　**气动人工肌肉结构原理**

编织型肌肉

编织型气动人工肌肉由一根包裹着特殊纤维编织网的橡胶筒与两端连接接头组成，如图(a)所示。特殊材质纤维编织网预先嵌入在能承受高负载、高吸收能力的橡胶筒表面，即预先与高强度、高弹性橡胶硫化在一起

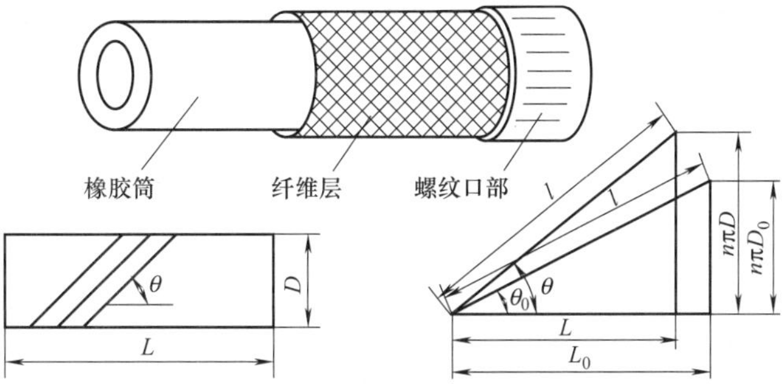

图(a)　气动人工肌肉的结构简图

由于纤维编织网的刚性远远大于橡胶筒的刚性，因此，可以假设单根纤维的长度 l 在气动人工肌肉运动过程中保持不变。根据图(a)，气动人工肌肉结构中各几何参数的函数关系为：

$$L=l\cos\theta$$

$$n\pi D=l\sin\theta$$

$$\varepsilon=\frac{L_0-L}{L_0}=\frac{\cos\theta_0-\cos\theta}{\cos\theta_0}$$

式中　L_0——气动人工肌肉初始长度；

L——气动人工肌肉实际长度；

D_0——气动人工肌肉初始外径；

D——气动人工肌肉实际外径；

l——单根纤维长度；

n——纤维缠绕圈数；

θ——纤维编织角；

ε——气动人工肌肉收缩率

当气动人工肌肉充气后，橡胶筒开始变形膨胀，由于纤维编织网的刚度很大，其对橡胶筒的约束使得气动人工肌肉径向膨胀和轴向收缩。反之，当气体被释放后，橡胶弹性力迫使其回复到原来位置。如果在气动人工肌肉运动过程中将其与负载相连，就会产生张力(气动人工肌肉收缩力)。气动人工肌肉在充气收缩的过程中，收缩力逐步减小，使得气动人工肌肉最终能够平稳地到达期望位置，这就是气动人工肌肉的柔性

编织式人工肌肉主要由气密弹性管和套在它外面的编织套组成，如图(b)所示。编织纤维沿与肌肉轴线成一定角度($+\theta$ 和$-\theta$)编织，纤维丝是螺旋缠绕在气密弹性管上，纤维丝与肌肉轴线所夹的锐角称为编织角。当气密弹性管内加压时，气密弹性管在内压的作用下发生变形，带动编织套一起径向移动，编织角增大，编织套轴向缩短，拉动两端的负载，与此同时编织套的纤维丝产生拉力，此拉力与气密弹性管内压相平衡。由于此种肌肉是由气密弹性管推压编织套来工作的，因此，不能在负压下工作

橡胶管

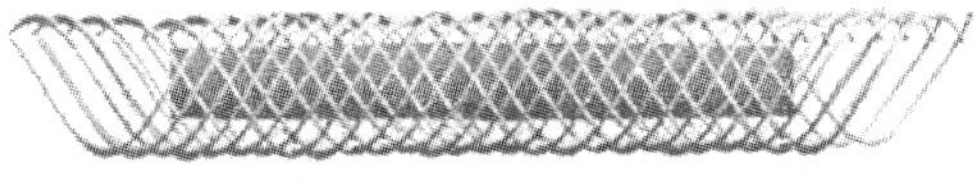

编织套

图(b)　橡胶管与编织套

续表

<table>
<tr><td rowspan="3">编织型肌肉</td><td colspan="2">这种形式肌肉源于 Morin 的 1953 年的专利，实际上他已将编织纤维嵌入气密弹性管壁内。这种形式肌肉与骨骼肌肉在长度-负载特性曲线上具有相似性，20 世纪 50 年代后期，J. L. McKibben 把它用作矫正驱动装置，就这一目的来说，这似乎是一个理想的选择，然而，当时实际应用中存在着很多问题，例如，气动能源的供应、实用性问题及气动阀的控制问题等，这些问题的困扰渐渐使人们对这种人工肌肉失去了兴趣。20 世纪 80 年代晚期，日本的 Bridgestone 公司再次推出这种形式肌肉，取名为 Rubbertuator，并将其用于驱动工业机械臂，从那时起，一些研究机构开始用这种气动人工肌肉驱动机器人。
这种形式肌肉的形状、收缩率及收缩时产生的拉力由气密弹性管和编织套的初始状态（无压无负荷状态）下的几何形状决定，还与使用的材料有关。通常编织套为圆柱筒状，这样可以使肌肉的编织角为统一值，但按照气密弹性管是否与编织套一起与两端连接附件相连，又将这种肌肉分为两种</td></tr>
<tr><td>McKibben 肌肉（McKibben muscle）</td><td>气密弹性管和编织套一起与两端连接附件相连的，称为 McKibben 肌肉。McKibben 肌肉是当前使用最广泛的一种气动人工肌肉，现有公开发表的文献中关于它的介绍也最多。它是筒状编织结构，内部的气密弹性管两端部和编织套的两端部一起与两端的连接附件相连，两端的附件不仅用于传力，而且也起密封作用
McKibben 肌肉采用的材料是橡胶和尼龙纤维，图(c)为 McKibben 肌肉的结构及工作状态图
最大容积时编织角达到最大，$\theta_{max}=54.7°$。要想继续增大编织角，只能对肌肉两端在轴向进行压缩，但肌肉的抗弯能力很差，是不稳定的，所以，气动人工肌肉只能承受拉力载荷，不能承受压力载荷。当肌肉被拉伸时，编织角将达到最小值 θ_{min}，此值由纤维的直径、纤维丝编织的疏密程度以及端部连接附件的直径等决定
拉力大小受摩擦因素和橡胶变形的影响，摩擦包括编织套与气密弹性管之间的摩擦、纤维丝与纤维丝之间的摩擦。摩擦与橡胶的非弹性变形使肌肉表现出迟滞和压力死区，而弹性变形将减小有效拉力
McKibben 肌肉的功率/质量比很高。1993 年 Caldwell 等人的研究结果为：范围从压力在 200kPa 时的 1.5kW/kg 到压力为 400kPa 时的 3kW/kg；1995 年 Hannaford 等人的研究为 5 kW/kg；1990 年 Hannaford 和 Winters 研究甚至达到了 10kW/kg
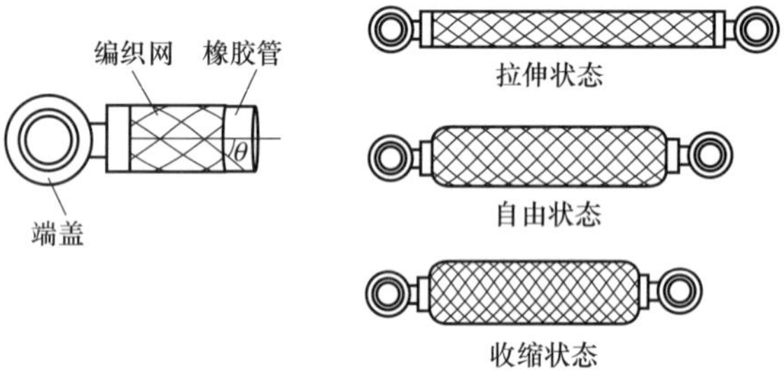

图(c)　McKibben型气动人工肌肉</td></tr>
<tr><td>套囊肌肉（sleeved bladder muscle）</td><td>只有编织套的两端与两端连接附件相连，内部的气密弹性管做成囊状，不与两端固连，囊处于浮动状态，这种肌肉没有特定的名字，为了清楚起见，称为套囊肌肉，参见图(d)。这种肌肉的气密弹性管两端是封闭的，呈球囊状，且不与两端的连接附件相连，整个气密弹性管处于浮动状态，只有编织套两端与两端的连接附件相连，传递拉力，承受负载。这种结构意味着气密弹性管不承受负载产生的拉力，但是，在肌肉收缩过程中，橡胶薄膜仍要储存一部分变形能，从而减小了肌肉的输出力。这种肌肉的优点是安装相当容易
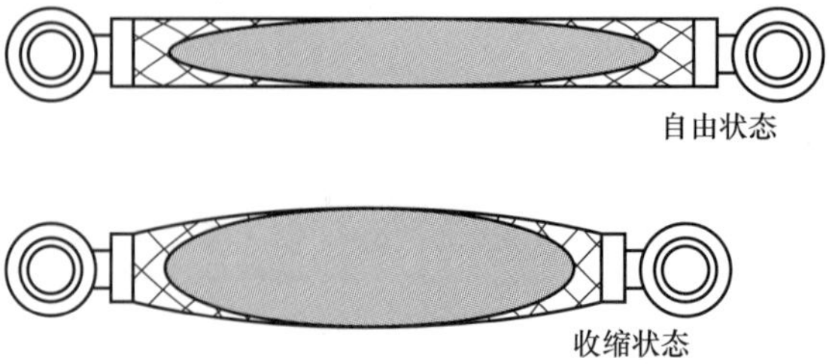

图(d)　套囊型气动人工肌肉</td></tr>
</table>

续表

网孔型肌肉(Netted Muscles)	网孔型人工肌肉与编织型人工肌肉的区别在于编织套的疏密程度不同,编织型肌肉的编织套比较密,而网孔型肌肉的网孔比较大,纤维比较稀疏,网是系结而成的,因此这种肌肉只能在较低的压力下工作。网孔型肌肉可分以下几种	
	Yarlott 气动肌肉(Yarlott muscle)	这种肌肉是 Yarlott 1972 申请的美国专利,现已公开。一个长圆形的弹性球,外面覆盖上粗纤维编织成的网,有经线和纬线,外形呈辐射状,如图(a)所示。在充分膨胀状态下呈椭球状,当承受负载力时外形出现峰谷形状。表面积基本保持恒定,但随着肌肉的膨胀,表面积出现重新分布。由于表面积拉伸变形较小,所以更多的气压能转换成机械能。如果完全拉伸的话,经向的纤维将能承受无穷大的拉力,但由于材料的原因,这是不可能的 Yarlott 肌肉只能在低压下工作,Yarlott 给出的值为 1.7kPa。 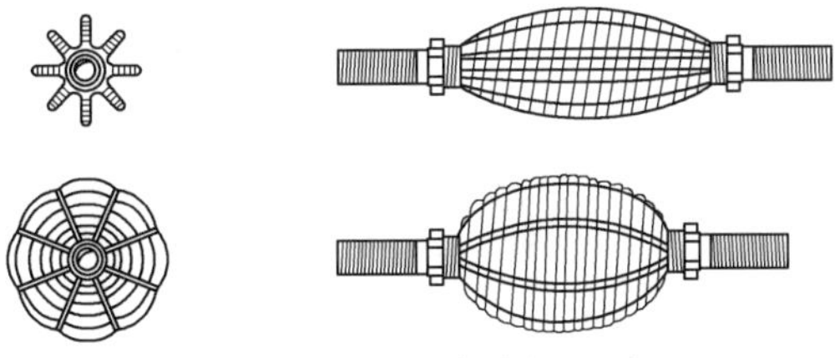 图(a)　Yarlott型气动人工肌肉
	ROMAC 气动肌肉	ROMAC 是 robotic muscle actuator 的缩写形式,是机器人肌肉驱动器的意思。这种肌肉由 G. Immega 和 M. Kukolj 1986 设计,于 1990 年获美国专利。这种肌肉的结构及形状如图(b)所示 肌肉做成鞘壳状,它具有高强度、柔顺性好和气密性好等特点。织网由不能伸长但易弯曲的粗纤维做成,节点处为四面钻石形,当肌肉径向膨胀、轴向收缩时,封闭体积发生变化,鞘壳的面积不变(由于鞘壳的材料抗拉强度很高)。这种肌肉可在高压下工作,工作压力可达到 700kPa,工作负载达到 13600N,收缩率达到 50%  标准型　　微型 图(b)　ROMAC型气动人工肌肉
	Kukolj 气动肌肉(Kukolj muscle)	这种肌肉是 Kukolj 于 1988 年申请的美国专利,与 McKibben 肌肉结构相似,主要差别在于它们的编织套,McKibben 肌肉的编织套编织得比较紧密,而 Kukolj 肌肉是网孔较大的网,而且,在自由状态下网与膜之间有一个间隙,只有在较大膨胀时这个间隙才会消失,图(c)为 Kukolj 肌肉状态图 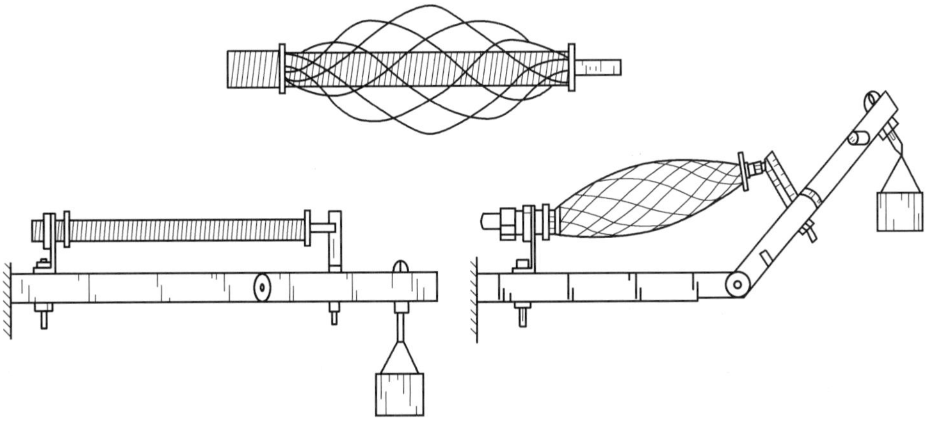 图(c)　Kukolj型气动人工肌肉

续表

嵌入式肌肉(Embedded muscles)	这种肌肉承受负载的构件(丝、纤维)是嵌入弹性薄膜里的	
	Morin 气动肌肉 (Morin muscle)	这是一种较早的气动人工肌肉，由 Morin 1953 年设计的。这种肌肉的承载构件(丝、纤维)嵌入弹性薄膜里，它使用的纤维强度很高，一般为棉线、人造丝、石棉或钢丝等。纤维丝可以沿轴向布置，也可以左右旋双向螺旋缠绕，由两相材料制成的弹性管两端固定在两端附件上，两端附件起密封及承载作用。它的工作介质可以是空气、水、油甚至水蒸气。图(a)所示为三种 Morin 肌肉结构。图(a)中(ⅰ)的工作原理是：从上端充气，径向膨胀，轴向缩短；图(a)中(ⅱ)的机构是，除弹性管和两端连接附件外，又在外面加了一个壳体，工作时是从壳体下端进气口充气，弹性管内的空气由上端连接附件上的气口排出，弹性管径向缩小，导杆外伸，驱动负载；图(a)中(ⅲ)是由两个弹性管同轴安装构成的，工作时向两弹性管形成的夹层空间充气 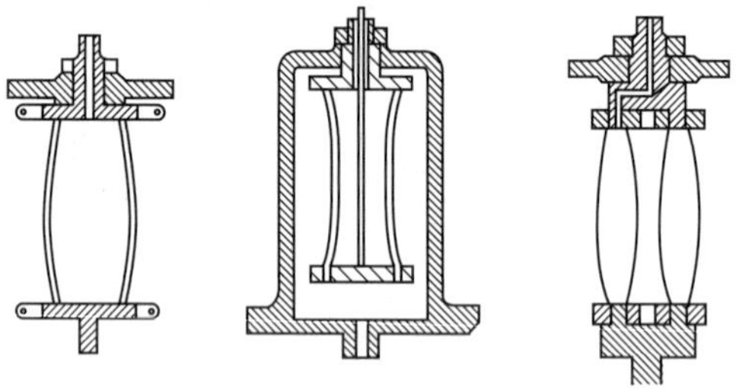 (ⅰ) (ⅱ) (ⅲ) 图(a) Morin型气动人工肌肉
	Baldwin 气动肌肉 (Baldwin muscle)	这种肌肉是 Baldwin1969 在 Morin 肌肉的基础上设计的。它由很薄的弹性薄膜组成，在弹性薄膜内轴向布置玻璃丝，这样，弹性薄膜在轴向的弹性模量要比在周向的弹性模量大。图(b)为 Baldwin 肌肉在自由状态和充气状态的外形 由于去除了摩擦，再加之弹性膜很薄，所以，这种肌肉与编织肌肉相比有较小的迟滞和较低的压力死区，但这种肌肉膨胀时径向尺寸相当大，工作压力低，Baldwin 在 1969 年实验时，压力为 10～100kPa，输出力为 1600N，连续工作寿命为 10000～30000 循环 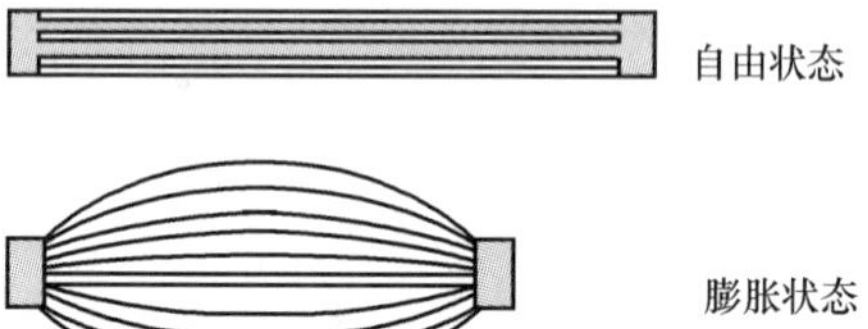 图(b) Baldwin型气动人工肌肉
	负压工作下的气动人工肌肉 (UPAM)	UPAM 是 underp ressure artificial muscle 的缩写，意思是由负压驱动的人工肌肉。它的结构与图(a)中(ⅱ)所示的 Morin 肌肉相似。工作时，弹性管内的空气从气孔吸出，管内产生负压，在大气压的作用下弹性管径向收缩，从而引起轴向收缩。由于最大负压值为－100kPa，所以这种肌肉的驱动力不大
	双曲面气动肌肉 (paynter hyperboloid muscle)	双曲面肌肉是 Paynter 设计的一种肌肉，1988 年申请了美国专利。它的外形是回转双曲面，如图(c)所示。编织丝嵌入弹性薄膜中，编织丝笔直地连接在两端的附件上，所以形成了回转双曲面，同时，自由状态下肌肉的长度是最大值。当充气时，肌肉的外形接近于球形，编织丝的材料可以是金属丝、合成材料等，此种肌肉可由压缩空气驱动，也可由液压油驱动，膨胀的直径可达到两端附件直径的 2 倍，最大收缩率约为 25%

续表

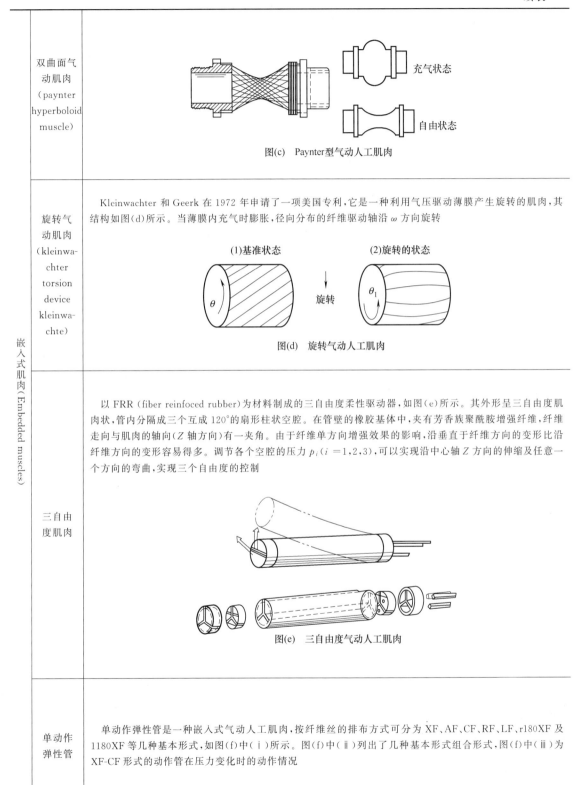

嵌入式肌肉(Embedded muscles)	双曲面气动肌肉(paynter hyperboloid muscle)	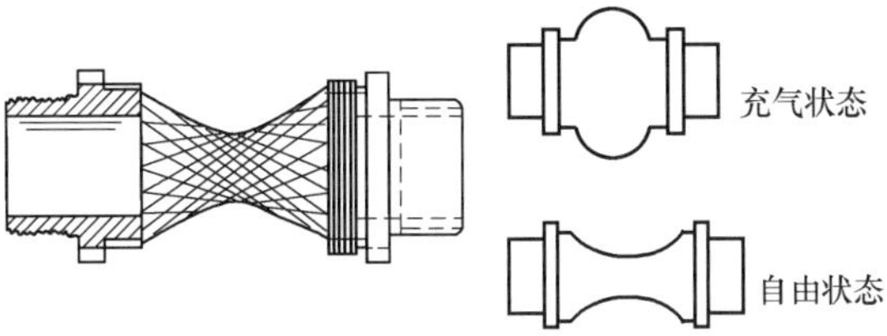 图(c)　Paynter型气动人工肌肉
	旋转气动肌肉(kleinwachter torsion device kleinwachte)	Kleinwachter 和 Geerk 在 1972 年申请了一项美国专利，它是一种利用气压驱动薄膜产生旋转的肌肉，其结构如图(d)所示。当薄膜内充气时膨胀，径向分布的纤维驱动轴沿 ω 方向旋转 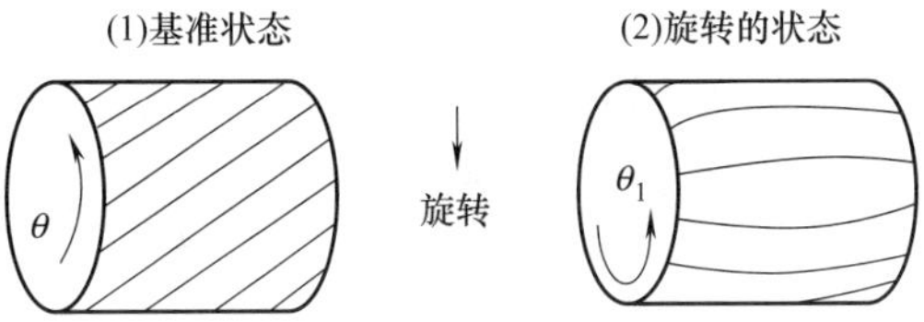 图(d)　旋转气动人工肌肉
	三自由度肌肉	以 FRR (fiber reinfoced rubber)为材料制成的三自由度柔性驱动器，如图(e)所示。其外形呈三自由度肌肉状，管内分隔成三个互成 120°的扇形柱状空腔。在管壁的橡胶基体中，夹有芳香族聚酰胺增强纤维，纤维走向与肌肉的轴向(Z 轴方向)有一夹角。由于纤维单方向增强效果的影响，沿垂直于纤维方向的变形比沿纤维方向的变形容易得多。调节各个空腔的压力 $p_i(i=1,2,3)$，可以实现沿中心轴 Z 方向的伸缩及任意一个方向的弯曲，实现三个自由度的控制 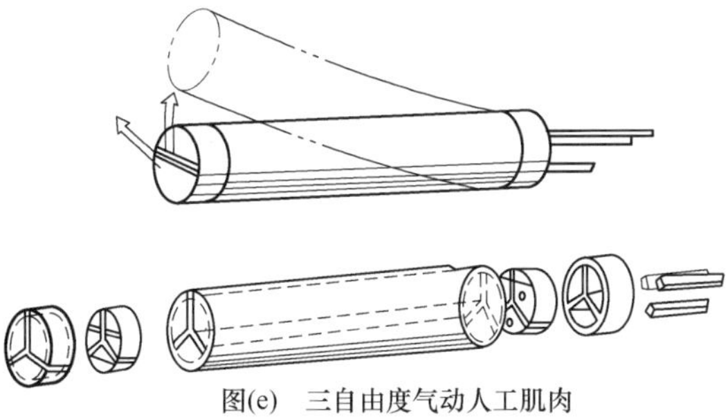 图(e)　三自由度气动人工肌肉
	单动作弹性管	单动作弹性管是一种嵌入式气动人工肌肉，按纤维丝的排布方式可分为 XF、AF、CF、RF、LF、r180XF 及 1180XF 等几种基本形式，如图(f)中(ⅰ)所示。图(f)中(ⅱ)列出了几种基本形式组合形式，图(f)中(ⅲ)为 XF-CF 形式的动作管在压力变化时的动作情况

第21篇

续表

嵌入式肌肉(Embedded muscles)	单动作弹性管	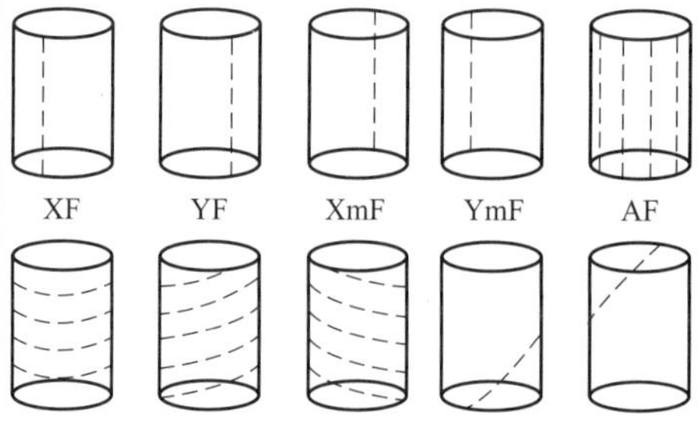 (i) 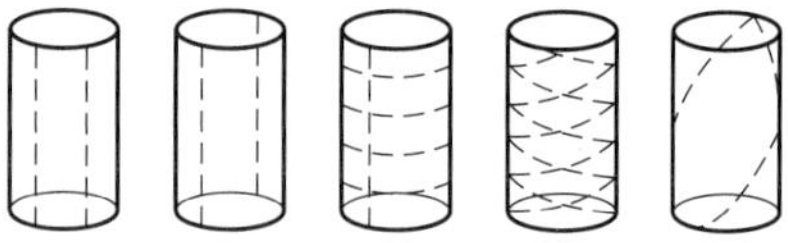 (ii) 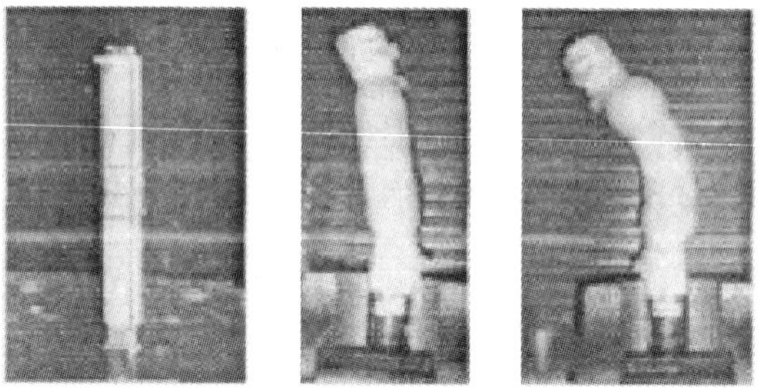 (iii) 图(f) 单动作弹簧管及其组合

3.2.6.2 气动人工肌肉的特性

从理论上来说，密封材料的展开面积可以不变，而且弹性密封材料的使用减小编织型气动人工肌肉的有效输出，但弹性密封材料使编织型气动人工肌肉结构更加紧凑，提高了编织型气动人工肌肉工作的可靠性。

通过对各种类型气动人工肌肉的工作原理分析可以看出，气动人工肌肉之所以能够实现其功能，其基本原理是具有可变形的封闭容腔，在压缩空气的作用下封闭容腔变化，从而产生位移效应。位移变化的范围受气动人工肌肉结构的限制，输出力的大小与压缩空气压力大小和气动人工肌肉结构有关。封闭容腔的形成方法很多，但总的来说可分为表面积可变和不可变两种。

编织型气动人工肌肉属于表面积可变的，是气动人工肌肉的一种基本形式，完善其理论研究对于其他类型气动人工肌肉的分析有着重要意义。

气动人工肌肉有以下一些优点。

① 结构简单，重量轻，功率密度较大，工作介质无污染；动作平滑，具有柔性，应用领域广泛，特别适用于仿人机械的驱动。

② 无相对滑动间隙配合，元件本身可以做到无泄漏。

③ 价格低廉，安装和维护方便。

气动人工肌肉也存在一些缺点：行程较小，不适合大位移驱动的要求；气动人工肌肉为工作介质可压缩性大，同时其自身为非线性元件，因此，实现精确控制困难。

3.2.6.3 气动人工肌肉的研究方向与应用

① 研究气动人工肌肉的工作机理，在此基础上建立更为精确的数学模型。

② 对气动人工肌肉使用材料进行研究，通过采用合适的材料，使气动人工肌肉的特性满足工程的需要。

③ 对与气动人工肌肉配套的气动元件进行研究。

④ 对气动人工肌肉控制策略进行研究。

⑤ 对气动人工肌肉的应用进行研究。

目前气动人工肌肉的主要应用研究领域是仿生和医疗机器人、远程控制以及虚拟现实。

① 仿生移动机器人。目前大部分的机器人关节采用电机驱动，在输出力矩和功率上受限，且需要减速装置气动肌肉作为柔性驱动器，能够吸收运动冲

击、储存和释放能量，易于获得优雅的步态，特别适合于仿生移动机器人。

② 理疗康复。气动肌肉构成的康复理疗装置能够在家里和诊所方便地为患退化性肌肉萎缩症的中风、脑脊髓运动受伤病人提供低成本的有效治疗，同时也能作为为残疾人提供助力的假肢，这是目前气动肌肉最实用的应用，已经有商品化的小型医疗设备出现。

3.2.7　气动机构

对于执行机构最广泛的定义是：一种能提供直线或旋转运动的驱动装置，它利用某种驱动能源并在某种控制信号作用下工作。

气动自动化系统最终是用气动执行元件驱动各种机构完成特定的动作。用气动执行元件和连杆、杠杆等常用机构结合构成的气动机构，如断续输送机构、多级行程机构、阻挡机构、行程扩大机构、扩力机构、绳索机构、离合器及制动器等，能实现各种平面和空间的直线运动、回转运动和间歇运动。采用气动机构能使机构设计简化，结构轻巧，从最简单的气动虎钳到柔性加工线中的气动机械手，充分发挥了气动机构的特点。

3.2.7.1　滑动机构

(1) 滑动导轨及其优缺点

这是一种最简单的机械结构，容易设计而且刚度大。不过要获得优良的导轨面，加工成本较高而且必须解决导轨面的摩擦和润滑问题。如果内表面加工精度较低，就不可避免会产生间隙，为消除这种间隙可在调整部分加上镶条，但这样又会使摩擦增大。对于只是在导轨局部区段中往返运动的场合，易使这部分磨损加快。在尘埃多的场所运转时容易发生故障。

(2) 采用滑动导轨应注意的问题

因为气动缸是用具有压缩性的空气驱动的，这种压缩性对其操纵部分有着微妙的影响，当各种原因（如因导轨面加工精度低或粉尘等）而产生摩擦不均时容易发生故障。故在用气动驱动的场合，最好避免使用这种结构，但是如上所述，因它设计简单，故采用这种结构还是很多的。

(3) 机械问题

① 摩擦因数。在一般手册中查到的摩擦因数值与自动装置等的摩擦因数之间有很大的差别。特别是表面粗糙度、粉尘、润滑等对摩擦因数的影响极大。手册中的摩擦因数一般是以机床滑动面和滑动轴承的表面粗糙度为对象的，至于自动化机械因成本问题往往不能加工成这样优良的工作表面，因此，需要取用的值应比设计手册中的值大。

一般自动化机械滑动表面粗糙度为 $Ra1.6\mu m$，假如是钢和青铜配合，根据使用现场的状况，摩擦因数 μ 值取 0.2～0.6 是可靠的。

② 载荷。实际导轨不仅要能支持上方的重量，而且还要承受侧向力甚至一些由下向上的力。由于导轨滑动面不可能加工成绝对平面，不可避免会产生一些凹凸起伏、偏斜、翘曲等。在这些凹凸起伏、偏斜、翘曲等的相互作用下就形成导向台和移动台之间的相对移动。因此，就需要气动缸有矫正偏斜的附加力。这个力 f'就是矫正移动台运动的力 W'产生的

$$f'=\mu W'$$

故必须把这个力 W'加在上述移动物体的重量里。但是，计算 W'并不容易，一般只能采用经验值。

(4) 气动驱动的问题

用气动驱动时，滑动导轨的缺点会因用气动驱动而更明显地表现出来。但若用电机或液压驱动时，其缺点在某种程度上并不明显。因为用电机驱动时由于电机转子的惯性可以补偿一些导轨面上的阻力，而且电机允许短时间内有少量过载。用液压驱动时，可把溢流阀的设定压力调得比计算值稍高一点。

但是在气动驱动时，对摩擦的不均匀性及惯性的变化非常敏感，因此需要很好地掌握气动缸的动作特性。

① 要是能最大限度地减少摩擦就是用内径很小的气动缸也能高速动作。

② 活塞速度在行程末端比预想的要快，故在行程末端若没有采取任何措施使活塞减速，则由于载荷的惯性力可能会使气动缸损坏。

③ 气动缸的有效做功量比理想的做功量要小得多。

3.2.7.2　滚动机构

(1) 滚动机构的特点

为了减小移动重物时的摩擦力，最好的方法是采用滚动机构（图 21-3-13）。驱动小车时通常有两种滚动副，其一是轨道和车轮间的滚动副；其二是车轮和车轴之间的滚动轴承。

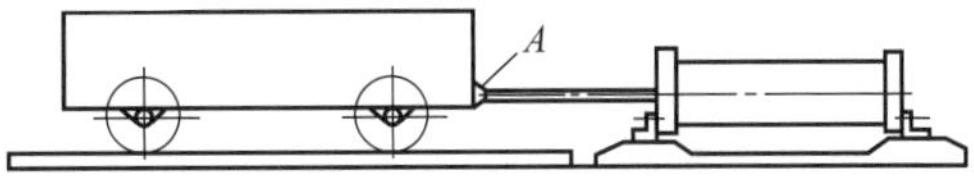

图 21-3-13　用气动缸驱动小车

在一般设计中，车轮装有滚动轴承时，推动小车的力一般取小车重量的 10%左右。诚然，若按滚动轴承手册记载的数值计，可能会得出更小的值，但在

实际设计中还应考虑许多因素。

首先，应当考虑的是车轮能否在驱动方向完全平行滚动？如果不能完全平行滚动就会出现侧向滑移，使车轮和轨道之间介入滑动摩擦。

其次，应当考虑轨道是否完全保持水平。若因弯曲和铺设误差造成轨道上下倾斜就会使小车移动或上升或下降。图21-3-14（a）所示为小车在倾斜为 α 的轨道上滚动的情况。设小车和载荷的总重量为 W，则所需推力

$$f=W\sin\alpha$$

从这个关系式可看出，如果 α，很小可以认为对推力没有什么影响。设图21-3-14（b）中所示的车轮直径为 D，包括载荷在内的小车重量为 W，轨道上尘埃直径为 d，则越过这个尘埃的力 f' 近似为：

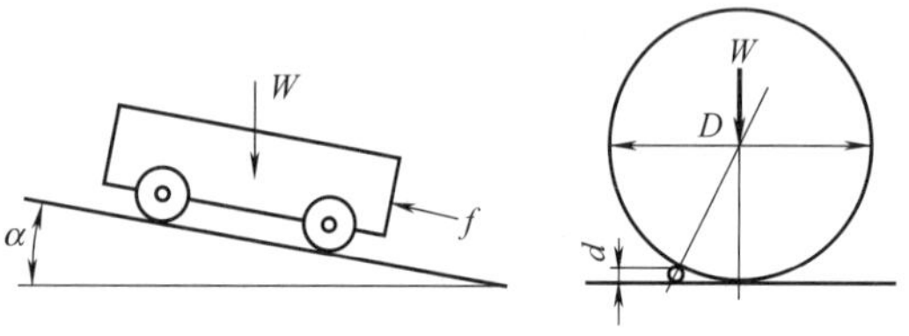

图21-3-14　轨道对驱动力的影响

$$f'=W\frac{2\sqrt{Dd+d^2}}{D}$$

这个关系式对车轴上使用的滚动轴承也适用，而且这种场合滚动体不能向上移动，产生的阻力更大，所以避免尘埃进入轴承是很重要的。

如上所述，小车的运动并不完全是滚动摩擦，实际上影响的因素很多，所以推力取重量的10%较可靠。如取5%，就得对轨道、轴承和装配工作提出更高的要求。因为把这个值取得太小，小车动作就会不灵活。

用电机-机械机构驱动时，因电机转子有惯性，因此对尘埃的影响不进行上述那样的分析。但用气动驱动时因气动缸的活塞和活塞杆重量很小，几乎没有惯性，所以产生超载就立刻会反映出输出力不足。

（2）小车与气动缸连接所产生的问题

小车和活塞杆不连接起来，小车可能会出现与活塞杆运动不同步的情况，因此，需要将小车和活塞杆连接起来。

小车和活塞杆连接后发生的最大问题是：小车停止时因惯性力而产生的冲击；气动缸因安装误差而产生的扭斜问题。

① 冲击与缓冲。假定气动缸在终点停止时因气动缸安装部分的刚度和气动缸活塞杆的伸长等而使小车在3mm的距离内等减速停止。设停止时产生的反作用力为 F，则

$$F=\frac{Mv^2}{2s}-f$$

式中　M——小车的质量；

v——小车的速度；

s——小车冲击所引起的振动振幅；

f——小车的摩擦力。

将具体数值代入会发现此值很大。不过，有3mm缓冲行程的小车在冲击时引起的气动缸振动是很小的，通常是因安装刚度很大，故作用在活塞杆上的力也很大。

所以，小车和活塞杆连接后存在着因冲击力而破坏气动缸的危险。要解决这个问题应考虑采用气动缸缓冲机构。

在设计气动缸的缓冲机构时应当注意当气动缸发生缓冲作用时封入缓冲部分的空气量。实际气动缸的结构是活塞到达终点时还残留一个小空间，假设这个小空间的容量为 V_2，若把缓冲行程内气体状态的变化当作绝热变化，则在缓冲行程内能够吸收的最大能量为

$$W=\frac{1}{\gamma-1}(p_2V_2-p_1V_1)-p_2V_1$$

$$\gamma=\frac{C_p}{C_V}=1.4$$

式中　p_1——压缩前的压力（绝对压力）；

V_1——压缩前的体积；

p_2——压缩后的压力（绝对压力）；

V_2——压缩后的体积。

而气动缸内最终压力 p_2 由

$$p_1V_1^\gamma=p_2V_2^\gamma$$

得

$$p_2=p_1\left(\frac{V_1}{V_2}\right)^\gamma$$

假设小车进入缓冲区时的速度为 v'，则小车具有的能量为

$$W_T=\frac{W}{2g}v'^2$$

应当注意，在负荷和气动缸相同的情况下如果管道阻力不同，移动时间也不同，进入缓冲行程前的压力 p_1 也不同，故要想获得充分的缓冲效果应使 p_1 值高一些。

调节缓冲气动缸的缓冲调节针阀，只要使 W_T 和

W 相均衡即可，不要使 p_1 升得过高，因为压力 p_1 过大会影响缸筒强度和密封圈的寿命。

用气动缸缓冲机构不能充分吸收能量时，要在小车停止的地方装设减振器。减振器有带弹簧的和不带弹簧的。不带弹簧的减振器效果很好，但是在小车后退时必须使减振器回到原来的状态。

② 活塞杆的损坏。用气动缸驱动小车时，小车行程末端的速度与用液压驱动的大很多，在小车和活塞杆连接在一起的情况下，往往会发生活塞杆损坏的事故。所以在设计时应充分注意活塞杆的强度。在气动缸没有缓冲机构时，若剩余压力 p_2 为已知，则计算是简单的；若不知道时需要先求出这个值。在小车和活塞杆不连接在一起的情况下，应根据小车能够容许的冲击系数在必要时设置缓冲装置。

因气动缸安装质量差而引起活塞杆折断的事故也是很多的。因为小车的移动方向线和气动缸的中心线不一致时，活塞杆在弯曲应力的作用下会产生疲劳而损坏。还有因小车的行走线不是直线，而是曲线（或在曲线导轨上移动），也会使活塞杆承受弯曲作用，使活塞杆螺纹部分疲劳而损坏。为了避免发生这类损坏现象有设计成图 21-3-15 所示那样结构的，不过这种结构只能消除在一个方向上的弯曲，所以应注意其方向性，最好采用图 21-3-16 所示结构。

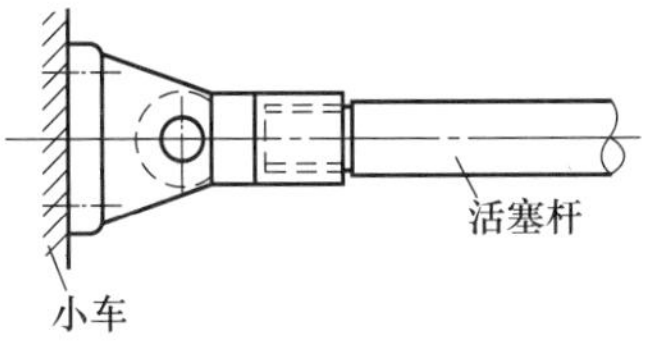

图 21-3-15　只在一个方向上可避免弯曲的连接方法

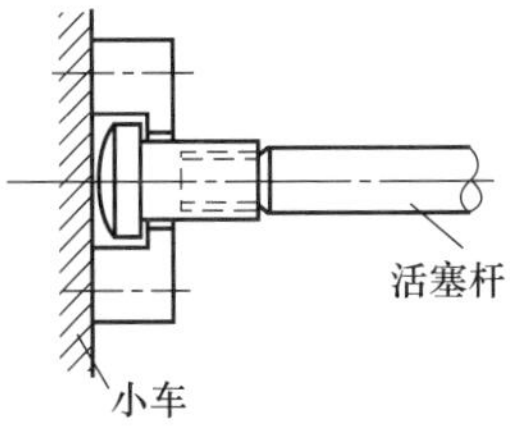

图 21-3-16　较理想的连接方法

③ 活塞杆下垂。下面讨论在行程长的情况下，若小车和活塞杆不连接，在杆的自重作用下发生的问题。若把活塞当作承受均布载荷的悬臂时，垂度 y 为

$$y=\frac{wl^4}{8EI}\left(1-\frac{4x}{3l}+\frac{x^4}{3l^4}\right)$$

$$y_{\max}=\frac{wl^4}{8EI}$$

式中　w——单位长度重量；

l——活塞杆末端到端盖之间的长度；

E——材料的拉伸弹性模数；

I——截面惯性矩，$I=\frac{\pi}{64}(D^4-d^4)$；

x——从活塞末端到所求垂度 y 处的距离（在 $y_{\max}$ 处为零）。

$$y_{\max}=\frac{10^{-5}}{4}\frac{l^4}{D^2}\quad(\text{cm})$$

若活塞杆直径为 30mm，长为 1000mm，计算出的 $y_{\max}$ 约为 8mm。这样大的垂度会使气动缸的端盖处损坏，所以应采取不使活塞杆发生弯曲的措施。

可采用增大气动缸活塞杆支承部分距离的方法，这样即便活塞杆下垂也可减轻对端盖和活塞滑动部分的影响。如果不采取这种措施，在端盖和活塞杆及活塞和缸筒之间的配合不十分精密时，就会造成活塞和端盖上局部过载和增大摩擦的后果。采取这种措施不仅对活塞杆的下垂有效，而且对重量大的活塞杆也是有效的。

当端盖和活塞杆、活塞与缸筒的配合松弛时，在端盖和活塞的局部区域会产生很大应力，而且局部接触压力更大，这必然会发生卡死现象。

也可以用支承轮支承活塞杆的结构，能防止活塞杆下垂。采用这种方法可使气动缸的行程达到 30m。

3.2.7.3　连杆机构

图 21-3-17 所示为采用最简单的连杆机构的结构。在一般情况下这种机构不是直线运动机构，而是摆动运动机构。本节只说明 θ 极小时的近似直线运动机构（吊臂机构）。θ 较大时的摆动运动在下一节介绍。

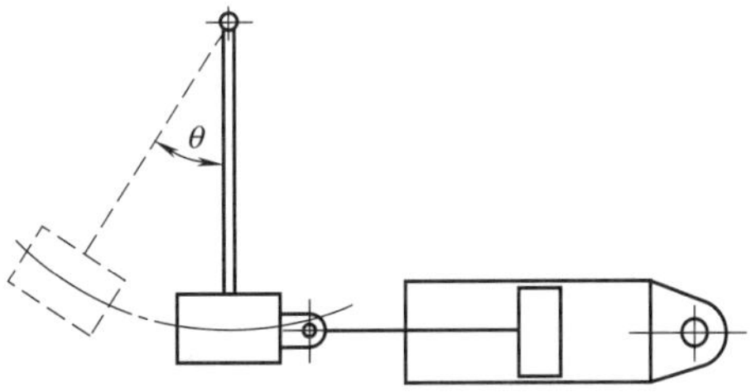

图 21-3-17　用连杆机构的导向法（摩擦极小）

表 21-3-47　吊臂机构

类别	简图	说明
简单的吊臂机构	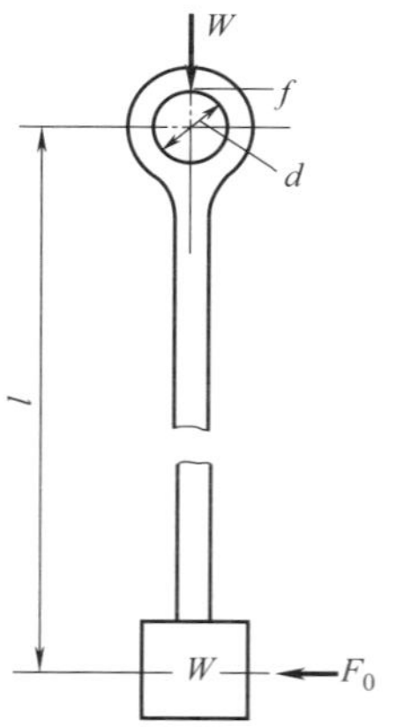 图(a)　吊臂机构的摩擦 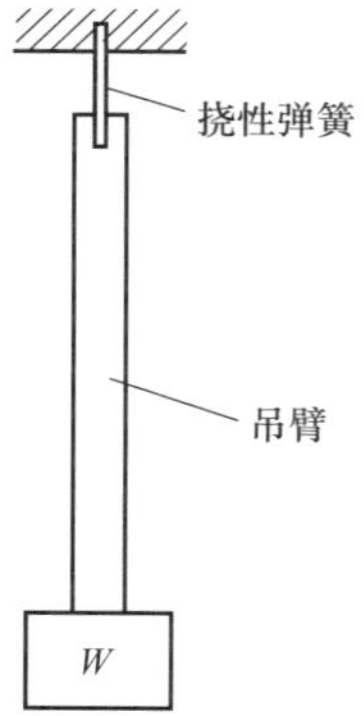 图(b)　采用挠性弹簧减少摩擦的例子 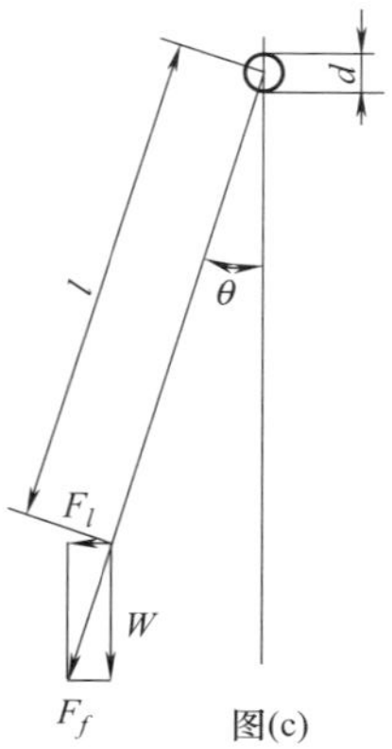 图(c)	这种机构摩擦很小，比前面介绍的滑动机构和滚动机构都优良。图(a)所示为载荷被垂直悬挂的情形(相当于 θ 等于零的情形)。使载荷 W 水平移动所需要的力 F_0 只要克服作用于支承销的摩擦力就够了 作用于支承销的摩擦力 f 为 $f=\mu W$　(1) 式中　μ——销子和衬套之间的摩擦因数 $F_0 l=\mu W \frac{d}{2}$　(2) $F_0=\frac{\mu W d}{2l}$　(3) 在这种情况下取摩擦因数 $\mu=0.2$。这种机构因销子和衬套的加工能够比较容易地获得真圆度和表面光洁。因此可取较小的 μ 值。同时因相互滑动面始终保持接触，尘埃难以侵入，防止尘埃侵入也比较容易 要是在销子部位装上滚动轴承，可使 F_0 值更小。需要进一步减少摩擦时，可采用挠性弹簧悬挂［图（b）］。这样对于微小变位，摩擦（弹簧的内摩擦）实际上可以忽略。当然如果 θ 角较大，就需要将重物 W 沿斜面提升的力增大。若图 21-3-17 中气动缸的转轴在无限远处，气动缸的推力是水平的，则当吊臂和垂线成 θ 角时［见图(c)］，必要的气动缸推力 F_0 为 $F_0=W\tan\theta+\frac{\mu W d}{2l\cos\theta^2}$　(4) 这时的移动距离（气动缸行程）为 $S=2l\sin\theta$ 这种机构的特点是在 θ 角很小的范围内摩擦力很小。但在 θ 较大时由于需要倾斜向上的力，就会使驱动力大大增加，而且还有摆动运动周期的影响 从工作性质来看，吊臂的直径可以很小，而且因销子部分加工简单，故造价低。可是，由于吊臂必须很长，需要占用较大的空间，这在机械设计上是个最为难的问题。若销子和臂的刚度小，则对横摆（和移动方向垂直的摆动）阻力也小，容易引起横摆现象。这种横摆可用简单的导向装置防止。若载荷和臂是刚性连接的，则臂倾斜后载荷也随着倾斜

续表

类别	简图	说明
载荷水平移动的吊臂机构	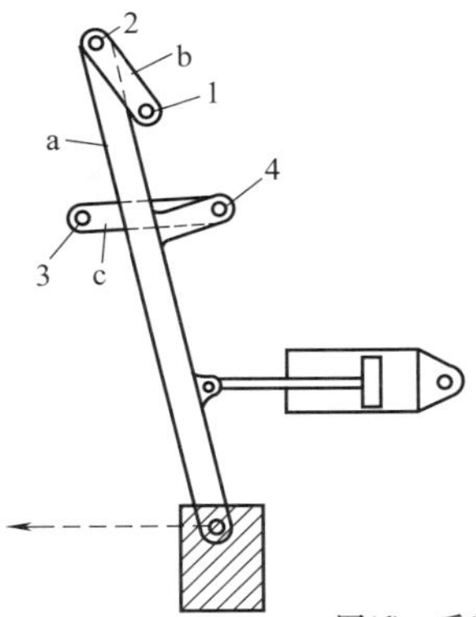 图(d)　重物近似水平运动的吊臂机构 1～4—销子；a～c—臂	为了克服吊臂只能在臂的移动角度 θ 很小的范围内才能使用的缺点设计成一些即使 θ 很大时也能实现重物近似水平运动的吊臂机构。图(d)所示的便是其中一例。这是一种三臂连杆机构。销子 1 和 2 为固定销；销子 2 和 4 分别连接臂 a 和 b，a 和 c。这种机构能使载荷 W 的移动线成近似水平线，由于所用销子较多，所以销子的摩擦也相应增多，但每一个销子的摩擦都不是很大，故还是能以固定的较小摩擦力动作，装置的可靠性也较高。因杠杆 b 承受压应力，需要注意它的抗弯强度特别是在高速移动时，由于臂的自振使弯曲应力进一步增大
平行运动的吊臂机构	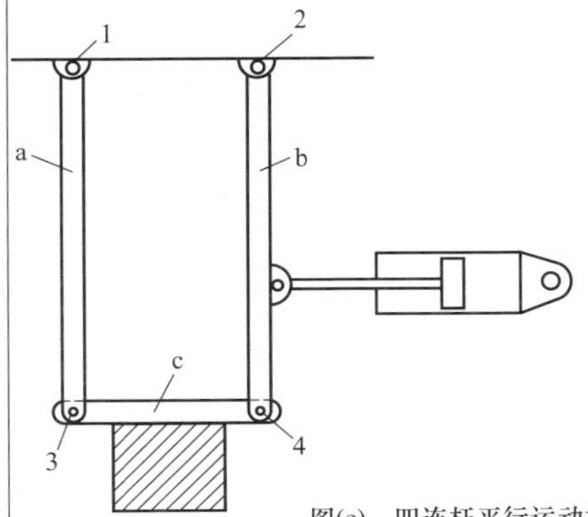 图(e)　四连杆平行运动机构 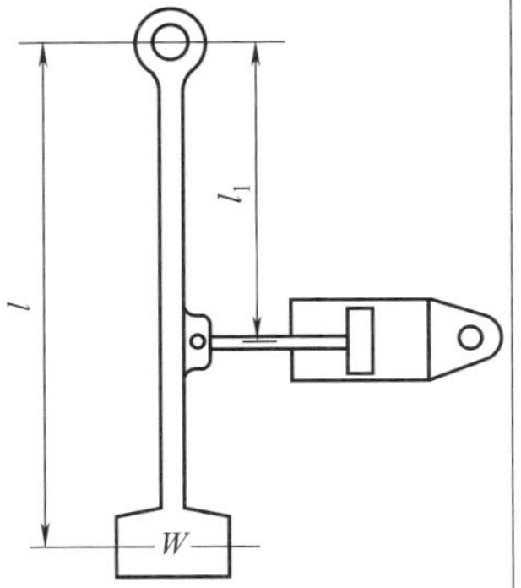 图(f)　臂中部有驱动点的情形 1～4—销子；a～c—臂	图 21-3-17 所示机构的缺点之一是：若使臂和载荷刚性连接，则臂倾斜 θ，载荷也跟着倾斜 θ。为了消除这个缺点，设计了平行运动的吊臂机构 图(e)所示为最简单的四连杆平行运动机构，载荷是用两根连杆 a、b 通过连杆 c 吊着的。销子 1-2 及 3-4 的间隔等长，1-2、2-4 的连杆长度也相等。这种机构上的连杆 c 只能平行于 1-2 运动。由于连杆 a、b 分别承受一半载荷，故作用于销子 1 和 2 的摩擦力也相应减半。由气动缸推力所产生的摩擦力也被加在销子 2 和 4 上，但这个值不很大，所以，在臂 a 和 b 倾角很小的范围内摩擦极小。这点和图 21-3-17 所示情形相同。这种机构需要用力把载荷提升，这点也和图 21-3-16 所示情形相同 在这种情况下，如设图(f)所示结构中的气动缸推力为 F'，则 $$F_0=F'\frac{l_1}{l} \quad (5)$$ 如将式（4）中的 F_0 代入式（5）便可求出 F'

表 21-3-48　　吊臂机构的使用实例

简　图	说　明
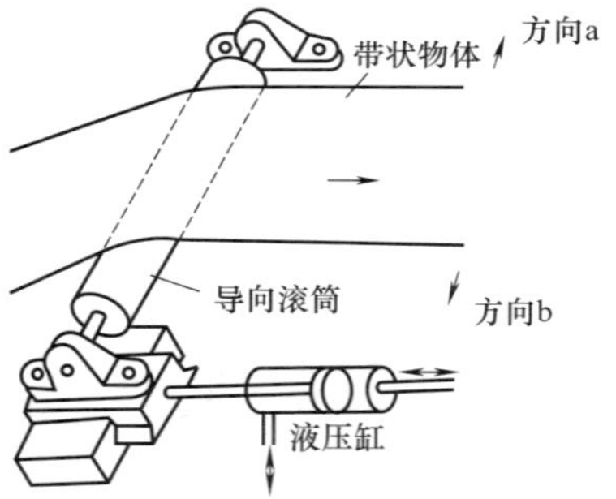 图(a)　采用液压缸的带状物跑偏控制装置 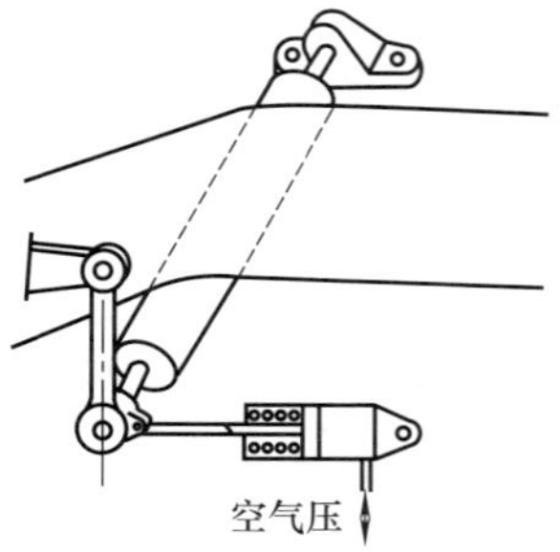 图(b)　用气动缸驱动的导向滚筒	图(a)所示机构是制造纸、塑料布、玻璃纸、布之类机械中的导向滚筒装置(跑偏控制装置)。滚筒的一端是位置控制机构的驱动部分。图示机构是用双作用液压缸使轴承座沿导轨左右移动,从而控制导向滚筒移动。当活塞杆伸出时,导向滚筒向左方移动,使带状物偏向方向 b,相反,当活塞杆收进时,导向该筒向右方移动使带状物方向 a。因为是用液压控制的,故滑动导轨的摩擦对机构的动作影响不大。但若是气动控制,则摩擦问题就会影响控制精度。同时若带状物是纸类,则控制流体不希望使用油。这是因为一旦发生漏油,不是把产品弄脏,就是把油混进应当回收的水中 因此,应当改用气动控制。但若只是简单地用气动代替液压,则除非使用具有相当高级的位置控制装置,否则滑动导轨的动作必然会发生爬行而不能获得预期的控制效果。所以,要想采用简单的气动缸驱动并具有良好的控制性能,就希望在驱动导向滚筒时的摩擦影响尽可能小。要解决这个问题可使用如图(b)所示的吊臂机构 前面已经讲过这种机构在 θ 很小的范围内几乎没有摩擦。所以,可使用弹簧复位的单作用气动缸,如图(b)所示,机构中由于导向滚筒的轴要作摆动运动,所以两端滚动轴承也应能作微小摆动。即使这种结构能减小摩擦,但若轴承结构不好,在轴摆动时需消耗很大的力,使气动缸控制效果不好。通过这个例子仅说明气动和液压的不同,若不注意机械各部分的问题,因空气的柔性就会使机械不能圆满地工作

上面已介绍过作为直线运动机构的用气动缸驱动吊臂上重物的连杆导向法,该情况下气动缸行程与连杆长度相比很短,故可把吊臂末端的运动看成近似直线运动。下面介绍的是气动缸行程与臂的长度相比较长、臂的回转角较大的机构

续表

简　图	说　明
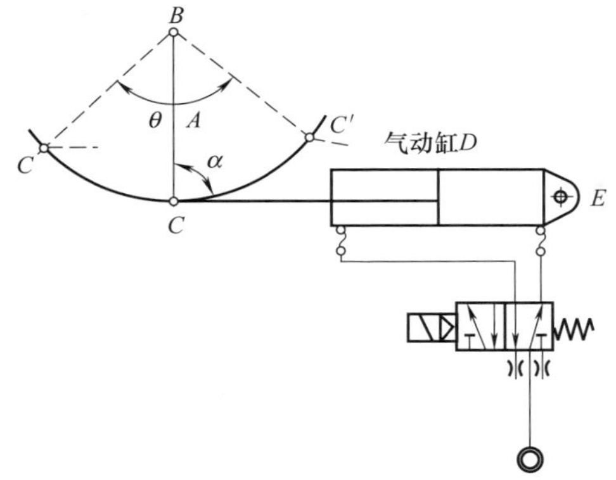 图(a)　典型的曲柄摆动机构 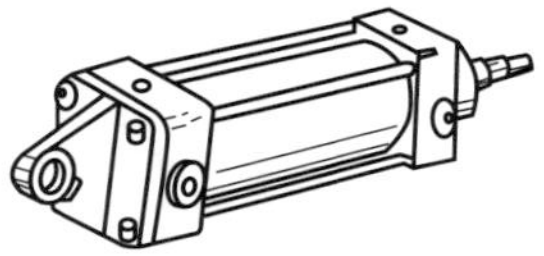 单耳环式 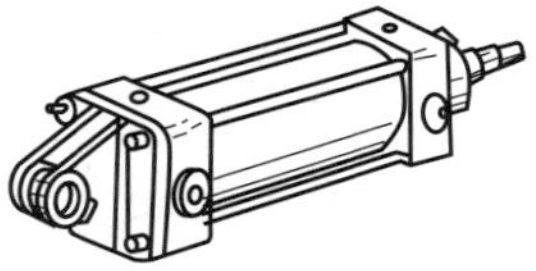 双耳环式 图(b)　典型的曲柄摆动机构中使用的气动缸 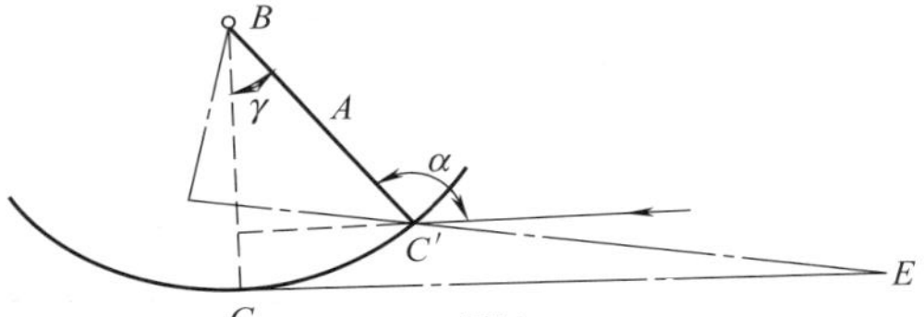 图(c)	如图(a)所示机构把气动缸活塞杆的一端连接在曲柄 A 的一端 C 上，曲柄 A 的另一端 E 连接在输出轴上。当气动缸工作时曲柄 A 就在图上的虚线范围内摆动。轴 B 在角度 θ 范围内转动。这种机构在机械中应用较多。气动缸 D 一般采用图(b)所示结构。为使工作时活塞杆和曲柄 A 能作相对角度变化，连接点 C 制成能回转的形式。因气动缸作摆动运动，故空气供给管道应使用柔性的软管 图(a)所示机构的力传递能力与气动缸耳环处的销子 E 的位置(即 CE 的长度)以及 CE 和 CB 的夹角 α 有关。在忽略摩擦的情况下，当 α 为 90°时传递效率为 100% 设臂长 BC 为 l，气动缸的输出力为 F，轴 B 的输出转矩为 T，在 $\alpha=90°$时 $$T=lF,F=\frac{\pi}{4}D^2p\eta$$ 所以　$$T=\frac{\pi}{4}D^2pl\eta$$ 式中　η——气动缸输出效率。 在 α 不等于 90°、E 点在无限远时，有 $$T'=lF\sin(180°-\alpha)$$ 或 $$T'=lF\cos\gamma$$ 其中　$\gamma=\alpha-90°$ 一般 $\theta=90°$，即 γ 的最大值为 45°的情形较多，这时的输出效率和 $\gamma=0°$时的输出效率的比值为 $$\frac{T'}{T}=\frac{lF\cos\gamma}{lF}=\cos\gamma$$ 当 $\gamma=45°$时，因为 $\cos\gamma=\frac{1}{\sqrt{2}}$，所以输出效率约为 71% B 点实际上不可能无限远，所以如图（c）所示，α 大些效率更低。如图中 E 点不在 C 点处的切线上，而在稍高于图示的位置，则 C 点输出效率略有下降。因此应尽量选择整体效率较平均的点 在图（a）所示机构中使用的耳环式气动缸，因 CE 较长，往往造成安装上的困难。在这种情况下若传递效率允许，可改用图（d）所示的铰轴式气动缸，但因缩短了 CE 而使效率降低

续表

简图	说明
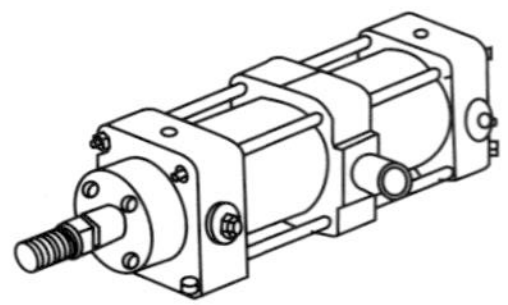 图(d) 铰轴式气动缸 可节省安装空间，但比图(c)的效率低 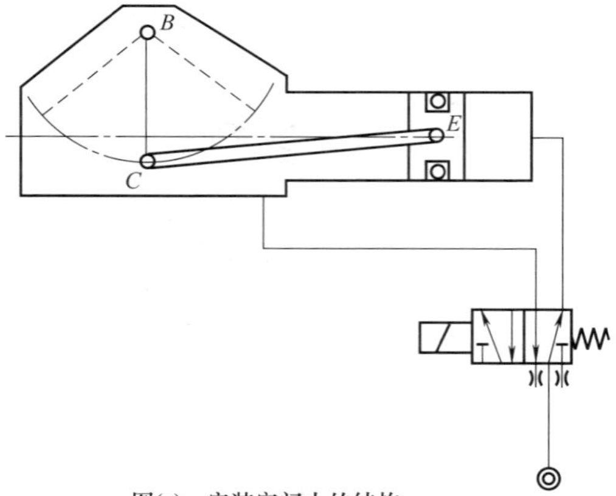 图(e) 安装空间小的结构 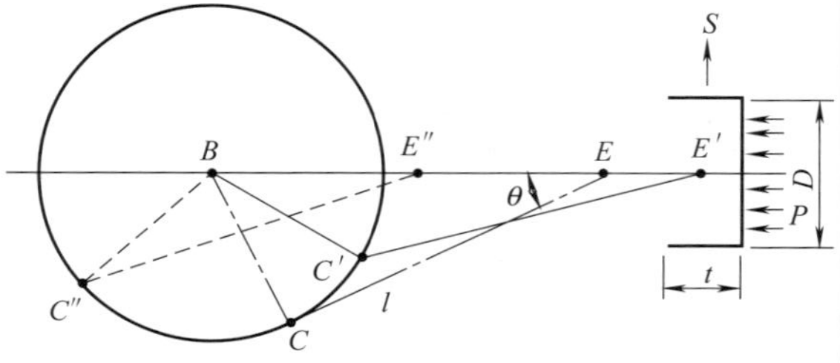 图(f) 作用于活塞上的侧压力S	图(e)所示为一种安装空间小而效率高的结构。这种场合流入曲柄腔的空气为无效空气而被消耗掉 图(f)中 l 为连接杆的长度，θ 为连接杆的倾斜角，则作用在活塞上的最大侧压力为 $s=\frac{\pi}{4}D^2p\tan\theta$ 曲柄腔中轴承上也作用着大小相同方向相反的力。侧压力 S 的作用不仅会使活塞磨损，而且因侧压产生摩擦使效率降低。为减少磨损可降低滑动面接触压，并选择摩擦因数低的滑动副 假设图（f）中所示的活塞直径为 D，活塞厚度为 t，滑动面的压力为 p_s，则有 $S=Dtp_s$ 所以 $t=\frac{S}{Dp_s}=\frac{\frac{\pi}{4}D^2p\tan\theta}{Dp_s}t=\frac{\pi}{4}D\frac{p}{p_s}\tan\theta$ p_s可取 3～5bar，因为工作压力 p 一般为 5bar，所以若 $p_s=p$，则有 $t=\frac{\pi}{4}D\tan\theta$ 这时，$\tan\theta$ 取最大值。 图（e）所示的机构当转矩较大时，因曲柄长度和活塞直径之间存在一定相关关系，曲柄腔小，则活塞行程便要增加，故要减轻重量和进一步使流入曲柄腔的空气减少是不可能的。为了在一定的工作压力下增大输出转矩，无论怎样也需要有一定大小的曲柄腔。故这种结构的大输出力装置成本高，空气浪费大。不过对小的或中等输出力的马达来说，因结构简单、可靠性高，常和控制位置的调位器结合起来用来控制调节阀等

表 21-3-49　　**连杆机构的应用实例**

机构名称	简　图	说　明
采用连杆的多级行程机构	事实上，在气动控制中要使气动缸准确地停止在行程中间的某个位置，几乎是不可能的，所以在需行程控制的场合都是用几个气动缸实现多级行程控制。这种方式看起来好像相对行程的自由度较少，使用受到限制，而被认为是气动的缺点，但在机械设计中只需几个行程的情况是很多的，而且这种多级行程机构能获得正确位置，还能利用气动缸的缓冲装置 在实际机械中用气动施行多级行程控制比用一个液压缸施行行程控制还好的例子是不少的 一根连杆通常只能够连接两个气动缸，但若结合方法得当，因每个气动缸都有两个位置，故将 n 个气动缸的行程进行适当组合，就能获 $2n-1$ 个行程	
	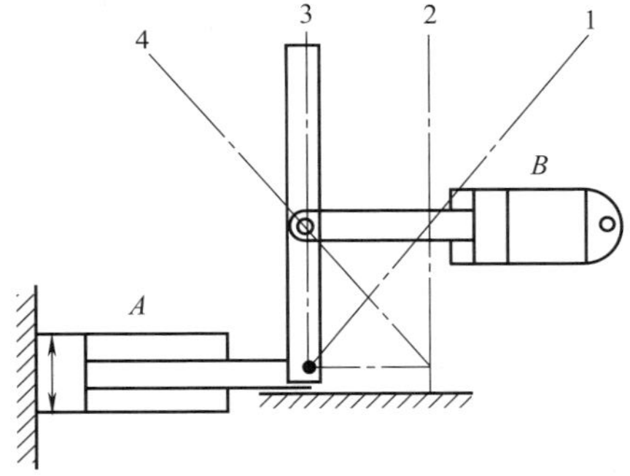 图(a)　4级行程运动机构 1～4—气动缸所处位置	图(a)所示为采用一个连杆和两个气动缸构成的多级行程机构。适当地选取两个气动缸的行程和连杆接点的距离就能控制任意四点的位置
	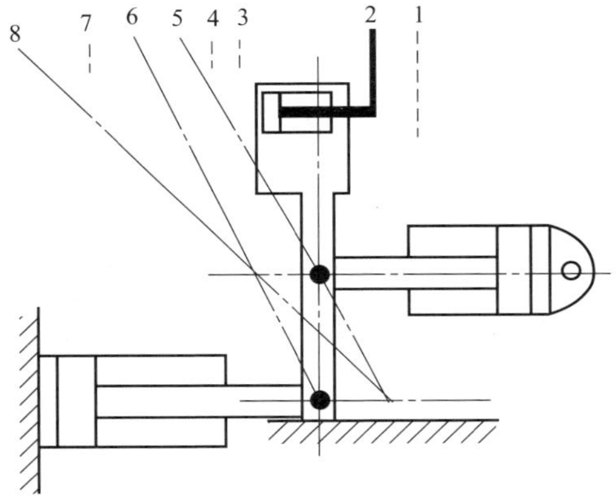 图(b)　8级行程运动机构 1～8—气动缸所处位置	图(b)所示机构中使用三个气动缸，其中一个气动缸设在连杆上，能够得到八个位置，其实用的例子示于图(c) 随着自动装置的发展，迫切要求机械之间搬运物品的自动化。目前很多自动化机器除了材料的供给和排出，其他中间过程是全自动化的。但是能自动供给材料并能够向下一工序自动搬运的装置目前还并不普遍

续表

机构名称	简图	说明
采用连杆的多级行程机构	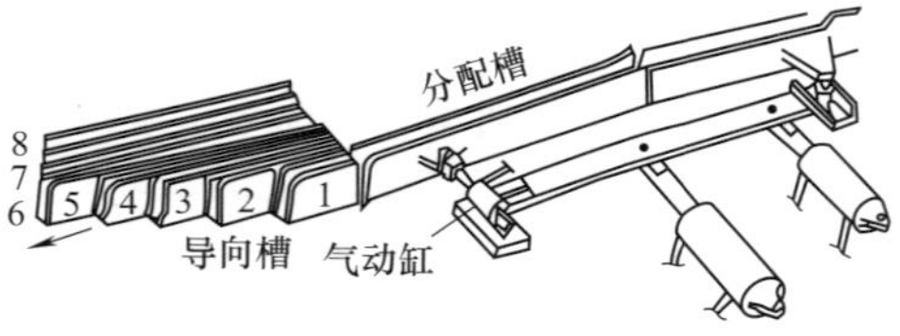 图(c) 把多位置控制机构应用到分配槽上的例子 (取三个气动缸将物品分配给八个导向槽)	图(c)所示的分配槽，是用于前一台机械的处理能力相大，其后流程需要许多机械的场合或根据自动检测的结果来区分货物种类的场合 用这种装置分配较小物品时有时使用电磁铁操纵，但在被分配物稍重时，由于分配槽重量较大，故大多利用气动操纵。若物件非常大则用液压驱动较好，但因大批量生产大形物件的情况很少，所以说这种装置主要是用气动操纵的 这种装置存在的问题是由于分配槽的强度较低，气动缸动作又快，槽子在冲击作用下而破坏，因此需要尽量巧妙地使用气动缸的缓冲。若要使气动缸快速动作、气动缸缓冲器难以充分消振的情况下，应采用有充分缓冲作用的气动缸并适当加长缓冲行程。因为没有经过周密考虑而设计出的气动缸，如果采用长缓冲行程，则反向时气动缸的速度会过于缓慢，但这种装置要求气动缸必须在要求的时间内动作，不得已时需要牺牲缓冲效果，结果会促使槽子很快破坏
采用连杆的断续输送装置	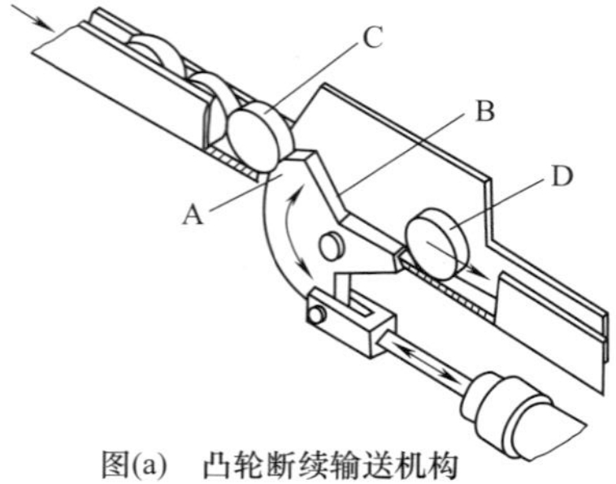 图(a) 凸轮断续输送机构	图(a)所示为将板状连杆做成合适形状的断续输送装置的例子。图中气动缸为伸出状态。当气动缸收进时连杆板的凸起部分A下降，使材料落入凹部B中。再使气动缸伸出时，下一个材料C被凸起部分A阻止，同时把落入凹部B中的材料D从槽中排出
	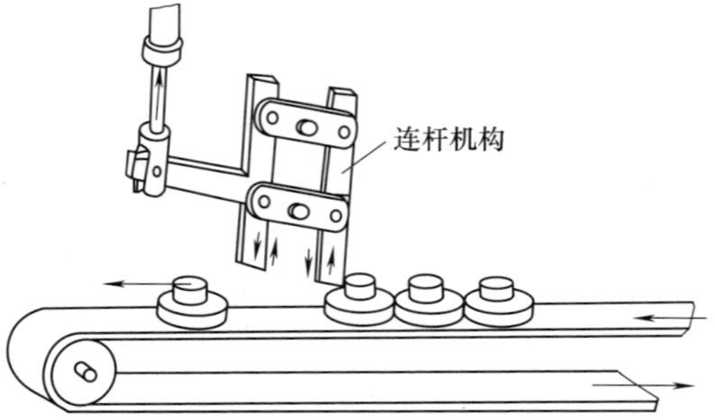 图(b) 连杆断续输送机构	图(b)所示为用连杆将一个气动缸的运动转换成两个相反的运动并将其用于滚子输送机的物件断续输送机构。这种机构也不是绝对可靠的，有时也会发生销子等零件的损坏。事实上出现2个材料同时进入受料机构的情况，不能完全怪罪于机械本身不可靠，而应消除存在同时送进两个材料的可能性。所以若受料机构在发生接连送入两个材料后能自动停止工作，这个问题就能得到解决。 这种机构有时会因机构的材料重量而使销子和其他连杆节产生疲劳而破坏。这是因为气动缸速度相当快而且多次重复运动。因考虑安全而使气动装置的管道直径用得过大是气动缸速度太快的原因之一

续表

机构名称	简图	说明
采用连杆的断续输送装置	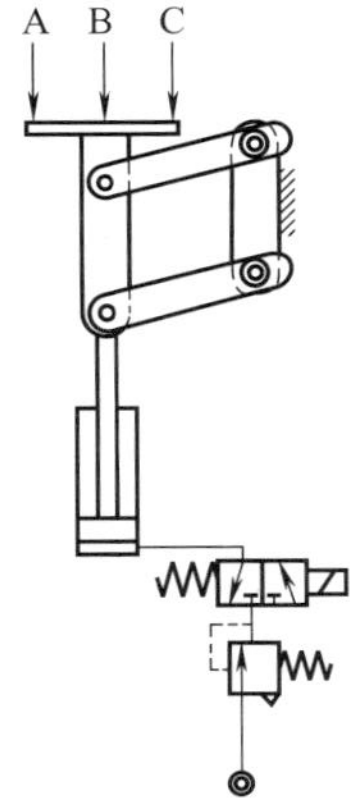 图(c)	在气动机构中合理选择元件和配管粗细是很重要的。例如气动缸和电磁阀采用优质产品，而气滤采用劣质产品的气动系统，虽然采用大直径配管，其速度有时还不能达到要求，但若将气滤、油雾器、速度控制阀等换用合格产品，则气动缸的速度便立即提高 在气动系统中采用过粗的管道也是不必要的。例如，直径为 1/2″的速度控制阀其孔径只有 7～8mm，所以若把连接这种阀的 1/2″配管改成 1/4″时气动机构的动作时间并不改变 图(c)所示机构中使用了和图(b)所示机构相似的连杆机构。不管力作用在工作台上 A、B、C 哪一点，都能用空气压力平衡，故这种机构可用于检测装置等上
	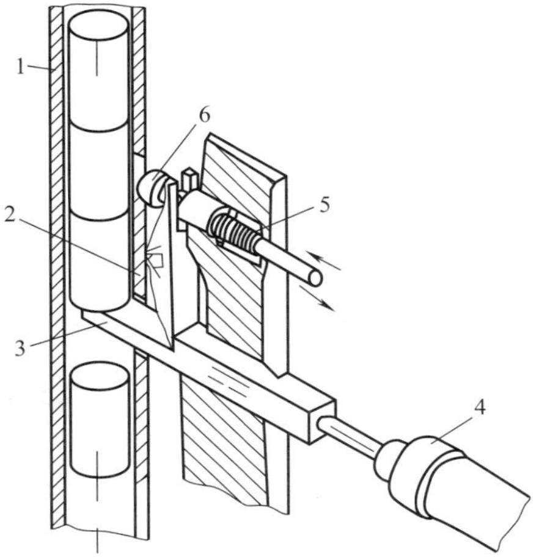 图(d)　滑杆断续输送机构之一 1—滑道；2—摆杆；3—滑杆；4—气动缸；5—弹簧；6—压杆	图(d)所示为滑道中的零件与零件间互相紧靠没有间隙时的一种断续输送机构。若气动缸驱动滑杆动作，由于滑杆和摆杆的作用，使压杆反向移动。在压杆上装有弹簧，用来压住零件。滑杆退回后，零件失去支承在滑道中落下，而在上面的零件因受压杆弹簧的作用而不能下落。随后滑杆伸出，压杆退回，只落下一个零件，并被支承在滑杆上。因而，零件一个一个地断续下落。如果把滑杆和压杆的距离增大到 2 个、3 个零件的距离，则气动缸的每次循环就可落下 2 个、3 个零件

续表

机构名称	简图	说明
采用连杆的断续输送装置	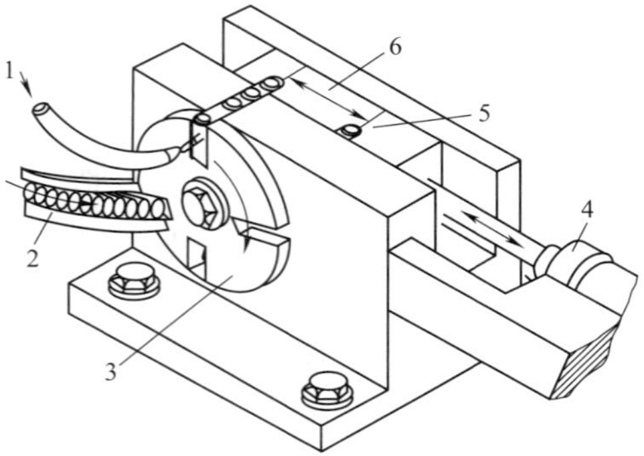 图(e) **转盘断续输送机构** 1—压缩空气；2—滑道；3—分度转盘；4—气动缸；5—工作位置；6—滑动夹具	图(e)所示的断续输送机构能使横卧在滑道中输送的零件利用分度转盘将零件转为直立状态。由于竖立的零件容易倒，应使零件直立的时间尽可能短。同时，零件直立在滑道上时，用压缩空气把零件吹向一边，保证零件的稳定并将零件送至夹具
	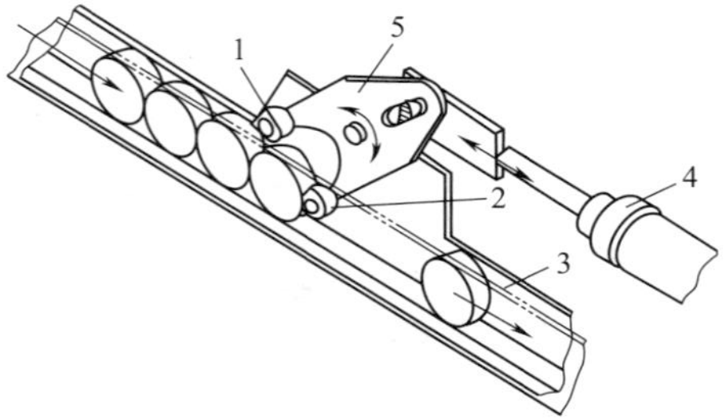 图(f) **摇板断续输送机构** 1，2—滚轮；3—滑道；4—气动缸；5—摇板	图(f)所示的断续输送机构中，摇板的两只脚上装有小滚轮，利用气动缸动作使摇板摆动，输送过程中滚轮和零件相接触，以减轻零件擦伤

3.2.7.4　阻挡机构

阻挡机构的主要作用是使紧密排列的零件分开供料。

图 21-3-18 所示为用气缸驱动专门用作阻挡的机构。在大圆筒状物件沿滚槽倾斜滚下的过程中，速度逐渐增加，到达底部时达最大，此时物体会对底部的机构产生冲击，所以有时需在滚槽中途设置阻挡机构。

气动阻挡机构使用方便，成本低，效果好，但在机构设计和使用中要注意气缸活塞杆所受到的冲击力影响。图 21-3-19 所示的阻挡机构，除非物件很轻，滚动速度不是很快，否则最好避免采用。因为这种结构在碰撞的瞬间冲击力大，而且冲击力作用方向通常与气缸的轴线方向不完全一致，即活塞杆上承受了侧向载荷，建议采用图 21-3-20 所示的阻挡机构。这种机构能有效地利用气缸的缓冲效果。在阻挡机构的挡板因物件的冲击力而后退时，气缸有杆腔内的压缩空气被压缩而起到缓冲作用。为了防止有杆腔内的空气倒流入管道中去，可在气缸的换向回路中设置一个二位二通电磁阀或者单向阀，如图 21-3-21 所示。

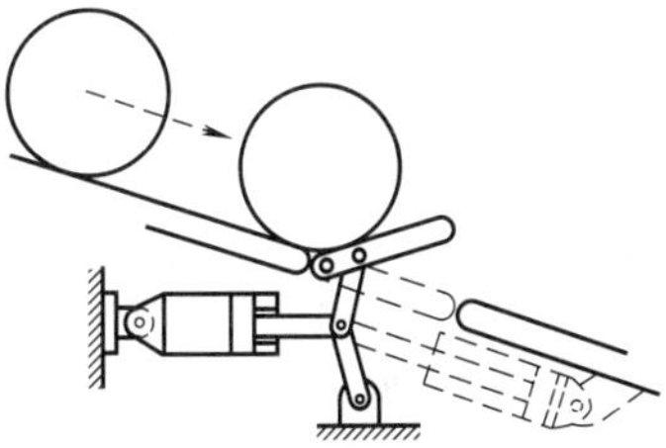

图 21-3-18　阻挡机构之一

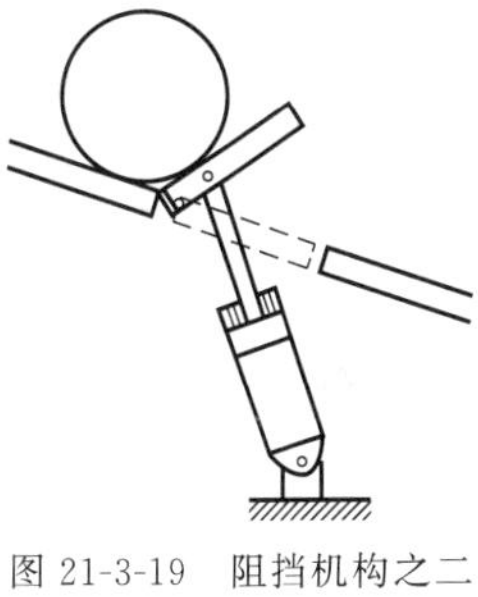

图 21-3-19　阻挡机构之二

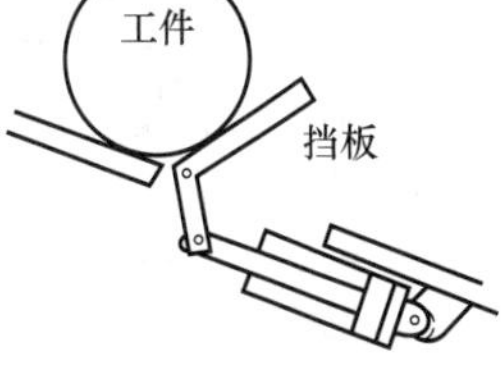

图 21-3-20　阻挡机构之三

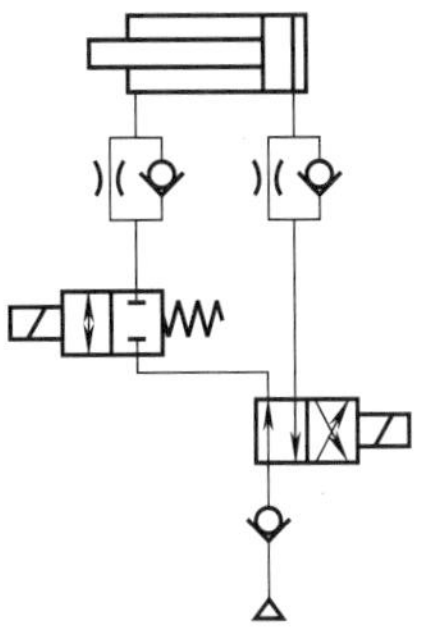

图 21-3-21　防止有杆腔内的空气倒流的回路

3.2.7.5　连杆增力机构

连杆增力机构很早以前就已应用于气动铆钉机上了。图 21-3-22 所示为一种利用肘式机构的气动铆钉机。连杆 1 及 2 相交处的销子 3 与气动缸的活塞杆相连接。滑动轴 5 的末端装有铆接工具，随着连杆 1 相对滑动轴的交角的减少，加在工具 6 上的压力快速增大，直到连杆 1 和 2 重合时达到最大。

图 21-3-23 所示机构中，连杆 1 和 8 为一整体，滑动轴 5 的配置也不同。

图 21-3-22 中的铆钉机要求铆接压力均匀，这在使用气动的场合应认真对待。图 21-3-24 所示的那种把气动缸输出力直接传递到压头的机构来说需要注意滑动轴的滑动摩擦和扭歪等问题。但只要注意作业方式和气动回路的设计，由供给压力进行正确控制是可能的。可是对图 21-3-22 那种机构来说因铆钉的高低和各连杆端部销子的磨损等，有时压力会有很大的差别。

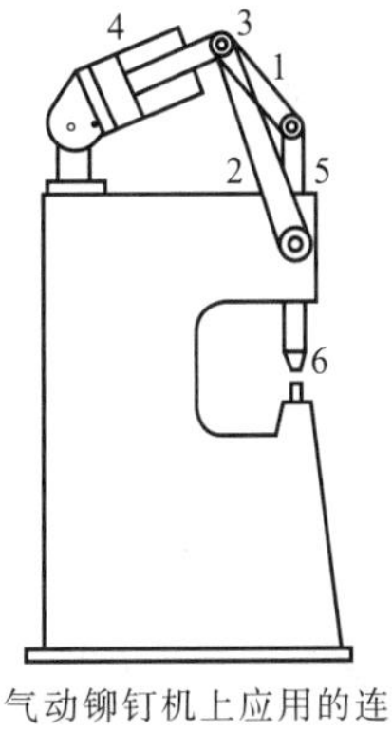

图 21-3-22　气动铆钉机上应用的连杆增力机构

1,2—连杆；3—销子；4—气动缸；5—滑动轴；6—工具

图 21-3-24 所示加压机构的气动回路，应注意：这种气动回路的压力用减压阀进行调整，为了使压力稳定，有将储气罐设在减压阀下流（见图 21-3-25）和减压阀上流（见图 21-3-26）两种回路。比较这两

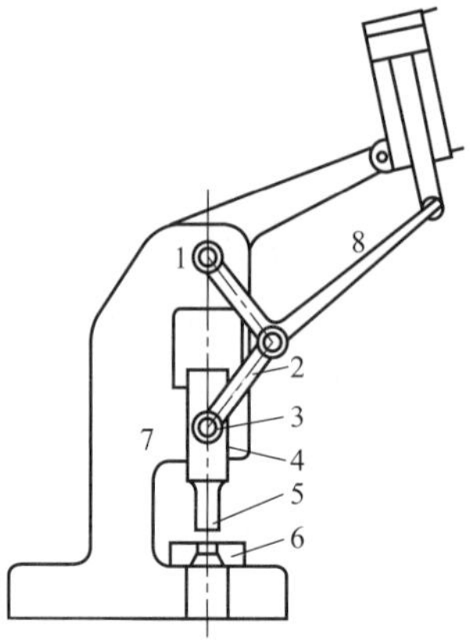

图 21-3-23 冲床上应用的连杆增力机构
1,2,8—连杆；3—销子；4—滑动轴；
5—工具；6—工件；7—机架

种回路时，把用减压阀减压后的固定压力蓄积在储气罐内的回路（图 21-3-25 中的回路）较能使气动缸的推力稳定。但对图 21-3-25 所示回路来说，如储气罐的容积与气动缸容积相比不大时，要得到稳定的动作是困难的。

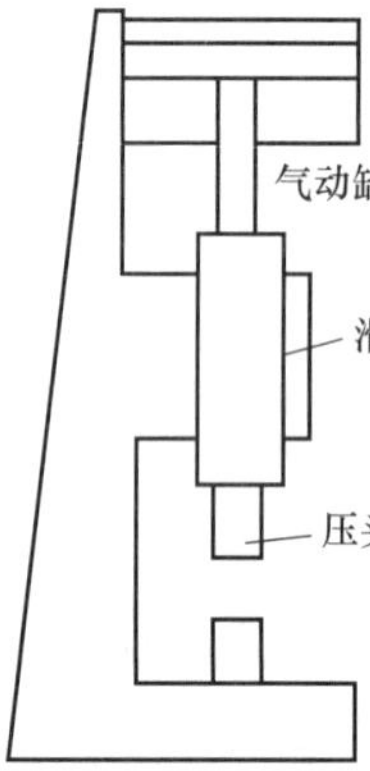

图 21-3-24 点焊机等上的电极加压机构

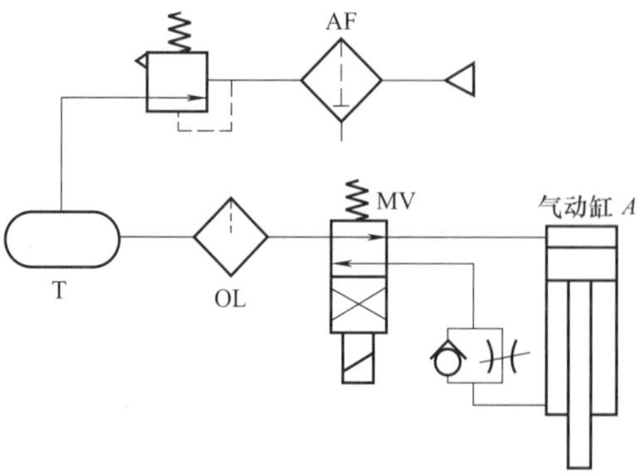

图 21-3-25 气动线路图（1）

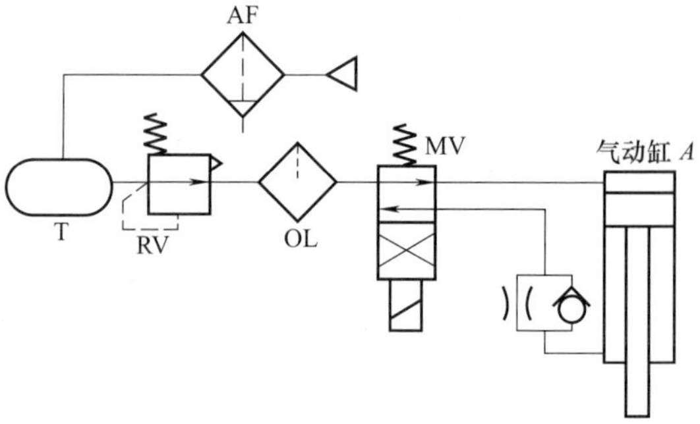

图 21-3-26 气动线路图（2）

因此，如图 21-3-26 那样把储气罐 T 设在减压阀的回路到达设定压力的时间较快。这是设计上应注意的事项之一。在图 21-3-25 所示的回路中使用质量优良的减压阀已能使气动缸很好地工作。但如希望避免在很小区间内流量曲线很快下降可采用先导型减压阀，这样可使特性得以改善。

图 21-3-27 所示为利用双连杆获得更大增力的例子。

图 21-3-28 所示为单纯利用杠杆的滚子加压机构的例子。如滚子重量较轻，则利用气动加压效果好。这是因为重量一增加，要得到较大加速度就比较困难，机构的反应就较慢。相反，若气动缸的输出力比滚子重量大 10 倍，就能获得 $10g$ 的加速度，反应就快。

在这种情况下需要讨论用液压加压和用气动加压的优缺点。仅从价格方面考虑有时可采用液压，但若要提高反应速度，则采用液压就比较困难。例如要获得 $10g$ 的加速度，就需要很大的液压泵。如采用较小的液压泵便需要大型蓄能器，而且在滚子稳定运转时（此时滚子轴不移动）也要消耗液压泵的功率。利用气动时因气动缸内的空气能以声速膨胀，在稳定状态下不消耗空气（动力消耗等于零）。

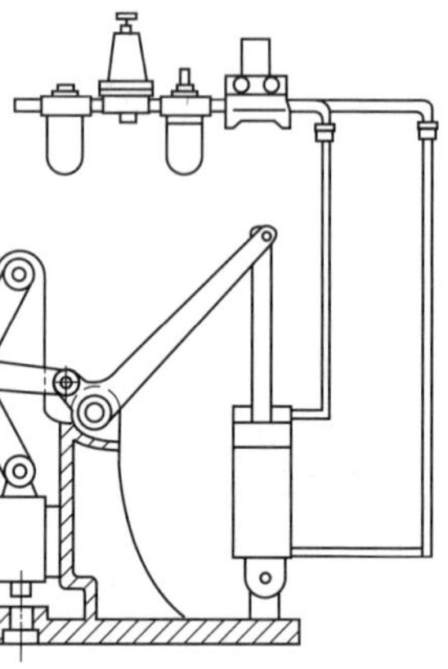

图 21-3-27 使用双连杆增力机构的例子

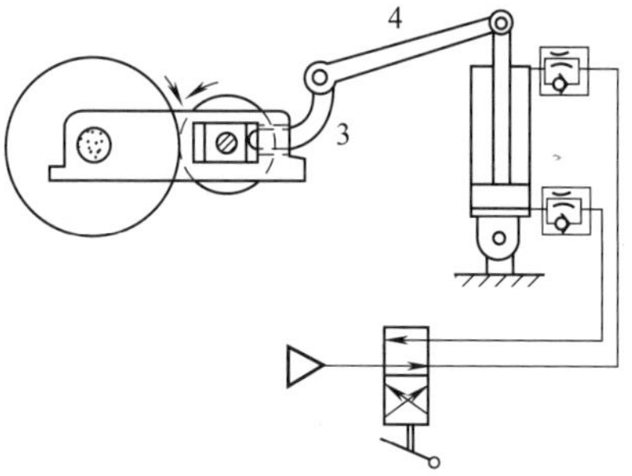

图 21-3-28　滚子加压机构的例子

采用液压时当滚子加压压力大时，液压缸成本较低，故设备费用低，但不能避免稳定运转时的功率消耗，在滚子移动时的追随性也往往不能与气动的相比，这些在设计上必须注意。近来在高性能的大型抄纸机等上，滚子加压不使用活塞缸而使用摩擦小的膜片装置。在这种装置上，每一膜片输出的力可达 10t 左右。

图 21-3-29 所示为一种搬运物料的最简单的机械手。图中 A、B 是连杆，销子 C 固定在气动缸的活塞杆上，活塞前进时放开工件，活塞后退时夹持工件。设计这种装置时应注意对于一定的气动夹紧力如何确定气动缸的容积。例如，图 21-3-29 所示机构的增力率近于 1，工件夹紧力为 5000N，机械手的动作距离要求为 20mm，则做功为

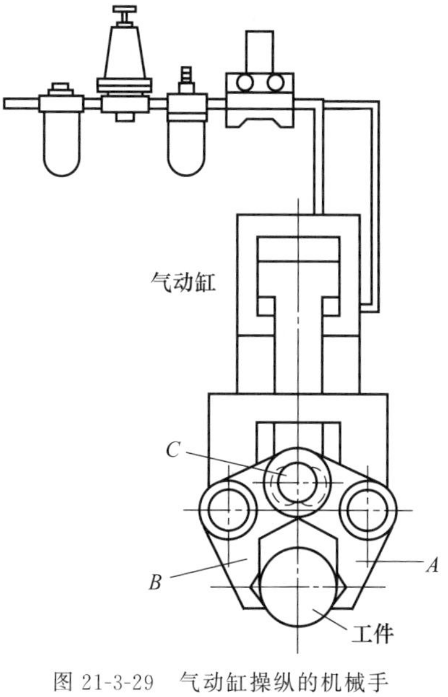

图 21-3-29　气动缸操纵的机械手

$$W=FS=5000\times 0.02=100\ (\mathrm{N\cdot m})$$

当使用 5bar 的空气压力时，所需空气量

$$V=\frac{W}{P}=\frac{100}{5\times 10^5}=200\ (\mathrm{cm^3})$$

确定了气动缸容积后，再适当地设计连杆，并确定出气动缸的细长比。由于在连杆开始动作时并不需要很大的力，所以最好将连杆设计成开始推力小然后逐渐增大的结构。

图 21-3-30 所示为用在钢丝剪断机上随钢丝直径加大剪断力也随之增大的连杆机构。这种机构利用了曲面摩擦面 A、B。图中杠杆是作摆动运动的，如要使它作直线运动，可设计成图 21-3-31 所示那种结构。连接杆 7 作左右直线运动，当它在左端时推力小，在右端时推力大。这种机构有时可原封不动地应用于一些剪断机构上。

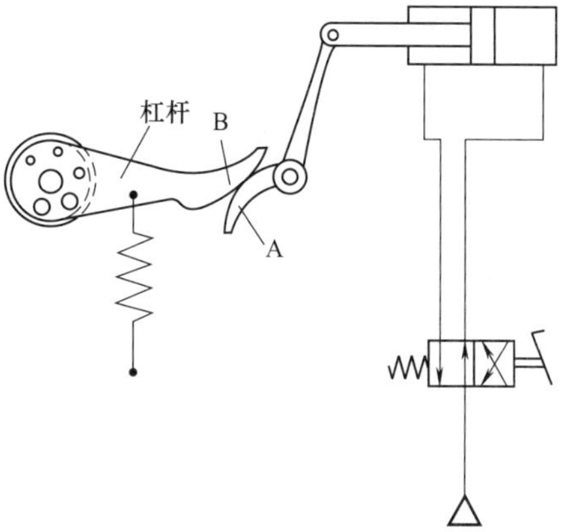

图 21-3-30　传递的力随行程位置而改变的机构

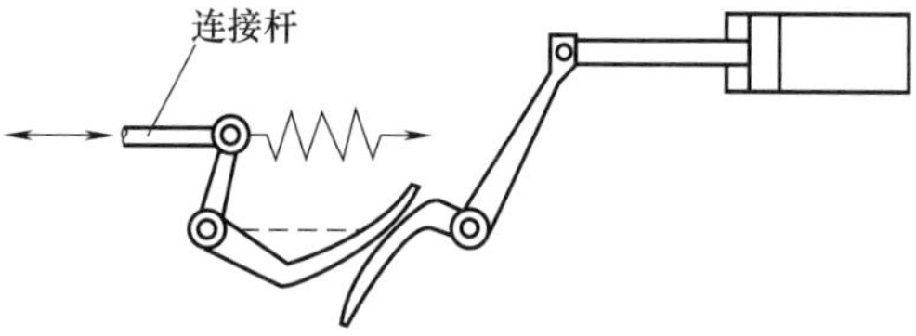

图 21-3-31　根据行程位置改变杠杆输出力的机构

图 21-3-32 所示为由双连杆机构构成的剪断机械，其剪断力极大。用气动操纵这种机构的主要问题是供给图中所示气动缸的空气管道必须使用软管。

但由于弯曲软管，其内面会因疲劳而剥离出一些粉末，这种粉末往往会损害气动缸和电磁阀的机能。在液压的场合，因压力很高，在软管产生这种状况之前，早已破坏。可是在气动的场合，因内部压力低，即使软管已相当疲劳也还能勉强使用，这就容易造成气动缸和电磁阀发生故障。

图 21-3-33 所示为用四连杆构成的推力变化的机构。连杆 1 和连杆 3 的倾角不同，当用气动缸推动连接连杆 1 的杠杆 4 时，连杆 3 顶端的转角随连杆 1 的倾斜位置而变化。因连杆 3 在左侧的转角减小，所以若用同一转矩驱动连杆 1，则在左侧连杆 3 的输出转矩增加。图 21-3-34 所示的也是使用四节连杆的装

置。滑动轴 6 和 8 向外张开的力随气动缸活塞杆伸出而增大。当连杆 1 和 4 成水平状态时达到最大值（在理论上为无穷大）。

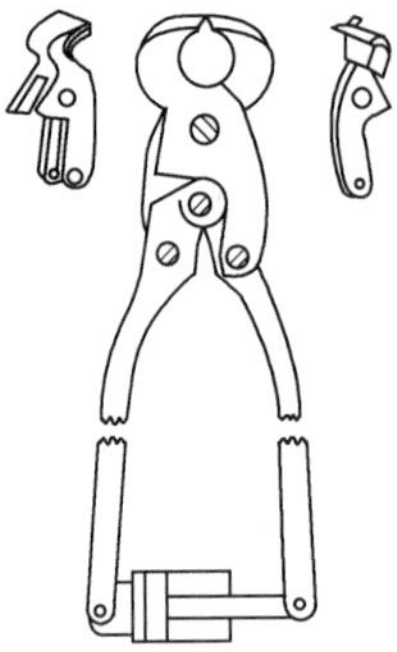

图 21-3-32　应用双连杆机构的剪断机械

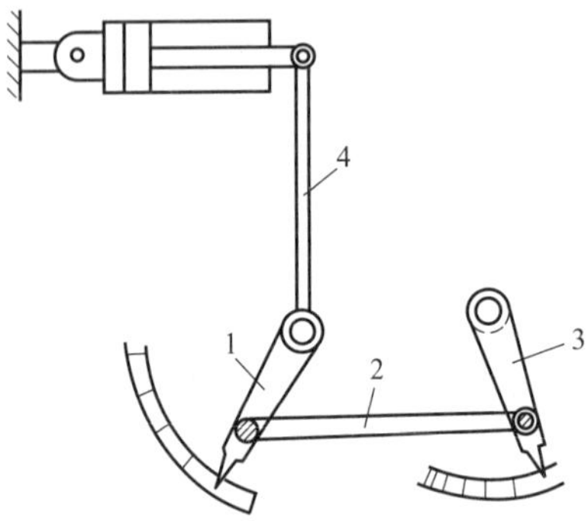

图 21-3-33　由四节连杆构成的随行程位置改变输出力的机构
1～3—连杆；4—杠杆

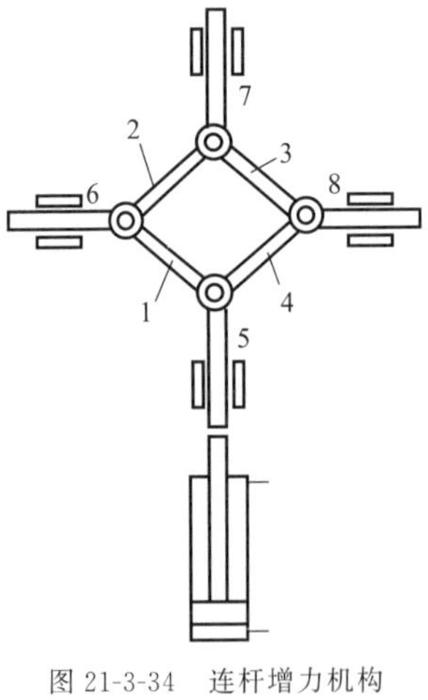

图 21-3-34　连杆增力机构
1～4—连杆；5～8—滑动轴

图 21-3-35 所示为一种铆接机。这是把齿轮应用到如机械手一类的机械中的例子。这种机构在发挥齿轮的增力作用的同时使连杆 3、4 同时分别向左右移动，所以机构前端的中心 8 并不移动。这种机构适用于在夹紧工件时要求工件不动的场合。

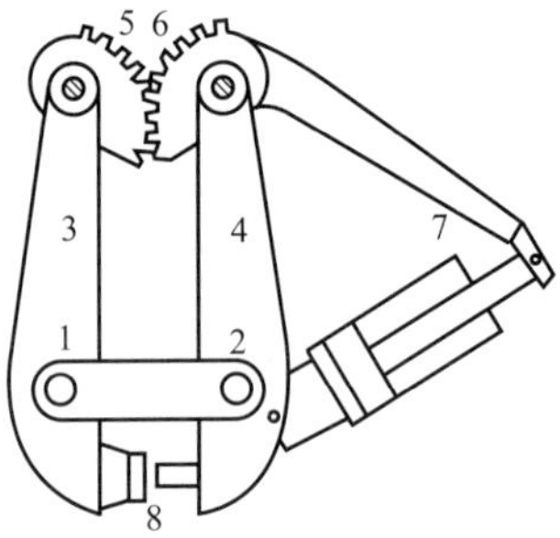

图 21-3-35　使用齿轮和连杆的机构
1,2—销子；3,4,7—连杆；
5,6—齿轮；8—机构前端中心

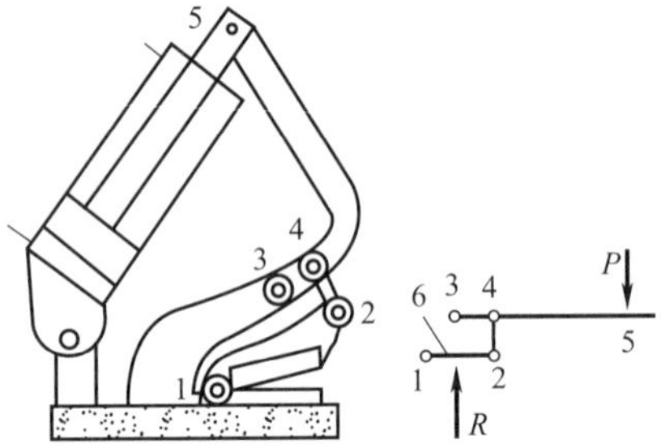

图 21-3-36　连杆机构应用于切断机上的例子
1～5—销子；6—连杆

图 21-3-36 所示为连杆机构应用于切断机上的例子。但飞剪等装置上常使用图 21-3-37 所示的机构。

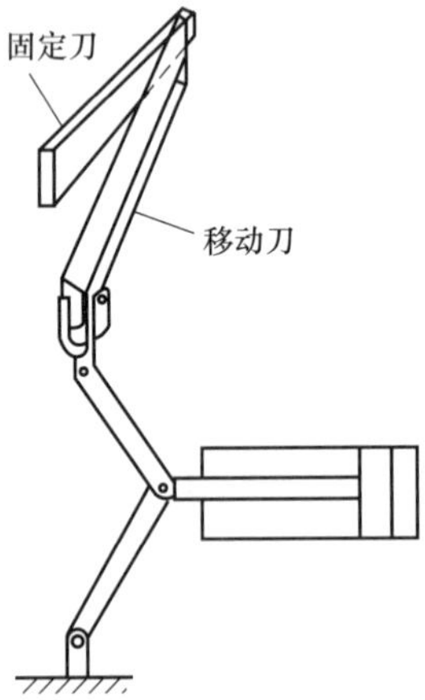

图 21-3-37　飞剪上使用的连杆机构

3.2.7.6　气动扩力机构

扩力机构是一种能将较小的输入力放大而获得较大的输出力，并按需要改变力的方向的机构，广泛应用于夹具、机械手等机械装置。

图 21-3-38 所示为气动扩力机构原理图，若不考虑机构的摩擦损失，其扩力比 i_F 为

$$i_F=\frac{F_1}{F}$$

行程比 i_S 为

$$i_S=\frac{S_1}{S}$$

式中　F_1——从动件上的压紧力，N；

F——原动力，N；

S_1——从动件行程，mm；

S——原动件行程，mm。

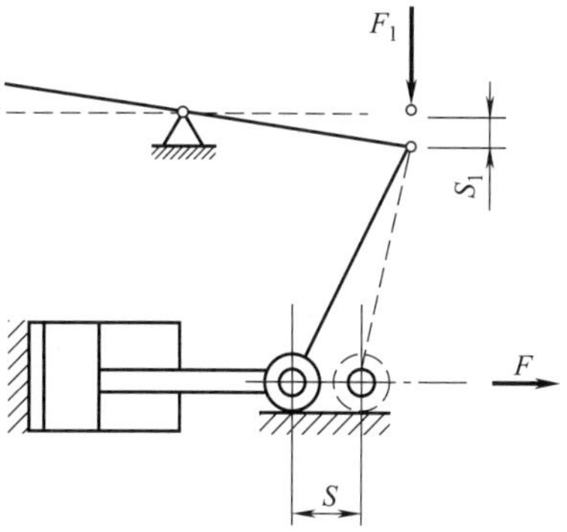

图 21-3-38　气动扩力机构原理

由上式可知，在任何一种扩力机构中，当其他条件一定时，如果扩力比 i_F 增大，则行程比 i_S 要减小。设计时应适当选取 i_F、i_S 值。常用的气动扩力机构有杠杆扩力机构、楔式扩力机构和铰链杠杆扩力机构等。

图 21-3-39 所示为一种常用于气动机械手的抓取机构，采用了铰链杠杆扩力机构，其夹紧力 F_1 与气缸输出力 F 的关系为

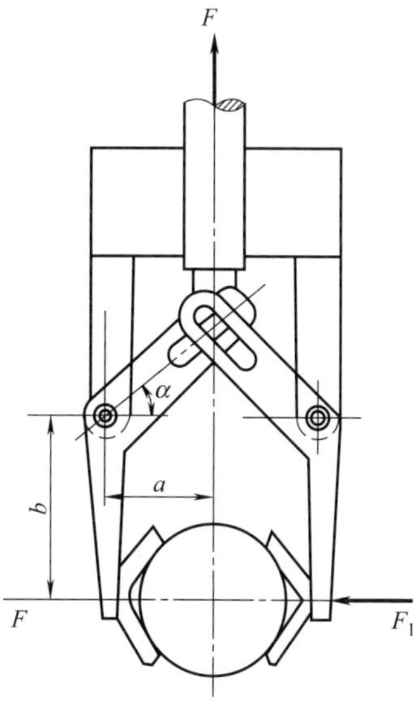

图 21-3-39　机械手抓取机构

$$F_1=\frac{a}{2b}\left(\frac{1}{\cos\alpha}\right)^2 F$$

从上式可见，在气缸输出力 F 为定值时，增大 α 角可使夹紧力 F_1 增加，通常选择 α 角为 30°～40°。图 21-3-40 所示为一种采用楔式机构和杠杆机构相结合的气动夹具。由于楔式扩力机构本身结构紧凑、压紧力固定不变并且有自锁性，而被广泛应用于气动夹具中。

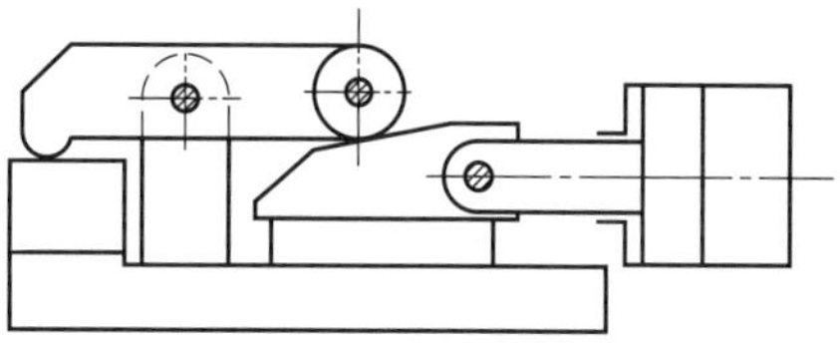

图 21-3-40　气动夹具

3.2.7.7　升降台

图 21-3-41 所示的用气动缸驱动的升降台中，由于在多数情况下载荷的重心与气动缸中心并不重合，而是具有偏心的，载荷位置也是经常变化的，所以应仔细考虑用气动缸导向还是另设导向装置的问题。特别是升降台偏心量较大的场合更应慎重处理。

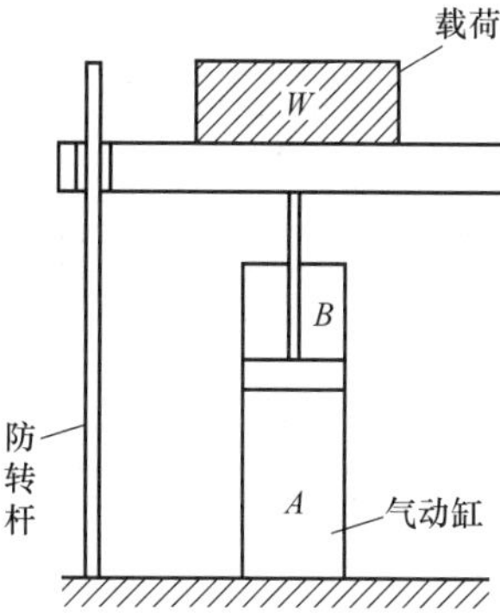

图 21-3-41　升降台

用气动缸的活塞杆直接导向时，若活塞杆和升降台连接部分的刚度能满足要求，则往往能降低成本。但因气动缸要承受侧向荷重，故气动缸不能采用标准产品，而必须采用能承受侧向荷重的特制产品，并应使作用在活塞杆、活塞和活塞杆导向套等部位上的应力限制在接触压力极限以下。

如果不采用特制气动缸，就应另设导向装置（如图 21-3-42 所示）而气动缸采用标准产品。重量大的升降台使用这种结构比较稳定。如果导向杆和升降台的连接处 a 完全刚性，则各个导向面的摩擦力可用载荷、气动缸输出力和偏心量计算出来，升降台的升降也不会发生故障。然而 a 处刚性很大的情况很少，

于是就会出现在导向面处被卡住的现象。当然，上面讨论时认为导向套和导向杆之间都是等间隙的、平行的，但由于加工精度和刚度的影响实际情况离这种理想状态相差很远。

假定图 21-3-42 所示结构是理想的几何学结构：导向孔和导向杆的精度良好，间隙为零，只是 a 处不是完全刚性，则在偏心载荷作用下导向孔和导向杆之间的摩擦无限大。因为如图 21-3-43 所示，作用于导向杆的力如为 W_a 和 W_b，导向套上承受的侧压力（在 W_a 垂直方向发生的力）分别假设为 F_a 及 F_b，则

$$(W_a - W_b)\mathrm{d}y = F_a \mathrm{d}x$$

$$F_a = \frac{\mathrm{d}y}{\mathrm{d}x}(W_a - W_b)$$

由于 $\frac{\mathrm{d}y}{\mathrm{d}x} = \cot\theta$；$f = \mu F_a$

式中　f——导向杆和导向套的摩擦力；

　　　μ——导向杆和导向套的摩擦因数。

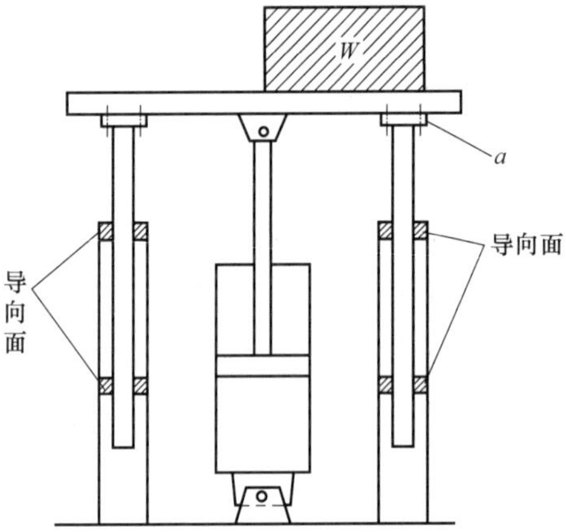

图 21-3-42　承受偏心载荷的升降台

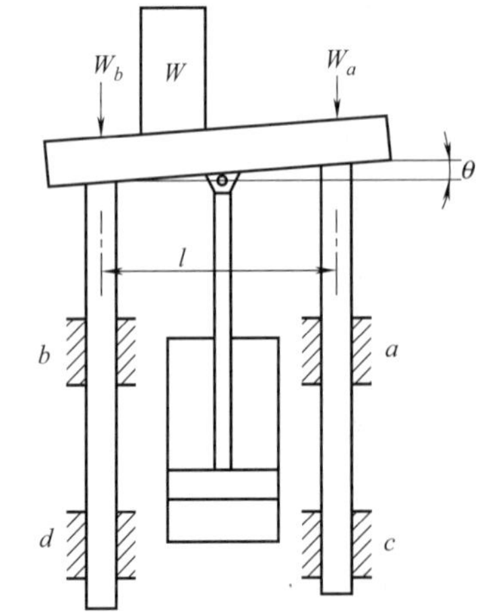

图 21-3-43　升降台上作用偏心载荷的状态

所以

$$f = \mu(W_a - W_b)\cot\theta$$

在无载荷作用时 θ 为零，故 $\cot\theta$ 为无穷大，所以只要有微小的变位，摩擦力 f 就为无限大。

那么为什么一般这样的装置有能顺利动作的情形呢？这是因为导向套和导向杆之间有间隙，导向套承受侧压力后多少能后退一些。假设导向杆与升降台都是垂直的，当升降台倾斜 θ 角时导向杆之间的距离缩小 Δx，则

$$\Delta x = l\sin\theta\tan\theta$$

式中　l——导向杆之间的距离。

因此，在这种结构上提高导向杆和导向套之间的配合精度或提高导向套的刚度就有发生故障的可能性。

为获得良好的动作效果而提高精度和刚度反而会造成动作不灵活，其原因就是没有注意到这点。

所需间隙 Δx：当升降台和导向杆上因偏载荷产生的扭矩 T 作用时，先算出升降台的倾斜角 θ，再用 $\Delta x = l\sin\theta\tan\theta$ 求出 Δx。在满足上述要求的基础上再提高升降台和导向杆的刚度及精度才算合理的设计。

图 21-3-44 所示为用两个气动缸驱动的升降台，两个气动缸还兼导向作用，代替了导向套和导向杆。在这种情况下使用的气动缸，就应注意图 21-3-41 中所说明的事项和采取措施使之有一定的间隙 Δx，以免发生故障。

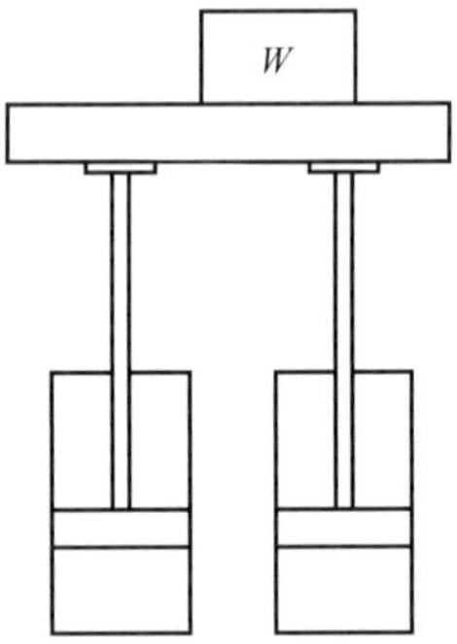

图 21-3-44　采用两个气动缸的升降台
注意气动缸和升降台的结构

图 21-3-45 所示为把导向套设在工作台旁侧的结构。这种结构导向长度 l 较短，故在升降台上承受偏力矩时也应注意防止发生卡死。

对图 21-3-42、图 21-3-43 所示结构如不考虑发生扭斜的问题，则导向套和导向杆之间不留间隙时，机构就不能运动。假设图 21-3-46 所示升降台所受扭矩为 T，则

$$T = l\sigma a$$

式中　l——导向部分的长度；

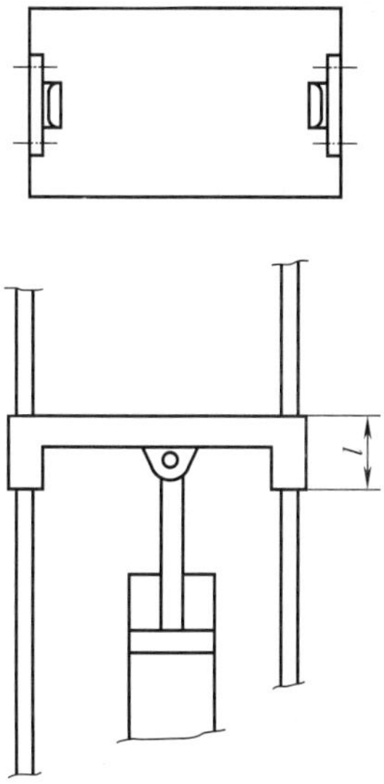

图 21-3-45　导向套设在工作台旁侧的结构

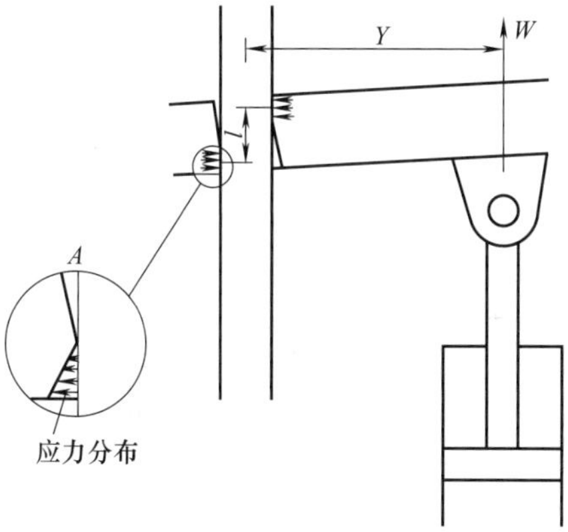

图 21-3-46　导向套的扭斜

σ——导向套与导向杆接触部分的平均接触压；

a——导向套和导向杆的接触面积。

若发生在滑动面上的摩擦力为 f，则有

$$f=\mu\sigma a=\mu\frac{T}{l}$$

这时需要考虑如下两点，其一是气动缸的输出力应满足上式的要求，其二是如图 21-3-46 中的局部放大图 A 所示，接触压的大小并不是导向套与导向杆接触部分的平均接触压 σ，根据接触部分的不同其大小有差异，存在着最大值 σ_{max}，σ_{max}的值应不引起卡死和烧伤。

在以上分析中把升降台、导向杆看作完全刚体，只是工作台和导向杆连接部分发生变形。实际上因升降台上作用着力偶，升降台和导向杆会发生如图 21-3-47所示的弯曲，所以，多少可使导向杆和导向套的摩擦力缓和一些。

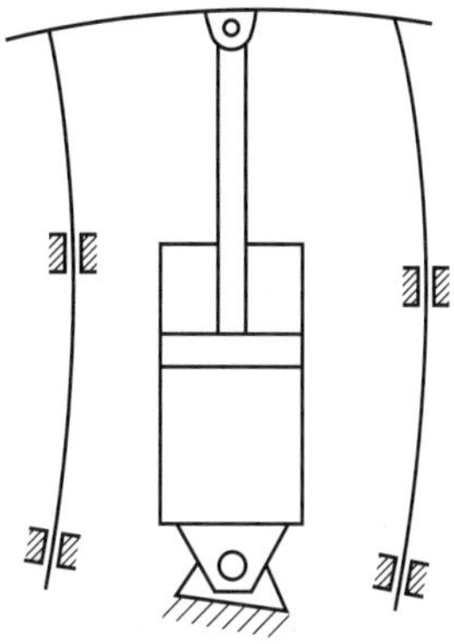

图 21-3-47　导向杆或升降台因力偶作用而产生的弯曲

3.2.7.8　用气动缸驱动的绳索机构

将气动机构与古老的机械装置相结合，就能赋予古老机械装置以新的生命。绳索、链条与气动缸相结合就是其中一例。在直线运动机构中利用绳索大多不是为了增力而是为了增大行程。这是因为用增大气动缸直径的方法就能较容易地做成大输出力的装置，但要获得长行程而增加气动缸的行程却不容易。

与此相反，在工作行程很短的情况下，也可采用直径较细、行程较长的气动缸，并使用滑轮使输出力增大。

（1）应用定滑轮的绳索机构

滑轮有定滑轮和动滑轮之分，用定滑轮能改变驱动方向，图 21-3-48 所示就是其中一例。在这种情况下，气动缸的输出力有一部分要消耗在滑轮的摩擦和使绳索弯曲上，这种损失通常是很小的，但在输出力小的情况下却不能忽视。

图 21-3-48 所示的装置是使重 10kg 的物体重复上下移动。在气动缸的速度较慢时，只需在气动缸上装设良好的缓冲装置就行，可是通常移动这样重的载荷时，所用气动缸的缸筒直径很小，而且驱动速度较快，所以若使用钢丝绳和链条等在疲劳和冲击的作用下会很快损坏。在这种场合用合成纤维绳索代替钢丝绳能耐久使用。

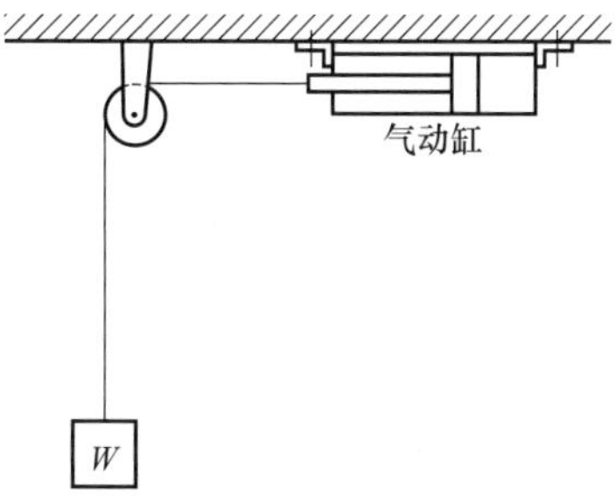

图 21-3-48　用定滑轮改变驱动方向的例子

第 21 篇

采用绳索的最大缺点是绳索能伸长，往往得不到正确的尺寸。这对于图 21-3-48 所示用定滑轮改变驱动方向的装置来说问题还不大，但对于使用动滑轮来延长行程的机构就会发生各种故障。

(2) 应用定滑轮和动滑轮的三倍增力机构（表 21-3-50）

(3) 其他增力机构（表 21-3-51）

表 21-3-50　　应用定滑轮和动滑轮的三倍增力机构

图(a)所示为利用一个动滑轮和两个定滑轮构成的三倍增力机构。在这种机构中希望定滑轮 B 的直径是动滑轮 A 的直径的 1/2。而对定滑轮 C 没有这种限制

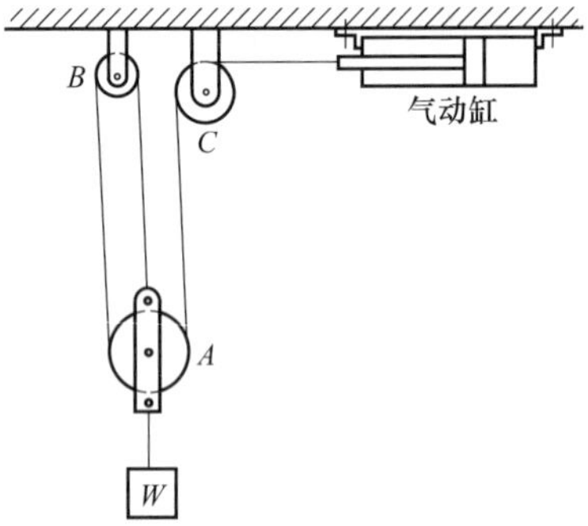

图(a)　用两个定滑轮和一个动滑轮的三倍增力机构

图(b)所示为使用一个定滑轮和两个动滑轮构成的三倍增力机构。可是这种机构对气动缸的设置方向有限制，气动缸活塞杆的移动方向不能与垂线成较大的角度

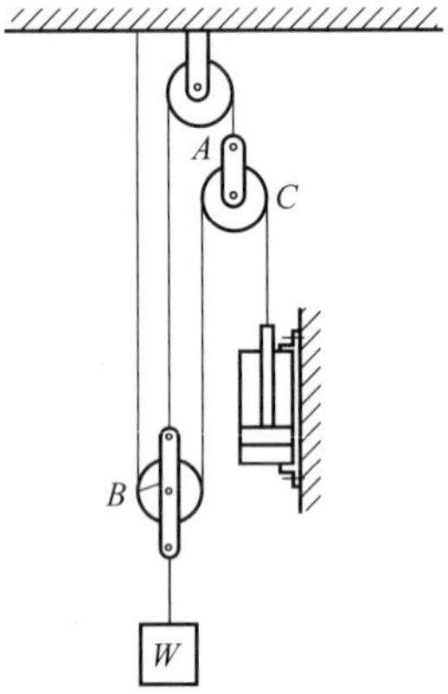

图(b)　用一个定滑轮和两个动滑轮的三倍增力机构

图(c)所示为由两个定滑轮和一个动滑轮构成的三倍增力机构。其气动缸设置方向的自由度相对比图(a)的要大

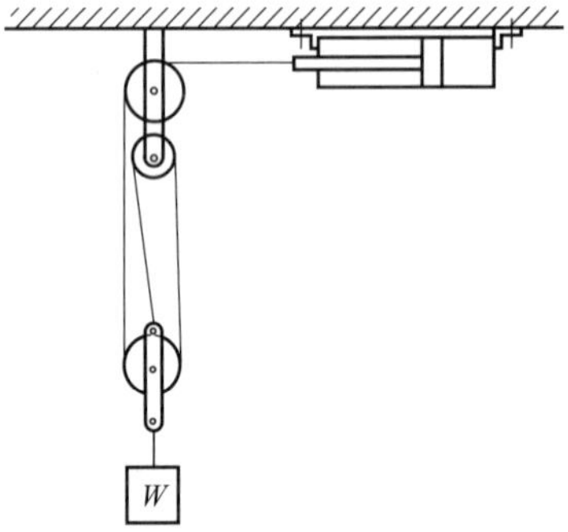

图(c)　利用两个定滑轮和一个动滑轮的三倍增力机构

图(d)为使用两个同轴的定滑轮 A、B 与一个动滑轮 C 构成的三倍增力机构。它与图(a)所示机构类似

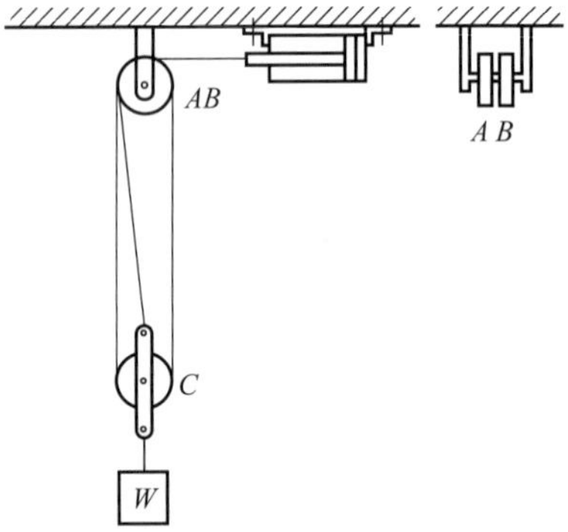

图(d)　使用A、B两个定滑轮和一个动滑轮的三倍增力机构

表 21-3-51　　其他增力机构

图(a)所示机构能提升约四倍气动缸输出力的载荷。若气动缸行程方向与垂线有较大偏离时需要采取措施。图(b)是为使图(a)所示气动缸改成水平位置设计的，但应注意当无载荷 W 时动滑轮 C 会下垂

图(c)所示是为了避免上述缺点而采用两个定滑轮 C、D 构成的机构。因为是从定滑轮 A 引出钢丝绳与气动缸输出端相连，所以气动缸安装方向的自由度较大，即只要保持气动缸与定滑轮 A 在一个平面上，气动缸设在什么方向都行。若气动缸如图(d)所示那样垂直安装则可省去定滑轮 A

续表

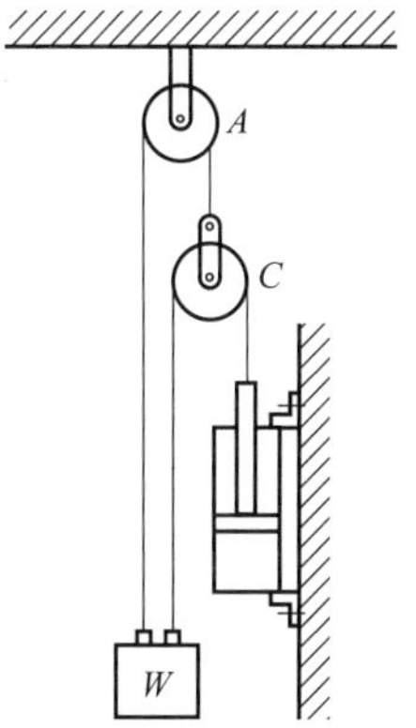

图(a)

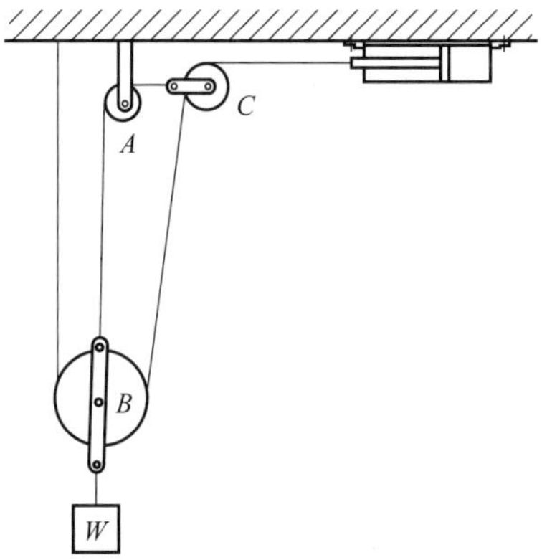

图(b)

使用一个定滑轮和一个动滑轮的四倍增力机构

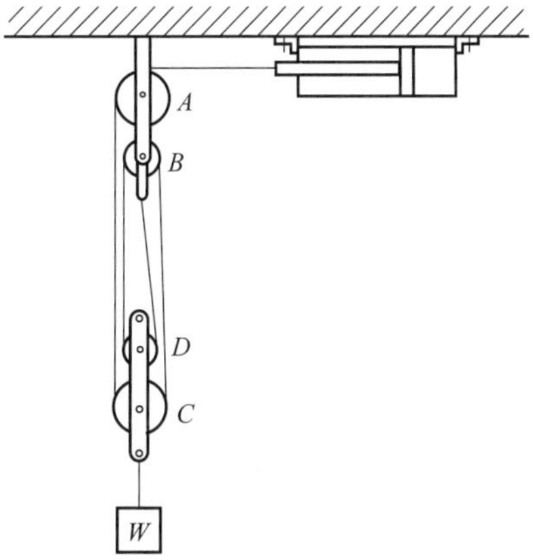

图(c)

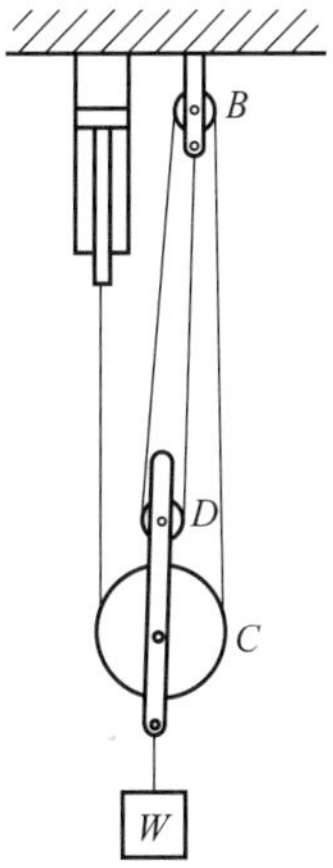

图(d)

用两个定滑轮和两个动滑轮的四倍增力机构

图(e)所示为用一个定滑轮 A 和两个动滑轮 B、C 构成的五倍增力机构。该机构使用两根绳索(图中①及②),绳索①和定滑轮 A 及动滑轮 B 构成一个二倍增力机构;绳索②和动滑轮 B、C 构成三倍增力机构并由此合并成一个五倍增力机构

这种机构和图(a)所示机构一样要求气动缸必须设置在近乎垂直的方向上。为了获得较好的增力效果,希望尽量增大 B 和 C 的间隔,但这样会使绳索机构的缺点(绳索的伸长问题)更严重,而且气动缸的行程里也必须加上这个伸长量。采用绳索机构而失败的原因之一就是忘记在气动缸的行程里增加绳索的伸长量。当在气动缸上设缓冲装置防止载荷着地时发生冲击的场合,若不把这种伸长量计算进气动缸行程内,则在载荷着地时气动缸的缓冲才起作用。若缓冲作用过早,则从载荷着地到完全脱离气动缸力需经过较长时间且影响下面的作业和动作

图(f)所示为使用三个定滑轮 A、B、C 和两个动滑轮 D、E 构成的五倍增力机构。图中定滑轮不能绘成同一直径的,可是在同一轴上采用相同直径的结构却是很多的。这种场合要求各滑轮能各自独立地转动,对动滑轮 D、E 来说也是同样的。滑轮架 F 承受在气动缸方向上的横向载荷。通常使用的手动提升机等也有将定滑轮简单地吊下来的情形,但在使用气动缸时则往往要把托架固定起来才能使用

续表

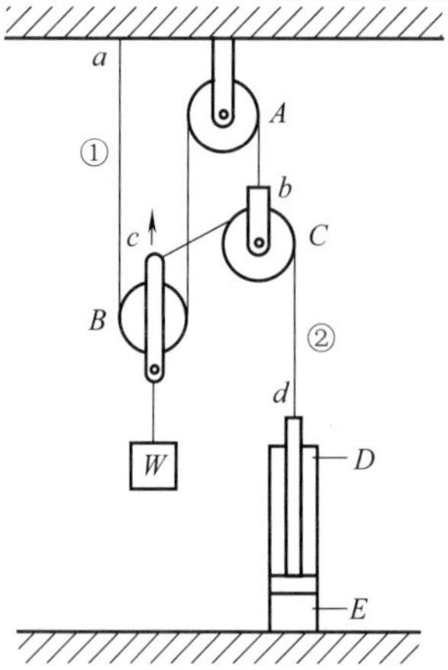

图(e)　把两倍和三倍增力机构合并成五倍增力机构

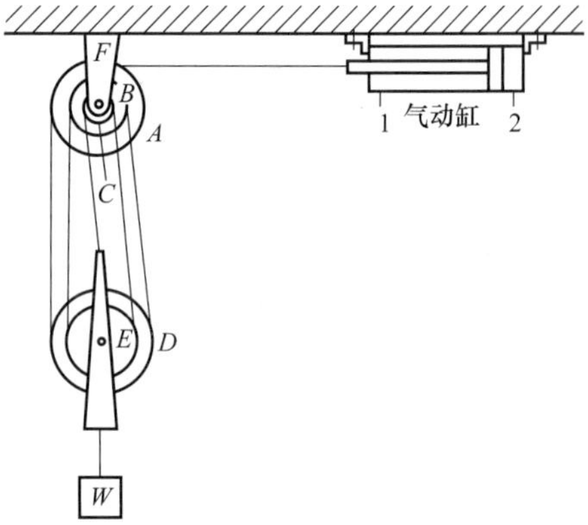

图(f)　用多个定滑轮和动滑轮获得多倍增力的机构(本例为五倍增力)

图(g)所示为各使用四个定滑轮和动滑轮构成的八倍增力机构。图(h)所示为使用一个定滑轮 A 和两个动滑轮 B 和 C 构成的机构。因用了三根绳索，故增力效果可达七倍

不过这种方式要求气动缸的推力方向和载荷方向平行

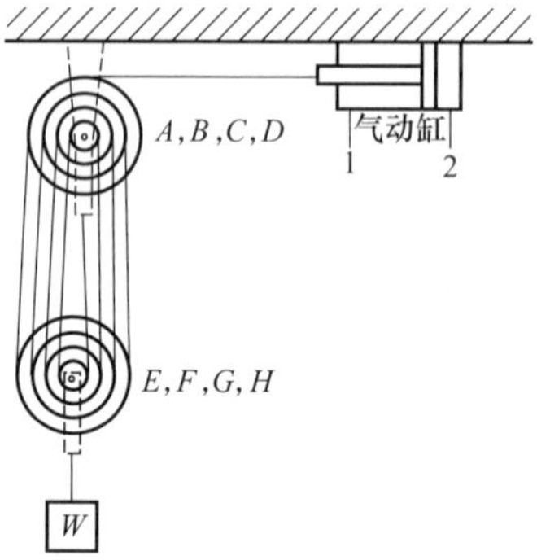

图(g)　八倍增力机构

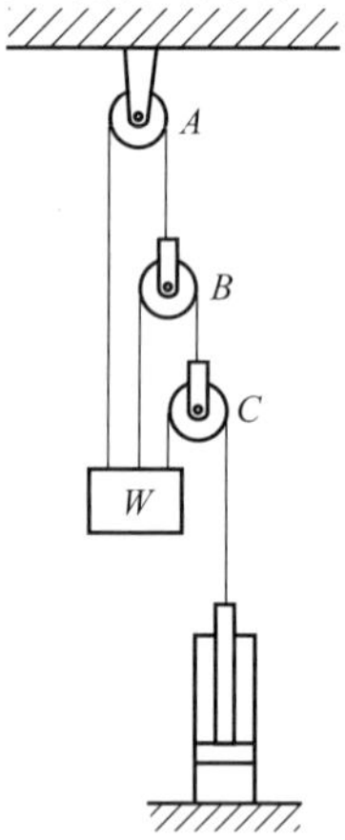

图(h)　使用一个定滑轮和两个动滑轮的七倍增力机构

图(i)所示为使用一个定滑轮和三个动滑轮构成的机构。它能达到八倍的省力效果，并且不要求气动缸推力方向和载荷方向一致。这种机构的另一特点是由于钢丝绳都在同一平面内，所以能用链条代替钢丝绳。使用链条时因各段张力不同故可分别使用不同粗细的链条

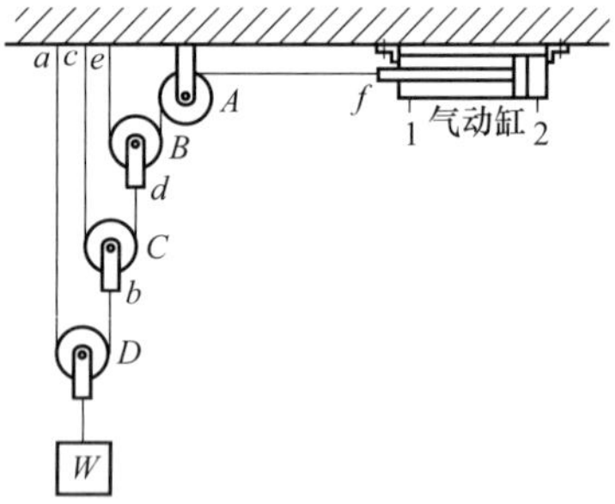

图(i)　使用一个定滑轮和三个动滑轮的八倍增力机构

在图(i)中绳索 ab、cd、ef 各段钢丝绳上分别作用着荷重 1/2、1/4、1/8 的张力。一般钢丝绳不能期待重复工作的频度过高。但对链条来说就是很高的频度也能使用。还有，它跟用钢丝拧成的钢丝绳不同，根据不同的载荷伸长量也相当稳定，因此，机构容易调整。无论是钢丝绳还是链条都应充分给油

在上述这些增力机构上，气动缸的速度控制一般并不困难。这是因为虽然气动缸的活塞是以相当高的速度运动的，但经过增力部分使载荷减速，所以速度的变化对载荷的影响很小

图(f)、(g)所示的那些方式，若使用链条都会有些扭转，所以要是滑轮的间距太小就不能使用。在图(e)所示的方式中若要用链条代替钢丝绳，则可将图中 cd 段改为两根，然后让 ab 段从两根中间穿过去。图(e)那种方式因绳索 ab 和 cd 多少有些触碰，所以不宜用于高频度使用的装置

(4) 行程增大机构

使用绳索的行程增大机构与增力机构的作用相反，但以机构学的观点看往往是相同的。因为制造行程长的气动缸并不容易，并且占有空间较大，这不仅增加气动缸的成本，而且导致增加其他经费的因素很多，所以有时需采用增行程机构。例如，图 21-3-49 所示机构是使用了两组表 21-3-52 中图 (a) 所示机构的小车移动装置。小车行程为气动缸活塞行程的 2 倍。松紧螺钉 E、F、G、H 可调节绳索的拉紧度和小车的位置。小车的驱动力为气动缸输出力的 1/2。

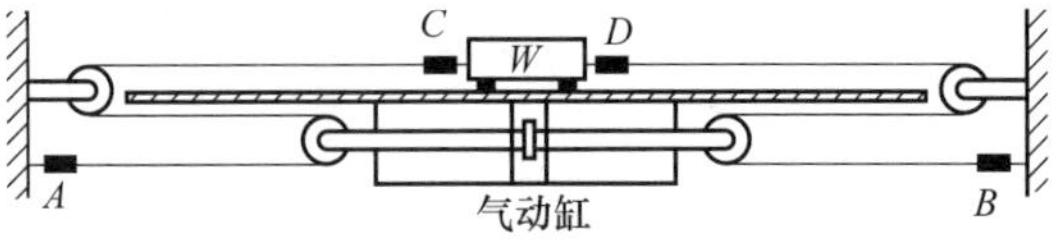

图 21-3-49　小车移动装置

如图 21-3-50 所示，气动缸的尾端和活塞杆顶端都安装了多排滑轮。气动缸被固定在机座上。当气动缸 1 的活塞前进时，气动缸 2 的空气供给口排气，小车向左移动。图中小车的移动量为活塞移动量的 6 倍。若要提高增幅率可增加滑轮数。若在同一轴上装四个滑轮则可扩大八倍行程；若装五个能扩大十倍行程。

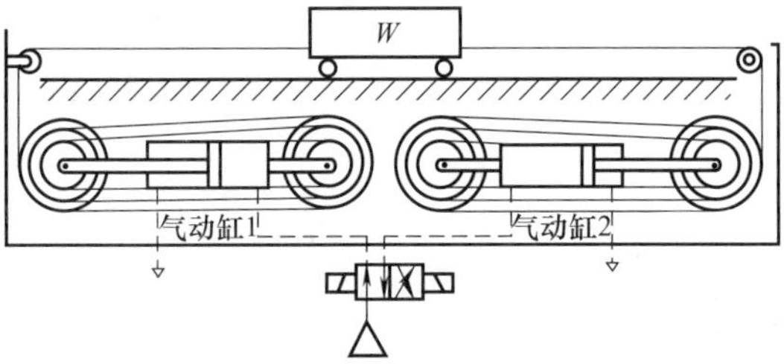

图 21-3-50　八倍增力机构的增行程机构

(5) 使用绳索的同步运转机构

如图 21-3-51 (a) 所示，用一个方向控制阀使两个气动缸同步移动是很困难的。因为在这种情况下要求两个气动缸各自管道的阻力相同，各气动缸的摩擦阻力在行程各点也应相同。如果左气动缸的阻力值比右气动缸大，则右气动缸可用比左气动缸低的压力运动，所以流入右气动缸的空气量就比流入左气动缸的多，使右气动缸以比左气动缸快的速度运动。假如只受管道阻力影响，则如图 21-3-51 (a) 所示，当管道 ab 比从方向控制阀到气动缸的管道粗时，只要在方向控制阀和气动缸之间装设可调节流阀即可。

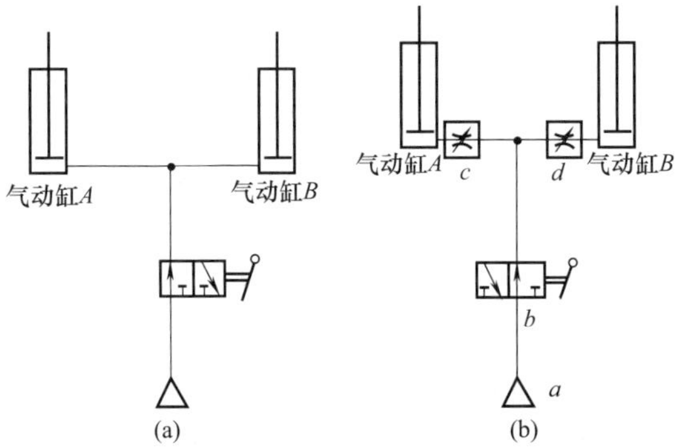

图 21-3-51　用节流阀调整两个气动缸的同步

(不能期待有太好的效果)

然而，纵然管道阻力相等，要使气动缸和与它有关联的机械部分的摩擦阻力达到相等也是不容易的。例如，升降台为使气动缸同步将其活塞杆与外部机械刚性连接起来，这样做可容许有些摩擦不均和管道阻抗的差异，但在外部机械不能刚性连接的场合，要实现两个气动缸同步对气动来说是很困难的。

图 21-3-52 所示为在某种卷取机上使用链条机构的一个例子。使用链条的作用是增行程和使左右气动缸同步。滚筒 A、B 按箭头所示方向转动。材料 C 以轴为中心回转。由于其直径逐渐增大，同时重量也逐渐增加，所以材料 C 和滚筒 A、B 间的接触压力也逐渐增大，使直径大的部分卷得过紧。于是，要使材料沿径向各部的卷绕松紧度相等，就要使材料 C 和滚筒的接触压保持恒定。

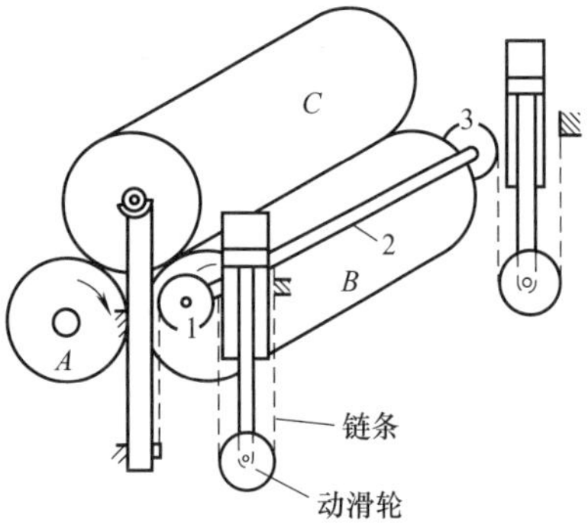

图 21-3-52　在卷取机上采用链条的同步机构

1,3—链轮；2—连接轴

图 21-3-52 所示机构中，若能使气动缸无活塞杆腔的压力逐渐增加，就能减小滚筒与材料的接触压。卷绕结束后为了从滚筒 A、B 上卸下卷取物应将其举起（这时气动缸无活塞杆腔的压力为最大）。卷取轴由链条、链轮 1、3 和连接轴 2 联系起来，故卷取轴能水平升降。

使用链轮及连接轴时左右行程误差 Δx 这样计算：在图 21-3-53 中作用在左右链条上的作用力分别为 p_1，p_2，若其偏差为 Δp，则

$$\Delta p = p_1 - p_2$$

假设链轮 1 和 2 的相对扭转角为 θ，连接轴 2 的长度为 l，其直径为 d，链轮的半径为 r，则

$$\theta = \frac{r\Delta p l}{G I_p}$$

式中　G——轴材料的切变模量；

I_p——相对轴心的截面极惯性矩。

实轴：$I_p = \dfrac{\pi d^4}{32}$

空心轴：$I_p = \dfrac{\pi(d_1^4 - d_2^4)}{32}$

假定链条的全长为 L，链条每单位长度的伸长率

为 E，行程误差为 Δx，则

$$\Delta x = r\theta + E(p_1 - p_2)L \qquad (21\text{-}3\text{-}1)$$

所以

$$\Delta x = \left(\frac{32r^2 l}{\pi G d^4} + EL\right)(p_1 - p_2) \qquad (21\text{-}3\text{-}2)$$

或

$$\Delta x = \left[\frac{32r^2 l}{\pi G(d_1^4 - d_2^4) + EL}\right](p_1 - p_2) \qquad (21\text{-}3\text{-}3)$$

式（21-3-2）用于实轴，式（21-3-3）用于空心轴。

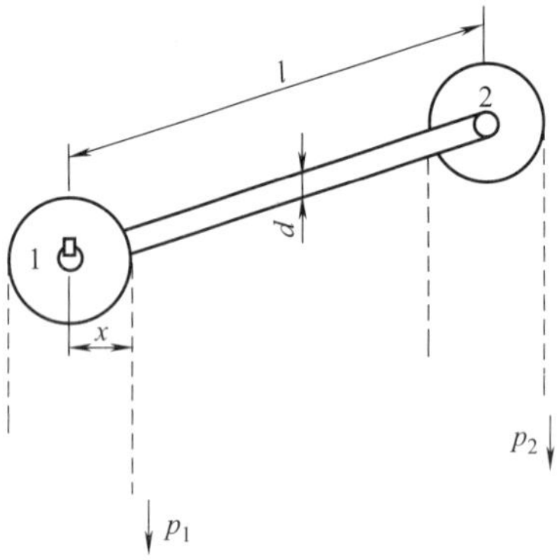

图 21-3-53　由于轴扭转而产生的行程误差

3.2.7.9　使用齿轮齿条的直线运动机构

直线式气动缸和齿轮齿条组合起来成为回转或摆动的机构很多，但用它们组成直线运动的机构却又很少。这是因为一般齿轮是作回转运动的，故用它实现从直线运动到直线运动的情形比较少。不过在一部分阀启闭机构中用气动驱动的倍力机构经常采用这种方案。驱动工作台等的增行程机构中也能很好地使用这种机构。图 21-3-54 所示的便是这种机构中最基本的齿条齿轮机构。

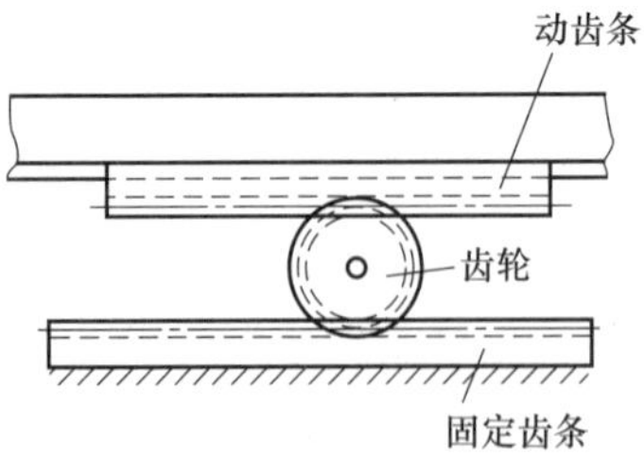

图 21-3-54　齿轮齿条机构

适用于气动驱动方式的这种机构用气动缸驱动齿条（见图 21-3-55）和用气动缸驱动齿轮（见图 21-3-56）两种方式。在图 21-3-55 中气动缸将动作传递给齿条 C，而齿条 C 使齿轮 B 转动并在齿条 A 上滚动。在这种情况下，齿轮中心只移动气动缸行程的 1/2，而其输出力为气动缸输出力的 2 倍。这种机构适宜作增力机构。

如果结构过大，其自重和移动加速度产生的惯性力

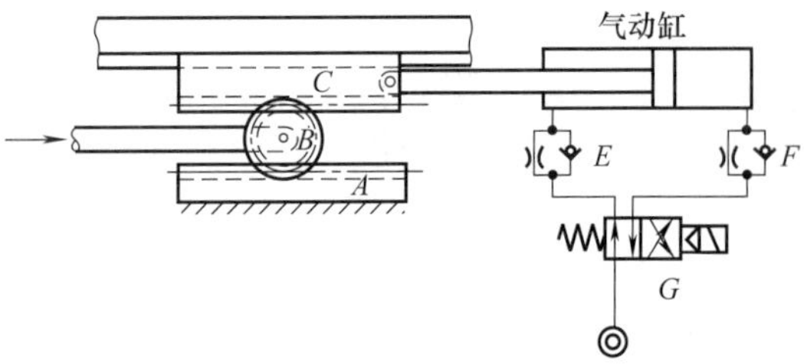

图 21-3-55　用气动缸驱动齿条的齿轮齿条机构

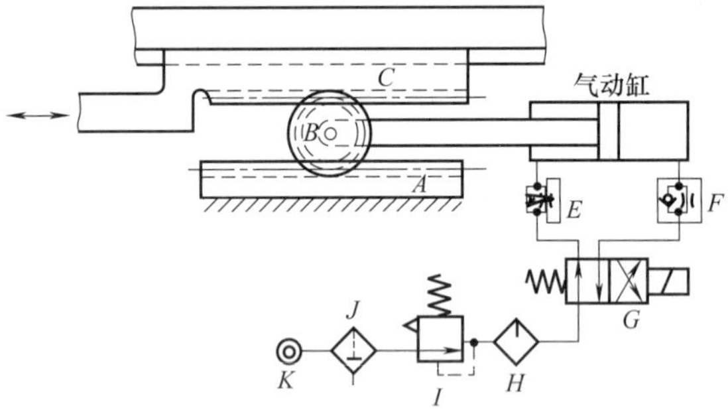

图 21-3-56　用气动缸驱动齿轮的齿轮齿条机构

也较大，容易引起破坏。为了防止惯性力引起的破坏，应当注意速度和移动物的重量。另外，要避免因阀的水锤现象等产生的冲击力作用在齿轮之类的结构上。

应注意由于齿轮背压引起的推力减小。这对于为使结构小而采用大压力角的齿轮的机构来说，更不能忽视。为使机构小型化还有很重要的一点是减少齿轮的齿数，使齿轮整体小型化。因此，可使用压力角比标准压力角大的短齿齿轮，有时甚至使用压力角更大的齿轮。

3.2.7.10　使用回转式执行机构的摆动运动机构

摆动运动可用直线式气动缸、连杆机构和棘轮等组成的机构得到，也可用摆动马达（或叫旋转式执行机构）得到。根据结构摆动马达主要分为叶片式、齿条齿轮式、螺杆式等。最近还出现了用链条将活塞的直线运动传递给回转轴的结构。

叶片式摆动马达在使用于气动时因密封困难，特别是叶片侧壁和转轴交点附近的泄漏很难防止，即使是低压，从很小间隙的泄漏空气量也是很大的，而且叶片部分密封的滑动阻力也很大，因此往往没有实用价值。

齿条齿轮式摆动马达制造较容易，使用效果也很好，容易获得平滑稳定的运转，但需要注意其性能的选择。

螺杆式摆动马达结构存在螺杆加工和密封困难，螺纹磨损、导向轴磨损和螺杆轴的推力轴承磨损等问题，但是与机械整体占有体积相比，给、排空气量很大，因此能设计成结构紧凑的机械。

这种摆动马达的中心轴一般装有滚动轴承，所以摩擦阻力很小，能用小型的执行机构使大惯性量的物

体回转。但这会使摆动马达的回转轴在停止位置承受很大转矩而损坏。在摆动马达上设置在行程末端起缓冲作用的机构往往是困难的，并且，在被驱动的大惯性量物体停止时也不能有效发挥作用。

上述三种摆动马达在行程末端轴的扭转强度都不太大，故在使用时要注意设置回转体定位器，必要时在定位器上可设减振器等。螺杆式摆动马达用于定位和夹紧装置上时，因螺杆有摩擦，故在保持位置准确方面比直线式气动缸好，但是需要注意螺旋部分的强度。

3.2.7.11　使用回转式执行机构的回转运动机构

采用回转式执行机构驱动回转机构，对气动来说效率并不高，因为气动系统的能量传递与电气和液压相比效率较低。

用电机驱动直线运动机构一般需要减速齿轮机构和丝杠、凸轮、连杆等，特别是要求运动速度慢时需要采取减速措施，动力损失很大。例如，一个进给丝杠（除滚珠丝杠外）的动力传递效率低于 50%，蜗轮、齿轮等也一样。在减速系统中若使用蜗轮、蜗杆传动，动力传递效率低于 20%并不稀奇。因此在直线运动的场合，虽然气动驱动的效率较低但因不用减速机构，没有因机构而造成的动力损失，故在效率上能与电气传动相对抗。然而在驱动回转机构的场合，因为气马达一般速度相当高，所以就丧失了在直线运动中不需要减速机构的优势。

使用气动的优点有：

① 机构简单，设计容易；

② 机械成本低；

③ 比同功率的电机轻；

④ 结构坚固，故障少；

⑤ 在恶劣环境中，不用担心着火和漏油；

⑥ 功率惯性比小。

故应可在能利用上列优点的情况下使用气马达。

因气马达有③～⑥所述优点，曾被看作是不可缺少的驱动源。随着电气设备防爆结构的进步，目前有些回转部分已由电机代替。气动驱动在坚固性和不发生漏电危险性方面比电动驱动优越。

图 21-3-57 所示为由回转运动变为摆动运动的机构。这种机构可用来控制阀和气流调节器。用自动控制装置频繁地调节阀和气流调节器开度的情况下，就显出了使用气马达的优势。

3.2.7.12　使用摆动或回转马达的直线运动机构

由摆动运动和回转运动获得直线运动的机构已众

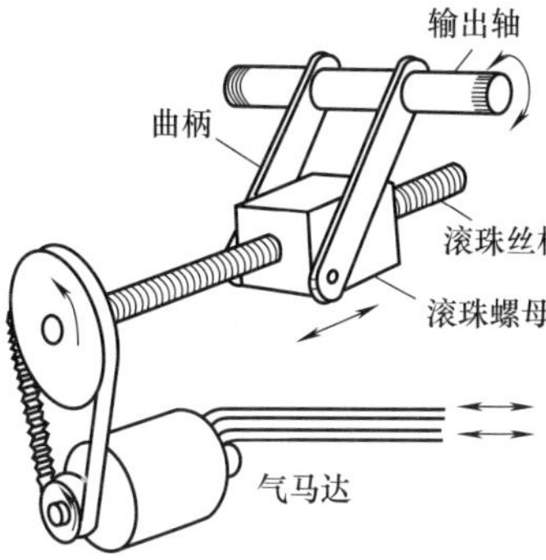

图 21-3-57　由回转运动获得摆动运动的机构

所周知，一般用电机驱动具有很优良的特性，但因其特性相当固定，故通融性较小。本书将介绍用液压和气动改善驱动特性的方法。

需要特别指出，使用气动的回转机械的优点是故障少，对环境条件的适应性好。例如在湿度大的环境中用气动驱动大型阀的启闭比用电机或液压的效果好。

由回转和摆动运动获得直线运动的机构有驱动工作台作直线运动的机构（见图 21-3-58）、齿条齿轮机构（见图 21-3-59）、使用连杆的直线运动机构（见图 21-3-60）以及采用曲柄的直线运动机构（见图21-3-61）。这类机构非常多，但对气动来说，用直线运动的气动缸就能很容易地得到直线运动，故应用较少。

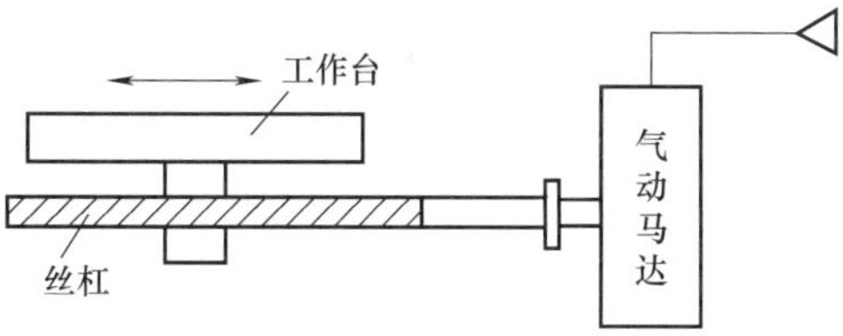

图 21-3-58　驱动工作台作直线运动的机构

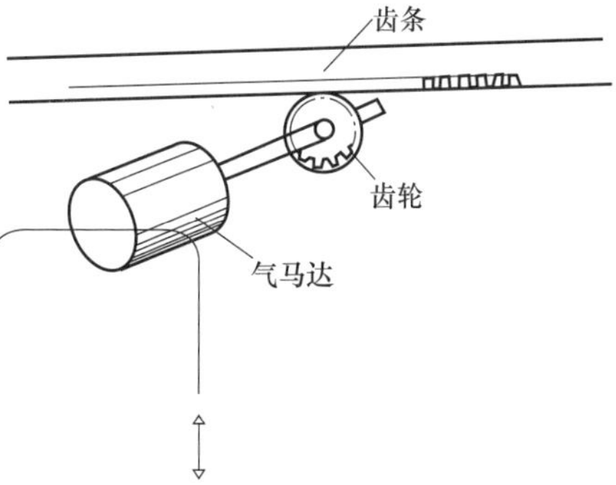

图 21-3-59　采用齿条齿轮的直线运动机构

不过如前所述，气动缸的缺点是要在行程中间停留时活塞的定位性较差，并且在安装空间受到限制的情况下。或者要求操作很慢和不能用电的场合，采用这种摇动式回转马达的直线运动机构还是有价值的。

图 21-3-62 所示为应用气动马达的阀启闭驱动机

构的例子。

依靠电信号使四通电磁阀动作，经减速齿轮、蜗杆、蜗轮变成进给丝杠的直线运动。这种机构中的气马达不像电机那样在超过额定转矩后还会产生强力转矩。因此齿轮轴和蜗轮轴可按最小强度设计，故可减轻从动部分的重量，并且气马达的转速比电机慢，在相同功率下气马达的回转部分比电机轻，因此惯性较小。

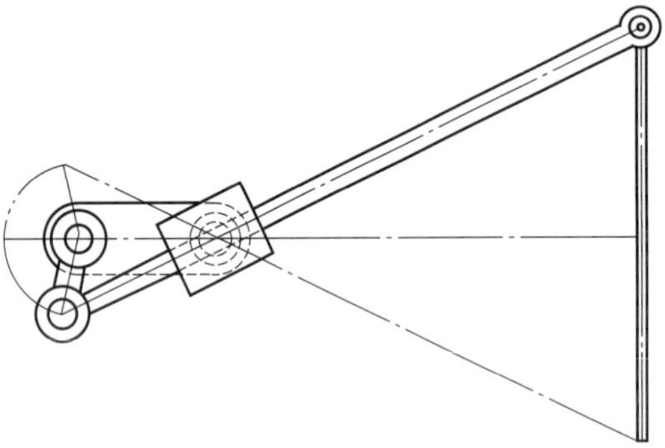

图 21-3-60　采用连杆的直线运动机构

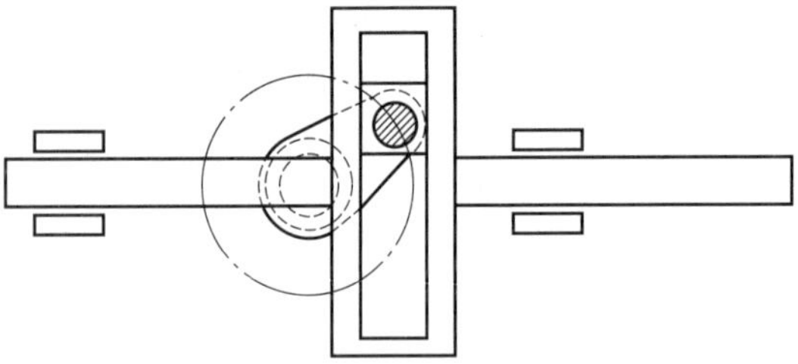

图 21-3-61　采用曲柄的直线运动机构

图 21-3-62 所示机构设有行程阀和弹簧，当进给丝杠不能动作时，蜗杆就会向右移动，由于行程阀的作用自动关闭了空气的进给通路。有些阀机构不设这样的停止机构，有些小型装置当弹簧被压缩时气马达自然停止。

气马达和电机不同，即使一直供给空气压力而不转动也不用担心发生烧毁事故。若用电机驱动时，电机卡住后还继续通电就会立刻使电机烧毁。

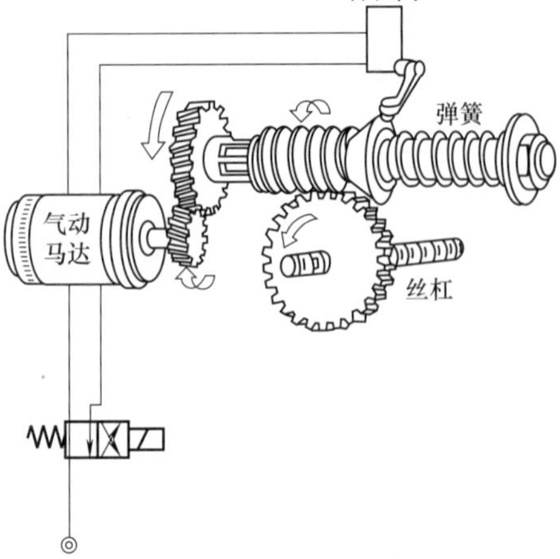

图 21-3-62　采用气马达的阀启闭机构

3.2.7.13　使用直线式气动缸的回转运动机构

在气动设备中虽然有时可采用现成的气动产品，但有时在制造简单的机械时并不一定要求连续平稳地回转，此时可自制简单的回转机械。

图 21-3-63 所示为利用棘轮的断续回转机构。图 21-3-64 所示为利用内棘轮的例子。图 21-3-65 所示为使用超越离合器的例子。

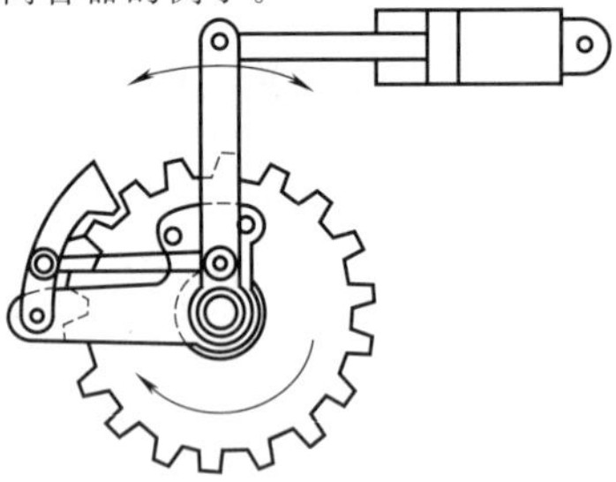

图 21-3-63　利用棘轮的断续回转机构

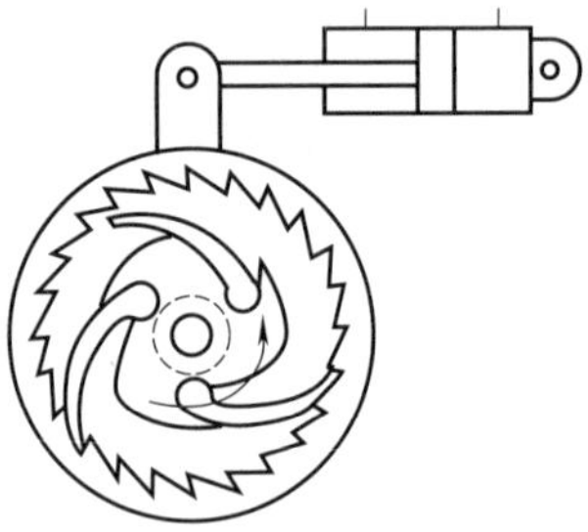

图 21-3-64　使用内棘轮的断续回转机构

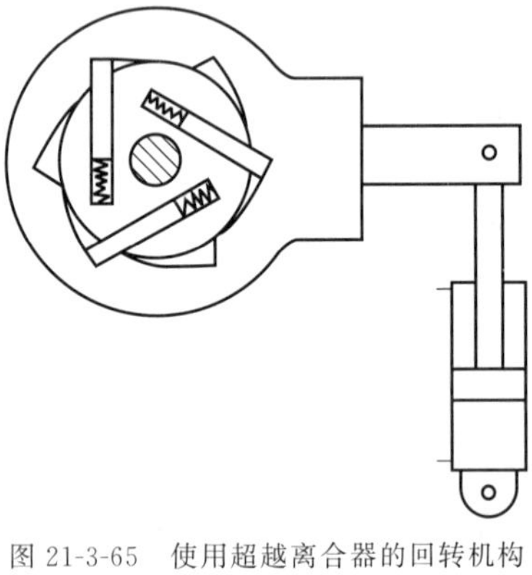

图 21-3-65　使用超越离合器的回转机构

3.3　气动控制元件

3.3.1　方向控制阀

3.3.1.1　换向阀

(1) 换向阀的分类、特点及应用

表 21-3-52　**换向阀的分类、特点及应用**

分类			特点		应用
按阀芯结构分	提动式	平板式	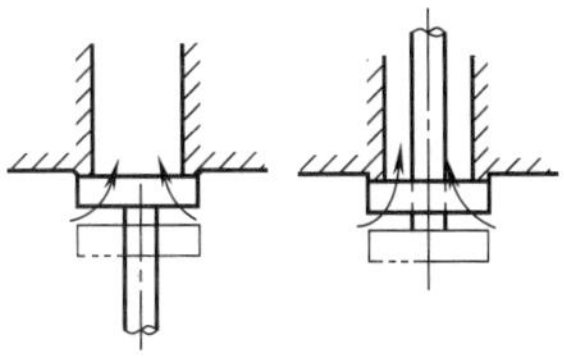	提动式阀芯结构具有如下特点:行程小、换向迅速、流量增益大、滑动密封面少、零位密封性好;阀芯受力不平衡,不易实现四、五通阀的功能	①压力控制阀 ②大通径阀 ③低通路(二通、三通)方向控制阀
		锥面式	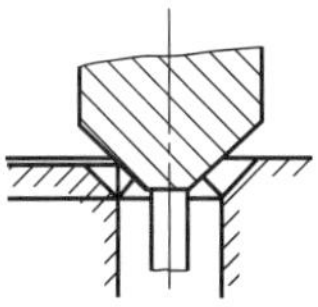		
		球面式	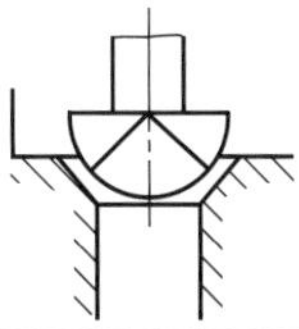		
	圆柱滑阀式	弹性体密封	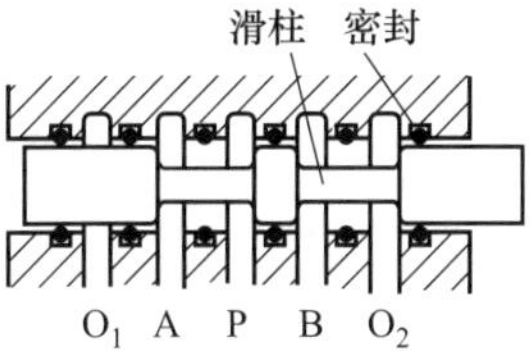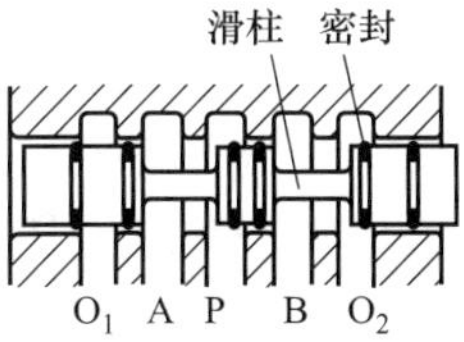	圆柱滑阀式阀芯结构换向行程较长、加工精度要求较高,但易于实现多通路、对称结构。其中,间隙密封式中位密封较差,但寿命长,切换灵活	适用于多通路(四通、五通及以上)换向阀
		间隙密封	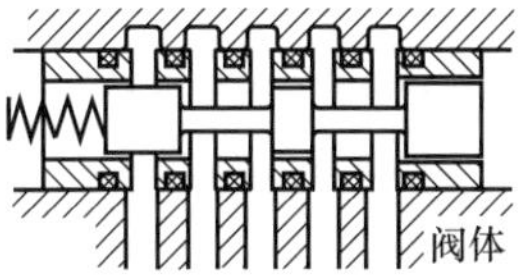		
	平板滑阀式	旋转式	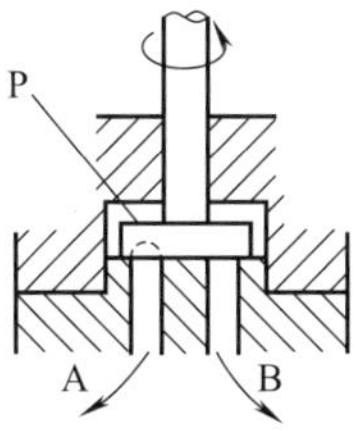	结构简单,通用性强,容易设计成各种通路的阀,尤其适合设计成多位多通路换向阀。在手动转阀中常采用平面滑块旋转式结构型式;平面滑块往复式结构具有对称性质,也有设计为具有记忆功能的阀密封面为平面,又有背压作用,故密封性好。但要求密封面平整光滑;对气源介质中的杂质也比较敏感,如果气动系统过滤、润滑和维护处理不当,易造成密封面磨损,产生泄漏	适用于多通路换向阀,特别是手动换向阀
		往复式	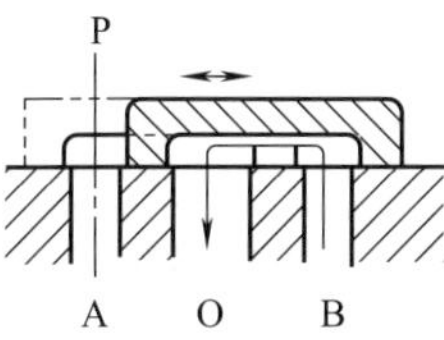		

续表

分类			特点		应用
按阀芯结构分	旋塞式		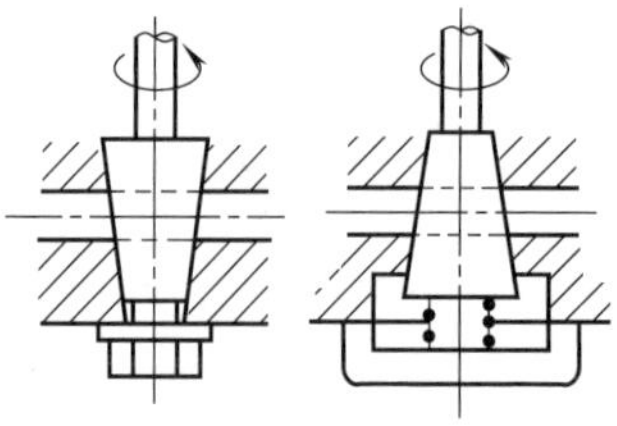	圆锥面紧密接触密封可保证磨损后的补偿；流动阻力小	手动二通或三通阀
按阀的通口数目分	二通	常断	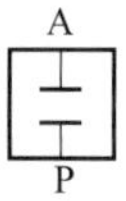	实现流道的通、断	流道的通、断(不排气)
		常通	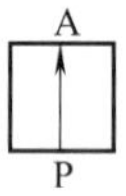		
	三通	常断	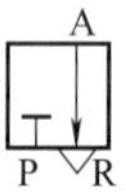	实现流道中流体的正、反向流动	①单作用气动执行器的控制 ②流道的通、断(排气)
		常通	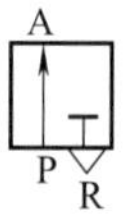		
	四通		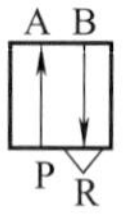	同时实现两个流道中正、反向流动的切换(单排气)	双作用气动执行器的控制
	五通		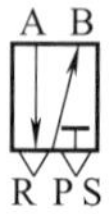	同时实现两个流道中正、反向流动的切换(双排气)	双作用气动执行器的控制
	多通路		同时实现多个流道流动方向的切换		多流道流动方向的切换
按切换位置个数分	二位	二通	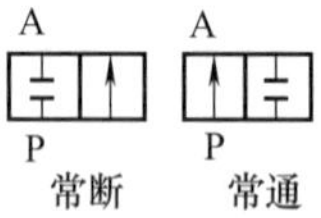	实现流道通断、流动方向两个状态的切换	截止阀或换向阀
		三通	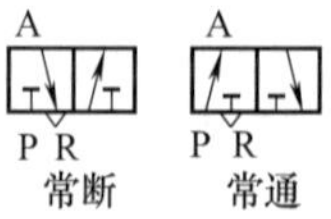		
		四通、五通	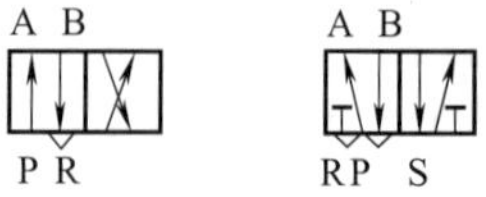		

续表

分类			特点		应用
按切换位置个数分	三位	中位封闭	 三通　四通　五通	实现流道通断、流动方向三个状态的切换	换向阀
		中位加压	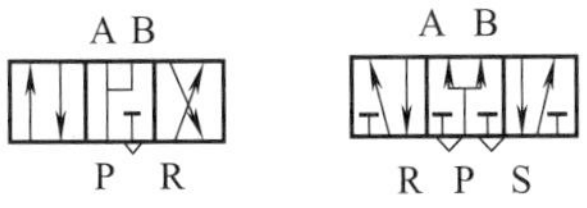 四通　五通		
		中位卸压	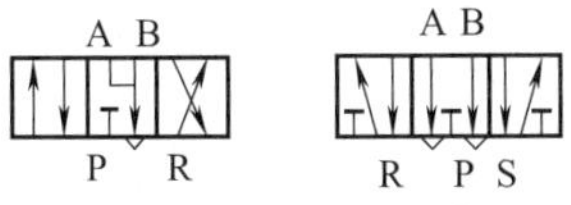 四通　五通		
	多位		实现多个流动状态的切换		换向阀
按作用方式分	电控		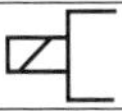	适合于远距离操作	电磁换向阀
	气控		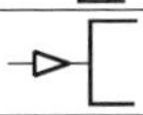	适合于不使用电磁控制方式的中等距离操作；先导控制	气控阀；先导式换向阀
	机控	直动圆头	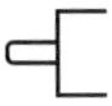	直接当地控制	气动行程开关
		滚轮	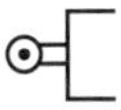		
		单向滚轮（空返回）	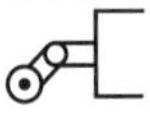		
	人控	普通式		直接当地控制	气动按钮、气动开关等
		按钮	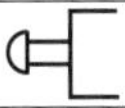		
		手柄			
		脚踏式			
按复位方式分	弹簧复位			结构简单，不需供气；大阀难以实现	单稳态的换向阀
	气动复位		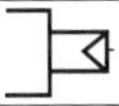	需要供气，可实现大阀芯的复位	单稳态的换向阀
	机械限位		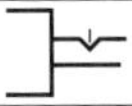	可停止在任意阀位	多稳态的换向阀
按稳态工作点数目分	单稳态			只有一个稳态工作点，当控制信号去除时，换向阀自动回到这一稳态工作点	适用于当除去作用（断电断气等）时，恢复初始状态的场合
	双稳态		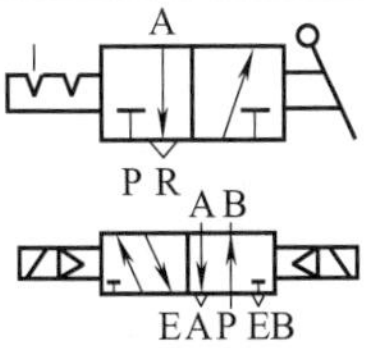	具有两个稳态工作点，当控制信号去除时，换向阀保持在此工作位不动（记忆功能）	适用于当除去作用（断电断气等）时，保持该状态的场合
	多稳态		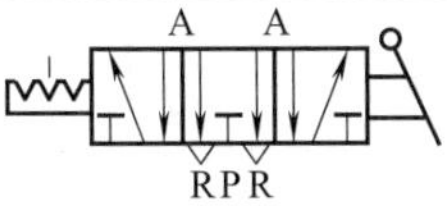	具有多个稳态工作点，当控制信号去除时，换向阀保持在此工作位不动（记忆功能）	

(2) 换向阀的安装方式及公称通径

表 21-3-53 换向阀的安装方式

分类		特点		应用
管式阀	管式连接	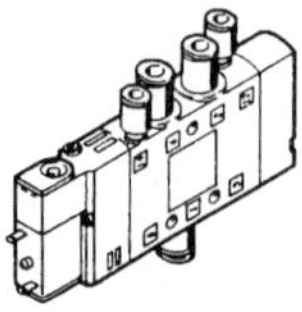	直接接管,安装方便简单	适用于单个或少量阀的场合
	带阀座的管式连接	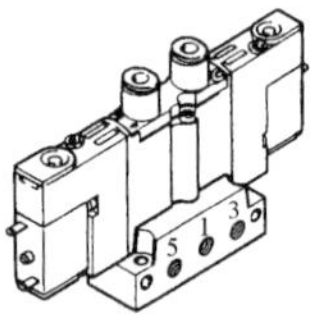	因为有阀座,便于整齐地安装、布置,便于现场装、拆阀体	适用于中等数量阀的场合
	带集成板的管式连接	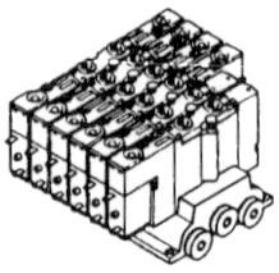	多个阀集成安装在同一集成板上,共用进气、排气,结构紧凑,便于现场装、拆阀体	适用于阀数量较多的场合
集成安装型		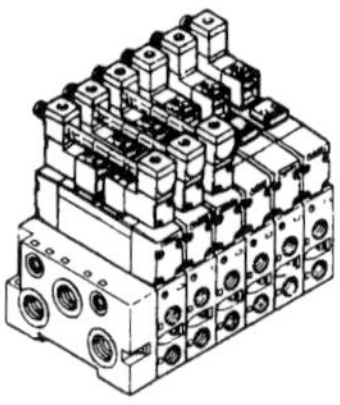	通过专用的集成板可将多个阀集成安装成一体,共用进、排气口。结构紧凑,集成度高,接管少	适用于阀数量巨大的场合

表 21-3-54 换向阀的公称通径

阀的类型			a.微型阀				b.小型阀			c.中型阀					d.大型阀				
公称通径/mm			1	1.2	1.6	2	3	4	6	8	10	15	20	25	32	40	50	65	80
连接螺纹	公制						M5×0.8	M5×0.8	M10×1	M14×1.5	M18×1.5	M22×1.5	M27×2	M33×2	M42×2	M50×2	M60×2	法兰	法兰
	英制						R_c⅛	R_c⅛	R_c⅛	R_c¼	R_c⅜	R_c½	R_c¾	R_c1	R_c1¼	R_c1½	R_c2	R_c2½	R_c3
流通能力	S 值/mm^2		0.5	0.8	1.6	2	3	6	10	20	40	60	110	190	300	400	650	1000	1600
	$K_V(C)$值		0.025	0.04	0.08	0.10	0.15	0.30	0.5	1.0	2.0	3.0	5.6	9.6	15.1	20.2	32.8	50.5	80.8
	C_V 值		0.029	0.047	0.09	0.12	0.18	0.35	0.59	1.18	2.4	3.5	6.5	11.2	17.7	23.6	38.3	59	94.4
	流量①/$dm^3 \cdot min^{-1}$	Q_1	11	18	36	45	70	140	230	450	900	1300	2500	4300	6800	9000	14700	22700	36000
		Q_5	26	40	80	100	160	310	520	1050	2100	3100	5800	10000	15800	21000	35800	52600	84000
		Q_6	28	46	90	110	170	340	570	1150	2300	3400	6300	10900	17300	23100	37500	57700	92000
	额定条件下	流量/$m^3 \cdot h^{-1}$				0.3	0.7	1.4	2.5	5	7	10	20	30	50	70	100	150	200
		压降/MPa				≤0.02	≤0.02	≤0.02	≤0.02	≤0.015	≤0.015	≤0.015	≤0.012	≤0.012	≤0.012	≤0.01	≤0.01	≤0.01	≤0.01

① Q_1、Q_5、Q_6 分别表示进口气压为 0.1MPa、0.5MPa、0.6MPa，进出口压降为 0.1MPa 下，标准流量计算值。

(3) 换向阀的主要技术参数

表 21-3-55　　换向阀的主要技术参数

工作压力范围		换向阀的工作压力范围是指阀能正常工作时输入的最高或最低(气源)压力范围。正常工作是指阀的灵敏度和泄漏量应在规定指标范围内。阀的灵敏度是指阀的最低控制压力、响应时间和工作额度在规定指标范围内 最高工作压力主要取决于阀的强度和密封性能,常见的为 0.8MPa、1.0MPa,有的达 1.6MPa 最低工作压力与阀的控制方式、阀的结构型式、复位特性以及密封型式有关
	内先导	自控式(内先导)换向阀的最低工作压力取决于阀换向时的复位特性,工作压力太低,则先导控制压力也低,作用于活塞的推力也低,当它不能克服复位力时,阀不能被换向工作。如减小复位力,阀开关时间过长,动作不灵敏
	外先导	他控式(外先导)换向阀的工作压力与先导控制功能无关,先导控制的气源为另行供给。因此,其最低工作压力主要取决于密封性能,工作压力太低,往往密封不好,造成较大的泄漏
控制压力		控制压力是指在额定压力条件下,换向阀能完成正常换向动作时,在控制口所加的信号压力。控制压力范围就是阀的最低控制压力和最高控制压力之间的范围 最低控制压力的大小与阀的结构型式,尤其对于软密封滑柱式阀的控制压力与阀的停放时间关系较大。当工作压力一定时,阀的停放时间越长,则最低控制压力越大,但放置时间长到一定以后,最低控制压力就稳定了。上述现象是由于橡胶密封圈在停放过程中与金属阀体表面产生亲和作用,使静摩擦力增加,对差压控制的滑阀,控制压力却随工作压力的提高而增加。这些现象在选用换向阀时应予注意。而截止式阀或同轴截止阀的最低控制压力与复位力有关。外先导阀与工作压力关系不大,但内先导阀与工作压力有关,必须有一个最低的工作压力范围
介质温度和环境温度		流入换向阀的压缩空气的温度称为介质温度,阀工作场所的空气温度称为环境温度。它们是选用阀的一项基本参数,一般标准为5～60℃。若采用干燥空气,最低工作温度可为－5℃或－10℃ 如要求阀在室外工作,除了阀内的密封材料及合成树脂材料能耐室外的高、低温外,为防止阀及管道内出现结冰现象,压缩空气的露点温度应比环境温度低 10℃。流进阀的压缩空气,虽经过滤除水,但仍会含少量水蒸气,气流高速流经元件内节流通道时,会使温度下降,往往会引起水分凝结成水或冰 环境温度的高或低,会影响阀内密封圈的密封性能。环境温度过高,会使密封材料变软、变形。环境温度过低,会使密封材料硬化、脆裂。同时,还要考虑线圈的耐热性
流量特性		表示气动控制阀流量特性的常用方法
	声速流导 c 和临界压力比 b	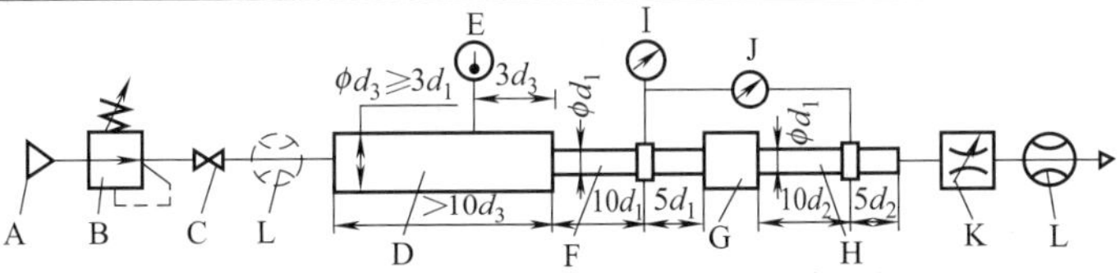 (i)　适用于元件具有出入接口的试验回路 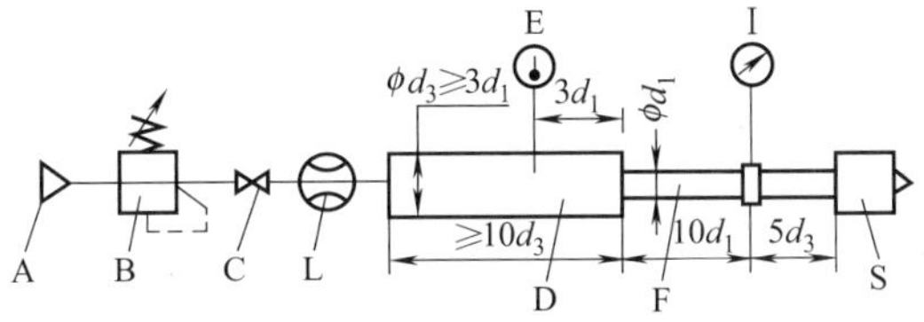 (ii)　适用于出口直接通大气的试验回路 图(a)　ISO6358标准的试验装置回路 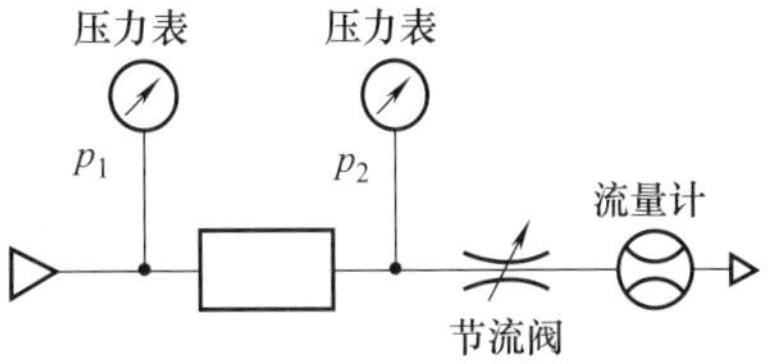 图(b)　标准额定流量的测试回路 A—压缩气源和过滤器;B—调压阀;C—截止阀;D—测温管;E—温度测量仪;F—上游压力测量管;G—被测试元件;H—下游压力测量管;I—上游压力表或传感器;J—差动压力表(分压表)或传感器;K—流量控制阀;L—流量测量装置 图(a)所示为 ISO 6358 标准测试元件流量性能的回路,其中图(a)中(i)适用于被测元件具有出入接口的试验回路,图(a)中(ii)适用于元件出口直接通大气的试验回路。测试时,只要测定临界状态下气流达到的 p_1^*、T_1^* 和 Q_m^* 以及任一状态下元件的上游压力 p_1 以及通过元件的压力降 Δp 和流量 Q_m,分别代入式(1)和式(2)可算出 c 值和 b 值。若已知元件的 c 和 b 参数,可按式(3)和式(4)计算通过元件的流量 国际标准 ISO 6358 气动元件流量特性中,用声速流导 c 和临界压力比 b 来表示方向控制阀的流量特性。参数 c、b 分别按下式计算 $$c=\frac{Q_m^*}{\rho_0 p_1^*}\sqrt{\frac{T_1^*}{T_0}}\quad (m^4\cdot s/kg) \qquad (1)$$ $$b=1-\frac{\dfrac{\Delta p}{p_1}}{1-\sqrt{1-\left(\dfrac{Q_m}{Q_m^*}\right)^2}} \qquad (2)$$

续表

流量特性	声速流导 c 和临界压力比 b	当 $\frac{p_2}{p_1} \leqslant b$ 时，元件内处于临界流动 $$Q_m^* = c p_1^* \rho_0 \sqrt{\frac{T_0}{T_1^*}} \quad (kg/s) \qquad (3)$$ 当 $\frac{p_2}{p_1} \geqslant b$ 时，元件内处于亚声速流动 $$Q_m = Q_m^* \sqrt{1-\left(\frac{\frac{p_2}{p_1}-b}{1-b}\right)^2} \qquad (4)$$ 式中　p_1^*——处于临界状态下元件的上游压力，Pa T_1^*——处于临界状态下元件的上游温度，K Q_m^*——处于临界状态下元件的流量，kg/s Δp——被测元件前后压降，Pa p_1——被测元件上游压力，Pa Q_m——通过元件的质量流量，kg/s T_0——标准状态下的温度，$T_0=(273+20)$K ρ_0——标准状态下的空气密度，$\rho_0=1.209$kg/m^3 用ISO 6358气动元件流量标准的一组参数 b 和 c 能完整地表征方向控制阀的流量特征，参数含义明确。c 值反映了折算成标准温度下处于临界状态的气动元件，单位上游压力所允许通过的最大体积流量值，该值越大，说明气动元件的流量性能越好；b 值反映了气动元件达到临界状态所必需的条件，在相同的流量条件下，b 值越大则说明在气动元件上产生的压力降越小
	标准额定流量 Q_{Nn}	标准额定流量 Q_{Nn} 是指在标准条件下的额定流量，其单位是L/min。额定流量 Q_n 是指在额定条件下测得的流量。图(b)所示为用于测量标准额定流量的回路 通常对方向控制阀来说，测试时调定的输入电压 p_1 为0.6MPa，输出压力为0.5MPa，通过被测元件的流量(ANR)即为标准额定流量 Q_{Nn}
	流通能力 C 值、K_V 值及流量系数 C_V 值	阀的流通能力是指在规定压差条件下，阀全开时，单位时间内通过阀的液体的体积数或质量数 公制：C 值(或 K_V 值)是公制单位表示阀的流通能力，它的定义为阀全开状态下以密度为1g/cm^{3}的清水在阀前后压差保持0.1MPa，每小时通过阀的水的体积数(m^3)。按原定 C 值的压差 9.8×10^4Pa，K_V 值的压差为1bar，两者基本相同 英制：C_V 值是英制单位表示阀的流通能力，它的定义为阀前后压差保持1psi（6894.76Pa)时，每分钟流过60°F(15.6℃)水的加仑数(美制加仑数，1gal=3.785L) C 值与 C_V 值之间的换算关系为 $$C_V=1.167C$$
	有效截面积 S	阀的有效截面积是指某一假想的截面积为 S 的薄壁节流孔，当该孔与阀在相同条件下通过的空气流量相等时，则把此节流孔的截面积 S 称为阀的有效截面积，单位为mm^2 有效截面积 S 与流量系数 C_V 的换算关系为 $$S=16.98C_V$$ 换向阀的标准额定流量 Q_{Nn} 与流通能力的换算关系为 $$Q_{Nn}=1100K_V$$ $$Q_{Nn}=984C_V$$
切换时间		切换时间是指出气口只有一个压力传感器连接时，从电气或者气动的控制信号变化开始，到相关出气口的压力变化到额定压力的10%时所对应的滞后时间。换向阀切换时间的测试方法见图(c) 新的切换时间规定与旧的换向时间定义和数值都不同，新的切换时间是在规定的工作压力、输出口不接负载的条件下，从一开始给控制信号(接通)到阀的输出压力上升到输入压力10%，或下降到原来压力90%的时间 影响阀切换时间的因素是复杂的，它与阀的结构设计有关，与电磁线圈的功率有关(换向力的大小)，与换向行程有关，与复位可动部件弹簧力及密封件在运动时摩擦力等因素均有关(密封件结构、材质等) 通常直动式电磁阀比先导式电磁阀的换向时间短，双电控阀比单电控阀的换向时间短，交流电磁阀比直流电磁阀的换向时间短，二位阀比三位阀的换向时间短，小通径阀比大通径阀的换向时间短 注意：当选用某一个阀时，切换时间是表征了阀的动态性能，是一个重要参数。要注意区分各个国家对阀切换时间的规定 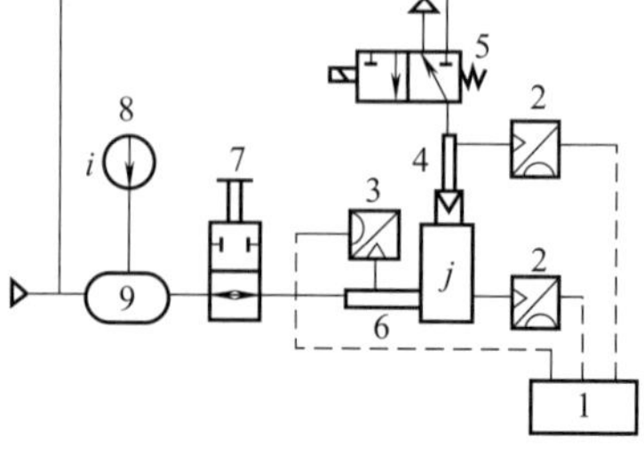 图(c)　换向阀切换时间的测试方法 1—控制阀；2—控制压力传感器；3—压力传感器；4—输出记录仪；5—被测试阀；6—符合ISO 6358规定的压力测量管；7—截止阀(任选)；8—温度计；9—供气容器

续表

最高换向频率	阀的最高换向频率是指换向阀在额定压力下在单位时间内保证正常换向的最高次数，也称为最高工作频率（Hz）。影响换向频率的因素与切换时间的相同 “频度”是每分钟时间内完成的动作次数，不要与“频率”相混淆。频率是指每秒钟内完成的动作次数，是国际单位制中具有专门名称的导出单位 Hz（s^{-1}） 最高换向频率与阀的本身结构、阀的切换时间、电磁线圈在连续高频工作时的温升及阀出口连续的负载容积大小有关，负载容积越大，换向频率越低，电磁阀通径越大，换向频率也越低。直动式阀比先导式阀换向频率高，间隙密封（硬配合阀）比弹性密封换向频率要高，双电控比单电控高，交流比直流要高
防护等级	见下文

防护等级

电气设备的防护等级：欧美地区气动制造厂商均采用 EN 60 529 标准对电气设备的防护，带壳体的防护等级通过标准化的测试方法来表示。防护等级用符合国际标准代号 IP 表示，IP 代码用于对这类防护等级的分类。欧美地区气动制造厂商样本中在电磁阀或电磁线圈上通常印有 IP65 字样，下表列出了防护代码的含义。IP 代码由字母 IP 和一个两位数组成。有关两位数字的定义见下表

第 1 数字的含义：数字 1 表示人员的保护。它规定了外壳的范围，以免人与危险部件接触。此外，外壳防止了人或人携带的物体进入。另外，该数字还表示对固体异物进入设备的防护程度

第 2 数字的含义：数字 2 表示设备的保护。针对由于水进入外壳而对设备造成的有害影响，它对外壳的防护等级做了评定

IP65，6 表示第一代码编号：对电磁阀而言，表示固体异物、灰尘进入阀体的保护等级值；

5 表示第二代码编号：对电磁阀而言，表示水滴、溅水或浸入的保护等级值

IP 6 5

代码字母		
IP	国际防护	—

代码编号 1	说明	定义
0	无防护	—
1	防止异物进入，50mm 或更大	直径为 50mm 的被测物体不得穿透外壳
2	防止异物进入，12.5mm 或更大	直径为 12.5mm 的被测物体不得穿透外壳
3	防止异物进入，2.5mm 或更大	直径为 2.5mm 的被测物体完全不能进入
4	防止异物进入，1.0mm 或更大	直径为 1mm 的被测物体完全不能进入
5	防止灰尘堆积	虽然不能完全阻止灰尘的进入，但灰尘进入量应不足以影响设备的良好运行或安全性
6	防止灰尘进入	灰尘不得进入

代码编号 2	说明	定义
0	无防护	—
1	防护水滴	不允许垂直落水滴对设备有危害作用
2	防护水滴	不允许斜向（偏离垂直方向不大于 15°）滴下的水滴对设备有任何危害作用
3	防护喷溅水	不允许斜向（偏离垂直方向不大于 60°）滴下的水滴对设备有任何危害作用
4	防护飞溅水	不允许任何从角度向外壳飞溅的水流对设备有任何危害作用
5	防护水流喷射	不允许任何从角度向外壳喷射的水流对设备有任何危害作用
6	防护强水流喷射	不允许任何从角度对准外壳喷射的水流对设备有任何危害作用
7	防护短时间浸入水中	在标准压力和时间条件下，外壳即使只是短时期内浸入水中，也不允许一定量的水流对设备造成任何危害作用
8	防护长期浸入水中	如果外壳长时间浸入水中，不允许一定量的水流对设备造成任何危害作用 制造商和用户之间的使用条件必须一致，该使用条件必须比代码 7 更严格
9K	防护高压清洗和蒸汽喷射清洗的水流	不允许高压下从任何角度直接喷射到外壳上的水流对设备有任何危害作用

食品加工行业通常使用防护等级为 IP65（防尘和防水管喷水）或 IP67（防尘和能短时间浸水）的元件。对某些场合究竟采用 IP65 还是 IP67，取决于特定的应用场合，因为对每种防护等级有其完全不同的测试标准。一味强调 IP67 比 IP65 等级高并不一定适用。因此，符合 IP67 的元件并不能自动满足 IP65 的标准

续表

<table>
<tr><td>泄漏量</td><td colspan="6">阀的泄漏量有两类，即工作通口泄漏量和总体泄漏量。工作通口泄漏量是指阀在规定的试验压力下相互断开的两通口之间的内泄漏量，它可衡量阀内各通道的密封状态。总体泄漏量是指阀所有各处泄漏量的总和，除其工作通口的泄漏外，还包括其他各处的泄漏量，如端盖、控制腔等。泄漏量是阀的气密性指标之一，是衡量阀的质量性能好坏的标志。它将直接关系到气动系统的可靠性和气源的能耗损失。泄漏与阀的密封型式、结构型式、加工装配质量、阀的通径规格、工作压力等因素有关</td></tr>
<tr><td>耐久性</td><td colspan="6">耐久性是指阀在规定的试验条件下，在不更换零部件的条件下，完成规定工作次数，且各项性能仍能满足规定指标要求的一项综合性能，它是衡量阀性能水平的一项综合性参数
阀的耐久性除了与各零件的材料、密封材料、加工装配有关外，还与两个十分重要的因素有关，即阀本身设计结构及压缩空气的净化处理质量（如需合适的润滑状况）
某些国外气动厂商对阀测试条件是：过滤精度为 5μm 干燥润滑的压缩空气，工作压力为 6bar，介质温度为 23℃，频率为 2Hz 条件下进行，目前，各气动制造厂商的耐久性指标平均为 2 千万次以上，一些优质的电磁阀可达 5 千万次、1 亿次以上</td></tr>
<tr><td rowspan="4">温升与绝缘种类</td><td colspan="6">电磁阀线圈通电后就会发热，达到热稳定平衡时的平均温度与环境温度之差称为温升。线圈的最高允许温升是由线圈的绝缘种类决定的（见下表）。电磁阀的环境温度由线圈的绝缘种类决定的最高允许温度和电磁线圈的温升值来决定，一般电磁阀线圈为 B 种绝缘，最高允许温升则为 130℃</td></tr>
<tr><td>绝缘种类</td><td>A</td><td>E</td><td>B</td><td>F</td><td>H</td></tr>
<tr><td>允许温升/℃</td><td>65</td><td>80</td><td>90</td><td>115</td><td>140</td></tr>
<tr><td>最高允许温升/℃</td><td>105</td><td>120</td><td>130</td><td>155</td><td>180</td></tr>
<tr><td>吸力特性</td><td colspan="6">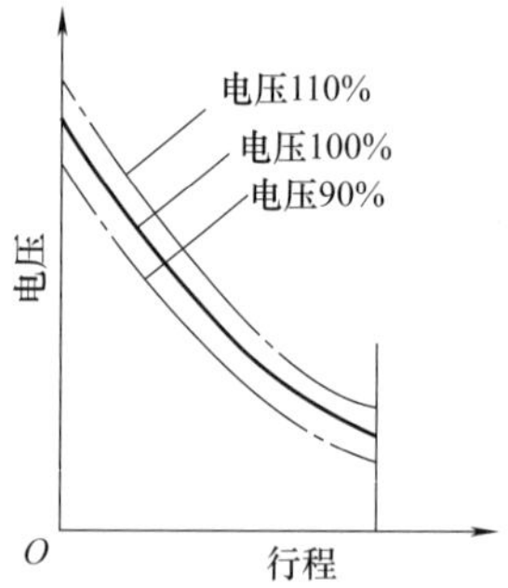

图(d)　行程与吸力特性曲线
图(d)为行程与吸力特性曲线。交流电磁铁与直流电磁铁特性是相似的，当电压增加或行程减少时，两者的吸力都呈增加趋势。但是，当动铁芯行程较大时，由于两者的电流特性不同，直流电磁铁的吸力将大幅度下降，而交流电磁铁吸力下降较缓慢</td></tr>
<tr><td>启动电流与保持电流</td><td colspan="6">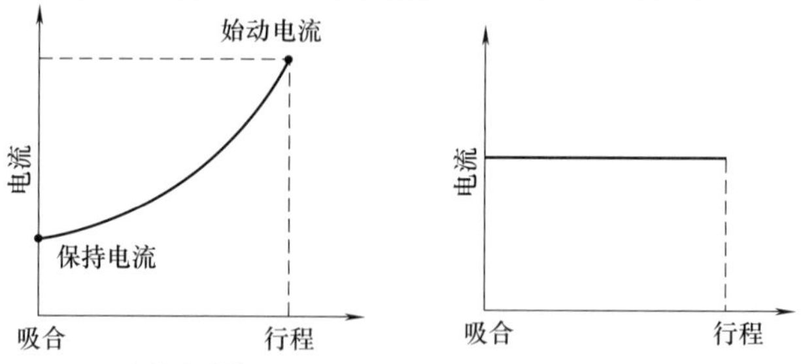

(i) 交流电磁铁　(ii) 直流电磁铁
图(e)　行程与电流特性曲线
当交流电磁铁工作电压确定后，励磁电流大小虽与线圈的电阻值有关，但还受到行程的影响，行程大，磁阻大，励磁电流也大，最大行程时的励磁电流（也称启动电动）由图(e)中(ⅰ)可见，交流电磁铁启动时，即动铁芯的行程最大时，启动电流最大。随着动铁芯移动行程逐渐缩短，电流也逐渐变小。当电磁铁已被吸住的电流称为保持电流。一般电磁阀的启动电流为保持电流的 2～4 倍，对于大型交流电磁阀，它的启动电流可达保持电流 10 倍以上，甚至更大。当铁芯被卡住，启动电流持续流过时，线圈发热剧升，甚至烧毁。交流电磁铁不宜频繁通断，其寿命不如直流电磁铁长。对于直流电磁铁而言，其线圈电流仅取决于线圈电阻，与行程无关。如图(e)中(ⅱ)所示，直流电磁铁的电流与行程无关，在吸合过程中始终保持一定值。故动铁芯被卡住时也不会烧毁线圈，直流电磁铁可频繁通、断，工作安全可靠。但不能错接电压，错接高压电时，流过电流过大，线圈即会烧毁</td></tr>
<tr><td>功率</td><td colspan="6">在设计电磁阀控制回路时，需计算回路中电流等参数。计算时应注意，交流电磁铁的功率用视在功率 $P=UI$ 计算，单位为 V・A，已知交流电磁阀的视在功率为 16V・A，使用电压为 220V，则流过交流电磁阀的电流为 73mA。直流电磁阀用消耗功率 P 计算，单位为 W</td></tr>
</table>

（4）换向阀的选择

表 21-3-56　**换向阀的选择**

选用原则	总体原则	首先根据应用场合（工作压力、工作温度、气源净化要求等级等）确定采用电磁控制还是气压控制，是采用滑阀型电磁阀还是截止型电磁阀或间隙型电磁阀（硬配阀），然后根据工艺逻辑关系要求选择电磁阀通口数目及阀切换位置时的功能，如二位二通、二位三通（常开型、常闭型）、二位五通（单电控、双电控）、三位五通（中封式、中泄式、中压式）。接着应考虑阀的流量、功耗、切换时间、防护等级、通电持续率，与此同时选择管式阀、半管式阀、板式阀或是ISO板式阀，通常当需要几十个阀时，大都采用集成板接式连接方式
	具体原则	①根据流量选择阀的通径。阀的通径是根据气动执行机构在工作压力状态下的流量值来选取的。目前国内市场的阀流量参数有各种不同的表示方法，阀的通径不能表示阀的真实流量，如G1/4的阀通径为8mm，也有的为6mm。阀的接口螺纹也不能代表阀的实际流量，必须明确所选阀实际流量（L/min），这些在选择时需特别注意 ②根据要求选用阀的功能及控制方式，还须注意应尽量选择与所需型号相一致的阀，尤其对集成板接式阀而言，如用二位五通阀代替二位三通阀或二位二通阀，只需将不用的孔口用堵头堵上即可。用两个二位三通阀代替一个二位五通阀，或用两个二位二通阀代替一个二位三通阀的做法一般不推荐，只能在紧急维修时暂用 ③根据现场使用条件选择直动阀、内先导阀、外先导阀。如需用于真空系统，只能采用直动阀和外先导阀 ④根据气动自动化系统工作要求选用阀的性能，包括阀的最低工作压力、最低控制压力、响应时间、气密性、寿命及可靠性。如用气瓶惰性气体作为工作介质，对整个系统的气密性要求严格。选择手动阀就应选择滑柱式阀结构，阀在换向过程中各通口之间不会造成相通而产生泄漏 ⑤应根据实际情况选择阀的安装方式。从安装维修方面考虑板式连接较好，包括集成式连接，ISO 5599.1标准也是板式连接。因此优先采用板式安装方式，特别是对集中控制的气动控制系统。但管式安装方式的阀占用空间小，也可以集成板式安装，且随着元件的质量和可靠性不断提高，已得到广泛应用。对管式阀应注意螺纹是G螺纹、R螺纹，还是NPT螺纹 ⑥应选用标准化产品，避免采用专用阀，尽量减少阀的种类，便于供货、安装及维护。最后要指出，选用的阀应该技术先进，元件的外观、内在质量、制造工艺是一流的，有完善的质量保证体系，价格应与系统的可靠性要求相适应。这一切都是为了保证系统工作的可靠性
使用注意事项		①安装前应查看阀的铭牌，注意型号、规格与使用条件是否相符，包括工作压力、通径、螺纹接口等。接通电源前，必须分清电磁线圈是直流型还是交流型，并看清工作电压数值。然后，再进行通电、通气试验，检查阀的换向动作是否正常。可用手动装置操作，检查阀是否换向。但检查后，务必使手动装置复原 ②安装前应彻底清除管道内的粉尘、铁锈等污物。接管时应防止密封带碎片进入阀内。如用密封带时，螺纹头部应留1.5～2个螺牙不绕密封件，以免断裂密封带进入阀内 ③应注意阀的安装方向，大多数电磁阀对安装位置和方向无特殊要求，有特定要求的应予以注意 ④应严格管理所用空气的质量，注意空压机等设备的管理，除去冷凝水等有害杂质。阀的密封元件通常用丁腈橡胶制成，应选择对橡胶无腐蚀作用的透平油作为润滑油（ISO VG32）。即使对无油润滑的阀，一旦用了含油雾润滑的空气后，则不能中断使用。因为润滑油已将原有的油脂洗去，中断后会造成润滑不良 ⑤对于双电控电磁阀应在电气回路中设联锁回路，以防止两端电磁铁同时通电而烧毁线圈 ⑥使用小功率电磁阀时，应注意继电器接点保护电路RC元件的漏电流造成的电磁阀误动作。因为此漏电流在电磁线圈两端产生漏电压，若漏电压过大时，就会使电磁铁一直通电而不能关断，此时要接入漏电阻 ⑦应注意采用节流的方式和场合，对于截止式阀或有单向密封的阀，不宜采用排气节流阀，否则将引起误动作。对于内部先导式电磁阀，其入口不得节流。所有阀的呼吸孔或排气孔不得阻塞 ⑧应避免将阀装在有腐蚀性气体、化学溶液、油水飞溅、雨水、水蒸气存在的场所，注意，应在其工作压力范围及环境温度范围内工作 ⑨注意手动按钮装置的使用，只有在电磁阀不通电时，才可使用手动按钮装置对阀进行换向，换向检查结束后，必须返回，否则，通电后会导致电磁线圈烧毁 ⑩对于集成板式控制电流阀，注意排气背压造成其他元件工作不正常，特别对三位中泄式换向阀，它的排气顺畅与否，与其工作有关。采取单独排气以避免产生误动作

3.3.1.2　其他方向控制阀

表 21-3-57　**其他方向控制阀**

名称	结　　构		用　　途
单向阀	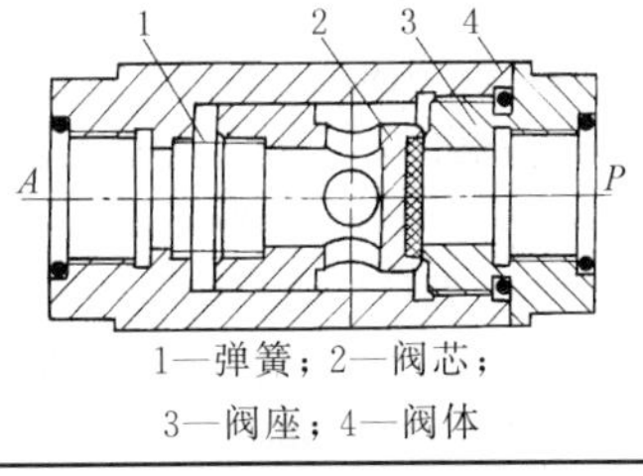 1—弹簧；2—阀芯； 3—阀座；4—阀体	是最简单的一种单向型方向阀。选用的重要参数为最低动作压力（阀前后压差）、阀关闭压力（压差）、流量特性等	在气动系统中，单向阀除单独使用外，还经常与流量阀、换向阀和压力阀组合成单向节流阀、延时阀和单向压力阀，广泛用于调速控制、延时控制和顺序控制系统中

续表

名称	结构		用途
梭阀(或门阀)	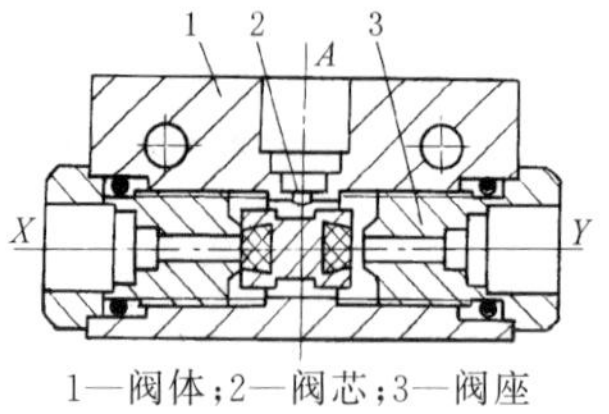 1—阀体;2—阀芯;3—阀座	相当于两个单向阀组合而成,有两个输入口和一个输出口。无论是 X 口或 Y 口进气,A 口都有输出 它实际上是一个二输入自控导通式二位三通阀	在气动系统中多用于控制回路中,特别是逻辑回路中,起逻辑“或”的作用,故又称为或门阀。也可用于执行回路中
双压阀(与门阀)	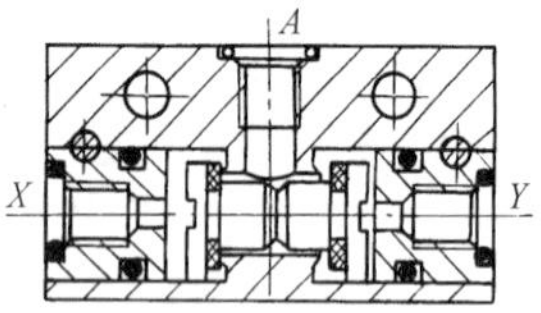	有两个输入口和一个输出口 只有 X、Y 口同时有输入时,A 才有输出 它实际上是一个二输入自控关断式二位三通阀	在气动系统中,它主要用于控制回路中,对两个控制信号进行互锁,起逻辑“与”的作用,故又称与门阀
快速排气阀	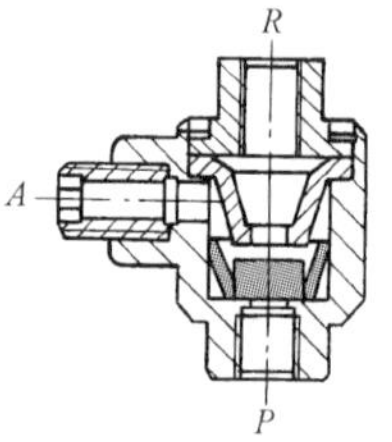	当 P 口进气后,阀芯关闭排气口 R,P、A 通路导通,A 口有输出。当 P 口无气时,输出管路中的空气使阀芯将 P 口封住,A、R 接通,排气 它实际上是一个自控反馈差压平衡式二位三通阀	常将这种阀安装在气缸和换向阀之间,应尽量靠近气缸排气口,或直接拧在气缸排气口上,使气缸快速排气,故叫做快速排气阀,达到提高生产效率的作用

3.3.1.3　阀岛

阀岛（valve terminal）是由著名的德国 FESTO 公司最先发明并引入应用。

由于近十几年来电子技术的飞速发展，机电一体化技术已越来越广泛地应用到工业设备中。在这类设备上往往大量采用电子器件实现测量、控制以及操作和显示，由气动或电动执行机构实现送料、夹紧、加工等动作。因此，与此相应的接口技术，即电信号、各种物理量或气动、液压、电动及其他方式的驱动能量有机地结合、转换，就显得极为重要。

阀岛是新一代的电-气一体化控制元器件，大幅度简化了设备中各种接口，并且和现场总线技术相合，使两者的技术优势得到充分发挥，具有广泛的应用前景。

（1）带多针接口的阀岛

第一代阀岛——带多针接口阀岛为简化设备中的选型、订货、安装和测试工作等迈出了第一步。在阀岛上安装的电磁阀可以是单电控，也可以是双电控，同时其尺寸、功能覆盖面极广。可编程控制器的输出控制信号、输入电信号均通过一根带多针插头的多股电缆与阀岛连接，而由传感器输出的信号则通过电缆连接到阀岛的电信号输入口上。

带多针接口阀岛有以下特点。

① 各种阀根据用户提出的要求集中安装于阀岛上，其气源口、排气口已连接妥当。

② 各阀的电控信号连接到一个统一的多针插座上。

③ 电控信号的输入和输出口的电路保护、防水措施等功能都集成于阀岛。

④ 可以与目前市场上最常见的多接头输入/输出方式的可编程控制器结合使用，即对可编程控制器的接口形式无特殊要求（如现场总线形式）。

⑤ 阀岛的气动、电控组件的功能都已测试、检验完毕。

用户只需要：

① 将阀的输出口连接到对应的气动执行机构上；

② 将带多针插头的多股电缆与可编程控制器的输入/输出口连接。

带多针接口的阀岛输入信号均通过一根带多针插头的多股电缆与阀岛连接，而由传感器输出的信号则通过电缆连接到阀岛的电信号输入口上，参见图 21-3-66。

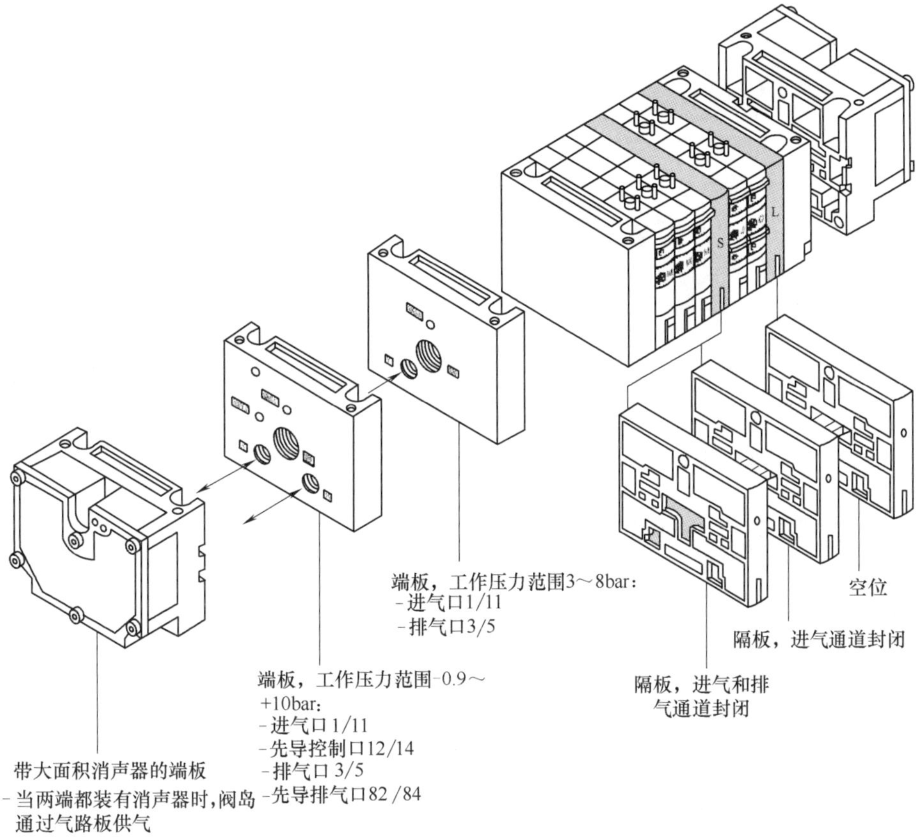

图 21-3-66　多针阀岛

因此控制器、气动阀、传感器输入电信号之间的接口简化为只有一个带多针插头的多股电缆。与常规方式实现的控制系统比较可知，采用多针接口的阀岛后，系统不再需要接线盒。同时，所有电信号的处理、保护功能（如电信号的极性保护、光电隔离、防水等）都已在阀岛上实现。显然，通过采用多针接口的阀岛使得系统的设计、制造和维护过程大为简化。

阀岛结构尺寸小，最多可以安装 8 片阀，所有的阀都采用先导式控制。电磁多针阀岛由左右端板（带大面积消声器）、多针插头接口、阀片 C、隔板、标牌安装架、连接电缆组成。

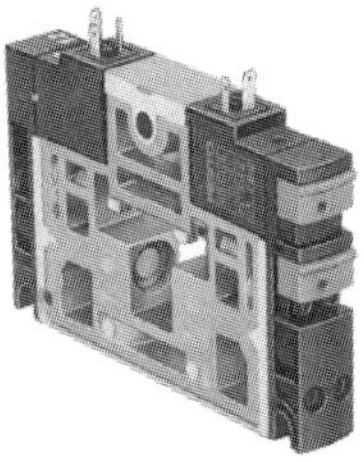

图 21-3-67　阀片（手动控制，滑片锁定式）

当电磁线圈得电后，阀岛上相应的指示灯显示当前的工作状态。当电磁线圈或其通讯线路出现故障时，单片阀可以手动控制。

（2）带现场总线的阀岛

使用多针接口型阀岛使设备的接口大为简化，但用户还必须根据设计要求自行将可编程控制器的输入/输出口与来自阀岛的电缆进行连接，而且该电缆随着控制回路的复杂化而加粗，随着阀岛与可编程控制器间的距离增大而加长。为克服这一缺点，出现了新一代阀岛——带现场总线的阀岛，参见图 21-3-68。

现场总线（field bus）的实质是通过电信号传输方式，并以一定的数据格式实现控制系统中信号的双向传输。两个采用现场总线进行信息交换的对象之间只需一根两股或四股的电缆连接。特点是以一对电缆之间的电位差方式传输的。

在由带现场总线的阀岛组成的系统中，每个阀岛都带有一个总线输入口和总线输出口。这样当系统中有多个带现场总线阀岛或其他带现场总线设备时可以由近至远串联连接。现提供的现场总线阀岛装备了目

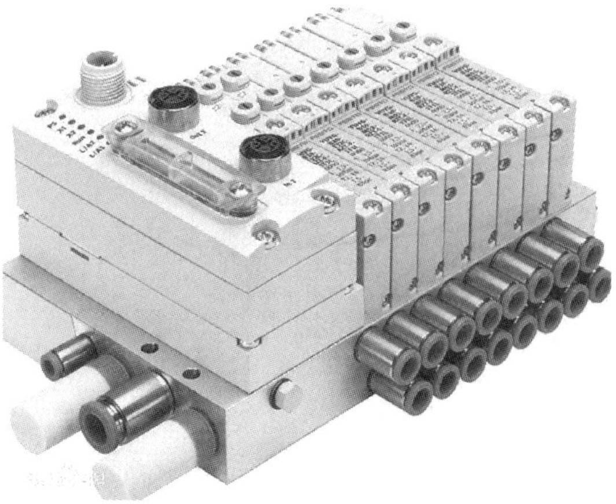

图 21-3-68 带现场总线的阀岛

前市场上所有开放式数据格式约定及主要可编程控制器厂家自定的数据格式约定。这样，带现场总线阀岛就能与各种型号的可编程控制器直接相连接，或者通过总线转换器进行阀接连接。

带现场总线阀岛的出现标志着气电一体化技术的发展进入一个新的阶段，为气动自动化系统的网络化、模块化提供了有效的技术手段，因此近年来发展迅速。

(3) 可编程阀岛

模块式生产是将整台设备分为几个基本的功能模块，每一基本模块与前、后模块间按一定的规律有机地结合，参见图 21-3-69。模块化设备的优点是可以根据加工对象的特点，选用相应的基本模块组成整机。这不仅缩短了设备制造周期，而且可以实现一种模块多次使用，节省了设备投资。可编程阀岛在这类设备中广泛应用，每一个基本模块装用一套可编程阀岛。这样，使用时可以离线同时对多台模块进行可编程控制器用户程序的设计和调试。这不仅缩短了整机调试时间，而且当设备出现故障时可以通过调试出故障的模块，使停机维修时间最短。

(4) 模块式阀岛（见图 21-3-70）

在阀岛设计中引入了模块化的设计思想，这类阀岛的结构有以下特点。

① 控制模块位于阀岛中央。控制模块有三种基本方式：多针接口型、现场总线型和可编程型。

② 各种尺寸、功能的电磁阀位于阀岛右侧，每 2 个或 1 个阀装在带有统一气路、电路接口的阀座上。阀座的次序可以自由确定，其个数也可以增减。

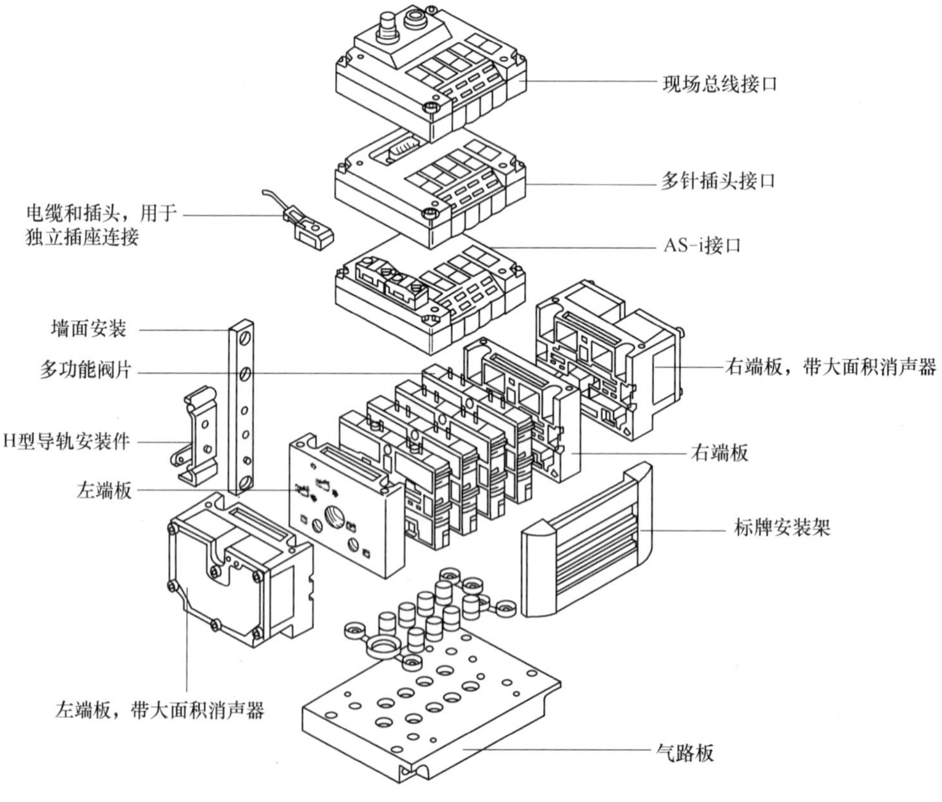

图 21-3-69 可编程阀岛

③ 各种电信号的输入/输出模块位于阀岛左侧，提供完整的电信号输入/输出模块产品（见表 21-3-58）。

带现场总线接口的阀岛可与现场总线节点或控制器相连。这些设备将分散的输入/输出单元串接起来，最多可连接 4 个分支。每个分支可包括 16 个输入和 16 个输出，连接电缆同时输电源和控制信号。也就是说，它适合控制分散元件，使阀尽可能安装在气缸附近，其目的是缩短气管长度，减少进排气时间，并减少流量损失。模块化的设计思想也被引入阀岛的设计中。

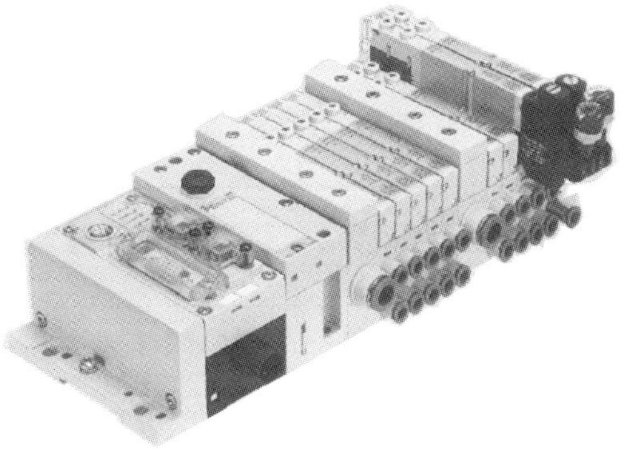

图 21-3-70 模块式阀岛

表 21-3-58 各种功能的电信号输入/输出模块

模块类型	功 能
输入模块	开关式电信号输入
输出模块	开关式电信号输出
模拟信号输入输出模块	模拟式电信号的输入和输出
AS-1 主级模块	带 AS-1 总线方式的主控级
大电流输出模块	输出可直接驱动执行机构的电信号
多针输入/输出模块	带 12 路输入、8 路输出的模块
CAN	连接 CAN 总线的总线转换

（5）紧凑型阀岛（CP 阀岛）

与模块式自动生产线发展相呼应的技术是分散控制。分散控制在复杂、大型的自动化设备上得到广泛应用。在这类设备上往往有完成一些特定任务的基本动作单元，如工件的抓取、转向、放置这一系列动作就需要由气动手指（或真空吸盘）、摆动缸以及普通气缸组成的动作单元。为了减少气缸控制管路的气流损失，控制电磁阀应尽可能安装在这些动作单元附近。鉴于分散控制系统的要求，出现了由 CP 型紧凑阀组成的紧凑型阀岛（CP 阀岛）。紧凑型阀的外形很小，但输出流量大，即其体积/流量比特别大，这是紧凑阀与微型阀的区别之处，如 14mm 厚度的 CP 阀可提供 800L/min 大流量。其他厚度的 CP 阀的流量为 10mm 厚度可达 400L/min，18mm 厚度可达 1600L/min。图 21-3-71 所示为紧凑型阀岛系统结构。CP 阀岛有 CPV 和 CPA 两种。CPA 阀岛采用模块化结构可扩充，带 AS-i 接口，内置式 SPS，用于阀岛自控。CPV 阀岛的类型有带独立插座、带多针插头、带 AS-i 接口及带现场总线接口。

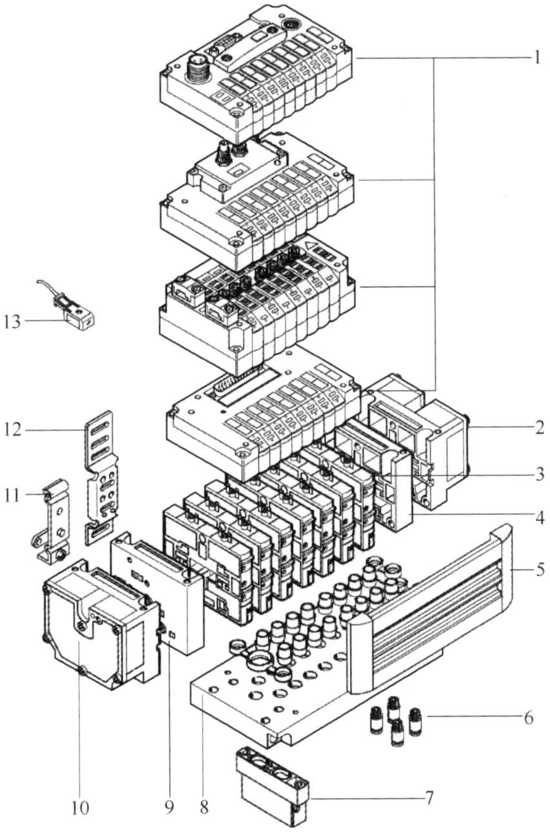

图 21-3-71 紧凑型阀岛

1—基本电元件（MP、AS-l、FB、CPV、Direct）；2—右端板（螺纹接口不能与气路板连接）；3—阀功能；4—右端板；5—说明标签支架；6—QS 快插接头；7—功能化模块（垂直叠加）；8—气路板；9—左端板（螺纹接口不能与气路板连接）；10—左端板，带大面积消声器；11—H 型导轨安装件；12—墙面安装件；13—带电缆插座

（6）AS-i 接口与阀岛的结合

目前，一种称为 AS-i 的现场总线得到了广泛的应用，这种总线的特点是驱动电源、控制信号的传输只需要用一根双股电缆。显然采用这种总线形式使布线更为简便。

采用 AS-i 接口的控制系统包括 AS-i 主级控制器和各种次级。主级控制器的功能是实现由它所控制的各种次级与可编程控制器或其他现场总线之间的信息交换。AS-i 接口构成的阀岛包括 AS-i 主级、电信号输入/输出的次级、电信号输入并带电磁阀控制口插头的次级、带两个或 4 个电磁阀的 CP 阀岛次级。

阀岛的技术性能视阀岛类型而有不同，如 MIDI/MAXI03 型可编程阀岛（带 FESTO 控制器）有以下技术性能。

① 采用模块式结构。

② 带现场总线接口。

③ 电气连接：24V（DC），RS230 串行接口。

④ 通过现场总线和总线可扩展。

⑤ 防护等级 IP65。

⑥ 阀的功能：二位五通阀、二位三通阀。

⑦ 最多 26 个电磁线圈。

⑧ 最多 64 个电信号输出（包括电磁线圈）。

⑨ 模拟量输入/输出。

⑩ 可带 AS-i 主控单元。

⑪ 阀岛组扩展：取决于被控制数量、线路接法。

⑫ 流量：1250L/min。

⑬ 阀宽：18mm、25mm。

3.3.2　压力控制阀

3.3.2.1　减压阀

（1）减压阀的分类和结构原理

表 21-3-59　　减压阀的分类、特点及应用

<table>
<tr><td colspan="3">分　类</td><td colspan="3">特点及应用</td></tr>
<tr><td colspan="3" rowspan="2">按调压范围分</td><td>低压用/MPa</td><td>中压用/MPa</td><td>高压用/MPa</td></tr>
<tr><td>0～0.25</td><td>0～0.63 和 0～1</td><td>0.05～1.6 和 0.05～2.5</td></tr>
<tr><td rowspan="3">按压力调节方式分</td><td colspan="2">直动式</td><td colspan="3">直动式是利用手柄、旋钮或机械直接调节调压弹簧，把力直接加在阀上来改变减压阀输出压力</td></tr>
<tr><td rowspan="2">先导式</td><td>内部先导式(自控式)</td><td colspan="3" rowspan="2">先导式是采用调压加压腔中压缩空气的压力来代替直动式调节弹簧进行调压的，加压腔中压缩空气的调节一般采用一小型直动式减压阀进行
外部先导式减压阀所采用的小型直动式减压阀装在主阀外面</td></tr>
<tr><td>外部先导式(他控式)</td></tr>
<tr><td colspan="3">按压力调节精度分</td><td colspan="3">普通型和精密型</td></tr>
<tr><td rowspan="3">按排气方式分</td><td colspan="2">溢流式</td><td colspan="3">在减压过程中从溢流孔中排出多余的气体，维持输出压力不变</td></tr>
<tr><td colspan="2">非溢流式</td><td colspan="3">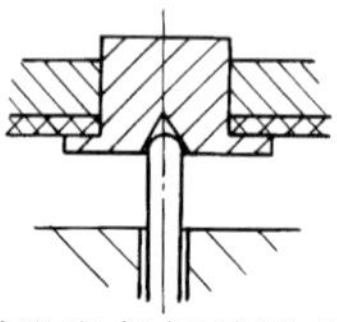
非溢流式减压阀结构
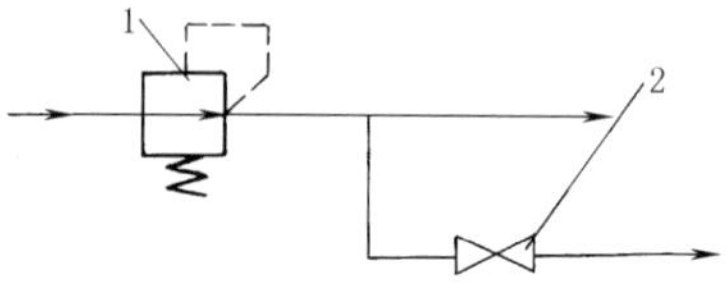

1—非溢流式减压阀；2—放气阀
没有溢流孔，使用时回路中要安装一个放气阀以排出输出侧的部分气体，它适用于调节有害气体压力的场合，可防止大气污染</td></tr>
<tr><td colspan="2">恒量排气式</td><td colspan="3">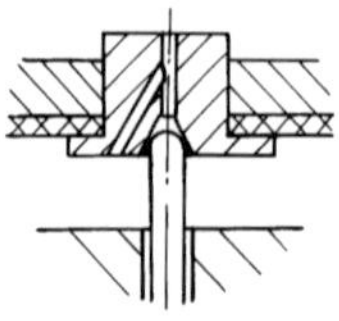
始终有微量气体从溢流阀座的小孔排出，因而能更准确地调整压力，但有经常耗气的缺点，故一般用于输出压力要求调节精度高的场合</td></tr>
</table>

续表

<table>
<tr><th colspan="2">分　类</th><th>特点及应用</th></tr>
<tr><td rowspan="2">按主要调压部分的结构型式分</td><td>膜片式</td><td>为常用型式</td></tr>
<tr><td>活塞式</td><td>
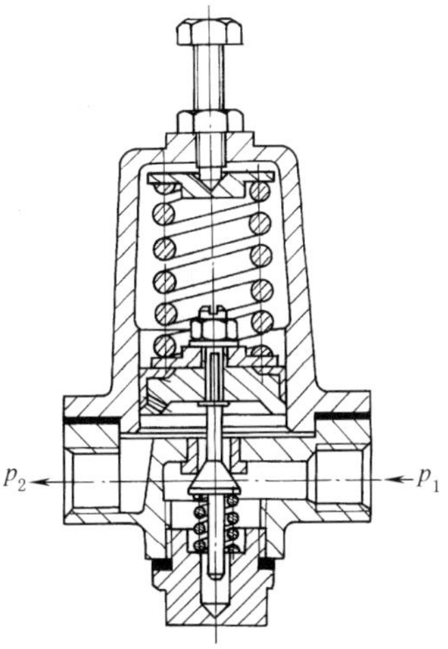

预先决定好活塞行程，当作用在活塞下面的作用力与调节弹簧力和活塞上密封环的摩擦力之和相平衡时，减压阀便获得一定的开度，而具有一定的出口压力。调节调压弹簧的预压缩量，便可改变出口压力的大小。活塞式结构虽具有能够充分增大有效面积的优点，但活塞滑动部分的摩擦力影响了灵敏性
</td></tr>
<tr><td rowspan="3">按调压弹簧配置方式分</td><td>单簧式</td><td rowspan="3">
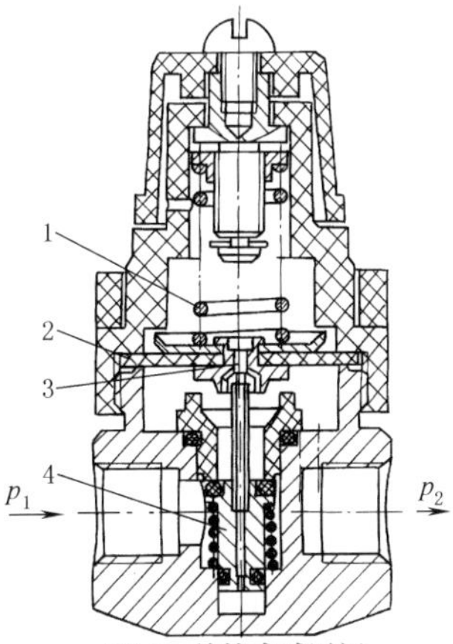

图(a)　单簧式减压阀

1—调压弹簧；2—膜片；3—溢流孔；4—阀芯

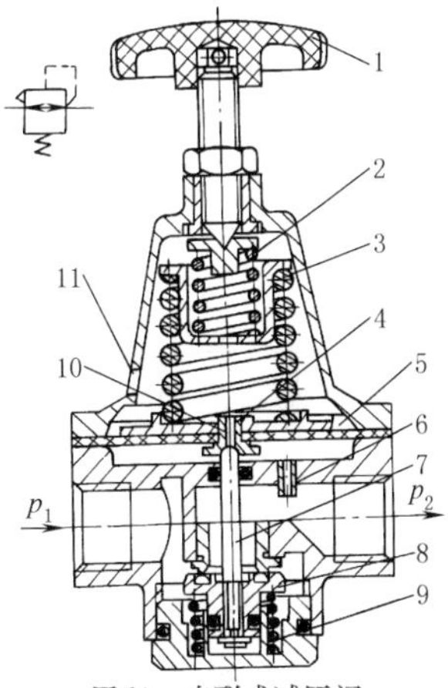

图(b)　串联式减压阀

1—旋转手柄；2，3—调压弹簧；4—阀座；5—膜片；6—反馈导管；7—阀杆；8—阀芯；9—复位弹簧；10—溢流孔；11—排气孔

图(a)所示单簧式减压阀只有一个调压弹簧，通常在体积小、通径小的场所采用。图示为小型减压阀的一种。减压阀的出口是可调的，在调压范围内，弹簧刚度为定值，调压螺钉即调压弹簧力与出口压力成比例

图(b)所示串联式减压阀中，调压弹簧是为了使出口压力在高、低调定值下都能获得较好的流量特性而采用。串联式有主、副两个调压弹簧。经中间弹簧座而互相串联
</td></tr>
<tr><td>串联式</td></tr>
<tr><td>并联式
（常用为前两种）</td></tr>
<tr><td rowspan="2">按溢流量大小分</td><td>小溢流量式</td><td rowspan="2">小溢流量式用得最普遍，大溢流量式只是在特殊情况下使用。因为一般溢流式减压阀中的溢流孔孔径为 1mm 左右，由高调定值调至低调定值时，必须花费较长时间才能使空气溢流，为了解决这个问题，需要具有大溢流量的溢流结构的减压阀，称为大溢流量式减压阀</td></tr>
<tr><td>大溢流量式</td></tr>
</table>

表 21-3-60　　**减压阀的结构和工作原理**

名称	结构图	工作原理
普通型减压阀	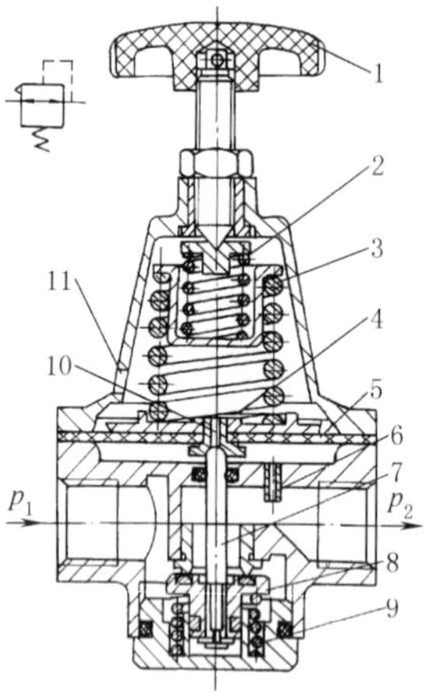 图(a)　QTY 型减压阀 1—旋转手柄；2，3—调压弹簧； 4—阀座；5—膜片；6—反馈导管； 7—阀杆；8—阀芯；9—复位弹簧； 10—溢流孔；11—排气孔	图(a)所示为应用最广的一种普通型直动溢流式减压阀，其工作原理是：顺时针方向旋转手柄(或旋钮)1，经过调压弹簧 2、3 推动膜片 5 下移，膜片又推动阀杆 7 下移，进气阀芯 8 被打开，使出口压力 p_2 增大。同时，输出气压经反馈导管 6 在膜片 5 上产生向上的推力。这个作用力总是企图把进气阀关小，使出口压力下降，这样的作用称为负反馈。当作用在膜片上的反馈力与弹簧的作用力相平衡时，减压阀便有稳定的压力输出 当减压阀输出负载发生变化，如流量增大时，则流过反馈导管处的流速增加，压力降低，进气阀被进一步打开，使出口压力恢复到接近原来的稳定值。反馈导管的另一作用是当负载突然改变或变化不定时，对输出的压力波动有阻尼作用，所以反馈管又称阻尼管 当减压阀的进口压力发生变化时，出口压力直接由反馈导管进入膜片气室，使原有的力平衡状态破坏，改变膜片、阀杆组件的位移和进气阀的开度及溢流孔 10 的溢流作用，达到新的平衡，保持其出口压力不变 逆时针旋转手柄(旋钮)1 时，调压弹簧 2、3 放松，气压作用在膜片 5 上的反馈力大于弹簧作用力，膜片向上弯曲，此时阀杆的顶端与溢流阀座 4 脱开，气流经溢流孔 10 从排气孔 11 排出，在复位弹簧 9 和气压作用下，阀芯 8 上移，减小进气阀的开度直至关闭，从而使出口压力逐渐降低直至回到零位状态 由此可知，溢流式减压阀的工作原理是：靠进气阀芯处节流作用减压；靠膜片上力的平衡作用和溢流孔的溢流作用稳定输出压力；调节手柄可使输出压力在规定的范围内任意改变
空气过滤减压阀	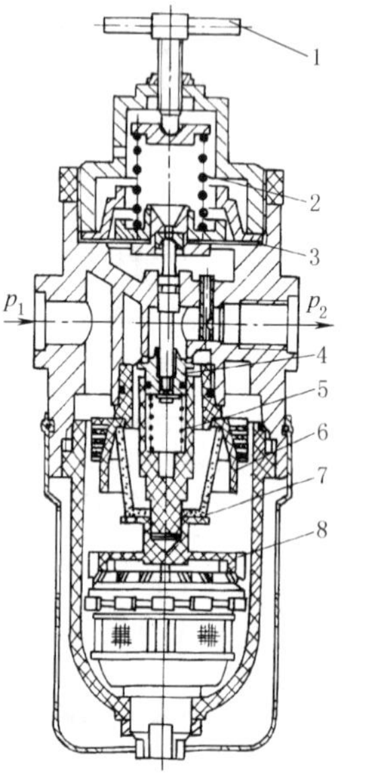 图(b)　空气过滤减压阀 1—调节手柄；2—调压弹簧；3—膜片； 4—阀芯；5—复位弹簧；6—旋风叶片； 7—滤芯；8—挡水板 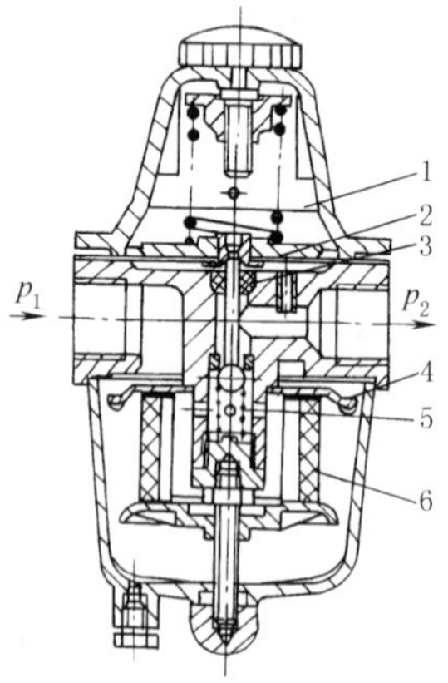 图(c)　QFH 型过滤减压阀 1—调压弹簧；2—膜片组件； 3—阀芯；4—旋风叶片； 5—复位弹簧；6—滤芯	空气减压阀将空气过滤器和减压阀组成一体的装置，它基本上分两种，一种如图(b)所示，用于气动系统中的压力控制及压缩空气的净化。调压范围：0～0.80MPa 及 0～1.00MPa。随着工业的发展，要求气动元件小型化、集成化，这种型式的气动元件广泛用于轻工、食品、纺织及电子工业。另一种如图(c)所示，用于气动仪表、气动测量及射流控制回路，输出压力有 0～0.16MPa、0～0.25MPa 及 0～0.60MPa 三种。最大输出流量有 $3m^3/h$、$12m^3/h$、$30m^3/h$ 三种。过滤元件微孔直径为 40～60μm，有的可达 5μm。这两种型式的空气过滤减压阀的工作原理基本相同：压缩空气由输入端进入过滤部分的旋风叶片和滤芯，使压缩空气得到净化，再经过减压部分减压至所需压力，而获得干净的空气输出。这样既起到净化气源又起到减压作用。其减压部分的工作原理与 QTY 型减压阀相同

续表

<table>
<tr><th colspan="2">名称</th><th>结 构 图</th><th>工 作 原 理</th></tr>
<tr><td rowspan="2">精密减压阀</td><td>内部先导式减压阀</td><td>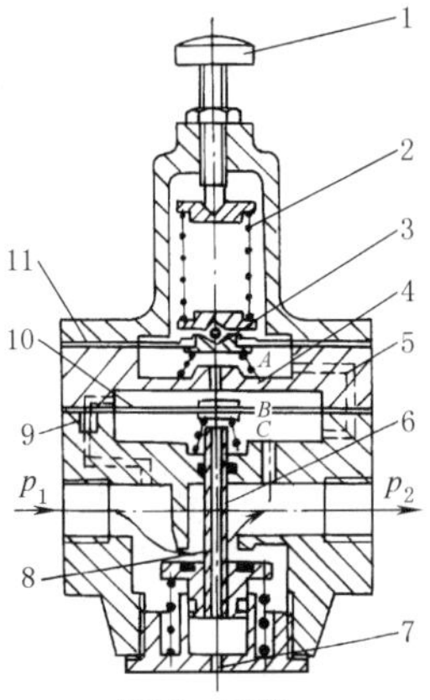
图(d)　结构
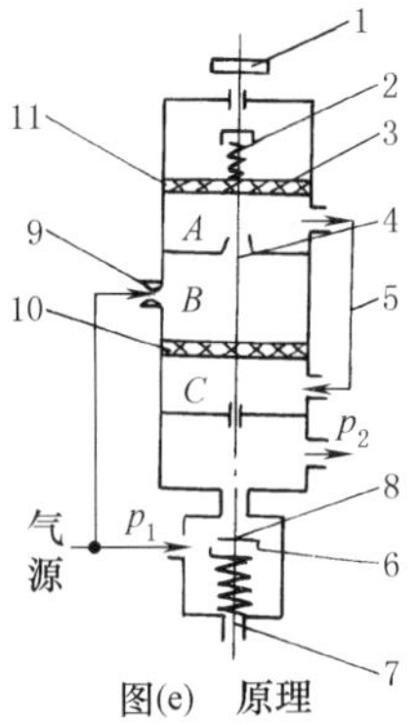
图(e)　原理
1—手柄；2—调压弹簧；3—挡板；4—喷嘴；5—孔道；6—阀芯；7—排气口；8—阀口；9—节流孔；10，11—膜片</td><td>由图(d)可知，内部先导式减压阀比图(a)直动式减压阀增加了由喷嘴 4、挡板 3(在膜片 11 上)、固定节流孔 9 及气室 B 所组成的喷嘴挡板放大环节。由于先导气压的调节部分采用了具有高灵敏度的喷嘴挡板结构，当喷嘴与挡板之间的距离发生微小变化时(零点几毫米)，就会使 B 室中压力发生很明显的变化，从而引起膜片 10 有较大的位移，并控制阀芯 6 的上下移动，使阀口 8 开大或关小，提高了对阀芯控制的灵敏度，故有较高的调压精度
工作原理：当气源进入输入端后，分成两路，一路经进气阀口 8 到输出通道；另一路经固定节流孔 9 进入中间气室 B，经喷嘴 4、挡板 3、孔道 5 反馈至下气室 C，再由阀芯 6 的中心孔从排气口 7 排至大气
当顺时针旋转手柄(旋钮)1 到一定位置，使喷嘴与挡板的间距在工作范围内，减压阀就进入工作状态，中间气室 B 的压力随间距的减小而增加，于是推动阀芯打开进气阀口 8，即有气流流到输出口，同时经孔道 5 反馈到上气室 A，与调压弹簧 2 的弹簧力相平衡
当输入压力发生波动时，靠喷嘴挡板放大环节的放大作用及力平衡原理稳定出口压力保持不变
若进口压力瞬时升高，出口压力也升高。出口压力的升高将使气室 C、A 气室压力也相继升高，并使挡板 3 随同膜片 11 上移一微小距离，而引起气室 B 压力较明显地下降，使阀芯 6 随同膜片 10 上移，直至使阀口 8 关小为止，使出口压力下降，又稳定到原来的数值上
同理，如出口压力瞬时下降，经喷嘴挡板的放大也会引起气室 B 压力较明显地升高，而使阀芯下移，阀口开大，使出口压力上升，并稳定到原数值上
精密减压阀在气源压力变化 ±0.1MPa 时，出口压力变化小于 0.5%。出口流量在 5%～100% 范围内波动时，出口压力变化小于 0.5%。适用于气动仪表和低压气动控制及射流装置供气</td></tr>
<tr><td>QGD 型定值器</td><td>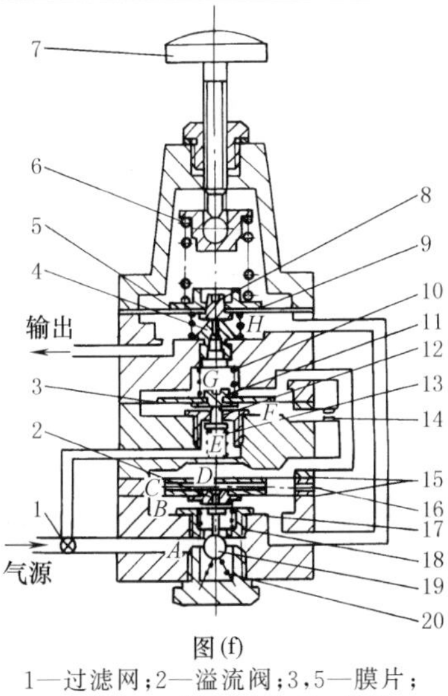
图(f)
1—过滤网；2—溢流阀；3，5—膜片；4—喷嘴；6—调压弹簧；7—旋钮；8—挡板；9，10，13，17，20—弹簧；11—硬芯；12—活门；14—恒节流孔；15—膜片(上有排气孔)；16—排气孔；18—阀杆；19—进气阀</td><td>图(f)为 QGD 型定值器，是一种高精度的减压阀，图(g)是其简化后的原理图，该图右半部分就是直动式减压阀的主阀部分，左半部分除了有喷嘴挡板放大装置(由喷嘴 4、挡板 8、膜片 5、气室 G、H 等组成)外，还增加了由活门 12、膜片 3、弹簧 13、气室 E、F 和恒节流孔 14 组成的恒压降装置。该装置可得到稳定的气源流量，进一步提高了稳压精度
非工作(无输出)状态下，旋钮 7 被旋松，净化过的压缩空气经减压阀减至定值器的进口压力，由进口处经过滤网进入气室 A、E，阀杆 18 在弹簧 20 的作用下，关闭进气阀 19，关闭了气室 A 和气室 B 之间的通道。这时溢流阀 2 上的溢流孔在弹簧 17 的作用下，离开阀杆 18 而被打开，而进入气室 E 的气流经活门 12、气室 F、恒节流孔 14 进入气室 G 和气室 D。由于旋钮放松，膜片 5 上移，并未封住喷嘴 4，进入气室 G 的气流经喷嘴 4 到气室 H、气室 B，经溢流阀 2 上的孔及排气孔 16 排出，使 G 和 D 的压力降低。H 和 B 是等压的，G 和 D 也是等压的，这时 G 到 H 的喷嘴 4 很畅通，从恒节流孔 14 过来的微小流量的气流在经过喷嘴 4 之后的压力已很低，使气室 H 的出口压力近似为零(这一出口压力即漏气压力，要求越小越好，不超过 0.002MPa)
工作(即有输出)状态下(顺时针拧旋钮 7 时)，压缩弹簧 6，使挡板 8 靠向喷嘴 4，从恒节流孔过来的气流使 G 和 D 的压力升高。因气室 D 中的压力作用，克服弹簧 17 的反力，迫使膜片 15 和阀杆 18 下移，首先关闭溢流阀 2，最后打开进气阀 19，于是气室 B 和大气隔开而和气室 A 经气阻接通(球阀与阀座之间的间隙大小反映气阻的大小)，气室 A</td></tr>
</table>

第 21 篇

续表

名称		结构图	工作原理
精密减压阀	QGD型定值器	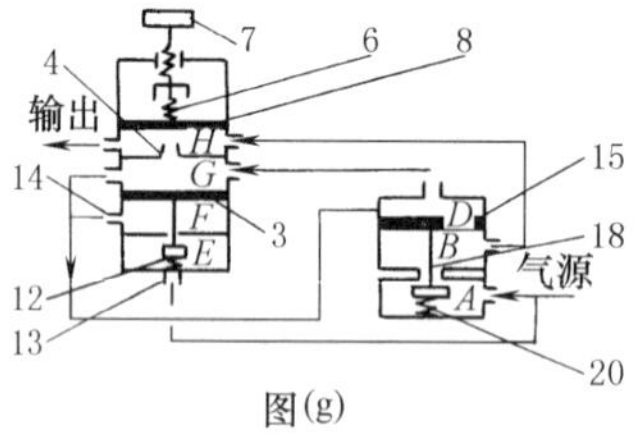 图(g)	的压缩空气经过气阻降压后再从气室 B 到气室 H 而输出。但进入 B、H 室的气体有反馈作用，使膜片 15、5 又都上移，直到反馈作用和弹簧 6 的作用平衡为止，定值器便可获得一定的输出压力，所以弹簧 6 的压力与出口压力之间有一定的关系 假定负载不变，进口压力因某种原因增加，而且活门 12 和进气阀 19 开度不变，则气室 B、H、F 的压力增加。其中气室 H 的压力增加将使膜片 5 上抬，喷嘴挡板距离加大，气室 G、D 的压力下降，气室 E、F 的压力增加，将使活门 12，膜片 3 向上推移，使活门 12 的开度减小，气室 F 的压力回降。气室 D 压力下降和气室 B 压力升高，使膜片 15 上移，进气阀 19 的开度减小，即气阻加大，使气室 H 的压力回降到原来的出口压力。同样，假设输入压力因某种原因减小时，与上述过程正好相反，将使气室 H 的压力回升到原先的输出压力 假设进口压力不变，出口压力因负载加大而下降，即气室 H、B 压力下降，将使膜片 5 下移，挡板靠向喷嘴，气室 G、D 压力上升，活门 12 和进气阀 19 的开度增加，出口压力回升到原先的数值。相反，出口压力因负载减小而上升时，与上述正好相反，将使出口压力回降到原先的数值 对于定值器来说，气源压力在±10%范围内变化时，定值器出口压力的变化不超过最大出口压力的 0.3%。当气源压力为额定值，出口压力为最大值的 80%时，出口流量在 0～600L 范围内变化，所引起的出口压力下降不超过最大出口压力的 1% 在气动检测、调节仪表及低压、微压装置中，定值器作为精确给定压力之用
	外部先导式减压阀	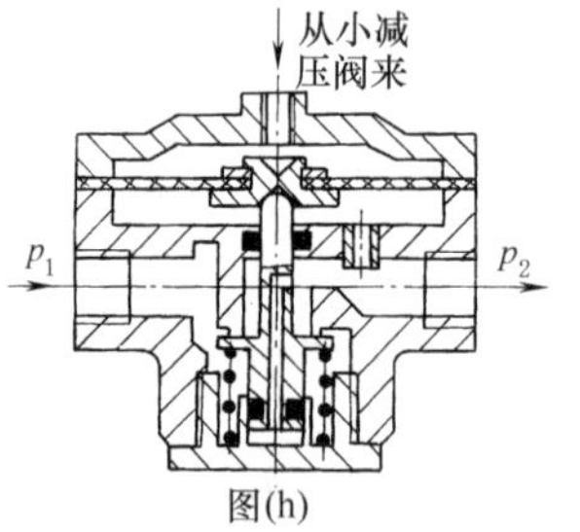 图(h)	图(h)为外部先导式减压阀的主阀，主阀的工作原理与直动式减压阀相同，在主阀的外部还有一只小型直动溢流式减压阀，由它来控制主阀，所以外部先导式减压阀亦称远距离控制式减压阀。外部先导式和内部先导式与直动式减压阀相比，对出口压力变化时的响应速度稍慢，但流量特性、调压特性好。对外部先导式，调压操作力小，可调整大口径如通径在 20mm 以上气动系统的压力和要求远距离(30m 以内)调压的场合
	大功率减压阀	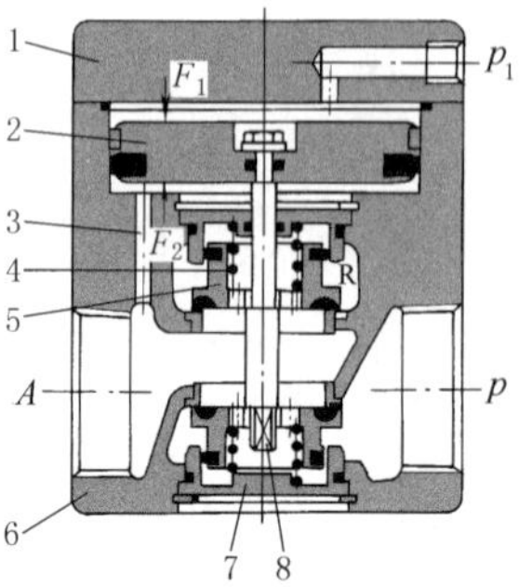 1—阀盖； 2—调压活塞； 3—反馈通道； 4—弹簧； 5—截止阀芯； 6—阀体； 7—阀套； 8—阀轴 图(i)	减压阀的内部受压部分通常都使用膜片式结构，故阀的开口量小，输出流量受到限制。大功率减压阀的受压部分使用平衡截止式阀芯，可以得到很大的输出流量，故称为大容量精密减压阀

续表

名称		结　构　图	工　作　原　理
精密减压阀	带单向阀的减压阀	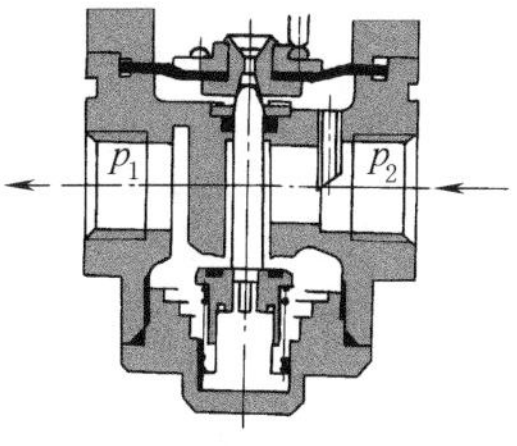 图(j) 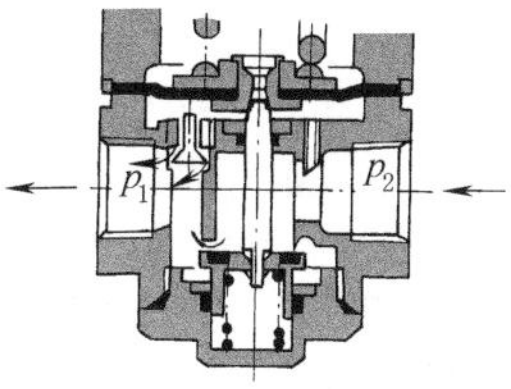 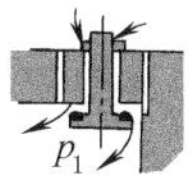 单向阀 图(k)	要求输入气缸的压力可调时，需装减压阀；为了使气缸返回时快速排气，需与减压阀并联一个单向阀，如把单向阀和减压阀设置在同一阀体内，则此阀就是带单向阀的减压阀 当换向阀复位时，减压阀的入口压力被排空。对图(j)，出口压力作用在主阀芯上的力克服复位弹簧力，使主阀芯开启，则出口压力从入口排空。对图(k)，膜片下腔的气压力将单向阀压开，并从入口泄压。一旦下腔压力下降，调压弹簧通过阀杆将主阀芯压下，则出口压力迅速从入口排空

(2) 减压阀的性能参数

表 21-3-61　　减压阀的性能参数

项　目	性　能　参　数
进口压力 p_1	气压传动回路中使用的压力多为 0.25～1.00MPa，故一般规定最大进口压力为 1MPa
调压范围	调压范围是指减压阀出口压力 p_2 的可调范围，在此范围内，要求达到规定的调压精度。一般进口压力应在出口压力的 80%范围内使用。调压精度主要与调压弹簧的刚度和膜片的有效面积有关 在使用减压阀时，应尽量避免使用调压范围的下限值，最好使用上限值的 30%～80%，并应选用符合这个调压范围的压力表，压力表读数应超过上限值的 20%
流量特性(也叫动特性)	它是指减压阀在公称进口压力下，其出口空气流量和出口压力之间的函数关系，当出口空气流量增加，出口压力就会下降，这是减压阀的主要特性之一。减压阀的性能好坏，就是看当要求出口流量有变化时，所调定的出口压力 p_2 是否在允许的范围内变化 减压阀开度最大时的流量为最大流量，在此值附近，出口压力急剧下降，而在连续负荷情况下，希望在此值的 80%之内使用。图中的实线为流量增加时，虚线为流量减小时，流量增加到流量减少，两者之间产生滞后现象，波动值通常为 0.01MPa 左右
压力调节	当减压阀的进口压力为公称压力时，在规定的范围内均匀调节减压阀的出口压力，出口压力应均匀变化，无阶跃现象
压力特性(调压特性或静特性)	它表示当减压阀的空气流量为定值时，由于进口压力的波动而引起出口压力的波动情况。出口压力波动越小，说明减压阀的压力特性越好。从理论上讲：进口压力变化时，出口压力应保持不变。实际上出口压力需要大约比进口压力低 0.1MPa，才基本上不随进口压力波动而波动，一般出口压力波动量为进口压力波动量的百分之几。出口压力随进口压力而变化值不超过 0.05MPa
溢流特性	对于带有溢流结构的减压阀，在给定出口压力的条件下，当下游压力超过定值时，便造成溢流，以稳定出口压力。出口压力与溢流流量的关系称为减压阀的溢流特性 对于溢流式减压阀希望下游压力超过给定值少而溢流量大。先导式减压阀的溢流特性比直动式要好

(3) 减压阀的选择

表 21-3-62　　减压阀的选择

选择	①根据气动控制系统最高工作压力来选择减压阀，气源压力应比减压阀最大工作压力大 0.1MPa ②要求减压阀的出口压力波动小时，如出口压力波动不大于工作压力最大值的±0.5%，则选用精密型减压阀 ③ 如需遥控时或通径大于 20mm 时，应尽量选用外部先导式减压阀
使用	① 一般安装的次序是：按气流的流动方向首先安装空气过滤器，其次是减压阀，最后是油雾器 ②注意气流方向，要按减压阀或定值器上所示的箭头方向安装，不得把输入、输出口接反 ③减压阀可任意位置安装，但最好是垂直方向安装，即手柄或调节帽在顶上，以便操作。每个减压阀一般装一只压力表，压力表安装方向以方便观察为宜 ④为延长减压阀的使用寿命，减压阀不用时，应旋松手柄回零，以免膜片长期受压引起变形，过早变质，影响减压阀的调压精度 ⑤装配前应把管道中铁屑等脏物吹洗掉，并洗去阀上的矿物油，气源应净化处理。装配时滑动部分的表面要涂薄层润滑油。要保证阀杆与膜片同心，以免工作时，阀杆卡住而影响工作性能

3.3.2.2　安全阀

安全阀的作用是当压力上升到超过设定值时，把超过设定值的压缩空气排入大气，以保持进口压力的设计值。

表 21-3-63　　安全阀的结构及工作原理

分类		结构及工作原理
直动式安全阀		利用调整螺钉压缩调压弹簧以调定压力
直动式安全阀	活塞式安全阀	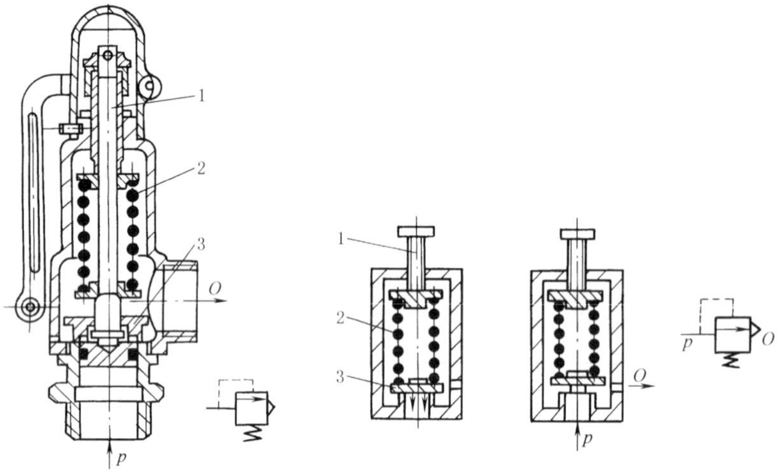 安全阀工作原理 1—调节手柄；2—调压弹簧；3—活塞 此阀结构简单，但灵敏性稍差，常用于储气罐或管道上。当气动系统的气体压力在规定的范围内时，由于气压作用在活塞 3 上的力小于调压弹簧 2 的预压力，所以活塞处于关闭状态。当气动系统的压力升高，作用在活塞 3 上的力超过了弹簧的预压力时，活塞 3 就克服弹簧力向上移动，开启阀门排气，直到系统的压力降至规定压力以下时，阀重新关闭。开启压力大小靠调压弹簧的预压缩量来实现 一般一次侧压力比调定压力高 3%～5%时，阀门开启，一次侧开始向二次侧溢流。此时的压力为开启压力。相反比溢流压力低 10%时，就关闭阀门，此时的压力为关闭压力
直动式安全阀	膜片式安全阀	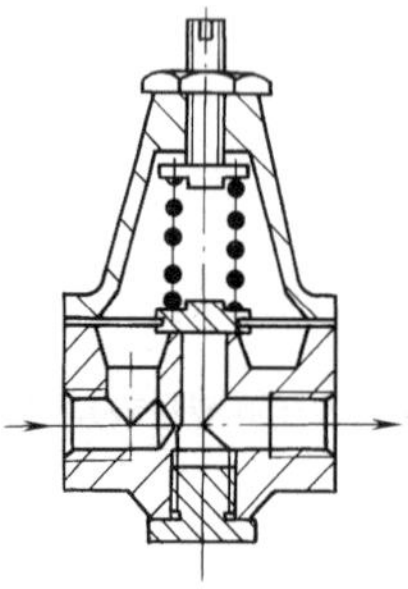 膜片式安全阀 膜片式安全阀由于膜片的受压面积比阀芯的面积大得多，阀门的开启压力与关闭压力较接近，即压力特性好，动作灵敏，但最大开启量比较小，所以流量特性差
直动式安全阀	球阀式安全阀	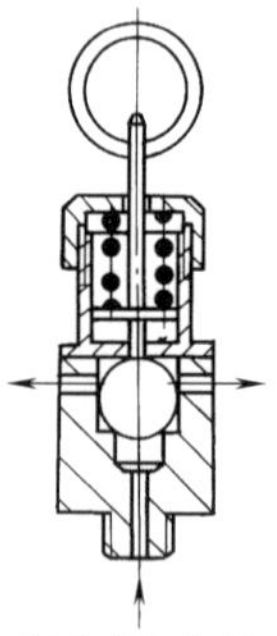 突开式安全阀 球阀式安全阀(亦称突开式安全阀)，阀芯为球阀，钢球外径和阀体间略有间隙，若超过压力调定值，则钢球略微上浮，而受压面积相当于钢球直径所对应的圆面积。阀为突开式开启，故流量特性好。这种阀的关闭压力约为开启压力的一半，即 $p_{开}/p_{闭}$≈1.9～2.0，所以溢流特性好。因此阀在迅速排气后，当回路压力稍低于调定压力时阀门便关闭。这种阀主要用于储气罐和重要的气路中
先导式安全阀		用压缩空气代替调压弹簧以调定压力
先导式安全阀		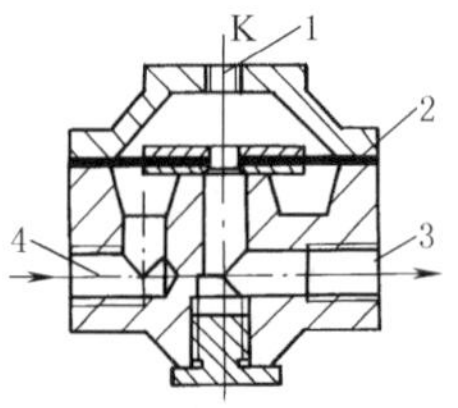 先导式安全阀 1—先导控制口；2—膜片；3—排气口；4—进气口 这是一种外部先导式安全阀，安全阀的先导阀为减压阀，由减压阀减压后的空气从上部先导控制口进入，此压力称为先导压力，它作用于膜片上方所形成的力与进气口进入的空气压力作用于膜片下方所形成的力相平衡。这种结构型式的阀能在阀门开启和关闭过程中，使控制压力保持不变，即阀不会产生因阀的开度引起的设定压力的变化，所以阀的流量特性好。先导式安全阀适用于管道通径大及远距离控制的场合

安全阀的选用遵循以下三点原则。

① 根据需要的溢流量来选择安全阀的通径。

② 对安全阀来说，希望气动回路刚一超过调定压力，阀门便立即排气，而一旦压力稍低于调定压力便能立即关闭阀门。这种从阀门打开到关闭过程中，气动回路中的压力变化越小，溢流特性越好。在一般情况下，应选用调定压力接近最高使用压力的安全阀。

③ 如果管径大（如通径 15mm 以上）并远距离操作时，宜采用先导式安全阀。

3.3.2.3　增压阀

表 21-3-64　增压阀的功能和工作原理

功　　能	动作原理图	工作原理说明
工厂气路中的压力，通常不高于 1.0MPa。因此在下列情况时，可利用增压阀提供少量高压气体 ①气路中个别或部分装置需用高压 ②工厂主气路压力下降，不能保证气动装置的最低使用压力时，利用增压阀提供高压气体，以维持气动装置正常工作 ③不能配置大口径气缸，但输出力又必须确保 ④气控式远距离操作，必须增压以弥补压力损失 ⑤需要提高联动缸的液压力 ⑥希望缩短向气罐内充气至一定压力的时间	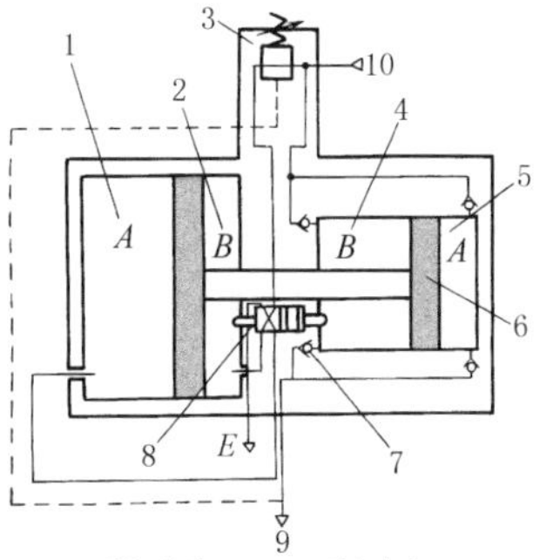 1—驱动室 A；2—驱动室 B；3—调压阀；4—增压室 B；5—增压室 A；6—活塞；7—单向阀；8—换向阀；9—出口侧；10—入口侧	输入气压分两路，一路打开单向阀小气缸的增压室 A 和 B，另一路经调压阀及换向阀向大气缸的驱动室 B 充气，驱动室 A 排气。这样，大活塞左移，带动小活塞也左移，使小气缸 B 室增压，打开单向阀从出口送出高压气体。小活塞移动到终端，使换向阀切换，则驱动室 A 进气，驱动室 B 排气，大活塞反向运动，增压室 A 增压，打开单向阀从出口送出高压气体。出口压力反馈到调压阀，可使出口压力自动保持在某一值。当需要改变出口压力时，可调节手轮，便得到在增压范围内的任意设定的出口压力。若出口反馈压力与调压阀的可调弹簧力相平衡，增压阀就停止工作，不再输出流量

3.3.3　流量控制阀（节流阀）

表 21-3-65　节流部分的典型结构和节流原理

<table>
<tr><td rowspan="1">节流原理</td><td colspan="3">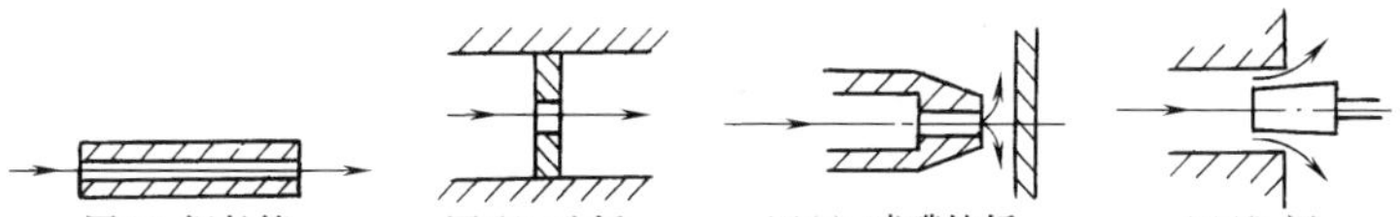
图(a) 细长管　图(b) 孔板　图(c) 喷嘴挡板　图(d) 阀
各种节流控制
从流体力学的角度来看，凡利用某种装置在气动回路中造成一种局部阻力，并通过改变局部阻力的大小，来达到调节流量变化的目的，通常把这种控制方法称为流量控制。实现流量控制有两种方法，一种是固定的局部阻力装置，为不可调的流量控制，如细长管、孔板等，如图(a)、(b)所示。另一种是可调的局部阻力装置，为可调的流量控制，如各种流量控制阀、喷嘴挡板机构等，如图(c)、(d)所示
流量控制阀（简称流量阀）是通过改变阀的流通面积来实现流量（或流速）控制，达到控制气缸等执行元件的运动速度的元件</td></tr>
<tr><td rowspan="3">节流部分典型结构图</td><td colspan="3">流量控制阀有以下两种：一种是设置在回路中，以控制所通过的空气流量；另一种是连接在换向阀的排气口以控制排气量。属于前者的有节流阀、单向节流阀、行程节流阀等，属于后者的有排气节流阀。为使节流阀适用于不同的使用场合，出现了各种结构的节流阀。常用节流部分典型结构如下</td></tr>
<tr><td>平　板　阀</td><td>针　阀</td><td>球　阀</td></tr>
<tr><td>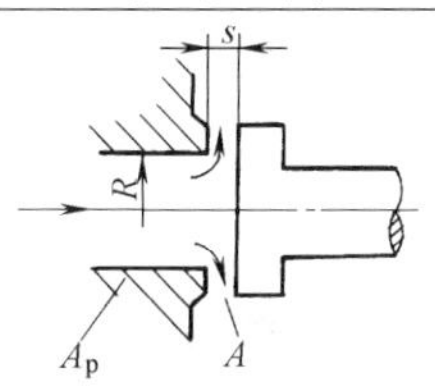
流通面积
$A=2\pi Rs$
局部阻力系数
$\zeta=1.3+0.2\left(\frac{A_p}{A}\right)^2$</td><td>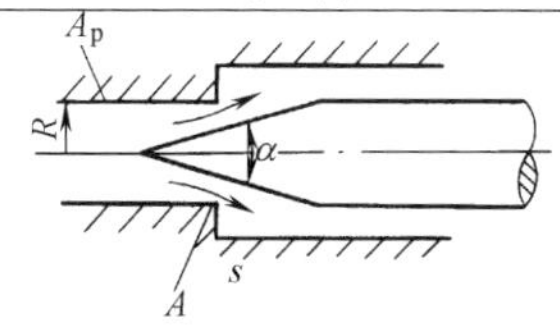
流通面积
$A=\pi\left(2Rs\tan\frac{\alpha}{2}-s^2\tan^2\frac{\alpha}{2}\right)$
局部阻力系数
$\zeta=0.5+0.15\left(\frac{A_p}{A}\right)^2$</td><td>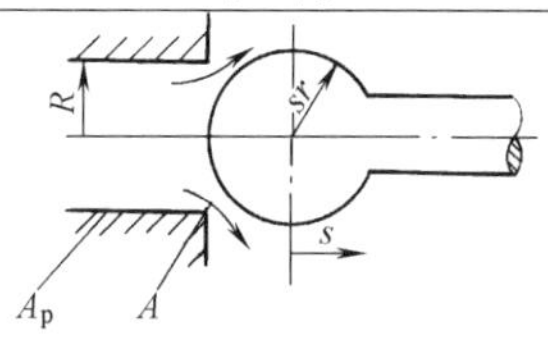
流通面积
$A\approx1.5\pi Rs$
局部阻力系数
$\zeta=0.5+0.15\left(\frac{A_p}{A}\right)^2$</td></tr>
</table>

续表

	孔口阀	孔口阀ζ值计算曲线
节流部分典型结构图	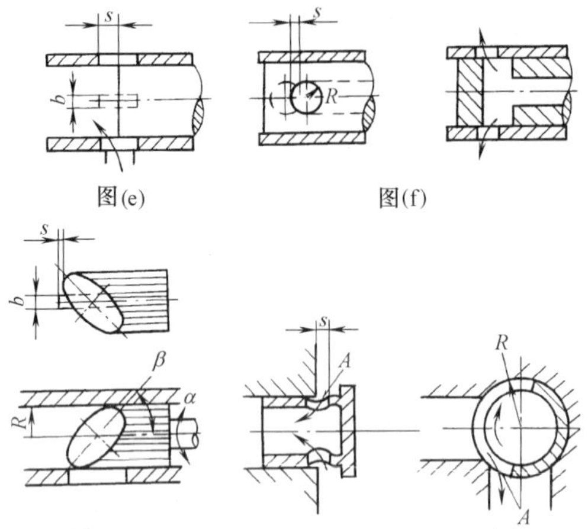 图(e) 图(f) 图(g) 图(h) 图(i) 流通面积 A 可以用几何学的方法求得	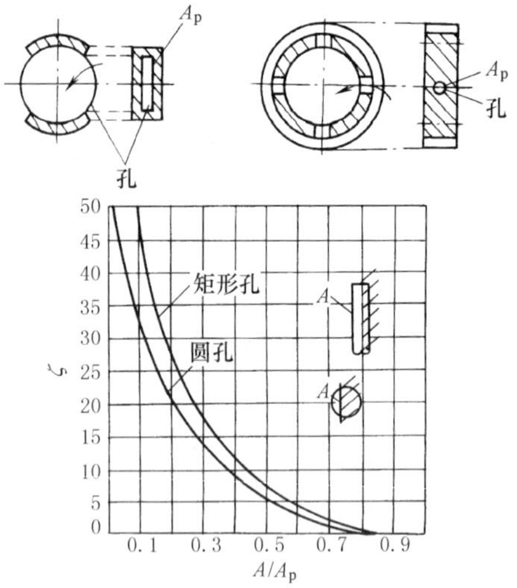
压力损失	在阀的输入口平均流速为 v 时，压力损失为： $\Delta p=\zeta\frac{\rho v^2}{2}$ 式中 ρ——气体的密度	

3.3.3.1 流量控制阀的分类、结构和工作原理

表 21-3-66 流量控制阀的分类、结构和工作原理

分类	结构及工作原理
单向节流阀	单向节流阀是由单向阀和节流阀组合而成的流量控制阀，是最常用的节流阀之一。由于它经常用于气缸速度调节，因此又称调速阀
	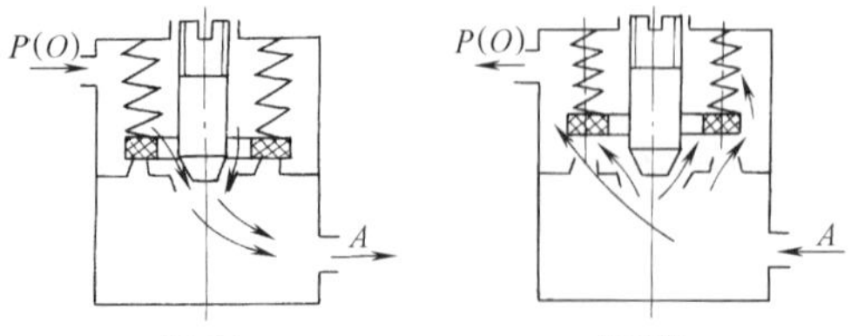 图(ⅰ) 图(ⅱ) 图(a) 单向节流阀工作原理 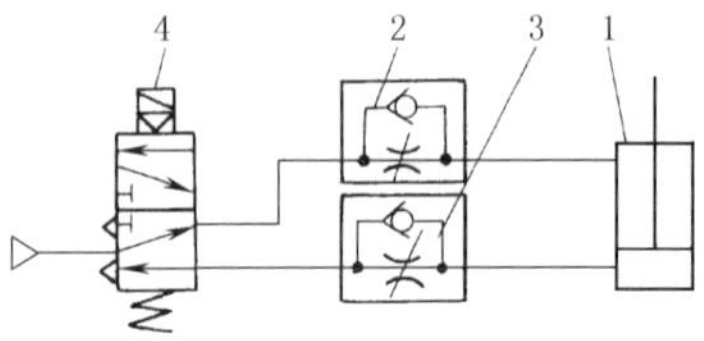 图(b) 气缸的调速回路 1—电磁换向阀；2，3—单向节流阀；4—气缸 如图(a)中(ⅰ)所示，当气流沿着一个方向，例如由 $P\rightarrow A$ 上流动时，经过节流阀节流；反方向流时动，如图(a)中(ⅱ)所示，由 $A\rightarrow P$ 单向阀打开，不节流。图(b)为单向节流阀，用于气缸的速度调节回路，通过调节节流阀的开度，达到改变气缸运动速度

续表

分类	结构及工作原理
单向节流阀	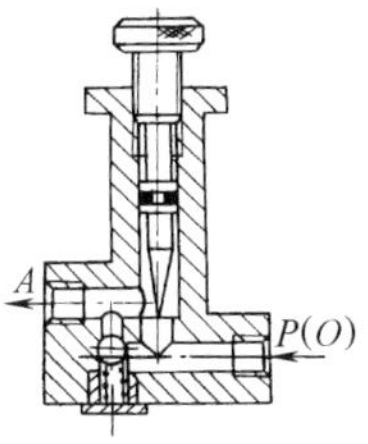 球面密封，用钢球作单向阀的开闭件，密封性较差，由于结构简单，制造成本低，用于密封要求不高的场合 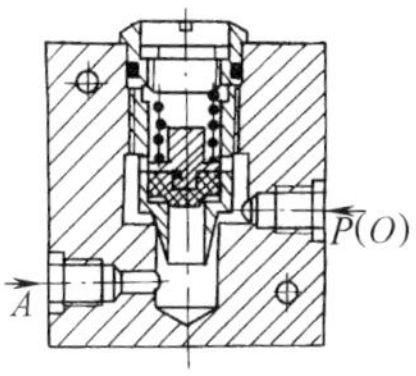 锥面密封，单向阀设在节流阀杆之内，单向阀被弹簧顶紧，压紧力由螺塞调节，节流大小由节流阀调节 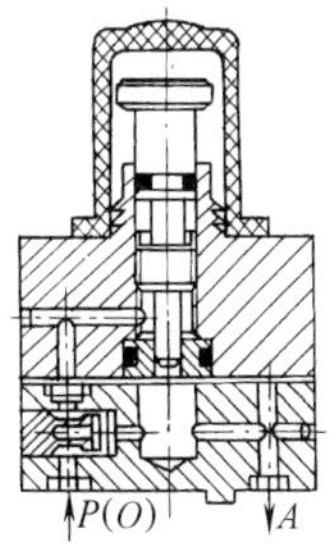 平面密封，是一微型阀，单向阀为平面密封，密封性较好，适用于逻辑控制系统 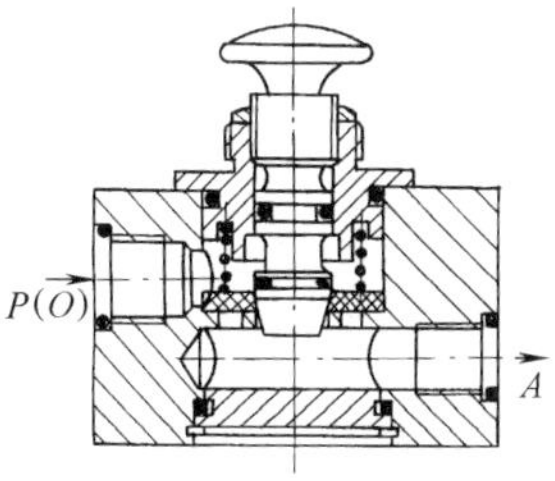 单向阀芯是用橡胶制成的环形圈，阀座上有12个均布的孔 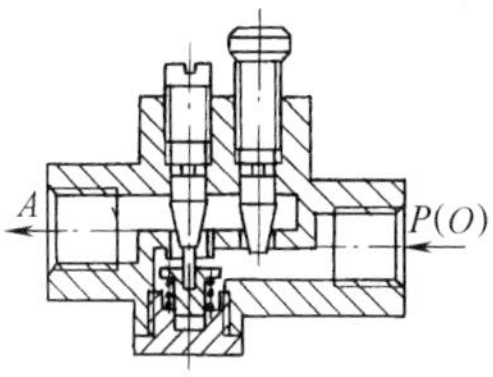 单向阀的开度也是可调的，根据实际要求的调速范围预先用调整螺钉把单向阀顶开到一定的开度，当有气体自P进入时，气流除了从节流阀通过外，还从这具有一定开度的单向阀中流过，这样通过调节节流阀的开度(微调)和单向阀的开度(粗调)便可在很广的范围内实现流量调节，使气缸活塞可在较宽速度范围内进行调节
排气节流阀	排气节流阀的节流原理与节流阀一样，是靠调节流通面积来改变通过阀的流量。它们的区别是：节流阀通常是安装在系统中间调节气流的流量，而排气节流阀只能安装在排气口(如换向阀的排气口)处，调节排入大气的气流的流量，以调节气动执行机构的运动速度。由于其结构简单，安装方便，能简化线路，故应用广泛 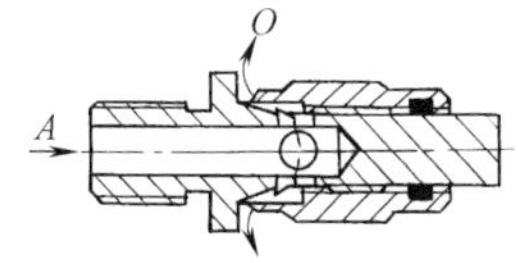 通过调节锥面部分开启面积的大小来调节排气流量 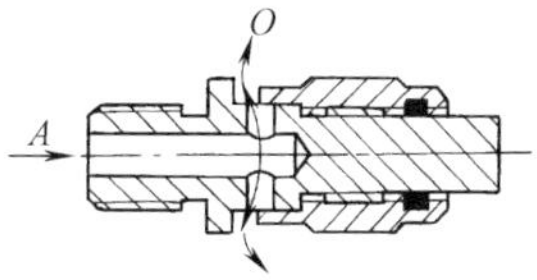 通过节流孔的开启面积的大小来调节排气流量 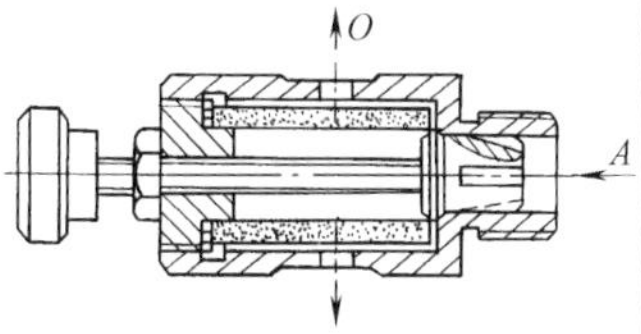 是带消声器的排气节流阀，靠调节三角形沟槽部分的开启面积大小来调节排气流量。消声器是为了减少排气噪声 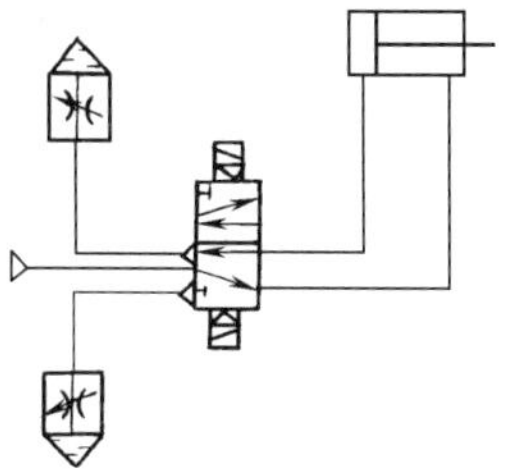 图为排气节流应用示例。是把两个排气节流阀安装在二位五通电磁换向阀的排气口上，用来控制活塞往复运动速度的回路
行程节流阀	行程节流阀是依靠凸轮、杠杆等机构来控制阀的开度，进行流量控制的装置 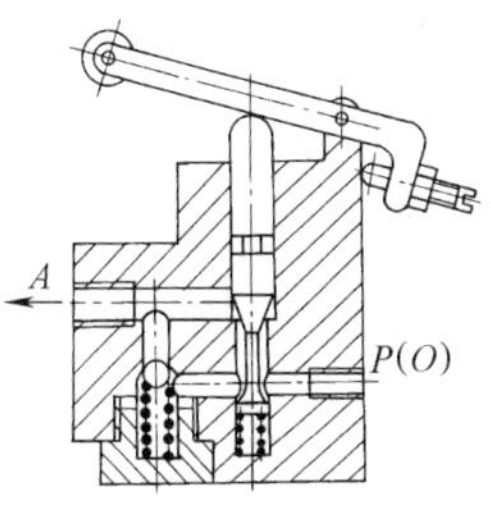 图所示的行程节流阀，用机械凸轮或撞块等推动杠杆顶端的滚轮，滚轮通过杠杆调节杆向下移动，从而控制节流阀的开度，达到流量控制的目的。调整螺钉可用来调节杠杆的复位位置，以决定凸轮或撞块不起作用时的节流阀开度 行程节流阀用于气缸在行程过程中以机械方式改变节流面积来调节活塞运动的速度。然而，由于受行程长度、活塞速度、惯性力等的影响很大，使用时应充分注意这些影响

第21篇

3.3.3.2 节流阀的典型流量特性

节流阀的典型流量特性如图 21-3-72 所示。横轴为转动圈数 n，纵轴为控制流量 q_{nN}。小圈数时流量增益较小，当圈数 $n>5$ 时，流量增益急剧上升。

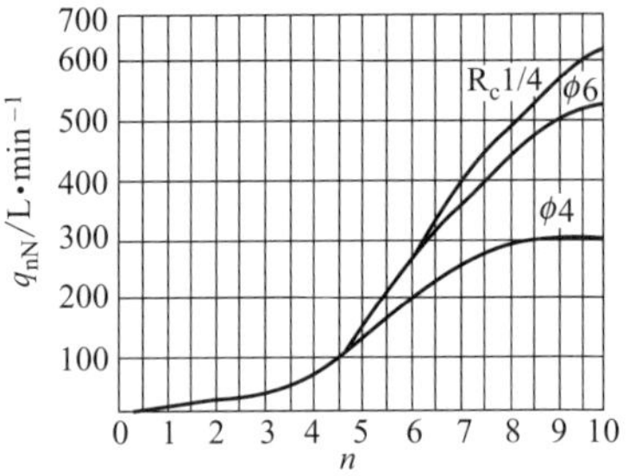

图 21-3-72 节流阀的流量特性

3.3.3.3 节流阀的选择

表 21-3-67 节流阀的选择

作用	选择	使用
①对气缸的活塞运动速度的调节 ②对延时换向阀，可调节信号延时时间的长短 ③对气信号传递快慢的调节 ④对油量（如油雾器）的调节等	①根据气动系统或执行元件的进、排气口通径来选择 ②根据调节流量范围来选用 ③根据使用条件（如普通气动控制系统或逻辑控制系统）选用	用流量控制的方法调节气缸活塞的速度比液压困难，特别是在超低速的调节中用气动很难实现，但如能充分注意下面各点，则在大多数场合，可使气缸调节速度达到比较令人满意的程度 ①调节气缸活塞的速度一般有进气节流和排气节流两种，但多采用后者，用排气节流方法比用进气节流的方法稳定、可靠 ②采用流量控制阀调节气缸活塞的速度时气缸的速度不得小于 30mm/s。若小于这个速度，由于受空气的可压缩性和气缸阻力的影响，调节速度较困难，此时应采用专用低速气缸，可达 3～5mm/s ③彻底防止管道中的漏损。有漏损则不能期望有正确的速度控制，越是低速时这种倾向越显著 ④要特别注意气缸内表面加工精度和表面粗糙度，尽量减少内表面的摩擦力。在低速场合，往往使用聚四氟乙烯等材料做密封圈 ⑤要始终使气缸内表面保持一定的润滑状态。润滑状态一改变，滑动阻力也就改变，速度调节就不可能稳定 ⑥加在气缸活塞杆上的载荷必须稳定。若这种载荷在行程中途有变化，则速度调节相当困难，甚至成为不可能。在不能消除载荷变化的情况下，必须借助于液压力，有时在外部也使用平衡锤或连杆等，这样能得到某种程度上的补偿 ⑦必须注意调速阀的位置。原则上调速阀应设在气缸管接口附近

3.4 气动管路设备及气动附件

3.4.1 过滤器

表 21-3-68 不同场合、不同空气质量要求的几种过滤系统

系统	空气质量	应用场合	过滤后状况
A 普通级	过滤：(5～20μm)，排水 99%以下，除油雾(99%)	一般工业机械的操作、控制，如气钳、气锤、喷砂等	
B 精细过滤	过滤：(0.3μm)，排水 99%以下，除油雾(99.9%)	工业设备，气动驱动，金属密封的阀、马达	主要排除灰尘和油雾，允许有少量的水
C 不含水，普通级	过滤：(5～20μm)，排水；压力露点在−17℃以内，除油雾(99%)	类似 A 过滤系统，所不同的是它适合气动输送管道中温度变化很大的耗气设备，适用于喷雾、喷镀	对除水要求较严，允许少量的灰尘和油雾
D 精细级	过滤：(0.3μm)，排水；压力露点在−17℃以内，除油雾(99.9%)	测试设备，过程控制工程，高质量的喷镀气动系统，模具及塑料注塑模具冷却等	对除水、灰尘和油雾要求较严
E 超精细级	过滤：(0.01μm)，排水：压力露点在−17℃以内，除油雾(99.9999%)	气动测量、空气轴承、静电喷镀。电子工业用于净化、干燥的元件。主要特点：对空气要求相当高，包括颗粒度、水分、油雾和灰尘	对除灰、除油雾和水都要求很严
F 超精细级	过滤(0.01μm)，排水：压力露点在−17℃以内，除油雾(99.9999%)，除臭气 99.5%	除了满足 E 系统要求外，还须除臭，用于医药工业、食品工业（包装、配置）、食品传送、酿造、医学的空气疗法、除湿密封等	同 E 系统，此外对除臭还有要求
G	过滤(0.01μm)，排水：压力露点在−30℃以内，除油雾(99.9999%)	该类过滤空气很干燥，用于电子元件、医药产品的存储、干燥的装料罐系统，粉末材料的输送、船舶测试设备	在 E 系统的基础上对除水要求最严，要求空气绝对干燥

表 21-3-69　过滤器的作用、结构、工作原理参数和选用

作用和分类		用于滤除压缩空气中含有的固体粉尘颗粒、水分、油分、臭味等各类杂质。有别于前面所说的主管道过滤器，本表说明的主要为支管道上使用的空气过滤器 按净化质量的要求分类：一般过滤精度和高过滤精度 按净化对象分类：除水滤灰过滤器、除油过滤器、除臭过滤器	
除水滤灰过滤器	作用和分类	除去压缩空气中的固态杂质、水滴和油污等，不能清除气态油、水 按过滤器的排水方式，可分为手动排水式和自动排水式。按自动排水式的工作原理，可分为浮子式和差压式。按无气压时的排水状态，可分为常开型和常闭型	
	典型结构和工作原理	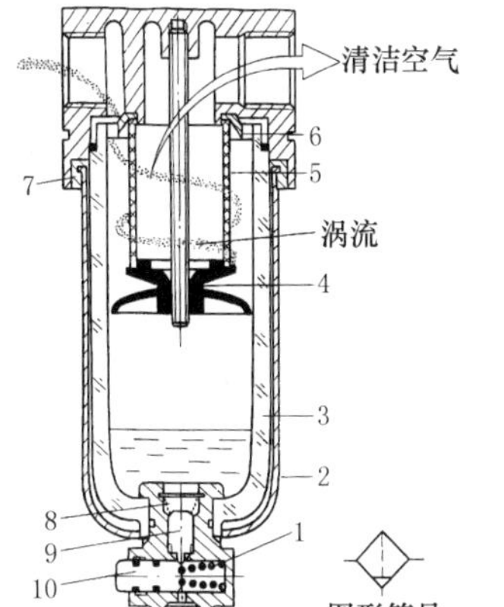 图形符号 1—复位弹簧；2—保护罩；3—水杯； 4—挡水板；5—滤芯；6—导流片；7—卡圈； 8—锥形弹簧；9—阀芯；10—按钮	从入口流入的压缩空气，经导流片切线方向的缺口强烈旋转，液态油、水及固态杂质受离心力作用，被甩到水杯的内壁上，再流至底部。由手动或自动排污器排出。除去液态油、水和杂质的压缩空气，通过滤芯进一步清除微小固态颗粒，然后从出口流出。挡水板能防止液态油、水被卷回气流中，造成二次污染
	主要性能参数		①耐压性能：对元件施加相当于最高使用压力 1.5 倍的压力，保压时间 1min，保证元件无损坏。耐压性能只表示短时间内元件所承受的压力，而不是长时间使用的工作压力 ②过滤精度：指通过滤芯的最大颗粒直径 ③流量特性：指在一定入口压力下，通过元件的空气流量与元件压力降之间的关系曲线 ④分水效率：指分离出来的水分与输入空气中所含水分之比
除油过滤器	作用	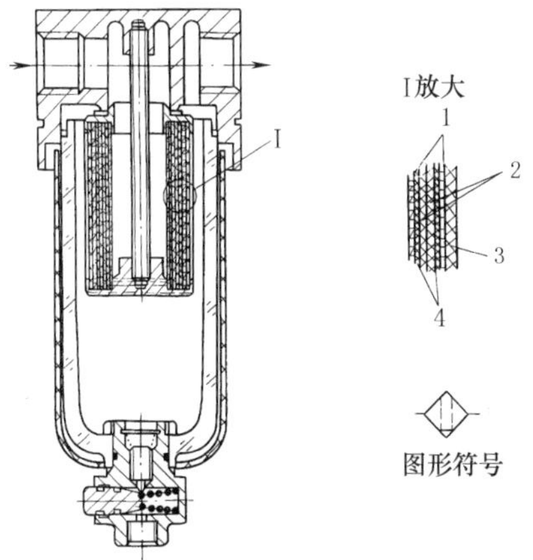 图形符号 1—多孔金属筒；2—纤维层(0.3μm)； 3—泡沫塑料；4—过滤纸	分离 0.3～5μm 的焦油粒子及大于 0.3μm 的锈末、碳类颗粒及油雾
	典型结构和工作原理		压缩空气从入口流入滤芯内侧，再流向外侧。进入纤维层的油粒子，由于相互碰撞或粒子与多层纤维碰撞，被纤维吸附。更小的粒子因布朗运动引起碰撞，使粒子逐渐变大，凝聚在特殊的泡沫塑料层表面，在重力作用下沉降到杯子底部再被清除

续表

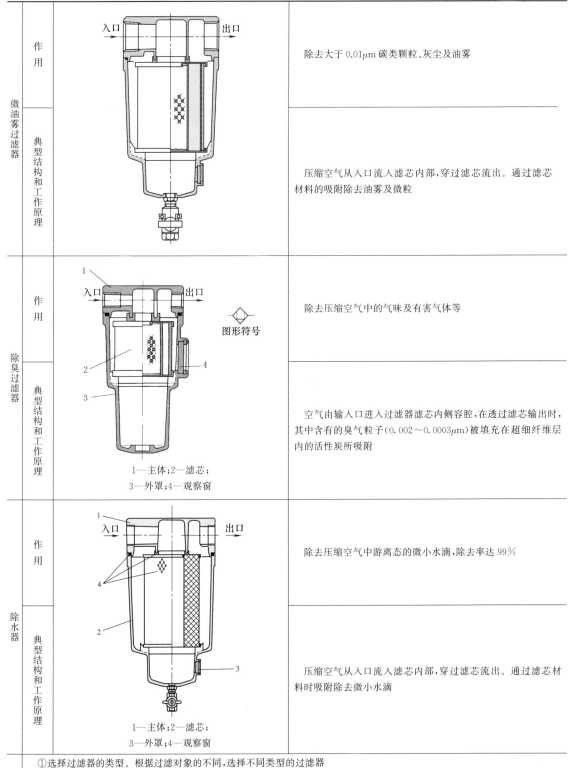

微油雾过滤器	作用	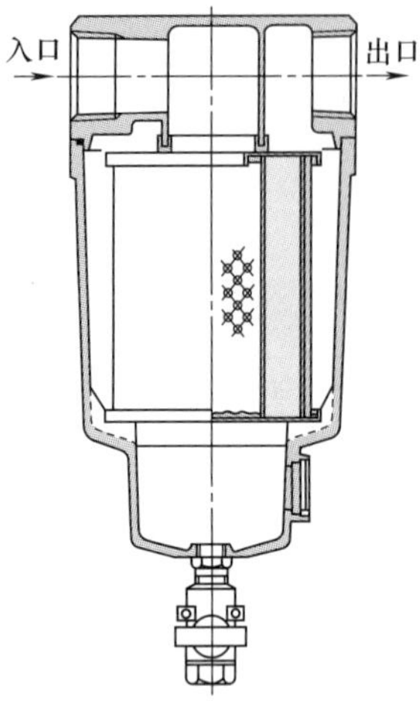	除去大于 0.01μm 碳类颗粒、灰尘及油雾
	典型结构和工作原理		压缩空气从入口流入滤芯内部，穿过滤芯流出。通过滤芯材料的吸附除去油雾及微粒
除臭过滤器	作用	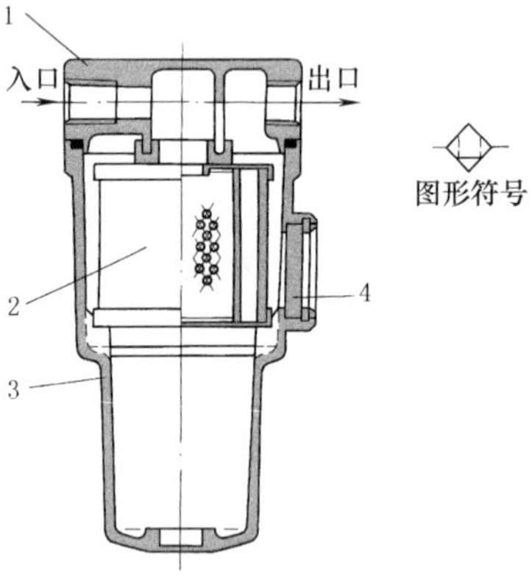1—主体；2—滤芯； 3—外罩；4—观察窗	除去压缩空气中的气味及有害气体等
	典型结构和工作原理		空气由输入口进入过滤器滤芯内侧容腔，在透过滤芯输出时，其中含有的臭气粒子(0.002～0.0003μm)被填充在超细纤维层内的活性炭所吸附
除水器	作用	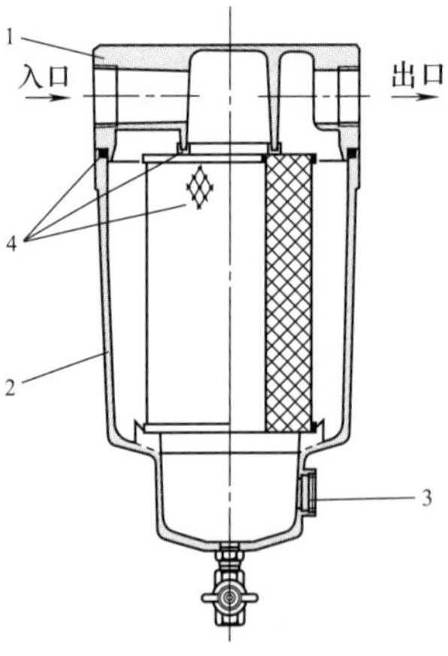1—主体；2—滤芯； 3—外罩；4—观察窗	除去压缩空气中游离态的微小水滴，除去率达 99%
	典型结构和工作原理		压缩空气从入口流入滤芯内部，穿过滤芯流出。通过滤芯材料时吸附除去微小水滴
选用	①选择过滤器的类型。根据过滤对象的不同，选择不同类型的过滤器 ②按所需处理的空气流量 Q_V(换算成标准状态下)选择相应规格的过滤器。所选用的过滤器额定流量 Q_0 与实际处理流量 Q_r 之间应有如下关系：$Q_r \leqslant Q_0$		

3.4.2　油雾器

表 21-3-70　油雾器结构、原理及使用

结构及原理	比例油雾器将精密计量的油滴加入压缩空气中。当气体流经文丘里喷嘴时形成的压差将油滴从油杯中吸出至滴盖。油滴通过比例调节阀滴入，通过高速气流雾化。油雾量大小和气体的流量成正比 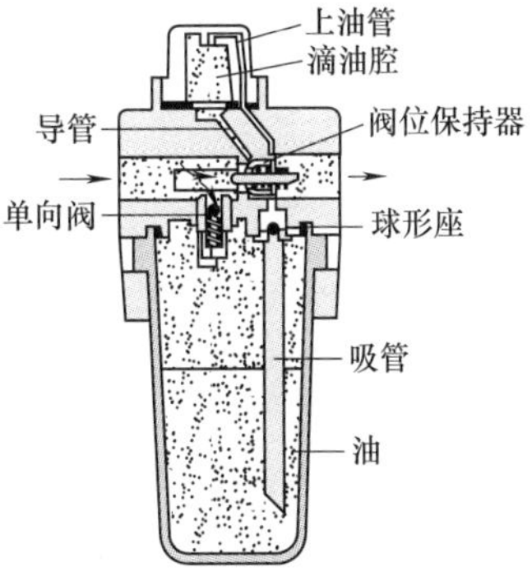
使用注意事项	压缩空气油雾润滑时应注意以下事项 ①可使用专用油(必须采用 DIN 51524-HLP32 规定的油：40℃时油的黏度为 $32\times10^{-6}m^2/s$) ②当压缩空气润滑时，油雾不能超过 $25mg/m^3$(DIN ISO 8573-1 第 5 类)。压缩空气经处理后应为无油压缩空气 ③采用润滑压缩空气进行操作将会彻底冲刷未润滑操作所需的终身润滑，从而导致故障 ④油雾器应尽可能直接安装在气缸的上游，以避免整个系统都使用油雾空气 ⑤系统切不可过度润滑。为了确定正确的油雾设定，可进行以下简单的“油雾测试”：手持一页白纸距离最远的气缸控制阀的排气口(不带消声器)约 10cm，经一段时间后，白纸呈现淡黄色，上面的油滴可确定是否过度润滑 ⑥排气消声器的颜色和状态进一步提供了过度润滑的证据。醒目的黄色和滴下的油都表明润滑设置得太大 ⑦受污染或不正确润滑的压缩空气会导致气动元件的寿命缩短 ⑧必须至少每周对气源处理单元的冷凝水和润滑设定检查两次。这些操作必须列入机器的保养说明书中 ⑨目前各气动元件厂商均生产无油润滑的气缸、阀等气动元件，为了保护环境或符合某些行业的特殊要求，尽可能不用油雾器 ⑩对于可用/可不用润滑空气的工作环境，如果气缸的速度大于 1m/s，建议采用给油的润滑方式

3.4.3　气源处理三联件和二联件

表 21-3-71　三联件和二联件的结构和工作原理

定义	在气动技术中，将空气过滤器、减压阀和油雾器三种气源处理元件组装在一起称为气动三联件。若将空气过滤器和减压阀设计成一个整体，成为二联件 其目的是为了缩小外形尺寸，节省安装空间，便于安装、维护和集中管理，其应用已越来越广泛
结构图	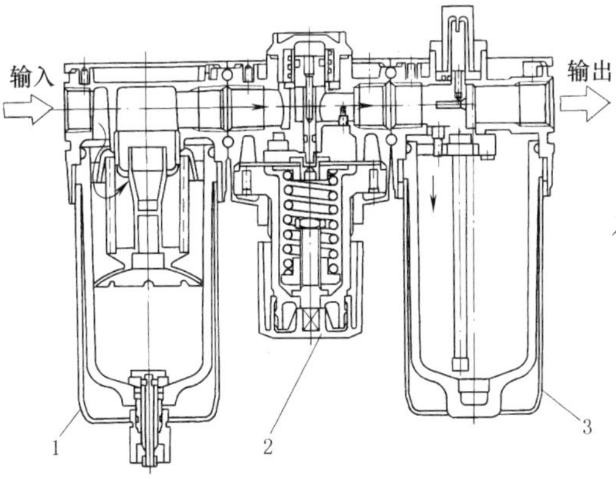 三联件结构示意图 1—过滤器；2—减压阀；3—油雾器 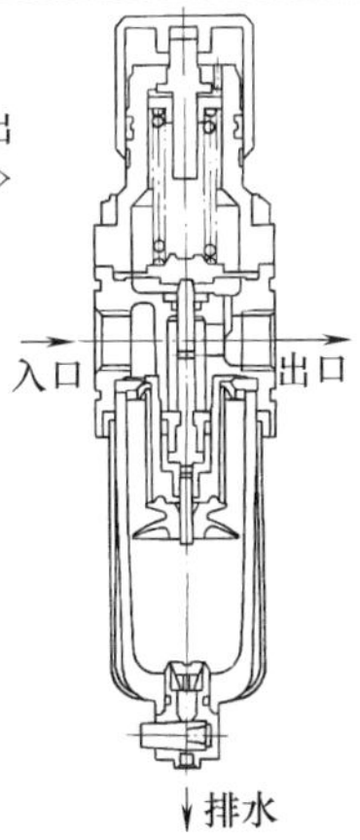 二联件结构
工作原理	三联件：压缩空气首先进入空气过滤器，经除水滤灰净化后进入减压阀，经减压后控制气体的压力以满足气动系统的要求，输出的稳压气体最后进入油雾器，将润滑油雾化后混入压缩空气一起输往气动装置 二联件：空气首先进入空气过滤器，经除水滤灰净化后进入减压阀，经减压控制其输出压力，后由输出口输出。通常使用在不需润滑的气动系统中

3.4.4 管接头

常用的管接头连接型式有卡套式、插入式、卡箍式、快速接头和回转接头。接头的连接方式有过渡接头、等径接头、异径接头及内外螺纹压力表接头等。目前管接头的螺纹型式有 G 螺纹、R 螺纹及 NPT 螺纹（美国标准的螺纹）。

表 21-3-72　　管接头的型式

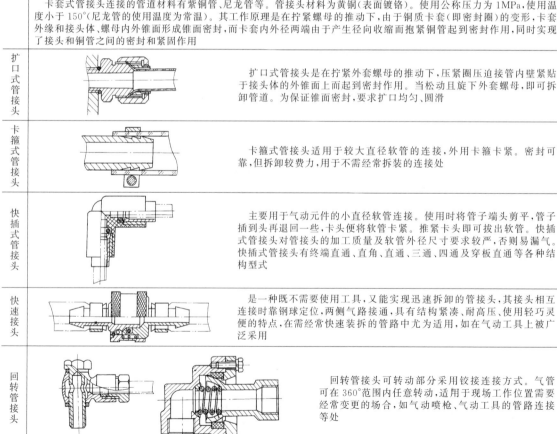

型式	结构、工作原理及应用
卡套式管接头	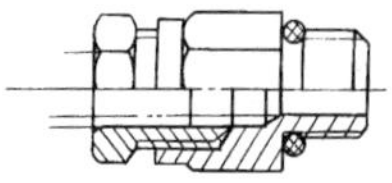 图(a)　直通终端管接头 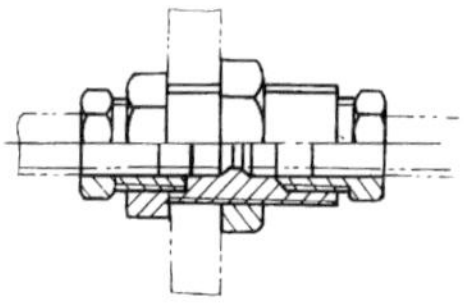 图(b)　直通穿板管接头 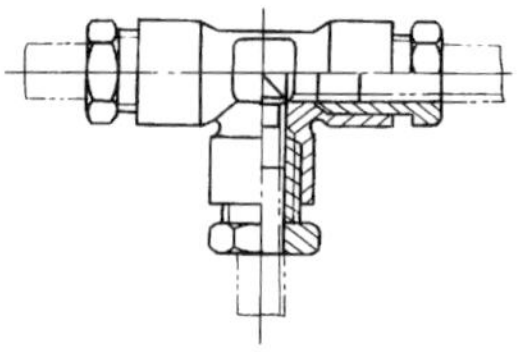 图(c)　三通管接头 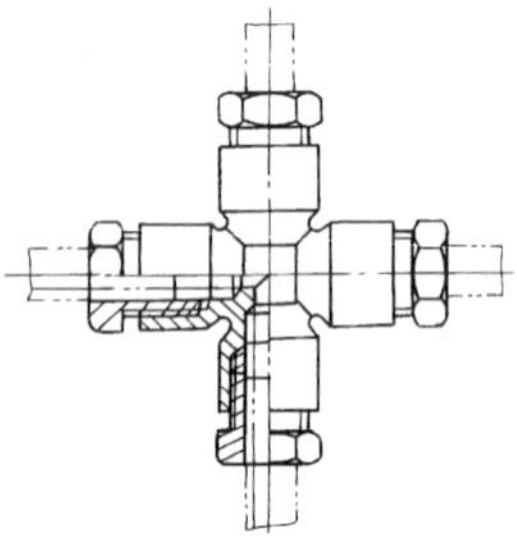 图(d)　四通管接头 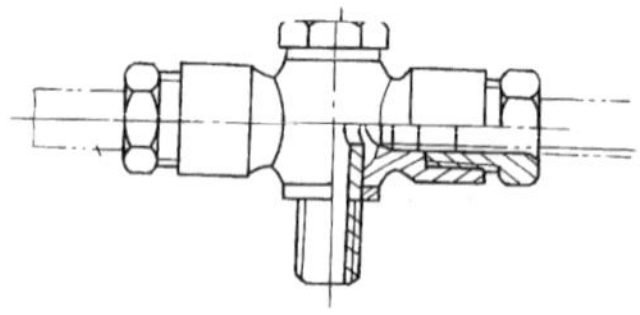 图(e)　终端回转管接头 卡套式管接头连接的管道材料有紫铜管、尼龙管等。管接头材料为黄铜（表面镀铬）。使用公称压力为 1MPa，使用温度小于 150°（尼龙管的使用温度为常温）。其工作原理是在拧紧螺母的推动下，由于铜质卡套（即密封圈）的变形，卡套外缘和接头体、螺母内外锥面形成锥面密封，而卡套内外径两端由于产生径向收缩而抱紧铜管起到密封作用，同时实现了接头和铜管之间的密封和紧固作用
扩口式管接头	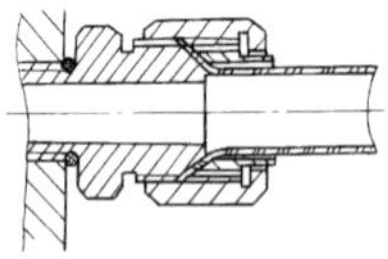 扩口式管接头是在拧紧外套螺母的推动下，压紧圈压迫接管内壁紧贴于接头体的外锥面上而起到密封作用。当松动且旋下外套螺母，即可拆卸管道。为保证锥面密封，要求扩口均匀、圆滑
卡箍式管接头	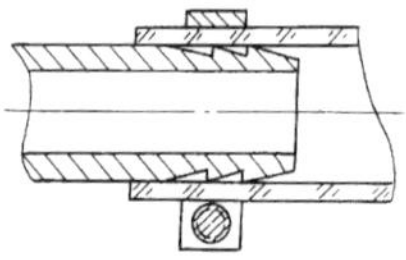 卡箍式管接头适用于较大直径软管的连接，外用卡箍卡紧。密封可靠，但拆卸较费力，用于不需经常拆装的连接处
快插式管接头	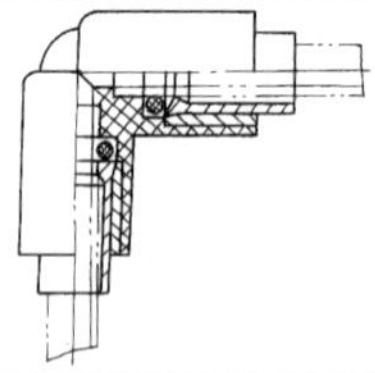 主要用于气动元件的小直径软管连接。使用时将管子端头剪平，管子插到头再退回一些，卡头便将软管卡紧。推紧卡头即可拔出软管。快插式管接头对管接头的加工质量及软管外径尺寸要求较严，否则易漏气。快插式管接头有终端直通、直角、直通、三通、四通及穿板直通等各种结构型式
快速接头	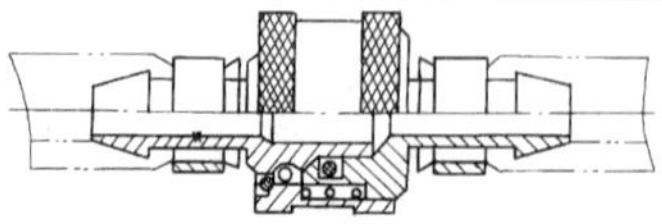 是一种既不需要使用工具，又能实现迅速拆卸的管接头，其接头相互连接时靠钢球定位，两侧气路接通，具有结构紧凑、耐高压、使用轻巧灵便的特点，在需经常快速装拆的管路中尤为适用，如在气动工具上被广泛采用
回转管接头	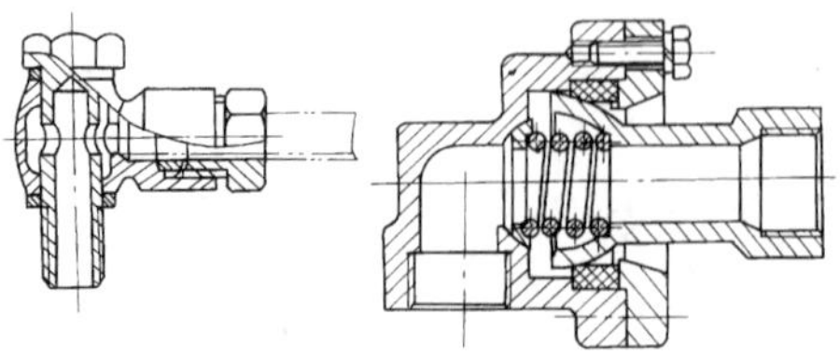 回转管接头可转动部分采用铰接连接方式。气管可在 360°范围内任意转动，适用于现场工作位置需要经常变更的场合，如气动喷枪、气动工具的管路连接等处

3.4.5　气动视觉指示器（pneumatic visual indicators）

指示器球由气动输入旋转，改变可见颜色。球位于透明塑料窗后面，提供了广阔的视野。视觉指示器有五种颜色鲜艳的日光油漆，以提高可视性。与按钮和选择开关一样，可视指示器使用 22mm 安装标准。其结构见图 21-3-73。

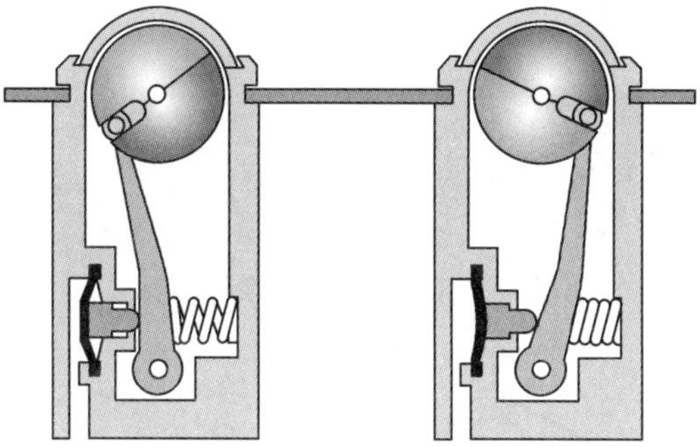

(a) 未工作状态　(b) 工作状态

图 21-3-73　气动视觉指示器

3.4.6　二位二通螺纹插装阀（单向阀）

该阀的外形与气动符号如图 21-3-74 所示，该阀的特性曲线如图 21-3-75 所示。

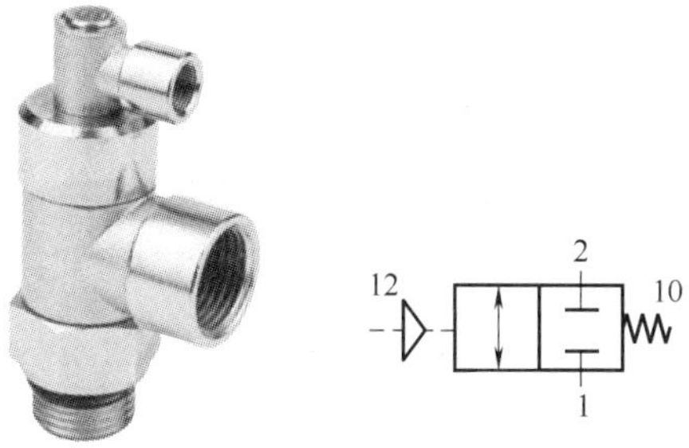

图 21-3-74　二位二通气动螺纹插装阀的外形和符号

使用实例：二位二通气控阀只有失压，气缸在伸出和缩回过程中就可以停止。如图 21-3-76 所示。

3.4.7　锁定阀（lockout valves）

锁定阀安装在排放支路上或单独的气动控制管路中。在气动操作设备的维护和保养过程中使用锁定阀。

在维修之前，手柄向内按压，阻止压力并释放所有下游空气压力。通过锁扣锁定，防止在维护过程中意外启动。在维护之后，挂锁被移除并且手柄被向外拉，空气压力重新作用于系统，其外形和气动符号见图 21-3-77。

该阀可以使用阀体内的两个安装孔进行在线安装或表面安装。安装时为使用方便应使手柄易触及。

正常机器操作：阀门打开，把手柄向外拉。如图 21-3-78 所示，进气口 1 向排气口 2 开放。排气口 3 堵塞。锁定阀打开接通气路。

锁定操作：阀门关闭，把手柄向内推。进气口 1 被阻塞，排气口 2 对排气口 3 开放。

锁定阀还可以与具有软启动功能的阀集成，将锁定功能和软启动功能集于一个单元中（EZ 阀）。排气口带螺纹，用于安装消声器或用于远程排气的管路，适用于管道或板式安装，其功能符号与实物照片见图 21-3-79。

EZ 阀安装在排放支路上或单独的气动控制管路中（见图 21-3-80）。在维修期间使用 EZ 阀和气动（空气）操作设备的维修程序。维修之前，红色手柄向内按压，阻止压力并释放所有下游空气压力。通过锁扣安装挂锁，防止在维护过程中发生意外故障。维护之后，挂锁被移除并且红色手柄被向外拉动，逐渐将空气压力返回到系统中。

正常机器操作：阀门打开，当手柄向外拉时，可调式针阀（通过手柄顶部进入）的设置决定压力建立的速率。当下游压力达到时，进口端口 1 向出口端口 2 开放。排气口 3 被堵塞。

锁定操作：阀门关闭，当向内推动手柄时，入口端口 1 被阻塞。下游空气通过排气口 3 排出。

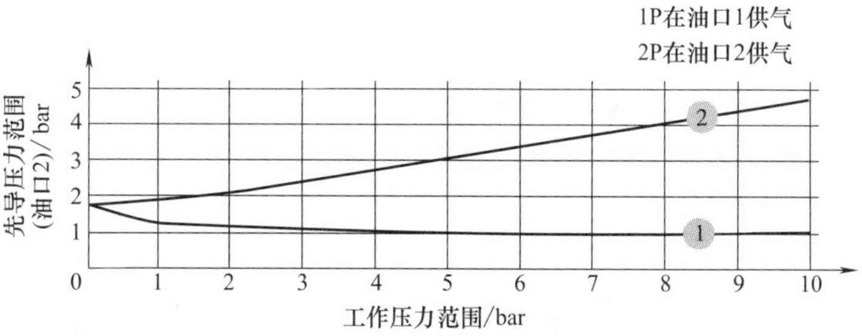

图 21-3-75　二位二通气动螺纹插装阀的特性曲线

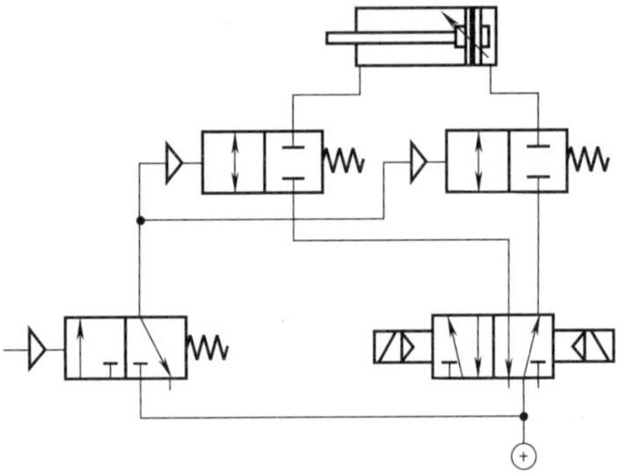

图 21-3-76 二位二通气动螺纹插装阀的使用实例

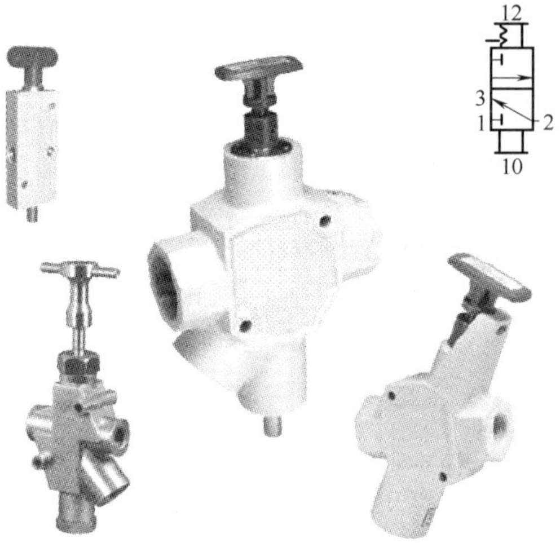

图 21-3-77 锁定阀的外形和符号

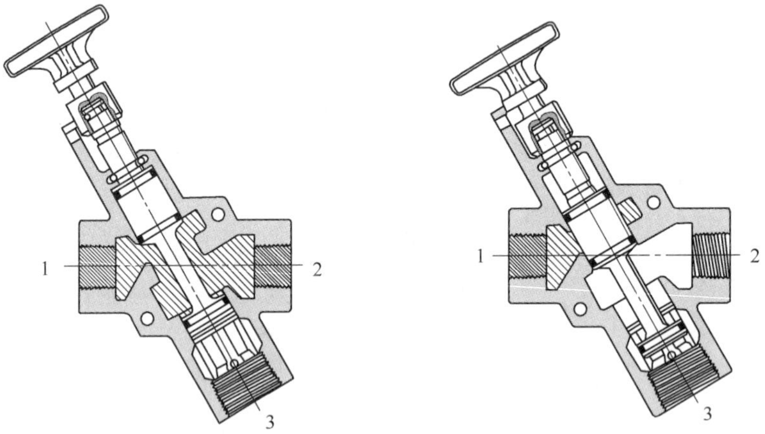

(a) 锁定阀打开　　(b) 锁定阀关闭

图 21-3-78 锁定阀的打开与关闭

1—进气口；2,3—排气口

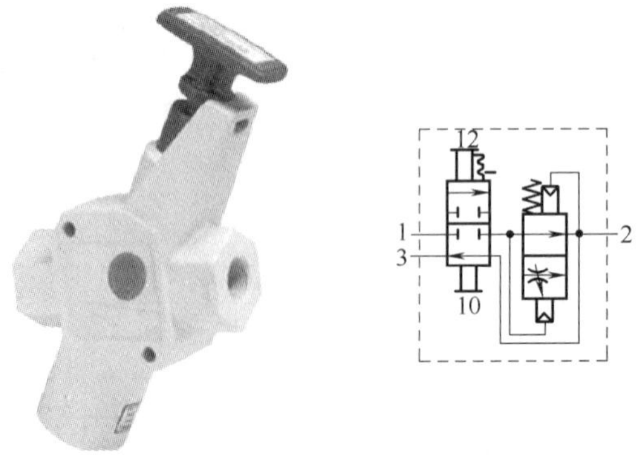

图 21-3-79 具有锁定功能和软启动功能的锁定阀

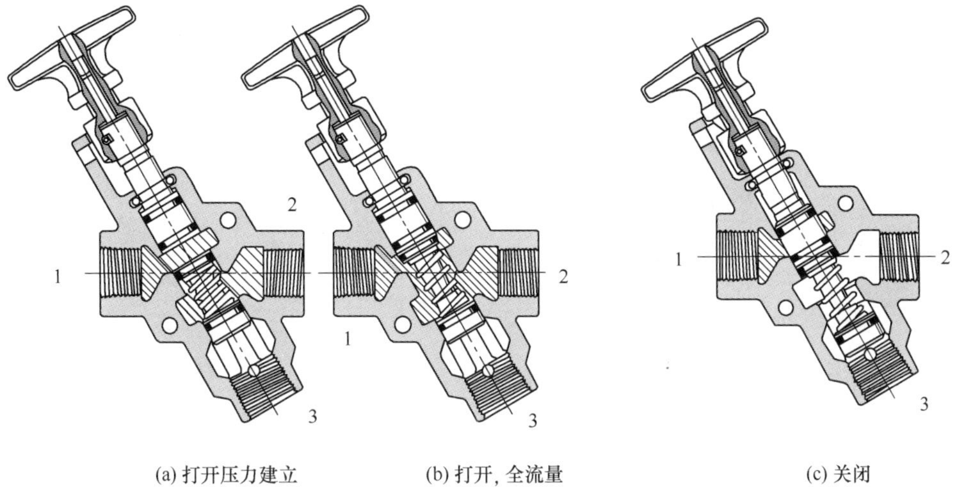

图 21-3-80　EZ 阀的工作状态
1—进气口；2,3—排气口

3.4.8　储气罐充气阀（tank valve）

对于气罐，钢桶，压缩机和其他气动容器需要可靠的自动充气阀。该阀配备标准阀芯和密封盖。最大工作压力为 12.74bar。温度范围为－40～104℃。其外形尺寸见图 21-3-81。

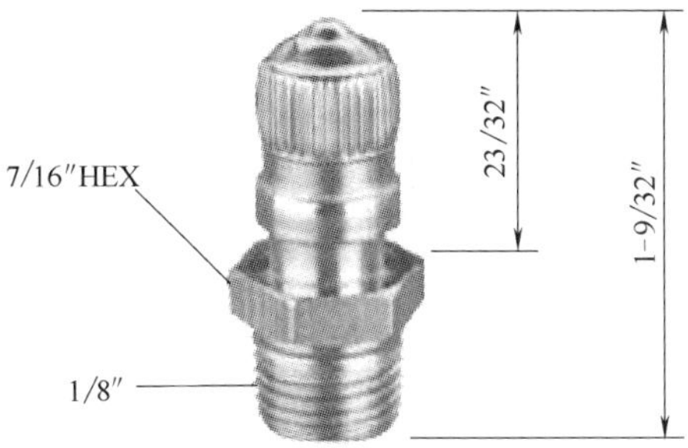

图 21-3-81　储气罐充气阀

3.4.9　呼吸器（breather vents）

这些形状矮小的通气呼吸器，在空间有问题时和防止污染的情况下非常有用。用于齿轮箱、油箱、储液器等的真空释放或压力平衡。无腐蚀性。工作压力 12.4bar（空气），工作温度 0～149℃。注意：呼吸器不应用作排气消声器，低于冰点的环境温度需要无水分空气。环境温度低于冰点并高于 180°需要润滑油，尤其是在这些温度下适用的润滑油。气动阀门应使用过滤和润滑空气。其外形见图 21-3-82。

图 21-3-82　呼吸器

3.4.10　自动排水器（automatic drip leg drain）

该自动排水器的特性是，排水具有手动优先，不需工具即可轻松维修，可适用于 0～17.2bar 工作压力范围，体积小巧。

端口螺纹：1/4～1/2in，顶部 1/8in 排水。压力和温度等级：0～17.2 bar，0～80℃。其规格和尺寸见图 21-3-83。

3.4.11　快速排气阀

快速排气阀与梭阀也可以用下面的气动功能符号来表示。如图 21-3-84 所示。

应用 1：双作用缸快速收回，见图 21-3-85。在该回路中，空气通过与气缸无杆腔端连接的快速排气阀排空。由于快速排气阀比四通控制阀的排气量更大，因此可以通过使用更小、更便宜的控制阀来提高气缸速度。

应用 2：双作用缸的双重压力驱动，见图

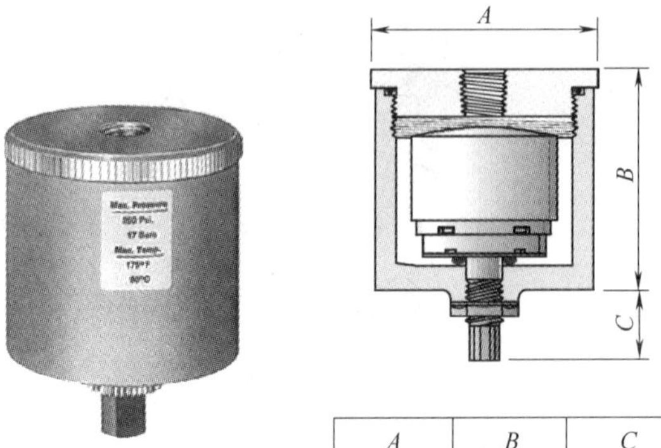

A	B	C
2.50in	2.37in	0.87in
64mm	60mm	22mm

图 21-3-83　自动排水器

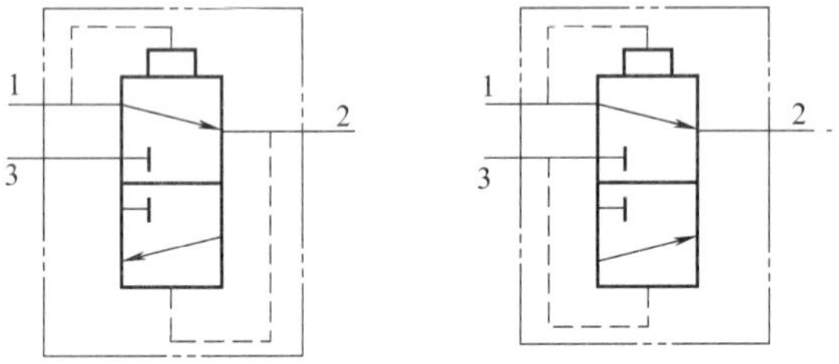

(a) 快排阀　　(b) 梭阀

图 21-3-84　快速排气阀与梭阀的图形符号

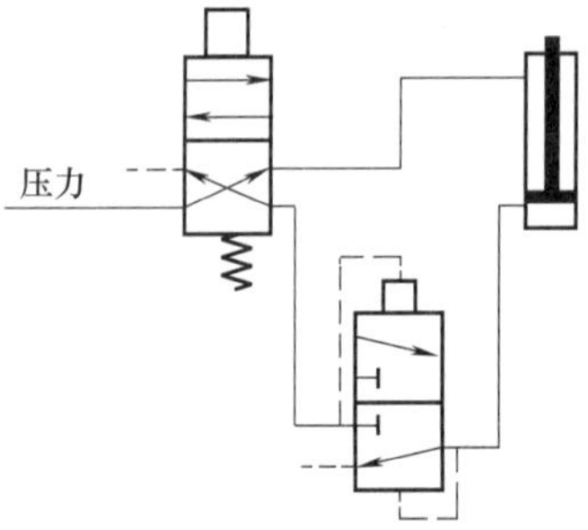

图 21-3-85　用于双作用气缸快速缩回

21-3-86。该回路采用快速排气阀和三通控制阀，以使气缸在高压下迅速伸出。注意：供气压力必须比有杆腔压力高 3 或 4 倍。有效的工作压力是无杆腔和有杆腔之间的压力差。

应用 3：两个双作用气缸的双向控制，见图 21-3-87。该回路以最小的阀门提供最大的控制。由于快速排气阀执行此功能，因此不需要大型四通控制阀来快速使气缸 A 返回。气缸 A 和 B 的伸出和气缸 B 的退回由速度控制阀控制。

3.4.12　典型的梭阀

应用 1：“或”电路。梭阀最常见的应用是“或

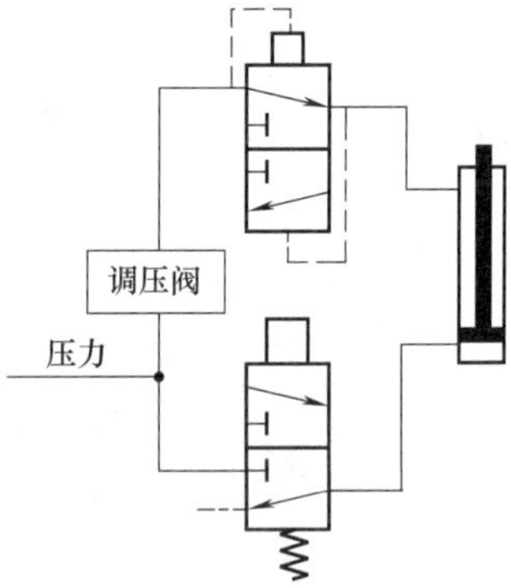

图 21-3-86　用于双作用气缸双重压力驱动

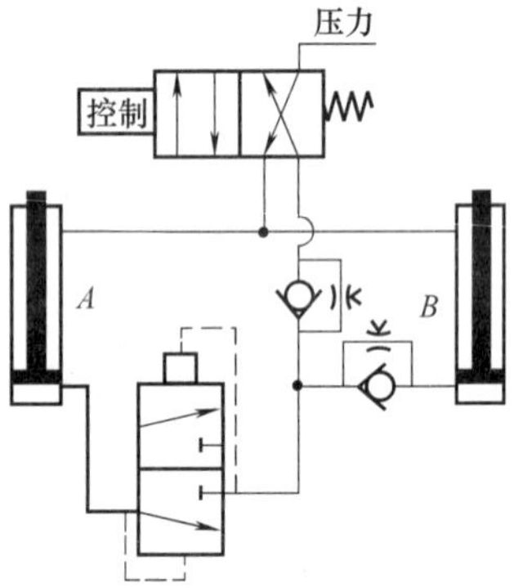

图 21-3-87　用于两个双作用气缸双向控制

(OR)”回路，见图 21-3-88。在这里，一气缸或其他工作装置可以通过任一控制阀来启动。阀门可以手动或电动启动，并可位于任何位置。

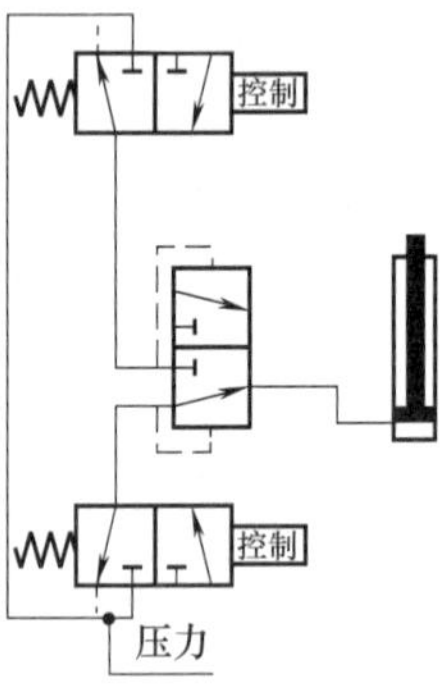

图 21-3-88　“或”回路

应用 2：记忆回路-自保持，见图 21-3-89。该回路一旦激励就可以连续运行。当阀门 A 启动时，压力就会传递到回路。这允许压力通过梭阀驱动阀 B，压力然后流过阀 B 并且还通往梭阀的另一侧，其使阀 B 保持打开自保持激励以便连续操作。为了解锁该回路，必须打开阀门 C 回路排气泄压并使阀门 B 返回到其常闭位置。

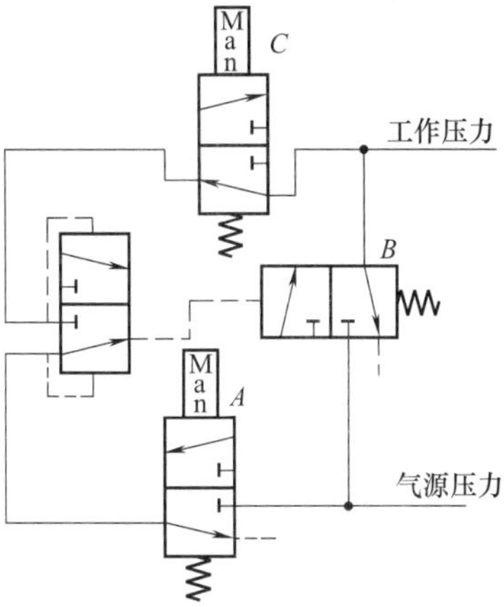

图 21-3-89　自保持回路

应用3：联锁，见图21-3-90。该回路在发生一个或另一个操作时防止发生特定操作发生。当阀 A 或阀 B 被启动执行操作1或操作2时，阀 D 转换到关闭位置并防止操作3发生。

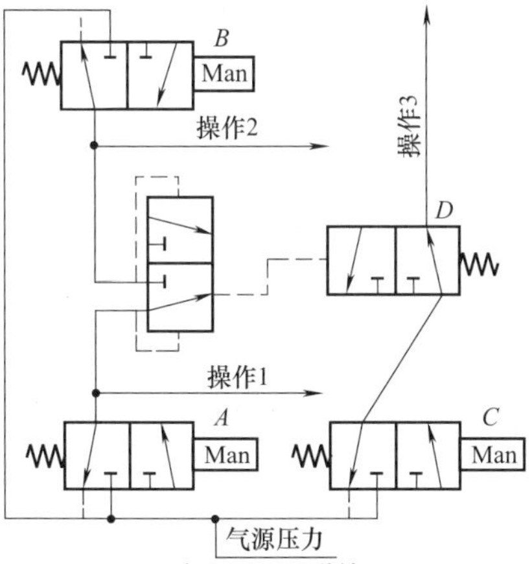

图 21-3-90　联锁

3.4.13　自动电气排水阀（automatic electrical drain valve）

某型号自动电气排水器外形见图21-3-91。

自动电子排水器设计用于从压缩机、压缩空气干燥器和接收器中去除冷凝物。电子排水器提供了真正

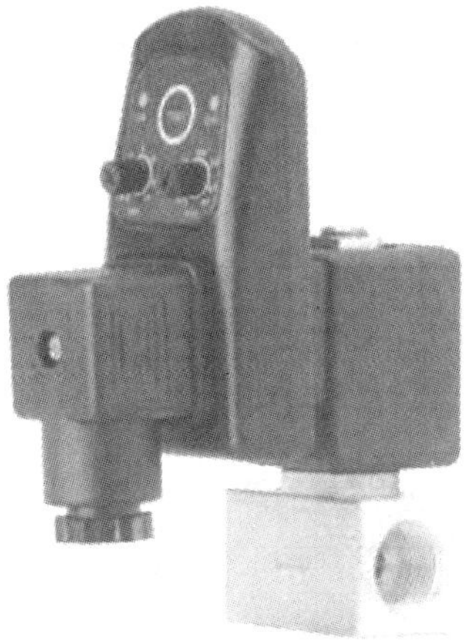

图 21-3-91　自动电气排水器外形

的安装简便性，是一种可靠和性能很好的冷凝水排放装置。直动阀中的大直径孔口与其复杂的计时器模块相结合，确保长时间无故障排放冷凝水。

其优点是：操作过程中不会产生空气闭锁现象，适用于任何尺寸的压缩空气系统，也可用于不锈钢。直动阀可维修，适用于所有类型的压缩机，具有微型开关功能、大直径（4.5mm）阀孔。

技术参数：工作压力：15.9bar；环境工作温度范围：1.1～54℃；线圈绝缘等级：H级（71.1℃）；电压AC115，230/50～60；计时器：开放时间5～10s，可调节；周期时间5s～45min，可调节；最大额定电流：最大4mA；接口尺寸：1/4in，3/8in，1/2in NPT；质量：0.8kg。

自动电气排水器应用的场合见图21-3-92。

3.4.14　气管

3.4.14.1　气动管道的尺寸（pneumatic pipe size）

橡胶软管或增强型塑料管最适合用于气动工具主要是因为其具有柔韧性适合工作时的自由移动，橡胶软管的直径见表21-3-74。

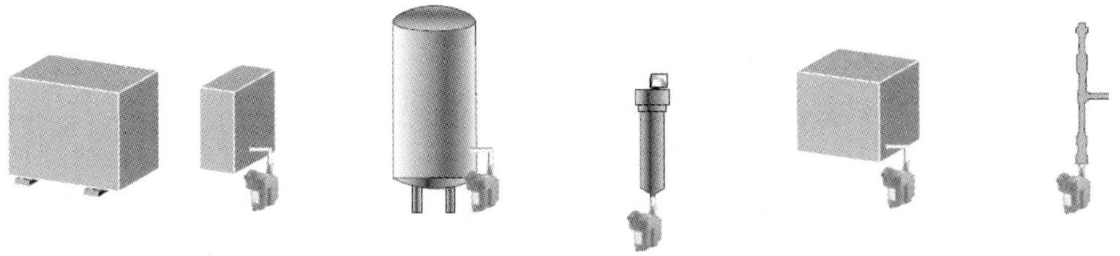

图 21-3-92　自动电气排水器的应用场合

表 21-3-73 标准气动钢管或软钢管技术参数

公称通径		外径/mm	壁厚/mm	质量/kg·m^{-1}
A	B			
6	1/8	10.5	2.0	0.419
8	1/4	13.8	2.3	0.652
10	3/8	17.3	2.3	0.851
15	1/2	21.7	2.8	1.310
20	3/4	27.2	2.8	1.680
25	1	34.0	3.2	2.430
32	1¼	42.7	3.5	3.380
40	1½	48.6	3.5	3.890
50	2	60.3	3.65	5.100
65	2½	76.1	3.65	6.510
75	3	88.9	4.05	8.470
100	4	114.3	4.5	12.100

表 21-3-74 橡胶软管（布缠绕）的技术参数

公称通径/in	外径/mm	内径/mm	内部截面积/mm^2
1/8	9.2	3.2	8.04
1/4	10.3	6.3	31.2
3/8	18.5	9.5	70.9
1/2	21.7	12.7	127
5/8	24.10	15.9	199
3/4	29.0	19.0	284
1	35.4	25.4	507
1¼	45.8	31.8	794
1½	52.1	38.1	1140
1¾	60.5	44.5	1560
2	66.8	50.8	2030
2¼	81.1	57.1	2560
2½	90.5	63.5	3170

3.4.14.2 气动管道允许的最高工作压力和最小弯曲半径

表 21-3-75 气动管道允许的最高工作压力和最小弯曲半径

直径/mm		4	5	6	8	8②	10	10②	12	12②	14	15②	16	22	28
-40～20℃时	尼龙管	28	31	25	19	10	24	8	18	6	15	6	18	15	15
最高工作压力①/bar	聚氨酯管	10	11	9	9	—	9	—	9	—	—	—	—	—	—
最小弯曲半径/mm	尼龙管	25	25	30	50		60		75		80		95	125	16
	聚氨酯管	7	9	16	17	—	25	—	—	—	—	—	—	—	

① 用于较高温度时，压力要求以相应的系数。

② 超软管。

注：最高连续工作温度：尼龙：80℃，聚氨酯：60℃。

3.4.14.3 压力与温度转换系数

当温度升高时，所允许的最高工作压力要乘以相应的系数，参见表 21-3-76。

表 21-3-76 压力与温度转换系数

工作温度/℃	转换系数	工作温度/℃	转换系数
+30	0.83	+60	0.57
+40	0.72	+80	0.47
+50	0.64		

3.4.15　消声器

表 21-3-77　　消声器原理和分类

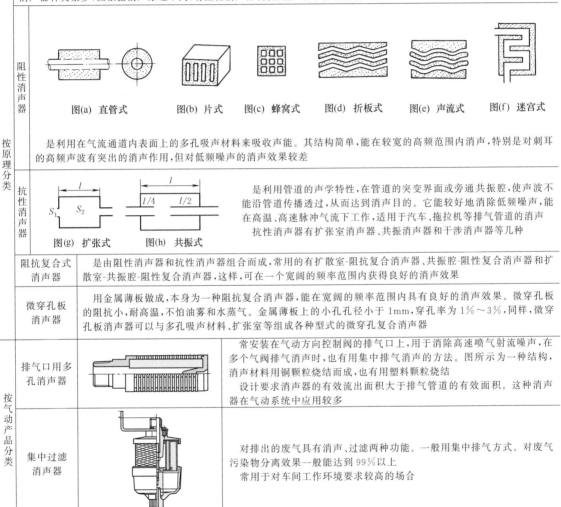

基本要求		①具有较好的消声性能，即要求消声器具有较好的消声频率特性，噪声一般控制在 74～80dB 之间（当供气为 0.6MPa，距离为 1m 时测得的噪声） ②具有良好的空气动力性能，消声器对气流的阻力损失要小 ③结构简单，便于加工，经济耐用，无再生噪声 在设计和选择消声器时，应合理选择通过消声器的气流速度。对空调系统，流过的气流速度可取≤6m/s；对一般系统宜取 6～10m/s；对工业鼓风机或其他气动设备可取 10～20m/s；对高压排空消声器则可大于 20m/s
按原理分类		消声器种类繁多，但根据消声原理不同，有阻性消声器、抗性消声器和阻抗复合式消声器
	阻性消声器	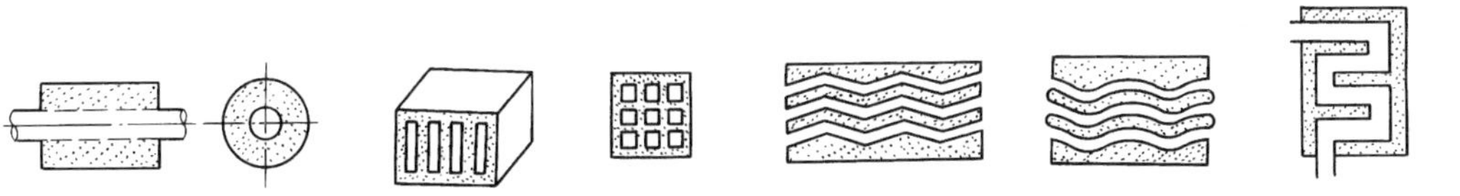 图(a)　直管式　图(b)　片式　图(c)　蜂窝式　图(d)　折板式　图(e)　声流式　图(f)　迷宫式 是利用在气流通道内表面上的多孔吸声材料来吸收声能。其结构简单，能在较宽的高频范围内消声，特别是对刺耳的高频声波有突出的消声作用，但对低频噪声的消声效果较差
	抗性消声器	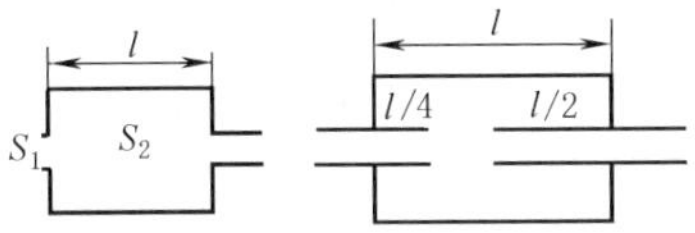 图(g)　扩张式　图(h)　共振式 是利用管道的声学特性，在管道的突变界面或旁通共振腔，使声波不能沿管道传播透过，从而达到消声目的。它能较好地消除低频噪声，能在高温、高速脉冲气流下工作，适用于汽车、拖拉机等排气管道的消声 抗性消声器有扩张室消声器、共振消声器和干涉消声器等几种
	阻抗复合式消声器	是由阻性消声器和抗性消声器组合而成，常用的有扩散室-阻抗复合消声器、共振腔-阻性复合消声器和扩散室-共振腔-阻性复合消声器，这样，可在一个宽阔的频率范围内获得良好的消声效果
	微穿孔板消声器	用金属薄板做成，本身为一种阻抗复合消声器，能在宽阔的频率范围内具有良好的消声效果。微穿孔板的阻抗小，耐高温，不怕油雾和水蒸气。金属薄板上的小孔孔径小于 1mm，穿孔率为 1%～3%，同样，微穿孔板消声器可以与多孔吸声材料、扩张室等组成各种型式的微穿孔复合消声器
按气动产品分类	排气口用多孔消声器	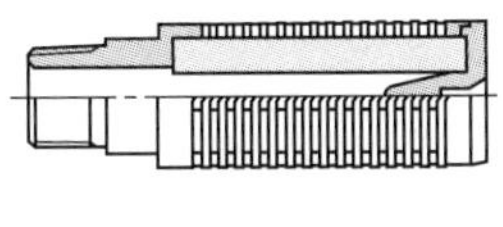 常安装在气动方向控制阀的排气口上，用于消除高速喷气射流噪声，在多个气阀排气消声时，也有用集中排气消声的方法。图所示为一种结构，消声材料用铜颗粒烧结而成，也有用塑料颗粒烧结 设计要求消声器的有效流出面积大于排气管道的有效面积。这种消声器在气动系统中应用较多
	集中过滤消声器	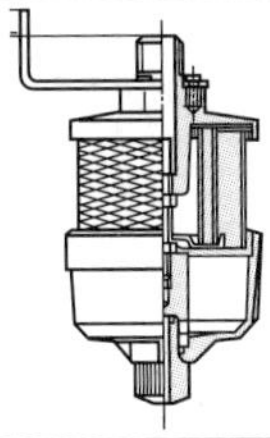 对排出的废气具有消声、过滤两种功能。一般用集中排气方式。对废气污染物分离效果一般能达到 99%以上 常用于对车间工作环境要求较高的场合

3.4.16　油压缓冲器

油压缓冲器（shock absorber）依靠液压油的阻尼对作用在其上的物体进行缓冲减速至停止，起到一定程度的保护作用，适用于起重运输、电梯、冶金、港口机械、铁道车辆等机械设备，是在工作过程中防止硬性碰撞导致机构损坏的安全缓冲装置。在气动系统中主要用于气动缸的缓冲。

油压缓冲器有以下功能。

① 消除非机械运动的振动和碰撞破坏等冲击。

② 大幅度减小噪声，提供安静的工作环境。

③ 加速机械动作频率，增加产能。

④ 高效率，生产高品质产品。

⑤ 延长机械寿命，减少售后服务。

表 21-3-78 **选型方法**

1. 使用条件参数说明

符号	使用条件参数	单位
μ	摩擦因数	
α	斜面倾角	rad
θ	负载撞击接触角度	rad
ω	角速度	rad/s
A	宽度	m
B	厚度	m
C	每 小时撞击次数	h^{-1}
d	气液压缸缸径	mm
E_D	每次驱动能量	N·m
E_K	每次动能	N·m
E_T	每次综合能量	N·m
E_{TC}	每小时综合能量	N·m
F	推进力	N
F_m	最大冲击力	N
g	重力加速度	m/s^2
h	高度	m
HM	马达制动系数(一般为 2.5)	
P	电动机功率	kW
m	减速负载的综合质量	kg
M_e	有效质量	kg
p	气液压缸操作压力	bar
R	半径	m
R_s	油压缓冲器至旋转中心的距离	m
S	行程	m
T	驱动转矩	N·m
t	减速时间	s
v	撞击速度	m/s

2. 必须明确以下四个参数才能确定油压缓冲器的尺寸

序号	符号	使用条件	单位
1	m	减速负载的综合重量	kg
2	v	撞击速度	m/s
3	F	推进力	N
4	C	每小时撞击次数	h^{-1}

3. 计算公式

- 动能 $E_K=mv^2/2$
- 驱动能量 $E_D=FS$
- 自由落体速度 $v=\sqrt{2gh}$
- 气液压缸的推进力 $F=0.00785pd^2$
- 最大冲击力(概估) $F_m=1.2E_T/S$
- 电动马达产生的推进力 $T=3000P/v$
- 每小时吸收的总能量 $E_{TC}=E_TC$

4. 选型举例

例 1:水平撞击

使用条件

$m=300kg$

$v=1.0m/s$

$S=0.05m$

$C=300h^{-1}$

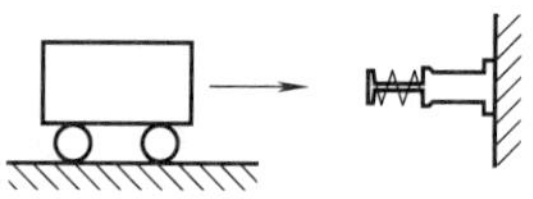

公式计算

$$E_K=\frac{mv^2}{2}=\frac{300\times1.0^2}{2}=150\ (N\cdot m)$$

$$E_T=E_K=150\ (N\cdot m)$$

$$E_{TC}=E_TC=150\times300=45000\ (N\cdot m/h)$$

$$M_e=\frac{2E_T}{v^2}=\frac{2\times150}{1.0^2}=300\ (kg)$$

选择型号

根据“有效质量-撞击速度”曲线图选择满足条件的 AD-3650 油压缓冲器

例 2:有推进力的水平撞击

使用条件

$m=300kg$

$v=1.2m/s$

$S=0.05m$

$p=0.4MPa$

$d=100mm$

$C=300h^{-1}$

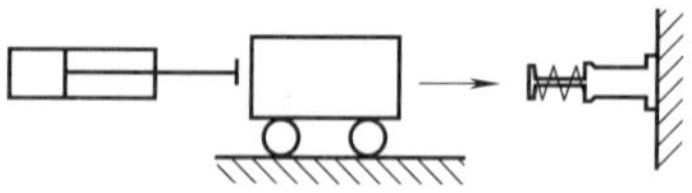

公式计算

$$E_K=\frac{mv^2}{2}=\frac{300\times1.2^2}{2}=216\ (N\cdot m)$$

$$E_D=FS=0.00785pd^2S$$
$$=0.00785\times0.4\times10^6\times0.1^2\times0.05=1.57\ (N\cdot m)$$

$$E_T=E_K+E_D=216+1.57=217.57\ (N\cdot m)$$

$$E_{TC}=E_TC=217.57\times300=65271\ (N\cdot m/h)$$

$$M_e=\frac{2E_T}{v^2}=\frac{2\times217.57}{1.2^2}=302.2\ (kg)$$

选择型号

根据“有效质量-撞击速度”曲线图选择满足条件的 AD-4250 油压缓冲器

续表

例 3:自由落体撞击

使用条件

$m=40\text{kg}$

$h=0.4\text{m}$

$S=0.06\text{m}$

$C=200\text{h}^{-1}$

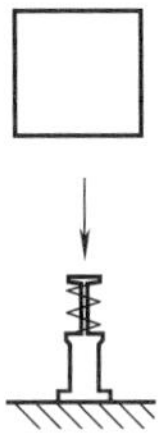

公式计算

$v=\sqrt{2gh}=\sqrt{2\times9.81\times0.4}=2.8\ (\text{m/s})$

$E_K=\dfrac{mv^2}{2}=\dfrac{40\times2.8^2}{2}=157\ (\text{N}\cdot\text{m})$

$E_D=FS=mgS=40\times9.81\times0.06=23.5\ (\text{N}\cdot\text{m})$

$E_T=E_K+E_D=157+23.5=180.5\ (\text{N}\cdot\text{m})$

$E_{TC}=E_TC=180.5\times200=36100\ (\text{N}\cdot\text{m/h})$

$M_e=\dfrac{2E_T}{v^2}=\dfrac{2\times180.5}{2.8^2}=46\ (\text{kg})$

选择型号

根据"有效质量-撞击速度"曲线图选择满足条件的 AC-3660-1 型号

例 4:有推进力的自由落体撞击

使用条件

$m=40\text{kg}$

$h=0.3\text{m}$

$S=0.025\text{m}$

$p=5\text{bar}$

$d=50\text{mm}$

$C=200\text{h}^{-1}$

$v=1.0\text{m/s}$

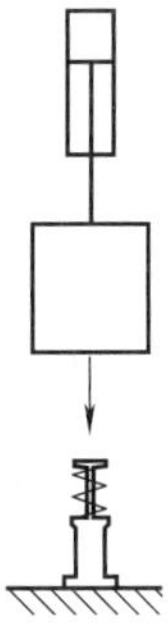

公式计算

$E_K=\dfrac{mv^2}{2}=\dfrac{40\times1.0^2}{2}=20\ (\text{N}\cdot\text{m})$

$E_D=FS=(mg+0.0785pd^2)S$

$=(40\times9.81+0.0785\times0.5\times10^6\times0.05^2)\times0.025=41.06\ (\text{N}\cdot\text{m})$

$E_T=E_K+E_D=20+41.06=61.06\ (\text{N}\cdot\text{m})$

$E_{TC}=E_TC=61.06\times200=12212\ (\text{N}\cdot\text{m/h})$

$M_e=\dfrac{2E_T}{v^2}=\dfrac{2\times61.06}{1.0^2}=122.12\ (\text{kg})$

选择型号

根据"有效质量-撞击速度"曲线图选择满足条件的 AD-2525 型号

例 5:马达驱动的水平撞击

使用条件

$m=400\text{kg}$

$v=1.0\text{m/s}$

$P=1.5\text{kW}$

$HM=2.5$

$S=0.075\text{m}$

$C=60\text{h}^{-1}$

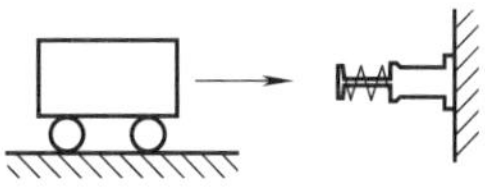

公式计算

$E_K=\dfrac{mv^2}{2}=\dfrac{400\times1.0^2}{2}=200\ (\text{N}\cdot\text{m})$

$E_D=FS=\dfrac{P(HM)}{v}\quad S=\dfrac{1500\times2.5}{1.0}\times0.075=281\ (\text{N}\cdot\text{m})$

$E_T=E_K+E_D=200+281=481\ (\text{N}\cdot\text{m})$

$E_{TC}=E_TC=481\times60=28860\ (\text{N}\cdot\text{m/h})$

$M_e=\dfrac{2E_T}{v^2}=\dfrac{2\times481}{1.0^2}=962\text{kg}$

选择型号

根据"有效质量-撞击速度"曲线图选择满足条件的 AD-4275 型号

例 6:倾斜撞击

使用条件

$m=150\text{kg}$

$h=0.3\text{m}$

$S=0.075\text{m}$

$\alpha=30°$

$C=200\text{h}^{-1}$

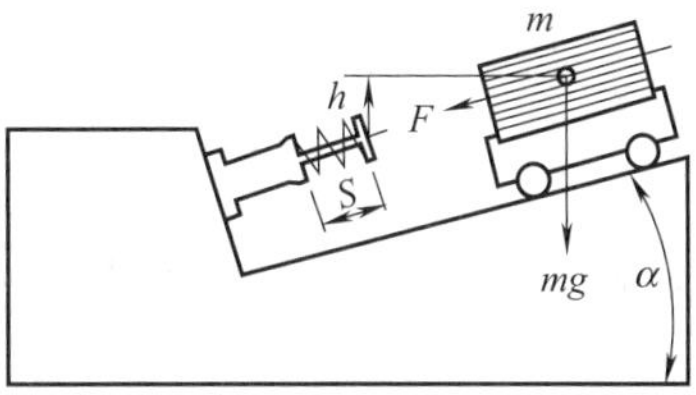

公式计算

$v=\sqrt{2gh}=\sqrt{2\times9.81\times0.3}=2.43\ (\text{m/s})$

$E_K=\dfrac{mv^2}{2}=\dfrac{150\times2.43^2}{2}=443\ (\text{N}\cdot\text{m})$

$E_D=FS=mgS\sin\alpha$

$=150\times9.81\times0.075\times\sin30°=55.2\ (\text{N}\cdot\text{m})$

$E_T=E_K+E_D=433+55.2=488.2\ (\text{N}\cdot\text{m})$

$E_{TC}=E_TC=488.2\times200=97640\ (\text{N}\cdot\text{m/h})$

$M_e=\dfrac{2E_T}{v^2}=\dfrac{2\times488.2}{2.43^2}=165.4\ (\text{kg})$

选择型号

根据"有效质量-撞击速度"曲线图选择满足条件的 AD-4275 型号

续表

例 7:水平旋转门

使用条件

$m=20\text{kg}$

$\omega=2.0\text{rad/s}$

$T=20\text{N}\cdot\text{m}$

$R_s=0.8\text{m}$

$A=1.0\text{m}$

$B=0.05\text{m}$

$S=0.04\text{m}$

$C=100\text{h}^{-1}$

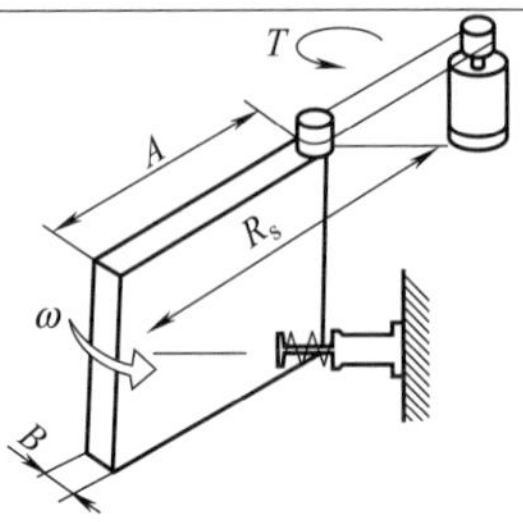

公式计算

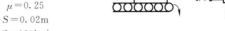

$$I=\frac{m(4A^2+B^2)}{12}=\frac{20\times(4\times1.0^2+0.05^2)}{12}=6.67\ (\text{kg}\cdot\text{m}^2)$$

$$E_K=\frac{I\omega^2}{2}=\frac{6.67\times2.0^2}{2}=13.34\ (\text{N}\cdot\text{m})$$

$$\theta=\frac{S}{R_s}=\frac{0.04}{0.8}=0.05\ (\text{rad})$$

$$E_D=T\theta=20\times0.05=1.0\ (\text{N}\cdot\text{m})$$

$$E_T=E_K+E_D=13.34+1.0=14.34\ (\text{N}\cdot\text{m})$$

$$E_{TC}=E_TC=14.34\times100=1434\ (\text{N}\cdot\text{m/h})$$

$$v=\omega R_s=2.0\times0.8=1.6\ (\text{m/s})$$

$$M_e=\frac{2E_T}{v^2}=\frac{2\times14.34}{1.6^2}=11.20\ (\text{kg})$$

选择型号

根据“有效质量-撞击速度”曲线图选择满足条件的 AD-2016 型号

例 8:有驱动的旋转分度盘

使用条件

$m=200\text{kg}$

$\omega=1.0\text{rad/s}$

$T=100\text{N}\cdot\text{m}$

$R=0.5\text{m}$

$R_s=0.4\text{m}$

$S=0.04\text{m}$

$C=100\text{h}^{-1}$

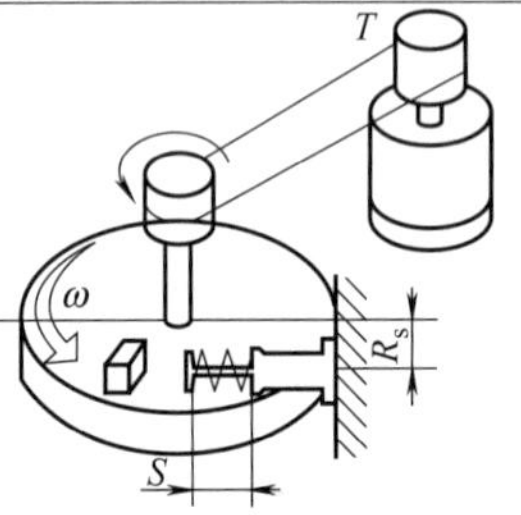

公式计算

$$I=\frac{mR^2}{2}=\frac{200\times0.5^2}{2}=25\ (\text{kg}\cdot\text{m}^2)$$

$$E_K=\frac{I\omega^2}{2}=\frac{25\times1.0^2}{2}=12.5\ (\text{N}\cdot\text{m})$$

$$\theta=\frac{S}{R_s}=\frac{0.04}{0.4}=0.1\ (\text{rad})$$

$$E_D=T\theta=100\times0.1=10\ (\text{N}\cdot\text{m})$$

$$E_T=E_K+E_D=12.5+10=22.5\ (\text{N}\cdot\text{m})$$

$$E_{TC}=E_TC=22.5\times50=1125\ (\text{N}\cdot\text{m/h})$$

$$v=\omega R_s=1.0\times0.4=0.4\ (\text{m/s})$$

$$M_e=\frac{2E_T}{v^2}=\frac{2\times22.5}{0.4^2}=281\ (\text{kg})$$

选择型号

根据“有效质量-撞击速度”曲线图选择满足条件的 AD-4250 型号

例 9:水平输送带负载撞击

使用条件

$m=150\text{kg}$

$v=0.5\text{m/s}$

$\mu=0.25$

$S=0.02\text{m}$

$C=120\text{h}^{-1}$

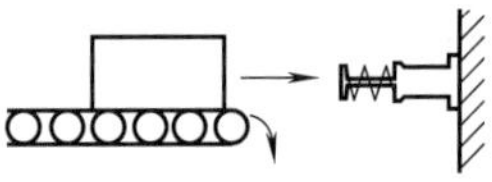

公式计算

$$E_K=\frac{mv^2}{2}=\frac{150\times0.5^2}{2}=18.75\ (\text{N}\cdot\text{m})$$

$$E_D=FS=mg\mu S=150\times9.81\times0.25\times0.02=7.35\ (\text{N}\cdot\text{m})$$

$$E_T=E_K+E_D=18.75+7.35=26.1\ (\text{N}\cdot\text{m})$$

$$E_{TC}=E_TC=26.1\times120=3132\ (\text{N}\cdot\text{m/h})$$

$$M_e=\frac{2E_T}{v^2}=\frac{2\times26.1}{0.5^2}=208.8\ (\text{kg})$$

选择型号

根据“有效质量-撞击速度”曲线图选择满足条件的 AC-2020-3 型号

例 10:有驱动的旋转臂

使用条件

$m=40\text{kg}$

$A=0.5\text{m}$

$B=0.05\text{m}$

$\omega=2.0\text{rad/s}$

$T=10\text{N}\cdot\text{m}$

$R_s=0.4\text{m}$

$S=0.05\text{m}$

$C=50\text{h}^{-1}$

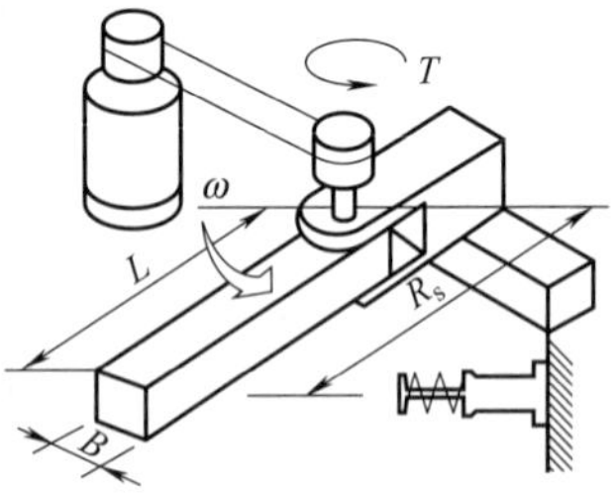

公式计算

$$I=\frac{m(4A^2+B^2)}{12}=\frac{40\times(4\times0.5^2+0.05^2)}{12}=3.34\ (\text{kg}\cdot\text{m}^2)$$

$$E_K=\frac{I\omega^2}{2}=\frac{3.34\times2.0^2}{2}=6.68\ (\text{N}\cdot\text{m})$$

$$\theta=\frac{S}{R_s}=\frac{0.05}{0.4}=0.125\ (\text{rad})$$

$$E_D=T\theta=10\times0.125=1.25\ (\text{N}\cdot\text{m})$$

$$E_T=E_K+E_D=6.68+1.25=7.93\ (\text{N}\cdot\text{m})$$

$$E_{TC}=E_TC=7.93\times50=396.5\ (\text{N}\cdot\text{m/h})$$

$$v=\omega R_s=2.0\times0.4=0.8\ (\text{m/s})$$

$$M_e=\frac{2E_T}{v^2}=\frac{2\times7.93}{0.8^2}=24.78\ (\text{kg})$$

选择型号

根据“有效质量-撞击速度”曲线图选择满足条件的 AC-1416-2 型号

3.5　真空元件及真空系统

在气动系统中，工作所需的压力差是由空气压缩机产生的。空气压缩机把更多的空气推入系统，增加了空气压力。

在真空系统中，压力差是由真空泵产生的。通过真空泵将空气抽吸出系统，将压力降低到大气压力以下。

真空被定义为没有物质或只含有稀薄气体的空间的状态。有时把真空称为负压，但从绝对意义上讲，压力总是正的。压力只能相对于其他更高的压力而言与之进行比较才可以是“负的”。由于我们经常被大气所包围，因此将低于大气的压力描述为负值是很自然的。

虽然在真空和压力系统中产生的压力差是完全相反的，但所使用的设备则有相当大的相似性。空气压缩机（空压机）和真空泵都使用相同的原理。原则上它们可以被认为是相同的机器，但是其入口和出口是反向的。也就是说，每个都以较低的入口压力吸入空气，并以较高的出口压力将其转化为压缩空气。在压缩机中，入口通常处于大气压力下，出口连接到系统；在真空泵中，出口处于大气压力之下。有时空气压缩机和真空泵部分由相同的可互换的部件组装而成。然而，控制阀、油口和注油器通常是不同的。另一个主要区别在于所需的驱动力。根据其压力等级，空气压缩机可能需要比相同工作容量的真空泵多150%～400%的功率。

3.5.1　空压机和真空泵的分类

清楚地了解压缩机和真空泵系统的基本类型及其关系对理解其工作原理和应用是有所帮助的。在任何情况下，动力驱动设备都会在初始进气压力下将空气转换为更高出口压力的空气。常见的空压机和真空泵的种类见图 21-3-93。

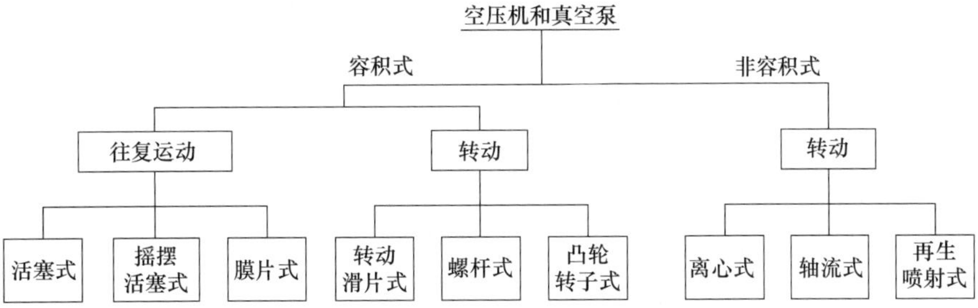

图 21-3-93　空气压缩机和真空泵类型的层次结构

表 21-3-79 为常用空压机的主要功率范围、压力等级及其特点。

表 21-3-79　　常用空压机的主要功率范围、压力等级及其特点

分类	类型	型式	功率范围/kW	压力等级/MPa	特点
容积式压缩机	往复式	柱塞式空气冷却	0.373～3730	0.00689～10.342	简单，重量轻
		柱塞式水冷	7.46～3730	0.0689～344.74	效率高，重载
		膜片式	7.46～149.2	0.0689～24.13	无密封，无污染
	旋转式	滑片式	7.46～373	0.0689～1.03	紧凑，高速
		螺杆式(螺旋结构)	7.46～373	0.0689～1.03	无脉动传输
		凸轮式低压	11.19～149.2	0.035～0.28	紧凑，无油
		凸轮式高压	6～2238	0.138～5.17	紧凑，高速
非容积式压缩机	旋转式	离心式	37.3～14920	0.28～13.79	紧凑，无油，高速
		轴流式	746～7460	0.28～3.45	大容量，高速
		再生风机	0.19～14.92	0.0069～0.034	紧凑，无油，大容量

表 21-3-80 为考虑压缩机是连续工作还是瞬态工作时，可选择空压机的类型。

表 21-3-80　　压力等级和可用的压缩机

所需的工作压力/MPa		可用的压缩机类型	
连续值	瞬态值	首选的类型	可选的类型
0.689～1.20575	1.20575～1.378	2 级(柱塞式) 柱塞式	—
0.3445～0.689	—	摇摆活塞式(1 级)	—

续表

所需的工作压力/MPa		可用的压缩机类型	
连续值	瞬态值	首选的类型	可选的类型
0.2067～0.4134	—	膜片式	摇摆活塞式(1 级)
0.17225～0.2067	0.17225～0.2067	旋转叶片式（油润滑）	以上任何一种
0.0689～0.10335	0.10335～0.1378	旋转叶片式（无油润滑）	以上任何一种
0.0689	0.0689	旋转叶片式（油润滑或无油润滑）	以上任何一种
0.024115	—	再生鼓风式	—

3.5.2　压力等级和术语

图 21-3-94 总结了所涉及的压力术语以及基本关系。

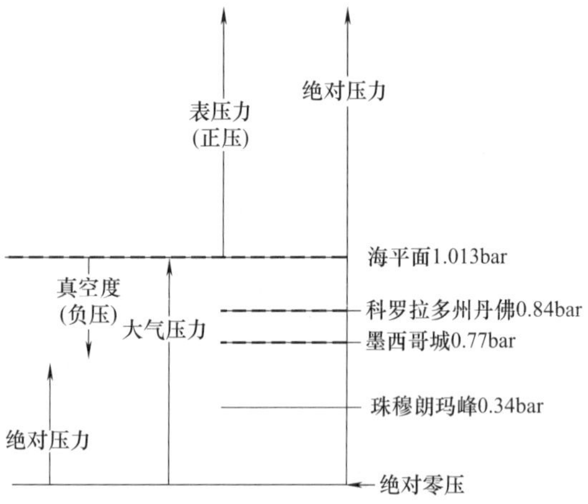

图 21-3-94　压力术语及其基本关系

① 大气压力。地球周围的大气可以认为是低压空气的储存器。空气的重量会产生一随温度、湿度和高度而变化的压力。

数千年来，空气被认为是失重的。这是可以理解的，因为施加在我们身上的净气压是零。人体肺中的空气和心血管系统中的血液的压力等于（或可能略大于）外部空气的向内压力。

② 大气压。压在每个单位表面上的地球大气的重量构成大气压，在海平面上是 1101.3Pa 或 0.1013MPa。这个压力称为一个大气压（1atm）。还有其他常用单位，1atm 等于 760mmHg（或 760torr）、1.013bar（1bar＝0.1MPa）。

大气压力与真空度严格相关。地球大气作用在行星表面上，在海平面上，压力等于 101kPa (1.013bar)。由于大气压力是由上覆空气的重量产生的，在更高的海拔高度，大气压力更低。

由于，在某一个地方大气压力也会因气候模式的运动随时变化。而这些气压的变化通常不到 0.017bar，所以只有当需要做精确的测量时才考虑当地大气压力的变化。

当压力值低于大气压时产生真空，当没有大气压时产生绝对真空。

理想气体定律指出，在恒定的温度下，压力 p 与体积 V 成反比，或者说，当体积增加时压力下降。

③ 表压力。表压力是正值还是负值，取决于其高于或低于大气压基准的水平。如普通的轮胎压力表显示的 2.01bar 压力指示的是超出大气压的部分。换句话说，压力表显示的是泵入轮胎的空气压力和大气压力之间的差值。表压力可以是正值（高于大气压力）或负值（低于大气压力）。大气压力代表零表压力。

④ 真空压力。真空是低于大气压的压力。除了在外层空间，真空只发生在封闭的系统中。

简而言之，封闭系统中任何大气压力的降低都可以称为局部真空。实际上，真空是通过排空系统中的空气而产生的压力差。

3.5.3　真空系统的构成、分类及应用

3.5.3.1　真空范围与应用

真空主要用于以下三个领域。

• 鼓风机或粗/低真空（从 −20～0kPa)：用于通风、冷却和清洁。

• 工业真空（从 −99～−20kPa)：用于提升、搬运和实现自动化。

• 用于实验室的制程真空（−99kPa)：高真空、微芯片生产、分子沉积物覆盖等。

通过机械泵产生真空，所述机械泵可以是吸入式或鼓风式容积泵，或者是气动泵如单级式喷射器或多级式喷射器。

抽吸或吹气泵产生低真空，而容积式活塞或叶片泵用于产生大流速的工业真空。

真空分为低真空、中高真空、高真空和超高真空，见图 21-3-95。其中低真空常用于物料的搬运。

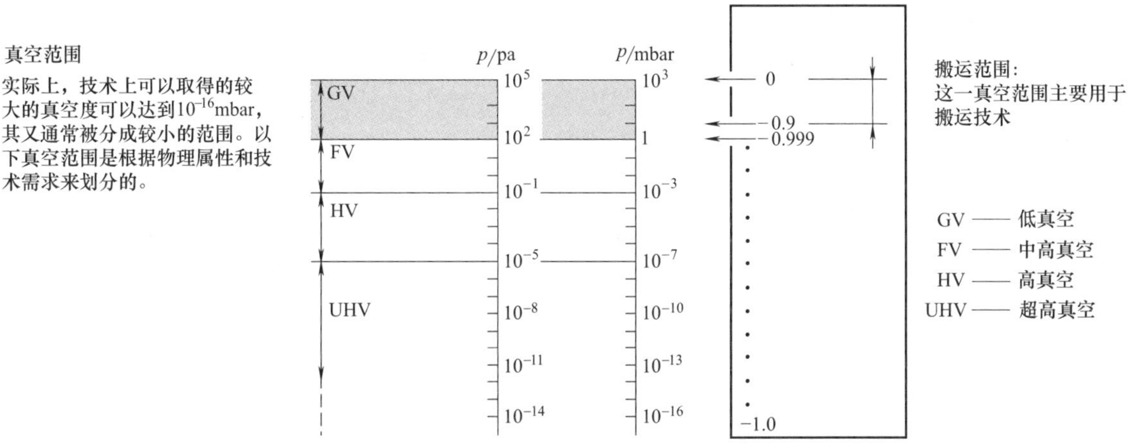

图 21-3-95　真空范围

表 21-3-81　　真空范围及其应用

真空范围	压力范围（绝对压力）	气体流动特点	应　　用
低真空	1mbar～1atm	黏性流动	工业搬运技术领域
中高真空	10^{-3}～1mbar	介于黏性流动和分子流动之间	炼钢脱气，灯泡生产，冷冻干燥食品，钢水真空脱气，白炽灯的生产制造，食品的冷冻干燥，合成树脂的烘干
高真空	10^{-8}～10^{-3}mbar	分子流动或牛顿流体流动，各个分子之间的相互作用很小	金属冶炼或退火，电子管制造
超高真空	10^{-11}～10^{-8}mbar	—	金属喷涂，真空金属涂覆（金属涂层）以及电子束流熔化，金属以微粒状态散射，气相淀积和电子束熔炼

3.5.3.2　通过孔口的真空流量

表 21-3-82　　通过孔口的空气流量值　　L/min

孔口直径/in	真空度/mbar								
	67.72	135.44	203.16	270.88	338.64	406.32	474.04	609.48	812.64
1/64	0.51	0.74	0.91	1.05	1.16	1.27	1.36	1.56	1.78
1/32	2.09	2.83	3.62	4.19	4.67	5.10	5.52	6.23	7.08
1/16	8.49	11.89	14.64	16.85	18.69	20.53	22.08	24.91	28.31
1/8	33.97	47.56	58.32	67.10	74.74	81.82	88.33	99.94	114.38
1/4	135.89	189.6837	234.983	268.95	300.10	328.41	351.06	396.35	458.64
1/2	305.76	430.33	523.7535	605.86	673.80	736.09	792.71	900.29	1030.52
5/8	540.74	764.40	934.26	1089.97	1197.56	1310.80	1415.55	1599.57	1828.89
3/4	849.33	1194.724	1463.68	1684.50	1874.19	2055.38	2208.26	2491.37	2859.41
7/8	1217.37	1715.65	2095.01	2414.928	2695.21	2944.34	3170.83	3595.497	4105.095
1	1664.69	2338.49	2859.41	3284.076	3680.43	4020.16	4331.58	4897.80	5605.58

3.5.3.3　常用的真空度量单位

表 21-3-83　　常用的真空度量单位

1Pa＝0.01mbar	1kPa＝10mbar	1torr＝1.333mbar
1mmHg＝1.333mbar	1mmH_2O＝0.098mbar	1PSI ＝69mbar

表 21-3-84 压力/真空测量的单位换算等值表

mmHg	mbar (10^{-4}MPa)	psi	inHg	atm	真空度/%
760	1013	14.696(14.7)	29.92	1.0	0.0
750	1000(1bar)	14.5	29.5	0.987	1.3
735.6	981	14.2	28.9	0.968	1.9
700	934	13.5	27.6	0.921	7.9
600	800	11.6	23.6	0.789	21
500	667	9.7	19.7	0.658	34
400	533	7.7	15.7	0.526	47
380	507	7.3	15.0	0.500	50
300	400	5.8	11.8	0.395	61
200	267	3.9	7.85	0.264	74
100	133.3	1.93	3.94	0.132	87
90	120	1.74	3.54	0.118	88
80	106.8	1.55	3.15	0.105	89.5
70	93.4	1.35	2.76	0.0921	90.8
60	80	1.16	2.36	0.0789	92.1
51.7	68.8	1.00	2.03	0.068	93.0
50	66.7	0.97	1.97	0.0658	93.5
40	53.3	0.77	1.57	0.0526	94.8
30	40.0	0.58	1.18	0.0395	96.1
25.4	33.8	0.4912	1.00	0.034	96.6
20	26.7	0.39	0.785	0.0264	97.4
10	13.33	0.193	0.394	0.0132	98.7
7.6	10.13	0.147	0.299	0.01	99.0
1	1.33	0.01934	0.03937	0.00132	99.868
10^{-3}torr	mbar (10^{-4}MPa)	psi	inHg	atm	真空度/%
750	1.00	0.0145	0.0295	0.000987	99.9
100	0.133	0.00193	0.00394	0.000132	99.99
10	0.0133	0.000193	0.000394	0.0000132	99.999
1	0.00133	0.0000193	0.0000394	0.00000132	99.9999
0.1	0.00133	0.00000193	0.00000394	0.000000132	99.99999

表 21-3-85 以负值和百分比形式表示的真空测量单位换算表

mbar	真空度/%	kPa	mmHg	torr
0	0	0	0	0
−100	10	−10	−75	−75
−133	13.3	−13.3	−100	−100
−200	20	−20	−150	−150
−267	26.7	−26.7	−200	−200
−300	30	−30	−225	−225
−400	40	−40	−300	−300
−500	50	−50	−375	−375
−533	53.3	−53.3	−400	−400
−600	60	−60	−450	−450
−667	66.7	−66.7	−500	−500
−700	70	−70	−525	−525
−800	80	−80	−600	−600
−900	90	−90	−675	−675
−920	92	−90	−690	−690

3.5.3.4　压力系统和真空系统原理对照

图 21-3-96 比较了压缩空气正压系统和真空系统的基本工作原理。在这两种系统中，电动机或汽油发动机作为原动机驱动空气压缩机或真空泵，将电或化学能转换成气体的动能。箭头指示的是传输气动的能量方向。在每个系统的末端，控制阀和工作装置（气缸、气马达等）将气动能量转换成有用的机械能。在整个运行周期内空气都是保持不变的工作介质。

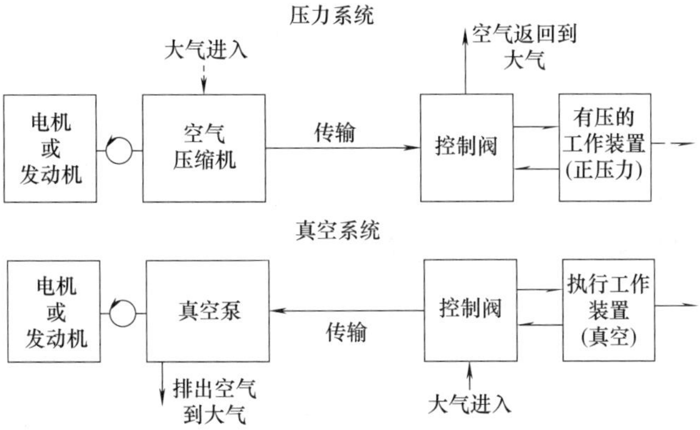

图 21-3-96　压力系统和真空系统的简单比较

3.5.3.5　可用的组合式压缩机/真空泵系统

表 21-3-86　　可用的组合式压缩机/真空泵系统

类　型	压缩机部分		真空泵部分		
	额定流量 /L·min⁻¹	最大工作压力/MPa	额定流量 /L·min⁻¹	最大真空度/mbar	
				瞬态值	连续值
旋转叶片式(油润滑)	198.18～396.35	0.10335	198.18～254.80	6.772	5.079～6.772
旋转叶片式(无油润滑)	212.33～268.95	0.0689	452.98～537.91	6.772	6.772
膜片式	11.32～56.62	0.4134	14.156～50.96	8.8036	8.8036
摇摆活塞式	19.82～84.93	0.689	33.97～45.30	9.3115	9.3115
柱塞式	35.39～45.30	0.689	36.80～50.96	9.3115	9.3115

3.5.3.6　真空泵与真空发生器的特点

表 21-3-87　　真空泵与真空发生器的特点

特点	真空泵		真空发生器	
最大真空度	可达 101.3kPa	能同时达到最大值	可达 88kPa	不能同时达到最大值
吸入流量	可很大		不大	
结构	复杂		简单	
体积	大		很小	
重量	重		很轻	
寿命	有可动件，寿命较长		无可动件，寿命长	
消耗功率	较大		较大	
价格	高		低	
安装	不便		方便	
维护	需要		不需要	
与配套件复合化	困难		容易	
真空的产生与解除	慢		快	
真空压力脉动	有脉动，需设真空罐		无脉动，不需真空罐	
应用场合	适合连续、大流量工作，不宜频繁启停，适合集中使用		需供应压缩空气，宜从事流量不大的间歇工作，适合分散使用	

3.5.3.7　真空泵的分类

（1）容积式真空泵

① 往复式活塞泵。活塞设计的主要优点是可以产生从91.43～96.51kPa的较高真空度，并且可以在各种工况下连续进行。主要缺点是容积有限和噪声较高，并伴随有可能传递到基础结构的振动。一般来说，往复式活塞泵最适合于抽出相对较小体积的空气从而建立高真空度。

② 膜片泵。膜片泵通过密封室内的膜片弯曲变形而产生真空。小型隔膜泵有单级和两级两种结构。单级设计提供高达81.27kPa的真空，而两级膜片泵的额定真空度为98.21kPa。

③ 摇摆活塞泵。这种设计将隔膜单元的轻质和紧凑尺寸与往复式活塞泵的真空功能相结合。真空度为25.40kPa，可单级使用；两级摇摆活塞泵可以提供98.21kPa的真空度。然而，空气流量是有限的，目前只能提供最大76.46L/min的流量。

④ 旋转叶片泵。大多数旋转叶片泵的真空额定值低于活塞泵，其最大值仅为67.72～94.82kPa。但也有例外。

一些2级油润滑设计的真空泵可高达99.90kPa。

旋转叶片泵具有显著的优点：结构紧凑；给定尺寸的流量更大；降低成本（对于给定的排量和真空度，减少约50%）；启动和运转转矩较低；安静，平稳，无振动，连续的空气排空而不需要储气罐。

⑤ 旋转螺杆泵和转子泵。旋转螺杆泵的真空能力与活塞泵相似，但是排空几乎是无脉冲的。与相应的压缩机一样，罗伯特转子真空泵流量很大，但真空能力限制在50.80kPa左右。分级功能可以提高真空度等级。

（2）非容积式真空泵

非容积式真空泵利用动能的变化从系统中移走空气。这种泵的最大优点是能够提供比任何容积式泵都高得多的体积流量。但由于其固有的泄漏，非容积式真空泵对于需要较高真空度和小流量的应用是不实用的。

非容积式真空泵的主要类型有离心式、轴流式和再生式。单级再生式鼓风机可以提供高达23.70kPa的真空度，流量每分钟可达几千升。其他设计的单级真空能力均较低。

3.5.3.8　真空泵性能

主要的性能指标：产生的真空度，空气排气速率，所需的功率，另外，还有温度。

一般来说，用于特定工作的最佳的泵是在所要求的真空度下具有最大抽吸能力并在可接受的功率范围内运行的泵。

表21-3-88　　真空泵的性能指标

真空度	泵的真空度是建议的最大真空度。额定值以kPa表示，并规定是连续的还是间歇的工作循环 由于内部泄漏，大多数真空泵不能接近理论最大真空度（海平面为101.32kPa）。对于往复式活塞泵，例如，真空上限可以是94.82kPa或96.51kPa，或者最大理论值的93%～95% 内部泄漏和移除量决定了泵可以产生的最高真空度 然而在其他类型中，散热是一个问题。基于此，最大真空额定值可能是基于允许的温升。例如，对于某些叶片泵而言，良好的磨损寿命需要排气口处的壳体温度最高上升至82℃。真空额定值将基于这个温度。在间歇性工作时真空度可能高于连续工作时的真空度 通常，产品样本中列出的泵的真空额定值是基于101.32kPa（海平面标准大气压力）的。在大气压力较低的情况下工作会降低泵产生的真空度。通过将实际大气压力乘以额定真空额定值与标准大气压力的比值，就可以确定某个区域调节后的真空度： $$调节后的真空度=实际的大气压力\times\frac{额定真空度}{标准大气压}$$
抽气速率	根据真空泵的无阻流量进行评定。真空泵的无阻流量是指当泵无真空负载或无压力负载时每分钟抽取的空气体积（L/min） 真空泵从封闭系统中抽取空气的效率由真空泵的容积效率给出，这是衡量真空泵抽取的空气容积与理论计算的空气抽取容积的比值
真实（或摄入）容积效率	在给定时间段内抽取的空气体积被转化为当前的温度和绝对压力下的在泵进气口处的等效体积与理论计算的空气抽取容积的比值

续表

<table>
<tr>
<td>一个大气压下容积效率</td>
<td>
将泵抽取的空气体积转换为在标准条件下（0.1013MPa 和 20℃）等量体积与理论计算的空气抽取容积的比值
排量是在相同的时间段（通常为一圈）内泵送元件所扫过的总体积。对于具有相同排量的真空泵，容积效率的差异导致了自由空气容量的差异。由于存在这些差异，泵的选择应基于实际的自由空气容量而不是排量
空气去除率是衡量真空泵的能力。标准泵的容量由制造商的表格或曲线来确定，该表格或曲线表示在额定速度下输送的自由空气的流量（L/min），真空度从 0kPa（无阻流量）到最大真空额定值。制造商的性能曲线中也可能包含给定真空的不同速度下的自由空气容量
如图（a）和图（b）所示，泵的额定容量在 0kPa 时都是最高的，随着真空度的增加，泵的额定容量将迅速下降。这反映了容积效率和可以吸入泵室的空气量的下降。容积式泵的一个基本特征就是容量随着真空度的增加而下降。图（a）清楚地显示了活塞泵的这一特性。隔膜泵的原理也是一样的

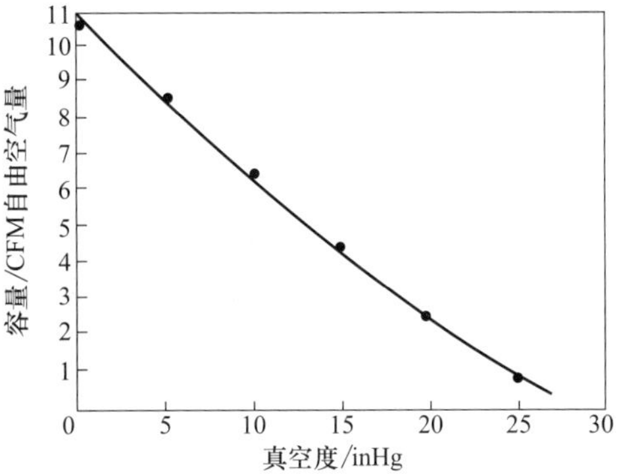

图(a)　单级往复活塞泵的容量与真空度的关系

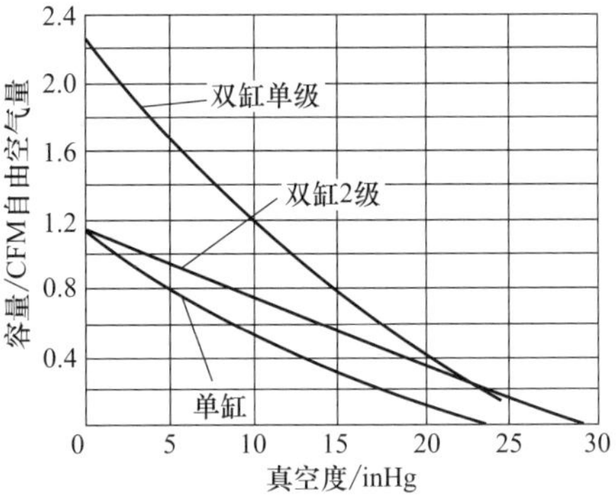

图(b)　不同类型隔膜真空泵的容量与真空度的关系
单缸，双缸并联（双单级）和双缸串联（双级）
在图（b）中，单缸表示单腔室单级泵。双单级泵具有两个并联的工作腔室。在双缸 2 级串联泵中，双腔室串联运行
分级过程产生更高的真空度，因为第一阶段排入第二级的空气已经是在负压状态下。这导致困在气缸工作室容积中的空气（完全压缩时活塞与气缸盖之间的空间）的绝对压力降低
</td>
</tr>
<tr>
<td>驱动功率</td>
<td>
驱动装置必须能够满足泵的峰值功率要求。换句话说，驱动功率必须足够大，以确保在所有额定工作条件下有令人满意的操作。这包括提供足够的能量来克服启动时的摩擦和惯性的影响
与空气压缩机相比，真空泵的功率要求相对较低。主要原因是压缩工作需要较低。整个机器的体积流量和压差都比压缩机低得多
例如，当泵在接近大气压的压力下运行时，质量流量（泵送自由空气）处于最高水平，但入口和出口之间的压力差非常小。因此，每千克空气必须施加的功非常低
在较高的真空度下，由于进口和出口压力之间有较大压差，必须完成的工作量增加。然而，质量流量或泵送耗自由空气流量（L/min）逐渐下降，因此压缩功的总量仍然非常低
</td>
</tr>
<tr>
<td>驱动速度</td>
<td>除了各种真空度所需的实际制动功率之外，样本通常还会显示驱动各种额定容量所需的速度</td>
</tr>
</table>

第21篇

续表

<table>
<tr><td>温度升高</td><td>真空泵性能会受到泵本身加热的影响。在较高的真空度下，通过泵的气流非常少，大部分空气已经耗尽，因此，内部热量很少传递给剩余的空气，摩擦产生的大部分热量必须被泵吸收和消散
由于一些泵产生热量的速度比消耗的快，泵温度逐渐升高，从而大大缩短了使用寿命
一个解决方案是仔细考虑泵的额定值。例如，连续工作泵应具有较高的最大真空度。另一方面，如果关闭时间足以有效地冷却泵，则可以将间歇工作泵指定为高真空度。如果最大开启时间大大超过冷却期，可能会出现其他并发故障
只要有可能，真空泵应运行加载/卸载循环，而不是开/关循环。当泵卸载时，通过它吸入的空气迅速带走积聚的热量。但是，当泵内部真空关闭时，由于仅通过外壳的外部，热量损失要慢得多</td></tr>
</table>

3.5.3.9 真空泵的选择

上节叙述了设计者如何根据真空度、空气流量、功率要求和温度效应来评估真空泵性能。本节阐述了将基本特性应用于特定操作和应用需求的一些因素。简而言之，我们希望将选择过程缩小到真空泵及相关系统部件的单一类型、尺寸和功率。

表 21-3-89 真空泵的选择

<table>
<tr><td>真空度因素</td><td>选择适当类型的真空泵是通过比较应用的要求和可用商用泵的最大额定值来确定的
真空度和适用的真空泵
<table>
<tr><td>最大真空度/kPa</td><td rowspan="2">真空泵类型</td></tr>
<tr><td>连续的</td></tr>
<tr><td>93.13～96.51</td><td>活塞式(多级)</td></tr>
<tr><td>86.35～98.21</td><td>摇摆活塞式</td></tr>
<tr><td>81.27～98.21</td><td>膜片式(单级和多级)</td></tr>
<tr><td>33.86～94.82</td><td>旋转叶片式(油润滑)</td></tr>
<tr><td>50.80～88.05</td><td>旋转叶片式(无油润滑)</td></tr>
<tr><td>23.70</td><td>再生鼓风式</td></tr>
</table>
如何确定工作真空度水平呢？当需要真空吸力时，必要的工作真空度通常可以用类似于如何选定气动装置工作压力的方法来决定
增加装置的尺寸以增加其面积会降低所需的工作真空度。根据相关手册公式、理论数据或性能曲线和原型系统的测试，可以确定生产线中特定真空设备的要求
可以在给定应用中使用的真空泵类型的主要限制是设计者确定的实际系统真空度。当这个水平相对较低(约 50.80kPa)时，设计者可以选择多种不同类型和型号的泵。但随着真空水平的提高，设计者的选择越来越少，有时只可以选择一个
最大真空等级：对于可以经济地完成工作的真空度有实际的限制。这些限制代表用于从系统中排出空气的机械泵的最大真空能力。根据所涉及的泵类型，该限制范围为 67.73～98.21kPa，因为需要非常复杂和昂贵的设备才能获得更高的真空等级。目前可用的商用真空泵的产品系列中，隔膜泵和摇摆活塞类型泵可以提供最高的真空等级，而且它们也通常被优先用于连续工作的工况，其实，油润滑的旋转叶片泵的真空等级也接近这个水平。</td></tr>
<tr><td>系统控制因素</td><td>如果系统的真空度由安全阀控制，则应根据任何单一空气支路的最高工作真空度要求来选择所需的最大真空度。如果系统真空由真空泵的自动开/关或加载/卸载循环控制，则所需的最大真空度等于控制器的截止值</td></tr>
<tr><td>温度因素</td><td>环境温度：对于温度高于 38℃ 的环境，选择额定值更高的真空泵，并提供一些外部冷却
泵内部温度：在较高真空度下运行会增加泵温度，并且这可能是泵运行中最严重的限制因素。带冷却的重型泵可以连续运行，但轻型泵可以在短时间内以最大真空度运行，但必须在两个工作周期之间应进行冷却</td></tr>
<tr><td>泵类型特点</td><td>①对不污染空气的需求：这可以应用于系统的进入部分，在那里砂粒可能进入并损坏泵机构。更常见的情况是它应用于系统的排气部分，例如，污染的空气或油蒸气可能污染食品加工厂的产品或材料。最直接的解决方案是选择无油真空泵
②免维护操作：机械绝对“免维护”。但是如果我们将这个术语限制在润滑方面，那么无油真空泵可以最好地满足这个需求，因为它不需要定期加油
③无脉动气流：旋转叶片和非容积式机器。具有平稳、连续的空气去除特性，而不需额外的成本和储气罐的空间要求
④最小振动/噪声：旋转叶片泵比往复式泵具有更低的噪声和振动水平。再生式鼓风机基本上也是无振动的，但叶轮可能会产生高频噪声
⑤空间限制：再次选择旋转叶片设计是因为其相对紧凑，如果需要更高的真空度，摇摆活塞可能是合适的</td></tr>
</table>

续表

真空容量因素

通过比较根据从系统中抽取空气的速率与各种商用泵的流量来确定实际使用的最佳泵尺寸。一般而言，具有相同最大真空能力的小流量和大流量泵将在封闭系统上形成相同的真空，小型泵只需要更多的时间来达到最大的真空度。为了直接比较真空泵和压缩机额定值数据，空气去除率是以 m^3/min 自由空气为单位计算的(就像压力系统一样)。为了确定必须除去的自由空气，将体积乘以大气中的真空度。

泵流量和适用的真空泵

真空泵类型	最大真空度/kPa		流量范围 /L·min^{-1}	
	连续的	间歇的	最小	最大
活塞式	93.23～96.62	—	36.81	297.33
摇摆活塞式	86.45～98.31	—	34.55	76.46
膜片式	79.67～98.31	—	13.88	101.94
旋转叶片式(油润滑)	33.9～94.92	84.85～94.92	36.81	1557.43
旋转叶片式(无油润滑)	50.85～91.53	50.85～91.53	9.91	1557.43

后者是通过将标准大气压(101.32KPa)除以真空度(kPa)得到的。因此，自由空气流量为

$$自由空气流量=系统流量\times\frac{表压力}{101.32}$$

与压缩机一样，必须首先计算每个工作装置在整个工作周期内的自由空气排出量。该值乘以每分钟的工作周期数，对所有工作设备的要求进行合计得到总流量

①无阻流量额定值：总流量与可用泵的流量等级匹配。通常，为了适应可能的泄漏，选定的真空泵应具有比实际需要的空气去除率高 10%～25%的额定流量

真空泵的流量通常由制造商提供的曲线或性能表给出，用“L/min”表示的泵出自由空气流量(在额定速度下)，真空度范围从 0kPa(无阻流量)到最大真空额定值。工作真空度流量的额定值通常用于选择实际尺寸

②抽空率：上述定义所用的方法很难应用于许多真空应用中，因为空气的去除发生在很宽的真空度范围内。由于容积效率随着真空度的变化而变化，所以没有一种流量等级可以与自由空气要求相比较

解决这个问题的一个方法是使用下列等式

$$t=\frac{v}{S}\ln\frac{p^*}{p}$$

式中，v 为系统体积；p 和 p^* 分别是用绝对压力表示的初始压力和最终压力；t 为将系统从 p 泵到 p^* 的时间；S 为系统中实际压力下用 L/min 表示的泵流量。如果流量以“自由空气流量(L/min)”表示，则必须将其转换为“实际压力”下的流量

但是这个公式留下了 S 代表什么的问题。实际上，它表示的是在压力 p 和 p^* 之间的平均流量，这是一个不易获得的值。然而，通常厂商给出了每间隔为 16.93kPa(5inHg)的流量值，然后可以逐个地应用这个等式计算 t

将如此计算的给定泵的抽空时间与应用所需的抽空时间进行比较，以确定泵是否具有足够的流量

其他泵尺寸因素

①储气罐的影响。如果储气罐与真空泵的开/关或加载/卸载控制一起使用，则泵的尺寸通常可以更小

然而，有时候，一个本来足够的泵需要很长的时间才能排空储气罐。所需时间可以根据“抽气率”的方法计算。如果这是不可接受的，那么必须选择一个更大的泵。当然，如果需要更大的泵，那么使用储气罐的情况就不会那么重要了

在某些间歇工作的应用中，可能需要安装一个超大容量的储气罐，以延长关闭时间，即有较长的冷却时间。但这会增加初次抽气所需的时间。如果这是不可接受的，一个解决方案是增加泵容量。这将减少初始抽空储气罐所需的时间以及泵所付出的占空比的比例

②间歇工作周期的影响。很短的开/关周期会导致严重的问题。当通过不断地启动和停止泵的驱动电机来控制真空时，电机的热过载装置可能会动作。这会暂时中断电源并导致泵停运

如果使用真空/压力开关来控制占空比，则可以通过增加储气罐体积或增加开始和切断开关设置之间的范围来延长关闭时间间隔。占空比的比例可以通过增加泵的尺寸来缩短

一般来说，重型泵可以在最大真空度下连续工作。轻型泵可以运行很长时间

当规定了间歇真空等级时，这些限制必须严格遵守。例如，某间歇真空额定值是基于 10min/10min 的关闭周期。确定最大开启时间，使泵能够承受伴随的温升，10min 的关闭时间可以确保足够的时间来冷却泵

续表

驱动功率的选择

选择真空泵并不关心它是如何驱动的，所以应该基于实际和经济来选择

在根据所需的真空度和流量确定类型和尺寸之后，确定驱动真空泵所需的正确操作速度和功率的工作相对简单。对于活塞式真空泵而言，一般的规则是每抽吸 $0.566m^3$ 的空气需要大约 0.75kW

真空度应限制在满足真空工作的需求即可，因为它需要高能量消耗来产生真空

真空泵所需的功率是吸入流量与真空度之间的乘积：

功率＝流量×真空度

所提供的功率与泵的容量大小严格相关，应该明确知道哪种泵在哪些真空度范围内运行是最优的，而不是比较两个不同的泵。如果知道真空发生器的空气消耗量和吸入流量，就可以独立于泵的尺寸来计算效率：

效率＝提供的流量/消耗的流量

表 1 所示为流量、真空度和所需功率

表 1　流量、真空度和所需功率

流量/$L \cdot s^{-1}$	真空度/kPa	所需功率/kW
10.9	−0	0
5.7	−10%	57
3.8	−20%	76
2.5	−30%	75
1.4	−40%	56
1.1	−50%	55
0.8	−60%	48
0.48	−70%	33.6
0	−80%	0

真空泵可与电机组装在一起组成电机泵，也可以选择用泵架或者钟形罩等通过联轴器使其与电机相连，还有一种形式就是与发动机相连接

①电机泵。已有电机泵不存在驱动器选择问题。例如，旋转叶片泵的转子直接安装在电机轴上，泵的其余部分牢固地固定在电机框架上，不需底板安装或电力传输组件，电机泵比独立驱动的泵更加紧凑和轻便

表 2 列出了一些有代表性的电机泵，且给出了电机功率需求范围

表 2　可用的电机泵

真空泵类型		无阻流量范围/$L \cdot min^{-1}$	电机功率需求范围/kW
活塞式	1 级	50.97～297.34	0.12～0.56
	2 级	32.57～65.13	0.09～0.19
摇摆活塞式	1 级	31.71～45.31	0.09～0.19
	2 级	35.40～76.46	0.19
旋转叶片式（油润滑和无油润滑）		17.00～283.17	0.05～0.56

②分离驱动泵。可通过带和带轮或联轴器将单独驱动的泵连接到驱动装置。当由带传动装置驱动时，运行速度在设计限制内无限可变

与电动机安装的设备不同，分离驱动系统需要适合的驱动装置产生所需的速度和功率。设计用于分离驱动装置的真空泵一般是底座安装的，可以从泵制造商那里获得分离安装所需的附加组件，例如底板和安全带防护罩

表 3 列出了一些具有代表性的独立驱动真空泵。表中给出了速度和功率要求，以表明设计者需要开发一种有效的独立驱动系统的基本信息

真空泵制造商编制的额定速度决定了排气的速率。在较低的运行速度下，容量和所需功率将按比例减少。一般来说，分离驱动泵的运行速度高于或低于额定值过多可能会导致问题。当系统以非额定速度运行时，务必联系泵制造商进行指导

表 3　可使用的独立驱动的真空泵

真空泵类型	无阻流量范围/$L \cdot min^{-1}$	驱动需求	
		功率/kW	速度/r·min
活塞式	36.81～135.92	0.097～0.19	200(最小 100)
旋转叶片式	9.91～1557.43	0.019～2.24	800～3450（常用 1725）

第21篇

对以上真空泵选择因素概括总结：在决定哪个真空泵最适合特定应用之前，应该回答以下基本问题

① 需要什么样的真空度？

② 需要多少流量？

③ 需要多大功率和速度要求来满足真空度和容量值？

④ 有哪些功率可用？

⑤ 工作周期是连续的还是间歇的？

⑥ 工地上的大气压力是多少？

⑦ 环境温度是多少？

⑧ 有没有空间限制？

3.5.3.10　真空泵的正确使用与保养要点

① 经常检查油位位置，不符合规定时应调整使之符合要求。以真空泵运转时，油位到油标中心为准。

② 经常检查油质情况，发现油变质应及时更换新油，确保真空泵工作正常。

③ 换油期限按实际使用条件和能否满足性能要求等情况考虑，由用户酌情确定。一般新真空泵，抽除清洁干燥的气体时，建议在工作100h左右换一次真空泵油。待油中看不到黑色金属粉末后，可适当延长换油期限。

④ 一般情况下，真空泵工作2000h后应检查橡胶密封件老化程度，检查排气阀片是否开裂，清理沉淀在阀片及排气阀座上的污物。清洗整个真空泵腔内的零件，如转子、旋片、弹簧等。一般用汽油清洗，并烘干。对橡胶件，清洗后用干布擦干即可。清洗装配时应轻拿轻放以免碰伤。

⑤ 有条件的对管中同样进行清理，确保管路畅通。

⑥ 重新装配后应进行试运行，一般要空运转2h并换油2次，因清洗时在真空泵中会留有一定量易挥发物，待运转正常后，再投入正常工作。

⑦ 检查真空泵管路及结合处有无松动现象。用手转动真空泵，试看真空泵是否灵活。

⑧ 向轴承体内加入轴承润滑机油，观察油位应在油标的中心线处，润滑油应及时更换或补充。

⑨ 拧下真空泵泵体的引水螺塞，灌注引水（或引浆）。

⑩ 关好出水管路的闸阀和出口压力表、进口真空表。

⑪ 点动电机，试看电机转向是否正确。

⑫ 开动电机，当真空泵正常运转后，打开出口压力表和进口真空泵，待其显示出适当压力后，逐渐打开闸阀，同时检查电机负荷情况。

⑬ 尽量控制循环水真空泵的流量和扬程在标牌上注明的范围内，以保证真空泵在最高效率点运转，才能获得最大的节能效果。

⑭ 真空泵在运行过程中，轴承温度不能超过环境温度35℃，最高温度不得超过80℃。

⑮ 如发现真空泵有异常声音应立即停车检查原因。

⑯ 真空泵要停止使用时，先关闭闸阀、压力表，然后停止电机。

⑰ 真空泵在工作第一个月内，经100h更换润滑油，以后每个500h换一次油。

⑱ 经常调整填料压盖，保证填料室内的滴漏情况正常（以成滴漏出为宜）。

⑲ 定期检查轴套的磨损情况，磨损较大后应及时更换。

⑳ 真空泵在寒冬季节使用时，停车后，需将泵体下部放水螺塞拧开将介质放净，防止冻裂。

㉑ 真空泵长期停用，需将泵全部拆开，擦干水分，将转动部位及结合处涂以油脂装好，并妥善保管。

3.5.4　真空系统的构成、分类及应用

表21-3-90　　真空产生装置分类及真空系统

<table>
<tr><td rowspan="16">真空的产生装置</td><td>装置</td><td colspan="4">真空的产生装置有真空泵和真空发生器两种
真空泵是吸入口形成负压，排气口通大气，两端压力比很大的抽除气体的机械，其动力源是电机或内燃机等
真空发生器是利用压缩空气（正压）的流动而形成一定真空的元件，也即利用拉瓦尔喷管原理产生负压的元件。负压的大小用真空度表示</td></tr>
<tr><td rowspan="15">两种装置的特点比较</td><td>项目</td><td>真空泵</td><td colspan="2">真空发生器</td></tr>
<tr><td>最大真空度</td><td rowspan="2">可达101.3kPa
可很大
} 能同时获得大值</td><td rowspan="2">可达88kPa
较小
} 不能同时获得大值</td><td rowspan="14">产生的负压力（真空度）、流量不大，但可控、可调，稳定可靠；瞬时开关特性好，无残余负压；同一输出口可使用负压或交替使用正负压
但产生真空的抽吸流量较小，若真空系统稍有不慎，易造成真空度不足而影响系统的正常工作。因此，使用时更应彻底防止管件接头等处的泄漏</td></tr>
<tr><td>吸入流量</td></tr>
<tr><td>结构</td><td>复杂</td><td>简单</td></tr>
<tr><td>体积</td><td>大</td><td>很小</td></tr>
<tr><td>重量</td><td>重</td><td>很轻</td></tr>
<tr><td>寿命</td><td>有可动件，寿命较长</td><td>无可动件，寿命长</td></tr>
<tr><td>消耗功率</td><td>较大</td><td>较大或很小（见表3-48中省气式组合真空发生器）</td></tr>
<tr><td>价格</td><td>高</td><td>低</td></tr>
<tr><td>安装</td><td>不便</td><td>方便</td></tr>
<tr><td>维护</td><td>需要</td><td>不需要</td></tr>
<tr><td>与配套件复合化</td><td>困难</td><td>容易</td></tr>
<tr><td>真空的产生及解除</td><td>慢</td><td>快</td></tr>
<tr><td>真空压力脉动</td><td>有脉动，需设真空罐</td><td>无脉动，不需真空罐</td></tr>
<tr><td>应用场合</td><td>适合连续、大流量工作，不宜频繁启停，适合集中使用</td><td>需供应压缩空气，宜从事流量不大的间歇工作，适合分散使用</td></tr>
</table>

续表

真空系统	真空系统一般由真空压力源(真空发生器、真空泵)、吸盘(执行元件)、真空阀(控制元件,有手动阀、机控阀、气控阀及电磁阀)及辅助元件(管件接头、过滤器和消声器等)组成。有些元件在正压系统和负压系统中都能通用,如管接头、过滤器和消声器以及部分控制元件 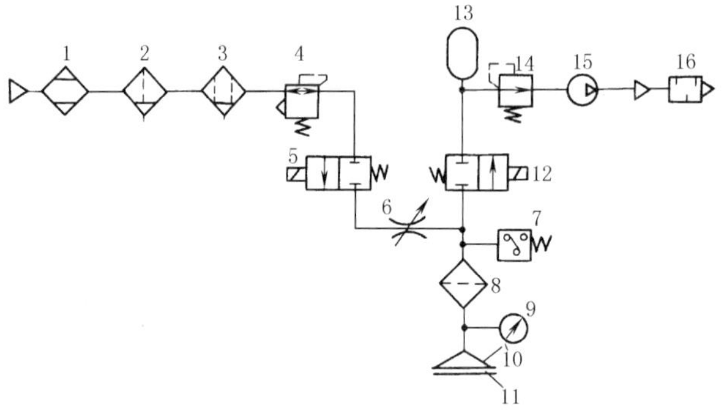 图(a)　真空由真空泵产生的回路 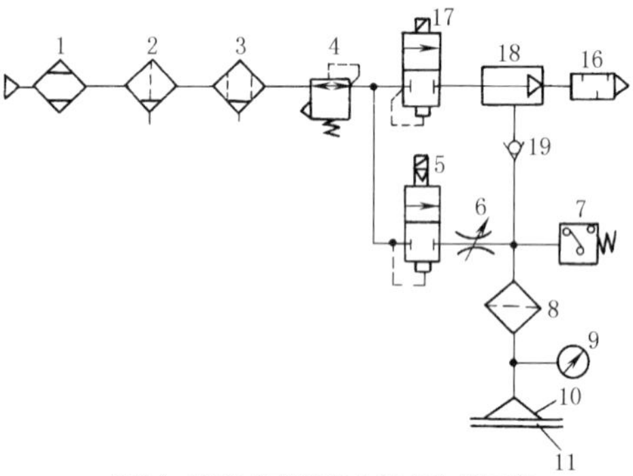 图(b)　真空由真空发生器产生的回路 1—冷冻式干燥机; 2—过滤器; 3—油雾分离器; 4—减压阀; 5—真空破坏阀; 6—节流阀; 7—真空压力开关; 8—真空过滤器; 9—真空表; 10—吸盘; 11—被吸吊物; 12—真空切换阀; 13—真空罐; 14—真空减压阀; 15—真空泵; 16—消声器; 17—供给阀; 18—真空发生器; 19—单向阀 用真空发生器产生的真空回路,往往是正压系统一部分,同时组成一个完整的气动系统
应用	真空系统作为实现自动化的一种手段,已在电子、半导体元件组装、汽车组装、自动搬运机械、轻工机械、医疗机械、印刷机械、塑料制品机械、包装机械、锻压机械、机器人等许多方面得到广泛应用。如真空包装机械中,包装纸的吸附、送标、贴标,包装袋的开启;电视机的显像管、电子枪的加工、运输、装配及电视机的组装;印刷机械中的双张、折面的检测,印刷纸张的运输;玻璃的搬运和装箱;机器人抓起重物,搬运和装配;真空成型、真空卡盘等。总之,对任何具有较光滑表面的物体,特别对于非金属且不适合夹紧的物体,如薄的柔软的纸张、塑料膜,铝箔,易碎的玻璃及其制品,集成电路等微型精密零件,都可以使用真空吸附,完成各种作业

3.5.5 真空发生器

表 21-3-91　　真空发生器的类型及工作原理

<table>
<tr><td>工作原理</td><td colspan="2">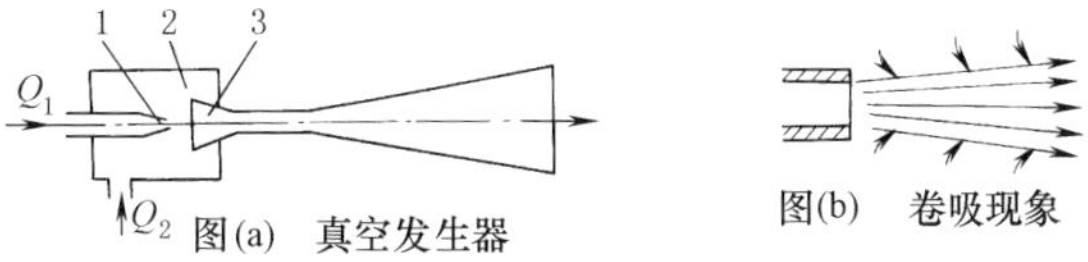图(a)　真空发生器　　图(b)　卷吸现象
真空发生器的工作原理
1—喷嘴；2—负压室；3—接收管
它由工作喷嘴、负压室、接收室组成[图(a)]
压缩空气通过收缩的喷嘴后，从喷嘴内喷射出来的一束流动的流体称为射流。射流能卷吸周围的静止流体和它一起向前流动，称为射流的卷吸作用[图(b)]。负压室限制了射流与外界的接触，但从喷嘴流出的主射流还是要卷吸一部分周围的流体向前运动，于是在射流的周围形成一个低压区。若在喷嘴两端的压差达到一定值时，气流则为超声速流动，于是在负压室内可获得一定的负压
对于真空发生器，若在负压室由通道接真空吸盘，当吸盘与平板工件接触，只要将吸盘腔室内的气体抽吸完并达到一定真空度，就可将平板吸持住
真空发生器可用于产生负压，也可用作喷射器</td></tr>
<tr><td rowspan="3">类型</td><td colspan="2">①真空发生器按其结构组合形式分为普通真空发生器、带喷射开关的真空发生器与组合真空发生器三种
②真空发生器按外形分有盒式(在排气口带消声器)和管式(不带消声器)两种
③按性能分有标准型和大流量型两种，标准型的最大真空度可达 88kPa，但最大吸入流量比大流量型小，大流量型的最大真空度为 48kPa，但最大吸入流量比标准型大
④按连接方式分有快换接头式和锥管螺连接式两种
⑤按级数分有单级和多级两种。在单级类型中，进气在排出之前仅穿过文丘里喷嘴，并在进气回路的连接处形成压力下降。在多级类型中，空气穿过串联连接的两个或多个喷嘴，从而确保进气回路中的较大的吸入流量。多级设备的特点是在抽吸开始时可以有一个充足的流量和降低的压力，这可以减少压缩时间，一般用于大型系统，可以达到等于−92kPa的真空度。这些系统可以满足真空控制的多种需求，因为它们可以完美地集成在许多工业活动部门中，以抓取和移动大量的物体</td></tr>
<tr><td>普通真空发生器</td><td>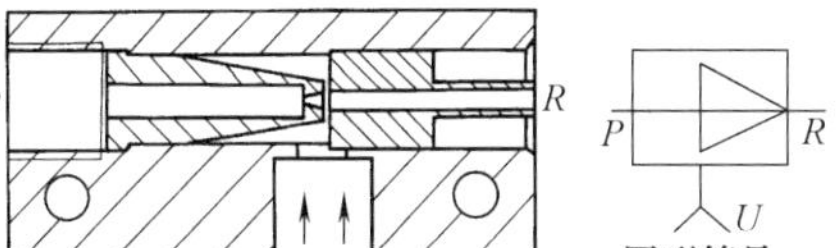图(c)　　图形符号
供气口接正压气源，排气口接消声器，真空口接真空吸盘压缩空气从真空发生器的供气口流向排气口时，在真空口产生真空。当供气口无压缩空气输入时，抽吸过程停止</td></tr>
<tr><td>带喷射开关的真空发生器</td><td>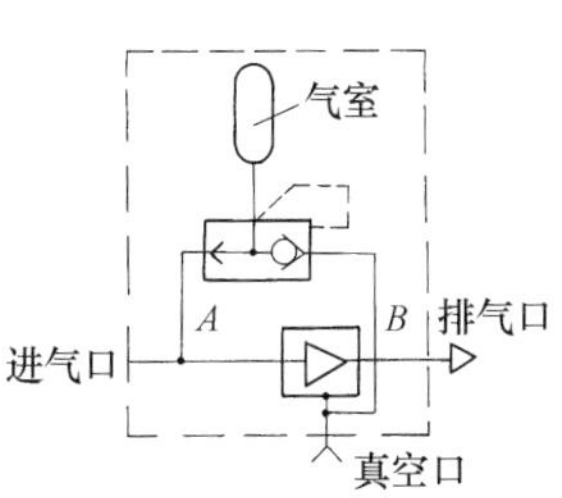图(d)
一般真空吸盘吸持工件后，要放掉工件就必须使吸盘内的真空消除。若在真空发生器引射通道流入一股正压气流，就能使吸盘内压力从负压迅速变为正压，工件脱开。带有喷射开关的真空发生器就能完成这一功能
图(d)所示为带喷射开关的真空发生器原理图，内置气室和喷射开关。喷射开关的动作原理和快速排气阀相似。真空发生器在抽吸过程中，压缩空气经通道 A 充满气室，同时喷射开关的阀芯压在阀座上将排气通道 B 关断。而当进气口无输入时，储存在气室内的压缩空气把喷射开关的阀芯推离阀座，气室内的压缩空气从真空口快速排出，从而使工件与吸盘快速脱开</td></tr>
</table>

续表

<table>
<tr>
<td rowspan="3">类型</td>
<td rowspan="3">组合真空发生器</td>
<td colspan="2">组合真空发生器有几种型式。按是连续耗气还是断续耗气分为两种型式：一种是连续耗气的组合真空发生器，另一种是断续耗气的组合真空发生器。真空发生器常与电磁阀、压力开关和单向阀等真空元件构成组件。由于采用一体化结构，更便于安装使用</td>
</tr>
<tr>
<td>连续耗气的组合真空发生器</td>
<td>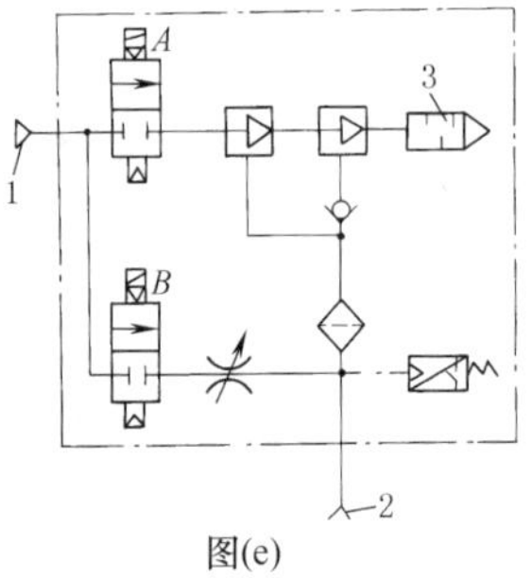
图(e)
1—进气口；2—真空口(输出口)；3—排气口

它由真空发生器、消声器、过滤器、压力开关和电磁阀等组成。进入真空发生器的压缩空气由内置电磁阀控制。电磁阀 A 为真空发生阀，B 为真空破坏阀。当电磁阀 A 通电时，阀换向，压缩空气从 1 口(进气口)流向 3 口(排气口)，真空发生器在真空口产生真空。当电磁阀 A 断电、B 通电时，压缩空气从 1 口流向 2 口(真空口)，真空口真空消失。吸入的空气通过内置过滤器和压缩空气一起从排气口排出。内置消声器可减少噪声。真空开关用来控制真空度</td>
</tr>
<tr>
<td>省气式组合真空发生器(断续耗气)</td>
<td>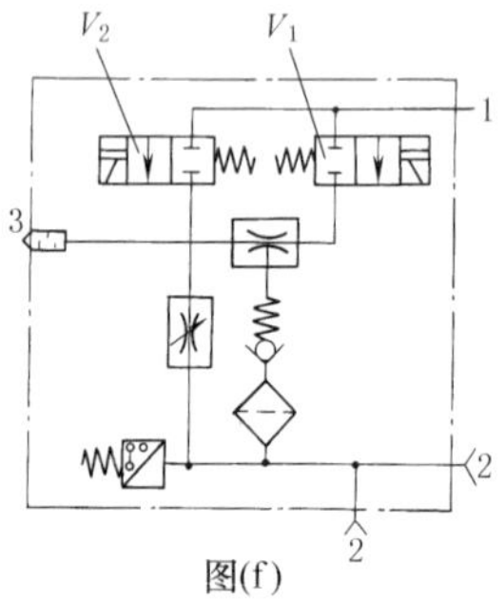
图(f)

它也是由真空发生器、消声器、过滤器、电磁阀 V_1、V_2、单向阀及真空压力开关所组成。当 V_1 打开时，产生了真空度，待真空压力达到所期望调定的真空上限时，真空压力开关切断 V_1 路。当真空压力低于所期望调定的真空下限值时，V_1 电磁阀的电磁线圈被再次接通，于是又产生了真空。V_2 电磁阀的功能是通入压气以达到破坏真空的目的，使吸盘内的真空迅速消失，被吸物体与吸盘立即脱开。单向阀功能是当在 V_1 达到真空上限值时被关闭后，使真空发生器不再耗气，即省气状态。吸盘吸住物体时与喷嘴发生器的喷射口排气区域之间的通道被单向阀封堵，保证吸盘内的真空压力不遭外界破坏。一旦吸盘在吸物体过程中，被吸物体由于不平整等其他原因，使其真空压力消失较快时，只要降到设定真空下限值时，V_1 电磁线圈将立即被接通，瞬时便可产生能满足上限值时的真空压力。这一过程使省气式组合真空发生器实现断续式瞬时耗气，大大减小了真空发生器的耗气</td>
</tr>
<tr>
<td>文丘里真空发生器及选型</td>
<td colspan="3">文丘里效应的真空发生器具有许多优点：简单而有竞争力的工作原理，没有磨损问题(无移动部件)，尺寸减小，并且可以直接装配在机器人系统等移动且紧凑的装置上。这种解决方案允许减少管道的长度并改善响应时间
(1)文丘里真空发生器的真空回路
文丘里真空发生器的真空回路一般有两种：一种是基本的文丘里发生器和其他单独支持元件组成真空回路；另一种是将所有支持元件都集成于文丘里真空发生器中。图(g)为使用真空发生器常用的真空应用回路
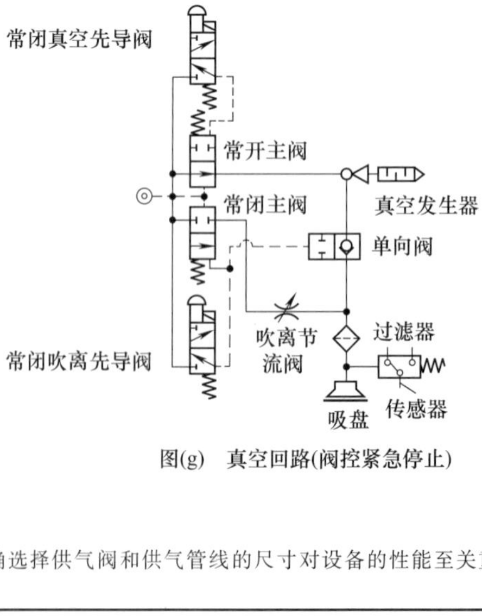
图(g) 真空回路(阀控紧急停止)

(2)选型
选择文丘里真空发生器时，正确选择供气阀和供气管线的尺寸对设备的性能至关重要，选择时可参考表 1</td>
</tr>
</table>

续表

表1　喷嘴直径、最小管道通径和流量系数

喷嘴直径/mm	最小管道公称通径/mm	流量系数 C_v
0.5	4	0.16
1.0	4	0.16
1.5	6	0.379
2.0	8	0.65
2.5	8	0.95
3.0	10	1.35

如果由于其他气动元件或集成的文丘里真空发生器系统而导致压力下降，则可能需要增加阀门和/或供应管路的公称通径

对于大多数应用无孔隙材料的真空发生器，喷嘴直径可以根据先前确定的吸盘直径来选择，见表2

表2　喷嘴直径和最大吸盘直径

喷嘴直径/mm	最大的吸盘直径/mm
0.5	20
1.0	50
1.5	60
2.0	120
2.5	150
3.0	200

一个系统仅具有一个吸盘的真空发生器是理想化的，实际应用中并不是这样，一般是单个文丘里真空发生器带多个吸盘，但是其发生器和吸盘面积的总和不超过表中所列的单个吸盘的面积

真空发生器尺寸的选择取决于组件的系统要求和应用的整体性能。增加集成组件，例如自动排气控制器、真空和排气电磁阀、压力传感器、止回阀和过滤器等可以减小总体的安装空间

真空源只能达到并保持一定的真空度，以维持进入真空系统的泄漏量。在大多数情况下，由于吸盘密封的泄漏限制了系统的真空度。高泄漏的产品是应用了多孔材料，其真空度可以变化（低于33.86kPa）。假设系统的最大真空度是真空发生器的最大程度，由于设计周期时间和安全要求，通常选择较低的真空度，而不是最大的可获得的真空度。表3列出了典型应用真空度范围和单位。系统真空度必须通过现场实际测试确定

表3　基本的真空度范围和单位

负的表压力		绝对压力		
psiG	kPa	psi(绝)	kPa	inHg
0	0	14.7	101.35	0
在海平面的大气压力				
−1.5	−10.34	13.2	91.01	3
−3	−20.68	11.7	80.67	6
−4.5	−31.03	10.2	70.33	9
典型的多孔真空度				
−6	−41.27	8.7	59.98	12
−7.5	−51.71	7.2	49.64	15
−9	−62.05	5.7	39.30	18
−10.5	−72.39	4.2	28.96	21
典型的非多孔真空度				
−12.0	−82.74	2.7	18.62	24
−13.5	−93.08	1.2	8.27	27
−14.7	−101.35	0	0	29.92
完全真空(0参考压力)				

真空发生器的大小通常是指发生器的抽空时间或真空流速，并且随着喷嘴/扩散器的尺寸变化而变化。抽空时间是将真空系统中的空气排出到特定真空度所需的时间，也可以视为系统的响应时间

续表

文丘里真空发生器及选型	喷嘴直径、真空管内径和最大吸盘直径的大小必须相互关联。图(h)是帮助选择真空管的快速参考，并给出最大吸盘直径的喷嘴直径。例如，一个长度为2m的60mm杯子需要至少6mm的内径真空管和一个1.5mm的喷嘴；具有3.5m管长度的相同的60mm杯子将需要至少8mm的真空管和2.0mm喷嘴，以达到相同的性能 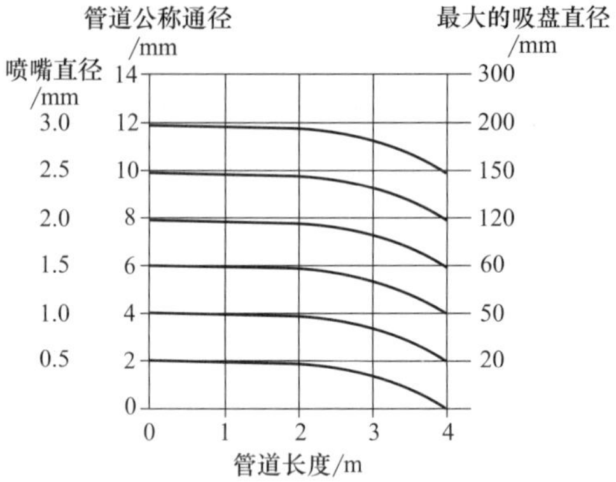 图(h) 喷嘴直径、管道直径和吸盘直径

3.5.6 真空吸盘

真空吸盘是真空设备执行器之一，其广泛应用于各种真空吸持设备上，如在建筑、造纸工业及印刷、玻璃等行业，实现吸持与搬送玻璃、纸张等薄而轻的物品。

真空吸盘又称真空吊具及真空吸嘴，一般来说，利用真空吸盘抓取制品是最廉价的一种方法。真空吸盘品种多样，橡胶制成的吸盘可在高温下进行操作，由硅橡胶制成的吸盘非常适于抓住表面粗糙的制品；由聚氨酯制成的吸盘则很耐用。另外，在实际生产中，如果要求吸盘具有耐油性，则可以考虑使用聚氨酯、丁腈橡胶或含乙烯基的聚合物等材料来制造吸盘。通常，为避免制品的表面被划伤，最好选择由丁腈橡胶或硅橡胶制成的带有波纹管的吸盘。真空吸盘的特点如下。

① 易损耗。由于它一般用橡胶制造，直接接触物体，磨损严重，所以损耗很快。它是气动易损件。

② 易使用。不管被吸物体是什么材料做的，只要能密封、不漏气，均能使用。电磁吸盘就不行，它只能用在钢材上，其他材料的板材或者物体是不能吸的。

③ 无污染。真空吸盘特别环保，不会污染环境，没有光、热、电磁等产生。

④ 不伤工件。真空吸盘由于是橡胶材料所造，吸取或者放下工件不会对工件造成任何损伤，而挂钩式吊具和钢缆式吊具就不行。在一些行业，对工件表面的要求特别严格，只能用真空吸盘。

(1) 真空吸盘的材质和性能

真空吸盘由各种橡胶化合物制成，如丁腈橡胶(NBR)、硅橡胶、聚氨酯和氟橡胶（FPM）等。对于大多数应用，传统的NBR吸盘提供表面兼容性和刚性的适当组合；较软的硅吸盘对于具有深度波状外形表面的物品是有用的，而在诸如电子工业（其中部件易于损坏）的区域中需要氟橡胶或其他抗静电材料。

NBR橡胶（黑色）N：主要用于吸吊硬壳纸、胶合板、铁板和其他一般工件。

硅橡胶（白色）S：主要用于吸吊半导体、金属成型制品、薄工件、食品类工件。

聚氨酯（褐色）U：主要用于吸吊硬壳纸、胶合板、铁板。

氟橡胶（黑色，绿色）F：主要用于吸吊药品类工件。

导电性NBR橡胶（黑色，1白点）GN：主要用于吸吊半导体的一般工件（抗静电）。

导电性硅橡胶（黑色，2白点）GS：主要用于吸吊半导体（抗静电）。

真空吸盘常用橡胶材料材质表见表21-3-92。

表21-3-92 真空吸盘常用橡胶材料材质表

材料名称	丁腈橡胶 Perbunan(AS=抗静电)		硅橡胶 Silicone(AS=抗静电)		天然橡胶	高温材料
缩写	NBR	NBR-AS	SI	SI-AS	NK	HT1
耐磨	●●	●●	●	●	●●	●●●
抗永久变形能力	●●	●●	●●	●●	●●●	●●
耐气候	●●	●●	●●●	●●●	●●	●●●

续表

材料名称	丁腈橡胶 Perbunan(AS=抗静电)		硅橡胶 Silicone(AS=抗静电)		天然橡胶	高温材料
耐臭氧	●	●	●●●●	●●●●	●●	●●●●
耐油	●●●●	●●●●	●	●	●	●●●●
耐燃料	●●	●●	●	●	●	●●
耐乙醇(96%)	●●●●	●●	●●●●	●●	●●●●	●●●●
耐溶剂	●●	●●	●●	●●	●	●●
耐酸	●	●	●	●	●●	●
耐蒸汽	●●	●●	●●	●●	●	●●●
抗拉强度	●●	●●	●	●	●●	●●
磨损值(约)/mm^3	100～120 肖氏硬度 55	100～120 肖氏硬度 55	180～200 肖氏硬度 55	180～200 肖氏硬度 55	100～120 肖氏硬度 40	100～120 肖氏硬度 60
电阻率/Ω·cm	—	≤10^7	—	≤10^7	—	—
短时间接触耐温(<30s)/℃	−30～+120	−30～+120	−50～+220	−35～+220	−35～+120	−30～+170
长时间接触耐温/℃	−10～+70	−10～+70	−30～+180	−20～+180	−25～+80	−10～+140
肖氏硬度(DIN 53505)	40～90	55±5	30～85	55±5	30～90	60±5
颜色/代码	黑,灰,蓝,浅蓝	黑	白,透明	黑	灰,浅棕色,黑	蓝

材料名称	聚氨酯	特种聚氨酯 Vulkollan	氟橡胶 FPM(AF=无痕迹)		表氯醇橡胶
缩写	PU	VU1	FPM	FPM-AF	ECO
耐磨	●●●	●●●●	●	●	●●
抗永久变形能力	●	●●	●●●	●●●	●●●
耐气候	●●●	●●●	●●●●	●●●●	●●●
耐臭氧	●●●	●●●	●●●●	●●●●	●●●
耐油	●●●	●●●	●●●●	●●●●	●●●●
耐燃料	●●	●●	●●●●	●●●●	●●
耐乙醇(96%)	●●●●	●●●●	●●	●●	●
耐溶剂	●	●	●●●	●●●	●●●
耐酸	●	●	●●●	●●●	●
耐蒸汽	●	●	●●	●	●●
抗拉强度	●●●	●●●●	●●	●●	●●
磨损值(约)/mm^3	60～80 肖氏硬度 55	10～12 肖氏硬度 72	200～210 肖氏硬度 65	200～210 肖氏硬度 65	
电阻率/Ω·cm	—	—	—	—	—
短时间接触耐温(<30s)/℃	−40～+130	−40～+100	−10～+250	−10～+250	−25～+160
长时间接触耐温/℃	−30～+100	−40～+80	−10～+200	−10～+200	−25～+130
肖氏硬度(DIN 53505)	55	72	65±5	65±5	50
颜色/代码	蓝、绿	深绿	黑	黑	黑

(2) 真空吸盘的形状和用途

表 21-3-93　真空吸盘的形状和用途

吸 盘 形 状	用 途
平型	工作表面是平面且不变形的场合
平型带肋	工件易变形的场合和工件可靠脱离的场合
深型	工件表面是曲面的场合
风琴型	没有安装缓冲空间的场合
椭圆形	吸着面小的工件
摆动型	吸着面不是水平的工件
长行程缓冲型	工件高度不确定的需缓冲的场合
大型	重型工件
导电性吸盘	抗静电、使用电阻率低的橡胶

(3) 真空吸盘的选取

① 计算提升力值。保持物体压在吸盘上的力是由大气压力和吸盘内压的差异引起的，并且与此差异成比例地增长。吸盘的选择取决于被移动物体的重量、形状和材料以及抓取位置。

由一个或多个吸盘所产生的实际力由下式定义：

$$产生的实际力\ F=理论力/k$$

式中，k 是根据夹持类型考虑的安全比率，对于低速水平移动，$k=2$；高速或垂直运动时，$k=4$。

$$吸盘产生的理论力\ F=面积\times p$$

式中，p 是外部压力与吸盘与物体表面之间压力的差值。

在加载运动过程中，必须考虑加速度、减速度等应用产生的附加结果，这可能会进一步影响吸盘数量和直径的选择。

摩擦因数根据用途而变化，这可以确定吸盘抓取能力的变化。

也可以从真空设备制造商处获得不同尺寸真空发生器的提升力值。然而，应该记住的一点是，提供的数字并不总是合理的安全范围，例如，在工件移动时，并不总是考虑诸如作用在每个吸盘上的侧向力等因素。根据应用情况，如果从工件上方施加吸力，则可能有必要将所计算的升力降低 50%，如果将真空吸盘施加到侧面上，则工作能力可能降低多达 75%。

② 选择吸盘类型。计算出实际力值后，我们可以根据其特点选择吸盘。

平吸盘使用广泛，可用于水平或垂直移动具有平坦或稍微皱折的表面（例如玻璃和金属表面）的部件，或者用于移动薄和轻的物体（例如纸张）。为了减少喷射时间，吸盘和泵之间连接管的长度必须严格限制。在许多情况下，可以将真空发生器直接固定在吸盘上，并与吸盘一起移动。

应将喷射出的风量降到最低的需求值，这样可以提高系统的响应时间。

波纹吸盘用于提升具有不规则表面的物体，例如波纹板或平板，或用于补偿轻微的水平差异。

波纹或组的数量使其适合于补偿在水平方向上的重力压力差异；波纹的数量越多，要补偿的水平方向上的重力压力差异差别越高。绝对不能用于垂直抓取。

椭圆形吸盘用于紧凑和平坦的物体，它由一系列小直径的吸盘组成取代了一个大的吸盘。

在确定系统的大小时，必须考虑要处理的对象的特征。实际上，物体有毛孔或气孔的（纸板、木材）与“紧实”的计算方法是不同的。吸盘必须产生合适的力量能安全地处理这些紧实的物体。为此，它必须在正确的真空度下工作，并且尺寸合适。对于这些紧实的材料，真空度约为−60kPa。

在正常操作条件下，每个真空发生器只能连接到一个吸盘上。

一个给定任务所需的真空吸盘的大小和类型取决于各种因素，其中最重要的是工件的质量、表面光洁度和形状。

另外，在施加真空时吸盘的能力保持最佳状态也将直接影响系统的性能。由于外部空气压力迫使吸盘的外部与工件的表面接触，因此无支撑的真空吸盘会在施加真空时变形。这极大地减小了有效的吸盘面积，并因此也降低了可以产生的真空度。相反，如果吸盘材料太硬，则空气会在轮缘下方泄漏，因此必须增加供应压力，以保持静态真空。

解决方案是使用相对较软的肋状吸盘，能够保持垫和工件之间腔室的最大体积，并确保用于产生真空的装置也能够产生高的流动速率。这会在建立明显的泄漏流动之前迅速将吸盘拉下到工作表面上。对此应用目的，使用两级喷射真空发生器较理想。

带肋的吸盘也应该用于柔性物品，如塑料片，这些物品在施加真空时可能会变形。在这种情况下，应该减小吸盘的尺寸、降低真空度，以防止工作表面起皱。平坦、坚硬的工作表面通常需要高度比较小、比较短的吸盘，对于曲面只能使用具有深圆锥形轮廓的吸盘来移动。

吸取粗糙的表面时，空气容易在真空吸盘的边缘下泄漏。为了克服这个问题，有必要提高所施加的真空度，并使用直径较小的吸盘，以减少空气损失。因此，需要更大数量的吸盘来保持相同吸盘接触面积。具有深度纹理的表面，采用较软的吸盘材料可减少空气损失，然而，较软的材料会影响所达到的抓取力大小，因为吸盘在压力下可能会变形。

排空每个吸盘所花费的时间将影响随后操作的顺序。

响应时间的计算必须考虑到：通过真空发生器的流量以及因此可用的真空压力、吸盘的尺寸、吸盘周围的空气泄漏、工件的孔隙率以及空气管道的尺寸和长度，这将影响操作压力。

③ 要点总结。

a. 使用一系列小吸盘将吸力分布在尽可能宽的范围内。

b. 不要让吸盘超出工件的边缘。

c. 使用多个吸盘，以防止工作表面当提升时下垂。

d. 通过减少真空发生器和吸力表面之间使用管路的数量，减少达到真空操作所需的时间。

e. 使用一个真空发生器一个吸盘。如果一个吸盘无法正常工作，则由单个真空发生器驱动的多个吸盘都将受到影响。

f. 用一个节流阀保护多个真空发生器和吸盘系统，确保在吸盘上保持恒定的空气流量。

g. 应安装备用的吸盘，以便在发生多个吸盘故障时吸盘还能继续将工件牢固地固定在位。

h. 尽量减小空气管道的直径，以减少流动阻力、泄漏和响应时间。

i. 使用并正确维护在线过滤器。有效的过滤可以防止固体碎屑或空气中的油或其他颗粒污染真空发生器内的孔口和真空泵。真空发生器应在真空进气口和主要供应管路上安装过滤器。

j. 在某些应用中，需要通过真空吸盘提供吸力和正气压。将阀门结合到系统中来即可实现。切换阀门可使空气吹过吸盘，以移动工件或防止碎屑进入真空端口。

3.5.7　真空辅件和真空系统

表 21-3-94　　真空辅件和真空系统

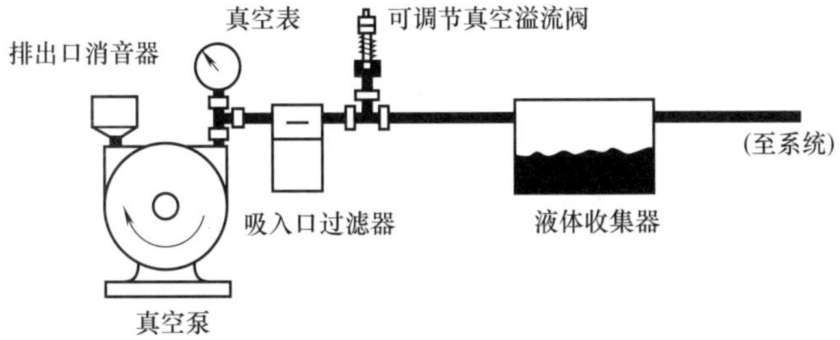

图(a)　带有液体捕集器的真空泵能源系统

模块化生产的真空发生器集成了几个附件，如供气电磁阀、吹风装置、控制真空开关、止回阀等，很容易适应自动化过程

真空辅件	真空开关	真空开关可以检测产生的低压级别，通过激活电气触点来确认零件的保持力值。它可以与用于正压的压力开关相比较
	吹气装置	吹气装置可以减少零件的释放时间
	进气过滤器	每个真空系统都应使用进气过滤器，以防止外来杂质进入泵内。当真空系统必须在含有大量灰尘、沙子或类似的环境中工作时，过滤器尤为重要。过滤器类别，可以用捕获颗粒的大小(以微米为单位)来分级 过滤器通常安装在泵的进气口，应定期清理过滤器，以免因堵塞造成泵过载
	液体捕集器/机械过滤器	除真空泵的进口过滤器外，在真空系统用于充填操作时，还需要液体收集器或机械过滤器，以防止真空管路中的任何物质进入泵内 液体收集器是利用重力作用的简单的水箱或瓶状装置，以防止液体被吸入真空系统。机械过滤器(未示出)通常是安装在真空线路中的大型袋式装置，使干燥粉末在被吸入泵之前被捕获，积累的材料往往可以回收利用
	排气消声器	排气消声器是一种低阻的流量通过装置，旨在减少泵的排气噪声。有几种类型，但是作为低通滤波器的最简单和最常用的功能是一种能够吸收除最低频率声波之外的所有能量的谐振腔。这些类似玻璃瓶或塑料瓶的装置位于真空泵的排气口
	真空表	真空表对于监测系统性能是必不可少的。真空计应安装在泵的进气口处或附近[图(a)]。如果它位于系统中的其他位置，由于过滤器脏污或堵塞、真空管路弯曲、阀门关闭或其他问题，读数可能不准确 准确的真空读数简化了各种系统故障定位的工作。例如，如果进气口处的表读数显示目标值，则故障必须位于真空计和工作装置之间。但是，如果进气压力计读数低于规定的工作等级，那么泵不能正常工作或者系统中有泄漏 如果泄漏是问题，那么在真空计前用阻挡块堵塞管路将恢复真空度。然后，通过进一步向工作装置移动阻挡块，可以确定故障点。系统中其他仪表可以简化故障检查工作
	真空传输管	从工作装置排出的空气可以通过用于压缩空气的金属管、铜管和不可折叠橡胶或塑料软管等管路输送到真空泵。真空泵产生的工作力可以传递一定距离，避免泄漏是至关重要的，所有接头、密封件、阀门和连接管路必须密封 沿线的任何阻力限制都会显著降低泵的性能。为了使压降(真空损失)最小化，应根据所输送的空气的流量(L/min)来选择管道直径和配件
	真空储气罐	真空可以像压缩空气那样容易地储存。作为直接真空泵源的替代方案，可以根据需要通过使用储气罐来建立真空。真空储气罐可适应突然或异常高的系统需求，也可以防止可能的泵过载 通常在储气罐的泵侧使用止回阀，在下游侧使用适当的操作阀
	真空控制装置	真空泵本身不能控制所产生的真空度，必须提供一些外部装置，如安全阀，以控制真空，使泵不会超过安全水平 如果没有这种控制装置，只有通过泄漏到系统中才能停止生产更高的真空。虽然这似乎提供了一个理想的内置安全系数，但真空度可能会超过泵的最大真空度，结果可能是由于过度的热量积聚造成泵故障

续表

<table>
<tr><td rowspan="3">真空辅件</td><td>真空安全阀</td><td>真空安全阀允许少量的空气进入系统，当超过阀的设定点时就限制真空泵吸入的真空量。它没有关闭系统
调节阀门使得泵只拉动应用所需的真空度，这是可取的，因为在高于必要的真空度下运行会在泵上产生更高的温度和更大的工作负荷，从而缩短使用寿命。使用轻型泵的真空安全阀尤其重要，因为它们在真空度过高的情况下连续运行</td></tr>
<tr><td>止回阀</td><td>止回阀只允许一个方向的自由流动。它安装在真空泵和系统其余部分之间，以防止回流
止回阀有多种类型和样式。对于普通的用途，只要 6.78～20.34kPa 的开启压力就足以使球（或提升阀）失去密封，所以只要很少的流量就可以启动。在一些真空回路中，无弹簧的止回阀垂直安装，利用球或提升阀的重力将其固定在阀座上</td></tr>
<tr><td>流量控制阀</td><td>图(b)显示了手动三通阀如何控制真空流量。一台电磁阀可以以相同的方式工作。使用单个真空泵，一系列这样的阀门可以提供多个工作装置的选择性操作
如图(b)中(i)所示，空气流向泵，到大气的端口关闭。图(b)中(ii)显示工作装置的释放，因为到大气的端口是打开的。这样，单个工作装置的选择性操作不会影响同一系统中任何其他工作装置的性能
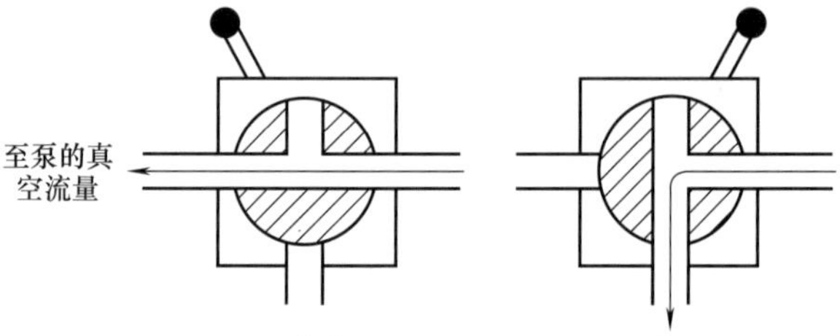

(i) 工作位置　　(ii) 与大气接通
(b)　手动控制阀允许选择工作的接通和断开</td></tr>
<tr><td>真空系统</td><td colspan="2">真空能源供应系统：由真空泵、驱动电源、储气罐(可选)和各种控制和保护装置组成的系统，以产生一定的真空度
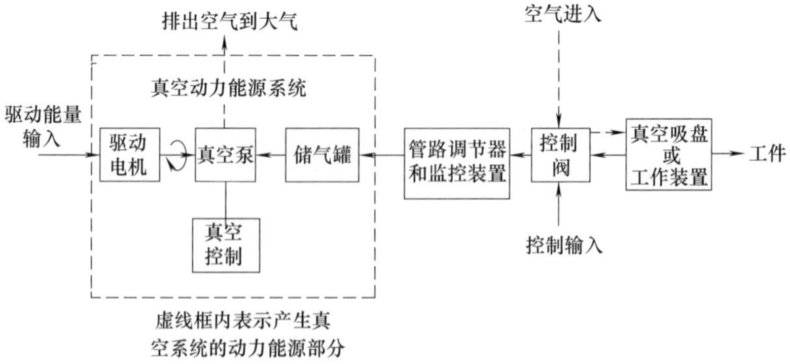

图(a)　真空能源系统
与压缩机一样，泵所需机械能可以由电动机、发动机或动力输出装置提供。可以通过真空管路将作业的真空势能直接施加到执行器上，或者通过排空真空罐罐体将其积聚以按需使用。无论哪种情况，真空度都必须得到有效控制
以下是用于控制真空度的代表性系统配置</td></tr>
</table>

续表

<table>
<tr>
<td rowspan="3">真空系统</td>
<td>连续操作系统</td>
<td>图(b)显示了用于连续工作的基本真空能源系统。例如,这样的系统可以用于干粉填充可调节的真空安全阀通过在超过预设值时向系统提供大气空气调节流量来控制系统的真空度
进气过滤器保护泵免受进气中固体物质的影响。图中没有显示润滑装置,因为泵是无油的
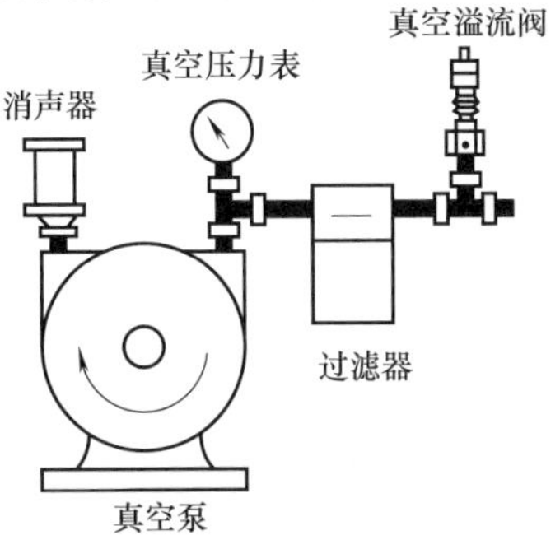

图(b)　用于连续工作的基本真空能源系统</td>
</tr>
<tr>
<td>双级真空系统</td>
<td>图(c)显示了如何使用前面的连续工作系统提供第二个可单独调节的下游真空度(注意有两个真空计)
使用两个可调的真空安全阀。第一个控制较高的真空(较低压力)水平,安装在一个过滤罐中,以确保当超过预设的真空度时,调节的空气泄漏是从管路的下游支管侧而不是从大气中被抽出。第二个真空安全阀常规安装,当超过预设的较低真空水平时,从大气中吸入其调节的泄漏空气
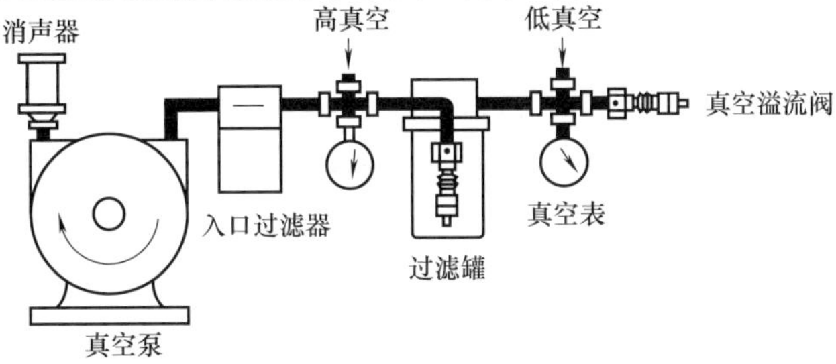

图(c)　典型的真空能源系统设计(用于保持两个可单独调节的真空度)
这两个真空安全阀的设置值是相加的。也就是说,两个阀的设定值不得超过泵的最大真空额定值。例如,67.73kPa 的泵可以在系统内提供如 60.95kPa 和 6.77kPa,50.80kPa 和 16.93kPa 等真空度的组合。假设一个系统,真空度分别为 40.64kPa 和 27.09kPa。当真空泵启动时,它从系统的下游管路排出空气直到压力为 40.64kPa。此时,第一个真空安全阀打开,允许泵吸入上游支管的空气
当空气从系统的上游管路排出时,真空安全阀在两部分之间保持 40.64kPa 的恒定压差,并一直持续到上游的压力下降到 27.09kPa。此时,第二个真空安全阀打开,使上游支路的压力稳定在 27.09kPa,下游支路的压力稳定在 67.73kPa</td>
</tr>
<tr>
<td>真空存储系统</td>
<td>图(d)显示了真空罐集成到动力能源系统中,按需为流体动力积累真空。这样的系统可以用于塑料片的真空成型
一般来说,这种系统主要用于周期运行,泵在负载下连续运行。真空储气罐的使用有助于使活塞和膜片式泵的吸气管道内流量脉动平滑,而这些泵不具有无脉动输送特性
真空储气罐还使得执行器能够非常快速地操作,因为其中所含的任何空气迅速膨胀以填充真空接收器。这个动作使真空储气罐内的绝对压力大幅下降
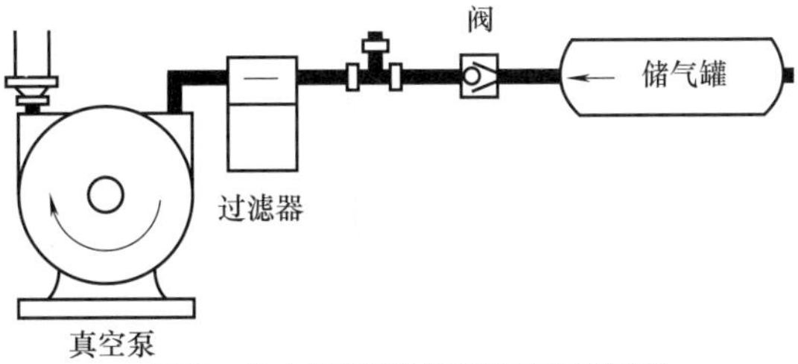

图(d)　基本的能源系统(包括真空储气罐)
由于旋转叶片泵是无阀的,所以当这种类型的泵与真空储气罐一起使用时,需要止回阀。当泵不工作时,该阀可防止大气泄漏到储气罐中。但不管使用什么类型的泵,唯一需要的控制装置是一个可调的真空安全阀,以保持所需的真空度</td>
</tr>
</table>

第21篇

续表

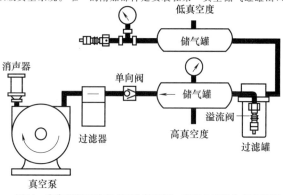

真空系统	双级真空存储系统	图(e)显示了如何将两个储气罐连接起来,以根据需要提供不同的系统真空度。除真空存储能力外,该能源系统类似于双级真空系统。唯一的附加部件是安装在第一真空储气罐罐出口处的止回阀 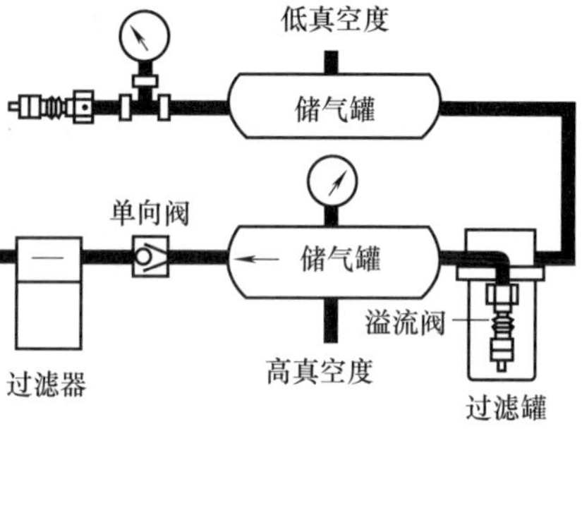 图(e)　真空能源系统带有两个储气罐,提供各自独立的真空度
	开/关循环系统	如果真空泵由电机驱动,则可通过间歇开/关循环来控制储罐真空度。图(f)显示了储气罐处的真空开关与真空泵驱动电机的连接。该系统主要用于延长关闭周期 在操作中,真空开关允许驱动电机运行,直到检测到真空度达到预设的上限值。此时,触点打开并停止驱动电机,关闭泵,然后止回阀关闭。开关触点保持打开,直到真空储气罐的真空度下降到预设的较低切入水平。然后触点闭合,以驱动马达,泵再次自动打开。 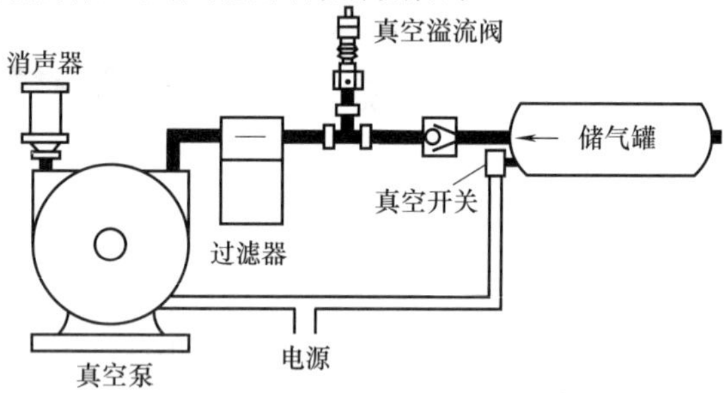 图(f)　系统中的真空度由真空开关控制(真空开关自动启动驱动电机) 切入和切出点之间的通常范围是16.93～50.80kPa。这种类型的系统总是使用真空安全阀来提供独立的防止过真空度的保护
	装载/卸载循环系统	如图(g)所示,开关连接到安装在生产线上的电磁阀。通常,电磁阀保持通电(排气口关闭)。但是当真空储气罐上的真空开关检测到真空已达到其上限(卸载)时,其触点打开并断开电磁阀,打开阀门,允许大气被抽入并通过泵室循环 电磁阀保持断电,直到压力开关检测到储气罐中的真空度回落到较低的负载极限,发出信号并传输到电磁铁来停止排气动作。但由于管路中存在止回阀,电磁阀的开启不会立即影响真空储气罐的真空度。只有通过正常的系统操作才能降低真空度 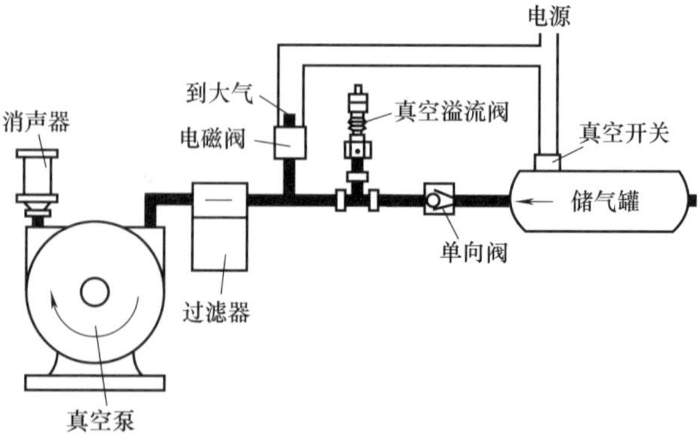 图(g)　真空水平由电磁开关控制,自动进入空气 真空安全阀必须用于加载/卸载系统,以提供独立的高真空保护

续表

真空系统	双泵真空系统	图(h)显示了两个真空能源系统的组合，以满足更大的真空容量需求，或者可能允许更快的抽空初始真空储气罐的容积。通常，这样的设备配置可以提供更大的灵活性以满足不同的系统需求。在真空泵功能损失可能有害或造成严重经济损失的应用中，通常需要冗余操作能力 两个真空泵通常分开供电和控制。尽管在图(h)中没有显示，但是两个能源应该配备独立的开/关或装载/卸载控制系统。在一些应用中，期望用不同的上部和下部真空开关设置来启动第二泵的自动切入。例如，它可能仅用于满足较重的负载需求 单独的止回阀将泵连接到系统的其余部分或真空储气罐。除了单独的真空安全阀之外，还提供了完全的冗余，使得任何一台机器都可以在不中断系统其余部分的情况下关闭 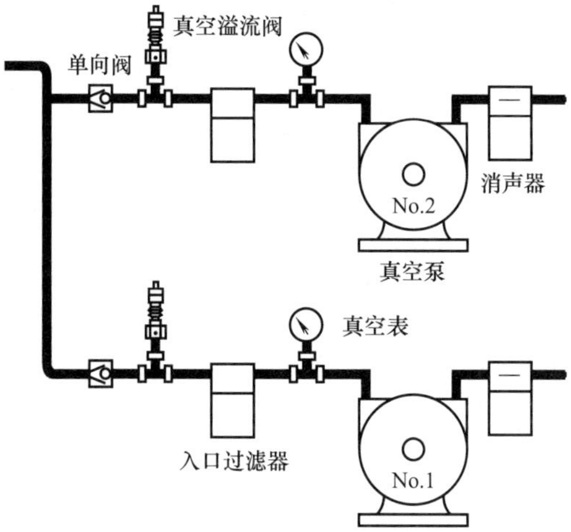 图(h)　可满足特殊需求的双泵真空能源系统
	组合的压缩机/真空泵系统	有许多应用过程需要在同一个周期内执行压缩和抽真空工作。一个主要类别是纸张处理设备，如计算机、印刷机、分拣机、文件夹等。虽然可以联合两台独立的机器来处理这些工作，但使用双腔室或单腔室压缩机/真空装置可以降低成本。部分型号采用双入口设计，可同时进行压力/真空操作 经验法则是将真空限制在 33.86kPa，压力限制在 20.68kPa，限制通常是由设备的温度导致 图(i)显示了设计用于同时提供压力和真空的能源。该系统有一些限制。由于所使用的压力和真空值的总和不得超过泵的最大真空额定值，所以正压力必须相对较低。如图(i)所示，真空度和压力等级由独立的安全阀来控制，这也可以保护机器免受过度真空或压力的损害 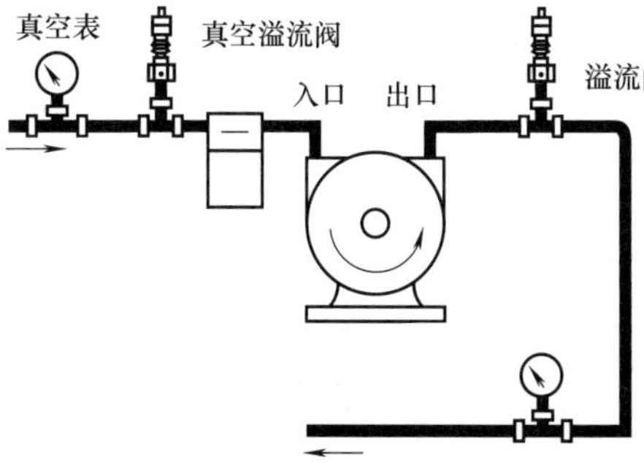 图(i)　组合式压缩机/真空泵供电系统[从应用(图纸顶部)输送真空，并将压力传送到应用(底部)]

3.6 气动比例（伺服）控制元件

3.6.1 气动比例（伺服）控制系统

表 21-3-95　**气动断续控制与气动连续控制的区别**

比例控制的特点

气动控制分为断续控制和连续控制两类。绝大部分的气压传动系统为断续控制系统，所用控制阀是开关式方向控制阀；而气动比例控制则为连续控制，所用控制阀为伺服阀或比例阀。比例控制的特点是输出量随输入量变化而相应地变化，输出量与输入量之间有一定的比例关系。比例控制又有开环控制和闭环控制之分。开环控制的输出量与输入量之间不进行比较，而闭环控制的输出量不断地被检测，与输入量进行比较，其差值称为误差信号，以误差信号进行控制。闭环控制也称反馈控制。反馈控制的特点是能够在存在扰动的条件下，逐步消除误差信号，或使误差信号减小

气动比例/伺服控制阀由可动部件驱动机构及气动放大器两部分组成。将功率较小的机械信号转换并放大成功率较大的气体流量和压力输出的元件称为气动放大器。驱动控制阀可动部件（阀芯、挡板、射流管等）的功率一般只需要几瓦，而放大器输出气流的功率可达数千瓦

气动断续控制

气动断续控制，仅限于对某个设定压力或某一种速度进行控制、计算。通常采用调压阀调节所需气体压力，节流阀调节所需的气体流量。这些可调量往往采用人工方式预先调制完成。而且针对每一种压力或速度，必须配备一个调压阀或节流阀与它相对应。如果需要控制多点的压力系统或多种不同的速度控制系统，则需要多个减压阀或节流阀。控制点越多，元件增加也越多，成本也越高，系统也越复杂，详见下图和表

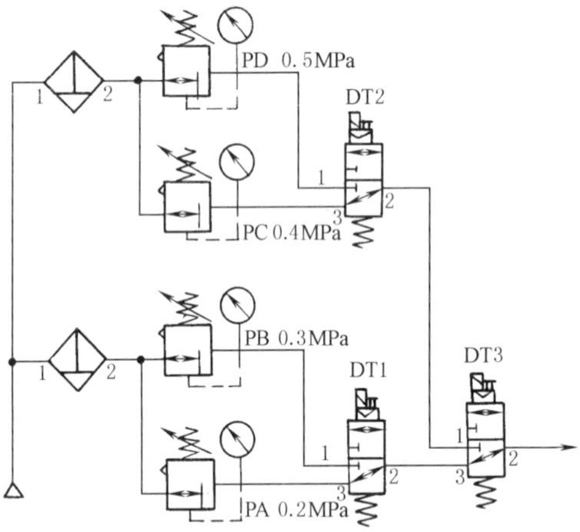

多点压力控制程序表

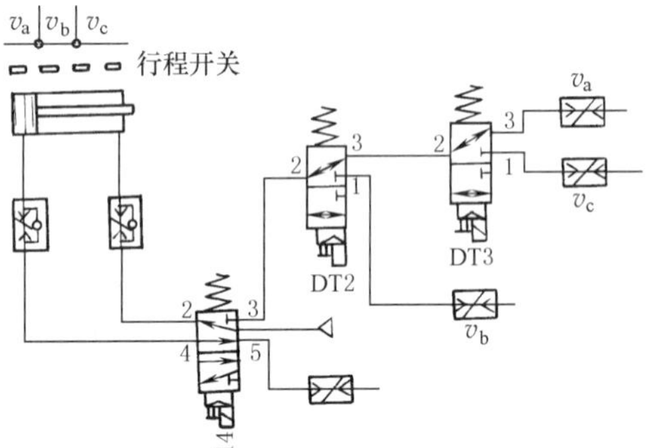

多种速度控制程序表

多点压力程序表					气动多种速度控制程序表		
减压阀	电磁阀 DT1	电磁阀 DT2	电磁阀 DT3	输出压力 /MPa	气缸进给速度	电磁线圈 DT2	电磁线圈 DT3
PA	0	1/0	0	0.2	v_a	0	0
PB	1	1/0	0	0.3	v_b	1	1/0
PC	1/0	0	1	0.4	v_c	0	1
PD	1/0	1	1	0.5			

上述多点压力控制系统及气缸多种速度控制系统是属于断续控制的范畴。与连续控制的根本区别是它无法进行无级量（压力、流量）控制

续表

气动连续控制	气动比例(压力、流量)控制技术属于连续控制一类。比例控制的输出量随着输入量的变化而相应跟随变化,输出量与输入量之间存在一定的比例关系。为了获得较好的控制效果,在连续控制系统中一般引用了反馈控制原理 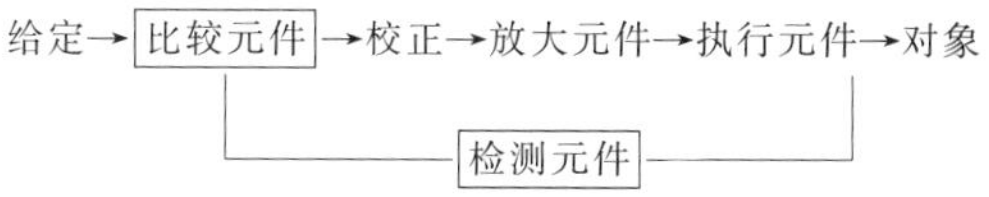 在气动比例压力、流量控制系统中,同样包括比较元件、校正系统放大元件、执行元件、检测元件。其核心分为四大部分:电控制单元、气动控制阀、气动执行元件及检测元件 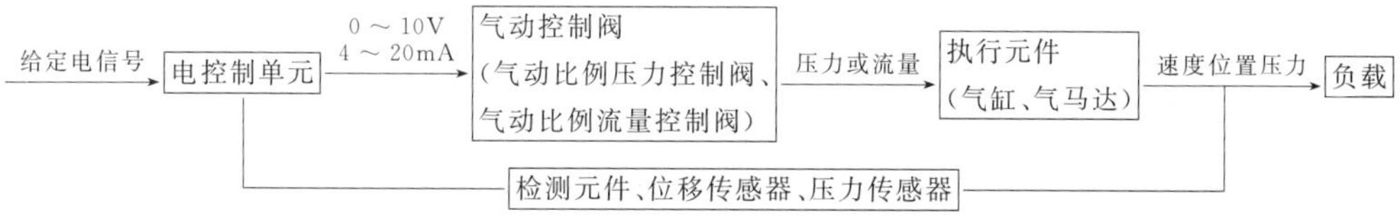
开环控制回路	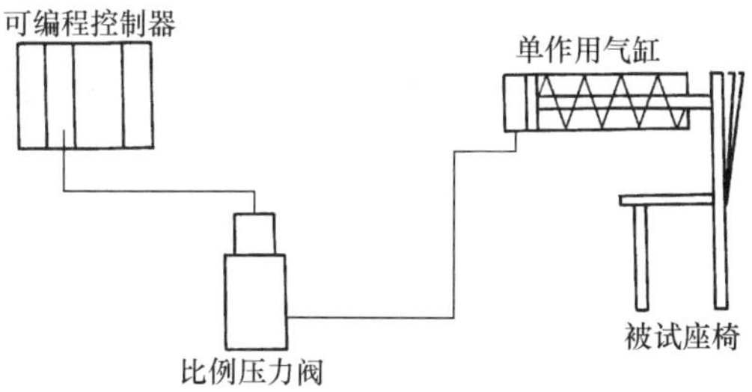 座椅疲劳试验的开环控制回路 开环控制的输出量与输入量之间不进行比较,如图(对座椅进行疲劳试验的开环控制)。当比例压力阀接受到一个正弦交变的电信号,它的输出压力也将跟随一个正弦交变波动压力。它的波动压力通过单作用气缸作用在座椅靠背上,以测试它的寿命情况
闭环控制回路	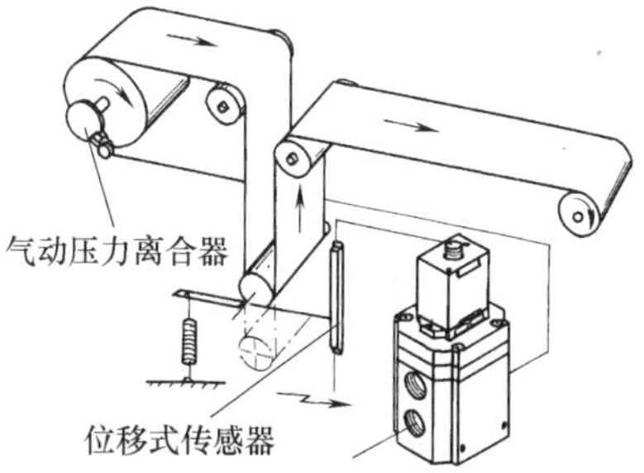 卷绕过程中张力闭环控制 闭环控制的输出量不断被检测,并与输入量进行比较,从而得到差值信号,进行调整控制,并不断逐步消除差值,或使差值信号减至最小,因此闭环控制也称为反馈控制。左图是对纸张、塑料薄膜或纺织品的卷绕过程中张力闭环控制。比例压力阀的输出力作用在输出辊筒轴上的一气动压力离合器,以控制输出辊筒的转速。而比例压力阀的电信号来自于中间张力辊筒的位移传感器。张力辊筒拉得越紧(即辊筒在上限位置),位移传感器的电信号越小,比例压力阀的输出压力越低,作用在输出辊筒轴上的压力离合力也越小,输出辊筒转速加大。反之,输出辊筒转速减慢,以达到纸张塑料薄膜或布料的张力控制

3.6.2 气动比例（伺服）阀

3.6.2.1 气动比例（伺服）阀的分类

表 21-3-96 气动比例（伺服）阀的分类

<table>
<tr><td rowspan="2">作用</td><td>信号转换</td><td colspan="3">由于电气元件具有多方面的适应性，信号的检测、传输、综合、放大等都很方便，而且几乎各种物理量均能转换成电量。因此，气动比例控制系统中的输入信号以电信号居多。比例电磁铁、力矩马达和力马达将电信号转换成机械位移，而气动放大器又将机构位移转换成具有一定压力的气体流量</td></tr>
<tr><td>信号放大</td><td colspan="3">原始的控制信号功率很小，通过气动放大器将信号功率放大。有时一级放大还不够，还需要两级或多级放大，使气动放大器的输出功率能借助于气动执行元件而达到克服负载做功的目的</td></tr>
<tr><td rowspan="2">构成</td><td>可动部件驱动机构</td><td colspan="3">驱动机构有机械式、气压式和电磁式三种，以电磁式最为普遍。在没有输入信号时，控制阀的可动部件由弹性元件使其处于中位（也称零位），这时阀的输出功率为零
机械式驱动机构是以机械力促使可动部件移动，通过弹性元件将机械力转化为可动部件的位移
气压式和电磁式驱动机构分别以气压力和电磁力作用在可动部件上，也是通过弹性元件转变为位移。电磁式驱动机构统称电-机械转换器，其典型代表有比例电磁铁、极化式力马达和极化式力矩马达等</td></tr>
<tr><td>气动放大器</td><td colspan="3">气动放大器对输出气流的压力、流量和功率进行控制。常采用三种控制原理：一是节流控制，二是能量转换与分配控制，三是脉宽调制控制
以节流控制原理工作的气动放大器，通过改变可动部件的位置来调节节流面积，从而控制通过放大器的气体流量和压力。这类放大器有滑阀、喷嘴挡板阀等
以能量转换与分配控制原理工作的放大器，是将压力能转换成动能，然后按输入信号大小进行分配，最后又将动能转换成压力能进入执行元件。这类放大器的典型代表是射流管阀
以脉宽调制方式工作的气动放大器是一种开关阀，阀的开、闭时间与高频脉冲方波输入信号的调制量有一定的对应比例关系，即阀输出功率的平均效果与输入信号的调制量成正比。滑阀、球阀、锥阀等都可作为脉宽调制阀</td></tr>
<tr><td rowspan="4">分类</td><td>气动比例控制阀</td><td>比例电磁铁和气动放大器组成的控制阀（简称比例阀）</td><td rowspan="2" colspan="2">不论是比例电磁铁，还是力矩马达或力马达，它们的输入信号都是电信号，而比例阀和伺服阀的输入信号不仅仅限于电信号，还可以是机械信号或气压信号，但应用最广的是电信号
比例阀和伺服阀都具有按输入信号控制气体压力和流量的作用，但它们在以下几方面有所区别：
①比例阀能应用在伺服机构以外的不带反馈的开环回路中
②比例阀的加工精度低于伺服阀，这不仅降低了生产成本，而且还具有较强的抗污染能力
③比例阀的控制精度和动态性能低于伺服阀
④操作比例阀的输入功率较大</td></tr>
<tr><td>气动伺服控制阀</td><td>极化式力矩马达或力马达与气动放大器组成的控制阀（简称伺服阀）</td></tr>
<tr><td>按结构或信号放大级数分</td><td colspan="3">按气动放大器的结构分，伺服/比例阀可分为：滑阀、喷嘴挡板阀、射流管阀、脉宽调制阀
按电-机械转换器的结构分，伺服/比例阀又可分为比例式、动铁式、动圈式等
按气流信号放大级数分，伺服/比例阀可分为单级阀、二级阀和多级阀。气动控制系统一般都是小功率系统，所用的控制阀以单级阀为主，也有采用二级阀，但用得很少，三级以上的多级阀更是罕见。在二级阀中，用喷嘴挡板阀或射流管阀作前置级，滑阀作功率级，也有以喷嘴挡板阀作功率级的，但应用较少</td></tr>
<tr><td>按功能分</td><td colspan="3">电-气比例阀和伺服阀按其功能可分为压力式和流量式两种。压力式比例/伺服阀将输入的电信号线性地转换为气体压力；流量式比例/伺服阀将输入的电信号转换为气体流量。由于气体的可压缩性，使气缸或气马达等执行元件的运动速度不仅取决于气体流量，还取决于执行元件的负载大小，因此精确地控制气体流量往往是不必要的。单纯的压力式或流量式比例/伺服阀应用不多，往往是压力和流量结合在一起应用</td></tr>
</table>

3.6.2.2 气动比例（伺服）阀的主要构成部件及其工作原理

表 21-3-97 气动比例（伺服）阀的主要构成部件及其工作原理

名称		结构原理图	工作原理	组成和优缺点
可动部件驱动机构	直流比例电磁铁	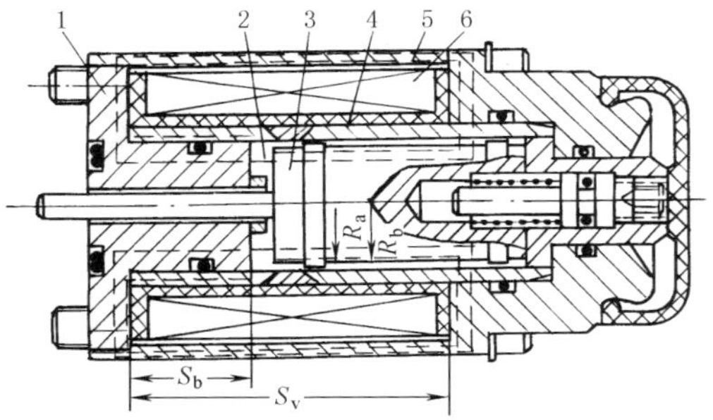 图(a) 结构原理 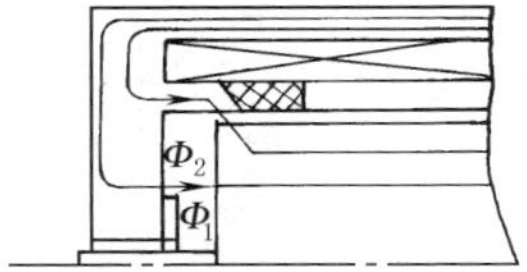 图(b) 工作气隙附近磁路 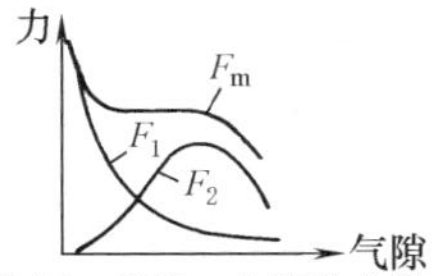 图(c) 位移 - 力特性曲线 直流比例电磁铁 1—极靴；2—工作气隙；3—衔铁；4—导套；5—外壳；6—控制线圈	图(a)为一种典型的直流比例电磁铁，其磁路(图中虚线所示)由前端盖极靴 1 经工作气隙 2、衔铁 3、径向非工作气隙、导套 4、外壳 5 回到前端盖极靴。导套分前后两段，由导磁材料制成，中间用一段非导磁材料焊接。导套前段的锥形端部和极靴组合，形成盆形极靴。它的尺寸决定比例电磁铁的稳态特性曲线的形状。导套与壳体之间装入同心螺线管式控制线圈 6 当向控制线圈输入电流时，线圈产生磁势。磁路中的磁通量除部分漏磁通外，在工作气隙附近被分为两部分[图(b)]，一部分磁通 Φ_1 沿轴向穿过气隙进入前端盖极靴，产生作用于衔铁上的轴向力为 F_1。气隙越小，F_1 越大。另一部分磁通 Φ_2 则穿过径向间隙经盆口锥形周边回到外壳，这部分磁通产生作用于衔铁上的力为 F_2，其方向基本与轴向平行，并且由于是锥形周边，故气隙越小，F_2 也越小。作用于衔铁上的总电磁力为： $F_m=F_1+F_2$ 通过对盆口锥形结构尺寸的优化设计，使 F_1 和 F_2 受衔铁气隙大小的影响相互抵消，可以得到水平的位移-力特性曲线[图(c)]。但这种抵消作用只在一定的气隙范围内有效。因此一般直流比例电磁铁的位移-力特性分为三个区域：一是吸合区，二是工作区，三是空行程区。工作区内的位移-力特性呈水平直线。应适当控制比例阀的轴向尺寸，使阀的稳态工作点落在该区域内	直流比例电磁铁具有结构简单、价格低廉、输出功率-质量比大等优点，是目前流体比例控制技术中应用广泛的一种电-机械转换器。直流比例电磁铁在气动比例元件中直接驱动气动放大器，构成单级比例阀。这类电磁铁的缺点是频宽较窄。但通过减少线圈匝数、增大电流并采用带电流反馈的恒流型放大器等措施可以提高它的频宽 常见的直流比例电磁铁可分为力输出和位移输出两大类。位移输出比例电磁铁是在力输出的基础上采取衔铁位移电反馈或弹簧力反馈，获得与输入电信号成比例的位移量 直流比例电磁铁的数学模型如下 动态简化传递函数为 $\frac{F_m(s)}{U(s)}=\frac{K_u}{1+\frac{s}{a}}$ $a=\frac{R_c+R_p}{L_c}$ 式中 F_m——输出力，N U——放大器输入电压，V K_u——电压-力增益，N/V s——水平位移，m R_c——控制线圈电阻，Ω R_p——放大器内阻，Ω L_c——控制线圈电感，H

续表

名称		结构原理图	工作原理	组成和优缺点
可动部件驱动机构	动铁式力马达	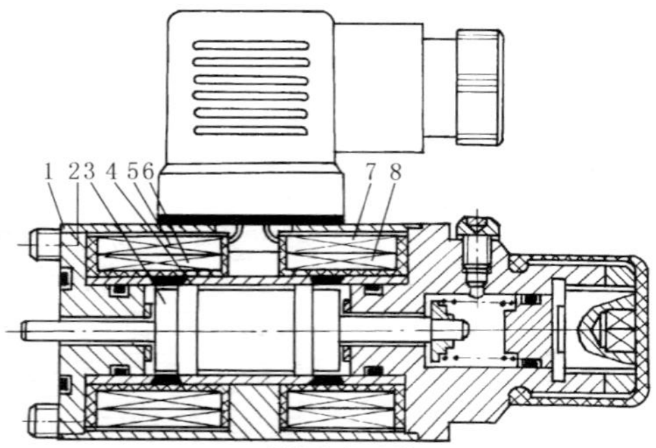 动铁式力马达	两励磁线圈极性相同，互相串联连接，并由恒流电源供给励磁电流，产生极化磁场。由于左右磁路对称，极化磁场对衔铁的作用合力为零 两控制线圈极性相反，互相串联或并联。输入控制电流后产生控制磁场，其方向和大小由输入电流确定。该磁场与极化磁场共同作用于衔铁，在左、右工作气隙内产生差动效应，使衔铁得到输出力。由于采用励磁线圈和特殊的盆口尺寸，保证了输出力可双向连续比例控制，无零位死区。力马达的控制增益随励磁电流的大小而变，便于控制和调节 数学模型：动铁式力马达的动态传递函数具有与直流比例电磁铁相同的形式，只是参数有所不同	动铁式力马达具有驱动功率大、固有频率高等优点，可以输出推力和拉力，是一种较理想的电-机械转换器 动铁式力马达采用左右对称的平头盆形动铁式结构，由软磁材料制成的壳体1、轭铁2、衔铁3、带隔磁环的导向套4、励磁线圈5、7及控制线圈6、8等组成
	动圈式力马达	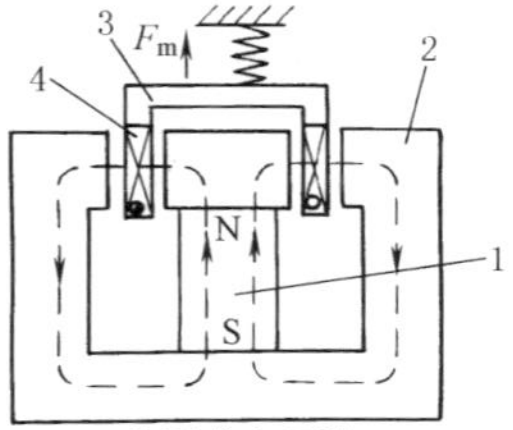 动圈式力马达	永久磁铁产生的磁路如图中虚线所示，它在工作气隙中形成径向磁场，载流控制线圈的电流方向与磁场强度方向垂直。磁场对线圈的作用力由下式确定 $$F_m=\pi DB_gN_cI$$ 式中 F_m——动圈式力马达输出力，N D——线圈平均直径，m B_g——工作气隙内磁场强度，T N_c——线圈匝数 I——线圈输入电流，A 由式可见 F_m 与线圈输入电流 I 之间存在正比关系 数学模型：动圈式力马达的动态传递函数，其形式与直流比例电磁铁的相同	左图是典型的动圈式力马达。它是由永久磁铁1、导磁架2、线圈架3、线圈4等组成。其尺寸紧凑、线性行程范围大，线性好、滞环小、工作频带较宽。缺点是输出功率较小。由于它适用于干式工作环境，故在气动控制中应用较为普遍，可作为双级阀的先导级或小功率的单级阀

续表

名称		结构原理图	工作原理	组成和优缺点
可动部件驱动机构	动圈式力矩马达	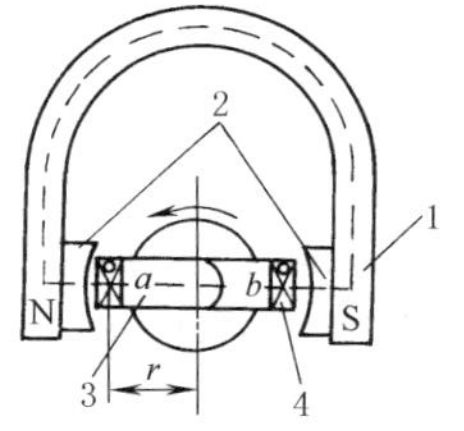 动圈式力矩马达	动圈式力矩马达的工作原理与动圈式力马达基本相似 永久磁铁产生的磁路如图中虚线所示，它在工作气隙中形成磁场，磁场方向如图所示。载流控制线圈的电流方向与磁场强度方向垂直，同时矩形线圈与转动轴相平行的两侧边 a 和 b 上的电流方向又相反，磁场对线圈产生力矩，其方向按左手法则判定，其大小由下式确定： $M_m=2rWB_gN_cI$ 式中　M_m——动圈式力矩马达输出力矩，N·m W——线圈侧边 a、b 的边长，m r——线圈侧边与转轴的平均距离，m 其余符号含义同动圈式力马达中公式 数学模型：动圈式力矩马达的动态传递函数为： $\frac{M_m(s)}{U_{(s)}}=\frac{K_u}{1+\frac{s}{a}}$ $a=\frac{R_c+R_p}{L_c}$	它是由永久磁铁1、导磁架2、矩形线圈架3、线圈4等组成。矩形线圈架可绕中心轴转动
	动铁式力矩马达	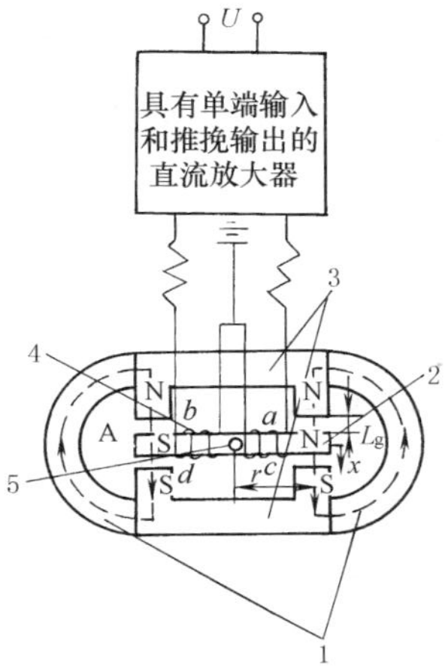 动铁式力矩马达	永久磁铁产生的磁路如图中虚线所示，沿程的四个气隙中通过的极化磁，通量相同。无电流信号时，衔铁由扭簧支承在上、下导磁架的中间位置，力矩马达无力矩输出。当有差动电流信号 ΔI 输入时，控制线圈产生控制磁通 Φ_c。若控制磁场和永久磁铁的极化磁场方向如图所示，则气隙 b、c 中的控制磁通与极化磁通方向相同，而在气隙 a、d 中方向相反。因此气隙 b、c 中合成磁通大于 a、d 中的合成磁通，衔铁受到顺时针方向的磁力矩。当差动电流方向相反时，衔铁受到逆时针方向的磁力矩 动铁式力矩马达的线性度和稳定性受有效工作行程 x 与工作气隙长度 L_g 之比值 $\frac{x}{L_g}$ 影响较大，一般要求 $\frac{x}{L_g}<\frac{1}{3}$ 数学模型：动铁式力矩马达动态传递函数的形式与动圈式力矩马达的动态传递函数相同，其中 a 稍有不同，为： $a=(R_c+R_p)/(2L_c)$	它由永久磁铁1、衔铁2、导磁架3、控制线圈4、扭簧支座5等组成 动铁式力矩马达具有很高的工作频宽，但其线性范围较窄

续表

名称		结构原理图	工作原理	组成和优缺点
气动放大器	喷嘴挡板式	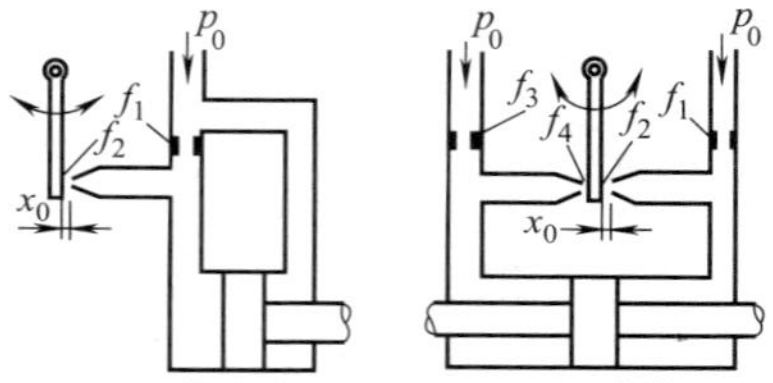单喷嘴 双喷嘴 图(a) 喷嘴-挡板阀 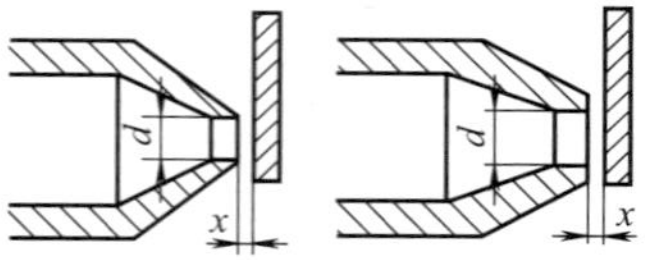锐边喷嘴 平端喷嘴 图(b) 喷嘴结构	喷嘴挡板可分为单喷嘴和双喷嘴两种，按结构型式不同，又可以分为锐边喷嘴挡板和平端喷嘴挡板两种[图(b)]。锐边喷嘴挡板的控制作用是靠喷嘴出口锐边与挡板间形成的环形面积(节流口)来实现的，阀的特性稳定，制造困难。平端喷嘴挡板的喷嘴制成有一定边缘圆环形面积的平端，当喷嘴的平端不大时，阀的特性与锐边喷嘴挡板阀基本接近，性能也比较稳定	喷嘴挡板的特点是结构简单、灵敏度高、制造比较容易。故价格较低，对污染不如滑阀敏感，由于连续耗气，效率较低。一般用于小功率系统或作二级阀的前置级。在气动测量、气动调节仪表和气动伺服系统中得到了广泛的应用
	射流管阀	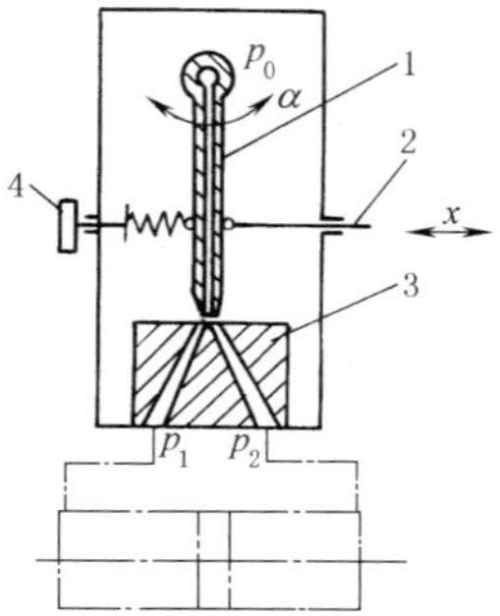射流管阀 1—射流管；2—传动杆；3—接收器；4—螺钉	射流管阀由射流管和接收器两部分组成，通过螺钉 4 改变弹簧压缩量来调节射流管 1 的中位。射流管的偏转角由力马达通过传动杆 2 控制(也可以由力矩马达直接控制射流管偏转)。射流管的回转轴也是气源的供给管路。接收器 3 固定不动，它的两个接收孔的中心位于射流管的回转平面内。接收器的两输出孔分别与执行元件的两工作腔连接，如图中点画线所示 射流管喷口有收缩形和拉伐尔形两种，前者可将气流加速到声速，而后者可将气源压力较高的气流加速到超声速。射流管的作用之一是接受力马达或力矩马达的控制信号，并将控制信号转换成射流管的偏转角 α；作用之二是将气体的压力能转变成动能 接收器中的两个接收通道是扩张形的，其作用是使高速气流减速，恢复压力能。射流管阀的实际工作原理是能量的转换和分配 射流管阀的应用虽没有喷嘴挡板阀那么广泛，但在动力控制系统中应用较多，有时也在二级阀中作功率级用。射流管阀也具有结构简单、对气源净化要求不高等优点。与喷嘴挡板阀相比，射流管阀的效率略高，在流量大、效率要求较高的控制系统中，均采用射流管阀 射流管阀适用的气源压力不宜太高。高速气流从射流管中喷出进入接收孔，而负载工作腔的一部分气体从接收孔返回大气，在这些流动过程中，射流管受到气流的反作用力。当射流管处于中位时，反作用力的合力通过射流管的转轴；当射流管偏转角增大时，射流管受到的气流反作用力矩也增大，该力矩方向与射流管的控制力矩方向相反，致使射流管产生振荡。过高的气源压力会引起控制系统的不稳定。经验表明，射流管阀的气源压力限制在 0.4MPa 以下为好 射流管阀的特点是输出刚度低，中位功率损失大	

续表

名称		结构原理图	工作原理	组成和优缺点
气动放大器	膜片式喷嘴挡板	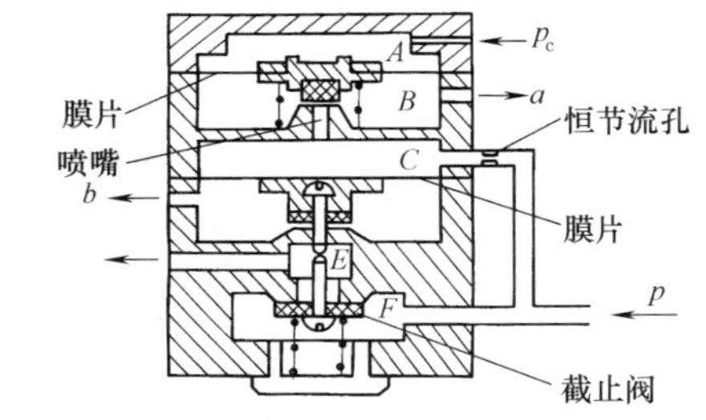 膜片式喷嘴挡板阀结构原理	当气源进入放大器后，一部分气体进入 F 室，另一部分气体经恒定节流孔进入 C 室。当 A 室无控制信号 p_c 输入时，进入 C 室的气体经喷嘴流入 B 室再通过排气孔 a 排向大气，在 F 室内的气体压力作用下，截止阀关闭，输出口 E 无气体输出。当控制信号 p_c 输入 A 室后，A、B 室间的膜片在 p_c 的作用下变形，堵住喷嘴，C 室内气体不能排出，压力随之升高，达到一定压力值时推动 C 室下的膜片，打开截止阀，接通 p 与 E 之间的通道，高压气流从输出口 E 输出。当控制信号压力 p_c 消失后，截止阀关闭，输出口 E 与排气口 b 接通排气 由上述工作原理分析可知，放大器实际上是一种微压控制阀，即用很小的压力气体作为输入控制信号，以获得压力较高、流量较大的气流输出 图示的膜片式气动放大器是一个两级放大器，第一级是用膜片-喷嘴式进行压力放大，第二级是功率放大	该气动放大器由于没有摩擦部件和相对机械滑动部分，因此它有较高的灵敏度和较长的使用寿命。但其恒定节流孔小，工作中易被堵塞而失灵
	滑阀	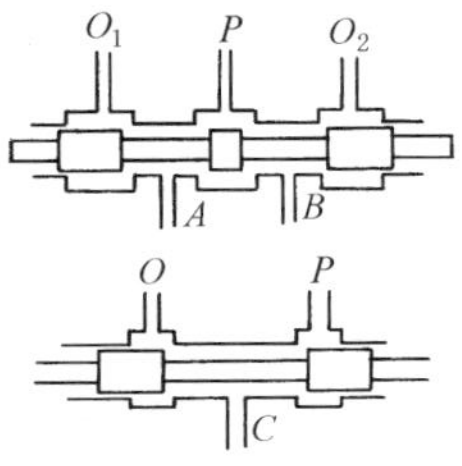 图(a) 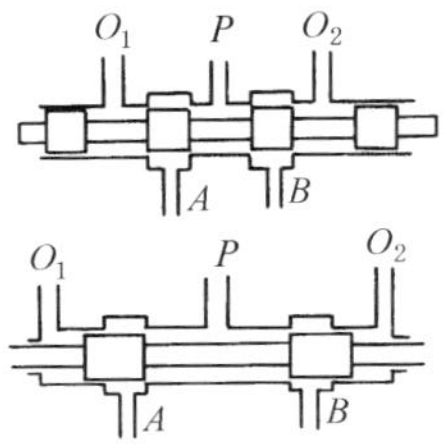 图(b) 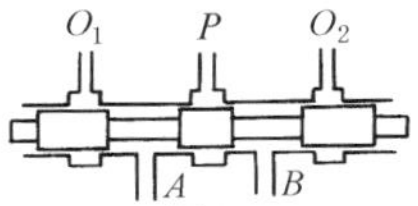 图(c) 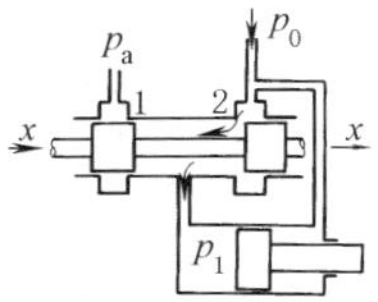 图(d)　三通滑阀控制系统 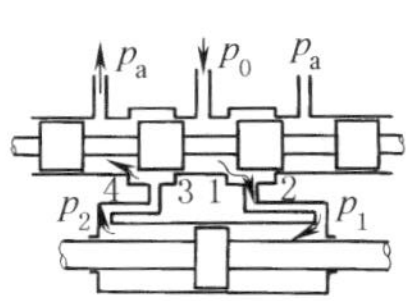 图(e)　四通滑阀控制系统 滑阀工作原理 1，2—节流口	根据阀芯形状的不同，滑阀分为柱形滑阀和滑板滑阀，柱形滑阀应用最广。柱形滑阀的阀芯是具有多凸肩的圆柱体，凸肩棱边与阀体(或阀套)内凹槽棱边组成节流口。根据凸肩的数量，滑阀分为二凸肩阀、三凸肩阀、四凸肩阀[图(a)～图(c)]。按阀芯位于中位时节流口的开闭状况，滑阀又分为中开阀和中闭阀。中开阀又称正开口阀，阀芯凸肩与凹槽之间构成的是负重叠(负遮盖)量，如图(a)所示；中闭阀又有零开口阀(零重叠量)和负开口阀(正重叠量)两种，如图(b)、图(c)所示。与开关式方向阀分类相同，伺服/比例控制阀也有三通阀、四通阀、五通阀之分 柱形滑阀和滑板滑阀的工作原理相同。现以柱形滑阀为例进行分析 三通滑阀具有两个节流口，与差动气缸组成气动比例控制系统，如图(d)所示。当阀芯在力马达的作用下由中位(零位)向右移动一距离时，节流口1关死，节流口2打开，气缸无杆腔进气；当阀芯反向移动时，则节流口2关死，节流口1打开，气缸无杆腔排气。阀芯运动的方向受输入信号的极性控制，节流口开口量的大小受输入信号大小控制。可以用半桥气动回路描述三通滑阀的工作状态 图(e)所示为四通滑阀组成的控制系统。四通滑阀有四个节流口，节流口的开闭情况视滑阀的中开式或中闭式而不同。对零开口阀，当阀芯向某一方向运动时，两个节流口关闭，其余两个节流口流通面积逐渐增大；当阀芯由中位反向运动时，节流口的开闭情况恰好相反 对中开式四通滑阀，当阀芯的位移量大于中位时的负重叠量时，四个节流口都是可变的；当阀芯的位移量大于中位时的负重叠量时，工作情况与零开口阀相同 对负开口阀，当阀芯的位移量小于中位时的正重叠量时，四个节流口始终处于关闭状态。当阀芯位移超过上述正重叠量时，工作情况与零开口阀相同。由负开口阀组成的控制系统，存在明显的死区 四通滑阀的工作状态可用全桥气动回路来描述 五通滑阀与四通滑阀功能完全相同，仅比四通滑阀多一个排气口	与其他气动放大器相比，气动滑阀具有输出功率大、滑芯能实现静态平衡、控制功率小、中闭阀中位可以不消耗能量等优点。但滑阀的缺点也是明显的，阀芯与阀体(或阀套)构成的节流口尺寸精度要求高，加工困难，生产成本高，由于气体的润滑性能差，阀芯与阀体(阀套)构成的摩擦副干摩擦力大，影响了控制系统的线性性能。这些缺点限制了滑阀在气动伺服控制系统中的应用

3.6.2.3 典型电-气比例阀

表 21-3-98 典型电-气比例阀

名称	结构简图及工作原理
新发展	电-气比例阀和伺服阀主要由电-机械转换器和气动放大器组成。但随着近年来廉价的电子集成电路和各种检测器件的大量出现，在电-气比例/伺服阀中越来越多地采用了电反馈方法，这大大提高了比例/伺服阀的性能。电-气比例/伺服阀可采用不同的反馈控制方式，阀内增加了位移或压力检测器件，有的还集成有控制放大器
喷嘴挡板式电气压力比例阀	如图(a)所示，它由控制器、喷嘴、挡板、膜片组件、压力传感器、内阀等主要部件组成。它可实现输入信号与输出压力成比例关系。它是基于压力反馈的原理工作的。当控制输入信号增大时，有压电晶体构成的挡板 1 靠近喷嘴 2，使喷嘴背压腔 3 内的压力上升，作用于膜片 4 上，压下排气阀 5，由于内阀 6 与排气阀联动，输出口被打开，压力气体通过输出口流向负载，成为输出。另外此压力气体通过压力传感器 8 转换成电信号，反馈到控制器 9 中，与控制输入信号进行比较，产生偏差信号，修正输出。这样通过不断反馈以实现输出气体压力和控制输入信号成比例关系。图(b)为其静态特性曲线图 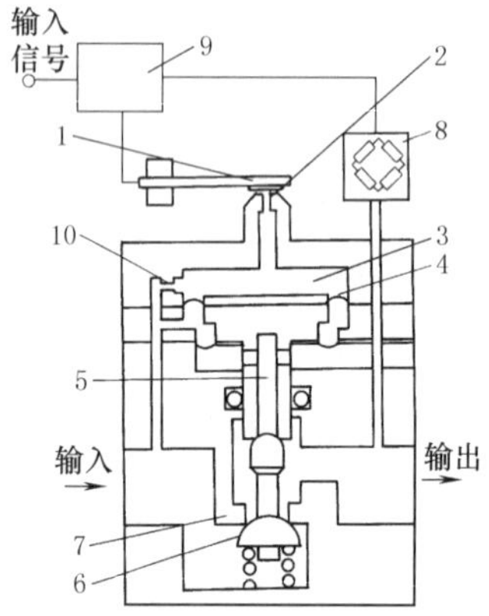 图(a) 喷嘴挡板式比例压力阀结构原理图 1—挡板；2—喷嘴；3—喷嘴背压腔；4—膜片；5—排气阀；6—内阀；7—阀座；8—压力传感器；9—控制器；10—固定节流孔 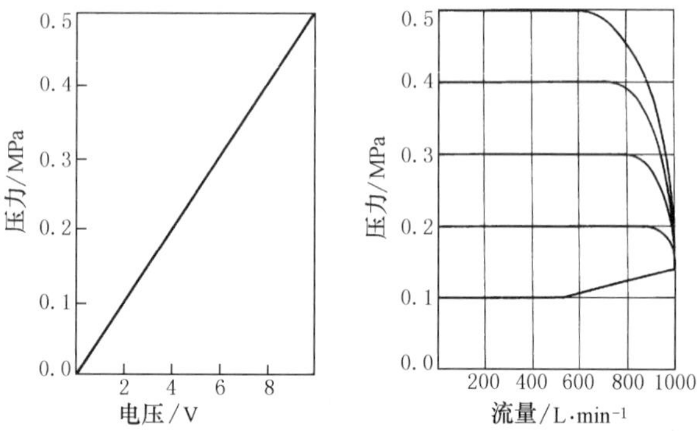 图(b) 电—气比例阀静态特性曲线
动铁式比例压力阀	动铁式比例压力阀是一个二位三通的硬配阀阀体和比例电磁铁两大部分所组成，如图(c)所示。通常，比例电磁铁部分包含一个控制电路(包括一个比例放大器电路)。当输入电压信号(电流)经过比例放大器转换为与其成比例的驱动电流 I_e，该驱动电流作用于比例电磁阀的电磁线圈，使永久磁铁产生与 I_e 成比例的推力 F_e，并作用于阀芯 3，使二位三通阀的阀口打开，气源与输出口接通，形成输出气压，该气压经过反馈气路 6 作用于阀芯底部，产生反馈力 F_f 并与电磁力相抵抗直至平衡。此时，满足下列方程式： $$F_f+X_0K_{XF}=F_e+\Delta F$$ 从图中看出反馈力： $F_f=A_fp_a$ 又因为，电磁力 F_e 与驱动电流 I_e 成比例关系，因此，也同输入电压信号 U_e 成比例关系，所以 $$F_e=K_{IF}I_e=K_{IF}K_{UI}U_e$$ 则有 $$p_a=\begin{cases}0, & U_e<\dfrac{X_0K_{XF}}{A_fK}\\ KU_e-\dfrac{(X_0+X)K_{XF}}{A_f}+\dfrac{\Delta F}{A_f}, & U_e>\dfrac{(X_0+X)K_{XF}}{A_fK}\end{cases}$$ 由式可见，输出压力 p_a 与输入电压信号 U_e 基本成比例关系 式中 X_0——反馈弹簧的预压缩力 K_{XF}——反馈弹簧的刚性系数 F_e——电磁力 ΔF——摩擦力 A_f——阀芯底部截面积 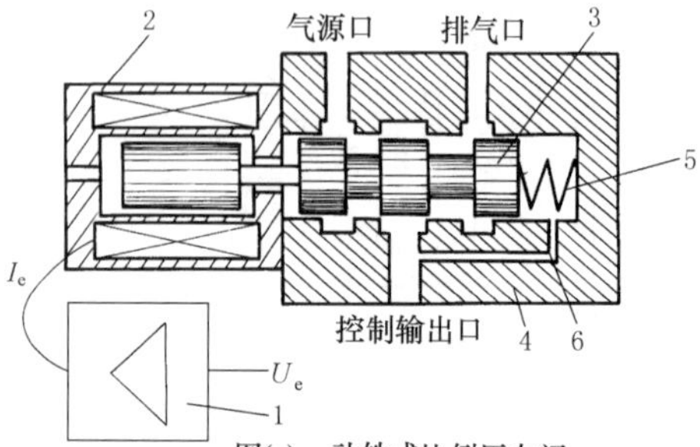 图(c) 动铁式比例压力阀 1—控制电路；2—比例电磁铁；3—阀芯；4—阀体；5—反馈弹簧；6—反馈气路

续表

名称	结构简图及工作原理
动铁式比例压力阀	p_a——输出口 A 的压力 K_{IF}——比例电磁铁的电流-力增益 K_{UI}——比例放大器的电压-电流增益 $K=\frac{K_{IF}K_{UI}}{A_f}$(称比例阀的增益,或称比例系数)

先导式比例压力阀

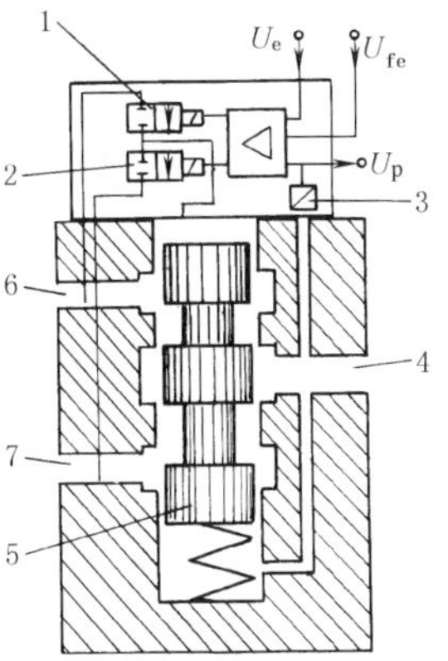

图(d)　先导式比例压力阀

1—先导控制阀1；2—先导控制阀2；3—压力传感器；
4—输出口；5—主阀芯(先导式放大器)；
6—气源口；7—排气口；U_e—输入信号；
U_{fe}—外反馈信号；U_p—输出信号

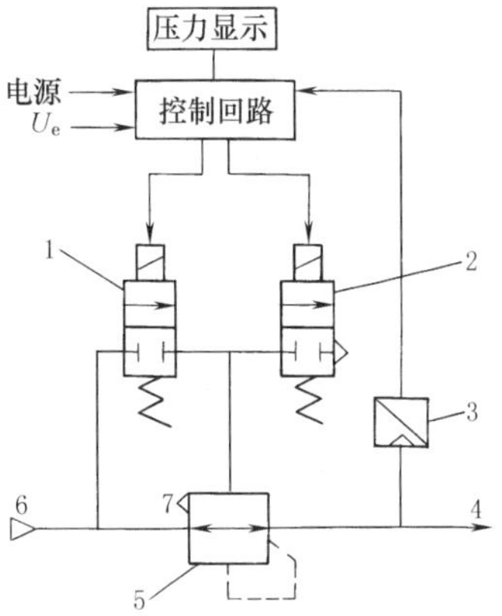

图(e)　先导式比例压力阀的工作原理

先导式比例压力阀是由一个二位三通的硬配阀阀体和一组二位二通先导控制阀、压力传感器和电子控制回路所组成。如图(d)所示,当压力传感器检测到输出口气压 p_a 小于设定值时,先导部件的数字电路输出控制信号打开先导控制阀1,使主阀芯上腔的控制压力 p_0 增大。阀芯下移,气源继续向输出口充气,输出压力 p_a 增高。当压力传感器检测到输出气压 p_a 大于设定值时,先导部件的数字电路输出控制信号打开先导阀2,使主阀芯的控制压力与大气相通,p_0 适量下降,主阀芯上移,输出口与排气口相通,p_a 降低。上述的反馈调节过程一直持续到输出口的压力与设定值相符为止

由该比例阀的原理可以知道,该阀最大的特点就是当比例阀断电时,能保持输出口压力不变。另外,由于没有喷嘴,该阀对杂质不敏感,阀的可靠性高

还有一种比例阀就是用一个二位三通高速开关阀替代阀1、2,通过控制该阀的开关占空比来控制先导腔的压力,与上图所示比例阀相比它没有断电保压作用

先导式比例压力阀技术参数

输入压力/MPa	0.2	0.8	1.2
输出压力/MPa	0～0.1	0～0.6	0～1
流量范围/L·min^{-1}			
G1/8	360	600	1200
G1/4	700	1900	2600
G1/2	2000	6300	7000
介质	工业用压缩空气(润滑或无润滑),中性气体,过滤等级40mm		
介质温度/℃	0～60		
迟滞　输出压力	0～0.1MPa	≤0.003MPa	—
输出压力	0～0.6MPa	≤0.004MPa	
输出压力	0～1MPa	≤0.005MPa	

电压(DC)/V	24±25%
电压波动	10%的比例电压
功耗/W	3.6(30V DC)100%运动周期
实际输出值	V=0～10V DC I=4～20mA
实际输入值	V=10V DC 推荐电阻 R=4.7kΩ
保护等级	IP 65

第21篇

续表

名称	结构简图及工作原理
先导式比例压力阀	

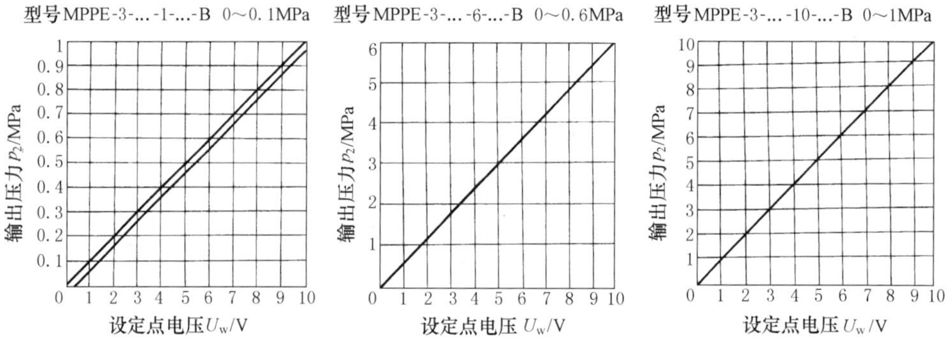

图(f) 输出压力与设定电压曲线

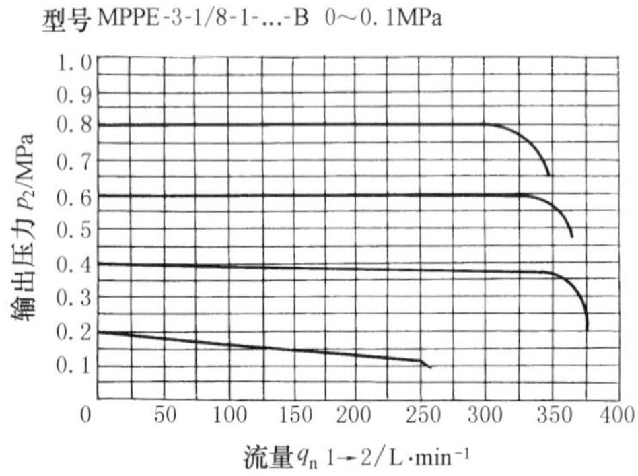

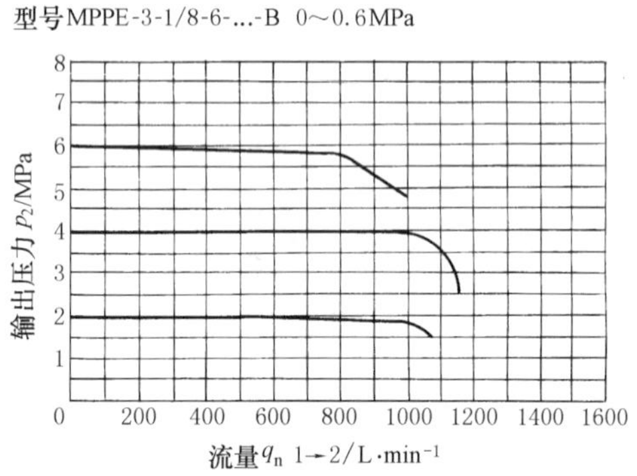

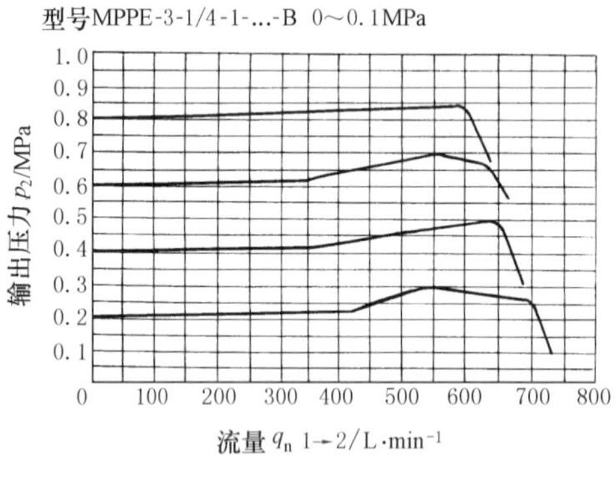

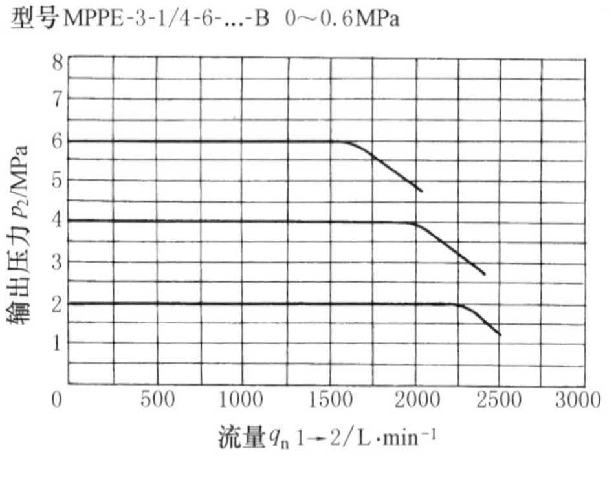

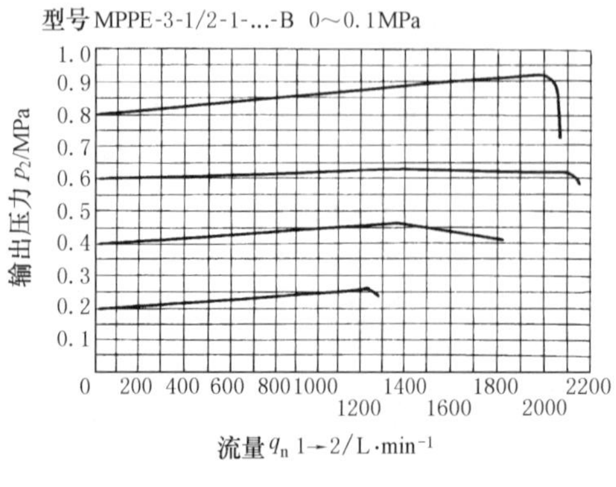

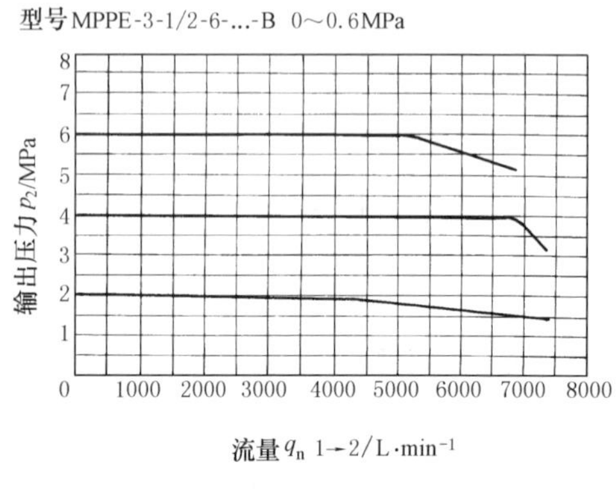

续表

名称		结构简图及工作原理
先导式比例压力阀		型号MPPE-3-1/8-10-...-B　0～1MPa 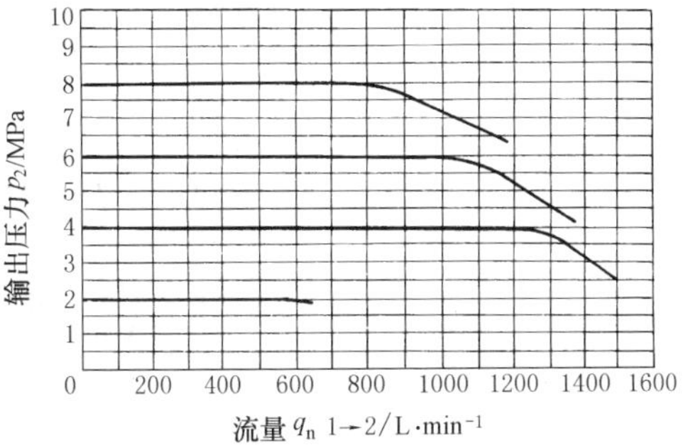 型号MPPE-3-1/2-10-...-B　0～1MPa 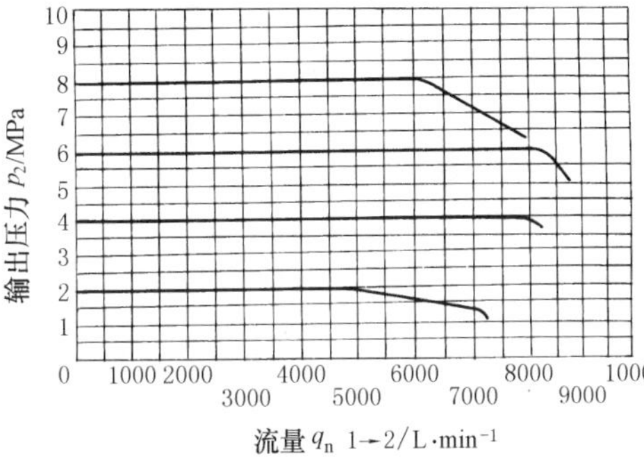 型号MPPE-3-1/4-10-...-B　0～1MPa 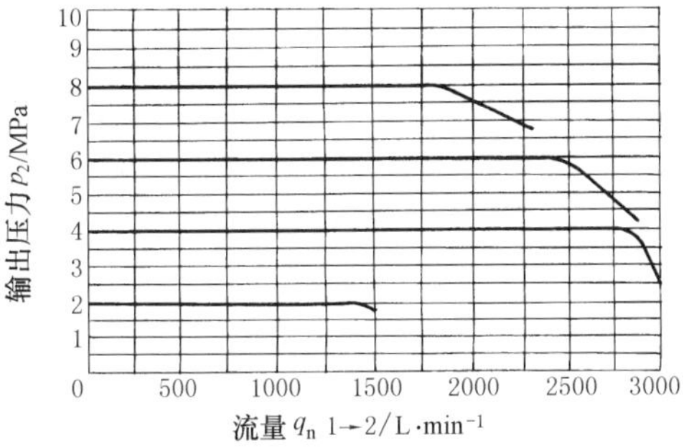 图(g)　输出压力与额定流量之间关系曲线
气动比例流量控制阀	二位三通气动比例流量阀	见下文

二位三通型气动比例流量阀是由一个二位三通硬配阀阀体和一个动铁式比例电磁铁组成，图(g)为二位三通型比例流量阀。当输入电压信号 U_e 经过比例放大器转换成与其成比例的驱动电流 I_e，该驱动电流作用于比例电磁铁的电磁线圈，使永久磁铁产生与 I_e 成比例的推力 F_e 并作用于阀芯 3 使其右移。阀芯的移动与反馈弹簧力 F_f 相抗衡，直至两个作用力相平衡，阀芯不再移动为止。此时满足以下方程式：

$$F_f + X_0 K_{XF} = F_e \pm \Delta F$$

$$F_f = K_{XF} X$$

$$F_e = K_{IF} I_e = K_{IF} X_{UI} U_e$$

则有

$$X = \begin{cases} 0, & U_e < \dfrac{X_0}{K} \\ KU_e - X_0 - \dfrac{\Delta F}{K_{XF}}, & U_e > \dfrac{X_0}{K} \pm \dfrac{\Delta F}{K_{XF}} \end{cases}$$

式中　F_f——反馈弹簧力

X_0——反馈弹簧预压缩量

K_{XF}——反馈弹簧刚性系数

X——阀芯的位移

F_e——电磁驱动力

ΔF——摩擦力

K_{IF}——比例电磁铁的电流-力增益

K_{UI}——比例放大器的电压-电流增益

I_e——比例驱动电流

U_e——输入电压信号

K——比例阀的增益，即比例系数

$$K = \frac{K_{IF} K_{UI}}{K_{XF}}$$

从式可见，阀芯的位移 X 与输入电压信号 U_e 基本成比例关系

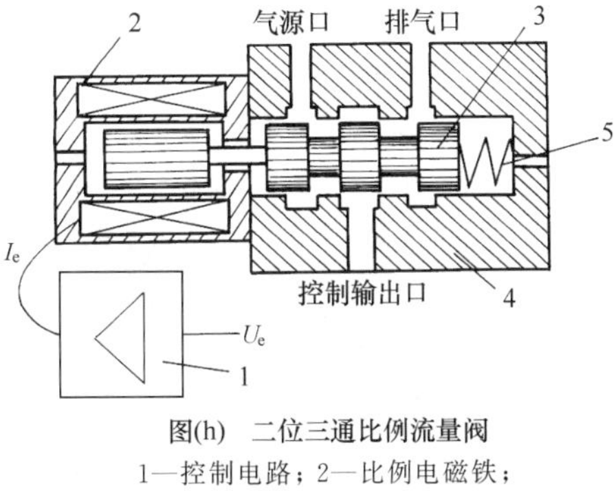

图(h)　二位三通比例流量阀

1—控制电路；2—比例电磁铁；3—阀芯；4—阀体；5—反馈弹簧

第21篇

续表

名称：气动比例流量控制阀 — 三位五通比例流量阀(亦称气动伺服阀)

结构简图及工作原理

二位三通型比例流量阀仅对一输出流量进行控制，而三位五通型比例流量阀则同时对两个输出口进行跟踪控制。又因为此阀的动态响应频率高，基本满足伺服定位的性能要求，故也称为气动伺服阀

三位五通比例流量阀是一个三位五通型硬配阀阀体与一个含动铁式的双向电磁铁的控制部分所组成，如图(h)控制放大器除了一个动铁式的双向电磁铁之外还有一个比例放大器、位移传感器及反馈控制电路。动铁式双向电磁铁与阀芯被做成一体

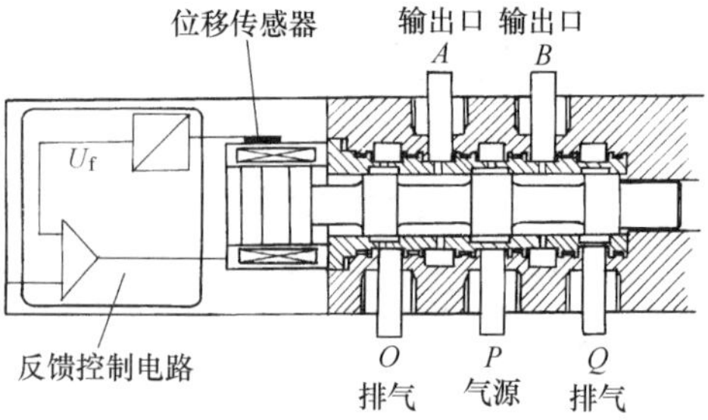

图(i) 三位五通比例流量阀

三位五通比例流量阀的工作原理是：在初始状态，控制放大器的指令信号 $U_e=0$，阀芯处于零位，此时气源口 P 与 A、B 两输出口同时被切断，A、B 两口与排气口也切断，无流量输出；此时位移传感器的反馈电压 $U_f=0$。若阀芯受到某种干扰而偏离调定的零位时，位移传感器将输出一定的电压 U_f，控制放大器将得到的 $\Delta U=-U_f$ 放大后输出电流给比例电磁铁，电磁铁产生的推力迫使阀芯回到零位。若指令信号 $U_e>0$，则电压差 ΔU 增大，使控制放大器的输出电流增大，比例电磁铁的输出推力也增大，推动阀芯右移。而阀芯的右移又引起反馈电压 U_f 增大，直至 U_f 与指令电压 U_e 基本相等，阀芯达到力平衡。此时，$U_e=U_f=K_fX$(K_f 为位移传感器增益)

上式表明阀芯位移 X 与输入信号 U_e 成正比。若指令电压信号 $U_e<0$，通过类似的反馈调节过程，使阀芯左移一定距离。阀芯右移时，气源口 P 与 A 口连通，B 口与排气口连通；阀芯左移时，P 与 B 连通，A 与排气口连通。节流口开口量随阀芯位移的增大而增大

上述的工作原理说明带位移反馈的方向比例阀节流口开口量及气流方向均受输入电压 U_e 的线性控制。这类阀的优点是线性度好，滞回小，动态性能高

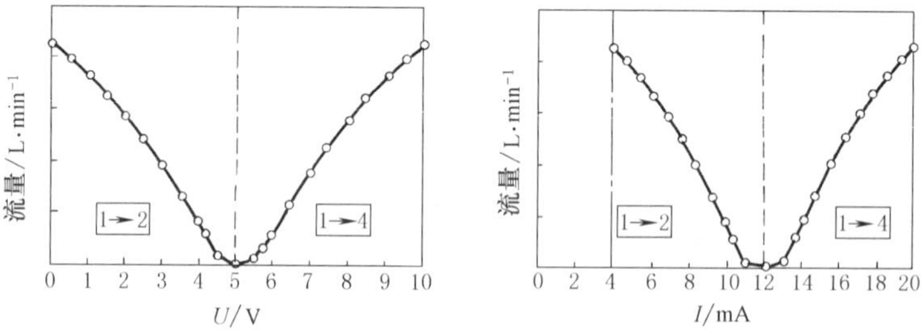

电压型 MPYE-5-…-010B　　电流型 MPYE-5-…-420B

图(j) 三位五通比例流量阀流量特性曲线

三位五通比例流量阀的主要技术参数

规格	M5	G1/8LF	G1/8HF	G1/4	G3/8
最大工作压力	1MPa				
工作介质	过滤压缩空气，精度 5μm，未润滑				
设定值的输入(电压，电流)	0～10V DC，4～20mA				
公称流量/L·min^{-1}	100	350	700	1400	2000
电压(DC)/V	24±25%				
电压脉动	5%				
功耗/W	中位 2，最大 20				
最大频率/Hz	155	120	120	115	80
响应时间/ms	3.0	4.2	4.2	4.8	5.2
迟滞	最大 0.3%，与最大阀芯行程有关				

3.6.3　气动比例（伺服）系统应用举例

表 21-3-99　气动比例（伺服）系统应用举例

(1)气动伺服定位系统

一般要求

这里讨论的气动伺服定位系统前提是：根据目前气动伺服定位系统的技术水平，最大运动速度在 3m/s 之内。阀的最大输出流量为 2000L/min，定位精度在±0.2mm 之内

组成原理及组成元件作用

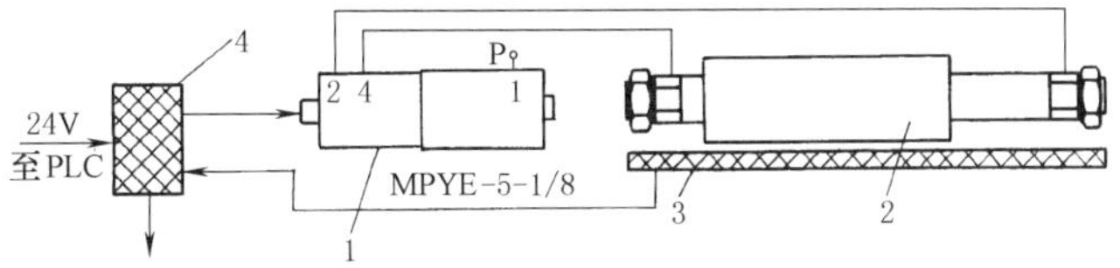

图(a)　气动伺服定位系统主要元件组成

1—气动伺服阀；2—直线气缸或摆动气缸；3—位移传感器；4—伺服控制器(位置控制器)

(1) 气动伺服阀　它接受位置控制器的控制信号(0～10V 直流电压信号，或者 4～20mA 电流信号)

(2) 直线气缸或摆动气缸　气缸行程在 2000mm 之内。气缸的摩擦力对气动伺服定位系统中的定位精度影响很大。应选用低摩擦气缸

(3) 位移传感器　将检测、跟踪气缸活塞的位置并连续转换为电信号反馈给控制器中的反馈电路。位移传感器有模拟量位移传感器和数字式位移传感器两种。某些公司已把位移传感器和气缸组装在一起

(4) 伺服控制器　(亦称轴控制器、电控制单元)伺服控制器可用于储存和处理设定点的位置及程序，并对正在运行的反馈电信号与原设定位置电信号进行比较，驱动气动伺服阀进行纠正性运行

① 伺服控制器需要输入气缸的直径和长度、气压值、负载质量大小、位置的控制精度和运行速度等基本参数

② 伺服控制器既可对单轴进行控制，也可通过协调器对几个轴的位置及次序进行协调控制

③ 伺服控制器对每个单轴控制，可有 512 个位置控制点及 99 个不同程序

④ 伺服控制器的控制程序可由计算机通过 PISA 软件(制造厂商提供专门软件)进行编程

气动伺服定位的应用

现需焊接不在一条直线上三个焊点的汽车副车架面板，左右副车架面板对称共有六个点，焊枪固定，工件移动，工件由夹具气缸固定。由于焊点不在一直线上，而且工件在移动时，焊枪必须避开工件上的夹具，所以工件要作二维运动。焊机机械结构如图(b)所示。整台多点焊机的控制由位置控制器(伺服控制器)SPC-100 和 PLC 协同完成。SPC-100 实现定位控制，采用 NC 语言编程。PLC 完成其他辅助功能，如控制焊枪的升降，系统的开启、停等，并且协调 X、Y 轴的运动。SPC-100 与 PLC 之间的协调通过握手信号来实现

	项目	X 轴	Y 轴
工况要求	移动范围/mm	1200	250
	定位精度/mm	±1	±1
	负载质量/kg	200(包括机架)	120
	工件质量(左、右梁)/kg	4	
	工作周期/min	2	

	名称	型号	数量
气动伺服系统组成元件	伺服控制器	SPC-100-P-F	2
	无杆气缸	X 轴 DGP-40-1500-PPV-A	1
		Y 轴 DGP-40-250-PPV-A	1
	位移传感器(模拟式)	X 轴 MLO-POT-1500-TLF	1
		Y 轴 MLO-POT-300-TLF	1
	比例阀	MPYE-5-1/8-HF-10-B	2

		X 轴	Y 轴
多点焊机定位系统的运行参数	速度 v/m·s^{-1}	0.5	0.3
	加速度 a/m·s^{-2}	5	1
	定位精度/mm	±0.2	±0.2

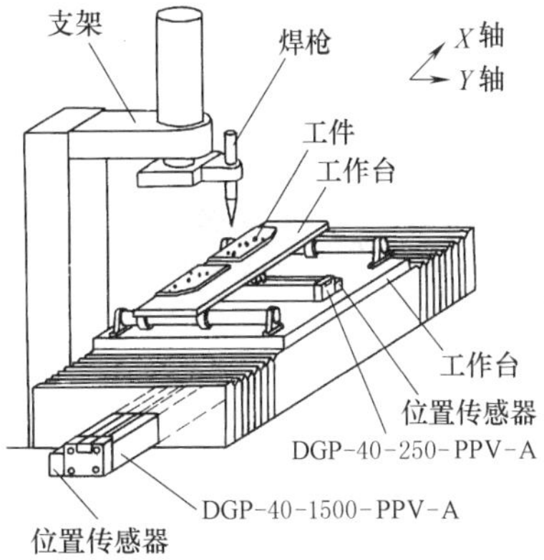

图(b)　多点焊机机械结构

(2)柔性抓取系统

要求

气压传动在工业机械手的抓取系统上应用较为广泛。在这类系统中若不采用比例控制技术，抓紧力就难以调节，尤其是在工作过程中更无法实现对抓紧力的实时控制，这对推广机械手的应用是不利的。这里介绍的一种柔性抓取系统可以自动根据被抓取对象的重量调节其抓取力，这样既可以可靠地抓紧工件，同时又不至于破坏工件表面。采用这种柔性抓取系统后，可以使一台机械手完成多种任务，提高利用率

续表

工作原理

图(c)是柔性抓取系统的工作原理。该系统主要由控制放大器 1、电-气压力伺服阀 2、抓取机构 3、滑移传感器 4 等组成。滑移传感器带有滑轮，当滑轮转动时，其输出电压 U_e 升高。控制放大器的作用是将滑移传感器输出的信号 U_e 与初始电压信号 U_0 相加，并将两者之和 U_e+U_0 线性放大并转换为电流信号输出

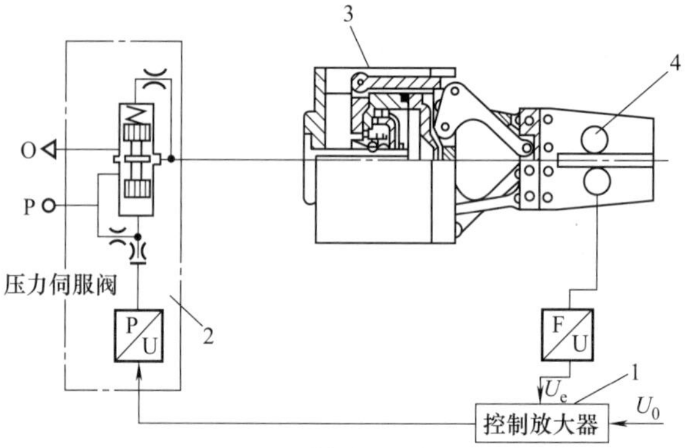

图(c) 柔性抓取系统工作原理

当抓取机构接近工件后，抓取系统开始工作。这时滑移传感器尚未动作，$U_e=0$，控制放大器仅输入初始电压信号，电-气压力伺服阀输出相应的初始气压后，驱动抓取机构抓取工件。由于初始信号 U_0 是根据工件重量范围的下限调定的，因此开始抓取时由于抓取力不够使工件在抓取机构上滑动，从而带动滑移传感器的滑轮转动，并产生电压信号 U_e，U_e 加入控制放大器使输出电流上升进而使抓紧力增大。以上过程持续到抓紧力刚好能抓起工件为止

3.6.4 电气比例阀用控制器

SMC 公司推出的压力型电气比例阀用控制器 IC 系列，主要用于将 PLC 输出的数字信号转化为模拟信号，提供给比例压力阀，产生与电信号成比例的工作压力驱动气缸做功，或者通过该控制器直接输出模拟信号给比例压力阀，控制气缸输出。其主要功用如图 21-3-97 所示。

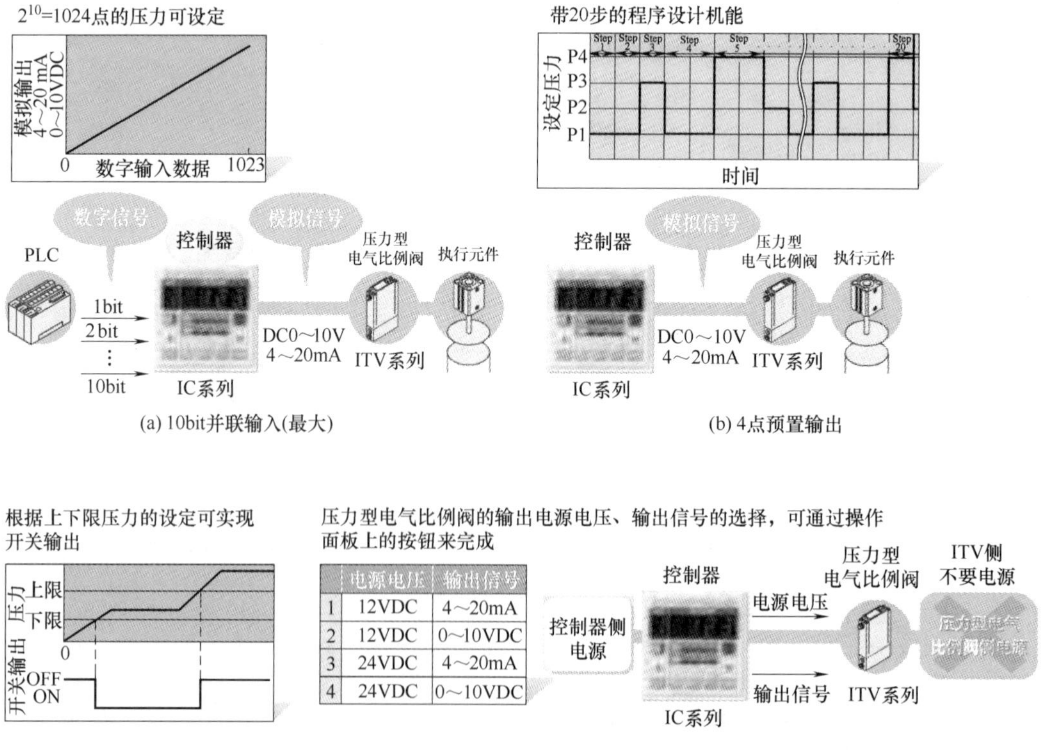

(a) 10bit并联输入(最大)　(b) 4点预置输出

(c) 压力开关机能　(d) 电源电压、输出信号

图 21-3-97 IC 系列比例控制器的主要功用

第21篇

表 21-3-100　　规格

项目					
压力范围/MPa		0.1	0.5	0.9	−0.1
耐压试验压力/MPa		0.5	1.5		0.5
适合流体		空气、非腐蚀性气体			
外形尺寸/mm		48×48×100.5			
供给电源		DC12～24V(15W 以上),波动(p-p)1%以下			
输入		①输入点数:根据定序器最大输入可达 10bit(并联) 输入方法:无电压触点或 NPN 开路集电极输入 最小脉冲宽度:50ms ②输入方法:按钮操作,可调节 4 点输入 (使用程序设计可设定间距时间)			
电源输出		DC12V(max. 300mA)、精度 DC12～14.4V②			
		DC24V(max. 300mA)、精度 DC22.0～26.8V			
指令输出		① DC0～10V(输出电阻:6500‰以上、精度 0.5%F.S. 以内) ② 4～20mA(输出电阻:800‰以上、精度 0.5%F.S. 以内)			
开关输出		输出点数:4 点 输出形式:NPN,PNP 开路集电极输出 耐压:max. 30V 电流:max. 100mA 内部降下电压:1V 以下 N.O. N.C. 型可切换			
开关应答性		5～640ms			
显示方式		压力显示用:3 1/2 位 LED 显示(红色)			
		输出电源电压、电流信号显示:1 行 LED 显示(红色)			
		RUN,CH,SW 用 LED 灯(红色、绿色)			
显示精度①		−0.5%F.S. −1dig(25℃)			
显示抽样速度		约 4 次/秒			
温度特性		−0.12%F.S./℃			
错误显示		用 LED 显示压力			
耐环境性	使用温度范围/℃	0～50			
	保存温度范围/℃	−20～60			
	使用湿度范围	0～85%R.H.			
	耐振动性	10～55Hz 全振幅 1.5mm$X$,Y,Z 方向各 2h			
	耐冲击性	100m/s^2(约 10G)X,Y,Z 各方向			
	耐水性	仅表盘部带保护罩的适合 IP65、没有保护罩的场合适合 IP40			
传感器类型		内置传感器型、外置传感器型③			
设定值保持		不通电可保持 10 年(采用 EEPROM)			
连接口径		M5 内螺纹(内置传感器型)			
材质		外壳部:POM 表盘部:PC 垫片:NBR 面板安装连接件:POM 表盘部保护罩:PC			
质量/g		约 330(内置传感器型) 约 345(外置传感器型)			

① 显示精度为:内置传感器,当向引入口加压时 LED 的显示精度。
② 外置传感器的输出电源电压也为同样规格。
③ 外置传感器型的场合,传感器需另外订货。若为发生模拟输出信号的压力传感器,则可进行连接。

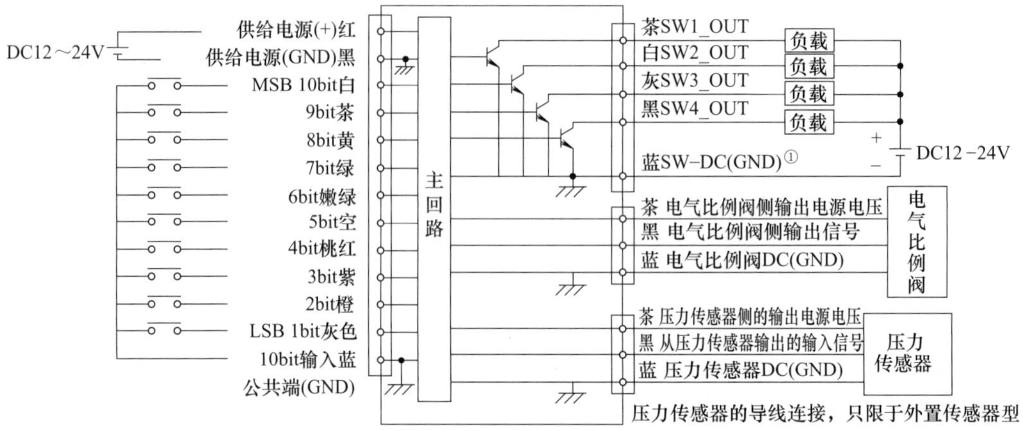

IC□0 — □□□ (NPN开路集电极输出)

① 负载用电源与供给电源通用的场合，SW-DC(GND)也可作为供给电源使用。

(a)

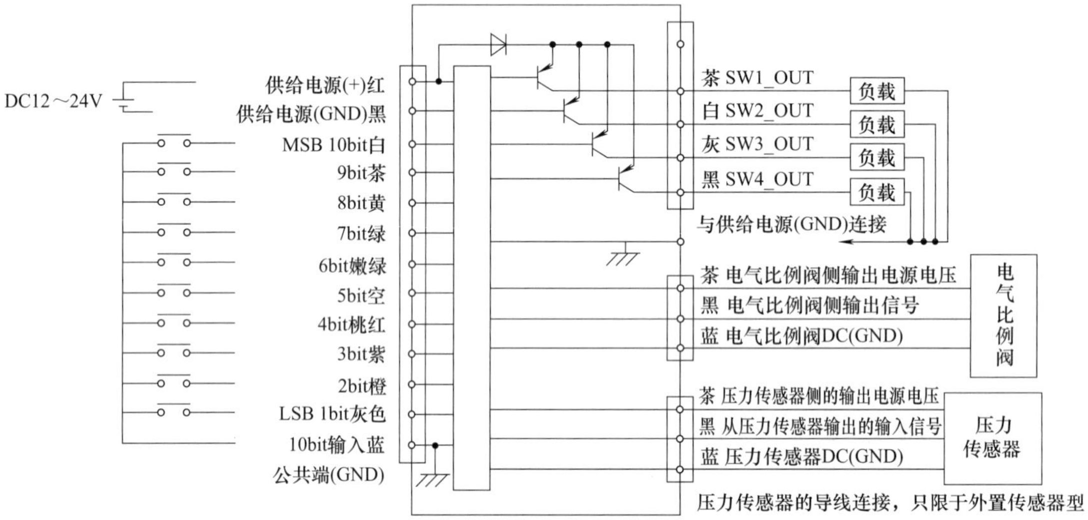

IC□1 — □□□ (PNP开路集电极输出)

(b)

图 21-3-98 回路与配线示例

3.6.5 电气比例定位器

电气比例定位器使气缸定位能与输入信号（空气压）成比例，并带修正动作功能，即使因负载变动发生位置偏移，也可回到初始设定位置。其工作原理见图 21-3-99。当输入压力流入输入室后，输入膜片受到力的作用向左方向位移。喷嘴间隔变窄，背压升高。在背压作用下膜片 A 的作用力大过膜片 B 的作用力，阀芯向左方向移动，出口 1 侧流入供给压力。另外，出口 2 侧排出气缸内部气体，气缸活塞杆向右方向移动伸出，该运动通过连接杆传至反馈弹簧。气缸活塞杆不断运动直至弹簧与输入膜片的作用力相平衡，最终得到与输入信号成比例的位移。

在使用中应满足以下技术要求：应使用经除湿除尘的清洁压缩空气；安装时注意不要使气缸活塞杆处于扭拧状态；勿对反馈弹簧保护罩施加力；零点会因安装姿势发生变化，应在装置设置后自行零点调整；勿使用油雾器；在室外使用时，应采取相应措施使其不受风雨影响。

其规格参见表 21-3-101。

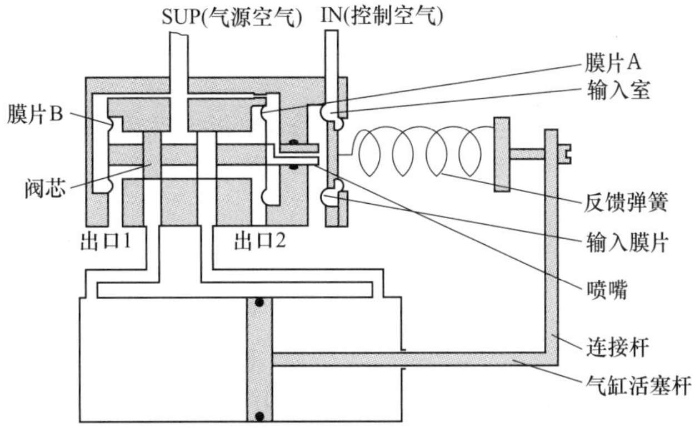

图 21-3-99　电气比例定位器的工作原理

表 21-3-101　电气比例定位器的规格

项目	型号	
	CPA2 型	CPS1 型
输入压力	0.02～0.1MPa	
供给压力	0.3～0.7MPa	
直线性	±0.2%F.S. 以内	
迟滞	1%F.S. 以内	
重复性	±1%F.S. 以内	
灵敏度	0.5%F.S. 以内	
空气消耗量	18L/min(ANR)以内 (SUP＝0.5MPa)①	
环境温度及使用流体温度	−5～60℃ (无冻结)	0～60℃ (无冻结)
温度系数	0.1%F.S./℃	
行程调整范围	10%F.S. 以内	
适合气缸行程	25(最小)～300mm(最大)	
空气连接口	R_c1/4 内螺纹②	

① (ANR) 表示 JIS B0120 标准空气。
② 基本规格外的连接口应进行确认。

3.6.6　电气比例变换器

电气比例变换器可输出与电流信号成比例的空气压力，可与气-气定位器组合，作为输入压力信号使用。其输出范围广，输出工作压力范围可达 0.02～0.6MPa，可通过范围调整自由设定最大压力。先导阀的容量大，故可得到较大流量。当直接操作驱动部或对有大容量气罐的内压进行加压控制时，响应性优异。有独立的电气单元/耐压防爆（防火花）构造，即使在易发生爆炸、火灾的场所，也可将主体外壳卸下进行范围调整、零点调整及点检整备。范围调整机构采用矢量机构，可实现平滑的范围调整。

其工作原理参见图 21-3-100、图 21-3-101。输入电流增大后，转矩电机部的转子受到顺时针方向回转的力矩，将挡板向左方推压，喷嘴舌片因此而分开，喷嘴背压下降。于是，先导阀的排气阀向左方移动，出口 1 的输出压力上升。该压力经由内部配管进入受压风箱，力在此处发生变换。该力通过杠杆作用于矢量机构，在杠杆交点处生成的力与输入电流所产生的力相平衡，并得到了与输入信号成比例的空气压力。补偿弹簧将排气阀的运动立刻反馈给挡板杆，故闭环的稳定性提高。零点调整通过改变调零弹簧的张力进行，范围调整通过改变矢量机构的角度进行。

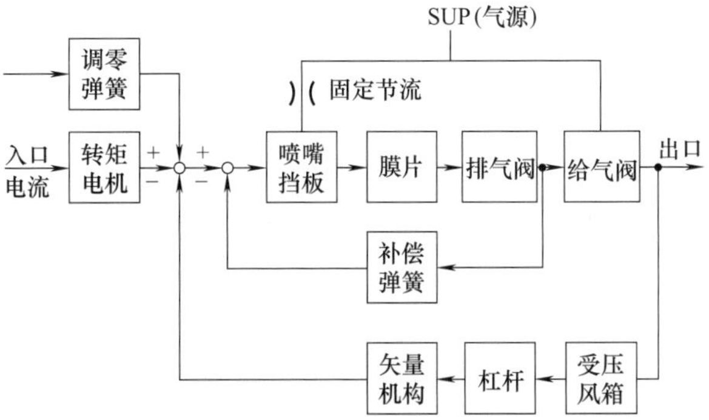

图 21-3-100　电气比例变换器的动作原理框图

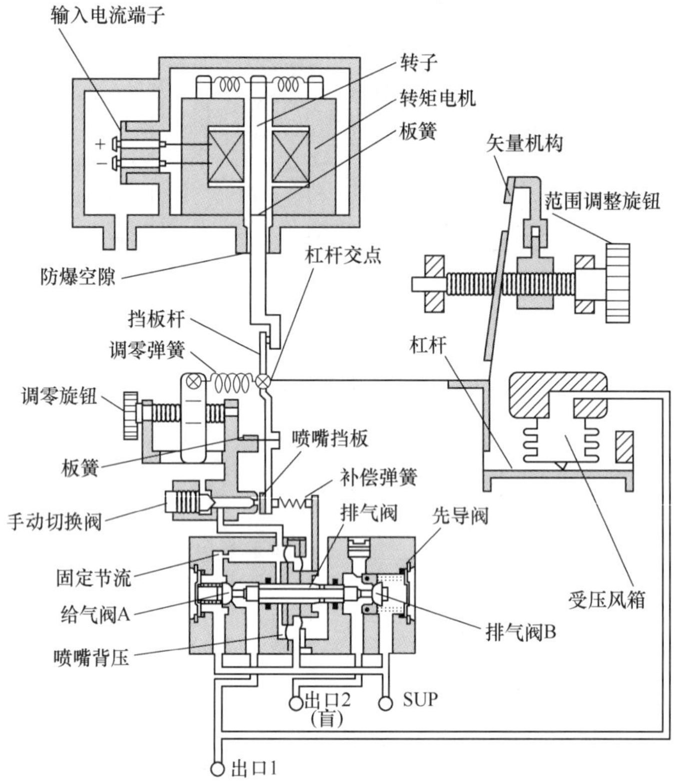

图 21-3-101　电气比例变换器的动作原理图

电气比例变换器的规格见表 21-3-102。

表 21-3-102　**电气比例变换器的规格**

项目	IT600	IT601
	低压力用	高压力用
输入电流	4～20mA DC	
输入抵抗	235Ω(4～20mA. 20℃)	
供给空气压	0.14～0.24MPa	0.24～0.7MPa
输出压力	0.02～0.1MPa (max. 0.2MPa)	0.04～0.2MPa (max. 0.6MPa)
直线性	±1.0%F.S. 以内	
迟滞	0.75%F.S. 以内	
重复性	±0.5%F.S. 以内	
空气消耗量	7L/min(ANR) (SUP0.14MPa)	22L/min(ANR) (SUP0.7MPa)
环境温度及使用流体温度	－10～60℃	
空气连接口	R_c1/4 内螺纹	
电气配线连接口	R_c1/2 内螺纹	
防爆构造	耐压防爆构造 d2G4(合格编号第 T28926 号)	
材质	本体压铸铝	
质量	3kg	

3.6.7　终端定位模块与电子末端定位软停止控制器

FESTO 轴控制器 CPX-CMAX 是专门为该公司生产的 CPX 阀岛而设计的，可实现定位和软停止应用，可作为 CPX 阀岛的集成功能部件——针对分散式自动化任务的模块化外围系统。其模块化的设计结构意味着阀、数字式输入和输出、定位模块以及端位控制器都能按照实际的应用需求以任何方式组合在 CPX 终端上。其具有以下优点。

① 气和电的组合——控制和定位在同一个平台上。

② 创新的定位技术——带活塞杆的驱动器、无活塞杆的驱动器以及摆动驱动器。

③ 通过现场总线进行驱动。

④ 远程维护、远程诊断、网络服务器、SMS 和 e-mail 报警都可以通过 TCP/IP 来实现。

⑤ 不需更换线路，就可进行模块的快速更换和扩充。

⑥ 自由选择——位置和力的控制，直接驱动或从 64 组可配置的位置指令中选择其一。如果还有更多的要求，可自动切换到下一指令，这一可配置功能可以轻易地使得轴控制器 CPX-CMAX 实现按序自动执行的功能。

⑦ 自动识别功能——自动识别功能将通过 CPX-CMAX 控制器中的各个设备数据来识别每个站点。

⑧ 其他特性：控制器 CPX-CMAX 的功能范围包含通过比例方向控制阀 VPWP 来驱动制动器或夹紧单元，最多可允许 7 个模块（最多 7 根轴）并行运作，同时彼此相互独立。

⑨ 调试工作通过 FCT（Festo 配置软件）或通过现场总线来实现：不需编程只需进行配置。

⑩ 灵活性强，OEM 友好——调试也通过现场总线，构造清晰，可快速调试，性价比高，可以在 PLC 环境中对系统进行编程。

电子末端定位软停止控制器不仅能控制气缸在机械末端位置之间快速移动，且在端位可以柔性制动而不形成冲撞。通过控制面板、现场总线或手持单元进行快速调试。停机控制进一步改善。比例方向控制阀 VPWP 将作为 CMPX 控制器的一个集成部件来驱动制动装置或夹紧单元。根据所选的现场总线，CPX 终端上最多驱动 9 个端位控制器。所有的系统数据都可通过现场总线进行读写。其优点有：灵活性强；OEM 友好，调试也通过现场总线；构造清晰，且可以快速调试；性价比高，动作循环率提高 30%，明显降低系统的振动；改良的人机工程学，有效降低噪声水平；扩展诊断功能有助于减少设备维护所需的时间。

图 21-3-102 给出了一个终端定位模块的应用实例。

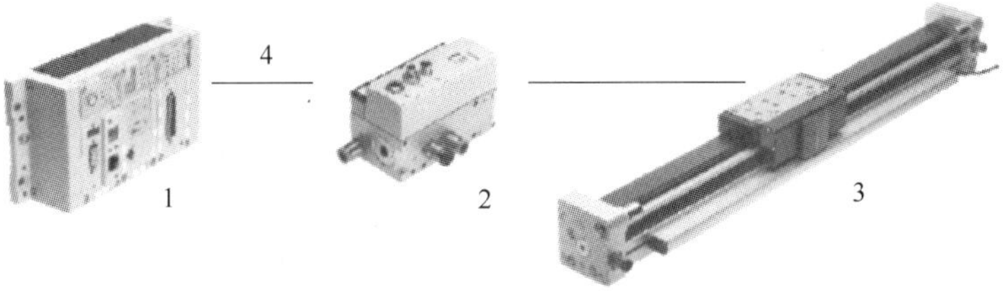

图 21-3-102　应用实例

1—控制器模块 CPX-CMPX 或 CPX-CMAX；2—比例方向控制阀 VPWP；3—直线驱动器 DGCI（带位移传感器）；4—连接电缆 KVI-CP-3-...

组合了轴控制器 CPX-CMAX 的气动定位系统的组成元件参见表 21-3-103。

表 21-3-103　组合了轴控制器 CPX-CMAX 的气动定位系统的组成元件

名称	直线驱动器		标准气缸	摆动模块	位移传感器	电位计	
	DGCI	DGPI，DGPIL	DNCI	DSMI	MME	LWG	TLF
端位控制器 CPX-CMAX	■	■	■	■	■	■	■
比例方向控制阀 VPWP	■	■	■	■	■	■	■
传感器接口 CASM-S-D2-R3	—	—	—	■	—	■	■

续表

名称	直线驱动器		标准气缸	摆动模块	位移传感器	电位计	
	DGCI	DGPI,DGPIL	DNCI	DSMI	MME	LWG	TLF
传感器接口 CASM-S-D3-R7	—	—	■	—	—	—	—
连接电缆 KVI-CP-3-...	■	■	■	■	■	■	■
连接电缆 NEBC-P1W4-...	—	—	—	■	—	■	—
连接电缆 NEBC-A1W3-...	—	—	—	—	—	—	■
连接电缆 NEBP-M16W6...	—	■	—	—	■	—	—

3.7 安全气动系统新元件

3.7.1 软启动泄气阀

软启动泄气阀一般用在气源处理之后，可以将下游的空气压力缓慢地上升至一定压力后再全部打开，可以起到保护下游气动元件的作用。

启动时控制下游压力的增加，可以是电磁或气动控制，气动符号参见图21-3-103。大工作流量和大泄放流量，可选手动锁定（图21-3-104），在受到过调信号时泄放下游气压。

泄放压力：当下游压力达到入口压力的50%～80%时全流量泄放。

介质：压缩空气。

最大压力：电磁先导式，10bar；气动先导式，17bar。

最小工作压力：3bar。

元件温度：电磁先导式，5～+50℃；气动先导式，−20～+65℃。

软启动泄气阀也可用在储气罐上，可使储气罐保持在安全工作范围内。当因作业等失误或外部火情以及降雨等问题导致的紧急情况所造成的罐内压力积聚失衡时，普通排气装置可能排放量过小而无法防止储气罐因突发状况过压的泄放。其外形参见图21-3-105。

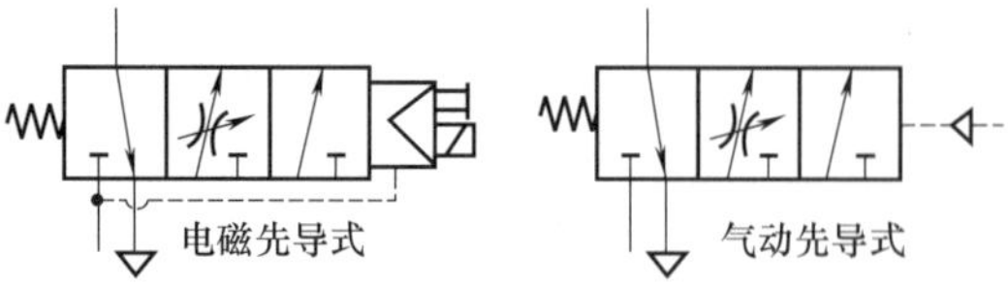

图21-3-103 软启动泄气阀的控制方式

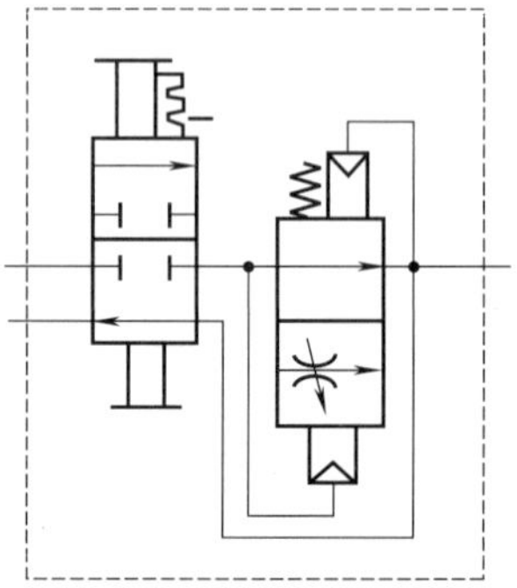

图21-3-104 软启动泄气阀与手动阀的连接

图21-3-105 两种型号的软启动泄气阀外形

3.7.2 接头型截止阀

此阀是一个先导式单向阀。当有先导压力时，允许双向流动。当失去气信号时，由于内置单向阀的存在，使其只能单向流动。当成对使用时，若因突发事件引起管路漏气时，该阀能使执行元件安全工作。其特点是：紧凑，便于气管插入，可快速装入管路系统，简化气动系统。其外形图见图21-3-106。

3.7.3 气动保险丝

气动保险丝应直接安装在固定或刚性管件与弹性管件之间，以保护整根软管，只有在气动保险丝下方

图 21-3-106　接头型截止阀外形

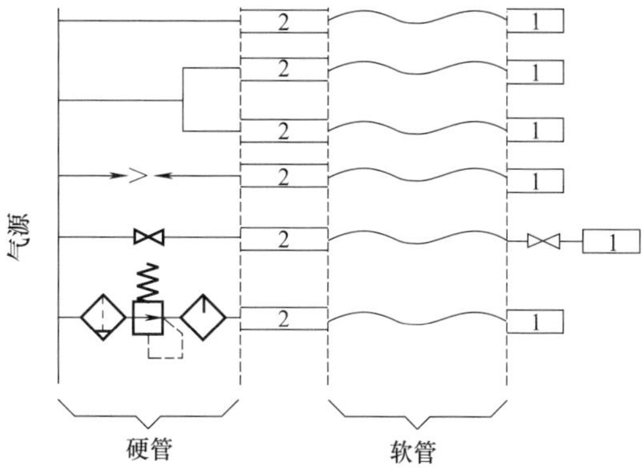

图 21-3-107　气动保险丝的安装位置
1—工具；2—气动保险丝

的管子才能得到保护。必须按正确的气流方向安装该阀，否则会导致其失效。当截止阀装在其上方时，为控制内部气流并避免由减压效应引起气动保险丝关闭，该截止阀必须缓慢开启。

气动保险丝典型安装位置参见图 21-3-107。

气动保险丝起到辅助安全调节作用，防堵塞，紧凑安全，低压降，故障纠正后能自动复位，适用于高压。其气动符号和外形参见图 21-3-108。

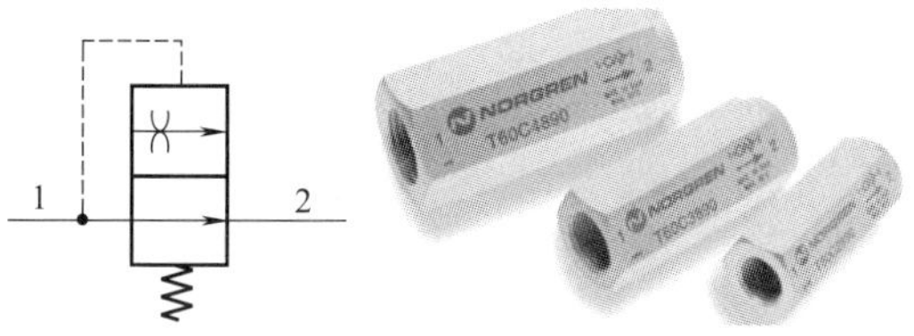

(a) 气动符号　　(b) 外形图

图 21-3-108　气动保险丝气动符号和外形

表 21-3-104　　气动保险丝选用、检验及技术参数

<table>
<tr><td>气动保险丝的选用</td><td colspan="2">(1)气动保险丝的气口规格应与供气管路公称口径相同
(2)若要保护长的软管则需要一个充足的系统压力,应选大流量型号的气动保险丝软管长度和最小供应压力关系请参见产品样本。
(3)安装后应检查每个阀是否具有正确的功能
(4)气动系统必须能够提供气动保险丝动作所需的流量</td></tr>
<tr><td>气动保险丝的检验</td><td colspan="2">(1)按所提供的安装指南装好气动保险丝
(2)将气动工具或完整的回路连接至气路系统
(3)进入工作状态,确保完成一个完整的工作循环
(4)若气动工具或一个完整的回路能启动和满意地运行,则停止工作并使气路排气。从气动工具或气路中卸下软管,并卡紧软管的末端。逐渐接通气源(以免引起减压效应),在完全达到工作状态之前,该阀应能突然动作并关断气流,但会保持少量气流,以供自动复位之用。若气动保险丝没有动作,则应卸下来,并换用较低流量规格的气动保险丝</td></tr>
<tr><td rowspan="5">技术参数</td><td>介质</td><td>经过滤的润滑和非润滑压缩空气或惰性气体</td></tr>
<tr><td>工作压力</td><td>最高 160bar,最低取决于软管长度</td></tr>
<tr><td>安装方式</td><td>管式双通阀装于气源和特性软管之间</td></tr>
<tr><td>气流截止时的压降</td><td>0.14～0.3bar</td></tr>
<tr><td>工作环境温度</td><td>−20～+80℃,在低于+2℃条件下使用,应咨询供应商。在低温时,要保证气动保险丝不可处结冰状态,以免失效</td></tr>
</table>

续表

	气口规格/in	在气流截止时的压降/bar	在7bar供气压力气流截止时的流量/(dm³/s)±10%	在7bar供气压力和压差为0.07bar时的流量/(dm³/s)	型号	质量/kg
技术参数	1/4	0.14	8.3	6.5	T60C2890	0.041
	1/4	0.3	14	6.5	T60C2891	0.041
	3/8	0.14	19.4	13.5	T60C3890	0.065
	3/8	0.3	32.2	13.5	T60C3891	0.065
	1/2	0.14	32.2	23.2	T60C4890	0.150
	1/2	0.3	48.3	23.2	T60C4891	0.150
	3/4	0.14	48.3	43	T60C6890	0.130
	3/4	0.3	80	43	T60C6891	0.130
	1	0.14	92	68	T60C8890	0.540
	1	0.3	128	68	T60C8891	0.540
	1E	0.14	186	145	T60CB890	1.1
	1E	0.3	268	145	T60CB891	1.1

3.7.4　自卸空安全快速接头

该单闭接头具有两个断开阶段。第一个阶段关闭阀并允许下游压力泄放，同时接头仍然连接以避免鞭索效应。一旦压力泄放完毕，第二阶段插头就会从管套中断开。

技术参数：工作压力0～15bar，环境温度－20～＋100℃，压缩空气流量系数：C_v＝1.92（6bar热口压力时）。

(a) 气动符号　　(b) 外形图

图21-3-109　自泄空安全快速接头气动符号和外形

材料：背套和管套——镀镍黄铜；阀——黄铜；弹簧和球——不锈钢；密封件——丁腈橡胶；壳体和管塞——淬硬镀镍钢。其气动符号和外形参见图21-3-109。

3.7.5　双手控制装置

图21-3-110是SMC公司双手操作用控制阀VR51系列的回路图。通口P_1和P_2分别接一个按钮式二位三通阀，通口A接控制气缸用的（单）气控阀的控制口。双手同时按下（时差在0.5s以内，A口才有输出信号）两按钮阀，则可防止作业时手不被压伤。连接管子外径为ϕ6mm，使用压力范围为0.25～1.0MPa，有效截面积P→A通路为1.5mm²，A→R通路为5mm²。该阀的动作原理参见图21-3-111。

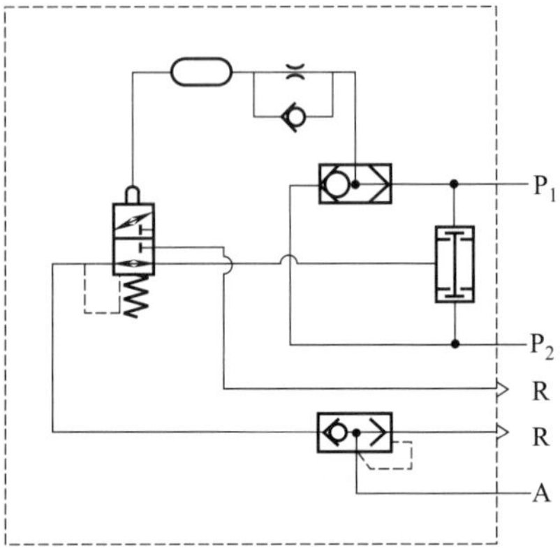

图21-3-110　双手操作装置的回路图

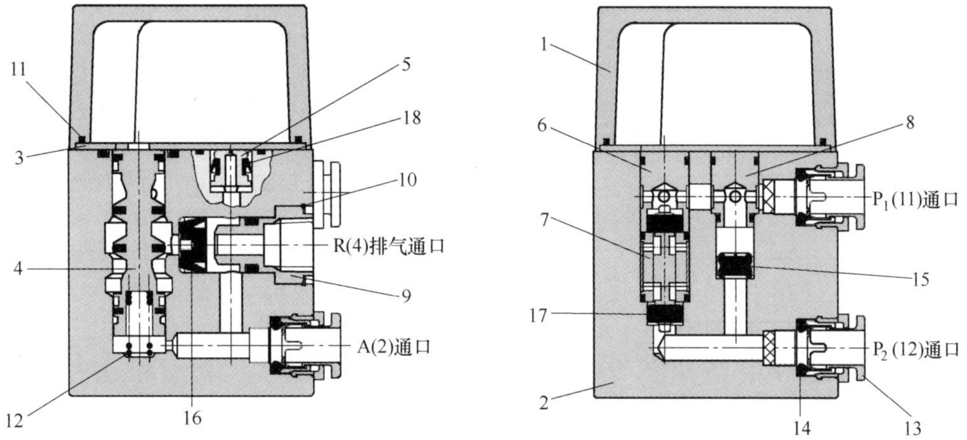

图 21-3-111　双手操作元件结构
1—盖；2—主体；3—平板；4—滑柱；5—孔口；6—双压阀阀座；7—双压阀芯导座 B；
8—梭阀阀芯导座 A；9—快排阀芯导座；10—夹子；11—垫片；12—弹簧；13—快换接头组件；
14—密封件；15—梭阀阀芯；16—快排阀阀芯；17—双压阀阀芯；18—U 形密封件

双手操作元件的规格参表 21-3-105。连接回路举例参见图 21-3-112。

表 21-3-105　双手操作元件的规格

使用流体		空气		
使用压力		0.25～1MPa		
耐压试验压力		1.5MPa		
环境温度及使用流体温度		−5～60℃（未冻结）		
流量特性		$C/dm^3 \cdot s^{-1} \cdot bar^{-1}$	b	C_v
P→A		0.3	—	—
A→R		1.0	0.12	0.25
连接口径	米制	ϕ6mm		
	英制	ϕ1/4in		
适合管子材质①		尼龙、软尼龙、聚氨酯、FR 软尼龙、FR2 层、FR2 层聚氨酯		
质量		340g		
附属品	消声器	型号：AN101-01		
可选项	托架	型号：VR51B		
规格		EN574：1996，EN954-1：1996 类别：ⅢA 型		

① 使用软尼龙、聚氨酯的场合，注意管子的最高使用压力。

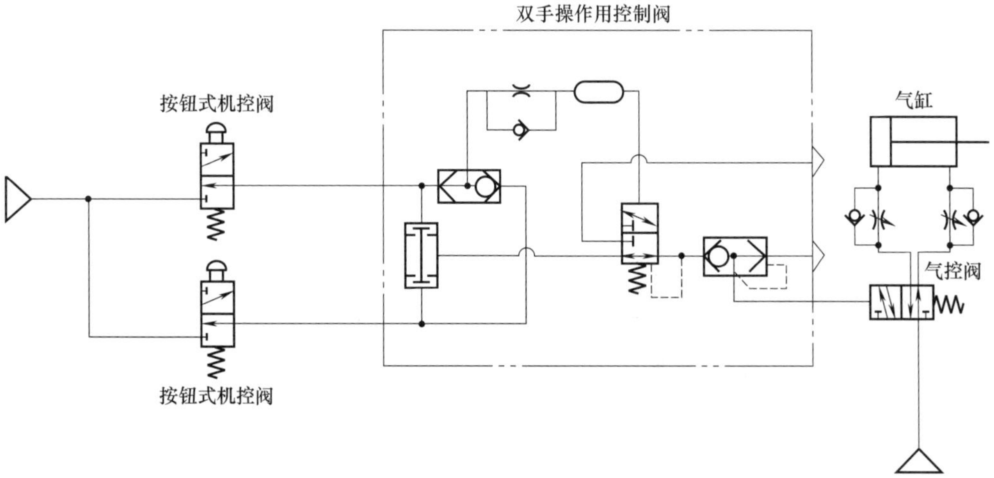

图 21-3-112　双手操作元件连接回路举例

第
21
篇

双手操作元件的动作时间见图 21-3-113。

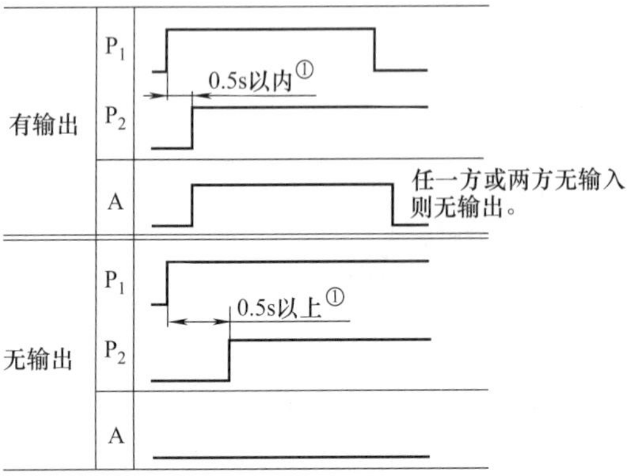

①操作时间的延迟时间随使用压力而不同。
使用压力高的场合变短、低的场合变长。
使用压力为1MPa的场合约为0.1s以内。

图 21-3-113　双手操作元件的动作时间

3.7.6　锁定阀

气控过程控制管路中气源或供气配管系中发生异常时，可以使用锁定阀。单作用型、双作用型能应急保持操作部的位置，直至气源恢复正常状态。三通口：异常发生时，切换供给通口。其工作原理见图 21-3-114。

信号空气压进入上部膜片室，若其产生的力比设定弹簧压缩产生的力大，则上部膜片被向上推压，排气口关闭，信号空气压进入下部膜片室并作用于下部膜片，将活塞压下，阀打开。此时 IL201，IL211 为 IN 与 OUT 连通，IL220 为 IN1 与 OUT 连通。若信号空气压由于某种原因变得低于设定压，则上部膜片被向下推压，下部膜片内的压力从排气口排出，阀受弹簧的力而关闭。此时，IL201，IL211 的 IN 与 OUT 切断，IL220 的 IN1 与 OUT 切断而 IN2 与 OUT 连通。设定压力通过设定螺钉调整。

其规格见表 21-3-106。

表 21-3-106　　锁定阀的规格

型号	IL201	IL211	IL220
动作方式	单作用型	双作用型	三通口
信号压力	max. 1.0MPa①		
设定压力范围	0.14～0.7MPa①		
切断空气回路压力	max. 0.7MPa		
环境温度及使用流体温度	−5～60℃		
连接口径	R_c1/4		
压差②	0.01MPa		
质量/kg	0.45	0.64	0.7

① 应使信号压力与设定压力间有 0.1MPa 以上的压差。若压差小，产品内部会发生磨损，排气孔的泄气量增加，可能会对性能产生影响。

② 锁定与解锁时的压力差。

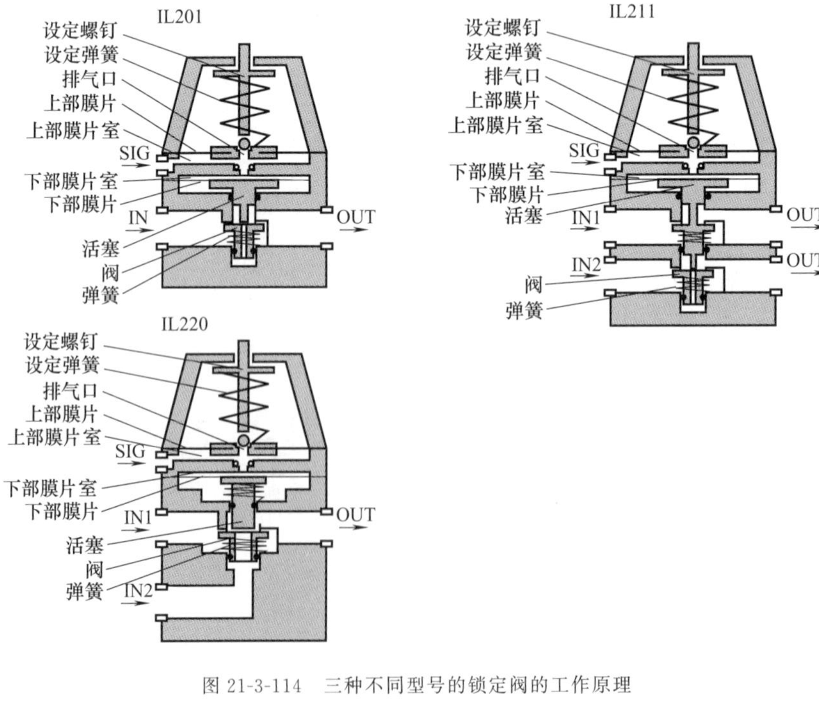

图 21-3-114　三种不同型号的锁定阀的工作原理

3.7.7　速度控制阀（带残压释放阀）

图 21-3-115 是带锁孔的二位三通残压释放阀，它符合 OSHA（美国安全健康管理局）标准。气路切断时，用挂锁锁住阀，可防止清扫时或设备维护时意外地将阀开启，导致安全事故。红色旋钮上有 SUP（供气）、EXH（排气）显示窗，供排气一目了然。操作旋钮时，必须切换到头，不得停止在中间位置。排气口若接配管，其排气通路的有些截面积不得小于 $5mm^2$。该阀可以与空气组合元件（三联件）进行模块式连接。

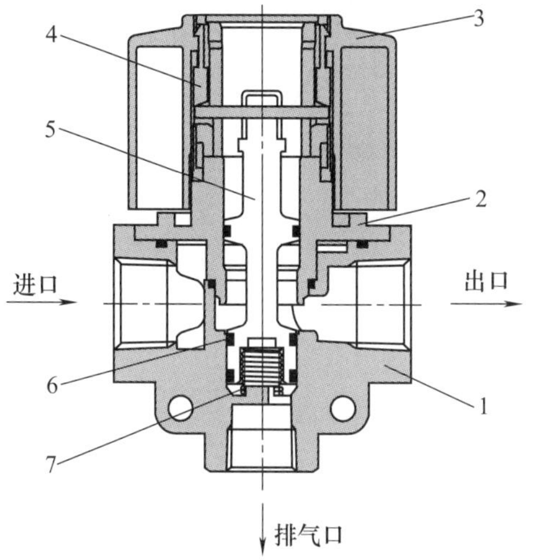

图 21-3-115　二位三通残压释放阀
1—本体；2—上盖；3—旋钮；
4—凸轮环；5—阀轴；6—阀轴 O 形圈；
7—阀轴弹簧

其可以与气动三联件组装在一起，参见图 21-3-116。

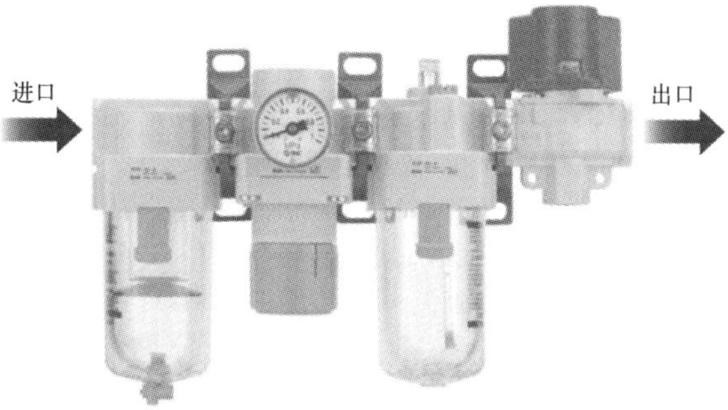

图 21-3-116　带锁孔的二位三通残压释放阀电磁阀的连接

3.7.8　缓慢启动电磁阀减速阀（外部先导式电磁阀）

缓慢启动电磁阀 AV 系列可用于系统的安全保护。在气动系统的启动初期，它只允许少量压缩空气流过。当出口压力达到进口压力的一半时，该阀便完全开启，达到其最大流量。该阀关闭时，残压会通过该阀快速排空。该阀可与空气组合元件（三联件）模块式连接，见图 21-3-117。

该阀的结构原理见图 21-3-118。先导阀 4 通电（或压下手动钮），先导压力便压下活塞 3 及主阀芯 1，主阀芯 1 开启，R 口被封闭。从 P 口来的压力经节流阀 7，流量被调节，从 A 通口流出。由于 7 是进气节流控制，后续气缸将缓慢向上移动。气缸到行程端部后，当出口压力 $p_A \geqslant 0.5p_P$（进口压力）时，活塞 5 全开，达到最大流量，p_A急升至 p_P。因活塞 5 保持全开状态，在通常动作时，气缸的速度控制便是通常的排气节流控制。当阀 4 断电时，受弹簧 2 的作用，活塞 3 及主阀芯 1 复位，P 口封闭，R 口开启，由于压力差的作用，单向阀 6 开启，则 A 口残压从 R 口迅速排出。

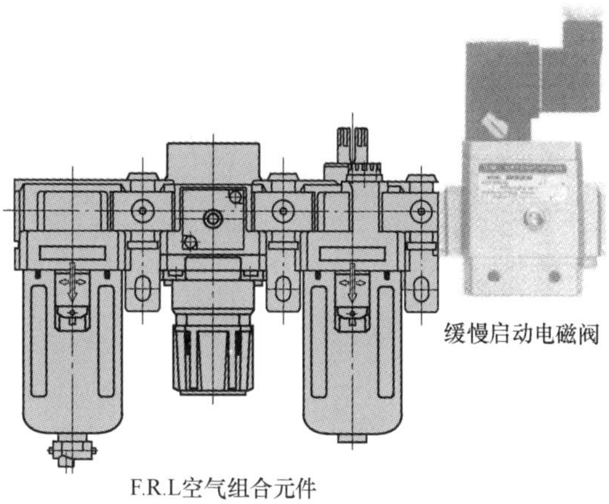

图 21-3-117　AV 系列缓慢启动电磁阀的连接

该阀的一次侧配管与合成有效截面积应大于规格表规定的值（详见产品样本），否则，有可能造成供气压力不足、主阀不能切换、从 R 口漏气等。

在阀二次侧安装减压阀必须具有逆流功能，以便能排出残压。

若系统需油雾润滑，油雾器应安装在阀的一次侧，以避免排残压时，油逆流从 R 口吹出。

设置在阀二次侧的电磁阀的动作，必须确认阀的二次侧压力已上升至与一次侧压力相同之后才能进行。

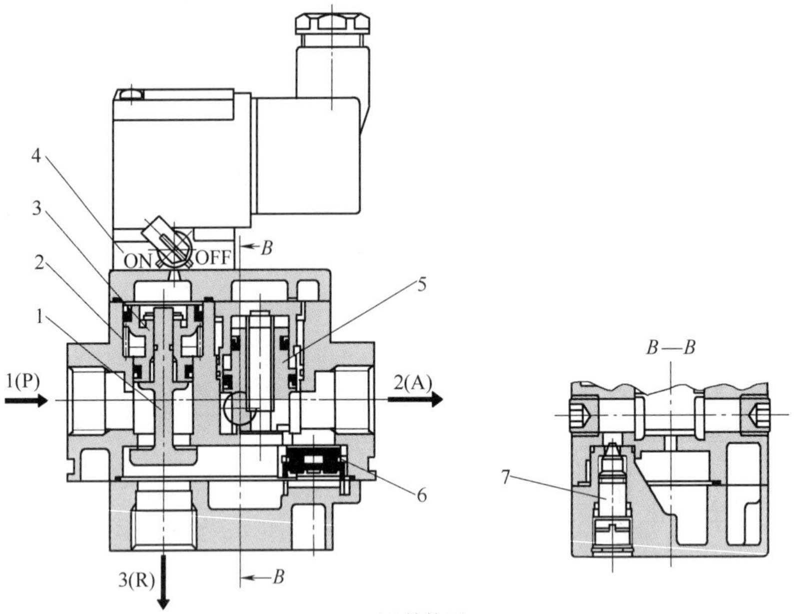

(a) 结构图

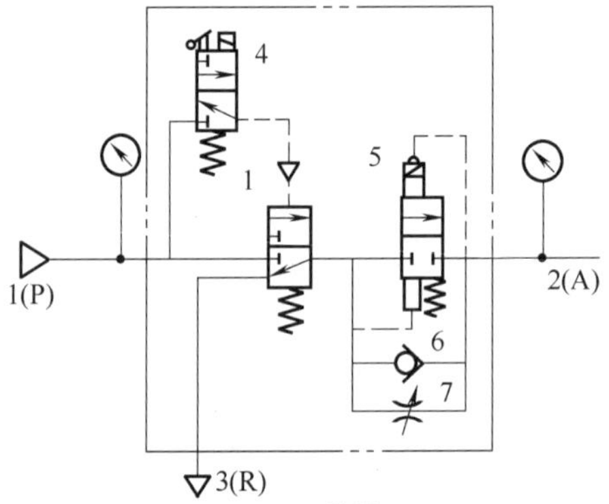

(b) 符号

图 21-3-118 AV 系列缓慢起动电磁阀的结构原理

1—主阀芯；2—弹簧；3,5—活塞；4—先导阀；6—单向阀；7—节流阀

3.8 气动逻辑元件

气动逻辑元件的种类和结构型式较多，可以从元件所使用的工作气源压力、结构型式及逻辑功能来分类。

① 从使用的工作气源压力来看，可分为：高压型（工作压力 2～8bar）；低压型（工作压力 0.5～2bar）；微压型（工作压力 0.05～0.5bar）。

② 从逻辑功能来分类，有或门、与门、非门、是门、双稳等。

③ 从结构型式来分类，有截止式、膜片式、滑阀式等。

3.8.1 基本逻辑门

具有基本逻辑功能的元器件称为基本逻辑门。每个基本逻辑门都有相应的逻辑函数和真值表。任意的逻辑函数都可以用基本逻辑组成的逻辑回路表示。基本逻辑门包括与门、或门、非门等。表 21-3-107 列出了基本逻辑门的逻辑符号、气动回路图、电气回路图和真值表之间的关系。

基本逻辑运算及其恒等式如图 21-3-119 所示。

3.8.2 逻辑单元的性能、结构和工作原理

（1）逻辑元件主要性能

① 采用气动逻辑元件能组成全气控系统。由于

表 21-3-107　基本逻辑门的逻辑符号、气动回路图、电气回路图和真值表之间的关系

<table>
<tr><th>名称</th><th>回路图</th><th>逻辑符号及表达式</th><th>电气回路图</th><th>真值表或说明</th></tr>
<tr><td>“是”回路
(YES)</td><td>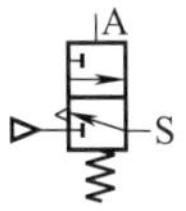</td><td>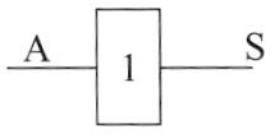
S=A</td><td></td><td><table><tr><th>输入信号 A</th><th>输出信号 S</th></tr><tr><td>0</td><td>0</td></tr><tr><td>1</td><td>1</td></tr></table></td></tr>
<tr><td>“与”回路
(AND)</td><td>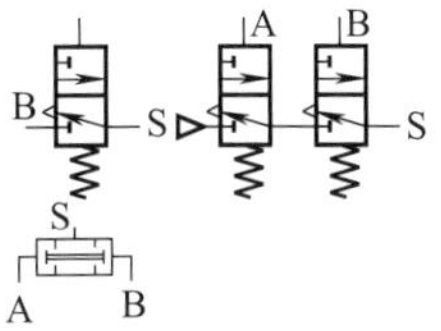
(a) 无源 (b) 有源 (c) 双压阀</td><td>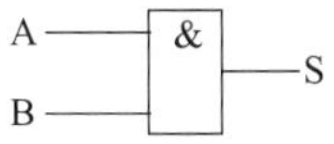
S=AB</td><td>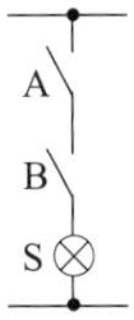</td><td><table><tr><th colspan="2">输入信号</th><th rowspan="2">输出信号 S</th></tr><tr><th>A</th><th>B</th></tr><tr><td>0</td><td>0</td><td>0</td></tr><tr><td>1</td><td>0</td><td>0</td></tr><tr><td>0</td><td>1</td><td>0</td></tr><tr><td>1</td><td>1</td><td>1</td></tr></table></td></tr>
<tr><td>“或”回路
(OR)</td><td>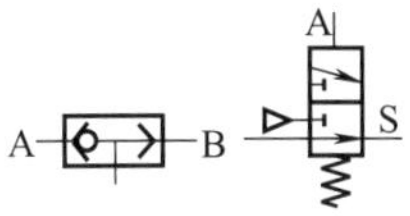</td><td>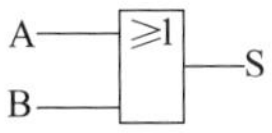
S=A+B</td><td>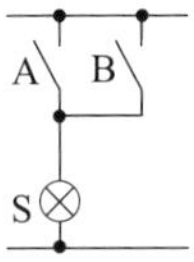</td><td><table><tr><th colspan="2">输入信号</th><th rowspan="2">输出信号 S</th></tr><tr><th>A</th><th>B</th></tr><tr><td>0</td><td>0</td><td>0</td></tr><tr><td>1</td><td>0</td><td>1</td></tr><tr><td>0</td><td>1</td><td>1</td></tr><tr><td>1</td><td>1</td><td>1</td></tr></table></td></tr>
<tr><td>“非”回路
(NOT)</td><td>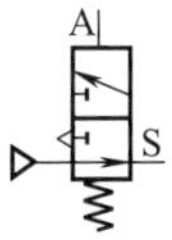</td><td>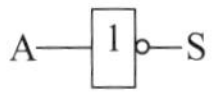
$S=\overline{A}$</td><td>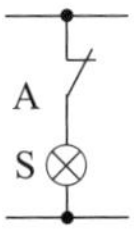</td><td><table><tr><th>输入信号 A</th><th>输出信号 S</th></tr><tr><td>0</td><td>1</td></tr><tr><td>1</td><td>0</td></tr></table></td></tr>
<tr><td>“或非”回路
(NOR)</td><td>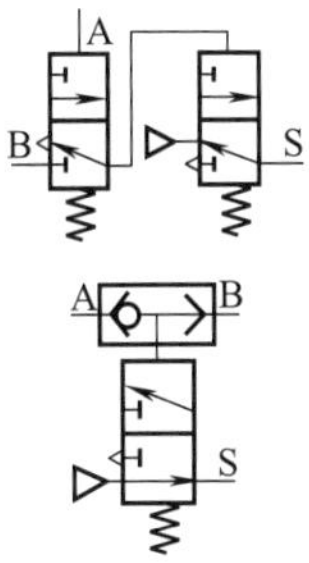</td><td>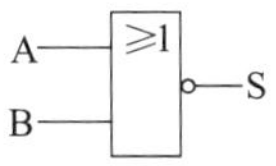
$S=\overline{A+B}$</td><td>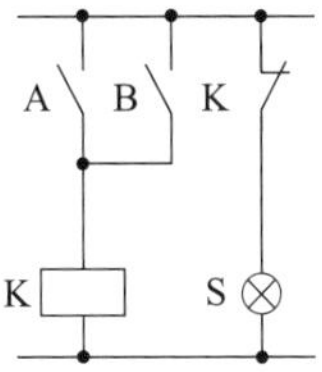</td><td><table><tr><th colspan="2">输入信号</th><th rowspan="2">输出信号 S</th></tr><tr><th>A</th><th>B</th></tr><tr><td>0</td><td>0</td><td>1</td></tr><tr><td>1</td><td>0</td><td>1</td></tr><tr><td>0</td><td>1</td><td>1</td></tr><tr><td>1</td><td>1</td><td>0</td></tr></table></td></tr>
<tr><td>“与非”回路
(NAND)</td><td>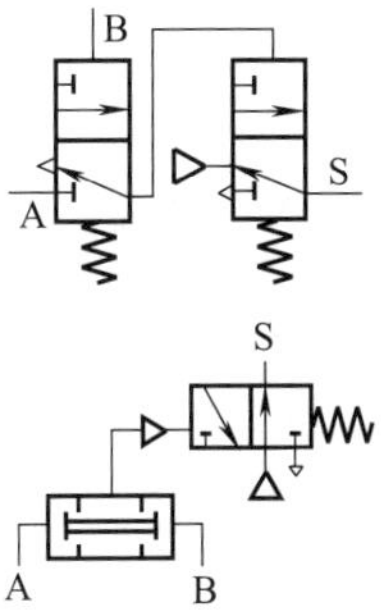</td><td>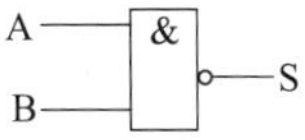
$S=\overline{AB}$</td><td>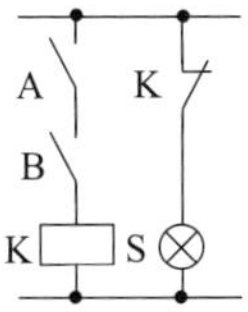</td><td><table><tr><th colspan="2">输入信号</th><th rowspan="2">输出信号 S</th></tr><tr><th>A</th><th>B</th></tr><tr><td>0</td><td>0</td><td>1</td></tr><tr><td>1</td><td>0</td><td>1</td></tr><tr><td>0</td><td>1</td><td>1</td></tr><tr><td>1</td><td>1</td><td>0</td></tr></table></td></tr>
</table>

续表

<table>
<tr><th>名称</th><th>回路图</th><th>逻辑符号及表达式</th><th>电气回路图</th><th>真值表或说明</th></tr>
<tr><td>“禁”回路
(Inhibition)</td><td>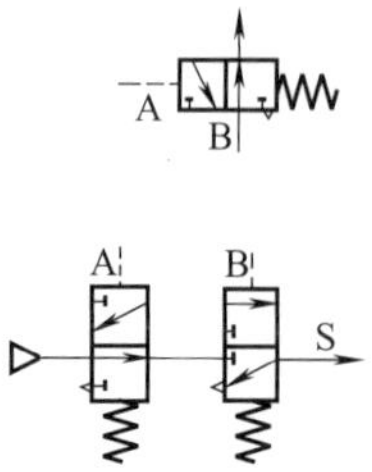</td><td>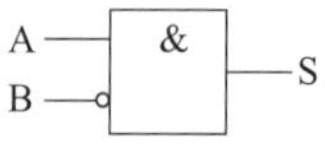
$S=A\overline{B}$</td><td>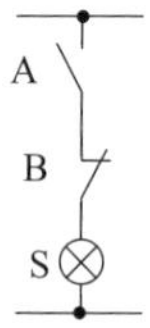</td><td>$S=A\overline{B}$的真值表<table><tr><th colspan="2">输入信号</th><th rowspan="2">输出信号 S</th></tr><tr><th>A</th><th>B</th></tr><tr><td>0</td><td>0</td><td>0</td></tr><tr><td>0</td><td>1</td><td>0</td></tr><tr><td>1</td><td>0</td><td>1</td></tr><tr><td>1</td><td>1</td><td>0</td></tr></table></td></tr>
<tr><td>“隐”回路
(Implication)</td><td>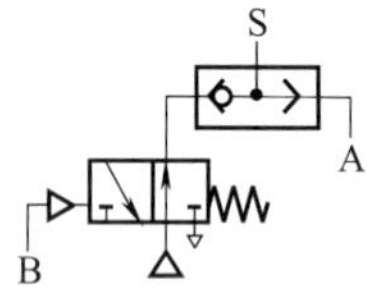</td><td>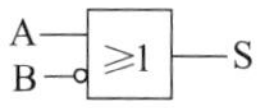
$S=A+\overline{B}$</td><td>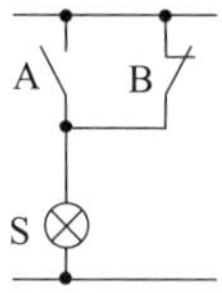</td><td><table><tr><th colspan="2">输入信号</th><th rowspan="2">输出信号 S</th></tr><tr><th>A</th><th>B</th></tr><tr><td>0</td><td>0</td><td>1</td></tr><tr><td>0</td><td>1</td><td>0</td></tr><tr><td>1</td><td>0</td><td>1</td></tr><tr><td>1</td><td>1</td><td>1</td></tr></table></td></tr>
<tr><td>“双稳”回路
(Memory)</td><td>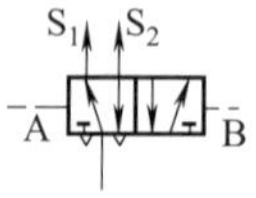
(a) 双稳
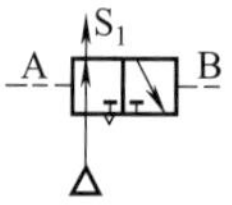
(b) 单记忆</td><td>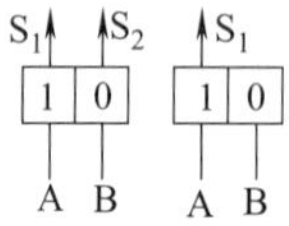
$S_1=k_A^B$　$S_2=k_B^A$</td><td>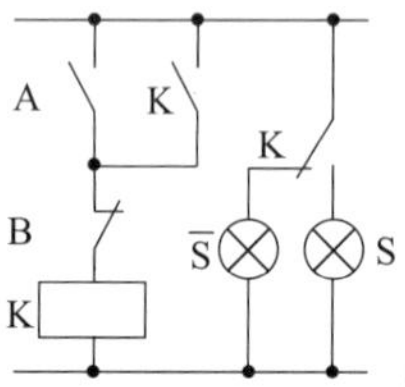</td><td><table><tr><th colspan="2">输入信号</th><th colspan="2">输出信号</th></tr><tr><th>A</th><th>B</th><th>S_1</th><th>S_2</th></tr><tr><td>1</td><td>0</td><td>1</td><td>0</td></tr><tr><td>0</td><td>0</td><td>1</td><td>0</td></tr><tr><td>0</td><td>1</td><td>0</td><td>1</td></tr><tr><td>0</td><td>0</td><td>0</td><td>1</td></tr></table>注：A、B 不能同时存在</td></tr>
</table>

非运算
1、$\overline{\overline{A}}=A$

或运算
2、$A+0=A$
3、$A+1=1$
4、$A+A=A$
5、$A+\overline{A}=1$

与运算
6、$A\cdot 1=A$
7、$A\cdot 0=0$
8、$A\cdot A=A$
9、$A\cdot \overline{A}=0$

结合律
10、$(A+B)+C=A+(B+C)$
11、$(A\cdot B)C=A(B\cdot C)$

分配律
12、$A(B+C)=AB+AC$
13、$A+BC=(A+B)(A+C)$

吸收律
14、$A+A\cdot B=A$
15、$A\cdot(A+B)=A$
16、$A+\overline{A}\cdot B=A+B$
17、$A\cdot(\overline{A}+B)=AB$
18、$AB+\overline{A}C+BC=AB+\overline{A}C$
19、$(A+B)(\overline{A}+C)(B+C)=(A+B)(\overline{A}+C)$

20、如果P是任意一个逻辑函数，那么
$AB+\overline{A}C+BCP=AB+\overline{A}C$

交换律
21、$A+B=B+A$
22、$A\cdot B=B\cdot A$

摩根定律（反演律）
23、$\overline{A\cdot B\cdot C\cdots\cdots}=\overline{A}+\overline{B}+\overline{C}+\cdots\cdots$
24、$\overline{A+B+C+\cdots\cdots}=\overline{A}\cdot\overline{B}\cdot\overline{C}\ \cdots\cdots$

图 21-3-119　基本逻辑运算及其恒等式

控制和执行元件都用压缩空气为动力，省去了界面（电-气）转换，故工作可靠，给生产设备的安装、使用和维修带来了不少方便。

② 由于元件中的可动部件在元件完成切换动作后，能切断通路，即元件具有关断能力，因此元件的耗气量比较低。

③ 元件在切换过程中阀芯经常是上下移动的，所以对所使用的压缩空气净化处理要求较低，可以直接使用经过一般气源处理的工厂车间的动力气源，元件也能在灰尘较大的环境中正常工作。

④ 从理论上讲，元件的输入阻抗为无限大，所以元件的负载能力强，同一个元件的输出可带较多数量的元件。在组成系统时，元件相互之间连接方便，匹配、调试都比较简单。

⑤ 气动逻辑元件的响应时间在几毫秒到十几毫秒（微压元件在 2ms 左右）之间，这难以和电子器件的运算速度相比，一般不宜组成很复杂的控制系统，但对于常见的工业装置已经足够快了。

⑥ 普通的继电器在频繁工作时，其触头极易烧坏，使用寿命较短；而气动逻辑元件结构简单，动作可靠，使用寿命大大超过普通的继电器，即使高压截止式逻辑元件也在一千万次以上。

⑦ 由于元件中有可动部件，要注意使用场合，

在强烈冲击和振动的环境中可能产生误动作。

(2) 基本逻辑单元的结构和工作原理

在实际生产应用中，有各种类型的气动装置和控制系统，而执行机构的动作往往是按一定的顺序进、退或者开、关。

从逻辑角度看，进和退、开和关、有气和无气都表示两个对立的状态。这两个对立的状态可以用两个数字符号“1”和“0”来表示。它们之间的逻辑关系都可以用布尔代数来运算。

看起来很复杂的气动控制回路，实际上是可以分解成许多相同的最基本的逻辑单元（或称逻辑门）。利用压缩空气可以实现逻辑功能的简单回路或元件，称为气动逻辑单元。

气动逻辑单元是按一定规律而动作的开关元件。当输入口的信号满足一定要求时，输出口才有信号输出。

表 21-3-108　　基本逻辑单元结构和工作原理

“与”门	“与”门具有两个信号输入口 a(1)、b(2)和一个信号输出口 s(3)。阀芯可在阀体中作往复移动，可以靠紧阀座或者离开阀座，也称为双压阀 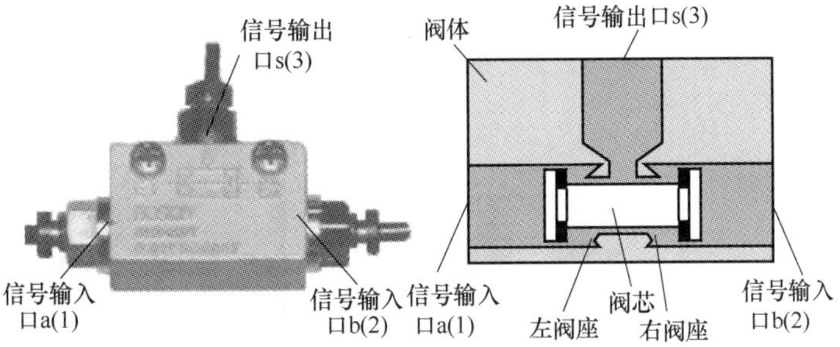 图(a)　“与”门的基本结构 “与”门逻辑函数表达式为：S＝a・b，“与”门的工作原理：信号（压缩空气）从信号输入口 1 输入（1 口置“1”）时，推动阀芯右移，直到靠在左阀座上为止，所以输出口 3 无信号输出（“0”状态） 同样道理，当信号（压缩空气）从信号输入口 2 输入（2 口置“1”）时，推动阀芯左移，直到靠在右阀座上为止，所以输出口 3 无信号输出（“0”状态）。如果信号同时加在信号输入口 1 和 2 信号上（1 和 2 口均置“1”），则不论阀芯处于什么位置，信号输出口 3 都有输出（“1”状态） 综上所述，得到与逻辑功能如下：只有在两个信号输入口 1 和 2 都有输入信号时（“1”状态），输出口 3 才有信号输出（“1”状态）。只要两个输入口中有一个无输入信号，输出口 3 就无信号输出（“0”状态） “与”门（双压阀）主要用于：互锁控制；安全控制；检查功能；逻辑操作；所有的只有当多个条件被满足后才允许执行的过程 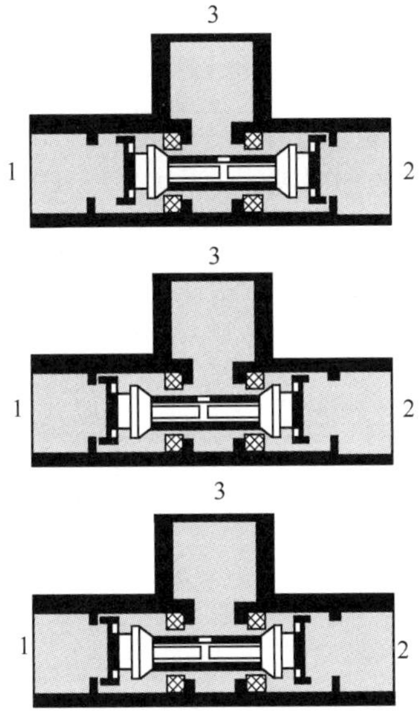 图(b)　“与”门的工作原理
“或”门	“或”门（梭阀）具有两个信号输入口 a(1)、b(2)和一个信号输出口 s(3)。阀芯可在阀体中作往复移动，可以靠紧阀座或者离开阀座 “或”门（梭阀）逻辑函数表达式为：S＝a＋b。“或”门（梭阀）的工作原理[图(b)]：当信号（压缩空气）从信号输入口 1 输入（1 口置“1”）时，推动阀芯右移，直到靠在右阀座上为止，所以输出口 3 有信号输出（“1”状态）。同样道理，当信号（压缩空气）从信号输入口 2 输入（2 口置“1”）时，推动阀芯左移，直到靠在左阀座上为止，所以输出口 3 有信号输出（“1”状态）。如果信号同时加在信号输入口 1 和 2 上（1 和 2 口均置“1”），则不论阀芯处于什么位置，信号输出口有信号输出（“1”状态）

续表

“或门”	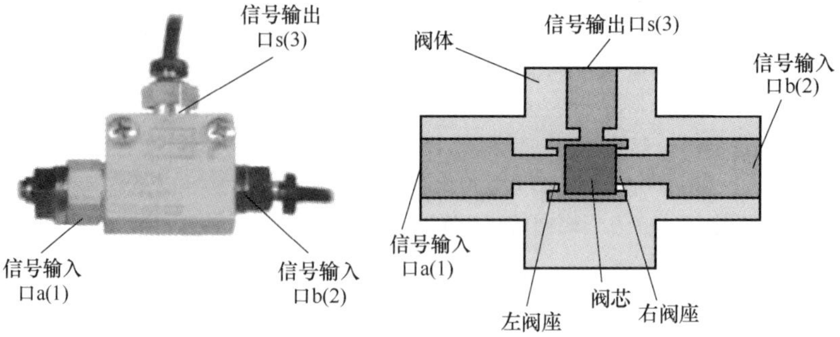 图(a)　“或”门基本结构 综上所述,得到“或”逻辑功能:当两个信号输入口 1 和 2 之中一个有输入信号或者两个都有输入信号时(“1”状态),输出口 3 就有信号输出(“1”状态) 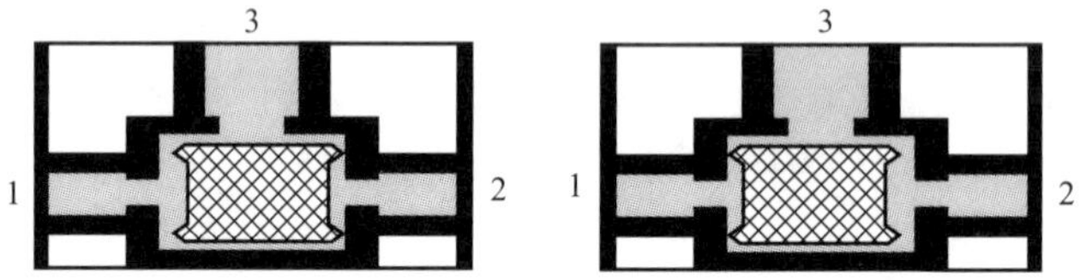 图(b)　“或”门工作原理 “或”门(梭阀)主要用于:气动元件的并联;各种不同过程的交替控制;同一动作在不同地点控制 使用说明:使用该阀时应使压力迅速建立起来,否则会使各口互相串通,从而产生误动作
“是”门	“是”门有一个信号输入口 a(1),一个气源口 P(2),一个信号输出口 Y(3) 其工作原理:当信号输入口 a(1)没有控制信号时(1 口置“0”),信号输出口 s(3)没有信号输出(“0”状态)。当信号输入口 a(1)有控制信号时(1 口置“1”),气体压力使膜片变形向右凸起,推杆右移,阀芯右移离开阀座,打开了 P(2)到 s(3)的通道,使 s(3)口有气流输出(“1”状态) 综上所述,“是”逻辑功能:有信号输入就有输出,没有信号输入就没有输出 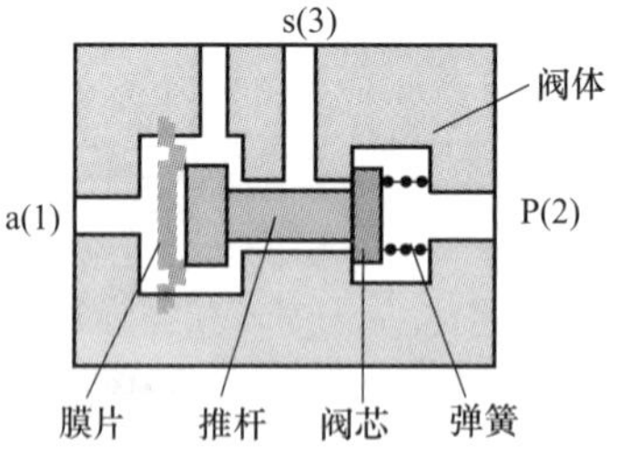 图(a)　“是”门基本结构 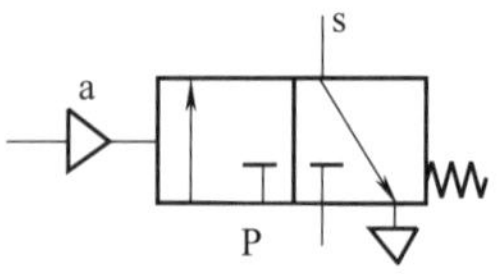 图(b)　常闭式二位三通换向阀 在常规的气阀元件中,常闭式二位三通换向阀[图(b)]就是一个具有“是”逻辑功能的元件 是门逻辑函数表达式为:s=a
“非”门	“非”门通常也称为“倒相器”或“反相器”。它有一个信号输入口 a(1),一个气源口 P(2)和一个信号输出口 s(3) 其工作原理:当信号输入口 a(1)没有控制信号时(1 口置“0”),信号输出口 s(3)有信号输出(“1”状态)。当信号输入口 a(1)有控制信号时(1 口置“1”),气体压力使膜片变形向右凸起,推杆右移,阀芯右移离开阀座,关闭了 P(2)到 s(3)的通道,使 s(3)口没有气流输出(“0”状态) 在常规的气阀元件中,常通式二位三通换向阀[图(b)]就是一个具有“非”逻辑功能的元件

第21篇

续表

<table>
<tr><td>“非”门</td><td>
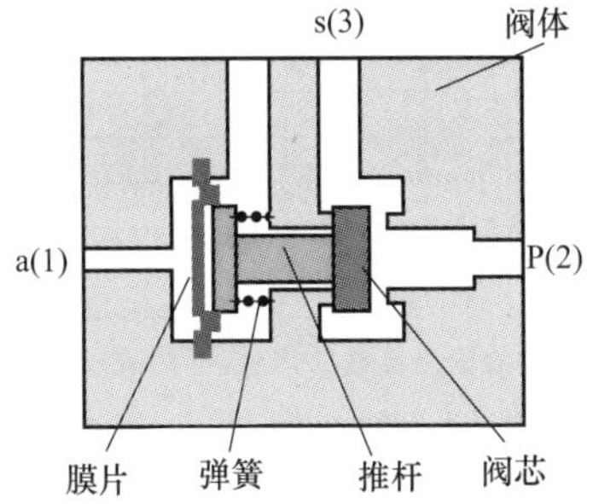

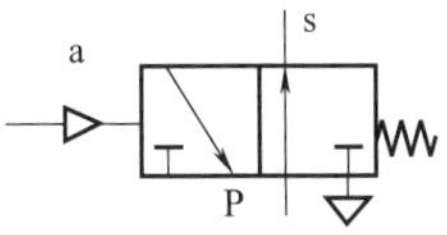

图(a)　“非”门的基本结构和工作原理　　图(b)　常通式二位三通换向阀

综上所述，“非”逻辑功能：有信号输入时就没有输出信号，没有信号输入就有输出信号。非门逻辑函数表达式为：$s=\overline{a}$
</td></tr>
<tr><td>“禁”门</td><td>
“禁”门的结构与“非”门相同，只是在连接方式上将“非”门的气源口改换成另一个信号输入口 b(2)

其工作原理：当没有输入信号 a，只有输入信号 b 时，有输出信号 s(“1”状态)；当有输入信号 a 时，则输出信号即被截止(“1”状态)

综上所述，“禁”逻辑功能：有 *a* 信号则禁止 *b* 信号输出，无 *a* 信号则有 *b* 信号输出。禁门逻辑函数表达式为：$s=\overline{a}\cdot b$

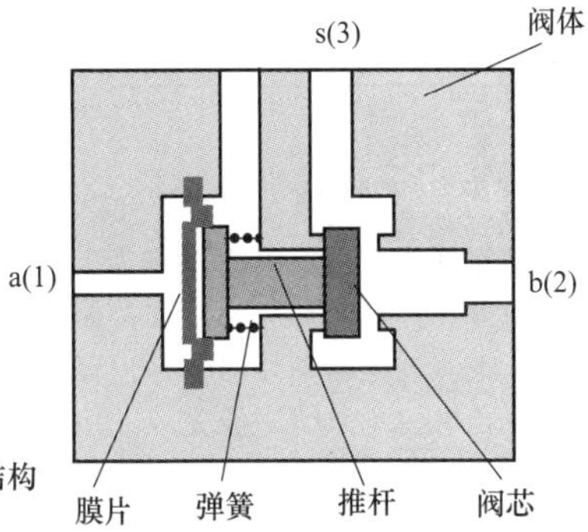

结构

“禁”门基本结构
</td></tr>
<tr><td>记忆元件、双稳元件</td><td>
除了上述基本逻辑门之外，在控制回路中还常用另一类具有记忆作用的逻辑门，它能把输入信号的状态保持下来，双稳元件就是其中的一种

双稳元件的输出有两个稳定状态，在它的每一个稳态需要相应的脉冲信号输入，才转换到另一个稳态。双稳的两个输入口 X_0(1)、X_1(①)分别称为置 1 口和置 0 口。置 0 口又称为复位或扫零。双稳的两个稳定状态分别称为“1”状态和“0”状态。置 1 就是使双稳处于“1”状态，置 0 就是使双稳处于“0”状态，参见图(a)

当信号输入口 X_0(1)有输入信号(“1”状态)时，控制气流使阀芯右移，P 口与 $\overline{X}$ 口接通，所以在 $\overline{X}$ 口有气流输出(“1”状态)

同理，当信号输入口 X(①)有输入信号(“1”状态)时，控制气流使阀芯左移，P 口与 X 口接通，所以在 X 口有气流输出(“1”状态)

双稳的输出口有双输出(一般所称的双稳)和单输出(可称为单输出记忆或单记忆)两种。单输出双稳只有一个信号输出口，当信号输入口 X_0(1)有输入信号(“1”状态)时，有信号输出；而另一个信号输入口有输入信号时，单输出双稳的输出被截止

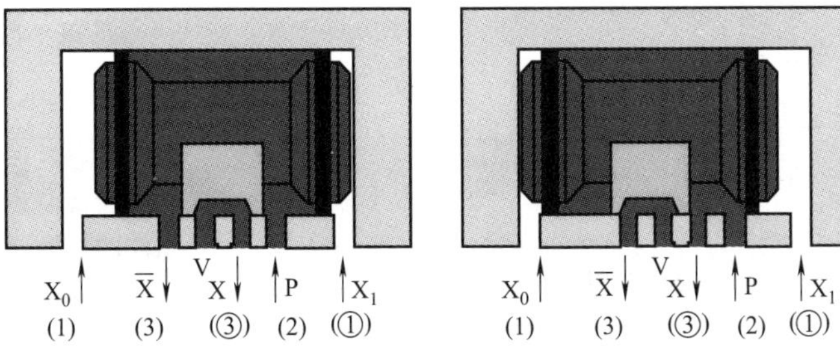

图(a)　双稳基本结构原理
</td></tr>
</table>

续表

记忆元件、双稳元件

表 1　　双稳元件真值表

X_0	X_1	$\overline{X}$	X
0	0	*0	*1
1	0	1	0
0	0	1	0
0	1	0	1
0	0	0	1

表 2　　单稳元件真值表

X_0	X_1	$\overline{X}$
0	0	*0
1	0	1
0	0	1
0	1	0
0	0	0

双稳逻辑函数表达式为：$\overline{X}=K^{X_0}_{X_1}$。上标表示使相应的输出接通的信号，下标表示使相应的输出关闭的信号。* 表示记忆值

综上所述，双稳逻辑功能：能够保持输入信号的状态，即具有记忆功能。双稳的符号和气阀系统对应元件符号如图(b)所示

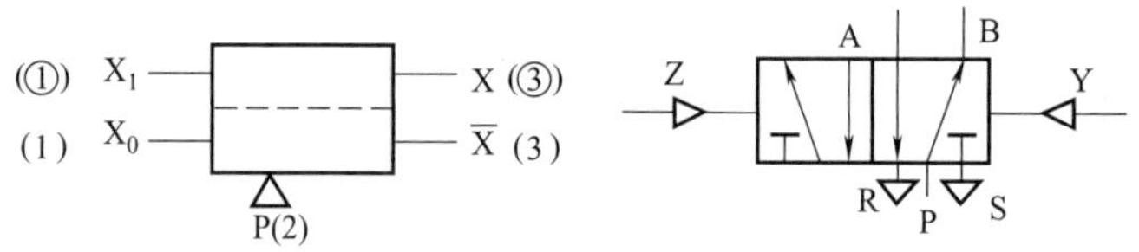

图(b)　双稳元件符号和气阀系统对应元件符号

3.8.3　常用逻辑元件

气动逻辑元件是采用压缩空气作为工作介质，通过元件内部的可动部件（如膜片）在控制气压信号的作用下动作，来实现逻辑功能的一种流体逻辑元件。

逻辑元件是在控制系统中能完成一定逻辑功能的器件，也是一种自动化基础元件。为了实现元件的流路切换，元件的结构由两部分组成：开关部分；控制部分（包括复位部分）。

元件的开关部分能在控制气压信号的作用下来回动作，改变气流的通断状态，从而完成逻辑功能。

元件的控制部分能根据输入气压信号使开关部分来回动作。

气动逻辑元件共同的工作原理：气动逻辑元件内部气流的切换是由可动部件的机械位移来实现的。

继电器电路的切换是：当触点闭合时，电路得电（输出为“1”状态）；当触点断开时，电路失电（输出为“0”状态）。

气动逻辑元件流路的切换：当元件的排气口被可动部件关断，同时气源与输出口的通路接通时，则有气压输出（输出为“1”状态）；当元件的气源口被切断，同时输出口与排气口的通路接通时，则元件无气压输出（输出为“0”状态）。

3.8.3.1　截止式逻辑元件

截止式逻辑元件是依靠控制气压信号推动阀芯移动，或通过薄膜变形推动阀芯移动，改变气流的方向以实现一定的逻辑功能。阀芯（即元件的开关部分）是自由圆片状（或圆柱体）。根据阀芯的两端面与阀座的相对位置的不同，有内截止式和外截止式两种。内截止式元件阀芯往往就是一块自由薄片，外截止式元件则往往通过刚性阀杆连接阀芯。

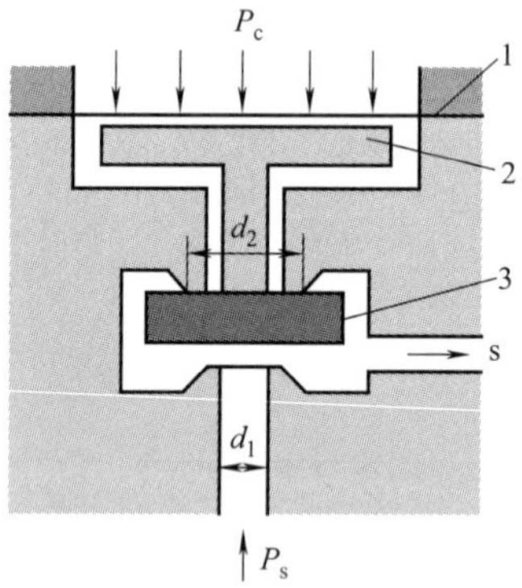

图 21-3-120　截止式逻辑元件原理图
1—膜片；2—阀杆；3—阀芯

如图 21-3-120 所示，加在膜片上的控制信号压力为 P_c。若在元件输入口所加的控制信号压力 P_c 从零开始逐渐增加，当 P_c 上升至 P'_c时，输出 s 由“1”状态变为“0”状态，此时的控制压力称为切换压力。

此后 P_c 再增加，输出 s 仍为“0”。元件处于临界切换时，阀芯和上阀座之间的接触力（若忽略了膜片的弹性力作用）则有

$$P'_cA-P_sA_2=0$$

$$P'_c=\frac{A_2}{A}P_s$$

式中　A——膜片的有效作用面积；

A_2——上阀座截面积；

P'_c——元件的切换压力；

P_s——气源压力。

若控制压力 P_c 逐渐减小，降到 P''_c时，输出由“0”状态回复到“1”状态。此时控制压力称为返回压力。直至控制压力回到零，输出 s 仍保持“1”状

态，同样得：

$$P''_c=\frac{A_1}{A}P_s$$

式中　A_1——下阀座内截面积。

切换压力与返回压力是不相等的。参数的确定还要考虑元件的外形尺寸、使用寿命及材料等因素。

截止式逻辑元件的特点如下。

① 元件在切换时的阀芯移动距离很小，约等于被密封阀座孔径的四分之一，可以使元件达到完全开启，因此元件的响应时间快。

② 可以获得较好的流量特性，与其他类型元件相比，输出流量也大。

③ 元件的工作气压范围较宽，可以从低压（1bar）到高压（8bar）。当工作气压达到额定压力时，密封性能好，几乎没有泄漏，而且制造简单，可以采用塑料压注法大批量生产。

④ 阀芯的移动使元件获得一种自身的净化能力，对压缩空气的净化处理要求较低，能够直接使用工厂的动力气源，保证元件正常工作。因此，这类元件在逻辑元件中占有很大的比重。

表 21-3-109　　截止式逻辑元件原理和结构

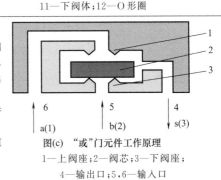

“是”门元件	工作原理	。 阀芯 4 在气源压力(或弹簧力)的作用下紧压在下阀体 3 上，输出口与排气口相通，元件没有输出。当输入口 7 有输入信号 a 时，则膜片 1 在控制信号作用下将阀芯 4 紧压在上阀体 2 上，关闭输出与排气口之间的通路，于是输出口 5 就有输出信号 s 在输入口的输入信号 a 消失时，阀芯 4 复位仍压在下阀体 3 上，关闭出口之间的通路，输出口无输出信号，输出通道中的剩余气体经上阀座口泄出 元件的输入和输出信号之间始终保持相同的状态，即没有输入信号时，没有输出；有输入信号时，才有输出	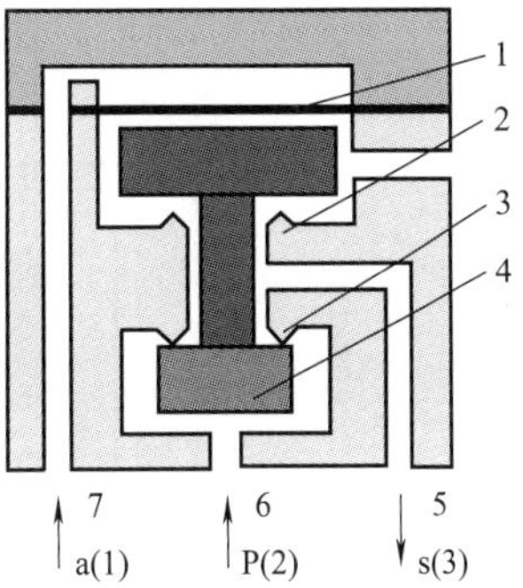 图(a)　工作原理 1—膜片；2—上阀体；3—下阀体；4—阀芯；5—输出口；6—气源口；7—输入口
	典型结构	“是”门元件在回路中可用作波形整形、隔离和放大。弹簧 10 用以保证元件工作可靠；小活塞 3 为显示元件；手动按钮 1 用来检查元件的工作状况 限压信号元件的功能是产生一个与压力有关的信号。当压力达到该元件所调定的值时产生一个输出信号，结构原理同“是”门元件	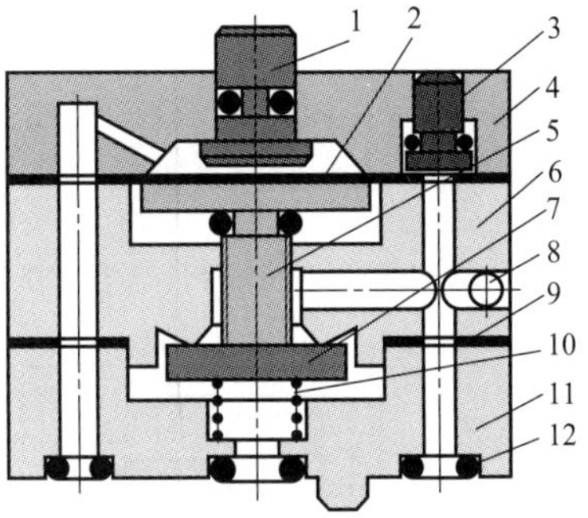 图(b)　是门元件结构 1—手动按钮；2—膜片；3—小活塞；4—上阀体；5—阀杆；6—中阀体；7—阀芯；8—钢珠；9—密封膜片；10—弹簧；11—下阀体；12—O 形圈
“或”门元件	工作原理	当有输入信号 a 时，阀芯 2 在输入信号的作用下紧压在下阀座 3 上，气流经上阀座 1 从输出口 4 输出。当有输入信号 b 时，阀芯 2 在其作用下紧压在上阀座 1 上，气流经下阀座 3 从输出口 4 输出 因此，有一个输入口或两个输入口同时有输入信号出现，元件就有输出，即元件能实现“或”门逻辑功能 “或”门元件的结构简单。为保证元件工作可靠，非工作通道不应有窜气现象发生，输入信号压力应等于额定工作压力	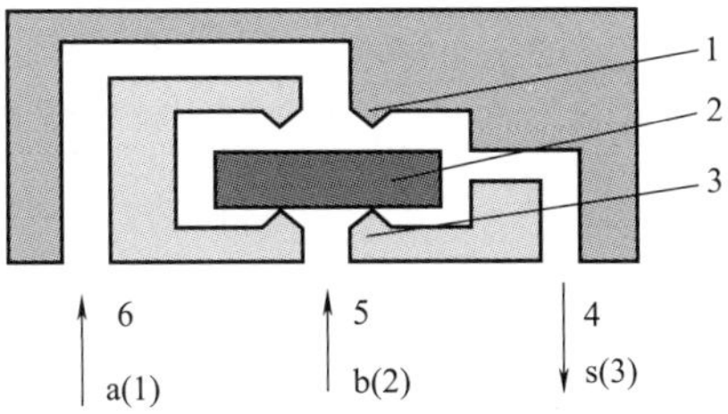 图(c)　“或”门元件工作原理 1—上阀座；2—阀芯；3—下阀座；4—输出口；5，6—输入口

续表

“或”门元件	典型结构	(1)标准结构 参见图(d) (2)带快速排气“或”门元件 图(e)为带有快速排气结构的“或”门元件工作原理。在阀芯上装有带槽的导向杆1,自由膜片2起单向阀作用。当输入口信号都消失时,输出口的剩余气体能把自由膜片打开,直接排向大气,而不必经“或”门元件从前级元件的排气口排出,这样可以提高回路动作的可靠性 (3)多输入“或”门元件 图(f)为一种多输入“或”门元件工作原理。元件有三个输入口a、b、c,三块膜片不是刚性连在一起的,而是处于“自由状态”,即中间的阀柱和相应的上下膜片是分开的,结构较为简单。该元件是一种有源“或”门元件,适用于输入较多的场合 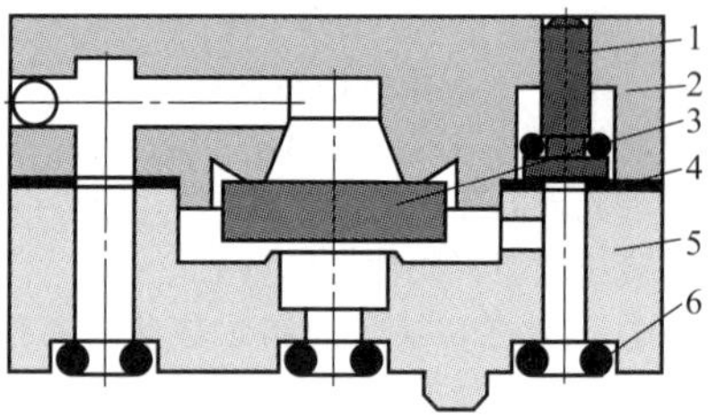 图(d) 标准“或”门元件结构 1—显示活塞;2—阀盖;3—阀芯;4—密封膜片;5—阀底;6—O形圈 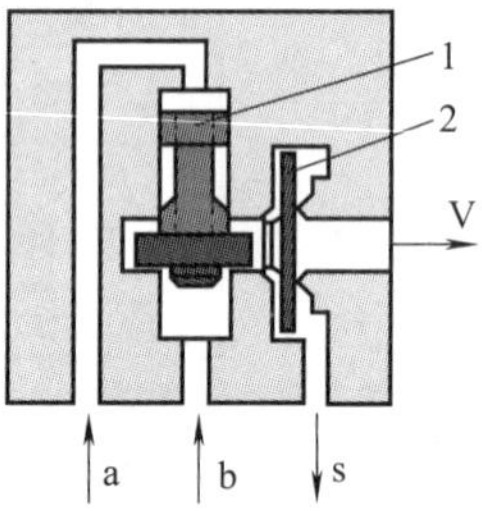 图(e) 带有快速排气的“或”门元件工作原理 1—导向杆;2—自由膜片 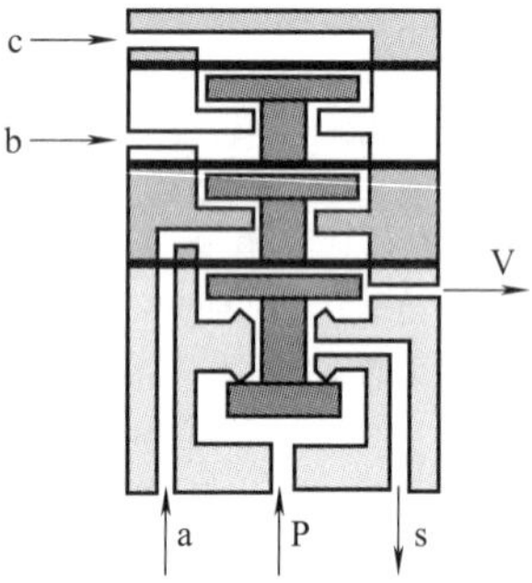 图(f) 多输入“或”门元件
“与”门元件		图(g)为“与”门元件工作原理。图中a、b为输入信号,s为输出信号。当有输入信号a而没有b时,阀芯3在a作用下压向上阀座1,输出口4没有信号输出。同样,当有b而没有a出现时,亦没有输出信号。只有当两个信号输入口同时有输入信号a、b时,元件的输出口才有输出信号s 图(h)是“与”门元件的结构。若把前述的“是”门元件气源口换成信号输入口,也就能作为“与”门元件使用 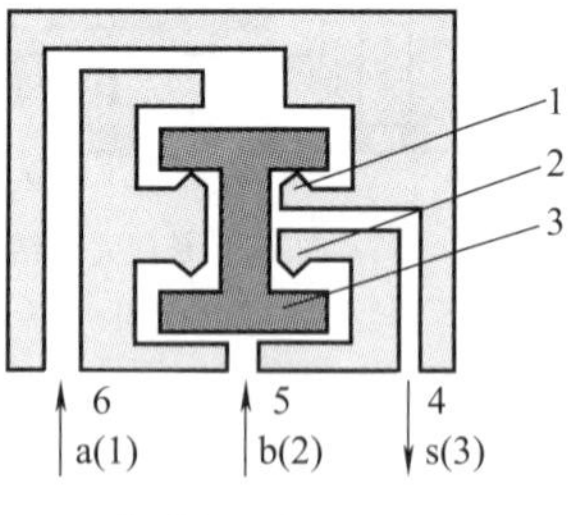 图(g) “与”门元件工作原理 1—上阀座;2—下阀座;3—阀芯;4—输出口;5,6—输入口 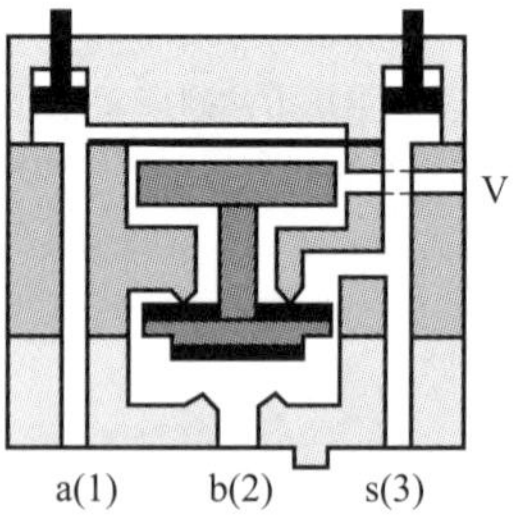 图(h) “与”门元件结构
“非”门元件		图(i)为“非”门元件工作原理。在输入口没有输入信号a时,阀芯3在气源压力作用下上移,封住上阀座2,气流直接从输出口流出,元件有输出;当在输入口有输入信号a出现时,由于膜片1的面积远大于被阀芯所封住的阀座面积,阀芯在压差作用下下移,封住下阀座4,输出口5就没有信号输出。输出通道中的气体经上阀座2从排气口流至大气

续表

“非”门元件	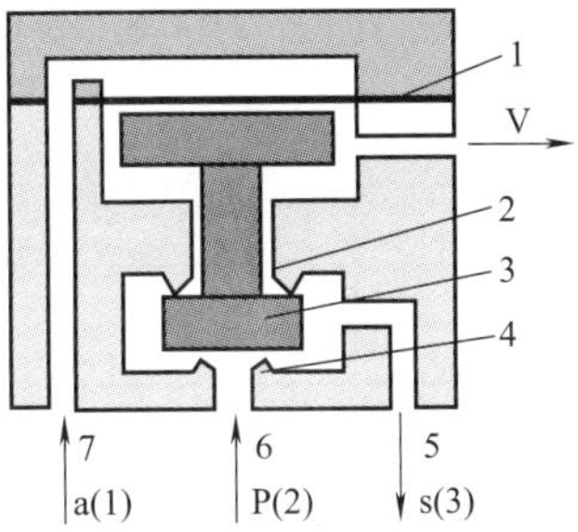 图(i)　“非”门元件工作原理 1—膜片；2—上阀座；3—阀芯；4—下阀座； 5—输出口；6—气源口；7—输入口 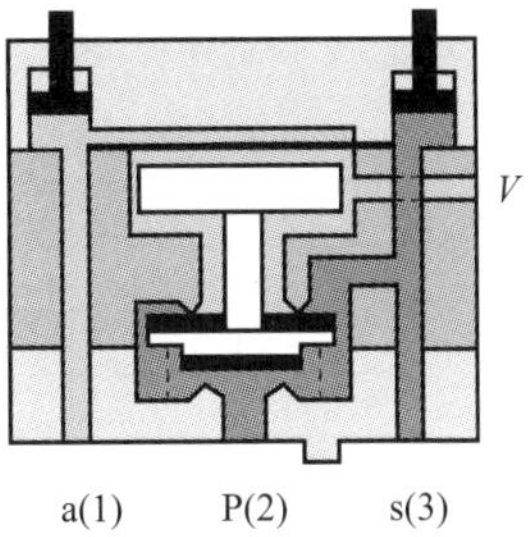 图(j)　“非”门元件结构
“禁”门元件	“非”门元件也能实现“禁”门逻辑功能，只要把“非”门元件的气源口改成输入信号 b 就可以了。“禁”门的意思是：只要有信号 a 存在，就禁止 b 信号输出。只有信号 a 不存在，才有 b 信号输出。其结构参见图(k) 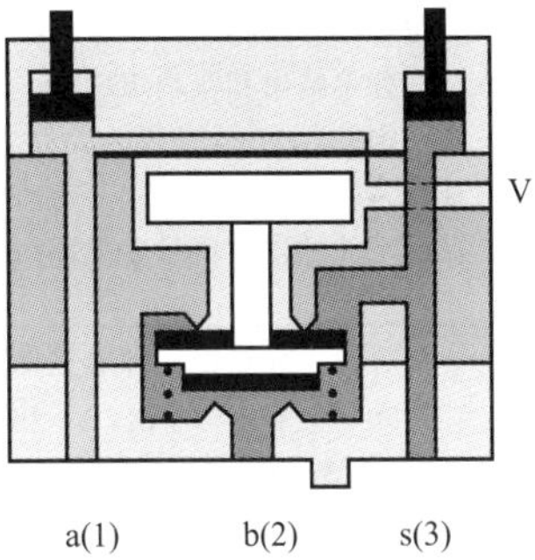 图(k)　“禁”门元件结构
限压信号元件	限压信号元件的功能是产生一个与压力有关的信号，当压力达到该元件所固定的值时产生一个输出信号，其结构原理同“非”门元件，其符号见图(l) 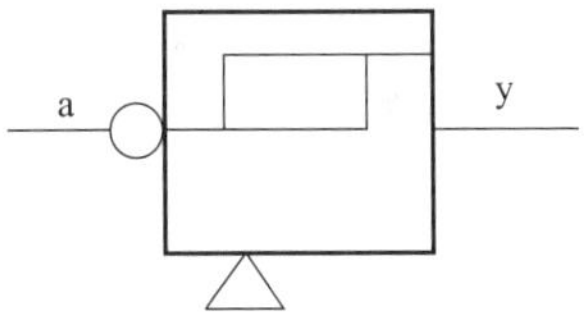 图(l)　限压信号元件的符号
“或非”门元件	“或非”门元件是一种多功能的逻辑元件，应用范围很广，用它可以组成各种逻辑门 图(m)所示为三输入“或非”元件工作原理。这种“或非”元件是在“非”门元件的基础上，另外加了两个信号输入口，共有三个信号输入口。该元件每个信号输入口都对应有一个膜片和阀柱，它们各自都是独立的。有信号输入时，信号压力由膜片、阀柱依次传递到阀芯上 这种元件的结构比较简单 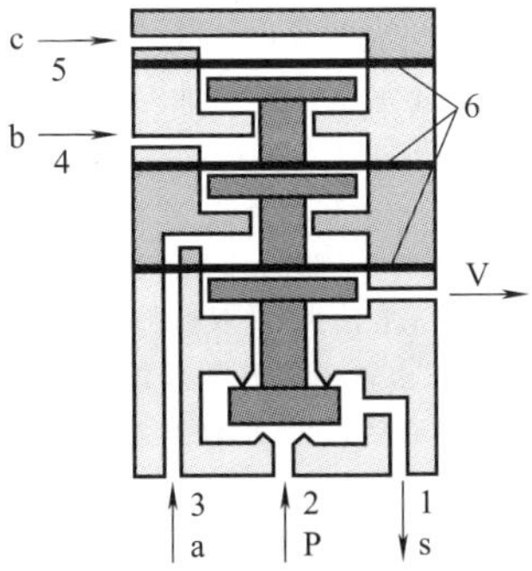 图(m)　三输入“或非”元件工作原理 1—输出口；2—气源；3～5—输入口；6—膜片

续表

“或非”门元件

显然，当三个输入口都没有输入信号时，元件才有输出。只要在三个输入口中有一个有输入信号出现时，就没有信号输出，即元件能实现“或非”的逻辑功能。“或非”元件的真值表见下表

“或非”元件的真值表

a	b	c	s
0	0	0	1
1	0	0	0
0	1	0	0
0	0	1	0
1	1	0	0
0	1	1	0
1	1	1	0

或非元件的逻辑表达式为：$s=\overline{a+b+c}$

双稳元件

双稳元件在逻辑回路中有着重要的作用，它能把输入信号状态“记忆”下来。双稳元件有单输出和双输出两种。双稳元件目前采用滑阀式结构的比较多，采用截止式结构的较少，这是因为要保证几个端面同时起可靠的密封作用，工艺上比较困难

双稳元件的逻辑符号参见图(n)

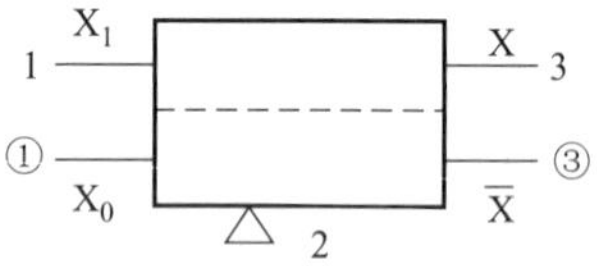

图(n) 双稳元件的逻辑符号

截止式双稳元件

截止式双稳元件参见图(o)。s_1有输出 s_0无输出：当输入口3有输入信号a出现时，阀杆右移，关闭排气口O_1，气源P与输出口4相通，有输出；同时，输出口5与排气口O_2相通。此时，双稳的输出处于状态“1”

s_1无输出 s_0有输出：当输入信号a消失，在压差作用下，双稳仍保持“1”状态，直至在输入口1有b信号输入时，阀杆左移，元件切换变为“0”状态输出

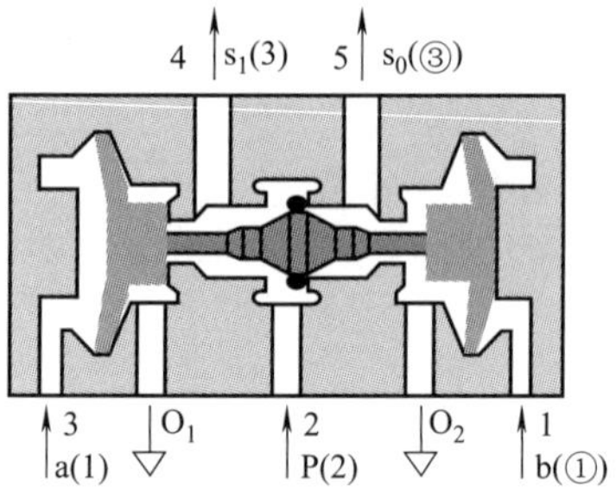

图(o) 截止式双稳元件工作原理

1，3—输入口；2—气源；4，5—输出口

“或”-“或”-双稳元件

图(p)所示为另一种双稳元件的工作原理。它实际上由两个“或非”元件组合而成的，称为“或”-“或”-双稳元件。左侧“或非”元件的输出s_0经内部的反馈通道加在右侧“或非”元件的输入口上；同样右侧的输出s_1加在左侧的输入口上

若双稳元件的输出为“1”状态，即$s_1=1$，$s_0=0$。此时s_1的输出在内部反馈至左侧“或非”的输入口，左侧阀芯下移把气源关断，使s_0仍无输出，即使置“1”信号a、b消失后，双稳仍保持“1”状态输出，即该双稳的信号记忆是由输出信号的反馈来实现的。也正因为如此，当气源刚一接通后，元件的输出状态是随机的

因此，元件在回路中应用要加置“0”信号复位。同时还要注意，若元件所承受的负载较大(如直接带气缸)，则元件工作的稳定性受到排气速度的影响，此时可在双稳元件和负载之间加“是”门元件隔离

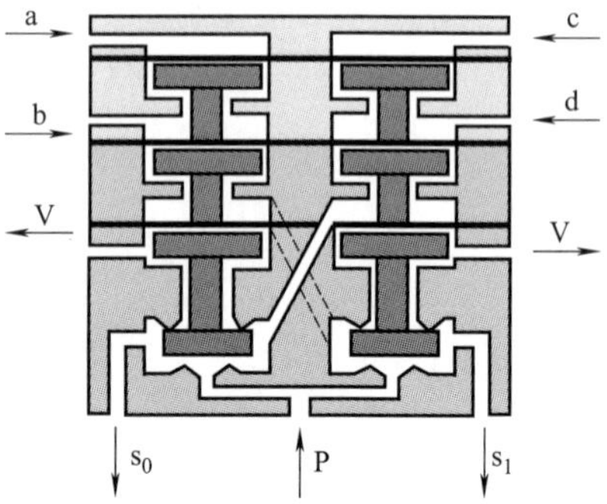

图(p) “或”-“或”-双稳元件工作原理

续表

双稳元件	单输出双稳元件	见下文

图(q)所示为一种单输出双稳元件。当在输入口 7 有置“1”信号 a 时，膜片 4 向上变形，推动阀芯 3 上移顶开小活塞 2，而接通气源通道，并且关闭排气通道，使输出口 6 有输出。若置“1”信号 a 消失，膜片虽然复位了，但阀芯在气源压力作用下仍保持原来封住阀座的位置，输出口 6 仍然有输出。只有在输入口 8 有了置“0”信号 b 以后，阀芯才下移复位，打开排气通道，同时小活塞也下移，关断气源通道，于是元件就没有输出

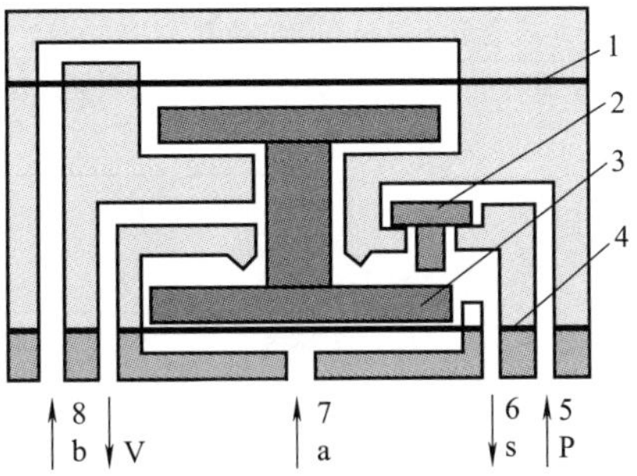

图(q) 单输出双稳元件工作原理

1，4—膜片；2—小活塞；3—阀芯；5—气源；6—输出口；7，8—输入口

图(r)也是一种单输出的双稳元件。该元件是由两个元件组合而成，其中记忆单元只有一个输出口 s，它的输入信号 a(置“1”或置“0”)由 S-R 门的输出供给

当在 S-R 门的输入口 3 有信号 a 输入(置“1”)时，阀芯离开阀座，输出口 2 有信号输出。这个输出信号 s 加在记忆单元的输入口 a 上，作为置“1”信号，于是记忆单元有信号输出。当信号消失后，S-R 门复位，由于气阻的作用，记忆元件的输出仍然保持“1”状态

当 S-R 门的输入口 1 有信号 b 输入(置“0”)时，膜片向下变形，阀芯下移，S-R 门的输出经输入口 3 排空，记忆单元切换，元件的输出为“0”状态

该记忆元件在接通气源后，输出的初始状态总是“0”状态

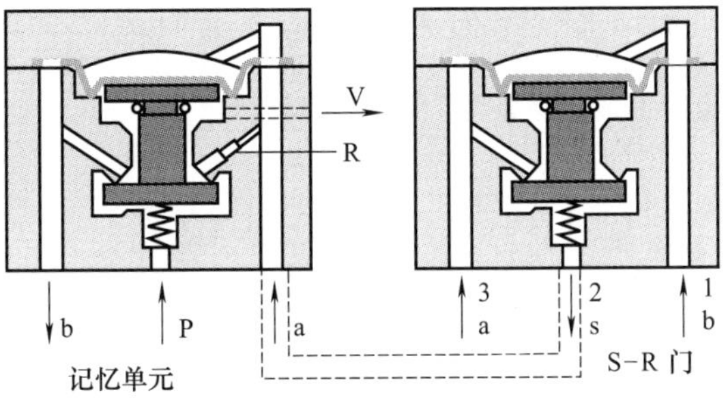

图(r) 记忆元件

图(s)所示为另一种单输出双稳元件。该元件中，在阀芯的左右两侧各有一对永磁环，靠它来实现信号的记忆

当在输入口 5 有输入信号 a(置“1”)时，阀杆、阀芯 3 左移并被永磁环 2 吸住，气源 6 输出口 7 接通，元件有输出

在信号 a 消失后，阀芯 3 仍被永磁环吸住，元件的输出状态仍然保持“1”状态

直至在输入口 8 有输入信号 b(置“0”)时，元件的输出呈“0”状态。

这种靠磁性吸力作用保持信号状态的记忆元件，在气源中断后重新供气时，元件的输出状态亦能保持不变，即具有永久记忆的功能

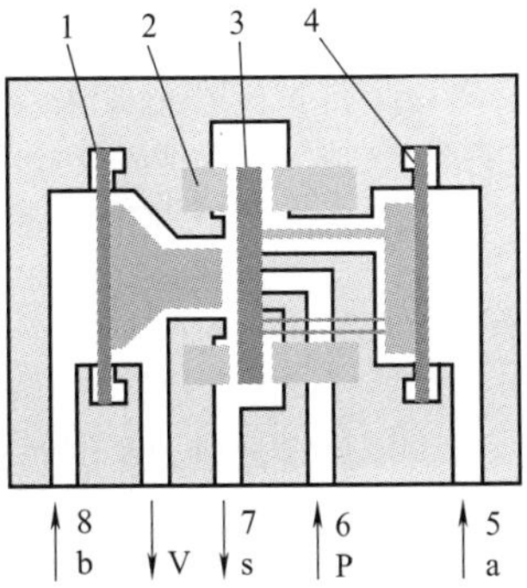

图(s) 单输出记忆元件

1，4—膜片；2—永磁环；3—阀芯；5，8—输入口；6—气源；7—输出口

3.8.3.2　膜片式逻辑元件

膜片式逻辑元件的可动部分由膜片（或膜片组）构成，因此元件结构简单、体积小，易集成安装，制造工艺简单，元件生产装配方便，元件的工作压力范围宽，可从微压到高压，适用范围广。

表 21-3-110　　膜片式逻辑元件原理和结构

<table>
<tr><td rowspan="3">微压膜片式逻辑元件</td><td colspan="2">这类元件的工作压力极低，一般为 0.05～0.2bar，动作速度快，最快可达 1.5m/s，通径为 1～2mm。元件的可动部分大多采用薄而柔软的膜片，由膜片的变形来控制气流的流动，实现一定的逻辑功能</td></tr>
<tr><td>基本单元</td><td>微压膜片式逻辑元件是由膜片和挡壁构成的基本单元经一定的内部管路连接而成。图(a)所示为几种基本单元的结构
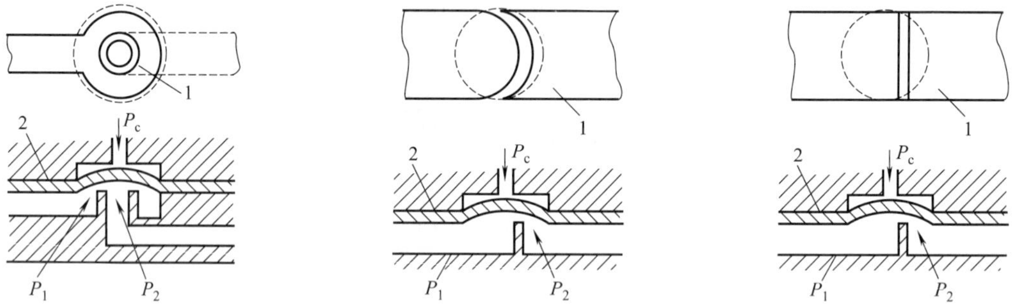

(i) 喷嘴挡壁　(ii) 弧形挡壁　(iii) 直线挡壁
图(a)　膜片式逻辑元件的基本单元
1—挡壁；2—膜片
在膜片上面的控制气室中没有控制信号时，有压气体能流过膜片和挡壁之间的流动通道。在控制气室中加入控制信号气压 P_c 时，膜片向下弯曲关断气流流动通道。这样，元件的切换特性取决于膜片两侧的相对压力而不是绝对气源压力的大小。这种压力控制的切换方式，由于膜片将控制通道和输出通道之间隔离而提高了元件的输出能力，减少了功率消耗。这也意味着元件几何参数的准确性、流体的性质（如黏性）及雷诺数对元件的工作性能没有明显的影响</td></tr>
<tr><td>非门单元</td><td>如图(b)所示，在基本单元的前后串入两个气阻 R_1、R_2 就可构成实现反向作用的“非”门单元。由于串入了两个气阻 R_1、R_2，靠气阻的分压作用，使膜片下腔室中的压力 P_1 和 P_2 降低。当没有输入信号压力 P_c 时，有输出 P_0。当加入输入信号压力 P_c 时，膜片将挡壁关闭，没有输出
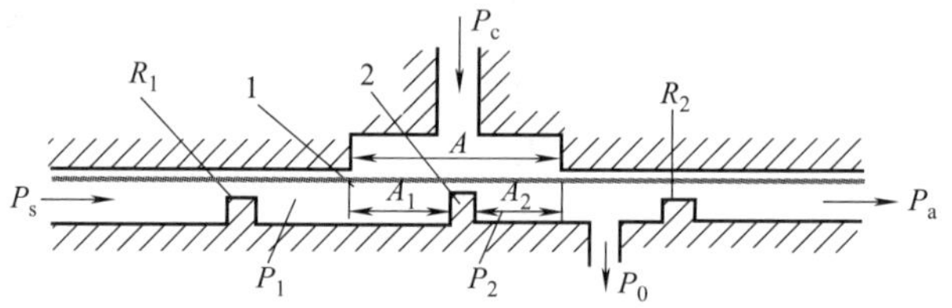

图(b)　“非”门单元
P_s—气源压力；P_c—输入压力；P_a—大气压力；P_0—输出压力；R_1，R_2—气阻；1—膜片；2—挡壁
一般气阻 $R_2>R_1$，即输出压力 $P_0>1/2P_s$。为了实现切换，控制压力 P_c 作用在膜片上的力必须等于膜片下面两腔室中的压力 P_1 和 $P_2(P_0)$ 分别向上作用在膜片有效作用面积 A_1 和 A_2 上的力。若忽略气流通过挡壁时的阻力，则 P_1 和 P_2 基本相等。因此元件切换时其控制压力 $P_c(P'_c)$ 需满足以下条件
$$P'_cA=P_1A_1+P_2A_2$$
即
$$P'_c=P_0=\frac{R_2}{R_1+R_2}P_s$$
上式说明“非”门单元没有增益。一旦膜片封住了挡壁，气流就不再流动，“非”门单元没有输出。此时返回压力 P''_c 仅取决于 A_1 和 A_2 的比值，即
$$P''_c=\frac{A_1}{A}P_s$$
“非”门元件的输出为开关式，其切换压力必须大于返回压力，即
$$\frac{R_2}{R_1+R_2}>\frac{A_1}{A}$$
</td></tr>
</table>

续表

<table>
<tr>
<td rowspan="1">微压膜片式逻辑元件</td>
<td>推挽单元</td>
<td>

“非”门单元中的气阻 R_1、R_2 限制了元件的输出能力，为了使元件具有低输出阻抗及对负载的不敏感性，在“非”门单元的基础上增加一对推挽放大级，构成推挽单元，如图(c)所示。由于推挽单元中的两个气阻相等，所以在膜片打开时，$P_1=P_2=1/2P_s$。推挽放大级 3 的有效面积比 A_1/A 约为 0.8，推挽放大级 2 的有效面积比 A_1/A 为 0.2。于是，当 $P_c=0$ 时，“非”门单元 1(控制级)的膜片处于打开状态。此时推挽放大级 3 的挡壁打开，推挽放大级 2 的挡壁关闭，元件的输出通道与气源相通，有输出 $P_0=P_s$。当 $P_c>1/2P_s$时，“非”门单元 1 的膜片将气流通道关闭，即 $P_1=P_s$，$P_2=0$。此时，推挽放大级 3 的挡壁关闭，推挽放大级 2 的挡壁打开，元件的输出通道与大气相通，无输出 $P_0=0$，元件实现了非门逻辑功能

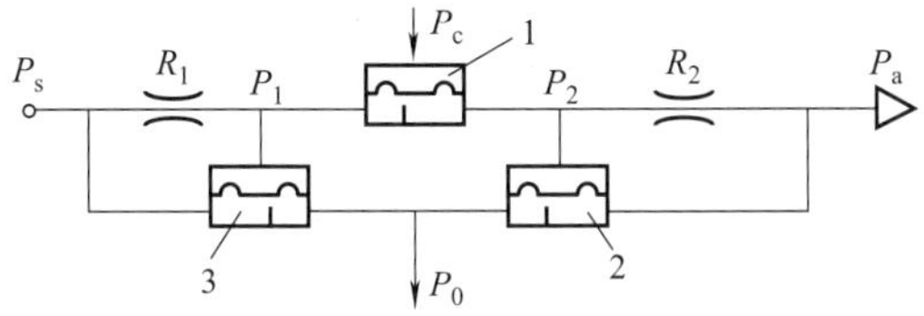

图(c)　推挽单元

1—非门单元；2，3—推挽放大级

由于在推挽放大级中没有气阻，元件的输出与控制级完全隔离，从而提高了元件的输出能力。另外在切换动作完成后，由于推挽放大级中的两个挡壁总有一个是关断的，因此元件不消耗功率

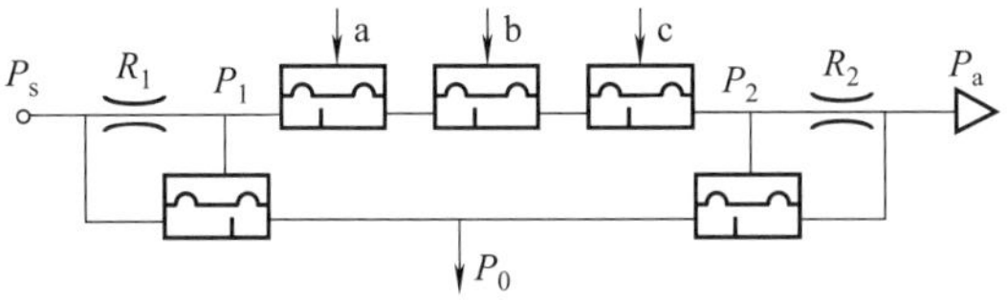

图(d)　“或非”元件工作原理图

由此推挽单元可以构成实现不同逻辑功能的元件。如图(d)所示的三输入“或非”元件就是在控制级中将三个基本单元串联并保留推挽放大级而构成。但元件中所串联的单元数量受到一定限制，要求在控制级中气流通过挡壁的阻抗必须大大低于 R_1 和 R_2 的阻抗

如在控制级中基本单元并联就能实现“与非”功能，如图(e)所示。用同样的方法还可以构成“与”“或”“非”、记忆、计数触发器等元件

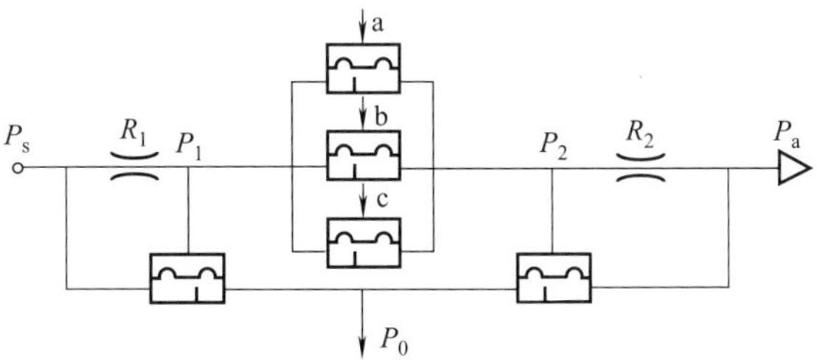

图(e)　“与非”元件工作原理

</td>
</tr>
<tr>
<td rowspan="2">低压膜片式逻辑元件</td>
<td colspan="2">低压膜片式逻辑元件是一种多功能元件(具有多种逻辑功能)，其结构形式也较多，此处介绍双膜片式和三膜片式低压逻辑元件</td>
</tr>
<tr>
<td>双膜片式逻辑元件</td>
<td>

此类元件的工作压力在 1～2bar 之间，响应时间短，可达 2ms，元件体积可做得较小，使用寿命长

元件由刚性连杆连接两块膜片构成，参见图(f)。根据所要求实现的逻辑功能，在 a、b、c 和 d 四个输入端加入相应的输入信号，借助于气压在膜片两侧产生的压力差来推动膜片组件的上下移动，实现气流通路的通断，以改变输出 s 的状态

使用时应注意，没有加入信号的输入端不可以堵死

</td>
</tr>
</table>

续表

低压膜片式逻辑元件	双膜片式逻辑元件	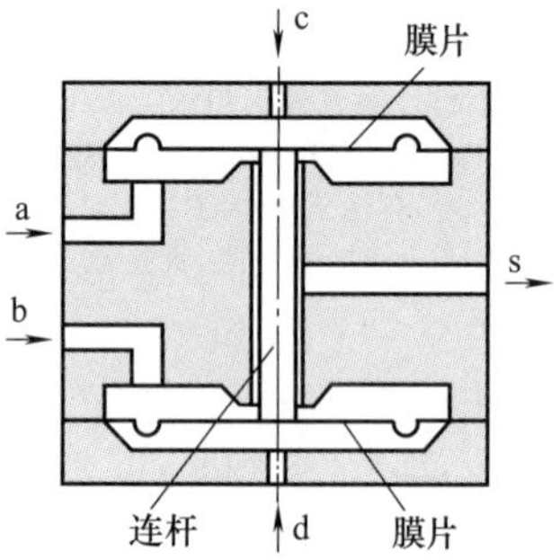 图(f) 双膜片式逻辑元件
	三膜片式逻辑元件	此类元件又称为运算继电器，是一种低压膜片元件，工作气压为1.4bar，具有典型的开关特性，可实现多种逻辑功能 如图(g)所示，在元件的上、下两端有两个喷嘴，中间的刚性连杆连接三块膜片构成膜片组件，将元件分隔成A、B、C、D四个气室。中间膜片的有效面积比两侧膜片的有效面积大2倍。若在一个中级气室中加输入压力 P_a，在另一个中级气室中加偏置压力 P_b，则膜片组件在压力差的作用下，向上或向下移动，关闭或打开气源喷嘴，元件输出呈开或关状态 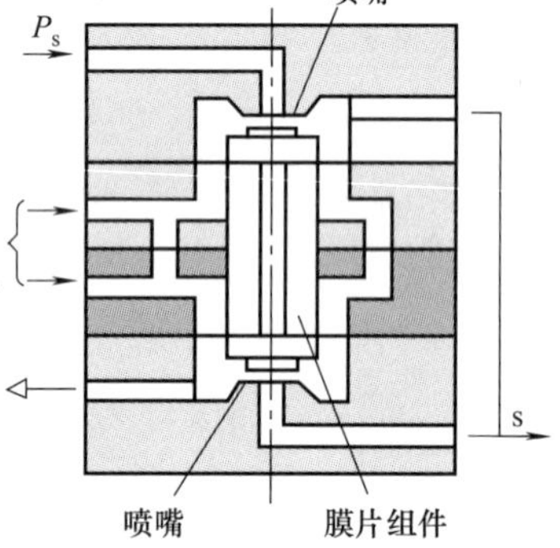 图(g) 三膜片式逻辑元件 P_a—输入压力；P_b—偏置压力；P_s—气源；s—输出
	双膜片式和三膜片式逻辑元件均可实现是门、非门、或门、与门、双稳等逻辑功能	
高压膜片式逻辑元件	这种元件的工作压力为3～7bar，元件通径为2mm，可动部件只有膜片，所以元件结构简单，便于做成集成线路。元件采用负压切换方式改变其输出状态，即“1”表示无气状态，“0”表示有气状态，这与正压切换相反。在用这类元件组成的控制回路中，使用的“非”门元件主要采用正压切换截止式结构，故往往用正、负混合逻辑设计回路。由于采用排气控制方式，故气压信号在管路中传输的时间较长，若回路设计不当，易发生障碍 高压膜片式逻辑元件包括“或”门、“与”门、双稳及放大和换向元件组成的系列元件，元件种类较多，现以双稳元件为例说明其工作原理 如图(h)所示，在常态下，a、b两输入口均有气。在接通气源后，若中间膜片偏向右侧，此时s无气输出，s与气源相通有气输出，即双稳处于“1”状态。若a端瞬时排空，左膜片就偏离阀座，中间膜片因左侧压力降低而向左偏移，关断气源和 s_0 的通路，则 s_0 无气输出；同时，右膜片压向阀座，关断 s_1 与排气口的通路，而 s_1 与气源相通有气输出，即双稳由“1”状态变为“0”状态输出。如果a口仍恢复有气状态，则元件能将状态保持下来，仍处于“0”状态输出，即具有记忆作用。只有在b口瞬时排空时，即加入另一输入信号，元件才会切换，变为“1”状态输出 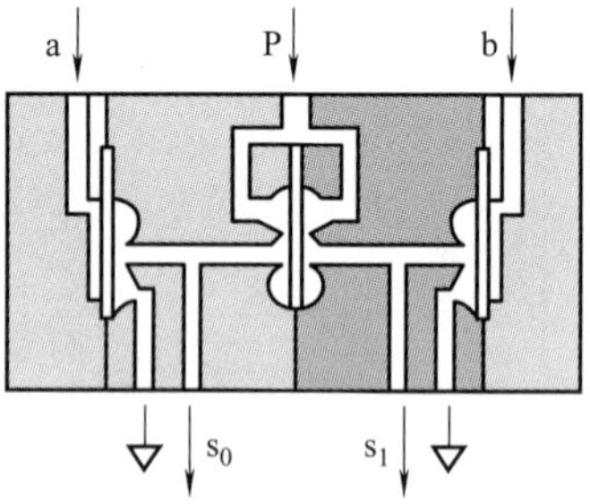 图(h) 高压膜片式双稳元件	

3.8.3.3 滑阀式逻辑元件

滑阀式逻辑元件的结构与常规的气动换向阀没有根本上的差别，只是根据逻辑元件的要求，在设计时考虑了体积、管道通径及安装等因素，同时为了提高元件的性能，在结构和工艺上采取了一些措施。滑阀式逻辑元件大多数采用三个或五个孔口，即二位三通或二位五通滑阀。阀芯（滑柱）在输入信号作用下来回移动，切换流路，实现一定的逻辑功能。

(1) 结构原理

如图21-3-121所示，P为气源，a为输入信号，s为输出信号。没有加输入信号时，阀芯在弹簧力作用下被置于一侧，元件有输出（置“1”）。当加入输入信号a（置“1”）时，阀芯右移，关闭气源，输出与排气口相通，元件无输出（置“0”）。

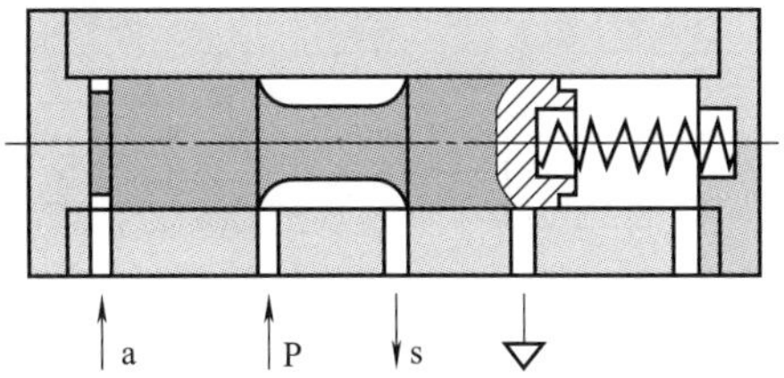

图 21-3-121　滑阀式连接元件（非门）

图 21-3-122 为双稳元件，它有两个输入口 a 和 b（置“1”和置“0”口）。加入输入信号 a 后，阀芯被推至右端。此时，元件的输出处于“1”状态，即 $s_1=1$，$s_0=0$。该状态一直保持到信号 b 出现，阀芯被推至另一端为止，这时元件处于“0”状态，即 $s_1=0$，$s_0=1$。值得注意的是，由滑阀式元件实现的双稳具有永久的记忆作用，即在气源中断后重新供气时，元件仍然保持原来的输出状态不变。滑阀式元件的工作气源压力范围大（从真空到 10bar），工作可靠，结构坚固，流量输出较大，常作小功率阀用以直接推动小型执行机构。元件的响应时间一般为十几毫秒，比截止式元件稍慢。滑阀式元件是一种多功能元件，表 21-3-111 列出了用滑阀式逻辑元件实现的几种逻辑功能。

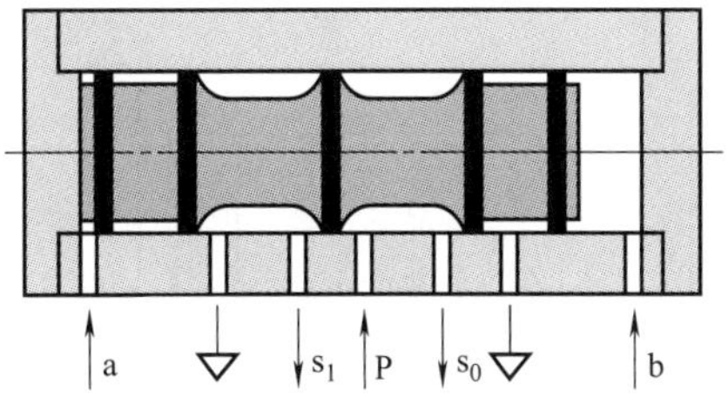

图 21-3-122　滑阀式逻辑元件（双稳）

(2) 密封

滑阀式逻辑元件阀芯和阀体之间的密封方式主要有两种：一种是采用软质密封圈；另一种是间隙密封。

① 软质密封。滑柱（阀芯）和阀体之间的正常配合间隙，会造成相当大的气体泄漏。因此，在滑柱或阀体上总是要使用 O 形密封圈或其他形式的密封圈。密封圈一般采用橡胶或者尼龙等软质材料制成。采用密封圈密封的元件对滑阀副的加工精度要求比间隙密封来得低，元件的工作位置可任意方向安装而不影响元件的逻辑性能，但必然影响元件的切换灵敏度。为此，工作气源需用具有润滑作用的含油雾的压缩空气。

图 21-3-123 给出了采用软质密封的两种结构

这两种密封结构都采用滑柱来推动滑块做开关动作，以改变流体通路的方向。滑块与固定面之间的配合需要研磨，结构紧凑、体积小，密封可靠。

② 间隙密封。采用间隙密封的滑阀式逻辑元件是靠滑柱和阀体之间微小的间隙来保证工作通道和排气口之间的密封。这类元件有两种，一种是靠阀芯和阀体的金属-金属的配合间隙，其结构原理与常规的金属硬配滑阀相同；另一种是应用气动轴承原理，工作时滑柱在气压作用下“悬浮”在阀体中间，使元件切换时摩擦力大大降低，动作频率大大提高。

图 21-3-124 为金属-金属间隙配合的滑阀式逻辑元件原理图。

在图 21-3-124（a）中滑柱没有定位装置，使用时必须水平放置。在强烈冲击的场合下往往会产生误动作。图 21-3-124（b）、（c）所示两种结构就能克服这个缺点。

在图 21-3-124（b）中，滑柱的两端装有永久磁铁，切换后靠磁力定位。

在图 21-3-124（c）中，滑柱的端部有机械定位用弹簧，切换后靠机械力定位。

表 21-3-111　　用滑阀式逻辑元件实现的几种逻辑功能

	或门	非门	与门
逻辑功能	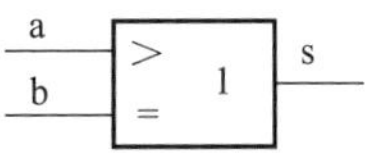	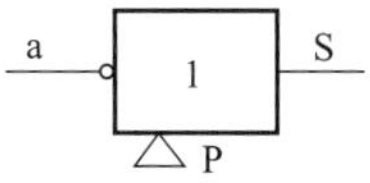	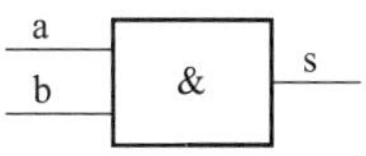
逻辑回路	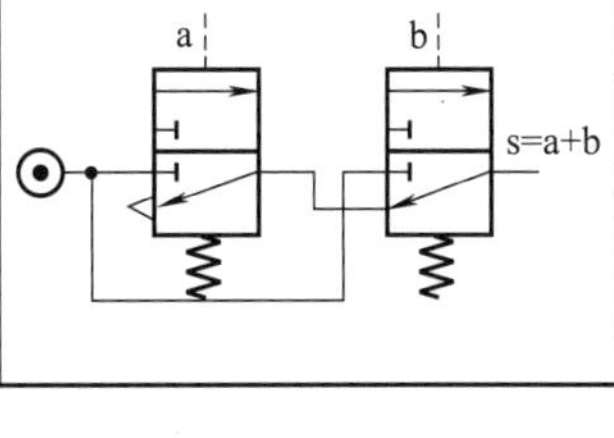	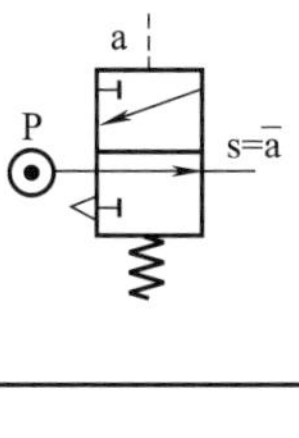	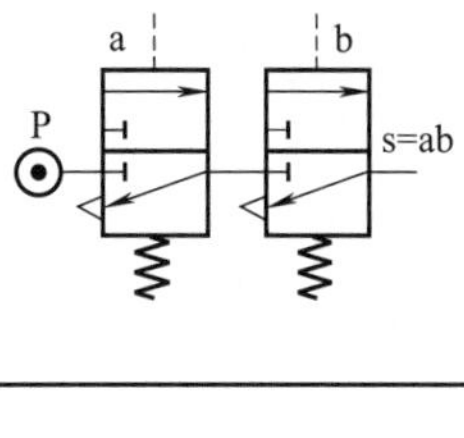 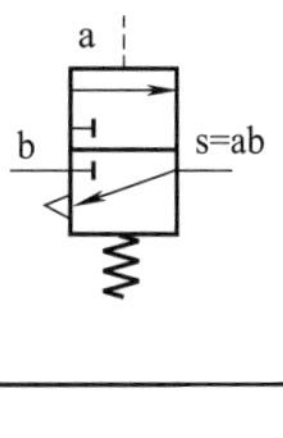

续表

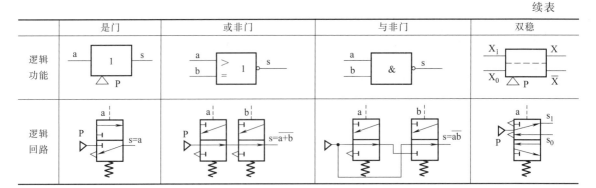

	是门	或非门	与非门	双稳
逻辑功能	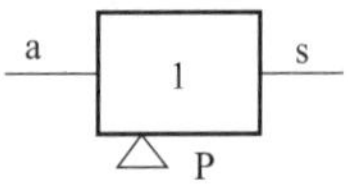	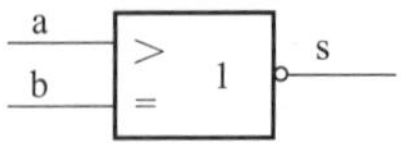	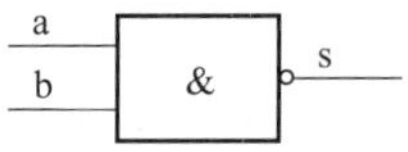	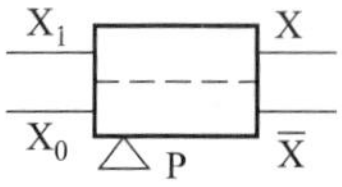
逻辑回路	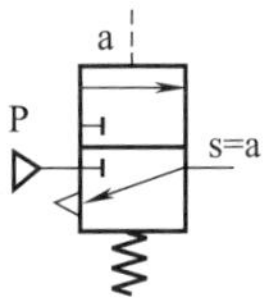	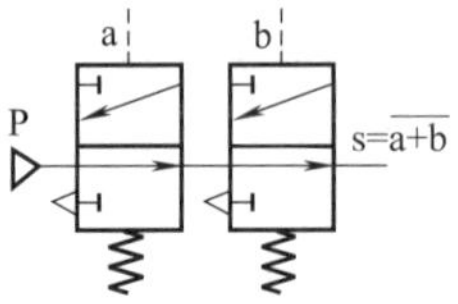	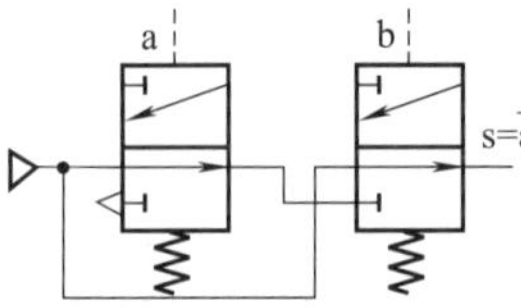	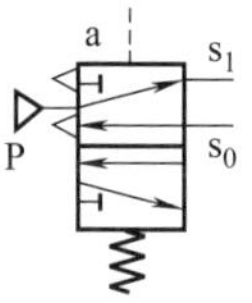

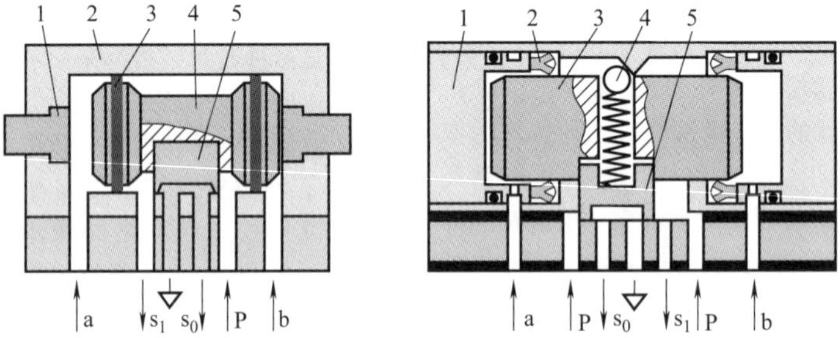

(a) 普通密封
1—手动按钮；2—阀体；3—密封圈；
4—阀芯(滑柱)；5—滑块

(b) 带钢球的密封
1—阀体；2—密封圈；3—阀芯(滑柱)；
4—钢球；5—滑块

图 21-3-123　滑阀的软质密封

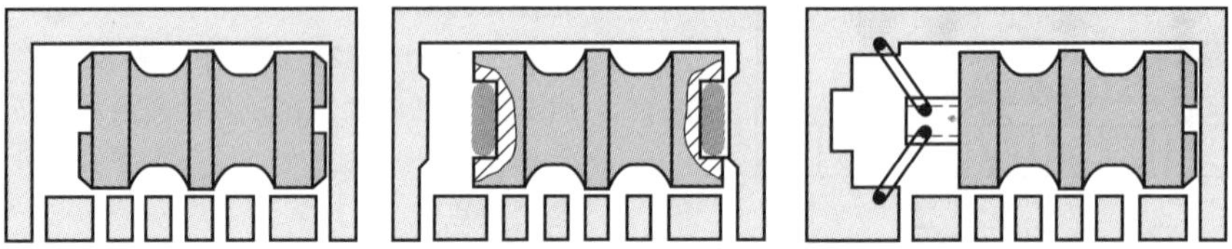

(a)　(b)　(c)

图 21-3-124　金属-金属间隙配合的滑阀式逻辑元件工作原理图

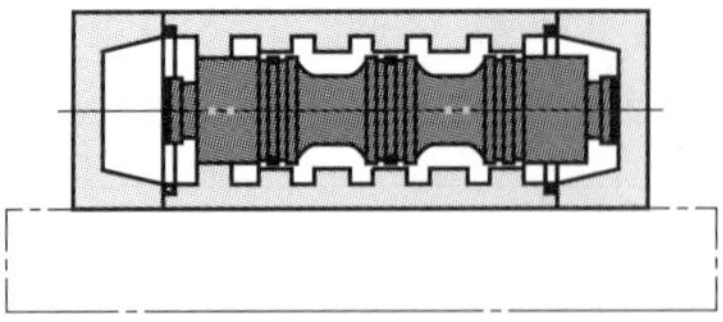

(a) 基本的双稳元件

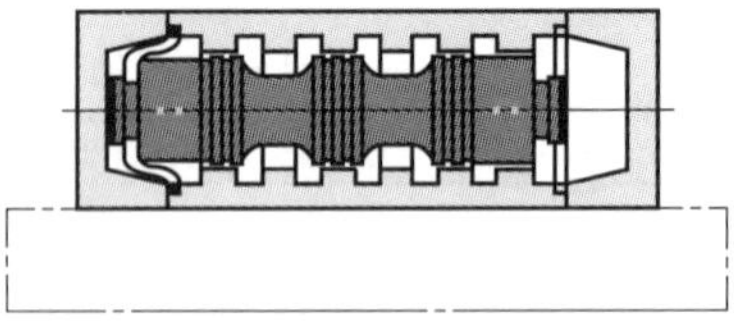

(b) 用膜片作弹性定位的双稳元件

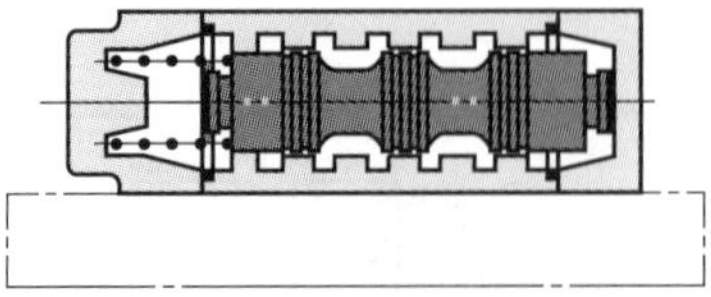

(c) 弹簧返回的单稳元件

图 21-3-125　双稳元件结构

间隙密封的滑阀式逻辑元件对制造精度要求高，配合间隙一般在 10μm 左右，特别是滑柱和阀体选用不锈钢材质，研磨加工，表面粗糙度 $Ra\leqslant1.6\mu m$，所使用的工作气源需经精密过滤，过滤精度为 5μm，空气应清洁而干燥。

由于滑阀副几何形状的制造偏差（如椭圆度、台阶的同心度等）及阀芯的自重作用，使滑阀径向受力不平衡而偏向一侧，造成元件切换的摩擦阻力增加，并有卡死的可能。为避免上述现象的发生，除要求滑阀副具有正确的几何形状和适当的配合间隙外，还在阀芯的工作表面开设数条间距 2～4mm、深度 0.5mm 的平衡槽、均压槽，以形成气膜，即采用类似空气轴承的结构。元件在工作时由于气压沿阀芯工作表面轴向压力梯度在径向是均匀分布的，而有利于形成厚度均匀的气膜。在均压槽内径向压力均匀分布，可防止阀芯受力不均而偏向一侧的现象发生。

由于采用了空气轴承原理，阀芯在阀体内移动时几乎不受摩擦力的作用，因此元件切换灵敏，动作频率极高。

图 21-3-125（a）所示为基本的双稳元件，工作时阀芯必须处于水平位置，不能受到强烈振动和冲击，否则易产生误动作。一般用于系统需要最短响应时间的场合。元件也可以在阀芯一侧加恒定的低压偏置信号作单稳用。

图 21-3-125（b）所示为用膜片作弹性定位的双稳元件，弹性定位克服了上述元件的缺点，但切换压力增加了。

图 21-3-125（c）所示为弹簧返回的单稳元件，也常用偏置气压信号来代替弹簧返回，切换压力的大小与弹簧刚度有关。

3.8.3.4　顺序控制单元

顺序控制单元（又称为步进单元）是一个组合元件。它主要应用在多个执行元件顺序动作的气动系统中。

表 21-3-112　顺序控制单元结构原理

<table>
<tr><td>结构及特点</td><td>顺序控制单元由“与”门、“或”门和单输出双稳元件组成。其逻辑符号如图(a)所示
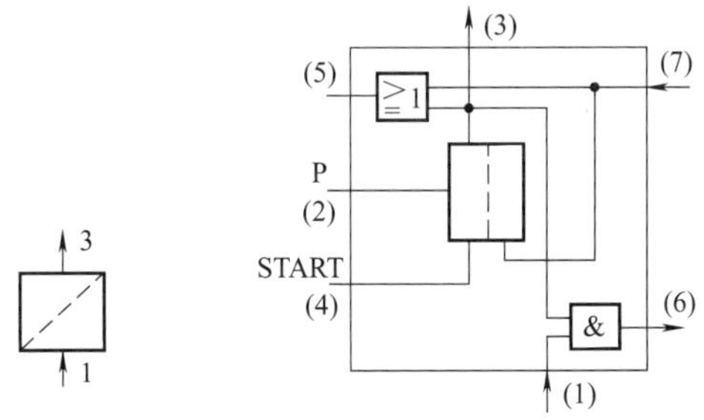

逻辑符号(简化)　　逻辑符号(详细)
图(a)　顺序控制单元逻辑符号
1—信号输入口；2—总气源口；3—信号输出口；4—设置第一步(第一个顺序单元的置位信号，一般用启动按钮实现)；5—工作和复位状态显示；6—“与”门最后一级；7—共用的复位输入口(复位脉冲)
顺序控制单元特点：简化设计，费用低，省时；可防止输入的错误信号及系统自身的错误信号；线路短，换向速度快；动作中断时，后续动作信号全部互锁；控制系统明了且易懂，易维护</td></tr>
<tr><td>工作原理</td><td>参见图(b)。控制信号从 4 输入(用启动按钮实现)，使单输出双稳元件的输出为 1 状态(例如输出口 3 接气缸的无杆腔，使气缸的活塞杆伸出)，同时通过或门元件到达前一个顺序控制单元或者使气动显示器工作，另一条路线到达与门元件的一个信号输入口
当信号输入口 1 有控制信号时(例如气缸的活塞杆伸出到位后压下行程开关，其输出口接顺序控制单元的信号输入口)与门元件的输出为“1”状态，其输出气流向下一个顺序控制单元输入(相当于本单元的 4)或者作为最后一个顺序控制单元的“与”门最后一级 6 与 7 连接。当下一个顺序控制单元的输出口 3 为“1”状态时，本单元的输出就被截止(“0”状态)
工作和复位状态显示 5 根据本单元所在位置不同有以下几种情况
① 本单元处于第一个位置：5 一般接一个气动显示器表示有气或无气的状态；或者接一个压力表可以监测压力的大小
② 本单元处于第二个及以后的位置：5 就是前一个顺序控制单元的复位控制口
在 6 和 7 口相接，7 的输入气流使所有的顺序控制单元都复位
通过以上的分析可以得到以下结论
① 执行元件的动作顺序数和顺序控制单元的数量相符，即一个顺序控制单元控制一步动作
② 顺序控制单元输出口为“1”状态的条件是：前一个顺序控制单元的输入口和输出口都是 1 状态
③ 同一时间只能有一个顺序控制单元在工作</td></tr>
</table>

续表

应用(四步式集成步进控制器)	四步式集成步进控制器[见图(b)]可以控制四步顺序动作。其工作过程如下 (1)s 有输出 控制信号从 4 口输入，s 有输出。同时，气流经过“或”门从 5 口输出(5 口接气动显示器)；另一条气路使“与”门元件上输入口置“1” (2)s 有输出 当 R 口有信号输入时，即“与”门元件下输入口置“1”，则“与”门输出为“1”状态，信号到达第二个顺序控制单元，s 有输出 同时，气流经过“或”门到达第一个顺序控制单元中单输出双稳元件的另一个信号输入口，因此 s_1 的输出被截止。另一条气路使“与”门元件上输入口置“1” (3)s_3 有输出 当 R_2 口有信号输入时，即“与”门元件下输入口置“1”，则“与”门输出为“1”状态，信号到达第三个顺序控制单元，s_3 有输出 同时，气流经过“或”门到达第二个顺序控制单元中单输出双稳元件的另一个信号输入口，因此 s_2 的输出被截止 另一条气路使与门元件上输入口置“1” 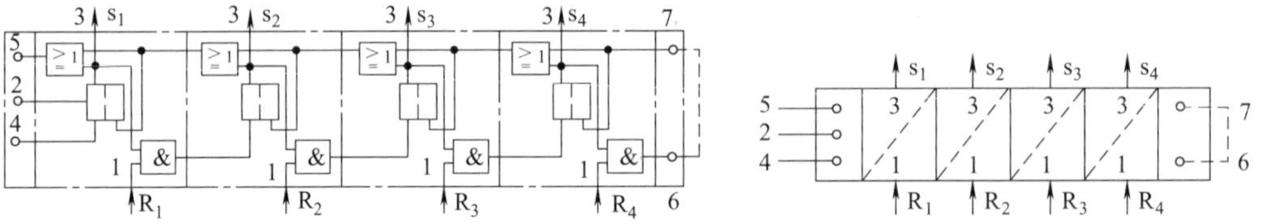 图(b)　四步式集成步进控制器和其简化符号 (4)s_4 有输出 当 R_3 口有信号输入时，即“与”门元件下输入口置“1”，则“与”门输出为“1”状态，信号到达第四个顺序控制单元，s_4 有输出 同时，气流经过“或”门到达第三个顺序控制单元中单输出双稳元件的另一个信号输入口，因此 s_3 的输出被截止 另一条气路使“与”门元件上输入口置“1” (5)复位 当 R_4 口有信号输入时，即“与”门元件下输入口置“1”，则“与”门输出为“1”状态，即接口 6 有气流输出 接口 6 的输出气流从接口 7 再进入顺序控制单元组件，经过一系列“或”门元件的作用，使所有的顺序控制单元全复位

3.8.3.5　气动逻辑元件的性能及使用

表 21-3-113　　气动逻辑元件的性能及使用

性能参数	工作压力范围	气动逻辑元件的工作压力范围是指元件能正常工作的气压范围。能正常工作是指元件在动作时，其响应时间、切换压力等都在规定的范围内。包括最高工作压力和最低工作压力。它们既是元件结构设计的主要依据，也是选用元件时参考的主要性能参数。对于有源元件来说，工作压力就是指在元件的气源输入口所加的气源压力；对于无源元件来说，则指输入信号的压力。为了保证元件现场工作的可靠，一般要求在工作压力范围波动±20%时，元件也能正常工作。元件的工作压力范围测试线路如图(a)所示 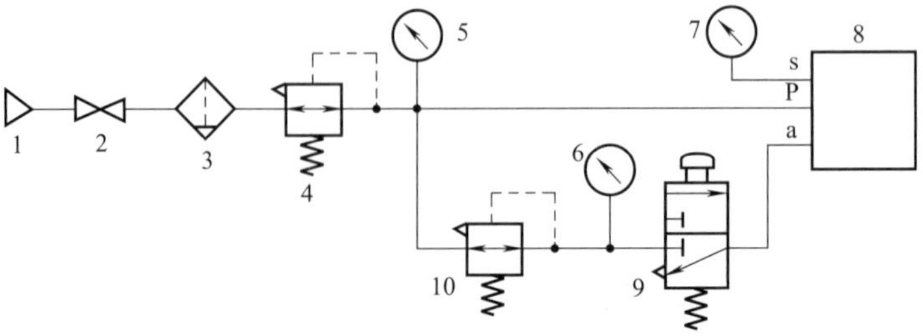 图(a)　工作压力范围测试线路 1—气源；2—气源开关；3—过滤器；4，10—减压阀；5～7—压力表；8—被测元件；9—手动按钮

续表

<table>
<tr><td rowspan="3">性能参数</td><td>切换压力和返回压力</td><td>元件的切换 P_c' 是指元件从常态变为另一种状态时(这个过程称为切换过程)在输入口所加的控制压力大小。元件切换后,当在输入口的控制信号压力逐渐减小,直到元件的输出返回到切换前的状态,此时的控制压力大小即为元件的返回压力 P_c''
切换压力和返回压力的大小往往与元件的结构型式、工作压力及密封等因素有关。例如对截止式逻辑元件来说,工作压力增加,切换压力和返回压力也相应提高。对于用软质密封的滑阀式逻辑元件,当工作压力一定时,元件第一次开始动作的切换压力,要比动作数次后的切换压力更高一些。这是由于橡胶密封圈在停放过程中与金属表面产生亲合作用,而使始动摩擦力增加。间隙密封的滑阀式逻辑元件的切换压力与停放时间的长短无关
元件的切换压力和返回压力的测试线路见图(a)</td></tr>
<tr><td>流量特性</td><td>表示逻辑元件流量特性常用的方法有:流通能力 C 或 C_v 值、有效截面积 S 及流量 Q 等,也有用有效通径表示的。国内常用流通能力 C 值和流量 Q 表示
元件的流量 Q 表示在一定的工作压力下,气流从输出口流向大气的自由空气流量(或用标准流量表示)。因此,在表示流量大小时要指出此时的工作压力大小。图(b)为元件的流量测试线路原理
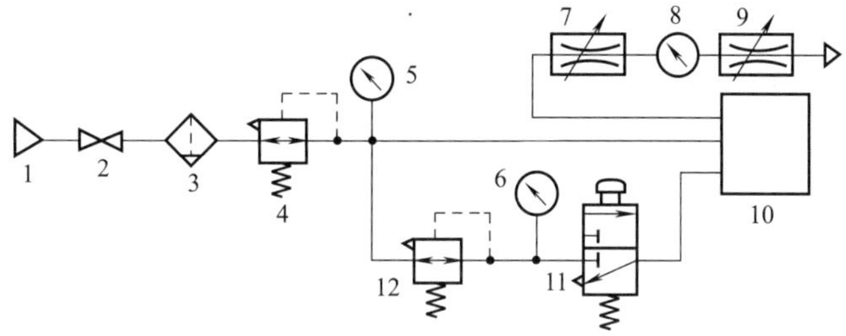

图(b)　元件的流量测试线路原理
1—气源;2—气源开关;3—过滤器;4,12—减压阀;5,6,8—压力表;7,9—节流阀;10—被测元件;11—手动按钮</td></tr>
<tr><td>响应时间和工作频率</td><td>响应时间是指控制元件刚一发出控制信号到元件切换动作完成的一段时间,它又分为开启时间和关闭时间,如图(c)所示
影响响应时间的因素很多,除了元件本身的结构参数(可动部件的位移量、惯性力等)外,还有控制信号的大小和波形以及测试管路的长度所引起的信号延迟
元件的响应时间测试线路原理如图(d)所示
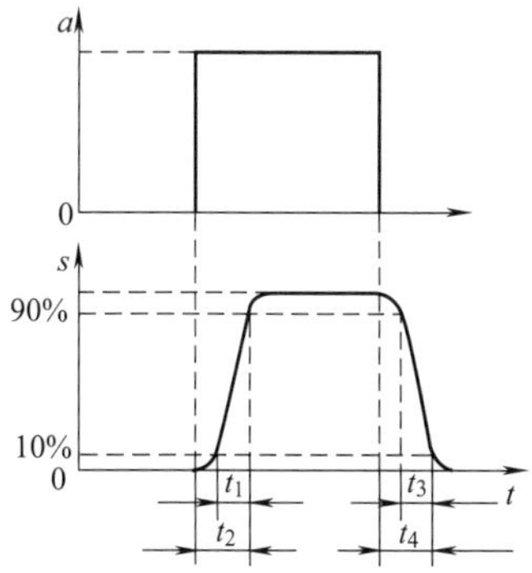

图(c)　响应时间
t_1—上升时间;t_2—开启时间;t_3—下降时间;t_4—关闭时间
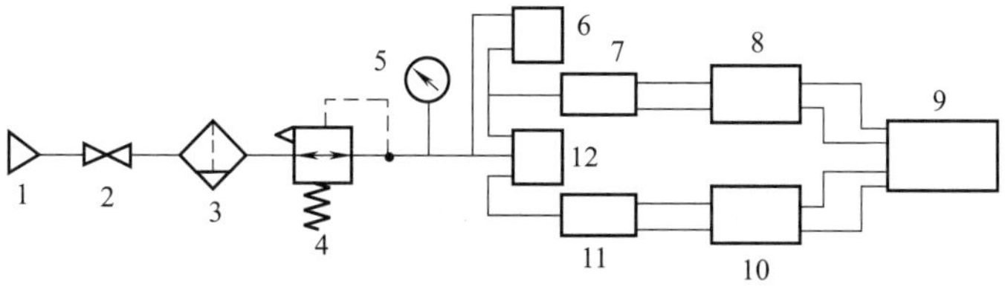

图(d)　响应时间测试线路原理
1—气源;2—气源开关;3—过滤器;4—减压阀;5—压力表;6—控制元件;7,11—压力传感器;8,10—动态应变仪;9—记录仪;12—被测元件
工作频率是指在每秒钟(或每分钟)内能正常动作的切换次数</td></tr>
</table>

续表

元件的使用	适用范围	①机械设备本身采用气动执行机构(如气缸)时,用气动逻辑控制不需要工作介质的转换,能组成全气动系统,具有很好的技术经济效果 ②在易燃、易爆、多粉尘、强磁和辐射等工作环境中,电器、电子元件不能适应工作,这时气动逻辑元件能发挥其优越性 ③在一般的气动设备的程序控制中,可优先考虑选用高压型逻辑元件,它能直接利用多数工厂的动力气源工作,元件输出的负载能力强。在与气动仪表配套时,可选用低压型逻辑元件。而当与传感检测或射流配套使用,要求运算速度快时,宜选用微压型逻辑元件
	使用时应注意的问题	①气动逻辑元件对气源的净化处理要求较低,除了间隙密封的滑阀式逻辑元件外,它要求空气的过滤精度为50～60μm,采用普通的分水过滤器。由于元件内有橡胶膜片,应该把逻辑控制系统用的气源,同需要润滑的元件供气分开,以免润滑油污损膜片 ②元件之间的连接管路,对于低压型、微压型元件,用一般的塑料管或优质橡胶管直接连起来就可以了。而对于高压型元件应注意连接管路和管接头的密封性。若采用塑料管要用厚壁的,或者用尼龙管等。元件的安装还应留有一定的空间,便于检查、维修。连接管路要短 元件的安装可采用安装底板,在安装底板下面有管接头,元件之间用塑料管连接。为了减少连接管路也用集成气路板安装,气动逻辑元件之间的连接已在气路板内实现,外部只有一些连接用管接头。集成气路板可用几层有机玻璃粘接,或者用金属铝板和耐油橡胶材料构成 ③气压信号的传输速度取决于管路的尺寸、长度及两端的压差。对于稳态信号没有严格的要求。但由于快速的开关信号在管路中传输将被衰减,而直接影响元件切换的动态性能 在气动控制中,逻辑元件本身的响应时间是比较短的,远不如气压信号在管路中传输所引起的时间延迟,这在使用时要注意 为保证元件动作可靠,不要使用只有几毫秒的短脉冲信号来切换元件,因为一般元件的响应时间在10ms左右,用短脉冲信号来切换,元件易产生误动作 ④所有元件在安装之前都应检查其逻辑功能是否正常。接通气源后,元件的排气孔不应有明显漏气现象(微压元件正常的泄漏除外)

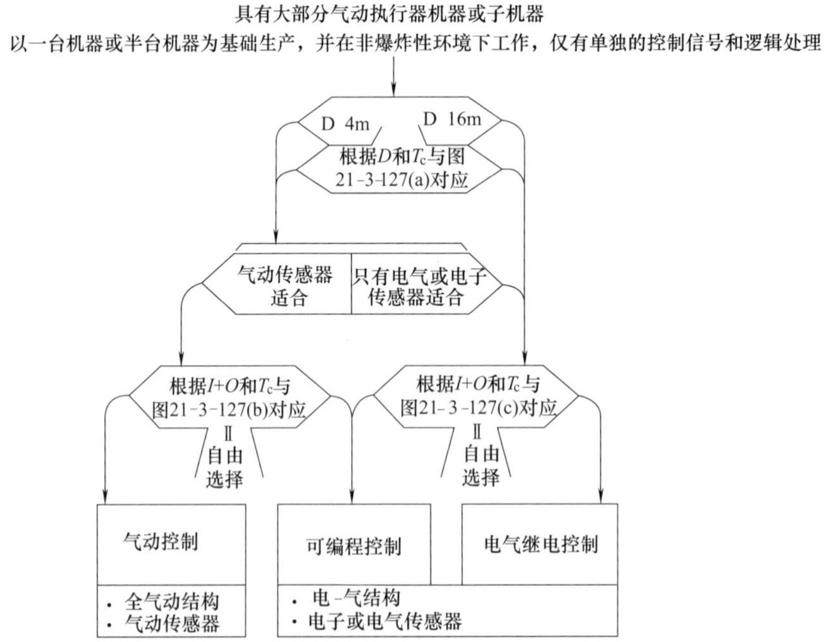

图21-3-126　逻辑控制选择流程

3.8.3.6　气动逻辑控制的选择

一台自动化机器通常有气动驱动（气缸、气马达、鼓风机、吸盘等）和电气驱动（电机、加热电阻器、电磁铁等）两种方式。在选择控制硬件时，设计者应该设法最大限度地提高整个控制系统的一致性。因此，当大多数执行器为气动时，应使用气动控制装置。当大多数执行器是电气时，应使用电气控制。图

21-3-126 可用于气动执行机构绝大多数（至少 60%）的机器或机器工作站选择控制技术。机器必须是一个机组或部分机组结构，最后它只应该包含单独的信号并且仅需要逻辑处理。这些条件适用于最新的自动化系统。然而，如果考虑的机器包括具有模拟或数字信号的部分，则可以将其构造成一系列工作站，并且可以将不符合所有条件的那些单独处理。

使用流程图，用于决定是否采用气动逻辑控制。三个重要的选择判据可依次应用于所考虑的机器。

① 距离和反应时间。信号传输距离 $D=D_1+D_2$ 很容易计算。

· 如果 $D<4$m：选用什么配置都是可能的。

· 如果 $D>16$m：只有电-气控制适合。

· 如果 4m$<D<$16m：则使用图 21-3-127（a）进行选择。

计算步长 T_E 的平均时间，并且作为 D 的函数，该图能够选择的有：方向Ⅰ——所有可能的配置；方向Ⅱ——电-气动配置。

② 传感器匹配。我们已经看到了气动传感器和电气和电子传感器之间的并行存在。在这个阶段，验证大部分传感器可以是气动的。

③ 需要的处理量。这是使机器的使用寿命达到最佳选择的优化标准，因此是最佳的总体成本。处理量是以下两个变量的函数。

· 输入/输出的数量：$I+O$

· 由以下公式给出的复杂程度：

$$T_c=(\text{步数}+\text{工序数})/(I+O)$$

$$D=D_1+D_2$$

式中　D_1——传感器与处理器之间的距离；

T_E——平均步长时间；

D_2——处理器与方向控制阀之间的距离。

对关注的应用，把这两个元素确定值计算出来，并将其输入其中一个图中：

· 图 21-3-127（b）可以选择气动控制（Ⅰ）和可编程控制器控制（Ⅱ）。

· 图 21-3-127（c）可以在电气继电控制（Ⅰ）和可编程控制器（Ⅲ）之间进行选择。

在图 21-3-127（b）、（c）中显示“自由选择”的情况下，两种技术均适用于相关的应用。

全气动控制系统比电动气动驱动具有许多优点。

① 系统一致性。使用一个能源和控制介质，靠减少必要的技能和技术，简化了设备的设计、操作和维护。

② 硬件一致性。实际上，气动缸与气动传感器的结合要好于电子传感器。

a. 在潮湿的环境中：与电气传感器相反，气动传感器在潮湿的环境中无故障运行气动缸的应用通常是有利的。

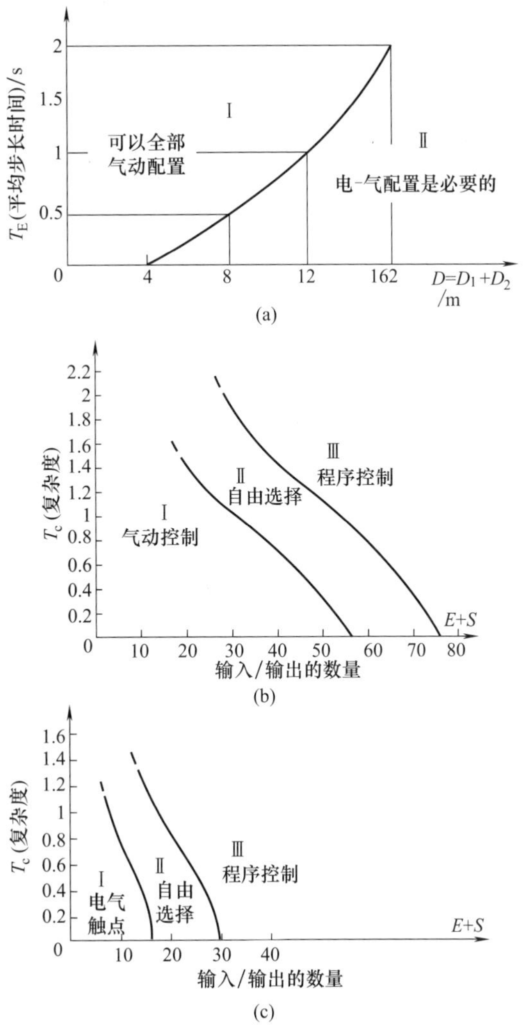

图 21-3-127　全气控逻辑控制系统的选择

b. 在爆炸环境中：防爆电器元件麻烦且昂贵；气动元件本身具有防爆功能，非常适合日益频繁的爆炸性工业环境。

c. 对于短行程气缸：短行程如典型的夹紧液压缸，很容易用气动限位传感器检测。

d. 限位开关无法使用的地方：这个经常遇到的问题可以通过使用阈值继电器来解决。

③ 消除了电磁阀。气动系统更紧凑、更可靠，成本降低。

④ 消除电力供应和保护装置，降低成本，增加安全性。

⑤ 没有切断或暴露线路和设备的电击。

⑥ 更长的寿命和更长的时间可靠性。

⑦ 更快的响应时间。在紧凑型控制系统中，总气动系统比电动气动系统的响应时间更快。

⑧ 降低总体成本。出于所有这些原因，全气动自动化是降低机器设计、操作和维护成本的有效技术。

3.8.3.7 气动逻辑元件产品（park 公司）

（1）元件符号

表 21-3-114 park 公司的气动逻辑元件符号

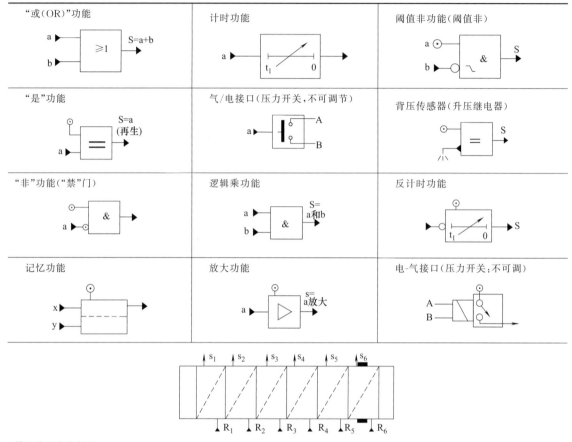

“或(OR)”功能 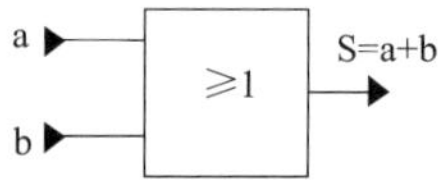	计时功能 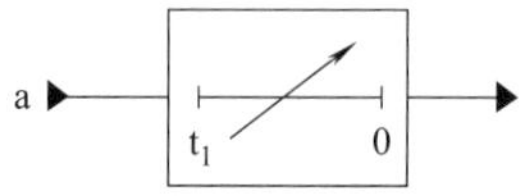	阈值非功能(阈值非) 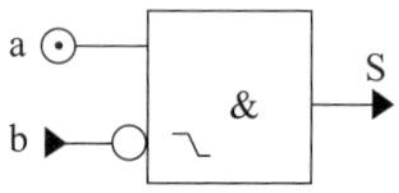
“是”功能 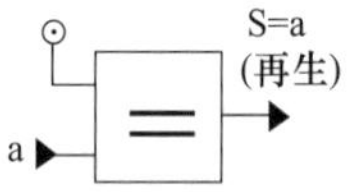	气/电接口(压力开关,不可调节) 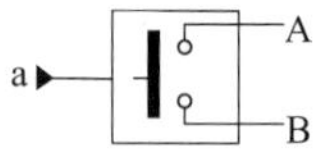	背压传感器(升压继电器) 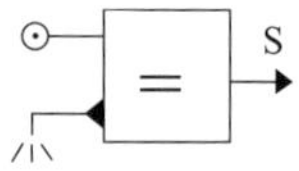
“非”功能(“禁”门) 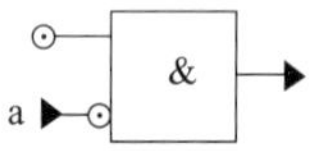	逻辑乘功能 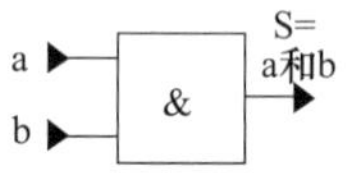	反计时功能 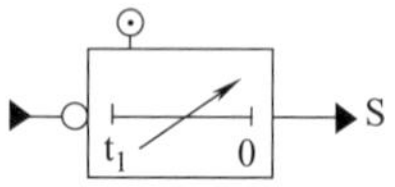
记忆功能 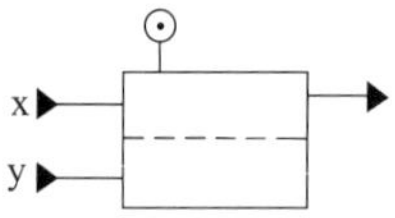	放大功能 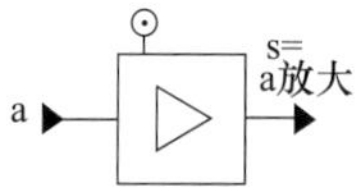	电-气接口(压力开关:不可调) 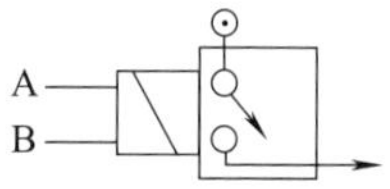
模块化程序控制器 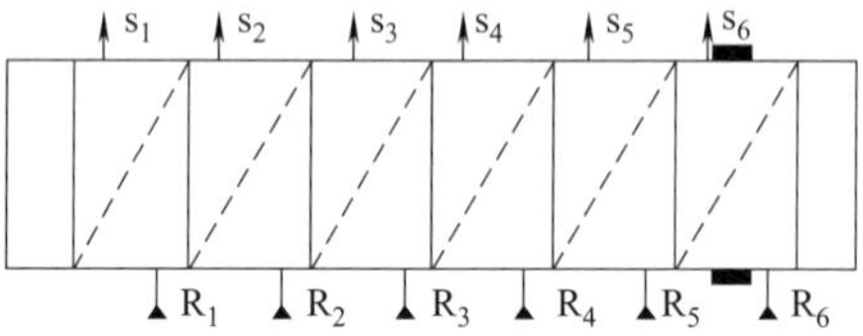		

（2）park 气动逻辑元件

表 21-3-115 park 公司的气动逻辑元件

	逻辑功能	逻辑符号	气动元件	功能符号	等效电气
被动功能	或 OR	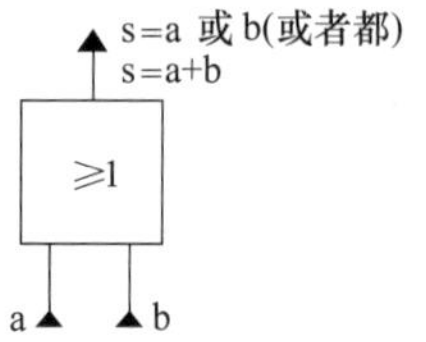 如果至少有一个输入“a”或“b”为 ON,或者都为 ON,则输出 s 为 ON	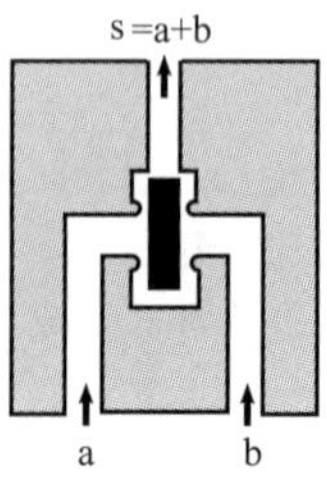	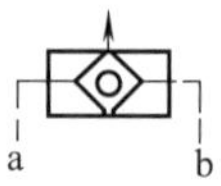	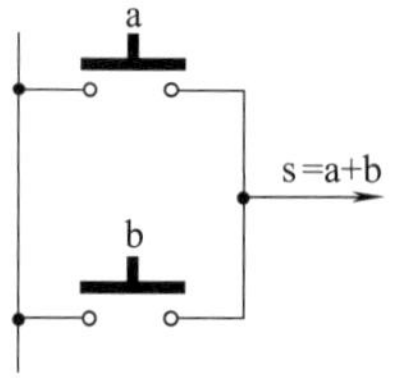

续表

	逻辑功能	逻辑符号	气动元件	功能符号	等效电气
被动功能	与(AND)	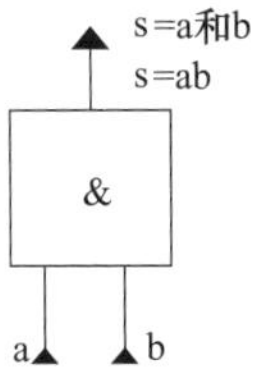 只有当输入“a”和“b”为都为 ON 时，输出 s 才为 ON	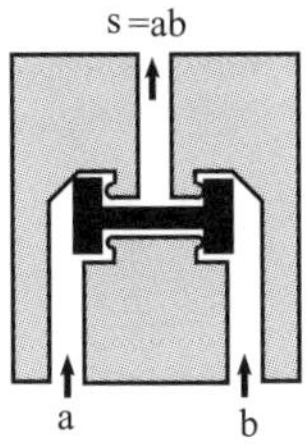	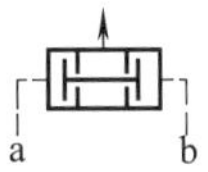	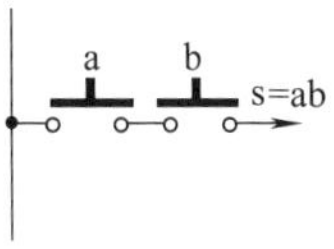
主动功能	是(YES)(再生)	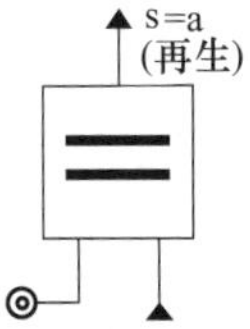 如果输入“a”为 ON，则输出 s 为 ON，并重新生成	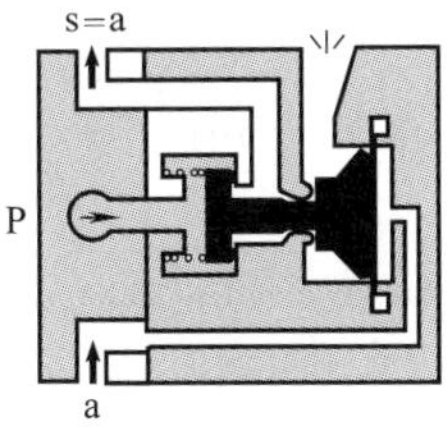		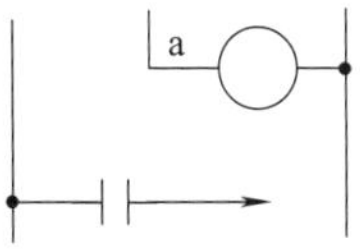
	非门 NOT(禁)	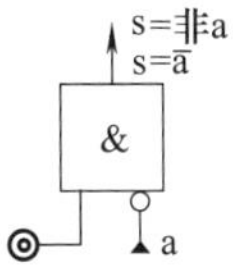 如果输入“a”为 OFF(且气源 P 存在)，则输出 s 为 ON	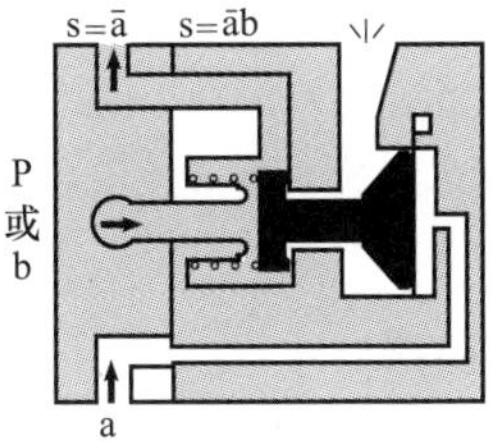		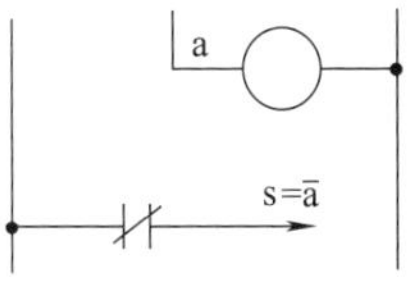
		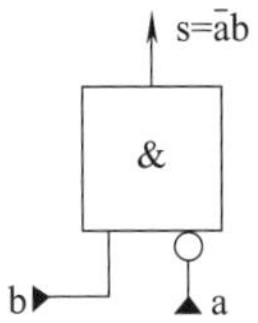 “b”是一个间歇信号。“a”禁止“b”。如果“b”为 ON，“a”为 OFF，则输出 s 为 ON			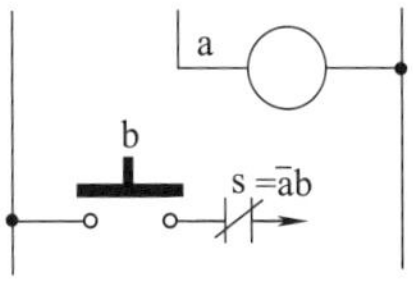
	记忆 MEMORY	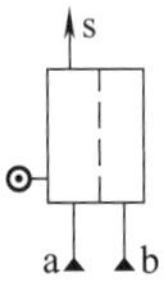 输入“a”产生输出 s(SET)。输出 s 保持 ON，直到输入“b”(RESET)	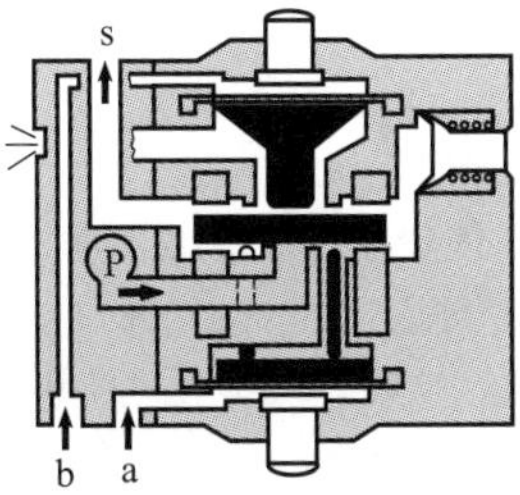		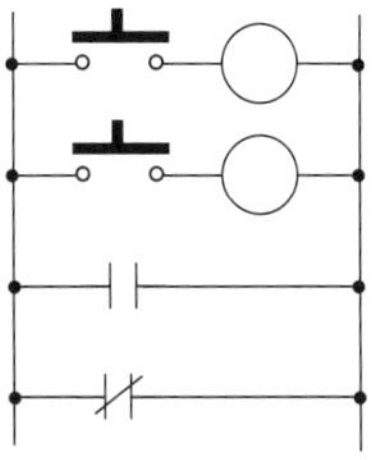

第4章 信号转换装置

4.1 气-电转换器

气-电转换器也称为P/E转换器和压力开关，它用于将气动输入信号转换成电输出信号。它的基本工作原理是利用弹性元件在气压信号作用下产生的位移来接通或断开电源。

气-电转换器利用的弹性元件有橡胶膜片、金属膜片（膜盒）、弹簧管等，由所转换的气压力大小来选择。

气-电转换器分为开关点不可调的转换器和带有可调工作点的转换器两种类型。开关点不可调的转换器具有一个固定的吸合压力，其取决于所使用的压力范围。一般的压力范围为1～3bar。其通过一个气动传动装置（活塞、膜片）将一个电触点接通，这种转换器通常还设有一个手动辅助按钮，用它可以进行检测或者在有干扰和断电的情况下输出一个信号。带有可调工作点的转换器可以在一个设定的压力范围内进行无级调节，并且根据其结构形式和所使用的材料可用于不同的介质。其通过压力在其作用面积上产生的力与可调节的弹簧力相平衡并且当大于所调节的弹簧力时，发出电信号。

4.1.1 干簧管式气-电转换器

图21-4-1所示为干簧管式气-电转换器的结构。它的工作原理是：在进气口有输入信号时，磁性活塞动作，活塞的磁场变化激励舌簧片闭合，从而触发一个电信号输出。气-电转换器的工作状态由LED显示，它的工作压力范围0～0.8MPa，最小动作压力0.15MPa，工作电压12～27V（DC和AC），最大输出电流200mA，触点容量3W。

4.1.2 膜片式气-电转换器

图21-4-2所示的是一种低压膜片式气-电转换器，其工作原理是：在没有控制信号输入时，在气源口P输入的压缩空气经恒节流气阻、喷嘴，从排气口流入大气。在控制口X有气压信号输入时，上膜片封住喷嘴，背压升高，压下下膜片，驱动微动开关动作，输出电信号。

转换器的工作气源压力范围为10～25kPa，控制信号压力范围为0.05～25kPa，无信号输出时耗气量

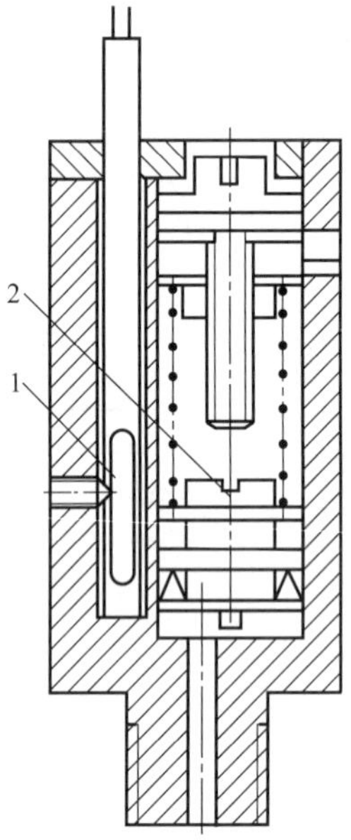

图21-4-1 干簧管式气-电转换器的结构
1—干簧管；2—活塞

为0.7L/min(ANR)，工作电源可用交流和直流。

使用时，在较高切换频率和电感较大的场合，采用直流工作方式时，必须加*RC*吸收回路，即将串联的*R*和*C*元件并联到开关或负载上。吸收回路的元件要求电容大小与负载电流大小相当，耐压630～1000V以上，电阻值与负载电阻相对应，功率0.5～1W。

图21-4-3（a）所示的是一种低压气-电转换器，

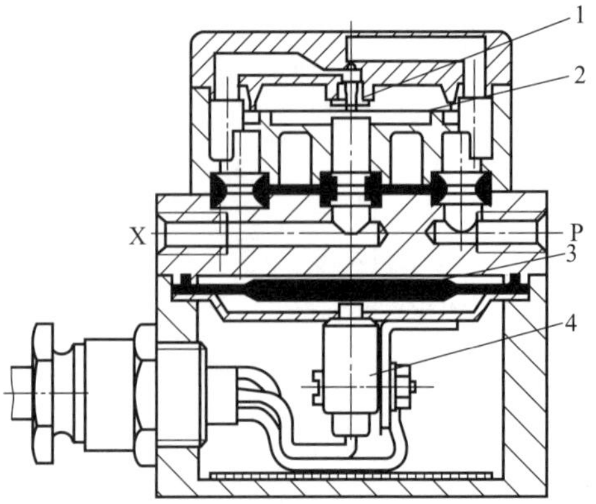

图21-4-2 低压膜片式气-电转换器
1—喷嘴；2—上膜片；3—下膜片；
4—微动开关

其输入压力小于 0.1MPa。平时阀芯 1 和焊片 4 是断开的，气信号输入后，膜片 2 向上弯曲，带动硬芯上移，与限位螺钉 3 导通，即与焊片导通，调节螺钉可以调节导通气压力的大小。这种气-电转换器一般用来提供信号给指示灯，指示信号的有无。也可以将输出的电信号经过功率放大后带动电力执行机构。

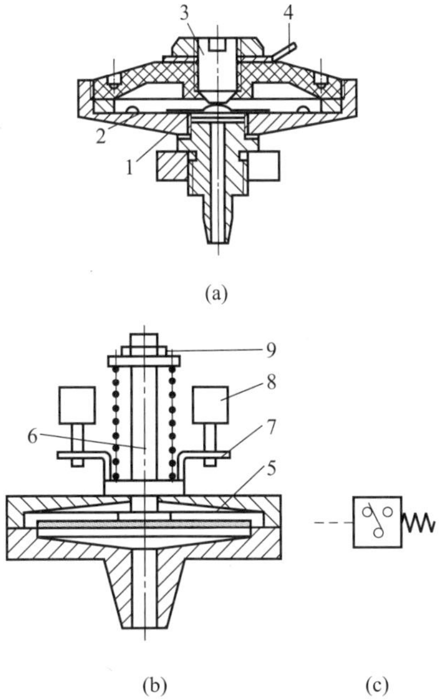

图 21-4-3　气-电转换器
1—阀芯；2，5—膜片；3—限位螺钉；4—焊片；
6—顶杆；7—爪枢；8—微动开关；9—螺母

图 21-4-3（b）所示的是一种高压气-电转换器，其输入信号压力大于 1MPa，膜片 5 受压后，推动顶杆 6 克服弹簧的弹簧力向上移动，带动爪枢 7，两个微动开关 8 发出电信号。旋转螺母 9，可调节控制压力的范围，这种气-电转换器的调压范围有 0.025～0.5MPa，0.065～1.2MPa 和 0.6～3MPa 几种。这种依靠弹簧可调节控制压力范围的气-电转换器也称为压力继电器，当气罐内压力升到一定值后，压力继电器控制电机停止工作；当气罐内压力降到一定值后，压力继电器又控制电机启动。其图形符号如图 21-4-3（c）所示。

4.1.3　压力开关

压力开关是一种当输入压力达到设定值时，电气开关接通，发出电信号的装置，常用于需要压力控制和保护的场合。例如，空压机排气和吸气压力保护，有压容器（如气罐）内的压力控制等。压力开关除用于压缩空气外，还用于蒸汽、水、油等其他介质压力的控制。

压力开关由感受压力变化的压力敏感元件、调整设定压力大小的压力调整装置和电气开关三部分构成。

通常，压力敏感元件采用膜片、膜盒、波纹管和波登管等弹性元件，也有用活塞的。敏感元件的作用是感受压力大小，将压力转换为位移量。除此以外，敏感元件趋于采用压敏元件、压阻元件，其体积小，精度高，能直接将压力转换成电信号输出。

电气开关性能根据工作电压、功率及输出电路的通断状况来确定，要求电气开关体积小，动作灵敏可靠，使用寿命长。

4.1.3.1　高低压控制器

图 21-4-4 所示的高低压控制器是一种把两个压力开关组合在一起的结构，可用来分别控制高压和低压，如常用于制冷压缩机排气压力保护和吸气压力保护。其特点是高低压的设定压力值都有刻度指示，差动值也有刻度指示，且高压带有手动复位装置。

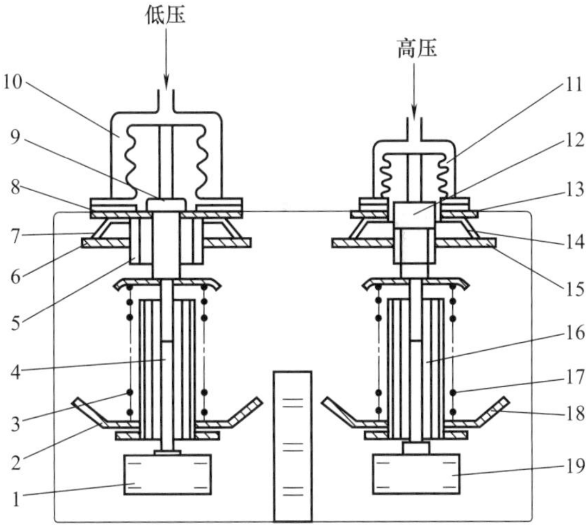

图 21-4-4　高低压控制器
1,19—微动开关；2—低压调节盘；3—低压调节弹簧；4,16—传动杆；5—调节螺钉；6—低压压差调节盘；7,14—碟形弹簧；8,13—垫片；9—传动棒；10—低压波纹管；11—高压波纹管；12—传动螺栓；15—高压压差调节盘；17—高压调节弹簧；18—高压调节盘

高压及低压的断开压力值可通过高压或低压的调节盘进行调节。若转动调节盘，加大调节弹簧力，则高压及低压的断开压力值就相应增大；反之，则减小。

高压或低压的差动值（指接通或断开时的压力差）可以通过高压或低压压差调节盘进行调节，若转动压差调节盘使碟形弹簧压力增大，则差动值相应增大。

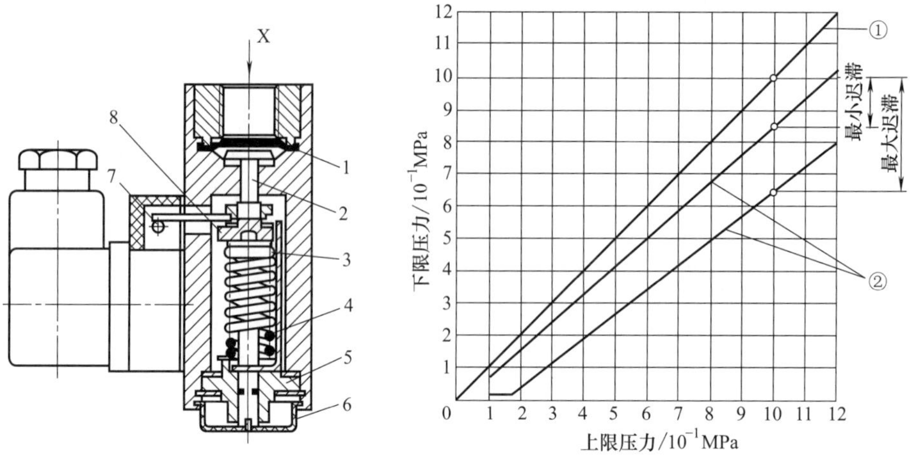

(a) 结构　　　(b) 迟滞调节性能

图 21-4-5　可调压力开关

1—膜片；2—推杆；3—弹簧；4—调节螺钉；5—六角螺母；6—保护帽；7—微动开关；8—连杆；①—上限压力；②—下限压力

4.1.3.2　可调压力开关

图 21-4-5（a）所示为一种可调压力开关，当输入 X 口的压力达到设定值时，膜片变形，驱动微动开关动作，即有电信号输出。设定压力在 0.1～1.2MPa 范围内无级可调。

根据微动开关的不同连接形式，微动开关可用作常开电触点、常闭电触点和常开/常闭电触点。出厂时，压力开关的上限压力设定为（0.6±3%）MPa，下限压力设定为（0.48±3%）MPa，顺时针旋转调节螺钉可增加设定的上限值和下限值。旋转保护帽下的六角螺母，也可调节压力开关的迟滞值，但设定的下限压力值保持不变，见图 21-4-5（b）。

图 21-4-6 所示为一种可调真空开关，其结构基本与图 21-4-5 所示的可调压力开关相同，因输入为真空压力信号，膜片和输入口都设置在下方，当输入口 X 的压力达到真空设定值时，膜片向上位移经推杆驱动微动开关动作，从而有电信号输出。同样，旋转调节螺钉可改变真空设定值。旋转保护帽下的六角螺母，可调节真空开关的迟滞值，但真空设定值保持不变。

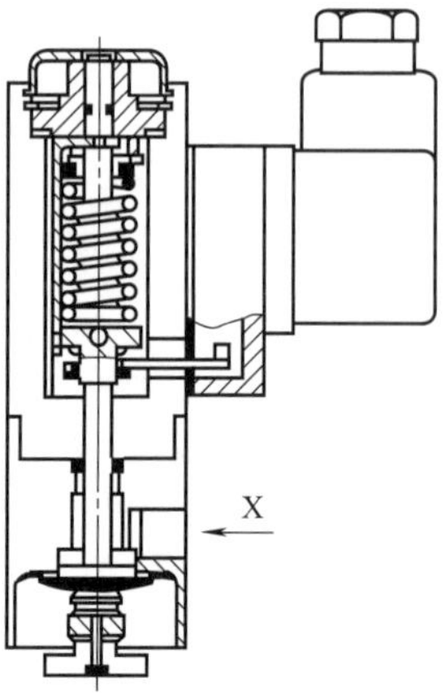

图 21-4-6　可调真空开关

4.1.3.3　多用途压力开关

图 21-4-7（a）所示为一种多用途压力开关，可

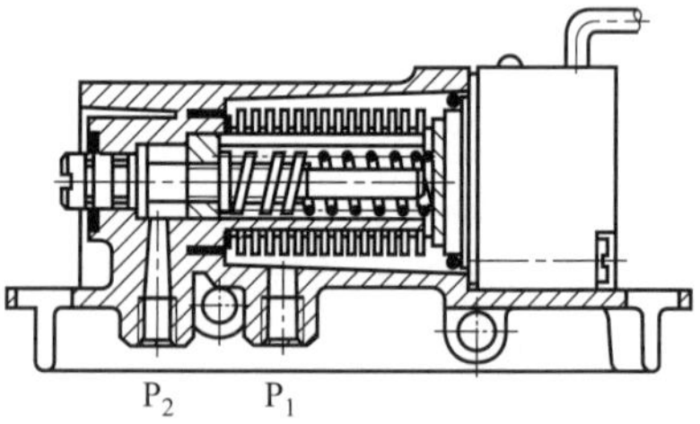

(a)

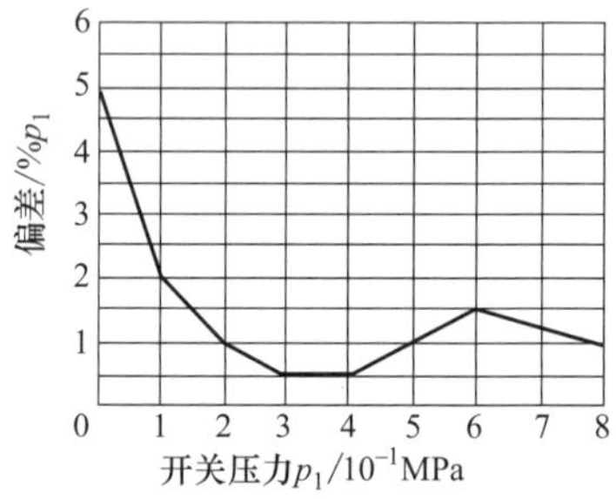

(b)

图 21-4-7　多用途压力开关

用作压力开关、真空开关和差压开关。

压力调节螺钉可调节弹簧的预紧力。由于电气开关采用电感式传感器，所以当金属波纹管因气压作用产生位移而引起磁场变化时，传感器输出电流并放大，于是获得一个非接触式的输出电信号。该信号可用以控制所有的数字电路和继电器，输入口 P_1 和 P_2 输入不同的压力范围就可实现不同的开关功能。

① 压力开关。P_1 口输入压力范围为 0.025～0.8MPa，期望的开关压力由调节螺钉设定。当 P_1 口压力大于设定值时，产生一个电信号输出。

② 真空开关。真空在 P_2 口输入，真空开关点的设定范围为－20～－80kPa。

③ 差压开关。P_1 和 P_2 口的输入压力范围为－0.095～0.8MPa，期望差压值由螺钉设定。

4.2　电-气转换器

转换器可以把不同能量形式的信号进行转换，本节主要介绍电-气（气-电）信号之间的转换。

电-气转换器是将电信号转换为气信号的装置，其作用如同小型电磁阀。

图 21-4-8 是一种低压电-气转换器，线圈 2 不通电时，由于弹性支承 1 的作用，衔铁 3 带动挡板 4 离开喷嘴 5。这样，从气源来的气体绝大部分从喷嘴排向大气，输出端无输出；当线圈通电时，将衔铁吸下，橡皮挡板封住喷嘴，气源的有压气体便从排出端输出。电磁铁的直流电压为 6～12V，电流为 0.1～0.14A，气源压力为 1～10kPa。

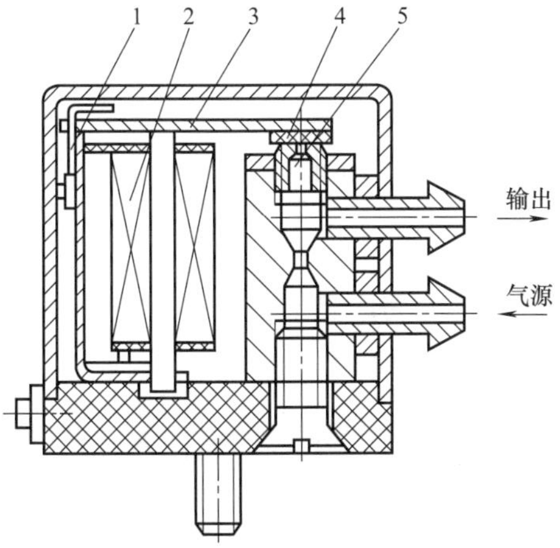

图 21-4-8　电-气转换器（一）
1—弹性支承；2—线圈；3—衔铁；4—挡板；5—喷嘴

另一种电-气转换器工作原理如图 21-4-9 所示。它是按力平衡原理设计和工作的。在其内部有一线圈，当调节器（变送器）的电流信号送入线圈后，由于内部永久磁铁的作用，线圈和杠杆产生位移，带动挡板接近（或远离）喷嘴，引起喷嘴背压增加（或减少），此背压作用在内部的气动功率放大器上，放大后的压力一路作为转换器的输出，另一路馈送到反馈波纹管。输送到反馈波纹管的压力，通过杠杆的力传递作用在铁芯的另一端产生一个反向的位移，此位移与输入信号产生电磁力矩平衡时，输入信号与输出压力成一一对应的比例关系，即输入信号从 4mA DC 改变到 20mA DC 时，转换器的输出压力从 0.02～0.1MPa 变化，实现了将电流信号转换成气动信号。图中调零机构用来调节转换器的零位，反馈波纹管起反馈作用。

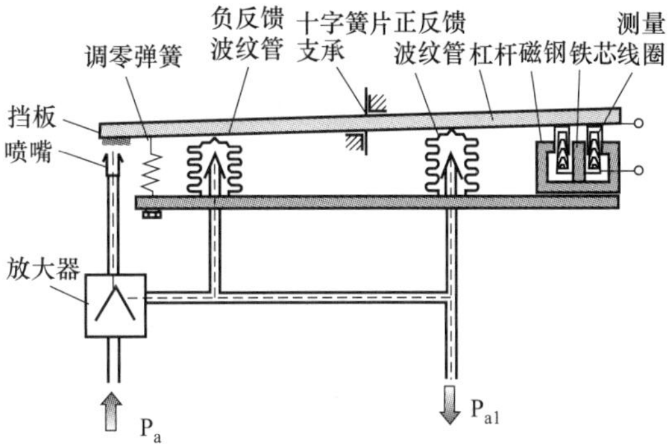

图 21-4-9　电-气转换器（二）

4.3　气-液转换器

作为推动执行元件的有压力流体，使用气压力比液压力简便，但空气有压缩性，难以得到定速运动和低速（50mm/s 以下）平稳运动，中停时的精度也不高。液体一般可不考虑压缩性，但液压系统需有液压泵系统，配管较困难，成本也高，使用气-液转换器，用气压力驱动气液联用缸动作，就避免了空气可压缩性的缺陷，启动时和负载变动时，也能得到平稳的运动速度。低速动作时，也没有爬行问题。故最适合于精密稳速输送，中停、急停和快速进给和旋转执行元件的慢速驱动等。

4.3.1　工作原理

将气压信号转换成液压信号的元件称为气-液转换器。现代电气信号处理系统一方面用简单的电-气转换器来确定气动部分的顺序。液压部分中精确的运动顺序也可能受到电-气转换器和可调节流量控制阀（用于向液压流动施加信号）的影响。这种气动系统中通过气-液转换控制液压部分运动非常适合于解决许多驱动问题。由于气动系统易于实现高流速，压缩空气能量很快就可以使用，并且采用了最新的技术，所以压缩空气能量可以几乎没有损失地传输到液压部分。

气-液转换器是一个油面处于静压状态的垂直放置的油筒，见图21-4-10。其上部接气源，下部与气-液联用缸相连。为了防止空气混入油中造成传动的不稳定，在进气口和出油口处，都安装有缓冲板。进气口缓冲板还可防止空气流入时产生冷凝水，防止排气时流出油沫。浮子可防止油、气直接接触，避免空气混入油中，防止油面起波浪。所用油可以是透平油或液压油，油的运动黏度为40～100mm^2/s，添加消泡剂更好。

阀单元是控制气-液转换单元动作的各类阀的组合。其中，换向阀可能有中停阀和变速阀，速度控制阀可能有单向节流阀和带压力补偿的单向调速阀。它们都有小流量型和大流量型两种。它们可以构成的组合形式见表21-4-1，以适应不同使用目的。

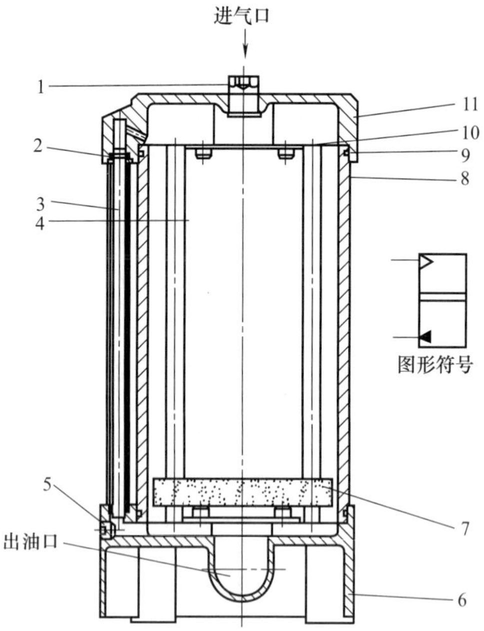

图21-4-10　气-液转换器

1—注油塞；2—油位计垫圈；3—油位计；4—拉杆；5—泄油塞；6—下盖；7—浮子；8—筒体；9—垫圈；10—缓冲板；11—头盖

表21-4-1　　气-液转换器和各类阀的组合及其使用目的

速度控制阀 / 换向阀	无	单向节流阀	带压力补偿的单向调速阀	使用目的
无中停阀 无变速阀		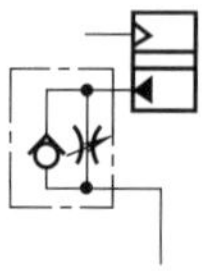	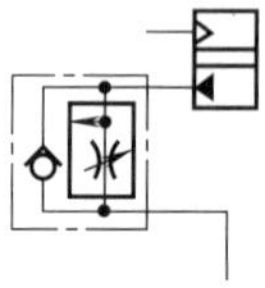	只需要速度控制
有中停阀	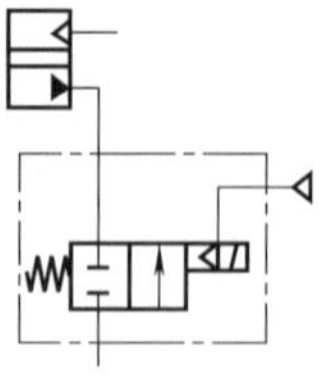	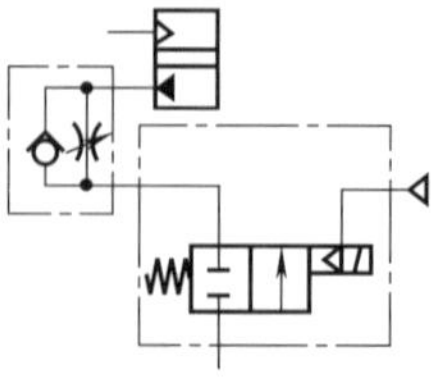	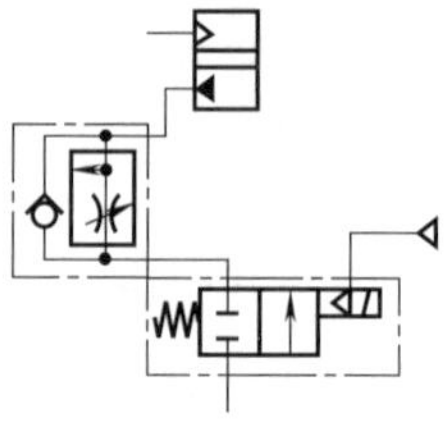	用于点动，中停、急停（如停电）
有变速阀		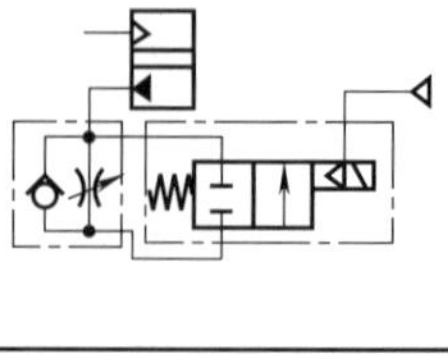	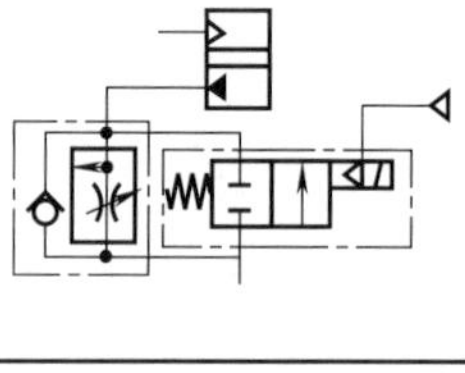	用于两种速度的控制（快速进给，切削进给）

续表

速度控制阀 / 换向阀	无	单向节流阀	带压力补偿的单向调速阀	使用目的
有中停阀和变速阀		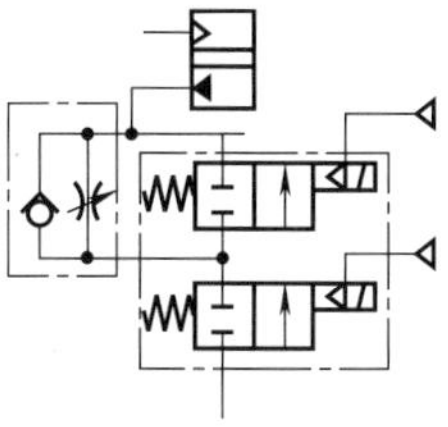	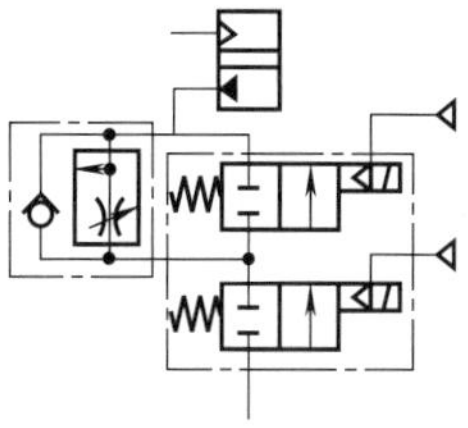	用于点动，中停、急停（如停电）以及两种速度的控制
使用要求	使物体平稳移动、不需速度控制的场合或者用气动速度控制可行的场合（3L/min 以上）	需微速控制（0.3L/min 以上）。使用压力变化、负载变化时允许速度变化的场合	需微速控制（0.04～0.06L/min），使用压力变化、负载变化时要求速度几乎保持不变的场合	

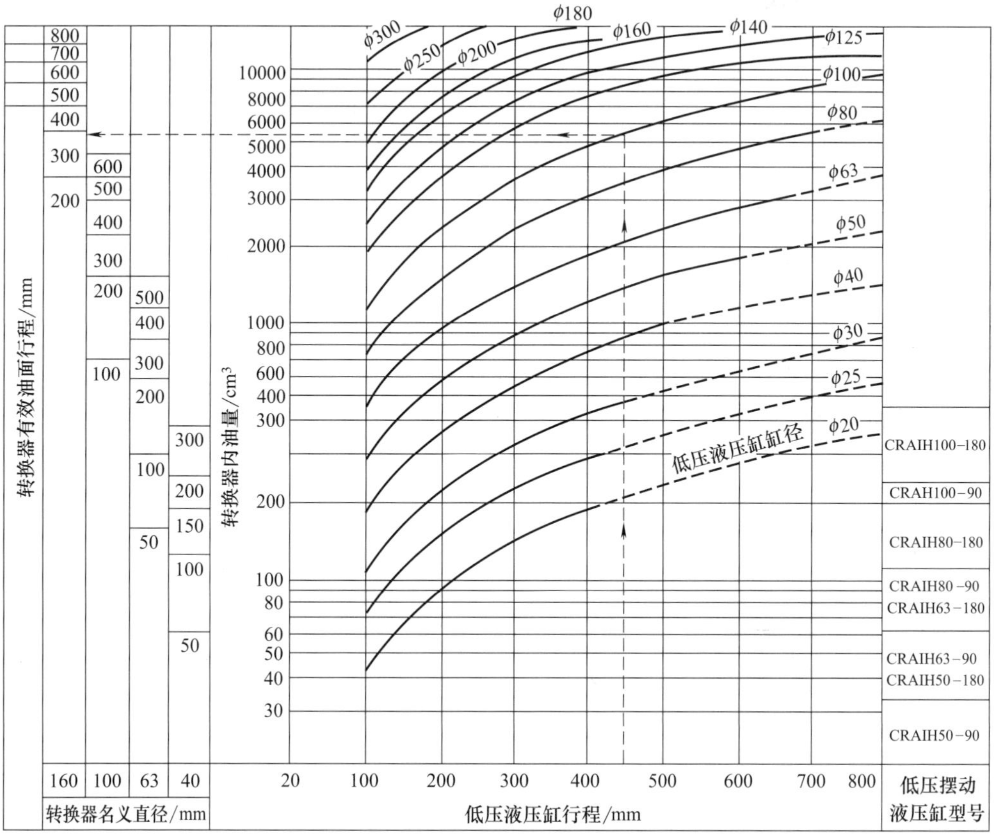

图 21-4-11　气-液联用缸容积和气-液转换器容量图

4.3.2　选用

（1）选气-液联用缸的缸径及行程

根据该缸的轴向负载力大小及负载率（应在 0.5 以下），来选择气-液联用缸的缸径。

（2）选择气-液转换器

选气液转换器时先由气-液联用缸的缸径和行程，计算出气液联用缸的容积，根据气-液转换器的油容量应为气-液联用缸容积的 1.5 倍，来选定气-液转换器的名义直径和有效油面行程。也可根据图 21-4-11 进行选择。如缸径为 100mm、行程为 450mm 的气-液联用缸，应配用名义直径为 160mm、有效油面行程为 300mm 的气-液转换器。按图 21-4-11 选择气-液转换器，实际上就是满足气-液转换器的油面速度不

表 21-4-2 阀单元的主要技术参数

阀的品种		变速阀、中停阀		节流阀		流量控制阀		
		小流量型	大流量型	小流量型	大流量型	微小流量型	小流量型	大流量型
使用压力/MPa		0～0.7		0～0.7		0.3～0.7		
外部先导压力/MPa		0.3～0.7		—		—		
有效截面积/mm^2	变速阀、中停阀	40	88	—				
	控制阀全开	—		35	77	18	24	60
	控制阀自由流动	—		30	80	23	30	80
最小控制流量/$L \cdot min^{-1}$		—		0.3		0.04	0.06	
压力补偿能力		—		—		±10%		
压力补偿范围		—		—		负载率在60%以下		
阀的零位状态		N. C.		—		—		

大于200mm/s的要求。

(3) 按需要功能选择阀单元

阀单元的主要技术参数见表21-4-2。

阀单元使用介质温度和环境温度为5～50℃，使用透平油的黏度为40～100mm^2/s，不得使用机油、锭子油。

小流量型阀与气液转换器名义直径63mm和100mm相配；大流量型阀与气液转换器名义直径100mm和160mm相配。

(4) 选择阀单元的规格和配管尺寸

根据对气液联用缸的驱动速度图（图21-4-11）来选择阀的大小（小流量型或大流量型）及配管内径。

4.3.3 使用注意事项

(1) 气源

为防止冷凝水混入、防止气-液转换单元的故障、延长工作油的使用寿命，建议使用空气过滤器及油雾分离器。

(2) 环境

气液转换单元不要靠近火源使用，不要用于洁净室，不要在60℃以上的机械装置上使用。油位计是用丙烯材料制成的，不要在有害雾气（如亚硫酸、氯、重铬酸钾等）中使用。

(3) 安装

① 转换器必须垂直安装，气口应朝上。

② 安装气-液转换单元要留出维护空间，便于补油（系统中会有微量油排出，油量会逐渐减少）及释放油中空气。

③ 气-液转换器的安装位置应高于气-液联用缸，若比缸低，则缸内会积存空气，必须使用缸上的排气阀排气。若没有泄气阀，就要旋松油管进行排气了。

④ 气-液联用缸动作时，不能避免会发生微量漏油。特别是气-液联用缸一侧使用空气时，会从气动换向阀出口排出油分，故气动换向阀排气口上应设置排气洁净器，并要定期排放，见图21-4-12。

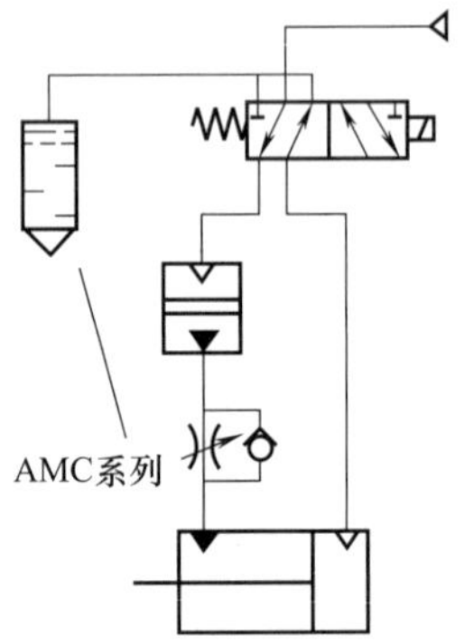

图21-4-12 气动换向阀排气口上应设置排气洁净器

(4) 配管

① 安装前，配管应充分吹净。

② 油管应使用白色尼龙管。油管路部分内径不要变化太大，管内应无凸起和毛刺。油管路中的弯头及节流处尽量减少，且油管应尽量短，否则所要求的流量可能达不到，或由于过分节流处速度高，会发生汽蚀出现气泡。

③ 管接头不要使用快换接头，应使用卡套式接头等。

④ 不能发生从油管处吸入空气。

⑤ 中停阀和变速阀是电磁阀时，应是外部先导式，空气配管中的压力应为0.3～0.7MPa，外部先导压力应高于缸的驱动压力。

⑥ 中停阀和变速阀是气控阀时，信号压力应为0.3～0.7MPa，气控压力应高于缸的驱动压力。

⑦ 由于汽蚀，缸动作中会产生气泡。为了不让这些气泡残留在配管中，缸至转换器的配管应朝上，且油管应尽量短。

(5) 日常维护

① 缸两侧为油时，因油有可能微漏，则会一侧

转换器油量增加，另一侧转换器油量减少。可将两转换器连通，中间加阀 A 将油量调平衡，如图 21-4-13 所示。

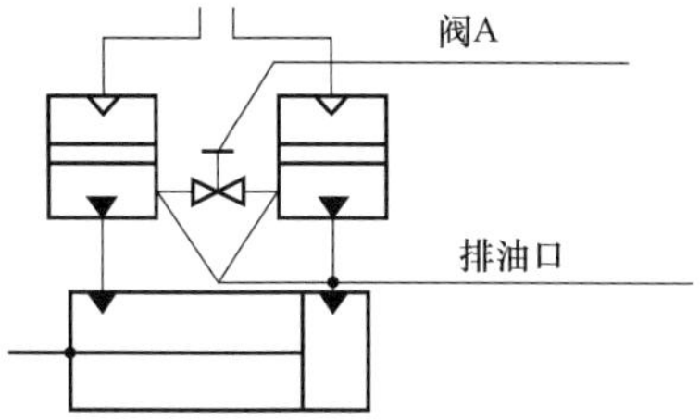

图 21-4-13　缸两侧为油时的油量平衡

② 缸一侧为油时，气-液转换单元最好两侧为油，但一侧为油也能用。因油的黏性阻力减半，速度约增 40%，空气有可能混入油中，这会发生以下现象：缸速不是定速；中停精度降低；变速阀的超程量增加；带压力补偿的流量控制阀（也含微小流量控制阀）有振动声。

因此，要定期检查是否油中混入空气，发生上述现象要进行排气。

（6）注油

① 在确认被驱动物体已进行了防止落下处置和夹紧物体不会掉下的安全处置后，切断气源和电源，将系统内压缩空气排空后，才能向气-液转换器注油。若系统内残存压缩空气，一旦打开气-液转换器上的注油塞，油会被吹出。

② 气-液转换器的位置应高于气-液联用缸，见图 21-4-14（a），应让气-液联用缸的活塞移动至注油侧的行程末端。打开缸上泄气阀，带中停阀的场合，提供 0.2MPa 左右的先导压力，利用手动或通电，让中停阀处于开启状态。打开油塞注油，当缸上的泄气阀不再排出带气的油时便关闭。确认注油至透明油位计的上限位置附近便可。然后，对另一侧气-液转换器注油。这时，要将活塞移动至另一侧行程末端，重复上述步骤。

③ 如气-液转换器一定要低于气-液联用缸，如图 21-4-14（b）所示，注油步骤与②相同。当注油至油位计的上限后，拧入注油塞，从进气口加 0.05MPa 的气压力，将油压至缸内，直至缸上的泄气阀不再排出带气的油时，关闭泄气阀。这种使用方法，在缸动作过程中，要定期排放缸内的空气。若缸上没有泄气阀，应在配管的最高处设置泄气阀。

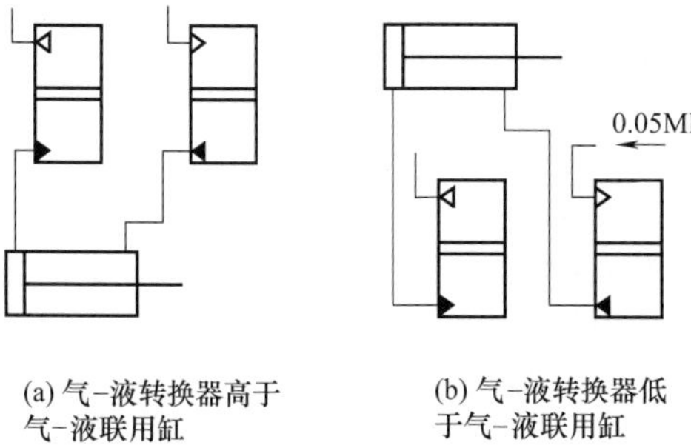

图 21-4-14　气-液转换器的注油方法

（7）回路中的注意事项

① 执行元件往复动作中，仅一个方向需控制动作快慢，可在控制方向的缸通口上连接气-液转换单元，如图 21-4-15 所示。

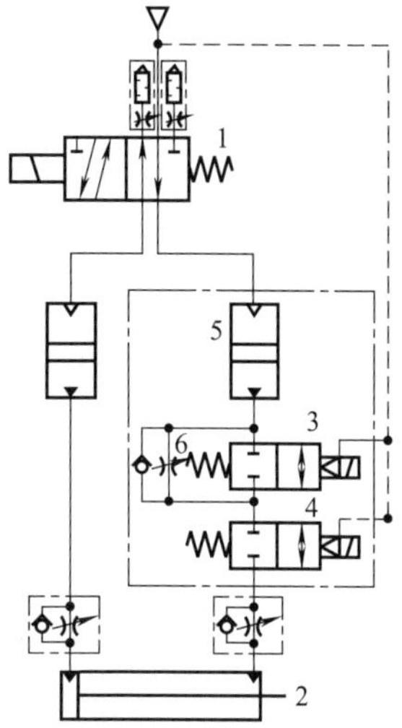

图 21-4-15　利用气-液单元的应用回路

② 两个执行元件共用一个气-液转换器，但不要求两个执行元件同步动作的场合，应每个执行元件使用一个阀单元，如图 21-4-16 所示，各执行元件动作有先有后。

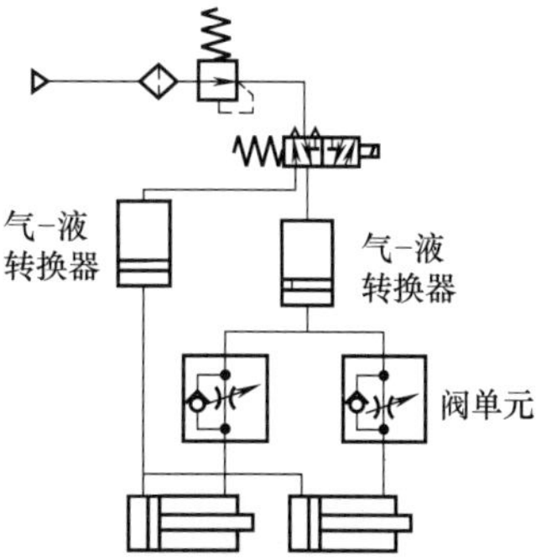

图 21-4-16　两个执行元件共用一个气-液转换器的回路

③ 使用变速阀时，高低速之比最大为 3∶1。这个比值过大，会因“弹跳”而产生气泡，会带来许多问题。变速阀动作时，由于没有速度控制阀，快进速度取决于气-液单元的品种、配管条件及执行元件。

这种情况下，若缸径小，缸速会很高，若要控制快进速度，可如图 21-4-17 那样使用气动用速度控制阀。

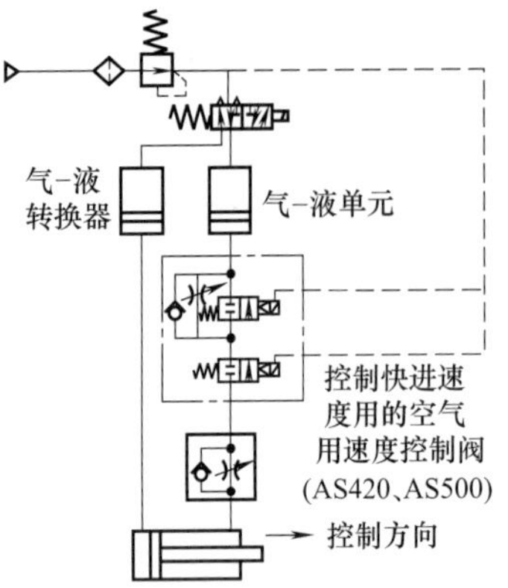

图 21-4-17　控制快进速度的回路

④ 中停阀应使用出口节流控制。往复方向都需中停时，有杆侧和无杆侧都应使用中停阀。使用缸吊起重物时，若有杆侧设置中停阀让其中停，由于有杆侧压力为 0，活塞杆会下降，为防止此现象，在无杆侧也应设置中停阀。中停阀因间隙密封，稍有泄漏，故缸中停时会有如图 21-4-18 所示的移动量。

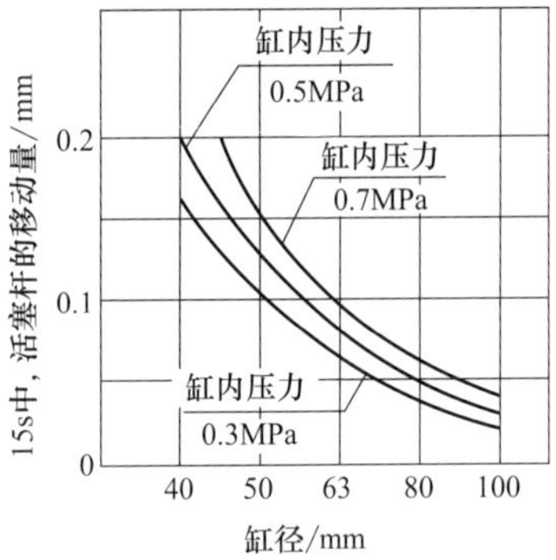

图 21-4-18　气-液单元缸中停时的移动量

⑤ 冲击压力。缸高速动作时，一旦到达了行程末端，在有杆侧或无杆侧会产生冲击压力。这时，若有杆侧或无杆侧中停阀关闭，冲击压力被封入，中停阀就有可能不能动作。这时，应让中停阀延迟 1～2s 再关闭。

⑥ 温升的影响。缸在行程末端停止时，其对侧的中停阀一旦关闭（杆缩回时指有杆侧的中停阀，杆伸出时指无杆侧的中停阀），有温度上升时，缸内压力也会增大，中停阀有可能打不开。这种情况下，就不要关闭中停阀。

⑦ 压力补偿机构的跳动量。在缸动作时，压力补偿机构伴随有图 21-4-19 所示的跳动量。跳动量是指缸速不受控制时，以比控制速度高的速度动作而产生的移动量。

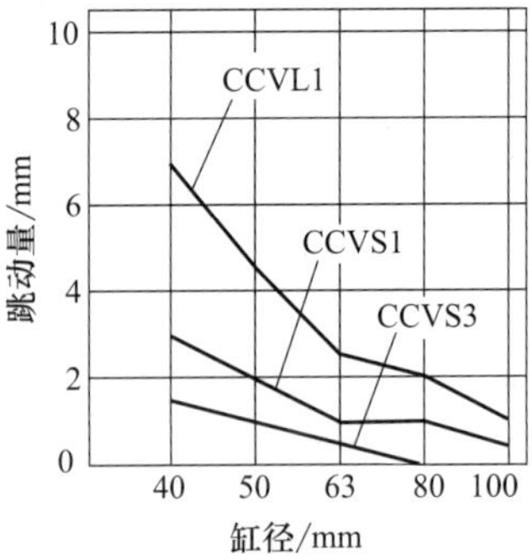

图 21-4-19　气液单元带压力补偿机构的跳动量

4.4　气-液元件

4.4.1　气-液阻尼缸

气-液阻尼缸结合了气动与液压控制的特点。气-液阻尼缸的特殊之处在于，它们可以提供通常与液压系统相关的刚度和速度控制，而不需要液压泵和驱动器。

气-液阻尼缸适用于整体结构，即使两个回路是完全独立分开的。组合气缸的单活塞杆端通常是气缸。由于液压缸是双出杆，所以只需要一个标称尺寸的油箱，其通常是弹簧加载型的。液压管路中的节流阀能够提供可调节的速度设置，同样可以通过合适的液压回路设计，获得与直线运动相关的任何所需的速度控制顺序。可以插入独立的控制阀以提供任何特定点的停止需求，或者可以使用凸轮操作的控制阀来提供跳转进给功能。液压回路仅影响系统的运行速度。除了禁止使用对背压敏感的卸荷阀或压力溢流阀之外，它对空气回路及其控制没有影响。气动回路的设计可以按照常规做法。专有的气-液阻尼缸通常配备普通的液压活塞（通过液压回路中的调节阀可在任一方向上控制速度）或液压活塞上的单向阀来实现快速前进或返回运动。

通过机械连接各自的气缸和液压缸可以获得类似的解决方案。在只有一部分工作行程需要阻尼的情况下，这具有如下优点：气缸活塞杆仅在需要阻尼的行程部分接触液压活塞杆。然而，在这种情况下，在液压缸上应有足够的行程长度以适应所需的任何机械调节，否则有可能在调节时液压缸就已经到了行程的终点。

可以使用更复杂的机械系统，其通常由相同行程的气缸和液压缸组成，两者根据需要通过机械联轴器或闩锁进行锁定和解锁。如果必须要进行移动，可以操纵液压回路中的调节阀，这通常优于需要差速控制的机械系统。在液压回路中，通过旁通的、合适的流量调节阀给出不受限制的流量也可以获得差速控制。这种阀可以通过液压缸活塞运动进行机械操作。

组合式气-液阻尼缸使用方便，只需安装一个单元，但与使用单独的空气和液压缸相比，它有两个缺点：长度较长，可能使其不适合某些安装场所；贯穿于气缸和液缸的活塞杆依靠可靠的密封设计来确保没有空气可以流入油路，因为这可能导致冲击性的阻止动作。通常通过在气缸侧和液压缸侧的两组杆密封件之间的中央部分中引入放气孔来消除空气进入液缸风险。气缸的泄漏都将被排放到大气中，而不是流入液缸。放气孔处的空气或油的存在也将表明密封泄漏，参见图 21-4-20。

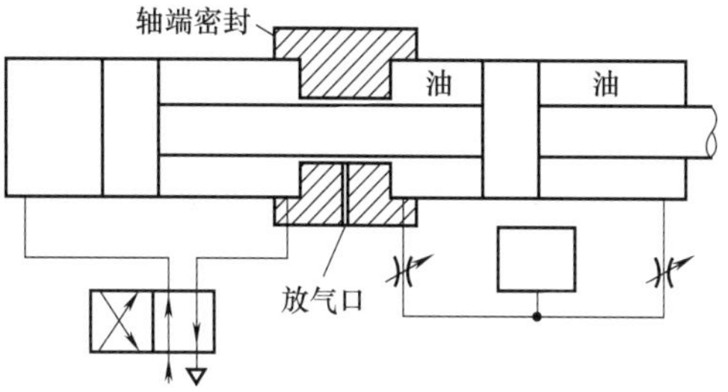

图 21-4-20　气-液阻尼缸简图

与气压缸配合使用，油制动缸确保定期进给并控制进给速度。轴向外力传递到活塞杆上，结果油从一个腔室流过节流阀到另一个腔室。由于油的流量几乎恒定，在变化的负载条件下，气缸的速度波动被补偿和中和。

许多机器和单元所使用的执行机构的运动质量所需的要求通常非常高。或者高速度都需要用低速工作顺序进行整合和调整，或者运动的规律性必须非常精确。气-液阻尼缸已经在木材、金属和玻璃加工行业的进料和操作运动、操纵和定位操作、过程技术工作中的控制和调节运动等方面得到了广泛应用。该执行器有以下优势：无振动的运动；均一的、高精度的速度；高精度进给和快速动作；准确定位；开关时间短；非失速；动力只在实际运行中消耗。

图 21-4-21 是采用压力补偿阀与先导式气控单向阀的气-液阻尼缸控制回路。在左端盖侧具有终止缓冲阻尼的气缸 1 驱动机架 8。速度控制装置集成在执行液压缸中，作用在执行活塞上的压力能直接传递给油系统。在前进（左行）行程中，油通过前进行程可调节流阀 2 移动到右侧前缸室，所需速度由节流阀设定的流量确定。除了阀 2 之外，在气动先导控制单向阀的向前行程期间还可以通过带有差动活塞的先导式单向阀 6 打开另一条通路，可以额外的流动增加液压缸的速度，例如用于快速动作运动。在返回行程中（右行），油流通过节流阀 4、单向阀 5。返回行程速度与前进行程的设定无关。液压系统通过压力补偿装置 9 和补偿阀 10 连续地由气动工作压力供给。

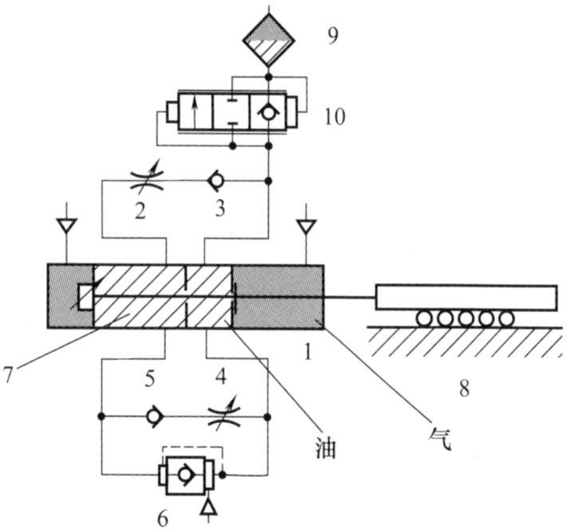

图 21-4-21　气-液阻尼缸的应用实例

1—气缸；2—前进行程可调节流阀；3—单向阀；4—回程可调节流阀；5—单向阀；6—带有差动活塞的先导式单向阀；7—油压介质腔室；8—机架；9—压力补偿装置；10—补偿阀

常用的几种使用压力补偿的气-液阻尼缸结构见表 21-4-3，表 21-4-4 给出了气-液阻尼缸的几种应用实例。

表 21-4-3　几种气-液阻尼缸的结构

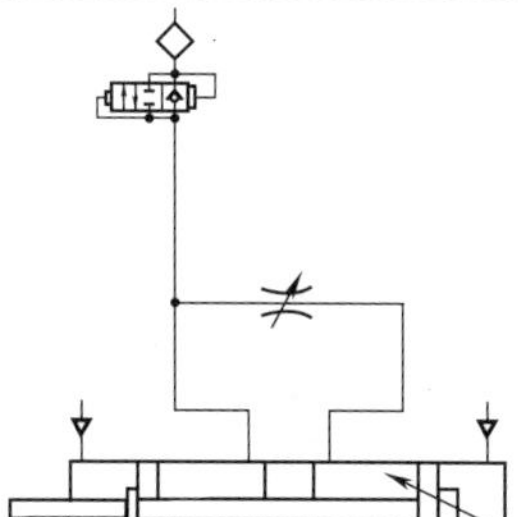	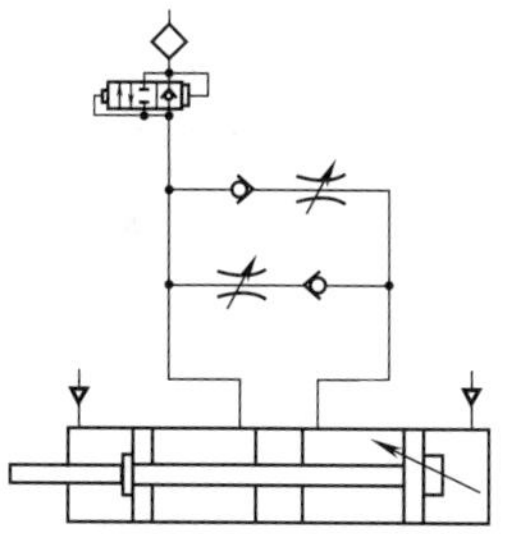	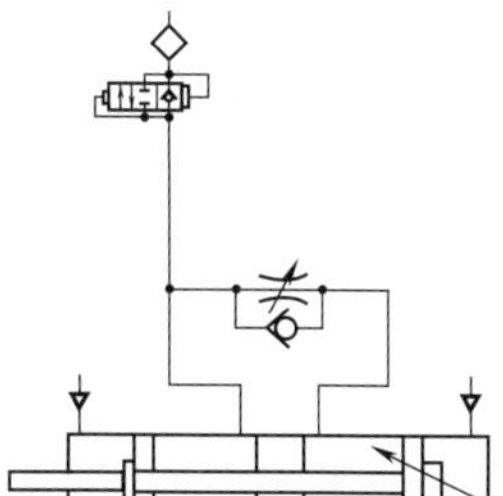

续表

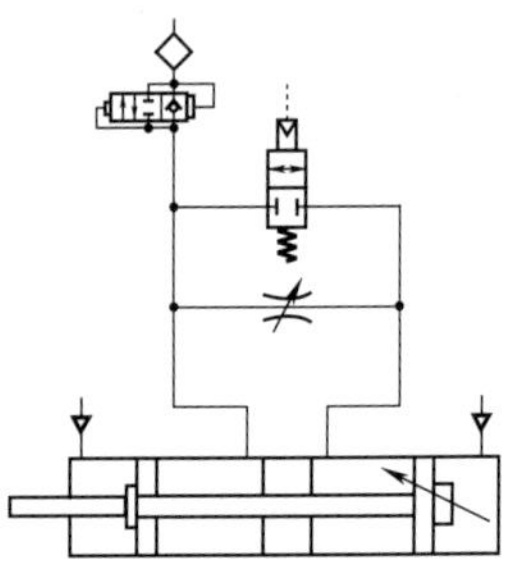	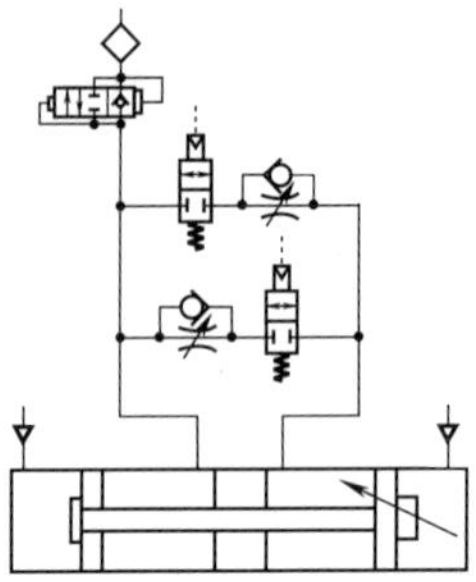	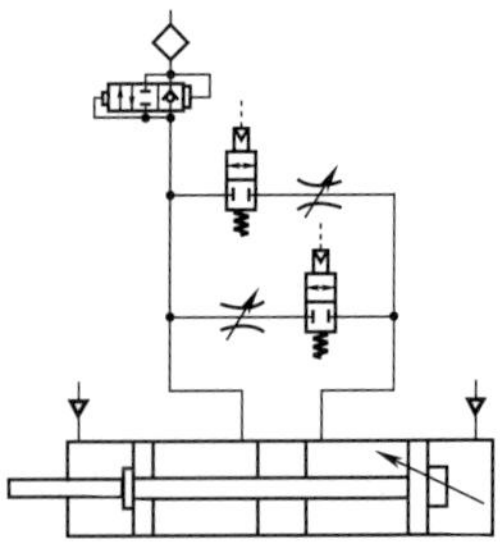

表 21-4-4 带压力补偿的气-液阻尼缸应用实例

前进行程：用控制杆调节快速运动的长度行程：可控的运行速度 回程：快速运动 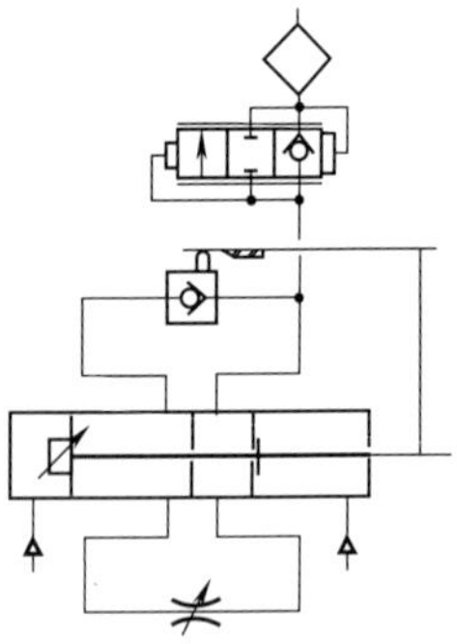	前进行程：可调节的运行速度 回程：可控的运行速度（独立于前进行程） 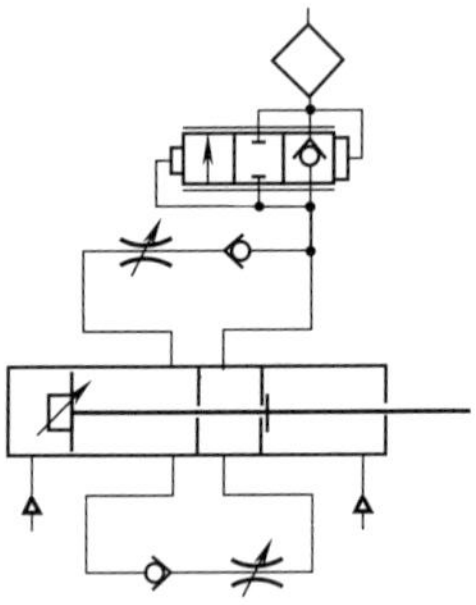	前进行程：快速行动路径可调：如果提供气动控制信号，则运动速度可调节 回程：快速运动 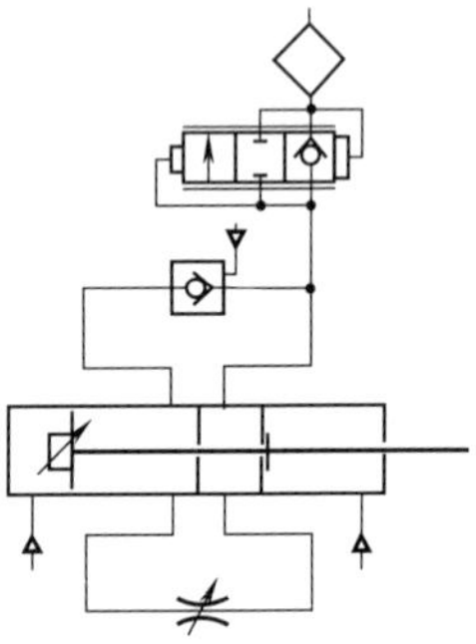
前进行程：如果提供气动控制信号，则运行速度可调；没有控制信号，则停止 回程：如果提供气动控制信号，则运行速度可调；没有控制信号，则停止（独立于前进行程） 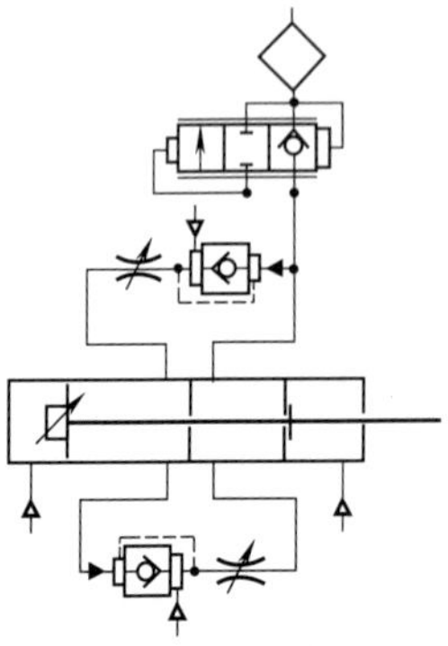	前进行程：气动控制信号可调的快速路径；可调节的运行速度 回程：气动控制信号可调的快速路径；可调节的运行速度（独立于前进行程） 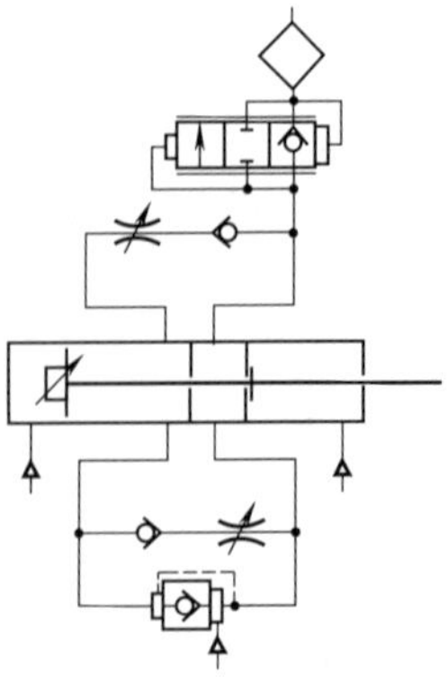	前进行程：气动控制信号可调的快速路径。如果提供气动控制信号，则运行速度可调；没有控制信号，则停止 回程：气动控制信号可调的快速路径。如果提供气动控制信号，则运行速度可调；没有控制信号，则停止 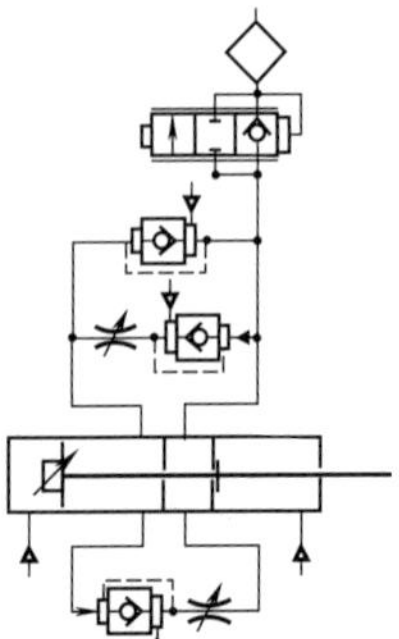

续表

负载补偿 前进行程：气动控制信号可调的快速路径；可调节的运行速度；负载补偿 回程：快速运动 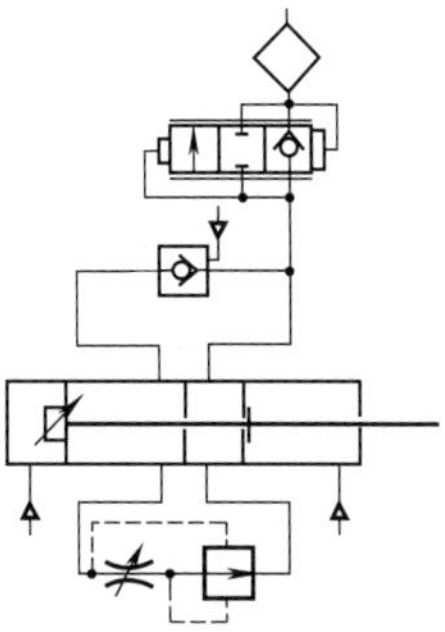	遥控 前进行程：气动控制信号可调的快速路径；气动调节运行速度 回程：快速运动 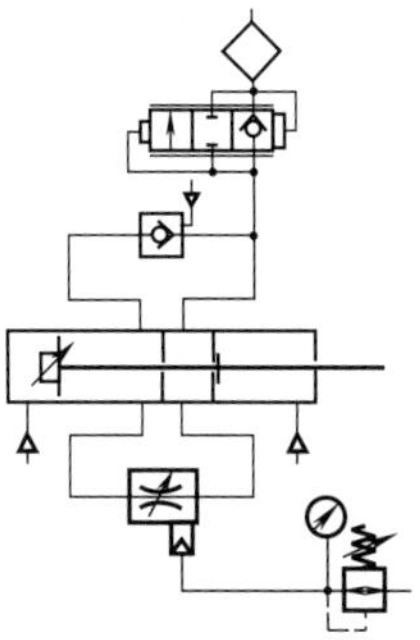	旋转气-液缸，最大旋转角度 180° 两个可调节节流阀都可以独立地在两个旋转方向上灵敏地调节角速度 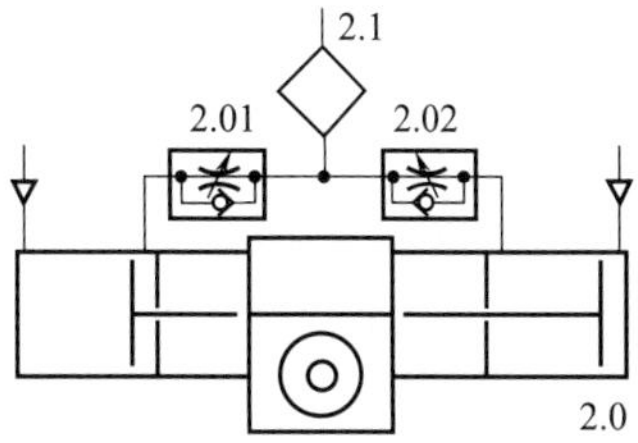
采用闭路液压气动系统的设计，允许停止、旋转运动。不同的角速度可以在两个旋转方向上彼此独立地精确调节。如果气动信号被切除，也可以在任何位置停止执行器 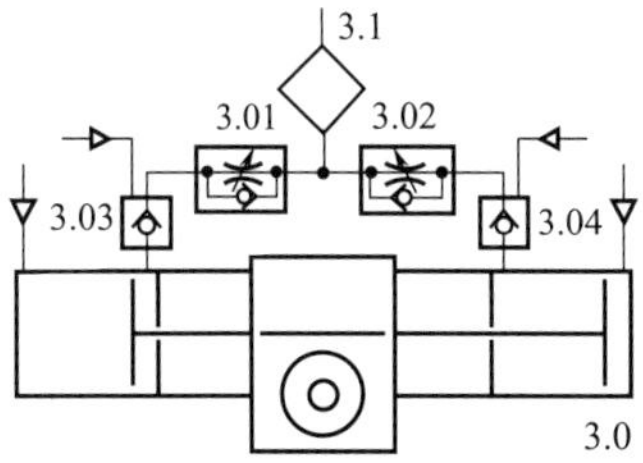		

4.4.2　气-液增压缸

气-液增压缸用作压缩空气和液压缸之间液压气动执行机构的连接元件。气动系统中，由于压力较低不能够产生足够大的输出力，然而，增压器［也称为（压力）增压器］的设计则用于从较低压力流体（气动）输入提供高压流体（液压）输出的单元。大多数类型的增压器提供了低压和高压流体的完全分离，因此，可以在低压侧使用压缩空气（或气体），使用油作为高压流体。由于水压缩性低（压缩率低于油），有时用于高压测试工作，作为增压器的高压流体。对于非常高的压力测试，可以使用具有更低压缩率的流体。

带有增压器的液压缸系统用于铆接、夹紧、压制、压花、弯曲、冲压等。气-液增压缸的增压比可从几倍至几十倍，故输出力极大，但动作行程短，故适合需要极大输出力但动作行程短的工作，如去毛刺、打印记、冲孔、弯料、压延、铆接以及作为夹具等。机床夹具动作时间短、夹持时间长，理论上夹持时间是不耗能的，若使用液压夹具，夹持时间内液压泵也因运转而耗能，故气-液增压器能够节能。

具有液压输出的增压器可以是全液压的或气动-液压的。两种情况下的工作原理是相同的，如图 21-4-22所示，增压器中两个不同直径的活塞/气缸安装在一个共同的杆上。

低压供给较大的活塞，通过较小的活塞产生高

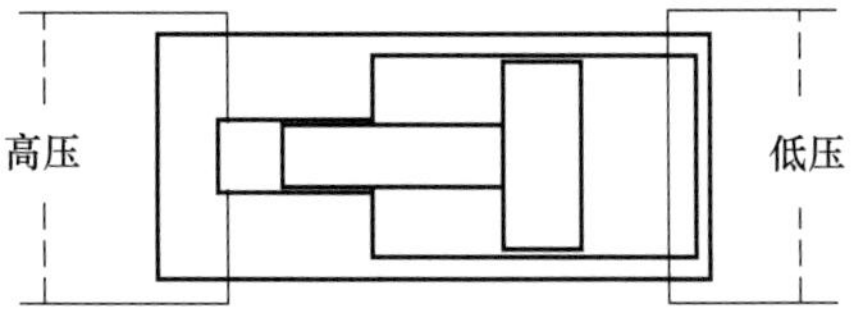

图 21-4-22　气-液增压缸

压，达到的压力比由下式给出：

$$\frac{p_h}{p_L}=\eta\frac{A_L}{A_h}$$

式中　p_h——放大输出的压力；

p_L——输入低压；

A_L——低压活塞的面积；

A_h——高压活塞的面积；

η——效率（考虑密封摩擦）。

表21-4-5给出了理想的压力放大比，假定效率为100%。所达到的效率取决于摩擦和内部泄漏以及流体的热量。对于简单的“一次”或单冲程增压，这种损失可以忽略不计，即$\eta=100\%$。在增压器运行以提供连续高压输出的情况下，实际的工作效率可以降低到80%。

图21-4-23给出了气-液增压缸的实用回路。

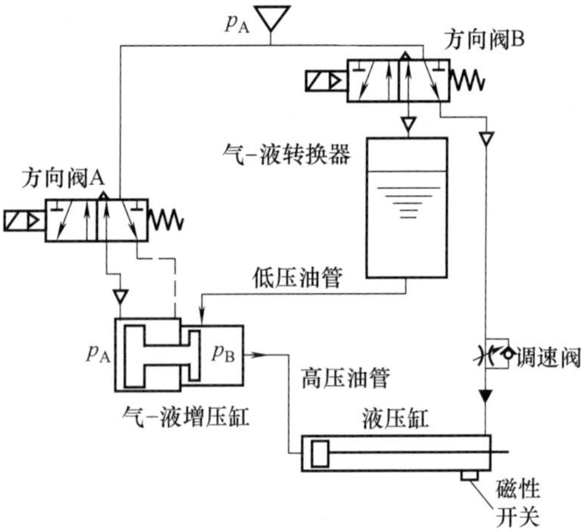

图21-4-23　气-液增压缸实用回路

表21-4-5　　理想的压力放大比

液压缸直径/mm	小活塞直径/mm									
	5	10	15	20	25	30	35	40	45	50
25	25	6.25	2.78	1.30	—	—	—	—	—	—
50	100	25.00	11.00	6.25	4	2.78	2.00	1.30	—	—
75	225	56.25	25.00	14.00	9	6.25	4.60	3.50	2.80	2.25
100	400	100.00	44.00	25.00	16	11.00	8.20	6.25	4.90	4.00
125	625	156.25	69.00	44.00	25	17.40	12.75	11.00	7.70	6.25
150	900	225.00	100.00	56.25	36	25.00	18.40	14.00	11.00	9.00
175	1225	306.25	136.00	76.50	49	34.00	25.00	19.00	15.00	12.25
200	1600	400.00	178.00	100.00	64	44.00	32.65	25.00	19.80	16.00
225	2025	506.25	225.00	126.00	81	55.00	41.30	31.50	25.00	20.25
250	2500	625.00	278.00	156.25	100	69.00	51.00	44.00	30.90	25.00

第 5 章　高压气动技术和气力输送

5.1　高压气动技术

当前，随着科技的发展，高压气动系统的应用场合不断增多。大、中型商船上常配有压力为 1～10MPa 的压缩空气系统，主要用于船舶主柴油机启动、换向和发电柴油机的启动。舰艇上广泛应用压力为 15～40MPa 的高压气动系统，用于鱼雷的装弹和发射、火炮操纵、潜艇浮起等。飞机上广泛应用压力为 7～23MPa 的高压系统，主要用于操纵起落架、收放对正鼻轮、螺旋桨制动、主轮刹车、客舱门收放等。此外，高压气动系统还应用于空气爆破（70～84MPa）、金属成形（最高 140MPa）、风洞实验（21～28MPa）、深海潜水（最高 21MPa）、高压空气断路器（1.75MPa）、大功率气动离合器（1.2 MPa）、拉伸吹塑成型（常高达 4MPa）、气辅成型（2.5～30MPa）、气动舵机、压缩空气储能发电、气动汽车（研发阶段）等场合。

这里所指高压气动元件是指最高使用压力为 5.0MPa 的气动元件，有电磁阀、减压阀、单向阀、消声器等。相关元件有压力开关、压力传感器。

高压气动元件可用于吹气、向容器充气（见图 21-5-1）及从容器放气和驱动气缸（见图 21-5-2）。

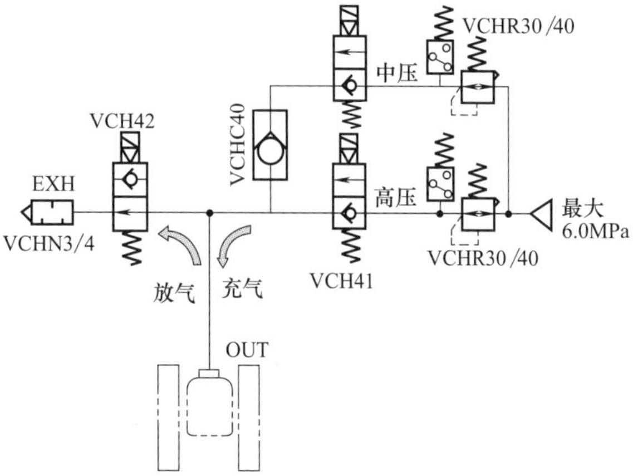

图 21-5-1　高压气动元件用于吹瓶机

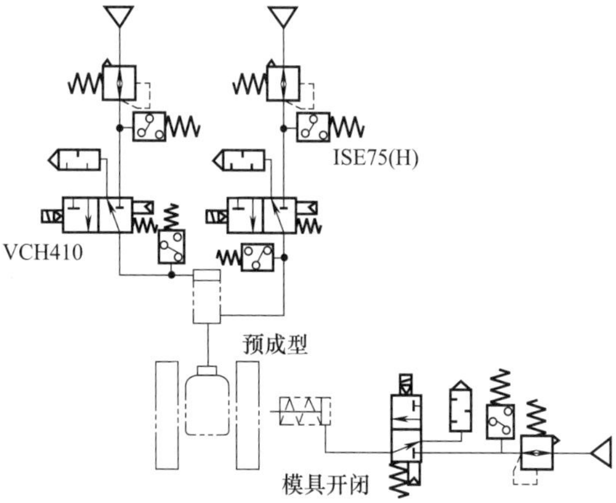

图 21-5-2　高压气动元件用于驱动气缸

5.1.1　高压压缩空气的主要来源

表 21-5-1　　高压空气的主要来源

使用多级空压机	由于每台空压机的输出功率是有限的，而实际工作中所需的气源压力大小是不等的，因此可以根据实际所需的压力高低和流量大小来决定使用一台多级空压机或使用几台空压机同时工作来获得满足设定压力条件的压缩空气
充满高压气体的压力容器（如气瓶、储气罐）	实际工作中，常使用各种氮气瓶、氧气瓶。在高压气体用气量不大时，气源的来源选择最适当的是气瓶，其工作压力一般在 12.5MPa 以内，可用在不便于使用空压机的场合。必须注意的是，根据气体压力安全的规定，压力容器（如气瓶、储气罐）必须经过气压试验，检验是否达到所规定的压力标准。一般任何压力容器都需要经过专业检测，并提供可靠的压力等级证书和压力试验证书才能使用
气体增力器	0.7MPa 的气源或从气瓶中提供的气源，通过输入气体增力器，以获得更高压力的气源。气体增力器的基本原理见下图，输出气源的压力 $p_{出}$ 是由输入气源压力 $p_{入}$ 和低压活塞和高压活塞的受力面积比（Ψ）决定的，$p_{出} \approx p_{入}\Psi$，但事实上 Ψ 值是有限的，在实际使用中最适当的输出压力和输入压力比是 4∶1～6∶1，如果要获得更高的压力气源，可以选择两级增力器连续工作。应用这种方式时必须注意减少第二级增力器的压力波动。输入压力的波动直接造成输出压力的波动变化。如果更高压力的输入气压由气瓶提供，随着气瓶的工作，压力会逐渐下降，因而增力器输出的有效最高压力是基于气瓶最低输出压力的，因此在选择气瓶时需考虑到这一点。

续表

气体增力器	根据这种原理,可以由最终要求的压力和增压器增压比的可能性来选择适当的增力器和输入气源 一般工业用的所有较高压力和大流量压缩空气(和其他高压气体)都由多级空压机提供,低压气体则由单级空压机来供应。当所需的高压气体流量不大、压力低于14MPa时,选择气瓶合适;当压力达到14～140MPa时,需采用气体增力器。随着科技的发展,甚至可以采用液态空气存储,或化学方法产生高压气体。然而上述三种方法都具有共同的局限,从经济上考虑,即可以利用的高压气体的容量是有限的,随着工作压力的提高,这种局限性变得更加明显,这就给高压气动的应用带来限制,只能在非持续工作运转中得以推广应用	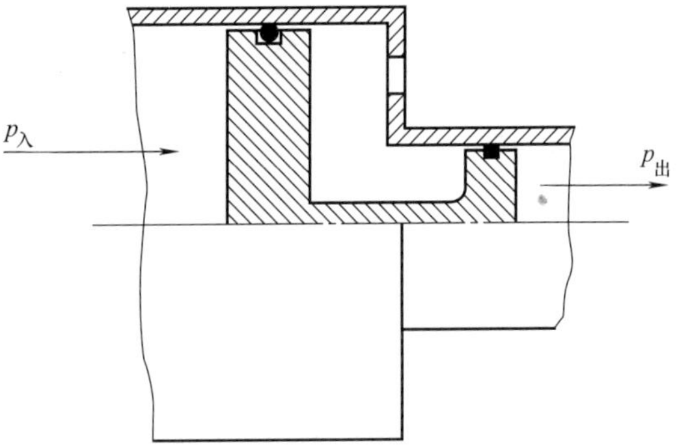 气体增力器的基本原理

5.1.2 高压气动元件和辅件

表 21-5-2 高压气动元件和辅件

高压气动截止阀		一旦供应高压气源,在停止工作运转时,要求切断高压气体的供应;在需要实现工作运转,又能方便地提供高压气体动力,从经济效益和实际操作安全性、合理性等方面考虑,可在回路中设置高压气动截止阀。高压气动截止阀的常用结构和原理见图(a),阀采用手柄旋转,带动阀杆上下运动,实现开启和关闭。在阀杆与阀体相对运动部件之间加上耐高压的密封件,以防止阀打开后高压气体从阀杆中泄漏,阀采用的材质一般为不锈钢或青铜。材料不得有气孔、砂眼、疏松、缩孔等缺陷。设计时,结构尺寸的大小要能承受输入的最高压力。阀进出气口一般采用标准的螺纹连接。连接螺口和阀体中气流通口的大小由连接尺寸和流量要求确定。阀口在打开时要缓慢,以防止出口瞬时建立起高压 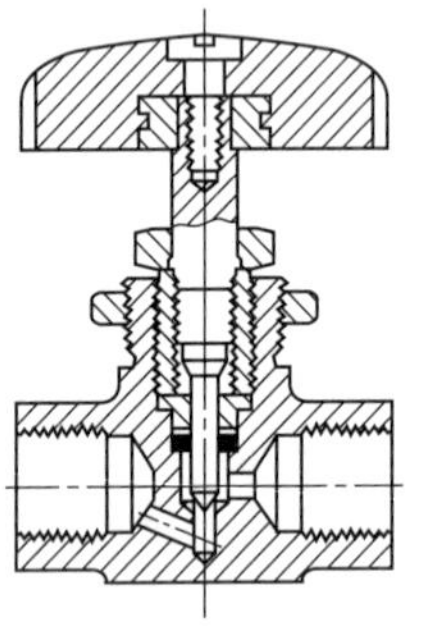 图(a) 高压气动截止阀结构
高压气动减压阀	工作原理	调节和控制压力大小的气动元件称为压力控制阀,气动压力控制阀包括减压阀、安全阀(溢流阀)及顺序阀。减压阀是利用空气压力和弹簧力相平衡的原理来工作的 由于气压传动是将比使用压力高的压缩空气储于储气罐中,然后减压到适用于系统的压力,因此需要用减压阀(在气动系统中有称调压阀)来减压,并保持供气压力值稳定 空气缩机输出压力: 小于1MPa,称为低压;1～2MPa,称为中压;大于2MPa,称为高压;特高压力则为超高压。在此,认为1～2MPa的中压已是高压了
	减压方法	(1)节流减压 节流减压是常规的减压方法,采用节流元件使高压气体在流动过程中产生摩擦功耗来实现。管道中流动的流体,在经过截面突然缩小的阀门、狭缝和孔口等设备时,因发生不可逆的压力损失而使流体的压力降低。在节流过程中,气流与外界交换的热量很少,可以认为是绝热的,故称为绝热节流 (2)容积减压 容积减压是为了区别节流减压而提出的,容积减压的目的是减小介质流动过程中的节流摩擦损失,提高可用能量的利用率 由气体状态方程可知,一定量气体的压力与其充满的容积成反比,容积增大,压力降低,根据该原理,高压气体在减压容器中膨胀后,可以使压力降低。容积减压实现节能的条件是高压气体到减压容器之间的气体流动为声速状态,且没有气体的壅塞现象;工作条件是减压容器的入口质量流量远大于出口质量流量;主要设备是高压大流量气动开关阀和具有相应容积的减压容器。高压气动容积减压方法是一种节能减压方法,容积减压装置一般安装在高压起源于气动执行元件之间,可根据系统的减压控制要求

续表

高压气动减压阀	减压方法	由控制器对高压气动开关阀的开启和关闭状态进行控制，从而控制高压气体在体积减压容器中的减压过程和减压指标，以满足气动执行元件的动力需求 (3)分级减压 分级减压是为了使容积减压发挥更大作用而提出的一种新的减压方法。分级减压期望在每一级减压中能够得到能量补偿，使系统输出有效能尽可能增多。理想的分级减压方式有两种：定容充分吸热补偿分级减压和定压充分吸热补偿分级减压。前者减压过程主要由多变过程和定容吸热过程组成，每级减压的初始状态都在等温过程线上，初始压力根据设定情况逐级降低；后者减压过程主要由多变过程和定压吸热过程组成，每级减压的初始状态都在等温过程线上，初始压力根据设定情况逐级降低
	结构形式	高压气动减压阀主要由主阀和先导阀构成，其结构如图(b)所示。主阀为活塞式结构，按照压力区可划分为进气腔 i、排气腔 o、调压腔 r 和反馈腔 f。先导阀的进气引自主阀的进气腔，其排气端与主阀调压腔相连，加压阀输出压力通过控制先导阀调节；增大先导阀的开度 x_0，则经先导阀进入调压腔的气体多于调压腔进入排气腔的气体，调压腔气体压力上升，主阀芯的开度 x_1 增大，输出压力升高；反之，减小先导阀的开度 x_0，输出压力下降。减压工作过程中，主阀芯处于动态平衡状态 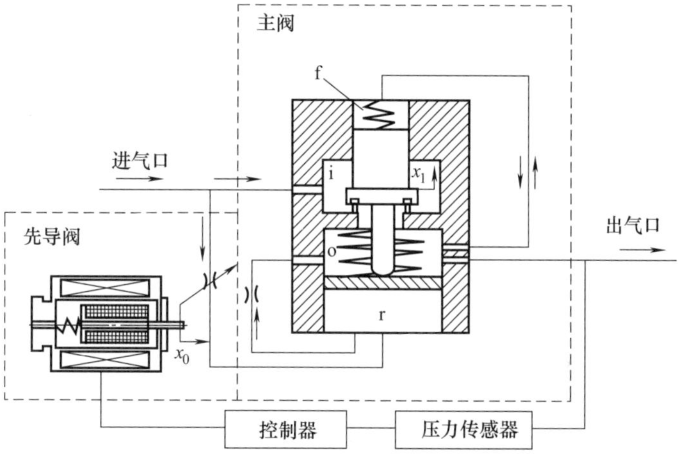 图(b)　高压气动减压阀结构 高压气源的压力一般不是实际工作运转中设定的压力值(设定的实际工作压力值小于气源提供的最高压力)，为了满足设定的压力，需要采用减压阀。减压阀的结构、原理见图(c) 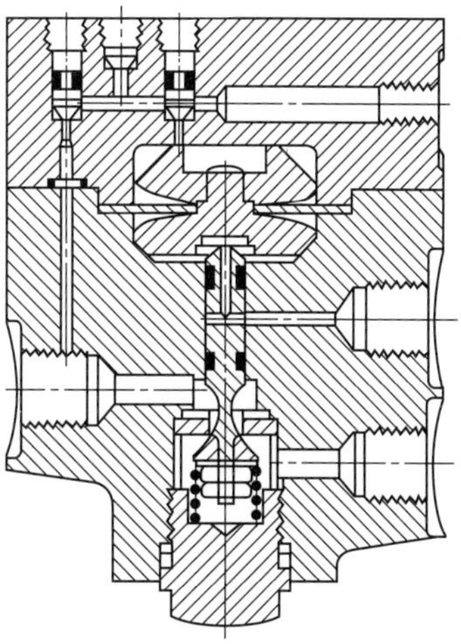 图(c)　减压阀的结构原理

第21篇

续表

高压气动减压阀	结构形式	减压阀常采用圆顶的结构，受压易变形的软膜片(常为橡胶件)固定在两个金属硬芯之间，膜片的变形位移量是有限的，主阀下腔有一弹簧，使阀芯受力向上运动，关闭主阀。压力调节是通过圆顶腔的压力变化来实现的，膜片的上方有控制信号，控制信号的压力近似等于输出压力。当出口压力设定值低于圆顶压力，膜片迫使阀继续打开，直到出口压力达到预先设定的值。该阀同时具有安全性的特征，压力过大时，膜片上升，额外的压力从主阀的中心孔逸出，保持输出压力的恒定。减压阀使用的环境温度为－25～80℃，但必须在不冻结的条件下工作
高压气动系统连接管道、管件		一般，铜管是不宜用在高压气动回路中(尼龙管更不适合)，当压力超出35MPa时，最好选用液压钢管或不锈钢钢管，要保证管道的畅通，管夹和弯曲的地方要防止压力的冲击和振动 在高压气动回路中，油不能以任何形式存在，它容易在气体引入时“柴油化”，甚至造成爆炸
高压空气过滤器		高压空气过滤器适合现场介质高温、高压、易燃易爆的有毒介质，主要用于分离气体中的固体杂质、水分、油以及固液分离。通常是非标设计制造，过滤器结构多样，可配置多种规格的滤芯，以达到最佳过滤效果 过滤器口径：DN15～DN500；工作介质：天然气、合成气、压缩空气。壳体材料：Q235B、20G、16MnR、304、316L。工作压力：0.6～25MPa；工作温度：－80～700℃(必须是在不冻结的前提条件下)。滤芯：可采用不锈钢多层丝网滤芯、合金丝网。过滤器精度：5～1000μm；设计制造标准：GB/T 150—2011《压力容器　第4部分：制造、检验和验收》
二位二通电磁阀	零压启动式	如图(d)所示，其工作压力范围0～5.0MPa。当电磁线圈通电时，电磁线圈动铁芯上移，从而使主阀芯上移，电磁阀打开，这种阀在回路中可根据通径大小采用螺纹连接或者法兰连接，K_v 值可以达到5～165m^3/h(S=99～3267mm^2)。公称通径15～200mm；工作时环境温度－10～80℃，介质温度在＋35℃内，使用电压，AC：24V、42V、110V、230V，50/60Hz；DC：24V、110V、250V。电磁线圈的功率随着 K_v 值的增大功率由30W增至200W 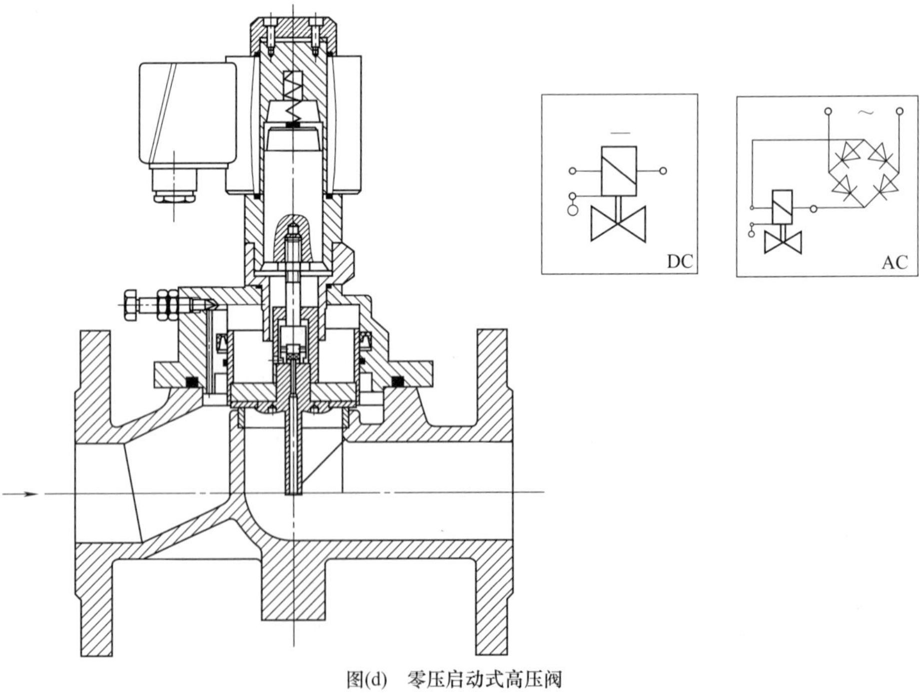 图(d)　零压启动式高压阀 如图(e)所示，其工作压力范围0.1(0.2)～4.0MPa。公称通径15～300mm，K_v 值为5.0～1400m^3/h(S=99～27720mm^2)。线圈功率11～110W，其余指标参数和连接方式与图(e)所示阀相同

续表

二位二通电磁阀	有压启动式	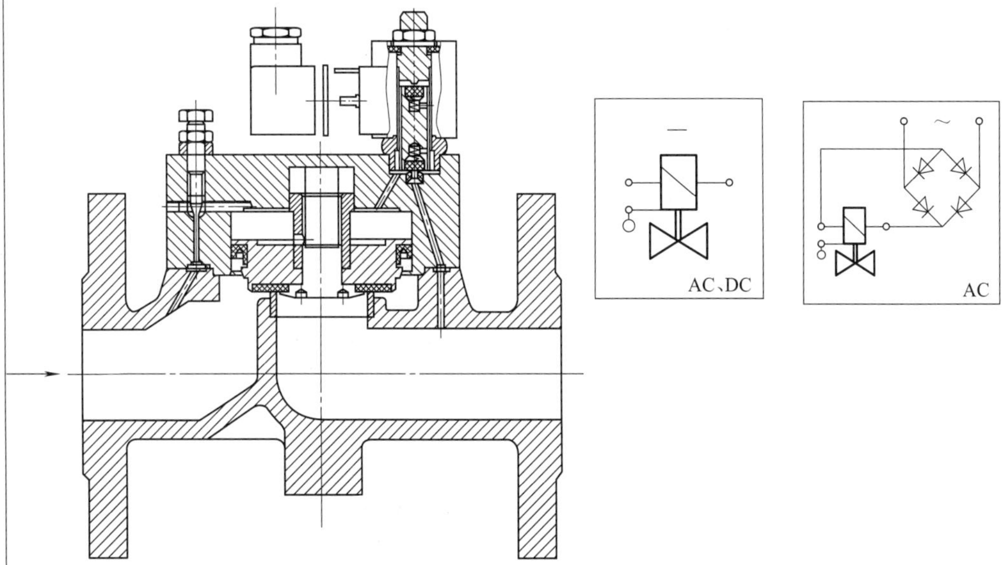 图(e)　有压启动式高压阀 如图(f)所示，其 K_v 值 1.0～8.0m^3/h，公称通径 1/4～1in(8～25mm)，工作压力范围 0.1～15.0MPa，线圈功率 25～46W，其余性能参数指标与图(e)、图(f)所示阀相同，连接方式一般采用螺纹连接 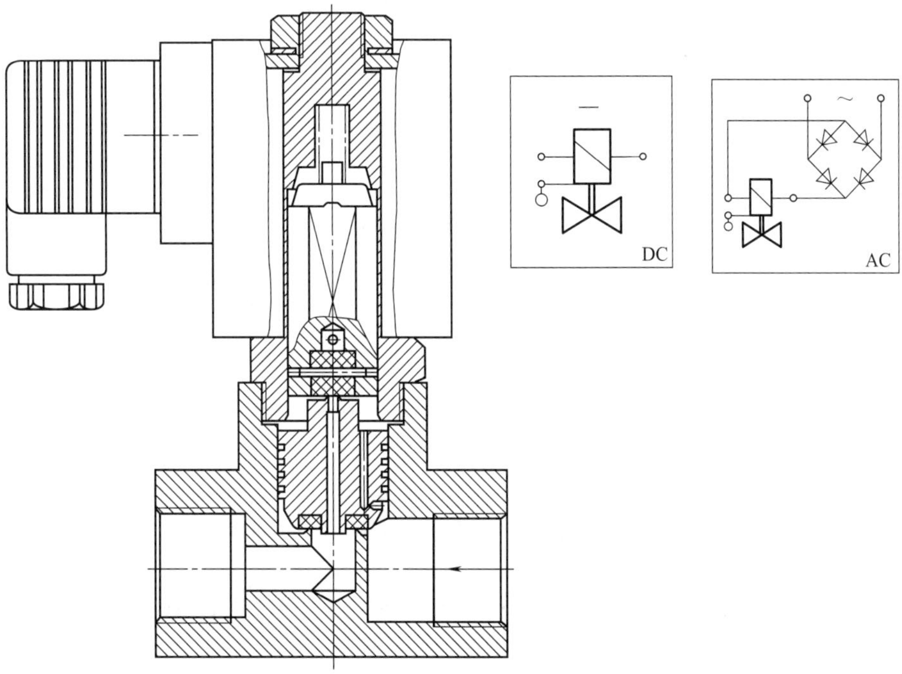 图(f)　高压二位二通电磁阀 如将图(d)、图(e)所示阀中线圈部分去掉，不采用电磁线圈控制，而采用其他方式(如气控等)控制，主阀的工作压力可以得到进一步提高(主要影响参数是输入先导阀的气压、活塞的受力面积、弹簧、密封等)

续表

二位三通电磁阀	二位三通高压电磁阀的结构见图(g)，K_v 值 1.0～36.0m^3/h，工作压力范围 0.2～3.0MPa；电压范围 AC：24V，42V，110V，230V，50/60Hz。DC：24V，110V；工作温度：－10～80℃ 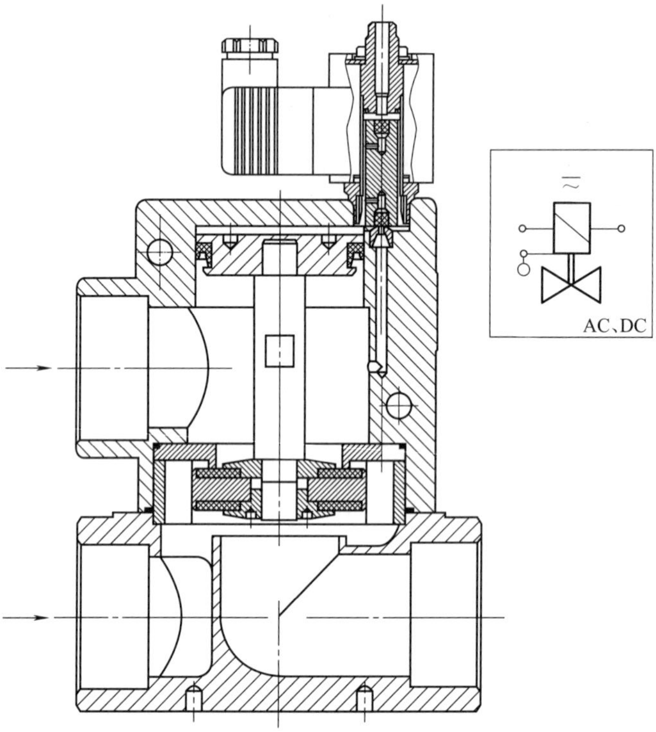 图(g)　二位三通阀
气动管形阀	气动管形阀的结构如图(h)，该阀由通径 6mm 的二位五通电磁先导阀(供气压力 0.8MPa 以下)和二通管形阀(主阀)组合而成，技术参数为：通径：10～50mm；气源压力：4～16MPa；流量系数 K_v 值：31～42.3m^3/h；环境温度：－10～120℃ 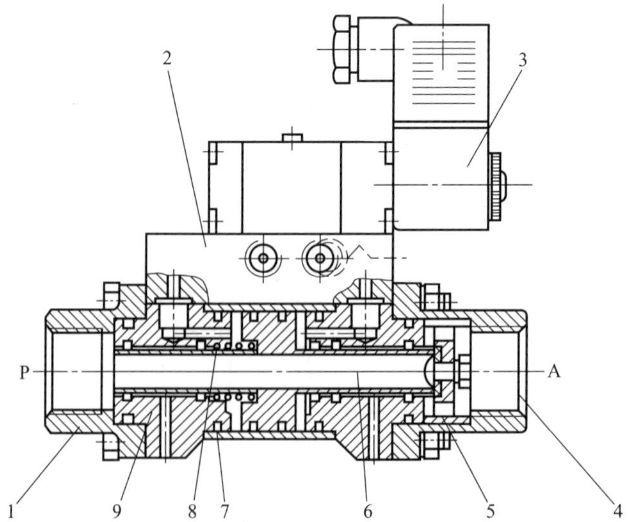 图(h)　气动管形阀 1—H 形阀座；2—连接板；3—二位五通电磁阀；4—V 形阀座； 5—阀座组件；6—活塞控制管；7—套筒；8—压力弹簧；9—阀体

续表

<table>
<tr><td>气动管形阀</td><td colspan="2">工作原理:高压气体由 P 端进入阀活塞控制管 6,而 6 与 V 形阀座 4 之间处于密封状态(由于压力弹簧 8 和作用在活塞上的背压),此时阀处于关闭状态。当电磁阀充电后,活塞在气源压力作用下压缩压力弹簧 8 左移,控制管端面离开 V 形阀座 4,气流由 A 端输出。当电磁阀 3 断电后,活塞受气源压力右移,控制管端面与 V 形阀座受压密封,阀恢复关闭状态
当主阀改为二位三通时,即可制成二位三通管形阀。气动管形阀的优点在于流阻小,流通能力强,K_v 值大,密封性能好,阀芯动作时磨损小、寿命长,可靠性高,加工方便</td></tr>
<tr><td rowspan="2">高压伺服压力控制装置</td><td colspan="2">一般的高压顺序控制回路设计和常压(0.2~0.7MPa)设计方法相同。工业生产过程中,对压力控制的要求很高时,把高压气动和电器相连接便可以得到精密的压力伺服控制</td></tr>
<tr><td>伺服控制原理</td><td>压力伺服控制原理图见图(i),这种压力伺服控制装置是由两只阀、压力传感器、电子控制回路组成,当向输入线路加一个模拟设定点的指令信号时,控制回路则将目前出口点的压力与指令信号所给定的压力相比较。如果指令信号比当前压力高,控制回路即向进气阀发出信号脉冲,打开进气阀,增大出口的压力,直到指令信号得到满足;如果指令信号比出口点的压力低,控制回路则向排气阀发出信号,打开排气阀,降低出口压力,直到满足指令信号所给定的压力
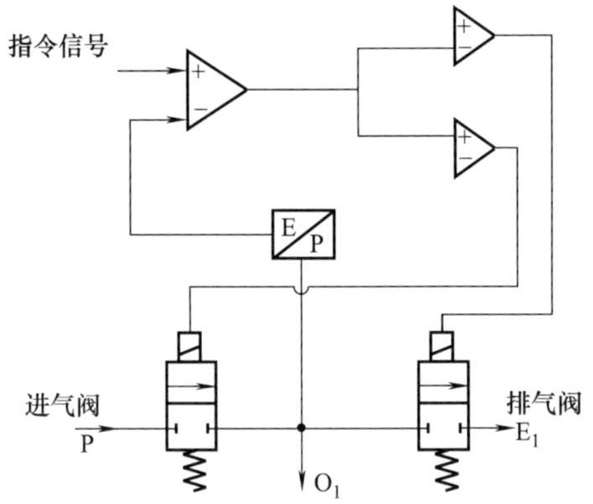
(i)　压力伺服控制原理图
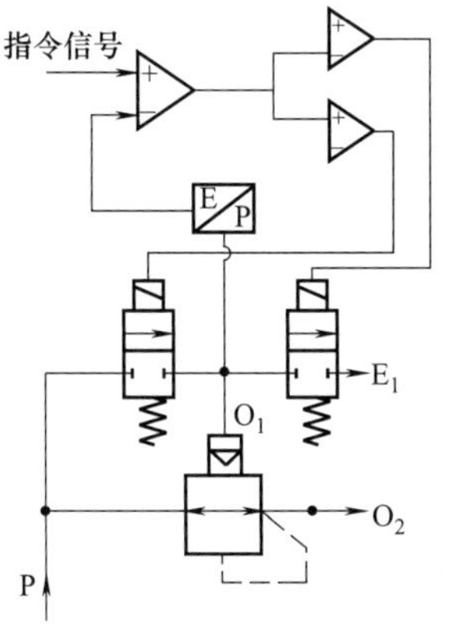
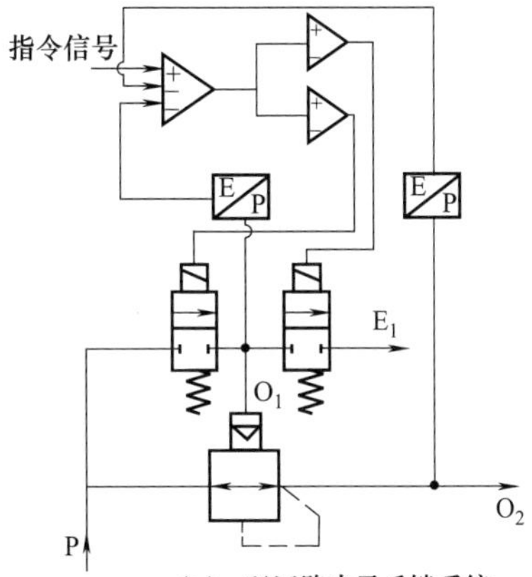
(j)　单回路电子反馈系统　　(k)　双回路电子反馈系统
整个阀在封闭的铝壳体内(也可用不锈钢壳体),应用时可在离使用点较远的地方安装,实现远程控制
当与其他控制阀相连使用时,伺服系统原理见图(j)和图(k)
分析图(j):空气伺服控制信号 O_1 向流量阀的伺服区施加压力,流量阀中的平衡活塞将流量阀中空气流量控制阀推到打开位置,空气流过流量阀,并在出口处形成压力,当通过反馈管路流入平衡室的反压力与控制压力相等时,控制器的流量阀关闭,当输出压力大于设定压力时,活塞上移,使空气通过平衡活塞中的气孔流入大气
分析图(k):第一只内装压力传感器与进气阀和排气阀一起工作。向控制器流量阀的伺服部分提供电子控制压力。第二只内装压力传感器测输出力,并提供电子反馈信号以纠正流量阀机械偏差。这种双回路反馈系统与标准的单回路反馈系统相比具有许多的优点:精确度改善、死区小、重复性好,从实际流量阀输出进行反馈等。当其使用在遥控应用中时,第一个回路提供正确的压力,第二个回路反馈信号从应用点的遥控压力传感器处获得,用来纠正机械偏差,因而缩小响应时间,提供较快的准确动作。这种伺服压力控制装置也可以与其他控制液压介质、蒸气等阀相连使用</td></tr>
</table>

续表

高压伺服压力控制装置	主要技术参数	①供气压力：100%～110%额定压力；许可压力：150%额定压力；爆炸压力：200%额定压力；内装过滤器过滤精度 40μm；操作温度：0～50℃；精度：0.25%满量程；信号压力：0～1012MPa；输出压力：0～1.12MPa；迟滞性 1.7%；C_v 值：8～38；介质温度 18～79℃；最大流量 40m³/min ②供应电压：15～24V DC；电流：80～325mA ③电压输入信号：电压 0～10V DC；输入阻抗：(10±1%)kΩ ④电流输入信号：4～20mA；输入阻抗：(250±1%)Ω ⑤供气口连接螺纹 1/8～2in；控制口 1/4in；排气口 1/8in 随着工业生产要求的提高，一些技术参数指标可以相应增加，在这种装置中，排气口一般采用远端排气以达到降低噪声的目的

5.1.3　使用高压气动时注意问题

与液体不同，被高度压缩的空气（或气体）与自由状态时相比，存在着很高的压缩比，见表 21-5-3，这种高的压缩比表明高压气体在很小的空间内存储了很高的能量，当高压空气瞬时释放，恢复到自由空气状态时，存在着潜在的爆炸危险，因而在实际工作运转中，二位三通阀的排气以及其他情况下的高压气体的排空问题影响了阀的实际工作压力范围的提高，也给阀和系统的优化设计带来一定的困难，同时存在爆炸与安全问题，所以实际工作中高压气体的排气并不能简单地采用消声器直接连在阀上的设置，常应采取集中、地沟排气的方式。另外，随着压力的提高，换向阀在换向过程中，高压口与排气口接通一般只有几毫秒，高压气体瞬时变成大气压，温度降低，若换向频率高，会产生阀内结冰、阀泄漏或出现尖锐的啸叫声、密封件不能正常工作等问题，因而对密封问题提出要求。此外，还存在着弹簧、阀体材料等一系列的问题，需要在使用时注意。

表 21-5-3　高压气动的压缩比

气压/0.1MPa	压缩比	气压/0.1MPa	压缩比
7	7.9	210	207
14	14.8	280	277
21	21.7	350	346
28	28.6	700	692
35	35.6	1000	988
70	70.1	1500	1481
140	139		

5.1.4　高压气动技术的应用

现在高压气动技术在化工、冶金、纺织、矿山、航天、食品等行业都得到了应用，表 21-5-4 是高压气动技术的几种典型运用。有时，液态气体作为气源也得到应用，它是液化空气分馏而成。

表 21-5-4　高压气动技术的典型应用

应　用	压力/MPa	高压气源
航行器(二级或紧急运转控制)	3.5～21	气瓶
空气爆破开关	>17.5	空压机系统(自动控制)
发动机启动	2.5～4.2	储气罐
轻装潜水	≥21	气瓶
深海潜水	≥1	手动泵、高压容器等
金属成形	≥140	储气罐(由多级空压机组提供)
风洞(高马赫数)	3.5～21	储气罐(由多级空压机组提供)
制冷剂		液化气

（1）应用 1：空气爆破

在煤矿开采时，常采用空气爆破技术，让高压气体突然释放，产生巨大的能量。其工作原理：通常在炮弹孔内储存大于 17.5MPa 的高压空气，工作时突然释放。其中的内储能量用于在煤矿开采处产生爆裂，膨胀的空气进入裂缝。每次爆炸逐出大面积的煤（平均每次可逐煤 3～15t），逐出的煤的数量、厚度和裂缝的大小有关。空气爆破器如图 21-5-3 所示。炮弹头在后级装置，面对开炮腔，高压气体经加强的软管进入爆炸阀，当阀打开，炮弹内空气压力上升，直到预装的金属片破裂，然后空气膨胀，进入枪膛孔产生喷射力，造成煤的破裂，同时腔向后，增强了爆炸的效率。

在采矿业上，这种空气爆破的高压气源来自于多级高压机组。软管的长度可以达到数米，在爆破混凝土和其他材料时，有相似类型的断路器，爆破的功效由材料、爆破的长度和特性所决定。

（2）应用 2：钢板卷曲

在钢铁生产领域，高压气动得以广泛使用，如热轧气动卷取机助卷辊气控系统，见图 21-5-4。这是一个高压和常规压力结合使用的机构，在高压气动中，采用了高压的截止阀、过滤器、二位三通控制阀、伺

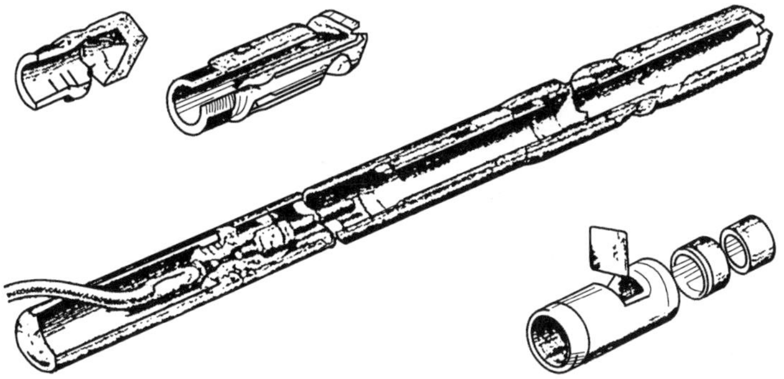

图 21-5-3　空气爆破器

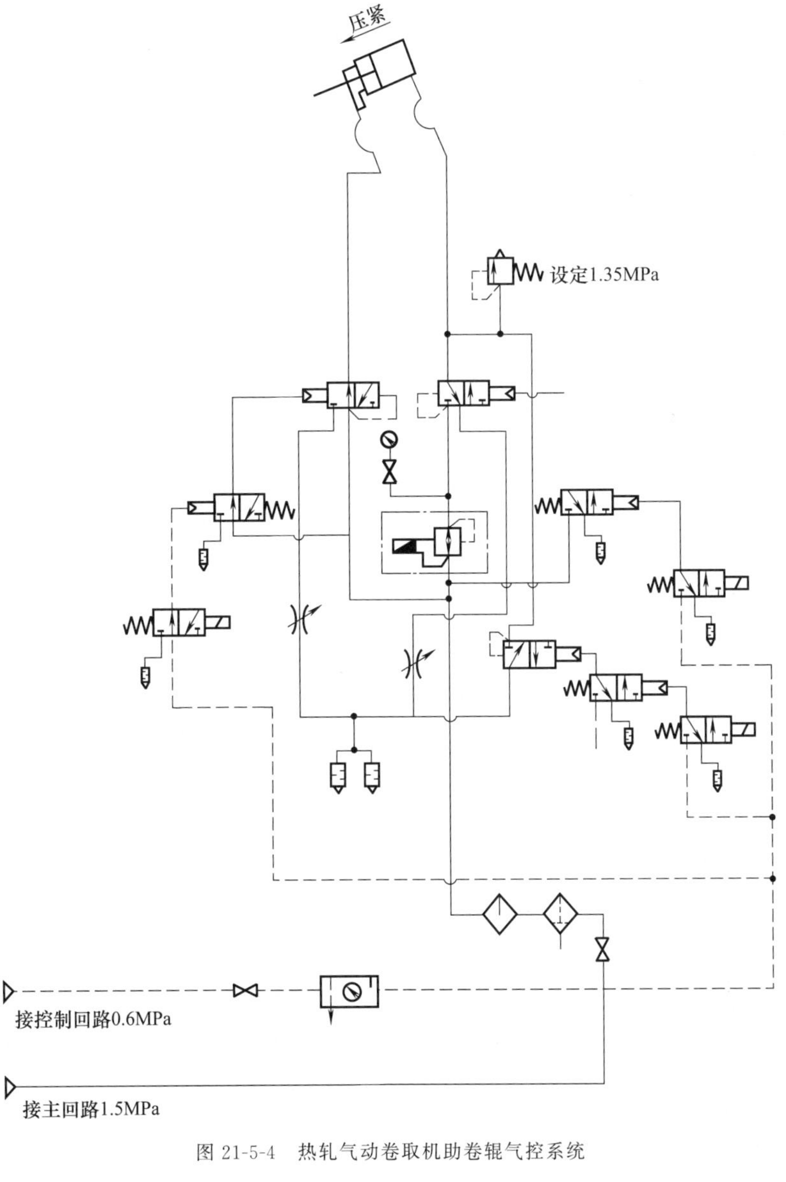

图 21-5-4　热轧气动卷取机助卷辊气控系统

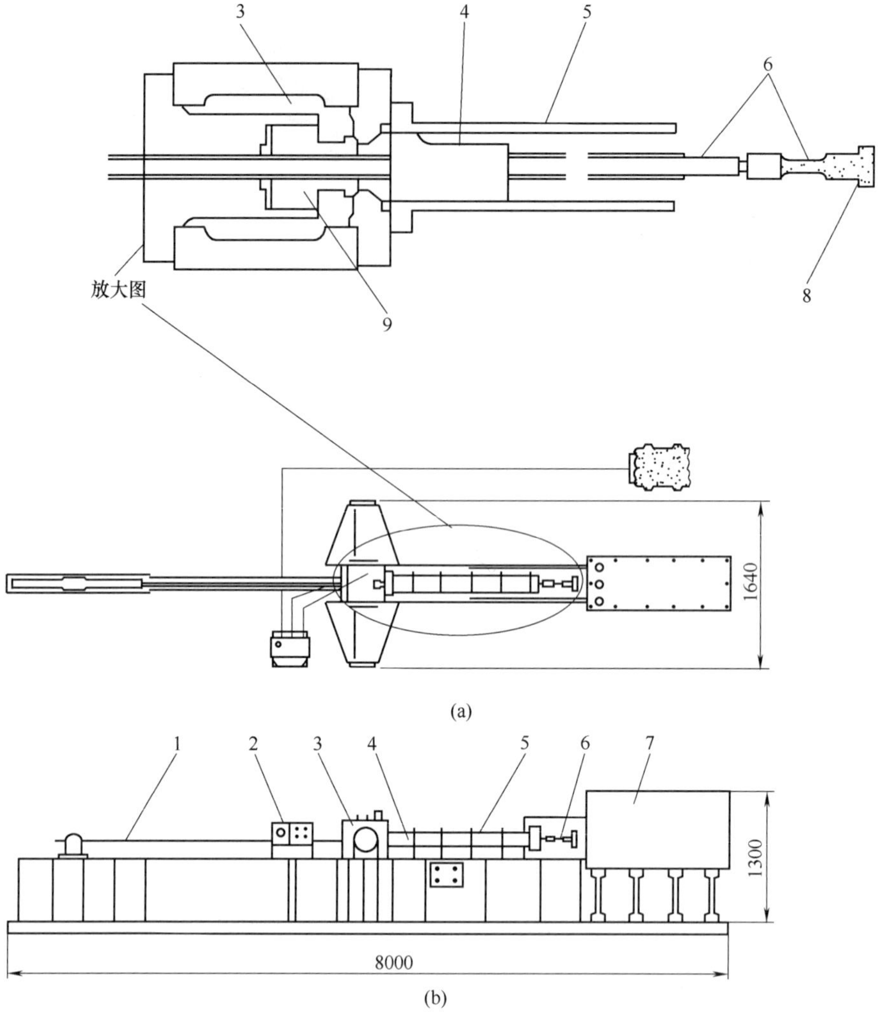

图 21-5-5　气动高速冲击拉力试验机外观及驱动控制

1—拉力测量杆；2—控制板；3—蓄能腔；4—弹丸活塞；5—缸筒；6—试样；7—弹丸回收箱；8—冲击法兰；9—截止阀芯

服控制阀、减压阀和气缸。

使用注意：

① 高压空气一旦急速排气，温度会显著变化，会产生结露或冻结，造成阀芯动作不良。使用消声器可减少冻结。

② 二、三通电磁阀的排气通口若节流过大，一旦形成的背压超过供给压力，阀可能切换不良或动作不稳定。三通电磁阀在切换过程中，高压空气会回流至中压空气侧，作为选择阀使用时，中压侧减压阀必须使用溢流型。

③ 电磁阀一次侧配管不得过分节流，以免流量不足，造成切换不良或响应慢。二次侧配管也要合理选用。设置减压阀的场合，电磁阀刚切换后，因减压阀响应速度的关系，一时为无供气状态，因此，低于最低动作压力的场合，应考虑选好配管尺寸、长度以及设置气容等。

④ 若没有高压气源，可利用增压阀将普通气源增压至高压。

（3）应用 3：气动高速冲击拉力试验机

在高速运动物体（如高速公路处的汽车）受到撞击时，为模拟试验这时的材料性能，采用高压气动方法与常规的机械电机驱动方法相比有一系列优点，其试验外观及驱动控制部分见图 21-5-5。

试样一端装有受冲击的凸缘（法兰），另一端装在载荷测量杆的端部，当试样被高速运动的弹丸冲击拉断后，受力情况即经过测量杆端部传到检测仪上显示出来。

弹丸为马蹄形截面，设计成能跨在载荷测量杆上飞行。在图 21-5-5（b）中，蓄压室内的高压通过活塞式阀芯被左向拉动而释放的一瞬间，弹丸在弹道中被加速向右高速飞行（速度可达到 100m/s）打击冲击法兰，试样塑性变形后断裂飞出，断裂飞出部分进入充水的回收箱内。

弹丸的运动速度由蓄压室的压力控制，速度测量通过设在弹道内的两处光电测头的时间差测出。

随着高压气动技术系统的深入研究，在某些领域，高压气动结合液压技术，可进行精密控制，提供精确输出力，使之使用于伺服系统中，推广了其应用领域。

5.2　气力输送

5.2.1　气力输送的特点

气力输送是利用负压或正压气体为动力，在管道中输送物料的一种技术，物体通常为粉、粒状固态物质。

使用气力输送技术传输物料时，输送管路占用空间小、线路布置灵活，同时也保持了环境的清洁和避免被送物料的污染。从安全性角度考虑，气力输送比其他机械输送更安全可靠，表 21-5-5 给出了气力输送与其他输送方式的比较。

气力输送根据工作原理大致可分为吸送式和压送式两种类型。

吸送式气力输送有如下特点。

① 在负压的作用下，物料容易吸入。供料机构较简单且易实现连续供料输送。

② 可实现从多处向一处输送物料。

③ 系统密封性能、空气净化程度要求高等。

压送式气力输送有如下特点。

① 可实现长距离输送物料的工作。

② 适合从一处向多处输送物料。

③ 供料机构较复杂，有时不能连续传输。

气力输送有如下缺点。

① 动力消耗大；物料在管道内传输，与管壁产生碰撞，增大了管道的磨损，特别是在弯管部分磨损更加严重。

② 对输送的物料粒度、黏度、湿度有一定的要求，易碎物料不宜采用气力输送。

5.2.2　气力输送装置的型式

一般用最高真空度 60kPa 的气流以 20～40m/s 的速度在管道内传输物料。物料主要为干燥的粉末、碎粒状的物质。输送距离可达到 550m。真空吸送装置见图 21-5-6。选用罗茨风机或真空泵作为气源机械，取料装置常用吸嘴、诱导式接料器。采用旋风除尘器或脉冲袋滤器，可使空气净化以保证气源设备的工作可靠性和使用寿命。

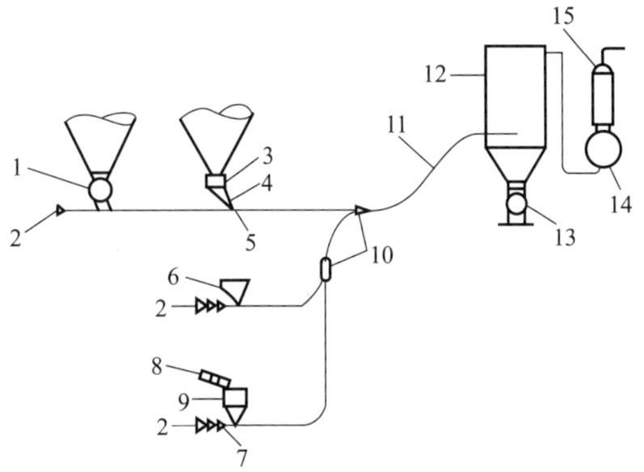

图 21-5-6　真空吸送装置

1—旋转供料器；2—进气口；3—旋转式料仓阀；4—物流量调节阀门；5—进料口；6—接收斗；7—进气调节阀；8—限量装置；9—磨粉机；10—管道换向器；11—输料管；12—分离器；13—卸料器；14—风机；15—消声器

表 21-5-5　气力输送与其他输送方式的比较

输送特性 / 输送装置			输送能力						线路自由度						污染程度		维护		运动特性	
			长度/m			输送量/t·h⁻¹			方向			弯曲								
			3～30	30～300	300～3000	0.3～3	3～30	30～300	水平	斜向上	垂直向上	水平面	垂直平面	弯曲数	环境污染	粉料污染	检查点数量	零部件损耗	输送速度	动力消耗
机械输送	循环	带式输送	2	1	2	3	2	1	1	3	4	4	4	4	3	2	4	2	2	1
		斗式提升	1	3	4	3	2	1	4	4	1	4	4	4	2	4	4	3	3	2
		埋刮板输送	1	2	3	3	2	1	1	3	4	4	3	3	3	4	4	3	3	3
	槽式	螺旋输送	2	4	4	3	2	3	1	2	3	4	4	4	2	2	2	3	3	3
		振动输送	2	3	4	1	2	3	1	3	3	4	4	4	3	1	1	1	4	3

续表

输送特性 / 输送装置		输送能力						线路自由度						污染程度		维护		运动特性	
		长度/m			输送量/t·h^{-1}			方向			弯曲			环境污染	粉料污染	检查点数量	零部件损耗	输送速度	动力消耗
		3～30	30～300	300～3000	0.3～3	3～30	30～300	水平	斜向上	垂直向上	水平面	垂直平面	弯曲数						
流体输送	气力输送	2	1	2	2	1	1	1	1	1	1	1	1	1	1	1	3	1	3
	水力输送	3	2	1	3	2	1	1	1	1	1	1	1	1	1	1	1	2	2

注：1—好；2—可；3—差；4—不能。

表 21-5-6　　气力输送装置的型式

低压压送式

一般以表压在0.1MPa以下的中速气流来传送物料，物料主要为干燥的粉末、碎颗粒状和纤维状的物质。见图(a)。采用这种装置输送易扬尘的物料时，对抑制粉尘和降低空气污染的要求很高。选用气源机械为罗茨风机或离心风机，供料装置多为旋转供料器

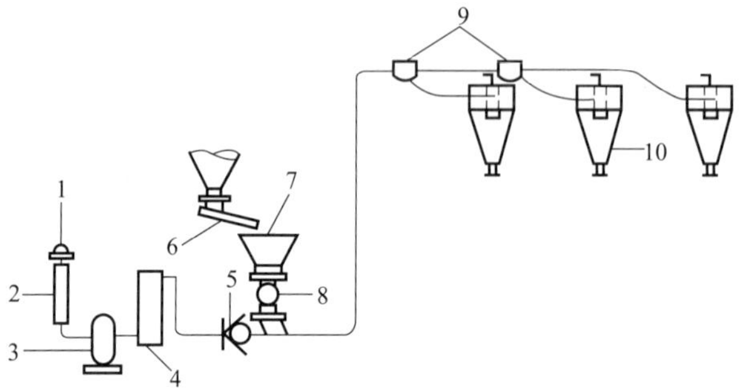

图(a)　低压压送装置

1—滤网；2—进口消声器；3—鼓风机；4—风机出口消声器；5—止回阀；6—限量装置；7—缓冲料斗；8—旋转供料器；9—管道转向器；10—受料容器

中压压送式

一般以表压为0.1～0.31MPa的低速气流来传输物料，物料主要为干燥、流动性好、易流态化的颗粒状物质。最长输送距离可达1200m。见图(b)，一般供料器可选用螺旋泵、发送罐或流态化罐供料

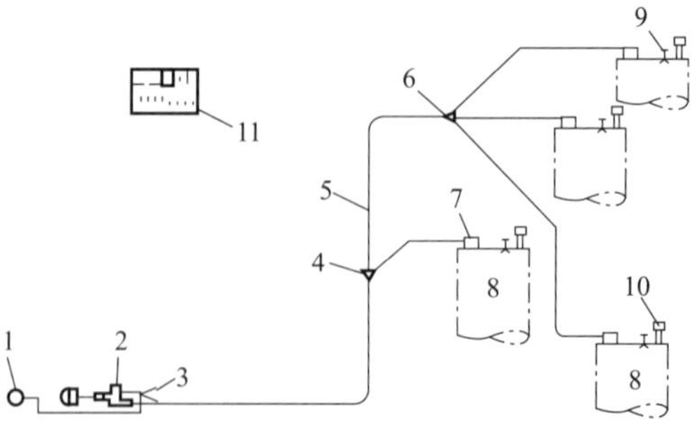

图(b)　用螺旋泵供料的中压压送装置

1—回转压气机；2—进料口；3—螺旋泵；4—二位换向阀；5—输料管；6—三位换向阀；7—卸载器；8—料仓；9—料位器；10—排气管或通往除尘装置；11—自控操纵台

高压压送式

一般以表压为0.31～0.86MPa的低速气流传输物料，物料主要为粉末状。输送距离可达3000m。这种装置的供料器仅限发送罐，气源机械采用空气压缩机。一个工作循环周期分为装料、充气、排料、排气四个过程，因而送料是间歇式的。要实现连续送料，可以采用两个发送罐交替使用

续表

脉冲栓流式	一般以表压在 0.2MPa 以下的低速气流传输物料，脉冲气流进入输料管的密集物料中，将其隔成不连续的一段一段料栓，依靠每段料栓的前后压差来实现传输物料。当然，此压差要大于料栓管道内壁之间的摩擦力。常见的有脉冲气刀式、脉冲成栓器式等。气源机械为空压机，供料装置为发送罐。图(c)为脉冲气刀式装置，主要适用于黏性物料，粉、粒状物料，脉冲成栓器式见图(d)。发送器关闭后，有一定压力的空气将物料从出料口连续地压入成栓器，然后脉冲气流推动成栓器上的转换板，将发送器出料口关闭，物料停止进入成栓器，同时，脉冲气流又将成栓器中原有物料推入输料管，这时脉冲发生器的气阀关闭，成栓器中压力低于发送器内背压，物料冲开转换板重新进入成栓器，以此循环 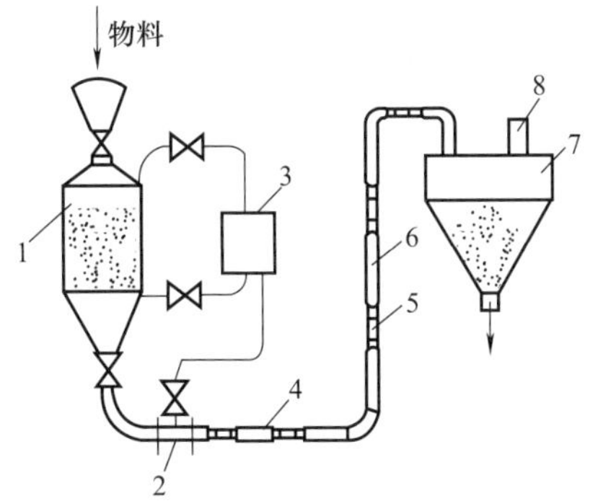 图(c)　脉冲气刀式气力输送装置 1—压力容器；2—气刀；3—控制器； 4—输料管；5—料栓；6—气栓； 7—储料器；8—除尘器 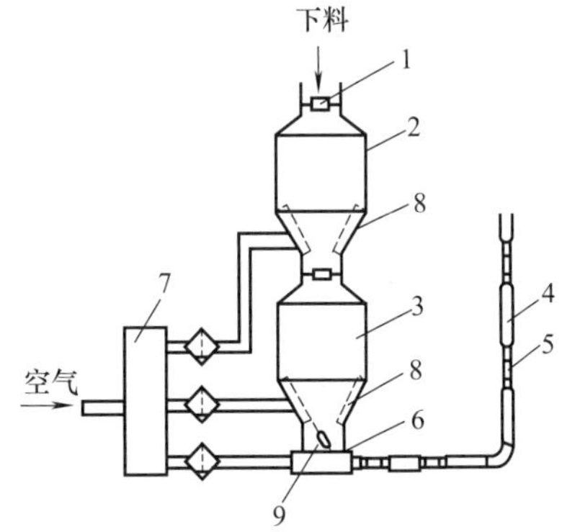 图(d)　脉冲成栓器式 1—加料斗；2—上料罐；3—发送器； 4—气栓；5—料栓；6—成栓器； 7—脉冲发生器；8—流态化装置；9—转换板
吸送-压送组合式	这是一种将前面介绍的吸送式和压送式组合在一起的传输方式，它适用于将物料从几个供料点输送到多个卸料点。常见的形式如图(e)所示，一般根据物料的性质和输送距离来选择压送的型式 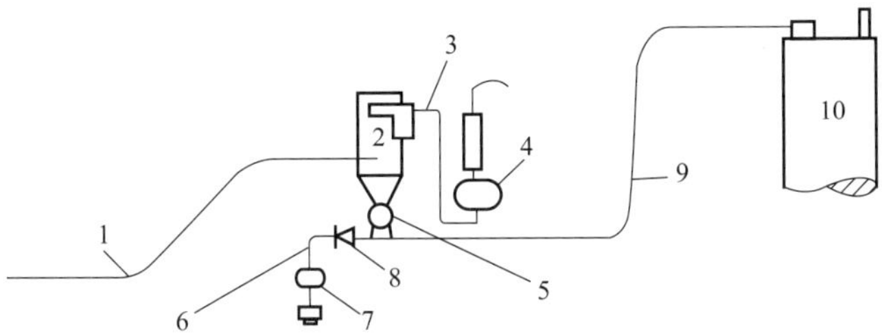 图(e)　吸送－压送具有各自风机的组合式装置 1—吸送分支；2—袋式分离器；3—管内真空度(40kPa)；4—吸送风机；5—旋转供料器； 6—管内表压(70kPa)；7—压送风机；8—止回机；9—压送分支；10—料仓
集装筒式	与前面几种输送类型相比，它的传输主体不是粉末状物料，而是集装件，主体相对比较大。集装筒气力输送示意图见图(f)，它利用管道内气体的压差进行传输。根据收发站(或装卸站)的线路连接情况，可分为单管、双管和多管吸送式、压送式、混合式。管道可为直管也可为弯管，可实现单向输送和往复的双向传输，如图(g)所示 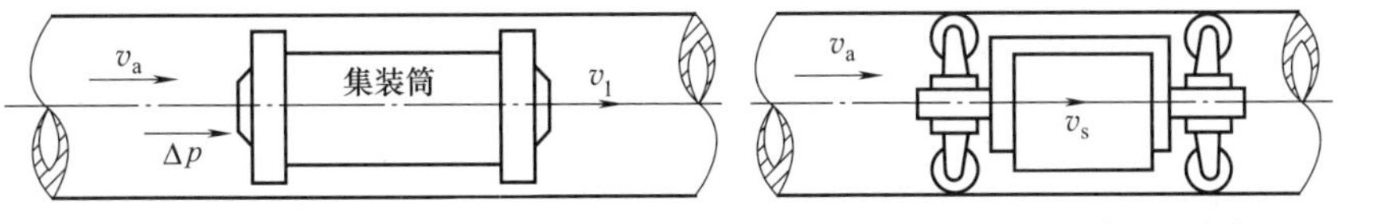 (ⅰ) 无轮集装筒滑动输送　　(ⅱ) 有轮集装筒滚动输送 图(f)　集装筒气力输送示意图

续表

集装筒式	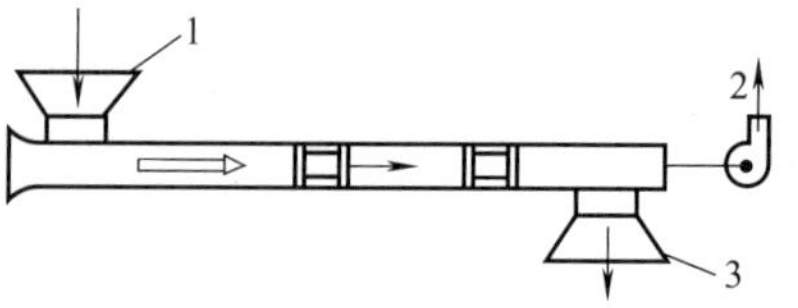 (ⅰ) 单管单向吸送式 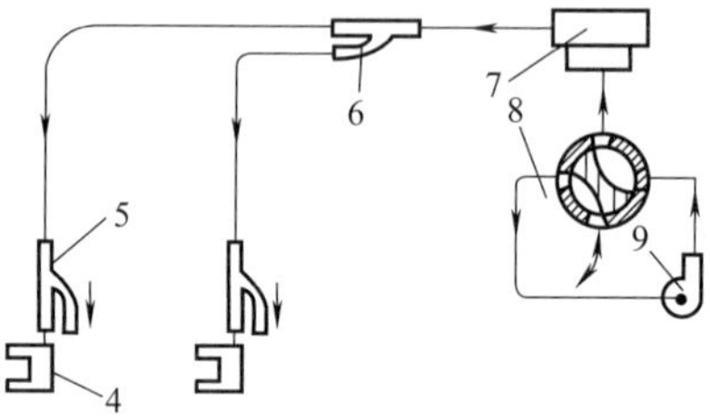 (ⅱ) 单管双向(往复)交换式 图(g)　两种简单输送线路示意图 1—装站；2—风机；3—卸站；4—发送器；5—接收器；6—待线器；7—交换站；8—交换阀；9—风机

表 21-5-7　　主要气力输送装置的比较

主要方式	使用方便性	选用注意点	适 用 场 合
吸送式	1. 由吸嘴集料、可避免取料点的粉尘飞扬 2. 适用于由深处或狭窄处以及由数处向一处集中输送 3. 润滑油或水分等不会混入、沾污被输送的物料 4. 物料不会从系统中逸出 5. 容易输送水分含量高的物料 6. 生产率较高，每小时可达数百吨	1. 输送量和输送距离不能同时取大值；输送范围受到一定限制 2. 应在气源之前部设置性能好的分离除尘设备 3. 气源设备容量较大，价格较昂贵 4. 整个系统的气密性要求较高	主要用于料气比较低的车、船、库场上的卸料作业以及将分散的物料集中起来的厂内工艺输送 1. 从船舱中卸料，如谷物、铝矾土等 2. 食品工业、化学工业，如啤酒、制粉工厂内的输送 3. 灰状粉料的输送处理 4. 有毒物料的输送
低压压送式	1. 适用于从一处向多处进行分散输送 2. 因为系统为正压，所以外界空气或水分不会侵入 3. 物料易从卸料口排出	1. 在供料口处供料较吸送式困难，应根据被输送物料的物性和输送压力选用和设计供料装置 2. 物料是干粉状、颗粒状或纤维状，它的输送距离不长，输送量和料气比较低	主要用在工厂内部加工工序间的物料输送或者槽车卸载 1. 普通工业生产 2. 石油化工业中，特别是用于氮气、二氧化碳气体输送 3. 制造业中，如输送木片、粒料等
高压压送式	1. 在直径较小的输料管中可实现较高的料气比输送，输送效率较高 2. 由于输送风量较小，故可用较小型的分离和除尘设备	1. 属密闭压力容器仓式发送 2. 可连续发送 3. 粉料可直接由发送罐发送，对于粗物料应在发送罐下加螺旋式供料器 4. 容易出现物料在输送管中堵塞和管道磨损的问题	适宜于长距离大容量输送或用来输送较重、较黏的物料 1. 输送水泥、铝矾土 2. 输送煤粉等
脉冲栓料式	1. 可输送易破碎的物料 2. 输送管磨损小 3. 能耗低	对物料的物性要考虑，例如粒度超过 2mm 时就难以显示出其输送的优点	1. 粉料作高浓度输送 2. 2mm 以内的易碎物料输送

5.2.3　气力输送装置的主要设备

气力输送装置在工作运行中的可靠性和经济性主要取决于装置系统中各设备的合理选择和配套使用。气力输送系统主要由供料器、管道和管件、分离器、闭风器、除尘器、消声器、气源机械等组成。

5.2.3.1　供料器

供料器是把要输送的物料送入输送管，并使物料运动速度加快的设备。它必须尽可能定量、均匀、分散地供料，同时要满足设备在结构上体积尽可能小、供料通顺、消耗功率小的要求。

在选择使用何种型式的供料器时，要充分考虑到物料的性质随温度、湿度、物料的压力等因素的变化情况以及物料的黏附性、磨削性和腐蚀性等。

表 21-5-8　　气力输送装置供料器

<table>
<tr><td rowspan="4">压送式气力输送装置的供料器</td><td colspan="2">压送式气力输送装置中供料要求密封性能好，防止压缩空气从供料器中泄漏，增加能量损失。其分类主要有：重力式、叶轮式、螺旋式、喷射式、充气罐式等</td></tr>
<tr><td>重力式供料器</td><td>工作原理是：物料依靠自重产生下落运动，达到从一个装置向另一装置的输送。可分为单筒供料管和双层供料管两种，图(a)为双层供料管，上下板交替开闭，使物料下落。需注意的是，动作要具有周期性，要保持密封
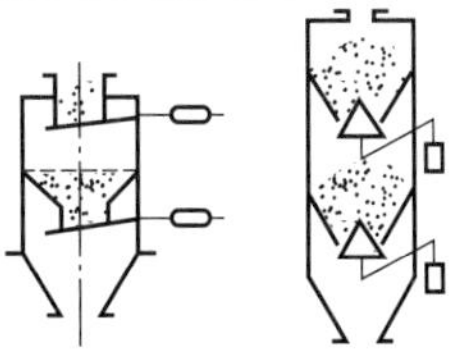
(ⅰ)　(ⅱ)
图(a)　双层供料管</td></tr>
<tr><td>叶轮式供料器</td><td>见图(b)，主要由叶轮和机壳组成。其工作原理是：带有若干叶片的轮子在机壳内旋转，使物料从上部料斗或容器下落到叶轮之间，当叶片旋转到下端时，将物料排出，可实现定量供料。这种供料器仅用于非磨削性或稍有磨削性的物料。叶轮和机壳材料的选择根据物料的情况而定，壳体和端盖的材质一般为耐磨铸铁，对于化工、食品物料采用不锈钢。转子既可由钢材焊接制造，也可以整体铸造。转子的形状尺寸决定了整个供料器的性能和稳定性，供料器上下的压力差与叶片数的关系见下表
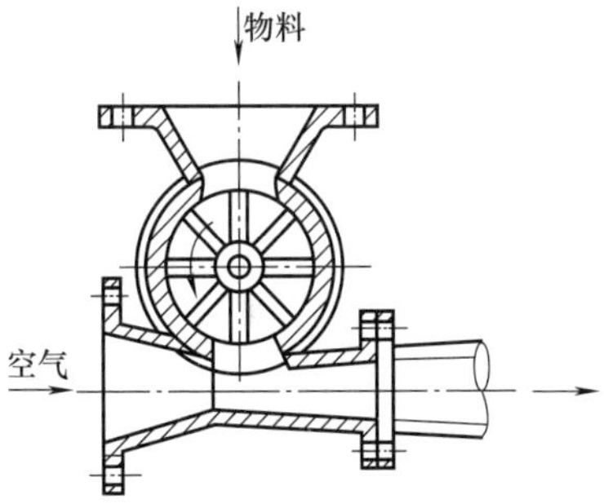

图(b)　叶轮式供料器

供料器上下的压差与叶片数的关系
<table><tr><td>压力差/MPa</td><td><0.02</td><td><0.05</td><td><0.10</td></tr><tr><td>叶片数/片</td><td>6</td><td>8</td><td>10</td></tr></table>这种供料器在吸送式和压送式气力输送装置中都可采用</td></tr>
<tr><td>螺旋式供料器</td><td>螺旋式供料器在压送式气力输送装置中可作为供料器，在吸送式装置中可作为卸料器。见图(c)，螺旋在壳体内快速旋转时，料斗中的物料经螺旋压入混合室。在混合室下部装有压缩空气喷嘴，一旦物料进入混合室，压缩空气将其吹散并使物料加速，形成物料与压缩空气的混合物均匀地进入输料管。螺旋的螺距从左至右逐渐减小，进入螺旋的物料被越压越紧，达到防止压缩空气通过螺旋泄漏的作用。同时在排料口上装有带杠杆和重砣的可调节阀门，对于不同的物料，通过移动杠杆和重砣可调节螺旋中物料的压紧程度。物料的性质、输送量以及作用在旋转供料器上的操作压力对选用供料器的尺寸、转速、结构设计起决定性的作用。供料器的尺寸、转速由输送量和物料的堆积密度而定，供料器工作时承受的压差大小决定转轴、叶轮的设计。对于黏性物料，可在叶轮表面喷涂聚四氟乙烯液体再经高温处理，以减小对壳体的摩擦。叶片也可用耐磨材料制成，以适应磨削性大的物料
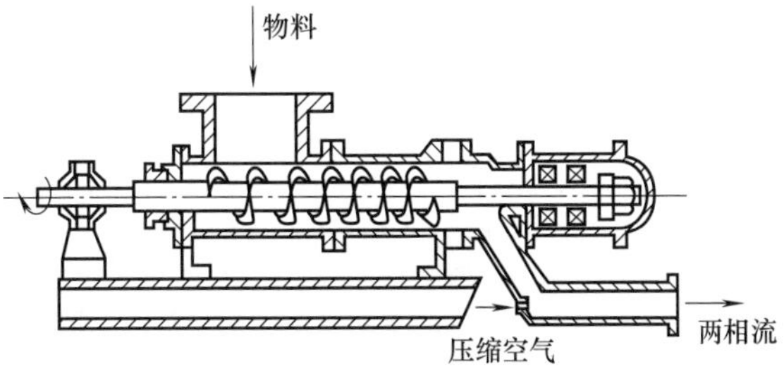

图(c)　螺旋式供料器</td></tr>
</table>

续表

压送式气力输送装置的供料器	喷射式供料器	图(d)中，压缩空气从喷嘴中高速喷出，在喷嘴出口的外部区域形成负压，从而将大气压力作用下的物料吸入管内，同时管内空气不会向供料口喷吹，且有少量空气随同物料一起进入供料器，供料口后端是一段渐扩管，在其中气流速度逐渐减小，静压逐渐增大，使物料沿管道正常输送 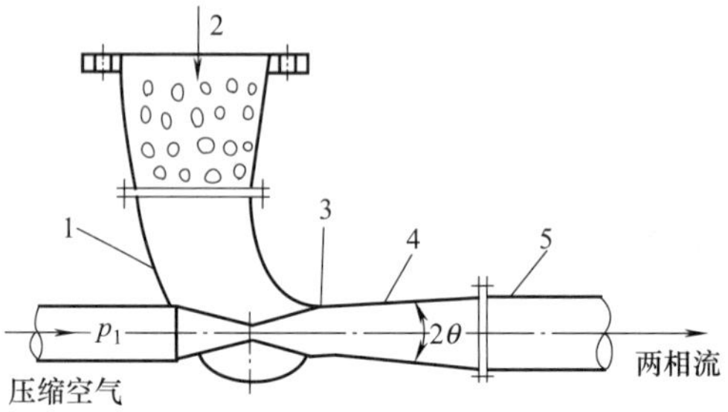 **图(d)　喷射式供料器构造工作原理** 1—进料；2—供料；3—喉部；4—扩散管；5—输送管
	充气罐式供料器	适用于粉末状的物料传输，先将粉料送到罐内，然后向密封罐内送入压缩空气，使空气和粉料一起喷出，进入输送管中。工作过程是周期性的，每个周期由装料、充气、排料、放气四个过程组成，若要实现连续送料，必须采用双罐交替工作的方式
吸送式气力输送装置的供料器	吸送式气力输送装置中，供料器相对结构更简单，主要有：吸嘴、三通式接料器、诱导式接料器等	
	吸嘴	适用于输送流动性好的粒状物料，一般分为单筒型和双筒型两种。其常见型式见图(e) 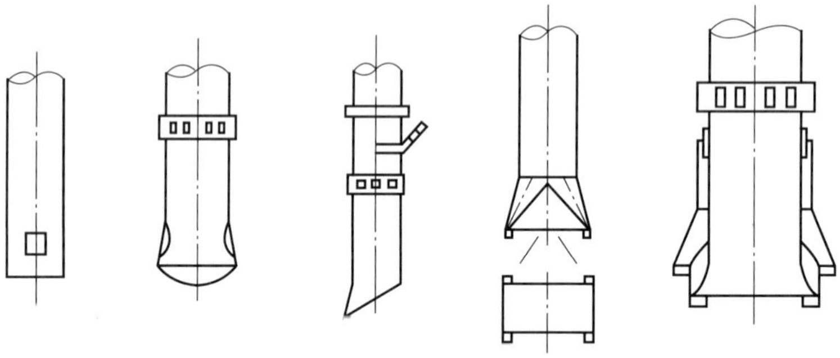 **(ⅰ)直口吸嘴　(ⅱ)喇叭口吸嘴　(ⅲ)斜口吸嘴　(ⅳ)扁口吸嘴　(ⅴ)双筒型吸嘴** **图(e)　吸嘴** 双筒型吸嘴内筒的入口处呈喇叭状，外筒可以上下活动，喇叭状可以减少一次空气和物料流入时的阻力，二次空气从吸嘴上端进入，使物料加速，提高输送能力。工作时可以根据物料性质、输送条件改变内外筒下端的相对高度，以便提高输送的效率
	三通式接料器	有两种型式，见图(f)。卧式接料器[图(f)中(ⅰ)]中物料由弯管2处引入短管1，与1右端进入的压缩空气相混合进入输料管。隔板3是为了防止物料过多，引起堵塞而设置的 立式接料器[图(f)中(ⅱ)]工作时，物料由自流管1处落入喇叭口3处的气流中 靠气流推入输料管2，插板5控制物料的输送量，齿板6是为使物料能顺气流方向落入时与齿板撞击而冲散，并折向上方，以便更好地与上升气流混合而设置的

续表

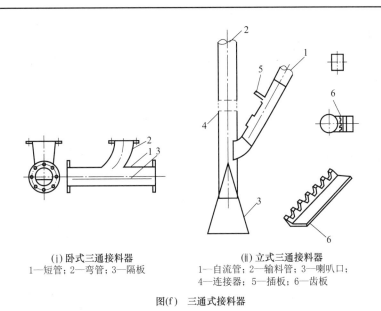

<table>
<tr><td rowspan="2">吸送式气力输送装置的供料器</td><td>三通式接料器</td><td>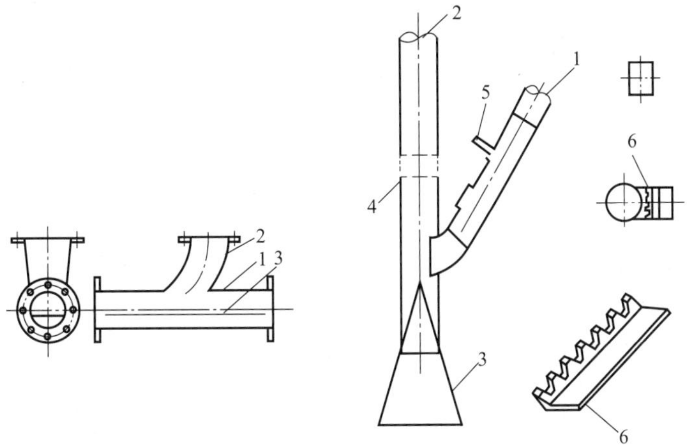
(ⅰ) 卧式三通接料器
1—短管；2—弯管；3—隔板
(ⅱ) 立式三通接料器
1—自流管；2—输料管；3—喇叭口；
4—连接器；5—插板；6—齿板
图(f)　三通式接料器</td></tr>
<tr><td>诱导式接料器</td><td>如图(g)所示，物料由自流管 1 下落，经过圆弧形淌板对物料进行诱导，在气流推动下向上输送，如此料、气混合得好，克服了逆向喂料的情况，而且阻力小
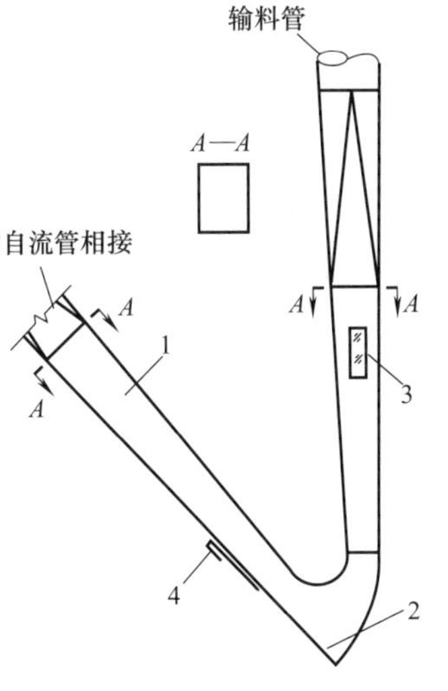

图(g)　诱导式接料器
1—自流管；2—进风口；3—观察窗；4—插板活门</td></tr>
</table>

5.2.3.2　输料管道、管件

大多数物料的气力输送都采用国际管道标准（IPS）的钢管作为输料管，管径为 50～175mm 时采用该标准 40 系列号钢管；管径 200～3000mm 时，采用 30 系列号钢管；管径 350mm 以上的，采用卷焊的钢管，其壁厚一般为 5～8mm。当输送塑料、食品和其他严格要求不受污染的物料时，可选用 5 系列号或 10 系列号的铝管或不锈钢管。

在输料管路中，应采用由进口向下游断面逐渐扩

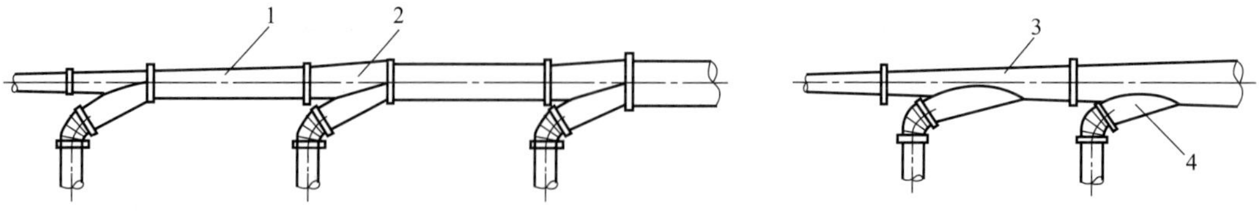

(a) 直长汇集风管　　(b) 圆锥形汇集风管

图 21-5-7　汇集管

1—直管；2—三通；3—圆锥形管；4—连接短管

大的结构，需避免出现任何断面的收缩。在需要改变输料方向时，采用弯管，为了缓和物料与弯头内壁的撞击，对弯管曲率半径的大小提出了要求，一般情况下，对于管径不大于 200mm 的弯管，曲率半径取管道半径的 6～12 倍；管径在 200～350mm 之间时，曲率半径取 2.4m；超过 350mm 的管道，其弯管曲率半径可取更大。

一般情况下，根据物料的莫氏硬度等级来选择弯管的材料，1～3 等级选择普通弯管，4、5 等级选择加强弯管，6、7 等级选择加抗磨箱的弯管。一些特殊物料如铝粉，传输时易黏附在钢制弯管上，因而要采用橡胶制的软弯管等。弯管与直长管采用法兰连接，两法兰间要加薄橡胶或密封衬垫，尽可能在接头处保证气密性要求，同时要消除裂缝、缺口、毛刺。输料管连接安装时，可采用套接法和对接法两种方式。套接时，要求每节输料管大小头内径相差大于 2mm，为防止气体泄漏，套接处缝隙可焊封，但要防止焊疤伸入管道内壁；对接时，要求每节管径相同，连接时要尽量保持同心，如出现错边，则会引起阻力增大，严重时会发生物料的淤积。

汇集管常用于吸气式气力输送系统中，如图 21-5-7所示，汇集管的材料一般选用 10mm 的薄钢板，若强度不足可在沿管的适当长度上增加加强铁箍以防止管道变形。

在需将 1 根输料管分为多根支管或将多根支管汇集时，需采用管道换向器。图 21-5-8 为蜗壳转向器。由卸料器排出的空气，以垂直方向进入蜗壳转向器，然后以水平方向将空气引入汇集管。根据旋转方向不同，可分为左旋和右旋。转向器进口短管直径与卸料器的排气管直径相同，两者用法兰连接。

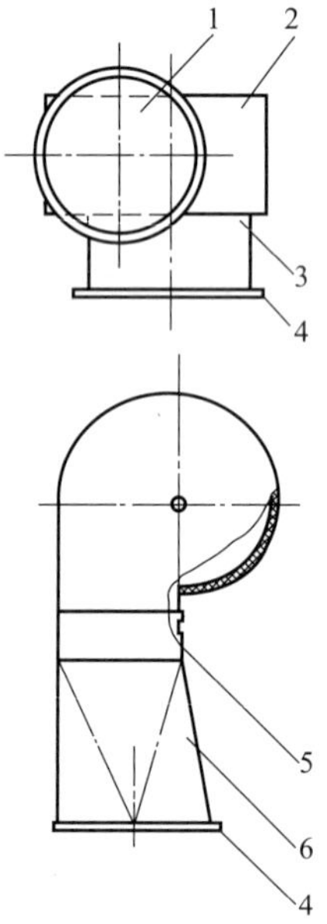

图 21-5-8　蜗壳转向器

1—进口短管；2—蜗壳；3—出口短管；4—法兰盘；5—空气连接管；6—变形管

5.2.3.3　分离器（卸料器）

物料的性质直接影响着分离的效果，因而分离器根据物料的情况可分为：旋风分离器、袋式分离器、静电分离器等。分离器必须具备以下要求：分离效率高；经久耐用；性能稳定；结构简单；维修方便。

表 21-5-9　　分离器原理和构造

旋风分离器	见图(a)，旋风分离器工作原理：气流由进风口 1 处切向进入分离器后，绕中心形成高速旋转产生离心力，物料在此离心力作用下，被甩向外圆筒的内壁，产生撞击而失去速度，然后在自重作用下沿圆锥体壁面螺旋下滑排出，细尘粒和气体则沿上升螺旋线，经内圆筒 2 的溢流口流出。它适用于吸送和低中压压送装置的卸料端，从输送气流中分离粒状物料、粉尘等。它在分离 5～10μm 以上的物料时，效果比较明显，有时也作除尘器用

续表

旋风分离器	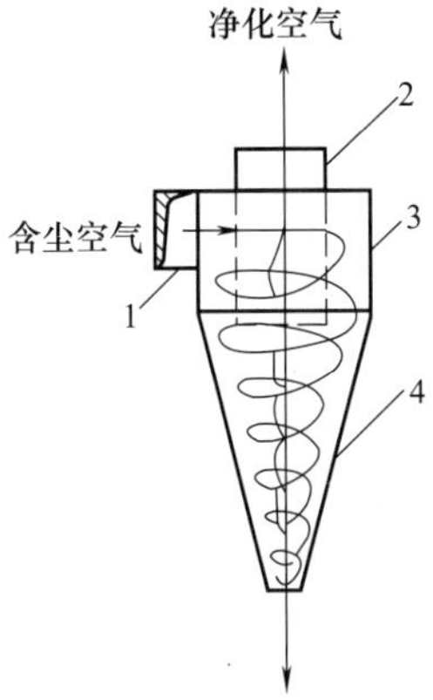 图(a)　旋风分离器 1—进风口；2—内圆筒；3—外圆筒；4—圆锥体
袋式分离器	它是利用纤维过滤布从输送气体中分离出粉状物料。它可以分离 5mm 以下的物料。在分离物料时，由于布袋表面物料增多，因而每隔一段时间就要清理布袋，按清理原理分为机械振动式和气体反吹式。机械振动式包括一些小型的电机、液压或气动元件，并通过开关联锁和定时控制器等构成独立的自动操作机构，使布袋产生振动，从而使物料与布袋分离。气体反吹式是利用气体从物料运动的反方向经布袋吸风式吹风使物料脱离布袋。反吹方式有脉冲喷吹、气环反吹、反吹风等形式 吸气式布袋分离器如[图(b)]所示。物料由分配箱 8 进入灰斗 4，由于活门 9 使部分物料先下落，经螺旋输送器 10 排出，另一部分随气流进入布袋 2，空气由风管 11 处排出，关闭风门 12，空气在相邻布袋组的吸力作用下反吹，使物料脱落，离开布袋进入灰斗 4，由螺旋输送器 10 处排出。如此循环往复，完成分离物料工作。而脉冲喷吹是利用高压气流在风门 12 关闭时对准布袋中心喷气，一瞬间滤袋急剧膨胀，产生的逆向气流使物料脱落 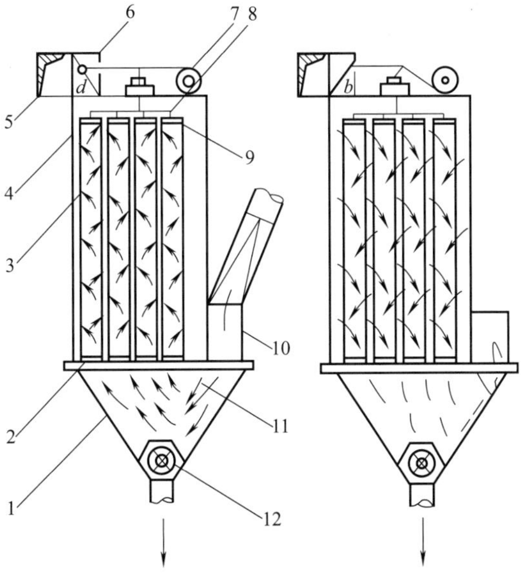 图(b)　吸气式布袋分离器构造原理 1—箱柜；2—布袋；3—圆孔；4—灰斗；5—圆木盖；6—支架；7—抖动机构； 8—分配箱；9—活门；10—螺旋输送器；11—风管；12—风门

第21篇

表 21-5-10　　**气力输送装置常用的除尘器**

重力沉降室	其工作原理是：使气流截面突然扩大，风速下降到物料颗粒悬浮速度的 5%～10%，然后利用粉尘重力自然下沉的原理将空气中的粉尘分离出来。重力沉降室一般用来作为第一级除尘器使用，用于净化大于 20～40μm 的粉尘
惯性除尘器	它的工作原理是：压缩空气和粉尘的混合物一起运动，在急转弯处或遇到障碍物时，由于两者惯性力不同，粉尘将偏离气体的流线，而达到分离除尘的目的。一般也作为一级除尘器，用于净化 20μm 以上的非纤维状粉尘
静电除尘器	它的工作原理是：用高压电场作用于粉尘、空气的混合物，使粉尘带电，然后在电场内静电的吸引下使粉尘与气体分离，达到除尘的目的
超声波除尘器	它的工作原理见图，它是利用超声波作用于含粉尘的气流，使悬浮于气流的粉尘共振引起粉尘的相互碰撞，使粉尘凝聚从而从气流中分离出来，达到除尘的目的 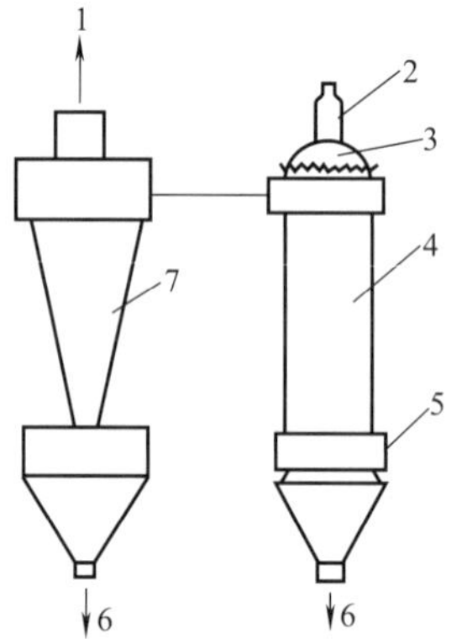 超声波除尘器 1—净化气体出口；2—声波发生器；3—压缩空气；4—凝集塔；5—含尘气体；6—排灰；7—旋风除尘器

5.2.3.4　闭风器

低压吸气式气力输送装置在负压的作用下由卸料器排出物料的同时，排料口可能吸入空气。为此需在排料口安装闭风器，常用闭风器主要有叶轮式闭风器（其原理与叶轮式供料器工作原理相同）和螺旋式闭风器（其构造与螺旋式供料器类似），不再赘述。

5.2.3.5　除尘器

除尘器是气力输送装置的重要部件。常用的有：重力沉降室、惯性除尘器、旋风除尘器、布袋除尘器、静电除尘器、超声波除尘器，其中旋风除尘器、布袋除尘器的结构、原理与前面介绍的分离器相同。

5.2.3.6　气源机械

气源机械是气力输送的气源产生机构，常用的有离心通风机、鼓风机、空气压缩机。离心通风机的排气压力为：≤15kPa；鼓风机排气压力为：15～20kPa；使用空气压缩机的排气压力为：≥0.1MPa，可根据实际情况选择合适的气源机械。

5.2.3.7　消声器

气力输送装置中，通风机和供料、输料、卸料过程的设备都会产生噪声，因而工作时需要引入消声器，以最大限度地降低噪声。消声器分为阻性消声器、抗性消声器、阻抗复合消声器和微穿孔板消声器等。阻性消声器是把吸声材料固定在气流管道内壁或按一定的方式在管道中排列，构成消声效果，适宜于较宽的中、高频噪声的消声。抗性消声器是利用声波滤波原理进行工作的，对于低频噪声具有良好的消声性能。阻抗复合式是综合阻性和抗性的特点组合而成的。一般罗茨风机和叶氏风机采用 ZHZ-55 系列阻性消声器，高压离心风机采用 GPL 系列阻性和 F 系列阻抗复合式消声器，空压机宜采用抗性消声器。

5.2.4　气力输送的应用

气力输送的应用见表 21-5-11。

（1）应用举例 1：水泥生产工业

水泥的生产运输中许多环节都适宜采用气力输送。制造水泥时，先将石灰石和其他含石灰的原料加上各种化学成分的其他原料，按一定的比例混合后，经破碎研磨形成水泥生料。在初级、二级破碎粗磨过

表 21-5-11　**气力输送应用举例**

行业类别	物料种类	输送方式	效　果
水泥工业	细粒的水泥生料运输、散装水泥的卸料	脉冲气力输送 空气槽发送罐	避免输送过程中灰尘多减少维修量，操作安全
	水泥原料的配料	吸-压组合式	
烘烤工业	面粉、食糖等从火车、汽车上卸料或将储存在圆筒仓内的物料送到多个加工料斗中	吸-压组合式	面粉、食糖等烘烤工业原料卫生要求，减少火灾、爆炸的危险
酿造酒精工业	麦芽运输卸料	吸-压组合式 二个独立风机	提高生产率
塑料工业	塑料、酚醛树脂等输送	吸送式 低压压送式	防止污染，防止不同颜色的塑料混杂
	多品种塑料粒卸车	吸-压组合式	
造纸工业	纸浆木片的运输	低压压送式	
饲料工业	饲料运输	吸送式 低压压送式	
钢铁工业	钢样输送	集装筒式	高温状态下，迅速实现长距离运输

程中原料块大，不宜用气力输送的方式，宜用机械输送。粗磨后卸料时，可采用空气槽式气力输送从一台（或多台）粗磨机的卸料口沿水平方向把物料送到斗式提升机，提升到分离器内将细料、粗料分离，再把细料送到配料槽，可采用吸送式和吸-压送式将生料按规定的比例配料后送到回转窑中煅烧成水泥熟料。熟料经冷却器冷却，再由破碎机破碎送到水泥研磨机，这个过程宜机械输送，熟料的包装和散装发送可采用空气槽或螺旋泵进行气力输送，现在国内已制成 400t/h 的大型气力输送设备。

图 21-5-9 所示为回转窑快速煅烧和煤粉燃料供给系统，给加工工艺提供了方便，同时提高了工作效率。

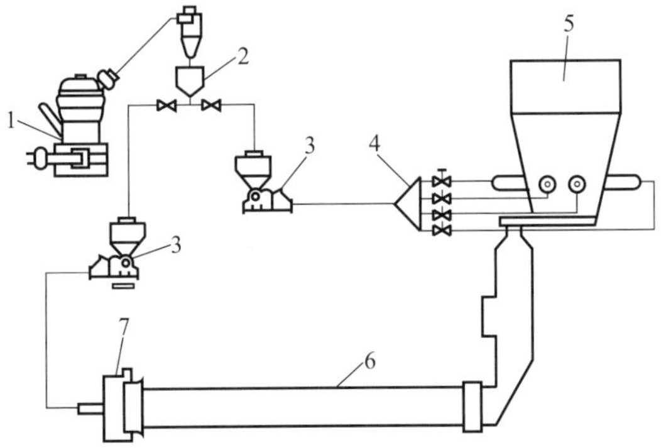

图 21-5-9　回转窑快速煅烧和煤粉燃料供给系统
1—磨煤机；2—煤粉缓冲仓；3—螺旋泵；
4—分流器；5—快速煅烧炉；6—回转窑；7—喷头

如果整个水泥生产过程都采用机械输送方式，则水泥厂内投资成本会大幅增大，厂内布置也会很乱，同时避免不了水泥灰尘的飞扬，严重污染生产环境，大大增加维修工作量和维修费用。

（2）应用举例 2：钢样输送

在钢铁生产行业，有时需将现场高温炉的钢样送到分析室进行成分分析化验，从现场到分析室距离很长，且钢样温度很高，温度下降大时，无法准确进行分析，这就给其他方式的输送带来一定的困难，而采用气力输送，可以很方便地完成这一任务，如图 21-5-10所示。

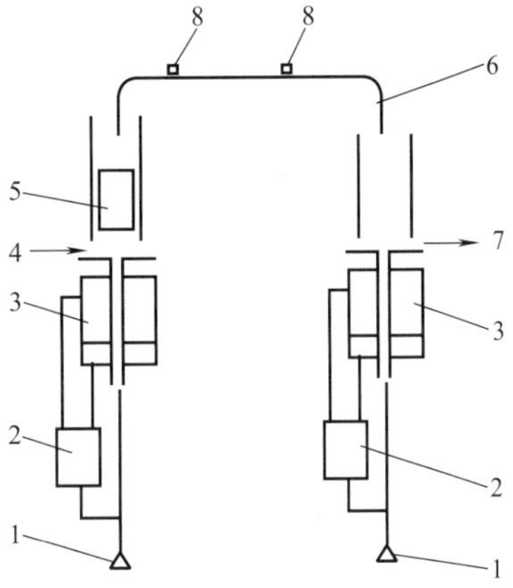

图 21-5-10　钢样分析输送系统
1—气源；2—控制器；3—气缸；
4，7—加样装置（卸样装置）；5—样盒；
6—输送管道；8—感应元件

样盒尺寸：73mm×216mm；送样速度：30m/s；空样返回速度：20m/s；气源压力：0.5MPa；电源电压：AC 380V，50Hz，三线制。现场采用机械手取炉中一小段钢样装入输送集装容器内，用集装筒式气力输送可实现单向或双向输送。

第 6 章　气动系统的维护及故障处理

6.1　维护保养

表 21-6-1　　维护管理的考虑方法

维护的中心任务	保证气动系统清洁干燥的压缩空气；保证气动系统的气密性；保证油雾润滑元件得到必要的润滑；保证气动系统及元件得到规定的工作条件（如使用压力、电压等），以保证气动执行机构按预定的要求进行工作 维护工作可以分为日常性的维护工作及定期的维护工作。前者是指每天必须进行的维护工作，后者可以是每周、每月或每季度进行的维护工作。维护工作应有记录，以利于今后的故障诊断与处理		
维护管理的考虑方法	维护管理时首先应充分了解元件的功能、性能、构造 在购入元件设备时，首先应根据厂家的样本等对元件的性能、功能进行调查。样本上所表示的元件性能一般是根据厂家的试验条件而测试得到的，厂家的试验条件与用户的实际使用条件一般是不同的，因此，不应忽视两者之间的不同对产品性能的影响 在选用元件的时候，必须考虑下述事项 ①理解决定元件型号而进行的试验条件及其理论基础，尽可能根据确实的数据来掌握元件的性能 ②调查、研究各种实际使用条件对气动元件使用场合、性能的影响 ③从①和②中了解在最恶劣的使用条件下，元件性能上有无裕度		
气动元件选定注意事项	选定元件	检查项目	摘　要
	气动系统全体	使用温度范围 流量/L·min^{-1}(ANR) 压力	标准 5～50℃ 一般 0.4～0.6MPa
	过滤器	最大流量/L·min^{-1}(ANR) 供给压力 滤过度 排水方式 外壳类型	 一般 1.0MPa 一般 5μm、10μm、40～70μm 手动还是自动 一般耐压外壳、耐有机溶剂外壳、金属外壳
	减压阀	压力调整范围 流量/L·min^{-1}(ANR)	一般 0.1～0.8MPa（压力变动 0.05MPa 程度）
	油雾器	流量范围 给油距离 补油间隔（油槽大小） 外壳种类	无流量传感器 油雾（约 5m 以内），微雾（约 10m 以内） 通常按 10m^3 空气对应 1mL 油计算 一般耐压外壳、耐有机溶剂外壳、金属外壳
	电磁阀	控制方法 流量（有效截面积、C_V 值）/L·min^{-1}(ANR) 动作方式 电压 给油式或无给油式	单电磁铁、双电磁铁、两通、三通、四通、五通阀、两位式、三位式、直动式、先导式、交流直流、电压大小、频率等
	气缸	安装方式 输出力大小 有无缓冲 要不要防尘套 使用温度 给油、无给油	脚座式、耳轴式、法兰式 使用压力、气缸内径 速度 100mm 以上、行程 100mm 以上时使用，一般 50～500mm/s 有无粉尘 一般 5～60℃，耐热型 60～120℃

表 21-6-2　维护检修原则和项目

<table>
<tr><td colspan="2">维修前注意事项</td><td colspan="3">①在元件的维护检修中，必须清楚元件在停止、运转时的正常状态及不正常状态的现象。仅从数据资料及相关人员的说明等获得的知识还不够，还应在实际操作中获取经验，这是非常重要的
②气动系统中各类元件的使用寿命差别较大，像换向阀、气缸等有相对滑动部件的元件，其使用寿命较短。而许多辅助元件，由于可动部件少，相对寿命就长些。各种过滤器的使用寿命，主要取决于滤芯寿命，这与气源处理后空气的质量有很大关系
③像急停开关这种不经常动作的阀，要保证其动作可靠，就必须定期进行维护。因此，气动系统的维护周期，只能根据系统的使用频度、气动装置的重要性和日常维护、定期维护的状况来确定。一般是每年大修一次
④维修之前，应根据产品样本和使用说明书预先了解该元件的作用、工作原理和内部零件的运动状况。必要时，应参考维修手册
⑤根据故障的类型，在拆卸之前，对哪一部分问题较多应有所估计
⑥维修时，对日常工作中经常出问题的地方要彻底解决
⑦对重要部位的元件、经常出问题的元件和接近使用寿命的元件，宜按原样换成一个新元件
⑧新元件通气口的保护塞，在使用时才应取下来
⑨许多元件内仅仅是少量零件损伤，如密封圈、弹簧等，为了节省经费，可只更换这些零件
⑩必须制定一套适当的制度，使元件或装置一直保持在最好的状态。尽量减少故障的发生，在故障发生时能尽快尽好地得到迅速处理</td></tr>
<tr><td colspan="2">维修保养原则</td><td colspan="3">①理解元件的原理、构造、性能、特征
②检查元件的使用条件是否合适
③事先掌握元件的使用方法及其注意事项
④事先掌握元件的寿命及其相关的使用条件
⑤事先了解故障易发的场所、发现故障的方法和预防方法
⑥准备好管理手册，定期进行检修，预防故障发生
⑦准备好能正确、迅速修理并且费用最低的备件</td></tr>
<tr><td rowspan="9">元件定期检修项目</td><td>日常维护</td><td colspan="3">在设备开始运转及结束时，应养成排水的习惯。在气罐、竖管的最下端及配管端部、过滤器等需要排污的地方必须进行排水</td></tr>
<tr><td>每周一次的维护</td><td colspan="3">日常检修由操作工进行，而每周的检修最好由专责检修人员进行。此时的重点是补充油雾器的油量及检查有无漏气
空气泄漏是由于部件之间的磨损及部件变质而引起的，是元件开始损坏的初期阶段，此时应进行元件修理的准备计划，及时做好元件修理的准备工作，防止故障的突然发生</td></tr>
<tr><td rowspan="6">三个月到一年的定期维修</td><td>装　置</td><td>维 护 内 容</td><td>说　明</td></tr>
<tr><td>过滤器</td><td>杯内有无污物
滤芯是否堵塞
自动排水器能否正常动作</td><td rowspan="5">表中所列为各种元件的定期检修内容，因装置的重要性及使用频度的不同，详细的检修时间及项目也不同，应综合考虑各种情况后，确定定期检修的时间</td></tr>
<tr><td>减压阀</td><td>调压功能正常否，压力表有无窜动现象</td></tr>
<tr><td>油雾器</td><td>油杯内有无杂质等污物，油滴是否正常</td></tr>
<tr><td>电磁阀</td><td>电磁阀电磁铁处有无振动、噪声
排气口是否有漏气
手动操作是否正常</td></tr>
<tr><td>气缸</td><td>活塞杆出杆处有无漏气
活塞杆有无伤痕
运动是否平稳</td></tr>
<tr><td>大修</td><td colspan="3">一般来说，一年到二年间大修。在清洗元件时，必须使用优质的煤油，清洗后上润滑油(黄油或透平油)后组装。因汽油、柴油等有机溶剂对由橡胶材料及塑料构成的部件有损坏，应尽量不要使用</td></tr>
</table>

6.2 维护工作内容

表 21-6-3 日常性的和定期的维护工作内容

<table>
<tr><td colspan="2">日常性维护工作</td><td>日常维护工作的主要任务是冷凝水排放、检查润滑油和空压机系统的管理。冷凝水排放涉及整个气动系统，从空压机、后冷却器、气罐、管道系统及空气过滤器、干燥机和自动排水器等。在作业结束时，应将各处冷凝水排放掉，以防夜间温度低于0℃，导致冷凝水结冰。由于夜间管道内温度下降，会进一步析出冷凝水，故气动装置在每天运转前，也应将冷凝水排出。注意查看自动排水器是否工作正常，水杯内不应存水过量
在气动装置运转时，应检查油雾器的滴油量是否符合要求，油色是否正常，即油中不应混入灰尘和水分等
空压机系统的日常管理工作是：是否向后冷却器供给了冷却水（指水冷式）；空压机有否异常声音和异常发热，润滑油位是否正常</td></tr>
<tr><td rowspan="2">定期的维护工作</td><td>每周的维护工作</td><td>每周维护工作的主要内容是漏气检查和油雾器管理。漏气检查应在白天车间休息的空闲时间或下班后进行。这时气动装置已停止工作，车间内噪声小，但管道内还有一定的空气压力，根据漏气的声音便可知何处存在泄漏。泄漏的原因见下表。严重泄漏处必须立即处理，如软管破裂、连接处严重松动等。其他泄漏应做好记录
<table>
<tr><th>泄漏部位</th><th>泄漏原因</th><th>泄漏部位</th><th>泄漏原因</th></tr>
<tr><td>管子连接部位</td><td>连接部位松动</td><td rowspan="2">减压阀的溢流孔</td><td rowspan="2">灰尘嵌入溢流阀座，阀杆动作不良，膜片破裂。但恒量排气式减压阀有微漏是正常的</td></tr>
<tr><td>管接头连接部位</td><td>接头松动</td></tr>
<tr><td>软管</td><td>软管破裂或被拉脱</td><td>油雾器调节针阀</td><td>针阀阀座损伤，针阀未紧固</td></tr>
<tr><td>空气过滤器的排水阀</td><td>灰尘嵌入</td><td>换向阀阀体</td><td>密封不良，螺钉松动，压铸件不合格</td></tr>
<tr><td>空气过滤器的水杯</td><td>水杯龟裂</td><td rowspan="2">换向阀排气口</td><td rowspan="2">密封不良，弹簧折断或损伤，灰尘嵌入，气缸的活塞密封圈密封不良，气压不足</td></tr>
<tr><td>减压阀阀体</td><td>紧固螺钉松动</td></tr>
<tr><td>油雾器器体</td><td>密封垫不良</td><td rowspan="2">安全阀出口侧</td><td rowspan="2">压力调整不符合要求，弹簧折断，灰尘嵌入，密封圈损坏</td></tr>
<tr><td>油雾器油杯</td><td>油杯龟裂</td></tr>
<tr><td>快排阀漏气</td><td>密封圈损坏，灰尘嵌入</td><td>气缸本体</td><td>密封圈磨损，螺钉松动，活塞杆损伤</td></tr>
</table>
油雾器最好选用一周补油一次的规格。补油时要注意油量减少情况。若耗油量太少，应重新调整滴油量。调整后的油量仍少或不滴油，应检查油雾器进出口是否装反，油道是否堵塞，所选油雾器的规格是否合适</td></tr>
<tr><td>每月或每季的维护工作</td><td>每月或每季度的维护工作应比每日、每周的工作更仔细，但仍只限于外部能检查的范围。其主要内容是仔细检查各处泄漏情况，紧固松动的螺钉和管接头，检查换向阀排出空气的质量，检查各调节部分的灵活性，检查各指示仪表的正确性，检查电磁换向阀切换动作的可靠性，检查气缸活塞杆的质量以及一切从外部能够检查的内容
<table>
<tr><th>元 件</th><th>维护内容</th><th>元 件</th><th>维护内容</th></tr>
<tr><td>自动排水器</td><td>能否自动排水，手动操作装置能否正常动作</td><td rowspan="3">气缸</td><td rowspan="3">查气缸运动是否平稳，速度及循环周期有否明显变化，气缸安装架有否松动和异常变形，活塞杆连接有无松动，活塞杆部位有无漏气，活塞杆表面有无锈蚀、划伤和偏磨</td></tr>
<tr><td>过滤器</td><td>过滤器两侧压差是否超过允许压降</td></tr>
<tr><td rowspan="2">减压阀</td><td rowspan="2">旋转手柄，压力可否调节。当系统压力为零时，观察压力表的指针能否回零</td></tr>
<tr><td>空压机</td><td>入口过滤网眼有否堵塞</td></tr>
<tr><td>换向阀的排气口</td><td>查油雾喷出量，查有无冷凝水排出，查有无漏气</td><td>压力表</td><td>观察各处压力表指示值是否在规定范围内</td></tr>
<tr><td>电磁阀</td><td>查电磁线圈的温升，查阀的切换动作是否正常</td><td>安全阀</td><td>使压力高于设定压力，观察安全阀能否溢流</td></tr>
<tr><td>速度控制阀</td><td>调节节流阀开度，查能否对气缸进行速度控制或对其他元件进行流量控制</td><td>压力开关</td><td>在最高和最低的设定压力，观察压力开关能否正常接通与断开</td></tr>
</table>
检查漏气时应采用在各检查点涂肥皂液等办法，因其显示漏气的效果比听声音更灵敏。检查换向阀排出空气的质量时应注意如下几个方面：一是了解排气阀中所含润滑油量是否适度，其方法是将一张清洁的白纸放在换向阀的排气口附近，阀在工作3～4个循环后，若白纸上只有很轻的斑点，表明润滑良好；二是了解排气中是否含有冷凝水；三是了解不该排气的排气口是否有漏气。少量漏气预示着元件的早期损伤（间隙密封阀存在微漏是正常的）。若润滑不良，应考虑油雾器的安装位置是否合适，所选规格是否恰当，滴油量调节是否合理，管理方法是否符合要求。如有冷凝水排出，应考虑过滤器的位置是否合适，各类除水元件设计和选用是否合理，冷凝水管理是否符合要求。泄漏的主要原因是阀内或缸内的密封不良、复位弹簧生锈或折断、气压不足等所致。间隙密封阀的泄漏较大时，可能是阀芯、阀套磨损所致
像安全阀、紧急开关阀等，平时很少使用，定期检查时，必须确认其动作可靠
让电磁换向阀反复切换，从切换声音可判断阀的工作是否正常。对交流电磁阀，如有蜂鸣声，应考虑动铁芯与静铁芯没有完全吸合，吸合面有灰尘，分磁环脱落或损坏等
气缸活塞杆常露在外面。观察活塞杆是否被划伤、腐蚀和存在偏磨。根据有无漏气，可判断活塞杆与端盖内的导向套、密封圈的接触情况，压缩空气的处理质量，气缸是否存在横向载荷等</td></tr>
</table>

6.3　故障诊断与对策

表 21-6-4　　故障种类和故障诊断方法

故障种类		故障发生的时期不同，故障的内容和原因也不同
	初期故障	在调试阶段和开始运转的二三个月内发生的故障称为初期故障。其产生的原因如下： ①元件加工、装配不良。如元件内孔的研磨不符合要求，零件毛刺未清除干净，不清洁安装，零件装错、装反，装配时对中不良，紧固螺钉拧紧力矩不恰当，零件材质不符合要求，外购零件（如密封圈、弹簧）质量差等 ②设计错误。元件的材料选用不当，加工工艺要求不合理等。对元件的特点、性能和功能了解不够，造成回路设计时元件选用不当。设计的空气处理系统不能满足气动元件和系统的要求，回路设计出现错误 ③安装不符合要求。安装时，元件及管道内吹洗不干净，使灰尘、密封材料碎片等杂质混入，造成气动系统故障，安装气缸时存在偏载。管道的固定、防振动等没有采取有效措施 ④维护管理不善，如未及时排放冷凝水，未及时给油雾器补油等
	突发故障	系统在稳定运行期间突然发生的故障。例如，油杯和水杯都是用聚碳酸酯材料制成的，如它们在有机溶剂的雾气中工作，就有可能突然破裂；空气或管路中残留的杂质混入元件内部，突然使相对运动件卡死；弹簧突然折断、软管突然破裂、电磁阀线圈突然烧毁；突然停电造成回路误动作等 有些突发故障是有先兆的。如排出的空气中出现杂质和水分，表明过滤器已失效，应及时查明原因，予以排除，不要酿成突发故障。但有些突发故障是无法预测的，只有采取安全措施加以防范，或准备一些易损元件，以备及时更换失效元件
	老化故障	个别或少数元件达到使用寿命后发生的故障称为老化故障。参照系统中各元件的生产日期、开始使用日期、使用的频度以及已经出现的某些征兆，如反常声音、泄漏越来越大、气缸运行不平稳等，大致预测老化故障的发生期限是可能的
故障诊断方法	经验法	主要依靠实际经验，并借助简单的仪表，诊断故障发生的部位，找出故障原因的方法，称为经验法。经验法可按中医诊断病人的四字“望、闻、问、切”进行 ①望：如看执行元件的运动速度有无异常变化；各测压点的压力表显示的压力是否符合要求，有无大的波动；润滑油的质量和滴油量是否符合要求；冷凝水能否正常排出；换向阀排气口排出空气是否干净；电磁阀的指示灯显示是否正常；紧固螺钉及管接头有无松动；管道有无扭曲和压扁；有无明显振动存在；加工质量有无变化等 ②闻：包括耳闻和鼻闻，如气缸及换向阀换向时有无异常声音；系统停止工作但尚未泄压时，各处有无漏气，漏气声音、大小及其每天的变化情况；电磁线圈和密封圈有无过热而发出特殊气味等 ③问：即查阅气动系统的技术档案，了解系统的工作程序、运行要求及主要技术参数；查阅产品样本，了解每个元件的作用、结构、功能和性能；查阅维护检查记录，了解日常维护保养工作情况；访问现场操作人员，了解设备运行情况，了解故障发生前的征兆及故障发生时的状况，了解曾经出现过的故障及其排除方法 ④切：如触摸相对运动件外部的温度，电磁线圈处的温升等，触摸 2s 感到烫手，应查明原因；气缸、管道等处有无振动感，气缸有无爬行感，各接头处及元件处手感有无漏气等 经验法简便易行，但由于每个人的感觉、实际经验和判断能力的差异，诊断故障会存在一定的局限性

续表

<table>
<tr><td rowspan="3">故障诊断方法</td><td rowspan="3">推理分析方法</td><td colspan="2">利用逻辑推理、步步逼近，寻找出故障真实原因的方法称为推理分析法</td></tr>
<tr><td>推理步骤</td><td>从故障的状况找出故障发生的真正原因，可按下面三步进行
①从故障的状况，推理出可能导致故障的常见原因
②从故障的本质原因，推理出可能导致故障的常见原因
③从各种可能的常见原因中，推理出故障的真实原因
如阀控气缸不动作的故障，其本质原因是气缸内气压不足或阻力太大，以致气缸不能推动负载运动。气缸、电磁换向阀、管路系统和控制线路都可能出现故障，造成气压不足，而某一方面的故障又有可能是由于不同的原因引起的。逐级进行故障原因推理，画出故障分析框图。由故障的本质原因逐级推理出来的众多可能的故障常见原因是依靠推理及经验累积起来的</td></tr>
<tr><td>推理方法</td><td>推理的原则是：由简到繁、由易到难、由表及里地逐一进行分析，排除掉不可能的和非主要的故障原因；故障发生前曾调整或更换过的元件先查；优先查故障概率高的常见原因
①仪表分析法，利用监测仪器仪表，如压力表、差压计、电压表、温度计、电秒表及其他电子仪器等，检查系统中元件的参数是否符合要求
②部分停止法，即暂时停止气动系统某部分的工作，观察对故障征兆的影响
③试探反证法，即试探性地改变气动系统中的部分工作条件，观察对故障征兆的影响。如阀控气缸不动作时，除去气缸的外负载，察看气缸能否正常动作，便可反证是否是由于负载过大造成气缸不动作
④比较法，即用标准的或合格的元件代替系统中相同的元件，通过工作状况的对比，来判断被更换的元件是否失效</td></tr>
<tr><td colspan="2">实例故障诊断</td><td colspan="2">
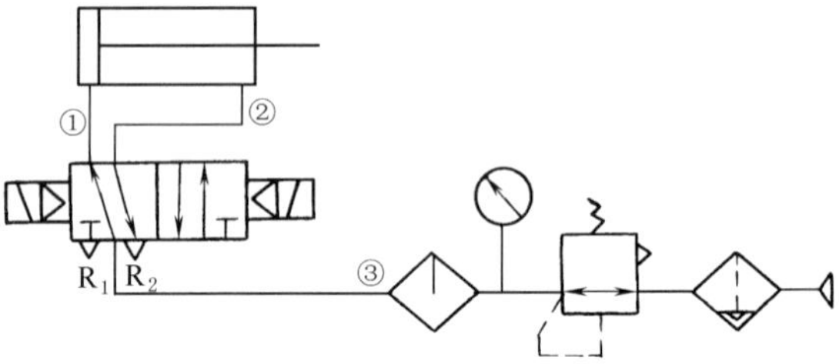

阀控气缸不动作的故障诊断图
为了从各种常见的故障原因中推理出故障的真实原因，可根据上述推理原则和推理方法查找故障的真实原因
要快速准确地找到故障的真实原因，还可以画出故障诊断逻辑推理框图，以便于推理
①首先察看气缸和电磁阀的漏气情况，这是很容易判断的。气缸漏气大，应查明气缸漏气的原因。电磁阀漏气，包括不应排气的排气口漏气。若排气口漏气大，应查明是气缸漏气还是电磁阀漏气。如图所示回路，当气缸活塞杆已全部伸出时，R_2 孔仍漏气，可卸下管道②，若气缸口漏气大，则是气缸漏气，反之为电磁阀漏气。漏气排除后，气缸动作正常，则故障真正原因即是漏气所致。若漏气排除后，气缸动作仍不正常，则漏气不是故障的真正原因，应进一步诊断
②若缸和阀都不漏气或漏气很少，应先判断电磁阀能否换向。可根据阀芯换向时的声音或电磁阀的换向指示灯来判断。若电磁换向阀不能换向，可使用试探反证法，操作电磁先导阀的手动按钮来判断是电磁先导阀故障还是主阀故障。若主阀能换向，及气缸动作了，则必是电磁先导阀故障。若主阀仍不能切换，便是主阀故障。然后进一步查明电磁先导阀或主阀的故障原因
③若电磁换向阀能切换，但气缸不动作，则应查明有压输出口是否没有气压或气压不足。可使用试探反证法，当电磁阀换向时活塞杆不动作，可卸下图中的连接管①。若阀的输出口排气充分，则必为气缸故障。若排气不足或不排气，可初步排除是气缸故障，进一步查明气路是否堵塞或供压不足。可检查减压阀上的压力表，看压力是否正常。若压力正常，再检查管路③各处有无严重泄漏或管道被扭曲、压扁等现象。若不存在上述问题，则必是主阀阀芯被卡死。若查明是气路堵塞或供压不足，即减压阀无输出压或输出压力太低，则进一步查明原因
④电磁阀输出压力正常，气缸却不动作，可使用部分停止法，卸去气缸外负载。若气缸动作恢复正常，则应查明负载过大的原因。若气缸仍不动作或动作不正常，则进一步查明是否摩擦力过大</td></tr>
</table>

6.4 常见故障及其对策

表 21-6-5　　气路、空气过滤器、减压阀、油雾器等的故障及对策

现象		故障原因	对策
①气路没有气压		气动回路中的开关阀、速度控制阀等未打开	开启
		换向阀未换向	查明原因后排除
		管路扭曲、压扁	纠正或更换管路
		滤芯堵塞或冻结	更换滤芯
		介质或环境温度太低，造成管路冻结	及时清除冷凝水，增设除水设备
②供气不足		耗气量太大，空压机输出流量不足	选用输出流量更大的空压机
		空压机活塞环磨损	更换零件。在适当部位装单向阀，维持执行元件内压力，以保证安全
		漏气严重	更换损坏的密封件或软管。紧固管接头及螺钉
		减压阀输出压力低	调节减压阀至使用压力
		速度控制阀开度太小	将速度控制阀打开到合适开度
		管路细长或管接头选用不当，压力损失大	重新设计管路，加粗管径，选用流通能力大的管接头及气阀
		各支路流量匹配不合理	改善各支路流量匹配性能。采用环形管道供气
③异常高压		因外部振动冲击产生了冲击压力	在适当部位安装安全阀或压力继电器
		减压阀破坏	更换
④油泥过多		压缩机油选用不当	选用高温下不易氧化的润滑油
		压缩机的给油量不当	给油量过多，在排出阀上滞留时间长，助长碳化；给油量过少，造成活塞烧伤等。应注意给油量适当
		空压机连续运行时间过长	温度高，机油易碳化。应选用大流量空压机，实现不连续运转。气路中加油雾分离器，清除油泥
		压缩机运动件动作不良	当排出阀动作不良时，温度上升，机油易碳化。气路中加油雾分离
⑤空气过滤器故障	漏气	密封不良	更换密封件
		排水阀、自动排水器失灵	修理或更换
	压力降太大	通过流量太大	选更大规格过滤器
		滤芯堵塞	更换或清洗
		滤芯过滤精度过高	选合适过滤器
	水杯破裂	在有机溶剂中使用	选用金属杯
		空压机输出某种焦油	更换空压机润滑油，使用金属杯
⑤空气过滤器故障	从输出端流出冷凝水	未及时排放冷凝水	每天排水或安装自动排水器
		自动排水器有故障	修理或更换
		超过使用流量范围	在允许的流量范围内使用
	输出端出现异物	滤芯破损	更换滤芯
		滤芯密封不严	更换滤芯密封垫
		错用有机溶剂清洗滤芯	改用清洁热水或煤油清洗
⑥减压阀故障	阀体漏气	密封件损伤	更换
		紧固螺钉受力不均	均匀紧固
	输出压力波动大于10%	减压阀通径或进出口配管通径选小了，当输出流量变动大时，输出压力波动大	根据最大输出流量选用减压阀通径
		输入气量供应不足	查明原因
		进气阀芯导向不良	更换
	溢流口总是漏气	进出口方向接反了	改正
		输出侧压力意外升高	查输出侧回路
		膜片破裂，溢流阀座有损伤	更换
	压力调不高	膜片撕裂	更换
		弹簧断裂	更换
	压力调不低，输出压力升高	阀座处有异物、有伤痕，阀芯上密封垫剥离	更换
		阀杆变形	更换
		复位弹簧损坏	更换
	不能溢流	溢流孔堵塞	更换
		溢流孔座橡胶太软	更换
⑦油雾器故障	不滴油或滴油量太少	油雾器装反了	改正
		油道堵塞，节流阀未开启或开度不够	修理或更换。调节节流阀开度
		通过油量小，压差不足以形成油滴	更换合适规格的油雾器
		气通道堵塞，油杯上腔未加压	修理或更换
		油黏度太大	换油
		气流短时间间隙流动，来不及滴油	使用强制给油方式
	耗油过多	节流阀开度太大	调至合理开度
		节流阀失效	更换
	油杯破损	在有机溶剂的环境中使用	选用金属杯
		空压机输出某种焦油	换空压机润滑油，使用金属杯
	漏气	油杯或观察窗破损	更换
		密封不良	更换

表 21-6-6 **气缸、气液联用缸和摆动气缸故障及对策**

现象		故障原因	对策
①外泄漏	活塞杆处	导向套、杆密封圈磨损，活塞杆偏磨	更换。改善润滑状况。使用导轨
		活塞杆有伤痕、腐蚀	更换。及时清除冷凝水
		活塞杆与导向套间有杂质	除去杂质。安装防尘圈
	缸体与端盖处缓冲阀处	密封圈损坏	更换
		固定螺钉松动	紧固
		密封圈损坏	更换
②内泄漏（即活塞两侧窜气）		活塞密封圈损坏	更换
		活塞配合面有缺陷	更换
		杂质挤入密封面	除去杂质
		活塞被卡住	重新安装，消除活塞杆的偏载
③气缸不动作		漏气严重	见①
		没有气压或供气不足	见表 21-6-5 之①、②
		外负载太大	提高使用压力，加大缸径
		有横向负载	使用导轨消除
		安装不同轴	保证导向装置的滑动面与气缸轴线平行
		活塞杆或缸筒锈蚀、损伤而卡住	更换并检查排污装置及润滑状况
		混入冷凝水、灰尘、油泥，使运动阻力增大	检查气源处理系统是否符合要求
		润滑不良	检查给油量、油雾器规格和安装位置
④气缸偶尔不动作		混入灰尘造成气缸卡住	注意防尘
		电磁换向阀未换向	见表 21-6-7 之④、⑤
⑤气缸动作不平稳		外负载变动大	提高使用压力或增大缸径
		气压不足	见表 21-6-5 之②
		空气中含有杂质	检查气源处理系统是否符合要求
		润滑不良	检查油雾器是否正常工作
⑥气缸爬行		使用最低使用压力	提高使用压力
		气缸内泄漏大	见①
		回路中耗气量变化大	增设气罐
		负载太大	增大缸径
⑦气缸走走停停		限位开关失控	更换
		继电器节点寿命已到	更换
		接线不良	检查并拧紧接线螺钉
		电插头接触不良	插紧或更换
		电磁阀换向动作不良	更换
		气-液缸的油中混入空气	除去油中空气
⑧气缸动作速度过快		没有速度控制阀	增设
		速度控制阀尺寸不合适	速度控制阀有一定流量控制范围，用大通径阀调节微流量是困难的
		回路设计不合适	对低速控制，应使用气-液阻尼缸，或利用气-液转换器来控制液压缸作低速运动
⑨气缸动作速度过慢		气压不足	提高压力
		负载过大	提高使用压力或增大缸径
		速度控制阀开度太小	调整速度控制阀的开度
		供气量不足	查明气源至气缸之间哪个元件节流太大，将其换成更大通径的元件或使用快排阀让气缸迅速排气
		气缸摩擦力增大	改善润滑条件
		缸筒或活塞密封圈损伤	更换

续表

现　象	故障原因	对　策
⑩气缸不能实现低速运动	速度控制阀的节流阀不良	阀针与阀座不吻合，不能将流量调至很小，更换
	速度控制阀的通径太大	通径大的速度控制阀调节小流量困难，更换通径小的阀
	缸径太小	更换较大缸径的气缸
⑪气缸行程终端存在冲击现象	无缓冲措施	增设合适的缓冲措施
	缓冲密封圈密封性能差	更换
	缓冲节流阀松动	调整好后锁定
	缓冲节流阀损伤	更换
	缓冲能力不足	重新设计缓冲机构
	活塞密封圈损伤，形不成很高背压	更换活塞密封圈
⑫端盖损伤	气缸缓冲能力不足	加外部油压缓冲器或缓冲回路
⑬活塞杆折断	活塞杆受到冲击载荷	应避免
	缸速太快	设缓冲装置
	轴销摆动缸的摆动面与负载摆动面不一致，摆动缸的摆动角过大	重新安装和设计
	负载大，摆动速度快	重新设计
⑭每天首次启动或长时间停止工作后，气动装置动作不正常	因密封圈始动摩擦力大于动摩擦力，造成回路中部分气阀、气缸及负载滑动部分的动作不正常	注意气源净化，及时排除油污及水分，改善润滑条件
⑮气缸处于中止状态仍有缓动	气缸存在内漏或外漏	更换密封圈或气缸，使用中止式三位阀
	由于负载过大，使用中止式三位阀仍不行	改用气-液联用缸或锁紧气缸
	气-液联用缸的油中混入了空气	除去油中空气
⑯气-液联用缸内产生气泡	气-液转换器、气-液联用缸及油路存在漏油，造成气-液转换器内油量不足	解决漏油，补足漏油
	气-液转换器中的油面移动速度太快，油从电磁阀溢出	合理选择气-液转换器的容量
	开始加油时气泡未彻底排出	使气-液联用缸走慢行程以彻底排除气泡
	油路中节流最大处出现汽蚀	防止节流过大
	油中未加消泡剂	加消泡剂
⑰气-液联用缸速度调节不灵	流量阀内混入杂质，使流量调节失灵	清洗
	换向阀动作失灵	见表21-6-7之④
	漏油	检查油路并修理
	气-液联用缸内有气泡	见本表之⑯
⑱摆动气缸轴损坏或齿轮损坏	惯性能量过大	减小摆动速度，减轻负载，设外部缓冲，加大缸径
	轴上承受异常的负载力	设外部轴承
	外部缓冲机构安装位置不合适	安装在摆动起点和终点的范围内
⑲摆动气缸动作终了回跳	负载过大	设外部缓冲
	压力不足	增大压力
	摆动速度过快	设外部缓冲，调节调速阀
⑳摆动气缸振动（带呼吸的动作）	超出摆动时间范围	调整摆动时间
	运动部位的异常摩擦	修理更换
	内泄增加	更换密封件
	使用压力不足	增大使用压力

表 21-6-7　　磁性开关、阀类故障原因及对策

现象		故障原因	对策
①磁性开关故障	开关不能闭合或有时不闭合	电源故障	查电源
		接线不良	查接线部位
		开关安装位置发生偏移	移至正确位置
		气缸周围有强磁场	
		两气缸平行使用，两缸筒间距小于40mm	加隔磁板，将强磁场或两平行气缸隔开
		缸内温度太高（高于70℃）	降温
		开关受到过大冲击，开关灵敏度降低	更换
		开关部位温度高于70℃	降温
		开关内瞬时通过了大电流，而断线	更换
	开关不能断开或有时不能断开	电压高于AC 200V，负载容量高于AC 2.5V·A，DC 2.5W，使舌簧触点粘接	更换
		开关受过大冲击，触点粘接	更换
		气缸周围有强磁场，或两平行气缸的缸筒间距小于40mm	加隔磁板
	开关闭合的时间推迟	缓冲能力太强	调节缓冲阀
②换向阀主阀漏气	从主阀排气口漏气	气缸活塞密封圈损伤	更换
		异物卡入滑动部位，换向不到位	清洗
		气压不足造成密封不良	提高压力
		气压过高，使密封件变形太大	使用正常压力
		润滑不良，换向不到位	改善润滑
		密封件损伤	更换
		滤芯阀套磨损	更换
	阀体漏气	密封垫损伤	更换
		阀体压铸件不合格	更换
③电磁先导阀的排气口漏气		异物卡住动铁芯，换向不到位	清洗
		动铁芯锈蚀，换向不到位	注意排除冷凝水
		弹簧锈蚀	
		电压太低，动铁芯吸合不到位	提高电压

现象		故障原因	对策
④换向阀的主阀不换向或换向不到位		压力低于最低使用压力	找出压力低的原因
		接错管口	更正
		控制信号是短脉冲信号	找出原因，更正或使用延时阀，将短脉冲信号变成长脉冲信号
		润滑不良，滑动阻力大	改善润滑条件
		异物或油泥侵入滑动部位	清洗，查气源处理系统
		弹簧损伤	更换
		密封件损伤	更换
		阀芯与阀套损伤	更换
⑤电磁先导阀不换向	无电信号	电源未接通	接通
		接线断了	接好
		电气线路的继电器故障	排除
	动铁芯不动作（无声）或动作时间过长	电压太低，吸力不够	提高电压
		异物卡住动铁芯	清洗，查气源处理状况是否符合要求
		动铁芯被油泥粘连	
		动铁芯锈蚀	
		环境温度过低	
	动铁芯不能复位	弹簧被腐蚀而折断	查气源处理状况是否符合要求
		异物卡住动铁芯	清理异物
		动铁芯被油泥粘连	清理油泥
	线圈烧毁（有过热预兆）	环境温度过高（包括日晒）	改用高温线圈
		工作频率过高	改用高频阀
		交流线圈的动铁芯被卡住	清洗，改善气源质量
		接错电源或接线头	改正
		瞬时电压过高，击穿线圈的绝缘材料，造成短路	将电磁线圈电路与电源电路隔离，设计过压保护电路
		电压过低，吸力减小，交流电磁线圈通过的电流过大	使用电压不得比额定电压低15%以上
		继电器触点接触不良	更换触点
		直动双电控阀，两个电磁铁同时通电	应设互锁电路避免同时通电
		直流线圈铁芯剩磁大	更换铁芯材料
⑥交流电磁阀振动		电磁铁的吸合面不平，有异物或生锈	修平，清除异物，除锈
		分磁环损坏	更换静铁芯
		使用电压过低，吸力不够	提高电压
		固定电磁铁的螺栓松动	紧固，加防松垫圈

表 21-6-8　**排气口、消声器、密封圈、油压缓冲器的故障及对策**

现象	故障原因	对　策
①排气口和消声器有冷凝水排出	忘记排放各处的冷凝水	坚持每天排放各处冷凝水，确认自动排水器能正常工作
	后冷却器能力不足	加大冷却水量。重新选型，提高后冷却器的冷却能力
	空压机进气口处于潮湿处或淋入雨水	将空压机安置在低温、湿度小的地方，避免雨水淋入
	缺少除水设备	气路中增设必要的除水设备，如后冷却器、干燥器、过滤器
	除水设备太靠近空压机	为保证大量水分呈液态，以便清除，除水设备应远离空压机
	压缩机油不当	使用了低黏度油，则冷凝水多。应选用合适的压缩机油
	环境温度低于干燥器的露点	提高环境温度或重新选择干燥器
	瞬时耗气量太大	节流处温度下降太大，水分冷凝成冰，对此应提高除水装置的能力
②排气口和消声器有灰尘排出	从空压机入口和排气口混入灰尘等	在空压机吸气口装过滤器。在排气口装消声器或排气洁净器。灰尘多的环境中元件应加保护罩
	系统内部产生锈屑、金属末和密封材料粉末	元件及配管应使用不生锈、耐腐蚀的材料。保证良好的润滑条件
	安装维修时混入灰尘等	安装维修时应防止混入铁屑、灰尘和密封材料碎片等。安装完应用压缩空气充分吹洗干净
③排气口和消声器有油雾喷出	油雾器离气缸太远，油雾送不到气缸，待阀换向油雾便排出	油雾器尽量靠近需润滑的元件。调整油雾器的安装位置。选用微雾型油雾器
	油雾器的规格、品种选用不当，油雾送不到气缸	选用与气量相适应的油雾器规格
	一个油雾器供应两个以上气缸，由于缸径大小、配管长短不一，油雾很难均等输入各气缸，待阀换向，多出油雾便排出	改用一个油雾器只供应一个气缸。使用油箱加压的遥控式油雾器供油雾
④密封圈损坏—挤出	压力过高	避免高压
	间隙过大	重新设计
	沟槽不合适	重新设计
	放入的状态不良	重新装配
④密封圈损坏—老化	温度过高	更换密封圈材质
	低温硬化	更换密封圈材质
	自然老化	更换
④密封圈损坏—扭转	有横向载荷	消除横向载荷
④密封圈损坏—表面损伤	摩擦损耗	查空气质量、密封圈质量、表面加工精度
	润滑不良	查明原因，改善润滑条件
④密封圈损坏—膨胀	与润滑油不相容	换润滑油或更换密封圈材质
④密封圈损坏—损坏、粘着、变形	压力过高	检查使用条件、安装尺寸和安装方法、密封圈材质
	润滑不良	
	安装不良	
⑤吸收冲击不充分。活塞杆有反冲或限位器上有相当强的冲击	内部加入油量不足	从活塞补入指定油
	混入空气	
	实际能量大于计算能量	再按说明书重新验算
	可调式缓冲器的吸收能量大小与刻度指示不符	调节到正确位置
	活塞密封破损	更换
⑥不能吸收冲击。如在行程途中停止，冲击物弹回	实际负载与计算负载差别太大	按说明书重新验算
	油中混入杂质，缸内表面有伤痕，正常机能不能发挥	与厂商联系
	可调式缓冲器吸收的能量大小与刻度指示不符	调节到正确位置
⑦活塞杆完全不能复位	活塞杆上受到偏载，杆被弯曲	更换活塞杆组件
	复位弹簧破损	更换
	外部储能器的配管故障	查损坏的密封处
⑧漏油	杆密封破损	更换
	O 形圈破损	

6.5　气动系统的噪声控制

6.5.1　往复压缩机的噪声对策

6.5.1.1　整机噪声组成

往复压缩机噪声由多个声源通过机器外壁辐射出来，整机噪声由下述几部分组成。

① 进气噪声。压缩机在进气口间歇地吸气产生压力脉动，形成进气噪声。它与负荷、进气阀门的尺寸、气门通路和调速的结构等因素有关，其噪声的基频由转速决定。一般往复式压缩机的转速为400～800r/min，双作用压缩机的基频 $f=2n/60$，即3～27Hz。

② 排气与储气罐噪声。压缩机排出的气体进入储气罐，在排管及罐内随着排气量的变化产生压力脉动，由振动及气体涡流使储气罐产生很大声响，它与脉动的压力、储气罐的支承、排气管的连接位置有很大关系。

③ 机械噪声。在压缩机运转时，许多部件产生摩擦、撞击，主要有轴、连杆、十字头等部件发出的撞击声及给油泵和阀门的声响，特别是活塞往复期间活塞环与气缸壁的摩擦，使气缸壁以本身的固有频率强振动发声。这些声音随撞击力的大小、轴承间隙的调整和机械基础的连接而变化。

④ 驱动机噪声。压缩机一般由电机带动，移动式压缩机由柴油机带动。电机的噪声主要与输入功率和转速有关，声功率级由下式估算：

$$L_W=20\lg HP+15\lg n+K_m \quad (\mathrm{dB})$$

式中　HP——输入功率，1～300hp；

n——转速，r/min；

K_m——电机常数，$K_m=13\mathrm{dB}$。

柴油机的噪声大大高于压缩机的噪声。例如同一压缩机，由电机带动时，其噪声为94dB(A)，用柴油机带动为104dB(A)，A声级差10dB，可见驱动机对压缩机的影响极大。

这四部分噪声中，进气噪声最高，对压缩机整机噪声起决定作用。当进气口用管道引出室外或在进气口上加消声器时，可估计出机器其他部分的噪声水平，其主要为机械噪声和驱动机噪声。

6.5.1.2　压缩机的噪声控制

通常，压缩机噪声可按照各部分噪声采取相应的方法来降低，一般可采取以下措施。

① 安装进气消声器。降噪甚为明显。因进气噪声一般高出机体噪声10dB左右，所以进气消声器的消声值应为10～15dB较为适宜，其次，进气消声器还要求阻力损失小，至少不能影响压缩机的正常使用，也要求结构简单、体积小、重量轻和成本低。

由于往复式压缩机进气噪声频带宽、低频强，消声的设计以消低频声为主，其结构型式可以是多种多样的。

压缩机的进气消声不宜采用以疏松物质为吸声材料的阻性消声器，因为它往往容易因纤维材料飞出而使机器发生故障，影响正常使用；当加工质量不高时，消声正常使用的寿命更短。

压缩机的进气口都有过滤器，在设计消声器时应将两者结合考虑。

压缩机进气消声器有时还有特殊要求，如耐高温、防腐蚀。

② 低噪声压缩机。为了降低机械噪声，必须从结构设计上着手。在设计和加工时要遵循下列原则：各部件的固有频率要低于强迫振动频率，一般应设计为1/3强迫振动频率以下，各部件的固有振动频率不能相同；调整运动旋转件的动平衡，减小旋转件的转速，减少往复部件惯性力的影响，减轻撞击和摩擦，缩小声辐射面等。

如气缸的外表面要尽量小，这样在一定的激发力下，可以减小声辐射。

各部分间的连接管道要尽量短，增强振动表面的支承刚度，或在大振幅的部位增加支承点，管道内的气流速度要尽可能低。同时，正确安装调试、精良的加工工艺都很重要。

对于固体表面产生的噪声，采用隔振和阻尼的方法降低。而由机械内部产生的噪声，通过固体表面辐射出来的二次固体声，可采用低噪声合金使之降低。

低噪声合金内耗因数高，能吸收声振动能量。低噪声合金的内耗因数的数量级为 $10^{-3}\sim10^{-2}$，比普通金属高20～40倍，它对振动的衰减能力比一般金属强得多，这样就可以将噪声控制在产生之前，这是最积极、有效的方法，可使各部件产生的噪声降低7～10dB(A)。

③ 隔声罩。许多压缩机都采用隔声罩与整机配套生产。隔声罩的设计要点如下。

a. 隔声罩的罩壁，应具有足够的隔声和吸声能力，一般采用钢板，内壁涂阻尼和吸声材料。

b. 压缩机的管道或由于检查原因而需在罩壁开孔的地方，要考虑漏声的结构。

c. 为了降低由于罩内机器散热而使罩内温升，应考虑采用通风降温措施。

d. 压缩机的进、出口消声器，其消声量应与隔声罩匹配。

6.5.1.3　低噪声压缩机站的设计

工厂的压缩机站控制，在确定机器后还要根据压缩机的噪声特性，综合采用隔声、吸声和消声器的方法降低噪声。一般，压缩机站内的噪声为 85～100dB(A)，站外附近达 80dB(A)，某大型空压机站外 60m 处，噪声高达 85dB(A)、99dB(C)，对环境影响极大，采用低噪声结构设计的空压机站可降低噪声 30dB(A) 左右，基本消除对环境的影响。

压缩机站噪声控制包括机房的隔声、吸声处理，进气消声和储气罐消声等。此外，压缩机的振动也是很大的，由于振动而辐射出的噪声又使声音加强。为了减小振动，调整整台机器的动平衡是很重要的。机器安装时，要安装减振器或减振支座或设计减振基础，装在单体上的压缩机，其机座下要装设减振器或减振垫。

在压缩机的噪声控制中，防止低频脉冲的发生也是很重要的。

为此，应使过滤器与压缩机之间的配管长度 l 比吸气基频的波长短，即 $l<60C/2n$，式中，C 为在空气中声速，一般取 340m/s；n 为压缩机转速，r/min。所有的管道都用隔声层处理。最后，压缩机配用的驱动机，要选用低噪声产品，使噪声降低。

6.5.2　回转式压缩机的噪声对策

表 21-6-9　回转式压缩机的噪声对策

噪声类型	空气动力性噪声	空气动力性噪声是气体的流动或物体在气体中运动引起空气振动产生的，由于气体的非稳定过程，一般高于机械性噪声。当源的发射量加大时，影响面广，危害大。当气流与物体相互作用时，物体对气流的作用力使空间发生了变化，产生偶极子辐射。偶极子源可以看成是一对相互距离比波长小且相位相反的单源 高速气流通过阀门时往往有激流噪声出现，主要为进气孔口的噪声，吸入的气体若为大气，在螺杆压缩机中，发生气体的定容积膨胀或压缩，从而引起附加能量损失，随着排气孔口周期通断，产生强烈的周期性排气噪声，排气噪声基频为： $$f_0=nz/60$$ 式中，f_0 为排气噪声基频；z 为阳转子齿数；n 为阳转子转速 当高速气流沿物体环流或某物体在流体中运行时，涡流分裂时产生的压力与波动形成了涡流噪声。压缩机转子高速旋转时，气流的相对速度很大，具备了形成涡流噪声的充分条件。由于涡流无规则的运动，因而涡流噪声具有宽广、连续高频性的频谱
	机械噪声	机械噪声是由固体振动产生的。在冲击作用下，引起机械设备中的构件碰撞、振动，产生机械性噪声。对于螺杆压缩机，机械噪声是由机械振动引起的，当机械噪声的声源是由固体面的振动引起时，其振动速度越大，噪声级越高
	电磁噪声	压缩机的电磁噪声是由驱动电机产生的，脉动力的大小与磁通密度的平方成正比。电磁噪声是电机中特有的噪声，它的切向分量形成转矩，是由定、转子间的气隙中谐波磁场产生的电磁力波引起的。该电磁力波在气隙场中旋转，有助于转子的转动。对空间固定点而言，该电磁力波所呈现的力的幅值随时间脉动变化，引起定子径向振动所辐射的噪声，是主要的电磁噪声源
机械性噪声控制	(1)采用隔声罩 隔声技术是控制大型动力机械设备噪声的最有效方法之一。当设备难以从声源本身降噪，隔声罩是将噪声源封闭在一个相对小的空间内，而生产操作又允许将声源全部或局部封闭起来时，以减小向周围辐射噪声的罩状结构。罩体上通常安装有活动门及散热消声通道，使用隔声罩会获得很好的效果。隔声罩的降噪效果通常用插入损失来表示。对于一个单层匀质材料，在无规入射条件下，隔声罩固有隔声量的经验公式为 $$R=18\lg m+12\lg f-25$$ 式中，m 为材料面密度；f 为声波激声频率 (2)选择吸声材料 如果隔声罩内没有吸声材料，罩内将形成一个混响场，因此，在隔声罩里必须粘贴吸声材料。多孔性吸声材料的构造特征是有内部相互连通的微孔，材料内部应有大量的微孔或间隙；当声波射入多孔材料的表面时激起微孔内部的空气振动，使声波容易从材料表面进到材料的内部；由于空气的黏滞性在微孔内产生相应的黏滞阻力，材料内部的微孔必须是相互连通的，使得声能被衰减。影响多孔性材料吸声特性的因素还有流阻，也会使声能转化为热能，材料的吸声系数越大，它的吸声能力就越好。因此，吸声系数与噪声频率、材料厚度以及密度等有关	

续表

空气动力性噪声及控制

压缩机空气动力性噪声包括吸、排气噪声和气体动力噪声等，由于在压缩机的排气过程中，排气噪声是主要噪声源，排气孔口的面积是变化的，气体经过压缩后瞬间排放，在不同的时刻通过排气孔口的气流流量不同，形成涡流喷注噪声以及排气脉动都会产生噪声，因而不可避免地会产生排气流量脉动。因进气脉动存在压力波动，如排气口压力低将发生膨胀，将被重新激励，排气口压力也影响着压缩机的排气噪声，空压机的排气噪声主要是由于气流在排气管内产生压力脉动所致。在压缩机排气口测试排气噪声会发现，噪声随着排气压力减小

用消声器降低排气噪声是最有效的方法之一。消声器一般分两类，即阻性消声器和抗性消声器。事实上，所有消声器在降低噪声方面都结合了阻性和抗性两方面的作用。这种区分在一定程度上是人为的

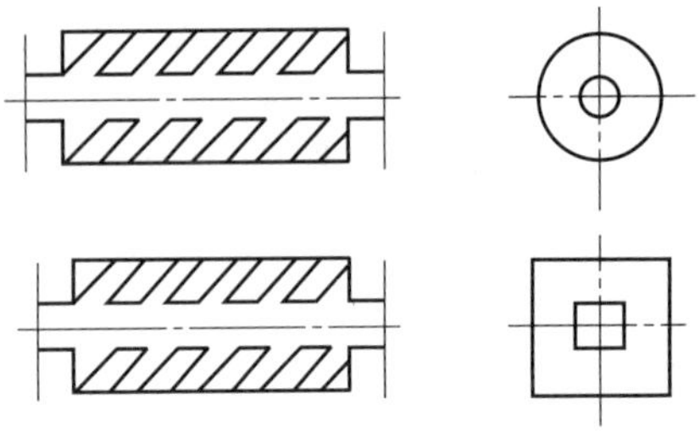
图(a)　管式消声器示意图

为了便于研究消声器的基本原理，也有人把消声器分为：阻性、抗性、共振、复合、微孔等数种。这里对阻性消声器和抗性消声器加以简要说明

①阻性消声器。阻性消声器具有在相当宽的频带内降低噪声的特征，它是利用阻性吸声材料消声的。把消声材料固定在气流流动的管道内壁，或按一定方式在管道中排列起来，就构成了阻性消声器。当声波进入消声器，吸声材料将使一部分声能转化为热能吸收掉，这样就起到了消声作用。常用的吸声材料有玻璃棉、矿棉，或是由玻璃布、铜丝网组成的复合玻璃棉、复合矿棉，或是泡沫塑料、多孔纤维板等吸声材料组成。

阻性消声器有多种结构形式，其基本形式为管式消声器，见图(a)

它的特点是气流不转弯地直通出去。这种消声器的消声量，可按下式进行估算

$$\Delta L=\frac{pl\phi}{S}$$

式中　ΔL——消声量，dB

p——饰面部分周长，m

l——饰面部分长度，m

S——饰面部分截面积，m^2

ϕ——系数，与饰面吸声材料的吸声系数有关

ϕ 与饰面吸声材料的吸声系数 α 之间的关系见下表(经验值)

α	0.1	0.2	0.3	0.4	0.5	0.6～1.0
$\phi(\alpha)$	0.1	0.25	0.4	0.55	0.7	1～1.5

应注意气流在消声器中的流速不能过高(不超过 40～60m/s)。因为流速过高，气流在消声器中产生的湍流噪声(称“再生噪声”)就会达到一定程度，会导致消声器失效，而且，流速过高，对空气动力性能影响也会增大

管式消声器结构简单，加工容易，空气动力性能好。在气流量不大时用管式消声器好。但当气流增大时，为了保持较小的流速，管道截面积就要求很大，而管道截面积太大了，消声效果就会变差

②抗性消声器。抗性消声器由截面不连续的刚性管道构成。常用抗性消声器的示意图如图(b)所示，是利用管道内截面突变引起的反射和干涉作用，达到使噪声衰减。由图(b)可知抗性消声器的结构简单，因而制作方便，成本低廉

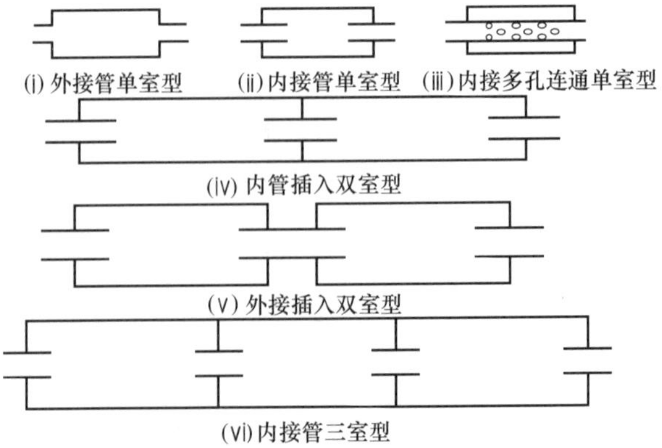

图(b)　常用抗性消声器的示意图

续表

抗性消声器的消声量主要取决于扩张比 m（$m=S_2/S_1$，即机器排气管道截面积 S_1 与所采用抗性消声器扩张室的截面 S_2 之比值）和采用扩张室的数量。增大扩张比 m 与增多扩张室数量均能提高抗性消声器的消声量

但是当扩张比 m 增大至一定值时，扩张室截面很大，而致声波在消声器内不符合平面波的假设，消声效果显著降低。此时的频率称上界失效频率，其经验计算公式为

$$f_{上}=1.22\frac{C}{D}$$

式中　$f_{上}$——上界失效频率，Hz

C——声速，m/s

D——扩张室直径，m

单室扩张室抗性消声器[图(c)]在不同频率下的消声量可用下式计算，并可根据下式绘制出具体消声器的消声特性

$$\Delta L=10\lg\left[1+\frac{1}{4}\left(m-\frac{1}{m}\right)^2\sin^2 kl\right]$$

式中　ΔL——消声量，dB

m——扩张比

l——扩张室长度，m

k——波数，m^{-1}，$k=2\pi/\lambda$

λ——声波波长，m

不同的 k 值相当于不同的频率值，可按此计算各频率下的消声量

上式中含有周期函数，故其消声量存在极值。即当 $kl=n\pi$ 时（$n=0,1,2,3,\cdots$），$\sin kl=0$，故 $\Delta L=0$，也就是说，对某个频率（$f=0.5nc/l$）不消声。这正是单腔扩张室消声器的主要缺点。为了提高扩张室式消声器的效果，通常还可采用多节扩张室，即将不同长度的扩张室连接起来，如图(d)所示

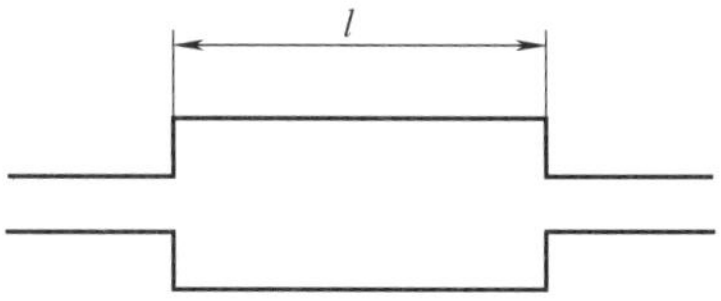

图(c)

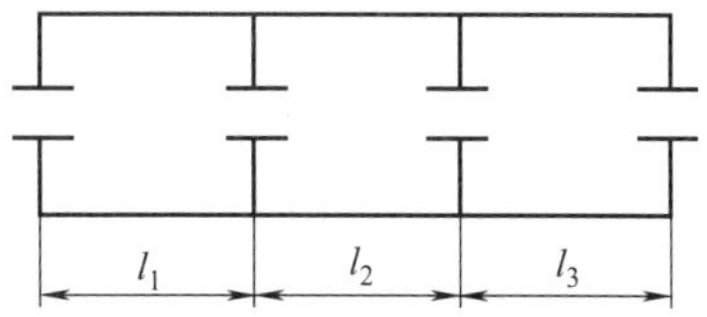

图(d)　多级扩张室式消声器

图(e)为气动凿岩机与气动工具常用的消声器。(ⅰ)型体积最小，常用于小气钻、气砂轮等气动工具；(ⅱ)、(ⅲ)型体积较大，常用于较大的气动工具、气马达及气动凿岩机等

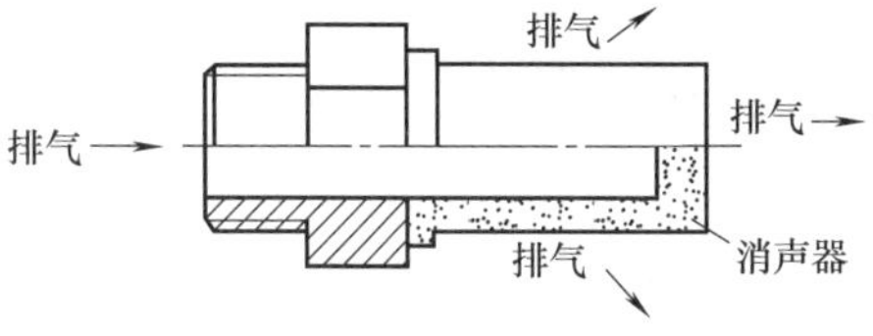

(ⅰ)

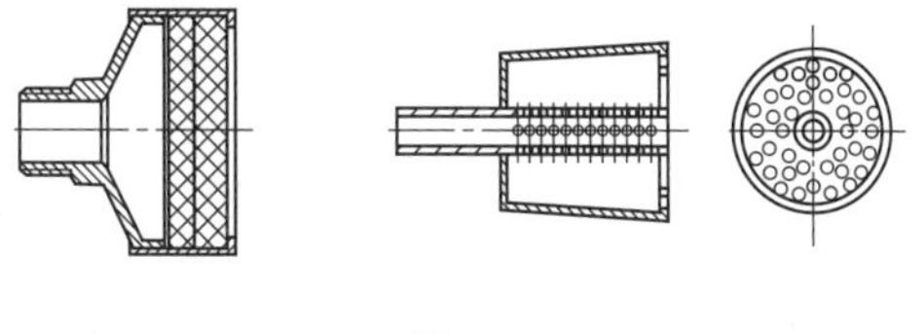

(ⅱ)

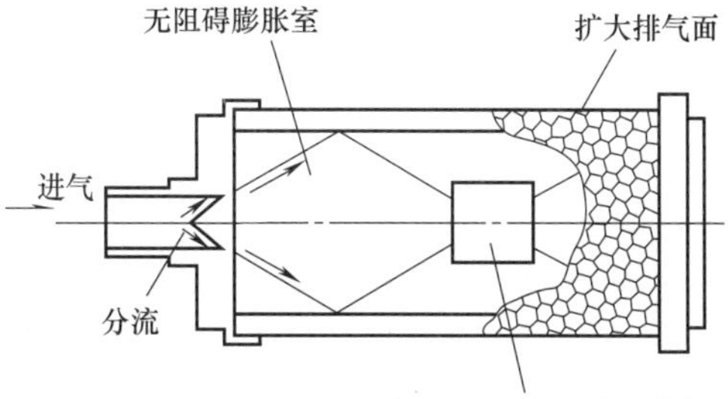

(ⅲ)

图(e)　气动凿岩机及气动工具常用消声器

续表

冲击噪声及控制	冲击噪声不同于连续、稳态噪声，也有别于间断、波动噪声，是一种特殊类型的噪声，非稳态噪声的强度随时间变化较大[声压级波动大于≥5dB(A)]，可分为瞬时的、周期性起伏的、脉冲的和无规则的噪声，其中，持续时间小于0.5s，间隔时间大于1s，声压变化大于40dB的噪声称为脉冲(或冲击)噪声，如锻锤、冲压、射击和建筑工地上的各种施工机械产生的噪声，气动工具固定碰撞冲击时产生的噪声等 气动工具的噪声大致可分为排气噪声和机械噪声两部分。排气噪声是排气气流在排气口附近产生较强的紊流造成的，机械噪声是由相对运动的机件之间摩擦和撞击产生的。除冲击类气动工具外，大部分气动工具的机械噪声远远小于其排气噪声。因此，相对排气噪声来讲，可把机械噪声视为背景噪声来处理，一般略去不计。就冲击类气动工具来说，虽然冲击噪声和排气噪声难以分开，但从定性分析来看，冲击噪声中低频占主要成分，高频部分主要是排气噪声。所以，对冲击类气动工具来讲，降低排气噪声也是必要的 消除与降低冲击产生的噪声和其他影响的措施主要有： ①选择系统的刚度，提高固有频率 ②适当增加阻尼，使冲击振动的能量转化为热能 ③对产生冲击的机器采取隔振措施，以减低冲击对其他机械或人员的影响 ④合理设计冲击部位的形状，以延长冲击作用时间 ⑤采用吸声、隔振等措施，降低冲击噪声

6.6 压缩空气泄漏损失及其对策

在泄漏问题上，我国工厂中的泄漏量通常占供气量的20%～40%，而管理不善的工厂甚至可能高达50%。

泄漏在生产现场广泛存在，主要产生在橡胶软管接头、三联件、快换接头、电磁阀、螺纹连接、气缸前端盖等处。

泄漏是在使用过程中随着零部件的老化或破损而形成。数据显示，现场泄漏量的60%～70%是寿命泄漏，来自使用5年以上的设备；10%～30%是在使用1～4年的设备中发现的；而在设备安装阶段由于安装不当或产品允许泄漏等造成的泄漏仅占全部泄漏的5%～10%。

查漏和堵漏是一个经常性的工作。因此，便利、高效、实用的泄漏检测仪器对于减少泄漏、降低能耗具有非常重要的现实意义。

目前在国内，可使用泄漏检测仪和泄漏点扫描枪进行泄漏检测。查出设备泄漏了多少后，要堵漏还需找出泄漏点。此时利用压缩空气泄漏点扫描枪。扫描枪基于超声波定位原理，泄漏点定位精度可达到±1cm，误报率低于1%，完全不受气体泄漏超声波以外的电磁等信号的干扰，在设备电机等运转时也可正常扫描，方便实用。

查出泄漏量和泄漏点后，企业可根据投资回收期来判断是否需要更换设备中泄漏的元器件，或更换密封圈等。

6.7 压缩空气系统的节能

在大多数生产企业中，压缩空气系统的效率较低，存在着严重的浪费。因此，为了提高企业利润、降低能耗，很多企业开展了简单的节能活动，例如管道堵漏、空压机加装变频装置等。但是，由于缺少系统化的整体节能手段与技术的支持，节能活动取得的效果十分有限。目前国内压缩空气系统节能主要面临能耗评价不合理、空压站运行不科学、供气节能管理待优化和末端设备节气待提高四个问题。

6.7.1 压缩空气系统能耗评价体系及节能诊断方法

目前工业现场普遍采用的压缩空气系统能量消耗指标是空气消耗量，即消耗空气的体积流量或体积。由于空气消耗量不具有能量单位，不能独立于整个系统而表示各个设备能耗，因此该评价方法无法对气源输出端到设备使用端中间环节的能量损失进行量化，无法明确压缩空气系统内部的能量损失，压缩空气系统效率偏低的问题也就得不到根本解决。另外，世界各国在压缩空气系统能耗评价及测量上没有统一的科学标准，从而无法引导用户优先选用能源利用效率高的压缩空气元器件和设备。

通过分析压缩空气状态变化与外界机械能转换的关系，基于焓与熵的变化，考虑不同温度下的影响，人们利用一种新的压缩空气能耗评价指标——气动功率，来表示空气相对大气环境的做功能力。该指标能直接量化气动设备的用气能耗。

该能量评价体系可揭示压缩空气系统各环节的能量损失，为压缩空气系统节能诊断尤其是节能率的计算和选用能效高的气动元器件和设备提供了计算依据。

6.7.2 空压机群运行优化管理

目前，单机加卸载运行模式下的螺杆空压机群的负载匹配能力较弱，空压机频繁卸载不产气但却耗电 30%以上，末端设备用气量的波动也造成整个空气管网压力波动大，空压站输出压力整体偏高，耗电大。同时，由于离心空压机不能频繁开关机，在无法预测未来数小时用气需求的情况下，离心空压机通常一直开机运行，造成巨大能源浪费。

按现有的控制技术，空压站空压机群系统控制分为压力变化控制和流量变化控制。

(1) 压力变化控制

目前，世界上各主要空压机制造商都开发出各自的空压机群控制系统，可以通过缩小空压机系统的运行压差，降低系统的运行压力。

瑞典阿特拉斯·科普科 (Atlas Copco) 公司在 2002 年底推出空压机群节能控制器 ES+，该控制器采集后部压缩空气储罐的压力，通过 Profibus 或是硬线连接与空压机进行通信，根据传统逻辑选择的原则，通过压力的变化来轮换启动或停止一台空压机。

美国英格索兰 (Ingersoll Rand) 公司的空压机集成控制系统 X81 系统，就采用了硬线与空压机进行连接，通过采集后部压缩空气的压力，进而依次控制空压机的启动、加载、卸载及停机的控制技术。

德国凯撒空压机 (Kaeser) 公司在 2001 年推出了基于 Profibus DP 通信的西格玛空气系统控制器，其主要作用是通过监测后部压力的变化来顺序控制相应空压机的运行与停止。该控制器遵循先进先出的控制原则，并在空压机系统内配置不同大小的空压机，始末用大功率的空压机作为基载，用小功率空压机作为峰载空压机来调节用气量的变化。这样使大功率的空压机始末得到最好的利用，从而达到效率最高。

英国康普艾/德马格 (Compair/Demag) 公司的空气系统使用的控制器为 Smart Air 8，该控制器可采用 RS485 与空压机进行通信，通过监控后部压力的变化，轮换启动或停止系统内的空压机。该控制器实现轮换启动与控制，其主要目的是自动控制与运行。

日本日立 (HITACHI) 公司开发了台数控制器 (Multiroller EX)。该控制器对空压机的运转进行控制，实现空压机台数的启、停控制功能。台数控制器每隔一定时间计算当前最佳的运行台数，与实际的运行台数进行比较，增减空压机的运行台数。最佳的运行台数计算的原则是判断空压机群内卸载运行的空压机运行时间，当其卸载运行时间超过设定值时，台数控制器认为压缩空气系统内不需要如此多的空压机运行，因而将其停下。当监测到供气管网压力下降时，计算压力下降的速度、预测压力的到达点，在压力下降至下限值之前，提前启动空压机，以控制压力下降。空压机的启、停可以通过 PLC 相应数字量的 ON/OFF 来实现。

(2) 流量变化控制

相对于以压力匹配为控制目标的空压机群控制系统，基于流量控制的空压机群控制方法，可在满足工业现场生产所需压力的基础上，根据用气流量变化优化空压机群的运行组合及各空压机产气负荷的分配，以提高空压机群运行效率，降低其运行能耗。

针对螺杆空压机的控制需求，对未来用气流量采用了分钟级预测方法，通过采集空压站储气罐的压力波动率来计算；针对离心空压机的控制需求，对未来用气流量采用基于支持向量机算法进行小时级预测方法。

针对各螺杆式空压机卸载压力恒值设定不能适应流量变化的问题，可使用最优卸载压力线的控制方法，即动态调节空压机卸载压力设定值，在设定值偏低时频繁加卸载与设定值偏高时能耗增加之间寻找平衡点，并根据用气量预测值，综合考虑空压机功率大小、产气效率、运行时间等因素，按总能耗最小目标实施专家决策，制定空压机群加卸载序列。

6.7.3　供气环节节能监控管理

(1) 泄漏检测

压缩空气泄漏点的定位是气动系统节能领域的重要技术，当气体通过小孔向大气环境泄漏时，气体产生的紊流将在小孔处产生超声波，超声波沿直线传播，具有良好的指向性，通过检测压缩空气泄漏位置产生的超声波信号就能够快速地定位泄漏点。

通过使用基于基准流量的并联接入式气体泄漏量测量方法，导入基准流量，可以消除未知容积的影响，在被测对象容积未知的条件下即可测量出管路设备的泄漏量。

① 研究利用超声波的气体泄漏检测方法，通过频谱加窗 (中心频率 40kHz) 及计算其面积重心，成功区分直射与反射声源，减少反射对泄漏点定位的干扰，并采用信号识别将环境中的不连续金属撞击声过滤，准确定位泄漏源，定位精度可达 ±1.0cm。开发了泄漏点扫描枪，可解决现场传统依靠听觉侦测泄漏方法中受环境噪声干扰及容易遗漏微小泄漏的问题。

② 提出了基于基准流量的并联接入式泄漏量测量新方法，设计了基于多变指数的温度补偿算法来

消除温度对测量结果的影响，测量精度±5%以内，量程比高达200∶1。开发了智能气体泄漏量检测仪，满足在现场不拆开供气管道即可检测用气设备泄漏量的需求。

以上两个产品有效地解决了现场泄漏检测中的实际困难，极大地促进了耗气量占比高达10%～40%的现场泄漏的治理。

③ 打破传统需破坏管道的介入式测量方法，提出了利用压力波的非介入式（将测量头接入管道排水口，不用切开管道）管道流量测量新方法，以压力波与气体在管路中的传播特性为基础，通过测量顺、逆流的传播时间差来计算气体流速。

④ 研究基于管道温度场动态热特性的外置式测量方法，通过在管道外壁激发动态温度场，以气体管道非稳态温度场受到气流传热影响后的特征为基础，来测量气体的流量大小。并提出一种基于小波变换的信号消噪处理技术，以小波变换中模极大值去噪技术为基础，通过引入自适应阈值与插值函数，提高了消噪效果及速度。

(2) 压缩空气增压技术

采用局部增压的方法，降低空压机的输出压力是压缩空气系统节能技术体系重要的组成部分，具有重要的节能效果。目前常见的压缩空气增压技术由于输出流量小、效率低，限制着其在工业现场的推广应用。为了提高压缩空气局部增压技术及装置的输出流量及效率，满足工业现场的需要，通过利用驱动腔内压缩空气的膨胀能，有效地提高了增压器的输出流量计效率。

(3) 压力与流量的控制

对车间进行合理精确的压力及流量供给是保证车间高效生产、减少浪费的重要手段之一。管道供气节能管理单元能自动采集高、低压管道的供气压力及其溢流流量，及时有效地进行高、低压供气管网之间的压力调节与流量调度，稳定高压侧或低压侧管网的压力，保证压缩空气在各压力管网间的有效分配和利用，减少供气管网的压力波动及供气盈余所造成的浪费，对供气管网进行综合节能管理。

6.7.4 末端节能用气设备

① 气动喷嘴广泛地应用于工业自动化现场，尤其是在机械加工行业。传统喷嘴是安装减压阀来降低喷嘴供气压力，减少流量，但是这种方法存在大量能量损失。为了提高喷嘴的效率，减少压缩空气的消耗，可以使用一种将连续气流转化为不连续流量气流的装置，利用脉宽调制的原理，采用最优频率和占空比控制气枪喷吹流量，利用机械式气体脉冲发生机构来替代电磁式发生装置，提高适用性。该装置由于不使用减压阀，可以减少减压阀部分造成的压力及能量损失，增强喷吹效果，降低空气消耗量。另外，基于科恩达原理的节能增效喷嘴、节能气幕等代替传统喷管、喷头也能取得较大的节气效果。

② 利用一种新型结构的节能上顶栓气缸，改变了传统单一活塞气缸结构，采用两段式主、副气缸驱动，主气缸工作在工作行程，副气缸工作在空载行程，可实现削减空气消耗量50%左右。

③ 采用适用于恶劣工况下的气缸（泄漏量大于驱动用理论用气量）节气装置，改变传统调节阀单一压力值输出的特性，通过节气口的输入压力控制使节气装置输出两种不同的压力，匹配不同的工况减少非工作工况下的供气压力以降低气体泄漏量，达到节能效果。

④ 采用恒压恒流的供气节能装置，通过采用减压阀稳定前端压力，并配置临界压力比接近1的具有收缩扩张特征的“拉瓦尔”喷管作为恒流装置，达到稳定并减少流量输出的目的。

第 7 章　气动元件产品

7.1　气动执行器

7.1.1　普通单活塞杆气缸

7.1.1.1　PB 系列单活塞杆气缸（ϕ4～16）

型号意义：

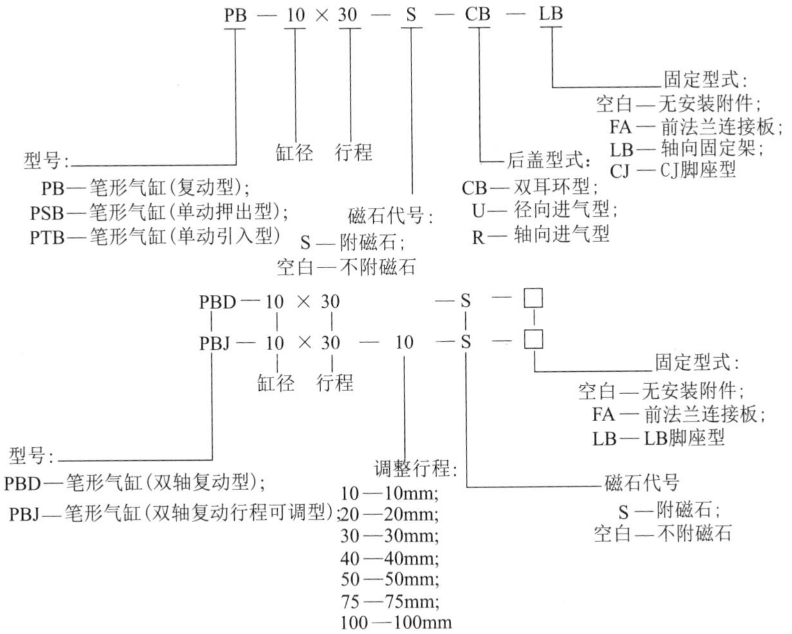

表 21-7-1　　主要技术参数

缸径/mm		4	6	10	12	16
动作型式		复动型、单动押出型	复动型、单动押出型、单动引入型			
工作介质		空气				
使用压力范围	复动型	0.2～0.7MPa (28～100psi)	0.1～0.7MPa(15～100psi)			
	单动型	0.3～0.7MPa (36～100psi)	0.2～0.7MPa(28～100psi)			
保证耐压力		1.1MPa(160psi)				
使用温度范围/℃		－20～70				
使用速度范围/mm·s^{-1}		50～500	50～800			
行程公差范围		$^{+0.5}_{0}$	0～150：$^{+1.0}_{0}$　>150：$^{+1.4}_{0}$			
缓冲形式		无缓冲	防撞垫			
接管口径		管接型	M5×0.8			

表 21-7-2 **行程** mm

缸径		标准行程	最大行程	容许行程
复动	4	5,10,15,20	20	20
	6	10,15,20,25,30,40,50,60	60	60
	10	10,15,20,25,30,40,50,60,75,80,100,125,150,160,175,200	200	200
	12	10,15,20,25,30,40,50,60,75,80,100,125,150,160,175,200	200	300
	16	10,15,20,25,30,40,50,60,75,80,100,125,150,160,175,200,250,300	300	300
单动	4	5,10,15,20	—	—
	6	5,10,15,20,25,30,40,50,60	—	—
	10		—	—
	12		—	—
	16		—	—

表 21-7-3 **外形尺寸** mm

PB 型

ϕ4(不附磁)

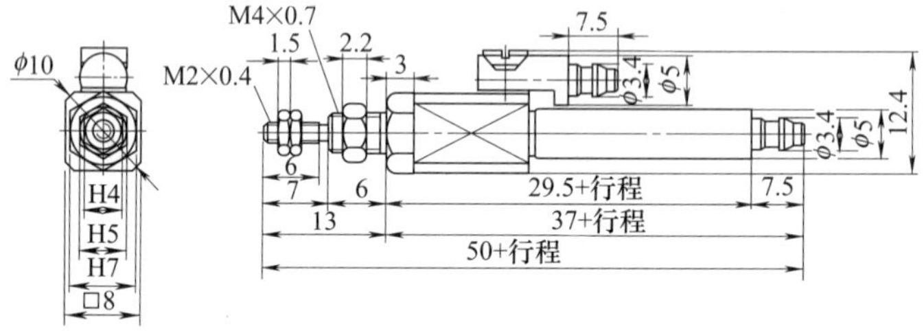

ϕ6

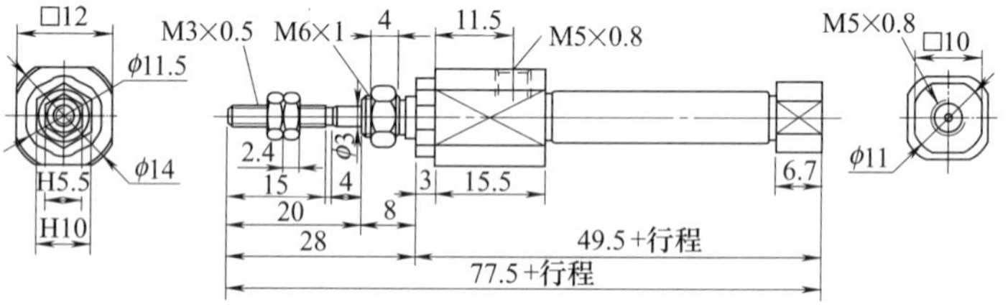

注:ϕ4、ϕ6 缸径后盖只有轴向进气型(R 型)

ϕ10～16

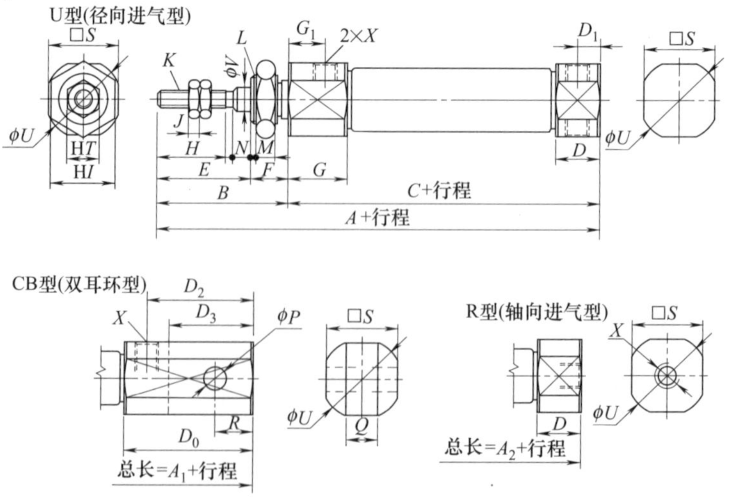

第21篇

续表

PB型

缸径	A	A_1	A_2	B	C	D	D_0	D_1	D_2	D_3	E	F	G	G_1	H	I	J
10	74	87	74	28	46	9.5	22.5	5	18	13	20	8	11.5	7.5	15	11	2.2
12	74	92	74	28	46	9.5	27.5	5	23	18	20	8	11.5	7.5	15	14	4
16	76	94	76	28	48	9.2	27.2	4.8	22.8	18	20	8	11.8	7.5	15	14	4

缸径	K	L	M	N	P	Q	R	S	T	U	V	X
10	M4×0.7	M8×1.0	4	3.5	3.3	3.3	5	12	7	14	4	M5×0.8
12	M5×0.8	M10×1.0	4	3.5	5	6.6	8	15	8	17	5	M5×0.8
16	M5×0.8	M10×1.0	4	3.5	5	6.6	8	18	8	20	5	M5×0.8

PSB型

$\phi4$(不附磁)

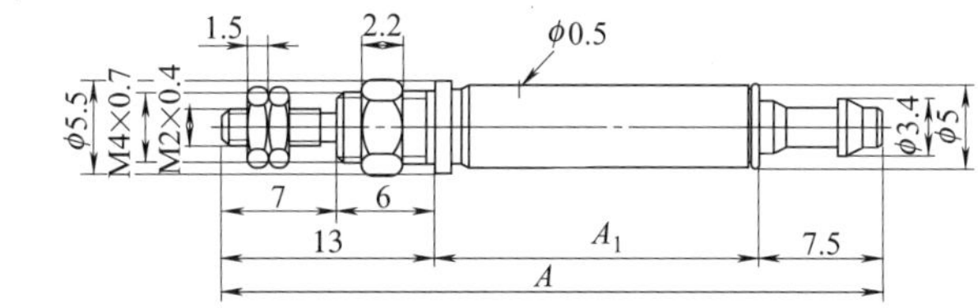

行程	A	A_1
5	40	19.5
10	49	28.5
15	58	37.5
20	67	46.5

$\phi6$

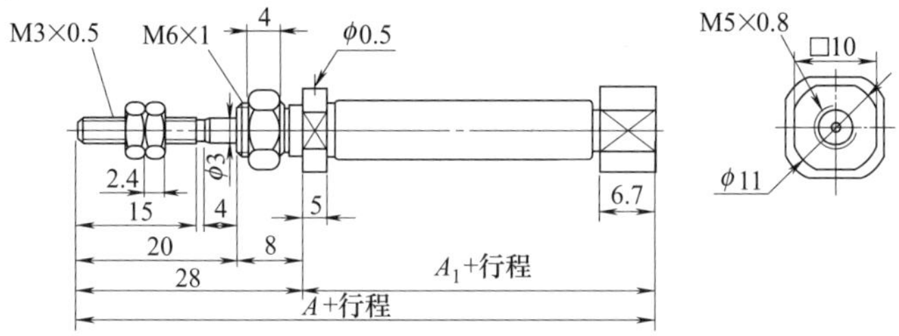

行程	A	A_1
5～15	70	42
16～30	79	51
31～45	83	55
46～60	97	69

注：$\phi4$、$\phi6$ 缸径后盖只有轴向进气型(R 型)

$\phi10$～16

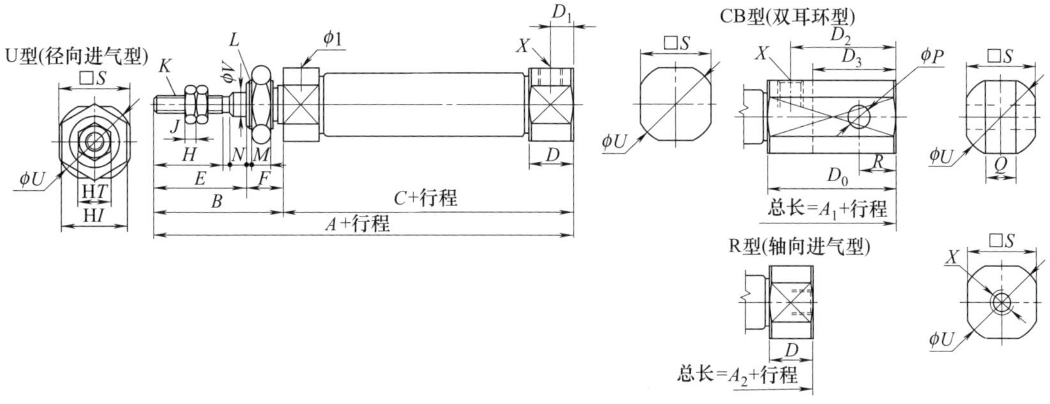

缸径	A				A_1				A_2				B	C			
行程	5～15	16～30	31～45	46～60	5～15	16～30	31～45	46～60	5～15	16～30	31～45	46～60		5～15	16～30	31～45	46～60
10	73.5	81	93	105	86.5	94	106	118	73.5	81	93	105	28	45.5	53	65	77
12	73.5	81	93	105	91.5	99	111	123	73.5	81	93	105	28	45.5	53	65	77
16	74.5	83	95	107	92.5	101	113	125	74.5	83	95	107	28	46.5	55	67	79

缸径	D	D_0	D_1	D_2	D_3	E	F	H	I	J	K	L	M	N	P	Q	R	S	T	U	V	X
10	9.5	22.5	5	18	13	20	8	15	11	2.2	M4×0.7	M8×1.0	4	3.5	3.3	3.3	5	12	7	14	4	M5×0.8
12	9.5	27.5	5	23	18	20	8	15	14	4	M5×0.8	M10×1.0	4	3.5	5	6.6	8	15	8	17	5	M5×0.8
16	9.2	27.2	4.8	22.8	18	20	8	15	14	4	M5×0.8	M10×1.0	4	3.5	5	6.6	8	18	8	20	5	M5×0.8

续表

PTB型

ϕ6

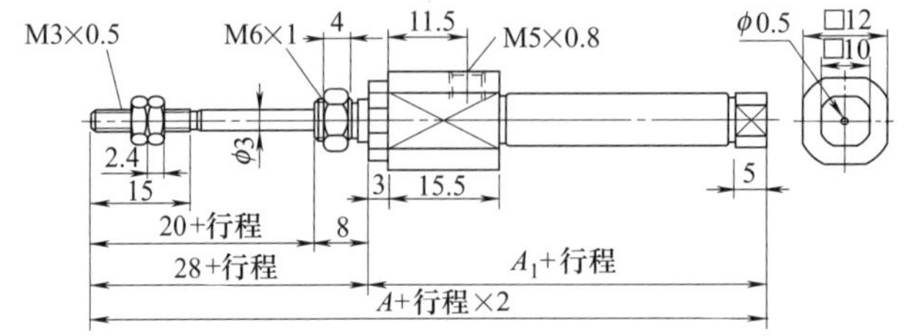

行程	A	A_1
5～15	82	54
16～30	91	63
31～45	95	67
46～60	109	81

注：ϕ6 缸径后盖只有轴向排气型（R 型）

ϕ10～16

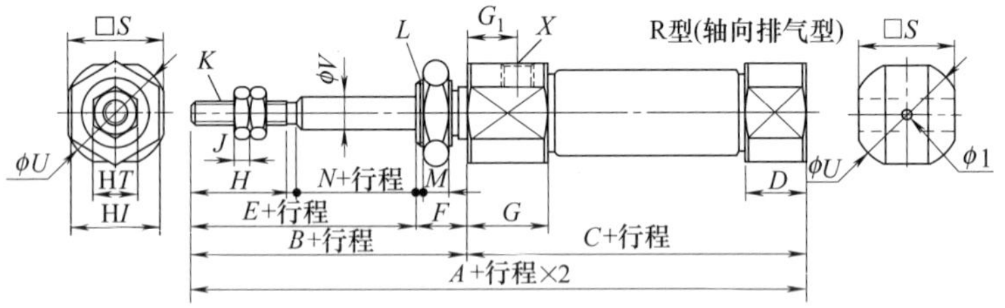

CB型(双耳环型)

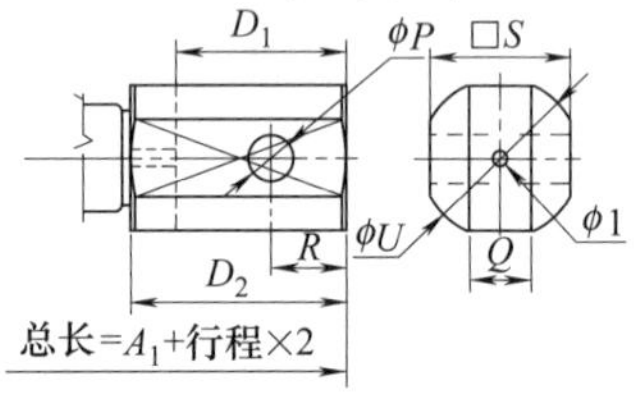

注：ϕ10～16 缸径无径向排气型（U 型）

缸径	A				A_1				B	C				D	D_1	D_2
	行程				行程					行程						
	5～15	16～30	31～45	46～60	5～15	16～30	31～45	46～60		5～15	16～30	31～45	46～60			
10	76.5	84	96	108	89.5	97	109	121	28	48.5	56	68	80	5	13	18
12	76.5	84	96	108	94.5	102	114	126	28	48.5	56	68	80	5	18	23
16	77.5	86	98	110	95.5	104	116	128	28	49.5	58	70	82	5	18	23

缸径	E	F	G	G_1	H	I	J	K	L	M	N	P	Q	R	S	T	U	V	X
10	20	8	11.5	7.5	15	11	2.2	M4×0.7	M8×1.0	4	3.5	3.3	3.3	5	12	7	14	4	M5×0.8
12	20	8	11.5	7.5	15	14	4	M5×0.8	M10×1.0	4	3.5	5	6.6	8	15	8	17	5	M5×0.8
16	20	8	11.8	7.5	15	14	4	M5×0.8	M10×1.0	4	3.5	5	6.6	8	18	8	20	5	M5×0.8

PBD型

ϕ6

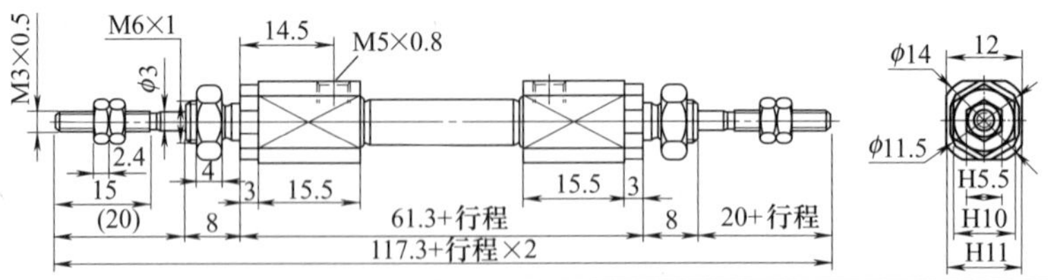

ϕ10～16

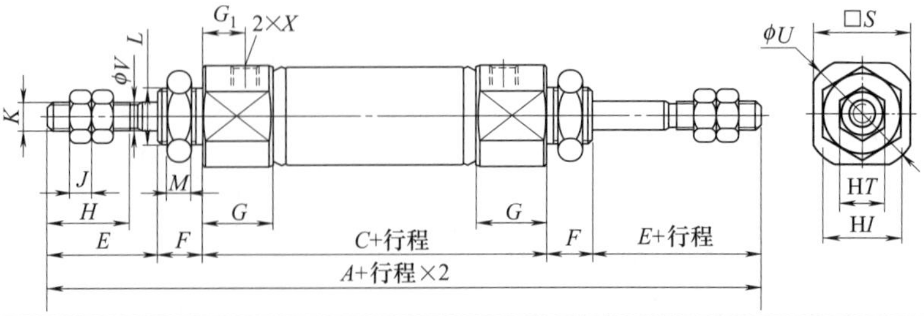

续表

	缸径	A	C	E	F	G	G_1	H	I	J	K	L	M	S	T	V	X
PBD型	10	104	48	20	8	11.5	7.5	15	11	2.2	M4×0.7	M8×1.0	4	12	7	4	M5×0.8
	12	104	48	20	8	11.5	7.5	15	14	4	M5×0.8	M10×1.0	4	15	8	5	M5×0.8
	16	106.6	50.6	20	8	11.8	7.5	15	14	4	M5×0.8	M10×1.0	4	18	8	5	M5×0.8

PBJ型

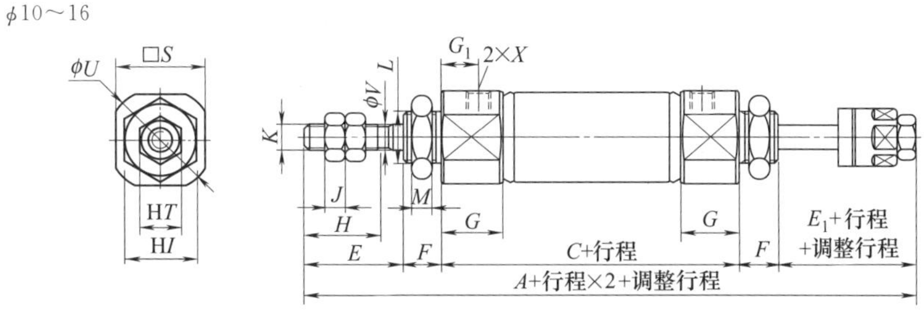

缸径	A	C	E	E_1	F	G	G_1	H	I	J	K	L	M	S	T	V	X
10	100.5	48	20	16.5	8	11.5	7.5	15	11	2.2	M4×0.7	M8×1.0	4	12	7	4	M5×0.8
12	101	48	20	17	8	11.5	7.5	15	14	4	M5×0.8	M10×1.0	4	15	8	5	M5×0.8
16	103.6	50.6	20	17	8	11.8	7.5	15	14	4	M5×0.8	M10×1.0	4	18	8	5	M5×0.8

安装附件

F — PB　10　LB

附件编号（F）　气缸类别（PB）　缸径（10）　附件类别（LB）：
LB—轴向固定架；
FA—前法兰连接板；
CJ—CJ脚座型

附件材质

安装附件			连接附件		
LB	FA	CJ	I	Y	U
SPCC			碳钢		

附件选配

气缸型号 \ 附件		安装附件 LB	安装附件 FA	安装附件 CJ	连接附件 I	连接附件 Y	连接附件 U	感应开关 CS1-M
PB	标准型	●	●	●	●	●	●	×
	附磁型	●	●	●	●	●	●	●
PSB PTB	标准型	●	●	●	●	●	●	×
	附磁型	●	●	●	●	●	●	●
PBD	标准型	●	●	×	●	●	●	×
	附磁型	●	●	×	●	●	●	●
PBJ	标准型	●	●	×	●	●	●	×
	附磁型	●	●	×	●	●	●	●

附件订购码列表

缸径 \ 附件名称	安装附件 LB	安装附件 FA	安装附件 CJ	连接附件 I(I形接头)	连接附件 Y(Y形接头)	连接附件 U（鱼眼接头）	感应开关
4	—	—	—	—	—	—	—
6	F-PB6LB	F-PB6FA	—	—	—	—	CS1-M
10	F-PB10LB	F-PB10FA	F-PB10CJ	F-M04070IB	F-M04070YB	F-M04070U	
12	F-PB12LB	F-PB12FA	F-PB12CJ	F-M05080IB	F-M05080YB	F-M05080U	
16			F-PB16CJ				

LB型

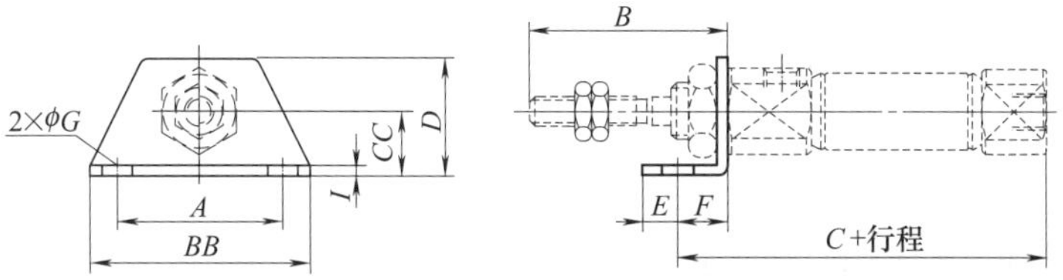

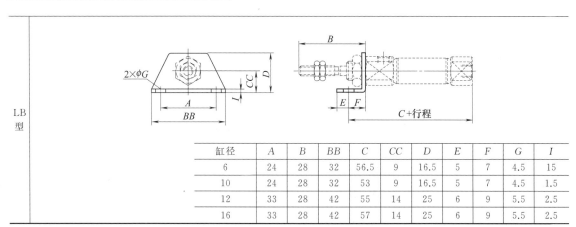

缸径	A	B	BB	C	CC	D	E	F	G	I
6	24	28	32	56.5	9	16.5	5	7	4.5	15
10	24	28	32	53	9	16.5	5	7	4.5	1.5
12	33	28	42	55	14	25	6	9	5.5	2.5
16	33	28	42	57	14	25	6	9	5.5	2.5

续表

FA型

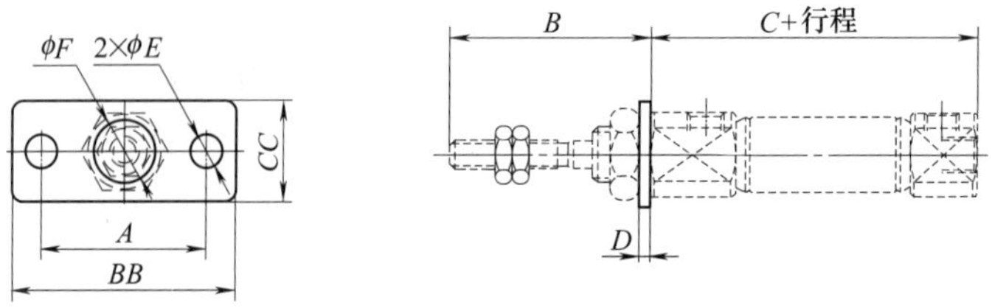

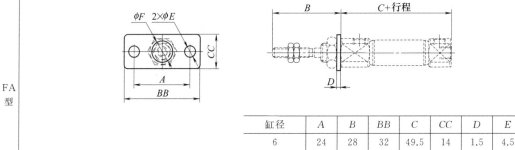

缸径	A	B	BB	C	CC	D	E	F
6	24	28	32	49.5	14	1.5	4.5	6.3
10	24	28	32	46	14	1.5	4.5	8.3
12	33	28	42	46	20	2.5	5.5	10.3
16	33	28	42	48	20	2.5	5.5	10.3

CJ型

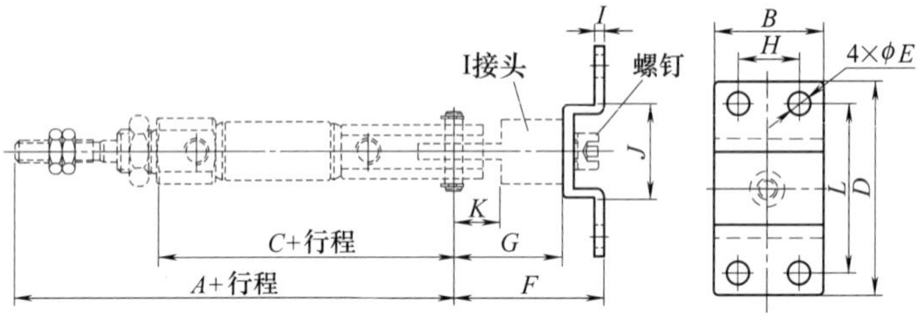

缸径	A	B	C	D	E	F	G	H	I	J	K	L
10	82	22	54	40	4.5	29	21	12	2	18	9.1	32
12	84	28	56	48	5.5	35	25	16	2.5	20.4	14.1	38
16	86	28	58	48	5.5	35	25	16	2.5	20.4	14.1	38

注：1. 附磁型与不附磁型的尺寸相同。

2. CJ 附件需与 I 接头配套使用，且 I 接头另外订购。

3. 生产厂为亚德客公司。

7.1.1.2 QCJ2 系列微型单活塞杆气缸（ϕ6～16）

型号意义：

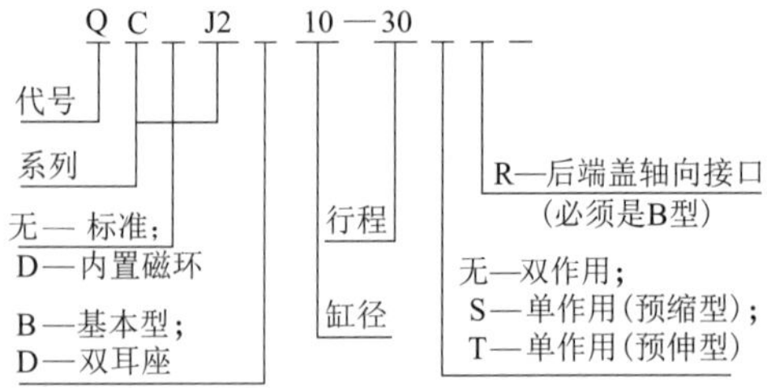

使用注意事项：

1. 使用的电压及电流避免超负荷。

2. 严禁磁性开关直接与电源连通，必须同负载串联使用。

3. 严禁有其他强磁体靠近磁性开关，如有应有屏蔽。

表 21-7-4 主要技术参数

缸径/mm	6	10	16
使用介质	经过滤的压缩空气		
作用形式	双作用/单作用		
最高使用压力/MPa	0.7		
最低工作压力①/MPa	ϕ6mm:0.12 ϕ10～16mm:0.06		
缓冲	橡胶垫		
环境温度/℃	5～60		
使用速度/$mm \cdot s^{-1}$	50～750		
行程误差/mm	0～+1.0		
润滑②	出厂已润滑		
接管口径	M5×0.8		
后端盖接管位置	轴向	径向	
		轴向	

① 单动的最低工作压力：ϕ6mm 时为 0.25MPa；ϕ10～16mm 时为 0.15MPa。

② 如需要润滑，请用透平 1 号油（ISO VG32）。

第21篇

表 21-7-5　　**标准行程/磁性开关**

缸径/mm	标准行程/mm	磁性开关	钢带固定码
6	15,30,45,60		PBK-06
10	15,30,45,60,75,100,125,150	AL-03R（钢带固定）	PBK-10
16	15,30,45,60,75,100,125,150,175,200		PBK-16

表 21-7-6　　**外形尺寸及安装形式**　　mm

双作用(基本型)

QCJ2B6

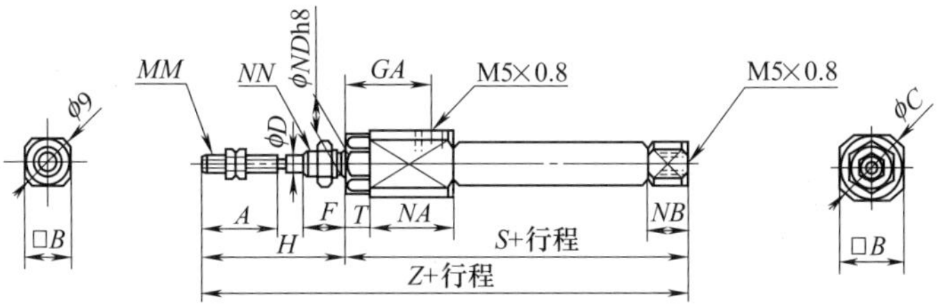

QCJ2B10～16

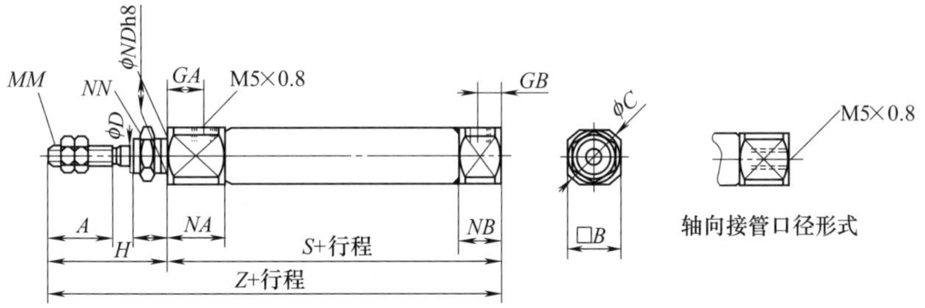

缸径	A	B	C	D	F	GA	GB	H	MM	NA	NB	ND	NN	S	T	Z
6	15	12	14	3	8	14.5	—	28	M3×0.5	16	7	6	M6×1.0	49	3	77
10	15	12	14	4	8	8	5	28	M4×0.7	12.5	9.5	8	M8×1.0	46	—	74
16	15	18	20	5	8	8	5	28	M5×0.8	12.5	9.5	10	M10×1.0	47	—	75

双作用(双耳座)

QCJ2D10～16

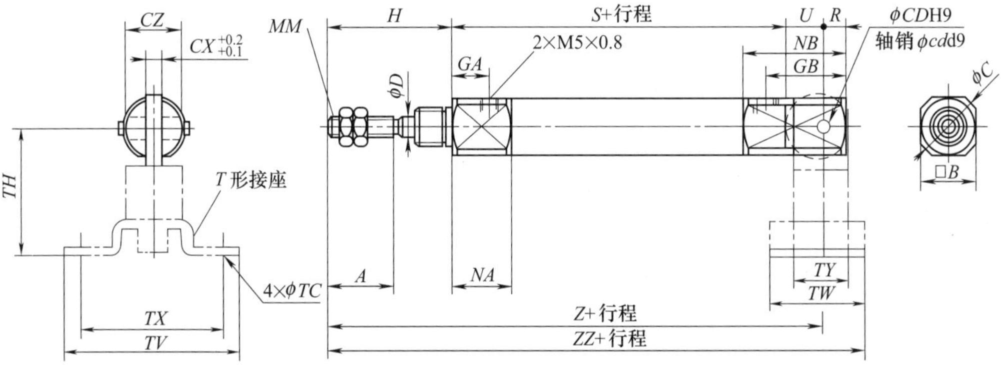

缸径	A	B	C	CD (cd)	CX	CZ	D	GA	GB	H	MM	NA	NB	R	S	U	Z	ZZ
10	15	12	14	3.3	3.2	12	4	8	18	28	M4×0.7	12.5	22.5	5	46	8	82	93
16	15	18	20	5	6.5	18	5	8	23	28	M5×0.8	12.5	27.5	8	47	10	85	99

续表

单作用-S(预缩型)
QCJ2B6～10～16

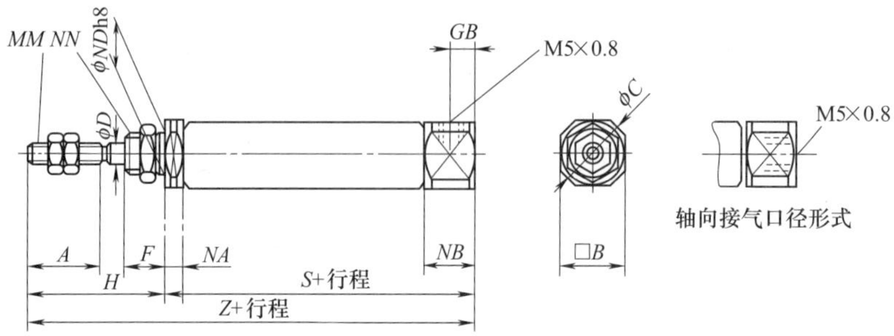

缸径	A	B	C	D	F	GB	H	MM	NA	NB	ND	NN
6	15	8	14	3	8	—	28	M3×0.5	3	7	6	M6×1
10	15	12	14	4	8	5	28	M4×0.7	5.5	9.5	8	M8×1
16	15	18	20	5	8	5	28	M5×0.8	5.5	9.5	10	M10×1

缸径	S								Z							
	行程								行程							
	5～15	16～30	31～45	46～60	61～75	76～100	101～125	126～150	5～15	16～30	31～45	46～60	61～75	76～100	101～125	126～150
6	34.5 (39.5)	43.5 (48.5)	47.5 (52.5)	61.5 (66.5)	—	—	—	—	62.5 (67.5)	71.5 (76.5)	75.5 (80.5)	89.5 (94.5)	—	—	—	—
10	45.5	53	65	77	—	—	—	—	73.5	81	93	105	—	—	—	—
16	45.5	54	66	78	84	108	126	138	73.5	82	94	106	112	136	154	166

单作用-S(预缩型,双耳座)
QCJ2D10～16

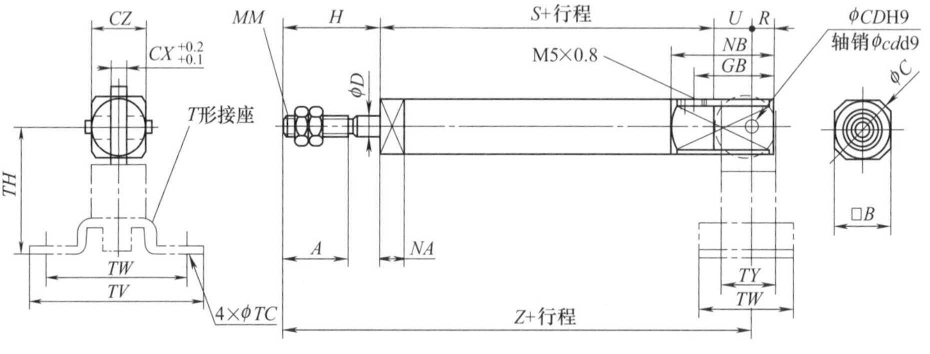

缸径	A	B	C	CD (cd)	CX	CZ	D	GB	H	MM	NA	NB	R	U
10	15	12	14	3.3	3.2	12	4	18	20	M4×0.7	5.5	22.5	5	8
16	15	18	20	5	6.5	18	5	23	20	M5×0.8	5.5	27.5	8	10

缸径	S								Z							
	行程								行程							
	5～15	16～30	31～45	46～60	61～75	76～100	101～125	126～150	5～15	16～30	31～45	46～60	61～75	76～100	101～125	126～150
10	45.5	53	65	77	—	—	—	—	73.5	81	93	105	—	—	—	—
16	45.5	54	66	78	84	108	126	138	75.5	84	96	108	114	138	156	168

续表

单作用-T(预伸型)

QCJ2B6

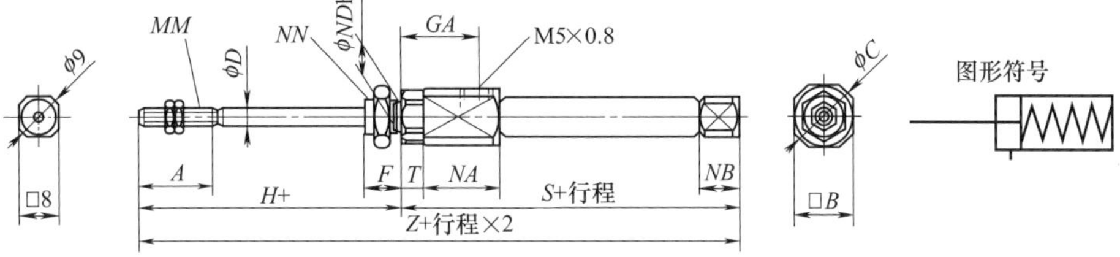

QCJ2B10～16

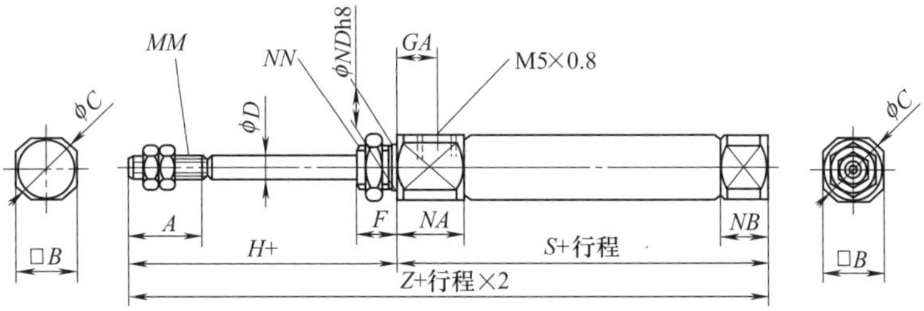

缸径	A	B	C	D	F	GA	H	MM	NA	NB	ND	NN	T
6	15	12	14	3	8	14.5	28	M3×0.5	16	3	6	M6×1	3
10	15	12	14	4	8	8	28	M4×0.7	12.5	5.5	8	M8×1	—
16	15	18	20	5	8	8	28	M5×0.8	12.5	5.5	16	M10×1	—

缸径	S								Z							
	行程								行程							
	5～15	16～30	31～45	46～60	61～75	76～100	101～125	126～150	5～15	16～30	31～45	46～60	61～75	76～100	101～125	126～150
6	46.5 (51.5)	55.5 (60.5)	59.5 (64.5)	73.5 (78.5)	—	—	—	—	74.5 (79.5)	83.5 (88.5)	87.5 (92.5)	101.5 (106.5)	—	—	—	—
10	48.5	56	68	80	—	—	—	—	76.5	84	96	108	—	—	—	—
16	48.5	57	69	81	87	111	129	141	76.5	85	97	109	115	139	157	169

单作用-T(预伸型,双耳座)

QCJ2D10～16

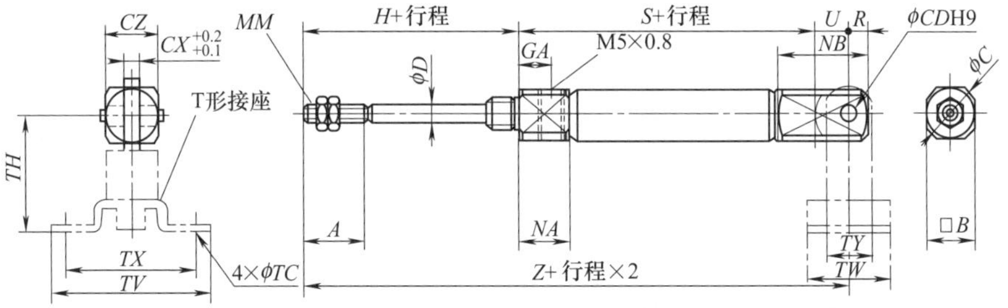

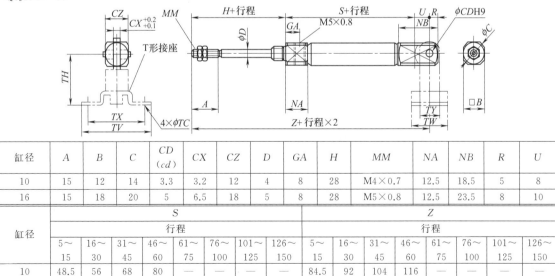

缸径	A	B	C	CD (cd)	CX	CZ	D	GA	H	MM	NA	NB	R	U
10	15	12	14	3.3	3.2	12	4	8	28	M4×0.7	12.5	18.5	5	8
16	15	18	20	5	6.5	18	5	8	28	M5×0.8	12.5	23.5	8	10

缸径	S								Z							
	行程								行程							
	5～15	16～30	31～45	46～60	61～75	76～100	101～125	126～150	5～15	16～30	31～45	46～60	61～75	76～100	101～125	126～150
10	48.5	56	68	80	—	—	—	—	84.5	92	104	116	—	—	—	—
16	48.5	57	69	81	87	111	129	141	86.5	95	107	119	125	149	167	179

续表

安装附件

轴向脚座

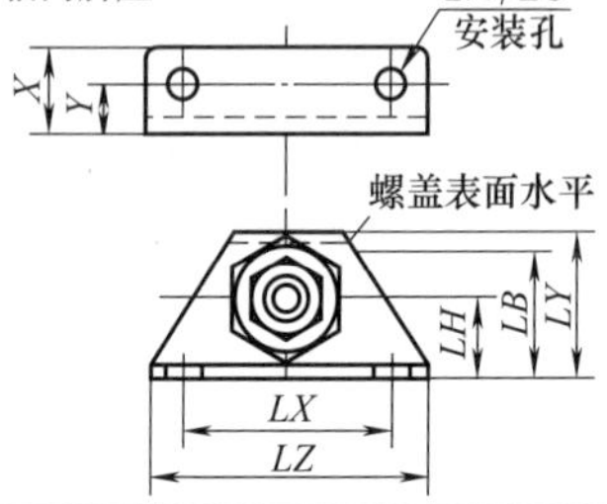

法兰

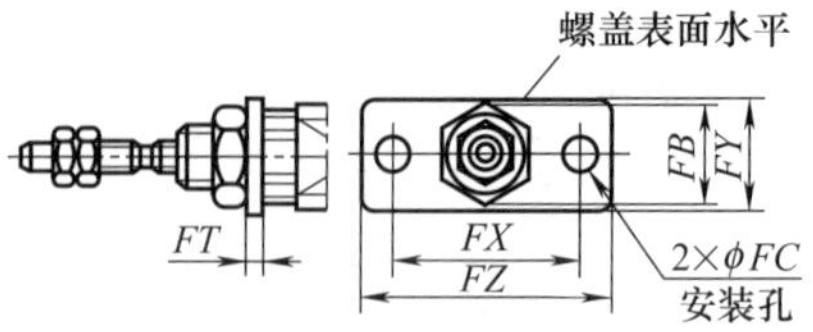

杆端螺母

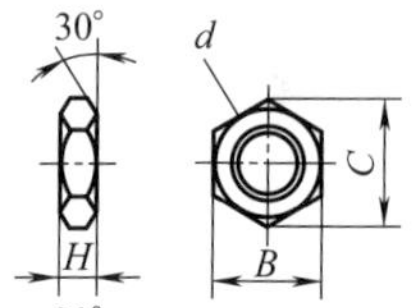

端盖螺母

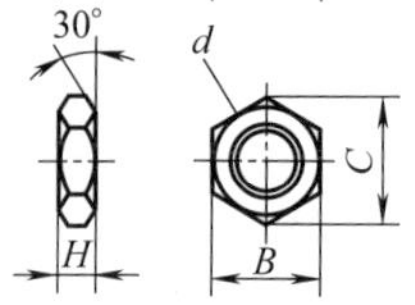

适用缸径	轴向脚座								法兰						
	零件号	LB	LC	LH	X	Y	LX	LY	LZ	零件号	FB	FC	FX	FY	FZ	FT
6	CJ-L06	13	4.5	9	12	7	24	16.5	32	CJ-F06	11	4.5	24	14	32	1.6
10	CJ-L10	15	4.5	9	12	7	24	16.5	32	CJ-F10	13	4.5	24	14	32	1.6
16	CJ-L16	23	5.5	14	15	9	33	25	42	CJ-F16	19	5.5	33	20	42	2.3

适用缸径	端盖螺母					杆端螺母				
	零件号	B	C	d	H	零件号	B	C	d	H
6	CJ-06B	8	9.2	M6×1	4	CJ-06A	5.5	6.4	M3×0.5	2.4
10	CJ-10B	11	12.7	M8×1	4	CJ-10A	7	8.1	M4×0.7	3.2
16	CJ-16B	14	16.2	M10×1	4	CJ-16A	8	9.2	M5×0.8	4

T形接座

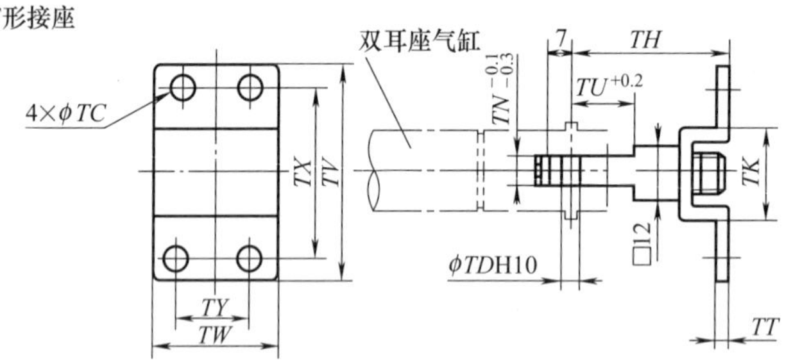

双耳座销

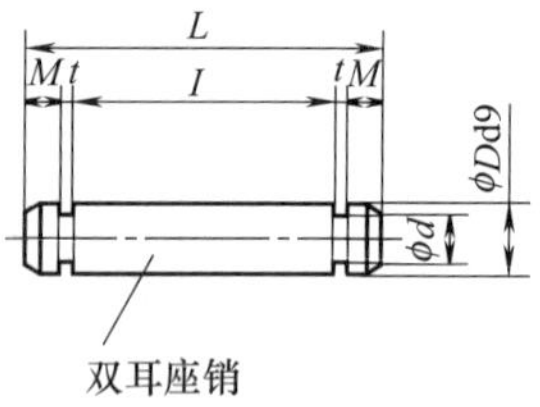

适用缸径	T 形接座											双耳座销						
	零件号	TC	TD	TH	TK	TN	TT	TU	TV	TW	TX	TY	零件号	D	d	L	I	M	t
10	CJ-T10	4.5	3.3	29	18	3.1	2	9	40	22	32	12	CJ-J10	3.3	3	15.2	12.2	1.2	0.3
16	CJ-T16	5.5	5	35	20	6.4	2.3	14	48	28	38	16	CJ-J16	5	4.8	22.7	18.3	1.5	0.7

I形单肘节接头

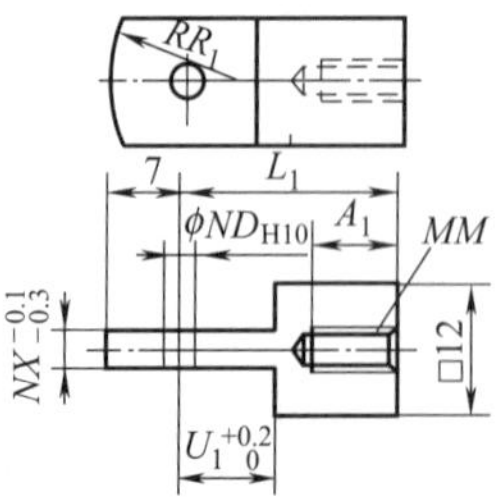

Y形双肘节接头

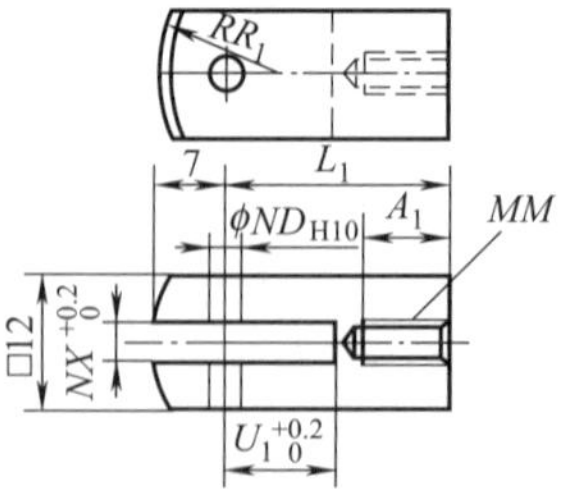

肘节接头销

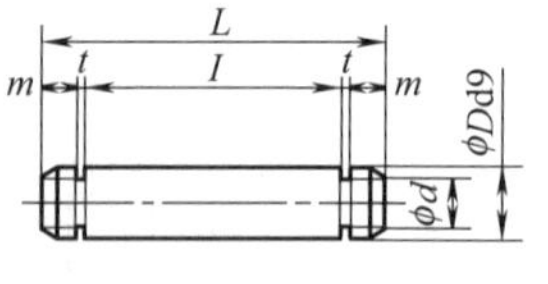

适用缸径	I 形单肘节接头								Y 形双肘节接头								肘节接头销						
	零件号	A_1	ND	L_1	MM	U_1	NX	R_1	零件号	A_1	ND	L_1	MM	U_1	NX	R_1	零件号	D	L	d	I	m	t
10	CJ-I10	8	3.3	21	M4×0.7	9	3.1	8	CJ-Y10	8	3.3	21	M4×0.7	10	3.2	8	IY-J10	3.3	16.2	3	12.2	1.7	0.3
16	CJ-I16	8	5	25	M5×0.8	14	6.4	12	CJ-Y16	11	5	21	M5×0.8	10	6.5	12	IY-J16	5	16.6	4.8	12.2	1.5	0.7

注：1. 括号内为内置磁环型的尺寸。

2. 生产厂为上海新益气动元件有限公司。

第 21 篇

7.1.1.3　10Y-1 系列小型单活塞杆气缸（ϕ8～50）

型号意义：

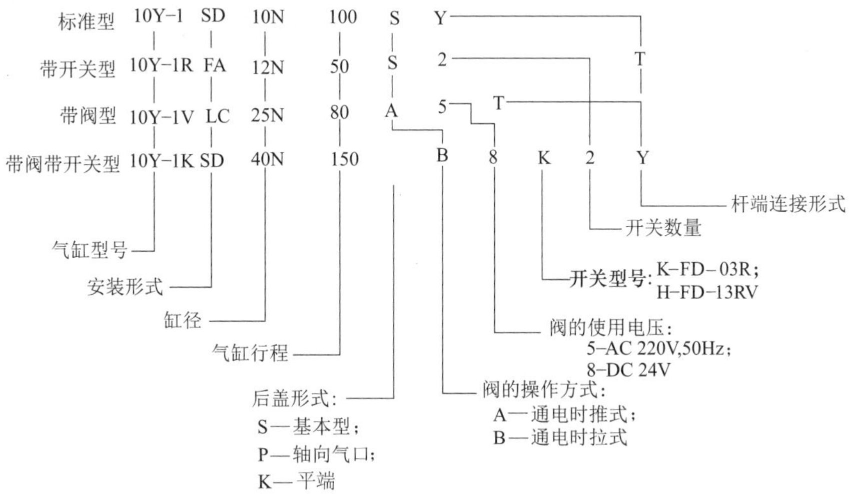

表 21-7-7　　主要技术参数

品　　种	标　准　型	带开关型	带　阀　型	带阀带开关
型号	10Y-1	10Y-1R	10Y-1V	10Y-1K
缸径/mm	ϕ8，ϕ10，ϕ12，ϕ16，ϕ20，ϕ25，ϕ32，ϕ40，ϕ50		ϕ20，ϕ25，ϕ32，ϕ40，ϕ50	
最大行程/mm	ϕ8，ϕ10：200；ϕ12，ϕ16：300；ϕ20，ϕ25：400；ϕ32：500；ϕ40：600；ϕ50：800			
最小行程/mm	无限制	37	无限制	37
使用压力范围/bar	ϕ8～16：1～10；ϕ20～50：0.5～10		1.5～10	
耐压力/bar	15			
使用速度范围/mm·s^{-1}	ϕ8～16：50～500；ϕ20～ϕ50：50～700		50～500	
使用温度范围/℃	－25～＋80(但在不冻结条件下)			
使用介质	干燥洁净压缩空气			
缓冲形式	缓冲垫			
给油	不需要(也可给油)			

表 21-7-8　　外形尺寸及安装形式　　mm

安装形式

(1)SD(基本型)

10Y-1(标准型)

① 后盖基本型(S)

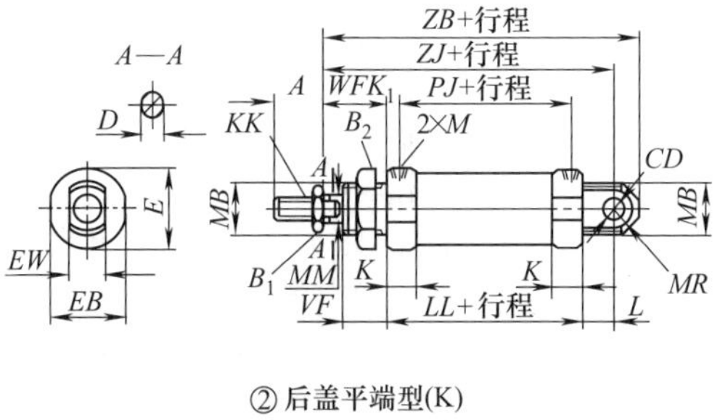

② 后盖平端型(K)

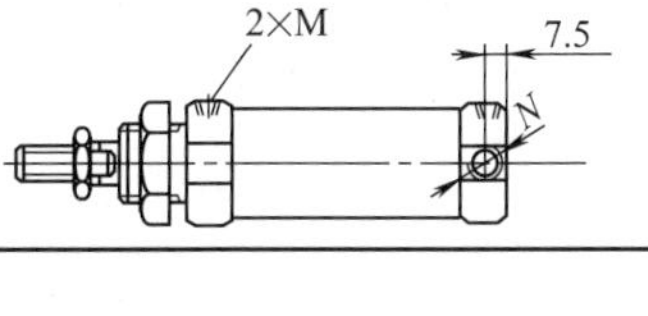

10Y-1R(带开关型)

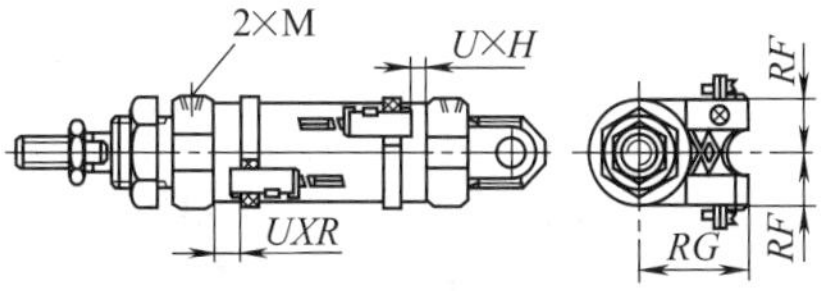

10Y-1V(带阀型)

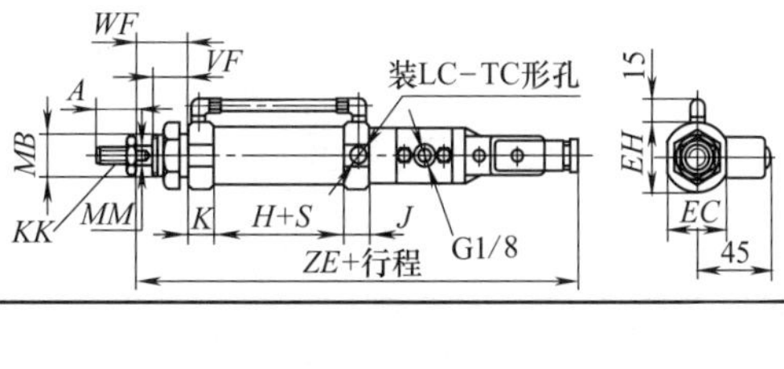

第21篇

续表

安装形式	③ 后盖轴向气口型(P) 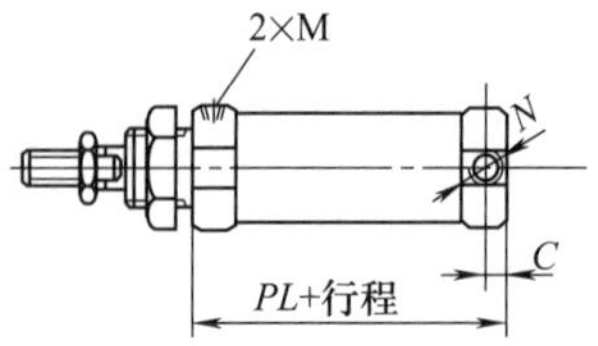	10Y-1K(带阀带开关型) 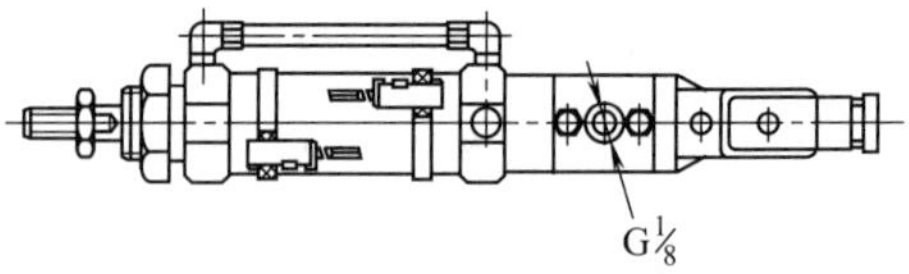
	(2)FA(前法兰式)	(8)TC(后铰轴式)
	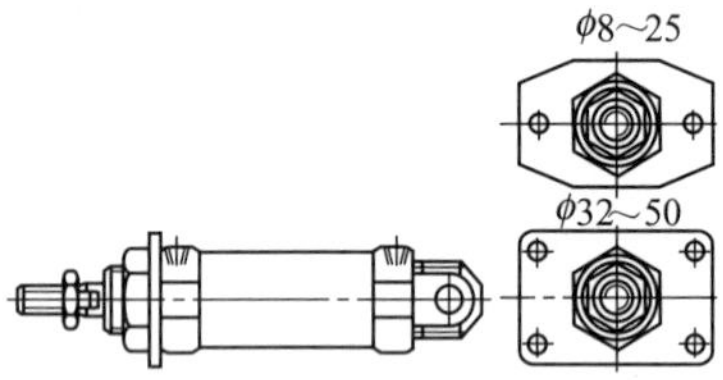	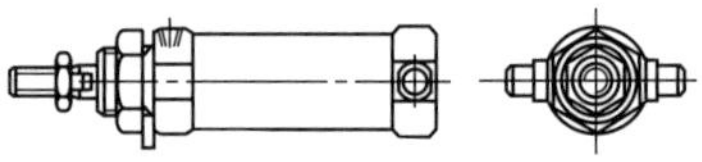
	(3)FB(后法兰式)	(9)TB(后铰轴式)
	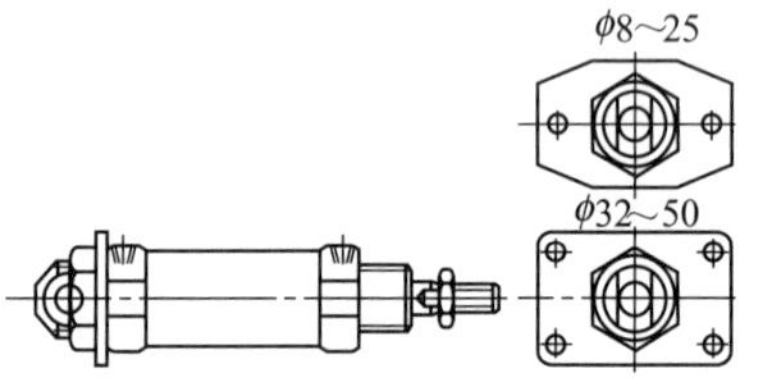	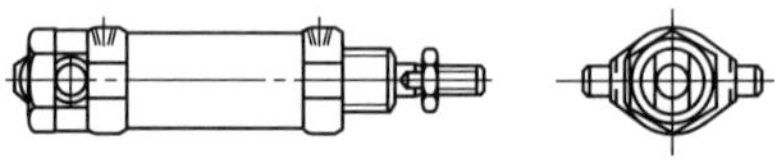
	(4)LC(三脚架式)	(10)TA(前铰轴式)
	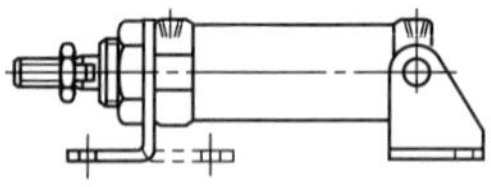	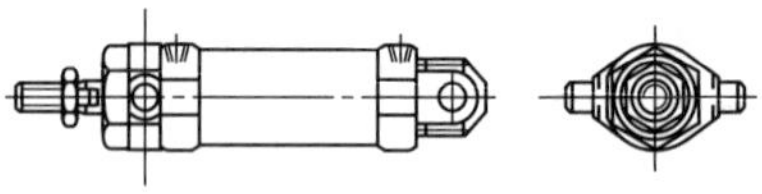
	(5)LB(双脚架式)	(11)TAB(前铰轴支座式)
	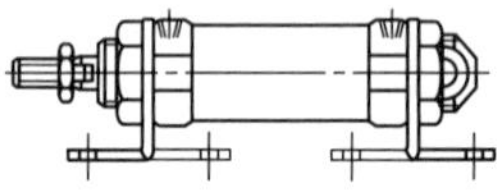	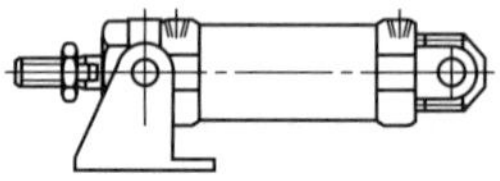
	(6)LS(单脚架式)	(12)TBB(后铰轴支座式)
	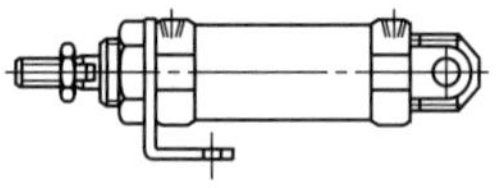	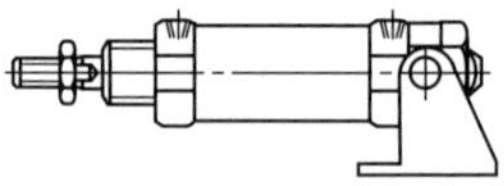
	(7)SDB(基本支座式)	(13)TCB(后铰轴支座式)
	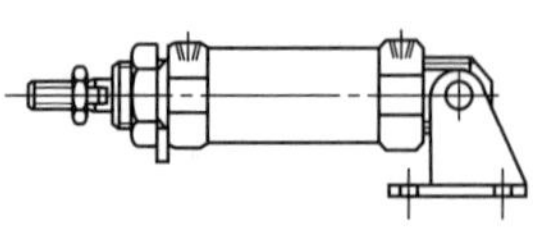	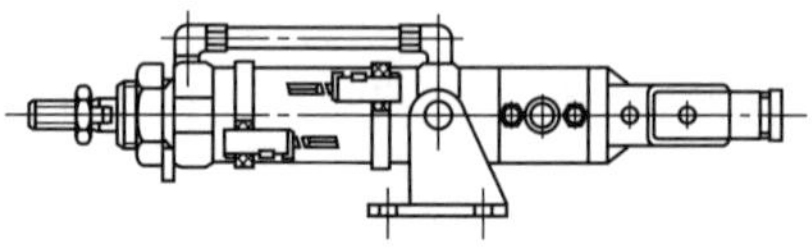
杆端连接形式	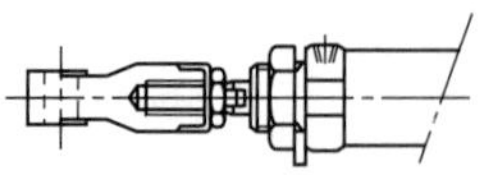 T(单耳杆式)	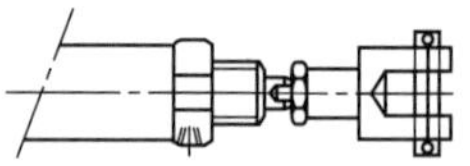 Y(双耳杆式)

续表

	缸径		8	10	12	16	20	25	32	40	50
气缸尺寸	*A*		12	12	16	16	20	22	22	24	32
	B_1		7	7	10	10	13	17	17	19	24
	B_2		18	18	24	24	30	30	32	41	55
	D		3	3	5	5	6	8	10	12	17
	CD		ϕ4H9	ϕ4H9	ϕ6H9	ϕ6H9	ϕ8H9	ϕ8H9	ϕ10H9	ϕ12H9	ϕ14H9
	E		ϕ16	ϕ16	ϕ19	ϕ21	ϕ28	ϕ31	ϕ38	ϕ46	ϕ56
	EB		14	14	17	19	26	29	36	44	54
	EW		8	8	12	12	16	16	16	20	20
	KK		M4	M4	M6	M6	M8×1.25	M10×1.25	M10×1.25	M12×1.25	M16×1.5
	K_1		6	6	6	6	8	8	8	8	10.5
	K		11	11	11	11	13	14.5	14.5	15	21
	2×M		M5	M5	M5	M5	G⅛	G⅛	G⅛	G⅛	G¼
	L		6	6	9	9	12	12	14	16	18
	VF		12	12	16	16	16	18	20	22	22.5
	WF		18	18	22	22	24	28	30	32	32.5
	MB		M12×1.25	M12×1.25	M16×1.5	M16×1.5	M22×1.5	M22×1.5	M24×2	M30×2	M36×2
	MM		ϕ4	ϕ4	ϕ6	ϕ6	ϕ8	ϕ10	ϕ12	ϕ14	ϕ20
	LL		50	50	50	58	59	64	70	72	93
	ZB		80	80	88	96	105	114	126	132	157.5
	PJ		38	38	38	46	46	49	55	57	72
	ZJ		74	74	81	89	95	104	114	120	145.5
	UXR		1	1	1	3	6	8	9	10	11
	UXH		5	5	5	10	5	8	10	11	12
	RF		—	—	—	—	25	26	27	29	29
	RG		20	21	23	26	31	33	36	41	43
	EC		—	—	—	—	38	38	38	46	54
	EH		—	—	—	—	ϕ40	ϕ40	ϕ40	ϕ48	ϕ56
	J		—	—	—	—	25	25	25.5	30	28
	ZE	10Y-1V	—	—	—	—	215	224	232	240	283
		10Y-1K	—	—	—	—	215	224	232	240	283
	PL		53	53	56	64	66	66	70	72	93
	C		11	11	12	12	13.5	13.5	7.5	7.5	10.5
	N		M4	M4	M6	M6	M8	M8	M8	M10×1.25	M12×1.25
	KC		6	6	6	6	6.5	7.5	7.5	7.5	10.5

安装附件

L 轴向脚架

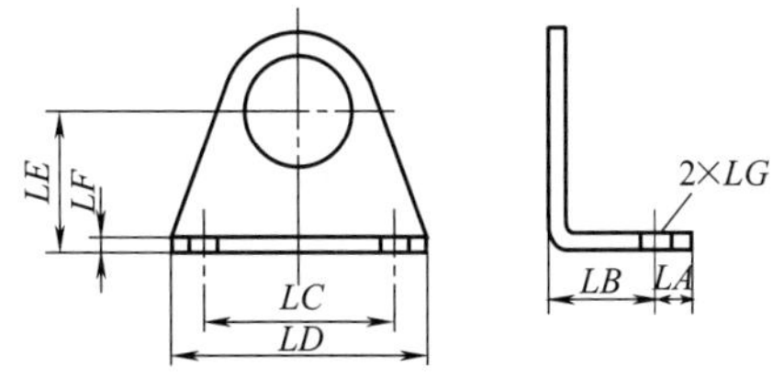

FA 前法兰
FB 后法兰

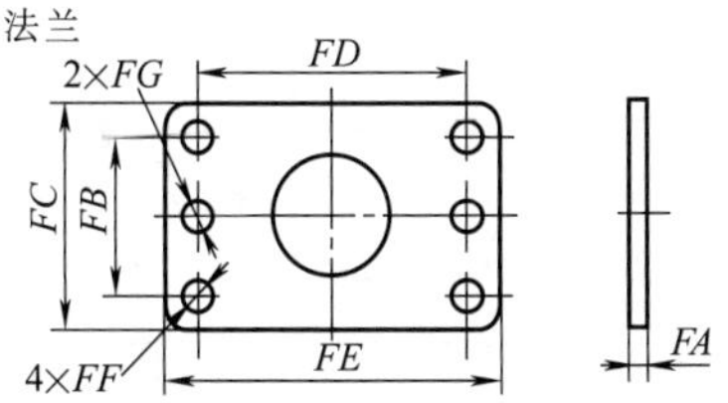

缸径	8	10	12	16	20	25	32	40	50
LA	6	6	7	7	8	8	8	8	10
LB	11	11	14	14	16	16	25	25	28
LC	25	25	32	32	40	40	45	50	55
LD	35	35	47	47	55	55	60	65	75
LE	16	16	20	20	25	25	32	36	40
LF	2	2	2	2	3	3	4	4	4
LG	ϕ4.5	ϕ4.5	ϕ5.5	ϕ5.5	ϕ6.8	ϕ6.8	ϕ6.8	ϕ6.8	ϕ9
FA	4	4	4	4	4	4	4	4	4
FB	—	—	—	—	—	—	33	36	46
FC	25	25	30	30	38	38	47	51	66
FD	30	30	40	40	50	50	58	70	80
FE	45	45	55	55	65	65	72	84	100
FF	—	—	—	—	—	—	ϕ6.6	ϕ6.6	ϕ9
FG	ϕ4.5	ϕ4.5	ϕ5.5	ϕ5.5	ϕ6.6	ϕ6.6	—	—	—

续表

安装附件	B 支座 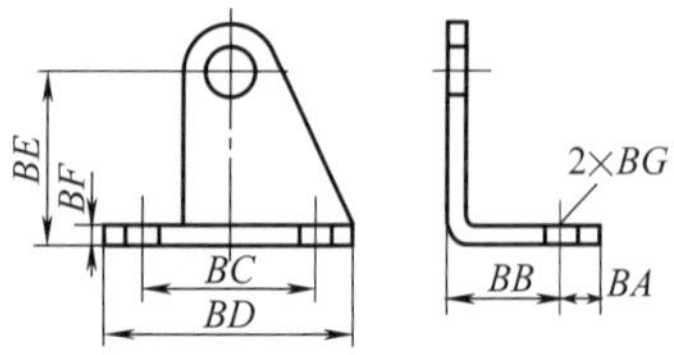	BA	6	6	7	7	8	8	8	8	10
		BB	13	13	15	15	17	17	17	17	18
		BC	20	20	25	25	32	32	36	40	46
		BD	32	32	40	40	48	48	52	56	66
		BE	16	16	20	20	32	32	36	40	46
		BF	3	3	3	3	4	4	4	4	4
		BG	ϕ4.5	ϕ4.5	ϕ5.5	ϕ5.5	ϕ6.8	ϕ6.8	ϕ6.8	ϕ6.8	ϕ9
	C 支座 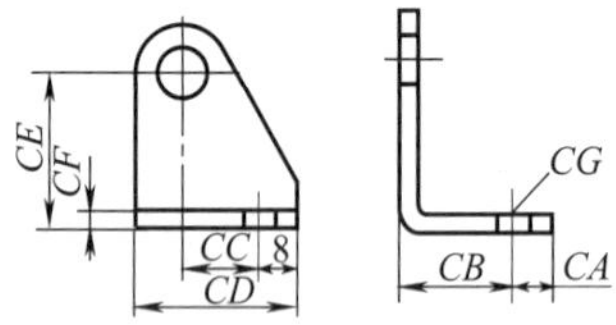	CA	6	6	7	7	8	8	8	8	10
		CB	10	10	11	11	12	12	12	12	14
		CC	15	15	17	17	19	19	17	15	20
		CD	27	27	31	31	35	35	35	35	40
		CE	16	16	20	20	25	25	32	36	40
		CF	3	3	3	3	4	4	4	4	4
		CG	ϕ4.5	ϕ4.5	ϕ5.5	ϕ5.5	ϕ6.8	ϕ6.8	ϕ6.8	ϕ6.8	ϕ9
	TA 前铰轴 TB 后铰轴 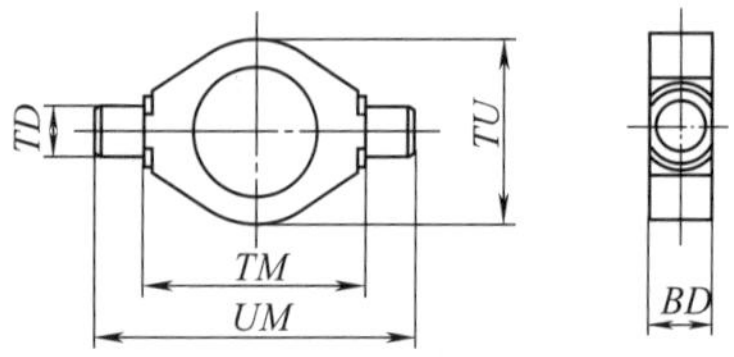	缸径	ϕ8	ϕ10	ϕ12	ϕ16	ϕ20	ϕ25	ϕ32	ϕ40	ϕ50
		TD	ϕ4	ϕ4	ϕ6	ϕ6	ϕ8	ϕ8	ϕ10	ϕ12	ϕ14
		TM	26	26	30	30	36	36	44	55	58
		TU	22	22	26	26	32	32	36	44	52
		UM	34	34	42	42	52	52	64	74	86
		BD	6	6	8	8	10	10	12	14	16
	TC 铰轴 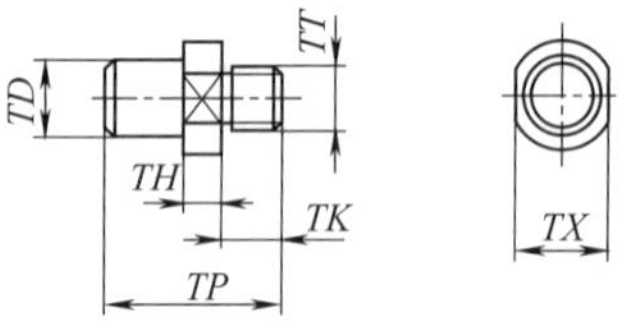	TD	ϕ4	ϕ4	ϕ6	ϕ6	ϕ8	ϕ8	ϕ10	ϕ12	ϕ14
		TK	3.5	3.5	4.5	4.5	8	8	8	10	12
		TH	2	2	3	3	4	4	5	5	6
		TP	11	11	13	13	20	20	23	27	32
		TX	8	8	10	10	12	12	12	14	16
		TT	M4	M4	M6	M6	M8	M8	M8	M10×1.25	M12×1.5
	T 单耳接杆 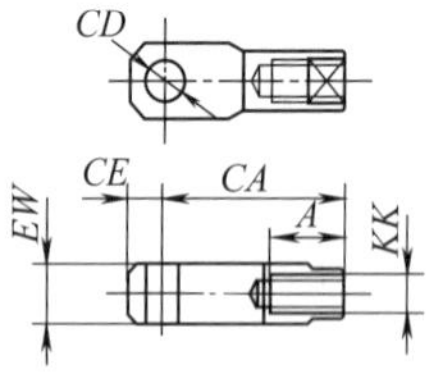	A	10	10	14	14	17	21	21	25	33
		CA	25	25	32	32	32	40	55	60	60
		CD	ϕ4	ϕ4	ϕ6	ϕ6	ϕ8	ϕ8	ϕ12	ϕ14	ϕ14
		CE	5	5	7	7	10	12	12	13	R14
		EW	4	4	6	6	16	16	16	20	20
		KK	M4	M4	M6	M6	M8	M10	M10	M12×1.25	M16×1.5
	Y 双耳接杆 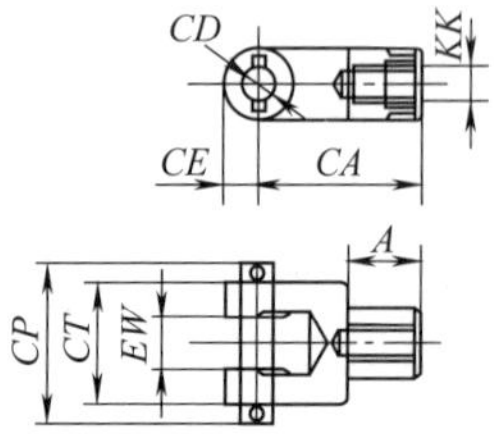	A	15	15	20	20	17	21	21	25	33
		CA	23	23	30	30	32	40	55	60	60
		CD	ϕ4	ϕ4	ϕ6	ϕ6	ϕ8	ϕ8	ϕ12	ϕ14	ϕ14
		CE	5	5	7	7	10	12	12	12	R14
		CP	13.5	13.5	18	18	40	40	46	58	58
		CT	8	8	11.5	11.5	26	26	32	44	44
		EW	4	4	6	6	16	16	16	20	20
		KK	M4	M4	M6	M6	M8	M10	M10	M12×1.25	M16×1.5

注：生产厂为肇庆方大气动有限公司。

7.1.1.4　QGP 系列单活塞杆气缸（ϕ10，ϕ16）

型号意义：

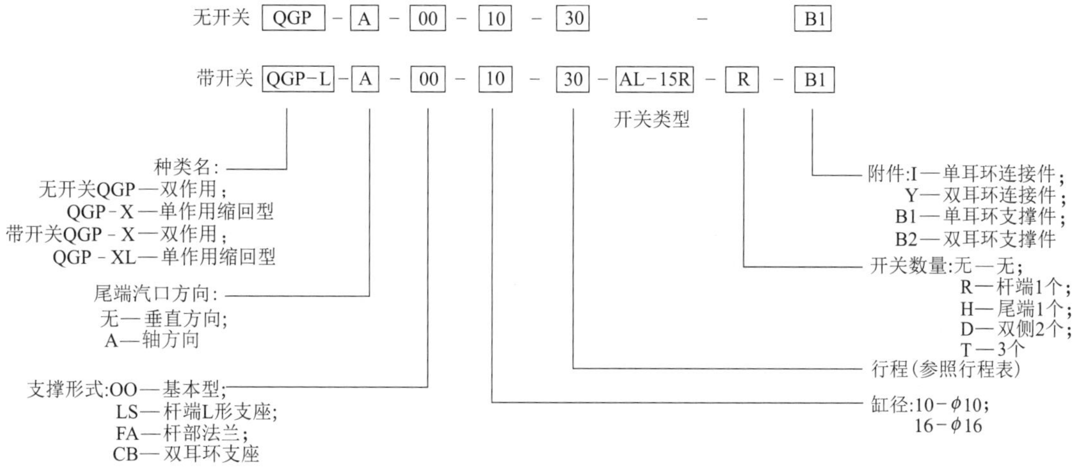

表 21-7-9　　主要技术参数

型　号	QGP，QGP-X	型　号	QGP，QGP-X
使用流体	洁净压缩空气	接管口径	M5×0.8
最高工作压力/MPa	1.0(10.2kgf/cm^2)	行程公差/mm	0～+1.0
最低工作压力/MPa	0.15(1.5kgf/cm^2)	活塞工作速度/mm·s^{-1}	50～500
耐压/MPa	1.6(16.3kgf/cm^2)	缓冲形式	橡胶缓冲
环境温度/℃	−10～60	润滑	不需要

表 21-7-10　　行程　　mm

缸径	标准行程	最大行程	最小行程
10	15,30,45,60	200	10①
16		260	

① 10 是带 1 个磁性开关时的行程。

表 21-7-11　　外形尺寸及安装形式　　mm

基本型(OO)

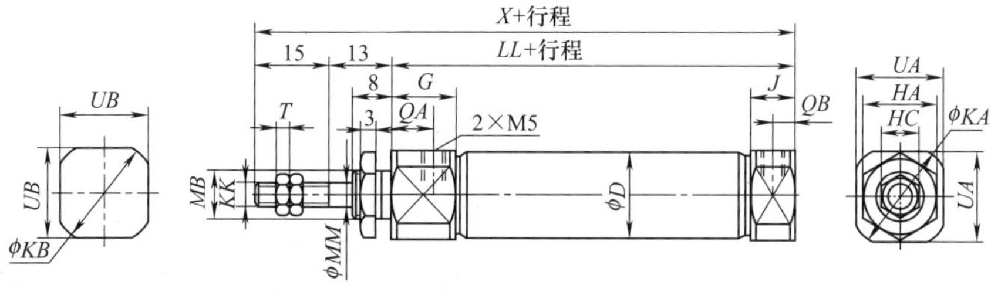

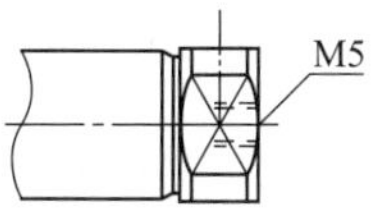

轴方向通口

续表

缸径	D	G	HA	HC	J	KA	KB	KK	LL	MB	MM	QA	QB	T	UA	UB	X
10	11	12.5	12	7	9	14.5	14.5	M4×0.7	46	M8×1.0	4	8	4.5	3	12	12	74
16	17.4	13	14	8	9	21.5	21.5	M5×0.8	46	M10×1.0	5	8.5	4.5	3	18	18	74

杆端 L 形支座(LS)

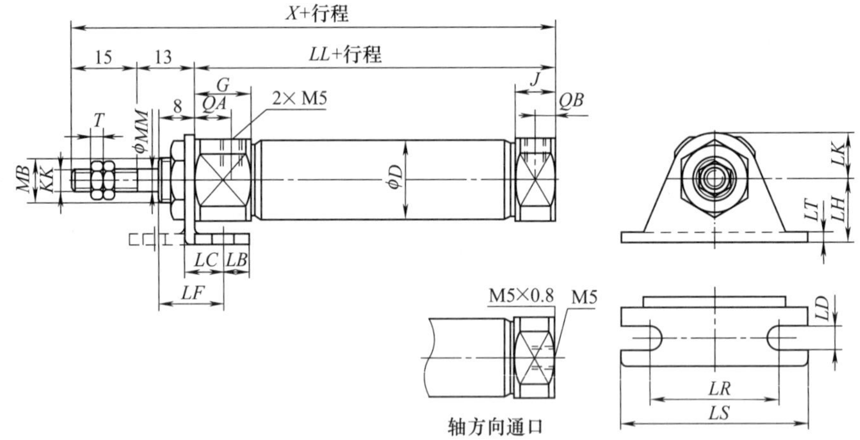

轴方向通口

缸径	G	J	KK	MB	MM	QA	QB	T	X	LB	LC	LD	LF	LL	LH	LK	LR	LS	LT
10	12.5	9	M4×0.7	M8×1.0	4	8	4.5	3	74	5	7	4.2	13.4	46	9	7	22	32	1.6
16	13	9	M5×0.8	M10×1.0	5	8.5	4.5	3	74	6	9	5.2	15.7	46	14	10	29	42	2.3

杆端法兰型(FA)

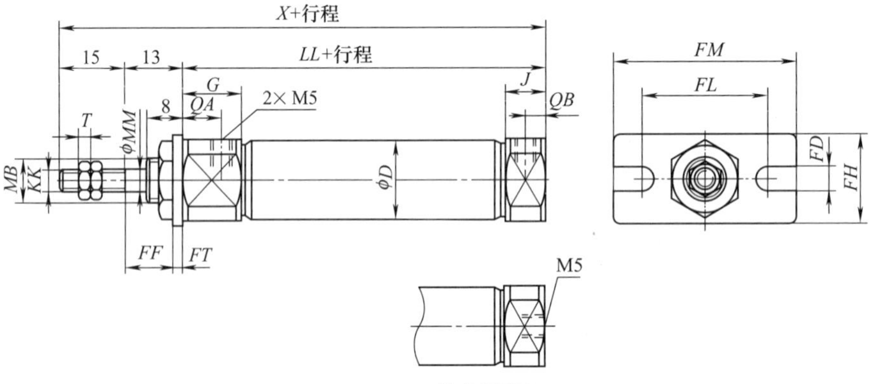

轴方向通口

缸径	G	J	KK	MB	MM	QA	QB	T	X	FD	FF	FH	FL	FM	FT
10	12.5	9	M4×0.7	M8×1.0	4	8	4.5	3	74	4.2	11.4	14	22	32	1.6
16	13	9	M5×0.8	M10×1.0	5	8.5	4.5	3	74	5.2	10.7	20	29	42	2.3

双耳环支座(CB)

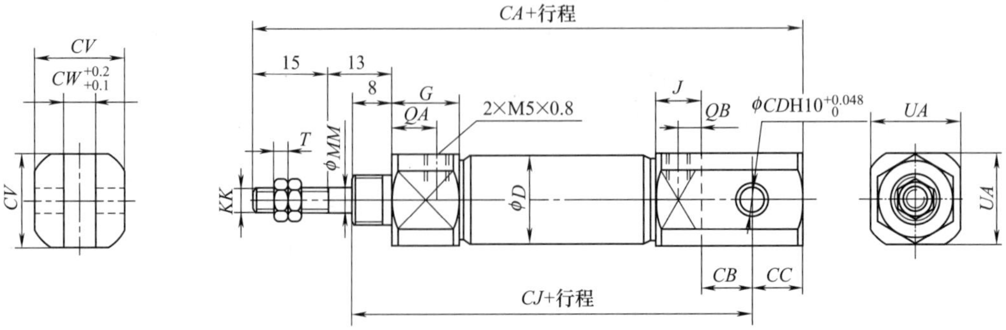

续表

缸径	G	J	KK	MM	QA	QB	T	UA	CA	CB	CC	CD	CJ	CV	CW
10	12.5	9	M4×0.7	4	8	4.5	3	12	87	8	5	3.2	62	12	3.2
16	13	9	M5×0.8	5	8.5	4.5	3	18	94	10	10	5	64	18	6.5

基本型(OO)

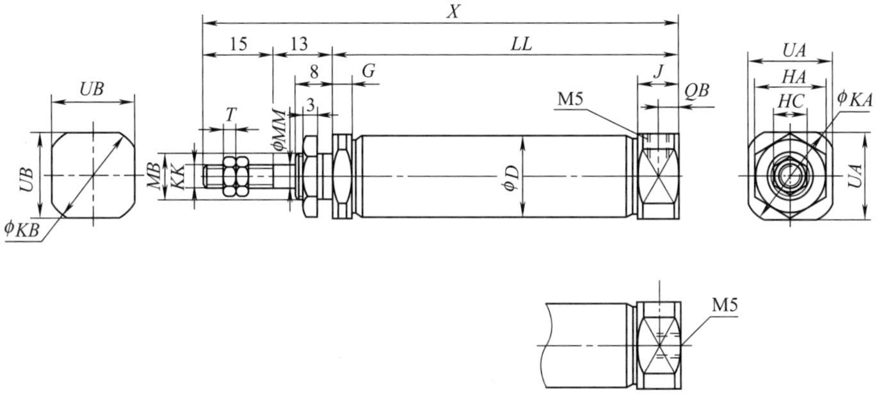

轴方向通口

缸径	D	G	HA	HC	J	KA	KB	KK	LL								MB
									15st	30st	45st	60st	75st	90st	105st	120st	
10	11	4	11	7	9	14.5	14.5	M4	64	91	118	145	172	199	226	253	M8×1.0
16	17.4	4	14	8	9	21.5	21.5	M5	64	91	118	145	172	199	226	253	M10×1.0

缸径	MM	QB	T	UA	UB	X							
						15st	30st	45st	60st	75st	90st	105st	120st
10	4	4.5	3	12	12	92	119	146	173	200	227	254	281
16	5	4.5	3	18	18	92	119	146	173	200	227	254	281

杆端 L 形支座(LS)

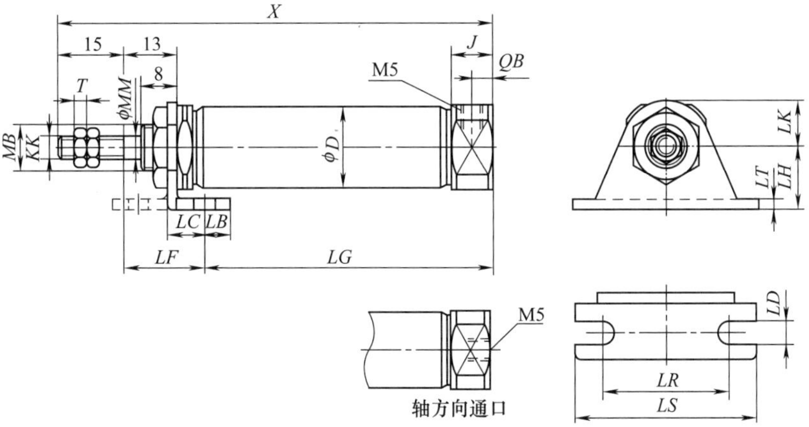

轴方向通口

缸径	D	J	KK	MB	MM	QB	T	X								LB
								15st	30st	45st	60st	75st	90st	105st	120st	
10	4	9	M4	M8×1.0	4	4.5	3	92	119	146	173	200	227	254	281	5
16	4	9	M5	M10×1.0	5	4.5	3	92	119	146	173	200	227	254	281	6

缸径	LC	LD	LF	LG								LH	LK	LR	LS	LT
				15st	30st	45st	60st	75st	90st	105st	120st					
10	7	4.2	18.4	58.6	85.6	112.6	139.6	166.6	193.6	220.6	247.6	9	7	22	32	1.6
16	9	5.2	19.7	57.3	84.3	111.3	138.3	165.3	192.3	219.3	246.3	14	10	29	42	2.3

续表

杆端法兰型(FA)

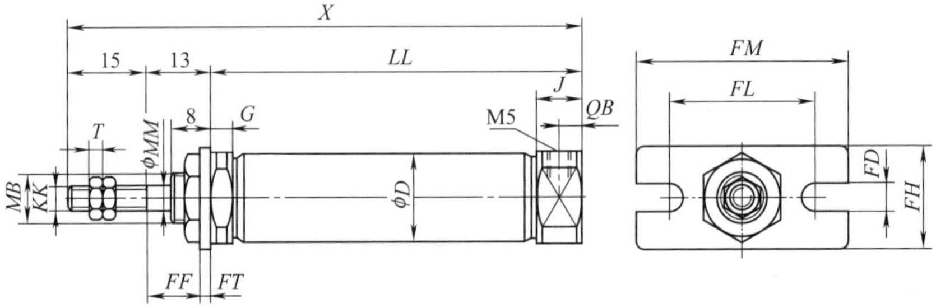

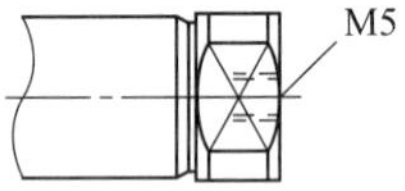

轴方向通口

缸径	*G*	*J*	*KK*	*MB*	*MM*	*QB*	*T*	*LL*							
								15st	30st	45st	60st	75st	90st	105st	120st
10	4	9	M4	M8×1.0	4	4.5	3	64	91	118	145	172	199	226	253
16	4	9	M5	M10×1.0	5	4.5	3	64	91	118	145	172	199	226	253

缸径	*X*								*FD*	*FF*	*FH*	*FL*	*FM*	*FT*
	15st	30st	45st	60st	75st	90st	105st	120st						
10	92	119	146	173	200	227	254	281	4.2	11.4	14	22	32	1.6
16	92	119	146	173	200	227	254	281	5.2	10.7	20	29	42	2.3

双耳环支座型(CB)

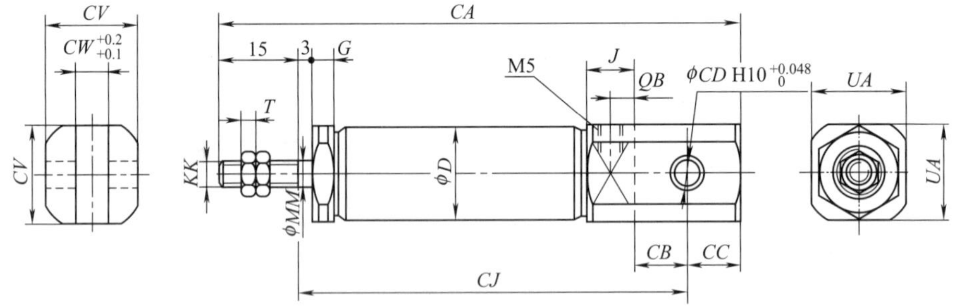

缸径	*G*	*J*	*KK*	*MM*	*QB*	*T*	*UA*	*CA*						
								15st	30st	45st	60st	75st	90st	105st
10	4	9	M4	4	4.5	3	12	95	122	149	176	203	230	257
16	4	9	M5	5	4.5	3	18	102	129	156	183	210	237	264

缸径	*CA*	*CB*	*CC*	*CD*	*CJ*								*CV*	*CW*
	120st	—	—	—	15st	30st	45st	60st	75st	90st	105st	120st		
10	284	8	5	3.2	75	102	129	156	183	210	237	264	12	3.2
16	291	10	10	5	77	104	131	158	185	212	239	266	18	6.5

续表

单耳环连接件(I)

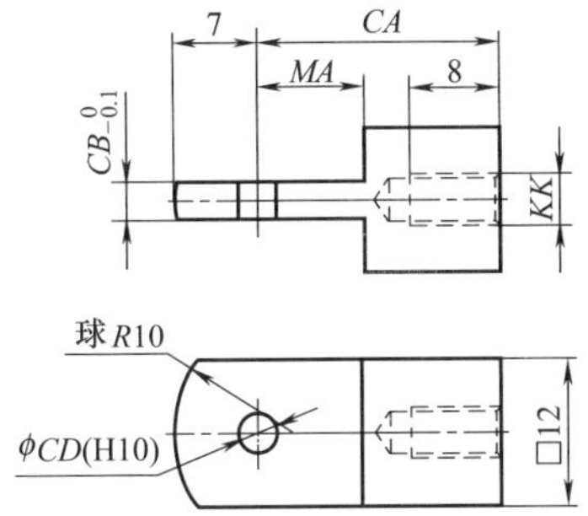

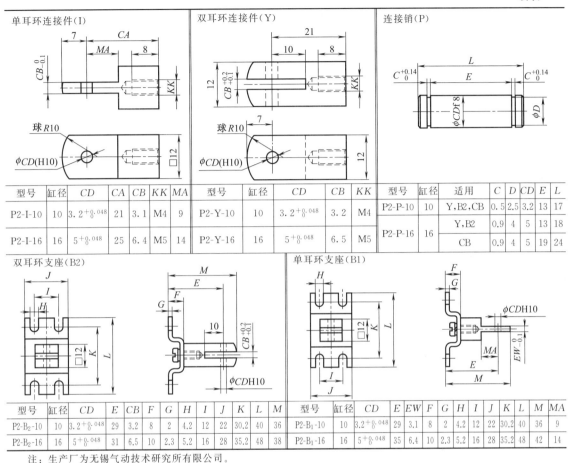

型号	缸径	CD	CA	CB	KK	MA
P2-I-10	10	$3.2^{+0.048}_{0}$	21	3.1	M4	9
P2-I-16	16	$5^{+0.048}_{0}$	25	6.4	M5	14

双耳环连接件(Y)

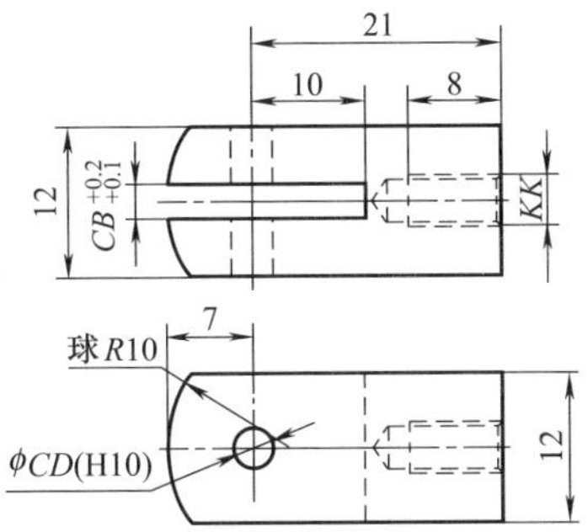

型号	缸径	CD	CB	KK
P2-Y-10	10	$3.2^{+0.048}_{0}$	3.2	M4
P2-Y-16	16	$5^{+0.048}_{0}$	6.5	M5

连接销(P)

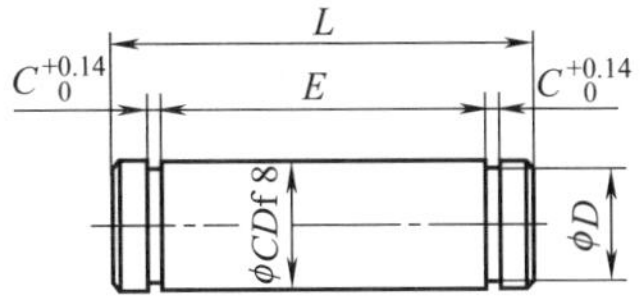

型号	缸径	适用	C	D	CD	E	L
P2-P-10	10	Y,B2,CB	0.5	2.5	3.2	13	17
P2-P-16	16	Y,B2	0.9	4	5	13	18
		CB	0.9	4	5	19	24

双耳环支座(B2)

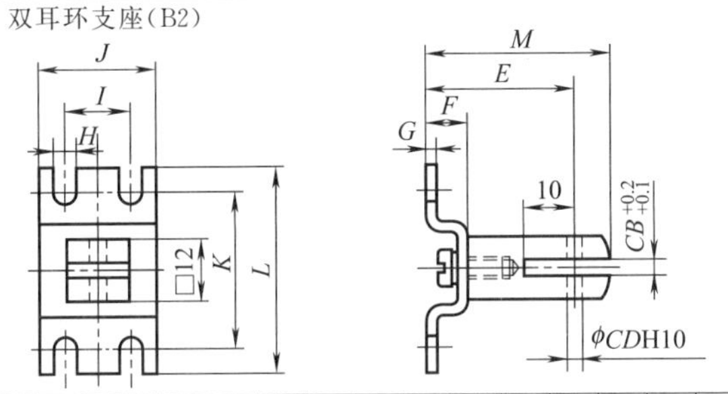

型号	缸径	CD	E	CB	F	G	H	I	J	K	L	M
$P2-B_2-10$	10	$3.2^{+0.048}_{0}$	29	3.2	8	2	4.2	12	22	30.2	40	36
$P2-B_2-16$	16	$5^{+0.048}_{0}$	31	6.5	10	2.3	5.2	16	28	35.2	48	38

单耳环支座(B1)

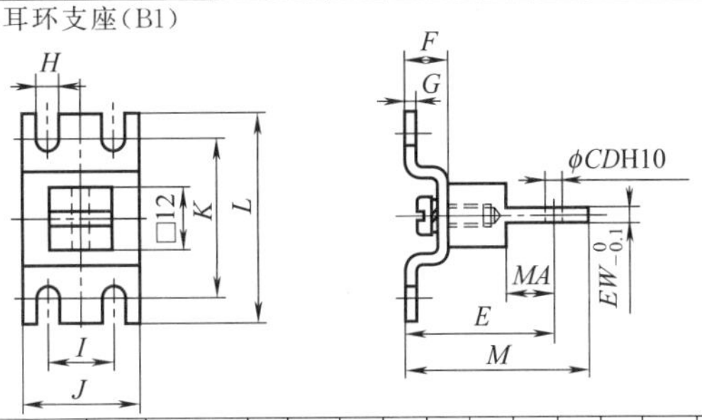

型号	缸径	CD	E	EW	F	G	H	I	J	K	L	M	MA
$P2-B_1-10$	10	$3.2^{+0.048}_{0}$	29	3.1	8	2	4.2	12	22	30.2	40	36	9
$P2-B_1-16$	16	$5^{+0.048}_{0}$	35	6.4	10	2.3	5.2	16	28	35.2	48	42	14

注：生产厂为无锡气动技术研究所有限公司。

7.1.1.5　QC85 系列标准小型单活塞杆气缸（ISO 6432）（ϕ10～25）

型号意义：

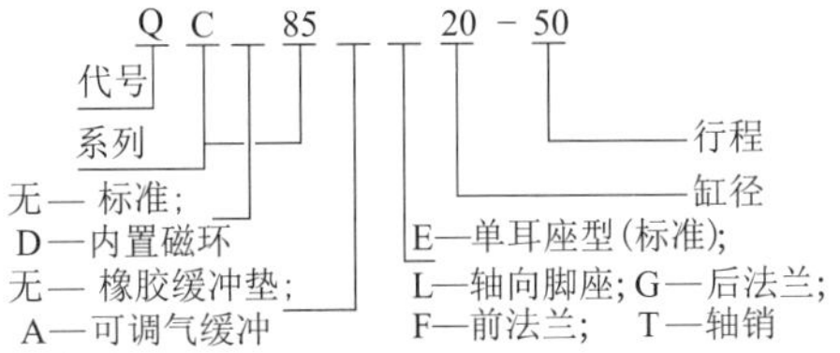

表 21-7-12　　主要技术参数

缸径/mm	10	12	16	20	25
使用介质	经过滤的压缩空气				
作用形式	双作用				
最高使用压力/MPa	1.0				
最低工作压力/MPa	0.1		0.05		
缓冲	橡胶垫(标准)，气缓冲(选择)				
环境温度/℃	5～60				
使用速度/$mm\cdot s^{-1}$	50～750				
润滑①	出厂已润滑				
接管口径	M5×0.8			G1/8	

① 如需润滑，请用透平 1 号油（ISO VG32）。

表 21-7-13　标准行程/磁性开关　　mm

缸径	标准行程	最长行程	磁性开关型号	固定码
10	10,25,40,50,80,100	400	AL-03R	PBK-10
12	10,25,40,50,80,100,125,160,200			PBK-12
16				PBK-16
20	10,25,40,50,80,100,125,160,200,250,300	1000	QCK2400 QCK2422	A-20
25				A-25

注：1. 有非标准行程可供选择。

2. 使用的电压及电流避免超负荷。

3. 严禁 QCK 磁性开关直接与电源连通，必须同负载串联使用。

4. 严禁有其他强磁体靠近 QCK 磁性开关，如有，应屏蔽。

第21篇

表 21-7-14　　**外形尺寸**　　mm

基本型
QC85E

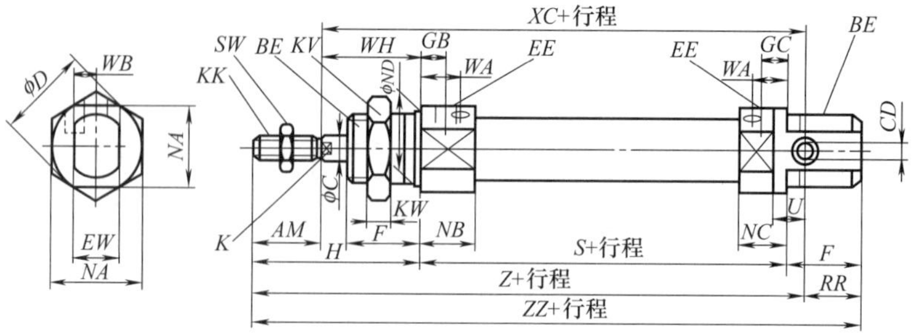

缸径	AM	BE	C	CD	D	EE	EW	F	GB	GC	WA	WB	H	K	KK	KV	KW	NB	NC	NA	ND	RR	S	SW	WH	XC	Z	ZZ	U
10	12	M12×1.25	4	4	17	M5×0.8	8	12	7	5	10.5	4.5	28	—	M4×0.7	19	6	11.5	9.5	15	12	10	46	7	16	64	76	86	6
12	16	M16×1.5	6	6	20	M5×0.8	12	17	8	6	9.5	5.5	38	5	M6×1	24	8	12.5	10.5	18	16	14	50	10	22	75	91	105	9
16	16	M16×1.5	6	6	20	M5×0.8	12	17	8	6	9.5	5.5	38	5	M6×1	24	8	12.5	10.5	18	16	13	56	10	22	82	98	111	9
20	20	M22×1.5	8	8	28	G1/8	16	20	8	8	11.5	8.5	44	6	M8×1.25	32	11	15	15	24	22	11	62	12	24	95	115	126	12
25	22	M22×1.5	10	8	33.5	G1/8	16	22	8	8	11.5	10	50	8	M10×1.25	32	11	15	15	30	22	11	65	15	28	104	126	137	12

安装附件

轴向脚座

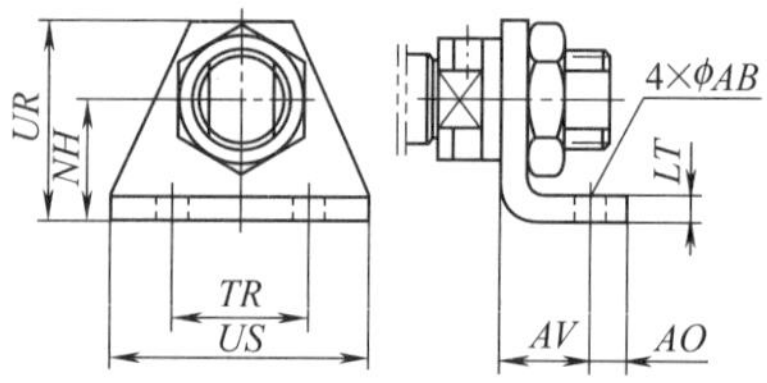

前法兰

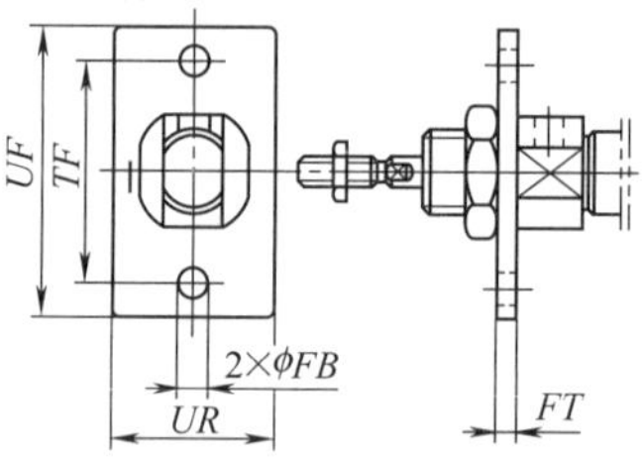

单耳座接座/连接销

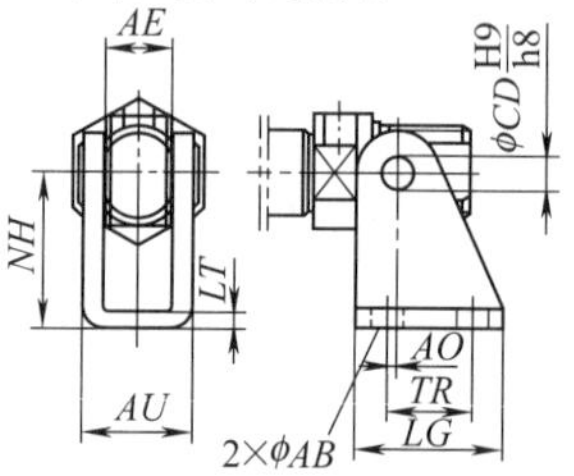

适用缸径	轴向脚座									前法兰						单耳座接座/连接销									
	零件号	AB	AO	AV	LT	TR	US	NH	UR	零件号	FT	FB	UR	TF	UF	零件号	AB	AO	TR	LG	CD	AE	AU	NH	LT
10	C85-L10	4.5	5	11	3.2	25	35	16	26	C85-F10	3.2	4.5	22	30	40	C85-E10	4.5	1.5	12.5	20	4	8.1	13.1	24	2.5
12～16	C85-L12	5.5	6	14	4	32	42	20	33	C85-F12	4	5.5	30	40	52	C85-E12	5.5	2	15	25	6	12.1	18.5	27	3.2
20～25	C85-L20	6.6	8	17	5	40	54	25	42	C85-F20	5	6.6	40	50	66	C85-E20	6.6	4	20	32	8	16.1	24.1	30	4

轴销

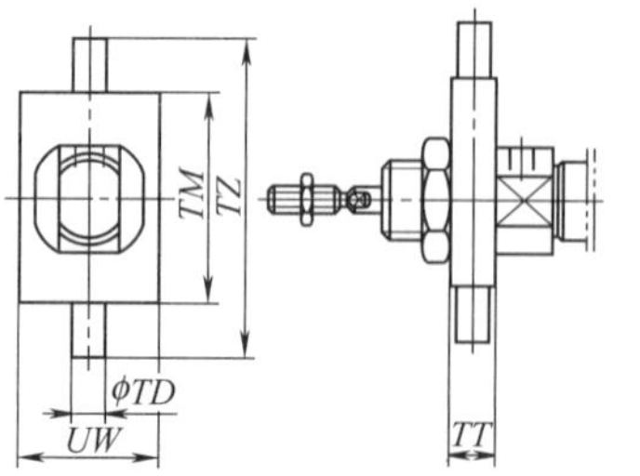

I形单肘节球轴承接头/(DIN 648)

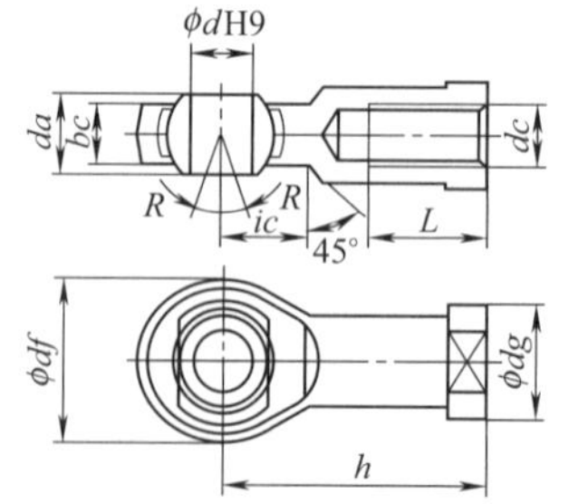

Y形双肘节接头/(DIN 71751)

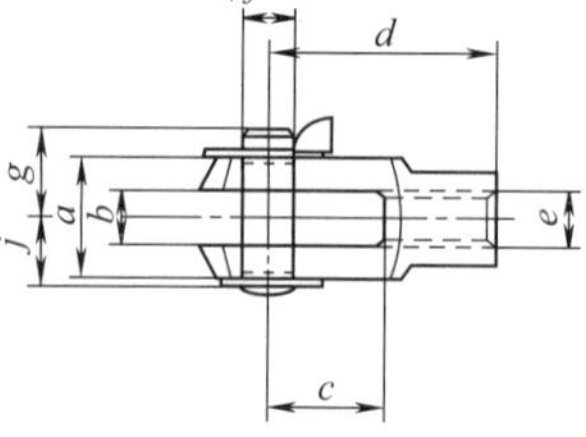

适用缸径	轴销						I 形单肘节球轴承接头(DIN 648)										Y 形双肘节接头(DIN 71751)								
	零件号	TT	TD	UW	TM	TZ	零件号	dc	d	h	df	da	dc	L	dg	R	ic	零件号	e	b	d	f	g	c	j	a
10	C85-T10	6	4	20	26	38	KJ4D	M4	5	27	18	8	6	10	11	7.5	10	GKM4-8	M4	4	16	4	8	8	6	8
12～16	C85-T12	8	6	25	38	58	KJ6D	M6	6	30	20	9	6.75	12	13	6.5	10	GKM6-10	M6	6	24	6	10	12	8	12
20	C85-T20	8	6	32	46	66	KJ8D	M8	8	36	24	12	9	16	16	13	12	GKM8-16	M8	8	32	8	12	16	10	16
25		8	6	32	46	66	KJ10D	M10×1.25	10	43	28	14	10.5	20	19	13	14	GKM10-20	M10×1.25	10	40	10	18	20	12	20

注：生产厂为上海新益气动元件有限公司。

第
21
篇

7.1.1.6 MA 系列单活塞杆气缸（ϕ16～63）

型号意义：

MA　20 × 50 — S — CM — □ — □

型号：
MA—迷你气缸(复动型)；
MAC—迷你气缸(复动可调缓冲型)；
MSA—迷你气缸(单动押出型)；
MTA—迷你气缸(单动引入型)

缸径　行程

磁石代号：
S—附磁石

后盖型式：
CA—摆尾型；
CM—圆尾型；
U—平尾型

固定型式：
空白—无安装附件；
FA—前法兰连接板；
SDB—后铰固定架；
LB—轴向固定架

牙型代码：
空白—PT牙；
T—NPT牙；
G—G牙

MAD — 20 × 50 — S — □ — □

MAJ — 20 × 50 — 20 — S — □ — □

型号：
MAD—迷你气缸(双轴复动型)；
MAJ—迷你气缸(双轴复动行程可调型)；
MACD—迷你气缸(双轴复动缓冲型)；
MACJ—迷你气缸(双轴复动行程可调缓冲型)

缸径　行程

调整行程：
10—10mm；
20—20mm；
30—30mm；
40—40mm；
50—50mm；
75—75mm；
100—100mm

磁石代号：
S—附磁石

牙型代码①：
空白—PT牙；
T—NPT牙；
G—G牙

① 当接管为M5牙时，此项代码为空。

固定型式：
空白—无安装附件；
FA—前法兰连接板；
LB—轴向固定架

MAR订购码

MAR — 20 × 50 — S — U — □

型号：
MAR—迷你气缸
(复动缓冲型)

缸径　行程

磁石代号：
S—附磁石

前盖型式：
F—前方固定型；
U—上方固定型

牙型代码：
空白—PT牙；
T—NPT牙；
G—G牙

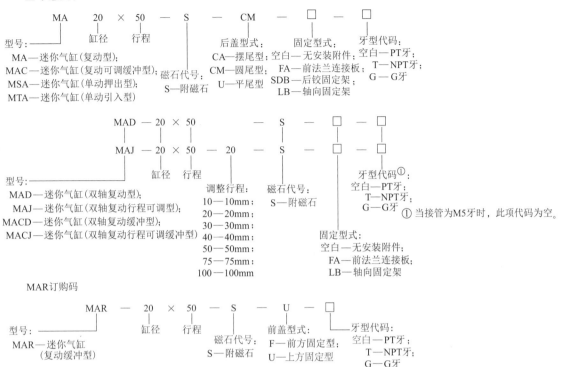

表 21-7-15　主要技术参数

缸径/mm		16	20	25	32	40	50	63
动作形式	MSA、MTA	单动型					—	
	MAR	—	复动型					
	MA、MAD、MAJ	复动型					—	
	MAC、MACD、MACJ	—	复动缓冲型					
工作介质		空气						
使用压力范围/MPa	复动型	0.1～1.0(15～145psi)						
	单动型	0.2～1.0(28～145psi)						
保证耐压力/MPa		1.5(215psi)						
使用温度范围/℃		−20～70						
使用速度范围/mm·s^{-1}		单动型：50～800　复动型：30～800						
行程公差范围/mm		0～150：$^{+1.0}_{0}$　>150：$^{+1.4}_{0}$						
缓冲形式		MAC、MACD、MACJ 系列：可调式缓冲；其他系列：防撞垫						
接管口径①		M5×0.8	PT1/8				PT1/4	

① 接管牙型有 NPT、G 牙可供选择。

表 21-7-16　行程　mm

缸径		标准行程				最大行程	容许行程
MA MAC	16	25,50,75,80,100,125,150,160,175,200				200	500
	20	25,50,75,80,100,125,150,160,175,200,250,300	MAR	20	25,50,75,80,100,125,150,160,175,200,250,300	300	600
	25	25,50,75,80,100,125,150,160,175,200,250,300,350,400,450,500		25	25,50,75,80,100,125,150,160,175,200,250,300,350,400,450,500	500	700
	32			32		500	700
	40			40		500	700
	50			50		500	700
	63			63		500	700

续表

缸径		标准行程				最大行程	容许行程
MSA	16	25,50,75,100	MTA	16	25,50,75,100	—	—
	20	25,50,75,100,125,150		20		—	—
	25			25		—	—
	32			32		—	—
	40			40		—	—
MAD MACD MAJ MACJ	16	25,50,75,80,100,125,150,160				—	—
	20	25,50,75,80,100,125,150,160,175,200				—	—
	25	25,50,75,80,100,125,150,160,175,200,250				—	—
	32					—	—
	40					—	—
	50					—	—
	63					—	—

表 21-7-17　　外形尺寸　　mm

MA(φ16～40)
MAC(φ20～40)

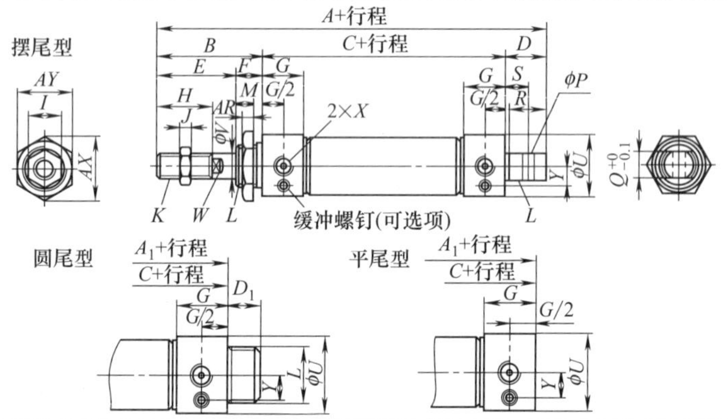

缸径	A	A_1	B	C	D	D_1	E	F	G	H	I	J	K
16	114	98	38	60	16	16	22	16	10	16	10	5	M6×1
20	137	116	40	76	21	12	28	12	16	20	12	6	M8×1.25
25	141	120	44	76	21	14	30	14	16	22	17	6	M10×1.25
32	147	120	44	76	27	14	30	14	16	22	17	6	M10×1.25
40	149	122	46	76	27	14	32	14	16.7	24	17	7	M12×1.25

缸径	L	M	P	Q	R	S	U	V	W	X	AR	AX	AY	Y
16	M16×1.5	14	6	12	14	9	21	6	5	M5×0.8	6	25	22	—
20	M22×1.5	10	8	16	19	12	27	8	6	PT1/8	7	33	29	8.7
25	M22×1.5	12	8	16	19	12	30	10	8	PT1/8	7	33	29	10.2
32	M24×2.0	12	10	16	25	15	35	12	10	PT1/8	8	37	32	12
40	M30×2.0	12	12	20	25	15	41.6	16	14	PT1/8	9	47	41	15

MAC(φ50、φ63)

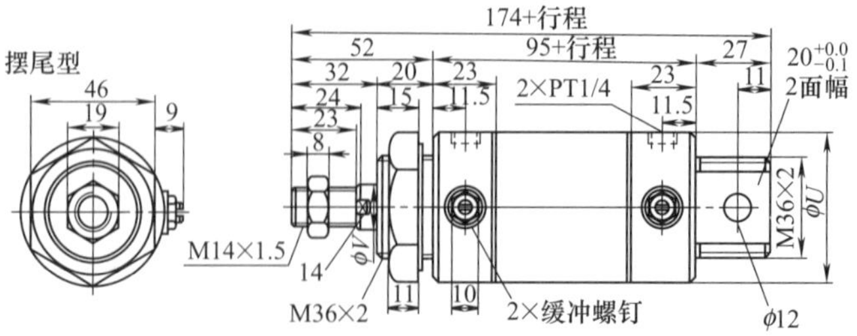

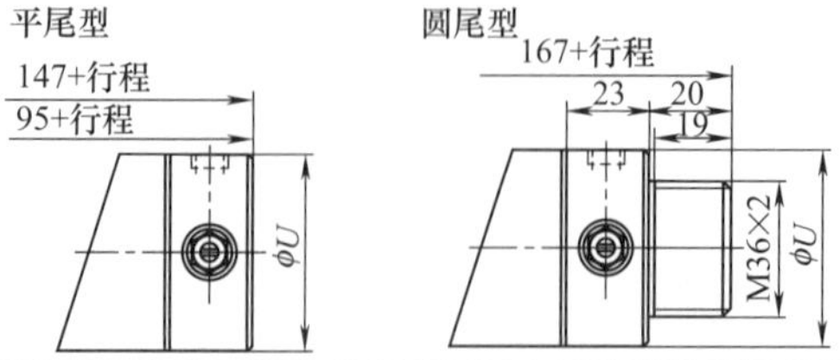

内径	U	V
50	53	16
63	67	16

续表

MSA(ϕ16～40)

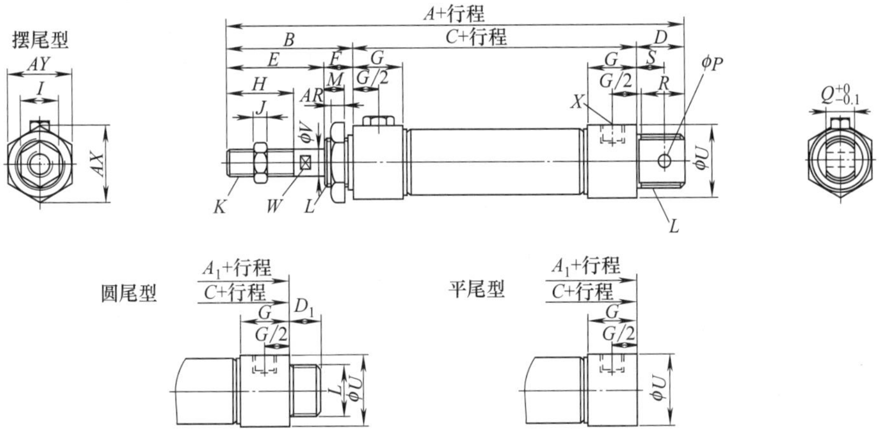

缸径	A			A_1			B	C			D	D_1	E	F	G	H	I
	≤50	51～100	≥101	≤50	51～100	≥101		≤50	51～100	≥101							
16	139	164	—	123	148	—	38	85	110	—	16	16	22	16	10	16	10
20	162	187	212	141	166	191	40	101	126	151	21	12	28	12	16	20	12
25	166	191	216	145	170	195	44	101	126	151	21	14	30	14	16	22	17
32	172	197	222	145	170	195	44	101	126	151	27	14	30	14	16	22	17
40	174	199	224	147	172	197	46	101	126	151	27	14	32	14	16.7	24	17

缸径	J	K	L	M	P	Q	R	S	U	V	W	X	AR	AX	AY
16	5	M6×1	M16×1.5	14	6	12	14	9	21	6	5	M5×0.8	6	25	22
20	6	M8×1.25	M22×1.5	10	8	16	19	12	27	8	6	PT1/8	7	33	29
25	6	M10×1.25	M22×1.5	12	8	16	19	12	30	10	8	PT1/8	7	33	29
32	6	M10×1.25	M24×2.0	12	10	16	25	15	35	12	10	PT1/8	8	37	32
40	7	M12×1.25	M30×2.0	12	12	20	25	15	41.6	16	14	PT1/8	9	47	41

MTA(ϕ16～40)

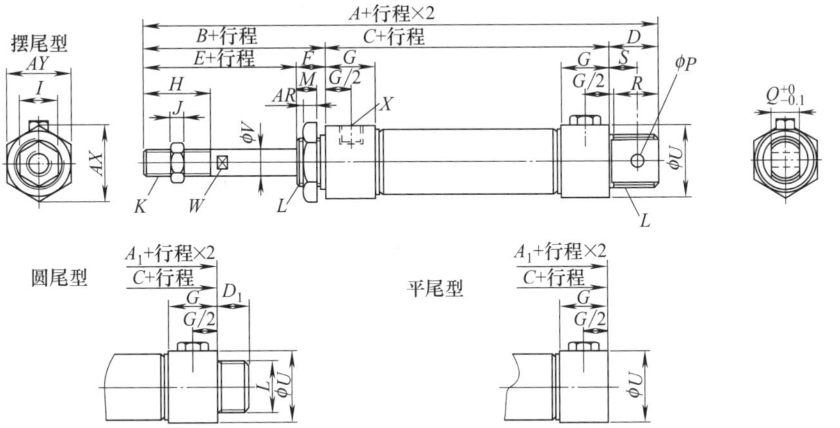

缸径	A				A_1				B	C				D	D_1	E	F
	≤25	26～50	75～99	≤100	≤25	26～50	75～99	≤100		≤25	26～50	75～99	≤100				
16	129	139	154	164	113	123	138	148	38	75	85	100	110	16	16	22	16
20	152	162	177	187	131	141	156	166	40	91	101	116	126	21	12	28	12
25	156	166	181	191	135	145	160	170	44	91	101	116	126	21	14	30	14
32	162	172	192	192	135	145	165	165	44	91	101	121	121	27	14	30	14
40	164	174	194	204	137	147	167	177	46	91	101	121	131	27	14	32	14

续表

缸径	G	H	I	J	K	L	M	P	Q	R	S	U	V	W	X	AR	AX	AY
16	10	16	10	5	M6×1	M16×1.5	14	6	12	14	9	21	6	5	M5×0.8	6	25	22
20	16	20	12	6	M8×1.25	M22×1.5	10	8	16	19	12	27	8	6	PT1/8	7	33	29
25	16	22	17	6	M10×1.25	M22×1.5	12	8	16	19	12	30	10	8	PT1/8	7	33	29
32	16	22	17	6	M10×1.25	M24×2.0	12	10	16	25	15	35	12	10	PT1/8	8	37	32
40	16.7	24	17	7	M12×1.25	M30×2.0	12	12	20	25	15	41.6	16	14	PT1/8	9	47	41

MAD

MACD

ϕ16～40

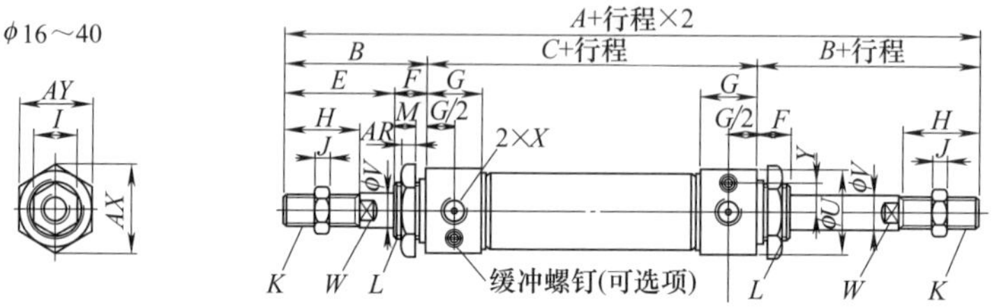

ϕ50～63

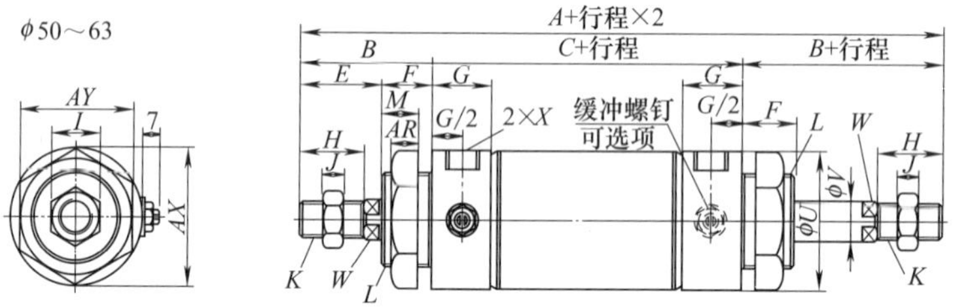

缸径	A	B	C	E	F	G	H	I	J	K	L	M	U	V	W	X	AR	AX	AY	Y
16	136	38	60	22	16	10	16	10	5	M6×1	M16×1.5	14	21	6	5	M5×0.8	6	25	22	—
20	156	40	76	28	12	16	20	12	6	M8×1.25	M22×1.5	10	27	8	6	PT1/8	7	33	29	8.7
25	164	44	76	30	14	16	22	17	6	M10×1.25	M22×1.5	12	30	10	8	PT1/8	7	33	29	10.2
32	164	44	76	30	14	16	22	17	6	M10×1.25	M24×2.0	12	35	12	10	PT1/8	8	37	32	12
40	168	46	76	32	14	16.7	24	17	7	M12×1.25	M30×2.0	12	41.6	16	14	PT1/8	9	47	41	15
50	199	52	95	32	20	23	24	19	8	M14×1.5	M36×2.0	15	53	16	14	PT1/4	11	53	46	—
63	199	52	95	32	20	23	24	19	8	M14×1.5	M36×2.0	15	67	16	14	PT1/4	11	53	46	—

MAJ

MACJ

ϕ16～40

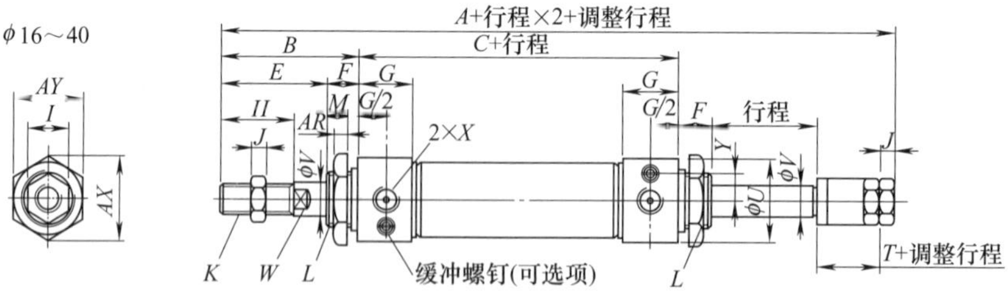

ϕ50～63

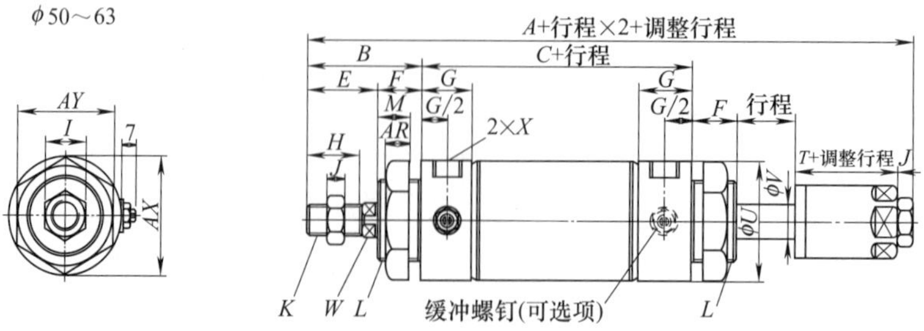

续表

缸径	A	B	C	E	F	G	H	I	J	K	L	M	U	V	W	X	AR	AX	AY	Y	T
16	135	38	60	22	16	10	16	10	5	M6×1	M16×1.5	14	21	6	5	M5×0.8	6	25	22	—	16
20	153	40	76	28	12	16	20	12	6	M8×1.25	M22×1.5	10	27	8	6	PT1/8	7	33	29	8.7	19
25	161	44	76	30	14	16	22	17	6	M10×1.25	M22×1.5	12	30	10	8	PT1/8	7	33	29	10.2	21
32	161	44	76	30	14	16	22	17	6	M10×1.25	M24×2.0	12	35	12	10	PT1/8	8	37	32	12	21
40	164	46	76	32	14	16.7	24	17	7	M12×1.25	M30×2.0	12	41.6	16	14	PT1/8	9	47	41	15	21
50	196	52	95	32	20	23	24	19	8	M14×1.5	M36×2.0	15	53	16	14	PT1/4	11	53	46	—	21
63	196	52	95	32	20	23	24	19	8	M14×1.5	M36×2.0	15	67	16	14	PT1/4	11	53	46	—	21

MARU(上方固定型)

ϕ20～40

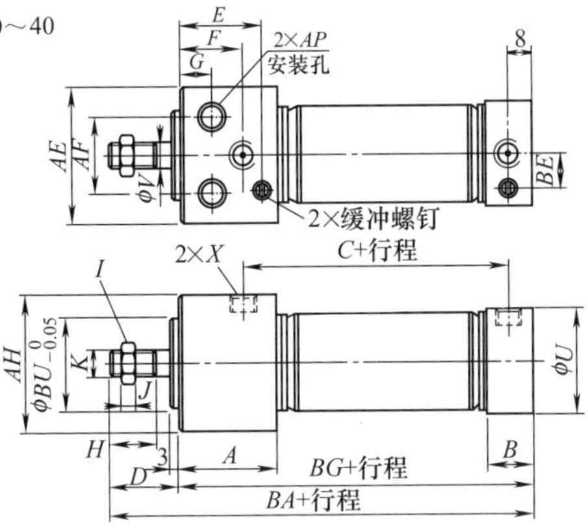

缸径	A	B	C	D	E	F	G	H	I	J	K	U
20	29	16	59	31	24	22	12	20	13	5	M8×1.25	27
25	29	16	59	33	24	22	12	22	17	6	M10×1.25	30
32	29	16	59	33	25	22	12	22	17	6	M10×1.25	35
40	37.5	16.6	62	35	31	27	15	24	19	8	M14×1.5	41.6

缸径	V	X	AE	AF	AP	AH	BA	BE	BG	BU
20	8	PT1/8	33.5	21	ϕ9.5 深 6.5,通孔:ϕ5.5	30.3	120	8.7	89	20
25	10	PT1/8	39	25	ϕ11.0 深 7.5,通孔:ϕ6.6	36.3	122	10.2	89	26
32	12	PT1/8	47	30	ϕ14.0 深 10,通孔:ϕ9.0	42.3	122	122	89	26
40	16	PT1/8	58.5	38	ϕ17.5 深 12.5,通孔:ϕ11	52.3	132.6	15	97.6	32

ϕ50～63

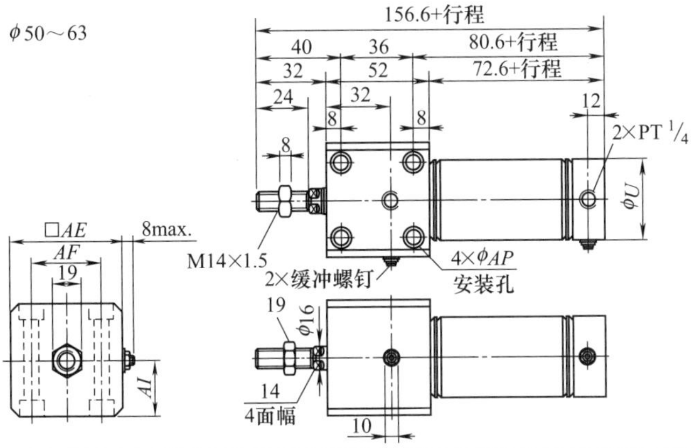

缸径	U	AE	AF	AI	AP
50	53	62	44	31	双边:ϕ11.0 深 6.5,通孔:ϕ6.6
63	67	74	48	37	双边:ϕ14.0 深 8.5,通孔:ϕ9.0

MARF　(前方固定型)

ϕ20～40

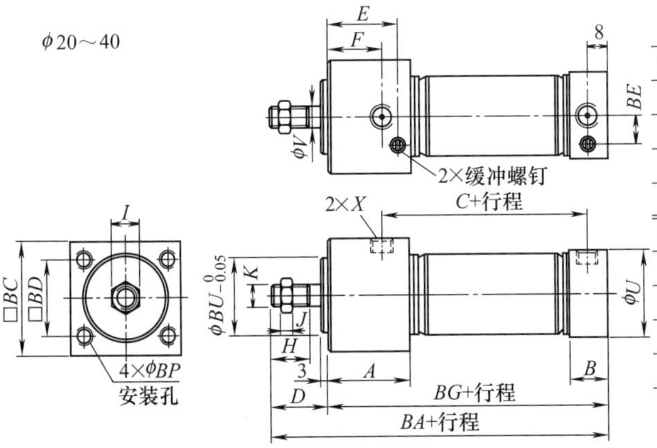

缸径	A	B	C	D	E	F	H	I	J	K	U
20	29	16	59	31	24	22	20	13	5	M8×1.25	27
25	29	16	59	33	24	22	22	17	6	M10×1.25	30
32	29	16	59	33	25	22	22	17	6	M10×1.25	35
40	37.5	16.6	62	35	31	27	24	19	8	M14×1.5	41.6

缸径	V	X	BA	BC	BD	BE	BG	BP	BU
20	8	PT1/8	120	30.5	22	8.7	89	M5×0.8 深 9	20
25	10	PT1/8	122	36.5	26	10.2	89	M6×1.0 深 11	26
32	12	PT1/8	122	42.5	30	12	89	M6×1.0 深 11	26
40	16	PT1/8	132.6	52.5	36	15	97.6	M8×1.25 深 14	32

续表

φ50～63

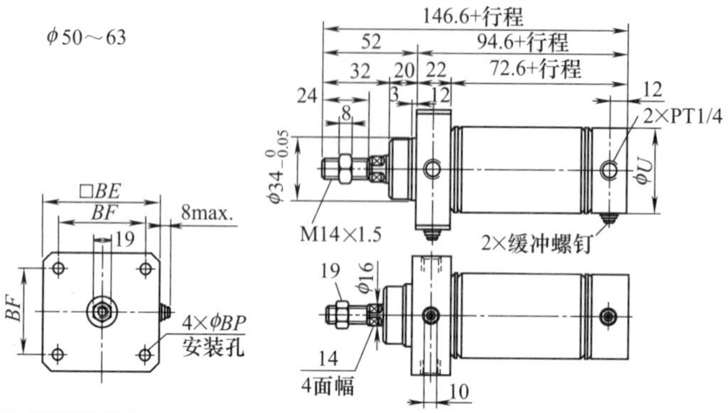

内径	U	BE	BF	BP
50	53	62	48	6.6
63	67	74	58	9.0

安装附件

FA

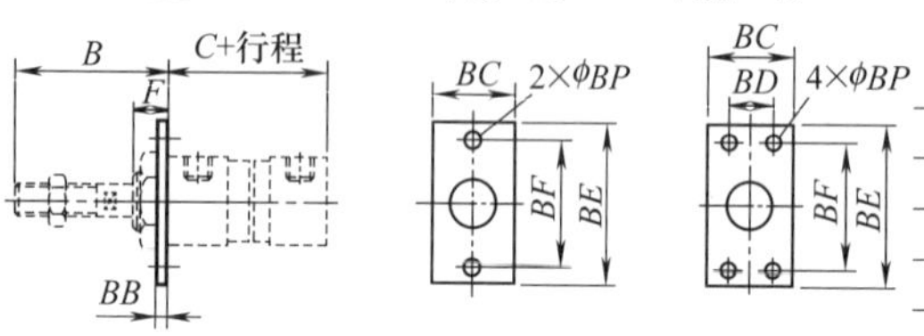

缸径	B	C（MA 系列）	C（MSA 系列）行程 0～50	51～100	101～150	BB	BC	BD	BE	BF	BP	F
16	38	60	85	110	—	3	26	—	52	40	5.5	16
20	40	76	101	126	151	4	38	—	64	50	6.5	12
25	44	76	101	126	151	4	38	—	64	50	6.5	14
32	44	76	101	126	151	4	47	33	72	58	6.5	14
40	49	76	101	126	151	4	50	36	84	70	6.5	14

LB

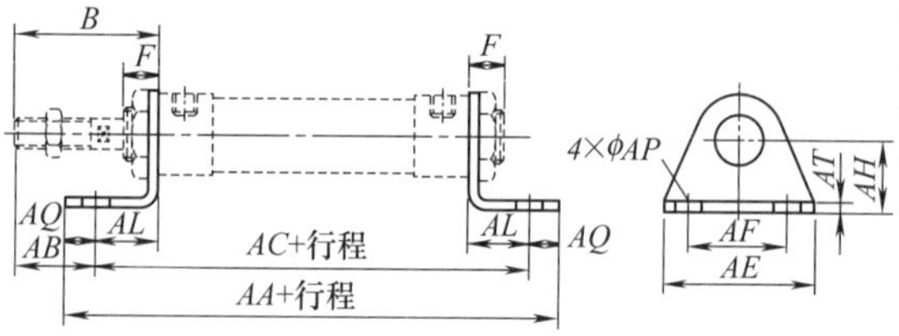

缸径	B	F	AA（MA 系列）	AA（MSA 系列）行程 0～50	51～100	101～150	AB	AC（MA 系列）
16	38	16	98	123	148	—	25	86
20	40	12	122	147	172	197	25	106
25	44	14	122	147	172	197	29	106
32	44	14	142	167	192	217	19	126
40	46	14	142	167	192	217	21	126

缸径	AC（MSA 系列）行程 0～50	51～100	101～150	AE	AF	AL	AQ	AP	AT	AH
16	111	136	—	44	32	13	6	5.5	3	20
20	131	156	181	54	40	15	8	6.5	3	25
25	131	156	181	54	40	15	8	6.5	3	25
32	151	176	201	59	45	25	8	6.5	4	32
40	151	176	201	64	50	25	8	6.5	4	36

SDB

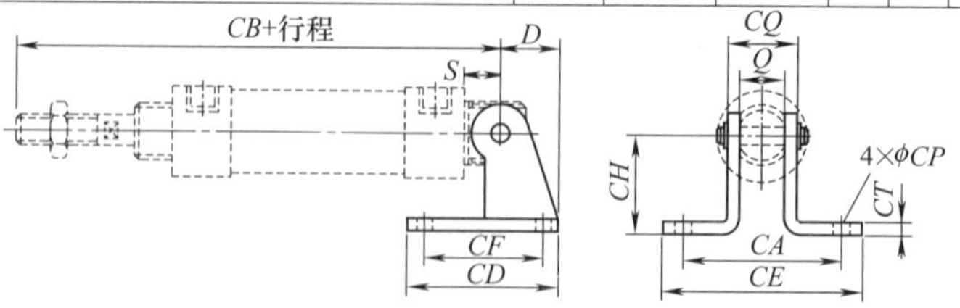

缸径	D	S	Q	CA	CB（MA 系列）	CB（MSA 系列）行程 0～50	51～100	101～150	CD	CE	CF	CH	CT	CP	CQ
16	16	9	12	—	107	132	157	—	23	—	12	20	2	5.5	16
20	21	12	16	51	128	153	178	203	48	67	32	32	3	6.5	22
25	21	12	16	51	132	157	182	207	48	67	32	32	3	6.5	22
32	27	15	16	51	135	160	185	210	52	67	36	36	4	6.5	24
40	27	15	20	55	137	162	187	212	56	71	40	40	4	6.5	28

注：生产厂为亚德客公司。

7.1.1.7 QGBX 小型单活塞杆气缸（ISO 6432）（ϕ20～32）

型号意义：

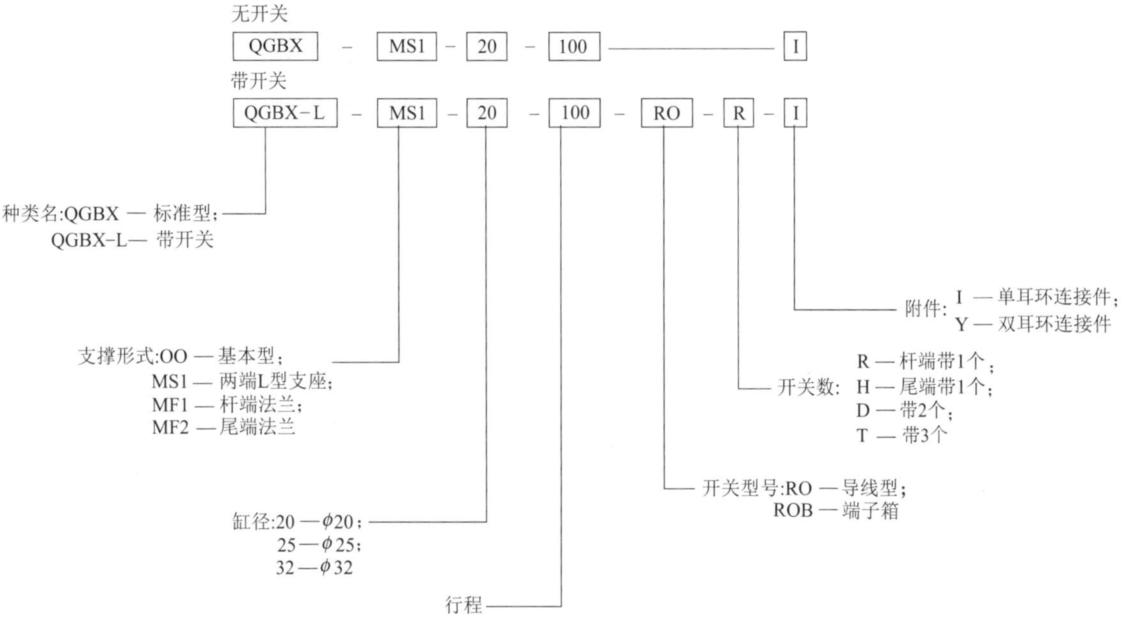

表 21-7-18 **主要技术参数**

项目＼型号	QGBX
作用形式	双作用
使用流体	洁净压缩空气
最高工作压力/MPa	0.7(7.1kgf/cm²)
最低工作压力/MPa	0.1(1.0kgf/cm²)
耐压/MPa	1.0(10.2kgf/cm²)
环境温度/℃	5～60
缸径/mm	20,25,32

项目＼型号	QGBX
接管口径	G1/8
活塞工作速度 mm·s^{-1}	50～500mm/s(在可吸收能量范围内使用)
缓冲形式	橡胶缓冲
润滑	不要(给油时使用透平油 1 级 ISO VG32)

缸径/mm	最大行程/mm	最小行程/mm
20,25,32	750	15(10)①

① 15 是带两个磁性开关时的最小行程；(10) 是带 1 个磁性开关时的最小行程。

表 21-7-19 **外形尺寸及安装形式**（安装尺寸符合 ISO 6432 标准） mm

基本型(OO)

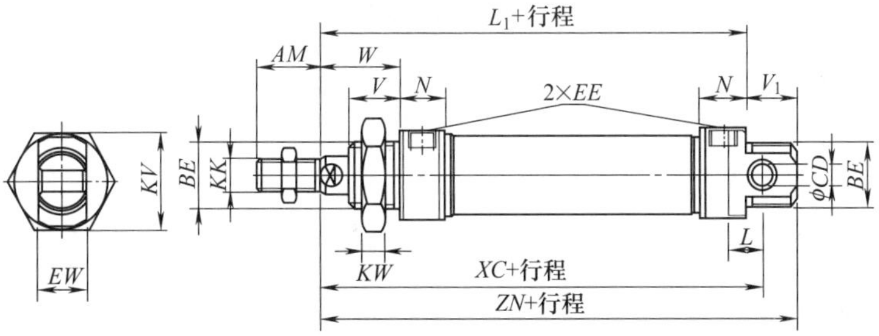

缸径	AM	BE	CD (H9)	EE	EW	KK	KV	KW	L	L_1	N	V/V_1	W	XC	ZN
20	20	M22×1.5	8	G1/8	16	M8	32	8	12	92	16	16	24	95	108
25	22	M22×1.5	8	G1/8	16	M10×1.25	32	8	12	98	16	18	28	104	116
32	22	M24×1.5	10	G1/8	16	M10×1.25	36	8	14	100	15	20/26	30	114	126

第21篇

续表

两端 L 形支座型(MS1)

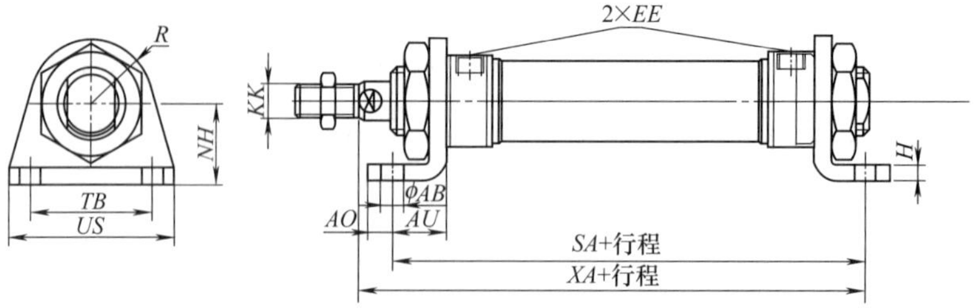

其余外形尺寸与"基本型"相同

缸径	AB	AO	AU	EE	H	KK	NH	R	SA	TB	US	XA
20	6.6	8	17	G1/8	3	M8	25	20	102	40	54	109
25	6.6	8	17	G1/8	3	M10×1.25	25	20	104	40	54	115
32	8.6	10	22	G1/8	3	M10×1.25	32	24	114	42	60	122

杆端法兰型(MF1)

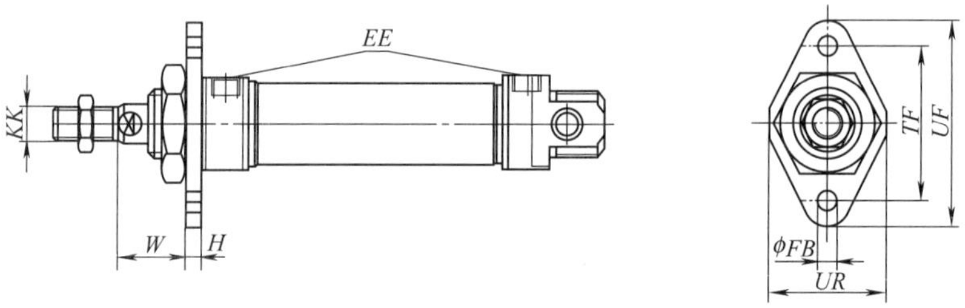

其余外形尺寸与"基本型"相同

缸径	EE	FB	H	KK	TF	UF	UR	W
20	G1/8	6.6	3	M8	50	66	40	21
25	G1/8	6.6	4	M10×1.25	50	66	40	24
32	G1/8	6.6	4	M10×1.25	60	80	45	26

尾端法兰型(MF2)

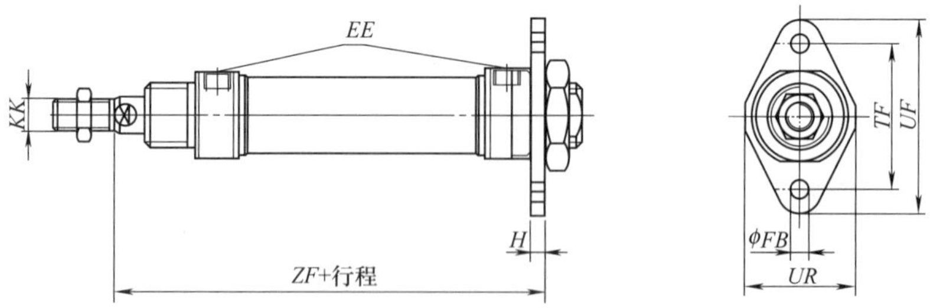

其余外形尺寸与"基本型"相同

缸径	EE	FB	H	KK	TF	UF	UR	ZF
20	G1/8	6.6	3	M8	50	66	40	95
25	G1/8	6.6	4	M10×1.25	50	66	40	102
32	G1/8	6.6	4	M10×1.25	60	80	45	104

续表

安装附件	
单肘接连接件(I)	双肘接连接件(Y)

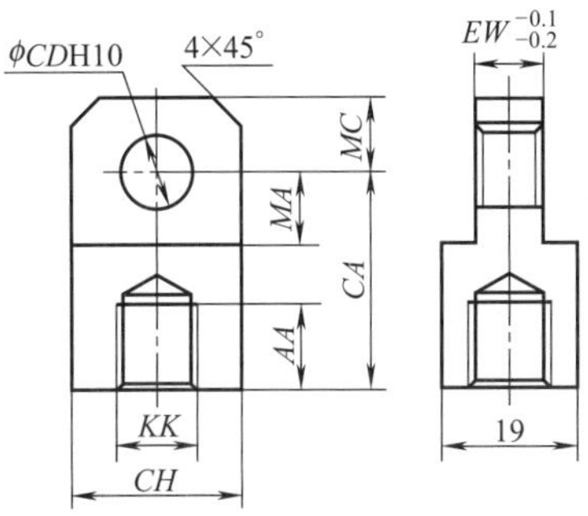

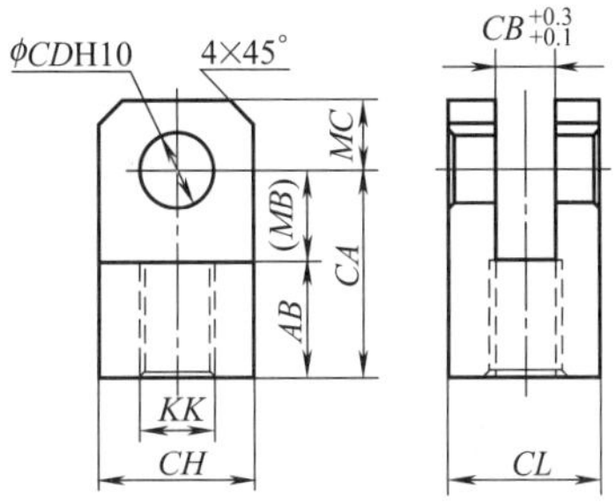

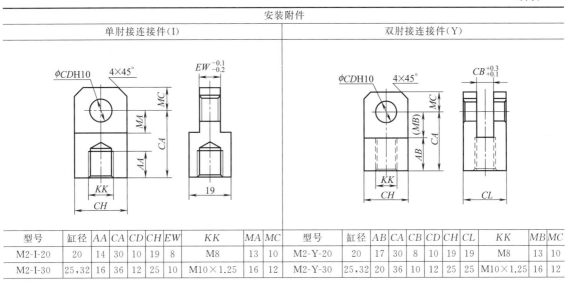

型号	缸径	*AA*	*CA*	*CD*	*CH*	*EW*	*KK*	*MA*	*MC*
M2-I-20	20	14	30	10	19	8	M8	13	10
M2-I-30	25,32	16	36	12	25	10	M10×1.25	16	12

型号	缸径	*AB*	*CA*	*CB*	*CD*	*CH*	*CL*	*KK*	*MB*	*MC*
M2-Y-20	20	17	30	8	10	19	19	M8	13	10
M2-Y-30	25,32	20	36	10	12	25	25	M10×1.25	16	12

销子(P)

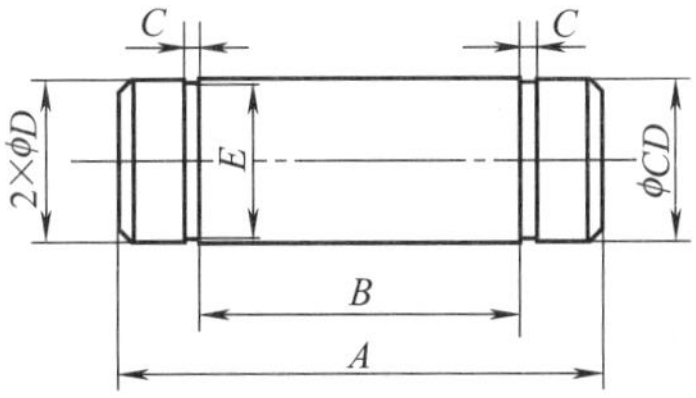

缸径	*A*	*B*	*C*	*D*	*E*
20	30	19.2	1.15	10	$\phi 9.6_{-0.058}^{0}$
25,32	36	25.2		12	$\phi 11.5_{-0.11}^{0}$

注：生产厂为无锡气动技术研究所有限公司。

7.1.1.8　QGX 小型单活塞杆气缸（ϕ20～40）

型号意义：

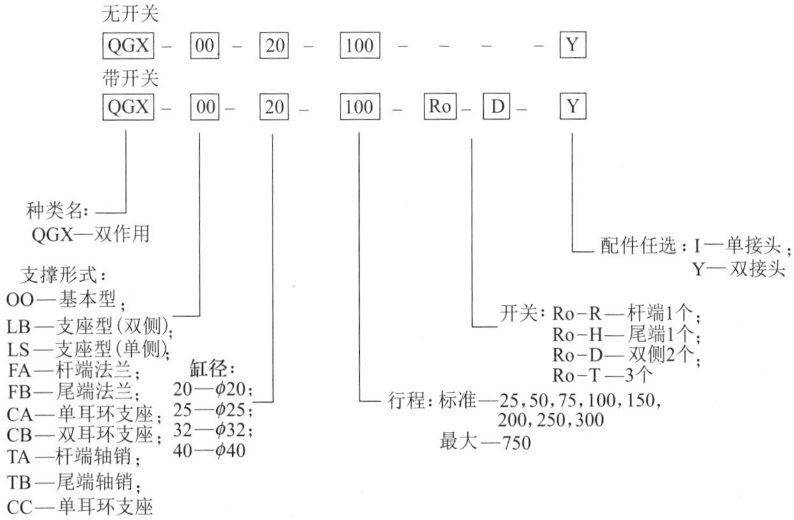

表 21-7-20 **主要技术参数**

项目 \ 型号	QGX	项目 \ 型号	QGX
作用形式	双作用	缸径/mm	20,25,32,40
使用流体	洁净压缩空气	接管口径	R_c1/8
最高工作压力/MPa	1.0(10.2kgf/cm^2)	行程公差/mm	0～+2.0(200 以内),0～+2.4(200 以上)
最低工作压力/MPa	0.1(1.0kgf/cm^2)	活塞工作速度/mm·s^{-1}	50～500
耐压/MPa	1.6(16.3kgf/cm^2)	缓冲形式	橡胶缓冲
环境温度/℃	−10～60	润滑	不需要

表 21-7-21 **行程** mm

缸径	标准	最大	最小
20	25,50,75,100,150,200,250,300	750	15(10)①
25			
32			
40			

① 15 是带两个磁性开关时的行程；(10) 是带 1 个磁性开关时的最小行程。

表 21-7-22 **外形尺寸及安装形式**

基本型(OO)

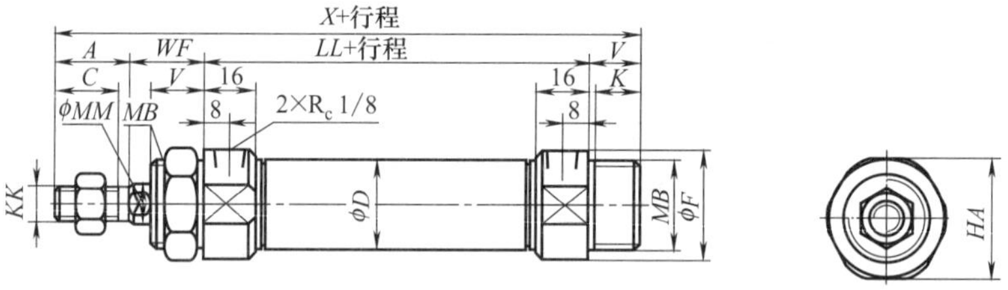

缸径	A	C	D	F	K	KK	LL	MB	MM	V	WF	X	HA
20	20	18	21.4	28	12	M8×1.0	66	M18×1.5	10	14	24	124	27
25	23	20	26.4	32	14	M10×1.25	69	M26×1.5	12	16	23	131	36
32	23	20	33.6	36	14	M10×1.25	69	M26×1.5	12	16	23	131	36
40	25	22	41.6	45	14	M12×1.5	73	M26×1.5	14	16	23	137	36

轴向两端支座型(LB)

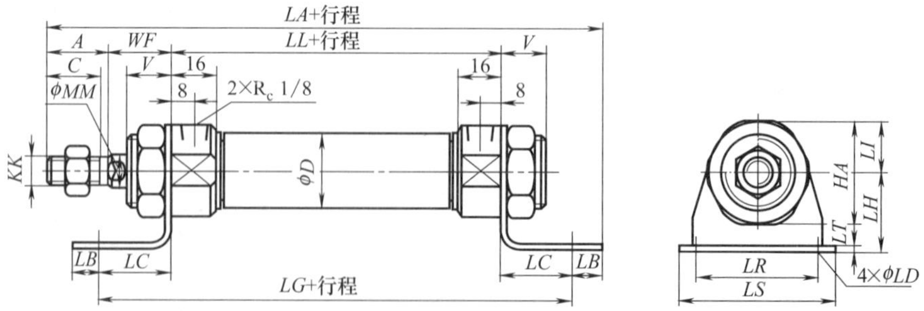

缸径	A	C	D	HA	KK	LL	MM	V	WF	LA	LB	LC	LD	LG	LH	LI	LR	LS	LT
20	20	18	21.4	27	M8×1.0	66	10	14	24	138	10	18	6	102	25	15	30	44	3.2
25	23	20	26.4	36	M10×1.25	69	12	16	23	150	12	23	7	115	30	20	46	62	3.2
32	23	20	33.6	36	M10×1.25	69	12	16	23	150	12	23	7	115	30	20	46	62	3.2
40	25	22	41.6	36	M12×1.5	73	14	16	23	156	12	23	7	119	30	20	46	62	3.2

续表

杆端轴向支座型(LS)

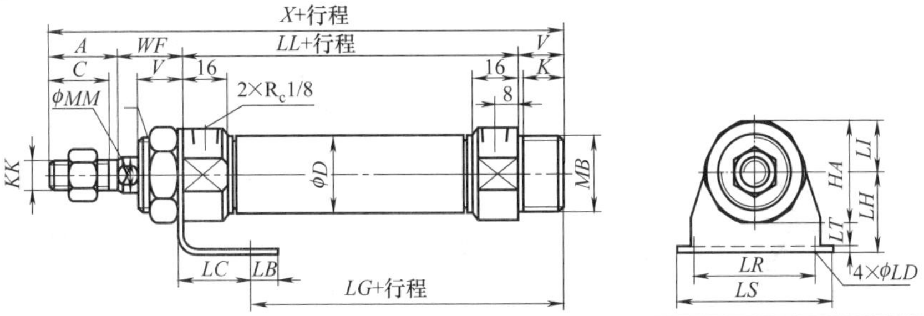

缸径	A	C	D	HA	K	KK	LL	MB	MM	V
20	20	18	21.4	27	12	M8×1.0	66	M18×1.5	10	14
25	23	20	26.4	36	14	M10×1.25	69	M26×1.5	12	16
32	23	20	33.6	36	14	M10×1.25	69	M26×1.5	12	16
40	25	22	41.6	36	14	M12×1.5	73	M26×1.5	14	16

缸径	WF	X	LB	LC	LD	LG	LH	LI	LR	LS	LT
20	24	124	10	18	6	65.2	25	15	30	44	3.2
25	23	131	12	23	7	65.2	30	20	46	62	3.2
32	23	131	12	23	7	65.2	30	20	46	62	3.2
40	23	137	12	23	7	69.2	30	20	46	62	3.2

杆端法兰型(FA)

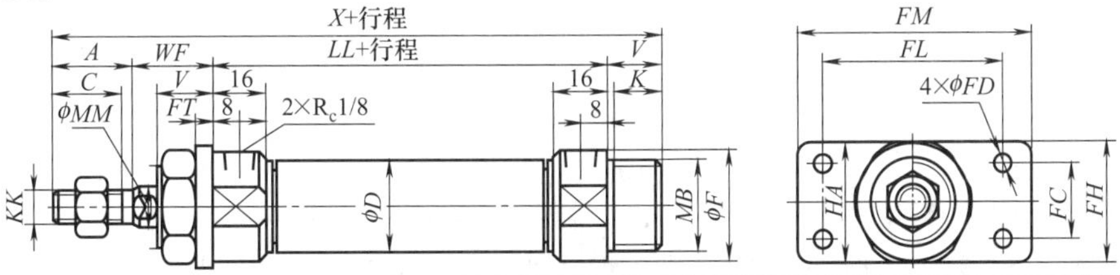

缸径	A	C	D	F	HA	K	KK	LL	MB	MM	V	WF	X	FC	FD	FH	FL	FM	FT
20	20	18	21.4	28	27	12	M8×1.0	66	M18×1.5	10	14	24	124	20	6	34	40	54	3.2
25	23	20	26.4	32	36	14	M10×1.25	69	M26×1.5	12	16	23	131	28	7	44	64	80	4.5
32	23	20	33.6	36	36	14	M10×1.25	69	M26×1.5	12	16	23	131	28	7	44	64	80	4.5
40	25	22	41.6	45	36	14	M12×1.5	73	M26×1.5	14	16	23	137	28	7	44	64	80	4.5

杆端轴销型(TA)

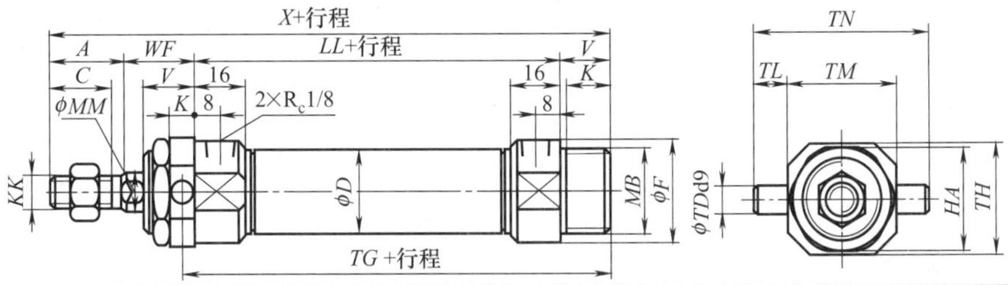

缸径	A	C	D	F	HA	K	KK	LL	MB	MM	V
20	20	18	21.4	28	26	12	M8×1.0	66	M18×1.5	10	14
25	23	20	26.4	32	35	14	M10×1.25	69	M26×1.5	12	16
32	23	20	33.6	36	35	14	M10×1.25	69	M26×1.5	12	16
40	25	22	41.6	45	35	14	M12×1.5	73	M26×1.5	14	16

缸径	WF	X	TD	TE	TG	TH	TL	TM	TN
20	24	124	8	9	84.5	29.5	8	30	46
25	23	131	10	11	90.5	39	12	40	64
32	23	131	10	11	90.5	39	12	40	64
40	23	137	10	11	94.5	44	9.5	53	72

续表

尾端轴销型(TB)

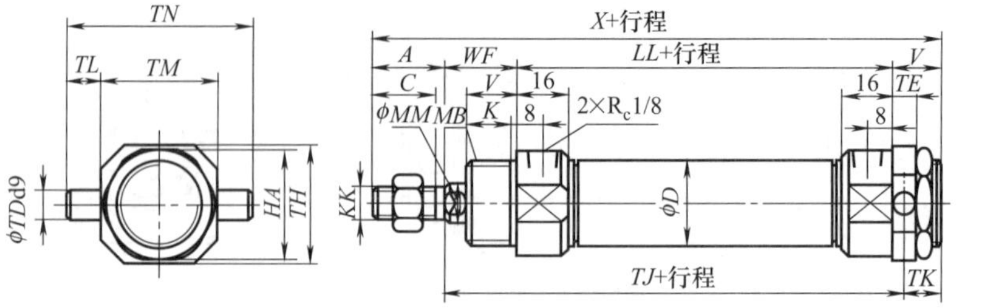

缸径	A	C	D	HA	K	KK	LL	MB	MM	V
20	20	18	21.4	26	12	M8×1.0	66	M18×1.5	10	14
25	23	20	26.4	35	14	M10×1.25	69	M26×1.5	12	16
32	23	20	33.6	35	14	M10×1.25	69	M26×1.5	12	16
40	25	22	41.6	35	14	M12×1.5	73	M26×1.5	14	16
缸径	WF	X	TD	TE	TH	TJ	TK	TL	TM	TN
20	24	124	8	9	29.5	94.5	9.5	8	30	46
25	23	131	10	11	39	97.5	10.5	12	40	64
32	23	131	10	11	39	97.5	10.5	12	40	64
40	23	137	10	11	44	101.5	10.5	9.5	53	72

尾端法兰型(FB)

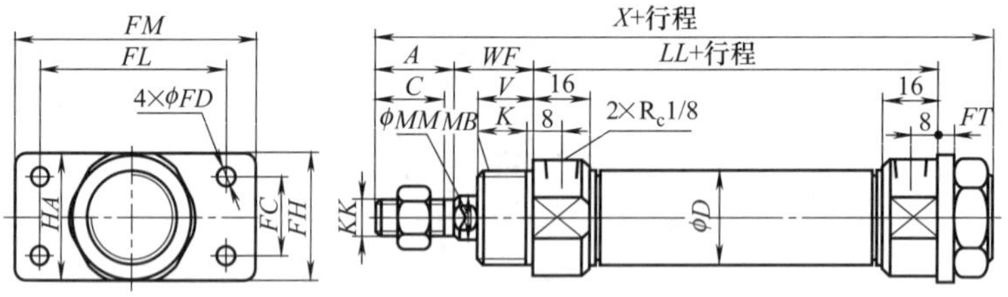

缸径	A	C	D	HA	K	KK	LL	MB	MM	V	WF	X	FC	FD	FH	FL	FM	FT
20	20	18	21.4	27	12	M8×1.0	66	M18×1.5	10	14	24	124	20	6	34	40	54	3.2
25	23	20	26.4	36	14	M10×1.25	69	M26×1.5	12	16	23	131	20	7	44	64	80	4.5
32	23	20	33.6	36	14	M10×1.25	69	M26×1.5	12	16	23	131	20	7	44	64	80	4.5
40	25	22	41.6	36	14	M12×1.5	73	M26×1.5	14	16	23	137	20	7	44	64	80	4.5

单耳环支座型(CC)

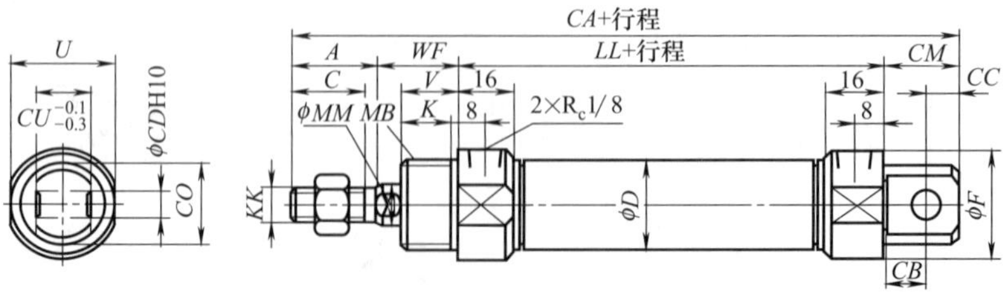

缸径	A	C	D	F	K	KK	LL	MB	MM	U	V	WF	CA	CB	CC	CD	CM	CO	CU
20	20	18	21.4	28	12	M8×1.0	66	M18×1.5	10	24	14	24	131	12	9	8	21	22	16
25	23	20	26.4	32	14	M10×1.25	69	M26×1.5	12	30	16	23	136	12	9	8	21	24	16
32	23	20	33.6	36	14	M10×1.25	69	M26×1.5	12	34	16	23	141	14	12	10	26	24	16
40	25	22	41.6	45	14	M12×1.5	73	M26×1.5	14	43	16	23	151	16	14	12	30	30	20

续表

单耳环支座型(CA)

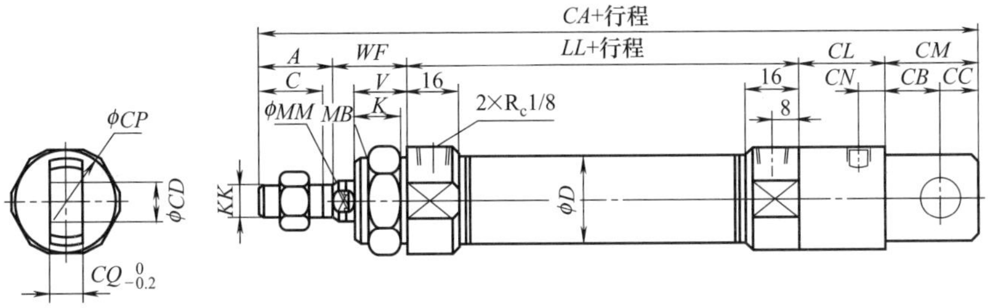

缸径	A	C	D	K	KK	LL	MB	MM	V	WF	CA	CB	CC	CD	CM	CL	CN	CP	CQ
20	20	18	21.4	12	M8×1.0	66	M18×1.5	10	14	24	165	14	10	10	24	31	8	28	8
25	23	20	26.4	14	M10×1.25	69	M26×1.5	12	16	23	177	18	12	12	30	32	7	37	10
32	23	20	33.6	14	M10×1.25	69	M26×1.5	12	16	23	177	18	12	12	30	32	7	37	10
40	25	22	41.6	14	M12×1.5	73	M26×1.5	14	16	23	183	18	12	12	30	32	7	37	10

双耳环支座型(CB)

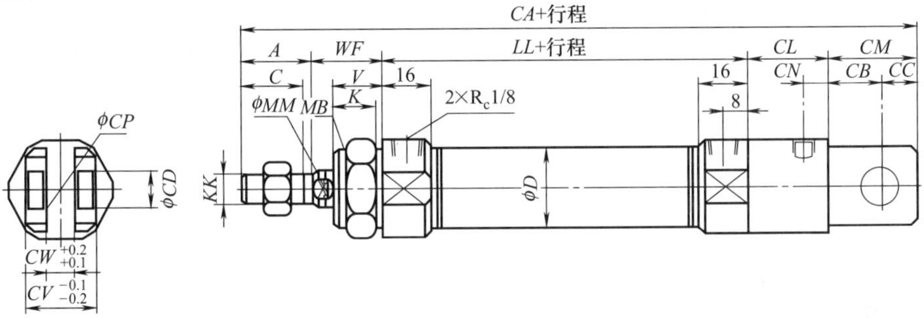

缸径	A	C	D	K	KK	LL	MB	MM	V	WF	CA	CB	CC	CD	CM	CL	CN	CP	CV	CW
20	20	18	21.4	12	M8×1.0	66	M18×1.5	10	14	24	165	14	10	10	24	31	8	28	19	8
25	23	20	26.4	14	M10×1.25	69	M26×1.5	12	16	23	177	18	12	12	30	32	7	37	25	10
32	23	20	33.6	14	M10×1.25	69	M26×1.5	12	16	23	177	18	12	12	30	32	7	37	25	10
40	25	22	41.6	14	M12×1.5	73	M26×1.5	14	16	23	183	18	12	12	30	32	7	37	25	10

安装附件

单肘接连接件(I)

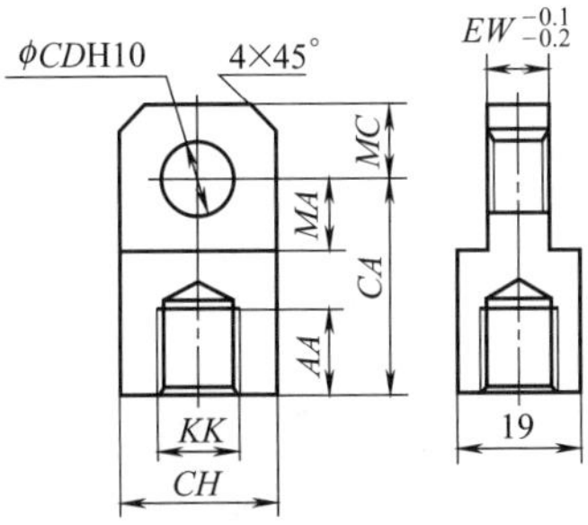

双肘接连接件(Y)

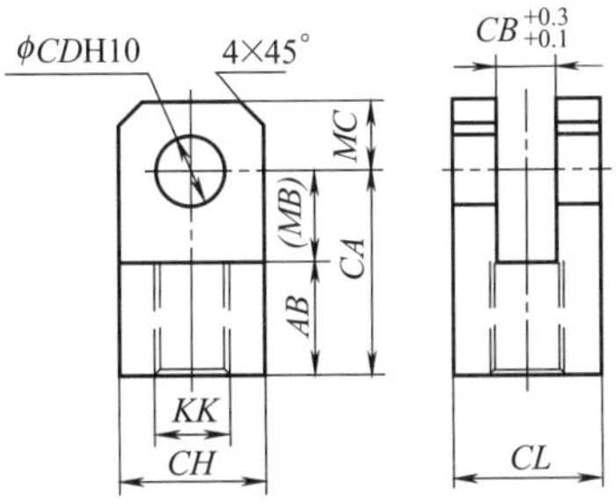

型号	缸径	AA	CA	CD	CH	EW	KK	MA	MC	型号	缸径	AB	CA	CB	CD	CH	CL	KK	MB	MC
M1-I-20	20	14	30	10	19	8	M8×1.0	13	10	M1-Y-20	20	17	30	8	10	19	19	M8×1.0	13	10
M1-I-30	25,32	16	36	12	25	10	M10×1.25	16	12	M1-Y-30	25,32	20	36	10	12	25	25	M10×1.25	16	12
M1-I-40	40	16	36	12	25	10	M12×1.5	16	12	M1-Y-40	40	20	36	10	12	25	25	M12×1.5	16	12

续表

安装附件

双肘节支撑件(B2)

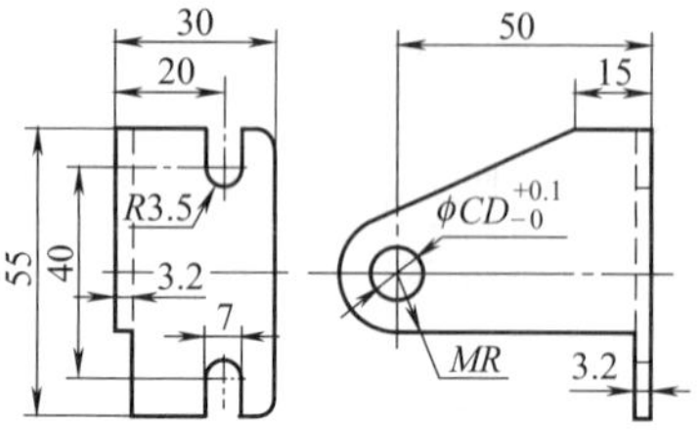

型号	缸径	CD	MR
M1-B2-20-CC	20,25	8	R8
M1-B2-30-CC	30	10	R11
M1-B2-40-CC	40	12	R11
M1-B2-30-CA	20	10	R11
M1-B2-40-CA	25,32,40	12	R11
M1-B2-20-TA	20	8	R8
M1-B2-30-TA	25,32,40	10	R11

双支撑件销子(P1)

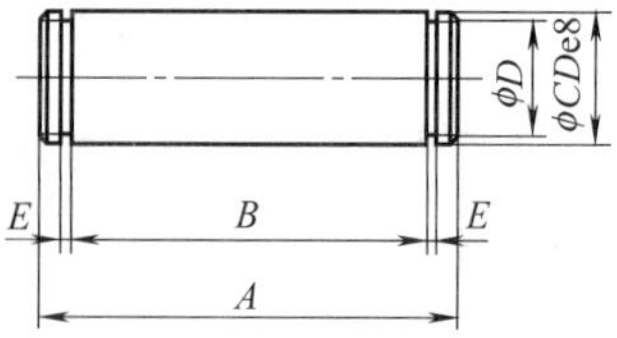

型号	缸径	A	B	CD	D	E
M1-P1-20-CC	20,25	33	28	8	7.6	0.9
M1-P1-30-CC	32	33	28	10	9.6	1.1
M1-P1-40-CC	40	37	32	12	11.5	1.1
M1-P2-20-CA	20	25	20	10	9.6	1.1
M1-P2-30-CA	25,32,40	27	22	12	11.5	1.1

L 形支座(LB)

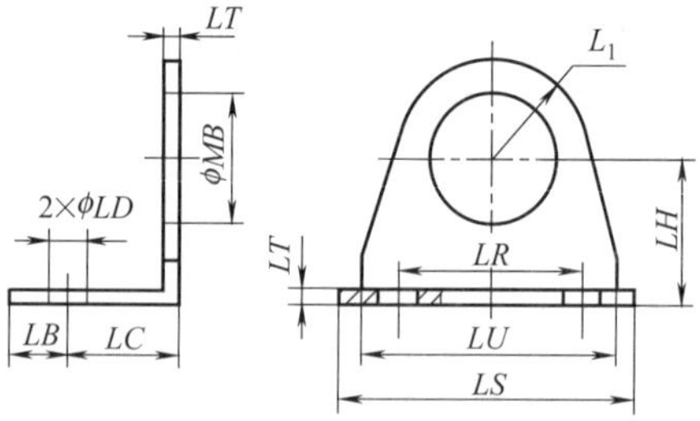

型号	缸径	LB	LC	LD	LH	L_1	LR	LS	LT	LU	MB
M1-LB-20	20	10	18	6	25	R15	30	44	3.2	40	18.5
M1-LB-30	25,32,40	12	23	7	30	R20	46	62	3.2	57	26.5

双肘节销子(P)

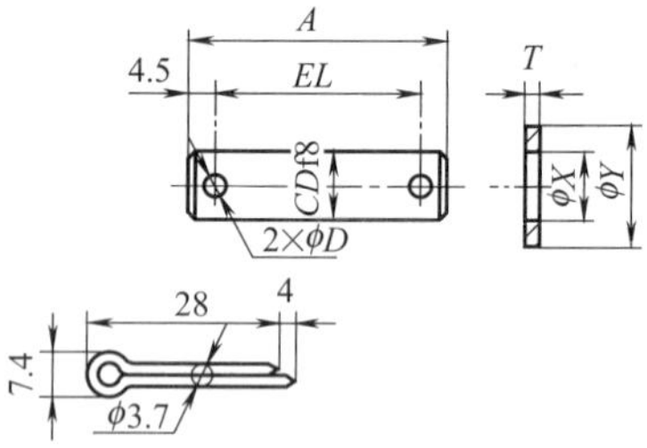

型号	缸径	A	D	CD	EL	T	X	Y
M1-P-20	20	37	4	10	28	2	10.5	18
M1-P-30	25,32,40	46	4	12	37	2.5	13	21

轴销件(TA,TB)

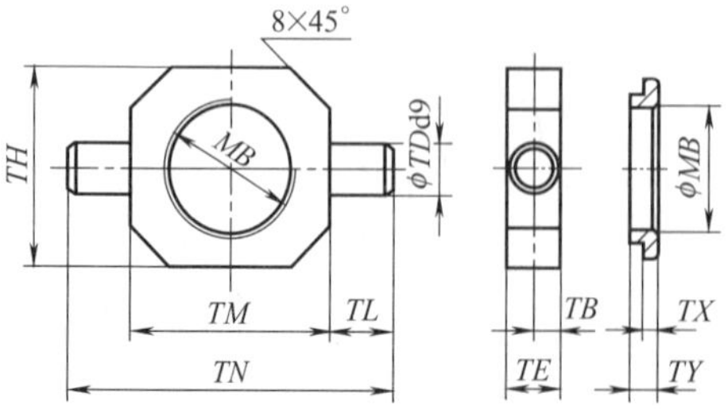

型号	缸径	TB	TD	TE	TH	TL	TM	TN	MB	TX	TY
M1-TA,TB-20	20	4.5	8	9	29	8	30	46	M18×1.5	5	7
M1-TA,TB-30	25,32	5.5	10	11	39	12	40	64	M26×1.5	5	7
M1-TA,TB-40	40	5.5	10	11	44	9.5	53	72	M26×1.5	5	7

法兰件(FA,FB)

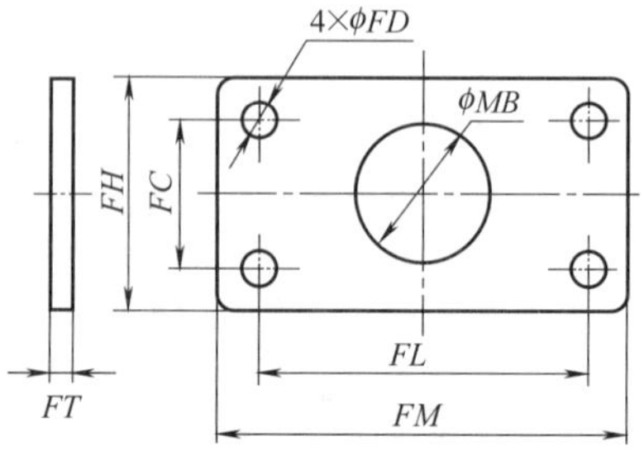

型号	缸径	FC	FD	FH	FL	FM	FT	MB
M1-FA,FB-20	20	20	6	34	40	54	3.2	18.5
M1-FA,FB-30	25,32,40	28	7	44	64	80	4.5	26.5

注：生产厂为无锡气动技术研究所有限公司。

7.1.1.9　QCM2 系列小型单活塞杆气缸（日本规格）（ϕ20～40）

型号意义：

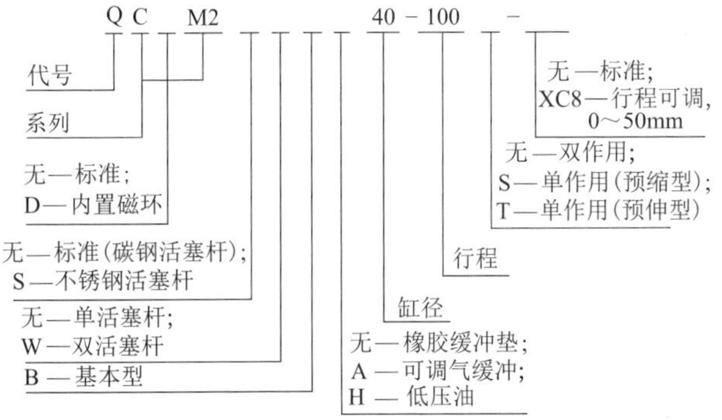

表 21-7-23　主要技术参数

缸径/mm	20	25	32	40
使用介质	经过滤的压缩空气			
作用形式	双作用/单作用			
最高使用压力/MPa	1.0			
最低工作压力/MPa	双作用 0.1/单作用 0.2			
缓冲形式	橡胶垫(标准)　气缓冲(选择)			
环境温度/℃	5～60			
使用速度/mm·s^{-1}	50～500			
行程误差/mm	0～250：$^{+0.1}_{0}$，251～1000：$^{+1.5}_{0}$，1001～1500：$^{+2.0}_{0}$			
润滑①	出厂已润滑			
接管口径	G1/8			G1/4

① 如需要润滑，请用透平 1 号油（ISOVG32）。

表 21-7-24　标准行程/磁性开关

缸径/mm	标准行程/mm	磁性开关			
		开关型号	固定码	开关型号	固定码
20	25,50,75,100,125,150,175,200,250,300,500	QCK2400 QCK2422	A-20	AL-03R	PBK-20
25			A-25		PBK-25
32			A-32		PBK-32
40			A-40		PBK-40

注：1. 使用的电压及电流避免超负荷。

2. 严禁磁性开关直接与电源接通，必须同负载串联使用。

3. 严禁有其他强磁体靠近磁性开关，如有，应屏蔽。

表 21-7-25　外形尺寸及安装形式　mm

基本型

QCM2B

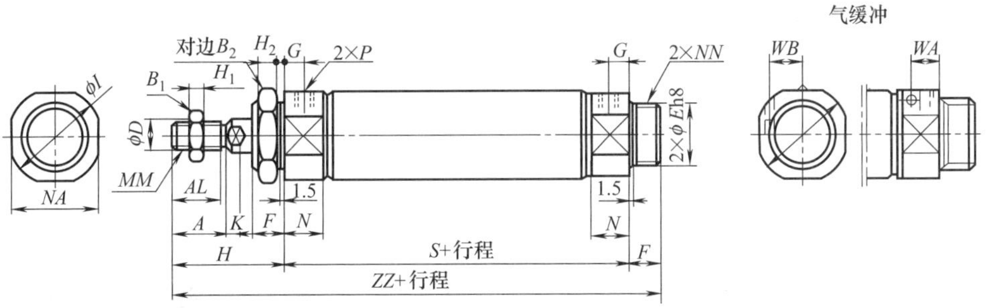

缸径	A	AL	B_1	B_2	D	E	F	G	H	H_1	H_2	I	K	MM	N	NA	NN	P	S	WA	WB	ZZ
20	18	15.5	12	26	8	20	13	8	41	5	8	28	5	M8×1.25	15	24	M20×1.5	G1/8	62	11.5	8.5	116
25	22	19.5	15	32	10	26	13	8	45	6	8	33.5	5.5	M10×1.25	15	30	M26×1.5	G1/8	62	11.5	10	120
32	22	19.5	15	32	12	26	13	8	45	6	8	37.5	5.5	M10×1.25	15	34.5	M26×1.5	G1/8	64	11.5	11.5	122
40	24	21	21	41	14	32	16	11	50	7	10	46.5	7	M14×1.5	21.5	42.5	M32×2	G1/4	88	14	15	154

续表

单耳座型

QCM2E

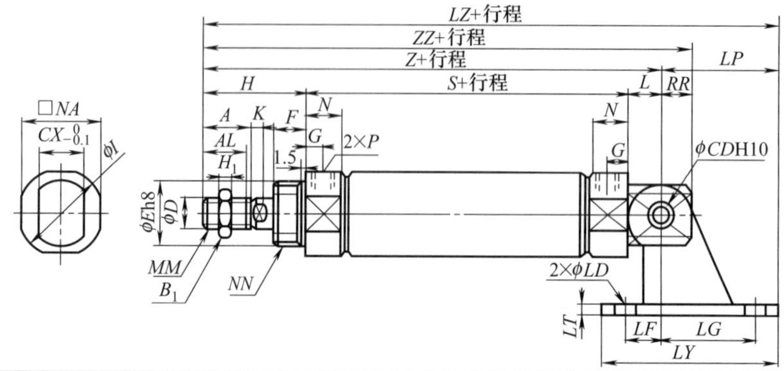

单耳座接座

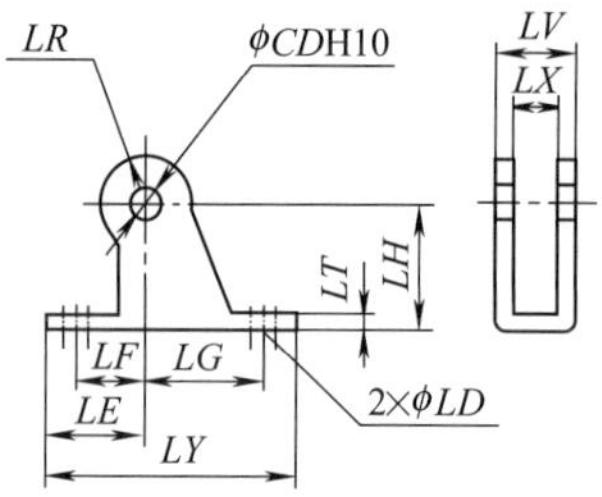

缸径	A	AL	B_1	CD	CX	D	E	F	G	H	H_1	I	K	L	MM	N	NA	NN	P	RR	S	Z	ZZ
20	18	15.5	12	8	12	8	20	13	8	41	5	28	5	12	M8×1.25	15	24	M20×1.5	G1/8	9	62	115	124
25	22	19.5	15	8	12	10	26	13	8	45	6	33.5	5.5	12	M10×1.25	15	30	M26×1.5	G1/8	9	62	119	128
32	22	19.5	15	10	20	12	26	13	8	45	6	37.5	5.5	15	M10×1.25	15	34.5	M26×1.5	G1/8	12	64	124	136
40	24	21	21	10	20	14	32	16	11	50	7	46.5	7	15	M14×1.5	21.5	42.5	M32×2	G1/4	12	88	153	165

单耳座接座	适用缸径	零件号	LD	LE	LF	LG	LH	LP	LR	LT	LV	LY	LZ
	20	CM-E02	6.8	22	15	30	30	37	R10	3.2	18.4	59	152
	25		6.8	22	15	30	30	37	R10	3.2	18.4	59	156
	32	CM-E03	9	25	15	40	40	50	R13	4	28	75	174
	40		9	25	15	40	40	50	R13	4	28	75	203

单作用 QCM2B(-S、-T)

与基本型气缸不同的尺寸：

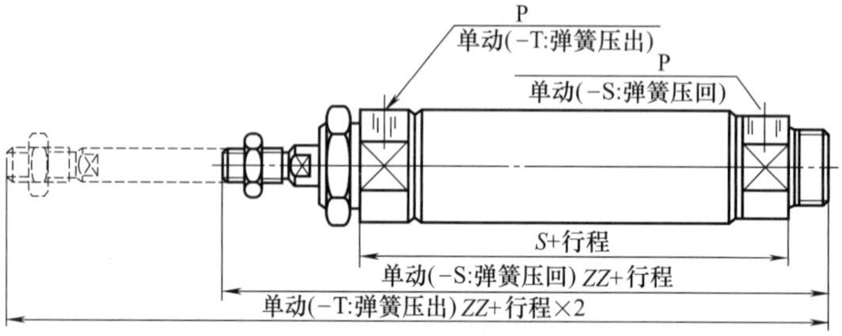

图形符号

缸径	行程范围(-S、-T)			
	1～50		51～75	
	S	ZZ	S	ZZ
20	87	141	112	166
25	87	145	112	170
32	89	147	114	172
40	113	179	138	204

双活塞杆型

QCM2W

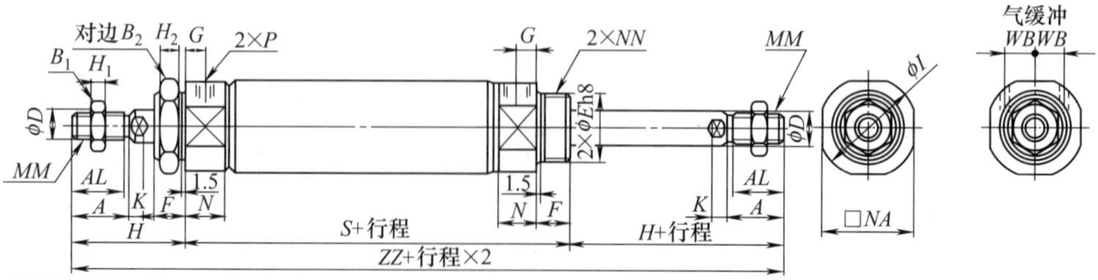

缸径	行程	A	AL	B_1	B_2	D	E	F	G	H	H_1	H_2	I	K	MM	N	NA	NN	P	S	WA	WB	ZZ
20	至 300	18	15.5	12	26	8	20	13	8	41	5	8	28	5	M8×1.25	15	24	M20×1.5	G1/8	62	11.5	8.5	144
25	至 300	22	19.5	15	32	10	26	13	8	45	6	8	33.5	5.5	M10×1.25	15	30	M26×1.5	G1/8	62	11.5	10	152
32	至 300	22	19.5	15	32	12	26	13	8	45	6	8	37.5	5.5	M10×1.25	15	34.5	M26×1.5	G1/8	64	11.5	11.5	154
40	至 300	24	21	21	41	14	32	16	11	50	7	10	46.5	7	M14×1.5	21.5	42.5	M32×2	G1/4	88	14.5	15	188

第21篇

续表

可调整行程型

QCM2B-XC8

图形符号

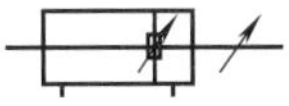

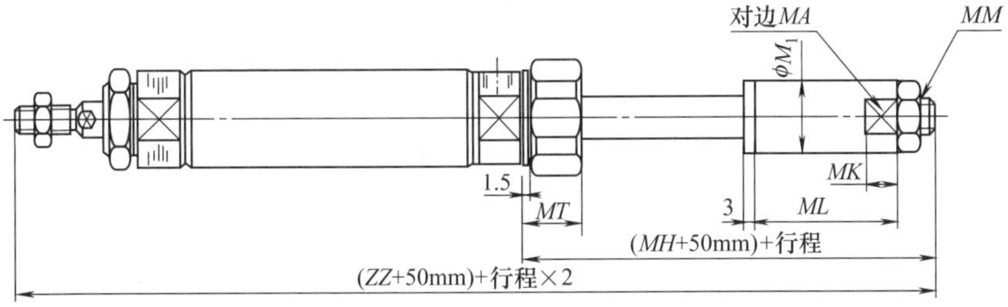

伸出可调整型　调整范围:0～50mm

缸径	MA	MH	M_1	MK	ML	MM	MT	ZZ
20	12	47	15	8	68	M8×1.25	16.5	150
25	17	49	20	10	68	M8×1.25	17.5	156
32	17	49	20	10	68	M10×1.25	17.5	158
40	22	60	25	12	72	M14×1.5	21.5	198

安装附件

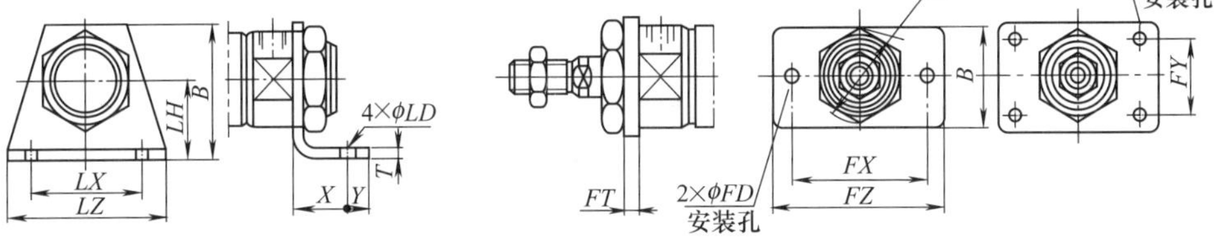

适用缸径	轴向脚底								法兰							
	零件号	X	Y	LD	LX	LZ	LH	B	零件号	FD	FY	FX	FZ	C_2	B	FT
20	CM-L02	20	8	6.8	40	55	25	40	CM-F02	7	—	60	75	30	34	4
25	CM-L03	20	8	6.8	40	55	28	47	CM-F03	7	—	60	75	37	40	4
32	CM-L03	20	8	6.8	40	55	28	47	CM-F03	7	—	60	75	37	40	4
40	CM-L04	23	10	7	55	75	30	54	CM-F04	7	36	66	82	47.5	52	5

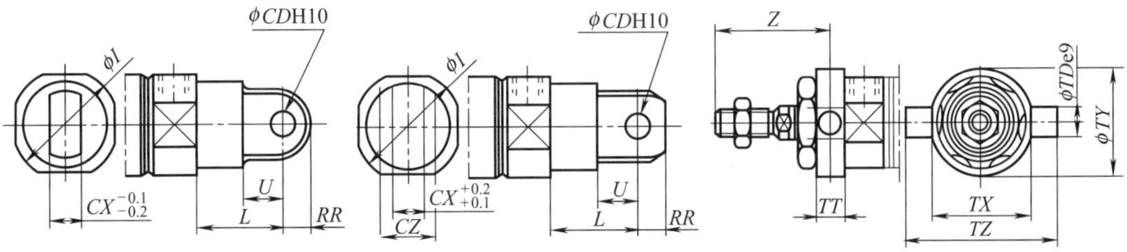

适用缸径	单耳座							双耳座								轴销						
	零件号	CD	CX	I	L	RR	U	零件号	CD	CX	CZ	I	L	RR	U	零件号	TD	TT	TX	TY	TZ	Z
20	CM-C02	9	10	28	30	9	14	CM-D02	9	10	19	28	30	9	14	CM-T02	8	10	32	32	52	36
25	CM-C03	9	10	33.5	30	9	14	CM-D03	9	10	19	33.5	30	9	14	CM-T03	9	10	40	40	60	40
32	CM-C03	9	10	37.5	30	9	14	CM-D03	9	10	19	37.5	30	9	14	CM-T03	9	10	40	40	60	40
40	CM-C04	10	15	46.5	39	11	18	CM-D04	10	15	30	46.5	39	11	18	CM-T04	10	11	53	53	77	44.5

第21篇

续表

安装附件

I形单肘节接头

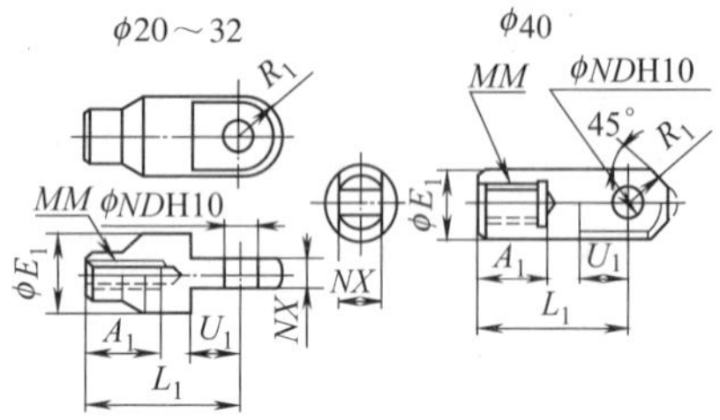

Y形双肘节接头

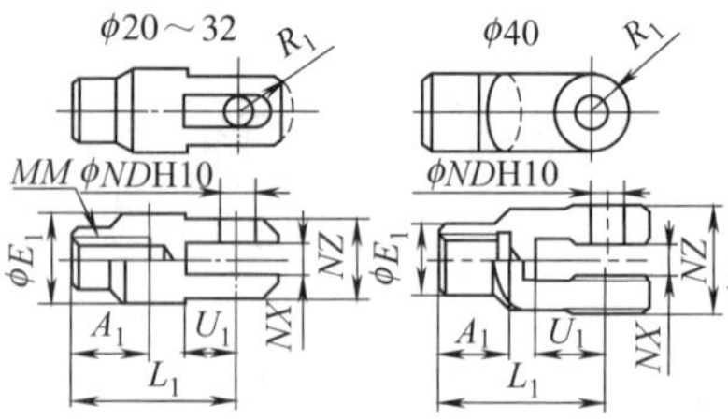

杆端螺母

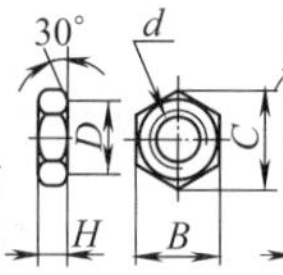

安装螺母

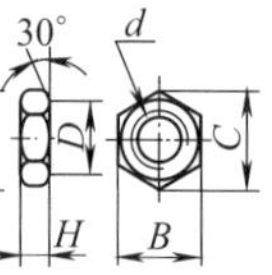

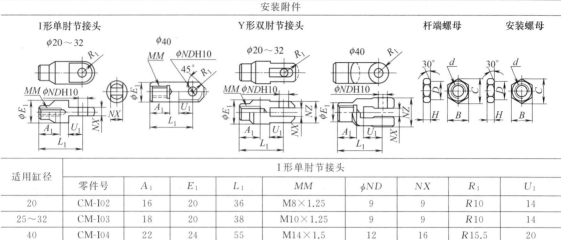

适用缸径	I形单肘节接头								
	零件号	A_1	E_1	L_1	MM	φND	NX	R_1	U_1
20	CM-I02	16	20	36	M8×1.25	9	9	R10	14
25～32	CM-I03	18	20	38	M10×1.25	9	9	R10	14
40	CM-I04	22	24	55	M14×1.5	12	16	R15.5	20

适用缸径	Y形双肘节接头									
	零件号	A_1	E_1	L_1	MM	φND	NX	NZ	R_1	U_1
20	CM-Y02	16	20	36	M8×1.25	9	9	18	12	14
25～32	CM-Y03	18	20	38	M10×1.25	9	9	18	12	14
40	CM-Y04	22	24	55	M14×1.5	12	16	38	13	25

适用缸径	杆端螺母					安装螺母				
	零件号	B	C	d	H	零件号	B	C	d	H
20	NT-02	13	15	M8×1.25	5	SN-02	26	30	M20×1.5	8
25～32	NT-03	17	19.6	M10×1.25	6	SN-03	32	37	M26×1.5	8
40	NT-04	22	25.4	M14×1.5	8	SN-04	41	47.3	M32×2	10

注：生产厂为上海新益气动元件有限公司。

7.1.1.10　QC75系列小型单活塞杆气缸（欧洲规格）（φ32～40）

型号意义：

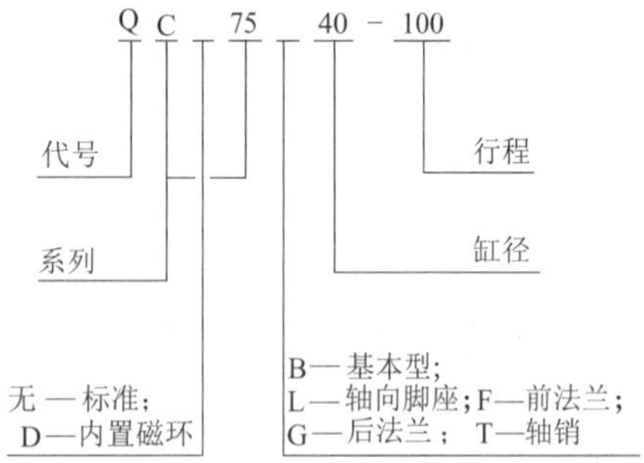

表 21-7-26　　主要技术参数

缸径/mm	32	40
使用介质	经过滤的压缩空气	
作用形式	双作用	
最高使用压力/MPa	1.0	
最低工作压力/MPa	0.05	
缓冲形式	橡胶垫(标准)	
环境温度/℃	5～60	
使用速度/mm·s^{-1}	50～750	
行程误差/mm	0～250：$^{+0.1}_{0}$；251～1000：$^{+1.5}_{0}$；1001～1500：$^{+2.0}_{0}$	
润滑①	出厂已润滑	
接管口径	G1/8	G1/4

① 如需要润滑，请用透平1号油（ISO VG32）。

表 21-7-27　　标准行程/磁性开关

缸径/mm	标准行程/mm	最大行程/mm	磁性开关型号	箍圈固定码
32	10,25,40,50,80,100,125,160,200,250,300	1000	QCK2400	A-32
40			QCK2422	A-40

注：1. 使用的电压及电流避免超负荷。

2. 严禁磁性开关直接与电源接通，必须同负载串联使用。

3. 严禁有其他强磁体靠近磁性开关，如有，应屏蔽。

表 21-7-28　　**外形尺寸**　　mm

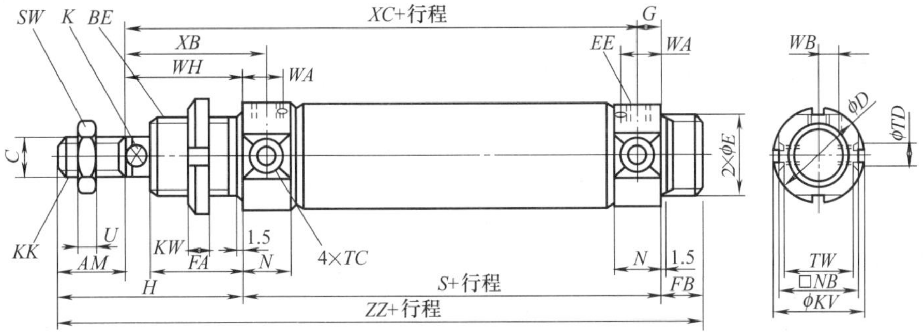

缸径	AM	BE	C	D	E	EE	FA	FB	G	WA	H	WB	K	KK
32	20	M30×1.5	12	37.5	30	G1/8	30	14	9	15.5	58	10.5	10	M10×1.5
40	24	M38×1.5	14	46.5	38	G1/4	35	16	12	19.5	69	13	12	M12×1.75

缸径	KV	KW	N	NB	S	SW	TC	TD	TW	WH	XB	XC	ZZ	U
32	38	7	17(19)	34.5	68	15	M8×1	10	32.5	38	47	97	140	6
40	50	8	22(25)	42.5	89	17	M10×1	12	39.5	45	57	122	174	7

安装附件

轴向脚座/法兰

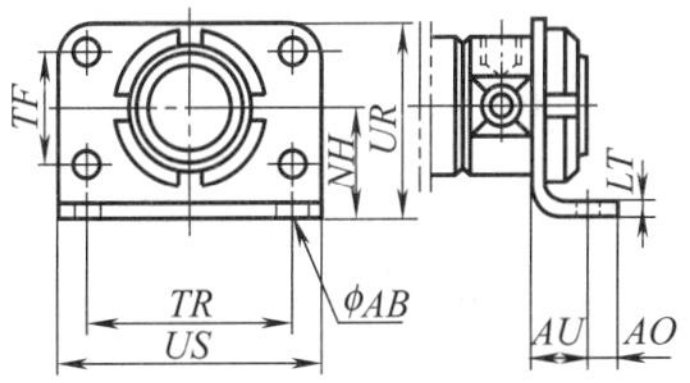

轴销

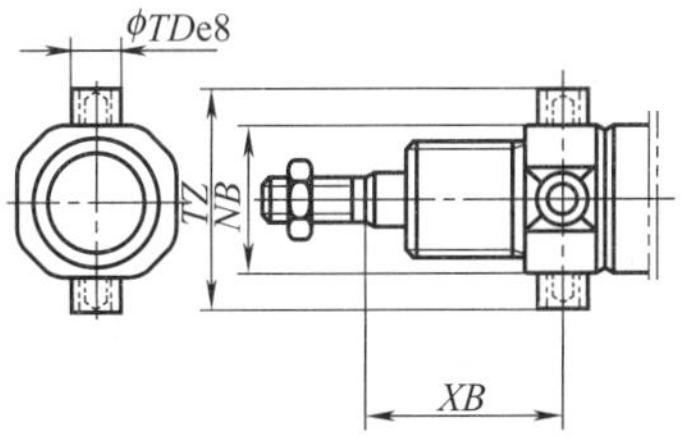

U形接座

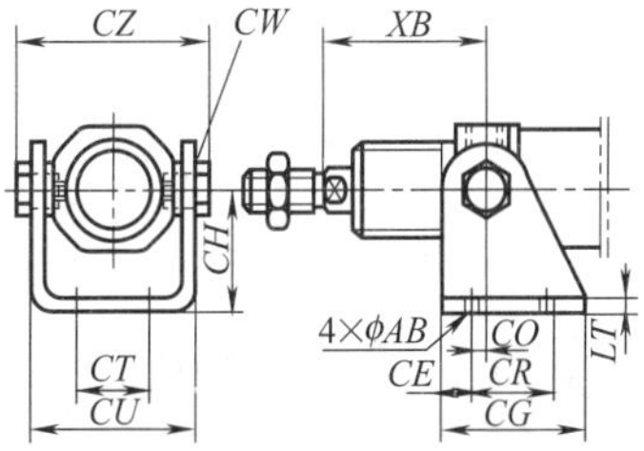

适用缸径	轴向脚座/法兰									轴销				
	零件号	AB	AO	AU	LT	NH	TF	TR	UR	US	零件号	NB	TD	TZ	XB
32	C75-L03	7	7	14	4	28	28	52	49	66	C75-T03	34.5	10	47.9	47
40	C75-L04	9	10	20	5	33	30	60	58	80	C75-T04	42.5	12	59.3	57

适用缸径	U 形接座												
	零件号	AB	CE	CG	CH	CO	CR	CT	CU	CW	CZ	LT	XB
32	C75-E03	7	9	41	35	4	24	20	46.8	13	55.9	4	47
40	C75-E04	9	12	52	40	3	30	28	58.2	17	69.3	5	57

I形单肘节球轴承接头(DIN 648)

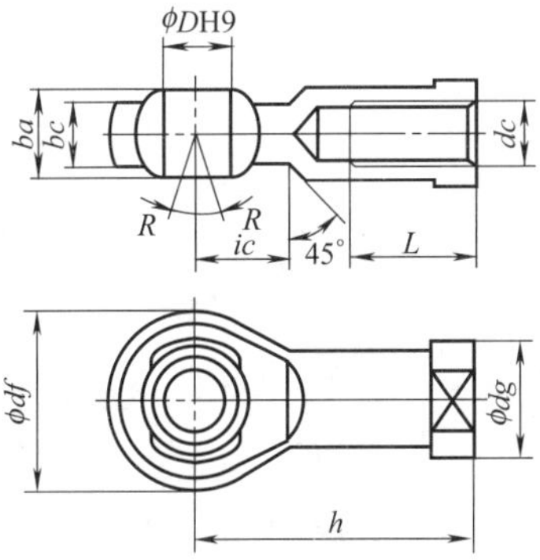

Y形双肘节接头(DIN 71751)

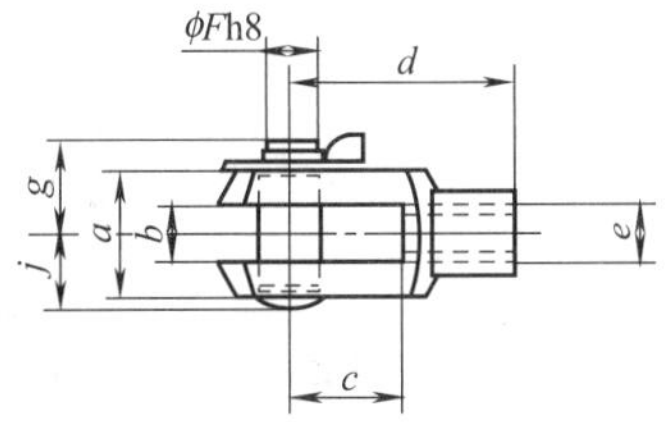

续表

适用缸径	安装附件																			
	I形单肘节球轴承接头(DIN648)											Y形双肘节接头(DIN71751)								
	零件号	*dc*	*D*	*h*	*df*	*bc*	*ba*	*L*	*dg*	*R*	*ic*	零件号	*e*	*b*	*d*	*F*	*g*	*c*	*j*	*a*
32	KJ10DA	M10×1.5	10	43	20	10.5	14	20	19	13	14	GKM10-20A	M10×1.5	10	40	10	18	20	12	20
40	KJ12DA	M12×1.75	12	50	30	12	16	22	22	13	16	GKM12-24A	M12×1.75	12	48	12	23	24	15	24

注：生产厂为上海新益气动元件有限公司。

7.1.1.11　QDNC 系列标准方型单活塞杆气缸（ISO 6431）（ϕ32～100）

型号意义：

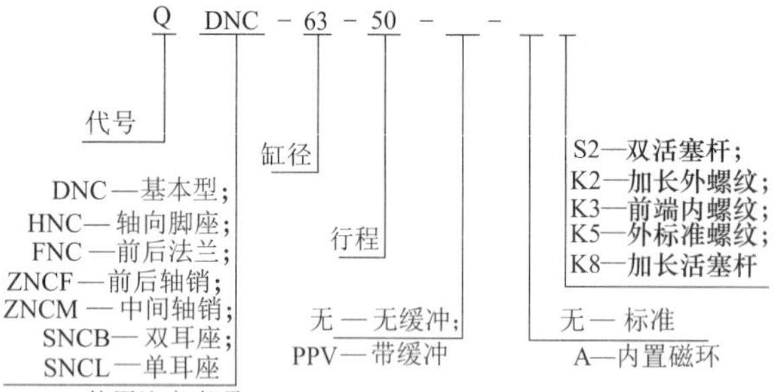

使用注意事项：

1.磁性开关使用的电压及电流避免超负荷。
2.严禁磁性开关直接与电源接通，必须同负载串联使用。
3.严禁有其他强磁体靠近磁性开关，如有，应屏蔽。
4.为使开关能正确无接触感测气缸位置，应保证表中的最小行程长度。

表 21-7-29　主要技术参数

缸径/mm	32	40	50	63	80	100
使用介质	经过滤的压缩空气					
作用形式	双作用					
最高使用压力/MPa	1.0					
最低工作压力/MPa	0.1					
缓冲形式	气缓冲(标准)					
环境温度/℃	5～60					
使用速度/mm·s^{-1}	50～500					
行程误差/mm	0～250：$^{+1.0}_{0}$，251～1000：$^{+1.5}_{0}$，1001～1500：$^{+2.0}_{0}$					
润滑①	出厂已润滑					
接管口径	G1/8	G1/4		G3/8		G1/2

① 如需要润滑，请用透平 1 号油（ISOVG32）。

表 21-7-30　标准行程/缓冲行程/行程范围　mm

缸径	标准行程	缓冲行程	行程范围
32	25,40,50,80,100,125,160,200,250,320,400,500	20	10～2000
40			
50		22	
63			
80		32	
100			

表 21-7-31　磁性开关/使用磁性开关时最小行程　mm

缸径	最小行程	磁性开关型号
32	17	AL-30R（埋入式）
40	21	
50	25	
63	25	
80	25	
100	25	

表 21-7-32　外形尺寸　mm

基本型

QDNC…PPV-A

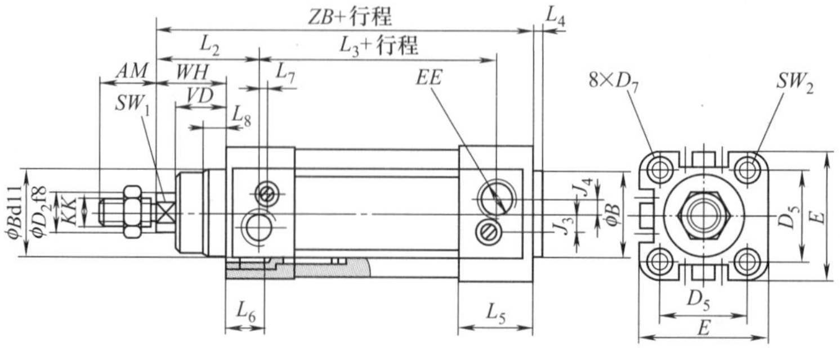

续表

缸径	AM	B	D_2	D_5	D_7	E	EE	J_3	J_4	KK	L_2	L_3	L_4	L_5	L_6	L_7	L_8	SW_1	SW_2	VD	WH	ZB
32	22	30	12	32.5	M6	45	G1/8	6	5.2	M10×1.25	41.6	62.8	4	25.1	16	3.3	10	10	6	18	26	120
40	24	35	16	38	M6	54	G1/4	8	6	M12×1.25	44	77	4	29.6	16	3.6	10.5	13	6	21.5	30	135
50	32	40	20	46.5	M8	64	G1/4	10	8.5	M16×1.5	51	78	4	29.6	17	5.1	11.5	17	8	28	37	143
63	32	45	20	56.5	M8	75	G3/8	12.4	10	M16×1.5	54	87	4	35.6	17	6.6	15	17	8	28.5	37	158
80	40	45	25	72	M10	93	G3/8	12.5	8	M20×1.5	62.4	95.2	4	35.9	17	10.5	15.7	22	10	34.7	46	174
100	40	55	25	89	M10	110	G1/2	11.8	10	M20×1.5	69.8	100.4	4	38.8	17	8	19.2	22	10	38.2	51	189

双活塞杆型

QDNC…PPV-A-S2

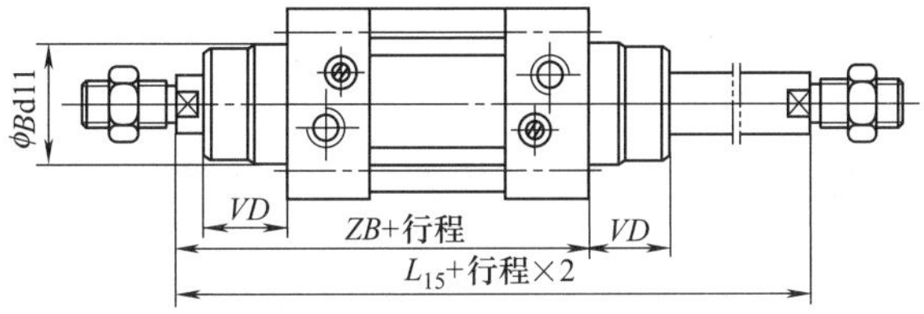

缸径	B	L_{15}	VD	ZB
32	30	146	18	120
40	35	165	21.5	135
50	40	180	28	143
63	45	195	28.5	158
80	45	220	34.7	174
100	55	240	38.2	189

安装附件

QHNC…PPV-A 轴向脚座

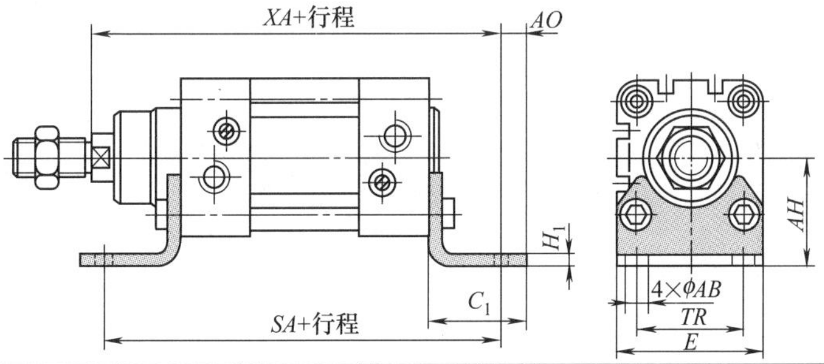

缸径	零件号	AB	AH	AO	C_1	E	H_1	SA	TR	XA
32	DNC-L03	7	32	6.5	30.5	45	5	142	32	144
40	DNC-L04	10	36	9	37	54	5	161	36	163
50	DNC-L05	10	45	10.5	41.5	64	6	170	45	175
63	DNC-L06	10	50	12.5	44.5	75	6	185	50	190
80	DNC-L08	12	63	15	56	93	6	210	63	215
100	DNC-L10	14.5	71	17.5	58.5	110	6	220	75	230

QFNC…PPV-A 前、后法兰

前端安装　　**后端安装**

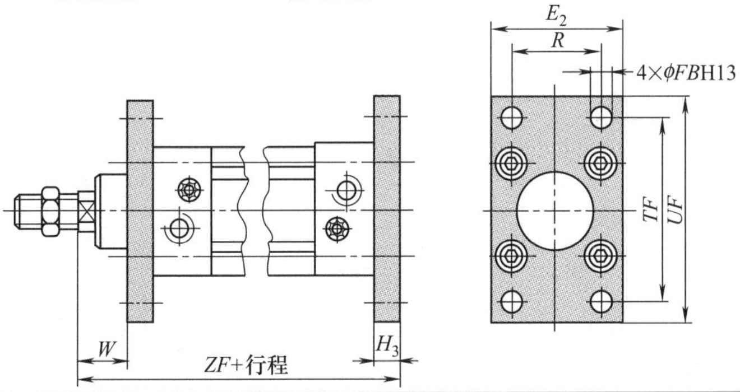

续表

缸径	零件号	E_2	FB	H_3	R	TF	UF	W	ZF
32	DNC-F03	50	7	10	32	64	80	16	130
40	DNC-F04	55	9	10	36	72	90	20	145
50	DNC-F05	65	9	12	45	90	110	25	155
63	DNC-F06	75	9	12	50	100	125	25	170
80	DNC-F08	100	12	16	63	126	154	30	190
100	DNC-F10	120	14	16	75	150	186	35	205

QZNCF-…PPV-A 前、后轴销

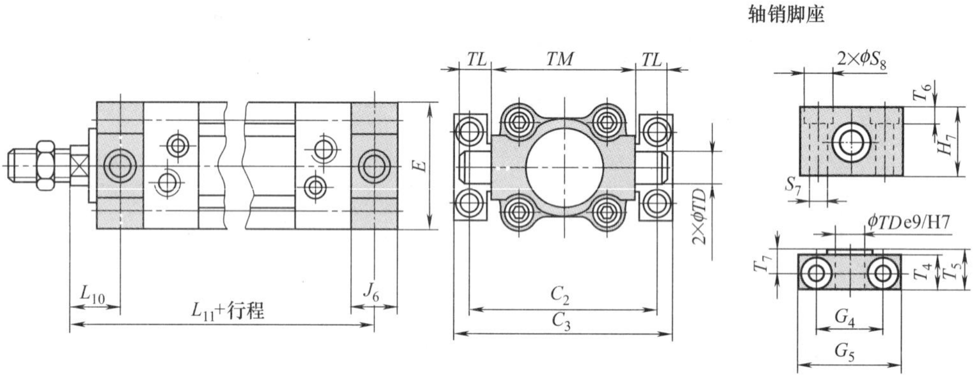

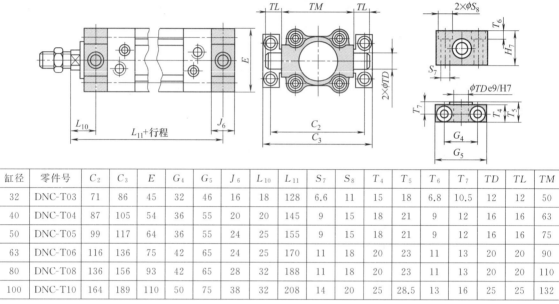

缸径	零件号	C_2	C_3	E	G_4	G_5	J_6	L_{10}	L_{11}	S_7	S_8	T_4	T_5	T_6	T_7	TD	TL	TM
32	DNC-T03	71	86	45	32	46	16	18	128	6.6	11	15	18	6.8	10.5	12	12	50
40	DNC-T04	87	105	54	36	55	20	20	145	9	15	18	21	9	12	16	16	63
50	DNC-T05	99	117	64	36	55	24	25	155	9	15	18	21	9	12	16	16	75
63	DNC-T06	116	136	75	42	65	24	25	170	11	18	20	23	11	13	20	20	90
80	DNC-T08	136	156	93	42	65	28	32	188	11	18	20	23	11	13	20	20	110
100	DNC-T10	164	189	110	50	75	38	32	208	14	20	25	28.5	13	16	25	25	132

QZNCM-…PPV-A 中间轴销

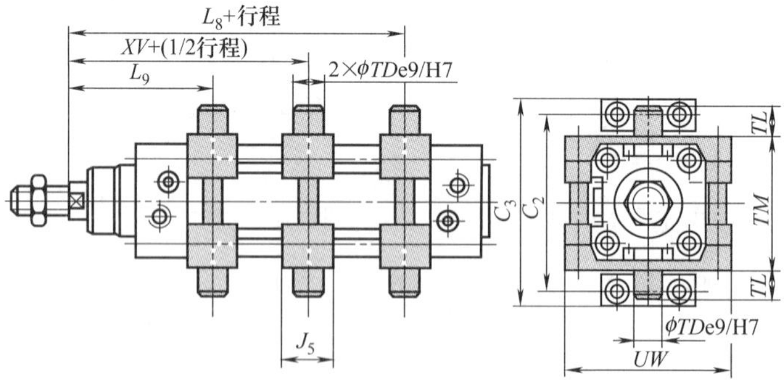

缸径	零件号	C_2	C_3	J_5	L_8	L_9	TD	TL	TM	UW	XV
32	DNC-M03	71	86	30	79.9	66.1	12	12	50	65	73
40	DNC-M04	87	105	32	89.4	75.6	16	16	63	75	82.5
50	DNC-M05	99	117	34	94.4	83.6	16	16	75	95	90
63	DNC-M06	116	136	41	101.9	93.1	20	20	90	105	97.5
80	DNC-M08	136	156	44	118.1	103.9	20	20	110	130	110
100	DNC-M10	164	189	48	126.2	113.8	25	25	132	145	120

续表

QSNCB…PPV-A 双耳座

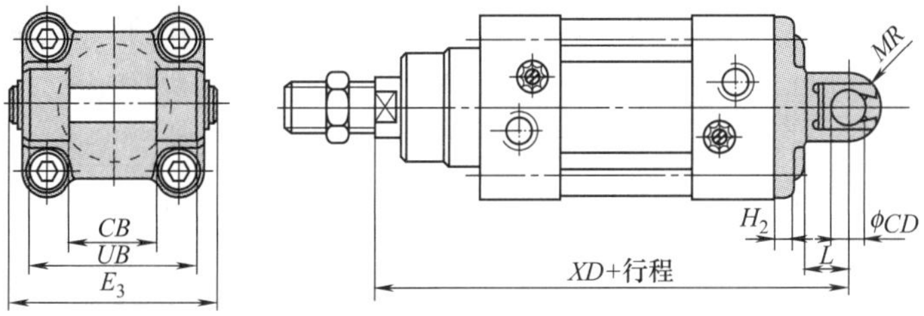

QSNCL…PPV-A 单耳座

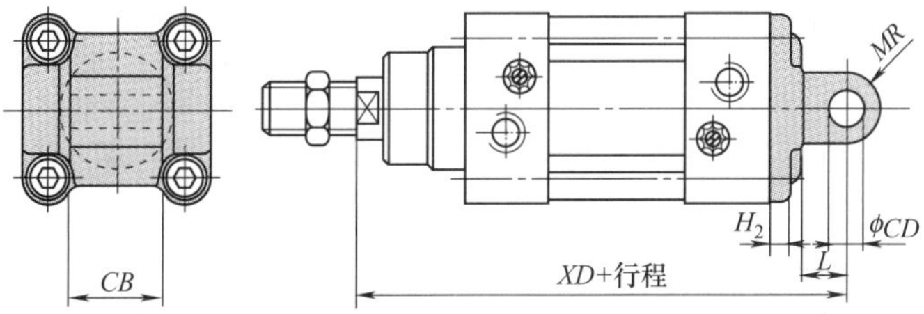

缸径	零件号(双)	零件号(单)	CB	CD	E_3	H_2	L	MR	UB	XD
32	DNC-D03	DNC-C03	26	10	55	6	13	10	45	142
40	DNC-D04	DNC-C04	28	12	63	6	16	12	52	160
50	DNC-D05	DNC-C05	32	12	71	7	16	12	60	170
63	DNC-D06	DNC-C06	40	16	83	7	21	16	70	190
80	DNC-D08	DNC-C08	50	16	103	10.5	22	16	90	210
100	DNC-D10	DNC-C10	60	20	127	10.5	27	20	110	230

注：1. 双耳座接座通用于 QC95 系列双耳座接座（C95-E03～E10）。

2. 生产厂为上海新益气动元件有限公司。

7.1.1.12　QSC 系列标准单活塞杆气缸(ISO 6430)(ϕ32～100)

型号意义：

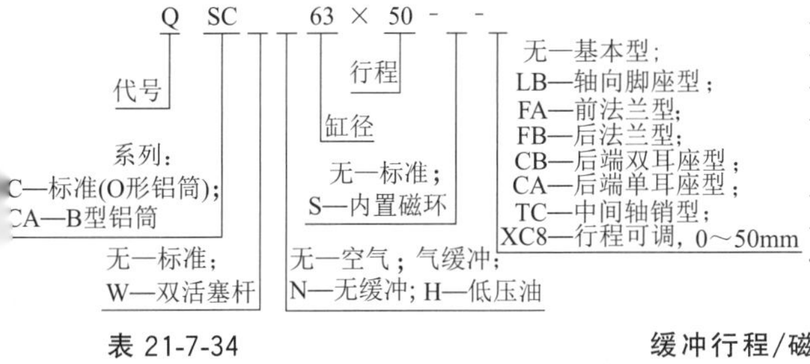

表 21-7-33　主要技术参数

缸径/mm	32	40	50	63	80	100
使用介质	经过滤的压缩空气					
作用形式	双作用					
最高使用压力/MPa	1.0					
最低工作压力/℃	0.1					
缓冲形式	气缓冲(标准)					
环境温度/℃	5～60					
介质温度/℃	−10～+60					
使用速度/mm·s^{-1}	50～500					
行程误差/mm	0～250：$^{+1.0}_{0}$，251～1000：$^{+1.5}_{0}$，1001～1500：$^{+2.0}_{0}$					
润滑①	出厂已润滑					
接管口径	G1/8	G1/4		G3/8		G1/2

① 如需要润滑，请用透平 1 号油（ISO VG32）。

表 21-7-34　缓冲行程/磁性开关　mm

缸径	标准行程	缓冲行程	磁性开关型号与固定码			
			适用于 O 型铝筒		适用于 B 型铝筒	
32	25,40,50,75,80,100,125,150,160,175,200,250,300,400,500,600,700,800,900,1000	20	QCK2400 QCK2422	B32	QCK2400 QCK2422	BT-03
40				B40		
50		25				BT-05
63						
80		30		B100		BT-08
100						

表 21-7-35　　外形尺寸及安装形式　　mm

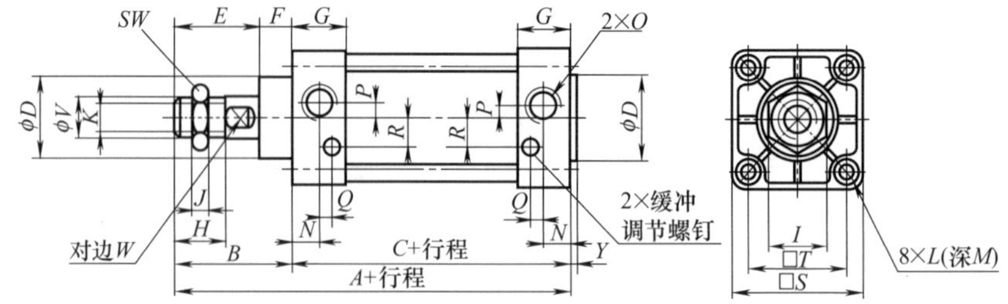

缸径	A	B	C	D	E	F	G	H	I	J	K	L	N	M	O	P	Q	R	S	T	V	W	Y	SW
32	140	47	93	28	32	15	27.5	22	17	6	M10×1.25	M6×1	14	13	G1/8	6	8.5	6	46	33	12	10	3.5	15
40	142	49	93	32	34	15	27.5	24	17	6	M12×1.25	M6×1	14	13	G1/4	6	8.5	8.5	50	37	16	14	3.5	17
50	150	57	93	38	42	15	27.5	32	23	7	M16×1.5	M6×1	14	13	G1/4	7	8.5	8.5	62	47	20	17	3.5	22
63	153	57	96	38	42	15	27.5	32	23	7	M16×1.5	M8×1.25	14	13	G3/8	7	8.5	8.5	75	56	20	17	3.5	22
80	183	75	108	47	54	21	33	40	26	8	M20×1.5	M10×1.5	16.5	15	G3/8	7	10	10	94	70	25	22	4	26
100	189	75	114	47	54	21	33	40	26	8	M20×1.5	M10×1.5	16.5	15	G1/2	7	10	10	112	84	25	22	4	26

LB型轴向脚座

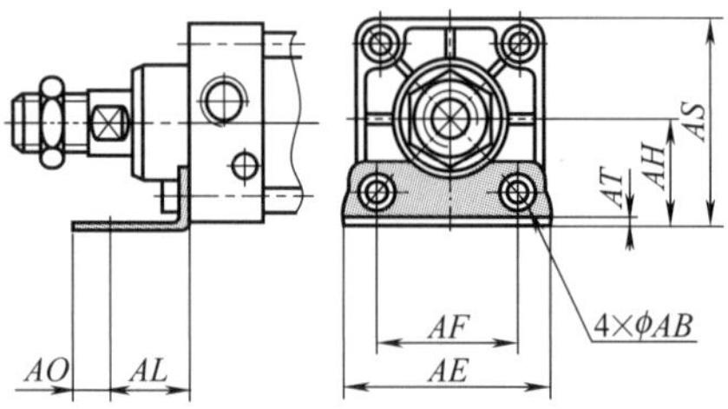

FA、FB型前、后法兰

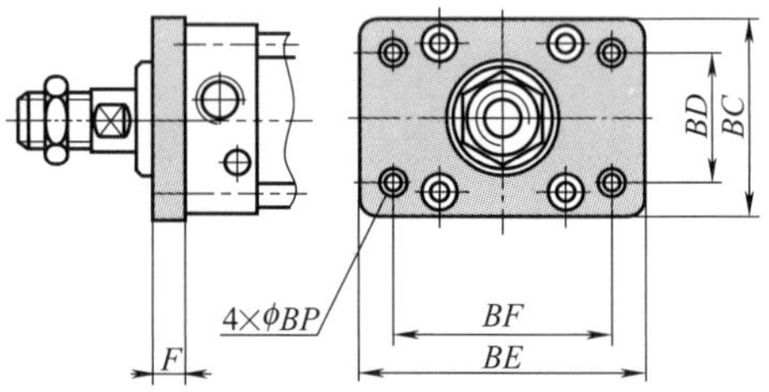

适用缸径	LB 型轴向脚座								FA、FB 型前、后法兰						
	零件号	AB	AE	AF	AH	AL	AO	AS	AT	零件号	BD	BC	BE	BF	BP	F
32	SC-L03	9	50	33	28	20.5	9.5	50	3.2	SC-F03	33	47	72	58	7	10
40	SC-L04	12	57	36	30	23.5	12.5	55	3.2	SC-F04	36	52	84	70	7	10
50	SC-L05	12	68	47	36.5	28	12	67.5	3.2	SC-F05	47	65	104	86	9	10
63	SC-L06	12	80	56	41	31	13	79	3.2	SC-F06	56	75	116	98	9	12
80	SC-L08	14	97	70	49	30	16	96	4	SC-F08	70	95	143	119	11	16
100	SC-L10	14	112	84	57	30	16	114	4	SC-F10	84	115	162	138	11	16

CB型双耳座

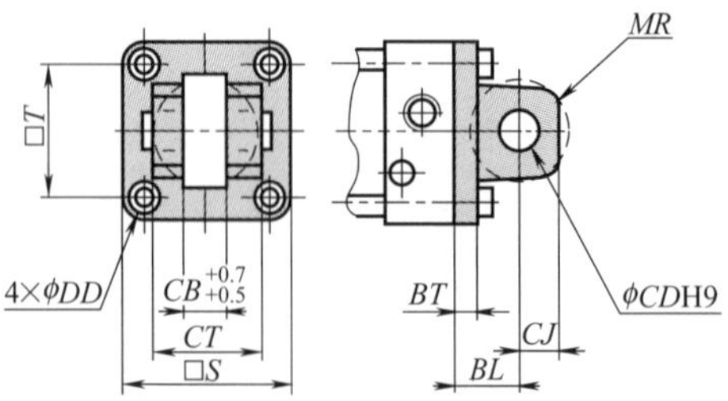

CA型单耳座

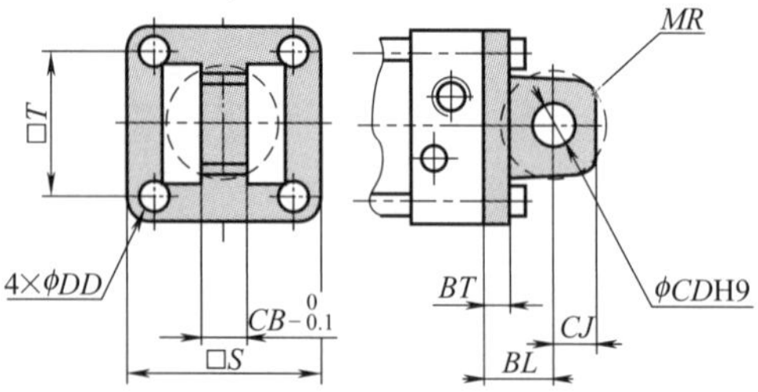

适用缸径	CB 型双耳座										CA 型单耳座									
	零件号	BL	BT	CB	CD	CJ	CT	DD	MR	S	T	零件号	BL	BT	CB	CD	CJ	DD	MR	S	T
32	SC-D03	19	8	16	12	13	32	6.5	15	46	33	SC-C03	19	8	16	12	12	6.5	14	46	33
40	SC-D04	19	8	20	14	13	44	6.5	15	50	37	SC-C04	19	8	20	14	14	6.5	16	50	37
50	SC-D05	19	8	20	14	15	52	6.5	17	62	47	SC-C05	19	10	20	14	14	6.5	16	62	47
63	SC-D06	19	8	20	14	15	52	8.5	17	75	56	SC-C06	19	13	20	14	14	8.5	16	75	56
80	SC-D08	32	11	32	20	21	64	11	23	94	70	SC-C08	32	18	32	20	20	11	22	94	70
100	SC-D10	32	11	32	20	21	64	11	23	112	84	SC-C10	32	18	32	20	20	11	22	112	84

续表

TC 型中间轴销

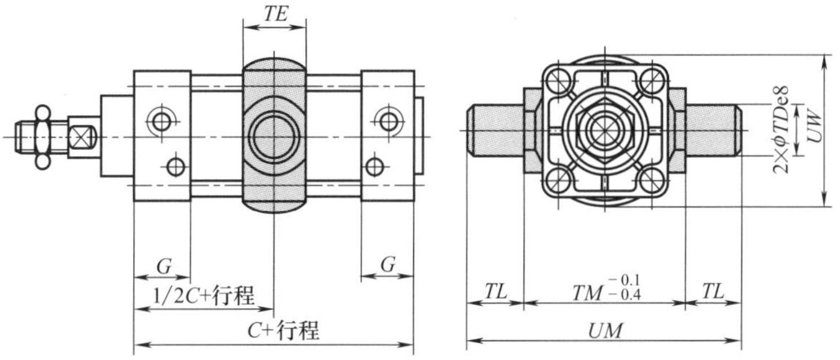

适用缸径	零件号	*C*	*G*	*TD*	*TE*	*TL*	*TM*	*UM*	*UW*
32	SC-T03	93	27.5	16	30	16	55	87	52
40	SC-T04	93	27.5	25	30	25	63	113	59
50	SC-T05	93	27.5	25	30	25	76	126	71
63	SC-T06	96	27.5	25	30	25	88	138	86
80	SC-T08	108	33	25	35	25	114	164	104
100	SC-T10	114	33	25	40	25	132	182	128

TC-M 型轴销接座

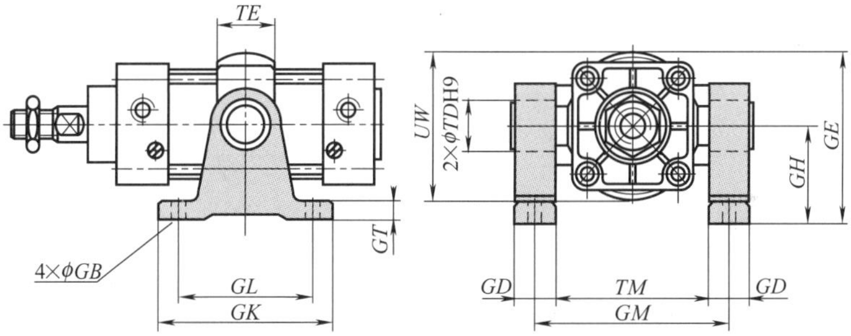

适用缸径	零件号	*GD*	*GB*	*GE*	*GH*	*GK*	*GL*	*GM*	*GT*	*TD*	*TE*	*TM*	*UW*
32	SC-S03	15	9	66	40	80	60	70	12	16	30	55	52
40	SC-S04	23	12	79.5	50	110	80	86	12	25	30	63	59
50	SC-S05	23	12	85.5	50	110	80	99	12	25	30	76	71
63	SC-S06	23	12	93	50	110	80	111	12	25	30	88	86
80	SC-S08	23	14	122	70	120	85	137	14	25	35	114	104
100	SC-S10	23	14	134	70	120	85	155	14	25	40	132	128

Y 形双肘节接头/连接销

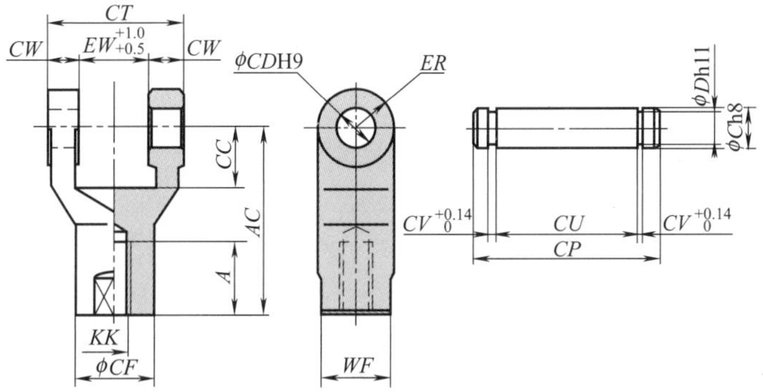

第21篇

续表

适用缸径	零件号	*A*	*AC*	*CC*	*CD*	*CF*	*CP*	*CT*	*CU*	*CV*	*CW*	*D*	*ER*	*EW*	*KK*	*WF*
32	SC-Y03	23	55	20	12	24	37	32	32.5	1.1	8	11.5	12	16	M10×1.25	22
40	SC-Y04	33	60	20	14	24	49	44	44.5	1.1	12	13.4	12	20	M12×1.25	22
50	SC-Y05	33	60	18	14	28	49	44	44.5	1.1	12	13.4	14	20	M16×1.5	24
63	SC-Y06	33	60	18	14	28	49	44	44.5	1.1	12	13.4	14	20	M16×1.5	24
80	SC-Y08	41	80	28	20	36	70	64	64.5	1.1	16	19	19	32	M20×1.5	34
100	SC-Y10	41	80	28	20	36	70	64	64.5	1.1	16	19	19	32	M20×1.5	34

I 形单肘节接头

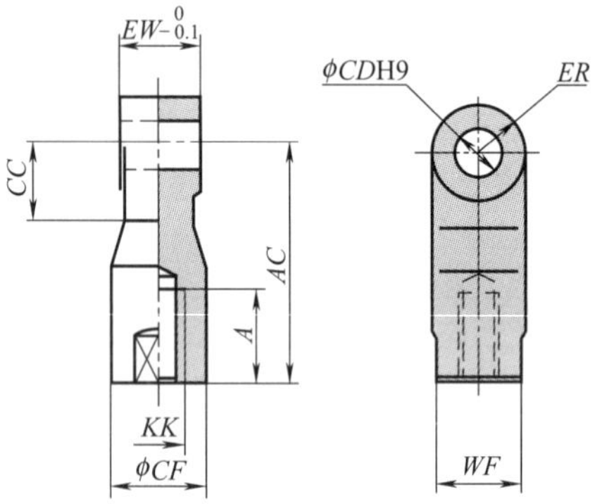

适用缸径	零件号	*A*	*AC*	*CC*	*CD*	*CF*	*ER*	*EW*	*KK*	*WF*
32	SC-I03	23	55	20	12	24	12	16	M10×1.25	22
40	SC-I04	33	60	20	14	24	12	20	M12×1.25	22
50	SC-I05	33	60	20	14	28	14	20	M16×1.5	24
63	SC-I06	33	60	20	14	28	14	20	M16×1.5	24
80	SC-I08	41	85	30	20	36	19	32	M20×1.5	34
100	SC-I10	41	85	30	20	36	19	32	M20×1.5	34

注：生产厂为上海新益气动元件有限公司。

7.1.1.13　QGBZ 中型单活塞杆气缸（ISO 15552）（ϕ32～125）

型号意义：

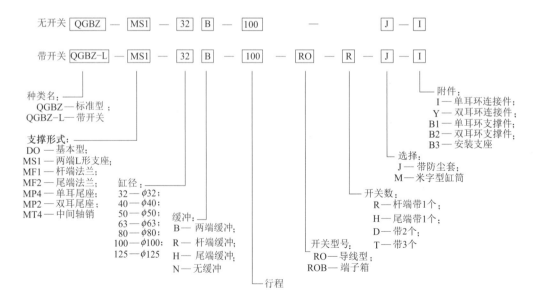

无开关 QGBZ — MS1 — 32 B — 100 — J — I

带开关 QGBZ-L — MS1 — 32 B — 100 — RO — R — J — I

种类名：
QGBZ—标准型；
QGBZ-L—带开关

支撑形式：
DO—基本型；
MS1—两端L形支座；
MF1—杆端法兰；
MF2—尾端法兰；
MP4—单耳尾座；
MP2—双耳尾座；
MT4—中间轴销

缸径：
32—ϕ32；
40—ϕ40；
50—ϕ50；
63—ϕ63；
80—ϕ80；
100—ϕ100；
125—ϕ125

缓冲：
B—两端缓冲；
R—杆端缓冲；
H—尾端缓冲；
N—无缓冲

行程

开关型号：
RO—导线型；
ROB—端子箱

开关数：
R—杆端带1个；
H—尾端带1个；
D—带2个；
T—带3个

选择：
J—带防尘套；
M—米字型缸筒

附件：
I—单耳环连接件；
Y—双耳环连接件；
B1—单耳环支撑件；
B2—双耳环支撑件；
B3—安装支座

表 21-7-36 **主要技术参数**

型号	QGBZ			
作用形式	双作用			
使用流体	压缩空气			
最高工作压力	1.0MPa(10.2kgf/cm²)			
最低工作压力	0.1MPa(1.0kgf/cm²)			
耐压	1.5MPa(15.3kgf/cm²)			
环境温度/℃	5～60			
缸径/mm	32	40,50	63,80	100,125
接管口径	G1/8	G1/4	G3/8	G1/2
活塞工作速度/$mm \cdot s^{-1}$	50～500(请在可吸收能量范围内使用)			
缓冲形式	可选择有缓冲、无缓冲			
润滑	不要(给油时使用透平油 1 级 ISO VG32)			

表 21-7-37 **外形尺寸及安装形式**(安装尺寸符合 ISO 15552 标准) mm

基本型(OO)

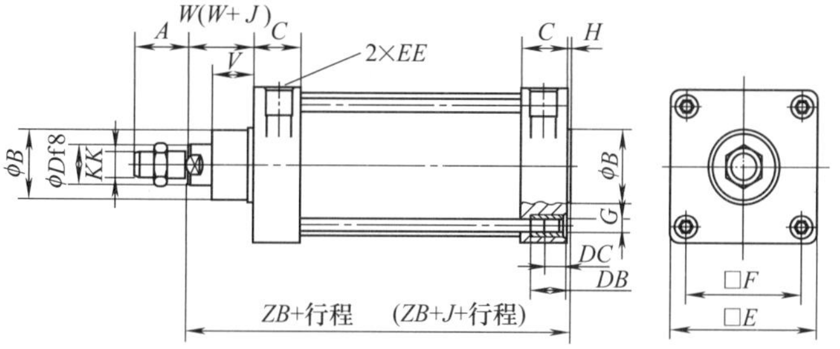

缸径	A	B	C	D	DB	DC	E	EE	F	G	H	KK	V	W	ZB	J(带防尘套)	
																≤50	51～100
32	22	30	26	12	22	15	46	G1/8	32.5	M6	4	M10×1.25	15	26	120	29	45
40	24	35	26	16	22	15	52	G1/4	38	M6	4	M12×1.25	17	30	135	27.5	43.5
50	32	40	29.5	20	25	16	65	G1/4	46.5	M8	4	M16×1.5	24	37	143	25.5	39.5
63	32	45	29.5	20	25	16	75	G3/8	56.5	M8	4	M16×1.5	24	37	158	25.5	39.5
80	40	45	35	25	27	16	95	G3/8	72	M10	4	M20×1.5	30	46	174	22.5	34.5
100	40	55	35.5	30	27	16	114	G1/2	89	M10	4	M20×1.5	32	51	189	22	34
125	54	60	42	32	27	16	140	G1/2	110	M12	5	M27×2	45	65	225	—	—

缸径	J(带防尘套)					
	101～150	151～200	201～300	301～400	401～500	≥50
32	62	79	112	145	178	行程/3.0+11.5
40	60.5	77.5	110.5	143.5	176.5	行程/3.0+10
50	52.5	66.5	93.5	122.5	149.5	行程/3.6+11
63	52.5	66.5	93.5	122.5	149.5	行程/3.6+11
80	46.5	57.5	80.5	104.5	127.5	行程/4.3+11
100	44	55	78	100	122	行程/4.5+11
125	行程/4.55+13.5					

两端 L 形支座型(MS1)

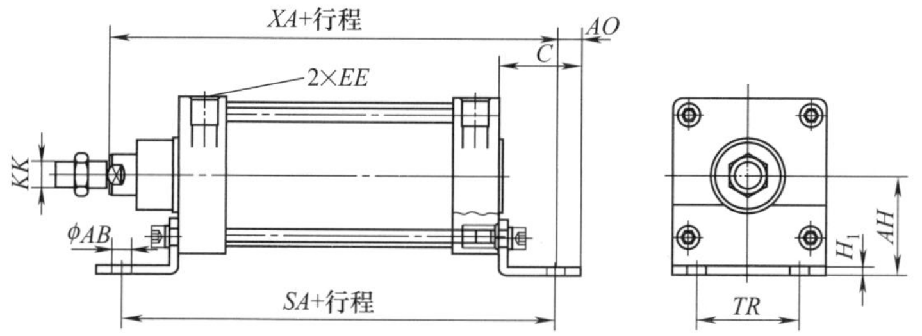

其余外形尺寸与“基本型”相同

续表

缸径	*AB*	*AH*	*AO*	*C*	*EE*	H_1	*KK*	*SA*	*TR*	*XA*
32	7	32	11	35	G1/8	4	M10×1.25	142	32	144
40	9	36	12	40	G1/4	4	M12×1.25	161	36	163
50	9	45	13	45	G1/4	5	M16×1.5	170	45	175
63	9	50	13	45	G3/8	5	M16×1.5	185	50	190
80	12	63	19	60	G3/8	6	M20×1.5	210	63	215
100	14	71	19	60	G1/2	6	M20×1.5	220	75	230
125	16	90	15	60	G1/2	8	M27/2	250	90	270

杆端法兰型(MF1)

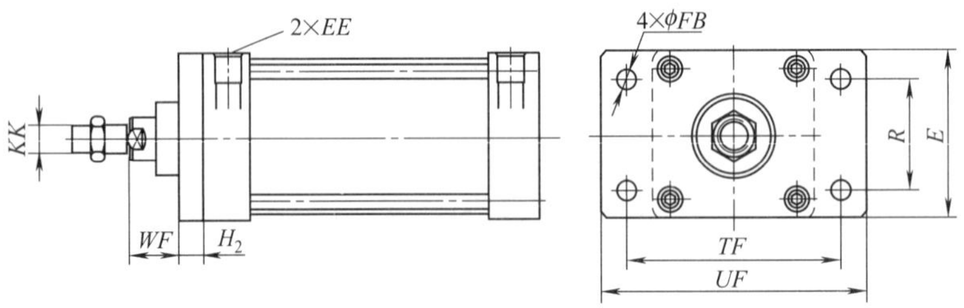

其余外形尺寸与“基本型”相同

缸径	*E*	*EE*	*FB*	H_2	*KK*	*R*	*TF*	*UF*	*WF*
32	46	G1/8	7	10	M10×1.25	32	64	80	16
40	52	G1/4	9	10	M12×1.25	36	72	90	20
50	65	G1/4	9	12	M16×1.5	45	90	110	25
63	75	G3/8	9	12	M16×1.5	50	100	125	25
80	95	G3/8	12	16	M20×1.5	63	126	154	30
100	114	G1/2	14	16	M20×1.5	75	150	186	35
125	140	G1/2	16	20	M27×2	90	180	220	45

尾端法兰型(MF2)

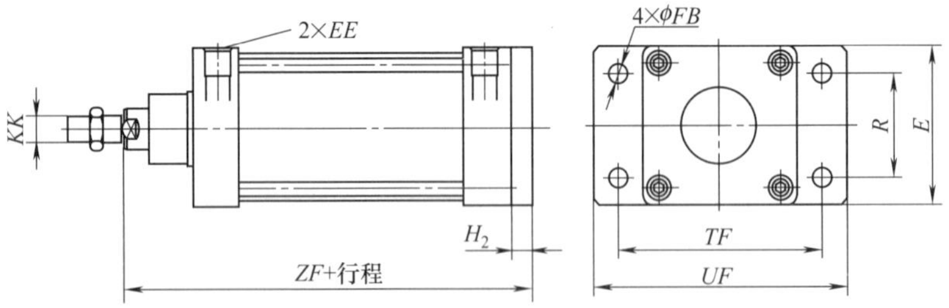

其余外形尺寸与“基本型”相同

缸径	*E*	*EE*	*FB*	H_2	*KK*	*R*	*TF*	*UF*	*ZF*
32	46	G1/8	7	10	M10×1.25	32	64	80	130
40	52	G1/4	9	10	M12×1.25	36	72	90	145
50	65	G1/4	9	12	M16×1.5	45	90	110	155
63	75	G3/8	9	12	M16×1.5	50	100	125	170
80	95	G3/8	12	16	M20×1.5	63	126	154	190
100	114	G1/2	14	16	M20×1.5	75	150	186	205
125	140	G1/2	16	20	M27×2	90	180	220	245

续表

单耳环支座型(MP4)

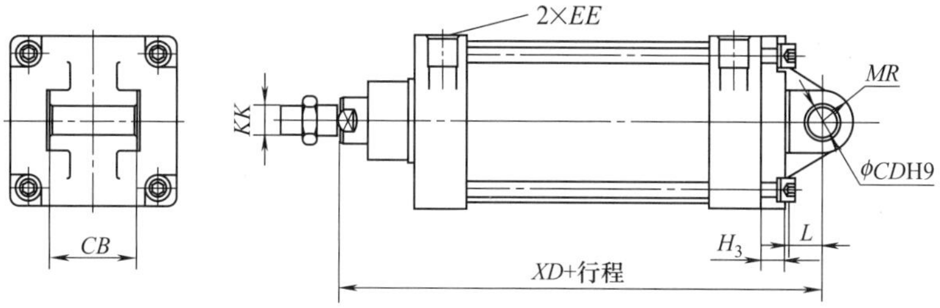

其余外形尺寸与“基本型”相同

缸径	CB	CD	EE	H_3	KK	L	MR	XD
32	26	10	G1/8	10	M10×1.25	11	10	142
40	28	12	G1/4	10	M12×1.25	14	12	160
50	32	12	G1/4	11	M16×1.5	14	12	170
63	40	16	G3/8	12	M16×1.5	18	16	190
80	50	16	G3/8	16	M20×1.5	18	16	210
100	60	20	G1/2	16	M20×1.5	22	20	230
125	70	25	G1/2	20	M27×2	27	25	275

双耳环支座型(MP2)

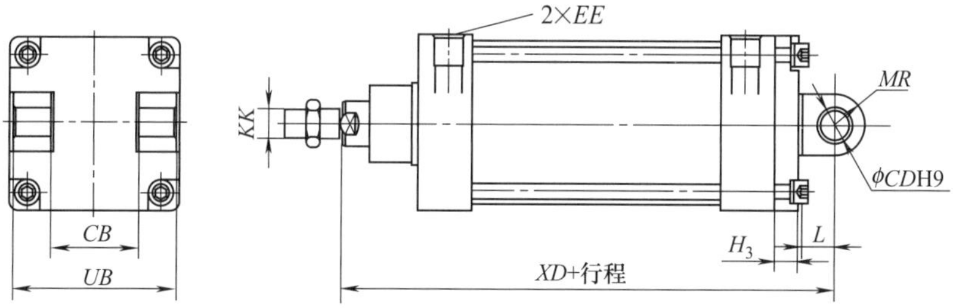

其余外形尺寸与“基本型”相同

缸径	CB	CD	EE	H_3	KK	L	MR	UB	XD
32	26	10	G1/8	10	M10×1.25	11	10	45	142
40	28	12	G1/4	10	M12×1.25	14	12	52	160
50	32	12	G1/4	11	M16×1.5	14	12	60	170
63	40	16	G3/8	11	M16×1.5	18	15	70	190
80	50	16	G3/8	16	M20×1.5	18	16	90	210
100	60	20	G1/2	15	M20×1.5	23	20	110	230
125	70	25	G1/2	20	M27×2	27	25	130	275

中间轴销型(MT4)

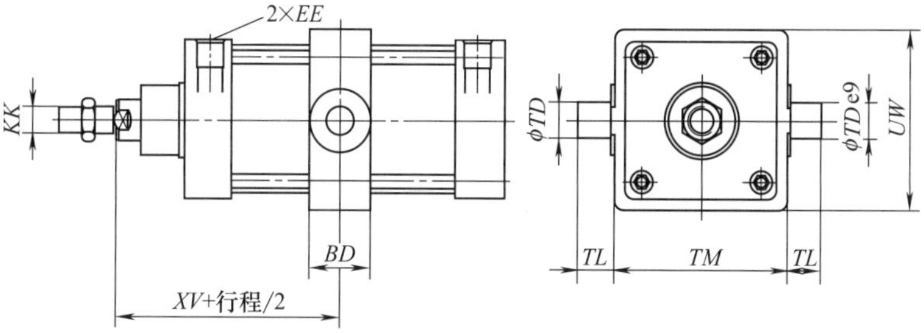

其余外形尺寸与“基本型”相同

第21篇

续表

缸径	*BD*	*EE*	*KK*	*TD*	*TM*	*TL*	*UW*	*XV*
32	22	G1/8	M10×1.25	12	50	12	58	73
40	28	G1/4	M12×1.25	16	63	16	64	82.5
50	28	G1/4	M16×1.5	16	75	16	80	90
63	35	G3/8	M16×1.5	20	90	20	90	97.5
80	35	G3/8	M20×1.5	20	110	20	112	110
100	46	G1/2	M20×1.5	25	132	25	130	120
125	46	G1/2	M27×2	25	160	25	160	145

安装附件

单耳环支座型(B1)

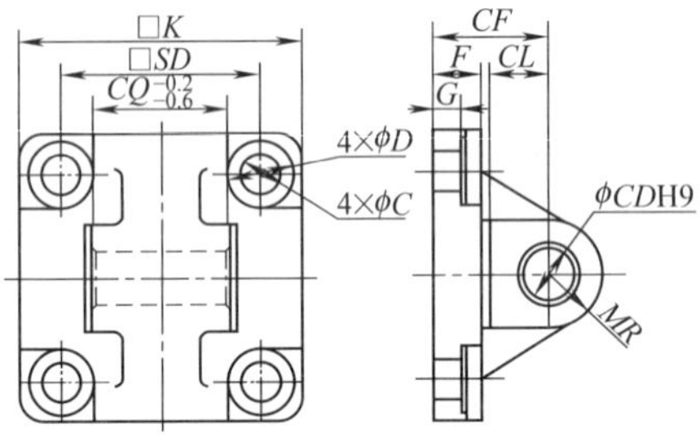

双耳环支座型(B2)

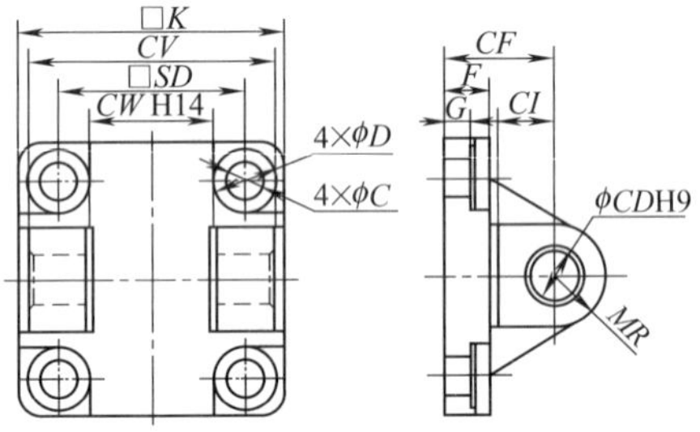

型号	型号	缸径	*C*	*CD*	*CF*	*CL*	*CQ*/*CW*	*CV*	*D*	*F*	*G*	*K*	*MR*	*SD*
S2-B1-32	S2-B2-32	32	6.6	10	22	11	26	45	11	10	5.5	46	10	32.5
S2-B1-40	S2-B2-40	40	6.6	12	25	14	28	52	11	10	5.5	52	12	38
S2-B1-50	S2-B2-50	50	9	12	27	14	32	60	15	11	6.5	65	12	46.5
S2-B1-63	S2-B2-63	63	9	16	32	18	40	70	15	11	6.5	75	15	56.5
S2-B1-80	S2-B2-80	80	11	16	36	18	50	90	18	16/15	10	95	16/15	72
S2-B1-100	S2-B2-100	100	11	20	41	22/23	60	110	18	16/15	10	114	20	89
S2-B1-125	S2-B2-125	125	14	25	50	27	70	130	20	20	10	140	25	110

连接销

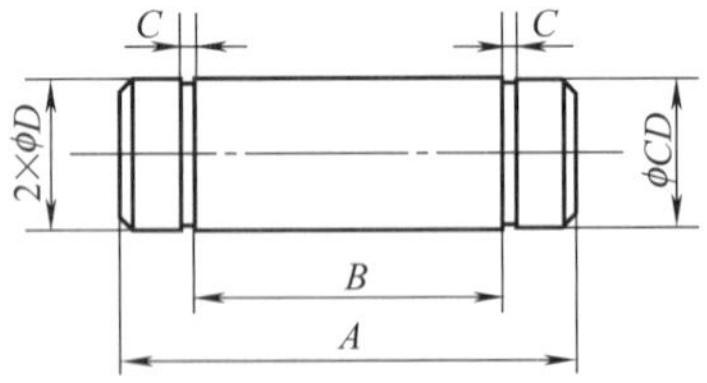

型号	缸径	Y 用(带孔销)					对应弹性挡圈
		A	*B*	*C*	*D*	*CD*	
S2-P-32	32	33	21	1.1	9.6	10	GB/T 894—2017　10
S2-P-40	40	37	25	1.1	11.5	12	GB/T 894—2017　12
S2-P-50	50	45	33	1.1	15.2	16	GB/T 894—2017　16
S2-P-63	63						
S2-P-80	80	54	41	1.1	19	20	GB/T 894—2017　20
S2-P-100	100						

型号	缸径	CB 用(带孔销)					对应弹性挡圈
		A	*B*	*C*	*D*	*CD*	
S2-P1-32	32	60	46	1.1	9.6	10	GB/T 894—2017　10
S2-P1-40	40	67	53	1.1	11.5	12	GB/T 894—2017　12
S2-P1-50	50	75	61	1.1	11.5	12	GB/T 894—2017　12
S2-P1-63	63	90	71	1.1	15.2	16	GB/T 894—2017　16
S2-P1-80	80	110	91	1.1	15.2	16	GB/T 894—2017　16
S2-P1-100	100	130	111	1.1	19	20	GB/T 894—2017　20
S2-P1-125	125	150	132	1.3	23.9	25	GB/T 894—2017　25

续表

双耳环连接件 Y

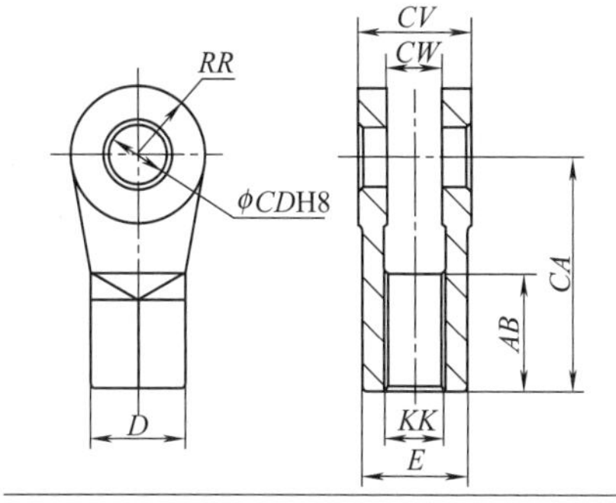

型号	缸径	*AB*	*CA*	*CD*	*CW*	*CV*	*D*	*E*	*KK*	*RR*
S2-Y-32	32	20	40	10	10	20	17	19.6	M10×1.25	*R*12
S2-Y-40	40	24	48	12	12	24	19	22	M12×1.25	*R*13
S2-Y-50	50	32	64	16	16	32	27	31.2	M16×1.5	*R*19
S2-Y-63	63									
S2-Y-80	80	40	80	20	20	40	36	34.6	M20×1.5	*R*25
S2-Y-100	100									
S2-Y-125	125	50	85	30	32	64	46	53.1	M27×2	*R*27.5

单耳环连接件 I

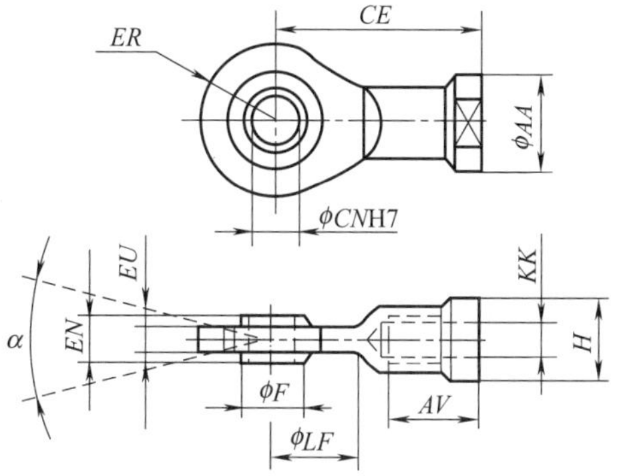

型号	缸径	*KK*	*AA*	*AV*	*CE*	*CN*	$EN_{-0.1}^{0}$	*EU*	*ER* (max)	*F*	*H*	*LF*	α/(°)	质量/kg
S2-I-32	32	M10×1.25	19	20	43	10	14	10.5	14	12.9	17	15	26	0.1
S2-I-40	40	M12×1.25	22	22	50	12	16	12	16	15.4	19	17	26	0.2
S2-I-50	50	M16×1.5	29	28	64	16	21	15	21	19.3	22	22	30	0.4
S2-I-63	63													
S2-I-80	80	M20×1.5	34	33	77	20	25	18	25	24.3	32	26	30	0.5
S2-I-100	100													
S2-I-125	125	M27×2	52	51	110	30	37	25	35	34.8	41	36	30	1.1

安装支座 B3

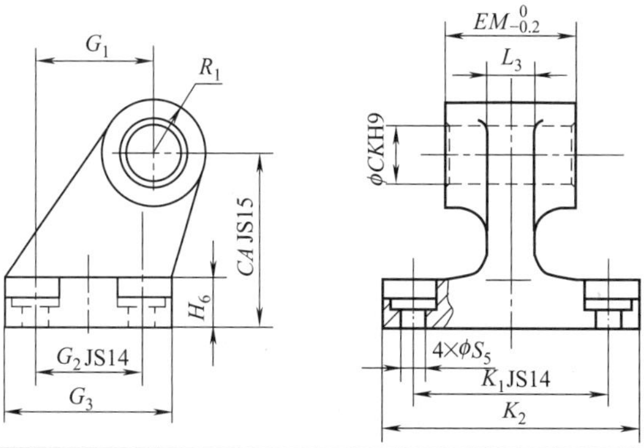

型号	缸径	*CA*	*CK*	*EM*	G_1	G_2	G_3	H_6	K_1	K_2 (max)	L_3 (max)	R_1 (max)	S_5	质量/kg
S2-B3-32	32	32	10	26	21	18	31	8	38	51	10	10.0	5.5	0.17
S2-B3-40	40	36	12	28	24	22	35	10	41	54	10	11.0	5.5	0.21
S2-B3-50	50	45	12	32	33	30	45	12	50	65	14	13.0	6.6	0.44
S2-B3-63	63	50	16	40	37	35	50	12	52	67	14	15.0	6.6	0.54
S2-B3-80	80	63	16	50	47	40	60	14	66	86	18	15.0	9.0	0.96
S2-B3-100	100	71	20	60	55	50	70	15	76	96	20	19.0	9.0	1.37

注：生产厂为无锡气动技术研究所有限公司。

7.1.1.14　QC95 系列单活塞杆标准气缸（ISO 6431）（ϕ32～200）

型号意义：

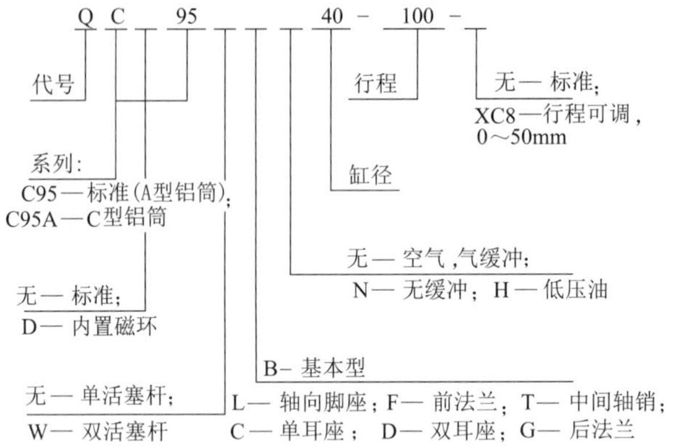

表 21-7-38　　主要技术参数

缸径/mm	32	40	50	63	80	100	125	160	200
使用介质	经过滤的压缩空气								
作用形式	双作用								
最高使用压力/MPa	1.0								
最低工作压力/MPa	0.1								
缓冲形式	气缓冲(标准)								
环境温度/℃	5～60								
使用速度/mm·s^{-1}	50～500								
行程误差/mm	0～250：$^{+1.0}_{0}$，251～1000：$^{+1.5}_{0}$，1001～1500：$^{+2.0}_{0}$								
润滑①	出厂已润滑								
接管口径	G1/8	G1/4		G3/8		G1/2		G3/4	

① 如需要润滑，请用透平 1 号油（ISO VG32）。

表 21-7-39　　标准行程/缓冲行程/磁性开关

缸　径	标准行程	缓冲行程	磁性开关型号与固定码		
			适用于 A 型铝筒		适用于 C 型铝筒
32	25,40,50,75,80,125,150,160,175,200,250,300,400,500	18.8	QCK2400 QCK2422	BT-03	AL-30R QCK2400A QCK2422A
40		18.8			
50		21.3		BT-05	
63		21.3			
80		30.3		BT-08	
100		29.3			
125		40.0		BT-12	
160		40.0		BT-16	
200		50.0		BT-20	

注：1. 使用的电压及电流避免超负荷。

2. 严禁 QCK 磁性开关直接与电源接通，必须同负载串联使用。

3. 严禁有其他强磁体靠近 QCK 磁性开关，如有，应屏蔽。

表 21-7-40　　外形尺寸及安装形式　　mm

基本型 QC95

图形符号

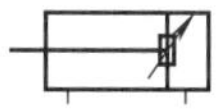

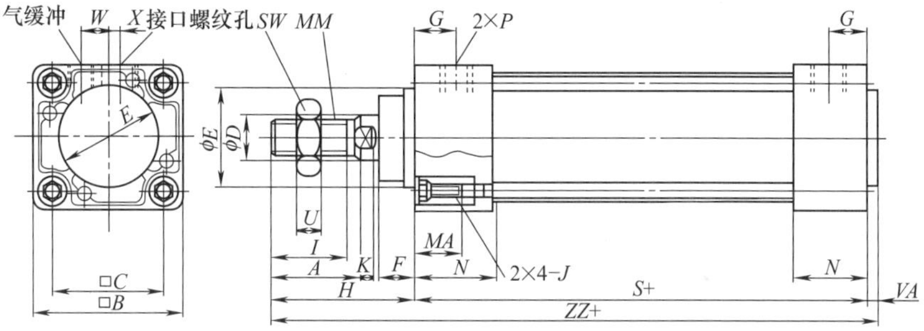

缸径	行程范围	A	B	C	D	E	F	G	H	I	J	MA	MM	N	P	S	SW	VA	X	ZZ	K	W	U
32	至 500	22	46	32.5	12	30	15	13	48	19.5	M6×1.0	16	M10×1.25	26	G1/8	94	15	4	4	146	6	6.5	6
40	至 500	24	52	38	16	35	17	14	54	21	M6×1.0	16	M12×1.25	26	G1/4	105	17	4	4	163	6.5	9	6
50	至 600	32	65	46.5	20	40	24	15.5	69	29	M8×1.25	16	M16×1.5	29.5	G1/4	106	22	4	5	179	8	10.5	7
63	至 600	32	75	56.5	20	45	24	16.5	69	29	M8×1.25	16	M16×1.5	29.5	G3/8	121	22	4	9	194	8	12	7
80	至 1000	40	95	72	25	45	30	19	86	37	M10×1.5	16	M20×1.5	35	G3/8	128	26	4	11.5	218	10	14	8
100	至 1000	40	114	89	30	55	32	19	91	37	M10×1.5	16	M20×1.5	35	G1/2	138	26	4	17	233	10	15	8
125	至 1200	54	140	110	32	60	45	23	119	51	M12	20	M27×2	46	G1/2	160	38	6	10	279	16	17	12
160	至 1200	72	180	140	40	65	58	25	152	69	M16	24	M36×2	50	G3/4	180	48	4	18	332	12	25	15
200	至 1500	72	220	175	40	75	60	25	167	69	M16	24	M36×2	50	G3/4	180	48	5	18	347	16	25	15

双活塞杆
型QC95WB

图形符号

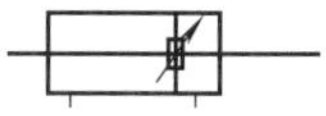

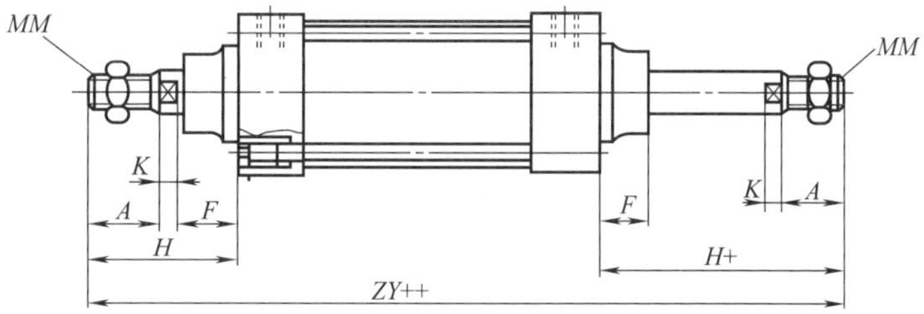

缸　　径	ZY	H	F	MM
32	190	48	15	M10×1.25
40	213	54	17	M12×1.25
50	244	69	24	M16×1.5
63	259	69	24	M16×1.5
80	300	86	30	M20×1.5
100	320	91	32	M20×1.5
125	398	119	45	M27×2
160	484	152	58	M36×2
200	514	167	60	M36×2

安装附件

轴向脚座

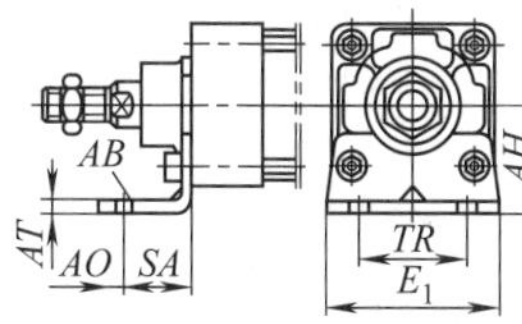

前法兰

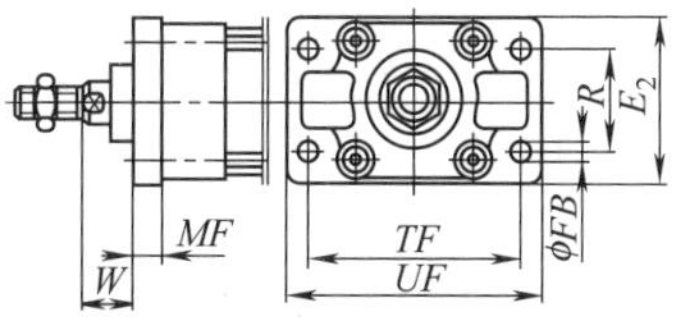

中间轴销

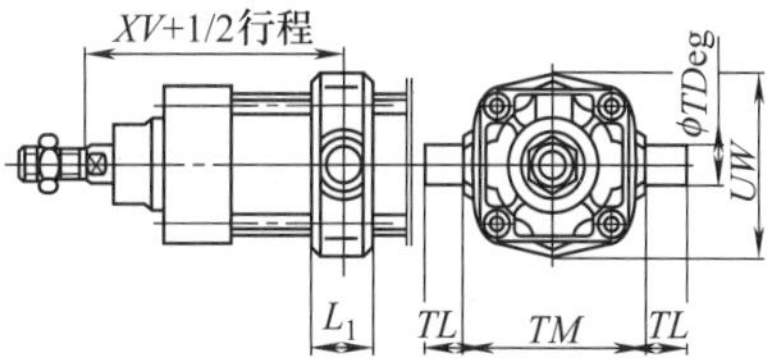

续表

适用缸径	轴向脚座								前法兰								中间轴销						
	零件号	AH	E_1	TR	AB	SA	AO	AT	零件号	FB	R	E_2	TF	UF	W	MF	零件号	TL	TM	TD	UW	XV	L_1
32	C95-L03	32	48	32	7	24	10	4	C95-F03	7	32	50	64	79	16	10	C95-T03	12	50	12	49	73	18
40	C95-L04	36	55	36	9	28	11	4	C95-F04	9	36	55	72	90	20	10	C95-T04	16	63	16	58	82.5	22
50	C95-L05	45	68	45	9	32	12	5	C95-F05	9	45	70	90	110	25	12	C95-T05	16	75	16	71	90	24
63	C95-L06	50	80	50	9	32	12	5	C95-F06	9	50	80	100	120	25	12	C95-T06	20	90	20	87	97.5	28
80	C95-L08	63	100	63	12	41	14	6	C95-F08	12	63	100	126	153	30	16	C95-T08	20	110	20	110	110	34
100	C95-L10	71	120	75	14	41	16	6	C95-F10	14	75	120	150	178	35	16	C95-T10	25	132	25	136	120	40
125	C95-L12	90	140	90	16	45	20	8	C95-F12	16	90	140	180	220	45	20	C95-T12	25	160	25	160	145	44
160	C95-L16	115	184	115	18	60	25	9	C95-F16	18	115	180	230	280	60	20	C95-T16	32	200	32	200	170	48
200	C95-L20	135	228	135	24	70	30	12	C95-F20	22	135	220	270	315	70	25	C95-T20	32	250	32	240	185	48

单耳座　　双耳座　　双耳座接座

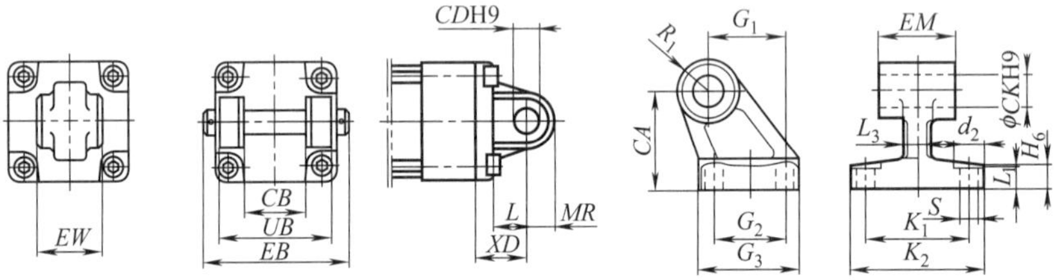

适用缸径	单耳座、双耳座										双耳座接座														
	零件号(单)	EW	CD	L	MR	XD	CB	UB	EB	零件号(双)	零件号	d_2	CK	S	K_1	K_2	L_3	G_1	L_1	G_2	EM	G_3	CA	H_6	R_1
32	C95-C03	26	10	12	9.5	22	26	45	65	C95-D03	C95-E03	11	10	6.6	38	51	10	21	7	18	26	31	32	8	10
40	C95-C04	28	12	15	12	25	28	52	75	C95-D04	C95-E04	11	12	6.6	41	54	10	24	9	22	28	35	36	10	11
50	C95-C05	32	12	15	12	27	32	60	80	C95-D05	C95-E05	15	12	9	50	65	12	33	11	30	32	45	45	12	12
63	C95-C06	40	16	20	16	32	40	70	90	C95-D06	C95-E06	15	16	9	52	67	14	37	11	35	40	50	50	12	15
80	C95-C08	50	16	20	16	36	50	90	110	C95-D08	C95-E08	18	16	11	66	86	18	47	12.5	40	50	60	63	14	15
100	C95-C10	60	20	25	20	41	60	110	140	C95-D10	C95-E10	18	20	11	76	96	20	55	13.5	50	60	70	71	15	19
125	C95-C12	70	25	30	25	50	70	120	148	C95-D12															
160	C95-C16	90	30	35	25	55	90	160	188	C95-D16															
200	C95-C20	90	30	35	25	60	90	160	188	C95-D20															

I形单肘节球轴承接头　　Y形双肘节接头

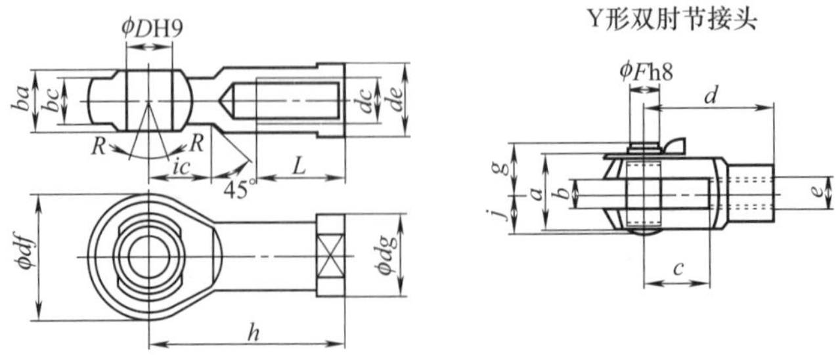

续表

适用缸径	I形单肘节球轴承接头												适用缸径	Y形双肘节接头								
	零件号	*dc*	*ba*	*bc*	*D*	*de*	*df*	*dg*	*h*	*L*	*ic*	*R*		零件号	*a*	*e*	*b*	*c*	*d*	*F*	*g*	*j*
32	KJ10D	M10×1.25	14	10.5	10	17	26	19	43	20	14	13	32	GKM10-20	20	M10×1.25	10	20	40	10	26	12
40	KJ12D	M12×1.25	16	12	12	19	30	22	50	22	16	13	40	GKM12-24	24	M12×1.25	12	24	48	12	31	15
50	KJ16D	M16×1.5	21	15	16	22	42	27	64	28	22	15	50	GKM16-32	32	M16×1.5	16	32	64	16	39	19
63		M16×1.5	21	15	16	22	42	27	64	28	22	15	63		32	M16×1.5	16	32	64	16	39	19
80	KJ20D	M20×1.5	25	18	20	30	50	34	77	36	26	15	80	GKM20-40	40	M20×1.5	20	40	80	20	53	24
100		M20×1.5	25	18	20	30	50	34	77	33	26	15	100		40	M20×1.5	20	40	80	20	53	24
125	KJ27D	M27×2	37	25	30	41	70	50	110	51	36	15	125	GKM27-54	55	M27×2	30	54	110	30	74	30
160	KJ36D	M36×2	43	28	35	50	80	58	125	56	41	15	160	GKM36-72	70	M36×2	35	72	144	35	91	40
200		M36×2	43	28	35	50	80	58	125	56	41	15	200		70	M36×2	35	72	144	35	91	40

注：生产厂为上海新益气动元件有限公司。

7.1.1.15　10B-5 系列无拉杆气缸（ϕ32～200）

型号意义：

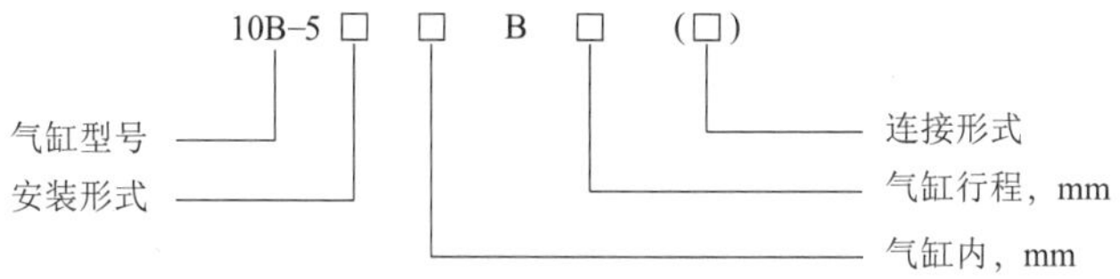

表 21-7-41　　主要技术参数

气缸型号	10B-5(标准型)								
气缸内径 *D*/mm	ϕ32	ϕ40	ϕ50	ϕ63	ϕ80	ϕ100	ϕ125	ϕ160	ϕ200
最大行程 *S*/mm	500	800			1000				1500
使用压力范围/bar	0.5～10								
耐压力/bar	15								
使用速度范围/mm·s^{-1}	50～70								
使用温度范围/℃	－25～＋80(但在不冻结条件)								
使用介质	干燥洁净空气								
给油	不需要(也可给油)								
缓冲形式	两侧可调缓冲								
缓冲行程/mm	20			25				28	

表 21-7-42　　外形尺寸及安装形式　　mm

1. SD(基本型)

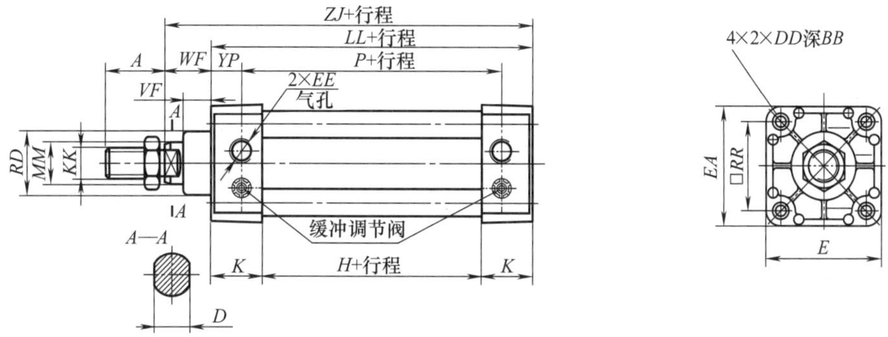

续表

缸径	A	BB	D	DD	E	EE	H	K	KK	LL	MM	P	RD	RR	VF	WF	YP	ZJ
32	22	12	10	M6×1	44	G1/8	33	30	M10×1.25	93	ϕ12	52	ϕ28	33	15	25	20.5	118
40	24	12	13	M6×1	50	G1/4	35	29	M12×1.25	93	ϕ16	63	ϕ32	37	15	25	15	118
50	32	12	19	M6×1	62	G1/4	38	27.5	M16×1.5	93	ϕ22	59	ϕ38	47	15	25	17	118
63	32	14	19	M8×1.25	76	G3/8	23	36.5	M16×1.5	96	ϕ22	65	ϕ38	56	15	25	15.5	121
80	40	18	22	M10×1.25	94	G3/8	26	41	M20×1.5	108	ϕ25	70	ϕ47	70	21	35	19	143
100	40	18	22	M10×1.25	114	G1/2	29	39.5	M20×1.5	108	ϕ25	70	ϕ47	84	21	35	19	143
125	54	14	27	M12×1.75	138	G1/2	38	38	M27×2	114	ϕ32	71	ϕ54	104	21	35	21.5	149
160	72	18	36	M16	174	G3/4	39	43	M36×2	125	ϕ40	79	ϕ62	134	25	42	23	167
200	72	18	36	M16	220	G3/4	92	50	M36×2	192	ϕ40	142	ϕ82	175	55	95	25	287

2. LA(横向脚架式)

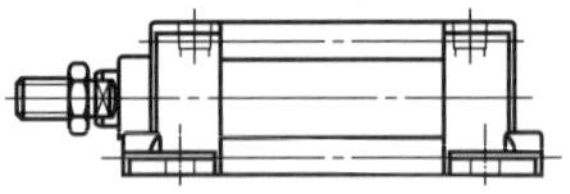

3. LB(轴向脚架式)

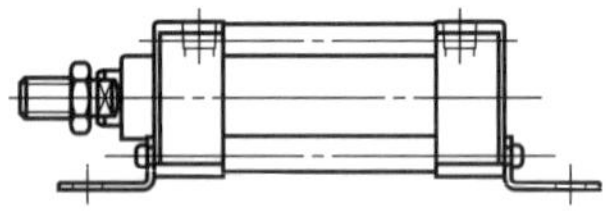

4. FA(前法兰式)

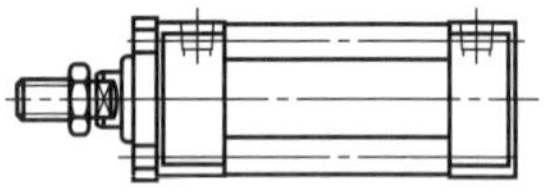

5. FB(后法兰式)

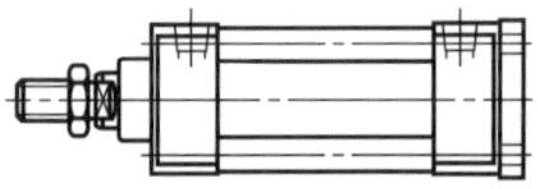

6. CA(单悬耳式)

7. CC(单悬耳式)

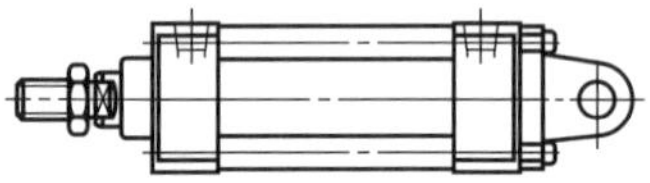

8. CB(双悬耳式)

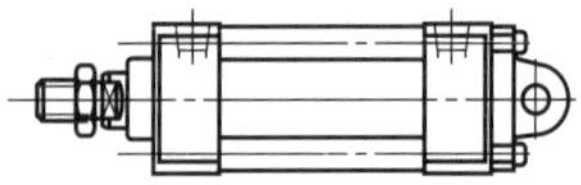

9. CBB(双悬耳座式)

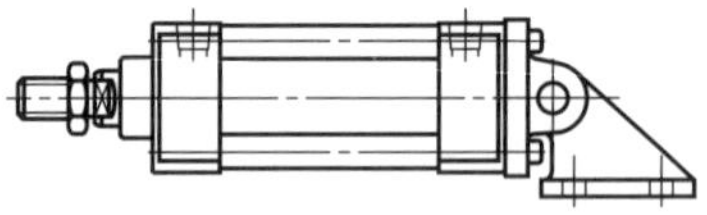

安装附件

LA 横向脚架

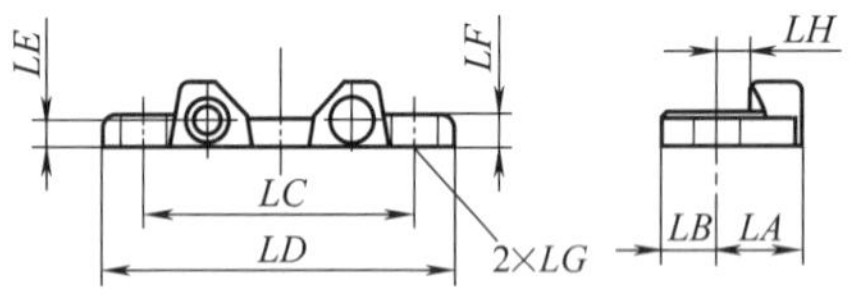

LB 轴向脚架

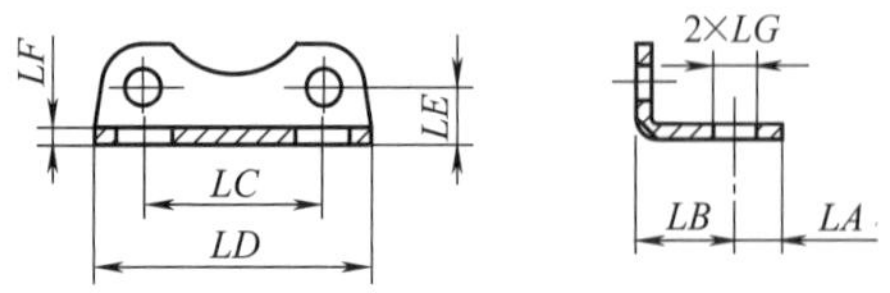

型式	缸径	32	40	50	63	80	100	125	160	200
LA 横向脚架	LA	22	22	24	26	33	37	45	44	—
	LB	13	14	14	14	18	18	21	22	—
	LC	63	70	83	95	121	140	175	214	—
	LD	80	91	104	116	146	165	211	254	—
	LE	5.5	6.6	7.6	10	12	15	17	21	—
	LF	8	8	9	9	12	14	17	17	—
	LG	ϕ9	ϕ12	ϕ12	ϕ12	ϕ14	ϕ14	ϕ18	ϕ18	—
	LH	10	10	10	10	13	13	17	18	—
LB 轴向脚架	LA	9.5	12.5	12	13	16	16	18	20	30
	LB	20.5	23.5	28	31	30	30	35	40	70
	LC	33	36	47	56	70	84	104	134	135
	LD	50	57	68	80	97	112	136	170	220
	LE	11.5	11.5	13.1	13	14	15	18	24	47.5
	LF	3	3	3	3	4	4	6	8	10
	LG	ϕ9	ϕ12	ϕ12	ϕ12	ϕ14	ϕ14	ϕ18	ϕ17	ϕ22

续表

FA 前法兰
FB 后法兰

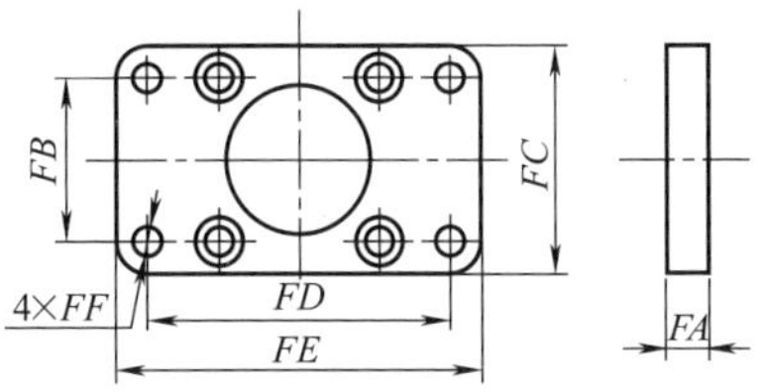

缸径	32	40	50	63	80	100	125	160	200
FA	10	10	10	12	16	16	20	25	25
FB	33	36	47	56	70	84	104	134	135
FC	47	52	65	76	95	115	138	172	220
FD	58	70	86	98	119	138	168	208	270
FE	72	84	104	116	143	162	196	240	320
FF	ϕ7	ϕ7	ϕ9	ϕ9	ϕ12	ϕ12	ϕ14	ϕ17	ϕ22

CA 单悬耳　　CC 单悬耳

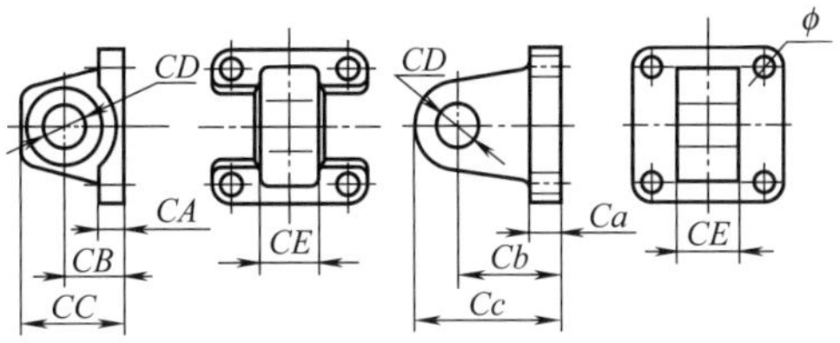

CA	8	8	10	13	18	18	18	20	—
Ca	10	10	10	10	14	14	14	15	23
CB	19	19	19	19	32	32	32	40	—
Cb	34	34	34	34	48	48	48	55	60
CC	31	33	33	33	52	52	52	70	—
Cc	46	48	49	49	68	68	68	83	90
CD	ϕ12	ϕ14	ϕ14	ϕ14	ϕ20	ϕ20	ϕ20	ϕ28	ϕ30
CE	16	20	20	20	32	32	32	40	89.7
ϕ	6.6	6.6	6.6	9	11	11	13	17	17

CB 双悬耳

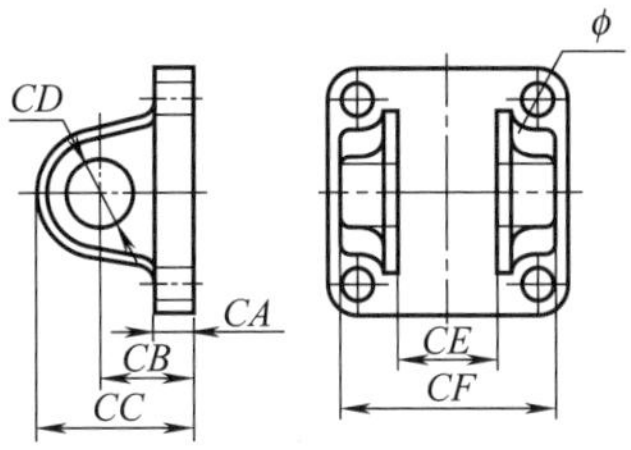

CA	8	8	8	8	11	11	14	15	23
CB	19	19	19	19	32	32	32	40	60
CC	32	32	34	34	53	53	53	68	90
CD	ϕ12	ϕ14	ϕ14	ϕ14	ϕ20	ϕ20	ϕ20	ϕ28	ϕ30
CE	16	20	20	20	32	32	32	40	90.3
CF	32	44	52	52	64	64	64	80	170
ϕ	6.6	6.6	6.6	9	11	11	13	17	17

CBB 双悬耳座

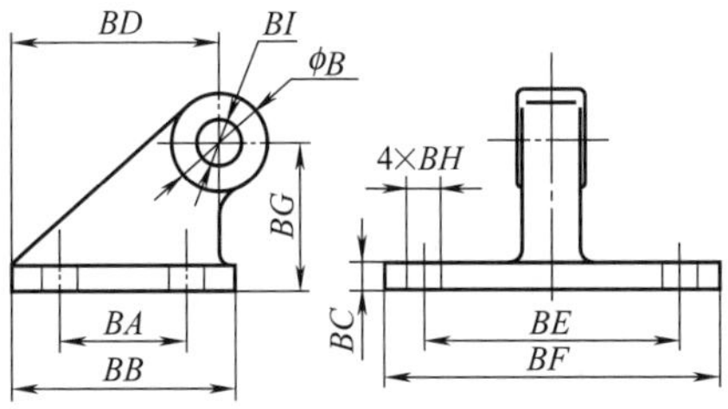

BA	40	40	40	40	65	65	77	120	—
BB	60	70	70	70	95	95	112	165	—
BC	8	8	8	8	12	12	15	23	—
BD	55	65	65	65	85	85	112	142.5	—
BE	65	80	80	80	105	105	110	130	—
BF	85	105	105	105	135	135	145	175	—
BG	35	45	45	45	60	60	75	115	—
BH	ϕ9	ϕ11	ϕ11	ϕ11	ϕ14	ϕ14	ϕ18	ϕ22	—
BI	ϕ12	ϕ14	ϕ14	ϕ14	ϕ20	ϕ20	ϕ20	ϕ28	—
ϕB	28	30	30	30	40	40	40	56	—

续表

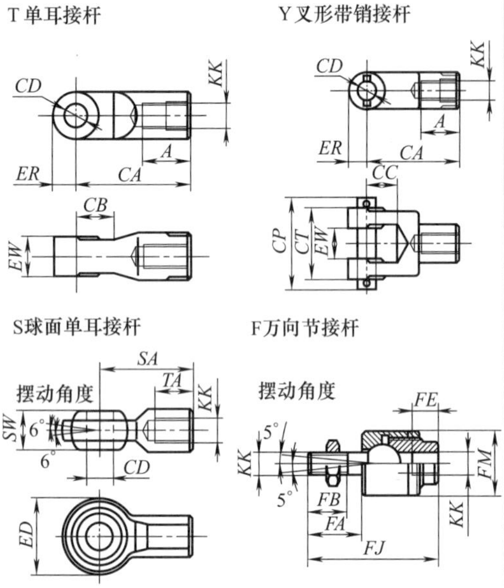

缸径	32	40	50	63	80	100	125	160	200
A	23	25	33	33	41	41	56	69	69
CA	55	60	60	60	85	85	100	125	125
CD	ϕ12	ϕ14	ϕ14	ϕ14	ϕ20	ϕ20	ϕ20	ϕ28	ϕ28
ER	R12	R12	R14	R14	R19	R19	R20	28	28
EW	16	20	20	20	32	32	32	40	40
KK	M10×1.25	M12×1.25	M16×1.5	M16×1.5	M20×1.5	M20×1.5	M27×2	M36×2	M36×2
CC	20	20	18	18	28	28	35	36.5	36.5
CB	20	20	20	20	30	30	32	33	33
CP	46	58	58	58	78	78	78	97	97
CT	32	44	44	44	64	64	64	80	80
ED	ϕ36	ϕ40	ϕ42	ϕ42	ϕ50	ϕ50	ϕ56	ϕ60	ϕ60
TA	18	20	24	24	30	30	41	62	62
SA	43	50	64	64	77	77	103	115	115
FA	29	29	36	36	47	56	68	71	71
FB	21	21	28	28	34	34	47	50	50
FE	14	14	16	16	22	24	36	42	42
FJ	70	70	89	89	110	123	157	171	171
FM	ϕ34	ϕ34	ϕ44	ϕ44	ϕ52	ϕ52	ϕ64	ϕ70	ϕ70
SW	16	20	21	21	25	25	35	40	40

注：生产厂为肇庆方大气动有限公司。

7.1.1.16　QGZ中型单活塞杆气缸（ϕ40～100）

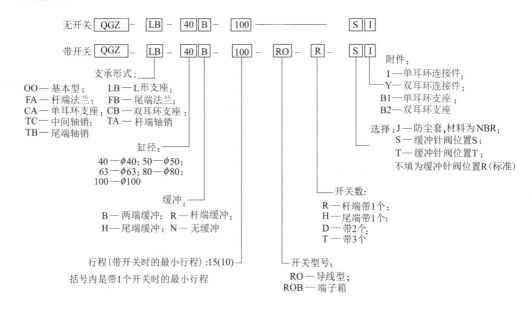

型号意义：

无开关 QGZ – LB – 40 B – 100 —————— S I

带开关 QGZ – LB – 40 B – 100 – RO – R – S I

支承形式：
OO—基本型；　LB—L形支座；
FA—杆端法兰；　FB—尾端法兰；
CA—单耳环支座；CB—双耳环支座；
TC—中间轴销；　TA—杆端轴销
TB—尾端轴销

缸径：
40—ϕ40；50—ϕ50；
63—ϕ63；80—ϕ80；
100—ϕ100

缓冲：
B—两端缓冲；R—杆端缓冲；
H—尾端缓冲；N—无缓冲

行程(带开关时的最小行程)：15(10)
括号内是带1个开关时的最小行程

开关型号：
RO—导线型；
ROB—端子箱

开关数：
R—杆端带1个；
H—尾端带1个；
D—带2个；
T—带3个

附件：
I—单耳环连接件；
Y—双耳环连接件；
B1—单耳环支座；
B2—双耳环支座

选择：J—防尘套，材料为NBR；
S—缓冲针阀位置S；
T—缓冲针阀位置T；
不填为缓冲针阀位置R(标准)

第21篇

表 21-7-43 **主要技术参数**

型 号	QGZ	型 号	QGZ				
作用形式	双作用	缸径/mm	ϕ40	ϕ50	ϕ63	ϕ80	ϕ100
使用流体	洁净压缩空气	接管口径	$R_c1/4$	$R_c3/8$		$R_c1/2$	
最高工作压力	1.0MPa(10.2kgf/cm^2)	活塞工作速度/mm·s^{-1}	50～1000（请在可吸收能量范围内使用）				
最低工作压力	0.05MPa(0.5kgf/cm^2)						
耐压	1.6MPa(16.3kgf/cm^2)	缓冲形式	可选择有缓冲、无缓冲				
环境温度/℃	−10～60(不冻结)	润滑	不要(给油时使用透平油 1 级 ISO VG32)				

表 21-7-44 **外形尺寸及安装形式** mm

基本型(OO)

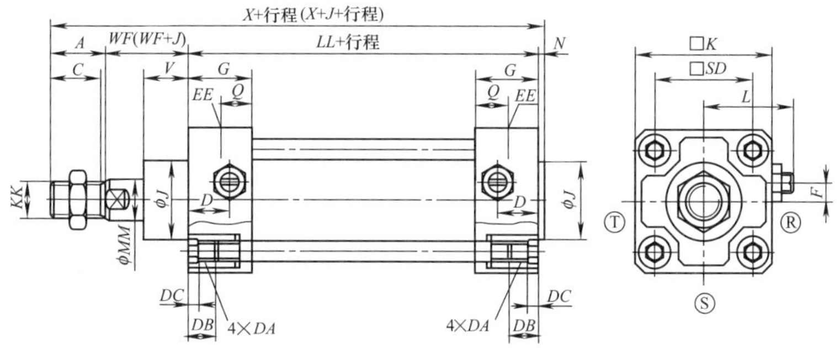

1. Ⓡ Ⓢ Ⓣ表示缓冲针阀位置
2. J 尺寸在小数点以后的请进位
3. 括号内尺寸为带防尘套时的外形尺寸

缸径	基本尺寸																	
	A	C	D	DA	DB	DC	EE	F	G	J	K	KK	L	LL	MM	N	Q	SD
40	22	20	16.5	M8	12	4	$R_c1/4$	7.5	26	31	57	M14×1.5	38～39.5	93	16	2	13	40.5
50	28	26	20				$R_c3/8$	0	28	38	66	M18×1.5	41～43.5	101	20	2.5	14	48
63			22						30		80		47.5～50	105		3	15	59
80	36	34	26	M12	16	5	$R_c1/2$		34	43	98	M22×1.5	56～59	116	25	3.5	17	74
100	45	43	28						36	51	118	M26×1.5	66～69	128	30	4	18	90

缸径	基本尺寸			J(带防尘套)							
				行程							
	V	WF	X	≤50	51～100	101～150	151～200	201～300	301～400	401～500	≥501
40	18.5	33.5	150.5	25.5	41.5	58.5	75.5	108.5	141.5	174.5	行程/3.0+8.0
50	20.5	37	168.5	22	36	49	63	90	119	146	行程/3.6+7.5
63	21	35	171								
80	23.5	48	203.5	14	26	38	49	72	96	119	行程/4.3+2.5
100	32	53	230	20	32	42	53	76	98	120	行程/4.5+9.0

轴向 L 形支座型(LB)

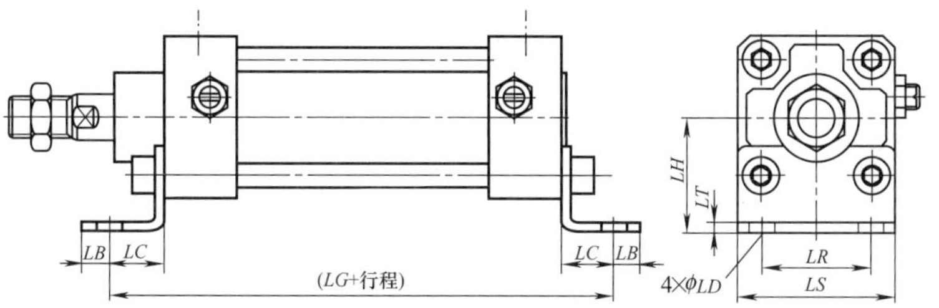

续表

缸径	LB	LC	LD	(LG)	LH	LR	LS	LT	
40	10	19.5	9	132	40	40	57	3.2	其余外形尺寸与“基本型”相同
50	12	22		145		46	66	4.5	
63		30	11	165	50	60	80		
80	14	37	14	190	60	74	98	6	
100	21	31			67	80	118		

杆端法兰型(FA)

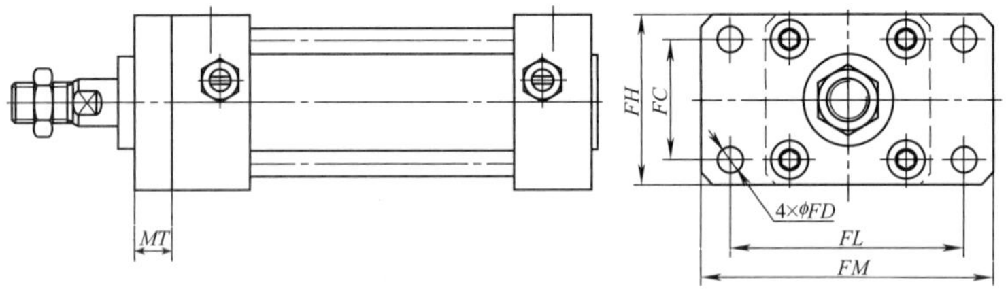

尾端法兰型(FB)

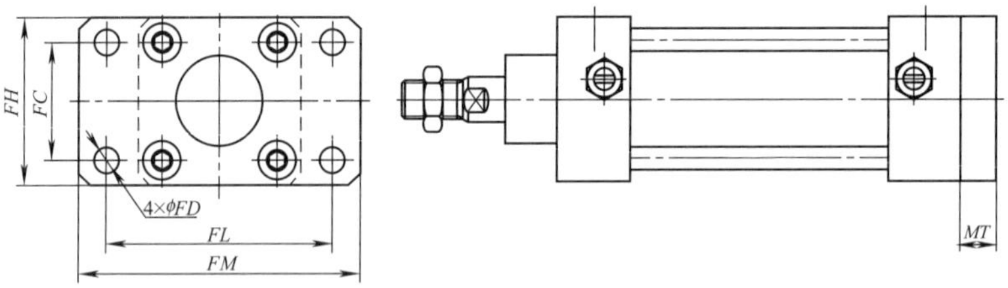

缸径	FA和FB型						
	FC	FD	FH	FL	FM	MT	
40	40	9	57	80	100	12	其余外形尺寸与“基本型”相同
50	47		65	85	108		
63	60	11	80	106	130	16	
80	74	14	98	125	153	19	
100	88		118	144	180		

单耳环支座型(CA)

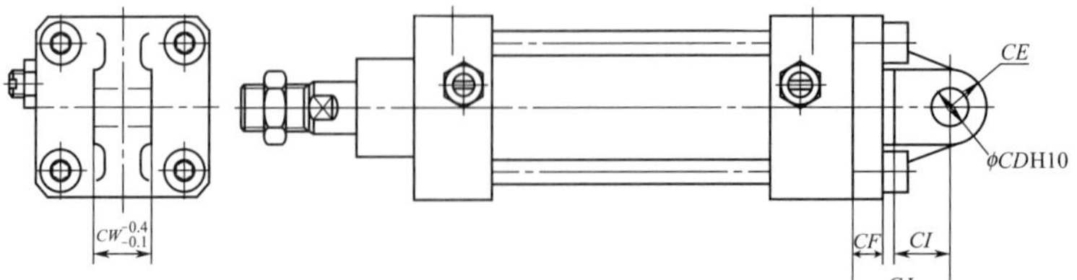

续表

双耳环支座型(CB)

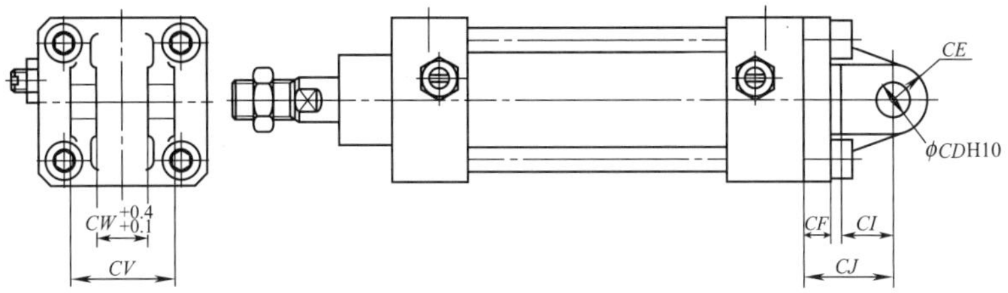

缸径	CA 和 CB 型							
	CD	CE	CF	CI	CJ	CW	CV	
40	12	R12	10	18	32	18	36	其余外形尺寸与“基本型”相同
50								
63	14	R16		24	37	20	40	
80	20	R20	14	30	52	28	56	
100			16					

中间轴销型(TC)

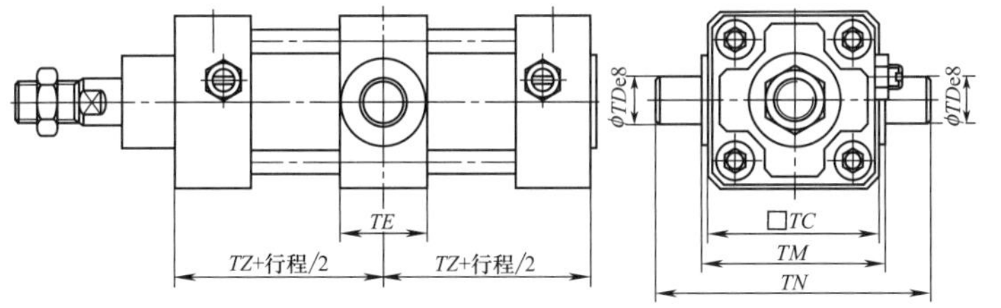

杆端轴销型(TA)

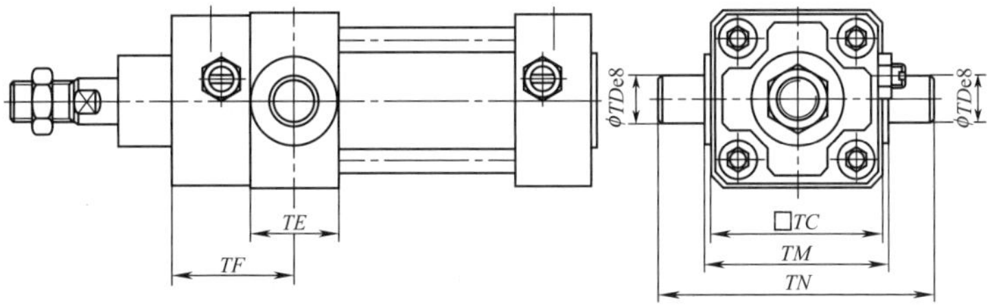

尾端轴销型(TB)

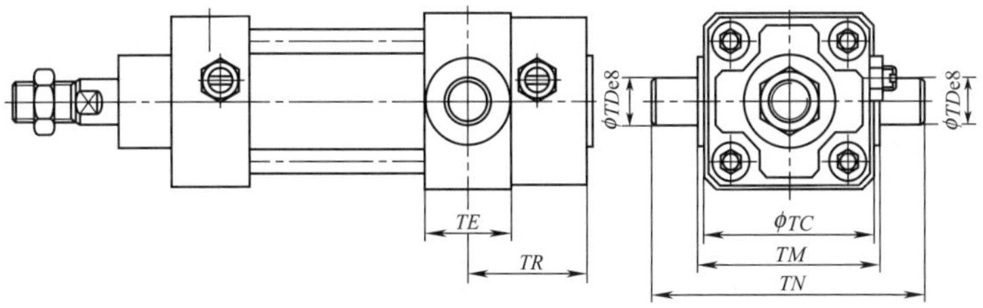

续表

缸径	TC、TA 和 TB 型							
	TC	*TD*	*TE*	*TM*	*TN*	*TF/TR*	*TZ*	
40	57	16	30	63	95	41	46.5	其余外形尺寸与“基本型”相同
50	67	18		80	116	43	50.5	
63	82	20	35	90	130	47.5	52.5	
80	100	25	40	115	165	54	58	
100	121	35	50	135	205	61	64	

安装附件

单耳环连接件(I)

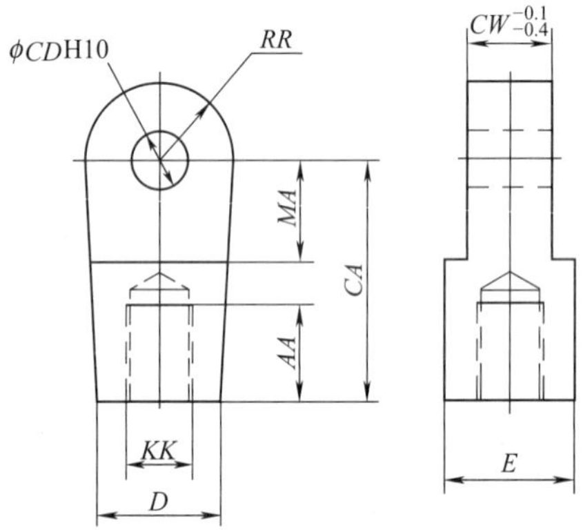

双耳环连接件(Y)

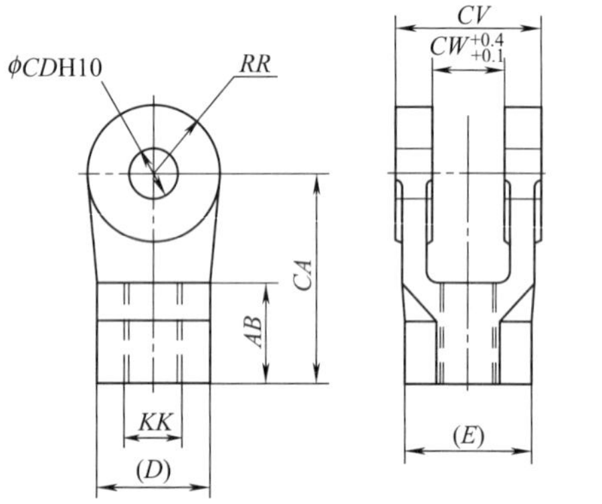

型号	缸径	*AA*	*CA*	*CD*	*CW*	*D*	*E*	*KK*	*MA*	*RR*
S1-I-40	40	20	50	12	18	27	27	M14×1.5	21	*R*16
S1-I-50	50	21						M18×1.5		
S1-I-63	63			14	20					
S1-I-80	80	30	70	20	28	46	41	M22×1.5	30	*R*25
S1-I-100	100							M26×1.5		

型号	缸径	*AB*	*CA*	*CD*	*CV*	*CW*	*D*	*E*	*KK*	*RR*
S1-Y-40	40	24	50	12	36	18	27	31.2	M14×1.5	*R*16
S1-Y-50	50								M18×1.5	
S1-Y-63	63			14	40	20				
S1-Y-80	80	35	70	20	56	28	41	47.3	M22×1.5	*R*25
S1-Y-100	100								M26×1.5	

单耳环支座(B1)

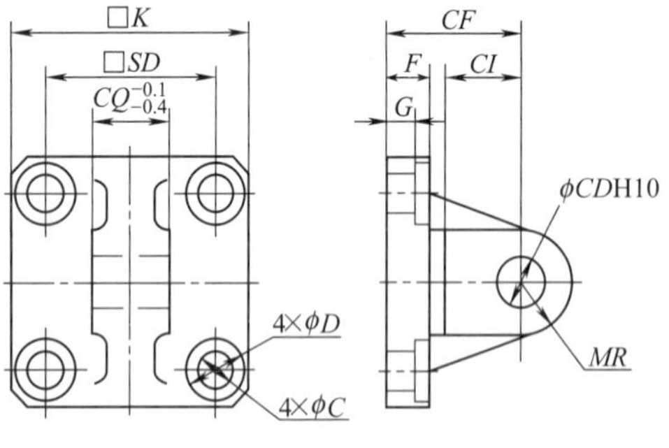

双耳环支座(B2)

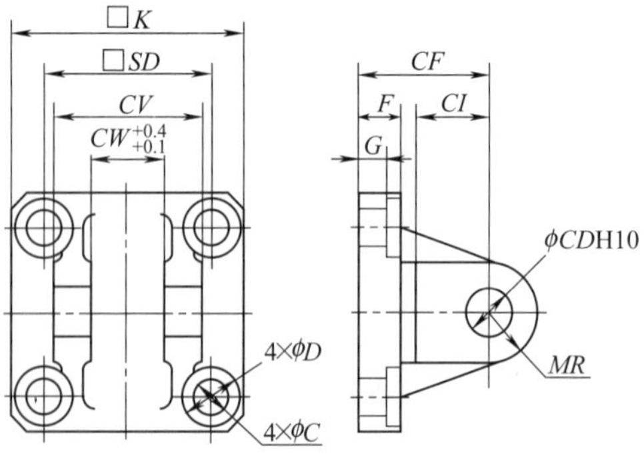

B1 型号	B2 型号	缸径	*C*	*CD*	*CF*	*CI*	*CQ/CW*	*CV*	*D*	*F*	*G*	*K*	*MR*	*SD*
S1-B1-40	S1-B2-40	40	9	12	32	18	18	36	14	10	6.5	57	*R*12	40.5
S1-B1-50	S1-B2-50	50										66		48
S1-B1-63	S1-B2-63	63		14	37	24	20	40			7.5	80	*R*16	59
S1-B1-80	S1-B2-80	80	14	20	52	30	28	56	20	14	10.5	98	*R*20	74
S1-B1-100	S1-B2-100	100								16		118		90

续表

连接销(P)

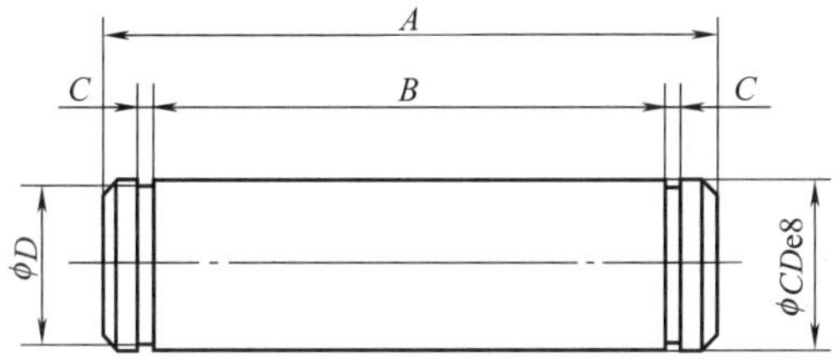

型号	缸径	连接销					轴用挡圈
		A	B	C	D	CD	
S1-P-40	40,50	43.5	36.2	1.15	11.5	12	12
S1-P-63	63	47.5	40.2		13.4	14	14
S1-P-80	80,100	64	56.2		19	20	20

注：生产厂为无锡气动技术研究所有限公司。

7.1.1.17　QGC 系列重载单活塞杆气缸（ϕ80～160）

型号意义：

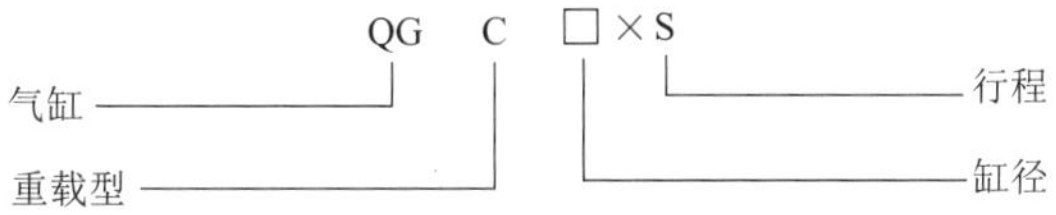

表 21-7-45　**主要技术参数**

缸径/mm	80,100,125,160	耐压力/bar	12
工作介质	经过净化并含有油雾的压缩空气	使用温度范围/℃	－25～＋80(在不冻结条件下)
工作压力/bar	1.5～8		

表 21-7-46　**外形尺寸**　mm

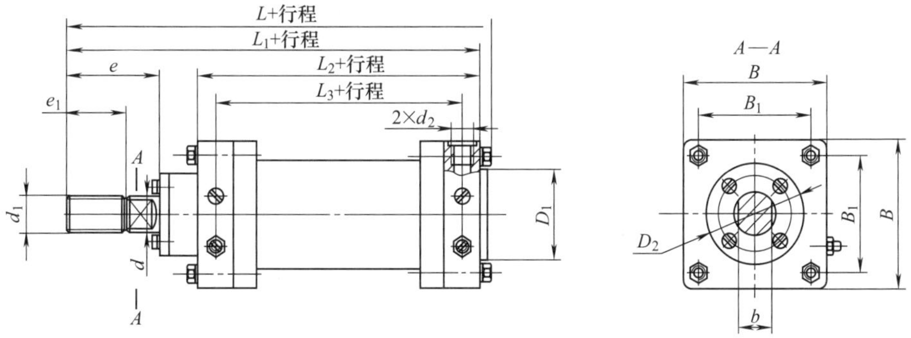

型　号	D_1	D_2	d	d_1	d_2	L	L_1	L_2	L_3	e	e_1	B	B_1	b
QGC80×S	80	68	32	M27×2	M16×1.5	287	275	195	165	55	40	115	90	28
QGC100×S	80	78	40	M33×2	M16×1.5	265	235	145	115	70	50	150	120	36
QGC125×S	100	100	50	M42×2	M20×1.5	355	312	190	150	80	60	190	150	46
QGC160×S	130	130	63	M48×2	M27×2	385	338	200	160	85	65	230	180	55

注：生产厂为肇庆方大气动有限公司。

7.1.1.18 JB系列缓冲单活塞杆气缸（ϕ80～400）

型号意义：

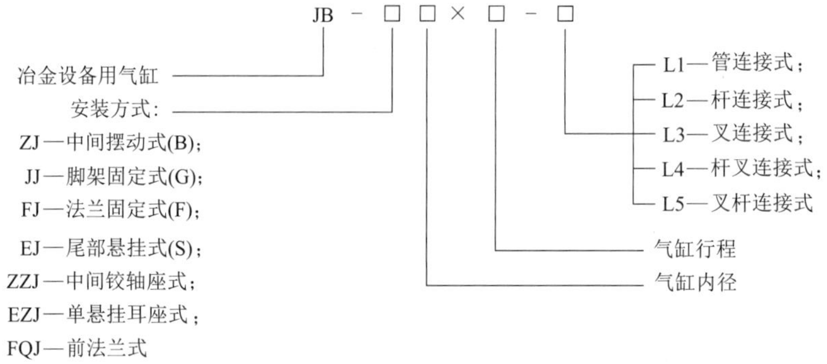

表 21-7-47 主要技术参数

缸径/mm	80	100	125	160	180	200	250	320	400
最大行程/mm	600		800		1000		1250	1600	
工作介质	经过净化并有油雾的压缩空气								
使用温度范围/℃	－25～＋80(但在不冻结条件下)								
工作压力范围/bar	1.5～8								
使用速度范围/mm·s^{-1}	100～500								

表 21-7-48 外形尺寸及安装形式 mm

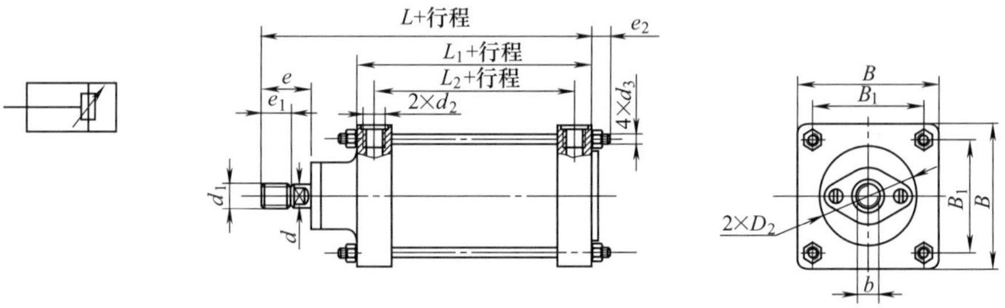

型号	D_2	L	L_1	L_2	d	d_1	d_2	d_3	e	e_1	e_2	B	B_1	b
JB80×S	95	240	135	105	30	M20×1.5	M14×1.5	M12	50.5	35	30	115	85	24
JB100×S	95	240	135	105	30	M20×1.5	M14×1.5	M12	50.5	35	30	130	100	24
JB125×S	130	310	180	140	40	M24×2	M18×1.5	M16	59	40	40	160	120	36
JB160×S	130	310	180	140	40	M24×2	M18×1.5	M16	59	40	40	190	150	36
JB180×S	170	350	190	150	50	M30×2	M18×1.5	M20	84	50	40	220	170	41
JB200×S	170	350	190	150	50	M30×2	M18×1.5	M20	84	50	40	240	190	41
JB250×S	200	450	240	180	70	M42×3	M27×2	M24	109	60	50	290	230	65
JB320×S	240	520	260	200	90	M56×4	M33×2	M30	118	70	60	350	280	75
JB400×S	240	520	260	200	90	M56×4	M33×2	M36	118	70	60	430	350	75

续表

安装附件

配用 JB 气缸安装与连接附件

B-摆动型式与尺寸(或 ZJ-铰轴)

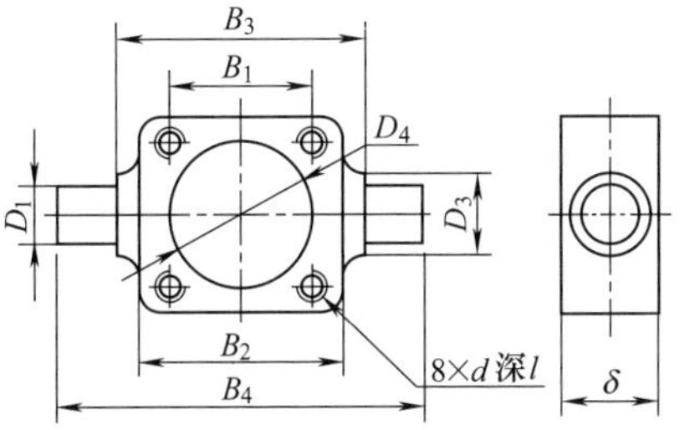

缸径	80	100	125	160	180	200	250	320	400
B_1	85	100	120	150	170	190	230	280	350
B_2	115	140	170	210	230	250	310	400	490
B_3	150	175	210	240	270	300	360	420	530
B_4	210	235	290	320	370	400	500	600	710
D_1	30	30	40	40	50	50	70	90	90
D_3	45	45	55	55	65	65	85	105	105
D_4	89	108	140	180	194	219	273	351	426
d	M12	M12	M16	M16	M20	M20	M24	M30	M36
l	16	16	20	20	25	25	30	37	37
δ	50	50	60	60	70	70	100	130	130

G-脚架型式与尺寸(或 JJ-脚架)

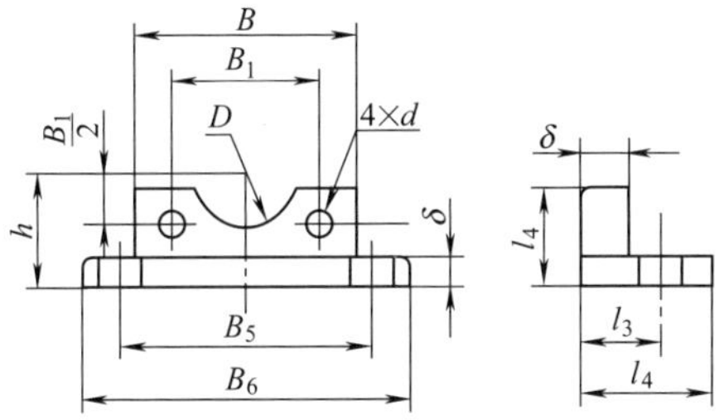

缸径	80	100	125	160	180	200	250	320	400
B	115	130	160	190	220	240	290	350	430
B_1	85	100	120	150	170	190	230	280	350
B_5	145	150	190	210	230	260	320	350	390
B_6	180	185	230	250	280	310	390	420	470
d	13	13	17	17	22	22	26	33	39
δ	8	8	10	10	14	14	16	20	20
D	95	95	130	130	170	170	200	240	240
l_3	45.5	45.5	60	60	69	69	103.5	115	115
l_4	75	75	100	100	125	125	160	200	200
h	85	95	115	130	150	160	195	250	285

F-法兰型式与尺寸(或 FJ-法兰)

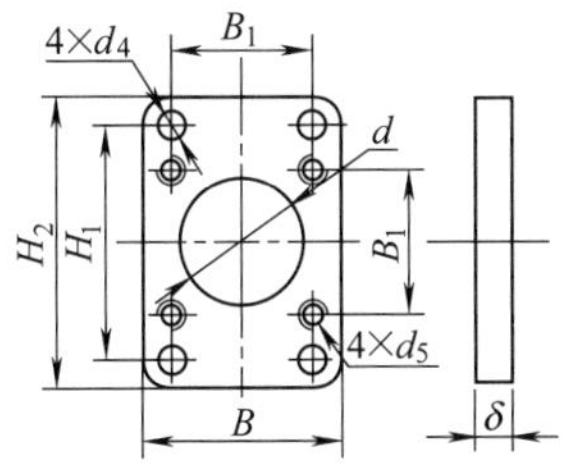

缸径	80	100	125	160	180	200	250	320	400
B	115	130	160	190	220	240	290	350	430
B_1	85	100	120	150	170	190	230	280	350
d	95	95	130	130	170	170	200	240	240
d_4	13	13	17	17	22	22	26	33	39
d_5	M12	M12	M16	M16	M20	M20	M24	M30	M36
H_1	145	160	200	230	260	280	340	420	490
H_2	180	200	240	270	320	340	410	500	570
δ	16	16	20	20	25	25	30	40	40

S-尾部悬挂型式与尺寸(或 EJ-单悬耳)

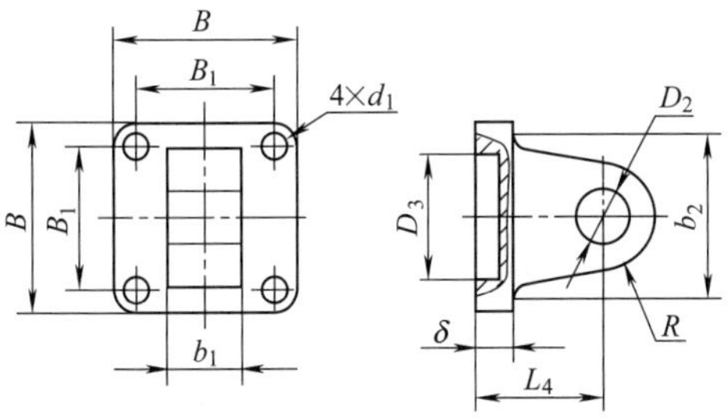

缸径	80	100	125	160	180	200	250	320	400
B	115	130	160	190	220	240	290	350	430
B_1	85	100	120	150	170	190	230	280	350
b_1	30	30	40	40	50	50	60	80	80
b_2	70	70	90	90	120	120	160	190	190
D_2	25	25	30	30	35	35	40	50	50
D_3	95	95	130	130	170	170	200	240	240
L_4	50	50	60	60	75	75	85	110	110
δ	16	16	20	20	25	25	30	40	40
R	25	25	30	30	35	35	40	50	50
d_1	13	13	17	17	22	22	26	33	39

续表

配用 JB 气缸安装与连接附件	缸径	80	100	125	160	180	200	250	320	400
SZJ-尾部悬挂座型式与尺寸(或 EZJ-单悬耳座式)	B_9	115	115	160	160	220	220	290	350	430
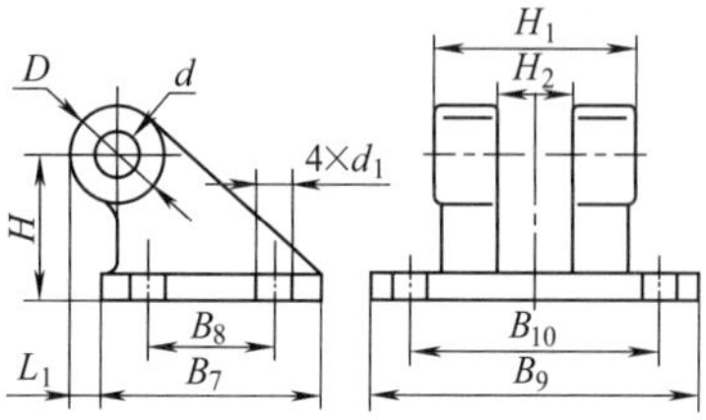	B_{10}	85	85	120	120	170	170	230	280	350
	B_7	90	90	110	110	150	150	190	240	300
	B_8	60	60	70	70	100	100	140	170	220
	d	25	25	30	30	35	35	40	50	50
	d_1	13	13	17	17	22	22	36	33	39
	D	50	50	60	60	70	70	80	100	100
	H	85	85	120	120	150	150	195	250	270
	H_1	60	60	80	80	100	100	120	160	160
	H_2	30	30	40	40	50	50	60	80	80
	L_1	5	5	10	10	15	15	20	20	20
BZJ-摆动座型式与尺寸(或 ZZJ-铰轴支座)	B_{11}	50	50	70	65	90	90	105	130	130
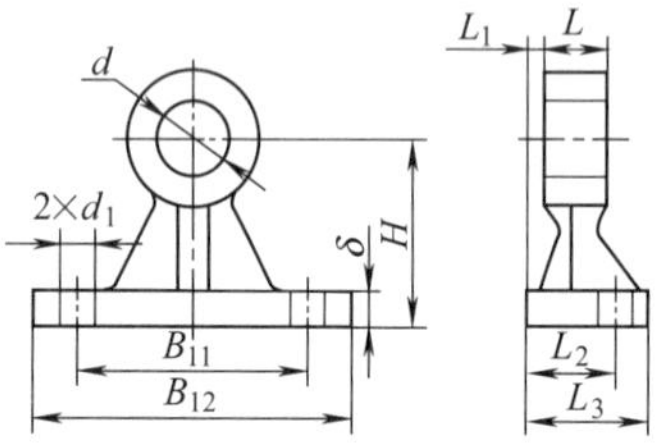	B_{12}	80	80	110	100	140	140	175	220	220
	d	30	30	40	40	50	50	70	90	90
	d_1	13	13	17	17	22	22	26	33	39
	H	85	85	120	120	150	150	195	250	250
	δ	16	16	20	20	25	25	30	40	40
	L	30	30	40	40	50	50	70	90	90
	L_1	3	3	4	0	4	4	5	5	5
	L_2	30	30	40	35	55	55	65	90	90
	L_3	45	45	60	50	80	80	100	135	135
L_1-管连接件	L	80	80	90	90	100	100	130	160	160
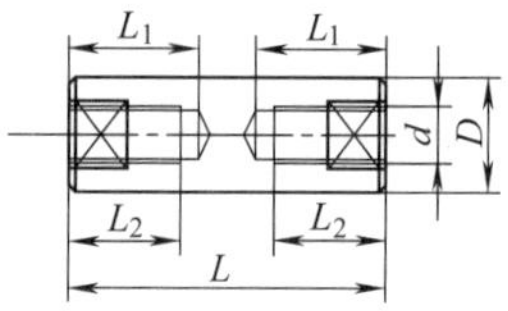	L_1	35	35	40	40	45	45	62	75	75
	L_2	30	30	35	35	40	40	55	65	65
	d	M20×1.5	M20×1.5	M24×2	M24×2	M30×2	M30×2	M42×3	M56×4	M56×4
	D	30	30	35	35	45	45	63	80	80
L_2-杆连接件	d	M20×1.5	M20×1.5	M24×2	M24×2	M30×2	M30×2	M42×3	M56×4	M56×4
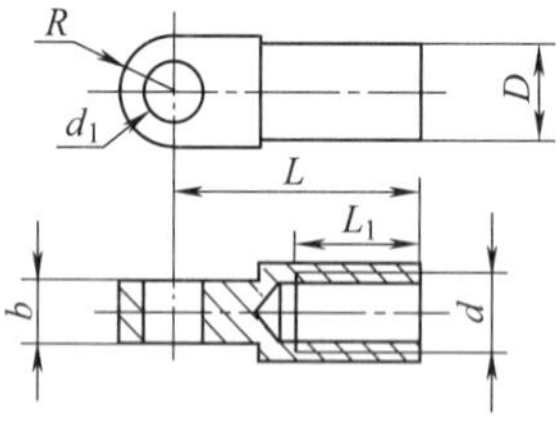	d_1	20	20	25	25	30	30	40	50	50
	b	20	20	25	25	30	30	45	60	60
	L	90	90	100	100	110	110	130	150	150
	D	40	40	45	45	55	55	75	90	90
	L_1	30	30	35	35	45	45	50	60	60
	R	25	25	30	30	35	35	45	55	55
L_3-叉连接件	d	M20×1.5	M20×1.5	M24×2	M24×2	M30×2	M30×2	M42×3	M56×4	M56×4
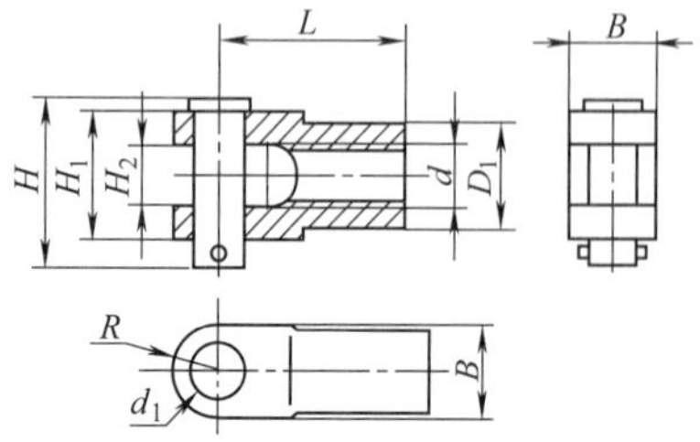	d_1	20	20	25	25	30	30	40	50	50
	L	65	65	75	75	90	90	110	135	135
	H	54	54	65	65	75	75	101	137	137
	H_1	40	40	50	50	58	58	80	110	110
	H_2	20	20	25	25	30	30	45	60	60
	B	50	50	60	60	70	70	90	110	110
	D_1	32	32	40	40	50	50	75	90	90
	R	25	25	30	30	35	35	45	55	55

注：生产厂为肇庆方大气动有限公司。

7.1.1.19　QGD 大型单活塞杆气缸（ϕ125～350）

型号意义：

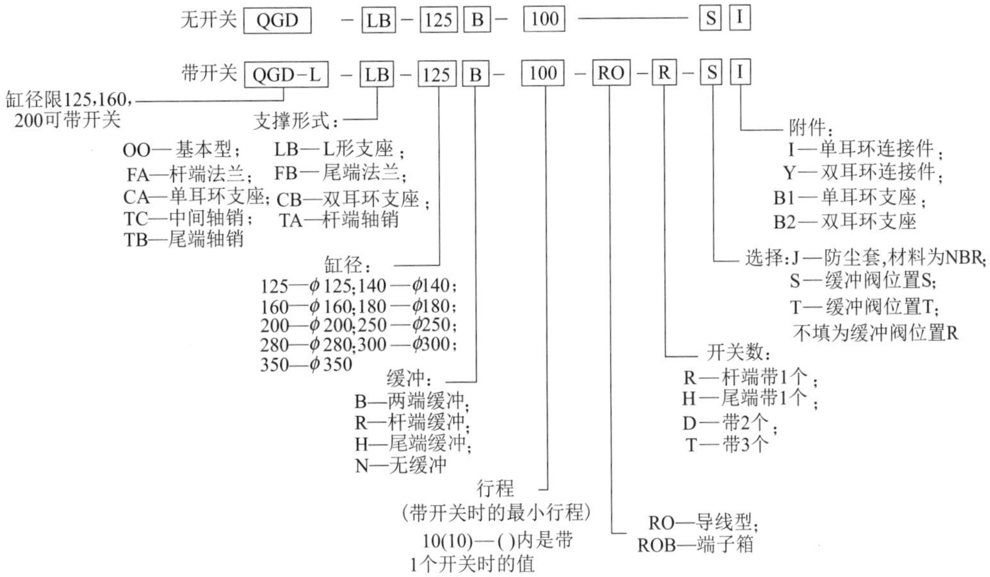

表 21-7-49　主要技术参数

型号	QGD				型号	QGD			
作用形式	双作用				接管口径	$R_c1/2$	$R_c3/4$	R_c1	$R_c1\frac{1}{4}$
使用流体	洁净压缩空气								
最高工作压力	1.0MPa(10.2kgf/cm^2)				活塞工作速度/mm·s^{-1}	20～1000(请在可吸收能量范围内使用)			
最低工作压力	0.05MPa(0.5kgf/cm^2)								
耐压	1.6MPa(16.3kgf/cm^2)				缓冲形式	可选择有缓冲、无缓冲			
环境温度/℃	−5～60(不冻结)				润滑	不要(给油时使用透平油 1 级 ISO VG32)			
缸径/mm	125	140 160 180 200	250 280 300	350					

表 21-7-50　外形尺寸及安装尺寸　mm

基本型(OO)　缸径为 125、140、160、180、200、250

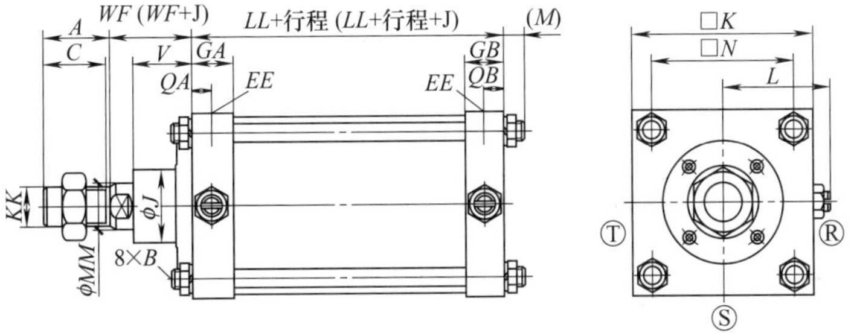

1. Ⓡ Ⓢ Ⓣ表示缓冲针阀位置。

2. J 尺寸在小数点以后的请进位。

3.( )内尺寸为带防尘套时的外形尺寸。

续表

缸径	A	B	C	EE	GA	GB	J	K	KK	L	LL	M	MM	N	QA	QB	V	WF	J(带防尘套)
125	50	M14×1.5	47	R_c1/2	32	29	54	140	M30×1.5	83～91	92	17.5	35	110	14.5	15	46	64	行程/4.55+11
140	50		47	R_c3/4	36	36		157		91.5～99.5	103			124	16.5	17		66	行程/4.55+9
160	56	M16×1.5	53		38.5		59	177	M36×1.5	101.5～109.5	106	20	40	142			18.5	70	行程/5.15+9
180	63	M18×1.5	60		39.5	39	68	200	M40×1.5	113～121	110	23	45	160			53	77	
200	72	M20×1.5	69		44.5	45	70	220	M45×1.5	123～131	123	24	50	175	17.5	18	60	87	行程/5.30+9
250	88	M24×1.5	84	R_c1	49.5	50	88	274	M56×2	150～158	141	28	60	216	20	20.5	64	93	行程/6.40+9

基本型(OO)　　缸径为 280、300、350

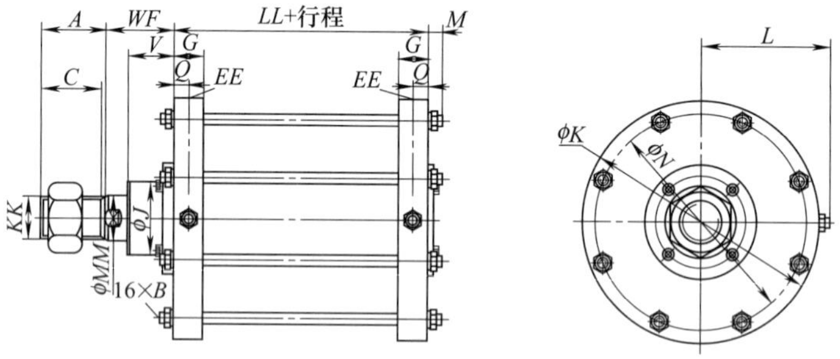

缸径	A	B	C	EE	G	J	K	KK	L	LL	M	MM	N	Q	V	WF
280	100	M18×1.5	94	R_c1	46.5	112	370	M64×3	198～207	170	23	70	330	24	75	110
300	110	M20×1.5	104			125	404	M68×3	215～224		24.5	70	360	24	80	117
350	125	M22×1.5	119	R_c1¼	56	140	468	M76×3	247～256	190	27	85	420	30		123

两端 L 支座型(LB)　　缸径为 125、140、160、180、200、250

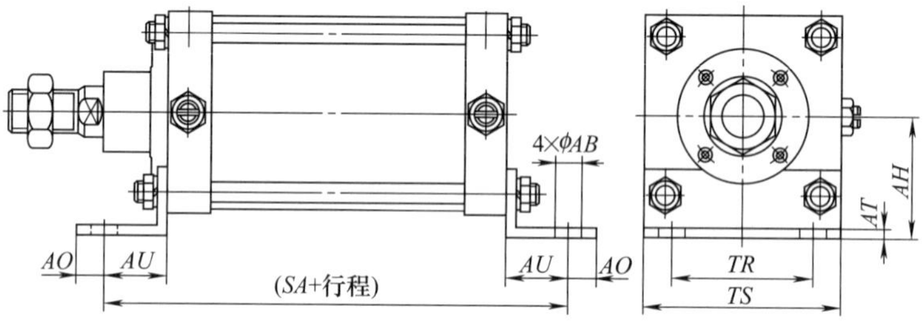

缸径	AB	AH	AO	AT	AU	SA	TR	TS	
125	19	85	18	7	45	182	100	140	其余外形尺寸与"基本型(OO)"相同
140		100	20	8	50	203	112	157	
160		106		10	53	212	118	177	
180	24	125	27		60	230	132	200	
200		132		12	62	247	150	220	
250	29	160	29		70	281	180	274	

两端 L 支座型(LB)　　缸径为 280、300、350

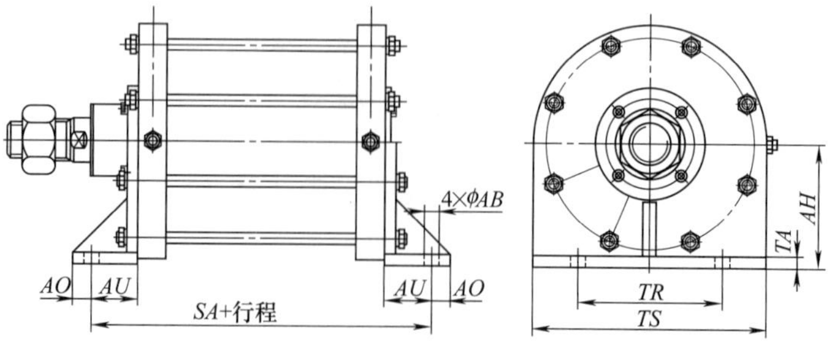

续表

缸径	AB	AH	AO	AT	AU	SA	TR	TS	
280	24	195	30	18	75	320	230	370	其余外形尺寸与“基本型(OO)”相同
300	26	215	35	20	85	340	260	404	
350	30	250	40	25	95	380	300	468	

单耳环支座型(CA)　　缸径为 125、140、160、180、200、250

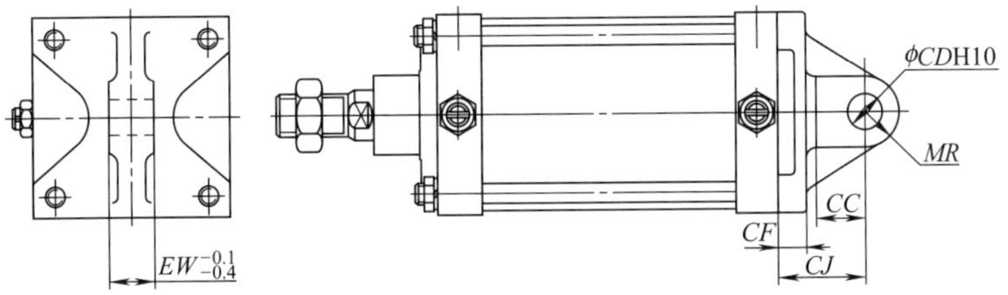

双耳环支座型(CB)　　缸径为 125、140、160、180、200、250

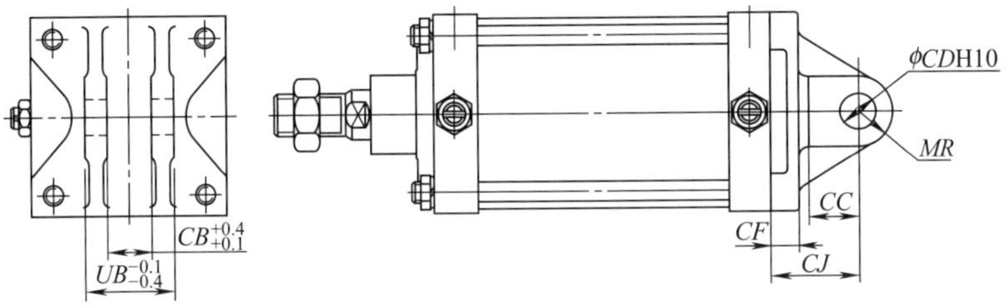

缸径	CA 和 CB 基本尺寸							
	CB/EW	CC	CD	CF	CJ	MR	UB	
125	32	35	25	20	63	R25	64	其余外形尺寸与“基本型(OO)”相同
140	36	40	28	22	75	R28	72	
160	40		32	24		R32	80	
180	50	55	40	25	90	R40	100	
200				30				
250	63	65	50	35	110	R50	126	

单耳环支座型(CA)　　缸径为 280、300、350

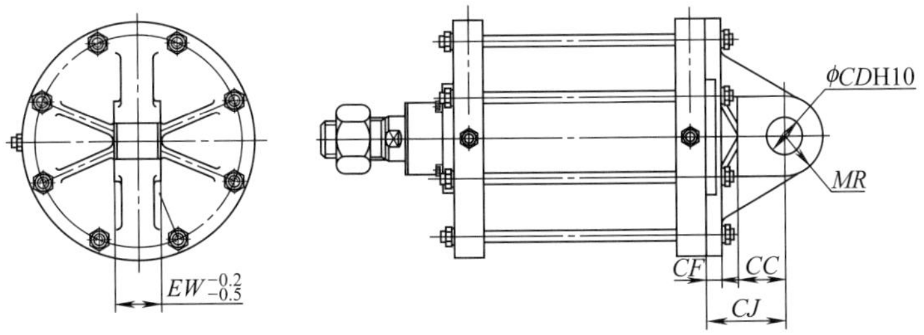

缸径	EW	CC	CD	CF	CJ	MR	
280	71	75	56	26	125	R62.5	其余外形尺寸与“基本型(OO)”相同
300	80	80	63	28	132	R66	
350	95	90	75	30	160	R80	

续表

中间轴销型(TC)　缸径为125、140、160、180、200、250

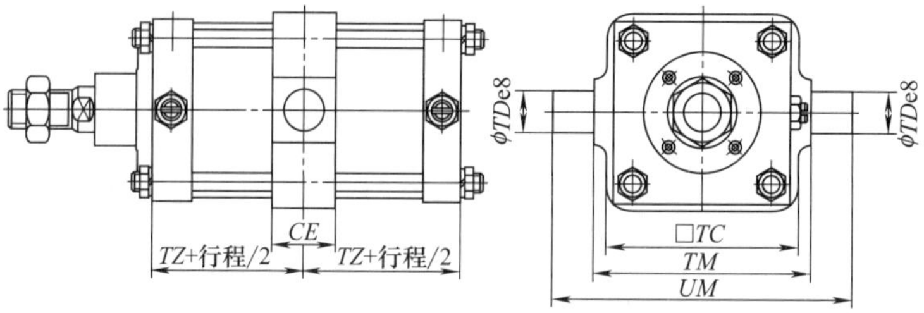

杆端轴销型(TA)　缸径为125、140、160、180、200、250

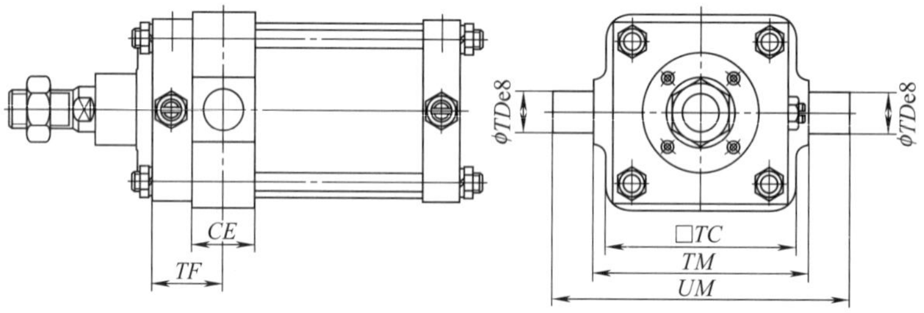

尾部轴销型(TB)　缸径为125、140、160、180、200、250

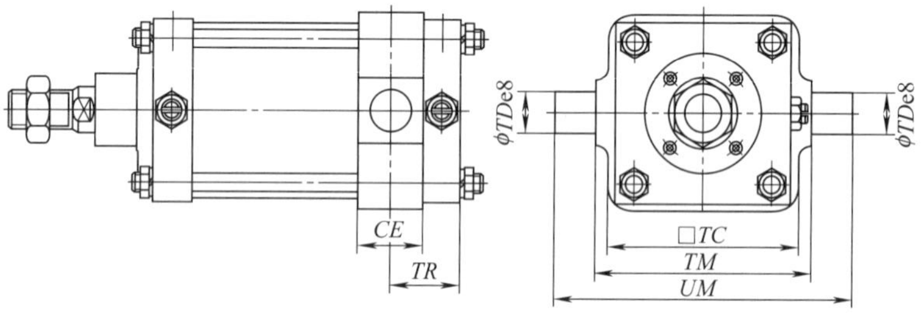

缸径	TC、TA和TB基本尺寸								
	CE	*TC*	*TD*	*TF*	*TM*	*TR*	*TZ*	*UM*	
125	50	150	32	57	170	54	46	234	其余外形尺寸与"基本型(OO)"相同
140	55	154	36	63.5	190	63.5	51.5	262	
160	60	190	40	68.5	212	66	53	292	
180	65	210	45	72	236	71.5	55	326	
200	70	242		79.5	265	80	61.5	355	
250	80	300	56	89.5	335	90	70.5	447	

中间轴销型(TC)

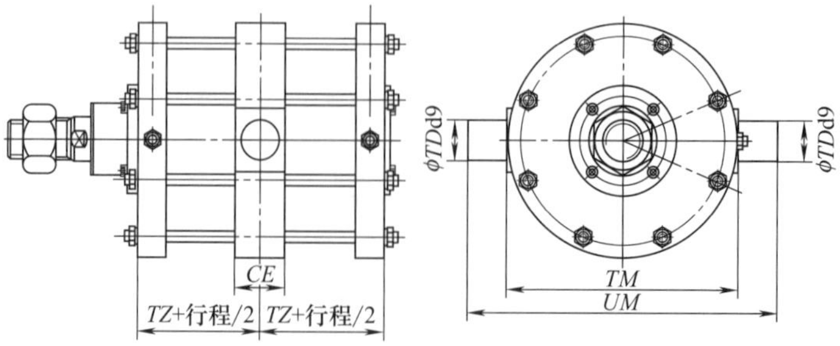

续表

杆端轴销型(TA)

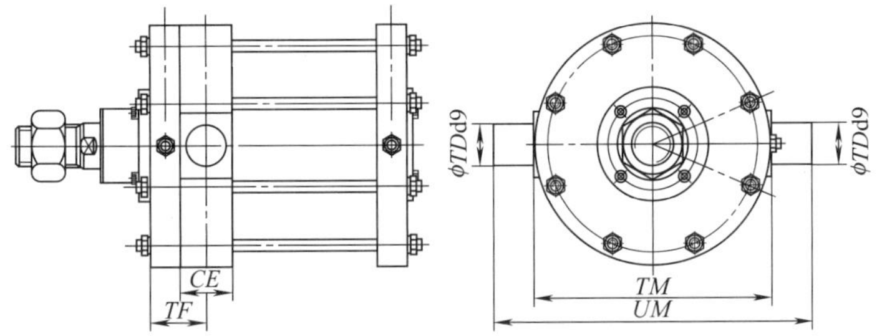

尾端轴销型(TB)

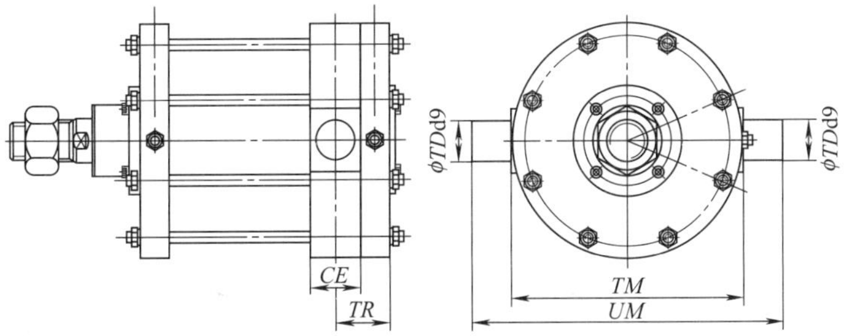

缸径	TC、TA 和 TB 基本尺寸							
	CE	TD	TF	TM	TR	TZ	UM	
280	80	63	86.5	374	86.5	85	500	其余外形尺寸与"基本型(OO)"相同
300	90	67	91.5	410	91.5		544	
350	100	80	106	470	106	95	630	

杆端法兰型(FA)　缸径为 125、140、160、180、200、250

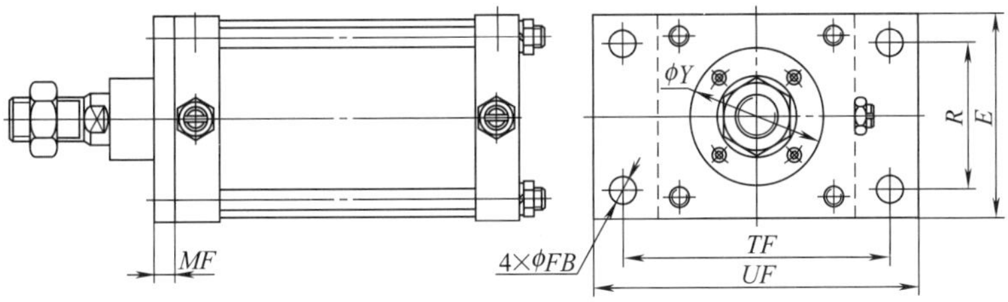

尾端法兰型(FB)　缸径为 125、140、160、180、200、250

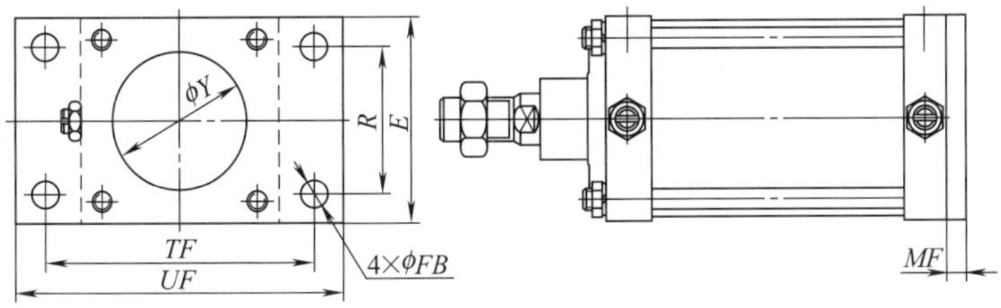

续表

<table>
<tr><th rowspan="2">缸径</th><th colspan="7">FA 和 FB 基本尺寸</th><th rowspan="8">其余外形尺寸与“基本型（OO）”相同</th></tr>
<tr><th>E</th><th>FB</th><th>MF</th><th>R</th><th>TF</th><th>UF</th><th>Y</th></tr>
<tr><td>125</td><td>140</td><td rowspan="3">19</td><td>14</td><td>100</td><td>190</td><td>230</td><td rowspan="2">94</td></tr>
<tr><td>140</td><td>157</td><td rowspan="2">19</td><td>112</td><td>212</td><td>250</td></tr>
<tr><td>160</td><td>177</td><td>118</td><td>236</td><td>280</td><td>107</td></tr>
<tr><td>180</td><td>200</td><td rowspan="2">24</td><td rowspan="2">25</td><td>132</td><td>265</td><td>310</td><td>114</td></tr>
<tr><td>200</td><td>220</td><td>150</td><td>280</td><td>330</td><td>131</td></tr>
<tr><td>250</td><td>274</td><td>29</td><td>30</td><td>180</td><td>355</td><td>415</td><td>153</td></tr>
</table>

杆端法兰型（FA） 缸径为 280、300、350

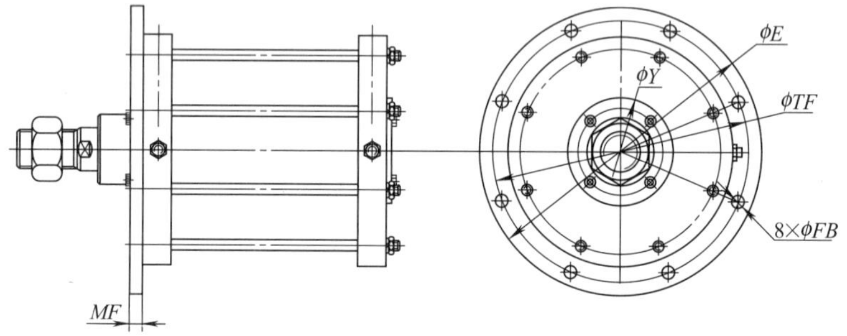

尾端法兰型（FB） 缸径为 280、300、350

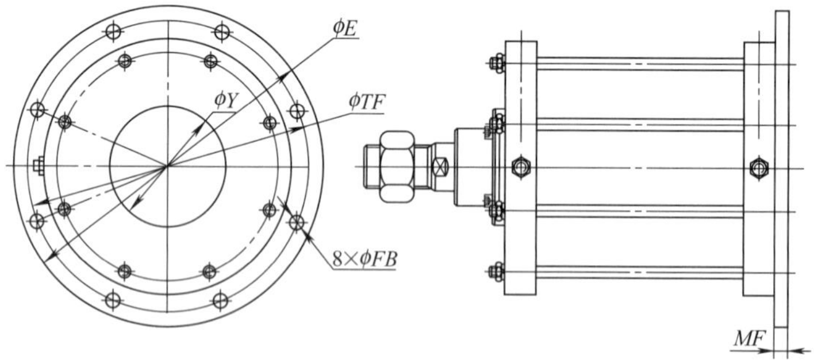

<table>
<tr><th rowspan="2">缸径</th><th colspan="5">FA 和 FB 基本尺寸</th><th rowspan="5">其余外形尺寸与“基本型（OO）”相同</th></tr>
<tr><th>E</th><th>FB</th><th>MF</th><th>TF</th><th>Y</th></tr>
<tr><td>280</td><td>464</td><td>22</td><td>23</td><td>420</td><td>172</td></tr>
<tr><td>300</td><td>504</td><td>24</td><td>26</td><td>456</td><td>205</td></tr>
<tr><td>350</td><td>576</td><td>26</td><td>28</td><td>524</td><td>225</td></tr>
</table>

续表

单耳环连接件(I)
缸径 125～250

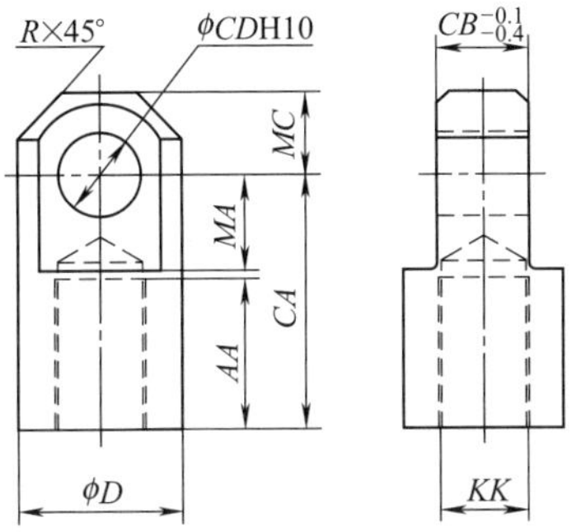

双耳环连接件(Y)
缸径 125～250

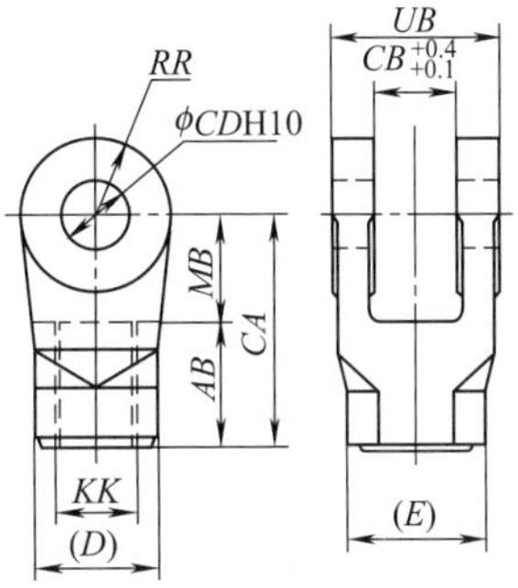

型号	缸径	*AA*	*CA*	*CB*	*CD*	*D*	*KK*	*MA*	*MC*	*R*
S1-I-125	125	50	85	32	25	55	M30×1.5	32	27.5	15.5
S1-I-140	140		90	36	28	60		35	30	18
S1-I-160	160	60	105	40	32	70	M36×1.5	40	35	21
S1-I-180	180	65	115	50	40	85	M40×1.5	47.5	42.5	29
S1-I-200	200	75	125				M45×1.5			
S1-I-250	250	88	150	63	50	105	M56×2.0	57.5	52.5	36.5

型号	缸径	*AB*	*CA*	*CB*	*CD*	*D*	*E*	*KK*	*MB*	*RR*	*UB*
S1-Y-125	125	50	85	32	25	46	53	M30×1.5	35	*R*27.5	64
S1-Y-140	140	50	90	36	28	46	53	M30×1.5	40	*R*30	72
S1-Y-160	160	60	105	40	32	55	64	M36×1.5	45	*R*35	80
S1-Y-180	180	65	115	50	40	60	69	M40×1.5	50	*R*42.5	100
S1-Y-200	200	75	125	50	40	70	81	M45×1.5	50	*R*42.5	100
S1-Y-250	250	88	150	63	50	85	98	M56×2.0	62	*R*52.5	126

单耳环连接件(I)
缸径 280～350

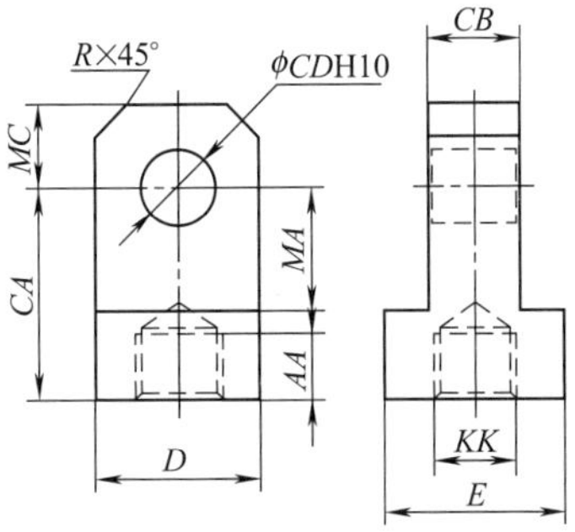

双耳环连接件(Y)
缸径 280～350

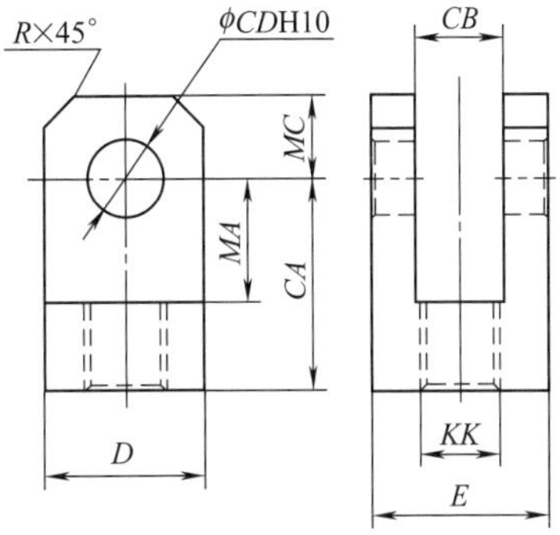

续表

型号	缸径	*AA*	*CA*	*CB*	*CD*	*D*	*KK*	*MA*	*MC*	*R*
S1-I-280	280	50	160	71	56	126	M64×3	93	63	25
S1-I-300	300	60	180	80	63	132	M68×3	96	66	30
S1-I-350	350	65	210	95	75	160	M76×3	110	80	35

型号	缸径	*CA*	*CB*	*CD*	*D*	*E*	*KK*	*MA*	*MC*	*R*
S1-Y-280	280	160	71	56	126	140	M64×3	93	63	25
S1-Y-300	300	180	80	63	132	160	M68×3	96	66	30
S1-Y-350	350	210	95	75	160	190	M76×3	110	80	35

安装附件

单耳环支座(B1)
缸径 125～250

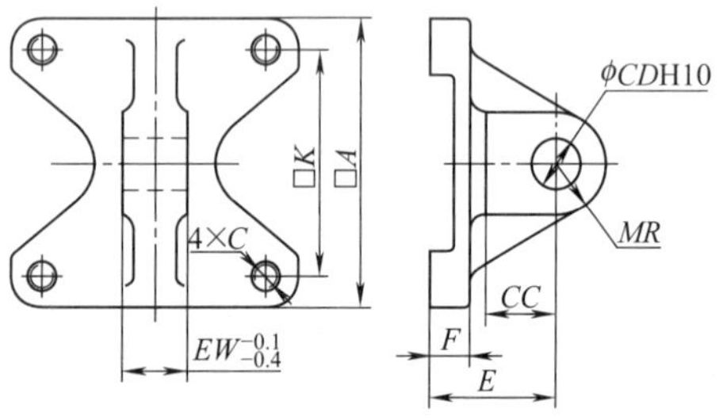

双耳环支座(B2)
缸径 125～250

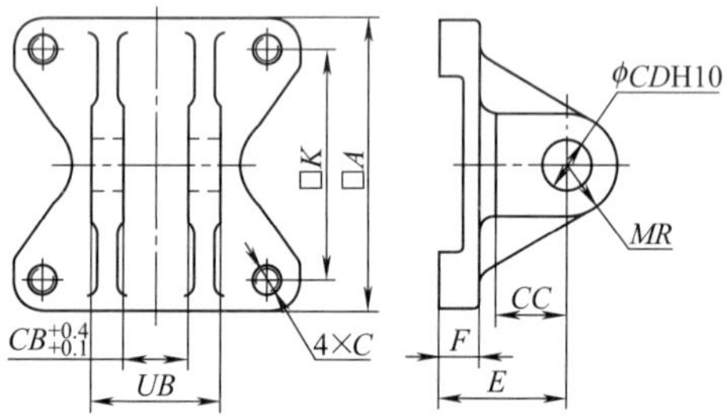

型号	型号	缸径	B1 和 B2 基本尺寸									
			A	*C*	*CB*/*EW*	*CC*	*CD*	*E*	*F*	*K*	*MR*	*UB*
S1-B1-125	S1-B2-125	125	140	M14×1.5	32	35	25	63	20	110	*R*25	64
S1-B1-140	S1-B2-140	140	157		36	40	28	75	22	124	*R*28	72
S1-B1-160	S1-B2-160	160	174	M16×1.5	40		32		24	142	*R*32	80
S1-B1-180	S1-B2-180	180	200	M18×1.5	50	55	40	90	25	160	*R*40	100
S1-B1-200	S1-B2-200	200	220	M24×1.5					30	175		
S1-B1-250	S1-B2-250	250	274	M24×1.5	63	65	50	110	35	216	*R*50	126

销子(P)缸径 125～350

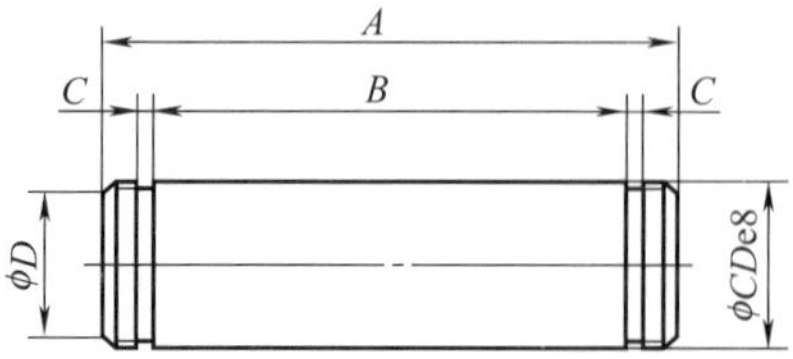

型号	缸径	*A*	*B*	*C*	*D*	*CD*	轴用挡圈
S1-P-125	125	75	66.3	1.35	25	23.9	25
S1-P-140	140	84	74.7	1.3	28	26.6	28
S1-P-160	160	92	82.7	1.35	32	30.3	32
S1-P-180/200	180	115	103.2	1.9	40	38	40
	200						
S1-P-250	250	144	129.6	2.4	50	47	50
S1-P-280	280	155	140	2.2	56	53	56
S1-P-300	300	175	160	2.7	63	60	63
S1-P-350	350	205	190		75	72	75

注：生产厂为无锡气动技术研究所有限公司。

7.1.2　普通双活塞杆气缸

7.1.2.1　$XQGA_{X2}$系列小型双活塞杆气缸（ϕ12～32）

表 21-7-51　外形尺寸　mm

SD 基本型（$XQGA_{X2}$气缸）

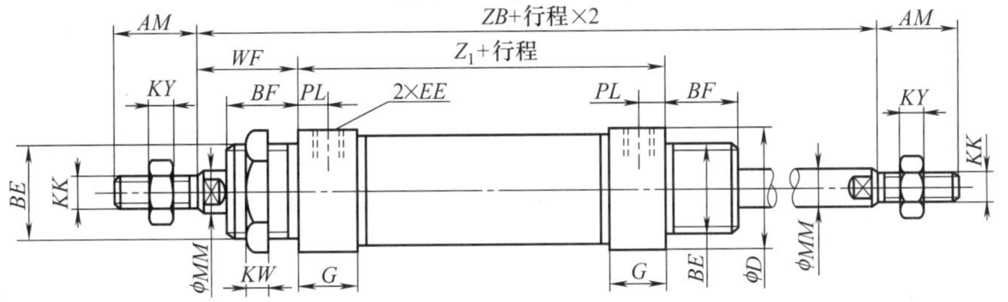

缸径	AM	BE	BF	D	EE	G	KK	KW	KY	MM	PL	WF	Z_1	ZB
12	16	M16×1.5	17	20	M5×0.8	9	M6×1	8	5	6	4.5	22	48	92
16	16	M16×1.5	17	20	M5×0.8	10	M6×1	8	5	6	5	22	52	96
20	20	M22×1.5	18	28	G1/8	15	M8×1.25	8	6	8	7.5	24	67	115
25	22	M22×1.5	21	33.5	G1/8	16	M10×1.25	8	8	10	8	28	70	126
32	23	M27×2	21	37.5	G1/8	16	M10×1.25	9.5	8	12	8	28	72	128

注：生产厂为上海新益气动元件有限公司。

7.1.2.2　QGY（EW）系列双活塞杆薄型气缸（ϕ20～125）

型号意义：

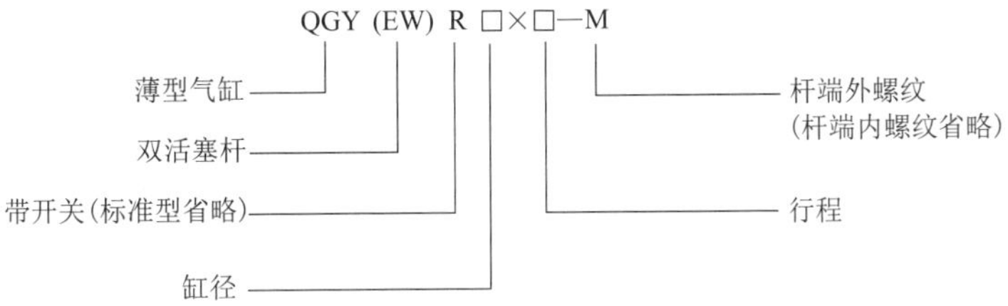

表 21-7-52　主要技术参数

型　　号	QGY(EW)	型　　号	QGY(EW)
缸径/mm	20、25、32、40、50、63、80、100、125	最大行程/mm	ϕ20～25:30;ϕ32～125:50
耐压力/bar	15	工作介质	经过净化的干燥压缩空气
工作压力/bar	1～10	给油	不需要(也可给油)
使用温度范围/℃	－25～＋80(但在不冻结条件下)		

表 21-7-53　外形尺寸　mm

QGY(EW)□×□型

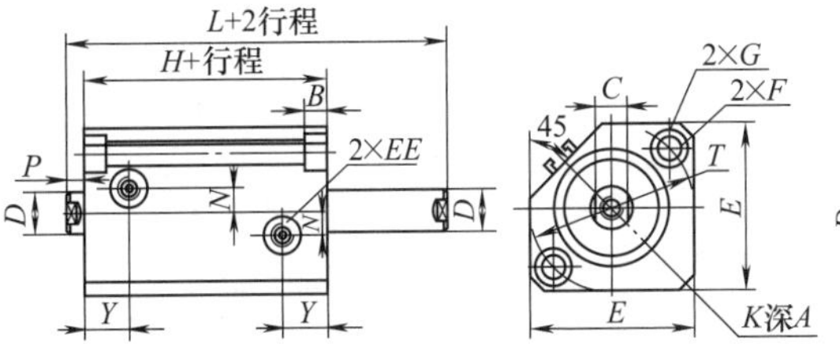

缸径范围：ϕ20～25

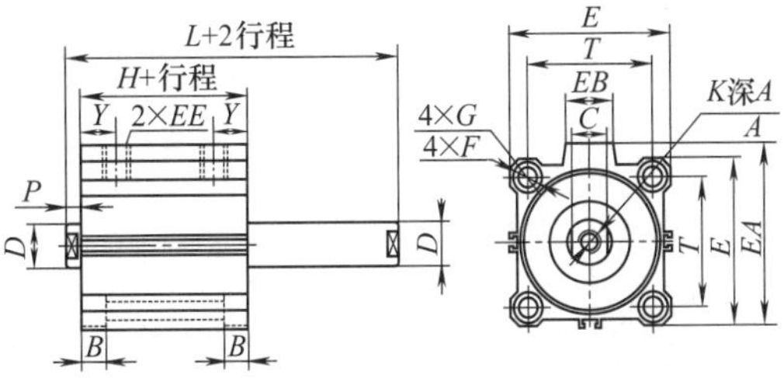

缸径范围：ϕ32～125

续表

QGY(EW)□×□－M 型

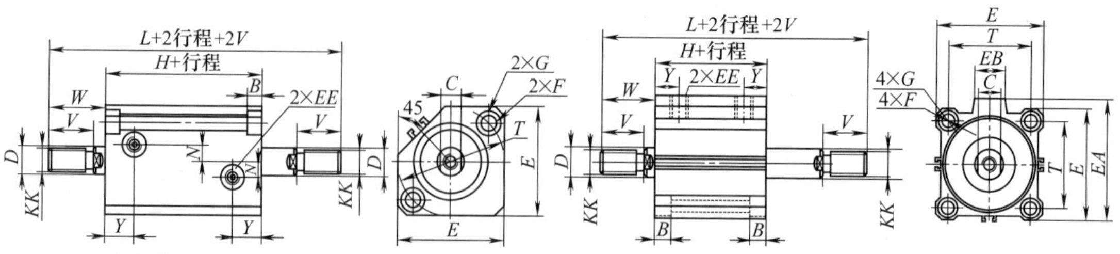

缸径范围：ϕ20～25　　　缸径范围：ϕ32～125

缸径	E	EA	EB	EE	F	G	B	K/KK	A	D	C	T	N	Y	H	L	P	V	W
20	37	—	—	M5	ϕ5.5	ϕ9.5	5.5	M5/M6	7	ϕ8	7	ϕ36	5.5	11	36	45	4.5	16	20.5
25	40	—	—	M5	ϕ5.5	ϕ9.5	5.5	M5/M8	7	ϕ10	8	ϕ40	6	11	36	46	5	22	27
32	45	49.5	19	M5	ϕ5.5	ϕ9.5	5.5	M8/M12	12	ϕ14	12	34	—	11	36	50	7	22	29
40	52	58	19	M10×1	ϕ5.5	ϕ9.5	5.5	M8/M12	12	ϕ14	12	40	—	12	38	54	7	24	31
50	64	68	22	M10×1	ϕ6.6	ϕ11	6.5	M10/M16	15	ϕ20	17	50	—	14	44	60	8	32	40
63	77	84	22	M12×1.25	ϕ9	ϕ14	8.5	M10/M16	15	ϕ20	17	60	—	16	49	65	8	32	40
80	98	104	26	M12×1.25	ϕ11	ϕ17	16.5	M16/M20	20	ϕ25	22	77	—	18	55	75	10	40	50
100	117	123.5	26	M16×1.5	ϕ11	ϕ17	16.5	M16/M20	20	ϕ25	22	94	—	20.5	60	84	12	40	52
125	142	153.5	32	M20×1.5	ϕ14	ϕ20	20	M20/M27	25	ϕ32	29	114	—	24	80	97	8.5	45	48.5

注：生产厂为肇庆方大气动有限公司。

7.1.2.3　QGEW-2 系列无给油润滑双活塞杆气缸（ϕ32～160）

型号意义：

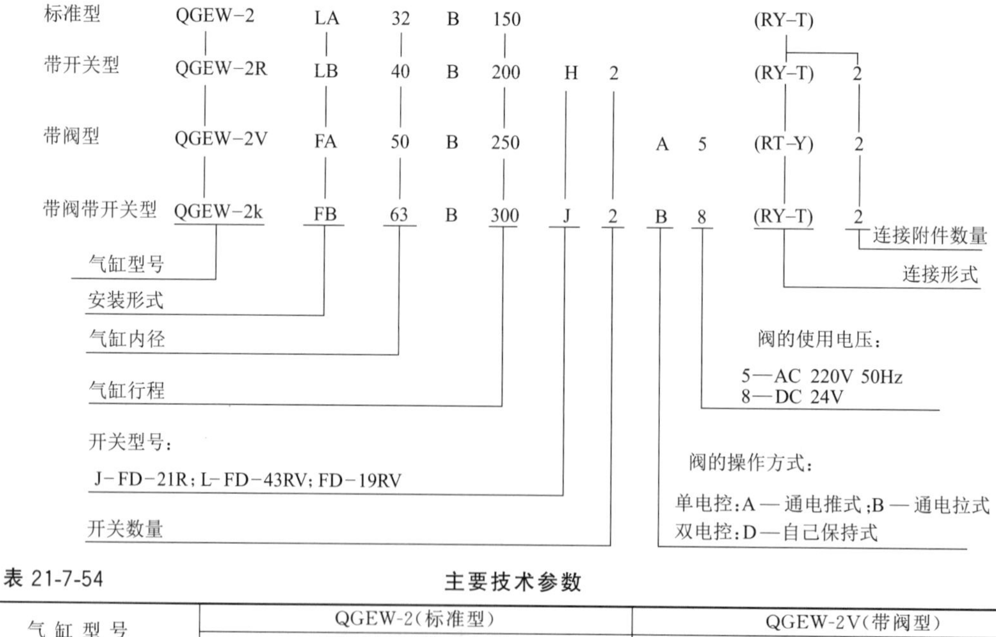

表 21-7-54　　主要技术参数

气缸型号	QGEW-2(标准型) QGEW-2R(带开关型)									QGEW-2V(带阀型) QGEW-2K(带阀带开关型)								
缸径 D/mm	32	40	50	63	80	100	125	160	200	32	40	50	63	80	100	125	160	200
最大行程/mm	500	800			1000					500	800			1000				
工作压力范围/bar	1～10									1.5～8								
耐压力/bar	15									12								
使用速度范围/mm·s^{-1}	50～700									50～500								
使用温度范围/℃	－25～＋80(但在不冻结条件下)																	
工作介质	经净化的压缩空气																	

第21篇

续表

气缸型号			QGEW-2(标准型) QGEW-2R(带开关型)			QGEW-2V(带阀型) QGEW-2K(带阀带开关型)		
给油			不需要(也可给油)					
缓冲			两侧可调缓冲					
缓冲行程/mm			20	25	28	20	25	28
最短行程	气缸型号		QGEW-2R		QGEW-2V		QGEW-2K	
	TC 安装	ϕ32～125	125		75		125	
		ϕ160	120		165		165	
	其他安装	ϕ32～125	30		50		50	
		ϕ160	110		165		165	

表 21-7-55　　外形尺寸　　mm

SD (基本型)

QGEW-2(标准型)

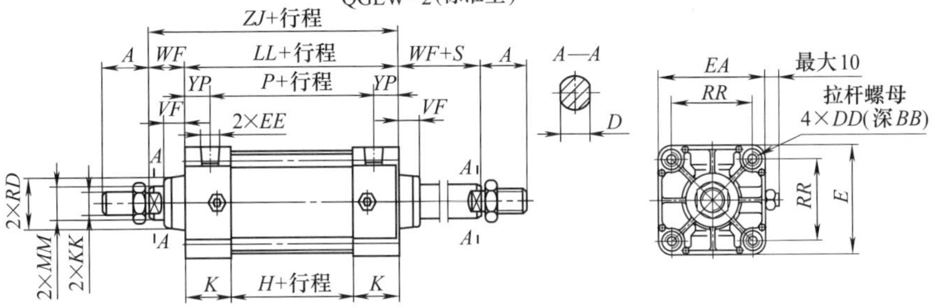

QGEW-2R(带开关型)

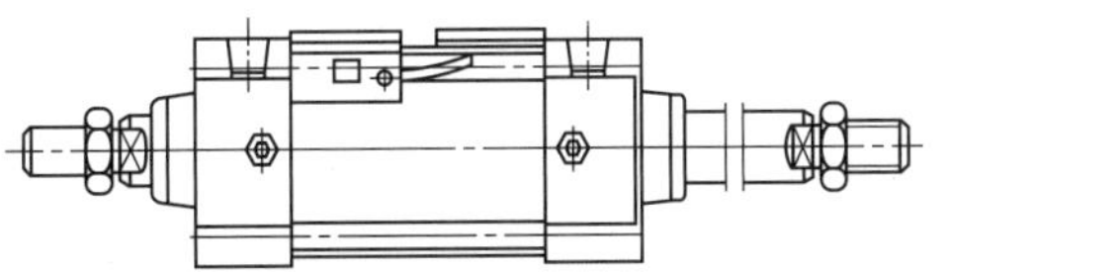

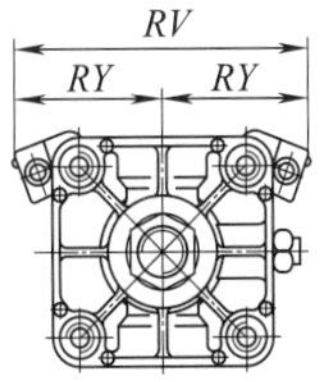

缸径	A	BB	D	DD	E	EA	EE	H	K	KK	EV	VZ
32	22	8	10	M6×1	44	44	G1/8	29	32	M10×1.25	G1/8	155
40	24	8	13	M6×1	50	50	G1/4	29	32	M12×1.25	G1/4	155
50	32	8	19	M6×1	62	62	G1/4	29	32	M16×1.5	G1/4	155
63	32	9	19	M8×1.25	76	75	G3/8	32	32	M16×1.5	G3/8	165
80	40	11	22	M10×1.5	94	94	G3/8	32	38	M20×1.5	G3/8	165
100	40	11	22	M10×1.5	114	112	G1/2	32	38	M20×1.5	G3/8	165
125	54	14	27	M12×1.75	138	136	G1/2	38	38	M27×2	G1/2	180
160	72	18	36	M16	174	172	G3/4	39	43	M36×2	G3/4	170
200	72	16	36	M16	220	220	G3/4	92	50	M36×2	G3/4	170

缸径	VR	LL	MM	P	RD	RR	VF	WF	YP	ZJ	VE	VT	RV	RY	VY	VP
32	99	93	ϕ12	58	ϕ28	□33	15	25	17.5	118	121	96	74	37	260	120
40	99	93	ϕ16	58	ϕ32	□37	15	25	17.5	118	121	96	80	40	260	120
50	99	93	ϕ22	58	ϕ38	□47	15	25	17.5	118	121	96	90	45	260	120
63	102	96	ϕ22	58	ϕ38	□56	15	25	17.5	121	128	101	102	51	284	129
80	102	108	ϕ25	65	ϕ47	□70	21	35	21.5	143	128	101	118	59	284	129
100	102	108	ϕ25	65	ϕ47	□84	21	35	21.5	143	128	101	132	66	284	129
125	107	114	ϕ32	71	ϕ54	□104	21	35	21.5	149	137	125	154	77	306	138
160	60	125	ϕ40	79	ϕ62	□134	25	42	23	167	110	166	186	93	188	69
200	60	192	ϕ40	142	ϕ82	□175	55	95	25	287	110	166	230	116	188	69

注：1. LA、LB、FA、FB、TC、TCC 的安装形式和连接附件的尺寸详见 10A-5 系列气缸有关部分。
2. 生产厂为肇庆方大气动有限公司。

7.1.2.4 10A-3ST 系列双活塞杆缓冲气缸（ϕ32～400）

型号意义：

10A-3ST FA 250 B 800 T 150 - Y

- 10A-3ST：气缸型号
- FA：安装形式
- 250：缸径
- 800：行程
- 150：行程调整范围
- Y：杆部连接形式

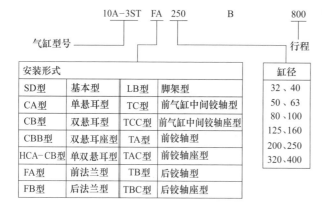

安装形式			
SD型	基本型	LB型	脚架型
CA型	单悬耳型	TC型	前气缸中间铰轴型
CB型	双悬耳型	TCC型	前气缸中间铰轴座型
CBB型	双悬耳座型	TA型	前铰轴型
HCA-CB型	单双悬耳型	TAC型	前铰轴座型
FA型	前法兰型	TB型	后铰轴型
FB型	后法兰型	TBC型	后铰轴座型

缸径
32、40
50、63
80、100
125、160
200、250
320、400

杆部连接形式		备注
	基本型	
T	T单耳接杆式	缸径 ϕ32～400配有
Y	Y叉形带销接杆式	缸径 ϕ32～400配有
RY-T	杆部叉杆式	缸径 ϕ32～400配有
RT-Y	杆部叉杆式	缸径 ϕ32～400配有
S	S球面单耳接杆式	缸径 ϕ32～200配有
F	F万向接杆	缸径 ϕ32～200配有
RT-CB	杆部杆座式	缸径 ϕ32～100配有
RT-CA	杆部杆座式	缸径 ϕ32～100配有
RT-CBB	杆部杆座式	缸径 ϕ32～100配有

表 21-7-56 主要技术参数

型　　号	10A-3ST											
缸径/mm	32	40	50	63	80	100	125	160	200	250	320	400
最大行程/mm	600	800			1000		1500					
使用工作压力范围/bar	0.5～10											
耐压力/bar	15											
使用速度范围/mm·s^{-1}	150～500											
使用温度范围/℃	−25～+80(但在不冻结条件下)											
工作介质	洁净、干燥、带油雾的压缩空气											
给油	需要											
缓冲形式	两侧可调缓冲											
缓冲行程/mm	20				25		28			32	42	

注：当气缸行程超过上表的最大长度，也可生产，但要可靠使用，则要视负载的性质另行设计内部结构，此时，气缸长度常数会有所增长。

表 21-7-57 外形尺寸 mm

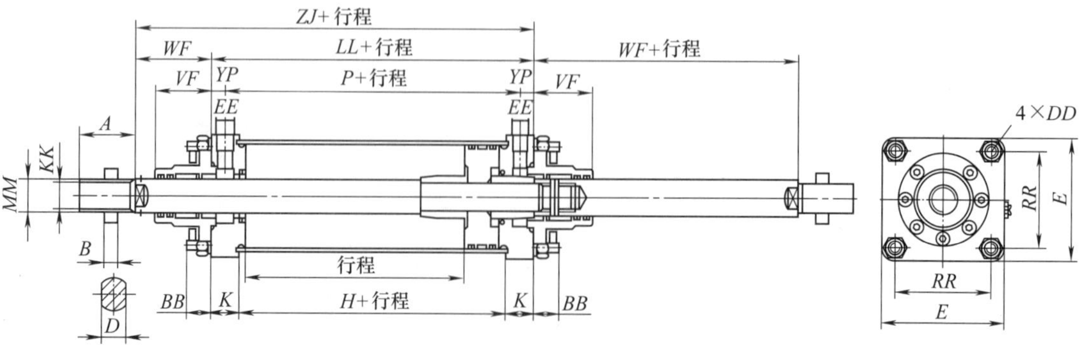

续表

缸径	A	B	BB	D	DD	E	EE	H	K	KK	LL	MM	P	RR	VF	WF	YP	ZJ
32	22	6	12	10	M6	44	G1/8	42	20	M10×1.25	82	ϕ12	62	33	23	33	10	115
40	24	7	13	13	M6	50	G1/4	42	24	M12×1.25	90	ϕ16	63	37	22.5	33	13.5	123
50	32	8	15	19	M6	64	G1/4	45	25	M16×15	95	ϕ22	70	50	26.5	38	12.5	133
63	32	8	20	19	M8	80	G3/8	45	25	M16×15	95	ϕ22	70	60	26.5	38	12.5	133
80	40	10	20	22	M8	95	G3/8	48	29	M20×15	106	ϕ25	77	75	32	47	14.5	153
100	40	10	23	22	M10	115	G1/2	56	29	M20×15	114	ϕ25	85	90	32	47	14.5	161
125	68	18	30	36	M16	150	G1/2	59	35	M36×2	129	ϕ40	94	120	72	97	17.5	226
160	68	18	30	36	M16	190	G3/4	64	35	M36×2	134	ϕ40	99	150	72	97	17.5	231
200	68	18	40	36	M20	230	G3/4	64	35	M36×2	134	ϕ40	99	180	72	97	17.5	231
250	84	21	50	45	M24	280	G1	60	47	M42×2	154	ϕ50	113	230	70	108	20.5	262
320	96	28	60	75	M30	350	G1	102	45	M56×4	192	ϕ80	151	290	91	126	20.5	318
400	96	28	75	80	M36	430	G1	116	45	M56×4	206	ϕ90	165	350	142	190	20.5	396

注：1. 本系列气缸的安装和连接形式尺寸参看系列气缸有关部分。
2. 生产厂为肇庆方大气动有限公司。

7.1.2.5　XQGA$_{y2}$（B$_{y2}$）系列轻型双活塞杆气缸（ϕ40～63）

表 21-7-58　外形尺寸　mm

SD 基本型（XQGA$_{y2}$、XQGB$_{y2}$气缸）

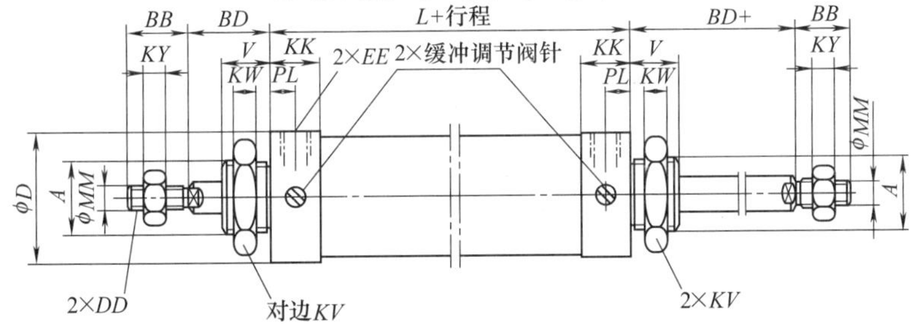

缸径	A	BB	BD	D	DD	EE	KK	KV	KY	KW	L	MM	PL	V
40	M30×2	24	32	50	M12×1.25	R$_c$1/8	20	46	12.8	10	94	14	10	22
50	M36×2	32	36	60	M16×1.5	R$_c$3/8	24	55	15.8	12	108	20	12	25
63	M36×2	32	36	71	M16×1.5	R$_c$3/8	24	55	15.8	12	109	20	12	25

注：生产厂为上海新益气动元件有限公司。

7.1.2.6　QGEW-3 系列无给油润滑双活塞杆气缸（ϕ125～250）

型号意义：

QGEW-3　SD　125 B 100　T　2

- QGEW-3：气缸型号
- SD：安装形式
- 125：气缸内径
- 100：气缸行程
- T：杆端连接附件
- 2：连接附件数量

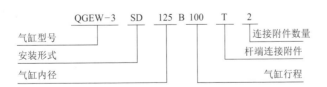

表 21-7-59　主要技术参数

气缸型号	QGEW□3				使用温度范围/℃	−25～+80(但在不冻结条件下)		
缸径/mm	125	160	200	250	工作介质	经净化的压缩空气		
最大行程/mm	2000				给油	不需要(也可给油)		
工作压力范围/bar	1～10				缓冲形式	两侧可调缓冲		
耐压力/bar	15				缓冲行程/mm	20	23	25
使用速度范围/mm·s^{-1}	50～700							

第 21 篇

表 21-7-60　　**外形尺寸及安装形式**　　mm

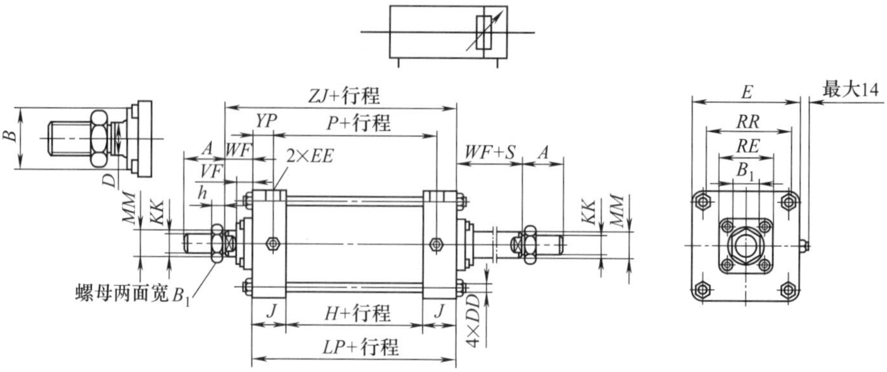

缸径	A	B	B_1	DD	PF	E	EE	h	J	KK	P	MM	LP	RE	RR	VF	WF	YP	ZJ
125	54	ϕ46	36	27	M12	□138	G1/2	22	45	M27×2	73	ϕ32	127	□65	□104	21	35	27	162
160	72	ϕ55	50	36	M16	□178	G3/4	28	50	M36×2	85	ϕ40	143	□76	□134	25	41	29	184
200	72	ϕ55	50	36	M16	□216	G3/4	28	50	M36×2	85	ϕ40	143	□76	□163	25	41	29	184
250	84	ϕ60	55	41	M20	□270	G1	32	57	M42×2	109	ϕ45	169	□90	□202	30	48	30	217

注：1. FA、FB、LB、TC、TCC 的安装形式及杆端附件的连接尺寸详见 10A-2 系列气缸有关部分。

2. 生产厂为肇庆方大气动有限公司。

7.1.3　薄型气缸

7.1.3.1　QCQS 系列薄型气缸（日本规格）（ϕ12～25）

型号意义：

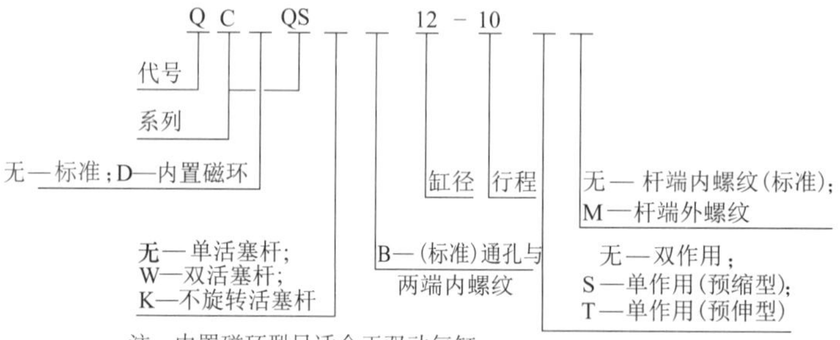

注：内置磁环型只适合于双动气缸。

表 21-7-61　　**主要技术参数**

缸径/mm	12	16	20	25
使用介质	经过滤的压缩空气			
作用形式	双作用/单作用：预缩型、预伸型			
最高使用压力/MPa	1.0			
环境和介质温度/℃	5～60			
杆端螺纹	内螺纹(标准)；外螺纹(选择)			
缓冲形式	无			
行程误差/mm	0～1.0			
润滑①	出厂已润滑			
安装	通孔＋两端内螺纹			
接管口径	M5×0.8			

①如需要润滑，请用透平 1 号油（ISO VG32）。

表 21-7-62　　**标准行程/磁性开关**

缸径/mm	标准行程		磁性开关
	单作用	双作用	
12	5、10	5、10、15 20、25、30	AL-07R (埋入式)
16			
20	5、10	5、10、15、20、25、 30、35、40、45、50	
25			

表 21-7-63 **外形尺寸及安装形式** mm

双作用型

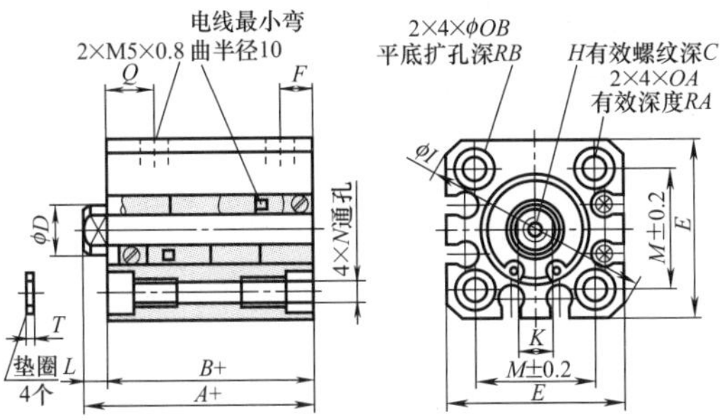

单作用型

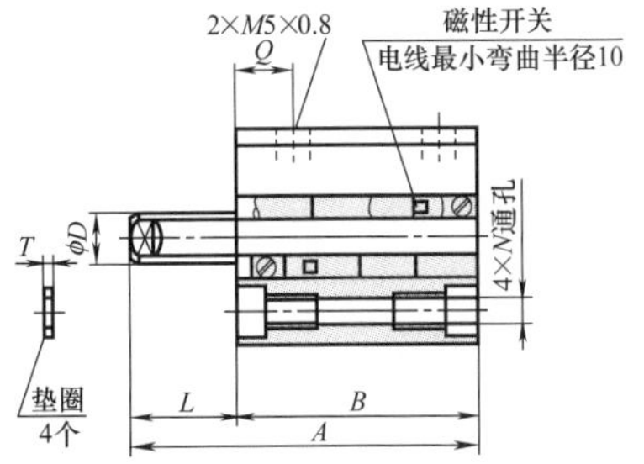

适用缸径	基本型												
	C	D	E	H	I	K	M	N	OA	OB	RA	RB	T
12	6	6	25	M3×0.5	32	5	15.5	3.5	M4×0.7	6.5	7	4	0.5
16	8	8	29	M4×0.7	38	6	20	3.5	M4×0.7	6.5	7	4	0.5
20	7	10	36	M5×0.8	47	8	25.5	5.4	M6×1.0	9	10	7	1
25	12	12	40	M6×1.0	52	10	28	5.4	M6×1.0	9	10	7	1

	适用缸径	行程范围	基本型					内置磁环型	
			A	B	F	L	Q	A	B
双作用	12	5～30	20.5	17	5	3.5	7.5	25.5	22
	16	5～30	20.5	17	5	3.5	7.5	25.5	22
	20	5～50	24	19.5	5.5	4.5	9	34	29.5
	25	5～50	27.5	22.5	5.5	5	11	37.5	32.5

	适用缸径	行程范围	基本型						内置磁环型			
			A		B		F	L	A		B	
			5	10	5	10			5	10	5	10
单作用（预缩型）	12	5、10	25.5	30.5	22	27	5	3.5	30.5	35.5	27	32
	16		25.5	30.5	22	27	5	3.5	30.5	35.5	27	32
	20		29	34	24.5	29.5	5.5	4.5	39	44	34.5	39.5
	25		32.5	37.5	27.5	32.5	5.5	5	42.5	47.5	37.5	42.5

	适用缸径	行程范围	基本型							内置磁环型			
			A		B		L		Q	A		B	
			5	10	5	10	5	10		5	10	5	10
单作用（预伸型）	12	5、10	30.5	40.5	22	27	8.5	13.5	7.5	35.5	45.5	27	32
	16		30.5	40.5	22	27	8.5	13.5	7.5	35.5	45.5	27	32
	20		34	39	24.5	29.5	9.5	14.5	9	44	49	34.5	39.5
	25		37.5	42.5	27.5	32.5	10	15	11	47.5	47.5	37.5	42.5

杆端外螺纹（双作用/单作用：预缩型）

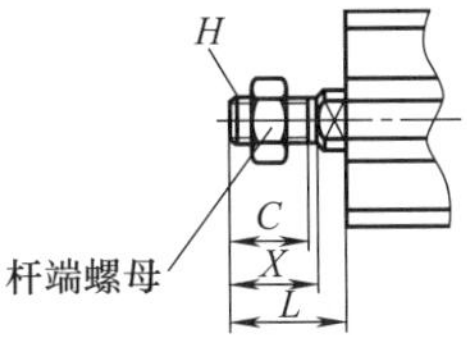

适用缸径	C	H	L	X
12	9	M5×0.8	14	10.5
16	10	M6×1.0	15.5	12
20	12	M8×1.25	18.5	14
25	15	M10×1.25	22.5	17.5

ϕ12 ϕ16 ϕ20～25

杆端外螺纹(单作用：预伸型)

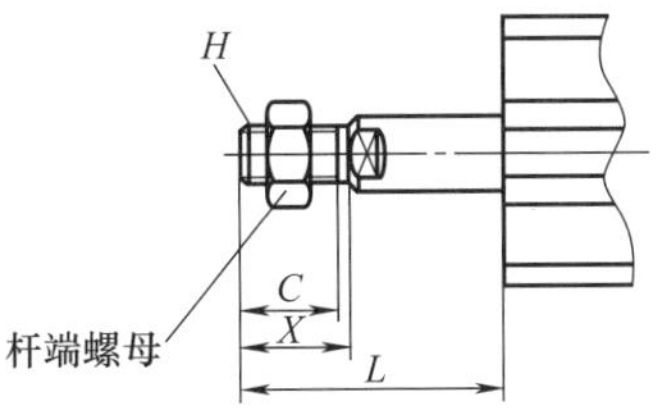

适用缸径	C	H	L		X
			5st	10st	
12	9	M5×0.8	19	24	10.5
16	10	M6×1.0	20.5	25.5	12
20	12	M8×1.25	23.5	28.5	14
25	15	M10×1.25	27.5	32.5	17.5

特点：

① 安装方便：通孔及两端内螺纹同存共用

② 节省空间：微型磁性开关安装在气缸内，不露于气缸外

③ 多面安装：磁性开关位置可选，多面安装

注：生产厂为上海新益气动元件有限公司。

7.1.3.2 ACP 系列薄型气缸（ϕ12～100）

型号意义：

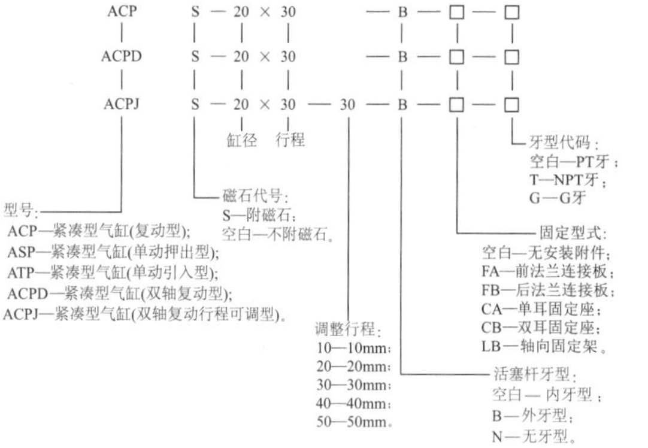

表 21-7-64 主要技术参数

缸径/mm		12	16	20	25	32	40	50	63	80	100
动作形式		复动型、单动押出型、单动引入型									
工作介质		空气									
使用压力范围/MPa	复动型	0.1～1.0(14～145psi)									
	单动型	0.2～1.0(28～145psi)									
保证耐压力/MPa		1.5(215psi)									
工作温度/℃		−20～80									
使用速度/mm·s^{-1}		复动型：30～500					单动型：50～500				
行程公差/mm		0～150：$^{+1.0}_{0}$					>150：$^{+1.4}_{0}$				

续表

缸径/mm	12	16	20	25	32	40	50	63	80	100
缓冲型式	防撞垫									
接管口径①	M5×0.8				G1/8					G1/4

① 接管牙型有 PT、NPT 牙可供选择。

表 21-7-65 行程 mm

缸径		标准行程	最大行程	容许行程
12 16	复动	5、10、15、20、25、30、35、40、45、50、55、60、65、70、75、80、85、90、95、100、110、120、125、150、160、175、200	200	200
	单动	5、10	10	—
20 25	复动	5、10、15、20、25、30、35、40、45、50、55、60、65、70、75、80、85、90、95、100、110、120、125、150、160、175、200	200	200
	单动	5、10、15、20、25	25	—
32 40 50 63	复动	5、10、15、20、25、30、35、40、45、50、55、60、65、70、75、80、85、90、95、100、110、120、125、150、160、175、200、225、250、275、300	300	300
	单动	5、10、15、20、25	25	—
80 100	复动	5、10、15、20、25、30、35、40、45、50、55、60、65、70、75、80、85、90、95、100、110、120、125、150、160、175、200、225、250、275、300、325、350、375、400	400	400
	单动	5、10、15、20、25	25	—

注：100mm 行程范围内的非标行程以上一级标准行程改制而成，其外形尺寸为上一级标准行程气缸的外形尺寸。如行程为 23 的非标行程气缸是由标准行程为 25 的标准气缸改制而成，其外形尺寸与其相同。

表 21-7-66 外形尺寸及安装形式 mm

ACP 型

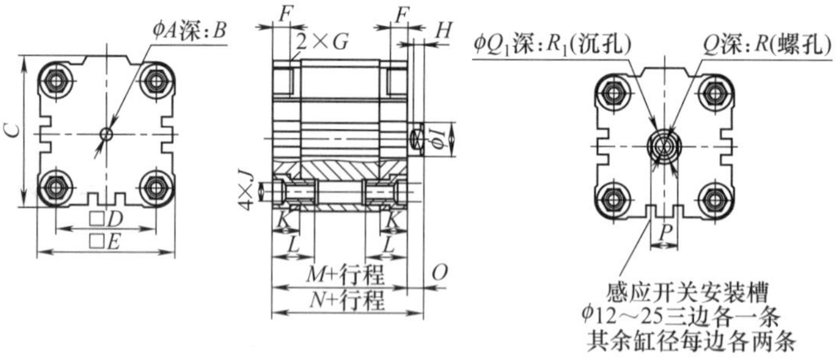

ASP 型

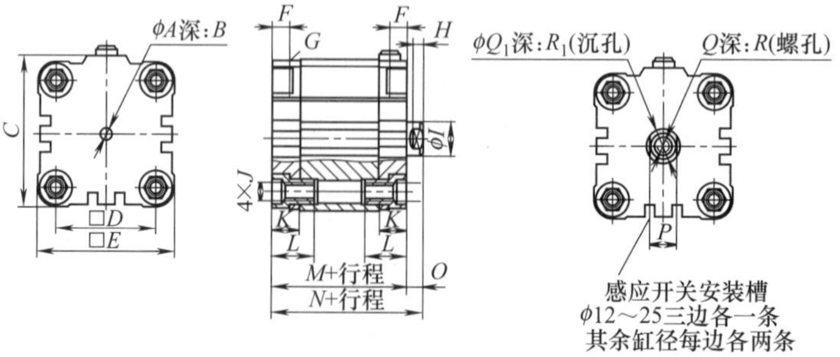

续表

ATP 型

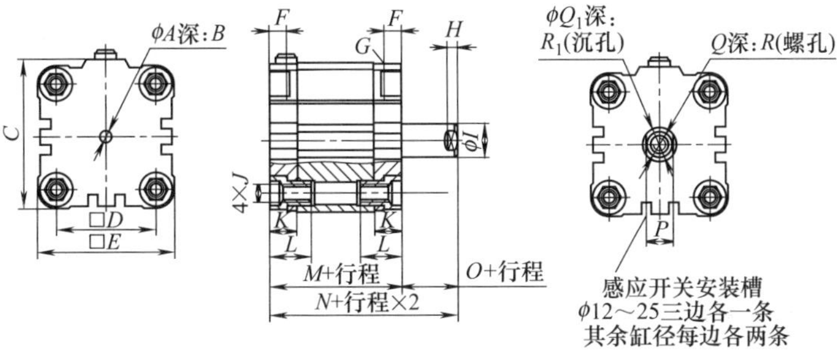

缸径	A	B	C	D	E	F	G	H	I	J	K	L	M	N	O	P	Q	Q_1	R	R_1
12	6	4	30	18	29	7	M5×0.8	3	6	M4×0.7	11.5	18	38	42.5	4.5	5	M3×0.5	3.3	8	1.5
16	6	4	30	18	29	7	M5×0.8	3	8	M4×0.7	11.5	18	38	42.5	4.5	6	M4×0.7	4.7	10	1.5
20	6	4	37.5	22	36	7	M5×0.8	3	10	M5×0.8	11.5	18	38	42.5	4.5	8	M5×0.8	5.5	12	2
25	6.1	4	41.5	26	40	7	M5×0.8	4	10	M5×0.8	11.5	18	39.5	45	5.5	8	M5×0.8	5.5	12	2
32	6.1	4	52	32	50	8	G1/8	4.5	12	M6×1.0	14	21	44.5	50.5	6	10	M6×1.0	6.5	14	2.6
40	6.1	4	62.5	42	60	8	G1/8	4.5	12	M6×1.0	14	21	45.5	52	6.5	10	M6×1.0	6.5	14	2.6
50	6.1	4	71	50	68	8	G1/8	5	16	M8×1.25	14	21.5	45.5	53	7.5	13	M8×1.25	8.5	16	3.3
63	8.1	4	91	62	87	8	G1/8	5	16	M10×1.5	15	24	50	57.5	7.5	13	M8×1.25	8.5	16	3.3
80	8.1	4	111	82	107	8.5	G1/8	5.5	20	M10×1.5	16	27	56	64	8	17	M10×1.5	10.5	20	4.7
100	8.1	4	133	103	128	10.5	G1/4	7.5	25	M10×1.5	19	32	66.5	76.5	10	22	M12×1.75	12.5	24	6.1

ACP-B 型

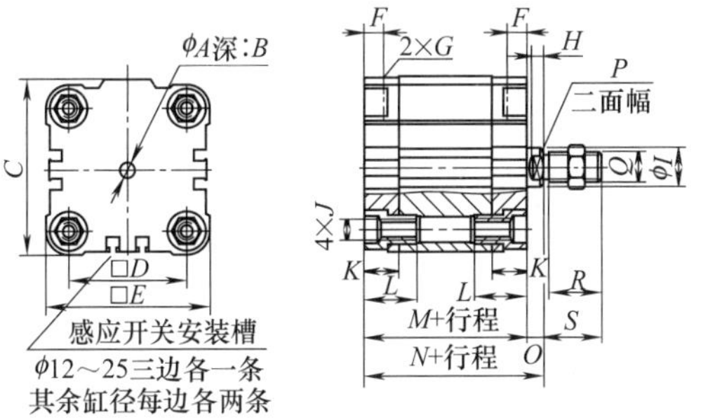

ASP-B 型

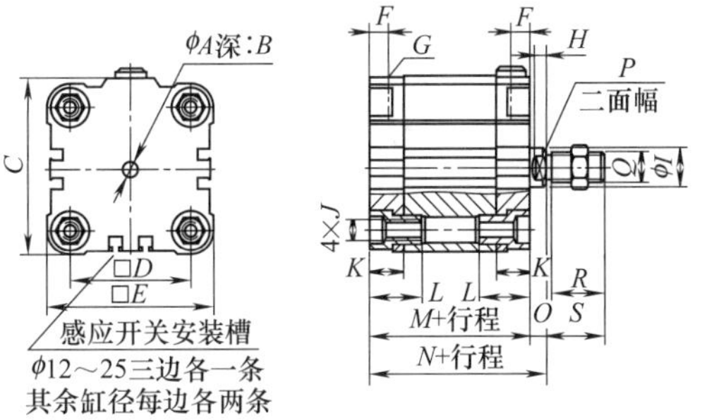

ATP-B 型

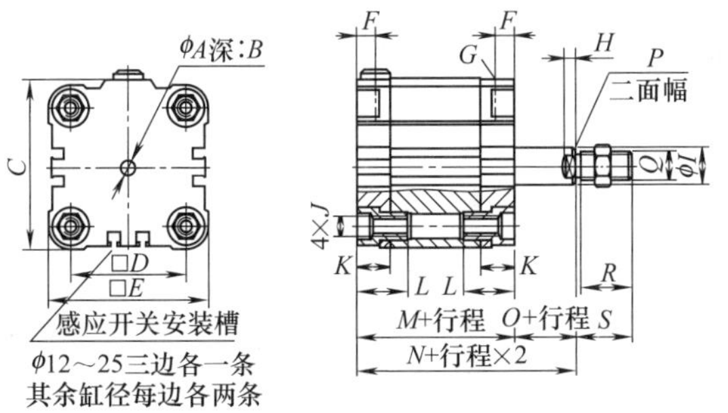

缸径	A	B	C	D	E	F	G	H	I	J	K	L	M	N	O	P	Q	R	S
12	6	4	30	18	29	7	M5×0.8	3	6	M4×0.7	11.5	18	38	42.5	4.5	5	M6×1.0	15	16
16	6	4	30	18	29	7	M5×0.8	3	8	M4×0.7	11.5	18	38	42.5	4.5	5	M8×1.25	19	20
20	6	4	37.5	22	36	7	M5×0.8	3	10	M5×0.8	11.5	18	38	42.5	4.5	8	M10×1.25	20	22
25	6.1	4	41.5	26	40	7	M5×0.8	4	10	M5×0.8	11.5	18	39.5	45	5.5	8	M10×1.25	20	22
32	6.1	4	52	32	50	8	G1/8	4.5	12	M6×1.0	14	21	44.5	50.5	6	10	M10×1.25	20	22

续表

缸径	A	B	C	D	E	F	G	H	I	J	K	L	M	N	O	P	Q	R	S
40	6.1	4	62.5	42	60	8	G1/8	4.5	12	M6×1.0	14	21	45.5	52	6.5	10	M10×1.25	20	22
50	6.1	4	71	50	68	8	G1/8	5	16	M8×1.25	14	21.5	45.5	53	7.5	13	M12×1.25	22	24
63	8.1	4	91	62	87	8	G1/8	5	16	M10×1.5	15	24	50	57.5	7.5	13	M12×1.25	22	24
80	8.1	4	111	82	107	8.5	G1/8	5.5	20	M10×1.5	16	27	46	64	8	17	M16×1.5	30	32
100	8.1	4	133	103	128	10.5	G1/4	7.5	25	M10×1.5	19	32	66.5	76.5	10	22	M20×1.5	38	40

ACPD 型

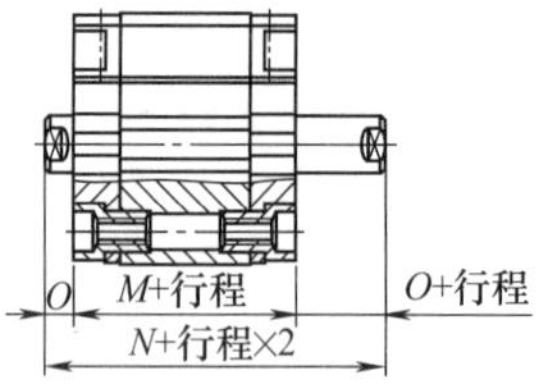

ACPJ 型

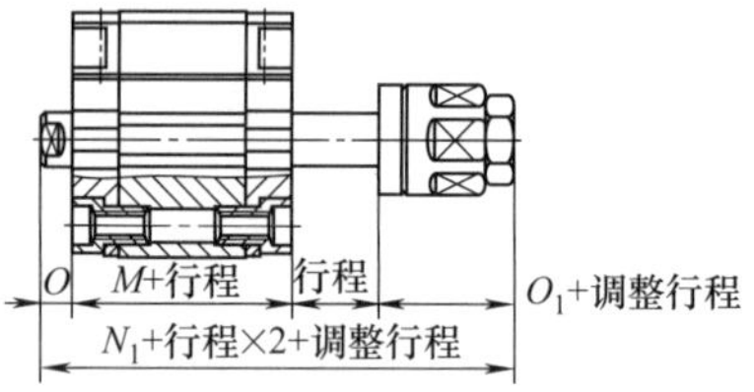

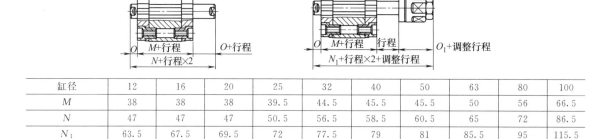

缸径	12	16	20	25	32	40	50	63	80	100
M	38	38	38	39.5	44.5	45.5	45.5	50	56	66.5
N	47	47	47	50.5	56.5	58.5	60.5	65	72	86.5
N_1	63.5	67.5	69.5	72	77.5	79	81	85.5	95	115.5
O	4.5	4.5	4.5	5.5	6	6.5	7.5	7.5	8	10
O_1	21	25	27	27	27	27	28	28	31	39

注：1. 附磁型与不附磁型的尺寸相同

2. 未注明的尺寸与标准型相同

安装附件

附件订购码

F — ACP　50　LB

- F：附件编号
- ACP：气缸类别
- 50：缸径
- LB：附件类别

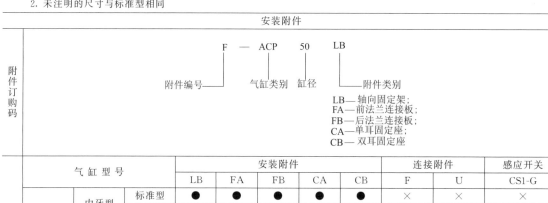

LB— 轴向固定架；
FA—前法兰连接板；
FB—后法兰连接板；
CA—单耳固定座；
CB— 双耳固定座

附件选配

气缸型号			安装附件 LB	安装附件 FA	安装附件 FB	安装附件 CA	安装附件 CB	连接附件 F	连接附件 U	感应开关 CS1-G
ACP	内牙型	标准型	●	●	●	●	●	×	×	×
		附磁型	●	●	●	●	●	×	×	●
	外牙型	标准型	●	●	●	●	●	●	●	×
		附磁型	●	●	●	●	●	●	●	●
ASP ATP	内牙型	标准型	●	●	●	●	●	×	×	×
		附磁型	●	●	●	●	●	×	×	●
	外牙型	标准型	●	●	●	●	●	●	●	×
		附磁型	●	●	●	●	●	●	●	●
ACPD	内牙型	标准型	●	●	●	×	×	×	×	×
		附磁型	●	●	●	×	×	×	×	●
	外牙型	标准型	●	●	●	×	×	●	●	×
		附磁型	●	●	●	×	×	●	●	●
ACPJ	内牙型	标准型	●	●	●	×	×	×	×	×
		附磁型	●	●	●	×	×	×	×	●
	外牙型	标准型	●	●	●	×	×	●	●	×
		附磁型	●	●	●	×	×	●	●	●

续表

附件材质	缸　径	安装附件				接头类	
		FA、FB	CA	CB	LB	F	U
	12～25	铝合金	铝合金	×	低碳钢	碳钢	
	32～100		×	铝合金			

FA/FB 型

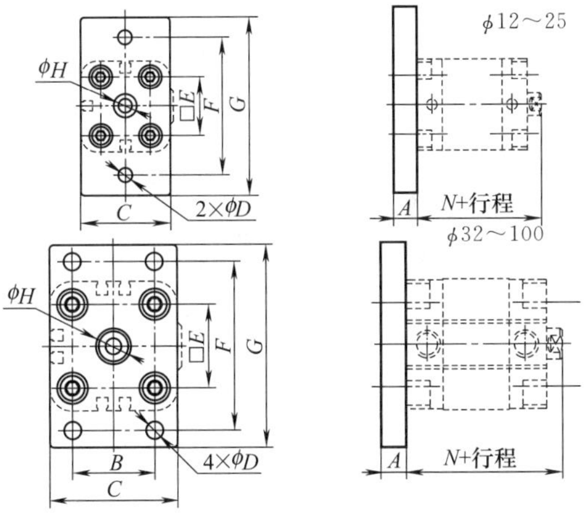

缸径	A	B	C	D	E	F	G	H	N
12	10	—	30	5.5	18	43	55	14	42.5
16	10	—	30	5.5	18	43	55	14	42.5
20	10	—	36	6.5	22	55	68	16	42.5
25	10	—	40	6.5	26	60	78	16	45
32	10	32	50	7	32	65	78	18	50.5
40	10	36	60	9	42	82	102	18	52
50	12	45	68	9	50	90	110	22	53
63	15	50	87	9	62	110	128	22	57.5
80	15	63	107	12	82	135	160	28	64
100	15	75	128	14	103	163	190	34	76.5

LB 型

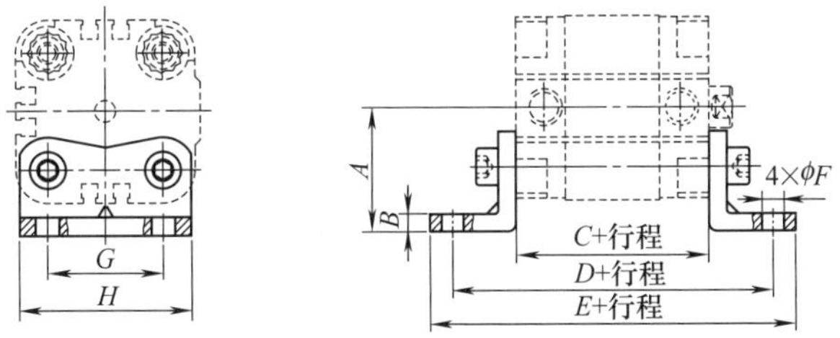

缸径	A	B	C	D	E	F	G	H
12	22	3	38	64	73.6	5.5	18	27
16	22	3	38	64	73.6	5.5	18	27
20	27	3.8	38	70	82.6	6.5	22	34
25	29	3.8	39.5	71.5	84	6.5	26	38
32	34	4.8	44.5	80.5	97.1	6.5	32	48
40	40.5	4.8	45.5	85.5	102.1	9	42	58
50	47	5.8	45.5	93.5	110.1	9	50	66
63	56.5	5.8	50	104	127.6	11	62	85
80	68.5	7.5	56	116	139.6	11	82	105
100	81	7.5	66.5	132.5	156.1	13.5	103	126

续表

CA 型

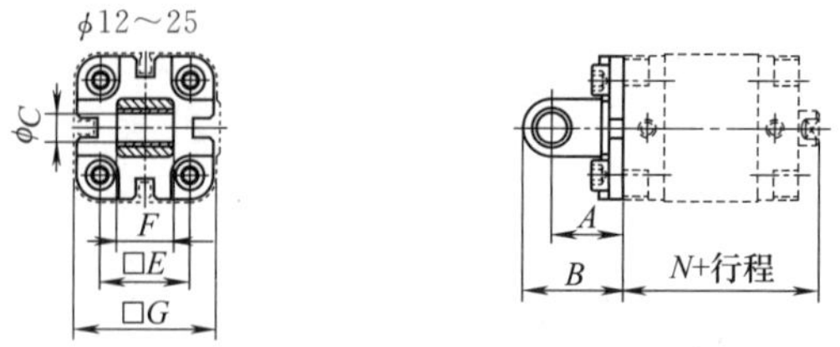

CB 型

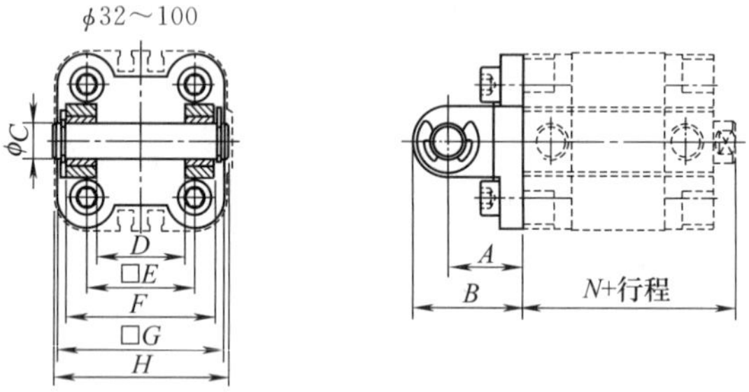

缸径	A	B	C	D	E	F	G	H	N
12	16	22	6	—	18	12	27.5	—	42.5
16	16	22	6	—	18	12	27.5	—	42.5
20	20	28	8	—	22	16	34.5	—	42.5
25	20	28	8	—	26	16	38.5	—	45
32	22	32	10	26	32	45	48	51.5	50.5
40	25	37	12	28	42	52	58	59	52
50	27	39	12	32	50	60	66	67	53
63	32	48	16	40	62	70	85	77	57.5
80	36	52	16	50	82	90	105	97	64
100	41	61	20	60	103	110	126	119	76.5

注：生产厂为亚德客公司。

7.1.3.3　ACQ 系列超薄型气缸（ϕ12～100）

型号意义：

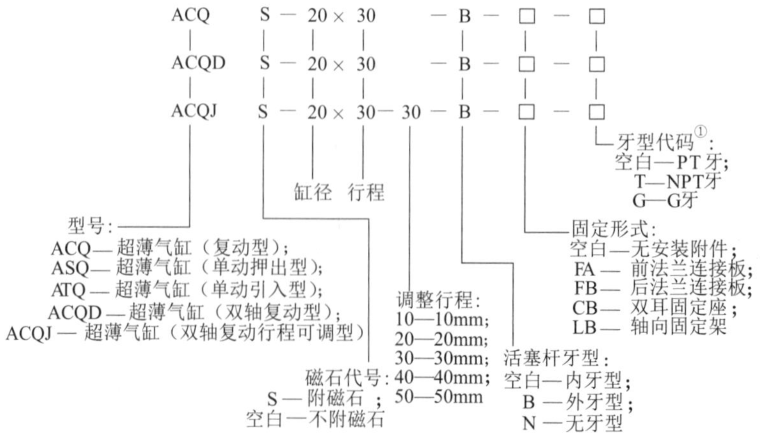

① 当接管为 M5 牙时，此项代码为空。

表 21-7-67　**主要技术参数**

缸径/mm		12	16	20	25	32	40	50	63	80	100
动作形式		复动型									
		单动押出型、单动引入型								—	
工作介质		空气									
使用压力范围/MPa	复动型	0.1～1.0(14～145psi)									
	单动型	0.2～1.0(28～145psi)									
保证耐压力/MPa		1.5(215psi)									
工作温度/℃		−20～80									
使用速度/mm·s^{-1}		复动型:30～500　单动型:50～500									
行程公差		≤150:$^{+1.0}_{0}$　>150:$^{+1.4}_{0}$									
缓冲形式		防撞垫									
接管口径①		M5×0.8						PT1/8	PT1/4	PT3/8	

① 接管牙型有 NPT、G 牙可供选择。

表 21-7-68　**行程**　mm

缸径		标准行程	最大行程	容许行程	
				不附磁	附磁
12	复动	5、10、15、20、25、30、35、40、45、50	50	80	70
	单动	5、10、15、20	20	—	—
16	复动	5、10、15、20、25、30、35、40、45、50、55、60	60	80	70
	单动	5、10、15、20	20	—	—
20 25	复动	5、10、15、20、25、30、35、40、45、50、55、60、70、75、80、90、100	100	130	130
	单动	5、10、15、20、25、30	30	—	—
32 40 50 63 80 100	复动	5、10、15、20、25、30、35、40、45、50、55、60、70、75、80、90、100	100	150	150
	单动	5、10、15、20、25、30	30	—	—

注：1. 在容许行程范围内，当行程>最大行程时，作非标处理。

2. 最大行程范围内的非标行程以上一级标准行程改制而成，其外形尺寸为上一级标准行程气缸的外形尺寸。如行程为 23 的非标行程气缸是由标准行程为 25 的标准气缸改制而成，其外形尺寸与其相同。

表 21-7-69　**外形尺寸**　mm

ACQ 型

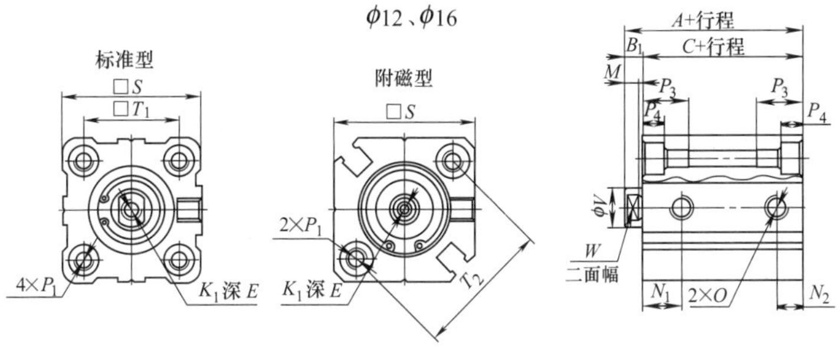

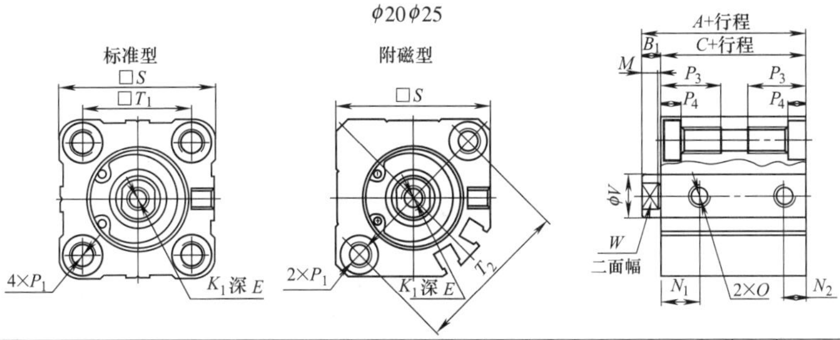

缸径	标准型				附磁型		B_1	D	E	K_1	M	N_1		N_2	
	A		C		A	C						标准型	附磁型	标准型	附磁型
	行程≤50	行程>50	行程≤50	行程>50											
12	20.5	—	17	—	31.5	28	3.5	—	6	M3×0.5	3.5	7.5	9	5	7
16	22	—	18.5	—	34	30.5	3.5	—	8	M4×0.7	3	8	9.5	5.5	
20	24	34	19.5	29.5	36	31.5	4.5	—	7	M5×0.8	4	9	9.5	5.5	
25	27.5	37.5	22.5	32.5	37.5	32.5	5	—	12	M6×1.0	4.5	11		5.5	

续表

缸径	O	P_1	P_3	P_4	S	T_1	T_2	V	W
12	M5×0.8	双边 φ6.5,M4×0.7,通孔 φ3.4	11	3.5	25	15.5	22	6	5
16	M5×0.8	双边 φ6.5,M4×0.7,通孔 φ3.4	11	3.5	29	20	28	8	6
20	M5×0.8	双边 φ9,M6×1.0,通孔 φ5.2	17	7	36	25.5	36	10	8
25	M5×0.8	双边 φ9,M6×1.0,通孔 φ5.2	17	7	40	28	40	12	10

φ32～100(行程≤100)

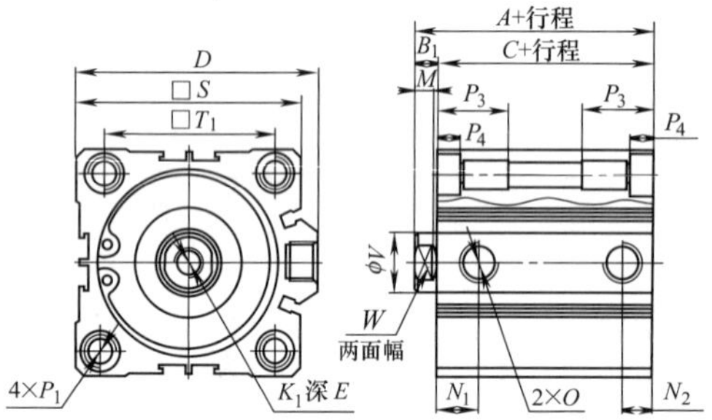

缸径	O	P_1
32	PT1/8	双边 φ9,M6×1.0,通孔 φ5.2
40	PT1/8	双边 φ9,M6×1.0,通孔 φ5.2
50	PT1/4	双边 φ11,M8×1.25,通孔 φ6.5
63	PT1/4	双边 φ14,M10×1.5,通孔 φ8.7
80	PT3/8	双边 φ17.5,M12×1.75,通孔 φ10.7
100	PT3/8	双边 φ17.5,M12×1.75,通孔 φ10.7

缸径	P_3	P_4	S	T_1	T_2	V	W
32	17	7	45	34	—	16	14
40	17	7	53	40	—	16	14
50	22	8	64	50	—	20	17
63	28.5	10.5	77	60	—	20	17
80	35.5	13.5	98	77	—	25	22
100	35.5	13.5	117	94	—	32	27

缸径		标准型				附磁型		B_1	D	E	K_1	M	N_1		N_2	
		A		C		A	C						标准	附磁	标准	附磁
		行程≤50	行程>50	行程≤50	行程>50											
32	行程=50	30	40	23	33	40	33	7	49.5	13	M8×1.25	6	7.5	10.5	6.5	7.5
	行程>50												10.5		7.5	
40		36.5	46.5	29.5	39.5	46.5	39.5	7	57	13	M8×1.25	6	11		8	
50	行程=50	38.5	48.5	30.5	40.5	48.5	40.5	8	71	15	M10×1.5	6.5	9	10.5	9	10.5
	行程>50												10.5		10.5	
63	行程=50	44	54	36	46	54	46	8	84	15	M10×1.5	6.5	14	15	9.5	10.5
	行程>50												15		10.5	
80		53.5	63.5	43.5	53.5	63.5	53.5	10	104	20	M16×2.0	8.5	16		14	
100		65	75	53	63	75	63	12	123.5	26	M20×2.5	9.5	20		17.5	

ASQ、ATQ 型

φ12、φ16

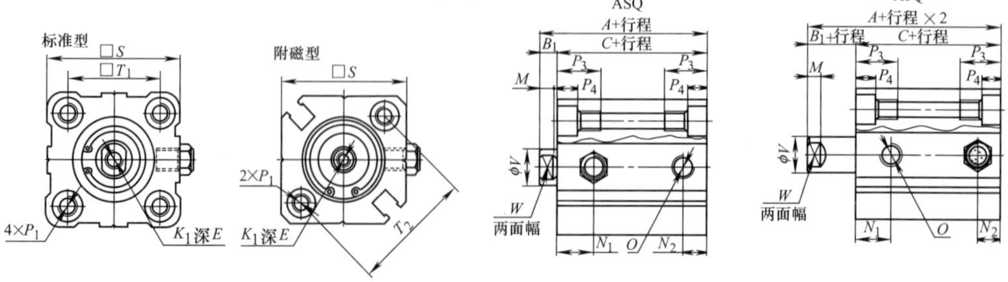

第 21 篇

续表

φ20、φ25

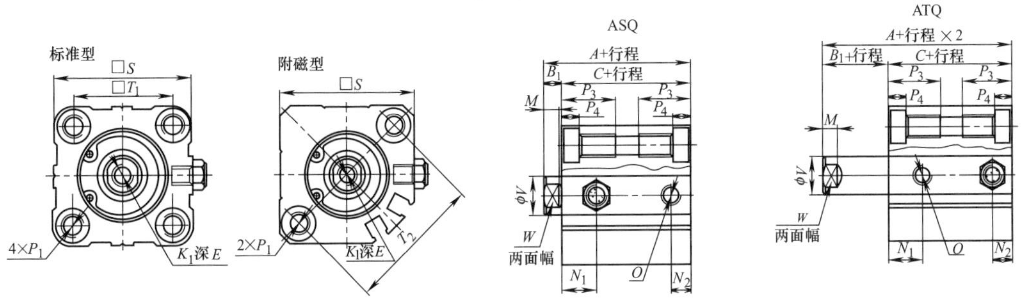

φ32～63

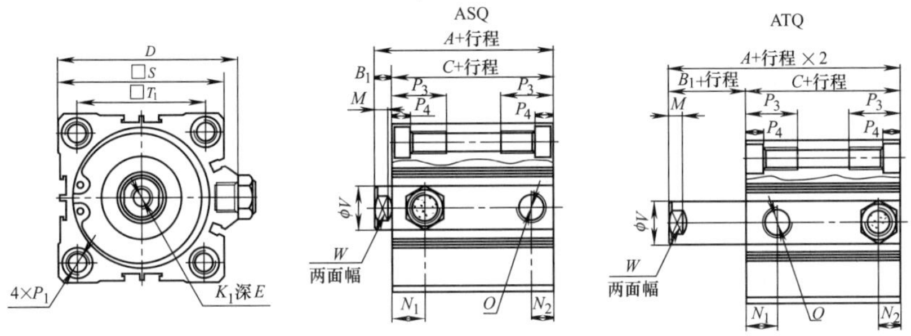

缸径	不附磁						附磁						B_1	D	E	K_1	M	N_1		N_2	
	A			C			A			C								标准	附磁	标准	附磁
行程	5/10	15/20	25/30	5/10	15/20	25/30	5/10	15/20	25/30	5/10	15/20	25/30									
12	25.5	30.5	—	22	27	—	36.5	41.5	—	33	38	—	3.5	—	6	M3×0.5	3.5	7.5	9	5	7
16	27	32	—	23.5	28.5	—	39	44	—	35.5	40.5	—	3.5	—	8	M4×0.7	3	8	9.5	5.5	
20	29	34	39	24.5	29.5	34.5	41	46	51	36.5	41.5	46.5	4.5	—	7	M5×0.8	4	9	9.5	5.5	
25	32.5	37.5	42.5	27.5	32.5	37.5	42.5	47.5	52.5	37.5	42.5	47.5	5	—	12	M6×1.0	4.5	11		5.5	
32	35	40	45	28	33	38	45	50	55	38	43	48	7	49.5	13	M8×1.25	6	10.5		7.5	
40	41.5	46.5	51.5	34.5	39.5	44.5	51.5	56.5	61.5	44.5	49.5	54.5	7	57	13	M8×1.25	6	11		8	
50	48.5	53.5	58.5	40.5	45.5	50.5	58.5	63.5	68.5	50.5	55.5	60.5	8	71	15	M10×1.5	6.5	10.5		10.5	
63	54	59	64	46	51	56	64	69	74	56	61	66	8	84	15	M10×1.5	6.5	15		10.5	

缸径	O	P_1	P_3	P_4	S	T_1	T_2	V	W
12	M5×0.8	双边 φ6.5,M4×0.7,通孔 φ3.4	11	3.5	25	15.5	22	6	5
16	M5×0.8	双边 φ6.5,M4×0.7,通孔 φ3.4	11	3.5	29	20	28	8	6
20	M5×0.8	双边 φ9,M6×1.0,通孔 φ5.2	17	7	36	25.5	36	10	8
25	M5×0.8	双边 φ9,M6×1.0,通孔 φ5.2	17	7	40	28	40	12	10

续表

缸径	O	P_1	P_3	P_4	S	T_1	T_2	V	W
32	PT1/8	双边 ϕ9,M6×1.0,通孔 ϕ5.2	17	7	45	34	—	16	14
40	PT1/8	双边 ϕ9,M6×1.0,通孔 ϕ5.2	17	7	53	40	—	16	14
50	PT1/4	双边 ϕ11,M8×1.25,通孔 ϕ6.5	22	8	64	50	—	20	17
63	PT1/4	双边 ϕ14,M10×1.5,通孔 ϕ8.7	28.5	10.5	77	60	—	20	17

外牙型尺寸

(缸径：ϕ12～100，行程≤100)

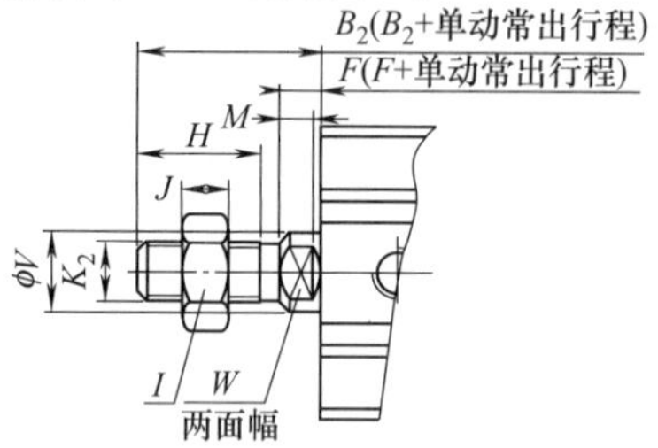

缸径	B_2	F	H	I	J	K_2	M	V	W
12	14	3.5	9	8	4	M5×0.8	3.5	6	5
16	15.5	3.5	10	10	5	M6×1.0	3	8	6
20	18.5	4.5	12	12	6	M8×1.25	4	10	8
25	22.5	5	15	17	6	M10×1.25	4.5	12	10
32	28.5	5	20.5	19	8	M14×1.5	4	16	14
40	28.5	5	20.5	19	8	M14×1.5	4	16	14
50	33.5	5	26	27	11	M18×1.5	4	20	17
63	33.5	5	26	27	11	M18×1.5	4	20	17
80	43.5	8	32.5	32	13	M22×1.5	6	25	22
100	43.5	8	32.5	36	13	M26×1.5	5.5	32	27

ACQD 型

ϕ12、ϕ16

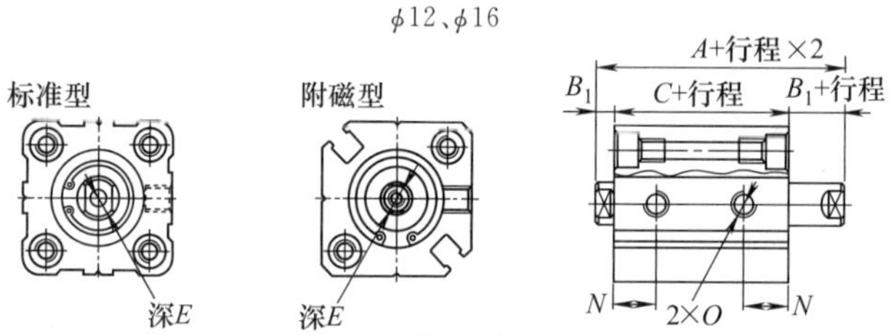

ϕ20、ϕ25

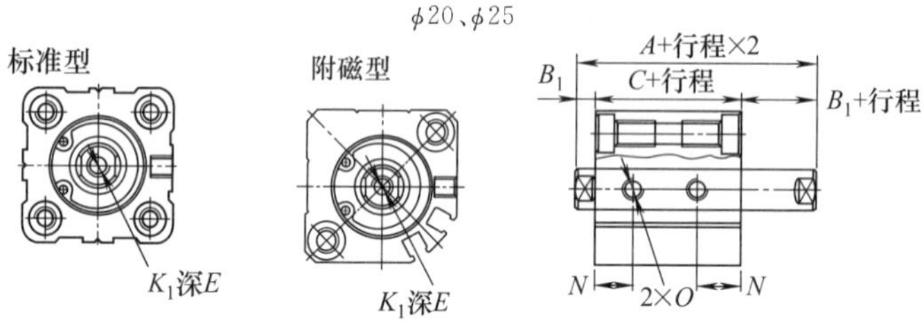

ϕ32～100

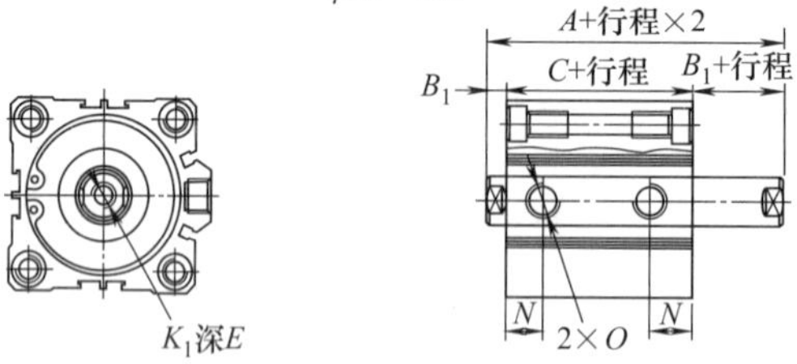

缸径	标准型		附磁型		B_1	E	N
	A	C	A	C			
12	32.2	25.2	39.4	32.4	3.5	6	9
16	33	26	43	36	3.5	8	9.5
20	35	26	47	38	4.5	7	9.5
25	39	29	49	39	5	9.5(S=5)12(S>15)	11
32	44.5	30.5	54.5	40.5	7	9(S≤10)13(S>10)	10
40	54	40	64	50	7	11(S≤10)13(S>10)	13
50	56.5	40.5	66.5	50.5	8	12(S≤10)15(S>10)	13.5

续表

缸　　径	标准型		附磁型		B_1	E	N
	A	C	A	C			
63	58	42	68	52	8	12(S≤10),15(S>10)	14.5(S=5)16(S>5)
80	71	51	81	61	10	14(S≤15),20(S>15)	16
100	84.5	60.5	94.5	70.5	12	20(S≤25),26(其他)	21

ACQJ 型

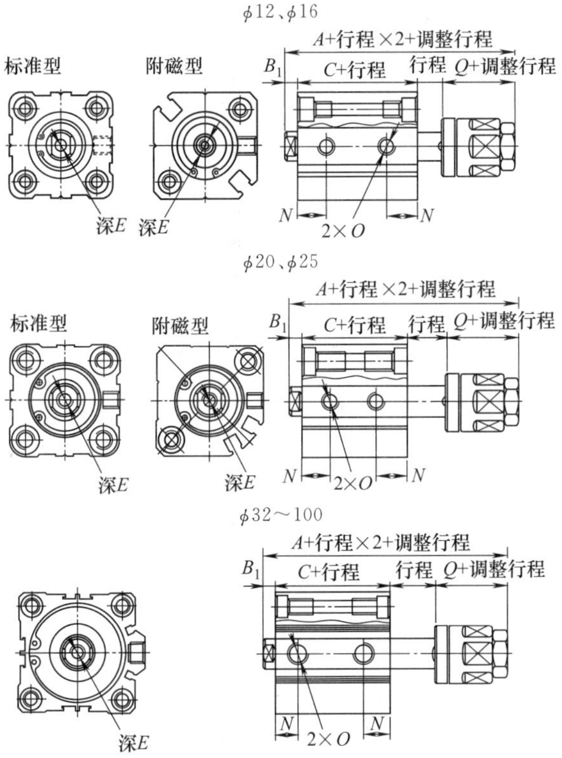

缸　　径	标准型		附磁型		B_1	E	N	Q
	A	C	A	C				
12	45.2	25.2	52.4	32.4	3.5	6	9	17
16	50	26	60	36	3.5	8	9.5	21
20	55	26	67	38	4.5	7	9.5	25
25	60.5	29	70.5	39	5	9.5(S=5),12(S>5)	11	27
32	65.9	30.5	75.9	40.5	7	9(S≤10),13(S>10)	10	29
40	75.5	40	85.5	50	7	11(S≤10),13(S>10)	13	29
50	80	40.5	90	50.5	8	12(S≤10),15(S>10)	13.5	32
63	81.4	42	91.4	52	8	12(S≤10),15(S>10)	14.5(S=5)16(S>5)	32
80	98.8	51	108.8	61	10	14(S≤15),20(S>15)	16	38.5
100	108.8	60.5	118.8	70.5	12	20(S≤25),26(其他)	21	37

续表

安装附件

附件订购码

F — ACQ 50 LB

F：附件编号；ACQ：气缸类别；50：缸径；LB：附件类别：

LB—轴向固定架；
FA—前法兰连接板；
FB—后法兰连接板；
CB—双耳固定座

附件选配

气缸型号			安装附件 LB	安装附件 FA	安装附件 FB	安装附件 CB	连接附件 I	连接附件 Y	连接附件 F	连接附件 U	感应开关 CS1-J	感应开关 CS1-G
ACQ	内牙型	标准型	●	●	●	●	×				×	
		附磁型	●	●	●	●	×				●	
	外牙型	标准型	●	●	●	●	●				×	
		附磁型	●	●	●	●	●				●	
ASQ ATQ	内牙型	标准型	●	●	●	●	×				×	
		附磁型	●	●	●	●	×				●	
	外牙型	标准型	●	●	●	●	●				×	
		附磁型	●	●	●	●	●				●	
ACQD	内牙型	标准型	●	●	●	×	×				×	
		附磁型	●	●	●	×	×				●	
	外牙型	标准型	●	●	●	×	●				×	
		附磁型	●	●	●	×	●				●	
ACQJ	内牙型	标准型	●	●	●	×	×				×	
		附磁型	●	●	●	×	×				●	
	外牙型	标准型	●	●	●	×	●				×	
		附磁型	●	●	●	×	●				●	

附件材质

缸径	安装附件 FA	安装附件 FB	安装附件 CB	安装附件 LB	接头 Y	接头 I	接头 F	接头 U
12～16	铝合金		铝合金	SPCC	S45C	S45C		
20～25	灰口铸铁							
32～100			铸钢		铸钢			

FA/FB型

ϕ12～25

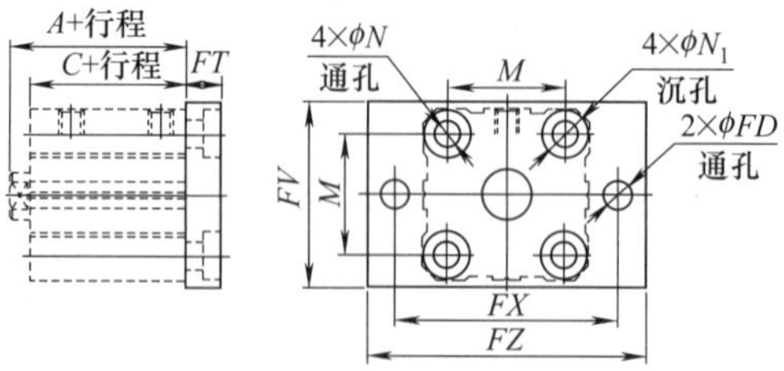

ϕ32～100

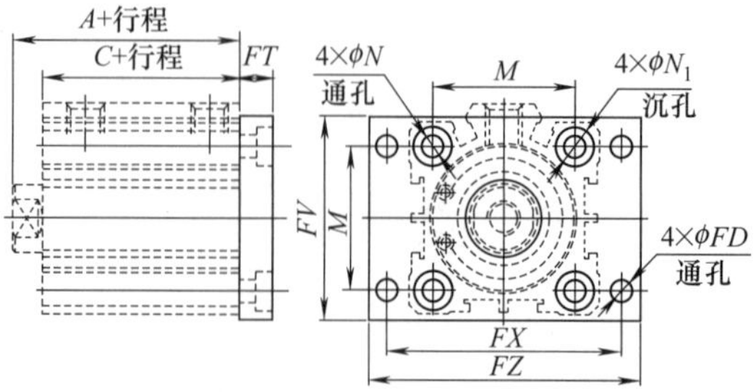

续表

缸径	标准型				附磁型		M	N	N_1	FD	FT	FV	FX	FZ
	A		C		A	C								
行程	≤50	>50	≤50	>50										
12	20.5	—	17	—	31.5	28	15.5	4.5	7.5	4.5	5.5	25	45	55
16	22	—	18.5	—	34	30.5	20	4.5	7.5	4.5	5.5	30	45	55
20	24	34	19.5	29.5	36	31.5	25.5	6.5	10.5	6.5	8	39	48	60
25	27.5	37.5	22.5	32.5	37.5	32.5	28	6.5	10.5	6.5	8	42	52	64
32	30	40	23	33	40	33	34	6.5	10.5	5.5	8	48	56	65
40	36.5	46.5	29.5	39.5	46.5	39.5	40	6.5	10.5	5.5	8	54	62	72
50	38.5	48.5	30.5	40.5	48.5	40.5	50	8.5	13.5	6.5	9	67	76	89
63	44	54	36	46	54	46	60	10.5	16.5	9	9	80	92	108
80	53.5	63.5	43.5	53.5	63.5	53.5	77	12.5	18.5	11	11	99	116	134
100	65	75	53	63	75	63	94	12.5	18.5	11	11	117	136	154

LB 型

ϕ12～25

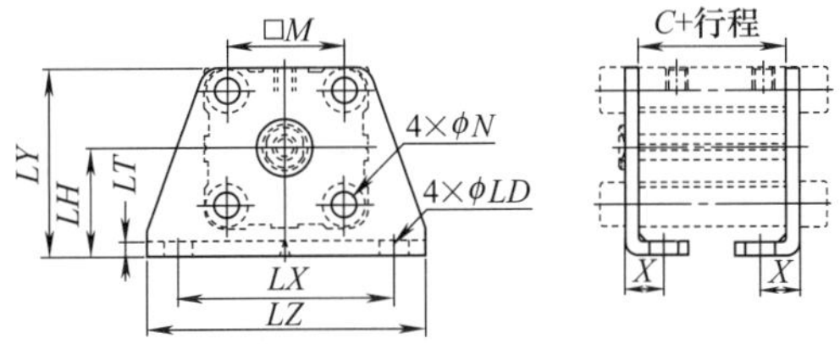

ϕ32～100

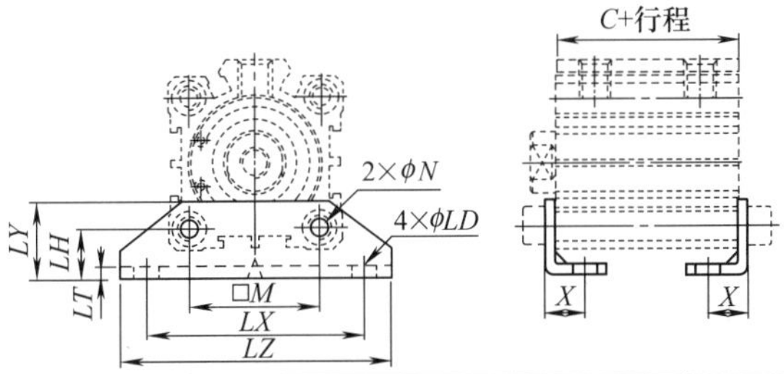

缸径	C(ACQ 系列)			M	N	X	LD	LH	LT	LX	LY	LZ
	标准型		附磁型									
行程	≤50	>50										
12	17	—	28	15.5	4.5	8	4.5	17	2	34	29.5	44
16	18.5	—	30.5	20	4.5	8	4.5	19	2	38	33.5	48
20	19.5	29.5	31.5	25.5	6.5	9.2	6.5	24	3	48	42	62
25	22.5	32.5	32.5	28	6.5	10.7	6.5	26	3	52	46	66
32	23	33	33	34	6.5	11.2	6.5	13	3	57	20	71
40	29.5	39.5	39.5	40	6.5	11.2	6.5	13	3	64	20	78
50	30.5	40.5	40.5	50	8.5	12.2	8.5	14	3	79	22	95
63	36	46	46	60	10.5	13.7	10.5	16	3	95	26	113
80	43.5	53.5	53.5	77	13	16.5	13	20.5	4.5	118	32	140
100	53	63	63	94	13	23	13	24	6	137	36	162

CB 型

ϕ12～25

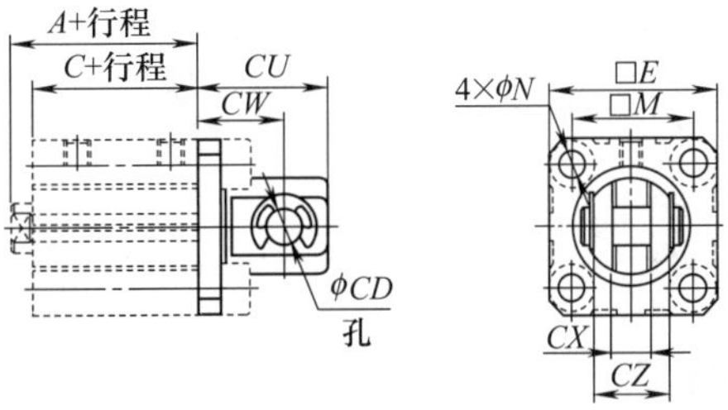

第
21
篇

续表

ϕ32～100

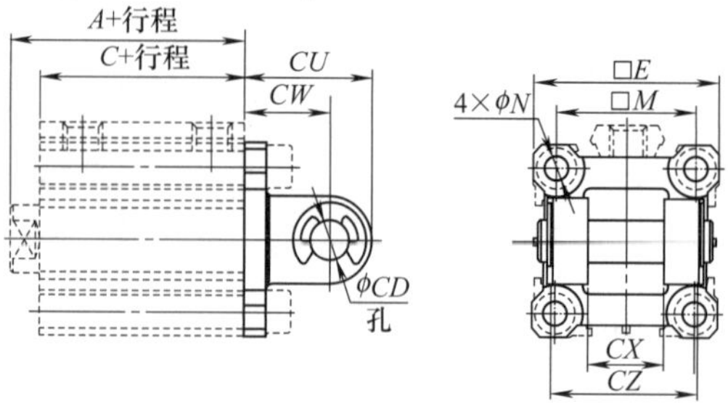

缸径	标准型(ACQ 系列)				附磁型(ACQ 系列)		E	M	N	CD	CU	CW	CX	CZ
行程	A		C		A	C								
	≤50	>50	≤50	>50										
12	20.5	—	17	—	31.5	28	25	15.5	4.5	5	20	14	5.3	9.8
16	22	—	18.5	—	34	30.5	29	20	4.5	5	21	15	6.8	11.8
20	24	34	19.5	29.5	36	31.5	36	25.5	6.5	8	27	18	8.3	15.8
25	27.5	37.5	22.5	32.5	37.5	32.5	40	28	6.5	10	30	20	10.3	19.8
32	30	40	23	33	40	33	45.5	34	6.5	10	30	20	18.3	35.8
40	36.5	46.5	29.5	39.5	46.5	39.5	53.5	40	6.5	10	32	22	18.3	35.8
50	38.5	48.5	30.5	40.5	48.5	40.5	64.5	50	8.5	14	42	28	22.3	43.8
63	44	54	36	46	54	46	77.5	60	10.5	14	44	30	22.3	43.8
80	53.5	63.5	43.5	53.5	63.5	53.5	98.5	77	12.5	18	56	38	28.3	55.8
100	65	75	53	63	75	63	117.5	94	12.5	22	67	45	32.3	63.8

注：生产厂为亚德客公司。

7.1.3.4　SDA 系列超薄型气缸（ϕ12～100）

型号意义：

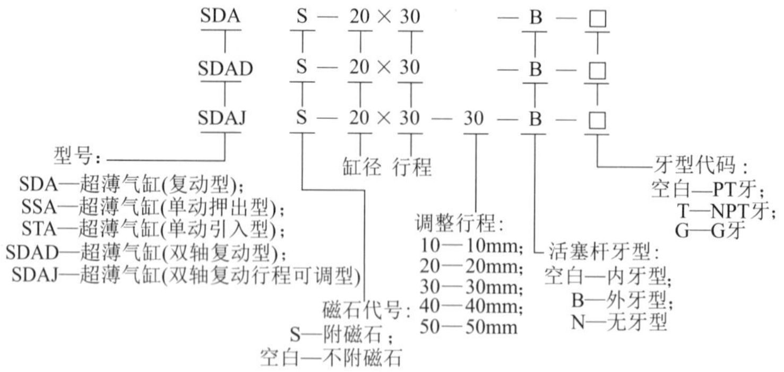

▢ SDAW、SDAT订购码

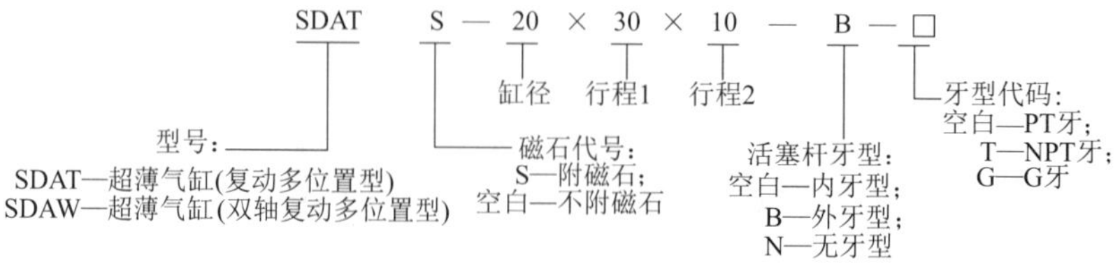

第21篇

表 21-7-70 **主要技术参数**

缸径/mm		12	16	20	25	32	40	50	63	80	100
动作形式		复动型									
		单动押出型、单动引入型								—	
工作介质		空气									
使用压力范围/MPa	复动型	0.1～1.0(14～145Psi)									
	单动型	0.2～1.0(28～145Psi)									
保证耐压力/MPa		1.5(215Psi)									
工作温度/℃		−20～80									
使用速度范围/mm·s⁻¹		复动型:30～500　单动型:50～500									
行程公差范围/mm		$^{+1.0}_{0}$									
缓冲形式		防撞垫									
接管口径[①]		M5×0.8					PT1/8		PT1/4		PT3/8

行　程

缸径/mm			标准行程/mm	最大行程	容许行程
12 16	复动	附磁	5、10、15、20、25、30、35、40、45、50、55	65	70
		不附磁	5、10、15、20、25、30、35、40、45、50、55、60、65	65	80
	单动		5、10、15、20、25、30	30	—
20	复动	附磁	5、10、15、20、25、30、35、40、45、50、55、60、65、70、75、80、85、90	100	130
		不附磁	5、10、15、20、25、30、35、40、45、50、55、60、65、70、75、80、85、90、95、100	100	130
	单动		5、10、15、20、25、30	30	—
25 32 40 50 63	复动	附磁	5、10、15、20、25、30、35、40、45、50、55、60、65、70、75、80、85、90、95、100、110、120	130	150
		不附磁	5、10、15、20、25、30、35、40、45、50、55、60、65、70、75、80、85、90、95、100、110、120、130	130	150
	单动		5、10、15、20、25、30	30	—
80 100	复动	附磁	5、10、15、20、25、30、35、40、45、50、55、60、65、70、75、80、85、90、95、100、110、120	130	150
		不附磁	5、10、15、20、25、30、35、40、45、50、55、60、65、70、75、80、85、90、95、100、110、120、130	130	150

① 接管牙型有 NPT、G 牙可供选择。

注：1. 在容许行程范围内，当行程＞最大行程时，作非标处理。

2. 最大行程范围内的非标行程以上一级标准行程改制而成，其外形尺寸为上一级标准行程气缸的外形尺寸。如行程为 23 的非标行程气缸是由标准行程为 25 的标准气缸改制而成，其外形尺寸与其相同。

表 21-7-71 **外形尺寸** mm

SDA 型

ϕ12、ϕ16

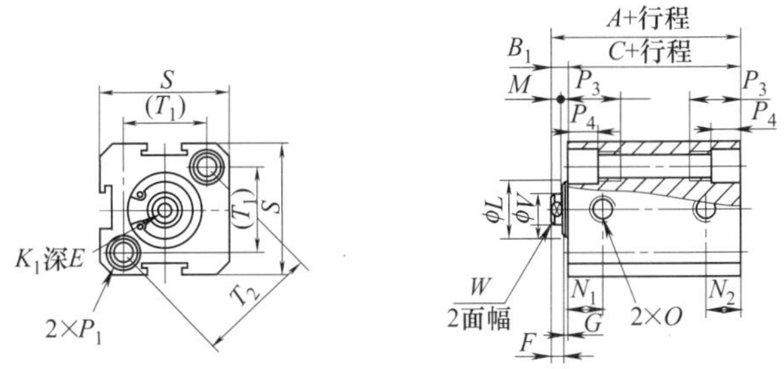

ϕ20～100

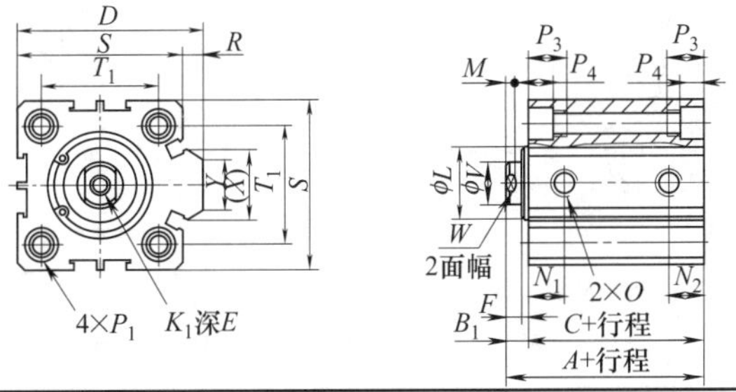

续表

缸径	标准型		附磁型		B_1	D	E	F	G	K_1	L	M	N_1		N_2	
	A	C	A	C									$S=5$	$S>5$	$S=5$	$S>5$
12	22	17	32	27	5	—	6	4	1	M3×0.5	10.2	3	7.5		5	
16	24	18.5	34	28.5	5.5	—	6	4	1.5	M3×0.5	11	3	8		5.5	
20	25	19.5	35	29.5	5.5	36	8	4	1.5	M4×0.7	13	3	9		5.5	
25	27	21	37	31	6	42	10	4	2	M5×0.8	17	3	9.2		5.5	
32	31.5	24.5	41.5	34.5	7	50	12	4	3	M6×1	22	3	9		6.5	9
40	33	26	43	36	7	58.5	12	4	3	M8×1.25	28	3	9.5		7.5	
50	37	28	47	38	9	71.5	15	5	4	M10×1.5	38	3	8	10.5	8	10.5
63	41	32	51	42	9	84.5	15	5	4	M10×1.5	40	3	9.5	11.8	9.5	11.8
80	52	41	62	51	11	104	20	6	5	M14×1.5	45	4	11.5	14.5	11.5	14.5
100	63	51	73	61	12	124	20	7	5	M18×1.5	55	4	16	20.5	16	20.5

缸径	O	P_1	P_3	P_4	R	S	T_1	T_2	V	W	X	Y
12	M5×0.8	双边 ϕ6.5,M5×0.8,通孔 ϕ4.2	12	4.5	—	25	16.3	23	6	5	—	—
16	M5×0.8	双边 ϕ6.5,M5×0.8,通孔 ϕ4.2	12	4.5	—	29	19.8	28	6	5	—	—
20	M5×0.8	双边 ϕ6.5,M5×0.8,通孔 ϕ4.2	14	4.5	2	34	24	—	8	6	11.3	10
25	M5×0.8	双边 ϕ8.2,M6×1.0,通孔 ϕ4.6	15	5.5	2	40	28	—	10	8	12	10
32	PT1/8	双边 ϕ8.2,M6×1.0,通孔 ϕ4.6	16	5.5	6	44	34	—	12	10	18.3	15
40	PT1/8	双边 ϕ10,M8×1.25,通孔 ϕ6.5	20	7.5	6.5	52	40	—	16	14	21.3	16
50	PT1/4	双边 ϕ11,M8×1.25,通孔 ϕ6.5	25	8.5	9.5	62	48	—	20	17	30	20
63	PT1/4	双边 ϕ11,M8×1.25,通孔 ϕ6.5	25	8.5	9.5	75	60	—	20	17	28.7	20
80	PT3/8	双边 ϕ14,M12×1.75,通孔 ϕ9.2	25	10.5	10	94	74	—	25	22	36	26
100	PT3/8	双边 ϕ17.5,M14×2,通孔 ϕ11.3	30	13	10	114	90	—	32	27	35	26

SSA 型

ϕ12、ϕ16

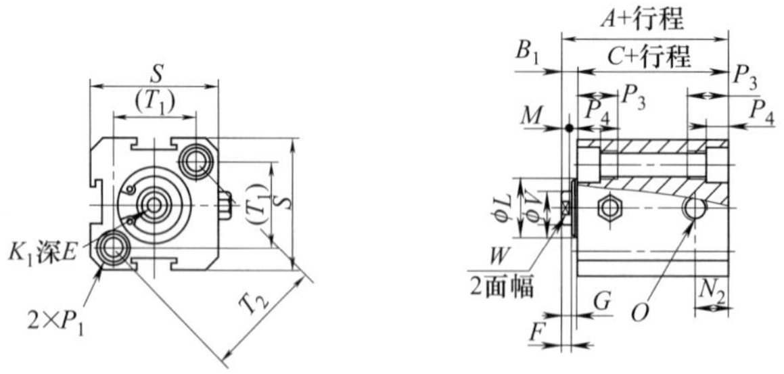

ϕ20～63

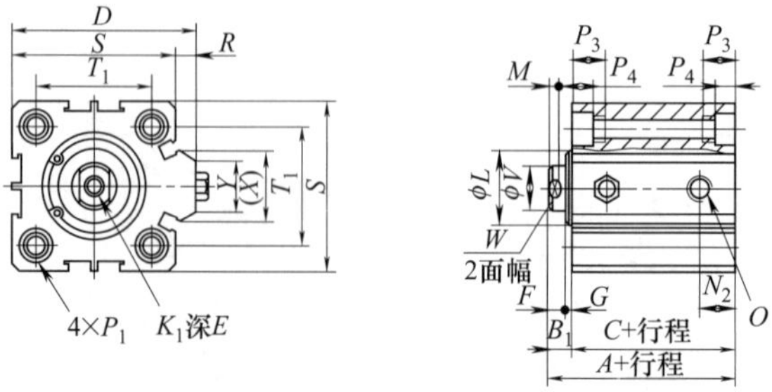

续表

STA 型

φ12、φ16

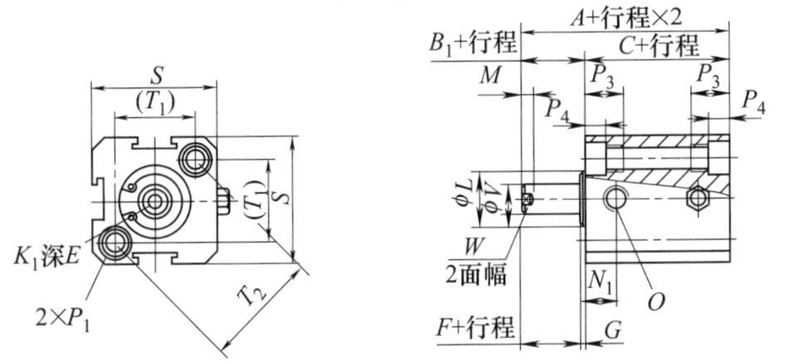

φ20～63

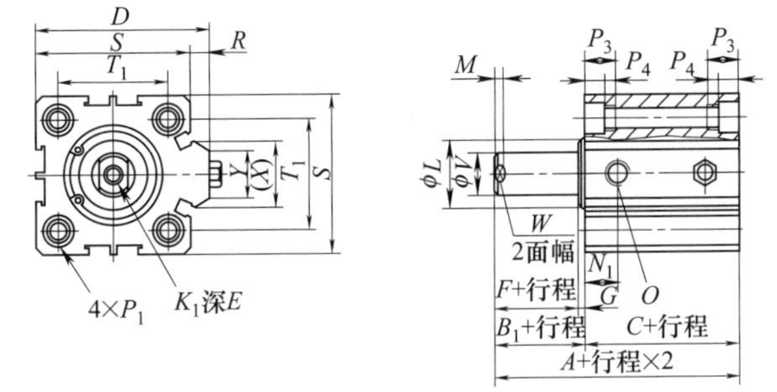

缸径	标准型				附磁型				B_1	D	E	F	G	K_1	L	M	N_1	N_2
	A		C		A		C											
行程	≤10	>10	≤10	>10	≤10	>10	≤10	>10										
12	32	42	27	37	42	52	37	47	5	—	6	4	1	M3×0.5	10.2	3	7.5	5
16	34	44	28.5	38.5	44	54	38.5	48.5	5.5	—	6	4	1.5	M3×0.5	11	3	8	5.5
20	35	45	29.5	39.5	45	55	39.5	49.5	5.5	36	8	4	1.5	M4×0.7	13	3	9	5.5
25	37	47	31	41	47	57	41	51	6	42	10	4	2	M5×0.8	17	3	9.2	5.5
32	41.5	51.5	34.5	44.5	51.5	61.5	44.5	54.5	7	50	12	4	3	M6×1	22	3	9	9
40	43	53	36	46	53	63	46	56	7	58.5	12	4	3	M8×1.25	28	3	9.5	7.5
50	47	57	38	48	57	67	48	58	9	71.5	15	5	4	M10×1.5	38	3	10.5	10.5
63	51	61	42	52	61	71	52	62	9	84.5	15	5	4	M10×1.5	40	3	12	11

缸径	O	P_1	P_3	P_4	R	S	T_1	T_2	V	W	X	Y
12	M5×0.8	双边 φ6.5,M5×0.8,通孔 φ4.2	12	4.5	—	25	16.2	23	6	5	—	—
16	M5×0.8	双边 φ6.5,M5×0.8,通孔 φ4.2	12	4.5	—	29	19.8	28	6	5	—	—
20	M5×0.8	双边 φ6.5,M5×0.8,通孔 φ4.2	14	4.5	2	34	24	—	8	6	11.3	10
25	M5×0.8	双边 φ8.2,M6×1.0,通孔 φ4.6	15	5.5	2	40	28	—	10	8	12	10
32	PT1/8	双边 φ8.2,M6×1.0,通孔 φ4.6	16	5.5	6	44	34	—	12	10	18.3	15
40	PT1/8	双边 φ10,M8×1.25,通孔 φ6.5	20	7.5	6.5	52	40	—	16	14	21.3	16
50	PT1/4	双边 φ11,M8×1.25,通孔 φ6.5	25	8.5	9.5	62	48	—	20	17	30	20
63	PT1/4	双边 φ11,M8×1.25,通孔 φ6.5	25	8.5	9.5	75	60	—	20	17	28.7	20

外牙型尺寸

φ12～16

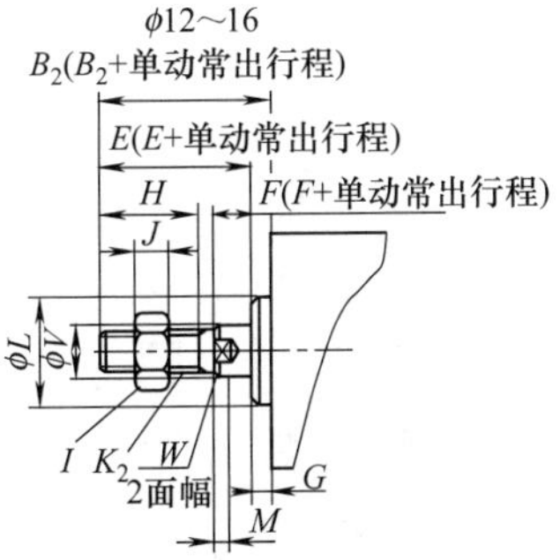

φ20～100

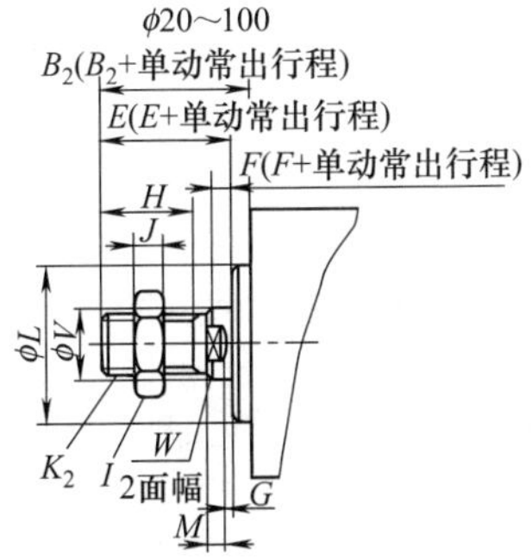

续表

缸径	B_2	E	F	G	H	I	J	K_2	L	M	V	W
12	17	16	4	1	10	8	4	M5×0.8	10.2	3	6	5
16	17.5	16	4	1.5	10	8	4	M5×0.8	11	3	6	5
20	20.5	19	4	1.5	13	10	5	M6×1.0	13	3	8	6
25	23	21	4	2	15	12	6	M8×1.25	17	3	10	8
32	25	22	4	3	15	17	6	M10×1.25	22	3	12	10
40	35	32	4	3	25	19	8	M14×1.5	28	3	16	14
50	37	33	5	4	25	27	11	M18×1.5	38	3	20	17
63	37	33	5	4	25	27	11	M18×1.5	40	3	20	17
80	44	39	6	5	30	32	13	M22×1.5	45	4	25	22
100	50	45	7	5	35	36	13	M26×1.5	55	4	32	27

SDAJ 型

ϕ12～16

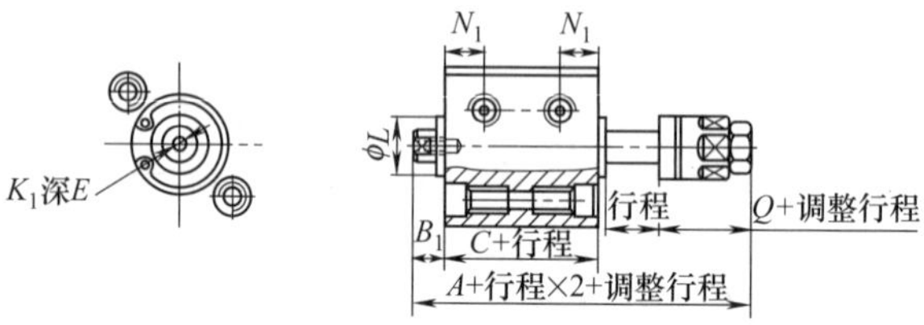

ϕ20～100

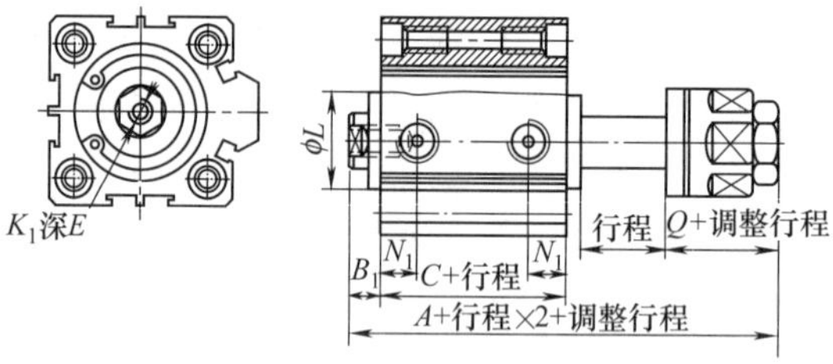

缸径	标准型		附磁型		B_1	E		Q	K_1	L	N_1	
	A	C	A	C		$S≤10$	$S>10$				$S=5$	$S>5$
12	40	17	50	27	5	6		17	M3×0.5	10.2	5.5	6.3
16	42.5	18.5	52.5	28.5	5.5	6		17	M3×0.5	11	6.5	7.3
20	47.5	19.5	57.5	29.5	5.5	8($S=5$ 时,6.5)		21	M4×0.7	15	7.5	
25	54	21	64	31	6	10($S=5$ 时,7)		22	M5×0.8	17	8	
32	61.5	24.5	71.5	34.5	7	8	12	27	M6×1	22	8	9
40	65	26	75	36	7	8	12	29	M8×1.25	28	8	10
50	73	28	83	38	9	8	15	32	M10×1.5	38	8	10.5
63	77	32	87	42	9	10	15	32	M10×1.5	40	9.5	11.8
80	94	41	104	51	11	13	20	37	M14×1.5	45	11.5	14.5
100	105	51	115	61	12	18	20	37	M18×1.5	55	16	20.5

SDAD 型

ϕ12、ϕ16

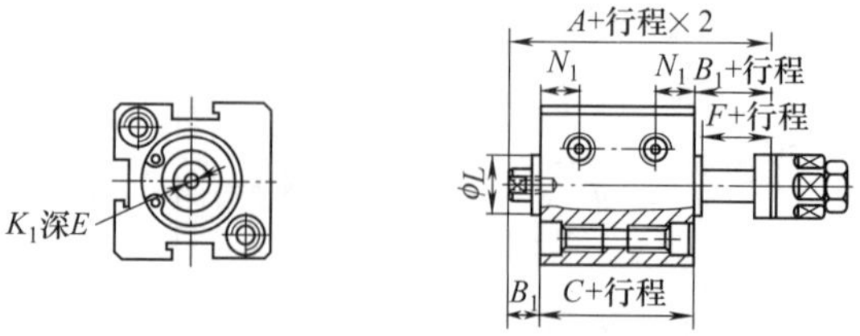

续表

ϕ20～100

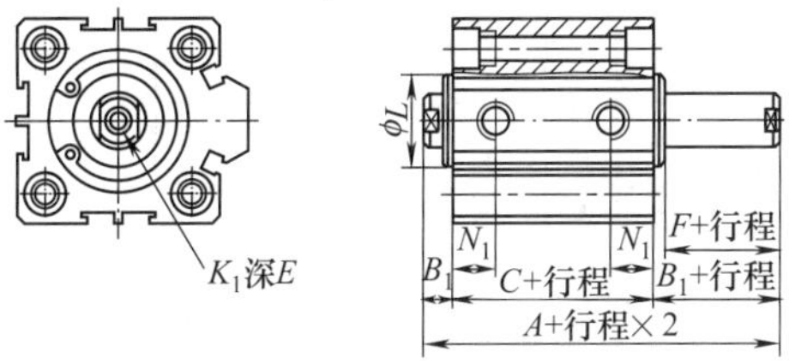

缸径	标准型		附磁型		E		B_1	F	K_1	L	N_1	
	A	C	A	C	$S\leqslant10$	$S>10$					$S=5$	$S>5$
12	27	17	37	27	6		5	4	M3×0.5	10.2	5.5	6.3
16	29.5	18.5	39.5	28.5	6		5.5	4	M3×0.5	11	6.5	7.3
20	30.5	19.5	40.5	29.5	8(S=5 时,6.5)		5.5	4	M4×0.7	15	7.5	
25	33	21	43	31	10(S=5 时,7)		6	4	M5×0.8	17	8	
32	38.5	24.5	48.5	34.5	8	12	7	4	M6×1	22	8	9
40	40	26	50	36	8	12	7	4	M8×1.25	28	8	10
50	46	28	56	38	8	15	9	5	M10×1.5	38	8	10.5
63	50	32	60	42	10	15	9	5	M10×1.5	40	9.5	11.8
80	63	41	73	51	13	20	11	6	M14×1.5	45	11.5	14.5
100	75	51	85	61	18	20	12	7	M18×1.5	55	16	20.5

SDAT 型

ϕ12～16

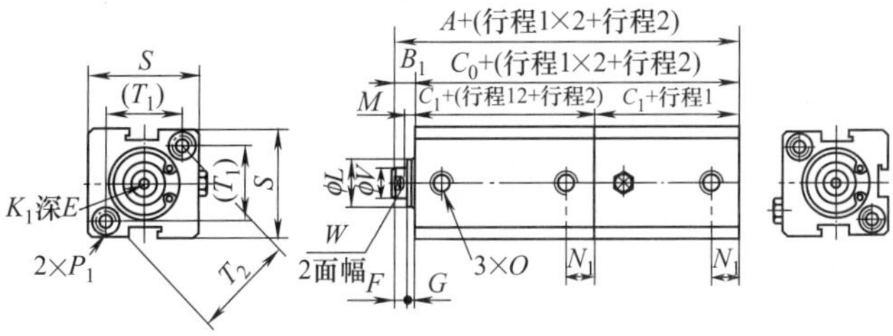

ϕ20～100

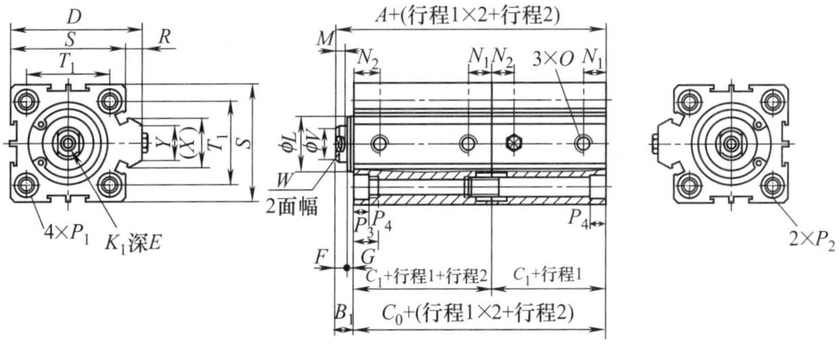

缸径	标准型			附磁型			B_1	D	E	F	G	K_1	L	M	N_1		N_2		O
	A	C_0	C_1	A	C_0	C_1									$S=5$	$S>5$	$S=5$	$S>5$	
12	39	34	17	59	54	27	5	—	6	4	1	M3×0.5	10.2	3	7.5		5		M5×0.8
16	42.5	37	18.5	62.5	57	28.5	5.5	—	6	4	1.5	M3×0.5	11	3	8		5.5		M5×0.8
20	44.5	39	19.5	64.5	59	29.5	5.5	36	8	4	1.5	M4×0.7	13	3	9		5.5		M5×0.8
25	48	42	21	68	62	31	6	42	10	4	2	M5×0.8	17	3	9.2		5.5		M5×0.8
32	56	49	24.5	76	69	34.5	7	50	12	4	3	M6×1	22	3	9	6.5	9	6.5	PT1/8
40	59	52	26	79	72	36	7	58.5	12	4	3	M8×1.25	28	3	9.5		7.5		PT1/8

第21篇

续表

缸径	标准型			附磁型			B_1	D	E	F	G	K_1	L	M	N_1		N_2		O
	A	C_0	C_1	A	C_0	C_1									$S=5$	$S>5$	$S=5$	$S>5$	
50	65	56	28	85	76	38	9	71.5	15	5	4	M10×1.5	38	3	8	10.5	8	10.5	PT1/4
63	73	64	32	93	84	42	9	84.5	15	5	4	M10×1.5	40	3	9.5	11	9.5	12	PT1/4
80	93	82	41	113	102	51	11	104	20	6	5	M14×1.5	45	4	11.5	14.5	11.5	14.5	PT3/8
100	114	102	51	134	122	61	12	124	20	7	5	M18×1.5	55	4	16	20.5	16	20.5	PT3/8

缸径	X	Y	W	P_1	P_2	P_3	P_4	R	S	T_1	T_2	V
12			5	ϕ6.5,M5×0.8,通孔 ϕ4.2	—	12	4.5	—	25	16.2	23	6
16	—	—	5	ϕ6.5,M5×0.8,通孔 ϕ4.2	—	12	4.5	—	29	19.8	28	6
20	11.3	10	6	双边 ϕ6.5,M5×0.8,通孔 ϕ4.2	双边 ϕ6.5,通孔 ϕ5.2	14	4.5	2	34	24	—	8
25	12	10	8	双边 ϕ8.2,M6×1.0,通孔 ϕ4.6	双边 ϕ8.2,通孔 ϕ6.2	15	5.5	2	40	28	—	10
32	18.3	15	10	双边 ϕ8.2,M6×1.0,通孔 ϕ4.6	双边 ϕ8.2,通孔 ϕ6.2	16	5.5	6	44	34	—	12
40	21.8	16	14	双边 ϕ10,M8×1.25,通孔 ϕ6.5	双边 ϕ10,通孔 ϕ8.2	20	7.5	6.5	52	40	—	16
50	30	20	17	双边 ϕ11,M8×1.25,通孔 ϕ6.5	双边 ϕ11,通孔 ϕ8.5	25	8.5	9.5	62	48	—	20
63	28.7	20	17	双边 ϕ11,M8×1.25,通孔 ϕ6.5	双边 ϕ11,通孔 ϕ8.5	25	8.5	9.5	75	60	—	20
80	36	26	22	双边 ϕ14,M12×1.75,通孔 ϕ9.2	双边 ϕ14,通孔 ϕ12.3	25	10.5	10	94	74	—	25
100	35	26	27	双边 ϕ17.5,M14×2,通孔 ϕ11.3	双边 ϕ17.5,通孔 ϕ14.2	30	13	10	114	90	—	32

缸径	标准型			附磁型			B_1	D	E	F	G	K_1	L	M	N_2		N_1		O	X	Y
	A	C_0	C_1	A	C_0	C_1									$S=5$	$S>5$	$S=5$	$S>5$			
12	44	34	17	64	54	27	5	—	6	4	1	M3×0.5	10.2	3	7.5		5		M5×0.8	—	—
16	48	37	18.5	68	57	28.5	5.5	—	6	4	1.5	M3×0.5	11	3	8		5.5		M5×0.8	—	—
20	50	39	19.5	70	59	29.5	5.5	36	8	4	1.5	M4×0.7	13	3	9		5.5		M5×0.8	11.3	10
25	54	42	21	74	62	31	6	42	10	4	2	M5×0.8	17	3	9.2		5.5		M5×0.8	12	10
32	63	49	24.5	83	69	34.5	7	50	12	4	3	M6×1	22	3	9		6.5	9	PT1/8	18.3	15
40	66	52	26	86	72	36	7	58.5	12	4	3	M8×1.25	28	3	9.5		7.5		PT1/8	21.3	16
50	74	56	28	94	76	38	9	71.5	15	5	4	M10×1.5	38	3	8	10.5	8	10.5	PT1/4	30	20
63	82	64	32	102	84	42	9	84.5	15	5	4	M10×1.5	40	3	9.5	11	9.5	12	PT1/4	28.7	20
80	104	82	41	124	102	51	11	104	20	6	5	M14×1.5	45	4	11.5	14.5	11.5	14.5	PT3/8	36	26
100	126	102	51	146	122	61	12	124	20	7	5	M18×1.5	55	4	16	20.5	16	20.5	PT3/8	35	26

SDAW 型

ϕ12、ϕ16

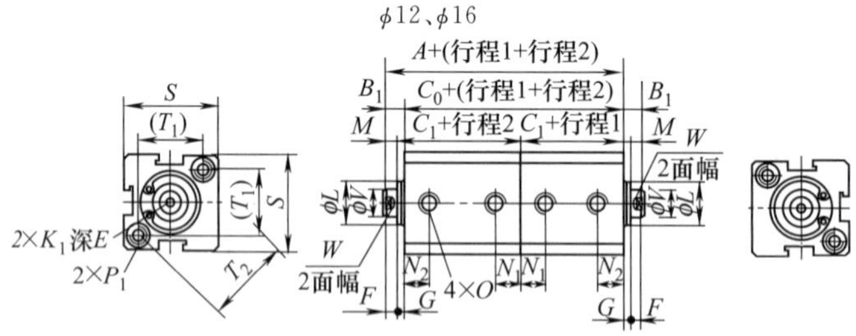

ϕ20～100

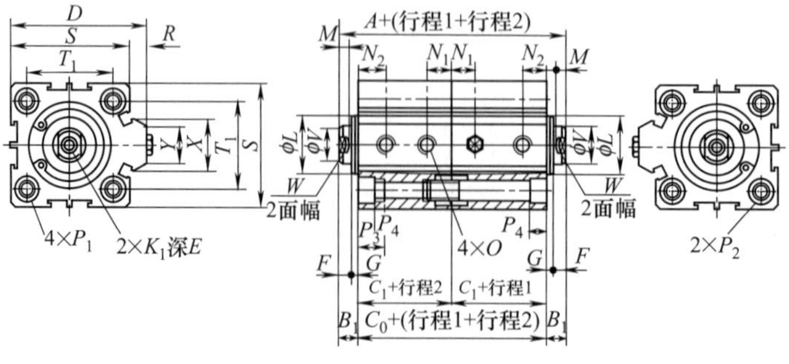

续表

缸径	W	P_1	P_2	P_3	P_4	R	S	T_1	T_2	V
12	5	ϕ6.5,M5×0.8,通孔 ϕ4.2	—	12	4.5	—	25	16.2	23	6
16	5	ϕ6.5,M5×0.8,通孔 ϕ4.2	—	12	4.5	—	29	19.8	28	6
20	6	双边 ϕ6.5,M5×0.8,通孔 ϕ4.2	双边 ϕ6.5,通孔 ϕ5.2	14	4.5	2	34	24	—	8
25	8	双边 ϕ8.2,M6×1.0,通孔 ϕ4.6	双边 ϕ8.2,通孔 ϕ6.2	15	5.5	2	40	28	—	10
32	10	双边 ϕ8.2,M6×1.0,通孔 ϕ4.6	双边 ϕ8.2,通孔 ϕ6.2	16	5.5	6	44	34	—	12
40	14	双边 ϕ10,M8×1.25,通孔 ϕ6.5	双边 ϕ10,通孔 ϕ8.2	20	7.5	6.5	52	40	—	16
50	17	双边 ϕ11,M8×1.25,通孔 ϕ6.5	双边 ϕ11,通孔 ϕ8.5	25	8.5	9.5	62	48	—	20
63	17	双边 ϕ11,M8×1.25,通孔 ϕ6.5	双边 ϕ11,通孔 ϕ8.5	25	8.5	9.5	75	60	—	20
80	22	双边 ϕ14,M12×1.75,通孔 ϕ9.2	双边 ϕ14,通孔 ϕ12.3	25	10.5	10	94	74	—	25
100	27	双边 ϕ17.5,M14×2,通孔 ϕ11.3	双边 ϕ17.5,通孔 ϕ14.2	30	13	10	114	90	—	32

注：生产厂为亚德客公司。

7.1.3.5　QCQ2 系列薄型气缸（日本规格）(ϕ12～100)

型号意义：

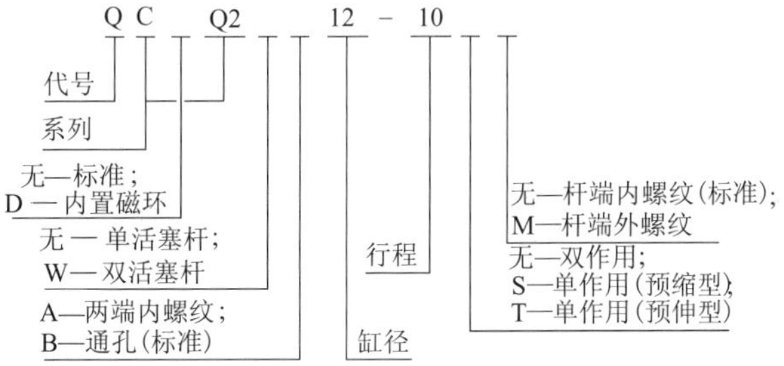

表 21-7-72　主要技术参数

缸径/mm	12	16	20	25	32	40	50	63	80	100
使用介质	经过滤的压缩空气									
作用形式	双作用/单作用:预缩型、预伸型									
最高使用压力/MPa	1.0									
环境和介质温度/℃	5～60									
杆端螺纹	内螺纹(标准);外螺纹(选择)									
缓冲	无									
行程误差/mm	0～+1.0									
润滑[1]	出厂已润滑									
安装	通孔(标准)、两端内螺纹(选择)									
接管口径	M5×0.8					G1/8		G1/4		G3/8

① 如需要润滑，请用透平 1 号油（ISO VG32）。

表 21-7-73　标准行程/磁性开关

缸径/mm	标准行程/mm		磁性开关
	单作用	双作用	
12	5、10	5、10、15、20、25、30	AL-72R(轨道式)
16			
20		5、10、15、20、25、30、35、40、45、50	
25			
32			
40	5、10、20		
50	10、20	10、15、20、25、30、35、40、45、50	
63	无		
80			
100			

注：1. 内置磁环型只适合于双作用气缸。
2. 单作用气缸没有内置磁环型不能配合磁性开关使用。

第21篇

表 21-7-74　　**外形尺寸及安装形式**　　mm

双作用

QCQ2B/QCDQ2B□-□

ϕ12～25

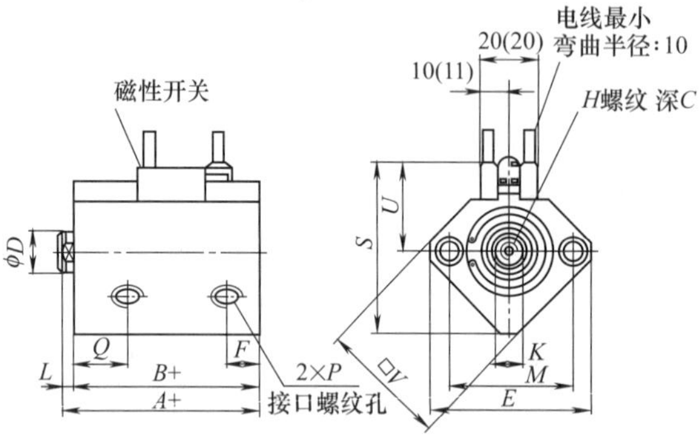

ϕ32～100

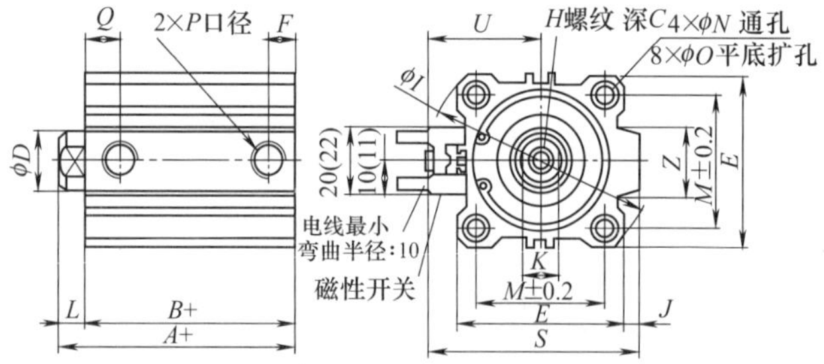

注:1.标准行程是每5mm相隔。

2.除非有特别指明,通孔型气缸尺寸和两端内螺纹气缸尺寸是一样的

3.5mm行程气缸只能够安装一个磁性开关。

QCQ2A/QCDQ2A

两端内螺纹

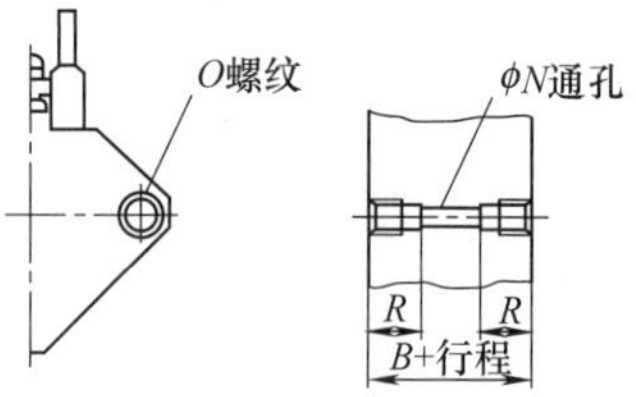

缸径	O	R
12	M4×0.7	7
16	M4×0.7	7
20	M6×1.0	10
25	M6×1.0	10
32	M6×1.0	10
40	M6×1.0	10
50	M8×1.25	14
63	M10×1.5	18
80	M12×1.75	22
100	M12×1.75	22

杆端外螺纹

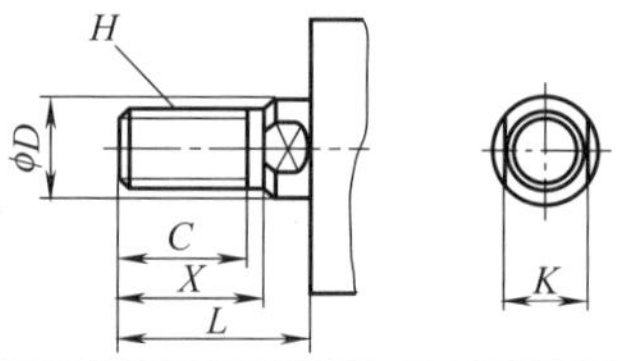

缸径	C	X	ϕD	H	L	K
12	9	10.5	6	M5×0.8	14	5
16	10	12	8	M6×1.0	15.5	6
20	12	14	10	M8×1.25	18.5	8
25	15	17.5	12	M10×1.25	22.5	10
32	20.5	23.5	16	M14×1.5	28.5	14
40	20.5	23.5	16	M14×1.5	28.5	14
50	26	28.5	20	M18×1.5	33.5	17
63	26	28.5	20	M18×1.5	33.5	17
80	32.5	35.5	25	M22×1.5	43.5	22
100	32.5	35.5	30	M26×1.5	43.5	27

缸径	行程	A	A①	B	B①	D	E	F	F①	H	C	I	J	K	L	M	N	O	P	Q	S	U	V	Z
12	5～30	20.5	31.5	17	28	6	32	5	6.5	M3×0.5	6	—	—	5	3.5	22	3.5	6.5 深 3.5	M5×0.8	7.5	35.5	19.5	25	—
16	5～30	22	34	18.5	30.5	8	38	5.5	5.5	M4×0.7	8	—	—	6	3.5	28	3.5	6.5 深 3.5	M5×0.8	8	41.5	22.5	29	—
20	5～50	24	36	19.5	31.5	10	46.8	5.5	5.5	M5×0.8	7	—	—	8	4.5	36	5.5	9 深 7	M5×0.8	9	48	24.5	36	—
25	5～50	27.5	37.5	22.5	32.5	12	52	5.5	5.5	M6×1.0	12	—	—	10	5	40	5.5	9 深 7	M5×0.8	11	53.5	27.5	40	—
32	5	30	40	23	33	16	45	5.5	7.5	M8×1.25	13	60	4.5	14	7	34	5.5	9 深 7	M5×0.8	11.5	58.5	31.5	—	18
	10～50							7.5											G1/8	10.5				
40	5～50	36.5	46.5	29.5	39.5	16	52	8	8	M8×1.25	13	69	5	14	7	40	5.5	9 深 7	G1/8	11	66	35	—	18
50	10～50	38.5	48.5	30.5	40.5	20	64	10.5	10.5	M10×1.5	15	86	7	17	8	50	6.6	11 深 8	G1/4	10.5	80	41	—	22
63	10～50	44	54	36	46	20	77	10.5	10.5	M10×1.5	15	103	7	17	8	60	9	14 深 10.5	G1/4	15	93	47.5	—	22
80	10～50	53.5	63.5	43.5	53.5	25	98	12.5	12.5	M16×2.0	21	132	6	22	10	77	11	17.5 深 13.5	G3/8	16	112.5	57.5	—	26
100	10～50	65	75	53	63	30	117	13	13	M20×2.5	27	156	6.5	27	12	94	11	17.5 深 13.5	G3/8	23	132.5	67.5	—	26

续表

单作用-S(预缩型)
QCQ2B□-□S　　外形尺寸图按双作用气缸

缸径	A(包括行程长度)			B(包括行程长度)			D	E	F		H	C	I	J	K	L	M	N	O	P			Q	Z
	5st	10st	20st	5st	10st	20st			5st	10st										5st	10st	20st		
12	25.5	30.5	—	22	27	—	6	32	5	5	M3×0.5	6	—	—	5	3.5	22	3.5	6.5 深 3.5	M5×0.8		—	7.5	—
16	27	32	—	23.5	28.5	—	8	38	5.5	5.5	M4×0.7	8	—	—	6	3.5	28	3.5	6.5 深 3.5	M5×0.8		—	8	—
20	29	34	—	24.5	29.5	—	10	46.8	5.5	5.5	M5×0.8	7	—	—	8	4.5	36	5.5	9 深 7	M5×0.8		—	9	—
25	32.5	37.5	—	27.5	32.5	—	12	52	5.5	5.5	M6×1.0	12	—	—	10	5	40	5.5	9 深 7	M5×0.8		—	11	—
32	35	40	—	28	33	—	16	45	5.5	7.5	M8×1.25	13	60	4.5	14	7	3.4	5.5	9 深 7	M5×0.8	G 1/8	—	10.5	18
40	41.5	46.5	56.5	34.5	39.5	49.5	16	52	8	8	M8×1.25	13	69	5	14	7	40	5.5	9 深 7	G1/8		—	11	18
50	—	48.5	58.5	—	40.5	50.5	20	64	10.5	10.5	M10×1.5	15	86	7	17	8	50	6.6	11 深 8	—	G1/4		10.5	22

单作用-T(预伸型)　图形符号
QCQ2B□-□T

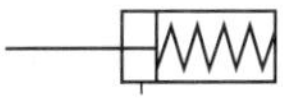

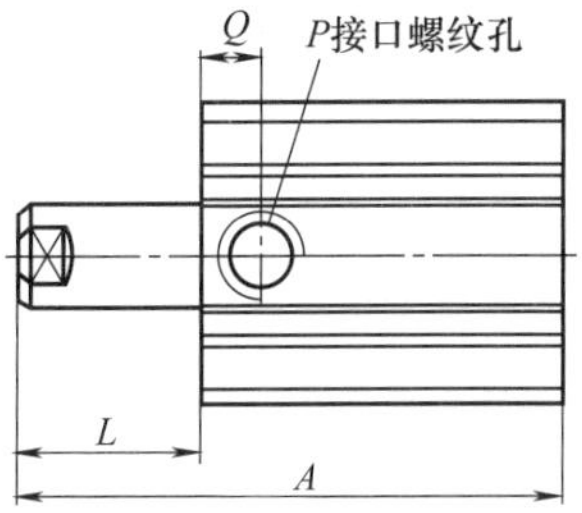

单作用:预伸型

缸径	A			L		
	5st	10st	20st	5st	10st	20st
12	30.5	40.5	—	8.5	13.5	—
16	32	42	—	8.5	13.5	—
20	34	44	—	9.5	14.5	—
25	37.5	47.5	—	10	15	—
32	40	50	—	12	17	—
40	46.5	56.5	66.5	12	17	27
50	—	58.5	78.5	—	18	28

双作用-W(双活塞杆)QCQ2WB/QCDQ2WB□-□

图形符号

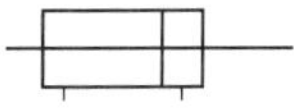

$\phi 12\sim 25$

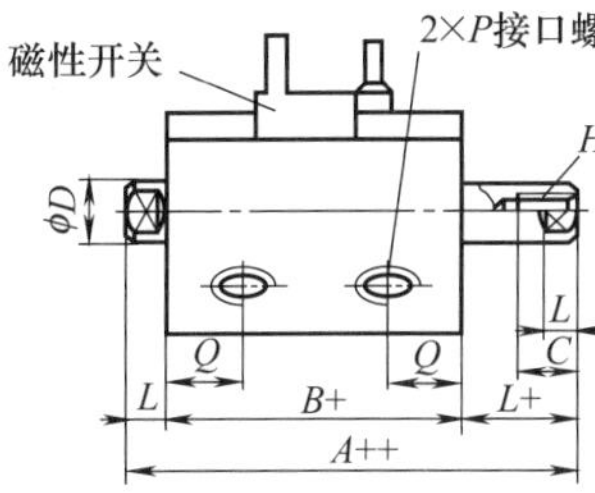

$\phi 32\sim 100$

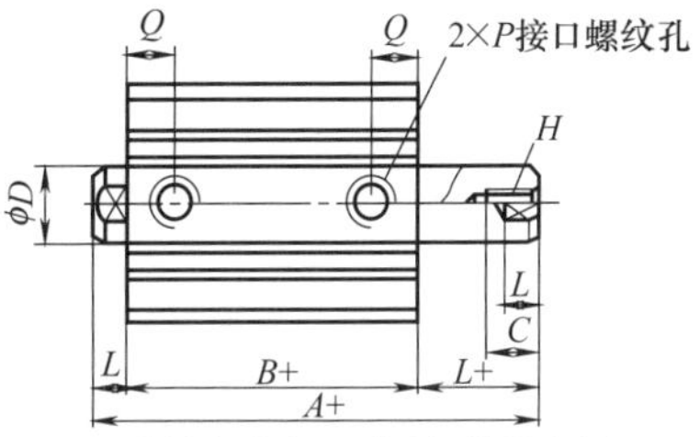

缸径	行程	A	A[①]	B	B[①]
12	5～30	32.2	39.4	25.5	32.4
16	5～30	33	43	26	36
20	5～50	35	47	26	38
25	5～50	39	49	29	39
32	5～50	44.5	54.5	30.5	40.5
40	5～50	54	64	40	50
50	10～50	56.5	66.5	40.5	50.5
63	10～50	58	68	42	52
80	10～50	71	81	51	61
100	10～50	84.5	94.5	60.5	70.5

重量参考表(双作用,单活塞杆)

缸径	基本重量/g	每 5mm 加算/g	杆端外螺纹加算/g
12	33	7	2
16	50	11	3
20	70	21	7
25	97	21	17
32	134	22.5	40
40	250	22.5	40
50	363	38	80
63	607	40	80
80	1352	91	160
100	2102	106	270

① 磁性气缸尺寸。
注：1. 其他外形尺寸，请参考 QCQ2B/QCDQ2B。
2. 生产厂为上海新益气动元件有限公司。

7.1.3.6　QGDG 系列薄型带导杆气缸（ϕ12～100）

型号意义：

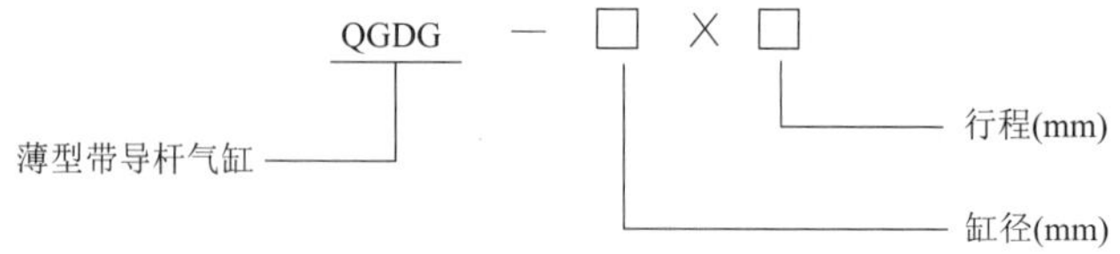

表 21-7-75　　主要技术参数

缸径/mm	12	16	20	25	32	40	50	63	80	100
工作介质	经净化压缩空气									
动作形式	双作用双动									
耐压力/bar	15									
工作压力/bar	1.2～10									
最大行程/mm	100		200							
环境和流体温度/℃	−10～+60									
活塞速度/mm·s^{-1}	50～500									
缓冲	橡胶缓冲									
行程公差	$^{+1.5}_{0}$									
润滑	不需要（也可给油）									

表 21-7-76　　外形尺寸及安装形式　　mm

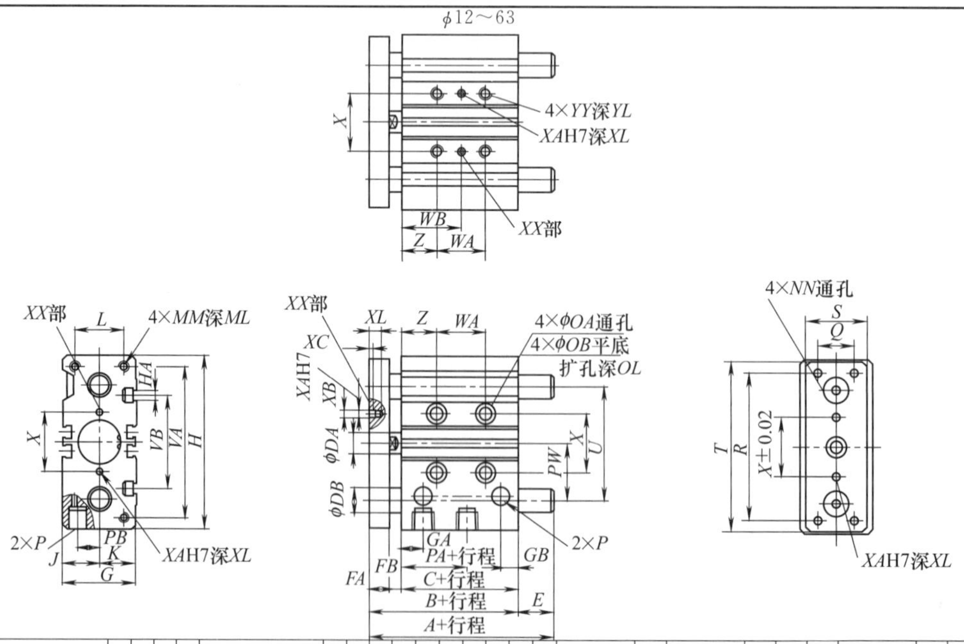

缸径	A		B	C	DA	DB	E		FA	FB	G	GA	GB	H	HA	J	K	L	MM	ML	NN	OA	OB	OL	P	PA	PB	PW	Q
	50st 以下	50st 以上					50st 以下	50st 以上																					
12	42	60.5	42	29	6	8	0	18.5	8	5	26	11	7.5	58	M4	13	13	18	M4×0.7	10	M4×0.7	4.3	8	4.5	M5×0.8	13	8	18	14
16	46	64.5	46	33	8	10	0	18.5	8	5	30	11	8	64	M4	15	15	22	M5×0.8	12	M5×0.8	4.3	8	4.5	M5×0.8	15	10	19	16
20	53	84.5	53	37	10	12	0	31.5	10	6	36	10.5	8.5	83	M5	18	18	24	M5×0.8	13	M5×0.8	5.6	9.5	5.5	G1/8	12.5	10.5	25	18

第21篇

续表

缸径	A		B	C	DA	DB	E		FA	FB	G	GA	GB	H	HA	J	K	L	MM	ML	NN	OA	OB	OL	P	PA	PB	PW	Q
25	53.5	85	53.5	37.5	12	16	0	31.5	10	6	42	11.5	9	93	M5	21	21	30	M6×1.0	15	M6×1.0	5.6	9.5	5.5	G1/8	12.5	13.5	28.5	26
32	97	102	59.5	37.5	16	20	37.5	42.5	12	10	48	12.5	9	112	M6	24	24	34	M8×1.25	20	M8×1.25	6.6	11	7.5	G1/8	7	15	34	30
40	97	102	66	44	16	20	31	36	12	10	54	14	10	120	M6	27	27	40	M8×1.25	20	M8×1.25	6.6	11	7.5	G1/8	13	18	38	30
50	106.5	118	72	44	20	25	34.5	46	16	12	64	14	11	148	M8	32	32	46	M10×1.5	22	M10×1.5	8.6	14	9	G1/4	9	21.5	47	40
63	106.5	118	77	49	20	25	29.5	41	16	12	78	16.5	13.5	162	M10	39	39	58	M10×1.5	22	M10×1.5	8.6	14	9	G1/4	14	28	55	50

缸径	R	S	T	U	VA	VB	WA			WB			X	XA	XB	XC	XL	YY	YL	Z
							30st 以下	30～100st	100st或以上	30st 以下	30～100st	100st或以上								
12	48	22	56	41	50	37	20	40	—	15	25	—	23	3	3.5	3	6	M5×0.8	10	5
16	54	25	62	46	56	38	24	44	—	17	27	—	24	3	3.5	3	6	M5×0.8	10	5
20	70	30	81	54	72	44	24	44	120	29	39	77	28	3	3.5	3	6	M6×1.0	12	17
25	78	38	91	64	82	50	24	44	120	29	39	77	34	4	4.5	3	6	M6×1.0	12	17
32	96	44	110	78	98	63	24	48	124	33	45	83	42	4	4.5	3	6	M8×1.25	16	21
40	104	44	118	86	106	72	24	48	124	34	46	84	50	4	4.5	3	6	M8×1.25	16	22
50	130	60	146	110	130	92	24	48	124	36	48	86	66	5	6	4	8	M10×1.5	20	24
63	130	70	158	124	142	110	28	52	128	38	50	88	80	5	6	4	8	M10×1.5	20	24

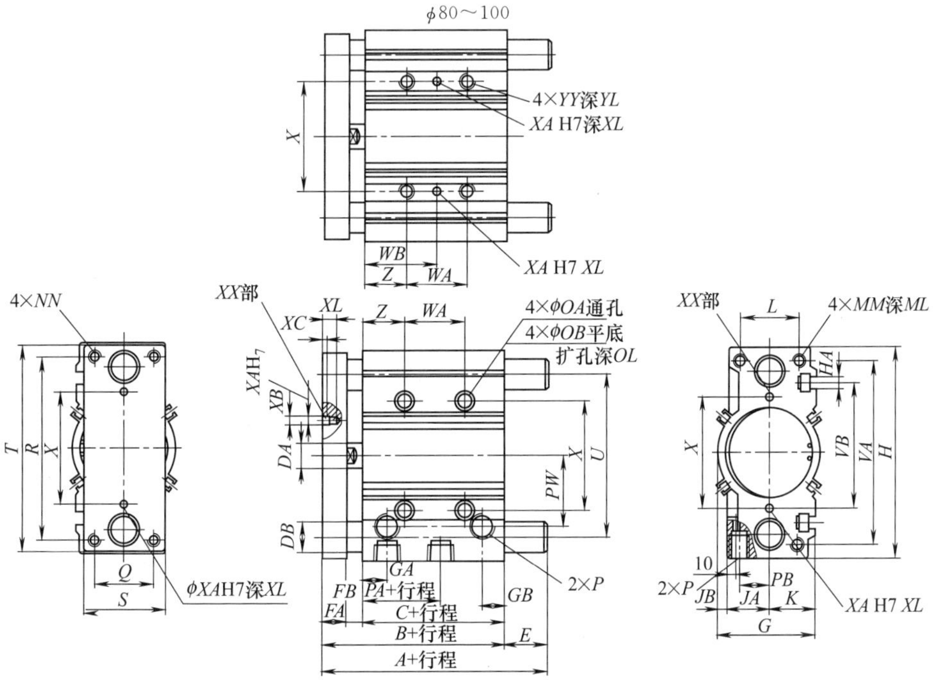

缸径	标准行程	B	C	DA	FA	FB	G	GA	GB	GC	H	HA	J	JA	JB	K	L	MM	ML	NN	OA	OB	OL	P	PA	PB	PW
80	25,50,75,100,125,150,175,200	96.5	56.5	25	22	18	91.5	19	15.5	14.5	202	M12	45.5	38	7.5	46	54	M2×1.75	30	M2×1.75	10.6	17.5	8	R_c3/8	14.5	25.5	74
100		116	66	30	25	25	111.5	23	19	18	240	M14	55.5	45	10.5	56	62	M14×2.0	32	M14×2.0	12.5	20	8	R_c3/8	17.5	32.5	89

缸径	Q	R	S	T	U	VA	VB	WA			WB			X	XA	XB	XC	XL	YY	YL	Z
								25st 以下	50、75、100st	100st 或以上	25st 以下	50、75、100st	100st 或以上								
80	52	174	75	198	156	180	140	28	52	128	42	54	92	100	6	7	5	10	M12×1.75	24	28
100	64	210	90	236	188	210	166	48	72	148	35	47	85	124	6	7	5	10	M14×2.0	28	11

注：生产厂为肇庆方大气动有限公司。

7.1.3.7　QCN 系列薄型气缸（欧洲规格）（ϕ16～100）

型号意义：

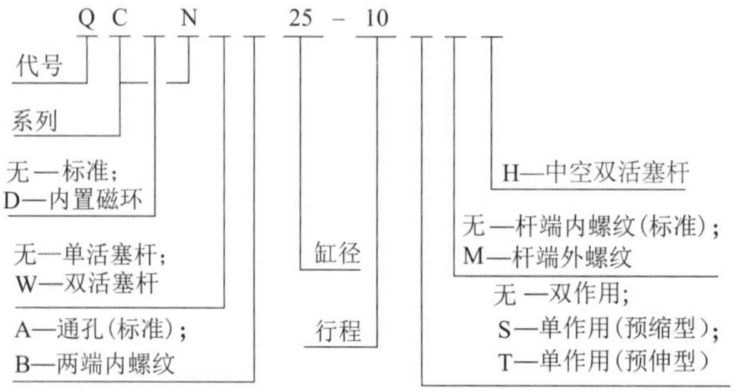

表 21-7-77　　主要技术参数

缸径/mm	16	20	25	32	40	50	63	80	100
使用介质	经过滤的压缩空气								
作用形式	双作用/单作用：预缩型、预伸型								
最高使用压力/MPa	1.0								
环境和介质温度/℃	5～60								
杆端螺纹	内螺纹(标准)、外螺纹(选择)								
缓冲形式	无								
行程误差/mm	0～+1.0								
润滑[①]	出厂已润滑								
安装	通孔(标准)、两端内螺纹(选择)								
接管口径	M5×0.8			G1/8			G1/4	G3/8	

①如需要润滑，请用透平 1 号油（ISOVG32）。

表 21-7-78　　标准行程/磁性开关

缸径/mm	标准行程/mm		磁性开关
	单作用	双作用	
16	5、10	5、10、15、20、25、30	QCK2400A（埋入式） QCK2422A（埋入式）
20		10、15、20、25、30、35、40、45、50	
25			
32			
40	5、10、20		
50	10、20	10、15、20、25、30、35、40、45、50	
63	无		
80			
100			

注：1. 单作用气缸没有内置磁环型，不能配合磁性开关使用。

2. 内置磁环型只适合于双作用气缸。

表 21-7-79　　外形尺寸　　mm

双作用

QCNB

ϕ16～100

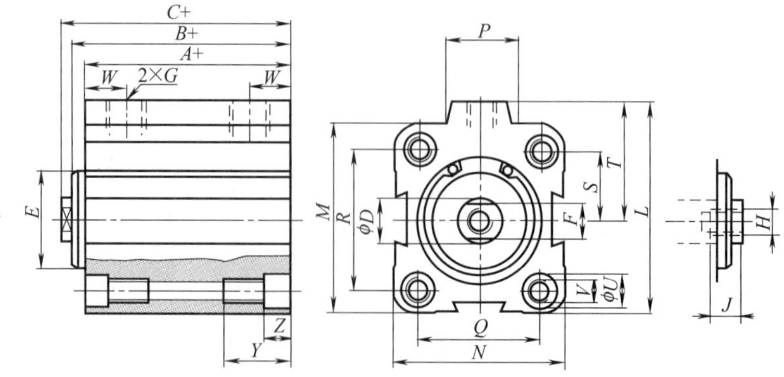

续表

缸径	A	B	C	A①	B①	C①	D	E	F	G	H	J	L	M	N	P	Q	R	S	T	U	V		W	Y	Z
																						孔 ϕ	螺纹			
16	32	—	35.5	42	—	45.5	6	—	5	M5	M3	6.5	31	28	28	11	20	20	10	17	5.8	3.7	M4	6.5	9	3.4
20	35	—	42	45	—	52	10	—	8	M5	M5	10	35	32	32	11	22	22	11	19	7.5	4.6	M5	7	10	4.6
25	35	—	42	45	—	52	10	—	8	G1/8	M5	10	44.5	39	37	18	26	28	14	25	7.5	4.6	M5	7.5	10	4.6
32	37	42	49	47	52	59	12	23	10	G1/8	M6	12	54	48	45	18	32	36	18	30	8.5	5.55	M6	9	16	5.7
40	40	47	55	45	52	60	16	29	13	G1/8	M8	14	60	54.5	54.5	18	40	40	20	33	8.5	5.55	M6	9.5	16	5.7
50	40	46.5	55	45	51.5	60	16	35.5	13	G1/4	M8	14	72	64	64	22	50	50	25	40	10.5	7.4	M8	10	16	6.8
63	42	50.5	59	47	55.5	64	20	43	17	G1/4	M10	15	88	80	80	22	62	62	31	48	13.5	9.3	M10	10	20	9
80	52	60	71.5	57	65	76.5	25	50	22	G3/8	M12	20	110	100	100	26	82	82	41	60	13.5	9.3	M10	15	20	9
100	52	60	71.5	57	65	76.5	25	56	22	G3/8	M12	20	134	124	124	26	103	103	51.5	72	16.5	11.2	M12	15	25	11

单作用-S（预缩型）

QCNB

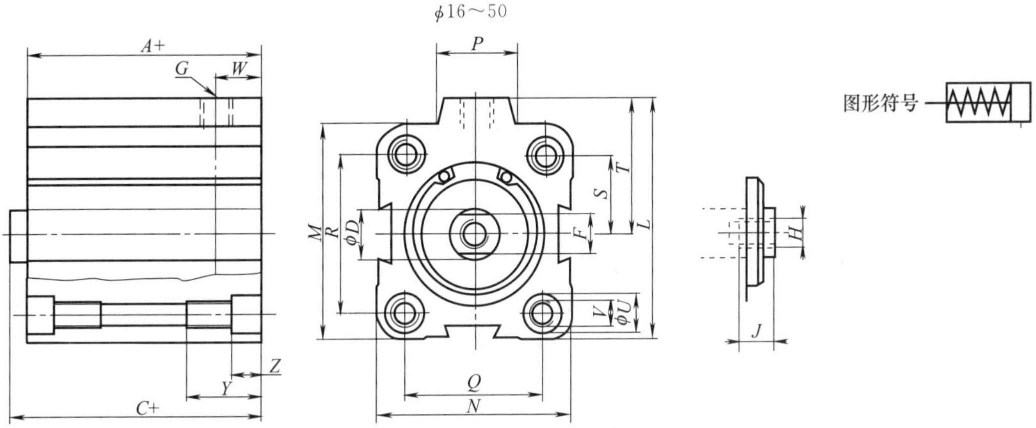

缸径	A	C	D	F	G	H	J	L	M	N	P	Q	R	S	T	U	V		W	Y	Z
																	孔 ϕ	螺纹			
16	22	23	6	5	M5	M3	6.5	31	28	28	11	20	20	10	17	5.8	3.7	M4	6.5	9	3.4
20	25	26	10	8	M5	M5	10	35	32	32	11	22	22	11	19	7.5	4.6	M5	7	10	4.6
25	25	26	10	8	G1/8	M5	10	44.5	39	37	18	26	28	14	25	7.5	4.6	M5	7.5	10	4.6
32	32	33	12	10	G1/8	M6	12	54	48	45	18	32	36	18	30	8.5	5.55	M6	9	16	5.7
40	35	36	16	13	G1/8	M8	14	60	54.5	54.5	18	40	40	20	33	8.5	5.55	M6	9.5	16	5.7
50	35	36	16	13	G1/4	M8	14	72	64	64	22	50	50	25	40	10.5	7.4	M8	10	16	6.8

单作用-T（预伸型）

QCNB

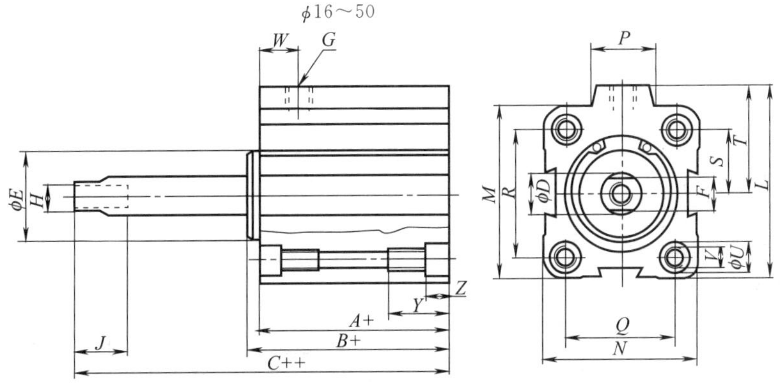

第 21 篇

续表

缸径	A	B	C	D	E	F	G	H	J	L	M	N	P	Q	R	S	T	U	V		W	Y	Z
																			孔 ϕ	螺纹			
16	27	—	30.5	6	—	5	M5	M3	6.5	31	28	28	11	20	20	10	17	5.8	3.7	M4	6.5	9	3.4
20	30	—	37	10	—	8	M5	M5	10	35	32	32	11	22	22	11	19	7.5	4.6	M5	7	10	4.6
25	30	—	37	10	—	8	G1/8	M5	10	44.5	39	37	18	26	28	14	25	7.5	4.6	M5	7.5	10	4.6
32	32	37	44	12	23	10	G1/8	M6	12	54	48	45	18	32	36	18	30	8.5	5.55	M6	9	16	5.7
40	35	42	50	16	29.5	13	G1/8	M8	14	60	54.5	54.5	18	40	40	20	33	8.5	5.55	M6	9.5	16	5.7
50	35	41.5	50	16	35.5	13	G1/4	M8	14	72	64	64	22	50	50	25	40	10.5	7.4	M8	10	16	6.8

双作用-M(外螺纹)

QCNB□-□□M　　ϕ16～100

单作用-M(外螺纹)

QCNB□-□□□M　　ϕ16～50

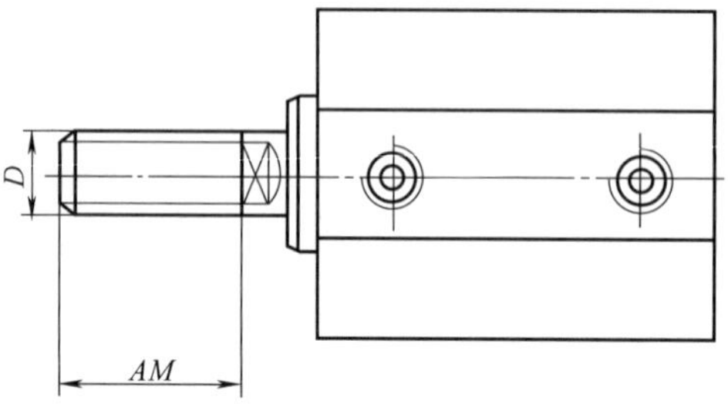

图形符号

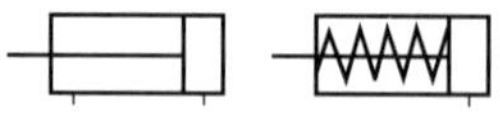

缸径		D	AM
16		M6×1.0	16
20		M8×1.5	20
25		M8×1.25	20
32		M10×1.25	22
40		M12×1.25	24
50		M16×1.5	32
63	单动：无	M16×1.5	32
80	单动：无	M20×1.5	40
100	单动：无	M20×1.5	40

双活塞杆气缸

QCNWB

ϕ16～100

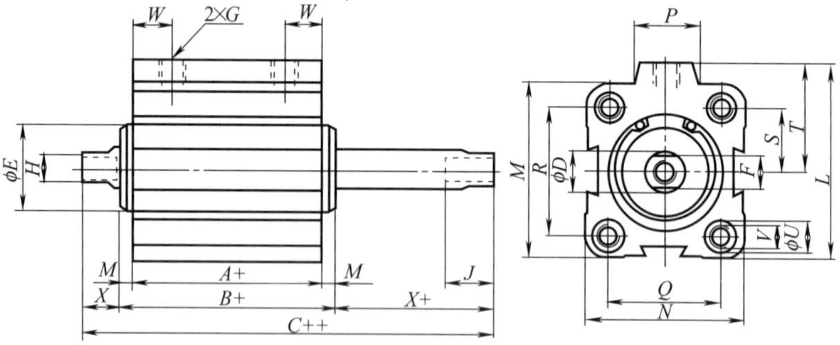

中空双活塞杆型（具体尺寸与上图同）

QCNWB□-□□□H

ϕ20～100

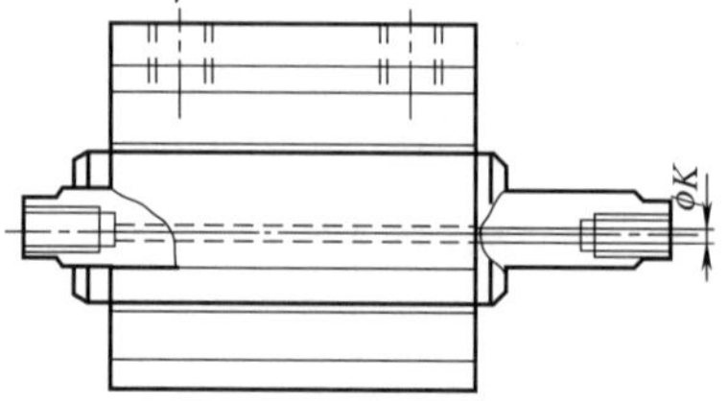

缸径	16	20	25	32	40	50	63	80	100
K	—	2.5	2.5	3	4	4	6	6	6

第 21 篇

续表

缸径	*A*	*B*	*C*	*A*①	*B*①	*C*①	*D*	*E*	*F*	*G*	*H*	*J*	*L*	*M*	*N*	*P*	*Q*	*R*	*S*	*T*	*U*	*V* 孔 *ϕ*	*V* 螺纹	*W*	*X*	*Y*	*Z*
16	37	—	44	47	—	54	6	—	5	M5	M3	6.5	31	28	28	11	20	20	10	17	5.8	3.7	M4	6.5	3.5	9	3.4
20	40	—	54	50	—	64	10	—	8	M5	M5	10	35	32	32	11	22	22	11	19	7.5	4.6	M5	7	7	10	4.6
25	40	—	54	50	—	64	10	—	8	G1/8	M5	10	44.5	39	37	18	26	28	14	25	7.5	4.6	M5	7.5	7	10	4.6
32	42	52	66	52	62	76	12	23	10	G1/8	M6	12	54	48	45	18	32	36	18	30	8.5	5.55	M6	9	7	16	5.7
40	45	59	75	50	64	80	16	29.5	13	G1/8	M8	14	60	54.5	54.5	18	40	40	20	33	8.5	5.55	M6	9.5	8	16	5.7
50	45	58	75	50	63	80	16	35.5	13	G1/4	M8	14	72	64	64	22	50	50	25	40	10.5	7.4	M8	10	8.5	16	6.8
63	47	64	81	52	69	86	20	43	17	G1/4	M10	15	88	80	80	22	62	62	31	48	13.5	9.3	M10	10	8.5	20	9
80	52	68	91	57	73	96	25	50	22	G3/8	M12	20	110	100	100	26	82	82	41	60	13.5	9.3	M10	15	11.5	20	9
100	52	68	91	57	73	96	25	56	22	G3/8	M12	20	134	124	124	26	103	103	51.5	72	16.5	11.2	M12	15	11.5	25	11

①表示磁性气缸尺寸。

注：生产厂为上海新益气动元件有限公司。

7.1.3.8　QADVU 系列紧凑型薄型气缸（ϕ16～100）

型号意义：

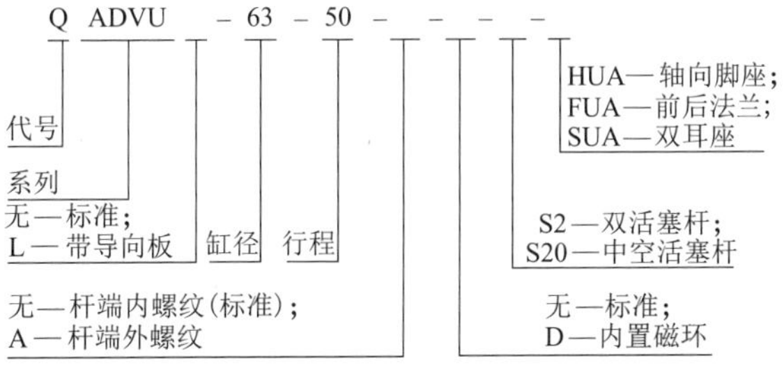

表 21-7-80　**主要技术参数**

<table>
<tr><td>缸径/mm</td><td>16</td><td>20</td><td>25</td><td>32</td><td>40</td><td>50</td><td>63</td><td>80</td><td>100</td></tr>
<tr><td>使用介质</td><td colspan="9">经过滤的压缩空气</td></tr>
<tr><td>作用形式</td><td colspan="9">双作用</td></tr>
<tr><td>最高使用压力/MPa</td><td colspan="9">1.0</td></tr>
<tr><td>最低工作压力/MPa</td><td colspan="9">0.1</td></tr>
<tr><td>缓冲形式</td><td colspan="9">缓冲垫</td></tr>
<tr><td>环境温度/℃</td><td colspan="9">5～60</td></tr>
<tr><td>使用速度/mm·s^{-1}</td><td colspan="9">50～500</td></tr>
<tr><td>行程误差/mm</td><td colspan="9">0～250：$^{+1.0}_{0}$　251～400：$^{+1.5}_{0}$</td></tr>
<tr><td>润滑①</td><td colspan="9">出厂已润滑</td></tr>
<tr><td>接管口径</td><td colspan="3">M5</td><td colspan="5">G1/8</td><td>G1/4</td></tr>
<tr><td>标准行程/mm</td><td>50、10、15、20、25、30、40</td><td colspan="2">5、10、15、20、25、30、40、50</td><td colspan="6">10、15、20、25、30、40、50、60、80</td></tr>
<tr><td>磁性开关</td><td colspan="9">AL-30R(埋入式)</td></tr>
</table>

①如需要润滑，请用透平 1 号油 ISO VG32。

表 21-7-81 外形尺寸 mm

基本型

QADVU-16～25
QADVU-16～25-D

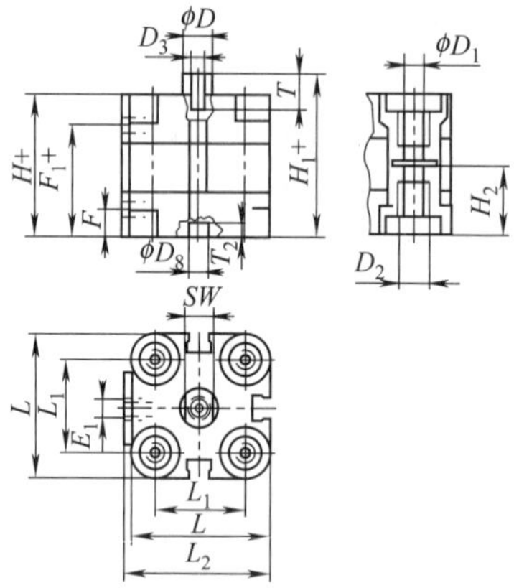

QADVU-32～100
QADVU-32～100-D

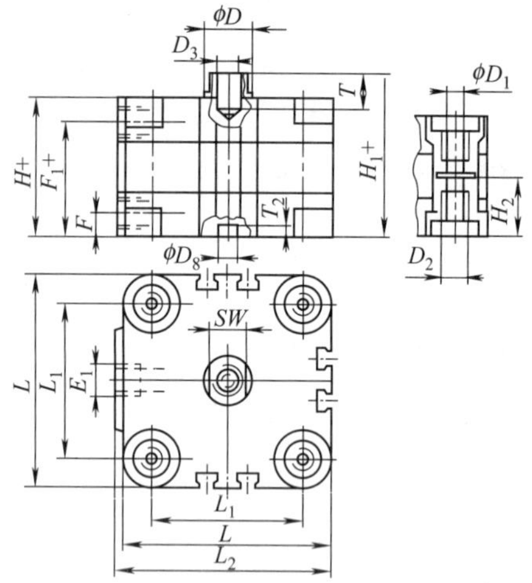

QADVUL-16～25
QADVUL-16～25-D

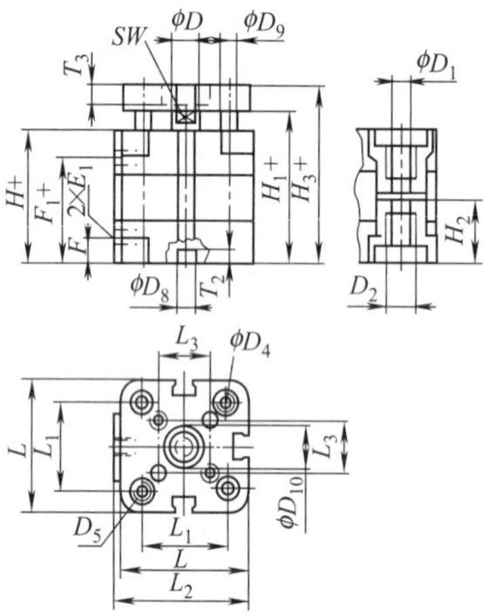

QADVUL-32～100
QADVUL-32～100-D

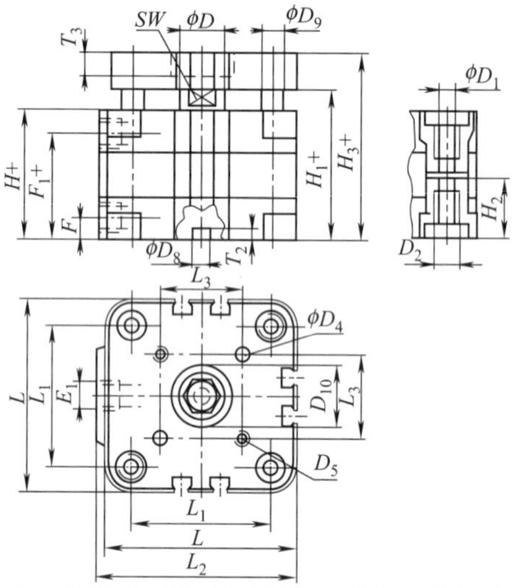

缸径	D	D_1	D_2	D_3	D_4	D_5	D_8 H9	D_9	D_{10} H9	E_1	F	F_1
16	8	3.2	M4	M4	3	M3	6	4	8	M5	8	30
20	10	4.2	M5	M5	4	M4	6	5	10	M5	8	30
25	10	4.2	M5	M5	5	M5	6	5	14	M5	8	31.5
32	12	5.2	M6	M6	5	M5	6	6	17	G1/8	8	36.5
40	12	5.2	M6	M6	5	M5	6	6	17	G1/8	8	37.5
50	16	6.2	M8	M8	6	M6	6	8	22	G1/8	8	37.5
63	16	8.5	M10	M8	6	M6	8	10	22	G1/8	8	42
80	20	8.5	M10	M10	8	M8	8	12	28	G1/8	8.5	47.5
100	25	8.5	M10	M12	10	M10	8	12	30	G1/4	10.5	56
缸径	H	H_1	H_2	H_3	L	L_1	L_2	L_3	SW	T	T_2	T_3
16	38	42.5	18.5	48.5	29	21	30	9.9	7	8	4	4.2
20	38	42.5	18.5	50.5	36	24	37.5	12	8	10	4	5.7
25	39.5	45	18.5	53	40	29	41.5	15.6	8	10	4	4.8
32	44.5	50.5	21.5	60.5	50	36	52	19.8	10	12	4	6.1
40	45.5	52	21.5	62	60	42	62.5	23.3	10	12	4	6.1
50	45.5	53	22	65	68	50	71	29.7	13	12	4	7.6
63	50	57.5	24.5	69.5	87	62	91	35.4	13	12	4	7.6
80	56	64	27.5	78	107	82	111	46	17	14	4	8.7
100	66.5	76.5	32.5	90.5	128	103	133	56.6	22	16	4	10.3

续表

安装附件

HUA 轴向脚座

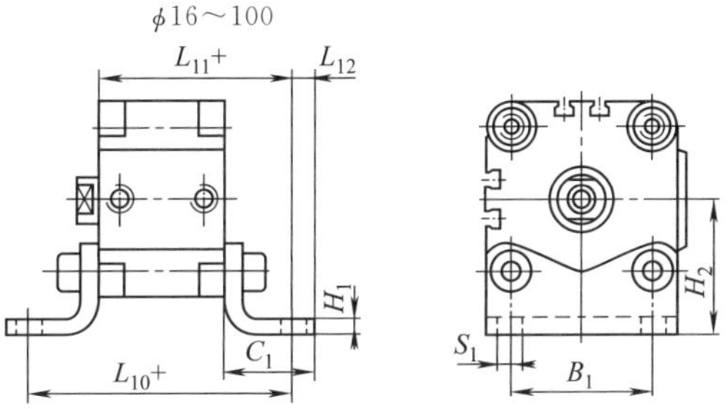

FUA 前、后法兰

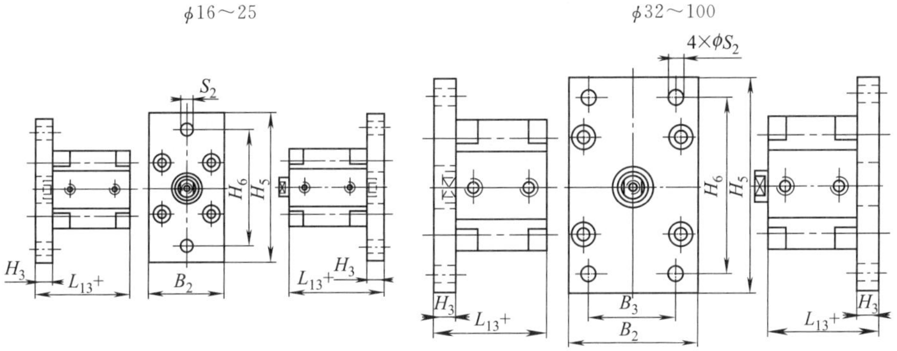

SUA 双耳座

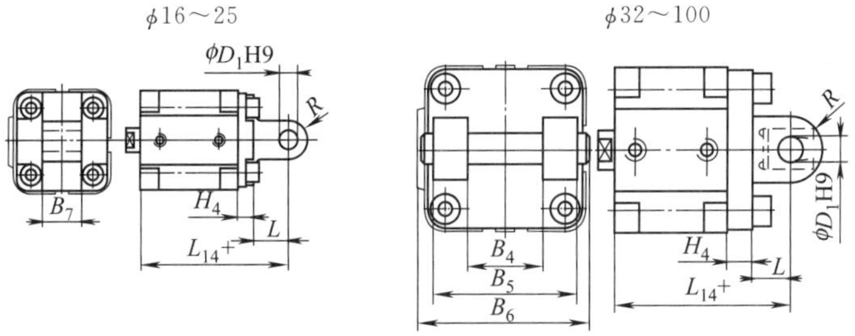

注：气缸采用 SUA 型双耳环安装时，不能超过其最大行程(见表)

缸径	B_1	B_2	B_3	B_4	B_5	B_6	B_7	C_1	D_1	H_1	H_2	H_3	H_4	H_5	H_6
16	21	29	—	—	—	—	12	17.75	6	3	22	10	6	55	43
20	24	36	—	—	—	—	16	22.25	8	4	27	10	6	70	55
25	29	40	—	—	—	—	16	22.25	8	4	29	10	6	76	60
32	36	50	32	26	45	54	—	26.25	10	5	34	10	9	80	65
40	42	60	36	28	52	62	—	28.25	12	5	40.5	10	9	102	82
50	50	68	45	32	60	70	—	32.25	12	6	47	12	11	110	90
63	62	87	50	40	70	82	—	38.75	16	6	56.5	15	11	130	110
80	82	107	63	50	90	102	—	41.75	16	8	68.5	15	13	160	135
100	103	128	75	60	110	126	—	44.75	20	8	81	15	15	190	163
缸径	L	L_{10}	L_{11}	L_{12}	L_{13}	L_{14}	R	S_1	S_2	最大行程(采用 SUA 型双耳环安装)					
16	10	64	51	4.75	48	54	R6	5.5	5.5	50					
20	14	70	54	6.25	48	58	R8	6.6	6.6	50					

第21篇

续表

缸径	L	L_{10}	L_{11}	L_{12}	L_{13}	L_{14}	R	S_1	S_2	最大行程(采用 SUA 型双耳环安装)
25	14	71.5	55.5	6.25	49.5	59.5	$R8$	6.6	6.6	50
32	13	80.5	62.5	8.25	54.5	66.5	$R11$	6.6	7	100
40	16	85.5	65.5	8.25	55.5	70.5	$R13$	9	9	100
50	16	93.5	69.5	8.25	57.5	72.5	$R13$	9	9	100
63	21	104	77	11.75	65	82	$R17$	11	9	100
80	23	116	86	11.75	71	92	$R17$	11	12	150
100	26	132.5	99.5	11.75	81.5	107.5	$R21$	13.5	14	150

FUA 法兰

ϕ16～25

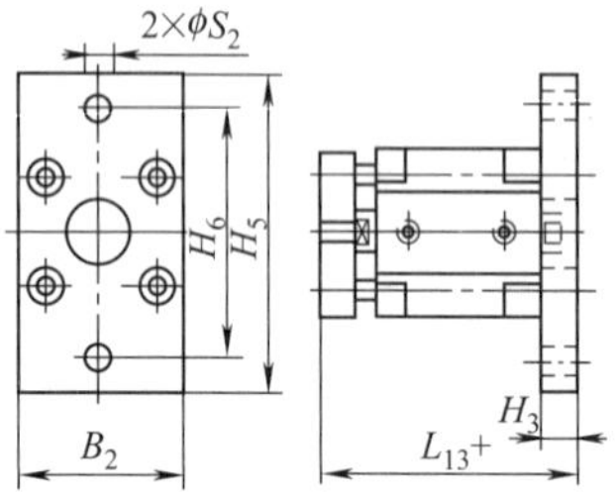

ϕ32～100

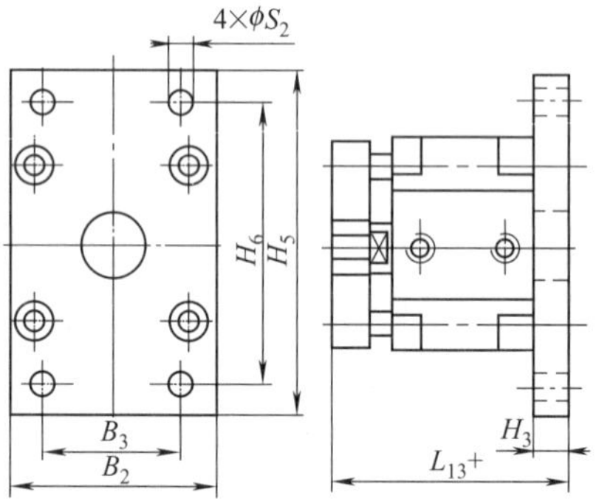

SUA 双耳座

ϕ16～25

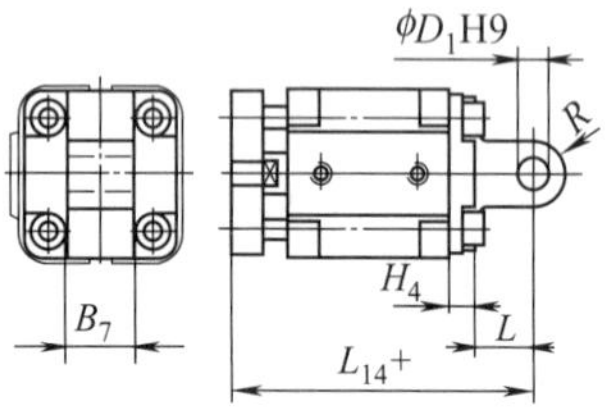

ϕ32～100

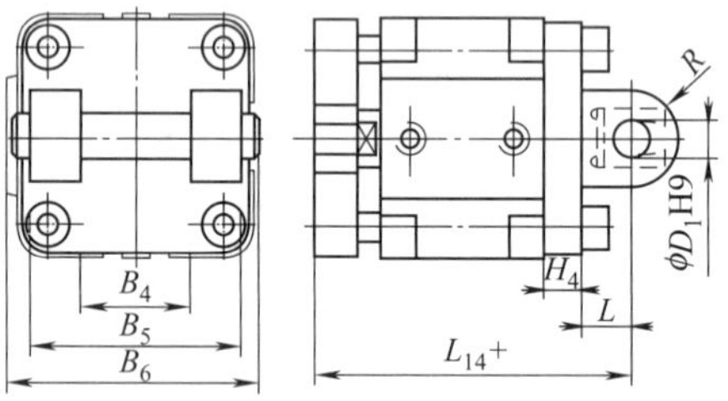

缸径	B_2	B_3	B_4	B_5	B_6	B_7	D_1	H_3	H_4	H_5	H_6	L	L_{13}	L_{14}	R	S_2
16	29	—	—	—	—	12	6	10	6	55	43	10	58.5	64.5	$R6$	5.5
20	36	—	—	—	—	16	8	10	6	70	55	14	60.5	69	$R8$	6.6
25	40	—	—	—	—	16	8	10	6	76	60	14	63	73	$R8$	6.6
32	50	32	26	45	64		10	10	9	80	65	13	70.5	82.5	$R11$	7
40	60	36	28	52	62	—	12	10	9	102	82	16	72	87	$R13$	9
50	68	45	32	60	70	—	12	12	11	110	90	16	77	92	$R13$	9
63	87	50	40	70	82	—	16	15	11	130	110	21	84.5	102.5	$R17$	9
80	107	63	50	90	102	—	16	15	13	160	135	23	93	114	$R17$	12
100	128	75	60	110	126	—	20	15	15	190	163	26	105.5	131.5	$R21$	14

注：生产厂为上海新益气动元件有限公司。

7.1.3.9 QGY 系列无给油润滑薄型气缸（ϕ20～125）

型号意义：

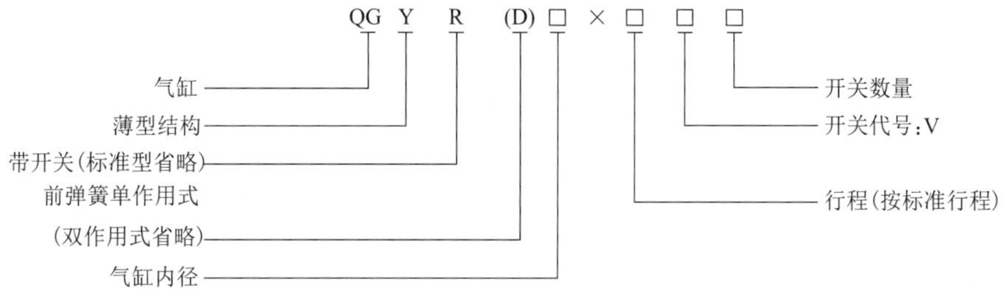

表 21-7-82　**主要技术参数**

型号		QGY、QGYR	QGY(D)、QGYR(D)								
缸径/mm		20、25、32、40、50、63、80、100、125	20	25	32	40	50	63	80	100	ϕ125
耐压力/bar		15									
工作压力/bar		1～10	2～10								
使用温度范围/℃		−25～+80(但在不冻结条件下)									
最大行程/mm		ϕ20～25:30 ϕ32～125:50	ϕ20～25:30;ϕ32～40:35;ϕ50～100:40;ϕ125:50								
工作介质		经过净化的干燥压缩空气									
给油		不需要(也可给油)									
最大行程的弹簧	初反力/N	—	14.5	22.8	32	51.8	72	83.2	115.5	128.7	488
	终反力/N	—	48.1	57	102	142.5	216	211.2	247.5	260.7	1442

表 21-7-83　**外形尺寸**　mm

QGY 薄型气缸　　ϕ20～25　　ϕ32～125

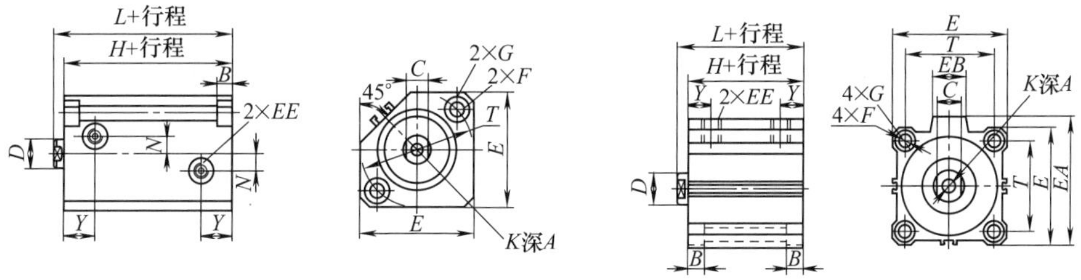

行程　　20～25　　ϕ32～125

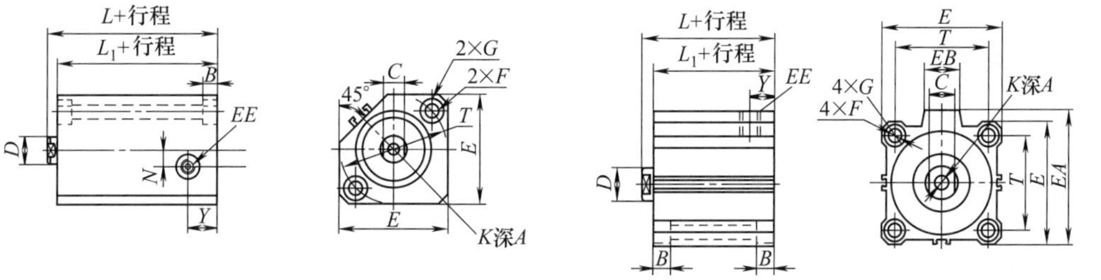

续表

缸径	E	EA	EB	EE	F	G	B	K	A	D	C	T	N	Y	QGY				QGY(D)			
															H		L		L_1		L	
															基型	R型	基型	R型	基型	R型	基型	R型
20	□37	—	—	M5	ϕ5.5	ϕ9.5	5.5	M5	7	ϕ8	7	ϕ36	4.5	9.5	26	36	29.5	39.5	37	47	40.5	50.5
25	□40	—	—	M5	ϕ5.5	ϕ9.5	5.5	M5	7	ϕ10	8	ϕ40	6	11	30	36	33.5	39.5	40	46	43.5	49.5
32	□45	49.5	19	M5	ϕ5.5	ϕ9.5	5.5	M8	12	ϕ14	12	34	—	11	30	36	33.5	39.5	40	46	43.5	49.5
40	□52	58	19	M10×1	ϕ5.5	ϕ9.5	5.5	M8	12	ϕ14	12	40	—	12	32	38	35.5	41.5	42	48	45.5	51.5
50	□64	68	22	M10×1	ϕ6.6	ϕ11	6.5	M10	15	ϕ20	17	50	—	14	37	44	40.5	47.5	48	55	51.5	58.5
63	□77	84	22	M12×1.25	ϕ9	ϕ14	8.5	M10	15	ϕ20	17	60	—	16	42	49	45.5	52.5	54	61	60.5	64.5
80	□98	104	26	M12×1.25	ϕ11	ϕ17	16.5	M16	20	ϕ25	22	77	—	18	47	55	53.5	61.5	63	71	69.5	77.5
100	□117	123.5	26	M16×1.5	ϕ11	ϕ17	16.5	M16	20	ϕ25	22	94	—	20.5	52	60	58.5	66.5	68	76	74.5	82.5
125	□142	—	—	M20×1.5	ϕ14	ϕ20	20	M20	25	ϕ32	29	114	—	24	70	80	78.5	88.5	141	151	149.5	159.5

注：生产厂为肇庆方大气动有限公司。

7.1.3.10　QGY-M系列杆端外螺纹薄型气缸（ϕ20～125）

型号意义：

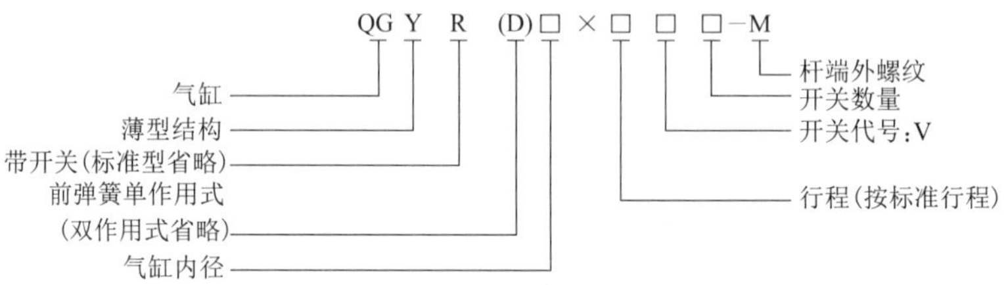

表 21-7-84　　主要技术参数

型号		QGY-M、QGYR-M	QGY(D)-M、QGYR(D)-M								
缸径/mm		20、25、32、40、50、63、80、100、125	20	25	32	40	50	63	80	100	ϕ125
耐压力/bar		15									
工作压力/bar		1～10	2～10								
使用温度范围/℃		−25～+80(但在不冻结条件下)									
最大行程/mm		ϕ20～25:30;ϕ32～125:50	ϕ20～25:30;ϕ32～40:35;ϕ50～100:40;ϕ125:50								
工作介质		经过净化的干燥压缩空气									
给油		不需要(也可给油)									
最大行程的弹簧	初反力/N	—	14.5	22.8	32	51.8	72	83.2	115.5	128.7	488
	终反力/N	—	48.1	57	102	142.5	216	211.2	247.5	260.7	1442

第21篇

表 21-7-85　　外形尺寸　　mm

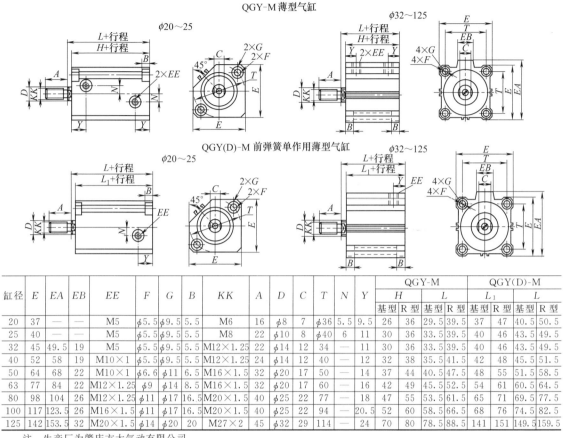

QGY-M 薄型气缸

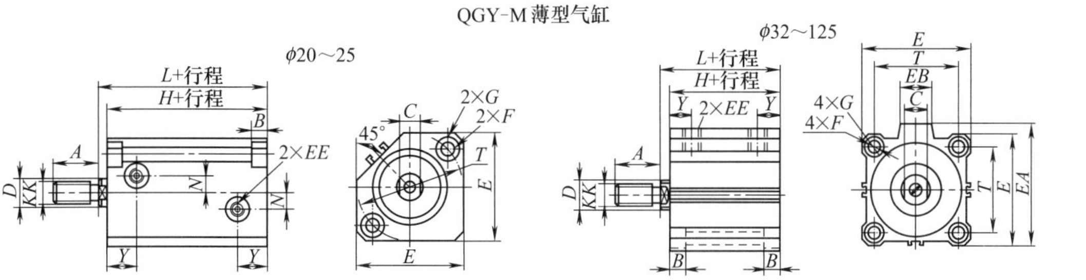

QGY(D)-M 前弹簧单作用薄型气缸

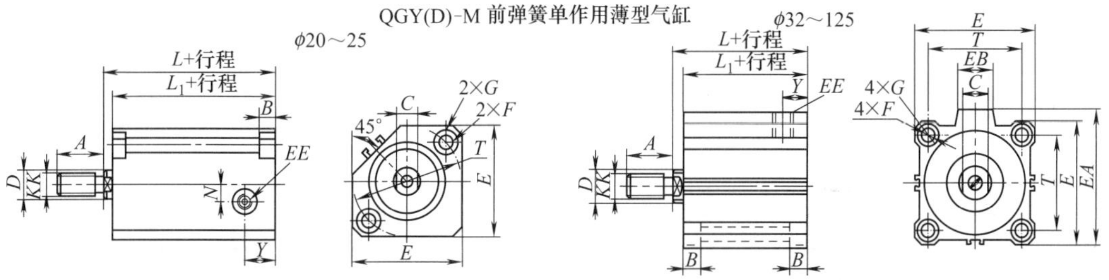

缸径	E	EA	EB	EE	F	G	B	KK	A	D	C	T	N	Y	QGY-M				QGY(D)-M			
															H		L		L_1		L	
															基型	R 型	基型	R 型	基型	R 型	基型	R 型
20	37	—	—	M5	φ5.5	φ9.5	5.5	M6	16	φ8	7	φ36	5.5	9.5	26	36	29.5	39.5	37	47	40.5	50.5
25	40	—	—	M5	φ5.5	φ9.5	5.5	M8	22	φ10	8	φ40	6	11	30	36	33.5	39.5	40	46	43.5	49.5
32	45	49.5	19	M5	φ5.5	φ9.5	5.5	M12×1.25	22	φ14	12	34	—	11	30	36	33.5	39.5	40	46	43.5	49.5
40	52	58	19	M10×1	φ5.5	φ9.5	5.5	M12×1.25	24	φ14	12	40	—	12	32	38	35.5	41.5	42	48	45.5	51.5
50	64	68	22	M10×1	φ6.6	φ11	6.5	M16×1.5	32	φ20	17	50	—	14	37	44	40.5	47.5	48	55	51.5	58.5
63	77	84	22	M12×1.25	φ9	φ14	8.5	M16×1.5	32	φ20	17	60	—	16	42	49	45.5	52.5	54	61	60.5	64.5
80	98	104	26	M12×1.25	φ11	φ17	16.5	M20×1.5	40	φ25	22	77	—	18	47	55	53.5	61.5	65	71	69.5	77.5
100	117	123.5	26	M16×1.5	φ11	φ17	16.5	M20×1.5	40	φ25	22	94	—	20.5	52	60	58.5	66.5	68	76	74.5	82.5
125	142	153.5	32	M20×1.5	φ14	φ20	20	M27×2	45	φ32	29	114	—	24	70	80	78.5	88.5	141	151	149.5	159.5

注：生产厂为肇庆方大气动有限公司。

7.1.3.11　QGS 短行程/紧凑型薄型气缸（φ32～100）

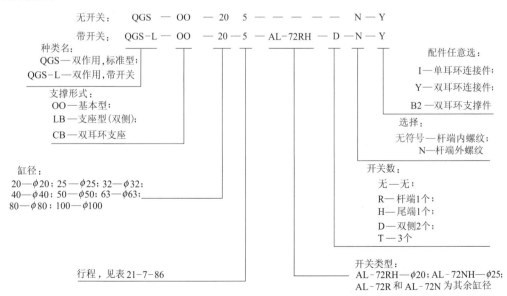

型号意义：

无开关：　QGS — OO — 20　5 — — — — — N — Y

带开关：　QGS-L — OO — 20 — 5 — AL-72RH — D — N — Y

种类名：
QGS—双作用，标准型；
QGS-L—双作用，带开关

支撑形式：
OO—基本型；
LB—支座型(双侧)；
CB—双耳环支座

缸径：
20—φ20；25—φ25；32—φ32；
40—φ40；50—φ50；63—φ63；
80—φ80；100—φ100

行程，见表 21-7-86

配件任意选：
I—单耳环连接件；
Y—双耳环连接件；
B2—双耳环支撑件

选择：
无符号—杆端内螺纹；
N—杆端外螺纹

开关数：
无—无；
R—杆端1个；
H—尾端1个；
D—双侧2个；
T—3个

开关类型：
AL-72RH—φ20；AL-72NH—φ25；
AL-72R 和 AL-72N 为其余缸径

表 21-7-86　　主要技术参数

型　　号	QGS 和 QGS-L			
作用形式	双作用			
使用流体	洁净压缩空气			
最高工作压力/MPa	1.0(10.2kgf/cm²)			
最低工作压力/MPa	0.1(1.0kgf/cm²)			
耐压/MPa	1.6(16.3kgf/cm²)			
环境温度/℃	−10～60			
缸径/mm	20,25	32,40	50,63	80,100
接管口径	M5×0.8	R_c1/8	R_c1/4	R_c3/8
行程公差/mm	+1.0～0			
活塞工作速度/mm·s⁻¹	50～500(ϕ20～50),50～300(ϕ63～100)			
润滑	不需要			
缓冲形式	无缓冲			

行　　程

缸径/mm	标准/mm	最大行程/mm	最小行程/mm
20	5,10,15,20,25,30	30	10(5)①
25,32,40,50	5,10,15,20,25,30,40,50	50	
63,80,100	5,10,20,30,40,50	50	

① (5) 为使用一个开关时的最小行程；10 为使用两个开关时的最小行程。

表 21-7-87　　外形尺寸　　mm

QGS-ϕ20、ϕ25 无开关

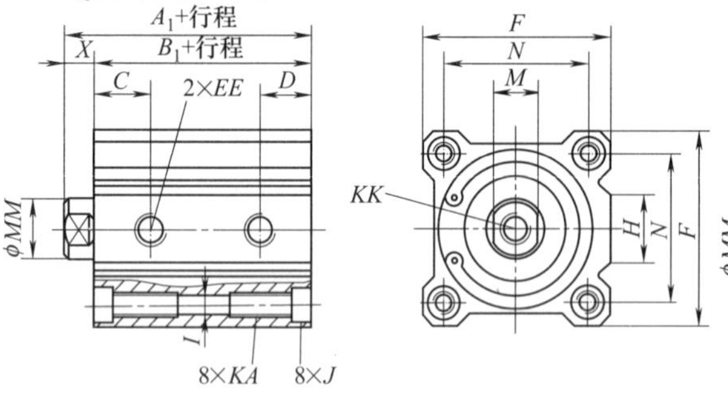

QGS-L-ϕ20、ϕ25带开关

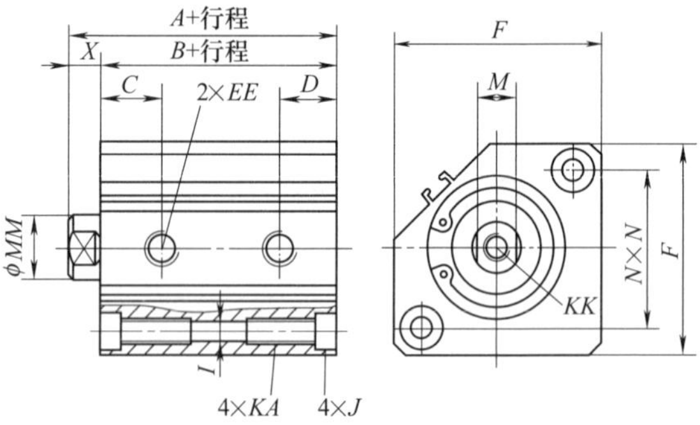

缸径	无开关		带开关														
	A_1	B_1	A	B	C	D	EE	F	H	I	J	KA	KK	M	MM	N	X
20	24	19.5	34	29.5	8	5.5	M5×0.8	36	10	5.5	沟 ϕ9 深 5.5	螺纹 M6×1.0 深 11	螺纹 M5×0.8 深 7	8	10	25.5	4.5
25	27.5	22.5	37.5	32.5	11	6	M5×0.8	40	10	5.5	沟 ϕ9 深 5.5	螺纹 M6×1.0 深 11	螺纹 M6×1.0 深 12	10	12	28	5

QGS-L-ϕ32～100 带开关

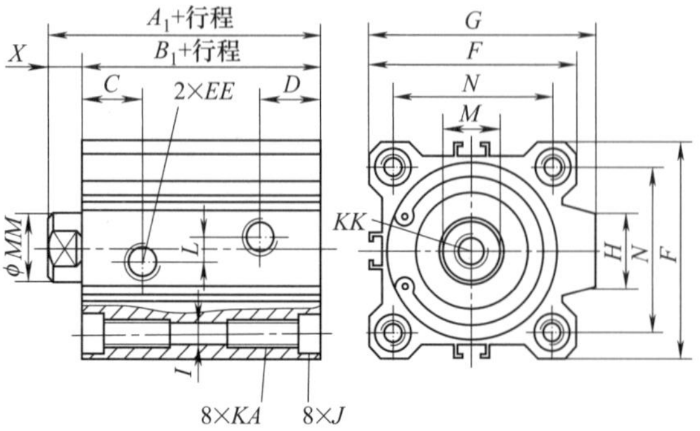

QGS-ϕ32～100 无开关

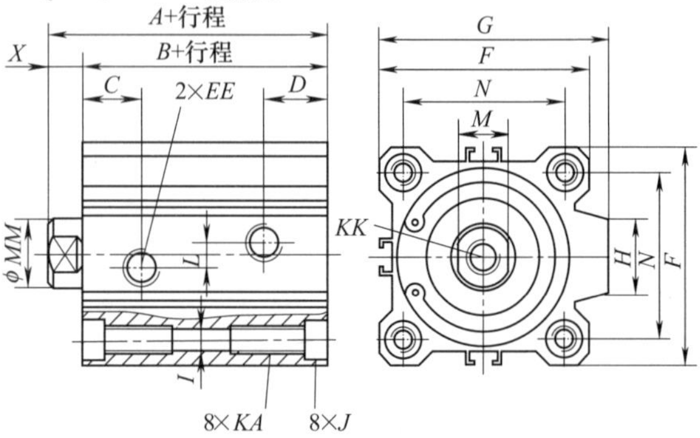

续表

缸径	无开关		带开关																
	A_1	B_1	A	B	C	D	EE	F	G	H	I	J	KA	KK	L	M	MM	N	X
32	30	23	40	33	8	8	R_c1/8	45	49.5	18	5.5	沟 ϕ9 深 5.5	螺纹 M6×1.0 深 11	螺纹 M8×1.25 深 13	6	14	16	34	7
40	36.5	29.5	46.5	39.5	12	8.5	R_c1/8	52	57	18	5.5	沟 ϕ9 深 5.5	螺纹 M6×1.0 深 11	螺纹 M8×1.25 深 13	6	14	16	40	7
50	38.5	30.5	48.5	40.5	10.5	10.5	R_c1/4	64	71.5	22	6.9	沟 ϕ11 深 6.5	螺纹 M8×1.25 深 13	螺纹 M10×1.5 深 15	6	17	20	50	8
63	44	36	54	46	13	11	R_c1/4	76	84.5	22	8.7	沟 ϕ14 深 9	螺纹 M10×1.5 深 25	螺纹 M10×1.5 深 15	6	17	20	60	8
80	53.5	43.5	63.5	53.5	16	13	R_c3/8	98	104	25	10.5	沟 ϕ17.5 深 11	螺纹 M12×1.75 深 28	螺纹 M16×2.0 深 21	6	22	25	77	10
100	63	53	75	63	22	15	R_c3/8	117	123.5	25	10.5	沟 ϕ17.5 深 11	螺纹 M12×1.75 深 28	螺纹 M20×2.5 深 27	6	27	30	94	12

注：生产厂为亚德客公司。

7.1.3.12　QGY (Z) 系列带导杆防转薄型气缸（ϕ32～100）

型号意义：

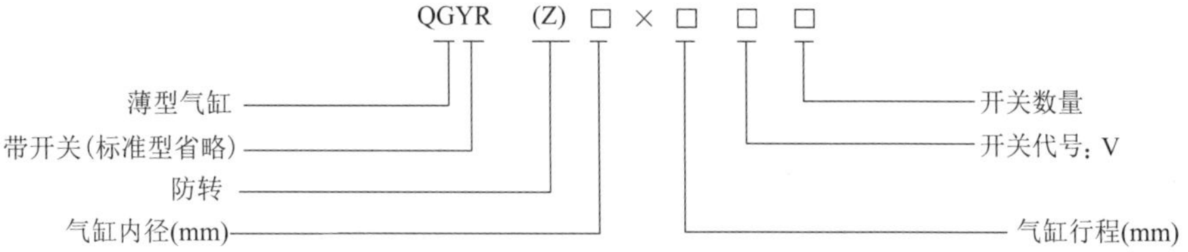

表 21-7-88　　主要技术参数

型　　号	QGY(Z)和 QGYR(Z)	型　　号	QGY(Z)和 QGYR(Z)
缸径/mm	32、40、50、63、80、100	最大行程/mm	50
耐压力/bar	15	工作介质	经过净化的干燥压缩空气
工作压力/bar	1～10	给油	不需要(也可给油)
使用温度范围/℃	−25～+80(但在不冻结条件下)		

表 21-7-89　　外形尺寸　　mm

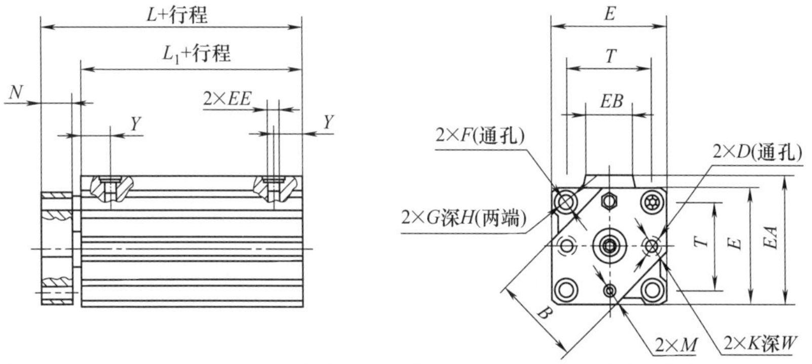

缸径	E	T	EA	EB	EE	F	G	H	D	K	W	M	B	N	Y	QGY(Z)		QGYR(Z)	
																L	L_1	L	L_1
32	45	34	49.5	19	M5	ϕ5.5	ϕ9.5	5.5	ϕ4.3	ϕ7.5	4.5	M5	35	12	11	45.5	30	51.5	36
40	52	40	58	19	M10×1	ϕ5.5	ϕ9.5	5.5	ϕ5.5	ϕ9.5	5.5	M5	42.5	12	12	47.5	32	53.5	38
50	64	50	68	22	M10×1	ϕ6.5	ϕ11	6.5	ϕ5.5	ϕ9.5	5.5	M6	48	14	14	54.5	37	61.5	44
63	77	60	84	22	M12×1.25	ϕ9	ϕ14	8.6	ϕ6.5	ϕ10.5	8	M8	67	15	16	60.5	42	67.5	49
80	98	77	104	26	M12×1.25	ϕ11	ϕ17	16.5	ϕ6.5	ϕ11	6.5	M6	79	20	18	73.5	47	81.5	55
100	117	94	123.5	26	M16×1.5	ϕ11	ϕ17	17	ϕ9	ϕ14	9	M8	93	20	20.5	78.5	52	86.5	60

注：生产厂为肇庆方大气动有限公司。

第 21 篇

7.1.4　摆动气缸

7.1.4.1　ACK 系列摆动气缸（ϕ25～63）

型号意义：

ACK　L — 25 × 90 — □

型号：
ACK—转角气缸(复动型)；
ACKD—转角气缸(双边压板，仅供90°选用)

转向代号：
L—下压左旋；
R—下压右旋

缸径

转角：
90—90°；
180—180°

牙型代码
空白—PT牙；
T—NPT牙；
G—G牙

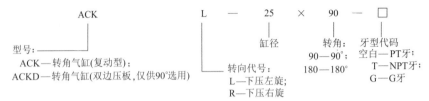

表 21-7-90　　主要技术参数

缸径/mm	25	32	40	50	63
动作形式	复动型				
工作介质	空气				
使用压力范围	0.15～1.0MPa(23～148psi)				
保证耐压力	1.5MPa(213psi)				
工作温度/℃	−20～80				
使用速度范围/mm·s⁻¹	30～300				
行程公差范围/mm	$^{+1.0}_{0}$				
缓冲形式①	无				
接管口径②	M5×0.8	PT1/8			

① 无缓冲安装时请加排气节流装置，以达到缓冲效果。
② 接管牙型有 G 牙、NPT 牙可供选择。

表 21-7-91　　行程

缸径/mm	行程类别	90°	180°	总行程(90°/180°)
25、32	旋转行程	14	20	26
	夹紧行程	12	6	
40	旋转行程	15	21	27
	夹紧行程	12	6	
50、63	旋转行程	15	21	29
	夹紧行程	14	8	

表 21-7-92　　外形尺寸及安装形式　　mm

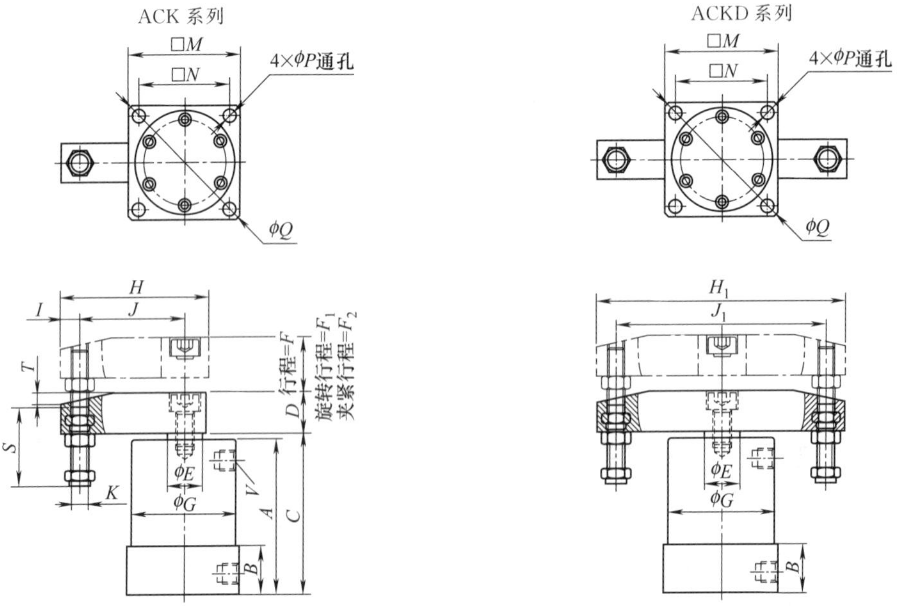

第21篇

续表

缸径	A	B	C	D	E	G	H	H_1	I	J	J_1	K	M	N	P	Q	F (90°/180°)	F_1 (90°)	F_2 (90°)	F_1 (180°)	F_2 (180°)	S	V
25	65	23	69	16	14	35	48	76	8	30	60	M6×1.0	40	30	4.5	52	26	14	12	20	6	29.5	M5×0.8
32	73	23	76	19	16	50	70	118	9	50	100	M8×1.25	54	44	6.5	74	26	14	12	20	6	37.5	PT1/8
40	74	26	78	19	16	55	70	118	9	50	100	M8×1.25	58	48	6.5	79	27	15	12	21	6	37.5	PT1/8
50	80	26	84	25.4	20	60	93	160	10	70	140	M10×1.5	68	55	8.5	91	29	15	14	21	8	45	PT1/8
63	86	30	90	25.4	20	70	93	160	10	70	140	M10×1.5	82	64	8.5	108	29	15	14	21	8	45	PT1/8

注：生产厂为亚德客公司。

7.1.4.2 QGHJ 系列回转夹紧气缸（ϕ25～63）

型号意义：

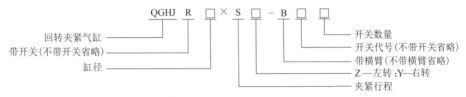

QGHJ R □×S □ - B □ □

- QGHJ：回转夹紧气缸
- R：带开关(不带开关省略)
- □：缸径
- S：夹紧行程
- □：Z—左转；Y—右转
- B：带横臂(不带横臂省略)
- □：开关代号(不带开关省略)
- □：开关数量

表 21-7-93 主要技术参数

缸径/mm	25	32	40	50	63
工作介质	经净化的压缩空气(可给油或不给油)				
使用温度范围/℃	−25～+80(但在不冻结条件下)				
工作压力/bar	1～10				
回转角度	90°±10°				
回转方向	左、右				
回转行程/mm	10.5	15		20	
夹紧行程/mm	10～20			20～25	
夹紧力 N(工作压力为 5bar)/bar	185	315	540	805	1370

表 21-7-94 外形尺寸及安装形式 mm

QGHJ 系列基本型

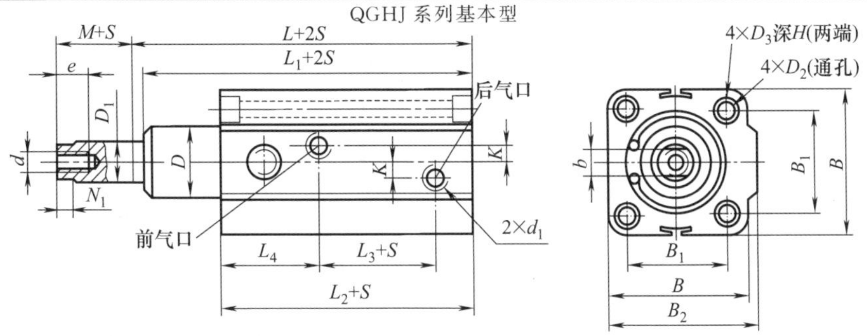

注：此图活塞杆为全伸出状态

带横臂型

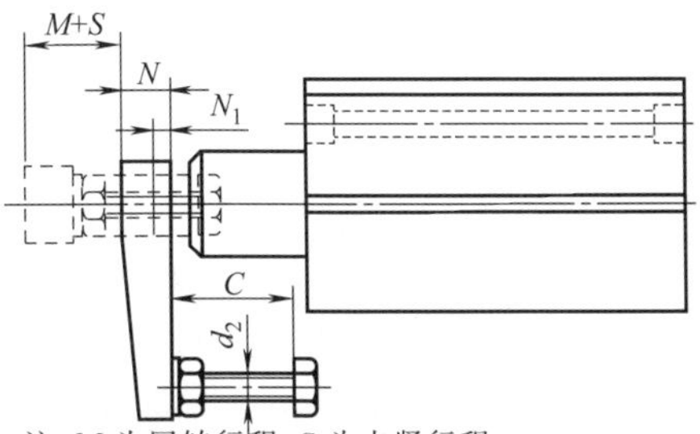

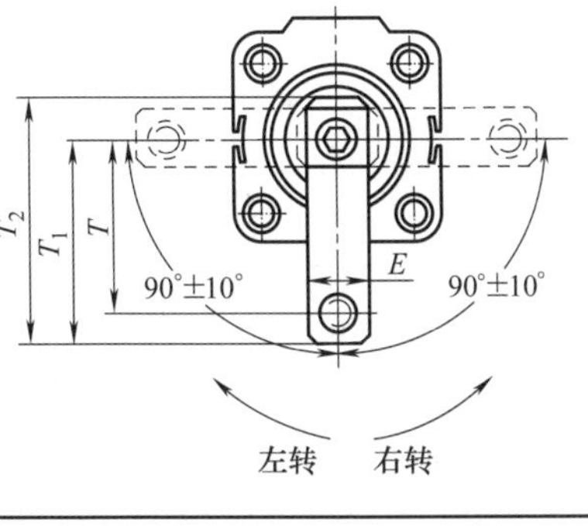

注：M 为回转行程，S 为夹紧行程

续表

缸径	L	L_1	L_2	L_3	L_4	B	B_1	B_2	D	D_1	D_2	D_3	T	T_1	T_2
25	75.5	70.5	57	17.3	25.1	40	28	—	φ20	φ12	φ5.5	φ9.5	35	41.5	50
32	89.5	85	65.5	22.8	28.1	45	34	—	φ22	φ14			43	52	62
40	90.5	85.5	66.5	29	25.5	53	40	57	φ26				47	56	66
50	107.5	101.5	78.5	31.2	30.9	64	50	68	φ36	φ20	φ6.6	φ11	58	68	80
63	110.5	104.5	83	29.6	33.7	77	60	84			φ9	φ14	64	74	86

缸径	d	d_1	d_2	e	K	b	H	E	C	N	N_1	M	S
25	M6	G1/8	M6	10	4.5	10	5.5	15	15	14	3	9.5	10～20
32	M8		M8	13	7	12		18	28	17	3.5	15	
40					5								
50	M10		M10	20	—	17	6.5	20	36	20	4	20	20～50
63		G1/4			—		8.6		41				

注：生产厂为肇庆方大气动有限公司。

7.1.4.3　QGK系列无给油润滑齿轮齿条摆动气缸（φ20～125）

型号意义：

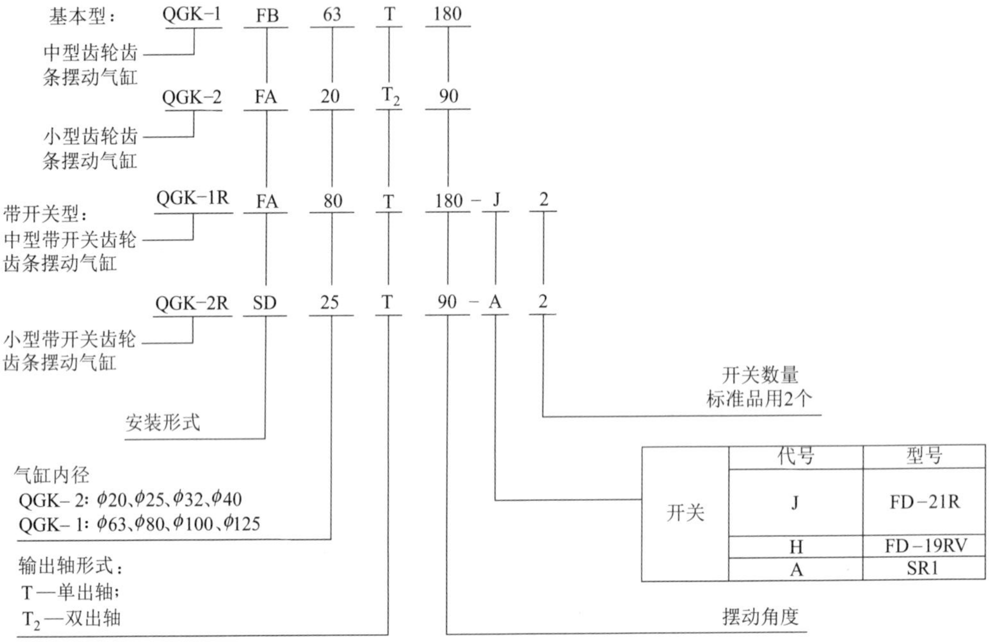

表 21-7-95　　主要技术参数

型号	基本型	带开关型	基本型	带开关型
	QGK-1	QGK-1R	QGK-2	QGK-2R
缸径/mm	φ63、φ80、φ100、φ125		φ20、φ25、φ32、φ40	
工作压力范围/bar	1～7		1～10	
耐压/bar	10		15	
摆动角度	90°，180°			
调整角度	±5°			
额定转矩（5bar时）/N·m	φ63：34.3；φ80：66.6；φ100：120.5；φ125：319		φ20：2；φ25：2.8；φ32：3.5；φ40：5.7	
使用温度范围/℃	－25～＋70（但在不冻结条件下）			
缓冲形式	两侧可调缓冲		单侧可调缓冲	
缓冲角度	20°		φ20、φ25、φ32：35°；φ40：32°	
给油	不给油（也可给油）			

第21篇

表 21-7-96　　**外形尺寸**　　mm

QGK-1 型中型齿轮齿条摆动气缸

SD(基本型)

QGK-1T(单出轴标准型)

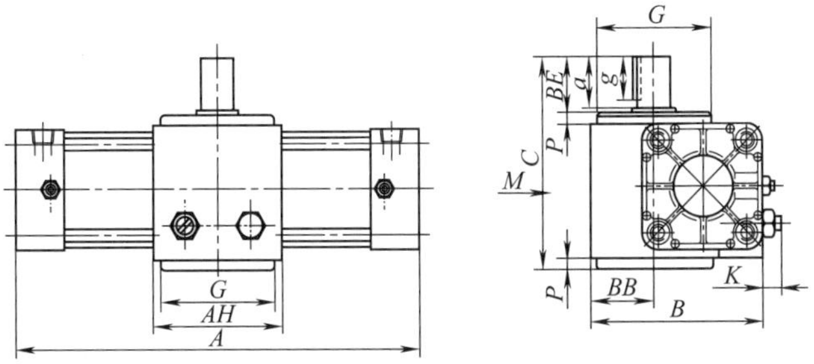

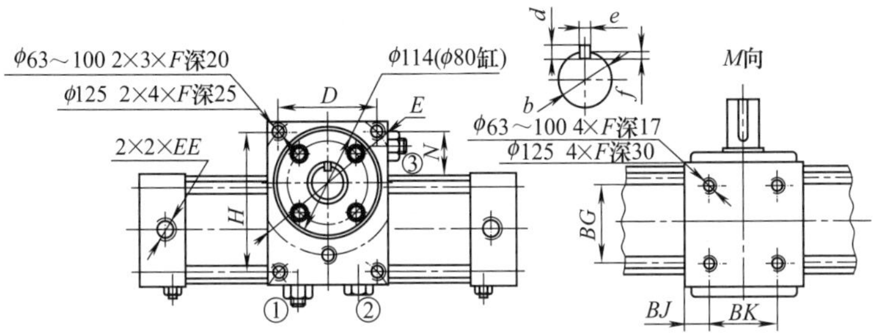

回转角度调节方法：90°摆动气缸调节①、③螺钉；180°摆动气缸调节①、②螺钉

缸径	A		AH	B	BB	BE	BG	BK	C	D	E	EE	F	G	K	H	N	P	轴尺寸					
	90°	180°																	a	b	d	e	f	g
63	300	370	100	117	47	47	65	54	152	80	ϕ109	G3/8	M10	ϕ90	9	—	37	10	42	ϕ25h7	7	8	4	36
80	350	436	130	143	58	63	72	72	190	100	ϕ136	G3/8	M12	ϕ114	12	—	46	12	58	ϕ35h7	8	10	5	50
100	364	462	124	159	58	75	85	72	202	100	ϕ136	G1/2	M12	ϕ110	12	—	46	0	58	ϕ35h7	8	10	5	50
125	488	651	170	216	85	63	90	90	213	120	—	G1/2	M14	ϕ145	20	150	65	0	58	ϕ40h8	8	12	5	54

QGK-1RT 单出轴(带开关型)

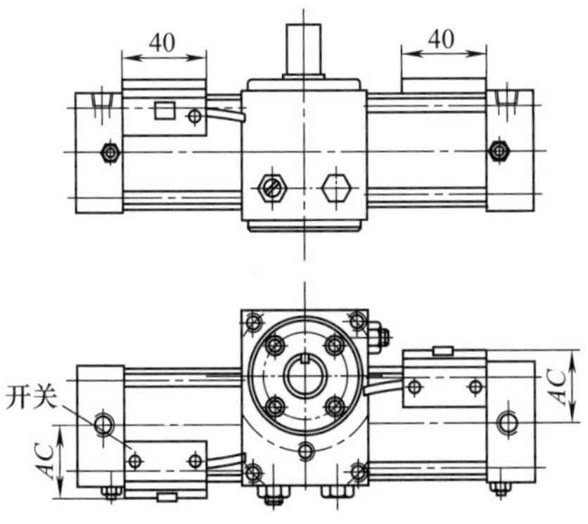

QGK-1T$_2$(双出轴)

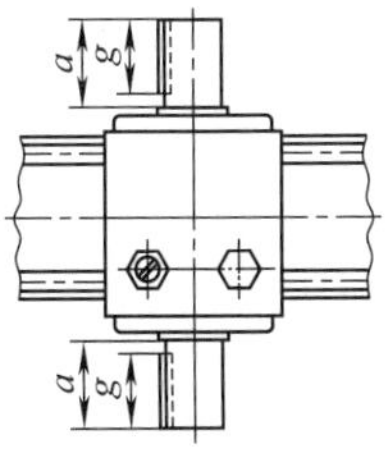

第21篇

续表

FA 型(上法兰安装)

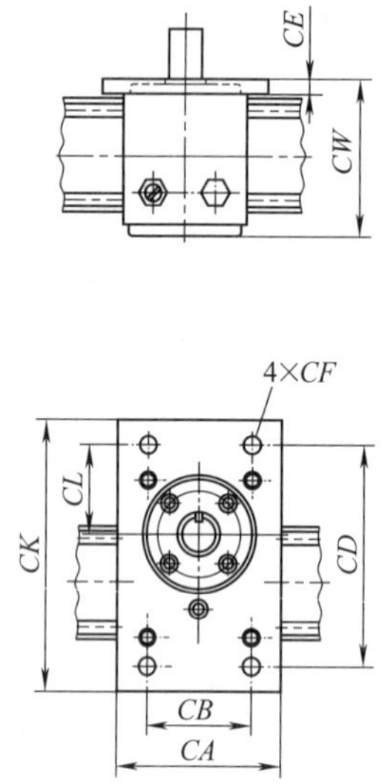

FB 型(下法兰安装)

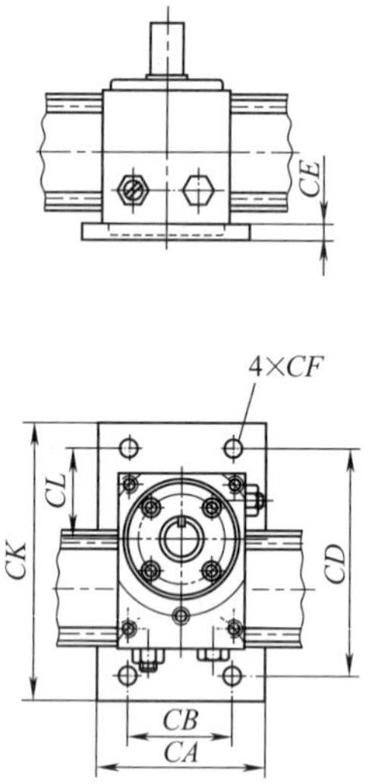

缸径	AC	CA	CB	CD	CE	CF	CK	CL	CW
63	51	120	90	144	14	ϕ13	174	62	109
80	59	150	110	183	16	ϕ13	233	78	131
100	66	150	110	199	16	ϕ13	239	78	143
125	77	170	120	246	22	16.5	275	101	172

QGK-2 型小型齿轮齿条摆动气缸

单出轴型小型齿轮齿条摆动气缸

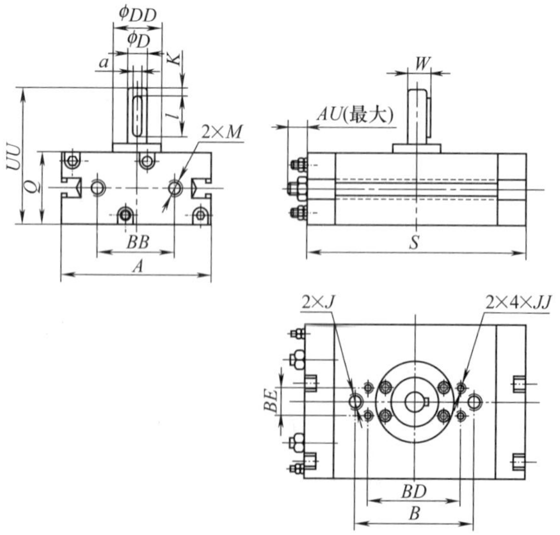

续表

双出轴型小型齿轮齿条摆动气缸

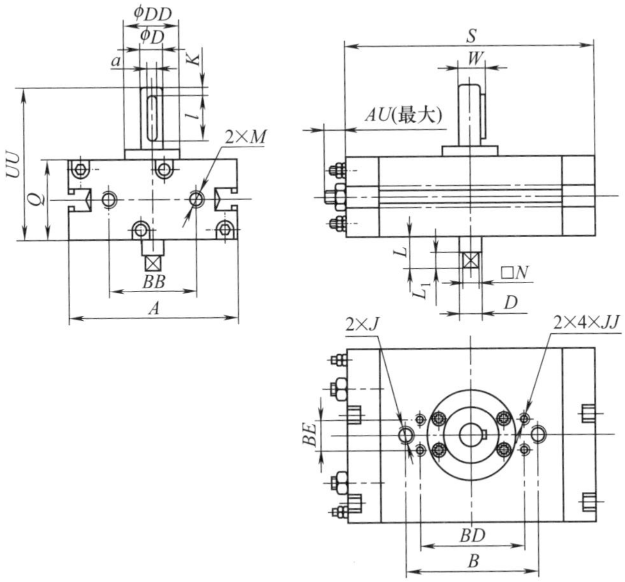

型号		A	B	BB	ϕD	ϕDD	J	K	M	Q	L	L_1	□N	S	UU	W	AU	BD	BE	JJ	a	l
QGK-2SD20T	90	65	50	35	10	25	M8	3	G1/8	31	15	11	□8	104	61	11.5	10	—	—	—	$4_{-0.03}^{0}$	20
	180													130								
QGK-2SD25T	90	77	62	40.5	12	25	M8	4	G1/8	36	18	13	□10	114	68	13.5	10	48	14	M5	$4_{-0.03}^{0}$	20
	180													142								
QGK-2SD32T	90	89	68	40.5	12	30	M10	4	G1/8	44	18	13	□10	122	76	13.5	13	51	16	M5	$4_{-0.03}^{0}$	20
	180													150								
QGK-2SD40T	90	108	74	47.6	15	35	M10	5	G1/8	52	20	15	□11	132	89	17	11	57	18	M5	$5_{-0.03}^{0}$	25
	180													157								

安装附件

FA 前法兰

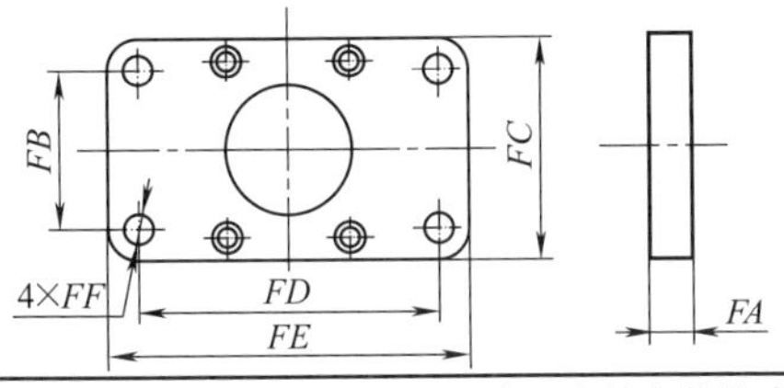

缸径	20	25	32	40
FA	8	8	10	10
FB	52	45	48	54
FC	65	61	64	70
FD	95	94	106	124
FE	110	110	120	140
FF	ϕ7	ϕ7	ϕ7	ϕ7

注：1. 表内 L、L_1、□N 为双出轴安装尺寸。

2. 生产厂为肇庆方大气动有限公司。

7.1.4.4　QRC 系列摆动气缸（ϕ40～125）

型号意义：

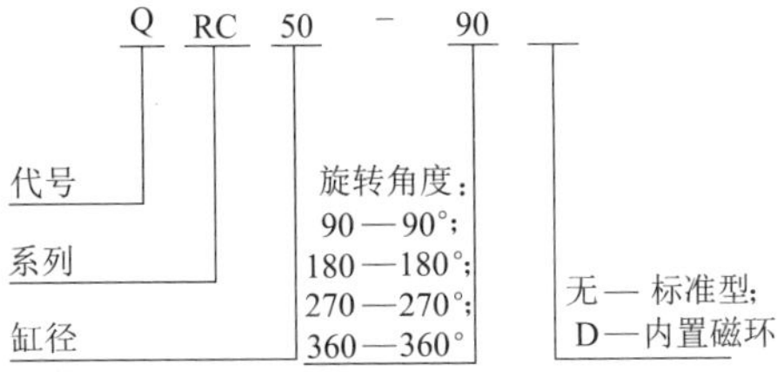

表 21-7-97　　**主要技术参数**

缸径/mm	40	50	63	80	100	125
使用介质	经过滤的压缩空气					
作用形式	双作用					
最高使用压力/MPa	1.0					
最低工作压力/MPa	0.1					
环境温度/℃	5～60					
旋转角度	90°,180°或可按客户要求供应 360°范围内任意角度					
调节角度	±7°					
每旋转 90°,A 尺寸增加值/mm	63		75.5		100.5	
润滑	出厂已润滑/齿条需用润滑枪注入润滑脂润滑					
接管口径	G1/4		G3/8		G1/2	

表 21-7-98　　**外形尺寸**　　mm

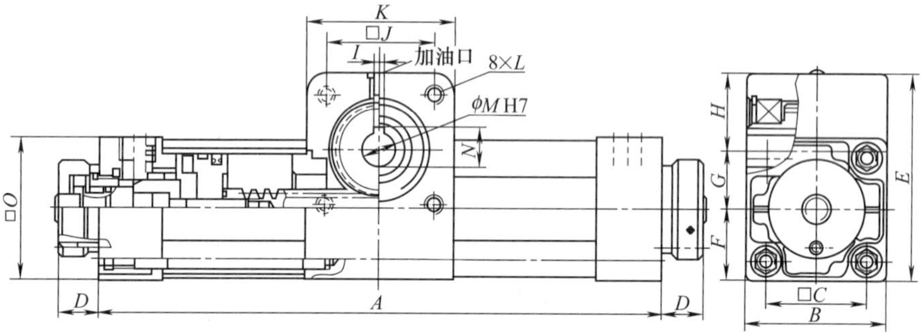

缸径	A(90°)	A(180°)	B	C	D	E	F	G	H	I	J	K	L	M	N	O
40	252	315	56	38	19.3	89	28.5	26.5	34	5	50	68	M8	15	17.3	52
50	274	337	66	46.5	19	94	33.5	26.5	34	5	50	68	M8	15	17.3	65
63	314	389.5	80	56.5	20.5	111	40	31	40	6	60	80	M8	20	22.8	75
80	314	389.5	98	72	30	120	49	31	40	6	60	80	M10	20	22.8	95
100	381.5	482	118	89	30	153	59	41	53	8	80	102	M10	25	28.3	114
125	392.5	493	142	110	30	165	71	41	53	8	80	102	M12	25	28.3	140

注：生产厂为上海新益气动元件有限公司。

7.1.4.5　QGH 摆动（回转）气缸（ϕ50～100）

型号意义：

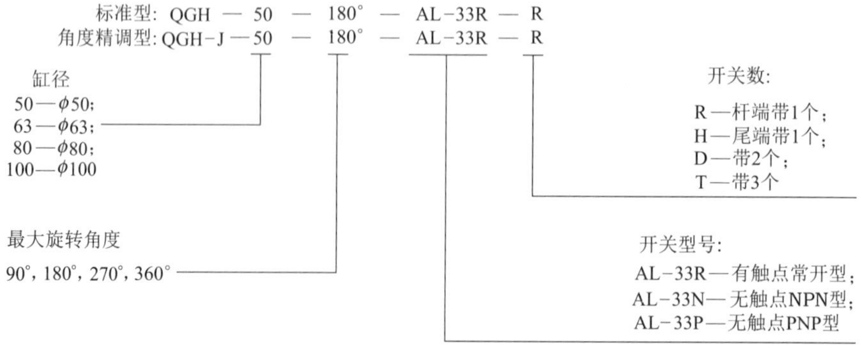

表 21-7-99　主要技术参数

型号	QGH			
作用形式	双作用			
使用流体	洁净压缩空气			
最高工作压力/MPa	1.0(10.2kgf/cm²)			
最低工作压力/MPa	0.1(1.0kgf/cm²)			
耐压/MPa	1.6(16.3kgf/cm²)			
环境温度/℃	−10～60(不冻结)			
理论输出转矩(工作压力为0.4MPa)/N·m	φ50	φ63	φ80	φ100
	8.6	17.1	30.2	78.5
润滑	不要(需要时使用透平油 1 级 ISO VG32)			

表 21-7-100　外形尺寸及安装方式　mm

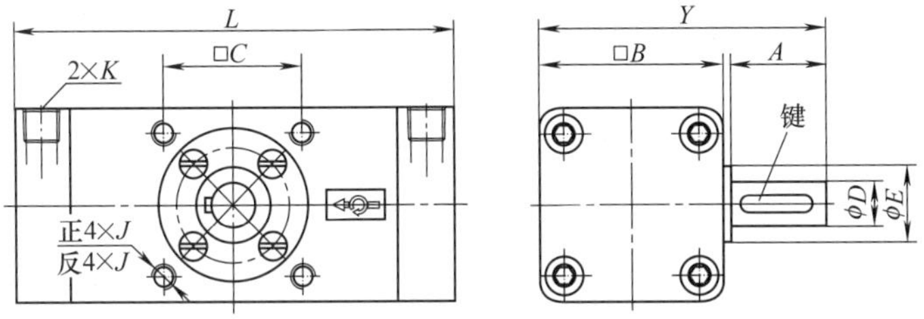

缸径	A	B	C	D	E	J	K	L				Y	键
50	33.5	65	48	15	25	M8×12	R_c1/8	160(90°)	194(180°)	229(270°)	263(360°)	101	5×25
63	38.5	80	60	17	30	M10×14		179(90°)	222(180°)	266(270°)	309(360°)	121	6×30
80	47	100	72	20	35	M12×16	R_c1/4	203(90°)	250(180°)	297(270°)	345(360°)	150	6×40
100	56	124	85	25	40	M12×18	R_c3/8	263(90°)	341(180°)	420(270°)	498(360°)	184	8×45

注：生产厂为上海新益气动元件有限公司。

7.1.5　其他特殊气缸

7.1.5.1　无活塞杆气缸

(1) QGCW 系列磁性无活塞杆气缸 (φ10～63)

型号意义：

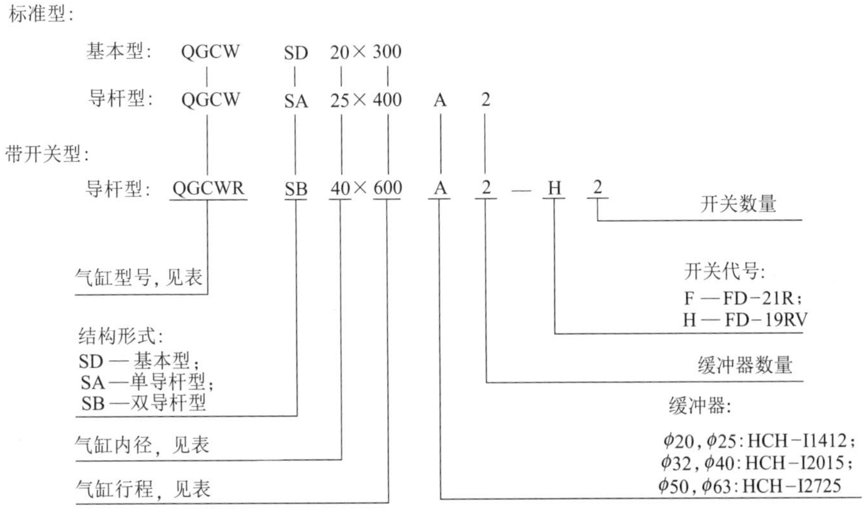

表 21-7-101　　**主要技术参数**

气缸型号	标准型				带开关型			
	QGCW　SD、SA、SB				QGCWR　SA、SB			
缸径/mm①	10、16、20、25、32、40、50、63							
最大行程/mm	ϕ10	ϕ16	ϕ20	ϕ25	ϕ32	ϕ40	ϕ50、ϕ63	
	500		1500	2000	2000	2000	2000	
工作压力范围/bar	SD:1.5～6.3　　SA、SB:2～6.3							
耐压力/bar	9.45							
使用速度范围/mm·s^{-1}	200～700							
使用温度范围/℃	−10～+80(但在不冻结条件下)							
工作介质	净化、干燥压缩空气							
给油	不需要(也可给油)							
缓冲形式	SD:两侧缓冲垫片,SA、SB:两侧缓冲垫片+缓冲器						可调缓冲 50mm	
磁铁保持力/N≥	55	140	220	340	560	880	1760	2800
活塞脱开压力/bar≥	7		7	7	7	7	9	9

记　　号	F	H
型号(带软线 1.5m)	FD-21R	FD-19RV
使用电压范围	5～240V DC/AC	5～240V DC/AC
使用电流范围/mA	100	5～100
最大触点容量/W	10(max)	50(max)
漏电流	0	无
指示灯	红色 LED	黄色 LED
动作时间		
回复时间		
耐冲击	30G	

① ϕ10、ϕ16 缸只有基本型才有。

注：开关安装在行程中间位置时，气缸速度≤300mm/s。

表 21-7-102　　**外形尺寸及安装形式**　　mm

1. QGCW　SD(基本型)

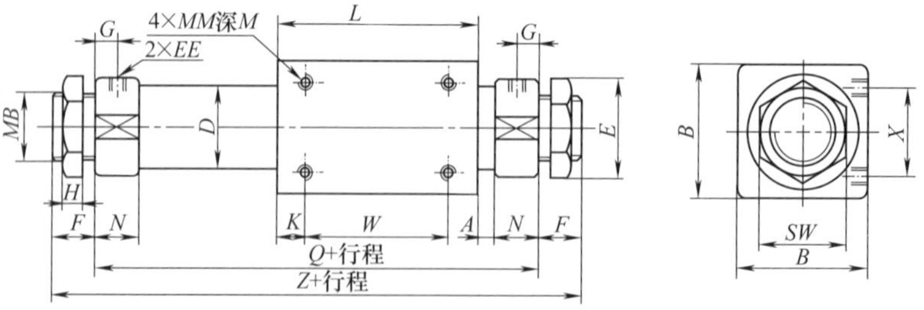

缸径	D	A	B	E	EE	F	G	H	K	L	M	MB	MM	N	Q	SW	W	X	Z
10	ϕ11	3.5	25	16	M5	13	6	6	8	46	4.5	M12×1.25	M4	11	53	18	30	16	101
16	ϕ19	4.5	35	21	M5	16	6	8	10	55	5.5	M16×1.5	M4	11	64	24	35	17	118
20	ϕ23	6	40	28	G1/8	15	8	7	11	62	8	M22×1.5	M6	15	104	30	40	30	134
25	ϕ28	6	45	33	G1/8	15	8	7	10	70	8	M22×1.5	M6	15	113	30	50	30	143

续表

缸径	D	A	B	E	EE	F	G	H	K	L	M	MB	MM	N	Q	SW	W	X	Z
ϕ32	ϕ32	7	60	40	G1/8	16	8	8	15	80	10	M24×2	M8	15	125	32	50	40	157
ϕ40	ϕ44	7	70	48	G1/4	20	10	9	12	84	10	M30×2	M8	20	139	41	60	40	179
ϕ50	ϕ54	10	85	58	G1/4	32	12.5	12	23	106	12	M42×2	M8	25	176	55	60	60	240
ϕ63	ϕ67	11	100	68	G1/4	32	12.5	12	18	106	12	M42×2	M8	25	178	55	70	70	242

2. QGCW　　SA(单导杆型)

3. QGCWR　　SA(带开关单导杆型)

ϕ20～40

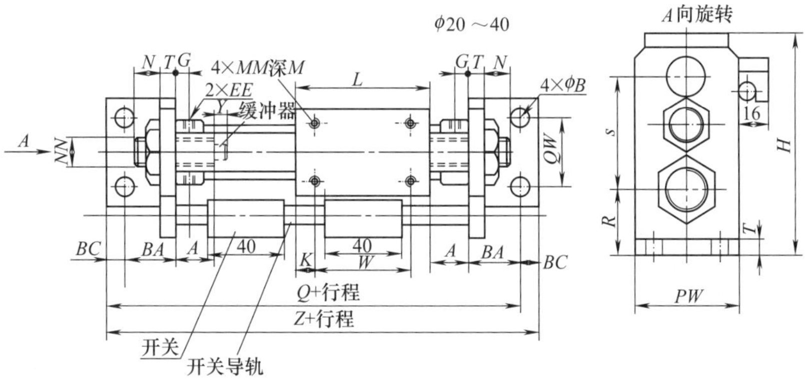

ϕ50～63　SA单导杆型

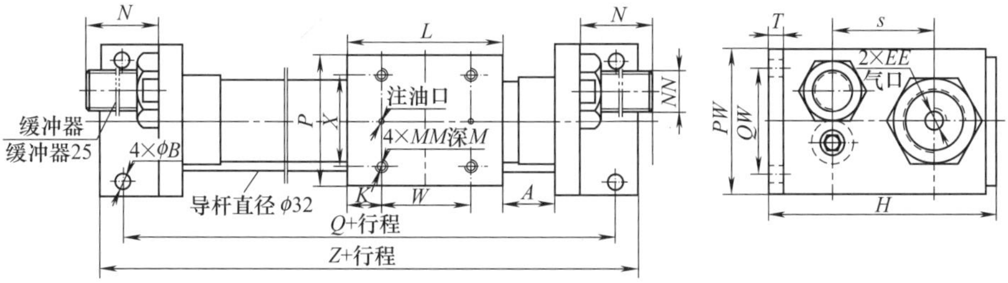

缸径	D	d	A	B	BA	BC	EE	G	H	K	s
20	ϕ23	16	19.5	9	26	10	G1/8	8	106	11	53
25	ϕ28	20	20	9	26	10	G1/8	8	114	10	58
32	ϕ36	20	22	9	26	10	G1/8	8	140	15	73
40	ϕ44	25	27	9	26	10	G1/4	10	160	12	83
50	ϕ54	50	35	11	40	15	G1/4	—	158	23	70
63	ϕ67	63	36	11	40	15	G1/4	—	170	18	75

缸径	L	M	MM	N	NN	P	PW	Q	QW	T	W	X	Y	Z	R
20	62	8	M6	66.5	M14×1.5	40	50	156	30	8	40	30	12	176	33
25	70	8	M6	66.5	M14×1.5	45	55	165	35	8	50	30	12	185	33.5
32	80	10	M8	81	M20×1.5	60	70	177	50	8	50	40	15	192	37
40	84	10	M8	76	M20×1.5	70	80	191	60	8	60	40	15	211	42
50	106	12	M8	83	M27×1.5	85	95	256	70	10	60	60	25	286	45
63	106	12	M8	83	M27×1.5	100	110	258	80	10	70	70	25	288	45

续表

4. QGCW　　SB(双导杆型)

5. QGCWR　　SB(带开关双导杆型)

φ20～40

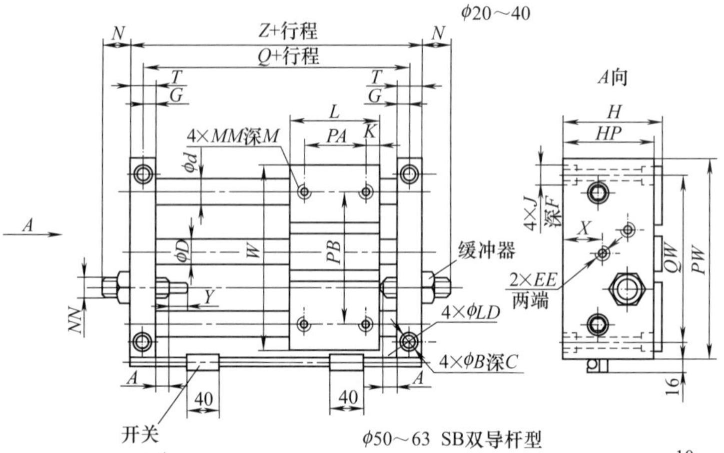

φ50～63 SB双导杆型

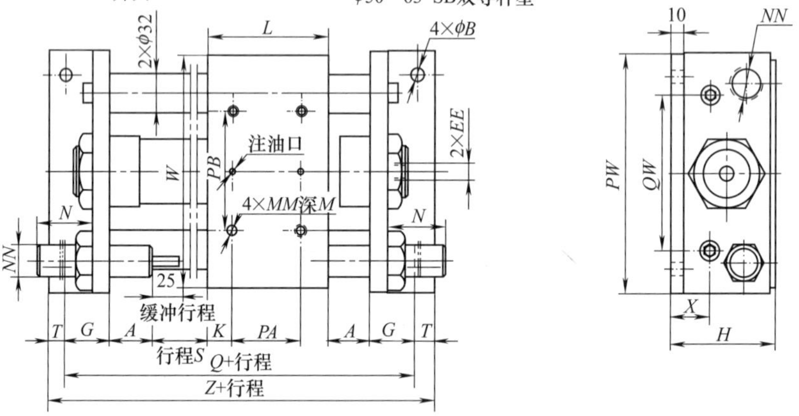

缸径	D	d	A	B	C	EE	F	G	H	HP	J	K	L	LD
20	φ23	16	5	14	9	G1/8	15	10	54	51	M10	11	62	8.7
25	φ28	20	5	14	9	G1/8	15	10	56	53	M10	15	70	8.7
32	φ36	20	6.5	14	9	G1/8	15	12	66	63	M10	15	80	8.7
40	φ44	25	6.5	14	9	G1/4	15	12	76	73	M10	17	84	8.7
50	φ54	32	35	11	—	G1/4	—	40	90	—	—	23	106	—
63	φ67	32	36	11	—	G1/4	—	40	105	—	—	18	106	—

缸径	M	MM	N	NN	PA	PB	PW	Q	QW	T	W	X	Y	Z
20	10	M6	70	M14×1.5	40	80	133	94	110	20	123	23.5	12	114
25	10	M6	70	M14×1.5	40	90	148	103	125	20	138	26	12	123
32	12	M8	80.5	M20×1.5	50	105	163	119	140	24	153	32	15	143
40	12	M8	80.5	M20×1.5	50	115	173	123	150	24	163	38	15	147
50	12	M8	83	M27×1.5	60	100	200	256	160	15	190	33	25	286
63	12	M8	82	M27×1.5	70	120	210	258	170	15	200	33	25	288

注：生产厂为肇庆方大气动有限公司。

(2) MQG 磁性无活塞杆气缸（φ20～40）

型号意义：

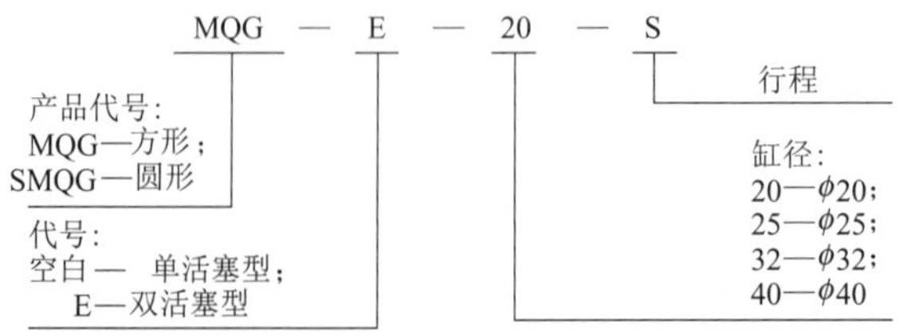

第21篇

表 21-7-103　**主要技术参数**

项　　目	磁性无杆气缸			
缸径/mm	20	25	32	40
作用形式	双作用			
使用流体	洁净空气			
最高工作压力/MPa	0.7(7.0kgf/cm²)			
最低工作压力/MPa	0.2(2.0kgf/cm²)			
耐压/MPa	1.05(10.5kgf/cm²)			
环境温度/℃	5～60			
接管口径	R_c1/8			R_c1/4
行程公差/mm	1000：$^{+1.5}_{0}$，1500：$^{+2.0}_{0}$			
活塞工作速度 /mm·s^{-1}	50～1500			
缓冲形式	橡胶缓冲			
给油	不需要			

表 21-7-104　**外形尺寸**　mm

MQG单活塞型

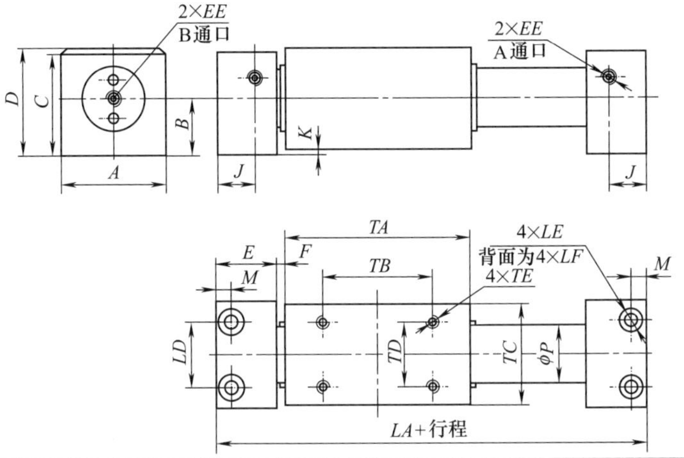

B通口在发货时安装有R_c1/8的堵头

缸径	外形尺寸					安装尺寸				
	LA	A	C	D	LD	LE	LF	TB	TD	TE
20	128	42	40	42	26	φ5.5 孔、φ9.5 台阶孔，深 4	M6 深 8	44	26	M4 深 6
25	137	52	45	48	40	φ5.5 孔、φ9.5 台阶孔，深 4	M6 深 8	40	32	M6 深 6
32	139	60	55	58	46	φ6.5 孔、φ11 台阶孔，深 6.5	M8 深 12	40	42	M6 深 9

缸径	安装尺寸									
	B	E	EE	F	H	J	K	M	P	TA	TC
20	22	24	R_c1/8	3	30	15	2	6	23	74	40
25	25.5	27	R_c1/8	3	29	17	3	6	28	77	45
32	29.5	27	R_c1/8	3	37	17	3	7	35	79	55

MQG-E双活塞型

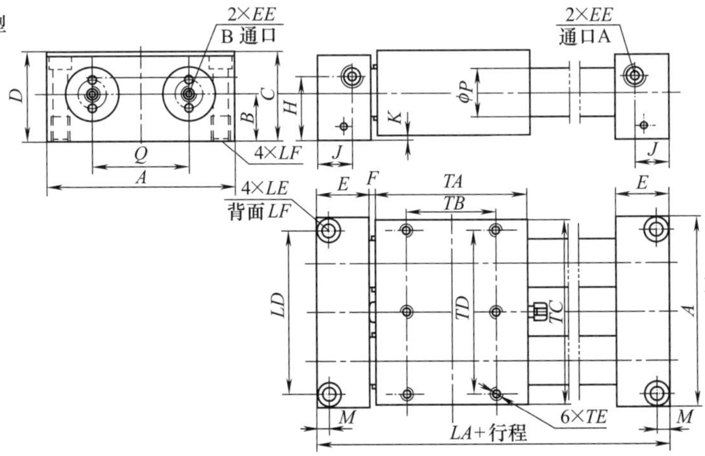

B通口在发货时安装有R_c1/8的堵头

续表

缸径	外形尺寸					安装尺寸				
	LA	*A*	*C*	*D*	*LD*	*LE*	*LF*	*TB*	*TD*	*TE*
20	131	90	40	42	77	ϕ6.9 孔、ϕ11 台阶孔，深 6	M8 深 12	44	78	M5 深 8
25	143	108	45	48	90	ϕ6.9 孔、ϕ11 台阶孔，深 6	M8 深 12	40	90	M6 深 8
32	145	126	55	58	108	ϕ6.9 孔、ϕ11 台阶孔，深 6	M8 深 12	40	104	M6 深 8

缸径	安装尺寸											
	B	*E*	*EE*	*F*	*H*	*J*	*K*	*M*	*P*	*Q*	*TA*	*TC*
20	22	25.5	R_c1/8	3	30	16.25	2	6	23	46	74	88
25	25.5	30	R_c1/8	3	29	20	3	6	28	50	77	101
32	29.5	30	R_c1/8	3	37	20	3	7	35	60	79	119

SMQG型单活塞型

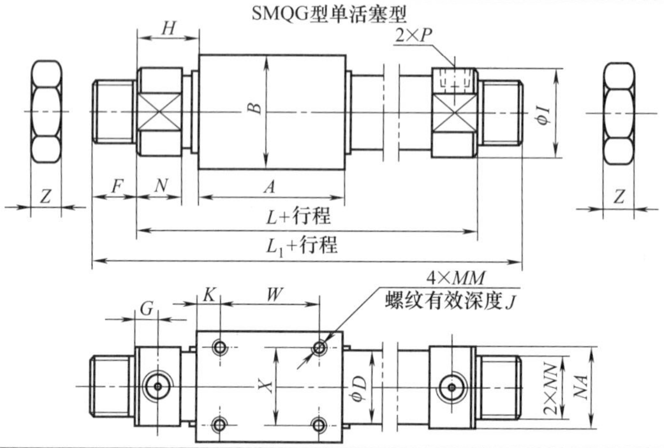

缸径	气口 *P*	*A*	□*B*	ϕD	*F*	*G*	*H*	ϕI	*K*	*MM* 深 *J*	*N*	*NA*	*NN*	*L*	L_1	*W*	*X*	*Z*
20	R_c1/8	66	36	23	13	8	20	28	8	M4 深 6	15	26	M20×1.5	106	131	50	25	6
25	R_c1/8	70	46	28	13	8	20.5	34	10	M5 深 6	15	30	M26×1.5	111	137	50	30	8
32	R_c1/8	79	55	35	16	8.5	22	40	14.5	M6 深 7	17	36	M26×1.5	123	155	50	40	8
40	R_c1/8	92	70	43	16	11	29	49	16	M6 深 10	21	46	M32×2	150	182	60	40	8

注：生产厂为肇庆方大气动有限公司。

（3）QGL 系列无给油润滑缆索气缸（ϕ50～80）

型号意义：

QGL □ × □

缆索气缸 —— QGL

气缸行程 —— 后一□

气缸内径 —— 前一□

表 21-7-105　　主要技术参数

缸径/mm	50、63、80	输出拉力/N	580、960、1090(以工作压力为 4bar 算)
行程范围/mm	<3500	工作介质	经过净化的压缩空气
工作压力/MPa	2～0.8	给油	不需要(也可给油)
使用温度范围/℃	−10～+70(在不冻结条件下)	缓冲形式	两侧可调缓冲

表 21-7-106　　外形尺寸　　mm

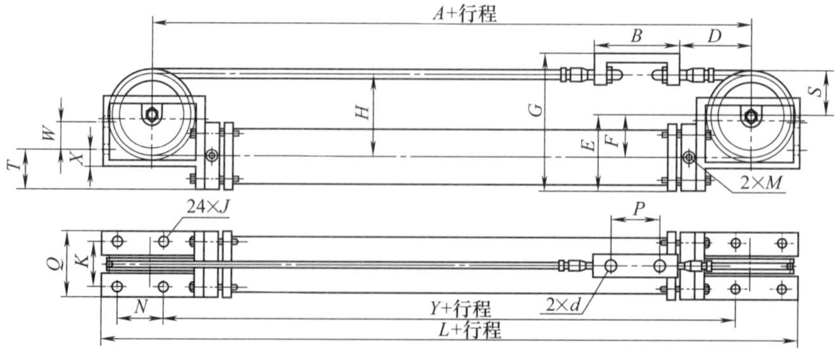

续表

型号	A	B	D	E	G	H	J	K	N	Y	P	d	Q	L	M	X	W	F	S	T
QGL50×S	297	128	44	99.5	186	111	ϕ9	66	72	201	51	ϕ10	88	421	M16×1.5	23	45	55.5	55.5	58
QGL63×S	297	128	44	99.5	186	111	ϕ9	66	72	201	51	ϕ10	88	421	M16×1.5	23	45	55.5	55.5	58
QGL80×S	318	128	50	122	217	136	ϕ9	81	90	226	51	ϕ10	108	470	M16×1.5	26	48	68	68	65

注：生产厂为肇庆方大气动有限公司。

7.1.5.2 行程可调气缸

(1) 10A-5ST 系列伸出行程可调气缸（ϕ32～200）

型号意义：

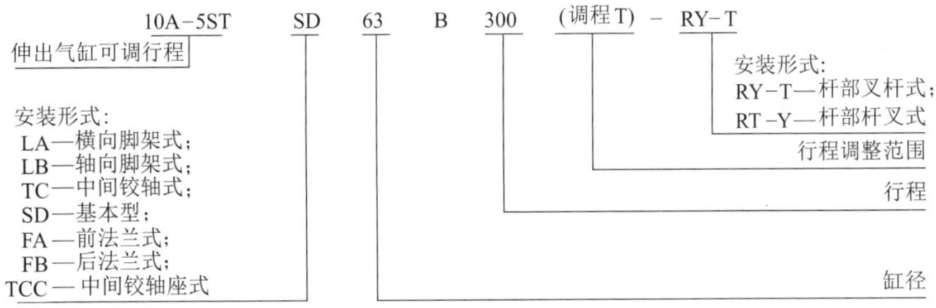

表 21-7-107　**主要技术参数**

缸径 D/mm	32	40	50	63	80	100	125	160	200
最大行程 S/mm	500	800			1600				
工作压力范围/bar	1～10								
耐压力/bar	15								
使用速度范围/mm·s^{-1}	50～700								
使用温度范围/℃	−25～+80(但在不冻结条件下)								
工作介质	经净化的压缩空气								
给油	不需要(也可给油)								
缓冲形式	两侧可调缓冲								
缓冲行程/mm	25					25		28	

表 21-7-108　**外形尺寸**　mm

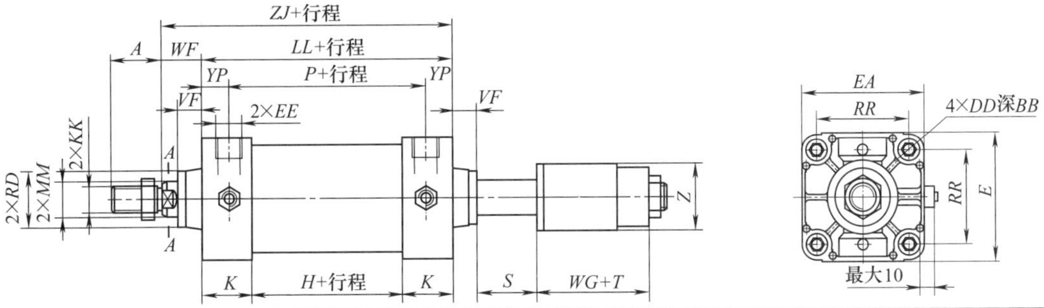

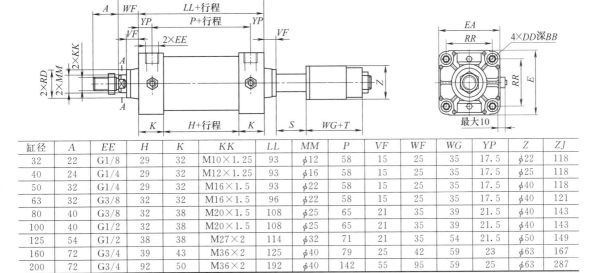

缸径	A	EE	H	K	KK	LL	MM	P	VF	WF	WG	YP	Z	ZJ
32	22	G1/8	29	32	M10×1.25	93	ϕ12	58	15	25	35	17.5	ϕ22	118
40	24	G1/4	29	32	M12×1.25	93	ϕ16	58	15	25	35	17.5	ϕ25	118
50	32	G1/4	29	32	M16×1.5	93	ϕ22	58	15	25	35	17.5	ϕ40	118
63	32	G3/8	32	32	M16×1.5	96	ϕ22	58	15	25	35	17.5	ϕ40	121
80	40	G3/8	32	38	M20×1.5	108	ϕ25	65	21	35	39	21.5	ϕ40	143
100	40	G1/2	32	38	M20×1.5	108	ϕ25	65	21	35	39	21.5	ϕ40	143
125	54	G1/2	38	38	M27×2	114	ϕ32	71	21	35	54	21.5	ϕ50	149
160	72	G3/4	39	43	M36×2	125	ϕ40	79	25	42	59	23	ϕ63	167
200	72	G3/4	92	50	M36×2	192	ϕ40	142	55	95	59	25	ϕ63	287

注：1. T——行程调整范围，由用户确定。

2. 生产厂为肇庆方大气动有限公司。

(2) 10A-3ST 系列伸出行程可调缓冲气缸（ϕ32～400）

型号意义：

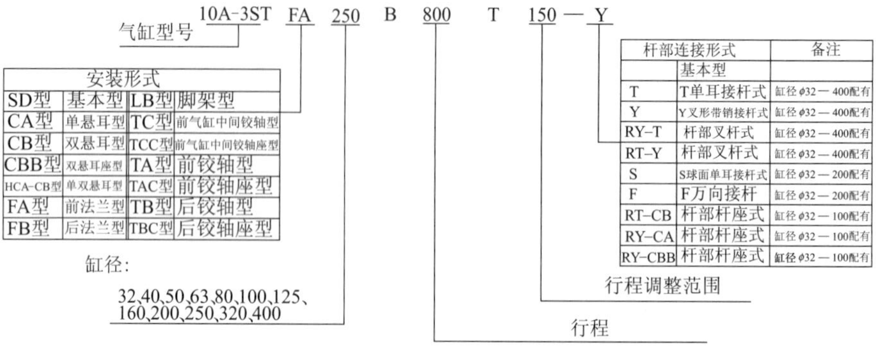

表 21-7-109　　　　**主要技术参数**

气缸品种	10A-3ST											
缸径/mm	32	40	50	63	80	100	125	160	200	250	320	400
最大行程/mm	600	800			1000		1500					
使用工作压力范围/bar	0.5～10											
耐压力/bar	15											
使用速度范围/mm·s^{-1}	150～500											
使用温度范围/℃	－25～＋80(但在不冻结条件下)											
工作介质	洁净、干燥、带油雾的压缩空气											
给油	需要											
缓冲形式	两侧可调缓冲											
缓冲行程/mm	20				25		28			32	42	

注：当气缸行程超过表中的最大长度，也可生产，但要可靠使用，要视负载的性质另行设计内部结构，此时，气缸长度常数会有所增长。

表 21-7-110　　　　**外形尺寸**　　　　mm

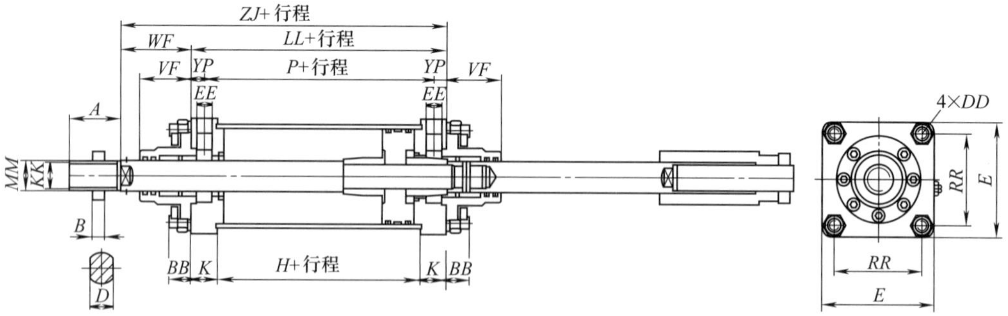

缸径	A	B	BB	D	DD	E	EE	H	K	KK	LL	MM	P	RR	VF	WF	YP	ZJ
32	22	6	12	10	M6	44	G1/8	42	20	M10×1.25	82	ϕ12	62	33	23	33	10	115
40	24	7	13	13	M6	50	G1/4	42	24	M12×1.25	90	ϕ16	63	37	22.5	33	13.5	123
50	32	8	15	19	M6	64	G1/4	45	25	M16×15	95	ϕ22	70	50	26.5	38	12.5	133
63	32	8	20	19	M8	80	G3/8	45	25	M16×15	95	ϕ22	70	60	26.5	38	12.5	133
80	40	10	20	22	M8	95	G3/8	48	29	M20×15	106	ϕ25	77	75	32	47	14.5	153
100	40	10	23	22	M10	115	G1/2	56	29	M20×15	114	ϕ25	85	90	32	47	14.5	161

第21篇

续表

缸径	*A*	*B*	*BB*	*D*	*DD*	*E*	*EE*	*H*	*K*	*KK*	*LL*	*MM*	*P*	*RR*	*VF*	*WF*	*YP*	*ZJ*
125	68	18	30	36	M16	150	G1/2	59	35	M36×2	129	ϕ40	94	120	72	97	17.5	226
160	68	18	30	36	M16	190	G3/4	64	35	M36×2	134	ϕ40	99	150	72	97	17.5	231
200	68	18	40	36	M20	230	G3/4	64	35	M36×2	134	ϕ40	99	180	72	97	17.5	231
250	84	21	50	45	M24	280	G1	60	47	M42×2	154	ϕ50	113	230	70	108	20.5	262
320	96	28	60	75	M30	350	G1	102	45	M56×4	192	ϕ80	151	290	91	126	20.5	318
400	96	28	75	80	M36	430	G1	116	45	M56×4	206	ϕ90	165	350	142	190	20.5	396

注：生产厂为肇庆方大气动有限公司。

7.1.5.3 增力气缸

型号意义：

10A－3(CL) FA 250 B 800 — Y

10A－3(CL)：气缸型号

FA：安装形式

安装形式			
SD型	基本型	LB型	脚架型
CA型	单悬耳型	TC型	前气缸中间铰轴型
CB型	双悬耳型	TCC型	前气缸中间铰轴座型
CBB型	双悬耳座型	TA型	前铰轴型
HCA-CB型	单双悬耳型	TAC型	前铰轴座型
FA型	前法兰型	TB型	后铰轴型
FB型	后法兰型	TBC型	后铰轴座型

250：缸径：100、125、160、200、250、320、400

800：行程

Y：杆部连接形式

杆部连接形式		备注
	基本型	
T	T单耳接杆式	缸径ϕ100～400配有
Y	Y叉形带销接杆式	缸径ϕ100～400配有
RY-T	杆部叉杆式	缸径ϕ100～400配有
RT-Y	杆部叉杆式	缸径ϕ100～400配有
S	S球面单耳接杆式	缸径ϕ100～200配有
F	F万向接杆	缸径ϕ100～200配有
RT-CB	杆部杆座式	缸径ϕ100配有
RY-CA	杆部叉座式	缸径ϕ100配有
RY-CBB	杆部叉座式	缸径ϕ100配有

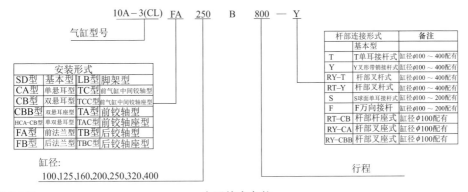

表 21-7-111 主要技术参数

气缸品种	10A-3(CL)						
缸径/mm	100	125	160	200	250	320	400
最大行程/mm	≤2000						
使用工作压力范围/bar	0.5～10						
耐压力/bar	15						
使用速度范围/mm·s^{-1}	50～700						
使用温度范围/℃	－25～＋80(但在不冻结条件下)						
工作介质	洁净、干燥、带油雾的压缩空气						
给油	需要						
缓冲形式	两侧可调缓冲						
缓冲行程/mm	20	28			32	42	

注：当气缸行程超过表中的最大长度，也可生产，但要可靠使用，要视负载的性质另行设计内部结构，此时，气缸长度常数会有所增长。

表 21-7-112 外形尺寸 mm

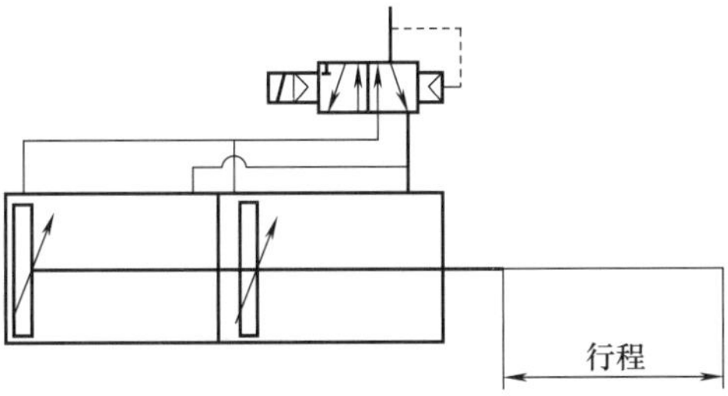

第21篇

续表

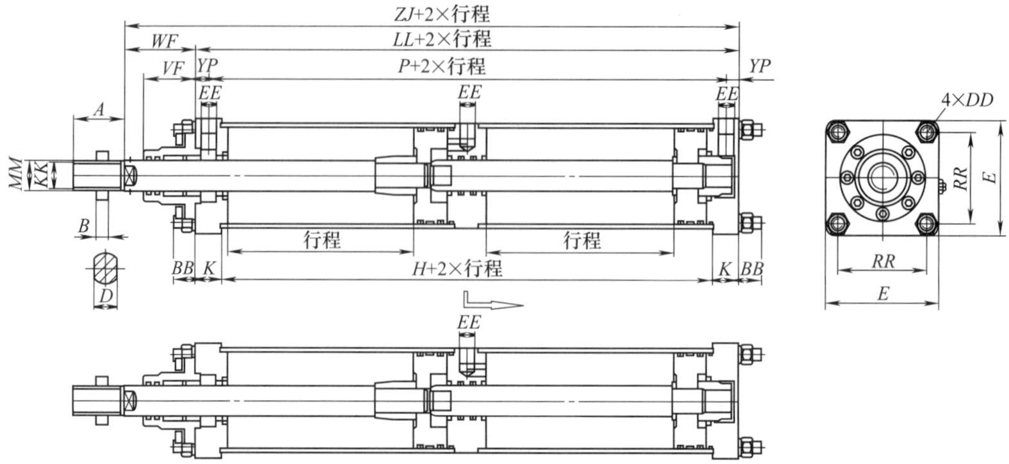

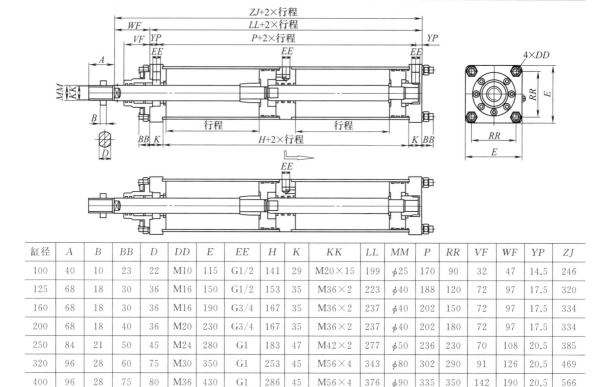

缸径	A	B	BB	D	DD	E	EE	H	K	KK	LL	MM	P	RR	VF	WF	YP	ZJ
100	40	10	23	22	M10	115	G1/2	141	29	M20×15	199	ϕ25	170	90	32	47	14.5	246
125	68	18	30	36	M16	150	G1/2	153	35	M36×2	223	ϕ40	188	120	72	97	17.5	320
160	68	18	30	36	M16	190	G3/4	167	35	M36×2	237	ϕ40	202	150	72	97	17.5	334
200	68	18	40	36	M20	230	G3/4	167	35	M36×2	237	ϕ40	202	180	72	97	17.5	334
250	84	21	50	45	M24	280	G1	183	47	M42×2	277	ϕ50	236	230	70	108	20.5	385
320	96	28	60	75	M30	350	G1	253	45	M56×4	343	ϕ80	302	290	91	126	20.5	469
400	96	28	75	80	M36	430	G1	286	45	M56×4	376	ϕ90	335	350	142	190	20.5	566

注：生产厂为肇庆方大气动有限公司。

7.1.5.4 步进气缸

(1) 10A-5 (N) 系列三位步进缓冲气缸 (ϕ32～160)

型号意义：

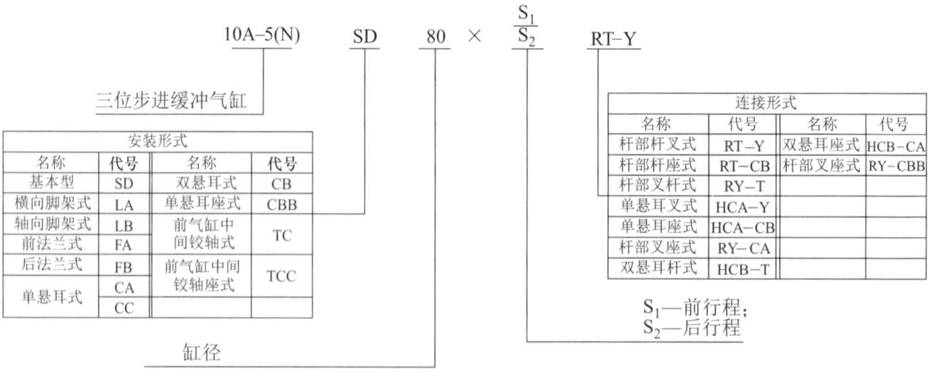
10A-5(N) SD 80 × S1/S2 RT-Y
三位步进缓冲气缸
安装形式
名称 代号 名称 代号
基本型 SD 双悬耳式 CB
横向脚架式 LA 单悬耳座式 CBB
轴向脚架式 LB 前气缸中间铰轴式 TC
前法兰式 FA
后法兰式 FB 前气缸中间铰轴座式 TCC
单悬耳式 CA CC
缸径
连接形式
名称 代号 名称 代号
杆部杆叉式 RT-Y 双悬耳座式 HCB-CA
杆部杆座式 RT-CB 杆部叉座式 RY-CBB
杆部叉杆式 RY-T
单悬耳叉式 HCA-Y
单悬耳座式 HCA-CB
杆部叉座式 RY-CA
双悬耳杆式 HCB-T
S1—前行程；
S2—后行程

表 21-7-113 **主要技术参数**

型号		10A-5(N)□ $^{\times S_1}_{\times S_2}$							
缸径/mm		ϕ32	ϕ40	ϕ50	ϕ63	ϕ80	ϕ100	ϕ125	ϕ160
行程 (S_1<S_2)/mm	前行程 S_1	<500		<800		<1000			
	总行程 S_2	≤500		≤800		≤1000			
工作压力范围/bar		1.2～10							

续表

<table>
<tr><td colspan="2">型　　号</td><td colspan="3">10A-5(N)□$^{\times S_1}_{\times S_2}$</td></tr>
<tr><td colspan="2">耐压力/bar</td><td colspan="3">12</td></tr>
<tr><td colspan="2">使用速度范围/mm·s^{-1}</td><td colspan="3">100～700</td></tr>
<tr><td colspan="2">使用温度范围/℃</td><td colspan="3">−25～+80(但在不冻结条件下)</td></tr>
<tr><td colspan="2">工作介质</td><td colspan="3">经过净化干燥的压缩空气</td></tr>
<tr><td colspan="2">给油形式</td><td colspan="3">不需要(也可给油)</td></tr>
<tr><td colspan="2">缓冲</td><td colspan="3">前气缸两侧可调缓冲</td></tr>
<tr><td colspan="2">缓冲行程</td><td>20</td><td>25</td><td>28</td></tr>
<tr><td rowspan="3">最短总行程 S_2/mm</td><td>TC 安装</td><td colspan="2" rowspan="2">50</td><td rowspan="2">60</td></tr>
<tr><td>TCC 安装</td></tr>
<tr><td>其他安装</td><td colspan="3">15</td></tr>
</table>

表 21-7-114　　外形尺寸　　mm

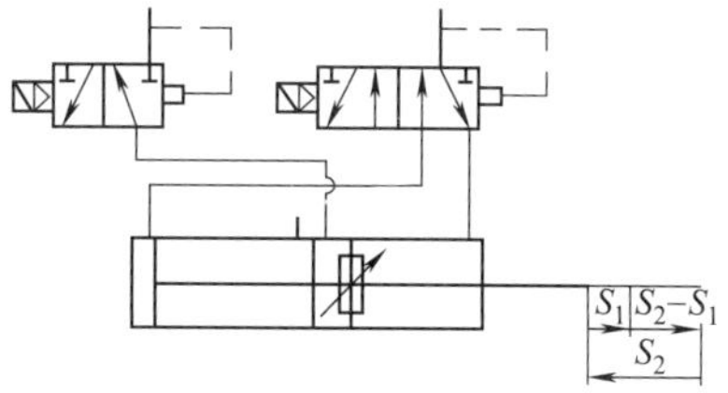

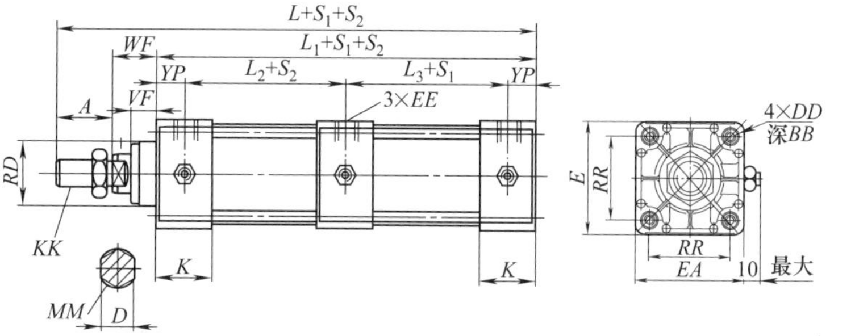

缸径	A	WF	VF	KK	RD	D	EE	MM	K	YP	L	L_1	L_2	L_3	DD	BB	RR	E	EA
32	22	25	15	M10×1.25	ϕ24	10	G1/8	ϕ12	32	17.5	196.5	149.5	58	56.5	M6×1	8	33	44	44
40	24	25	15	M12×1.25	ϕ32	13	G1/4	ϕ16	32	17.5	202	153	58	60	M6×1	8	37	50	50
50	32	25	15	M16×1.5	ϕ34	19	G1/4	ϕ22	32	17.5	220	163	58	70	M6×1	8	47	62	62
63	32	25	15	M16×1.5	ϕ38	19	G3/8	ϕ22	32	17.5	227	170	62	73	M8×1.25	9	56	76	75
80	40	35	21	M20×1.5	ϕ47	22	G3/8	ϕ25	38	21.5	258	183	65	75	M10×1.5	11	70	94	94
100	40	35	21	M20×1.5	ϕ47	22	G1/2	ϕ25	38	21.5	258	183	65	75	M10×1.5	11	84	114	112
125	54	35	21	M27×2	ϕ54	27	G1/2	ϕ32	38	21.5	305	216	86.5	86.5	M12×1.75	14	104	138	36
160	72	45	25	M36×2	ϕ62	36	G3/4	ϕ40	43	23	337	220	79	95	M16	18	134	174	172

注：1. 本系列气缸的安装和连接形式尺寸参看 10A-5 系列气缸有关部分。

2. 该系列气缸前行程 S_1 要小于后行程 S_2。气缸动作时第一步走 S_1，第二步走 S_2-S_1，回程时走 S_2。

3. 生产厂为肇庆方大气动有限公司。

(2) 10A-3 (N) 系列三位步进缓冲气缸 (ϕ32～400)

型号意义：

10A-3(N)　FA　250　B　800 - Y

气缸型号

安装形式			
SD型	基本型	LB型	脚架型
CA型	单悬耳型	TC型	前气缸中间铰轴型
CB型	双悬耳型	TCC型	前气缸中间铰轴座型
CBB型	双悬耳座型	TA型	前铰轴型
HCA-CB型	单双悬耳型	TAC型	前铰轴座型
FA型	前法兰型	TB型	后铰轴型
FB型	后法兰型	TBC型	后铰轴座型

缸径:

32、40、50、63、80、100、125、160、200、250、320、400

杆部连接形式		备注
	基本型	
T	T单耳接杆式	缸径 ϕ32～400配有
Y	Y叉形带销接杆式	缸径 ϕ32～400配有
RY-T	杆部叉杆式	缸径 ϕ32～400配有
RT-Y	杆部叉杆式	缸径 ϕ32～400配有
S	S球面单耳接杆式	缸径 ϕ32～200配有
F	F万向接杆	缸径 ϕ32～200配有
RT-CB	杆部杆座式	缸径 ϕ32～100配有
RY-CA	杆部叉座式	缸径 ϕ32～100配有
RY-CBB	杆部叉座式	缸径 ϕ32～100配有

行程

表 21-7-115　主要技术参数

气缸品种		10A-3(N)											
缸径/mm		32	40	50	63	80	100	125	160	200	250	320	400
最大行程/mm	前行程 S_1	<500		<800		<1000							
	前行程 S_2	≤500		≤800		≤1000							
使用工作压力范围/bar		0.5～10											
耐压力/bar		15											
使用速度范围/mm·s^{-1}		50～700											
使用温度范围/℃		-25～+80(但在不冻结条件下)											
工作介质		洁净、干燥、带油雾的压缩空气											
给油		需要											
缓冲形式		两侧可调缓冲											
缓冲行程/mm		20				25		28			32	42	

注：当气缸行程超过上表的最大长度，也可生产，但要可靠使用，要视负载的性质另行设计内部结构，此时，气缸长度常数会有所增长。

表 21-7-116　外形尺寸　mm

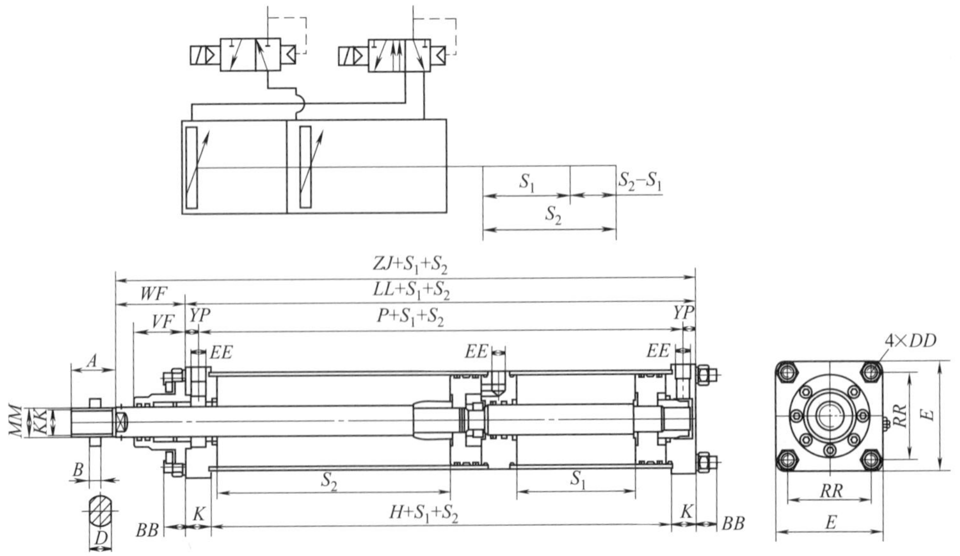

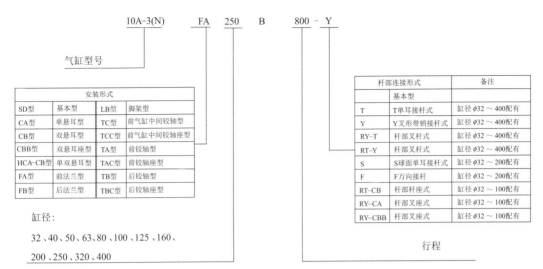

续表

缸径	A	B	BB	D	DD	E	EE	H	K	KK	LL	MM	P	RR	VF	WF	YP	ZJ
32	22	6	12	10	M6	44	G1/8	104	20	M10×1.25	144	ϕ12	124	33	23	33	10	177
40	24	7	13	13	M6	50	G1/4	105	24	M12×1.25	153	ϕ16	126	37	22.5	33	13.5	186
50	32	8	15	19	M6	64	G1/4	115	25	M16×15	165	ϕ22	140	50	26.5	38	12.5	203
63	32	8	20	19	M8	80	G3/8	115	25	M16×15	165	ϕ22	140	60	26.5	38	12.5	203
80	40	10	20	22	M8	95	G3/8	125	29	M20×15	183	ϕ25	154	75	32	47	14.5	230
100	40	10	23	22	M10	115	G1/2	141	29	M20×15	199	ϕ25	170	90	32	47	14.5	246
125	68	18	30	36	M16	150	G1/2	153	35	M36×2	223	ϕ40	188	120	72	97	17.5	320
160	68	18	30	36	M16	190	G3/4	167	35	M36×2	237	ϕ40	202	150	72	97	17.5	334
200	68	18	40	36	M20	230	G3/4	167	35	M36×2	237	ϕ40	202	180	72	97	17.5	334
250	84	21	50	45	M24	280	G1	183	47	M42×2	277	ϕ50	236	230	70	108	20.5	385
320	96	28	60	75	M30	350	G1	253	45	M56×4	343	ϕ80	302	290	91	126	20.5	469
400	96	28	75	80	M36	430	G1	286	45	M56×4	376	ϕ90	335	350	142	190	20.5	566

注：1. 本系列气缸的安装和连接形式尺寸参看 10A-3 系列气缸有关部分。
2. 该系列气缸前行程 S_1 要小于后行程 S_2，气缸动作时第一步走 S_1，第二步走 S_2-S_1，回程时走 S_2。
3. 生产厂为肇庆方大气动有限公司。

(3) XQGA (B) J 系列普通型串联气缸（ϕ32～320）

表 21-7-117　主要技术参数

使用介质	经过滤的压缩空气
最高使用压力/MPa	1.0
最低工作压力/MPa	0.1
介质温度/℃	－10～＋60
环境温度/℃	5～60
使用速度/mm·s^{-1}	50～500
行程误差/mm	0～250：$^{+1.0}_{0}$；251～1000：$^{+1.5}_{0}$；1001～2000：$^{+2.0}_{0}$

表 21-7-118　外形尺寸　mm

SD 基本型(XQGAJ、XQGBJ 气缸)

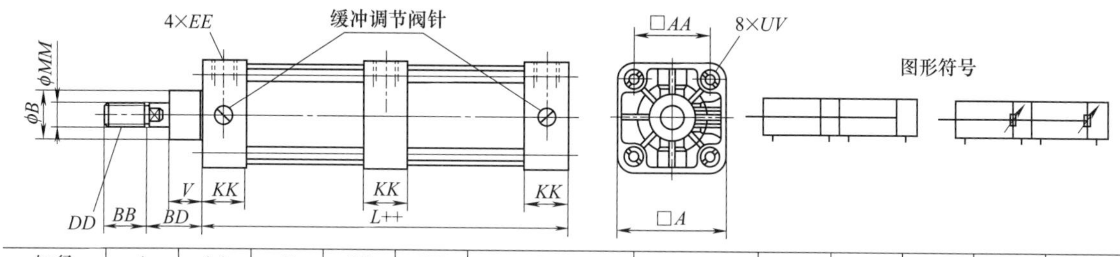

缸径	A	AA	B	BB	BD	DD	EE	KK	L	MM	UV	V
32	40	30	24.5	22	20	M10×1.25	R_c1/8	26	168	12	M5	9
40	53	38	35.5	30	33	M14×1.5	R_c1/4	27	171	16	M6	12
50	62	46	40.5	35	37	M18×1.5	R_c3/8	27	175	20	M6	15
63	78	57	40.5	35	37	M18×1.5	R_c3/8	27	175	20	M8	15
80	94	73	46.5	40	47	M22×1.5	R_c1/2	34	208	25	M8	18
100	114	89	51.5	45	64	M27×1.5	R_c1/2	36	228	30	M10	20
125	140	110	60	54	65	M27×2	G1/2	46	274	32	M12	45
160	180	140	65	72	80	M36×2	G3/4	50	310	40	M16	58
200	220	175	75	72	95	M36×2	G3/4	50	310	40	M16	60
250	270	220	90	84	105	M42×2	G1	52	348	50	M20	67
320	340	270	110	96	120	M48×2	G1	58	382	63	M24	82

注：生产厂为上海新益气动元件有限公司。

（4）XQGA（B）P 系列普通型多位气缸（ϕ32～320）

表 21-7-119 **主要技术参数**

使用介质	经过滤的压缩空气
最高使用压力/MPa	1.0
最低工作压力/MPa	0.1
介质温度/℃	−1～+60
环境温度/℃	5～60
使用速度/mm·s^{-1}	50～500
行程误差/mm	0～250：$^{+1.0}_{0}$；251～1000：$^{+1.5}_{0}$；1001～2000：$^{+2.0}_{0}$

表 21-7-120 **外形尺寸** mm

SD 基本型(XQGAP、XQGBP 气缸)

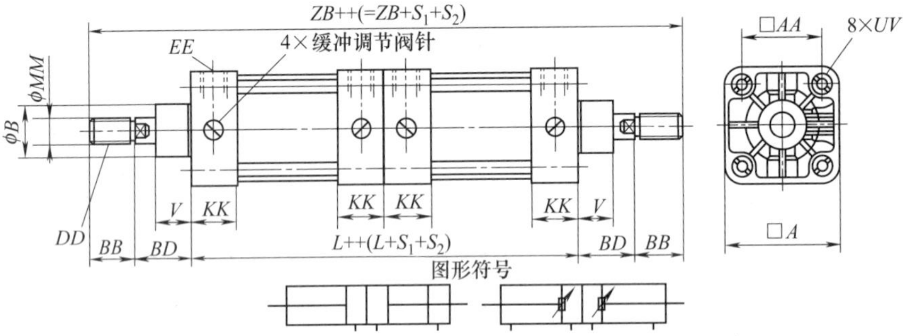

缸径	A	AA	B	BB	BD	DD	EE	KK	L	MM	UV	V	ZB
32	40	30	24.5	22	20	M10×1.25	R_c1/8	26	194	12	M5	9	278
40	53	38	35.5	30	3	M14×1.5	R_c1/4	27	198	16	M6	12	324
50	62	46	40.5	35	37	M18×1.5	R_c3/8	27	202	20	M6	15	346
63	78	57	40.5	35	37	M18×1.5	R_c3/8	27	202	20	M8	15	346
80	94	73	46.5	40	47	M22×1.5	R_c1/2	34	242	25	M8	18	416
100	114	89	51.5	45	64	M27×1.5	R_c1/2	36	264	30	M10	20	482
125	140	110	60	54	65	M27×2	G1/2	46	320	32	M12	45	558
160	180	140	65	72	80	M36×2	G3/4	50	360	40	M16	58	664
200	220	175	75	72	95	M36×2	G3/4	50	360	40	M16	60	684
250	270	220	90	84	105	M42×2	G1	52	400	50	M20	67	786
320	340	270	110	96	120	M48×2	G1	58	460	63	M24	82	872

注：生产厂为上海新益气动元件有限公司。

7.1.5.5 带导杆气缸

（1）MD 系列带导杆气缸（ϕ6～32）

型号意义：

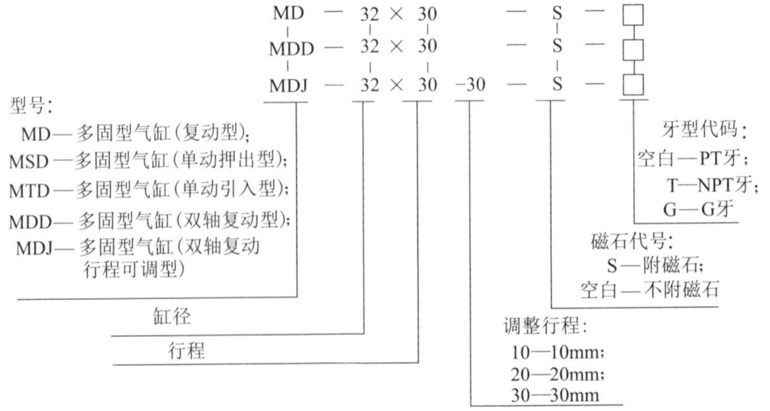

表 21-7-121 **主要技术参数**

内径/mm		6	10	16	20	25	32
动作形式	MD、MDD、MDJ	复动型					
	MSD、MTD	单动押出型、单动引入型					
工作介质		空气					
使用压力范围/MPa	MD、MDD、MDJ	0.1～1.0(14～145psi)					
	MSD、MTD	0.2～1.0(28～145psi)					
保证耐压力/MPa		1.5(215psi)					
工作温度/℃		−20～80					
使用速度范围/mm·s^{-1}		复动型:30～500 单动型:50～500					
行程公差范围/mm		$^{+1.0}_{0}$					
缓冲形式		防撞垫					
接管口径①		M5×0.8					PT1/8

① 接管牙型有 NPT、G 牙可供选择。

表 21-7-122 **行程** mm

内径		标准行程	最大行程	容许行程
6	复动	5、10、15、20、25、30、35	35	40
	单动	5、10、15、20	20	—
10	复动	5、10、15、20、25、30、35	35	40
	单动	5、10、15、20	20	—
16	复动	5、10、15、20、25、30、40、50	50	70
	单动	5、10、15、20	20	—
20	复动	5、10、15、20、25、30、40、50、60	60	80
	单动	5、10、15、20	20	—
25	复动	5、10、15、20、25、30、40、50、60	60	80
	单动	5、10、15、20	20	—
32	复动	5、10、15、20、25、30、40、50、60	60	80
	单动	5、10、15、20	20	—

注：1. 在容许行程范围内，当行程＞最大行程时，作非标处理。

2. 最大行程范围内的非标行程以上一级标准行程改制而成，其外形尺寸为上一级标准行程气缸的外形尺寸。如行程为 23 的非标行程气缸是由标准行程为 25 的标准气缸改制而成，其外形尺寸与其相同。

表 21-7-123 **外形尺寸及安装形式** mm

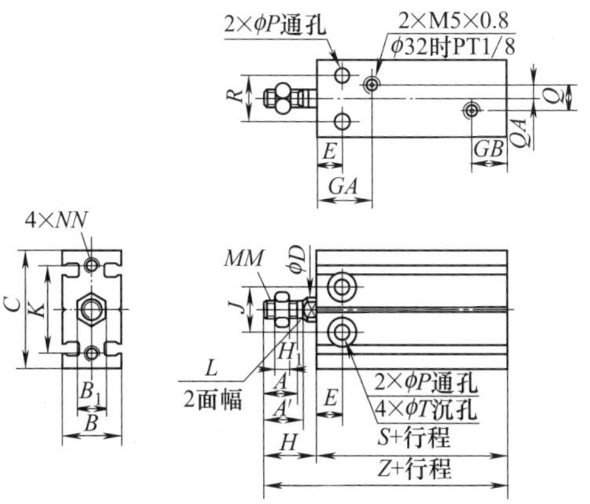

续表

缸径	*A*	A'	*B*	B_1	*C*	*D*	*E*	*GA*	*GB*	*H*	H_1	*J*	*K*	*L*
6	7	8	16.5	5.5	22	3	7	14	10	13	2.4	10	17	—
10	10	11	16.5	7	24	4	7	15.5	10	16	2.2	11	18	—
16	11	12.5	20	8	32	6	7	14.5	10	16	4	14	25	5
20	12	14	26	10	40	8	9	19	11	19	5	16	30	6
25	15.5	18	32	12	50	10	10	21.5	8.5	23	6	20	38	8
32	19.5	22	40	17	62	12	11	23	12.5	27	6	24	48	10

缸径	*MM*	*NN*	*P*	*Q*	*QA*	*R*	*T*	不附磁		附磁	
								S	*Z*	*S*	*Z*
6	M3×0.5	M3×0.5 深 5	3.2	—	—	7	6 深 5	33	46	33	46
10	M4×0.7	M3×0.5 深 5	3.2	—	—	9	6 深 5.6	36	52	36	52
16	M5×0.8	M4×0.7 深 5	4.5	3	1.5	12	7.6 深 6.5	30	46	40	56
20	M6×1.0	M5×0.8 深 7.5	5.5	9	4.5	16	9.3 深 8	36	55	46	65
25	M8×1.25	M5×0.8 深 8	5.5	12	6	20	9.3 深 9	40	63	50	73
32	M10×1.25	M6×1.0 深 9	6.6	13	4.5	24	11 深 11.5	42	69	52	79

注：生产厂为亚德客公司。

（2）STM 系列带导杆气缸（ϕ10～25）

型号意义：

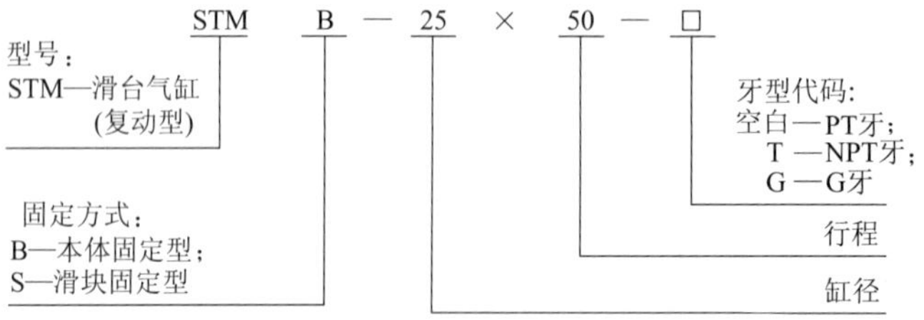

表 21-7-124　　主要技术参数

内径/mm	10	16	20	25
动作形式	复动型			
工作介质	空气			
使用压力范围/MPa	0.1～1.0(14～145psi)			
保证耐压力/MPa	1.5(215psi)			
工作温度/℃	−20～70			
使用速度范围/mm·s^{-1}	30～500			
行程公差范围/mm	$^{+1.0}_{0}$			
缓冲形式	无	防撞垫或油压缓冲器(可选项)		
不回转精度①	±0.1°	±0.05°		
接管口径②	M5×0.8			PT1/8

行程/mm

内　径	标准行程	最大行程	容许行程
10	25、50、75、100	100	150
16	25、50、75、100、125、150、175、200	200	250
20、25	25、50、75、100、125、150、175、200、250	250	300

① 不回转精度为气缸完全收回状态时，气缸固定板可回转的角度。

② 接管牙型有 NPT、G 牙可供选择。

注：1. STM 系列全附磁。

2. 在容许行程范围内，当行程>最大行程时，作非标处理。

表 21-7-125　**外形尺寸及安装方式**　mm

STMB 型

$\phi 20$

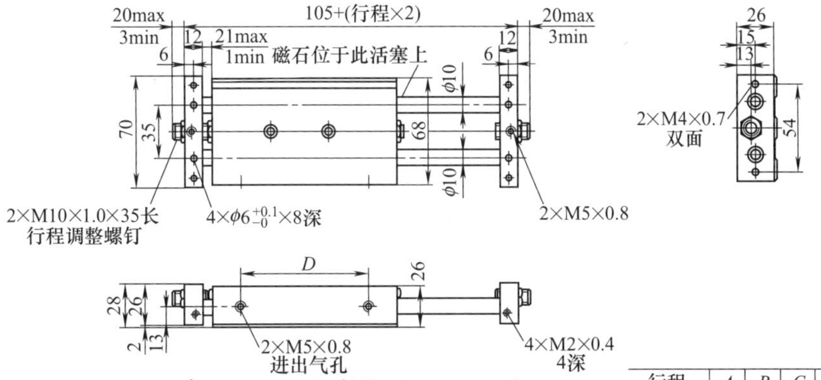

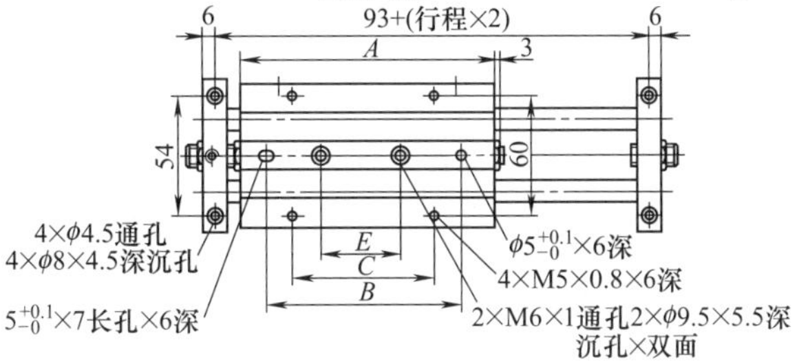

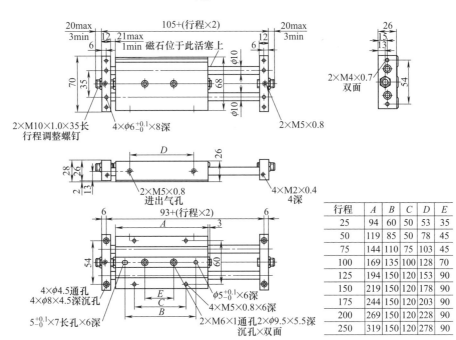

行程	A	B	C	D	E
25	94	60	50	53	35
50	119	85	50	78	45
75	144	110	75	103	45
100	169	135	100	128	70
125	194	150	120	153	90
150	219	150	120	178	90
175	244	150	120	203	90
200	269	150	120	228	90
250	319	150	120	278	90

$\phi 25$

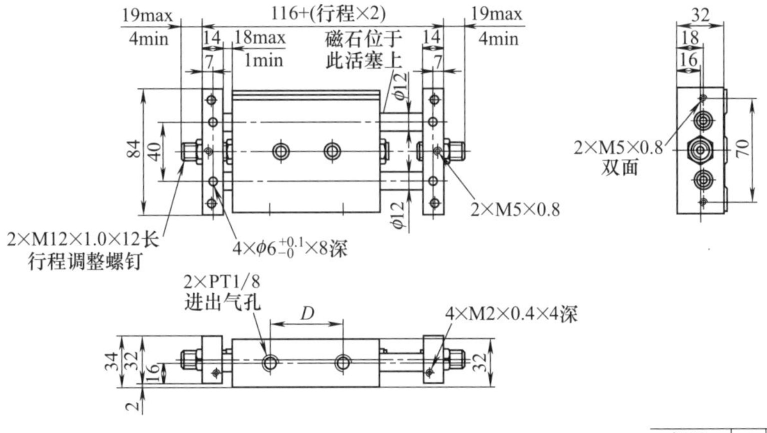

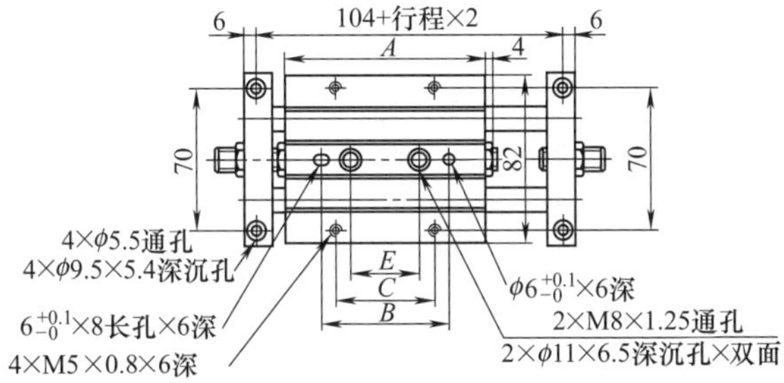

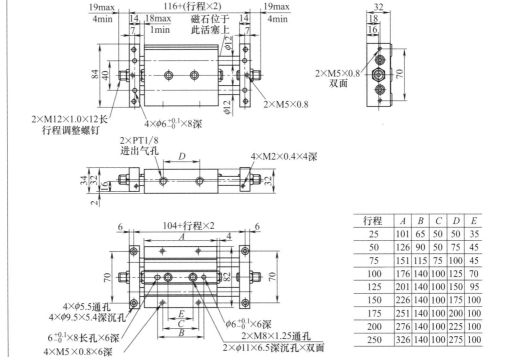

行程	A	B	C	D	E
25	101	65	50	50	35
50	126	90	50	75	45
75	151	115	75	100	45
100	176	140	100	125	70
125	201	140	100	150	95
150	226	140	100	175	100
175	251	140	100	200	100
200	276	140	100	225	100
250	326	140	100	275	100

续表

STMB型

φ10

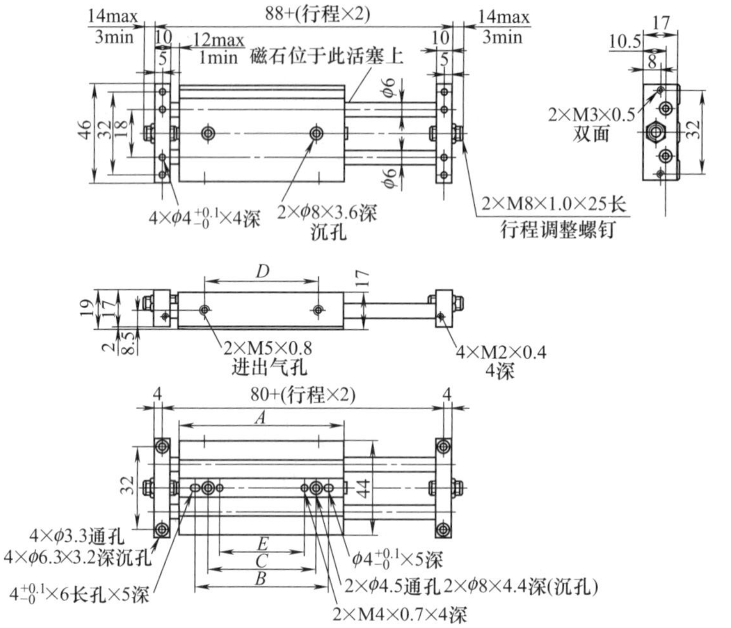

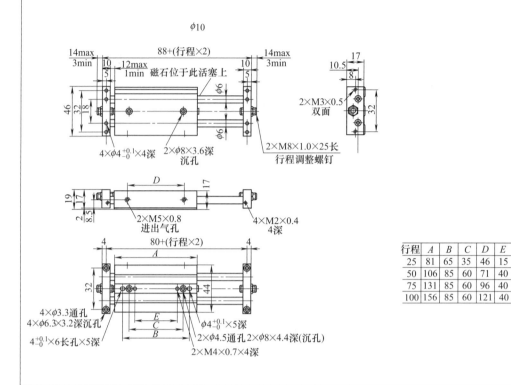

行程	A	B	C	D	E
25	81	65	35	46	15
50	106	85	60	71	40
75	131	85	60	96	40
100	156	85	60	121	40

φ16

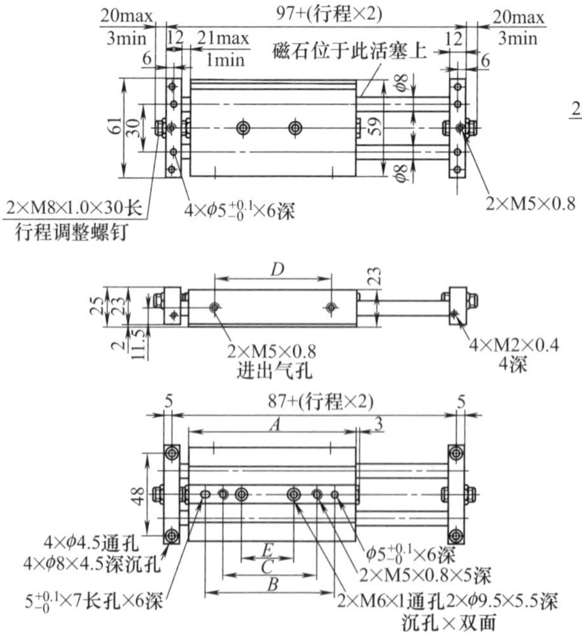

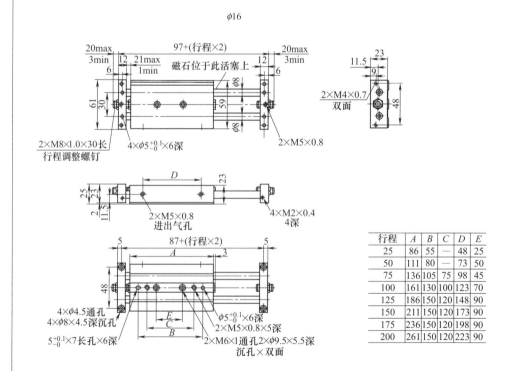

行程	A	B	C	D	E
25	86	55	—	48	25
50	111	80	—	73	50
75	136	105	75	98	45
100	161	130	100	123	70
125	186	150	120	148	90
150	211	150	120	173	90
175	236	150	120	198	90
200	261	150	120	223	90

续表

STMS 型

$\phi10$

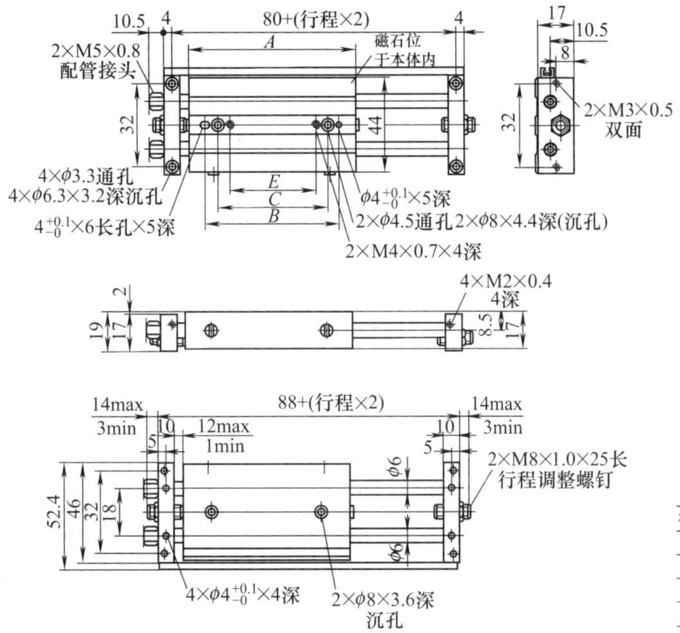

行程	*A*	*B*	*C*	*E*
25	81	65	35	15
50	106	85	60	40
75	131	85	60	40
100	156	85	60	40

$\phi16$

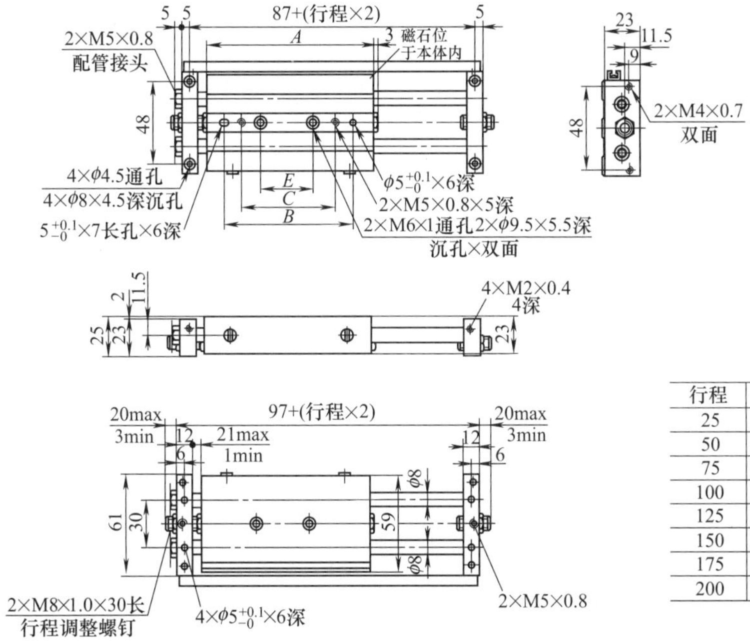

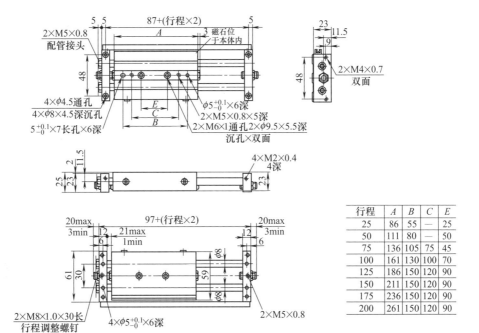

行程	*A*	*B*	*C*	*E*
25	86	55	—	25
50	111	80	—	50
75	136	105	75	45
100	161	130	100	70
125	186	150	120	90
150	211	150	120	90
175	236	150	120	90
200	261	150	120	90

续表

STMS 型

$\phi 20$

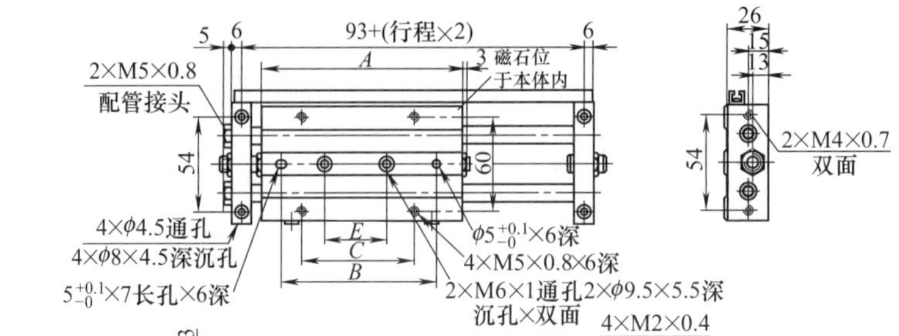

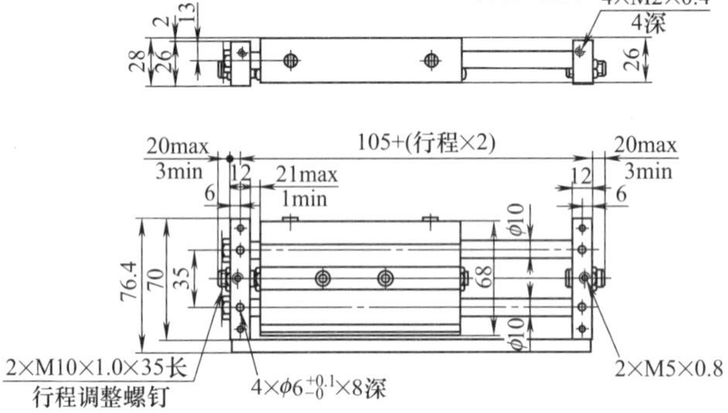

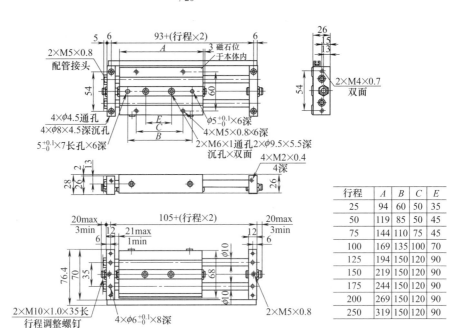

行程	A	B	C	E
25	94	60	50	35
50	119	85	50	45
75	144	110	75	45
100	169	135	100	70
125	194	150	120	90
150	219	150	120	90
175	244	150	120	90
200	269	150	120	90
250	319	150	120	90

$\phi 25$

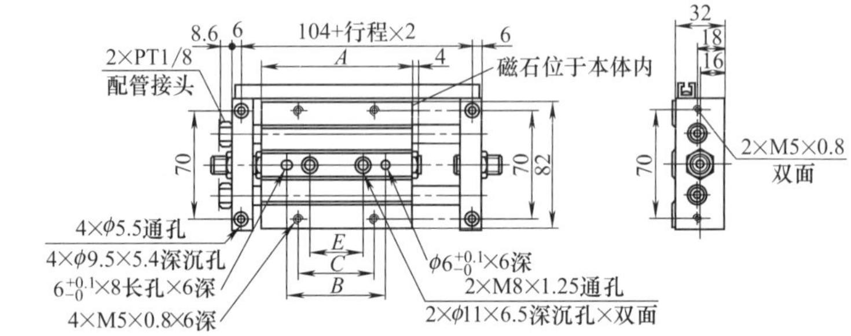

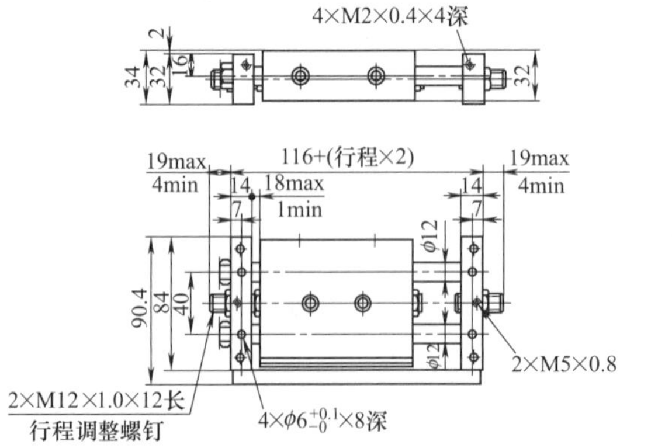

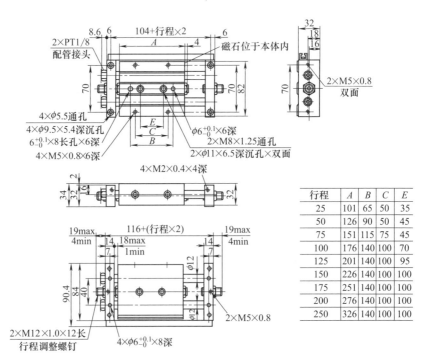

行程	A	B	C	E
25	101	65	50	35
50	126	90	50	45
75	151	115	75	45
100	176	140	100	70
125	201	140	100	95
150	226	140	100	100
175	251	140	100	100
200	276	140	100	100
250	326	140	100	100

注：生产厂为亚德客公司。

(3) TN 系列带导杆气缸（ϕ10～32）

型号意义：

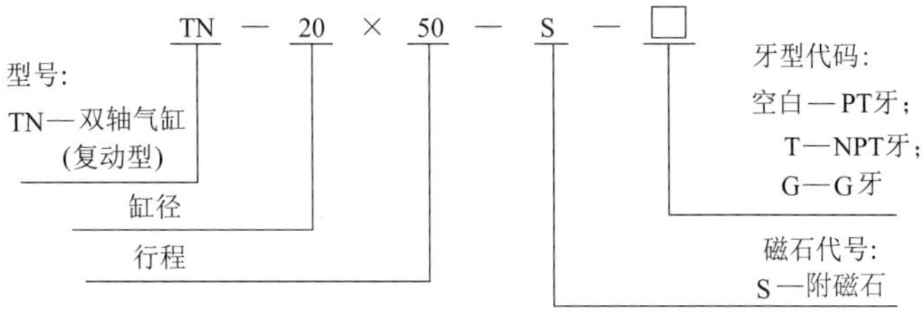

表 21-7-126　**主要技术参数**

内径/mm	10	16	20	25	32
动作形式	复动型				
工作介质	空气				
使用压力范围/MPa	0.1～1.0(14～145psi)				
保证耐压力/MPa	1.5(215psi)				
工作温度/℃	−20～70				
使用速度范围/mm·s^{-1}	30～500				
调整行程/mm	−10～0				
行程公差范围/mm	$^{+1.0}_{0}$				
缓冲形式	防撞垫				
不回转精度①	±0.4°	±0.3°			
接管口径②	M5×0.8				PT1/8

① 不回转精度为气缸完全收回状态时，气缸固定板可回转的角度。

② 接管牙型有 NPT、G 牙可供选择。

表 21-7-127　**行程**

内径/mm	标准行程/mm	最大行程
10	10、20、30、40、50、60、70、80、90、100	100
16 20 25 32	10、20、30、40、50、60、70、80、90、100、125、150、175、200	200

注：100mm 范围内的非标行程以上一级标准行程改制而成，其外形尺寸为上一级标准行程气缸的外形尺寸。如行程为 28mm 的非标行程气缸是由标准行程为 30 的标准气缸改制而成，其外形尺寸与其相同。

表 21-7-128　**外形尺寸**　mm

ϕ10

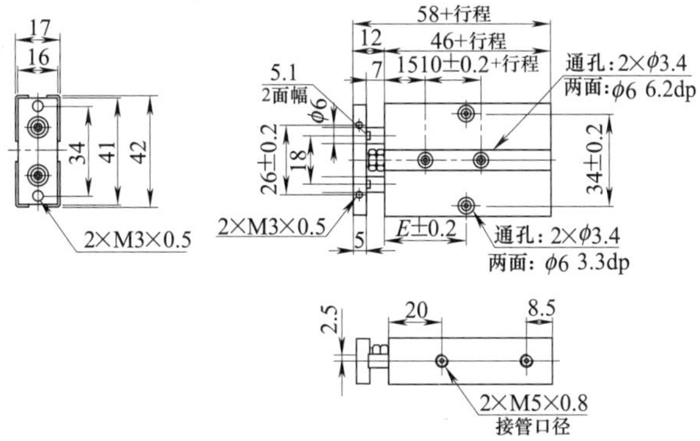

行程	10	20	30	40	50	60	70	80	90	100
E	30	30	35	40	45	50	55	60	65	70

续表

$\phi16\sim25$

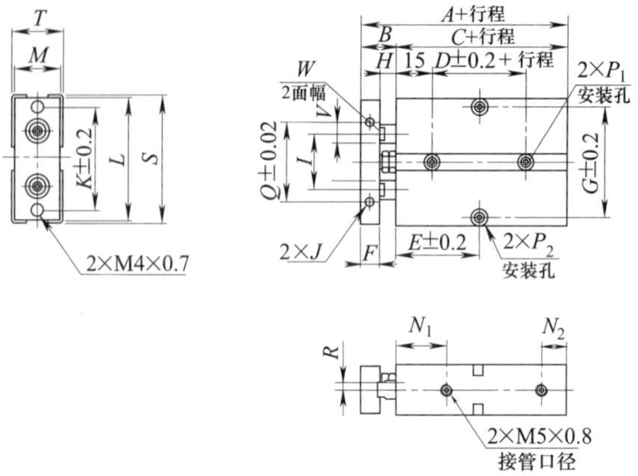

内径	A	B	C	D	行程≤	10	20	30	40	50	60	70	80	90	100	125	150	175	200	250	F
16	68	15	53	20	E	30	35	40	45	50	55	60	65	70	75	87.5	100	112.5	125	—	8
20	78	20	58	20		35	35	40	45	50	55	60	65	70	75	87.5	100	112.5	125	150	10
25	81	19	62	30		40	40	45	50	55	60	65	70	75	80	92.5	105	117.5	130	155	10

内径	G	H	I	J	K	L	M	N_1	N_2	P_1	P_2	Q	R	S	T	V	W
16	47	7	24	M4×0.7 深5	47	53	20	22	11	两边:ϕ7.5 深7.2mm 通孔:ϕ4.5	两边:ϕ8 深4.5mm 通孔:ϕ4.5	34	3	54	21	8	6.1
20	55	10	28	M4×0.7 深5	55	61	24	25	12	两边:ϕ7.5 深7.2mm 通孔:ϕ4.5	两边:ϕ8 深4.5mm 通孔:ϕ4.5	44	3.5	62	25	10	8.1
25	66	9	34	M4×0.7 深6	66	72	29	27	12	两边:ϕ7.5 深7.2mm 通孔:ϕ4.5	两边:ϕ8 深4.5mm 通孔:ϕ4.5	56	6	73	30	12	10.1

$\phi32$

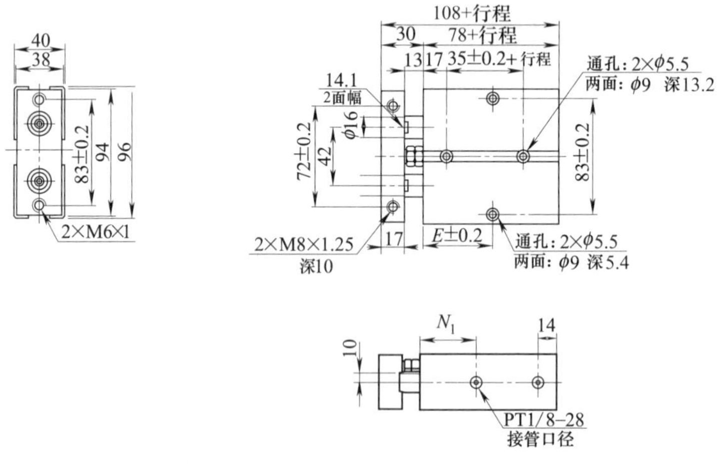

行程	10	20	30	40	50	60	70	80	90	100	125	150	175	200	250
E	45	50	55	60	65	70	75	80	85	90	102.5	115	127.5	140	165
N_1	35	40													

注：生产厂为亚德客公司。

(4) QTN 系列双轴气缸（ϕ10～32）

型号意义：

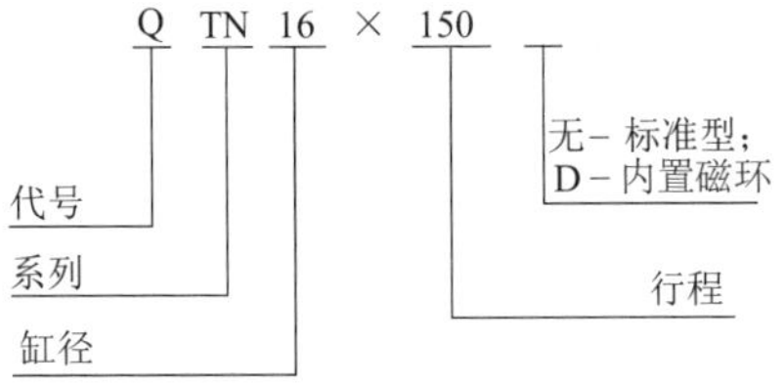

表 21-7-129　　主要技术参数

缸径/mm	10	16	20	25	32
使用介质	经过滤的压缩空气				
作用形式	双作用				
最高使用压力/MPa	0.8				
最低工作压力/MPa	0.1				
缓冲形式	缓冲垫				
环境温度/℃	5～60				
介质温度/℃	－10～＋60				
使用速度/mm·s^{-1}	100～500				
(返回)行程调整范围/mm	－10～0				
不旋转精度	±0.15°				
润滑①	出厂已润滑				
接口螺纹	M5×0.8				

① 如需要润滑，请用透平1号油（ISOVG32）。

表 21-7-130　　标准行程/磁性开关

缸径/mm	标准行程/mm	最大行程/mm	磁性开关型号
10	10、20、30、40、50、60、70	70	AL-30R（埋入式）
16	10、20、30、40、50、60、70、80、90、100、125、150	150	
20			
25			
32			

表 21-7-131　　外形尺寸　　mm

基本型　QTN

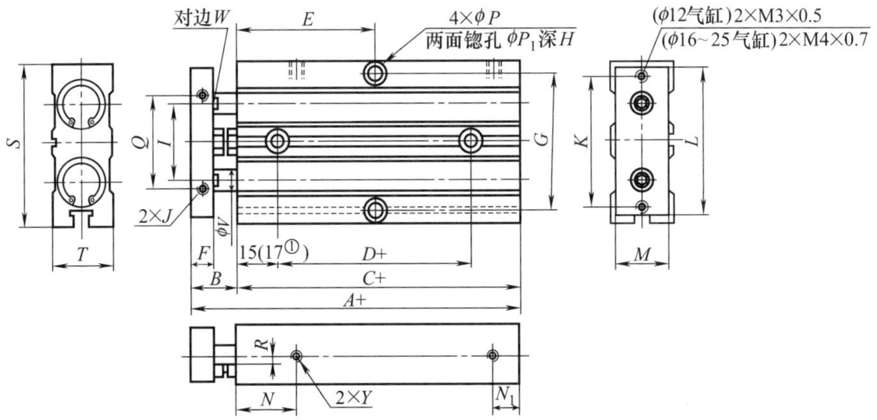

续表

缸径	A	B	C	D	E												F	G
					10	20	30	40	50	60	70	80	90	100	125	150		
10	58	12	46	10	30	30	35	40	45	50	55	—	—	—	—	—	6.5	34
16	68	15	53	20	30	35	40	45	50	55	60	65	70	75	87.5	100	8	47
20	78	20	58	20	35	35	40	45	50	55	60	65	70	75	87.5	100	10	55
25	81	19	62	30	40	40	45	50	55	60	65	70	75	80	92.5	105	10	66
32	108	30	78	35	45	50	55	60	65	70	75	80	85	90	102.5	115	17	83

缸径	H	I	J	K	L	M	N	N_1	P	P_1	Q	R	S	T	V	W	Y
10	3.5	18	M3×0.5 深 5	34	41	16	15	10	3.4	6	26	3.5	42	17	6	5	M5
16	6	24	M4×0.7 深 5	47	53	20	20	10	4.5	7.5	34	4	54	21	8	7	M5
20	6	28	M4×0.7 深 5	55	61	24	25	12	4.5	7.5	44	5.5	62	25	10	8.5	M5
25	7	34	M5×0.8 深 6	66	72	29	30	12	4.5	7.5	56	6	73	30	12	10	M5
32	10	42	M8×1.25 深 10	83	94	38	40,35②	14	5.5	9	72	8	96	40	16	14	G1/8

① 当缸径为 ϕ10、ϕ16、ϕ20、ϕ25 时，为 15；当缸径为 ϕ32 时，为 17。

② 当 $S=10$ 时，$N=35$。

注：生产厂为上海新益气动元件有限公司。

（5）TCL 系列带导杆气缸（ϕ12～63）

型号意义：

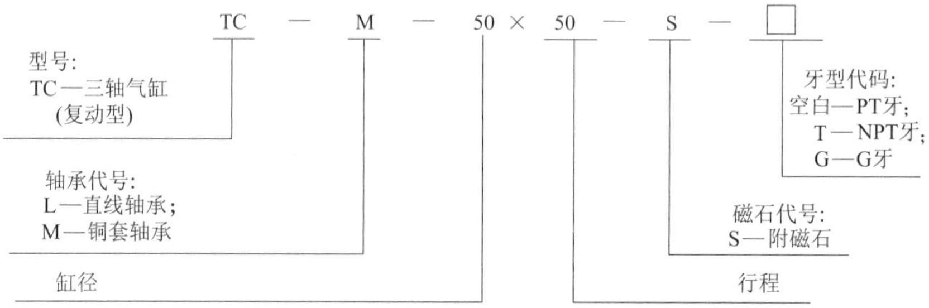

表 21-7-132　　主要技术参数

内径/mm		12	16	20	25	32	40	50	63
动作形式		复动型							
工作介质		空气							
使用压力		0.1～1.0MPa(14～145psi)							
保证耐压力		1.5MPa(213psi)							
工作温度/℃		−20～70							
使用速度/mm·s^{-1}		30～500							
行程公差/mm		$^{+1.0}_{0}$							
缓冲形式		防撞垫							
不回转精度①	直线轴承	±0.08°		±0.07°		±0.06°		±0.05°	
	铜套轴承	±0.10°		±0.09°		±0.08°		±0.06°	
接管口径②		M5×0.8		PT1/8				PT1/4	

① 不回转精度为气缸完全收回状态时，气缸固定板可回转的角度。

② 接管牙型有 NPT、G 牙可供选择。

注：TC 系列全附磁。

表 21-7-133　　行程　　mm

内径	标准行程	最大行程
12	10、20、25、30、40、50、60、70、75、80、90、100、125、150	150
16	10、20、25、30、40、50、60、70、75、80、90、100、125、150、175、200	200
20、25	20、25、30、40、50、60、70、75、80、90、100、125、150、175、200、225、250	250
32～63	25、30、40、50、60、70、75、80、90、100、125、150、175、200、225、250	250

注：若需订购非标行程，则加垫板于标准行程气缸内，中间行程间隔为 1mm（ϕ12～32）或 5mm（ϕ40～63）；如行程为 28mm 的非标行程气缸是由标准行程为 30 的标准气缸加垫片改制而成，其外形尺寸与其相同。

表 21-7-134 **外形尺寸** mm

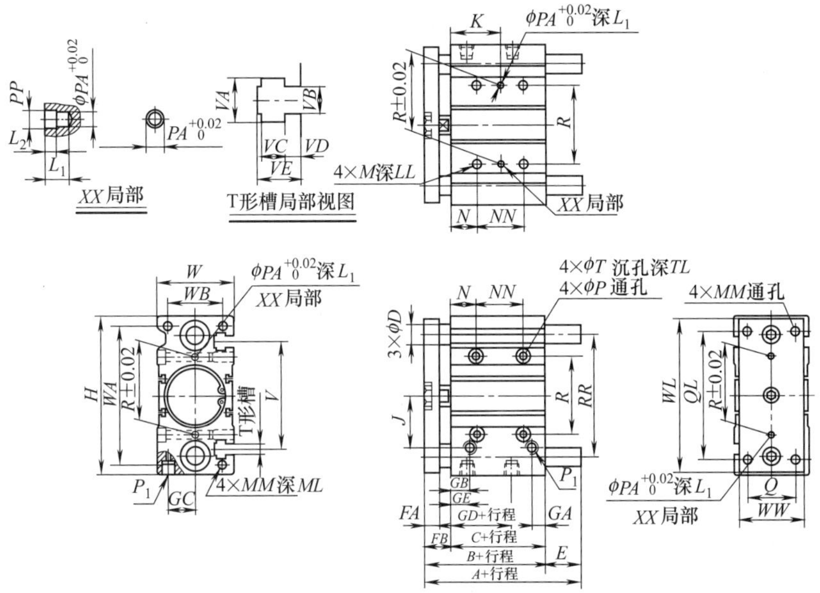

缸径	A				E				NN				K			
	行程															
	≤30	31～100	101～200	>200	≤30	31～100	101～200	>200	≤30	31～100	101～200	>200	≤30	31～100	101～200	>200
12	42	55	85	—	−4	13	43	—	20	40	110	—	15	25	60	—
16	46	65	95	—	−3	19	49	—	24	44	110	—	17	27	60	—
20	53	80	104	122	−2	27	51	69	24	44	120	200	29	39	77	117
25	53.5	82	104.5	122.5	−1.5	28.5	51	68.5	24	44	120	200	29	39	77	117
缸径	行程															
	≤50	51～100	101～200	>200	≤50	51～100	101～200	>200	≤40	41～100	101～200	>200	≤40	41～100	101～200	>200
32	65	102	118	140	5.5	42.5	58.5	80.5	24	48	124	200	33	45	83	121
40	66	101	118	140	−1	36	52	74	24	48	124	200	34	46	84	122
50	76	118	134	161	4	46	62	89	24	48	124	200	36	48	86	124
63	77	118	134	161	−1	41	57	84	28	52	128	200	38	50	88	124

缸径	B	C	FA	FB	P_1	GA	GB	GC	GD	GE	R	RR	N	P	PA	PP	T	TL	M
12	42	29	8	13	M5×0.8	7.5	11	8	13	11	23	41	5	4.3	3	3.5	8	4.5	M5×0.8
16	46	33	8	13	M5×0.8	8	11	10	15	11	24	46	5	4.3	3	3.5	8	4.5	M5×0.8
20	53	37	10	16	PT1/8	9	10.5	10.5	12.5	10.5	28	54	17	5.6	3	3.5	9.5	5.5	M6×1.0
25	53.5	37.5	10	16	PT1/8	9	11.5	13.5	12.5	11.5	34	64	17	5.6	4	4.5	9.5	5.5	M6×1.0
32	59.5	37.5	12	22	PT1/8	9	12.5	15	7	12.5	42	78	21	6.6	4	4.5	11	7.5	M8×1.25
40	66	44	12	22	PT1/8	10	14	18	13	14	50	86	22	6.6	4	4.5	11	7.5	M8×1.25
50	72	44	16	28	PT1/4	11	12	21.5	9	14	66	110	24	8.6	5	6	14	9	M10×1.5
63	77	49	16	28	PT1/4	13.5	16.5	28	14	16.5	80	124	24	8.6	5	6	14	9	M10×1.5

缸径	LL	D	J	W	WA	WB	WL	WW	H	Q	QL	MM	ML	L_1	L_2	V	VA	VB	VC	VD	VE
12	10	6	18	26	50	18	56	22	58	14	48	M4×0.7	10	6	3	37	7.4	4.4	3.7	2	6.2
16	10	8	19	30	56	22	62	25	64	16	54	M5×0.8	12	6	3	38	7.4	4.4	3.7	2.5	6.7
20	12	10	25	36	72	24	81	30	83	18	70	M5×0.8	13	6	3	44	8.4	5.4	4.5	2.8	7.8
25	12	12	28.5	42	82	30	91	38	93	26	78	M6×1.0	15	6	3	50	8.4	5.4	4.5	3	8.2
32	16	16	34	48	98	34	110	44	112	30	96	M8×1.25	20	6	3	63	10.5	6.5	5.5	3.5	9.5
40	16	16	38	54	106	40	118	44	120	30	104	M8×1.25	20	6	3	72	10.5	6.5	5.5	4	11
50	20	20	47	64	130	46	146	60	148	40	130	M10×1.5	22	8	4	92	13.5	8.5	7.5	4.5	13.5
63	20	20	55	78	142	58	158	70	162	50	130	M10×1.5	22	8	4	110	17.8	11	10	7	18.5

注：生产厂为亚德客公司。

7.1.5.6 冲击气缸

(1) QGJ 系列冲击气缸（ϕ50～125）

型号意义：

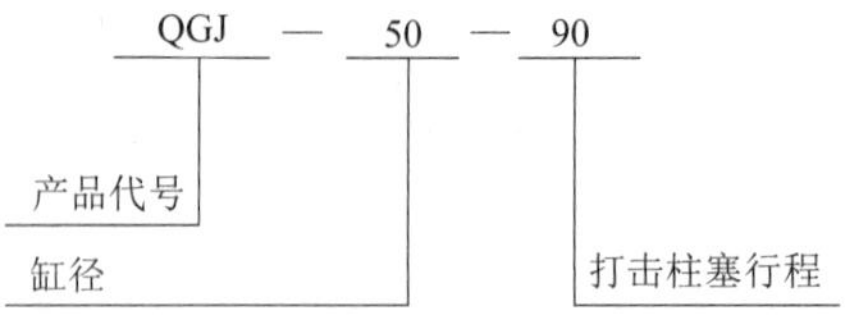

表 21-7-135 主要技术参数

型　　号	QGJ				
作用形式	双作用				
使用流体	洁净压缩空气				
最高工作压力/MPa	1.0(10.2kgf/cm^2)				
最低工作压力/MPa	0.2(2.0kgf/cm^2)				
环境温度/℃	－10～60(不冻结)				
缸径/mm	50	63	80	100	125
打击柱塞直径/mm	25	35	50		80
打击柱塞行程/mm	90		140		
打击频率	≤20次/分钟				
打击能(工作压力为0.5MPa)/J	18	31	90	125	215
润滑	不要(需要时使用透平油1级 ISO VG32)				

表 21-7-136 外形尺寸 mm

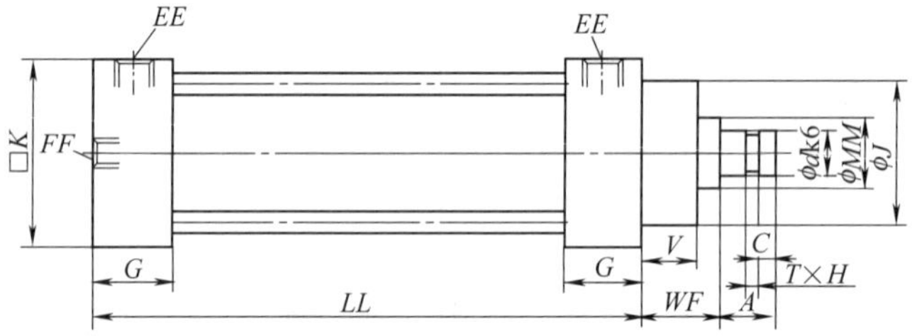

缸径	A	C	d	EE	FF	G	J	K	LL	MM	T×H	V	WF
ϕ50	20	6	16	R$_c$1/4	R$_c$1/8	28	50	66	199	25	4×1.5	20	28
ϕ63	25	8	20				58	80	201	35	4×2	22	32
ϕ80	30	10	26		R$_c$1/4	34	72	98	264	50	6×2	25	35
ϕ100				R$_c$3/8		36	84	118	270				
ϕ125	48	18	45			42	108	140	291	80	8×3.5	34	51

注：生产厂为无锡气动技术研究所有限公司。

(2) QGT 系列冲击气缸（ϕ63～125）

型号意义：

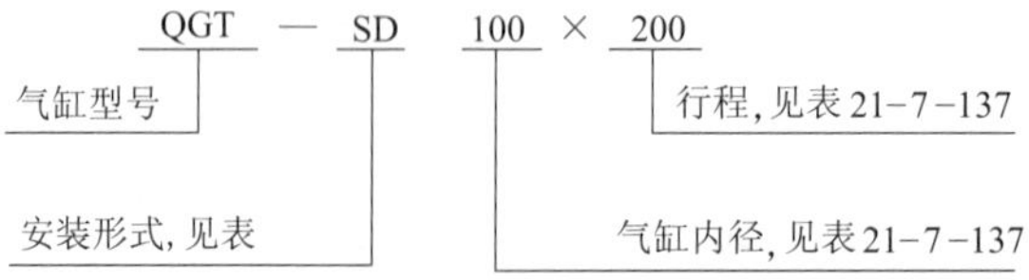

表 21-7-137　主要技术参数

缸径/mm	63	80	100	125
工作压力/bar	2～8			
工作介质	经过除水过滤，并含有油雾的干燥压缩空气			
介质及环境温度/℃	－5～＋60			
行程 S/mm	125	160	200	250
p＝6bar 时最大冲击功(≥)/J	31.6	69	143	294
最大冲击功时对应的行程/mm	60	80	110	132
p＝6bar 时冲击频率/次·分$^{-1}$	60	50	40	30

注：最大冲击功为表中行程的 0.55S 处。

表 21-7-138　外形尺寸及安装形式　mm

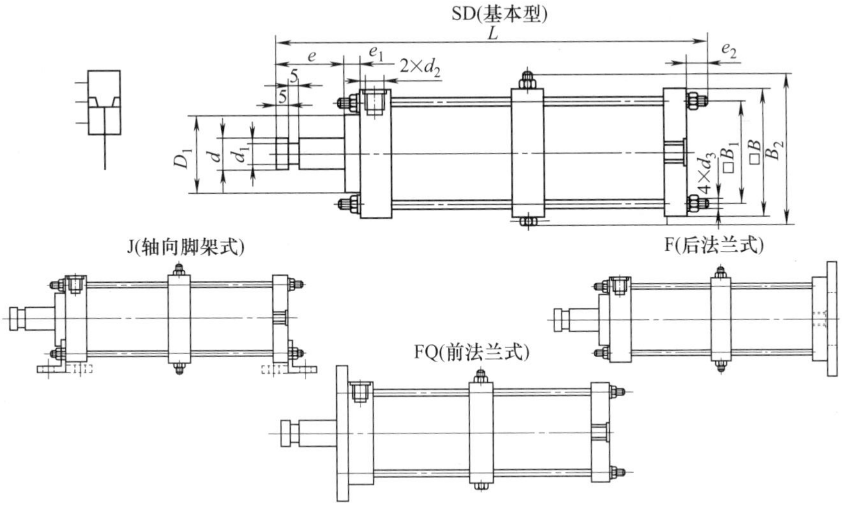

缸径	D_1	d	d_1	d_2	d_3	L	e	e_1	e_2	B	B_1	B_2
63	ϕ61	ϕ25	ϕ20	M12×1.25	M8	552	100	10	20	80	60	96.6
80	ϕ68	ϕ32	ϕ26	M16×1.5	M8	661	110	22	26	95	75	112
100	ϕ72	ϕ32	ϕ26	M22×1.5	M10	746	121	10	28	115	90	130
125	ϕ85	ϕ50	ϕ44	M22×1.5	M12	876	130	22	28	150	120	165.5

注：生产厂为肇庆方大气动有限公司。

7.1.5.7　气-液缸

(1) QYG 气-液转换器（ϕ63、ϕ100）

型号意义：

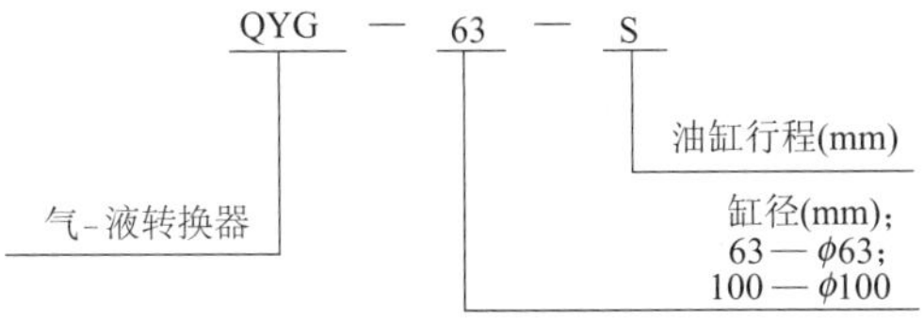

表 21-7-139　主要技术参数

缸径/mm	63	100	缸径/mm	63	100
使用介质	透平油、液压油		环境及介质温度/℃	5～50	
使用压力/MPa	0～0.7(0～7.1kgf/cm^2)		油黏度/cSt	40～100	
保证耐压力/MPa	1.0(10.2kgf/cm^2)		液压缸速度/mm·s^{-1}	0～100	

表 21-7-140 **外形尺寸** mm

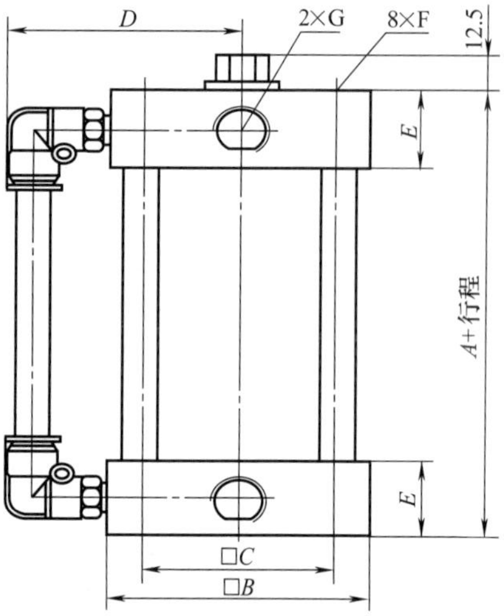

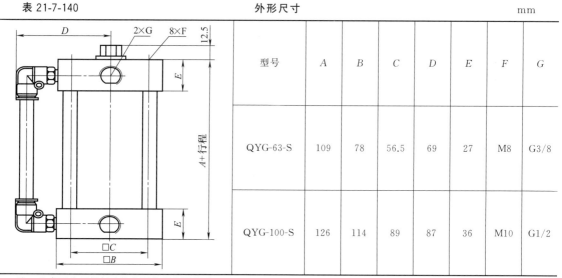

型号	A	B	C	D	E	F	G
QYG-63-S	109	78	56.5	69	27	M8	G3/8
QYG-100-S	126	114	89	87	36	M10	G1/2

注：生产厂为无锡气动技术研究所有限公司。

（2）QGZY 型直压式气-液增压缸（ϕ80～160）

型号意义：

QGZY — □/□ × 130

- QGZY：直压式气-液增压气缸
- 第一个□：气缸缸径
- 第二个□：液压缸缸径
- 130：气缸行程

表 21-7-141 **主要技术参数**

型号	QGZY-80/32×130	QGZY-100/32×130	QGZY-125/32×130	QGZY-160/32×130
工作介质	含有油雾的净化压缩空气			
输出介质	过滤精度不大于 50μm 的 30～50 号机械油			
介质温度环境温度/℃	0～50			
使用空气压力范围/bar	2～8			
增压比性能	工作气压在 2～8bar 输出的油压误差范围±10%			
输出压力油量/cm^3	100	100	100	100
增压比	6.25∶1	9.75∶1	15.25∶1	25∶1

表 21-7-142 **外形尺寸** mm

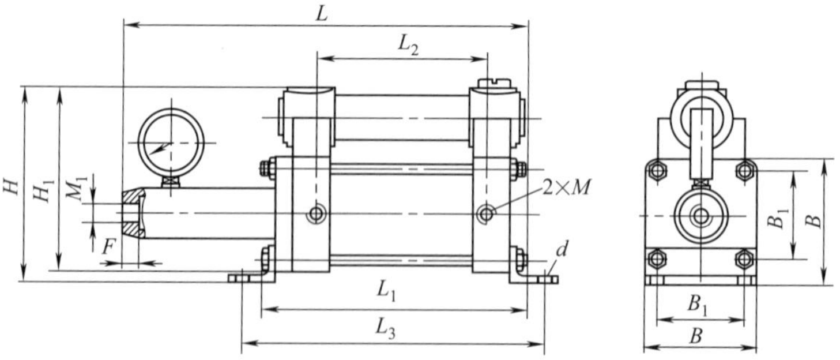

型号	L	L_1	L_2	L_3	H	H_1	B	B_1	M	M_1	F	d
QGZY-80/32×130	405	288	205	310	160	158	94	70	G3/8	G1/2	14	ϕ13
QGZY-100/32×130	405	288	205	314	178	178	114	84	G3/8	G1/2	14	ϕ13
QGZY-125/32×130	410	282	205	309	203	202	138	104	G3/8	G1/2	14	ϕ18
QGZY-160/32×130	452	288	200	332	252	242	178	134	G3/8	G1/2	14	ϕ22

注：生产厂为肇庆方大气动有限公司。

7.1.5.8　膜片气缸

(1) QGV (D) 型薄膜气缸 (ϕ140、ϕ160)

型号意义：

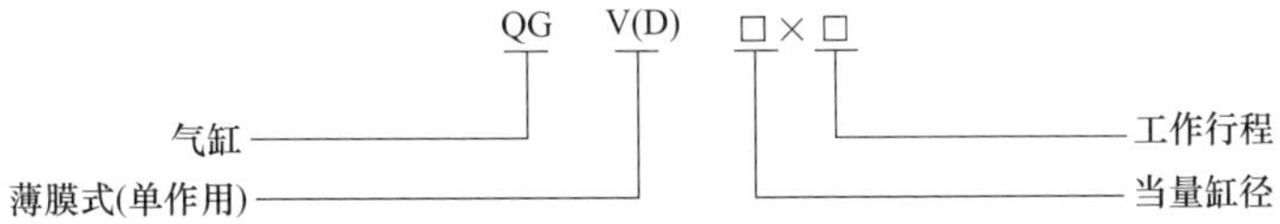

表 21-7-143　主要技术参数

当量缸径/mm	140	160	工作介质		经过净化并含有油雾的压缩空气	
活塞杆直径/mm	32	32	气缸推力/N (p=5bar)	行程起点	7716	9810
工作行程/mm	45	50		行程终点	5648	7198
工作压力/bar	1～6.3		弹簧初反力/N		84.4	120
耐压力/bar	9.54		弹簧终反力/N		180	230
使用温度范围/℃	−25～+80(但在不冻结条件下)					

表 21-7-144　外形尺寸及安装形式　mm

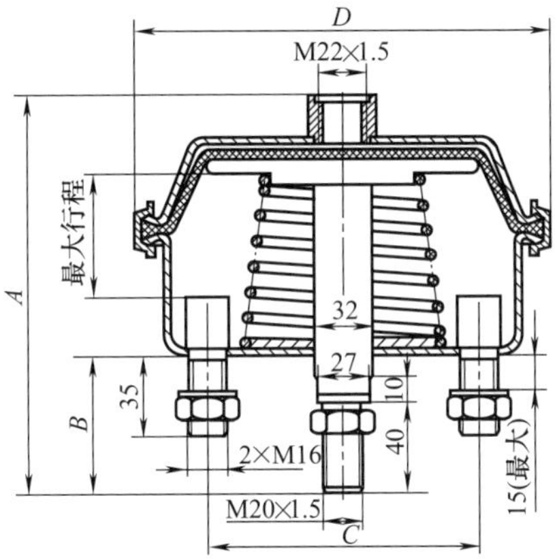

缸径	ϕ140	ϕ160
A	194.5	221
B	85	85
C	120	120
D	ϕ186	ϕ206

注：最大行程=工作行程/0.8

注：生产厂为肇庆方大气动有限公司。

(2) QGBM 膜片气缸 (ϕ150、ϕ164)

型号意义：

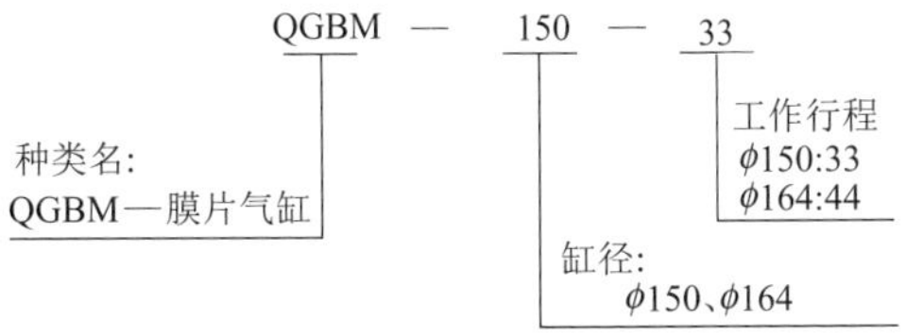

表 21-7-145　主要技术参数

型号	QGBM	型号	QGBM
作用形式	单作用	耐压/MPa	0.954(9.54kgf/cm²)
使用流体	洁净空气	环境温度/℃	−25～80(不冻结)
最高工作压力/MPa	0.63(6.3kgf/cm²)	缸径/mm	150,164
最低工作压力/MPa	0.1(1.0kgf/cm²)	接管口径	G1/4

缸径/mm	气缸推力/N		弹簧初反力/N	弹簧终反力/N
	行程起点	行程终点		
150	7716	9810	84.4	120
164	5618	7198	180	230

表 21-7-146　**外形尺寸**　mm

ϕ150：

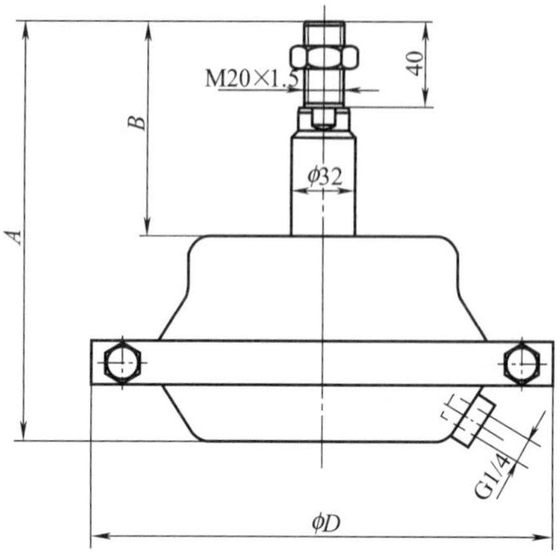

ϕ164：

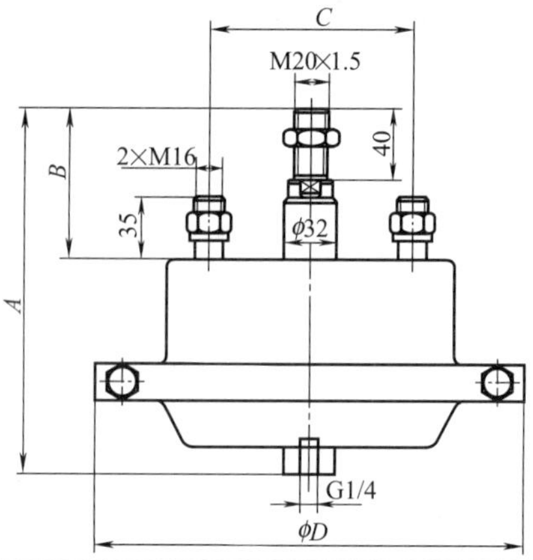

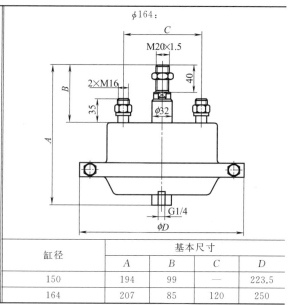

缸径	基本尺寸			
	A	*B*	*C*	*D*
150	194	99	—	223.5
164	207	85	120	250

注：生产厂为无锡气动技术研究所有限公司。

7.2　方向控制阀

7.2.1　4 通、5 通电磁换向阀

7.2.1.1　3KA2 系列电磁换向阀（R_c1/8）

型号意义：

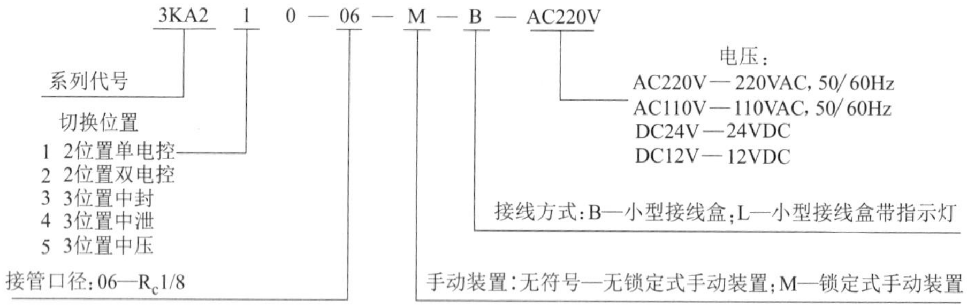

表 21-7-147　**主要技术参数**

型号	3KA210	3KA220	3KA230	3KA240	3KA250
使用流体	洁净压缩空气				
工作形式	内部先导式				
最低使用压力/MPa	0.15(1.5kgf/cm²)	0.1(1.0kgf/cm²)	0.2(2.0kgf/cm²)		
最高使用压力/MPa	0.7(7.1kgf/cm²)				
耐压/MPa	1.05(10.7kgf/cm²)				
接管口径	R_c⅛				
有效截面积(C_V 值)/mm²	12.5(0.68)		11(0.60)		
环境温度/℃	−5～50				
流体温度/℃	5～50				
换向时间/ms	≤30		≤60		
润滑	不需要				

表 21-7-148　**电源规格**

额定电压/V	AC 220V(50/60Hz)	AC 110V(50/60Hz)	DC24V/DC12V
电压变动范围	±10%		
功率	2.5V·A		1.8W
绝缘等级	B级标准线圈		
接线方式	小型接线盒		

表 21-7-149　**外形尺寸**　mm

接线盒式:3KA210-06	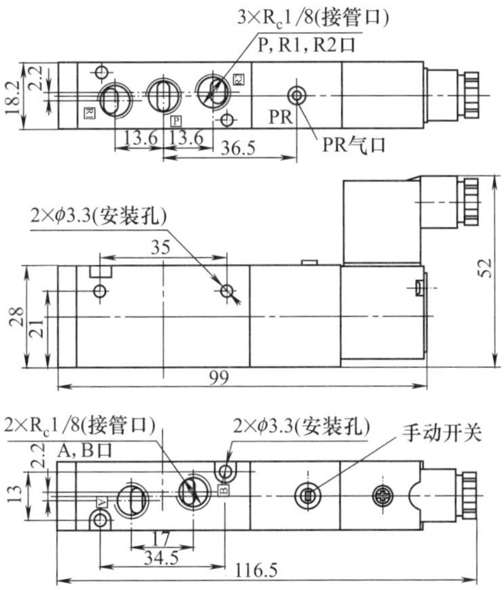
接线盒式:3KA220-06	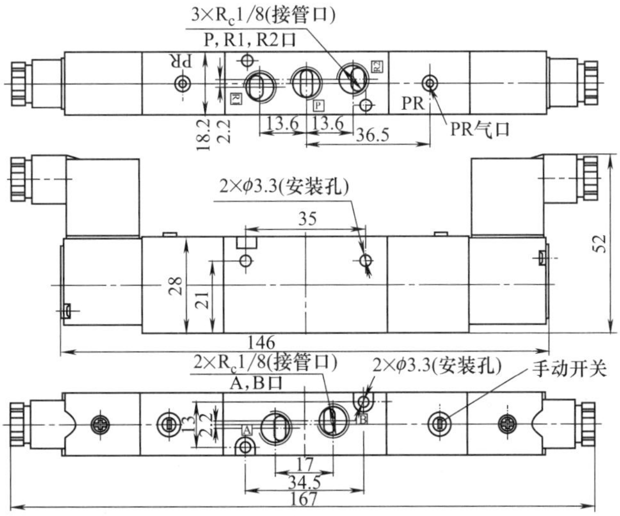

续表

接线盒式：3KA2$\begin{smallmatrix}3\\4\\5\end{smallmatrix}$0-06	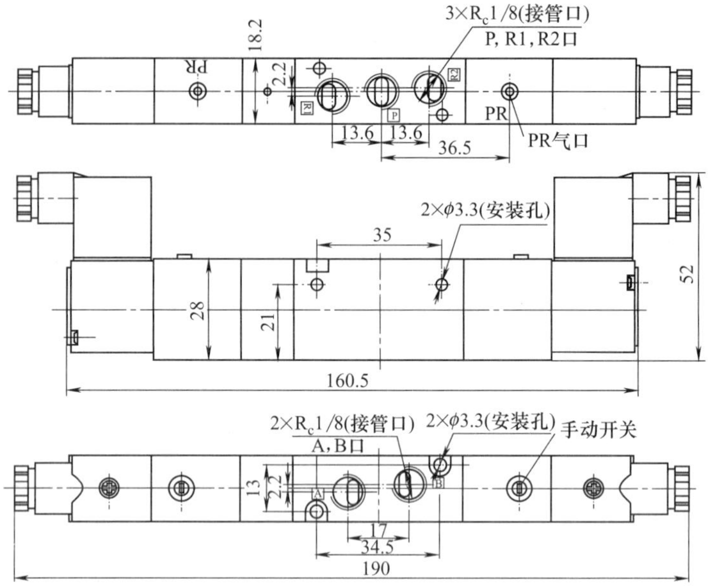

注：生产厂为肇庆方大气动有限公司。

7.2.1.2　M3KA2系列电磁换向阀（R_c1/8～R_c1/4）

型号意义：

集装板上的电磁阀单体：　3KA2　1　9 — 06 — M — B — 　AC220V

集装型：　M3KA2　1　0 — 06 — M — B — 2 — AC220V — S1　S2　S3　S4　S5　MP

- M3KA2：系列代号
- 1：切换位置

	切换位置
1	2位置单电控
2	2位置双电控
3	3位置中封
4	3位置中泄
5	3位置中压
6	混合型

- 06：接管口径：06 — R_c1/8(A,B口)，R_c1/4(P,R口)
- M：手动装置：无符号—无锁定式手动装置；M—锁定式手动装置
- B：接线方式：B—小型接线盒；L—小型接线盒带指示灯
- 2：连数：2～20
- AC220V：电压

电压	
AC220V	220VAC，50/60Hz
AC110V	110VAC，50/60Hz
DC24V	24VDC
DC12V	12VDC

- S1　S2　S3　S4　S5　MP：混合型系列

表 21-7-150　　主要技术参数

型号	M3KA2		型号		M3KA2
适用电磁阀	3KA2		汇流方式		集中进气/集中排气
有效截面积(C_V值)/mm²	12.5(0.68) (3KA2$\begin{smallmatrix}1\\2\end{smallmatrix}$0)	11(0.60) (3KA2$\begin{smallmatrix}3\\4\\5\end{smallmatrix}$0)	接线方式		小型接线盒
			接管口径	P口	R_c1/4
				A，B口	R_c1/8
连数	2～20			R口	R_c1/4

表 21-7-151　　外形尺寸　　mm

接线盒式：M3KA2※0-06

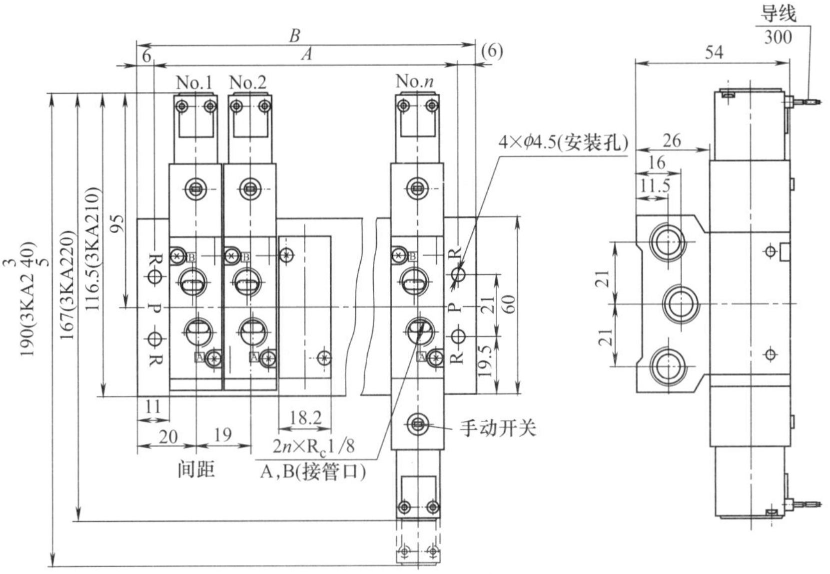

连数 *n*	2	3	4	5	6	7	8	9	10	11	12	13	14	15	16	17	18	19	20
A	47	66	85	104	123	142	161	180	199	218	237	256	275	294	313	332	351	370	389
B	59	78	97	116	135	154	173	192	211	230	249	268	287	306	325	344	363	382	401

注：生产厂为无锡气动技术研究所有限公司。

7.2.1.3　3KA3 系列换向阀（R_c1/4）

型号意义：

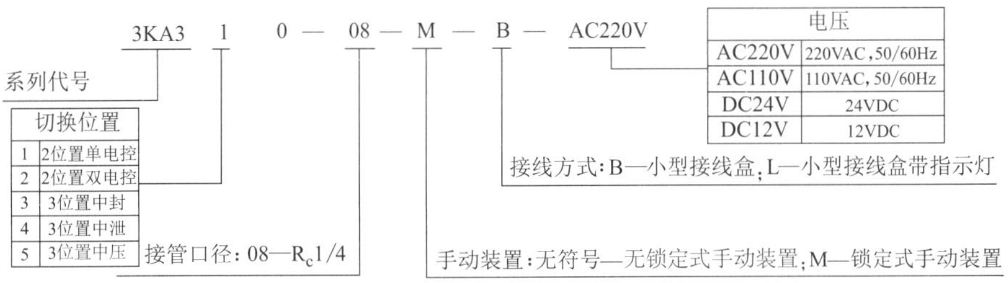

表 21-7-152　　主要技术参数

型号	3KA310	3KA320	3KA330	3KA340	3KA350
使用流体	洁净压缩空气				
工作形式	内部先导式				
最低使用压力/MPa	0.15(1.5kgf/cm^2)	0.1(1.0kgf/cm^2)	0.2(2.0kgf/cm^2)		
最高使用压力/MPa	0.7(7.1kgf/cm^2)				
耐压/MPa	1.05(10.7kgf/cm^2)				
接管口径	R_c¼				
有效截面积(C_V 值)/mm^2	25(1.36)		22(1.20)		
环境温度/℃	−5～50				
流体温度/℃	5～50				
换向时间/ms	≤30		≤60		
润滑	不需要				

第21篇

表 21-7-153 **电源规格**

额定电压/V	AC220V(50/60Hz)	AC110V(50/60Hz)	DC24V/DC12V
电压变动范围	±10%		
功率	4.5V·A		2.8W
绝缘等级	B 级标准线圈		
接线方式	小型接线盒		

表 21-7-154 **外形尺寸** mm

3 接线盒式:3KA340-08 5	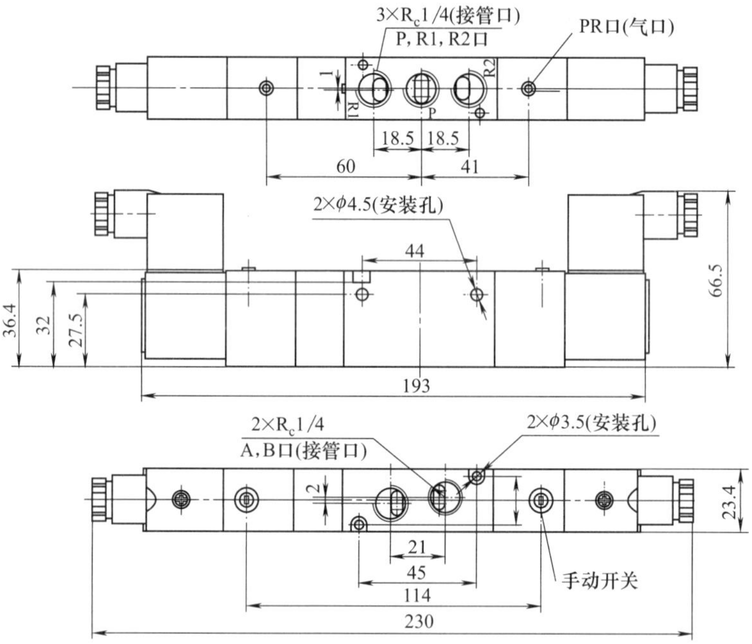
接线盒式:3KA310-08	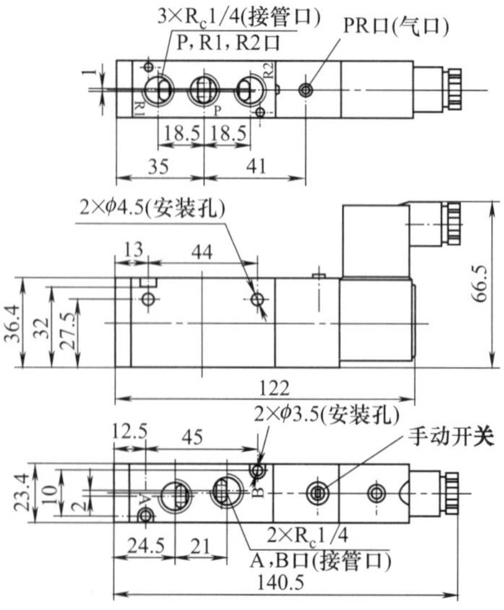

续表

接线盒式：3KA320-08	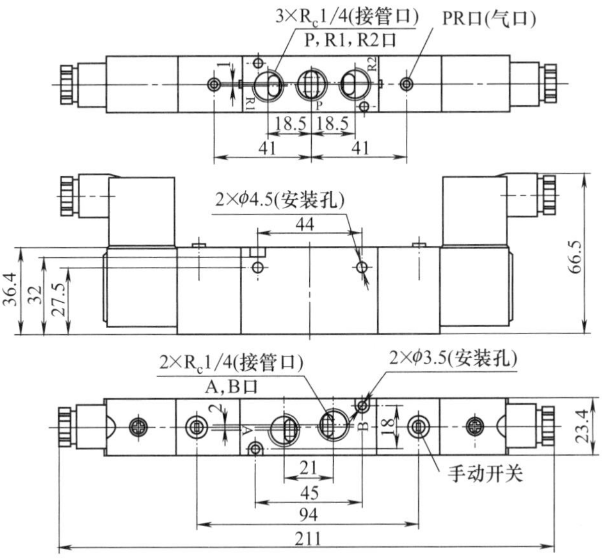

注：生产厂为无锡气动技术研究所有限公司。

7.2.1.4 M3KA3集装型电磁换向阀（$R_c1/4$，$R_c3/8$）

型号意义：

集装板上的电磁阀单体：3KA3 1 9 — 08 — M — B — AC220V

集装型：M3KA3 1 0 — 08 — M — B — 2 — AC220V — S1 S2 S3 S4 S5 MP

系列代号

切换位置	
1	2位置单电控
2	2位置双电控
3	3位置中封
4	3位置中泄
5	3位置中压
6	混合型

接管口径：08—$R_c1/4$(A，B口)，$R_c3/8$(P，R口)

手动装置：无符号—无锁定式手动装置；M—锁定式手动装置

接线方式：B—小型接线盒；L—小型接线盒带指示灯

连数：2～15

电压	
AC220V	220VAC，50/60Hz
AC110V	110VAC，50/60Hz
DC24V	24VDC
DC12V	12VDC

混合型序列

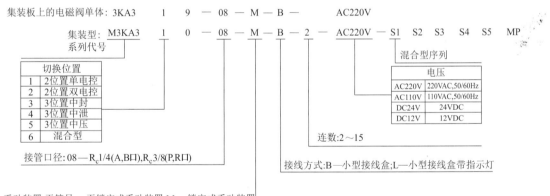

表 21-7-155 主要技术参数

型号		M3KA3	
适用电磁阀		3KA3	
有效截面积(C_V值)/mm^2		25(1.36)(3KA3 1/2 0)	22(1.2)(3KA3 3/4/5 0)
连数		2～15	
汇流方式		集中进气/集中排气	
接线方式		小型接线盒	
接管口径	P口	$R_c3/8$	
	A，B口	$R_c1/4$	
	R口	$R_c3/8$	

第21篇

表 21-7-156 外形尺寸 mm

接线盒式：M3KA3※-08

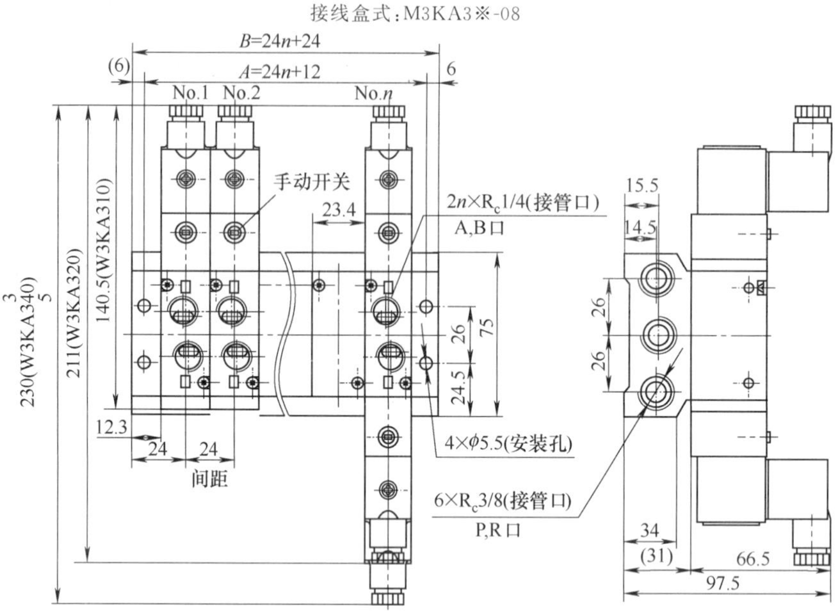

连数 *n*	2	3	4	5	6	7	8	9	10	11	12	13	14	15
A	60	84	108	132	156	180	204	228	252	276	300	324	348	372
B	72	96	120	144	168	192	216	240	264	288	312	336	360	384

注：生产厂为无锡气动技术研究所有限公司。

7.2.1.5 QDI系列电控换向阀（*DN*6～*DN*25）

型号意义：

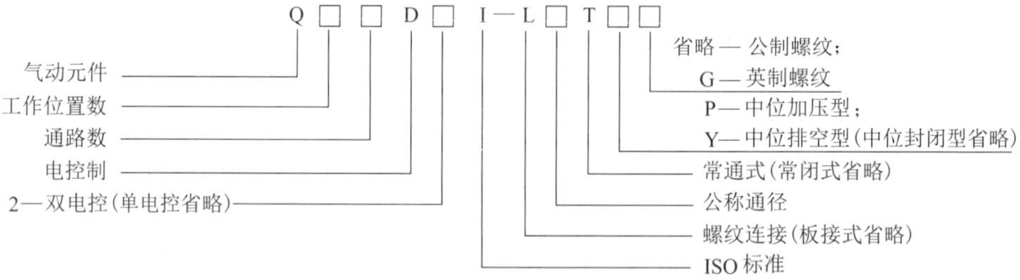

表 21-7-157 主要技术参数

公称通径/mm		6	8	10	15	20	25
工作压力范围/bar		2～8					
使用温度范围/℃		−10～+55(但在不冻结条件下)					
有效截面积/mm²		≥10	≥20	≥40	≥60	≥110	≥190
工作电压和电流	交流	220V,60mA;36V,280mA		220V,75mA;36V,280mA		220V,130mA;36V,500mA	
	直流	240V,270mA;12V,600mA		24V,300mA;12V,600mA		24V,400mA;12V,800mA	
允许电压波动/%		−15～+10					
绝缘电阻/MΩ		≥1.5					
换向时间/s		≤0.04		≤0.06		≤0.10	
最低工作频度/次·天⁻¹		1/30					
工作介质		经过除水滤尘并含有油雾的压缩空气					

表 21-7-158　**图形符号**

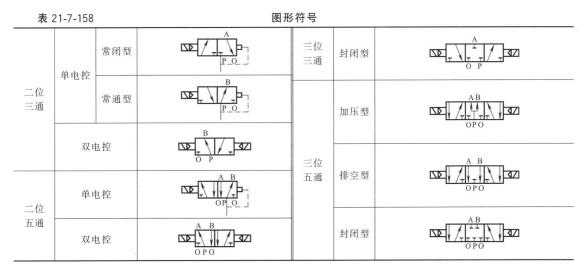

二位三通	单电控	常闭型	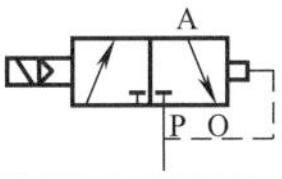	三位三通	封闭型	
		常通型	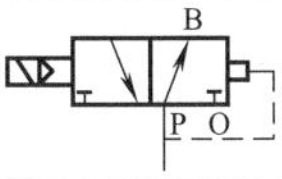	三位五通	加压型	
	双电控		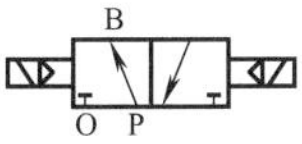		排空型	
二位五通	单电控		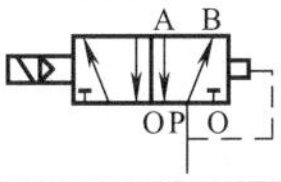		封闭型	
	双电控					

表 21-7-159　**外形尺寸**　mm

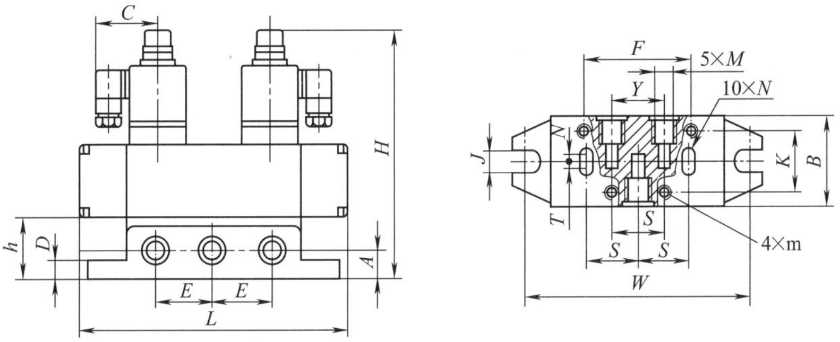

通径	A	B	C	D	E	F	H	J	h	K	L	N	T	S	W	Y	M		m
6	15	51	50	12	24	48	137.4 (148)	7	30	38	117	5	10	24	100	24	M10×1	G1/8	M6×1 深 12
8	15	51	50	12	24	48	137.4 (148)	7	30	38	117	5	10	24	100	24	M14×1.5	G1/4	M6×1 深 12
10	16	64	50	14	34	64	166.5 (184.5)	9	38	48	150	7.5	11.5	32	128	36	M18×1.5	G3/8	M8×1.25 深 16
15	16	64	50	14	34	64	166.5 (184.5)	9	38	48	150	7.5	11.5	32	128	36	M22×1.5	G1/2	M8×1.25 深 16
20	25	90	56	15	50	100	216(232)	11	50	68	212	7	18	50	189	50	M27×2	G3/4	M10×1.5 深 20
25	25	90	56	15	50	100	216(232)	11	50	68	212	7	18	50	189	50	M33×2	G1	M10×1.5 深 20

注：1. 表中 H 括号内尺寸为三位阀高度尺寸。

2. 生产厂为肇庆方大气动有限公司。

7.2.1.6　4V100 系列电磁换向阀（M5～R_c1/8）

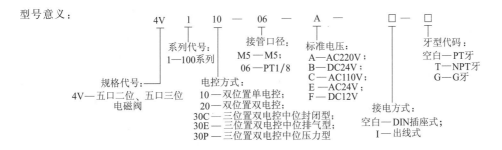

型号意义：

4V　1　10 — 06 — A — □ — □

- 4V：规格代号：4V—五口二位、五口三位电磁阀
- 1：系列代号：1—100系列
- 10：电控方式：10—双位置单电控；20—双位置双电控；30C—三位置双电控中位封闭型；30E—三位置双电控中位排气型；30P—三位置双电控中位压力型
- 06：接管口径：M5—M5；06—PT1/8
- A：标准电压：A—AC220V；B—DC24V；C—AC110V；E—AC24V；F—DC12V
- □：接电方式：空白—DIN插座式；I—出线式
- □：牙型代码：空白—PT牙；T—NPT牙；G—G牙

表 21-7-160　　**主要技术参数**

型　　号	4V110-M5 4V120-M5	4V130C-M5 4V130E-M5 4V130P-M5	4V110-06 4V120-06	4V130C-06 4V130E-06 4V130P-06
工作介质	空气(经40μm滤网过滤)			
动作形式	先导式			
接管口径①	进气=出气=M5		进气=出气=R_c1/8	
有效截面积/mm^2	5.5 (C_V=0.31)	5.0 (C_V=0.28)	12.0 (C_V=0.67)	9.0 (C_V=0.50)
位置数	五口二位	五口三位	五口二位	五口三位
使用压力范围/MPa	0.15～0.8(21～114psi)			
保证耐压力/MPa	1.5(215psi)			
工作温度/℃	-20～70			
本体材质	铝合金			
润滑②	不需要			
最高动作频率③/次·$秒^{-1}$	5	3	5	3
质量	4V110-M5:120g 4V120-M5:175g	200g	4V110-06:120g 4V120-06:175g	200g

① 接管牙型有 NPT、G 牙可供选择。
② 如有加油润滑，中途不可停止，建议润滑油为 ISO VG32 或同级用油。
③ 最高动作频率为空载状态。

表 21-7-161　　**电性能参数**

项　　目	具体参数
标准电压	AC220V、AC110V、AC24V、DC24V、DC12V
使用电压范围	AC:±15%　DC:±10%
耗电量	AC:2.5V·A　　DC:2.5W
保护等级	IP65(DIN40050)
耐热等级	B级
接电型式	DIN插座式、出线式
励磁时间	0.05s以下

表 21-7-162　　**外形尺寸**　　mm

4V110DIN 插座式

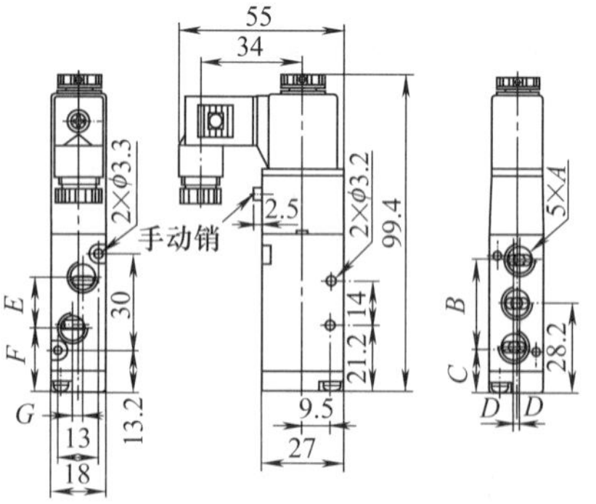

4V110 出线式

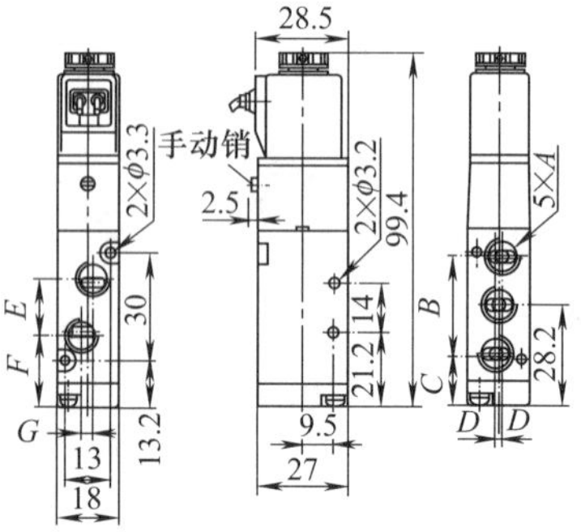

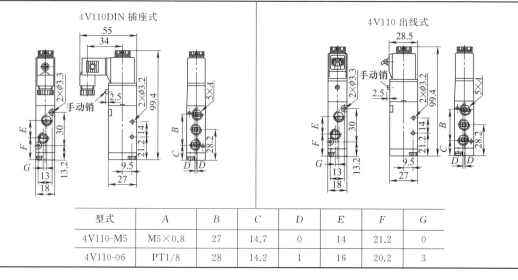

型式	A	B	C	D	E	F	G
4V110-M5	M5×0.8	27	14.7	0	14	21.2	0
4V110-06	PT1/8	28	14.2	1	16	20.2	3

续表

4V120DIN 插座式

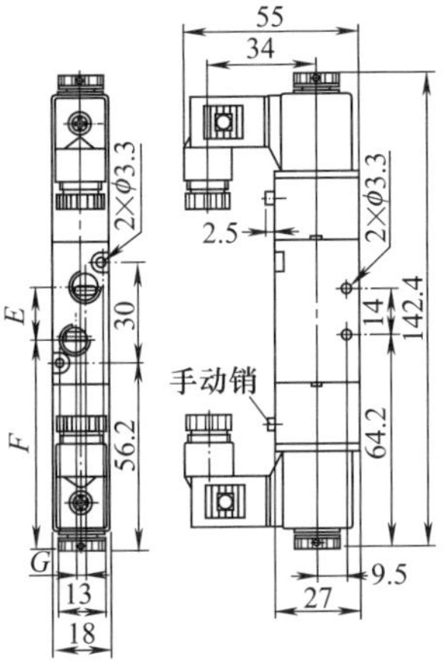

4V120 出线式

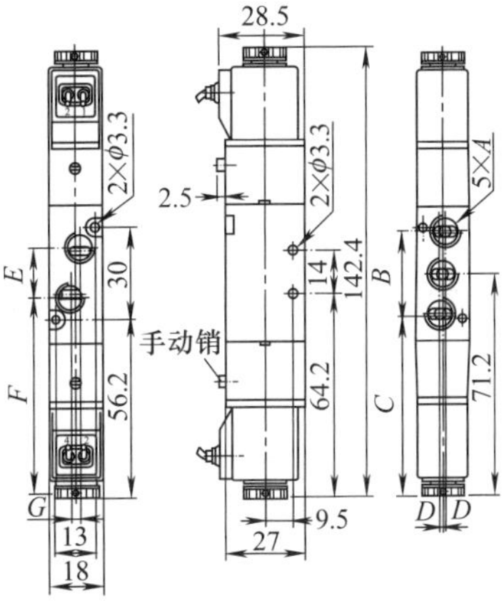

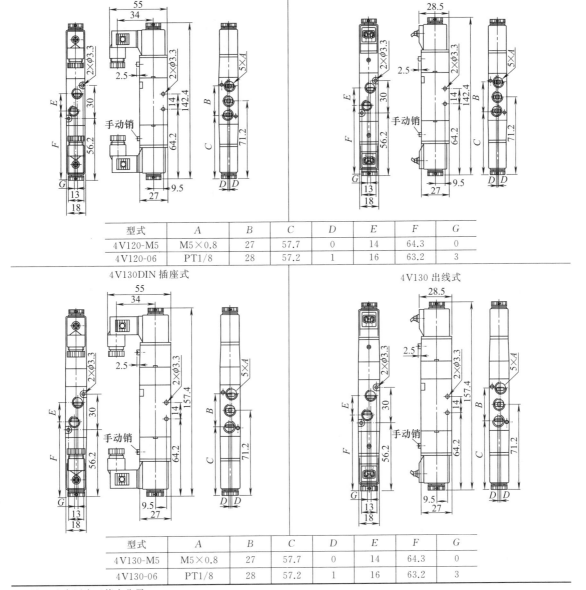

型式	A	B	C	D	E	F	G
4V120-M5	M5×0.8	27	57.7	0	14	64.3	0
4V120-06	PT1/8	28	57.2	1	16	63.2	3

4V130DIN 插座式

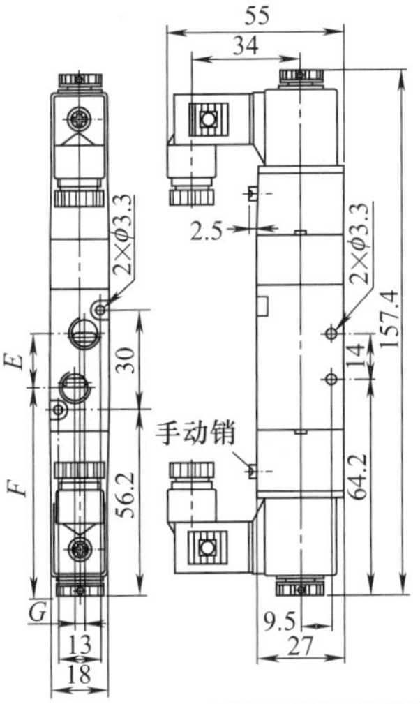

4V130 出线式

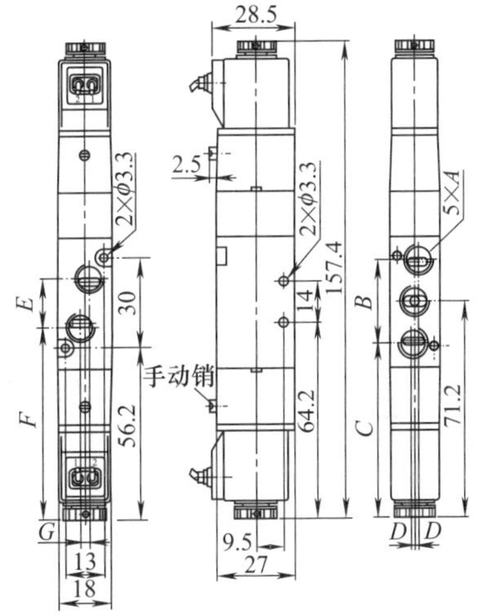

型式	A	B	C	D	E	F	G
4V130-M5	M5×0.8	27	57.7	0	14	64.3	0
4V130-06	PT1/8	28	57.2	1	16	63.2	3

注：生产厂为亚德克公司。

7.2.1.7　4M100～300 系列电磁换向阀（$R_c1/8$～$R_c3/8$）

型号意义：

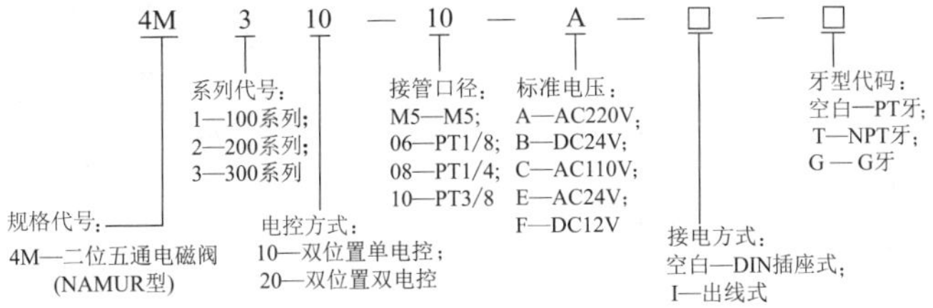

表 21-7-163　主要技术参数

型号	4M110-M5 4M120-M5	4M110-06 4M120-06	4M210-06 4M220-06	4M210-08 4M220-08	4M310-08 4M320-08	4M310-10 4M320-10
工作介质	空气(经 40μm 滤网过滤)					
动作形式	内部先导式					
接管口径①	进气＝排气＝M5	进气＝排气＝PT1/8	进气＝排气＝PT1/8	进气＝PT1/4 排气＝PT1/8	进气＝排气＝PT1/4	进气＝PT3/8 排气＝PT1/4
有效截面积/mm^2	5.5 (C_V＝0.31)	12.0 (C_V＝0.67)	14.0 (C_V＝0.78)	16.0 (C_V＝0.89)	25.0 (C_V＝1.40)	30.0 (C_V＝1.68)
位置数	二位五通					
使用压力范围/MPa	0.15～0.8(21～114psi)					
保证耐压力/MPa	1.5(215psi)					
工作温度/℃	−20～70					
本体材质	铝合金					
润滑②	不需要					
最高动作频率③/次・秒$^{-1}$	5				4	
质量/g	4M110:120;4M120:175		4M210:220;4M220:320		4M310:310;4M320:400	

① 接管牙型有 NPT、G 牙可供选择。
② 如有加油润滑，中途不可停止，建议润滑油为 ISO VG32 或同级用油。
③ 最高动作频率为空载状态。

表 21-7-164　电性能参数

型号	4M110、4M120	4M210、4M220、4M310、4M320
标准电压	AC220V、AC110V、AC24V、DC24V、DC12V	
使用电压范围	AC:±15%	DC:±10%
耗电量	AC:2.5V・A　DC:2.5W	AC:3.5V・A　DC:3.0W
保护等级	IP65(DIN 40050)	
耐热等级	B 级	
接电型式	DIN 插座式、出线式	
励磁时间/s	0.05 以下	

表 21-7-165　外形尺寸　mm

4M110DIN 插座式

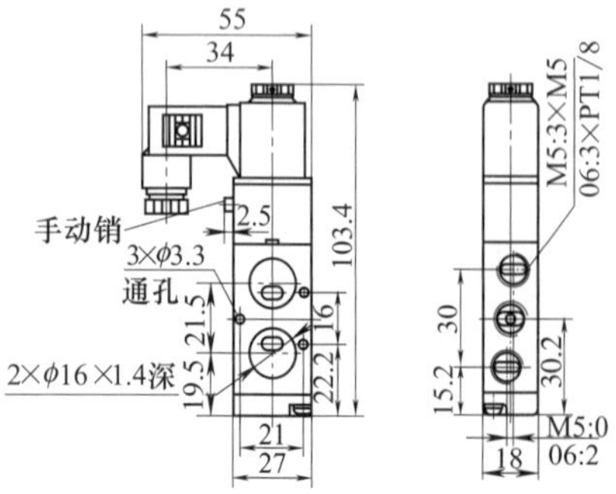

4M110 出线式

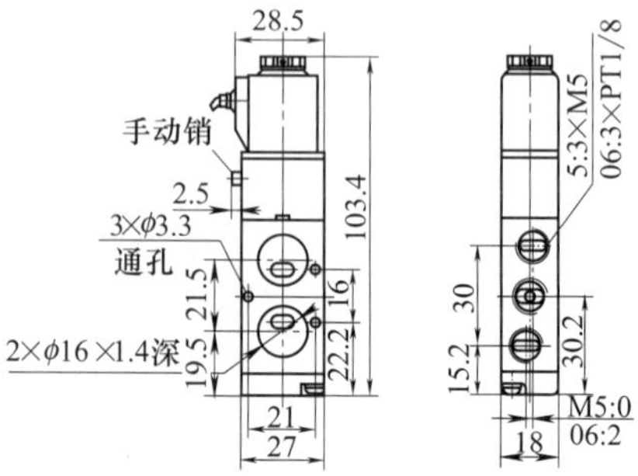

续表

4M120DIN 插座式

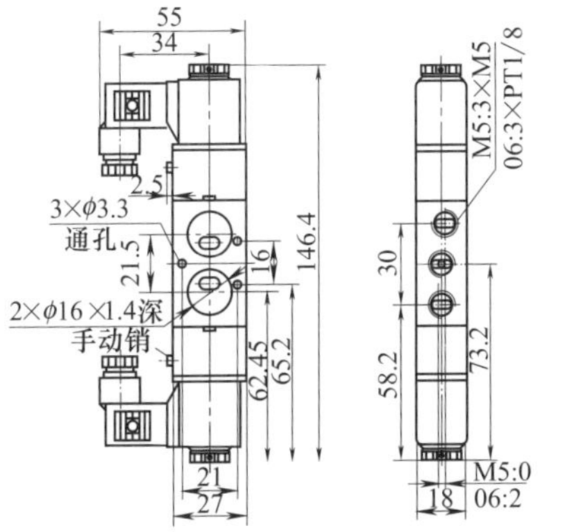

4M120 出线式

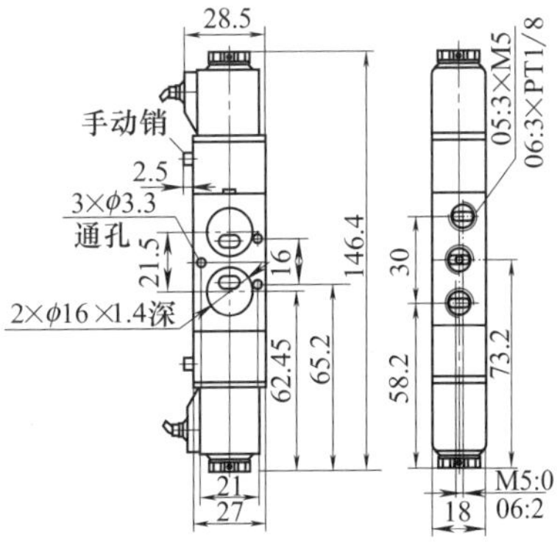

4M210DIN 插座式

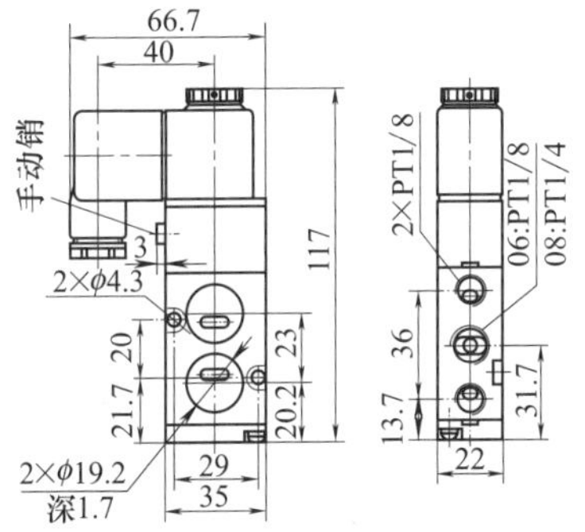

4M210 出线式

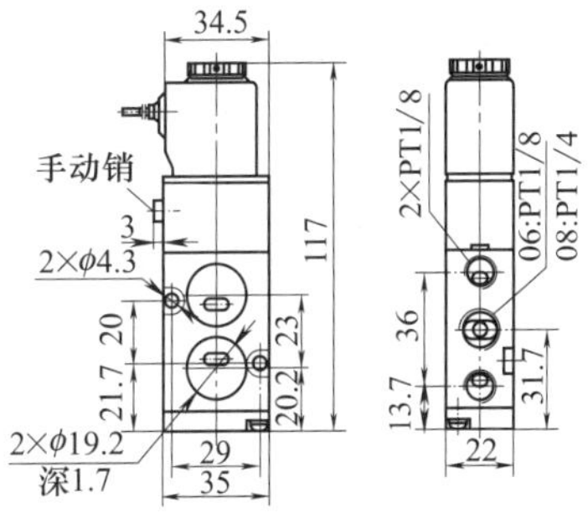

4M220DIN 插座式

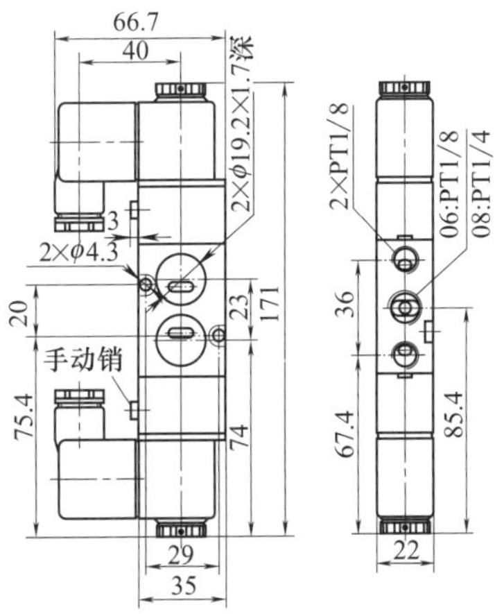

4M220 出线式

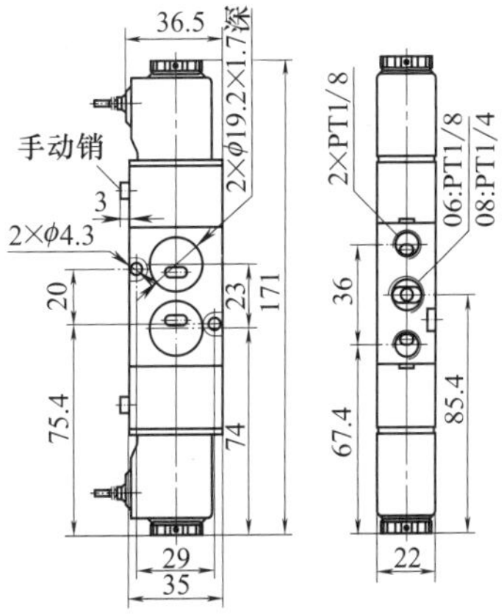

第21篇

续表

4M310DIN 插座式

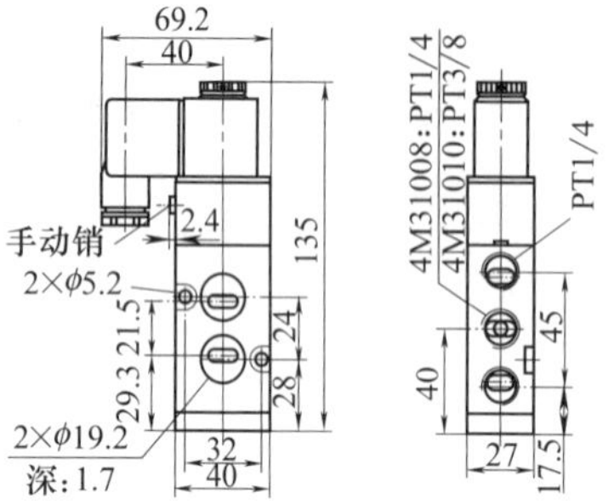

4M310 出线式

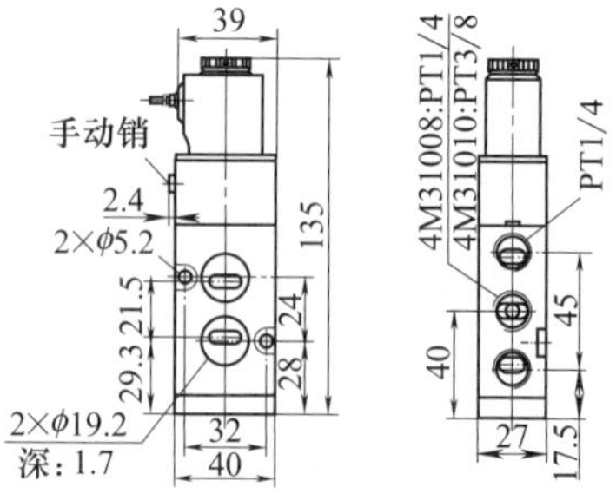

4M320DIN 插座式

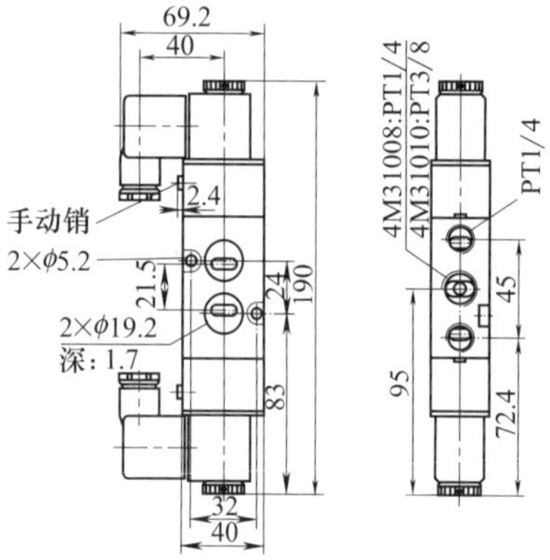

4M320 出线式

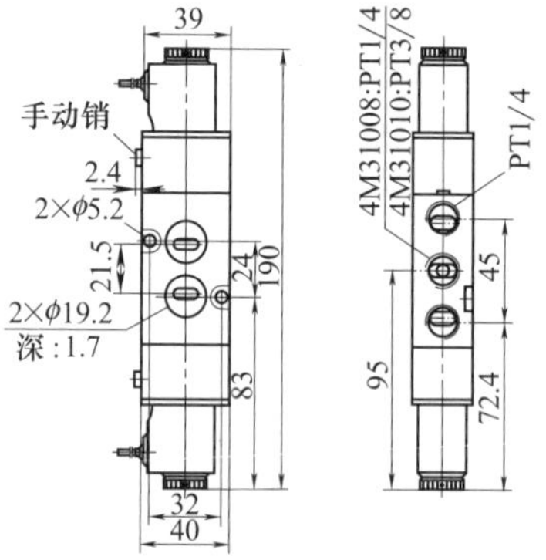

注：生产厂为亚德客公司。

7.2.1.8　XQ 系列二位五通电控换向阀（G1/8～G1/2）

图形符号：

表 21-7-166　　主要技术参数

型号	功能型式	控制型式	接口螺纹	通径/mm	使用压力范围/MPa	切换时间/ms	工作电压/V	消耗功率	环境温度/℃	耐久性
XQ250441	二位五通	双电控	G1/8	4	0.2～1.0	10	允许电压波动±10% DC:12 24 AC: 24/50Hz 110/50Hz 220/50Hz	G1/8～G3/8 阀 DC:3W AC:启动 7V・A 持续 4.2V・A G½阀 DC:12W AC:启动 23V・A 持续 15V・A	5～50	5000 万次
XQ250641			G1/4	6						
XQ250841			G1/4	8	0.15～1.0	15				
XQ251041			G3/8	10						
XQ251541			G1/2	12						

表 21-7-167　外形尺寸　mm

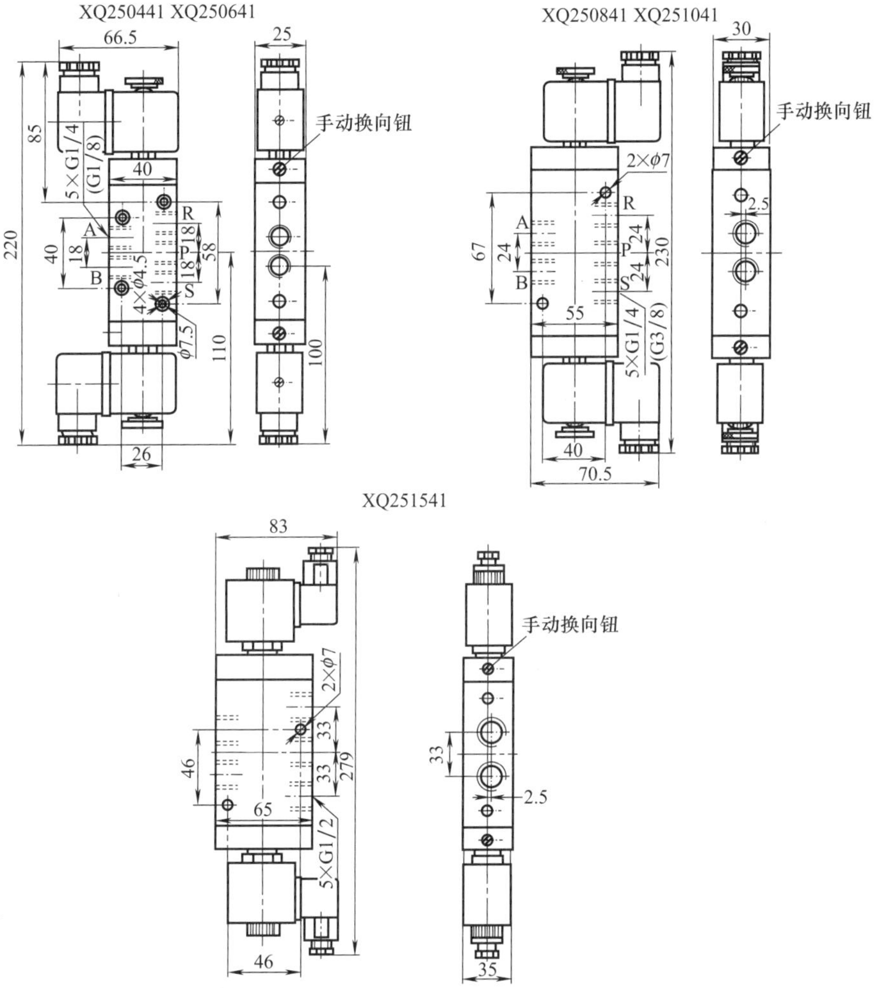

注：生产厂为上海新益气动元件有限公司。

7.2.1.9　XQ 系列三位五通电控换向阀（G1/8～G1/4）

表 21-7-168　主要技术参数

图形符号：

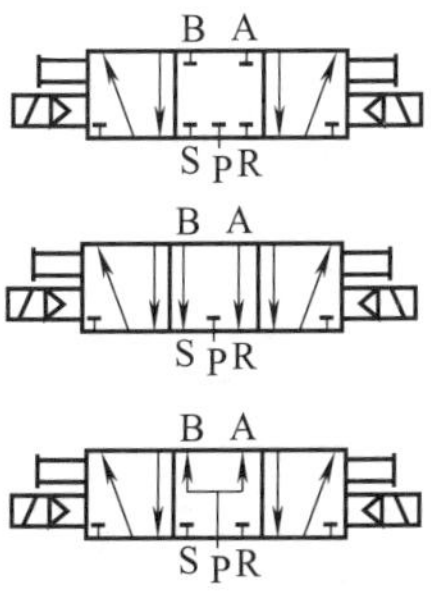

型号	功能型式		控制型式	接口螺纹	通径/mm	使用压力范围/MPa	切换时间/ms	工作电压/V	消耗功率	环境温度/℃	耐久性
XQ350441.0	三位五通	中封式	双电控	G1/8	4	0.25～1.0	10	DC:12 24 AC: 24/15Hz 110/50Hz 220/50Hz 允许电压波动±10%	G1/8～G3/8 阀 DC:3W AC:启动 7V·A 持续 4.2V·A	5～50	5000 万次
XQ350641.0				G1/4	6						
XQ350441.1		中卸式		G1/8	4						
XQ350641.1				G1/4	6						
XQ350441.2		中压式		G1/8	4						
XQ350641.2				G1/4	6						

表 21-7-169 外形尺寸 mm

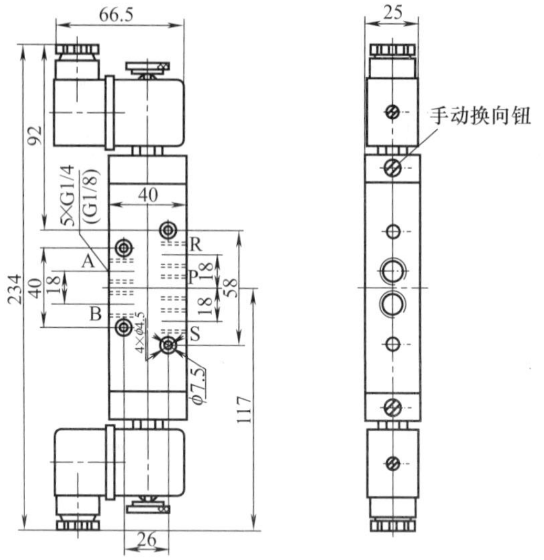

注：生产厂为上海新益气动元件有限公司。

7.2.2 2通、3通电磁换向阀

7.2.2.1 Q23DI型电磁先导阀（*DN*1.2～*DN*3）

型号意义：

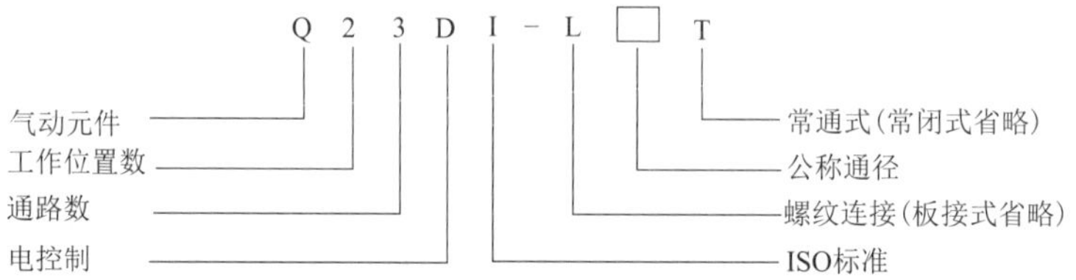

图形符号：

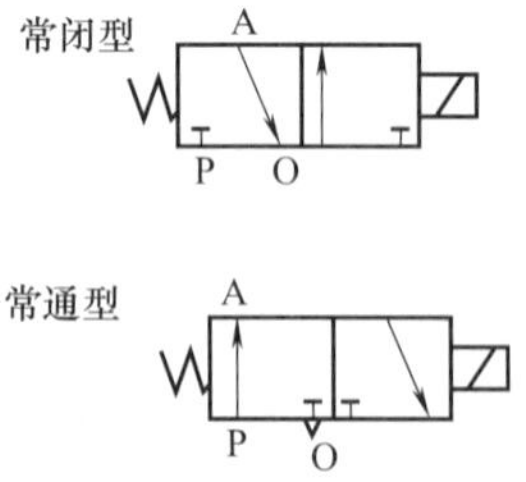

表 21-7-170 主要技术参数

公称通径/mm		1.2		2		3	
工作介质		经过净化并含有油雾的压缩空气					
工作压力范围/bar		0～8					
使用温度范围/℃		－10～＋50(但在不冻结条件下)					
有效截面积/mm²		≥0.5		≥1.6		≥3	
额定电压和电流①	交流	220V ≤60mA	36V ≤280mA	220V ≤75mA	36V ≤280mA	220V ≤130mA	36V ≤500mA
	直流	24V ≤280mA	12V ≤600mA	24V ≤300mA	12V ≤600mA	24V ≤400mA	12V ≤800mA
允许电压波动/%		－15～＋10					
换向时间/s		≤0.03					
绝缘电阻/MΩ		≥1.5					
最高换向频率/Hz		≥16					

① 除上述电压可选用外，还可选用交流127V、110V、24V，直流48V、36V、5V。

表 21-7-171　　外形尺寸　　mm

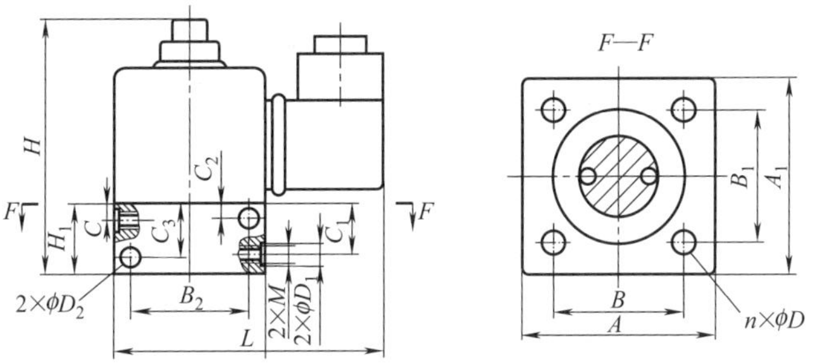

通径	A	A_1	B	B_1	B_2	H	H_1	L	C	C_1	C_2	C_3	$n\times\phi D$	$2\times\phi D_1$	$2\times\phi D_2$	$2\times M$
Q23DI-1.2	27 (32)	32	16 (24)	22 (24)		62.5	16	65					2×ϕ4.5			
Q23DI-L1.2	32	32	22 (24)	22 (24)	22 (24)	62.5	19	65	8	13	6.5	14	2×ϕ4.5	2×ϕ8.5	2×ϕ4.5	2×M5
Q23DI-1.2T	27 (32)	32	16 (24)	22 (24)		74	13	65					2×ϕ4.5			
Q23DI-L1.2T	32	32	22 (24)	22 (24)	22 (24)	78	17	65	10	10	11	11	2×ϕ4.5	2×ϕ8.5	2×ϕ4.5	2×M5
Q23DI-2	35 (40)	38 (40)	21 (30)	28 (30)		74	18	70					4×ϕ4.5			
Q23DI-L2	38 (40)	38 (40)	28 (30)	28 (30)	28 (30)	77	21	70	9.5	15	9	16	4×ϕ4.5	2×ϕ8.5	2×ϕ4.5	2×M5
Q23DI-2T	35 (40)	38 (40)	21 (30)	28 (30)		93	16	70					4×ϕ4.5			
Q23DI-L2T	38 (40)	38 (40)	28 (30)	28 (30)	28 (30)	96	19	70	13	13	14	14	4×ϕ4.5	2×ϕ8.5	2×ϕ4.5	2×M5
Q23DI-3	48	48	38	38		90	24	80					4×ϕ4.5			
Q23DI-L3	48	48	38	38	38	96	30	80	15	21	11	25	4×ϕ4.5	2×ϕ14	2×ϕ4.5	2× M10×1
Q23DI-3T	48	48	38	38		104	20	80					4×ϕ4.5			
Q23DI-L3T	48	48	38	38	38	112	28	80	19	19	19	19	4×ϕ4.5	2×ϕ14	2×ϕ4.5	2× M10×1

注：1. 表中带括号尺寸是符合联合设计的电磁先导阀的外形安装尺寸，用户可根据需要进行使用，并在订货时说明。
2. 生产厂为肇庆方大气动有限公司。

7.2.2.2　3V100 系列电磁换向阀（M5～R_c1/8）

型号意义：

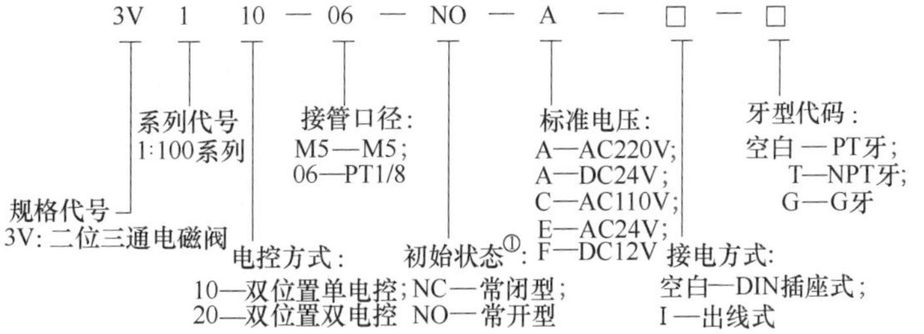

① 双位置双电控型无常开、常闭之分，故此项代码为空白。

表 21-7-172　**主要技术参数**

型号	3V110-M5	3V120-M5	3V110-06	3V120-06
工作介质	空气(经 40μm 滤网过滤)			
动作形式	先导式			
接管口径①	M5		Rc1/8	
有效截面积/mm²	5.5(C_V=0.31)		12.0(C_V=0.67)	
位置数	二位三通			
润滑②	不需要			
使用压力范围/MPa	0.15～0.8(21～114psi)			
保证耐压力/MPa	1.5(215psi)			
工作温度/℃	－20～70			
本体材质	铝合金			

① 接管牙型有 NPT、G 牙可供选择。

② 如有加油润滑，中途不可停止，建议润滑油为 ISO VG32 或同级用油。

表 21-7-173　**电性能参数**

项　目	具体参数
标准电压	AC220、AC110V、AC24V、DC24V、DC12V
使用电压范围	AC：±15%　DC：±10%
耗电量	AC：2.5V·A　DC：2.5W
保护等级	IP65(DIN 40050)
耐热等级	B 级
接电型式	DIN 插座式、出线式
励磁时间/s	0.05 以下
最高动作频率①/次·秒⁻¹	5

① 最高动作频率为空载状态。

表 21-7-174　**外形尺寸**　mm

3V110DIN 插座式

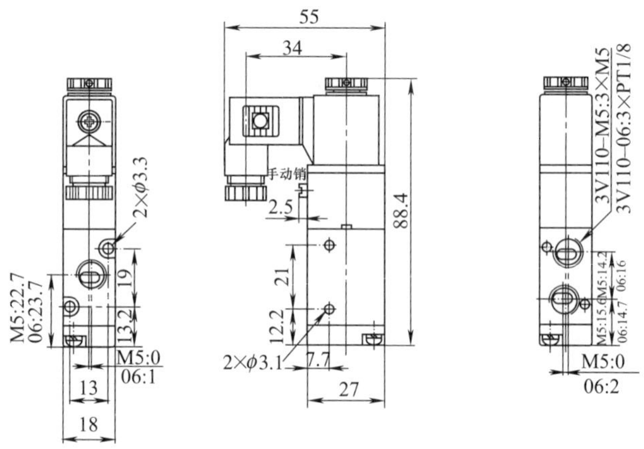

3V110 出线式

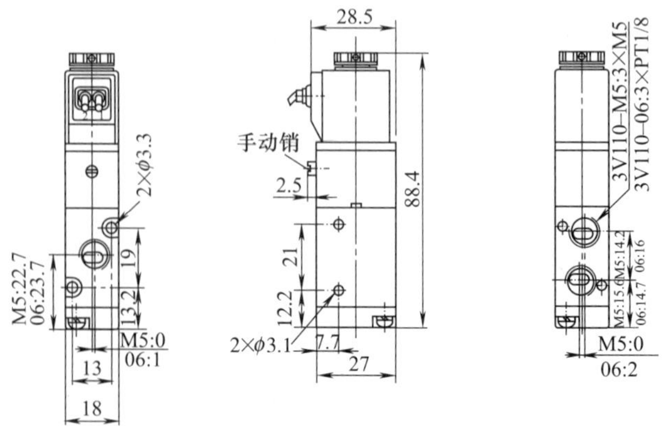

续表

3V120DIN 插座式	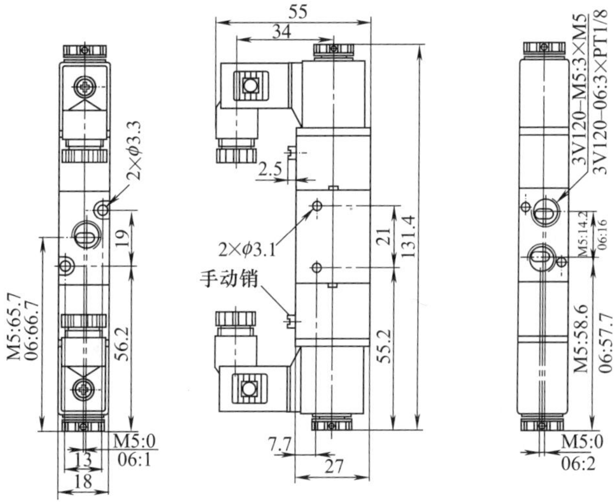
3V120 出线式	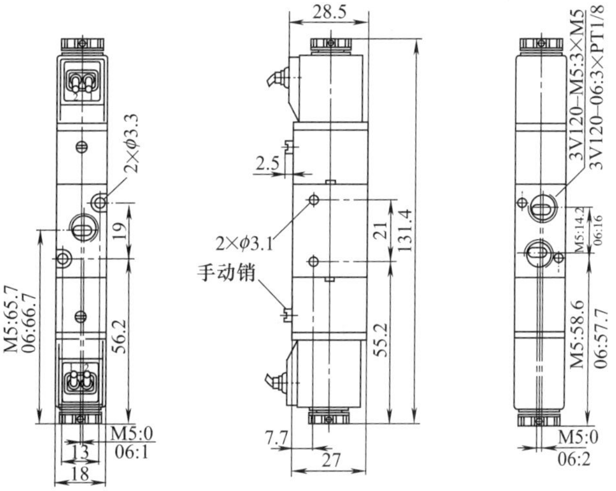

注：生产厂为亚德客公司。

7.2.3 气控换向阀

7.2.3.1 3A100 系列气控换向阀（M5～R_c1/8）

型号意义：

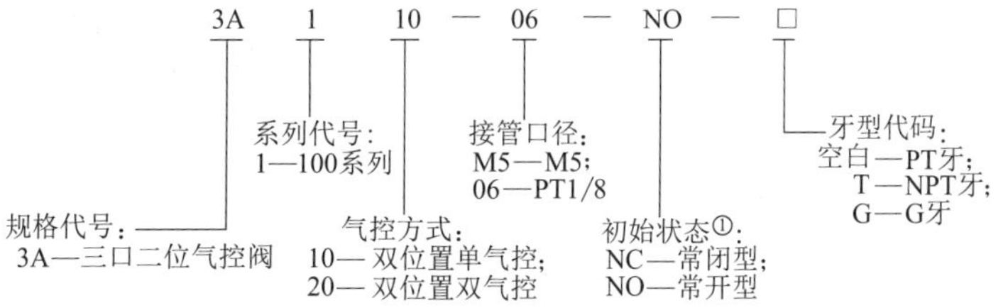

① 双位置双气控型无常开、常闭之分，故此项代码为空白。

表 21-7-175　　**主要技术参数**

型　号	3A110-M5	3A120-M5	3A110-06	3A120-06
工作介质	空气(经 40μm 滤网过滤)			
动作形式	外部气控式			
接管口径①	M5		R_c1/8	
有效截面积/mm²	5.5(C_V=0.31)		12.0(C_V=0.67)	
位置数	三口二位			
润滑②	不需要			
使用压力范围/MPa	0.15～0.8(21～114psi)			
保证耐压力/MPa	1.5(215psi)			
工作温度/℃	−20～70			
本体材质	铝合金			
最高动作频率③/次·秒⁻¹	5			

① 接管牙型有 NPT、G 牙可供选择。
② 如有加油润滑，中途不可停止，建议润滑油为 ISO VG32 或同级同油。
③ 最高动作频率为空载时状态。

表 21-7-176　　**外形尺寸**　　mm

3A110

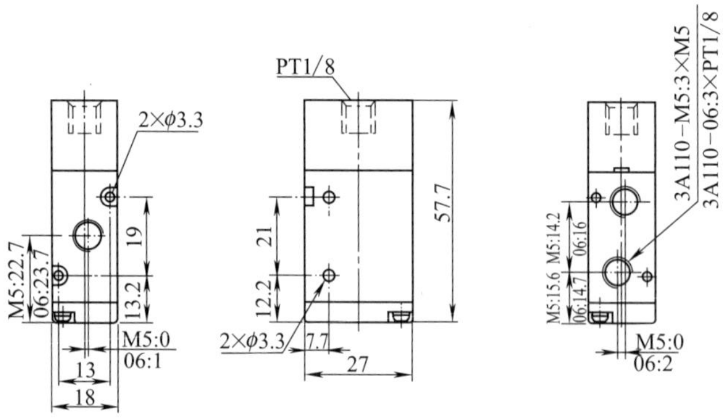

3A120

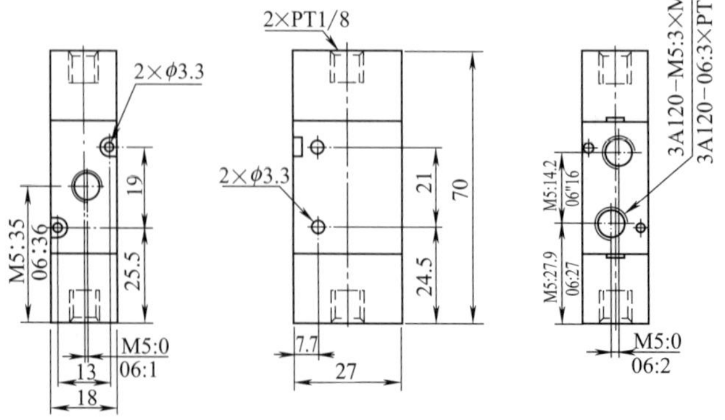

注：生产厂为亚德客公司。

7.2.3.2　4A100 系列气控换向阀（M5～R_c1/8）

型号意义：

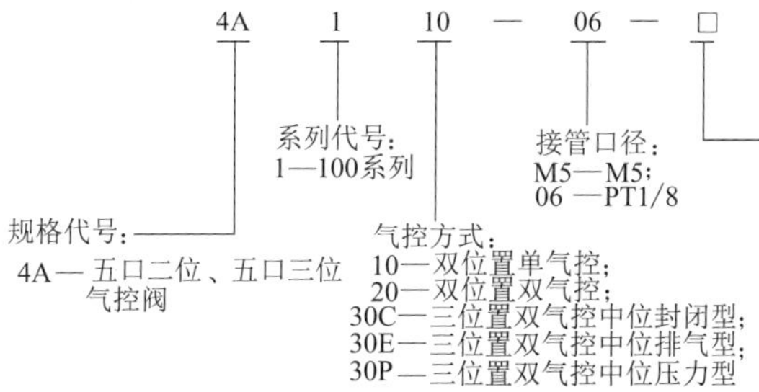

表 21-7-177　　主要技术参数

型　　号	4A110-M5 4A120-M5	4A130C-M5 4A130E-M5 4A130P-M5	4A110-06 4A120-06	4A130C-06 4A130E-06 4A130P-06
工作介质	空气(经 40μm 滤网过滤)			
动作形式	外部气控式			
接管口径①	进气＝出气＝M5		进气＝出气＝PT1/8	
有效截面积/mm²	5.5 (C_V＝0.31)	5.0 (C_V＝0.28)	12.0 (C_V＝0.67)	9.0 (C_V＝0.50)
位置数	二位五通	三位五通	二位五通	三位五通
使用压力范围/MPa	0.15～0.8(21～114psi)			
保证耐压力/MPa	1.5(215psi)			
工作温度/℃	－20～70			
本体材质	铝合金			
润滑②	不需要			
最高动作频率③/次·秒$^{-1}$	5	3	5	3
质量/g	4A110-M5:85 4A120-M5:140	165	4A110-06:85 4A120-06:140	165

① 接管牙型有 NPT、G 牙可供选择。
② 如有加油润滑，中途不可停止，建议润滑油为 ISO VG32 或同级用油。
③ 最高动作频率为空载时状态。

表 21-7-178　　外形尺寸　　mm

4A110

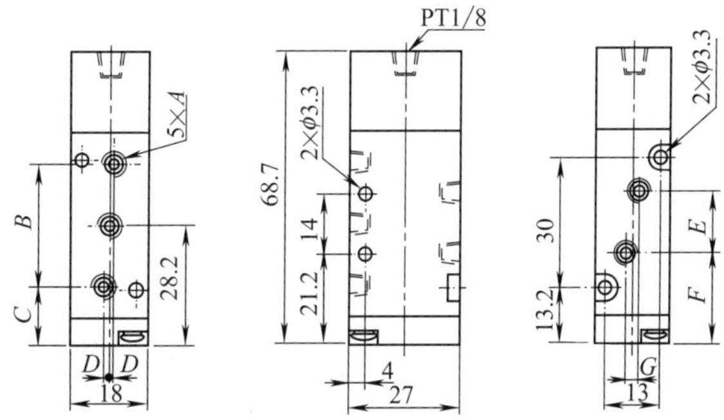

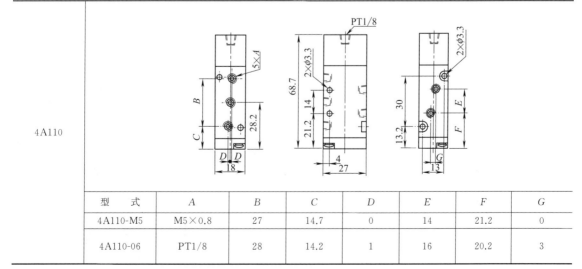

型　　式	A	B	C	D	E	F	G
4A110-M5	M5×0.8	27	14.7	0	14	21.2	0
4A110-06	PT1/8	28	14.2	1	16	20.2	3

续表

4A120

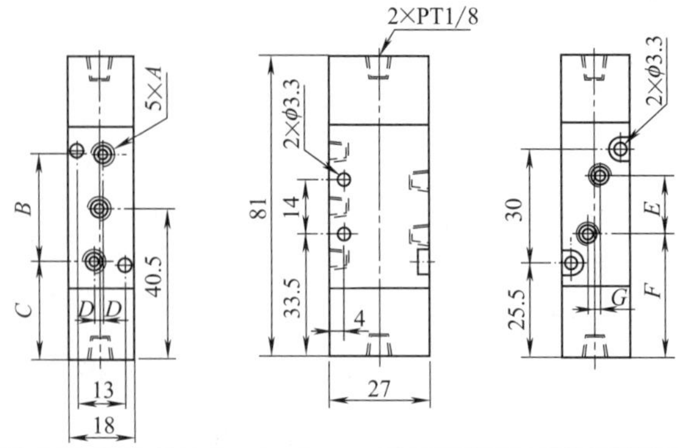

型　式	A	B	C	D	E	F	G
4A120-M5	M5×0.8	27	27	0	14	33.5	0
4A120-06	PT1/8	28	26.5	1	16	32.5	3

4A130

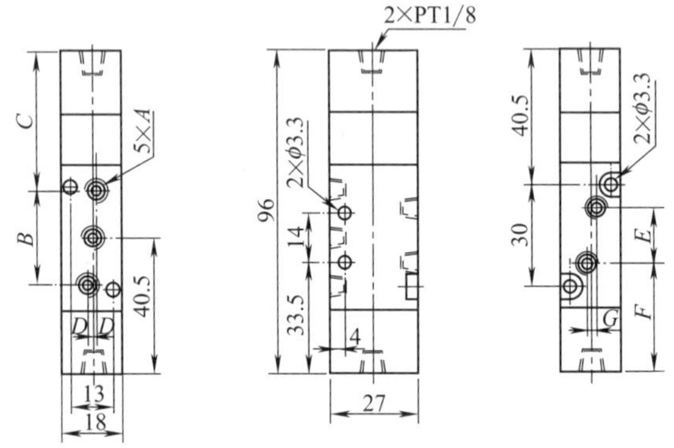

型　式	A	B	C	D	E	F	G
4A130-M5	M5×0.8	27	42	0	14	33.5	0
4A130-06	PT1/8	28	41.5	1	16	32.5	3

注：生产厂为亚德客公司。

7.2.3.3 3KA2系列5通气控阀（M5～R_c1/8）

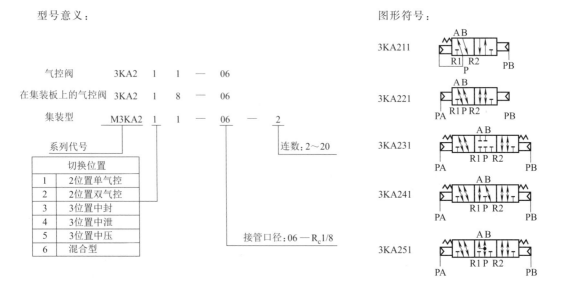

型号意义：

气控阀　3KA2　1　1　—　06

在集装板上的气控阀　3KA2　1　8　—　06

集装型　M3KA2　1　1　—　06　—　2

系列代号

连数：2～20

切换位置	
1	2位置单气控
2	2位置双气控
3	3位置中封
4	3位置中泄
5	3位置中压
6	混合型

接管口径：06—R_c1/8

图形符号：

3KA211

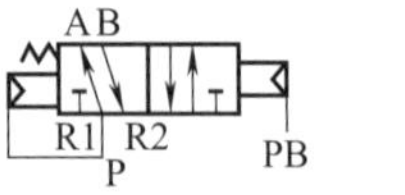

3KA221

3KA231

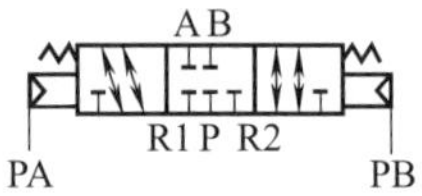

3KA241

3KA251

表 21-7-179　**主要技术参数**

型　　号		3KA211	3KA221	3KA231	3KA241	3KA251
使用流体		洁净压缩空气				
使用压力范围/MPa		0.15～0.7 (1.5～7.1kgf/cm²)	0～0.7 (0～7.1kgf/cm²)			
最低气控压力/MPa		0.6×主路压力+0.06 (0.6×主路压力+0.6kgf/cm²)		0.2(2.0kgf/cm²)		
最高气控压力/MPa		0.7(7.1kgf/cm²)				
有效截面积(C_V 值)/mm²		12.5(0.68)		11(0.60)		
接管口径	P 口	R_c1/8				
	A,B 口					
	R1,R2 口					
	Pilot 口	M5				

表 21-7-180　**外形尺寸**　mm

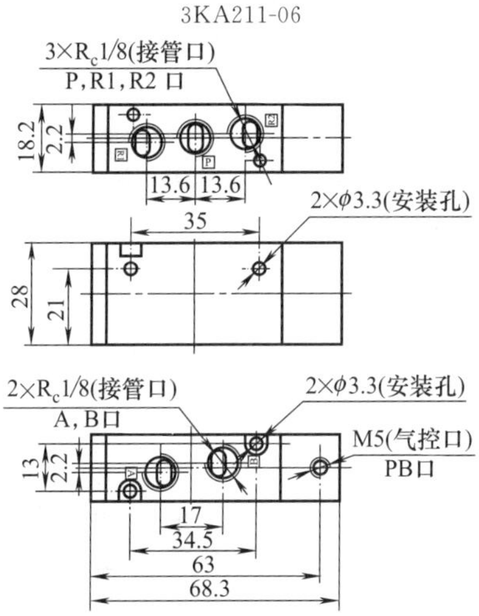

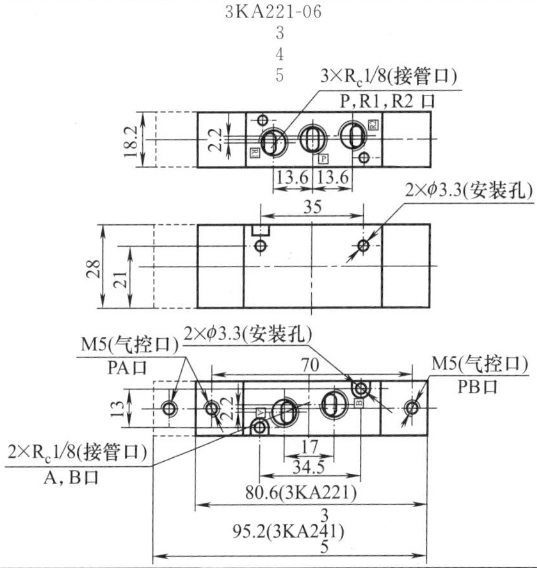

注：生产厂为无锡气动技术研究所有限公司。

7.2.3.4　3KA3 系列 5 通气控阀（R_c1/8～R_c1/4）

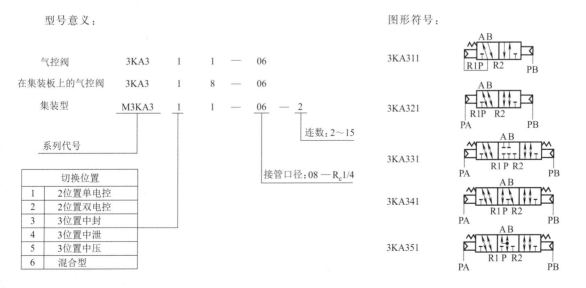

型号意义：

气控阀	3KA3	1	1	—	06	
在集装板上的气控阀	3KA3	1	8	—	06	
集装型	M3KA3	1	1	—	06	— 2

系列代号：M3KA3

连数：2～15

接管口径：08 — R_c1/4

切换位置	
1	2位置单电控
2	2位置双电控
3	3位置中封
4	3位置中泄
5	3位置中压
6	混合型

图形符号：

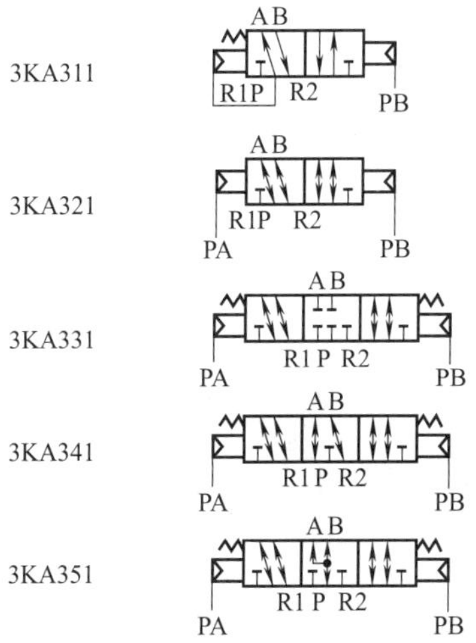

表 21-7-181　　**主要技术参数**

型号		3KA311	3KA321	3KA331	3KA341	3KA351
使用流体		洁净压缩空气				
使用压力范围/MPa		0.15～0.7 (1.5～7.1kgf/cm^2)	0～0.7 (0～7.1kgf/cm^2)			
最低气控压力/MPa		0.6×主路压力+0.06 (0.6×主路压力+0.6kgf/cm^2)		0.2(2.0kgf/cm^2)		
最高气控压力/MPa		0.7(7.1kgf/cm^2)				
有效截面积(C_V 值)/mm^2		25(1.36)		22(1.20)		
接管口径	P 口	R_c1/4				
	A,B 口					
	R1,R2 口					
	Pilot 口	R_c1/8				

表 21-7-182　　**外形尺寸**

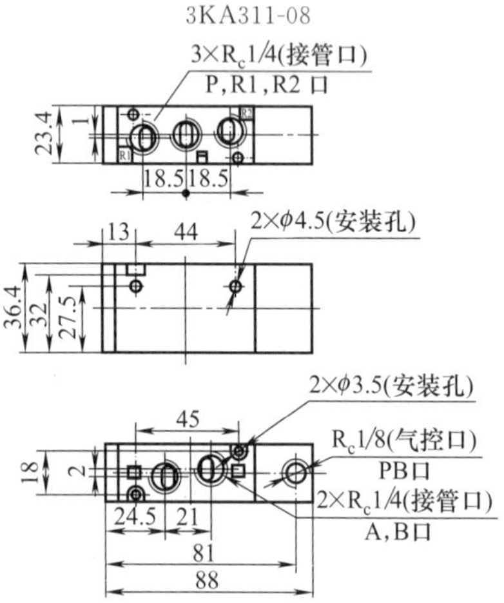

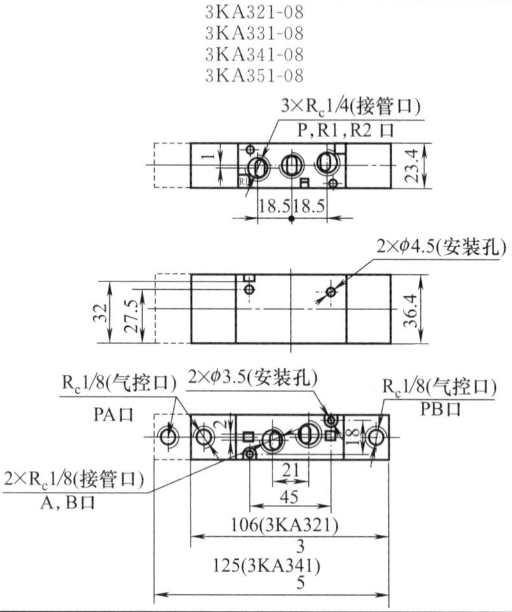

注：生产厂为无锡气动技术研究所有限公司。

7.2.3.5　3KA4 系列 5 通气控阀（R_c1/8～R_c3/8）

型号意义：

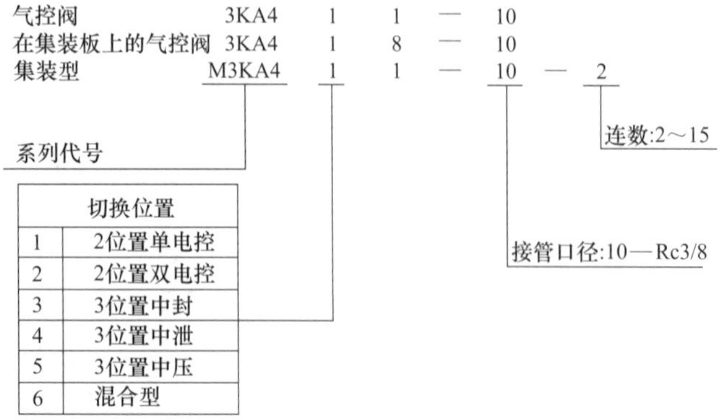

图形符号：

3KA411
3KA421
3KA431
3KA441
3KA451

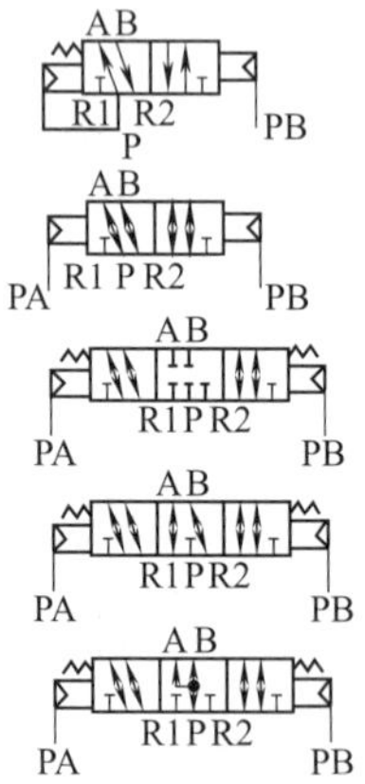

表 21-7-183　　主要技术参数

型号		3KA411	3KA421	3KA431	3KA441	3KA451
使用流体		洁净压缩空气				
使用压力范围/MPa		0.15～0.7 (1.5～7.1kgf/cm²)	0～0.7 (0～7.1kgf/cm²)			
最低气控压力/MPa		0.6×主路压力+0.06 (0.6×主路压力+0.6kgf/cm²)		0.2(2.0kgf/cm²)		
最高气控压力/MPa		0.7(7.1kgf/cm²)				
有效截面积(C_V 值)/mm²		50(2.71)		43(2.33)		
接管口径	P 口	R_c3/8				
	A,B 口					
	R1,R2 口					
	Pilot 口	R_c1/8				

表 21-7-184　　外形尺寸　　mm

3KA411-10

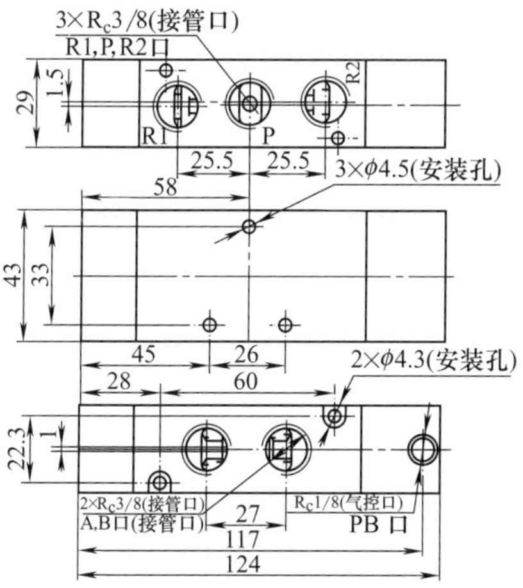

3KA421-10
3KA431-10
3KA441-10
3KA451-10

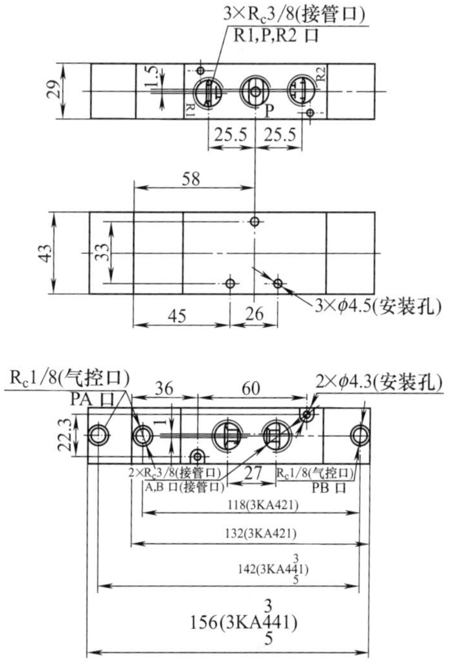

注：生产厂为无锡气动技术研究所有限公司。

7.2.4　手控、机控换向阀

7.2.4.1　$^{2}_{3}$4R8 系列四通手动转阀（G1/8～G3/4）

型号意义：　　　　图形符号：

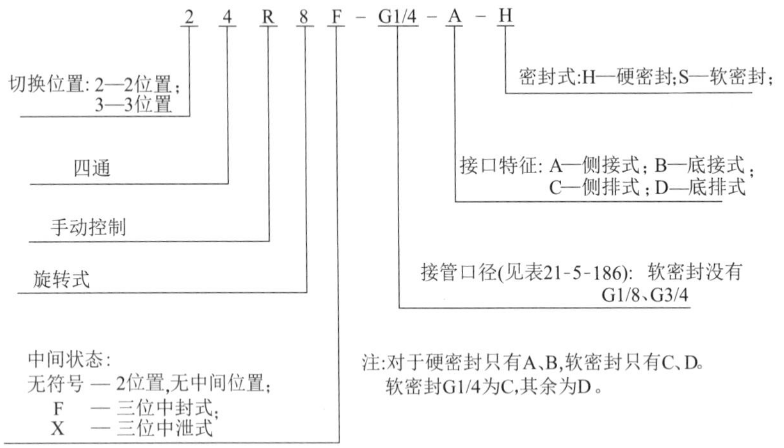

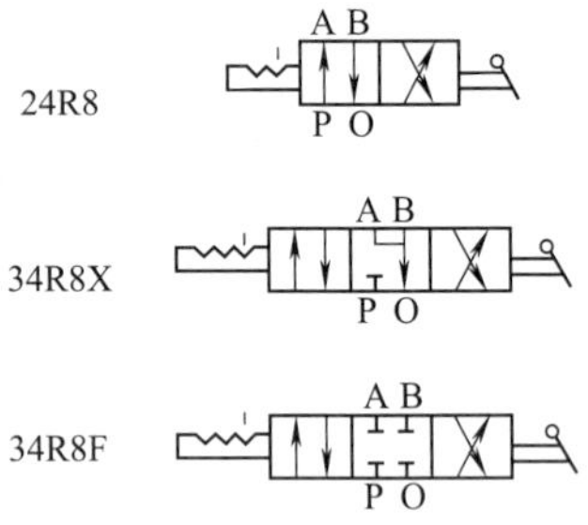

表 21-7-185　　　　主要技术参数

接管口径	G1/8 硬密封	G1/4	G3/8	G1/2	G3/4 硬密封
使用流体	洁净压缩空气				
使用压力范围/MPa	0～0.97(0～9.9kgf/cm²)				
耐压/MPa	1.5(15kgf/cm²)				
流体温度/℃	5～60				
最大转动角度/(°)	90				
有效截面积/mm²	15	17	50	55	55

表 21-7-186　　　　外形尺寸　　　　mm

24R8-G1/8-A-H　　24R8-G1/4-A-H
34R8X-G1/8-A-H　　34R8X-G1/4-A-H
34R8F-G1/8-A-H　　34R8F-G1/4-A-H

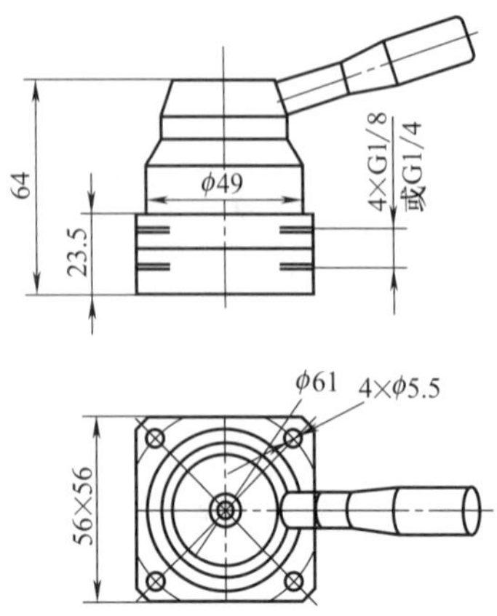

24R8-G1/8-B-H　　24R8-G1/4-B-H
34R8X-G1/8-B-H　　34R8X-G1/4-B-H
34R8F-G1/8-B-H　　34R8F-G1/4-B-H

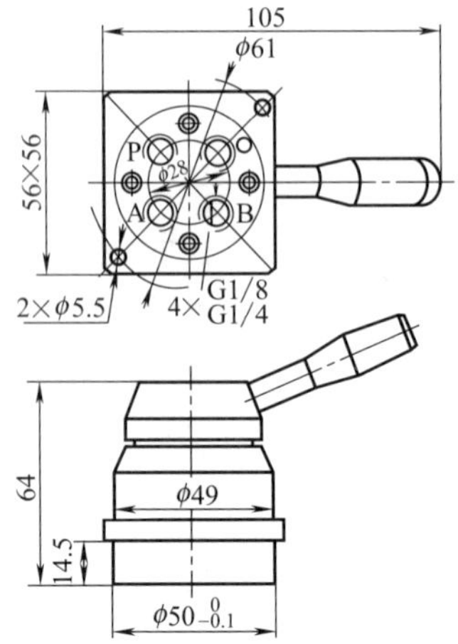

续表

24R8-G3/8-A-H
24R8-G1/2-A-H
24R8-G3/4-A-H
34R8X-G3/8-A-H
34R8X-G1/2-A-H
34R8X-G3/4-A-H
34R8F-G3/8-A-H
34R8F-G1/2-A-H
34R8F-G3/4-A-H

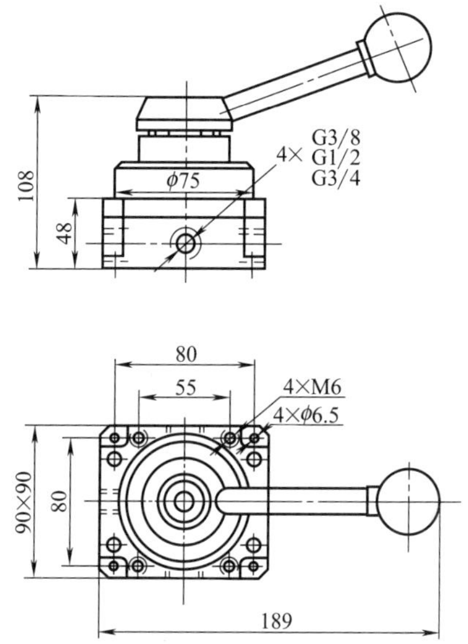

24R8-G1/4-D-S
34R8F-G1/4-D-S
34R8X-G1/4-D-S

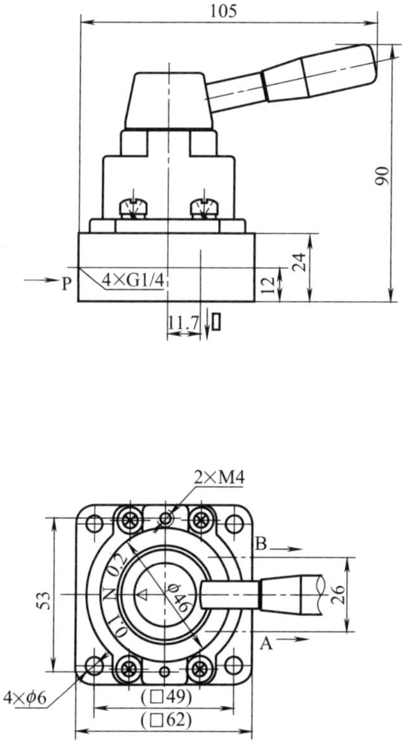

24R8-G3/8-C-S
34R8F-G3/8-C-S
34R8X-G3/8-C-S
24R8-G1/2-C-S
34R8F-G1/2-C-S
34R8X-G1/2-C-S

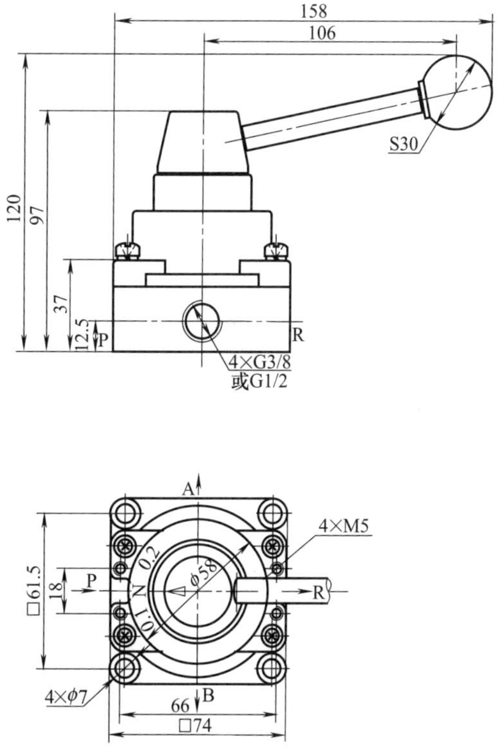

注：生产厂为无锡气动技术研究所有限公司。

7.2.4.2　S3 系列机械阀（M5～R_c1/4）

型号意义：

S3　PM　—　06　—　R　□

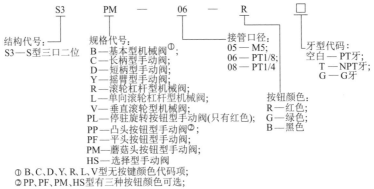

结构代号：
S3—S型三口二位

规格代号：
B—基本型机械阀①；
C—长柄型手动阀；
D—短柄型手动阀；
Y—摇臂型手动阀；
R—滚轮杠杆型机械阀；
L—单向滚轮杠杆型机械阀；
V—垂直滚轮型机械阀；
PL—停驻旋转按钮型手动阀(只有红色)；
PP—凸头按钮型手动阀②；
PF—平头按钮型手动阀；
PM—蘑菇头按钮型手动阀；
HS—选择型手动阀

接管口径：
05—M5；
06—PT1/8；
08—PT1/4

按钮颜色：
R—红色；
G—绿色；
B—黑色

牙型代码：
空白—PT牙；
T—NPT牙；
G—G牙

① B、C、D、Y、R、L、V型无按键颜色代码项；
② PP、PF、PM、HS型有三种按钮颜色可选；

图形符号：

表 21-7-187　主要技术参数

型号	S3B	S3C	S3D	S3V	S3R	S3L	S3Y	S3PM	S3PP	S3PF	S3PL	S3HS
工作介质	空气(经 40μm 滤网过滤)											
动作形式	外部控制直动式											
接管口径①	05：M5；06：PT1/8；08：PT1/4											
有效截面积/mm^2	05：2.5(C_V=0.14)；06：8.0(C_V=0.45)；08：12.0(C_V=0.67)											
位置数	二位三通											
润滑②	不需要											
使用压力范围/MPa	0～0.8(0～114psi)											
保证耐压力/MPa	1.5(215psi)											
工作温度/℃	−20～70											
本体材质	铝合金											

① 接管牙型有 NPT、G 牙可供选择。
② 如有加油润滑，中途不可停止，建议润滑油为 ISO VG32 或同级用油。

表 21-7-188　外形尺寸　mm

型号	C 长柄型		D 短柄型		Y 摇柄型	
订购方式	订购码	规格	订购码	规格	订购码	规格
	S3C210-P13A	S3C210 长柄组合	S3D210-P13A	S3D210 短柄组合	S3Y210-P13A	S3Y210 摇柄组合
适用产品	S3C05、S3C06、S3C08		S3D05、S3D06、S3D08		S3Y05、S3Y06、S3Y08	
外部尺寸	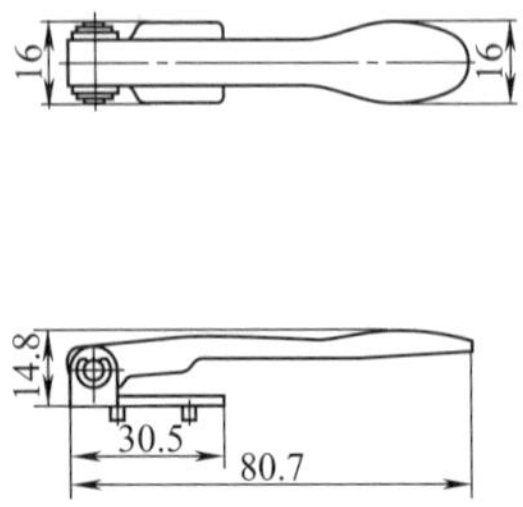		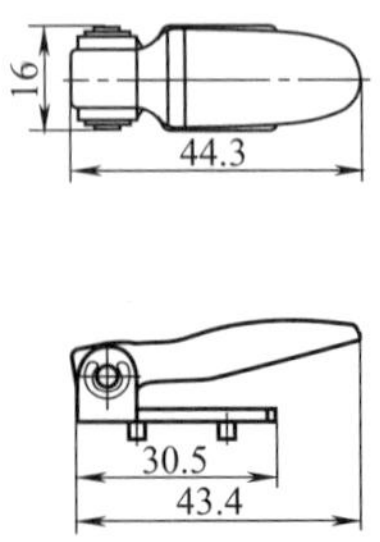		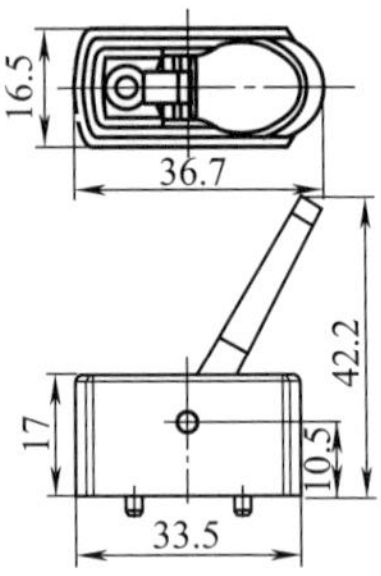	

续表

型　号	R 滚轮杠杆型		L 单向滚轮杠杆型		V 垂直滚轮型	
订购方式	订购码	规　　格	订购码	规　　格	订购码	规　　格
	S3R210-P14A	S3R210 滚轮杠杆组合	S3L210-P14A	S3L210 单向滚轮杠杆组合	S3V05(06、08)-P14	S3V05(06、08)垂直滚轮组合
适用产品	S3R05、S3R06、S3R08		S3L05、S3L06、S3L08		S3V05、S3V06、S3V08	
外部尺寸	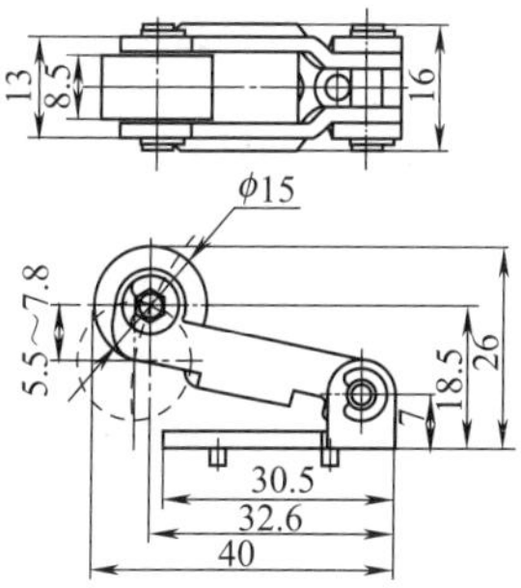		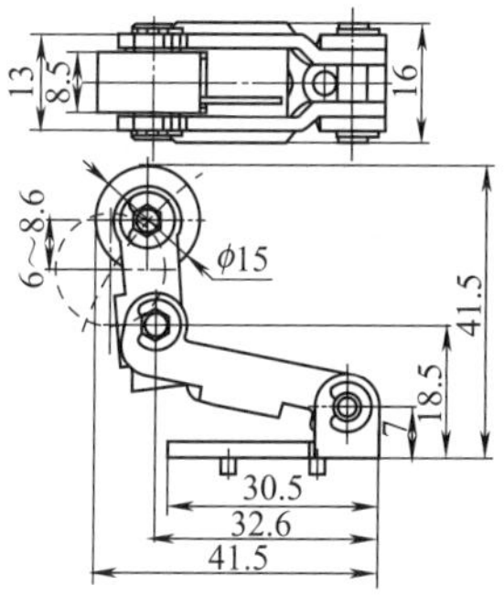		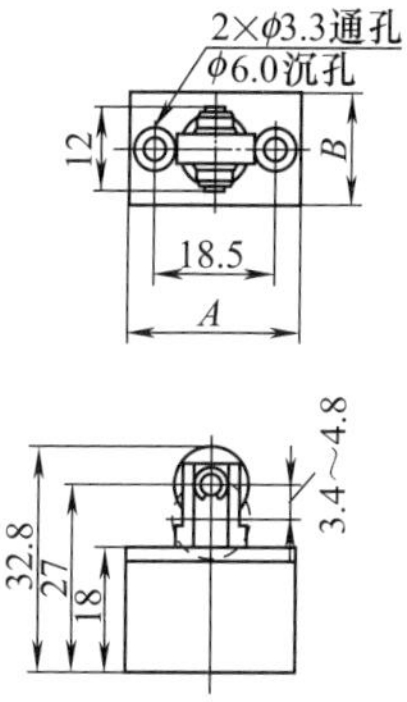	

型号	A	B
05 型	26	16.5
06 型	30	16.5
08 型	34	17.5

型　号	PP 凸头按钮型		PM 蘑菇头按钮型		PL 停驻旋转按钮型	
订购方式	订购码	规　格	订购码	规　格	订购码	规　格
	S3PP05-P11A	S3PP 凸头按钮组合(绿色)	S3PM05-P11A	S3PM 按钮组合(绿色)	S3PL05-P12A	S3PL 停驻旋转按钮组合(红色)
	S3PP05-P12A	S3PP 凸头按钮组合(红色)	S3PM05-P12A	S3PM 按钮组合(红色)		
	S3PP05-P13A	S3PP 凸头按钮组合(黑色)	S3PM05-P13A	S3PM 按钮组合(黑色)		
适用产品	S3PP05、S3PP06、S3PP08		S3PM05、S3PM06、S3PM08		S3PL05、S3PL06、S3PL08	
外部尺寸	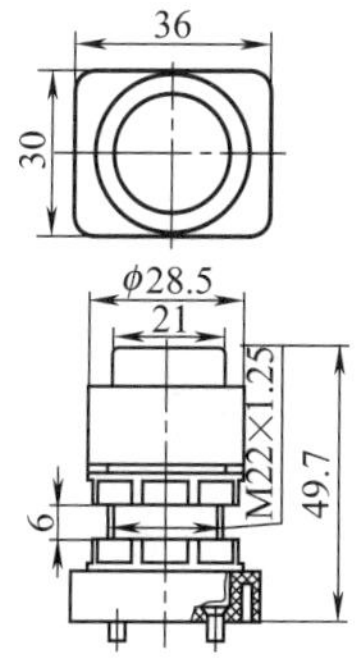		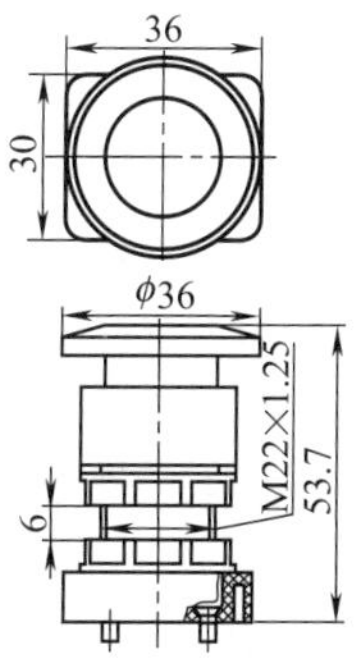		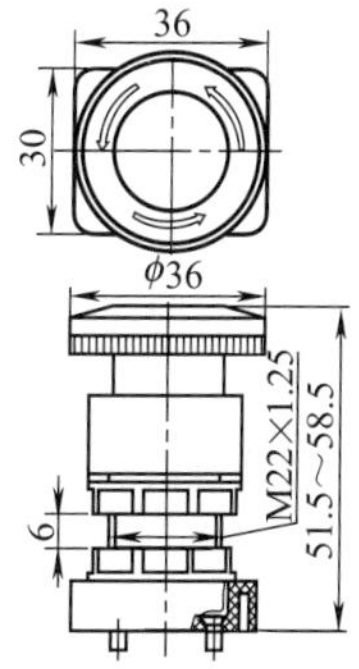	

续表

型 号	PF 平头按钮型		HS 旋钮型	
订购方式	订 购 码	规 格	订 购 码	规 格
	S3PF05-P11A	S3PF 平头按钮组合(绿色)	S3HS05-P11A	S3HS 旋钮组合(绿色)
	S3PF05-P12A	S3PF 平头按钮组合(红色)	S3HS05-P12A	S3HS 旋钮组合(红色)
	S3PF05-P13A	S3PF 平头按钮组合(黑色)	S3HS05-P13A	S3HS 旋钮组合(黑色)
适用产品	S3PF05、S3PF06、S3PF08		S3HS05、S3HS06、S3HS08	
外部尺寸	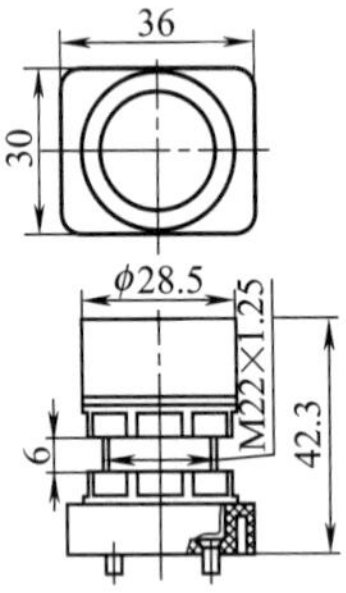		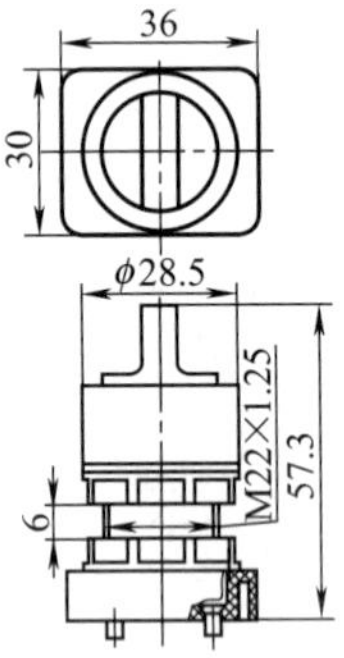	

注：生产厂为亚德客公司。

7.2.5 单向阀

7.2.5.1 KA 系列单向阀（*DN*3～*DN*25）

型号意义：

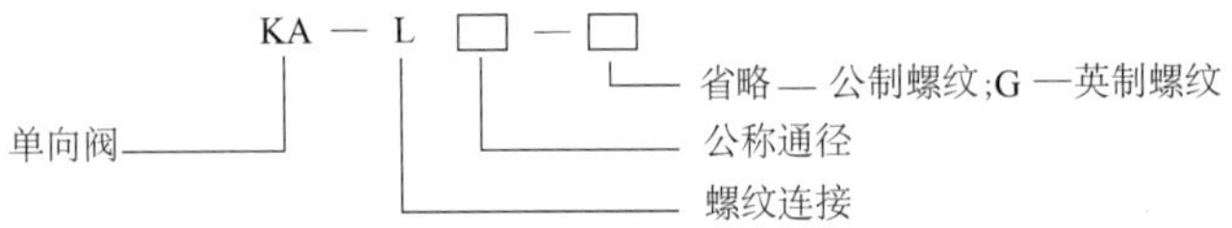

图形符号：

表 21-7-189 主要技术参数

公称通径/mm	3	6	8	10	15	20	25
工作介质	经净化的压缩空气						
工作压力范围/bar	0.5～8						
使用温度范围/℃	−25～+80(但在不冻结条件下)						
有效截面积/mm^2	5	10	20	40	60	110	190
开启压力/bar	<0.3		<0.2		<0.1		<0.1
关闭压力/bar	<0.25		<0.1		<0.08		<0.08

表 21-7-190 外形尺寸 mm

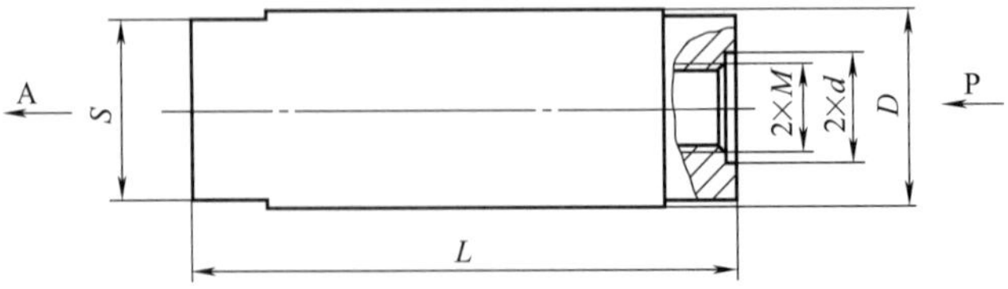

型 号	*L*	*D*	*S*	*M*		*d*
KA-L3	36	ϕ15	12	M6		ϕ9 深 1.4
KA-L6	73.5	ϕ30	26	M10×1	G1/8	ϕ13 深 1.4
KA-L8	73.5	ϕ30	26	M12×1.25	G1/4	ϕ16 深 1.8

第21篇

续表

型 号	L	D	S	M		d
KA-L10	85	ϕ38	34	M16×1.5	G3/8	ϕ20 深 1.8
KA-L15	85	ϕ38	34	M20×1.5	G1/2	ϕ24 深 1.8
KA-L20	112	ϕ55	46	M27×2	G3/4	ϕ32 深 2.4
KA-L25	112	ϕ55	46	M33×2	G1	ϕ40 深 2.7

注：生产厂为肇庆方大气动有限公司。

7.2.5.2 KAB 系列可控型单向阀（*DN*8～*DN*25）

型号意义：

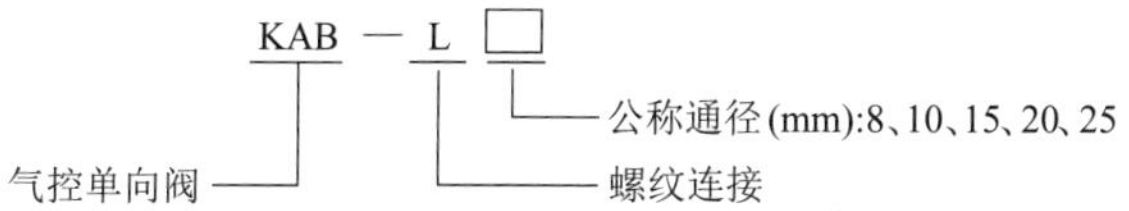

图形符号：

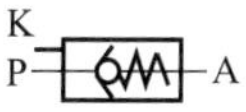

表 21-7-191 主要技术参数

使用介质	经过滤的压缩空气
工作压力范围/bar	2.5～10
使用温度范围/℃	−25～70
泄漏	0
先导压力	≥工作压力

表 21-7-192 外形尺寸 mm

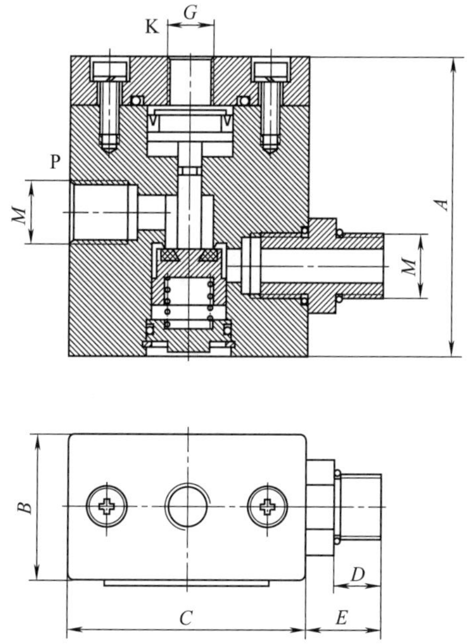

型 号	M	G	A	B	C	D	E
KAB-L8	G1/4	G1/8	61.5	30	50	10	16
KAB-L10	G3/8	G1/8	61.5	30	50	10	16
KAB-L15	G1/2	G1/8	61.5	30	50	10	20
KAB-L20	G3/4	G1/4	113.2	46	76	10	20
KAB-L25	G1	G1/4	113.2	46	76	10	20

注：生产厂为肇庆方大气动有限公司。

7.2.6　其他方向控制阀

7.2.6.1　QS 系列梭阀（$DN3 \sim DN25$）

型号意义：　　　　　　　　　　　　　　　图形符号：

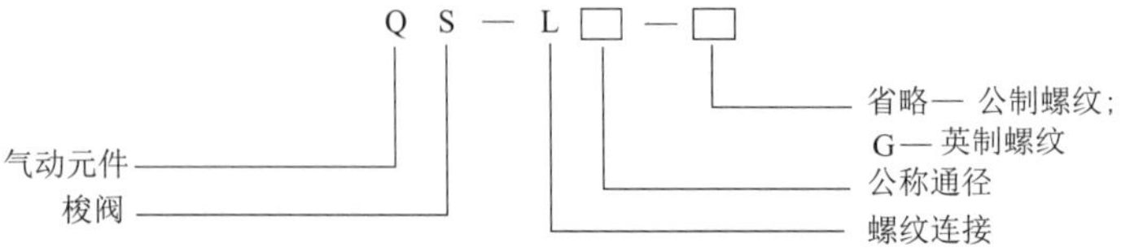

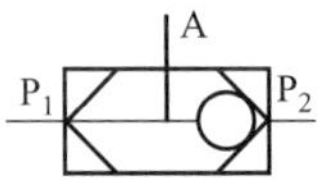

表 21-7-193　　　　　　　　主要技术参数

型　　号	QS-L3	QS-L6	QS-L8	QS-L10	QS-L15	QS-L20	QS-L25
通径/mm	3	6	8	10	15	20	25
工作介质	经过除水、滤尘、并含有油雾的压缩空气						
工作温度/℃	−5～+50						
环境温度/℃	−5～+50						
工作压力范围/bar	0.5～8						
额定流量/$m^3 \cdot h^{-1}$	0.7	2.5	5	7	10	20	30
额定流量下压降/bar	≤0.25	≤0.22	≤0.2	≤0.15	≤0.12	≤0.1	
泄漏量/$cm^3 \cdot min^{-1}$	≤30	≤50		≤120		≤250	
换向频率/Hz	≥10					≥5	
换向时间/s	≤0.03					≤0.03	

注：额定流量、额定流量下压降、泄漏量在压力为 5bar 条件下测定。

表 21-7-194　　　　　　　　外形尺寸　　　　　　　　mm

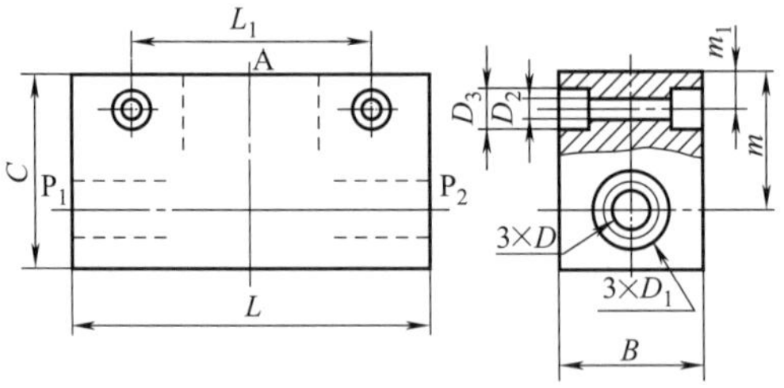

型号	通径	D		D_1	L	B	C	L_1	D_2	D_3	m_1	m
QS-L3	3		M6　深 8	ϕ9 深 1.4$^{0}_{-0.1}$	34	16	22	16	ϕ3.4		4	14
QS-L6	6	G1/8	M10×1 深 15	ϕ13 深 1.4$^{0}_{-0.1}$	60	25	42	36	ϕ4.5	ϕ8.5 深 4	9	28
QS-L8	8	G1/4	M12×1.25 深 15	ϕ16 深 1.8$^{0}_{-0.1}$	60	25	42	36	ϕ4.5	ϕ8.5 深 4	9	28
QS-L10	10	G3/8	M16×1.5 深 18	ϕ20 深 1.8$^{0}_{-0.1}$	75	36	52	48	ϕ6.6	ϕ12 深 7	10	34
QS-L15	15	G1/2	M20×1.5 深 18	ϕ24 深 1.8$^{0}_{-0.1}$	75	36	52	48	ϕ6.6	ϕ12 深 7	10	34
QS-L20	20	G3/4	M27×2 深 22	ϕ32 深 2.5$^{0}_{-0.1}$	110	60	76	72	ϕ6.6	ϕ12 深 7	10	46
QS-L25	25	G1	M33×2 深 22	ϕ40 深 2.5$^{0}_{-0.1}$	110	60	76	72	ϕ6.6	ϕ12 深 7	10	46

注：生产厂为肇庆方大气动有限公司。

7.2.6.2　KP 系列快速排气阀（DN3～DN25）

型号意义：

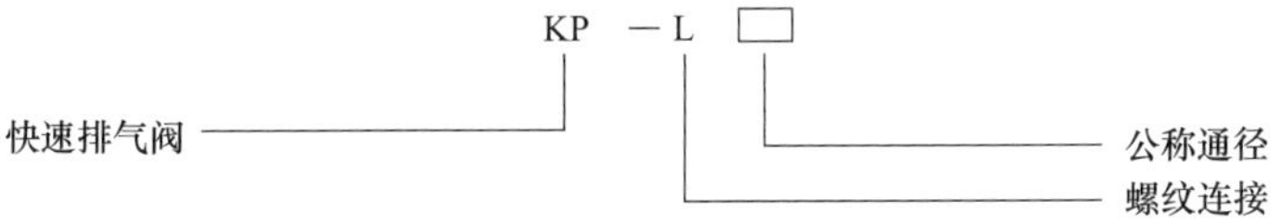

图形符号：

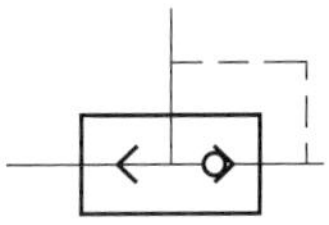

表 21-7-195　　主要技术参数

公称通径/mm		3	8	10	15	20	25
工作介质		干燥，洁净含有油雾的压缩空气					
工作压力范围/bar		1.2～8					
使用温度范围/℃		−20～+50（但在不冻结条件下）					
有效截面积/mm^2	P→A	4	20	40	60	110	190
	A→O	8	40	60	110	190	300
换向时间/s	P→A	≤0.04		≤0.05		≤0.06	
	A→O	≤0.03		≤0.04		≤0.05	

表 21-7-196　　外形尺寸　　mm

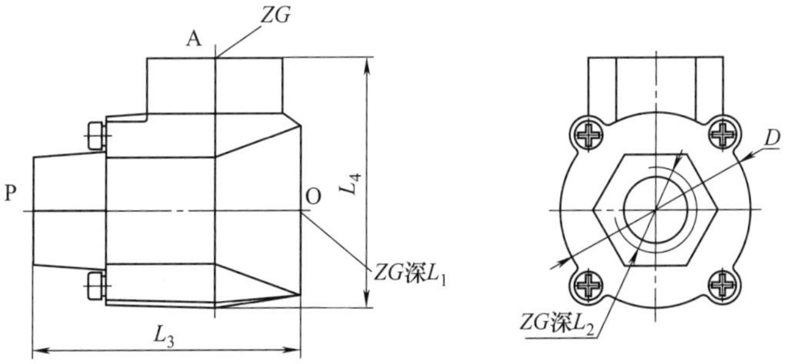

型　　号	ZG	L_1	L_2	L_3	L_4	D
KP-L3	G1/8	11	10	39	36	ϕ25
KP-L8	G1/4	18	15	49	48	ϕ32
KP-L10	G3/8	20	18	69	67	ϕ49
KP-L15	G1/2	20	18	69	67	ϕ49
KP-L20	G3/4	23	23	112	100	ϕ74
KP-L25	G1	25	25	112	100	ϕ74

注：生产厂为肇庆方大气动有限公司。

7.2.6.3　KSY 系列双压阀（DN3～DN15）

型号意义：

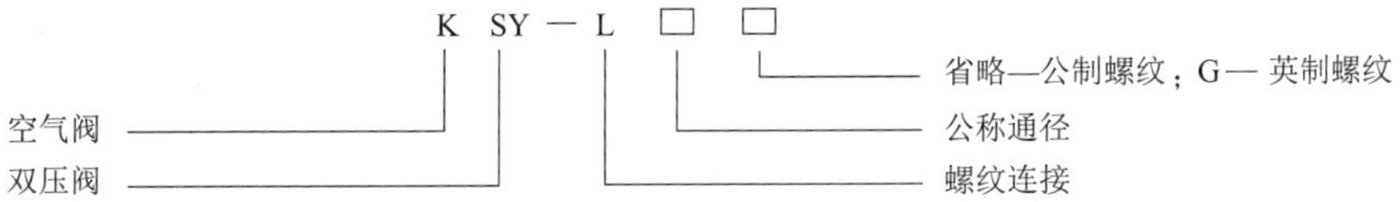

图形符号：

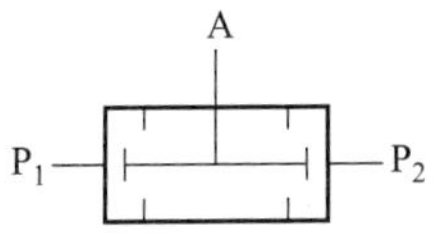

第21篇

表 21-7-197　　主要技术参数

型　　号	KSY-L3	KSY-L6	KSY-L8	KSY-L10	KSY-L15
公称通径/mm	3	6	8	10	15
工作介质	干燥压缩空气				
工作压力范围/bar	0.5～8				
介质温度/℃	0～50				
环境温度/℃	－10～＋50				
有效截面积/mm^2	4	10	20	40	60
泄漏量/$mL\cdot min^{-1}$	≤30	≤50		≤120	

表 21-7-198　　外形尺寸　　mm

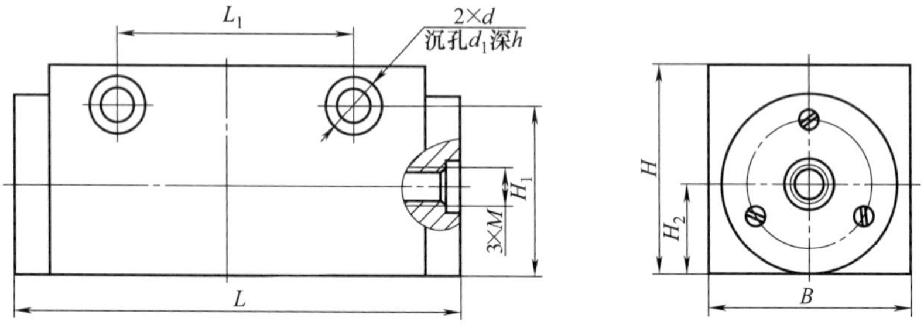

型号	L	L_1	B	H	H_1	H_2	M		d	d_1	h
KSY-L3	47	25	16	25	20.5	8	M6		ϕ4.5		
KSY-L6	92	50	48	50	42	22	G1/8	M10×1	ϕ6.5	10.5	6
KSY-L8							G1/4	M12×1.25			
KSY-L10	104	50	56	75	60	25	G3/8	M16×1.5	ϕ6.5	10.5	6
KSY-L15							G1/2	M20×1.5			

注：生产厂为肇庆方大气动有限公司。

7.2.6.4　XQ 系列二位三通、二位五通气控延时换向阀（G1/8～G1/4）

表 21-7-199　　主要技术参数

型号	功能型式	接口螺纹	通径/mm	延时范围	延时误差	使用压力范围	切换时间	介质温度	环境温度	耐久性
XQ230450	二位三通	G1/8	6	1～30s	8%	0.2～1.0MPa	30ms	－10～＋60℃	5～60℃	5000 万次
XQ230650		G1/4								
XQ250450	二位五通	G1/8								
XQ250650		G1/4								
XQ230451	二位三通	G1/8								
XQ230651		G1/4								
XQ250451	二位五通	G1/8								
XQ250651		G1/4								

表 21-7-200　　外形尺寸　　mm

内部气压复位	XQ230450 XQ230650 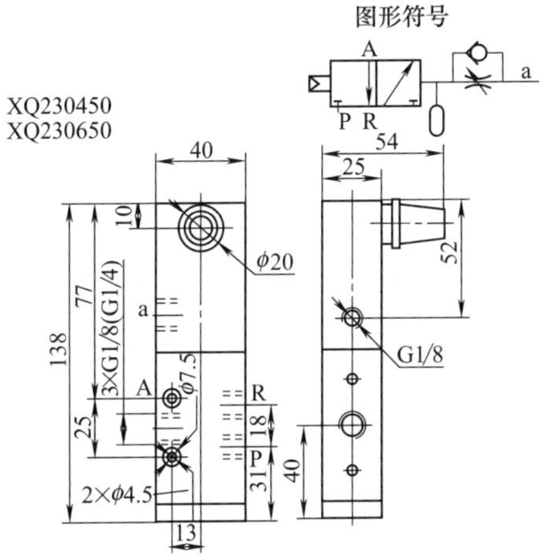	XQ250450 XQ250650 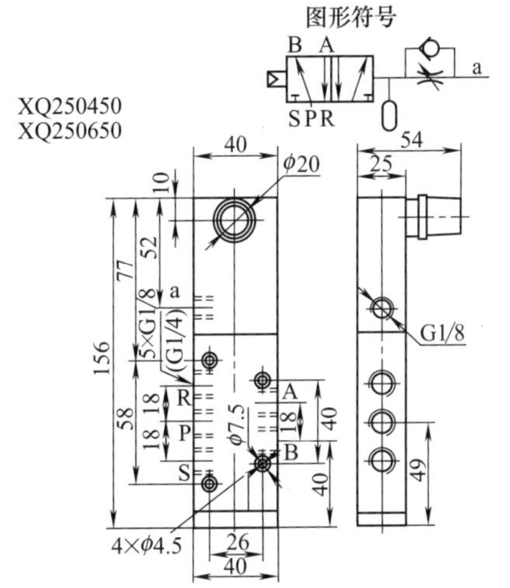
外部气压复位	XQ230451 XQ230651 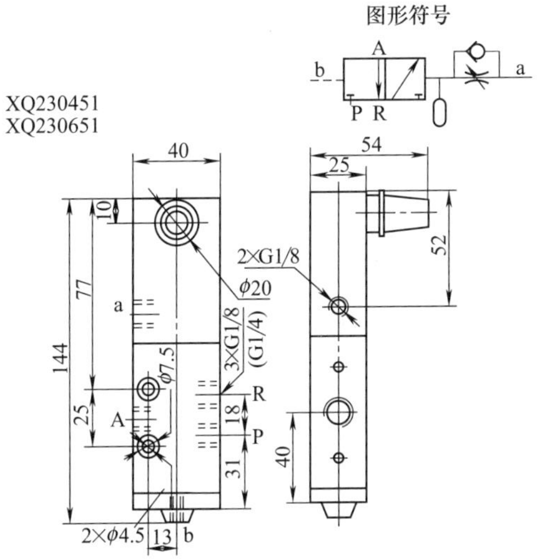	XQ250451 XQ250651 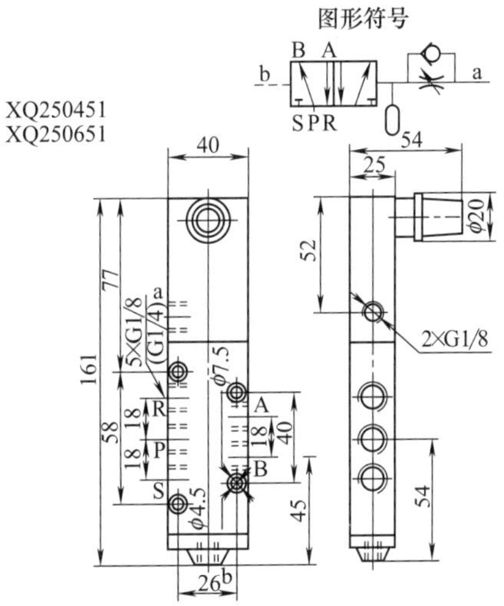

注：生产厂为肇庆方大气动有限公司。

7.3　流量控制阀

7.3.1　QLA 系列单向节流阀（$DN3 \sim DN25$）

型号意义：

Q　L　A—　L　□　—□

- Q：气动元件
- L：节流
- A：单向
- L：螺纹连接
- 第一个□：公称通径
- 第二个□：省略—公制螺纹；G— 英制螺纹

图形符号：

表 21-7-201 **主要技术参数**

型　　号		QLA-L3	QLA-L4	QLA-L6	QLA-L8	QLA-L10	QLA-L15	QLA-L20	QLA-L25
公称通径/mm		3	4	6	8	10	15	20	25
工作介质		经过净化，并含有油雾的压缩空气							
工作压力范围/bar		0.5～8							
使用温度范围/℃		−20～+80(但在不冻结条件下)							
有效截面积/mm^2	控制流道(P→A)	4	8	16	32	48	88	120	
	自由流道(A→P)	5	10	20	40	60	110	190	
开启压力/bar		≤0.5							
节流特性		曲线平滑，线性好，无突变							

表 21-7-202 **外形尺寸** mm

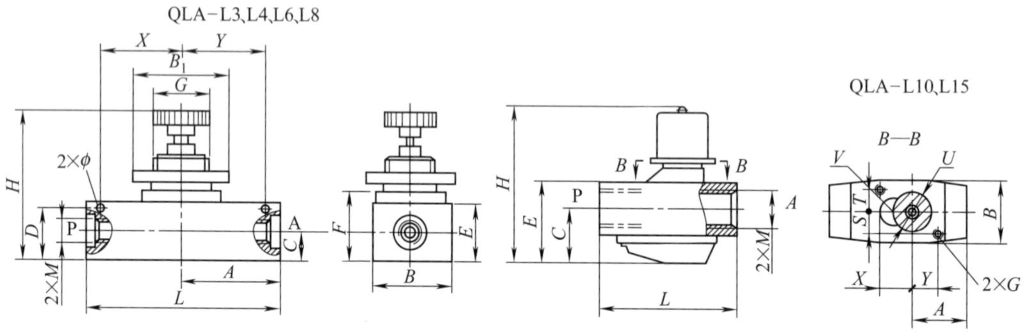

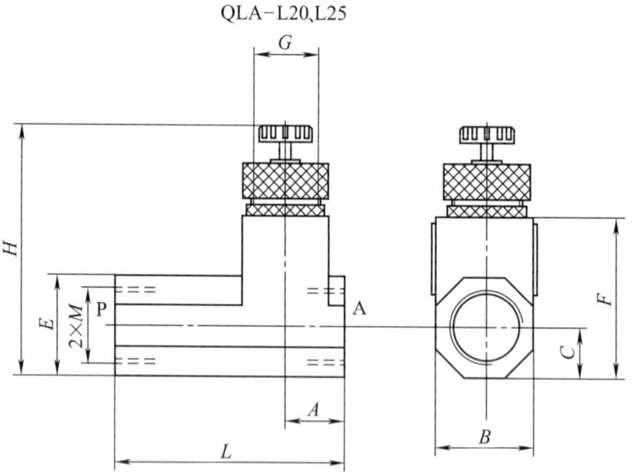

型号	M		L	B(B_1)	H	A	C	D	E	F	G	S	T	U	V	X	Y	φ
QLA-L3	M6		34	16	41.5～45.5	12	8.5	21	25	27	M6	—	—	—	—	17.5	7.5	φ4
QLA-L4	M10×1	G1/8	39	19	52.5～62	14.5	11.5	25	29	31	M6	—	—	—	—	17.5	7.5	φ4
QLA-L6	M10×1	G1/8	58	22 (26)	53～60	26	11	23	26	31	M16×1.5	—	—	—	—	28	22	φ4.2
QLA-L8	M14×1.5	G1/4																
QLA-L10	M18×1.5	G3/8	85	38	91～103	34	32	—	48	—	M24×1.5	12	13	φ26	R8	19	17	—
QLA-L15	M22×1.5	G1/2																
QLA-L20	M27×2	G3/4	103	φ50	109～123	33	24	—	48	78	M36×2	—	—	—	—	—	—	—
QLA-L25	M33×2	G1	98															

注：生产厂为肇庆方大气动有限公司。

7.3.2　ASC 系列单向节流阀（$R_c1/8 \sim R_c1/2$）

型号意义：

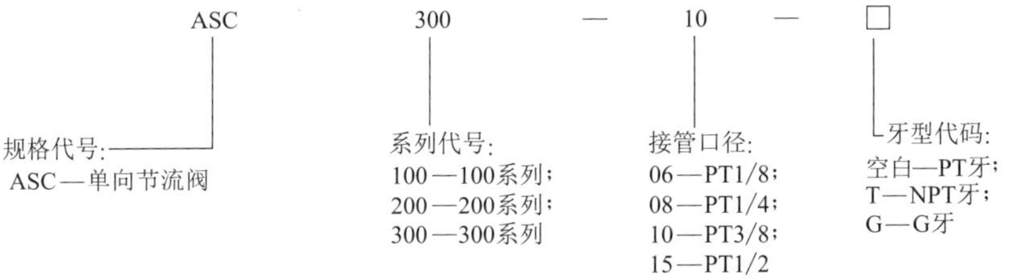

图形符号：

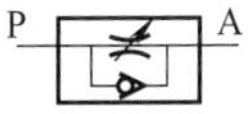

表 21-7-203　　主要技术参数

型　　号		ASC100-06	ASC200-08	ASC300-10	ASC300-15
工作介质		空气(经 40μm 滤网过滤)			
接管口径①		$R_c1/8$	$R_c1/4$	$R_c3/8$	$R_c1/2$
使用压力范围/MPa		0.05～0.95(7～135psi)			
保证耐压力/MPa		1.5(215psi)			
工作温度/℃		−20～70			
本体材质		铝合金			
标准额定流量 /L·min⁻¹	节流阀	200	450	1250	1650
	单向阀	400	800	1500	2500

① 接管牙型有 NPT、G 牙可供选择。

表 21-7-204　　外形尺寸　　mm

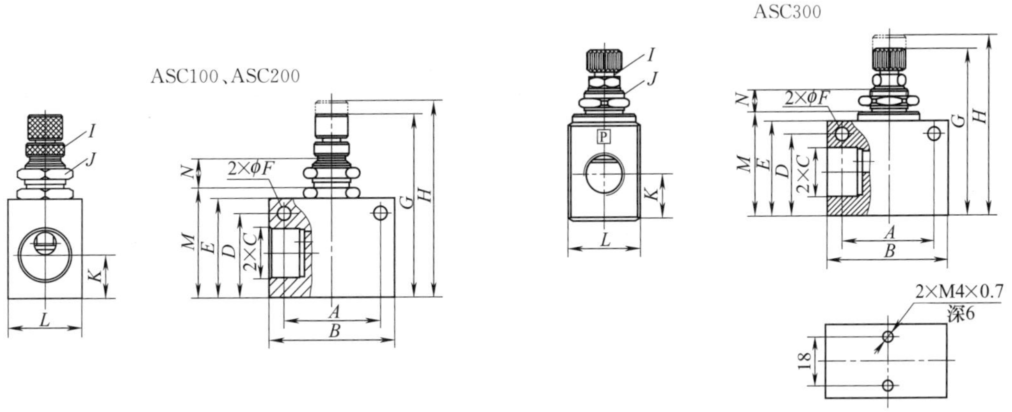

型号	ASC100-06	ASC200-08	ASC300-10	ASC300-15	型号	ASC100-06	ASC200-08	ASC300-10	ASC300-15
A	22	26	35	35	*H*	52.3	56.3	74	74
B	32	36	50	50	*I*	M6×0.5	M6×0.5	M8×0.75	M8×0.75
C	PT1/8	PT1/4	PT3/8	PT1/2	*J*	M12×0.75	M12×0.75	M16×1.0	M16×1.0
D	18	23	32	32	*K*	10	13.5	17.5	17.5
E	23	27	37	37	*L*	18	18	28	28
F	4.3	4.3	5.3	5.3	*M*	26	30	40.5	40.5
G	46.8	50.8	65	65	*N*	8.6	8.6	10.2	10.2

注：生产厂为亚德客公司。

7.4 压力控制阀

7.4.1 减压阀

7.4.1.1 QAR1000～5000系列空气减压阀（M5～G1）

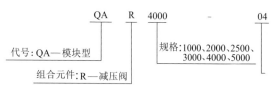

型号意义：

QA R 4000 - 04

代号：QA—模块型

组合元件：R—减压阀

规格：1000、2000、2500、3000、4000、5000

接管口径：M5—M5；01—G1/8；02—G1/4；03—G3/8；04—G1/2；06—G3/4；10—G1

图形符号：

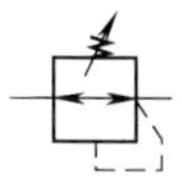

表 21-7-205 主要技术参数

最高使用压力	1.0MPa	环境及介质温度/℃	5～60
压力调节范围①/MPa	QAR1000：0.05～0.7 QAR2000～5000：0.05～0.85	阀型	带溢流型

① 还有调压范围0.05～0.25MPa。

表 21-7-206 型号及规格

型号	规格				配件		
	额定流量①/L·min⁻¹（ANR）	接管口径	压力表口径	质量/kg	压力表	支架（1个）	膜片组件
QAR1000-M5	100	M5×0.8	G1/16	0.08	QG27-10-R1	B120	1349161A
QAR2000-01	550	G1/8	G1/8	0.27	QG36-10-01	B220	
QAR2000-02	550	G1/4		0.27		B220	
QAR2500-02	2000	G1/4		0.27		B220	
QAR2500-03	2000	G3/8		0.27		B220	
QAR3000-02	2500	G1/4		0.41		B320	131515A
QAR3000-03	2500	G3/8		0.41		B320	
QAR4000-03	6000	G3/8	G1/4	0.84	QG46-10-02	B420	131614A
QAR4000-04	6000	G1/2		0.84		B420	
QAR4000-06	6000	G3/4		0.94		B420	
QAR5000-06	8000	G3/4		1.19		B640	
QAR5000-10	8000	G1		1.19		B640	

① 进口压力为0.7MPa，出口压力为0.5MPa的情况下。

表 21-7-207　　外形尺寸和特性曲线　　mm

外形尺寸

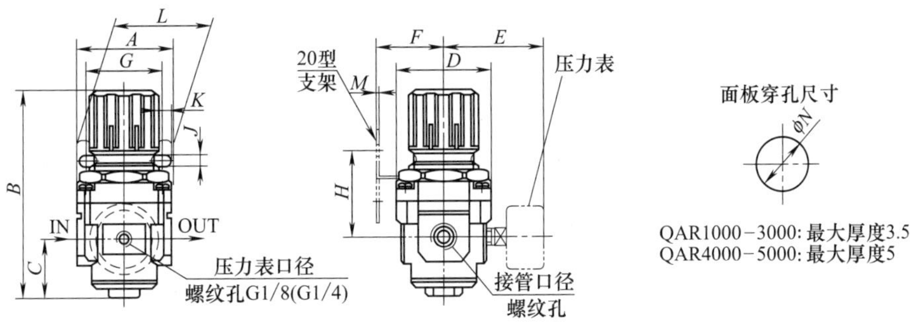

型号	接管口径	*A*	*B*	*C*	*D*	*E*	*F*	*G*	*H*	*J*	*K*	*L*	*M*	*N*
QAR1000	M5×0.8	25	61.5	11	25	26	25	28	30	4.5	6.5	40	2	20.5
QAR2000	G1/8～G1/4	40	95	17	40	56.8	30	34	45	5.4	15.4	55	2.3	33.5
QAR2500	G1/4～G3/8	53	102.5	25	48	60.8	30	34	44	5.4	15.4	55	2.3	33.5
QAR3000	G1/4～G3/8	53	127.5	35	53	60.8	41	40	46	6.5	8	53	2.3	42.5
QAR4000	G3/8～G1/2	70	149.5	37.5	70	65.5	50	54	54	8.5	10.5	70	2.3	52.5
QAR4000-06	G3/4	75	154.5	40.5	70	69.5	50	54	56	8.5	10.5	70	2.3	52.5
QAR5000	G3/4～G1	90	168	48	90	75.5	70	66	65.8	11	13	90	3.2	52.5

特性曲线

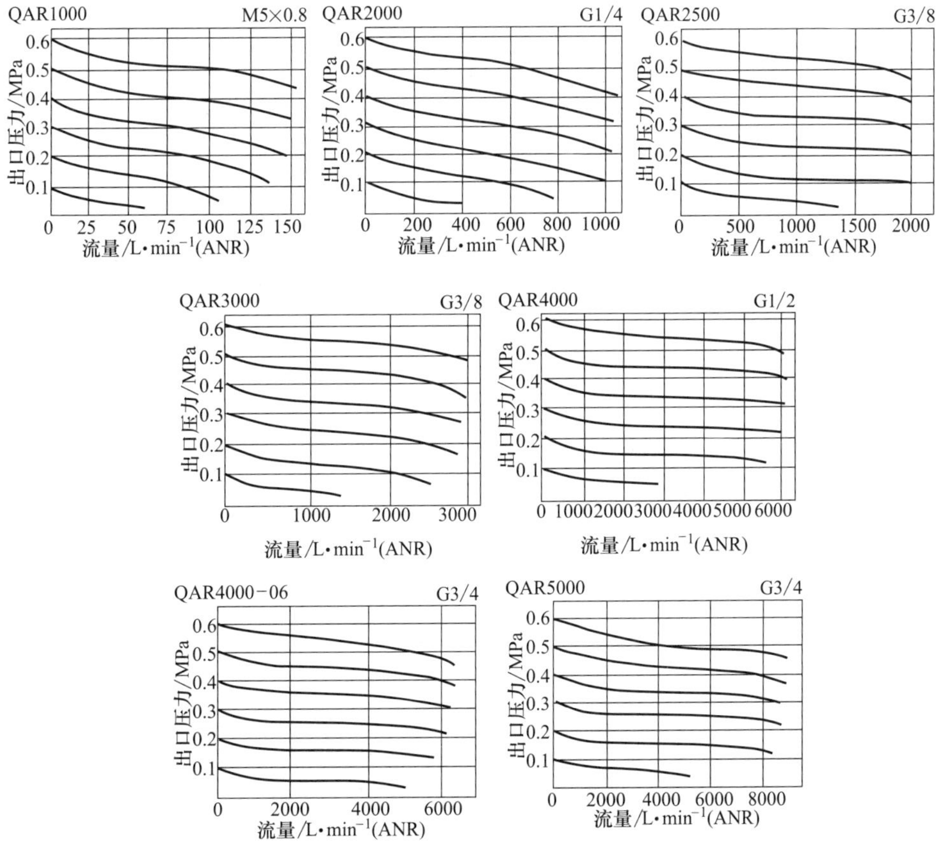

图(a)　流量特性曲线

续表

特性曲线

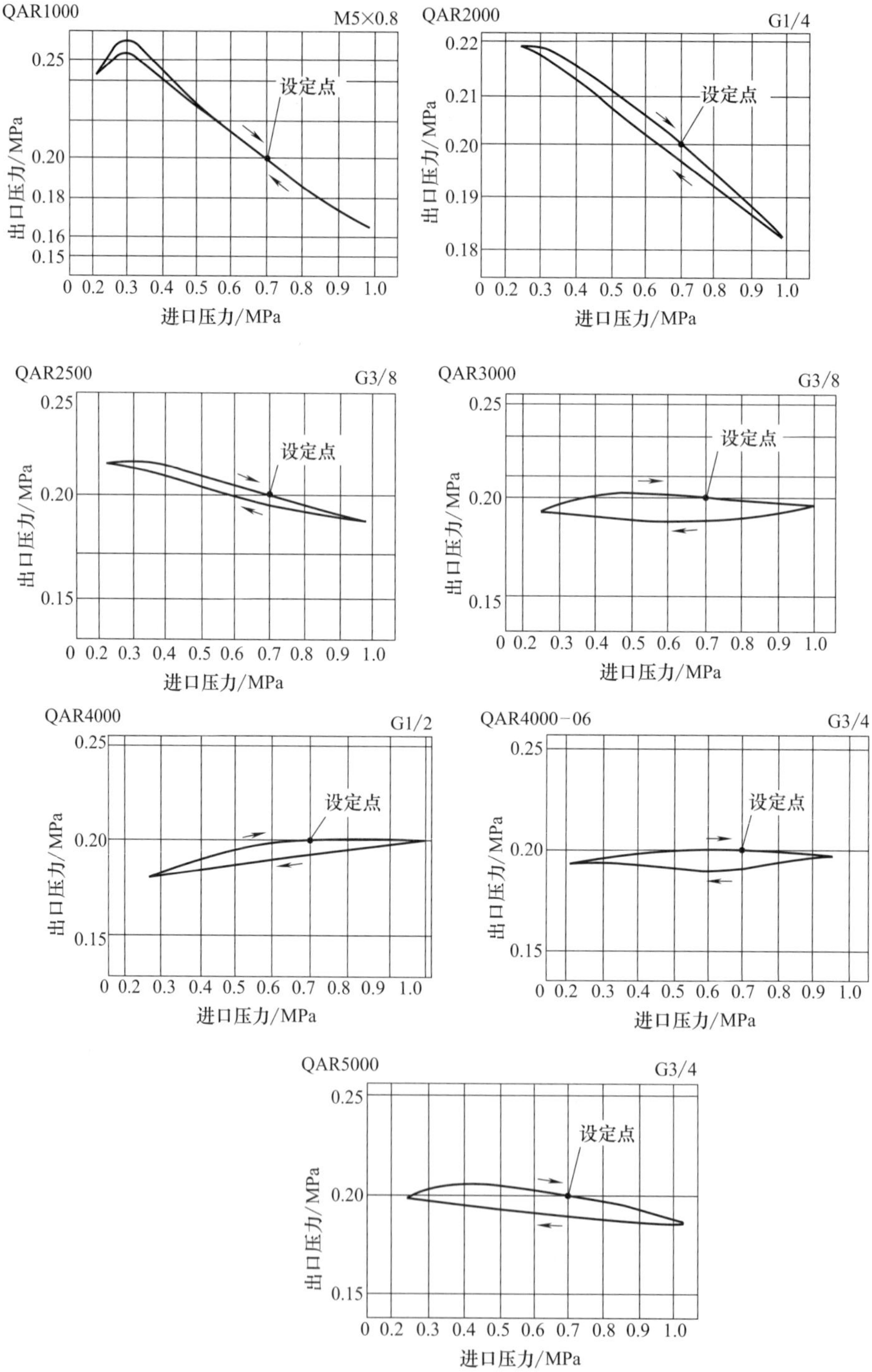

图(b) 压力特性曲线

注：生产厂为上海新益气动元件有限公司。

7.4.1.2　QTYA 系列空气减压阀（$DN3 \sim DN15$）

型号意义：　　　　图形符号：

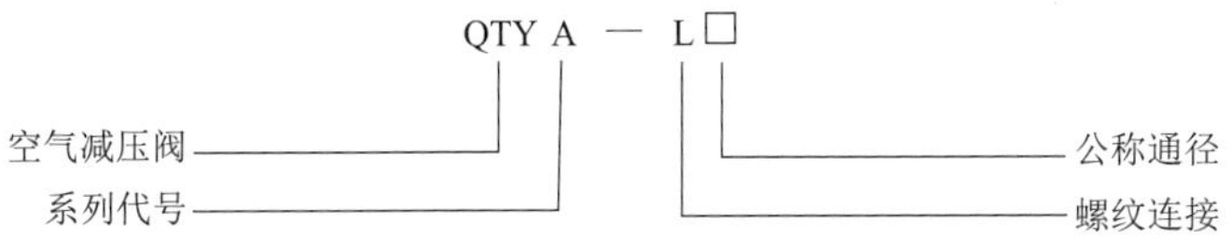

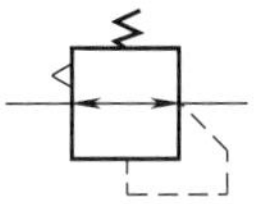

表 21-7-208　　**主要技术参数**

型　号		QTYA			
通径/mm		3	8	10	15
工作介质		经净化的压缩空气			
使用温度范围/℃		−25～+80(但在不冻结条件下)			
最高进口压力/bar		10			
调压范围/bar		0.5～6.3			
压力特性		空气过滤减压阀输出流量稳定在给定值，其调定的输出压力随输入压力的变化而变化的值不大于 0.5bar			
流量特性	空气流量(在标准状态下) /$dm^3 \cdot min^{-1}$	进口压力 10bar；出口压力 4bar			
		165	580	1450	1660
		指出口压力降 1bar 时，其最大流量不少于上值			

表 21-7-209　　**外形尺寸**　　mm

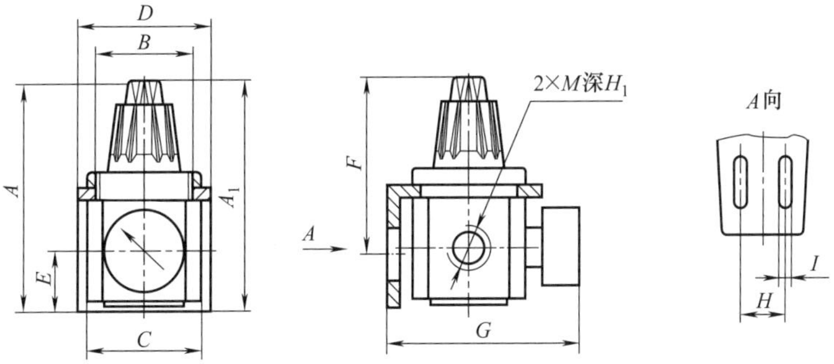

型　号	A	A_1	B	C	D	E	F	G	H	H_1	I	M(连接螺纹)
QTYA-L3	82	83	M30×1.5	40×40	45	20	62	79	30	9	6.4	G1/8
QTYA-L8	82	83	M30×1.5	40×40	45	20	62	79	30	9	6.4	G1/4
QTYA-L10	120	128	M50×1.5	60×60	70	30	105	115	19	12	10.5	G3/8
QTYA-L15	120	128	M50×1.5	60×60	70	30	105	115	19	12	10.5	G1/2

注：生产厂为肇庆方大气动有限公司。

7.4.1.3　QPJM2000 系列精密减压阀（G1/4）

表 21-7-210　　主要技术参数

型　　号	QPJM2010-02	QPJM2020-02
最高使用压力/MPa	1.0	
最低工作压力①/MPa	设定压力+0.05	
调节范围/MPa	0.005～0.4	0.005～0.8
灵敏度	≤0.2%(满值)	
重复精度	≤±0.5%(满值)	
耗气量②/L·min⁻¹(ANR)	使用压力 1.0MPa 时:4(max) 使用压力 0.7MPa 时:3(max)	
环境及介质温度/℃	−5～60	

① 最低工作压力应始终保持高于设定压力 0.05MPa。

② 常溢流型。

图形符号：

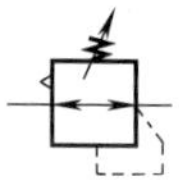

表 21-7-211　　型号及规格

型　　号	规　　格			配　　件	
	接管口径	压力表口径	重量/kg	压力表	支架(1 个)
QPJM2010-02	G1/4	G1/8	0.30	QG36-04-01	P220
QPJM2020-02				QG36-10-01	

表 21-7-212　　外形尺寸和特性曲线　　mm

外形尺寸

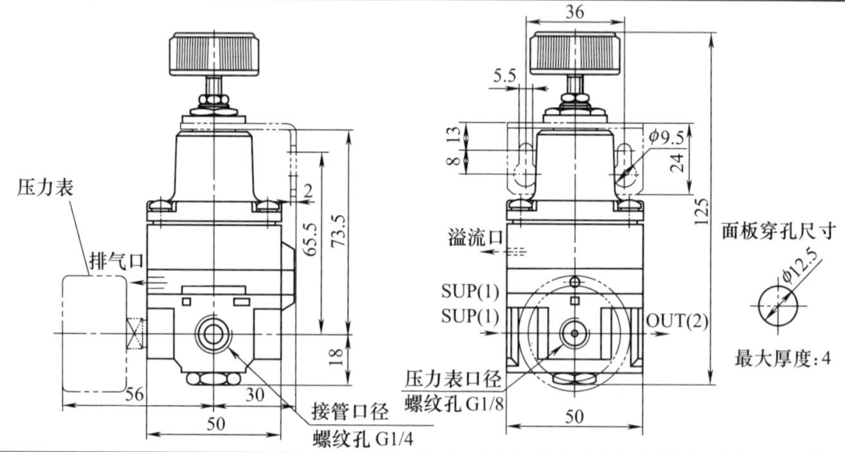

特性曲线

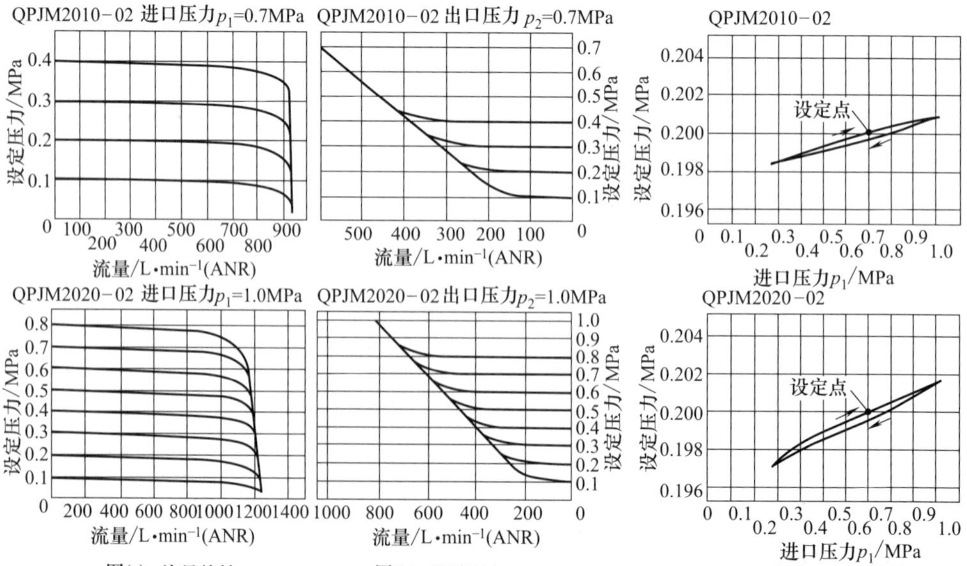

图(a)　流量特性　　图(b)　溢流特性　　图(c)　压力特性

注：生产厂为上海新益气动元件有限公司。

7.4.2　顺序阀

型号意义：

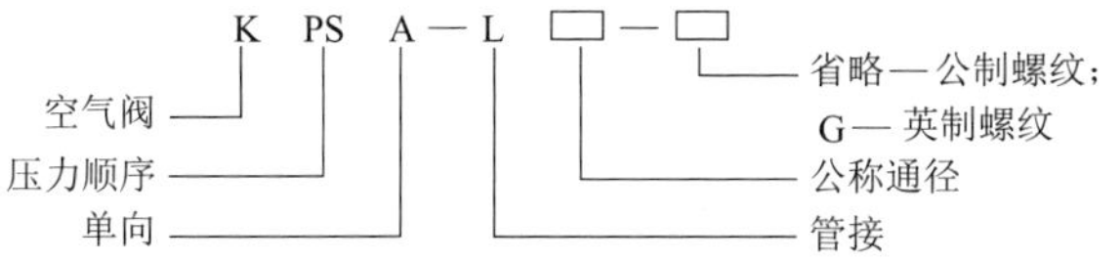

图形符号：

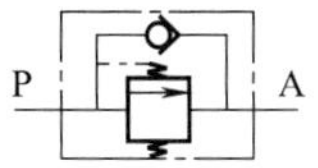

表 21-7-213　　主要技术参数

公称通径/mm		6	8	10	15
工作介质		温度为 0～+50℃、经过除水、并含有油雾的压缩空气			
环境温度/℃		−10～+50			
工作压力范围/bar		1～8			
有效截面积/mm^2	控制流道（P→A）	10	20	40	60
	自由流道（P→A）	10	20	40	60
单向阀开启压力/bar		0.3			
泄漏量/mL·min^{-1}		50		120	
顺序阀开启压力/%		85			
顺序阀闭合压力/%		60			
响应时间/s		0.03			

表 21-7-214　　外形尺寸　　mm

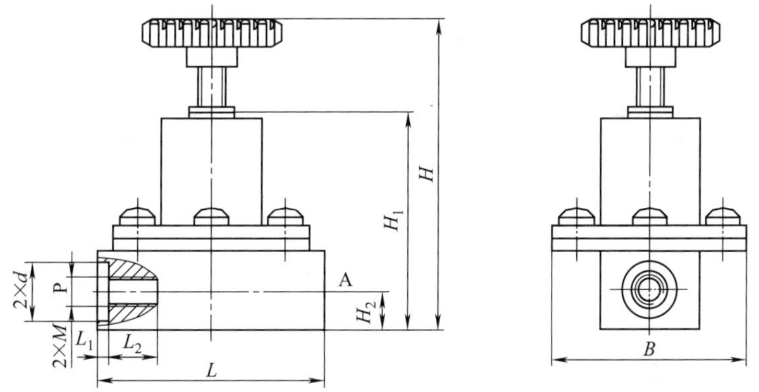

型　号	M		d	L	L_1	L_2	B	H	H_1	H_2
KPSA-L6	G1/8	M10×1	ϕ13	69	15	1.4	ϕ65	108	76.5	17.5
KPSA-L8	G1/4	M12×1.25	ϕ16			1.8				
KPSA-L10	G3/8	M16×1.5	ϕ20	100	18	1.8	ϕ80	156.5	123	24.5
KPSA-L15	G1/2	M20×1.5	ϕ24							

注：生产厂为肇庆方大气动有限公司。

7.5　气动管路设备

7.5.1　空气过滤器

7.5.1.1　QAF1000～5000 系列空气过滤器（M5～G1）

表 21-7-215 **主要技术参数**

最高使用压力	1.0MPa
环境及介质温度/℃	5～60
过滤孔径/μm	25(5、50 可选)
杯材料	PC/铸铝(金属杯)
杯防护罩	QAF1000～2000(无)、QAF3000～5000(有)

图形符号：

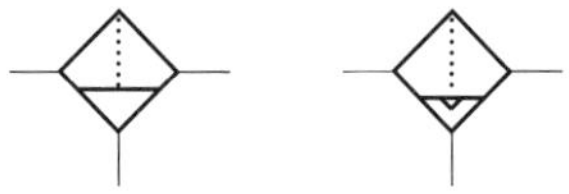

表 21-7-216 **型号及规格**

型号		规格				配件			
		额定流量①/L·min⁻¹(ANR)	接管口径	杯容量/cm³	质量/kg	支架(1个)	滤芯	杯组件	
手动排水型	自动排水型							手动排水	自动排水
QAF1000-M5	—	110	M5×0.8	4	0.07	—	11134-25B	C100F	—
QAF2000-01	QAF2000-01D	750	G1/8	15	0.19	B240	11294-25B	C200F	AD62.0
QAF2000-02	QAF2000-02D	750	G1/4	15	0.19	B240	11294-25B	C200F	AD62.0
QAF3000-02	QAF3000-02D	1500	G1/4	20	0.29	B340	111511-25B	C300F	AD43.0
QAF3000-03	QAF3000-03D	1500	G3/8	20	0.29	B340	111511-25B	C300F	AD43.0
QAF4000-03	QAF4000-03D	4000	G3/8	45	0.55	B440	11104-25B	C400F	AD43.1
QAF4000-04	QAF4000-04D	4000	G1/2	45	0.55	B440	11104-25B	C400F	AD43.1
QAF4000-06	QAF4000-06D	6000	G3/4	45	0.58	B540	11104-25B	C400F	AD43.1
QAF5000-06	QAF5000-06D	7000	G3/4	130	1.08	B640	11173-25B	C400F	AD43.1
QAF5000-10	QAF5000-10D	7000	G1	130	1.08	B640	11173-25B	C400F	AD43.1

① 进口压力为 0.7MPa 的情况下。

注：QAF2000～5000 空气过滤器带有金属杯可供选择。

表 21-7-217 **外形尺寸和特性曲线** mm

外形尺寸

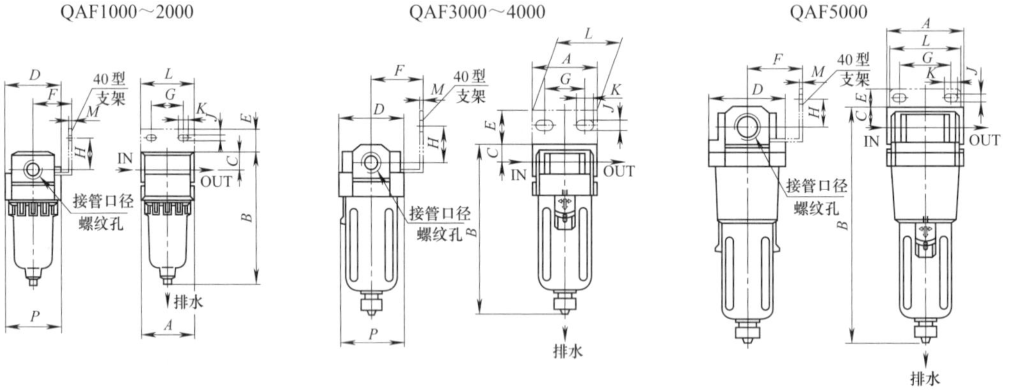

型号	接管口径	A	B	C	D	E	F	G	H	J	K	L	M	P	连自动排水器 常开 B
QAF1000	M5×0.8	25	66	7	25	—	—	—	—	—	—	—	—	26.5	86.5
QAF2000	G1/8～G1/4	40	97.5	11	40	17	30	27	22	5.4	8.4	40	2.3	40	131.5
QAF3000	G1/4～G3/8	53	132.5	14	53	16	41	40	23	6.5	8	53	2.3	56	170.5
QAF4000	G3/8～G1/2	70	168.5	18	70	17	50	54	26	8.5	10.5	70	2.3	73	207.5
QAF4000-06	G3/4	75	172.5	20	70	14	50	54	25	8.5	10.5	70	2.3	73	210
QAF5000	G3/4～G1	90	247.5	24	90	23	70	66	35	11	13	90	3.2	—	286.5

续表

流量特性曲线

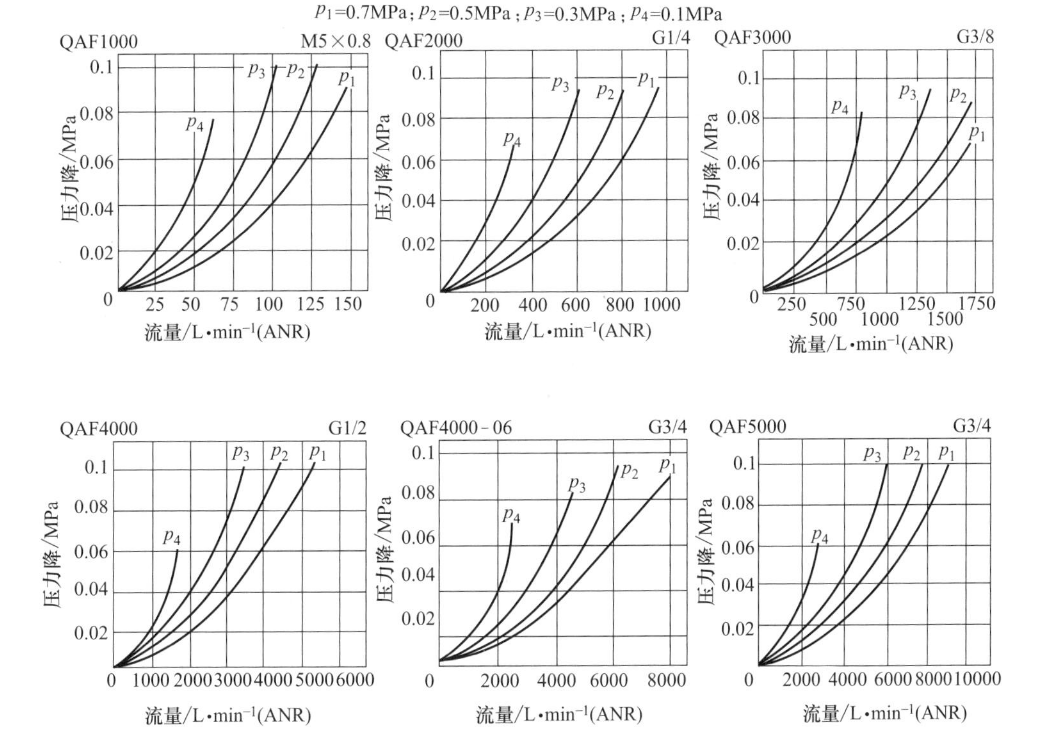

注：生产厂为上海新益气动元件有限公司。

7.5.1.2　QAFM3000～4000 油雾分离器（G1/4～G1/2）

表 21-7-218　　主要技术参数

最高使用压力/MPa	1.0
最低使用压力①/MPa	0.05
环境及介质温度/℃	5～60
油雾清除率	95%
过滤孔径/μm	0.3
排水型式	手动/自动
杯材料	PC(带防护罩)/铸铝(金属杯)
滤芯寿命	2 年或当压力降达 0.1MPa 时

① 使用自动排水器时，最低工作压力为 0.15MPa。

图形符号：

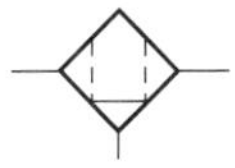

附自动排水型

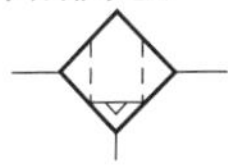

表 21-7-219　　型号及规格

型号		规格				备件					
		额定流量①/L·min⁻¹(ANR)	接管口径	杯容量/cm³	重量/kg	托架(1个)	滤芯(红色)		杯组件		
手动排水型	自动排水型						手动	自动	手动	自动	
QAFM3000-02	QAFM3000-02D	450	G1/4	20	0.30	B340	FM3	FM3D	C300F	AD43	
QAFM3000-03	QAFM3000-03D		G3/8								
QAFM4000-03	QAFM4000-03D	1100	G3/8	45	0.55	B440	FM4	FM4D	C400F		
QAFM4000-04	QAFM4000-04D		G1/2								

① 供应压力为 0.7MPa。

注：QAFM3000～4000 油雾分离器带有金属杯可供选择。

第 21 篇

表 21-7-220 **外形尺寸** mm

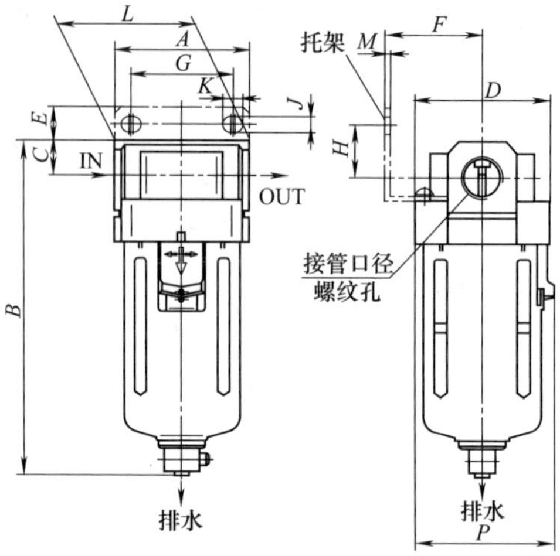

型　号	接管口径	A	B	C	D	E	F	G	H	J	K	L	M	P
QAFM3000-02	G1/4	53	132.5	14	53	16	41	40	23	6.5	8	53	2.5	56
QAFM3000-03	G3/8	53	132.5	14	53	16	41	40	23	6.5	8	53	2.5	56
QAFM4000-03	G3/8	70	168.5	18	70	17	50	54	26	8.5	10.5	70	2.5	73
QAFM4000-04	G1/2	70	168.5	18	70	17	50	54	26	8.5	10.5	70	2.5	73

注：生产厂为上海新益气动元件有限公司。

7.5.1.3 QAFD3000～4000 系列微雾分离器（G1/4～G1/2）

表 21-7-221 **主要技术参数**

最高使用压力/MPa	1.0
最低使用压力①/MPa	0.05
环境及介质温度/℃	5～60
油雾清除率	95%
过滤孔径/μm	0.01
排水型式	手动/自动
杯材料	PC(带防护罩)/铸铝(金属杯)
滤芯寿命	2 年或当压力降大 0.1MPa 时

① 使用自动排水器时，最低使用压力为 0.15MPa。

图形符号：

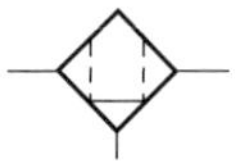

附自动排水型

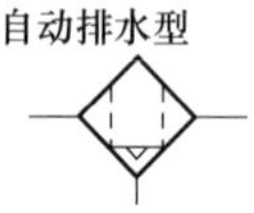

表 21-7-222 **型号及规格**

型号		规格				备件				
手动排水型	自动排水型	额定流量①/L·min⁻¹(ANR)	接管口径	杯容量/cm³	质量/kg	托架(1个)	滤芯(蓝色) 手动	滤芯(蓝色) 自动	杯组件 手动	杯组件 自动
QAFD3000-02	QAFD3000-02D	240	G1/4	20	0.30	B340	FD3	FD3D	C300F	AD43
QAFD3000-03	QAFD3000-03D		G3/8							
QAFD4000-03	QAFD4000-03D	600	G3/8	45	0.55	B440	FD4	FD4D	C400F	
QAFD4000-04	QAFD4000-04D		G1/2							

① 供应压力为 0.7MPa。

注：QAFD3000～4000 微雾分离器带有金属杯可供选择。

表 21-7-223　**外形尺寸**　mm

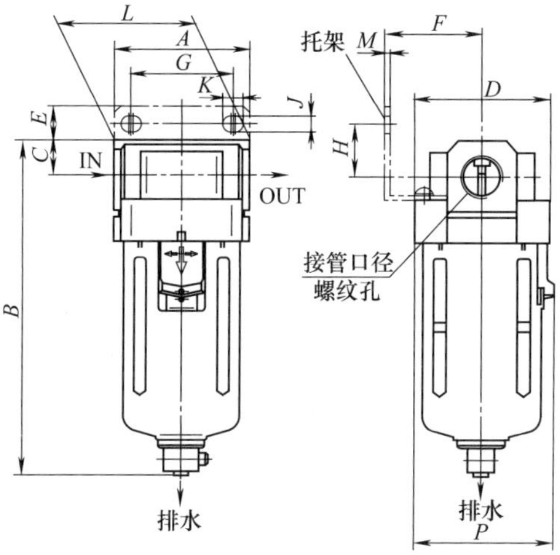

型　　号	接管口径	*A*	*B*	*C*	*D*	*E*	*F*	*G*	*H*	*J*	*K*	*L*	*M*	*P*
QAFD3000-02	G1/4	53	132.5	14	53	16	41	40	23	6.5	8	53	2.5	56
QAFD3000-03	G3/8	53	132.5	14	53	16	41	40	23	6.5	8	53	2.5	56
QAFD4000-03	G3/8	70	168.5	18	70	17	50	54	26	8.5	10.5	70	2.5	73
QAFD4000-04	G1/2	70	168.5	18	70	17	50	54	26	8.5	10.5	70	2.5	73

注：生产厂为上海新益气动元件有限公司。

7.5.1.4　QAMG3000～4000 系列水滴分离器（G1/4～G1/2）

表 21-7-224　**主要技术参数**

最高使用压力/MPa	1.0
最低使用压力①/MPa	0.05
环境及介质温度/℃	5～60
分水效率	99%
排水方式	手动/自动
杯材料	PC(带防护罩)/铸铝(金属杯)
滤芯寿命	2 年或当压力降达 0.1MPa 时

① 使用自动排水器时，最低工作压力为 0.15MPa。

图形符号：

表 21-7-225　**型号及规格**

型　　号		规格				备件				
手动排水型	自动排水型	额定流量①/L·min⁻¹(ANR)	接管口径	杯容量/cm³	质量/kg	托架(1个)	滤芯 手动	滤芯 自动	杯组件 手动	杯组件 自动
QAMG3000-02	QAMG3000-02D	300	G1/4	20	0.40	B340	MG3	MG3D	C300F	AD43
QAMG3000-03	QAMG3000-03D		G3/8							
QAMG4000-03	QAMG4000-03D	750	G3/8	45	0.58	B440	MG4	MG4D	C400F	
QAMG4000-04	QAMG4000-04D		G1/2							

① 供应压力为 0.7MPa。

注：QAMG3000～4000 水滴分离器带有金属杯可供选择。

表 21-7-226　　**外形尺寸**　　mm

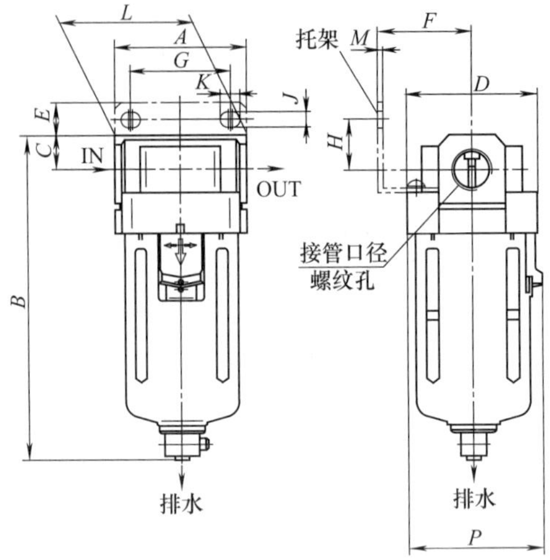

型　　号	接管口径	A	B	C	D	E	F	G	H	J	K	L	M	P
QAMG3000-02	G1/4	53	132.5	14	53	16	41	40	23	6.5	8	53	2.5	56
QAMG3000-03	G3/8	53	132.5	14	53	16	41	40	23	6.5	8	53	2.5	56
QAMG4000-03	G3/8	70	168.5	18	70	17	50	54	26	8.5	10.5	70	2.5	73
QAMG4000-04	G1/2	70	168.5	18	70	17	50	54	26	8.5	10.5	70	2.5	73

注：生产厂为上海新益气动元件有限公司。

7.5.1.5　QSLA 系列空气过滤器（DN3～DN15）

型号意义：

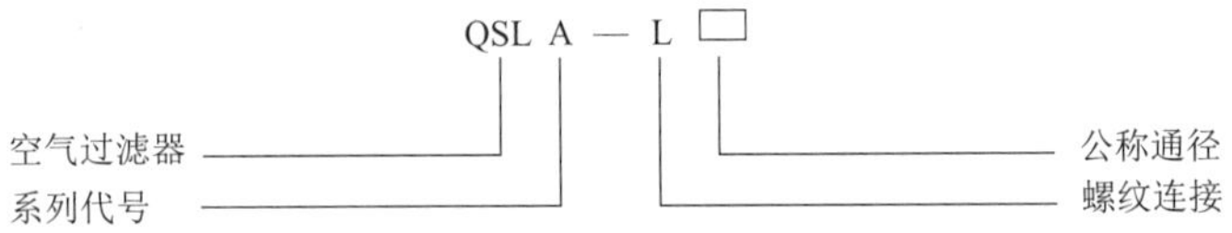

图形符号：

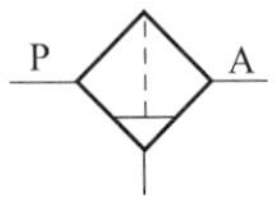

表 21-7-227　　**主要技术参数**

型号			QSLA			
通径/mm			3	8	10	15
工作介质			压缩空气			
使用温度范围/℃			－25～＋80(但在不冻结条件下)			
最高进口压力/bar			10			
水分离效率/%			≥80			
过滤精度/μm			50～75			
流量特性	进口压力/bar	出口压力/bar	空气流量(在标准状态下)/$dm^3 \cdot min^{-1}$			
	2.5	2.37		450	760	1170
	4	3.8	90	720	1170	1460

表 21-7-228 外形尺寸 mm

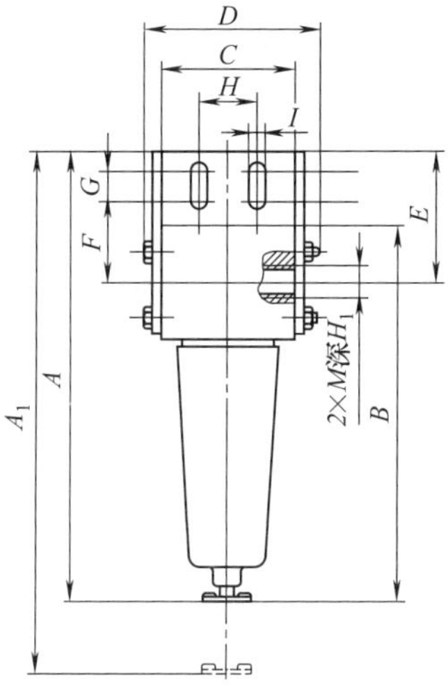

型号	A	A_1	B	C	D	E	F	G	H	I	H_1	M(连接螺纹)
QSLA-L3	150	180	136	40×40	54	20	24	5	30	6.4	9	G1/8
QSLA-L8	150	180	136	40×40	54	20	24	5	30	6.4	9	G1/4
QSLA-L10	205	250	191	60×60	75	30	37	4	19	10.5	12	G3/8
QSLA-L15	205	250	191	60×60	75	30	37	4	19	10.5	12	G1/2

注：生产厂为肇庆方大气动有限公司。

7.5.2 油雾器

7.5.2.1 QAL1000～5000 系列空气油雾器（M5～G1）

表 21-7-229 主要技术参数

最高使用压力/MPa	1.0
环境及介质温度/℃	5～60
建议用油	透平 1 号油(ISO VG32)
杯材料	PC/铸铝(金属杯)
杯防护罩	QAL1000～2000(无) QAL3000～5000(有)

图形符号：

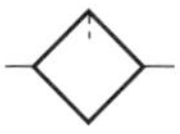

表 21-7-230 型号及规格

型号	规格					配件	备件	
	最小起雾流量①/L·min⁻¹(ANR)	额定流量②/L·min⁻¹(ANR)	接管口径	杯容量/cm³	质量/kg	支架(1个)	杯组件	油窗
QAL1000-M5	4	95	M5×0.8	7	0.07	—	C100L	12132
QAL2000-01	15	800	G1/8	25	0.22	B240	C200L	12316
QAL2000-02	15	800	G1/4	25	0.22	B240	C200L	
QAL3000-02	30	1700	G1/4	50	0.30	B340	C300L	12155A
QAL3000-03	40	1700	G3/8	50	0.30	B340	C300L	
QAL4000-03	40	5000	G3/8	130	0.56	B440	C400L	
QAL4000-04	50	5000	G1/2	130	0.56	B440	C400L	
QAL4000-06	50	6300	G3/4	130	0.58	B540	C400L	
QAL5000-06	190	7000	G3/4	130	1.08	B640	C400L	
QAL5000-10	190	7000	G1	130	1.08	B640	C400L	

① 进口压力为 0.5MPa，油滴流量为 5 滴/分钟，透平 1 号油（ISO VG32），温度 20℃情况下。

② 进口压力为 0.5MPa，压力降为 0.03MPa 的情况下。

注：QAL2000～5000 空气油雾器带有金属杯可供选择。

表 21-7-231 **外形尺寸和特性曲线** mm

外形尺寸

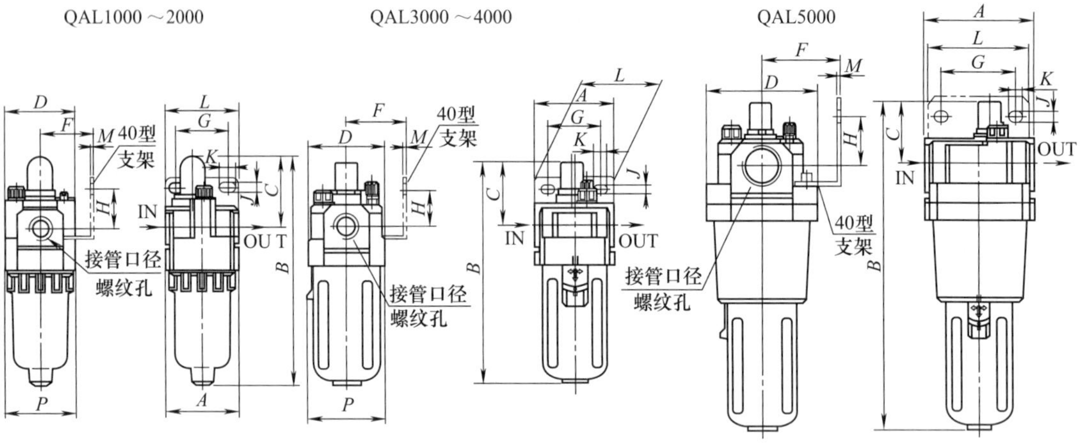

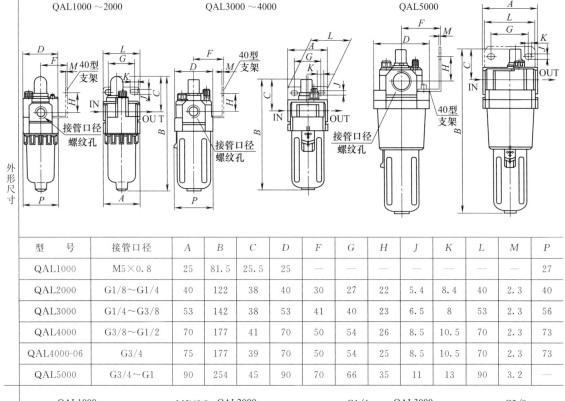

型　号	接管口径	A	B	C	D	F	G	H	J	K	L	M	P
QAL1000	M5×0.8	25	81.5	25.5	25	—	—	—	—	—	—	—	27
QAL2000	G1/8～G1/4	40	122	38	40	30	27	22	5.4	8.4	40	2.3	40
QAL3000	G1/4～G3/8	53	142	38	53	41	40	23	6.5	8	53	2.3	56
QAL4000	G3/8～G1/2	70	177	41	70	50	54	26	8.5	10.5	70	2.3	73
QAL4000-06	G3/4	75	177	39	70	50	54	25	8.5	10.5	70	2.3	73
QAL5000	G3/4～G1	90	254	45	90	70	66	35	11	13	90	3.2	—

特性曲线

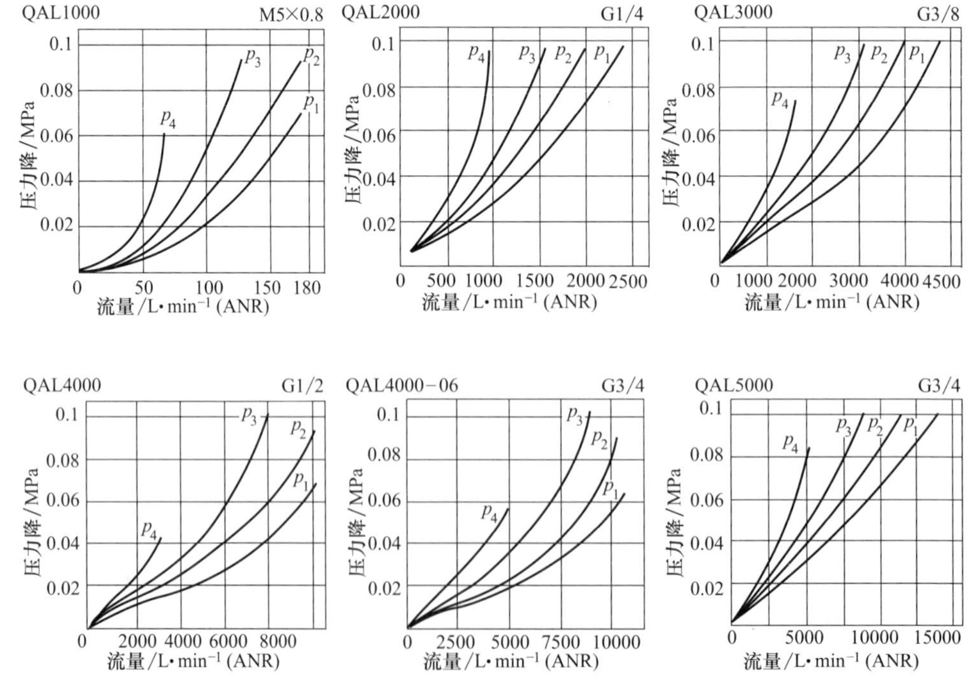

p_1=0.7MPa; p_2=0.5MPa; p_3=0.3MPa; p_4=0.1MPa

注：生产厂为上海新益气动元件有限公司。

7.5.2.2　QYWA 系列油雾器（DN3～DN15）

型号意义：

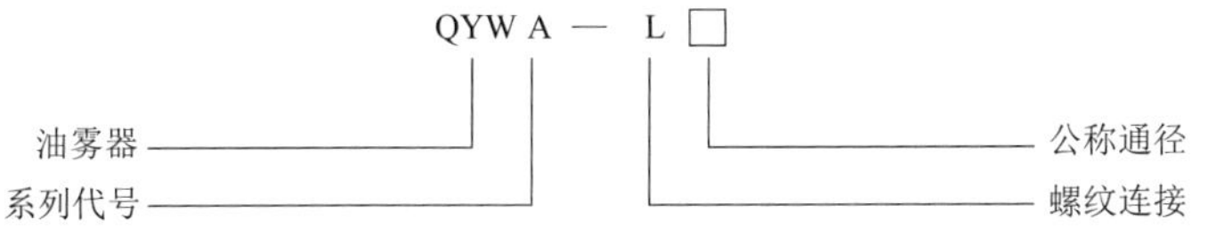

图形符号：

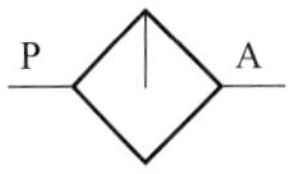

表 21-7-232　　主要技术参数

型号			QYWA			
通径/mm			3	8	10	15
工作介质			经净化的压缩空气			
使用温度范围/℃			－25～＋80（但在不冻结条件下）			
最高进口压力/bar			10			
润滑油流量调节			输入工作压力 4bar，出口流量为给定值时，其滴油量应在 0～120 滴/分均匀可调（注：建议使用 20＃机油）			
起雾流量	出口压力/bar		指油位处于油杯中间位置，滴油量约每分钟 5 滴的空气流量不大于下值			
			起雾流量（在标准状态下）/$dm^3 \cdot min^{-1}$			
	4		30	140	190	350
流量特性	进口压力/bar	出口压力/bar	空气流量（在标准状态下）/$dm^3 \cdot min^{-1}$			
	4	3.8	75	390	590	900

表 21-7-233　　外形尺寸　　mm

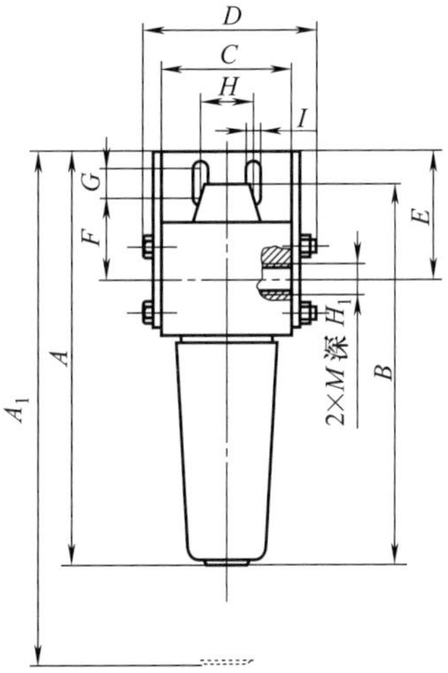

型号	A	A_1	B	C	D	E	F	G	H	I	H_1	M(连接螺纹)
QYWA-L3	135	210	131	40×40	54	30	24	5	30	6.4	9	G1/8
QYWA-L8	135	210	131	40×40	54	30	24	5	30	6.4	9	G1/4
QYWA-L10	190	300	177	60×60	75	40	37	4	19	10.5	12	G3/8
QYWA-L15	190	300	177	60×60	75	40	37	4	19	10.5	12	G1/2

注：生产厂为肇庆方大气动有限公司。

7.5.3 过滤减压阀

7.5.3.1 QAW1000～4000 系列空气过滤减压阀（M5～G3/4）

表 21-7-234 主要技术参数

最高使用压力/MPa	1.0
环境及介质温度/℃	5～60
过滤孔径①/μm	25
杯材料	PC/铸铝(金属杯)
杯防护罩	QAW1000～2000(无) QAL2500～5000(有)
调压范围/MPa	QAW1000：0.05～0.7 QAW2000～4000：0.05～0.85
阀型	带溢流型

① 还有 5μm、50μm 可供选择。

图形符号：

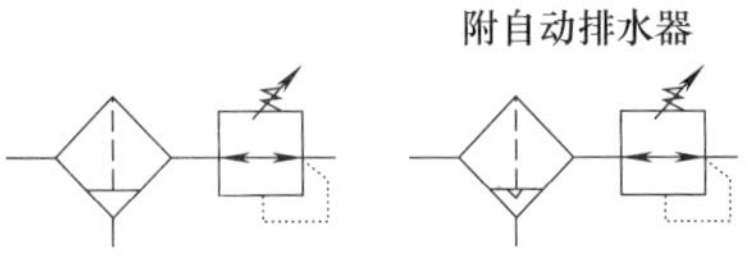

表 21-7-235 型号及规格

型号		规格				配件		备件		
		额定流量①/L·min⁻¹(ANR)	接管口径	压力表口径	质量/kg	支架(1个)	压力表	滤芯	杯组件	
手动排水型	自动排水型								手动排水	自动排水
QAW1000-M5	—	100	M5×0.8	G1/16	0.09	B120	QG27-10-R1	11134-5B	C100F	—
QAW2000-01	QAW2000-01D	550	G1/8	G1/8	0.36	B220	QG36-10-01	11294-25B	C200F	AD62.0
QAW2000-02	QAW2000-02D	550	G1/4	G1/8	0.36	B220		11294-25B	C200F	AD62.0
QAW3000-02	QAW3000-02D	2000	G1/4	G1/8	0.56	B320		111511-25B	C300F	AD43.0
QAW3000-03	QAW3000-03D	2000	G3/8	G1/8	0.56	B320		111511-25B	C300F	AD43.0
QAW4000-03	QAW4000-03D	4000	G3/8	G1/4	1.15	B420	QG46-10-02	11104-25B	C400F	AD43.1
QAW4000-04	QAW4000-04D	4000	G1/2	G1/4	1.15	B420		11104-25B	C400F	AD43.1
QAW4000-06	QAW4000-06D	4500	G3/4	G1/4	1.21	B420		11104-25B	C400F	AD43.1

① 进口压力为 0.7MPa，出口压力为 0.5MPa 的情况下。

注：QAW2000～4000 空气过滤减压阀带有金属杯可供选择。

表 21-7-236 外形尺寸和特性曲线 mm

外形尺寸

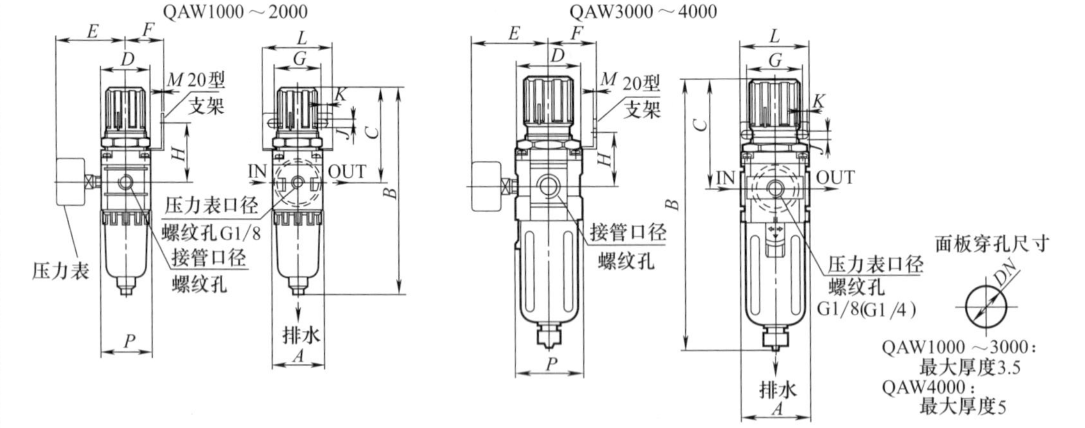

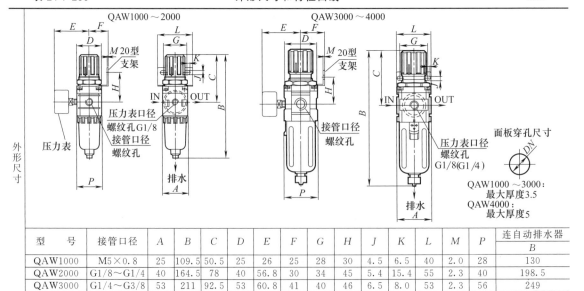

型号	接管口径	A	B	C	D	E	F	G	H	J	K	L	M	P	连自动排水器 B
QAW1000	M5×0.8	25	109.5	50.5	25	26	25	28	30	4.5	6.5	40	2.0	28	130
QAW2000	G1/8～G1/4	40	164.5	78	40	56.8	30	34	45	5.4	15.4	55	2.3	40	198.5
QAW3000	G1/4～G3/8	53	211	92.5	53	60.8	41	40	46	6.5	8.0	53	2.3	56	249
QAW4000	G1/2	70	262.5	112	70	70.5	50	54	54	8.5	10.5	70	2.3	73	301.5
QAW4000-06	G3/4	75	267	114	70	70.5	50	54	56	8.5	10.5	70	2.3	73	306

续表

特性曲线

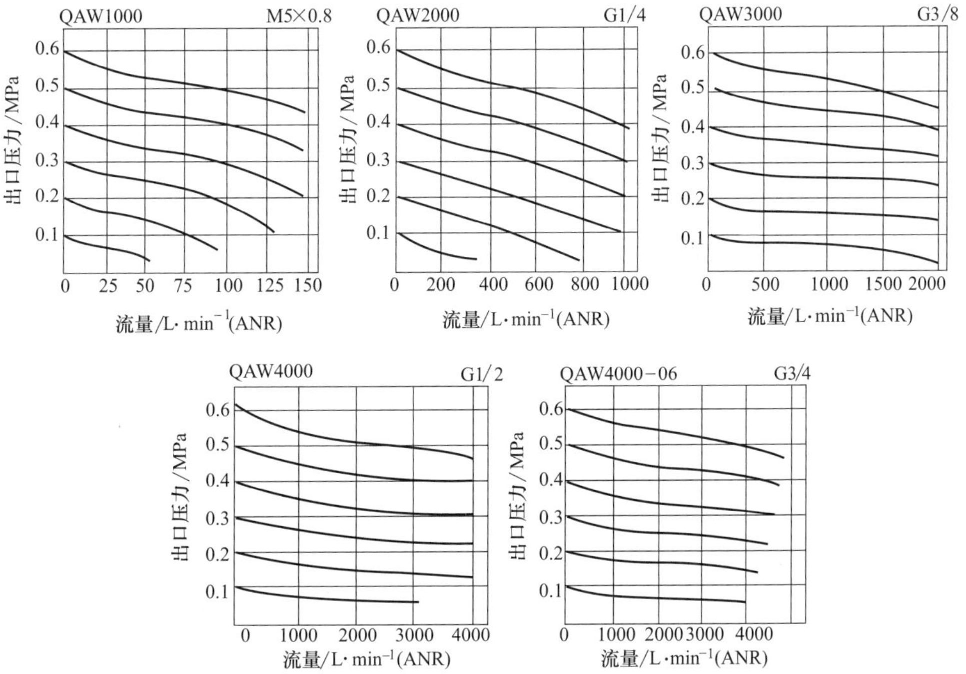

图(a)　流量特性曲线

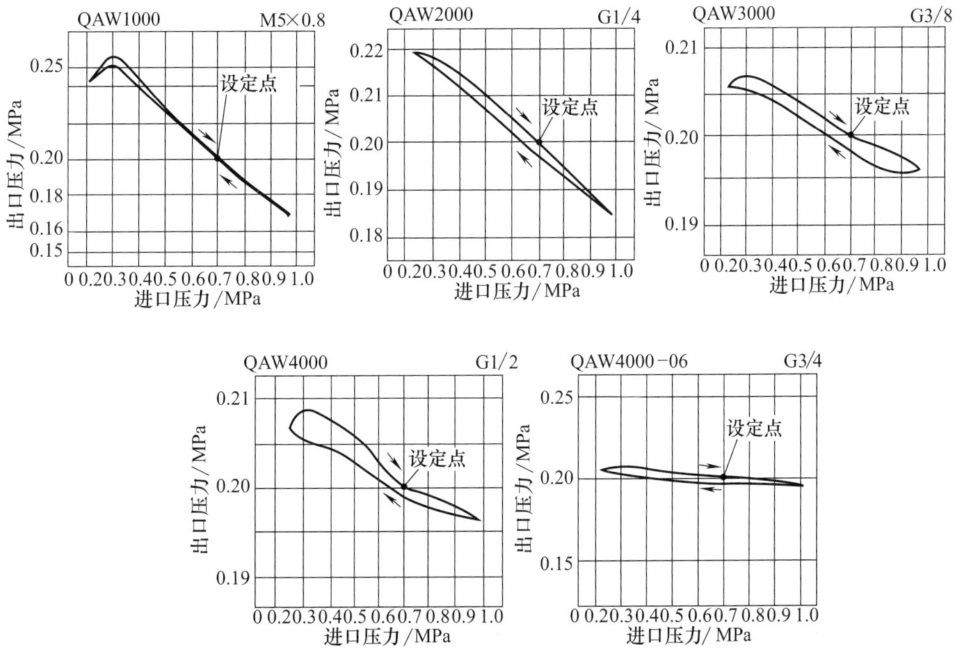

图(b)　压力特性曲线

注：生产厂为上海新益气动元件有限公司。

7.5.3.2 QFLJB系列空气过滤减压阀（DN8～DN25）

型号意义：

Q F LJ B—L □

- Q：气动元件
- F：气动附件
- LJ：过滤减压
- B：B系列
- L：螺纹连接
- □：公称通径

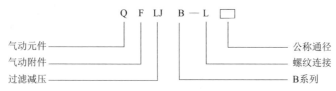

表 21-7-237 主要技术参数

通径/mm			8	10	15	20	25
工作介质			压缩空气				
使用温度范围/℃			－25～＋80(但在不冻结条件下)				
最高进口压力/bar			10				
调压范围/bar			0.5～8				
水分离效率			≥80%				
过滤精度/μm			25～50				
流量特性	进口压力/bar	出口压力/bar	空气流量(在标准状态下)/$dm^3 \cdot min^{-1}$				
	10	2.5	350	850	1270	1780	2100
		4	430	1060	1500	2200	2410
		6.3	565	1300	1680	2410	2730
		指出口压力降1bar时，其最大流量不少于上值					
压力特性			三联件输出流量稳定在给定值，其调定的输出压力随输入压力的变化而变化的值不大于0.5bar				

表 21-7-238 外形尺寸 mm

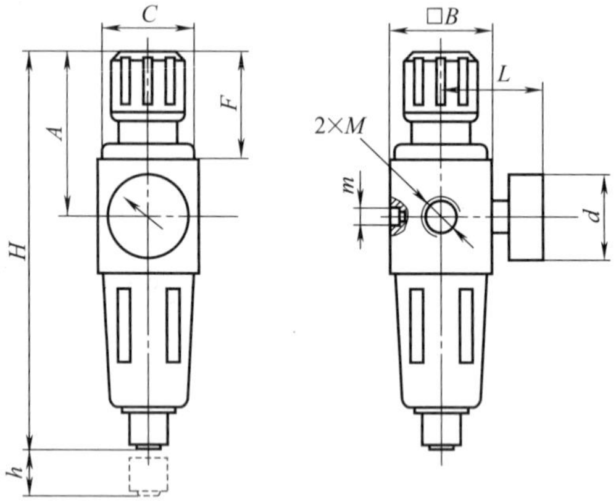

通径	M	H	h	A	B	C	F	L	d	m
8	G1/4	210	45	90	53	M42×1.5	58	55	ϕ40	M10×1
10	G3/8	263	20	111	70	M52×1.5	75	58	ϕ40	M10×1
15	G1/2	263	20	111	70	M52×1.5	75	58	ϕ40	M10×1
20	G3/4	345	40	120	90	M52×1.5	75	75	ϕ40	M10×1
25	G1	345	40	120	90	M52×1.5	75	75	ϕ40	M10×1

注：生产厂为肇庆方大气动有限公司。

7.5.4　过滤器、减压阀、油雾器三联件（二联件）

7.5.4.1　QAC1000～5000 系列空气过滤组合（M5～G1）

型号意义：

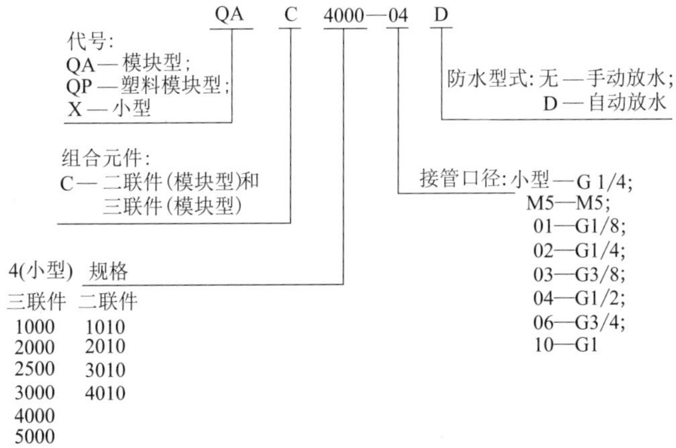

表 21-7-239　主要技术参数

最高使用压力/MPa	1.0
环境及介质温度/℃	5～60
过滤孔径/μm	25(可选 5、50)
建议用油	透平 1 号油(ISO VG32)
杯材料	PC/铸铝(金属杯)
杯防护罩	QAC1000～2000(无)　QAC2500～5000(有) QAC1010～2010(无)　QAC3010～4010(有)
调压范围/MPa	QAC100:0.05～0.70 QAC2000～5000:0.05～0.85 QAC1010:0.05～0.70 QAC2010～4010:0.05～0.85
阀型	带溢流型

图形符号：

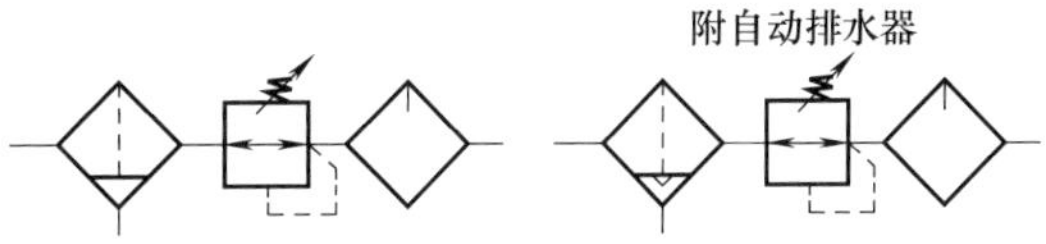

（1）三联件组合

表 21-7-240　型号及规格

型号		规格								配件
		组件			额定流量①/L·min⁻¹(ANR)	接管口径	压力表口径	质量/kg	支架(2 个)	压力表
手动排水型	自动排水型	过滤器	减压阀	油雾器						
QAC1000-M5	—	QAF1000	QAR1000	QAL1000	90	M5×0.8	G1/16	0.26	Y10L	QG27-10-R1
QAC2000-01	QAC2000-01D	QAF2000	QAR2000	QAL2000	500	G1/8	G1/8	0.74	Y20L	QG36-10-01
QAC2000-02	QAC2000-02D	QAF2000	QAR2000	QAL2000	500	G1/4	G1/8	0.74	Y20L	
QAC2500-02	QAC2500-02D	QAF3000	QAR2500	QAL3000	1500	G1/4	G1/8	1.04	Y30L	
QAC2500-03	QAC2500-03D	QAF3000	QAR2500	QAL3000	1500	G3/8	G1/8	1.04	Y30L	
QAC3000-02	QAC3000-02D	QAF3000	QAR3000	QAL3000	2000	G1/4	G1/8	1.18	Y30L	
QAC3000-03	QAC3000-03D	QAF3000	QAR3000	QAL3000	2000	G3/8	G1/8	1.18	Y30L	
QAC4000-03	QAC4000-03D	QAF4000	QAR4000	QAL4000	4000	G3/8	G1/4	2.14	Y40L	QG46-10-02
QAC4000-04	QAC4000-04D	QAF4000	QAR4000	QAL4000	4000	G1/2	G1/4	2.14	Y40L	
QAC4000-06	QAC4000-06D	QAF4000	QAR4000	QAL4000	4500	G3/4	G1/4	2.47	Y50L	
QAC5000-06	QAC5000-06D	QAF5000	QAR5000	QAL5000	5000	G3/4	G1/4	3.82	Y60L	
QAC5000-10	QAC5000-10D	QAF5000	QAR5000	QAL5000	5000	G1	G1/4	3.82	Y60L	

① 进口压力为 0.7MPa，出口压力为 0.5MPa 的情况下。

注：QAC2000～5000 空气过滤组合带有金属杯可供选择。

第 21 篇

表 21-7-241 **外形尺寸和特性曲线** mm

外形尺寸

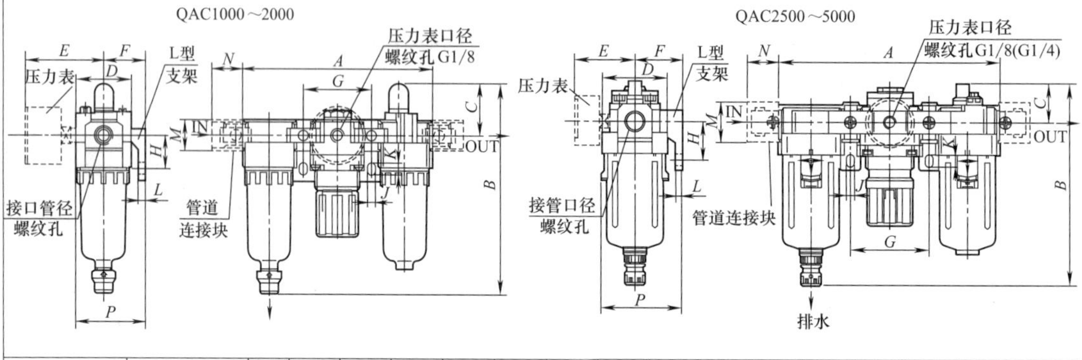

型号	接管口径	*A*	*B*	*C*	*D*	*E*	*F*	*G*	*H*	*J*	*K*	*L*	*M*	*N*	*P*	连自动排水器 *B*
QAC1000	M5×0.8	91	84.5	25.5	25	26	25	33	20	4.5	7.5	5	17.5	16	38.5	105
QAC2000	G1/8～G1/4	140	125	38	40	56.8	30	50	24	5.5	8.5	5	22	23	50	159
QAC2500	G1/4～G3/8	181	156.5	38	53	60.8	41	64	35	7	11	7	34.2	26	70.5	194.5
QAC3000	G1/4～G3/8	181	156.5	38	53	60.8	41	64	35	7	11	7	34.2	26	70.5	194.5
QAC4000	G3/8～G1/2	238	191.5	41	70	65.5	50	84	40	9	13	7	42.2	33	88	230.5
QAC4000-06	G3/4	253	193	40.5	70	69.5	50	89	40	9	13	7	46.2	36	88	232
QAC5000	G3/4～G1	300	271.5	48	90	75.5	70	105	50	12	16	10	55.2	40	115	310.5

特性曲线

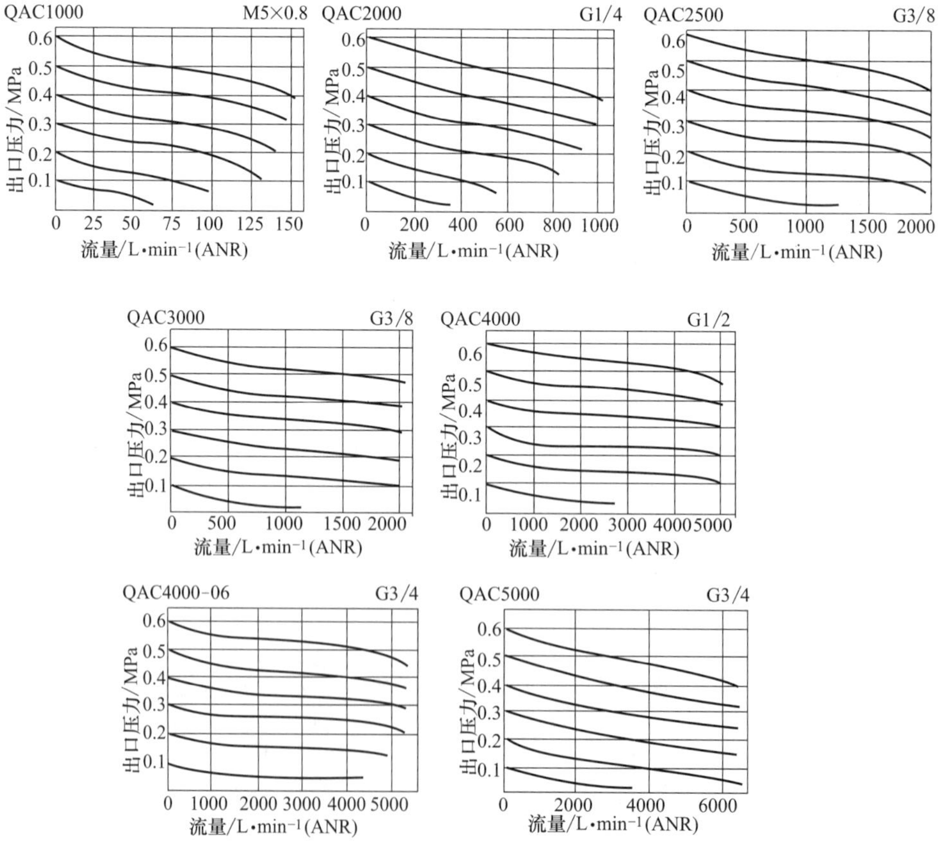

图(a) 流量特性曲线

续表

特性曲线	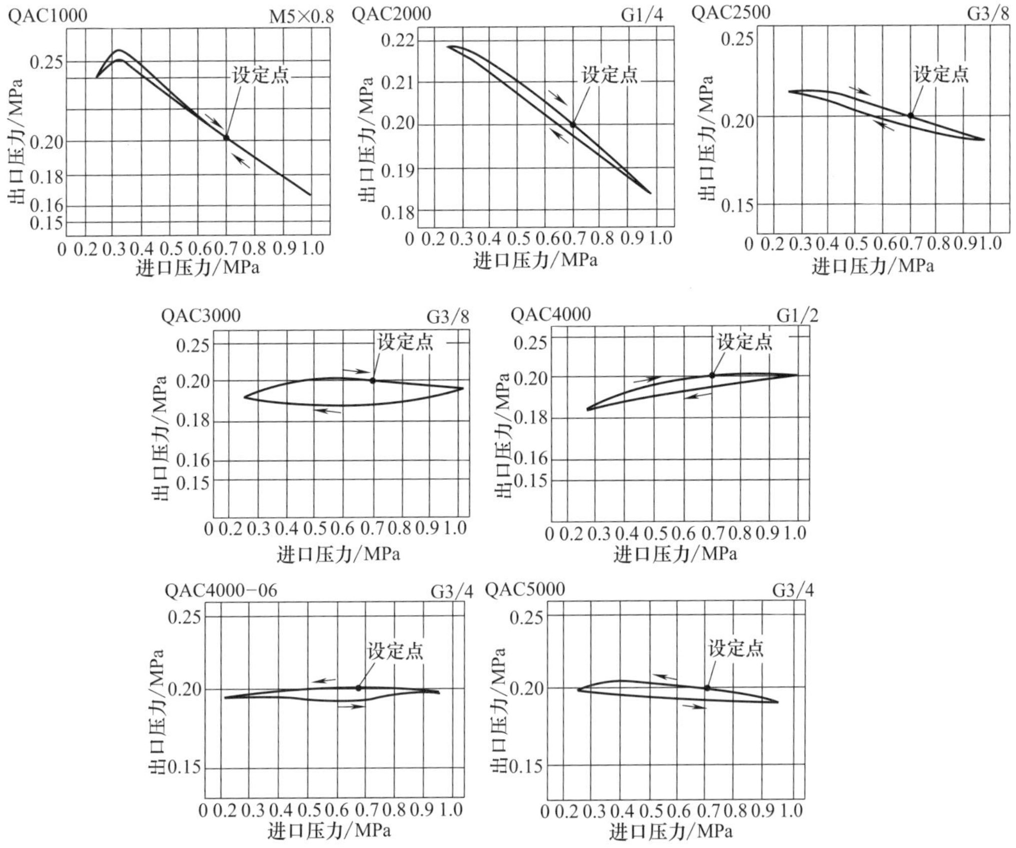

图(b)　压力特性曲线

（2）二联件组合

表 21-7-242　**型号及规格**

型号		规格							配件
		组件		额定流量①/L·min⁻¹(ANR)	接管口径	压力表口径	质量/kg	支架(1个)	压力表
手动排水型	自动排水型	过滤减压阀	油雾器						
QAC1010-M5	—	QAW1000	QAL1000	90	M5×0.8	G1/16	0.22	Y10T	QG27-10-R1
QAC2010-01	QAC2010-01D	QAW2000	QAL2000	500	G1/8	G1/8	0.66	Y20T	QG36-10-01
QAC2010-02	QAC2010-02D	QAW2000	QAL2000	500	G1/4	G1/8	0.66	Y20T	
QAC3010-02	QAC3010-02D	QAW3000	QAL3000	1700	G1/4	G1/8	0.98	Y30T	
QAC3010-03	QAC3010-03D	QAW3000	QAL3000	1700	G3/8	G1/8	0.98	Y30T	
QAC4010-03	QAC4010-03D	QAW4000	QAL4000	3000	G3/8	G1/4	1.93	Y40T	QG46-10-02
QAC4010-04	QAC4010-04D	QAW4000	QAL4000	3000	G1/2	G1/4	1.93	Y40T	
QAC4010-06	QAC4010-06D	QAW4000	QAL4000	3000	G3/4	G1/4	1.99	Y50T	

① 进口压力为 0.7MPa、出口压力为 0.5MPa 情况下。

注：QAC2010～4010 空气过滤组合带有金属杯可供选择。

第21篇

表 21-7-243　　外形尺寸　　mm

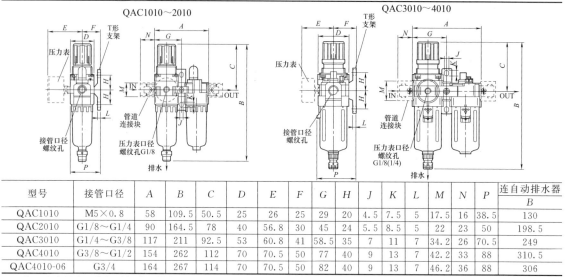

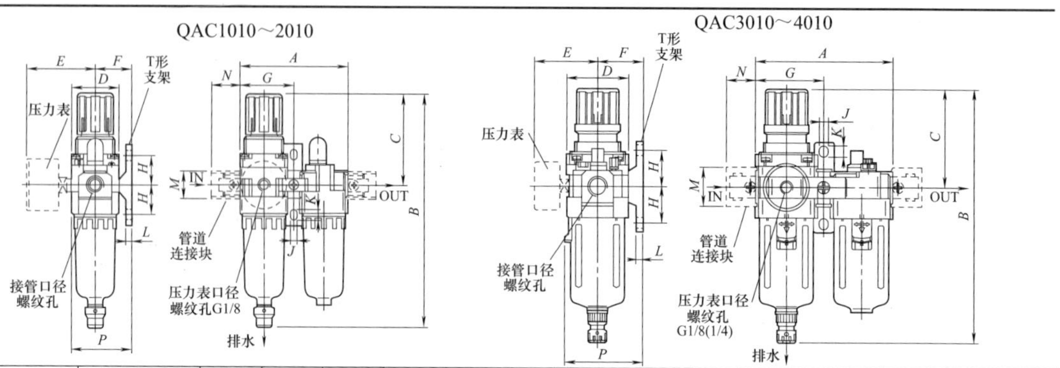

型号	接管口径	A	B	C	D	E	F	G	H	J	K	L	M	N	P	连自动排水器 B
QAC1010	M5×0.8	58	109.5	50.5	25	26	25	29	20	4.5	7.5	5	17.5	16	38.5	130
QAC2010	G1/8～G1/4	90	164.5	78	40	56.8	30	45	24	5.5	8.5	5	22	23	50	198.5
QAC3010	G1/4～G3/8	117	211	92.5	53	60.8	41	58.5	35	7	11	7	34.2	26	70.5	249
QAC4010	G3/8～G1/2	154	262	112	70	70.5	50	77	40	9	13	7	42.2	33	88	310.5
QAC4010-06	G3/4	164	267	114	70	70.5	50	82	40	9	13	7	46.2	36	88	306

注：生产厂为上海新益气动元件有限公司。

7.5.4.2　QFLJWA 系列三联件（*DN*3～*DN*25）

型号意义：

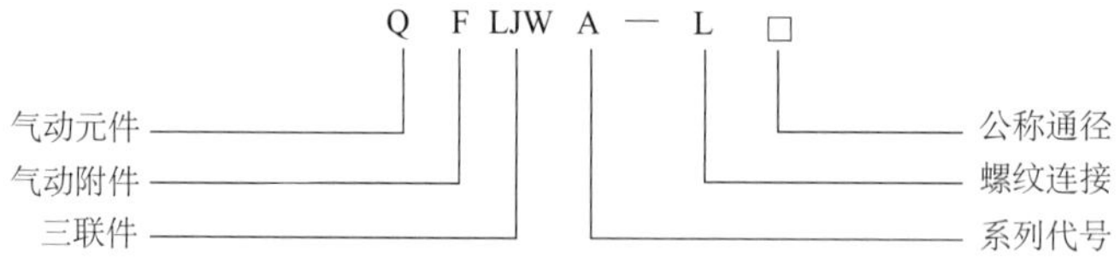

图形符号：

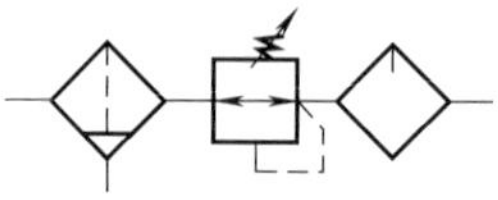

表 21-7-244　　主要技术参数

通径/mm	3,8,10,15,20,25	调压范围/bar	0.5～6.3
工作介质	压缩空气	水分离效率	≥80%
使用温度范围/℃	−25～+80(但在不冻结条件下)	过滤精度/μm	50～75
最高进口压力/bar	10		

表 21-7-245　　外形尺寸　　mm

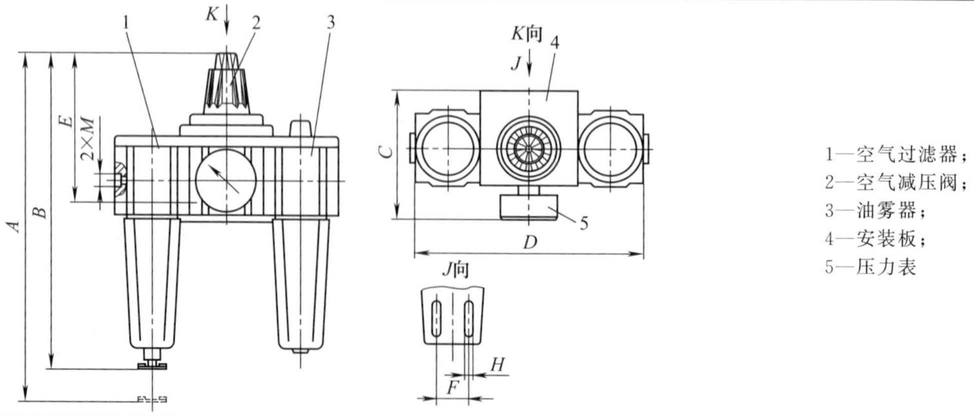

续表

通径	A	B	C	D	E	F	H	M(连接螺纹)
L3	230	190	79	120	62	30	6.4	G1/8
L8	230	190	79	120	62	30	6.4	G1/4
L10	300	250	115	180	105	19	10.5	G3/8
L15	300	250	115	180	105	19	10.5	G1/2

注：1. E 为安装孔中心位置。

2. 生产厂为肇庆方大气动有限公司。

第8章 相关技术标准及资料

8.1 气动相关技术标准

表 21-8-1 气动相关技术标准

类别	标准号	标准名称
气动的国家标准	GB/T 786.1—2009 等同 ISO 1219-1:2006	流体传动系统及元件图形符号和回路图 第1部分:用于常规用途和数据处理的图形符号
	GB/T 7932—2017 等同 ISO 4414:2010	气动对系统及其元件的一般规则和安全要求
	GB/T 7940.1—2008 等同 ISO 5599-1:2001	气动 五气口气动方向控制阀 第1部分:不带电气接头的安装面
	GB/T 7940.2—2008 等同 ISO 5599-2:2001	气动 五气口气动方向控制阀 第2部分:带可选电气接头的安装面
	GB/T 8102—2008 等同 ISO 6432:1985	缸内径8～25mm的单杆气缸安装尺寸
	GB/T 14038—2008 等同 ISO 16030:2001	气动连接 气口和螺柱端
	GB/T 14513.1—2017 等同 ISO/DIS 6358-1:2013	气动 使用可压缩流体元件的流量特性测定 第1部分:稳态流动的一般规则和试验方法
	GB/T 14514—2013	气动管接头试验方法
	GB/T 17446—2012 等同 ISO 5598:2008	流体传动系统及元件 词汇
	GB/T 20081.1—2006 等同 ISO 6953-1:2000	气动减压阀和过滤减压阀 第1部分:商务文件中应包含的主要特性和产品标识要求
	GB/T 20081.2—2006 等同 ISO 6953-2:2000	气动减压阀和过滤减压阀 第2部分:评定商务文件中应包含的主要特性的测试方法
	GB/T 2348—1993 等同 ISO 3320:1987	液压气动系统及元件 缸内径及活塞杆外径
	GB/T 2346—2003 等同 ISO 2944:2000	流体传动系统及元件 公称压力系列
	GB/T 2349—1980	液压气动系统及元件 缸活塞行程系列
	GB/T 2350—1980	液压气动系统及元件 活塞杆螺纹型式和尺寸系列
	GB/T 2351—2005 等同 ISO 4397:1993	液压气动系统用硬管外径和软管内径
	GB/T 3452.1—2005	液压气动用O形橡胶密封圈 第1部分:尺寸系列及公差
	GB/T 3452.2—2007 等同 ISO 3601-3:2005	液压气动用O形橡胶密封圈 第2部分:外观质量检验规范
	GB/T 3452.3—2005	液压气动用O形橡胶密封圈 沟槽尺寸
	GB/T 5719—2006	橡胶密封制品 词汇
	GB/T 7937—2008 参照 ISO 4399:1995	液压气动管接头及其相关元件 公称压力系列
	GB/T 9094—2006 等同 ISO 6099:2001	液压缸气缸安装尺寸和安装型式代号
	GB/T 22076—2008 等同 ISO 6150:1988	气动圆柱形快换接头 插头连接尺寸、技术要求、应用指南和试验
	GB/T 22107—2008 等同 ISO 12238:2001	气动方向控制阀 切换时间的测量
	GB/T 22108.1—2008 等同 ISO 5782-1:1997	气动压缩空气过滤器 第1部分:商务文件中包含的主要特性和产品标识要求
	GB/T 22108.2—2008 等同 ISO 5782-1:1997	气动压缩空气过滤器 第2部分:评定商务文件中包含的主要特性的测试方法

续表

类别	标准号	标准名称
气动行业标准	JB/T 6659—2007	气动用O形橡胶密封圈　尺寸系列和公差
	JB/T 7056—2008	气动管接头　通用技术条件
	JB/T 7057—2008	调速式气动管接头　技术条件
	JB/T 7058—1993(2001)	快换式气动管接头　技术条件
	JB/T 7373—2008	齿轮齿条摆动气缸
	JB/T 7374—2015	气动空气过滤器技术条件
	JB/T 7375—2013	气动油雾器技术条件
	JB/T 7377—2007	缸内径32～250mm整体式安装单杆气缸　安装尺寸
	JB/T 8884—2013	气动元件产品型号编制方法
	JB/T 10606—2006	气动流量控制阀
	JB/T 5923—2013	气动　气缸技术条件
	JB/T 5967—2007	气动元件及系统用空气介质质量等级
	JB/T 6377—1992(2001)	气动　气口连接螺纹型式和尺寸
	JB/T 6378—2008	气动换向阀技术条件
	JB/T 6379—2007	缸内径32～320mm可拆式安装单杆气缸　安装尺寸
	JB/T 6656—1993	气缸用密封圈安装沟槽型式、尺寸和公差
	JB/T 6657—1993	气缸用密封圈尺寸系列和公差
	JB/T 6658—2007	气动用O形橡胶密封圈沟槽尺寸和公差
	JB/T 6375—1992	气动阀用橡胶密封圈尺寸系列和公差
	JB/T 6376—1992	气动阀用橡胶密封圈沟槽尺寸和公差
	JB/T 9157—2011	液压气动用球涨式堵头　尺寸及公差
ISO气动标准	ISO 1219-1:2012	Fluid power systems and components—Graphical symbols and circuit diagrams—Part 1:Graphical symbols for conventional use and data-processing applications 流体传动系统和元件—图形符号和电路图—第1部分:常规使用和数据处理应用的图形符号
	ISO 1219-2:1995	Fluid power systems and components—Graphical symbols and circuit diagrams—Part 2:Circuit diagrams 流体传动系统和元件—图形符号和电路图—第2部分:电路图
	ISO 2944:2000	Fluid power systems and components—Nominal pressures 流体传动系统和元件—公称压力
	ISO 3320:2013	Fluid power systems and components—Cylinder bores and piston rod diameters and area ratios—Metric series 流体传动系统和元件—缸内径、活塞杆直径和面积比—米制系列
	ISO 3321:1975	Fluid power systems and components—Cylinder bores and piston rod diameters—Inch series 流体传动系统和元件—缸内径和活塞杆直径—英制系列
	ISO 3322:1985	Fluid power systems and components—Cylinders—Nominal pressures 流体传动系统和元件—缸—公称压力

续表

类别	标准号	标准名称
ISO气动标准	ISO 3601-1:2012	Fluid power systems—O-rings—Part 1: Inside diameters, cross-sections, tolerances and designation code 流体传动系统—O形圈—第1部分:内径、断面、公差和指定代号
	ISO 3601-3:2005	Fluid power systems—Sealing devices—O-rings—Part 3: Quality acceptance criteria 流体传动系统—密封装置—O形圈—第3部分:质量验收准则
	ISO 3601-5:2015	Fluid power systems—O-rings—Part 5: Specification of elastomeric materials for industrial applications 流体传动系统—O形圈—第5部分:工业用合成橡胶材料的规范
	ISO 3939:1977(2002)	Fluid power systems and components—Multiple lip packing sets—Methods for measuring stack heights 流体传动系统和元件—多层唇形密封组件—测量叠合高度的方法
	ISO 4393:2015	Fluid power systems and components—Cylinders—Basic series of piston strokes 流体传动系统和元件—缸—活塞行程基本系列
	ISO 4394-1:1980(1999)	Fluid power systems and components—Cylinder barrels—Part 1: Requirements for steel tubes with specially finished bores 流体传动系统和元件—缸筒—第1部分:对有特殊精加工内孔钢管的要求
	ISO 4395:2009	Fluid power systems and components—Cylinders—Piston rod end types and dimensions 流体传动系统和元件—缸—活塞杆端部型式和尺寸
	ISO 4397:2011	Fluid power connectors and components—Connectors and associated components—Nominal outside diameters of tubes and nominal inside diameters of hoses 流体传动连接件和元件—管接头及其相关元件—标称的硬管外径和软管内径
	ISO 4399:1995	Fluid power systems and components—Connectors and associated components—Nominal pressures 流体传动系统和元件—管接头及其相关元件—公称压力
	ISO 4400:1994(1999)	Fluid power systems and components—Three-pin electrical plug connectors with earth contact—Characteristics and requirements 流体传动系统和元件—带接地触点的三脚电插头—特性和要求
	ISO 5596:1999	Hydraulic fluid power—Gas-loaded accumulators with separator—Ranges of pressures and volumes and characteristic quantities 液压传动—隔离式充气蓄能器—压力和容积范围及特征量
	ISO 5598:2008	Fluid power systems and components—Vocabulary 流体传动系统和元件—术语
	ISO 5599-1:2001	Pneumatic fluid power—Five-port directional control valves—Part 1: Mounting interface surfaces without electrical connector 气压传动—五气口方向控制阀—第1部分:不带电插头的安装面
	ISO 5599-2:2001	Pneumatic fluid power—Five-port directional control valves—Part 2: Mounting interface surfaces with optional electrical connector 气压传动—五气口方向控制阀—第2部分:带可选电插头的安装面

续表

类别	标 准 号	标 准 名 称
ISO 气动标准	ISO 5599-3:1990(2000)	Pneumatic fluid power—Five-port directional control valves—Part 3: Code system for communication of valve functions 气压传动—五气口方向控制阀—第 3 部分:表示阀功能的标注方法
	ISO 5782-1:2017	Pneumatic fluid power—Compressed-air filters—Part 1: Main characteristics to be included in supplier's literature and product marking requirements 气压传动—压缩空气过滤器—第 1 部分:商务文件和具体要求中应包含的主要特性
	ISO 5782-2:1997(2002)	Pneumatic fluid power—Compressed-air filters—Part 2: Test methods to determine the main characteristics to be included in supplier's literature 气压传动—压缩空气过滤器—第 2 部分:商务文件中应包含主要特性检验的试验方法
	ISO 5784-1:1988(1999)	Fluid power systems and components—Fluid logic circuits—Part 1: Symbols for binary logic and related functions 流体传动系统和元件—流体逻辑回路—第 1 部分:二进制逻辑及相关功能的符号
	ISO 5784-2:1989(1999)	Fluid power systems and components—Fluid logic circuits—Part 2: Symbols for supply and exhausts as related to logic symbols 流体传动系统和元件—流体逻辑回路—第 2 部分:与逻辑符号相关的供气和排气符号
	ISO 5784-3:1989(1999)	Fluid power systems and components—Fluid logic circuits—Part 3: Symbols for logic sequencers and related functions 流体传动系统和元件—流体逻辑回路—第 3 部分:逻辑顺序器及相关功能的符号
	ISO 6099:2018	Fluid power systems and components—Cylinders—Identification code for mounting dimensions and mounting types 流体传动系统和元件—缸—安装尺寸和安装型式的标注代号
	ISO 6149-1:2006	Connections for fluid power and general use—Ports and stud ends with ISO 261 metric threads and O-ring sealing—Part 1: Ports with truncated housing for O-ring seal 用于流体传动和一般用途的管接头—管 ISO 261 米制螺纹和 O 形圈密封的油口和螺柱端—第 1 部分:带 O 形密封圈用锪孔沟槽的油口
	ISO 6149-2:2006	Connections for fluid power and general use—Ports and stud ends with ISO 261 threads and O-ring sealing—Part 2: Dimensions, design, test methods and requirements for heavy-duty(S series) stud ends 用于流体传动和一般用途的管接头—管 ISO 261 螺纹和 O 形圈密封的油口和螺柱端—第 2 部分:重型(S 系列)螺柱端的尺寸、型式、试验方法和技术要求
	ISO 6149-3:1993	Connections for fluid power and general use—Ports and stud ends with ISO 261 threads and O-ring sealing—Part 3: Dimensions, design, test methods and requirements for light-duty(L series) stud ends 用于流体传动和一般用途的管接头—带 ISO 261 螺纹和 O 形圈密封的油口和螺柱端—第 3 部分:轻型(L 系列)螺柱端的尺寸、型式、试验方法和技术要求

续表

类别	标准号	标准名称
ISO气动标准	ISO 6149-4:2017	Connections for fluid power and general use—Ports and stud ends with ISO 261 threads and O-ring sealing—Part 4: Dimensions, design, test methods and requirements for external hex and internal hex port plugs 用于流体传动和一般用途的管接头—带 ISO 261 螺纹和 O 形圈密封的油口和螺柱端—第 4 部分:外六角和内六角油口螺塞的尺寸、型式、试验方法和技术要求
	ISO 6150:1988	Pneumatic fluid power—Cylindrical quick-action couplings for maximum working pressures of 10 bar, 16 bar and 25 bar(1MPa, 1.6MPa, and 2.5MPa)—Plug connecting dimensions, specifications application guidelines and testing 气压传动—最高工作压力 10bar、16bar 和 25bar(1MPa、1.6MPa 和 2.5MPa)圆柱形快换接头—插头连接尺寸、技术要求、应用指南和试验
	ISO 6195:2013	Fluid power systems and components—Cylinder-rod wiper-ring housings in reciprocating applications—Dimensions and tolerances 流体传动系统和元件—往复运动用缸活塞杆防尘圈沟槽—尺寸和公差
	ISO 6301-1:2017	Pneumatic fluid power—Compressed-air lubricators—Part 1: Main characteristics to be included in supplier's literature and product-marking requirements 气压传动—压缩空气油雾器—第 1 部分:供应商文件和产品标志要求中应包含的主要特性
	ISO 6301-2:2006	Pneumatic fluid power—Compressed-air lubricators—Part 2: Test methods to determine the main characteristics to be included in supplier's literature 气压传动—压缩空气油雾器—第 2 部分:测定供应商文件中包含的主要特性的试验方法
	ISO 6430:1992	Pneumatic fluid power—Single rod cylinders, 1000kPa(10bar) series, with integral mountings, bores from 32mm to 250mm—Mounting dimensions 气压传动—单杆缸,1000kPa(10bar)系列,整体式安装,缸内径 32～250mm—安装尺寸
	ISO 6432:2015	Pneumatic fluid power—Single rod cylinders, 1000kPa(10bar) series, bores from 8mm to 25mm—Basic and mounting dimensions 气压传动—单杆缸,10bar(1000kPa)系列,缸内径 8～25mm—基础和安装尺寸
	ISO 6537:1982	Pneumatic fluid power systems—Cylinder barrels—Requirements for nonferrous metallic tubes 气压传动系统—缸筒—对有色金属管的要求
	ISO 6952:1994	Fluid power systems and components—Two-pin electrical plug connectors with earth contact—Characteristics and requirements 流体传动系统和元件—带接地触点的两脚电插头—特性和要求
	ISO 6953-1:2015	Pneumatic fluid power—Compressed air pressure regulators and filter-regulators—Part 1: Main characteristics to be included in literature from suppliers and product-marking requirements 气压传动—压缩空气调压阀和带过滤器的调压阀—第 1 部分:商务文件中包含的主要特性及产品标识要求
	ISO 6953-2:2015	Pneumatic fluid power—Compressed air pressure regulators and filter-regulators—Part 2: Test methods to determine the main characteristics to be included in literature from suppliers 气压传动—压缩空气调压阀和带过滤器的调压阀—第 2 部分:评定商务文件中包含的主要特性的试验方法

续表

类别	标　准　号	标 准 名 称
ISO气动标准	ISO 8139:2018	Pneumatic fluid power—Cylinders,1000kPa(10bar) series—Mounting dimensions of rod-end spherical eyes 气压传动—缸,1000kPa(10bar)系列—杆端球面耳环的安装尺寸
	ISO 8140:2018	Pneumatic fluid power—Cylinders,1000kPa(10bar) series—Mounting dimensions of rod end clevis 气压传动—缸,1000kPa(10bar)系列—杆端环叉的安装尺寸
	ISO 8778:2003	Pneumatic fluid power—Standard reference atmosphere 气压传动—标准参考大气
	ISO 10099:2001(2006)	Pneumatic fluid power—Cylinders—Final examination an acceptance criteria 气压传动—缸—出厂检验和验收规范
	ISO 11727:1999	Pneumatic fluid power—Identification of ports and control mechanisms of control valves and other components 气压传动—控制阀和其他元件的气口、控制机构的标注
	ISO 12238:2001	Pneumatic fluid power—Directional control valves Measurement of shifting time 气压传动—方向控制阀—切换时间的测量
	ISO 14743:2004	Pneumatic fluid power—Push-in connectors for thermoplastic tubes 气压传动—适用于热塑性塑料管的插入式管接头
	ISO 15217:2000	Fluid power systems and component—16mm square electrical connector with earth contact—Characteristics and requirements 流体传动系统和元件—带接地点的 16mm 方形电插头—特性和要求
	ISO 15218:2003	Pneumatic fluid power—3/2 solenoid valves—Mounting interface surfaces 气压传动—二位三通电磁阀—安装面
	ISO 15407-1:2000	Pneumatic fluid power—Five-port directional control valves,sizes 18mm and 26mm—Part 1:Mounting interface surfaces without electrical connector 气压传动—五气口方向控制阀,18mm 和 26mm 规格—第 1 部分:不带电插头的安装面
	ISO 15407-2:2003	Pneumatic fluid power—Five-port directional control valves, sizes 18mm and 26mm—Part 2: Mounting interface surfaces with optional electrical connector 气压传动—五气口方向控制阀,18mm 和 26mm 规格—第 2 部分:带可选择电插头的安装面
	ISO 15552:2018	Pneumatic fluid power—Cylinders with detachable mountings, 1000kPa(10bar) series, bores from 32mm to 320mm—Basic, mounting and accessories dimensions 气压传动—可分离安装的,1000kPa(10bar)系列,缸内径 32～320mm 的气缸—基本尺寸、安装尺寸和附件尺寸
	ISO 16030:2001(2006)	Pneumatic fluid power—Connections—Ports and stud ends 气压传动—连接件—气口和螺柱端
	ISO/TR 16806:2003	Pneumatic fluid power—Cylinders—Load capacity of pneumatic slides and their presentation method 气压传动—缸—气动滑块的承载能力及其表示方法
	ISO 17082:2004	Pneumatic fluid power—Valves—Data to be included in supplier literature 气压传动—阀—商务文件中应包含的资料
	ISO 20401:2017	Pneumatic fluid power systems—Directional control valves—Specification of pin assignment for 8mm and 12mm diameter electrical round connectors 气动系统—方向控制阀—直径 8mm 和 12mm 圆形电插头的管脚分配规范
	ISO 21287:2004	Pneumatic fluid power—Cylinders—Compact cylinders, 1000kPa (10bar) series, bores from 20mm to 100mm 气压传动—缸—紧凑型,1000kPa(10bar)系列,缸径 20～100mm 的紧凑型气缸

8.2 IP防护等级

表21-8-2 IP防护等级

概述

符合DIN EN 60529标准

带壳体的防护等级通过标准化的测试方法来表示。IP代码用于对这类防护等级的分类。IP代码由字母IP和一个两位数组成

第1个数字的含义:表示人员的保护。它规定了外壳的范围,以免人与危险部件接触。此外,外壳防止了人或人携带的物体进入。另外,该数字还表示对固体异物进入设备的防护程度

第2个数字的含义:表示设备的保护。针对由于水进入外壳而对设备造成的有害影响,它对外壳的防护等级做了评定

注意:食品加工行业通常使用防护等级为IP 65(防尘和防水管喷水)或IP67(防尘和能短时间浸水)的元件。采用IP65还是IP67取决于特定的应用场合,因为每种防护等级有其完全不同的测试标准。IP67不一定比IP65好。因此,符合IP67的元件并不能自动满足IP65的标准

IP代码的意义

IP 6 5

代码字母	
IP	国际防护

代码编号1	说明	定义
0	无防护	—
1	防止异物进入,50mm或更大	直径为50mm的被测物体不得穿透外壳
2	防止异物进入,12.5mm或更大	直径为12.5mm的被测物体不得穿透外壳
3	防止异物进入,2.5mm或更大	直径为2.5mm的被测物体完全不能进入
4	防止异物进入,1.0mm或更大	直径为1mm的被测物体完全不能进入
5	防止灰尘堆积	虽然不能完全阻止灰尘的进入,但灰尘进入量应不足以影响设备的良好运行或安全性
6	防止灰尘进入	灰尘不得进入

代码编号2	说明	定义
0	无防护	—
1	防护水滴	不允许垂直落水滴对设备有危害作用
2	防护水滴	不允许斜向(偏离垂直方向不大于15°)滴下的水滴对设备有任何危害作用
3	防护喷溅水	不允许斜向(偏离垂直方向不大于60°)滴下的水滴对设备有任何危害作用
4	防护飞溅水	不允许从任何角度向外壳飞溅的水流对设备有任何危害作用
5	防护水流喷射	不允许从任何角度向外壳喷射的水流对设备有任何危害作用
6	防护强水流喷射	不允许从任何角度对准外壳喷射的水流对设备有任何危害作用
7	防护短时间浸入水中	在标准压力和时间条件下,外壳即使只是短时期内浸入水中,也不允许水流对设备造成任何危害作用
8	防护长期浸入水中	如果外壳长时间浸入水中,不允许水流对设备造成任何危害作用 制造商和用户之间的作用条件必须一致,该使用条件必须比代码7更严格
9	防护高压清洗和蒸汽喷射清洗的水流	不允许高压下从任何角度直接喷射到外壳上的水流对设备有任何危害作用

8.3　关于净化车间及相关受控环境空气等级标准及说明

表 21-8-3　关于净化车间及相关受控环境空气等级标准及说明

概述

净化车间技术(cleanroom)是为适应实验研究与产品加工的精密化、微型化、高纯度、高质量和高可靠性等方面要求而诞生的一门新兴技术。20 世纪 60 年代中期,净化车间技术在美国如雨后春笋般在各种工业部门涌现。它不仅用于军事工业,也在电子、光学、微型轴承、微型电机、感光胶片、超纯化学试剂等工业部门得到推广,对当时科学技术和工业的发展起了很大的促进作用。70 年代初,净化车间技术的建设重点开始转向医疗、制药、食品及生化等行业。除美国外,其他工业先进国家,如日本、德国、英国、法国、瑞士、苏联、荷兰等也都十分重视并先后大力发展了净化车间技术。从 80 年代中期以来,对微电子行业而言,1976 年所颁发的美国联邦标准 209B 所规定的最高洁净级别——100 级(≥0.5μm)已不能满足需要,1M 位的 DRAM(动态存储芯片)的线宽仅为 1μm,要求环境级别为 10 级(0.5μm)。事实上,从 70 年代末,为配合微电子技术的发展,更高级别的净化车间技术已在美国、日本陆续建成,相应的检测仪器——激光粒子计数器、凝聚核粒子计数器(CNC)也应运而生。总结这个时期的经验,为适应技术进步的需要,于 1987 年颁发了美国联邦标准 209C,将洁净等级从原有的 100～100000 四个等级扩展为 1～100000 六个级别,并将鉴定级别界限的粒径从 0.5～5μm 扩展至 0.1～5μm。90 年代初以来,净化车间技术在我国制药工厂贯彻实施 GMP 法的过程中得到了普及,全国几千家制药厂以及生产药用原材料、包装材料等非药企业,陆续进行了技术改造

微粒及微粒的散发在许多工业及应用领域起着很重要的作用,而目前尚无有关净化车间的通用标准。一些常用的有关空气洁净度的标准有

①ISO 14644-1(净化车间及相关受控环境空气等级标准)
②US FED STD 209 E(美国联邦标准"空气微粒含量的等级")
③VDI 2083-…(德国标准)
④Gost-R 50766(俄罗斯标准)
⑤JIS B 9920(日本标准)
⑥BS 5295(英国标准)
⑦AS 1386(澳大利亚标准)
⑧AFNOR X44101(法国标准)

迄今,对于气动元件及运行设备是否适合于洁净室还没有世界统一的标准。因此,德国出台了的一个德国工程师协会的标准,使产品有一个参照,从而确定该产品在这方面是否合格

ISO 14644-1

密度限制/微粒·米$^{-3}$(pc./m^3)

ISO 等级	0.1μm	0.2μm	0.3μm	0.5μm	1μm	5μm
ISO Class 1 >	10	2	—	—	—	—
ISO Class 2 >	100	24	10	4	—	—
ISO Class 3 >	1000	237	102	35	8	—
ISO Class 4 >	10000	2370	1020	352	83	3
ISO Class 5 >	100000	23700	10200	3520	832	29
ISO Class 6 >	1000000	237000	102000	35200	8320	293
ISO Class 7 >	—	—	—	352000	83200	2930
ISO Class 8 >	—	—	—	3520000	832000	29300
ISO Class 9 >	—	—	—	35200000	8320000	293000

FED STD 209E(美国联邦标准)

1992 年颁布的美国联邦标准 FED STD 209E 将洁净等级从英制改为米制,洁净度等级分为 M1～M7 七个级别(见下表)。与 FED STD 209D 相比,最高级别又向上延伸了半个级别(FED STD 209D 的 1 级空气中≥0.5μm,尘粒≥35.3pc./m^3,而 FED STD 209E 在颗粒的数量上,要求更严,M1 级≥0.5μm 尘粒,≥10pc./m^3)

需要注意的是,美国总服务局(GSA-U.S. General Services Administration),也就是批准美国联邦标准供联邦政府各机构使用的权威单位,于 2001 年发布公告,废止 FED STD 209E,等同采用 ISO 14644 相关标准

续表

FED STD 209E（美国联邦标准）

等级名称		空气为例含量极限/微粒·ft^{-3}				
公制	英制	0.1μm	0.2μm	0.3μm	0.5μm	5μm
M1		9.91	2.14	0.875	0.283	—
M1.5	1	35	7.5	3	1	—
M2		99.1	21.4	8.75	2.83	—
M2.5	10	350	75	30	10	—
M3		991	214	87.5	28.3	—
M3.5	100	—	750	300	100	—
M4		—	2140	875	283	—
M4.5	1000	—	—	—	1000	7
M5		—	—	—	2830	17.5
M5.5	10000	—	—	—	10000	70
M6		—	—	—	28300	175
M6.5	100000	—	—	—	100000	700
M7		—	—	—	283000	1750

JIS B 9920（日本标准）及美日洁净度级别换算

粒径/μm	Class1	Class2	Class3	Class4	Class5	Class6	Class7	Class8
0.1	101	102	103	104	105	106	107	108
0.2	2	24	236	2360	23600	—	—	—
0.3	1	10	101	1010	10100	101000	1010000	10100000
0.5	—	—	35	350	3500	35000	350000	3500000
5	—	—	—	—	29	290	2900	29000

日本 JIS B 9920 以 0.1μm 微粒为计数标准。日本标准的表示法是以 Class 1、Class 2、Class 3、…，Class 8 表示，即最好的等级为 Class 1，最差则为 Class 8，上表为日本 JIS 9920 标准规定的粒子上限数（个/m^3）。其 Class 1、Class 2、…的数目以 0.1μm 粒子为基准

美日洁净度级别换算见下表

日本	级别 3	级别 4	级别 5	级别 6	级别 7	级别 8
美国	Class1	Class10	Class100	Class1000	Class10000	Class100000

制定此标准的原因

如今，一些电子半导体、生物医药等工业领域的产品，结构越来越小，对生产环境的洁净度要求越来越高。因此，对质量标准要求也越来越趋于严格。如 1970 年生产的 1kB 容量的 DRAM，其结构尺寸为 10μm，而 2000 年生产的 256MB 容量的 DRAM，其结构尺寸为 0.25μm。在这种情况下，落下一颗微粒，就会导致动态存储芯片故障

香烟燃烧所产生的烟雾中含有尼古丁和焦油，看似烟雾，其实它是由 0.5μm 的微粒所组成的。一支烟就能使空气中的微粒含量骤增到每立方英尺 40000 个。因此必须使用净化车间以及相关干净的环境，其中包括操作人员必须穿戴无菌服或洁净车间的专用工作服。用于净化车间的气动元件及被加工的材料、车间环境等的空气等级采用 0.01μm

微电子、光子、医药等行业对空气中微粒的要求

行业领域及相关产品	轻工机械	PCB生产	清漆工艺	注射器	医药生产技术	小型继电器	微型系统技术	光学元件	微电子
临界微粒尺寸/μm	1～100	5～50	5～10	5～20	5～10	0.5～25	0.5～5	0.3～20	0.03～0.5

续表

<table>
<tr><td rowspan="5">执行此标准的有关方法和措施</td><td colspan="3">空气中微粒形成的主要原因是空气的流动方向、工件的堆放、车间的换气模式、压缩空气的质量等级、气动元件的泄漏以及振动、碰撞等因素</td></tr>
<tr><td rowspan="4">空气的流动方向</td><td>①在非常关键的区域，如在特殊无尘室区域，气流应先吹关键的气动元件，再流向次关键位置</td><td>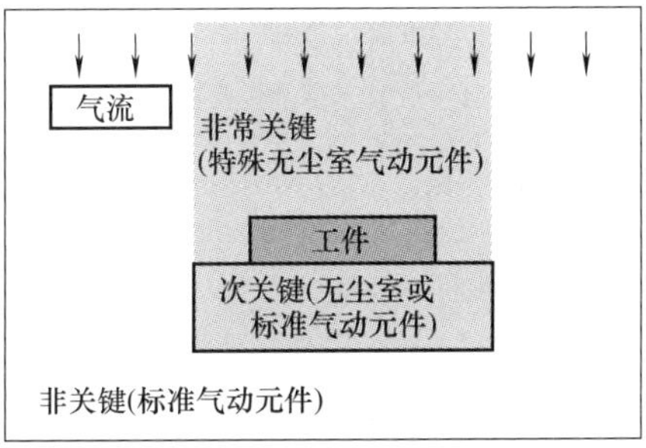

图 (a)</td></tr>
<tr><td>②为了避免周围空气不断相互交换，应尽量采用纵向（垂直方向）的层流流动</td><td>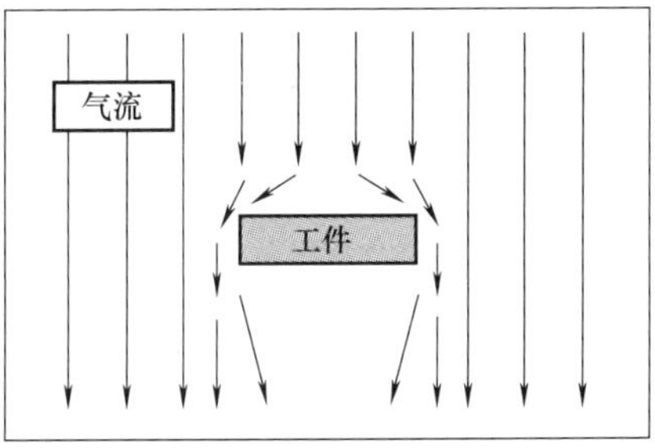

注：欲避免任何空气微尘的堆积及其他交叉污染，工件周围的空气应不断地交换，如果可能，应尽量使用纵向层流气流
图 (b)</td></tr>
<tr><td>③在电子行业净化车间，层流气流不应先经过气动元件，否则，气动元件空气中的未过滤净的灰尘油脂会吹到工件上（半导体晶体产品或电路板）</td><td>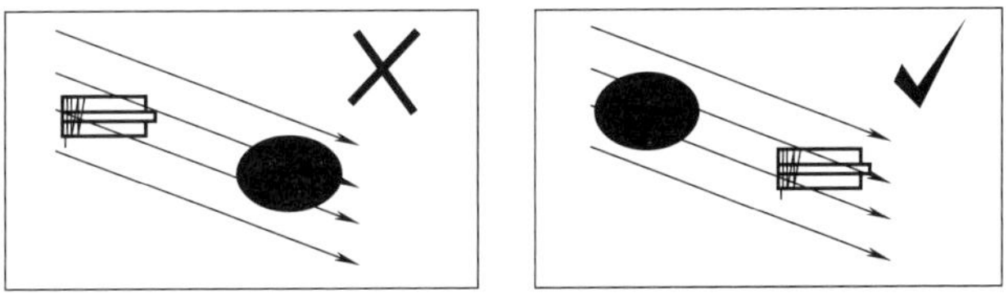
注：紊流度小于5的气流称为层流。紊流度是气流速度分布的标准偏差除以气流平均速度
图 (c)</td></tr>
<tr><td>④如气动元件和产品在同一水平位置时，层流气流应按图(d)所示方式</td><td>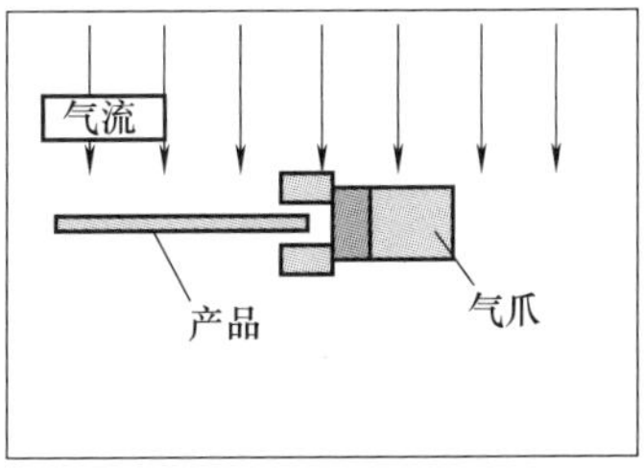

图 (d)</td></tr>
</table>

续表

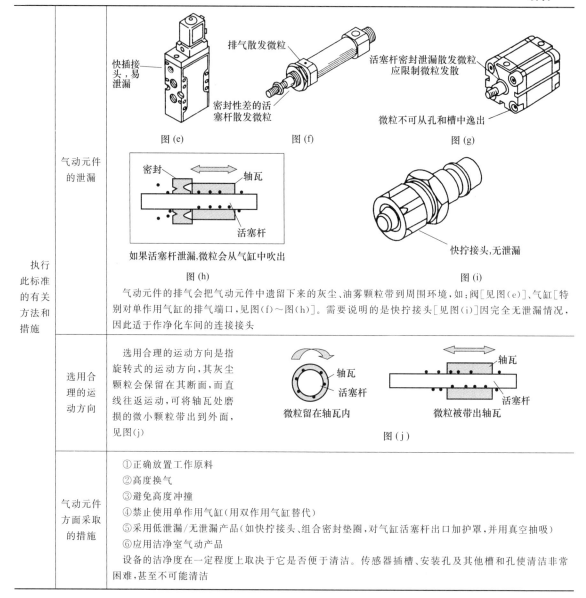

执行此标准的有关方法和措施	气动元件的泄漏	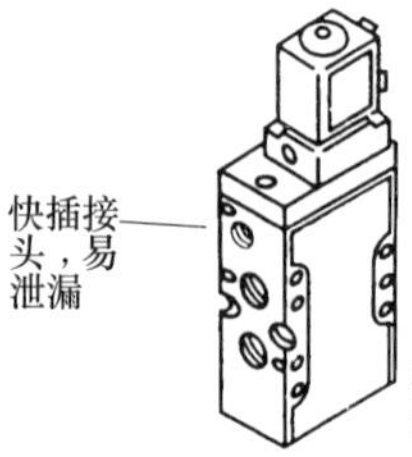 图 (e) 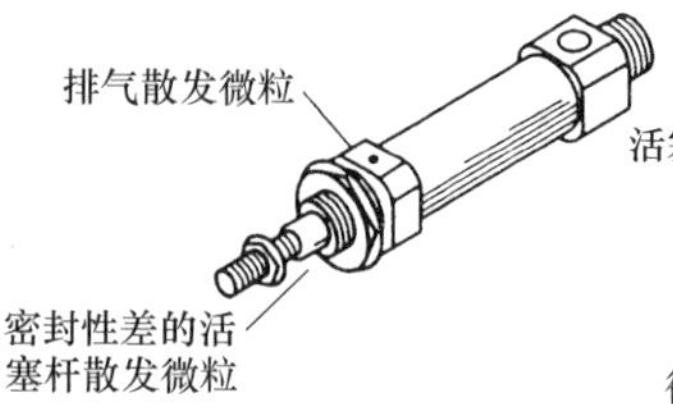 图 (f) 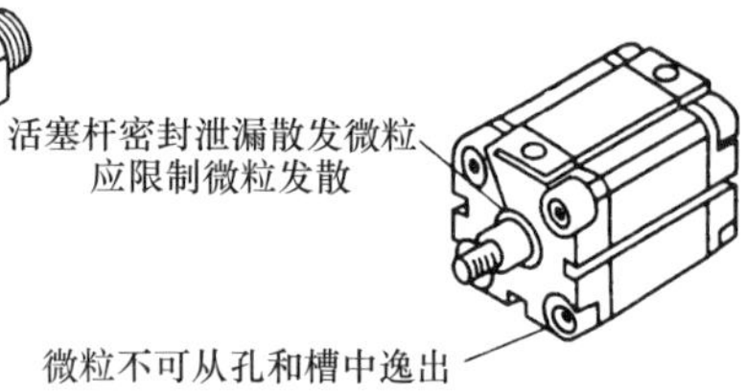 图 (g) 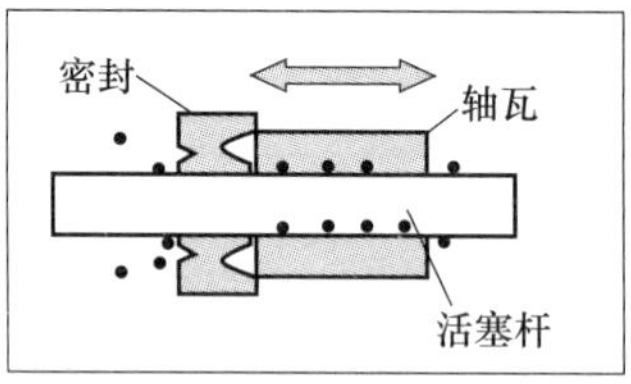 如果活塞杆泄漏,微粒会从气缸中吹出 图 (h) 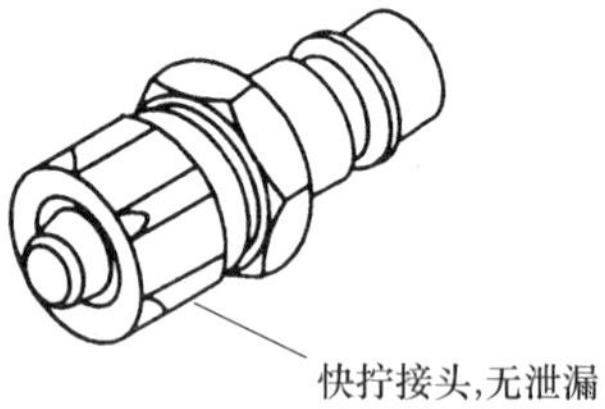 图 (i) 气动元件的排气会把气动元件中遗留下来的灰尘、油雾颗粒带到周围环境，如：阀[见图(e)]、气缸[特别对单作用气缸的排气端口，见图(f)～图(h)]。需要说明的是快拧接头[见图(i)]因完全无泄漏情况，因此适于作净化车间的连接接头
	选用合理的运动方向	选用合理的运动方向是指旋转式的运动方向，其灰尘颗粒会保留在其断面，而直线往返运动，可将轴瓦处磨损的微小颗粒带出到外面，见图(j) 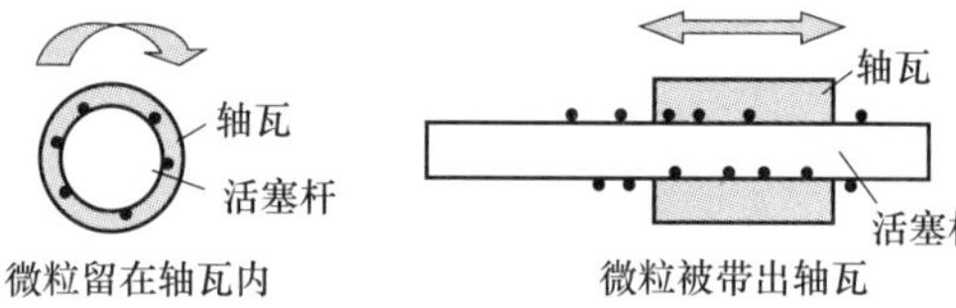 图 (j)
	气动元件方面采取的措施	①正确放置工作原料 ②高度换气 ③避免高度冲撞 ④禁止使用单作用气缸(用双作用气缸替代) ⑤采用低泄漏/无泄漏产品(如快拧接头、组合密封垫圈，对气缸活塞杆出口加护罩，并用真空抽吸) ⑥应用洁净室气动产品 设备的洁净度在一定程度上取决于它是否便于清洁。传感器插槽、安装孔及其他槽和孔使清洁非常困难，甚至不可能清洁

8.4 关于静电的标准及说明

表 21-8-4 关于静电的标准及说明

静电的标准	EN 100015-1：Basic specification：Protection of electrostatic sensitive devices Part1：General requirement 基本规范：静电敏感器件的防护 第 1 部分：一般要求 NESS 099/56：ESD sensitive package requirements for components 静电放电敏感元件的包装要求 IEC 61340-5-1：Protection of electronic devices from electrostatic phenomena 电子设备防静电现象的保护 IEC 61340-4-1：Standard test methods for specific applications. Electrostatic behavior of floor coverings and installed floors. 对于专门用途的标准试验方法，地板覆盖物和已装修地板的抗电性 对于气动元件和系统抗静电方面，还没有标准的测试方法。静电的标志见图(a) 气动系统在正常工作环境内的静电抗电保护标准需参照 EN 100015-1	 图(a)

续表

<table>
<tr><td rowspan="2">什么是静电</td><td>产生静电的原因</td><td>所有的材料都是由原子组成的,原子是由核子(质子和中子)及围绕在其周围轨迹运动的电子所组成[见图(b)]。原子带正电荷,电子带负电荷。当原子和电子数量相等时,原子表现为中性[见图(c)]。通常质子和中子在核的内部位置是固定的,电子处在周围的轨道上。当一些电子吸得不够牢时,会从一个原子移到另一个原子上去,电子的移动破坏了原子和电子的平衡,使得有的原子带正电,有的原子带负电,这就产生了电流[见图(d)]
电子从一个物体移到另一个物体就是电荷分离。电荷分离意味着正电荷与负电荷之间的不平衡。这种不平衡就产生了静电。塑料、布料、干燥空气、玻璃是非导体,金属、潮湿空气为导体
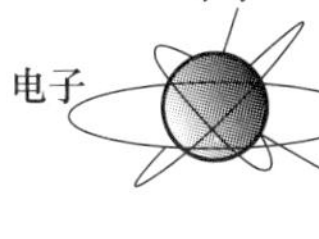
图 (b)

图 (c)
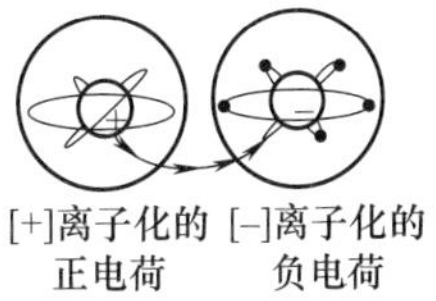
图 (d)</td></tr>
<tr><td>静电产生的条件</td><td>摩擦两个物体(两个物体必须是由不同材质且必须是由绝缘材料组成),摩擦越厉害,移动到另一个物体上的电子就越多,累积的电荷也就越高</td></tr>
<tr><td colspan="2">气动回路中的静电</td><td>空气中有多种不同的分子,而气管、阀、接头中始终有空气的流动。空气流动时,空气中的分子摩擦气管、阀内腔等。摩擦产生的电子从空气中转移到气管或阀上,结果产生了电荷分离。气流分子带负电荷最多可累积几千伏,这就是静电放电(ESD)[见图(e)]
每个静电电荷产生一个静电磁场。如果电磁场超过一定程度,周围空气就会变得离子化。含离子化的空气会导电,静电会迅速被放电至地面并发出闪光。这一闪光或火花可能会损坏芯片、电子设备或在某些危险环境中引起爆炸[见图(f)]
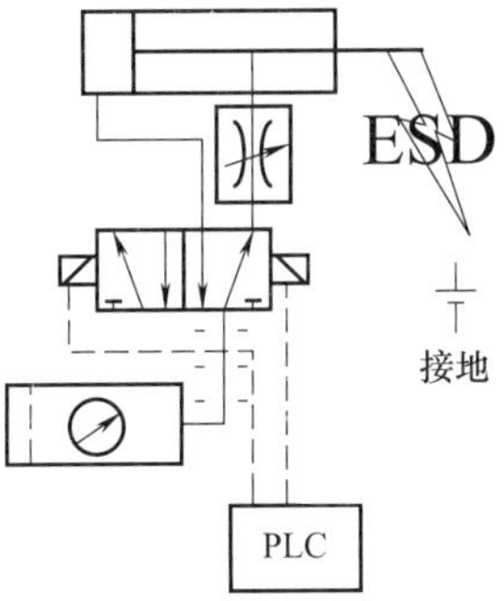
图 (e)
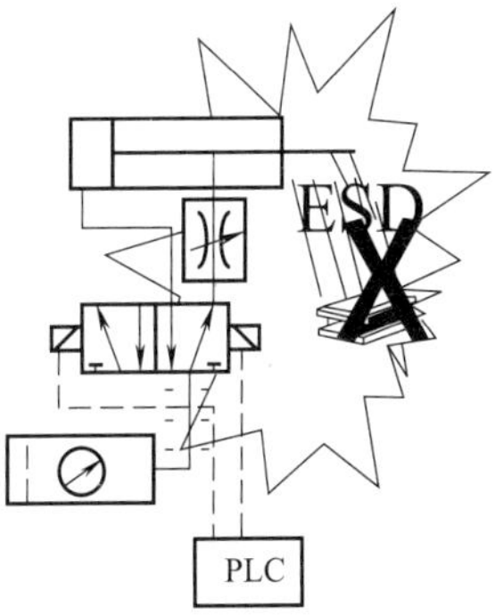
图 (f)</td></tr>
<tr><td colspan="2">不同材料产生的静电及其测量方法</td><td>静电等级根据材料及相关质地、环境中空气相对湿度和接触程度不同,可产生不同的静电压,最多可产生 30000V 静电(见下表)。对于未接地的 ESD 1 级敏感设备,即使仅放 10V 的电,也能损坏设备。根据相关资料,早期在未认识静电产生的危害之前,接近 50%的气动元件的损坏是由静电引起的
<table>
<tr><th>产生静电的方式</th><th>10%～25%空气相对湿度能产生的最高静电/V</th><th>65%～90%空气相对湿度能产生的最高静电/V</th></tr>
<tr><td>从地毯上走过</td><td>35000</td><td>1500</td></tr>
<tr><td>从工作台上拿起尼龙袋</td><td>20000</td><td>1200</td></tr>
<tr><td>聚氨酯泡沫做成的椅子</td><td>18000</td><td>1500</td></tr>
<tr><td>从乙烯基瓷砖上走过</td><td>12000</td><td>250</td></tr>
<tr><td>工作台边的工人</td><td>6000</td><td>100</td></tr>
</table>
用户对抗静电产品的需求:改善产品质量;有一个安全的工作环境;在 EX 保护区域内保证安全措施;生产的机器能用在抗静电特性的生产车间;保证产品的质量,符合 ISO 9000
测量静电电荷量的仪器有电荷量表,测量静电电位可用静电电压表。测量材料特性有许多测量静电的仪表,如高阻计、电荷量表等
测量塑料、橡胶、防静电地板(面)、地毯等材料的防静电性能时,通常用电阻、电阻率、体积电阻率、表面电阻率、电荷(或电压)半衰期、静电电容、介电常数等,其中最常用、最可靠的是电阻及电阻率</td></tr>
</table>

续表

防止静电的措施	①排除不必要的会产生静电电荷的因素	移走已知会产生电荷的不必要的材料 采用抗静电的材料，表面的电阻应小于$10^6\Omega$
	②接地	只适用于导体 将所有的导体结合在一起，统一接地 静电接地意味着导体材料与地面相接触，电阻应小于$10^6\Omega$或者放电常量应小于10^{-2}s
	③屏蔽	防止敏感的设备放电或者与放电的物体相接触 通过法拉第笼实现屏蔽
	④中和	如果接地方式对非导体无效，可通过离子化中和方式 •非导体中和是放在相反极性电荷的环境下，这种中和方式是有一个带离子的介质，该介质能交替产生正负电荷 •最理想的情况是能提高空气中的相对湿度
	⑤抗静电材料	能够有效地阻止静电荷在自身及与其接触材料上积累的材料 有三种不同类型：通过抗静电剂表面处理；合成时混入抗静电剂在表面形成抗静电膜的材料；本身就有抗静电性的材料 绝缘材料与其他材料相接触会产生静电，这是因为物体接触时，会发生电荷（电子或分子离子）的迁移，抗静电材料能够让这种电荷的迁移最小化。由于摩擦起电取决于相互作用的两种物质或物体，所以单独说某种材料是抗静电的并不准确。准确的说法应该是，该种材料对另一种材料来讲是抗静电的。这里所指其他材料既有绝缘材料（如印制电路板PWB、环氧树脂基材），也有导电材料（如PWB上的铜带）。它们在某些过程及取放过程中都可能带电 大多数制造厂商指的抗静电材料是对生产过程中的多数材料特性具有抗静电性能的材料 常用的抗静电剂能够减少许多材料的静电，因此应用广泛。它们一般是溶剂或载体溶液混入抗静电表面活性剂，如由季铵化合物、胺类、乙二醇、月桂酸氨基化合物等制成。使用抗静电剂能够在材料之间形成一层主导材料表面特性的薄膜。这些抗静电剂都是表面活性剂，其减少摩擦电压的机理还不得而知。然而，研究发现，这些表面活性剂都具有吸收水分子的特性，它们能够促使材料表面吸收水分。抗静电剂的效果受环境湿度的影响很大。此外，抗静电剂也可减小摩擦力，有利于减小摩擦电压 因为抗静电剂具有一定的导电性能，所以在适当湿度的条件下，它们能够通过耗散来泄放静电。在实际应用中，后一种特性可能更容易得到重视，因而它也就成为评估抗静电材料的最主要指标。但还需要强调的是，抗静电材料更重要的功能应当是其在没有接地的状态下减少静电产生的功能，而不是导电性
	⑥静电耗散材料	用于减缓带电器件模型（CDM）下快速放电的材料。不同的行业对其表面电阻有不同规定，如按照静电协会（ESDA）和电子工业联合会（EIA）的定义，其表面电阻率在$10^5\sim10^{12}\Omega$/sq之间。静电耗散材料具有相似的体积电阻或用导电材料覆盖，如用于工作台的台垫等。耗散材料在接触带电器件时，能够使放电电流得到限制。除表面电阻率之外，静电耗散材料的另一个重要特性是其将静电荷从物体上泄放的能力，而描述这一特性的技术指标是静电衰减率。按照孤立导体静电衰减模型，静电衰减周期与其泄放电路的电阻与电容乘积（RC）成指数关系 研究静电泄放能力，典型的假设是，在特定的时间内，如2s内，将静电电压衰减到一个特定的百分比，如1%。对一个盛放PWB的周转箱来说，其电容大约为50pF 此外，对静电耗散材料来说，相对湿度也是重要的因素，在静电衰减测试当中要予以控制和记录
	⑦导静电材料	按照定义，是指表面电阻率小于$10^2\Omega$/sq的材料，它们通常被用于同电位器件间分流连接，在某些时候，它们还被用于区域的静电场屏蔽 抗静电材料可以将导静电材料或静电耗散材料上的静电转移到自身的表面。它通常用于分流目的，将器件的接线端子连接到一起以保证接线端子之间的电位相同。要想达到分流的目的，必须保证两点：第一，在快速放电中保持等电位，这一限制与材料的电感有关；第二，分流必须让器件接线端子闭合。许多静电放电，特别是带电器件模型（CDM）下的放电，放电的时间只有1ns，如果分流用物体距离器件几英寸远，此时器件接线端子上的ESD会在电流流过分流导电材料形成的等电位连接之前就损伤了器件 在对这三种材料的理解上容易有一些误区，如许多材料既是抗静电材料又是静电耗散材料，很多时候导电材料与一些绝缘材料也会产生静电，但这些材料不能视为抗静电材料 清楚材料的区别，懂得它们在什么情况下应用，对于实施和保持有效的ESD控制体系非常关键，同时也是正确评价防静电材料供应商产品有效性的关键因素。这些材料特性不能对正常的生产过程造成影响。此外，耐磨损性、热稳定性、受污染的影响以及其他很多特性也应当成为评价材料特性时需要考虑的因素
总结	为了确保产品质量，必须要防止静电。迄今还没有一种可靠的技术能够消除静电放电所造成的损坏。有的日本公司开发了静电消除器，在接收到外置传感器信号后，向放电物体持续发射出带相反极性的离子，以此消除静电。标准的管子和接头是产生静电的最主要的根源。在ESD保护区域内，必须要使用防静电材料做的气动元件，主要是针对气管和接头 所以在空气流动过程中的阀、气管、接头和气缸必须是抗静电材料做成的，这个是强制规定的。金属制成的气缸和阀可通过电缆接地。在气源处理单元内，凡气流流过的部件都由金属制成	

8.5 关于防爆的标准

表 21-8-5 关于防爆的标准

目前的标准	中国标准:GB 3836.1～GB 3836.15(关于爆炸性气体环境用电气设备) 国际电工委员会 IEC:一个国际性的标准化组织,由所有的国家电工技术委员会 IEC 组成。制定了 IEC 60079 欧洲电工标准化委员会(CENELEC):1973 年是由两个早期的机构[欧洲电工标准协调委员会共同市场小组(CENELCOM)和欧洲电工标准协调委员会(CENEL)]合并而成。制定了 ATEX 94/9/EC 和 ATEX 1999/92/EC 指令
中国的防爆标准	GB 3836.1—2010 爆炸性环境 第 1 部分:设备 通用要求 GB 3836.2—2010 爆炸性环境 第 2 部分:由隔爆外壳"d"保护的设备 GB 3836.3—2010 爆炸性环境 第 3 部分:由增安型"e"保护的设备 GB 3836.4—2010 爆炸性环境 第 4 部分:由本质安全型"i"保护的设备 GB 3836.5—2017 爆炸性环境 第 5 部分:由正压外壳"p"保护的设备 GB 3836.6—2017 爆炸性环境 第 6 部分:由液浸型"o"保护的设备 GB 3836.7—2017 爆炸性环境 第 7 部分:由充砂型"q"保护的设备 GB 3836.9—2014 爆炸性环境 第 9 部分:由浇封型"m"保护的设备 GB 3836.11—2017 爆炸性环境 第 11 部分:气体和蒸气物质特性分类 试验方法和数据 GB 3836.13—2013 爆炸性环境 第 13 部分:设备的修理、检修、修复和改造 GB 3836.14—2014 爆炸性环境 第 14 部分:场所分类 爆炸性气体环境 GB 3836.15—2017 爆炸性环境 第 15 部分:电气装置的设计、选型和安装

8.6 食品包装行业相关标准及说明

表 21-8-6 食品包装行业相关标准及说明

HACCP 食品行业标准简介	对于食品行业卫生标准,将分为两个大类:一个是关于食品加工过程的卫生标准,从原材料(有些需冷藏)到产品加工过程、灌装、包装、堆垛、运输等整个加工链;另一大类是关于食品加工设备标准,从机器的设计指导思想、设计原理着手 从加工过程看有:HACCP(危害分析关键控制点)、LMHV[食品卫生规定及对食品包装规定的修改(德国标准)]、FDA(美国联邦食品与药品监管)、GMP(药品生产质量管理规范)、USDA(美国农业部) 从加工机器设计(设备)看有:3-A 标准、EHEDG(欧洲卫生设备设计集团)、89/392/EG、DIN 11483.1(乳品设备清洁和消毒,考虑对不锈钢的影响)、DIN 11483.2(乳品设备清洁和消毒,考虑对密封材料的影响) HACCP 是一个识别特定危害以及预防性措施的质量控制体系,目的是将有缺陷的生产、产品和服务的危害降到最低。由于它是一个以食品、安全为基础的预防性体系,首先要预防潜在危害食品安全问题的出现,通过评估产品或加工过程中的风险来确定可能控制这些风险所需要的必要步骤(生物:细菌、沙门氏菌;化学:清洁剂、润滑油;物理:金属、玻璃、其他材料特性危害),并分析、确定对关键控制点采取的措施 ,确保食品整个加工过程的安全、卫生、可靠 HACCP 的理念来自 93/43/EWG,最初开发是在美国,由 Pillsbury 公司与美国航空航天局合作参与 在 1985 年由美国国家科学院推荐这个系统,使得成为全世界以及 FAO(食品农业组织)、WHO(世界卫生组织)在食品法典中的引用法律 在 1993 年,欧洲规则 93/43EG(欧盟指导方针)规定从 1993 年 7 月 14 日起在食品生产中使用该系统 如今,HACCP 广泛应用在食品行业中,不仅仅针对大量操作人员,并且不应该是复杂、难解的程序,它对该工业领域所有元件都是适合的,包括小型以及大型的、不受约束的或已规定安全食品的公司 HACCP 标准有五个基本思想: ①进行危害分析 ②确定可能产生危害性的控制点 ③确定控制点中哪些是必须控制的关键点 ④确定关键点的控制体系,监视追踪,考虑对最糟糕情况下的纠正及措施 ⑤存档、论证,确认 HACCP 运转良好

续表

	食品及包装工业的不同卫生区域的划分	食品/包装行业一般可分食品区(与食品相触)、飞溅区及非食品区[见图(a)] 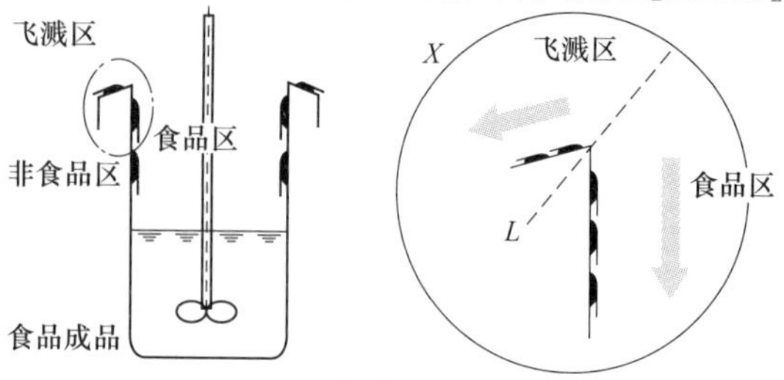 图(a)
食品加工设备设计的卫生要求	设备设计的卫生要求	①表面要求。对于食品区(与食品相触)、飞溅区表面粗糙度 $Ra \leqslant 0.8\mu m$，可清洗的，抗破裂、表面不能有缺陷，绝不允许出现粗糙的表面 在食品有可能接触到连接螺栓时，禁止螺纹裸露在外，宜用沉头内六角螺钉、沉头螺钉及在连接件外部的沉头内六角螺钉。因为这些凹进去的或螺栓开槽的地方都可能堆积流动的食品、灰尘及污垢。通常采用的如加密封件的外六角螺钉、盖型螺母或螺钉便于清洗。更为理想的是在食品流动方向上，找不到螺纹连接的痕迹(从机器部件内部往外连接) 可接受的螺栓连接方式与不可接受的螺栓连接方式见图(b) 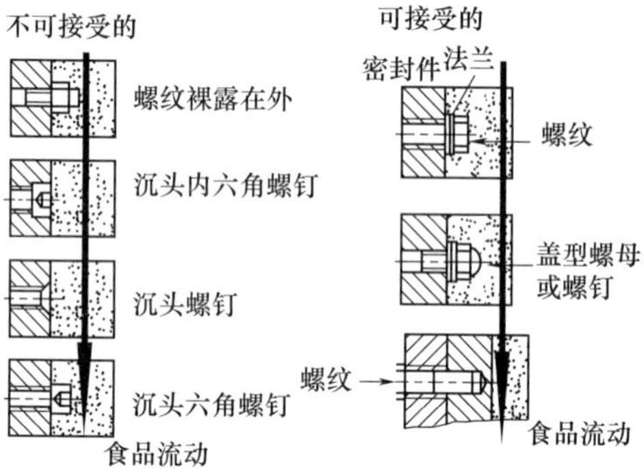 图(b) 可接受的翻边(死区)与不可接受的翻边(敞开区)见图(c)。为了防止灰尘、污垢的堆积，便于冲洗，翻边应按可接受的适合的解决方案。对某些特殊的翻边，可两边加盖 可接受的弯边(半径)与不可接受的弯边(半径)见图(d)。为了便于冲洗、防止灰尘、污垢的堆积，弯曲半径至少≥3mm。对焊接部分不能有焊渣粘在表面 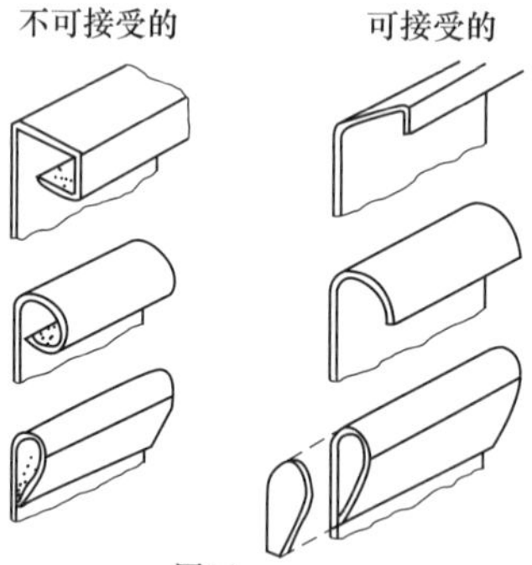 图(c) 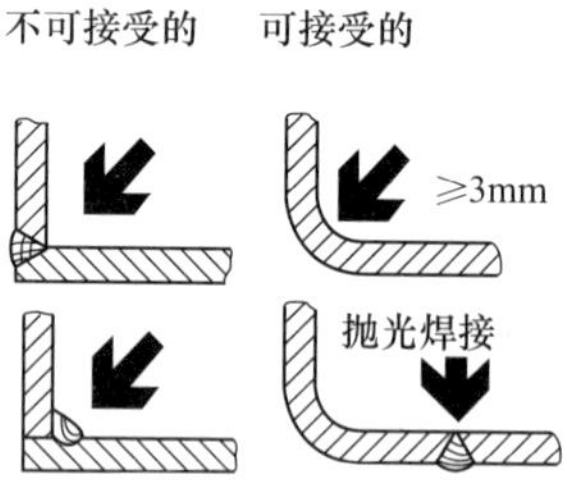 图(d) ②材料要求 a. 耐腐蚀 b. 机械稳定性 c. 表面不起变化 d. 符合食用品卫生安全条件 与食品接触的材料 · 禁止使用的材料：锌、石墨、镉、锑、铜、黄铜、青铜、含苯、甲醛成分的塑料和柔软剂 · 完全适合的材料：AISI304(美国标准)、AISI316、AISI304L、由 FDA/BGVV 认可的塑料 · 有限的使用：阳极氧化铝、铜和钢的涂镍、涂铬 对于食品/包装机器设计有两个主要的设计规则，一个是完整的开放(敞开)式设计；另一个是全防护的封闭设计。同时应极力避免：弯曲半径小于 3mm，螺纹暴露在外或螺纹未拧紧，污垢残留，死角，表面粗糙，裂口/裂缝及部件以及气动元件的不易清洗

续表

清洗与消毒

清洗、消毒四个主要因素为：温度因素、时间因素、清洗剂和消毒剂类型（碱性、酸性、氧化剂、表面活性剂）和它的浓度因素、被清洗设备的特性因素

清洗剂与消毒剂对各类食物的类型见表 1

表 1　清洗剂与消毒剂对食物的类型

食物	碱性	酸性	氧化剂	表面活化剂
蛋白质	+++	+	*	+
脂肪	+	—	*	+++
分子量较小的碳水化合物	+++	+++	○	○
分子量较大的碳水化合物	+	+	++	*
肽	—	+++	○	○

注：+++非常好；++好；+合适；* 特殊情况下可用；—不合适；○不可用

①清洗剂：选择 pH＝1～14 的清洗剂以适应不同的应用场合，见表 2

表 2　清洗剂的不同应用场合

应用场合	汉高	利华	凯驰
肉制品加工	P3-topax12 P3-topax19 P3-topax36 ……	Oxyschaum Proklin GHW4 ……	RM31 RM56 RM57 ……
奶制品及奶酪	P3-topax12 P3-topax19 P3-topax36 ……	Spektak EL Divomil ES Divosan ……	RM31 RM56 RM57 ……
饮料行业	P3-topax12 P3-topax19 P3-topax36 ……	Dicolube RS 148 SU 156 Divosan forte ……	RM25 RM31 RM56 ……

②清洗方法：湿洗、干洗、高压清洗、蒸汽清洗、在专门场地进行清洗、用特殊气体进行清洗

通常的清洗过程是：清洗准备工作→初步清洗→用水进行预清洗→正式清洗→经过一段时间→冲洗→控制→消毒→经过一段时间→冲洗

③整个设备进行清洗

④清洁剂及消毒物质的应用范围

用于食品行业的易清洗的气动元件（气缸、阀岛等）

气源的清洁要求

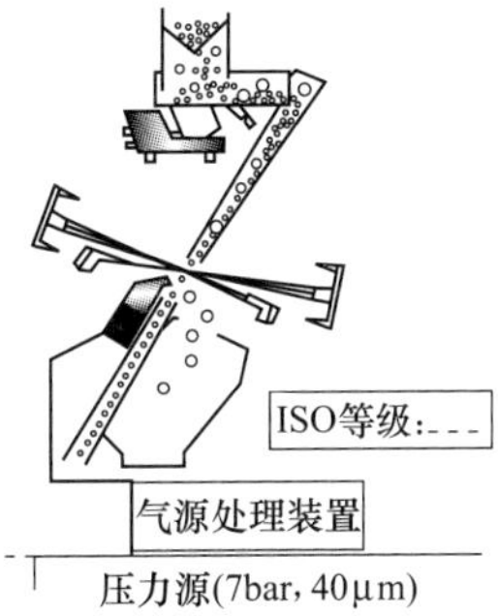

图(e)

气流吹合格的产品要求如下：

①食品要绝对干燥

②空气要干净、清洁，能直接接触食品

③必须避免压缩空气对食品产生的任何影响

④不会受到细菌的影响，因为在绝大多数情况下，细菌对干燥的食品不会产生影响

包装过程中的要求

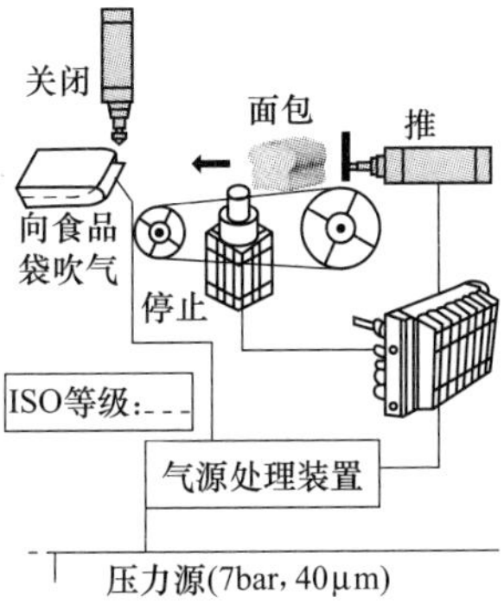

图(f)

如对面包的包装要求如下：

①空气接触食品袋（食品袋必须在面包装入前吹开）

②必须确保面包不会被气缸推开时损坏

③空气要干净、清洁，能直接接触食品

第21篇

续表

用于食品行业的易清洗的气动元件(气缸、阀岛等)	对气动元件的要求	①HACCP食品卫生标准体系对气动元件在食品加工设备的应用上产生了重大影响，将更多的重心引向清洁型设计，避免微生物如细菌、酶的危害[见图(h)]；避免化学酸碱射气管产生龟裂[见图(i)] 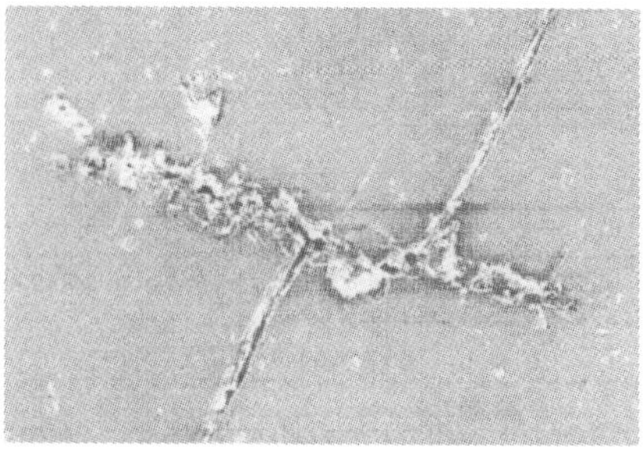 图(g) PU材质气管受到微生物(细菌)、酶的损坏 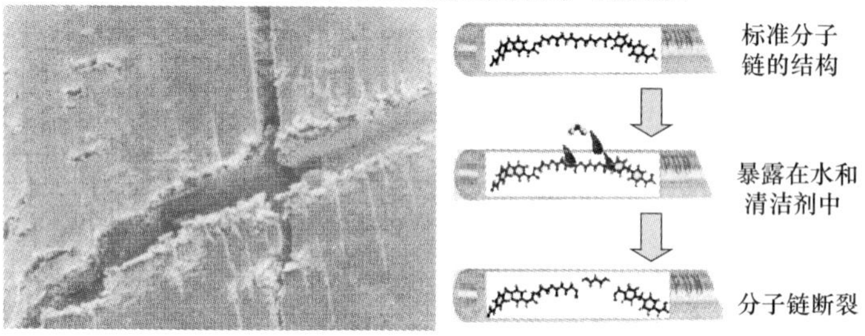 图(h) 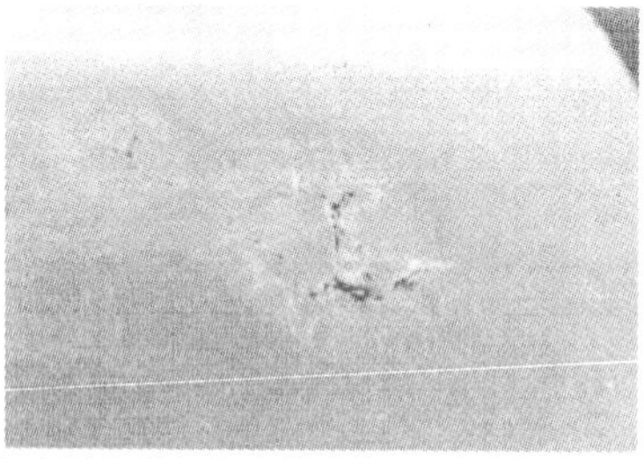 图(i) 标准气管与酸碱(化学物质、清洁剂)产生反应  图(j) 标准气管受到太阳、紫外线灯(通常用于如酿酒与奶制品中消灭细菌)照射，发生损坏 ②采用易清洗的气动元件(气缸、阀岛等)：采用的气动元件是专门设计的(外形光滑易清洗，或采用不锈钢、耐腐蚀的材质)。在一些食品行业，如肉类、酸奶、奶酪、牛奶等饮料行业每天需清洗，不能让物质遗留下，否则将会发酵产生细菌 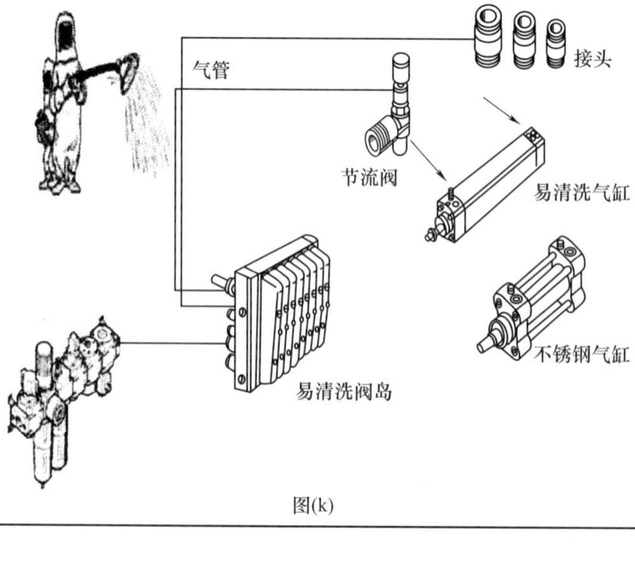 图(k)

8.7　用于电子显像管及喷漆行业的不含铜及聚四氟乙烯的产品

表 21-8-7　　用于电子显像管及喷漆行业的不含铜及聚四氟乙烯的产品

<table>
<tr><td>概述</td><td colspan="4">在电子显像管行业和汽车喷漆车间中，严禁使用含铜、特氟龙(聚四氟乙烯)及硅的气动产品。因为含铜的材质会影响显像管颜色的反射，使显像管屏幕出现黑点。含特氟龙及卤素的材料会缩短阴极管的寿命。含硅的物质减小玻璃的静摩擦力，使得显像管的涂层不牢，寿命不长
Festo 公司与 Philips 公司联合制定了“不含铜及聚四氟乙烯”元件的标准，如 Festo 940076-2 标准(针对铜含量的产品的标准)；Festo 940076-3 标准(针对特氟龙含量的产品的标准)；以及不含油漆湿润缺陷的物质 Festo 942010 标准。这里所说的不含铜，并不是指完全不含铜，而是说该材料的离子不应该处于自由状态，避免生产中受到影响(对于铝质气缸而言，当它运行了上万公里之后，它的表面离子处于自由活动的状态，表面的涂层已经磨损)</td></tr>
<tr><td rowspan="8">对于不含铜及聚四氟乙烯元件的措施</td><td colspan="2">种　类</td><td colspan="2">措　施</td></tr>
<tr><td colspan="2">运动的、动态受压的零部件，如轴承和密封件</td><td colspan="2" rowspan="4">零部件表面必须不含铜
例：如果是由 CuZn 制成的，则表面要镀镍或镀锌。铝可以进行阳极氧化处理或钢进行镀锌</td></tr>
<tr><td colspan="2">很少被驱动的零部件，如带螺纹的插口和调节螺钉</td></tr>
<tr><td colspan="2">气流通过的零部件</td></tr>
<tr><td colspan="2">可能和外部有接触的零部件或看得到的零部件</td></tr>
<tr><td colspan="2">静态元件，如轴承盖、密封件</td><td colspan="2">如果不进行表面处理，则含铜量最多不能超过 5.5%</td></tr>
<tr><td colspan="4">注：含氟、氯、溴、碘的复合物，如 PTFE，既不能以复合物的形式，也不能作为填料来使用，在正常使用中会释放出这些物质，含氟的橡胶不能用</td></tr>
<tr></tr>
<tr><td rowspan="14">不含 PWIS 的气动产品</td><td colspan="4">PWIS，PW 表示油漆湿润，I 表示缺陷，S 表示物质。含油漆湿润缺陷的物质如硅、脂肪、油、蜡等，在喷漆的加工过程中会影响喷涂的质量，使被喷材料表面出现凹痕，已加工完的表面需返工，或整个喷漆系统受到污染。对汽车行业喷漆操作设备而言，不准含有油漆湿润的缺陷物质，因为这将影响油漆的质量。人的眼睛不可能看出该物质或元件中含有油漆湿润缺陷物质的含量。所以德国大众汽车公司开发了测试标准 PV 3.10.7。不含油漆湿润缺陷物质的润滑剂牌号及供应商见下表。关于不含 PWIS 的气动产品，应在气动元件产品中予以注明，如“气管不含 PWIS”
不含油漆湿润缺陷的物质的润滑剂</td></tr>
<tr><td>商　标</td><td>供应商/生产商</td><td>商　标</td><td>供应商/生产商</td></tr>
<tr><td>Beacon2</td><td>Esso</td><td>G-Rapid Plus</td><td>Dow Corning</td></tr>
<tr><td>Mobiltemo SHC100</td><td>Mobil Oil</td><td>Energrease HTG 2 2)</td><td>BP</td></tr>
<tr><td>Molykote BR 2+</td><td>Dow Corning</td><td>Molykote DX</td><td>Dow Corning</td></tr>
<tr><td>F2</td><td>Fuchs</td><td>Molub-Alloy 823FM-2</td><td>Tribol</td></tr>
<tr><td>Centoplex 2EP</td><td>K10ber</td><td>Staburags NBU 12</td><td>Klüber</td></tr>
<tr><td>GLG 11 Uni Getr Fett</td><td>Chemie Technik</td><td>Urelbyn 2</td><td>Rainer</td></tr>
<tr><td>Syncogel SSC-3-001</td><td>Synco(USA)</td><td>Retinax A</td><td>Shell</td></tr>
<tr><td>Molykote A</td><td>Dow Corning</td><td>Isoflex NB 5051</td><td>Klüber</td></tr>
<tr><td>Longterm W 2</td><td>Bei Dow Corning</td><td>Costrac AK 301</td><td>Klüber</td></tr>
<tr><td>Castrol Impervia T</td><td>Castrol</td><td>Isoflex NBU 15</td><td>Klüber</td></tr>
<tr><td>Tri-Flon</td><td>Festo-Holland</td><td>PAS 2144</td><td>Faigle</td></tr>
<tr><td>Limolard</td><td>Festo-Ungam</td><td>Syntheso GLEP 1</td><td>Klüber</td></tr>
</table>

8.8　美国危险品表

表 21-8-8　　美国危险品表

产品	交通运输部运输名称	危险等级/分区	区[②]	ID号	交通运输部标签	可报告数量[①]	每个单一物质成分的代码	化学品安全技术说明书
乙炔	不可溶解乙炔	2.1		UN1001	可燃气体		74-86-2	G-2
空气	压缩空气	2.2		UN1002	非可燃气体		(O_2)7782-44-7 (N_2)7727-37-9	G-113
氨	无水液化氨	2.2		UN1005	非可燃气体	100lb	7664-41-7	G-11
氩气	压缩氩气	2.2		UN1006	非可燃气体		7440-37-1	G-7
正丁烷	丁烷	2.1		UN1011	可燃气体		106-97-8	G-17
异丁烷	丁烯	2.1		UN1012	可燃气体		106-98-9	G-18
二氧化碳	二氧化碳	2.2		UN1013	非可燃气体		124-38-9	G-8
一氧化碳	一氧化碳	2.3	D	UN1016	有毒和可燃气体		630-08-0	G-112
氯气	氯气	2.3	B	UN1017	有毒气体	10lb	7782-50-5	G-23
重氢	重氢	2.1		UN1057	可燃气体		7782-39-0	G-25
乙烷	压缩乙烷	2.1		UN1035	可燃气体		78-84-0	G-31
氯乙烷	氯乙烷	2.1		UN1037	可燃气体	100lb	75-00-3	G-32
乙烯	压缩乙烯	2.1		UN1062	可燃气体		74-85-1	G-33
氦气	压缩氦气	2.2		UN1046	非可燃气体		7440-59-7	G-5
氢气	压缩氢气	2.1		UN1049	可燃气体		1333-74-0	G-4
氯化氢	无水氯化氢	2.3	C	UN1050	有毒和腐蚀性气体		7647-0-10	G-40
硫化氢	液化硫化氢	2.3	B	UN1053	有毒和可燃气体		7783-06-4	G-94
异丁烷	异丁烷	2.1		UN1969	可燃气体		75-28-5	G-95
氪气	氪气	2.2		UN1056	非可燃气体		7439-90-9	G-54
甲烷	压缩甲烷	2.1		UN197	可燃气体		74-82-8	G-56
氯甲烷	氯甲烷	2.1		UN1063	可燃气体	1lb	74-87-3	G-96
氖气	压缩氖气	2.2		UN1065	非可燃气体		7440-01-9	G-59
氮气	压缩氮气	2.2		UN1066	非可燃气体		7727-39-7	G-7
一氧化二氮(笑气)[③]	压缩一氧化二氮	2.2		UN1070	非可燃气体		10024-972	G-3
氧气	压缩氧气	2.2		UN1072	非可燃气体和氧化剂		7782-44-7	G-1
丙烷	丙烷	2.1		UN1978	可燃气体		77-98-6	G-74
丙烯	丙烯	2.1		UN1077	可燃气体		7446-09-5	G-75
二氧化硫	二氧化硫	2.3	C	UN1079	有毒气体		2551-62-4	G-79
六氟化硫	六氟化硫	2.2	D	UN1080	非可燃气体		7440-63-3	G-80
氙气	氙气	2.2	B	UN2036	非可燃气体	10lb	7782-50-5	G-85

① 可报告数量。

② 所有2.3类有毒气体要求气瓶标有“吸入危险”，并且装运文件描述必须包括“毒性吸入危险区-(A，B，C或D)”

③ 所列出的运输信息仅适用于美国国内运输。

8.9 危险等级划分表

表 21-8-9 危险等级划分表

等级/分区	材 料	等级/分区	材 料	等级/分区	材 料
1	易爆品	4.1	可燃固体	6.1	有毒物质
2.1	可燃气体	4.2	自热物质	6.2	感染性物质
2.2	非可燃气体	4.3	当潮湿时危险的物体	7	放射性材料
2.3①	有毒气体	5.1	氧化剂	8	腐蚀性材料
3	可燃液体	5.2	有机过氧化物	9	杂项物品

① 所有 2.3 有毒气体要求气瓶标有"吸入危险"，并且装运文件描述必须包括"毒性吸入危险区 -（A，B，C 或 D）"

1.4
1.5
1.6
爆炸品
爆炸品
爆炸品
爆炸品
爆炸品
爆炸品
易燃气体
非易燃无毒气体
毒性气体
易燃液体
易燃固体
自热物质
遇水反应物质
氧化性物质
有机过氧化物
毒性物质
感染性物质
二级放射性物品
腐蚀性物质
杂项物品
环境有害

图 21-8-1 危险等级标识

8.10 加拿大危险品表

表 21-8-10 加拿大危险品表

产 品	运输名称	危险品分类	ID 号	工作场所有害物质信息分类	化学品安全技术说明书
乙炔	乙炔	2.1	UN1001	A,B1,F	G-2
空气	压缩空气	2.2	UN1002	A	G-113
氨	氨,无水的,液化的	2.4(9.2)	UN1005	A,B1,D2B	G-11
氩气	压缩氩气	2.2	UN1006	A	G-6
正丁烷	丁烷	2.1	UN1011	A,B1,D2B	G-17
二氧化碳	二氧化碳	2.2	UN1013	A, D2B	G-8
一氧化碳	一氧化碳	2.1(2.3)	UN1016	A,B,D1A,D2B	G-112
氯气	氯气	2.3(5.1)	UN1017	A,D1A,D2B,E	G-23
(氘)重氢	(氘)重氢	2.1	UN1957	A,B,D1A,D2B	G-25
乙烷	乙烷	2.1	UN1035	A,B1	G-31
乙烯	乙烯	2.1	UN1962	A,B1	G-33

续表

产　　品	运输名称	危险品分类	ID号	工作场所有害物质信息分类	化学品安全技术说明书
氦气	氦气	2.2	UN1046	A,B1	G-5
氢气	氢气	2.1	UN1049	A	G-4
氯化氢	氯化氢(无水的)	2.3(8)	UN1050	A,B1	G-40
硫化氢	硫化氢	2.1(2.3)	UN1053	A,D1A,D2B,E	G-94
异丁烷	异丁烷	2.1	UN1075	A,B,D1A,D2B	G-95
氪气		2.2	UN1056	A,B1	G-54
甲烷		2.1	UN1971	A	G-56
氖气	氖气	2.2	UN1065	A,B1	G-59
氮气	氮气	2.2	UN1066	A	G-7
一氧化二氮(笑气)	一氧化二氮	2.2(5.1)	UN1070	A	G-3
氧气	氧气	2.2(5.1)	UN1072	A,C	G-1
丙烷	石油气,液化的	2.1	UN1978	A,C	G-74
丙烯	丙烯	2.1	UN1077	A,B1,D2B	G-75
二氧化硫	二氧化硫	2.3	UN1079	A,D1A,D2B,E	G-79
六氟化硫	六氟化硫	2.2	UN1080	A	G-80
氙气	氙气	2.2	UN2036	A	G-85

8.11　材料相容性表

表 21-8-11　　材料相容性表

气体	铝	黄铜	纯铜	蒙乃尔铜镍合金	不锈钢	碳钢	丁基合成橡胶	氯丁橡胶	Kel-f(聚三氟乙烯)	氟橡胶	聚乙烯	PVC(聚氟乙烯)	特氟龙(聚四氟乙烯)	对材料结构的影响
乙炔	×		O	×	×	×		×	×	×			×	气体可能形成爆炸性的乙炔化物
空气	×	×	×	×	×	×	×	×	×	×	×	×	×	无腐蚀性
氨气	×	O	O		×			×	×	O	O	×	×	潮湿促进腐蚀
氩气	×	×	×	×	×	×	×	×	×	×	×	×	×	无腐蚀性
砷化氢		×	O	×	×	×		×	×			×	×	无腐蚀性
丁烷	×	×	×	×	×	×	O	×	×	×	O	×	×	无腐蚀性
二氧化碳	×	×	×	×	×	×		×	×	×	×	×	×	潮湿促进腐蚀
一氧化碳	×	×	×	×	×	×	O	O	×		×	×	×	
氯气	O	O	O	×	* *	×	O	O	×	×	×		×	潮湿促进腐蚀
(氘)重氢	×	×	×	×	×	×	×	×	×		×	×	×	无腐蚀性
乙硼烷	×	×	×	×	×	×			×	×			×	无腐蚀性
乙烷	×	×	×	×	×	×	O	×	×		×	×	×	无腐蚀性
氯乙烷	O	O	×	×	×	×	×	×	×	×	×	O	×	
乙烯	×	×	×	×	×	×	O	×	×		×	×	×	无腐蚀性
氦气	×	×	×	×	×	×	×	×	×	×	×	×	×	无腐蚀性
氢气	×	×	×	×	×	×	×	×	×	×	×		×	无腐蚀性
氯化氢	O	O	O	×	* *	×			×	×		×	×	潮湿促进腐蚀
硫化氢	* *	O	O	* *	×				×	×			×	潮湿促进腐蚀
异丁烷	×	×	×	×	×	×	O	×	×			×	×	无腐蚀性
氪气	×	×	×	×	×	×	×	×	×	×	×	×	×	无腐蚀性
甲烷	×	×	×	×	×	×	O	×	×	×	×	×	×	无腐蚀性

续表

气体	铝	黄铜	纯铜	蒙乃尔铜镍合金	不锈钢	碳钢	丁基合成橡胶	氯丁橡胶	Kel-f（聚三氟乙烯）	氟橡胶	聚乙烯	PVC（聚氟乙烯）	特氟龙（聚四氟乙烯）	对材料结构的影响
氯甲烷	O	O	* *	×	×	×	O	O	×	×	O	O	×	气体腐蚀铝
氖气	×	×	×	×	×	×	×	×	×	×	×	×	×	无腐蚀性
氮气	×	×	×	×	×	×	×	×	×	×	×	×	×	无腐蚀性
一氧化二氮(笑气)	×	×	×	×	×	×		×	×	×		×	×	无腐蚀性
氧气	×	×	×	×	O	×			×	×	O	O	×	无腐蚀性
磷化氢	O		O	O	×	×			×	×			×	无腐蚀性
丙烷		×	×	×	×	×	O	×	×	×	O	×	×	无腐蚀性
硅烷	×	×	×	×	×	×		×	×	×			×	无腐蚀性
二氧化硫	×	×	* *	×	×	×	×	O	×				×	潮湿促进腐蚀
六氟化硫	×	×	×	×	×	×	×	×	×	×	×	×	×	无腐蚀性
氙气	×	×	×	×	×	×	×	×	×	×	×	×	×	无腐蚀性

注：×— 推荐的；O—不建议；＊＊—不建议在潮湿的情况下使用；空白—未知。

参考文献

[1] 成大先主编. 机械设计手册. 第六版. 第5卷. 北京：化学工业出版社，2016.
[2] [美] Jamal Mohammed Saleh 编. 邓敦夏译. 流体流动手册. 北京：中国石化出版社，2004.
[3] SMC中国有限公司编. 现代实用气动技术. 北京：机械工业出版社，1997.
[4] 吴振顺主编. 气压传动与控制. 哈尔滨：哈尔滨工业大学出版社，1995.
[5] 李建藩编著. 气压传动系统动力学. 广州：华南理工大学出版社，1991.
[6] 国家标准化管理委员会编. 国家标准目录及信息汇总. 北京：中国标准出版社，2009.

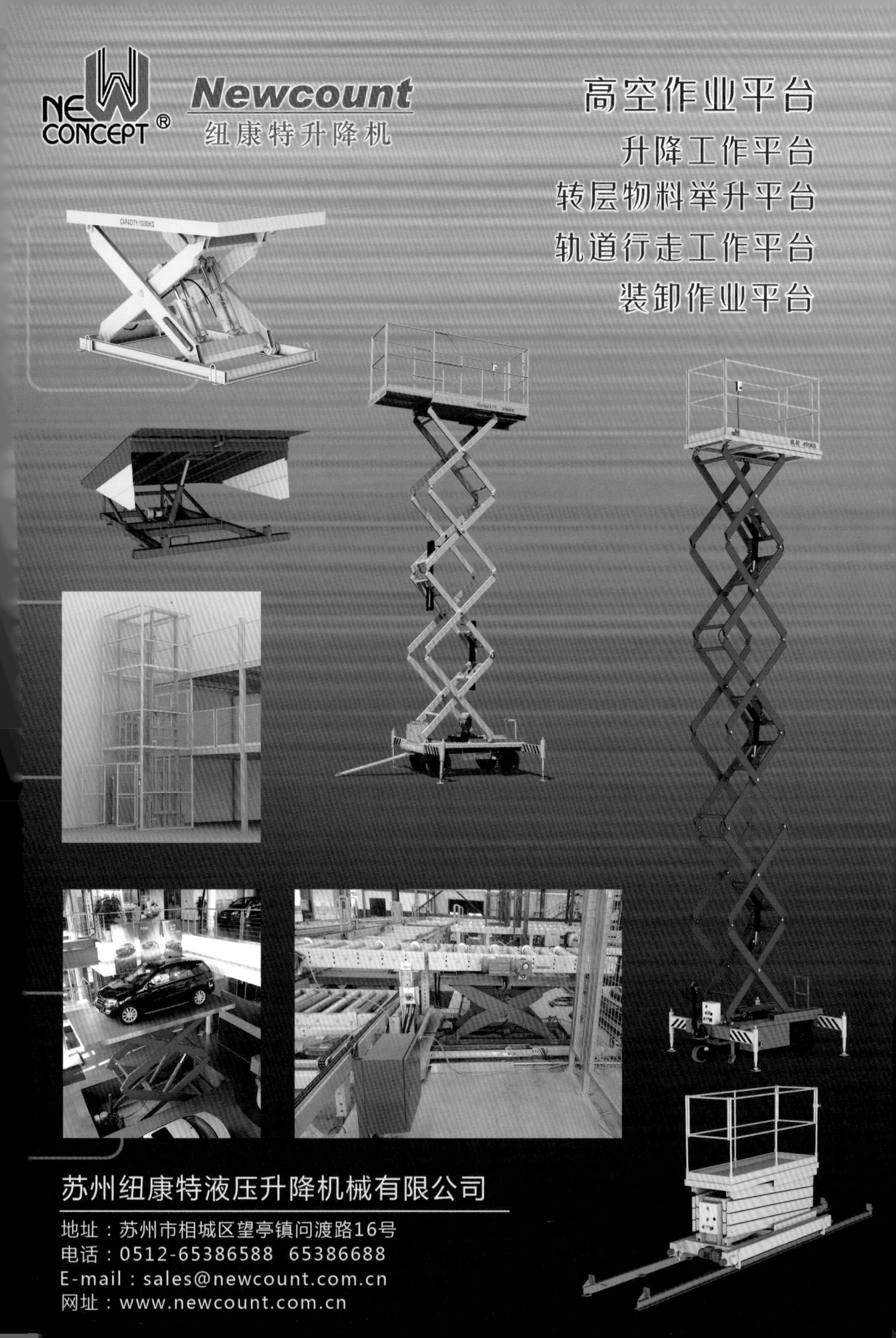
NEW CONCEPT®
Newcount
纽康特升降机
高空作业平台
升降工作平台
转层物料举升平台
轨道行走工作平台
装卸作业平台
苏州纽康特液压升降机械有限公司
地址：苏州市相城区望亭镇问渡路16号
电话：0512-65386588 65386688
E-mail：sales@newcount.com.cn
网址：www.newcount.com.cn

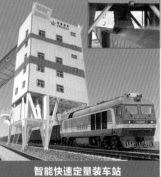

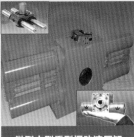